CNCIC
中化信

媒体活动部

宜兴市和桥宏达化工厂

本厂是专业生产化学试剂，比色皿，光学元件的厂家，技术力量雄厚，产品质量稳定，深受用户信任，产品畅销全国各地，深受用户欢迎。本厂的宗旨**“顾客至上、用户第一”**同时聘请三位化学系高级教授进行生产技术指导，以确保产品质量精准求精。为了更好地为广大用户服务，我厂还将不断开发新品，并承接稀缺试剂及比色皿产品的生产。竭诚欢迎您的光临。

产品名称：

对叔丁基苯甲酸
对硝基苯甲酸
对羟基苯甲醚
对氨基苯甲醚
对苯二酚
对甲苯磺酸
N，N’－二苯基对苯二胺
N，N’－二羟乙基苯胺
醋酸铵
硫酸氢钠

硬脂酸钙
硬脂酸酰胺
硬脂酸镁
硬脂酸
邻甲苯酚
邻氯苯酚
邻甲酚
异丙醇
异壬酸
乙酰基柠檬酸三丁酯

甲基异丙基酮
十八醇
十八酰胺
β－萘酚
叔丁基邻苯二酚
碳酸氢钠
焦磷酸钠
EDTA二钠
油酸酰胺
二氯醋酸甲酯

防霉剂
硝基苯
苯甲醛
明胶
癸二酸二丁酯
环氧大豆油
安息香丁醚
氨基磺酸
各种规格比色皿

地址：江苏省宜兴市和桥华兴小区　电话：0510-87803723 89578723 13606153723
联系人：孙战洪　网址：www.kt-chem.com　邮箱：szh@kt -chem.com

TRADSTAT
Dialog TradStat

为您提供全球贸易数据

TradSTAT是由Dialog制作的图形化检索平台，是一套基于网络的在线国际贸易数据信息服务系统。其汇集了世界各国政府的贸易统计数据，覆盖范围超过国际贸易流量的90%，可以在很短的时间内针对世界上任何商贸产品创建精确，及时，用户化的特色报告。

Dialog　Tradstat汇编了来自世界各国政府的贸易统计数据，并且以井然有序的格式提供给您，以便您能够方便容易地找到最需要的数据。

TradSTAT可以为您提供

- 90%的世界贸易流量统计
- 权威、官方的贸易数据
- 可以选择度量单位作数据报表
- 完全用户化的数据演示
- 提供自动更新的提示功能

THOMSON

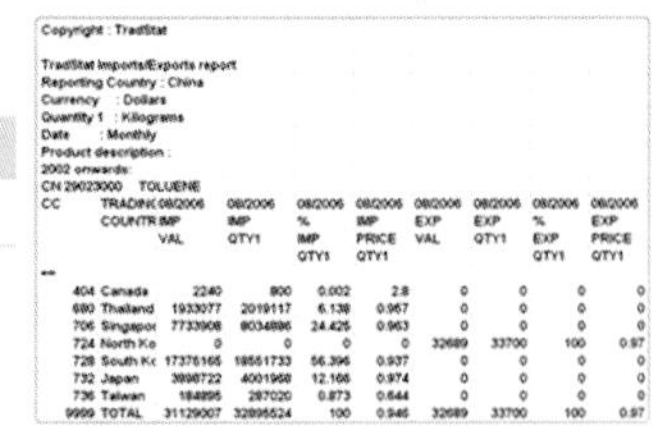
Copyright : TradStat

TradStat Imports/Exports report
Reporting Country : China
Currency : Dollars
Quantity 1 : Kilograms
Date : Monthly
Product description :
2002 onwards:
CN 29023000 TOLUENE

CC	TRADING COUNTR	08/2006 IMP VAL	08/2006 IMP QTY1	08/2006 % IMP QTY1	08/2006 IMP PRICE QTY1	08/2006 EXP VAL	08/2006 EXP QTY1	08/2006 % EXP QTY1	08/2006 EXP PRICE QTY1
404	Canada	2240	800	0.002	2.8	0	0	0	0
680	Thailand	1933077	2019117	6.138	0.957	0	0	0	0
706	Singapor	7733906	8034896	24.425	0.963	0	0	0	0
724	North Ko	0	0	0	0	32689	33700	100	0.97
728	South Kc	17376165	18551733	56.396	0.937	0	0	0	0
732	Japan	3896722	4001968	12.166	0.974	0	0	0	0
736	Taiwan	184895	287020	0.873	0.644	0	0	0	0
9999	TOTAL	31129007	32895524	100	0.946	32689	33700	100	0.97

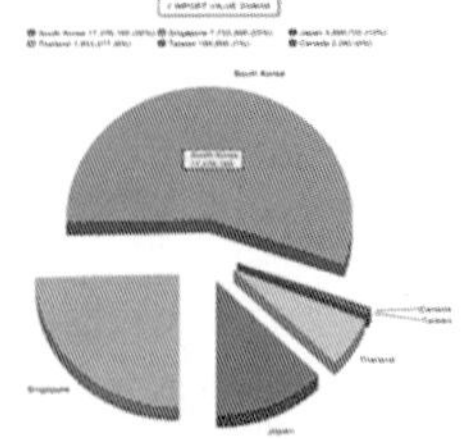

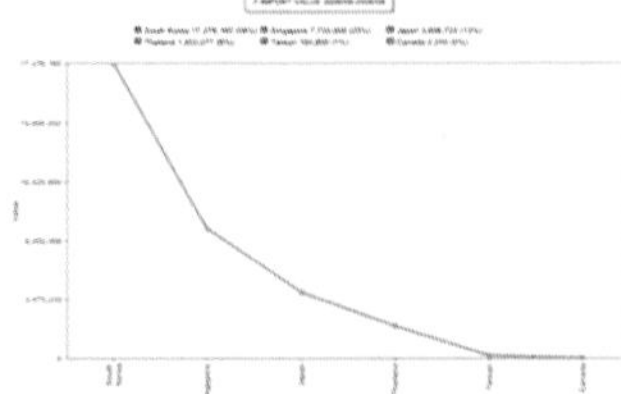

联系方式：中国化工信息中心网络事业部　地　址：北京安外小关街53号化信大厦B座8层
电　话：（010）64445550-32/37/24　传　真：（010）64437137

中国化工产品目录

2008

产 品 篇

第十六版(上册)

中 国 化 工 信 息 中 心　主 编

化 学 工 业 出 版 社
·北　京·

图书在版编目（CIP）数据

中国化工产品目录．2008/中国化工信息中心主编．
16版．—北京：化学工业出版社，2008.3
ISBN 978-7-122-02309-4

Ⅰ．中… Ⅱ．中… Ⅲ．化工产品-工业产品目录-
中国-2008 Ⅳ．TQ072-63

中国版本图书馆CIP数据核字（2008）第028908号

责任编辑：陈丽 王斌 徐娟 邹宁　　装帧设计：马立航
责任校对：陈静 蒋宇

出版发行：化学工业出版社（北京市东城区青年湖南街13号 邮政编码100011）
印　　刷：大厂聚鑫印刷有限责任公司
装　　订：三河市前程装订厂
787mm×1092mm 1/16 印张176½ 字数8500千字 2008年4月北京第16版第1次印刷

购书咨询：010-64518888（传真：010-64519686） 售后服务：010-64518899
网　　址：http：//www.cip.com.cn
凡购买本书，如有缺损质量问题，本社销售中心负责调换。

定　价：390.00元
京化广临字2008—15号

《中国化工产品目录》组织委员会

中国化工信息中心　　组织编写

《中国化工产品目录》编辑部
地址:北京朝阳区安定路33号化信大厦B座8层
邮编:100029
咨询电话:010-64444193
编辑电话:010-64445550-45
传真电话:010-64437137
网址:www.cheminfo.gov.cn
E-mail:lihuiping@cheminfo.gov.cn

前 言

《中国化工产品目录》（以下简称《目录》）至今已连续出版了十五版。之所以能成为一本长盛不衰的工具书，在于《目录》能适应我国化工企业重组和产品结构调整的需要，及时、准确地报道我国化工生产企业和化工产品的现状，为化工产品的内销、外贸、生产、科研、管理等提供了全面、系统的基础信息，也为化工生产企业面向国内外市场，宣传产品、树立企业形象提供了一个最佳的场所。《目录》的再版也得益于信息技术的发展，因特网的日益普及为数据的收集、整理、加工创造了新的便利条件。

第十六版《目录》在保留原有风格的基础上，其内容重新做了更新和补充。新增企业信息近2000家，并去除了关、停、并、转企业。根据企业的要求，继续对部分企业信息进行特色排版处理，以求加强宣传力度。我们希望在化学工业面临电子商务的挑战和机遇、商务模式正在发生深刻变化之时，《目录》这一产品依然能帮助您的企业拓宽市场，获取更多的商机。为了帮助读者全面了解《目录》，方便使用，特作如下说明。

一、主要内容

上册：产品目录　以目录形式列出19大类22000余种（类）产品信息，内容包括：

- 产品名称、商品名称
- 英文名称
- 产品代码
- CAS登记号或C.I.类属名称号
- 生产厂家及生产能力
- 使用厂家
- 产品用途
- 厂家所在下册中的页码

下册：企业目录　以目录形式列出全国约15000家企业信息，内容包括：

- 企业名称
- 地址
- 邮政编码
- 电话
- 传真
- 电子信箱
- 企业网址
- 企业法人
- 职工人数
- 经济类型
- 企业规模
- 进出口权
- 固定资产
- 销售收入
- 年产值
- 供销电话
- 供销传真
- 生产产品

索引：化工产品中文名称索引、化工产品英文名称索引、CAS登记号索引。

二、使用方法

1. 上册产品信息查询

按原化工部（83）化计字第421号文《全国化工产品分类》规定，本《目录》收录的化工产品分为以下19大类。

A. 化学矿　　B. 无机化工原料　　C. 有机化工原料

D. 化学肥料　　E. 农药　　F. 高分子聚合物

G. 涂料及无机颜料　　H. 染料及有机颜料　　I. 信息用化学品

J. 化学试剂　　K. 食品和饲料添加剂　　L. 合成药品

M. 日用化学品　　N. 胶黏剂　　O. 橡胶制品

P. 催化剂及各种化学助剂　　Q. 火工产品　　R. 其他化工产品

S. 化工机械

本《目录》采用的产品代码共有9位，其代码结构如下：

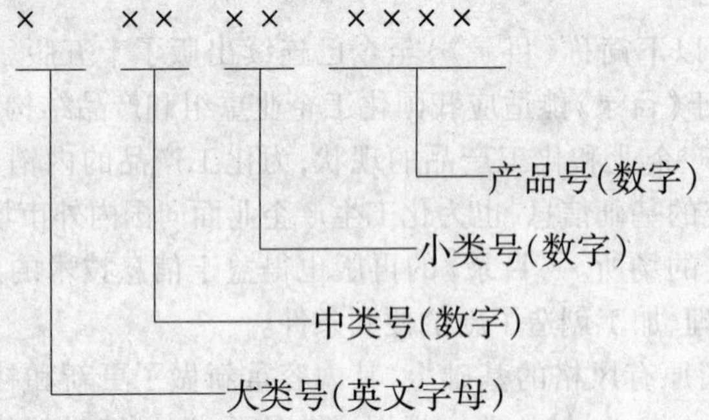

产品部分是按产品分类编排，读者可以根据产品分类目录查询，或者采用以下方法查询。

1)**按产品代码查询** 产品部分按产品分类代码升序排列。当已知产品分类时，可根据产品代码直接查询。

2)**按产品中文名称索引查询** 该部分按产品中文名称拼音升序排列。当已知产品名称，不确定其代码时，可利用该索引查询其分类，再按照1)的方法查询。

3)**按产品英文名称查询** 该部分按英文名称升序排列。当已知产品英文名称，可利用该索引查询其分类，再按照1)的方法查询。

4)**按CAS登记号查询** 该部分按CAS登记号升序排列。当已知CAS登记号，可利用该索引，查询产品所在页码。

5)**按产品中、英文染料索引号查询** 该部分按产品索引号升序排列。如果是染料产品，当已知该产品的染料索引号时，可利用该索引查询该产品的产品代号。

2. 下册企业信息查询

先按省、直辖市划分，后按地区划分，在各地区内按企业名称拼音升序排列。

本《目录》的信息采集得到了各省(市)化工行业协会办公室、地方信息中心(站)和地方代理的大力支持和帮助，在此表示衷心地感谢！

编辑部：电　话：010－64445550转45；64444193

传　真：010－64437137

联系人：李慧萍 杨春苓

中国化工信息中心

2008年03月

目　录

化工产品目录

按产品代号升序排列的化工产品名称、商品名称、英文名称、CAS 登记号或 C.I. 号、产品用途，然后再按省市排列出该产品的生产厂家及其生产能力，以及该产品的使用厂家。

A

化学矿

A01000101 ~ A05005501

硫铁矿;黄铁矿　　A01000101

Pyrite [1309-36-0]

用于制硫酸、硫黄等

【生产厂】[皖]青阳硫铁矿(12万吨)〈P1987〉;安徽省铜陵化工集团新桥矿业有限公司(150万吨)〈P1978〉;[闽]大田县前峰硫铁矿(2吨)〈P1994〉;[鲁]乳山市金华集团有限公司(1万吨)〈P2123〉;山东国大黄金冶炼股份有限公司(30万吨)〈P2113〉;[豫]河南省焦作市广兴实业有限公司(12万吨)〈P2193〉;[鄂]保康庄园肥业有限责任公司(5万吨)〈P2237〉;[新]新疆托克逊县雪银硫铜开发总厂(20万吨)〈P2366〉

【使用厂】[吉]长春泰欧亚涂料有限公司〈P1714〉;[苏]涟水磷肥厂〈P1803〉;句容长宁生物化工有限公司〈P1843〉;常州市清红化工有限公司〈P1853〉;[浙]浙江巨化股份有限公司硫酸厂〈P1958〉;[皖]合肥四方磷复肥有限责任公司〈P1973〉;铜陵市铜官山化工有限公司〈P1978〉;马鞍山金星化工(集团)有限公司〈P1977〉;宣城森泰化工有限责任公司〈P1987〉;[闽]福建省三联化工股份有限公司〈P1995〉;福建漳平金鑫硫酸化工有限公司〈P2006〉;漳州市龙文磷肥厂〈P2002〉;福州力业化工有限公司〈P1989〉;福建华瑞化工有限公司〈P2002〉;[鲁]青岛东方化工股份有限公司〈P2033〉;山东奥宝化工集团有限公司〈P2094〉;山东联盟化工集团有限公司〈P2096〉;山东招远化工总厂〈P2115〉;莱州金兴化工有限责任公司〈P2109〉;莒南县达尔特化肥有限公司〈P2147〉;山东华阳农药化工集团有限公司〈P2136〉;山东省聊城市硫酸厂〈P2154〉;济南裕兴化工总厂〈P2027〉;山东民生煤化工有限公司〈P2132〉;山东明瑞化工集团总公司〈P2136〉;山东红日阿康化工股份公司〈P2149〉;[豫]郑州市中州硫酸厂〈P2174〉;开封开化(集团)有限公司〈P2176〉;河南佰利联化学股份有限公司〈P2193〉;洛阳市汝化化工有限公司〈P2185〉;河南省孟津县磷肥厂〈P2180〉;济源市丰田肥业有限公司〈P2195〉;[鄂]武汉青江化工股份有限公司〈P2231〉;襄樊丽明化工有限公司〈P2238〉;湖北黄麦岭磷化工集团公司〈P2242〉;[湘]湖南省永和磷肥厂〈P2248〉;湖南郴州化工集团有限公司〈P2257〉;郴州天成化工有限责任公司〈P2256〉;[粤]廉江市化工有限责任公司〈P2293〉;广东云浮硫铁矿企业集团公司〈P2295〉;[桂]广西西江化工有限责任公司〈P2301〉;[渝]云阳县磷肥厂〈P2303〉;中化重庆涪陵化工股份有限公司〈P2303〉;[川]川化集团有限责任公司〈P2317〉;[黔]贵州省大方硫磺矿〈P2338〉;[滇]个旧市化肥厂〈P2345〉;云南禄丰勤攀磷化工有限公司〈P2345〉;[陕]陕西旬阳大地复肥有限公司〈P2354〉;[新]新疆天业股份有限公司〈P2367〉

硫精砂　　A01000201

Pyrite concentrate;Sulfur concentrate [1309-36-0]

用于制硫酸

【生产厂】[皖]铜陵有色金属(集团)公司(22万吨)〈P1979〉;[鲁]乳山市金华集团有限公司(1万吨)〈P2123〉;[新]新疆托克逊县雪银硫铜开发总厂(10万吨)〈P2366〉

【使用厂】[苏]阜宁县双叶化工有限公司〈P1806〉;[皖]合肥四方磷复肥有限责任公司〈P1973〉;[闽]福建华瑞化工有限公司〈P2002〉;[赣]江西添光化工有限责任公司〈P2017〉;[豫]洛阳市汝化化工有限公司〈P2185〉;河南省孟津县磷肥厂〈P2180〉;[鄂]湖北黄麦岭磷化工集团公司〈P2242〉;[渝]双赢集团有限公司〈P2303〉;[川]川化集团有限责任公司〈P2317〉;[陕]陕西华山化工集团有限公司〈P2352〉

硫精矿粉;硫精矿　　A01000202

Powdered pyrite concentrate;Pyrites concentrate,powder;Sulfur concentrate,powder [1309-36-0]

用于制硫酸

【生产厂】[鄂]大冶有色金属公司〈P2236〉;[粤]广东云浮硫铁矿企业集团公司〈P2295〉

【使用厂】[滇]云南金星化工有限公司〈P2345〉

磷矿石　　A02000101

Phosphorus ore

用于制造黄磷、赤磷、磷酸、磷肥、磷酸盐等

【生产厂】[苏]连云港新磷矿化有限责任公司(30万吨)〈P1800〉;[鄂]湖北黄麦岭磷化工集团公司(120万吨)〈P2242〉;保康庄园肥业有限责任公司(10万吨)〈P2237〉;保康县白竹磷矿〈P2236〉;保康县九里川保神磷化有限责任公司(10万吨)〈P2236〉;宜昌中孚化工有限公司(30万吨)〈P2241〉;[湘]石门天赐信邦矿业有限公司〈P2255〉;[黔]贵州富曼磷业有限公司(50万吨)〈P2337〉;贵州宏福实业开发有限总公司(330万吨)〈P2338〉;[滇]云南磷化集团有限公司尖山磷矿(35万吨)〈P2341〉;云南磷化集团有限公司(600万吨)〈P2341〉;云南磷化集团有限公司晋宁磷矿(100万吨)〈P2341〉;云南上磷化工有限责任公司(25万吨)〈P2341〉;云南磷化集团有限公司昆阳磷矿(160万吨)〈P2341〉

【使用厂】[津]天津市汉沽化肥厂〈P1588〉;天津市津南化肥实验有限公司〈P1594〉;天津市创新有机化工厂〈P1582〉;天津芦阳化肥股份有限公司〈P1576〉;[苏]江宁县磷肥厂〈P1781〉;江苏龙腾化工有限公司〈P1797〉;江苏省东海磷肥厂〈P1797〉;江苏省赣榆县磷肥厂〈P1797〉;涟水磷肥厂〈P1803〉;江苏双昌肥业有限公司〈P1808〉;建湖县建磷肥料化工有限公司〈P1807〉,阜宁县双叶化工有限公司〈P1806〉;大丰市天利肥料有限公司〈P1805〉;姜堰市双达利磷复肥有限公司〈P1824〉;扬州中宇化工肥业有限公司〈P1820〉;江苏美乐肥料有限公司〈P1821〉;南通大伦化工有限公司〈P1833〉;海门市禾丰化肥有限公司〈P1830〉;江苏威力磷复肥有限公司〈P1804〉;东台市九转化工有限公司〈P1805〉;江浦县磷肥厂〈P1781〉;[浙]海盐北洋磷原物资有限公司〈P1940〉;[皖]铜陵市铜官山化工有限公司〈P1978〉;安徽六国化工股份有限公司〈P1978〉;宣城森泰化工有限责任公司〈P1987〉;蒙城华昌化工有限公司〈P1983〉;合肥飞建化工有限责任公司〈P1972〉;[闽]福建省三联化工股份有限公司〈P1995〉;厦门厦化实业有限公司〈P1993〉;漳州市龙文磷肥厂〈P2002〉;[赣]江西贵溪化肥有限责任公司〈P2013〉;江西赣北化工厂〈P2012〉;[鲁]青岛东方化工股份有限公司〈P2033〉;山东省胜利磷肥厂〈P2086〉;山东联盟化工集团有限公司〈P2096〉;山东烟台凯联化工有限公司〈P2115〉;山东省聊城市硫酸厂〈P2154〉;山东鲁北企业集团总公司〈P2156〉;山东明瑞化工集团总公司〈P2136〉;山东红日阿康化工股份公司〈P2149〉;[豫]郑州市中州硫酸厂〈P2174〉;开封开化(集团)有限公司〈P2176〉;汤阴县豫星化工有限责任公司〈P2212〉;洛阳市符家屯硫酸厂〈P2183〉;洛阳泰和实业总公司〈P2187〉;河南省焦作市广兴实业有限公司〈P2193〉;永城化学工业公司〈P2226〉;洛阳市汝化化工有限公司〈P2185〉;河南省孟津县磷肥厂〈P2180〉;济源市丰田肥业

有限公司〈P2195〉;三门峡化工厂〈P2221〉;洛阳兴意磷肥有限责任公司〈P2187〉;河南信威磷化有限公司〈P2168〉;三门峡思念缓释肥业有限公司〈P2222〉;[鄂]襄樊丽明化工有限公司〈P2238〉;湖北兴发化工集团股份有限公司〈P2241〉;大冶有色金属公司〈P2236〉;[湘]湖南省永和磷肥厂〈P2248〉;郴州天成化工有限责任公司〈P2256〉;[粤]廉江市化工有限责任公司〈P2293〉;韶关市化工厂〈P2277〉;[桂]广西玉林化肥厂〈P2301〉;广西西江化工有限责任公司〈P2301〉;[渝]重庆川东化工(集团)有限公司〈P2304〉;双赢集团有限公司〈P2303〉;云阳县磷肥厂〈P2303〉;中化重庆涪陵化工股份有限公司〈P2303〉;[川]自贡鸿鹤化工集团有限责任公司〈P2321〉;四川绵竹汉旺黄磷有限责任公司〈P2327〉;[黔]遵义县磷肥厂〈P2337〉;贵州省铜仁地区化肥厂〈P2338〉;贵州磷酸盐厂〈P2337〉;贵州黔能天和磷业有限公司〈P2337〉;贵阳花溪区青岩黄磷厂〈P2337〉;黔南州华林磷业有限责任公司〈P2338〉;贵阳富捷化工有限公司〈P2337〉;贵州金捷磷化工有限公司〈P2338〉;六盘水市中联磷肥厂〈P2337〉;贵州省惠水黄磷厂〈P2338〉;[滇]云南昆阳磷肥厂有限公司〈P2341〉;云南金星化工有限公司〈P2345〉;个旧市化肥厂〈P2345〉;云南禄丰勤攀磷化工有限公司〈P2345〉;云南华宁华电磷业有限责任公司〈P2343〉;云南省富民县磷酸盐总厂〈P2341〉;河口县磷酸盐厂〈P2345〉;云南省昆阳磷都钙镁磷肥厂〈P2341〉;云南磷肥工业有限公司〈P2341〉;昆明尖山磷矿粉厂〈P2339〉;云南昆安磷化工有限公司〈P2340〉;[陕]西安龙华实业有限公司〈P2349〉;陕西旬阳大地复肥有限公司〈P2354〉

磷矿砂　　A02000111

Phosphorite grit

用于制造磷肥及磷制品

【生产厂】[鄂]神农架矿业有限责任公司(100 万吨)〈P2241〉;[粤]廉江市化工有限责任公司(10 万吨)〈P2293〉;[滇]云南磷化集团有限公司昆阳磷矿(39 万吨)〈P2341〉

磷矿粉　　A02000201

Phosphate rock powder

用于生产普通过磷酸钙、重钙、湿法磷酸等原料,用于制磷矿粉肥

【生产厂】[鄂]保康庄园肥业有限责任公司(12 万吨)〈P2237〉;宜昌中孚化工有限公司(8 万吨)〈P2241〉;[粤]廉江市化工有限责任公司〈P2293〉;[滇]昆明尖山磷矿粉厂(10 万吨)〈P2339〉;云南磷化集团有限公司尖山磷矿(3 万吨)〈P2341〉;云南昆安磷化工有限公司(5 万吨)〈P2340〉;云南昆明安宁复合肥原料厂(10 万吨)〈P2341〉;云南磷化集团有限公司〈P2341〉;云南昆阳磷肥厂有限公司〈P2341〉;云南上磷化工有限责任公司(8 万吨)〈P2341〉;云南磷化集团有限公司昆阳磷矿(4 万吨)〈P2341〉;云南禄丰勤攀磷化工有限公司(18 万吨)〈P2345〉

【使用厂】[津]天津科富磷化有限公司〈P1575〉;天津市福升肥料有限公司〈P1586〉;[苏]连云港市锦屏化工厂〈P1799〉;江苏双昌肥业有限公司〈P1808〉;中农新肥科技股份有限公司〈P1889〉;江阴市东港化肥有限公司〈P1868〉;[闽]福建邵武榕丰化工有限公司〈P2003〉;福建漳平金鑫硫酸化工有限公司〈P2006〉;福州力业化工有限公司〈P1989〉;福建华瑞化工有限公司〈P2002〉;[鲁]淄博合力化工有限公司〈P2061〉;山东奥宝化工集团有限公司〈P2094〉;山东鲁西化工股份有限公司〈P2153〉;泰安市黎明化工有限责任公司〈P2138〉;山东东岳化工股份有限公司〈P2052〉;[豫]开封开化(集团)有限公司磷肥厂〈P2177〉;[鄂]武汉青江化工股份有限公司〈P2231〉;[湘]湖南郴州化工集团有限公司〈P2257〉;张家界化肥总厂〈P2255〉;[黔]贵州省农业科学院肥料示范厂〈P2337〉;[滇]昆明化肥有限责任公司〈P2339〉;云南金星化工有限公司〈P2345〉;云南三环化工股份有限公司〈P2341〉;云南磷肥工业有限公司〈P2341〉;昆明红云化工生产有限公司〈P2339〉;陆良县庄上化肥厂〈P2342〉;[新]乌鲁木齐西山复合肥厂〈P2363〉;新疆米泉市夏华化肥有限责任公司〈P2367〉

磷精矿　　A02000301

Phosphorite concentrate

用于制造磷、磷酸、磷肥

【生产厂】[滇]云南昆明安宁复合肥原料厂(20 万吨)〈P2341〉;云南磷化集团有限公司晋宁磷矿(90 万吨)〈P2341〉

【使用厂】[晋]天脊煤化工集团有限公司〈P1674〉;[鄂]湖北黄麦岭磷化工集团公司〈P2242〉

硼矿石;硼镁矿　　A03000101

Ascharite;Boric ore [12447-04-0]

主要用于生产硼砂、硼酸、硼的各种化合物和元素硼

【生产厂】[辽]丹东宽甸硼矿(15 万吨)〈P1700〉;[青]青海中天硼锂矿业有限公司〈P2359〉

【使用厂】[辽]大石桥市兴鹏复合肥有限公司〈P1703〉;[吉]集安经济开发区化工厂〈P1718〉;[沪]上海旭森非卤消烟阻燃剂有限公司〈P1773〉;[鲁]潍坊亚东化工塑胶有限公司〈P2106〉

钾长石　　A04000101

Potash feldspar;Potassium feldspars

用于制造玻璃和陶瓷,也可用于制造钾肥

【生产厂】[辽]营口启和粉体工业有限公司〈P1704〉;[鲁]莱西市金山化工厂(3 万吨)〈P2032〉

【使用厂】[苏]江苏省东海磷肥厂〈P1797〉;[豫]济源市丰田肥业有限公司〈P2195〉

长石粉　　A04000201

Feldspar powder [12003-63-3]

用作抛光膏原料

【生产厂】[沪]上海石粉厂有限公司(3 万吨)〈P1762〉;[皖]安徽省明光市曼迪矿业科技有限公司〈P1982〉

【使用厂】[沪]上海新华化工厂〈P1772〉;[鲁]山东高青达盛源化工有限公司〈P2052〉

光卤石　　A04000301

Carnallite

用于提炼金属镁、氯化钾、氯化镁,也可用于制造肥料、盐酸等

【生产厂】[苏]连云港市竞生化工有限公司(500 吨)〈P1799〉;[青]青藏铁路开发公司察尔汗钾镁厂〈P2360〉;青海格尔木铁源钾镁有限公司〈P2360〉

【使用厂】[青]格尔木盐化(集团)有限责任公司〈P2360〉;瀚海企业(集团)有限责任公司〈P2360〉

低钠光卤石　　A04000351

Carnallite, low sodium

可直接用作冶炼金属镁的优质原料,还可用于铝镁合金、钛镁合金及其他金属的助熔剂

【生产厂】[青]青海盐湖科技开发有限公司(30 万吨)〈P2360〉;青海东方优质氯化钾工业实验厂(7 万吨)〈P2360〉

白云石 A05000301

Dolomite [16389-88-1]

用作碱性耐火材料和高炉炼铁熔剂,部分用以提取金属镁,还可用来制造钙镁磷肥和硫酸镁等

【生产厂】[津]天津市燕山超细矿粉厂〈P1610〉;[鲁]莱西市金山化工厂(3 万吨)〈P2032〉

【使用厂】[冀]河北省高邑县高达化工有限责任公司〈P1621〉;石家庄林峰化工有限公司〈P1628〉;石家庄金美化工有限公司〈P1627〉;[沪]上海石粉厂有限公司〈P1762〉;[鲁]山东垦利石化有限责任公司〈P2085〉;[豫]洛阳泰和实业总公司〈P2187〉;河南省孟津县磷肥厂〈P2180〉;河南省振兴化工集团有限公司〈P2221〉;[鄂]黄石振华化工有限公司〈P2236〉;[黔]遵义县磷肥厂〈P2337〉;[滇]云南昆阳磷肥厂有限公司〈P2341〉;云南省昆阳磷都钙镁磷肥厂〈P2341〉;云南磷化集团有限公司〈P2341〉;[新]新疆联达集团(实业)股份有限公司〈P2365〉

白云石粉 A05000401

Dolomite powder;Ground dolomite [16389-88-1]

用作冶炼钢铁合金熔剂、玻璃原料、涂料、油漆填充料、塑料制品抛磨剂

【生产厂】[沪]上海石粉厂有限公司(1 万吨)〈P1762〉;[皖]安徽省明光市曼迪矿业科技有限公司〈P1982〉;[粤]湛港宏富实业有限公司〈P2293〉

石灰石;电石灰岩 A05000501

Limestone [1317-65-3]

用于制碱、电石、水泥、冶金等工业

【生产厂】[甘]甘肃古浪氰胺有限责任公司(10 万吨)〈P2356〉;[新]乌鲁木齐环鹏有限公司〈P2363〉;乌鲁木齐市鲁鑫石灰石矿〈P2363〉

【使用厂】[津]天津渤海化工有限责任公司天津碱厂〈P1570〉;[冀]河北辛集化工集团有限责任公司〈P1622〉;石家庄化工化纤有限公司〈P1626〉;[晋]河曲县秦阳化工有限公司〈P1676〉;[辽]丹东宽甸硼矿〈P1700〉;[黑]哈尔滨华尔化工有限公司〈P1720〉;牡丹江市顺达电石有限责任公司〈P1724〉;[沪]上海石粉厂有限公司〈P1762〉;中外合资上海大宇生化有限公司〈P1780〉;上海美兴化工有限公司〈P1753〉;上海申亚碳酸钙厂〈P1761〉;上海碳酸钙厂〈P1767〉;上海卓越纳米新材料股份有限公司〈P1779〉;[苏]中国石化南京化学工业有限公司连云港碱厂〈P1801〉;连云港市竞生化工有限公司〈P1799〉;[闽]福建石化集团三明化工有限责任公司〈P1995〉;福建纺织化纤集团有限公司〈P1994〉;[鲁]青岛海湾集团有限公司〈P2036〉;山东垦利石化有限责任公司〈P2085〉;山东齐鲁乙烯化工股份有限公司〈P2054〉;莱州市海源碱业有限责任公司〈P2109〉;青岛红星化工集团有限责任公司〈P2036〉;青岛碱业股份有限公司〈P2038〉;山东省邹平县长山镇金鑫化工厂〈P2156〉;淄博锦川洪峰化工有限公司〈P2063〉;山东高青达盛源化工有限公司〈P2052〉;淄博润湖工贸有限公司〈P2066〉;[豫]中国铝业股份有限公司中州分公司〈P2198〉;河南郑顺氟化工有限责任公司〈P2168〉;洛阳市恩迪化工有限公司〈P2183〉;[鄂]黄石振华化工有限公司〈P2236〉;[湘]湖南省湘维有限公司〈P2257〉;湖南省益阳市宏大锑业有限责任公司〈P2256〉;[桂]桂林市旺山化工有限责任公司〈P2299〉;[川]成都侨源实业有限公司〈P2313〉;[滇]云南三环化工股份有限公司〈P2341〉;云南云维集团有限公司〈P2343〉;[陕]陕西省礼泉化工厂〈P2352〉;[新]新疆联达集团(实业)股份有限公司〈P2365〉

石灰石粉 A05000502

Limestone,powder [1317-65-3]

用于造纸、冶金、玻璃、制碱、橡胶、医药、颜料、有机化工等部门

【生产厂】[津]天津市燕山超细矿粉厂〈P1610〉;[鄂]湖北松滋市龙海化工有限公司〈P2240〉

石膏;生石膏;灰石膏;二水硫酸钙 A05000601

Gypsum [10101-41-4]

用作水泥原料

【生产厂】[鲁]新汶矿业集团有限责任公司(40 万吨)〈P2139〉;[川]四川山山药业集团有限公司(36 万吨)〈P2332〉;[甘]兰州嘉利化工厂(100 吨)〈P2355〉;[青]西宁石膏开发总公司(10 万吨)〈P2359〉

【使用厂】[苏]江苏金浦北方氯碱化工有限公司〈P1793〉;[滇]云南三环化工股份有限公司〈P2341〉;云南云维集团有限公司〈P2343〉

灰钙粉 A05000603

Ash calcium powder

【生产厂】[渝]重庆石柱沃特矿业有限责任公司〈P2306〉

磷石膏 A05000611

Phosphogypsum

用作生产石膏板材、过磷酸钙肥料的原材料,还可以作为水泥缓凝剂、砖的添加剂等

【生产厂】[赣]江西贵溪化肥有限责任公司〈P2013〉;[鄂]湖北祥云(集团)化工股份有限公司〈P2244〉

【使用厂】[鲁]山东鲁北企业集团总公司〈P2156〉;[新]新疆新化化肥有限责任公司〈P2364〉

芒硝矿 A05000701

Glauber salt;Mirabilite [7727-73-3]

用于制备硫化碱、洗涤剂,用于医药、纺织、印染等行业

【生产厂】[甘]国营高台盐化公司(20 万吨)〈P2358〉

【使用厂】[新]新疆盐湖制盐有限责任公司〈P2364〉

明矾石 A05000801

Alums;Alunite

用于生产氧化铝、硫酸、钾肥等

【生产厂】[皖]安徽省庐江矾矿〈P1984〉;[鲁]莱西市金山化工厂(1 万吨)〈P2032〉

精钛矿粉 A05000902

Ilmenite concentrate

【生产厂】[川]攀枝花钢铁有限责任公司钛业公司(24 万吨)〈P2322〉

【使用厂】[沪]上海四极钛业有限责任公司〈P1766〉;[皖]马鞍山金星化工(集团)有限公司〈P1977〉;[鲁]济南裕兴化工总厂〈P2027〉;枣庄天元精细化工有限公司〈P2080〉;[鄂]武汉青江化工股份有限公司〈P2231〉;武汉方圆钛白粉有限公司〈P2229〉;[桂]广西藤县金茂钛白有限公司〈P2300〉;[渝]攀钢集团重庆钛业股份有限公司〈P2303〉

重晶石 A05001001

Barytes [7727-43-7]

用作钡盐原料、石油工业泥浆加重剂、橡胶填充剂、纺织工业上浆剂、颜料及涂料等

【生产厂】[闽]永安市启胜矿产有限公司(20 万吨)〈P1996〉;[鲁]青岛金龙源化工有限公司(10 万吨)〈P2039〉;莱西市

A

金山化工厂(4 万吨)〈P2032〉;[湘]衡阳市重晶石矿(5 万吨)〈P2253〉;[渝]重庆市华东化工有限公司〈P2306〉;重庆石柱沃特矿业有限责任公司〈P2306〉

【使用厂】[津]天津渤天化工有限责任公司〈P1571〉;[冀]河北辛集化工集团有限责任公司〈P1622〉;[蒙]内蒙古利川化工有限责任公司〈P1683〉;[沪]上海石粉厂有限公司〈P1762〉;[鲁]青岛东风化工有限公司〈P2033〉;青岛白玉化工有限公司〈P2032〉;山东信科环化有限责任公司〈P2151〉;青岛红星化工集团有限责任公司〈P2036〉;[豫]河南宜阳高桥化工厂〈P2181〉;洛阳市金鑫化工厂〈P2184〉;郑州强强锌业有限公司〈P2172〉;河南宜阳县益民钡盐厂〈P2181〉;洛阳市恩迪化工有限公司〈P2183〉;[鄂]郧西县第三化工厂〈P2239〉;湖北京山县楚天钡盐有限责任公司〈P2241〉;[湘]长沙蜂巢颜料化工有限公司〈P2247〉;衡阳美仑颜料化工有限公司〈P2252〉;[粤]广州华立-萨其宾化工有限公司〈P2261〉;[陕]陕西富化化工有限责任公司〈P2352〉

重晶石矿粉;重晶石粉　A05001002

Barytes, powder [7727-43-7]

用作钡盐原料、橡胶填充剂等

【生产厂】[沪]上海石粉厂有限公司(1 万吨)〈P1762〉;[浙]杭州富阳国诚化工有限公司〈P1917〉;[鲁]青岛永利源化工有限公司(3000 吨)〈P2046〉;[豫]河南宜阳高桥化工厂(6000 吨)〈P2181〉;[桂]永福县宏发重晶石矿粉有限公司(6 万吨)〈P2300〉;[陕]安康市百力矿粉有限公司(5 万吨)〈P2354〉;山阳奥科粉体有限公司(3 万吨)〈P2354〉;[新]新疆青松建材化工(集团)股份有限公司(1 万吨)〈P2366〉

重晶石粉(超微细)　A05001003

Super-fine barytes powder

用于生产油漆、油墨、橡胶、塑料、陶瓷、搪瓷、摩擦材料等

【生产厂】[鄂]郧西县第三化工厂(2 万吨)〈P2239〉;[粤]湛港宏富实业有限公司〈P2293〉

钠基膨润土;钠质膨润土　A05001101

Sodium bentonite

用于铸造、纺织、钢铁等行业

【生产厂】[鲁]潍坊华夏膨润土有限公司〈P2102〉

高效钠质膨润土　A05001151

High efficiency sodium bentonite

【生产厂】[鲁]潍坊华夏膨润土有限公司〈P2102〉

蛇纹石　A05001301

Serpentine [1332-21-4]

用于生产钙镁磷肥,用作冶金助熔剂

【生产厂】[苏]江苏龙腾化工有限公司(50 万吨)〈P1797〉;[闽]福建省建西蛇纹石矿(10 万吨)〈P2003〉;[赣]江西弋阳蛇纹石矿(100 万吨)〈P2015〉

【使用厂】[赣]江西赣北化工厂〈P2012〉;[豫]洛阳泰和实业总公司〈P2187〉;河南省孟津县磷肥厂〈P2180〉;[桂]广西玉林化肥厂〈P2301〉;[黔]遵义县磷肥厂〈P2337〉;[滇]云南昆阳磷肥厂有限公司〈P2341〉;云南磷化集团有限公司昆阳磷矿〈P2341〉;云南省昆阳磷都钙镁磷肥厂〈P2341〉

硅灰石　A05001401

Wollastonite

可作为陶瓷原料,还可用作涂料、橡胶、塑料的填料

【生产厂】[辽]营口启和粉体工业有限公司〈P1704〉;[赣]江西省高峰化工矿业发展有限公司〈P2016〉;江西省新余市南方硅灰实业公司(30 万吨)〈P2012〉;[鲁]莱西市金山化工厂(1 万吨)〈P2032〉

【使用厂】[沪]上海一环化工有限公司〈P1774〉

硅灰石粉　A05001403

Wollastonite, powder

主要用于陶瓷、涂料、塑料、橡胶等工业,也用于制造环氧树脂、白水泥、耐酸碱玻璃等

【生产厂】[京]北京安顺达装饰材料有限公司〈P1543〉;[沪]上海一环化工有限公司(1 万吨)〈P1774〉;上海石粉厂有限公司〈P1762〉;[苏]常州碳酸钙有限公司〈P1857〉;溧阳市茶亭硅石矿〈P1863〉

超细硅灰石粉　A05001411

Wollastonite, superfine powder

主要用于陶瓷、涂料、塑料、橡胶等工业

【生产厂】[京]北京利国伟业超细粉体有限公司(1000 吨)〈P1554〉;[苏]溧阳市茶亭硅石矿〈P1863〉;[鲁]淄博华联钙业有限公司〈P2061〉;[豫]郑州富龙新材料科技有限公司〈P2170〉

硅石粉　A05001451

Silica powder [7631-86-9]

用于制备硅化合物和硅酸盐

【生产厂】[津]天津市燕山超细矿粉厂〈P1610〉;[辽]营口启和粉体工业有限公司〈P1704〉

【使用厂】[辽]大连染料化工有限公司〈P1693〉;[鲁]济南舜华化工有限公司〈P2025〉;[豫]三门峡化工厂〈P2221〉;[川]四川绵竹汉旺黄磷有限责任公司〈P2327〉;[黔]遵义县磷肥厂〈P2337〉;贵州黔能天和磷业有限公司〈P2337〉;贵州宏福实业开发有限总公司〈P2338〉;黔南州华林磷业有限责任公司〈P2338〉;贵阳富捷化工有限公司〈P2337〉;贵州金捷磷化工有限公司〈P2338〉;[滇]云南昆阳磷肥厂有限公司〈P2341〉;云南金星化工有限公司〈P2345〉;云南华宁华电磷业有限责任公司〈P2343〉;云南磷化集团有限公司昆阳磷矿〈P2341〉;河口县磷酸盐厂〈P2345〉;云南省昆阳磷都钙镁磷肥厂〈P2341〉;云南磷肥工业有限公司〈P2341〉;云南云维集团有限公司〈P2343〉;云南磷化集团有限公司〈P2341〉

硅藻土　A05001501

Diatomite [61790-53-2]

主要用作保温材料、化工填料及载体

【生产厂】[吉]白山市科学技术研究所〈P1718〉;[沪]上海威呈化工有限公司〈P1769〉;上海宁成高分子材料有限公司〈P1755〉;[鲁]山东临朐山旺化工有限责任公司(3500 吨)〈P2096〉;青岛川一硅藻土有限公司〈P2033〉;青岛三星硅藻土有限公司(1 万吨)〈P2042〉

【使用厂】[辽]沈阳化工研究院试验厂〈P1686〉;[鲁]山东奥宝化工集团有限公司〈P2094〉;[豫]开封开化(集团)有限公司〈P2176〉;[黔]铜仁市南长城化工有限公司〈P2338〉

精磁铁砂　A05001701

Magnetic sand concentrate [1317-61-9]

用作氨催化剂的主要原料

【生产厂】[鲁]山东临朐山旺化工有限责任公司(2000 吨)〈P2096〉

铁精矿　A05001711

Iron ore concentrate [10034-99-8]

用于炼钢、炼铁

【生产厂】[皖]安徽省铜陵化工集团新桥矿业有限公司(10万吨)〈P1978〉;[闽]大田县前峰硫铁矿(6万吨)〈P1994〉;[鄂]武汉青江化工股份有限公司(2万吨)〈P2231〉;[粤]广东云浮硫铁矿企业集团公司(4万吨)〈P2295〉

锆英石粉 A05001951

Zircon powder

用于耐火材料、不锈钢精密铸造等

【生产厂】[苏]耀辉化工有限公司〈P1883〉;[鲁]淄博辰源粉体有限公司〈P2058〉

磁铁矿;磁铁石 A05002001

Magnetite

用于冶金工业,是炼铁的重要矿物原料

【生产厂】[湘]衡阳市湖东化工厂〈P2252〉

膨润土;膨土岩;斑脱岩 A05002101

Bentonite [1302-78-9]

用于铁精矿球团、钻井泥浆、铸造型砂黏结剂、动植物油脱色、净化剂、塑料填料、干燥剂、吸附剂等

【生产厂】[津]天津市宏峰干燥剂厂〈P1589〉;[冀]中国昊华集团宣化有限公司〈P1650〉;怀安县赛贝科技有限公司〈P1650〉;[浙]浙江临安福盛涂料助剂有限公司〈P1928〉;临安市青虹化工助剂厂(100吨)〈P1926〉;[皖]铜陵市环球矿业有限责任公司〈P1978〉;[鲁]潍坊华夏膨润土有限公司〈P2102〉;青岛钻石硅胶有限公司(10吨)〈P2047〉;莱西市金山化工厂(1万吨)〈P2032〉;山东仙泉铸造材料厂(5万吨)〈P2133〉;[豫]巩义市神都耐材有限公司(1000吨)〈P2164〉;信阳核工业恒达实业公司干燥剂厂〈P2226〉;信阳市平桥区百泰化工厂〈P2226〉;[鄂]湖北松滋市龙海化工有限公司〈P2240〉

【使用厂】[闽]泉州洛江三星涂料树脂有限公司〈P2000〉

方解石;方解石粉 A05002202

Calcite, powder [471-34-1]

用作制碳酸钙等化工原料及橡胶、油漆等的填充剂

【生产厂】[沪]上海石粉厂有限公司〈P1762〉;[皖]青阳硫铁矿〈P1987〉;[粤]广福建材(蕉岭)精化有限公司〈P2277〉;[渝]重庆石柱沃特矿业有限责任公司〈P2306〉;[青]青海省乐都县新兴粉体材料厂〈P2359〉

【使用厂】[冀]河北邢台化学试剂有限责任公司〈P1642〉;[沪]中外合资上海大宇生化有限公司〈P1780〉;上海申亚碳酸钙厂〈P1761〉;上海碳酸钙厂〈P1767〉;上海一环化工有限公司〈P1774〉;[苏]连云港市竞生化工有限公司〈P1799〉;[鲁]淄博市淄川福利化工原料厂〈P2072〉;临沂金亿化工有限公司〈P2147〉

滑石 A05002301

Talc; Talcum [14807-96-6]

广泛用于陶瓷、油漆、造纸、纺织、橡胶、涂料、日用化工等领域

【生产厂】[鲁]莱西市金山化工厂(5000吨)〈P2032〉

【使用厂】[京]北京利国伟业超细粉体有限公司〈P1554〉;[沪]上海石粉厂有限公司〈P1762〉;上海一环化工有限公司〈P1774〉;[桂]永福县宏发重晶石矿粉有限公司〈P2300〉;广西龙广滑石开发有限公司〈P2299〉

萤石;氟石 A05002401

Fluorite; Fluorspar [7789-75-5]

广泛用于化工、冶金、玻璃、搪瓷和水泥等领域

【生产厂】[津]天津市燕山超细矿粉厂〈P1610〉;[浙]浙江凯圣氟化学有限公司〈P1958〉;[豫]南阳恒盛石英砂滤料有限公司〈P2224〉

【使用厂】[闽]福建省漳平凯达氟制品有限公司〈P2006〉;福建省建阳金石氟业有限公司〈P2003〉;福建漳平金鑫硫酸化工有限公司〈P2006〉;[鲁]山东东岳化工股份有限公司〈P2052〉;济南舜华化工有限公司〈P2025〉;[豫]河南郑顺氟化工有限责任公司〈P2168〉;新乡市黄河精细化工有限公司〈P2205〉

萤石粉;氟石粉 A05002402

Fluorite powder [7789-75-5]

广泛用于化工、冶金、玻璃、搪瓷和水泥等领域

【生产厂】[津]天津市燕山超细矿粉厂〈P1610〉;[浙]浙江三美化工有限公司〈P1955〉;浙江鹰鹏化工有限公司(6万吨)〈P1956〉;浙江凯圣氟化学有限公司〈P1958〉;[闽]福建省建阳金石氟业有限公司(3万吨)〈P2003〉;[赣]江西省兴国县金莹氟业有限责任公司〈P2014〉;[豫]新乡市黄河精细化工有限公司(2万吨)〈P2205〉;洛阳弘泰工矿贸易有限公司(2万吨)〈P2181〉

【使用厂】[闽]福建省顺昌富宝腾达化工有限公司〈P2004〉;福建省清流县东莹化工有限公司〈P1994〉;福建华瑞化工有限公司〈P2002〉;[豫]多氟多化工股份有限公司〈P2192〉;[桂]广西平果氟化盐有限公司〈P2301〉

黄铜矿;铜精矿 A05002601

Chalcopyrite

用于生产电解铜

【生产厂】[鲁]烟台鹏晖铜业有限公司(10万吨)〈P2118〉

【使用厂】[皖]铜陵有色金属(集团)公司〈P1979〉;[鲁]莱芜钢铁集团新泰铜业有限公司〈P2135〉;烟台有色金属集团有限公司〈P2120〉;[滇]云南铜业股份有限公司〈P2342〉

铜精砂 A05002651

Copper sand

【生产厂】[皖]安徽省铜陵化工集团新桥矿业有限公司(4吨)〈P1978〉

锌矿 A05002701

Sphalerite; Zinc blende

【生产厂】[渝]重庆石柱沃特矿业有限责任公司〈P2306〉

【使用厂】[豫]洛阳市符家屯硫酸厂〈P2183〉;桐柏鸿基化工有限公司〈P2225〉;河南信威磷化有限公司〈P2168〉;[湘]衡阳市湖东化工厂〈P2252〉;湖南金大乘化轻集团有限公司〈P2257〉;[桂]广西西江化工有限责任公司〈P2301〉;[滇]云南驰宏锌锗股份有限公司〈P2342〉;[陕]陕西旬阳大地复肥有限公司〈P2354〉

锌焙砂 A05002711

Zinc calcine

主要用于直接法氧化锌的生产,也用于电解锌锭的生产

【生产厂】[冀]河北澳鑫锌业有限公司〈P1647〉;河北澳鑫锌业有限公司〈P1647〉;[苏]南京铅锌银矿业有限责任公司〈P1788〉;[豫]河南信威磷化有限公司(2万吨)〈P2168〉;栾川众鑫化工有限公司(3万吨)〈P2181〉;[湘]衡阳市湖东化工厂〈P2252〉;[桂]广西堂汉锌铟有限公司(5万吨)

A

〈P2302〉;[陕]陕西旬阳大地复肥有限公司(2 万吨)〈P2354〉
【使用厂】[鲁]山东省聊城市硫酸厂〈P2154〉;[甘]兰州黄河锌品有限责任公司〈P2355〉

铝矾土细粉 A05002831

Bauxite fine powder
【生产厂】[晋]吕梁高科耐火材料有限公司〈P1677〉

铬矿石 A05003101

Chrome ore
【生产厂】[豫]河南滑县远航化工有限责任公司〈P2210〉
【使用厂】[冀]河北铬盐化工有限公司〈P1620〉;[鲁]济南裕兴化工总厂〈P2027〉;[新]新疆联达集团(实业)股份有限公司〈P2365〉

铬铁矿 A05003201

Chrome iron ore
【生产厂】[辽]中信锦州铁合金股份有限公司〈P1702〉;[甘]甘肃锦世化工有限责任公司(5 万吨)〈P2358〉
【使用厂】[蒙]内蒙古黄河铬盐股份有限责任公司〈P1683〉;[豫]河南省振兴化工集团有限公司〈P2221〉;[鄂]黄石振华化工有限公司〈P2236〉

蒙脱石 A05003301

Montmorillonite
用于医药及化妆品中
【生产厂】[沪]上海月季日用干燥剂厂〈P1776〉;上海精龙化工有限公司〈P1745〉;[浙]浙江海力生集团有限公司〈P1959〉;[鲁]莱西市金山化工厂(6000 吨)〈P2032〉;[豫]信阳市平桥区百泰化工厂〈P2226〉;[粤]深圳市春旺实业有限公司〈P2270〉

锰矿 A05003401

Magnesia ore
【生产厂】[苏]南京铅锌银矿业有限责任公司〈P1788〉
【使用厂】[冀]吴桥顺达化工有限责任公司〈P1657〉;[鲁]淄博宝翠实业有限公司〈P2058〉

铅精矿 A05003501

Lead ore concentrate
【生产厂】[苏]南京铅锌银矿业有限责任公司〈P1788〉;[渝]重庆石柱沃特矿业有限责任公司〈P2306〉

钼精砂 A05003702

Molybdenum ore concentrate
【生产厂】[陕]金堆城钼业集团有限公司〈P2352〉

石英石;石英岩 A05003801

Quartzite
用于制作玻璃、陶器、瓷器等
【生产厂】[津]天津市燕山超细矿粉厂〈P1610〉

白云母粉 A05003901

White mica powder
可用作建筑材料、造纸、颜料、塑料、橡胶等的填充料
【生产厂】[冀]河北省灵寿县燕新矿产加工厂(2 万吨)〈P1621〉;[豫]郑州富龙新材料科技有限公司〈P2170〉

云母粉 A05003911

Mica powder
用作造纸、塑料、橡胶的填充剂,也是耐冲击塑料、化妆品、钻井泥浆的原料
【生产厂】[冀]河北省灵寿县地矿开发二厂〈P1621〉;石家庄东平矿业建材厂(3 万吨)〈P1626〉;石家庄辰兴实业有限公司〈P1625〉;[苏]徐州金亚粉体有限责任公司(4000 吨)〈P1795〉;[皖]安徽省繁昌县顺发颜料厂〈P1973〉;[豫]巩义市昌华辅料厂〈P2162〉;[粤]汕头市龙华珠光颜料有限公司〈P2277〉
【使用厂】[沪]上海南翔试剂有限公司〈P1754〉;[鲁]枣庄天元精细化工有限公司〈P2080〉;[鄂]襄樊丽明化工有限公司〈P2238〉

超细绢云母;绢云母精粉 A05003951

Sericite, superfine
可作炼钢高炉炉衬,也可作化妆品的原料
【生产厂】[京]北京利国伟业超细粉体有限公司〈P1554〉;[皖]安徽省明光市曼迪矿业科技有限公司〈P1982〉;[鲁]威海铖业新材料有限公司(1 万吨)〈P2124〉

超细云母粉 A05003991

Mica powder, superfine
在化妆品中作白色颜料,涂二氧化钛后制成各种珠光剂,可用于粉质香粉、油质香粉及面部化妆品中
【生产厂】[冀]河北省灵寿县地矿开发二厂(3000 吨)〈P1621〉

氟石膏 A05004101

Fluorgypsum
主要用于水泥制造,起矿化剂作用和水泥缓凝剂作用
【生产厂】[闽]福建省顺昌富宝腾达化工有限公司〈P2004〉;[鲁]山东淄博南韩化工有限公司(4 万吨)〈P2056〉;[桂]广西平果氟化盐有限公司(10 万吨)〈P2301〉

水镁石 A05004201

Brucite
用于提取镁,并可作保温材料,制镁质耐火材料等
【生产厂】[京]北京利国伟业超细粉体有限公司〈P1554〉;[辽]营口菱镁化工(集团)有限公司〈P1704〉
【使用厂】[辽]营口光大阻燃化工有限责任公司〈P1704〉

超细叶蜡石粉 A05004301

Pyrophyllite superfine powder
用于造纸、涂料等
【生产厂】[京]北京利国伟业超细粉体有限公司〈P1554〉

超细皂石粉 A05004401

Soapstone superfine powder
用于造纸、涂料等
【生产厂】[京]北京利国伟业超细粉体有限公司〈P1554〉

蛭石;蛭石粉 A05004501

Vermiculite
可作橡胶、塑料、油漆等工业的填充料、润滑剂和涂饰材料
【生产厂】[冀]河北省灵寿县地矿开发二厂〈P1621〉;河北省灵寿县燕新矿产加工厂(2 万吨)〈P1621〉;石家庄东平矿

业建材厂(2 万吨)〈P1626〉;河北省灵寿县精细矿产加工厂(5000 吨)〈P1621〉;石家庄辰兴实业有限公司〈P1625〉;[鲁]莱西市金山化工厂(8000 吨)〈P2032〉

珍珠岩 A05004601
Perlite
【生产厂】[鲁]莱西市金山化工厂(8000 吨)〈P2032〉;[新]中国石油天然气股份有限公司乌鲁木齐石油化工总厂〈P2365〉

电熔铬镁尖晶石 A05004701
Spinelle of chromium-, electrocast
主要应用于特种钢冶炼出钢口、滑板口及大型焚烧炉
【生产厂】[豫]开封特耐股份有限公司(1 万吨)〈P2178〉

镁铝尖晶石 A05004791
Magnesium-aluminium spinelle
【生产厂】[晋]吕梁高科耐火材料有限公司〈P1677〉

钠长石粉 A05005001
Albite, powder
广泛用于陶瓷、玻璃、搪瓷、电焊条、白水泥、磨具磨料等部门
【生产厂】[辽]营口启和粉体工业有限公司〈P1704〉;[鲁]莱西市金山化工厂(4000 吨)〈P2032〉

刚玉 A05005101
Corundum
可用作研磨材料和耐火材料
【生产厂】[豫]巩义市嘉华耐火材料有限公司(5000 吨)〈P2163〉;巩义市神都耐材有限公司(1500 吨)〈P2164〉;巩义市三和耐火材料有限公司〈P2163〉;开封特耐股份有限公司(3 万吨)〈P2178〉

莫来石;富铝红柱石 A05005201
Mullite [1302-93-8]
是黏土砖、高铝砖和瓷器等的主要组分
【生产厂】[晋]吕梁高科耐火材料有限公司〈P1677〉;[豫]开封特耐股份有限公司(2 万吨)〈P2178〉

黏土粉 A05005301
Clay powder
是陶瓷生产的基础原料,也是整个硅酸盐生产的主要原料
【生产厂】[皖]安徽省明光市曼迪矿业科技有限公司〈P1982〉

抗盐黏土 A05005321
Salt-resist clay
用于超深钻井、海上钻井、深井抗温、饱和盐水泥浆、抗盐泥浆和抗高温解卡剂等
【生产厂】[皖]安徽省明光市曼迪矿业科技有限公司〈P1982〉;安徽省明美矿物有限公司〈P1982〉

硅线石 A05005401
Fibrolite; Silimanite
用作耐火材料原料
【生产厂】[豫]巩义市神都耐材有限公司〈P2164〉

蓝晶石 A05005501
Cianite; Disthene; Kyanite; Rhoetzite
是一种高铝质材料,用于制造高级耐火材料和耐酸制品等
【生产厂】[豫]巩义市神都耐材有限公司〈P2164〉

B

无机化工原料

B01000101 ~ B07006401

亚磷酸 B01000101

Phosphorous acid [13598-36-2]

用作还原剂、尼龙增白剂，也用作亚磷酸盐原料、农药中间体

【生产厂】[冀]邯郸市林峰精细化工有限公司〈P1638〉；武安市华神化工有限公司〈P1641〉；[沪]上海威方精细化工有限公司〈P1769〉；上海市沪江生化厂〈P1763〉；[苏]常州市旭东化工有限公司〈P1856〉；宜兴市腾明化工有限公司(1万吨)〈P1887〉；宜兴市有机化工四厂〈P1888〉；宜兴市满球化工有限公司(2500 吨)〈P1886〉；靖江市凡友精细化工厂(1000 吨)〈P1824〉；江苏华昌(集团)有限公司〈P1893〉；徐州市永大化工有限公司〈P1796〉；江苏省沛县东方化工厂〈P1793〉；连云港市中成化工有限公司(200 吨)〈P1800〉；如东振丰奕洋化工有限公司〈P1838〉；[浙]杭州维华生物技术有限公司〈P1923〉；杭州金帆达化工有限公司(5000 吨)〈P1919〉；浙江省湖州沙龙化工有限公司〈P1947〉；湖州康润化工有限公司〈P1945〉；升华集团控股有限公司〈P1946〉；[皖]安徽省萧县三氯化磷厂(3 万吨)〈P1984〉；[赣]江西省赣西化工有限公司〈P2016〉；[鲁]淄博东宏化工有限公司(1000 吨)〈P2059〉；[粤]广州润土农药化工有限公司〈P2263〉；[渝]重庆川东化工(集团)有限公司〈P2304〉；[川]什邡圣地亚化工有限公司(2000 吨)〈P2325〉

【使用厂】[津]天津市天星助剂颜料厂〈P1605〉；[苏]南京金陵化工厂有限责任公司〈P1785〉；[鲁]青岛红星化工集团自力实业公司〈P2037〉；山东省泰和水处理有限公司〈P2077〉；淄博市鲁川化工有限公司〈P2070〉；[豫]新乡市恒源塑化有限公司〈P2204〉

无水氟化氢；无水氢氟酸 B01000201

Hydrogen fluoride, anhydrous [7664-39-3]

主要用作含氟化合物的原料，也用于氟化铝和冰晶石的制造，半导体表面刻蚀及用作烷基化的催化剂

【生产厂】[蒙]包头明天科技股份有限公司(1500 吨)〈P1681〉；[苏]常熟三爱富氟化工有限责任公司〈P1889〉；盐城氟源化工有限公司(1 万吨)〈P1810〉；江苏梅兰化工股份有限公司〈P1821〉；[浙]浙江三美化工有限公司(500 吨)〈P1955〉；浙江鹰鹏化工有限公司(4 万吨)〈P1956〉；浙江莹光化工有限公司(2 万吨)〈P1956〉；浙江凯圣氟化学有限公司〈P1958〉；浙江衢化氟化学有限公司(1 万吨)〈P1959〉；[闽]福建省顺昌富宝腾达化工有限公司(2 万吨)〈P2004〉；福建华瑞化工有限公司(8000 吨)〈P2002〉；福建省邵武市永飞化工有限公司(4 万吨)〈P2004〉；福建省建阳金石氟业有限公司〈P2003〉；福建省漳平凯达氟制品有限公司(3000 吨)〈P2006〉；福建省清流县东莹化工有限公司(2 万吨)〈P1994〉；[赣]江西浔朋化工有限公司(8000 吨)〈P2013〉；江西中氟化工有限公司(2 万吨)〈P2015〉；[鲁]济南舜华化工有限公司(1 万吨)〈P2025〉；济南舜凯化工有限公司(1 万吨)〈P2025〉；桓台县东化助剂厂〈P2048〉；山东东岳化工股份有限公司(6 万吨)〈P2052〉

【使用厂】[鲁]济南三爱富氟化工有限责任公司〈P2024〉；济南化工厂分厂〈P2022〉；潍坊市新虎啸化工有限公司〈P2105〉；[粤]广州化学试剂厂〈P2261〉

氟氢酸；氢氟酸 B01000301

Hydrofluoric acid [7664-39-3]

用于有机或无机氟化物的制造，也用于不锈钢、非铁金属酸洗、玻璃器皿磨砂和酸洗、磨砂灯泡的处理等

【生产厂】[京]北京东华原医疗设备有限责任公司〈P1547〉；[津]天津市自强化工厂分厂(1500 吨)〈P1614〉；天津市腾瑞氟盐化工有限公司〈P1603〉；[辽]盘锦昊源科工贸有限公司〈P1706〉；[苏]镇江市化剂厂〈P1845〉；无锡市瑞源化工有限公司〈P1878〉；[浙]浙江三美化工有限公司〈P1955〉；浙江鹰鹏化工有限公司〈P1956〉；浙江莹光化工有限公司(2 万吨)〈P1956〉；东阳市向阳化工有限公司〈P1952〉；衢州市台胞投资经贸有限公司〈P1958〉；浙江凯圣氟化学有限公司〈P1958〉；浙江衢化氟化学有限公司〈P1959〉；[闽]福建省顺昌富宝腾达化工有限公司〈P2004〉；福建省邵武市永飞化工有限公司〈P2004〉；福建省建阳金石氟业有限公司(1 万吨)〈P2003〉；福建省漳平凯达氟制品有限公司(6000 吨)〈P2006〉；福建省清流县东莹化工有限公司〈P1994〉；[赣]上饶市广氟医药化工有限公司〈P2015〉；江西中氟化工有限公司〈P2015〉；[鲁]济南化工厂分厂(300 吨)〈P2022〉；济南三爱富氟化工有限责任公司(5000 吨)〈P2024〉；济南舜华化工有限公司(1000 吨)〈P2025〉；淄博市金达氢氟酸厂〈P2068〉；淄博全威振业化工有限公司〈P2066〉；桓台县东化助剂厂〈P2048〉；桓台县聚鑫福利化工厂(2000 吨)〈P2049〉；山东东岳化工股份有限公司(2 万吨)〈P2052〉；青岛三凯化工有限公司〈P2041〉；[豫]河南郑顺氟化工有限责任公司(2 万吨)〈P2168〉；新乡市黄河精细化工有限公司(2 万吨)〈P2205〉；焦作市冰晶科技开发有限公司(1 万吨)〈P2195〉；洛阳兴意磷肥有限责任公司(100 吨)〈P2187〉；[鄂]武汉市道奇化工公司〈P2232〉；武汉市江润精细化工有限责任公司〈P2233〉；武汉海德化工发展有限公司〈P2229〉；[湘]衡阳市邦友化工科技有限公司〈P2252〉；[粤]广州中捷机械化工有限公司〈P2268〉；[桂]广西平果氟化盐有限公司(1 万吨)〈P2301〉

【使用厂】[津]天津化工研究设计院〈P1573〉；[冀]河北雄威化工股份有限公司〈P1648〉；[辽]辽宁天合精细化工股份有限公司〈P1702〉；丹东市中和化工厂〈P1700〉；丹东市化学试剂厂〈P1700〉；[苏]苏州市永达精细化工有限公司〈P1906〉；南京台硝化工有限公司〈P1790〉；江苏梅兰化工股份有限公司〈P1821〉；常熟三爱富氟化工有限责任公司〈P1889〉；[浙]浙江黄岩精细化学品集团有限公司〈P1964〉；[鲁]济南鲁联集团试剂有限公司〈P2023〉；山东淄博南韩化工有限公司〈P2056〉；[豫]多氟多化工股份有限公司〈P2192〉；洛阳市化学试剂厂〈P2184〉；[粤]广州化学试剂厂〈P2261〉

混合酸 B01000391

Mixed acid

【生产厂】[苏]南京台硝化工有限公司〈P1790〉；昆山市申才化工有限公司〈P1897〉；昆山晶科微电子材料有限公司〈P1896〉；[豫]洛阳大学化学试剂厂(300 吨)〈P2181〉

氟硅酸；硅氟酸 B01000401

Fluorosilicic acid [16961-83-4]

主要用于制氟硅酸盐、四氟化硅，也用于电镀、木材防腐、酿造工业设备消毒、自来水添加剂等

【生产厂】[津]天津市自强化工厂分厂(700 吨)〈P1614〉;天津市腾瑞氟盐化工有限公司〈P1603〉;[冀]河北雄威化工股份有限公司(600 吨)〈P1648〉;[苏]无锡市瑞源化工有限公司〈P1878〉;常熟市辛庄吉祥助剂有限公司〈P1891〉;[浙]浙江鹰鹏化工有限公司〈P1956〉;浙江莹光化工有限公司〈P1956〉;东阳市向阳化工有限公司〈P1952〉;浙江凯圣氟化学有限公司〈P1958〉;[闽]福建省建阳金石氟业有限公司〈P2003〉;福建省清流县东莹化工有限公司〈P1994〉;[赣]上饶市广氟医药化工有限公司〈P2015〉;江西贵溪化肥有限责任公司〈P2013〉;[鲁]济南三爱富氟化工有限责任公司(3000 吨)〈P2024〉;济南舜华化工有限公司(1000 吨)〈P2025〉;济南舜凯化工有限公司〈P2025〉;[豫]新乡市黄河精细化工有限公司(1 万吨)〈P2205〉;沁阳市氟硅酸厂(800 吨)〈P2197〉;[鄂]武汉市道奇化工公司〈P2232〉;[湘]湖南永利化工股份有限公司〈P2249〉;[黔]贵州宏福实业开发有限总公司〈P2338〉;[滇]云南三环化工股份有限公司〈P2341〉

【使用厂】[津]天津市风船化学试剂科技有限公司〈P1586〉;[苏]苏州市永达精细化工有限公司〈P1906〉;南通大伦化工有限公司〈P1833〉;[皖]铜陵市铜官山化工有限公司〈P1978〉;[鲁]山东东岳化工股份有限公司〈P2052〉;[豫]开封开化(集团)有限公司〈P2176〉;开封开化(集团)有限公司磷肥厂〈P2177〉;河南郑顺氟化工有限责任公司〈P2168〉;[鄂]襄樊丽明化工有限公司〈P2238〉;湖北黄麦岭磷化工集团公司〈P2242〉;[湘]湖南省永和磷肥厂〈P2248〉;[粤]廉江市化工有限责任公司〈P2293〉;韶关市化工厂〈P2277〉;[桂]广西西江化工有限责任公司〈P2301〉;[渝]云阳县磷肥厂〈P2303〉

氢溴酸;溴氢酸 B01000501

Hydrobromic acid [10035-10-6]

用于制造各种溴化合物,也可用于医药、染料、香料等工业

【生产厂】[津]天津市津西前进化工厂(300 吨)〈P1595〉;天津长芦海晶集团有限公司(4000 吨)〈P1571〉;[苏]南京昂扬石化助剂有限公司〈P1782〉;江苏仪征天宁化工股份有限公司〈P1816〉;宜兴市芳桥东方化工厂〈P1884〉;宿迁市永星药业有限公司〈P1805〉;海门市海信化工助剂厂〈P1830〉;[浙]台州市申源化学品有限公司〈P1962〉;[鲁]鲍山化工厂〈P2020〉;无棣金盛化工有限公司(1000 吨)〈P2157〉;淄博亿腾化工有限公司(2400 吨)〈P2075〉;淄博胜宝化工有限公司(1200 吨)〈P2067〉;东营市博美特化工有限责任公司(1000 吨)〈P2081〉;东营市太平洋化工有限责任公司(2000 吨)〈P2083〉;山东天信化工有限公司(8000 吨)〈P2099〉;莱州市腾飞化工有限公司〈P2110〉;寿光富康制药有限公司(2 万吨)〈P2099〉;寿光卫东化工有限公司(2 万吨)〈P2100〉;山东省海洋化工科学研究院(1 万吨)〈P2097〉;潍坊长安化工贸易有限公司(3000 吨)〈P2101〉;潍坊海化远大精细化工有限公司〈P2102〉;潍坊宏远化工有限公司〈P2102〉;潍坊新华海洋精细化工有限公司〈P2106〉;潍坊张氏化工有限公司(2000 吨)〈P2107〉;山东威泰精细化工有限公司〈P2048〉;曲阜市助剂厂(200 吨)〈P2130〉;山东郓城三兴化工有限公司(3000 吨)〈P2161〉;[鄂]襄樊金泽成精细化工有限公司〈P2238〉;南漳县襄九精细化工有限责任公司〈P2238〉

【使用厂】[京]北京化工厂〈P1549〉;[辽]沈阳市试剂三厂〈P1688〉;丹东医创药业有限责任公司〈P1701〉;[吉]辽源市百康药业有限责任公司〈P1717〉;[沪]上海南翔试剂有限公司〈P1754〉;[苏]苏州市永达精细化工有限公司〈P1906〉;南通光荣化工有限公司〈P1833〉;[浙]浙江省三门解氏化学工业有限公司〈P1966〉;[闽]美琪玛化学(厦门)有限公司〈P1991〉;[鲁]邹平铭兴化工有限公司〈P2158〉;淄博开发区光明社会福利化工厂〈P2064〉;济宁市化工研究所〈P2128〉;寿光市万奥化工有限公司〈P2100〉

氢碘酸 B01000551

Hydroiodic acid [10034-85-2]

【生产厂】[沪]上海沪试化工有限公司〈P1737〉;[川]自贡市金典化工有限公司〈P2322〉

【使用厂】[沪]上海南翔试剂有限公司〈P1754〉

钨酸 B01000601

Tungstic acid; Wolframic acid [7783-03-1]

主要用于制金属钨、钨丝、硬质合金、钨酸盐类,也可用作印染助剂

【生产厂】[苏]东台市金源荧光材料厂〈P1805〉;姜堰市贝斯特钼制品有限公司〈P1823〉;姜堰市峰峰金属制品厂〈P1823〉;姜堰市光明化工厂〈P1823〉;南通万邦科技精细化工有限公司〈P1836〉

高氯酸 B01000801

Perchloric acid [7601-90-3]

用作氧化剂、催化剂、溶剂、炸药等

【生产厂】[苏]常州市科丰化工有限公司〈P1852〉;[湘]桂东高氯酸钾厂〈P2256〉

【使用厂】[川]成都天华科技股份有限公司〈P2315〉

钼酸 B01000901

Molybdic acid [7782-91-4]

用于医药、金属电镀着色、颜料、石油催化剂等

【生产厂】[苏]姜堰市光明化工厂〈P1823〉

盐酸 B01001001

Hydrochloric acid [7647-01-0]

用于制造各种氯化物、染料及医药中间体、氯丁橡胶等,还用于湿法冶金,金属表面处理、制糖和制革工艺等

【生产厂】[京]中国蓝星(集团)总公司〈P1568〉;[津]天津大沽化工股份有限公司(5 万吨)〈P1571〉;天津渤海化工有限责任公司天津化工厂〈P1570〉;天津渤天化工有限责任公司(7 万吨)〈P1571〉;天津市静海县宏钢化工厂(5000 吨)〈P1596〉;[冀]河北省东昊化工有限公司〈P1621〉;石家庄市电化厂(3 万吨)〈P1629〉;河北冀衡化学股份有限公司(4 万吨)〈P1664〉;冀州市钾肥有限公司(2 万吨)〈P1669〉;河北新丰农药化工股份有限公司〈P1640〉;武安市华神化工有限公司〈P1641〉;河北沧州大化集团有限责任公司〈P1653〉;河北沧州化工实业集团有限公司(3 万吨)〈P1653〉;黄骅市化工厂(1 万吨)〈P1656〉;唐山氯碱有限责任公司〈P1635〉;河北宝硕股份有限公司(4 万吨)〈P1647〉;河北新兴化工有限责任公司(200 吨)〈P1648〉;河北盛华化工有限公司〈P1650〉;[晋]山西榆社化工股份有限公司(1 万吨)〈P1676〉;山西金甲化工有限公司〈P1679〉;阳泉市氯碱有限责任公司(1 万吨)〈P1674〉;[蒙]内蒙古三联化工股份有限公司(8 万吨)〈P1681〉;包头明天科技股份有限公司(3 万吨)〈P1681〉;内蒙古临海化工有限责任公司(3000 吨)〈P1683〉;[辽]沈阳化工股份有限公司(13 万吨)〈P1686〉;沈阳东进化工产业有限公司(2 万吨)〈P1685〉;大连染料化工有限公司(2 万吨)〈P1693〉;盘锦恒兴化工有限责任公司(2 万吨)〈P1706〉;锦化化工(集团)有限责任公司〈P1703〉;锦化化工集团氯碱股份有限公司〈P1703〉;[黑]哈尔滨华尔化工有限公司(5 万吨)〈P1720〉;牡丹江东北高新化工有限责任公司(5000 吨)〈P1723〉;[沪]上海华彩精细化工有限公司〈P1738〉;上海建北有机化工有限公司〈P1742〉;青上化工

B

(上海)有限公司(54 万吨)〈P1727〉;上海氯碱化工股份有限公司(19 万吨)〈P1752〉;上海市沪江生化厂〈P1763〉;[苏]江苏江东化工股份有限公司(9 万吨)〈P1859〉;常州化工厂〈P1847〉;宜兴市腾明化工有限公司〈P1887〉;江苏三木集团公司〈P1865〉;宜兴市满球化工有限公司(5000 吨)〈P1886〉;苏州精细化工有限公司(14 万吨)〈P1901〉;江苏苏化集团有限公司〈P1894〉;昆山市博尔日化工有限公司〈P1896〉;常熟市金城化工有限公司〈P1890〉;南京化学工业有限公司化工厂(5 万吨)〈P1785〉;徐州市永大化工有限公司〈P1796〉;江苏双菱化工集团有限公司(3 万吨)〈P1798〉;江苏龙腾化工有限公司(7 万吨)〈P1797〉;江苏安邦电化有限公司(4 万吨)〈P1802〉;盐城市坤业化工有限公司〈P1811〉;扬州市恒生化工有限公司〈P1818〉;江苏梅兰化工股份有限公司(3 万吨)〈P1821〉;[浙]杭州萧山天一化工有限公司(3 万吨)〈P1924〉;湖州康润化工有限公司〈P1945〉;宁波亿得精细化工有限公司〈P1934〉;宁波东港电化有限责任公司(2200 吨)〈P1930〉;[皖]安徽氯碱化工集团有限责任公司〈P1972〉;安徽八一化工股份有限公司(8 万吨)〈P1974〉;安徽省萧县三氯化磷厂(1 万吨)〈P1984〉;[闽]福建省东南电化股份有限公司(6 万吨)〈P1988〉;青上化工(厦门)有限公司(5 万吨)〈P1991〉;福建省厦鹭电化有限公司(4 万吨)〈P2001〉;福建省龙岩龙化化工有限公司(4 万吨)〈P2005〉;[赣]南昌氯碱总厂(6000 吨)〈P2010〉;南昌东方巨龙化工实业有限公司〈P2009〉;蓝星化工新材料股份有限公司江西星火有机硅厂〈P2013〉;江西电化精细化工有限责任公司(1 万吨)〈P2010〉;江西贵溪化肥有限责任公司〈P2013〉;江西萍乡市广萍化工有限责任公司(5000 吨)〈P2011〉;[鲁]济南司普润化工产品有限公司(5000 吨)〈P2025〉;济南槐荫化工总厂(3000 吨)〈P2022〉;济南润原化工有限责任公司〈P2024〉;山东塑料试验厂(2 万吨)〈P2030〉;济南恒益瑞德化工有限公司(3 万吨)〈P2021〉;章丘市鲁洪化工有限公司〈P2031〉;山东鲁北企业集团总公司(100 万吨)〈P2156〉;山东聊城钾肥有限公司(7 万吨)〈P2153〉;山东德州石油化工总厂(3 万吨)〈P2143〉;山东大成农药股份有限公司(8 万吨)〈P2051〉;淄博亿腾化工有限公司(1800 吨)〈P2075〉;淄博永超化工有限公司〈P2075〉;淄博星辉化工有限公司〈P2074〉;山东滨化集团有限责任公司(2 万吨)〈P2155〉;东营华泰化工集团公司(6 万吨)〈P2081〉;东营市联成化工有限责任公司(1 万吨)〈P2082〉;山东海科胜利电化有限公司(7000 吨)〈P2085〉;广饶县金岭公司化工厂(3 万吨)〈P2083〉;山东金岭化工集团股份有限公司(1 万吨)〈P2085〉;亚星化学股份有限公司(2 万吨)〈P2107〉;莱州金兴化工有限责任公司(3 万吨)〈P2109〉;青州市政通化工有限公司〈P2093〉;青州市中财化工有限责任公司〈P2094〉;山东联盟化工集团有限公司〈P2096〉;潍坊市新虎啸化工有限公司(1 万吨)〈P2105〉;潍坊银丰化工有限公司〈P2106〉;烟台万华氯碱有限责任公司(2 万吨)〈P2119〉;烟台市牟平区经协化工厂(5 万吨)〈P2119〉;山东恒邦冶炼股份有限公司(1 万吨)〈P2113〉;山东省航天发泡剂总厂(5000 吨)〈P2123〉;龙口科达化工有限公司(1 万吨)〈P2110〉;青岛海晶化工集团有限公司(42 万吨)〈P2035〉;青岛海湾集团有限公司(42 万吨)〈P2036〉;青岛天元化工股份有限公司(2 万吨)〈P2044〉;山东华阳农药化工集团有限公司(5000 吨)〈P2136〉;济宁中银电化有限公司(6 万吨)〈P2129〉;山东宏河集团(6000 吨)〈P2130〉;山东宏河矿业集团恒业化工有限公司(6000 吨)〈P2131〉;山东红日阿康化工股份公司(15 万吨)〈P2149〉;山东恒通化工股份有限公司(3 万吨)〈P2149〉;蒙阴县新丰化工有限公司(2 万吨)〈P2148〉;莒南县达尔特化肥有限公司(7 万吨)〈P2147〉;[豫]郑州市得洁化工有限公司(1000 吨)〈P2173〉;沙隆达郑州农药有限公司(1 万吨)〈P2168〉;郑州化工厂(2 万吨)〈P2171〉;郑州海化氯碱化工有限公司(5 万吨)〈P2170〉;巩义市金源化工有限公司(3000 吨)〈P2163〉;河南开普化工股份有限公司(6 万吨)〈P2165〉;河南开普集团有限公司(30 万吨)〈P2165〉;新乡正华化工有限责任公司(8000 吨)〈P2207〉;原阳县化工厂(3000 吨)〈P2208〉;焦作王封工业有限责任公司(2 万吨)〈P2197〉;河南恒通化工有限公司(4000 吨)〈P2193〉;河南省濮阳市氯碱厂(2 万吨)〈P2213〉;濮阳市一帆化工有限公司(1000 吨)〈P2215〉;许昌东方化工有限公司(4 万吨)〈P2218〉;许昌市物团化工有限公司(1000 吨)〈P2219〉;河南中促实业有限公司(1200 吨)〈P2218〉;河南兴发镁业有限责任公司(3 万吨)〈P2191〉;中国神马集团有限责任公司(5 万吨)〈P2192〉;河南神马氯碱化工股份有限责任公司(3 万吨)〈P2191〉;洛阳市汝化化工有限公司(5 万吨)〈P2185〉;洛阳市三金化工塑料有限公司(1000 吨)〈P2185〉;河南省偃师市新建石蜡厂(800 吨)〈P2181〉;偃师市信应化工有限公司(1000 吨)〈P2189〉;偃师市雪峰塑料化工有限公司(3 万吨)〈P2189〉;河南省三门峡天成电化有限公司(5 万吨)〈P2221〉;河南省南阳市新旺氯碱化工有限责任公司(5 万吨)〈P2223〉;开封开化(集团)有限公司(1 万吨)〈P2176〉;开封青上化工有限公司(5 万吨)〈P2177〉;平顶山煤业集团开封东大化工有限公司(4 万吨)〈P2179〉;尉氏县中原化工厂(500 吨)〈P2179〉;[鄂]武汉葛化集团有限公司(10 万吨)〈P2229〉;湖北双环科技股份有限公司〈P2242〉;潜江市仙桥化学制品有限公司(2 万吨)〈P2246〉;中国石化江汉油田分公司盐化工总厂(2 万吨)〈P2246〉;湖北楚源集团股份有限公司〈P2239〉;老河口华松化工有限责任公司(2 万吨)〈P2237〉;宜昌山水投资有限公司(1 万吨)〈P2241〉;[湘]长沙鑫本化工有限公司(1200 吨)〈P2247〉;青上化工(株洲)有限公司(5 万吨)〈P2249〉;常德恒通石化助剂有限公司(4 万吨)〈P2255〉;常德天盛电化有限公司〈P2255〉;锡矿山闪星锑业有限责任公司〈P2258〉;湖南郴州化工集团有限公司(6 万吨)〈P2257〉;湖南绿洲化肥有限公司(2 万吨)〈P2257〉;郴州方舟化工有限责任公司(4 万吨)〈P2256〉;[粤]佛山市华昊化工有限公司电化厂(4 万吨)〈P2287〉;[桂]南宁化工股份有限公司(12 万吨)〈P2296〉;梧州市联溢化工有限公司〈P2300〉;广西柳州东风化工有限责任公司(2 万吨)〈P2297〉;[渝]重庆嘉陵化学制品有限公司(2000 吨)〈P2305〉;重庆长寿盐化工有限责任公司〈P2304〉;重庆长风化工厂〈P2303〉;[川]成都化工股份有限公司(2 万吨)〈P2311〉;四川省什邡蓥峰实业总公司(8 万吨)〈P2328〉;四川省金路树脂有限公司(1 万吨)〈P2327〉;四川省汉源县元康实业有限责任公司〈P2336〉;四川鸿鹤精细化工股份有限公司〈P2321〉;张家坝氯碱化工有限责任公司(3 万吨)〈P2321〉;自贡鸿鹤化工集团有限责任公司(1 万吨)〈P2321〉;宜宾天原股份有限公司〈P2335〉;泸州北方化学工业有限公司〈P2322〉;[滇]云南盐化股份有限公司〈P2342〉;云南三环化工股份有限公司(2 万吨)〈P2341〉;云南红云氯碱有限公司〈P2340〉;[陕]陕西景盛硫酸钾肥有限公司(1 万吨)〈P2346〉;陕西金泰氯碱化工有限公司〈P2353〉;陕西北元化工有限公司〈P2353〉;[甘]甘肃稀土集团有限责任公司(3 万吨)〈P2357〉;甘肃省盐锅峡化工总厂(4 万吨)〈P2358〉;[青]青海黎明化工有限责任公司(1 万吨)〈P2359〉;[宁]宁夏金昱元化工集团有限公司(10 万吨)〈P2362〉;[新]新疆中泰化学股份有限公司(8 万吨)〈P2365〉;新疆天业股份有限公司(5 万吨)〈P2367〉;新疆青松建材化工(集团)股份有限公司(1 万吨)〈P2366〉

【使用厂】[京]中国石油化工股份有限公司北京化工研究院〈P1568〉;[津]天津市东方化工厂〈P1585〉;天津市有机化工一厂〈P1611〉;天津市风船化学试剂科技有限公司〈P1586〉;天津农药股份有限公司〈P1576〉;天津华士化工有限公司〈P1573〉;天津市染料化学第八厂〈P1600〉;天津市大盈树脂塑料有限公司〈P1584〉;天津市硫酸厂〈P1598〉;天津化工研究设计院〈P1573〉;天津红玫瑰食品有限公司〈P1573〉;天津天成制药有限公司〈P1614〉;天津市顶福化工总厂〈P1585〉;天津市南平化工厂〈P1599〉;[冀]石家庄市联碱厂化工分厂〈P1630〉;河北辛集化工集

团有限责任公司〈P1622〉;河北邢台化学试剂有限责任公司〈P1642〉;保定化学试剂厂〈P1645〉;沧州科润化工有限公司〈P1651〉;河北省武强县启龙化工有限公司〈P1666〉;河北诚信有限责任公司〈P1619〉;河北雄威化工股份有限公司〈P1648〉;邯郸市赵都精细化工厂〈P1639〉;石家庄市新华染料化工厂〈P1631〉;邢台铁牛染料化工有限公司〈P1644〉;美利达颜料工业有限公司〈P1669〉;安平县冠达颜料工业有限公司〈P1663〉;怀来长城生物化学工程有限公司〈P1650〉;[晋]山西文通钾盐集团有限公司〈P1670〉;山西侯马平阳制药厂〈P1678〉;[蒙]通辽市通华蓖麻化工有限责任公司〈P1682〉;[辽]大连北方氯酸钾厂〈P1691〉;本溪怀特石油化工有限责任公司〈P1699〉;辽阳前进化工有限公司〈P1710〉;沈阳市试剂三厂〈P1688〉;大连瑞泽农药股份有限公司〈P1693〉;同联集团沈阳抗生素厂〈P1690〉;丹东深兰化工有限公司〈P1700〉;[沪]上海勤工无机盐有限公司〈P1757〉;中国石化上海石油化工股份有限公司〈P1780〉;上海三维制药有限公司〈P1760〉;上海祁南胶粘材料厂〈P1756〉;上海天坛助剂有限公司〈P1767〉;上海金赛医药化工有限公司〈P1744〉;上海振兴化工二厂有限公司〈P1778〉;上海南翔试剂有限公司〈P1754〉;上海经纬化工有限公司〈P1745〉;上海汇龙化工有限公司〈P1741〉;上海市宝山区合众化工厂〈P1763〉;上海美兴化工有限公司〈P1753〉;上海科创化工有限公司〈P1748〉;上海崇明生化制品厂有限公司〈P1730〉;上海福新化工有限公司〈P1733〉;上海华美助剂厂精细化工分厂〈P1739〉;[苏]连云港市海镁化工有限公司〈P1799〉;江苏峰峰钨钼制品股份有限公司〈P1807〉;东台市绿源化工有限公司〈P1806〉;江都市华兴医药化工制品有限公司〈P1814〉;镇江江南化工有限公司〈P1844〉;江苏天容集团股份有限公司〈P1861〉;兴化锁龙消防药剂有限公司〈P1828〉;江苏苏中农药化工厂〈P1822〉;江苏省江阴制药厂〈P1866〉;苏州二叶制药有限公司〈P1899〉;常熟市颜料化工厂有限公司〈P1891〉;江苏常余化工有限公司〈P1893〉;盐城市誉球化工有限公司〈P1812〉;南京红太阳集团〈P1784〉;江苏苏青水处理工程集团有限公司〈P1866〉;南京扬子净水剂有限公司〈P1791〉;南京扬子复合材料有限公司〈P1791〉;兴化市青松农药化工有限公司〈P1828〉;南通海星制药有限公司〈P1833〉;常州市清红化工有限公司〈P1853〉;江苏省溧阳市制药厂〈P1861〉;江苏飞翔化工(张家港)有限公司〈P1893〉;盐城市东港药物化工发展有限公司〈P1811〉;张家港市活性炭厂〈P1913〉;常熟市医药原料厂〈P1891〉;常熟市农药厂有限公司〈P1890〉;昆山三友医药辅料厂〈P1896〉;常熟市沪联助剂有限责任公司〈P1890〉;姜堰市光明化工厂〈P1823〉;太仓市农药厂有限公司〈P1908〉;东台市廉贻化工六厂〈P1806〉;[浙]温州天盛电化有限公司〈P1938〉;温州华华集团有限公司〈P1937〉;海宁市金潮实业总公司〈P1939〉;海盐博大精细化工有限公司〈P1940〉;浙江海正药业股份有限公司〈P1964〉;浙江迪耳药业有限公司〈P1954〉;嘉兴市向阳化工厂〈P1942〉;浙江新农化工股份有限公司〈P1970〉;浙江华海药业股份有限公司〈P1964〉;浙江省三门解氏化学工业有限公司〈P1966〉;[皖]马鞍山金星化工(集团)有限公司〈P1977〉;马鞍山市康华化工有限公司〈P1977〉;安徽华星化工股份有限公司〈P1984〉;[闽]浦城正大生化有限公司〈P2005〉;福建泰宁金湖碳素有限公司〈P1996〉;福建三农集团股份有限公司〈P1994〉;福建省(屏南)榕屏化工有限公司〈P2007〉;福建省浦城林产化工总厂〈P2004〉;[赣]赣南果业赣州农药公司〈P2014〉;江西农大锐特化工科技有限公司〈P2009〉;赣州钴钨有限责任公司〈P2014〉;江西制药有限责任公司〈P2009〉;[鲁]济南鲁联集团试剂有限公司〈P2023〉;青岛海洋化工有限公司〈P2036〉;淄博合力化工有限公司〈P2061〉;淄博宏盛集团化工厂〈P2061〉;淄博化学试剂厂有限公司〈P2062〉;安丘市鲁安药业有限责任公司〈P2088〉;淄博环拓化工有限公司〈P2062〉;山东临邑县宏达化工有限公司〈P2144〉;德州虹桥染料化工有限公司〈P2142〉;淄博市博山东方化工厂〈P2067〉;淄博金马化工厂〈P2063〉;桓台县周家镇沈家化工厂〈P2049〉;淄博市淄川福利化工原料厂〈P2072〉;新泰泰山生化有限公司〈P2139〉;山东洁晶集团股份有限公司〈P2139〉;山东鲁光化工厂〈P2150〉;山东聊城阿华制药有限公司〈P2153〉;鲁南制药集团股份有限公司〈P2148〉;山东齐鲁乙烯化工股份有限公司〈P2054〉;曲阜市天昊化工助剂有限公司〈P2130〉;泰安市黎明化工有限责任公司〈P2138〉;山东省泰和水处理有限公司〈P2077〉;济南华菱药业有限公司〈P2022〉;山东信科环化有限责任公司〈P2151〉;山东省平原制药厂〈P2146〉;山东博山制药有限公司〈P2051〉;新汶矿业集团有限责任公司〈P2139〉;济南台岛化工有限公司〈P2025〉;山东东岳化工股份有限公司〈P2052〉;山东平原县忠臣化工有限公司〈P2145〉;临沂金亿化工有限公司〈P2147〉;山东省邹平县长山镇金鑫化工厂〈P2156〉;淄博净水剂有限公司〈P2063〉;胶州市精细化工有限公司〈P2031〉;淄博市淄川区社会福利五金化工厂〈P2072〉;山东华仙集团总公司〈P2131〉;淄博开发区光明社会福利化工厂〈P2064〉;山东东大化学工业有限公司〈P2052〉;东辰(集团)化工有限公司〈P2081〉;寿光富康制药有限公司〈P2099〉;威海武岭爆破器材有限公司〈P2126〉;青岛德慧精细化工有限公司〈P2033〉;山东省鄄城县振兴石油助剂厂〈P2160〉;济宁宁丰化工有限公司〈P2128〉;桓台县聚鑫福利化工厂〈P2049〉;淄博照新化工有限公司〈P2076〉;济南金信洋染料有限公司〈P2023〉;淄博市临淄环保产业开发公司〈P2068〉;山东高青达盛源化工有限公司〈P2052〉;寿光市曙光助剂厂〈P2100〉;[豫]开封市祥利化工厂〈P2178〉;开封染料化工厂〈P2177〉;偃师乳酸有限公司〈P2188〉;河南佰利联化学股份有限公司〈P2193〉;焦作鑫安科技股份有限公司〈P2197〉;河南省开仑化工有限责任公司〈P2211〉;濮阳市春盛化工有限公司〈P2213〉;洛阳市化学试剂厂〈P2184〉;河南省化工研究所〈P2167〉;新乡白鹭化纤集团有限责任公司〈P2203〉;商丘市稀土微肥示范厂〈P2226〉;夏邑县谷氨酸股份有限公司〈P2226〉;开封化工三厂〈P2176〉;南阳普康药业有限公司〈P2224〉;三门峡奥科钡业有限公司〈P2221〉;洛阳金岛化工有限公司〈P2182〉;巩义市鑫达化工厂〈P2164〉;巩义市芝田净化剂厂〈P2165〉;洛阳市恩迪化工有限公司〈P2183〉;[鄂]湖北科兴医药化工股份有限公司〈P2237〉;咸宁京汇药业有限公司〈P2244〉;武汉径河化工有限公司〈P2230〉;湖北省化学研究院〈P2228〉;[湘]浏阳市化工厂有限公司〈P2249〉;湖南银海石化集团有限公司〈P2249〉;湖南省安化乳酸厂〈P2256〉;邵阳市大圳发达实业有限公司〈P2253〉;湖南洞庭柠檬酸化学有限公司〈P2254〉;[粤]广州市人民化工厂〈P2265〉;广州化学试剂厂〈P2261〉;江门市制漆厂有限公司〈P2286〉;广东东方锆业科技股份有限公司〈P2276〉;[桂]南宁荷花味精有限公司〈P2296〉;广西贺县精细化工厂〈P2300〉;广西岑溪凤凰柠檬酸有限公司〈P2300〉;[渝]重庆康乐制药有限公司〈P2305〉;重庆冶炼(集团)有限责任公司〈P2308〉;重庆无机化学试剂厂〈P2307〉;重庆市花溪化工厂〈P2306〉;[川]四川省化工研究设计院〈P2319〉;成都天华科技股份有限公司〈P2315〉;自贡市张家坝化工建材厂〈P2322〉;四川蓬莱盐化有限公司〈P2331〉;四川山山内江制药厂〈P2332〉;四川红光化工有限公司〈P2334〉;成都川大华西康达药物研究所〈P2310〉;自贡市达成化工制造有限公司〈P2322〉;[滇]昆明庚申精细化工有限责任公司〈P2339〉;云南锡业股份有限公司〈P2342〉;[陕]西安北方惠安精细化工有限公司〈P2347〉;[甘]兰州黄河锌品有限责任公司〈P2355〉;[青]青海盐湖钾肥股份有限公司〈P2360〉;青海金牛胶业集团有限公司〈P2359〉;瀚海企业(集团)有限责任公司〈P2360〉

盐酸(食用) B01001002

Hydrochloric acid, food grade [7647-01-0]

用于食品工业

【生产厂】[浙]温州天盛电化有限公司(2万吨)〈P1938〉;[鲁]青岛海晶化工集团有限公司(2万吨)〈P2035〉;[豫]平顶山煤业集团开封东大化工有限公司(4万吨)〈P2179〉

B

盐酸(药用);白盐酸 B01001003

Hydrochloric acid, medicinal [7647-01-0]

医药工业用于治疗胃酸缺乏症

【生产厂】[浙]杭州利人药业有限公司(40吨)〈P1920〉;衢州海顺医药化工有限公司〈P1957〉;[湘]湖南尔康制药有限公司〈P2248〉

盐酸(精制);精制盐酸;高纯盐酸 B01001005

Hydrochloric acid, refined [7647-01-0]

主要用于食品、医药、精细化学品生产,也可用于化学试剂

【生产厂】[冀]河北冀衡化学股份有限公司〈P1664〉;邢台矿业(集团)有限责任公司金牛钾碱分公司(5000吨)〈P1643〉;[吉]吉林九新实业集团化工有限公司〈P1715〉;[苏]常州化工厂〈P1847〉;[浙]杭州恒贸化工有限公司(2万吨)〈P1918〉;杭州萧山天一化工有限公司(3万吨)〈P1924〉;[闽]福建湄洲湾氯碱工业有限公司(1万吨)〈P1998〉;[鲁]山东金岭化工集团股份有限公司(4万吨)〈P2085〉;青州市诺森新型材料厂(1500吨)〈P2093〉;青岛海晶化工集团有限公司(20万吨)〈P2035〉;[豫]河南开普化工股份有限公司(1500吨)〈P2165〉;[鄂]中国石化江汉油田分公司盐化工总厂〈P2246〉;老河口华松化工有限责任公司(1000吨)〈P2237〉;湖北宜化集团有限责任公司〈P2241〉;[桂]广西柳州东风化工有限责任公司(2万吨)〈P2297〉;[川]成都华融化工有限公司(3万吨)〈P2311〉;[陕]陕西北元化工有限公司(3万吨)〈P2353〉;[青]青海谦信化工有限责任公司(5000吨)〈P2359〉

硅酸 B01001501

Silicic acid [7699-41-4]

用于油脂和蜡的脱色、色层分离、并用作催化剂和吸附剂

【生产厂】[皖]安徽良臣硅源材料有限公司〈P1985〉;[鲁]青岛海洋化工厂分厂(5吨)〈P2036〉

偏钛酸;水合二氧化钛 B01001601

Metatitanic acid

用作媒染剂、催化剂和海水吸附剂

【生产厂】[皖]马鞍山金星化工(集团)有限公司(2000吨)〈P1977〉

【使用厂】[辽]丹东市中和化工厂〈P1700〉;[鲁]济南舜华化工有限公司〈P2025〉

硫酸 B01001700

Sulfuric acid [7664-93-9]

主要用于生产磷酸、磷肥、各种硫酸盐、二氧化钛、洗涤剂、染料、药物等,也可用作酸洗剂、磺化剂、脱水剂等

【生产厂】[津]天津市硫酸厂(2万吨)〈P1598〉;唐山通联化工有限公司(6万吨)〈P1570〉;[冀]河北省东昊化工有限公司(36万吨)〈P1621〉;河北冀衡磷肥股份有限公司(16万吨)〈P1664〉;武安市华神化工有限公司〈P1641〉;沧州天一化工有限公司沧县分公司(8万吨)〈P1653〉;唐山氯碱有限责任公司〈P1635〉;河北澳鑫锌业有限公司〈P1647〉;河北澳鑫锌业有限公司〈P1647〉;[晋]太原化学工业集团有限公司硫酸厂〈P1671〉;[蒙]包头明天科技股份有限公司(10万吨)〈P1681〉;[辽]葫芦岛锌厂(80万吨)〈P1702〉;[吉]中国石油吉化集团公司(10万吨)〈P1717〉;吉林吉恩镍业股份有限公司〈P1715〉;[黑]黑龙江省伊春市永丰黄金冶炼有限责任公司〈P1725〉;[沪]上海吴泾化工有限公司〈P1770〉;上海华谊集团上硫化工有限公司(15万吨)〈P1739〉;[苏]南京铅锌银矿业有限责任公司〈P1788〉;句容长宁生物化工有限公司(15万吨)〈P1843〉;常州市长江硫酸厂(4万吨)〈P1850〉;常州市清红化工有限公司(10万吨)〈P1853〉;苏州精细化工有限公司(60万吨)〈P1901〉;昆山市博尔日化工有限公司〈P1896〉;连云港新磷矿化有限责任公司(10万吨)〈P1800〉;江苏省赣榆县磷肥厂(6万吨)〈P1797〉;江苏龙腾化工有限公司(10万吨)〈P1797〉;涟水磷肥厂(5万吨)〈P1803〉;江苏威力磷复肥有限公司(2万吨)〈P1804〉;阜宁县双叶化工有限公司(3万吨)〈P1806〉;扬州市新业化工有限公司(40万吨)〈P1819〉;南通大伦化工有限公司(15万吨)〈P1833〉;[浙]浙江嘉成化工有限公司〈P1950〉;温州冶炼总厂〈P1938〉;[皖]合肥江淮化肥总厂(5万吨)〈P1972〉;合肥四方磷复肥有限责任公司(6万吨)〈P1973〉;安徽省肥东县太子山化工有限责任公司〈P1972〉;宣城森泰化工有限责任公司(8万吨)〈P1987〉;安徽省宁国司尔特化肥有限公司(20万吨)〈P1986〉;马鞍山金星化工(集团)有限公司(18万吨)〈P1977〉;铜陵有色金属(集团)公司〈P1979〉;铜陵市铜官山化工有限公司(32万吨)〈P1978〉;[闽]福州力业化工有限公司(5万吨)〈P1989〉;福建省顺昌富宝腾达化工有限公司〈P2004〉;福建华瑞化工有限公司(4万吨)〈P2002〉;福建邵武榕丰化工有限公司(2万吨)〈P2003〉;厦门厦化实业有限公司(10万吨)〈P1993〉;福建漳平金鑫硫酸化工有限公司(11万吨)〈P2006〉;尤溪浩泽有色金属冶炼有限公司(1万吨)〈P1996〉;福建省三联化工股份有限公司(15万吨)〈P1995〉;[赣]江西添光化工有限责任公司(6万吨)〈P2017〉;[鲁]济南裕兴化工总厂(10万吨)〈P2027〉;山东瑞普生化有限公司(2万吨)〈P2145〉;山东鲁北企业集团总公司(100万吨)〈P2156〉;山东鲁西化工股份有限公司(80万吨)〈P2153〉;山东省聊城市硫酸厂(3万吨)〈P2154〉;山东省信祥化工有限公司(12万吨)〈P2154〉;山东聊城鲁西化工集团总公司第五化肥厂(30万吨)〈P2153〉;淄博市淄川福利化工原料厂〈P2072〉;淄博金坤化学工业有限公司(2万吨)〈P2063〉;山东东佳集团公司(31万吨)〈P2052〉;淄博三丰化工有限公司(10万吨)〈P2066〉;淄博全威振业化工有限公司〈P2066〉;淄博安兴化工有限公司〈P2057〉;桓台县东化助剂厂〈P2048〉;胜利油田胜大集团总公司化工一厂(80万吨)〈P2088〉;山东奥宝化工集团有限公司(15万吨)〈P2094〉;青州市政通化工有限公司〈P2093〉;青州市庆大化工有限公司〈P2093〉;山东联盟化工集团有限公司(15万吨)〈P2096〉;山东科润生物化工有限公司(8万吨)〈P2095〉;烟台有色金属集团有限公司(11万吨)〈P2120〉;山东恒邦冶炼股份有限公司(40万吨)〈P2113〉;山东国大黄金冶炼股份有限公司(40万吨)〈P2113〉;山东招远化工总厂(30万吨)〈P2115〉;青岛东方化工股份有限公司(14万吨)〈P2033〉;莱芜钢铁集团新泰铜业有限公司(3万吨)〈P2135〉;山东海化魁星化工有限公司(20万吨)〈P2135〉;山东华阳科技股份有限公司(4万吨)〈P2135〉;山东华阳农药化工集团有限公司(2万吨)〈P2136〉;山东明瑞化工集团总公司(10万吨)〈P2136〉;山东民生煤化工有限公司(4万吨)〈P2132〉;山东红日阿康化工股份公司(60万吨)〈P2149〉;临沂宏仕德化工有限公司(20万吨)〈P2147〉;莒南县达尔特化肥有限公司(10万吨)〈P2147〉;山东神工化工股份有限公司(3万吨)〈P2077〉;[豫]郑州市中州硫酸厂(6万吨)〈P2174〉;河南信威磷化有限公司(8万吨)〈P2168〉;河南佰利联化学股份有限公司(10万吨)〈P2193〉;河南省焦作市广兴实业有限公司(8万吨)〈P2193〉;河南豫光金铅股份有限公司(10万吨)〈P2194〉;济源市丰田肥业有限公司(8万吨)〈P2195〉;鹤壁市化工四厂(750吨)〈P2199〉;许昌市物团化工有限公司(1200吨)〈P2219〉;河南中促实业有限公司

(800 吨)〈P2218〉；洛阳市符家屯硫酸厂(6 万吨)〈P2183〉；河南省孟津县磷肥厂(2 万吨)〈P2180〉；洛阳市汝化化工有限公司(6 万吨)〈P2185〉；栾川众鑫化工有限公司(4 万吨)〈P2181〉；桐柏鸿基化工有限公司(2 万吨)〈P2225〉；开封开化(集团)有限公司炼锌厂(2 万吨)〈P2177〉；[鄂]武汉市合中化工制造有限公司〈P2232〉；湖北大峪口化工有限公司(59 万吨)〈P2241〉；湖北黄麦岭磷化工集团公司(44 万吨)〈P2242〉；湖北楚源集团股份有限公司〈P2239〉；大冶有色金属公司(38 万吨)〈P2236〉；湖北富驰化工医药股份有限公司(10 万吨)〈P2236〉；湖北祥云(集团)化工股份有限公司(20 万吨)〈P2244〉；襄樊丽明化工有限公司(12 万吨)〈P2238〉；保康庄园肥业有限责任公司(8 万吨)〈P2237〉；[湘]湖南省永和磷肥厂(5 万吨)〈P2248〉；湖南永利化工股份有限公司(36 万吨)〈P2249〉；锡矿山闪星锑业有限责任公司〈P2258〉；湖南金大乘化轻集团有限公司(2 万吨)〈P2257〉；衡阳市湖东化工厂(1 万吨)〈P2252〉；邵阳市海纳兴业化工有限公司(6 万吨)〈P2253〉；郴州天成化工有限责任公司(15 万吨)〈P2256〉；湖南郴州化工集团有限公司(15 万吨)〈P2257〉；[粤]韶关市化工厂(12 万吨)〈P2277〉；廉江市化工有限责任公司(3 万吨)〈P2293〉；广东云浮硫铁矿企业集团公司(12 万吨)〈P2295〉；云浮市宝利硫酸有限责任公司(20 万吨)〈P2295〉；台山市磷肥厂有限公司(5000 吨)〈P2286〉；[桂]广西百合化工股份有限公司(4 万吨)〈P2301〉；广西大华化工厂(5 万吨)〈P2301〉；广西西江化工有限责任公司(10 万吨)〈P2301〉；广西远辰锰业有限公司(6 万吨)〈P2301〉；柳州锌品股份有限公司(15 万吨)〈P2298〉；柳州华锡集团有限责任公司〈P2297〉；广西鹿寨化肥有限责任公司(40 万吨)〈P2297〉；广西堂汉锌铟有限公司(9 万吨)〈P2302〉；[渝]重庆市华东化工有限公司〈P2306〉；云阳县磷肥厂(2 万吨)〈P2303〉；双赢集团有限公司(12 万吨)〈P2303〉；[川]四川山山药业集团有限公司(24 万吨)〈P2332〉；西昌锌业有限责任公司(3 万吨)〈P2336〉；绵竹新清华化工有限责任公司〈P2324〉；四川省什邡蓥峰实业总公司(34 万吨)〈P2328〉；四川宏达化工股份有限公司(24 万吨)〈P2326〉；三台县启明星磷酸盐有限公司(4 万吨)〈P2330〉；[黔]贵州省铜仁地区化肥厂(4 万吨)〈P2338〉；贵州省习水县磷肥厂(7000 吨)〈P2337〉；[滇]云南铜业股份有限公司(30 万吨)〈P2342〉；云南三环化工股份有限公司(139 万吨)〈P2341〉；云南安宁化肥有限责任公司(10 万吨)〈P2340〉；云南磷化集团有限公司(10 万吨)〈P2341〉；云南昆阳磷肥厂有限公司(6 万吨)〈P2341〉；昆明化肥有限责任公司(12 万吨)〈P2339〉；云南磷化集团有限公司昆阳磷矿(4 万吨)〈P2341〉；云南禄丰勤攀磷化工有限公司(12 万吨)〈P2345〉；云南驰宏锌锗股份有限公司(26 万吨)〈P2342〉；云南陆良龙海化工有限责任公司(24 万吨)〈P2343〉；云南金星化工有限公司(5 万吨)〈P2345〉；[陕]陕西省三原县硫酸厂(2 万吨)〈P2352〉；陕西华山化工集团有限公司(15 万吨)〈P2352〉；陕西北元化工有限公司〈P2353〉；陕西旬阳大地复肥有限公司(4 万吨)〈P2354〉；[宁]山东鲁西化工集团宁夏化肥有限责任公司(4 万吨)〈P2361〉；[新]新疆天业股份有限公司(3 万吨)〈P2367〉；新疆奎屯圣业化工有限公司(2 万吨)〈P2367〉；新疆托克逊县雪银硫铜开发总厂(10 万吨)〈P2366〉；新疆青松建材化工(集团)股份有限公司(4 万吨)〈P2366〉

【使用厂】[津]天津渤天化工有限责任公司〈P1571〉；天津市东方化工厂〈P1585〉；南开大学化工厂〈P1569〉；天津力生化工有限公司〈P1576〉；天津市近代化学厂〈P1596〉；天津市有机化工一厂〈P1611〉；天津市风船化学试剂科技有限公司〈P1586〉；天津华士化工有限公司〈P1573〉；天津长芦汉沽盐场有限责任公司〈P1571〉；天津市汉沽化肥厂〈P1588〉；天津市津南化肥实验有限公司〈P1594〉；天津化工研究设计院〈P1573〉；天津市人造纤维厂〈P1600〉；天津市硫酸厂三分厂〈P1598〉；天津市兰化染料厂〈P1598〉；天津市染料厂分厂〈P1600〉；天津市长城化工厂〈P1581〉；天津市雍阳减水剂厂〈P1611〉；天津红玫瑰食品有限公司〈P1573〉；天津天成制药有限公司〈P1614〉；天津天青化工有限公司〈P1615〉；天津科富磷化有限公司〈P1575〉；天津三环化学有限公司〈P1577〉；天津市顶福化工总厂〈P1585〉；天津市越过化工有限责任公司〈P1612〉；天津市福升肥料有限公司〈P1586〉；天津市长河化工有限公司〈P1581〉；天津芦阳化肥股份有限公司〈P1576〉；[冀]石家庄市联碱厂化工分厂〈P1630〉；河北铬盐化工有限公司〈P1620〉；石家庄市茂新化工有限公司〈P1631〉；邢台市巨星化工有限公司〈P1643〉；河北邢台化学试剂有限责任公司〈P1642〉；沧州科润化工有限公司〈P1651〉；衡水衡湖化工有限责任公司〈P1667〉；河北佰斯特化工有限公司〈P1619〉；石家庄林峰化工有限公司〈P1628〉；河北冀中化工有限责任公司〈P1620〉；承德新新钒钛化工有限公司〈P1650〉；衡水东风化工有限责任公司〈P1667〉；河北冀衡化学股份有限公司〈P1664〉；河北省武强县启龙化工有限公司〈P1666〉；黄骅市渤海化工(集团)公司〈P1656〉；中国-阿拉伯化肥有限公司〈P1637〉；河北雄威化工股份有限公司〈P1648〉；河北敬业化工集团股份有限公司〈P1620〉；邢台铁牛染料化工有限公司〈P1644〉；保定市满城信誉化工厂〈P1646〉；吴桥顺达化工有限责任公司〈P1657〉；保定市满城金星化工有限公司〈P1646〉；河北宝硕股份有限公司〈P1647〉；[晋]山西省原平市化工有限责任公司〈P1676〉；山西省陵川化工总厂〈P1675〉；山西省山阴县康立化工有限责任公司〈P1675〉；太原树脂厂〈P1672〉；[蒙]通辽市通华蓖麻化工有限责任公司〈P1682〉；内蒙古黄河铬盐股份有限责任公司〈P1683〉；[辽]沈阳丰收农药有限公司〈P1685〉；大连染料化工有限公司〈P1693〉；丹东明珠特种树脂有限公司〈P1700〉；丹东宽甸硼矿〈P1700〉；大石桥市兴鹏复合肥有限公司〈P1703〉；辽阳鸿泰有机化工有限公司〈P1710〉；本溪鹏程化工有限公司〈P1699〉；沈阳市试剂三厂〈P1688〉；抚顺石油化工分公司腈纶化工厂〈P1698〉；辽宁庆阳特种化工有限公司〈P1709〉；阜新特种化学股份有限公司〈P1708〉；北宁市闾峰化工厂〈P1701〉；昌图县糠醛厂〈P1712〉；沈阳市应用技术实验厂〈P1689〉；丹东市中和化工厂〈P1700〉；丹东市化学试剂厂〈P1700〉；丹东深兰化工有限公司〈P1700〉；[吉]通化双龙集团有限公司化工公司〈P1718〉；吉林省舒兰合成药业股份有限公司〈P1716〉；[黑]哈尔滨试剂化工厂〈P1720〉；黑龙江黑化集团有限公司〈P1722〉；牡丹江鸿利化工有限责任公司〈P1723〉；牡丹江市红旗化工厂〈P1723〉；黑龙江省金鹏树脂有限公司〈P1721〉；友谊县中北糠醛有限责任公司〈P1725〉；[沪]上海华谊集团华原化工有限公司〈P1739〉；上海勤工无机盐有限公司〈P1757〉；中国石化上海石油化工股份有限公司〈P1780〉；上海农药厂有限公司〈P1755〉；上海一品国际颜料有限公司〈P1774〉；上海天坛助剂有限公司〈P1767〉；上海焦化有限公司钛白粉分公司〈P1743〉；上海浩业化工有限公司〈P1736〉；上海宝达化工有限公司〈P1728〉；上海五四助剂总厂〈P1770〉；上海振兴化工二厂有限公司〈P1778〉；上海南翔试剂有限公司〈P1754〉；上海建平化工有限公司〈P1743〉；上海金联精细化工厂〈P1744〉；上海汇龙化工有限公司〈P1741〉；上海环球氧化铁颜料有限公司〈P1740〉；宝山钢铁股份有限公司化工分公司〈P1726〉；上海树脂厂有限公司〈P1764〉；上海美兴化工有限公司〈P1753〉；上海华申树脂有限公司〈P1739〉；上海中远化工有限公司〈P1779〉；上海科创化工有限公司〈P1748〉；上海新誉化工厂〈P1772〉；上海新浦化工厂有限公司〈P1772〉；上海福新化工有限公司〈P1733〉；上海四极钛业有限责任公司〈P1766〉；[苏]南京化学工业有限公司化工厂〈P1785〉；南京金陵化工厂有限责任公司〈P1785〉；江宁县磷肥厂〈P1781〉；南京台硝化工有限公司〈P1790〉；徐州试剂厂〈P1796〉；连云港市锦屏化工厂〈P1799〉；江苏双昌肥业有限公司〈P1808〉；建湖县建磷肥料化工有限公司〈P1807〉；盐城凤阳化工有限公司〈P1809〉；大丰市天利肥料有限公司〈P1805〉；江苏海润化工有限公司〈P1816〉；

B

B

江都市华兴医药化工制品有限公司〈P1814〉；姜堰市双达利磷复肥有限公司〈P1824〉；扬州中宇化工肥业有限公司〈P1820〉；泰兴市有机化工四厂〈P1827〉；江苏美乐肥料有限公司〈P1821〉；江苏省仪征市化工三厂〈P1816〉；南通江山农药化工股份有限公司〈P1833〉；海门市禾丰化肥有限公司〈P1830〉；镇江茂源化工有限公司〈P1844〉；江苏省临海化工厂有限公司〈P1808〉；江苏三木集团公司〈P1865〉；苏州特种化学品有限公司〈P1906〉；常熟铁红厂〈P1892〉；盐城氟源化工有限公司〈P1810〉；中农新肥科技股份有限公司〈P1889〉；江苏省六合县磷肥厂〈P1781〉；东台市九转化工有限公司〈P1805〉；南通星辰合成材料有限公司〈P1836〉；苏州二叶制药有限公司〈P1899〉；江苏亚邦化工集团有限公司〈P1861〉；江苏省靖江市金囤农化有限公司〈P1822〉；淮阴市染料化工厂〈P1802〉；盐城市誉球化工有限公司〈P1812〉；江浦县磷肥厂〈P1781〉；无锡市锡宝钛业有限公司〈P1879〉；宜兴市芳桥东方化工厂〈P1884〉；南京扬子净水剂有限公司〈P1791〉；江苏省常州华夏农药有限公司〈P1860〉；常州市武进东湖化工原料有限公司〈P1854〉；金隆化工集团有限公司〈P1861〉；江苏省溧阳市制药厂〈P1861〉；江阴市顾山无机化工厂〈P1869〉；江阴市龙达化工有限公司〈P1870〉；江苏飞翔化工(张家港)有限公司〈P1893〉；盐城市东港药物化工发展有限公司〈P1811〉；江苏中鼎化学有限公司〈P1895〉；常熟市医药原料厂〈P1891〉；常熟市农药厂有限公司〈P1890〉；江都市润扬化工有限公司〈P1814〉；南通瑞普埃尔化学工程有限公司〈P1834〉；上海梅山企业发展有限公司南京化工实业分公司〈P1792〉；无锡恒享白炭黑有限责任公司〈P1873〉；苏州林通染料化工有限公司〈P1902〉；南京浦口橡胶总厂〈P1788〉；常熟市沪联助剂有限责任公司〈P1890〉；徐州开达精细化工有限公司〈P1795〉；连吉化学工业有限公司〈P1798〉；常熟市中新化工厂有限公司〈P1892〉；江阴市东港化肥有限公司〈P1868〉；海门兆丰化工有限公司〈P1830〉；盐城市华鸥化工厂〈P1811〉；启东市裕丰化肥有限公司〈P1837〉；[浙]温州天盛电化有限公司〈P1938〉；温州华华集团有限公司〈P1937〉；海盐北洋磷原物资有限公司〈P1940〉；浙江中星化工试剂有限公司〈P1957〉；浙江黄岩精细化学品集团有限公司〈P1964〉；浙江衢化氟化学有限公司〈P1959〉；诸暨丰盈化工有限公司〈P1952〉；浙江巨化股份有限公司硫酸厂〈P1958〉；浙江五龙化工股份有限公司〈P1947〉；[皖]合肥东风化工总厂〈P1972〉；铜陵化工集团有机化工有限责任公司〈P1978〉；安徽八一化工股份有限公司〈P1974〉；安徽省蚌埠市永艳染料化工有限公司〈P1975〉；安徽六国化工股份有限公司〈P1978〉；蒙城华昌化工有限公司〈P1983〉；合肥飞建化工有限责任公司〈P1972〉；中科铜都粉体新材料股份有限公司〈P1979〉；安徽省青阳县银兴化工原料有限责任公司〈P1987〉；核工业华东地质局芜湖二七一化工厂〈P1973〉；[闽]福建省漳平凯达氟制品有限公司〈P2006〉；福建石化集团三明化工有限责任公司〈P1995〉；福建省龙岩龙化化工有限公司〈P2005〉；福建省邵武市永飞化工有限公司〈P2004〉；福建省建阳金石氟业有限公司〈P2003〉；南平元禾化工有限公司〈P2005〉；福建省三明市三钢煤化工有限公司〈P1995〉；福建欣诺日化有限公司〈P1988〉；宁德市晶航化工有限公司〈P2007〉；福建省漳平市正昌化工有限公司〈P2006〉；福建漳平市正盛化工有限公司〈P2006〉；福建嘉联化工集团〈P2002〉；福建省清流县东莹化工有限公司〈P1994〉；漳州市龙文磷肥厂〈P2002〉；青上化工(厦门)有限公司〈P1991〉；福建省沙县金沙白炭黑制造有限公司〈P1995〉；福建省南平嘉元化工有限公司〈P2003〉；福建省胜达化工有限公司〈P1995〉；厦门长天塑化有限公司〈P1991〉；永安市丰源化工有限公司〈P1996〉；[赣]南昌氯碱总厂〈P2010〉；江西江氨化学工业有限公司〈P2008〉；江西联达化工有限公司〈P2009〉；江西化纤化工有限责任公司〈P2010〉；江西电化精细化工有限责任公司〈P2010〉；江西贵溪化肥有限责任公司〈P2013〉；赣州钴钨有限责任公司〈P2014〉；江西制药有限责任公司〈P2009〉；海利贵溪化工农药有限公司〈P2013〉；[鲁]济南鲁联集团试剂有限公司〈P2023〉；淄博市博山吉利浮选剂厂〈P2067〉；青岛红星化工集团自力实业公司〈P2037〉；青岛海洋化工有限公司〈P2036〉；潍坊潍泰化工有限公司〈P2106〉；山东淄川精细化工厂〈P2056〉；山东大成农药股份有限公司〈P2051〉；淄博元兴化工有限公司〈P2075〉；淄博矿业集团有限责任公司〈P2064〉；淄博化学试剂厂有限公司〈P2062〉；山东省胜利磷肥厂〈P2086〉；山东高密康丰农化有限公司〈P2094〉；潍坊振兴焦化有限公司〈P2107〉；山东烟台凯联化工有限公司〈P2115〉；莱州金兴化工有限责任公司〈P2109〉；淄博同川化工有限公司〈P2073〉；淄博锦星化工有限公司〈P2063〉；聊城市中联化工有限公司〈P2152〉；山东金沂蒙集团有限公司〈P2149〉；山东联合化工股份有限公司〈P2053〉；莱芜东浩化工有限责任公司〈P2140〉；莱芜钢铁股份有限公司焦化厂〈P2140〉；山东省单县化工有限公司〈P2160〉；德州虹桥染料化工有限公司〈P2142〉；德州信达化工有限公司〈P2142〉；山东华阳和乐农药有限公司〈P2144〉；淄博市博山东方化工厂〈P2067〉；淄博金马化工厂〈P2063〉；桓台县周家镇沈家化工厂〈P2049〉；招远七六一有限责任公司〈P2120〉；日照金禾生化集团有限公司〈P2139〉；新泰泰山生化有限公司〈P2139〉；青州市鑫隆化工有限公司〈P2093〉；山东聊城阿华制药有限公司〈P2153〉；山东广威消毒剂有限公司〈P2094〉；济南圣泉集团股份有限公司〈P2025〉；枣庄天元精细化工有限公司〈P2080〉；曲阜市天昊化工助剂有限公司〈P2130〉；泰安市黎明化工有限责任公司〈P2138〉；荣成市化工总厂有限公司〈P2122〉；山东博山腾升集团坤林化工厂〈P2051〉；山东博山制药有限公司〈P2051〉；山东双龙化工有限公司〈P2115〉；山东东岳化工股份有限公司〈P2052〉；山东平原县忠臣化工有限公司〈P2145〉；淄博开发区三威化工厂〈P2064〉；淄博市鲁川化工有限公司〈P2070〉；山东省邹平县长山镇金鑫化工厂〈P2156〉；莱州市利福达农用肥原料厂〈P2110〉；淄博张店东方化学股份有限公司〈P2076〉；威海市东洋化工厂〈P2125〉；淄博光正铝盐化工有限公司〈P2060〉；滕州银丰化工有限公司〈P2080〉；青岛海洋化工厂分厂〈P2036〉；山东联科白炭黑有限公司〈P2096〉；山东临沂华丰化肥有限公司〈P2149〉；山东东大化学工业有限公司〈P2052〉；寿光富康制药有限公司〈P2099〉；山东省菏泽市化工有限公司〈P2160〉；潍坊亚东化工塑胶有限公司〈P2106〉；山东山大华特科技股份有限公司环保分公司〈P2029〉；济宁市通达化工厂〈P2128〉；济南舜华化工有限公司〈P2025〉；新泰市兰得染料化工有限公司〈P2138〉；淄博市临淄鑫森化工有限公司〈P2070〉；青州市振华化工有限公司〈P2093〉；青岛市崂山区晓望化工有限公司〈P2042〉；济南金信洋染料有限公司〈P2023〉；淄博市临淄环保产业开发公司〈P2068〉；青岛美高集团有限公司〈P2040〉；山东寿光绿洲皮革塑料有限公司〈P2098〉；招远汇源硅胶有限公司〈P2120〉；招远威达硅胶有限公司〈P2121〉；山东宝源化工有限公司〈P2051〉；山东隆信化工有限公司〈P2053〉；兖州市向阳化工有限公司〈P2134〉；[豫]河南开普化工股份有限公司〈P2165〉；平顶山煤业集团开封东大化工有限公司〈P2179〉；开封开化(集团)有限公司〈P2176〉；开封开化(集团)有限公司磷肥厂〈P2177〉；汤阴县豫星化工有限责任公司〈P2212〉；安阳市健美日化有限责任公司〈P2209〉；偃师乳酸有限公司〈P2188〉；新乡三星染化有限公司〈P2204〉；内黄县糠醛有限公司〈P2212〉；永城化学工业公司〈P2226〉；鹤壁市树脂有限公司〈P2200〉；河南心连心化工有限公司〈P2202〉；多氟多化工股份有限公司〈P2192〉；三门峡化工厂〈P2221〉；临颍县化工有限公司〈P2220〉；洛阳兴意磷肥有限责任公司〈P2187〉；鹤壁市国峰助剂有限责任公司〈P2199〉；洛阳市化学试剂厂〈P2184〉；河南省化工研究所〈P2167〉；新乡白鹭化纤集团有限责任公司〈P2203〉；巩义市孝义镇化工厂〈P2164〉；焦作市华联化工有限公司〈P2196〉；博爱县化学

农药厂〈P2192〉;焦作市恒昌化工颜料厂〈P2196〉;夏邑县谷氨酸股份有限公司〈P2226〉;河南省尉氏县香料厂〈P2176〉;开封化工三厂〈P2176〉;河南康泰制药集团公司河南省精细化工厂〈P2166〉;郑州强强锌业有限公司〈P2172〉;河南康泰制药集团公司〈P2166〉;河南郑顺氟化工有限责任公司〈P2168〉;新郑市纺织助剂化工有限公司〈P2169〉;平顶山市神翔化工厂〈P2192〉;安阳染料厂〈P2208〉;河南省新乡卫星染化厂〈P2201〉;三门峡思念缓释肥业有限公司〈P2222〉;三门峡市峡威化工有限公司〈P2222〉;新乡市黄河精细化工有限公司〈P2205〉;中铁第十五工程局化工厂〈P2190〉;[鄂]武汉青江化工股份有限公司〈P2231〉;武汉凯兴颜料有限公司〈P2231〉;黄石振华化工有限公司〈P2236〉;湖北科兴医药化工股份有限公司〈P2237〉;湖北仙隆化工股份有限公司〈P2245〉;武汉方圆钛白粉有限公司〈P2229〉;郧西县第三化工厂〈P2239〉;[湘]长沙蜂巢颜料化工有限公司〈P2247〉;株洲金源化工有限公司〈P2250〉;株洲选矿药剂厂〈P2250〉;湘潭电化科技股份有限公司〈P2251〉;衡阳美仑颜料化工有限公司〈P2252〉;湖南中南制药有限责任公司〈P2253〉;湖南银海石化集团有限公司〈P2249〉;衡阳市重晶石矿〈P2253〉;湖南省安化乳酸厂〈P2256〉;湖南洞庭药业股份有限公司〈P2255〉;湖南三环颜料有限公司〈P2248〉;湖南天宇农药化工集团股份有限公司〈P2253〉;湖南怀化双溪煤矿〈P2257〉;长沙市城郊硫酸锰厂〈P2247〉;湖南省长沙市蓝天化工厂〈P2248〉;衡阳市建辰锰业有限公司〈P2252〉;[粤]广州市人民化工厂〈P2265〉;广州钛白粉厂〈P2267〉;广州化学试剂厂〈P2261〉;广州市金珠江化学有限公司〈P2265〉;广东西陇化工有限公司〈P2276〉;[桂]南宁荷花味精有限公司〈P2296〉;柳州市跃进化工厂〈P2298〉;广西河池化工股份有限公司〈P2302〉;广西藤县雅照钛白有限公司〈P2300〉;广西岑溪恒信钛白有限公司〈P2300〉;广西藤县金茂钛白有限公司〈P2300〉;苍梧顺风钛白粉有限责任公司〈P2300〉;广西岑溪凤凰柠檬酸有限公司〈P2300〉;[渝]攀钢集团重庆钛业股份有限公司〈P2303〉;重庆新华化工厂〈P2308〉;重庆康乐制药有限公司〈P2305〉;重庆川东化工(集团)有限公司〈P2304〉;中化重庆涪陵化工股份有限公司〈P2303〉;[川]四川省化工研究设计院〈P2319〉;四川川化集团成都望江化工厂〈P2318〉;成都天华科技股份有限公司〈P2315〉;自贡市张家坝化工建材厂〈P2322〉;四川博兴实业有限公司〈P2325〉;乐山三九长征药业股份有限公司〈P2332〉;四川红光化工有限公司〈P2334〉;成都川人华西康达药物研究所〈P2310〉;广汉雅和化工有限公司〈P2324〉;[黔]贵州水晶化工股份有限公司〈P2337〉;贵州省农业科学院肥料示范厂〈P2337〉;贵州宏福实业开发有限总公司〈P2338〉;六盘水市中联磷肥厂〈P2337〉;[滇]云南省宣威华兴化工有限公司〈P2343〉;个旧市化肥厂〈P2345〉;云南省澄江承坤磷化工厂〈P2343〉;云南锡业股份有限公司〈P2342〉;云南昆明安宁复合肥原料厂〈P2341〉;云南杨林化工厂〈P2342〉;昆明红云化工生产有限公司〈P2339〉;云南昆安磷化工有限公司〈P2340〉;陆良县庄上化肥厂〈P2342〉;[陕]西安龙华实业有限公司〈P2349〉;西安北方惠安精细化工有限公司〈P2347〉;陕西省宝鸡金洋化工有限公司〈P2351〉;宝鸡海宝颜料有限公司〈P2351〉;[甘]兰州助剂厂〈P2356〉;甘肃省盐锅峡化工总厂〈P2358〉;甘肃白银虎豹化工有限公司〈P2357〉;[青]青海金牛胶业集团有限公司〈P2359〉;[新]新疆联达集团(实业)股份有限公司〈P2365〉;新疆米泉市夏华化肥有限责任公司〈P2367〉

硫酸(98%);浓硫酸 B01001701

Sulfuric acid (98%)[7664-93-9]

具有强烈的脱水作用和氧化性,在有机合成中用作脱水剂

【生产厂】[沪]宝山钢铁股份有限公司化工分公司〈P1726〉;[苏]苏州精细化工有限公司〈P1901〉;江苏双昌肥业有限公司(12 万吨)〈P1808〉;海门市禾丰化肥有限公司〈P1830〉;[浙]浙江巨化股份有限公司硫酸厂(15 万吨)〈P1958〉;[闽]漳州市龙文磷肥厂(8 万吨)〈P2002〉;[鲁]莱州金兴化工有限责任公司(18 万吨)〈P2109〉;烟台鹏晖铜业有限公司(30 万吨)〈P2118〉;[豫]洛阳市符家屯硫酸厂(600 吨)〈P2183〉;开封开化(集团)有限公司(25 万吨)〈P2176〉;[鄂]潜江远达化工有限公司〈P2246〉;[川]川化集团有限责任公司(12 万吨)〈P2317〉;[滇]云南江磷集团股份有限公司(8 万吨)〈P2343〉;[甘]白银有色金属公司(48 万吨)〈P2357〉

【使用厂】[沪]上海炼油厂〈P1751〉;青上化工(上海)有限公司〈P1727〉;[苏]涟水磷肥厂〈P1803〉;南京隆燕化工有限公司〈P1787〉;[浙]浙江莹光化工有限公司〈P1956〉;浙江尖峰海洲制药有限公司〈P1965〉;浙江天宇药业有限公司〈P1969〉;[闽]福建省邵武市永飞化工有限公司〈P2004〉;[鲁]潍坊潍泰化工有限公司〈P2106〉;青岛天元化工股份有限公司〈P2044〉;微山县天翔化工有限公司〈P2133〉;德州虹桥染料化工有限公司〈P2142〉;招远七六一有限责任公司〈P2120〉;蒙阴县新丰化工有限公司〈P2148〉;枣庄市丰元化工有限公司〈P2080〉;邹平县振中化工厂〈P2158〉;山东蒙阴益丰企业集团总公司〈P2150〉;山东省巨野凌峰化工原料有限公司〈P2160〉;[豫]河南信威磷化有限公司〈P2168〉;河南省振兴化工集团有限公司〈P2221〉;[鄂]中国石化江汉油田分公司盐化工总厂〈P2246〉;[湘]湖南省永和磷肥厂〈P2248〉;湖南洞庭柠檬酸化学有限公司〈P2254〉;[桂]广西平果氟化盐有限公司〈P2301〉

发烟硫酸 B01001751

Oleum;Sulfuric acid,fuming[7664-93-9]

广泛用于合成染料、炸药、药物等

【生产厂】[沪]上海华谊集团上硫化工有限公司〈P1739〉;[苏]句容长宁生物化工有限公司(5000 吨)〈P1843〉;苏州精细化工有限公司(5 万吨)〈P1901〉;[浙]浙江巨化股份有限公司硫酸厂(3 万吨)〈P1958〉;[皖]马鞍山金星化工(集团)有限公司(6 万吨)〈P1977〉;铜陵市铜官山化工有限公司(2 万吨)〈P1978〉;[鲁]山东东佳集团公司(3 万吨)〈P2052〉;青州市庆大化工有限公司〈P2093〉;[豫]开封开化(集团)有限公司(8 万吨)〈P2176〉;[鄂]武汉青江化工股份有限公司(6000 吨)〈P2231〉;湖北楚源集团股份有限公司〈P2239〉;[湘]湖南郴州化工集团有限公司(5 万吨)〈P2257〉;[粤]云浮市宝利硫酸有限责任公司〈P2295〉

【使用厂】[津]天津市染料化学第八厂〈P1600〉;天津市津南区振华化工厂〈P1594〉;[冀]河北省武强县启龙化工有限公司〈P1666〉;沧州天一化工有限公司沧县分公司〈P1653〉;[辽]丹东深兰化工有限公司〈P1700〉;[沪]上海天坛助剂有限公司〈P1767〉;上海市大场化工厂〈P1763〉;上海汇龙化工有限公司〈P1741〉;[苏]南京化学工业有限公司化工厂〈P1785〉;江苏群发化工有限公司〈P1816〉;南通大伦化工有限公司〈P1833〉;常州市清红化工有限公司〈P1853〉;江阴市龙达化工有限公司〈P1870〉;[浙]浙江衢州门捷化工有限公司〈P1959〉;[闽]福建省邵武市永飞化工有限公司〈P2004〉;[鲁]山东联盟化工集团有限公司〈P2096〉;山东招远化工总厂〈P2115〉;德州虹桥染料化工有限公司〈P2142〉;山东东岳化工股份有限公司〈P2052〉;莱西市金山化工厂〈P2032〉;济南金信洋染料有限公司〈P2023〉;[豫]开封染料化工厂〈P2177〉;河南省安阳荧迪化工有限责任公司〈P2211〉;安阳染料厂〈P2208〉;鹤壁市前进乳化剂厂〈P2199〉;[鄂]湖北仙隆化工股份有限公司〈P2245〉;[粤]广州化学试剂厂〈P2261〉;[川]四川川化集团成都望江化工厂〈P2318〉

蓄电池硫酸;电瓶酸 B01001791

Battery acid;Sulfuric acid for storage battery

[7664-93-9]

用于蓄电池

【生产厂】[津]天津市硫酸厂三分厂(300吨)〈P1598〉;[苏]徐州试剂厂(50吨)〈P1796〉;[鲁]山东东佳集团公司〈P2052〉;山东烟台凯联化工有限公司(1000吨)〈P2115〉;[豫]开封开化(集团)有限公司(1万吨)〈P2176〉;[粤]云浮市宝利硫酸有限责任公司〈P2295〉;[滇]云南杨林化工厂(500吨)〈P2342〉;[新]新疆奎屯圣业化工有限公司〈P2367〉

硝酸 B01002201

Nitric acid [7697-37-2]

用于生产硝酸铵、硝酸磷肥,还用作有机合成的硝化剂,制取硝基化合物,用于冶金、选矿、核燃料再处理等

【生产厂】[冀]石家庄金石化肥有限责任公司〈P1627〉;石家庄化肥集团有限责任公司(2万吨)〈P1626〉;河北冀中化工有限责任公司(8000吨)〈P1620〉;河北沧州大化集团有限责任公司(3万吨)〈P1653〉;[晋]太原化工股份有限公司合成氨分公司(2万吨)〈P1671〉;山西省凯翕克化工有限公司(7万吨)〈P1675〉;文水县振兴化肥有限公司〈P1677〉;山西丰喜肥业(集团)股份有限公司(2万吨)〈P1679〉;天脊煤化工集团有限公司(54万吨)〈P1674〉;[蒙]内蒙古乌拉山化肥有限责任公司(25万吨)〈P1683〉;[沪]上海涂料有限公司〈P1768〉;上海中远化工有限公司(3万吨)〈P1779〉;上海吴淞化肥厂(3万吨)〈P1770〉;[苏]昆山市申才化工有限公司〈P1897〉;昆山市博尔日化工有限公司〈P1896〉;[浙]杭州新龙化工有限公司〈P1924〉;[皖]安徽淮化集团有限公司(30万吨)〈P1976〉;淮南市恩贝化工有限公司〈P1976〉;黄山市龙胜化工有限公司〈P1981〉;安徽华泰化学工业有限公司(18万吨)〈P1987〉;[鲁]济南化肥厂有限责任公司(30万吨)〈P2022〉;淄博市金达氢氟酸厂〈P2068〉;山东联合化工股份有限公司(26万吨)〈P2053〉;桓台县东化助剂厂〈P2048〉;淄博新宇集团有限公司(3万吨)〈P2074〉;山东海化华龙硝铵有限公司〈P2095〉;胶南恒源化工有限公司(10万吨)〈P2031〉;泰安双丰化肥有限公司(1万吨)〈P2138〉;山东飞达化工科技有限公司(3万吨)〈P2135〉;山东华阳科技股份有限公司(2万吨)〈P2135〉;山东鲁光化工厂(4万吨)〈P2150〉;枣庄市丰元化工有限公司(5万吨)〈P2080〉;[豫]新乡市永昌化工有限责任公司(7万吨)〈P2207〉;许昌市物团化工有限公司(1000吨)〈P2219〉;河南中促实业有限公司〈P2218〉;开封开化(集团)有限公司(20万吨)〈P2176〉;[桂]柳州化工股份有限公司〈P2297〉;[渝]重庆长风化工厂〈P2303〉;[川]川化集团有限责任公司(2万吨)〈P2317〉;四川金象化工股份有限公司(6万吨)〈P2333〉;四川泸天化股份有限公司(4万吨)〈P2323〉;[滇]云南解化集团有限公司〈P2345〉;[陕]陕西兴化化学股份有限公司〈P2347〉;[新]新疆新化化肥有限责任公司〈P2364〉

【使用厂】[津]天津市风船化学试剂科技有限公司〈P1586〉;天津市染料化学第九厂〈P1600〉;天津化工研究设计院〈P1573〉;天津市染料厂分厂〈P1600〉;天津市津南区振华化工厂〈P1594〉;天津天成制药有限公司〈P1614〉;天津市顶福化工总厂〈P1585〉;天津市吉发颜料有限公司〈P1591〉;[冀]河北邢台化学试剂有限责任公司〈P1642〉;河北省武强县启龙化工有限公司〈P1666〉;黄骅市渤海化工(集团)公司〈P1656〉;河北雄威化工股份有限公司〈P1648〉;吴桥顺达化工有限责任公司〈P1657〉;[晋]山西文通钾盐集团有限公司〈P1670〉;[辽]大连第一有机化工有限公司〈P1691〉;大连染料化工有限公司〈P1693〉;沈阳市试剂三厂〈P1688〉;辽宁庆阳特种化工有限公司〈P1709〉;阜新特种化学股份有限公司〈P1708〉;辽宁天合精细化工股份有限公司〈P1702〉;丹东市中和化工厂〈P1700〉;[黑]哈尔滨试剂化工厂〈P1720〉;大庆新世纪精细化工有限公司〈P1722〉;[沪]上海勤工无机盐有限公司〈P1757〉;上海农药厂有限公司〈P1755〉;上海一品国际颜料有限公司〈P1774〉;上海天坛助剂有限公司〈P1767〉;上海长江化工厂〈P1729〉;上海建平化工有限公司〈P1743〉;上海美兴化工有限公司〈P1753〉;上海科创化工有限公司〈P1748〉;[苏]南京化学工业有限公司化工厂〈P1785〉;南化集团有限公司氮肥厂〈P1782〉;南京台硝化工有限公司〈P1790〉;徐州试剂厂〈P1796〉;连云港立本农药化工有限公司〈P1798〉;江苏峰峰钨钼制品股份有限公司〈P1807〉;泰兴市有机化工四厂〈P1827〉;盐城氟源化工有限公司〈P1810〉;江苏亚邦化工集团有限公司〈P1861〉;江苏省靖江市金囤农化有限公司〈P1822〉;南通瑞普埃尔化学工程有限公司〈P1834〉;常州市武进临川化工有限公司〈P1854〉;[浙]温州天盛电化有限公司〈P1938〉;温州华华集团有限公司〈P1937〉;浙江省三门解氏化学工业有限公司〈P1966〉;[皖]铜陵化工集团有机化工有限责任公司〈P1978〉;安徽八一化工股份有限公司〈P1974〉;安徽省青阳县银兴化工原料有限责任公司〈P1987〉;核工业华东地质局芜湖二七一化工厂〈P1973〉;[赣]赣南果业赣州农药公司〈P2014〉;萍乡市潘塘腐植酸厂〈P2012〉;[鲁]济南市油墨厂〈P2025〉;青岛天元化工股份有限公司〈P2044〉;淄博市淄川华海化工厂〈P2072〉;德州虹桥染料化工有限公司〈P2142〉;德州信达化工有限公司〈P2142〉;淄博市周村区裕源助剂厂〈P2072〉;青岛化工研究院〈P2037〉;山东聊城阿华制药有限公司〈P2153〉;山东民生煤化工有限公司〈P2132〉;荣成市化工总厂有限公司〈P2122〉;青岛红星化工集团有限责任公司〈P2036〉;山东博山腾升集团坤林化工厂〈P2051〉;山东博山制药有限公司〈P2051〉;山东平原县忠臣化工有限公司〈P2145〉;山东滕州悟通香料有限责任公司〈P2078〉;烟台万华合成革集团有限公司〈P2119〉;威海市东洋化工厂〈P2125〉;淄博开发区光明社会福利化工厂〈P2064〉;潍坊昌盛硝盐有限公司〈P2101〉;莱州市化工三厂〈P2109〉;青州市良田化肥有限公司〈P2093〉;[豫]河南开普化工股份有限公司〈P2165〉;开封市祥利化工厂〈P2178〉;新乡三星染化有限公司〈P2204〉;河南省开仑化工有限责任公司〈P2211〉;临颍县化工有限公司〈P2220〉;洛阳市化学试剂厂〈P2184〉;河南洛染股份有限公司〈P2180〉;商丘市稀土微肥示范厂〈P2226〉;河南省尉氏县香料厂〈P2176〉;河南康泰制药集团公司河南省精细化工厂〈P2166〉;荥阳市六零集团公司六零二分厂〈P2169〉;河南康泰制药集团公司〈P2166〉;洛阳中原化工有限责任公司〈P2188〉;安阳染料厂〈P2208〉;洛阳市宗轩化工有限公司〈P2187〉;[湘]株洲金源化工有限公司〈P2250〉;湖南三环颜料有限公司〈P2248〉;湖南天宇农药化工集团股份有限公司〈P2253〉;祁阳欣荣冶炼化工有限责任公司〈P2257〉;衡阳市建辰锰业有限公司〈P2252〉;[粤]广州化学试剂厂〈P2261〉;广东西陇化工有限公司〈P2276〉;广东省石油化工研究院〈P2259〉;[桂]柳州市跃进化工厂〈P2298〉;[渝]重庆无机化学试剂厂〈P2307〉;[川]四川省化工研究设计院〈P2319〉;成都天华科技股份有限公司〈P2315〉;四川红光化工有限公司〈P2334〉;[黔]贵州水晶化工股份有限公司〈P2337〉;[滇]昆明庚申精细化工有限责任公司〈P2339〉;云南杨林化工厂〈P2342〉;云南师范大学化工厂〈P2341〉;[陕]西安北方惠安精细化工有限公司〈P2347〉;陕西省宝鸡金洋化工有限公司〈P2351〉;[新]新疆双龙腐植酸有限公司〈P2367〉

氯磺酸 B01002401

Chlorosulfonic acid;Sulfuric chlorohydrin [7790-94-5]

主要用于制造糖精和磺胺药物,染料合成中作磺化剂,军事上用作烟幕剂,还用于制离子交换树脂、塑料、农药等

【生产厂】[京]北京马氏精细化学品有限公司〈P1555〉;[津]

天津市硫酸厂(1 万吨)〈P1598〉;[冀]河北省东昊化工有限公司(4 万吨)〈P1621〉;[沪]上海吴泾化工有限公司(2 万吨)〈P1770〉;[苏]苏州精细化工有限公司(6 万吨)〈P1901〉;[浙]浙江巨化股份有限公司硫酸厂(5 万吨)〈P1958〉;[鲁]青岛红星化工集团有限责任公司(8000 吨)〈P2036〉;青岛东风化工有限公司(8000 吨)〈P2033〉;山东华阳科技股份有限公司(1 万吨)〈P2135〉;山东华阳农药化工集团有限公司(5000 吨)〈P2136〉;[豫]开封开化(集团)有限公司(2 万吨)〈P2176〉;开封青上化工有限公司(2 万吨)〈P2177〉;平顶山煤业集团开封东大化工有限公司(6000 吨)〈P2179〉;[鄂]湖北楚源集团股份有限公司〈P2239〉

【使用厂】[津]天津市染料化学第八厂〈P1600〉;[冀]河北省武强县启龙化工有限公司〈P1666〉;[辽]辽宁五环化工有限公司〈P1698〉;[苏]南京化学工业有限公司化工厂〈P1785〉;常州药业股份有限公司〈P1858〉;镇江市宏晔建材化工有限公司〈P1845〉;淮阴市染料化工厂〈P1802〉;常州康达制药有限公司〈P1848〉;[皖]安徽合雅精细化工有限公司〈P1971〉;[鲁]招远七六一有限责任公司〈P2120〉;[豫]河南中孚药业有限公司〈P2168〉;洛阳市曙光化工厂〈P2186〉;河南省新乡卫星染化厂〈P2201〉;[鄂]湖北仙隆化工股份有限公司〈P2245〉;湖北华中药业有限公司〈P2237〉;[渝]重庆长寿化工有限责任公司〈P2304〉

氟磺酸 B01002431

Fluorosulfonic acid [7789-21-1]

【生产厂】[辽]丹东市中和化工厂〈P1700〉;[浙]东阳市向阳化工有限公司〈P1952〉

硼酸 B01002501

Boracic acid;Boric acid [10043-35-3]

用于制取硼酸盐、硼酸酯、光学玻璃、油漆、颜料、硼酸药皂、皮革整理剂、印染助剂和医药上的消毒剂等

【生产厂】[京]北京华丰制药有限公司〈P1549〉;[津]天津市龙胜化工有限公司(3000 吨)〈P1598〉;[冀]河北海骅制药厂〈P1654〉;河北省遵化市永合化工有限责任公司(3000 吨)〈P1635〉;[辽]大石桥市兴鹏复合肥有限公司(1 万吨)〈P1703〉;本溪鹏程化工有限公司(1 万吨)〈P1699〉;丹东宽甸硼矿(2 万吨)〈P1700〉;[吉]磐石长城精细化工有限公司〈P1716〉;[沪]上海威星化工有限公司〈P1769〉;上海宜鑫化工有限公司〈P1774〉;[苏]江苏省沛县东方化工厂〈P1793〉;南通恒兴电子材料有限公司〈P1833〉;[浙]杭州新龙化工有限公司〈P1924〉;浙江黄岩精细化学品集团有限公司〈P1964〉;[鲁]淄博市淄川华海化工厂(5000 吨)〈P2072〉;淄博同川化工有限公司〈P2073〉;淄博市周村利源化工厂(1 万吨)〈P2071〉;潍坊亚东化工塑胶有限公司(3000 吨)〈P2106〉;邹城市中远化工有限公司(1 万吨)〈P2134〉;[粤]广东西陇化工有限公司〈P2276〉;[川]成都开飞高能化学工业有限公司〈P2312〉;[陕]西安市优立电子化工有限责任公司〈P2349〉;[青]青海利亚达化工厂〈P2359〉;青海铬盐高新科技股份有限公司〈P2359〉;青海中天硼锂矿业有限公司(3 万吨)〈P2359〉

【使用厂】[津]天津市风船化学试剂科技有限公司〈P1586〉;[冀]河北雄威化工股份有限公司〈P1648〉;[辽]丹东市中和化工厂〈P1700〉;营口光大阻燃化工有限责任公司〈P1704〉;丹东深兰化工有限公司〈P1700〉;[沪]上海长风化工厂〈P1729〉;上海旭森非卤消烟阻燃剂有限公司〈P1773〉;上海众祥经贸有限公司〈P1779〉;上海南翔试剂有限公司〈P1754〉;上海沪试化工有限公司〈P1737〉;上海申宇医药化工有限公司〈P1761〉;[苏]苏州市永达精细化工有限公司〈P1906〉;张家港飞航实业有限公司〈P1911〉;[鲁]济南化工厂分厂〈P2022〉;济南鲁联集团试剂有限公司〈P2023〉;淄博市临淄鑫齐工贸有限公司〈P2070〉;青州市鑫隆化工有限公司〈P2093〉;济南舜华化工有限公司〈P2025〉;山东省鄄城县振兴石油助剂厂〈P2160〉;淄博市临淄鑫森化工有限公司〈P2070〉;安丘市鲁星化学有限公司〈P2088〉;[豫]河南郑顺氟化工有限责任公司〈P2168〉;巩义市三星陶瓷材料有限公司〈P2163〉;新乡市恒源塑化有限公司〈P2204〉;[粤]广州化学试剂厂〈P2261〉;[川]成都天华科技股份有限公司〈P2315〉;四川特种工程塑料厂〈P2321〉;[新]新疆双龙腐植酸有限公司〈P2367〉

硼酸(医药级) B01002503

Boric acid,medicinal [10043-35-3]

用作 pH 值调节剂、消毒剂、抑菌防腐剂等

【生产厂】[京]北京市燕京制药厂〈P1561〉;[冀]河北华晨药业有限公司(300 吨)〈P1654〉;[粤]广州市汉普医药有限公司〈P2264〉;[川]成都宏博实业有限公司〈P2310〉

磷酸 B01002700

Phosphoric acid [7664-38-2]

主要用于制取化学肥料、洗涤剂、食品和饲料添加剂、阻燃剂及各种磷酸盐

【生产厂】[津]天津市荣宏化工有限责任公司(1 万吨)〈P1600〉;天津市冠达有机化工厂(2 万吨)〈P1587〉;[沪]上海一环化工有限公司〈P1774〉;上海联一磷酸化工有限公司(5000 吨)〈P1751〉;[苏]南京台硝化工有限公司(1000 吨)〈P1790〉;宜兴市石油化学助剂厂(2 万吨)〈P1886〉;江苏澄星磷化工股份有限公司(20 万吨)〈P1865〉;徐州市志丰化工有限公司〈P1796〉;江苏金浦北方氯碱化工有限公司(2 万吨)〈P1793〉;天富(中国)食品添加剂有限公司(7 万吨)〈P1793〉;江苏省沛县东方化工厂〈P1793〉;连云港中铭化工有限公司〈P1801〉;江苏德邦化学工业集团有限公司(5000 吨)〈P1797〉;连云港市锦屏化工厂(2 万吨)〈P1799〉;淮安永创化学有限公司〈P1801〉;泰兴金缘精细化工有限公司〈P1825〉;南通恒兴电子材料有限公司〈P1833〉;[赣]江西贵溪化肥有限责任公司〈P2013〉;[鲁]淄博荣泽化工有限公司〈P2066〉;周村金星硝酸锌厂〈P2057〉;青州市永胜化工有限公司〈P2093〉;青州市振华化工有限公司(3 万吨)〈P2093〉;山东省青州市鑫丰化工有限公司(2 万吨)〈P2098〉;山东省青州市鑫源化工有限公司(3000 吨)〈P2098〉;青州市科缔化工有限公司(2 万吨)〈P2092〉;青州强鑫达化工有限公司〈P2091〉;青州市金汇化工厂(2000 吨)〈P2092〉;滕州香池化工原料有限公司(1 万吨)〈P2080〉;[豫]郑州育才磷酸盐化工厂(5000 吨)〈P2175〉;新乡市华幸化工有限责任公司〈P2205〉;济源市丰田肥业有限公司(10 万吨)〈P2195〉;洛阳津青工贸有限公司(1000 吨)〈P2182〉;洛阳市汝化化工有限公司(6 万吨)〈P2185〉;三门峡化工厂(1 万吨)〈P2221〉;[鄂]武汉莱恩科技有限公司(10 万吨)〈P2231〉;武汉醒狮化学品有限公司(2 万吨)〈P2235〉;京山县华贝有机化工有限责任公司(1 万吨)〈P2242〉;湖北大峪口化工有限公司(20 万吨)〈P2241〉;湖北黄麦岭磷化工集团公司(15 万吨)〈P2242〉;湖北祥云(集团)化工股份有限公司〈P2244〉;襄樊高隆磷化工有限责任公司(2 万吨)〈P2238〉;宜昌中孚化工有限公司(5 万吨)〈P2241〉;湖北兴发化工集团股份有限公司(15 万吨)〈P2241〉;宜昌楚原化工有限责任公司(8 万吨)〈P2241〉;[湘]株洲市中天磷酸盐化工有限责任公司(5000 吨)〈P2250〉;湖南省中方县宏旺化工有限公司(4 万吨)〈P2257〉;[桂]广西南宁科森林产化工有限公司〈P2296〉;广西鹿寨化肥有限责任公司(24 万吨)〈P2297〉;[渝]重庆川东化工(集团)有限公司(9000 吨)〈P2304〉;[川]成都化工研究设计院(5000 吨)〈P2311〉;成都好来化工有限公司〈P2310〉;什邡泰来化工有限公司〈P2325〉;成都市星辰磷酸盐厂〈P2315〉;乐山市金光化工工业有限责任公司(2 万吨)〈P2332〉;四川川投化学工业集团有限公司〈P2322〉;四川绵竹汉旺黄磷有限

责任公司(3 万吨)〈P2327〉;四川绵竹华丰磷化工有限公司(1 万吨)〈P2327〉;什邡安达化工有限公司(3000 吨)〈P2324〉;什邡圣地亚化工有限公司〈P2325〉;什邡市长江化工实业有限公司〈P2325〉;四川川恒化工有限责任公司〈P2325〉;四川川西兴达化工厂〈P2326〉;四川蓝剑化工(集团)有限责任公司〈P2326〉;四川省什邡市聚鑫泰化工有限公司(5000 吨)〈P2328〉;四川省什邡市新兴化工有限公司〈P2328〉;四川什邡鼎立磷化工有限公司(2 万吨)〈P2329〉;四川什邡盛佳磷化工有限公司〈P2329〉;四川什邡市易达化工有限公司〈P2329〉;四川坤华磷化工有限公司〈P2326〉;四川什邡市跃成磷化工有限公司(5000 吨)〈P2329〉;四川八海化工有限公司(6000 吨)〈P2332〉;四川成洪磷化工有限责任公司(4 万吨)〈P2332〉;四川省彭山磷盐化工厂(3000 吨)〈P2334〉;四川省彭山先锋化工有限公司〈P2334〉;绵阳启明星磷化工有限公司(3 万吨)〈P2330〉;四川什邡市川鸿磷化工有限公司〈P2331〉;三台县启明星磷酸盐有限公司(6 万吨)〈P2330〉;绵阳天明磷化工有限公司(1 万吨)〈P2330〉;[黔]贵州华捷化工有限公司(5 万吨)〈P2337〉;贵阳富捷化工有限公司〈P2337〉;贵州磷酸盐厂(7500 吨)〈P2337〉;贵阳花溪区青岩黄磷厂(3000 吨)〈P2337〉;贵州黔能天和磷业有限公司(2500 吨)〈P2337〉;贵州宏福实业开发有限总公司(3000 吨)〈P2338〉;[滇]云南贝克吉利尼天创磷酸盐有限公司〈P2340〉;云南三环化工股份有限公司(50 万吨)〈P2341〉;云南磷肥工业有限公司(14 万吨)〈P2341〉;云南省富民县磷酸盐总厂(5000 吨)〈P2341〉;云南昆阳磷肥厂有限公司(2 万吨)〈P2341〉;昆明化肥有限责任公司(4 万吨)〈P2339〉;禄丰县中胜磷化有限公司(2 万吨)〈P2345〉;云南澄江县德安磷化工有限责任公司(5 万吨)〈P2343〉;云南澄江县磷化工华业有限责任公司(4 万吨)〈P2343〉;云南江磷集团股份有限公司(12 万吨)〈P2343〉;云南马龙化建股份有限公司(1 万吨)〈P2343〉;云南旭东磷化集团(2 万吨)〈P2342〉;云南省滇东磷化工公司(1 万吨)〈P2343〉;个旧沙甸磷酸盐厂〈P2345〉

【使用厂】[津]天津市东方红化工厂〈P1585〉;天津市延安化工厂〈P1610〉;天津市同鑫化工厂〈P1605〉;天津市纵横兴工贸有限公司化工试剂分公司〈P1614〉;[冀]河北新兴化工有限责任公司〈P1648〉;中国-阿拉伯化肥有限公司〈P1637〉;[辽]沈阳市试剂三厂〈P1688〉;中国石油天然气股份公司锦州石化分公司〈P1702〉;大连金益制药厂〈P1692〉;[黑]哈尔滨试剂化工厂〈P1720〉;[沪]上海勤工无机盐有限公司〈P1757〉;上海金湖活性炭有限公司〈P1744〉;上海长江化工厂〈P1729〉;上海葡萄糖厂〈P1755〉;宝山钢铁股份有限公司化工分公司〈P1726〉;上海美兴化工有限公司〈P1753〉;上海中远化工有限公司〈P1779〉;上海科创化工有限公司〈P1748〉;上海新华阻燃剂总厂〈P1772〉;上海华美助剂厂精细化工分厂〈P1739〉;[苏]徐州试剂厂〈P1796〉;徐州汉高洗涤剂有限公司〈P1794〉;连云港市海镁化工有限公司〈P1799〉;南通海星制药有限公司〈P1833〉;常熟市医药原料厂〈P1891〉;连云港市新浦源鑫化工厂〈P1800〉;[浙]建德市新化化工有限责任公司〈P1926〉;[闽]福建泰宁金湖碳素有限公司〈P1996〉;[赣]江西樟树冠京香料有限公司〈P2016〉;[鲁]山东临朐富源精细化工有限公司〈P2096〉;山东滕州悟通香料有限责任公司〈P2078〉;青州市广汇化工厂〈P2092〉;山东海化魁星化工有限公司〈P2135〉;济宁市任城区福利精细化工厂〈P2128〉;莱州市化工三厂〈P2109〉;山东蒙阴益丰企业集团总公司〈P2150〉;临邑县精细化工厂〈P2143〉;山东顺通集团〈P2086〉;[豫]安阳市健美日化有限责任公司〈P2209〉;偃师乳酸有限公司〈P2188〉;焦作市华联化工有限公司〈P2196〉;郑州金岭化工有限公司〈P2171〉;河南滑县活性炭厂〈P2210〉;洛阳市宗轩化工有限公司〈P2187〉;偃师市三业化工厂〈P2189〉;[粤]广州化学试剂厂〈P2261〉;[渝]重庆康乐制药有限公司〈P2305〉;[川]成都化工股份有限公司〈P2311〉;成都天华科技股份有限公司〈P2315〉;广汉雅和化工有限公司〈P2324〉;[滇]个旧市化肥厂〈P2345〉;云南华宁华电磷业有限责任公司〈P2343〉;[陕]陕西华山化工集团有限公司〈P2352〉;[甘]兰州助剂厂〈P2356〉

过磷酸　B01002706

Superphosphoric acid

用于石化的缩合催化剂、树脂、液体肥料或聚磷酸盐等的生产

【生产厂】[鄂]黄石振华化工有限公司〈P2236〉;[黔]贵州磷酸盐厂(5000 吨)〈P2337〉

六氟磷酸　B01002711

Hexafluorophosphoric acid [16940-81-1]

用作金属去污剂、化学上光剂、催化剂等,也用于金属表面防腐

【生产厂】[苏]江苏华昌(集团)有限公司〈P1893〉;盐城市虹艳化工有限公司(200 吨)〈P1811〉;[浙]东阳市向阳化工有限公司〈P1952〉

偏锡酸　B01003101

Metastannic acid [13472-47-4]

用于制取陶瓷釉料和色料

【生产厂】[滇]云南锡业股份有限公司〈P2342〉;昆明庚申精细化工有限责任公司(400 吨)〈P2339〉

次磷酸　B01003201

Hypophosphorous acid [6303-21-5]

是强还原剂,用于制取次磷酸钠、次磷酸钙等次磷酸盐

【生产厂】[沪]上海凯路化工有限公司〈P1747〉;[苏]江苏和纯化学工业有限公司〈P1841〉;张家港爱华化工有限公司〈P1911〉;常熟新特化工有限公司〈P1892〉;江苏省沛县东方化工厂〈P1793〉;泰兴金缘精细化工有限公司〈P1825〉;[鄂]武汉市道奇化工公司〈P2232〉;武汉胜鑫化工有限公司〈P2232〉;武汉市江润精细化工有限责任公司〈P2233〉

聚磷酸;多聚磷酸;PPA　B01003251

Polyphosphoric acid;Polyphosphoric acids [8017-16-1]

有机合成中用作环化剂和酰化剂,也是正磷酸的代用品

【生产厂】[沪]上海联一磷酸化工有限公司〈P1751〉;上海汇港磷酸盐厂〈P1741〉;[苏]常州市武进华洋化工有限公司(2000 吨)〈P1854〉;宜兴市石油化学助剂厂〈P1886〉;[鄂]襄樊高隆磷化工有限责任公司(1000 吨)〈P2238〉;[川]眉山市东坡区晶鑫化工厂(2000 吨)〈P2332〉;四川成洪磷化工有限责任公司〈P2332〉;[滇]云南天耀化工有限公司(7000 吨)〈P2342〉

【使用厂】[苏]泗阳县鼠药厂〈P1804〉

氟硼酸;四氟硼酸　B01003301

Fluoboric acid;Fluoroboric acid [16872-11-0]

用作乙醛合成催化剂、金属表面清洁剂、铅电解的抛光剂、重氮盐的稳定剂等

【生产厂】[津]天津市腾瑞氟盐化工有限公司〈P1603〉;[冀]河北雄威化工股份有限公司〈P1648〉;[辽]丹东市化学试剂厂〈P1700〉;盘锦昊源科工贸有限公司(1000 吨)〈P1706〉;[苏]镇江市化剂厂〈P1845〉;无锡市瑞源化工有限公司〈P1878〉;苏州市永达精细化工有限公司(600 吨)〈P1906〉;常熟市辛庄吉祥助剂有限公司〈P1891〉;[浙]浙江三美化工有限公司(100 吨)〈P1955〉;浙江鹰鹏化工有

限公司〈P1956〉;浙江莹光化工有限公司〈P1956〉;东阳市向阳化工有限公司〈P1952〉;[闽]福建省建阳金石氟业有限公司〈P2003〉;[鲁]济南鲁联集团试剂有限公司(600吨)〈P2023〉;济南化工厂分厂(65吨)〈P2022〉;济南舜华化工有限公司(100吨)〈P2025〉;山东省鄄城县振兴石油助剂厂(700吨)〈P2160〉;[鄂]武汉市道奇化工公司〈P2232〉;武汉市江润精细化工有限责任公司〈P2233〉;武汉海德化工发展有限公司(1000吨)〈P2229〉;[湘]衡阳市邦友化工科技有限公司〈P2252〉

【使用厂】[沪]上海崇明生化制品厂有限公司〈P1730〉;[浙]浙江省三门解氏化学工业有限公司〈P1966〉;[豫]河南福森药业有限公司〈P2223〉

氯铂酸 B01003601

Chloroplatinic acid [16941-12-1]

是石油化工中加氢脱氢催化剂的活性成分

【生产厂】[鲁]济南铂源化学有限公司〈P2020〉

锆氟酸;氟锆酸 B01003801

Fluorozirconic acid

用于金属表面处理和清洗,也用于原子能工业和高级电器材料、耐火材料的生产

【生产厂】[冀]河北雄威化工股份有限公司〈P1648〉;[辽]丹东市中和化工厂〈P1700〉;丹东市化学试剂厂〈P1700〉;[苏]常熟市辛庄吉祥助剂有限公司〈P1891〉;[皖]安徽省康达锆业有限公司〈P1986〉

亚硒酸 B01004001

Selenious acid [7783-00-8]

可用作氧化剂以及制取其他硒化合物,用于制取治疗地方性克山病的有效药物亚硒酸钠

【生产厂】[津]黄骅市津骅添加剂有限公司〈P1569〉;[冀]黄骅市津骅饲料添加剂有限公司〈P1656〉

砷酸 B01004101

Arsenic acid [12044-50-7]

用于砷酸盐的制备和制药工业,也用作杀虫剂

【生产厂】[滇]云南文山金驰砒霜有限公司〈P2344〉

铬酸 B01004201

Chromic acid [7738-94-5]

其溶液用于镀铬

【生产厂】[苏]昆山晶科微电子材料有限公司〈P1896〉;[鲁]青岛三凯化工有限公司〈P2041〉

【使用厂】[川]成都天华科技股份有限公司〈P2315〉

氟铝酸 B01004301

Fluoaluminic acid; Hydrofluoaluminic acid

【生产厂】[苏]无锡市瑞源化工有限公司〈P1878〉

工业氨水 B02000101

Ammonia solution; Aqua ammonia, technical [7664-41-7]

用于化工、食品、医药等行业

【生产厂】[冀]唐山冀滦化肥有限公司〈P1635〉;[沪]上海吴淞化肥厂(1万吨)〈P1770〉;[苏]无锡阳山生化有限责任公司〈P1883〉;昆山市博尔日化工有限公司〈P1896〉;[浙]杭州恒贸化工有限公司(6万吨)〈P1918〉;德清县新溪塑化有限公司〈P1945〉;[闽]福建石化集团三明化工有限责任公司〈P1995〉;[鲁]济南化肥厂有限责任公司(3万吨)〈P2022〉;青州市政通化工有限公司〈P2093〉;青州市中财化工有限责任公司〈P2094〉;[豫]焦作市华联化工有限公司(300吨)〈P2196〉;平顶山飞行化工(集团)有限责任公司(5000吨)〈P2191〉;[滇]云南解化集团有限公司(2000吨)〈P2345〉

【使用厂】[沪]上海华谊集团上硫化工有限公司〈P1739〉;[鲁]淄博新宇集团有限公司〈P2074〉;平阴县金城化工厂〈P2027〉

药用氨水 B02000102

Aqua ammonia, medicinal [1336-21-6]

用于制药

【生产厂】[浙]杭州利人药业有限公司(60吨)〈P1920〉;[皖]蚌埠化工工程塑料厂〈P1975〉

氢氧化钙;消石灰;熟石灰 B02000301

Calcium hydroxide; Hydrated lime; Slaked lime [1305-62-0]

用于制漂白粉、硬水软化剂、脱毛剂、消毒剂、止酸剂、收敛剂和各种钙盐

【生产厂】[京]北京首钢建材化工厂(2万吨)〈P1561〉;北京凤礼精求商贸有限责任公司〈P1547〉;[沪]上海华谊集团华原化工有限公司〈P1739〉;上海碳酸钙厂(3000吨)〈P1767〉;上海联合食品添加剂有限公司〈P1751〉;上海宁成高分子材料有限公司〈P1755〉;上海石粉厂有限公司〈P1762〉;上海越达微纳粉体材料有限公司〈P1777〉;[苏]常州碳酸钙有限公司〈P1857〉;宜兴市天娇净水剂有限公司〈P1887〉;宜兴市南方化工助剂厂(50吨)〈P1886〉;连云港瑞丰化工有限公司〈P1799〉;[浙]杭州稳健钙业有限公司(6万吨)〈P1923〉;[鲁]淄博海诺化工有限公司〈P2061〉;淄博鸿盛微细碳酸钙厂(3000吨)〈P2061〉;淄博鑫诺新材料有限公司〈P2074〉;淄博张店金泉化工厂〈P2076〉;淄博大众食用化工有限公司(1万吨)〈P2059〉;临淄重质碳酸钙厂(300吨)〈P2051〉;山东齐鲁乙烯化工股份有限公司(6万吨)〈P2054〉;[桂]兴安旺达微粉厂〈P2300〉;[陕]陕西省礼泉化工厂(8000吨)〈P2352〉

【使用厂】[沪]上海长风化工厂〈P1729〉;上海华美助剂厂精细化工分厂〈P1739〉;[苏]无锡市高润杰化学有限公司〈P1875〉;[鲁]桓台县周家镇沈家化工厂〈P2049〉;山东鲁光化工厂〈P2150〉;中国石油化工股份有限公司齐鲁石化股份公司〈P2057〉;淄川诚达化工厂〈P2077〉;临朐县大祥精细化工有限公司〈P2089〉;山东高青达盛源化工有限公司〈P2052〉;[豫]河南省三门峡天成电化有限公司〈P2221〉;[鄂]中国石化江汉油田分公司盐化工总厂〈P2246〉;[渝]重庆市化工研究院〈P2307〉;重庆无机化学试剂厂〈P2307〉

氢氧化钡;氢氧化钡(八水) B02000401

Barium hydrate; Barium hydroxide [12230-71-6]

用作合成橡胶的硬化剂、防腐剂、硬水软化剂,精制动植物油等

【生产厂】[津]天津市龙胜化工有限公司(5000吨)〈P1598〉;[晋]榆次金泰钡盐化工有限公司(1万吨)〈P1676〉;[鲁]青岛红星化工集团有限责任公司(6000吨)〈P2036〉;青岛红星化工集团自力实业公司(2000吨)〈P2037〉;山东信科环化有限责任公司(1万吨)〈P2151〉;[豫]洛阳市利保化工有限公司(2000吨)〈P2185〉;[渝]重庆仙峰锶盐化工有限公司〈P2308〉;重庆市川渝矿业有限责任公司(1万吨)〈P2306〉;重庆福斯达化工有限公司〈P2304〉;重庆新申锶盐有限公司〈P2308〉;[川]自贡市达成化工制造有限公司〈P2322〉;[黔]贵州省黄平县天泉化工有限公司(5000吨)〈P2338〉

【使用厂】[津]天津市大盈树脂塑料有限公司〈P1584〉;[冀]河北邢台化学试剂有限责任公司〈P1642〉;[辽]沈阳市试

B

剂二厂〈P1688〉;[沪]上海长风化工厂〈P1729〉;上海祁南胶粘材料厂〈P1756〉;上海科创化工有限公司〈P1748〉;上海达峰化工合作公司〈P1730〉;[鲁]德州德药制药有限公司〈P2141〉;[湘]湖南洞庭药业股份有限公司〈P2255〉;[川]成都天华科技股份有限公司〈P2315〉

氢氧化钡(一水)　B02000501

Barium hydroxide, monohydrate

用作生产塑料的稳定剂、橡胶硫化催化剂、人造丝处理剂、锅炉硬水软化剂、矿石助熔剂等

【生产厂】[晋]榆次金泰钡盐化工有限公司(4000吨)〈P1676〉;[鲁]青岛红星化工集团有限责任公司〈P2036〉;青岛红星化工集团自力实业公司(2000吨)〈P2037〉;山东信科环化有限责任公司(1000吨)〈P2151〉;[渝]重庆市川渝矿业有限责任公司(5000吨)〈P2306〉

氢氧化钾;苛性钾　B02000601

Caustic potash; Potassium hydrate; Potassium hydroxide [1310-58-3]

用作干燥剂、吸收剂,用于制钾肥皂、草酸及各种钾盐,还用于电镀、雕刻、石印术等

【生产厂】[津]天津市化学试剂三厂氢氧化钾分厂(500吨)〈P1590〉;[冀]邢台矿业(集团)有限责任公司金牛钾碱分公司(3万吨)〈P1643〉;河北新兴化工有限责任公司(2万吨)〈P1648〉;[辽]大连染料化工有限公司〈P1693〉;[沪]上海嘉辰化工有限公司〈P1742〉;[苏]常州太华化工原料有限公司〈P1857〉;[赣]江西萍乡市广萍化工有限责任公司(8000吨)〈P2011〉;[鲁]济南司普润化工产品有限公司(2万吨)〈P2025〉;济南槐荫化工总厂(8000吨)〈P2022〉;山东宏河集团(2万吨)〈P2130〉;山东宏河矿业集团恒业化工有限公司(2万吨)〈P2131〉;[粤]广东西陇化工有限公司〈P2276〉;[渝]重庆嘉陵化学制品有限公司〈P2305〉;[川]成都化工股份有限公司(2000吨)〈P2311〉;成都华融化工有限公司(4万吨)〈P2311〉;张家坝氯碱化工有限责任公司(1万吨)〈P2321〉;自贡鸿鹤化工集团有限责任公司(1500吨)〈P2321〉

【使用厂】[京]北京化工厂〈P1549〉;北京维达化工有限公司〈P1563〉;[津]天津市延安化工厂〈P1610〉;天津市染料化学第九厂〈P1600〉;天津市纵横兴工贸有限公司化工试剂分公司〈P1614〉;天津新技术产业园区科茂化学试剂有限公司〈P1616〉;[冀]石家庄市新华染料化工厂〈P1631〉;吴桥顺达化工有限责任公司〈P1657〉;[辽]沈阳市试剂三厂〈P1688〉;大连松辽化工有限公司〈P1694〉;大连瑞泽农药股份有限公司〈P1693〉;铁岭选矿药剂厂〈P1713〉;沈阳市应用技术实验厂〈P1689〉;丹东市中和化工厂〈P1700〉;[沪]上海建平化工有限公司〈P1743〉;上海金联精细化工厂〈P1744〉;上海经纬化工有限公司〈P1745〉;上海美兴化工有限公司〈P1753〉;上海申宇医药化工有限公司〈P1761〉;上海达峰化工合作公司〈P1730〉;上海多纶化工有限公司〈P1732〉;上海联一磷酸化工有限公司〈P1751〉;[苏]苏州市永达精细化工有限公司〈P1906〉;江苏金浦北方氯碱化工有限公司〈P1793〉;无锡市高润杰化学有限公司〈P1875〉;南京红宝丽股份有限公司〈P1784〉;金隆化工集团有限公司〈P1861〉;盐城市东港药物化工发展有限公司〈P1811〉;徐州开达精细化工有限公司〈P1795〉;南通光荣化工有限公司〈P1833〉;泗阳县鼠药厂〈P1804〉;[浙]余姚化工厂有限责任公司〈P1935〉;浙江东亚医药化工有限公司〈P1963〉;[闽]福建三农集团股份有限公司〈P1994〉;[赣]萍乡市天源化工厂〈P2012〉;萍乡市潘塘腐植酸厂〈P2012〉;江西钜洲生物科技有限公司〈P2016〉;[鲁]济南化工厂分厂〈P2022〉;青岛海湾集团有限公司〈P2036〉;山东奥宝化工集团有限公司〈P2094〉;青岛碱业股份有限公司〈P2038〉;新汶矿业集团有限责任公司〈P2139〉;青州市广汇化工厂〈P2092〉;济南舜华化工有限公司〈P2025〉;青州市振华化工有限公司〈P2093〉;青州市科缔化工有限公司〈P2092〉;[豫]开封开化(集团)有限公司〈P2176〉;濮阳中原三力实业有限公司〈P2216〉;郑州市实验化工厂〈P2173〉;[湘]湖南省湘潭金洲化工有限公司〈P2251〉;[粤]广州化学试剂厂〈P2261〉;梅县航海锰化厂〈P2277〉;廉江市化工有限责任公司〈P2293〉;[桂]广西梧州松脂股份有限公司〈P2300〉;[川]成都天华科技股份有限公司〈P2315〉;四川红华实业总公司〈P2318〉;[滇]云南师范大学化工厂〈P2341〉;[新]新疆双龙腐植酸有限公司〈P2367〉

氢氧化钾(液体)　B02000602

Potassium hydroxide, liquid [1310-58-3]

化工基本原料,用于医药、日用化工等

【生产厂】[吉]吉林九新实业集团化工有限公司〈P1715〉

【使用厂】[鲁]寿光市恒通化工有限公司〈P2100〉

氢氧化钴　B02000801

Cobalt hydroxide [21041-93-0]

用于制钴盐、钴催化剂、蓄电池电极的浸透溶液及油漆干燥剂

【生产厂】[辽]澳特钴镍制品(大连)有限公司〈P1690〉;大连宇山化工有限公司〈P1694〉;大连亿力化工有限公司〈P1694〉;[苏]江苏雄风科技股份有限公司〈P1832〉;[浙]浙江嘉利珂钴镍材料有限公司〈P1950〉

氢氧化铝　B02000901

Alumina trihydrate; Aluminium hydrate; Aluminium hydroxide [21645-51-2]

用于制防水织物、油墨、玻璃、纸张填料、媒染剂、净水剂、各种铝盐等

【生产厂】[津]天津市西青区永红化工厂(300吨)〈P1607〉;[冀]石家庄五岳制药厂(1400吨)〈P1633〉;[晋]临汾宝珠制药有限公司〈P1677〉;山西省临汾健民制药厂〈P1678〉;[沪]上海跃江钛白化工制品有限公司〈P1776〉;上海江沪钛白化工制品有限公司〈P1743〉;上海欣渊无机材料有限公司(10万吨)〈P1771〉;上海亮江钛白化工制品有限公司〈P1751〉;[苏]南通市飞宇精细化学品有限公司〈P1835〉;[皖]合肥中科阻燃新材料有限公司〈P1973〉;[鲁]济南湘蒙阻燃材料有限公司〈P2026〉;济南泰星精细化工有限公司(800吨)〈P2026〉;山东聊城阿华制药有限公司(100吨)〈P2153〉;山东淄博南韩化工有限公司〈P2056〉;山东狮邦化工科技有限公司〈P2055〉;山东铝业股份有限公司研究院〈P2053〉;山东淄博利尔化工有限公司〈P2056〉;青州市安达化工有限公司〈P2091〉;[豫]郑州富炜新型材料有限公司(8000吨)〈P2170〉;郑州铝厂氧化铝厂劳动服务公司化工厂〈P2171〉;巩义市富源净水材料有限公司(500吨)〈P2162〉;新乡市意达氧化铝有限公司(4000吨)〈P2207〉;新乡高技术陶瓷材料公司(4万吨)〈P2203〉;中国铝业股份有限公司中州分公司(150万吨)〈P2198〉;[粤]佛山市华雅超微粉体有限公司〈P2288〉;[川]成都宏博实业有限公司〈P2310〉

【使用厂】[津]天津市风船化学试剂科技有限公司〈P1586〉;天津东洋油墨有限公司〈P1571〉;天津化工研究设计院〈P1573〉;[沪]上海金赛医药化工有限公司〈P1744〉;上海环球分子筛有限公司〈P1740〉;上海美兴化工有限公司〈P1753〉;上海恒业分子筛有限公司〈P1736〉;[苏]苏州市永达精细化工有限公司〈P1906〉;江苏省仪征市化工三厂〈P1816〉;南京扬子净水剂有限公司〈P1791〉;[浙]温州天盛电化有限公司〈P1938〉;温州华华集团有限公司〈P1937〉;[鲁]淄博宏盛集团化工厂〈P2061〉;淄博化学试

剂厂有限公司〈P2062〉;淄博市博山东方化工厂〈P2067〉;淄博博洋化工有限公司〈P2058〉;淄博净水剂有限公司〈P2063〉;淄博张店东方化学股份有限公司〈P2076〉;济宁高新区泰丰化轻技术装备研究所〈P2127〉;[豫]多氟多化工股份有限公司〈P2192〉;河南中原防火材料有限公司〈P2168〉;河南郑顺氟化工有限责任公司〈P2168〉;郑州雪山实业有限公司〈P2175〉;郑州金岭化工有限公司〈P2171〉;洛阳天平分子筛有限公司〈P2187〉;新乡市黄河精细化工有限公司〈P2205〉;巩义市鑫达化工厂〈P2164〉;[湘]株洲市中天磷酸盐化工有限责任公司〈P2250〉;[粤]佛山市华昊化工有限公司电化厂〈P2287〉;[桂]广西平果氟化盐有限公司〈P2301〉;[黔]贵州宏福实业开发有限总公司〈P2338〉

氢氧化铝(活性);活性氢氧化铝 B02000931

Aluminium hydroxide, activated [21645-51-2]

广泛用于塑料、橡胶、树脂、涂料、油漆等

【生产厂】[沪]上海旭森非卤消烟阻燃剂有限公司(500 吨)〈P1773〉;[鲁]济宁高新区泰丰化轻技术装备研究所(1000 吨)〈P2127〉;[豫]新乡市意达氧化铝有限公司(500 吨)〈P2207〉

氢氧化铝凝胶;氢氧化铝干胶 B02000971

Aluminium hydroxide gel

用于生产各类加氢催化剂

【生产厂】[鲁]山东公泉化工股份有限公司〈P2052〉

超微细改性氢氧化铝 B02000991

Aluminium hydroxide, superfine modified

【生产厂】[沪]上海旭森非卤消烟阻燃剂有限公司〈P1773〉;[苏]常州市无明化工有限公司〈P1854〉

氢氧化锂;氢氧化锂(一水) B02001001

Lithium hydroxide, monohydrate [76576-67-5]

用于制锂盐及锂基润滑脂,碱性蓄电池的电解液,溴化锂制冷机吸收液等

【生产厂】[蒙]通辽市通华蓖麻化工有限责任公司〈P1682〉;[沪]上海中锂实业有限公司(500 吨)〈P1779〉;[赣]新余市东鹏化工有限责任公司〈P2012〉;[川]中信国安锂业科技有限责任公司(2000 吨)〈P2320〉;成都开飞高能化学工业有限公司〈P2312〉;四川蓝剑化工(集团)有限责任公司〈P2326〉;四川省射洪锂业有限责任公司〈P2331〉

【使用厂】[津]天津市风船化学试剂科技有限公司〈P1586〉;[辽]本溪怀特石油化工有限责任公司〈P1699〉;[苏]无锡市高润杰化学有限公司〈P1875〉;[鲁]东营市博美特化工有限责任公司〈P2081〉;[粤]广州化学试剂厂〈P2261〉;[川]自贡市金典化工有限公司〈P2322〉

氢氧化镁 B02001101

Magnesium hydrate; Magnesium hydroxide [1309-42-8]

在医药上用作抗酸剂和缓泻剂,还可用于制糖和氧化镁等

【生产厂】[晋]南风化工集团股份有限公司〈P1678〉;[辽]营口启和粉体工业有限公司〈P1704〉;营口兄弟硼镁化工有限公司〈P1705〉;营口光大阻燃化工有限责任公司(5000 吨)〈P1704〉;丹东天赐阻燃材料科技有限公司〈P1700〉;[沪]上海海以工贸有限公司〈P1735〉;上海跃江钛白化工制品有限公司〈P1776〉;上海亮江钛白化工制品有限公司〈P1751〉;[苏]常州市无明化工有限公司〈P1854〉;扬州市群鑫粉体材料有限公司〈P1819〉;[皖]合肥中科阻燃新材料有限公司〈P1973〉;滁州市惠友粉体材料厂(2000 吨)〈P1982〉;[鲁]济南泰星精细化工有限公司(600 吨)〈P2026〉;淄博京和化工染料有限公司(5000 吨)〈P2063〉;山东恒欣镁业有限责任公司(1 万吨)〈P2113〉;山东省莱州市中天镁业化工有限公司(2 万吨)〈P2115〉;莱州市莱玉化工有限公司(8000 吨)〈P2109〉;青州市安达化工有限公司〈P2091〉;[豫]郑州富龙新材料科技有限公司(1800 吨)〈P2170〉;河南兴发镁业有限责任公司〈P2191〉;[粤]佛山市华雅超微粉体有限公司〈P2288〉;[青]青海盐湖科技开发有限公司(1000 吨)〈P2360〉

【使用厂】[鲁]淄川诚达化工厂〈P2077〉;济宁高新区泰丰化轻技术装备研究所〈P2127〉;[粤]廉江市化工有限责任公司〈P2293〉;[新]新疆双龙腐植酸有限公司〈P2367〉

活性氢氧化镁 B02001131

Magnesium hydroxide, activated

用于 PE、PP、PVC、ABS、PS、HIPS、PA、PBT、不饱和聚酯、环氧树脂、油漆等作阻燃填充剂

【生产厂】[沪]上海旭森非卤消烟阻燃剂有限公司(1000 吨)〈P1773〉;[鲁]济宁高新区泰丰化轻技术装备研究所(1000 吨)〈P2127〉

氢氧化镁(高纯阻燃级) B02001151

Magnesium hydrate, high purity flameretardant [1309-42-8]

主要用作阻燃剂

【生产厂】[鲁]潍坊永安科技有限公司(6000 吨)〈P2106〉;邹城市中远化工有限公司〈P2134〉

烧碱;氢氧化钠;苛性钠;火碱 B02001201

Caustic soda; Sodium hydrate; Sodium hydroxide [1310-73-2]

是最基本、最重要的化工原料之一,用途极广,用于制造纸浆、肥皂、人造丝,用于石油精制、煤焦油提纯等

【生产厂】[京]中国蓝星(集团)总公司〈P1568〉;[津]天津休美特国际贸易有限公司(5000 吨)〈P1616〉;天津市大港区合利化工厂(5000 吨)〈P1582〉;天津市东盛化工有限公司(3 万吨)〈P1585〉;天津市龙腾化工有限公司(1500 吨)〈P1598〉;天津大铭化工有限公司(3 万吨)〈P1571〉;天津市大东总公司(2 万吨)〈P1582〉;天津大沽化工厂劳动服务公司(5000 吨)〈P1571〉;天津大沽化工股份有限公司(9 万吨)〈P1571〉;天津市凯益化工厂(8000 吨)〈P1597〉;天津市塘沽区滨海电缆厂(1 万吨)〈P1603〉;天津开发区中瑞化工有限公司〈P1575〉;天津市天凯中天化工有限公司(4 万吨)〈P1604〉;天津北方化工工贸有限公司(2 万吨)〈P1570〉;天津渤海化工有限责任公司天津化工厂(20 万吨)〈P1570〉;天津渤天化工有限责任公司(30 万吨)〈P1571〉;天津市汉沽合佳化工有限责任公司(3 万吨)〈P1588〉;天津市津华化工厂(10 万吨)〈P1593〉;天津市原龙化工有限公司(5 万吨)〈P1612〉;[冀]石家庄市电化厂(2 万吨)〈P1629〉;河北新丰农药化工股份有限公司〈P1640〉;河北沧州大化集团有限责任公司(7 万吨)〈P1653〉;河北沧州化工实业集团有限公司(8 万吨)〈P1653〉;黄骅市化工厂(2 万吨)〈P1656〉;河北宝硕股份有限公司(1 万吨)〈P1647〉;河北盛华化工有限公司(2 万吨)〈P1650〉;[晋]山西榆社化工股份有限公司(15 万吨)〈P1676〉;大同市塑料化工工业集团公司〈P1673〉;山西金甲化工有限公司〈P1679〉;阳泉市氯碱有限责任公司(2 万吨)〈P1674〉;[蒙]内蒙古三联化工股份有限公司(6 万吨)〈P1681〉;包头明天科技股份有限公司(4 万吨)〈P1681〉;内蒙古临海化工有限责任公司(6 万吨)〈P1683〉;内蒙古远兴天然碱股份有限公司(8 万吨)〈P1683〉;[辽]沈阳化工股份有限公司(12 万吨)〈P1686〉;沈阳东进化工产业有限公司(10 万吨)〈P1685〉;大连染料化工有限公司(1 万

吨)〈P1693〉;锦化化工(集团)有限责任公司(4 万吨)〈P1703〉;锦化化工集团氯碱股份有限公司(16 万吨)〈P1703〉;[黑]哈尔滨华尔化工有限公司(5 万吨)〈P1720〉;[沪]上海氯碱化工股份有限公司(40 万吨)〈P1752〉;[苏]江苏江东化工股份有限公司(6 万吨)〈P1859〉;昆山市博尔日化工有限公司〈P1896〉;江苏双菱化工集团有限公司〈P1798〉;江苏安邦电化有限公司(10 万吨)〈P1802〉;[浙]浙江嘉成化工有限公司〈P1950〉;宁波市镇海众利化工有限公司〈P1933〉;宁波东港电化有限责任公司〈P1930〉;[皖]安徽氯碱化工集团有限责任公司〈P1972〉;[闽]福建省厦鹭电化有限公司(4 万吨)〈P2001〉;福建省龙岩龙化化工有限公司(5000 吨)〈P2005〉;福建三农集团股份有限公司(2 万吨)〈P1994〉;[赣]南昌氯碱总厂(3 万吨)〈P2010〉;江西电化高科有限责任公司(9 万吨)〈P2010〉;江西电化精细化工有限责任公司〈P2010〉;[鲁]济南润原化工有限责任公司〈P2024〉;山东塑料试验厂(4 万吨)〈P2030〉;山东大成农药股份有限公司〈P2051〉;中国石油化工股份有限公司齐鲁石化股份公司(25 万吨)〈P2057〉;淄博市周村隆跃化工有限公司〈P2071〉;山东鑫山工贸有限公司(2 万吨)〈P2055〉;淄博环拓化工有限公司(6 万吨)〈P2062〉;临淄九洲化工厂〈P2049〉;淄博申宝活性白土厂〈P2067〉;山东滨化集团有限责任公司(17 万吨)〈P2155〉;东营华泰化工集团公司(20 万吨)〈P2081〉;山东海科胜利电化有限公司(3 万吨)〈P2085〉;山东华泰化工集团(50 万吨)〈P2085〉;山东海科化工集团(4 万吨)〈P2084〉;广饶县大王镇兴达化工厂(3000 吨)〈P2083〉;广饶县金岭公司化工厂(7 万吨)〈P2083〉;山东金岭化工集团股份有限公司(8 万吨)〈P2085〉;亚星化学股份有限公司(6 万吨)〈P2107〉;山东省诸城市鑫盛化工厂〈P2098〉;烟台万华合成革集团有限公司(9 万吨)〈P2119〉;烟台万华氯碱有限责任公司(12 万吨)〈P2119〉;烟台恒邦化工有限公司(3 万吨)〈P2116〉;山东恒邦冶炼股份有限公司(2 万吨)〈P2113〉;山东省航天发泡剂总厂(3 万吨)〈P2123〉;青岛海湾集团有限公司(12 万吨)〈P2036〉;胶南恒源化工有限公司(15 万吨)〈P2031〉;青岛天元化工股份有限公司(6 万吨)〈P2044〉;新汶矿业集团有限责任公司(10 万吨)〈P2139〉;山东华阳科技股份有限公司(12 万吨)〈P2135〉;山东华阳农药化工集团有限公司(3 万吨)〈P2136〉;济宁中银电化有限公司(15 万吨)〈P2129〉;山东东明石化集团有限公司(10 万吨)〈P2159〉;山东临沂市造纸化工厂(3 万吨)〈P2150〉;山东恒通化工股份有限公司(25 万吨)〈P2149〉;[豫]沙隆达郑州农药有限公司(3 万吨)〈P2168〉;郑州化工厂(3 万吨)〈P2171〉;郑州海化氯碱化工有限公司(5 万吨)〈P2170〉;河南开普集团有限公司〈P2165〉;新乡正华化工有限责任公司(3 万吨)〈P2207〉;中国神马集团有限责任公司(10 万吨)〈P2192〉;河南神马氯碱化工股份有限责任公司(10 万吨)〈P2191〉;顾县镇蓝天化工厂(2000 吨)〈P2179〉;偃师市奥达化工厂(600 吨)〈P2188〉;偃师市三业化工厂(3000 吨)〈P2189〉;河南省南阳市新旺氯碱化工有限责任公司(5 万吨)〈P2223〉;开封市化工原料总公司(500 吨)〈P2177〉;平顶山煤业集团开封东大化工有限公司(6 万吨)〈P2179〉;[鄂]湖北双环科技股份有限公司(2 万吨)〈P2242〉;沙隆达集团公司(6 万吨)〈P2240〉;湖北宜化集团有限责任公司〈P2241〉;宜昌山水投资有限公司(2 万吨)〈P2241〉;[湘]常德天盛电化有限公司(6 万吨)〈P2255〉;[粤]广东西陇化工有限公司〈P2276〉;佛山市华昊化工有限公司电化厂(3 万吨)〈P2287〉;[桂]南宁化工股份有限公司(16 万吨)〈P2296〉;[渝]重庆长寿化工有限责任公司(1 万吨)〈P2304〉;重庆长风化工厂〈P2303〉;重庆索特盐化股份有限公司〈P2307〉;[川]四川省金路树脂有限公司(6 万吨)〈P2327〉;张家坝氯碱化工有限责任公司(2 万吨)〈P2321〉;自贡鸿鹤化工集团有限责任公司(14 万吨)〈P2321〉;宜宾天原股份有限公司(14 万吨)〈P2335〉;泸州北方化学工业有限公司〈P2322〉;[滇]云南盐化股份有限公司〈P2342〉;云南红云氯碱有限公司(3 万吨)〈P2340〉;云天化集团有限责任公司〈P2344〉;[陕]陕西北元化工有限公司(5 万吨)〈P2353〉;[甘]甘肃稀土集团有限责任公司〈P2357〉;甘肃省盐锅峡化工总厂(2 万吨)〈P2358〉;[宁]宁夏金昱元化工集团有限公司(2 万吨)〈P2362〉;[新]新疆中泰化学股份有限公司(14 万吨)〈P2365〉;新疆天业股份有限公司(16 万吨)〈P2367〉

【使用厂】[京]北京东方锐波化工厂〈P1546〉;北京金鱼科技股份有限公司〈P1552〉;北京丽水化工有限责任公司〈P1554〉;[津]南开大学化工厂〈P1569〉;天津市五一化工厂〈P1606〉;天津市有机化工一厂〈P1611〉;天津市风船化学试剂科技有限公司〈P1586〉;天津渤海化工有限责任公司天津碱厂〈P1570〉;天津长芦汉沽盐场有限责任公司〈P1571〉;天津化工研究设计院〈P1573〉;天津市人造纤维厂〈P1600〉;天津市染料厂分厂〈P1600〉;天津市雍阳减水剂厂〈P1611〉;天津红玫瑰食品有限公司〈P1573〉;天津市顶福化工总厂〈P1585〉;天津市德洁洗涤剂有限公司〈P1584〉;[冀]石家庄化工化纤有限公司〈P1626〉;衡水衡湖化工有限责任公司〈P1667〉;衡水东风化工有限责任公司〈P1667〉;河北张药股份有限公司〈P1650〉;石家庄市金华纤维素化工有限公司〈P1630〉;河北敬业化工集团股份有限公司〈P1620〉;美利达颜料工业有限公司〈P1669〉;河北世纪农药有限公司〈P1666〉;怀来长城生物化学工程有限公司〈P1650〉;[晋]山西省原平市化工有限责任公司〈P1676〉;山西省陵川化工总厂〈P1675〉;[蒙]通辽市通华蓖麻化工有限责任公司〈P1682〉;内蒙古乌拉山化肥有限责任公司〈P1683〉;赤峰制药集团有限责任公司〈P1682〉;[辽]沈阳丰收农药有限公司〈P1685〉;大连北方氯酸钾厂〈P1691〉;辽阳前进化工有限公司〈P1710〉;沈阳市试剂三厂〈P1688〉;大连松辽化工有限公司〈P1694〉;中国石油天然气股份有限公司辽阳石化分公司〈P1712〉;铁岭选矿药剂厂〈P1713〉;同联集团沈阳抗生素厂〈P1690〉;盘锦远东锦星化工有限公司〈P1707〉;辽宁庆阳特种化工有限公司〈P1709〉;沈阳市应用技术实验厂〈P1689〉;丹东市中和化工厂〈P1700〉;丹东深兰化工有限公司〈P1700〉;[吉]吉林省舒兰合成药业股份有限公司〈P1716〉;[黑]哈尔滨试剂化工厂〈P1720〉;黑龙江黑化集团有限公司〈P1722〉;牡丹江鸿利化工有限责任公司〈P1723〉;牡丹江市红旗化工厂〈P1723〉;[沪]中国石化上海石油化工股份有限公司〈P1780〉;上海农药厂有限公司〈P1755〉;上海化工高等专科学校实验工厂〈P1740〉;上海浩业化工有限公司〈P1736〉;上海长江化工厂〈P1729〉;上海金联精细化工厂〈P1744〉;上海汇龙化工有限公司〈P1741〉;上海环球分子筛有限公司〈P1740〉;上海旭东海普药业有限公司〈P1773〉;宝山钢铁股份有限公司化工分公司〈P1726〉;上海树脂厂有限公司〈P1764〉;上海美兴化工有限公司〈P1753〉;上海华申树脂有限公司〈P1739〉;上海白猫股份有限公司〈P1728〉;上海科创化工有限公司〈P1748〉;上海达峰化工合作公司〈P1730〉;上海新誉化工厂〈P1772〉;上海庆东精细化工公司〈P1758〉;上海福新化工有限公司〈P1733〉;上海华美助剂厂精细化工分厂〈P1739〉;[苏]南京化学工业有限公司化工厂〈P1785〉;苏州市永达精细化工有限公司〈P1906〉;徐州市恒扬化工有限公司〈P1795〉;徐州试剂厂〈P1796〉;徐州汉高洗涤剂有限公司〈P1794〉;连云港市锦屏化工厂〈P1799〉;长江(常州)氯碱联合开发公司〈P1846〉;江苏峰峰钨钼制品股份有限公司〈P1807〉;东台市绿源化工有限公司〈P1806〉;江苏海润化工有限公司〈P1816〉;江都市华兴医药化工制品有限公司〈P1814〉;江苏省仪征市化工三厂〈P1816〉;南通新广生化工有限公司〈P1836〉;南通宝叶化工有限公司〈P1832〉;镇江振邦化工有限公司〈P1846〉;镇江茂源化工有限公司〈P1844〉;江苏省临海化工厂有限公司〈P1808〉;江苏天容集团股份有限公司〈P1861〉;江苏苏化集团有限公司〈P1894〉;江苏梅兰化工股份有限公司〈P1821〉;江苏省江阴制药厂〈P1866〉;苏州二叶制药有限公司〈P1899〉;海安县有机化

工厂〈P1829〉；淮阴市染料化工厂〈P1802〉；南京红太阳集团〈P1784〉；南京扬子净水剂有限公司〈P1791〉；江苏中鼎化学有限公司〈P1895〉；上海梅山企业发展有限公司南京化工实业分公司〈P1792〉；苏州林通染料化工有限公司〈P1902〉；南京浦口橡胶总厂〈P1788〉；常州市武进运波化工有限公司〈P1855〉；姜堰市光明化工厂〈P1823〉；太仓市农药厂有限公司〈P1908〉；［浙］杭州萧山飞翔化工有限公司〈P1923〉；余姚化工厂有限责任公司〈P1935〉；海盐博大精细化工有限公司〈P1940〉；浙江金华康恩贝生物制药有限公司〈P1955〉；浙江东亚医药化工有限公司〈P1963〉；浙江龙鑫化工有限公司〈P1970〉；［皖］合肥东风化工总厂〈P1972〉；安徽八一化工股份有限公司〈P1974〉；安庆曙光化工（集团）有限公司〈P1980〉；安徽省绩溪县天池化工厂〈P1986〉；安徽华星化工股份有限公司〈P1984〉；安徽省宿州化学试剂有限公司〈P1984〉；［闽］福建福农生化有限公司〈P1988〉；福建纺织化纤集团有限公司〈P1994〉；建阳市青松化工有限公司〈P2005〉；福建省南平市榕昌化工有限公司〈P2003〉；福建省（屏南）榕屏化工有限公司〈P2007〉；福建省漳平市正昌化工有限公司〈P2006〉；福建漳平市正盛化工有限公司〈P2006〉；福建省胜达化工有限公司〈P1995〉；［赣］景德镇市开门子药用化工有限公司〈P2010〉；江西化纤化工有限责任公司〈P2010〉；江西第二化肥厂〈P2012〉；萍乡市天源化工厂〈P2012〉；萍乡市潘塘腐植酸厂〈P2012〉；赣州钴钨有限责任公司〈P2014〉；诚志股份有限公司合成洗涤剂分公司〈P2013〉；［鲁］济南鲁联集团试剂有限公司〈P2023〉；济南市油墨厂〈P2025〉；青岛海晶化工集团有限公司〈P2035〉；青岛红星化工集团自力实业公司〈P2037〉；青岛东岳泡花碱有限公司〈P2034〉；淄博化学试剂厂有限公司〈P2062〉；滕州香池化工原料有限公司〈P2080〉；山东海化华龙硝铵有限公司〈P2095〉；聊城市中联化工有限公司〈P2152〉；德州虹桥染料化工有限公司〈P2142〉；山东华阳和乐农药有限公司〈P2144〉；淄博市博山东方化工厂〈P2067〉；山东洁晶集团股份有限公司〈P2139〉；鱼台奥伦特原野化工有限公司〈P2134〉；山东泰山染料股份有限公司〈P2137〉；山东广威消毒剂有限公司〈P2094〉；山东省泰和水处理有限公司〈P2077〉；荣成市化工总厂有限公司〈P2122〉；青岛红星化工集团有限责任公司〈P2036〉；山东省平原制药厂〈P2146〉；山东博山制药有限公司〈P2051〉；山东双龙化工有限公司〈P2115〉；烟台市金河保险粉厂有限公司〈P2119〉；邹平铭兴化工有限公司〈P2158〉；淄博开发区三威化工厂〈P2064〉；山东滕州悟通香料有限责任公司〈P2078〉；青州市广汇化工厂〈P2092〉；鄄城建融有限公司〈P2159〉；山东华仙集团总公司〈P2131〉；诸城翔龙化学品有限公司〈P2107〉；东辰（集团）化工有限公司〈P2081〉；山东省菏泽市化工有限公司〈P2160〉；东营市东营区盛达化工厂〈P2081〉；青岛扶桑精制加工有限公司〈P2034〉；东营市联成化工有限责任公司〈P2082〉；新泰市兰得染料化工有限公司〈P2138〉；山东省鄄城县振兴石油助剂厂〈P2160〉；烟台万华聚氨酯股份有限公司〈P2119〉；莱州市化工三厂〈P2109〉；青州市振华化工有限公司〈P2093〉；临邑县精细化工厂〈P2143〉；寿光市曙光助剂厂〈P2100〉；［豫］河南开普化工股份有限公司〈P2165〉；平顶山市染料化工厂〈P2192〉；安阳市健美日化有限责任公司〈P2209〉；河南佰利联化学股份有限公司〈P2193〉；焦作鑫安科技股份有限公司〈P2197〉；新乡三星染化有限公司〈P2204〉；漯河红日集团有限公司〈P2220〉；洛阳市富苑精细化工有限公司〈P2183〉；多氟多化工股份有限公司〈P2192〉；三门峡化工厂〈P2221〉；鹤壁市国峰助剂有限责任公司〈P2199〉；郑州市泡花碱厂〈P2173〉；洛阳市化学试剂厂〈P2184〉；河南省濮阳市氯碱厂〈P2213〉；河南省化工研究所〈P2167〉；新乡白鹭化纤集团有限责任公司〈P2203〉；巩义市孝义镇化工厂〈P2164〉；河南中孚药业有限公司〈P2168〉；河南庆安化工高科技股份有限公司〈P2166〉；安阳市谦和染料化工有限责任公司〈P2209〉；焦作市华联化工有限公司〈P2196〉；焦作市恒昌化工颜料〈P2196〉；新乡市石油化工厂〈P2206〉；濮阳中原三力实业有限公司〈P2216〉；濮阳市鹏鑫化工有限公司〈P2214〉；河南康泰制药集团公司河南省精细化工厂〈P2166〉；南阳普康药业有限公司〈P2224〉；河南康泰制药集团公司〈P2166〉；河南省偃师市东谷泡花碱厂〈P2180〉；偃师市福兴纤维素厂〈P2188〉；洛阳天平分子筛有限公司〈P2187〉；平顶山市神翔化工厂〈P2192〉；安阳染料厂〈P2208〉；鹤壁市前进乳化剂厂〈P2199〉；沁阳市九菱化工厂〈P2198〉；［鄂］湖北科兴医药化工股份有限公司〈P2237〉；湖北仙隆化工股份有限公司〈P2245〉；湖北省化学研究院〈P2228〉；［湘］株洲选矿药剂厂〈P2250〉；湖南省湘维有限公司〈P2257〉；湖南中成化工有限公司〈P2249〉；湖南怀化双溪煤矿〈P2257〉；［粤］广州市东风化工实业有限公司〈P2263〉；广州市人民化工厂〈P2265〉；广州化学试剂厂〈P2261〉；广州市金珠江化学有限公司〈P2265〉；广东中成化工股份有限公司〈P2281〉；［桂］广西贺县精细化工厂〈P2300〉；广西藤县金茂钛白有限公司〈P2300〉；苍梧顺风钛白粉有限责任公司〈P2300〉；［渝］重庆无机化学试剂厂〈P2307〉；重庆川东化工（集团）有限公司〈P2304〉；重庆小泉化工厂〈P2308〉；［川］成都化工股份有限公司〈P2311〉；四川川化集团成都望江化工厂〈P2318〉；成都天华科技股份有限公司〈P2315〉；自贡市张家坝化工建材厂〈P2322〉；四川红光化工有限公司〈P2334〉；四川省彭山磷盐化工厂〈P2334〉；四川绵竹汉旺黄磷有限责任公司〈P2327〉；成都川大华西康达药物研究所〈P2310〉；［黔］贵州磷酸盐厂〈P2337〉；［滇］云南昆阳磷肥厂有限公司〈P2341〉；云南解化集团有限公司〈P2345〉；云南锡业股份有限公司〈P2342〉；昆明市西山选矿药剂厂〈P2339〉；云南师范大学化工厂〈P2341〉；［陕］西安北方惠安精细化工有限公司〈P2347〉；宝鸡市有机化工厂〈P2351〉；宝鸡海宝颜料有限公司〈P2351〉；［甘］白银有色金属公司〈P2357〉；兰州助剂厂〈P2356〉；［青］青海黎明化工有限责任公司〈P2359〉

烧碱（液体）；氢氧化钠（液体）；苛性碱（液体）；火碱（液体）；液碱　　B02001202

Caustic soda, liquid; Sodium hydroxide, liquid

[1310-73-2]

主要用于黏液法人造丝、合成纤维、染料中间体、橡胶再生、织物漂染、造纸、制皂、制革等

【生产厂】［津］天津大沽化工股份有限公司（1万吨）〈P1571〉；天津渤天化工有限责任公司(25万吨)〈P1571〉；天津市静海县宏钢化工厂（1万吨）〈P1596〉；［冀］石家庄市电化厂（3万吨）〈P1629〉；河北冀衡化学股份有限公司（5万吨）〈P1664〉；唐山氯碱有限责任公司〈P1635〉；廊坊市三璐化工有限公司〈P1661〉；河北宝硕股份有限公司氯碱分公司〈P1647〉；［辽］沈阳化工股份有限公司（5万吨）〈P1686〉；［黑］佳木斯黑龙农药化工股份有限公司（4万吨）〈P1724〉；牡丹江东北高新化工有限责任公司（3万吨）〈P1723〉；［苏］常州化工厂〈P1847〉；江苏苏化集团有限公司（8万吨）〈P1894〉；南京化学工业有限公司化工厂〈P1785〉；江苏双菱化工集团有限公司（3万吨）〈P1798〉；江苏梅兰化工股份有限公司（4万吨）〈P1821〉；［浙］温州天盛电化有限公司（1万吨）〈P1938〉；［闽］福建省东南电化股份有限公司(10万吨)〈P1988〉；福建省南平市榕昌化工有限公司(5万吨)〈P2003〉；［赣］蓝星化工新材料股份有限公司江西星火有机硅厂〈P2013〉；［鲁］山东德州石油化工总厂(10万吨)〈P2143〉；淄博申兴化工厂〈P2067〉；淄博市临淄中亚化工有限公司〈P2070〉；临淄中田化工有限公司〈P2050〉；山东东岳化工股份有限公司（19万吨）〈P2052〉；青州市政通化工有限公司〈P2093〉；青州市中财化工有限责任公司〈P2094〉；烟台万华氯碱有限责任公司（5万吨）〈P2119〉；龙口科达化工有限公司（3万吨）〈P2110〉；青岛海晶化工集团有限公司（6万吨）〈P2035〉；

B

山东华阳农药化工集团有限公司(3 万吨)〈P2136〉;[豫]郑州市得洁化工有限公司(1000 吨)〈P2173〉;沙隆达郑州农药有限公司(2 万吨)〈P2168〉;河南开普化工股份有限公司(6 万吨)〈P2165〉;昊华宇航化工有限责任公司(18 万吨)〈P2193〉;河南恒通化工有限公司(4 万吨)〈P2193〉;河南省濮阳市氯碱厂(3 万吨)〈P2213〉;河南省三门峡天成电化有限公司(4 万吨)〈P2221〉;平顶山煤业集团开封东大化工有限公司(3 万吨)〈P2179〉;[鄂]武汉葛化集团有限公司(10 万吨)〈P2229〉;潜江市仙桥化学制品有限公司(3 万吨)〈P2246〉;[湘]锡矿山闪星锑业有限责任公司〈P2258〉;[桂]广西柳州东风化工有限责任公司(3 万吨)〈P2297〉;[渝]重庆长寿化工有限责任公司(2 万吨)〈P2304〉;[川]成都化工股份有限公司(9000 吨)〈P2311〉;宜宾天原股份有限公司(6 万吨)〈P2335〉;[甘]甘肃稀土集团有限责任公司(2 万吨)〈P2357〉;甘肃省盐锅峡化工总厂(1 万吨)〈P2358〉;[青]青海黎明化工有限责任公司(1 万吨)〈P2359〉;[新]新疆天业股份有限公司(2 万吨)〈P2367〉;新疆青松建材化工(集团)股份有限公司(3000 吨)〈P2366〉

【使用厂】[京]北京化工厂〈P1549〉;[津]天津市东方红化工厂〈P1585〉;天津市近代化学厂〈P1596〉;天津市有机化工一厂〈P1611〉;天津农药股份有限公司〈P1576〉;天津华士化工有限公司〈P1573〉;天津市染料化学第八厂〈P1600〉;天津大沽化工厂劳动服务公司〈P1571〉;天津市创新有机化工厂〈P1582〉;天津市农药研究所〈P1600〉;天津市同鑫化工厂〈P1605〉;[冀]晋州市化肥厂〈P1625〉;河北诚信有限责任公司〈P1619〉;河北省藁城市瑞星化工有限责任公司〈P1621〉;河北张药股份有限公司〈P1650〉;[辽]沈阳市试剂二厂〈P1688〉;大连第一有机化工有限公司〈P1691〉;锦化化工(集团)有限责任公司〈P1703〉;大连松辽化工有限公司〈P1694〉;北宁市闾峰化工厂〈P1701〉;[沪]上海华谊集团华原化工有限公司〈P1739〉;中国石化上海石油化工股份有限公司〈P1780〉;上海农药厂有限公司〈P1755〉;上海一品国际颜料有限公司〈P1774〉;上海天坛助剂有限公司〈P1767〉;上海化工高等专科学校实验工厂〈P1740〉;上海浩业化工有限公司〈P1736〉;上海市大场化工厂〈P1763〉;上海环球氧化铁颜料有限公司〈P1740〉;上海环球分子筛有限公司〈P1740〉;上海恒业分子筛有限公司〈P1736〉;上海制皂有限公司〈P1778〉;上海新浦化工厂有限公司〈P1772〉;上海翱翔化工有限公司〈P1727〉;上海申聚化工厂有限公司〈P1761〉;[苏]南京金陵化工厂有限责任公司〈P1785〉;江苏金浦北方氯碱化工有限公司〈P1793〉;江苏海润化工有限公司〈P1816〉;江都市华兴医药化工制品有限公司〈P1814〉;镇江江南化工有限公司〈P1844〉;武进农药厂〈P1864〉;江苏三木集团公司〈P1865〉;苏州精细化工有限公司〈P1901〉;常熟铁红厂〈P1892〉;江苏省连云港市东金化工有限公司〈P1798〉;南通星辰合成材料有限公司〈P1836〉;江苏亚邦化工集团有限公司〈P1861〉;常熟市颜料化工厂有限公司〈P1891〉;江苏常余化工有限公司〈P1893〉;江苏苏青水处理工程集团有限公司〈P1866〉;南京金燕化工总公司〈P1786〉;兴化市青松农药化工有限公司〈P1828〉;南京隆燕化工有限公司〈P1787〉;江阴市顾山无机化工厂〈P1869〉;江苏中鼎化学有限公司〈P1895〉;常熟市医药原料厂〈P1891〉;南通瑞普埃尔化学工程有限公司〈P1834〉;苏州林通染料化工有限公司〈P1902〉;丹尼斯克(张家港)亲水胶体有限公司〈P1892〉;宜兴市通达化学有限公司〈P1887〉;常熟市中新化工厂有限公司〈P1892〉;[浙]建德市新化化工有限责任公司〈P1926〉;温州华华集团有限公司〈P1937〉;海盐博大精细化工有限公司〈P1940〉;浙江五龙化工股份有限公司〈P1947〉;[皖]安徽氯碱化工集团有限责任公司〈P1972〉;安徽省蚌埠市永艳染料化工有限公司〈P1975〉;安徽省歙县宏大化工有限公司〈P1980〉;[赣]赣南果业赣州农药公司〈P2014〉;江西电化精细化工有限责任公司〈P2010〉;江西农大锐特化工科技有限公司〈P2009〉;江西制药有限责任公司〈P2009〉;[鲁]济南鲁联集团试剂有限公司〈P2023〉;青岛海湾集团有限公司〈P2036〉;山东大成农药股份有限公司〈P2051〉;潍坊振兴焦化有限公司〈P2107〉;淄博环拓化工有限公司〈P2062〉;青岛捷达化工原料有限公司〈P2038〉;邹平县亨通化工有限公司〈P2158〉;山东省单县化工有限公司〈P2160〉;德州恒东农药化工有限公司〈P2141〉;德州虹桥染料化工有限公司〈P2142〉;淄博市博山东方化工厂〈P2067〉;淄博临淄鲁威化工有限公司〈P2065〉;淄博市临淄红星化工厂〈P2068〉;招远七六一有限责任公司〈P2120〉;山东滨化集团有限责任公司〈P2155〉;山东洁晶集团股份有限公司〈P2139〉;山东聊城阿华制药有限公司〈P2153〉;鲁南制药集团股份有限公司〈P2148〉;山东广威消毒剂有限公司〈P2094〉;山东民生煤化工有限公司〈P2132〉;荣成市化工总厂有限公司〈P2122〉;青岛碱业股份有限公司〈P2038〉;山东胜邦绿野化学有限公司〈P2029〉;山东博山制药有限公司〈P2051〉;淄博市淄川区社会福利五金化工厂〈P2072〉;山东省青州市鑫源化工有限公司〈P2098〉;山东阳谷华泰化工有限公司〈P2154〉;广饶县金岭公司化工厂〈P2083〉;滕州银丰化工有限公司〈P2080〉;泰安市景风化工厂〈P2137〉;山东鑫山工贸有限公司〈P2055〉;山东齐鲁融汇碱业有限公司〈P2053〉;山东东大化学工业有限公司〈P2052〉;济宁市任城区福利精细化工厂〈P2128〉;山东博丰植保药业有限公司〈P2051〉;济宁市通达化工厂〈P2128〉;淄博华王化工有限公司〈P2062〉;青州市振华化工有限公司〈P2093〉;济南金信洋染料有限公司〈P2023〉;山东瑞普生化有限公司〈P2145〉;淄博永嘉化工有限公司〈P2075〉;山东隆信化工有限公司〈P2053〉;青州市科缔化工有限公司〈P2092〉;[豫]开封市祥利化工厂〈P2178〉;河南省安阳荧迪化工有限责任公司〈P2211〉;河南中孚药业有限公司〈P2168〉;安阳市谦和染料化工有限责任公司〈P2209〉;焦作市华联化工有限公司〈P2196〉;开封化工三厂〈P2176〉;三门峡奥科钡业有限公司〈P2221〉;河南省新乡卫星染化厂〈P2201〉;[鄂]武汉凯兴颜料有限公司〈P2231〉;湖北仙隆化工股份有限公司〈P2245〉;中国石化江汉油田分公司盐化工总厂〈P2246〉;[湘]湖南中南制药有限责任公司〈P2253〉;湖南三环颜料有限公司〈P2248〉;[粤]广州化学试剂厂〈P2261〉;佛山市鲸鲨制漆科技有限公司〈P2288〉;[渝]重庆康乐制药有限公司〈P2305〉;[川]四川省化工研究设计院〈P2319〉;四川博兴实业有限公司〈P2325〉;乐山三九长征药业股份有限公司〈P2332〉;广汉雅和化工有限公司〈P2324〉;[黔]贵州水晶化工股份有限公司〈P2337〉;[陕]神木锦兴化工有限责任公司〈P2353〉;[新]新疆联达集团(实业)股份有限公司〈P2365〉;新疆双龙腐植酸有限公司〈P2367〉

烧碱(固体);烧碱(片状);固碱;片碱 B02001203

Caustic soda, solid; Sodium hydroxide, flake [1310-73-2]

用于纺织、印染、搪瓷、造纸、合成洗涤剂、农药、冶金、食品、橡胶等行业

【生产厂】[津]天津市康友化工有限公司(1 万吨)〈P1597〉;天津市长河化工有限公司(2 万吨)〈P1581〉;天津市鑫海化工厂(6000 吨)〈P1608〉;天津市丰华莹商贸有限公司(3000 吨)〈P1586〉;天津市富达化工厂(5000 吨)〈P1587〉;天津市兴利化工厂(1 万吨)〈P1609〉;天津开发区津粤化工有限公司(5 万吨)〈P1575〉;天津海力工贸有限公司(4 万吨)〈P1572〉;天津市汉沽津达碱厂(1 万吨)〈P1588〉;天津市汉沽区红三环碱厂(5 万吨)〈P1588〉;[冀]石家庄冀华化工纺织有限公司〈P1627〉;河北天信化工有限公司〈P1655〉;唐山氯碱有限责任公司〈P1635〉;廊坊市三璐化工有限公司〈P1661〉;永清县双发化工有限公司(1 万吨)〈P1663〉;[苏]南京金燕化工总公司(1 万吨)〈P1786〉;[浙]绍兴县光耀化工助剂厂〈P1949〉;[皖]安徽

氯碱化工集团有限责任公司〈P1972〉；合肥三友化工厂〈P1973〉；[鲁]淄博临淄鲁威化工有限公司（3 万吨）〈P2065〉；博山化学厂（有限公司）（5000 吨）〈P2048〉；淄博华王化工有限公司（8000 吨）〈P2062〉；临淄鑫安化工厂〈P2050〉；淄博苗栗化工有限公司（800 吨）〈P2065〉；淄博申兴化工厂〈P2067〉；淄博市临淄银汇化工厂（5 万吨）〈P2070〉；淄博市临淄中亚化工有限公司〈P2070〉；山东齐鲁融汇碱业有限公司（6 万吨）〈P2053〉；山东省淄博市临淄三银化工有限公司〈P2054〉；山东鑫山工贸有限公司（5 万吨）〈P2055〉；淄博环拓化工有限公司（2 万吨）〈P2062〉；淄博市临淄红星化工厂（3 万吨）〈P2068〉；淄博永嘉化工有限公司（10 万吨）〈P2075〉；临淄华泰化工厂（8000 吨）〈P2049〉；临淄中田化工有限公司〈P2050〉；淄博乾胜化工有限公司〈P2066〉；淄博实得工贸有限公司（4 万吨）〈P2067〉；淄博市临淄奥永化工厂〈P2068〉；山东侨昌化学有限公司（2000 吨）〈P2156〉；东营市丰源化工有限责任公司〈P2082〉；广饶海丰盐化有限公司（7000 吨）〈P2083〉；广饶县盐化工业集团总公司（2 万吨）〈P2084〉；山东科润生物化工有限公司（2 万吨）〈P2095〉；青岛捷达化工原料有限公司（5000 吨）〈P2038〉；[豫]河南开普化工股份有限公司（2 万吨）〈P2165〉；焦作王封工业有限责任公司（9000 吨）〈P2197〉；安阳市津安化工有限责任公司（500 吨）〈P2209〉；河南省偃师市伟通化工有限公司（2000 吨）〈P2180〉；偃师市万通化工厂（5000 吨）〈P2189〉；河南省三门峡天成电化有限公司（1 万吨）〈P2221〉；[渝]重庆长寿盐化工有限责任公司〈P2304〉；[川]眉山市川美化工有限公司〈P2332〉；四川八海化工有限公司（5000 吨）〈P2332〉；宜宾天原股份有限公司（5000 吨）〈P2335〉；[陕]神木锦兴化工有限责任公司〈P2353〉；[甘]甘肃省盐锅峡化工总厂〈P2358〉；[新]新疆天业股份有限公司〈P2367〉

【使用厂】[津]天津市津东化工厂〈P1593〉；天津市东方红化工厂〈P1585〉；天津市兰化染料厂〈P1598〉；[冀]石家庄市新华染料化工厂〈P1631〉；[吉]吉林市吉化北方炬醌工贸有限责任公司〈P1716〉；[沪]上海长风化工厂〈P1729〉；上海汇龙化工有限公司〈P1741〉；[苏]苏州合成化工有限公司〈P1900〉；泰兴市医药化工厂〈P1827〉；盐城市华鸥化工厂〈P1811〉；[浙]浙江台州清泉医药化工有限公司〈P1968〉；浙江车头制药有限公司〈P1963〉；[皖]黄山市华美精细化工有限公司〈P1981〉；[赣]萍乡市潘塘腐植酸厂〈P2012〉；[鲁]山东临朐富源精细化工有限公司〈P2096〉；淄博元兴化工有限公司〈P2075〉；潍坊振兴焦化有限公司〈P2107〉；招远七六一有限责任公司〈P2120〉；山东聊城阿华制药有限公司〈P2153〉；曲阜市天昊化工助剂有限公司〈P2130〉；山东平原县忠臣化工有限公司〈P2145〉；山东瑞泰化工（集团）有限公司〈P2136〉；济宁市任城区福利精细化工厂〈P2128〉；淄博照新化工有限公司〈P2076〉；山东瑞普生化有限公司〈P2145〉；[豫]河南省荥阳甲醇钠有限公司〈P2167〉；[鄂]湖北科兴医药化工股份有限公司〈P2237〉；湖北楚源集团股份有限公司〈P2239〉；[粤]广东东方锆业科技股份有限公司〈P2276〉；[甘]天祝益田肥业有限责任公司〈P2357〉

离子膜烧碱 B02001205

Caustic soda, ionic exchange membrane [1310-73-2]

基本化工原料，广泛用于化工、冶金、造纸、石油、纺织以及日用化工等部门

【生产厂】[冀]河北冀衡化学股份有限公司（3 万吨）〈P1664〉；廊坊市三璐化工有限公司〈P1661〉；[苏]江苏江东化工股份有限公司（7 万吨）〈P1859〉；江苏苏化集团有限公司〈P1894〉；江苏金浦北方氯碱化工有限公司（6 万吨）〈P1793〉；[皖]安徽氯碱化工集团有限责任公司〈P1972〉；安徽八一化工股份有限公司（6 万吨）〈P1974〉；[闽]福建湄洲湾氯碱工业有限公司（4 万吨）〈P1998〉；[鲁]山东鲁北企业集团总公司（12 万吨）〈P2156〉；山东大成农药股份有限公司（20 万吨）〈P2051〉；山东侨昌化学有限公司（5000 吨）〈P2156〉；山东海科胜利电化有限公司（4 万吨）〈P2085〉；山东金岭化工集团股份有限公司（30 万吨）〈P2085〉；山东海化氯碱树脂有限公司（25 万吨）〈P2095〉；青岛海晶化工集团有限公司（6 万吨）〈P2035〉；济宁中银电化有限公司（9 万吨）〈P2129〉；[豫]焦作王封工业有限责任公司（1 万吨）〈P2197〉；平顶山煤业集团开封东大化工有限公司（3 万吨）〈P2179〉；[鄂]中国石化江汉油田分公司盐化工总厂（3 万吨）〈P2246〉；[桂]南宁化工股份有限公司（6 万吨）〈P2296〉；梧州市联溢化工有限公司（6 万吨）〈P2300〉；[川]四川省金路树脂有限公司〈P2327〉；[陕]陕西金泰氯碱化工有限公司〈P2353〉；[青]青海谦信化工有限责任公司（1 万吨）〈P2359〉；[新]新疆天业股份有限公司〈P2367〉

【使用厂】[津]天津市恒达通化工有限公司〈P1589〉

碳酸钠（一水）；碳氧 B02001401

Soda ash, monohydrate; Soda monohydrate; Sodium carbonate, monohydrate [5968-11-6]

主要用作洗涤剂的原料

【生产厂】[津]天津渤海化工有限责任公司天津碱厂（2000 吨）〈P1570〉；[沪]上海虹光化工厂〈P1737〉；[川]成都市新都区桂宏化工厂〈P2314〉

碳酸钠（十水）；十水碳酸钠；洗涤碱；晶碱 B02001451

Sodium carbonate, decahydrate [6132-02-1]

用作玻璃、造纸、肥皂、洗涤剂、纺织、制革等工业的重要原料

【生产厂】[赣]江西电化精细化工有限责任公司（10 万吨）〈P2010〉

【使用厂】[闽]福建省龙岩龙化化工有限公司〈P2005〉；福建省（屏南）榕屏化工有限公司〈P2007〉

无水碳酸钠；高纯碳酸钠 B02001491

Sodium carbonate, anhydrous; Sodium carbonate, high-purity [497-19-8]

彩电专用试剂

【生产厂】[沪]上海中远化工有限公司〈P1779〉；[苏]江苏宜兴市第二化学试剂厂〈P1866〉；苏州东瑞制药有限公司〈P1899〉；[鲁]济南鸿华集团总公司（100 吨）〈P2022〉；[豫]巩义市碱业有限公司（8 万吨）〈P2163〉

纯碱；碳酸钠；苏打 B02001501

Soda; Soda ash; Sodium carbonate [497-19-8]

基本化工原料之一，用途广泛，是玻璃、肥皂、洗涤剂、纺织、制革、香料、染料、药品等的重要原料

【生产厂】[津]天津渤海化工有限责任公司天津碱厂（80 万吨）〈P1570〉；天津开发区永利有限公司（60 万吨）〈P1575〉；[冀]石家庄冀华化工纺织有限公司〈P1627〉；石家庄双联化工集团（23 万吨）〈P1632〉；石家庄金石化肥有限责任公司〈P1627〉；石家庄双联化工有限责任公司（30 万吨）〈P1633〉；唐山三友化工股份有限公司〈P1636〉；[晋]山西丰喜肥业（集团）股份有限公司（15 万吨）〈P1679〉；[辽]沈阳永兴化工有限公司〈P1690〉；大化集团大连化工股份有限公司（80 万吨）〈P1690〉；[沪]上海威呈化工有限公司〈P1769〉；上海宜鑫化工有限公司〈P1774〉；[苏]江苏华昌（集团）有限公司（8 万吨）〈P1893〉；江苏华昌化工股份有限公司〈P1893〉；连云港中铭化工有限公司〈P1801〉；中国石化南京化学工业有限公司连云港碱厂（80 万吨）〈P1801〉；连云港市新浦源鑫化工厂〈P1800〉；[皖]

B

合肥四方集团公司(5 万吨)〈P1973〉;江苏德邦兴华化工股份有限公司淮南市分公司(20 万吨)〈P1977〉;[闽]福州耀隆化工集团公司(19 万吨)〈P1990〉;福建省龙岩龙化化工有限公司(2 万吨)〈P2005〉;[鲁]山东塑料试验厂(2000 吨)〈P2030〉;淄博市周村隆跃化工有限公司〈P2071〉;山东鑫山工贸有限公司(1 万吨)〈P2055〉;山东联合化工股份有限公司(3 万吨)〈P2053〉;淄博德丰化工有限公司(34 万吨)〈P2059〉;广饶海丰盐化有限公司(2 万吨)〈P2083〉;莱州市海源碱业有限责任公司(6 万吨)〈P2109〉;山东海化股份有限公司(200 万吨)〈P2094〉;潍坊凯盛化工有限公司〈P2103〉;山东恒大化工(集团)有限公司(3 万吨)〈P2123〉;青岛碱业股份有限公司(70 万吨)〈P2038〉;青岛海湾集团有限公司(70 万吨)〈P2036〉;[豫]郑州水晶股份有限公司(9 万吨)〈P2174〉;巩义市碱业有限公司(20 万吨)〈P2163〉;新乡中新化工有限责任公司(10 万吨)〈P2208〉;焦作鑫安科技股份有限公司(12 万吨)〈P2197〉;河南金山化工有限责任公司(8 万吨)〈P2193〉;[鄂]湖北双环科技股份有限公司(61 万吨)〈P2242〉;[湘]湖南智成化工有限公司(8 万吨)〈P2249〉;[桂]柳州化工股份有限公司〈P2297〉;[渝]重庆市华东化工有限公司〈P2306〉;重庆索特盐化股份有限公司〈P2307〉;[川]成都玖源化工有限公司(9 万吨)〈P2312〉;成都市新都化工股份有限公司(35 万吨)〈P2314〉;眉山市川美化工有限公司〈P2332〉;四川省眉山天和化工有限公司〈P2333〉;自贡鸿鹤化工集团有限责任公司(34 万吨)〈P2321〉;[新]哈密双合碱业有限责任公司(8 万吨)〈P2366〉

【使用厂】[京]北京金鱼科技股份有限公司〈P1552〉;北京市红星广厦化工建材有限责任公司〈P1559〉;北京凌云建材化工有限公司〈P1555〉;[津]天津市东方化工厂〈P1585〉;天津市东方红化工厂〈P1585〉;天津市风船化学试剂科技有限公司〈P1586〉;天津市静明化工有限公司〈P1596〉;天津市金星化工厂〈P1592〉;天津市同鑫化工厂〈P1605〉;天津市顶福化工总厂〈P1585〉;天津市朝日科贸有限公司〈P1581〉;天津市恒泽化工科技开发有限公司〈P1589〉;[冀]石家庄市联碱厂化工分厂〈P1630〉;河北辛集化工集团有限责任公司〈P1622〉;石家庄化肥集团有限责任公司〈P1626〉;河北铬盐化工有限公司〈P1620〉;廊坊海达化工有限公司〈P1660〉;邢台市巨星化工有限公司〈P1643〉;河北佰斯特化工有限公司〈P1619〉;河北冀中化工有限责任公司〈P1620〉;承德新新钒钛化工有限公司〈P1650〉;河北雄威化工股份有限公司〈P1648〉;河北呋喃化工经贸有限公司〈P1619〉;河北宝硕股份有限公司〈P1647〉;石家庄市迅达化工有限责任公司〈P1632〉;[晋]太原化工股份有限公司合成氨分公司〈P1671〉;山西省高平化工有限公司〈P1675〉;[蒙]内蒙古黄河铬盐股份有限责任公司〈P1683〉;[辽]沈阳化工股份有限公司〈P1686〉;大连北方氯酸钾厂〈P1691〉;大连染料化工有限公司〈P1693〉;丹东宽甸硼矿〈P1700〉;大石桥市兴鹏复合肥有限公司〈P1703〉;沈阳市试剂三厂〈P1688〉;大连瑞泽农药股份有限公司〈P1693〉;昌图县糠醛厂〈P1712〉;丹东市中和化工厂〈P1700〉;丹东深兰化工有限公司〈P1700〉;[吉]通化双龙集团有限公司化工公司〈P1718〉;吉化集团吉林市锦江油化厂〈P1715〉;吉林省舒兰合成药业股份有限公司〈P1716〉;集安经济开发区化工厂〈P1718〉;[黑]黑龙江黑化集团有限公司〈P1722〉;佳木斯黑龙农药化工股份有限公司〈P1724〉;[沪]上海虹光化工厂〈P1737〉;上海勤工无机盐有限公司〈P1757〉;上海吴淞化肥厂〈P1770〉;上海铬黄颜料厂〈P1734〉;上海祁南胶粘材料厂〈P1756〉;上海华谊集团上硫化工有限公司〈P1739〉;上海众祥经贸有限公司〈P1779〉;上海浩业化工有限公司〈P1736〉;上海长江化工厂〈P1729〉;上海马陆化工厂〈P1753〉;上海建平化工有限公司〈P1743〉;上海经纬化工有限公司〈P1745〉;上海中远化工有限公司〈P1779〉;上海科创化工有限公司〈P1748〉;上海新浦化工厂有限公司〈P1772〉;上海翱翔化工有限公司〈P1727〉;上海泗联实业总公司〈P1766〉;[苏]江苏南京梅化精细化工有限公司〈P1781〉;南化集团有限公司氮肥厂〈P1782〉;苏州市永达精细化工有限公司〈P1906〉;江苏金浦北方氯碱化工有限公司〈P1793〉;徐州市恒扬化工有限公司〈P1795〉;徐州汉高洗涤剂有限公司〈P1794〉;连云港市海镁化工有限公司〈P1799〉;江苏德邦化学工业集团有限公司〈P1797〉;江苏双菱化工集团有限公司〈P1798〉;江苏峰峰钨钼制品股份有限公司〈P1807〉;江苏省仪征市化工三厂〈P1816〉;镇江市前进化工有限公司〈P1845〉;武进农药厂〈P1864〉;苏州合成化工有限公司〈P1900〉;苏州吴中前进有机化工有限公司〈P1907〉;淮阴市染料化工厂〈P1802〉;宜兴市芳桥东方化工厂〈P1884〉;南通海星制药有限公司〈P1833〉;江阴市龙达化工有限公司〈P1870〉;江苏澄星磷化工股份有限公司〈P1865〉;保利时化工(昆山)有限公司〈P1889〉;上海梅山企业发展有限公司南京化工实业分公司〈P1792〉;无锡恒享白炭黑有限责任公司〈P1873〉;江都市华都食品添加剂有限公司〈P1814〉;[浙]嘉兴市向阳化工厂〈P1942〉;嘉兴市步云染化厂〈P1941〉;浙江黄岩精细化学品集团有限公司〈P1964〉;杭州林峰食品添加剂有限公司〈P1920〉;临安市青虹化工助剂厂〈P1926〉;诸暨丰盈化工有限公司〈P1952〉;浙江巨化股份有限公司硫酸厂〈P1958〉;[皖]安徽淮化集团有限公司〈P1976〉;合肥飞建化工有限责任公司〈P1972〉;[闽]福建石化集团三明化工有限责任公司〈P1995〉;福建省邵武化肥厂〈P2004〉;福建省建阳金石氟业有限公司〈P2003〉;南平嘉闽化工有限公司〈P2005〉;南平元禾化工有限公司〈P2005〉;福建邵武榕丰化工有限公司〈P2003〉;福建省南平威尔生化科技有限公司〈P2004〉;福建漳平市正盛化工有限公司〈P2006〉;福建嘉联化工集团〈P2002〉;永安市丰源化工有限公司〈P1996〉;[赣]江西联达化工有限公司〈P2009〉;赣南果业赣州农药公司〈P2014〉;赣州钴钨有限责任公司〈P2014〉;[鲁]济南化工厂分厂〈P2022〉;济南鸿华集团总公司〈P2022〉;济南槐荫化工总厂〈P2022〉;山东临朐富源精细化工有限公司〈P2096〉;济南市油墨厂〈P2025〉;青岛东岳泡花碱有限公司〈P2034〉;青岛白玉化工有限公司〈P2032〉;山东大成农药股份有限公司〈P2051〉;微山县天翔化工有限公司〈P2133〉;淄博化学试剂厂有限公司〈P2062〉;滕州香池化工原料有限公司〈P2080〉;山东海化华龙硝铵有限公司〈P2095〉;安丘市鲁安药业有限责任公司〈P2088〉;山东联盟化工集团有限公司〈P2096〉;莱州金兴化工有限责任公司〈P2109〉;山东胜邦鲁南农药有限公司〈P2150〉;德州虹桥染料化工有限公司〈P2142〉;淄博市周村区裕源助剂厂〈P2072〉;淄博市博山东方化工厂〈P2067〉;淄博金马化工厂〈P2063〉;济南裕兴化工总厂〈P2027〉;山东垦利石化有限责任公司〈P2085〉;山东洁晶集团股份有限公司〈P2139〉;山东鲁光化工厂〈P2150〉;鱼台奥伦特原野化工有限公司〈P2134〉;山东奥克特化工有限公司〈P2152〉;曲阜市天昊化工助剂有限公司〈P2130〉;济宁市化工研究所试剂厂〈P2128〉;枣庄市鑫鹏泡花碱厂〈P2080〉;青岛红星化工集团有限责任公司〈P2036〉;招远市石油化工厂有限公司〈P2121〉;山东双龙化工有限公司〈P2115〉;山东东岳化工股份有限公司〈P2052〉;淄博开发区三威化工厂〈P2064〉;青州市广汇化工厂〈P2092〉;山东济宁齐天佳丽日化有限公司〈P2131〉;胶州市精细化工有限公司〈P2031〉;山东齐发药业有限公司〈P2029〉;山东省青州市鑫源化工有限公司〈P2098〉;广饶县金岭公司化工厂〈P2083〉;滕州银丰化工有限公司〈P2080〉;山东联科白炭黑有限公司〈P2096〉;东营市博美特化工有限责任公司〈P2081〉;寿光富康制药有限公司〈P2099〉;威海武岭爆破器材有限公司〈P2126〉;龙口华东气体有限公司〈P2110〉;青岛扶桑精制加工有限公司〈P2034〉;山东山大华特科技股份有限公司环保分公司〈P2029〉;淄博广通化工有限责任公司〈P2060〉;济南海华洗涤制品有限公司〈P2021〉;济南舜华化工有限公司〈P2025〉;济南银丰硅制品有限责任公司〈P2026〉;莱西市金山化工厂〈P2032〉;莱州市化工三

厂〈P2109〉；青州市振华化工有限公司〈P2093〉；济南金信洋染料有限公司〈P2023〉；招远威达硅胶有限公司〈P2121〉；山东淄博南韩化工有限公司〈P2056〉；山东森博化学有限责任公司〈P2097〉；淄博社会福利泡花碱厂〈P2067〉；［豫］开封开化（集团）有限公司〈P2176〉；内黄县糠醛有限公司〈P2212〉；开封化学试剂总厂〈P2176〉；河南心连心化工有限公司〈P2202〉；多氟多化工股份有限公司〈P2192〉；三门峡化工厂〈P2221〉；郑州市泡花碱厂〈P2173〉；焦作市华联化工有限公司〈P2196〉；中国铝业股份有限公司中州分公司〈P2198〉；漯河市金水化工有限责任公司〈P2220〉；夏邑县谷氨酸股份有限公司〈P2226〉；濮阳中原三力实业有限公司〈P2216〉；郑州市实验化工厂〈P2173〉；河南郑顺氟化工有限责任公司〈P2168〉；河南省偃师市东谷泡花碱厂〈P2180〉；安阳染料厂〈P2208〉；河南省振兴化工集团有限公司〈P2221〉；中铁第十五工程局化工厂〈P2190〉；偃师市三业化工厂〈P2189〉；［鄂］武汉醒狮化学品有限公司〈P2235〉；黄石振华化工有限公司〈P2236〉；湖北黄麦岭磷化工集团公司〈P2242〉；武汉有机实业股份有限公司〈P2235〉；湖北大田化工股份有限公司〈P2239〉；湖北兴发化工集团股份有限公司〈P2241〉；中国石化江汉油田分公司盐化工总厂〈P2246〉；咸宁京汇药业有限公司〈P2244〉；［湘］长沙市有机试剂厂〈P2247〉；湖南省益阳市宏大锑业有限责任公司〈P2256〉；湖南银海石化集团有限公司〈P2249〉；湖南湘铝有限责任公司〈P2251〉；湖南中成化工有限公司〈P2249〉；湖南洞庭柠檬酸化学有限公司〈P2254〉；湖南省长沙市蓝天化工厂〈P2248〉；［粤］广州市人民化工厂〈P2265〉；广州化学试剂厂〈P2261〉；韶关市化工厂〈P2277〉；广东中成化工股份有限公司〈P2281〉；［桂］南宁荷花味精有限公司〈P2296〉；梧州市联溢化工有限公司〈P2300〉；广西河池化工股份有限公司〈P2302〉；广西平果氟化盐有限公司〈P2301〉；［渝］重庆川东化工（集团）有限公司〈P2304〉；［川］四川山山内江制药厂〈P2332〉；成都化工研究设计院〈P2311〉；四川省彭山磷盐化工厂〈P2334〉；四川绵竹汉旺黄磷有限责任公司〈P2327〉；［滇］昆明滇池化工有限责任公司〈P2339〉；云南昆阳磷肥厂有限公司〈P2341〉；云南省宣威华兴化工有限公司〈P2343〉；云南华宁华电磷业有限责任公司〈P2343〉；云南杨林化工厂〈P2342〉；云南师范大学化工厂〈P2341〉；［陕］西安利君精华药业有限责任公司〈P2349〉；陕西宝嘉应用化学有限责任公司〈P2351〉；［甘］天祝益田肥业有限责任公司〈P2357〉；［新］新疆盐湖制盐有限责任公司〈P2364〉；新疆联达集团（实业）股份有限公司〈P2365〉

重质纯碱；碳酸钠（重质）；重灰　B02001551

Sodium carbonate, dense [497-19-8]

广泛用于玻璃制品、化学品、造纸、冶金、医药、纺织和食品等工业

【生产厂】［津］天津渤海化工有限责任公司天津碱厂（60 万吨）〈P1570〉；［蒙］内蒙古远兴天然碱股份有限公司〈P1683〉；［苏］江苏德邦化学工业集团有限公司（4 万吨）〈P1797〉；中国石化南京化学工业有限公司连云港碱厂（20 万吨）〈P1801〉；［鲁］山东省航天发泡剂总厂（3000 吨）〈P2123〉；青岛碱业股份有限公司（60 万吨）〈P2038〉；［豫］巩义市碱业有限公司（12 万吨）〈P2163〉；焦作鑫安科技股份有限公司（5 万吨）〈P2197〉；南阳吴城盐碱矿（5000 吨）〈P2225〉

轻质纯碱　B02001591

Light soda ash

【生产厂】［蒙］内蒙古远兴天然碱股份有限公司〈P1683〉；［鲁］青岛碱业股份有限公司（60 万吨）〈P2038〉

碳酸氢钠；重碳酸钠；小苏打　B02001701

Sodium acid carbonate; Sodium bicarbonate; Baking soda [144-55-8]

用于食品、医药、电影制片、鞣革、选矿、冶金、纤维、橡胶等工业，也可作洗涤剂、灭火剂

【生产厂】［冀］石家庄冀华化工纺织有限公司〈P1627〉；［沪］上海威呈化工有限公司〈P1769〉；上海虹光化工厂（500 吨）〈P1737〉；上海中远化工有限公司〈P1779〉；［苏］连云港中铭化工有限公司〈P1801〉；江苏德邦化学工业集团有限公司（5000 吨）〈P1797〉；中国石化南京化学工业有限公司连云港碱厂（2 万吨）〈P1801〉；［皖］江苏德邦兴华化工股份有限公司淮南市分公司（5000 吨）〈P1977〉；［鲁］潍坊玉金泉化工有限公司〈P2106〉；青岛三凯化工有限公司〈P2041〉；［鄂］湖北双环科技股份有限公司（1 万吨）〈P2242〉；［川］自贡鸿鹤化工集团有限责任公司（5 万吨）〈P2321〉；［滇］杨林工业开发区汕滇药业有限公司〈P2340〉

【使用厂】［津］天津市染料化学第九厂〈P1600〉；天津市东大化工有限公司〈P1585〉；天津市顶福化工总厂〈P1585〉；［辽］大连瑞泽农药股份有限公司〈P1693〉；同联集团沈阳抗生素厂〈P1690〉；［沪］上海五洲药业股份有限公司〈P1770〉；上海燎原利平日用化工有限公司〈P1751〉；上海新浦化工厂有限公司〈P1772〉；上海崇明生化制品厂有限公司〈P1730〉；［苏］扬州江亚消防药剂有限公司〈P1817〉；姜堰市扬子化工厂〈P1824〉；［浙］东港工贸集团有限公司〈P1960〉；杭州林峰食品添加剂有限公司〈P1920〉；［闽］福建省厦鹭电化有限公司〈P2001〉；［鲁］淄博化学试剂厂有限公司〈P2062〉；青岛碱业股份有限公司〈P2038〉；山东瑞阳制药有限公司〈P2054〉；山东省滕州市滕宝化工有限责任公司〈P2078〉；［豫］开封化工三厂〈P2176〉；［鄂］武汉有机实业股份有限公司〈P2235〉；［粤］广州化学试剂厂〈P2261〉；［桂］桂林市红星化工有限责任公司〈P2299〉

碳酸氢钠（药用）　B02001702

Sodium bicarbonate, medicinal [144-55-8]

用于治疗酸血症

【生产厂】［京］北京凌云建材化工有限公司（3 万吨）〈P1555〉；［津］天津渤海化工有限责任公司天津碱厂（3000 吨）〈P1570〉；［冀］河北海骅制药厂（1500 吨）〈P1654〉；河北华晨药业有限公司（1800 吨）〈P1654〉；［辽］鞍山市先臻药业有限公司〈P1696〉；［沪］上海虹光化工厂（1000 吨）〈P1737〉；［川］成都宏博实业有限公司〈P2310〉

碳酸氢钾；重碳酸钾　B02001801

Potassium bicarbonate; Potassium acid carbonate [298-14-6]

用作生产碳酸钾、醋酸钾、亚砷酸钾等的原料，亦用于医药、食品、灭火剂等行业

【生产厂】［冀］石家庄市安发化工厂〈P1628〉；河北省晀山化工厂〈P1648〉；［晋］山西文通钾盐集团有限公司（1 万吨）〈P1670〉；中太钾盐化工有限公司〈P1672〉；文水县振兴化肥有限公司〈P1677〉；山西省文水县文成化工有限公司（5000 吨）〈P1677〉；［辽］沈阳文通化工有限公司（1 万吨）〈P1689〉；［沪］文通集团〈P1780〉；［豫］郑州方泰化工有限责任公司（1600 吨）〈P2170〉；［粤］广东西陇化工有限公司〈P2276〉

【使用厂】［粤］广州化学试剂厂〈P2261〉

碳酸钾；钾碱　B02001901

Potassium carbonate; Potash [584-08-7]

用于玻璃、印染、制皂、搪瓷、制备钾盐、制药等，用作气体吸附剂、干粉灭火剂、橡胶防老剂等

【生产厂】［冀］河北星宇化工有限公司〈P1623〉；河北省晀山

化工厂(2万吨)〈P1648〉;[晋]山西文通钾盐集团有限公司(4万吨)〈P1670〉;中太钾盐化工有限公司(2万吨)〈P1672〉;山西磊鑫化工有限公司(1万吨)〈P1677〉;山西省交城县金兰化工有限公司〈P1677〉;文水县振兴化肥有限公司(4万吨)〈P1677〉;山西省文水县文成化工有限公司(1万吨)〈P1677〉;[辽]沈阳文通化工有限公司〈P1689〉;沈阳永兴化工有限公司(3万吨)〈P1690〉;[沪]上海宜鑫化工有限公司〈P1774〉;文通集团(17万吨)〈P1780〉;上海石化淼清水处理有限公司〈P1762〉;[苏]南京隆燕化工有限公司(5000吨)〈P1787〉;南京宁康化工有限公司(1000吨)〈P1788〉;[鲁]兖矿鲁南化肥厂(3万吨)〈P2080〉;[豫]郑州方泰化工有限责任公司(10万吨)〈P2170〉;济源市大洋化工有限公司(3万吨)〈P2194〉;[鄂]武汉市道奇化工公司〈P2232〉;[粤]广州市荟普新材料有限公司〈P2264〉;[川]四川省什邡市建业化工有限公司〈P2328〉;[新]新疆乌拉泊化工厂〈P2364〉

【使用厂】[津]天津天成制药有限公司〈P1614〉;天津新技术产业园区科茂化学试剂有限公司〈P1616〉;[冀]河北雄威化工股份有限公司〈P1648〉;河北张药股份有限公司〈P1650〉;[辽]沈阳市试剂三厂〈P1688〉;辽阳富强食品化工有限公司〈P1709〉;[黑]黑龙江黑化集团有限公司〈P1722〉;[沪]上海长风化工厂〈P1729〉;上海美兴化工有限公司〈P1753〉;[苏]连云港市海镁化工有限公司〈P1799〉;苏州华源农用生物化学品有限公司〈P1901〉;南通光荣化工有限公司〈P1833〉;江都市华都食品添加剂有限公司〈P1814〉;[浙]建德市新化化工有限责任公司〈P1926〉;浙江尖峰海洲制药有限公司〈P1965〉;浙江普洛化学有限公司〈P1955〉;[赣]江西农大锐特化工科技有限公司〈P2009〉;江西樟树冠京香料有限公司〈P2016〉;[鲁]青岛东岳泡花碱有限公司〈P2034〉;青岛海湾集团有限公司〈P2036〉;山东圣奥化工股份有限公司〈P2161〉;青岛碱业股份有限公司〈P2038〉;青州市广汇化工厂〈P2092〉;东营市博美特化工有限责任公司〈P2081〉;[豫]平顶山飞行化工(集团)有限责任公司〈P2191〉;新乡爱龙化工有限公司〈P2203〉;漯河市金水化工有限责任公司〈P2220〉;[湘]湖南银海石化集团有限公司〈P2249〉;[粤]广州市人民化工厂〈P2265〉;广州化学试剂厂〈P2261〉;广东西陇化工有限公司〈P2276〉;[川]四川省化工研究设计院〈P2319〉;成都天华科技股份有限公司〈P2315〉

氢氧化铈　B02002101

Ceric hydroxide;Cerium hydrate;Cerous hydroxide [15785-09-8]

【生产厂】[蒙]内蒙古和发稀土科技开发股份有限公司〈P1681〉;[苏]阜宁稀土实业有限公司〈P1806〉;江苏省国盛稀土有限公司〈P1821〉;[鲁]淄博市荣瑞达粉体材料厂〈P2071〉;乳山市佰德信新材料有限责任公司〈P2123〉;山东鱼台清达精细化工厂(800吨)〈P2133〉;[甘]甘肃稀土集团有限责任公司〈P2357〉

氢氧化镍;氢氧化亚镍　B02002301

Nickel hydroxide;Nickelous hydroxide [12054-48-7]

用于制取镍盐、碱性蓄电池、镀镍等

【生产厂】[辽]大连亿力化工有限公司〈P1694〉;[吉]吉林吉恩镍业股份有限公司〈P1715〉;[苏]无锡市鑫兴化工厂〈P1880〉;[浙]宁波金和新材料有限公司〈P1931〉;[赣]江西晶安高科技股份有限公司(1000吨)〈P2008〉;[鲁]烟台凯大环保科技有限公司(1000吨)〈P2117〉;[豫]新乡市新龙化工有限公司(2000吨)〈P2206〉

【使用厂】[鲁]莱西市金山化工厂〈P2032〉

氢氧化锶　B02002701

Strontium hydroxide [1311-10-0]

用于制取锶润滑蜡和各种锶盐,还可用于改进干性油和油漆的干燥性,以及甜菜糖的精制等

【生产厂】[渝]重庆仙峰锶盐化工有限公司〈P2308〉;重庆华琦精细化工有限公司(2吨)〈P2305〉;重庆福斯达化工有限公司〈P2304〉;重庆新申锶盐有限公司〈P2308〉;重庆福润化工有限公司〈P2304〉;重庆元和精细化工有限公司〈P2308〉;[川]自贡市张家坝化工建材厂(300吨)〈P2322〉

氢氧化镉　B02002801

Cadmium hydroxide [21041-95-2]

用于制取镍镉电池、金属表面处理以及气相色谱分析等

【生产厂】[沪]上海碧泉化工有限公司〈P1729〉

氢氧化铜　B02002901

Cupric hydroxide [20427-59-2]

用于媒染剂、催化剂、杀菌剂和颜料,并用于染纸张等

【生产厂】[苏]吴江市绿艳化工厂〈P1910〉;[鲁]山东神星农药有限公司(200吨)〈P2097〉

氢氧化铬;亚铬酸;水合氧化铬　B02003001

Chromic hydroxide [1308-14-1]

用于制取铬颜料及铬盐等

【生产厂】[浙]德清县天宝化工厂〈P1945〉;[鄂]黄石振华化工有限公司〈P2236〉;[甘]甘肃祁源化工有限公司(5000吨)〈P2357〉;[青]青海铬盐高新科技股份有限公司〈P2359〉

氢氧化锆　B02003101

Zirconium hydroxide [14475-63-9]

用作其他锆产品中间体

【生产厂】[苏]宜兴新兴锆业有限公司〈P1888〉;[浙]升华集团控股有限公司〈P1946〉;[皖]安徽省康达锆业有限公司〈P1986〉;[赣]江西晶安高科技股份有限公司〈P2008〉

【使用厂】[津]天津市风船化学试剂科技有限公司〈P1586〉

氢氧化镧　B02003201

Lanthanum hydroxide

【生产厂】[苏]江苏省国盛稀土有限公司〈P1821〉;[鲁]淄博市荣瑞达粉体材料厂〈P2071〉;山东鱼台清达精细化工厂(800吨)〈P2133〉

氢氧化铯(一水);一水氢氧化铯　B02003301

Cesium hydroxide monohydrate [35103-79-8]

用于制取各种铯盐,也用于玻璃陶瓷工业

【生产厂】[赣]新余市东鹏化工有限责任公司〈P2012〉

二硫化碳　B03010101

Carbon bisulfide;Carbon disulfide [75-15-0]

主要用于制造黏液丝、玻璃纸、杀虫剂和橡胶促进剂

【生产厂】[冀]河北省大名县瑞恒化工有限责任公司〈P1640〉;河北大田化工有限公司(8000吨)〈P1658〉;大城县中天化工有限责任公司〈P1658〉;[晋]榆次开发区福利油脂化工厂(3000吨)〈P1676〉;山西新联友化工有限公司〈P1675〉;[辽]辽阳瑞兴化工有限公司(3万吨)〈P1710〉;[沪]上海百金化工有限公司(14万吨)〈P1728〉;[苏]南通市通海化工公司(1800吨)〈P1835〉;[浙]开化县青华化工有限公司〈P1957〉;[鲁]淄博元兴化工有限公司(1500吨)〈P2075〉;淄博市博山东方化工厂(300吨)〈P2067〉;[豫]

河南淇县东方化工有限公司(2500吨)〈P2198〉;河南淇县新华福利化工厂(5000吨)〈P2198〉;河南省淇县天水化工厂〈P2198〉;[鄂]湖北金环股份有限公司(7600吨)〈P2237〉

【使用厂】[津]天津市有机化工一厂〈P1611〉;天津市科迈化工有限公司〈P1597〉;天津市创新有机化工厂〈P1582〉;天津市人造纤维厂〈P1600〉;天津市农药研究所〈P1600〉;天津天成制药有限公司〈P1614〉;天津拉勃助剂有限公司〈P1576〉;[冀]石家庄林峰化工有限公司〈P1628〉;河北双吉化工有限公司〈P1622〉;[辽]沈阳丰收农药有限公司〈P1685〉;铁岭选矿药剂厂〈P1713〉;盘锦远东锦星化工有限公司〈P1707〉;本溪化工集团精细化工有限责任公司〈P1699〉;[沪]上海长江化工厂〈P1729〉;[苏]南京化学工业有限公司化工厂〈P1785〉;南通宝叶化工有限公司〈P1832〉;镇江振邦化工有限公司〈P1846〉;常州市清红化工有限公司〈P1853〉;常熟市医药原料厂〈P1891〉;昆山三友医药辅料厂〈P1896〉;利民化工有限责任公司〈P1793〉;[浙]浙江龙鑫化工有限公司〈P1970〉;[鲁]山东富安集团农药有限公司〈P2052〉;山东省单县化工有限公司〈P2160〉;乳山市东华助剂厂〈P2123〉;荣成市化工总厂有限公司〈P2122〉;东辰(集团)化工有限公司〈P2081〉;山东鸿汇烟草用药有限公司〈P2095〉;淄博华王化工有限公司〈P2062〉;[豫]河南省开仑化工有限责任公司〈P2211〉;鹤壁市国峰助剂有限责任公司〈P2199〉;新乡白鹭化纤集团有限责任公司〈P2203〉;鹤壁市金昌化工有限公司〈P2199〉;[湘]株洲选矿药剂厂〈P2250〉;[川]四川省化工研究设计院〈P2319〉;成都天华科技股份有限公司〈P2315〉;[滇]昆明市西山选矿药剂厂〈P2339〉;[甘]白银有色金属公司〈P2357〉

硫酸钙 B03010401

Calcium sulfate [7778-18-9]

主要用于生产水泥等建材

【生产厂】[沪]上海联合食品添加剂有限公司〈P1751〉;上海石粉厂有限公司〈P1762〉;[豫]河南郑顺氟化工有限责任公司(4万吨)〈P2168〉

【使用厂】[鲁]山东省淄博市淄川鲁峰精细化工厂〈P2055〉;[桂]桂林市红星化工有限责任公司〈P2299〉;[青]西宁石膏开发总公司〈P2359〉

硫酸钙(药用) B03010501

Calcium sulfate, medicinal [10034-76-1]

用作片剂、胶囊剂的稀释剂,填充剂,缓释剂的固化剂等

【生产厂】[浙]浙江中维药业有限公司〈P1947〉;湖州展望药业化学有限公司〈P1946〉;[川]成都宏博实业有限公司〈P2310〉

半水硫酸钙;建筑石膏粉 B03010502

Calcium sulfate hemihydrate [10034-76-1]

用于建筑板材,也用于农业等

【生产厂】[京]北京美邦盛业涂料有限公司〈P1556〉;[沪]上海焦化有限公司钛白粉分公司〈P1743〉;上海石粉厂有限公司〈P1762〉;[桂]广西桂林市来生滑石制品有限责任公司〈P2298〉;[青]西宁石膏开发总公司(4000吨)〈P2359〉

亚硫酸氢钠;重亚硫酸钠 B03010901

Sodium bisulfite; Sodium hydrogen sulfite [7631-90-5]

用作还原剂、食品防腐剂及漂白剂等

【生产厂】[津]天津市安庆精细化工有限公司(2000吨)〈P1578〉;天津市龙胜化工有限公司(6000吨)〈P1598〉;天津市福日来化工有限公司(3000吨)〈P1586〉;天津市恒达通化工有限公司(2700吨)〈P1589〉;天津惠中化学有限公司(4000吨)〈P1574〉;天津市静明化工有限公司(3万吨)〈P1596〉;天津市云海化工有限责任公司(1万吨)〈P1612〉;天津市静海县乾坤化工有限公司(600吨)〈P1596〉;天津振泰化工有限公司〈P1617〉;[沪]上海马陆化工厂〈P1753〉;上海南威化工有限公司〈P1754〉;[苏]宜兴市锦程化工有限公司〈P1885〉;宜兴市卫星化工有限公司〈P1887〉;宜兴市南方化工助剂厂(50吨)〈P1886〉;[皖]安徽庐江新亚精细化工有限责任公司〈P1984〉;安徽新源石油化工技术开发有限公司〈P1979〉;[鲁]淄博天智化工有限公司〈P2073〉;东营市丰源化工有限责任公司〈P2082〉;[豫]巩义宏发净水材料有限公司〈P2162〉

【使用厂】[津]天津有机化学工业总公司中河化工厂〈P1617〉;[冀]河北省武强县启龙化工有限公司〈P1666〉;[粤]广州化学试剂厂〈P2261〉

亚硫酸氢铵 B03011001

Ammonium bisulfite [10192-30-0]

用作防腐剂、还原剂,也用于制造二氧化硫、保险粉等

【生产厂】[冀]河北冀衡磷肥股份有限公司(1万吨)〈P1664〉;[沪]上海华谊集团上硫化工有限公司(2万吨)〈P1739〉;[苏]南通大伦化工有限公司(6000吨)〈P1833〉;[皖]铜陵市柯信化工有限责任公司(3万吨)〈P1978〉;铜陵市铜官山化工有限公司(3万吨)〈P1978〉;[鲁]山东省淄川北旺化工厂〈P2055〉;山东东佳集团公司〈P2052〉;[豫]开封开化(集团)有限公司(3000吨)〈P2176〉;[鄂]武汉青江化工股份有限公司(5000吨)〈P2231〉;[湘]湖南永利化工股份有限公司(5000吨)〈P2249〉

【使用厂】[冀]沧州科润化工有限公司〈P1651〉;[辽]沈阳丰收农药有限公司〈P1685〉;[浙]浙江巨化股份有限公司硫酸厂〈P1958〉

亚硫酸钠;无水亚硫酸钠;硫氧粉;亚钠 B03011100

Sodium sulfite; Sodium sulfite, anhydrous [7757-83-7]

用于人造纤维稳定剂、织物漂白剂、照相显影剂、染漂脱氧剂、香料和染料还原剂、造纸木质素脱除剂等

【生产厂】[津]天津市安庆精细化工有限公司(2000吨)〈P1578〉;天津市长河化工有限公司(2000吨)〈P1581〉;天津市鑫海化工厂(8000吨)〈P1608〉;天津市鑫阔化工厂(5000吨)〈P1608〉;天津渤海化工有限责任公司天津碱厂〈P1570〉;天津碱厂古龙精细化工厂(3万吨)〈P1574〉;天津开发区永利有限公司(5万吨)〈P1575〉;天津市福日来化工有限公司(3000吨)〈P1586〉;天津市云海化工有限责任公司(1万吨)〈P1612〉;天津振泰化工有限公司〈P1617〉;[冀]石家庄冀华化工纺织有限公司〈P1627〉;河北敬业化工集团股份有限公司(1万吨)〈P1620〉;[辽]丹东市精细化工厂〈P1700〉;[沪]上海华谊集团上硫化工有限公司(3000吨)〈P1739〉;上海新誉化工厂(900吨)〈P1772〉;上海南威化工有限公司〈P1754〉;[苏]南京隆燕化工有限公司(4000吨)〈P1787〉;南京燕江化工厂〈P1791〉;句容长宁生物化工有限公司(6000吨)〈P1843〉;吴江市锦联化工有限公司〈P1910〉;南京化学工业有限公司化工厂〈P1785〉;盐城汇龙化工有限公司〈P1810〉;[浙]浙江汇德隆化工有限公司〈P1950〉;浙江省兰溪凯普化学有限公司〈P1956〉;浙江巨化股份有限公司硫酸厂〈P1958〉;[皖]安徽庐江新亚精细化工有限责任公司(2万吨)〈P1984〉;[闽]福建邵武榕丰化工有限公司(5000吨)〈P2003〉;[鲁]山东瑞普生化有限公司(7500吨)〈P2145〉;山东武城康达化工有限公司〈P2146〉;山东淄川精细化工厂(5000吨)〈P2056〉;淄博市周村隆跃化工有限公司(3000吨)〈P2071〉;淄博市周村鲁博化工有限公司(2000

B

吨)〈P2071〉;淄博亚津工贸有限公司〈P2075〉;山东双桥化工有限公司〈P2157〉;东营市丰源化工有限责任公司〈P2082〉;胜利油田胜大集团总公司化工一厂〈P2088〉;山东科润生物化工有限公司(2万吨)〈P2095〉;潍坊凯龙化工有限公司〈P2103〉;招远市金昌化工有限责任公司〈P2121〉;山东金河实业有限公司(4万吨)〈P2113〉;烟台市金河保险粉厂有限公司(3000吨)〈P2119〉;青岛海晶化工集团有限公司(5000吨)〈P2035〉;[豫]开封市祥利化工厂(1000吨)〈P2178〉;[湘]湖南中成化工有限公司(3000吨)〈P2249〉;湖南岳阳三湘化工有限公司〈P2254〉;[粤]广东西陇化工有限公司〈P2276〉;广东中成化工股份有限公司(2万吨)〈P2281〉;云浮市宝利硫酸有限责任公司〈P2295〉;[川]四川博兴实业有限公司(3000吨)〈P2325〉

【使用厂】[津]天津天成制药有限公司〈P1614〉;[冀]河北省武强县启龙化工有限公司〈P1666〉;[辽]沈阳市试剂三厂〈P1688〉;辽宁庆阳特种化工有限公司〈P1709〉;[沪]上海天坛助剂有限公司〈P1767〉;上海经纬化工有限公司〈P1745〉;[苏]江苏亚邦化工集团有限公司〈P1861〉;江苏省常州华夏农药有限公司〈P1860〉;[浙]浙江迪耳药业有限公司〈P1954〉;浙江尖峰海洲制药有限公司〈P1965〉;[鲁]山东省淄博市淄川鲁峰精细化工厂〈P2055〉;[豫]焦作鑫安科技股份有限公司〈P2197〉;[粤]广州化学试剂厂〈P2261〉

亚硫酸钠(结晶);七水亚硫酸钠　B03011151

Sodium sulfite heptahydrate [10102-15-5]

用作还原剂、防腐剂、显影保护剂,并用于制硫代硫酸钠等

【生产厂】[津]天津碱厂古龙精细化工厂(3000吨)〈P1574〉;天津市恒达通化工有限公司(3000吨)〈P1589〉

亚硫酸铵;亚铵;亚硫酸铵(一水)　B03011501

Ammonium sulfite monohydrate [10196-04-0]

用作脱除煤气中少量硫化氢的高效吸收剂,可用于医药、照相还原剂、染料中间体等

【生产厂】[皖]铜陵市柯信化工有限责任公司(1万吨)〈P1978〉;铜陵市铜官山化工有限公司(1万吨)〈P1978〉;[鲁]临邑鲁冀化工有限公司(100吨)〈P2143〉;山东省聊城市硫酸厂(3000吨)〈P2154〉;山东东佳集团公司(1万吨)〈P2052〉;[豫]河南省新乡振兴实验化工厂(1000吨)〈P2202〉;河南佰利联化学股份有限公司(1万吨)〈P2193〉;焦作市三普生化有限公司〈P2196〉;济源市丰田肥业有限公司(2万吨)〈P2195〉;洛阳市汝化化工有限公司(6000吨)〈P2185〉;开封开化(集团)有限公司(3万吨)〈P2176〉;[川]四川山山药业集团有限公司(5000吨)〈P2332〉

【使用厂】[浙]浙江巨化股份有限公司硫酸厂〈P1958〉;[桂]桂林市红星化工有限责任公司〈P2299〉

过硫酸钾　B03011701

Potassium peroxydisulfate;Potassium persulfate [7727-21-1]

用作引发剂、漂白剂、氧化剂等

【生产厂】[津]天津市东方化工厂(2000吨)〈P1585〉;[冀]石家庄冀华化工纺织有限公司〈P1627〉;河北冀衡集团有限公司(3000吨)〈P1664〉;衡水衡湖化工有限责任公司〈P1667〉;河北省亚泰电化有限公司(6500吨)〈P1666〉;[晋]太原天熙贸易有限公司〈P1672〉;[沪]上海爱比西化工有限公司〈P1727〉;上海安而信化学有限公司〈P1727〉;上海福神化工科技有限公司〈P1733〉;爱建德固赛(上海)引发剂有限公司(1000吨)〈P1726〉;[闽]漳州市平和永升化工有限公司〈P2002〉;[鲁]淄博市临淄东方红化工厂(1000吨)〈P2068〉;[陕]陕西宝化化工有限责任公司(1000吨)〈P2351〉

【使用厂】[鄂]武汉葛化集团有限公司〈P2229〉

过一硫酸氢钾　B03011751

Potassium peroxymonosulfate sulfate [70693-62-8]

用于口腔清洁、泳池及温泉水体消毒、纸浆漂白等

【生产厂】[沪]上海爱比西化工有限公司〈P1727〉;上海安而信化学有限公司〈P1727〉;上海福神化工科技有限公司〈P1733〉

过硫酸铵　B03011801

Ammonium persulfate [7727-54-0]

用作食品保存剂、氧化剂以及高分子聚合物的引发剂

【生产厂】[冀]河北冀衡集团有限公司(6000吨)〈P1664〉;衡水衡湖化工有限责任公司(500吨)〈P1667〉;河北省亚泰电化有限公司(2万吨)〈P1666〉;[晋]太原天熙贸易有限公司〈P1672〉;[沪]上海威呈化工有限公司〈P1769〉;上海金冠化工有限公司〈P1744〉;上海爱比西化工有限公司〈P1727〉;上海福神化工科技有限公司〈P1733〉;爱建德固赛(上海)引发剂有限公司(1万吨)〈P1726〉;[闽]漳州市平和永升化工有限公司(3000吨)〈P2002〉;[鲁]青州贝特化工有限公司〈P2090〉;[粤]广州市金珠江化学有限公司(7万吨)〈P2265〉;[陕]陕西宝化化工有限责任公司(8000吨)〈P2351〉

【使用厂】[京]北京化工厂〈P1549〉;[辽]鞍山市新型水处理材料厂〈P1696〉;[鲁]山东海化华龙硝铵有限公司〈P2095〉;[粤]广州化学试剂厂〈P2261〉;[川]成都天华科技股份有限公司〈P2315〉

连二亚硫酸钠;保险粉;低亚硫酸钠　B03011901

Sodium hydrosulfite [7775-14-6]

主要用作印染还原剂,纸浆、麻、油等的漂白剂,并供制药、分析试剂等用

【生产厂】[沪]上海众祥经贸有限公司(12万吨)〈P1779〉;[苏]吴江市青云九洲保险粉有限公司(2万吨)〈P1910〉;[浙]浙江嘉成化工有限公司〈P1950〉;浙江汇德隆化工有限公司(8万吨)〈P1950〉;[皖]安徽氯碱化工集团有限责任公司〈P1972〉;[鲁]山东双桥化工有限公司〈P2157〉;潍坊凯龙化工有限公司〈P2103〉;山东金河实业有限公司(5万吨)〈P2113〉;烟台市金河保险粉厂有限公司(4万吨)〈P2119〉;烟台市福山区正源化工有限公司(1万吨)〈P2118〉;[湘]湖南中成化工有限公司(3万吨)〈P2249〉;[粤]广东中成化工股份有限公司(16万吨)〈P2281〉

【使用厂】[苏]江苏亚邦化工集团有限公司〈P1861〉;[浙]杭州萧山飞翔化工有限公司〈P1923〉;[青]青海金牛胶业集团有限公司〈P2359〉

硫化钠;硫化碱　B03012201

Sodium sulfide [1313-84-4]

用于制造染料、硫化物,并用作矿石浮选剂、生皮脱毛剂、纸张蒸煮剂等

【生产厂】[津]天津休美特国际贸易有限公司(6000吨)〈P1616〉;[冀]石家庄冀华化工纺织有限公司〈P1627〉;河北辛集化工集团有限责任公司(1万吨)〈P1622〉;[晋]南风化工集团股份有限公司(7万吨)〈P1678〉;山西新联友化工有限公司(3000吨)〈P1675〉;[蒙]内蒙古黄河铬盐股份有限责任公司(4000吨)〈P1683〉;内蒙古利川化工有限责任公司(2万吨)〈P1683〉;内蒙古远兴天然碱股份有限公司〈P1683〉;内蒙古鄂尔多斯市鑫泰隆精细化工有限责任公司(3万吨)〈P1683〉;[赣]贵溪市三元冶炼化工有限

责任公司(1 万吨)〈P2013〉;[鲁]山东淄川碳化厂(2 万吨)〈P2056〉;潍坊潍泰化工有限公司(1 万吨)〈P2106〉;潍坊凯龙化工有限公司〈P2103〉;青岛红星化工集团有限责任公司(7000 吨)〈P2036〉;青岛东风化工有限公司(7000 吨)〈P2033〉;新泰市万河化工有限责任公司(8000 吨)〈P2139〉;鄄城明江化工有限公司〈P2159〉;[豫]洛阳市金鑫化工厂(2000 吨)〈P2184〉;洛阳市誉诚化工有限公司(2000 吨)〈P2186〉;河南宜阳县益民钡盐厂(1000 吨)〈P2181〉;洛阳市正天化工有限公司(1500 吨)〈P2187〉;[鄂]湖北楚源集团股份有限公司〈P2239〉;[粤]广东西陇化工有限公司〈P2276〉;[渝]重庆市华东化工有限公司〈P2306〉;[川]成都市灵敏化工有限公司〈P2314〉;眉山市川美化工有限公司〈P2332〉;四川省眉山天和化工有限公司〈P2333〉;四川新星化工有限公司(2 万吨)〈P2334〉;四川八海化工有限公司(1 万吨)〈P2332〉;四川省丹棱县华康化工有限公司(3 万吨)〈P2333〉;四川神虹化工集团有限公司(6 万吨)〈P2336〉;天全县天鑫化工有限责任公司(2 万吨)〈P2336〉;四川盛龙化工有限公司(4 万吨)〈P2332〉;[陕]陕西富化化工有限责任公司〈P2352〉;[甘]甘肃祁源化工有限公司〈P2357〉;[新]吐鲁番地区瑞德化轻总厂(2 万吨)〈P2365〉;新疆吐鲁番银丰化工实业有限责任公司(6000 吨)〈P2365〉;哈密三友盐化厂(8000 吨)〈P2366〉;巴里坤哈萨克自治县龙祥化工有限责任公司(2 万吨)〈P2366〉;新疆哈密红山化工有限责任公司(5 万吨)〈P2366〉

【使用厂】[津]天津农药股份有限公司〈P1576〉;天津市染料化学第九厂〈P1600〉;天津市染料厂分厂〈P1600〉;[辽]沈阳市试剂二厂〈P1688〉;大化集团大连化工股份有限公司〈P1690〉;大连染料化工有限公司〈P1693〉;辽阳滨河化工有限公司〈P1709〉;辽阳鸿泰有机化工有限公司〈P1710〉;大连化工研究设计院〈P1692〉;[沪]上海农药厂有限公司〈P1755〉;上海宝达兽药制造有限公司〈P1728〉;[苏]南京化学工业有限公司化工厂〈P1785〉;江阴东方医药原料有限公司〈P1867〉;江苏亚邦化工集团有限公司〈P1861〉;淮阴市染料化工厂〈P1802〉;江苏省溧阳市制药厂〈P1861〉;常州市武进临川化工有限公司〈P1854〉;张家港丰达制药有限公司〈P1911〉;徐州开达精细化工有限公司〈P1795〉;[皖]安徽八一化工股份有限公司〈P1974〉;安徽省蚌埠市永艳染料化工有限公司〈P1975〉;[鲁]山东联合化工股份有限公司〈P2053〉;淄博市博山东方化工厂〈P2067〉;山东圣奥化工股份有限公司〈P2161〉;山东滕州悟通香料有限责任公司〈P2078〉;山东阳谷华泰化工有限公司〈P2154〉;威海武岭爆破器材有限公司〈P2126〉;新泰市兰得染料化工有限公司〈P2138〉;[豫]河南省开仑化工有限责任公司〈P2211〉;濮阳市益丰精细化工有限公司〈P2215〉;安阳市谦和染料化工有限责任公司〈P2209〉;[湘]湖南湘潭华莹精化有限公司〈P2251〉;邵阳市大圳发达实业有限公司〈P2253〉;[粤]广州化学试剂厂〈P2261〉;[川]成都天华科技股份有限公司〈P2315〉

多硫化钠　B03012211

Sodium polysulfide [1344-08-7]

用作聚合终止剂,制革工业用作原皮的脱毛剂,农业上用作杀虫剂,还是石油炼制助剂

【生产厂】[津]天津市中兴天泰科技发展有限公司(2000 吨)〈P1613〉;[鲁]淄博市博山东方化工厂(500 吨)〈P2067〉;[鄂]荆州市乾兴化工有限公司(600 吨)〈P2240〉

【使用厂】[鲁]曲阜市万达化工有限公司〈P2130〉

硫化钡　B03012401

Barium sulfide;Barium monosulfide [21109-95-5]

主要用于制造钡盐、立德粉和发光油漆,也用作橡胶硫化剂及皮革脱毛剂

【生产厂】[豫]河南宜阳高桥化工厂(6000 吨)〈P2181〉;河南宜阳县益民钡盐厂(5000 吨)〈P2181〉;洛阳市恩迪化工有限公司(7 万吨)〈P2183〉;洛阳中原化工有限责任公司(3000 吨)〈P2188〉;[湘]衡阳市化工原料公司(1 万吨)〈P2252〉

【使用厂】[鲁]青岛东风化工有限公司〈P2033〉;青州市振华化工有限公司〈P2093〉;[豫]三门峡奥科钡业有限公司〈P2221〉

硫化锌　B03012601

Zinc sulfide [1314-98-3]

用作各种滤光片及激光窗口镀膜

【生产厂】[鲁]临淄兴武化工厂〈P2050〉;[川]四川省永业化工有限公司〈P2331〉

硫化铜　B03012611

Copper sulfide [7758-98-7]

【生产厂】[京]北京双环伟业试剂有限公司〈P1561〉

硫化锑;三硫化二锑　B03012701

Antimony sulfide [1345-04-6]

主要用于生产安全火柴、鞭炮、军火和在橡胶工业中作为硬化剂或颜料

【生产厂】[沪]上海韶松催化剂厂〈P1760〉;[鲁]济南湘蒙阻燃材料有限公司〈P2026〉;[湘]湖南虎山锑锌制品有限公司(1500 吨)〈P2255〉;湖南省桃江县板溪锑矿〈P2256〉;湖南省桃江县雄丰锑业有限公司〈P2256〉;锡矿山闪星锑业有限责任公司〈P2258〉;[陕]陕西丹凤锑品冶炼有限责任公司(500 吨)〈P2354〉

硫化钾　B03012801

Potassium sulfide [1312-73-8]

【生产厂】[苏]张家港市庆安化工厂(100 吨)〈P1913〉

硫代硫酸钠;大苏打;海波　B03012901

Sodium thiosulfate pentahydrate [10102-17-7]

用作纸浆和棉织品漂白后的除氯剂,食品工业用作螯合剂、抗氧化剂,医药工业用作洗涤剂、消毒剂

【生产厂】[津]天津市染料厂分厂(1 万吨)〈P1600〉;[冀]石家庄冀华化工纺织有限公司〈P1627〉;[晋]太原天熙贸易有限公司〈P1672〉;山西临汾染化(集团)有限责任公司〈P1678〉;南风化工集团股份有限公司〈P1678〉;芮城县虹桥药用中间体有限公司〈P1678〉;[辽]大连染料化工有限公司(3000 吨)〈P1693〉;中信锦州铁合金股份有限公司〈P1702〉;[沪]上海威呈化工有限公司〈P1769〉;[苏]上海梅山企业发展有限公司南京化工实业分公司(300 吨)〈P1792〉;常州市常宇化工有限公司(3000 吨)〈P1850〉;江苏省泰兴玺鑫化工有限公司〈P1822〉;南通集海化工有限公司(5 万吨)〈P1833〉;[浙]平湖市宏伟化工有限公司(1000 吨)〈P1942〉;[皖]蚌埠市海兴化工有限责任公司〈P1975〉;安徽佰仕化工有限公司〈P1974〉;[鲁]淄博天智化工有限公司〈P2073〉;东营市丰源化工有限责任公司〈P2082〉;新泰市兰得染料化工有限公司(1200 吨)〈P2138〉;曲阜市天昊化工助剂有限公司(1000 吨)〈P2130〉;[豫]河南省开仑化工有限责任公司(1000 吨)〈P2211〉;洛阳永光化工有限公司(1000 吨)〈P2187〉;河南省偃师市伟通化工有限公司(500 吨)〈P2180〉;偃师市兴盛化工厂(1200 吨)〈P2189〉;洛阳市建发石化有限公司(1000 吨)〈P2184〉;[鄂]湖北楚源集团股份有限公司〈P2239〉;[粤]广东中成化工股份有限公司(5000 吨)〈P2281〉;[桂]柳州华锡集团有限责任公司〈P2297〉

【使用厂】[辽]沈阳市试剂三厂〈P1688〉;[黑]哈尔滨试剂化

B

工厂〈P1720〉;[苏]连云港立本农药化工有限公司〈P1798〉;江苏天容集团股份有限公司〈P1861〉;[浙]海盐博大精细化工有限公司〈P1940〉;[皖]安徽氯碱化工集团有限责任公司〈P1972〉;安徽华星化工股份有限公司〈P1984〉;[闽]福建福农生化有限公司〈P1988〉;[赣]江西联达化工有限公司〈P2009〉;赣南果业赣州农药公司〈P2014〉;[豫]焦作鑫安科技股份有限公司〈P2197〉;[鄂]湖北仙隆化工股份有限公司〈P2245〉;[粤]广州化学试剂厂〈P2261〉;[桂]广西贺县精细化工厂〈P2300〉;[川]成都天华科技股份有限公司〈P2315〉

硫代硫酸钠(无水)　B03012911

Sodium thiosulfate, anhydrous [7772-98-7]

用作洗印定影剂

【生产厂】[津]天津市鑫源化工厂〈P1609〉

硫代硫酸镁　B03013001

Magnesium thiosulfate

用于棉织物漂白后的脱氯剂及印染助剂,医药上用作洗涤剂、消毒剂及化学试剂等

【生产厂】[鄂]武汉市江润精细化工有限责任公司〈P2233〉

硫代硫酸铵　B03013101

Ammonium thiosulfate [7783-18-8]

用作照相定影剂、金属清洗剂、电镀液和还原剂

【生产厂】[苏]无锡市佳盛高新改性材料有限公司〈P1877〉;南通集海化工有限公司〈P1833〉

硫氢化钠　B03013200

Sodium hydrosulfide; Sodium sulfohydrate [16721-80-5]

用作有机合成的中间体,制造硫化染料的助剂,生皮的脱毛和鞣革,还用于铜矿选矿

【生产厂】[津]天津休美特国际贸易有限公司(6000吨)〈P1616〉;天津市创新有机化工厂(2000吨)〈P1582〉;天津渤海化工有限责任公司天津化工厂〈P1570〉;天津渤天化工有限责任公司(5000吨)〈P1571〉;[晋]南风化工集团股份有限公司(1500吨)〈P1678〉;山西新联友化工有限公司(3000吨)〈P1675〉;[苏]宜兴市燎原化工有限公司〈P1885〉;[浙]宁波有机化工有限公司〈P1934〉;温州市嘉力化工有限公司〈P1938〉;[鲁]山东垦利石化有限责任公司(2万吨)〈P2085〉;新泰市万河化工有限责任公司(5000吨)〈P2139〉;山东信科环化有限责任公司(1000吨)〈P2151〉;[豫]河南龙飞精细化工有限公司(5000吨)〈P2193〉;河南省淇县天水化工厂〈P2198〉;洛阳市利保化工有限公司(3000吨)〈P2185〉;河南省华兴钡业有限责任公司(4万吨)〈P2221〉;三门峡奥科钡业有限公司(3000吨)〈P2221〉;三门峡航通化工有限责任公司(1000吨)〈P2221〉;[渝]重庆华琦精细化工有限公司〈P2305〉;[黔]贵州省黄平县天泉化工有限公司〈P2338〉

【使用厂】[津]天津力生化工有限公司〈P1576〉;天津农药股份有限公司〈P1576〉;[冀]河北世纪农药有限公司〈P1666〉;[苏]连云港立本农药化工有限公司〈P1798〉;江苏克胜集团股份有限公司〈P1808〉;[鲁]山东滕州悟通香料有限责任公司〈P2078〉;[鄂]武汉径河化工有限公司〈P2230〉

二硫化硒　B03013301

Selenium disulfide [7488-56-4]

【生产厂】[苏]江苏省溧阳市制药厂〈P1861〉

硫酸亚铁;绿矾;铁矾;七水硫酸亚铁　B03013501

Ferrous sulfate; Green vitriol; Iron sulfate

[7782-63-0]

用于制铁盐、氧化铁颜料、媒染剂、净水剂、防腐剂、消毒剂等,医药上作抗贫血药

【生产厂】[京]北京万水净水剂有限公司〈P1562〉;[津]天津市长河化工有限公司(3000吨)〈P1581〉;天津市长日化工厂(1000吨)〈P1581〉;天津市津东蓝天化工有限公司(1000吨)〈P1593〉;天津市友缘福利化工厂(1万吨)〈P1611〉;天津市津南瑞田化工厂(4000吨)〈P1594〉;天津市静海县兴安化工股份有限公司〈P1596〉;[冀]石家庄市灯塔化工厂〈P1629〉;[晋]山西焦化股份有限公司〈P1678〉;[黑]哈尔滨康文生化科技有限公司〈P1720〉;[沪]上海焦化有限公司钛白粉分公司〈P1743〉;上海科创化工有限公司〈P1748〉;[苏]南京市化学工业总公司精细化工厂〈P1789〉;常州市长江钛白粉厂(3万吨)〈P1850〉;无锡市锡宝钛业有限公司〈P1879〉;宜兴市绿波水处理化学品有限公司〈P1885〉;宜兴市天娇净水剂有限公司〈P1887〉;南京和福化工厂(1万吨)〈P1784〉;[浙]诸暨丰盈化工有限公司(150吨)〈P1952〉;诸暨市化工研究所〈P1952〉;安吉豪森药业有限公司〈P1944〉;嘉兴市加伟化工有限公司〈P1941〉;[鲁]济南裕兴化工总厂(6万吨)〈P2027〉;无棣海星煤化工有限责任公司〈P2157〉;淄博京和化工染料有限公司(1万吨)〈P2063〉;淄博锦星化工有限公司〈P2063〉;山东东佳集团公司〈P2052〉;山东省邹平县环亚化工厂〈P2156〉;桓台县周家镇沈家化工厂〈P2049〉;诸城市康盛饲料添加剂厂〈P2107〉;山东寿光绿洲化工有限公司〈P2098〉;嘉祥蒂澳钛白粉厂(300吨)〈P2129〉;枣庄天元精细化工有限公司(3万吨)〈P2080〉;[豫]焦作市三普生化有限公司〈P2196〉;焦作大学精细化工厂(5000吨)〈P2195〉;漯河市兴茂钛业有限公司(8万吨)〈P2220〉;栾川众鑫化工有限公司(3万吨)〈P2181〉;[鄂]武汉市合中化工制造有限公司〈P2232〉;武汉青江化工股份有限公司〈P2231〉;湖北仙隆化工股份有限公司〈P2245〉;[湘]长沙埃索凯化工有限公司(5万吨)〈P2247〉;湖南长沙县金辉化工厂〈P2247〉;衡阳天友化工有限公司(3万吨)〈P2253〉;[桂]广西五星化工有限公司〈P2296〉;苍梧顺风钛白粉有限责任公司〈P2300〉;广西藤县金茂钛白有限公司〈P2300〉;梧州佳源实业有限公司(6万吨)〈P2300〉;[滇]杨林工业开发区汕滇药业有限公司〈P2340〉;[甘]中核华原钛白股份有限公司〈P2358〉

【使用厂】[辽]沈阳市试剂三厂〈P1688〉;辽阳富强食品化工有限公司〈P1709〉;[黑]牡丹江市红旗化工厂〈P1723〉;[沪]上海市宝山区合众化工厂〈P1763〉;[苏]苏州合成化工有限公司〈P1900〉;兴化锁龙消防药剂有限公司〈P1828〉;常熟市中新化工厂有限公司〈P1892〉;[鲁]淄博化学试剂厂有限公司〈P2062〉;化学工业(全国)饲料添加剂工程技术中心山东科技公司〈P2020〉;临朐县大祥精细化工有限公司〈P2089〉;淄博市临淄环保产业开发公司〈P2068〉;[豫]开封开化(集团)有限公司〈P2176〉;[鄂]孝感市龙马催化剂有限责任公司〈P2243〉;[湘]衡阳市化工研究所〈P2252〉;衡阳市晨晖化工有限责任公司〈P2252〉;湖南三环颜料有限公司〈P2248〉;祁阳欣荣冶炼化工有限责任公司〈P2257〉;[粤]广州化学试剂厂〈P2261〉;[桂]柳州市跃进化工厂〈P2298〉;[川]四川省天然气化工研究院〈P2319〉;[陕]宝鸡催化剂厂〈P2350〉

硫酸亚铁(一水)　B03013504

Ferrous sulfate, monohydrate [17375-41-6]

用于饲养禽畜的补血剂,可促进动物的生长发育,还可用于制造氧化铁红等颜料

【生产厂】[津]天津市津东蓝天化工有限公司(1000吨)

〈P1593〉;[苏]无锡市锡宝钛业有限公司〈P1879〉;南京和福化工厂(10000万吨)〈P1784〉;[鲁]嘉祥蒂澳钛白粉厂(100吨)〈P2129〉;[桂]广西百合化工股份有限公司(1万吨)〈P2301〉;广西藤县金茂钛白有限公司〈P2300〉;[渝]攀钢集团重庆钛业股份有限公司(1万吨)〈P2303〉

五水硫酸亚铁;脱水硫酸亚铁 B03013531
Ferrous sulfate, pentahydrate
工业上用于制造铁盐、墨水、氧化铁红、靛青及一氧化碳变换催化剂
【生产厂】[豫]焦作市三普生化有限公司〈P2196〉

硫酸汞 B03013601
Mercuric sulfate [7783-35-9]
用于制甘汞、升汞、蓄电池组,并用作有机合成的催化剂
【生产厂】[京]北京双环伟业试剂有限公司〈P1561〉;[辽]沈阳化学试剂厂〈P1686〉

硫酸肼;硫酸联氨 B03013701
Diamine sulfate; Hydrazine sulfate [10034-93-2]
用于医药、有机合成、农药、塑料、橡胶等工业
【生产厂】[吉]磐石长城精细化工有限公司〈P1716〉;[苏]常州市通达化工有限公司〈P1853〉;[浙]浙江黄岩精细化学品集团有限公司〈P1964〉;[鲁]潍坊万源化工有限公司〈P2106〉;[粤]广东南海奇瑞德助剂厂〈P2290〉
【使用厂】[冀]邯郸市赵都精细化工厂〈P1639〉

硫酸钡;沉淀硫酸钡 B03013801
Barium sulfate [7727-43-7]
用于制造像纸和铜版纸的表面涂布剂,纺织工业上浆剂,玻璃制品澄清剂,油漆、油墨、塑料、橡胶填充剂等
【生产厂】[冀]石家庄冀华化工纺织有限公司〈P1627〉;石家庄市佳彩化工有限责任公司〈P1629〉;河北邢台化学试剂有限责任公司(500吨)〈P1642〉;[晋]南风化工集团股份有限公司〈P1678〉;[沪]上海一环化工有限公司(1万吨)〈P1774〉;上海宁成高分子材料有限公司〈P1755〉;上海亮江钛白化工制品有限公司〈P1751〉;上海石粉厂有限公司(9000吨)〈P1762〉;[苏]镇江龙鑫化工有限公司〈P1844〉;[鲁]山东长清制药厂(1500吨)〈P2028〉;山东海科胜利电化有限公司(1000吨)〈P2085〉;诸城市新星油漆化工厂〈P2107〉;青州市振华化工有限公司(1万吨)〈P2093〉;青岛红星化工集团有限责任公司(2万吨)〈P2036〉;青岛东风化工有限公司(1万吨)〈P2033〉;青岛三凯化工有限公司〈P2041〉;莒南县泰祥化肥有限公司(3000吨)〈P2147〉;[豫]巩义市昌华辅料厂〈P2162〉;伊川县南街豫鹏化工厂(1000吨)〈P2190〉;洛阳市金鑫化工厂(3000吨)〈P2184〉;洛阳市誉诚化工有限公司(3500吨)〈P2186〉;河南宜阳县益民钡盐厂(2000吨)〈P2181〉;洛阳市恩迪化工有限公司(5000吨)〈P2183〉;洛阳市正天化工有限公司(3000吨)〈P2187〉;洛阳中原化工有限责任公司(3000吨)〈P2188〉;三门峡奥科钡业有限公司(5000吨)〈P2221〉;[鄂]武汉武大弘元股份有限公司〈P2234〉;潜江市仙桥化学制品有限公司〈P2246〉;郧西县第三化工厂〈P2239〉;[湘]长沙蜂巢颜料化工有限公司(600吨)〈P2247〉;湖南省桃江县雄丰锑业有限公司〈P2256〉;澧县博远实业有限责任公司(5000吨)〈P2255〉;衡阳市化工原料公司〈P2252〉;衡阳市重晶石矿〈P2253〉;[粤]广州华立-萨其宾化工有限公司〈P2261〉;[渝]重庆市华东化工有限公司〈P2306〉;[川]四川蓬莱盐化有限公司(1000吨)〈P2331〉;自贡市达成化工制造有限公司〈P2322〉;[黔]贵州省织金县东山化工厂〈P2338〉;贵州省黄平县天泉化工有限公司(1万吨)〈P2338〉;[陕]陕西富化化工有限责任公司(1万吨)〈P2352〉
【使用厂】[津]天津东洋油墨有限公司〈P1571〉;[辽]沈阳市应用技术实验厂〈P1689〉;[苏]常州光辉化工有限公司〈P1847〉;[皖]马鞍山市康华化工有限公司〈P1977〉;[鲁]济南泰山金鹏涂料有限公司〈P2025〉;山东梁山蓝天化工有限公司〈P2131〉;潍坊环宇油漆工业有限公司〈P2103〉

药用硫酸钡 B03013803
Barium sulfate, medicinal [7727-43-7]
在医疗上用作消化系统造影剂
【生产厂】[鲁]青岛东风化工有限公司(500吨)〈P2033〉

改性超细硫酸钡 B03013804
Barium sulfate, superfine, modified [7727-43-7]
用于高档塑料、橡胶制品、油漆、粉末涂料等
【生产厂】[鲁]青岛东风化工有限公司(5000吨)〈P2033〉;[豫]洛阳市誉诚化工有限公司(1500吨)〈P2186〉

超细硫酸钡 B03013811
Barium sulfate, superfine
用于涂料、塑料、橡胶、陶瓷、玻璃等
【生产厂】[蒙]内蒙古利川化工有限责任公司(5000吨)〈P1683〉;[黑]哈尔滨亿滨化工有限公司〈P1721〉;[沪]上海跃江钛白化工制品有限公司〈P1776〉;[苏]镇江龙鑫化工有限公司〈P1844〉;扬州市群鑫粉体材料有限公司〈P1819〉;[湘]澧县博远实业有限责任公司(5000吨)〈P2255〉;[粤]广福建材(蕉岭)精化有限公司〈P2277〉

硫酸氢钠 B03013901
Sodium hydrogen sulfate; Sodium bisulfate [7681-38-1]
用作矿物分解助熔剂、消毒剂、助染剂及制硫酸钠和钠明矾等
【生产厂】[津]天津振泰化工有限公司〈P1617〉;[浙]安吉宁宏日用化工厂(3000吨)〈P1944〉;衢州海顺医药化工有限公司〈P1957〉;[鄂]罗田县华阳生化有限公司〈P2244〉;[川]成都市新都区桂宏化工厂〈P2314〉;四川省安县银河建化集团有限公司(1000吨)〈P2331〉

硫酸钠(十水);芒硝 B03014001
Sodium sulfate, decahydrate; Glaubers salt; Mirabitite [7727-73-3]
是制取纯碱、硫酸钠、硫酸铵、硫化碱等的重要原料
【生产厂】[京]北京清华紫光英力化工技术有限责任公司〈P1557〉;[冀]石家庄市汇康精细化学有限公司〈P1629〉;[辽]开原市正元化工有限公司〈P1712〉;[苏]盐城汇龙化工有限公司〈P1810〉;[鲁]济南裕兴化工总厂(3万吨)〈P2027〉;济南裕兴化工总厂裕新化工厂(3万吨)〈P2027〉;[鄂]中盐宏博(集团)有限公司(10万吨)〈P2243〉;黄石振华化工有限公司〈P2236〉;[湘]衡阳市化工原料公司〈P2252〉;[川]四川新星化工有限公司(1万吨)〈P2334〉;四川省建新化工厂(15万吨)〈P2333〉;[陕]定边县长城盐化有限责任公司(8万吨)〈P2353〉;[青]青海山川矿业发展股份有限公司〈P2359〉;[新]巴里坤哈萨克自治县龙祥化工有限责任公司(30万吨)〈P2366〉
【使用厂】[冀]河北辛集化工集团有限责任公司〈P1622〉;[蒙]内蒙古利川化工有限责任公司〈P1683〉;[苏]江苏南风元明粉有限责任公司〈P1802〉;[鲁]济南市油墨厂〈P2025〉;青岛东风化工有限公司〈P2033〉;潍坊潍泰化工有限公司〈P2106〉;山东垦利石化有限责任公司〈P2085〉;

青岛红星化工集团有限责任公司〈P2036〉；济宁市任城区福利精细化工厂〈P2128〉；［豫］洛阳市金鑫化工厂〈P2184〉；三门峡奥科钡业有限公司〈P2221〉；［湘］湖南省湘维有限公司〈P2257〉；［川］四川蓬莱盐化有限公司〈P2331〉；［甘］国营高台盐化公司〈P2358〉；［新］哈密三友盐化厂〈P2366〉

硫酸钠；元明粉；无水芒硝；无水硫酸钠 B03014101

Sodium sulfate［7757-82-6］

医药上用作盐析剂、聚凝剂，也用于造纸、玻璃、印染、合成纤维、制革等工业

【生产厂】［京］北京清华紫光英力化工技术有限责任公司〈P1557〉；［冀］石家庄冀华化工纺织有限公司〈P1627〉；石家庄市泰和化工有限公司(4000吨)〈P1631〉；石家庄市汇康精细化学有限公司〈P1629〉；［晋］山西省原平市化工有限责任公司(5万吨)〈P1676〉；南风化工集团股份有限公司(50万吨)〈P1678〉；［蒙］乌海市恒昌化工有限责任公司(7000吨)〈P1682〉；内蒙古远兴天然碱股份有限公司〈P1683〉；［辽］本溪鹏程化工有限公司(4000吨)〈P1699〉；［黑］牡丹江鸿利化工有限责任公司〈P1723〉；［苏］南京燕江化工厂〈P1791〉；昆山市远洋化工有限公司〈P1898〉；江苏大华药业有限公司〈P1802〉；江苏南风元明粉有限责任公司(55万吨)〈P1802〉；江苏雄风科技股份有限公司〈P1832〉；［浙］衢州海顺医药化工有限公司〈P1957〉；［皖］合肥东风化工总厂(1万吨)〈P1972〉；［鲁］淄博永超化工有限公司〈P2075〉；潍坊海化三江化工有限公司〈P2102〉；潍坊银丰化工有限公司〈P2106〉；招远市金昌化工有限责任公司〈P2121〉；山东鲁光化工厂(3000吨)〈P2150〉；临沂市兰山区中山化工厂(3万吨)〈P2148〉；［豫］新乡白鹭化纤集团有限责任公司(6000吨)〈P2203〉；洛阳永光化工有限公司(1000吨)〈P2187〉；［鄂］中国石化江汉油田分公司盐化工总厂〈P2246〉；湖北楚源集团股份有限公司〈P2239〉；［湘］长沙鑫本化工有限公司〈P2247〉；［桂］广西五星化工有限公司〈P2296〉；［川］成都市灵敏化工有限公司〈P2314〉；四川省新津金华芒硝矿(200吨)〈P2319〉；四川省洪雅青衣江化工有限公司(50万吨)〈P2333〉；眉山市川美化工有限公司〈P2332〉；四川省眉山天海工贸有限公司〈P2333〉；四川省眉山天和化工有限公司〈P2333〉；四川金庄化工有限公司〈P2333〉；四川新星化工有限公司(20万吨)〈P2334〉；四川银丰化工有限公司(12万吨)〈P2334〉；四川省明星化工有限公司(40吨)〈P2333〉；四川八海化工有限公司(20万吨)〈P2332〉；四川省眉山艺精芒硝有限公司〈P2333〉；四川省丹棱县华康化工有限公司(12万吨)〈P2333〉；安徽全力集团有限公司彭山元明粉厂(5万吨)〈P2332〉；四川同庆南风有限责任公司(30万吨)〈P2334〉；成都三联天全化工有限公司〈P2335〉；四川神虹化工集团有限公司〈P2336〉；四川省射洪锂业有限责任公司〈P2331〉；四川盛龙化工有限公司〈P2332〉；［滇］云南盐化股份有限公司〈P2342〉；［陕］定边县长城盐化有限责任公司(2万吨)〈P2353〉；［甘］国营高台盐化公司(4万吨)〈P2358〉；［新］新疆盐湖制盐有限责任公司(17万吨)〈P2364〉；巴里坤哈萨克自治县龙祥化工有限责任公司(5万吨)〈P2366〉

【使用厂】［津］天津三环化学有限公司〈P1577〉；天津市恒泽化工科技开发有限公司〈P1589〉；［冀］河北邢台化学试剂有限责任公司〈P1642〉；河北张药股份有限公司〈P1650〉；［辽］沈阳市试剂三厂〈P1688〉；［沪］上海达峰化工合作公司〈P1730〉；［浙］浙江海正药业股份有限公司〈P1964〉；［闽］福建石化集团三明化工有限责任公司〈P1995〉；［鲁］青岛东风化工有限公司〈P2033〉；潍坊潍泰化工有限公司〈P2106〉；山东淄川碳化厂〈P2056〉；山东济宁齐天佳丽日化有限公司〈P2131〉；山东省淄博市淄川黉阳农药有限公司〈P2054〉；济南海华洗涤制品有限公司〈P2021〉；泰安市新建助剂有限公司〈P2138〉；山东丽波日化股份有限公司〈P2096〉；山东寿光绿洲皮革塑料有限公司〈P2098〉；山东省乐陵市华虹染化有限公司〈P2145〉；［豫］商丘市稀土微肥示范厂〈P2226〉；河南省偃师市东谷泡花碱厂〈P2180〉；［湘］长沙蜂巢颜料化工有限公司〈P2247〉；湖南中南制药有限责任公司〈P2253〉；［粤］广州化学试剂厂〈P2261〉；［滇］云南三环化工股份有限公司〈P2341〉；［陕］陕西富化化工有限责任公司〈P2352〉；［新］吐鲁番地区瑞德化轻总厂〈P2365〉

硫酸钾 B03014201

Potassium sulfate［7778-80-5］

用作药物、钾肥，并用于制明矾、玻璃和碳酸钾等

【生产厂】［冀］河北省东昊化工有限公司(10万吨)〈P1621〉；［晋］山西省交城红星化工有限公司〈P1670〉；山西文通钾盐集团有限公司(2500吨)〈P1670〉；中太钾盐化工有限公司(2万吨)〈P1672〉；山西省交城县金兰化工有限公司〈P1677〉；文水县振兴化肥有限公司〈P1677〉；山西省文水县文成化工有限公司(5000吨)〈P1677〉；南风化工集团股份有限公司〈P1678〉；［辽］沈阳永兴化工有限公司〈P1690〉；［沪］文通集团〈P1780〉；青上化工(上海)有限公司(45万吨)〈P1727〉；上海安而信化学有限公司〈P1727〉；［苏］昆山市远洋化工有限公司〈P1898〉；［皖］安徽郎溪县新科化工有限公司〈P1985〉；［闽］青上化工(厦门)有限公司(4万吨)〈P1991〉；［鲁］山东省邹平县鲁旺化工有限公司(15万吨)〈P2156〉；山东海化股份有限公司〈P2094〉；潍坊银丰化工有限公司(3万吨)〈P2106〉；临沂宏仕德化工有限公司(6万吨)〈P2147〉；山东三方化工有限公司(6万吨)〈P2150〉；［豫］开封开化(集团)有限公司(4万吨)〈P2176〉；开封青上化工有限公司(4万吨)〈P2177〉；［川］中信国安锂业科技有限责任公司〈P2320〉；川化集团有限责任公司(3万吨)〈P2317〉；四川省汉源县元康实业有限责任公司〈P2336〉；［青］瀚海企业(集团)有限责任公司〈P2360〉

【使用厂】［津］天津市东方化工厂〈P1585〉；天津吉华化工有限公司〈P1574〉；天津市福升肥料有限公司〈P1586〉；［冀］中国-阿拉伯化肥有限公司〈P1637〉；［沪］上海长征化工厂〈P1730〉；上海科创化工有限公司〈P1748〉；上海振欣试剂厂〈P1778〉；［苏］江苏华昌(集团)有限公司〈P1893〉；南京化学工业集团公司如东专用复合肥厂〈P1832〉；江阴市东港化肥有限公司〈P1868〉；［闽］福建省顺昌富宝实业有限公司〈P2004〉；三明金明农资有限公司〈P1996〉；福建省双赢集团有限公司〈P2001〉；沙县集辰复合肥有限公司〈P1996〉；［赣］江西贵溪化肥有限责任公司〈P2013〉；［鲁］青岛海湾集团有限公司〈P2036〉；青岛碱业股份有限公司天柱化肥分公司〈P2038〉；山东烟台凯联化工有限公司〈P2115〉；淄博市临淄东方红化工厂〈P2068〉；莒南县达尔特化肥有限公司〈P2147〉；泰安双丰化肥有限公司〈P2138〉；淄博市周村区裕源助剂厂〈P2072〉；济南司普润化工产品有限公司〈P2025〉；山东圣奥化工股份有限公司〈P2161〉；泰安市黎明化工有限责任公司〈P2138〉；青岛碱业股份有限公司〈P2038〉；山东阿波罗集团有限公司〈P2027〉；山东华仙集团总公司〈P2131〉；山东临沂华丰化肥有限公司〈P2149〉；山东三孔集团曲阜宇丰复合肥有限公司〈P2132〉；山东蒙阴益丰企业集团总公司〈P2150〉；烟台同达全元化肥有限公司〈P2119〉；青州市汉诺威肥业有限公司〈P2092〉；［豫］开封开化(集团)有限公司磷肥厂〈P2177〉；平顶山飞行化工(集团)有限责任公司〈P2191〉；三门峡金茂化工有限公司〈P2221〉；河南省孟津县磷肥厂〈P2180〉；三门峡思念缓释肥业有限公司〈P2222〉；［鄂］武汉青江化工股份有限公司〈P2231〉；襄樊丽明化工有限公司〈P2238〉；［粤］广州化学试剂厂〈P2261〉；［桂］广西核工业桂兴实业公司〈P2301〉；［渝］云阳县磷肥厂〈P2303〉；中

化重庆涪陵化工股份有限公司〈P2303〉;［黔］遵义县磷肥厂〈P2337〉;铜仁市南长城化工有限公司〈P2338〉;［滇］云南解化集团有限公司〈P2345〉;云南三环化工股份有限公司〈P2341〉;昆明红云化工生产有限公司〈P2339〉;昆明劲勋化工有限公司〈P2339〉;［甘］甘肃白银虎豹化工有限公司〈P2357〉;［新］新疆新化化肥有限责任公司〈P2364〉

硫酸锶 B03014211

Strontium sulfate［7759-02-6］

用作玻璃、陶瓷的添加剂,还用于真空管的除气剂等

【生产厂】［苏］南京红熠锶业化工有限公司〈P1784〉;南京金焰锶业有限公司〈P1786〉;［渝］重庆仙峰锶盐化工有限公司〈P2308〉;重庆华琦精细化工有限公司〈P2305〉;重庆福斯达化工有限公司〈P2304〉;重庆新申锶盐有限公司〈P2308〉;［青］青海山川矿业发展股份有限公司(12万吨)〈P2359〉

【使用厂】［宁］宁夏西域龙化工有限公司〈P2361〉

硫酸氢钾 B03014251

Potassium hydrogen sulfate［7646-93-7］

用作食物防腐剂、化学试剂等

【生产厂】［沪］上海安而信化学有限公司〈P1727〉;上海南威化工有限公司〈P1754〉

硫酸铅;红矾;铅矾 B03014301

Lead sulfate［7446-14-2］

用作草酸生产的催化剂,纤维增重剂,也可用于颜料、快干漆、铅丹及蓄电池等的生产中

【生产厂】［苏］江都市科力化工厂〈P1814〉

【使用厂】［冀］河北铬盐化工有限公司〈P1620〉;［辽］大连北方氯酸钾厂〈P1691〉;［鲁］济南市油墨厂〈P2025〉;山东省淄博市淄川鲁峰精细化工厂〈P2055〉

硫酸钴;硫酸亚钴 B03014401

Cobaltous sulfate;Cobalt sulfate［10026-24-1］

用作陶瓷釉料、油漆催干剂,也用于染料

【生产厂】［津］黄骅市津骅添加剂有限公司〈P1569〉;天津市兽药二厂(1200吨)〈P1602〉;［冀］黄骅市津骅饲料添加剂有限公司〈P1656〉;河北澳鑫锌业有限公司〈P1647〉;河北雄威化工股份有限公司(300吨)〈P1648〉;［辽］澳特钴镍制品(大连)有限公司〈P1690〉;大连宇山化工有限公司(200吨)〈P1694〉;大连第一有机化工有限公司〈P1691〉;大连亿力化工有限公司〈P1694〉;［吉］吉林吉恩镍业股份有限公司〈P1715〉;［沪］上海碧泉化工有限公司〈P1729〉;上海勤化化工有限公司〈P1757〉;上海勤翔化工有限公司〈P1757〉;上海勤工无机盐有限公司(10吨)〈P1757〉;上海博呈化工有限公司〈P1729〉;上海顺博金属材料有限公司〈P1765〉;上海浩业化工有限公司(100吨)〈P1736〉;上海良仁化工有限公司〈P1751〉;［苏］上海斌顺金属材料有限公司〈P1898〉;张家港民丰化工有限公司〈P1912〉;姜堰市峰峰金属制品厂〈P1823〉;江苏雄风科技股份有限公司〈P1832〉;［浙］浙江嘉利珂钴镍材料有限公司〈P1950〉;慈溪市飞兰有色金属有限公司〈P1929〉;宁波雁门化工有限公司〈P1934〉;浙江省仙居县福利无机化工厂〈P1967〉;浙江黄岩精细化学品集团有限公司(50吨)〈P1964〉;［赣］赣州钴钨有限责任公司〈P2014〉;［鲁］山东东佳集团公司(400吨)〈P2052〉;淄博陇川镍产品有限公司(200吨)〈P2065〉;潍坊万源化工有限公司〈P2106〉;青岛三凯化工有限公司〈P2041〉;［粤］广州中捷机械化工有限公司〈P2268〉;广东西陇化工有限公司〈P2276〉;珠海市华新钴业有限公司〈P2275〉;佛山市南海长城精细化工有限公司〈P2288〉;广东南海奇瑞德助剂厂〈P2290〉;［桂］广西五星化工有限公司〈P2296〉;［甘］金川集团有限公司镍都实业公司(1000吨)〈P2357〉

【使用厂】［鲁］山东省淄博市淄川鲁峰精细化工厂〈P2055〉;淄博照新化工有限公司〈P2076〉;［粤］广州化学试剂厂〈P2261〉

硫酸铈 B03014501

Cerium sulfate;Cerous sulfate［10450-59-6］

主要用作苯胺黑的显色剂,可用于电镀锡

【生产厂】［鲁］淄博市荣瑞达粉体材料厂〈P2071〉;山东鱼台清达精细化工厂(500吨)〈P2133〉;［甘］甘肃稀土集团有限责任公司〈P2357〉

硫酸氧钛 B03014601

Titanium oxysulfate［123334-00-9］

用作媒染剂、催化剂、还原剂、染料褪色剂等,还用于电镀

【生产厂】［辽］丹东市中和化工厂(100吨)〈P1700〉;丹东市化学试剂厂(100吨)〈P1700〉

【使用厂】［鲁］枣庄天元精细化工有限公司〈P2080〉;莱州市化工三厂〈P2109〉

硫酸钛 B03014611

Titanium sulfate［13693-11-3］

用作涂装行业磷化的优良表调剂、媒染剂

【生产厂】［辽］丹东市中和化工厂〈P1700〉;丹东市化学试剂厂〈P1700〉

硫酸铜;蓝矾;胆矾;铜矾 B03014701

Blue vitriol;Copper sulfate;Cupric sulfate［7758-99-8］

主要用作纺织品媒染剂、农业杀虫剂、水的杀菌剂、防腐剂,也用于鞣革、铜电镀、选矿等

【生产厂】［津］天津市津东蓝天化工有限公司(500吨)〈P1593〉;天津市海淀化工厂(1000吨)〈P1587〉;天津市静海县惠通化工厂(1000吨)〈P1596〉;天津市静海县兴安化工股份有限公司〈P1596〉;天津市兽药二厂(5000吨)〈P1602〉;［冀］清苑县增旺化工有限公司〈P1649〉;［辽］大连宇山化工有限公司(200吨)〈P1694〉;［吉］吉林吉恩镍业股份有限公司〈P1715〉;［沪］上海勤翔化工有限公司〈P1757〉;上海勤工无机盐有限公司〈P1757〉;上海朗瑞精细化学品有限公司〈P1749〉;上海顺博金属材料有限公司〈P1765〉;上海新阳电子化学有限公司〈P1772〉;上海良仁化工有限公司〈P1751〉;［苏］上海斌顺金属材料有限公司〈P1898〉;吴江市锦联化工有限公司〈P1910〉;昆山市远洋化工有限公司〈P1898〉;张家港市卫星化工厂〈P1914〉;江苏省淮阴市清浦精细化工厂(100吨)〈P1803〉;江都市恒升有色化工有限公司(300吨)〈P1814〉;江苏雄风科技股份有限公司〈P1832〉;通州市安达化工原料有限公司〈P1839〉;南京和福化工厂〈P1784〉;［浙］湖州东欣化工厂〈P1945〉;慈溪市飞兰有色金属有限公司〈P1929〉;宁波雁门化工有限公司〈P1934〉;台州市申源化学品有限公司〈P1962〉;台州市中海医药化工有限公司〈P1962〉;开化县鑫源精细化工有限公司〈P1957〉;温州冶炼总厂〈P1938〉;［皖］广德县天成化工有限公司〈P1986〉;安徽青阳铜鑫化工厂〈P1987〉;安徽省青阳县银兴化工原料有限责任公司(1000吨)〈P1987〉;安徽铜陵金亨化工有限公司〈P1978〉;中科铜都粉体新材料股份有限公司(1500吨)〈P1979〉;铜陵有色金属(集团)公司(2500吨)〈P1979〉;［赣］贵冶华信金属有限责任公司〈P2013〉;［鲁］淄博同川化工有限公司〈P2073〉;淄博兆凯化工有限公司〈P2076〉;博山化学厂(有限公司)〈P2048〉;淄博圣诺化工有限公司〈P2067〉;山东省邹平县环亚化工厂〈P2156〉;邹平县振中化工厂(100吨)

B

〈P2158〉；桓台县周家镇沈家化工厂〈P2049〉；烟台鹏晖铜业有限公司(1000 吨)〈P2118〉；山东省青岛奥迪斯生物科技有限公司〈P2047〉；莱芜钢铁集团新泰铜业有限公司(6 万吨)〈P2135〉；[豫]新乡吉恩镍业有限公司(2500 吨)〈P2203〉；[湘]株洲金源化工有限公司(600 吨)〈P2250〉；[粤]深圳市绿环化工实业有限公司(9000 吨)〈P2271〉；佛山市南海长城精细化工有限公司〈P2288〉；广东南海奇瑞德助剂厂〈P2290〉；[渝]重庆冶炼(集团)有限责任公司〈P2308〉；[川]中信国安锂业科技有限责任公司(2000 吨)〈P2320〉；广汉泛太平洋冶金化工金属制品有限公司〈P2324〉；[滇]云南铜业股份有限公司(2000 吨)〈P2342〉

【使用厂】[津]天津三环化学有限公司〈P1577〉；[冀]河北邢台化学试剂有限责任公司〈P1642〉；[辽]沈阳市试剂三厂〈P1688〉；沈阳市应用技术实验厂〈P1689〉；辽阳富强食品化工有限公司〈P1709〉；[沪]上海长风化工厂〈P1729〉；上海建平化工有限公司〈P1743〉；上海科创化工有限公司〈P1748〉；[苏]江都市润扬化工有限公司〈P1814〉；徐州开达精细化工有限公司〈P1795〉；[浙]杭州萧山飞翔化工有限公司〈P1923〉；浙江台州海翔医药化工有限公司〈P1968〉；浙江省三门解氏化学工业有限公司〈P1966〉；[鲁]德州虹桥染料化工有限公司〈P2142〉；山东省淄博市淄川黉阳农药有限公司〈P2054〉；淄博华王化工有限公司〈P2062〉；[豫]开封市祥利化工厂〈P2178〉；洛阳市化学试剂厂〈P2184〉；[鄂]武汉径河化工有限公司〈P2230〉；[粤]广州化学试剂厂〈P2261〉；[川]成都天华科技股份有限公司〈P2315〉

硫酸铜(药用)　B03014702

Copper sulfate, medicinal [7758-99-8]

用作收敛药和防病药，也是农业杀菌剂

【生产厂】[浙]诸暨丰盈化工有限公司(50 吨)〈P1952〉；安吉豪森药业有限公司〈P1944〉；[川]四川省化工研究设计院(1500 吨)〈P2319〉；四川国光农化有限公司〈P2331〉

硫酸铜(饲料级)　B03014703

Copper sulfate, feeded; Cupric sulfate, feeded [7758-99-8]

是家禽、兽养殖用饲料添加剂

【生产厂】[冀]黄骅市津骅饲料添加剂有限公司〈P1656〉；[沪]上海科创化工有限公司〈P1748〉；[浙]诸暨市化工研究所〈P1952〉；[鲁]诸城市康盛饲料添加剂厂〈P2107〉；莱芜钢铁集团新泰铜业有限公司(1 万吨)〈P2135〉；[豫]焦作市三普生化有限公司〈P2196〉；[湘]长沙埃索凯化工有限公司〈P2247〉；长沙市金湘饲料添加剂厂〈P2247〉；[桂]广西五星化工有限公司(1000 吨)〈P2296〉

无水硫酸铜　B03014704

Copper sulfate, anhydrous [2758-98-7]

【生产厂】[沪]上海朗瑞精细化学品有限公司〈P1749〉；[苏]昆山市远洋化工有限公司〈P1898〉

硫酸铝　B03014901

Aluminium sulfate [17927-65-0]

用于造纸、净水，并用作媒染剂、鞣革剂、医药收敛剂、木材防腐剂、泡沫灭火剂等

【生产厂】[冀]石家庄冀华化工纺织有限公司〈P1627〉；[沪]上海高桥大同化工厂〈P1734〉；[苏]句容长宁生物化工有限公司(2 万吨)〈P1843〉；宜兴市天娇净水剂有限公司〈P1887〉；苏州精细化工有限公司(3 万吨)〈P1901〉；太仓市新星轻工助剂厂〈P1908〉；[浙]浙江中星化工试剂有限公司(1 万吨)〈P1957〉；[闽]福州力业化工有限公司(2 万吨)〈P1989〉；[赣]江西添光化工有限责任公司(1 万吨)〈P2017〉；[鲁]山东新华制药股份有限公司〈P2055〉；淄博昊强化工有限责任公司〈P2061〉；张店良誉新型材料厂〈P2057〉；淄博张店东方化学股份有限公司(1 万吨)〈P2076〉；淄博光正铝盐化工有限公司(10 万吨)〈P2060〉；淄博矿业集团有限责任公司(10 万吨)〈P2064〉；淄博照新化工有限公司(5000 吨)〈P2076〉；淄博创大实业有限公司(5000 吨)〈P2058〉；淄博大众食用化工有限公司(5 万吨)〈P2059〉；淄博三丰化工有限公司(16 万吨)〈P2066〉；淄博市周村萌山化工厂〈P2071〉；山东寿光绿洲化工有限公司〈P2098〉；山东寿光绿洲皮革塑料有限公司(5000 吨)〈P2098〉；兖州市向阳化工有限公司(1 万吨)〈P2134〉；山东红日阿康化工股份公司(3 万吨)〈P2149〉；[豫]郑州铝厂氧化铝厂劳动服务公司化工厂(3000 吨)〈P2171〉；郑州铝城实业开发总公司(3500 吨)〈P2172〉；郑州市环清净水剂厂(1500 吨)〈P2173〉；巩义市宇贸净水材料有限公司〈P2164〉；巩义市长虹净水材料有限公司(1000 吨)〈P2162〉；巩义市宇清净水材料有限公司〈P2164〉；河南佰利联化学股份有限公司(6 万吨)〈P2193〉；焦作市三普生化有限公司〈P2196〉；鹤壁市化工四厂(5 万吨)〈P2199〉；[粤]台山市磷肥厂有限公司(3 万吨)〈P2286〉；[渝]重庆川东化工(集团)有限公司(1 万吨)〈P2304〉

【使用厂】[津]天津市西青区永红化工厂〈P1607〉；[沪]上海长风化工厂〈P1729〉；上海铬黄颜料厂〈P1734〉；上海金赛医药化工有限公司〈P1744〉；[苏]镇江江南化工有限公司〈P1844〉；[鲁]青岛海洋化工有限公司〈P2036〉；山东大成农药股份有限公司〈P2051〉；淄博市周村区裕源助剂厂〈P2072〉；[粤]广州化学试剂厂〈P2261〉；[滇]云南杨林化工厂〈P2342〉；[新]新疆联达集团(实业)股份有限公司〈P2365〉

精制硫酸铝　B03014902

Aluminium sulfate, refined [17927-65-0]

用于净水、造纸和印染等

【生产厂】[沪]上海高桥大同化工厂〈P1734〉；[苏]江苏省仪征市化工三厂(1000 吨)〈P1816〉

无铁硫酸铝　B03014951

Aluminium sulfate, non-ferrous

用于高级纸张制造、特殊要求的水处理、生产高档钛白粉及用作高级填料等

【生产厂】[苏]泰州永博生化制品有限公司〈P1828〉；[鲁]淄博昊强化工有限责任公司〈P2061〉；淄博东港化学制品有限公司〈P2059〉；淄博大众食用化工有限公司〈P2059〉；山东恒嘉精细化工有限公司〈P2053〉；淄博市博山东方化工厂(2000 吨)〈P2067〉；淄博市博山双赢化工有限公司(2 万吨)〈P2068〉

钠明矾；硫酸铝钠　B03015101

Sodium alum; Aluminium sodium sulfate

用作发酵粉食物添加剂、纺织行业的媒染剂、防水剂，也用于干颜料、陶瓷、鞣革、造纸、火柴、墨水、糖的精制

【生产厂】[鲁]淄博市周村萌山化工厂〈P2071〉；[川]成都市新都区桂宏化工厂〈P2314〉

明矾；钾明矾；硫酸铝钾；钾铝矾；钾矾　B03015201

Aluminium potassium sulfate; Potash alum; Potassium aluminium sulfate [7784-24-9]

用作造纸松香胶沉降剂、浊水净化助沉剂、照相纸坚膜剂、泡沫橡胶助发泡剂、印染媒染剂等

【生产厂】[沪]上海威呈化工有限公司〈P1769〉；[苏]常熟市

金城化工有限公司〈P1890〉;[浙]平湖市龙兴化工有限公司〈P1942〉;[皖]安徽省庐江矾矿(2万吨)〈P1984〉;[鲁]淄博创大实业有限公司(5000吨)〈P2058〉;淄博大众食用化工有限公司(1万吨)〈P2059〉;淄博市周村区裕源助剂厂(500吨)〈P2072〉;淄博市周村萌山化工厂〈P2071〉;临沂金磺化工有限公司〈P2147〉;[豫]巩义市长虹净水材料有限公司(800吨)〈P2162〉

【使用厂】[苏]江苏中鼎化学有限公司〈P1895〉;[鲁]济南市油墨厂〈P2025〉;[粤]广州化学试剂厂〈P2261〉;[桂]桂林市红星化工有限责任公司〈P2299〉

硫酸铝钾(脱水);脱水钾明矾;无水明矾;枯矾 B03015202

Potassium aluminium sulfate, anhydrous [10043-67-1]

是泡打粉的主要原料,用作发酵粉、添加剂

【生产厂】[鲁]淄博大众食用化工有限公司(3000吨)〈P2059〉

硫酸铝铵;铵明矾;铝铵矾;铵矾 B03015301

Aluminium ammonium sulfate; Ammonium alum [7784-25-0]

用作净水凝聚剂、印染媒染剂、制革铝鞣剂、纸张上浆剂、黄色玻璃着色剂、医药收敛剂及食品膨松剂等

【生产厂】[沪]上海金赛医药化工有限公司(1000吨)〈P1744〉;[苏]江苏省仪征市化工三厂(1000吨)〈P1816〉;[鲁]淄博大众食用化工有限公司(2万吨)〈P2059〉;淄博市周村萌山化工厂〈P2071〉

【使用厂】[沪]上海吴淞化肥厂〈P1770〉

硫酸铝铵(脱水);脱水铵明矾 B03015351

Aluminium ammonium sulfate, anhydrous

用于食品发酵、水质净化、粉条加工、水产品腌渍、制药、制革、橡胶加工等

【生产厂】[鲁]淄博大众食用化工有限公司(3000吨)〈P2059〉

硫酸铬钾;钾铬矾;铬明矾 B03015401

Chrome alum; Chromium potassium sulfate; Potassium chromium sulfate [7788-99-0]

用作制革鞣剂、印染媒染剂及照相定影剂等

【生产厂】[津]天津市安吉瑞化工有限公司〈P1578〉;天津市明洋化工有限公司(1000吨)〈P1599〉;天津市北辰区兴发化工厂(3000吨)〈P1580〉;天津市富强化工厂〈P1587〉;津川化工有限公司(300吨)〈P1569〉;天津市津生工贸有限公司(1000吨)〈P1595〉;天津市民强化工厂(500吨)〈P1599〉;[沪]上海金联精细化工厂(100吨)〈P1744〉;[浙]温州美尔诺化工有限公司〈P1937〉;[鲁]青岛市崂山区晓望化工有限公司(400吨)〈P2042〉

【使用厂】[冀]河北省武强县启龙化工有限公司〈P1666〉

硫酸锌;锌矾;皓矾;七水硫酸锌 B03015501

Zinc sulfate, heptahydrate; Zinc vitriol [7446-20-0]

用作印染媒染剂、木材防腐剂、造纸漂白剂,还用于医药、人造纤维、电解、电镀、农药及生产锌盐等

【生产厂】[津]天津开发区信达化工技术发展有限公司〈P1575〉;天津市长河化工有限公司(2000吨)〈P1581〉;天津市新欣化工厂(1万吨)〈P1608〉;天津市裕胜化工有限公司(500吨)〈P1612〉;天津市静海县兴安化工股份有限公司〈P1596〉;[冀]河北省景县鑫源橡胶化工有限公司〈P1666〉;河北澳鑫锌业有限公司〈P1647〉;清苑县增旺化工有限公司〈P1649〉;[晋]太原天熙贸易有限公司〈P1672〉;临汾市祥德化工制品有限公司〈P1678〉;[沪]上海碧泉化工有限公司〈P1729〉;上海良仁化工有限公司〈P1751〉;[苏]常州市武进康佳化工有限公司〈P1854〉;连云港中铭化工有限公司〈P1801〉;江都市科力化工厂〈P1814〉;通州市安达化工原料有限公司〈P1839〉;[浙]杭州五圣圆化学有限公司〈P1923〉;温州冶炼总厂〈P1938〉;[鲁]阳谷中天锌业有限公司(2000吨)〈P2154〉;淄博锦星化工有限公司〈P2063〉;博山化学厂(有限公司)〈P2048〉;周村金星硝酸锌厂〈P2057〉;山东省邹平县环亚化工厂〈P2156〉;山东邹平鑫富源精细化工厂〈P2157〉;山东省邹平县长山镇金鑫化工厂(1000吨)〈P2156〉;邹平县长山大中化工厂(2000吨)〈P2158〉;邹平县振中化工厂(500吨)〈P2158〉;邹平县长山福利化工厂(6000吨)〈P2158〉;桓台县周家镇沈家化工厂〈P2049〉;山东招远市金涛合成材料有限公司(1万吨)〈P2115〉;[豫]郑州市永昌化工有限公司(5000吨)〈P2174〉;南乐县鑫丰化工有限公司(500吨)〈P2213〉;[湘]湖南省长沙市蓝天化工厂(1万吨)〈P2248〉;湖南长沙县金辉化工厂〈P2247〉;湖南省湘潭金洲化工有限公司(4000吨)〈P2251〉;株州经仕实业有限公司(4万吨)〈P2249〉;常宁市湘江化工厂〈P2252〉;[桂]柳州锌品股份有限公司(2000吨)〈P2298〉;柳州有色冶炼股份有限公司(1000吨)〈P2298〉;柳州华锡集团有限责任公司〈P2297〉;广西堂汉锌铟有限公司〈P2302〉;[渝]重庆冶炼(集团)有限责任公司〈P2308〉;[川]四川省化工研究设计院〈P2319〉;西昌锌业有限责任公司(6000吨)〈P2336〉;四川博兴实业有限公司(500吨)〈P2325〉;[滇]云南驰宏锌锗股份有限公司〈P2342〉

【使用厂】[津]天津市农药研究所〈P1600〉;[辽]沈阳丰收农药有限公司〈P1685〉;鞍山市新型水处理材料厂〈P1696〉;营口光大阻燃化工有限责任公司〈P1704〉;[沪]上海长风化工厂〈P1729〉;[苏]南京金陵化工厂有限责任公司〈P1785〉;南京化学工业集团公司如东专用复合肥厂〈P1832〉;江苏中鼎化学有限公司〈P1895〉;[鲁]青岛红星化工集团自力实业公司〈P2037〉;山东省淄博市淄川鲁峰精细化工厂〈P2055〉;泰安市黎明化工有限责任公司〈P2138〉;山东泉林嘉有机肥料有限责任公司〈P2153〉;淄川诚达化工厂〈P2077〉;山东神星农药有限公司〈P2097〉;淄博华王化工有限公司〈P2062〉;[豫]洛阳市汝化化工有限公司〈P2185〉;[粤]广州化学试剂厂〈P2261〉;[青]青海金牛胶业集团有限公司〈P2359〉

硫酸锌(药用) B03015502

Zinc sulfate, medicinal [7446-20-0]

用于制备补锌药、收敛药等

【生产厂】[浙]诸暨丰盈化工有限公司(100吨)〈P1952〉;安吉豪森药业有限公司〈P1944〉

硫酸锌(食用级) B03015521

Zinc sulfate, edible

用作食品和饲料添加剂

【生产厂】[津]天津市兽药二厂(1800吨)〈P1602〉;[沪]上海科创化工有限公司〈P1748〉;[浙]诸暨市化工研究所〈P1952〉;[鲁]诸城市康盛饲料添加剂厂〈P2107〉;[豫]焦作市三普生化有限公司〈P2196〉;[桂]广西五星化工有限公司〈P2296〉;[川]简阳市金龙化工厂〈P2331〉

硫酸锌(一水);一水硫酸锌 B03015601

Zinc sulfate, monohydrate [7446-19-7]

用于人造纤维、农药、染料、电镀及其他锌盐制造

【生产厂】[津]天津市静海县兴安化工股份有限公司〈P1596〉;[冀]河北省景县鑫源橡胶化工有限公司

〈P1666〉;清苑县增旺化工有限公司〈P1649〉;[晋]临汾市祥德化工制品有限公司〈P1678〉;[沪]上海碧泉化工有限公司〈P1729〉;[苏]通州市安达化工原料有限公司〈P1839〉;[浙]诸暨市化工研究所〈P1952〉;[鲁]山东省邹平县环亚化工厂〈P2156〉;[湘]湖南省长沙市蓝天化工厂(1万吨)〈P2248〉;湖南科源科技实业有限公司〈P2248〉;锡矿山闪星锑业有限责任公司〈P2258〉;常宁市湘江化工厂(6000吨)〈P2252〉;[桂]柳州锌品股份有限公司(5000吨)〈P2298〉;[川]四川省汉源县元康实业有限责任公司〈P2336〉

硫酸镁(一水);一水硫酸镁 B03015701

Magnesium sulfate, monohydrate

用于制镁肥,用作制取镁盐的原料,耐火材料,纸张脱墨剂、上浆剂,塑料稳定剂、阻燃剂等

【生产厂】[津]天津市长日化工厂(2万吨)〈P1581〉;天津市津东蓝天化工有限公司(500吨)〈P1593〉;天津市静海县兴安化工股份有限公司〈P1596〉;[晋]南风化工集团股份有限公司(2万吨)〈P1678〉;[辽]营口宏伟硫酸镁肥化工有限责任公司〈P1704〉;营口菱镁化工(集团)有限公司(2万吨)〈P1704〉;[沪]上海宝达化工有限公司(1万吨)〈P1728〉;[鲁]淄博同川化工有限公司〈P2073〉;淄博锦星化工有限公司(500吨)〈P2063〉;山东省邹平县环亚化工厂〈P2156〉;莱州金兴化工有限责任公司(2万吨)〈P2109〉;莱州市长河化工有限公司〈P2109〉;山东莱州虎头崖镇渤海农用肥原料厂〈P2114〉;莱州市莱玉化工有限公司(50吨)〈P2109〉;[粤]廉江市化工有限责任公司〈P2293〉;[川]四川省汉源县元康实业有限责任公司〈P2336〉;自贡市张家坝化工建材厂(600吨)〈P2322〉

硫酸镁(药用) B03015702

Magnesium sulfate, medicinal [10034-99-8]

用作泻药、利胆药,用于导泻及十二指肠导流

【生产厂】[京]北京市燕京制药厂〈P1561〉;[津]天津市津东蓝天化工有限公司(2万吨)〈P1593〉;[冀]河北邢台冶金镁业有限公司〈P1642〉;吴桥顺达化工有限责任公司(1000吨)〈P1657〉;[沪]上海三微实业有限公司(1200吨)〈P1759〉;[豫]郑州瑞普生物工程有限公司(300吨)〈P2172〉

硫酸镁(无水);无水硫酸镁 B03015703

Magnesium sulfate, anhydrous [7487-88-9]

用作制造镁盐的原料,用于生产兽药及泻剂、饲料添加剂、肥料等

【生产厂】[津]天津市友缘福利化工厂(400吨)〈P1611〉;天津市静海县兴安化工股份有限公司〈P1596〉;[沪]上海朗瑞精细化学品有限公司〈P1749〉;[鲁]淄博同川化工有限公司〈P2073〉;莱州市长河化工有限公司〈P2109〉;莱州市莱玉化工有限公司(50吨)〈P2109〉;[粤]廉江市化工有限责任公司〈P2293〉

硫酸镁;七水硫酸镁 B03015704

Magnesium sulfate; Magnesium sulfate, heptahydrate [10034-99-8]

用于制革、肥料、瓷器、火柴、炸药、印染、医药等行业

【生产厂】[津]天津市长河化工有限公司(1万吨)〈P1581〉;天津市友缘福利化工厂(5000吨)〈P1611〉;天津市津南区永兴化工厂(3万吨)〈P1594〉;天津市龙腾化工有限公司(1000吨)〈P1598〉;唐山通联化工有限公司(2万吨)〈P1570〉;天津市驰隆化工有限公司(2000吨)〈P1582〉;天津市静海县兴安化工股份有限公司〈P1596〉;[晋]太原天熙贸易有限公司〈P1672〉;南风化工集团股份有限公司(1万吨)〈P1678〉;[辽]营口启和粉体工业有限公司〈P1704〉;营口宏伟硫酸镁肥化工有限责任公司(1万吨)〈P1704〉;营口菱镁化工(集团)有限公司(4000吨)〈P1704〉;营口兄弟硼镁化工有限责任公司〈P1705〉;丹东宽甸硼矿〈P1700〉;[沪]上海朗瑞精细化学品有限公司〈P1749〉;上海科创化工有限公司〈P1748〉;[苏]连云港银化制镁有限公司〈P1800〉;宜兴市绿波水处理化学品有限公司〈P1885〉;连云港市新浦源鑫化工厂〈P1800〉;[鲁]淄博同川化工有限公司(1万吨)〈P2073〉;淄博荣泽化工有限公司〈P2066〉;山东省邹平县环亚化工厂〈P2156〉;山东邹平鑫富源精细化工厂〈P2157〉;山东省邹平县长山镇金鑫化工厂(5000吨)〈P2156〉;山东省邹平县鲁旺化工有限公司(20万吨)〈P2156〉;邹平县振中化工厂(1200吨)〈P2158〉;桓台县周家镇沈家化工厂(1万吨)〈P2049〉;莱州鑫和化工有限公司〈P2110〉;山东恒欣镁业有限责任公司(1万吨)〈P2113〉;山东省莱州市中天镁业化工有限公司(6000吨)〈P2115〉;莱州市长河化工有限公司〈P2109〉;莱州市莱玉化工有限公司(5万吨)〈P2109〉;莱州市利福达农用肥原料厂(2万吨)〈P2110〉;烟台三鼎化工有限公司〈P2118〉;安丘市宏儒化工公司〈P2088〉;[豫]焦作市三普生化有限公司〈P2196〉;[粤]廉江市化工有限责任公司〈P2293〉;[桂]广西五星化工有限公司(1000吨)〈P2296〉;[青]青海利亚达化工厂〈P2359〉

【使用厂】[晋]山西省芮城县精细日化有限公司〈P1680〉;[辽]沈阳市应用技术实验厂〈P1689〉;[沪]上海葡萄糖厂〈P1755〉;上海美兴化工有限公司〈P1753〉;上海制皂有限公司〈P1778〉;[苏]连云港市化学试剂厂〈P1799〉;[浙]浙江海正药业股份有限公司〈P1964〉;诸暨丰盈化工有限公司〈P1952〉;[鲁]青岛红星化工集团自力实业公司〈P2037〉;山东聊城阿华制药有限公司〈P2153〉;青岛红星化工集团有限责任公司〈P2036〉;淄川诚达化工厂〈P2077〉;[滇]云南师范大学化工厂〈P2341〉

硫酸镁(二水) B03015721

Magnesium sulfate, dihydrate

【生产厂】[鲁]莱州市莱玉化工有限公司(50吨)〈P2109〉

硫酸镁(三水) B03015731

Magnesium sulfate, trihydrate

【生产厂】[鲁]莱州市长河化工有限公司〈P2109〉;莱州市莱玉化工有限公司(50吨)〈P2109〉

硫酸镁(五水);五水硫酸镁 B03015741

Magnesium sulfate, pentahydrate

【生产厂】[沪]上海朗瑞精细化学品有限公司〈P1749〉;[鲁]莱州市长河化工有限公司〈P2109〉;莱州市莱玉化工有限公司(50吨)〈P2109〉

硫酸锆 B03015750

Zirconium sulfate [14644-61-2]

用于鞣制高级皮革和制备其他锆化合物的中间品,还可以用于鱼肝油脱色剂、沉淀离析氨基酸(如谷氨酸)等

【生产厂】[辽]中信锦州铁合金股份有限公司〈P1702〉;[苏]宜兴新兴锆业有限公司〈P1888〉;兴化市松鹤化学试剂厂(1000吨)〈P1828〉;[浙]德清新康化工有限公司(1500吨)〈P1945〉;升华集团控股有限公司〈P1946〉;[皖]安徽省康达锆业有限公司〈P1986〉;[豫]焦作王封工业有限责任公司(1000吨)〈P2197〉;[川]四川绵竹金坤磷化工有限责任公司〈P2327〉

碱式硫酸锆 B03015791

Basic zirconium sulfate [62010-10-0]

用于油漆干燥剂中间体、造纸,也用于制备其他锆盐

【生产厂】[浙]德清新康化工有限公司〈P1945〉

硫酸镉 B03015801

Cadmium sulfate [7790-84-3]

用于制镉电池、金属镉、镉肥,也用于电子、医药等工业

【生产厂】[冀]河北澳鑫锌业有限公司〈P1647〉;河北雄威化工股份有限公司(100 吨)〈P1648〉;[沪]上海碧泉化工有限公司〈P1729〉;[豫]新乡市鑫盛陶瓷材料有限责任公司〈P2206〉

硫酸镍;镍矾 B03015901

Nickelous sulfate;Nickel sulfate [10101-98-1]

用于电镀、镍电池、催化剂以及制取其他镍盐等,并用于印染媒染剂、金属着色剂等

【生产厂】[冀]河北澳鑫锌业有限公司〈P1647〉;河北雄威化工股份有限公司(1500 吨)〈P1648〉;[辽]大连宇山化工有限公司〈P1694〉;大连亿力化工有限公司〈P1694〉;[吉]吉林吉恩镍业股份有限公司〈P1715〉;[沪]上海碧泉化工有限公司〈P1729〉;上海勤化化工有限公司〈P1757〉;上海勤翔化工有限公司〈P1757〉;上海依田化工公司〈P1774〉;上海顺博金属材料有限公司〈P1765〉;上海浩业化工有限公司〈P1736〉;上海良仁化工有限公司〈P1751〉;[苏]无锡市鑫兴化工厂〈P1880〉;上海斌顺金属材料有限公司〈P1898〉;江苏省太仓市归庄镇武兵化工厂〈P1894〉;江苏华昌(集团)有限公司〈P1893〉;张家港民丰化工有限公司〈P1912〉;姜堰市峰峰金属制品厂〈P1823〉;江苏雄风科技股份有限公司〈P1832〉;[浙]湖州东欣化工厂〈P1945〉;慈溪市飞兰有色金属有限公司〈P1929〉;宁波雁门化工有限公司〈P1934〉;浙江省仙居县福利无机化工厂〈P1967〉;[皖]广德县天成化工有限公司〈P1986〉;安徽青阳铜鑫化工厂(20 吨)〈P1987〉;中科铜都粉体新材料股份有限公司〈P1979〉;[赣]赣州钴钨有限责任公司(120 吨)〈P2014〉;[鲁]山东东佳集团公司〈P2052〉;博山化学厂(有限公司)〈P2048〉;淄博福春化工有限公司〈P2060〉;淄博陇川镍产品有限公司(500 吨)〈P2065〉;潍坊万源化工有限公司〈P2106〉;青岛三凯化工有限公司〈P2041〉;[豫]新乡吉恩镍业有限公司(6000 吨)〈P2203〉;新乡市鑫盛陶瓷材料有限责任公司〈P2206〉;新乡市第八化工有限公司〈P2204〉;新乡市华丰福利化工厂(500 吨)〈P2204〉;新乡市华丰实验化工厂(200 吨)〈P2204〉;[粤]珠海市华新钴业有限公司〈P2275〉;佛山市南海长城精细化工有限公司〈P2288〉;广东南海奇瑞德助剂厂〈P2290〉;[渝]重庆冶炼(集团)有限责任公司〈P2308〉;[川]广汉泛太平洋冶金化工金属制品有限公司〈P2324〉;[滇]云南铜业股份有限公司〈P2342〉;[甘]金川集团有限公司镍都实业公司(2 万吨)〈P2357〉

【使用厂】[沪]上海长风化工厂〈P1729〉;上海勤工无机盐有限公司〈P1757〉;[苏]镇江市前进化工有限公司〈P1845〉;[鲁]山东省淄博市淄川鲁峰精细化工厂〈P2055〉;[粤]广州化学试剂厂〈P2261〉

焦亚硫酸钠;偏重亚硫酸钠;重硫氧 B03016101

Sodium metabisulfite;Sodium pyrosulfite [7681-57-4]

用作漂白剂、媒染剂、还原剂、橡胶凝固剂,也用于有机合成、制药及香料等

【生产厂】[津]天津市安庆精细化工有限公司(2000 吨)〈P1578〉;天津市长河化工有限公司(700 吨)〈P1581〉;天津三环化学有限公司(800 吨)〈P1577〉;天津市福日来化工有限公司(5000 吨)〈P1586〉;天津市恒达通化工有限公司(4000 吨)〈P1589〉;天津惠中化学有限公司(4 万吨)〈P1574〉;天津市静明化工有限公司(3 万吨)〈P1596〉;天津市云海化工有限责任公司(9000 吨)〈P1612〉;天津市静海县乾坤化工有限公司(400 吨)〈P1596〉;天津振泰化工有限公司〈P1617〉;[冀]石家庄冀华化工纺织有限公司〈P1627〉;[沪]上海马陆化工厂(1 万吨)〈P1753〉;上海南威化工有限公司〈P1754〉;[苏]南京曙光化工集团有限公司〈P1789〉;苏州吴中前进有机化工有限公司(3000 吨)〈P1907〉;吴江市青云九洲保险粉有限公司(1 万吨)〈P1910〉;[浙]浙江嘉成化工有限公司〈P1950〉;浙江汇德隆化工有限公司〈P1950〉;浙江巨化股份有限公司硫酸厂(4000 吨)〈P1958〉;[皖]安徽庐江新亚精细化工有限责任公司〈P1984〉;[闽]福建邵武榕丰化工有限公司(5000 吨)〈P2003〉;[鲁]山东大成农药股份有限公司(1500 吨)〈P2051〉;淄博天智化工有限公司〈P2073〉;山东淄川精细化工厂(5000 吨)〈P2056〉;博山化学厂(有限公司)〈P2048〉;东营市丰源化工有限责任公司〈P2082〉;胜利油田胜大集团总公司化工一厂〈P2088〉;潍坊凯龙化工有限公司〈P2103〉;[鄂]湖北楚源集团股份有限公司〈P2239〉;[湘]湖南省长沙市蓝天化工厂(8000 吨)〈P2248〉;湖南湘虹化工厂(2 万吨)〈P2248〉;湖南岳阳三湘化工有限公司〈P2254〉;[粤]广东中成化工股份有限公司(10 万吨)〈P2281〉;[渝]重庆鼎发实业股份有限公司(1 万吨)〈P2304〉

【使用厂】[苏]江都市华兴医药化工制品有限公司〈P1814〉;江苏飞翔化工(张家港)有限公司〈P1893〉;[鲁]德州信达化工有限公司〈P2142〉;烟台市金河保险粉厂有限公司〈P2119〉;胶州市精细化工有限公司〈P2031〉;[豫]安阳市谦和染料化工有限责任公司〈P2209〉;[川]四川川化集团成都望江化工厂〈P2318〉

焦硫酸钠 B03016111

Sodium pyrosulfate;Disulfuric acid,disodium salt [13870-29-6]

【生产厂】[粤]广东西陇化工有限公司〈P2276〉

硫酸锰(饲料级) B03016302

Manganous sulfate,feeded [10034-96-5]

主要用于饲料添加剂,植物合成叶绿素的催化剂

【生产厂】[津]天津市兽药二厂(2000 吨)〈P1602〉;[沪]上海科创化工有限公司〈P1748〉;[鲁]诸城市康盛饲料添加剂厂〈P2107〉;[湘]长沙埃索凯化工有限公司〈P2247〉;湖南省长沙市蓝天化工厂(2 万吨)〈P2248〉;[桂]广西五星化工有限公司(1000 吨)〈P2296〉;[川]四川省汉源县元康实业有限责任公司〈P2336〉

硫酸锰 B03016401

Manganese sulfate [10034-96-5]

用作电解锰及其他锰盐的原料,用于造纸、陶瓷、印染、矿石浮选等

【生产厂】[津]天津市裕胜化工有限公司(500 吨)〈P1612〉;[辽]大连宇山化工有限公司(400 吨)〈P1694〉;大连亿力化工有限公司〈P1694〉;[沪]上海球龙化工有限公司〈P1758〉;[苏]江苏省淮阴市清浦精细化工厂(300 吨)〈P1803〉;[浙]诸暨丰盈化工有限公司(50 吨)〈P1952〉;诸暨市化工研究所〈P1952〉;安吉豪森药业有限公司〈P1944〉;[鲁]淄博宝翠实业有限公司(1500 吨)〈P2058〉;淄博锦星化工有限公司(200 吨)〈P2063〉;淄博福春化工有限公司〈P2060〉;[湘]湖南省长沙市蓝天化工厂(2 万吨)〈P2248〉;湖南长沙县金辉化工厂〈P2247〉;长沙市城郊

硫酸锰厂(1 万吨)〈P2247〉;[桂]广西大锰锰业有限公司〈P2296〉;广西百合化工股份有限公司(1 万吨)〈P2301〉;广西远辰锰业有限公司(3 万吨)〈P2301〉;广西藤县金茂钛白有限公司〈P2300〉;梧州佳源实业有限公司〈P2300〉;[渝]重庆福斯达化工有限公司〈P2304〉

【使用厂】[辽]大连第一有机化工有限公司〈P1691〉;沈阳市应用技术实验厂〈P1689〉;辽阳富强食品化工有限公司〈P1709〉;[沪]上海长风化工厂〈P1729〉;[苏]盐城凤阳化工有限公司〈P1809〉;南通宝叶化工有限公司〈P1832〉;利民化工有限责任公司〈P1793〉;[浙]海宁市金潮实业总公司〈P1939〉;[鲁]山东省淄博市淄川鲁峰精细化工厂〈P2055〉;[湘]衡阳市建辰锰业有限公司〈P2252〉

硫酸氧锆　B03016501

Zirconium oxysulfate;Zirconyl sulfate [57126-73-5]

用于皮革柔软剂和脱脂剂

【生产厂】[浙]升华集团控股有限公司〈P1946〉

过二硫酸钠;过硫酸钠　B03016601

Sodium persulfate [7775-27-1]

用于照相业的废液处理,用作印刷电路板表面金属的软蚀剂及纺织用脱浆剂、硫化染料发色剂等

【生产厂】[冀]石家庄冀华化工纺织有限公司〈P1627〉;河北冀衡集团有限公司(3000 吨)〈P1664〉;衡水衡湖化工有限责任公司〈P1667〉;河北省亚泰电化有限公司(8000 吨)〈P1666〉;[晋]太原天熙贸易有限公司〈P1672〉;[沪]上海爱比西化工有限公司〈P1727〉;上海安而信化学有限公司〈P1727〉;上海福神化工科技有限公司〈P1733〉;[闽]漳州市平和永升化工有限公司(4000 吨)〈P2002〉;[粤]广州市金珠江化学有限公司(6000 吨)〈P2265〉;[陕]陕西宝化化工有限责任公司(3000 吨)〈P2351〉

二盐基硫酸铅　B03016801

Dibasic lead sulfate

用作聚氯乙烯的稳定剂

【生产厂】[鲁]临淄黎明化工厂〈P2049〉

硫酸锂;无水硫酸锂　B03016901

Lithium sulfate [10377-48-7]

主要用于生产特种高强度玻璃

【生产厂】[冀]河北澳鑫锌业有限公司〈P1647〉;[赣]新余市赣锋锂业有限公司〈P2012〉;新余市东鹏化工有限责任公司〈P2012〉;[渝]重庆福斯达化工有限公司〈P2304〉

硫酸锂(一水)　B03016911

Lithium sulfate, monohydrate [10102-25-7]

可用作压电材料

【生产厂】[冀]河北澳鑫锌业有限公司〈P1647〉;[赣]新余市赣锋锂业有限公司〈P2012〉;[川]四川省射洪锂业有限责任公司〈P2331〉

硫酸亚锡;硫酸锡　B03017001

Stannous sulfate;Tin sulfate [7488-55-3]

用作电镀液、印染媒染剂以及用于镀锡和制取亚锡的盐

【生产厂】[津]天津市亚红化工有限公司(300 吨)〈P1610〉;[苏]江苏海门兴虹化工有限公司〈P1830〉;[鲁]潍坊万源化工有限公司〈P2106〉;[粤]佛山市南海长城精细化工有限公司〈P2288〉;[桂]柳州冶炼厂(400 吨)〈P2298〉;柳州华锡集团有限责任公司〈P2297〉;[滇]云南个旧市自立矿冶有限公司〈P2345〉

硫酸镍铵　B03017101

Ammonium nickel sulfate;Nickel ammonium sulfate [15699-18-0]

用于电镀,也可用作颜料

【生产厂】[沪]上海宁溶化工有限公司〈P1755〉;[苏]江苏省太仓市归庄镇武兵化工厂〈P1894〉;[鲁]潍坊万源化工有限公司〈P2106〉;[粤]广东南海奇瑞德助剂厂〈P2290〉

硫酸铵(工业级);工业硫酸铵　B03017202

Ammonium sulfate, industrial grade [7783-20-2]

用作焊药、织物防火剂等

【生产厂】[冀]河北众诚化工科技有限公司(4000 吨)〈P1624〉;衡水洁威化学有限公司(2 万吨)〈P1668〉;[晋]山西省交城县金兰化工有限公司〈P1677〉;山西省交城县三喜化工有限公司〈P1677〉;[辽]中国石油抚顺石油化工公司〈P1699〉;[苏]上海梅山企业发展有限公司南京化工实业分公司(2 万吨)〈P1792〉;常州市武进康佳化工有限公司〈P1854〉;[闽]漳州市平和永升化工有限公司〈P2002〉;[鲁]鲍山化工厂〈P2020〉;淄博市周村萌山化工厂〈P2071〉;淄博晨龙橡胶助剂公司〈P2058〉;[豫]郑州市永昌化工有限公司〈P2174〉;安阳钢铁股份有限公司焦化厂(2000 吨)〈P2208〉;平顶山市鹰泰化工有限责任公司(1000 吨)〈P2192〉;[鄂]湖北开元化工科技股份有限公司(8000 吨)〈P2240〉;[川]广汉雅和化工有限公司(1500 吨)〈P2324〉

硫酸氢铵　B03017211

Ammonium hydrogen sulfate [7803-63-6]

【生产厂】[鄂]襄樊市隆畔医药化工有限公司〈P2238〉

硫酸铁;硫酸高铁　B03017401

Ferric sulfate [10028-22-5]

用于制颜料、药物,并用作媒染剂、净水剂等

【生产厂】[沪]上海亮江钛白化工制品有限公司〈P1751〉;[湘]邵阳市佑华净水材料有限公司〈P2253〉

【使用厂】[鲁]淄博化学试剂厂有限公司〈P2062〉;[粤]广州化学试剂厂〈P2261〉

硫酸氧钒;硫酸钒酰　B03017801

Vanadyl sulfate [27774-13-6]

用作媒染剂、催化剂及还原剂等

【生产厂】[冀]承德新新钒钛化工有限公司〈P1650〉;[川]攀枝花市鑫裕化工厂〈P2322〉

三硫化钼(高纯);高纯三硫化钼　B03017901

Molybdenum trisulfide, high-purity

【生产厂】[苏]姜堰市光明化工厂〈P1823〉

硝酸钠;钠硝石;智利硝　B03020101

Soda niter;Sodium nitrate [7631-99-4]

用于制硝酸钾、炸药、苦味酸、染料等,医药上用作渗透压调节剂

【生产厂】[冀]石家庄冀华化工纺织有限公司〈P1627〉;石家庄金石化肥有限责任公司〈P1627〉;石家庄化肥集团有限责任公司(3 万吨)〈P1626〉;石家庄凤山化工有限公司〈P1626〉;河北冀中化工有限责任公司(2500 吨)〈P1620〉;[晋]山西省交城红星化工有限公司〈P1670〉;太原欣力化学品有限公司(5000 吨)〈P1672〉;太原化工股份有限公司合成氨分公司(1 万吨)〈P1671〉;太原市捷进化工有限公司〈P1671〉;山西省交城县金兰化工有限公司(5000 吨)

〈P1677〉;山西省交城县三喜化工有限公司(5000吨)〈P1677〉;文水县振兴化肥有限公司(2000吨)〈P1677〉;[辽]沈阳永兴化工有限公司〈P1690〉;[沪]上海宜鑫化工有限公司〈P1774〉;上海吴淞化肥厂(1000吨)〈P1770〉;[浙]杭州新龙化工有限公司〈P1924〉;[皖]黄山市龙胜化工有限公司〈P1981〉;安徽华泰化学工业有限公司(1万吨)〈P1987〉;[闽]福建省邵武化肥厂(2万吨)〈P2004〉;[鲁]济南鸿华集团总公司(4000吨)〈P2022〉;淄博市淄川华海化工厂(3000吨)〈P2072〉;淄博市周村利源化工厂(8000吨)〈P2071〉;山东联合化工股份有限公司(2万吨)〈P2053〉;淄博新宇集团有限公司〈P2074〉;山东海化华龙硝铵有限公司(5万吨)〈P2095〉;山东海化股份有限公司〈P2094〉;胶南恒源化工有限公司(9万吨)〈P2031〉;山东鲁光化工厂(1万吨)〈P2150〉;枣庄市丰元化工有限公司(2万吨)〈P2080〉;[豫]新乡市凤泉区环宇化工有限公司(500吨)〈P2204〉;开封开化(集团)有限公司(6000吨)〈P2176〉;[湘]湖南信诺颜料科技有限公司〈P2251〉;[粤]广东西陇化工有限公司〈P2276〉;[桂]柳州化工股份有限公司〈P2297〉;[渝]重庆市富源化工有限责任公司(2万吨)〈P2306〉;[滇]云南杨林化工厂(200吨)〈P2342〉;[甘]兰州中凯工贸有限责任公司〈P2356〉;[新]新疆硝石钾肥有限公司(5万吨)〈P2366〉

【使用厂】[冀]保定化学试剂厂〈P1645〉;[辽]沈阳丰收农药有限公司〈P1685〉;[沪]上海科创化工有限公司〈P1748〉;[浙]杭州萧山飞翔化工有限公司〈P1923〉;[皖]安徽盾安化工集团有限公司〈P1977〉;[鲁]招远七六一有限责任公司〈P2120〉;新汶矿业集团有限责任公司〈P2139〉;山东省邹平八四工厂〈P2156〉;山东圣世达化工有限责任公司〈P2055〉;[川]成都天华科技股份有限公司〈P2315〉;泸州市江阳化工厂〈P2323〉;[滇]云南锡业股份有限公司〈P2342〉

亚硝酸钠 B03020201

Sodium nitrite [7632-00-0]

用作媒染剂、漂白剂、金属热处理剂、电镀缓蚀剂,医药上用作器械消毒剂、防腐剂等

【生产厂】[津]天津市化学试剂一厂食品添加剂厂(1000吨)〈P1590〉;[冀]石家庄冀华化工纺织有限公司〈P1627〉;石家庄金石化肥有限责任公司〈P1627〉;石家庄化肥集团有限责任公司(3万吨)〈P1626〉;石家庄凤山化工有限公司〈P1626〉;河北冀中化工有限责任公司(3500吨)〈P1620〉;[晋]山西省交城红星化工有限公司〈P1670〉;太原欣力化学品有限公司(6000吨)〈P1672〉;太原化工股份有限公司合成氨分公司(1万吨)〈P1671〉;太原市捷进化工有限公司〈P1671〉;山西省交城县金兰化工有限公司〈P1677〉;山西省交城县三喜化工有限公司〈P1677〉;山西省凯翕克化工有限公司(2万吨)〈P1675〉;文水县振兴化肥有限公司(5000吨)〈P1677〉;南风化工集团股份有限公司(3000吨)〈P1678〉;[沪]上海涂料有限公司〈P1768〉;上海吴淞化肥厂(1000吨)〈P1770〉;[浙]杭州新龙化工有限公司〈P1924〉;[皖]黄山市龙胜化工有限公司〈P1981〉;安徽华泰化学工业有限公司〈P1987〉;[闽]福建省邵武化肥厂(2万吨)〈P2004〉;[鲁]山东联合化工股份有限公司(2万吨)〈P2053〉;淄博新宇集团有限公司〈P2074〉;山东海化华龙硝铵有限公司(11万吨)〈P2095〉;山东海化股份有限公司〈P2094〉;胶南恒源化工有限公司(6万吨)〈P2031〉;山东鲁光化工厂(2万吨)〈P2150〉;[豫]新乡市华幸化工有限责任公司〈P2205〉;林州市光华药业有限公司(500吨)〈P2211〉;开封开化(集团)有限公司(2600吨)〈P2176〉;[粤]广东西陇化工有限公司〈P2276〉;[桂]柳州化工股份有限公司〈P2297〉;[渝]重庆市富源化工有限责任公司(1万吨)〈P2306〉;[甘]兰州中凯工贸有限责任公司〈P2356〉

【使用厂】[津]天津市染料化学第九厂〈P1600〉;[冀]沧州科润化工有限公司〈P1651〉;邢台铁牛染料化工有限公司〈P1644〉;安平县冠达颜料工业有限公司〈P1663〉;[吉]吉林省舒兰合成药业股份有限公司〈P1716〉;[沪]上海旭东海普药业有限公司〈P1773〉;上海市宝山区合众化工厂〈P1763〉;上海科创化工有限公司〈P1748〉;上海崇明生化制品厂有限公司〈P1730〉;上海万安化工科技研究所〈P1768〉;上海华美助剂厂精细化工分厂〈P1739〉;[苏]南京台硝化工有限公司〈P1790〉;徐州试剂厂〈P1796〉;苏州吴中前进有机化工有限公司〈P1907〉;盐城氟源化工有限公司〈P1810〉;南通星辰合成材料有限公司〈P1836〉;常熟市颜料化工厂有限公司〈P1891〉;江苏省靖江市金囤农化有限公司〈P1822〉;南京红太阳集团〈P1784〉;江阴市龙达化工有限公司〈P1870〉;保利时化工(昆山)有限公司〈P1889〉;南京神柏远东化工有限公司〈P1788〉;南京法姆化学厂〈P1783〉;[浙]浙江新农化工股份有限公司〈P1970〉;浙江鹰鹏化工有限公司〈P1956〉;浙江省东阳市天宇化工有限公司〈P1955〉;[皖]安徽省蚌埠市永艳染料化工有限公司〈P1975〉;[闽]福建省厦鹭电化有限公司〈P2001〉;[鲁]山东大成农药股份有限公司〈P2051〉;淄博市周村穗丰农药化工有限公司〈P2072〉;德州虹桥染料化工有限公司〈P2142〉;山东华阳和乐农药有限公司〈P2144〉;山东泰山染料股份有限公司〈P2137〉;临沂金亿化工有限公司〈P2147〉;济南金信洋染料有限公司〈P2023〉;淄博市临淄环保产业开发公司〈P2068〉;山东省乐陵市华虹染化有限公司〈P2145〉;[豫]开封市祥利化工厂〈P2178〉;开封染料化工厂〈P2177〉;焦作鑫安科技股份有限公司〈P2197〉;鹤壁市国峰助剂有限责任公司〈P2199〉;河南省尉氏县香料厂〈P2176〉;开封化工三厂〈P2176〉;安阳染料厂〈P2208〉;河南永信生物农药股份有限公司〈P2194〉;[粤]广州化学试剂厂〈P2261〉;[川]成都天华科技股份有限公司〈P2315〉

亚硝酸钠(食品级) B03020231

Sodium nitrite, food grade [7632-00-0]

用于肉制品加工中作发色剂

【生产厂】[津]天津市福晨化学试剂厂(1200吨)〈P1586〉;[沪]上海科创化工有限公司〈P1748〉;[鲁]山东海化华龙硝铵有限公司(1万吨)〈P2095〉

硝酸锑 B03020301

Antimony nitrate

用作橡胶防老剂

【生产厂】[辽]沈阳华昌锑业化工有限公司〈P1685〉

硝酸钆 B03020401

Gadolinium nitrate [94219-55-3]

【生产厂】[鲁]山东鱼台清达精细化工厂(500吨)〈P2133〉

硝酸钐 B03020501

Samarium nitrate [13759-83-6]

【生产厂】[鲁]山东鱼台清达精细化工厂(300吨)〈P2133〉

硝酸钡 B03020701

Barium nitrate [10022-31-8]

用于生产氧化钡、过氧化钡和其他钡盐,用于制造光学玻璃、绿色焰火、信号弹、炸药、陶瓷釉药等

【生产厂】[冀]河北辛集化工集团有限责任公司〈P1622〉;[晋]太原欣力化学品有限公司(5000吨)〈P1672〉;山西东兴化工有限公司〈P1670〉;太原华鹰化工有限公司〈P1671〉;太原市欣吉达化工有限公司〈P1672〉;山西省交城县金兰化工有限公司(6000吨)〈P1677〉;山西省交城县三喜化工有限公司(6000吨)〈P1677〉;榆次金泰钡盐化工有限公司〈P1676〉;[辽]沈阳永兴化工有限公司(1万吨)

B

〈P1690〉;[苏]南通市飞宇精细化学品有限公司〈P1835〉;[鲁]山东宝洋化工集团公司〈P2051〉;淄博市荣瑞达粉体材料厂〈P2071〉;山东海化华龙硝铵有限公司(5000吨)〈P2095〉;安丘市宏儒化工公司〈P2088〉;青岛红星化工集团有限责任公司(4400吨)〈P2036〉;青岛永利源化工有限公司(2000吨)〈P2046〉;青岛金龙源化工有限公司(5000吨)〈P2039〉;新泰市万河化工有限责任公司(1万吨)〈P2139〉;枣庄永利化工有限公司〈P2081〉;[豫]淇县鑫钰化工有限责任公司〈P2200〉;伊川县南街豫鹏化工厂(1500吨)〈P2190〉;洛阳市恩迪化工有限公司(3000吨)〈P2183〉;洛阳市正天化工有限公司(1000吨)〈P2187〉;洛阳中原化工有限责任公司(1万吨)〈P2188〉;[渝]重庆福斯达化工有限公司〈P2304〉;[黔]贵州省黄平县天泉化工有限公司(5000吨)〈P2338〉

【使用厂】[川]成都天华科技股份有限公司〈P2315〉

硝酸钙 B03020801

Calcium nitrate; Calcium nitrate tetrahydrate [13477-34-4]

主要用作冷冻剂、橡胶乳液絮凝剂,也用于制造其他硝酸盐、烟火、电子管、速效肥料等

【生产厂】[冀]石家庄凤山化工有限公司〈P1626〉;[晋]山西省交城红星化工有限公司〈P1670〉;太原天熙贸易有限公司〈P1672〉;山西文通钾盐集团有限公司(5万吨)〈P1670〉;太原欣力化学品有限公司(2万吨)〈P1672〉;中太钾盐化工有限公司(1万吨)〈P1672〉;山西东兴化工有限公司(2万吨)〈P1670〉;太原华鹰化工有限公司〈P1671〉;太原市捷进化工有限公司〈P1671〉;太原市欣吉达化工有限公司〈P1672〉;山西磊鑫化工有限公司(2万吨)〈P1677〉;山西省交城县金兰化工有限公司(5000吨)〈P1677〉;山西省交城县三喜化工有限公司(1万吨)〈P1677〉;山西省凯翕克化工有限公司(1万吨)〈P1675〉;山西省文水县文成化工有限公司(1万吨)〈P1677〉;天脊集团精细化工有限公司(1万吨)〈P1674〉;天脊煤化工集团有限公司(2万吨)〈P1674〉;[辽]沈阳文通化工有限公司(7万吨)〈P1689〉;沈阳永兴化工有限公司(1万吨)〈P1690〉;[沪]文通集团〈P1780〉;上海南威化工有限公司〈P1754〉;[浙]杭州新龙化工有限公司〈P1924〉;[鲁]山东鲁光化工厂(3000吨)〈P2150〉;[滇]杨林工业开发区汕滇药业有限公司〈P2340〉;云南解化集团有限公司(3000吨)〈P2345〉

【使用厂】[京]北京乳胶厂〈P1557〉;[沪]上海科创化工有限公司〈P1748〉

亚硝酸钙;亚钙 B03020811

Calcium nitrite [13780-06-8]

可作为混凝土防冻剂、早强剂、钢筋阻锈剂的主要原料

【生产厂】[冀]石家庄凤山化工有限公司〈P1626〉;唐山市维智贸易有限公司〈P1636〉;[晋]山西省交城红星化工有限公司〈P1670〉;太原天熙贸易有限公司〈P1672〉;太原欣力化学品有限公司(2000吨)〈P1672〉;山西东兴化工有限公司〈P1670〉;太原市捷进化工有限公司〈P1671〉;山西省交城县金兰化工有限公司〈P1677〉;山西省凯翕克化工有限公司(2万吨)〈P1675〉;[辽]沈阳永兴化工有限公司〈P1690〉;[沪]上海南威化工有限公司〈P1754〉;[鲁]山东鲁光化工厂(5000吨)〈P2150〉;[川]四川金象化工股份有限公司(3000吨)〈P2333〉;[滇]云南解化集团有限公司(3000吨)〈P2345〉

无水硝酸钙 B03020851

Calcium nitrate, anhydrous [10124-37-5]

是制造其他硝酸盐的原料,电子工业用于涂覆阴极,农业上用作酸性土壤的速效肥料和植物快速补钙剂等

【生产厂】[晋]太原欣力化学品有限公司〈P1672〉;山西省凯翕克化工有限公司(5000吨)〈P1675〉

硝酸钾;硝石 B03020901

Niter; Potassium nitrate; Saltpeter [7757-79-1]

用于制造烟火、黑色火药、火柴、陶瓷釉药、玻璃澄清剂、肥料等

【生产厂】[晋]山西省交城红星化工有限公司〈P1670〉;太原天熙贸易有限公司〈P1672〉;山西文通钾盐集团有限公司(5万吨)〈P1670〉;太原欣力化学品有限公司(5000吨)〈P1672〉;中太钾盐化工有限公司(2万吨)〈P1672〉;山西东兴化工有限公司(2万吨)〈P1670〉;太原市捷进化工有限公司〈P1671〉;山西磊鑫化工有限公司(1万吨)〈P1677〉;山西省交城县金兰化工有限公司(1万吨)〈P1677〉;山西省交城县三喜化工有限公司(1万吨)〈P1677〉;文水县振兴化肥有限公司(7万吨)〈P1677〉;山西省文水县文成化工有限公司(1万吨)〈P1677〉;[辽]沈阳文通化工有限公司(9万吨)〈P1689〉;沈阳永兴化工有限公司(1万吨)〈P1690〉;[沪]上海宜鑫化工有限公司〈P1774〉;文通集团(20万吨)〈P1780〉;[苏]赣榆县龙河化工有限公司(8000吨)〈P1797〉;泰州市天成化工有限公司〈P1827〉;[浙]杭州新龙化工有限公司〈P1924〉;浙江联大化工有限公司〈P1939〉;[皖]亳州市福利硝酸钾厂(500吨)〈P1983〉;[鲁]潍坊昌盛硝盐有限公司(5000吨)〈P2101〉;蓬莱奇宝肥业有限公司〈P2111〉;山东明瑞化工集团总公司(2万吨)〈P2136〉;山东省临沂市罗庄区硝酸钾厂(5000吨)〈P2150〉;临沂恒润生物化工有限公司(5000吨)〈P2147〉;[豫]洛阳中原化工有限责任公司(5000吨)〈P2188〉;[渝]重庆市富源化工有限责任公司(2万吨)〈P2306〉;[川]什邡泰来化工有限公司〈P2325〉;什邡安达化工有限公司〈P2324〉;什邡市长江化工实业有限公司〈P2325〉;四川省什邡市建业化工有限公司(3000吨)〈P2328〉;四川省什邡市聚鑫泰化工有限公司(1000吨)〈P2328〉;四川什邡盛佳磷化工有限公司〈P2329〉;四川宏达化工股份有限公司(5000吨)〈P2326〉;四川坤华磷化工有限公司〈P2326〉;四川省什邡市龙翔化工有限公司(3万吨)〈P2328〉;[滇]云南三环化工股份有限公司(1万吨)〈P2341〉;云南沃特威化工股份有限公司(8万吨)〈P2345〉;[青]青海铬盐高新科技股份有限公司〈P2359〉;[新]新疆硝石钾肥有限公司(5万吨)〈P2366〉

【使用厂】[冀]中国昊华集团宣化有限公司〈P1650〉;[辽]沈阳市试剂三厂〈P1688〉;[沪]上海化工高等专科学校实验工厂〈P1740〉;上海长征化工厂〈P1730〉;上海科创化工有限公司〈P1748〉;[闽]地方国营南安市化工厂〈P1997〉;[豫]开封化学试剂总厂〈P2176〉;[鄂]随州市府河化工有限责任公司〈P2245〉;[粤]广州化学试剂厂〈P2261〉;[川]成都天华科技股份有限公司〈P2315〉;[滇]昆明劲勋化工有限公司〈P2339〉

硝酸铅 B03021001

Lead nitrate [10099-74-8]

用作玻璃、搪瓷和纸张的奶黄色素原料,制造其他铅盐的原料,防腐剂,照相增感剂,矿石浮选剂,印染媒染剂等

【生产厂】[苏]宜兴市恒雷化工助剂有限公司〈P1885〉;[浙]杭州五圣圆化学有限公司〈P1923〉;[皖]安徽青阳铜鑫化工厂〈P1987〉;安徽省青阳县银兴化工原料有限责任公司(1000吨)〈P1987〉;[鲁]淄博市周村区裕源助剂厂(1000吨)〈P2072〉;[湘]株洲金源化工有限公司(3000吨)〈P2250〉

【使用厂】[冀]石家庄市迅达化工有限责任公司〈P1632〉;

［苏］南京金陵化工厂有限责任公司〈P1785〉；［浙］杭州福德化工有限公司〈P1917〉；［鲁］青岛红星化工集团自力实业公司〈P2037〉；淄博市淄川区社会福利五金化工厂〈P2072〉；［豫］河南省辉县市玉康油脂化工有限责任公司〈P2201〉

硝酸钴 B03021101

Cobalt nitrate；Cobaltous nitrate［10026-22-9］

用于制造脱硫催化剂、钴颜料、油漆干燥剂、维生素 B_{12}的添加剂、隐显墨水、显像管外壳、陶瓷着色剂等

【生产厂】［冀］黄骅市津骅饲料添加剂有限公司〈P1656〉；河北雄威化工股份有限公司（500 吨）〈P1648〉；［辽］澳特钴镍制品（大连）有限公司〈P1690〉；大连宇山化工有限公司（500 吨）〈P1694〉；大连第一有机化工有限公司（200 吨）〈P1691〉；大连亿力化工有限公司〈P1694〉；［沪］上海勤化化工有限公司〈P1757〉；上海顺博金属材料有限公司〈P1765〉；上海汇龙化工有限公司〈P1741〉；上海良仁化工有限公司〈P1751〉；［苏］吴江市锦联化工有限公司〈P1910〉；［浙］浙江省仙居县福利无机化工厂〈P1967〉；浙江黄岩精细化学品集团有限公司（50 吨）〈P1964〉；［鲁］淄博福春化工有限公司〈P2060〉；山东省临朐县冶源硬质合金材料厂〈P2098〉；山东鱼台清达精细化工厂（300 吨）〈P2133〉

【使用厂】［沪］上海长风化工厂〈P1729〉；［陕］西北化工研究院〈P2350〉

硝酸铈 B03021301

Cerium nitrate；Cerous nitrate［10294-41-4］

可用作磷酸酯水解反应的催化剂，用于制汽灯纱罩、光学玻璃等

【生产厂】［蒙］内蒙古和发稀土科技开发股份有限公司〈P1681〉；［苏］阜宁稀土实业有限公司〈P1806〉；［鲁］淄博市荣瑞达粉体材料厂〈P2071〉；淄博福春化工有限公司〈P2060〉；乳山市佰德信新材料有限责任公司〈P2123〉；山东鱼台清达精细化工厂〈P2133〉；［甘］甘肃稀土集团有限责任公司〈P2357〉

硝酸铵（工业用） B03021401

Ammonium nitrate，technical［6484-52-2］

用于制造工业炸药、固体推进剂和弹药，是制造氮氧化物、维生素 B 和无碱玻璃的原料

【生产厂】［鲁］山东联合化工股份有限公司（6 万吨）〈P2053〉；山东鲁光化工厂（3000 吨）〈P2150〉；［桂］柳州化工股份有限公司〈P2297〉；［川］川化集团有限责任公司（24 万吨）〈P2317〉；四川泸天化股份有限公司〈P2323〉；［新］新疆新化化肥有限责任公司（11 万吨）〈P2364〉

多孔硝铵；多孔粒状硝铵 B03021402

Ammonium nitrate，porous granular［6484-52-2］

用于制造粒状铵油炸药，也可作为农用肥料

【生产厂】［冀］石家庄金石化肥有限责任公司〈P1627〉；［晋］天脊煤化工集团有限公司（20 万吨）〈P1674〉；［蒙］内蒙古乌拉山化肥有限责任公司（2 万吨）〈P1683〉；［川］四川泸天化股份有限公司〈P2323〉；［滇］云南解化集团有限公司（2 万吨）〈P2345〉；［陕］陕西兴化化学股份有限公司〈P2347〉；［甘］兰州中凯工贸有限责任公司〈P2356〉

【使用厂】［鲁］山东省邹平八四工厂〈P2156〉

硝酸铜 B03021501

Copper nitrate，trihydrate；Cupric nitrate，trihydrate［10031-43-3］

用作搪瓷着色剂，也用于镀铜、制氧化铜及农药等

【生产厂】［晋］太原欣力化学品有限公司〈P1672〉；山西东兴化工有限公司〈P1670〉；太原市捷进化工有限公司〈P1671〉；太原市欣吉达化工有限公司〈P1672〉；［辽］大连宇山化工有限公司〈P1694〉；［沪］上海勤翔化工有限公司〈P1757〉；上海勤工无机盐有限公司〈P1757〉；上海顺博金属材料有限公司〈P1765〉；上海南威化工有限公司〈P1754〉；上海良仁化工有限公司〈P1751〉；［苏］上海斌顺金属材料有限公司〈P1898〉；昆山市远洋化工有限公司〈P1898〉；［鲁］博山化学厂（有限公司）〈P2048〉；淄博福春化工有限公司〈P2060〉；临淄恒增化工厂〈P2049〉；潍坊万源化工有限公司〈P2106〉；［鄂］武汉市合中化工制造有限公司〈P2232〉；［渝］重庆新申锶盐有限公司〈P2308〉

【使用厂】［辽］辽阳鸿泰有机化工有限公司〈P1710〉；［豫］河南中科化工有限责任公司〈P2202〉；［鄂］中国石化江汉油田分公司盐化工总厂〈P2246〉

碱式硝酸铜 B03021551

Cupric nitrate，basic

用于铜制品中间体、气囊填充物

【生产厂】［沪］上海振欣试剂厂〈P1778〉；［苏］昆山市远洋化工有限公司〈P1898〉

硝酸银 B03021601

Silver nitrate［7761-88-8］

用作银盐原料、感光材料、防腐剂、催化剂，还用于镀银、制镜等行业

【生产厂】［京］北京世纪拓鑫精细化工有限公司〈P1558〉；北京亚太化工科技有限公司〈P1564〉；［沪］上海良仁化工有限公司〈P1751〉；［皖］安徽青阳铜鑫化工厂〈P1987〉；安徽省青阳县银兴化工原料有限责任公司（2 吨）〈P1987〉；中科铜都粉体新材料股份有限公司〈P1979〉；铜陵有色金属（集团）公司〈P1979〉；［赣］江西银鑫有色金属有限公司（50 吨）〈P2019〉

【使用厂】［津］天津远大感光材料公司〈P1617〉；天津市顶福化工总厂〈P1585〉；［辽］东北制药总厂〈P1684〉；［豫］乐凯集团第二胶片厂〈P2223〉

硝酸锌 B03021701

Zinc nitrate［10196-18-6］

主要用于机器和自行车零部件镀锌，配制钢铁磷化剂，织物染色媒染剂等

【生产厂】［晋］太原欣力化学品有限公司〈P1672〉；山西东兴化工有限公司〈P1670〉；太原市欣吉达化工有限公司〈P1672〉；［沪］上海长江化工厂（1500 吨）〈P1729〉；上海南威化工有限公司〈P1754〉；上海良仁化工有限公司〈P1751〉；［鲁］博山化学厂（有限公司）〈P2048〉；周村金星硝酸锌厂〈P2057〉；周村新升化工厂（2000 吨）〈P2057〉；淄博市周村隆跃化工有限公司〈P2071〉；［豫］洛阳市非凡无机盐有限公司〈P2183〉；洛阳市延秋化工原料有限公司（1000 吨）〈P2186〉；洛阳市宗轩化工有限公司（300 吨）〈P2187〉；洛阳英翔化工有限公司（300 吨）〈P2187〉

【使用厂】［鲁］莱州市化工三厂〈P2109〉

硝酸锰 B03021801

Manganous nitrate［17141-63-8］

用于制纯二氧化锰，也用于金属表面磷化处理、陶瓷着色、制催化剂等

【生产厂】［晋］太原欣力化学品有限公司〈P1672〉；山西东兴化工有限公司〈P1670〉；太原市欣吉达化工有限公司〈P1672〉；［沪］上海球龙化工有限公司〈P1758〉；［苏］江苏

省淮阴市清浦精细化工厂(600 吨)〈P1803〉;[鲁]淄博市荣瑞达粉体材料厂〈P2071〉;淄博福春化工有限公司〈P2060〉;[豫]洛阳市非凡无机盐有限公司〈P2183〉;洛阳市宗轩化工有限公司(250 吨)〈P2187〉;洛阳英翔化工有限公司(200 吨)〈P2187〉;[湘]衡阳市建辰锰业有限公司(200 吨)〈P2252〉;[渝]重庆华琦精细化工有限公司〈P2305〉;重庆福斯达化工有限公司〈P2304〉;重庆新申锶盐有限公司〈P2308〉;重庆元和精细化工有限公司〈P2308〉

硝酸铝 B03022001

Aluminium nitrate [7784-27-2]

用于制催化剂、媒染剂、皮革鞣剂、防腐蚀抑制剂、其他铝盐及在核工业中用作盐析剂

【生产厂】[晋]太原欣力化学品有限公司〈P1672〉;山西东兴化工有限公司〈P1670〉;太原市欣吉达化工有限公司〈P1672〉;山西省交城县金兰化工有限公司〈P1677〉;[鲁]淄博市荣瑞达粉体材料厂〈P2071〉

硝酸钒;干基钒 B03022101

Vanadium nitrate

主要用作硝酸工业催化剂

【生产厂】[苏]苏州市东化钒硅有限公司〈P1903〉

硝酸锶 B03022201

Strontium nitrate [10042-76-9]

用于制造信号灯、信号弹、火焰筒、电视显像管用的红色发光剂、红色烟火、光学玻璃和荧光体等

【生产厂】[津]天津市冠峰化工有限公司(300 吨)〈P1587〉;[冀]河北辛集化工集团有限责任公司(100 吨)〈P1622〉;河北澳鑫锌业有限公司〈P1647〉;河北雄威化工股份有限公司(500 吨)〈P1648〉;[苏]南京红熠锶业化工有限公司(5000 吨)〈P1784〉;南京金焰锶业有限公司〈P1786〉;[鲁]山东海化华龙硝铵有限公司(2000 吨)〈P2095〉;安丘市宏儒化工公司〈P2088〉;青岛红星化工集团有限责任公司(3000 吨)〈P2036〉;青岛金龙源化工有限公司(1000 吨)〈P2039〉;[豫]淇县鑫鈺化工有限责任公司〈P2200〉;[渝]重庆仙峰锶盐化工有限公司〈P2308〉;重庆华琦精细化工有限公司〈P2305〉;重庆福斯达化工有限公司〈P2304〉;重庆新申锶盐有限公司〈P2308〉;重庆市春瑞医药化工有限公司〈P2306〉;重庆福润化工有限公司〈P2304〉;重庆元和精细化工有限公司〈P2308〉;[川]自贡市张家坝化工建材厂(800 吨)〈P2322〉;[青]青海山川矿业发展股份有限公司〈P2359〉

【使用厂】[沪]上海铬黄颜料厂〈P1734〉

硝酸镍(六水) B03022301

Nickel nitrate, hexahydrate; Nickelous nitrate, hexahydrate [13478-00-7]

用于电镀、陶瓷、镍盐制造及用作催化剂

【生产厂】[晋]太原欣力化学品有限公司〈P1672〉;山西东兴化工有限公司〈P1670〉;太原市欣吉达化工有限公司〈P1672〉;[辽]沈阳永兴化工有限公司〈P1690〉;大连宇山化工有限公司〈P1694〉;大连第一有机化工有限公司〈P1691〉;大连亿力化工有限公司〈P1694〉;[沪]上海勤化化工有限公司〈P1757〉;上海勤翔化工有限公司〈P1757〉;上海顺博金属材料有限公司〈P1765〉;上海球龙化工有限公司〈P1758〉;上海汇龙化工有限公司〈P1741〉;上海良仁化工有限公司〈P1751〉;[苏]无锡市鑫兴化工厂〈P1880〉;上海斌顺金属材料有限公司〈P1898〉;[浙]湖州东欣化工厂〈P1945〉;湖州长盛化工有限公司〈P1945〉;浙江省仙居县福利无机化工厂〈P1967〉;浙江黄岩精细化学品集团有限公司〈P1964〉;[鲁]博山化学厂(有限公司)〈P2048〉;淄博福春化工有限公司〈P2060〉;[豫]新乡市鑫盛陶瓷材料有限责任公司〈P2206〉;新乡市第八化工有限公司〈P2204〉;新乡市华丰福利化工厂(1000 吨)〈P2204〉;新乡市华丰实验化工厂(50 吨)〈P2204〉;洛阳市非凡无机盐有限公司〈P2183〉;洛阳市宗轩化工有限公司(200 吨)〈P2187〉;洛阳英翔化工有限公司(180 吨)〈P2187〉;[粤]广东南海奇瑞德助剂厂〈P2290〉

【使用厂】[浙]温州华华集团有限公司〈P1937〉;[粤]广州化学试剂厂〈P2261〉;[陕]西北化工研究院〈P2350〉

硝酸镍(无水) B03022401

Nickel nitrate, anhydrous; Nickelous nitrate, anhydrous [13138-45-9]

用于电镀、陶瓷、镍盐制造及用作催化剂

【生产厂】[冀]河北雄威化工股份有限公司(300 吨)〈P1648〉

硝酸镧 B03022501

Lanthanum nitrate [10277-43-7]

用于生产汽灯纱罩及光学玻璃

【生产厂】[鲁]淄博市荣瑞达粉体材料厂〈P2071〉;淄博福春化工有限公司〈P2060〉;山东鱼台清达精细化工厂(200 吨)〈P2133〉

硝酸镨 B03022601

Praseodymium nitrate [15878-77-0]

【生产厂】[鲁]淄博福春化工有限公司〈P2060〉;山东鱼台清达精细化工厂(80 吨)〈P2133〉

硝酸铁 B03022701

Ferric nitrate [10421-48-4]

用作染色的媒染剂、丝的增重剂、缓蚀剂、金属表面处理剂以及鞣革等

【生产厂】[晋]太原欣力化学品有限公司〈P1672〉;山西东兴化工有限公司〈P1670〉;太原市欣吉达化工有限公司〈P1672〉;[鲁]淄博市荣瑞达粉体材料厂〈P2071〉

【使用厂】[粤]广东省石油化工研究院〈P2259〉

硝酸镉 B03022801

Cadmium nitrate [10325-94-7]

用于制造催化剂、电池、含镉药剂及其他镉盐和氧化镉、分析试剂等

【生产厂】[冀]河北澳鑫锌业有限公司〈P1647〉;河北雄威化工股份有限公司(150 吨)〈P1648〉;[晋]太原欣力化学品有限公司〈P1672〉;山西东兴化工有限公司〈P1670〉;太原市欣吉达化工有限公司〈P1672〉;[沪]上海碧泉化工有限公司〈P1729〉;[豫]新乡市第八化工有限公司〈P2204〉

【使用厂】[粤]广州化学试剂厂〈P2261〉

硝酸铋 B03022901

Bismuth nitrate; Bismuth nitrate, pentahydrate [10035-06-0]

用于制造其他铋盐、显像管和发光漆等

【生产厂】[辽]盘锦兴海制药有限公司〈P1706〉

【使用厂】[滇]云南师范大学化工厂〈P2341〉

硝酸镁 B03023001

Magnesium nitrate [10377-60-3]

用作浓硝酸的脱水剂,制造炸药、催化剂和其他镁盐,还用作小麦灰化剂

【生产厂】[晋]山西省交城红星化工有限公司〈P1670〉;太原

欣力化学品有限公司(5000 吨)〈P1672〉;山西东兴化工有限公司(1 万吨)〈P1670〉;太原市捷进化工有限公司〈P1671〉;太原市欣吉达化工有限公司〈P1672〉;山西省交城县金兰化工有限公司(5000 吨)〈P1677〉;山西省交城县三喜化工有限公司〈P1677〉;[辽]沈阳永兴化工有限公司〈P1690〉;营口菱镁化工(集团)有限公司〈P1704〉;丹东市中和化工厂(150 吨)〈P1700〉;[沪]上海瑞鸿化工有限公司〈P1759〉;[鲁]淄博市荣瑞达粉体材料厂〈P2071〉;莱州市莱玉化工有限公司(1 万吨)〈P2109〉

【使用厂】[豫]新乡市永昌化工有限责任公司〈P2207〉

氮化硅;四氮化三硅　B03023101

Silicon nitride [12033-89-5]

主要用作功能陶瓷材料原料,非铁金属的耐熔材料,飞机引擎,燃气输机喷嘴、轴承等高温结构材料和耐热涂层

【生产厂】[冀]石家庄华泰纳米陶瓷材料厂〈P1626〉

硝酸锂　B03023201

Lithium nitrate [7790-69-4]

用于冷藏设备中液氨稳定剂,火箭推进剂,烟火制造的氧化剂,玻璃蚀刻剂,抗静电剂,冶金工业中的熔盐组分等

【生产厂】[冀]河北澳鑫锌业有限公司〈P1647〉;河北雄威化工股份有限公司〈P1648〉;[晋]太原欣力化学品有限公司〈P1672〉;太原市欣吉达化工有限公司〈P1672〉;[赣]新余市赣锋锂业有限公司〈P2012〉;新余市东鹏化工有限责任公司〈P2012〉

硝酸钇　B03023301

Yttrium nitrate [13768-67-7]

用于工程陶瓷、硬质合金、钨钼产品、催化剂、汽车尾气净化等

【生产厂】[鲁]淄博市荣瑞达粉体材料厂〈P2071〉;山东鱼台清达精细化工厂(300 吨)〈P2133〉

硝酸钕　B03023401

Neodymium nitrate

【生产厂】[鲁]淄博市荣瑞达粉体材料厂〈P2071〉;淄博福春化工有限公司〈P2060〉;山东鱼台清达精细化工厂(300 吨)〈P2133〉

硝酸锆　B03023501

Zirconium nitrate [13746-89-9]

是有机化工中的重要催化剂

【生产厂】[浙]升华集团控股有限公司〈P1946〉;[鲁]淄博市荣瑞达粉体材料厂〈P2071〉;山东鱼台清达精细化工厂(300 吨)〈P2133〉

硝酸铯　B03023601

Caesium nitrate [7789-18-6]

用作制取各种铯盐的基础原料,在催化剂、特种玻璃、陶瓷等方面有广泛用途

【生产厂】[赣]新余市赣锋锂业有限公司〈P2012〉

二氯化硫　B03030121

Sulphur dichloride [10545-99-0]

用作有机合成的氯化剂,制造酸酐或有机酸的氯化物,高压润滑剂和切削油的添加剂,还可用作消毒剂和杀菌剂

【生产厂】[鲁]淄博市临淄大荣精细化工厂〈P2068〉;淄博市临淄区罗鑫化工厂(1500 吨)〈P2069〉

【使用厂】[沪]上海华谊集团华原化工有限公司〈P1739〉;[鲁]山东博丰植保药业有限公司〈P2051〉

三氯化铁　B03030201

Ferric chloride;Ferric trichloride [10025-77-1]

主要用作水处理剂、印刷制版的腐蚀剂、染料工业的氧化剂和媒染剂、有机合成的催化剂以及制造其他铁盐等

【生产厂】[京]北京万水净水剂有限公司〈P1562〉;[津]天津市津南瑞田化工厂(8000 吨)〈P1594〉;[沪]上海市宝山区合众化工厂(6000 吨)〈P1763〉;上海盛龙化工有限公司〈P1762〉;[苏]凯米沃特(宜兴)净化剂有限公司〈P1872〉;宜兴市绿波水处理化学品有限公司〈P1885〉;[浙]温州天盛电化有限公司〈P1938〉;[皖]安徽氯碱化工集团有限责任公司〈P1972〉;[鲁]济南润原化工有限责任公司〈P2024〉;山东省航天发泡剂总厂(5000 吨)〈P2123〉;[豫]开封市化工原料总公司(100 吨)〈P2177〉;[鄂]武汉市合中化工制造有限公司〈P2232〉;[粤]广东西陇化工有限公司〈P2276〉;深圳市绿环化工实业有限公司(2 万吨)〈P2271〉;[渝]重庆市华东化工有限公司〈P2306〉;[滇]云南盐化股份有限公司〈P2342〉;云南红云氯碱有限公司〈P2340〉;[陕]西安兰光化学科技有限公司(500 吨)〈P2349〉

【使用厂】[辽]沈阳市试剂三厂〈P1688〉;同联集团沈阳抗生素厂〈P1690〉;阜新特种化学股份有限公司〈P1708〉;[沪]上海长风化工厂〈P1729〉;[苏]江苏中鼎化学有限公司〈P1895〉;[鲁]曲阜市天昊化工助剂有限公司〈P2130〉;淄博开发区三威化工厂〈P2064〉;山东华仙集团总公司〈P2131〉;烟台市牟平区经协化工厂〈P2119〉

三氯化铁(药用)　B03030251

Ferric chloride, medicinal

主要用于生产各种人、畜的补铁剂,伤口止血剂及水的净化剂等

【生产厂】[桂]广西化工研究院〈P2296〉;广西化工研究院-广西新晶科技有限公司〈P2296〉;广西皇马药业有限责任公司〈P2296〉

三氯化铁(无水)　B03030301

Ferric chloride, anhydrous [7705-08-0]

主要用作水处理剂,还用作媒染剂、催化剂、氯化剂,并用于制造其他铁盐等

【生产厂】[沪]上海裕立实业有限公司(1500 吨)〈P1776〉;[皖]安徽氯碱化工集团有限责任公司〈P1972〉;[鲁]青岛海晶化工集团有限公司(1 万吨)〈P2035〉;青岛三凯化工有限公司〈P2041〉

三氯化铁(液)　B03030302

Ferric chloride, aqueous solution [7705-08-0]

主要用于净水,也用于印刷制板、颜料、染料及药物等

【生产厂】[京]北京高环科贸有限公司〈P1548〉;[沪]上海盛龙化工有限公司〈P1762〉;[豫]巩义市永兴生化材料有限公司〈P2164〉;[粤]台山市磷肥厂有限公司(2 万吨)〈P2286〉;[川]成都化工股份有限公司〈P2311〉

氯化亚铁　B03030401

Iron dichloride;Ferrous chloride [7758-94-3]

用作水处理净化剂、还原剂、无铅汽油助剂等

B

【生产厂】[京]北京万水净水剂有限公司〈P1562〉;[沪]上海市宝山区合众化工厂(5000吨)〈P1763〉;上海盛龙化工有限公司〈P1762〉;[苏]凯米沃特(宜兴)净化剂有限公司〈P1872〉;[鲁]曲阜市天昊化工助剂有限公司(300吨)〈P2130〉;[陕]西安兰光化学科技有限公司(200吨)〈P2349〉

三氯化铬 B03030501

Chromic chloride;Chromium chloride;Chromium trichloride [10025-73-7]

主要用作媒染剂及催化剂

【生产厂】[晋]太原市欣吉达化工有限公司〈P1672〉;[沪]上海宁溶化工有限公司〈P1755〉;上海良仁化工有限公司(1000吨)〈P1751〉;[苏]江苏省太仓市归庄镇武兵化工厂〈P1894〉;[鄂]黄石振华化工有限公司〈P2236〉;[粤]佛山市海纳化工有限公司〈P2287〉

【使用厂】[沪]上海天坛助剂有限公司〈P1767〉

六水氯化铬 B03030551

Chromic chloride hexahydrate

【生产厂】[甘]甘肃锦世化工有限责任公司〈P2358〉

三氯化铝(六水) B03030601

Aluminium chloride,hexahydrate [7784-13-6]

主要用作精密铸造的硬化剂、造纸施胶沉淀剂、净化水混凝剂、木材防腐剂等

【生产厂】[津]天津市耀德工商实业公司(7000吨)〈P1610〉;[沪]上海盛龙化工有限公司〈P1762〉;[浙]杭州大华化工有限公司〈P1916〉;温州天盛电化有限公司(2500吨)〈P1938〉;[豫]巩义市宇清净水材料有限公司〈P2164〉;[湘]常德天盛电化有限公司〈P2255〉

三氯化铝;氯化铝;无水三氯化铝 B03030701

Aluminium chloride [7446-70-0]

用作有机合成的催化剂、洗涤剂,并用于医药、农药、染料、香料、塑料、润滑油等行业

【生产厂】[冀]河北省藁城市瑞星化工有限责任公司(1000吨)〈P1621〉;沧州运河化工有限责任公司〈P1653〉;[蒙]阿拉善达康精细化工股份有限公司〈P1681〉;[吉]吉化集团吉林市松江化工厂〈P1715〉;[沪]上海盛龙化工有限公司〈P1762〉;上海龙帮化工有限公司〈P1752〉;[苏]常州市通达化工有限公司〈P1853〉;常州东南鹏程化工有限公司(5000吨)〈P1846〉;江阴市陆桥粘合助剂厂〈P1870〉;苏州久创化工有限公司〈P1901〉;张家港市卫星化工厂〈P1914〉;扬州市恒生化工有限公司〈P1818〉;[鲁]淄博市淄川区石牛社会福利化工厂(2000吨)〈P2072〉;莱芜市莱城区绝缘材料厂(1000吨)〈P2140〉;山东神工化工股份有限公司(2万吨)〈P2077〉;[豫]巩义市长虹净水材料有限公司(1000吨)〈P2162〉;濮阳宏业化工有限公司(500吨)〈P2213〉;河南省南阳市新旺氯碱化工有限责任公司(1万吨)〈P2223〉;[鄂]武汉市合中化工制造有限公司〈P2232〉;湖北武穴市迅达药业有限公司〈P2243〉;[桂]广西皇马药业有限责任公司〈P2296〉;[甘]白银中天化工有限责任公司(1万吨)〈P2357〉

【使用厂】[冀]安平县冠达颜料工业有限公司〈P1663〉;[苏]常州市东方化工有限公司〈P1850〉;盐城市誉球化工有限公司〈P1812〉;太仓市中天化学有限公司〈P1909〉;江苏省溧阳市制药厂〈P1861〉;江阴市龙达化工有限公司〈P1870〉;盐城市东港药物化工发展有限公司〈P1811〉;昆山三友医药辅料厂〈P1896〉;高邮市宏扬助剂厂〈P1813〉;[浙]杭州萧山飞翔化工有限公司〈P1923〉;浙江迪耳药业有限公司〈P1954〉;[鲁]潍坊潍泰化工有限公司〈P2106〉;德州虹桥染料化工有限公司〈P2142〉;[豫]河南省中原大化集团有限责任公司〈P2213〉;[鄂]湖北科兴医药化工股份有限公司〈P2237〉;[渝]重庆长风化工厂〈P2303〉

复合氯化铝 B03030711

Aluminium chloride,complex

用于生活饮用水及工业水净化处理

【生产厂】[苏]无锡沸昇水处理材料有限公司〈P1873〉

改性氯化铝 B03030791

Aluminium chloride,modified

用于制药工业、日化工业及专用化妆品的补充剂、配料等

【生产厂】[浙]杭州大华化工有限公司〈P1916〉

四氯三氧化二磷;焦磷酰氯 B03030802

Pyrophosphoryl chloride [13498-14-1]

用于制药及其他有机合成

【生产厂】[冀]河北省景县景美化学工业有限公司〈P1665〉;廊坊格瑞泰化工有限公司〈P1660〉;[苏]昆山市花桥化工四厂〈P1897〉;[豫]河南省新谊医药集团精细化工有限公司〈P2202〉

三氯氢硅;三氯硅烷;硅氯仿 B03030901

Silicochloroform;Trichlorosilane [10025-78-2]

用作高分子有机硅化合物的原料,也用于仪表工业

【生产厂】[苏]江苏宝应化工助剂厂〈P1815〉;[浙]开化县鑫源精细化工有限公司〈P1957〉;[赣]南昌赣宇有机硅有限公司〈P2009〉;南昌氯碱总厂(2000吨)〈P2010〉;[鲁]山东华阳科技股份有限公司(300吨)〈P2135〉;[豫]沁阳国顺硅源光电气体有限公司(800吨)〈P2197〉

【使用厂】[京]北京市申达精细化工有限公司〈P1560〉;[沪]上海天坛助剂有限公司〈P1767〉;[鲁]曲阜市万达化工有限公司〈P2130〉

二氯硅烷;二氯二氢硅 B03030902

Dichlorsilane [4109-96-0]

用于电子工业中多晶硅外延生长以及化学气相淀积二氧化硅和氮化硅

【生产厂】[豫]沁阳国顺硅源光电气体有限公司(600吨)〈P2197〉;[粤]珠海欣宏电子化学材料有限公司〈P2275〉

碳化硅;碳化硅结晶块;金刚砂 B03030905

Silicon carbide [409-21-2]

适用于制造各种用途的碳化硅磨具和陶瓷窑具以及耐火材料等

【生产厂】[冀]石家庄华泰纳米陶瓷材料厂〈P1626〉;[蒙]内蒙古黄河铬盐股份有限责任公司(6000吨)〈P1683〉;[沪]上海南三耐火材料厂〈P1754〉;[鲁]山东中舜科技发展有限公司(3000吨)〈P2056〉;青岛三凯化工有限公司〈P2041〉;济宁碳素工业总公司(1万吨)〈P2129〉;[豫]巩义市嘉华耐火材料有限公司(5000吨)〈P2163〉;巩义市神都耐材有限公司(1000吨)〈P2164〉;平顶山易成碳化硅制品有限公司(1万吨)〈P2192〉;[甘]白银有色金属公司〈P2357〉

【使用厂】[鲁]济南银丰硅制品有限责任公司〈P2026〉

碳化硅微粉 B03030911

Silicon carbide,micropowder [409-21-2]

用于磨料磨具、高级耐火材料、精细陶瓷等

【生产厂】[鲁]济南银丰硅制品有限责任公司(800吨)

〈P2026〉;潍坊凯华碳化硅微粉有限公司(500 吨)〈P2103〉;潍坊市精华粉体工程设备有限公司〈P2104〉;[豫]郑州铝城实业开发总公司(300 吨)〈P2172〉

三氯硫磷 B03031001

Phosphorus sulfochloride;Phosphorous sulfochloride [3982-91-0]

主要用于生产甲基对硫磷、二甲基硫代磷酰氯、甲胺磷、倍硫磷、禾螟松等农药以及有机磷化合物

【生产厂】[苏]徐州市建平化工有限公司(1 万吨)〈P1795〉;[鲁]菏泽源丰农药有限公司(300 吨)〈P2159〉

【使用厂】[辽]沈阳市合成兽药厂〈P1688〉;[苏]江苏苏化集团有限公司〈P1894〉;[赣]赣南果业赣州农药公司〈P2014〉

四氯化钛 B03031201

Titanic chloride;Titanium tetrachloride [7550-45-0]

用于制取海绵钛和钛白粉,并用作催化剂等

【生产厂】[津]天津渤海化工有限责任公司天津化工厂〈P1570〉;天津渤天化工有限责任公司(2 万吨)〈P1571〉;[辽]攀钢集团锦州钛业有限公司(4 万吨)〈P1702〉;[鲁]德州鹏源科技有限公司(4000 吨)〈P2142〉

【使用厂】[京]中国石化催化剂北京奥达分公司〈P1568〉;中国石油化工股份有限公司北京化工研究院〈P1568〉;[津]天津市联瑞化工有限公司〈P1598〉;[冀]石家庄市有机化工厂〈P1632〉;[沪]上海美兴化工有限公司〈P1753〉;[鲁]枣庄天元精细化工有限公司〈P2080〉;淄博市鲁川化工有限公司〈P2070〉;[粤]汕头市龙华珠光颜料有限公司〈P2277〉

四氯化硅 B03031301

Silicon chloride;Silicon tetrachloride [10026-04-7]

用于合成有机硅化合物、无机硅化合物及制取纯硅等

【生产厂】[辽]大连光明特种气体有限公司〈P1691〉;[苏]常熟市中杰化工有限公司〈P1892〉;江苏宝应化工助剂厂〈P1815〉;[浙]开化县鑫源精细化工有限公司〈P1957〉;[赣]南昌赣宇有机硅有限公司〈P2009〉;南昌氯碱总厂(2000 吨)〈P2010〉;[豫]沁阳国顺硅源光电气体有限公司(600 吨)〈P2197〉

【使用厂】[辽]沈阳彩逸特种涂料制造有限公司〈P1684〉;[沪]上海氯碱化工股份有限公司〈P1752〉

四氯化锗 B03031401

Germanium tetrachloride [10038-98-9]

主要用作光导纤维掺杂剂,也用于制二氧化锗及金属锗

【生产厂】[滇]云南驰宏锌锗股份有限公司〈P2342〉

次氯酸钠 B03031501

Sodium hypochlorite [7681-52-9]

主要用于纸浆、纺织品和化学纤维作漂白剂,水处理中用作净水剂、杀菌剂、消毒剂,染料工业用于制造靛蓝等

【生产厂】[津]天津市瑞福鑫化工有限公司(1 万吨)〈P1601〉;天津市汉沽区化工金属熔炼总厂(3000 吨)〈P1588〉;[冀]河北新丰农药化工股份有限公司〈P1640〉;唐山氯碱有限责任公司〈P1635〉;河北盛华化工有限公司〈P1650〉;[晋]山西金甲化工有限公司〈P1679〉;[辽]沈阳化工股份有限公司〈P1686〉;辽阳市虹波化工有限公司〈P1711〉;锦化化工集团氯碱股份有限公司〈P1703〉;[吉]辽源富洋化工有限责任公司〈P1718〉;[黑]佳木斯黑龙农药化工股份有限公司〈P1724〉;[沪]上海氯碱化工股份有限公司〈P1752〉;[苏]南京长营化工有限责任公司(3000 吨)〈P1783〉;江苏江东化工股份有限公司(1 万吨)〈P1859〉;南京化学工业有限公司化工厂〈P1785〉;江苏金浦北方氯碱化工有限公司(1 万吨)〈P1793〉;江苏双菱化工集团有限公司〈P1798〉;[浙]宁波市镇海众利化工有限公司〈P1933〉;温州天盛电化有限公司(3000 吨)〈P1938〉;[皖]安徽氯碱化工集团有限责任公司〈P1972〉;[鲁]山东塑料试验厂(3000 吨)〈P2030〉;滨州市津滨精细化工有限公司(4000 吨)〈P2154〉;山东海科胜利电化有限公司(3000 吨)〈P2085〉;潍坊潍泰化工有限公司(5000 吨)〈P2106〉;烟台万华合成革集团有限公司〈P2119〉;烟台万华氯碱有限责任公司(1 万吨)〈P2119〉;龙口科达化工有限公司〈P2110〉;青岛南岭化工有限公司(2000 吨)〈P2041〉;[豫]郑州市得洁化工有限公司(1000 吨)〈P2173〉;沙隆达郑州农药有限公司(1500 吨)〈P2168〉;郑州化工厂(2000 吨)〈P2171〉;巩义市兴发化工有限公司(500 吨)〈P2164〉;河南省濮阳市氯碱厂(5200 吨)〈P2213〉;偃师市信应化工有限公司(1000 吨)〈P2189〉;偃师市雪峰塑料化工有限公司(2000 吨)〈P2189〉;平顶山煤业集团开封东大化工有限公司(1 万吨)〈P2179〉;[鄂]沙隆达集团公司〈P2240〉;[粤]广东西陇化工有限公司〈P2276〉;[桂]梧州市联溢化工有限公司〈P2300〉;广西柳州东风化工有限责任公司(1 万吨)〈P2297〉;[渝]重庆川东化工(集团)有限公司〈P2304〉;[川]成都化工股份有限公司(3000 吨)〈P2311〉;四川省金路树脂有限公司(5000 吨)〈P2327〉;[滇]云南红云氯碱有限公司〈P2340〉;[陕]陕西金泰氯碱化工有限公司〈P2353〉;[甘]甘肃省盐锅峡化工总厂〈P2358〉;[新]新疆中泰化学股份有限公司(1 万吨)〈P2365〉;新疆天业股份有限公司〈P2367〉

【使用厂】[津]天津天成制药有限公司〈P1614〉;[冀]邢台铁牛染料化工有限公司〈P1644〉;[沪]上海华谊集团华原化工有限公司〈P1739〉;松江佘山化工厂〈P1780〉;[苏]苏州精细化工有限公司〈P1901〉;[浙]嘉善嘉生药业有限公司〈P1940〉;[鲁]山东省单县化工有限公司〈P2160〉;荣成市化工总厂有限公司〈P2122〉;淄博华王化工有限公司〈P2062〉;[豫]开封市祥利化工厂〈P2178〉;开封化工三厂〈P2176〉

次氯酸钠(液体);漂液 B03031502

Sodium hypochlorite,liquid [7681-52-9]

用作氧化剂,主要用于纸浆及织物的漂白,水处理,用于染料中间体及靛蓝的制造等

【生产厂】[冀]石家庄市电化厂(1 万吨)〈P1629〉;[辽]锦化化工(集团)有限责任公司〈P1703〉;[浙]宁波东港电化有限责任公司〈P1930〉;[鲁]济南润原化工有限责任公司〈P2024〉;淄博醒龙化工有限公司〈P2075〉;山东滨化集团有限责任公司(8 万吨)〈P2155〉;青岛海晶化工集团有限公司(1 万吨)〈P2035〉;青岛天元化工股份有限公司(2000 吨)〈P2044〉;山东宏河集团(9000 吨)〈P2130〉;[湘]常德恒通石化助剂有限公司〈P2255〉;常德天盛电化有限公司〈P2255〉;[桂]南宁化工股份有限公司〈P2296〉;[川]泸州北方化学工业有限公司〈P2322〉;[陕]陕西北元化工有限公司〈P2353〉;[新]新疆天业股份有限公司〈P2367〉

次氯酸锂 B03031531

Lithium hypochlorite [13840-33-0]

主要用作消毒剂和漂白剂

【生产厂】[赣]新余市赣锋锂业有限公司〈P2012〉

亚氯酸钠 B03031601

B

Sodium chlorite [7758-19-2]

用于纸浆、纤维、面粉、淀粉、油脂等的漂白，饮水净化和污水处理，皮革脱毛及制取二氧化氯水溶液等

【生产厂】[津]天津市津亚化工有限公司〈P1595〉；[沪]上海新誉化工厂(600吨)〈P1772〉；[苏]盐城市华鸥化工厂(480吨)〈P1811〉；响水县华龙实业有限公司(800吨)〈P1809〉；响水县金海科技实业有限公司(1万吨)〈P1809〉；响水县科斯达化工有限公司(1200吨)〈P1809〉；响水县亚欧化工有限公司(1200吨)〈P1809〉；盐城市金雨科技有限公司〈P1811〉；[闽]泉州隆泰化工有限公司〈P2000〉；[鲁]淄博圣诺化工有限公司(3000吨)〈P2067〉；东营市东营区盛达化工厂(2万吨)〈P2081〉；高密市高源企业集团公司电化厂(300吨)〈P2089〉；高密市海洋化工有限公司(4800吨)〈P2089〉；[豫]洛阳市英东化工有限公司〈P2186〉；[鄂]武汉市合中化工制造有限公司〈P2232〉

【使用厂】[浙]杭州林峰食品添加剂有限公司〈P1920〉

高氯酸镁；六水高氯酸镁　B03031701

Magnesium perchlorate hexahydrate [13446-19-0]

【生产厂】[辽]营口兄弟硼镁化工有限公司〈P1705〉

氯氧化铋　B03031801

Bismuth oxychloride [7787-59-9]

用于珠光釉增白、彩釉调料、塑料助剂、油漆调色等

【生产厂】[粤]广州鸿雨精细化工有限公司〈P2261〉

氧氯化锆；碱式氯化锆；氯化锆酰　B03031901

Zirconium oxychloride [13520-92-8]

广泛用于橡胶添加剂、油漆催干剂、耐火材料和陶瓷釉等

【生产厂】[沪]上海尚友锆材料有限公司(2000吨)〈P1760〉；上海跃新化工厂〈P1777〉；[苏]宜兴新兴锆业有限公司(2000吨)〈P1888〉；兴化市松鹤化学试剂厂(2000吨)〈P1828〉；[浙]德清新康化工有限公司(3600吨)〈P1945〉；升华集团控股有限公司〈P1946〉；[皖]安徽省康达锆业有限公司〈P1986〉；[赣]江西晶安高科技股份有限公司(2万吨)〈P2008〉；[鲁]山东淄博中埠化工有限公司(2000吨)〈P2056〉；淄博广通化工有限责任公司(1万吨)〈P2060〉；淄博市荣瑞达粉体材料厂〈P2071〉；淄博环拓化工有限公司(1万吨)〈P2062〉；[豫]河南佰利联化学股份有限公司(5000吨)〈P2193〉；焦作李封工业有限责任公司〈P2195〉；焦作王封工业有限责任公司(2000吨)〈P2197〉；[粤]广东东方锆业科技股份有限公司(3万吨)〈P2276〉

【使用厂】[辽]沈阳市应用技术实验厂〈P1689〉；[沪]上海长风化工厂〈P1729〉

四氯化锆　B03031951

Zirconium tetrachloride [10026-11-6]

用于制取金属锆、颜料、纺织品防水剂、皮革鞣剂等

【生产厂】[辽]中信锦州铁合金股份有限公司〈P1702〉；[沪]上海凯路化工有限公司〈P1747〉；[豫]焦作王封工业有限责任公司(1500吨)〈P2197〉

氢氧氯化锆　B03031991

Zirconyl hydroxychloride

用于医药、化妆品等

【生产厂】[浙]升华集团控股有限公司〈P1946〉

高氯酸钾；过氯酸钾　B03032101

Potassium perchlorate [7778-74-7]

用作炸药、发烟剂、引火剂、氧化剂，医药上用作解热和利尿药

【生产厂】[冀]石家庄冀华化工纺织有限公司〈P1627〉；河北智通化工有限责任公司(6000吨)〈P1623〉；河北省亚泰电化有限公司(1000吨)〈P1666〉；[晋]太原天熙贸易有限公司〈P1672〉；[辽]大连北方氯酸钾厂(2000吨)〈P1691〉；[闽]福州一化化学品股份有限公司(5000吨)〈P1990〉；[赣]江西省铜鼓县永宁化工有限责任公司〈P2016〉；[湘]浏阳市化工厂有限公司(5000吨)〈P2249〉；桂东高氯酸钾厂(4000吨)〈P2256〉；[渝]重庆长寿化工有限责任公司〈P2304〉；重庆长寿盐化工有限责任公司〈P2304〉；重庆索特盐化股份有限公司〈P2307〉

【使用厂】[川]成都天华科技股份有限公司〈P2315〉

高氯酸铵　B03032201

Ammonium perchlorate; AP; APC [7790-98-9]

用作火箭推进剂、炸药配合剂，也可用于制造烟火、人工防冰雹的药剂等

【生产厂】[辽]大连北方氯酸钾厂〈P1691〉；[湘]桂东高氯酸钾厂(500吨)〈P2256〉

高氯酸锂　B03032251

Lithium perchlorate [13453-78-6]

用作火箭喷气燃料、锂电池原料等

【生产厂】[津]天津市鑫源化工厂〈P1609〉；[冀]黄骅市津骅饲料添加剂有限公司〈P1656〉；河北澳鑫锌业有限公司〈P1647〉；[赣]新余市赣锋锂业有限公司〈P2012〉

高氯酸锂(无水)；无水高氯酸锂　B03032271

Lithium perchlorate, anhydrous [7791-03-9]

用作火箭喷气燃料、锂电池原料等

【生产厂】[沪]上海中锂实业有限公司(100吨)〈P1779〉

一水高氯酸钠　B03032351

Sodium perchlorate, monohydrate [7791-07-3]

用于制造高氯酸或其他高氯酸盐，还用于火药工业

【生产厂】[冀]河北省亚泰电化有限公司〈P1666〉

氯化亚铜　B03032401

Cuprous chloride [7758-89-6]

用作有机合成催化剂，石油工业脱色剂和脱硫剂，硝化纤维素的脱硝剂，肥皂、油脂生产中的冷凝剂等

【生产厂】[京]北京马氏精细化学品有限公司〈P1555〉；[辽]大连宇山化工有限公司〈P1694〉；[吉]磐石市大田化工助剂研究所〈P1717〉；吉林市新文助剂厂(1000吨)〈P1716〉；[沪]上海勤翔化工有限公司〈P1757〉；上海威方精细化工有限公司〈P1769〉；上海勤工无机盐有限公司〈P1757〉；上海荣建化学品有限公司(3500吨)〈P1758〉；[苏]上海斌顺金属材料有限公司〈P1898〉；吴江市锦联化工有限公司〈P1910〉；吴江市绿艳化工厂〈P1910〉；昆山市远洋化工有限公司〈P1898〉；[鄂]湖北应城市汉能化工有限责任公司〈P2243〉；[渝]重庆市花溪化工厂(3000吨)〈P2306〉；[陕]西安兰光化学科技有限公司〈P2349〉

【使用厂】[津]天津天成制药有限公司〈P1614〉；[冀]美利达颜料工业有限公司〈P1669〉；[辽]沈阳彩逸特种涂料制造

有限公司〈P1684〉;[苏]常州市东方化工有限公司〈P1850〉;通州市江石化工厂〈P1839〉;[鲁]德州虹桥染料化工有限公司〈P2142〉;济南金信洋染料有限公司〈P2023〉;[粤]广州化学试剂厂〈P2261〉

氯化亚锡;二氯化锡 B03032501

Stannous chloride;Tin dichloride [10025-69-1]

用作还原剂、媒染剂、脱色剂,电镀工业中用以镀锡

【生产厂】[津]天津市亚红化工有限公司(300吨)〈P1610〉;天津市顶福化工总厂(500吨)〈P1585〉;[苏]江苏雅克化工有限公司〈P1866〉;江苏海门兴虹化工有限公司〈P1830〉;[浙]浙江黄岩精细化学品集团有限公司〈P1964〉;[桂]柳州冶炼厂(900吨)〈P2298〉;柳州华锡集团有限责任公司〈P2297〉;[滇]云南锡业股份有限公司(300吨)〈P2342〉;昆明庚申精细化工有限责任公司(300吨)〈P2339〉;云南个旧市自立矿冶有限公司〈P2345〉

氯化钠;食盐 B03032601

Sodium chloride [7647-14-5]

用于制造纯碱和烧碱及其他化工原料,用于矿石冶炼,食品业和渔业用于盐腌,还可用作调味料的原料和精制食盐

【生产厂】[晋]南风化工集团股份有限公司(3万吨)〈P1678〉;[蒙]内蒙古腾飞化工制钙有限公司(3万吨)〈P1681〉;[苏]江苏淮海盐化厂(15万吨)〈P1802〉;泰州市天成化工有限公司〈P1827〉;[闽]泉州市肖厝山腰盐场(7万吨)〈P2000〉;[鲁]山东鑫山工贸有限公司(1万吨)〈P2055〉;[豫]河南医科大学制药厂(30吨)〈P2168〉;新乡市华丰实验化工厂(300吨)〈P2204〉;[粤]广东西陇化工有限公司〈P2276〉;[渝]重庆索特盐化股份有限公司〈P2307〉;[川]自贡鸿鹤化工集团有限责任公司(3000吨)〈P2321〉;[滇]云南盐化股份有限公司〈P2342〉;[陕]西安利君精华药业有限责任公司〈P2349〉

【使用厂】[津]天津大沽化工股份有限公司〈P1571〉;天津市氯酸盐厂〈P1599〉;[冀]石家庄化肥集团有限责任公司〈P1626〉;河北邢台化学试剂有限责任公司〈P1642〉;河北宝硕股份有限公司氯碱分公司〈P1647〉;承德新新钒钛化工有限公司〈P1650〉;河北冀衡化学股份有限公司〈P1664〉;[蒙]通辽市通华蓖麻化工有限责任公司〈P1682〉;[辽]大化集团大连化工股份有限公司〈P1690〉;大连北方氯酸钾厂〈P1691〉;大连染料化工有限公司〈P1693〉;锦化化工(集团)有限责任公司〈P1703〉;[黑]哈尔滨华尔化工有限公司〈P1720〉;佳木斯黑龙农药化工股份有限公司〈P1724〉;[沪]上海制皂有限公司〈P1778〉;上海科创化工有限公司〈P1748〉;[苏]南京化学工业有限公司化工厂〈P1785〉;江苏金浦北方氯碱化工有限公司〈P1793〉;徐州试剂厂〈P1796〉;江苏德邦化学工业集团有限公司〈P1797〉;江苏双菱化工集团有限公司〈P1798〉;江都市华兴医药化工制品有限公司〈P1814〉;南通大伦化工有限公司〈P1833〉;江苏苏化集团有限公司〈P1894〉;江苏华昌(集团)有限公司〈P1893〉;江苏梅兰化工股份有限公司〈P1821〉;江苏苏青水处理工程集团有限公司〈P1866〉;常熟市农药厂有限公司〈P1890〉;[皖]安徽氯碱化工集团有限责任公司〈P1972〉;铜陵市铜官山化工有限公司〈P1978〉;合肥飞建化工有限责任公司〈P1972〉;江苏德邦兴华化工股份有限公司淮南市分公司〈P1977〉;[闽]福建省东南电化股份有限公司〈P1988〉;福建省厦鹭电化有限公司〈P2001〉;福建省龙岩龙化化工有限公司〈P2005〉;福建省(屏南)榕屏化工有限公司〈P2007〉;[赣]南昌氯碱总厂〈P2010〉;赣南果业赣州农药公司〈P2014〉;[鲁]济南鲁联集团试剂有限公司〈P2023〉;山东塑料试验厂〈P2030〉;山东大成农药股份有限公司〈P2051〉;山东华阳农药化工集团有限公司〈P2136〉;高密市高源企业集团公司电化厂〈P2089〉;山东滨化集团有限责任公司〈P2155〉;荣成市化工总厂有限公司〈P2122〉;潍坊宏远化工有限公司〈P2102〉;新汶矿业集团有限责任公司〈P2139〉;山东东岳化工股份有限公司〈P2052〉;淄川诚达化工厂〈P2077〉;济南舜华化工有限公司〈P2025〉;[豫]郑州水晶股份有限公司〈P2174〉;沙隆达郑州农药有限公司〈P2168〉;河南开普化工股份有限公司〈P2165〉;平顶山煤业集团开封东大化工有限公司〈P2179〉;开封开化(集团)有限公司磷肥厂〈P2177〉;河南神马氯碱化工股份有限责任公司〈P2191〉;洛阳市符家屯硫酸厂〈P2183〉;昊华宇航化工有限责任公司〈P2193〉;焦作鑫安科技股份有限公司〈P2197〉;新乡正华化工有限责任公司〈P2207〉;河南恒通化工有限公司〈P2193〉;河南金山化工有限责任公司〈P2193〉;河南省濮阳市氯碱厂〈P2213〉;[鄂]襄樊丽明化工有限公司〈P2238〉;宜昌山水投资有限公司〈P2241〉;[湘]浏阳市化工厂有限公司〈P2249〉;湖南省永和磷肥厂〈P2248〉;郴州天成化工有限责任公司〈P2256〉;邵阳市大圳发达实业有限公司〈P2253〉;[粤]广州市人民化工厂〈P2265〉;广州化学试剂厂〈P2261〉;佛山市华昊化工有限公司电化厂〈P2287〉;韶关市化工厂〈P2277〉;[桂]广西柳州东风化工有限责任公司〈P2297〉;广西西江化工有限责任公司〈P2301〉;桂林市红星化工有限责任公司〈P2299〉;[渝]重庆长寿化工有限责任公司〈P2304〉;重庆市花溪化工厂〈P2306〉;云阳县磷肥厂〈P2303〉;[川]成都化工股份有限公司〈P2311〉;成都天华科技股份有限公司〈P2315〉;张家坝氯碱化工有限责任公司〈P2321〉;乐山三九长征药业股份有限公司〈P2332〉;[陕]商洛秦威化工有限责任公司〈P2354〉;[甘]甘肃省盐锅峡化工总厂〈P2358〉;甘肃稀土集团有限责任公司〈P2357〉;[新]新疆中泰化学股份有限公司〈P2365〉;新疆青松建材化工(集团)股份有限公司〈P2366〉

氯化钠(精制);食盐(精制) B03032602

Sodium chloride, refined [7647-14-5]

用于食品、医药等工业

【生产厂】[津]天津渤海化工有限责任公司天津碱厂(10万吨)〈P1570〉;[闽]泉州市肖厝山腰盐场(1万吨)〈P2000〉;[鲁]山东海化股份有限公司硫酸钾厂(2万吨)〈P2095〉;泰安市东岳精制盐厂(5万吨)〈P2137〉;[鄂]中盐宏博(集团)有限公司(150万吨)〈P2243〉;[川]四川蓬莱盐化有限公司(20万吨)〈P2331〉;张家坝氯碱化工有限责任公司(18万吨)〈P2321〉;[陕]定边县长城盐化有限责任公司(6万吨)〈P2353〉;[甘]国营高台盐化公司(3万吨)〈P2358〉;[新]新疆盐湖制盐有限责任公司(2万吨)〈P2364〉

【使用厂】[沪]上海汇龙化工有限公司〈P1741〉

海盐 B03032603

Sea salt

是制造纯碱和烧碱的重要原料,用于制造食盐

【生产厂】[津]天津长芦海晶集团有限公司(260万吨)〈P1571〉;天津长芦汉沽盐场有限责任公司(100万吨)〈P1571〉;[闽]泉州市肖厝山腰盐场(2万吨)〈P2000〉;[鲁]青岛海达制盐有限责任公司(8万吨)〈P2035〉

【使用厂】[冀]河北宝硕股份有限公司〈P1647〉

氯化钠(药用) B03032604

Sodium chloride, medicinal [7647-14-5]

用作电解质及酸碱平衡调节剂、盐析剂及片剂、胶囊剂的稀释剂等

【生产厂】[京]北京市燕京制药厂〈P1561〉;[津]天津长芦海

B

晶集团有限公司(5000吨)〈P1571〉;天津开发区海光化学制药厂(3000吨)〈P1575〉;[冀]河北海骅制药厂(2000吨)〈P1654〉;河北华晨药业有限公司(5000吨)〈P1654〉;[苏]江苏省勤奋药业有限公司(4500吨)〈P1831〉;[豫]平顶山同辉药业有限公司(5000吨)〈P2192〉;洛阳市秦岭制药有限公司(20吨)〈P2185〉;[鄂]中盐宏博(集团)有限公司(1万吨)〈P2243〉;湖北省阳新县葡萄糖厂〈P2244〉

原盐 B03032605

Raw salt

是纯碱、烧碱、食物调味品的重要原料,用于肥皂、制革工业等

【生产厂】[蒙]内蒙古兰太实业股份有限公司〈P1681〉;[鲁]山东鲁北企业集团总公司(100万吨)〈P2156〉;山东滨化集团有限责任公司(50万吨)〈P2155〉;广饶县盐化工业集团总公司(32万吨)〈P2084〉;潍坊昌大化工有限公司(4万吨)〈P2101〉;山东海王化工有限公司(80万吨)〈P2095〉;潍坊鑫环盐化有限公司(18万吨)〈P2106〉;寿光卫东化工有限公司(39万吨)〈P2100〉;山东省海洋化工科学研究院〈P2097〉;山东省潍坊海滨化工有限公司〈P2098〉;潍坊宏远化工有限公司〈P2102〉;潍坊银丰化工有限公司(70万吨)〈P2106〉;青岛海湾集团有限公司(39万吨)〈P2036〉;[陕]定边县长城盐化有限责任公司(10万吨)〈P2353〉;[甘]国营高台盐化公司(3万吨)〈P2358〉;[青]格尔木盐化(集团)有限责任公司〈P2360〉;[新]新疆盐湖制盐有限责任公司(7万吨)〈P2364〉;哈密三友盐化厂(12万吨)〈P2366〉

【使用厂】[津]天津渤天化工有限责任公司〈P1571〉;天津渤海化工有限责任公司天津碱厂〈P1570〉;天津长芦海晶集团有限公司〈P1571〉;天津开发区海光化学制药厂〈P1575〉;[冀]石家庄市电化厂〈P1629〉;河北盛华化工有限公司〈P1650〉;河北沧州化工实业集团有限公司〈P1653〉;石家庄双联化工有限责任公司〈P1633〉;黄骅市化工厂〈P1656〉;石家庄双联化工集团〈P1632〉;[辽]沈阳化工股份有限公司〈P1686〉;大化集团大连化工股份有限公司〈P1690〉;[苏]江苏安邦电化有限公司〈P1802〉;中国石化南京化学工业有限公司连云港碱厂〈P1801〉;[皖]合肥四方集团公司〈P1973〉;[闽]福建三农集团股份有限公司〈P1994〉;[鲁]青岛海晶化工集团有限公司〈P2035〉;青岛天元化工股份有限公司〈P2044〉;亚星化学股份有限公司〈P2107〉;烟台万华氯碱有限责任公司〈P2119〉;烟台恒邦化工有限公司〈P2116〉;山东恒大化工(集团)有限公司〈P2123〉;济宁中银电化有限公司〈P2129〉;山东恒通化工股份有限公司〈P2149〉;山东华阳农药化工集团有限公司〈P2136〉;山东德州石油化工总厂〈P2143〉;东营华泰化工集团公司〈P2081〉;莱州市海源碱业有限责任公司〈P2109〉;龙口科达化工有限公司〈P2110〉;山东省航天发泡剂总厂〈P2123〉;青岛碱业股份有限公司〈P2038〉;山东海化氯碱树脂有限公司〈P2095〉;[豫]郑州化工厂〈P2171〉;河南省南阳市新旺氯碱化工有限责任公司〈P2223〉;巩义市碱业有限公司〈P2163〉;[桂]南宁化工股份有限公司〈P2296〉;[青]青海黎明化工有限责任公司〈P2359〉;[宁]宁夏金昱元化工集团有限公司〈P2362〉;[新]新疆中泰化学股份有限公司〈P2365〉;新疆天业股份有限公司〈P2367〉

氯化钯 B03032801

Palladium chloride; Palladous chloride [7647-10-1]

主要用于制造特种产品催化剂、分子筛,配制非导体材料镀层用的表面活化剂,制作气体敏感元件等

【生产厂】[辽]大连宇山化工有限公司〈P1694〉;[吉]吉化集团吉林市联化福利化工厂(200千克)〈P1714〉;[沪]上海勤翔化工有限公司〈P1757〉;[苏]南京扬子石化精细化工有限责任公司〈P1791〉;江苏省金坛市西南化工研究所〈P1860〉;启东金禾化工有限公司〈P1837〉;[湘]湖南省郴州市湘晨高科实业有限公司〈P2257〉

【使用厂】[豫]黎明化工研究院〈P2181〉

氯化钡;氯化钡(二水) B03032901

Barium chloride dihydrate [10326-27-9]

用于净水、鞣革、纺织、陶瓷等工业,也用于制造其他钡盐及金属热处理等

【生产厂】[津]天津休美特国际贸易有限公司(1万吨)〈P1616〉;天津渤海化工有限责任公司天津化工厂〈P1570〉;天津渤天化工有限责任公司(3万吨)〈P1571〉;天津华柏企业有限公司(6000吨)〈P1573〉;[冀]石家庄冀华化工纺织有限公司〈P1627〉;河北辛集化工集团有限责任公司(1万吨)〈P1622〉;[晋]榆次金泰钡盐化工有限公司〈P1676〉;南风化工集团股份有限公司〈P1678〉;[苏]泰州市天成化工有限公司〈P1827〉;[浙]宁波东港电化有限责任公司〈P1930〉;[鲁]山东博山环宇实业公司〈P2051〉;淄博济维泽化工有限公司〈P2063〉;青州市振华化工有限公司(3万吨)〈P2093〉;青岛红星化工集团自力实业公司(7000吨)〈P2037〉;青岛三凯化工有限公司〈P2041〉;青岛金龙源化工有限公司(2000吨)〈P2039〉;莒南县泰祥化肥有限公司(3000吨)〈P2147〉;山东信科环化有限责任公司(8万吨)〈P2151〉;枣庄永利化工有限公司〈P2081〉;[豫]洛阳市恩迪化工有限公司(6000吨)〈P2183〉;洛阳中原化工有限责任公司(5000吨)〈P2188〉;三门峡奥科钡业有限公司(5000吨)〈P2221〉;三门峡航通化工有限责任公司(3000吨)〈P2221〉;[鄂]武汉市嘉恒化工有限公司〈P2233〉;[渝]重庆仙峰锶盐化工有限公司〈P2308〉;重庆华琦精细化工有限公司〈P2305〉;重庆市川渝矿业有限责任公司(5000吨)〈P2306〉;重庆元和精细化工有限公司〈P2308〉;[川]张家坝氯碱化工有限责任公司(1万吨)〈P2321〉;自贡鸿鹤化工集团有限责任公司(1500吨)〈P2321〉;自贡市达成化工制造有限公司(1200吨)〈P2322〉;自贡市鸿兴化工工业公司(8000吨)〈P2322〉;自贡市张家坝化工建材厂(1000吨)〈P2322〉;四川省自贡市大亿实业有限公司(1万吨)〈P2321〉;[黔]贵州省黄平县天泉化工有限公司(2万吨)〈P2338〉

【使用厂】[冀]河北邢台化学试剂有限责任公司〈P1642〉;安平县冠达颜料工业有限公司〈P1663〉;[蒙]通辽制药总厂〈P1682〉;[辽]沈阳市试剂二厂〈P1688〉;大连北方氯酸钾厂〈P1691〉;[沪]上海化工高等专科学校实验工厂〈P1740〉;[苏]南京金陵化工厂有限责任公司〈P1785〉;江苏峰峰钨钼制品股份有限公司〈P1807〉;常熟市颜料化工厂有限公司〈P1891〉;江苏中鼎化学有限公司〈P1895〉;连云港市竞生化工有限公司〈P1799〉;姜堰市光明化工厂〈P1823〉;[浙]温州天盛电化有限公司〈P1938〉;[闽]福建省厦鹭电化有限公司〈P2001〉;[鲁]青岛东风化工有限公司〈P2033〉;德州虹桥染料化工有限公司〈P2142〉;青岛红星化工集团有限责任公司〈P2036〉;[豫]河南省辉县市玉康油脂化工有限责任公司〈P2201〉;[鄂]潜江市仙桥化学制品有限公司〈P2246〉;[粤]广州化学试剂厂〈P2261〉;[渝]重庆长寿化工有限责任公司〈P2304〉;重庆冶炼(集团)有限责任公司〈P2308〉;[川]成都化工股份有限公司〈P2311〉;成都天华科技股份有限公司〈P2315〉;[青]青海黎明化工有限责任公司〈P2359〉

氯化钡(精制) B03032902

Barium chloride, refined [10326-27-9]

主要用于金属热处理、钡盐制造、电子仪表,并用作软水剂

【生产厂】[渝]重庆新申锶盐有限公司〈P2308〉

氯化钡(无水) B03033101

Barium chloride, anhydrous [10361-37-2]

主要用于金属热处理、钡盐制造、电子仪表，并用作软水剂

【生产厂】[鲁]安丘市宏儒化工公司〈P2088〉；青岛永利源化工有限公司(5000吨)〈P2046〉；山东信科环化有限责任公司(1000吨)〈P2151〉；[川]自贡市达成化工制造有限公司〈P2322〉

氯化钙(无水)；无水氯化钙 B03033301

Calcium chloride, anhydrous [10043-52-4]

用作干燥剂、制冷剂、建筑防冻剂、路面集尘剂、消雾剂、织物防火剂、食品防腐剂及用于制造钙盐

【生产厂】[津]天津勤达威化工有限公司(2万吨)〈P1577〉；天津市友缘福利化工厂(5000吨)〈P1611〉；天津市津鸽化工有限公司(1200吨)〈P1593〉；天津开发区永利有限公司(2万吨)〈P1575〉；天津市华鑫氯化钙有限公司(2000吨)〈P1590〉；天津市塘沽区金宝化工有限公司(5000吨)〈P1603〉；[蒙]内蒙古腾飞化工制钙有限公司〈P1681〉；[沪]上海荣建化学品有限公司〈P1758〉；上海亿际化工有限公司〈P1775〉；上海青浦凤溪新民氯化钙厂〈P1757〉；[苏]句容市行香化工厂(6000吨)〈P1843〉；宜兴市南方化工助剂厂(50吨)〈P1886〉；宿迁市沭新化工厂〈P1805〉；[浙]杭州恒贸化工有限公司(1万吨)〈P1918〉；建德市宏达橡塑无机化工厂〈P1926〉；[皖]合肥三友化工厂〈P1973〉；[鲁]章丘市鲁洪化工有限公司〈P2031〉；淄博市张店雪雨化工厂〈P2071〉；山东省邹平县长山镇金鑫化工厂(3000吨)〈P2156〉；山东高青达盛源化工有限公司(4000吨)〈P2052〉；桓台县耀鑫化工厂〈P2049〉；桓台县周家镇沈家化工厂(3万吨)〈P2049〉；山东寿光昌达化工有限公司〈P2098〉；潍坊海化三江化工有限公司〈P2102〉；潍坊凯盛化工有限公司〈P2103〉；潍坊强源化工有限公司(2万吨)〈P2103〉；潍坊泰泽化工有限公司(5万吨)〈P2105〉；青岛增达利工贸有限公司(8000吨)〈P2046〉；青岛海湾集团有限公司(12万吨)〈P2036〉；[鄂]武汉市嘉恒化工有限公司〈P2233〉；[粤]广州市浦源八达化工有限公司(4200吨)〈P2265〉；[川]四川省自贡市大亿实业有限公司〈P2321〉

【使用厂】[沪]上海泗联实业总公司〈P1766〉

氯化钙(二水)；二水氯化钙 B03033401

Calcium chloride, dihydrate [10035-04-8]

用作冷冻剂，也用于食品加工、制药等

【生产厂】[京]北京亚太龙兴化工有限公司〈P1564〉；[津]天津市友缘福利化工厂(2000吨)〈P1611〉；天津开发区永利有限公司(5万吨)〈P1575〉；天津市华鑫氯化钙有限公司(3600吨)〈P1590〉；天津市塘沽区金宝化工有限公司(3000吨)〈P1603〉；天津市塘沽区南开福利化工厂(1万吨)〈P1603〉；[蒙]内蒙古腾飞化工制钙有限公司〈P1681〉；[沪]上海荣建化学品有限公司〈P1758〉；[苏]中国石化南京化学工业有限公司连云港碱厂〈P1801〉；[浙]杭州恒贸化工有限公司(3万吨)〈P1918〉；建德市宏达橡塑无机化工厂〈P1926〉；[鲁]章丘市鲁洪化工有限公司〈P2031〉；淄博市张店雪雨化工厂〈P2071〉；山东高青达盛源化工有限公司(7000吨)〈P2052〉；桓台县耀鑫化工厂〈P2049〉；桓台县周家镇沈家化工厂〈P2049〉；山东寿光昌达化工有限公司〈P2098〉；潍坊海化三江化工有限公司〈P2102〉；青岛碱业股份有限公司(12万吨)〈P2038〉；[豫]焦作鑫安科技股份有限公司(6万吨)〈P2197〉；[鄂]武汉市嘉恒化工有限公司〈P2233〉；[粤]广州市浦源八达化工有限公司〈P2265〉；[川]四川蓬莱盐化有限公司(6000吨)〈P2331〉

【使用厂】[鲁]青岛红星化工集团有限责任公司〈P2036〉

氯化钙(四水) B03033451

Calcium chloride, tetrahydrate [25094-02-4]

用作冷冻剂、脱水剂、催化剂

【生产厂】[鲁]桓台县周家镇沈家化工厂〈P2049〉

氯化钙；氯化钙(六水) B03033601

Calcium chloride, hexahydrate [7774-34-7]

用作制冷载体和防冻剂

【生产厂】[京]北京华丰制药有限公司〈P1549〉；[津]天津渤海化工有限责任公司天津碱厂(3万吨)〈P1570〉；天津市丰华莹商贸有限公司(1000吨)〈P1586〉；天津市富达化工厂(5000吨)〈P1587〉；天津市凯益化工厂(2000吨)〈P1597〉；天津市塘沽区蓝天化工电子有限公司(1500吨)〈P1603〉；天津市塘沽区南开福利化工厂(1万吨)〈P1603〉；天津开发区海光化学制药厂(500吨)〈P1575〉；[冀]石家庄冀华化工纺织有限公司〈P1627〉；河北智通化工有限责任公司〈P1623〉；[晋]山西省交城县金兰化工有限公司〈P1677〉；[蒙]内蒙古鄂尔多斯市鑫泰隆精细化工有限责任公司〈P1683〉；内蒙古腾飞化工制钙有限公司〈P1681〉；[辽]沈阳东进化工产业有限公司(10000万吨)〈P1685〉；[沪]上海联合食品添加剂有限公司〈P1751〉；[苏]江苏省金桥盐业有限公司〈P1797〉；连云港市竞生化工有限公司(5000吨)〈P1799〉；宿迁市沭新化工厂〈P1805〉；泰州市天成化工有限公司〈P1827〉；[鲁]博山恒泰化工厂(3000吨)〈P2048〉；桓台县周家镇沈家化工厂〈P2049〉；广饶海丰盐化有限公司(2万吨)〈P2083〉；广饶县盐化工业集团总公司〈P2084〉；潍坊宝盛化工有限公司(6万吨)〈P2101〉；潍坊天健化工有限公司(3万吨)〈P2105〉；潍坊昌大化工有限公司(5000吨)〈P2101〉；山东海化股份有限公司(22万吨)〈P2094〉；山东海化股份有限公司氯化钙厂(22万吨)〈P2095〉；山东省潍坊海滨化工有限公司〈P2098〉；潍坊长安化工贸易有限公司(1万吨)〈P2101〉；潍坊海化三江化工有限公司〈P2102〉；潍坊海化远大精细化工有限公司(3万吨)〈P2102〉；潍坊宏远化工有限公司(4万吨)〈P2102〉；潍坊凯龙化工有限公司〈P2103〉；潍坊市新虎啸化工有限公司(1万吨)〈P2105〉；潍坊玉金泉化工有限公司〈P2106〉；潍坊张氏化工有限公司(3000吨)〈P2107〉；青岛华东制钙有限公司(12万吨)〈P2037〉；青岛三凯化工有限公司〈P2041〉；青岛洲际化工实业有限公司〈P2047〉；[豫]焦作市山阳区北方化工厂(2000吨)〈P2196〉；[粤]广东西陇化工有限公司〈P2276〉；[渝]重庆市华东化工有限公司〈P2306〉；[川]自贡市鸿兴化工工业公司(2000吨)〈P2322〉；[滇]云南安宁化肥有限责任公司〈P2340〉

【使用厂】[京]北京乳胶厂〈P1557〉；[津]天津长芦汉沽盐场有限责任公司〈P1571〉；天津市长虹化工颜料厂〈P1581〉；[冀]承德新新钒钛化工有限公司〈P1650〉；邢台市乙炔气厂〈P1644〉；怀来长城生物化学工程有限公司〈P1650〉；[蒙]通辽制药总厂〈P1682〉；[辽]大连第一有机化工有限公司〈P1691〉；沈阳市应用技术实验厂〈P1689〉；[沪]上海长风化工厂〈P1729〉；上海南翔试剂有限公司〈P1754〉；上海环球分子筛有限公司〈P1740〉；中外合资上海大宇生化有限公司〈P1780〉；[苏]南京金陵化工厂有限责任公司〈P1785〉；连云港市海镁化工有限公司〈P1799〉；盐城市誉球化工有限公司〈P1812〉；[闽]福建省(屏南)榕屏化工有限公司〈P2007〉；[鲁]青岛红星化工集团自力实业公司〈P2037〉；山东大成农药股份有限公司〈P2051〉；淄川诚达化工厂〈P2077〉；青岛扶桑精制加工有限公司〈P2034〉；[豫]洛阳天平分子筛有限公司〈P2187〉；[粤]广州第十一橡胶厂〈P2260〉；[青]青海黎明化工有限责任公司〈P2359〉

B

氯化钙(液体) B03033701

Calcium chloride, aqueous solution [10043-52-4]

用作冷冻剂及润滑油添加剂

【生产厂】[鲁]山东齐鲁乙烯化工股份有限公司(4万吨)〈P2054〉;桓台县周家镇沈家化工厂〈P2049〉

氯化钙(药用) B03033751

Calcium chloride, medicinal [10043-52-4]

主要用于治疗血钙降低而引起的手足搐搦症、荨麻疹、渗出性水肿、肠和输尿管绞痛、镁中毒等

【生产厂】[京]北京市燕京制药厂(46吨)〈P1561〉;[冀]河北海骅制药厂〈P1654〉;[渝]重庆青阳药业有限公司〈P2306〉;[陕]西安利君精华药业有限责任公司〈P2349〉

氯化钾 B03034001

Potassium chloride [7447-40-7]

用于制造碳酸钾等钾盐,生产G盐和活性染料,用于照相、电镀、钢铁热处理,也可用作消焰剂

【生产厂】[津]天津长芦海晶集团有限公司(1万吨)〈P1571〉;天津开发区芦花盐化贸易公司(9000吨)〈P1575〉;天津长芦汉沽盐场有限责任公司(9000吨)〈P1571〉;[冀]唐山市大清河渤大化工有限公司〈P1636〉;[苏]连云港银化制镁有限公司〈P1800〉;常熟市辛庄吉祥助剂有限公司〈P1891〉;江苏省金桥盐业有限公司〈P1797〉;盐城凌瑞化工有限公司(3000吨)〈P1810〉;泰州市天成化工有限公司〈P1827〉;[鲁]济南槐荫化工总厂(1000吨)〈P2022〉;[鄂]武汉市合中化工制造有限公司〈P2232〉;[青]格尔木盐化(集团)有限责任公司〈P2360〉;瀚海企业(集团)有限责任公司〈P2360〉;青藏铁路开发公司察尔汗钾镁厂(5万吨)〈P2360〉;青海格尔木江河源公司〈P2360〉;青海格尔木铁源钾镁有限公司〈P2360〉;青海盐湖工业集团有限公司(150万吨)〈P2360〉;青海盐湖科技开发有限公司(6万吨)〈P2360〉;青海东方优质氯化钾工业实验厂(2万吨)〈P2360〉

【使用厂】[津]天津市风船化学试剂科技有限公司〈P1586〉;天津吉华化工有限公司〈P1574〉;天津天青化工有限公司〈P1615〉;天津市津生工贸有限公司〈P1595〉;天津市福升肥料有限公司〈P1586〉;[冀]河北邢台化学试剂有限责任公司〈P1642〉;衡水衡湖化工有限责任公司〈P1667〉;河北新兴化工有限责任公司〈P1648〉;河北省武强县启龙化工有限公司〈P1666〉;[晋]南风化工集团股份有限公司〈P1678〉;山西文通钾盐集团有限公司〈P1670〉;[辽]大连北方氯酸钾厂〈P1691〉;沈阳永兴化工有限公司〈P1690〉;[沪]上海长征化工厂〈P1730〉;上海金联精细化工厂〈P1744〉;上海环球分子筛有限公司〈P1740〉;上海科创化工有限公司〈P1748〉;青上化工(上海)有限公司〈P1727〉;[苏]苏州市永达精细化工有限公司〈P1906〉;江宁县磷肥厂〈P1781〉;江苏德邦化学工业集团有限公司〈P1797〉;江苏省赣榆县磷肥厂〈P1797〉;泗洪县猿菱化工有限公司〈P1804〉;涟水磷肥厂〈P1803〉;建湖县建磷肥料化工有限公司〈P1807〉;阜宁县双叶化工有限公司〈P1806〉;大丰市天利肥料有限公司〈P1805〉;姜堰市双达利磷复肥有限公司〈P1824〉;扬州中宇化工肥业有限公司〈P1820〉;江苏美乐肥料有限公司〈P1821〉;海门市禾丰化肥有限公司〈P1830〉;镇江磷肥厂〈P1844〉;苏州精细化工有限公司〈P1901〉;江苏华昌(集团)有限公司〈P1893〉;江苏威力磷复肥有限公司〈P1804〉;南通市新源复合肥有限公司〈P1835〉;江苏省六合县磷肥厂〈P1781〉;东台市九转化工有限公司〈P1805〉;南京化学工业集团公司如东专用复合肥厂〈P1832〉;连云港市竞生化工有限公司〈P1799〉;东台市奇康肥料有限公司〈P1806〉;姜堰市环球化工厂〈P1823〉;江苏省勤奋药业有限公司〈P1831〉;江阴市东港化肥有限公司〈P1868〉;宜兴市灵谷复合肥有限公司〈P1885〉;常熟市虞南复合肥有限公司〈P1891〉;江苏华昌化工股份有限公司〈P1893〉;[皖]合肥四方集团公司〈P1973〉;合肥四方磷复肥有限责任公司〈P1973〉;安徽省宁国司尔特化肥有限公司〈P1986〉;亳州市福利硝酸钾厂〈P1983〉;[闽]福州一化化学品股份有限公司〈P1990〉;福建省顺昌富宝实业有限公司〈P2004〉;福建省双赢集团有限公司〈P2001〉;福建省(屏南)榕屏化工有限公司〈P2007〉;龙岩市牛坑肥业有限公司〈P2007〉;沙县集辰复合肥有限公司〈P1996〉;福建漳平金鑫硫酸化工有限公司〈P2006〉;三明市贝斯诺农业科技有限公司〈P1996〉;福建省龙岩市复合肥厂〈P2005〉;青上化工(厦门)有限公司〈P1991〉;厦门市西田复合肥有限公司〈P1993〉;[赣]江西第二化肥厂〈P2012〉;江西贵溪化肥有限责任公司〈P2013〉;江西赣北化工厂〈P2012〉;九江市专用复合肥厂〈P2013〉;[鲁]济南鸿华集团总公司〈P2022〉;青岛海湾集团有限公司〈P2036〉;青岛碱业股份有限公司天柱化肥分公司〈P2038〉;山东奥宝化工集团有限公司〈P2094〉;山东联盟化工集团有限公司〈P2096〉;山东烟台凯联化工有限公司〈P2115〉;山东金沂蒙集团有限公司〈P2149〉;莒南县泰祥化肥有限公司〈P2147〉;莒南县达尔特化肥有限公司〈P2147〉;莱芜东浩化工有限责任公司〈P2140〉;兖矿鲁南化肥厂〈P2080〉;山东省郓城县鲁发化工有限公司〈P2161〉;山东省聊城市硫酸厂〈P2154〉;山东鲁西化工股份有限公司〈P2153〉;山东鲁北企业集团总公司〈P2156〉;济南司普润化工产品有限公司〈P2025〉;菏泽泰龙化工有限公司〈P2159〉;山东宏河矿业集团恒业化工有限公司〈P2131〉;山东聊城鲁西化工集团总公司第五化肥厂〈P2153〉;烟台有色金属集团有限公司〈P2120〉;泰安市黎明化工有限责任公司〈P2138〉;山东海化股份有限公司硫酸钾厂〈P2095〉;青岛碱业股份有限公司〈P2038〉;新汶矿业集团有限责任公司〈P2139〉;山东海化魁星化工有限公司〈P2135〉;蒙阴县新丰化工有限公司〈P2148〉;山东省茌平县德玺生物肥料有限责任公司〈P2153〉;滕州银丰化工有限公司〈P2080〉;山东华仙集团总公司〈P2131〉;山东临沂华丰化肥有限公司〈P2149〉;山东红日阿康化工股份公司〈P2149〉;济南舜华化工有限公司〈P2025〉;山东三孔集团曲阜宇丰复合肥有限公司〈P2132〉;潍坊昌盛硝盐有限公司〈P2101〉;山东蒙阴益丰企业集团总公司〈P2150〉;青州市汉诺威肥业有限公司〈P2092〉;潍坊巴罗斯农化有限公司〈P2101〉;[豫]郑州水晶股份有限公司〈P2174〉;开封开化(集团)有限公司〈P2176〉;开封开化(集团)有限公司磷肥厂〈P2177〉;平顶山飞行化工(集团)有限责任公司〈P2191〉;永城化学工业公司〈P2226〉;三门峡金茂化工有限公司〈P2221〉;郑州市第二化肥厂〈P2173〉;洛阳市汝化化工有限公司〈P2185〉;三门峡化工厂〈P2221〉;郑州那威高肥业有限公司〈P2172〉;济源市大洋化工有限公司〈P2194〉;三门峡思念缓释肥业有限公司〈P2222〉;[鄂]武汉青江化工股份有限公司〈P2231〉;襄樊丽明化工有限公司〈P2238〉;湖北黄麦岭磷化工集团公司〈P2242〉;湖北省枣阳化学工业总公司〈P2237〉;[湘]浏阳市化工厂有限公司〈P2249〉;湖南省永和磷肥厂〈P2248〉;湖南郴州化工集团有限公司〈P2257〉;湖南省永州市化学工业集团公司〈P2257〉;邵阳市大圳发达实业有限公司〈P2253〉;[粤]广州化学试剂厂〈P2261〉;广州市番禺番氮化工有限公司〈P2263〉;韶关市化工厂〈P2277〉;[桂]广西河池化工股份有限公司〈P2302〉;广西核工业桂兴实业公司〈P2301〉;南宁鸣昌专用肥料有限公司〈P2297〉;[渝]重庆长寿化工有限责任公司〈P2304〉;云阳县磷肥厂〈P2303〉;中化重庆涪陵化工股份有限公司〈P2303〉;[川]成都化工股份有限公司〈P2311〉;成都天华科技股份有限公司〈P2315〉;张家坝氯碱化工有限责任公司〈P2321〉;泸州市江阳化工厂〈P2323〉;四川绵竹汉旺黄磷有限责任公司〈P2327〉;[黔]遵义县磷肥厂〈P2337〉;贵州省农业科学院肥料示范厂

〈P2337〉;[滇]云南三环化工股份有限公司〈P2341〉;昆明劲勋化工有限公司〈P2339〉;[陕]陕西城化股份有限公司〈P2353〉;陕西华山化工集团有限公司〈P2352〉;[甘]天祝益田肥业有限责任公司〈P2357〉;[新]新疆乌拉泊化工厂〈P2364〉;新疆联达集团(实业)股份有限公司〈P2365〉;新疆米泉市夏华化肥有限责任公司〈P2367〉

氯化钾(精制) B03034002

Potassium chloride, refined [7447-40-7]

用于制取其他钾盐,还用于医药、金属热处理、照相和制金属镁等

【生产厂】[苏]连云港市竞生化工有限公司(1000 吨)〈P1799〉

氯化钾(药用) B03034003

Potassium chloride, medicinal [7447-40-7]

用作利尿药、电解质补充药,用于治疗低钾血症等

【生产厂】[京]北京市燕京制药厂〈P1561〉;[冀]河北海骅制药厂(400 吨)〈P1654〉;河北华晨药业有限公司(2000 吨)〈P1654〉;[苏]江苏省勤奋药业有限公司(1000 吨)〈P1831〉;[浙]安吉豪森药业有限公司〈P1944〉;[陕]西安利君精华药业有限责任公司〈P2349〉

氯化钾(食用) B03034004

Potassium chloride, edible [7447-40-7]

用作营养增补剂、胶凝剂、酵母食料、代盐剂等

【生产厂】[津]天津市化学试剂一厂食品添加剂厂(500 吨)〈P1590〉;天津开发区海光化学制药厂(150 吨)〈P1575〉;[沪]上海联合食品添加剂有限公司〈P1751〉;[苏]连云港银化制镁有限公司〈P1800〉;连云港格兰特化工食品添加剂有限公司(1000 吨)〈P1798〉;连云港市三友精细化工厂〈P1800〉;连云港市新浦源鑫化工厂(1200 吨)〈P1800〉;[浙]诸暨市化工研究所〈P1952〉;[粤]广东西陇化工有限公司〈P2276〉

氯化钴;氯化钴(六水) B03034201

Cobalt chloride; Cobaltous chloride, hexahydrate [7791-13-1]

用作油漆催干剂、军用毒气和氨气吸收剂、啤酒泡沫稳定剂、变色硅胶干燥指示剂、玻璃和陶瓷着色剂等

【生产厂】[津]黄骅市津骅添加剂有限公司〈P1569〉;天津市兽药二厂(1000 吨)〈P1602〉;[冀]黄骅市津骅饲料添加剂有限公司〈P1656〉;河北澳鑫锌业有限公司〈P1647〉;河北雄威化工股份有限公司(300 吨)〈P1648〉;[辽]澳特钴镍制品(大连)有限公司〈P1690〉;大连宇山化工有限公司(500 吨)〈P1694〉;大连亿力化工有限公司〈P1694〉;[沪]上海碧泉化工有限公司〈P1729〉;上海勤化化工有限公司〈P1757〉;上海勤翔化工有限公司〈P1757〉;上海勤工无机盐有限公司(5 吨)〈P1757〉;上海博呈化工有限公司〈P1729〉;上海顺博金属材料有限公司〈P1765〉;上海浩业化工有限公司〈P1736〉;上海良仁化工有限公司〈P1751〉;[苏]上海斌顺金属材料有限公司〈P1898〉;吴江市锦联化工有限公司〈P1910〉;张家港民丰化工有限公司〈P1912〉;江苏雄风科技股份有限公司〈P1832〉;[浙]浙江嘉利珂钴镍材料有限公司〈P1950〉;慈溪市飞兰有色金属有限公司〈P1929〉;宁波雁门化工有限公司〈P1934〉;宁波金和新材料有限公司〈P1931〉;浙江省仙居县福利无机化工厂〈P1967〉;浙江黄岩精细化学品集团有限公司(20 吨)〈P1964〉;温州美尔诺化工有限公司〈P1937〉;[赣]赣州钴钨有限责任公司(200 吨)〈P2014〉;[鲁]山东东佳集团公司〈P2052〉;淄博福春化工有限公司〈P2060〉;山东省临朐县冶源硬质合金材料厂〈P2098〉;潍坊万源化工有限公司〈P2106〉;青岛三凯化工有限公司〈P2041〉;[粤]佛山市海纳化工有限公司〈P2287〉;佛山市南海长城精细化工有限公司〈P2288〉;广东南海奇瑞德助剂厂〈P2290〉;[川]广汉泛太平洋冶金化工金属制品有限公司〈P2324〉;[甘]金川集团有限公司镍都实业公司(1000 吨)〈P2357〉

【使用厂】[鲁]淄博凯美可工贸有限公司〈P2064〉;[粤]广州化学试剂厂〈P2261〉;[川]乐山三九长征药业股份有限公司〈P2332〉

工业氯化铵;电盐;盐硇;电气药粉;盐精 B03034401

Ammonium chloride [12125-02-9]

主要用于制造干电池和蓄电池、其他铵盐、电镀添加剂、金属焊接助熔剂,还用于鞣革、制蜡烛、胶黏剂等

【生产厂】[津]天津化工研究设计院〈P1573〉;天津渤海化工有限责任公司天津碱厂(24 万吨)〈P1570〉;天津开发区永利有限公司(5 万吨)〈P1575〉;天津市丰华莹商贸有限公司(1000 吨)〈P1586〉;[冀]石家庄双联化工集团(23 万吨)〈P1632〉;衡水立车企业集团〈P1668〉;河北省眺山化工厂〈P1648〉;[晋]山西文通钾盐集团有限公司(6 万吨)〈P1670〉;中太钾盐化工有限公司(1 万吨)〈P1672〉;山西东兴化工有限公司〈P1670〉;山西磊鑫化工有限公司(1000 吨)〈P1677〉;山西省交城县金兰化工有限公司(3000 吨)〈P1677〉;山西省交城县三喜化工有限公司(5000 吨)〈P1677〉;文水县振兴化肥有限公司(6 万吨)〈P1677〉;山西省文水县文成化工有限公司(6000 吨)〈P1677〉;[辽]大化集团大连化工股份有限公司(3 万吨)〈P1690〉;[沪]上海三爱思试剂有限公司〈P1759〉;[苏]江苏华昌化工股份有限公司〈P1893〉;江苏德邦化学工业集团有限公司(1 万吨)〈P1797〉;连云港市新浦源鑫化工厂〈P1800〉;泰兴市有机化工四厂(5000 吨)〈P1827〉;江苏雄风科技股份有限公司〈P1832〉;[浙]杭州萧山曙光化工厂〈P1924〉;浙江联大化工有限公司〈P1939〉;[鲁]山东邹平教育装备有限公司黛溪化工〈P2157〉;山东省临沂市罗庄区硝酸钾厂(4000 吨)〈P2150〉;[豫]郑州水晶股份有限公司(2000 吨)〈P2174〉;郑州方泰化工有限责任公司(2000 吨)〈P2170〉;济源市大洋化工有限公司(3000 吨)〈P2194〉;[鄂]湖北应城市汉能化工有限责任公司(5000 吨)〈P2243〉;湖北双环科技股份有限公司(61 万吨)〈P2242〉;[粤]广东西陇化工有限公司〈P2276〉;[渝]重庆市华东化工有限公司〈P2306〉;重庆市昆仑化工有限公司〈P2307〉;[川]四川特种工程塑料厂(2 万吨)〈P2321〉

氯化铜 B03034601

Cupric chloride [10125-13-0]

用作电镀添加剂、化学反应催化剂、石油工业脱臭脱硫和纯化剂、印染媒染剂、苯胺染料的氧化剂等

【生产厂】[沪]上海一环化工有限公司〈P1774〉;上海勤化化工有限公司〈P1757〉;上海勤翔化工有限公司〈P1757〉;上海勤工无机盐有限公司〈P1757〉;上海良仁化工有限公司〈P1751〉;[苏]上海斌顺金属材料有限公司〈P1898〉;吴江市锦联化工有限公司〈P1910〉;吴江市绿艳化工厂〈P1910〉;昆山市远洋化工有限公司〈P1898〉;江苏省淮阴市清浦精细化工厂(100 吨)〈P1803〉;[鲁]淄博福春化工有限公司〈P2060〉

【使用厂】[粤]广州化学试剂厂〈P2261〉

氯化铜(无水);无水氯化铜 B03034621

B

Cupric chloride, anhydrous [7447-39-4]
用作媒染剂、氧化剂、木材防腐剂、食品添加剂、消毒剂等,也用于石油馏分的脱臭和脱硫、金属提炼、照相等
【生产厂】[苏]张家港市卫星化工厂〈P1914〉

氧氯化铜;碱式氯化铜;王铜 B03034651
Cupric oxychloride; Copper oxychloride [1332-40-7]
用作农药中间体、医药中间体、木材防腐剂、饲料添加剂等
【生产厂】[苏]南京仁信化工有限公司〈P1788〉;上海斌顺金属材料有限公司〈P1898〉;吴江市锦联化工有限公司〈P1910〉;昆山市远洋化工有限公司〈P1898〉;[鲁]东方润博农化(山东)有限公司〈P2089〉;山东鸿汇烟草用药有限公司〈P2095〉;[粤]深圳市绿环化工实业有限公司(4000吨)〈P2271〉

氯化稀土 B03034701
Rare earth chloride [68188-88-5]
用作电解混合稀土金属、稀土合金和提取单一稀土元素的原料,也可作石化催化剂、助催化剂和稀土抛光粉原料
【生产厂】[蒙]内蒙古包钢稀土高科技股份有限公司〈P1681〉;[鲁]山东省微山县化工厂(1000吨)〈P2132〉;[甘]甘肃稀土集团有限责任公司(2万吨)〈P2357〉
【使用厂】[辽]沈阳市应用技术实验厂〈P1689〉;[苏]阜宁稀土实业有限公司〈P1806〉;[浙]温州华华集团有限公司〈P1937〉;[豫]河南庆安化工高科技股份有限公司〈P2166〉

氯化锂(无水);无水氯化锂 B03034801
Lithium chloride, anhydrous [7447-41-8]
用于空气调节、烟火、干电池及制金属锂,也用作助焊剂、干燥剂
【生产厂】[冀]河北澳鑫锌业有限公司〈P1647〉;[苏]昆山市花桥化工四厂〈P1897〉;常熟市辛庄吉祥助剂有限公司〈P1891〉;[赣]新余市赣锋锂业有限公司〈P2012〉;[渝]重庆福斯达化工有限公司〈P2304〉

氯化锂(结晶);氯化锂 B03034802
Lithium chloride, crystal [16712-20-2]
【生产厂】[湘]岳阳鑫达实业有限公司〈P2254〉

氯化锌;锌氯粉 B03034901
Zinc chloride [7646-85-7]
用作有机合成脱水剂、缩合剂,聚丙烯腈溶剂,印染媒染剂、丝光剂、上浆剂,用于合成活性及阳离子染料等
【生产厂】[津]天津化工研究设计院(5000吨)〈P1573〉;天津化工研究院精细化工技术开发公司(4000吨)〈P1574〉;天津市南平化工厂(5000吨)〈P1599〉;天津开发区信达化工技术发展有限公司〈P1575〉;天津市亚红化工有限公司(5000吨)〈P1610〉;[冀]河北省景县鑫源橡胶化工有限公司〈P1666〉;廊坊隆裕化工工业有限公司(400吨)〈P1660〉;清苑县增旺化工有限公司〈P1649〉;[沪]上海碧泉化工有限公司〈P1729〉;上海岷珉氧化锌有限公司〈P1753〉;上海良仁化工有限公司〈P1751〉;[苏]南京纳科水处理技术有限公司〈P1787〉;溧水县富达化工厂〈P1782〉;昆山市金城精细化工二厂有限公司〈P1897〉;东台市方正化工厂(4000吨)〈P1805〉;东台市鸿源化工有限公司(2000吨)〈P1805〉;东台市廉贻化工六厂(5000吨)〈P1806〉;江都市科力化工厂〈P1814〉;[浙]杭州萧山天一化工有限公司〈P1924〉;湖州城区天顺化工厂〈P1945〉;[鲁]阳谷中天锌业有限公司(1万吨)〈P2154〉;周村新升化工厂(1500吨)〈P2057〉;山东省邹平县环亚化工厂〈P2156〉;山东省邹平县长山镇金鑫化工厂(1000吨)〈P2156〉;邹平县长山大中化工厂(2000吨)〈P2158〉;青岛三凯化工有限公司(5万吨)〈P2041〉;[豫]洛阳金岛化工有限公司(1200吨)〈P2182〉;开封市化工原料总公司(50吨)〈P2177〉;[湘]株洲金源化工有限公司〈P2250〉;[渝]重庆冶炼(集团)有限责任公司(600吨)〈P2308〉;[川]四川省汉源县元康实业有限责任公司〈P2336〉
【使用厂】[津]天津市胜利化工厂〈P1601〉;[沪]上海金湖活性炭有限公司〈P1744〉;上海树脂厂有限公司〈P1764〉;[苏]南通宝叶化工有限公司〈P1832〉;张家港市活性炭厂〈P1913〉;[闽]福建泰宁金湖碳素有限公司〈P1996〉;[鲁]山东东大化学工业有限公司〈P2052〉

氯化硫酰;硫酰氯 B03035101
Chlorosulfuric acid; Sulfony chloride; Sulfuryl chloride [7791-25-5]
用作医药、农药、染料及有机合成中间体
【生产厂】[苏]常州市旭东化工有限公司〈P1856〉;常州东南鹏程化工有限公司(1000吨)〈P1846〉;盐城汇龙化工有限公司〈P1810〉;建湖县鑫鑫化工有限公司〈P1807〉;[鲁]山东凯利化工有限公司〈P2149〉
【使用厂】[苏]江阴市龙达化工有限公司〈P1870〉;江苏克胜集团股份有限公司〈P1808〉;[鲁]青岛天元化工股份有限公司〈P2044〉;山东滕州悟通香料有限责任公司〈P2078〉

硫酰胺;氨基磺酰胺 B03035110
Sulfamide [7803-58-9]
用于制造医药、农药、染料等
【生产厂】[苏]常州市新力医药化工有限公司〈P1855〉;江苏兰健药业有限公司〈P1802〉

氯化锰;氯化亚锰 B03035201
Manganese chloride; Manganous chloride [13446-34-9]
主要用作有机物氯化的催化剂、汽油抗震剂的原料和油漆干燥剂,也用于肥料、铝合金冶炼、制药及干电池等
【生产厂】[沪]上海球龙化工有限公司〈P1758〉;[苏]连云港市东港化工厂(3000吨)〈P1799〉;江苏省淮阴市清浦精细化工厂(1500吨)〈P1803〉;淮安市淮阴区星火化工厂(5000吨)〈P1801〉;[渝]重庆仙峰锶盐化工有限公司〈P2308〉;重庆华琦精细化工有限公司〈P2305〉;重庆福斯达化工有限公司〈P2304〉;重庆新申锶盐有限公司〈P2308〉;重庆福润化工有限公司〈P2304〉;重庆元和精细化工有限公司〈P2308〉

氯化锰(无水) B03035211
Manganous chloride, anhydrous [7773-01-5]
用于铝合金冶炼、有机氯化物催化剂、染料和颜料的制造,以及用于制药和干电池等
【生产厂】[苏]连云港市东港化工厂(2400吨)〈P1799〉;江苏省淮阴市清浦精细化工厂(600吨)〈P1803〉;[鲁]淄博福春化工有限公司〈P2060〉;[豫]洛阳市兴隆化工有限责任公司(100吨)〈P2186〉;[渝]重庆元和精细化工有限公司〈P2308〉

氯化锶 B03035301
Strontium chloride [10476-85-4]
用作金属钠的助熔剂,也用于生产海绵钛、

焰火及其他锶盐

【生产厂】[津]天津化工研究设计院(500 吨)〈P1573〉;天津市冠峰化工有限公司(410 吨)〈P1587〉;[苏]南京红熠锶业化工有限公司〈P1784〉;[渝]重庆华琦精细化工有限公司(1000 吨)〈P2305〉;重庆新申锶盐有限公司〈P2308〉;重庆福润化工有限公司〈P2304〉;重庆元和精细化工有限公司〈P2308〉;[川]自贡市鸿兴化工工业公司〈P2322〉;自贡市张家坝化工建材厂(600 吨)〈P2322〉

氯化锶(六水) B03035351

Strontium chloride, hexahydrate [10025-70-4]

用作磁性材料添加剂,制药工业、日用化工、锶盐制备的原料

【生产厂】[冀]河北雄威化工股份有限公司〈P1648〉;[苏]南京金焰锶业有限公司〈P1786〉;[鲁]安丘市宏儒化工公司〈P2088〉;[渝]重庆仙峰锶盐化工有限公司〈P2308〉;重庆华琦精细化工有限公司(1500 吨)〈P2305〉;重庆福斯达化工有限公司〈P2304〉;重庆元和精细化工有限公司〈P2308〉;[川]自贡鸿鹤化工集团有限责任公司(800 吨)〈P2321〉;[青]青海山川矿业发展股份有限公司〈P2359〉

氯化镁;卤粉;片状氯化镁 B03035401

Magnesium chloride [7791-18-6]

用于制金属镁、消毒剂、灭火剂、冷冻盐水,也用于陶瓷、造纸、纺织等工业

【生产厂】[津]天津长芦海晶集团有限公司(6 万吨)〈P1571〉;天津开发区芦花盐化贸易公司(10 万吨)〈P1575〉;天津长芦汉沽盐场有限责任公司(10 万吨)〈P1571〉;[冀]唐山市大清河渤大化工有限公司〈P1636〉;[辽]营口兄弟硼镁化工有限公司〈P1705〉;[沪]上海联合食品添加剂有限公司〈P1751〉;[苏]连云港银化制镁有限公司〈P1800〉;江苏省金桥盐业有限公司〈P1797〉;盐城凌瑞化工有限公司(3000 吨)〈P1810〉;[鲁]淄博瑞穗化工有限公司〈P2066〉;桓台县周家镇沈家化工厂〈P2049〉;广饶县盐化工业集团总公司(4500 吨)〈P2084〉;潍坊宝盛化工有限公司(1 万吨)〈P2101〉;潍坊天健化工有限公司(2 万吨)〈P2105〉;潍坊昌大化工有限公司(5000 吨)〈P2101〉;山东寿光昌达化工有限公司〈P2098〉;山东海化股份有限公司〈P2094〉;山东海化股份有限公司硫酸钾厂(9 万吨)〈P2095〉;山东省潍坊海滨化工有限公司〈P2098〉;潍坊海化三江化工有限公司〈P2102〉;潍坊海化远大精细化工有限公司(4 万吨)〈P2102〉;潍坊宏远化工有限公司(1 万吨)〈P2102〉;潍坊凯龙化工有限公司〈P2103〉;潍坊凯盛化工有限公司〈P2103〉;潍坊强源化工有限公司(1000 吨)〈P2103〉;潍坊拓实化工有限公司〈P2106〉;潍坊玉金泉化工有限公司(1 万吨)〈P2106〉;青岛三凯化工有限公司〈P2041〉;[豫]河南兴发镁业有限责任公司〈P2191〉;[青]青海铬盐高新科技股份有限公司〈P2359〉;格尔木盐化(集团)有限责任公司〈P2360〉;瀚海企业(集团)有限责任公司〈P2360〉;青藏铁路开发公司察尔汗钾镁厂(6 万吨)〈P2360〉;青海格尔木江河源公司〈P2360〉;青海格尔木铁源钾镁有限公司(10 万吨)〈P2360〉;青海盐湖科技开发有限公司(20 万吨)〈P2360〉;青海省嘉友镁普有限公司(10 万吨)〈P2360〉

【使用厂】[京]中国石化催化剂北京奥达分公司〈P1568〉;中国石油化工股份有限公司北京化工研究院〈P1568〉;[辽]辽阳富强食品化工有限公司〈P1709〉;[沪]上海旭森非卤消烟阻燃剂有限公司〈P1773〉;上海科创化工有限公司〈P1748〉;[苏]连云港市海镁化工有限公司〈P1799〉;连云港市竞生化工有限公司〈P1799〉;连云港市新浦源鑫化工厂〈P1800〉;[鲁]山东东岳化工股份有限公司〈P2052〉;淄川诚达化工厂〈P2077〉;山东莱州市渤海化工厂〈P2114〉;[湘]湖南省安化乳酸厂〈P2256〉

氯化镁(药用);药用氯化镁 B03035411

Magnesium chloride, mecidinal [7791-18-6]

用作渗透压调节剂、缓冲剂等

【生产厂】[京]北京市燕京制药厂〈P1561〉;[津]天津开发区海光化学制药厂(200 吨)〈P1575〉;[苏]连云港银化制镁有限公司〈P1800〉

氯化镁(无水);无水氯化镁 B03035451

Magnesium chloride, anhydrous [7786-30-3]

用于制金属镁、消毒剂、灭火剂、冷冻盐水、陶瓷,并用于填充织物、造纸等方面

【生产厂】[苏]连云港市竞生化工有限公司〈P1799〉

氯化镁(精制);精制氯化镁 B03035471

Magnesium chloride, refined [7791-18-6]

用作印染工业树脂整理剂,是制造大理石及镁盐的原料

【生产厂】[津]天津市津东蓝天化工有限公司(1000 吨)〈P1593〉;[川]自贡市张家坝化工建材厂(1200 吨)〈P2322〉

氯化镍;六水氯化镍 B03035501

Nickel chloride; Nickelous chloride [7791-20-0]

用于镀镍、制隐显墨水及用作氨吸收剂等

【生产厂】[冀]河北雄威化工股份有限公司(300 吨)〈P1648〉;[辽]大连亿力化工有限公司〈P1694〉;[吉]吉林吉恩镍业股份有限公司〈P1715〉;[沪]上海勤化化工有限公司〈P1757〉;上海勤翔化工有限公司〈P1757〉;上海勤工无机盐有限公司(70 吨)〈P1757〉;上海宁溶化工有限公司〈P1755〉;上海浩业化工有限公司〈P1736〉;上海良仁化工有限公司〈P1751〉;[苏]上海斌顺金属材料有限公司〈P1898〉;吴江市锦联化工有限公司〈P1910〉;金柯有色金属有限公司〈P1895〉;江苏省太仓市归庄镇武兵化工厂〈P1894〉;江苏华昌(集团)有限公司〈P1893〉;张家港民丰化工有限公司〈P1912〉;[浙]湖州东欣化工厂〈P1945〉;慈溪市飞兰有色金属有限公司〈P1929〉;宁波雁门化工有限公司〈P1934〉;浙江省仙居县福利无机化工厂〈P1967〉;浙江黄岩精细化学品集团有限公司〈P1964〉;[鲁]博山化学厂(有限公司)〈P2048〉;淄博福春化工有限公司〈P2060〉;[甘]金川集团有限公司镍都实业公司(3000 吨)〈P2357〉

氯化镉 B03035601

Cadmium chloride [7790-78-5]

用于制造照相纸和复写纸的药剂、镉电池,还可用作陶瓷釉彩、合成纤维印染助剂和光学镜子的增光剂

【生产厂】[冀]河北雄威化工股份有限公司(100 吨)〈P1648〉;[沪]上海碧泉化工有限公司〈P1729〉

氯酸钠 B03035701

Sodium chlorate [7775-09-9]

用于制造二氧化氯、亚氯酸钠及高氯酸盐,用作除草剂、印染氧化剂和媒染剂、纸浆漂白剂,还用于鞣革、烟火等

【生产厂】[津]天津市氯酸盐厂(2000 吨)〈P1599〉;[冀]石家庄冀华化工纺织有限公司〈P1627〉;河北省亚泰电化有限公司(2 万吨)〈P1666〉;[晋]太原天熙贸易有限公司〈P1672〉;[蒙]内蒙古兰太实业股份有限公司(5 万吨)〈P1681〉;[辽]大连北方氯酸钾厂(7000 吨)〈P1691〉;

B

［苏］盐城市金雨科技有限公司〈P1811〉；［浙］兰溪市屹达化工试剂有限公司〈P1953〉；［闽］福州一化化学品股份有限公司(2 万吨)〈P1990〉；泉州隆泰化工有限公司(2 万吨)〈P2000〉；［鲁］淄博圣诺化工有限公司〈P2067〉；高密市高源企业集团公司电化厂(1000 吨)〈P2089〉；［豫］辉县市宏泰化工有限公司(3000 吨)〈P2202〉；河南石油勘探局盐化总厂(1 万吨)〈P2223〉；［湘］浏阳市化工厂有限公司〈P2249〉；桂东高氯酸钾厂〈P2256〉；［渝］重庆长寿化工有限责任公司(3000 吨)〈P2304〉；重庆长寿盐化工有限责任公司(1 万吨)〈P2304〉；重庆索特盐化股份有限公司〈P2307〉；［青］青海黎明化工有限责任公司〈P2359〉

【使用厂】［津］天津市东方化工厂〈P1585〉；［沪］上海科创化工有限公司〈P1748〉；上海新誉化工厂〈P1772〉；［苏］徐州开达精细化工有限公司〈P1795〉；盐城市华鸥化工厂〈P1811〉；［鲁］东营市东营区盛达化工厂〈P2081〉；山东山大华特科技股份有限公司环保分公司〈P2029〉；［粤］广州化学试剂厂〈P2261〉

氯酸钾；洋硝　B03035801

Potassium chlorate［3811-04-9］

用于制造苯胺黑和其他染料，是制造火柴、烟火和炸药的原料，还用于印刷油墨、造纸、漂白及医药的杀菌与防腐

【生产厂】［冀］石家庄冀华化工纺织有限公司〈P1627〉；河北智通化工有限责任公司(8000 吨)〈P1623〉；［晋］太原天熙贸易有限公司〈P1672〉；［辽］大连北方氯酸钾厂(7000 吨)〈P1691〉；［闽］福建省(屏南)榕屏化工有限公司(3 万吨)〈P2007〉；泉州隆泰化工有限公司(2 万吨)〈P2000〉；［湘］浏阳市化工厂有限公司(2 万吨)〈P2249〉；邵阳市大圳发达实业有限公司〈P2253〉；桂东高氯酸钾厂〈P2256〉；［渝］重庆长寿化工有限责任公司〈P2304〉；重庆长寿盐化工有限责任公司〈P2304〉；［陕］陕西景盛硫酸钾肥有限公司〈P2346〉

【使用厂】［粤］广州化学试剂厂〈P2261〉；［新］新疆联达集团(实业)股份有限公司〈P2365〉

漂白粉；次氯酸钙；氯化石灰　B03036001

Calcium hypochlorite；Bleaching powder［7778-54-3］

用于棉、麻、纸浆、丝纤维织物的漂白，饮用水、游泳池水等的杀菌和消毒，乙炔的净化等

【生产厂】［津］天津南科精细化工有限公司〈P1576〉；天津市瑞福鑫化工有限公司(5000 吨)〈P1601〉；天津市凯丰化工有限公司(8500 吨)〈P1597〉；天津市郁峰化工有限公司(1 万吨)〈P1612〉；天津市驰隆化工有限公司(2000 吨)〈P1582〉；天津市祥通化工有限公司(1000 吨)〈P1607〉；［冀］深泽县三洁化工有限公司〈P1625〉；［蒙］内蒙古三联化工股份有限公司(5000 吨)〈P1681〉；［苏］江苏华昌(集团)有限公司〈P1893〉；［闽］福建省东南电化股份有限公司(6000 吨)〈P1988〉；福建省南平市榕昌化工有限公司(3500 吨)〈P2003〉；福建省龙岩龙化化工有限公司(4000 吨)〈P2005〉；［赣］江西萍乡市广萍化工有限责任公司(1200 吨)〈P2011〉；［鲁］滨州市津滨精细化工有限公司(5000 吨)〈P2154〉；文登市葛家化工厂(400 吨)〈P2127〉；青岛三凯化工有限公司〈P2041〉；泰安市东岳助剂厂〈P2137〉；泰安华威消毒剂有限公司(4000 吨)〈P2137〉；山东省宁阳县蚕用化工厂(500 吨)〈P2136〉；山东恒通化工股份有限公司(2 万吨)〈P2149〉；［豫］郑州市得洁化工有限公司(2000 吨)〈P2173〉；郑州化工厂(3000 吨)〈P2171〉；河南省三门峡天成电化有限公司(2000 吨)〈P2221〉；［湘］常德天盛电化有限公司〈P2255〉；［桂］广西柳州东风化工有限责任公司(8000 吨)〈P2297〉；［川］宜宾天原股份有限公司〈P2335〉；［滇］云南红云氯碱有限公司〈P2340〉

【使用厂】［津］天津长芦汉沽盐场有限责任公司〈P1571〉

漂白液；次氯酸钙和氯化钙的水溶液　B03036101

Bleaching liquid

用于纸浆和丝、布等纤维的漂白，以及自来水的消毒、杀菌等

【生产厂】［蒙］内蒙古临海化工有限责任公司(1000 吨)〈P1683〉；［黑］牡丹江东北高新化工有限责任公司(3 万吨)〈P1723〉；［苏］如皋市中如化工有限公司〈P1839〉；［鲁］济南槐荫化工总厂(4000 吨)〈P2022〉；济南润原化工有限责任公司〈P2024〉；亚星化学股份有限公司(2 万吨)〈P2107〉；青岛天元化工股份有限公司(8 万吨)〈P2044〉；山东宏河矿业集团恒业化工有限公司(9000 吨)〈P2131〉；［豫］河南省郾城县化工厂(120 吨)〈P2219〉

【使用厂】［鲁］山东洁晶集团股份有限公司〈P2139〉

漂粉精；高效漂白粉　B03036201

Calcium hypochlorite；Bleaching powder，high efficiency［7778-54-3］

主要用于棉织物、化学纤维、纸浆的漂白，也用于消毒、杀菌等

【生产厂】［津］天津市瑞福鑫化工有限公司(4000 吨)〈P1601〉；天津市东海化工厂(1 万吨)〈P1585〉；天津市津港化工有限公司(5000 吨)〈P1593〉；天津市凯丰化工有限公司(8800 吨)〈P1597〉；天津市新欣化工厂〈P1608〉；天津市裕胜化工有限公司(1200 吨)〈P1612〉；［冀］深泽县三洁化工有限公司〈P1625〉；迁安市长城化工有限公司(1 万吨)〈P1635〉；［沪］上海氯碱化工股份有限公司(5000 吨)〈P1752〉；［闽］福建省龙岩龙化化工有限公司(3000 吨)〈P2005〉；［赣］江西乐安江化工有限公司〈P2010〉；［鲁］泰安华威消毒剂有限公司〈P2137〉；济宁中银电化有限公司(4000 吨)〈P2129〉；［鄂］中国石化江汉油田分公司盐化工总厂(5000 吨)〈P2246〉

五氯化钽　B03036561

Tantalum pentachloride［7721-01-9］

用作有机化合物的氯化剂、化学中间体及用于制备钽等

【生产厂】［沪］上海联化化工有限公司〈P1751〉

氯化锌铵　B03036701

Zinc ammonium chloride［14639-97-5］

用于金属焊接、电镀、干电池等

【生产厂】［津］天津化工研究设计院(2000 吨)〈P1573〉；天津市南平化工厂(4000 吨)〈P1599〉；天津开发区信达化工技术发展有限公司〈P1575〉；天津市亚红化工有限公司(100 吨)〈P1610〉；［冀］廊坊隆裕化工工业有限公司(200 吨)〈P1660〉

氯酸钡　B03037011

Barium chlorate［10294-38-9］

【生产厂】［辽］大连北方氯酸钾厂〈P1691〉；［湘］桂东高氯酸钾厂〈P2256〉

四氯化锡；氯化锡(无水)；TTC　B03037101

Stannic chloride；Tin tetrachloride；TTC［7646-78-8］

用作有机锡合成的原料及氯化剂、毛织品阻燃剂、丝织品染色的加重剂、留色剂等

【生产厂】［辽］辽阳鼎鑫化工有限公司〈P1709〉；［苏］宜兴市昌吉利化工有限公司〈P1883〉；江苏海门兴虹化工有限公

司〈P1830〉;[浙]湖州城区天顺化工厂〈P1945〉;[鲁]招远市金恒化工有限公司〈P2121〉;莱西市天时化工有限公司〈P2032〉;[鄂]仙桃市楚天精细化工厂〈P2246〉

【使用厂】[鲁]招远三联化工集团公司〈P2121〉

氯化镧 B03037301

Lanthanum chloride [10025-84-0]

用于制取金属镧和石油催化剂原料,还可用于贮氢电池材料

【生产厂】[冀]保定市满城华保稀土有限公司〈P1646〉;[蒙]内蒙古包钢稀土高科技股份有限公司〈P1681〉;[鲁]淄博市荣瑞达粉体材料厂〈P2071〉;淄博福春化工有限公司〈P2060〉;山东鱼台清达精细化工厂(200吨)〈P2133〉;[甘]甘肃稀土集团有限责任公司〈P2357〉

【使用厂】[鲁]淄博照新化工有限公司〈P2076〉

二氯化铅 B03037401

Lead chloride [7758-95-4]

【生产厂】[皖]安徽省青阳县银兴化工原料有限责任公司〈P1987〉

【使用厂】[苏]江苏省溧阳市制药厂〈P1861〉

三氯化锑 B03037501

Antimony trichloride; Antimonous chloride [7647-18-9]

用作氯化反应的催化剂、印染工业的媒染剂、织物阻燃剂等

【生产厂】[辽]沈阳华昌锑业化工有限公司〈P1685〉;[湘]湖南省桃江县板溪锑矿〈P2256〉

【使用厂】[粤]广州化学试剂厂〈P2261〉

氯化铈 B03037701

Cerium chloride; Cerium trichloride [7790-86-5]

用作生产金属铈和其他铈化合物的原料

【生产厂】[冀]保定市满城华保稀土有限公司〈P1646〉;[鲁]淄博福春化工有限公司〈P2060〉;山东鱼台清达精细化工厂(200吨)〈P2133〉;[甘]甘肃稀土集团有限责任公司〈P2357〉

氯化镨 B03038001

Praseodymium chloride [10361-79-2]

用于制取金属镨及镨化合物、玻璃、陶瓷着色

【生产厂】[鲁]淄博福春化工有限公司〈P2060〉;[甘]甘肃稀土集团有限责任公司〈P2357〉

高氯酸钡 B03038101

Barium perchlorate [10294-39-0]

用于干燥剂和脱水剂等

【生产厂】[湘]桂东高氯酸钾厂〈P2256〉

磷酸盐 B03040000

Phosphate

【生产厂】[苏]昆山市金城精细化工二厂有限公司〈P1897〉;[鲁]青州荣华化工有限公司〈P2091〉;[豫]新乡市凤泉区环宇化工有限公司(300吨)〈P2204〉;[川]四川省什邡市建业化工有限公司〈P2328〉;四川什邡市易达化工有限公司〈P2329〉

【使用厂】[津]天津市耀华红日油漆有限公司〈P1610〉;[沪]上海石化森清水处理有限公司〈P1762〉

三聚磷酸钾;磷酸五钾 B03040101

Potassium triphosphate; Pentapotassium triphosphate [13845-36-8]

用作乳化剂、保湿剂、螯合剂、稳定剂、组织改良剂、黏结剂、护色剂、抗氧剂、防腐剂等

【生产厂】[苏]天富(中国)食品添加剂有限公司〈P1793〉;徐州海成食品添加剂有限公司〈P1794〉;连云港瑞丰化工有限公司〈P1799〉;[浙]浙江勿忘农生物科技有限公司〈P1928〉;[豫]新乡市华幸化工有限责任公司〈P2205〉;[鄂]武汉市合中化工制造有限公司〈P2232〉;[川]四川坤华磷化工有限公司〈P2326〉;四川成洪磷化工有限责任公司〈P2332〉

三聚磷酸钠;磷酸五钠;焦偏磷酸钠;STPP B03040201

Sodium triphosphate; Sodium tripolyphosphate; STPP [7758-29-4]

用于肉类加工处理、合成洗涤剂配方、纺织品染色,也用作分散剂、助溶剂等

【生产厂】[津]天津市创新有机化工厂(8000吨)〈P1582〉;天津市荣宏化工有限责任公司(1500吨)〈P1600〉;[冀]石家庄冀华化工纺织有限公司〈P1627〉;[沪]上海威呈化工有限公司〈P1769〉;[苏]江苏澄星磷化工股份有限公司(5万吨)〈P1865〉;徐州市志丰化工有限公司〈P1796〉;江苏金浦北方氯碱化工有限公司(3万吨)〈P1793〉;天富(中国)食品添加剂有限公司(10万吨)〈P1793〉;江苏徐州嘉信达化工有限公司〈P1793〉;徐州海成食品添加剂有限公司〈P1794〉;连云港瑞丰化工有限公司〈P1799〉;[浙]浙江勿忘农生物科技有限公司〈P1928〉;上虞市康特化工有限公司〈P1948〉;宁波市鄞州朝阳圣达化工厂〈P1932〉;[皖]合肥四方集团公司(7万吨)〈P1973〉;[鲁]淄博瑞穗化工有限公司〈P2066〉;青州市振华化工有限公司(2万吨)〈P2093〉;山东联盟化工集团有限公司(1万吨)〈P2096〉;滕州香池化工原料有限公司(1万吨)〈P2080〉;[豫]巩义市神都耐材有限公司(1000吨)〈P2164〉;巩义市丰东耐材化工有限公司(1000吨)〈P2162〉;巩义市三和耐火材料有限公司〈P2163〉;郑州育才磷酸盐化工厂(3000吨)〈P2175〉;新乡市华幸化工有限责任公司〈P2205〉;焦作市华联化工有限公司(300吨)〈P2196〉;洛阳津青工贸有限公司(500吨)〈P2182〉;三门峡化工厂(2万吨)〈P2221〉;[鄂]武汉莱恩科技有限公司〈P2231〉;武汉醒狮化学品有限公司(6万吨)〈P2235〉;湖北兴发化工集团股份有限公司(15万吨)〈P2241〉;宜昌楚原化工有限责任公司(5万吨)〈P2241〉;[粤]广东西陇化工有限公司〈P2276〉;[桂]柳州大拿食品添加剂有限公司〈P2297〉;[渝]重庆川东化工(集团)有限公司(5000吨)〈P2304〉;[川]成都化工研究设计院〈P2311〉;成都好来化工有限公司(5万吨)〈P2310〉;什邡泰来化工有限公司〈P2325〉;成都市星辰磷酸盐厂〈P2315〉;乐山市金光化工工业有限责任公司(2万吨)〈P2332〉;四川川投化学工业集团有限公司(8万吨)〈P2322〉;四川绵竹汉旺黄磷有限责任公司(5万吨)〈P2327〉;四川绵竹华丰磷化工有限公司(3万吨)〈P2327〉;什邡安达化工有限公司〈P2324〉;什邡圣地亚化工有限公司(3万吨)〈P2325〉;什邡市长江化工实业有限公司〈P2325〉;四川川恒化工有限责任公司〈P2325〉;四川川西兴达化工厂〈P2326〉;四川蓝剑化工(集团)有限责任公司(8万吨)〈P2326〉;四川省什邡市聚鑫泰化工有限公司(1000吨)〈P2328〉;四川省什邡市新兴化工有限公司〈P2328〉;四川什邡鼎立磷化工有限公司(5000吨)〈P2329〉;四川什邡盛佳磷化工有限公司〈P2329〉;四川坤华磷化工有限公司〈P2326〉;四川什邡市跃成磷化工有限公司〈P2329〉;四川省眉山天和化工有限公司〈P2333〉;四川金庄化工有限公司〈P2333〉;四川成洪磷化工有限责任公司(2万吨)〈P2332〉;四川省彭山先锋化工有限公司〈P2334〉;绵阳启明星磷化工有限公司(2万吨)〈P2330〉;四川什邡市川鸿磷化工有限公司〈P2331〉;三台县启明星

磷酸盐有限公司(1 万吨)〈P2330〉;宜宾天原股份有限公司(10 万吨)〈P2335〉;[黔]贵州华捷化工有限公司(10 万吨)〈P2337〉;贵阳富捷化工有限公司〈P2337〉;[滇]云南贝克吉利尼天创磷酸盐有限公司〈P2340〉;云南昆阳磷肥厂有限公司(1 万吨)〈P2341〉;禄丰县中胜磷化有限公司〈P2345〉;云南澄江县德安磷化工有限责任公司(3 万吨)〈P2343〉;云南澄江县磷化工华业有限责任公司(3 万吨)〈P2343〉;云南省滇东磷化工公司(1 万吨)〈P2343〉;[陕]陕西宝嘉应用化学有限责任公司(3 万吨)〈P2351〉

【使用厂】[京]北京金鱼科技股份有限公司〈P1552〉;[苏]中国石化金陵石化公司烷基苯厂〈P1792〉;[鲁]济南泰山金鹏涂料有限公司〈P2025〉;山东临朐富源精细化工有限公司〈P2096〉;山东济宁齐天佳丽日化有限公司〈P2131〉;山东丽波日化股份有限公司〈P2096〉;[豫]安阳市健美日化有限责任公司〈P2209〉;[新]新疆盐湖制盐有限责任公司〈P2364〉

五硫化二磷　B03040301

Phosphoric sulfide; Phosphorus pentasulfide; Phosphorus persulfide [1314-80-3]

用于制造有机磷农药、浮选剂、润滑油添加剂等

【生产厂】[冀]邢台市农药有限公司〈P1643〉;邢台市万达化工有限公司(2 万吨)〈P1644〉;[辽]辽阳瑞兴化工有限公司(1 万吨)〈P1710〉;[苏]江苏徐州嘉信达化工有限公司〈P1793〉;[鄂]湖北兴发化工集团股份有限公司(5000 吨)〈P2241〉;[粤]广州润土农药化工有限公司〈P2263〉;[川]绵阳启明星磷化工有限公司〈P2330〉;三台县启明星磷酸盐有限公司(2 万吨)〈P2330〉;[滇]云南蓝德化工有限公司(3000 吨)〈P2343〉;云南省滇东磷化工公司(3500 吨)〈P2343〉

【使用厂】[津]天津农药股份有限公司〈P1576〉;天津市农药研究所〈P1600〉;[冀]河北世纪农药有限公司〈P1666〉;[辽]铁岭选矿药剂厂〈P1713〉;[沪]上海农药厂有限公司〈P1755〉;[苏]江苏苏化集团有限公司〈P1894〉;江苏腾龙生物药业有限公司〈P1808〉;[浙]浙江新农化工股份有限公司〈P1970〉;[闽]福建三农集团股份有限公司〈P1994〉;[鲁]淄博元兴化工有限公司〈P2075〉;淄博市周村穗丰农药化工有限公司〈P2072〉;山东胜邦鲁南农药有限公司〈P2150〉;德州恒东农药化工有限公司〈P2141〉;山东华阳和乐农药有限公司〈P2144〉;[豫]三门峡市峡威化工有限公司〈P2222〉;河南永信生物农药股份有限公司〈P2194〉;[湘]株洲选矿药剂厂〈P2250〉;[甘]白银有色金属公司〈P2357〉

六偏磷酸钠;格来汉氏盐　B03040401

Sodium hexametaphosphate [10124-56-8]

用作软水剂、洗涤剂、防腐剂、水泥促硬剂、纤维和漂染清洗剂,也用于医药、食品、印染、鞣革、造纸等

【生产厂】[津]天津开发区信达化工技术发展有限公司〈P1575〉;天津市北辰区世加化工厂(200 吨)〈P1580〉;[冀]石家庄冀华化工纺织有限公司〈P1627〉;河北智通化工有限责任公司〈P1623〉;[沪]上海威星化工有限公司〈P1769〉;上海南威化工有限公司〈P1754〉;[苏]南京纳科水处理技术有限公司〈P1787〉;南京宏桥精细化工科技开发有限公司〈P1784〉;无锡杰瑞化学有限公司〈P1874〉;江苏澄星磷化工股份有限公司〈P1865〉;徐州市志丰化工有限公司〈P1796〉;江苏徐州嘉信达化工有限公司〈P1793〉;连云港瑞丰化工有限公司〈P1799〉;[浙]绍兴县光耀化工助剂厂〈P1949〉;上虞市康特化工有限公司〈P1948〉;宁波市鄞州朝阳圣达化工厂〈P1932〉;[鲁]青州市永胜化工有限公司〈P2093〉;青州市振华化工有限公司(5000 吨)〈P2093〉;山东省青州市鑫丰化工有限公司(3000 吨)〈P2098〉;山东省青州市鑫源化工有限公司〈P2098〉;青州市科缔化工有限公司(5000 吨)〈P2092〉;青州强鑫达化工有限公司〈P2091〉;青州市广汇化工厂(500 吨)〈P2092〉;青州市兴源助剂厂〈P2093〉;滕州香池化工原料有限公司(1000 吨)〈P2080〉;[豫]巩义市神都耐材有限公司〈P2164〉;巩义市丰东耐材化工有限公司(1000 吨)〈P2162〉;巩义市三和耐火材料有限公司〈P2163〉;郑州育才磷酸盐化工厂(3500 吨)〈P2175〉;新乡市华幸化工有限责任公司〈P2205〉;焦作市华联化工有限公司(300 吨)〈P2196〉;[鄂]武汉莱恩科技有限公司〈P2231〉;湖北兴发化工集团股份有限公司(3 万吨)〈P2241〉;宜昌楚原化工有限责任公司(2 万吨)〈P2241〉;[粤]广东西陇化工有限公司〈P2276〉;[渝]重庆川东化工(集团)有限公司(4000 吨)〈P2304〉;[川]成都化工研究设计院(5000 吨)〈P2311〉;成都好来化工有限公司〈P2310〉;什邡泰来化工有限公司〈P2325〉;成都市星辰磷酸盐厂〈P2315〉;四川绵竹汉旺黄磷有限责任公司(4000 吨)〈P2327〉;四川绵竹华丰磷化工有限公司(1 万吨)〈P2327〉;什邡安达化工有限公司〈P2324〉;什邡圣地亚化工有限公司(2 万吨)〈P2325〉;什邡市长江化工实业有限公司〈P2325〉;什邡市鸿升化工有限公司〈P2325〉;四川川恒化工有限责任公司〈P2325〉;四川川西兴达化工厂〈P2326〉;四川蓝剑化工(集团)有限责任公司(5 万吨)〈P2326〉;四川省什邡金大化工有限公司〈P2328〉;四川省什邡市聚鑫泰化工有限公司(1000 吨)〈P2328〉;四川省什邡市新兴化工有限公司〈P2328〉;四川什邡鼎立磷化工有限公司(5000 吨)〈P2329〉;四川什邡鸿源化工有限责任公司〈P2329〉;四川什邡盛佳磷化工有限公司〈P2329〉;四川坤华磷化工有限公司〈P2326〉;四川成洪磷化工有限责任公司(2 万吨)〈P2332〉;四川省彭山先锋化工有限公司〈P2334〉;绵阳启明星磷化工有限公司(6000 吨)〈P2330〉;四川什邡市川鸿磷化工有限公司(5 万吨)〈P2331〉;三台县启明星磷酸盐有限公司(2 万吨)〈P2330〉;绵阳天明磷化工有限公司(5000 吨)〈P2330〉;[黔]贵州华捷化工有限公司(1 万吨)〈P2337〉;贵阳富捷化工有限公司〈P2337〉;贵州磷酸盐厂(4000 吨)〈P2337〉;贵州黔能天和磷业有限公司〈P2337〉;[滇]云南贝克吉利尼天创磷酸盐有限公司〈P2340〉;云南昆阳磷肥厂有限公司(4000 吨)〈P2341〉;禄丰县中胜磷化有限公司(1 万吨)〈P2345〉

【使用厂】[鲁]文登市金叶化工有限公司〈P2127〉;蓬莱市北海印花色浆厂〈P2112〉

六偏磷酸钠(食品级)　B03040451

Sodium hexametaphosphate, edible [10124-56-8]

在食品工业中用作食品品质改良剂、pH 值调节剂、金属离子螯合剂、分散剂、膨胀剂等

【生产厂】[津]天津市荣宏化工有限责任公司(2500 吨)〈P1600〉;[沪]上海科创化工有限公司〈P1748〉;[苏]无锡杰瑞化学有限公司〈P1874〉;天富(中国)食品添加剂有限公司〈P1793〉;徐州海成食品添加剂有限公司〈P1794〉;连云港瑞丰化工有限公司〈P1799〉;[豫]新乡市华幸化工有限责任公司〈P2205〉;[桂]柳州大拿食品添加剂有限公司〈P2297〉;[川]四川省什邡市聚鑫泰化工有限公司(1000 吨)〈P2328〉;四川什邡鼎立磷化工有限公司(2000 吨)〈P2329〉;四川成洪磷化工有限责任公司〈P2332〉;三台县启明星磷酸盐有限公司(5000 吨)〈P2330〉

次磷酸钠;次磷酸二氢钠　B03040501

Sodium hypophosphite [10039-56-2]

用于医药及化学镀镍,也用作强还原剂

【生产厂】[沪]上海凯路化工有限公司〈P1747〉;[苏]江苏和纯化学工业有限公司〈P1841〉;常熟新特化工有限公司〈P1892〉;泰兴金缘精细化工有限公司(6000 吨)〈P1825〉;

[鲁]淄博陇川镍产品有限公司(1万吨)〈P2065〉;[豫]新乡市华丰福利化工厂(1000吨)〈P2204〉;[鄂]武汉市江润精细化工有限责任公司〈P2233〉;湖北兴发化工集团股份有限公司(4200吨)〈P2241〉

亚磷酸二氢钾 B03040591

Potassium dihydrogen phosphite; Monopotassium phosphite [13977-65-6]

在工业循环水中可作为直接的杀菌剂和钙镁离子的络合剂,可替代有机磷的水处理剂,减少环境污染

【生产厂】[苏]靖江市凡友精细化工厂(1000吨)〈P1824〉;常熟市金城化工有限公司〈P1890〉;如东振丰奕洋化工有限公司(1000吨)〈P1838〉

次磷酸钙 B03040601

Calcium hypophosphite [7789-79-9]

用作缓蚀剂、化学镀镍助剂、动物营养补充剂等

【生产厂】[苏]江苏和纯化学工业有限公司〈P1841〉;泰兴金缘精细化工有限公司〈P1825〉;[鄂]武汉市江润精细化工有限责任公司〈P2233〉;武汉市合中化工制造有限公司〈P2232〉

次磷酸镁 B03040631

Magnesium hypophosphite

用于制药

【生产厂】[苏]泰兴金缘精细化工有限公司〈P1825〉

次磷酸钾 B03040651

Potassium hypophosphite [7782-87-8]

用于制药

【生产厂】[苏]泰兴金缘精细化工有限公司〈P1825〉;[鄂]武汉市江润精细化工有限责任公司〈P2233〉

次磷酸铵 B03040671

Ammonium hypophosphite [7803-65-8]

用于制软焊剂(焊接不锈钢等)和聚酰胺催化剂

【生产厂】[苏]泰兴金缘精细化工有限公司〈P1825〉;南通恒兴电子材料有限公司〈P1833〉;[鄂]武汉市江润精细化工有限责任公司〈P2233〉

单氟磷酸钠 B03040701

Sodium monofluorophosphate [10163-15-2]

代替氟化钠在牙膏配方中用作防龋剂、牙齿脱敏剂,也用于清洁金属表面和用作熔剂,还可用于制造特种玻璃

【生产厂】[津]天津开发区信达化工技术发展有限公司〈P1575〉;[苏]无锡市瑞源化工有限公司〈P1878〉;[鲁]文登市金叶化工有限公司(2000吨)〈P2127〉;[鄂]湖北兴发化工集团股份有限公司(1500吨)〈P2241〉;[川]四川成洪磷化工有限责任公司〈P2332〉

焦磷酸钠;焦钠 B03040801

Tetrasodium pyrophosphate; TSPP; Sodium pyrophosphate decahydrate [13472-36-1]

用作水软化剂、乳化剂、金属洗涤剂、锅炉水处理剂、钻井泥浆黏度调节剂等

【生产厂】[津]天津市北辰区世加化工厂(500吨)〈P1580〉;天津市荣宏化工有限责任公司(1000吨)〈P1600〉;[沪]上海南威化工有限公司〈P1754〉;[苏]江苏澄星磷化工股份有限公司〈P1865〉;徐州市志丰化工有限公司〈P1796〉;江苏金浦北方氯碱化工有限公司(6000吨)〈P1793〉;江苏徐州嘉信达化工有限公司〈P1793〉;[浙]宁波市鄞州朝阳圣达化工厂〈P1932〉;[豫]郑州育才磷酸盐化工厂(3000吨)〈P2175〉;新乡市华幸化工有限责任公司〈P2205〉;[鄂]武汉莱恩科技有限公司〈P2231〉;武汉醒狮化学品有限公司〈P2235〉;湖北兴发化工集团股份有限公司(1万吨)〈P2241〉;宜昌楚原化工有限责任公司(1万吨)〈P2241〉;[粤]广东西陇化工有限公司〈P2276〉;[川]成都好来化工有限公司〈P2310〉;什邡泰来化工有限公司〈P2325〉;什邡圣地亚化工有限公司(5000吨)〈P2325〉;什邡市长江化工实业有限公司〈P2325〉;四川川恒化工有限责任公司〈P2325〉;四川蓝剑化工(集团)有限责任公司(5000吨)〈P2326〉;四川省什邡市聚鑫泰化工有限公司(500吨)〈P2328〉;四川省什邡市新兴化工有限公司〈P2328〉;四川什邡鼎立磷化工有限公司〈P2329〉;四川什邡盛佳磷化工有限公司〈P2329〉;四川坤华磷化工有限公司〈P2326〉;四川成洪磷化工有限责任公司〈P2332〉;[滇]云南贝克吉利尼天创磷酸盐有限公司〈P2340〉;[甘]兰化翔鑫工贸有限责任公司〈P2355〉

焦磷酸钠(食品级) B03040802

Sodium pyrophosphate, edible [13472-36-1]

用作品质改良剂,用于罐头、果汁饮料、肉制品、奶制品、面制品、豆制品等

【生产厂】[苏]天富(中国)食品添加剂有限公司(2000吨)〈P1793〉;江苏徐州嘉信达化工有限公司〈P1793〉;徐州海成食品添加剂有限公司〈P1794〉;连云港瑞丰化工有限公司〈P1799〉;江苏德邦化学工业集团有限公司〈P1797〉;[豫]新乡市华幸化工有限责任公司〈P2205〉;[桂]柳州大拿食品添加剂有限公司〈P2297〉;[渝]重庆华琦精细化工有限公司〈P2305〉;[川]四川川西兴达化工厂〈P2326〉;四川省什邡市聚鑫泰化工有限公司(1000吨)〈P2328〉;四川成洪磷化工有限责任公司〈P2332〉;三台县启明星磷酸盐有限公司〈P2330〉

焦磷酸钠(无水) B03040901

Sodium pyrophosphate, anhydrous [7722-88-5]

用作印染精漂助剂、软水剂等

【生产厂】[沪]上海科创化工有限公司〈P1748〉;[川]成都化工研究设计院〈P2311〉;成都市星辰磷酸盐厂〈P2315〉;四川省什邡市聚鑫泰化工有限公司(1000吨)〈P2328〉;四川什邡市川鸿磷化工有限公司(5000吨)〈P2331〉;[滇]云南昆阳磷肥厂有限公司(2000吨)〈P2341〉

焦磷酸钾 B03041101

Potassium pyrophosphate; Tetrapotassium pyrophosphate; TKPP [7320-34-5]

主要用于无氰电镀,用于配制洗涤剂、洗发剂组分,机器表面清洗剂,颜料与染料的分散剂,织物改良剂、螯合剂

【生产厂】[苏]镇江嘉亿化工有限公司(4万吨)〈P1844〉;江苏澄星磷化工股份有限公司〈P1865〉;天富(中国)食品添加剂有限公司〈P1793〉;徐州海成食品添加剂有限公司〈P1794〉;连云港瑞丰化工有限公司〈P1799〉;[浙]浙江勿忘农生物科技有限公司〈P1928〉;[豫]新乡市华幸化工有限责任公司〈P2205〉;[桂]柳州大拿食品添加剂有限公司〈P2297〉;[川]成都好来化工有限公司〈P2310〉;成都市星辰磷酸盐厂〈P2315〉;什邡圣地亚化工有限公司(5000吨)〈P2325〉;什邡市长江化工实业有限公司〈P2325〉;什邡市鸿升化工有限公司〈P2325〉;四川蓝剑化工(集团)有限责

任公司(5000 吨)〈P2326〉;四川省什邡市新兴化工有限公司〈P2328〉;四川什邡鼎立磷化工有限公司〈P2329〉;四川什邡盛佳磷化工有限公司〈P2329〉;四川坤华磷化工有限公司〈P2326〉;四川成洪磷化工有限责任公司〈P2332〉

B

焦磷酸铜　B03041201

Copper pyrophosphate [10102-90-6]

主要用于无氰电镀和防渗碳涂层

【生产厂】[苏]镇江嘉亿化工有限公司(500 吨)〈P1844〉;上海斌顺金属材料有限公司〈P1898〉;[浙]浙江勿忘农生物科技有限公司〈P1928〉;[渝]重庆福润化工有限公司〈P2304〉

焦磷酸铁　B03041211

Ferric pyrophosphate [10058-44-3]

主要用于食品添加剂、强化剂,合成纤维防火剂,防腐颜料和催化剂等

【生产厂】[冀]石家庄市天成食品添加剂厂〈P1631〉;石家庄维平功能食品科技有限公司〈P1633〉;[沪]上海联合食品添加剂有限公司〈P1751〉;[苏]徐州海成食品添加剂有限公司〈P1794〉;[浙]桐乡市康普达生物科技有限公司〈P1943〉;[川]四川成洪磷化工有限责任公司〈P2332〉

焦磷酸铁钠　B03041291

Ferric sodium pyrophosphate

【生产厂】[浙]桐乡市康普达生物科技有限公司〈P1943〉;[豫]郑州瑞普生物工程有限公司(200 吨)〈P2172〉

酸式磷酸锰;马日夫盐;磷酸二氢锰　B03041301

Manganous dihydrogen phosphate [18718-07-5]

主要用作钢铁防锈的磷化剂,特别适合大型机械设备防锈,在国防工业中用作各种武器等的润滑层和防护层

【生产厂】[沪]上海勤翔化工有限公司〈P1757〉;上海勤工无机盐有限公司(408 吨)〈P1757〉;上海南威化工有限公司〈P1754〉;上海球龙化工有限公司〈P1758〉;[苏]江苏省淮阴市清浦精细化工厂(600 吨)〈P1803〉;[鲁]周村金星硝酸锌厂〈P2057〉;淄博市周村隆跃化工有限公司〈P2071〉;[豫]洛阳市非凡无机盐有限公司〈P2183〉;洛阳市延秋化工原料有限公司(500 吨)〈P2186〉;洛阳市宗轩化工有限公司(180 吨)〈P2187〉;洛阳英翔化工有限公司(300 吨)〈P2187〉;[鄂]武汉醒狮化学品有限公司〈P2235〉

磷酸锰　B03041351

Manganous phosphate

用于制药工业和玻璃、陶瓷工业

【生产厂】[冀]衡水立车企业集团〈P1668〉

次磷酸锰　B03041391

Manganous hypophosphite hydrate

主要用于医药作强壮剂,治疗贫血症,也可用于生产复方次磷酸糖浆及食品添加剂等

【生产厂】[苏]泰兴金缘精细化工有限公司〈P1825〉

磷酸二氢钠;磷酸一钠　B03041401

Sodium acid phosphate;Sodium phosphate,monobasic;MSP [7758-80-7]

用作锅炉水处理剂、印染助剂、金属净洗剂以及制造六偏磷酸钠和焦磷酸钠的原料,还用于制革、电镀等

【生产厂】[津]天津市北辰区世加化工厂(500 吨)〈P1580〉;天津市荣宏化工有限责任公司(800 吨)〈P1600〉;天津市同鑫化工厂(2000 吨)〈P1605〉;[沪]上海勤工助剂有限公司〈P1757〉;上海南威化工有限公司〈P1754〉;上海科创化工有限公司〈P1748〉;[苏]无锡阳山生化有限责任公司〈P1883〉;江苏澄星磷化工股份有限公司〈P1865〉;徐州市志丰化工有限公司〈P1796〉;天富(中国)食品添加剂有限公司〈P1793〉;江苏徐州嘉信达化工有限公司〈P1793〉;连云港中铭化工有限公司〈P1801〉;连云港瑞丰化工有限公司〈P1799〉;江苏德邦化学工业集团有限公司〈P1797〉;如东振丰奕洋化工有限公司〈P1838〉;[浙]宁波市鄞州朝阳圣达化工厂〈P1932〉;[皖]合肥燎原化工有限公司〈P1973〉;[鲁]青州市永胜化工有限公司〈P2093〉;青州市振华化工有限公司(2000 吨)〈P2093〉;山东省青州市鑫丰化工有限公司(2000 吨)〈P2098〉;青州市科缔化工有限公司(2000 吨)〈P2092〉;青州强鑫达化工有限公司〈P2091〉;青州市广汇化工厂(2000 吨)〈P2092〉;青州市金汇化工厂〈P2092〉;济宁鲁源化工厂(200 吨)〈P2127〉;[豫]郑州育才磷酸盐化工厂(2000 吨)〈P2175〉;新乡市华幸化工有限责任公司〈P2205〉;焦作市华联化工有限公司(200 吨)〈P2196〉;[鄂]武汉醒狮化学品有限公司(500 吨)〈P2235〉;[湘]湖南九典制药有限公司(100 吨)〈P2248〉;株洲市中天磷酸盐化工有限责任公司〈P2250〉;[桂]柳州大拿食品添加剂有限公司〈P2297〉;[渝]重庆川东化工(集团)有限公司〈P2304〉;[川]成都化工研究设计院〈P2311〉;成都好来化工有限公司〈P2310〉;成都市星辰磷酸盐厂〈P2315〉;成都化工股份有限公司〈P2311〉;什邡安达化工有限公司〈P2324〉;什邡圣地亚化工有限公司(1 万吨)〈P2325〉;什邡市长丰化工有限公司〈P2325〉;什邡市长江化工实业有限公司〈P2325〉;什邡市鸿升化工有限公司〈P2325〉;四川川恒化工有限责任公司(1800 吨)〈P2325〉;四川川西兴达化工厂〈P2326〉;四川蓝剑化工(集团)有限责任公司(1 万吨)〈P2326〉;四川省什邡金大化工有限公司(1000 吨)〈P2328〉;四川省什邡市聚鑫泰化工有限公司(1 万吨)〈P2328〉;四川省什邡市新兴化工有限公司〈P2328〉;四川什邡鼎立磷化工有限公司〈P2329〉;四川什邡鸿源化工有限责任公司〈P2329〉;四川坤华磷化工有限公司〈P2326〉;四川什邡市跃成磷化工有限公司〈P2329〉;四川成洪磷化工有限责任公司〈P2332〉;四川省彭山磷盐化工厂(300 吨)〈P2334〉;四川省彭山先锋化工有限公司〈P2334〉;绵阳启明星磷化工有限公司〈P2330〉;四川什邡市川鸿磷化工有限公司(1 万吨)〈P2331〉;三台县启明星磷酸盐有限公司〈P2330〉;[滇]云南贝克吉利尼天创磷酸盐有限公司〈P2340〉

磷酸二氢钾;磷酸一钾　B03041501

Potassium dihydrogen phosphate;Potassium phosphate,monobasic [7778-77-0]

用于制药、压电元件和电光学元件,食品工业用于味精、焙粉和食品膨松剂,也用作饲料添加剂

【生产厂】[津]天津市北辰区世加化工厂(500 吨)〈P1580〉;天津市荣宏化工有限责任公司(1500 吨)〈P1600〉;天津市汉沽区滨海福利化工厂〈P1588〉;[晋]山西省交城红星化工有限公司〈P1670〉;[沪]上海光铧科技有限公司〈P1735〉;上海联一磷酸化工有限公司(3000 吨)〈P1751〉;上海南威化工有限公司〈P1754〉;[苏]江苏澄星磷化工股份有限公司〈P1865〉;江苏金浦北方氯碱化工有限公司(1000 吨)〈P1793〉;天富(中国)食品添加剂有限公司〈P1793〉;连云港瑞丰化工有限公司〈P1799〉;连云港市利农化工厂(5000 吨)〈P1800〉;[浙]浙江勿忘农生物科技有限公司〈P1928〉;建德市新化化工有限责任公司(2300 吨)〈P1926〉;宁波市鄞州朝阳圣达化工厂〈P1932〉;[鲁]山东邹平鑫富源精细化工厂〈P2157〉;诸城市浩天药业有限公司〈P2107〉;青州市永胜化工有限公司〈P2093〉;青州市振

华化工有限公司(5000 吨)〈P2093〉;山东省青州市鑫丰化工有限公司(1000 吨)〈P2098〉;青州市科缔化工有限公司(3000 吨)〈P2092〉;青州强鑫达化工有限公司〈P2091〉;青州市广汇化工厂(5000 吨)〈P2092〉;青州市金汇化工厂(600 吨)〈P2092〉;济宁市六佳药用辅料有限公司(1000 吨)〈P2128〉;济宁鲁源化工厂(300 吨)〈P2127〉;[豫]郑州育才磷酸盐化工厂(2000 吨)〈P2175〉;新乡市华幸化工有限责任公司〈P2205〉;焦作大学精细化工厂(5000 吨)〈P2195〉;[鄂]武汉醒狮化学品有限公司(1 万吨)〈P2235〉;武汉市合中化工制造有限公司〈P2232〉;湖北祥云(集团)化工股份有限公司〈P2244〉;宜昌市欣龙化工新材料有限公司(10 万吨)〈P2241〉;[粤]广东西陇化工有限公司〈P2276〉;[桂]柳州大拿食品添加剂有限公司〈P2297〉;[渝]重庆川东化工(集团)有限公司〈P2304〉;[川]成都好来化工有限公司〈P2310〉;什邡泰来化工有限公司〈P2325〉;成都市星辰磷酸盐厂〈P2315〉;成都化工股份有限公司(800 吨)〈P2311〉;四川绵竹汉旺黄磷有限责任公司(6000 吨)〈P2327〉;四川绵竹华丰磷化工有限公司(1 万吨)〈P2327〉;广汉雅和化工有限公司(1 万吨)〈P2324〉;什邡安达化工有限公司〈P2324〉;什邡圣地亚化工有限公司〈P2325〉;什邡市长江化工实业有限公司〈P2325〉;什邡市鸿升化工有限公司〈P2325〉;四川川恒化工有限责任公司(1800 吨)〈P2325〉;四川川西兴达化工厂〈P2326〉;四川蓝剑化工(集团)有限责任公司(1 万吨)〈P2326〉;四川省什邡金大化工有限公司(3000 吨)〈P2328〉;四川省什邡市聚鑫泰化工有限公司(3000 吨)〈P2328〉;四川省什邡市新兴化工有限公司〈P2328〉;四川什邡鼎立磷化工有限公司(7000 吨)〈P2329〉;四川什邡盛佳磷化工有限公司〈P2329〉;四川坤华磷化工有限公司〈P2326〉;四川什邡市跃成磷化工有限公司〈P2329〉;四川省什邡市龙翔化工有限公司〈P2328〉;四川成洪磷化工有限责任公司〈P2332〉;四川省彭山磷盐化工厂〈P2334〉;四川省彭山先锋化工有限公司〈P2334〉;绵阳启明星磷化工有限公司(8000 吨)〈P2330〉;四川什邡市川鸿磷化工有限公司(1 万吨)〈P2331〉;三台县启明星磷酸盐有限公司(1 万吨)〈P2330〉

【使用厂】[津]天津市福升肥料有限公司〈P1586〉;[沪]上海市沪江生化厂〈P1763〉;[川]乐山三九长征药业股份有限公司〈P2332〉

磷酸二氢铝;双氢磷酸铝 B03041701

Aluminium dihydrogen phosphate; Aluminium phosphate, monobasic [13530-50-2]

主要用于高温窑炉、热处理电阻炉,用来制取电气绝缘材料

【生产厂】[冀]石家庄市鑫盛化工有限公司〈P1632〉;[苏]徐州科隆磷酸盐有限公司〈P1795〉;[豫]巩义市神都耐材有限公司〈P2164〉;郑州育才磷酸盐化工厂(3000 吨)〈P2175〉;河南省伯马股份有限公司(500 吨)〈P2201〉;新乡市华幸化工有限责任公司〈P2205〉;[湘]株洲市中天磷酸盐化工有限责任公司(500 吨)〈P2250〉

三聚磷酸二氢铝;聚磷酸铝;三聚磷酸铝 B03041702

Aluminium dihydrogen tripolyphosphate

用作催化剂、无公害白色颜料、水玻璃硬化剂、吸附脱臭剂等

【生产厂】[冀]石家庄市新东化工有限公司〈P1631〉;保定市满城县龙源化工厂〈P1646〉;[鄂]武汉市合中化工制造有限公司〈P2232〉;京山县华贝有机化工有限责任公司(1000 吨)〈P2242〉;[桂]广西化工研究院(2000 吨)〈P2296〉;广西化工研究院-广西新晶科技有限公司〈P2296〉;[陕]陕西宝嘉应用化学有限责任公司〈P2351〉

改性三聚磷酸铝 B03041711

Aluminium tripolyphosphate, modified

用于涂料、耐火材料等

【生产厂】[冀]石家庄市鑫盛化工有限公司〈P1632〉;[豫]郑州金岭化工有限公司(500 吨)〈P2171〉;[鄂]武汉市合中化工制造有限公司〈P2232〉

磷酸二氢锌 B03041801

Zinc dihydrogen phosphate [13598-37-3]

在电镀工业中用作黑色金属制件的防腐处理剂,还用作金属表面磷化处理剂,陶瓷着色剂和玻璃生产中的澄清剂

【生产厂】[沪]上海南威化工有限公司〈P1754〉;[鲁]周村金星硝酸锌厂〈P2057〉;周村新升化工厂(2000 吨)〈P2057〉;[豫]洛阳市非凡无机盐有限公司〈P2183〉;洛阳市宗轩化工有限公司(200 吨)〈P2187〉;洛阳英翔化工有限公司(300 吨)〈P2187〉;[鄂]武汉醒狮化学品有限公司〈P2235〉;[川]四川省什邡市聚鑫泰化工有限公司(500 吨)〈P2328〉

硫代磷酸钠 B03041901

Sodium thiophosphate dodecahydrate [51674-17-0]

用于有机合成

【生产厂】[京]北京鲁玫信悦生物科技中心〈P1555〉

磷酸二氢镁 B03042001

Magnesium dihydrogen phosphate [13092-66-5]

用于医药,也可用作木材阻燃剂、塑料制品稳定剂等

【生产厂】[辽]营口兄弟硼镁化工有限公司〈P1705〉;[川]四川省什邡市聚鑫泰化工有限公司(500 吨)〈P2328〉

磷酸三镁;磷酸镁 B03042051

Magnesium phosphate [7757-87-1]

用作沉淀剂及牙科研磨剂,食品工业用作营养增补剂、抗结块剂

【生产厂】[冀]河北省冀州市华阳化工有限责任公司〈P1665〉;[辽]营口菱镁化工(集团)有限公司(3 万吨)〈P1704〉;营口兄弟硼镁化工有限公司〈P1705〉;[苏]连云港瑞丰化工有限公司〈P1799〉;连云港市九盛化工厂〈P1799〉;连云港泰达精细化工有限公司〈P1800〉;[川]成都好来化工有限公司〈P2310〉;四川友信化工有限责任公司〈P2330〉

磷酸三钠;磷酸钠 B03042101

Trisodium phosphate [10101-89-0]

用作软水剂和洗涤剂、锅炉除垢剂、金属防锈剂、印染固色剂、搪瓷生产助熔剂和脱色剂、制革去脂剂和脱胶剂等

【生产厂】[津]天津市北辰区世加化工厂(1000 吨)〈P1580〉;天津市荣宏化工有限责任公司(1300 吨)〈P1600〉;天津市同鑫化工厂(3000 吨)〈P1605〉;天津市汉沽区滨海福利化工厂〈P1588〉;[冀]石家庄冀华化工纺织有限公司〈P1627〉;河北省冀州市东风福利化工有限公司〈P1665〉;廊坊蓝星无机盐有限公司〈P1660〉;[沪]上海威呈化工有限公司〈P1769〉;上海光铧科技有限公司〈P1735〉;上海勤工助剂有限公司〈P1757〉;[苏]无锡阳山生化有限责任公司〈P1883〉;江苏澄星磷化工股份有限公司〈P1865〉;昆山兴邦钨钼科技有限公司〈P1898〉;徐州市志丰化工有限公

司〈P1796〉；天富（中国）食品添加剂有限公司〈P1793〉；江苏徐州嘉信达化工有限公司〈P1793〉；连云港瑞丰化工有限公司〈P1799〉；如东振丰奕洋化工有限公司〈P1838〉；［浙］绍兴县光耀化工助剂厂〈P1949〉；宁波市鄞州朝阳圣达化工厂〈P1932〉；［皖］合肥燎原化工有限公司（1 万吨）〈P1973〉；［鲁］青州市永胜化工有限公司〈P2093〉；青州市振华化工有限公司（1 万吨）〈P2093〉；山东省青州市鑫丰化工有限公司（1 万吨）〈P2098〉；山东省青州市鑫源化工有限公司（1000 吨）〈P2098〉；青州市科缔化工有限公司（5000 吨）〈P2092〉；青州强鑫达化工有限公司〈P2091〉；青州市广汇化工厂（5000 吨）〈P2092〉；青州市兴源助剂厂〈P2093〉；青州市金汇化工厂（1000 吨）〈P2092〉；［豫］郑州育才磷酸盐化工厂（3000 吨）〈P2175〉；新乡市华幸化工有限责任公司〈P2205〉；新乡市升华化工有限公司（100 吨）〈P2206〉；焦作市华联化工有限公司（300 吨）〈P2196〉；安阳市津安化工有限责任公司（300 吨）〈P2209〉；河南省长葛市第一化工实验厂（1500 吨）〈P2217〉；偃师市三业化工厂（1200 吨）〈P2189〉；［鄂］武汉醒狮化学品有限公司（5000 吨）〈P2235〉；［湘］湖南信诺颜料科技有限公司〈P2251〉；湖南省中方县宏旺化工有限公司（2000 吨）〈P2257〉；［粤］广东西陇化工有限公司〈P2276〉；广东省惠州市虹珠化工有限公司〈P2278〉；［桂］柳州大拿食品添加剂有限公司〈P2297〉；［渝］重庆川东化工（集团）有限公司（1000 吨）〈P2304〉；［川］成都好来化工有限公司〈P2310〉；什邡泰来化工有限公司〈P2325〉；成都市星辰磷酸盐厂〈P2315〉；四川绵竹汉旺黄磷有限责任公司（5000 吨）〈P2327〉；四川绵竹华丰磷化工有限公司（1 万吨）〈P2327〉；广汉雅和化工有限公司（1 万吨）〈P2324〉；什邡圣地亚化工有限公司（2 万吨）〈P2325〉；什邡市长江化工实业有限公司〈P2325〉；什邡市鸿升化工有限公司〈P2325〉；四川川恒化工有限责任公司（2 万吨）〈P2325〉；四川川西兴达化工厂〈P2326〉；四川蓝剑化工（集团）有限责任公司（1 万吨）〈P2326〉；四川省什邡金大化工有限公司（8000 吨）〈P2328〉；四川省什邡市聚鑫泰化工有限公司（2000 吨）〈P2328〉；四川省什邡市新兴化工有限公司〈P2328〉；四川什邡鼎立磷化工有限公司（2000 吨）〈P2329〉；四川什邡鸿源化工有限责任公司〈P2329〉；四川什邡盛佳磷化工有限公司〈P2329〉；四川友信化工有限责任公司〈P2330〉；四川坤华磷化工有限公司〈P2326〉；四川什邡市跃成磷化工有限公司（1 万吨）〈P2329〉；眉山市川美化工有限公司〈P2332〉；四川省眉山天和化工有限公司〈P2333〉；四川八海化工有限公司（2 万吨）〈P2332〉；四川成洪磷化工有限责任公司〈P2332〉；四川省彭山先锋化工有限公司〈P2334〉；绵阳启明星磷化工有限公司（6000 吨）〈P2330〉；四川什邡市川鸿磷化工有限公司（1 万吨）〈P2331〉；三台县启明星磷酸盐有限公司（1 万吨）〈P2330〉；绵阳天明磷化工有限公司〈P2330〉；［黔］贵阳富捷化工有限公司〈P2337〉；［滇］云南昆阳磷肥厂有限公司（2000 吨）〈P2341〉；禄丰县中胜磷化有限公司（1 万吨）〈P2345〉

【使用厂】［津］天津市恒泽化工科技开发有限公司〈P1589〉；［沪］上海长江化工厂〈P1729〉；上海达峰化工合作公司〈P1730〉；［滇］云南杨林化工厂〈P2342〉

磷酸三钠（无水）；无水磷酸钠 B03042102

Sodium phosphate, anhydrous [7601-54-9]

用作软水剂和洗涤剂、锅炉除垢剂、金属防锈剂、印染固色剂、搪瓷生产助熔剂和脱色剂、制革去脂剂和脱胶剂等

【生产厂】［苏］无锡阳山生化有限责任公司〈P1883〉；［湘］湖南省中方县宏旺化工有限公司（1000 吨）〈P2257〉；［川］成都市星辰磷酸盐厂〈P2315〉；什邡安达化工有限公司〈P2324〉；什邡市长丰化工有限公司〈P2325〉；四川省什邡金大化工有限公司〈P2328〉；四川什邡鼎立磷化工有限公司（2000 吨）〈P2329〉；四川友信化工有限责任公司〈P2330〉；四川坤华磷化工有限公司〈P2326〉；［滇］云南贝克吉利尼天创磷酸盐有限公司〈P2340〉

磷酸氢二钠；磷酸二钠；二盐基性磷酸钠 B03042201

Disodium hydrogen phosphate; DSP; Sodium phosphate, dibasic [7558-79-4]

用作木材、纸张和织物的阻燃剂，釉药和焊药，染色用媒染剂，双氧水漂白稳定剂，锅炉软水剂等

【生产厂】［津］天津市荣宏化工有限责任公司（1500 吨）〈P1600〉；天津市同鑫化工厂（3000 吨）〈P1605〉；天津市汉沽区滨海福利化工厂〈P1588〉；［冀］河北省冀州市东风福利化工有限公司〈P1665〉；［沪］上海勤工助剂有限公司〈P1757〉；上海南威化工有限公司〈P1754〉；［苏］江苏澄星磷化工股份有限公司〈P1865〉；徐州市志丰化工有限公司〈P1796〉；连云港中铭化工有限公司〈P1801〉；如东振丰奕洋化工有限公司〈P1838〉；［浙］绍兴县光耀化工助剂厂〈P1949〉；宁波市鄞州朝阳圣达化工厂〈P1932〉；［皖］合肥燎原化工有限公司〈P1973〉；［鲁］青州市永胜化工有限公司〈P2093〉；青州市振华化工有限公司（5000 吨）〈P2093〉；山东省青州市鑫丰化工有限公司（5000 吨）〈P2098〉；青州强鑫达化工有限公司〈P2091〉；青州市广汇化工厂（3000 吨）〈P2092〉；青州市金汇化工厂〈P2092〉；济宁市六佳药用辅料有限公司（2000 吨）〈P2128〉；［豫］郑州育才磷酸盐化工厂〈P2175〉；新乡市华幸化工有限责任公司〈P2205〉；焦作市华联化工有限公司（200 吨）〈P2196〉；偃师市三业化工厂（1800 吨）〈P2189〉；［鄂］武汉醒狮化学品有限公司（1000 吨）〈P2235〉；［湘］湖南九典制药有限公司（100 吨）〈P2248〉；株洲市中天磷酸盐化工有限责任公司〈P2250〉；［渝］重庆川东化工（集团）有限公司（1000 吨）〈P2304〉；［川］成都好来化工有限公司〈P2310〉；成都市星辰磷酸盐厂〈P2315〉；什邡圣地亚化工有限公司（1 万吨）〈P2325〉；什邡市长江化工实业有限公司〈P2325〉；什邡市鸿升化工有限公司〈P2325〉；四川川恒化工有限责任公司（1800 吨）〈P2325〉；四川川西兴达化工厂〈P2326〉；四川蓝剑化工（集团）有限责任公司（1 万吨）〈P2326〉；四川省什邡市聚鑫泰化工有限公司（1000 吨）〈P2328〉；四川省什邡市新兴化工有限公司〈P2328〉；四川什邡鼎立磷化工有限公司〈P2329〉；四川什邡盛佳磷化工有限公司〈P2329〉；四川坤华磷化工有限公司〈P2326〉；四川什邡市跃成磷化工有限公司〈P2329〉；四川成洪磷化工有限责任公司〈P2332〉；四川省彭山磷盐化工厂〈P2334〉；绵阳启明星磷化工有限公司〈P2330〉；四川什邡市川鸿磷化工有限公司（2000 吨）〈P2331〉；［滇］云南贝克吉利尼天创磷酸盐有限公司〈P2340〉

【使用厂】［沪］上海泗联实业总公司〈P1766〉；［鲁］济南市油墨厂〈P2025〉；［豫］焦作鑫安科技股份有限公司〈P2197〉

磷酸氢二钠（无水）；无水磷酸氢二钠 B03042251

Disodium hydrogen phosphate, anhydrous [7558-79-4]

用作工业水质处理剂、印染洗涤剂、品质改良剂、抗生素培养剂、生化处理剂等

【生产厂】［苏］无锡阳山生化有限责任公司〈P1883〉；常熟市辛庄吉祥助剂有限公司〈P1891〉；［川］成都化工研究设计院〈P2311〉；成都市星辰磷酸盐厂〈P2315〉；什邡安达化工有限公司〈P2324〉；什邡市长丰化工有限公司〈P2325〉；四川省什邡金大化工有限公司〈P2328〉；四川友信化工有限责任公司〈P2330〉；四川坤华磷化工有限公司〈P2326〉

磷酸氢二钾；磷酸二钾 B03042301

Dipotassium hydrogen phosphate; Potassium phosphate dibasic; DKP [7758-11-4]

用作防冻剂的缓蚀剂、抗生素培养基的营养剂、发酵工业的磷钾调节剂、饲料添加剂等

【生产厂】[津]天津市同鑫化工厂(1000吨)〈P1605〉;天津市汉沽区滨海福利化工厂〈P1588〉;[沪]上海南威化工有限公司〈P1754〉;[苏]江苏澄星磷化工股份有限公司〈P1865〉;天富(中国)食品添加剂有限公司〈P1793〉;如东振丰奕洋化工有限公司〈P1838〉;[浙]浙江勿忘农生物科技有限公司〈P1928〉;宁波市鄞州朝阳圣达化工厂〈P1932〉;[鲁]青州市永胜化工有限公司〈P2093〉;青州市振华化工有限公司(2000吨)〈P2093〉;山东省青州市鑫丰化工有限公司(1000吨)〈P2098〉;青州强鑫达化工有限公司〈P2091〉;青州市广汇化工厂(1000吨)〈P2092〉;青州市金汇化工厂(500吨)〈P2092〉;[豫]新乡市华幸化工有限责任公司〈P2205〉;[鄂]武汉醒狮化学品有限公司〈P2235〉;[湘]湖南省中方县宏旺化工有限公司(3000吨)〈P2257〉;[粤]广东西陇化工有限公司〈P2276〉;[桂]柳州大拿食品添加剂有限公司〈P2297〉;[川]成都好来化工有限公司〈P2310〉;什邡泰来化工有限公司〈P2325〉;成都化工股份有限公司〈P2311〉;什邡安达化工有限公司〈P2324〉;什邡市长江化工实业有限公司〈P2325〉;四川川恒化工有限责任公司〈P2325〉;四川川西兴达化工厂〈P2326〉;四川蓝剑化工(集团)有限责任公司(1万吨)〈P2326〉;四川省什邡市聚鑫泰化工有限公司(1000吨)〈P2328〉;四川省什邡市新兴化工有限公司〈P2328〉;四川坤华磷化工有限公司〈P2326〉;四川成洪磷化工有限责任公司〈P2332〉;四川省彭山先锋化工有限公司〈P2334〉;四川什邡市川鸿磷化工有限公司(1万吨)〈P2331〉

磷酸氢二钾(无水) B03042331

Dipotassium hydrogen phosphate, anhydrous; Potassium phosphate dibasic, anhydrous

用作水质处理剂,微生物、菌类培养剂等

【生产厂】[苏]连云港瑞丰化工有限公司〈P1799〉;[川]什邡泰来化工有限公司〈P2325〉;四川省什邡金大化工有限公司〈P2328〉

磷酸钾;磷酸三钾 B03042351

Tripotassium phosphate, anhydrous [7778-53-2]

用于制造液体肥皂、优质纸张、精制汽油;食品工业用作乳化剂、强化剂、调味剂、肉类黏结剂;也可用作肥料

【生产厂】[苏]江苏澄星磷化工股份有限公司〈P1865〉;连云港瑞丰化工有限公司〈P1799〉;[浙]宁波市鄞州朝阳圣达化工厂〈P1932〉;[豫]济源市丰田肥业有限公司〈P2195〉;[川]成都好来化工有限公司〈P2310〉;四川省什邡金大化工有限公司〈P2328〉;四川省什邡市聚鑫泰化工有限公司(1000吨)〈P2328〉;四川友信化工有限责任公司〈P2330〉;四川什邡市跃成磷化工有限公司(2000吨)〈P2329〉;四川成洪磷化工有限责任公司〈P2332〉;四川什邡市川鸿磷化工有限公司〈P2331〉

磷酸二铵(工业级);工业磷酸二铵;磷酸氢二铵(工业级) B03042401

Diammonium hydrogen phosphate, industrial grade [7783-28-0]

工业上用作饲料添加剂、阻燃剂和灭火剂的配料等

【生产厂】[京]北京市天河化工厂〈P1560〉;[冀]河北省冀州市东风福利化工有限公司〈P1665〉;[沪]上海南威化工有限公司〈P1754〉;[苏]江苏省沛县东方化工厂〈P1793〉;南通恒兴电子材料有限公司〈P1833〉;[鲁]山东世安化工有限公司(1万吨)〈P2146〉;[鄂]武汉醒狮化学品有限公司〈P2235〉;武汉市合中化工制造有限公司〈P2232〉;[湘]湖南省中方县宏旺化工有限公司(3000吨)〈P2257〉;[川]成都好来化工有限公司〈P2310〉;什邡泰来化工有限公司(3000吨)〈P2325〉;成都市星辰磷酸盐厂〈P2315〉;四川都江堰海旺阻燃材料有限公司〈P2318〉;四川川润化工有限责任公司〈P2326〉;四川绵竹汉旺黄磷有限责任公司(3000吨)〈P2327〉;四川绵竹华丰磷化工有限公司〈P2327〉;广汉雅和化工有限公司(5000吨)〈P2324〉;什邡安达化工有限公司〈P2324〉;什邡圣地亚化工有限公司(2万吨)〈P2325〉;什邡市长丰化工有限公司〈P2325〉;什邡市长江化工实业有限公司〈P2325〉;什邡市鸿升化工有限公司〈P2325〉;四川川西兴达化工厂〈P2326〉;四川蓝剑化工(集团)有限责任公司(5万吨)〈P2326〉;四川省什邡金大化工有限公司(5000吨)〈P2328〉;四川省什邡市新兴化工有限公司〈P2328〉;四川什邡鼎立磷化工有限公司〈P2329〉;四川坤华磷化工有限公司〈P2326〉;四川成洪磷化工有限责任公司〈P2332〉;四川省彭山先锋化工有限公司〈P2334〉;四川什邡市川鸿磷化工有限公司(5万吨)〈P2331〉;三台县启明星磷酸盐有限公司(1万吨)〈P2330〉;绵阳天明磷化工有限公司〈P2330〉

磷酸一铵(工业级);工业磷酸一铵;磷酸二氢铵(工业级) B03042451

Monoammonium phosphate, industrial grade [7722-76-1]

可用作木材、纸张、织物的阻燃剂,纤维加工和染料工业的分散剂,防火涂料的配合剂,干粉灭火剂等

【生产厂】[沪]上海联一磷酸化工有限公司〈P1751〉;[苏]江苏省沛县东方化工厂〈P1793〉;[浙]建德市新化化工有限责任公司〈P1926〉;[鲁]山东世安化工有限公司(8000吨)〈P2146〉;[鄂]武汉醒狮化学品有限公司〈P2235〉;武汉市合中化工制造有限公司〈P2232〉;宜昌市欣龙化工新材料有限公司(2万吨)〈P2241〉;[湘]株洲市中天磷酸盐化工有限责任公司(1000吨)〈P2250〉;石门天赐信邦矿业有限公司〈P2255〉;湖南省中方县宏旺化工有限公司(4000吨)〈P2257〉;[川]成都好来化工有限公司〈P2310〉;四川都江堰海旺阻燃材料有限公司〈P2318〉;四川川润化工有限责任公司〈P2326〉;四川绵竹华丰磷化工有限公司(1万吨)〈P2327〉;广汉雅和化工有限公司(1万吨)〈P2324〉;什邡安达化工有限公司〈P2324〉;什邡圣地亚化工有限公司(2万吨)〈P2325〉;什邡市长丰化工有限公司〈P2325〉;什邡市长江化工实业有限公司〈P2325〉;什邡市鸿升化工有限公司〈P2325〉;四川川恒化工有限责任公司(1万吨)〈P2325〉;四川省什邡市聚鑫泰化工有限公司(2000吨)〈P2328〉;四川省什邡市新兴化工有限公司〈P2328〉;四川省什邡蓥峰实业总公司(3万吨)〈P2328〉;四川什邡鼎立磷化工有限公司(5000吨)〈P2329〉;四川坤华磷化工有限公司〈P2326〉;四川什邡市跃成磷化工有限公司〈P2329〉;四川八海化工有限公司(6000吨)〈P2332〉;四川成洪磷化工有限责任公司〈P2332〉;四川省彭山磷盐化工厂(1000吨)〈P2334〉;四川什邡市川鸿磷化工有限公司(2万吨)〈P2331〉;三台县启明星磷酸盐有限公司(1万吨)〈P2330〉;[黔]贵州黔能天和磷业有限公司(2万吨)〈P2337〉

磷酸铵;磷酸三铵 B03042491

Triammonium phosphate [10361-65-6]

可用作甘蔗生长的催芽剂,也可用作木材防火剂、水处理的软水剂、生物培养剂等

【生产厂】[京]北京亚太龙兴化工有限公司〈P1564〉;[川]四川省什邡市聚鑫泰化工有限公司(500吨)〈P2328〉

【使用厂】[津]天津市福升肥料有限公司〈P1586〉;[鲁]山东金沂蒙集团有限公司〈P2149〉;济南司普润化工产品有限公司〈P2025〉;[新]新疆石河子正义农业科技有限公司〈P2367〉

B

磷酸氢钙;磷酸二钙;沉淀磷酸钙 B03042501

Calcium hydrogen phosphate; Calcium phosphate, dibasic [7789-77-7]

用作饲料和食品添加剂、石膏摩擦剂、塑料稳定剂和药物添加剂等

【生产厂】[津]天津开发区信达化工技术发展有限公司〈P1575〉;[冀]石家庄市亚龙肌醇有限公司(7000吨)〈P1632〉;衡水立车企业集团〈P1668〉;[沪]上海双凤骨明胶有限公司〈P1765〉;[苏]常熟市金城化工有限公司〈P1890〉;徐州市志丰化工有限公司〈P1796〉;连云港中铭化工有限公司〈P1801〉;连云港瑞丰化工有限公司〈P1799〉;江苏德邦化学工业集团有限公司〈P1797〉;连云港格兰特化工食品添加剂有限公司(1000吨)〈P1798〉;连云港市九盛化工厂〈P1799〉;连云港泰达精细化工有限公司〈P1800〉;连云港东洲化工有限公司(6万吨)〈P1798〉;[鲁]临邑县精细化工厂(300吨)〈P2143〉;山东省聊城市硫酸厂(3万吨)〈P2154〉;淄博合力化工有限公司(1万吨)〈P2061〉;山东联盟化工集团有限公司〈P2096〉;[豫]新乡市华幸化工有限责任公司〈P2205〉;偃师乳酸有限公司(1000吨)〈P2188〉;[鄂]宜昌市欣龙化工新材料有限公司(4万吨)〈P2241〉;湖北兴发化工集团股份有限公司(1万吨)〈P2241〉;[川]成都好来化工有限公司〈P2310〉;四川龙蟒集团(50万吨)〈P2327〉;什邡市长江化工实业有限公司〈P2325〉;四川川恒化工有限责任公司(25万吨)〈P2325〉;四川蓝剑化工(集团)有限责任公司〈P2326〉;四川省什邡农得利复合肥厂(5万吨)〈P2328〉;四川省什邡市新兴化工有限公司〈P2328〉;四川什邡盛佳磷化工有限公司〈P2329〉;四川省什邡市龙翔化工有限公司〈P2328〉;自贡鸿鹤化工集团有限责任公司(1万吨)〈P2321〉;[黔]贵州富曼磷业有限公司〈P2337〉;[滇]云南贝克吉利尼天创磷酸盐有限公司〈P2340〉;云南澄江县德安磷化工有限责任公司(6000吨)〈P2343〉;云南省滇东磷化工公司(8000吨)〈P2343〉

磷酸氢钙(药用) B03042511

Calcium hydrogen phosphate, medicinal; Calcium phosphate, dibasic medicinal [7789-77-7]

用作片剂稀释剂和吸收剂

【生产厂】[苏]连云港瑞丰化工有限公司〈P1799〉;[浙]湖州展望药业化学有限公司〈P1946〉;桐乡市康普达生物科技有限公司〈P1943〉;[川]成都宏博实业有限公司〈P2310〉

磷酸锌;磷锌白 B03042701

Zinc phosphate [7779-90-0]

用作醇酸、酚醛、环氧树脂等涂料的基料,用于生产无毒防锈颜料和水溶性涂料,还用作氯化橡胶、高聚物阻燃剂

【生产厂】[冀]石家庄市新东化工有限公司〈P1631〉;石家庄市鑫盛化工有限公司〈P1632〉;石家庄市豪盛化工有限责任公司〈P1629〉;河北澳鑫锌业有限公司〈P1647〉;保定市满城县龙源化工厂〈P1646〉;[沪]上海碧泉化工有限公司〈P1729〉;上海骏马化工有限公司〈P1746〉;上海南威化工有限公司〈P1754〉;上海沪试化工有限公司〈P1737〉;[苏]无锡阳山生化有限责任公司〈P1883〉;连云港瑞丰化工有限公司〈P1799〉;[豫]洛阳市非凡无机盐有限公司〈P2183〉;[鄂]武汉醒狮化学品有限公司(100吨)〈P2235〉;[桂]广西化工研究院〈P2296〉;广西化工研究院-广西新晶科技有限公司〈P2296〉;柳州锌品股份有限公司(1000吨)〈P2298〉;[川]四川省什邡市聚鑫泰化工有限公司(500吨)〈P2328〉

磷酸氢镁 B03042801

Magnesium hydrogen phosphate; Magnesium phosphate dibasic [7782-75-4]

用作塑料稳定剂、牙科研磨剂和治疗风湿性关节炎药物的原料,食品工业用作营养增补剂

【生产厂】[辽]营口兄弟硼镁化工有限公司〈P1705〉;[苏]江苏澄星磷化工股份有限公司〈P1865〉;连云港瑞丰化工有限公司〈P1799〉;连云港市九盛化工厂〈P1799〉;[川]四川省什邡市聚鑫泰化工有限公司(500吨)〈P2328〉

磷酸锶 B03042901

Strontium phosphate

用于电子及医药工业

【生产厂】[渝]重庆仙峰锶盐化工有限公司〈P2308〉;重庆华琦精细化工有限公司〈P2305〉;重庆福斯达化工有限公司〈P2304〉

磷酸铜 B03043001

Cupric phosphate trihydrate

用作有机反应催化剂、杀菌剂、乳化剂、肥料及金属表面抗氧化剂等

【生产厂】[苏]昆山市远洋化工有限公司〈P1898〉

焦磷酸锡 B03043101

Stannous pyrophosphate

主要用于无氰电镀(镀锡)、牙膏填充剂,陶土的精制等

【生产厂】[苏]江苏海门兴虹化工有限公司〈P1830〉;[滇]云南锡业股份有限公司〈P2342〉

磷酸二氢钙;磷酸一钙 B03043301

Calcium dihydrogen phosphate; Calcium biphosphate; Calcium phosphate, monobasic [7758-23-8]

用作塑料稳定剂和生产玻璃的添加剂,食品工业中用作焙粉发酵剂、酵母养料、钙质营养补充剂和疏松剂

【生产厂】[苏]徐州市志丰化工有限公司〈P1796〉;连云港中铭化工有限公司〈P1801〉;连云港东洲化工有限公司(2万吨)〈P1798〉;[豫]新乡市华幸化工有限责任公司〈P2205〉;[川]成都好来化工有限公司〈P2310〉;绵竹新清华化工有限责任公司(5万吨)〈P2324〉;四川龙蟒集团(10万吨)〈P2327〉;什邡市长江化工实业有限公司〈P2325〉;四川川恒化工有限责任公司(5万吨)〈P2325〉;四川省什邡市聚鑫泰化工有限公司(2000吨)〈P2328〉;四川省什邡市新兴化工有限公司〈P2328〉;[黔]贵州黔能天和磷业有限公司(2万吨)〈P2337〉;[滇]云南贝克吉利尼天创磷酸盐有限公司〈P2340〉

活性磷酸钙 B03043511

Activated calcium phosphate

主要用于聚苯乙烯、苯乙烯-丙烯腈、可膨胀聚苯乙烯等作聚合分散剂

【生产厂】[川]四川川润化工有限责任公司(2000吨)〈P2326〉;四川蓝剑化工(集团)有限责任公司〈P2326〉;

[甘]兰化翔鑫工贸有限责任公司〈P2355〉

磷酸铅 B03043601

Lead phosphate [7446-27-7]

【生产厂】[苏]如东县冶炼化工厂(200吨)〈P1837〉

磷酸氢锶 B03043701

Strontium hydrogen phosphate [13450-99-2]

用于三基色荧光粉

【生产厂】[辽]营口金锚化工有限公司〈P1704〉;[苏]南京红熠锶业化工有限公司〈P1784〉;[渝]重庆仙峰锶盐化工有限公司〈P2308〉;重庆华琦精细化工有限公司〈P2305〉;重庆福斯达化工有限公司〈P2304〉;重庆新申锶盐有限公司〈P2308〉

磷酸锂 B03043801

Lithium phosphate [10377-52-3]

主要用于生产彩色荧光粉、特种玻璃、光盘材料等

【生产厂】[赣]新余市东鹏化工有限责任公司〈P2012〉;[川]四川省射洪锂业有限责任公司〈P2331〉

磷酸铝 B03043901

Aluminium phosphate [7784-30-7]

用作玻璃生产助熔剂,陶瓷、牙齿黏结剂及生产润肤剂、防火涂料、导电水泥等的添加剂

【生产厂】[苏]华裕(无锡)制药有限公司〈P1864〉;常熟市辛庄吉祥助剂有限公司〈P1891〉;[豫]巩义市恒星泡花碱厂〈P2162〉

缩合磷酸铝 B03043951

Aluminium phosphate, condensation

用作特种玻璃的助熔剂,也用于陶瓷、牙齿黏结剂、有机合成催化剂等

【生产厂】[冀]石家庄市鑫盛化工有限公司〈P1632〉

磷酸铁 B03044101

Ferric phosphate [10045-86-0]

用作食品和饲料添加剂

【生产厂】[冀]石家庄维平功能食品科技有限公司〈P1633〉;[苏]徐州海成食品添加剂有限公司〈P1794〉;[浙]桐乡市康普达生物科技有限公司〈P1943〉;[川]四川成洪磷化工有限责任公司〈P2332〉;[陕]咸阳银河无机材料有限公司〈P2352〉

磷酸钛;无水磷酸钛 B03044201

Titanium phosphate

用于配制磷化表调剂,用作白色染料、造纸填料、石油化工和有机合成催化剂

【生产厂】[辽]丹东市中和化工厂〈P1700〉;丹东市化学试剂厂〈P1700〉

氟磷酸锶 B03044701

Strontium fluorophosphate

是制作高显色灯的发光材料

【生产厂】[辽]营口金锚化工有限公司〈P1704〉

磷化镁 B03044901

Magnesium phosphide [12057-74-8]

【生产厂】[辽]沈阳丰收农药有限公司〈P1685〉

六氟磷酸钾 B03045211

Potassium hexafluorophosphate [17084-13-8]

用作有机氟取代剂,并用于制取其他六氟磷酸盐

【生产厂】[沪]上海华彩精细化工有限公司〈P1738〉;上海亿际化工有限公司〈P1775〉;[苏]昆山华旭精细化工有限公司〈P1895〉;江苏华昌(集团)有限公司〈P1893〉;盐城市虹艳化工有限公司(100吨)〈P1811〉;[浙]杭州浙大泛科化工有限公司〈P1925〉;浙江莹光化工有限公司〈P1956〉;东阳市向阳化工有限公司〈P1952〉

六氟磷酸钠 B03045221

Sodium hexafluorophosphate [21324-39-0]

用于制取其他六氟磷酸盐

【生产厂】[沪]上海华彩精细化工有限公司〈P1738〉;[浙]东阳市向阳化工有限公司〈P1952〉

六氟磷酸铵 B03045231

Ammonium hexafluorophosphate [16941-11-0]

用作制造其他六氟磷酸盐的原料

【生产厂】[苏]昆山华旭精细化工有限公司〈P1895〉;盐城市虹艳化工有限公司(100吨)〈P1811〉;[浙]杭州浙大泛科化工有限公司〈P1925〉;东阳市向阳化工有限公司〈P1952〉

六氟磷酸锂 B03045241

Lithium hexafluorophosphate [21324-40-3]

可充电锂离子电池

【生产厂】[津]天津化工研究设计院(80吨)〈P1573〉;[苏]盐城市虹艳化工有限公司〈P1811〉;[浙]东阳市向阳化工有限公司〈P1952〉

六氟磷酸钙 B03045261

Calcium hexafluorophosphate

【生产厂】[浙]东阳市向阳化工有限公司〈P1952〉

六氟磷酸钡 B03045271

Barium hexafluorophosphate

【生产厂】[浙]东阳市向阳化工有限公司〈P1952〉

六氟磷酸镁 B03045281

Magnesium hexafluorophosphate

【生产厂】[浙]东阳市向阳化工有限公司〈P1952〉

磷酸氢钡 B03045301

Barium hydrogen phosphate

用于陶瓷及电子工业

【生产厂】[渝]重庆华琦精细化工有限公司〈P2305〉;重庆福斯达化工有限公司〈P2304〉

次磷酸镍 B03045401

Nickel hypophosphite [13477-97-9]

主要用于化学镀镍

【生产厂】[沪]上海大峰草酸有限公司〈P1731〉;[苏]泰兴金缘精细化工有限公司〈P1825〉;[鄂]武汉市江润精细化工有限责任公司〈P2233〉

磷酸硼 B03045501

Boron phosphate

用作有机合成催化剂、热稳定性颜料、石油

B

添加剂、防腐剂、酸性净化剂及生产陶瓷、硼氢化钠的原料

【生产厂】[川]四川蓝剑化工(集团)有限责任公司〈P2326〉;四川友信化工有限责任公司〈P2330〉

二硼氢;乙硼烷;硼烷 B03050101

Boroethane;Diborane;Diboron hexahydride [19287-45-7]

用作高纯度硼单晶及十硼氢的原料,也用作半导体工业的掺杂源

【生产厂】[辽]大连光明特种气体有限公司〈P1691〉

硼烷(气体);乙硼烷(气体);氢化硼 B03050102

Borane;Boron hydride,gas [19287-45-7]

【生产厂】[粤]广州市骏旗气体有限公司〈P2265〉

四硼酸钠(十水);硼砂;月石砂;黄月砂 B03050301

Borax;Sodium borate;Sodium tetraborate,decahydrate [1303-96-4]

用作硼化合物的基本原料,也用于玻璃、搪瓷、有色金属焊接、肥料、原子能工业及电子管等

【生产厂】[津]天津市长河化工有限公司(750 吨)〈P1581〉;[辽]沈阳永兴化工有限公司〈P1690〉;营口启和粉体工业有限公司〈P1704〉;大石桥市兴鹏复合肥有限公司(4 万吨)〈P1703〉;丹东宽甸硼矿(6 万吨)〈P1700〉;[吉]集安经济开发区化工厂(1 万吨)〈P1718〉;[沪]上海威垦化工有限公司〈P1769〉;上海宜鑫化工有限公司〈P1774〉;[苏]江苏省沛县东方化工厂〈P1793〉;[鲁]邹城市中远化工有限公司〈P2134〉

【使用厂】[辽]本溪鹏程化工有限公司〈P1699〉;营口光大阻燃化工有限责任公司〈P1704〉;丹东市化工研究所有限责任公司〈P1700〉;[苏]南京化学工业集团公司如东专用复合肥厂〈P1832〉;[鲁]淄博市淄川华海化工厂〈P2072〉;山东垦利石化有限责任公司〈P2085〉;新汶矿业集团有限责任公司〈P2139〉;莱州市化工三厂〈P2109〉;青州迈特科创材料有限公司〈P2091〉;[川]成都天华科技股份有限公司〈P2315〉;四川特种工程塑料厂〈P2321〉

四硼酸钠(五水);五水硼砂 B03050401

Sodium tetraborate,pentahydrate [12179-04-3]

用作硼化合物的原料、除草剂,也用于彩色玻璃、搪瓷、土壤消毒等

【生产厂】[辽]本溪鹏程化工有限公司(3000 吨)〈P1699〉

四硼酸钠(无水);无水硼砂 B03050451

Sodium tetraborate,anhydrous [1330-43-4]

用于提取硼及硼化合物

【生产厂】[辽]营口辽滨精细化工有限公司〈P1704〉;[粤]广东西陇化工有限公司〈P2276〉

过硼酸钠;高硼酸钠 B03050501

Sodium perborate [7632-04-4]

用作氧化剂、消毒剂、杀菌剂、媒染剂、脱臭剂、电镀溶液添加剂等

【生产厂】[津]天津市长河化工有限公司〈P1581〉;[冀]石家庄冀华化工纺织有限公司〈P1627〉;[沪]上海浦东兴邦化工发展有限公司(480 吨)〈P1756〉;[苏]南通万邦科技精细化工有限公司〈P1836〉;[赣]江西省永泰化工有限公司〈P2011〉

过硼酸钠(四水) B03050505

Sodium perborate,tetrahydrate [10486-00-7]

【生产厂】[津]天津市亚红化工有限公司(4000 吨)〈P1610〉;[苏]镇江市化剂厂〈P1845〉

偏硼酸钾 B03050512

Potassium metaborate [13709-94-9]

【生产厂】[京]北京化工厂〈P1549〉

氟硼酸亚锡 B03050601

Stannous fluoborate [13814-97-6]

用于铜丝的高速镀锡,锡或锡合金电镀液的配制等

【生产厂】[冀]河北雄威化工股份有限公司〈P1648〉;[辽]丹东市中和化工厂〈P1700〉;丹东市化学试剂厂〈P1700〉;[苏]无锡市瑞源化工有限公司〈P1878〉;[浙]东阳市向阳化工有限公司〈P1952〉;[鲁]济南鲁联集团试剂有限公司(150 吨)〈P2023〉;[鄂]武汉市道奇化工公司(50 吨)〈P2232〉;武汉市江润精细化工有限责任公司〈P2233〉;武汉海德化工发展有限公司(500 吨)〈P2229〉

氟硼酸钾 B03050701

Potassium borofluoride;Potassium fluoborate [14075-53-7]

用于热固性树脂磨轮的磨料、含硼合金的原料、热焊和铜焊的助熔剂,还用作低铬酐镀铬及铅锡合金电解液组分

【生产厂】[冀]河北澳鑫锌业有限公司〈P1647〉;河北雄威化工股份有限公司(2000 吨)〈P1648〉;[辽]丹东市中和化工厂(100 吨)〈P1700〉;丹东市化学试剂厂〈P1700〉;[苏]镇江市化剂厂〈P1845〉;无锡市瑞源化工有限公司〈P1878〉;苏州市永达精细化工有限公司(600 吨)〈P1906〉;常熟市辛庄吉祥助剂有限公司〈P1891〉;[浙]浙江三美化工有限公司〈P1955〉;浙江鹰鹏化工有限公司〈P1956〉;浙江莹光化工有限公司〈P1956〉;东阳市向阳化工有限公司〈P1952〉;[鲁]济南化工厂分厂(30 吨)〈P2022〉;济南舜华化工有限公司(30 吨)〈P2025〉;[豫]河南郑顺氟化工有限责任公司(500 吨)〈P2168〉;[鄂]武汉市道奇化工公司〈P2232〉;武汉海德化工发展有限公司〈P2229〉;[湘]湖南湘铝有限责任公司〈P2251〉;衡阳市邦友化工科技有限公司(2000 吨)〈P2252〉

氟硼酸钠 B03050711

Sodium fluoroborate [13755-29-8]

用于纺织印染的树脂整理剂,有色金属的金属粒度改善剂及精炼助熔剂,铝和镁合金铸造砂粒剂

【生产厂】[冀]河北雄威化工股份有限公司〈P1648〉;[辽]丹东市中和化工厂(100 吨)〈P1700〉;丹东市化学试剂厂〈P1700〉;[苏]镇江市化剂厂〈P1845〉;无锡市瑞源化工有限公司〈P1878〉;常熟市辛庄吉祥助剂有限公司〈P1891〉;[浙]浙江莹光化工有限公司〈P1956〉;东阳市向阳化工有限公司〈P1952〉;[鲁]济南舜华化工有限公司(30 吨)〈P2025〉;[鄂]武汉市道奇化工公司〈P2232〉;武汉海德化工发展有限公司〈P2229〉

氟硼酸铵 B03050721

Ammonium fluoroborate [13826-83-0]

用作铝、铜和铝合金焊接助熔剂,镁铸件防氧化添加剂,阻燃剂,农用杀虫、杀菌剂,树脂黏结剂等

【生产厂】[冀]河北雄威化工股份有限公司〈P1648〉;[辽]丹东市中和化工厂(100 吨)〈P1700〉;丹东市化学试剂厂〈P1700〉;[苏]无锡市瑞源化工有限公司〈P1878〉;常熟市辛庄吉祥助剂有限公司〈P1891〉;[浙]浙江莹光化工有限公司〈P1956〉;东阳市向阳化工有限公司〈P1952〉;[鲁]济南舜华化工有限公司(30 吨)〈P2025〉;[鄂]武汉市道奇化工公司〈P2232〉;武汉海德化工发展有限公司〈P2229〉

氟硼酸锆 B03050731

Zirconium fluoroborate

【生产厂】[沪]上海振欣试剂厂〈P1778〉

氟硼酸铅 B03050801

Lead fluoborate [13814-96-5]

用于印刷线路的铅锡合金电镀及铅低温焊接,还可作为电路板锡、铅合金的镀层

【生产厂】[冀]河北雄威化工股份有限公司〈P1648〉;[辽]丹东市化学试剂厂〈P1700〉;[苏]无锡市瑞源化工有限公司〈P1878〉;[浙]东阳市向阳化工有限公司〈P1952〉;[鲁]济南鲁联集团试剂有限公司(150 吨)〈P2023〉;[鄂]武汉市道奇化工公司(50 吨)〈P2232〉;武汉市江润精细化工有限责任公司〈P2233〉;武汉海德化工发展有限公司(800 吨)〈P2229〉

偏硼酸钡 B03050901

Barium metaborate [13701-59-2]

用于涂料、陶瓷工业

【生产厂】[冀]河北辛集化工集团有限责任公司(500 吨)〈P1622〉;[晋]榆次金泰钡盐化工有限公司(1000 吨)〈P1676〉

氮化硼;白石墨;一氮化硼 B03051101

Boron nitride [10043-11-5]

用于制耐火材料、炉子绝缘材料,还用于电子、机械、航空等工业

【生产厂】[辽]营口辽滨精细化工有限公司〈P1704〉;大石桥市兴鹏复合肥有限公司(8 吨)〈P1703〉;丹东市化工研究所有限责任公司(10 吨)〈P1700〉;[鲁]淄博市新皋康特种材料有限公司(200 吨)〈P2071〉;淄博橡塑填料厂〈P2074〉;青州迈特科创材料有限公司(50 吨)〈P2091〉;青州市迈特创新材料有限公司(3 吨)〈P2093〉;[豫]巩义市三星陶瓷材料有限公司(20 吨)〈P2163〉

氮化铝 B03051102

Aluminum nitride [24304-00-5]

是良好的耐热冲击材料,是熔铸纯铁、铝或铝合金理想的坩埚材料

【生产厂】[豫]巩义市三星陶瓷材料有限公司(3 吨)〈P2163〉;河南省龙泉集团医药中间体有限公司(1000 吨)〈P2201〉;[粤]佛山市华雅超微粉体有限公司(2 万吨)〈P2288〉

硼砂(药用) B03051202

Borax, medicinal [1303-96-4]

【生产厂】[京]北京市燕京制药厂〈P1561〉;[粤]广州市汉普医药有限公司〈P2264〉

硼氢化钠;钠硼氢;氢硼化钠 B03051301

Sodium borohydride [16940-66-2]

用作醛类、酮类、酰氯类的还原剂,塑料工业的发泡剂,造纸漂白剂以及医药工业制造双氢链霉素的氢化剂

【生产厂】[津]天津市北斗星精细化工有限公司(200 吨)〈P1580〉;天津市津浩科技发展有限公司〈P1593〉;天津环威精细化工有限公司〈P1574〉;[冀]廊坊格瑞泰化工有限公司〈P1660〉;[沪]上海朗瑞精细化学品有限公司〈P1749〉;上海申宇医药化工有限公司(150 吨)〈P1761〉;[苏]昆山市巴城助剂化工厂〈P1896〉;江苏华昌(集团)有限公司〈P1893〉;江苏华昌化工股份有限公司〈P1893〉;南通宏梓化工有限公司(10 吨)〈P1833〉;[鄂]来凤恒发医药化工集团公司〈P2245〉

【使用厂】[桂]桂林南药股份有限公司〈P2299〉

氰基硼氢化钠 B03051351

Sodium cyanoborohydride; Sodium cyanotrihydroborate [25895-60-7]

【生产厂】[辽]营口三征科技化工有限公司〈P1704〉;[浙]浙江黄岩东升医药化工有限公司〈P1964〉

硼氢化钾;钾硼氢 B03051401

Potassium borohydride [13762-51-1]

用作醛、酮和酰氯类的还原剂,用于制药、纤维素改良、纸浆漂白等

【生产厂】[津]天津市北斗星精细化工有限公司(200 吨)〈P1580〉;天津市津浩科技发展有限公司〈P1593〉;[冀]廊坊格瑞泰化工有限公司〈P1660〉;[沪]上海三微实业有限公司(200 吨)〈P1759〉;上海朗瑞精细化学品有限公司〈P1749〉;上海申宇医药化工有限公司(130 吨)〈P1761〉;[苏]昆山市巴城助剂化工厂〈P1896〉;常熟亚美化工有限公司〈P1892〉;盐城市金港化工有限公司〈P1811〉;南通宏梓化工有限公司(500 吨)〈P1833〉;如皋市金陵试剂厂〈P1838〉;[鄂]武汉市合中化工制造有限公司〈P2232〉;来凤恒发医药化工集团公司〈P2245〉

【使用厂】[津]天津市天庆化工有限公司〈P1605〉;[辽]沈阳丰收农药有限公司〈P1685〉;[吉]辽源市百康药业有限责任公司〈P1717〉;[苏]江苏省溧阳市制药厂〈P1861〉;泗阳县鼠药厂〈P1804〉;[浙]浙江东亚医药化工有限公司〈P1963〉;[鲁]济宁市化工研究所〈P2128〉

硼酐;三氧化二硼;氧化硼;硼酸酐 B03051501

Boric anhydride; Boric oxide; Boron oxide [1303-86-2]

用于制取元素硼和精细硼化合物,制造硼玻璃、光学玻璃、耐热玻璃及玻璃纤维等,还用作油漆阻燃剂和干燥剂

【生产厂】[津]天津市龙胜化工有限公司(2000 吨)〈P1598〉;天津市蓟县园通塑料助剂化工有限公司(3000 吨)〈P1591〉;[辽]营口辽滨精细化工有限公司〈P1704〉;本溪鹏程化工有限公司(3000 吨)〈P1699〉;丹东市化工研究所有限责任公司〈P1700〉;[苏]常熟市辛庄吉祥助剂有限公司〈P1891〉;[陕]西安市优立电子化工有限责任公司(4000 吨)〈P2349〉

硼酸锌 B03051601

Zinc borate [1332-07-6]

用于各种塑料、橡胶、涂料、纤维织物的阻燃处理

【生产厂】[辽]营口光大阻燃化工有限责任公司(2000 吨)〈P1704〉;[黑]哈尔滨亿滨化工有限公司〈P1721〉;[沪]上海众祥经贸有限公司(1200 吨)〈P1779〉;上海南威化工有限公司〈P1754〉;[苏]兴化市松鹤化学试剂厂〈P1828〉;[鲁]济南湘蒙阻燃材料有限公司〈P2026〉;济南泰星精细化工有限公司(300 吨)〈P2026〉;淄博市鲁川化工有限公司〈P2070〉;淄博五维实业有限公司〈P2074〉;安丘市鲁星

化学有限公司(500 吨)〈P2088〉;青州市安达化工有限公司〈P2091〉;[豫]新乡市恒源塑化有限公司(1000 吨)〈P2204〉;[川]成都开飞高能化学工业有限公司〈P2312〉

B

碳化硼 B03051901
Boron carbide [12069-32-8]
粉状物用作研磨材料,模制品可作抗磨材料,也用于原子核反应堆
【生产厂】[吉]敦化正兴磨料有限公司(600 吨)〈P1719〉;[黑]牡丹江金刚钻碳化硼有限公司〈P1723〉;[鲁]潍坊市科纳粉末冶金厂〈P2105〉

五硼酸铵 B03052001
Ammonium pentaborate [12007-89-5]
用于防火木材、防火纺织品、电讯器材及高级玻璃的制造
【生产厂】[苏]江苏省沛县东方化工厂〈P1793〉;南通恒兴电子材料有限公司〈P1833〉

硼酸锂;四硼酸锂 B03052151
Lithium tetraborate [12007-60-2]
用于金属冶炼、珐琅制造及 X 射线荧光分析等
【生产厂】[冀]黄骅市津骅饲料添加剂有限公司〈P1656〉;[苏]镇江市化剂厂〈P1845〉

氟硼酸铜 B03052201
Copper fluoroborate [38465-60-0]
用于镀铅及锡-铅的低温焊接
【生产厂】[冀]河北雄威化工股份有限公司〈P1648〉;[沪]上海振欣试剂厂〈P1778〉;[鄂]武汉市道奇化工公司〈P2232〉;武汉市江润精细化工有限责任公司〈P2233〉;武汉海德化工发展有限公司(80 吨)〈P2229〉

硼酸钙 B03052301
Calcium borate [12040-58-3]
【生产厂】[冀]河北省河间市化工建材厂〈P1655〉;[青]青海利亚达化工厂〈P2359〉

氟硼酸镉 B03052401
Cadmium fluoborate [14486-19-2]
用作有色金属焊剂和电镀液组分
【生产厂】[冀]河北雄威化工股份有限公司〈P1648〉

氟硼酸铬 B03052451
Chromic fluoborate
用于电镀等
【生产厂】[苏]无锡市瑞源化工有限公司〈P1878〉

氟硼酸镍 B03052461
Nickel fluoroborate;Nickel borofluoride [14708-14-6]
用于制造有机合成催化剂、电镀镍、镍焊剂等
【生产厂】[辽]丹东市化学试剂厂〈P1700〉;[苏]无锡市瑞源化工有限公司〈P1878〉

硼酸锶;四硼酸锶 B03052501
Strontium borate
用于搪瓷工业和玻璃工业
【生产厂】[辽]营口金锚化工有限公司〈P1704〉;[渝]重庆福斯达化工有限公司〈P2304〉

硼硅酸铅 B03052701
Lead borosilicate
用于电子管、显像管玻壳以及其他玻璃工业
【生产厂】[苏]靖江市天龙化工有限公司〈P1825〉

二硼化钛 B03052901
Titanium diboride [12045-63-5]
用作火箭喷管、电器触头、电极材料等
【生产厂】[辽]丹东市化工研究所有限责任公司〈P1700〉;[鲁]青州市迈特创新材料有限公司(100 吨)〈P2093〉;[豫]巩义市三星陶瓷材料有限公司(5 吨)〈P2163〉

四硼酸钾;硼酸钾 B03053001
Dipotassium tetraborate;Potassium borate [12007-40-8]
用于制造消毒剂,在化学分析中用作酸滴定的标准物质
【生产厂】[苏]镇江市化剂厂〈P1845〉;常熟市辛庄吉祥助剂有限公司〈P1891〉;[浙]浙江勿忘农生物科技有限公司〈P1928〉

二硼化锆 B03053101
Zirconium diboride
【生产厂】[辽]丹东市化工研究所有限责任公司〈P1700〉

硼化钙 B03053201
Calcium hexaboride [12007-99-7]
用作白云石耐火材料的抗氧化、抗侵蚀和提高热态强度的添加剂,工业中防中子原料等
【生产厂】[辽]营口兄弟硼镁化工有限公司〈P1705〉

硼酸镁 B03053301
Magnesium borate [69667-29-4]
用于金属、塑料、陶瓷等复合材料
【生产厂】[辽]营口兄弟硼镁化工有限公司〈P1705〉

重铬酸钠;红矾钠 B03060201
Sodium dichromate [7789-12-0]
用于制造铬酐及铬盐等,用作鞣革剂、媒染剂,还用于镀锌后钝化处理和金属表面处理,合成染料、樟脑及香料等
【生产厂】[津]天津市安吉瑞化工有限公司〈P1578〉;天津市明洋化工有限公司(1000 吨)〈P1599〉;天津市富强化工厂〈P1587〉;天津市龙胜化工有限公司(800 吨)〈P1598〉;[冀]石家庄冀华化工纺织有限公司〈P1627〉;河北铬盐化工有限公司(2 万吨)〈P1620〉;[蒙]内蒙古黄河铬盐股份有限责任公司(8000 吨)〈P1683〉;[浙]台州市中海医药化工有限公司〈P1962〉;[鲁]济南裕兴化工总厂(1500 吨)〈P2027〉;青岛三凯化工有限公司(3 万吨)〈P2041〉;[豫]洛阳津青工贸有限公司(200 吨)〈P2182〉;洛阳峥洁科工贸有限公司(1000 吨)〈P2188〉;河南省振兴化工集团有限公司(2 万吨)〈P2221〉;[鄂]黄石振华化工有限公司(1000 吨)〈P2236〉;[粤]广东西陇化工有限公司〈P2276〉;潮州市粤东化学工业公司〈P2295〉;[川]四川省安县银河建化集团有限公司(6 万吨)〈P2331〉;[甘]甘肃锦世化工有限责任公司〈P2358〉;甘肃祁源化工有限公司(2 万吨)〈P2357〉;[青]青海铬盐高新科技股份有限公司〈P2359〉;[新]新疆联达集团(实业)股份有限公司(2 万吨)〈P2365〉
【使用厂】[津]天津市津生工贸有限公司〈P1595〉;天津市吉发颜料有限公司〈P1591〉;[冀]石家庄市迅达化工有限责任公司〈P1632〉;[辽]辽阳鸿泰有机化工有限公司〈P1710〉;[黑]牡丹江市红旗化工厂〈P1723〉;[沪]上海铬

黄颜料厂〈P1734〉;上海金联精细化工厂〈P1744〉;[浙]杭州福德化工有限公司〈P1917〉;[鲁]济南市油墨厂〈P2025〉;青岛凯阳化工有限公司〈P2039〉;[鄂]中国石化江汉油田分公司盐化工总厂〈P2246〉;[湘]湖南宁乡县铬黄厂〈P2248〉;[粤]广州化学试剂厂〈P2261〉;[川]成都天华科技股份有限公司〈P2315〉;[滇]云南杨林化工厂〈P2342〉

重铬酸钾;红矾钾 B03060301

Potassium bichromate; Potassium dichromate; Red potassium chromate [7778-50-9]

用于生产铬明矾、氧化铬绿、铬黄颜料、电焊条、印刷油墨,也用作鞣革剂、搪瓷着色剂、印染媒染剂等

【生产厂】[津]天津市安吉瑞化工有限公司〈P1578〉;天津市明洋化工有限公司(60吨)〈P1599〉;天津市北辰区兴发化工厂(3000吨)〈P1580〉;天津市富强化工厂〈P1587〉;天津市龙胜化工有限公司(5000吨)〈P1598〉;津川化工有限公司(2吨)〈P1569〉;天津市津生工贸有限公司(2000吨)〈P1595〉;天津市民强化工厂(500吨)〈P1599〉;[沪]上海金联精细化工厂(1300吨)〈P1744〉;[鲁]青岛三凯化工有限公司〈P2041〉;[豫]洛阳津青工贸有限公司(200吨)〈P2182〉;河南省振兴化工集团有限公司(1万吨)〈P2221〉;[鄂]黄石振华化工有限公司〈P2236〉;[粤]潮州市粤东化学工业公司〈P2295〉;[川]四川省安县银河建化集团有限公司〈P2331〉;[甘]甘肃祁源化工有限公司(5000吨)〈P2357〉;[新]新疆联达集团(实业)股份有限公司〈P2365〉

【使用厂】[津]天津市风船化学试剂科技有限公司〈P1586〉;[冀]石家庄市有机化工厂〈P1632〉;[鲁]淄博化学试剂厂有限公司〈P2062〉;青岛市崂山区晓望化工有限公司〈P2042〉;[豫]焦作鑫安科技股份有限公司〈P2197〉;[粤]广州化学试剂厂〈P2261〉;[川]成都天华科技股份有限公司〈P2315〉

重铬酸铵;红矾铵 B03060401

Ammonium bichromate; Ammonium dichromate [7789-09-5]

用于凹版印刷的照相制版,配制显影液,制造陶瓷釉药、烟火,合成香料、印染媒染剂、塑料和橡胶的发泡剂等

【生产厂】[津]天津市北辰区兴发化工厂(1000吨)〈P1580〉;天津市富强化工厂〈P1587〉;天津市龙胜化工有限公司(4000吨)〈P1598〉;[沪]上海金联精细化工厂(200吨)〈P1744〉;[川]四川省安县银河建化集团有限公司〈P2331〉

碱式硫酸铬;盐基性硫酸铬(固);铬盐精 B03060501

Chromic sulfate, solid; Chromium sulfate, basic, solid [12336-95-7]

主要用于鞣铬和媒染,亦可用于陶瓷釉彩、活性黑染料、绿色油墨及无机铬化合物合成等

【生产厂】[冀]河北铬盐化工有限公司(2000吨)〈P1620〉;[蒙]内蒙古黄河铬盐股份有限责任公司(1000吨)〈P1683〉;[浙]温州美尔诺化工有限公司〈P1937〉;[鲁]济南裕兴化工总厂(5000吨)〈P2027〉;[粤]佛山市海纳化工有限公司〈P2287〉;[甘]甘肃锦世化工有限责任公司〈P2358〉;甘肃祁源化工有限公司(1000吨)〈P2357〉;[新]新疆联达集团(实业)股份有限公司〈P2365〉

【使用厂】[川]四川川化集团成都望江化工厂〈P2318〉

三氧化铬;铬酸酐;铬酐 B03060701

Chromium trioxide; Chromic anhydride [1333-82-0]

用于电镀、制高纯金属铬、染料、合成橡胶及油脂精制等

【生产厂】[京]中国蓝星(集团)总公司〈P1568〉;[津]天津市安吉瑞化工有限公司〈P1578〉;天津市明洋化工有限公司(50吨)〈P1599〉;天津市北辰区兴发化工厂(3000吨)〈P1580〉;天津市富强化工厂〈P1587〉;天津市龙胜化工有限公司(5000吨)〈P1598〉;天津市津生工贸有限公司(3000吨)〈P1595〉;[冀]石家庄冀华化工纺织有限公司〈P1627〉;河北铬盐化工有限公司(1万吨)〈P1620〉;河北大田化工有限公司〈P1658〉;[蒙]内蒙古黄河铬盐股份有限责任公司〈P1683〉;[鲁]济南裕兴化工总厂(3万吨)〈P2027〉;[豫]河南滑县远航化工有限责任公司(600吨)〈P2210〉;洛阳津青工贸有限公司(800吨)〈P2182〉;洛阳峥洁科工贸有限公司(500吨)〈P2188〉;河南省振兴化工集团有限公司(2000吨)〈P2221〉;[鄂]黄石振华化工有限公司(40吨)〈P2236〉;[粤]潮州市粤东化学工业公司〈P2295〉;[川]四川省安县银河建化集团有限公司(2万吨)〈P2331〉;[甘]甘肃锦世化工有限责任公司〈P2358〉;甘肃祁源化工有限公司(1万吨)〈P2357〉;[青]青海铬盐高新科技股份有限公司〈P2359〉;[新]新疆联达集团(实业)股份有限公司(9000吨)〈P2365〉

【使用厂】[豫]开封开化(集团)有限公司〈P2176〉;[鄂]孝感市龙马催化剂有限责任公司〈P2243〉;[湘]衡阳市化工研究所〈P2252〉;衡阳市晨晖化工有限责任公司〈P2252〉;[粤]广州市人民化工厂〈P2265〉;广州化学试剂厂〈P2261〉;[川]成都天华科技股份有限公司〈P2315〉;[陕]宝鸡催化剂厂〈P2350〉

铬酸钾 B03060811

Potassium chromate [7789-00-6]

主要用于制造化学试剂及颜料等

【生产厂】[沪]上海勤化化工有限公司〈P1757〉;上海金联精细化工厂(200吨)〈P1744〉;[粤]广东南海奇瑞德助剂厂〈P2290〉;[川]四川省安县银河建化集团有限公司〈P2331〉

铬酸钠 B03060821

Sodium chromate [10034-82-9]

主要用于制造化学试剂、铬盐产品及颜料等

【生产厂】[沪]上海金联精细化工厂(50吨)〈P1744〉;[鄂]黄石振华化工有限公司〈P2236〉;[粤]广东南海奇瑞德助剂厂〈P2290〉;[渝]重庆仙峰锶盐化工有限公司〈P2308〉;[川]四川省安县银河建化集团有限公司〈P2331〉

铬酸锶;锶铬黄 B03060901

Strontium chromate [7789-06-2]

用于乙烯基树脂着色及用作制锶黄颜料

【生产厂】[沪]上海骏马化工有限公司〈P1746〉;[渝]重庆福斯达化工有限公司〈P2304〉

硝酸铬 B03061001

Chromic nitrate; Chromium nitrate [7789-02-8]

用于制造含铬催化剂,玻璃、陶瓷釉彩,也可用作印染织物的媒染剂、缓蚀剂

【生产厂】[晋]太原欣力化学品有限公司(150吨)〈P1672〉;山西东兴化工有限公司〈P1670〉;太原市欣吉达化工有限公司〈P1672〉;[沪]上海良仁化工有限公司(1000吨)〈P1751〉;上海一心试剂厂〈P1774〉;[鲁]淄博市荣瑞达粉体材料厂〈P2071〉;淄博福春化工有限公司〈P2060〉;[鄂]黄石振华化工有限公司〈P2236〉;[粤]佛山市海纳化工有

B

限公司〈P2287〉

硫酸铬　B03061101

Chromic sulfate; Chromium sulfate [10101-53-8]

用于印染、陶瓷、不溶性凝胶以及制造含铬催化剂、鞣革、油漆和油墨

【生产厂】[沪]上海良仁化工有限公司(1000吨)〈P1751〉;[鄂]黄石振华化工有限公司〈P2236〉;[粤]佛山市海纳化工有限公司〈P2287〉;[陕]咸阳银河无机材料有限公司〈P2352〉

铬酸锂;无水铬酸锂　B03061201

Lithium chromate, anhydrous [14307-35-8]

空调器中用作缓冲剂,水冷系统中用作抗冻防腐剂

【生产厂】[赣]新余市赣锋锂业有限公司〈P2012〉

铬酸钡　B03061501

Barium chromate [10294-40-3]

用于生产安全火柴、陶器、玻璃颜料等

【生产厂】[渝]重庆福斯达化工有限公司〈P2304〉

碱式碳酸铅;铅白;白铅粉　B03070201

Basic lead carbonate; Lead subcarbonate; White lead [1319-46-6]

主要用于油漆,特别适用于制防锈漆和户外用漆

【生产厂】[粤]佛山市鲸鲨制漆科技有限公司〈P2288〉;[渝]重庆新申锶盐有限公司〈P2308〉

碱式碳酸钴　B03070301

Cobaltous carbonate, basic

用于制造钴盐、陶瓷、钴颜料等

【生产厂】[吉]磐石长城精细化工有限公司〈P1716〉;[川]广汉泛太平洋冶金化工金属制品有限公司〈P2324〉

碳酸钴　B03070401

Cobaltous carbonate [513-79-1]

用作选矿剂、催化剂、伪装涂料的颜料、饲料、微肥、陶瓷及生产氧化钴的原料

【生产厂】[冀]河北雄威化工股份有限公司(300吨)〈P1648〉;[辽]澳特钴镍制品(大连)有限公司〈P1690〉;大连宇山化工有限公司(1000吨)〈P1694〉;大连第一有机化工有限公司〈P1691〉;大连亿力化工有限公司〈P1694〉;[沪]上海良仁化工有限公司〈P1751〉;[苏]姜堰市峰峰金属制品厂〈P1823〉;江苏雄风科技股份有限公司〈P1832〉;[浙]浙江嘉利珂钴镍材料有限公司〈P1950〉;慈溪市飞兰有色金属有限公司〈P1929〉;宁波雁门化工有限公司〈P1934〉;浙江黄岩精细化学品集团有限公司〈P1964〉;[赣]赣州钴钨有限责任公司(200吨)〈P2014〉

【使用厂】[粤]广州化学试剂厂〈P2261〉

碱式碳酸铜;碳酸铜　B03070501

Copper carbonate, basic; Copper carbonate [12069-69-1]

用于烟火、农药、颜料、饲料、杀菌剂、防腐等行业及制造铜化合物

【生产厂】[冀]唐山市维智贸易有限公司〈P1636〉;[辽]大连宇山化工有限公司〈P1694〉;[吉]吉林吉恩镍业股份有限公司〈P1715〉;磐石长城精细化工有限公司〈P1716〉;[沪]上海一环化工有限公司〈P1774〉;上海勤化化工有限公司〈P1757〉;上海勤翔化工有限公司〈P1757〉;上海朗瑞精细化学品有限公司〈P1749〉;上海博呈化工有限公司〈P1729〉;上海良仁化工有限公司〈P1751〉;[苏]上海斌顺金属材料有限公司〈P1898〉;吴江市锦联化工有限公司〈P1910〉;吴江市绿艳化工厂〈P1910〉;昆山市远洋化工有限公司〈P1898〉;常熟市金城化工有限公司〈P1890〉;江苏省淮阴市清浦精细化工厂(300吨)〈P1803〉;[粤]深圳市绿环化工实业有限公司(4000吨)〈P2271〉;广东南海奇瑞德助剂厂〈P2290〉

【使用厂】[津]天津市风船化学试剂科技有限公司〈P1586〉

碱式碳酸锌　B03070701

Zinc carbonate, basic [5970-47-8]

用于轻型收敛剂和乳胶制品、皮肤保护剂、人造丝的生产和脱硫剂

【生产厂】[冀]石家庄市鑫源锌业有限责任公司〈P1632〉;河北省景县鑫源橡胶化工有限公司〈P1666〉;河北澳鑫锌业有限公司〈P1647〉;[沪]上海碧泉化工有限公司〈P1729〉;[苏]常州东南鹏程化工有限公司(2000吨)〈P1846〉;常州市武进康佳化工有限公司(2000吨)〈P1854〉;[鲁]阳谷中天锌业有限公司(5000吨)〈P2154〉;青岛白玉化工有限公司(300吨)〈P2032〉;[豫]南乐县鑫丰化工有限公司(800吨)〈P2213〉;洛阳市蓝天化工厂(2000吨)〈P2184〉;[桂]柳州锌品股份有限公司(3500吨)〈P2298〉;柳州有色冶炼股份有限公司〈P2298〉;[川]广汉泛太平洋冶金化工金属制品有限公司〈P2324〉;[甘]兰州黄河锌品有限责任公司(2000吨)〈P2355〉;白银红鹭粉体材料有限公司〈P2357〉

碳酸锌　B03070751

Zinc carbonate [3486-35-9]

主要用于制透明橡胶产品、锌白、陶瓷等

【生产厂】[津]天津市鹏晟泰精细化工有限公司(500吨)〈P1600〉;[沪]上海岷珉氧化锌有限公司〈P1753〉;[苏]常州市麦登橡塑化工有限公司〈P1853〉;[浙]杭州五圣圆化学有限公司〈P1923〉;[豫]郑州市永昌化工有限公司(7000吨)〈P2174〉;[甘]白银红鹭粉体材料有限公司〈P2357〉

【使用厂】[粤]广州第十一橡胶厂〈P2260〉

碱式碳酸镍　B03070901

Nickel carbonate, basic [12244-51-8]

用作催化剂原料、电镀液组分及制其他镍盐

【生产厂】[辽]中国石油抚顺石油化工公司〈P1699〉;大连宇山化工有限公司〈P1694〉;[吉]磐石长城精细化工有限公司〈P1716〉

碳酸镍　B03071001

Nickel carbonate [3333-67-3]

用于催化剂、电镀、陶瓷等工业

【生产厂】[冀]河北雄威化工股份有限公司(200吨)〈P1648〉;[辽]大连亿力化工有限公司〈P1694〉;[吉]吉林吉恩镍业股份有限公司〈P1715〉;[沪]上海勤化化工有限公司〈P1757〉;上海勤翔化工有限公司〈P1757〉;上海勤工无机盐有限公司〈P1757〉;上海南威化工有限公司〈P1754〉;上海汇龙化工有限公司〈P1741〉;上海良仁化工有限公司〈P1751〉;上海一心试剂厂〈P1774〉;[苏]无锡市鑫兴化工厂〈P1880〉;上海斌顺金属材料有限公司〈P1898〉;吴江市锦联化工有限公司〈P1910〉;姜堰市峰峰金属制品厂〈P1823〉;[浙]浙江黄岩精细化学品集团有限公司〈P1964〉;衢州市台胞投资经贸有限公司〈P1958〉;[赣]赣州钴钨有限责任公司〈P2014〉;[鲁]潍坊万源化工有限公司〈P2106〉;[渝]重庆冶炼(集团)有限责任公司〈P2308〉

碳酸铵　B03071101

Neodymium carbonate [38245-38-4]

用于玻璃脱色剂、着色剂及电容器材料等

【生产厂】[苏]阜宁稀土实业有限公司〈P1806〉;[鲁]淄博市荣瑞达粉体材料厂〈P2071〉;[甘]甘肃稀土集团有限责任公司〈P2357〉

碳酸钡;沉淀碳酸钡;毒重石　B03071201

Barium carbonate [513-77-9]

主要用于制造光学玻璃、显像管玻壳和钡磁性材料,是制造其他钡盐、陶瓷、搪瓷、颜料、焊条的原料

【生产厂】[津]天津化工研究设计院(5000 吨)〈P1573〉;[冀]石家庄冀华化工纺织有限公司〈P1627〉;河北辛集化工集团有限责任公司〈P1622〉;邢台银尊钡盐有限责任公司(2 万吨)〈P1644〉;[晋]榆次金泰钡盐化工有限公司〈P1676〉;[辽]沈阳永兴化工有限公司〈P1690〉;[沪]上海跃江钛白化工制品有限公司〈P1776〉;上海博呈化工有限公司〈P1729〉;[苏]江苏省通州市化学试剂厂〈P1831〉;南通市飞宇精细化学品有限公司〈P1835〉;[鲁]山东宝沣化工集团公司〈P2051〉;山东博山环宇实业公司〈P2051〉;安丘市宏儒化工公司〈P2088〉;青岛红星化工集团有限责任公司(30 万吨)〈P2036〉;青岛三凯化工有限公司〈P2041〉;莒南县泰祥化肥有限公司(5000 吨)〈P2147〉;枣庄永利化工有限公司(5 万吨)〈P2081〉;[豫]洛阳市恩迪化工有限公司(2 万吨)〈P2183〉;洛阳市正天化工有限公司(900 吨)〈P2187〉;洛阳中原化工有限责任公司(3000 吨)〈P2188〉;河南省华兴钡业有限责任公司(2 万吨)〈P2221〉;[鄂]武汉市合中化工制造有限公司〈P2232〉;湖北京山县楚天钡盐有限责任公司(5 万吨)〈P2241〉;[湘]衡阳万峰化工有限公司(4 万吨)〈P2253〉;[渝]重庆市川渝矿业有限责任公司(5 万吨)〈P2306〉;[川]自贡市达成化工制造有限公司〈P2322〉;[黔]贵州宏凯化工有限公司(5 万吨)〈P2338〉;[陕]西安天路电子材料有限公司〈P2349〉

【使用厂】[冀]河北邢台化学试剂有限责任公司〈P1642〉;河北雄威化工股份有限公司〈P1648〉;[沪]上海科创化工有限公司〈P1748〉;[鲁]青岛红星化工集团自力实业公司〈P2037〉;山东联盟化工集团有限公司〈P2096〉;[川]自贡市张家坝化工建材厂〈P2322〉;[陕]宝鸡催化剂厂〈P2350〉

高纯碳酸钡　B03071203

Barium carbonate, high purity [513-77-9]

用于电子陶瓷、PTC 热敏电阻、电容器等多种电子元器件的制造

【生产厂】[冀]河北省辛集市纳新电子材料有限公司(900 吨)〈P1622〉;河北辛集化工集团有限责任公司(1000 吨)〈P1622〉;[苏]东台市金源荧光材料厂〈P1805〉;[鲁]山东博山环宇实业公司〈P2051〉;[渝]重庆仙峰锶盐化工有限公司〈P2308〉;重庆华琦精细化工有限公司〈P2305〉;重庆福斯达化工有限公司〈P2304〉;重庆新申锶盐有限公司〈P2308〉;重庆元和精细化工有限公司〈P2308〉

碳酸钙　B03071300

Calcium carbonate [471-34-1]

用于生产水泥、陶瓷、石灰、二氧化碳、粉笔、人造石、油灰,并用作颜料、中和剂、擦光剂、塑料与橡胶填充剂

【生产厂】[津]天津市天福精细化工有限公司(850 吨)〈P1604〉;天津市精细化学制剂厂(800 吨)〈P1596〉;[冀]石家庄市新星化炭有限公司〈P1631〉;河北陆德精细化工有限公司〈P1620〉;石家庄市三兴钙业有限公司〈P1631〉;衡水立车企业集团〈P1668〉;[黑]牡丹江市顺达电石有限责任公司〈P1724〉;[沪]上海跃江钛白化工制品有限公司〈P1776〉;宝山钢铁股份有限公司化工分公司〈P1726〉;上海越达微纳粉体材料有限公司〈P1777〉;[苏]宜兴市卫星化工有限公司〈P1887〉;吴县市碳酸钙厂(2 万吨)〈P1911〉;江苏省通州市化学试剂厂(200 吨)〈P1831〉;南通市飞宇精细化学品有限公司〈P1835〉;[浙]建德市锦春精细钙业有限公司(15 万吨)〈P1926〉;诸暨市化工研究所〈P1952〉;[赣]江西省泰华碳酸钙有限责任公司(8 万吨)〈P2016〉;[鲁]淄博鑫桥化工有限公司(1 万吨)〈P2074〉;淄博张店丽龙化工厂〈P2076〉;淄博市汉圣化工有限公司〈P2068〉;平度市滑石矿业有限公司〈P2032〉;[豫]偃师乳酸有限公司(800 吨)〈P2188〉;[甘]甘肃古浪氰胺有限责任公司(2 万吨)〈P2356〉

【使用厂】[晋]南风化工集团股份有限公司〈P1678〉;山西文通钾盐集团有限公司〈P1670〉;[辽]同联集团沈阳抗生素厂〈P1690〉;[吉]吉林省众力化工有限公司〈P1716〉;[沪]上海一品国际颜料有限公司〈P1774〉;上海科创化工有限公司〈P1748〉;上海华美助剂厂精细化工分厂〈P1739〉;上海一环化工有限公司〈P1774〉;[苏]无锡市第五橡胶厂〈P1875〉;淮阴市染料化工厂〈P1802〉;[皖]安庆市特种橡塑制品有限责任公司〈P1980〉;[闽]中亚涂料(石狮)有限公司〈P2001〉;[赣]海利贵溪化工农药有限公司〈P2013〉;[鲁]济南泰山金鹏涂料有限公司〈P2025〉;济南鲁联集团橡胶制品有限公司〈P2023〉;淄博市临淄东方红化工厂〈P2068〉;山东梁山蓝天化工有限公司〈P2131〉;日照金禾生化集团有限公司〈P2139〉;新泰泰山生化有限公司〈P2139〉;肥城阿斯德化工有限公司〈P2134〉;中国石油化工股份有限公司齐鲁石化股份公司〈P2057〉;济宁同利橡胶制品有限责任公司〈P2129〉;山东东岳化工股份有限公司〈P2052〉;山东春潮色母料有限公司〈P2135〉;山东景阳岗软管总厂〈P2153〉;东营市博美特化工有限责任公司〈P2081〉;青岛扶桑精制加工有限公司〈P2034〉;桓台县聚鑫福利化工厂〈P2049〉;临邑县精细化工厂〈P2143〉;山东高青达盛源化工有限公司〈P2052〉;青岛柯丽亚(韩国)胶带有限公司〈P2039〉;山东省巨野凌峰化工原料有限公司〈P2160〉;青州振利化工有限公司〈P2094〉;[豫]巩义市碱业有限公司〈P2163〉;郑州中原应用技术研究开发有限公司〈P2176〉;[湘]湖南银海石化集团有限公司〈P2249〉;株洲市湘江橡胶制品厂〈P2250〉;[粤]东莞荣盛颜料有限公司〈P2279〉;[桂]桂林市旺山化工有限责任公司〈P2299〉;桂林市红星化工有限责任公司〈P2299〉;[川]乐山三九长征药业股份有限公司〈P2332〉

碳酸钙(药用);药用碳酸钙　B03071302

Calcium carbonate, medicinal [471-34-1]

医药行业中用于药品的填充、补钙保健品等

【生产厂】[沪]中外合资上海大宇生化有限公司(1000 吨)〈P1780〉;上海碳酸钙厂(6000 吨)〈P1767〉;[苏]常州碳酸钙有限公司〈P1857〉;[浙]安吉豪森药业有限公司〈P1944〉;桐乡市康普达生物科技有限公司〈P1943〉;[滇]云南师范大学化工厂〈P2341〉;[陕]山阳奥科粉体有限公司(3 万吨)〈P2354〉

轻质碳酸钙;沉淀碳酸钙;轻钙;沉降碳酸钙　B03071501

Calcium carbonate, light [471-34-1]

主要用于橡胶、塑料、造纸和涂料、油墨等工业中作填充剂,并可用于牙粉、牙膏、化妆品等日化用品中

【生产厂】[津]天津市玉新化工有限公司〈P1612〉;[冀]河北陆德精细化工有限公司〈P1620〉;井陉永顺化工有限公司〈P1625〉;石家庄市三兴钙业有限公司(3000 吨)〈P1631〉;

河北宁宇化工有限公司(3 万吨)〈P1620〉;唐山天盈化工有限责任公司(6 万吨)〈P1636〉;[晋]山西玉新双氰胺有限公司〈P1674〉;[吉]磐石飞龙实业有限公司〈P1717〉;[沪]上海碳酸钙厂(4 万吨)〈P1767〉;上海东升高旭化工有限公司〈P1732〉;上海申亚碳酸钙厂(1 万吨)〈P1761〉;上海石粉厂有限公司〈P1762〉;上海越达微纳粉体材料有限公司〈P1777〉;[苏]常州碳酸钙有限公司〈P1857〉;江苏澄星磷化工股份有限公司〈P1865〉;吴县市碳酸钙厂(2 万吨)〈P1911〉;连云港市竞生化工有限公司(5000 吨)〈P1799〉;如皋市中如化工有限公司(2 万吨)〈P1839〉;[浙]杭州先进科技化工有限公司〈P1923〉;浙江建德建业有机化工有限公司〈P1928〉;建德市荣盛塑业制造有限公司〈P1926〉;长兴明华精细化工有限公司〈P1944〉;衢州金牛碳酸钙有限责任公司〈P1957〉;[皖]安徽省明光市曼迪矿业科技有限公司〈P1982〉;怀宁县月山化工原料有限公司(5 万吨)〈P1980〉;[赣]萍乡市碳酸钙实业有限公司(2 万吨)〈P2012〉;江西省兴国县金莹氟业有限责任公司〈P2014〉;[鲁]淄博东高化工有限公司(5 万吨)〈P2059〉;淄博润湖工贸有限公司(5000 吨)〈P2066〉;淄博凤凰山冶金材料有限公司浩源钙厂〈P2060〉;淄博大众食用化工有限公司(2 万吨)〈P2059〉;淄博锦川洪峰化工有限公司(5 万吨)〈P2063〉;[豫]焦作鑫安科技股份有限公司(5 万吨)〈P2197〉;焦作市山阳区北方化工厂(2000 吨)〈P2196〉;许昌市物团化工有限公司〈P2219〉;[桂]广西贵糖(集团)股份有限公司〈P2301〉;广西桂林市来生滑石制品有限责任公司〈P2298〉;桂林市五环实业开发有限公司〈P2299〉;桂林市旺山化工有限责任公司(5 万吨)〈P2299〉;忻城县第一化工厂(7000 吨)〈P2298〉;[陕]陕西省礼泉化工厂(5000 吨)〈P2352〉;[新]新疆未来碳酸钙有限责任公司(2 万吨)〈P2364〉

【使用厂】[津]天津市延安化工厂〈P1610〉;天津燕海化学有限公司〈P1616〉;天津市津兆福利橡胶制品厂〈P1595〉;[沪]上海家具涂料厂〈P1742〉;[苏]江苏灶星农化有限公司〈P1809〉;[皖]马鞍山市康华化工有限公司〈P1977〉;[鲁]新汶矿业集团有限责任公司〈P2139〉;淄博三鹏化工有限责任公司〈P2066〉;安丘市鲁星化学有限公司〈P2088〉;[豫]河南省开仑化工有限责任公司〈P2211〉

碱式含镁碳酸钙;轻质含镁碳酸钙　B03071511

Calcium magnesium carbonate, basic

【生产厂】[冀]石家庄金美化工有限公司(1 万吨)〈P1627〉

超细轻质碳酸钙　B03071701

Calcium carbonate, light and superfine [471-34-1]

广泛用于塑料、橡胶、涂料、造纸等行业,用作填料及补强剂

【生产厂】[冀]廊坊开发区津信超细化工有限公司(500 吨)〈P1660〉;[浙]杭州先进科技化工有限公司〈P1923〉;[鲁]淄博海诺化工有限公司〈P2061〉;淄博鸿盛微细碳酸钙厂(4000 吨)〈P2061〉;淄博张店弘利超微细粉体厂〈P2076〉;淄博华联钙业有限公司〈P2061〉;垦利三合新材料科技有限责任公司(4000 吨)〈P2084〉;[粤]广福建材(蕉岭)精化有限公司〈P2277〉;湛港宏富实业有限公司〈P2293〉

超细碳酸钙　B03071702

Calcium carbonate, superfine [471-34-1]

用于提高聚氯乙烯软质制品的抗挠曲性,也广泛用于橡胶、胶黏剂和密封胶作填料和补强剂

【生产厂】[京]北京利国伟业超细粉体有限公司〈P1554〉;[冀]石家庄市三兴钙业有限公司(3000 吨)〈P1631〉;河北宁宇化工有限公司(1 万吨)〈P1620〉;[晋]山西玉新双氰胺有限公司〈P1674〉;[沪]上海申亚碳酸钙厂〈P1761〉;[赣]江西省高峰化工矿业发展有限公司〈P2016〉;[鲁]淄博润湖工贸有限公司(1000 吨)〈P2066〉;[豫]郑州豫华助剂有限公司〈P2175〉;濮阳中原三力第二化工有限公司(2000 吨)〈P2216〉;[陕]陕西省礼泉化工厂(1 万吨)〈P2352〉

重质碳酸钙;单飞粉;双飞粉;三飞粉;四飞粉　B03071801

Calcium carbonate, heavy [471-34-1]

用于生产无水氯化钙、重铬酸钠、玻璃、水泥、建筑材料等

【生产厂】[京]北京凤礼精求商贸有限责任公司〈P1547〉;[冀]唐山天盈化工有限责任公司〈P1636〉;廊坊开发区津信超细化工有限公司〈P1660〉;[辽]海城市合成微细钼石粉厂〈P1697〉;[吉]磐石飞龙实业有限公司〈P1717〉;[黑]牡丹江市顺达电石有限责任公司〈P1724〉;[沪]上海碳酸钙厂(2 万吨)〈P1767〉;上海一环化工有限公司(1 万吨)〈P1774〉;上海东升高旭化工有限公司〈P1732〉;上海焦化有限公司钛白粉分公司〈P1743〉;上海申亚碳酸钙厂(2 万吨)〈P1761〉;上海石粉厂有限公司(2 万吨)〈P1762〉;上海汇集新材料股份有限公司〈P1741〉;上海越达微纳粉体材料有限公司〈P1777〉;[苏]常州碳酸钙有限公司〈P1857〉;连云港市竞生化工有限公司(2 万吨)〈P1799〉;建湖县建磷肥料化工有限公司(1 万吨)〈P1807〉;如皋市中如化工有限公司〈P1839〉;[浙]杭州稳健钙业有限公司〈P1923〉;建德市龙华塑化有限公司〈P1926〉;建德市荣盛塑业制造有限公司〈P1926〉;[皖]安徽省明光市曼迪矿业科技有限公司〈P1982〉;[闽]福建省三农碳酸钙有限责任公司钙品分公司(7 万吨)〈P1995〉;[鲁]淄博明升精细化工厂(1000 吨)〈P2065〉;淄博张店湖田新兴重钙厂(1300 吨)〈P2076〉;淄博张店金泉化工厂〈P2076〉;临淄重质碳酸钙厂(1000 吨)〈P2051〉;山东齐鲁乙烯化工股份有限公司(6000 吨)〈P2054〉;[豫]焦作市山阳区北方化工厂(2000 吨)〈P2196〉;[粤]广福建材(蕉岭)精化有限公司〈P2277〉;[桂]广西桂林市来生滑石制品有限责任公司〈P2298〉;桂林市五环实业开发有限公司〈P2299〉;永福县宏发重晶石矿粉有限公司(5 万吨)〈P2300〉;忻城县第一化工厂(1 万吨)〈P2298〉;[陕]陕西省礼泉化工厂〈P2352〉;[新]新疆未来碳酸钙有限责任公司〈P2364〉

【使用厂】[沪]中外合资上海大宇生化有限公司〈P1780〉;[鲁]新汶矿业集团有限责任公司〈P2139〉;[豫]郑州水晶股份有限公司〈P2174〉;[桂]广西岑溪凤凰柠檬酸有限公司〈P2300〉

活性重质碳酸钙　B03071901

Activated heavy calcium carbonate [471-34-1]

可代替部分半补强炭黑作橡胶补强剂,还用于造纸、塑料、油漆等方面

【生产厂】[黑]牡丹江市顺达电石有限责任公司〈P1724〉;[沪]上海碳酸钙厂(6000 吨)〈P1767〉;上海申亚碳酸钙厂〈P1761〉;上海汇集新材料股份有限公司〈P1741〉;上海越达微纳粉体材料有限公司〈P1777〉;[苏]常州碳酸钙有限公司〈P1857〉;[浙]杭州富阳国诚化工有限公司〈P1917〉;[鲁]淄博张店丽龙化工厂〈P2076〉

胶质碳酸钙;苛化碳酸钙;活化碳酸钙　B03072001

Calcium carbonate, activated; Colloidal calcium carbonate [471-34-1]

用于橡胶、电线、人造革、涂料、油墨、纸张等的填充料

【生产厂】[沪]上海碳酸钙厂(2000 吨)〈P1767〉;[赣]江西

省泰华碳酸钙有限责任公司(5000吨)〈P2016〉

超细重质碳酸钙 B03072101

Superfine heavy calcium carbonate [471-34-1]

用于橡胶、塑料、造纸、建筑材料以及医药和食品等领域

【生产厂】[京]北京利国伟业超细粉体有限公司(2000吨)〈P1554〉;[沪]上海碳酸钙厂(3000吨)〈P1767〉;上海美林康精细化工有限公司〈P1753〉;[苏]常州碳酸钙有限公司〈P1857〉;江苏群发化工有限公司(20万吨)〈P1816〉;扬州市群鑫粉体材料有限公司(2万吨)〈P1819〉;[浙]杭州浙地矿产科技有限公司〈P1925〉;杭州富阳国诚化工有限公司〈P1917〉;建德市龙华塑化有限公司(2万吨)〈P1926〉;[皖]安徽国风集团有限公司〈P1971〉;[赣]江西省高峰化工矿业发展有限公司〈P2016〉;[鲁]淄博海诺化工有限公司〈P2061〉;淄博鸿盛微细碳酸钙厂(1万吨)〈P2061〉;淄博张店弘利超微细粉体厂〈P2076〉;淄博华联钙业有限公司〈P2061〉;淄博市汉圣化工有限公司〈P2068〉;潍坊恒兴化工有限公司(1万吨)〈P2102〉;[粤]湛港宏富实业有限公司〈P2293〉;[桂]广西贺州市科隆粉体有限公司〈P2300〉

碳酸钙(纳米级);纳米碳酸钙 B03072191

Calcium carbonate, nanometre [471-34-1]

用于造纸、水溶性乳胶漆、塑料填充改性等

【生产厂】[晋]山西芮城华新纳米材料有限公司〈P1679〉;山西兰花煤炭实业集团有限公司(15万吨)〈P1675〉;[苏]常州碳酸钙有限公司〈P1857〉;[皖]安徽巢东纳米材料科技有限公司(3万吨)〈P1984〉;[赣]江西省泰华碳酸钙有限责任公司(1万吨)〈P2016〉;江西华明纳米碳酸钙有限公司(4万吨)〈P2016〉;萍乡市碳酸钙实业有限公司(1万吨)〈P2012〉;[鲁]山东海泽纳米有限公司(6万吨)〈P2135〉;山东盛大科技(集团)股份有限公司(6万吨)〈P2136〉;[豫]河南省南乐县金九涂料厂〈P2212〉;河南科力新材料股份有限公司(10万吨)〈P2217〉;[粤]恩平市嘉维化工实业有限公司(9万吨)〈P2284〉;[川]成都正光科技股份有限公司〈P2317〉

碳酸铈 B03072201

Cerium carbonate; Cerous carbonate [54451-25-1]

用于制氯化铈及白炽灯罩

【生产厂】[冀]保定市满城华保稀土有限公司〈P1646〉;[蒙]内蒙古包钢稀土高科技股份有限公司〈P1681〉;内蒙古和发稀土科技开发股份有限公司〈P1681〉;[沪]上海博呈化工有限公司〈P1729〉;[苏]阜宁稀土实业有限公司〈P1806〉;[鲁]淄博市荣瑞达粉体材料厂〈P2071〉;[甘]甘肃稀土集团有限责任公司(600吨)〈P2357〉

碳酸锂 B03072301

Lithium carbonate [554-13-2]

用于锂化合物及搪瓷、玻璃制造,医药上用作治疗狂躁抑郁性精神病药物

【生产厂】[蒙]通辽市通华蓖麻化工有限责任公司〈P1682〉;[沪]上海博呈化工有限公司〈P1729〉;上海中锂实业有限公司(2000吨)〈P1779〉;[苏]徐州恩华药业集团有限责任公司〈P1794〉;[鄂]武汉市合中化工制造有限公司〈P2232〉;[渝]重庆福斯达化工有限公司〈P2304〉;[川]中信国安锂业科技有限责任公司〈P2320〉;成都开飞高能化学工业有限公司〈P2312〉;四川省射洪锂业有限责任公司(2500吨)〈P2331〉;[青]青海盐湖科技开发有限公司(1万吨)〈P2360〉

【使用厂】[津]天津市延安化工厂〈P1610〉;[冀]河北雄威化工股份有限公司〈P1648〉;[川]自贡市金典化工有限公司〈P2322〉

碳酸锂(高纯);高纯碳酸锂 B03072331

Lithium carbonate, high purity [554-13-2]

主要用于制作钽酸锂、铌酸锂等声学级单晶、光学级单晶等

【生产厂】[沪]上海中锂实业有限公司(20吨)〈P1779〉;[赣]新余市赣锋锂业有限公司〈P2012〉;新余市东鹏化工有限责任公司〈P2012〉;[川]四川省射洪锂业有限责任公司〈P2331〉

碳酸锶 B03072501

Strontium carbonate [1633-05-2]

用于制造彩电阴极射线管、电磁铁、锶铁氧体、烟火、荧光玻璃、信号弹等,也是生产其他锶盐的原料

【生产厂】[冀]石家庄冀华化工纺织有限公司〈P1627〉;河北辛集化工集团有限责任公司(5万吨)〈P1622〉;衡水立车企业集团〈P1668〉;[辽]营口金锚化工有限公司〈P1704〉;[沪]上海博呈化工有限公司〈P1729〉;[苏]南京红熠锶业化工有限公司〈P1784〉;南京金焰锶业有限公司〈P1786〉;南通市飞宇精细化学品有限公司〈P1835〉;[鲁]安丘市宏儒化工公司〈P2088〉;青岛红星化工集团有限责任公司(14万吨)〈P2036〉;青岛三凯化工有限公司〈P2041〉;枣庄永利化工有限公司(2万吨)〈P2081〉;[豫]新乡安玻化工材料有限公司(2万吨)〈P2203〉;[湘]衡阳万峰化工有限公司〈P2253〉;[渝]重庆仙峰锶盐化工有限公司(4500吨)〈P2308〉;重庆华琦精细化工有限公司(5吨)〈P2305〉;重庆福斯达化工有限公司〈P2304〉;重庆福润化工有限公司〈P2304〉;[川]自贡市张家坝化工建材厂(3000吨)〈P2322〉;[青]青海山川矿业发展股份有限公司(5万吨)〈P2359〉;[宁]宁夏西域龙化工有限公司(1万吨)〈P2361〉

【使用厂】[津]天津化工研究设计院〈P1573〉;[冀]河北雄威化工股份有限公司〈P1648〉

高纯碳酸锶 B03072511

Strontium carbonate, high purity [1633-05-2]

用于电子元件、焰火材料、彩虹玻璃、其他锶盐制备等

【生产厂】[冀]河北省辛集市纳新电子材料有限公司(100吨)〈P1622〉;[苏]南京金焰锶业有限公司〈P1786〉;东台市金源荧光材料厂〈P1805〉;[渝]重庆福斯达化工有限公司〈P2304〉;重庆新申锶盐有限公司〈P2308〉;重庆元和精细化工有限公司〈P2308〉

碳酸锶(电子级) B03072531

Strontium carbonate, electronic grade [1633-05-2]

用作专用PTC热敏电阻元件(开关启动、消磁、限流保护、恒温发热等)生产的基础粉料

【生产厂】[冀]河北辛集化工集团有限责任公司〈P1622〉;[苏]江苏省通州市化学试剂厂〈P1831〉;[鲁]山东博山环宇实业公司〈P2051〉

碳酸镁 B03072601

Magnesium carbonate [546-93-0]

用于制造镁盐、氧化镁、防火涂料、油墨、玻璃、牙膏、橡胶填料等,食品中用作面粉改良剂、面包膨松剂等

【生产厂】[冀]石家庄金美化工有限公司〈P1627〉;河北省高邑县高达化工有限责任公司〈P1621〉;[沪]上海跃江钛白化工制品有限公司〈P1776〉;上海朗瑞精细化学品有限公司〈P1749〉;[苏]无锡市泽辉化工有限公司(500吨)〈P1881〉;连云港格兰特化工食品添加剂有限公司(1000

B

吨)〈P1798〉;连云港市海镁化工有限公司〈P1799〉;连云港市新浦源鑫化工厂(1200吨)〈P1800〉;南通市飞宇精细化学品有限公司〈P1835〉;[浙]诸暨市化工研究所〈P1952〉;[鲁]潍坊永安科技有限公司〈P2106〉;山东寿光昌达化工有限公司〈P2098〉;青岛三凯化工有限公司〈P2041〉;邹城市中远化工有限公司(5000吨)〈P2134〉;[豫]河南兴发镁业有限责任公司〈P2191〉;[鄂]武汉市合中化工制造有限公司〈P2232〉

【使用厂】[津]天津市风船化学试剂科技有限公司〈P1586〉;[冀]河北雄威化工股份有限公司〈P1648〉;[鲁]山东淄博南韩化工有限公司〈P2056〉;山东省莱州市中天镁业化工有限公司〈P2115〉;[粤]广州化学试剂厂〈P2261〉

药用碳酸镁　　B03072602

Magnesium carbonate, medicinal [546-93-0]

用作制造中和胃酸和治疗十二指肠溃疡的药物

【生产厂】[冀]河北佰斯特化工有限公司(1000吨)〈P1619〉;河北省高邑县高达化工有限责任公司〈P1621〉;河北邢台冶金镁业有限公司〈P1642〉;[辽]营口奥达制药有限公司〈P1703〉;盘锦兴海制药有限公司〈P1706〉;[浙]诸暨丰盈化工有限公司(100吨)〈P1952〉;[滇]云南师范大学化工厂〈P2341〉

轻质碳酸镁;碱式碳酸镁;盐基性碳酸镁　　B03072701

Magnesium carbonate, light [53678-75-4]

在化妆品中用作香料载体,主要用在香粉、婴儿用粉中

【生产厂】[京]北京凤礼精求商贸有限责任公司〈P1547〉;[冀]石家庄金美化工有限公司(2000吨)〈P1627〉;河北佰斯特化工有限公司(1000吨)〈P1619〉;河北省高邑县高达化工有限责任公司(1000吨)〈P1621〉;石家庄林峰化工有限公司(1500吨)〈P1628〉;石家庄市鑫源锌业有限责任公司〈P1632〉;[苏]连云港市九盛化工厂〈P1799〉;[鲁]山东恒欣镁业有限责任公司(8000吨)〈P2113〉;山东寿光昌达化工有限公司〈P2098〉;[川]四川省汉源县元康实业有限责任公司〈P2336〉;[青]青海利亚达化工厂〈P2359〉

碳酸镉　　B03072901

Cadmium carbonate [513-78-0]

用作制造涤纶的中间体、玻璃色素的助熔剂、有机反应的催化剂、塑料增塑剂、稳定剂以及生产镉盐的原料

【生产厂】[津]天津市鹏晟泰精细化工有限公司(300吨)〈P1600〉;[沪]上海碧泉化工有限公司〈P1729〉;上海天光化工厂〈P1767〉;上海博呈化工有限公司〈P1729〉;[苏]江阴市天鹏玻搪颜料化工厂〈P1871〉;[湘]湖南金环颜料有限公司〈P2250〉;湖南信诺颜料科技有限公司〈P2251〉

碳酸镧　　B03073001

Lanthanum carbonate [54451-24-0]

【生产厂】[冀]保定市满城华保稀土有限公司〈P1646〉;[鲁]淄博市荣瑞达粉体材料厂〈P2071〉

重质碳酸钾　　B03073211

Potassium carbonate, heavy [584-08-7]

主要用于电子工业显像管玻壳的制造、化肥生产脱碳、钾盐制造

【生产厂】[川]成都化工股份有限公司(1万吨)〈P2311〉

碳酸锰;碳酸亚锰;锰白　　B03073501

Manganese carbonate; Manganous carbonate [598-62-9]

广泛用作脱硫的催化剂、瓷釉颜料、锰盐原料,也用于肥料、医药、饲料添加剂、电焊条辅料等

【生产厂】[冀]衡水立车企业集团〈P1668〉;[辽]大连宇山化工有限公司(1000吨)〈P1694〉;[沪]上海跃江钛白化工制品有限公司〈P1776〉;上海亮江钛白化工制品有限公司〈P1751〉;上海球龙化工有限公司〈P1758〉;[苏]连云港市东港化工厂(2400吨)〈P1799〉;江苏省淮阴市清浦精细化工厂(2000吨)〈P1803〉;东台市金源荧光材料厂〈P1805〉;盐城凤阳化工有限公司(8000吨)〈P1809〉;江苏雄风科技股份有限公司〈P1832〉;[豫]洛阳市非凡无机盐有限公司〈P2183〉;洛阳市宗轩化工有限公司(200吨)〈P2187〉;[鄂]湖北开元化工科技股份有限公司(7000吨)〈P2240〉;[湘]湖南省长沙市蓝天化工厂(5000吨)〈P2248〉;湖南岳阳三湘化工有限公司〈P2254〉;衡阳市建辰锰业有限公司(1500吨)〈P2252〉;[桂]广西大锰锰业有限公司〈P2296〉;广西桂林正成工业有限公司〈P2298〉;广西全州县天星化工厂〈P2299〉;[渝]重庆福斯达化工有限公司〈P2304〉;[川]成都蜀都纳米材料科技发展有限公司〈P2315〉

【使用厂】[沪]上海勤工无机盐有限公司〈P1757〉;上海中远化工有限公司〈P1779〉;上海科创化工有限公司〈P1748〉;[鲁]山东迅达化工有限公司〈P2056〉;[湘]湘潭电化科技股份有限公司〈P2251〉

倍半碳酸钠　　B03073701

Sodium sesquicarbonate [533-96-0]

用于水处理及生产洗涤剂、去污剂等

【生产厂】[鲁]青岛碱业股份有限公司(2000吨)〈P2038〉

活性超细碳酸钙;超细活性碳酸钙　　B03073801

Activated superfine calcium carbonate [471-34-1]

用于橡胶、塑料、油墨、油漆、涂料、造纸和日用化工等行业作填充料、增量剂、补强剂

【生产厂】[津]天津市玉新化工有限公司〈P1612〉;[冀]河北陆德精细化工有限公司〈P1620〉;[晋]山西玉新双氰胺有限公司〈P1674〉;[沪]上海雪美精细化工厂(1万吨)〈P1773〉;[苏]常州碳酸钙有限公司〈P1857〉;溧阳市茶亭硅石矿〈P1863〉;连云港市竞生化工有限公司(3000吨)〈P1799〉;[浙]杭州浙地矿产科技有限公司〈P1925〉;浙江建德建业有机化工有限公司〈P1928〉;湖州核地新材料有限公司(5万吨)〈P1945〉;[赣]萍乡市碳酸钙实业有限公司〈P2012〉;[鲁]青州市国泰化工有限公司〈P2092〉;淄博鸿盛微细碳酸钙厂(4000吨)〈P2061〉;淄博润湖工贸有限公司(3000吨)〈P2066〉;淄博增盛化工有限公司(3000吨)〈P2076〉;淄博张店弘利超微细粉体厂〈P2076〉;淄博张店金泉化工厂〈P2076〉;淄博张店丽龙化工厂〈P2076〉;青州振利化工有限公司(1500吨)〈P2094〉;[豫]河南省济源科汇材料有限公司〈P2193〉

微细活性碳酸钙(重质)　　B03073811

Activated calcium carbonate, fine powder, heavy [471-34-1]

用于造纸及塑料填充剂

【生产厂】[沪]上海越达微纳粉体材料有限公司〈P1777〉;[苏]常州碳酸钙有限公司〈P1857〉;[浙]建德市龙华塑化有限公司〈P1926〉;[鲁]淄博东高化工有限公司(1万吨)〈P2059〉

活性碳酸钙　　B03073901

Activated calcium carbonate [471-34-1]

用作塑料、橡胶、涂料的填料

【生产厂】[津]天津市玉新化工有限公司〈P1612〉;[冀]河北陆德精细化工有限公司〈P1620〉;石家庄市三兴钙业有限公司(5000吨)〈P1631〉;河北宇宁化工有限公司(1万吨)〈P1620〉;唐山天盈化工有限责任公司(3万吨)〈P1636〉;[晋]山西玉新双氰胺有限公司〈P1674〉;[沪]上海石粉厂有限公司〈P1762〉;上海越达微纳粉体材料有限公司〈P1777〉;[苏]常州碳酸钙有限公司〈P1857〉;[浙]建德市荣盛塑业制造有限公司〈P1926〉;衢州金牛碳酸钙有限责任公司〈P1957〉;[皖]怀宁县月山化工原料有限公司〈P1980〉;[鲁]淄博增盛化工有限公司(1万吨)〈P2076〉;淄博张店丽龙化工厂〈P2076〉;淄博凤凰山冶金材料有限公司浩源钙厂〈P2060〉;淄博醒龙化工有限公司〈P2075〉;[桂]桂林市旺山化工有限责任公司(1万吨)〈P2299〉

轻质活性碳酸钙 B03073906

Activated calcium carbonate, light [471-34-1]

主要用作橡胶、塑料、涂料行业的填充、补强材料

【生产厂】[沪]上海雪美精细化工厂〈P1773〉;上海碳酸钙厂(1万吨)〈P1767〉;上海一环化工有限公司(1万吨)〈P1774〉;上海申亚碳酸钙厂(4000吨)〈P1761〉;上海汇集新材料股份有限公司〈P1741〉;上海越达微纳粉体材料有限公司〈P1777〉;[浙]杭州先进科技化工有限公司〈P1923〉;杭州富阳国诚化工有限公司〈P1917〉;浙江建德建业有机化工有限公司〈P1928〉;[皖]安徽省明光市曼迪矿业科技有限公司〈P1982〉;[鲁]淄博海诺化工有限公司〈P2061〉;淄博明升精细化工厂(1000吨)〈P2065〉;淄博张店金泉化工厂〈P2076〉;垦利三合新材料科技有限责任公司(800吨)〈P2084〉

活性轻质碳酸钙(纳米级) B03073909

Activated light calcium carbonate, nanometer

广泛用于密封胶、涂料、塑料、橡胶、油墨等产品中作为功能性填料

【生产厂】[沪]上海汇精亚纳米新材料有限公司〈P1741〉;上海卓越纳米新材料股份有限公司(1万吨)〈P1779〉;[赣]江西省泰华碳酸钙有限责任公司〈P2016〉;[豫]河南省济源科汇材料有限公司〈P2193〉;[鄂]湖北凯龙化工集团股份有限公司〈P2241〉

过碳酸钠;过氧碳酸钠;固体双氧水 B03074001

Sodium peroxy-carbonate [15630-89-4]

用作低磷和无磷洗衣粉的原料,在纺织工业中作漂洗剂、还原显色剂,也可单独作为消毒杀菌剂、除味剂等

【生产厂】[津]天津市东方化工厂(2000吨)〈P1585〉;天津市驰隆化工有限公司(500吨)〈P1582〉;天津市祥通化工有限公司〈P1607〉;[冀]深泽县三洁化工有限公司〈P1625〉;[吉]吉林市双鸥化工有限公司(2000吨)〈P1716〉;[苏]无锡万利化工有限公司(3万吨)〈P1882〉;[浙]建德市新化化工有限责任公司〈P1926〉;[闽]泉州隆泰化工有限公司(2万吨)〈P2000〉;[赣]江西乐安江化工有限公司(2万吨)〈P2010〉;江西省永泰化工有限公司(5万吨)〈P2011〉;[鲁]济南巨业精细化工有限公司〈P2023〉;淄博桓台祥龙化工有限公司〈P2062〉;莱州市莱玉化工有限公司(5万吨)〈P2109〉;青岛碱业股份有限公司(4000吨)〈P2038〉;[豫]河南宏业化工有限公司(4万吨)〈P2212〉;[粤]广东中成化工股份有限公司(2万吨)〈P2281〉;[川]成都市新都区桂宏化工厂〈P2314〉

碳酸稀土 B03074101

Rare earth carbonate [68037-33-2]

用于铝、稀土合金等工业

【生产厂】[蒙]内蒙古包钢稀土高科技股份有限公司〈P1681〉;[苏]江苏省国盛稀土有限公司〈P1821〉;[甘]甘肃稀土集团有限责任公司〈P2357〉

碳酸铵 B03074301

Ammonium carbonate [506-87-6]

用作灭火剂、洗涤剂,并用于医药、橡胶、发酵等工业

【生产厂】[苏]宜兴市卫星化工有限公司〈P1887〉

【使用厂】[沪]上海科创化工有限公司〈P1748〉;[浙]浙江东亚医药化工有限公司〈P1963〉;[鲁]淄博化学试剂厂有限公司〈P2062〉;莱西市金山化工厂〈P2032〉

碳化钨 B03075101

Tungsten carbide [12070-12-1]

用于生产各种合金

【生产厂】[苏]无锡顺达金属粉末有限公司〈P1881〉;[鲁]山东省临朐县冶源硬质合金材料厂〈P2098〉;潍坊市科纳粉末冶金厂〈P2105〉

碳酸锆 B03075201

Zirconium carbonate [12671-00-0]

用作生产高档油漆、高级涂料以及纤维的处理剂

【生产厂】[沪]上海尚友锆材料有限公司〈P1760〉;[苏]宜兴新兴锆业有限公司(500吨)〈P1888〉;兴化市松鹤化学试剂厂(100吨)〈P1828〉;[浙]德清新康化工有限公司(1000吨)〈P1945〉;升华集团控股有限公司〈P1946〉;[皖]安徽省康达锆业有限公司〈P1986〉;[赣]江西晶安高科技股份有限公司(5000吨)〈P2008〉;[鲁]山东淄博中埠化工有限公司(800吨)〈P2056〉

【使用厂】[辽]丹东市中和化工厂〈P1700〉

碳酸锆铵 B03075301

Zirconium ammonium carbonate

主要用于纸板涂布、油漆和油墨的配料、金属表面处理、胶黏剂、催化剂等

【生产厂】[浙]德清新康化工有限公司〈P1945〉;升华集团控股有限公司〈P1946〉;[皖]安徽省康达锆业有限公司〈P1986〉

碳酸锆钾 B03075351

Zirconium potassium carbonate

【生产厂】[皖]安徽省康达锆业有限公司〈P1986〉

亚铁氰化钠;黄血盐钠 B03080101

Sodium ferrocyanide; Yellow prussiate of soda [13601-19-9]

主要用于制造蓝色颜料、油漆、油墨、晒图纸,亦用于钢铁渗碳、鞣革、金属表面防腐以及用作制取赤血盐的原料

【生产厂】[津]天津华升化工有限公司(1000吨)〈P1573〉;天津市津西美华化工厂〈P1595〉;[冀]河北智通化工有限责任公司〈P1623〉;河北诚信有限责任公司(6000吨)〈P1619〉;[晋]山西省陵川化工总厂(2000吨)〈P1675〉;山西省陵川化工总厂(1000吨)〈P1675〉;[辽]辽宁鞍山市贝达合成化工厂〈P1697〉;[沪]上海盛龙化工有限公司〈P1762〉;[苏]上海梅山企业发展有限公司南京化工实业分公司〈P1792〉;[渝]重庆市昆仑化工有限公司〈P2307〉;

重庆福润化工有限公司〈P2304〉;[川]四川省天然气化工研究院(2 万吨)〈P2319〉

【使用厂】[浙]杭州福德化工有限公司〈P1917〉

B

亚铁氰化钾;黄血盐钾　B03080201

Potassium ferrocyanide; Yellow prussiate of potash [14459-95-1]

用于制造颜料、印染氧化助剂、氰化钾、炸药及化学试剂,亦用于钢的热处理、石印、雕刻等

【生产厂】[津]天津市津西美华化工厂〈P1595〉;[冀]河北智通化工有限责任公司(2 万吨)〈P1623〉;河北诚信有限责任公司〈P1619〉;石家庄市栾城县华英工贸有限责任公司〈P1630〉;[晋]山西省陵川化工总厂(1000 吨)〈P1675〉;山西省陵川化工总厂(500 吨)〈P1675〉;[渝]重庆市昆仑化工有限公司〈P2307〉;重庆紫光化工有限责任公司〈P2308〉;[川]四川省天然气化工研究院〈P2319〉

【使用厂】[辽]沈阳市试剂三厂〈P1688〉;[苏]江苏淮海盐化厂〈P1802〉;[浙]杭州福德化工有限公司〈P1917〉;[皖]安徽省宿州化学试剂有限公司〈P1984〉;[豫]新乡三星染化有限公司〈P2204〉;[粤]广州化学试剂厂〈P2261〉

铁氰化钾;赤血盐钾;赤血盐　B03080301

Potassium ferricyanide; Red prussiate of potash [13746-66-2]

用于印刷制版、彩色电影胶片的氧化、漂白及着色,制晒蓝图纸及制药,也用于电镀、制革、造纸、制肥皂等

【生产厂】[渝]重庆元和精细化工有限公司〈P2308〉;[川]四川省天然气化工研究院〈P2319〉

【使用厂】[粤]广州化学试剂厂〈P2261〉;[渝]西南合成制药股份有限公司〈P2303〉;[川]成都天华科技股份有限公司〈P2315〉

氰化亚铜　B03080401

Cuprous cyanide [544-92-3]

主要用于电镀铜及其合金,医药上作抗结核药和其他药物的原料,还可用于制造杀虫剂、防污涂料等

【生产厂】[津]天津市津西美华化工厂〈P1595〉;[浙]台州市中海医药化工有限公司〈P1962〉;[鲁]淄博华王化工有限公司(3000 吨)〈P2062〉;[粤]潮州市粤东化学工业公司〈P2295〉

氰化金钾;氰亚金酸钾;氰化亚金钾　B03080501

Aurous-potassium cyanide; Potassium aurocyanide [14950-87-9]

用于半导体及集成电路、印刷电路板、电子元件等的镀金,也可制作红色玻璃

【生产厂】[津]天津市津西美华化工厂〈P1595〉;[皖]中科铜都粉体新材料股份有限公司〈P1979〉

氰化钠;山奈　B03080601

Sodium cyanide [143-33-9]

用作各种钢的淬火剂,镀铜、银、镉、锌等的主要组分,用于提取金、银等贵重金属,也是氰化物和氢氰酸的原料

【生产厂】[津]天津华升化工有限公司(4000 吨)〈P1573〉;[冀]河北诚信有限责任公司〈P1619〉;[晋]山西省陵川化工总厂(1 吨)〈P1675〉;山西省陵川化工总厂(3 万吨)〈P1675〉;[辽]中国石油抚顺石油化工公司〈P1699〉;[沪]中国石化上海石油化工股份有限公司(8070 吨)〈P1780〉;[浙]台州市中海医药化工有限公司〈P1962〉;[鲁]淄博齐泰化工有限公司〈P2065〉;山东省菏泽市化工有限公司(2800 吨)〈P2160〉;[豫]偃师天龙化工有限公司(4000 吨)〈P2189〉

【使用厂】[京]北京化工厂〈P1549〉;北京丽水化工有限责任公司〈P1554〉;[津]天津市海洋染料化工厂〈P1588〉;天津市越过化工有限责任公司〈P1612〉;[冀]石家庄市联碱厂化工分厂〈P1630〉;廊坊三威化工有限公司〈P1660〉;[辽]大连瑞泽农药股份有限公司〈P1693〉;营口三征有机化工股份有限公司〈P1704〉;[吉]吉林省舒兰合成药业股份有限公司〈P1716〉;[沪]上海华彩精细化工有限公司〈P1738〉;上海试四赫维化工有限公司〈P1764〉;[苏]连云港立本农药化工有限公司〈P1798〉;江都市蒙升泰化工厂〈P1814〉;南京红太阳集团〈P1784〉;[赣]景德镇市开门子药用化工有限公司〈P2010〉;[鲁]济南鲁联集团试剂有限公司〈P2023〉;山东新华东风化工有限公司〈P2055〉;山东大成农药股份有限公司〈P2051〉;山东新华制药股份有限公司〈P2055〉;淄博金马化工厂〈P2063〉;淄博华王化工有限公司〈P2062〉;[豫]开封市豫农夫化工有限公司〈P2178〉;[鄂]湖北仙隆化工股份有限公司〈P2245〉;[粤]广州化学试剂厂〈P2261〉;[桂]桂林依柯诺农药有限公司〈P2299〉;[川]四川省化工研究设计院〈P2319〉

氰化钠(二水)　B03080605

Sodium cyanide, dihydrate

【生产厂】[津]天津华升化工有限公司(2000 吨)〈P1573〉

氰化钠(液体);山奈奶　B03080701

Sodium cyanide, liquid [143-33-9]

用作各种钢的淬火剂,镀铜、银、镉、锌等的主要组分,用于提取金、银等贵重金属,也是氰化物和氢氰酸的原料

【生产厂】[津]天津华升化工有限公司(3 万吨)〈P1573〉;[冀]河北诚信有限责任公司(14 万吨)〈P1619〉;[皖]安庆曙光化工(集团)有限公司(20 万吨)〈P1980〉;[鲁]招远市金昌化工有限责任公司(3 万吨)〈P2121〉;[鄂]南漳县盛华化工有限责任公司(9000 吨)〈P2238〉

【使用厂】[津]天津市顶福化工总厂〈P1585〉

氰化钾　B03080801

Potassium cyanide [151-50-8]

用于从矿石提取金和银、金属电镀、钢的热处理、杀虫剂、熏蒸剂、印染助剂、医药、照像、制氰化氢、造纸等

【生产厂】[津]天津华升化工有限公司(3000 吨)〈P1573〉;[浙]台州市中海医药化工有限公司〈P1962〉

氰氨化钙;石灰氮;碳氮化钙　B03081101

Calcium cyanamide; Lime nitrogen [156-62-7]

用作渗碳剂、生铁脱硫剂,用于制造氰化钠、氰胺、双氰胺、三聚氰胺等,用作脱叶剂或除草剂

【生产厂】[晋]河曲县秦阳化工有限公司(5000 吨)〈P1676〉;山西玉新双氰胺有限公司〈P1674〉;[甘]甘肃古浪氰胺有限责任公司(1 万吨)〈P2356〉;[宁]宁夏西域龙化工有限公司(2 万吨)〈P2361〉;宁夏凌云化工有限公司〈P2361〉;宁夏兴平精细化工股份有限公司(9 万吨)〈P2361〉;宁夏嘉峰化工有限公司〈P2361〉

【使用厂】[苏]苏州华源农用生物化学品有限公司〈P1901〉;江苏苏中农药化工厂〈P1822〉;江苏省靖江市金囤农化有限公司〈P1822〉;[闽]福建石化集团三明化工有限责任公

司〈P1995〉;福建三农集团股份有限公司〈P1994〉;[赣]海利贵溪化工农药有限公司〈P2013〉;[鲁]山东信科环化有限责任公司〈P2151〉;郯城县杨集起飞化工厂〈P2151〉;淄博市临淄万通精细化工厂〈P2070〉;青州市振华化工有限公司〈P2093〉;[湘]湖南天宇农药化工集团股份有限公司〈P2253〉

氰酸钠 B03081301

Sodium cyanate [917-61-3]

用作有机合成原料、制药原料和除草剂,也用于钢铁的热处理等

【生产厂】[晋]太原新康发展有限公司〈P1672〉;[沪]上海亿际化工有限公司(1500 吨)〈P1775〉;[苏]靖江市凡友精细化工厂(1700 吨)〈P1824〉;靖江市恒政增稠材料厂〈P1824〉;[浙]三门华丽医药化工有限公司〈P1960〉

【使用厂】[津]天津中新药业集团股份有限公司新新制药厂〈P1618〉;[吉]吉林通化农药化工股份有限公司〈P1718〉;[豫]安阳市安林生物化工有限责任公司〈P2208〉

氰酸钾 B03081351

Potassium cyanate [590-28-3]

用作除草剂,也用于有机合成

【生产厂】[冀]河北星宇化工有限公司〈P1623〉;[苏]靖江市凡友精细化工厂(500 吨)〈P1824〉;靖江市恒政增稠材料厂〈P1824〉;[浙]三门华丽医药化工有限公司〈P1960〉

硫氰化钠;硫氰酸钠 B03081501

Sodium rhodanate;Sodium sulfocyanate;Sodium thiocyanate [540-72-7]

用作聚丙烯腈纤维抽丝溶剂,彩色电影胶片冲洗剂,某些植物脱叶剂,还用于制药、印染、橡胶处理、黑色镀镍等

【生产厂】[晋]太原天熙贸易有限公司〈P1672〉;山西焦化股份有限公司〈P1678〉;山西新联友化工有限公司(3000 吨)〈P1675〉;[沪]中国石化上海石油化工股份有限公司(5000 吨)〈P1780〉;[苏]上海梅山企业发展有限公司南京化工实业分公司(100 吨)〈P1792〉;宜兴市燎原化工有限公司(2000 吨)〈P1885〉;南通市通海化工公司(300 吨)〈P1835〉;[浙]宁波有机化工有限公司〈P1934〉;[鲁]山东天成农药有限公司(6000 吨)〈P2055〉;[豫]河南龙飞精细化工有限公司(5000 吨)〈P2193〉;河南淇县东方化工有限公司(3000 吨)〈P2198〉;河南淇县新华福利化工厂(2000 吨)〈P2198〉;河南省淇县天水化工厂〈P2198〉;河南省淇县殷都化工厂(2000 吨)〈P2199〉;[粤]广州润土农药化工有限公司〈P2263〉;广东兴宁市精细化工厂有限公司(400 吨)〈P2277〉;广东西陇化工有限公司〈P2276〉;[甘]兰州中凯工贸有限责任公司〈P2356〉

【使用厂】[辽]大连化工研究设计院〈P1692〉;[苏]江苏苏中农药化工厂〈P1822〉;[赣]海利贵溪化工农药有限公司〈P2013〉;[鲁]德州德药制药有限公司〈P2141〉;[粤]广东省石油化工研究院〈P2259〉

硫氰酸钙;硫氰化钙 B03081551

Calcium thiocyanate [2092-16-2]

主要用于农药、医药、电镀、纺织、建筑等行业

【生产厂】[晋]太原天熙贸易有限公司〈P1672〉;山西新联友化工有限公司(500 吨)〈P1675〉;[苏]宜兴市燎原化工有限公司〈P1885〉;[豫]河南省淇县天水化工厂〈P2198〉

硫氰酸铵;硫氰化铵 B03081601

Ammonium thiocyanate [1762-95-4]

用作染料、有机合成的聚合催化剂,用于农药除草及脱叶剂、抗生素的分离,也是制造氰化物、硫脲的原料

【生产厂】[晋]太原天熙贸易有限公司〈P1672〉;山西新联友化工有限公司(3000 吨)〈P1675〉;[苏]无锡市佳盛高新改性材料有限公司〈P1877〉;宜兴市燎原化工有限公司(2000 吨)〈P1885〉;南通市通海化工公司(1000 吨)〈P1835〉;[浙]宁波有机化工有限公司〈P1934〉;[豫]河南龙飞精细化工有限公司(8000 吨)〈P2193〉;河南淇县东方化工有限公司(5000 吨)〈P2198〉;河南淇县新华福利化工厂(2000 吨)〈P2198〉;河南省淇县天水化工厂〈P2198〉;河南省淇县殷都化工厂(2000 吨)〈P2199〉

【使用厂】[沪]上海南翔试剂有限公司〈P1754〉;[苏]江苏安邦电化有限公司〈P1802〉;江苏省南通地旺农药化工有限公司〈P1831〉;利君集团镇江制药有限责任公司〈P1843〉;兴化市青松农药化工有限公司〈P1828〉;江苏丰登农药有限公司〈P1858〉;[粤]广州化学试剂厂〈P2261〉;[川]四川省化工研究设计院〈P2319〉;成都天华科技股份有限公司〈P2315〉

硫氰酸钾 B03081801

Potassium thiocyanate [333-20-0]

用于电镀行业作退镀剂、制冷剂,还用于染料、照相、农药及钢铁分析,也可用于制造芥子油和药物

【生产厂】[晋]太原天熙贸易有限公司〈P1672〉;山西新联友化工有限公司(300 吨)〈P1675〉;[苏]宜兴市燎原化工有限公司(1000 吨)〈P1885〉;昆山立邦化学(医药)有限公司〈P1896〉;[豫]河南龙飞精细化工有限公司(5000 吨)〈P2193〉;河南淇县东方化工有限公司〈P2198〉;河南淇县新华福利化工厂(2000 吨)〈P2198〉;河南省淇县天水化工厂〈P2198〉;河南省淇县殷都化工厂(4000 吨)〈P2199〉

硫氰酸亚铜 B03081820

Cuprous sulfocyanate [1111-67-7]

用作聚氯乙烯塑料的阻燃与消烟剂,润滑油及脂的添加剂,非银盐系感光材料,镀铜药剂,聚硫橡胶的稳定剂等

【生产厂】[苏]宜兴市燎原化工有限公司〈P1885〉;[鲁]山东金河实业有限公司(200 吨)〈P2113〉

六氰钴酸钾 B03082001

Potassium cobalt cyanide

【生产厂】[津]天津市驰隆化工有限公司(50 吨)〈P1582〉;[鲁]潍坊万源化工有限公司〈P2106〉

氰化银钾;银氰化钾 B03082101

Potassium cyanoargenate;Potassium silver cyanide [506-61-6]

用于镀银等

【生产厂】[皖]安庆曙光化工(集团)有限公司〈P1980〉;[赣]江西银鑫有色金属有限公司〈P2019〉

氰化银 B03082201

Silver cyanide [506-64-9]

用作贵金属电镀试剂及添加剂

【生产厂】[皖]安庆曙光化工(集团)有限公司〈P1980〉

二氧化锰 B03090101

Manganese bioxide;Manganese black;Manganese dioxide [1313-13-9]

属强氧化剂,主要用于干电池作去极化剂、

B

玻璃工业脱色剂、油漆油墨干燥剂、防毒面具吸收剂、火柴助燃剂等

【生产厂】[冀]河北省曲周县滏南化工有限公司〈P1640〉；[沪]上海球龙化工有限公司〈P1758〉；[苏]耀辉化工有限公司〈P1883〉；[浙]浙江圣达药业有限公司〈P1967〉；[鄂]湖北开元化工科技股份有限公司(3000吨)〈P2240〉；[湘]湖南省长沙市蓝天化工厂〈P2248〉；湖南科源科技实业有限公司〈P2248〉；湘潭电化科技股份有限公司(4万吨)〈P2251〉；湖南虎山锑锌制品有限公司〈P2255〉；湖南省桃江县雄丰锑业有限公司〈P2256〉；[桂]广西全州县天星化工厂(3000吨)〈P2299〉；[川]成都蜀都纳米材料科技发展有限公司〈P2315〉

【使用厂】[辽]丹东深兰化工有限公司〈P1700〉；[苏]金隆化工集团有限公司〈P1861〉；[鲁]山东宏河矿业集团恒业化工有限公司〈P2131〉；[湘]湘潭市光华日用化工厂〈P2251〉；湖南三环颜料有限公司〈P2248〉；[粤]梅县航海锰化厂〈P2277〉；[川]乐山三九长征药业股份有限公司〈P2332〉

电解二氧化锰 B03090151

Electrolytic manganese bioxide

用作氧化剂，也用于炼钢、玻璃、陶瓷、搪瓷、干电池、火柴、医药等

【生产厂】[鲁]青岛红星化工集团有限责任公司(3万吨)〈P2036〉；[湘]衡阳市建辰锰业有限公司(4000吨)〈P2252〉；[桂]广西桂林正成工业有限公司〈P2298〉；[黔]遵义双源化工(集团)有限责任公司(2万吨)〈P2337〉

【使用厂】[桂]广西全州县天星化工厂〈P2299〉

高锰酸钠 B03090201

Sodium permanganate [10101-50-5]

主要用作氧化剂、消毒剂、杀菌剂及吗啡和磷的解毒剂，也用作高锰酸钾的代用品，还用于含酚废水处理

【生产厂】[湘]湘潭市光华日用化工厂(1500吨)〈P2251〉；[粤]广东梅县航海锰化厂(5000万吨)〈P2277〉；梅县航海锰化厂(5000吨)〈P2277〉

高锰酸钾；灰锰氧 B03090301

Potassium permanganate [7722-64-7]

用作氧化剂、漂白剂、饮料用二氧化碳的精制剂、脱臭剂、木材防腐剂、吸附剂、消毒剂、杀虫剂、净水剂等

【生产厂】[京]北京市门头沟区大峪化工厂(1000吨)〈P1560〉；[冀]石家庄冀华化工纺织有限公司〈P1627〉；河北新兴化工有限责任公司〈P1648〉；[苏]南京富邦化工有限公司〈P1783〉；[鲁]济南司普润化工产品有限公司(2000吨)〈P2025〉；济南槐荫化工总厂(2000吨)〈P2022〉；青岛三凯化工有限公司〈P2041〉；山东宏河集团(3600吨)〈P2130〉；[湘]湖南省湘潭金洲化工有限公司(3000吨)〈P2251〉；[粤]广东梅县航海锰化厂(3500吨)〈P2277〉；梅县航海锰化厂(3000吨)〈P2277〉；广东西陇化工有限公司〈P2276〉；[渝]重庆嘉陵化学制品有限公司(2万吨)〈P2305〉；[黔]遵义双源化工(集团)有限责任公司(3000吨)〈P2337〉

【使用厂】[津]天津市风船化学试剂科技有限公司〈P1586〉；[冀]石家庄市有机化工厂〈P1632〉；[沪]上海南翔试剂有限公司〈P1754〉；上海美兴化工有限公司〈P1753〉；[粤]广州化学试剂厂〈P2261〉；[渝]重庆冶炼(集团)有限责任公司〈P2308〉；[青]青海制药厂有限公司〈P2359〉

氧化锰；一氧化锰；氧化亚锰 B03090501

Manganese oxide [1344-43-0]

用作饲料添加剂、微量元素肥料、铁氧体原料、涂料和清漆干燥剂等

【生产厂】[冀]河北智通化工有限责任公司〈P1623〉；[沪]上海球龙化工有限公司〈P1758〉；[湘]湖南信诺颜料科技有限公司〈P2251〉；[桂]广西远辰锰业有限公司(2万吨)〈P2301〉；广西全州县天星化工厂〈P2299〉

三氧化二锰 B03090571

Manganese sesquioxide [1317-34-6]

是制锰化合物的原料及中间产物

【生产厂】[桂]广西全州县天星化工厂〈P2299〉

四氧化三锰 B03090591

Manganese tetraoxide; Trimanganese tetraoxide [1317-35-7]

主要用于电子工业，是生产软磁铁氧体的原料

【生产厂】[沪]上海球龙化工有限公司〈P1758〉；[桂]广西全州县天星化工厂(2000吨)〈P2299〉

锰酸锂 B03090611

Lithium manganate

【生产厂】[川]成都蜀都纳米材料科技发展有限公司〈P2315〉

六氟化硫 B03100101

Sulfur hexafluoride [2551-62-4]

在高压开关中用作灭弧，在大容量变压器和高压电缆中作绝缘材料，也用于粒子加速器及避雷器，还可作冷冻剂

【生产厂】[辽]大连光明特种气体有限公司〈P1691〉；[沪]上海福邦化工有限公司〈P1733〉；[浙]衢州市台胞投资经贸有限公司〈P1958〉；[豫]黎明化工研究院(1000吨)〈P2181〉；[粤]珠海欣宏电子化学材料有限公司〈P2275〉；[川]四川红华实业总公司(1500吨)〈P2318〉；四川山山药业集团有限公司(400吨)〈P2332〉；成都侨源实业有限公司〈P2313〉；中核红华特种气体股份有限公司(1400吨)〈P2320〉

亚溴酸钠 B03100201

Sodium bromite [7486-26-2]

用于织物脱浆和印染氧化剂

【生产厂】[冀]衡水衡湖化工有限责任公司(600吨)〈P1667〉

氟化石墨 B03100301

Carbon monofluoride

用作高能一次电池正极材料和固体润滑材料

【生产厂】[沪]上海福邦化工有限公司(100吨)〈P1733〉；[川]中核红华特种气体股份有限公司〈P2320〉

氟化钠 B03100401

Sodium fluoride [7681-49-4]

用作消毒剂、防腐剂、杀虫剂，也用于搪瓷、木材防腐、医药、冶金及制氟化物等

【生产厂】[京]北京天河堂制药有限公司〈P1562〉；[津]天津开发区信达化工技术发展有限公司〈P1575〉；天津市裕胜化工有限公司(500吨)〈P1612〉；天津市自强化工厂分厂(1000吨)〈P1614〉；天津市腾瑞氟盐化工有限公司(1000吨)〈P1603〉；[冀]河北澳鑫锌业有限公司〈P1647〉；河北雄威化工股份有限公司〈P1648〉；[辽]沈阳永兴化工有限

公司〈P1690〉;丹东市化学试剂厂(50 吨)〈P1700〉;[沪]上海翱翔化工有限公司(2000 吨)〈P1727〉;[苏]镇江市化剂厂〈P1845〉;无锡市瑞源化工有限公司〈P1878〉;苏州市永达精细化工有限公司(350 吨)〈P1906〉;常熟市辛庄吉祥助剂有限公司〈P1891〉;[浙]浙江三美化工有限公司〈P1955〉;浙江鹰鹏化工有限公司〈P1956〉;东阳市向阳化工有限公司〈P1952〉;[皖]安徽庐江新亚精细化工有限责任公司〈P1984〉;铜陵市柯信化工有限责任公司(1000 吨)〈P1978〉;[赣]江西乐平佳宏化工有限公司(7000 吨)〈P2010〉;上饶市广氟医药化工有限公司〈P2015〉;[鲁]济南化工厂分厂(500 吨)〈P2022〉;济南舜华化工有限公司(300 吨)〈P2025〉;济南舜凯化工有限公司〈P2025〉;章丘市鲁洪化工有限公司〈P2031〉;山东淄博南韩化工有限公司(500 吨)〈P2056〉;[豫]多氟多化工股份有限公司(5000 吨)〈P2192〉;[鄂]武汉市道奇化工公司〈P2232〉;武汉海德化工发展有限公司〈P2229〉;[湘]衡阳市锦轩化工有限公司(1 万吨)〈P2252〉;湖南湘铝有限责任公司(500 吨)〈P2251〉;湖南省攸县精细化工厂(5000 吨)〈P2249〉;湖南省攸县龙江化工厂(4000 吨)〈P2249〉;湖南攸县湘永精细化工厂〈P2249〉;[粤]广东西陇化工有限公司〈P2276〉;佛山市南海长城精细化工有限公司〈P2288〉;[滇]云南氟业化工有限公司(5000 吨)〈P2340〉;昆明合起工贸有限公司〈P2339〉;云南安宁化肥有限责任公司〈P2340〉;红河州森科氟化工有限公司(3500 吨)〈P2345〉

【使用厂】[鲁]文登市金叶化工有限公司〈P2127〉

氟化钙 B03100501

Calcium fluoride [7789-75-5]

用于制氢氟酸及氟化物,也用于搪瓷、陶器及冶金熔剂

【生产厂】[冀]衡水立车企业集团〈P1668〉;承德新星光源材料有限公司〈P1651〉;[苏]镇江市化剂厂〈P1845〉;无锡市瑞源化工有限公司〈P1878〉;常熟市辛庄吉祥助剂有限公司〈P1891〉;[浙]浙江莹光化工有限公司〈P1956〉;东阳市向阳化工有限公司〈P1952〉;[鲁]山东茌平中信化工有限公司(5000 吨)〈P2152〉;[鄂]武汉市道奇化工公司〈P2232〉

【使用厂】[闽]福建省邵武市永飞化工有限公司〈P2004〉;[豫]新乡市黄河精细化工有限公司〈P2205〉

氟化钾 B03100801

Potassium fluoride [7789-23-3]

用于玻璃雕刻、食物防腐、电镀等,也用作焊接助熔剂、杀虫剂、氟化剂、吸收剂

【生产厂】[冀]河北雄威化工股份有限公司(500 吨)〈P1648〉;[辽]丹东市化学试剂厂〈P1700〉;[苏]句容市行香化工厂〈P1843〉;常州市公保助剂厂〈P1850〉;无锡市瑞源化工有限公司〈P1878〉;苏州市永达精细化工有限公司(800 吨)〈P1906〉;昆山市花桥化工四厂〈P1897〉;常熟市辛庄吉祥助剂有限公司〈P1891〉;盐城氟源化工有限公司(1500 吨)〈P1810〉;南通光荣化工有限公司(400 吨)〈P1833〉;[浙]浙江三美化工有限公司〈P1955〉;浙江鹰鹏化工有限公司〈P1956〉;浙江莹光化工有限公司〈P1956〉;[赣]上饶市广氟医药化工有限公司〈P2015〉;[鲁]济南化工厂分厂〈P2022〉;济南舜华化工有限公司(200 吨)〈P2025〉;济南舜凯化工有限公司〈P2025〉;[豫]新乡市黄河精细化工有限公司(1 万吨)〈P2205〉;多氟多化工股份有限公司(5000 吨)〈P2192〉;[鄂]武汉市道奇化工公司〈P2232〉;武汉海德化工发展有限公司〈P2229〉

【使用厂】[苏]江苏庙桥合成化工有限公司〈P1859〉;[浙]浙江省三门解氏化学工业有限公司〈P1966〉;[鲁]德州恒东农药化工有限公司〈P2141〉;[豫]安阳市安林生物化工有限责任公司〈P2208〉;河南康泰制药集团公司河南省精细化工厂〈P2166〉;河南康泰制药集团公司〈P2166〉

氟化钾(二水) B03100851

Potassium fluoride, dihydrate [13455-21-5]

用作银焊的助熔剂、冶金加工的助熔剂

【生产厂】[豫]新乡市黄河精细化工有限公司〈P2205〉

氟化铵 B03100901

Ammonium fluoride [12125-01-8]

用作玻璃蚀刻剂、防腐剂、消毒剂、纤维媒染剂及提取稀有金属等

【生产厂】[津]天津市自强化工厂分厂(1000 吨)〈P1614〉;天津市腾瑞氟盐化工有限公司〈P1603〉;[冀]河北澳鑫锌业有限公司〈P1647〉;河北雄威化工股份有限公司(300 吨)〈P1648〉;[辽]丹东市化学试剂厂〈P1700〉;[苏]镇江市化剂厂〈P1845〉;无锡市瑞源化工有限公司〈P1878〉;常熟市辛庄吉祥助剂有限公司〈P1891〉;[浙]浙江三美化工有限公司〈P1955〉;浙江鹰鹏化工有限公司〈P1956〉;浙江莹光化工有限公司〈P1956〉;东阳市向阳化工有限公司〈P1952〉;[闽]福建省顺昌富宝腾达化工有限公司〈P2004〉;福建省建阳金石氟业有限公司〈P2003〉;[赣]上饶市广氟医药化工有限公司〈P2015〉;[鲁]济南舜华化工有限公司〈P2025〉;济南舜凯化工有限公司〈P2025〉;桓台县东化助剂厂〈P2048〉;[鄂]武汉市道奇化工公司〈P2232〉;武汉海德化工发展有限公司〈P2229〉;[滇]云南氟业化工有限公司(5000 吨)〈P2340〉

三氟化硼 B03101100

Boron trifluoride [7637-07-2]

常用作缩合、离子聚合、异构化等反应的催化剂,还是制备四氟硼酸盐的原料

【生产厂】[辽]大连光明特种气体有限公司〈P1691〉;大连保税区科利德化工科技开发有限公司〈P1690〉;[沪]上海福邦化工有限公司〈P1733〉;[鲁]淄博市临淄鑫齐工贸有限公司(500 吨)〈P2070〉;淄博市临淄鑫强化工有限公司(600 吨)〈P2070〉;淄博市临淄鑫森化工有限公司(2000 吨)〈P2070〉;[粤]珠海欣宏电子化学材料有限公司〈P2275〉

氟化铝 B03101101

Aluminium fluoride [7784-18-1]

用作非铁金属的熔剂,可用于制取其他铝的氟化物

【生产厂】[蒙]包头明天科技股份有限公司(1 万吨)〈P1681〉;[辽]大连保税区科利德化工科技开发有限公司〈P1690〉;[苏]镇江市化剂厂〈P1845〉;无锡市瑞源化工有限公司〈P1878〉;常熟市辛庄吉祥助剂有限公司〈P1891〉;[浙]浙江鹰鹏化工有限公司〈P1956〉;浙江莹光化工有限公司〈P1956〉;[闽]福建省顺昌富宝腾达化工有限公司〈P2004〉;[鲁]山东茌平中信化工有限公司(2 万吨)〈P2152〉;山东淄博南韩化工有限公司(6000 吨)〈P2056〉;[豫]河南郑顺氟化工有限责任公司(4000 吨)〈P2168〉;新乡市黄河精细化工有限公司(8000 吨)〈P2205〉;多氟多化工股份有限公司(2 万吨)〈P2192〉;[鄂]武汉市道奇化工公司〈P2232〉;湖北富驰化工医药股份有限公司(800 吨)〈P2236〉;[湘]湖南湘铝有限责任公司〈P2251〉;[桂]广西平果氟化盐有限公司(3 万吨)〈P2301〉;广西鹿寨化肥有限责任公司(6000 吨)〈P2297〉;[渝]重庆仙峰锶盐化工有限公司〈P2308〉;重庆元和精细化工有限公司〈P2308〉;[黔]贵州富曼磷业有限公司〈P2337〉;贵州宏福实业开发有限总公司(1 万吨)〈P2338〉;[滇]云南氟业化工有限公司(5000 吨)〈P2340〉;[甘]白银有色金属公司〈P2357〉

氟化锌 B03101111

Zinc fluoride [7783-49-5]

用作木料浸渍剂

【生产厂】[浙]浙江莹光化工有限公司〈P1956〉

B

氟化铬 B03101131

Chromic fluoride [123333-98-2]

用于染料工业的媒染剂、羊毛防蛀剂、大理石着色和硬化剂等

【生产厂】[冀]河北雄威化工股份有限公司〈P1648〉;[辽]大连保税区科利德化工科技开发有限公司〈P1690〉;[苏]无锡市瑞源化工有限公司〈P1878〉;[浙]东阳市向阳化工有限公司〈P1952〉;[鲁]淄博福春化工有限公司〈P2060〉;[鄂]黄石振华化工有限公司〈P2236〉

氟化锶 B03101402

Strontium fluoride [7783-48-4]

主要用于制造光学玻璃、高级电子元件,也用于制药及其他氟化物的代用品

【生产厂】[津]天津化工研究设计院(500 吨)〈P1573〉;[冀]河北雄威化工股份有限公司(1000 吨)〈P1648〉;[辽]大连保税区科利德化工科技开发有限公司〈P1690〉;[苏]无锡市瑞源化工有限公司〈P1878〉;[渝]重庆仙峰锶盐化工有限公司〈P2308〉;重庆华琦精细化工有限公司(2 吨)〈P2305〉;重庆福斯达化工有限公司〈P2304〉;重庆元和精细化工有限公司〈P2308〉

氟化锂 B03101611

Lithium fluoride [7789-24-4]

用作铝电解和稀土电解的添加剂、光学玻璃制造、干燥剂、助熔剂等

【生产厂】[冀]河北澳鑫锌业有限公司〈P1647〉;河北雄威化工股份有限公司(600 吨)〈P1648〉;[赣]新余市赣锋锂业有限公司〈P2012〉;新余市东鹏化工有限责任公司〈P2012〉;[湘]湖南湘铝有限责任公司〈P2251〉;[川]四川省射洪锂业有限责任公司〈P2331〉

四氟化钛 B03101641

Titanic fluoride;Titanium tetrafluoride [7783-63-3]

【生产厂】[辽]大连保税区科利德化工科技开发有限公司〈P1690〉

氟氢化钠;二氟氢化钠;酸式氟化钠;氟化氢钠 B03101701

Sodium bifluoride [1333-83-1]

用作食物及解剖标本保存剂、去铁锈剂、防腐剂,也用于蚀刻玻璃、锡版制造、纺织品处理、皮革防虫等

【生产厂】[津]天津市腾瑞氟盐化工有限公司(1000 吨)〈P1603〉;[辽]丹东市化学试剂厂〈P1700〉;[苏]镇江市化剂厂〈P1845〉;无锡市瑞源化工有限公司〈P1878〉;常熟市辛庄吉祥助剂有限公司〈P1891〉;[浙]浙江莹光化工有限公司〈P1956〉;东阳市向阳化工有限公司〈P1952〉;[赣]上饶市广氟医药化工有限公司〈P2015〉

氟氢化钾;二氟氢化钾;酸式氟化钾;氟化氢钾 B03101801

Potassium bifluoride [7789-29-9]

用于制造无水氟化氢、纯氟化钾、光学玻璃、元素氟,还用作玻璃蚀刻剂、焊接助熔剂、木材防腐剂等

【生产厂】[苏]无锡市瑞源化工有限公司〈P1878〉;苏州市永达精细化工有限公司(700 吨)〈P1906〉;常熟市辛庄吉祥助剂有限公司〈P1891〉;[浙]浙江鹰鹏化工有限公司〈P1956〉;浙江莹光化工有限公司〈P1956〉;东阳市向阳化工有限公司〈P1952〉;[赣]上饶市广氟医药化工有限公司〈P2015〉;[鲁]济南化工厂分厂(50 吨)〈P2022〉;济南舜华化工有限公司〈P2025〉;[豫]新乡市黄河精细化工有限公司〈P2205〉

【使用厂】[豫]黎明化工研究院〈P2181〉

氟氢化铵;酸式氟化铵;氟化氢铵 B03101901

Ammonium bifluoride [1341-49-7]

用作玻璃蚀刻剂、消毒剂、防腐剂、金属铍的溶剂、硅素钢板的表面处理剂,还用于制造陶瓷和镁合金

【生产厂】[津]天津市腾瑞氟盐化工有限公司〈P1603〉;[冀]河北智通化工有限责任公司(2 万吨)〈P1623〉;河北澳鑫锌业有限公司〈P1647〉;[辽]丹东市化学试剂厂〈P1700〉;[苏]镇江市化剂厂〈P1845〉;无锡市瑞源化工有限公司〈P1878〉;苏州市永达精细化工有限公司〈P1906〉;常熟市辛庄吉祥助剂有限公司〈P1891〉;射阳县四达化工厂(2000 吨)〈P1809〉;[浙]浙江三美化工有限公司〈P1955〉;浙江鹰鹏化工有限公司〈P1956〉;浙江莹光化工有限公司〈P1956〉;东阳市向阳化工有限公司〈P1952〉;[闽]福建省顺昌富宝腾达化工有限公司(5000 吨)〈P2004〉;福建省邵武市永飞化工有限公司(5000 吨)〈P2004〉;福建省建阳金石氟业有限公司(4000 吨)〈P2003〉;福建省漳平凯达氟制品有限公司(3000 吨)〈P2006〉;[赣]上饶市广氟医药化工有限公司〈P2015〉;[鲁]济南舜华化工有限公司〈P2025〉;济南舜凯化工有限公司〈P2025〉;淄博市金达氢氟酸厂〈P2068〉;桓台县东化助剂厂〈P2048〉;山东东岳化工股份有限公司(2 万吨)〈P2052〉;[豫]焦作市冰晶科技开发有限公司〈P2195〉;[鄂]武汉市道奇化工公司〈P2232〉;武汉海德化工发展有限公司〈P2229〉;[陕]西安市优立电子化工有限责任公司(4000 吨)〈P2349〉

氟硅酸钠 B03102001

Sodium fluorosilicate [16893-85-9]

用作玻璃、搪瓷乳白剂,铝合金焊接助熔剂,木材防腐、杀虫剂,耐酸水泥吸湿剂,饮水氟化剂等

【生产厂】[冀]河北冀衡磷肥股份有限公司(1000 吨)〈P1664〉;河北雄威化工股份有限公司〈P1648〉;[晋]山西省交城县晶鑫化工厂〈P1677〉;[辽]沈阳永兴化工有限公司〈P1690〉;[沪]上海翱翔化工有限公司〈P1727〉;[苏]镇江市化剂厂〈P1845〉;无锡市瑞源化工有限公司〈P1878〉;常熟市辛庄吉祥助剂有限公司〈P1891〉;连云港新磷矿化有限责任公司(400 吨)〈P1800〉;江苏省赣榆县磷肥厂〈P1797〉;江苏威力磷复肥有限公司〈P1804〉;南通大伦化工有限公司(300 吨)〈P1833〉;[皖]合肥四方磷复肥有限责任公司(1000 吨)〈P1973〉;铜陵市柯信化工有限责任公司(6000 吨)〈P1978〉;铜陵市铜官山化工有限公司(6000 吨)〈P1978〉;[闽]福建漳平金鑫硫酸化工有限公司(300 吨)〈P2006〉;[赣]江西乐平佳宏化工有限公司〈P2010〉;江西贵溪化肥有限责任公司〈P2013〉;[鲁]济南舜凯化工有限公司〈P2025〉;山东淄博南韩化工有限公司(2500 吨)〈P2056〉;[豫]河南郑顺氟化工有限责任公司(300 吨)〈P2168〉;新乡市黄河精细化工有限公司〈P2205〉;洛阳市汝化化工有限公司〈P2185〉;开封开化(集团)有限公司(200 吨)〈P2176〉;开封开化(集团)有限公司磷肥厂(400 吨)〈P2177〉;[鄂]武汉市道奇化工公司〈P2232〉;湖北黄麦岭磷化工集团公司(7000 吨)〈P2242〉;湖北富驰化工医药股份有限公司(1200 吨)〈P2236〉;湖北祥云(集团)化工

股份有限公司〈P2244〉;[湘]湖南省永和磷肥厂(480 吨)〈P2248〉;湖南信诺颜料科技有限公司〈P2251〉;湖南湘铝有限责任公司(800 吨)〈P2251〉;湖南永利化工股份有限公司(1500 吨)〈P2249〉;郴州天成化工有限责任公司(1000 吨)〈P2256〉;湖南郴州化工集团有限公司(1000 吨)〈P2257〉;[粤]韶关市化工厂(250 吨)〈P2277〉;广东西陇化工有限公司〈P2276〉;廉江市化工有限责任公司(2000 吨)〈P2293〉;台山市磷肥厂有限公司(400 吨)〈P2286〉;[桂]广西平果氟化盐有限公司(1500 吨)〈P2301〉;广西西江化工有限责任公司(1000 吨)〈P2301〉;广西核工业桂兴实业公司(600 吨)〈P2301〉;[渝]云阳县磷肥厂(150 吨)〈P2303〉;[川]四川山山药业集团有限公司(800 吨)〈P2332〉;四川省什邡市聚鑫泰化工有限公司〈P2328〉;四川省什邡蓥峰实业总公司(800 吨)〈P2328〉;[滇]云南氟业化工有限公司(5000 吨)〈P2340〉;云南三环化工股份有限公司(5 万吨)〈P2341〉;昆明合起工贸有限公司(3000 吨)〈P2339〉;云南安宁化肥有限责任公司〈P2340〉;云南昆安磷化工有限公司(500 吨)〈P2340〉;云南金星化工有限公司〈P2345〉;红河州森科氟化工有限公司〈P2345〉

【使用厂】[豫]多氟多化工股份有限公司〈P2192〉

氟硅酸铵 B03102051

Ammonium fluorosilicate [16919-19-0]

用于消毒剂、防腐剂、杀虫剂等的制备

【生产厂】[苏]镇江市化剂厂〈P1845〉;无锡市瑞源化工有限公司〈P1878〉;[浙]浙江莹光化工有限公司〈P1956〉;东阳市向阳化工有限公司〈P1952〉;[赣]上饶市广氟医药化工有限公司〈P2015〉;[鲁]济南舜华化工有限公司(300 吨)〈P2025〉;[滇]云南氟业化工有限公司(5000 吨)〈P2340〉;昆明合起工贸有限公司〈P2339〉

氟硅酸钾 B03102101

Potassium fluorosilicate [16871-90-2]

用作木材防腐剂、铝镁合金助熔剂、农业杀虫剂,也用于光学玻璃制造、合成云母及瓷釉制造等

【生产厂】[冀]河北雄威化工股份有限公司〈P1648〉;[沪]上海翱翔化工有限公司〈P1727〉;[苏]镇江市化剂厂〈P1845〉;无锡市瑞源化工有限公司〈P1878〉;苏州市永达精细化工有限公司(600 吨)〈P1906〉;常熟市辛庄吉祥助剂有限公司〈P1891〉;[浙]东阳市向阳化工有限公司〈P1952〉;[皖]铜陵市柯信化工有限责任公司(1000 吨)〈P1978〉;铜陵市铜官山化工有限公司(1000 吨)〈P1978〉;[赣]上饶市广氟医药化工有限公司〈P2015〉;[鲁]济南舜华化工有限公司〈P2025〉;[豫]河南郑顺氟化工有限责任公司(500 吨)〈P2168〉;[鄂]武汉市道奇化工公司〈P2232〉;[湘]湖南湘铝有限责任公司〈P2251〉;衡阳市邦友化工科技有限公司(1000 吨)〈P2252〉;[滇]云南氟业化工有限公司(5000 吨)〈P2340〉;昆明合起工贸有限公司〈P2339〉

氟硅酸锌 B03102201

Zinc fluorosilicate [18433-42-6]

用作混凝土快速硬化剂、木材防腐剂、熟石膏增强剂、洗涤后处理剂、聚酯纤维的催化剂等

【生产厂】[冀]河北雄威化工股份有限公司〈P1648〉;[苏]镇江市化剂厂〈P1845〉;无锡市瑞源化工有限公司〈P1878〉;[赣]上饶市广氟医药化工有限公司〈P2015〉;[鲁]济南舜华化工有限公司(30 吨)〈P2025〉;[滇]昆明合起工贸有限公司〈P2339〉

氟硅酸钙 B03102251

Calcium fluorosilicate;Calcium hexafluorosilicate [16925-39-6]

用作浮选剂、杀虫剂等

【生产厂】[赣]上饶市广氟医药化工有限公司〈P2015〉;[滇]昆明合起工贸有限公司〈P2339〉

氟硅酸镁;氟矽化镁 B03102301

Magnesium fluorosilicate [12449-55-7]

用作混凝土的硬化剂和防水剂,用于硅石建筑物表面处理及制造陶瓷

【生产厂】[冀]河北雄威化工股份有限公司(500 吨)〈P1648〉;[苏]镇江市化剂厂〈P1845〉;无锡市瑞源化工有限公司〈P1878〉;[浙]浙江莹光化工有限公司〈P1956〉;东阳市向阳化工有限公司〈P1952〉;[赣]上饶市广氟医药化工有限公司〈P2015〉;[鄂]武汉市道奇化工公司〈P2232〉;[粤]廉江市化工有限责任公司(5000 吨)〈P2293〉;[滇]云南氟业化工有限公司(5000 吨)〈P2340〉;昆明合起工贸有限公司(2000 吨)〈P2339〉

氟铝酸钠;氟化铝钠;冰晶石 B03102401

Sodium fluoroaluminate;Cryolite [13775-53-6]

主要用作炼铝助熔剂,也可用作树脂黏合研磨轮的填料,链烯烃聚合催化剂,以及用于玻璃抗反射涂层等

【生产厂】[苏]镇江市化剂厂〈P1845〉;无锡市瑞源化工有限公司〈P1878〉;苏州市永达精细化工有限公司(500 吨)〈P1906〉;常熟市辛庄吉祥助剂有限公司〈P1891〉;[鲁]山东茌平中信化工有限公司(2 万吨)〈P2152〉;山东淄博南韩化工有限公司(6000 吨)〈P2056〉;[豫]河南郑顺氟化工有限责任公司(5000 吨)〈P2168〉;新乡市黄河精细化工有限公司(1 万吨)〈P2205〉;多氟多化工股份有限公司(5 万吨)〈P2192〉;[鄂]武汉市道奇化工公司〈P2232〉;[湘]湖南省星月颜料有限责任公司〈P2253〉;[桂]广西平果氟化盐有限公司(1 万吨)〈P2301〉;[滇]云南氟业化工有限公司(5000 吨)〈P2340〉;[甘]白银中天化工有限责任公司(3 万吨)〈P2357〉;白银有色金属公司〈P2357〉

氟铝酸钾;氟化铝钾 B03102601

Potassium fluoroaluminate [13775-52-5]

用作杀虫剂,也用于陶瓷、玻璃工业及铝焊中

【生产厂】[苏]镇江市化剂厂〈P1845〉;无锡市瑞源化工有限公司〈P1878〉;苏州市永达精细化工有限公司(600 吨)〈P1906〉;常熟市辛庄吉祥助剂有限公司〈P1891〉;[浙]浙江三美化工有限公司〈P1955〉;浙江鹰鹏化工有限公司〈P1956〉;[湘]湖南湘铝有限责任公司〈P2251〉;衡阳市邦友化工科技有限公司〈P2252〉

四氟铝酸钾 B03102641

Potassium tetrafluoroaluminate [14484-69-6]

用作杀虫剂,也用于陶瓷、玻璃工业及铝钎焊

【生产厂】[苏]常熟市辛庄吉祥助剂有限公司〈P1891〉

锆氟酸钾;氟化锆钾;氟锆酸钾 B03102901

Potassium fluozirconate [16923-95-8]

用于制金属锆及其他锆化合物,也用于铝镁合金、陶瓷及玻璃生产

【生产厂】[冀]河北雄威化工股份有限公司(120 吨)〈P1648〉;[辽]丹东市中和化工厂(100 吨)〈P1700〉;丹东市化学试剂厂〈P1700〉;[苏]镇江市化剂厂〈P1845〉;无锡市瑞源化工有限公司〈P1878〉;宜兴新兴锆业有限公司〈P1888〉;常熟市辛庄吉祥助剂有限公司〈P1891〉;兴化市

B

松鹤化学试剂厂(300 吨)〈P1828〉;[浙]德清新康化工有限公司〈P1945〉;升华集团控股有限公司〈P1946〉;浙江三美化工有限公司〈P1955〉;浙江鹰鹏化工有限公司〈P1956〉;东阳市向阳化工有限公司〈P1952〉;[皖]安徽省康达锆业有限公司〈P1986〉;[赣]江西晶安高科技股份有限公司(500 吨)〈P2008〉;[湘]衡阳市邦友化工科技有限公司〈P2252〉

氟锆酸钠　B03102951

Sodium fluorozirconate

用于铝和镁的冶炼,硅橡胶的稳定剂

【生产厂】[冀]河北雄威化工股份有限公司〈P1648〉;[辽]丹东市中和化工厂〈P1700〉;[皖]安徽省康达锆业有限公司〈P1986〉

氟锆酸铵　B03102981

Ammonium fluozirconate

加在铬酸溶液中可提高锌、铅等金属的抗腐蚀性,用于陶瓷和玻璃的生产等

【生产厂】[辽]丹东市中和化工厂〈P1700〉;丹东市化学试剂厂〈P1700〉;[苏]宜兴新兴锆业有限公司〈P1888〉;兴化市松鹤化学试剂厂〈P1828〉;[皖]安徽省康达锆业有限公司〈P1986〉;[湘]衡阳市邦友化工科技有限公司〈P2252〉

氟钛酸钾　B03103021

Potassium fluorotitanate [16919-27-0]

是金属磷化表调剂的组成成分,用作聚丙烯合成催化剂等

【生产厂】[冀]河北雄威化工股份有限公司(4300 吨)〈P1648〉;[辽]丹东市中和化工厂〈P1700〉;丹东市化学试剂厂〈P1700〉;[苏]镇江市化剂厂〈P1845〉;无锡市瑞源化工有限公司〈P1878〉;常熟市辛庄吉祥助剂有限公司〈P1891〉;[浙]浙江三美化工有限公司〈P1955〉;浙江鹰鹏化工有限公司〈P1956〉;东阳市向阳化工有限公司〈P1952〉;[鲁]济南舜华化工有限公司〈P2025〉;[豫]河南郑顺氟化工有限责任公司(500 吨)〈P2168〉;[湘]湖南湘铝有限责任公司〈P2251〉;衡阳市邦友化工科技有限公司(2000 吨)〈P2252〉

氟钛酸钠　B03103031

Sodium fluorotitanate

【生产厂】[辽]丹东市中和化工厂〈P1700〉

氟钛酸铵　B03103051

Ammonium fluorotitanate [16962-40-6]

用作抗腐蚀性洁净剂,用于陶瓷和玻璃的生产等

【生产厂】[辽]丹东市中和化工厂〈P1700〉;丹东市化学试剂厂〈P1700〉;[湘]衡阳市邦友化工科技有限公司〈P2252〉

氟钛酸　B03103091

Fluorotitanic acid [17439-11-1]

用于氟钛酸盐及金属钛的制造

【生产厂】[辽]丹东市中和化工厂〈P1700〉;[苏]无锡市瑞源化工有限公司〈P1878〉;常熟市辛庄吉祥助剂有限公司〈P1891〉;[湘]衡阳市邦友化工科技有限公司〈P2252〉

溴化钠;钠臭　B03103101

Sodium bromide [7647-15-6]

用作配制胶片感光液的原料、医药上的镇静剂、印染工业溴化剂,也用于合成香料及其他化学品

【生产厂】[津]天津市冠峰化工有限公司(300 吨)〈P1587〉;天津市塘沽恒利化工厂(100 吨)〈P1603〉;[冀]唐山市渤海制药厂〈P1636〉;[苏]南京苏如化工有限公司〈P1789〉;仪征市鼎信化工有限公司(100 吨)〈P1820〉;宜兴市芳桥东方化工厂(1200 吨)〈P1884〉;苏州市永达精细化工有限公司(600 吨)〈P1906〉;吴江市高新精细化工有限公司〈P1910〉;江苏沃德化工有限公司(3000 吨)〈P1894〉;江都市星海化工有限公司〈P1815〉;南通光荣化工有限公司(500 吨)〈P1833〉;[浙]浙江德清县银苑化工有限公司〈P1946〉;[鲁]山东鲁北企业集团总公司(1000 吨)〈P2156〉;淄博亿腾化工有限公司(5000 吨)〈P2075〉;东营市博美特化工有限责任公司(500 吨)〈P2081〉;东营市太平洋化工有限责任公司〈P2083〉;山东天信化工有限公司(2 万吨)〈P2099〉;寿光富康制药有限公司(3000 吨)〈P2099〉;山东默锐化学有限公司〈P2096〉;潍坊长安化工贸易有限公司(3000 吨)〈P2101〉;潍坊海化三江化工有限公司(2000 吨)〈P2102〉;潍坊海化远大精细化工有限公司(1000 吨)〈P2102〉;潍坊宏远化工有限公司〈P2102〉;潍坊凯盛化工有限公司〈P2103〉;潍坊强源化工有限公司(4000 吨)〈P2103〉;潍坊新华海洋精细化工有限公司〈P2106〉;山东威泰精细化工有限公司〈P2048〉;山东郓城三兴化工有限公司(1500 吨)〈P2161〉;[豫]偃师市宝隆化工有限公司(1000 吨)〈P2188〉;[鄂]武汉武药制药有限公司〈P2234〉;武汉远大制药集团有限公司〈P2235〉;武汉市合中化工制造有限公司〈P2232〉;[粤]广东西陇化工有限公司〈P2276〉;[陕]陕西渭南惠丰化学工业有限责任公司(360 吨)〈P2352〉

【使用厂】[鲁]邹平铭兴化工有限公司〈P2158〉

溴化钙　B03103201

Calcium bromide [7789-41-5]

用作医药中枢神经抑制剂,用于石油钻井,制造溴化铵、光敏纸、灭火剂、制冷剂等

【生产厂】[苏]江苏沃德化工有限公司〈P1894〉;[鲁]东营市博美特化工有限责任公司(1000 吨)〈P2081〉;东营市太平洋化工有限责任公司〈P2083〉;潍坊宝盛化工有限公司〈P2101〉;山东天信化工有限公司(2 万吨)〈P2099〉;山东海王化工有限公司〈P2095〉;山东省海洋化工科学研究院(2000 吨)〈P2097〉;潍坊海化三江化工有限公司(2000 吨)〈P2102〉;潍坊海化远大精细化工有限公司(5000 吨)〈P2102〉;潍坊宏远化工有限公司(3000 吨)〈P2102〉;潍坊凯盛化工有限公司〈P2103〉;潍坊强源化工有限公司(3500 吨)〈P2103〉;潍坊新华海洋精细化工有限公司〈P2106〉;山东郓城三兴化工有限公司(2000 吨)〈P2161〉

溴化锂　B03103301

Lithium bromide [7550-35-8]

用作水蒸气吸收剂、空气温度调节剂、吸收式制冷剂、氯化氢脱除剂、镇静剂及用于照相、电池等

【生产厂】[京]北京市京洲企业集团公司化工厂〈P1560〉;[苏]昆山市花桥化工四厂〈P1897〉;江苏沃德化工有限公司〈P1894〉;[鲁]东营市博美特化工有限责任公司(300 吨)〈P2081〉;东营市太平洋化工有限责任公司〈P2083〉;山东天信化工有限公司(6000 吨)〈P2099〉;山东海王化工有限公司〈P2095〉;潍坊丹灵精细化工有限公司(80 吨)〈P2101〉;莱州市腾飞化工有限公司〈P2110〉;山东省海洋化工科学研究院(1500 吨)〈P2097〉;潍坊海化远大精细化工有限公司(500 吨)〈P2102〉;潍坊强源化工有限公司(1000 吨)〈P2103〉;潍坊新华海洋精细化工有限公司〈P2106〉;山东郓城三兴化工有限公司(3000 吨)〈P2161〉;[渝]重庆福斯达化工有限公司〈P2304〉;[川]四川省射洪

锂业有限责任公司〈P2331〉
【使用厂】[粤]广州化学试剂厂〈P2261〉

溴化锂,溶液 B03103305
Lithium bromide, solution
54%～55%溴化锂溶液作吸收制冷剂,用于大规模制冷系统
【生产厂】[苏]常熟市阻燃化工有限公司(1200吨)〈P1892〉;[鲁]青岛三凯化工有限公司〈P2041〉

溴化锌 B03103311
Zinc bromide [7699-45-8]
用作海洋油田良好的完井液、固井液,电池电解质等
【生产厂】[鲁]东营市博美特化工有限责任公司(1000吨)〈P2081〉;东营市太平洋化工有限责任公司〈P2083〉;潍坊宝盛化工有限公司〈P2101〉;山东天信化工有限公司(6000吨)〈P2099〉;山东海王化工有限公司〈P2095〉;潍坊海化三江化工有限公司〈P2102〉;潍坊海化远大精细化工有限公司(500吨)〈P2102〉;潍坊宏远化工有限公司(2000吨)〈P2102〉;潍坊凯盛化工有限公司〈P2103〉;潍坊强源化工有限公司(800吨)〈P2103〉;潍坊新华海洋精细化工有限公司〈P2106〉;山东威泰精细化工有限公司〈P2048〉;山东郓城三兴化工有限公司(1200吨)〈P2161〉

溴化镁;六水溴化镁 B03103321
Magnesium bromide [13446-53-2]
用作氧化催化剂、医药中间体等
【生产厂】[辽]营口兄弟硼镁化工有限公司〈P1705〉;[鲁]山东海王化工有限公司〈P2095〉;潍坊海化远大精细化工有限公司(500吨)〈P2102〉;潍坊宏远化工有限公司〈P2102〉;山东郓城三兴化工有限公司(600吨)〈P2161〉

溴化铜 B03103331
Cupric bromide [7789-45-9]
用作有机合成溴化剂
【生产厂】[沪]上海华彭实业有限公司〈P1739〉;[苏]昆山市远洋化工有限公司〈P1898〉

溴化锰 B03103341
Manganous bromide [10031-20-6]
用作催化剂、医药中间体等
【生产厂】[鲁]淄博亿腾化工有限公司(300吨)〈P2075〉;潍坊海化远大精细化工有限公司(500吨)〈P2102〉;潍坊宏远化工有限公司(1000吨)〈P2102〉;潍坊新华海洋精细化工有限公司〈P2106〉;山东郓城三兴化工有限公司(5000吨)〈P2161〉;[渝]重庆福斯达化工有限公司〈P2304〉

溴化铁 B03103391
Ferric bromide; Iron bromide [10031-26-2]
用作有机合成催化剂
【生产厂】[鲁]潍坊宏远化工有限公司(500吨)〈P2102〉

溴酸钠 B03103401
Sodium bromate [7789-38-0]
用作氧化剂、烫发药剂、羊毛整理剂,也用于贵重金属提取和纯化
【生产厂】[冀]河北智通化工有限责任公司〈P1623〉;衡水衡湖化工有限责任公司(450吨)〈P1667〉;[苏]苏州市永达精细化工有限公司(800吨)〈P1906〉;江苏沃德化工有限公司(1500吨)〈P1894〉;[鲁]东营市博美特化工有限责任公司(1600吨)〈P2081〉;东营市太平洋化工有限责任公司(700吨)〈P2083〉;潍坊长安化工贸易有限公司(5000吨)〈P2101〉;潍坊海化三江化工有限公司〈P2102〉;潍坊海化远大精细化工有限公司(1000吨)〈P2102〉;潍坊宏远化工有限公司(1000吨)〈P2102〉;潍坊凯盛化工有限公司〈P2103〉;潍坊强源化工有限公司(2000吨)〈P2103〉;潍坊张氏化工有限公司(800吨)〈P2107〉;[粤]广东西陇化工有限公司〈P2276〉
【使用厂】[鲁]寿光富康制药有限公司〈P2099〉

溴酸钾 B03103501
Potassium bromate [7758-01-2]
用作氧化剂、罐头食品的添加剂及羊毛处理剂等
【生产厂】[冀]衡水衡湖化工有限责任公司(600吨)〈P1667〉;[苏]苏州市永达精细化工有限公司(600吨)〈P1906〉;江苏沃德化工有限公司〈P1894〉;[鲁]东营市博美特化工有限责任公司(400吨)〈P2081〉;东营市太平洋化工有限责任公司(400吨)〈P2083〉;潍坊宏远化工有限公司(800吨)〈P2102〉;[豫]偃师市宝隆化工有限公司〈P2188〉
【使用厂】[桂]桂林市红星化工有限责任公司〈P2299〉

碘化钠 B03103601
Sodium iodide [7681-82-5]
用作制备各类碘化合物的原料,也用于医药、照相等
【生产厂】[京]北京金源东和化学有限责任公司〈P1552〉;[冀]黄骅市津骅饲料添加剂有限公司〈P1656〉;[沪]上海南翔试剂有限公司〈P1754〉;[苏]昆山市江华日用化工厂〈P1897〉;南通林港化工有限公司〈P1834〉;[鲁]淄博万康医药化工有限公司〈P2074〉;[粤]广东西陇化工有限公司〈P2276〉;[川]自贡市金典化工有限公司(20吨)〈P2322〉
【使用厂】[浙]浙江普洛化学有限公司〈P1955〉

碘化钾 B03103701
Potassium iodide [7681-11-0]
用于感光乳剂、肥皂、石版印刷、有机合成、医药、食品添加剂等
【生产厂】[京]北京金源东和化学有限责任公司〈P1552〉;[津]黄骅市津骅添加剂有限公司〈P1569〉;天津市津西前进化工厂(500吨)〈P1595〉;天津市亿天工贸有限公司〈P1610〉;天津天成制药有限公司(500吨)〈P1614〉;[冀]黄骅市津骅饲料添加剂有限公司〈P1656〉;[鲁]淄博万康医药化工有限公司(24吨)〈P2074〉;[鄂]武汉市合中化工制造有限公司〈P2232〉;[粤]广东西陇化工有限公司〈P2276〉;[渝]重庆联华化工厂〈P2305〉;[川]自贡鸿鹤化工集团有限责任公司(120吨)〈P2321〉;自贡市金典化工有限公司(100吨)〈P2322〉
【使用厂】[京]北京市大兴兴福精细化学研究所〈P1558〉;[粤]广州化学试剂厂〈P2261〉

碘化银 B03103801
Silver iodide [7783-96-2]
用作显影剂和人工增雨中的催化剂
【生产厂】[浙]浙江德清县银苑化工有限公司〈P1946〉

碘酸钠 B03103901
Sodium iodate [7681-55-2]
用于医药,用作防腐消毒剂,也可用作氧化剂
【生产厂】[川]自贡市金典化工有限公司(30吨)〈P2322〉

B

碘酸钾 B03104001

Potassium iodate [7758-05-6]

用作家畜饲料添加剂、药用加碘剂,用作小麦面粉处理剂、面团改质剂

【生产厂】[冀]黄骅市津骅饲料添加剂有限公司〈P1656〉;[浙]桐乡市康普达生物科技有限公司〈P1943〉;[鲁]淄博万康医药化工有限公司〈P2074〉;青岛海化化工有限责任公司(1万吨)〈P2035〉;[鄂]应城市碘酸钾厂(300吨)〈P2243〉;[粤]广东西陇化工有限公司〈P2276〉;[川]自贡鸿鹤化工集团有限责任公司(240吨)〈P2321〉;自贡市金典化工有限公司(100吨)〈P2322〉

【使用厂】[苏]江苏淮海盐化厂〈P1802〉

高碘酸钾 B03104201

Potassium periodate [7790-21-8]

用作氧化剂

【生产厂】[川]自贡市金典化工有限公司(30吨)〈P2322〉

溴化钾 B03104301

Potassium bromide [7758-02-3]

用于电影胶片、照相胶卷的乳剂或配制显影剂,在医疗上用作镇静剂

【生产厂】[京]北京市京洲企业集团公司化工厂〈P1560〉;[津]天津市塘沽恒利化工厂(100吨)〈P1603〉;[冀]唐山市渤海制药厂〈P1636〉;[苏]苏州市永达精细化工有限公司(600吨)〈P1906〉;江苏沃德化工有限公司〈P1894〉;南通光荣化工有限公司(300吨)〈P1833〉;[鲁]东营市博美特化工有限责任公司(300吨)〈P2081〉;东营市太平洋化工有限责任公司〈P2083〉;潍坊宝盛化工有限公司〈P2101〉;山东天信化工有限公司(8000吨)〈P2099〉;山东海王化工有限公司〈P2095〉;潍坊海化三江化工有限公司〈P2102〉;潍坊海化远大精细化工有限公司(1000吨)〈P2102〉;潍坊宏远化工有限公司〈P2102〉;潍坊凯盛化工有限公司〈P2103〉;潍坊强源化工有限公司(1000吨)〈P2103〉;潍坊新华海洋精细化工有限公司〈P2106〉;山东郓城三兴化工有限公司(800吨)〈P2161〉;[豫]偃师市宝隆化工有限公司〈P2188〉;[鄂]武汉武药制药有限公司〈P2234〉;[粤]广东西陇化工有限公司〈P2276〉

【使用厂】[京]北京化工厂〈P1549〉;[豫]焦作鑫安科技股份有限公司〈P2197〉

溴化铵 B03104401

Ammonium bromide [12124-97-9]

用作医药镇静剂、照相感光乳剂、木材防腐剂等

【生产厂】[津]天津市塘沽恒利化工厂〈P1603〉;[冀]唐山市渤海制药厂〈P1636〉;[苏]江苏沃德化工有限公司〈P1894〉;南通光荣化工有限公司(300吨)〈P1833〉;[鲁]东营市博美特化工有限责任公司(200吨)〈P2081〉;东营市太平洋化工有限责任公司〈P2083〉;山东天信化工有限公司(8000吨)〈P2099〉;山东海王化工有限公司〈P2095〉;潍坊海化三江化工有限公司〈P2102〉;潍坊海化远大精细化工有限公司(1000吨)〈P2102〉;潍坊宏远化工有限公司〈P2102〉;潍坊凯盛化工有限公司〈P2103〉;潍坊强源化工有限公司(500吨)〈P2103〉;潍坊新华海洋精细化工有限公司〈P2106〉;山东威泰精细化工有限公司〈P2048〉;山东郓城三兴化工有限公司(500吨)〈P2161〉;[鄂]武汉武药制药有限公司〈P2234〉;武汉远大制药集团有限公司〈P2235〉

【使用厂】[津]天津远大感光材料公司〈P1617〉;[粤]广州化学试剂厂〈P2261〉

碘化钙 B03104501

Calcium iodide [10102-68-8]

主要用于医药,是碘化钾的代用品,也用作感光乳剂、碘化氢的干燥剂,用于配制灭火剂等

【生产厂】[川]自贡市金典化工有限公司(5吨)〈P2322〉

碘化镁 B03104551

Magnesium iodide [14332-62-8]

用作药物

【生产厂】[辽]营口兄弟硼镁化工有限公司〈P1705〉

碘化锌 B03104591

Zinc iodide [10139-47-6]

有医疗上用作局部防腐消毒剂、收敛剂,可用作分析亚硝酸盐、游离氯和其他氧化剂的试剂

【生产厂】[川]自贡市金典化工有限公司〈P2322〉

高碘酸钠;过碘酸钠 B03104601

Sodium periodate [7790-28-5]

用作氧化剂,用于陶瓷片纸、印花布等丝网印花的制版工艺,还用于食品工业和制药

【生产厂】[沪]上海元吉化工有限公司〈P1776〉;[[illegible]]自贡市金典化工有限公司(50吨)〈P2322〉

氟硼酸锌 B03104701

Zinc fluoroborate [13826-88-5]

用作电镀添加剂,钴、铝的接合剂,耐洗、耐磨纺织品树脂整理固化剂等

【生产厂】[辽]丹东市中和化工厂(100吨)〈P1700〉;丹东市化学试剂厂〈P1700〉;[苏]无锡市瑞源化工有限公司〈P1878〉

硫酰氟 B03104801

Sulfuryl fluoride [2699-79-8]

用于熏蒸建筑物、车船运输工具及木材制品,防治白蚁、飞蠊、家天牛、鼠类等

【生产厂】[鲁]龙口市化工厂(100万瓶)〈P2111〉

氟化镍 B03105001

Nickel fluoride [10028-18-9]

用作铝合金表面处理剂、有机合成的氟化剂和催化剂等

【生产厂】[冀]河北雄威化工股份有限公司(100吨)〈P1648〉;[辽]丹东市化学试剂厂〈P1700〉;[吉]吉林吉恩镍业股份有限公司〈P1715〉;磐石长城精细化工有限公司〈P1716〉;[苏]无锡市瑞源化工有限公司〈P1878〉;[浙]浙江黄岩精细化学品集团有限公司(500吨)〈P1964〉;浙江鹰鹏化工有限公司〈P1956〉;东阳市向阳化工有限公司〈P1952〉;[鲁]潍坊万源化工有限公司〈P2106〉;[鄂]武汉市道奇化工公司〈P2232〉;[粤]广州中捷机械化工有限公司〈P2268〉;佛山市南海长城精细化工有限公司〈P2288〉;广东南海奇瑞德助剂厂〈P2290〉

五氟化溴 B03105101

Bromine pentafluoride [7789-30-2]

用作液体推进剂，可作导弹和运载火箭的氧化剂

【生产厂】[辽]大连保税区科利德化工科技开发有限公司〈P1690〉；[鄂]武汉市化学工业研究所有限责任公司〈P2232〉

五氟化碘 B03105151

Iodine pentafluoride [7783-66-6]

作为有机化合物选择性氧化剂，在医药制造领域需求日益增大

【生产厂】[辽]大连保税区科利德化工科技开发有限公司〈P1690〉；[沪]上海福邦化工有限公司〈P1733〉

氟化钡 B03105201

Barium fluoride [7787-32-8]

用于制造电机电刷、光学玻璃、光导纤维、激光发生器、助熔剂、涂料和珐琅以及木材防腐剂和杀虫剂等

【生产厂】[津]天津化工研究设计院(500 吨)〈P1573〉；[冀]河北雄威化工股份有限公司(1000 吨)〈P1648〉；[苏]无锡市瑞源化工有限公司〈P1878〉；[浙]浙江莹光化工有限公司〈P1956〉；[渝]重庆福斯达化工有限公司〈P2304〉；重庆元和精细化工有限公司〈P2308〉

氟化镝 B03105301

Dysprosium fluoride [13569-80-7]

【生产厂】[沪]上海跃龙有色金属有限公司〈P1777〉

三氟化锑 B03105311

Antimony trifluoride [7783-56-4]

【生产厂】[辽]大连保税区科利德化工科技开发有限公司〈P1690〉

氟化钕 B03105401

Neodymium fluoride [13709-42-7]

用于制取金属钕，制钕铁硼合金

【生产厂】[沪]上海跃龙有色金属有限公司〈P1777〉；[苏]阜宁稀土实业有限公司〈P1806〉；[鲁]淄博市荣瑞达粉体材料厂〈P2071〉；[甘]甘肃稀土集团有限责任公司(600 吨)〈P2357〉

三溴化磷 B03105601

Phosphorus tribromide [7789-60-8]

用于有机合成，用作溴化剂和还原剂等

【生产厂】[苏]宜兴市芳桥东方化工厂(240 吨)〈P1884〉；太仓市鑫鹄化工有限公司〈P1909〉；江苏大成医药化工有限公司(1000 吨)〈P1802〉；盐城市龙升精细化工厂〈P1811〉；阜宁胜达医药化工有限公司〈P1806〉；[鲁]潍坊海化三江化工有限公司〈P2102〉；[豫]辉县市泉西化工厂(100 吨)〈P2203〉

【使用厂】[苏]泗阳县鼠药厂〈P1804〉；[鲁]济宁市化工研究所〈P2128〉

溴化亚铜 B03105701

Cuprous bromide [7787-70-4]

用作有机合成原料和反应催化剂等

【生产厂】[冀]黄骅市津骅饲料添加剂有限公司〈P1656〉；[沪]上海威方精细化工有限公司〈P1769〉；上海华彭实业有限公司〈P1739〉；[苏]昆山市远洋化工有限公司〈P1898〉；徐州瑞赛科技实业有限公司〈P1795〉；[鲁]潍坊万源化工有限公司〈P2106〉

【使用厂】[浙]浙江省三门解氏化学工业有限公司〈P1966〉

氟化镁 B03105901

Magnesium fluoride [7783-40-6]

用作冶炼金属镁的助熔剂、电解铝的添加剂、光学透镜镀膜、钛颜料的涂着剂、阴极射线屏的荧光材料等

【生产厂】[冀]河北雄威化工股份有限公司(100 吨)〈P1648〉；[苏]镇江市化剂厂〈P1845〉；无锡市瑞源化工有限公司〈P1878〉；[浙]浙江三美化工有限公司〈P1955〉；东阳市向阳化工有限公司〈P1952〉；[鲁]山东茌平中信化工有限公司(5000 吨)〈P2152〉；山东淄博南韩化工有限公司(500 吨)〈P2056〉；[豫]多氟多化工股份有限公司(5000 吨)〈P2192〉；[湘]湖南湘铝有限责任公司〈P2251〉；[渝]重庆仙峰锶盐化工有限公司〈P2308〉；重庆元和精细化工有限公司〈P2308〉

氟化钴 B03106001

Cobaltous fluoride [10026-17-2]

【生产厂】[冀]河北雄威化工股份有限公司〈P1648〉；[辽]澳特钴镍制品(大连)有限公司〈P1690〉；大连保税区科利德化工科技开发有限公司〈P1690〉；[吉]磐石长城精细化工有限公司〈P1716〉；[浙]浙江黄岩精细化学品集团有限公司〈P1964〉；[粤]广东南海奇瑞德助剂厂〈P2290〉

氟化镨 B03106101

Praseodymium fluoride [13709-46-1]

用于制取金属镨、电弧碳棒添加剂等

【生产厂】[沪]上海跃龙有色金属有限公司〈P1777〉；[甘]甘肃稀土集团有限责任公司〈P2357〉

氟化锆 B03106201

Zirconium fluoride; Zirconium tetrafluoride [7783-64-4]

【生产厂】[苏]宜兴新兴锆业有限公司〈P1888〉；[皖]安徽省康达锆业有限公司〈P1986〉

碘化铵 B03106301

Ammonium iodide [12027-06-4]

【生产厂】[川]自贡市金典化工有限公司〈P2322〉

氟化铜 B03106401

Copper difluoride; Copper fluoride [7789-19-7]

用于有机合成反应催化剂、氟化剂和高浓度电池等

【生产厂】[吉]磐石长城精细化工有限公司〈P1716〉；[粤]广东南海奇瑞德助剂厂〈P2290〉

碘化亚铜 B03106601

Cuprous iodide [7681-65-4]

用作有机反应催化剂、阳极射线管覆盖物，也用作动物饲料添加剂等

【生产厂】[冀]黄骅市津骅饲料添加剂有限公司〈P1656〉；[苏]昆山市远洋化工有限公司〈P1898〉

溴化锶 B03106701

Strontium bromide [7789-53-9]

医药上用作镇静剂和分析试剂

【生产厂】[渝]重庆华琦精细化工有限公司〈P2305〉；重庆福斯达化工有限公司〈P2304〉；重庆元和精细化工有限公司〈P2308〉

B

三氟化氮；氟化氮　B03106801
Nitrogen trifluoride；Nitrogen fluoride［7783-54-2］
【生产厂】［川］中核红华特种气体股份有限公司〈P2320〉

溴化铝　B03106901
Aluminium bromide［7727-15-3］
用作橡胶的热软化剂、有机合成异构化催化剂，可用于生产氢化铝锂
【生产厂】［鲁］潍坊宏远化工有限公司〈P2102〉

三硅酸镁；硅酸镁　B03110101
Magnesium trisilicate［39365-87-2］
用作中和胃酸药、抗酸剂，用于陶瓷、橡胶工业作填料，食品工业作抗结块剂、助滤剂、被膜剂等
【生产厂】［冀］石家庄三九利鑫制药有限公司（500 吨）〈P1628〉；石家庄市汇康精细化学有限公司〈P1629〉；［晋］山西省芮城县精细日化有限公司（200 吨）〈P1680〉；山西亚宝药业集团股份有限公司〈P1680〉；［辽］营口兄弟硼镁化工有限公司〈P1705〉；［浙］湖州市菱湖新望化学有限公司〈P1946〉；［鲁］山东聊城阿华制药有限公司（200 吨）〈P2153〉；潍坊海化三江化工有限公司〈P2102〉

六硅酸镁；聚醚吸附剂；多硅酸镁　B03110131
Magnesium hexasilicate［1343-88-0］
用作聚醚吸附剂，具有吸附和脱色的作用
【生产厂】［辽］锦化化工（集团）有限责任公司〈P1703〉；［鄂］武汉华东化工有限公司〈P2230〉

日光粉；卤磷酸钙荧光粉　B03110201
Calcium halophosphate photofluorescent powder
用作荧光材料
【生产厂】［辽］营口金锚化工有限公司〈P1704〉；营口福鼎化工有限公司〈P1704〉；［苏］东台市金源荧光材料厂〈P1805〉

仲钨酸铵；偏钨酸铵　B03110301
Ammonium paratungstate；Ammonium tungstate；Ammonium wolframate；APT［14311-52-5］
用作制造其他钨化合物及金属钨的原料
【生产厂】［苏］姜堰市贝斯特钼制品有限公司〈P1823〉；姜堰市光明化工厂〈P1823〉；姜堰市天平化工有限公司〈P1824〉；南通万邦科技精细化工有限公司〈P1836〉；［赣］赣州钴钨有限责任公司（2700 吨）〈P2014〉；南康市宏发矿业有限公司〈P2014〉；［粤］潮州翔鹭钨业有限公司（5000 吨）〈P2295〉；［桂］广西平桂飞碟股份有限公司（3500 吨）〈P2300〉

活性白土；活性漂土；白陶土　B03110401
Activated clay；Bleaching clay［70131-50-9］
用于动物油、植物油、矿物油等脱色及石油产品精制，也用作有机合成的催化剂
【生产厂】［苏］苏州群力膨润土化工有限公司〈P1902〉；［浙］杭州永盛催化剂有限公司〈P1924〉；浙江丰虹粘土化工有限公司〈P1946〉；［赣］江西玉山县膨润土实业有限公司〈P2015〉；［鲁］临淄华泰化工厂（1 万吨）〈P2049〉；淄博申宝活性白土厂〈P2067〉；淄博橡塑填料厂〈P2074〉；桓台县周家镇沈家化工厂（3 万吨）〈P2049〉；青岛市润邦化工建材有限公司〈P2043〉；莱西市金山化工厂（8000 吨）〈P2032〉；［豫］新乡市瑞丰化工有限责任公司（5000 吨）〈P2205〉
【使用厂】［津］天津市延安化工厂〈P1610〉；［沪］上海市大场化工厂〈P1763〉

颗粒白土　B03110402
Granular clay［1302-42-7］
广泛用于石化行业芳烃提纯、航空煤油精炼，也用于润滑油、基础油、柴油等油品的精制，脱除油品中残余的烯烃
【生产厂】［辽］中国石油抚顺石油化工公司（3 万吨）〈P1699〉；［苏］苏州群力膨润土化工有限公司〈P1902〉；［浙］杭州永盛催化剂有限公司〈P1924〉

钛酸锶　B03110641
Strontium titanate［12060-59-2］
主要用于制造电子元件、自动调节加热元件、压电陶瓷及陶瓷敏感材料、微波陶瓷元件等
【生产厂】［苏］昆山市远洋化工有限公司〈P1898〉；滨海县明昇化工厂〈P1889〉

纳米级钛酸锶　B03110645
Strontium titanate，nanometer
用于制造电子元件、自动调节加热元件、消磁作用元器件、压电陶瓷及陶瓷敏感材料等
【生产厂】［冀］河北雄威化工股份有限公司〈P1648〉；［苏］滨海县明昇化工厂〈P1889〉

钨酸钠　B03110701
Sodium tungstate dihydrate；Sodium wolframate［10213-10-2］
用于制造金属钨、钨酸、钨酸盐、染料、油墨、催化剂等
【生产厂】［沪］上海浦东兴邦化工发展有限公司（700 吨）〈P1756〉；［苏］昆山兴邦钨钼科技有限公司（600 吨）〈P1898〉；东台市金源荧光材料厂〈P1805〉；江苏省姜堰市鑫鑫化工有限公司（600 吨）〈P1822〉；姜堰市贝斯特钼制品有限公司〈P1823〉；姜堰市峰峰金属制品厂〈P1823〉；姜堰市光明化工厂（600 吨）〈P1823〉；姜堰市天平化工有限公司〈P1824〉；南通万邦科技精细化工有限公司（1000 吨）〈P1836〉；［浙］台州市中海医药化工有限公司〈P1962〉；［赣］南康市宏发矿业有限公司〈P2014〉
【使用厂】［浙］杭州红妍颜料化工有限公司〈P1918〉

钨酸钙；人造白钨　B03110801
Calcium tungstate；Calcium wolframate［7790-75-2］
用于荧光涂料、摄影用光屏管、医药、X 射线照片及日光灯等
【生产厂】［苏］南通万邦科技精细化工有限公司〈P1836〉

高岭土　B03111201
China clay；Kaolin
用于制日用陶瓷、耐火材料、涂料、光学玻璃、各种电磁绝缘体，还用于造纸、橡胶、塑料工业和制特种陶瓷
【生产厂】［京］北京瑞驰拓维科技有限公司〈P1557〉；［冀］石家庄辰兴实业有限公司〈P1625〉；［晋］山西河曲正阳高岭土有限公司（6000 吨）〈P1676〉；［辽］营口启和粉体工业有限公司〈P1704〉；［沪］上海一环化工有限公司（1 万吨）〈P1774〉；上海跃江钛白化工制品有限公司〈P1776〉；［皖］安徽省庐江矾矿〈P1984〉；安徽雷鸣科化股份有限公司

〈P1977〉;[豫]郑州富龙新材料科技有限公司〈P2170〉;巩义市中龙高岭土有限公司〈P2165〉;[陕]榆林蒲白高岭土有限责任公司(2 万吨)〈P2354〉;[青]青海省乐都县新兴粉体材料厂〈P2359〉

【使用厂】[赣]江西全兴化工填料有限公司〈P2011〉;江西农大锐特化工科技有限公司〈P2009〉;[鲁]安丘市鲁星化学有限公司〈P2088〉;济宁高新区泰丰化轻技术装备研究所〈P2127〉;[豫]洛阳天平分子筛有限公司〈P2187〉

煅烧高岭土 B03111211

Calcination kaolin

广泛用于塑料、橡胶、涂料、油漆、造纸等行业

【生产厂】[京]北京利国伟业超细粉体有限公司〈P1554〉;[晋]山西琚丰高岭土有限公司(1 万吨)〈P1675〉;山西金洋锻烧高岭土有限公司〈P1676〉;山西同德化工有限公司〈P1676〉;大同硅铝耐火材料有限公司〈P1672〉;[沪]上海亮江钛白化工制品有限公司〈P1751〉;上海汇精亚纳米新材料有限公司〈P1741〉;[皖]滁州市惠友粉体材料厂(2000 吨)〈P1982〉;[鲁]淄博华联钙业有限公司〈P2061〉;济宁高新区泰丰化轻技术装备研究所(3000 吨)〈P2127〉;[豫]巩义市昌华辅料厂(2000 吨)〈P2162〉;巩义市中龙高岭土有限公司〈P2165〉;[陕]榆林蒲白高岭土有限责任公司(3 万吨)〈P2354〉

超细煅烧高岭土 B03111241

Calcination kaolin, superfine

广泛应用于造纸、涂料、油漆、橡胶、药品等领域

【生产厂】[京]北京利国伟业超细粉体有限公司〈P1554〉;[晋]大同市银河精细化工厂(2 万吨)〈P1673〉;[苏]耀辉化工有限公司〈P1883〉;[豫]巩义市昌华辅料厂(3000 吨)〈P2162〉;[粤]广福建材(蕉岭)精化有限公司(1 万吨)〈P2277〉;湛港宏富实业有限公司〈P2293〉

氨基钠 B03111301

Sodamide; Sodium amide [7782-92-5]

用于制氰化钠、有机合成及药物制造

【生产厂】[苏]昆山市石浦化工三厂〈P1897〉

【使用厂】[鲁]邹平铭兴化工有限公司〈P2158〉

钼酸钠 B03111401

Sodium molybdate [7631-95-0]

用作金属缓蚀剂、除水垢剂、漂白促进剂以及皮肤和头发保护剂

【生产厂】[津]天津四方化工有限公司(300 吨)〈P1614〉;天津市龙胜化工有限公司(1000 吨)〈P1598〉;[沪]上海浦东兴邦化工发展有限公司(600 吨)〈P1756〉;上海博呈化工有限公司〈P1729〉;上海依田化工公司〈P1774〉;上海浩业化工有限公司(150 吨)〈P1736〉;[苏]南京纳科水处理技术有限公司〈P1787〉;昆山兴邦钨钼科技有限公司(600 吨)〈P1898〉;张家港民丰化工有限公司〈P1912〉;江苏峰峰钨钼制品股份有限公司(120 吨)〈P1807〉;江苏省姜堰市鑫鑫化工有限公司(600 吨)〈P1822〉;姜堰市贝斯特钼制品有限公司〈P1823〉;姜堰市峰峰金属制品厂〈P1823〉;姜堰市光明化工厂(500 吨)〈P1823〉;姜堰市天平化工有限公司〈P1824〉;泰州永博生化制品有限公司〈P1828〉;南通万邦科技精细化工有限公司〈P1836〉;[浙]绍兴市银迪钼业有限公司〈P1949〉;[皖]合肥精汇化工研究所〈P1972〉;安庆市月铜冶金化工有限责任公司〈P1980〉;安庆市凯达钼业有限公司(100 吨)〈P1980〉;池州旷达冶金化工厂〈P1987〉;[赣]余江县冶金化工厂(200 吨)〈P2014〉;[豫]洛阳市福港冶金化工有限公司(1000 吨)〈P2183〉;[粤]广东西陇化工有限公司〈P2276〉;[川]广汉泛太平洋冶金化工金属制品有限公司〈P2324〉

【使用厂】[沪]上海铬黄颜料厂〈P1734〉;上海泗联实业总公司〈P1766〉;[浙]杭州红妍颜料化工有限公司〈P1918〉;杭州福德化工有限公司〈P1917〉

钼酸铵 B03111501

Ammonium molybdate [13106-76-8]

用作颜料、色淀和织物阻燃防火剂,是制备钼制品的主要原料,也是一种重要的农用肥料

【生产厂】[津]天津市化学试剂四厂凯达化工厂(1000 吨)〈P1590〉;天津四方化工有限公司(800 吨)〈P1614〉;天津市龙胜化工有限公司(100 万吨)〈P1598〉;[沪]上海浦东兴邦化工发展有限公司(500 吨)〈P1756〉;上海博呈化工有限公司〈P1729〉;[苏]扬中市永丰化工厂〈P1843〉;昆山兴邦钨钼科技有限公司(600 吨)〈P1898〉;泰州永博生化制品有限公司〈P1828〉;南通万邦科技精细化工有限公司〈P1836〉;[皖]合肥精汇化工研究所〈P1972〉;安庆市凯达钼业有限公司(600 吨)〈P1980〉;池州旷达冶金化工厂〈P1987〉;[赣]余江县冶金化工厂〈P2014〉;[豫]洛阳市福港冶金化工有限公司(1000 吨)〈P2183〉;[湘]衡阳天友化工有限公司〈P2253〉;[川]广汉泛太平洋冶金化工金属制品有限公司〈P2324〉

【使用厂】[苏]江苏峰峰钨钼制品股份有限公司〈P1807〉;盐城市誉球化工有限公司〈P1812〉;通州市江石化工厂〈P1839〉;南京化学工业集团公司如东专用复合肥厂〈P1832〉;[浙]温州华华集团有限公司〈P1937〉;[鲁]德州虹桥染料化工有限公司〈P2142〉;临朐县大祥精细化工有限公司〈P2089〉;[豫]河南省化工研究所〈P2167〉;[湘]长沙市化工研究所〈P2247〉;[粤]广州化学试剂厂〈P2261〉;[陕]西北化工研究院〈P2350〉

仲钼酸铵 B03111503

Ammonium paramolybdate [13106-76-8]

是测定磷的重要试剂,也是生产丙烯腈催化剂的最佳材料

【生产厂】[苏]昆山兴邦钨钼科技有限公司(200 吨)〈P1898〉;江苏峰峰钨钼制品股份有限公司〈P1807〉;姜堰市贝斯特钼制品有限公司〈P1823〉;姜堰市峰峰金属制品厂〈P1823〉;姜堰市天平化工有限公司〈P1824〉;泰州永博生化制品有限公司〈P1828〉;[皖]合肥精汇化工研究所〈P1972〉;安庆市月铜冶金化工有限责任公司〈P1980〉;池州旷达冶金化工厂〈P1987〉

二钼酸铵 B03111505

Ammonium dimolybdate [27546-07-2]

主要用于制取钼粉、制造陶瓷颜料及其他钼化合物的原料

【生产厂】[津]天津四方化工有限公司(200 吨)〈P1614〉;[辽]大连第一有机化工有限公司〈P1691〉;[沪]上海浦东兴邦化工发展有限公司(300 吨)〈P1756〉;[苏]昆山兴邦钨钼科技有限公司(600 吨)〈P1898〉;江苏峰峰钨钼制品股份有限公司〈P1807〉;姜堰市贝斯特钼制品有限公司〈P1823〉;姜堰市峰峰金属制品厂〈P1823〉;姜堰市光明化工厂〈P1823〉;姜堰市天平化工有限公司〈P1824〉;泰州永博生化制品有限公司〈P1828〉;南通万邦科技精细化工有限公司〈P1836〉;[皖]安庆市月铜冶金化工有限责任公司〈P1980〉;安庆市凯达钼业有限公司〈P1980〉;池州旷达冶金化工厂〈P1987〉

四钼酸铵 B03111507

Ammonium tetramolybdate

B

石化工业用作催化剂，冶金工业用于制钼粉、钼条、钼丝、钼坯、钼片等，亦可作为微量元素肥料

【生产厂】［京］北京兴瑞达化工厂〈P1564〉；［辽］大连第一有机化工有限公司〈P1691〉；［苏］昆山兴邦钨钼科技有限公司(600 吨)〈P1898〉；姜堰市贝斯特钼制品有限公司〈P1823〉；姜堰市峰峰金属制品厂〈P1823〉；姜堰市光明化工厂〈P1823〉；姜堰市天平化工有限公司〈P1824〉；泰州永博生化制品有限公司〈P1828〉；［浙］绍兴市银迪钼业有限公司〈P1949〉；［皖］安庆市月铜冶金化工有限责任公司〈P1980〉；安庆市凯达钼业有限公司〈P1980〉

七钼酸铵 B03111510

Ammoinum heptamolybdate [12027-67-7]

用于制取催化剂、金属钼、颜料、金属表面处理剂、缓蚀剂、微量元素肥料等

【生产厂】［津］天津市化学试剂四厂凯达化工厂(1000 吨)〈P1590〉；天津四方化工有限公司(450 吨)〈P1614〉；［冀］黄骅市津骅饲料添加剂有限公司〈P1656〉；［辽］大连第一有机化工有限公司〈P1691〉；［沪］上海浦东兴邦化工发展有限公司(300 吨)〈P1756〉；［苏］昆山兴邦钨钼科技有限公司(200 吨)〈P1898〉；姜堰市贝斯特钼制品有限公司〈P1823〉；姜堰市峰峰金属制品厂〈P1823〉；姜堰市光明化工厂〈P1823〉；姜堰市天平化工有限公司〈P1824〉；泰州永博生化制品有限公司〈P1828〉；南通万邦科技精细化工有限公司〈P1836〉；［浙］绍兴市银迪钼业有限公司〈P1949〉；［皖］安庆市凯达钼业有限公司〈P1980〉

八钼酸铵 B03111530

Ammoinum octamolybdate [12411-64-2]

用于染料、颜料、催化剂、防火剂、微量元素肥料、陶瓷色料及其他化合物的原料

【生产厂】［辽］大连第一有机化工有限公司〈P1691〉；［沪］上海浦东兴邦化工发展有限公司〈P1756〉；［苏］姜堰市光明化工厂〈P1823〉；南通万邦科技精细化工有限公司〈P1836〉；［皖］安庆市月铜冶金化工有限责任公司〈P1980〉；安庆市凯达钼业有限公司〈P1980〉；［川］成都开飞高能化学工业有限公司〈P2312〉

钼酸钡 B03111601

Barium molybdate [7787-37-3]

用于石脑油的精制及搪瓷产品的黏着

【生产厂】［沪］上海浦东兴邦化工发展有限公司(150 吨)〈P1756〉；上海博星化工有限公司〈P1729〉；［苏］张家港民丰化工有限公司〈P1912〉；江苏峰峰钨钼制品股份有限公司(100 吨)〈P1807〉；姜堰市贝斯特钼制品有限公司〈P1823〉；姜堰市光明化工厂(100 吨)〈P1823〉；姜堰市天平化工有限公司〈P1824〉；泰州永博生化制品有限公司〈P1828〉；南通万邦科技精细化工有限公司〈P1836〉；［湘］湖南信诺颜料科技有限公司〈P2251〉

钼酸锌 B03111681

Zinc molybdate [13767-32-3]

【生产厂】［沪］上海骏马化工有限公司〈P1746〉

硅酸钠；水玻璃；泡花碱 B03111701

Sodium silicate; Water glass [1344-09-8]

主要用作黏结剂、洗涤剂、肥皂的填料，土壤稳定剂，纺织工业助染剂、漂白剂和浆纱剂，矿物浮选剂等

【生产厂】［京］北京市红星广厦化工建材有限责任公司(10 万吨)〈P1559〉；［津］天津市北辰区阳光泡花碱厂(2000 吨)〈P1580〉；天津市津南瑞田化工厂(2 万吨)〈P1594〉；天津市北辰区振兴泡花碱厂(3 万吨)〈P1580〉；天津碱厂综合化工厂(4 万吨)〈P1574〉；［冀］石家庄双联化工集团(4 万吨)〈P1632〉；石家庄双联化工有限责任公司(4 万吨)〈P1633〉；河北省永清县林薪化工有限公司〈P1659〉；廊坊海达化工有限公司(2 万吨)〈P1660〉；永清县聚利得化工有限公司(7 万吨)〈P1663〉；永清县林新化工有限公司(1 万吨)〈P1663〉；永清县双发化工有限公司(2 万吨)〈P1663〉；永清县星河化工厂(2 万吨)〈P1663〉；河北宏达泡花碱厂(2000 吨)〈P1648〉；［晋］山西同德化工有限公司(3 万吨)〈P1676〉；［辽］大连染料化工有限公司(1000 吨)〈P1693〉；［沪］上海跃达实业有限公司(3 万吨)〈P1776〉；［苏］南京金燕化工总公司〈P1786〉；南京扬子净水剂有限公司(5000 吨)〈P1791〉；无锡恒享白炭黑有限责任公司(10 万吨)〈P1873〉；徐州汉高洗涤剂有限公司(3 万吨)〈P1794〉；江苏德邦化学工业集团有限公司(1 万吨)〈P1797〉；［浙］上虞市强盛化工有限公司(1000 吨)〈P1948〉；［皖］合肥燎原化工有限公司〈P1973〉；安徽良臣硅源材料有限公司〈P1985〉；［闽］福建嘉联化工集团(40 万吨)〈P2002〉；南平嘉闽化工有限公司(12 万吨)〈P2005〉；南平元禾化工有限公司(12 万吨)〈P2005〉；福建省漳平市正昌化工有限公司(6000 吨)〈P2006〉；福建漳平市正盛化工有限公司〈P2006〉；福建石化集团三明化工有限责任公司(2 万吨)〈P1995〉；永安市丰源化工有限公司(2 万吨)〈P1996〉；［赣］九江华雄化工有限公司〈P2013〉；［鲁］济南槐荫化工总厂(2500 吨)〈P2022〉；山东淄博利尔化工有限公司(12 万吨)〈P2056〉；淄博社会福利泡花碱厂(20 万吨)〈P2067〉；邹平县亨通化工有限公司(5000 吨)〈P2158〉；莱州市海源碱业有限责任公司(8 万吨)〈P2109〉；山东省诸城市鑫盛化工厂〈P2098〉；青州祥利泡花碱有限公司(20 万吨)〈P2094〉；山东联科白炭黑有限公司(3 万吨)〈P2096〉；山东海化股份有限公司(13 万吨)〈P2094〉；招远威达硅胶有限公司(10 万吨)〈P2121〉；青岛大润化工有限公司〈P2033〉；青岛东岳泡花碱有限公司(1000 吨)〈P2034〉；青岛海洋化工有限公司(10 万吨)〈P2036〉；青岛海湾集团有限公司(40 万吨)〈P2036〉；胶州市三利源物资有限公司(8000 吨)〈P2031〉；青岛永兴泡花碱有限公司(5 万吨)〈P2046〉；泰安市大禹化工有限责任公司(2000 吨)〈P2137〉；枣庄市鑫鹏泡花碱厂(2 万吨)〈P2080〉；山东辛化(集团)公司(1 万吨)〈P2078〉；微山县天翔化工有限公司(4800 吨)〈P2133〉；微山县微山湖碱厂(3 万吨)〈P2133〉；［豫］郑州市泡花碱厂(5 万吨)〈P2173〉；郑州铝城实业开发总公司(400 吨)〈P2172〉；郑州森奥化工有限责任公司(2 万吨)〈P2172〉；郑州市荥阳龙马机械有限公司(3000 吨)〈P2174〉；巩义市恒星泡花碱厂〈P2162〉；焦作鑫安科技股份有限公司(4 万吨)〈P2197〉；焦作市涧宏实业公司化工二厂(2000 吨)〈P2196〉；淇县鑫鈺化工有限责任公司〈P2200〉；濮阳市光璞石化有限责任公司(2 万吨)〈P2214〉；鹤壁市金属化工有限公司(1 万吨)〈P2199〉；长葛市八方豫硅有限公司〈P2217〉；宝丰县泡花碱厂(3000 吨)〈P2191〉；洛阳市西工洛北化工厂(1000 吨)〈P2186〉；洛阳市白马寺幸福化工厂(5000 吨)〈P2183〉；河南省偃师市东谷泡花碱厂(4 万吨)〈P2180〉；偃师市第一泡花碱厂(4000 吨)〈P2188〉；南阳市卧龙区王村泡花碱厂(3000 吨)〈P2225〉；平顶山煤业集团开封东大化工有限公司(2500 吨)〈P2179〉；［鄂］湖北应城市汉能化工有限责任公司〈P2243〉；［粤］广州市人民化工厂(10 万吨)〈P2265〉；广东省佛山市中发水玻璃厂(10 万吨)〈P2291〉；台山市磷肥厂有限公司(6000 吨)〈P2286〉；［桂］广西西江化工有限责任公司(2000 吨)〈P2301〉；［渝］重庆胜利化工厂〈P2306〉；［川］成都市新都区桂宏化工厂〈P2314〉；［滇］昆明滇池化工有限责任公司(3 万吨)〈P2339〉；［新］新疆盐湖金明珠工贸有限责任公司〈P2364〉

【使用厂】[京]北京金鱼科技股份有限公司〈P1552〉;[津]天津市风船化学试剂科技有限公司〈P1586〉;天津化工研究设计院〈P1573〉;[冀]石家庄市联碱厂化工分厂〈P1630〉;邢台市巨星化工有限公司〈P1643〉;[晋]山西省芮城县精细日化有限公司〈P1680〉;[吉]通化双龙集团有限公司化工公司〈P1718〉;[沪]上海长风化工厂〈P1729〉;上海环球分子筛有限公司〈P1740〉;上海恒业分子筛有限公司〈P1736〉;[苏]中国石化金陵石化公司烷基苯厂〈P1792〉;连吉化学工业有限公司〈P1798〉;[浙]温州华华集团有限公司〈P1937〉;乐清市今升有机化工有限公司〈P1936〉;[闽]福建省三联化工股份有限公司〈P1995〉;福建省建阳金石氟业有限公司〈P2003〉;宁德市晶航化工有限公司〈P2007〉;南安市晶联化工有限公司〈P1999〉;福建省沙县金沙白炭黑制造有限公司〈P1995〉;福建省南平嘉元化工有限公司〈P2003〉;[赣]江西江氨化学工业有限公司〈P2008〉;[鲁]滕州香池化工原料有限公司〈P2080〉;山东聊城阿华制药有限公司〈P2153〉;淄博博洋化工有限公司〈P2058〉;山东济宁齐天佳丽日化有限公司〈P2131〉;青岛海洋化工厂分厂〈P2036〉;东辰(集团)化工有限公司〈P2081〉;济南海华洗涤制品有限公司〈P2021〉;荣成市日跃化工有限公司〈P2122〉;青岛美高集团有限公司〈P2040〉;招远汇源硅胶有限公司〈P2120〉;[豫]河南佰利联化学股份有限公司〈P2193〉;博爱县化学农药厂〈P2192〉;郑州雪山实业有限公司〈P2175〉;洛阳天平分子筛有限公司〈P2187〉;[粤]广州化学试剂厂〈P2261〉;[川]成都天华科技股份有限公司〈P2315〉;[滇]云南杨林化工厂〈P2342〉

硅酸钠(液体);水玻璃(液体);泡花碱(液体)　B03111706

Sodium silicate, liquid [1344-09-8]

主要用作胶黏剂、硅胶和白炭黑的原料,制皂业的填充料以及橡胶防水剂等

【生产厂】[津]天津渤海化工有限责任公司天津碱厂〈P1570〉;[冀]石家庄双联化工集团(2万吨)〈P1632〉;石家庄双联化工有限责任公司(2万吨)〈P1633〉;永清县星河化工厂(5万吨)〈P1663〉;[浙]上虞市强盛化工有限公司(2万吨)〈P1948〉;[闽]福建省漳平市正昌化工有限公司(8万吨)〈P2006〉;福建漳平市正盛化工有限公司〈P2006〉;[鲁]枣庄市鑫鹏泡花碱厂(9000吨)〈P2080〉;[粤]广东省惠州市虹珠化工有限公司〈P2278〉;[渝]重庆胜利化工厂〈P2306〉

粉状速溶硅酸钠;粉状泡花碱　B03111707

Sodium silicate, powder [1344-09-8]

主要用于清洗剂及合成洗涤剂,也用作除油剂、填充剂和缓蚀剂等

【生产厂】[京]北京市红星广厦化工建材有限责任公司〈P1559〉;[冀]石家庄双联化工有限责任公司(3000吨)〈P1633〉;[浙]浙江嘉善德昌粉体材料有限公司〈P1943〉;[鲁]青岛东岳泡花碱有限公司(5000吨)〈P2034〉;[豫]巩义市神都耐材有限公司〈P2164〉;巩义市三和耐火材料有限公司〈P2163〉;河南省濮阳市氯碱厂(1万吨)〈P2213〉;洛阳市建龙化工有限公司〈P2184〉;河南省偃师市东谷泡花碱厂(3000吨)〈P2180〉;[粤]广东省佛山市中发水玻璃厂(1万吨)〈P2291〉;[渝]重庆胜利化工厂〈P2306〉

δ-层状结晶二硅酸钠;层硅　B03111711

Sodium disilicate, δ-samdwich crystal

代替三聚磷酸钠,用于制粉状洗涤剂

【生产厂】[浙]浙江海盐晞迪助剂有限公司(2万吨)〈P1943〉;[鲁]山东胜通集团股份有限公司(8000吨)〈P2085〉;青岛永兴泡花碱有限公司(1万吨)〈P2046〉;[豫]郑州水晶股份有限公司〈P2174〉;[滇]云南盐化股份有限公司〈P2342〉;[陕]陕西金泰氯碱化工有限公司〈P2353〉

硅酸钾;钾水玻璃　B03111801

Potassium silicate [1312-76-1]

用于还原染料、防火剂、电焊条、肥皂等

【生产厂】[冀]邢台市巨星化工有限公司〈P1643〉;[浙]上虞市强盛化工有限公司(5000吨)〈P1948〉;浙江嘉善德昌粉体材料有限公司〈P1943〉;[鲁]青岛东岳泡花碱有限公司(2万吨)〈P2034〉;[豫]沁阳市华鑫防腐有限公司〈P2198〉

硅酸钾溶液　B03111811

Potassium silicate, solution [1312-76-1]

主要用于电子束管荧光屏涂覆,也可作为制造荧光粉和导电石墨乳的辅助材料

【生产厂】[豫]淇县鑫鈺化工有限责任公司(3000吨)〈P2200〉

硅酸钾钠;钾钠水玻璃;钾钠泡花碱　B03111901

Sodium potassium silicate [37328-88-4]

主要用作黏结剂、洗涤剂、除油污助剂等

【生产厂】[京]北京市红星广厦化工建材有限责任公司(3000吨)〈P1559〉;[浙]上虞市强盛化工有限公司(5000吨)〈P1948〉;[鲁]山东淄博利尔化工有限公司(5000吨)〈P2056〉;青岛东岳泡花碱有限公司(2万吨)〈P2034〉;[豫]淇县鑫鈺化工有限责任公司〈P2200〉;漯河市金水化工有限责任公司(2000吨)〈P2220〉;[川]成都市新都区桂宏化工厂〈P2314〉

硅酸锂　B03112001

Lithium silicate [10102-24-6]

用于玻璃体系、熔融盐体系及高温陶瓷釉料中,也用作钢铁等表面防锈涂料

【生产厂】[浙]上虞市强盛化工有限公司(500吨)〈P1948〉

偏硅酸钠;偏硅酸钠(九水)　B03112101

Sodium metasilicate [6834-92-0]

用于制造洗涤剂、织物处理剂和纸张脱墨剂等

【生产厂】[沪]上海跃达实业有限公司〈P1776〉;[浙]上虞市强盛化工有限公司(1万吨)〈P1948〉;[鲁]青岛东岳泡花碱有限公司(2万吨)〈P2034〉;青岛永兴泡花碱有限公司(3万吨)〈P2046〉;[豫]巩义市恒星泡花碱厂〈P2162〉;郑州育才磷酸盐化工厂(3000吨)〈P2175〉;新乡市华幸化工有限责任公司〈P2205〉;[川]成都市新都区桂宏化工厂〈P2314〉;四川新星化工有限公司(2万吨)〈P2334〉;四川银丰化工有限公司〈P2334〉

【使用厂】[鲁]莱州市化工三厂〈P2109〉

偏硅酸钠(五水)　B03112102

Sodium metasilicate, pentahydrate [10213-79-3]

用于制造洗涤剂、织物处理剂和纸张脱墨剂等

【生产厂】[津]天津市东方红化工厂(2万吨)〈P1585〉;天津市兴玉工贸有限公司〈P1609〉;天津渤海化工有限责任公司天津碱厂(2万吨)〈P1570〉;[沪]上海跃达实业有限公司(2万吨)〈P1776〉;[浙]上虞市强盛化工有限公司〈P1948〉;[闽]福建省漳平市振福化工有限公司〈P2006〉;[鲁]青岛大润化工有限公司(1万吨)〈P2033〉;[豫]郑州市泡花碱厂(5000吨)〈P2173〉;巩义市恒星泡花碱厂

〈P2162〉;河南佰利联化学股份有限公司(2000 吨)〈P2193〉;[粤]广东西陇化工有限公司〈P2276〉;广东省惠州市虹珠化工有限公司〈P2278〉;广东省佛山市中发水玻璃厂(3 万吨)〈P2291〉;[川]成都市新都区桂宏化工厂〈P2314〉;[滇]红河州森科氟化工有限公司(2000 吨)〈P2345〉

【使用厂】[鲁]山东临朐富源精细化工有限公司〈P2096〉

锑酸钠　B03112501

Sodium antimonate [15432-85-6]

用作不透明填料、搪瓷的乳白剂及铁皮、钢板的抗酸漆

【生产厂】[辽]沈阳华昌锑业化工有限公司〈P1685〉;[沪]上海韶松催化剂厂〈P1760〉;[鲁]济南湘蒙阻燃材料有限公司〈P2026〉;[湘]益阳市华昌锑业有限公司〈P2256〉;益阳市通用阻燃材料厂〈P2256〉;锡矿山闪星锑业有限责任公司〈P2258〉;[川]成都开飞高能化学工业有限公司〈P2312〉;[滇]云南木利锑业有限公司〈P2344〉

滑石粉　B03112601

Talc powder [14807-96-6]

用作橡胶、塑料、油漆、纸张、化妆品的填料,化肥、催化剂、药物的载体以及农药的稀释粉料等

【生产厂】[京]北京安顺达装饰材料有限公司〈P1543〉;北京利国伟业超细粉体有限公司〈P1554〉;[辽]辽宁艾海滑石有限公司(16 万吨)〈P1697〉;营口菱镁化工(集团)有限公司〈P1704〉;丹东天赐阻燃材料科技有限公司〈P1700〉;[沪]上海威呈化工有限公司〈P1769〉;上海一环化工有限公司(1 万吨)〈P1774〉;上海跃江钛白化工制品有限公司〈P1776〉;上海焦化有限公司钛白粉分公司〈P1743〉;上海石粉厂有限公司(2 万吨)〈P1762〉;[苏]常州碳酸钙有限公司〈P1857〉;溧阳市茶亭硅石矿〈P1863〉;[浙]杭州富阳国诚化工有限公司〈P1917〉;[皖]合肥中科阻燃新材料有限公司〈P1973〉;安徽省庐江矾矿〈P1984〉;[赣]江西省高峰化工矿业发展有限公司〈P2016〉;[鲁]淄博张店湖田新兴重钙厂(500 吨)〈P2076〉;淄博市汉圣化工有限公司〈P2068〉;莱州鑫和化工有限公司〈P2110〉;平度市滑石矿业有限公司〈P2032〉;[桂]广西桂林市来生滑石制品有限责任公司〈P2298〉;桂林市来生滑石制品有限公司〈P2299〉;桂林市五环实业开发有限公司〈P2299〉;桂林桂广滑石开发有限公司〈P2299〉;广西龙广滑石开发有限公司(15 万吨)〈P2299〉;广西龙胜华美滑石开发有限公司(5 吨)〈P2299〉;永福县宏发重晶石矿粉有限公司(5 万吨)〈P2300〉

【使用厂】[津]天津市万荣化工工业公司〈P1606〉;[沪]上海新华阻燃剂总厂〈P1772〉;[苏]建湖县建磷肥料化工有限公司〈P1807〉;常州光辉化工有限公司〈P1847〉;[浙]浙江化工科技集团有限公司精细化工厂〈P1927〉;[皖]马鞍山市康华化工有限公司〈P1977〉;[闽]泉州洛江三星涂料树脂有限公司〈P2000〉;中亚涂料(石狮)有限公司〈P2001〉;[鲁]济南泰山金鹏涂料有限公司〈P2025〉;山东梁山蓝天化工有限公司〈P2131〉;胜利油田大明新型建筑防水材料有限责任公司〈P2087〉;新汶矿业集团有限责任公司〈P2139〉;安丘市鲁星化学有限公司〈P2088〉;[豫]郑州双塔涂料有限公司〈P2174〉;黎明化工研究院〈P2181〉;[粤]广东粤港大地制漆有限公司〈P2291〉

超细滑石粉;水合硅酸镁超细粉　B03112603

Talc powder, superfine [14807-96-6]

用作橡胶、塑料、油漆、纸张、化妆品的填料,化肥、催化剂、药物的载体以及农药的稀释粉料等

【生产厂】[京]北京利国伟业超细粉体有限公司(5000 吨)〈P1554〉;[冀]廊坊开发区津信超细化工有限公司(500 吨)〈P1660〉;[辽]海城市合成微细钼石粉厂〈P1697〉;[苏]扬州市群鑫粉体材料有限公司(1 万吨)〈P1819〉;[鲁]淄博海诺化工有限公司〈P2061〉;淄博华联钙业有限公司〈P2061〉;高密市明星化工有限公司〈P2089〉;[粤]广福建材(蕉岭)精化有限公司〈P2277〉;湛港宏富实业有限公司〈P2293〉;[桂]桂林市来生滑石制品有限公司〈P2299〉;桂林桂广滑石开发有限公司〈P2299〉;广西龙广滑石开发有限公司(1 万吨)〈P2299〉;广西贺州市科隆粉体有限公司〈P2300〉;[青]青海省乐都县新兴粉体材料厂〈P2359〉

锡酸钠　B03112701

Sodium stannate [12209-98-2]

用作媒染剂,纺织品的防火剂、增重剂,以及制造陶瓷、玻璃和用于镀锡等

【生产厂】[沪]上海宁浴化工有限公司〈P1755〉;[苏]江都市恒升有色化工有限公司〈P1814〉;[赣]南康市宏发矿业有限公司〈P2014〉;[粤]广东西陇化工有限公司〈P2276〉;[桂]柳州冶炼厂〈P2298〉;[滇]云南锡业股份有限公司(350 吨)〈P2342〉;云南个旧市自立矿冶有限公司〈P2345〉

焦锑酸钠　B03112801

Sodium pyroantimonate [12507-68-5]

主要用作显像管玻壳澄清剂,也用作纺织品、塑料、建材的阻燃剂等

【生产厂】[辽]沈阳华昌锑业化工有限公司〈P1685〉;[湘]湖南省桃江县板溪锑矿〈P2256〉;[桂]柳州华锡集团有限责任公司〈P2297〉

硅酸铝　B03113001

Aluminium silicate [1327-36-2]

用于水性乳胶漆、皮革揩光浆、印花涂料浆等水性涂料以及造纸等

【生产厂】[冀]廊坊开发区津信超细化工有限公司(1500 吨)〈P1660〉;[闽]福建省漳平市振福化工有限公司〈P2006〉;[鲁]桓台县果里保温防腐建材厂〈P2049〉

【使用厂】[豫]河南中原防火材料有限公司〈P2168〉

硅酸铅　B03113201

Lead silicate [11120-22-2]

主要用于制造光学玻璃、光导纤维、日用器皿和低熔点焊接等

【生产厂】[苏]靖江市天龙化工有限公司(5500 吨)〈P1825〉;江苏天鹏化工集团张家港市氧化铅厂(5 万吨)〈P1894〉;江都市恒升有色化工有限公司〈P1814〉;[豫]河南省新乡扬远化工有限责任公司(6000 吨)〈P2201〉

【使用厂】[鲁]淄博市临淄东方红化工厂〈P2068〉

硅酸锆　B03113301

Zirconium silicate [10101-52-7]

用于陶瓷、乳白釉、涂料增强剂等

【生产厂】[京]北京瑞驰拓维科技有限公司〈P1557〉;[沪]上海宫崎超细粉体技术有限公司〈P1734〉;[苏]耀辉化工有限公司〈P1883〉;宜兴新兴锆业有限公司〈P1888〉;[浙]升华集团控股有限公司〈P1946〉;[赣]江西晶安高科技股份有限公司〈P2008〉;[鲁]淄博辰源粉体有限公司(1 万吨)〈P2058〉;淄博耐驰尔永邦锆业有限公司(5000 吨)〈P2065〉;[粤]广东东方锆业科技股份有限公司〈P2276〉

硅酸钙;无水硅酸钙　B03113531

Calcium silicate, anhydrous [1344-95-2]

主要用作建筑材料、保温材料、耐火材料，涂料的体质颜料及载体

【生产厂】[沪]上海宁成高分子材料有限公司〈P1755〉

氢化钠 B03113601

Sodium hydride [7646-69-7]

是制药、香料、染料中重要的还原剂，还可作为干燥剂、烷基化剂等

【生产厂】[津]天津市北斗星精细化工有限公司(1000吨)〈P1580〉；天津市津浩科技发展有限公司〈P1593〉；[冀]河北科宇生物化工有限公司(70吨)〈P1664〉；[沪]上海朗瑞精细化学品有限公司〈P1749〉；[苏]南通宏梓化工有限公司〈P1833〉；如皋市金陵试剂厂〈P1838〉；[赣]江西昌九金桥化工有限公司〈P2008〉；[鄂]来凤恒发医药化工集团公司〈P2245〉

【使用厂】[苏]江苏天容集团股份有限公司〈P1861〉；[赣]江西樟树冠京香料有限公司〈P2016〉

油浸氢化钠 B03113651

Sodium hydride, oil immersion

主要用作缩合剂、烷基化剂及还原剂等

【生产厂】[冀]河北武春高科技化工有限公司〈P1666〉

偏锑酸钠 B03113701

Sodium metaantimonate [15432-85-6]

用作玻璃澄清剂，也可用作阻燃增效剂

【生产厂】[沪]上海韶松催化剂厂〈P1760〉；[鲁]济南湘蒙阻燃材料有限公司〈P2026〉；[湘]湖南省桃江县板溪锑矿(1500吨)〈P2256〉；锡矿山闪星锑业有限责任公司〈P2258〉

六氟锑酸钠 B03113751

Sodium hexafluoroantimonate [16925-25-0]

用作有机氟取代剂

【生产厂】[沪]上海华彩精细化工有限公司(20吨)〈P1738〉；[浙]东阳市向阳化工有限公司〈P1952〉

锡酸钾 B03113801

Potassium stannate [12142-33-5]

用于锡酸钾镀锡，还用于玻璃、陶瓷、印染等工业

【生产厂】[津]天津市亚红化工有限公司(400吨)〈P1610〉；[沪]上海试四赫维化工有限公司〈P1764〉；[滇]云南锡业股份有限公司〈P2342〉；云南个旧市自立矿冶有限公司〈P2345〉

锡酸锌 B03113851

Zinc stannate

【生产厂】[滇]云南锡业股份有限公司〈P2342〉

羟基锡酸锌 B03113891

Zinc hydroxystannate

主要用作塑料工业中的阻燃剂及烟雾抑制剂，是替代三氧化二锑的环保型产品

【生产厂】[滇]云南锡业股份有限公司〈P2342〉

铝酸钙 B03113901

Calcium aluminate [12042-68-1]

主要用作生产硫酸铝、聚合铝的原料，是氢氧化铝粉的替代产品

【生产厂】[晋]阳泉中旭经贸发展有限公司〈P1674〉；[豫]巩义市富源净水材料有限公司(500吨)〈P2162〉；巩义市宇贸净水材料有限公司〈P2164〉；巩义市宇清净水材料有限公司〈P2164〉；巩义市碧波供水材料有限公司〈P2162〉；巩义市益民化工有限公司〈P2164〉；河南蓝天净化材料有限公司〈P2166〉；巩义市腾达供水材料厂〈P2164〉

【使用厂】[沪]上海金赛医药化工有限公司〈P1744〉；[豫]巩义市鑫达化工厂〈P2164〉；巩义市芝田净化剂厂〈P2165〉

铝酸钠 B03113911

Sodium aluminate [1302-42-7]

用于净水剂、造纸填料、催化剂等

【生产厂】[鲁]山东铝业股份有限公司研究院〈P2053〉；山东淄博利尔化工有限公司〈P2056〉；淄博同洁化工有限公司(2000吨)〈P2073〉

【使用厂】[鲁]淄博博洋化工有限公司〈P2058〉

偏铝酸钠 B03113931

Sodium metaaluminate [1302-42-7]

是一种无磷助洗剂

【生产厂】[渝]重庆西洋化工有限责任公司〈P2307〉

【使用厂】[津]天津市西青区永红化工厂〈P1607〉

铝酸铋 B03113951

Bismuth aluminate [12284-76-3]

主要用作抗酸药，具有中和胃酸和收敛作用

【生产厂】[辽]营口奥达制药有限公司〈P1703〉；盘锦兴海制药有限公司(500吨)〈P1706〉；[滇]云南师范大学化工厂(120吨)〈P2341〉

多钒酸铵 B03114001

Ammonium polyorthovanadate

【生产厂】[辽]中信锦州铁合金股份有限公司〈P1702〉

偏钒酸钾 B03114003

Potassium metavanadate [13769-43-2]

用作催化剂、媒染剂等

【生产厂】[冀]承德新新钒钛化工有限公司〈P1650〉；[苏]南京南元化工有限公司〈P1787〉；[皖]芜湖人本合金责任有限公司〈P1974〉；[川]攀枝花市鑫裕化工厂〈P2322〉

偏钒酸铵 B03114004

Ammonium metavanadate [7803-55-6]

用作催化剂、催干剂、媒染剂等，也可用于制取五氧化二钒

【生产厂】[苏]南京南元化工有限公司〈P1787〉；[皖]芜湖人本合金有限责任公司〈P1974〉；芜湖人本合金责任有限公司〈P1974〉；[豫]焦作李封工业有限责任公司〈P2195〉；[川]攀枝花市鑫裕化工厂〈P2322〉

【使用厂】[粤]广州化学试剂厂〈P2261〉

偏钒酸钠 B03114011

Sodium metavanadate [13718-26-8]

【生产厂】[冀]承德新新钒钛化工有限公司〈P1650〉；[苏]南京南元化工有限公司〈P1787〉；[皖]芜湖人本合金有限责任公司〈P1974〉；芜湖人本合金责任有限公司(550吨)〈P1974〉；[川]攀枝花市鑫裕化工厂〈P2322〉

钒酸铵 B03114051

Ammonium vanadate [7803-55-6]

B

【生产厂】[川]攀枝花市鑫裕化工厂〈P2322〉

亚硒酸钠　　B03114251

Sodium selenite, pentahydrate [26970-82-1]

用于预防和控制克山病取得了显著效果,对预防牲畜缺硒也有效

【生产厂】[津]黄骅市津骅添加剂有限公司〈P1569〉;[冀]石家庄维平功能食品科技有限公司〈P1633〉;黄骅市津骅饲料添加剂有限公司〈P1656〉;[浙]桐乡市康普达生物科技有限公司〈P1943〉;[桂]广西五星化工有限公司〈P2296〉

钛酸钡　　B03114401

Barium titanate [12047-27-7]

主要用于电子陶瓷、PTC 热敏电阻、电容器等多种电子元器件的配制

【生产厂】[冀]河北省辛集市纳新电子材料有限公司〈P1622〉;[苏]昆山市远洋化工有限公司〈P1898〉;江苏华昌(集团)有限公司〈P1893〉;滨海县明昇化工厂〈P1889〉;[陕]西安天路电子材料有限公司〈P2349〉

纳米级钛酸钡　　B03114451

Barium titanate, nanometer [12047-27-7]

介电常数高,可用于电子工业制造非线性元件、介电放大器、微型电容器、电子计算机的记忆元件等

【生产厂】[冀]河北雄威化工股份有限公司〈P1648〉;[苏]滨海县明昇化工厂〈P1889〉

钴酸锂　　B03114501

Lithium cobaltate [12190-79-3]

用作锂二次电池原材料

【生产厂】[浙]慈溪市飞兰有色金属有限公司〈P1929〉;宁波雁门化工有限公司〈P1934〉;宁波金和新材料有限公司(1620 吨)〈P1931〉;[赣]新余市赣锋锂业有限公司〈P2012〉

六氟锑酸钾　　B03114601

Potassium hexafluoroantimonate

【生产厂】[浙]东阳市向阳化工有限公司〈P1952〉

纳米层状硅酸盐;纳米蒙脱土　　B03114801

Nanometre samdwich silicate; Nanometre montmorillonite

用于聚合物纳米复合材料的制备

【生产厂】[川]成都正光科技股份有限公司〈P2317〉

草酸锂　　B03114901

Lithium oxalate [30903-87-8]

用于制药工业,用于制取锂盐

【生产厂】[沪]上海振欣试剂厂〈P1778〉;[皖]安徽联科化工有限责任公司〈P1971〉

工业盐　　B03115001

Industry salt [7647-14-5]

用于制取烧碱、纯碱等多种工业产品

【生产厂】[冀]河北沧州化工实业集团有限公司(25 万吨)〈P1653〉;唐山三友集团盐化公司(60 万吨)〈P1636〉;[鲁]广饶海丰盐化有限公司(30 万吨)〈P2083〉;莱州市海源碱业有限责任公司(20 万吨)〈P2109〉;山东大地盐化集团(70 万吨)〈P2094〉;山东省裕源集团总公司〈P2098〉;潍坊凯龙化工有限公司〈P2103〉;潍坊拓实化工有限公司〈P2106〉;青岛海达制盐有限责任公司(8 万吨)〈P2035〉;[鄂]武汉市合中化工制造有限公司〈P2232〉;湖北双环科技股份有限公司(52 万吨)〈P2242〉;中国石化江汉油田分公司盐化工总厂〈P2246〉;[湘]衡阳市裕华化工实业有限公司(1 万吨)〈P2253〉;[渝]重庆索特盐化股份有限公司〈P2307〉;[滇]云天化集团有限责任公司〈P2344〉;[青]青海省盐业股份有限公司(200 万吨)〈P2359〉

【使用厂】[黑]牡丹江东北高新化工有限责任公司〈P1723〉;[闽]福建省东南电化股份有限公司〈P1988〉;福建省南平市榕昌化工有限公司〈P2003〉;福建省(屏南)榕屏化工有限公司〈P2007〉;福建湄洲湾氯碱工业有限公司〈P1998〉;福建漳平金鑫硫酸化工有限公司〈P2006〉;[鲁]山东寿光绿洲皮革塑料有限公司〈P2098〉;[豫]开封开化(集团)有限公司〈P2176〉;河南省三门峡天成电化有限公司〈P2221〉;多氟多化工股份有限公司〈P2192〉

钛酸锂　　B03115501

Lithium titanate [12031-82-2]

【生产厂】[冀]河北雄威化工股份有限公司〈P1648〉

碳化钛　　B03116001

Titanium carbide [12070-08-5]

是硬质合金的重要成分,用作金属陶瓷,还可用来制造切削工具,炼钢工业中用作脱氧剂

【生产厂】[冀]石家庄华泰纳米陶瓷材料厂〈P1626〉

碳化锆　　B03116051

Zirconium carbide [12070-14-3]

主要用作磨料,还可用作硬质合金的原料

【生产厂】[辽]中信锦州铁合金股份有限公司〈P1702〉

铼酸铵　　B03116201

Ammonium rhenate

用于制造航空航天和核工业所需的超耐热合金和石油精炼重整生产无铅或低铅汽油、Pt—Re 合金催化剂

【生产厂】[赣]贵冶华信金属有限责任公司〈P2013〉

氢化锂　　B03116401

Lithium hydride [7580-67-8]

有机合成中用作还原剂、缩合剂、催化剂

【生产厂】[津]天津市北斗星精细化工有限公司(100 吨)〈P1580〉;天津市津浩科技发展有限公司〈P1593〉;天津环威精细化工有限公司〈P1574〉;[冀]河北科宇生物化工有限公司(6 吨)〈P1664〉;河北武春高科技化工有限公司〈P1666〉

氢化铝锂;四氢化铝锂　　B03116451

Lithium aluminium hydride [16853-85-3]

在医药、香料、农药、染料及其他有机合成中用作还原剂

【生产厂】[津]天津市道福化工新技术开发有限公司〈P1584〉;天津市北斗星精细化工有限公司(100 吨)〈P1580〉;天津市津浩科技发展有限公司〈P1593〉;天津环威精细化工有限公司〈P1574〉;[冀]河北科宇生物化工有限公司(10 吨)〈P1664〉;河北武春高科技化工有限公司〈P1666〉;[沪]上海威方精细化工有限公司〈P1769〉;上海晨日化学有限公司〈P1730〉

【使用厂】[鲁]山东滕州悟通香料有限责任公司〈P2078〉

碳氮化钛 B03116501

Titanium carbonitride

广泛用于切削刀具及金属陶瓷制品

【生产厂】[冀]石家庄华泰纳米陶瓷材料厂〈P1626〉

一氧化铅;密陀僧;黄丹;氧化铅 B04000101

Lead monoxide; Lead oxide, yellow; Litharge; Plumbous oxide [1317-36-8]

用于冶炼金属铅,制铅玻璃、铅化合物、催化剂和油漆催干剂等

【生产厂】[津]天津市天星助剂颜料厂(500吨)〈P1605〉;[冀]石家庄市灯塔化工厂〈P1629〉;石家庄市佳彩化工有限责任公司〈P1629〉;石家庄市迅达化工有限责任公司(4000吨)〈P1632〉;河北省衡水桃城化工助剂有限公司〈P1665〉;[沪]上海华溢塑料助剂合作公司〈P1740〉;[苏]南京金陵化工厂有限责任公司(5700吨)〈P1785〉;靖江市天龙化工有限公司(1万吨)〈P1825〉;太仓市红丹厂〈P1908〉;江苏天鹏化工集团张家港市氧化铅厂(6万吨)〈P1894〉;江都市恒升有色化工有限公司(1400吨)〈P1814〉;[鲁]临朐华隆科技开发有限公司(2000吨)〈P2089〉;临朐县中亮颜料有限公司〈P2090〉;青岛凯阳化工有限公司〈P2039〉;青岛弘中元化学有限公司(3000吨)〈P2036〉;[豫]河南省辉县市玉康油脂化工有限责任公司(600吨)〈P2201〉;河南省新乡市荣军精细化工厂(1万吨)〈P2201〉;河南省新乡扬远化工有限责任公司〈P2201〉;新乡海伦颜料有限公司(2500吨)〈P2203〉;河南豫光金铅股份有限公司(2万吨)〈P2194〉;林州市茶店化工厂(1500吨)〈P2211〉;临颍县化工有限公司(1500吨)〈P2220〉;洛阳金岛化工有限公司(3000吨)〈P2182〉;[湘]衡阳市五化实业有限责任公司(1000吨)〈P2252〉;湖南省星月颜料有限责任公司〈P2253〉;[粤]佛山市鲸鲨制漆科技有限公司(4000吨)〈P2288〉;[桂]广西全州县天星化工厂〈P2299〉;柳州华锡集团有限责任公司〈P2297〉

【使用厂】[辽]大连第一有机化工有限公司〈P1691〉;沈阳船牌制漆有限公司〈P1685〉;沈阳市应用技术实验厂〈P1689〉;[苏]江都市润扬化工有限公司〈P1814〉;江阴市光华化工有限公司〈P1869〉;[浙]杭州福德化工有限公司〈P1917〉;[鲁]济南弘易化工厂〈P2021〉;青岛红星化工集团自力实业公司〈P2037〉;青岛红星化工集团有限责任公司〈P2036〉;淄博市鲁川化工有限公司〈P2070〉;淄博照新化工有限公司〈P2076〉;[豫]新乡市恒源塑化有限公司〈P2204〉;[粤]广州化学试剂厂〈P2261〉

二氧化铈 B04000401

Ceria; Ceric oxide; Cerium dioxide; Cerium oxide [1306-38-3]

用于制备抛光粉和汽车尾气催化剂

【生产厂】[甘]甘肃稀土集团有限责任公司〈P2357〉

二氧化硒 B04000601

Selenium dioxide; Selenous acid anhydride [7446-08-4]

用于制高纯硒和其他硒化合物,还是有机合成药物的氧化剂和催化剂

【生产厂】[津]黄骅市津骅添加剂有限公司〈P1569〉;[冀]黄骅市津骅饲料添加剂有限公司〈P1656〉

【使用厂】[苏]江苏省溧阳市制药厂〈P1861〉

二氧化硫(液);亚硫酸酐(液) B04000701

Sulfur dioxide, liquid [7446-09-5]

用作有机溶剂及冷冻剂,并用于精制各种润滑油

【生产厂】[津]天津市硫酸厂(3000吨)〈P1598〉;[苏]苏州精细化工有限公司(1万吨)〈P1901〉;吴江市青云九洲保险粉有限公司(2万吨)〈P1910〉;扬州市新业化工有限公司(1万吨)〈P1819〉;[浙]浙江汇德隆化工有限公司〈P1950〉;浙江巨化股份有限公司硫酸厂(3000吨)〈P1958〉;[皖]来安县振兴化工公司(7000吨)〈P1982〉;铜陵市柯信化工有限责任公司(3000吨)〈P1978〉;[鲁]山东省淄川北旺化工厂(2500吨)〈P2055〉;莱州金兴化工有限责任公司(7000吨)〈P2109〉;山东恒邦冶炼股份有限公司(2万吨)〈P2113〉;[豫]开封开化(集团)有限公司(2500吨)〈P2176〉;[鄂]武汉青江化工股份有限公司(3000吨)〈P2231〉;[湘]湖南湘铝有限责任公司(500吨)〈P2251〉;湖南永利化工股份有限公司(1万吨)〈P2249〉

【使用厂】[鲁]淄博化学试剂厂有限公司〈P2062〉;招远七六一有限责任公司〈P2120〉

二氧化硫 B04000702

Sulfur dioxide [7446-09-5]

主要用于生产三氧化硫、硫酸、亚硫酸盐、硫代硫酸盐,也用作熏蒸剂、漂白剂、防腐剂、消毒剂、还原剂等

【生产厂】[辽]大连光明特种气体有限公司〈P1691〉;[浙]浙江嘉成化工有限公司〈P1950〉;[赣]江西乐安江化工有限公司(8000吨)〈P2010〉;[鲁]胜利油田胜大集团总公司化工一厂(3000吨)〈P2088〉;烟台市福山区正源化工有限公司(1万吨)〈P2118〉;[川]江油川西北恒远天然气化工有限公司〈P2330〉

【使用厂】[京]北京化工厂〈P1549〉;[津]天津市硫酸厂〈P1598〉;天津市德洁洗涤剂有限公司〈P1584〉;[沪]上海吴泾化工有限公司〈P1770〉;上海华谊集团上硫化工有限公司〈P1739〉;上海众祥经贸有限公司〈P1779〉;上海新誉化工厂〈P1772〉;[苏]苏州精细化工有限公司〈P1901〉;[浙]浙江巨化股份有限公司硫酸厂〈P1958〉;[皖]安徽氯碱化工集团有限责任公司〈P1972〉;[闽]福建邵武榕丰化工有限公司〈P2003〉;[鲁]山东金河实业有限公司〈P2113〉;烟台市金河保险粉厂有限公司〈P2119〉;[豫]开封开化(集团)有限公司〈P2176〉;河南中科化工有限责任公司〈P2202〉;河南省化工研究所〈P2167〉;[湘]湖南中成化工有限公司〈P2249〉

二氧化锆;氧化锆 B04000801

Zirconia; Zirconium dioxide; Zirconium oxide [1314-23-4]

大量用于制造耐火材料、研磨材料、陶瓷颜料和锆酸盐等

【生产厂】[京]北京瑞驰拓维科技有限公司〈P1557〉;[冀]河北鹏达新材料科技有限公司〈P1640〉;[辽]中信锦州铁合金股份有限公司〈P1702〉;[沪]上海尚友锆材料有限公司(480吨)〈P1760〉;上海高纳粉体技术有限公司〈P1734〉;上海跃龙新材料股份有限公司〈P1776〉;上海跃新化工厂〈P1777〉;上海宫崎超细粉体技术有限公司〈P1734〉;上海凯路化工有限公司〈P1747〉;[苏]耀辉化工有限公司〈P1883〉;宜兴新兴锆业有限公司(1万吨)〈P1888〉;兴化市松鹤化学试剂厂(500吨)〈P1828〉;[浙]德清新康化工有限公司(1000吨)〈P1945〉;升华集团控股有限公司〈P1946〉;衢州市台胞投资经贸有限公司〈P1958〉;[皖]安徽省康达锆业有限公司〈P1986〉;[赣]江西晶安高科技股份有限公司(2000吨)〈P2008〉;[鲁]山东淄博中埠化工有限公司(300吨)〈P2056〉;淄博市淄川宝龙化工有限公司(100吨)〈P2072〉;淄博天智化工有限公司〈P2073〉;淄博照新化工有限公司(1000吨)〈P2076〉;淄博广通化工有限责任公司(3000吨)〈P2060〉;淄博环拓化工有限公司(300吨)〈P2062〉;[豫]河南佰利联化学股份有限公司(1500吨)〈P2193〉;焦作李封工业有限责任公司(250吨)

B

〈P2195〉；焦作王封工业有限责任公司（1000吨）〈P2197〉；濮阳市光璞石化有限责任公司（3000吨）〈P2214〉；[粤]广东东方锆业科技股份有限公司（2500吨）〈P2276〉；佛山市合尔达陶瓷化工原料有限公司〈P2287〉；[渝]重庆宏达化工机电有限公司〈P2305〉

【使用厂】[鲁]淄博赛德克陶瓷颜料有限公司〈P2066〉；烟台市化学工业研究所〈P2119〉

二氧化锆（稳定）；全稳定氧化锆　B04000803

Zirconium dioxide, steady [1314-23-4]

大量用于制造耐火材料、研磨材料、陶瓷颜料和锆酸盐等

【生产厂】[沪]上海尚友锆材料有限公司（50吨）〈P1760〉；[苏]兴化市松鹤化学试剂厂（100吨）〈P1828〉；[浙]升华集团控股有限公司〈P1946〉；[粤]广东东方锆业科技股份有限公司〈P2276〉

氧化锆（纳米）；纳米氧化锆　B04000804

Zirconium dioxide, nanometre [1314-23-4]

可用于制造结构陶瓷和功能陶瓷以及人造宝石等

【生产厂】[苏]南京海泰纳米材料有限公司〈P1784〉；宜兴新兴锆业有限公司（1000吨）〈P1888〉

水合氧化锆　B04000831

Hydrous zirconium oxide

用作其他锆产品中间品

【生产厂】[浙]升华集团控股有限公司〈P1946〉

氧化钇锆　B04001021

Zirconium yttrium oxide

【生产厂】[豫]焦作李封工业有限责任公司〈P2195〉

氧化钙锆　B04001081

Zirconium calcium oxide

【生产厂】[豫]焦作李封工业有限责任公司〈P2195〉

二氧化锡；氧化锡　B04001101

Stannic anhydride; Stannic oxide; Tin dioxide [18282-10-5]

用于搪瓷和电磁材料，并用于制造乳白玻璃、锡盐、瓷着色剂、织物媒染剂和增重剂、钢和玻璃的磨光剂等

【生产厂】[津]天津市鹏晟泰精细化工有限公司（180吨）〈P1600〉；[沪]上海天光化工厂〈P1767〉；[苏]耀辉化工有限公司〈P1883〉；江阴市天鹏玻搪颜料化工厂〈P1871〉；[浙]慈溪市飞兰有色金属有限公司〈P1929〉；宁波雁门化工有限公司〈P1934〉；[湘]湖南金环颜料有限公司〈P2250〉；[粤]佛山市合尔达陶瓷化工原料有限公司〈P2287〉；[桂]柳州冶炼厂〈P2298〉；柳州华锡集团有限责任公司〈P2297〉；[滇]云南锡业股份有限公司（350吨）〈P2342〉；昆明庚申精细化工有限责任公司（200吨）〈P2339〉；云南个旧市自立矿冶有限公司〈P2345〉

【使用厂】[鲁]淄博赛德克陶瓷颜料有限公司〈P2066〉

二氧化锗　B04001201

Germanium dioxide; Germanium oxide [1310-53-8]

用于制锗，也用于电子工业

【生产厂】[蒙]锡林郭勒通力锗业有限责任公司〈P1683〉；[湘]长沙蜂巢颜料化工有限公司〈P2247〉；[滇]云南驰宏锌锗股份有限公司〈P2342〉

二氧化硅；石英砂　B04001301

Silicon dioxide [112945-52-5]

用作制造水玻璃、耐火材料、光学玻璃、光导纤维、石英玻璃仪器的原料，也可用于制超声波元件、吸附剂等

【生产厂】[京]中国蓝星（集团）总公司〈P1568〉；北京航天赛德粉体材料技术有限公司〈P1548〉；[冀]河北省灵寿县燕新矿产加工厂（2万吨）〈P1621〉；石家庄东平矿业建材厂（1万吨）〈P1626〉；河北省灵寿县精细矿产加工厂〈P1621〉；承德新星光源材料有限公司〈P1651〉；[晋]山西天一纳米材料科技有限公司〈P1676〉；[辽]营口启和粉体工业有限公司〈P1704〉；[沪]上海高纳粉体技术有限公司〈P1734〉；上海汇精亚纳米新材料有限公司〈P1741〉；上海翱翔化工有限公司〈P1727〉；[浙]浙江中维药业有限公司〈P1947〉；湖州展望药业化学有限公司〈P1946〉；[皖]淮南山河药用辅料有限公司〈P1976〉；[鲁]山东聊城阿华制药有限公司（200吨）〈P2153〉；莱州市海源碱业有限责任公司（4万吨）〈P2109〉；[豫]南阳市金朝矿冶化工工程有限公司（1000吨）〈P2224〉；[粤]广州吉必时科技实业有限公司（2500吨）〈P2261〉；广东黄花硅石有限公司〈P2294〉；[川]成都蜀都纳米材料科技发展有限公司〈P2315〉；成都宏博实业有限公司〈P2310〉；[滇]杨林工业开发区汕滇药业有限公司〈P2340〉

【使用厂】[京]北京市红星广厦化工建材有限责任公司〈P1559〉；北京高渡美涂料有限公司〈P1548〉；[津]天津市东方红化工厂〈P1585〉；天津市延安化工厂〈P1610〉；天津渤海化工有限责任公司天津碱厂〈P1570〉；天津燕海化学有限公司〈P1616〉；[冀]石家庄市联碱厂化工分厂〈P1630〉；廊坊海达化工有限公司〈P1660〉；河北雄威化工股份有限公司〈P1648〉；[吉]通化双龙集团有限公司化工公司〈P1718〉；[沪]上海树脂厂有限公司〈P1764〉；[苏]徐州汉高洗涤剂有限公司〈P1794〉；江苏德邦化学工业集团有限公司〈P1797〉；南京扬子净水剂有限公司〈P1791〉；无锡恒享白炭黑有限责任公司〈P1873〉；[闽]福建石化集团三明化工有限责任公司〈P1995〉；南平嘉闽化工有限公司〈P2005〉；南平元禾化工有限公司〈P2005〉；福建省漳平市正昌化工有限公司〈P2006〉；福建漳平市正盛化工有限公司〈P2006〉；福建嘉联化工集团〈P2002〉；永安市丰源化工有限公司〈P1996〉；[鲁]济南槐荫化工总厂〈P2022〉；青岛东岳泡花碱有限公司〈P2034〉；微山县天翔化工有限公司〈P2133〉；邹平县亨通化工有限公司〈P2158〉；山东垦利石化有限责任公司〈P2085〉；山东中舜科技发展有限公司〈P2056〉；济南惠泽新型建材有限公司〈P2022〉；枣庄市鑫鹏泡花碱厂〈P2080〉；淄博凯美可工贸有限公司〈P2064〉；山东联科白炭黑有限公司〈P2096〉；淄博三鹏化工有限责任公司〈P2066〉；淄博社会福利泡花碱厂〈P2067〉；[豫]平顶山煤业集团开封东大化工有限公司〈P2179〉；焦作鑫安科技股份有限公司〈P2197〉；河南省开仑化工有限责任公司〈P2211〉；郑州市泡花碱厂〈P2173〉；河南省偃师市东谷泡花碱厂〈P2180〉；[粤]广州化学试剂厂〈P2261〉；[桂]广西西江化工有限责任公司〈P2301〉

石英粉　B04001311

Quartz powder [7631-86-9]

广泛用于冶金、耐火材料、化工、磨料和建筑等行业

【生产厂】[冀]河北省灵寿县地矿开发二厂〈P1621〉；河北省灵寿县精细矿产加工厂〈P1621〉；石家庄辰兴实业有限公司〈P1625〉；[沪]上海汇精亚纳米新材料有限公司〈P1741〉；上海石粉厂有限公司〈P1762〉；[赣]江西省兴国县金莹氟业有限责任公司〈P2014〉；[鲁]莱西市金山化工

厂(2万吨)〈P2032〉;[豫]南阳恒盛石英砂滤料有限公司〈P2224〉

【使用厂】[鲁]烟台纳美仕电子材料有限公司〈P2118〉

纳米二氧化硅 B04001351

Silicon dioxide, nanometer [112945-52-5]

用于各种涂料、塑料、黏合剂和密封剂中,在橡胶中用作补强剂

【生产厂】[津]天津市晨光化工有限公司(1200吨)〈P1581〉;[苏]南京海泰纳米材料有限公司〈P1784〉;[浙]杭州万景新材料有限公司〈P1923〉;[鲁]淄博海纳高科材料有限公司〈P2060〉

活性二氧化硅微粉 B04001371

Silicon dioxide miropowder, active

用于高级运动鞋、胶鞋、轮胎等橡塑制品的增白、补强耐磨

【生产厂】[苏]靖江市恒政增稠材料厂〈P1824〉

二氧化硅(高纯超细粉) B04001391

Silicon dioxide, high purity and superfine powder [112945-52-5]

用于电子封装、超大集成电路、高级陶瓷、油墨工业

【生产厂】[浙]湖州明隆超细矿粉有限公司〈P1945〉;[鲁]寿光市宝特化工有限公司〈P2100〉

二氧化铅 B04001401

Lead dioxide; Lead oxide, brown; Lead peroxide; Plumbic acid [1309-60-0]

【生产厂】[鄂]武汉市合中化工制造有限公司〈P2232〉

三氧化二钴;氧化高钴 B04001501

Cobaltic oxide [1308-04-9]

用作颜料和釉料及磁性材料,可用于制取钴和不含镍的钴盐,也用作氧化剂和催化剂等

【生产厂】[沪]上海碧泉化工有限公司〈P1729〉;[豫]新乡市第八化工有限公司〈P2204〉

氧化钴;一氧化钴;氧化亚钴 B04001601

Cobalt monoxide; Cobaltous oxide; Cobalt oxide [1307-96-6]

用于制油漆颜料、陶瓷釉料和钴催化剂等

【生产厂】[津]天津市大港区来忠化工厂(500吨)〈P1583〉;天津市祥通化工有限公司〈P1607〉;[冀]冀南氧化钴厂(20吨)〈P1642〉;黄骅市津骅饲料添加剂有限公司〈P1656〉;[辽]澳特钴镍制品(大连)有限公司(200吨)〈P1690〉;大连宇山化工有限公司(400吨)〈P1694〉;大连第一有机化工有限公司〈P1691〉;[沪]上海碧泉化工有限公司〈P1729〉;上海勤化化工有限公司〈P1757〉;上海勤翔化工有限公司〈P1757〉;上海天光化工厂〈P1767〉;上海博呈化工有限公司〈P1729〉;上海顺博金属材料有限公司〈P1765〉;上海一心试剂厂〈P1774〉;[苏]江苏省仪征市化工三厂(10吨)〈P1816〉;耀辉化工有限公司〈P1883〉;江阴市天鹏玻搪颜料化工厂〈P1871〉;上海斌顺金属材料有限公司〈P1898〉;张家港民丰化工有限公司〈P1912〉;张家港丰达制药有限公司(300吨)〈P1911〉;江苏雄风科技股份有限公司〈P1832〉;[浙]浙江嘉利珂钴镍材料有限公司〈P1950〉;慈溪市飞兰有色金属有限公司〈P1929〉;宁波雁门化工有限公司(300吨)〈P1934〉;宁波金和新材料有限公司〈P1931〉;[赣]赣州钴钨有限责任公司〈P2014〉;[鲁]山东东佳集团公司〈P2052〉;山东省临朐县冶源硬质合金材料厂〈P2098〉;潍坊市科纳粉末冶金厂〈P2105〉;青岛三凯化工有限公司〈P2041〉;[豫]新乡市第八化工有限公司〈P2204〉;洛阳津青工贸有限公司(3吨)〈P2182〉;[湘]湖南金环颜料有限公司〈P2250〉;[粤]珠海市华新钴业有限公司〈P2275〉;佛山市合尔达陶瓷化工原料有限公司〈P2287〉;[渝]重庆冶炼(集团)有限责任公司〈P2308〉;[川]成都蜀都纳米材料科技发展有限公司〈P2315〉;成都开飞高能化学工业有限公司〈P2312〉;广汉泛太平洋冶金化工金属制品有限公司〈P2324〉

【使用厂】[鲁]淄博赛德克陶瓷颜料有限公司〈P2066〉;[湘]长沙市化工研究所〈P2247〉

纳米氧化钴 B04001631

Cobalt oxide, nanometer

【生产厂】[苏]南京海泰纳米材料有限公司〈P1784〉

四氧化三钴 B04001651

Cobaltosic oxide; Tricobalt tetroxide [1308-06-1]

用作锂电子正极材料,用于氧化钴及钴盐的制备

【生产厂】[辽]大连宇山化工有限公司〈P1694〉;[苏]江苏雄风科技股份有限公司〈P1832〉;[浙]宁波金和新材料有限公司(2500吨)〈P1931〉;[赣]赣州钴钨有限责任公司(200吨)〈P2014〉;[鲁]山东东佳集团公司〈P2052〉;[豫]新乡市第八化工有限公司〈P2204〉

氧化钴锂 B04001691

Cobalt lithium monoxide

用作锂电池正极

【生产厂】[辽]大连宇山化工有限公司(400吨)〈P1694〉

三氧化二砷;亚砷酐;砒霜;白砒 B04001701

Arsenic trioxide; Arsenic bloom; White arsenic [1327-53-3]

用于制药,生产玻璃、搪瓷,提炼纯砷,制造金属砷和砷化合物,并用作杀虫剂、除草剂和织物媒染剂等

【生产厂】[湘]湖南省衡阳市国茂化工有限公司(3600吨)〈P2253〉;[桂]柳州华锡集团有限责任公司〈P2297〉;[滇]昆明合起工贸有限公司〈P2339〉;云南个旧市自立矿冶有限公司〈P2345〉;云南文山金驰砒霜有限公司〈P2344〉

五氧化二砷;无水砷酸 B04001751

Arsenic acid, anhydride; Arsenic oxide; Arsenic pentoxide [1303-28-2]

用于砷酸盐的制备,染料和印刷工业等,并可用作杀虫剂

【生产厂】[滇]云南文山金驰砒霜有限公司〈P2344〉

三氧化二铁;氧化铁 B04001801

Ferric oxide; Ferric oxide, red; Iron oxide [1309-37-1]

用作磁性材料、颜料及制取还原剂、抛光剂、催化剂等

【生产厂】[闽]冶金部二勘局三队龙岩矿业技术公司(5000吨)〈P2007〉;[鲁]山东鑫山工贸有限公司(500吨)〈P2055〉;[豫]长葛市坡胡豫祥化工厂〈P2217〉;[陕]西安兰光化学科技有限公司〈P2349〉

【使用厂】[辽]沈阳船牌制漆有限公司〈P1685〉;沈阳市应用技术实验厂〈P1689〉;[沪]上海新华化工厂〈P1772〉;上海井林造漆厂〈P1746〉;[苏]常州光辉化工有限公司

〈P1847〉;[皖]马鞍山市康华化工有限公司〈P1977〉;[鲁]济南鲁联集团试剂有限公司〈P2023〉;济南泰山金鹏涂料有限公司〈P2025〉;淄博赛德克陶瓷颜料有限公司〈P2066〉;淄博市临淄环保产业开发公司〈P2068〉;[湘]湖南三环颜料有限公司〈P2248〉

B

铁氧体用氧化铁　B04001851

Ferric oxide for ferrite [1309-37-1]

用于电子工业、通讯整机、电视机、计算机等磁性原料及行输出变压器、开关电源及其高U及高UQ等的铁氧体磁芯

【生产厂】[苏]常熟铁红厂〈P1892〉;[湘]湖南永利化工股份有限公司〈P2249〉;[渝]重庆新华化工厂(2000吨)〈P2308〉

纳米氧化铁　B04001891

Ferric oxide, nanometre

【生产厂】[闽]漳州市夼龙达纳米材料有限公司〈P2002〉

三氧化二锑;亚锑酐;锑华;锑白;锑氧　B04001901

Antimony trioxide; Stibous oxide; Antimony white [1309-64-4]

用作白色颜料、白色玻璃、搪瓷、药物、胶合水泥、填充剂、媒染剂及防火涂料等

【生产厂】[冀]衡水立车企业集团〈P1668〉;[辽]沈阳华昌锑业化工有限公司〈P1685〉;[沪]上海跃江钛白化工制品有限公司〈P1776〉;上海江沪钛白化工制品有限公司〈P1743〉;上海宸锋锑业有限公司〈P1730〉;上海亮江钛白化工制品有限公司〈P1751〉;上海韶松催化剂厂〈P1760〉;[苏]南通市飞宇精细化学品有限公司〈P1835〉;[皖]合肥中科阻燃新材料有限公司〈P1973〉;[鲁]济南湘蒙阻燃材料有限公司〈P2026〉;济南泰星精细化工有限公司(300吨)〈P2026〉;青州市安达化工有限公司(2000吨)〈P2091〉;[鄂]武汉市道奇化工公司〈P2232〉;[湘]湘潭市冠宇化工实业有限公司〈P2251〉;湖南信诺颜料科技有限公司〈P2251〉;益阳市华昌锑业有限公司〈P2256〉;益阳市通用阻燃材料厂〈P2256〉;湖南省益阳市宏大锑业有限责任公司(3000吨)〈P2256〉;湖南虎山锑锌制品有限公司(4000吨)〈P2255〉;湖南省桃江县板溪锑矿(5000吨)〈P2256〉;湖南省桃江县雄丰锑业有限公司〈P2256〉;湖南省安化华宇锑业有限公司(3000吨)〈P2255〉;湖南省安化县渣滓溪锑矿(5000吨)〈P2256〉;锡矿山闪星锑业有限责任公司〈P2258〉;[粤]佛山市合尔达陶瓷化工原料有限公司〈P2287〉;[桂]柳州华锡集团有限责任公司〈P2297〉;[川]成都开飞高能化学工业有限公司〈P2312〉;[滇]云南新立有色金属有限公司(1000吨)〈P2342〉;云南文冶有色金属有限公司(2000吨)〈P2345〉;云南木利锑业有限公司〈P2344〉;[陕]陕西丹凤锑品冶炼有限责任公司(1200吨)〈P2354〉

【使用厂】[辽]大连第一有机化工有限公司〈P1691〉;[沪]上海开林造漆厂〈P1746〉;上海美兴化工有限公司〈P1753〉;[苏]宜兴市创新精细化工有限公司〈P1883〉;[鲁]淄博凯美可工贸有限公司〈P2064〉;[豫]洛阳市输送带厂〈P2186〉

三氧化二锑(高纯超细)　B04001911

Antimony trioxide, high purity superfine powder [1309-64-4]

作为阻燃剂广泛用于塑料、橡胶、纺织、化纤、颜料、油漆、电子等行业,也用作化工行业的催化剂和生产原料

【生产厂】[鲁]济南湘蒙阻燃材料有限公司〈P2026〉;青岛市海大化工有限公司〈P2042〉;[湘]湖南信诺颜料科技有限公司〈P2251〉;益阳市通用阻燃材料厂〈P2256〉;湖南虎山锑锌制品有限公司〈P2255〉;湖南省安化华宇锑业有限公司〈P2255〉;[粤]佛山市合尔达陶瓷化工原料有限公司〈P2287〉;[滇]云南木利锑业有限公司(7200吨)〈P2344〉

活性氧化锑　B04001951

Antimonic oxide, activated

用于合成纤维工业的聚酯催化剂

【生产厂】[辽]沈阳华昌锑业化工有限公司〈P1685〉;[鲁]济南湘蒙阻燃材料有限公司〈P2026〉;[湘]湖南省桃江县板溪锑矿〈P2256〉

三氧化二镍;氧化高镍　B04002001

Nickelic oxide; Nickel peroxide; Nickel sesquioxide [1314-06-3]

用于制蓄电池、镍粉、电子元件及用作陶瓷、玻璃、搪瓷的颜料等

【生产厂】[苏]耀辉化工有限公司〈P1883〉;[豫]新乡市第八化工有限公司〈P2204〉

氧化镍;一氧化镍;氧化亚镍　B04002101

Nickelous oxide; Nickel oxide; Nickel protoxide [1313-99-1]

用于制镍盐、陶瓷、玻璃、催化剂、磁性材料等

【生产厂】[辽]大连宇山化工有限公司〈P1694〉;大连亿力化工有限公司〈P1694〉;[沪]上海碧泉化工有限公司〈P1729〉;上海勤化化工有限公司〈P1757〉;上海勤翔化工有限公司〈P1757〉;上海天光化工厂〈P1767〉;上海博呈化工有限公司〈P1729〉;上海顺博金属材料有限公司〈P1765〉;[苏]无锡市鑫兴化工厂〈P1880〉;耀辉化工有限公司〈P1883〉;江阴市天鹏玻搪颜料化工厂〈P1871〉;上海斌顺金属材料有限公司〈P1898〉;吴江市锦联化工有限公司〈P1910〉;张家港民丰化工有限公司〈P1912〉;泰兴市化工冶炼有限公司(600吨)〈P1826〉;[浙]浙江嘉利珂钴镍材料有限公司〈P1950〉;慈溪市飞兰有色金属有限公司〈P1929〉;宁波雁门化工有限公司〈P1934〉;衢州市台胞投资经贸有限公司〈P1958〉;[湘]湖南金环颜料有限公司〈P2250〉;湖南信诺颜料科技有限公司〈P2251〉;[粤]佛山市合尔达陶瓷化工原料有限公司〈P2287〉;[川]成都蜀都纳米材料科技发展有限公司〈P2315〉;成都开飞高能化学工业有限公司〈P2312〉

纳米氧化镍　B04002151

Nickel oxide, nanometer [1313-99-1]

【生产厂】[苏]南京海泰纳米材料有限公司〈P1784〉

三氧化钨;钨酸酐　B04002201

Tungsten trioxide; Tungstic acid anhydride; Tungstic oxide [1314-35-8]

用于制金属钨、合金钢、防火织物等,并用于陶瓷工业

【生产厂】[苏]姜堰市光明化工厂〈P1823〉;[赣]赣州钴钨有限责任公司(250吨)〈P2014〉;[粤]潮州翔鹭钨业有限公司〈P2295〉;佛山市合尔达陶瓷化工原料有限公司〈P2287〉

三氧化钼;氧化钼　B04002301

Molybdenum anhydride; Molybdenum trioxide; Molybdic oxide [1313-27-5]

用作石油工业的催化剂,也用于制金属钼、瓷釉颜料和药物等

【生产厂】[津]天津市化学试剂四厂凯达化工厂(500 吨)〈P1590〉;天津四方化工有限公司(450 吨)〈P1614〉;[辽]大连第一有机化工有限公司〈P1691〉;[沪]上海浦东兴邦化工发展有限公司(300 吨)〈P1756〉;上海博呈化工有限公司〈P1729〉;[苏]江苏峰峰钨钼制品股份有限公司(600 吨)〈P1807〉;[皖]安庆市月铜冶金化工有限责任公司〈P1980〉;[川]广汉泛太平洋冶金化工金属制品有限公司〈P2324〉;[陕]金堆城钼业集团有限公司〈P2352〉

【使用厂】[沪]上海浩业化工有限公司〈P1736〉;[豫]洛阳市化学试剂厂〈P2184〉;[陕]宝鸡催化剂厂〈P2350〉

三氧化钼(精制)　B04002331

Molybdenum trioxide, refined [1313-27-5]

用作催化剂,并用于制钼盐及钼合金

【生产厂】[沪]上海华谊集团华原化工有限公司〈P1739〉;[苏]姜堰市贝斯特钼制品有限公司〈P1823〉;姜堰市峰峰金属制品厂〈P1823〉;姜堰市光明化工厂〈P1823〉;姜堰市天平化工有限公司〈P1824〉;泰州永博生化制品有限公司〈P1828〉;[皖]安庆市月铜冶金化工有限责任公司〈P1980〉;安庆市凯达钼业有限公司(200 吨)〈P1980〉;池州旷达冶金化工厂〈P1987〉

三氧化硫(液);硫酸酐(液)　B04002601

Sulfur trioxide, liquid [7446-11-9]

用于制硫酸、氯磺酸、氨基磺酸、硫酸二甲酯、洗涤剂及用作有机合成磺化剂

【生产厂】[津]天津市硫酸厂(2 万吨)〈P1598〉;[冀]沧州天一化工有限公司沧县分公司(1 万吨)〈P1653〉;[沪]上海华谊集团上硫化工有限公司(2000 吨)〈P1739〉;[苏]句容长宁生物化工有限公司(3000 吨)〈P1843〉;盐城汇龙化工有限公司〈P1810〉;南通大伦化工有限公司〈P1833〉;[鲁]胜利油田胜大集团总公司化工一厂(3000 吨)〈P2088〉;[豫]开封开化(集团)有限公司〈P2176〉

【使用厂】[沪]上海吴泾化工有限公司〈P1770〉;[苏]连云港海水化工有限公司〈P1798〉;苏州精细化工有限公司〈P1901〉;[鲁]山东大成农药股份有限公司〈P2051〉;[鄂]武汉青江化工股份有限公司〈P2231〉

五氧化二钒;钒酸酐　B04002701

Vanadic acid anhydride; Vanadium pentoxide [1314-62-1]

用作制硫酸和有机合成的催化剂,还用于陶瓷、玻璃工业等

【生产厂】[冀]石家庄冀华化工纺织有限公司〈P1627〉;承德新新钒钛化工有限公司(2 万吨)〈P1650〉;[辽]中信锦州铁合金股份有限公司〈P1702〉;[沪]上海博呈化工有限公司〈P1729〉;上海亮江钛白化工制品有限公司〈P1751〉;[苏]南京南元化工有限公司〈P1787〉;苏州市东化钒硅有限公司〈P1903〉;[皖]芜湖人本合金有限责任公司(1000 吨)〈P1974〉;芜湖人本合金责任有限公司〈P1974〉;[豫]焦作李封工业有限责任公司〈P2195〉;林州市茶店化工厂(50 吨)〈P2211〉;豫淅鹏程化冶总公司(1200 吨)〈P2225〉;[湘]湖南怀化双溪煤矿(600 吨)〈P2257〉;[粤]佛山市合尔达陶瓷化工原料有限公司〈P2287〉;[川]攀枝花市鑫裕化工厂(500 吨)〈P2322〉;广汉泛太平洋冶金化工金属制品有限公司〈P2324〉

【使用厂】[辽]中国石油天然气股份有限公司辽阳石化分公司〈P1712〉;[苏]上海梅山企业发展有限公司南京化工实业分公司〈P1792〉;[鲁]山东奥宝化工集团有限公司〈P2094〉;兖矿鲁南化肥厂〈P2080〉;[豫]开封开化(集团)有限公司〈P2176〉;[鄂]湖北京山县楚天钡盐有限责任公司〈P2241〉;[粤]广州化学试剂厂〈P2261〉;[川]成都天华科技股份有限公司〈P2315〉;[黔]铜仁市南长城化工有限公司〈P2338〉;[滇]云南磷化集团有限公司昆阳磷矿〈P2341〉

五氧化二铌;氧化铌　B04002801

Niobium oxide; Niobium pentoxide [1313-96-8]

用作生产金属铌的原料,也用于光学玻璃及电子工业

【生产厂】[沪]上海勤翔化工有限公司〈P1757〉;上海勤工无机盐有限公司〈P1757〉

五氧化二磷;磷酸酐;无水磷酸　B04003001

Phosphoric acid anhydrous; Phosphoric anhydride; Phosphoric oxide; Phosphorus pentoxide [1314-56-3]

用作干燥剂、脱水剂、糖的精制剂,并用于制取磷酸、磷化合物及气溶胶等

【生产厂】[津]天津市塘沽区蓝天化工电子有限公司(200 吨)〈P1603〉;[沪]上海联一磷酸化工有限公司(5000 吨)〈P1751〉;上海汇港磷酸盐厂〈P1741〉;[苏]南京长营化工有限责任公司(800 吨)〈P1783〉;常州市武进华洋化工有限公司(5000 吨)〈P1854〉;宜兴市石油化学助剂厂〈P1886〉;江苏澄星磷化工股份有限公司〈P1865〉;张家港市东昌化工有限公司〈P1912〉;江苏常余化工有限公司(300 吨)〈P1893〉;张家港市飞宇化工有限公司(1000 吨)〈P1912〉;徐州市志丰化工有限公司〈P1796〉;[鲁]淄博海杰化工有限公司(200 吨)〈P2060〉;潍坊中业化学有限公司〈P2107〉;[鄂]襄樊高隆磷化工有限责任公司(3000 吨)〈P2238〉;[川]眉山市东坡区晶鑫化工厂(1000 吨)〈P2332〉

【使用厂】[冀]廊坊三威化工有限公司〈P1660〉;[沪]上海天坛助剂有限公司〈P1767〉;上海经纬化工有限公司〈P1745〉;上海多纶化工有限公司〈P1732〉;[粤]廉江市化工有限责任公司〈P2293〉

过氧化氢;双氧水　B04003201

Hydrogen peroxide [7722-84-1]

用作氧化剂、漂白剂、消毒杀菌剂、脱氯剂,用于制造火箭燃料、过氧化物、泡沫塑料和其他多孔物质

【生产厂】[津]天津市天釜化工有限公司(1000 吨)〈P1604〉;天津市东方化工厂(2 万吨)〈P1585〉;天津大沽化工塑料制造有限公司(10 万吨)〈P1571〉;[冀]河北沧州大化集团有限责任公司(3 万吨)〈P1653〉;[辽]本溪化学双氧水有限责任公司(9000 吨)〈P1699〉;[吉]吉林市双鸥化工有限公司(5 万吨)〈P1716〉;[黑]黑龙江黑化集团有限公司(6000 吨)〈P1722〉;[沪]上海华谊集团华原化工有限公司〈P1739〉;上海中远化工有限公司(3 万吨)〈P1779〉;上海吴淞化肥厂(1 万吨)〈P1770〉;上海远大过氧化物有限公司(5 万吨)〈P1776〉;上海阿科玛双氧水有限公司(8 万吨)〈P1727〉;上海艾博添加剂有限公司〈P1727〉;上海哈勃化学技术有限公司(5000 吨)〈P1735〉;[苏]南京台硝化工有限公司(1000 吨)〈P1790〉;江苏苏化集团有限公司〈P1894〉;昆山市博尔日化工有限公司〈P1896〉;姜堰市海翔化工有限公司〈P1823〉;[浙]浙江嘉成化工有限公司〈P1950〉;建德市新化化工有限责任公司(2 万吨)〈P1926〉;宁波市镇海众利化工有限公司〈P1933〉;台州市中海医药化工有限公司〈P1962〉;浙江龙鑫化工有限公司〈P1970〉;[皖]安徽淮化集团有限公司(1 万吨)〈P1976〉;安徽省阜南县化工总厂(3 万吨)〈P1983〉;安徽临泉化工股份有限公司(7 万吨)〈P1983〉;[闽]福州一化化学品股份有限公司(5 万吨)〈P1990〉;福建省南平市榕昌化工有限公司(3 万吨)〈P2003〉;泉州隆泰化工有限公司(10 万吨)〈P2000〉;福建龙岩港龙化工有限公司(2 万吨)〈P2005〉;福建省龙岩龙化化工有限公司〈P2005〉;[赣]江西江氨化学工业有限公司(2 万吨)〈P2008〉;江西昌九生物化工股份有限公司(2 万吨)〈P2008〉;江西电化精细化工有限责任公司〈P2010〉;江西东安江化工有限公司(3 万

B

吨)〈P2010〉;[鲁]济南巨业精细化工有限公司〈P2023〉;山东明水大化集团(7000吨)〈P2029〉;章丘日月化工有限公司(5万吨)〈P2031〉;淄博兆凯化工有限公司〈P2076〉;东营华泰化工集团公司(30万吨)〈P2081〉;山东华泰化工集团(30万吨)〈P2085〉;山东顺通集团(2万吨)〈P2086〉;高密市润丰化工有限公司(2万吨)〈P2089〉;山东海化盛兴化工有限公司(5000吨)〈P2095〉;山东青州友邦化工有限公司〈P2097〉;山东烟台凯联化工有限公司(2万吨)〈P2115〉;烟台恒邦化工有限公司(2万吨)〈P2116〉;山东恒邦冶炼股份有限公司(8000吨)〈P2113〉;青岛碱业股份有限公司(2万吨)〈P2038〉;山东恒通化工股份有限公司(10万吨)〈P2149〉;[豫]焦作鑫达化工有限公司〈P2197〉;河南省中原大化集团有限责任公司(3万吨)〈P2213〉;河南宏业化工有限公司(2万吨)〈P2212〉;许昌市物团化工有限公司〈P2219〉;黎明化工研究院(10万吨)〈P2181〉;河南省偃师市伟通化工有限公司(300吨)〈P2180〉;[鄂]武汉醒狮化学品有限公司(6000吨)〈P2235〉;[湘]湖南智成化工有限公司(11万吨)〈P2249〉;[粤]广州市金珠江化学有限公司(2万吨)〈P2265〉;广州市骏鑫化工有限公司〈P2265〉;广东中成化工股份有限公司(4万吨)〈P2281〉;佛山市涌泉添加剂科技有限公司〈P2289〉;[桂]广西五星化工有限公司(3万吨)〈P2296〉;[渝]重庆嘉陵化学制品有限公司(2000吨)〈P2305〉;[川]川化集团有限责任公司(2万吨)〈P2317〉;[甘]兰州助剂厂(2000吨)〈P2356〉;甘肃红峰机械有限责任公司〈P2358〉;[新]新疆兰岭双氧水有限责任公司(2万吨)〈P2364〉

【使用厂】[京]北京化工厂〈P1549〉;[津]天津天成制药有限公司〈P1614〉;天津市东大化工有限公司〈P1585〉;天津市长河化工有限公司〈P1581〉;[冀]怀来长城生物化学工程有限公司〈P1650〉;[辽]大连瑞泽农药股份有限公司〈P1693〉;丹东医创药业有限责任公司〈P1701〉;东北制药总厂〈P1684〉;沈阳市应用技术实验厂〈P1689〉;[沪]上海农药厂有限公司〈P1755〉;上海新誉化工厂〈P1772〉;上海联化化工有限公司〈P1751〉;[苏]连云港市锦屏化工厂〈P1799〉;南通宝叶化工有限公司〈P1832〉;宜兴市创新精细化工有限公司〈P1883〉;宜兴市石化助剂厂〈P1886〉;[浙]浙江黄岩精细化学品集团有限公司〈P1964〉;[闽]福建省漳州市芗城元光塑料助剂厂〈P2001〉;[鲁]山东临朐富源精细化工有限公司〈P2096〉;德州恒东农药化工有限公司〈P2141〉;淄博市周村区裕源助剂厂〈P2072〉;山东齐鲁乙烯化工股份有限公司〈P2054〉;山东省泰和水处理有限公司〈P2077〉;山东信科环化有限责任公司〈P2151〉;淄博开发区光明社会福利化工厂〈P2064〉;东营市东营区盛达化工厂〈P2081〉;山东山大华特科技股份有限公司环保分公司〈P2029〉;淄博华王化工有限公司〈P2062〉;淄博三鹏化工有限责任公司〈P2066〉;临邑县精细化工厂〈P2143〉;济宁鲁源医药化工有限公司〈P2128〉;[豫]开封油脂化工厂〈P2179〉;三门峡化工厂〈P2221〉;洛阳市化学试剂厂〈P2184〉;郑州市实验化工厂〈P2173〉;新郑市树脂厂〈P2169〉;沁阳市九菱化工厂〈P2198〉;[鄂]湖北华中药业有限公司〈P2237〉;[粤]广州化学试剂厂〈P2261〉;[渝]重庆川东化工(集团)有限公司〈P2304〉;[川]四川省化工研究设计院〈P2319〉;成都天华科技股份有限公司〈P2315〉

合成金红石 B04003301

Synthetic rutile [1317-80-2]

用于电焊条,提炼钛和制造钛白粉

【生产厂】[沪]上海博呈化工有限公司〈P1729〉

过氧化钠 B04003401

Sodium peroxide [1313-60-6]

可用作制造过氧化氢、金属过氧化物、过硼酸盐的原料,也可作为强氧化剂、漂白剂、消毒剂和防腐剂

【生产厂】[京]北京化工四厂精细化工厂(500吨)〈P1550〉

过氧化镁 B04003411

Magnesium peroxide [1335-26-8]

用作医药上的解酸剂及防酵剂,也可用作水的消毒剂、漂白剂

【生产厂】[赣]江西省永泰化工有限公司〈P2011〉;[豫]河南省长葛市久兴净化剂厂〈P2218〉

过氧化钙 B04003451

Calcium peroxide [1305-79-9]

用作增氧剂、杀菌剂、防腐剂、抗发酵剂、种子消毒剂、油类漂白剂等

【生产厂】[津]天津市驰隆化工有限公司(1000吨)〈P1582〉;天津市祥通化工有限公司〈P1607〉;[冀]深泽县三洁化工有限公司〈P1625〉;[苏]宜兴市南方化工助剂厂(100吨)〈P1886〉;常熟市金城化工有限公司(500吨)〈P1890〉;[赣]江西省永泰化工有限公司〈P2011〉;[豫]焦作市新元生物化工食品有限公司〈P2197〉;河南省长葛市久兴净化剂厂〈P2218〉

过氧化锌 B04003491

Zinc peroxide [1314-22-3]

可用作硫化促进剂、防腐剂、消毒剂、分散剂等

【生产厂】[津]天津市驰隆化工有限公司(1000吨)〈P1582〉;[赣]江西省永泰化工有限公司〈P2011〉

过氧化钡 B04003601

Barium peroxide [1304-29-6]

用于钡盐或过氧化氢的制备,也用作氧化剂、漂白剂和媒染剂等

【生产厂】[渝]重庆仙峰锶盐化工有限公司〈P2308〉;重庆华琦精细化工有限公司〈P2305〉;重庆福斯达化工有限公司〈P2304〉;重庆新申锶盐有限公司〈P2308〉

超氧化钾 B04003701

Potassium hyperoxide

用作氧气再生剂,主要作为海军潜艇、宇宙飞船舱的氧源

【生产厂】[京]北京化工四厂精细化工厂(1000吨)〈P1550〉;[沪]上海美林康精细化工有限公司〈P1753〉

氧化亚铜;一氧化二铜 B04003801

Copper hemioxide;Copper protoxide;Cuprous oxide [1317-39-1]

用作船底涂料、农药杀菌剂、釉药,用于氧化亚铜整流器、光电池、电镀以及生产铜盐等

【生产厂】[沪]上海勤翔化工有限公司〈P1757〉;上海勤工无机盐有限公司〈P1757〉;[苏]吴江市锦联化工有限公司〈P1910〉;昆山市远洋化工有限公司〈P1898〉;泰兴市化工冶炼有限公司(1500吨)〈P1826〉;[鲁]山东金河实业有限公司(300吨)〈P2113〉

氧化铜 B04003901

Copper monoxide;Cupric oxide [1317-38-0]

用作玻璃、瓷器的着色剂,油类的脱硫剂、氢化剂,有机合成催化剂,还用于人造丝的制造、气体分析等

【生产厂】[辽]沈阳永兴化工有限公司〈P1690〉;大连宇山化工有限公司〈P1694〉;[沪]上海碧泉化工有限公司〈P1729〉;上海勤化化工有限公司〈P1757〉;上海勤翔化工有限公司〈P1757〉;上海天光化工厂〈P1767〉;上海勤工无机盐有限公司(50 吨)〈P1757〉;上海博呈化工有限公司〈P1729〉;上海顺博金属材料有限公司〈P1765〉;[苏]耀辉化工有限公司〈P1883〉;江阴市天鹏玻搪颜料化工厂〈P1871〉;上海斌顺金属材料有限公司〈P1898〉;吴江市锦联化工有限公司〈P1910〉;昆山市远洋化工有限公司〈P1898〉;张家港市卫星化工厂〈P1914〉;张家港丰达制药有限公司(300 吨)〈P1911〉;江苏省淮阴市清浦精细化工厂(200 吨)〈P1803〉;泰兴市化工冶炼有限公司(1000 吨)〈P1826〉;[浙]杭州顺祥工贸有限公司〈P1922〉;浙江嘉利珂钴镍材料有限公司〈P1950〉;慈溪市飞兰有色金属有限公司〈P1929〉;宁波雁门化工有限公司〈P1934〉;[湘]湖南信诺颜料科技有限公司〈P2251〉;[粤]佛山市合尔达陶瓷化工原料有限公司〈P2287〉

【使用厂】[沪]上海科创化工有限公司〈P1748〉;[湘]株洲金源化工有限公司〈P2250〉

氧化钆 B04004001

Gadolinium oxide [12064-62-9]

在原子反应堆中用作吸收中子的材料,并用作荧光粉及磁性材料添加剂等

【生产厂】[沪]上海跃龙有色金属有限公司〈P1777〉;[豫]商丘市稀土微肥示范厂〈P2226〉;[甘]甘肃稀土集团有限责任公司(12 吨)〈P2357〉

氧化钇 B04004101

Yttria; Yttrium oxide [1314-36-9]

用于制造各种陶瓷、光学玻璃、荧光粉、激光材料和耐火材料,用作一氧化碳与氢合成乙烷的催化剂

【生产厂】[沪]上海高纳粉体技术有限公司〈P1734〉;上海跃龙有色金属有限公司〈P1777〉;[苏]耀辉化工有限公司〈P1883〉;阜宁稀土实业有限公司〈P1806〉;[鲁]淄博市荣瑞达粉体材料厂〈P2071〉;[粤]佛山市合尔达陶瓷化工原料有限公司〈P2287〉

氧化钇铕 B04004102

Yttrium europium oxide

【生产厂】[辽]营口金锚化工有限公司〈P1704〉;[沪]上海跃龙新材料股份有限公司〈P1776〉

氧化钕 B04004301

Neodymia; Neodymium oxide [1313-97-9]

主要用作玻璃、陶瓷的着色剂,制造金属钕的原料和强磁性钕铁硼的原料

【生产厂】[蒙]内蒙古包钢稀土高科技股份有限公司〈P1681〉;[沪]上海碧泉化工有限公司〈P1729〉;上海博呈化工有限公司〈P1729〉;上海跃龙新材料股份有限公司〈P1776〉;上海跃龙有色金属有限公司〈P1777〉;[苏]耀辉化工有限公司〈P1883〉;阜宁稀土实业有限公司〈P1806〉;江苏省国盛稀土有限公司(100 吨)〈P1821〉;[鲁]淄博市荣瑞达粉体材料厂〈P2071〉;[豫]商丘市稀土微肥示范厂(50 吨)〈P2226〉;[甘]甘肃稀土集团有限责任公司(600 吨)〈P2357〉

氧化钐 B04004401

Samarium oxide [12060-58-1]

用作制金属钐、磁性材料及记忆元件的材料

【生产厂】[沪]上海博呈化工有限公司〈P1729〉;上海跃龙新材料股份有限公司〈P1776〉;上海跃龙有色金属有限公司〈P1777〉;[豫]商丘市稀土微肥示范厂〈P2226〉;[甘]甘肃稀土集团有限责任公司(20 吨)〈P2357〉

氧化钙;生石灰;石灰 B04004601

Calcium oxide; Quicklime [1305-78-8]

用于制造电石、纯碱、漂白粉等,用作建筑材料、耐火材料、干燥剂以及土壤改良剂和钙肥

【生产厂】[京]北京首钢建材化工厂(30 万吨)〈P1561〉;[津]天津市燕山超细矿粉厂〈P1610〉;[沪]上海雪美精细化工厂〈P1773〉;上海华谊集团华原化工有限公司〈P1739〉;上海碳酸钙厂(3000 吨)〈P1767〉;上海石粉厂有限公司〈P1762〉;[苏]连云港瑞丰化工有限公司〈P1799〉;连云港市竞生化工有限公司(2000 吨)〈P1799〉;南通大江化学有限公司〈P1832〉;如皋市中如化工有限公司〈P1839〉;[浙]杭州稳健钙业有限公司(1 万吨)〈P1923〉;[鲁]淄博海诺化工有限公司〈P2061〉;淄博鑫诺新材料有限公司〈P2074〉;淄博张店湖田新兴重钙厂(900 吨)〈P2076〉;淄博张店金泉化工厂〈P2076〉;临淄重质碳酸钙厂(500 吨)〈P2051〉;山东齐鲁乙烯化工股份有限公司(3 万吨)〈P2054〉;[豫]河南兴发镁业有限责任公司〈P2191〉;[粤]深圳市春旺实业有限公司〈P2270〉;[桂]桂林市五环实业开发有限公司〈P2299〉;广西桂林灵川金山思达新型材料厂〈P2298〉;兴安旺达微粉厂〈P2300〉;[川]四川川润化工有限责任公司〈P2326〉

【使用厂】[京]北京市欣奕搏瑞化工厂〈P1561〉;[津]天津市朝日科贸有限公司〈P1581〉;[冀]迁安市长城化工有限公司〈P1635〉;承德新新钒钛化工有限公司〈P1650〉;[蒙]内蒙古乌海市丰源化工有限责任公司〈P1681〉;[辽]沈阳金碧兰化工有限公司〈P1686〉;沈阳市试剂二厂〈P1688〉;沈阳市试剂三厂〈P1688〉;[黑]齐齐哈尔电化厂〈P1722〉;[沪]上海新华化工厂〈P1772〉;上海天坛助剂有限公司〈P1767〉;上海中远化工有限公司〈P1779〉;[苏]江苏金浦北方氯碱化工有限公司〈P1793〉;连云港市锦屏化工厂〈P1799〉;涟水磷肥厂〈P1803〉;常州市武进运波化工有限公司〈P1855〉;[浙]海宁市金潮实业总公司〈P1939〉;[闽]福建省东南电化股份有限公司〈P1988〉;福建省南平市榕昌化工有限公司〈P2003〉;福建省邵武化肥厂〈P2004〉;福建省龙岩龙化化工有限公司〈P2005〉;长泰县长庆合成化工有限公司〈P2001〉;福建海汇化工有限公司〈P1997〉;福建省武平县德兴化工有限公司〈P2006〉;南平龙盛合成氨有限公司〈P2005〉;连城鸿泰化工有限公司〈P2006〉;福建省漳平化肥有限公司〈P2006〉;[赣]江西化纤化工有限责任公司〈P2010〉;[鲁]青岛天元化工股份有限公司〈P2044〉;山东大成农药股份有限公司〈P2051〉;山东海化华龙硝铵有限公司〈P2095〉;济宁中银电化有限公司〈P2129〉;山东恒通化工股份有限公司〈P2149〉;德州虹桥染料化工有限公司〈P2142〉;山东华阳和乐农药有限公司〈P2144〉;山东宏河矿业集团恒业化工有限公司〈P2131〉;泰安市黎明化工有限责任公司〈P2138〉;山东省邹平县长山镇金鑫化工厂〈P2156〉;山东东大化学工业有限公司〈P2052〉;东辰(集团)化工有限公司〈P2081〉;青岛农冠农药有限责任公司〈P2041〉;潍坊昌盛硝盐有限公司〈P2101〉;山东高青达盛源化工有限公司〈P2052〉;山东森博化学有限责任公司〈P2097〉;[豫]开封市电石厂〈P2177〉;开封化学试剂总厂〈P2176〉;[桂]广西柳州东风化工有限责任公司〈P2297〉;广西维尼纶集团有限责任公司〈P2302〉;广西核工业桂兴实业公司〈P2301〉;[川]张家坝氯碱化工有限责任公司〈P2321〉;四川省金路树脂有限公司〈P2327〉;四川蓬莱盐化有限公司〈P2331〉;[黔]贵州宏福实业开发有限总公司〈P2338〉;贵州省遵义碱厂盘县红果化工分厂〈P2337〉;[滇]云南省澄江承坤磷化工厂〈P2343〉;[陕]陕西省礼泉化工厂〈P2352〉;[甘]甘肃古浪氰胺有限责任公司〈P2356〉;永登县电石厂〈P2356〉;[宁]

宁夏西域龙化工有限公司〈P2361〉;[新]乌鲁木齐环鹏有限公司〈P2363〉

B

活性氧化钙 B04004631

Activated calcium oxide

是胶黏剂行业最理想的优质填充材料

【生产厂】[鲁]淄博海诺化工有限公司〈P2061〉

氧化银 B04004701

Argentous oxide;Silver oxide [20667-12-3]

用于制药和有机合成,用作玻璃的磨光剂、着色剂,电池极板,催化剂和净水剂

【生产厂】[皖]安徽省青阳县银兴化工原料有限责任公司〈P1987〉

氧化铒 B04004901

Erbia;Erbium oxide [12061-16-4]

用作磁性材料和荧光粉的添加剂,特种发光玻璃的原料

【生产厂】[沪]上海碧泉化工有限公司〈P1729〉;上海博呈化工有限公司〈P1729〉;上海跃龙新材料股份有限公司〈P1776〉;上海跃龙有色金属有限公司〈P1777〉;[鲁]淄博市荣瑞达粉体材料厂〈P2071〉;[粤]佛山市合尔达陶瓷化工原料有限公司〈P2287〉

氧化铕 B04005001

Europia;Europium oxide [1308-96-9]

用于制金属铕及彩色电视荧光粉

【生产厂】[沪]上海跃龙新材料股份有限公司〈P1776〉;上海跃龙有色金属有限公司〈P1777〉;[豫]商丘市稀土微肥示范厂〈P2226〉;[甘]甘肃稀土集团有限责任公司(10吨)〈P2357〉

氧化铽 B04005101

Terbia;Terbium oxide [12037-01-3]

用作磁性材料和荧光粉的添加剂

【生产厂】[沪]上海跃龙新材料股份有限公司〈P1776〉;上海跃龙有色金属有限公司〈P1777〉

氧化锌;锌氧粉;锌白 B04005201

Zinc oxide;Zinc white [1314-13-2]

主要用作白色颜料,橡胶硫化活性剂、补强剂,有机合成催化剂、脱硫剂,用于静电复印、制药等

【生产厂】[津]天津市创新有机化工厂(5000吨)〈P1582〉;天津市亚昌化工有限公司(5000吨)〈P1609〉;[冀]石家庄林峰化工有限公司(1900吨)〈P1628〉;石家庄市鑫源锌业有限责任公司〈P1632〉;石家庄永昌锌业有限责任公司(8000吨)〈P1633〉;石家庄市豪盛化工有限责任公司(4500吨)〈P1629〉;河北省景县鑫源橡胶化工有限公司〈P1666〉;沧州市杰威化工有限公司(5000吨)〈P1652〉;河北澳鑫锌业有限公司〈P1647〉;[辽]沈阳永兴化工有限公司〈P1690〉;[沪]上海碧泉化工有限公司〈P1729〉;上海跃江钛白化工制品有限公司〈P1776〉;上海江沪钛白化工制品有限公司〈P1743〉;上海高纳粉体技术有限公司〈P1734〉;上海欧诚锌业有限公司〈P1755〉;上海博呈化工有限公司〈P1729〉;上海亮江钛白化工制品有限公司〈P1751〉;上海岷珉氧化锌有限公司〈P1753〉;上海沪试化工有限公司〈P1737〉;[苏]句容市瑞生化工有限公司(3000吨)〈P1843〉;无锡市泽辉化工有限公司(5000吨)〈P1881〉;徐州东圣化学助剂有限公司(6000吨)〈P1794〉;世洋化工(淮安)有限公司(4万吨)〈P1804〉;东台市方正化工厂(2000吨)〈P1805〉;东台市廉贻化工六厂(2000吨)〈P1806〉;江都市光华助剂厂〈P1814〉;江都市科力化工厂〈P1814〉;泰州市天成化工有限公司〈P1827〉;兴化市富强氧化锌厂〈P1828〉;兴化市三园锌品有限公司〈P1828〉;[浙]温州冶炼总厂〈P1938〉;[鲁]淄博永超化工有限公司〈P2075〉;邹平县长山大中化工厂(200吨)〈P2158〉;山东省邹平县汇苑化工厂(5000吨)〈P2156〉;山东省邹平县苑城福利化工厂(5000吨)〈P2157〉;邹平县长山福利化工厂(5000吨)〈P2158〉;淄博海顺化工有限公司(7000吨)〈P2061〉;胜利油田北海化工有限责任公司(1万吨)〈P2087〉;潍坊市胶泉氧化锌有限公司(2160吨)〈P2104〉;山东泸河集团有限公司〈P2096〉;临朐县辛寨化工厂(500吨)〈P2090〉;青岛三凯化工有限公司〈P2041〉;青岛胶南盛泰化工有限公司(3000吨)〈P2038〉;[豫]焦作市锌品厂(6000吨)〈P2196〉;河南豫光金铅股份有限公司(2万吨)〈P2194〉;许昌市物团化工有限公司〈P2219〉;洛阳市蓝天化工厂(6000吨)〈P2184〉;栾川众鑫化工有限公司(4000吨)〈P2181〉;洛阳金岛化工有限公司(1200吨)〈P2182〉;偃师市万通化工厂(3000吨)〈P2189〉;桐柏鸿基化工有限公司(1万吨)〈P2225〉;开封开化(集团)有限公司炼锌厂(2000吨)〈P2177〉;[湘]湖南三环颜料有限公司〈P2248〉;湖南信诺颜料科技有限公司〈P2251〉;湖南中成化工有限公司(2250吨)〈P2249〉;湖南虎山锑锌制品有限公司〈P2255〉;湖南金大乘化轻集团有限公司(1万吨)〈P2257〉;衡阳市化工原料公司(3000吨)〈P2252〉;衡阳市湖东化工厂(8000吨)〈P2252〉;永州市冷水滩中大冶炼有限责任公司〈P2257〉;湖南省永州市化学工业集团公司(5000吨)〈P2257〉;[粤]潮州市粤东化学工业公司(5000吨)〈P2295〉;佛山市合尔达陶瓷化工原料有限公司〈P2287〉;[桂]广西贵港格雷蒙化工冶炼有限公司(4万吨)〈P2301〉;广西西江化工有限责任公司(6000吨)〈P2301〉;柳州锌品股份有限公司(8万吨)〈P2298〉;柳州市振贤化工有限责任公司(2万吨)〈P2298〉;柳州有色冶炼股份有限公司(1500吨)〈P2298〉;柳州富鑫化工有限公司〈P2297〉;广西堂汉锌铟有限公司(3万吨)〈P2302〉;[渝]重庆石柱沃特矿业有限责任公司〈P2306〉;[川]西昌锌业有限责任公司(1万吨)〈P2336〉;四川宏达化工股份有限公司(3万吨)〈P2326〉;简阳市金龙化工厂〈P2331〉;[滇]昆明滇池化工有限责任公司(2000吨)〈P2339〉;昆明皖滇化工有限责任公司〈P2339〉;[甘]兰州黄河锌品有限责任公司(1万吨)〈P2355〉

【使用厂】[京]北京乳胶厂〈P1557〉;[津]天津市科迈化工有限公司〈P1597〉;[辽]沈阳市应用技术实验厂〈P1689〉;丹东市中和化工厂〈P1700〉;营口光大阻燃化工有限责任公司〈P1704〉;辽阳富强食品化工有限公司〈P1709〉;[沪]上海铬黄颜料厂〈P1734〉;上海旭森非卤消烟阻燃剂有限公司〈P1773〉;上海众祥经贸有限公司〈P1779〉;上海长江化工厂〈P1729〉;上海美兴化工有限公司〈P1753〉;[苏]建湖县揽月橡胶制品有限公司〈P1807〉;江阴海达橡胶集团公司〈P1867〉;[浙]诸暨丰盈化工有限公司〈P1952〉;[鲁]济南泰山金鹏涂料有限公司〈P2025〉;济南鲁联集团橡胶制品有限公司〈P2023〉;青岛白玉化工有限公司〈P2032〉;青岛振华工业集团有限公司〈P2046〉;济宁同利橡胶制品有限责任公司〈P2129〉;荣成市化工总厂有限公司〈P2122〉;青岛红星化工集团有限责任公司〈P2036〉;东营市博美特化工有限责任公司〈P2081〉;潍坊亚东化工塑胶有限公司〈P2106〉;济南舜华化工有限公司〈P2025〉;肥城恒宏橡胶有限公司〈P2134〉;莱州市化工三厂〈P2109〉;淄博照新化工有限公司〈P2076〉;安丘市鲁星化学有限公司〈P2088〉;山东临朐恒达化工建材厂〈P2096〉;[豫]郑州强强锌业有限公司〈P2172〉;洛阳市宗轩化工有限公司〈P2187〉;新乡市恒源塑化有限公司〈P2204〉;[鄂]武汉醒狮化学品有限公司〈P2235〉;湖北省化学研究院〈P2228〉;[湘]长沙蜂巢颜料化工有限公司〈P2247〉;衡阳市晨晖化工有限责任公司〈P2252〉;衡阳美仑颜料化工有限公司〈P2252〉;衡阳市

重晶石矿〈P2253〉;[粤]广州化学试剂厂〈P2261〉;广州第十一橡胶厂〈P2260〉;广州市团结橡胶厂有限公司〈P2266〉;[渝]重庆冶炼(集团)有限责任公司〈P2308〉;[川]攀枝花荣鑫油漆有限责任公司〈P2322〉;[滇]云南蓝德化工有限公司〈P2343〉;[陕]西安利君精华药业有限责任公司〈P2349〉;西安市精工橡胶制品有限公司〈P2349〉

氧化锌(药用)　B04005207

Zinc oxide, medicinal [1314-13-2]

用作收敛药,用于制软膏或橡皮膏

【生产厂】[冀]河北澳鑫锌业有限公司〈P1647〉;[浙]安吉豪森药业有限公司〈P1944〉

高纯氧化锌　B04005231

Zinc oxide, high purity

用于电子、光学材料、试剂等

【生产厂】[苏]常州市麦登橡塑化工有限公司〈P1853〉;[鲁]胜利油田北海化工有限责任公司〈P2087〉;[桂]柳州有色冶炼股份有限公司〈P2298〉

氧化锌(纳米);纳米氧化锌　B04005251

Zinc oxide, nanometre [1314-13-2]

用于塑料行业、防晒化妆品系列产品、特殊陶瓷制品、特种功能涂料以及纺织卫生加工等

【生产厂】[冀]河北省景县鑫源橡胶化工有限公司〈P1666〉;河北鹏达新材料科技有限公司〈P1640〉;河北雄威化工股份有限公司〈P1648〉;[晋]山西丰海纳米科技有限公司〈P1670〉;[沪]上海珠尔纳高新粉体材料有限公司〈P1779〉;[苏]南京海泰纳米材料有限公司〈P1784〉;[闽]漳州市夼龙达纳米材料有限公司〈P2002〉;[鲁]淄博联碳化学有限公司〈P2064〉;胶南恒源化工有限公司(3000 吨)〈P2031〉;[豫]河南豫光金铅股份有限公司(3000 吨)〈P2194〉;洛阳市蓝天化工厂(6000 吨)〈P2184〉;[湘]湖南中成化工有限公司〈P2249〉;[粤]深圳市尊业纳米材料有限公司〈P2273〉

氧化镁　B04005300

Magnesia; Magnesium oxide [1309-48-4]

用作耐火材料、橡胶填料,用于制造油漆、颜料、化妆品、镁质水泥及药物等

【生产厂】[津]天津化工研究设计院(100 吨)〈P1573〉;天津市长河化工有限公司(5000 吨)〈P1581〉;天津市长日化工厂(2 万吨)〈P1581〉;天津市津东蓝天化工有限公司(1 万吨)〈P1593〉;[冀]石家庄金美化工有限公司〈P1627〉;[辽]沈阳金益耐火材料有限公司(10 吨)〈P1687〉;海城江海镁业有限公司〈P1696〉;海城市海菱矿业有限公司〈P1696〉;海城市兴盛菱镁厂(4 万吨)〈P1697〉;大石桥市鑫宇矿粉厂〈P1703〉;营口菱镁化工(集团)有限公司〈P1704〉;[沪]上海一环化工有限公司(1 万吨)〈P1774〉;上海跃江钛白化工制品有限公司〈P1776〉;上海博呈化工有限公司〈P1729〉;[苏]连云港市海镁化工有限公司〈P1799〉;[浙]诸暨市化工研究所〈P1952〉;[鲁]山东省齐河县超虎氧化镁有限公司〈P2146〉;莱州鑫和化工有限公司〈P2110〉;山东省莱州市中天镁业化工有限公司(3 万吨)〈P2115〉;邹城市中远化工有限公司(1500 吨)〈P2134〉;[豫]河南省长葛市华旗活性炭有限公司(500 吨)〈P2217〉

【使用厂】[冀]河北冀中化工有限责任公司〈P1620〉;河北雄威化工股份有限公司〈P1648〉;[晋]天脊煤化工集团有限公司〈P1674〉;[辽]丹东市中和化工厂〈P1700〉;[沪]上海长风化工厂〈P1729〉;上海吴淞化肥厂〈P1770〉;上海中远化工有限公司〈P1779〉;[闽]福建漳平金鑫硫酸化工有限公司〈P2006〉;[鲁]济南化肥厂有限责任公司〈P2022〉;莱州金兴化工有限责任公司〈P2109〉;淄博锦星化工有限公司〈P2063〉;山东省邹平县长山镇金鑫化工厂〈P2156〉;邹平县振中化工厂〈P2158〉;[豫]开封开化(集团)有限公司〈P2176〉

氧化镁(轻质);轻质氧化镁　B04005301

Magnesium oxide, light [1309-48-4]

用作耐火材料、橡胶填料,用于制造油漆、颜料、化妆品、镁质水泥及药物等

【生产厂】[冀]石家庄金美化工有限公司(1000 吨)〈P1627〉;河北省高邑县高达化工有限责任公司(1000 吨)〈P1621〉;石家庄林峰化工有限公司(500 吨)〈P1628〉;石家庄市鑫源锌业有限责任公司〈P1632〉;邢台市镁神化工有限公司〈P1643〉;[晋]山西晋城制药厂〈P1675〉;晋城市氧化镁厂(1000 吨)〈P1674〉;[辽]沈阳金益耐火材料有限公司〈P1687〉;营口宏伟硫酸镁肥化工有限责任公司(5 万吨)〈P1704〉;[沪]上海沪试化工有限公司〈P1737〉;[苏]无锡市泽辉化工有限公司(500 吨)〈P1881〉;[鲁]莱州鑫和化工有限公司〈P2110〉;山东恒欣镁业有限责任公司(5000 吨)〈P2113〉;山东寿光昌达化工有限公司〈P2098〉;潍坊凯盛化工有限公司〈P2103〉;[川]四川省汉源县元康实业有限责任公司〈P2336〉;[青]青海利亚达化工厂〈P2359〉

氧化镁(药用)　B04005311

Magnesium oxide, medicinal [1309-48-4]

用作抗酸药、轻泻药,用于治疗胃酸过多症、胃及十二指肠溃疡等病症

【生产厂】[冀]河北佰斯特化工有限公司(200 吨)〈P1619〉;河北省高邑县高达化工有限责任公司(500 吨)〈P1621〉;河北邢台冶金镁业有限公司〈P1642〉;[苏]无锡市泽辉化工有限公司(200 吨)〈P1881〉;连云港市海镁化工有限公司(120 吨)〈P1799〉;[浙]诸暨丰盈化工有限公司(50 吨)〈P1952〉;安吉豪森药业有限公司〈P1944〉;[鲁]山东寿光昌达化工有限公司〈P2098〉;[豫]河南兴发镁业有限责任公司〈P2191〉;[滇]云南师范大学化工厂〈P2341〉

高纯电熔氧化镁　B04005321

Magnesium oxide, high purity electrocast [1309-48-4]

用于制造耐火材料、橡胶的促进剂和填料以及塑料的阻燃剂和填料等

【生产厂】[辽]沈阳金益耐火材料有限公司〈P1687〉;[苏]连云港市海镁化工有限公司〈P1799〉

活性氧化镁　B04005331

Magnesium oxide, activated [1309-48-4]

用于黏合剂、橡胶、玻璃钢等

【生产厂】[津]天津化工研究设计院(500 吨)〈P1573〉;[冀]石家庄金美化工有限公司〈P1627〉;河北佰斯特化工有限公司(200 吨)〈P1619〉;河北省高邑县高达化工有限责任公司〈P1621〉;邢台市镁神化工有限公司〈P1643〉;[沪]上海宇成高分子材料有限公司〈P1755〉;[苏]无锡市泽辉化工有限公司(500 吨)〈P1881〉;[鲁]潍坊永安科技有限公司(3000 吨)〈P2106〉;山东寿光昌达化工有限公司〈P2098〉;[豫]河南兴发镁业有限责任公司〈P2191〉

氧化镁(食用)　B04005351

Magnesium oxide, edible [1309-48-4]

用于食品和饲料添加剂

【生产厂】[冀]河北省高邑县高达化工有限责任公司〈P1621〉;[辽]海城江海镁业有限公司〈P1696〉;海城市兴

盛菱镁厂〈P1697〉；[鲁]山东省莱州市中天镁业化工有限公司(8000 吨)〈P2115〉

氧化镁(重质)；重质氧化镁　B04005361
Magnesium oxide, heavy [1309-48-4]
用于粮食加工、建筑、玻璃、橡胶、纸张、油漆等工业
【生产厂】[辽]沈阳金益耐火材料有限公司〈P1687〉

氧化镁(纳米)　B04005371
Magnesium oxide, nanometre [1309-48-4]
【生产厂】[苏]南京海泰纳米材料有限公司〈P1784〉

氧化镁(电工级)　B04005381
Magnesium oxide, electrical grade [1309-48-4]
用作管状电热元件填充料，具有粒度分布合理，流动性好，热态、潮态电性能稳定，泄漏低等特点
【生产厂】[辽]海城江海镁业有限公司〈P1696〉

氧化镉　B04005701
Cadmium oxide [1306-19-0]
用于制金属镉及镉盐，并用作催化剂、陶瓷颜料、镉电镀液等
【生产厂】[沪]上海碧泉化工有限公司〈P1729〉；[豫]新乡市第八化工有限公司(7200 吨)〈P2204〉；新乡市升华化工有限公司(360 吨)〈P2206〉

氧化镝　B04005801
Dysprosia; Dysprosium oxide [1308-87-8]
用作制取金属镝的原料，玻璃、钕铁硼永磁体的添加剂
【生产厂】[蒙]内蒙古包钢稀土高科技股份有限公司〈P1681〉；[沪]上海跃龙新材料股份有限公司〈P1776〉；上海跃龙有色金属有限公司〈P1777〉；[苏]阜宁稀土实业有限公司〈P1806〉

氧化镧　B04005901
Lanthana; Lanthanum oxide; Lanthanum trioxide [1312-81-8]
用于制特种合金、光学玻璃、耐火材料等
【生产厂】[冀]保定市满城华保稀土有限公司〈P1646〉；[蒙]内蒙古包钢稀土高科技股份有限公司〈P1681〉；[沪]上海碧泉化工有限公司〈P1729〉；上海博呈化工有限公司〈P1729〉；上海跃龙新材料股份有限公司〈P1776〉；上海跃龙有色金属有限公司〈P1777〉；[苏]耀辉化工有限公司〈P1883〉；[鲁]淄博市荣瑞达粉体材料厂〈P2071〉；乳山市佰德信新材料有限责任公司〈P2123〉；[豫]商丘市稀土微肥示范厂〈P2226〉；[粤]佛山市合尔达陶瓷化工原料有限公司〈P2287〉；[甘]甘肃稀土集团有限责任公司〈P2357〉

氧化镨　B04006101
Praseodymia; Praseodymium oxide [12037-29-5]
用于玻璃、冶金工业，并用作荧光粉添加剂
【生产厂】[蒙]内蒙古包钢稀土高科技股份有限公司〈P1681〉；[沪]上海博呈化工有限公司〈P1729〉；上海跃龙新材料股份有限公司〈P1776〉；上海跃龙有色金属有限公司〈P1777〉；[苏]耀辉化工有限公司〈P1883〉；阜宁稀土实业有限公司〈P1806〉；江苏省国盛稀土有限公司〈P1821〉；[鲁]淄博市荣瑞达粉体材料厂〈P2071〉；[豫]商丘市稀土微肥示范厂〈P2226〉；[粤]佛山市合尔达陶瓷化工原料有限公司〈P2287〉；[甘]甘肃稀土集团有限责任公司〈P2357〉

氧化镱　B04006201
Ytterbia; Ytterbium oxide [1314-37-0]
用于荧光粉、光学玻璃添加剂及电子工业
【生产厂】[沪]上海跃龙新材料股份有限公司〈P1776〉；上海跃龙有色金属有限公司〈P1777〉

次氧化锌　B04006501
Zinc hypoxide [107893-14-1]
【生产厂】[湘]长沙蜂巢颜料化工有限公司〈P2247〉
【使用厂】[鄂]郧西县第三化工厂〈P2239〉

氧化钪；三氧化二钪　B04006601
Scandium oxide [12060-08-1]
可用作半导体镀层的蒸镀材料，制造可变波长的固体激光器和电视电子枪、金属卤化物灯等
【生产厂】[桂]广西藤县金茂钛白有限公司〈P2300〉

氧化铝；三氧化二铝　B04006701
Alumina; Aluminium oxide [1344-28-1]
用于功能陶瓷、电子陶瓷、激光材料、吸附剂、层析用等
【生产厂】[京]北京瑞驰拓维科技有限公司〈P1557〉；[冀]河北鹏达新材料科技有限公司(4000 吨)〈P1640〉；[沪]上海跃江钛白化工制品有限公司〈P1776〉；上海苏鹏实业有限公司〈P1766〉；上海高纳粉体技术有限公司〈P1734〉；上海跃新化工厂〈P1777〉；上海亮江钛白化工制品有限公司〈P1751〉；上海南三耐火材料厂〈P1754〉；上海恒业分子筛有限公司〈P1736〉；[苏]苏州久创化工有限公司〈P1901〉；[浙]杭州顺祥工贸有限公司〈P1922〉；[鲁]山东狮邦化工科技有限公司〈P2055〉；山东铝业股份有限公司研究院(60 万吨)〈P2053〉；淄博市嘉龙化工科技有限公司〈P2068〉；山东淄博利尔化工有限公司〈P2056〉；山东华泰化工集团(100 万吨)〈P2085〉；青州市明珠化工有限公司〈P2093〉；乳山市太阳干燥剂厂(300 吨)〈P2123〉；[豫]郑州富炜新型材料有限公司(1 万吨)〈P2170〉；郑州铝厂氧化铝厂劳动服务公司化工厂〈P2171〉；郑州山川科技实业有限公司(3800 吨)〈P2172〉；郑州盛源粉体有限公司(1000 吨)〈P2172〉；新乡市意达氧化铝有限公司(5000 吨)〈P2207〉；中国铝业股份有限公司中州分公司(150 万吨)〈P2198〉；济源市鑫源陶瓷材料有限公司(3000 吨)〈P2195〉；[粤]佛山市华雅超微粉体有限公司〈P2288〉
【使用厂】[京]中国石油化工股份有限公司北京化工研究院〈P1568〉；[津]天津化工研究设计院〈P1573〉；[辽]沈阳市试剂三厂〈P1688〉；[闽]福建龙岩港龙化工有限公司〈P2005〉；[鲁]山东迅达化工有限公司〈P2056〉；淄博同洁化工有限公司〈P2073〉；青州市化纤厂〈P2092〉；淄博凯美可工贸有限公司〈P2064〉；临朐县大祥精细化工有限公司〈P2089〉；[豫]河南中原防火材料有限公司〈P2168〉；巩义市三星陶瓷材料有限公司〈P2163〉；[鄂]武汉市道奇化工公司〈P2232〉；[湘]长沙市化工研究所〈P2247〉；株洲市中天磷酸盐化工有限责任公司〈P2250〉；[粤]广州化学试剂厂〈P2261〉；[川]成都川大华西康达药物研究所〈P2310〉；[陕]西北化工研究院〈P2350〉

高纯氧化铝　B04006702
Aluminium oxide, high purity [1344-28-1]
用作催化剂载体、催化剂、黏结剂等
【生产厂】[鲁]山东博邦纳米材料有限公司〈P2051〉；山东淄

博利尔化工有限公司〈P2056〉;[豫]新乡高技术陶瓷材料公司(600 吨)〈P2203〉;[甘]甘肃锦世化工有限责任公司〈P2358〉

高纯超细氧化铝 B04006703

Aluminium oxide,high purity,superfine [1344-28-1]

用于稀土三基色荧光粉、长余辉荧光粉原料、亚微米/纳米级研磨材料等

【生产厂】[沪]上海吴淞化肥厂(40 吨)〈P1770〉;[鲁]淄博市淄川凤凰精细化工有限公司〈P2072〉

氧化铝陶瓷;刚玉 B04006704

Aluminium oxide ceramic;Corundum [1302-74-5]

【生产厂】[豫]济源市鑫源陶瓷材料有限公司(1500 吨)〈P2195〉;开封特耐股份有限公司(6000 吨)〈P2178〉

氧化铝(煅烧 α 型);α-氧化铝 B04006711

Aluminium oxide,calcination α type [1344-28-1]

广泛用于生产高铝陶瓷和高档耐火材料及电子原器件、火花塞、电容器、刚玉制品、陶瓷器具、耐磨模具等

【生产厂】[豫]郑州山川科技实业有限公司(3000 吨)〈P2172〉;巩义市神都耐材有限公司〈P2164〉;新乡市意达氧化铝有限公司(30 吨)〈P2207〉;济源市鑫源陶瓷材料有限公司(1 万吨)〈P2195〉;开封特耐股份有限公司(1 万吨)〈P2178〉

【使用厂】[粤]佛山市华雅超微粉体有限公司〈P2288〉

氧化铝(纳米);纳米氧化铝 B04006721

Aluminium oxide,nanometer [1344-28-1]

用于抛光磨料、人造牙齿、人造骨骼、磁带、显像管、红蓝宝石、电气用高密度陶瓷基片等

【生产厂】[苏]南京海泰纳米材料有限公司〈P1784〉;[浙]杭州万景新材料有限公司〈P1923〉

低温氧化铝 B04006751

Aluminium oxide,low temperature [1344-28-1]

制药厂生产 VB12 作吸附剂,油漆工业中的填料,在石油工业中可作助燃剂

【生产厂】[鲁]山东淄博利尔化工有限公司〈P2056〉

铌铁 B04006801

Niobite [1306-08-7]

用于合金钢冶炼、合金元素添加剂和不锈钢电焊条涂料等

【生产厂】[沪]上海勤翔化工有限公司〈P1757〉;上海勤工无机盐有限公司〈P1757〉

铌 B04006811

Niobium [7440-03-1]

主要用于生产不锈钢以及制造超导磁铁等

【生产厂】[苏]姜堰市光明化工厂〈P1823〉

氧化亚锡 B04007001

Stannous oxide;Tin oxide;Tin protoxide [21651-19-4]

用于催化剂、还原剂、亚锡盐的制备

【生产厂】[桂]柳州冶炼厂〈P2298〉;柳州华锡集团有限责任公司〈P2297〉;[滇]云南锡业股份有限公司〈P2342〉

五氧化二锑;锑酐 B04007101

Antimonic anhydride;Antimony pentaoxide [1314-60-9]

可作为化纤织物、塑料、纸张、橡胶和覆铜箔层压板的高效阻燃增效剂

【生产厂】[辽]沈阳华昌锑业化工有限公司〈P1685〉;[湘]锡矿山闪星锑业有限责任公司〈P2258〉

五氧化二锑(胶体) B04007151

Antimonic anhydride,colloid

用于浸渍纸张、作织物涂层、电子工业中浸渍铜箔板以及在聚氯乙烯、聚丙烯、聚乙烯等塑料中作阻燃协效剂等

【生产厂】[辽]沈阳华昌锑业化工有限公司〈P1685〉;[鲁]济南湘蒙阻燃材料有限公司〈P2026〉;石油大学宇光科技有限公司〈P2088〉;[湘]益阳市华昌锑业有限公司〈P2256〉;湖南省桃江县板溪锑矿〈P2256〉

稀土氧化物 B04007200

Rare earth oxides

用于发光材料、激光晶体、电子陶瓷、紫外线吸收剂,高效催化剂等

【生产厂】[沪]上海跃龙新材料股份有限公司〈P1776〉;上海跃龙有色金属有限公司(1000 吨)〈P1777〉;[粤]广东省惠州瑞尔化学科技有限公司(200 吨)〈P2277〉

【使用厂】[津]天津化工研究设计院〈P1573〉;[甘]甘肃稀土集团有限责任公司〈P2357〉

氧化铈 B04007301

Ceric oxide;Cerium dioxide;Cerium oxide [1345-13-7]

主要用作玻璃脱色剂、抛光剂,也是制备金属铈的原料

【生产厂】[冀]保定市满城华保稀土有限公司〈P1646〉;[蒙]内蒙古包钢稀土高科技股份有限公司〈P1681〉;内蒙古和发稀土科技开发股份有限公司〈P1681〉;[沪]上海碧泉化工有限公司〈P1729〉;上海高纳粉体技术有限公司〈P1734〉;上海博呈化工有限公司〈P1729〉;上海跃龙新材料股份有限公司〈P1776〉;上海跃龙有色金属有限公司〈P1777〉;[苏]耀辉化工有限公司〈P1883〉;[鲁]淄博市荣瑞达粉体材料厂〈P2071〉;乳山市佰德信新材料有限责任公司〈P2123〉;[豫]新乡安玻化工材料有限公司(500 吨)〈P2203〉;商丘市稀土微肥示范厂(100 吨)〈P2226〉;[粤]佛山市合尔达陶瓷化工原料有限公司〈P2287〉;[甘]甘肃稀土集团有限责任公司〈P2357〉

【使用厂】[沪]上海美兴化工有限公司〈P1753〉

氧化稀土;富镧氧化稀土;富铈氧化稀土 B04007401

Rare earth oxide

用于制取富镧稀土金属和富铈金属的材料,制作抛光粉原料

【生产厂】[甘]甘肃稀土集团有限责任公司〈P2357〉

铈锆复合氧化物 B04007601

Cerium zirconium composite oxides

用于催化、环保等领域的新型材料,尤其适用于汽车尾气净化器的催化剂

【生产厂】[沪]上海跃龙新材料股份有限公司〈P1776〉

氧化铋;三氧化二铋 B04008301

Bismuth oxide; Bismuth trioxide [1304-76-3]

用于制金属铋、催化剂及铋系氧化物超导体

B

【生产厂】[京]北京双环伟业试剂有限公司〈P1561〉；[赣]贵溪市三元冶炼化工有限责任公司〈P2013〉；[豫]新乡市第八化工有限公司〈P2204〉；[湘]湖南科源科技实业有限公司〈P2248〉；[粤]台山市众城化工有限公司〈P2286〉；[川]成都蜀都纳米材料科技发展有限公司〈P2315〉；成都开飞高能化学工业有限公司〈P2312〉

氧化锶　B04008401

Strontium oxide [1314-11-0]

用于锶盐制备，国防工业用于制造焰火弹

【生产厂】[渝]重庆福斯达化工有限公司〈P2304〉；重庆元和精细化工有限公司〈P2308〉

过氧化锶　B04008451

Strontium peroxide [1314-18-7]

用作氧化剂

【生产厂】[渝]重庆仙峰锶盐化工有限公司〈P2308〉；重庆华琦精细化工有限公司〈P2305〉；重庆福斯达化工有限公司〈P2304〉；重庆新申锶盐有限公司〈P2308〉

胶体石墨　B05000101

Colloidal graphite

主要用于电子和电器工业，用作拉制难熔金属钨、钼丝的润滑剂以及高温压铸有色金属薄件的涂膜剂

【生产厂】[沪]上海华谊集团华原化工有限公司〈P1739〉；[鲁]青岛华泰润滑密封科技有限责任公司(3000 吨)〈P2037〉

胶体石墨油剂；石墨油　B05000201

Colloidal graphite lubricating oil

用作金属零件减磨润滑、高速转动机体润滑以及玻璃工业压模的脱模剂等

【生产厂】[津]天津瑞丽斯化工有限公司(800 吨)〈P1577〉

锻压石墨乳；热模锻水基石墨　B05000301

Colloidal graphite for forging [7782-42-5]

用作热模锻压润滑及冷却绝热脱模

【生产厂】[鲁]青岛南墅宏达石墨制品厂〈P2041〉

鳞片石墨　B05000401

Graphite, flake [7782-42-5]

主要用于冶金、机械、电子、化工等行业制坩埚、镁碳砖、铅笔、电刷、电池、显像管涂料、化学催化剂等

【生产厂】[京]北京创意生物工程新材料有限公司〈P1545〉；[冀]保定联星碳化物有限公司〈P1645〉；[鲁]青岛金辉石墨有限公司(1 万吨)〈P2038〉；莱西市金山化工厂(3000 吨)〈P2032〉；青岛市天和石墨有限公司〈P2043〉；青岛希尤精细石墨化工有限公司〈P2045〉；青岛海达石墨有限公司(3 万吨)〈P2035〉；青岛黑龙石墨有限公司〈P2036〉；[豫]巩义市神都耐材有限公司〈P2164〉；巩义市丰东耐材化工有限公司(500 吨)〈P2162〉；巩义市三和耐火材料有限公司〈P2163〉

【使用厂】[浙]中德合资慈溪博格曼密封材料有限公司〈P1936〉

石墨粉　B05000501

Graphite powder [7782-42-5]

用作耐高温、耐腐蚀润滑剂基料，也用于精密铸件型砂及石墨阳极和催化剂载体

【生产厂】[鲁]青岛金辉石墨有限公司(1000 吨)〈P2038〉；青岛南墅宏达石墨制品厂〈P2041〉；青岛市天和石墨有限公司〈P2043〉；青岛华泰润滑密封科技有限责任公司(5000 吨)〈P2037〉；青岛海达石墨有限公司(2000 吨)〈P2035〉；[陕]陕西省眉县石墨矿(8000 吨)〈P2351〉

【使用厂】[沪]上海市塑料研究所〈P1764〉；[苏]常州光辉化工有限公司〈P1847〉；[浙]嘉善县有机氟制品厂〈P1940〉；[豫]黎明化工研究院〈P2181〉

石墨乳　B05000511

Colloidal graphite [7782-42-5]

用于玻璃器皿制造中的高温脱模润滑剂

【生产厂】[鲁]青岛南墅宏达石墨制品厂〈P2041〉

高纯石墨　B05000551

Graphite, high purity [7782-42-5]

主要用于电池工业制造正极导电材料，航天工业用作磨擦材料，核工业用于制备原子反应堆、减速材料等

【生产厂】[鲁]青岛金辉石墨有限公司〈P2038〉；青岛南墅宏达石墨制品厂〈P2041〉；青岛市天和石墨有限公司〈P2043〉；平度市滑石矿业有限公司〈P2032〉；青岛黑龙石墨有限公司〈P2036〉；[川]成都蓉光炭素股份有限公司〈P2313〉

钠　B05000601

Sodium [7440-23-5]

用作还原剂、催化剂、石油的脱硫剂，还用于制过氧化钠、氨基钠等

【生产厂】[蒙]内蒙古兰太实业股份有限公司(5 万吨)〈P1681〉；[鲁]淄博汇鑫化工有限责任公司〈P2062〉；[宁]银川精鹰精细化工有限责任公司(3500 吨)〈P2361〉

【使用厂】[京]北京丽水化工有限责任公司〈P1554〉；[津]天津市东丽区福利有机化工厂〈P1585〉；[冀]朝阳化工集团公司〈P1634〉；[沪]上海沪试化工有限公司〈P1737〉；上海申宇医药化工有限公司〈P1761〉；上海万安化工科技研究所〈P1768〉；[苏]江苏省溧阳市制药厂〈P1861〉；[浙]浙江普洛化学有限公司〈P1955〉；[鲁]山东招远化工总厂〈P2115〉；寿光富康制药有限公司〈P2099〉；[青]青海制药厂有限公司〈P2359〉

活性炭　B05000701

Activated carbon [64365-11-3]

可用于脱硫、净化水、净化空气、回收溶剂、吸附和作为催化剂载体等

【生产厂】[京]北京科诚光华新技术有限公司(3000 吨)〈P1554〉；[津]天昌(天津)活性炭有限公司(4600 吨)〈P1570〉；[冀]河北美化化工有限公司〈P1620〉；唐山市化学厂(860 吨)〈P1636〉；唐山建新活性炭有限公司(3000 吨)〈P1635〉；承德华净活性炭有限公司(3000 吨)〈P1650〉；承德立信炭业有限公司(1000 吨)〈P1650〉；承德绿世界活性炭有限公司(2000 吨)〈P1650〉；承德热河活性炭有限公司〈P1650〉；承德双惠活性炭有限公司(3000 吨)〈P1650〉；承德鑫永晟炭业有限公司(3000 吨)〈P1651〉；承德兴华活性炭有限责任公司(1500 吨)〈P1651〉；保定市净化材料厂(1000 吨)〈P1645〉；[晋]太原市活性炭厂(5000 吨)〈P1671〉；山西玄中化工实业有限公司〈P1671〉；山西交城新鑫净化材料有限公司(1 万吨)〈P1677〉；山西省祁县洪凯活性炭制品有限公司〈P1676〉；河曲县秦阳化工有限公司(800 吨)〈P1676〉；大同丰华活性炭有限责任公司(7000 吨)〈P1672〉；大同煤矿集团有限责任公司煤气厂(2

万吨)〈P1672〉;惠宝活性炭有限责任公司(5000 吨)〈P1673〉;大同市云光活性炭有限责任公司(3 万吨)〈P1673〉;[辽]大连亿力化工有限公司〈P1694〉;[吉]吉林省东林冶炼股份有限公司(1 万吨)〈P1718〉;[沪]上海樱琦干燥剂有限公司〈P1775〉;上海魅宝活性炭有限公司(6000 吨)〈P1753〉;上海金湖活性炭有限公司(8000 吨)〈P1744〉;上海唐新活性炭有限公司〈P1767〉;上海兴长活性炭有限公司〈P1773〉;[苏]溧水县富达化工厂〈P1782〉;南京正森化工实业有限公司(2 吨)〈P1791〉;江苏溧阳市江南活性炭厂(40 吨)〈P1859〉;溧阳市燎原活性炭有限公司〈P1863〉;溧阳市永益活性炭厂(8000 吨)〈P1864〉;溧阳竹溪活性碳有限公司(5000 吨)〈P1864〉;溧阳市南方活性炭厂(3000 吨)〈P1863〉;昆山创景炭素开发有限公司(1000 吨)〈P1895〉;张家港市活性炭厂(1500 吨)〈P1913〉;南通永通环保科技有限公司(8000 吨)〈P1836〉;[浙]杭州木材有限公司活性炭分公司〈P1921〉;湖州中林炭素有限公司(2000 吨)〈P1946〉;湖州森奇活性炭有限公司〈P1946〉;德清县建洋化工有限公司〈P1944〉;遂昌希顺炭业有限公司(5000 吨)〈P1970〉;衢州市台胞投资经贸有限公司〈P1958〉;开化兴达化工有限公司(5000 吨)〈P1957〉;[皖]淮北联炭化工有限公司〈P1977〉;[闽]福建嘉联化工集团(1 万吨)〈P2002〉;福建省南平元力活性碳有限公司(1 万吨)〈P2004〉;福建建瓯市芝星活性炭有限公司(3000 吨)〈P2003〉;福建省浦城林产化工总厂(5000 吨)〈P2004〉;福建省邵武市城郊镇碳粉厂〈P2004〉;福建省建阳市碳素厂(6500 吨)〈P2003〉;福建泰宁金湖碳素有限公司(5000 吨)〈P1996〉;福建省沙县青杉化工碳素有限公司(1200 吨)〈P1995〉;[赣]江西怀玉山活性炭(集团)有限公司(1 万吨)〈P2014〉;江西省萍乡市化工填料有限公司〈P2011〉;萍乡市石化填料有限责任公司〈P2012〉;江西省萍乡市城松环保填料有限公司〈P2011〉;江西省萍乡市鑫源化工填料有限公司〈P2011〉;萍乡市凤凰填料工业公司〈P2011〉;信丰泰荣活性炭有限公司(4000 吨)〈P2014〉;[鲁]周村北效镇源生活性炭厂〈P2057〉;淄博市临淄闽东活性炭厂(1 万吨)〈P2069〉;淄博三鹏化工有限责任公司〈P2066〉;淄博科绿活性炭有限公司〈P2064〉;淄博市悦成化工有限公司〈P2071〉;乳山市太阳干燥剂厂(1000 吨)〈P2123〉;济宁格瑞特化工有限公司(1000 吨)〈P2127〉;山东临沂蒙洁尔活性炭有限公司〈P2150〉;[豫]河南泰吉股份有限公司(4500 吨)〈P2168〉;巩义宏发净水材料有限公司〈P2162〉;巩义市丁东滤料加工厂〈P2162〉;巩义市恒泰滤材有限公司〈P2162〉;巩义市宏达滤料厂〈P2162〉;河南省巩义市嵩鑫滤材工业有限公司〈P2167〉;河南省巩义市韵沟联营滤料厂(800 吨)〈P2167〉;巩义市碧波供水材料有限公司〈P2162〉;巩义市香山供水材料厂〈P2164〉;巩义市中亚净水材料有限公司〈P2165〉;河南滑县活性炭厂(6000 吨)〈P2210〉;长葛市第二化工厂(1000 吨)〈P2217〉;长葛市同兴化工有限公司(5000 吨)〈P2217〉;河南长葛五环活性炭厂(1000 吨)〈P2217〉;河南宇新活性炭厂(5 万吨)〈P2218〉;许昌市豫中化工厂(1000 吨)〈P2219〉;长葛市锦秀化工有限公司(5000 吨)〈P2217〉;长葛市新原化工有限公司(5000 吨)〈P2217〉;长葛市兴华化工厂(3000 吨)〈P2217〉;河南省长葛市华旗活性炭有限公司(3000 吨)〈P2217〉;河南省长葛市坡胡长兴活性炭厂(3000 吨)〈P2218〉;河南省长葛市乾元化工厂(4000 吨)〈P2218〉;禹州市洁冠活性炭有限公司(5000 吨)〈P2219〉;南阳恒盛石英砂滤料有限公司〈P2224〉;[粤]广州市鸿生炭业化工有限公司〈P2264〉;广东省珠海星光活性炭有限公司(2500 吨)〈P2274〉;[桂]北海凯特化工填料有限公司〈P2300〉;[渝]重庆钟山活性炭制造有限公司(3000 吨)〈P2308〉;[川]四川天一科技股份有限公司〈P2319〉;四川明达集团峨边华泰活性炭有限责任公司(5000 吨)〈P2333〉;[宁]宁夏蓝白黑活性炭有限公司(4000 吨)〈P2361〉

【使用厂】[京]北京健力药业有限公司〈P1551〉;[津]天津市延安化工厂〈P1610〉;天津新技术产业园区科茂化学试剂有限公司〈P1616〉;[冀]石家庄白龙化工股份有限公司〈P1625〉;永清天成木糖有限公司〈P1662〉;河北宝硕股份有限公司〈P1647〉;[晋]中国科学院山西煤炭化学研究所〈P1672〉;山西省高平化工有限公司〈P1675〉;[蒙]通辽制药总厂〈P1682〉;[辽]大连染料化工有限公司〈P1693〉;[沪]上海实业化工有限公司〈P1763〉;[苏]苏州市永达精细化工有限公司〈P1906〉;[浙]嘉兴市向阳化工厂〈P1942〉;浙江黄岩精细化学品集团有限公司〈P1964〉;[闽]福建纺织化纤集团有限公司〈P1994〉;[鲁]潍坊潍泰化工有限公司〈P2106〉;青岛红星化工集团有限责任公司〈P2036〉;[豫]开封市祥利化工厂〈P2178〉;内黄县糠醛有限公司〈P2212〉;[桂]南宁荷花味精有限公司〈P2296〉;[川]成都川大华西康达药物研究所〈P2310〉;[陕]宝鸡市有机化工厂〈P2351〉;陕西开达化工有限责任公司〈P2351〉

活性炭(净化水) B05000702

Activated carbon for water purification [64365-11-3]

广泛用于工业用水、生活用水的前置处理和化工、印染、电子、焦化、环保等工业污水的深度净化处理

【生产厂】[冀]承德热河活性炭有限公司〈P1650〉;[沪]上海唐新活性炭有限公司〈P1767〉;[豫]巩义市丁东滤料加工厂〈P2162〉;河南省长葛市华旗活性炭有限公司(500 吨)〈P2217〉;[粤]广州市鸿生炭业化工有限公司〈P2264〉

活性炭(净化空气) B05000703

Activated carbon for air purification [64365-11-3]

用于空气过滤、净化、去除有害气体等

【生产厂】[粤]广州市鸿生炭业化工有限公司〈P2264〉;[渝]重庆飞洋活性炭制造有限公司〈P2304〉

活性炭(糖用) B05000705

Activated carbon for sugar [64365-11-3]

适用于酿造业、食用油、食品添加剂生产的脱色、除臭,对焦糖、糖蜜等高分子色素具有特殊的脱色能力

【生产厂】[苏]溧阳竹溪活性碳有限公司〈P1864〉;溧阳市南方活性炭厂〈P1863〉;张家港市活性炭厂〈P1913〉;[浙]杭州木材有限公司活性炭分公司〈P1921〉;衢州市宏坤碳素制造厂〈P1957〉;[粤]广州市鸿生炭业化工有限公司〈P2264〉;[渝]重庆飞洋活性炭制造有限公司〈P2304〉

活性炭(脱色) B05000707

Activated carbon, decolor

用于医药、食品加工、工业用油脂、石油精制及化学工业等脱色、除臭、去除胶质、提高结晶性和稳定性

【生产厂】[苏]溧阳竹溪活性碳有限公司〈P1864〉;溧阳市南方活性炭厂〈P1863〉;[鲁]淄博科绿活性炭有限公司〈P2064〉;[豫]河南省长葛市华旗活性炭有限公司(1000 吨)〈P2217〉;[粤]广州市鸿生炭业化工有限公司〈P2264〉;[渝]重庆飞洋活性炭制造有限公司〈P2304〉

活性炭(药用);针剂用活性炭 B05000708

Activated carbon, medicinal [64365-11-3]

主要用于医药工业中的中西原药、食品添加剂的脱色、提纯、精制

【生产厂】[冀]河北省武邑慈航药业有限公司〈P1666〉;[晋]太原市活性炭厂〈P1671〉;[沪]上海唐新活性炭有限公司〈P1767〉;[苏]溧阳竹溪活性碳有限公司〈P1864〉;溧阳市

南方活性炭厂〈P1863〉;张家港市活性炭厂〈P1913〉;[浙]杭州木材有限公司活性炭分公司〈P1921〉;衢州市宏坤碳素制造厂〈P1957〉;[粤]广州市鸿生炭业化工有限公司〈P2264〉;[渝]重庆飞洋活性炭制造有限公司〈P2304〉

活性炭(植物果壳类) B05000710

Activated carbon, plant nutshell [64365-11-3]

主要用于食品、饮料、医药和高纯饮用水的除臭、除氯及液体脱色,还广泛用于化学工业的溶剂回收和气体分离等

【生产厂】[冀]承德热河活性炭有限公司〈P1650〉;[晋]太原市活性炭厂〈P1671〉;[吉]吉林省信鹏活性炭实业有限公司〈P1714〉;[沪]上海兴长活性炭有限公司〈P1773〉;[苏]南京正森化工实业有限公司(2吨)〈P1791〉;溧阳竹溪活性碳有限公司〈P1864〉;溧阳市南方活性炭厂〈P1863〉;[豫]巩义市丁东滤料加工厂〈P2162〉;巩义市恒泰滤材有限公司〈P2162〉;巩义市三星水处理设备有限公司〈P2163〉;河南省巩义市韵沟联营滤料厂(1000吨)〈P2167〉;巩义市中昌水处理材料有限公司〈P2165〉;[粤]广州市鸿生炭业化工有限公司〈P2264〉

脱硫活性炭 B05000713

Activated carbon for desulfurization [64365-11-3]

用于在煤气、焦炉气、天然气、二氧化碳和变换气中脱除硫化氢

【生产厂】[粤]广州市鸿生炭业化工有限公司〈P2264〉

气相吸附用活性炭 B05000714

Activated carbon for gas phase absorption [64365-11-3]

用于吸附气相、液相有害物质,脱除各种有机蒸汽、滤除有害气体及空气中的臭味等

【生产厂】[沪]上海唐新活性炭有限公司〈P1767〉;[苏]溧阳竹溪活性碳有限公司〈P1864〉

溶剂回收活性炭 B05000715

Activated carbon, solvent recovery [64365-11-3]

广泛用于甲苯、二甲苯、醚、乙醇、丙酮、汽油、三氯丙烷和四氯化碳等有机溶剂回收

【生产厂】[豫]河南省长葛市华旗活性炭有限公司(300吨)〈P2217〉;[粤]广州市鸿生炭业化工有限公司〈P2264〉

活性炭(酒用) B05000717

Activated carbon for wine

主要用于食品工业、酒类、油脂、清凉饮料、有机溶剂等工业的脱色、除臭和精制

【生产厂】[渝]重庆飞洋活性炭制造有限公司(600吨)〈P2304〉

煤质活性炭;煤质颗粒活性炭 B05000731

Activated carbon, coal

用于空气净化、净水处理、溶剂回收、催化剂载体、防毒防护、烟道脱硫等

【生产厂】[冀]承德热河活性炭有限公司〈P1650〉;[晋]太原市活性炭厂〈P1671〉;山西新华化工厂(7500吨)〈P1670〉;大同天照活性炭有限责任公司(5000吨)〈P1673〉;[沪]上海兴长活性炭有限公司〈P1773〉;[苏]溧阳市南方活性炭厂〈P1863〉;[豫]巩义市丁东滤料加工厂〈P2162〉;巩义市中昌水处理材料有限公司〈P2165〉;[粤]广州市鸿生炭业化工有限公司〈P2264〉

活性炭(味精用);味精专用炭 B05000761

Activated carbon for monosodium glutamate

主要供味精工业装填吸附塔进行味精母液的连续脱色,可用于食品工业、有机溶剂等工业的脱色、除臭和精制

【生产厂】[渝]重庆飞洋活性炭制造有限公司〈P2304〉

油脂活性炭 B05000781

Oil and fat activated carbon

适用于食用油、矿物油、工业油等脱色、脱臭、精制处理

【生产厂】[浙]杭州木材有限公司活性炭分公司〈P1921〉

钾 B05000801

Potassium [7440-09-7]

用于制过氧化钾、热交换合金、光电管等,也用作还原剂

【生产厂】[京]北京化工四厂精细化工厂(800吨)〈P1550〉

【使用厂】[吉]吉化集团吉林市锦江油化厂〈P1715〉;[鲁]济南鸿华集团总公司〈P2022〉;兖矿峄山化工有限公司〈P2133〉;青州市汉诺威肥业有限公司〈P2092〉;[新]乌鲁木齐西山复合肥厂〈P2363〉

铅 B05000901

Lead [7439-92-1]

用于制造电缆包皮、蓄电池、含铅合金、颜料、弹药、硫酸生产设备,也可用作X射线保护屏、核反应堆设备等

【生产厂】[苏]太仓市红丹厂〈P1908〉;[鲁]青岛弘中元化学有限公司(1800吨)〈P2036〉;[湘]永州市冷水滩中大冶炼有限责任公司〈P2257〉;[渝]重庆冶炼(集团)有限责任公司(300吨)〈P2308〉;[滇]云南驰宏锌锗股份有限公司〈P2342〉;[甘]白银有色金属公司(20万吨)〈P2357〉

【使用厂】[津]天津市吉发颜料有限公司〈P1591〉;[冀]石家庄市迅达化工有限责任公司〈P1632〉;[苏]南京金陵化工厂有限责任公司〈P1785〉;[皖]安徽省青阳县银兴化工原料有限责任公司〈P1987〉;[鲁]济南市油墨厂〈P2025〉;淄博市周村区裕源助剂厂〈P2072〉;[豫]临颍县化工有限公司〈P2220〉;林州市茶店化工厂〈P2211〉;[湘]株洲金源化工有限公司〈P2250〉;衡阳市五化实业有限责任公司〈P2252〉;[粤]佛山市鲸鲨制漆科技有限公司〈P2288〉;[桂]广西全州县天星化工厂〈P2299〉

电解铅 B05000902

Electrolytic lead [7439-92-1]

用于蓄电池、电缆、焊料等

【生产厂】[浙]温州冶炼总厂〈P1938〉;[赣]贵溪市三元冶炼化工有限责任公司〈P2013〉;[鲁]青岛弘中元化学有限公司(7000吨)〈P2036〉;[豫]河南豫光金铅股份有限公司〈P2194〉;临颍县化工有限公司(1000吨)〈P2220〉;[渝]重庆冶炼(集团)有限责任公司(1万吨)〈P2308〉;[滇]云南新立有色金属有限公司(8万吨)〈P2342〉;云南驰宏锌锗股份有限公司〈P2342〉

【使用厂】[沪]上海华溢塑料助剂合作公司〈P1740〉;[苏]江苏天鹏化工集团张家港市氧化铅厂〈P1894〉;[豫]洛阳金岛化工有限公司〈P2182〉;[滇]云南杨林化工厂〈P2342〉

电解钴 B05001001

Electrolytic cobalt [7440-48-4]

用于制超硬耐热合金和磁性合金、钴化合物、催化剂等

【生产厂】[赣]赣州钴钨有限责任公司〈P2014〉;[渝]重庆冶炼(集团)有限责任公司〈P2308〉

钴;钴粉 B05001002

Cobalt [7440-48-4]

主要用于制造电碳制品、摩擦材料、含油轴承及粉末冶金结构材料等

【生产厂】[津]天津市涂料包装器材厂助剂分厂(1000吨)〈P1605〉;[苏]无锡顺达金属粉末有限公司(300吨)〈P1881〉;[浙]浙江嘉利珂钴镍材料有限公司〈P1950〉;慈溪市飞兰有色金属有限公司〈P1929〉;[赣]赣州钴钨有限责任公司(1000吨)〈P2014〉;[鲁]山东省临朐县冶源硬质合金材料厂〈P2098〉;潍坊市科纳粉末冶金厂〈P2105〉;[粤]珠海市华新钴业有限公司〈P2275〉;[渝]重庆冶炼(集团)有限责任公司〈P2308〉

【使用厂】[冀]河北雄威化工股份有限公司〈P1648〉;[辽]大连第一有机化工有限公司〈P1691〉;沈阳市应用技术实验厂〈P1689〉;[沪]上海长风化工厂〈P1729〉;上海勤工无机盐有限公司〈P1757〉;[闽]美琪玛化学(厦门)有限公司〈P1991〉;[鲁]淄博陇川镍产品有限公司〈P2065〉;化学工业(全国)饲料添加剂工程技术中心山东科技公司〈P2020〉;临朐县大祥精细化工有限公司〈P2089〉;[粤]广州化学试剂厂〈P2261〉;[渝]重庆嘉陵化学制品有限公司〈P2305〉;[陕]宝鸡催化剂厂〈P2350〉

钽粉 B05001101

Tantalum powder [7440-25-7]

用于钽电容器及化工设备中代替铂,也用于笔尖及钽的碳化物等

【生产厂】[苏]姜堰市光明化工厂〈P1823〉

铟 B05001201

Indium [7440-74-6]

主要用于制轴承及提炼高纯铟,也用于电子和电镀工业

【生产厂】[沪]上海韶松催化剂厂〈P1760〉;[湘]长沙蜂巢颜料化工有限公司〈P2247〉;[桂]柳州锌品股份有限公司〈P2298〉

金属硅;结晶硅;工业硅 B05001301

Silicon [7440-21-3]

主要用于制多晶硅、单晶硅、硅铝合金及硅钢合金等

【生产厂】[京]北京大地泽林硅业有限公司〈P1545〉;[吉]吉林省东林冶炼股份有限公司(1万吨)〈P1718〉;[沪]上海石粉厂有限公司〈P1762〉;[闽]龙岩万安信和硅业有限公司(2000吨)〈P2007〉;[豫]巩义市三和耐火材料有限公司〈P2163〉;河南省三门峡天成电化有限公司(2500吨)〈P2221〉;[川]四川省什邡鍌峰实业总公司(2000吨)〈P2328〉;[滇]宣威市天麟磷业有限公司(3500吨)〈P2342〉;[青]青海黎明化工有限责任公司〈P2359〉

【使用厂】[鲁]济南银丰硅制品有限责任公司〈P2026〉

硅粉;硅微粉 B05001303

Silicon powder [7440-21-3]

用于制晶体管、整流器和太阳能电池,还用于制高硅铸铁、硅钢、各种有机硅化合物等

【生产厂】[沪]上海汇精亚纳米新材料有限公司〈P1741〉;上海石粉厂有限公司〈P1762〉;[浙]湖州万能硅微粉厂〈P1946〉;衢州市台胞投资经贸有限公司〈P1958〉;开化县鑫源精细化工有限公司〈P1957〉;[鲁]济南银丰硅制品有限责任公司(1万吨)〈P2026〉;[豫]巩义市嘉华耐火材料有限公司(5000吨)〈P2163〉;巩义市神都耐材有限公司〈P2164〉;巩义市三和耐火材料有限公司〈P2163〉;濮阳市光璞石化有限责任公司(2500吨)〈P2214〉;[粤]广东黄花硅石有限公司〈P2294〉;[甘]兰州百甲合金有限公司(2000吨)〈P2355〉

【使用厂】[辽]沈阳彩逸特种涂料制造有限公司〈P1684〉;[鲁]曲阜市万达化工有限公司〈P2130〉

高纯超细硅微粉 B05001331

Silicon powder, high purity and superfine

用于可擦写光盘、电子封装、陶瓷等

【生产厂】[粤]佛山市华雅超微粉体有限公司(2000吨)〈P2288〉

铝粉 B05001601

Aluminium powder [7429-90-5]

用于油漆、油墨、焰火、炸药等工业,还用作多孔混凝土的加气剂

【生产厂】[津]天津市伊尔根精细化工有限公司(10吨)〈P1610〉;[辽]营口恒大实业有限公司(3500吨)〈P1704〉;[鲁]济南金属颜料总厂(1500吨)〈P2023〉;章丘市金属颜料有限公司(2000吨)〈P2031〉;龙口市化工厂(2000吨)〈P2111〉

【使用厂】[冀]承德新新钒钛化工有限公司〈P1650〉;[辽]沈阳丰收农药有限公司〈P1685〉;辽阳石化公司烯烃厂〈P1710〉;[苏]苏州市永达精细化工有限公司〈P1906〉;江苏双菱化工集团有限公司〈P1798〉;常州光辉化工有限公司〈P1847〉;南京长江第一化工厂〈P1783〉;[赣]江西全兴化工填料有限公司〈P2011〉;[鲁]济宁圣城化工实验有限责任公司〈P2128〉;山东聊城阿华制药有限公司〈P2153〉;淄博铭威特安全设备有限公司〈P2065〉;山东乐化集团有限公司〈P2095〉;潍坊云飞化工有限公司〈P2107〉;威海武岭爆破器材有限公司〈P2126〉;济宁市益民化工厂〈P2128〉;山东省昌乐县华颖液体瓷厂〈P2097〉;淄博市临淄环保产业开发公司〈P2068〉;[豫]鹤壁市化工四厂〈P2199〉;河南省开仑化工有限责任公司〈P2211〉

铝箔 B05001611

Aluminium foil [7429-90-5]

用作冷冻水果、肉类、糕点等的包装材料

【生产厂】[冀]涿州皓原箔业有限公司〈P1649〉;[苏]江阴美源实业有限公司〈P1868〉;[鲁]淄博华瑞铝塑包装材料有限公司(1200吨)〈P2062〉;[豫]漯河市爱特包装材料厂(1000吨)〈P2220〉

【使用厂】[沪]上海市合成树脂研究所〈P1763〉;[粤]西博尔(中山)有限公司〈P2282〉

微细球形铝粉 B05001651

Aluminium powder, superfine global

用于制备高铝耐火材料、银粉浆、金属颜料、固体推进剂、铝银粉等

【生产厂】[辽]鞍钢实业微细铝粉有限公司(8000吨)〈P1695〉;营口恒大实业有限公司〈P1704〉;[吉]中国石油吉化集团公司(4500吨)〈P1717〉;[湘]湖南金天铝业高科技有限公司〈P2258〉;湖南省泸溪县金源粉体材料有限责任公司(2000吨)〈P2258〉;[陕]西安航天化学动力厂(420吨)〈P2348〉

锌粉;蓝粉 B05001701

Zinc powder [7440-66-6]

用于制防锈漆和保险粉、漂白油脂、还原靛

B

蓝染料等

【生产厂】[冀]廊坊大正锌业有限公司〈P1660〉;廊坊隆裕化工工业有限公司〈P1660〉;[沪]上海岷琨氧化锌有限公司〈P1753〉;[苏]东台市方正化工厂(1500 吨)〈P1805〉;东台市廉贻化工六厂(1000 吨)〈P1806〉;[鲁]山东省邹平县汇苑化工厂(2000 吨)〈P2156〉;山东省邹平县苑城福利化工厂(3000 吨)〈P2157〉;[豫]荥阳龙达实业有限公司(5000 吨)〈P2169〉;[湘]长沙威凌锌材料有限公司(3 万吨)〈P2247〉;[桂]柳州锌品股份有限公司(2000 吨)〈P2298〉;柳州华锡集团有限责任公司〈P2297〉;[滇]云南驰宏锌锗股份有限公司〈P2342〉;云南机三云星化工厂(1 万吨)〈P2342〉;[甘]兰州黄河锌品有限责任公司(1000 吨)〈P2355〉

【使用厂】[津]天津市创新有机化工厂〈P1582〉;天津市化工学校化工厂〈P1590〉;[沪]上海开林造漆厂〈P1746〉;上海众祥经贸有限公司〈P1779〉;[苏]徐州开达精细化工有限公司〈P1795〉;[鲁]济宁圣城化工实验有限责任公司〈P2128〉;龙口市化工厂〈P2111〉;潍坊云飞化工有限公司〈P2107〉;[鄂]湖北科兴医药化工股份有限公司〈P2237〉;[湘]湖南中成化工有限公司〈P2249〉

锌;蒸馏锌　B05001702

Zinc [7440-66-6]

大量用于制合金和干电池,还用于保护镀层

【生产厂】[辽]葫芦岛锌厂(33 万吨)〈P1702〉;[闽]尤溪浩泽有色金属冶炼有限公司(5000 吨)〈P1996〉;[鲁]山东省聊城市硫酸厂(1 万吨)〈P2154〉;[甘]白银有色金属公司(20 万吨)〈P2357〉

【使用厂】[津]天津长芦汉沽盐场有限责任公司〈P1571〉;[苏]无锡市锡宝钛业有限公司〈P1879〉;[鲁]化学工业(全国)饲料添加剂工程技术中心山东科技公司〈P2020〉;邹平县振中化工厂〈P2158〉;临朐县大祥精细化工有限公司〈P2089〉;[粤]广州化学试剂厂〈P2261〉;[渝]重庆冶炼(集团)有限责任公司〈P2308〉;重庆无机化学试剂厂〈P2307〉;[川]成都天华科技股份有限公司〈P2315〉;[滇]昆明滇池化工有限责任公司〈P2339〉;[甘]兰州黄河锌品有限责任公司〈P2355〉

锌锭　B05001711

Zinc spindle

广泛用于合金、镀锌、油漆、医药、化工、电子等行业

【生产厂】[冀]廊坊大正锌业有限公司〈P1660〉;廊坊隆裕化工工业有限公司〈P1660〉;[豫]开封开化(集团)有限公司炼锌厂(2 万吨)〈P2177〉;[湘]锡矿山闪星锑业有限责任公司〈P2258〉;[桂]柳州锌品股份有限公司(4 万吨)〈P2298〉;柳州有色冶炼股份有限公司〈P2298〉;[滇]云南澄江磷化工金龙有限责任公司(2 万吨)〈P2343〉;云南驰宏锌锗股份有限公司〈P2342〉;[甘]白银红鹭粉体材料有限公司〈P2357〉

【使用厂】[冀]石家庄林峰化工有限公司〈P1628〉;[鲁]山东省邹平县苑城福利化工厂〈P2157〉;山东省邹平县汇苑化工厂〈P2156〉;青岛城阳利德防腐材料厂〈P2033〉;临朐县辛寨化工厂〈P2090〉;青岛胶南盛泰化工有限公司〈P2038〉;[湘]长沙威凌锌材料有限公司〈P2247〉;[甘]兰州黄河锌品有限责任公司〈P2355〉

电解锌　B05001741

Electrolytic zinc

用于制造锌合金、压延品、镀锌等

【生产厂】[浙]温州冶炼总厂〈P1938〉;[川]西昌锌业有限责任公司(3 万吨)〈P2336〉;四川宏达化工股份有限公司(6 万吨)〈P2326〉

【使用厂】[鲁]青州市化纤厂〈P2092〉

纳米锌　B05001751

Nano-zinc

用作热氢发生器、凝胶推进剂、燃烧活性剂、催化剂、水清洁吸附剂、烧结活性剂等

【生产厂】[辽]辽宁奥克化学集团有限公司〈P1709〉

锌阳极　B05001771

Zinc anode

用于化学电镀

【生产厂】[桂]柳州有色冶炼股份有限公司〈P2298〉

硫黄　B05001801

Sulfur [7704-34-9]

用于制造硫酸、染料和橡胶制品,也用于制药

【生产厂】[京]中国石油化工股份有限公司北京燕山分公司〈P1568〉;[冀]石家庄金石化肥有限责任公司〈P1627〉;石家庄焦化集团有限责任公司〈P1627〉;河北双吉化工有限公司〈P1622〉;河北辛集化工集团有限责任公司〈P1622〉;[晋]太原化工股份有限公司合成氨分公司〈P1671〉;临汾市同世达实业有限公司〈P1678〉;山西焦化股份有限公司〈P1678〉;[蒙]内蒙古乌拉山化肥有限责任公司(740 吨)〈P1683〉;[辽]沈阳永兴化工有限公司〈P1690〉;灯塔金航石油化工有限公司〈P1708〉;辽宁佳兴鸿泰石油化工有限公司〈P1703〉;中国石油天然气股份有限公司大连西太平洋有限公司(10 万吨)〈P1695〉;[沪]上海建原化工有限公司〈P1743〉;中国石油化工股份有限公司上海高桥分公司〈P1780〉;上海炼油厂〈P1751〉;上海吴泾化工有限公司(550 吨)〈P1770〉;上海华谊集团上硫化工有限公司(1 万吨)〈P1739〉;中国石化上海石油化工股份有限公司(6 万吨)〈P1780〉;[苏]中国石化金陵石化公司炼油厂〈P1792〉;南京金焰锶业有限公司〈P1786〉;扬州市新业化工有限公司(30 万吨)〈P1819〉;[浙]浙江世佳科技有限公司〈P1947〉;[皖]安徽淮化集团有限公司〈P1976〉;安庆市福利化工厂(600 吨)〈P1979〉;[闽]福建石化集团三明化工有限责任公司(800 吨)〈P1995〉;[鲁]济南化肥厂有限责任公司(300 吨)〈P2022〉;中国石油化工股份有限公司济南分公司(2 万吨)〈P2031〉;博山化学厂(有限公司)〈P2048〉;齐鲁石化公司胜利炼油厂〈P2051〉;山东华星石油化工集团有限公司(2 万吨)〈P2085〉;青岛红星化工集团有限责任公司(18 万吨)〈P2036〉;中国石化集团青岛石油化工有限责任公司〈P2048〉;临沂金磺化工有限公司〈P2147〉;兖矿鲁南化肥厂(3000 吨)〈P2080〉;[豫]豫港(济源)焦化集团有限公司(2500 吨)〈P2198〉;安阳钢铁股份有限公司焦化厂(2000 吨)〈P2208〉;平顶山飞行化工(集团)有限责任公司(7000 吨)〈P2191〉;洛阳市恩迪化工有限公司(3000 吨)〈P2183〉;[鄂]湖北京山县楚天钡盐有限责任公司(8000 吨)〈P2241〉;京山华贝化工有限责任公司(400 吨)〈P2242〉;湖北双环科技股份有限公司(700 吨)〈P2242〉;[湘]湖南智成化工有限公司〈P2249〉;[桂]柳州化工股份有限公司〈P2297〉;广西河池化工股份有限公司(3000 吨)〈P2302〉;[渝]重庆新申锶盐有限公司〈P2308〉;重庆鼎发实业股份有限公司〈P2304〉;[川]江油川西北恒远天然气化工有限公司〈P2330〉;[黔]贵州省大方硫磺矿(5000 吨)〈P2338〉;[滇]云南解化集团有限公司〈P2345〉;[甘]金川集团有限公司镍都实业公司(2 万吨)〈P2357〉;[新]中国石油天然气股份有限公司独山子石化分公司〈P2365〉;中国石油天然气股份有限公司克拉玛依石化分公司〈P2365〉;中国石油化工股份有限公司塔河分公司〈P2366〉

【使用厂】[京]北京金鱼科技股份有限公司〈P1552〉;北京乳胶厂〈P1557〉;[津]天津市有机化工一厂〈P1611〉;天津市

恒达通化工有限公司〈P1589〉;天津农药股份有限公司〈P1576〉;天津华士化工有限公司〈P1573〉;天津市硫酸厂〈P1598〉;天津市塘沽农药厂〈P1603〉;天津市静明化工有限公司〈P1596〉;天津市科迈化工有限公司〈P1597〉;天津市创新有机化工厂〈P1582〉;天津市染料厂分厂〈P1600〉;天津市金星化工厂〈P1592〉;天津市天星助剂颜料厂〈P1605〉;[冀]石家庄林峰化工有限公司〈P1628〉;河北大田化工有限公司〈P1658〉;[辽]沈阳化工股份有限公司〈P1686〉;本溪怀特石油化工有限责任公司〈P1699〉;辽阳瑞兴化工有限公司〈P1710〉;[黑]哈尔滨试剂化工厂〈P1720〉;黑龙江省绥棱艾斯精细化工有限责任公司〈P1725〉;[沪]上海农药厂有限公司〈P1755〉;上海京海化工有限公司〈P1745〉;上海马陆化工厂〈P1753〉;上海白猫股份有限公司〈P1728〉;[苏]南京化学工业有限公司化工厂〈P1785〉;江苏南京梅化精细化工有限公司〈P1781〉;江苏金浦北方氯碱化工有限公司〈P1793〉;连云港海水化工有限公司〈P1798〉;连云港立本农药化工有限公司〈P1798〉;江苏省赣榆县磷肥厂〈P1797〉;涟水磷肥厂〈P1803〉;江苏双昌肥业有限公司〈P1808〉;江苏粮满仓农化有限公司〈P1816〉;南通大伦化工有限公司〈P1833〉;镇江振邦化工有限公司〈P1846〉;武进农药厂〈P1864〉;江苏天容集团股份有限公司〈P1861〉;无锡市锡南农药有限公司〈P1879〉;苏州精细化工有限公司〈P1901〉;苏州吴中前进有机化工有限公司〈P1907〉;苏州华源农用生物化学品有限公司〈P1901〉;江苏苏中农药化工厂〈P1822〉;江苏省靖江市金囤农化有限公司〈P1822〉;淮阴市染料化工厂〈P1802〉;兴化市青松农药化工有限公司〈P1828〉;南京浦口橡胶总厂〈P1788〉;南通市通海化工公司〈P1835〉;江苏联合农用化学有限公司〈P1781〉;江苏金凤凰农化有限公司〈P1859〉;江苏省昆山市鼎烽农药有限公司〈P1894〉;扬州市苏灵农药化工有限公司〈P1819〉;江苏东宝农药化工有限公司〈P1815〉;江苏省江阴市福达农化有限公司〈P1865〉;[皖]安徽省蚌埠市永艳染料化工有限公司〈P1975〉;来安县振兴化工公司〈P1982〉;[闽]地方国营南安市化工厂〈P1997〉;厦门厦化实业有限公司〈P1993〉;福建邵武榕丰化工有限公司〈P2003〉;福建漳平金鑫硫酸化工有限公司〈P2006〉;厦门金桐合成洗涤剂有限公司〈P1992〉;福建省漳州市龙文农化有限公司〈P2001〉;[赣]赣南果业赣州农药公司〈P2014〉;诚志股份有限公司合成洗涤剂分公司〈P2013〉;海利贵溪化工农药有限公司〈P2013〉;[鲁]济南鲁联集团橡胶制品有限公司〈P2023〉;青岛东风化工有限公司〈P2033〉;淄博市临淄区罗鑫化工厂〈P2069〉;山东新华东风化工有限公司〈P2055〉;山东大成农药股份有限公司〈P2051〉;淄博元兴化工有限公司〈P2075〉;山东富安集团农药有限公司〈P2052〉;淄博市周村穗丰农药化工有限公司〈P2072〉;山东奥宝化工集团有限公司〈P2094〉;山东联盟化工集团有限公司〈P2096〉;日照市金秋化工有限公司〈P2139〉;山东联合化工股份有限公司〈P2053〉;菏泽源丰农药有限公司〈P2159〉;山东省单县化工有限公司〈P2160〉;德州虹桥染料化工有限公司〈P2142〉;山东华阳和乐农药有限公司〈P2144〉;淄博市博山东方化工厂〈P2067〉;淄博金坤化学工业有限公司〈P2063〉;淄博市淄川福利化工原料厂〈P2072〉;山东聊城鲁西化工集团总公司第五化肥厂〈P2153〉;山东神工化工股份有限公司〈P2077〉;曲阜市天昊化工助剂有限公司〈P2130〉;山东邹平农药有限公司〈P2157〉;荣成市化工总厂有限公司〈P2122〉;山东绿丰农药有限公司〈P2096〉;山东海化魁星化工有限公司〈P2135〉;青岛东生药业有限公司〈P2034〉;潍坊奥维特农药有限公司〈P2101〉;山东京蓬生物药业股份有限公司〈P2113〉;山东神星农药有限公司〈P2097〉;泰安市泰山精细化工实业总公司〈P2138〉;山东省青岛海利尔药业有限公司〈P2047〉;龙口华东气体有限公司〈P2110〉;山东省淄博市淄川黉阳农药有限公司〈P2054〉;山东红日阿康化工股份公司〈P2149〉;淄博新万特农药有限公司〈P2074〉;淄博市周村鲁博化工有限公司〈P2071〉;青岛农冠农药有限责任公司〈P2041〉;淄博广通化工有限责任公司〈P2060〉;淄博市临淄万通精细化工厂〈P2070〉;济南海华洗涤制品有限公司〈P2021〉;新泰市兰得染料化工有限公司〈P2138〉;山东省青岛好利特生物农药有限公司〈P2048〉;山东省烟台科达化工有限公司〈P2115〉;淄博市新材料研究所〈P2071〉;山东临朐恒达化工建材厂〈P2096〉;山东省青州市农药厂〈P2098〉;山东瑞普生化有限公司〈P2145〉;临朐县农药厂〈P2090〉;威海市农药厂〈P2125〉;青岛阳光农药厂(有限公司)〈P2045〉;山东泗水丰田农药有限公司〈P2133〉;[豫]郑州中原轮胎橡胶股份有限公司〈P2176〉;平顶山煤业集团开封东大化工有限公司〈P2179〉;开封染料化工厂〈P2177〉;平顶山市染料化工厂〈P2192〉;安阳市健美日化有限责任公司〈P2209〉;河南省开仑化工有限责任公司〈P2211〉;鹤壁市国峰助剂有限责任公司〈P2199〉;黎明化工研究院〈P2181〉;安阳市谦和染料化工有限责任公司〈P2209〉;[鄂]湖北仙隆化工股份有限公司〈P2245〉;[湘]湖南湘铝有限责任公司〈P2251〉;湖南省长沙市蓝天化工厂〈P2248〉;[粤]广州化学试剂厂〈P2261〉;广州市金珠江化学有限公司〈P2265〉;广州第十一橡胶厂〈P2260〉;广东中成化工股份有限公司〈P2281〉;[渝]攀钢集团重庆钛业股份有限公司〈P2303〉;重庆双丰农药有限公司〈P2307〉;[川]成都化工股份有限公司〈P2311〉;雅化集团绵阳实业有限公司〈P2331〉;四川省雅化实业有限责任公司〈P2336〉;四川红华实业总公司〈P2318〉;[滇]云南昆阳磷肥厂有限公司〈P2341〉;昆明化肥有限责任公司〈P2339〉;云南蓝德化工有限公司〈P2343〉;云南禄丰勤攀磷化工有限公司〈P2345〉;云南磷化集团有限公司昆阳磷矿〈P2341〉;[陕]西安市精工橡胶制品有限公司〈P2349〉;[甘]白银有色金属公司〈P2357〉;[青]青海金牛胶业集团有限公司〈P2359〉

硫黄粉 B05001804

Sulfur powder [7704-34-9]

用于橡胶硫化,制造杀虫剂、硫肥、染料、黑色火药等

【生产厂】[冀]河北双吉化工有限公司(1万吨)〈P1622〉;[苏]上海梅山企业发展有限公司南京化工实业分公司(600吨)〈P1792〉;[鲁]博山化学厂(有限公司)〈P2048〉;荣成市化工总厂有限公司(350吨)〈P2122〉;临沂金磺化工有限公司〈P2147〉;[桂]广西五星化工有限公司〈P2296〉;[渝]重庆鼎发实业股份有限公司〈P2304〉

【使用厂】[辽]丹东医创药业有限责任公司〈P1701〉;[鲁]淄博市博山东方化工厂〈P2067〉;肥城恒宏橡胶有限公司〈P2134〉;[豫]濮阳市益丰精细化工有限公司〈P2215〉;[粤]广州市金珠江化学有限公司〈P2265〉

不溶性硫黄 B05001805

Sulfur, insoluble [7704-34-9]

是一种重要的橡胶助剂,用于天然橡胶和各种合成橡胶的生产中

【生产厂】[沪]上海新誉化工厂〈P1772〉;上海京海化工有限公司〈P1745〉;[鲁]荣成市化工总厂有限公司(450吨)〈P2122〉;青岛红星化工集团有限责任公司(1万吨)〈P2036〉;泰安市泰山精细化工实业总公司(6000吨)〈P2138〉;山东临沂湖滨化工有限公司〈P2149〉;[豫]河南省开仑化工有限责任公司(2000吨)〈P2211〉;洛阳市三瑞实业有限公司(3000吨)〈P2185〉;洛阳米林通用助剂厂(2000吨)〈P2182〉;洛阳千禧生物科技有限公司(3000吨)〈P2182〉;偃师市宝隆化工有限公司(1000吨)〈P2188〉;[川]江油川西北恒远天然气化工有限公司〈P2330〉

充油硫黄粉 B05001851

Sulfur powder, oil-extended
【生产厂】[沪]上海京海化工有限公司〈P1745〉

B

锰;锰粉　B05001901
Manganese [7439-96-5]
用于炼钢和制铁、铜、铝等合金
【生产厂】[桂]广西大锰锰业有限公司〈P2296〉
【使用厂】[津]天津市风船化学试剂科技有限公司〈P1586〉;[苏]盐城凤阳化工有限公司〈P1809〉;[闽]美琪玛化学(厦门)有限公司〈P1991〉;[鲁]济南槐荫化工总厂〈P2022〉;化学工业(全国)饲料添加剂工程技术中心山东科技公司〈P2020〉;[豫]洛阳市中州焊剂厂〈P2187〉;[湘]湖南省湘潭金洲化工有限公司〈P2251〉;长沙市城郊硫酸锰厂〈P2247〉;湖南省长沙市蓝天化工厂〈P2248〉;衡阳市建辰锰业有限公司〈P2252〉;[川]成都天华科技股份有限公司〈P2315〉

电解金属锰;电解锰　B05001902
Electrolytic manganese [7439-96-5]
用于制软磁铁氧体、瓷釉、颜料、锰盐等
【生产厂】[桂]广西大锰锰业有限公司〈P2296〉
【使用厂】[辽]大连第一有机化工有限公司〈P1691〉;[沪]上海美兴化工有限公司〈P1753〉;[桂]广西全州县天星化工厂〈P2299〉

锰砂　B05001911
Manganese sand
用于地下水除铁
【生产厂】[豫]巩义市中昌水处理材料有限公司〈P2165〉;南阳恒盛石英砂滤料有限公司〈P2224〉

碘　B05002001
Iodine [7553-56-2]
主要用于制造碘化物,也用于制备农药、饲料添加剂、染料、碘酒、试纸、药物等
【生产厂】[津]天津市津西前进化工厂(500吨)〈P1595〉;[冀]黄骅市津骅饲料添加剂有限公司〈P1656〉;[苏]连云港元升实业有限公司〈P1800〉;连云港中大海藻工业有限公司(60吨)〈P1801〉;[浙]宁波东港电化有限责任公司〈P1930〉;温州金源化工有限公司〈P1937〉;[鲁]青岛宇龙海藻有限公司(25吨)〈P2046〉;青岛南洋海藻工业有限公司(20吨)〈P2041〉;青岛盛洋化工有限公司(20吨)〈P2042〉;青岛鹰飞化工有限公司〈P2046〉;青岛聚大洋海藻工业有限公司(20吨)〈P2039〉;山东洁晶集团股份有限公司(90吨)〈P2139〉
【使用厂】[京]北京市大兴兴福精细化学研究所〈P1558〉;[津]天津天成制药有限公司〈P1614〉;[沪]上海科创化工有限公司〈P1748〉;[豫]河南省化工研究所〈P2167〉;[鄂]湖北仙隆化工股份有限公司〈P2245〉;[粤]广州化学试剂厂〈P2261〉;[桂]梧州市联溢化工有限公司〈P2300〉;[渝]重庆小泉化工厂〈P2308〉;[川]四川特种工程塑料厂〈P2321〉;自贡市金典化工有限公司〈P2322〉

碘(药用);碘片　B05002002
Iodine, medicinal [7553-56-2]
医药上主要用作消毒剂
【生产厂】[津]天津天成制药有限公司(100吨)〈P1614〉;[鲁]青岛明月海藻集团有限公司(80吨)〈P2040〉;[川]四川蓬莱盐化有限公司(10吨)〈P2331〉

精碘　B05002011
Iodine, refined [7553-56-2]
【生产厂】[鲁]淄博万康医药化工有限公司〈P2074〉;烟台市幸福海藻工业有限公司(15吨)〈P2119〉;青岛海化化工有限责任公司(40吨)〈P2035〉

硼　B05002101
Boron [7440-42-8]
用于半导体材料硅的掺杂、耐高温材料、高温大功率半导体及金属喷涂添加剂
【生产厂】[冀]唐山威豪镁粉有限公司〈P1637〉;[辽]营口市北方精细化工厂〈P1705〉;营口天元实业精细化工有限公司〈P1705〉;营口辽滨精细化工有限公司〈P1704〉;大石桥市兴鹏复合肥有限公司(1吨)〈P1703〉;[皖]安徽省岳西撞钟化肥有限公司〈P1979〉

溴素;溴　B05002201
Bromine [7726-95-6]
主要用于制取溴化物、药剂、染料和感光材料
【生产厂】[津]天津长芦海晶集团有限公司(4000吨)〈P1571〉;天津开发区芦花盐化贸易公司(700吨)〈P1575〉;天津长芦汉沽盐场有限责任公司(1500吨)〈P1571〉;[冀]唐山市大清河渤大化工有限公司〈P1636〉;[辽]营口中辰化工有限公司(1500吨)〈P1705〉;[苏]连云港银化制镁有限公司〈P1800〉;盐城凌瑞化工有限公司(240吨)〈P1810〉;[鲁]无棣金盛化工有限公司(3000吨)〈P2157〉;广饶海丰盐化有限公司(500吨)〈P2083〉;广饶县盐化工业集团总公司(500吨)〈P2084〉;山东海王化工有限公司(1万吨)〈P2095〉;青州市安达化工有限公司(1200吨)〈P2091〉;寿光富康制药有限公司(2万吨)〈P2099〉;寿光卫东化工有限公司(1500吨)〈P2100〉;山东大地盐化集团(1万吨)〈P2094〉;山东海化股份有限公司(2万吨)〈P2094〉;山东省裕源集团总公司(2万吨)〈P2098〉;潍坊长安化工贸易有限公司(5000吨)〈P2101〉;潍坊海化远大精细化工有限公司〈P2102〉;潍坊凯龙化工有限公司〈P2103〉;潍坊凯盛化工有限公司〈P2103〉;潍坊张氏化工有限公司(5000吨)〈P2107〉;山东威泰精细化工有限公司〈P2048〉;[川]四川蓬莱盐化有限公司(500吨)〈P2331〉
【使用厂】[京]北京维达化工有限公司〈P1563〉;[津]天津农药股份有限公司〈P1576〉;天津市染料化学第八厂〈P1600〉;天津中新药业集团股份有限公司新新制药厂〈P1618〉;天津市胜利化工厂〈P1601〉;[冀]衡水衡湖化工有限责任公司〈P1667〉;[辽]东北制药总厂〈P1684〉;[沪]上海市农药研究所〈P1764〉;上海沪试化工有限公司〈P1737〉;[苏]苏州市永达精细化工有限公司〈P1906〉;连云港海水化工有限公司〈P1798〉;南京白敬宇制药有限责任公司〈P1782〉;江苏仪征天宁化工股份有限公司〈P1816〉;盐城市东港药物化工发展有限公司〈P1811〉;常熟市阻燃化工有限公司〈P1892〉;昆山三友医药辅料厂〈P1896〉;昆山市花桥化工四厂〈P1897〉;徐州开达精细化工有限公司〈P1795〉;江苏华派集团〈P1807〉;[浙]浙江台州海翔医药化工有限公司〈P1968〉;浙江迪耳药业有限公司〈P1954〉;浙江莹光化工有限公司〈P1956〉;浙江九洲药业股份有限公司〈P1965〉;浙江省三门解氏化学工业有限公司〈P1966〉;浙江普洛化学有限公司〈P1955〉;[赣]江西农大锐特化工科技有限公司〈P2009〉;[鲁]青岛一农七星化学有限公司〈P2045〉;济宁圣城化工实验有限责任公司〈P2128〉;寿光市信昌化工有限公司〈P2100〉;济宁市化工研究所试剂厂〈P2128〉;潍坊宏远化工有限公司〈P2102〉;德州德药制药有限公司〈P2141〉;淄博胜宝化工有限公司〈P2067〉;东营市博美特化工有限责任公司〈P2081〉;山东临邑鲁晶化工有限公司〈P2144〉;万达集团股份有限公司〈P2088〉;山东森博化学有限责任公司〈P2097〉;山东郓城三兴化工有限公司〈P2161〉;寿光申达化学工业有限公司〈P2100〉;[豫]河南福森药业有限公司〈P2223〉;安阳豫北

制药厂〈P2210〉;[粤]广州化学试剂厂〈P2261〉;佛山市华昊化工有限公司电化厂〈P2287〉;[渝]西南合成制药股份有限公司〈P2303〉;重庆小泉化工厂〈P2308〉;[甘]甘肃省化工研究院〈P2355〉

镉　B05002401

Cadmium [7440-43-9]

用于制镉盐、镉蒸气灯、烟幕弹、镉汞剂、颜料、合金、电镀镉、焊药、标准电池、冶金去氧剂等

【生产厂】[湘]长沙蜂巢颜料化工有限公司〈P2247〉;[桂]柳州锌品股份有限公司(120吨)〈P2298〉

【使用厂】[冀]河北雄威化工股份有限公司〈P1648〉;[沪]上海长风化工厂〈P1729〉;[湘]湖南湘潭华莹精化有限公司〈P2251〉;[粤]广州化学试剂厂〈P2261〉

海绵镉　B05002451

Cadmium, sponge

用作高能电池活性物质

【生产厂】[豫]新乡市第八化工有限公司(1080吨)〈P2204〉;新乡市升华化工有限公司(150吨)〈P2206〉

电解镉　B05002491

Electrolytic cadmium

【生产厂】[浙]温州冶炼总厂〈P1938〉

赤磷;红磷　B05002501

Phosphorus, red [7723-14-0]

用于制火柴、烟火、磷酸、磷化合物、医药、农药、燃烧弹等

【生产厂】[苏]连云港市锦屏化工厂(5000吨)〈P1799〉;淮安永创化学有限公司〈P1801〉;[鲁]济南泰星精细化工有限公司〈P2026〉;济宁圣城化工实验有限责任公司(1100吨)〈P2128〉;[渝]重庆长寿盐化工有限责任公司〈P2304〉;[川]四川川西兴达化工厂〈P2326〉;四川蓝剑化工(集团)有限责任公司(2000吨)〈P2326〉;四川什邡鼎立磷化工有限公司(2000吨)〈P2329〉;四川什邡市川鸿磷化工有限公司〈P2331〉;[滇]云南江磷集团股份有限公司(1500吨)〈P2343〉

【使用厂】[津]天津市化工学校化工厂〈P1590〉;[辽]沈阳丰收农药有限公司〈P1685〉;[苏]江苏双菱化工集团有限公司〈P1798〉;[鲁]龙口市化工厂〈P2111〉;济宁市益民化工厂〈P2128〉;[粤]广州化学试剂厂〈P2261〉

黄磷　B05002601

Phosphorus, yellow [7723-14-0]

主要用作制取赤磷、磷酸及磷化合物的原料,还用于灭鼠药等

【生产厂】[沪]上海荣建化学品有限公司〈P1758〉;上海沪昆化工有限公司〈P1737〉;[苏]江苏澄星磷化工股份有限公司〈P1865〉;江苏金浦北方氯碱化工有限公司〈P1793〉;[鲁]山东省青州市鑫源化工有限公司(500吨)〈P2098〉;[豫]三门峡化工厂(5260吨)〈P2221〉;[鄂]沙隆达集团公司〈P2240〉;襄樊高隆磷化工有限责任公司(7500吨)〈P2238〉;宜昌中孚化工有限公司(2万吨)〈P2241〉;湖北兴发化工集团股份有限公司(5万吨)〈P2241〉;宜昌楚原化工有限责任公司(3万吨)〈P2241〉;[渝]重庆川东化工(集团)有限公司(3000吨)〈P2304〉;[川]四川川投化学工业集团有限公司(12万吨)〈P2322〉;四川绵竹汉旺黄磷有限责任公司(1万吨)〈P2327〉;四川绵竹华丰磷化工有限公司(1万吨)〈P2327〉;四川蓝剑化工(集团)有限责任公司(2万吨)〈P2326〉;四川什邡市易达化工有限公司〈P2329〉;四川成洪磷化工有限责任公司(3000吨)〈P2332〉;绵阳启明星磷化工有限公司(1万吨)〈P2330〉;三台县启明星磷酸盐有限公司(3万吨)〈P2330〉;绵阳天明磷化工有限公司(3000吨)〈P2330〉;[黔]贵州华捷化工有限公司(5万吨)〈P2337〉;贵阳富捷化工有限公司(2800吨)〈P2337〉;贵州磷酸盐厂(2500吨)〈P2337〉;贵阳花溪区青岩黄磷厂(4000吨)〈P2337〉;贵州黔能天和磷业有限公司〈P2337〉;贵州宏福实业开发有限总公司(1万吨)〈P2338〉;贵州省惠水黄磷厂(2000吨)〈P2338〉;贵州省惠水县农药厂(1500吨)〈P2338〉;贵州金捷磷化工有限公司(7000吨)〈P2338〉;黔南州华林磷业有限责任公司(8000吨)〈P2338〉;贵州遵义县众立化工有限公司(1万吨)〈P2337〉;[滇]云南磷肥工业有限公司(6万吨)〈P2341〉;云南省富民县磷酸盐总厂(9000吨)〈P2341〉;云南磷化集团有限公司(2万吨)〈P2341〉;禄丰县中胜磷化有限公司(1万吨)〈P2345〉;云南澄江磷化工金龙有限责任公司(2万吨)〈P2343〉;云南澄江县德安磷化工有限责任公司(3万吨)〈P2343〉;云南澄江县磷化工华业有限责任公司(3万吨)〈P2343〉;云南江磷集团股份有限公司(2万吨)〈P2343〉;云南华宁华电磷业有限责任公司(4000吨)〈P2343〉;云南蓝德化工有限公司(7500吨)〈P2343〉;云南马龙化建股份有限公司(1万吨)〈P2343〉;云南旭东磷化集团(1万吨)〈P2342〉;云南省滇东磷化工公司(2万吨)〈P2343〉;宣威市天麟磷业有限公司(7500吨)〈P2342〉;云南金星化工有限公司(6500吨)〈P2345〉;云南屏边黄磷厂(2万吨)〈P2345〉;河口县磷酸盐厂(4000吨)〈P2345〉;个旧沙甸磷酸盐厂〈P2345〉

【使用厂】[津]天津农药股份有限公司〈P1576〉;天津市塘沽区蓝天化工电子有限公司〈P1603〉;天津市朝日科贸有限公司〈P1581〉;[辽]辽阳瑞兴化工有限公司〈P1710〉;[沪]上海旭森非卤消烟阻燃剂有限公司〈P1773〉;上海联一磷酸化工有限公司〈P1751〉;[苏]连云港市锦屏化工厂〈P1799〉;兴化市青松农药化工有限公司〈P1828〉;[皖]合肥四方集团公司〈P1973〉;[鲁]滕州香池化工原料有限公司〈P2080〉;淄博陇川镍产品有限公司〈P2065〉;济宁圣城化工实验有限责任公司〈P2128〉;山东滕州悟通香料有限责任公司〈P2078〉;东营市博美特化工有限责任公司〈P2081〉;青州市振华化工有限公司〈P2093〉;青州市科缔化工有限公司〈P2092〉;[豫]焦作市华联化工有限公司〈P2196〉;[鄂]湖北仙隆化工股份有限公司〈P2245〉;[湘]株洲市中天磷酸盐化工有限责任公司〈P2250〉;湖南天宇农药化工集团股份有限公司〈P2253〉;[粤]广州化学试剂厂〈P2261〉;[川]宜宾天原股份有限公司〈P2335〉;四川省彭山磷盐化工厂〈P2334〉;[滇]云南昆阳磷肥厂有限公司〈P2341〉;[陕]陕西宝嘉应用化学有限责任公司〈P2351〉

低砷黄磷　B05002651

Yellow phosphorus, low arsenium

【生产厂】[滇]云南江磷集团股份有限公司〈P2343〉;云南省滇东磷化工公司(2000吨)〈P2343〉

黄金　B05002701

Gold [7440-57-5]

【生产厂】[赣]贵溪市三元冶炼化工有限责任公司(6000克)〈P2013〉;[鲁]烟台鹏晖铜业有限公司(48吨)〈P2118〉;山东恒邦冶炼股份有限公司(8吨)〈P2113〉;山东国大黄金冶炼股份有限公司(15吨)〈P2113〉

铜　B05002800

Copper [7440-50-8]

主要用于制导电器材和合金(青铜、黄铜、白铜等)

【生产厂】[鄂]大冶有色金属公司(15万吨)〈P2236〉;[甘]白银有色金属公司(5万吨)〈P2357〉;[青]祁连山铜矿〈P2359〉

B

【使用厂】[津]天津市风船化学试剂科技有限公司〈P1586〉；[晋]五台县化肥厂〈P1676〉；[辽]中国石油天然气股份有限公司辽阳石化分公司〈P1712〉；[沪]上海市塑料研究所〈P1764〉；上海科创化工有限公司〈P1748〉；[苏]南京化学工业有限公司化工厂〈P1785〉；南化集团有限公司氮肥厂〈P1782〉；东台市绿源化工有限公司〈P1806〉；[浙]海宁市金潮实业总公司〈P1939〉；浙江台州海翔医药化工有限公司〈P1968〉；[皖]安徽省阜南县化工总厂〈P1983〉；中科铜都粉体新材料股份有限公司〈P1979〉；[鲁]潍坊振兴焦化有限公司〈P2107〉；山东瀚海化工肥料有限责任公司〈P2113〉；山东恒大化工(集团)有限公司〈P2123〉；泰安双丰化肥有限公司〈P2138〉；山东齐鲁石化机械制造有限公司〈P2054〉；化学工业(全国)饲料添加剂工程技术中心山东科技公司〈P2020〉；临朐县大祥精细化工有限公司〈P2089〉；[豫]开封市金杞化工有限公司〈P2177〉；新乡市永昌化工有限责任公司〈P2207〉；南阳德润化工有限责任公司〈P2223〉；淅川县化肥厂〈P2225〉；开封市尉氏县化工总厂〈P2178〉；黎明化工研究院〈P2181〉；[湘]株洲金源化工有限公司〈P2250〉；株洲市化工机械厂〈P2250〉；[粤]广州化学试剂厂〈P2261〉；[渝]重庆市花溪化工厂〈P2306〉；[川]成都天华科技股份有限公司〈P2315〉

电解铜　B05002801

Electrolytic copper [7440-50-8]

用于粉末冶金零件、金刚石锯片、摩擦材料、电碳制品和化工催化剂等

【生产厂】[辽]葫芦岛锌厂(10万吨)〈P1702〉；[吉]吉林吉恩镍业股份有限公司〈P1715〉；[皖]中科铜都粉体新材料股份有限公司〈P1979〉；[赣]贵冶华信金属有限责任公司〈P2013〉；[鲁]山东梁邹矿业集团公司(500吨)〈P2156〉；烟台有色金属集团有限公司(4万吨)〈P2120〉；山东恒邦冶炼股份有限公司(2000吨)〈P2113〉；山东国大黄金冶炼股份有限公司(3万吨)〈P2113〉；[豫]开封市祥利化工厂〈P2178〉；[渝]重庆冶炼(集团)有限责任公司(2万吨)〈P2308〉

【使用厂】[鲁]青州市化纤厂〈P2092〉；[粤]广州化学试剂厂〈P2261〉

海绵铜　B05002803

Sponge copper [7440-50-8]

主要用于炼铜工业的原料

【生产厂】[鲁]山东东佳集团公司〈P2052〉

铜粉　B05002804

Copper powder [7440-50-8]

用作冶炼、电解铜的原料

【生产厂】[苏]无锡顺达金属粉末有限公司〈P1881〉；[浙]开化县鑫源精细化工有限公司〈P1957〉；[皖]中科铜都粉体新材料股份有限公司〈P1979〉；[赣]贵冶华信金属有限责任公司〈P2013〉；[渝]重庆冶炼(集团)有限责任公司(1000吨)〈P2308〉；[新]新疆托克逊县雪银硫铜开发总厂〈P2366〉

高纯阴极铜　B05002841

Cathodal copper, high purity

【生产厂】[皖]铜陵有色金属(集团)公司〈P1979〉；[鲁]烟台鹏晖铜业有限公司(12万吨)〈P2118〉；[鄂]大冶有色金属公司〈P2236〉；[滇]云南铜业股份有限公司〈P2342〉

纳米铜　B05002861

Nano-copper

用作热氢发生器、凝胶推进剂、燃烧活性剂、催化剂、水清洁吸附剂、烧结活性剂等

【生产厂】[辽]辽宁奥克化学集团有限公司〈P1709〉

锑　B05002901

Antimony [7440-36-0]

用于制造铅锑合金材料、电缆护套以及用于生产锑化合物

【生产厂】[辽]沈阳华昌锑业化工有限公司〈P1685〉；[沪]上海宸锋锑业有限公司〈P1730〉；上海韶松催化剂厂〈P1760〉；[鲁]济南湘蒙阻燃材料有限公司〈P2026〉；[湘]益阳市通用阻燃材料厂〈P2256〉；湖南虎山锑锌制品有限公司〈P2255〉；湖南省桃江县板溪锑矿(3000吨)〈P2256〉；湖南省安化华宇锑业有限公司〈P2255〉；湖南省安化县渣滓溪锑矿(3000吨)〈P2256〉；锡矿山闪星锑业有限责任公司〈P2258〉；[川]成都开飞高能化学工业有限公司〈P2312〉；[滇]云南文冶有色金属有限公司(4000吨)〈P2345〉；[陕]陕西丹凤锑品冶炼有限责任公司(600吨)〈P2354〉

【使用厂】[沪]上海华彩精细化工有限公司〈P1738〉

锡；锡粉　B05003101

Tin [7440-31-5]

主要用于制造电碳制品、摩擦材料、含油轴承及粉末冶金结构材料

【生产厂】[粤]珠海市华新钴业有限公司〈P2275〉；[桂]柳州冶炼厂〈P2298〉；柳州华锡集团有限责任公司〈P2297〉；[渝]重庆冶炼(集团)有限责任公司(100吨)〈P2308〉

【使用厂】[辽]沈阳市试剂三厂〈P1688〉；[苏]宜兴市创新精细化工有限公司〈P1883〉；[浙]浙江黄岩精细化学品集团有限公司〈P1964〉；[鲁]济南鲁联集团试剂有限公司〈P2023〉；淄博化学试剂厂有限公司〈P2062〉；山东招远化工总厂〈P2115〉；烟台市福山区化工研究所有限公司〈P2118〉；[鄂]武汉市道奇化工公司〈P2232〉；[粤]广州化学试剂厂〈P2261〉；[滇]昆明庚申精细化工有限责任公司〈P2339〉；云南锡业股份有限公司〈P2342〉

铈　B05003301

Cerium [7440-45-1]

可用于制造合金、打火石等

【生产厂】[甘]甘肃稀土集团有限责任公司〈P2357〉

铋　B05003401

Bismuth [7440-69-9]

用于制低熔点合金、核反应堆冷却剂、铋汞齐、铋盐等

【生产厂】[赣]贵溪市三元冶炼化工有限责任公司〈P2013〉；[滇]云南新立有色金属有限公司(100吨)〈P2342〉

【使用厂】[津]天津市风船化学试剂科技有限公司〈P1586〉；[粤]广东西陇化工有限公司〈P2276〉；[滇]云南师范大学化工厂〈P2341〉

钛；钛粉　B05003501

Titanium powder [7440-32-6]

主要用于制造航天飞机、火箭导弹、潜艇、化工设备、医疗器械、人工关节等，还用于制取钛白粉

【生产厂】[苏]姜堰市光明化工厂〈P1823〉

【使用厂】[辽]丹东市化学试剂厂〈P1700〉；[鲁]山东齐鲁石化机械制造有限公司〈P2054〉；威海化工机械有限公司〈P2124〉；[湘]株洲市化工机械厂〈P2250〉

镁;镁粉 B05003601

Magnesium [7439-95-4]

主要用于制轻质镁合金,也可用作冶金中的除氧剂和还原剂,镁粉可用作闪光粉,制焰火、信号弹等

【生产厂】[冀]唐山威豪镁粉有限公司〈P1637〉;[辽]沈阳金益耐火材料有限公司〈P1687〉;营口恒大实业有限公司(1500 吨)〈P1704〉;[鲁]莱州鑫和化工有限公司〈P2110〉;青岛三凯化工有限公司〈P2041〉;山东银光化工集团有限公司(6000 吨)〈P2151〉

【使用厂】[津]天津天药药业股份有限公司〈P1615〉;天津中新药业集团股份有限公司新新制药厂〈P1618〉;天津市中央药业有限公司〈P1613〉;[沪]上海沪试化工有限公司〈P1737〉;[苏]泰兴市一鸣精细化工有限公司〈P1827〉;[鲁]招远三联化工集团公司〈P2121〉;山东滕州悟通香料有限责任公司〈P2078〉;[粤]广州化学试剂厂〈P2261〉;[川]成都天华科技股份有限公司〈P2315〉

铁 B05003701

Iron [7439-89-6]

用于铸造

【生产厂】[豫]河南省焦作市广兴实业有限公司(2 万吨)〈P2193〉

【使用厂】[津]天津市风船化学试剂科技有限公司〈P1586〉;[冀]承德新新钒钛化工有限公司〈P1650〉;[沪]上海勤工无机盐有限公司〈P1757〉;上海市农药研究所〈P1764〉;上海金赛医药化工有限公司〈P1744〉;上海环球氧化铁颜料有限公司〈P1740〉;[苏]上海梅山企业发展有限公司南京化工实业分公司〈P1792〉;[皖]安徽氯碱化工集团有限责任公司〈P1972〉;[鲁]山东中舜科技发展有限公司〈P2056〉;化学工业(全国)饲料添加剂工程技术中心山东科技公司〈P2020〉;[豫]新乡三星染化有限公司〈P2204〉;[鄂]武汉凯兴颜料有限公司〈P2231〉;[湘]湖南三环颜料有限公司〈P2248〉;[桂]柳州市跃进化工厂〈P2298〉;广西藤县雅照钛白有限公司〈P2300〉;苍梧顺风钛白粉有限责任公司〈P2300〉;[渝]重庆新华化工厂〈P2308〉;[川]成都天华科技股份有限公司〈P2315〉;[陕]陕西兴化化学股份有限公司〈P2347〉

铁粉 B05003711

Iron powder [7439-89-6]

用于制药、农药、粉末冶金等

【生产厂】[冀]承德泰星矿业〈P1650〉;[闽]冶金部二勘局三队龙岩矿业技术公司〈P2007〉;[豫]河南信威磷化有限公司〈P2168〉;洛阳津青工贸有限公司(10 万吨)〈P2182〉;[湘]湖南郴州化工集团有限公司(15 万吨)〈P2257〉;[新]新疆托克逊县雪银硫铜开发总厂(8 万吨)〈P2366〉

【使用厂】[冀]沧州天一化工有限公司沧县分公司〈P1653〉;[辽]阜新特种化学股份有限公司〈P1708〉;[苏]盐城凤阳化工有限公司〈P1809〉;江苏省靖江市金囤农化有限公司〈P1822〉;淮阴市染料化工厂〈P1802〉;常熟欣润染料有限公司〈P1892〉;常熟市蜂蚁化工综合厂〈P1890〉;[浙]浙江省三门解氏化学工业有限公司〈P1966〉;[鲁]青岛天元化工股份有限公司〈P2044〉;安丘市鲁安药业有限责任公司〈P2088〉;德州信达化工有限公司〈P2142〉;曲阜市天昊化工助剂有限公司〈P2130〉;山东平原县忠臣化工有限公司〈P2145〉;龙口市龙海精细化工有限公司〈P2111〉;[豫]洛阳市曙光化工厂〈P2186〉;安阳染料厂〈P2208〉;林州市华帅化工有限公司〈P2211〉;[鄂]湖北科兴医药化工股份有限公司〈P2237〉

纳米铁 B05003731

Nano-iron [7439-89-6]

用作热氢发生器、凝胶推进剂、燃烧活性剂、催化剂、水清洁吸附剂、烧结活性剂等

【生产厂】[辽]辽宁奥克化学集团有限公司〈P1709〉

还原铁粉 B05003751

Reduce iron powder [7439-89-6]

主要用于粉末冶金制品、各种机械零部件制品、硬质合金材料制品等

【生产厂】[苏]溧阳市天荣化工有限公司〈P1863〉;苏州市金穗粉末冶金有限公司(3000 吨)〈P1904〉;[鄂]武汉市远华铸造有限公司(2000 吨)〈P2233〉

羰基铁粉 B05003771

Carbonyl iron powder

可用作粉末冶金添加剂、化工催化剂、固体燃烧剂等

【生产厂】[辽]大连保税区科利德化工科技开发有限公司〈P1690〉

海绵锆 B05003801

Sponge zirconium

【生产厂】[辽]中信锦州铁合金股份有限公司〈P1702〉

电熔锆 B05003851

Electric melting zirconium

主要用作玻璃窑和感应炉的内衬,以及轧钢加热炉滑轨等

【生产厂】[豫]焦作李封工业有限责任公司〈P2195〉

海绵铪 B05003901

Sponge hafnium

【生产厂】[辽]中信锦州铁合金股份有限公司〈P1702〉

钼 B05007101

Molybdenum [7439-98-7]

易拉制成钼丝、片、带、杆等用于电子工业中,还用于制合金钢及各种工具钢

【生产厂】[苏]江苏峰峰钨钼制品股份有限公司(300 吨)〈P1807〉;姜堰市光明化工厂〈P1823〉

【使用厂】[津]天津市中天化工工贸有限公司〈P1613〉;[陕]宝鸡催化剂厂〈P2350〉

钼粉 B05007131

Molybdenum powder [7439-98-7]

用于冶炼钼钢、拉制钼丝等

【生产厂】[苏]江苏峰峰钨钼制品股份有限公司〈P1807〉;[陕]金堆城钼业集团有限公司〈P2352〉

纳米钼 B05007151

Nano-molybdenum [7439-98-7]

用作热氢发生器、凝胶推进剂、燃烧活性剂、催化剂、水清洁吸附剂、烧结活性剂等

【生产厂】[辽]辽宁奥克化学集团有限公司〈P1709〉

锂 B05007201

Lithium [7439-93-2]

主要用于生产各种锂电池、轻质锂铝合金,用作冶金的脱气剂

【生产厂】[赣]新余市赣锋锂业有限公司〈P2012〉;[川]成都

天作化工实业股份有限公司(100 吨)〈P2316〉

高纯锂　B05007251

Lithium, high purity [7439-93-2]

主要用于生产各种锂电池、轻质锂铝合金、合成橡胶、制药工业等

【生产厂】[赣]新余市赣锋锂业有限公司〈P2012〉

铝　B05007301

Aluminium [7429-90-5]

主要用作铝合金,还用于铝热法制取纯金属和碳铁合金

【生产厂】[甘]白银有色金属公司(5 万吨)〈P2357〉

【使用厂】[沪]上海华彩精细化工有限公司〈P1738〉;上海科创化工有限公司〈P1748〉;[闽]福建省厦鹭电化有限公司〈P2001〉;[鲁]菏泽源丰农药有限公司〈P2159〉;山东齐鲁石化机械制造有限公司〈P2054〉;山东金潮新型建材有限公司〈P2113〉;[湘]株洲市化工机械厂〈P2250〉;[粤]广州化学试剂厂〈P2261〉;[渝]重庆市化工研究院〈P2307〉;[川]成都天华科技股份有限公司〈P2315〉;[滇]云南师范大学化工厂〈P2341〉

纳米铝　B05007351

Nano-aluminium [7429-90-5]

用作热氢发生器、凝胶推进剂、燃烧活性剂、催化剂、水清洁吸附剂、烧结活性剂等

【生产厂】[辽]辽宁奥克化学集团有限公司〈P1709〉

钨　B05007401

Tungsten [7440-33-7]

用于制造硬质或耐高温合金、高速切削特种钢,以及用作灯泡灯丝和航空、航天工业的耐热材料

【生产厂】[苏]姜堰市光明化工厂〈P1823〉

【使用厂】[津]天津市中天化工工贸有限公司〈P1613〉

钨粉　B05007451

Tungsten, powder [7440-33-7]

【生产厂】[苏]姜堰市光明化工厂〈P1823〉;[粤]潮州翔鹭钨业有限公司(3000 吨)〈P2295〉

镍;镍粉　B05007501

Nickel [7440-02-0]

主要用于制造电碳制品、摩擦材料、含油轴承及粉末冶金结构材料

【生产厂】[苏]无锡顺达金属粉末有限公司〈P1881〉;[赣]赣州钴钨有限责任公司(1000 吨)〈P2014〉;[鲁]山东省临朐县冶源硬质合金材料厂〈P2098〉;[粤]珠海市华新钴业有限公司〈P2275〉;[川]成都开飞高能化学工业有限公司〈P2312〉

【使用厂】[冀]河北雄威化工股份有限公司〈P1648〉;[沪]上海勤工无机盐有限公司〈P1757〉;上海中远化工有限公司〈P1779〉;[鲁]山东齐鲁石化机械制造有限公司〈P2054〉;[湘]株洲市化工机械厂〈P2250〉;[粤]广州化学试剂厂〈P2261〉;[川]成都天华科技股份有限公司〈P2315〉

电解镍　B05007502

Electrolytic nickel [7440-02-0]

用于生产优质不锈钢、高温高强度合金、精密合金、其他含镍合金、加工纯镍、电真空用镍等镍制品

【生产厂】[吉]吉林吉恩镍业股份有限公司〈P1715〉;[鲁]潍坊市科纳粉末冶金厂〈P2105〉;[渝]重庆冶炼(集团)有限责任公司(1500 吨)〈P2308〉;[甘]金川集团有限公司镍都实业公司(300 吨)〈P2357〉

高冰镍　B05007551

Nickel matte

用于生产电解镍、氧化镍、镍铁、含镍合金及各种镍盐,特殊处理也可直接用于炼钢

【生产厂】[吉]吉林吉恩镍业股份有限公司〈P1715〉

【使用厂】[豫]新乡吉恩镍业有限公司〈P2203〉

羰基镍粉　B05007591

Carbonyl nickel powder

【生产厂】[苏]无锡顺达金属粉末有限公司〈P1881〉

银　B05007601

Silver [7440-22-4]

用作电镀及制精密合金、焊料等的原料

【生产厂】[赣]贵溪市三元冶炼化工有限责任公司(2 吨)〈P2013〉;[鲁]烟台鹏晖铜业有限公司(80 吨)〈P2118〉;山东恒邦冶炼股份有限公司(6 吨)〈P2113〉;山东国大黄金冶炼股份有限公司(40 吨)〈P2113〉;[湘]湖南省郴州市湘晨高科实业有限公司〈P2257〉

【使用厂】[川]成都天华科技股份有限公司〈P2315〉

纳米银　B05007651

Nano-silver [7440-22-4]

用作热氢发生器、凝胶推进剂、燃烧活性剂、催化剂、水清洁吸附剂、烧结活性剂等

【生产厂】[辽]辽宁奥克化学集团有限公司〈P1709〉

银粉　B05007691

Silver powder [7440-22-4]

用于滤波器、瓷管电容、碳膜电位器、固体钽电容、复合晶体管、导电发热元件等

【生产厂】[苏]无锡顺达金属粉末有限公司〈P1881〉;[皖]中科铜都粉体新材料股份有限公司〈P1979〉;[湘]湖南省郴州市湘晨高科实业有限公司〈P2257〉;[渝]重庆冶炼(集团)有限责任公司〈P2308〉

【使用厂】[沪]上海宝银电子材料有限公司〈P1728〉

铬;铬粉　B05007701

Chromium [7440-47-3]

用于炼制高温合金、电阻合金、精密合金等

【生产厂】[冀]石家庄冀华化工纺织有限公司〈P1627〉;河北省藁城市瑞星化工有限责任公司(1200 吨)〈P1621〉;[辽]中信锦州铁合金股份有限公司〈P1702〉;[苏]无锡顺达金属粉末有限公司〈P1881〉;[鄂]黄石振华化工有限公司〈P2236〉;[渝]重庆冶炼(集团)有限责任公司〈P2308〉;[川]四川省安县银河建化集团有限公司〈P2331〉;[青]青海铬盐高新科技股份有限公司〈P2359〉;[新]新疆联达集团(实业)股份有限公司〈P2365〉

铂;白金　B05007801

Platinum [7440-06-4]

用于制造珠宝饰物、导线、实验室容器、热电偶、耐腐蚀设备、牙科材料等,铂粉可用作催化剂

【生产厂】[鲁]烟台鹏晖铜业有限公司(1000 吨)〈P2118〉

【使用厂】[津]天津化工研究设计院〈P1573〉;[辽]沈阳市试剂三厂〈P1688〉;[陕]陕西开达化工有限责任公司〈P2351〉

海绵铂　B05007802

Platinum, sponge [7440-06-4]

用于制造精密合金

【生产厂】[辽]辽阳市宏伟区合成催化剂厂〈P1711〉;[苏]南京扬子石化精细化工有限责任公司〈P1791〉;[渝]重庆冶炼(集团)有限责任公司〈P2308〉

钯　B05007901

Palladium [7440-05-3]

主要用于制催化剂,还用于制造牙科材料、手表和外科器具等

【生产厂】[鲁]烟台鹏晖铜业有限公司(1000 吨)〈P2118〉

【使用厂】[京]中国石油化工股份有限公司北京化工研究院〈P1568〉;[津]天津化工研究设计院〈P1573〉;[粤]广州化学试剂厂〈P2261〉;[陕]陕西开达化工有限责任公司〈P2351〉

海绵钯　B05007902

Palladium, sponge [7440-05-3]

用于电器仪表、精密合金等

【生产厂】[苏]南京扬子石化精细化工有限责任公司〈P1791〉;[渝]重庆冶炼(集团)有限责任公司〈P2308〉

砷　B05007911

Arsenium [7440-38-2]

主要用于制硬质合金、玻璃、医药、颜料、农药等

【生产厂】[滇]云南文山金驰砒霜有限公司(2000 吨)〈P2344〉

硒粉　B05008011

Selenium powder [7782-49-2]

主要用于玻璃、搪瓷、陶瓷等方面

【生产厂】[津]天津市龙胜化工有限公司(800 吨)〈P1598〉;[沪]上海天光化工厂〈P1767〉;上海博呈化工有限公司〈P1729〉;[赣]贵冶华信金属有限责任公司〈P2013〉;[湘]湖南金环颜料有限公司〈P2250〉;[渝]重庆冶炼(集团)有限责任公司〈P2308〉

【使用厂】[沪]上海美兴化工有限公司〈P1753〉

碲　B05008101

Tellurium [13494-80-9]

用作陶瓷与玻璃的着色剂、橡胶的硫化剂、石油裂化的催化剂等

【生产厂】[赣]贵冶华信金属有限责任公司〈P2013〉;贵溪市三元冶炼化工有限责任公司〈P2013〉

钐　B05008301

Samarium [7440-19-9]

用作钐钴永磁材料

【生产厂】[沪]上海跃龙新材料股份有限公司〈P1776〉;[甘]甘肃稀土集团有限责任公司〈P2357〉

钕　B05008701

Neodymium [7440-00-8]

用于制造稀土永磁材料

【生产厂】[苏]阜宁稀土实业有限公司〈P1806〉;[甘]甘肃稀土集团有限责任公司〈P2357〉

【使用厂】[鲁]山东中舜科技发展有限公司〈P2056〉

镧　B05009201

Lanthanum [7439-91-0]

用作钢铁和有色金属的添加剂、贮氢基质材料,制取其他金属的还原剂

【生产厂】[甘]甘肃稀土集团有限责任公司〈P2357〉

镨　B05009301

Praseodymium [7440-10-0]

用作永磁材料、有色合金添加剂

【生产厂】[甘]甘肃稀土集团有限责任公司〈P2357〉

钆　B05009401

Gadolinium [7440-54-2]

用于原子能工业,用作磁性材料、有色合金添加剂

【生产厂】[甘]甘肃稀土集团有限责任公司〈P2357〉

一氧化碳　B06000101

Carbon monoxide [630-08-0]

在冶金工业中用作还原剂

【生产厂】[京]北京普莱克斯实用气体有限公司〈P1556〉;[冀]河北省文安县天成精细化工厂〈P1659〉;[辽]大连光明特种气体有限公司〈P1691〉;[鲁]肥城阿斯德化工有限公司(20 万立方米)〈P2134〉;[粤]广州市骏旗气体有限公司〈P2265〉;珠海欣宏电子化学材料有限公司〈P2275〉

【使用厂】[沪]上海吴泾化工有限公司〈P1770〉;[闽]福建石化集团三明化工有限责任公司〈P1995〉;福建省顺昌富宝实业有限公司〈P2004〉;[赣]江西江氨化学工业有限公司〈P2008〉;海利贵溪化工农药有限公司〈P2013〉;[鲁]章丘日月化工有限公司〈P2031〉;诸城市良丰化学有限公司〈P2107〉;山东联盟化工集团有限公司〈P2096〉;山东华鲁恒升集团有限公司〈P2144〉;山东海化盛兴化工有限公司〈P2095〉;烟台万华聚氨酯股份有限公司〈P2119〉;[豫]河南省孟津县化肥厂〈P2180〉;洛阳骏马化工有限公司〈P2182〉;[粤]广州市番禺番氮化工有限公司〈P2263〉;[桂]广西河池化工股份有限公司〈P2302〉;[渝]重庆川东化工(集团)有限公司〈P2304〉;[黔]贵州磷酸盐厂〈P2337〉

二氧化碳;碳酸气;碳酸酐;碳酐　B06000201

Carbon dioxide [124-38-9]

大量用作纯碱、小苏打、铅白、尿素和碳酸氢铵等的原料,还可用作灭火剂、保鲜制冷剂等

【生产厂】[京]北京普莱克斯实用气体有限公司〈P1556〉;[津]天津港保税区永利气体有限公司(1 万吨)〈P1572〉;[冀]石家庄新宇三阳实业有限公司〈P1633〉;河北大田化工有限公司(5000 吨)〈P1658〉;[辽]丹东天茂气体有限公司〈P1701〉;锦州经济技术开发区六陆实业股份有限公司〈P1701〉;锦州经济技术开发区六陆实业股份有限公司化工分公司(3 万吨)〈P1701〉;中国石油天然气股份公司锦州石化分公司(3 万吨)〈P1702〉;[沪]上海盖斯工业气体有限公司〈P1734〉;[苏]南京溧水工业气体制造有限公司〈P1787〉;太仓新太酒精有限公司(2 万吨)〈P1909〉;盐城联孚石化有限公司〈P1810〉;[浙]杭州电化集团气体有限公司〈P1916〉;[闽]福建省漳浦县扬绿化工有限公司(3 万吨)〈P2001〉;[鲁]蓬莱市大阳化工有限公司〈P2112〉;[豫]安阳市通用气体有限责任公司(9000 立方米)〈P2210〉;濮阳市双化特种气体有限公司(800 吨)

〈P2215〉;[粤]广州市骏旗气体有限公司〈P2265〉;广州市骏鑫化工有限公司〈P2265〉;深圳中宏工业气体有限公司〈P2273〉;珠海欣宏电子化学材料有限公司〈P2275〉;广东中成化工股份有限公司(4万吨)〈P2281〉;[桂]广西河池化工股份有限公司〈P2302〉;[川]四川山山药业集团有限公司〈P2332〉;成都侨源实业有限公司(1000吨)〈P2313〉;四川拓展特种气体有限责任公司〈P2320〉;四川侨源气体有限公司〈P2319〉;[滇]云南解化集团有限公司〈P2345〉

【使用厂】[津]天津华士化工有限公司〈P1573〉;天津吉华化工有限公司〈P1574〉;天津市腾飞化工总厂〈P1603〉;[冀]石家庄化肥集团有限责任公司〈P1626〉;晋州市化肥厂〈P1625〉;河北邢台化学试剂有限责任公司〈P1642〉;河北宣化化肥集团有限公司〈P1650〉;河北青县大地化工有限公司〈P1654〉;石家庄双联化工有限责任公司〈P1633〉;邱县龙港化工有限公司〈P1641〉;河北省新朝阳化工股份有限公司〈P1635〉;河北沧州大化集团有限责任公司〈P1653〉;朝阳化工集团公司〈P1634〉;[蒙]包头市雄狮化工有限责任公司〈P1681〉;内蒙古乌拉山化肥有限责任公司〈P1683〉;[辽]大化集团大连化工股份有限公司〈P1690〉;[吉]吉林市吉化北方炬醌工贸有限责任公司〈P1716〉;吉林省通化化工股份有限公司〈P1718〉;[黑]黑龙江农垦博兴化工有限责任公司〈P1724〉;[沪]上海吴泾化工有限公司〈P1770〉;上海化工高等专科学校实验工厂〈P1740〉;上海科创化工有限公司〈P1748〉;[苏]江苏德邦化学工业集团有限公司〈P1797〉;镇江茂源化工有限公司〈P1844〉;江苏华昌(集团)有限公司〈P1893〉;江苏华昌化工股份有限公司〈P1893〉;[浙]建德市新化化工有限责任公司〈P1926〉;平阳县平氮化工有限公司〈P1936〉;中国石化镇海炼油化工股份有限公司〈P1936〉;[皖]合肥四方集团公司〈P1973〉;安徽淮化集团有限公司〈P1976〉;安徽省六安市建来化工有限公司〈P1985〉;安徽昊源化工集团有限公司〈P1983〉;江苏德邦兴华化工股份有限公司淮南市分公司〈P1977〉;[闽]福州耀隆化工集团公司〈P1990〉;永安智胜化工有限公司〈P1996〉;福建省顺昌富宝实业有限公司〈P2004〉;龙岩市港昌化工有限公司〈P2006〉;[赣]江西江氨化学工业有限公司〈P2008〉;江西第二化肥厂〈P2012〉;[鲁]济南化肥厂有限责任公司〈P2022〉;诸城市良丰化学有限公司〈P2107〉;山东联盟化工集团有限公司〈P2096〉;潍坊振兴焦化有限公司〈P2107〉;山东瀚海化工肥料有限责任公司〈P2113〉;山东恒大化工(集团)有限公司〈P2123〉;兖矿峄山化工有限公司金乡尿素厂〈P2133〉;山东联合化工股份有限公司〈P2053〉;泰安双丰化肥有限公司〈P2138〉;山东飞达化工科技有限公司〈P2135〉;山东华鲁恒升集团有限公司〈P2144〉;淄博森杰化工助剂有限公司〈P2067〉;山东德齐龙化工集团有限公司〈P2143〉;平邑县丰源有限责任公司〈P2148〉;山东石大科技集团有限公司〈P2086〉;青岛碱业股份有限公司〈P2038〉;山东省滕州瑞达化工有限公司〈P2077〉;东营市博美特化工有限责任公司〈P2081〉;山东隆信化工有限公司〈P2053〉;[豫]平顶山飞行化工(集团)有限责任公司〈P2191〉;安阳化学工业集团有限责任公司〈P2208〉;三门峡金茂化工有限公司〈P2221〉;郑州沃原化工股份有限公司〈P2174〉;辉县市昊利达化工有限公司〈P2202〉;原阳县鑫富化肥有限责任公司〈P2208〉;河南商都集团有限责任公司〈P2180〉;河南省绿宇化电有限公司〈P2194〉;河南省中原大化集团有限责任公司〈P2213〉;河南大江化工有限公司〈P2193〉;[鄂]武汉福源化工有限公司〈P2229〉;湖北省枣阳化学工业总公司〈P2237〉;湖北省潜江华润化肥有限公司〈P2245〉;[粤]广州化学试剂厂〈P2261〉;广州市番禺番氮化工有限公司〈P2263〉;[渝]重庆江北化肥有限公司〈P2305〉;中化重庆涪陵化工股份有限公司〈P2303〉;[川]川化集团有限责任公司〈P2317〉;成都化工股份有限公司〈P2311〉;成都天华科技股份有限公司〈P2315〉;成都玉龙化工有限公司〈P2317〉;四川宏益化工有限责任公司〈P2318〉;四川泸天化股份有限公司〈P2323〉;四川美丰化工股份有限公司〈P2327〉;四川金象化工股份有限公司〈P2333〉;[滇]云天化集团有限责任公司〈P2344〉;云南东风化工有限公司〈P2345〉;云南华盛化工有限公司〈P2344〉;[陕]陕西兴化化学股份有限公司〈P2347〉;西北化工研究院〈P2350〉;陕西城化股份有限公司〈P2353〉;[宁]宁夏西域龙化工有限公司〈P2361〉;[新]新疆新化化肥有限责任公司〈P2364〉;新疆乌拉泊化工厂〈P2364〉

二氧化碳(食用);食用二氧化碳 B06000202

Carbon dioxide, edible [124-38-9]

用作食品膨化剂、疏松剂等

【生产厂】[津]天津渤海化工有限责任公司天津碱厂〈P1570〉;[冀]朝阳化工集团公司〈P1634〉;唐山明春玉米生物工程有限公司〈P1636〉;[晋]天脊煤化工集团有限公司〈P1674〉;[皖]安徽淮化集团有限公司(3万吨)〈P1976〉;[闽]龙岩市港昌化工有限公司(2万吨)〈P2006〉;福建省漳平化肥有限公司〈P2006〉;福建石化集团三明化工有限责任公司(4800吨)〈P1995〉;永安智胜化工有限公司(3万吨)〈P1996〉;[鲁]淄博隆邦化工有限公司(3万吨)〈P2065〉;[鄂]湖北黄麦岭磷化工集团公司(2万吨)〈P2242〉;[川]川化集团有限责任公司(1万吨)〈P2317〉;四川金象化工股份有限公司(7000吨)〈P2333〉;[滇]昆明化肥有限责任公司(1000吨)〈P2339〉;云南东风化工有限公司(3000吨)〈P2345〉

高纯二氧化碳 B06000203

Carbon dioxide, high purity [124-38-9]

用于半导体器件制备工艺中热氧化、外延扩散、化学气相沉积、离子注入氮化等,还用于原子能发电、食品冷冻

【生产厂】[辽]大连光明特种气体有限公司〈P1691〉

二氧化碳(固体);干冰 B06000301

Carbon dioxide, solid; Dry ice [124-38-9]

广泛用于鱼类、奶油、冰淇淋等食品保鲜储存及低温运输等

【生产厂】[津]天津市塘沽区永利食用添加剂公司(500吨)〈P1603〉;[晋]太原化工股份有限公司合成氨分公司〈P1671〉;[粤]广东中成化工股份有限公司(8000吨)〈P2281〉

二氧化碳(液体);碳酸气(液体);碳酸酐(液体);液体二氧化碳 B06000401

Carbon dioxide, liquid [124-38-9]

用于养护焊接、铸钢造模及制造清凉饮料,用于水果、蔬菜作保鲜剂、制冷剂等

【生产厂】[津]天津市塘沽区永利食用添加剂公司(2万吨)〈P1603〉;[冀]河北冀中化工有限责任公司(6000吨)〈P1620〉;河北沧州大化集团新星工贸有限责任公司〈P1653〉;[晋]天脊集团应用化工有限公司〈P1674〉;[皖]黄山市龙胜化工有限公司〈P1981〉;[赣]江西江氨化学工业有限公司(1万吨)〈P2008〉;江西昌九生物化工股份有限公司(1万吨)〈P2008〉;[鲁]济南化肥厂有限责任公司(3万吨)〈P2022〉;山东奥宝化工集团有限公司〈P2094〉;山东恒大化工(集团)有限公司(1万吨)〈P2123〉;青岛碱业股份有限公司(1万吨)〈P2038〉;青岛海湾集团有限公司(1万吨)〈P2036〉;青岛碱业股份有限公司天柱化肥分公司(1万吨)〈P2038〉;[豫]平顶山飞行化工(集团)有限责任公司(2万吨)〈P2191〉;[粤]广州市番禺广氮二氧化碳有限公司(3万吨)〈P2263〉;广州市骏旗气体有限公司〈P2265〉;[渝]重庆市富源化工有限责任公司(5000吨)〈P2306〉;[滇]云南梅塞尔气体产品有限公司〈P2341〉;

［新］新疆乌拉泊化工厂(3000 吨)〈P2364〉

氖气 B06001001

Neon [7440-01-9]

用于充灌霓虹灯管、灯泡，又可充填水银灯和钠蒸气灯，还用作冷却剂

【生产厂】［京］北京普莱克斯实用气体有限公司〈P1556〉；［辽］大连光明特种气体有限公司〈P1691〉；［粤］深圳中宏工业气体有限公司〈P2273〉

氙气 B06001101

Xenon [7440-63-3]

可用作深度麻醉剂及填充光电管和闪光电灯

【生产厂】［京］北京普莱克斯实用气体有限公司〈P1556〉；［辽］大连光明特种气体有限公司〈P1691〉

氢气 B06001401

Hydrogen [1333-74-0]

用作合成氨、合成甲醇、合成盐酸的原料，冶金用还原剂，石油炼制中加氢脱硫剂等

【生产厂】［京］北京普莱克斯实用气体有限公司〈P1556〉；［冀］河北冀衡化学股份有限公司〈P1664〉；［辽］沈阳东进化工产业有限公司(6000 万平方米)〈P1685〉；辽阳隆亿化工有限公司〈P1710〉；大连光明特种气体有限公司〈P1691〉；锦化化工集团氯碱股份有限公司〈P1703〉；［沪］液化空气上海有限公司〈P1780〉；上海吴淞化肥厂(440 万立方米)〈P1770〉；上海盖斯工业气体有限公司〈P1734〉；［苏］南京特种气体厂有限公司〈P1790〉；南京浦津化工有限公司(1800 万立方米)〈P1788〉；常州化工厂〈P1847〉；江苏苏化集团有限公司(3400 千立方米)〈P1894〉；南京化学工业有限公司化工厂〈P1785〉；江苏安邦电化有限公司(1820 万立方米)〈P1802〉；涟水丰禾化工有限公司〈P1803〉；盐城联孚石化有限公司〈P1810〉；东台市绿源化工有限公司(80 万立方米)〈P1806〉；扬州高华化工有限公司(500 万立方米)〈P1817〉；［浙］杭州电化集团气体有限公司〈P1916〉；海宁市金潮实业总公司〈P1939〉；宁波东港电化有限责任公司〈P1930〉；温州天盛电化有限公司〈P1938〉；［闽］林德气体(厦门)有限公司(6984 千立方米)〈P1991〉；［赣］江西电化精细化工有限责任公司〈P2010〉；［鲁］淄博市临淄恒立助剂有限公司(50 吨)〈P2068〉；烟台万华氯碱有限责任公司(1600 万立方米)〈P2119〉；山东省航天发泡剂总厂(135 万立方米)〈P2123〉；龙口科达化工有限公司(80 万立方米)〈P2110〉；青岛天孚气体有限公司(3 万立方米)〈P2044〉；［豫］洛阳市洛硅实业总公司(3000 立方米)〈P2185〉；平顶山煤业集团开封东大化工有限公司(6 万瓶)〈P2179〉；［鄂］沙隆达集团公司〈P2240〉；［湘］岳阳兴长石化股份有限公司〈P2254〉；［粤］广州市金珠江化学有限公司(9600 千立方米)〈P2265〉；广州市骏旗气体有限公司〈P2265〉；深圳中宏工业气体有限公司〈P2273〉；［川］成都侨源实业有限公司〈P2313〉；四川拓展特种气体有限责任公司〈P2320〉；［滇］云南梅塞尔气体产品有限公司〈P2341〉；［新］新疆中泰化学股份有限公司(3 万立方米)〈P2365〉；中国石油天然气股份有限公司独山子石化分公司〈P2365〉

【使用厂】［京］北京维达化工有限公司〈P1563〉；［津］天津渤天化工有限责任公司〈P1571〉；天津大沽化工股份有限公司〈P1571〉；［冀］石家庄市电化厂〈P1629〉；晋州市化肥厂〈P1625〉；河北沧州化工实业集团有限公司〈P1653〉；河北新兴化工有限责任公司〈P1648〉；河北冀中化工有限责任公司〈P1620〉；河北沧州大化集团有限责任公司〈P1653〉；黄骅市化工厂〈P1656〉；河北华旭药业有限责任公司〈P1620〉；邯郸市邯山区福利精细化工厂〈P1638〉；［蒙］包头市雄狮化工有限责任公司〈P1681〉；［辽］沈阳化工股份有限公司〈P1686〉；大连染料化工有限公司〈P1693〉；锦化化工(集团)有限责任公司〈P1703〉；辽阳鸿泰有机化工有限公司〈P1710〉；辽阳石化公司烯烃厂〈P1710〉；辽宁庆阳特种化工有限公司〈P1709〉；［吉］吉林省龙腾精细化工有限责任公司〈P1717〉；［黑］哈尔滨华尔化工有限公司〈P1720〉；佳木斯黑龙农药化工股份有限公司〈P1724〉；黑龙江省绥棱艾斯精细化工有限责任公司〈P1725〉；［沪］上海氯碱化工股份有限公司〈P1752〉；上海申宇医药化工有限公司〈P1761〉；上海中远化工有限公司〈P1779〉；［苏］江苏双菱化工集团有限公司〈P1798〉；江苏丰源生物化工有限公司〈P1807〉；江苏峰峰钨钼制品股份有限公司〈P1807〉；武进农药厂〈P1864〉；江苏天容集团股份有限公司〈P1861〉；江苏华昌(集团)有限公司〈P1893〉；江苏梅兰化工股份有限公司〈P1821〉；江苏庙桥合成化工有限公司〈P1859〉；江苏飞翔化工(张家港)有限公司〈P1893〉；徐州恩华药业集团有限责任公司〈P1794〉；［浙］建德市新化化工有限责任公司〈P1926〉；浙江迪耳药业有限公司〈P1954〉；［皖］安徽氯碱化工集团有限责任公司〈P1972〉；合肥江淮化肥总厂〈P1972〉；安徽省阜南县化工总厂〈P1983〉；［闽］福建省东南电化股份有限公司〈P1988〉；福建省厦鹭电化有限公司〈P2001〉；福建石化集团三明化工有限责任公司〈P1995〉；福建省南平市榕昌化工有限公司〈P2003〉；福建省龙岩龙化化工有限公司〈P2005〉；福建省顺昌富宝实业有限公司〈P2004〉；福建三农集团股份有限公司〈P1994〉；福建龙岩港龙化工有限公司〈P2005〉；［鲁］山东塑料试验厂〈P2030〉；章丘日月化工有限公司〈P2031〉；青岛海晶化工集团有限公司〈P2035〉；青岛东风化工有限公司〈P2033〉；青岛天元化工股份有限公司〈P2044〉；山东大成农药股份有限公司〈P2051〉；亚星化学股份有限公司〈P2107〉；诸城市良丰化学有限公司〈P2107〉；山东联盟化工集团有限公司〈P2096〉；山东烟台凯联化工有限公司〈P2115〉；济宁中银电化有限公司〈P2129〉；山东恒通化工股份有限公司〈P2149〉；山东飞达化工科技有限公司〈P2135〉；山东华阳农药化工集团有限公司〈P2136〉；山东德州石油化工总厂〈P2143〉；山东华鲁恒升集团有限公司〈P2144〉；肥城阿斯德化工有限公司〈P2134〉；山东宏河矿业集团恒业化工有限公司〈P2131〉；东营华泰化工集团公司〈P2081〉；青岛欣华先化工有限公司〈P2045〉；山东龙口石油化工厂〈P2114〉；淄博张店东方化学股份有限公司〈P2076〉；山东海化盛兴化工有限公司〈P2095〉；淄博广通化工有限责任公司〈P2060〉；山东顺通集团〈P2086〉；山东森博化学有限责任公司〈P2097〉；［豫］郑州化工厂〈P2171〉；沙隆达郑州农药有限公司〈P2168〉；河南开普化工股份有限公司〈P2165〉；河南神马氯碱化工股份有限责任公司〈P2191〉；河南省南阳市新旺氯碱化工有限责任公司〈P2223〉；河南省三门峡天成电化有限公司〈P2221〉；洛阳骏马化工有限公司〈P2182〉；河南省濮阳市氯碱厂〈P2213〉；黎明化工研究院〈P2181〉；河南省中原大化集团有限责任公司〈P2213〉；河南省尉氏县香料厂〈P2176〉；河南汇隆化工有限公司〈P2193〉；［鄂］武汉葛化集团有限公司〈P2229〉；宜昌山水投资有限公司〈P2241〉；潜江市仙桥化学制品有限公司〈P2246〉；湖北省潜江华润化肥有限公司〈P2245〉；中国石化江汉油田分公司盐化工总厂〈P2246〉；［粤］广州市番禺番氮化工有限公司〈P2263〉；佛山市华昊化工有限公司电化厂〈P2287〉；［桂］南宁化工股份有限公司〈P2296〉；广西柳州东风化工有限责任公司〈P2297〉；广西河池化工股份有限公司〈P2302〉；［渝］重庆长风化工厂〈P2303〉；重庆小泉化工厂〈P2308〉；［川］川化集团有限责任公司〈P2317〉；成都化工股份有限公司〈P2311〉；四川省金路树脂有限公司〈P2327〉；［陕］陕西城化股份有限公司〈P2353〉；［甘］甘肃省盐锅峡化工总厂〈P2358〉；［青］青海黎明化工有限责任公司〈P2359〉；［宁］宁夏金昱元化工集团有限公司〈P2362〉；［新］新疆天业股份有限公司〈P2367〉

B

B

压缩氢气　B06001451

Compressed hydrogen [1333-74-0]

用于制造盐酸、合成氨,金属切割、焊接、提取金属、提纯半导体材料等

【生产厂】[苏]江苏梅兰化工股份有限公司〈P1821〉;[鲁]济宁中银电化有限公司(300 万立方米)〈P2129〉;山东恒通化工股份有限公司(40 万瓶)〈P2149〉

高纯氢　B06001502

Hydrogen, high purity [1333-74-0]

用于大规模集成电路及电子器件中的稀释气、运载气和反应气,还可用于贵金属的冶炼和金属氧化物的还原

【生产厂】[浙]平阳县平氮化工有限公司〈P1936〉

液氢　B06001601

Liquid hydrogen [1333-74-0]

航天工业用作高能推进剂

【生产厂】[陕]陕西兴化化学股份有限公司〈P2347〉

氟气　B06001701

Fluorine [7782-41-4]

用于氟氧吹管和制造各种氟化物、含氟塑料和含氟橡胶等

【生产厂】[沪]上海福邦化工有限公司〈P1733〉;[川]中核红华特种气体股份有限公司〈P2320〉

【使用厂】[津]天津市风船化学试剂科技有限公司〈P1586〉;[沪]上海华彩精细化工有限公司〈P1738〉

氟化氢　B06001710

Hydrogen fluoride [7664-39-3]

是氟盐、氟制冷剂、氟塑料、氟橡胶、氟医药及农药等所必需的氟来源

【生产厂】[苏]常熟市辛庄吉祥助剂有限公司〈P1891〉;[浙]浙江三美化工有限公司〈P1955〉;浙江莹光化工有限公司〈P1956〉;[鲁]济南三爱富氟化工有限责任公司(1 万吨)〈P2024〉;山东茌平中信化工有限公司(3000 吨)〈P2152〉

【使用厂】[津]天津天药药业股份有限公司〈P1615〉;[冀]河北雄威化工股份有限公司〈P1648〉;[沪]上海华彩精细化工有限公司〈P1738〉;[苏]常州药业股份有限公司〈P1858〉;南通光荣化工有限公司〈P1833〉;[浙]浙江衢化氟化学有限公司〈P1959〉;浙江鹰鹏化工有限公司〈P1956〉;[闽]福建省漳平凯达氟制品有限公司〈P2006〉;福建省清流县东莹化工有限公司〈P1994〉;福建漳平金鑫硫酸化工有限公司〈P2006〉;[鲁]淄博市临淄鑫齐工贸有限公司〈P2070〉;青州市鑫隆化工有限公司〈P2093〉;山东省鄄城县振兴石油助剂厂〈P2160〉;桓台县聚鑫福利化工厂〈P2049〉;淄博市临淄鑫森化工有限公司〈P2070〉;[豫]洛阳市化学试剂厂〈P2184〉;黎明化工研究院〈P2181〉;[粤]广州化学试剂厂〈P2261〉;[川]成都天华科技股份有限公司〈P2315〉;四川红华实业总公司〈P2318〉

氧气　B06001801

Oxygen [7782-44-7]

用于金属的切割和焊接、炼钢,用于医疗、国防、电子、化工、冶金等行业

【生产厂】[京]北京普莱克斯实用气体有限公司〈P1556〉;[津]天津伯克气体工业有限公司(3000 吨)〈P1570〉;天津市蓟县众兴气体有限公司(200 万立方米)〈P1591〉;[冀]石家庄新宇三阳实业有限公司〈P1633〉;唐县恒天气体有限责任公司(100 万立方米)〈P1649〉;河北盛华化工有限公司〈P1650〉;[辽]大连光明特种气体有限公司〈P1691〉;丹东天茂气体有限公司〈P1701〉;锦化化工(集团)有限责任公司〈P1703〉;[黑]齐齐哈尔北方气体有限责任公司〈P1722〉;[沪]液化空气上海有限公司〈P1780〉;上海中远化工有限公司〈P1779〉;上海盖斯工业气体有限公司〈P1734〉;[苏]南京特种气体厂有限公司〈P1790〉;南京溧水工业气体制造有限公司〈P1787〉;仪征市溶解乙炔气制造有限公司(15 万瓶)〈P1820〉;镇江市乙炔气厂(12 万瓶)〈P1846〉;金坛市振兴气体化工有限公司(160 万立方米)〈P1863〉;溧阳市鸿新气体有限公司〈P1863〉;徐州市恒扬化工有限公司(3500 千立方米)〈P1795〉;盐城联孚石化有限公司(237 万立方米)〈P1810〉;[浙]杭州电化集团气体有限公司〈P1916〉;[皖]安徽氯碱化工集团有限责任公司〈P1972〉;宿州市华润化工有限责任公司(18 万立方米)〈P1984〉;安徽昊源化工集团有限公司〈P1983〉;[闽]建瓯市建松气体有限公司〈P2004〉;林德气体(厦门)有限公司(131411 千立方米)〈P1991〉;福建石化集团三明化工有限责任公司〈P1995〉;[赣]江西电化精细化工有限责任公司〈P2010〉;吉安市制氧厂〈P2017〉;[鲁]山东聊城氧气厂(560 万立方米)〈P2153〉;荣成市综合福利厂(1500 吨)〈P2123〉;山东省航天发泡剂总厂(30 万平方米)〈P2123〉;龙口华东气体有限公司(1500 吨)〈P2110〉;[豫]郑州市上街区氧气厂(500 吨)〈P2173〉;济源市亚桥制氧厂(500 吨)〈P2195〉;安阳市通用气体有限责任公司(110 万立方米)〈P2210〉;林州市制氧有限责任公司(600 吨)〈P2212〉;许昌市大气制氧有限公司(2000 吨)〈P2218〉;漯河市制氧厂(500 吨)〈P2220〉;开封开化(集团)有限公司(105000 瓶)〈P2176〉;[鄂]武汉醒狮化学品有限公司(150 万立方米)〈P2235〉;[湘]郴州旭辉工业气体有限公司〈P2256〉;[粤]广州市骏旗气体有限公司〈P2265〉;深圳中宏工业气体有限公司〈P2273〉;[桂]南宁化工股份有限公司〈P2296〉;[川]成都侨源实业有限公司(150 万立方米)〈P2313〉;四川拓展特种气体有限责任公司〈P2320〉;成都天然气化工总厂〈P2316〉;成都新炬化工有限公司〈P2317〉;四川侨源气体有限公司〈P2319〉;四川省金路树脂有限公司(22 万立方米)〈P2327〉;泸州火炬化工厂〈P2323〉;[黔]贵阳氧气厂〈P2337〉;[滇]昆明氧气厂(100 万立方米)〈P2340〉;云南云维集团有限公司〈P2343〉;云南解化集团有限公司〈P2345〉;云南省思茅市国营氧气厂〈P2344〉;[甘]兰州中凯工贸有限责任公司〈P2356〉;甘肃古浪氰胺有限责任公司(72000 瓶)〈P2356〉;[宁]宁夏兴平精细化工股份有限公司(20 万瓶)〈P2361〉;[新]乌鲁木齐市头屯河区制氧厂〈P2363〉

【使用厂】[京]北京东方石油化工有限公司有机化工厂〈P1546〉;北京东方化工厂〈P1546〉;[津]天津拉勃助剂有限公司〈P1576〉;[冀]石家庄化工化纤有限公司〈P1626〉;[辽]中国石油天然气股份有限公司辽阳石化分公司〈P1712〉;辽阳石化公司烯烃厂〈P1710〉;[沪]中国石化上海石油化工股份有限公司〈P1780〉;上海华谊集团上硫化工有限公司〈P1739〉;上海市宝山区合众化工厂〈P1763〉;[苏]太仓新工搪玻璃有限公司〈P1909〉;中国石化扬子石油化工股份有限公司〈P1792〉;江苏省靖江市金囤农化有限公司〈P1822〉;太仓市中天化学有限公司〈P1909〉;[皖]安徽淮化集团有限公司〈P1976〉;[鲁]章丘日月化工有限公司〈P2031〉;淄博市博山东方化工厂〈P2067〉;山东顺通集团〈P2086〉;[豫]河南省尉氏县香料厂〈P2176〉;[鄂]湖北科兴医药化工股份有限公司〈P2237〉;湖北仙隆化工股份有限公司〈P2245〉;[川]四川泸天化股份有限公司〈P2323〉;[黔]贵州水晶化工股份有限公司〈P2337〉;[甘]兰州助剂厂〈P2356〉

高纯氧　B06001802

Oxygen, high purity [7782-44-7]

用于光导纤维制备、电真空研究,还可用于

半导体器件制备、工艺中热氧化、外延扩散、化学气相沉积等

【生产厂】[豫]濮阳市双化特种气体有限公司(200 吨)〈P2215〉

氧气(医用)　B06001803

Oxygen, medicinal [7782-44-7]

用于医院抢救病人和临床治疗

【生产厂】[冀]唐县恒天气体有限责任公司〈P1649〉;河北盛华化工有限公司〈P1650〉;[辽]丹东天茂气体有限公司〈P1701〉;[闽]厦门空分特气实业有限公司〈P1992〉;[鲁]济南德洋特种气体有限公司(10 万瓶)〈P2021〉;[豫]开封市医用氧气厂(750 吨)〈P2178〉;商丘市龙海气体有限公司(500 吨)〈P2226〉;[鄂]武汉新大地化工有限公司〈P2234〉;[湘]郴州旭辉工业气体有限公司〈P2256〉;[粤]广州市骏旗气体有限公司〈P2265〉;[桂]广西柳州东风化工有限责任公司(150 万立方米)〈P2297〉;[川]成都新炬化工有限公司〈P2317〉;泸州火炬化工厂(50000 瓶)〈P2323〉;[滇]昆明氧气厂(100 万立方米)〈P2340〉;云南梅塞尔气体产品有限公司〈P2341〉;[新]新疆新万生医用氧制造有限公司〈P2364〉

液氧　B06001901

Oxygen, liquid [7782-44-7]

用于制液氧炸药、金属切割和焊接等

【生产厂】[津]天津伯克气体工业有限公司(1000 吨)〈P1570〉;天津港保税区永利气体有限公司(3 万吨)〈P1572〉;[沪]上海成功气体工业有限公司(3 万吨)〈P1730〉;[鲁]蓬莱市天阳化工有限公司〈P2112〉;龙口华东气体有限公司(2 万吨)〈P2110〉;[滇]云南梅塞尔气体产品有限公司〈P2341〉;[陕]陕西兴化化学股份有限公司〈P2347〉

【使用厂】[苏]镇江市乙炔气厂〈P1846〉;[鲁]济南德洋特种气体有限公司〈P2021〉;荣成市综合福利厂〈P2123〉

绿氧　B06001911

Green oxygen

环保型蒸煮助剂,为烧碱绿氧制浆、亚铵绿氧制浆、亚钠绿氧制浆提供了坚实的原料基础

【生产厂】[豫]河南省道纯化工技术有限公司(3000 吨)〈P2166〉

氩气　B06002001

Argon [7440-37-1]

常用作惰性保护气体,填充各种类型灯泡

【生产厂】[京]北京普莱克斯实用气体有限公司〈P1556〉;[津]天津伯克气体工业有限公司(600 吨)〈P1570〉;[冀]石家庄新宇三阳实业有限公司〈P1633〉;[辽]大连光明特种气体有限公司〈P1691〉;丹东天茂气体有限公司〈P1701〉;[沪]液化空气上海有限公司〈P1780〉;上海盖斯工业气体有限公司〈P1734〉;[苏]南京特种气体厂有限公司〈P1790〉;南京溧水工业气体制造有限公司(55000 瓶)〈P1787〉;[闽]福建石化集团三明化工有限责任公司〈P1995〉;[鲁]龙口华东气体有限公司(1500 吨)〈P2110〉;[粤]深圳中宏工业气体有限公司〈P2273〉;珠海欣宏电子化学材料有限公司〈P2275〉;[川]成都侨源实业有限公司(2 万立方米)〈P2313〉;四川拓展特种气体有限责任公司〈P2320〉;[滇]云南梅塞尔气体产品有限公司〈P2341〉;[陕]陕西兴化化学股份有限公司(96 万立方米)〈P2347〉;[新]乌鲁木齐市西明特种气体有限公司〈P2363〉

高纯氩　B06002002

Argon, high purity [7440-37-1]

用于化学、冶金、气相色谱及其他仪器的载气、零点气、标准气、校正气,还可用于半导体器件制造

【生产厂】[浙]杭州电化集团气体有限公司〈P1916〉;[粤]广州市骏旗气体有限公司〈P2265〉;[川]四川侨源气体有限公司〈P2319〉

液氩　B06002201

Argon, liquid [7440-37-1]

用作稀有金属冶炼保护气、充填电子管和灯泡等

【生产厂】[津]天津港保税区永利气体有限公司(3000 吨)〈P1572〉;[鲁]蓬莱市天阳化工有限公司〈P2112〉;[滇]云南梅塞尔气体产品有限公司〈P2341〉

【使用厂】[鲁]龙口华东气体有限公司〈P2110〉

氦气　B06002301

Helium [7440-59-7]

用于填充气球、温度计、电子管、潜水服、原子反应堆和加速器等

【生产厂】[京]北京普莱克斯实用气体有限公司〈P1556〉;[辽]大连光明特种气体有限公司〈P1691〉;[沪]液化空气上海有限公司〈P1780〉;上海盖斯工业气体有限公司〈P1734〉;[浙]杭州电化集团气体有限公司〈P1916〉;[粤]广州市骏旗气体有限公司〈P2265〉;深圳中宏工业气体有限公司〈P2273〉;[川]成都侨源实业有限公司〈P2313〉;四川拓展特种气体有限责任公司〈P2320〉;成都天然气化工总厂〈P2316〉

高纯氦　B06002302

Helium, high purity [7440-59-7]

用作充填气体

【生产厂】[浙]杭州电化集团气体有限公司〈P1916〉

氧化亚氮;一氧化氮;笑气　B06002401

Nitrogen monoxide; Nitrous oxide [10102-43-9]

用作麻醉剂、防腐剂,也可用于原子吸收及助燃

【生产厂】[辽]大连光明特种气体有限公司〈P1691〉;大连保税区科利德化工科技开发有限公司〈P1690〉;[粤]深圳中宏工业气体有限公司〈P2273〉

【使用厂】[晋]太原化工股份有限公司合成氨分公司〈P1671〉

氪气　B06003001

Krypton [7439-90-9]

可用于充填电离室以测量宇宙辐射,并可用作 X 射线工作时的遮光材料

【生产厂】[京]北京普莱克斯实用气体有限公司〈P1556〉;[辽]大连光明特种气体有限公司〈P1691〉

氯气　B06003101

Chlorine [7782-50-5]

用于制农药、漂白剂、消毒剂、溶剂、塑料、合成纤维以及制取其他氯化物

【生产厂】[辽]沈阳东进化工产业有限公司(10 万吨)〈P1685〉;[苏]南京化学工业有限公司化工厂〈P1785〉;[鲁]山东侨昌化学有限公司〈P2156〉;[粤]珠海欣宏电子

化学材料有限公司〈P2275〉

【使用厂】[京]北京化工厂〈P1549〉;[津]天津渤天化工有限责任公司〈P1571〉;天津大沽化工股份有限公司〈P1571〉;天津市有机化工一厂〈P1611〉;天津市风船化学试剂科技有限公司〈P1586〉;天津农药股份有限公司〈P1576〉;天津市海洋染料化工厂〈P1588〉;天津市创新有机化工厂〈P1582〉;天津市农药研究所〈P1600〉;天津拉勒助剂有限公司〈P1576〉;天津市德洁洗涤剂有限公司〈P1584〉;天津市宇博精细化工有限公司〈P1611〉;[冀]石家庄市电化厂〈P1629〉;河北盛华化工有限公司〈P1650〉;河北沧州化工实业集团有限公司〈P1653〉;衡水衡湖化工有限责任公司〈P1667〉;河北新兴化工有限责任公司〈P1648〉;石家庄林峰化工有限公司〈P1628〉;迁安市长城化工有限公司〈P1635〉;河北宝硕股份有限公司氯碱分公司〈P1647〉;黄骅市化工厂〈P1656〉;河北冀衡化学股份有限公司〈P1664〉;廊坊三威化工有限公司〈P1660〉;[辽]沈阳化工股份有限公司〈P1686〉;锦化化工(集团)有限责任公司〈P1703〉;大连松辽化工有限公司〈P1694〉;辽宁省沈阳中际精细化工总厂〈P1684〉;东北制药总厂〈P1684〉;阜新特种化学股份有限公司〈P1708〉;沈阳化工研究院试验厂〈P1686〉;辽宁天合精细化工股份有限公司〈P1702〉;营口三征有机化工股份有限公司〈P1704〉;[吉]吉林通化农药化工股份有限公司〈P1718〉;[黑]哈尔滨华尔化工有限公司〈P1720〉;佳木斯黑龙农药化工股份有限公司〈P1724〉;大庆新世纪精细化工有限公司〈P1722〉;[沪]上海华谊集团华原化工有限公司〈P1739〉;上海市农药研究所〈P1764〉;上海裕立实业有限公司〈P1776〉;上海氯碱化工股份有限公司〈P1752〉;上海珺璇工贸有限公司〈P1746〉;上海万安化工科技研究所〈P1768〉;上海泰禾(集团)有限公司〈P1767〉;[苏]江苏金浦北方氯碱化工有限公司〈P1793〉;江苏双菱化工集团有限公司〈P1798〉;江苏安邦电化有限公司〈P1802〉;扬州市恒生化工有限公司〈P1818〉;南通江山农药化工股份有限公司〈P1833〉;镇江振邦化工有限公司〈P1846〉;江苏江东化工股份有限公司〈P1859〉;江苏天容集团股份有限公司〈P1861〉;江苏苏化集团有限公司〈P1894〉;江苏梅兰化工股份有限公司〈P1821〉;江苏省连云港市东金化工有限公司〈P1798〉;盐城氟源化工有限公司〈P1810〉;江苏省靖江市金囤农化有限公司〈P1822〉;南京红太阳集团〈P1784〉;江苏省溧阳市制药厂〈P1861〉;利民化工有限责任公司〈P1793〉;张家港浩波化学品有限公司〈P1912〉;徐州开达精细化工有限公司〈P1795〉;江苏华派集团〈P1807〉;[浙]温州天盛电化有限公司〈P1938〉;浙江莹光化工有限公司〈P1956〉;浙江新农化工股份有限公司〈P1970〉;浙江太平洋化学有限公司〈P1936〉;浙江衢化氟化学有限公司〈P1959〉;浙江同丰医药化工有限公司〈P1969〉;浙江省东阳市巍华化工有限公司〈P1955〉;浙江天宇药业有限公司〈P1969〉;[皖]安徽氯碱化工集团有限责任公司〈P1972〉;安徽华星化工股份有限公司〈P1984〉;安徽合雅精细化工有限公司〈P1971〉;安徽立兴化工有限公司〈P1985〉;[闽]福建省东南电化股份有限公司〈P1988〉;福建省厦鹭电化有限公司〈P2001〉;福建省南平市榕昌化工有限公司〈P2003〉;福建省龙岩龙化化工有限公司〈P2005〉;福建三农集团股份有限公司〈P1994〉;福建湄洲湾氯碱工业有限公司〈P1998〉;福建省胜达化工有限公司〈P1995〉;[赣]江西联达化工有限公司〈P2009〉;赣南果业赣州农药公司〈P2014〉;江西电化精细化工有限责任公司〈P2010〉;海利贵溪化工农药有限公司〈P2013〉;[鲁]山东塑料试验厂〈P2030〉;青岛海晶化工集团有限公司〈P2035〉;青岛东风化工有限公司〈P2033〉;潍坊潍泰化工有限公司〈P2106〉;淄博合力化工有限公司〈P2061〉;青岛天元化工股份有限公司〈P2044〉;淄博市临淄区罗鑫化工厂〈P2069〉;山东新华东风化工有限公司〈P2055〉;山东大成农药股份有限公司〈P2051〉;亚星化学股份有限公司〈P2107〉;山东招远化工总厂〈P2115〉;烟台恒邦化工有限公司〈P2116〉;济宁中银电化有限公司〈P2129〉;山东胜邦鲁南农药有限公司〈P2150〉;山东恒通化工股份有限公司〈P2149〉;山东联合化工股份有限公司〈P2053〉;山东华阳农药化工集团有限公司〈P2136〉;山东德州石油化工总厂〈P2143〉;德州虹桥染料化工有限公司〈P2142〉;山东华阳和乐农药有限公司〈P2144〉;山东滨化集团有限责任公司〈P2155〉;寿光市信昌化工有限公司〈P2100〉;山东宏河矿业集团恒业化工有限公司〈P2131〉;山东广威消毒剂有限公司〈P2094〉;中国石油化工股份有限公司齐鲁石化股份公司〈P2057〉;山东神工化工股份有限公司〈P2077〉;东营华泰化工集团公司〈P2081〉;龙口科达化工有限公司〈P2110〉;荣成市化工总厂有限公司〈P2122〉;山东省航天发泡剂总厂〈P2123〉;招远市石油化工厂有限公司〈P2121〉;潍坊市新虎啸化工有限公司〈P2105〉;山东东岳化工股份有限公司〈P2052〉;邹平铭兴化工有限公司〈P2158〉;淄博惠华化工有限公司〈P2062〉;山东滕州悟通香料有限责任公司〈P2078〉;烟台万华合成革集团有限公司〈P2119〉;青岛东生药业有限公司〈P2034〉;鄄城建融有限公司〈P2159〉;山东阳谷华泰化工有限公司〈P2154〉;泰安市景风化工厂〈P2137〉;龙口市龙海精细化工有限公司〈P2111〉;山东东大化学工业有限公司〈P2052〉;寿光富康制药有限公司〈P2099〉;山东博丰植保药业有限公司〈P2051〉;东营市联成化工有限责任公司〈P2082〉;莱西市金山化工厂〈P2032〉;淄博市新材料研究所〈P2071〉;[豫]郑州化工厂〈P2171〉;沙隆达郑州农药有限公司〈P2168〉;河南开普化工股份有限公司〈P2165〉;平顶山煤业集团开封东大化工有限公司〈P2179〉;河南神马氯碱化工股份有限责任公司〈P2191〉;昊华宇航化工有限责任公司〈P2193〉;河南省南阳市新旺氯碱化工有限责任公司〈P2223〉;河南省三门峡天成电化有限公司〈P2221〉;豫浙鹏程化冶总公司〈P2225〉;河南省濮阳市氯碱厂〈P2213〉;河南永信生物农药股份有限公司〈P2194〉;[鄂]武汉葛化集团有限公司〈P2229〉;湖北科兴医药化工股份有限公司〈P2237〉;宜昌山水投资有限公司〈P2241〉;潜江市仙桥化学制品有限公司〈P2246〉;湖北仙隆化工股份有限公司〈P2245〉;中国石化江汉油田分公司盐化工总厂〈P2246〉;[粤]广州化学试剂厂〈P2261〉;广州市金珠江化学有限公司〈P2265〉;佛山市华昊化工有限公司电化厂〈P2287〉;[桂]南宁化工股份有限公司〈P2296〉;广西柳州东风化工有限责任公司〈P2297〉;梧州市联溢化工有限公司〈P2300〉;广西贺县精细化工厂〈P2300〉;[渝]重庆嘉陵化学制品有限公司〈P2305〉;重庆长风化工厂〈P2303〉;重庆市花溪化工厂〈P2306〉;[川]川化集团有限责任公司〈P2317〉;成都化工股份有限公司〈P2311〉;张家坝氯碱化工有限责任公司〈P2321〉;自贡鸿鹤化工集团有限责任公司〈P2321〉;四川省金路树脂有限公司〈P2327〉;四川蓬莱盐化有限公司〈P2331〉;宜宾天原股份有限公司〈P2335〉;四川省天然气化工研究院〈P2319〉;[滇]云南天丰农药有限公司〈P2342〉;[陕]西安北方惠安精细化工有限公司〈P2347〉;[甘]甘肃省盐锅峡化工总厂〈P2358〉;[青]青海黎明化工有限责任公司〈P2359〉;[宁]宁夏金昱元化工集团有限公司〈P2362〉;[新]新疆中泰化学股份有限公司〈P2365〉;新疆天业股份有限公司〈P2367〉

高纯氯气 B06003102

Chlorine, high purity [7782-50-5]

主要用于大规模集成电路、光纤、高温超导等高新技术领域

【生产厂】[辽]大连光明特种气体有限公司〈P1691〉;[粤]广州市骏旗气体有限公司〈P2265〉

氯气(液);液氯 B06003201

Chlorine, liquid [7782-50-5]

广泛用于自来水消毒、纸浆及纺织品漂白、矿石精炼、有机无机氯化物合成等

【生产厂】[京]中国蓝星(集团)总公司〈P1568〉;[津]天津大沽化工股份有限公司(3万吨)〈P1571〉;天津渤海化工有限责任公司天津化工厂〈P1570〉;天津渤天化工有限责任公司(7万吨)〈P1571〉;[冀]石家庄市电化厂(1万吨)〈P1629〉;河北冀衡化学股份有限公司(4万吨)〈P1664〉;邢台矿业(集团)有限责任公司金牛钾碱分公司(2万吨)〈P1643〉;河北新丰农药化工股份有限公司〈P1640〉;河北沧州大化集团有限责任公司〈P1653〉;河北沧州化工实业集团有限公司(2万吨)〈P1653〉;黄骅市化工厂(1万吨)〈P1656〉;唐山氯碱有限责任公司〈P1635〉;河北宝硕股份有限公司氯碱分公司(2万吨)〈P1647〉;河北宝硕股份有限公司(2万吨)〈P1647〉;河北新兴化工有限责任公司(8000吨)〈P1648〉;河北盛华化工有限公司(5000吨)〈P1650〉;[晋]山西榆社化工股份有限公司(4万吨)〈P1676〉;山西金甲化工有限公司〈P1679〉;阳泉市氯碱有限责任公司(2万吨)〈P1674〉;[蒙]内蒙古三联化工股份有限公司(2万吨)〈P1681〉;包头明天科技股份有限公司(8000吨)〈P1681〉;内蒙古临海化工有限责任公司(5000吨)〈P1683〉;内蒙古兰太实业股份有限公司(7万吨)〈P1681〉;[辽]沈阳化工股份有限公司(6万吨)〈P1686〉;大连染料化工有限公司〈P1693〉;锦化化工(集团)有限责任公司〈P1703〉;锦化化工集团氯碱股份有限公司〈P1703〉;[黑]哈尔滨华尔化工有限公司(2万吨)〈P1720〉;佳木斯黑龙农药化工股份有限公司(2万吨)〈P1724〉;牡丹江东北高新化工有限责任公司(5000吨)〈P1723〉;[苏]江苏江东化工股份有限公司(4万吨)〈P1859〉;常州化工厂〈P1847〉;江苏苏化集团有限公司(2万吨)〈P1894〉;南京化学工业有限公司化工厂(1万吨)〈P1785〉;常熟市利民精细化工厂〈P1890〉;江苏金浦北方氯碱化工有限公司(5万吨)〈P1793〉;江苏双菱化工集团有限公司(2万吨)〈P1798〉;江苏安邦电化有限公司(7万吨)〈P1802〉;江苏梅兰化工股份有限公司(8000吨)〈P1821〉;[浙]宁波东港电化有限责任公司(2万吨)〈P1930〉;台州市中海医药化工有限公司〈P1962〉;温州天盛电化有限公司(3000吨)〈P1938〉;[皖]安徽氯碱化工集团有限责任公司〈P1972〉;安徽八一化工股份有限公司(1万吨)〈P1974〉;[闽]福建省东南电化股份有限公司(3万吨)〈P1988〉;福建省南平市榕昌化工有限公司(2万吨)〈P2003〉;福建湄洲湾氯碱工业有限公司(3万吨)〈P1998〉;福建省龙岩龙化化工有限公司(1万吨)〈P2005〉;[赣]南昌氯碱总厂(1万吨)〈P2010〉;蓝星化工新材料股份有限公司江西星火有机硅厂〈P2013〉;江西电化高科有限责任公司〈P2010〉;江西电化精细化工有限责任公司〈P2010〉;江西萍乡市广萍化工有限责任公司(3500吨)〈P2011〉;[鲁]济南司普润化工产品有限公司(5000吨)〈P2025〉;济南润原化工有限责任公司〈P2024〉;山东塑料试验厂(3万吨)〈P2030〉;山东鲁北企业集团总公司(5万吨)〈P2156〉;山东德州石油化工总厂(4万吨)〈P2143〉;山东大成农药股份有限公司(5万吨)〈P2051〉;山东滨化集团有限责任公司(3万吨)〈P2155〉;东营华泰化工集团公司(14万吨)〈P2081〉;山东海科胜利电化有限公司(2万吨)〈P2085〉;广饶县金岭公司化工厂(10万吨)〈P2083〉;山东金岭化工集团股份有限公司(12万吨)〈P2085〉;亚星化学股份有限公司(4万吨)〈P2107〉;烟台万华氯碱有限责任公司(9万吨)〈P2119〉;烟台恒邦化工有限公司(3万吨)〈P2116〉;山东恒邦冶炼股份有限公司(2万吨)〈P2113〉;山东省航天发泡剂总厂(2万吨)〈P2123〉;龙口科达化工有限公司(9000吨)〈P2110〉;青岛海晶化工集团有限公司(6万吨)〈P2035〉;青岛海湾集团有限公司(6万吨)〈P2036〉;青岛天元化工股份有限公司(4万吨)〈P2044〉;济宁中银电化有限公司(6万吨)〈P2129〉;山东宏河集团(7000吨)〈P2130〉;山东宏河矿业集团恒业化工有限公司(7000吨)〈P2131〉;山东恒通化工股份有限公司(10万吨)〈P2149〉;[豫]郑州市得沽化工有限公司(1000吨)〈P2173〉;沙隆达郑州农药有限公司(2万吨)〈P2168〉;郑州化工厂(2万吨)〈P2171〉;河南开普化工股份有限公司(3万吨)〈P2165〉;昊华宇航化工有限责任公司(5万吨)〈P2193〉;焦作王封工业有限责任公司(2万吨)〈P2197〉;河南省濮阳市氯碱厂(2万吨)〈P2213〉;濮阳县化肥厂(2万吨)〈P2216〉;河南神马氯碱化工股份有限责任公司(2万吨)〈P2191〉;河南省三门峡天成电化有限公司(3万吨)〈P2221〉;河南省南阳市新旺氯碱化工有限责任公司(3万吨)〈P2223〉;平顶山煤业集团开封东大化工有限公司(50万吨)〈P2179〉;[鄂]武汉葛化集团有限公司(4万吨)〈P2229〉;湖北双环科技股份有限公司〈P2242〉;潜江市仙桥化学制品有限公司(7000吨)〈P2246〉;中国石化江汉油田分公司盐化工总厂(3万吨)〈P2246〉;湖北宜化集团有限责任公司(4万吨)〈P2241〉;宜昌山水投资有限公司(5000吨)〈P2241〉;[湘]常德天盛电化有限公司〈P2255〉;锡矿山闪星锑业有限责任公司〈P2258〉;[桂]南宁化工股份有限公司(6万吨)〈P2296〉;梧州市联溢化工有限公司〈P2300〉;广西柳州东风化工有限责任公司(1万吨)〈P2297〉;[渝]重庆嘉陵化学制品有限公司(5000吨)〈P2305〉;重庆长风化工厂〈P2303〉;重庆索特盐化股份有限公司〈P2307〉;[川]成都化工股份有限公司(8000吨)〈P2311〉;成都华融化工有限公司(8000吨)〈P2311〉;四川省金路树脂有限公司(5000吨)〈P2327〉;张家坝氯碱化工有限责任公司(6000吨)〈P2321〉;自贡鸿鹤化工集团有限责任公司(2万吨)〈P2321〉;宜宾天原股份有限公司(2万吨)〈P2335〉;泸州北方化学工业有限公司〈P2322〉;[滇]云南盐化股份有限公司〈P2342〉;云南红云氯碱有限公司〈P2340〉;[陕]陕西金泰氯碱化工有限公司〈P2353〉;陕西北元化工有限公司(5000吨)〈P2353〉;[甘]甘肃稀土集团有限责任公司(6000吨)〈P2357〉;甘肃省盐锅峡化工总厂(6000吨)〈P2358〉;[青]青海黎明化工有限责任公司(1万吨)〈P2359〉;[宁]银川精鹰精细化工有限责任公司(5000吨)〈P2361〉;宁夏金昱元化工集团有限公司(2000吨)〈P2362〉;[新]新疆中泰化学股份有限公司(1万吨)〈P2365〉;新疆天业股份有限公司〈P2367〉

【使用厂】[津]天津众邦化工有限公司〈P1618〉;天津市有机化工一厂〈P1611〉;天津市越过化工有限责任公司〈P1612〉;[冀]河北省武强县启龙化工有限公司〈P1666〉;安平县冠达颜料工业有限公司〈P1663〉;河北海斯特化学有限公司〈P1663〉;[辽]沈阳金碧兰化工有限公司〈P1686〉;锦西炼化渤海集团公司〈P1703〉;黑山县精细化工厂〈P1701〉;丹东德成化工有限公司〈P1699〉;辽河油田壬龙化工总厂〈P1705〉;[吉]吉林省龙腾精细化工有限责任公司〈P1717〉;[黑]哈尔滨亿滨化工有限公司〈P1721〉;大庆新世纪精细化工有限公司〈P1722〉;[沪]上海农药厂有限公司〈P1755〉;上海旭森非卤消烟阻燃剂有限公司〈P1773〉;上海金赛医药化工有限公司〈P1744〉;上海长江化工厂〈P1729〉;上海华彩精细化工有限公司〈P1738〉;上海庆东精细化工公司〈P1758〉;[苏]江苏南京梅化精细化工有限公司〈P1781〉;南京台硝化工有限公司〈P1790〉;连云港立本农药化工有限公司〈P1798〉;长江(常州)氯碱联合开发公司〈P1846〉;扬州科宇化工有限公司〈P1818〉;南通宝叶化工有限公司〈P1832〉;江苏天容集团股份有限公司〈P1861〉;苏州精细化工有限公司〈P1901〉;东台市九转化工有限公司〈P1805〉;江苏苏中农药化工厂〈P1822〉;常州市东方化工有限公司〈P1850〉;盐城市誉球化工有限公司〈P1812〉;兴化市青松农药化工有限公司〈P1828〉;江阴龙灯化学有限公司〈P1867〉;江苏丰登农药有限公司〈P1858〉;江阴市光华化工有限公司〈P1869〉;常熟市沪联助剂有限责任公司〈P1890〉;连云港泰乐化学工业有限公司〈P1800〉;常熟三爱富氟化工有限责任公司〈P1889〉;常熟市长江精细化工厂〈P1889〉;江苏华派集团〈P1807〉;宜兴市昌吉利化工有限公司〈P1883〉;淮安德邦化工有限公司〈P1801〉;[浙]海盐博大精细化工有限公司〈P1940〉;浙江衢化氟化学有限公司〈P1959〉;[皖]安徽华星化工股份有限公司〈P1984〉;[鲁]章丘日月化工有限公司〈P2031〉;

青岛一农七星化学有限公司〈P2045〉;山东富安集团农药有限公司〈P2052〉;山东高密康丰农化有限公司〈P2094〉;聊城市中联化工有限公司〈P2152〉;淄博市淄川区石牛社会福利化工厂〈P2072〉;山东华阳和乐农药有限公司〈P2144〉;青岛化工研究院〈P2037〉;滕州银丰化工有限公司〈P2080〉;山东省宁阳县蚕用化工厂〈P2136〉;烟台市牟平区经协化工厂〈P2119〉;潍坊金山化工有限公司〈P2103〉;莱西市金山化工厂〈P2032〉;烟台万华聚氨酯股份有限公司〈P2119〉;泰安市李家店福利化工厂〈P2137〉;[豫]河南中科化工有限责任公司〈P2202〉;焦作市华联化工有限公司〈P2196〉;[鄂]湖北大田化工股份有限公司〈P2239〉;[湘]湖南省海洋生物工程有限公司〈P2250〉;湖南省洪江市昌和化工有限责任公司〈P2257〉;湖南天宇农药化工集团股份有限公司〈P2253〉;[粤]广州化学试剂厂〈P2261〉;佛山市华昊化工有限公司电化厂〈P2287〉;[渝]重庆小泉化工厂〈P2308〉;[川]四川蓬莱盐化有限公司〈P2331〉

氯化氢 B06003301

Hydrogen chloride [7647-01-0]

用于制盐酸、氯化物,并用作有机化学的缩合剂等

【生产厂】[辽]大连光明特种气体有限公司〈P1691〉;[浙]衢州市台胞投资经贸有限公司〈P1958〉;[湘]常德恒通石化助剂有限公司〈P2255〉;[新]新疆天业股份有限公司〈P2367〉

【使用厂】[冀]邯郸市良晨树脂有限公司〈P1638〉;河北新兴化工有限责任公司〈P1648〉;[蒙]赤峰制药集团有限责任公司〈P1682〉;[沪]上海吴泾化工有限公司〈P1770〉;上海树脂厂有限公司〈P1764〉;[苏]苏州精细化工有限公司〈P1901〉;[浙]浙江省东阳市巍华化工有限公司〈P1955〉;浙江巨化股份有限公司硫酸厂〈P1958〉;[闽]福建省东南电化股份有限公司〈P1988〉;[赣]南昌氯碱总厂〈P2010〉;[鲁]青岛海晶化工集团有限公司〈P2035〉;亚星化学股份有限公司〈P2107〉;山东德州石油化工总厂〈P2143〉;淄博金马化工厂〈P2063〉;淄博万昌集团有限公司〈P2073〉;东营市联成化工有限责任公司〈P2082〉;青州市振华化工有限公司〈P2093〉;[豫]郑州化工厂〈P2171〉;平顶山煤业集团开封东大化工有限公司〈P2179〉;河南神马氯碱化工股份有限责任公司〈P2191〉;河南恒通化工有限公司〈P2193〉;[桂]广西柳州东风化工有限责任公司〈P2297〉;[渝]重庆长寿化工有限责任公司〈P2304〉;[川]四川省金路树脂有限公司〈P2327〉;宜宾天原股份有限公司〈P2335〉;[滇]云南三环化工股份有限公司〈P2341〉;[宁]宁夏金昱元化工集团有限公司〈P2362〉

氮气 B06003401

Nitrogen [7727-37-9]

用于制硝酸、合成氨、氰氨化钙、炸药等

【生产厂】[京]北京普莱克斯实用气体有限公司〈P1556〉;[津]天津伯克气体工业有限公司(500 吨)〈P1570〉;[冀]石家庄新宇三阳实业有限公司〈P1633〉;河北盛华化工有限公司〈P1650〉;[辽]大连光明特种气体有限公司〈P1691〉;丹东天茂气体有限公司〈P1701〉;[沪]液化空气上海有限公司〈P1780〉;上海中远化工有限公司(10 万立方米)〈P1779〉;上海盖斯工业气体有限公司〈P1734〉;[苏]南京特种气体厂有限公司〈P1790〉;南京溧水工业气体制造有限公司〈P1787〉;金坛市振兴气体化工有限公司〈P1863〉;盐城联孚石化有限公司〈P1810〉;[浙]杭州电化集团气体有限公司〈P1916〉;[皖]宿州市华润化工有限责任公司〈P1984〉;[闽]林德气体(厦门)有限公司〈P1991〉;福建石化集团三明化工有限责任公司〈P1995〉;[赣]江西电化精细化工有限责任公司〈P2010〉;吉安市制氧厂〈P2017〉;[鲁]淄博市临淄恒立助剂有限公司(200 吨)〈P2068〉;龙口华东气体有限公司(1500 吨)〈P2110〉;[豫]郑州市上街区氧气厂〈P2173〉;安阳市通用气体有限责任公司(4000 立方米)〈P2210〉;林州市制氧有限责任公司(300 吨)〈P2212〉;许昌市大气制氧有限公司〈P2218〉;[鄂]湖北双环科技股份有限公司〈P2242〉;[湘]郴州旭辉工业气体有限公司〈P2256〉;[粤]广州市骏旗气体有限公司〈P2265〉;深圳中宏工业气体有限公司〈P2273〉;[桂]南宁化工股份有限公司〈P2296〉;[川]成都侨源实业有限公司〈P2313〉;四川拓展特种气体有限责任公司〈P2320〉;四川侨源气体有限公司〈P2319〉;四川省金路树脂有限公司(150 万立方米)〈P2327〉;泸州火炬化工厂〈P2323〉;[滇]云南梅塞尔气体产品有限公司〈P2341〉;[新]新疆新万生医用氧制造有限公司〈P2364〉

【使用厂】[京]北京东方化工厂〈P1546〉;[冀]晋州市化肥厂〈P1625〉;[蒙]包头市雄狮化工有限责任公司〈P1681〉;[沪]上海吴泾化工有限公司〈P1770〉;上海申宇医药化工有限公司〈P1761〉;[苏]江苏华昌(集团)有限公司〈P1893〉;江苏飞翔化工(张家港)有限公司〈P1893〉;徐州开达精细化工有限公司〈P1795〉;[浙]建德市新化化工有限责任公司〈P1926〉;[皖]安徽省阜南县化工总厂〈P1983〉;[鲁]山东华鲁恒升集团有限公司〈P2144〉;山东龙口石油化工厂〈P2114〉;诸城翔龙化学品有限公司〈P2107〉;[豫]巩义市三星陶瓷材料有限公司〈P2163〉;[鄂]湖北仙隆化工股份有限公司〈P2245〉;[陕]陕西城化股份有限公司〈P2353〉;[甘]甘肃古浪氰胺有限责任公司〈P2356〉;[青]青海黎明化工有限责任公司〈P2359〉;[宁]宁夏西域龙化工有限公司〈P2361〉

高纯氮 B06003402

Nitrogen, high purity [7727-37-9]

用于电器、食品包装充填气、半导体器件制备工艺中热氧化、外延扩散、化学气相沉积等,还可用于气相色谱仪

【生产厂】[冀]唐县恒天气体有限责任公司(4 万立方米)〈P1649〉;[豫]安阳市通用气体有限责任公司〈P2210〉;[粤]广州市骏旗气体有限公司〈P2265〉

纯氮 B06003403

Nitrogen, pure [7727-37-9]

可供大规模集成电路作保护气,用作灯泡充填气等

【生产厂】[粤]广州市骏旗气体有限公司〈P2265〉;[陕]陕西秦岭化肥总厂〈P2351〉

液氮 B06003501

Liquid nitrogen [7727-37-9]

用于稀有气体的提取冷冻、仪器或机件深冷处理等

【生产厂】[津]天津伯克气体工业有限公司(500 吨)〈P1570〉;天津港保税区永利气体有限公司(1500 吨)〈P1572〉;[沪]上海成功气体工业有限公司(2 万吨)〈P1730〉;[鲁]蓬莱市天阳化工有限公司〈P2112〉;龙口华东气体有限公司(3 万吨)〈P2110〉;[豫]河南开普集团有限公司〈P2165〉;[川]成都天然气化工总厂〈P2316〉;四川侨源气体有限公司〈P2319〉;[滇]云南梅塞尔气体产品有限公司〈P2341〉;[陕]陕西兴化化学股份有限公司〈P2347〉

【使用厂】[辽]丹东天茂气体有限公司〈P1701〉;[鲁]山东鲁光化工厂〈P2150〉;[豫]河南中孚药业有限公司〈P2168〉

硫化氢 B06003702

Hydrogen sulfide [7783-06-4]

可用于转化硫黄和硫酸,生产硫化钠和硫氢化钠,或用于生产有机硫化合物如噻吩、硫醇和硫醚等

【生产厂】[津]天津市化学试剂四厂标准气厂(200 立方米)〈P1590〉;[辽]辽阳瑞兴化工有限公司〈P1710〉;大连光明特种气体有限公司〈P1691〉;大连保税区科利德化工科技开发有限公司〈P1690〉;[黑]黑龙江省绥棱艾斯精细化工有限责任公司(1600 吨)〈P1725〉;[鲁]临淄兴武化工厂〈P2050〉;龙口市气体化工厂〈P2111〉;[川]泸州火炬化工厂〈P2323〉

【使用厂】[晋]山西新联友化工有限公司〈P1675〉;[辽]中国石油天然气股份有限公司大连西太平洋有限公司〈P1695〉;[沪]宝山钢铁股份有限公司化工分公司〈P1726〉;[鲁]潍坊潍泰化工有限公司〈P2106〉;山东信科环化有限责任公司〈P2151〉;淄博市临淄万通精细化工厂〈P2070〉;[宁]宁夏西域龙化工有限公司〈P2361〉

电子级高纯氨 B06003801

Ammonia, high purity, electronic grade [7664-41-7]

主要用于大规模集成电路减压或等离子体CVD,以生长二氧化硅膜

【生产厂】[辽]大连保税区科利德化工科技开发有限公司〈P1690〉

混合气 B06004001

Mixed gas

【生产厂】[津]天津市化学试剂四厂标准气厂(1000 立方米)〈P1590〉;[鲁]济南德洋特种气体有限公司(4 万瓶)〈P2021〉;[川]成都侨源实业有限公司〈P2313〉

液氨(工业用) B06004301

Liquid ammonia, industrial [7664-41-7]

用作冷冻剂

【生产厂】[黑]哈尔滨煤化工有限公司(2600 吨)〈P1720〉;[沪]上海吴淞化肥厂(2 万吨)〈P1770〉;[苏]中国石化扬子石油化工股份有限公司〈P1792〉;[闽]福建省漳浦县扬绿化工有限公司(5 万吨)〈P2001〉;[鲁]潍坊振兴焦化有限公司(2 万吨)〈P2107〉;烟台市福山区正源化工有限公司(1 万吨)〈P2118〉;山东红日阿康化工股份公司(8 万吨)〈P2149〉;枣庄市清泉化工有限公司(6000 吨)〈P2080〉;[豫]郑州水晶股份有限公司(3 万吨)〈P2174〉;[粤]广州市骏旗气体有限公司〈P2265〉;[川]四川省兴乐化工股份有限公司(2 万吨)〈P2332〉;四川泸天化股份有限公司〈P2323〉;[滇]云南陆良龙海化工有限责任公司(2 万吨)〈P2343〉;[甘]兰州中凯工贸有限责任公司〈P2356〉

【使用厂】[津]天津市兴华化学试剂厂〈P1609〉;[闽]福建省建阳金石氟业有限公司〈P2003〉;[豫]夏邑县谷氨酸股份有限公司〈P2226〉;[川]四川省彭山磷盐化工厂〈P2334〉;广汉雅和化工有限公司〈P2324〉

砷烷 B06004401

Arsenic hydride; Arsine [7784-42-1]

用于大规模集成电路

【生产厂】[辽]大连光明特种气体有限公司〈P1691〉;[粤]广州市骏旗气体有限公司〈P2265〉;珠海欣宏电子化学材料有限公司〈P2275〉

硅烷 B06004501

Silane; Silicon tetrahydride [7803-62-5]

用于制造集成电路、太阳能电池、涂膜反射玻璃等

【生产厂】[辽]大连光明特种气体有限公司〈P1691〉;大连保税区科利德化工科技开发有限公司〈P1690〉;[浙]杭州电化集团气体有限公司〈P1916〉;[粤]广州市骏旗气体有限公司〈P2265〉

【使用厂】[鲁]东营市恒益化工有限责任公司〈P2082〉

磷烷;磷化氢 B06004601

Phosphine; Hydrogen phosphide [7803-51-2]

用于集成电路制造

【生产厂】[辽]大连光明特种气体有限公司〈P1691〉;[粤]广州市骏旗气体有限公司〈P2265〉

硒化氢 B06005001

Hydrogen selenide

【生产厂】[辽]大连保税区科利德化工科技开发有限公司〈P1690〉

硅铁;硅铁合金;矽铁 B07000501

Ferrosilicon

用于炼钢、铸造等

【生产厂】[滇]云南旭东磷化集团(1 万吨)〈P2342〉;[甘]兰州百甲合金有限公司(2000 吨)〈P2355〉

【使用厂】[冀]承德新新钒钛化工有限公司〈P1650〉;[鲁]烟台恒邦泵业有限公司〈P2116〉

磷铁;磷化铁 B07000505

Ferrophosphorus [8049-19-2]

用于炼钢和磷化学品生产

【生产厂】[川]什邡泰来化工有限公司〈P2325〉;[黔]贵州华捷化工有限公司(6000 吨)〈P2337〉;[滇]云南磷肥工业有限公司〈P2341〉;云南江川兴隆实业有限公司(2 万吨)〈P2343〉;云南旭东磷化集团(1 万吨)〈P2342〉;宣威市天麟磷业有限公司(2000 吨)〈P2342〉

硅钙合金 B07000511

Silicon-Calcium alloy [12013-56-8]

用于炼钢脱氧、特种钢添加剂

【生产厂】[沪]上海石粉厂有限公司〈P1762〉

硅砂;猫砂 B07000521

Silica sand

用于宠物垫料

【生产厂】[冀]承德新星光源材料有限公司〈P1651〉;[苏]南通大江化学有限公司〈P1832〉;[皖]安徽省明光市曼迪矿业科技有限公司〈P1982〉;[赣]九江华雄化工有限公司〈P2013〉;[鲁]威海市明珠硅胶有限公司(8000 吨)〈P2125〉;青岛海洋化工有限公司(1 万吨)〈P2036〉;青岛钻石硅胶有限公司(8 吨)〈P2047〉;青岛海洋化工集团特种硅胶厂〈P2036〉;青岛城阳海洋化工有限公司〈P2033〉

【使用厂】[鲁]招远威达硅胶有限公司〈P2121〉

硅铝粉 B07000551

Aluminum silicon powder

【生产厂】[沪]上海苏鹏实业有限公司〈P1766〉

稀土铝硅酸锶发光粉;超长余辉发光粉 B07000801

Rare earth strontium silicoaluminate lightening powder

是广泛应用于特种发光塑料、纤维、涂料和陶瓷、搪瓷行业的新型超长余辉发光材料

【生产厂】[鲁]济南润邦科技有限责任公司〈P2024〉;济南新

星发光科技有限公司〈P2026〉

荧光粉 B07001701

Fluorescent powder

主要用于制造6500K日光色低压气体放电荧光灯

【生产厂】[冀]衡水立车企业集团〈P1668〉；[沪]上海高纳粉体技术有限公司〈P1734〉；[苏]东台市金源荧光材料厂〈P1805〉

氢化钙 B07002001

Calcium hydride [7789-78-8]

在有机合成中用作还原剂和缩合剂，也用作干燥剂和制氢材料

【生产厂】[津]天津市北斗星精细化工有限公司(200吨)〈P1580〉；天津市津浩科技发展有限公司〈P1593〉；天津环威精细化工有限公司〈P1574〉；[冀]河北科宇生物化工有限公司(15吨)〈P1664〉；河北武春高科技化工有限公司〈P1666〉

钼铁 B07002101

Molybdenum iron [12382-30-8]

用于消除镍、铬钢的回火脆性，提高钢的强度、抗磨性及耐冲击强度

【生产厂】[苏]扬中市永丰化工厂〈P1843〉；[皖]安庆市月铜冶金化工有限责任公司〈P1980〉；[豫]洛阳市福港冶金化工有限公司〈P2183〉；[川]广汉泛太平洋冶金化工金属制品有限公司〈P2324〉；[陕]金堆城钼业集团有限公司〈P2352〉

玻璃纤维 B07002901

Glass fiber

广泛用作绝缘材料、吸声材料和建筑材料等

【生产厂】[京]中国化学建材股份有限公司〈P1568〉；北京市通州兴旺玻璃纤维有限公司〈P1561〉；[津]天津市巨星化工材料有限公司(2000吨)〈P1596〉；天津市龙达玻璃纤维有限公司(3000吨)〈P1598〉；[蒙]内蒙古黄河铬盐股份有限责任公司〈P1683〉；[沪]上海汇精亚纳米新材料有限公司〈P1741〉；[苏]常州天马集团有限公司(2万吨)〈P1857〉；[鲁]山东垦利石化有限责任公司(2万吨)〈P2085〉；[豫]河南安达化工有限公司(1000吨)〈P2165〉；[滇]云天化集团有限责任公司〈P2344〉

【使用厂】[津]天津有机化学工业总公司化工防腐设备厂〈P1617〉；[吉]吉林省众力化工有限公司〈P1716〉；[沪]上海市塑料研究所〈P1764〉；[苏]南通星辰合成材料有限公司〈P1836〉；[浙]余姚化工厂有限责任公司〈P1935〉；嘉善县有机氟制品厂〈P1940〉；[鲁]山东北方现代化学工业有限公司〈P2027〉；文登市燕锦高分子材料有限公司〈P2127〉；[豫]洛阳市天泉玻璃钢有限公司〈P2186〉；[川]四川特种工程塑料厂〈P2321〉；中蓝晨光化工研究院〈P2320〉

镍铁 B07003001

Ferronickel [11068-82-9]

炼钢工业中作为合金元素添加剂，可用作含镍或含镍铬铸铁轧辊及其他铸造合金加入剂

【生产厂】[苏]镇江迈特化工新材料有限责任公司〈P1844〉

钒铁 B07003101

Ferrovanadium [12604-58-9]

用作冶金添加剂

【生产厂】[冀]承德新新钒钛化工有限公司(1万吨)〈P1650〉；[辽]中信锦州铁合金股份有限公司〈P1702〉；[川]广汉泛太平洋冶金化工金属制品有限公司〈P2324〉

锰铁 B07003501

Ferromanganese

用于钢铁冶炼、金属锰提取等

【生产厂】[辽]中信锦州铁合金股份有限公司〈P1702〉；[鲁]枣庄联力铁合金有限公司〈P2080〉；[滇]云南省玉溪市旭立电石有限责任公司(1万吨)〈P2344〉

【使用厂】[鲁]烟台恒邦泵业有限公司〈P2116〉

锰硅合金；硅锰合金 B07003601

Manganese silicon alloy [12626-89-0]

用作钢铁厂炼钢添加剂

【生产厂】[辽]中信锦州铁合金股份有限公司〈P1702〉；[鲁]枣庄联力铁合金有限公司(5万吨)〈P2080〉；[湘]永州市冷水滩中大冶炼有限责任公司(3000吨)〈P2257〉；祁阳欣荣冶炼化工有限责任公司〈P2257〉；[桂]忻城县第一化工厂(8000吨)〈P2298〉

钐钴合金粉 B07003751

Cobalt-samarium alloy powder

【生产厂】[沪]上海跃龙有色金属有限公司〈P1777〉

硅钙钡 B07003801

Silicon-calcium-barium

用作脱氧剂

【生产厂】[豫]焦作李封工业有限责任公司〈P2195〉

铅镉合金 B07003821

Lead-Cadmium alloy

适用于深放电牵引铅蓄电池板栅用合金

【生产厂】[鲁]青岛弘中元化学有限公司(150吨)〈P2036〉

铅锑合金 B07003831

Lead-Stibium alloy

用于蓄电池、铅端子、电缆护套铅、压铸、铅零件等

【生产厂】[鲁]青岛弘中元化学有限公司(200吨)〈P2036〉

铅钙合金 B07003841

Lead-Calcium alloy

一般用作免维护密封蓄电池板栅合金，锌电解阳极

【生产厂】[鲁]青岛弘中元化学有限公司(500吨)〈P2036〉

铅铋合金 B07003851

Lead-Bismuth alloy

主要用于制造铅铋合金，也用于铅冶炼的原料

【生产厂】[皖]中科铜都粉体新材料股份有限公司〈P1979〉

镍铝铬合金粉 B07003891

Aluminium nickel chromic alloy powder

【生产厂】[苏]靖江市宏鹏催化剂有限公司〈P1824〉

铝镍合金；雷尼镍 B07003901

Aluminium nickel alloy [12635-29-9]

用于制造铝镍合金粉，广泛应用于化工、医

药等行业

【生产厂】[冀]石家庄恒润化工有限公司(2000吨)〈P1626〉;[辽]沈阳展宇科技开发有限公司〈P1690〉;大连通用化工有限公司(800吨)〈P1694〉;锦州市催化剂厂(300吨)〈P1702〉;锦州石化精细化工有限公司新材料分公司(500吨)〈P1702〉;锦州石化精细化工有限责任公司〈P1702〉;北票恒诚催化剂有限公司(500吨)〈P1713〉;[沪]上海威方精细化工有限公司〈P1769〉;[苏]靖江市宏鹏催化剂有限公司〈P1824〉;江苏苏州吴县东渚化工厂(250吨)〈P1894〉;[浙]浙江省冶金研究院有限公司〈P1928〉;[鲁]淄博嘉虹化工有限公司(400吨)〈P2063〉

【使用厂】[冀]邯郸市邯山区福利精细化工厂〈P1638〉;[辽]本溪化学双氧水有限责任公司〈P1699〉;中国石油天然气股份有限公司辽阳石化分公司〈P1712〉;[浙]浙江迪耳药业有限公司〈P1954〉;[鲁]山东烟台凯联化工有限公司〈P2115〉;[渝]重庆小泉化工厂〈P2308〉

镍铜合金 B07003921

Nickel copper alloy

【生产厂】[苏]江苏苏州吴县东渚化工厂〈P1894〉

铜铝合金 B07003931

Copper aluminium alloy

【生产厂】[辽]锦州市催化剂厂〈P1702〉;[苏]江苏苏州吴县东渚化工厂〈P1894〉

铜铝锌合金 B07003941

Copper aluminium zinc alloy

用作催化剂

【生产厂】[苏]江苏苏州吴县东渚化工厂〈P1894〉

镍铝钛合金 B07003951

Nickel aluminium titanium alloy

【生产厂】[辽]锦州市催化剂厂(200吨)〈P1702〉;[苏]靖江市宏鹏催化剂有限公司〈P1824〉

铜合金粉 B07003961

Copper alloy powder

主要用于制造电碳制品、摩擦材料、含油轴承及粉末冶金结构材料

【生产厂】[苏]无锡顺达金属粉末有限公司〈P1881〉

镍铝钼合金粉 B07003971

Nickel-aluminium-molybdenum alloy powder

主要用作山梨醇专用催化剂

【生产厂】[冀]石家庄恒润化工有限公司(200吨)〈P1626〉;[辽]锦州市催化剂厂(200吨)〈P1702〉;[苏]靖江市宏鹏催化剂有限公司〈P1824〉

铝镍铬铁合金 B07003981

Aluminium nickel chromium iron alloy

用作催化剂

【生产厂】[辽]锦州市催化剂厂(100吨)〈P1702〉;[苏]靖江市宏鹏催化剂有限公司〈P1824〉

锌基合金 B07004401

Zinc alloy

用于制造锌合金铸件

【生产厂】[浙]温州冶炼总厂〈P1938〉;[桂]柳州锌品股份有限公司(2500吨)〈P2298〉;[滇]云南驰宏锌锗股份有限公司〈P2342〉

磷钙粉 B07004601

Phosphor-calcium powder

【生产厂】[豫]河南濮阳万里肌醇有限公司(7500吨)〈P2212〉;[川]四川省广汉市西城生化实业有限责任公司(300吨)〈P2327〉

三氯氧钒 B07004701

Vanadium oxytrichloride [7727-18-6]

是制取乙丙橡胶、乙烯-环戊二烯共聚合的催化剂

【生产厂】[川]攀枝花市鑫裕化工厂〈P2322〉

二碘二氨合铂; B07004801

Diiododiamine platinum

用作精细化工中间体

【生产厂】[鲁]济南铂源化学有限公司〈P2020〉

【使用厂】[鲁]德州德药制药有限公司〈P2141〉

铅锡合金 B07004991

Tin-lead alloy

【生产厂】[赣]贵溪市三元冶炼化工有限责任公司〈P2013〉

稀土系列产品 B07005001

Rare earth series of product

用于紫外线吸收,高效催化剂、精密抛光、发光材料、激光晶体、光纤掺杂、电子陶瓷等

【生产厂】[鲁]淄博加华新材料资源有限公司(7000吨)〈P2063〉;[粤]广东省惠州瑞尔化学科技有限公司(200吨)〈P2277〉

钨铁 B07005801

Ferrotungsten

炼钢上作为合金元素添加剂

【生产厂】[川]广汉泛太平洋冶金化工金属制品有限公司〈P2324〉

牺牲阳极;保护阳极 B07006301

Sacrificial anode

阳极保护用

【生产厂】[鲁]青岛城阳利德防腐材料厂(1500吨)〈P2033〉

铝镁合金粉 B07006401

Aluminium magnesium alloy powder [12604-68-1]

主要用于镁碳砖行业及焰火行业

【生产厂】[冀]唐山威豪镁粉有限公司〈P1637〉;[辽]营口恒大实业有限公司(1500吨)〈P1704〉;[皖]滁州市惠友粉体材料厂(5000吨)〈P1982〉

有机化工原料

C01010101 ~ C03069901

C

乙炔；乙炔气　C01010101

Acetylene [74-86-2]

用作有机化工原料，也用于工业气焊、气割

【生产厂】[京]北京普莱克斯实用气体有限公司〈P1556〉；北京市欣奕搏瑞化工厂(300000 瓶)〈P1561〉；[辽]沈阳东进化工产业有限公司(2 万吨)〈P1685〉；大连光明特种气体有限公司〈P1691〉；锦化化工集团氯碱股份有限公司〈P1703〉；[沪]上海中远化工有限公司(4000 吨)〈P1779〉；[苏]南京特种气体厂有限公司〈P1790〉；仪征市溶解乙炔气制造有限公司(10 万瓶)〈P1820〉；镇江市乙炔气厂(18 万瓶)〈P1846〉；丰县电石厂〈P1792〉；盐城联孚石化有限公司〈P1810〉；[浙]杭州电化集团气体有限公司〈P1916〉；[闽]龙海市气体有限责任公司(500 吨)〈P2001〉；[鲁]淄博安兴化工有限公司〈P2057〉；荣成市综合福利厂(500 吨)〈P2123〉；龙口华东气体有限公司(2500 吨)〈P2110〉；[豫]河南省获嘉县纸业有机化工总厂(150 吨)〈P2201〉；河南省博爱县光明化工厂(20 万立方米)〈P2193〉；沁阳市万中溶解乙炔气厂(60000 瓶)〈P2198〉；济源市济水一中乙炔厂(15 万立方米)〈P2195〉；洛阳市同乐溶解乙炔厂(300 吨)〈P2186〉；偃师市恒源乙炔厂(100 吨)〈P2188〉；三门峡市天发实业有限公司(300 吨)〈P2222〉；[湘]郴州旭辉工业气体有限公司〈P2256〉；[粤]广州市骏旗气体有限公司〈P2265〉；深圳中宏工业气体有限公司〈P2273〉；[川]成都侨源实业有限公司〈P2313〉；成都新炬化工有限公司(20 万瓶)〈P2317〉；四川侨源气体有限公司〈P2319〉

【使用厂】[辽]锦化化工(集团)有限责任公司〈P1703〉；[苏]太仓新工搪玻璃有限公司〈P1909〉；江苏仪征天宁化工股份有限公司〈P1816〉；[赣]江西化纤化工有限责任公司〈P2010〉；[豫]河南恒通化工有限公司〈P2193〉；[湘]湖南省湘维有限公司〈P2257〉；[桂]广西维尼纶集团有限责任公司〈P2302〉；[渝]重庆长寿化工有限责任公司〈P2304〉；[川]四川省天然气化工研究院〈P2319〉；[黔]贵州水晶化工股份有限公司〈P2337〉；[滇]云南云维集团有限公司〈P2343〉

溶解乙炔　C01010102

Dissolved acetylene [74-86-2]

广泛用于金属焊接和气源切割，同时还可用于医药加工、仪器分析和有机合成等领域

【生产厂】[京]北京兴氧乙炔厂(100 万立方米)〈P1564〉；[冀]邢台市乙炔气厂(8 万吨)〈P1644〉；河北盛华化工有限公司〈P1650〉；[蒙]内蒙古三联化工股份有限公司(30 万立方米)〈P1681〉；内蒙古乌海市丰源化工有限责任公司(5 万瓶)〈P1681〉；[辽]盖州市溶解乙炔气厂〈P1703〉；丹东天茂气体有限公司(180 万立方米)〈P1701〉；[黑]齐齐哈尔北方气体有限责任公司〈P1722〉；[沪]上海中远化工有限公司(4000 吨)〈P1779〉；[苏]南京溧水工业气体制造有限公司〈P1787〉；镇江丹阳大华乙炔气有限公司(10 万瓶)〈P1844〉；无锡市太湖气体厂〈P1879〉；无锡市第二工业气体厂(1320 瓶)〈P1875〉；江阴市乙炔气总厂〈P1871〉；靖江市乙炔气厂〈P1825〉；苏州市溶解乙炔气厂(50 万立方米)〈P1904〉；太仓市金阳气体有限公司(120 万立方米)〈P1908〉；徐州市恒扬化工有限公司(820 吨)〈P1795〉；扬州市溶解乙炔气厂(16 万瓶)〈P1819〉；泰兴乙炔有限责任公司〈P1827〉；[皖]安徽氯碱化工集团有限责任公司〈P1972〉；[闽]福建石化集团三明化工有限责任公司(580 吨)〈P1995〉；[赣]江西电化精细化工有限责任公司〈P2010〉；萍乡市天源化工厂(250 吨)〈P2012〉；吉安市制氧厂〈P2017〉；[鲁]博山恒泰化工厂〈P2048〉；威海市溶解乙炔厂(3 万立方米)〈P2125〉；蓬莱市天阳化工有限公司〈P2112〉；日照市金秋化工有限公司(40 万立方米)〈P2139〉；[豫]安阳市通用气体有限责任公司(50 万立方米)〈P2210〉；漯河市溶解乙炔厂(205 万立方米)〈P2220〉；中信重型机械公司电石厂(586 吨)〈P2190〉；开封市电石厂(250 立方米)〈P2177〉；[湘]湘潭市电石厂〈P2251〉；[粤]广州市骏旗气体有限公司〈P2265〉；[桂]柳州市金城乙炔气厂〈P2298〉；广西柳州东风化工有限责任公司(500 吨)〈P2297〉；[川]宜宾恒德化学有限公司〈P2335〉；[滇]昆明氧气厂(50 万立方米)〈P2340〉；[陕]泾阳县乙炔气厂(250 吨)〈P2352〉；[甘]兰州中凯工贸有限责任公司〈P2356〉；[宁]宁夏金昱元化工集团有限公司〈P2362〉；[新]乌鲁木齐市新市区合力乙炔气厂(180 吨)〈P2363〉；新疆八钢佳域工贸总公司乙炔气厂(480 吨)〈P2363〉；乌鲁木齐环鹏有限公司(167 吨)〈P2363〉

电石；碳化钙　C01010201

Calcium carbide [75-20-7]

用于生产乙炔气、聚氯乙烯、石灰氮、双氰胺、钢铁脱硫剂等

【生产厂】[京]北京市欣奕搏瑞化工厂(1 万吨)〈P1561〉；[津]天津市玉新化工有限公司〈P1612〉；天津市天凯中天化工有限公司(2 万吨)〈P1604〉；[冀]石家庄化工化纤有限公司(2 万吨)〈P1626〉；中国昊华集团宣化有限公司(1000 吨)〈P1650〉；[晋]河曲县秦阳化工有限公司(3 万吨)〈P1676〉；阳泉全兴实业有限公司(5 万吨)〈P1674〉；山西玉新双氰胺有限公司(1 万吨)〈P1674〉；[蒙]内蒙古三联化工股份有限公司(3 万吨)〈P1681〉；内蒙白雁湖化工股份有限公司(28 万吨)〈P1683〉；包头明天科技股份有限公司(8 万吨)〈P1681〉；内蒙古临海化工有限责任公司(9 万吨)〈P1683〉；内蒙古乌海市丰源化工有限责任公司(6 万吨)〈P1681〉；[辽]抚顺市惠友化工有限公司(2 万吨)〈P1696〉；[黑]哈尔滨华尔化工有限公司(3 万吨)〈P1720〉；牡丹江市顺达电石有限责任公司(10 万吨)〈P1724〉；齐齐哈尔电化厂(5 万吨)〈P1722〉；[沪]上海中远化工有限公司(7 万吨)〈P1779〉；[苏]江苏金浦北方氯碱化工有限公司(1 万吨)〈P1793〉；沛县大屯电石厂(2 万吨)〈P1793〉；[闽]福建石化集团三明化工有限责任公司(10 万吨)〈P1995〉；福建纺织化纤集团有限公司(7 万吨)〈P1994〉；[赣]江西化纤化工有限责任公司(4 万吨)〈P2010〉；[鲁]龙口华东气体有限公司(5 万吨)〈P2110〉；枣庄联力铁合金有限公司(2 万吨)〈P2080〉；[豫]郑州铝城实业开发总公司(1000 吨)〈P2172〉；焦作市华翔电力有限公司电石厂(5000 吨)〈P2196〉；济源市济水一中乙炔厂(300 吨)〈P2195〉；安阳市通用气体有限责任公司〈P2210〉；河南神马氯碱化工股份有限责任公司(3 万吨)〈P2191〉；开封市电石厂(4000 吨)〈P2177〉；[鄂]丹江口管理局电石厂〈P2239〉；[湘]湖南省湘维有限公司(6 万吨)〈P2257〉；[桂]广西柳州东风化工有限责任公司(8000 吨)〈P2297〉；广西维尼纶集团有限责任公司(7 万吨)〈P2302〉；[川]成都新炬化工有限公司〈P2317〉；四川省金路树脂有限公司(3 万吨)〈P2327〉；宜宾天原股份有限公司(2 万吨)〈P2335〉；宜宾恒德化学有限公司〈P2335〉；[黔]贵州水晶化工股份有限公司(5 万吨)〈P2337〉；贵州省遵义碱厂盘县红果化工分厂(8000 吨)〈P2337〉；[滇]昆明市富民电石有限公司〈P2339〉；云南云维集团有限公司(4 万吨)〈P2343〉；[甘]永登县电石厂(10 万吨)〈P2356〉；

甘肃古浪氰胺有限责任公司(4 万吨)〈P2356〉;[宁]宁夏金昱元化工集团有限公司〈P2362〉;宁夏黄河水电化工有限责任公司(6 万吨)〈P2361〉;宁夏西域龙化工有限公司(9 万吨)〈P2361〉;宁夏凌云化工有限公司〈P2361〉;宁夏兴平精细化工股份有限公司(8 万吨)〈P2361〉;宁夏嘉峰化工有限公司〈P2361〉;[新]乌鲁木齐环鹏有限公司(10 万吨)〈P2363〉

【使用厂】[津]天津渤天化工有限责任公司〈P1571〉;天津大沽化工股份有限公司〈P1571〉;天津长芦海晶集团有限公司〈P1571〉;[冀]邯郸市良晨树脂有限公司〈P1638〉;河北沧州化工实业集团有限公司〈P1653〉;邢台市乙炔气厂〈P1644〉;[辽]沈阳化工股份有限公司〈P1686〉;锦化化工(集团)有限责任公司〈P1703〉;丹东天茂气体有限公司〈P1701〉;[黑]牡丹江东北高新化工有限责任公司〈P1723〉;[苏]徐州市恒扬化工有限公司〈P1795〉;镇江市乙炔气厂〈P1846〉;无锡市第二工业气体厂〈P1875〉;南京溧水工业气体制造有限公司〈P1787〉;[皖]安徽氯碱化工集团有限责任公司〈P1972〉;[闽]福建省东南电化股份有限公司〈P1988〉;福建省南平市榕昌化工有限公司〈P2003〉;龙海市气体有限责任公司〈P2001〉;[赣]南昌氯碱总厂〈P2010〉;萍乡市天源化工厂〈P2012〉;吉安市制氧厂〈P2017〉;[鲁]青岛海晶化工集团有限公司〈P2035〉;亚星化学股份有限公司〈P2107〉;济宁中银电化有限公司〈P2129〉;山东德州石油化工总厂〈P2143〉;山东海化氯碱树脂有限公司〈P2095〉;荣成市综合福利厂〈P2123〉;[豫]郑州化工厂〈P2171〉;中信重型机械公司电石厂〈P2190〉;昊华宇航化工有限责任公司〈P2193〉;新乡正华化工有限责任公司〈P2207〉;漯河市溶解乙炔厂〈P2220〉;三门峡市天发实业有限公司〈P2222〉;[湘]湘潭市电石厂〈P2251〉;郴州旭辉工业气体有限公司〈P2256〉;[桂]柳州市金城乙炔气厂〈P2298〉;[渝]西南合成制药股份有限公司〈P2303〉;[陕]泾阳县乙炔气厂〈P2352〉;[新]新疆中泰化学股份有限公司〈P2365〉;乌鲁木齐市新市区合力乙炔气厂〈P2363〉;新疆八钢佳域工贸总公司乙炔气厂〈P2363〉

丙炔;甲基乙炔 C01012001

Propine;Propyne [74-99-7]

用于制备丙酮等

【生产厂】[京]北京市京洲企业集团公司化工厂〈P1560〉;[辽]大连光明特种气体有限公司〈P1691〉;[鲁]潍坊凯盛化工有限公司〈P2103〉

1-丁炔;乙基乙炔 C01012101

1-Butyne;Ethylacetylene [107-00-6]

用作有机合成试剂

【生产厂】[辽]大连光明特种气体有限公司〈P1691〉;[粤]广州市骏旗气体有限公司〈P2265〉

乙烯 C01020101

Ethylene [74-85-1]

乙烯是重要的有机化工基本原料,主要用于生产聚乙烯、乙丙橡胶、聚氯乙烯等

【生产厂】[京]北京东方化工厂〈P1546〉;[辽]盘锦乙烯工业公司(13 万吨)〈P1707〉;[沪]中国石化上海石油化工股份有限公司(4 万吨)〈P1780〉;[苏]中国石化扬子石油化工股份有限公司(65 万吨)〈P1792〉;[鲁]中国石油化工股份有限公司齐鲁石化股份公司(55 万吨)〈P2057〉;[豫]中国石化中原石油化工有限责任公司(19 万吨)〈P2216〉;中国石化集团公司中原石化公司(18 万吨)〈P2216〉;[粤]广州市骏旗气体有限公司〈P2265〉;[新]中国石油天然气股份有限公司独山子石化分公司(22 万吨)〈P2365〉

【使用厂】[京]北京东方石油化工有限公司有机化工厂〈P1546〉;北京兴有化工有限责任公司〈P1564〉;[津]天津海豚炭黑有限公司〈P1572〉;[冀]石家庄化工化纤有限公司〈P1626〉;[辽]中国石油天然气股份有限公司辽阳石化分公司〈P1712〉;辽阳石化公司烯烃厂〈P1710〉;[沪]上海市合成树脂研究所〈P1763〉;上海金菲石油化工有限公司〈P1744〉;[鲁]潍坊天洁环保科技有限公司〈P2105〉;[豫]黎明化工研究院〈P2181〉

2-丁烯 C01020201

2-Butene [107-01-7]

主要用于脱氢制丁二烯,也可经水合制取仲丁醇

【生产厂】[湘]中国石化长岭炼油化工有限责任公司〈P2254〉;[粤]广州市骏旗气体有限公司〈P2265〉

1-丁烯;丁烯-1 C01020202

1-Butene [106-98-9]

主要用于脱氢制丁二烯,也可经水合成正丁醇

【生产厂】[京]中国蓝星(集团)总公司〈P1568〉;[沪]中国石化上海石油化工股份有限公司〈P1780〉;[豫]中国石化集团公司中原石化公司〈P2216〉;[粤]广州市骏旗气体有限公司〈P2265〉;[新]中国石油天然气股份有限公司独山子石化分公司〈P2365〉

【使用厂】[辽]辽阳石化公司烯烃厂〈P1710〉;[黑]黑龙江石油化工厂〈P1723〉;[豫]中国石化中原石油化工有限责任公司〈P2216〉

丙烯 C01020301

Propene;Propylene [115-07-1]

主要用于制异丙醇、丙酮、合成甘油、合成树脂、合成橡胶、塑料和合成纤维等

【生产厂】[京]中国蓝星(集团)总公司〈P1568〉;北京东方化工厂〈P1546〉;中国石油化工股份有限公司北京燕山分公司〈P1568〉;北京兴氧乙炔厂〈P1564〉;[津]中国石油化工股份有限公司天津分公司(6 万吨)〈P1618〉;[辽]沈阳石蜡化工有限公司(5 万吨)〈P1687〉;中国石油天然气股份公司锦州石化分公司〈P1702〉;[黑]黑龙江石油化工厂〈P1723〉;[沪]上海炼油厂(7 万吨)〈P1751〉;[苏]中国石化扬子石油化工股份有限公司(18 万吨)〈P1792〉;盐城联孚石化有限公司〈P1810〉;[浙]中国石化镇海炼油化工股份有限公司〈P1936〉;[鲁]中国石油化工股份有限公司济南分公司(10 万吨)〈P2031〉;山东恒源石油化工集团有限公司(5 万吨)〈P2144〉;中国石油化工股份有限公司齐鲁石化股份公司〈P2057〉;山东滨化集团有限责任公司(7000 吨)〈P2155〉;东营市海科气分有限责任公司(1 万吨)〈P2082〉;山东正和集团股份有限公司(1 万吨)〈P2087〉;利华益集团股份有限公司(1 万吨)〈P2084〉;寿光市天健化工有限公司〈P2100〉;中国石化集团青岛石油化工有限责任公司〈P2048〉;山东东明石化集团有限公司(3 万吨)〈P2159〉;山东玉皇化工有限公司(12 万吨)〈P2161〉;[豫]中国石化中原石油化工有限责任公司(1 万吨)〈P2216〉;中国石化集团公司中原石化公司(1 万吨)〈P2216〉;中国石化中原油气高新股份有限公司天然气化工厂(700 吨)〈P2216〉;洛阳石油化工总厂宏达实业总公司宏力化工厂(3 万吨)〈P2183〉;[湘]岳阳兴长石化股份有限公司〈P2254〉;中国石化长岭炼油化工有限责任公司〈P2254〉;[粤]广州市骏旗气体有限公司〈P2265〉;中海壳牌石油化工有限公司(43 万吨)〈P2278〉;[新]中国石油天然气股份有限公司独山子石化分公司〈P2365〉;中国石油天然气股份有限公司克拉玛依石化分公司〈P2365〉

【使用厂】[京]北京东方石化化工四厂〈P1546〉;[辽]沈阳化工股份有限公司〈P1686〉;沈阳金碧兰化工有限公司〈P1686〉;锦化化工(集团)有限责任公司〈P1703〉;盘锦乙

烯工业公司〈P1707〉;抚顺石油化工分公司腈纶化工厂〈P1698〉;辽阳石化公司烯烃厂〈P1710〉;中国石油天然气股份有限公司大连西太平洋有限公司〈P1695〉;[吉]吉化集团吉林市锦江油化厂〈P1715〉;[黑]牡丹江石油化工厂〈P1723〉;[沪]中国石化上海石油化工股份有限公司〈P1780〉;中国石油化工股份有限公司上海高桥分公司〈P1780〉;[苏]常熟市沪联助剂有限责任公司〈P1890〉;无锡市恒辉化学有限公司〈P1876〉;[浙]浙江太平洋化学有限公司〈P1936〉;[闽]福建湄洲湾氯碱工业有限公司〈P1998〉;福建高科日化有限公司〈P1997〉;厦门长天塑化有限公司〈P1991〉;[鲁]山东龙口石油化工厂〈P2114〉;招远市石油化工厂有限公司〈P2121〉;淄博胜宝化工有限公司〈P2067〉;邹平铭兴化工有限公司〈P2158〉;广饶县金岭公司化工厂〈P2083〉;山东东大化学工业有限公司〈P2052〉;龙口华东气体有限公司〈P2110〉;淄博市临淄恒立助剂有限公司〈P2068〉;东营市联成化工有限责任公司〈P2082〉;淄博市临淄环保产业开发公司〈P2068〉;临沂市意顺化工厂〈P2148〉;淄博市临淄建明化工有限公司〈P2069〉;[豫]河南省贝利石化集团股份有限公司〈P2212〉;新乡市石油化工厂〈P2206〉;[新]新疆独山子天利高新技术股份有限公司〈P2365〉

丙烯(化学级) C01020302

Propene, chemical grade; Propylene, chemical grade [115-07-1]

【生产厂】[沪]中国石化上海石油化工股份有限公司〈P1780〉

丙烯(合成级) C01020303

Propene, synthetic grade; Propylene, synthetic grade [115-07-1]

用作聚丙烯的原料

【生产厂】[沪]中国石化上海石油化工股份有限公司〈P1780〉;[鲁]山东垦利石化有限责任公司(10 万吨)〈P2085〉

1,3-二氯丙烯 C01020321

1,3-Dichloropropylene [542-75-6]

用于生产杀虫剂、除草剂等

【生产厂】[鲁]山东齐河银飞达化工有限公司(200 吨)〈P2145〉;淄博增瑞化工有限公司〈P2076〉;淄博市临淄鲁达化工有限公司(1800 吨)〈P2069〉;淄博远望化工厂〈P2076〉;[湘]湖南省岳阳市云溪区道仁矾溶剂化工厂(4000 吨)〈P2254〉;岳阳市云溪区湘达化工厂〈P2254〉

2,3-二氯丙烯 C01020331

2,3-Dichloropropylene; 2,3-Dichloro-1-propene [78-88-6]

用作植物生长调节剂矮状素的中间体

【生产厂】[晋]山西新天源医药化工有限公司〈P1677〉;[沪]上海泰禾(集团)有限公司〈P1767〉;[湘]岳阳磊鑫化工有限公司〈P2254〉

丙二烯 C01020501

Propadiene; Allene

【生产厂】[粤]广州市骏旗气体有限公司〈P2265〉

丙烷 C01030101

Propane [74-98-6]

用作有机化工原料、溶剂及燃料等

【生产厂】[京]中国蓝星(集团)总公司〈P1568〉;[苏]南京溧水工业气体制造有限公司〈P1787〉;[浙]浙江化工科技集团有限公司〈P1927〉;[鲁]山东和利时石化科技开发有限公司〈P2085〉;[豫]中国石化中原油气高新股份有限公司天然气化工厂(800 吨)〈P2216〉;河南省贝利石化集团股份有限公司(5 万吨)〈P2212〉;[湘]岳阳兴长石化股份有限公司〈P2254〉;中国石化长岭炼油化工有限责任公司〈P2254〉;[粤]广州市骏旗气体有限公司〈P2265〉;[川]西南化工研究设计院〈P2320〉;[新]中国石油天然气股份有限公司克拉玛依石化分公司〈P2365〉

【使用厂】[闽]福建华星石化有限公司〈P1997〉

高纯丙烷 C01030111

Propane, high purity [74-98-6]

主要用于石油化工、环境保护和科学研究等领域

【生产厂】[辽]大连光明特种气体有限公司〈P1691〉

乙烷 C01030201

Ethane [74-84-0]

主要用于裂解制乙烯,经卤化可制氯乙烷和溴乙烷等,经硝化可制硝基乙烷,也可用作燃料和制冷剂

【生产厂】[辽]大连光明特种气体有限公司〈P1691〉;[苏]南京海悦化工有限公司〈P1784〉;[粤]广州市骏旗气体有限公司〈P2265〉

【使用厂】[辽]辽阳万鑫树脂有限责任公司〈P1711〉

二甲苯;混合二甲苯 C01040104

Dimethylbenzene; Xylene [1330-20-7]

广泛用作有机溶剂和合成医药、涂料、树脂、染料、炸药和农药等的原料

【生产厂】[京]北京市通州永乐长城化工有限公司(200 吨)〈P1561〉;北京宏悦顺化工厂〈P1549〉;中国石油化工股份有限公司北京燕山分公司〈P1568〉;[津]天津市欣宽福利化工厂〈P1608〉;天津市晟通化工商贸有限公司(800 吨)〈P1601〉;[冀]石家庄焦化集团有限责任公司〈P1627〉;[晋]太原市侨友化工有限公司(1 万吨)〈P1671〉;[辽]辽宁佳兴鸿泰石油化工有限公司〈P1703〉;[沪]上海建原化工有限公司〈P1743〉;宝山钢铁股份有限公司化工分公司(2000 吨)〈P1726〉;[苏]中国石化金陵石化公司炼油厂〈P1792〉;上海梅山企业发展有限公司南京化工实业分公司(1000 吨)〈P1792〉;镇江市金盛化工有限公司〈P1845〉;江苏省江都市天林化工有限公司〈P1816〉;[浙]中国石化镇海炼油化工股份有限公司(3 万吨)〈P1936〉;[赣]景德镇市开门子药用化工有限公司(300 吨)〈P2010〉;[鲁]鲍山化工厂〈P2020〉;山东恒源石油化工集团有限公司〈P2144〉;淄博环海佳业科工贸有限公司〈P2062〉;临淄鲁安化工厂(500 吨)〈P2050〉;淄博一方实业有限公司特种润滑油厂(1500 吨)〈P2075〉;淄博锐博化工有限公司(3000 吨)〈P2066〉;山东省桓台县鑫荣化工厂〈P2054〉;青州市恒威漆业有限公司(100 吨)〈P2092〉;肥城泰山焦化有限公司(2000 吨)〈P2135〉;山东民生煤化工有限公司(200 吨)〈P2132〉;[豫]郑州市实验化工厂〈P2173〉;河南省巩义市南石化工厂(1000 吨)〈P2167〉;河南孟州市环宇化工厂(360 吨)〈P2193〉;安阳县西北化工厂(1500 吨)〈P2210〉;濮阳市星海化工厂〈P2215〉;[湘]中国石化长岭炼油化工有限责任公司〈P2254〉;[粤]广州许氏三彩塑胶颜料厂〈P2268〉;[陕]陕西延长石油(集团)有限责任公司延安炼油厂〈P2353〉;[甘]兰州汇丰石化有限公司〈P2355〉;[新]中国石油天然气股份有限公司独山子石化分公司(7 万吨)〈P2365〉

【使用厂】[京]红狮涂料国际有限公司〈P1567〉;[津]天津有机化学工业总公司中河化工厂〈P1617〉;天津市塘沽农药厂〈P1603〉;天津市耀华红日油漆有限公司〈P1610〉;天津市北星化工有限公司〈P1580〉;天津市科威实业公司

〈P1597〉;[冀]石家庄白龙化工股份有限公司〈P1625〉;邯郸市鑫马涂料股份合作公司〈P1639〉;[晋]山西太明化工工业有限公司〈P1676〉;[蒙]赤峰制药集团有限责任公司〈P1682〉;通辽制药总厂〈P1682〉;[辽]辽阳前进化工有限公司〈P1710〉;大连瑞泽农药股份有限公司〈P1693〉;沈阳市合成兽药厂〈P1688〉;沈阳化工研究院试验厂〈P1686〉;[吉]长春泰欧亚涂料有限公司〈P1714〉;辽源市迪康药业有限责任公司〈P1717〉;[沪]华东理工大学华昌聚合物有限公司〈P1726〉;上海家具涂料厂〈P1742〉;上海中西药业股份有限公司〈P1779〉;中涂化工(上海)有限公司〈P1780〉;上海汇丽集团有限公司〈P1741〉;上海市马陆丙烯酸涂料厂〈P1763〉;上海汇宇精细化工有限公司〈P1741〉;[苏]南通同济化工有限公司〈P1835〉;常州光辉化工有限公司〈P1847〉;江苏三木集团公司〈P1865〉;苏州特种化学品有限公司〈P1906〉;苏州华源农用生物化学品有限公司〈P1901〉;中国石化扬子石油化工股份有限公司〈P1792〉;江苏百灵农化有限公司〈P1821〉;盐城市誉球化工有限公司〈P1812〉;苏州市化工研究所有限公司〈P1904〉;盐城市龙冈农药厂〈P1811〉;[皖]马鞍山市康华化工有限公司〈P1977〉;[闽]福清联昌化工有限公司〈P1989〉;[赣]江西樟树冠京香料有限公司〈P2016〉;[鲁]济南泰山金鹏涂料有限公司〈P2025〉;山东齐峰化轻集团公司〈P2053〉;山东富安集团农药有限公司〈P2052〉;山东胜邦鲁南农药有限公司〈P2150〉;山东梁山蓝天化工有限公司〈P2131〉;山东华阳和乐农药有限公司〈P2144〉;烟台市福山区化工研究所有限公司〈P2118〉;山东胜邦绿野化学有限公司〈P2029〉;山东博山制药有限公司〈P2051〉;山东海化魁星化工有限公司〈P2135〉;山东昌裕集团有限公司〈P2152〉;嘉祥县华星生物化学有限公司〈P2129〉;菏泽仕达化工有限公司〈P2159〉;山东博丰植保药业有限公司〈P2051〉;新时代(济南)民爆科技产业有限公司〈P2030〉;东营胜利绿野农药化工有限公司〈P2081〉;[豫]郑州双塔涂料有限公司〈P2174〉;郑州市中州油漆厂〈P2174〉;开封市汴梁漆业有限公司〈P2177〉;[鄂]湖北仙隆化工股份有限公司〈P2245〉;随州市文峰涂料有限责任公司〈P2245〉;[湘]长沙市化工研究所〈P2247〉;[粤]广州化学试剂厂〈P2261〉;江门市制漆厂有限公司〈P2286〉;佛山市鲸鲨制漆科技有限公司〈P2288〉;[桂]广西国泰农药有限公司〈P2301〉;[陕]西安利澳科技股份有限公司〈P2349〉;[甘]西北永新化工股份有限公司〈P2356〉

焦化二甲苯　　C01040107

Dimethylbenzene, coking by-products; Xylene, coking by-products [106-42-3]

用于橡胶、油漆的溶剂及航空动力燃料的添加剂

【生产厂】[晋]山西焦化股份有限公司〈P1678〉;[辽]鞍山市中联化工品有限公司〈P1696〉;[苏]镇江市润州第二化工厂〈P1845〉;[鲁]济南钢铁集团总公司焦化厂(500吨)〈P2021〉;莱芜钢铁股份有限公司焦化厂(2100吨)〈P2140〉;山东民生煤化工有限公司(300吨)〈P2132〉;[豫]开封市南郊巨龙化工厂〈P2178〉;[甘]酒泉钢铁(集团)有限责任公司〈P2357〉

甲苯　　C01040201

Methylbenzene; Toluene [108-88-3]

广泛用作有机溶剂和合成医药、涂料、树脂、染料、炸药和农药等的原料

【生产厂】[京]北京市通州永乐长城化工有限公司(200吨)〈P1561〉;北京宏悦顺化工厂〈P1549〉;[津]天津市康友化工有限公司(2000吨)〈P1597〉;天津宏运化工有限公司(1000吨)〈P1573〉;天津市晟通化工商贸有限公司(1000吨)〈P1601〉;[冀]石家庄焦化集团有限责任公司〈P1627〉;[晋]太原市侨友化工有限公司(1万吨)〈P1671〉;[辽]中国石油天然气股份公司锦州石化分公司〈P1702〉;[沪]上海建原化工有限公司〈P1743〉;上海炼油厂(2万吨)〈P1751〉;上海人民制药溶剂厂〈P1758〉;宝山钢铁股份有限公司化工分公司(6000吨)〈P1726〉;[苏]中国石化金陵石化公司炼油厂〈P1792〉;上海梅山企业发展有限公司南京化工实业分公司(4500吨)〈P1792〉;镇江市金盛化工有限公司〈P1845〉;江苏省江都市天林化工有限公司〈P1816〉;[浙]中国石化镇海炼油化工股份有限公司(3万吨)〈P1936〉;[赣]景德镇市开门子药用化工有限公司(800吨)〈P2010〉;[鲁]鲍山化工厂〈P2020〉;济南钢铁集团总公司焦化厂(2000吨)〈P2021〉;中国石油化工股份有限公司齐鲁石化股份公司〈P2057〉;临淄鲁安化工厂(500吨)〈P2050〉;山东省桓台县鑫荣化工厂〈P2054〉;青州市恒威漆业有限公司(200吨)〈P2092〉;肥城泰山焦化有限公司(2000吨)〈P2135〉;山东民生煤化工有限公司(600吨)〈P2132〉;[豫]郑州市实验化工厂(1000吨)〈P2173〉;河南省巩义市南石化工厂(1000吨)〈P2167〉;河南孟州市环宇化工厂(400吨)〈P2193〉;安阳县西北化工厂(1000吨)〈P2210〉;濮阳市星海化工厂〈P2215〉;[粤]广州许氏三彩塑胶颜料厂〈P2268〉;[陕]陕西延长石油(集团)有限责任公司延安炼油厂〈P2353〉;[新]中国石油天然气股份有限公司独山子石化分公司(6万吨)〈P2365〉

【使用厂】[京]中国石化催化剂北京奥达分公司〈P1568〉;[津]天津力生化工有限公司〈P1576〉;天津市五一化工厂〈P1606〉;天津市有机化工二厂〈P1611〉;天津灯塔涂料有限公司〈P1571〉;天津市橡胶制品七厂〈P1607〉;天津中新药业集团股份有限公司新新制药厂〈P1618〉;天津市凯利化工厂〈P1597〉;天津市精细化学制剂厂〈P1596〉;天津市药业有限公司〈P1610〉;天津市奥多精细化工厂〈P1578〉;天津天成制药有限公司〈P1614〉;天津市东大化工有限公司〈P1585〉;天津市茂丰化工有限公司〈P1599〉;天津市科威实业公司〈P1597〉;[冀]石家庄市电化厂〈P1629〉;邯郸市鑫马涂料股份合作公司〈P1639〉;河北新兴化工有限责任公司〈P1648〉;黄骅市渤海化工(集团)公司〈P1656〉;[蒙]通辽制药总厂〈P1682〉;[辽]大连第一有机化工有限公司〈P1691〉;大连松辽化工有限公司〈P1694〉;大连瑞泽农药股份有限公司〈P1693〉;辽宁省沈阳中际精细化工总厂〈P1684〉;丹东医创药业有限责任公司〈P1701〉;东北制药总厂〈P1684〉;辽宁庆阳特种化工有限公司〈P1709〉;沈阳化工研究院试验厂〈P1686〉;辽宁天合精细化工股份有限公司〈P1702〉;[吉]吉化集团吉林市锦江油化厂〈P1715〉;[黑]牡丹江鸿利化工有限责任公司〈P1723〉;[沪]上海南大化工厂〈P1754〉;上海农药厂有限公司〈P1755〉;上海三维制药有限公司〈P1760〉;中涂化工(上海)有限公司〈P1780〉;上海燎原利平日用化工有限公司〈P1751〉;上海建平化工有限公司〈P1743〉;上海新大化工厂〈P1771〉;上海树脂厂有限公司〈P1764〉;上海浦东旭光化工有限公司〈P1756〉;上海市马陆丙烯酸涂料厂〈P1763〉;[苏]南京纵横生物科技有限公司〈P1791〉;江苏双菱化工集团有限公司〈P1798〉;连云港立本农药化工有限公司〈P1798〉;江苏安邦电化有限公司〈P1802〉;长江(常州)氯碱联合开发公司〈P1846〉;武进农药厂〈P1864〉;江苏梅兰化工股份有限公司〈P1821〉;江苏百灵农化有限公司〈P1821〉;江苏苏中农药化工厂〈P1822〉;苏州益良药业有限公司〈P1907〉;江苏省靖江市金囤农化有限公司〈P1822〉;兴化市青松农药化工有限公司〈P1828〉;姜堰市扬子化工厂〈P1824〉;江都市宙龙集团公司〈P1815〉;连云港泰乐化学工业有限公司〈P1800〉;[浙]浙江海正药业股份有限公司〈P1964〉;浙江车头制药有限公司〈P1963〉;浙江新农化工股份有限公司〈P1970〉;浙江东亚医药化工有限公司〈P1963〉;浙江天宇药业有限公司〈P1969〉;宁波市鄞州虎啸合成化工厂〈P1932〉;[闽]福建福农生化有限公司〈P1988〉;厦门进尚树脂有限公司〈P1992〉;福建三农集团股份有限公司〈P1994〉;[赣]江西联达化工有限公司〈P2009〉;江西农大锐特化工科技有限公司〈P2009〉;[鲁]

济南泰山金鹏涂料有限公司〈P2025〉;潍坊潍泰化工有限公司〈P2106〉;青岛天元化工股份有限公司〈P2044〉;山东大成农药股份有限公司〈P2051〉;山东高密康丰农化有限公司〈P2094〉;山东恒通化工股份有限公司〈P2149〉;山东梁山蓝天化工有限公司〈P2131〉;烟台市福山区化工研究所有限公司〈P2118〉;山东奔腾漆业有限公司〈P2130〉;山东博山制药有限公司〈P2051〉;青岛双星股份有限公司〈P2043〉;山东双龙化工有限公司〈P2115〉;新泰市兰得染料化工有限公司〈P2138〉;济南高新开发区大山科贸公司〈P2021〉;山东瑞普生化有限公司〈P2145〉;潍坊市亚东化工有限公司〈P2105〉;淄博张店君臣化工厂〈P2076〉;青州市海源化工有限公司〈P2092〉;[豫]郑州双塔涂料有限公司〈P2174〉;开封化学试剂总厂〈P2176〉;豫浙鹏程化冶总公司〈P2225〉;河南省化工研究所〈P2167〉;安阳豫北制药厂〈P2210〉;[鄂]湖北科兴医药化工股份有限公司〈P2237〉;湖北仙隆化工股份有限公司〈P2245〉;武汉有机实业股份有限公司〈P2235〉;湖北大田化工股份有限公司〈P2239〉;[湘]湖南中南制药有限责任公司〈P2253〉;湖南洞庭药业股份有限公司〈P2255〉;湖南省洪江市昌和化工有限责任公司〈P2257〉;湖南天宇农药化工集团股份有限公司〈P2253〉;[粤]广州市东风化工实业有限公司〈P2263〉;广州化学试剂厂〈P2261〉;广州市合成材料研究院〈P2264〉;佛山市高明区华驰化工树脂有限公司〈P2287〉;[渝]重庆康乐制药有限公司〈P2305〉;[川]成都天华科技股份有限公司〈P2315〉;四川红光化工有限公司〈P2334〉;[陕]西北化工研究院〈P2350〉;[甘]甘肃省盐锅峡化工总厂〈P2358〉

焦化甲苯　C01040206

Methylbenzene, coking by-products; Toluene, coking by-products [108-88-3]

是制造糖精、染料、药物和炸药等的原料

【生产厂】[晋]山西焦化股份有限公司〈P1678〉;[辽]鞍山市中联化工品有限公司〈P1696〉;[苏]上海梅山企业发展有限公司南京化工实业分公司〈P1792〉;镇江市润州第二化工厂〈P1845〉;[鲁]莱芜钢铁股份有限公司焦化厂(6100吨)〈P2140〉;山东民生煤化工有限公司(1300吨)〈P2132〉;[豫]开封市南郊巨龙化工厂〈P2178〉;[甘]酒泉钢铁(集团)有限责任公司〈P2357〉

叔丁基苯　C01040250

tert-Butylbenzene; Dimethylethylbenzene [98-06-6]

用作医药、农药中间体,也可作聚合用溶剂及交联剂

【生产厂】[苏]镇江市海通化工有限公司〈P1845〉;靖江市化工总厂〈P1824〉;昆山城东化工有限公司〈P1895〉

【使用厂】[苏]镇江市前进化工有限公司〈P1845〉

丁基苯;1-苯基丁烷;正丁基苯　C01040270

n-Butylbenzene; 1-Phenylbutane [104-51-8]

主要用作溶剂和有机合成原料

【生产厂】[京]北京马氏精细化学品有限公司〈P1555〉

【使用厂】[苏]太仓市中天化学有限公司〈P1909〉

苯;纯苯;苯(硝化级)　C01040301

Benzene; Benzene, nitration grade [71-43-2]

是生产合成树脂、合成橡胶、合成纤维、染料、洗涤剂、医药、农药和特种助剂的重要原料,也是主要的溶剂

【生产厂】[京]北京市通州永乐长城化工有限公司(50吨)〈P1561〉;北京宏悦顺化工厂〈P1549〉;[津]天津市欣宽福利化工厂〈P1608〉;[冀]石家庄焦化集团有限责任公司〈P1627〉;[晋]太原市侨友化工有限公司(1万吨)〈P1671〉;临汾市同世达实业有限公司〈P1678〉;[沪]上海炼油厂(1万吨)〈P1751〉;[苏]南京泰迪特工贸有限公司〈P1790〉;上海梅山企业发展有限公司南京化工实业分公司(2万吨)〈P1792〉;中国石化扬子石油化工股份有限公司(27万吨)〈P1792〉;镇江市金盛化工有限公司〈P1845〉;常州太华化工原料有限公司〈P1857〉;[浙]中国石化镇海炼油化工股份有限公司〈P1936〉;[闽]福建省三明市三钢煤化工有限公司(6000吨)〈P1995〉;[赣]景德镇市开门子药用化工有限公司(1500吨)〈P2010〉;[鲁]鲍山化工厂〈P2020〉;中国石油化工股份有限公司齐鲁石化股份公司〈P2057〉;潍坊振兴焦化有限公司(4万吨)〈P2107〉;肥城泰山焦化有限公司(2000吨)〈P2135〉;山东民生煤化工有限公司(6900吨)〈P2132〉;[豫]郑州市实验化工厂(1000吨)〈P2173〉;河南省巩义市南石化工厂(1000吨)〈P2167〉;巩义市回郭镇荣兴化工厂(2000吨)〈P2163〉;安阳县西北化工厂(1500吨)〈P2210〉;濮阳市瑞森石油树脂有限公司〈P2214〉;[川]成都天作化工实业股份有限公司(8000吨)〈P2316〉;[陕]陕西延长石油(集团)有限责任公司延安炼油厂〈P2353〉;[新]中国石油天然气股份有限公司独山子石化分公司(7万吨)〈P2365〉;中国石油化工股份有限公司塔河分公司〈P2366〉

【使用厂】[京]北京维达化工有限公司〈P1563〉;[津]天津市津东化工厂〈P1593〉;天津有机化学工业总公司中河化工厂〈P1617〉;天津有机化学工业总公司〈P1616〉;天津市中央药业有限公司〈P1613〉;天津市北星化工有限公司〈P1580〉;[冀]石家庄白龙化工股份有限公司〈P1625〉;河北新兴化工有限责任公司〈P1648〉;河北冀中化工有限责任公司〈P1620〉;河北敬业化工集团股份有限公司〈P1620〉;邯郸市邯山区福利精细化工厂〈P1638〉;[晋]山西太明化工工业有限公司〈P1676〉;[辽]沈阳化工股份有限公司〈P1686〉;锦化化工(集团)有限责任公司〈P1703〉;盘锦乙烯工业公司〈P1707〉;辽宁庆阳特种化工有限公司〈P1709〉;沈阳化工研究院试验厂〈P1686〉;[吉]吉林通化农药化工股份有限公司〈P1718〉;[沪]上海长风化工厂〈P1729〉;上海宝山振宗生物工程厂〈P1728〉;宝山钢铁股份有限公司化工分公司〈P1726〉;上海万安化工科技研究所〈P1768〉;[苏]南京化学工业有限公司化工厂〈P1785〉;南通新广生化工有限公司〈P1836〉;江苏三木集团公司〈P1865〉;江苏东化集团有限公司〈P1894〉;苏州合成化工有限公司〈P1900〉;兴化锁龙消防药剂有限公司〈P1828〉;镇江市宏晔建材化工有限公司〈P1845〉;中国石化金陵石化公司烷基苯厂〈P1792〉;江阴市龙达化工有限公司〈P1870〉;无锡市恒辉化学有限公司〈P1876〉;[浙]余姚化工厂有限责任公司〈P1935〉;浙江华海药业股份有限公司〈P1964〉;浙江省三门解氏化学工业有限公司〈P1966〉;浙江普洛化学有限公司〈P1955〉;[皖]铜陵化工集团有机化工有限责任公司〈P1978〉;马鞍山市康华化工有限公司〈P1977〉;安庆市有机化工有限责任公司〈P1980〉;[闽]福建三农集团股份有限公司〈P1994〉;[赣]赣南果业赣州农药公司〈P2014〉;[鲁]潍坊潍泰化工有限公司〈P2106〉;山东齐峰化轻集团公司〈P2053〉;山东大成农药股份有限公司〈P2051〉;济宁中银电化有限公司〈P2129〉;德州虹桥染料化工有限公司〈P2142〉;山东方明化工有限公司〈P2160〉;山东神工化工股份有限公司〈P2077〉;山东省平原制药厂〈P2146〉;淄博铭威特安全设备有限公司〈P2065〉;新泰市宏达化工有限公司〈P2138〉;潍坊同业化学有限公司〈P2105〉;[豫]河南开普化工股份有限公司〈P2165〉;开封油脂化工厂〈P2179〉;河南省化工研究所〈P2167〉;黎明化工研究院〈P2181〉;河南神马尼龙化工有限责任公司〈P2191〉;[鄂]湖北科兴医药化工股份有限公司〈P2237〉;[湘]湖南天宇农药化工集团股份有限公司〈P2253〉;[粤]广州市坚红化工厂〈P2264〉;广东粤港大地制漆有限公司〈P2291〉;[渝]重庆长寿化工有限责任公司〈P2304〉;重庆长风化工厂〈P2303〉;[川]成都天华科技股

份有限公司〈P2315〉;[青]青海制药厂有限公司〈P2359〉;青海金牛胶业集团有限公司〈P2359〉

焦化苯 C01040303

Benzene, coking by-products [71-43-2]

用作溶剂、合成染料、塑料、橡胶、纤维、农药的原料

【生产厂】[京]北京春雨化工厂〈P1545〉;[冀]石家庄焦化集团有限责任公司(3万吨)〈P1627〉;[晋]山西太明化工工业有限公司(2万吨)〈P1676〉;[辽]鞍山市中联化工品有限公司〈P1696〉;鞍钢实业化工公司〈P1695〉;[苏]上海梅山企业发展有限公司南京化工实业分公司(2万吨)〈P1792〉;镇江市润州第二化工厂〈P1845〉;[鲁]济南钢铁集团总公司焦化厂(1万吨)〈P2021〉;莱芜钢铁股份有限公司焦化厂(3万吨)〈P2140〉;济宁市鲁煤化工有限公司(3000吨)〈P2128〉;山东民生煤化工有限公司(4000吨)〈P2132〉;[豫]开封市南郊巨龙化工厂〈P2178〉;[川]攀枝花钢铁集团煤化工公司(1万吨)〈P2322〉;[甘]酒泉钢铁(集团)有限责任公司〈P2357〉

【使用厂】[粤]广州化学试剂厂〈P2261〉

萘(精);精萘 C01040401

Naphthalene, refined [91-20-3]

主要用于生产苯酐,也是制备染料、医药、塑料等的基本原料,可用于制造染料中间体、扩散剂、减水剂等

【生产厂】[津]天津市宏鑫化工厂(5000吨)〈P1589〉;天津市鑫阔化工厂(2万吨)〈P1608〉;[冀]石家庄焦化集团有限责任公司〈P1627〉;[辽]鞍山市中联化工品有限公司〈P1696〉;辽宁鞍山市贝达合成化工厂〈P1697〉;鞍钢实业化工公司〈P1695〉;[沪]宝山钢铁股份有限公司化工分公司(9900吨)〈P1726〉;[苏]上海梅山企业发展有限公司南京化工实业分公司〈P1792〉;苏州林通染料化工有限公司〈P1902〉;[鲁]淄博安昌化工有限公司〈P2057〉;济宁市鲁煤化工有限公司(1000吨)〈P2128〉;济宁碳素工业总公司(1万吨)〈P2129〉;[豫]平顶山市鹰泰化工有限责任公司(1000吨)〈P2192〉;偃师市兴盛化工厂(1300吨)〈P2189〉

【使用厂】[津]天津华士化工有限公司〈P1573〉;天津市兰化染料厂〈P1598〉;天津市长城化工厂〈P1581〉;[冀]河北省武强县启龙化工有限公司〈P1666〉;[沪]上海天坛助剂有限公司〈P1767〉;[苏]吴江市东风化工有限公司〈P1910〉;常州市武进临川化工有限公司〈P1854〉;[鲁]德州信达化工有限公司〈P2142〉;招远七六一有限责任公司〈P2120〉;山东平原县忠臣化工有限公司〈P2145〉;淄博三鹏化工有限责任公司〈P2066〉;[豫]安阳染料厂〈P2208〉;[川]四川川化集团成都望江化工厂〈P2318〉;[甘]兰州助剂厂〈P2356〉

萘 C01040402

Naphthalene [91-20-3]

主要用于生产苯酐,也是生产染料、医药等的原料

【生产厂】[冀]考伯斯(中国)炭素化工有限公司〈P1635〉;[辽]辽阳石油化纤公司英华化工厂〈P1710〉;[沪]上海金环石油萘开发有限公司(8000吨)〈P1744〉;[鲁]山东民生煤化工有限公司(1万吨)〈P2132〉

【使用厂】[津]天津市染料化学第九厂〈P1600〉;天津市津南区振华化工厂〈P1594〉;天津市雍阳减水剂厂〈P1611〉;[沪]宝山钢铁股份有限公司化工分公司〈P1726〉;上海新浦化工厂有限公司〈P1772〉;[苏]南京化学工业有限公司化工厂〈P1785〉;南通大伦化工有限公司〈P1833〉;苏州合成化工有限公司〈P1900〉;苏州林通染料化工有限公司〈P1902〉;[浙]浙江五龙化工股份有限公司〈P1947〉;[皖]铜陵化工集团有机化工有限责任公司〈P1978〉;[鲁]淄博元兴化工有限公司〈P2075〉;济宁市任城区福利精细化工厂〈P2128〉;[豫]河南省开仑化工有限责任公司〈P2211〉;[鄂]荆州市博尔德化学有限公司〈P2240〉;[粤]广州化学试剂厂〈P2261〉;[滇]云南省宣威华兴化工有限公司〈P2343〉;[陕]宝鸡市有机化工厂〈P2351〉;[甘]兰州助剂厂〈P2356〉

蒽 C01040501

Anthracene [120-12-7]

用于制造分散染料、茜素、还原染料的中间体蒽醌,可作塑料、绝缘材料的原料

【生产厂】[辽]辽宁鞍山市贝达合成化工厂〈P1697〉;鞍钢实业化工公司(700吨)〈P1695〉;[苏]常州市武进鸣凰化学厂〈P1854〉;常州市武进临川化工有限公司〈P1854〉

【使用厂】[冀]石家庄白龙化工股份有限公司〈P1625〉;[沪]上海长风化工厂〈P1729〉;宝山钢铁股份有限公司化工分公司〈P1726〉;[苏]张家港市飞宇化工有限公司〈P1912〉;江苏常余化工有限公司〈P1893〉;[鲁]山东平原县忠臣化工有限公司〈P2145〉

苊(工业);苊 C01040601

Acenaphthylene, industrial [83-32-9]

是生产1,8-萘二甲酸酐的原料,可经脱氢后制苊烯树脂,可用于制染料、植物生长激素、杀虫杀菌剂等

【生产厂】[冀]石家庄焦化集团有限责任公司〈P1627〉;河北省曲周县滏南化工有限公司(600吨)〈P1640〉;[辽]鞍山市惠丰化工有限责任公司〈P1695〉;鞍山市天长化工有限公司〈P1696〉;辽宁鞍山市贝达合成化工厂〈P1697〉;鞍钢实业化工公司(100吨)〈P1695〉;[鲁]莱芜市雅鲁生化有限公司〈P2141〉;山东定陶友帮化工有限公司〈P2159〉

菲 C01040701

Phenanthrene [85-01-8]

用于制菲醌、合成树脂、农药、防腐剂等

【生产厂】[辽]鞍山市天长化工有限公司〈P1696〉;辽宁鞍山市贝达合成化工厂〈P1697〉;鞍钢实业化工公司〈P1695〉;[苏]常州市武进临川化工有限公司(200吨)〈P1854〉

乙醇;酒精 C01050101

Alcohol; Ethanol; Ethyl alcohol [64-17-5]

是重要的基础化工原料之一,广泛用于有机合成、医药、农药等行业,也是一种重要的有机溶剂

【生产厂】[津]天津市北辰区新欣精细化工厂(200吨)〈P1580〉;天津市宁河白酒厂(20万吨)〈P1599〉;[冀]华北制药股份有限公司(450吨)〈P1624〉;华北制药集团有限责任公司〈P1624〉;石家庄新宇三阳实业有限公司(2万吨)〈P1633〉;唐山市玉米生物工程总公司(1万吨)〈P1636〉;霸州市华厦溶剂精制有限公司〈P1657〉;[辽]沈阳东松药业有限责任公司〈P1685〉;大连川连酒厂〈P1691〉;[吉]吉林燃料乙醇有限责任公司(40万吨)〈P1715〉;[沪]上海建原化工有限公司〈P1743〉;[苏]宜兴市博兴化工有限公司(3万吨)〈P1883〉;江苏省宜兴市兴洋化工厂〈P1866〉;太仓新太酒精有限公司(600吨)〈P1909〉;赣榆县金山化工有限公司(5万吨)〈P1797〉;扬州贝尔化工有限公司〈P1817〉;江都市银江化工有限公司〈P1815〉;江苏省江都市天林化工有限公司〈P1816〉;海门市海信化工助剂厂〈P1830〉;[皖]安徽安特集团〈P1983〉;[赣]吉安市通海医药化工有限公司〈P2017〉;吉安市海洲医药化工有限公司〈P2017〉;[鲁]周村鲁岳化工有限公司

C

〈P2057〉；临淄青华化工溶剂厂〈P2050〉；桓台县田庄镇东方化工助剂厂〈P2049〉；临沂宏仕德化工有限公司（10 万吨）〈P2147〉；山东凯利化工有限公司〈P2149〉；[豫]孟州市华兴生物化工有限责任公司（2000 吨）〈P2197〉；河南天冠酒精化工集团有限公司（1 万吨）〈P2223〉；河南天冠企业集团有限公司（30 万吨）〈P2223〉；[粤]广州造纸有限公司〈P2268〉；广东捷泰实业发展有限公司（1 万吨）〈P2259〉；广州市得威廉化工有限公司〈P2263〉；广州市骏鑫化工有限公司〈P2265〉；珠海欣宏电子化学材料有限公司〈P2275〉；[桂]广西明阳生化科技股份有限公司（2 万吨）〈P2296〉；广西博庆食品有限公司（7000 吨）〈P2302〉；[川]四川山山药业集团有限公司〈P2332〉；[甘]甘肃酒泉天宏糖业有限责任公司（4500 吨）〈P2357〉

【使用厂】[京]北京化工厂〈P1549〉；中国石化催化剂北京奥达分公司〈P1568〉；北京东方锐波化工厂〈P1546〉；北京东方石油化工有限公司有机化工厂〈P1546〉；北京丽水化工有限责任公司〈P1554〉；北京东方化工厂〈P1546〉；中国石油化工股份有限公司北京化工研究院〈P1568〉；北京紫竹药业有限公司〈P1567〉；[津]天津渤天化工有限责任公司〈P1571〉；南开大学化工厂〈P1569〉；天津有机化学工业总公司中河化工厂〈P1617〉；天津石油化工公司聚醚部〈P1578〉；天津市风船化学试剂科技有限公司〈P1586〉；天津农药股份有限公司〈P1576〉；天津市大盈树脂塑料有限公司〈P1584〉；天津灯塔涂料有限公司〈P1571〉；天津市天庆化工有限公司〈P1605〉；天津市创新有机化工厂〈P1582〉；天津市津海第二福利化工厂〈P1593〉；天津天成制药有限公司〈P1614〉；天津市中央药业有限公司〈P1613〉；天津金狮天然食品添加剂有限公司〈P1574〉；天津市泰森化工集团有限公司〈P1603〉；天津市宇博精细化工有限公司〈P1611〉；[冀]石家庄市联碱厂化工分厂〈P1630〉；石家庄市有机化工厂〈P1632〉；石家庄制药集团有限公司〈P1634〉；石家庄市茂新化工有限公司〈P1631〉；河北省新朝阳化工股份有限公司〈P1635〉；河北诚信有限责任公司〈P1619〉；河北张药股份有限公司〈P1650〉；河北世纪农药有限公司〈P1666〉；[蒙]通辽制药总厂〈P1682〉；[辽]台安县化工有限责任公司〈P1697〉；大连瑞泽农药股份有限公司〈P1693〉；中国石油天然气股份有限公司辽阳石化分公司〈P1712〉；铁岭选矿药剂厂〈P1713〉；同联集团沈阳抗生素厂〈P1690〉；东北制药总厂〈P1684〉；辽宁庆阳特种化工有限公司〈P1709〉；大连化工研究设计院〈P1692〉；[吉]吉林通化农药化工股份有限公司〈P1718〉；[黑]牡丹江鸿利化工有限责任公司〈P1723〉；哈药集团制药总厂〈P1721〉；[沪]上海造漆厂〈P1777〉；上海振华造漆厂〈P1778〉；上海五洲药业股份有限公司〈P1770〉；上海中西药业股份有限公司〈P1779〉；上海千为油脂科技有限公司〈P1757〉；上海祁南胶粘材料厂〈P1756〉；上海华彩精细化工有限公司〈P1738〉；上海源大精细化工有限公司〈P1776〉；上海经纬化工有限公司〈P1745〉；上海葡萄糖厂〈P1755〉；上海宝达兽药制造有限公司〈P1728〉；上海华宝孔雀香精香料有限公司〈P1738〉；上海现代浦东药厂有限公司〈P1771〉；上海中远化工有限公司〈P1779〉；上海科创化工有限公司〈P1748〉；上海东和胶粘剂有限公司〈P1732〉；上海万安化工科技研究所〈P1768〉；[苏]苏州市永达精细化工有限公司〈P1906〉；徐州市恒扬化工有限公司〈P1795〉；江苏安邦电化有限公司〈P1802〉；扬州市恒生化工有限公司〈P1818〉；南通江山农药化工股份有限公司〈P1833〉；张家港市宏新化学制药有限公司〈P1912〉；无锡市三吉助剂有限责任公司〈P1878〉；江苏三木集团公司〈P1865〉；江苏苏化集团有限公司〈P1894〉；苏州华源农用生物化学品有限公司〈P1901〉；昆山市化学原料有限公司〈P1897〉；常州药业股份有限公司〈P1858〉；苏州第四制药厂有限公司〈P1899〉；江苏常余化工有限公司〈P1893〉；南京红太阳集团〈P1784〉；宜兴市芳桥东方化工厂〈P1884〉；常州康达制药有限公司〈P1848〉；江苏省溧阳市制药厂〈P1861〉；苏州市化工研究所有限公司〈P1904〉；盐城市东港药物化工发展有限公司〈P1811〉；扬州威斯曼雅本制药有限公司〈P1820〉；江苏华伦化工有限公司〈P1816〉；张家港浩波化学品有限公司〈P1912〉；无锡市东风化工厂〈P1875〉；常熟市沪联助剂有限责任公司〈P1890〉；丹尼斯克（张家港）亲水胶体有限公司〈P1892〉；徐州开达精细化工有限公司〈P1795〉；泰兴市医药化工厂〈P1827〉；泰兴市一鸣精细化工有限公司〈P1827〉；宜兴市通达化学有限公司〈P1887〉；宜兴市凯欣化工有限公司〈P1885〉；[浙]浙江建德建业有机化工有限公司〈P1928〉；建德市新化化工有限责任公司〈P1926〉；余姚化工厂有限责任公司〈P1935〉；温州天盛电化有限公司〈P1938〉；浙江海正药业股份有限公司〈P1964〉；浙江新农化工股份有限公司〈P1970〉；临安市青虹化工助剂厂〈P1926〉；浙江东亚医药化工有限公司〈P1963〉；浙江龙鑫化工有限公司〈P1970〉；嘉兴精化化工有限公司〈P1941〉；[皖]黄山市华美精细化工有限公司〈P1981〉；[闽]浦城正大生化有限公司〈P2005〉；厦门大学化工厂〈P1991〉；[赣]景德镇市开门子药用化工有限公司〈P2010〉；江西农大锐特化工科技有限公司〈P2009〉；南昌市赣江溶剂厂〈P2010〉；江西制药有限责任公司〈P2009〉；[鲁]济南泰山金鹏涂料有限公司〈P2025〉；山东新华东风化工有限公司〈P2055〉；山东大成农药股份有限公司〈P2051〉；山东新华制药股份有限公司〈P2055〉；淄博元兴化工有限公司〈P2075〉；山东富安集团农药有限公司〈P2052〉；淄博市周村穗丰农药化工有限公司〈P2072〉；淄博汇鑫化工有限责任公司〈P2062〉；山东胜邦鲁南农药有限公司〈P2150〉；山东金沂蒙集团有限公司〈P2149〉；德州恒东农药化工有限公司〈P2141〉；山东华阳和乐农药有限公司〈P2144〉；济南鲁康化学工业有限公司〈P2023〉；斯比凯可（山东）生物制品有限公司〈P2140〉；山东北方现代化学工业有限公司〈P2027〉；寿光市信昌化工有限公司〈P2100〉；山东石大科技集团有限公司〈P2086〉；鱼台奥伦特原野化工有限公司〈P2134〉；邹平玉泉化工有限公司〈P2158〉；山东聊城阿华制药有限公司〈P2153〉；山东齐鲁乙烯化工股份有限公司〈P2054〉；山东胜邦绿野化学有限公司〈P2029〉；青岛赛特香料有限公司〈P2041〉；山东博山制药有限公司〈P2051〉；山东滕州悟通香料有限责任公司〈P2078〉；山东阳谷中石药业有限公司〈P2154〉；山东省邹平县齐苑化工有限公司〈P2156〉；山东华仙集团总公司〈P2131〉；淄博开发区光明社会福利化工厂〈P2064〉；山东博丰植保药业有限公司〈P2051〉；烟台通世化工有限公司〈P2119〉；潍坊同业化学有限公司〈P2105〉；淄博万昌集团有限公司〈P2073〉；淄博汇昌石化助剂有限责任公司〈P2062〉；曲阜市万达化工有限公司〈P2130〉；寿光市万奥化工有限公司〈P2100〉；淄博瑞穗化工有限公司〈P2066〉；[豫]平顶山煤业集团开封东大化工有限公司〈P2179〉；河南省新乡六通实业有限公司〈P2201〉；洛阳市富苑精细化工有限公司〈P2183〉；开封化学试剂总厂〈P2176〉；郑州中原应用技术研究开发有限公司〈P2176〉；洛阳市化学试剂厂〈P2184〉；洛阳伊龙药业有限公司〈P2187〉；新乡市东风化工有限责任公司〈P2204〉；河南省尉氏县香料厂〈P2176〉；濮阳中原三力实业有限公司〈P2216〉；荥阳市六零集团公司六零二分厂〈P2169〉；安阳豫北制药厂〈P2210〉；偃师市福兴纤维素厂〈P2188〉；三门峡市峡威化工有限公司〈P2222〉；[鄂]湖北仙隆化工股份有限公司〈P2245〉；湖北楚源集团股份有限公司〈P2239〉；湖北华中药业有限公司〈P2237〉；[湘]长沙市化工研究所〈P2247〉；株洲选矿药剂厂〈P2250〉；[粤]广州化学试剂厂〈P2261〉；广州市金珠江化学有限公司〈P2265〉；台山市化学制药有限公司〈P2286〉；江门甘蔗化工厂（集团）股份有限公司〈P2285〉；江门谦信化工发展有限公司〈P2285〉；[桂]桂林南药股份有限公司〈P2299〉；[渝]重庆康乐制药有限公司〈P2305〉；重庆长风化工厂〈P2303〉；西南合成制药股份有限公司〈P2303〉；重庆市昆仑化工有限公司〈P2307〉；[川]四川省化工研究设计院〈P2319〉；成都天华科技股份有限公司〈P2315〉；乐山三九长征药业股份有限公司〈P2332〉；

四川红光化工有限公司〈P2334〉；成都川大华西康达药物研究所〈P2310〉；［黔］贵州水晶化工股份有限公司〈P2337〉；［滇］云南省宣威华兴化工有限公司〈P2343〉；云南省玉溪市香料厂〈P2344〉；昆明市西山选矿药剂厂〈P2339〉；［陕］西安北方惠安精细化工有限公司〈P2347〉；［甘］白银有色金属公司〈P2357〉；兰州助剂厂〈P2356〉；甘肃省盐锅峡化工总厂〈P2358〉；［青］青海黎明化工有限责任公司〈P2359〉；青海制药厂有限公司〈P2359〉

乙醇(无水)；无水乙醇 C01050102

Ethanol, absolute; Ethyl alcohol, absolute; Alcohol, anhydrous [64-17-5]

广泛用于塑料、合成纤维、合成橡胶等有机合成工业

【生产厂】［津］天津市康友化工有限公司(16万吨)〈P1597〉；［冀］石家庄市麟鑫化工有限公司〈P1630〉；［沪］上海建原化工有限公司〈P1743〉；［苏］无锡市三吉助剂有限责任公司(100吨)〈P1878〉；宜兴市昌吉利化工有限公司〈P1883〉；太仓新太酒精有限公司(2万吨)〈P1909〉；［皖］安徽安特集团(2万吨)〈P1983〉；［赣］江西洪都生物化学有限公司〈P2008〉；［鲁］天德化工控股有限公司(7万吨)〈P2101〉；潍坊同业化学有限公司(5万吨)〈P2105〉；寿光市金泽洋化工有限公司(1万吨)〈P2100〉；山东金沂蒙集团有限公司(5000吨)〈P2149〉；［豫］河南中促实业有限公司〈P2218〉；平顶山煤业集团开封东大化工有限公司(1万吨)〈P2179〉；［渝］重庆市昆仑化工有限公司(1500吨)〈P2307〉

【使用厂】［京］北京市申达精细化工有限公司〈P1560〉；［津］天津市东丽区福利有机化工厂〈P1585〉；［冀］朝阳化工集团公司〈P1634〉；［沪］上海三维制药有限公司〈P1760〉；上海中远化工有限公司〈P1779〉；［苏］南通市东昌化工有限公司〈P1834〉；张家港市飞宇化工有限公司〈P1912〉；南通星辰合成材料有限公司〈P1836〉；苏州益良药业有限公司〈P1907〉；江苏常余化工有限公司〈P1893〉；常州康达制药有限公司〈P1848〉；常熟市医药原料厂〈P1891〉；昆山三友医药辅料厂〈P1896〉；［浙］浙江新东海医药化工有限公司〈P1969〉；［鲁］山东华阳和乐农药有限公司〈P2144〉；德州德药制药有限公司〈P2141〉；淄博开发区医药化工厂〈P2064〉；［豫］河南永信生物农药股份有限公司〈P2194〉；［粤］广州化学试剂厂〈P2261〉；［青］青海制药厂有限公司〈P2359〉

无水乙醇(药用) C01050107

Ethanol, absolute, medicinal [64-17-5]

【生产厂】［蒙］内蒙古通辽糖厂制药分厂〈P1682〉；［苏］江苏宜兴市第二化学试剂厂〈P1866〉；太仓新太酒精有限公司(1万吨)〈P1909〉；江苏省太仓市康达化工厂〈P1894〉；［皖］安徽安特集团〈P1983〉；［闽］福建省莆田市医药酒精厂(500万瓶)〈P1997〉

甲醇(精)；精甲醇 C01050301

Methanol, refined; Methyl alcohol, refined [67-56-1]

主要用来制备甲醛以及在有机合成中用作甲基化剂和溶剂，是甲基叔丁基醚的原料，也可用作汽车燃料

【生产厂】［冀］石家庄化肥集团有限责任公司(4万吨)〈P1626〉；［晋］山西介休光华化工有限公司(2万吨)〈P1675〉；［辽］海城化工三厂(2000吨)〈P1696〉；［黑］哈尔滨煤化工有限公司(14万吨)〈P1720〉；［苏］江苏省常熟市南湖实业化工厂〈P1894〉；［浙］平阳县平氮化工有限公司(5000吨)〈P1936〉；［闽］福建省漳浦县扬绿化工有限公司(2万吨)〈P2001〉；长泰县长庆合成化工有限公司(3万吨)〈P2001〉；［鲁］山东德齐龙化工集团有限公司(16万吨)〈P2143〉；山东滨州天阳化工有限公司(6万吨)〈P2155〉；青岛海湾集团有限公司(4万吨)〈P2036〉；山东飞达化工科技有限公司(4万吨)〈P2135〉；山东恒通化工股份有限公司(5万吨)〈P2149〉；日照市金秋化工有限公司(2万吨)〈P2139〉；枣庄市清泉化工有限公司(6000吨)〈P2080〉；山东昊福集团有限公司(3万吨)〈P2130〉；［豫］新乡市化肥厂有限责任公司(2万吨)〈P2205〉；新乡中新化工有限责任公司(9万吨)〈P2208〉；濮阳市甲醇厂(8万吨)〈P2214〉；河南省孟津县化肥厂(6万吨)〈P2180〉；开封开化(集团)有限公司(2万吨)〈P2176〉；［湘］中国石化长岭炼油化工有限责任公司〈P2254〉；［粤］广州市番禺番氮化工有限公司(7000吨)〈P2263〉；［陕］陕西榆林天然气化工有限责任公司(9万吨)〈P2353〉；［新］中国石油天然气股份有限公司克拉玛依石化分公司〈P2365〉

【使用厂】［皖］安徽淮化集团有限公司〈P1976〉；安徽昊源化工集团有限公司〈P1983〉；［闽］福建石化集团三明化工有限责任公司〈P1995〉；［豫］濮阳市鹏鑫化工有限公司〈P2214〉；［鄂］湖北恒日化工股份有限公司〈P2243〉

甲醇；木精；木醇；木酒精；工业甲醇 C01050302

Methanol; Methyl alcohol [67-56-1]

主要用来制备甲醛以及在有机合成中用作甲基化剂和溶剂，是甲基叔丁基醚的原料，也可用作汽车燃料

【生产厂】［京］北京制药工业研究所实验药厂〈P1566〉；［津］天津市康友化工有限公司(8000吨)〈P1597〉；天津宏运化工有限公司(200吨)〈P1573〉；［冀］石家庄双联化工集团(2万吨)〈P1632〉；石家庄金石化肥有限责任公司〈P1627〉；石家庄焦化集团有限责任公司(2万吨)〈P1627〉；石家庄化肥集团有限责任公司(4万吨)〈P1626〉；石家庄双联化工有限责任公司(2万吨)〈P1633〉；河北新化股份有限公司(5万吨)〈P1623〉；晋州市化肥厂(2万吨)〈P1625〉；石家庄玮奇工贸有限公司〈P1633〉；河北冀衡磷肥股份有限公司(10万吨)〈P1664〉；河北省永年县化肥厂(5万吨)〈P1640〉；邱县龙港化工有限公司(3万吨)〈P1641〉；河北青县大地化工有限公司(3万吨)〈P1654〉；朝阳化工集团公司〈P1634〉；霸州市华厦溶剂精制有限公司〈P1657〉；曲阳县田原化工有限公司(3万吨)〈P1649〉；中国昊华集团宣化有限公司(1万吨)〈P1650〉；河北宣化化肥集团有限公司〈P1650〉；［晋］太原化工股份有限公司合成氨分公司(6万吨)〈P1671〉；文水县振兴化肥有限公司(4万吨)〈P1677〉；大同煤矿集团有限责任公司煤气厂(5万吨)〈P1672〉；临汾市同世达实业有限公司〈P1678〉；山西丰喜肥业(集团)股份有限公司(45万吨)〈P1679〉；山西平陆丰喜肥业有限公司(2万吨)〈P1679〉；山西兰花科技创业股份有限公司〈P1675〉；山西兰花煤炭实业集团有限公司(2万吨)〈P1675〉；山西晋丰煤化工有限责任公司(9万吨)〈P1675〉；［蒙］内蒙古乌拉山化肥有限责任公司(5万吨)〈P1683〉；内蒙古远兴天然碱股份有限公司〈P1683〉；［辽］沈阳东进化工产业有限公司(2万吨)〈P1685〉；辽阳威特化工有限公司(5000吨)〈P1711〉；［吉］中国石油吉化集团公司(5000吨)〈P1717〉；吉化集团精细化学品有限公司〈P1715〉；吉林省通化化工股份有限公司〈P1718〉；［黑］哈尔滨燃气化工总公司(14万吨)〈P1720〉；黑龙江黑化集团有限公司(3万吨)〈P1722〉；大庆油田甲醇厂(20万吨)〈P1723〉；［沪］上海吴泾化工有限公司(8万吨)〈P1770〉；上海人民制药溶剂厂〈P1758〉；［苏］宜兴市博兴化工有限公司〈P1883〉；江苏省宜兴市兴洋化工厂〈P1866〉；张家港市东昌化工有限公司〈P1912〉；江苏润丰生化有限公司(2万吨)〈P1793〉；江苏恒盛化肥有限公司(10万吨)〈P1792〉；涟水丰禾化工有限公司(1万吨)〈P1803〉；东台市绿源化工有限公司(7000吨)〈P1806〉；江苏省江都市天林化工有限公司〈P1816〉；［皖］安徽淮化集团有限公司(6万吨)〈P1976〉；淮南市恩

贝化工有限公司〈P1976〉；安徽三星化工集团公司（10 万吨）〈P1983〉；安徽昊源化工集团有限公司〈P1983〉；安徽省阜南县化工总厂（3 万吨）〈P1983〉；安徽临泉化工股份有限公司（10 万吨）〈P1983〉；安徽省六安市建来化工有限公司（1 万吨）〈P1985〉；安庆曙光化工（集团）有限公司（2 万吨）〈P1980〉；［闽］福建省顺昌富宝实业有限公司（3 万吨）〈P2004〉；福建石化集团三明化工有限责任公司（5 万吨）〈P1995〉；［赣］江西江氨化学工业有限公司（4 万吨）〈P2008〉；江西昌九生物化工股份有限公司（4 万吨）〈P2008〉；［鲁］济南化肥厂有限责任公司（4 万吨）〈P2022〉；山东明水大化集团（5 万吨）〈P2029〉；章丘日月化工有限公司（6 万吨）〈P2031〉；山东华鲁恒升化工股份有限公司（16 万吨）〈P2144〉；山东华鲁恒升集团有限公司（16 万吨）〈P2144〉；山东省宁津县永兴化工有限责任公司（10 万吨）〈P2145〉；临淄青华化工溶剂厂〈P2050〉；山东博丰植保药业有限公司〈P2051〉；临淄鲁安化工厂（500 吨）〈P2050〉；淄博齐翔腾达化工有限公司〈P2066〉；山东省桓台县鑫荣化工厂（1200 吨）〈P2054〉；山东滨州裕华化工总公司（3 万吨）〈P2155〉；山东省利津县正和化工有限公司（6 万吨）〈P2086〉；山东垦利石化有限责任公司（20 万吨）〈P2085〉；山东省垦利县化肥厂（10 万吨）〈P2086〉；山东海化盛兴化工有限公司（3 万吨）〈P2095〉；青州市政通化工有限公司〈P2093〉；山东联盟化工集团有限公司（5 万吨）〈P2096〉；烟台巨力化肥有限公司（3 万吨）〈P2117〉；烟台市福山区正源化工有限公司（1 万吨）〈P2118〉；青岛碱业股份有限公司（4 万吨）〈P2038〉；青岛碱业股份有限公司天柱化肥分公司（2 万吨）〈P2038〉；山东邦盛化工公司（3 万吨）〈P2135〉；山东盛大科技（集团）股份有限公司（3 万吨）〈P2136〉；泰安双丰化肥有限公司（2 万吨）〈P2138〉；山东瑞星化工有限公司（8 万吨）〈P2136〉；肥城阿斯德化工有限公司（5 万吨）〈P2134〉；山东阿斯德化工有限公司（5 万吨）〈P2135〉；济宁市恒立化工有限公司（2 万吨）〈P2128〉；兖矿峄山化工有限公司（5 万吨）〈P2133〉；山东红日阿康化工股份公司（10 万吨）〈P2149〉；山东久泰化工科技股份有限公司（25 万吨）〈P2149〉；莒南县泰祥化肥有限公司（3000 吨）〈P2147〉；山东海化煤业化工有限公司（10 万吨）〈P2077〉；枣庄市清泉化工有限公司（2 万吨）〈P2080〉；兖矿鲁南化肥厂（20 万吨）〈P2080〉；［豫］郑州森奥化工有限责任公司（2 万吨）〈P2172〉；郑州沃原化工股份有限公司（2 万吨）〈P2174〉；新郑市韩春化工有限公司（3 万吨）〈P2169〉；巩义市回郭镇荣兴化工厂（2000 吨）〈P2163〉；河南省卫辉市豫北化工有限公司（5 万吨）〈P2201〉；河南新乡延化集团（3 万吨）〈P2202〉；河南延化化工有限责任公司（5 万吨）〈P2202〉；延津县化肥厂（3 万吨）〈P2208〉；河南省修武县大通物产有限公司（5 万吨）〈P2194〉；河南博爱县源泰化电有限责任公司（2 万吨）〈P2193〉；河南沁阳市龙旺化工有限公司（500 吨）〈P2193〉；河南省绿宇化电有限公司（3 万吨）〈P2194〉；安阳化学工业集团有限责任公司（4 万吨）〈P2208〉；淇县宏达化工有限公司（7 万吨）〈P2200〉；鹤壁市宝马化肥厂（1 万吨）〈P2199〉；长葛市鸿达化肥有限公司〈P2217〉；漯河泰丰化工有限责任公司（3 万吨）〈P2220〉；河南颍青化工有限公司（3 万吨）〈P2220〉；驻马店中化肥业有限公司〈P2227〉；河南省孟津县化肥厂（6 万吨）〈P2180〉；洛阳骏马化工有限公司（7000 吨）〈P2182〉；三门峡金茂化工有限公司（3 万吨）〈P2221〉；南阳市思达特精细化学有限责任公司（4000 吨）〈P2224〉；方城县华丰化工有限责任公司（3000 吨）〈P2223〉；南阳德润化工有限责任公司（1 万吨）〈P2223〉；［鄂］京山华贝化工有限责任公司（1 万吨）〈P2242〉；湖北省潜江华润化肥有限公司（6 万吨）〈P2245〉；湖北恒日化工股份有限公司（1 万吨）〈P2243〉；湖北省枣阳化学工业总公司〈P2237〉；宜城市鑫富化肥有限责任公司（2 万吨）〈P2238〉；湖北宜化集团有限责任公司（3 万吨）〈P2241〉；［湘］湖南智成化工有限公司（15 万吨）〈P2249〉；岳阳兴长石化股份有限公司〈P2254〉；中国石化长岭炼油化工有限责任公司（3 万吨）〈P2254〉；湖南郴州化工集团有限公司（1 万吨）〈P2257〉；郴州桥氮化工有限责任公司（1 万吨）〈P2256〉；［粤］广州市骏鑫化工有限公司〈P2265〉；［桂］柳州化工股份有限公司〈P2297〉；广西河池化工股份有限公司（3 万吨）〈P2302〉；［渝］重庆长风化工厂〈P2303〉；［川］江油川西北恒远天然气化工有限公司〈P2330〉；四川泸天化股份有限公司（40 万吨）〈P2323〉；［滇］云南东风化工有限公司（5000 吨）〈P2345〉；云南解化集团有限公司（2 万吨）〈P2345〉；［陕］陕西华山化工集团有限公司（3 万吨）〈P2352〉；陕西榆林天然气化工有限责任公司（23 万吨）〈P2353〉；陕西城化股份有限公司（2 万吨）〈P2353〉；［新］中国石油天然气股份有限公司吐哈油田分公司〈P2366〉

【使用厂】［京］北京化工厂〈P1549〉；北京丽水化工有限责任公司〈P1554〉；北京东方化工厂〈P1546〉；北京健力药业有限公司〈P1551〉；北京维达化工有限公司〈P1563〉；［津］天津力生化工有限公司〈P1576〉；天津市延安化工厂〈P1610〉；天津石油化工公司聚醚部〈P1578〉；天津农药股份有限公司〈P1576〉；天津天药药业股份有限公司〈P1615〉；天津市东丽区福利有机化工厂〈P1585〉；天津市药业有限公司〈P1610〉；天津天成制药有限公司〈P1614〉；天津市顶福化工总厂〈P1585〉；天津市纵横兴工贸有限公司化工试剂分公司〈P1614〉；天津市沽上石化有限公司〈P1587〉；［冀］石家庄市联碱厂化工分厂〈P1630〉；石家庄市有机化工厂〈P1632〉；石家庄制药集团有限公司〈P1634〉；石家庄化工化纤有限公司〈P1626〉；河北新兴化工有限责任公司〈P1648〉；保定市化工原料厂〈P1645〉；河北省新朔阳化工股份有限公司〈P1635〉；河北凯跃化工集团有限公司〈P1658〉；河北省藁城市瑞星化工有限责任公司〈P1621〉；河北省冀州市银河化工有限责任公司〈P1665〉；河北胜芳镇联合化工有限公司甲醛厂〈P1659〉；河北邢台航宇甲醛有限公司〈P1642〉；河北文安县太平洋化工厂〈P1659〉；河北文安利隆福利甲醛厂〈P1659〉；河北世纪农药有限公司〈P1666〉；河北沧州大化集团新星工贸有限责任公司〈P1653〉；［晋］山西三维集团股份有限公司〈P1678〉；太原市元太生物化工有限公司〈P1672〉；榆次开发区福利油脂化工厂〈P1676〉；［蒙］赤峰制药集团有限责任公司〈P1682〉；［辽］大连染料化工有限公司〈P1693〉；丹东医创药业有限责任公司〈P1701〉；东北制药总厂〈P1684〉；大洼县光明化工厂〈P1705〉；盘锦远东锦星化工有限公司〈P1707〉；辽宁省大洼德源化工厂〈P1706〉；沈阳市合成兽药厂〈P1688〉；沈阳化工研究院试验厂〈P1686〉；本溪化工集团精细化工有限责任公司〈P1699〉；［吉］梅河口市创源化工有限公司〈P1718〉；吉林长春市宏盛实业总公司化工塑料股份有限公司〈P1714〉；吉林森林工业股份有限公司通化胶粘剂分公司〈P1718〉；吉化集团吉林市锦江油化厂〈P1715〉；［黑］黑龙江石油化工厂〈P1723〉；黑龙江哈尔滨巨业化工有限公司〈P1721〉；哈药集团制药总厂〈P1721〉；宁安市兰华化工有限责任公司〈P1724〉；［沪］上海华溢塑料助剂合作公司〈P1740〉；上海农药厂有限公司〈P1755〉；上海千为油脂科技有限公司〈P1757〉；上海华谊集团上硫化工有限公司〈P1739〉；上海南翔试剂有限公司〈P1754〉；上海源大精细化工有限公司〈P1776〉；上海市石化鑫源化工实业有限公司〈P1764〉；上海宝达兽药制造有限公司〈P1728〉；上海树脂厂有限公司〈P1764〉；上海浦东旭光化工有限公司〈P1756〉；上海申宇医药化工有限公司〈P1761〉；上海申星化工有限公司〈P1761〉；上海现代浦东药厂有限公司〈P1771〉；上海中远化工有限公司〈P1779〉；上海市沪江生化厂〈P1763〉；上海福新化工有限公司〈P1733〉；［苏］江苏南京梅化精细化工有限公司〈P1781〉；南化集团有限公司氮肥厂〈P1782〉；南通市东昌化工有限公司〈P1834〉；连云港海水化工有限公司〈P1798〉；赣榆县金山化工有限公司〈P1797〉；江苏安邦电化有限公司〈P1802〉；江苏群发化工有限公司〈P1816〉；江都市华兴医药化工制品有限公司〈P1814〉；南通大伦化工有限公司

〈P1833〉;海门市江乐农药化工有限责任公司〈P1830〉;镇江江南化工有限公司〈P1844〉;镇江茂源化工有限公司〈P1844〉;江苏省临海化工厂有限公司〈P1808〉;武进农药厂〈P1864〉;江苏苏化集团有限公司〈P1894〉;苏州精细化工有限公司〈P1901〉;苏州华源农用生物化学品有限公司〈P1901〉;江苏梅兰化工股份有限公司〈P1821〉;江苏省连云港市东金化工有限公司〈P1798〉;江苏苏中农药化工厂〈P1822〉;苏州二叶制药有限公司〈P1899〉;江苏亚邦化工集团有限公司〈P1861〉;江苏省靖江市金囤农化有限公司〈P1822〉;兴化市青松农药化工有限公司〈P1828〉;南京长江第一化工厂〈P1783〉;常州市武进东湖化工原料有限公司〈P1854〉;常州市清红化工有限公司〈P1853〉;江苏省溧阳市制药厂〈P1861〉;盐城市东港药物化工发展有限公司〈P1811〉;镇江李长荣综合石化工业有限公司〈P1844〉;常熟市农药厂有限公司〈P1890〉;江苏华伦化工有限公司〈P1816〉;常州市化安精细化工有限公司〈P1851〉;南通光荣化工有限公司〈P1833〉;江苏南通江天化学品有限公司〈P1830〉;江苏淮安东大化工有限公司〈P1802〉;建滔(常州)化工有限公司〈P1858〉;江苏腾龙生物药业有限公司〈P1808〉;南通龙灯化工有限公司〈P1834〉;[浙]海盐博大精细化工有限公司〈P1940〉;浙江台州海翔医药化工有限公司〈P1968〉;浙江海正药业股份有限公司〈P1964〉;浙江化工科技集团有限公司精细化工厂〈P1927〉;浙江宁波裕隆工贸实业有限公司碧波化工厂〈P1935〉;浙江温州佳禾助剂有限公司〈P1939〉;浙江巨州国盛化工有限公司〈P1958〉;江山市齐心化工有限公司〈P1957〉;浙江车头制药有限公司〈P1963〉;浙江震元制药有限公司〈P1952〉;瑞安市双环工业公司〈P1937〉;浙江衢化氟化学有限公司〈P1959〉;衢州康环医药化工有限公司〈P1957〉;浙江普洛化学有限公司〈P1955〉;[皖]安徽氯碱化工集团有限责任公司〈P1972〉;[闽]福建省东南电化股份有限公司〈P1988〉;福建省厦鹭电化有限公司〈P2001〉;福建纺织化纤集团有限公司〈P1994〉;福建省建瓯福农化工有限公司〈P2003〉;福建省建瓯市华荣化工有限公司〈P2003〉;福建建瓯华丰化工有限公司〈P2002〉;福建三农集团股份有限公司〈P1994〉;福建省三明三化甲醛有限公司〈P1995〉;龙岩连润化工有限公司〈P2006〉;林德气体(厦门)有限公司〈P1991〉;[赣]景德镇市开门子药用化工有限公司〈P2010〉;江西化纤化工有限责任公司〈P2010〉;江西第二化肥厂〈P2012〉;赣南果业赣州农药公司〈P2014〉;海利贵溪化工农药有限公司〈P2013〉;[鲁]济南白云有机化工有限公司〈P2020〉;青岛海湾集团有限公司〈P2036〉;淄博合力化工有限公司〈P2061〉;山东新华东风化工有限公司〈P2055〉;山东大成农药股份有限公司〈P2051〉;山东富安集团农药有限公司〈P2052〉;淄博化学试剂厂有限公司〈P2062〉;淄博市周村穗丰农药化工有限公司〈P2072〉;淄博汇鑫化工有限责任公司〈P2062〉;山东临邑县宏达化工有限公司〈P2144〉;山东金沂蒙集团有限公司〈P2149〉;山东飞达化工科技有限公司〈P2135〉;菏泽源丰农药有限公司〈P2159〉;德州恒东农药化工有限公司〈P2141〉;山东华阳和乐农药有限公司〈P2144〉;淄博金马化工厂〈P2063〉;济南鲁康化学工业有限公司〈P2023〉;淄博金坤化学工业有限公司〈P2063〉;淄博市淄川福利化工原料厂〈P2072〉;山东石大科技集团有限公司〈P2086〉;山东泰山染料股份有限公司〈P2137〉;济南圣泉集团股份有限公司〈P2025〉;中国石油化工股份有限公司齐鲁石化股份公司〈P2057〉;山东胜邦绿野化学有限公司〈P2029〉;济宁市安康制药有限公司〈P2128〉;山东博山制药有限公司〈P2051〉;山东省昌乐县金海特种油脂厂〈P2097〉;山东东岳化工股份有限公司〈P2052〉;淄博开发区医药化工厂〈P2064〉;山东滕州悟通香料有限责任公司〈P2078〉;青岛东生药业有限公司〈P2034〉;山东省邹平县齐苑化工有限公司〈P2156〉;山东省临沂市三丰化工有限公司〈P2150〉;淄博开发区光明社会福利化工厂〈P2064〉;滕州永兴化工有限责任公司〈P2080〉;山东东大化学工业有限公司〈P2052〉;东辰(集团)化工有限公司〈P2081〉;寿光富康制药有限公司〈P2099〉;郯城县信合有机化工厂〈P2151〉;山东省菏泽市化工有限公司〈P2160〉;潍坊同业化学有限公司〈P2105〉;淄博万昌集团有限公司〈P2073〉;山东临邑鲁晶化工有限公司〈P2144〉;新泰市兰得染料化工有限公司〈P2138〉;淄博市临淄鑫森化工有限公司〈P2070〉;青岛凯联精细化学有限公司〈P2039〉;曲阜市万达化工有限公司〈P2130〉;临朐县农药厂〈P2090〉;招远市宏达化工有限公司〈P2121〉;潍坊市亚东化工有限公司〈P2105〉;临沂银河甲醛厂〈P2148〉;临沂永达甲醛厂〈P2148〉;临沂费县兴达化工有限责任公司〈P2147〉;[豫]开封油脂化工厂〈P2179〉;鹤壁市树脂有限公司〈P2200〉;开封化学试剂总厂〈P2176〉;濮阳市春盛化工有限公司〈P2213〉;新乡开发区甲醛化工厂〈P2203〉;河南郑州市曙光化工有限公司〈P2168〉;郑州中原应用技术研究开发有限公司〈P2176〉;河南省濮阳市氯碱厂〈P2213〉;巩义市孝义镇化工厂〈P2164〉;河南中孚药业有限公司〈P2168〉;河南省尉氏县香料厂〈P2176〉;开封化工三厂〈P2176〉;河南省翔宇实业公司〈P2194〉;河南省荥阳甲醇钠有限公司〈P2167〉;[鄂]武汉青江化工股份有限公司〈P2231〉;湖北仙隆化工股份有限公司〈P2245〉;湖北省化学工业研究设计院〈P2228〉;[湘]湘潭市银河化工有限公司〈P2251〉;绥宁县化工厂〈P2253〉;湖南省湘维有限公司〈P2257〉;[粤]广州化学试剂厂〈P2261〉;广州市金珠江化学有限公司〈P2265〉;广东中成化工股份有限公司〈P2281〉;[桂]广西国泰农药有限公司〈P2301〉;南宁华飞化工有限责任公司〈P2296〉;[琼]海南琼山广盛化工有限公司〈P2302〉;[渝]重庆嘉陵化学制品有限公司〈P2305〉;西南合成制药股份有限公司〈P2303〉;重庆小泉化工厂〈P2308〉;[川]成都天华科技股份有限公司〈P2315〉;绵阳市三江化工有限公司〈P2330〉;四川金象化工股份有限公司〈P2333〉;乐山三九长征药业股份有限公司〈P2332〉;[黔]贵州水晶化工股份有限公司〈P2337〉;[滇]云天化集团有限责任公司〈P2344〉;云南省宣威华兴化工有限公司〈P2343〉;云南云维集团有限公司〈P2343〉;昆明制药集团股份有限公司〈P2340〉;[陕]西北化工研究院〈P2350〉;[青]青海黎明化工有限责任公司〈P2359〉;[新]中国石油天然气股份有限公司独山子石化分公司〈P2365〉;新疆哈密红山化工有限责任公司〈P2366〉

环丙乙炔;环丙基乙炔 C02010301

Cyclopropyl acetylene [6746-94-7]

【生产厂】[沪]上海中科合臣股份有限公司〈P1779〉;[浙]杭州维华生物技术有限公司〈P1923〉;浙江台州海翔医药化工有限公司〈P1968〉;浙江物产崇一医药化工有限公司〈P1956〉

叔丁基乙炔;3,3-二甲基-1-丁炔 C02010401

tert-Butylacetylene;3,3-Dimethyl-1-butyne [917-92-0]

用作药物特比萘芬的中间体,也用于有机合成

【生产厂】[沪]上海立科药物化学有限公司〈P1750〉;[鲁]山东齐河银飞达化工有限公司(150 吨)〈P2145〉;[豫]河南豫辰精细化工有限公司(30 吨)〈P2218〉

4-甲基苯乙炔;4-乙炔基甲苯;对甲苯基乙炔;对甲基苯乙炔 C02010601

4-Methylphenylacetylene; 4-Ethynyltoluene; *p*-Methylphenylacetylene [766-97-2]

【生产厂】[沪]上海万凯化学有限公司〈P1768〉;上海中科同力化工材料有限公司〈P1779〉;[苏]吴江市高新精细化工有限公司〈P1910〉

4-乙基苯乙炔;对乙基苯乙炔 C02010631

4-Ethylphenylacetylene [40307-11-7]
【生产厂】[沪]上海万凯化学有限公司〈P1768〉

4-丙基苯乙炔 C02010651
4-Propylphenylacetylene [62452-73-7]
【生产厂】[沪]上海万凯化学有限公司〈P1768〉

C

4-丁基苯乙炔 C02010671
4-Butylphenylacetylene [79887-09-5]
【生产厂】[沪]上海万凯化学有限公司〈P1768〉

丁二烯;1,3-丁二烯 C02020101
Butadiene [106-99-0]
用作合成橡胶、合成树脂、合成纤维、增塑剂和乳胶漆等的原料
【生产厂】[京]北京东方化工厂〈P1546〉;[沪]上海赛科石油化工有限责任公司(9 万吨)〈P1759〉;中国石化上海石油化工股份有限公司(5 万吨)〈P1780〉;[苏]中国石化扬子石油化工股份有限公司(5 万吨)〈P1792〉;[粤]广州市骏旗气体有限公司〈P2265〉;中海壳牌石油化工有限公司(17 万吨)〈P2278〉;[新]中国石油天然气股份有限公司独山子石化分公司(4 万吨)〈P2365〉
【使用厂】[冀]秦皇岛万通精化有限公司〈P1637〉;[辽]锦州经济技术开发区六陆实业股份有限公司〈P1701〉;[沪]上海高桥巴斯夫分散体有限公司〈P1734〉;[鲁]淄博合力化工有限公司〈P2061〉;蓬莱市广大树脂有限公司〈P2112〉;山东省禹城市兴达工程塑胶总厂〈P2146〉;沂源瑞丰高分子材料有限公司〈P2056〉;中国石油化工股份有限公司齐鲁石化股份公司〈P2057〉;山东齐鲁乙烯化工股份有限公司〈P2054〉;淄博张店东方化学股份有限公司〈P2076〉;济南高新开发区大山科贸公司〈P2021〉;万达集团股份有限公司〈P2088〉;日照金马化工有限公司〈P2139〉;山东青州诚信化工有限公司〈P2096〉;[豫]平顶山市神翔化工厂〈P2192〉

二聚环戊二烯;双环戊二烯 C02020201
Dicyclopentadiene [77-73-6]
用于制造金属有机化合物、二茂铁、杀虫剂、味精和石油树脂等
【生产厂】[辽]辽阳威特化工有限公司〈P1711〉;海城利奇碳材有限公司(5000 吨)〈P1696〉;[沪]上海依田化工公司〈P1774〉;中国石化上海石油化工股份有限公司〈P1780〉;[苏]上海梅山企业发展有限公司南京化工实业分公司(300 吨)〈P1792〉;[浙]湖州康润化工有限公司〈P1945〉;湖州城区天顺化工厂(1000 吨)〈P1945〉;[鲁]淄博联碳化学有限公司〈P2064〉;山东东明石化集团玉皇实业有限公司(8000 吨)〈P2160〉;山东玉皇化工有限公司(1 万吨)〈P2161〉;[豫]濮阳市瑞森石油树脂有限公司〈P2214〉;濮阳市新豫化工物资有限公司(4000 吨)〈P2215〉
【使用厂】[辽]东北制药总厂〈P1684〉;[沪]上海乐能化工有限公司〈P1750〉;[苏]徐州华辰胶带有限公司〈P1795〉;[浙]浙江迪耳药业有限公司〈P1954〉

甲基环戊二烯;5-甲基-1,3-环戊二烯 C02020221
5-Methyl-1,3-cyclopentadiene [96-38-8]
主要用于制造环氧树脂固化剂甲基纳迪克酸酐及汽油抗爆剂甲基环戊二烯三羰基锰等
【生产厂】[辽]辽阳虹马化工有限责任公司〈P1709〉;海城利奇碳材有限公司(500 吨)〈P1696〉

1,3-戊二烯;1-甲基丁二烯 C02020231
1,3-Pentadiene;1-Methylbutadiene [504-60-9]
主要用于制造聚间戊二烯树脂,也用于有机合成
【生产厂】[沪]中国石化上海石油化工股份有限公司〈P1780〉;[鲁]山东东明石化集团玉皇实业有限公司(5000 吨)〈P2160〉;山东玉皇化工有限公司〈P2161〉;[豫]濮阳市新豫化工物资有限公司(6000 吨)〈P2215〉

异戊二烯;2-甲基-1,3-丁二烯 C02020241
Isopentadiene;Isoprene;2-Methyl-1,3-butadiene [78-79-5]
主要用于生产性能接近天然橡胶的聚异戊二烯橡胶,也是丁基橡胶和 SIS 热塑性弹性体的第二单体
【生产厂】[沪]中国石化上海石油化工股份有限公司〈P1780〉;[鲁]山东东明石化集团玉皇实业有限公司(5000 吨)〈P2160〉;山东玉皇化工有限公司〈P2161〉;[豫]濮阳市瑞森石油树脂有限公司〈P2214〉;濮阳市新豫化工物资有限公司〈P2215〉
【使用厂】[沪]上海博爱化工有限公司〈P1729〉

四氢双环戊二烯 C02020291
Tetrahydrodicyclopentadiene
【生产厂】[川]泸州万联化工有限公司〈P2323〉

双戊烯;苎烯;1,8-萜二烯;柠檬烯 C02020301
Dipentene;Limonene [138-86-3]
用作合成橡胶、香料的原料,也用作溶剂
【生产厂】[沪]上海华谊集团华原化工有限公司〈P1739〉;上海高特化工有限公司〈P1734〉;[苏]苏州合成化工有限公司〈P1900〉;[皖]蚌埠市淮河橡胶助剂厂〈P1975〉;[闽]三明市梅列香料厂〈P1996〉;福建省永安风帆精细化工有限公司〈P1995〉;[赣]江西省吉水县宏达天然香料有限公司〈P2018〉;江西省吉水县金康天然香料厂〈P2018〉;江西省吉水三达天然药用香料油厂〈P2018〉;江西省吉水中南天然香料油厂〈P2019〉;江西省吉安市林源香料公司〈P2018〉;[粤]广州市伟香单体香料有限公司〈P2266〉;怀集县长林化工有限责任公司〈P2294〉;[桂]广西梧州松脂股份有限公司(300 吨)〈P2300〉
【使用厂】[吉]吉林市新文助剂厂〈P1716〉

α-甲基苯乙烯;2-苯丙烯 C02020401
α-Methylstyrene;2-Phenylpropene [98-83-9]
可用于生产涂料、增塑剂,也用作溶剂
【生产厂】[苏]无锡市恒辉化学有限公司(2 万吨)〈P1876〉;[鲁]山东大地盐化集团〈P2094〉
【使用厂】[沪]上海华溢塑料助剂合作公司〈P1740〉;上海天坛助剂有限公司〈P1767〉

异丁烯;2-甲基丙烯 C02020601
Isobutene;Isobutylene [115-11-7]
加水可制叔丁醇,氧化制甲基丙烯醛和甲基丙烯酸,氨氧化制甲基丙烯腈等
【生产厂】[辽]锦州石化精细化工有限责任公司〈P1702〉;[吉]中国石油吉化集团公司(1 万吨)〈P1717〉;吉化集团精细化学品有限公司(1 万吨)〈P1715〉;吉化集团吉林市锦江油化厂(2000 吨)〈P1715〉;吉林市锦龙工业公司〈P1716〉;[苏]南京曙光化工集团有限公司〈P1789〉;连云港市锦屏化工厂(1000 吨)〈P1799〉;[鲁]淄博齐翔腾达化工有限公司(2000 吨)〈P2066〉;山东滨州裕华化工总公司(5 万吨)〈P2155〉;[豫]洛阳石油化工总厂宏达实业总公司宏力化工厂(1 万吨)〈P2183〉;[粤]广州市骏旗气体有

限公司〈P2265〉

【使用厂】[冀]河北佰斯特化工有限公司〈P1619〉;[辽]辽阳滨河化工有限公司〈P1709〉;[沪]上海华谊集团华原化工有限公司〈P1739〉;[苏]江苏南京梅化精细化工有限公司〈P1781〉;[鲁]山东联盟化工集团有限公司〈P2096〉;山东联合化工股份有限公司〈P2053〉;中国石油化工股份有限公司齐鲁石化股份公司〈P2057〉;山东省微山县化工厂〈P2132〉;烟台通世化工有限公司〈P2119〉;淄博市新材料研究所〈P2071〉;[粤]广州市合成材料研究院〈P2264〉;[新]中国石油天然气股份有限公司独山子石化分公司〈P2365〉

苯乙烯 C02020701

Styrene;Styrol;Vinylbenzene [100-42-5]

主要用作聚苯乙烯、合成橡胶、工程塑料、离子交换树脂等的原料

【生产厂】[辽]盘锦乙烯工业公司(6 万吨)〈P1707〉;[沪]上海赛科石油化工有限责任公司(50 万吨)〈P1759〉;[苏]扬子巴斯夫苯乙烯系列有限公司(12 万吨)〈P1792〉;[鲁]中国石油化工股份有限公司齐鲁石化股份公司(20 万吨)〈P2057〉;淄博乾胜化工有限公司〈P2066〉;淄博市临淄育发化工厂〈P2070〉;[豫]河南孟州市环宇化工厂(360 吨)〈P2193〉;[粤]中海壳牌石油化工有限公司(55 万吨)〈P2278〉

【使用厂】[京]北京爱德泰普膜制品厂〈P1543〉;北京东方锐波化工厂〈P1546〉;北京市通州互益化工厂〈P1560〉;[津]南开大学化工厂〈P1569〉;天津市近代化学厂〈P1596〉;天津有机化学工业总公司合成材料厂〈P1617〉;天津灯塔涂料有限公司〈P1571〉;天津市合成材料工业研究所〈P1589〉;天津有机化学工业总公司〈P1616〉;天津市津海第二福利化工厂〈P1593〉;天津市龙江精细化工有限公司〈P1598〉;[冀]石家庄市联碱厂化工分厂〈P1630〉;石家庄市有机化工厂〈P1632〉;高碑店市顺新化工有限公司〈P1647〉;秦皇岛万通精化有限公司〈P1637〉;[晋]太原树脂厂〈P1672〉;[辽]丹东明珠特种树脂有限公司〈P1700〉;辽宁科隆化工实业有限公司〈P1709〉;铁岭市东博合成材料厂〈P1712〉;[吉]长春泰欧亚涂料有限公司〈P1714〉;[黑]黑龙江省金鹏树脂有限公司〈P1721〉;[沪]上海长风化工厂〈P1729〉;上海三维制药有限公司〈P1760〉;上海天坛助剂有限公司〈P1767〉;中国石油化工股份有限公司上海高桥分公司〈P1780〉;上海汇丽集团有限公司〈P1741〉;上海树脂厂有限公司〈P1764〉;上海华申树脂有限公司〈P1739〉;上海高桥巴斯夫分散体有限公司〈P1734〉;上海新华阻燃剂总厂〈P1772〉;[苏]江苏省临海化工厂有限公司〈P1808〉;徐州云翔树脂有限公司〈P1796〉;南通星辰合成材料有限公司〈P1836〉;江苏亚邦化工集团有限公司〈P1861〉;江苏苏青水处理工程集团有限公司〈P1866〉;常州天马集团有限公司〈P1857〉;江都市润扬化工有限公司〈P1814〉;无锡兴达泡塑新材料有限公司〈P1882〉;[皖]安庆市有机化工有限责任公司〈P1980〉;安徽省皖东化工厂〈P1982〉;[闽]泉州市泉港海洋聚苯树脂有限公司〈P2000〉;泉州洛江三星涂料树脂有限公司〈P2000〉;石狮特斯无纺布制衣有限公司〈P2000〉;[鲁]淄博合力化工有限公司〈P2061〉;蓬莱市广大树脂有限公司〈P2112〉;沂源瑞丰高分子材料有限公司〈P2056〉;山东鲁抗立科药物化学有限公司〈P2131〉;山东东明石化集团科耀化工有限公司〈P2159〉;山东省东营市金友来工贸有限责任公司〈P2085〉;青州兴庆助剂有限公司〈P2094〉;山东齐鲁乙烯化工股份有限公司〈P2054〉;山东圣光化工集团有限公司〈P2086〉;枣庄市世纪新星化工有限责任公司〈P2080〉;淄博张店东方化学股份有限公司〈P2076〉;烟台市福山云丽涂料厂〈P2118〉;诸城翔龙化学品有限公司〈P2107〉;山东东大化学工业有限公司〈P2052〉;淄博市临淄恒立助剂有限公司〈P2068〉;新时代(济南)民爆科技产业有限公司〈P2030〉;青岛正好助剂厂〈P2047〉;淄博三鹏化工有限责任公司〈P2066〉;青岛市崂山区晓望化工有限公司〈P2042〉;济南高新开发区大山科贸公司〈P2021〉;万达集团股份有限公司〈P2088〉;日照金马化工有限公司〈P2139〉;淄博市临淄耀环化工有限公司〈P2070〉;山东青州诚信化工有限公司〈P2096〉;淄博市临淄环城玻璃钢制品有限公司〈P2068〉;[豫]河南省开仑化工有限责任公司〈P2211〉;鹤壁市树脂有限公司〈P2200〉;洛阳恒光化工有限公司〈P2181〉;[粤]广州化学试剂厂〈P2261〉;广东高聚化学工业有限公司〈P2290〉;[川]中蓝晨光化工研究院〈P2320〉

三苯乙烯 C02020731

Triphenylethylene [58-72-0]

【生产厂】[苏]苏州园方化工有限公司〈P1907〉

环己烯 C02020801

Cyclohexene [110-83-8]

用于有机合成,也用作溶剂

【生产厂】[沪]上海邦成化工有限公司〈P1728〉;上海共禾化工有限公司〈P1734〉;上海沪试化工有限公司〈P1737〉;[赣]江西师大化工有限公司〈P2009〉;[鲁]山东阳谷华泰化工有限公司(1000 吨)〈P2154〉;山东省寿光市圣海化工有限公司〈P2098〉;[豫]新乡市华瑞精细化工有限公司(300 吨)〈P2205〉

α-蒎烯;α-松节烯;2-蒎烯 C02021001

α-Pinene;2-Pinene [80-56-8]

用作漆、蜡等的溶剂和制莰烯、松油醇、龙脑、合成樟脑、合成树脂等的原料

【生产厂】[赣]江西福达香料化工有限公司大森林树脂厂〈P2017〉;江西吉水县威海药用油厂〈P2017〉;江西吉水县兴华天然香料有限公司(5000 吨)〈P2017〉;江西省吉水县宏达天然香料有限公司〈P2018〉;赣州泰普化学有限公司〈P2014〉;[粤]信宜松原化工有限公司〈P2293〉;怀集县长林化工有限责任公司〈P2294〉;[桂]广西梧州松脂股份有限公司(200 吨)〈P2300〉

【使用厂】[浙]建德市新化化工有限责任公司〈P1926〉;[鲁]山东绿生生化科技有限公司〈P2029〉

β-蒎烯;β-松节烯 C02021011

β-Pinene

用作制合成树脂、香樟醇等的原料

【生产厂】[赣]江西福达香料化工有限公司大森林树脂厂〈P2017〉;江西吉水县威海药用油厂〈P2017〉;江西吉水县兴华天然香料有限公司(4000 吨)〈P2017〉;江西省吉水县宏达天然香料有限公司〈P2018〉;赣州泰普化学有限公司〈P2014〉;[粤]信宜松原化工有限公司〈P2293〉;[桂]广西梧州松脂股份有限公司〈P2300〉

壬烯;1-壬烯 C02021701

1-Nonene [124-11-8]

可用于制造壬基苯、壬基酚等,亦用于制石油产品添加剂等

【生产厂】[苏]江苏凌飞化工有限公司〈P1865〉;[浙]浙江省建德市新成化工厂〈P1928〉

十二烯;1-十二烯 C02021901

Dodecene;1-Dodecene [25378-22-7]

用于有机合成,生产表面活性剂、增塑剂及石油添加剂等

【生产厂】[黑]黑龙江石油化工厂〈P1723〉

C

环戊烯 C02022001

Cyclopentene [142-29-0]

用作共聚单体,也用于有机合成

【生产厂】[沪]上海邦成化工有限公司〈P1728〉;上海共禾化工有限公司〈P1734〉;[苏]盐城市稳诚化工有限公司〈P1812〉;[鲁]山东玉皇化工有限公司〈P2161〉

甲基环戊烯 C02022021

1-Methyl-1-cyclopentene [693-89-0]

【生产厂】[沪]上海共禾化工有限公司〈P1734〉

异戊烯;3-甲基-1-丁烯 C02022101

Isoamylene;3-Methyl-1-butene [563-45-1]

主要用于脱氢或氧化脱氢制异戊二烯,也可用作提高无铅汽油辛烷值的添加剂

【生产厂】[沪]中国石化上海石油化工股份有限公司〈P1780〉;[鲁]淄博中海安龙化工科技有限公司(2500 吨)〈P2077〉;淄博联碳化学有限公司(5000 吨)〈P2064〉

叔戊烯 C02022121

tert-Pentene

【生产厂】[鲁]山东恒源石油化工集团有限公司〈P2144〉

1,5,9-环十二碳三烯;CDDT C02022201

Cyclododec-1,5,9-triene;CDDT

用于生产阻燃剂、尼龙中间体、人造橡胶、调味剂、香料等

【生产厂】[京]北京燕山石油化工有限公司〈P1564〉

3,3-二甲基-1-丁烯;新己烯 C02022301

3,3-Dimethyl-1-butene;Neohexene [558-37-2]

【生产厂】[苏]宜兴市芳桥东方化工厂〈P1884〉

正己烯;1-己烯 C02022501

1-Hexene;1-*n*-Hexene [592-41-6]

用作聚乙烯的共聚单体,以及制造染料、洗涤剂、药剂及杀虫剂等的原料,还可作为油类添加剂和高辛烷值燃料

【生产厂】[浙]浙江省建德市新成化工厂〈P1928〉

2-降冰片烯;双环[2.2.1]庚-2-烯 C02022601

2-Norbornene [498-66-8]

【生产厂】[川]四川辉硕化工有限公司〈P2333〉

2,5-降冰片二烯 C02022651

2,5-Norbornadiene [121-46-0]

【生产厂】[川]四川辉硕化工有限公司〈P2333〉

正构烷烃;正链烷烃 C02030000

Normal alkane;Normal paraffins [64771-72-8]

适用于生产月桂二酸、巴西二酸、长链二元酸或高级香料、尼龙塑料等

【生产厂】[辽]抚顺极顺精细化工有限公司(1 万吨)〈P1698〉;抚顺北源精细化工有限公司〈P1697〉

甲烷 C02030111

Methane [74-82-8]

主要用于转化制氢、合成氨、甲醇和有机合成的原料气,还用于生产卤代甲烷、硝基甲烷、炭黑、二硫化碳等

【生产厂】[粤]广州市骏旗气体有限公司〈P2265〉;[川]成都天然气化工总厂〈P2316〉

高纯甲烷 C02030121

Methane,high purity

主要用于石油化工和科研等领域

【生产厂】[辽]大连光明特种气体有限公司〈P1691〉

丁烷;正丁烷 C02030201

Butane [106-97-8]

可以脱氢制丁二烯,氧化制乙酸、顺丁烯二酸酐,也可与硫起气相反应生成噻吩等

【生产厂】[京]中国蓝星(集团)总公司〈P1568〉;[辽]辽宁佳兴鸿泰石油化工有限公司〈P1703〉;大连光明特种气体有限公司〈P1691〉;[鲁]山东和利时石化科技开发有限公司〈P2085〉;[豫]中国石化中原油气高新股份有限公司天然气化工厂(700 吨)〈P2216〉;[粤]广州市骏旗气体有限公司〈P2265〉

【使用厂】[闽]福建华星石化有限公司〈P1997〉

异丁烷 C02030211

Isobutane [75-28-5]

主要用于与异丁烯经烃化而制异辛烷,作为汽油辛烷值的改进剂,也可用作冷冻剂

【生产厂】[辽]大连光明特种气体有限公司〈P1691〉;[浙]浙江化工科技集团有限公司〈P1927〉;浙江埃克盛化工有限公司〈P1949〉;[粤]广州市骏旗气体有限公司〈P2265〉;[川]西南化工研究设计院〈P2320〉

氯代叔丁烷;叔丁基氯 C02030221

tert-Butylchloride;2-Chloro-2-methylpropane [507-20-0]

可用于合成香料二甲苯麝香,也可用于合成农药及其他精细化工产品

【生产厂】[京]北京朝福化工实验厂〈P1544〉;[津]天津市成阳科技发展有限公司(50 吨)〈P1582〉;[苏]宜兴市昌吉利化工有限公司〈P1883〉;宜兴市芳桥东方化工厂〈P1884〉;[浙]宁波亿得精细化工有限公司〈P1934〉;[鲁]青岛雪洁助剂有限公司〈P2045〉;[豫]河南豫辰精细化工有限公司(30 吨)〈P2218〉

溴代叔丁烷 C02030241

tert-Butylbromide [507-19-7]

用作有机合成中间体

【生产厂】[苏]宜兴市芳桥东方化工厂(120 吨)〈P1884〉;江苏大成医药化工有限公司〈P1802〉;盐城市龙升精细化工厂〈P1811〉

二甲氧基甲烷;甲缩醛;二甲醇缩甲醛 C02030310

Dimethoxymethane [109-87-5]

用于生产阳离子交换树脂和溶剂等

【生产厂】[冀]河北省冀州市银河化工有限责任公司〈P1665〉;[沪]上海邦成化工有限公司〈P1728〉;上海市沪江生化厂〈P1763〉;[苏]南京布莱克精细化工有限公司〈P1782〉;扬州市金峰树脂原料有限公司〈P1819〉;[鲁]山东润丰化工有限公司〈P2029〉;[豫]濮阳市卡博特化工有限公司(1800 吨)〈P2214〉;濮阳市一帆化工有限公司(1000 吨)〈P2215〉;[川]四川省乐山市福华农药科技有限公司〈P2333〉

二苯基甲烷；苄基苯；二苯甲烷 C02030325
Diphenylmethane; Benzylbenzene [101-81-5]
用作有机合成中间体
【生产厂】[苏]江苏省句容市兴源化工厂〈P1842〉

2,2-二甲氧基丙烷 C02030331
2,2-Dimethoxypropane [77-76-9]
用作医药中间体,主要用于羟基保护及脱水
【生产厂】[沪]上海利翔化工有限公司〈P1751〉;[浙]东港工贸集团有限公司〈P1960〉;台州市奥力特精细化工有限公司〈P1961〉;[粤]深圳凯奇化工有限公司〈P2269〉

1,1,3,3-四甲氧基丙烷；丙二醛二甲缩醛 C02030351
1,1,3,3-Tetramethoxypropane; Malonaldehyde bis (dimethyl acetal) [102-52-3]
用作医药和染料中间体,也可以作为农产品保鲜剂的中间体
【生产厂】[豫]濮阳利鑫精细化工有限公司〈P2213〉;[鄂]武汉新景化工有限责任公司(500 吨)〈P2234〉

1,1,3,3-四乙氧基丙烷；丙二醛二乙缩醛 C02030371
1,1,3,3-Tetraethoxypropane; Malonaldehyde bis (diethyl acetal) [122-31-6]
用作医药和染料中间体,也可以作为农产品保鲜剂的中间体
【生产厂】[鲁]山东武城康达化工有限公司〈P2146〉;[豫]濮阳利鑫精细化工有限公司〈P2213〉;[鄂]武汉新景化工有限责任公司〈P2234〉

三羟甲基丙烷；2,2-二羟甲基丁醇；2-乙基-2-羟甲基-1,3-丙二醇；TMP C02030401
1,1,1-Tri (hydroxymethyl) propane; 2-Ethyl-2-(hydroxymethyl)-1,3-propanediol [77-99-6]
用作合成树脂的原料,也用于合成航空润滑油、增塑剂等
【生产厂】[辽]营口天元实业精细化工有限公司〈P1705〉;[吉]中国石油吉化集团公司(5000 吨)〈P1717〉;吉化集团公司海特化工厂(2 万吨)〈P1715〉;[鲁]淄博富丰同盛化工有限公司(1 万吨)〈P2060〉
【使用厂】[津]天津灯塔涂料有限公司〈P1571〉;[沪]上海造漆厂〈P1777〉;上海千为油脂科技有限公司〈P1757〉;[苏]江苏三木集团公司〈P1865〉;[鲁]烟台市福山区化工研究所有限公司〈P2118〉;潍坊环宇油漆工业有限公司〈P2103〉;[豫]郑州双塔涂料有限公司〈P2174〉;河南庆安化工高科技股份有限公司〈P2166〉;[粤]江门市制漆厂有限公司〈P2286〉

己烷；正己烷 C02030501
n-Hexane [110-54-3]
用于溶剂、萃取、有机合成,电子行业用于清洗,制药工业中作萃取剂,也是食用植物油的提取剂
【生产厂】[京]北京燕山石油化工有限公司(1 万吨)〈P1564〉;[津]天津市津宇精细化工有限公司(100 吨)〈P1595〉;[辽]辽阳裕丰化工有限公司〈P1712〉;中国石油天然气股份有限公司辽阳石化分公司〈P1712〉;[吉]吉化集团吉林市锦江油化厂(600 吨)〈P1715〉;吉林市锦龙工业公司〈P1716〉;[沪]上海威方精细化工有限公司〈P1769〉;[苏]溧阳市联成溶剂有限公司〈P1863〉;江都市海辰化工有限公司〈P1814〉;[浙]浙江省建德市新成化工厂〈P1928〉;[鲁]淄博市临淄东方红化工厂(2000 吨)〈P2068〉;淄博市临淄天德精细化工研究所(1 万吨)〈P2888〉;山东胜海化工股份有限公司(8000 吨)〈P2085〉;[粤]广州市骏旗气体有限公司〈P2265〉
【使用厂】[京]中国石化催化剂北京奥达分公司〈P1568〉;中国石油化工股份有限公司北京化工研究院〈P1568〉;[鲁]青岛红星化工集团天然色素有限公司〈P2036〉

2-甲基戊烷；异己烷 C02030551
2-Methylpentane [107-83-5]
可用作化工原料、橡胶溶剂、植物油抽提溶剂等
【生产厂】[鲁]山东胜海化工股份有限公司(3000 吨)〈P2085〉;[粤]广州市骏旗气体有限公司〈P2265〉

环己烷；六氢化苯 C02030601
Cyclohexane [110-82-7]
主要用于制造环己醇、环己酮,在涂料工业中广泛用作溶剂
【生产厂】[京]北京燕山石油化工有限公司(1 万吨)〈P1564〉;[辽]辽阳裕丰化工有限公司〈P1712〉;辽阳天成化工有限公司〈P1711〉;锦化化工(集团)有限责任公司(1 万吨)〈P1703〉;[沪]上海三微实业有限公司〈P1759〉;[苏]南京富邦化工有限公司〈P1783〉;江苏裕廊化工有限公司〈P1809〉;[鲁]山东大成农药股份有限公司〈P2051〉;周村和平化工有限公司〈P2057〉;山东方明化工有限公司(1 万吨)〈P2160〉;[豫]新乡市华瑞精细化工有限公司(400 吨)〈P2205〉;河南神马尼龙化工有限责任公司(8100 吨)〈P2191〉
【使用厂】[辽]沈阳市试剂三厂〈P1688〉;[浙]浙江海正药业股份有限公司〈P1964〉;[粤]广州化学试剂厂〈P2261〉

对孟烷；1-异丙基-4-甲基环己烷；PHP C02030631
p-Menthane; 1-Isopropyl-4-methylcyclohexane [99-82-1]
用于制造有机过氧化物引发剂、过氧化氢对孟烷的前体原料及香料中间体和溶剂
【生产厂】[吉]吉林市新文助剂厂(1000 吨)〈P1716〉;[湘]湖南松源化工有限公司〈P2248〉;[川]宜宾建中香料有限公司〈P2335〉

甲基环己烷；六氢甲苯；环已基甲烷 C02030651
Methylcyclohexane; Cyclohexylmethane; Hexahydrotoluene [108-87-2]
是重要的有机溶剂及萃取剂,广泛用于橡胶、涂料、油脂等行业,亦用于有机合成
【生产厂】[苏]南京富邦化工有限公司〈P1783〉

乙基环己烷；环己基乙烷 C02030671
Ethylcyclohexane; Cyclohexylethane [1678-91-7]
用作有机合成原料,用作溶剂、色谱分析标准物质等,还用作金属表面处理剂
【生产厂】[京]北京佳友盛新技术开发中心〈P1551〉

环氧乙烷；噁烷；氧化乙烯；EO C02030701
Epoxyethane; Ethylene oxide [75-21-8]
用作有机化工原料及溶剂,主要用于生产乙二醇、乙醇胺及非离子表面活性剂
【生产厂】[京]北京东方化工厂〈P1546〉;[津]中国石油化工

股份有限公司天津分公司(2万吨)〈P1618〉;[辽]辽阳石化公司烯烃厂(1万吨)〈P1710〉;中国石油天然气股份有限公司辽阳石化分公司(1万吨)〈P1712〉;大连光明特种气体有限公司〈P1691〉;[沪]中国石化上海石油化工股份有限公司(4万吨)〈P1780〉;[苏]中国石化扬子石油化工股份有限公司(5万吨)〈P1792〉;[浙]杭州电化集团气体有限公司〈P1916〉;[粤]广州市骏旗气体有限公司〈P2265〉

【使用厂】[津]天津市滨海化工有限公司〈P1581〉;天津石油化工公司聚醚部〈P1578〉;天津中新药业集团股份有限公司新新制药厂〈P1618〉;天津市宝坻区港飞助剂有限公司〈P1579〉;天津市精细化学制剂厂〈P1596〉;天津市联瑞化工有限公司〈P1598〉;[冀]邢台市瑞丰助剂有限公司〈P1644〉;[晋]山西亚宝药业集团股份有限公司〈P1680〉;[辽]辽阳奥克聚醚有限公司〈P1709〉;锦化化工(集团)有限责任公司〈P1703〉;辽宁科隆化工实业有限公司〈P1709〉;辽宁奥克化学集团有限公司〈P1709〉;抚顺佳化聚氨酯有限公司〈P1698〉;辽阳华兴化学品有限公司〈P1710〉;[黑]黑龙江省绥棱艾斯精细化工有限责任公司〈P1725〉;[沪]上海华谊集团华原化工有限公司〈P1739〉;上海锦山化工有限公司〈P1745〉;上海天坛助剂有限公司〈P1767〉;上海南翔试剂有限公司〈P1754〉;上海联胜化工有限公司〈P1751〉;上海申宇医药化工有限公司〈P1761〉;上海多纶化工有限公司〈P1732〉;[苏]江苏安邦电化有限公司〈P1802〉;江苏飞翔化工(张家港)有限公司〈P1893〉;常熟市农药厂有限公司〈P1890〉;扬州三得利化工有限公司〈P1818〉;江苏凌飞化工有限公司〈P1865〉;常州市化安精细化工有限公司〈P1851〉;常熟市沪联助剂有限责任公司〈P1890〉;宜兴市石化助剂厂〈P1886〉;江苏华派集团〈P1807〉;江阴市华元化工有限公司〈P1869〉;[浙]浙江太平洋化学有限公司〈P1936〉;浙江皇马化工集团有限公司〈P1950〉;龙游县化工试剂厂〈P1957〉;[闽]福建湄洲湾氯碱工业有限公司〈P1998〉;[鲁]山东富安集团农药有限公司〈P2052〉;山东临邑县宏达化工有限公司〈P2144〉;淄博市博山东方化工厂〈P2067〉;山东滨化集团有限责任公司〈P2155〉;济南华菱药业有限公司〈P2022〉;东营东方化学工业有限公司〈P2081〉;淄博开发区医药化工厂〈P2064〉;淄博凯美可工贸有限公司〈P2064〉;山东华仙集团总公司〈P2131〉;新时代(济南)民爆科技产业有限公司〈P2030〉;济宁宁丰化工有限公司〈P2128〉;淄博三鹏化工有限责任公司〈P2066〉;安丘市鲁星化学有限公司〈P2088〉;寿光市曙光助剂厂〈P2100〉;[豫]河南省开仑化工有限责任公司〈P2211〉;濮阳市市区四方化工厂〈P2215〉;濮阳市春盛化工有限公司〈P2213〉;河南省新乡卫星染化厂〈P2201〉;洛阳市华工实业有限公司〈P2184〉;[鄂]湖北恒日化工股份有限公司〈P2243〉;[粤]广州化学试剂厂〈P2261〉

环氧丙烷;氧化丙烯;PO;甲基环氧乙烷 C02030801

1,2-Epoxypropane;Propylene oxide [75-56-9]

主要用于生产丙二醇、聚醚多元醇、聚丙二醇、丙二醇醚和合成甘油等,也用于制造异丙醇胺、碳酸丙烯酯等

【生产厂】[京]中国蓝星(集团)总公司〈P1568〉;[津]天津大沽化工股份有限公司(15万吨)〈P1571〉;[辽]沈阳金碧兰化工有限公司(4万吨)〈P1686〉;锦化化工(集团)有限责任公司(12万吨)〈P1703〉;锦化化工集团氯碱股份有限公司(12万吨)〈P1703〉;[沪]上海高桥石油化工公司聚氨酯事业部(8万吨)〈P1734〉;[苏]江苏钟山化工有限公司〈P1782〉;[浙]浙江太平洋化学有限公司(2万吨)〈P1936〉;[闽]福建省东南电化股份有限公司〈P1988〉;福建湄洲湾氯碱工业有限公司(4万吨)〈P1998〉;[鲁]山东东大化学工业有限公司(6万吨)〈P2052〉;山东滨化集团有限责任公司(11万吨)〈P2155〉;山东石大科技集团有限公司(5万吨)〈P2086〉;山东石大胜华化工股份有限公司(4万吨)〈P2086〉;山东金岭化工集团股份有限公司(8万吨)〈P2085〉;山东龙口石油化工厂(3000吨)〈P2114〉;[豫]河南省贝利石化集团股份有限公司(4600吨)〈P2212〉;[粤]中海壳牌石油化工有限公司(25万吨)〈P2278〉

【使用厂】[津]天津石油化工公司聚醚部〈P1578〉;[冀]河北省新朝阳化工股份有限公司〈P1635〉;石家庄市金华纤维素化工有限公司〈P1630〉;朝阳化工集团公司〈P1634〉;[辽]辽宁奥克化学集团有限公司〈P1709〉;丹东医创药业有限责任公司〈P1701〉;辽阳万鑫树脂有限责任公司〈P1711〉;大连市旅顺合成制药厂〈P1694〉;大连金益制药厂〈P1692〉;抚顺佳化聚氨酯有限公司〈P1698〉;[苏]南京红宝丽股份有限公司〈P1784〉;江苏华伦化工有限公司〈P1816〉;[浙]绍兴市恒丰聚氨酯实业有限公司〈P1949〉;[鲁]青岛海洋化工有限公司〈P2036〉;淄博森杰化工助剂有限公司〈P2067〉;平邑县丰源有限责任公司〈P2148〉;山东聊城阿华制药有限公司〈P2153〉;山东赫达股份有限公司〈P2052〉;东营东方化学工业有限公司〈P2081〉;新时代(济南)民爆科技产业有限公司〈P2030〉;安丘市鲁星化学有限公司〈P2088〉;东营市海科新源化工有限责任公司〈P2082〉;[豫]河南省开仑化工有限责任公司〈P2211〉;[陕]西安北方惠安精细化工有限公司〈P2347〉

S-环氧丙烷;*S*-(-)-1,2-环氧丙烷 C02030805

S-(-)-1,2-Epoxypropane [16088-62-3]

【生产厂】[辽]沈阳东宇精细化工有限公司〈P1685〉;大连天源基化学有限公司〈P1694〉;[鄂]罗田县华阳生化有限公司〈P2244〉

R-环氧丙烷;*R*-(+)-1,2-环氧丙烷 C02030809

R-(+)-1,2-Epoxypropane [15448-47-2]

【生产厂】[辽]沈阳东宇精细化工有限公司〈P1685〉;大连天源基化学有限公司〈P1694〉;[鄂]罗田县华阳生化有限公司〈P2244〉

1,2-环氧丁烷 C02030811

1,2-Epoxybutane [106-88-7]

【生产厂】[沪]上海科利生物医药有限公司〈P1749〉;[鲁]山东滕州悟通香料有限责任公司〈P2078〉

2,3-环氧丁烷;1,2-二甲基环氧乙烷 C02030821

2,3-Epoxybutane [3266-23-7]

用作有机合成的中间体

【生产厂】[鲁]山东滕州悟通香料有限责任公司〈P2078〉

【使用厂】[豫]河南省尉氏县香料厂〈P2176〉

4,4′-二氨基二苯基甲烷;MDA;4,4′-亚甲基二苯胺 C02030901

4,4′-Diaminodiphenylmethane [101-77-9]

用于生产绝缘材料、染料、二异氰酸酯、聚氨酯橡胶、H级黏合剂、环氧树脂固化剂等

【生产厂】[苏]江苏省高邮市化工厂〈P1816〉;[鲁]烟台万华聚氨酯股份有限公司(5000吨)〈P2119〉

【使用厂】[豫]河南福森药业有限公司〈P2223〉

正十三烷 C02031001

n-Tridecane [629-50-5]

用于生产十三烷二元酸(巴西二酸),用作油漆、橡胶、乳胶、塑料等行业的溶剂类原料油

【生产厂】[辽]辽阳市会福化工厂〈P1711〉;[苏]南京卡尼尔科技有限责任公司〈P1786〉;溧阳市联成溶剂有限公司〈P1863〉

正庚烷 C02031201

n-Heptane [142-82-5]

主要用作测定辛烷值的标准物,还可作麻醉剂、溶剂及有机合成的原料

【生产厂】[津]天津市津宇精细化工有限公司(150吨)〈P1595〉;[辽]辽阳裕丰化工有限公司〈P1712〉;[苏]溧阳市联成溶剂有限公司〈P1863〉

1,1-二氟乙烷;HFC-152a C02031301

1,1-Difluoroethane;HFC-152a [75-37-6]

用作氟利替代品、制冷剂、气雾推进剂等

【生产厂】[苏]常熟三爱富氟化工有限责任公司〈P1889〉;[浙]浙江化工科技集团有限公司〈P1927〉;浙江埃克盛化工有限公司〈P1949〉;浙江星腾化工有限公司〈P1956〉;浙江三美化工有限公司〈P1955〉;浙江鹰鹏化工有限公司〈P1956〉;衢州市衢化永和新型制冷剂有限公司〈P1958〉;[鲁]山东东岳化工股份有限公司(3000吨)〈P2052〉

二氧六环;二噁烷;1,4-二氧六环 C02031401

Dioxane [123-91-1]

用作醋酸纤维素、植物油、矿物油、溶性染料等的溶剂,用于制喷漆、清漆、增塑剂、润滑剂等

【生产厂】[苏]金陵石化公司南京金龙化工厂〈P1782〉;南京金龙化工厂〈P1785〉;江苏宜兴市第二化学试剂厂〈P1866〉;靖江宏泰化工有限公司(600吨)〈P1824〉;淮安市华泰化工有限公司(1500吨)〈P1801〉;南通金昌化工有限公司(2万吨)〈P1834〉

【使用厂】[鲁]山东滕州悟通香料有限责任公司〈P2078〉

三羟甲基硝基甲烷;2-羟甲基-2-硝基-1,3-丙二醇 C02031501

Trihydroxymethylnitromethane [126-11-4]

可用作有机合成中间体、增塑剂以及火药原料

【生产厂】[鲁]济南瑞凯化工有限公司〈P2024〉;济南泽溢科技有限公司〈P2027〉;[川]泸州北方化学工业有限公司〈P2322〉

【使用厂】[苏]吴江市东风化工有限公司〈P1910〉

十二烷基苯(直链) C02031601

Dodecyl benzene, linear [123-01-3]

用于生产软性(可生物降解型)洗涤剂

【生产厂】[苏]金桐石油化工有限公司(10万吨)〈P1782〉

氯代环己烷 C02031701

Chlorocyclohexane [542-18-7]

可用于生产农药、橡胶防焦剂、医药等

【生产厂】[辽]锦化化工(集团)有限责任公司〈P1703〉;[沪]上海共禾化工有限公司〈P1734〉;[苏]金坛市三方医药原料厂〈P1862〉;宜兴市昌吉利化工有限公司〈P1883〉;宜兴市芳桥东方化工厂〈P1884〉;江苏东台鑫源化工有限公司〈P1807〉;建湖县鑫鑫化工有限公司〈P1807〉;扬州三友合成化工有限公司〈P1818〉;启东金禾化工有限公司(400吨)〈P1837〉;[鲁]山东临邑县宏达化工有限公司(5000吨)〈P2144〉;[豫]新乡市华瑞精细化工有限公司(2000吨)〈P2205〉

【使用厂】[鲁]招远三联化工集团公司〈P2121〉;山东阳谷华泰化工有限公司〈P2154〉

1-氯己烷;氯代正己烷 C02031711

1-Chlorohexane;*n*-Hexyl chloride [544-10-5]

用于有机合成

【生产厂】[苏]宜兴市芳桥东方化工厂〈P1884〉

八氟环丁烷 C02031801

Octafluorocyclobutane [115-25-3]

主要用于配制替代CFC-12的混合制冷剂,可用作稳定无毒的药品气雾喷射剂

【生产厂】[鲁]山东东岳化工股份有限公司〈P2052〉;[川]中昊晨光化工研究院〈P2321〉

二芳基乙烷;二苯基乙烷;S油 C02032101

1,2-Diphenylethane;Diphenyl ethane;Bibenzyl [103-29-7]

用于电力容器的浸渍剂,也是无碳复写纸的染料溶剂,还可作为塑料增塑剂和高温加热介质

【生产厂】[京]北京佳友盛新技术开发中心〈P1551〉;[沪]华东理工大学华昌聚合物有限公司〈P1726〉;[苏]镇江市海通化工有限公司〈P1845〉;江苏双菱化工集团有限公司〈P1798〉

1,1,2,2-四氯乙烷;四氯化乙炔 C02032201

1,1,2,2-Tetrachloroethane [79-34-5]

用于生产金属净洗剂、杀虫剂、除草剂、溶剂等

【生产厂】[苏]常熟市长江精细化工厂(500吨)〈P1889〉

1-氯丙烷;氯代正丙烷;丙基氯 C02032251

1-Chloropropane;Propyl chloride [540-54-5]

用于有机合成、农药、医药中间体

【生产厂】[苏]宜兴市芳桥东方化工厂〈P1884〉

1,2,3-三氯丙烷 C02032301

1,2,3-Trichloropropane [96-18-4]

用于生产农药和有机合成、气相色谱对比样品

【生产厂】[沪]上海泰禾(集团)有限公司〈P1767〉;[湘]岳阳磊鑫化工有限公司〈P2254〉;岳阳市云溪区湘达化工厂〈P2254〉

1,1,1,3-四氯丙烷 C02032351

1,1,1,3-Tetrachloropropane [1070-78-6]

用于制备三氯丙烯、三氟丙烯,也可做溶剂

【生产厂】[鲁]威海新元化工有限公司(1000吨)〈P2126〉

1-氯-1,1-二氟乙烷 C02032401

1-Chloro-1,1-difluoroethane [75-68-3]

用作制冷剂及感温介质

【生产厂】[鲁]山东东岳化工股份有限公司〈P2052〉

1-氟-1,1-二氯乙烷;HCFC-141b C02032501

1-Fluoro-1,1-dichloroethane [1717-00-6]

用作清洗剂、聚氨酯发泡剂

【生产厂】[苏]江苏康泰氟化工有限公司〈P1859〉;常熟三爱富氟化工有限责任公司〈P1889〉;江苏梅兰化工股份有限公司〈P1821〉;[浙]浙江化工科技集团有限公司〈P1927〉;浙江埃克盛化工有限公司〈P1949〉;浙江三美化工有限公司〈P1955〉;浙江鹰鹏化工有限公司〈P1956〉;衢州市衢化永和新型制冷剂有限公司〈P1958〉

辛烷；正辛烷　C02032604
n-Octane [111-65-9]
是工业用汽油成分之一，还可用作溶剂和有机合成原料
【生产厂】[苏]溧阳市联成溶剂有限公司〈P1863〉；[鲁]东营万象化工有限责任公司(1000 吨)〈P2083〉

氯代正辛烷；1-氯辛烷　C02032605
n-Octyl chloride；1-Chlorooctane [111-85-3]
用作吸收剂、光稳定剂等
【生产厂】[苏]宜兴市昌吉利化工有限公司〈P1883〉；宜兴市芳桥东方化工厂〈P1884〉；建湖县鑫鑫化工有限公司〈P1807〉；[鲁]邹平铭兴化工有限公司(1500 吨)〈P2158〉
【使用厂】[鲁]山东胜邦绿野化学有限公司〈P2029〉

氯代环戊烷　C02032611
Chlorocyclopentane；Cyclopentyl chloride [930-28-9]
用于有机合成
【生产厂】[沪]上海共禾化工有限公司〈P1734〉；[苏]宜兴市昌吉利化工有限公司〈P1883〉；宜兴市芳桥东方化工厂〈P1884〉；南通万邦科技精细化工有限公司〈P1836〉；启东金禾化工有限公司(400 吨)〈P1837〉

氯代正戊烷；正戊基氯　C02032621
1-Chloropentane；Amyl chloride [543-59-9]
用于有机合成、溶剂等
【生产厂】[京]北京马氏精细化学品有限公司〈P1555〉；[苏]宜兴市芳桥东方化工厂〈P1884〉；建湖县鑫鑫化工有限公司〈P1807〉

正戊烷　C02032701
n-Pentane [109-66-0]
主要用于分子筛脱附和替代氟利昂作发泡剂
【生产厂】[京]北京东方亚科力化工科技有限公司〈P1546〉；[辽]大连光明特种气体有限公司〈P1691〉；[沪]中国石化上海石油化工股份有限公司〈P1780〉；[苏]锡山市锡达化工有限公司(1 万吨)〈P1883〉；[鲁]淄博市临淄东方红化工厂(2000 吨)〈P2068〉；淄博市临淄天德精细化工研究所(3000 吨)〈P2888〉；山东胜海化工股份有限公司(7000 吨)〈P2085〉；山东和利时石化科技开发有限公司〈P2085〉；[豫]中国石化中原油气高新股份有限公司天然气化工厂(500 吨)〈P2216〉；[粤]佛山市顺德区美龙环戊烷化工有限公司〈P2289〉

环戊烷　C02032751
Cyclopentane [287-92-3]
替代氟利昂广泛用作电冰箱、冰柜的保温材料及其他硬质 PU 泡沫的发泡剂
【生产厂】[京]北京东方亚科力化工科技有限公司〈P1546〉；[鲁]山东胜海化工股份有限公司(3000 吨)〈P2085〉；山东东明石化集团玉皇实业有限公司(3000 吨)〈P2160〉；山东玉皇化工有限公司〈P2161〉；[豫]中国石化中原油气高新股份有限公司天然气化工厂(500 吨)〈P2216〉；[粤]佛山市顺德区美龙环戊烷化工有限公司〈P2289〉

异戊烷；2-甲基丁烷　C02032791
Isopentane；2-Methylbutane [78-78-4]
可用作聚乙烯生产中催化剂的溶剂、可发性聚苯乙烯的发泡剂、聚氨酯泡沫体系的发泡剂、脱沥青溶剂等
【生产厂】[京]北京东方亚科力化工科技有限公司〈P1546〉；[吉]吉化集团吉林市锦江油化厂〈P1715〉；吉林市锦龙工业公司〈P1716〉；[鲁]山东胜海化工股份有限公司(7000 吨)〈P2085〉；山东和利时石化科技开发有限公司〈P2085〉；[粤]佛山市顺德区美龙环戊烷化工有限公司〈P2289〉

异辛烷；2,2,4-三甲基戊烷　C02032801
Isooctane；2,2,4-Trimethylpentane [540-84-1]
是测定汽油辛烷值(抗震性)的标准燃料，主要用作汽油、航空汽油等的添加剂，以及有机合成中的非极性惰性溶剂
【生产厂】[辽]辽阳裕丰化工有限公司〈P1712〉

蒎烷　C02033001
Pinane；2,7,7-Trimethylbicyclo[3.1.1]heptane [473-55-2]
用作合成高级香料及维生素 A、E、K 的原料
【生产厂】[浙]建德市新化化工有限责任公司〈P1926〉；[湘]湖南松源化工有限公司〈P2248〉；[桂]广西梧州松脂股份有限公司〈P2300〉；[川]宜宾建中香料有限公司〈P2335〉

金刚烷；三环[3.3.1.1]癸烷　C02033101
Adamantane；Tricyclo[3.3.1.1]decane [281-23-2]
用于合成金刚烷衍生物
【生产厂】[辽]沈阳岭森精细化工厂〈P1687〉；[沪]上海泰顿化工有限公司〈P1766〉；[浙]普洛康裕股份有限公司〈P1953〉；[川]泸州万联化工有限公司〈P2323〉；四川众邦科技发展有限公司〈P2323〉

1,3-二甲基金刚烷　C02033151
1,3-Dimethyladamantane [702-79-4]
用作药物美金刚的中间体
【生产厂】[沪]上海嘉辰化工有限公司〈P1742〉；[浙]杭州三禾化工科技有限公司〈P1922〉；普洛康裕股份有限公司〈P1953〉

1,3-二苯基金刚烷　C02033171
1,3-Diphenyladamantane
【生产厂】[川]四川辉硕化工有限公司〈P2333〉；泸州万联化工有限公司〈P2323〉

正十一烷；十一烷　C02033301
n-Hendecane；Undecane [1120-21-4]
用于生产十一碳二元酸、高档电子清洗液、氯化石蜡、环保型干洗剂等
【生产厂】[辽]辽阳市会福化工厂〈P1711〉

正十二烷；十二烷；月桂烷　C02033401
n-Dodecane；Dodecane [112-40-3]
用于生产十二碳二元酸、直链醇和卤代烷，用作日化产品主要原料油等
【生产厂】[辽]辽阳市会福化工厂〈P1711〉
【使用厂】[鲁]淄博广通化工有限责任公司〈P2060〉

正十四烷　C02033501
n-Tetradecane [629-59-4]
主要用于有机合成，也可用作溶剂及标准烃
【生产厂】[苏]南京卡尼尔科技有限责任公司〈P1786〉

工业混合烷　C02039101
Mixed alkane

【生产厂】[黑]中国石油林源炼油厂〈P1723〉

乙基苯;乙苯;苯乙烷　　C02040101

Phenylethane [100-41-4]

用作苯乙烯的原料,也用于制药和其他有机合成

【生产厂】[辽]辽宁佳兴鸿泰石油化工有限公司〈P1703〉;[甘]兰州汇丰石化有限公司〈P2355〉

【使用厂】[苏]太仓市中天化学有限公司〈P1909〉;[浙]浙江衢州门捷化工有限公司〈P1959〉;[甘]兰州助剂厂〈P2356〉

二乙苯;二乙基苯　　C02040201

Diethylbenzene, mixed isomers [25340-17-4]

用于生产苯乙烯、医药及溶剂等

【生产厂】[浙]杭州中香化学有限公司〈P1925〉

对二乙基苯;对二乙苯　　C02040211

p-Diethylbenzene;1,4-Diethylbenzene [105-05-5]

用作吸附分离对二甲苯的解吸剂

【生产厂】[辽]辽阳石油化纤公司英华化工厂〈P1710〉

间二乙基苯;1,3-二乙基苯　　C02040221

m-Diethylbenzene;1,3-Diethylbenzene [141-93-5]

主要用于生产二乙烯基苯

【生产厂】[鲁]淄博市嘉龙化工科技有限公司〈P2068〉

二乙烯基苯;苯二乙烯;二乙烯苯　　C02040301

Divinylbenzene;*m*-(or *p*-) Divinylbenzene [1321-74-0]

用作树脂、油漆及特种橡胶的原料

【生产厂】[鲁]山东东大化学工业有限公司(5000 吨)〈P2052〉;淄博市嘉龙化工科技有限公司〈P2068〉

【使用厂】[京]北京东方锐波化工厂〈P1546〉;[津]南开大学化工厂〈P1569〉;天津市近代化学厂〈P1596〉;[冀]石家庄市有机化工厂〈P1632〉;[晋]太原树脂厂〈P1672〉;[辽]丹东明珠特种树脂有限公司〈P1700〉;[黑]黑龙江省金鹏树脂有限公司〈P1721〉;[沪]华东理工大学华昌聚合物有限公司〈P1726〉;上海华申树脂有限公司〈P1739〉;[苏]江苏省临海化工厂有限公司〈P1808〉;南通星辰合成材料有限公司〈P1836〉;江苏苏青水处理工程集团有限公司〈P1866〉;江都市润扬化工有限公司〈P1814〉;[豫]鹤壁市树脂有限公司〈P2200〉;[川]中蓝晨光化工研究院〈P2320〉

1,2-二甲苯;邻二甲苯　　C02040601

1,2-Dimethylbenzene;1,2-Xylene;*o*-Xylene [95-47-6]

主要用于生产邻苯二甲酸酐

【生产厂】[辽]中国石油天然气股份有限公司辽阳石化分公司〈P1712〉;[苏]扬子石油化工公司芳烃厂〈P1792〉;中国石化扬子石油化工股份有限公司(8 万吨)〈P1792〉;[鲁]中国石油化工股份有限公司齐鲁石化股份公司(2 万吨)〈P2057〉

【使用厂】[津]天津溶剂厂〈P1577〉;天津有机化学工业总公司〈P1616〉;[冀]石家庄白龙化工股份有限公司〈P1625〉;[辽]辽宁辽炜化工有限公司〈P1684〉;[黑]大庆新世纪精细化工有限公司〈P1722〉;[苏]江苏磐希化工有限公司〈P1821〉;[皖]铜陵化工集团有机化工有限责任公司〈P1978〉;[闽]世佳化工(厦门)有限公司〈P1991〉;[鲁]新泰市宏达化工有限公司〈P2138〉;[鄂]荆州市博尔德化学有限公司〈P2240〉;[陕]宝鸡市有机化工厂〈P2351〉

1,4-二甲苯;对二甲苯;PX　　C02040701

1,4-Dimethylbenzene;1,4-Xylene;*p*-Xylene [106-42-3]

用作生产聚酯纤维和树脂、涂料、染料及农药的原料

【生产厂】[津]中国石油化工股份有限公司天津分公司(38 万吨)〈P1618〉;[辽]中国石油天然气股份有限公司辽阳石化分公司〈P1712〉;[沪]中国石化上海石油化工股份有限公司(2 万吨)〈P1780〉;[苏]扬子石油化工公司芳烃厂〈P1792〉;中国石化扬子石油化工股份有限公司(50 万吨)〈P1792〉;[浙]中国石化镇海炼油化工股份有限公司〈P1936〉;[鲁]中国石油化工股份有限公司齐鲁石化股份公司(8 万吨)〈P2057〉;[豫]中国石油化工股份有限公司洛阳分公司(18 万吨)〈P2190〉

【使用厂】[黑]大庆新世纪精细化工有限公司〈P1722〉;[苏]扬州市恒生化工有限公司〈P1818〉;中国石化仪征化纤股份有限公司〈P1821〉;太仓市中天化学有限公司〈P1909〉;江苏磐希化工有限公司〈P1821〉;[浙]浙江华联三鑫石化有限公司〈P1950〉;[闽]翔鹭石化企业(厦门)有限公司〈P1994〉;[赣]江西联达化工有限公司〈P2009〉;[鲁]青岛化工研究院〈P2037〉;青岛三力化工技术有限公司〈P2041〉;淄博张店君臣化工厂〈P2076〉;[湘]湖南洞庭药业股份有限公司〈P2255〉;[川]四川红光化工有限公司〈P2334〉

4-叔丁基甲苯;对叔丁基甲苯　　C02040710

4-*tert*-Butyltoluene [98-51-1]

用作有机合成中间体

【生产厂】[津]天津天大天久科技股份有限公司(800 吨)〈P1615〉;[辽]辽宁省沈阳中际精细化工总厂(1200 吨)〈P1684〉;海城市华荣合成化工厂〈P1697〉

2-氯-6-硝基甲苯;6-氯-2-硝基甲苯　　C02040751

2-Chloro-6-nitrotoluene [83-42-1]

用于合成 3-氯-2-甲基苯胺、2,6-二氯苯甲醛等

【生产厂】[沪]上海高伦现代农化股份有限公司〈P1734〉;[鲁]龙口市龙海精细化工有限公司(2000 吨)〈P2111〉

3,4,5-三甲氧基甲苯　　C02040771

3,4,5-Trimethoxytoluene [6443-69-2]

用作智能促进药艾地苯醌辅酶 Q10 中间体

【生产厂】[沪]上海立科药物化学有限公司〈P1750〉;上海康晟实业有限公司〈P1748〉;[浙]横店集团家园化工有限公司〈P1952〉

2,3,4,5-四甲氧基甲苯　　C02040791

2,3,4,5-Tetramethoxytoluene [35896-58-3]

【生产厂】[冀]河北九派实业集团有限公司(24 吨)〈P1620〉;[沪]上海立科药物化学有限公司〈P1750〉;上海雅本化学有限公司〈P1773〉;上海勤工助剂有限公司〈P1757〉;[鲁]济南明鑫制药有限公司(100 吨)〈P2024〉;淄博顺景精细化工有限公司〈P2073〉

甲基萘　　C02040801

Methylnaphthalene

用作表面活性剂、减水剂、分散剂、药物等有机合成的原料

【生产厂】[冀]石家庄焦化集团有限责任公司〈P1627〉;武安市华神化工有限公司〈P1641〉;[辽]鞍山市中联化工品有限公司〈P1696〉;鞍山市惠丰化工有限责任公司〈P1695〉;[沪]上海金环石油萘开发有限公司(3000 吨)〈P1744〉;宝山钢铁股份有限公司化工分公司(3560 吨)〈P1726〉;[苏]上海梅山企业发展有限公司南京化工实业分公司(1500

吨)〈P1792〉;溧阳市诚兴化工有限公司(1000 吨)〈P1863〉;苏州市荣丰高新化工有限公司〈P1904〉;江苏华伦化工有限公司〈P1816〉;[鲁]山东定陶友帮化工有限公司〈P2159〉;[粤]利莱精细原料有限公司〈P2276〉;[甘]酒泉钢铁(集团)有限责任公司〈P2357〉

【使用厂】[沪]上海天坛助剂有限公司〈P1767〉;[苏]江苏海润化工有限公司〈P1816〉;江阴市顾山无机化工厂〈P1869〉;江苏飞翔化工(张家港)有限公司〈P1893〉;[浙]浙江五龙化工股份有限公司〈P1947〉

C

α-甲基萘;1-甲基萘　C02040901

α-Methylnaphthalene [90-12-0]

用作聚氯乙烯纤维和涤纶的印染载体、六六六的乳化剂、硫黄提取剂、溶剂,用于生产表面活性剂、增塑剂等

【生产厂】[辽]辽阳市宏伟区欣欣化工有限公司〈P1711〉;辽阳市会福化工厂〈P1711〉;鞍山市中联化工品有限公司〈P1696〉;鞍山市惠丰化工有限责任公司〈P1695〉;鞍山市天长化工有限公司〈P1696〉;辽宁鞍山市贝达合成化工厂〈P1697〉;鞍钢实业化工公司(30 吨)〈P1695〉;[苏]上海梅山企业发展有限公司南京化工实业分公司(20 吨)〈P1792〉;常州市常宇化工有限公司〈P1850〉;苏州市荣丰高新化工有限公司〈P1904〉;[鲁]淄博环海佳业科工贸有限公司〈P2062〉;莱芜市雅鲁生化有限公司〈P2141〉;山东定陶友帮化工有限公司〈P2159〉;[粤]利莱精细原料有限公司〈P2276〉

【使用厂】[苏]太仓市中天化学有限公司〈P1909〉

β-甲基萘;2-甲基萘　C02041001

β-Methylnaphthalene [91-57-6]

用作生产维生素 K_3 的原料,用于合成植物生长抑制剂、表面活性剂、减水剂、分散剂等

【生产厂】[辽]辽阳市宏伟区欣欣化工有限公司〈P1711〉;辽阳市会福化工厂〈P1711〉;鞍山市中联化工品有限公司〈P1696〉;鞍山市惠丰化工有限责任公司〈P1695〉;鞍山市天长化工有限公司〈P1696〉;辽宁鞍山市贝达合成化工厂〈P1697〉;鞍钢实业化工公司(10 吨)〈P1695〉;[沪]宝山钢铁股份有限公司化工分公司(1430 吨)〈P1726〉;[苏]上海梅山企业发展有限公司南京化工实业分公司(80 吨)〈P1792〉;常州市常宇化工有限公司〈P1850〉;苏州市荣丰高新化工有限公司〈P1904〉;[鲁]淄博环海佳业科工贸有限公司〈P2062〉;莱芜市雅鲁生化有限公司〈P2141〉;山东定陶友帮化工有限公司〈P2159〉;[粤]利莱精细原料有限公司〈P2276〉

【使用厂】[京]北京杨村化工有限公司〈P1564〉

异丙苯;异丙基苯　C02041101

Isopropylbenzene;Cumene [98-82-8]

主要用于生产苯酚和丙酮,也可用作提高燃料油辛烷值的添加剂、合成香料和聚合引发剂的原料

【生产厂】[津]天津振泰化工有限公司〈P1617〉;[苏]太仓塑料助剂厂有限公司〈P1909〉;[甘]兰化翔鑫工贸有限责任公司〈P2355〉

【使用厂】[沪]中国石油化工股份有限公司上海高桥分公司〈P1780〉;[苏]太仓市中天化学有限公司〈P1909〉

丙苯;丙基苯;正丙苯　C02041151

n-Propylbenzene [103-65-1]

用于溶剂和印染工业

【生产厂】[京]北京马氏精细化学品有限公司〈P1555〉;[苏]太仓市中天化学有限公司〈P1909〉

C_9 芳烃;碳九芳烃;重芳烃　C02041301

C_9 Aromatics;Heavy aromatics

可直接用作汽油、高沸点溶剂、石油树脂、炭黑等的原料

【生产厂】[津]天津市大港区金祥化工厂(60 万吨)〈P1583〉;天津市大港区聚富化工有限公司(400 吨)〈P1583〉;[苏]上海梅山企业发展有限公司南京化工实业分公司(680 吨)〈P1792〉;中国石化扬子石油化工股份有限公司〈P1792〉;溧阳市诚兴化工有限公司(2000 吨)〈P1863〉;[皖]安徽新源石油化工技术开发有限公司〈P1979〉;[豫]濮阳市康仕通化工有限公司(500 吨)〈P2214〉

【使用厂】[冀]河北沧州大化集团有限责任公司〈P1653〉;[辽]本溪化学双氧水有限责任公司〈P1699〉;[黑]黑龙江黑化集团有限公司〈P1722〉;[沪]上海吴淞化肥厂〈P1770〉;上海中远化工有限公司〈P1779〉;[苏]江阴市陆桥有机化工厂〈P1870〉;[浙]建德市新化化工有限责任公司〈P1926〉;浙江龙鑫化工有限公司〈P1970〉;[赣]江西江氨化学工业有限公司〈P2008〉;[鲁]山东烟台凯联化工有限公司〈P2115〉;淄博锐博化工有限公司〈P2066〉;烟台市恒茂化工有限公司〈P2118〉;淄博市张店齐鑫化工厂〈P2071〉;临淄鲁安化工厂〈P2050〉;[豫]河南省内黄县金科化工有限责任公司〈P2212〉;黎明化工研究院〈P2181〉;[鄂]武汉醒狮化学品有限公司〈P2235〉;[粤]广州市金珠江化学有限公司〈P2265〉;[渝]重庆嘉陵化学制品有限公司〈P2305〉;[甘]兰州助剂厂〈P2356〉

C_8 芳烃;碳八芳烃　C02041302

C_8 Aromatics

用于橡胶、油漆等方面

【生产厂】[苏]上海梅山企业发展有限公司南京化工实业分公司(130 吨)〈P1792〉

【使用厂】[豫]濮阳市瑞森石油树脂有限公司〈P2214〉

C_{10} 芳烃;碳十芳烃　C02041303

C_{10} Aromatics

一般将碳九和碳十混合芳烃直接制成石油树脂或作为高级碳素和高温溶剂等

【生产厂】[鲁]淄博锐博化工有限公司(3000 吨)〈P2066〉

【使用厂】[苏]江苏华伦化工有限公司〈P1816〉

芳烃　C02041311

Aromatics

用于合成芳香族化合物

【生产厂】[津]天津市鑫磊化工有限公司(8000 吨)〈P1608〉;[浙]中国石化镇海炼油化工股份有限公司(100 万吨)〈P1936〉;[豫]濮阳市星海化工厂(1 万吨)〈P2215〉

【使用厂】[闽]福州一化化学品股份有限公司〈P1990〉;福建龙岩港龙化工有限公司〈P2005〉;[鲁]山东顺通集团〈P2086〉

偏三甲苯;1,2,4-三甲苯　C02041501

1,2,4-Trimethylbenzene [95-63-6]

用于生产 PVC 塑料增塑剂偏苯三酸三辛酯、粉末涂料、电机耐温绝缘漆等

【生产厂】[辽]辽阳石油化纤公司英华化工厂〈P1710〉;辽阳英华有机化工有限公司(3000 吨)〈P1712〉;锦州石化精细化工有限责任公司〈P1702〉;中国石油天然气股份公司锦州石化分公司〈P1702〉;[苏]中国石化金陵石化公司炼油厂〈P1792〉;[鲁]淄博锐博化工有限公司(8000 吨)〈P2066〉

【使用厂】[冀]河北省藁城市瑞星化工有限责任公司〈P1621〉

均三甲苯;1,3,5-三甲苯 C02041511
sym-Trimethylbenzene;1,3,5-Trimethylbenzene
[108-67-8]
用于生产均苯三甲酸以及抗氧剂、环氧树脂固化剂、聚酯树脂稳定剂、醇酸树脂增塑剂和染料等
【生产厂】[冀]河北省藁城市瑞星化工有限责任公司(1500吨)〈P1621〉;河北大田化工有限公司(1000吨)〈P1658〉;[辽]辽阳石油化纤公司英华化工厂〈P1710〉;辽阳英华有机化工有限公司(1000吨)〈P1712〉;锦州石化精细化工有限责任公司〈P1702〉;中国石油天然气股份公司锦州石化分公司(1000吨)〈P1702〉;[苏]中国石化金陵石化公司炼油厂〈P1792〉;仪征市鼎信化工有限公司(600吨)〈P1820〉
【使用厂】[苏]吴江市东风化工有限公司〈P1910〉;太仓市中天化学有限公司〈P1909〉;[鲁]青岛三力化工技术有限公司〈P2041〉

连三甲苯;1,2,3-三甲基苯 C02041521
1,2,3-Trimethylbenzene [526-73-8]
用于制备苯胺染料、醇酸树脂、聚酯树脂及连苯三甲酸等
【生产厂】[辽]辽阳石油化纤公司英华化工厂〈P1710〉

芳烃溶剂 C02041600
Aromatics solvent
可用作工业溶剂、油漆稀释剂以及鞋油、皮夹克油的稀释剂,还可用作农药乳化剂、矿山浮选剂等
【生产厂】[辽]辽阳石油化纤公司英华化工厂〈P1710〉;[吉]吉林市锦龙工业公司〈P1716〉;[苏]苏州市荣丰高新化工有限公司〈P1904〉;[鲁]淄博环海佳业科工贸有限公司〈P2062〉;山东省微山县化工厂(1000吨)〈P2132〉;[豫]偃师市商城防腐材料有限公司(1000吨)〈P2189〉

十二烷基苯;烷基苯 C02041701
Dodecylbenzene [123-01-3]
用作合成洗衣粉的原料
【生产厂】[京]北京佳友盛新技术开发中心〈P1551〉
【使用厂】[津]天津天智精细化工有限公司〈P1615〉;[沪]上海白猫股份有限公司〈P1728〉;[苏]徐州汉高洗涤剂有限公司〈P1794〉;中国石化金陵石化公司烷基苯厂〈P1792〉;金桐石油化工有限公司〈P1782〉;[闽]厦门金桐合成洗涤剂有限公司〈P1992〉;[赣]诚志股份有限公司合成洗涤剂分公司〈P2013〉;[鲁]淄博市临淄恒立助剂有限公司〈P2068〉;济南海华洗涤制品有限公司〈P2021〉;山东丽波日化股份有限公司〈P2096〉;[豫]安阳市健美日化有限责任公司〈P2209〉

重烷基苯 C02041702
Heavy alkyl benzene
用作冷冻机油、电器用油、导热油等
【生产厂】[辽]抚顺石油化工公司石化五厂〈P1698〉;[苏]南京卡尼尔科技有限责任公司〈P1786〉;中国石化金陵石化公司烷基苯厂(7000吨)〈P1792〉
【使用厂】[苏]江阴市光华化工有限公司〈P1869〉;[豫]鹤壁市前进乳化剂厂〈P2199〉

联苯 C02041801
Diphenyl [92-52-4]
是工程塑料聚砜的原料,用于制三氯联苯、五氯联苯,用作热载体、防腐剂等
【生产厂】[辽]辽宁鞍山市贝达合成化工厂〈P1697〉;[沪]上海静超化工有限公司〈P1745〉;[苏]镇江市润州第二化工厂〈P1845〉;江苏苏化集团有限公司(800吨)〈P1894〉;[浙]杭州国晨化工技术有限公司〈P1917〉
【使用厂】[京]北京杨村化工有限公司〈P1564〉;[沪]上海市农药研究所〈P1764〉;[苏]宝应县中宝云鹏化工有限公司〈P1813〉

对羟基联苯;对苯基苯酚;4-羟基联苯 C02041811
p-Hydroxydiphenyl;*p*-Phenylphenol [92-69-3]
用于制油溶性树脂和乳化剂,用作耐腐蚀漆的组分、印染的载体等
【生产厂】[辽]鞍山市天长化工有限公司〈P1696〉;[赣]江西麒麟化工有限公司〈P2013〉

对溴联苯;4-溴联苯 C02041821
p-Bromodiphenyl [92-66-0]
用于液晶原料及中间体
【生产厂】[京]北京马氏精细化学品有限公司〈P1555〉;[沪]上海邦成化工有限公司〈P1728〉;[苏]江苏省启东市宇林化工厂〈P1831〉;[赣]江西省励远化工科技实业公司〈P2009〉;[鲁]青岛东海源生化科技有限公司〈P2034〉
【使用厂】[苏]泗阳县鼠药厂〈P1804〉

邻溴联苯;2-溴联苯 C02041823
o-Bromodiphenyl [2052-07-5]
【生产厂】[沪]上海益民化工有限公司〈P1775〉;[苏]江苏省启东市宇林化工厂〈P1831〉

间溴联苯;3-溴联苯 C02041825
3-Bromobiphenyl [2113-57-7]
【生产厂】[苏]江苏省启东市宇林化工厂〈P1831〉

4′-溴甲基-2-氰基联苯;溴代沙坦联苯 C02041851
4′-Bromomethyl-2-cyanodiphenyl [114772-54-2]
【生产厂】[苏]江苏中丹制药有限公司〈P1823〉;[浙]浙江金立源药业有限公司〈P1951〉;浙江天宇药业有限公司(30吨)〈P1969〉;[赣]江西省励远化工科技实业公司〈P2009〉

4,4′-二甲基联苯 C02041861
4,4′-Dimethylbiphenyl [613-33-2]
【生产厂】[苏]江苏中丹制药有限公司〈P1823〉

2,3-二氢苯并呋喃 C02041911
2,3-Dihydrobenzofuran [496-16-2]
【生产厂】[京]北京嘉盛扬医药科技有限公司〈P1551〉

2-乙基苯并呋喃 C02041931
2-Ethylbenzofuran
用于合成药物苯溴马隆
【生产厂】[浙]浙江同丰医药化工有限公司〈P1969〉

2,3-二氢苯并呋喃-5-乙酸 C02041991
2,3-Dihydrobenzofuran-5-acetic acid [69999-16-2]
用作医药中间体
【生产厂】[苏]海峰化工科研有限公司〈P1797〉

1-氯-4-硝基苯;对氯硝基苯 C02042011
4-Chloronitrobenzene [100-00-5]

用于有机合成,也用作染料中间体
【生产厂】[京]北京马氏精细化学品有限公司〈P1555〉
【使用厂】[鲁]山东圣奥化工股份有限公司〈P2161〉

1,4-二叔丁基苯 C02042101

1,4-Di-*tert*-butylbenzene [1012-72-2]
【生产厂】[苏]靖江市化工总厂〈P1824〉

2,6-二叔丁基苯醌 C02042201

2,6-Di-*tert*-butylbenzoquinone [719-22-2]
用作医药中间体
【生产厂】[沪]上海虹生实业有限公司〈P1737〉

1,4-苯醌二肟;对苯醌二肟 C02042251

1,4-Benzoquinone dioxime;*p*-Quinone dioxime [105-11-3]
用作丁基橡胶、天然橡胶、丁苯橡胶等的硫化剂
【生产厂】[辽]营口天元实业精细化工有限公司〈P1705〉;[苏]泰兴盛铭精细化工有限公司〈P1825〉

6-甲氧基-2-乙酰萘 C02042301

6-Methoxy-2-acetylnaphthalene [3900-45-6]
用于合成非甾体抗炎镇痛新药萘普生及萘普酮的关键中间体
【生产厂】[苏]盐城市东港药物化工发展有限公司(1000 吨)〈P1811〉;[渝]重庆川东化工(集团)有限公司(200 吨)〈P2304〉

6-甲氧基-2-丙酰萘 C02042302

6-Methoxy-2-propionylnaphthalene [2700-47-2]
用作药物萘普生的中间体
【生产厂】[浙]台州市知青化工有限公司〈P1962〉

6-甲氧基-2-萘甲醛 C02042305

6-Methoxy-2-naphthaldehyde [3453-33-6]
【生产厂】[苏]江苏飞翔化工(张家港)有限公司〈P1893〉;江苏华派集团〈P1807〉;[浙]浙江台州海翔医药化工有限公司〈P1968〉;横店集团家园化工有限公司〈P1952〉

1,8-萘二胺;1,8-二氨基萘 C02042411

1,8-Diaminonaphthalene [479-27-6]
用于有机合成
【生产厂】[苏]南通海迪化工有限公司(150 吨)〈P1833〉

1,5-二氨基萘;1,5-萘二胺 C02042421

1,5-Diaminonaphthalene [2243-62-1]
用于有机合成
【生产厂】[苏]昆山华旭精细化工有限公司〈P1895〉;南通海迪化工有限公司(100 吨)〈P1833〉

1,8-萘二甲酰亚胺 C02042451

1,8-Naphthalenediformylimine;1,8-Naphthalimide [81-83-4]
是合成苝系染、颜料,还原 BG 灰和荧光增白剂等的重要原料
【生产厂】[津]天津理工产业股份有限公司〈P1576〉;[辽]辽阳联港染料化工有限公司〈P1710〉;鞍山市惠丰化工有限责任公司〈P1695〉;鞍山市兴懋化工有限责任公司〈P1696〉

1,8-萘内酰亚胺 C02042461

1,8-Naphthaleneformylimine [130-00-7]
用于合成还原染料和有机颜料的中间体
【生产厂】[津]天津理工产业股份有限公司〈P1576〉;[辽]辽阳联港染料化工有限公司〈P1710〉;鞍山市惠丰化工有限责任公司〈P1695〉;鞍山市兴懋化工有限责任公司〈P1696〉

1,6-二甲氧基萘 C02042495

1,6-Dimethoxynaphthalene
用作医药中间体
【生产厂】[鲁]青岛裕达精细化工有限公司(4 吨)〈P2046〉

对三联苯;1,4-二苯基苯 C02042500

p-Terphenyl;1,4-Diphenylbenzene [92-94-4]
【生产厂】[浙]杭州国晨化工技术有限公司〈P1917〉

氢化三联苯 C02042509

Hydrogenated terphenyls [61788-32-7]
【生产厂】[苏]江苏苏化集团有限公司〈P1894〉;苏州市天瑞化工有限公司〈P1905〉

1,4-萘醌 C02042510

1,4-Naphthoquinone [130-15-4]
用于合成农药杀菌剂 2,3-二氯-1,4-萘醌,也用于合成染料中间体蒽醌
【生产厂】[苏]扬州杰迪化工有限公司(300 吨)〈P1817〉
【使用厂】[鲁]新泰市兰得染料化工有限公司〈P2138〉

1,2-萘醌 C02042515

1,2-Naphthoquinone [524-42-5]
用于制造染料等,也用于其他有机合成
【生产厂】[浙]杭州江南化工有限公司〈P1919〉

2-羟基-1,4-萘醌 C02042571

2-Hydroxy-1,4-naphthoquinone [83-72-7]
用于染发剂、杀菌剂
【生产厂】[苏]扬州杰迪化工有限公司〈P1817〉

2,3-二氯-1,4-萘醌 C02042591

2,3-Dichloro-1,4-naphthoquinone;Dichlone [117-80-6]
用作医药、农药、染料中间体
【生产厂】[苏]南京仁信化工有限公司〈P1788〉;昆山化工医药原料有限公司〈P1895〉;扬州杰迪化工有限公司〈P1817〉

二异丙苯 C02042701

Diisopropylbenzene,mixture [25321-09-9]
【生产厂】[甘]兰化翔鑫工贸有限责任公司(6500 吨)〈P2355〉
【使用厂】[鲁]曲阜市天昊化工助剂有限公司〈P2130〉

1,3,5-三甲氧基苯 C02042901

1,3,5-Trimethoxybenzene [621-23-8]
用于医药和有机合成中间体
【生产厂】[京]北京达科思精细化工研究所〈P1545〉;[沪]上海康鸣高科技有限公司(100 吨)〈P1748〉;上海康文医药中间体有限公司〈P1748〉;[苏]苏州市中发医药化工有限公司〈P1906〉;[鲁]寿光富康制药有限公司(100 吨)〈P2099〉;山东大地盐化集团〈P2094〉;青岛裕达精细化工有限公司〈P2046〉;菏泽睿鹰制药集团(10 吨)〈P2158〉

1,2,3-三甲氧基苯 C02043001

1,2,3-Trimethoxybenzene [634-36-6]

用作医药中间体

【生产厂】[黑]哈尔滨康文生化科技有限公司〈P1720〉;[沪]上海康晟实业有限公司〈P1748〉;上海康文医药中间体有限公司〈P1748〉;[苏]无锡康晟精细化工有限公司〈P1874〉;[浙]浙江台州海翔医药化工有限公司〈P1968〉;[豫]郑州路路德化学制品有限公司〈P2171〉;[粤]珠海市金山化工有限公司(100 吨)〈P2275〉

1,2,4-三甲氧基苯 C02043051

1,2,4-Trimethoxybenzene [135-77-3]

用作医药中间体

【生产厂】[苏]沭阳县华泰化工厂〈P1804〉;[浙]杭州三禾化工科技有限公司〈P1922〉

1-萘甲醛 C02043101

1-Naphthaldehyde [66-77-3]

用于合成树脂及医药

【生产厂】[苏]常州市武进鸣凰化学厂〈P1854〉;常州市武进临川化工有限公司(50 吨)〈P1854〉;[皖]广德金邦化工有限公司〈P1986〉

2-萘甲醛 C02043111

2-Naphthaldehyde [66-99-9]

用于有机合成

【生产厂】[苏]常州市武进鸣凰化学厂〈P1854〉;常州市武进临川化工有限公司〈P1854〉

2-萘甲醇;β-萘甲醇 C02043151

2-Naphthalenemethanol [1592-38-7]

【生产厂】[苏]常州市武进临川化工有限公司〈P1854〉

2-萘乙醇;β-萘乙醇 C02043155

2-Naphthaleneethanol [1485-07-0]

【生产厂】[苏]常州市武进临川化工有限公司〈P1854〉

1-萘乙醇;α-萘乙醇;1-羟乙基萘 C02043157

1-Naphthaleneethanol [773-99-9]

【生产厂】[苏]常州市武进临川化工有限公司〈P1854〉

1 氰基四氢化萘 C02043161

1-Cyano-1,2,3,4-tetrahydronaphthalene [56536-96-0]

用作医药中间体

【生产厂】[闽]福建省永安风帆精细化工有限公司〈P1995〉;[鲁]山东省平原永恒化工有限公司〈P2145〉

1-氯甲基萘 C02043201

1-(Chloromethyl) naphthalene [86-52-2]

用于合成树脂、医药等

【生产厂】[辽]荣成市东立精细化工有限公司阜新分公司〈P1708〉;[苏]常州市武进鸣凰化学厂〈P1854〉;常州市武进临川化工有限公司(200 吨)〈P1854〉;[浙]浙江圣达药业有限公司〈P1967〉

1-溴甲基萘 C02043231

1-(Bromomethyl) naphthalene [3163-27-7]

【生产厂】[苏]常州市武进鸣凰化学厂〈P1854〉;常州市武进临川化工有限公司〈P1854〉

2-溴甲基萘 C02043232

2-(Bromomethyl) naphthalene [939-26-4]

【生产厂】[苏]常州市武进鸣凰化学厂〈P1854〉;常州市武进临川化工有限公司〈P1854〉

α-萘乙腈;1-萘乙腈 C02043301

α-Naphthylacetonitrile [132-75-2]

用于有机合成

【生产厂】[苏]常州市武进鸣凰化学厂〈P1854〉;常州市武进临川化工有限公司〈P1854〉;江阴市龙达化工有限公司〈P1870〉;[皖]广德金邦化工有限公司〈P1986〉

2-萘乙腈;β-萘乙腈 C02043305

2-Naphthylacetonitrile

【生产厂】[苏]常州市武进临川化工有限公司〈P1854〉

1-萘甲腈;α-萘甲腈 C02043331

1-Naphthonitrile;α-Napthyl cyanide [86-53-3]

用于有机合成

【生产厂】[苏]常州市武进鸣凰化学厂〈P1854〉;常州市武进临川化工有限公司〈P1854〉

2-萘乙烯;2-乙烯基萘 C02043401

2-Vinylnaphthalene [827-54-3]

【生产厂】[苏]常州市武进临川化工有限公司〈P1854〉

石油苯 C02043501

Petroleum benzene

用于有机合成和化工原料,如制取合成橡胶、塑料、锦纶单体、合成洗涤剂、农药等,亦是很好的有机溶剂

【生产厂】[京]中国石油化工股份有限公司北京燕山分公司〈P1568〉;[津]天津市欣宽福利化工厂〈P1608〉;[辽]辽宁佳兴鸿泰石油化工有限公司〈P1703〉;[沪]中国石油化工股份有限公司上海高桥分公司〈P1780〉;中国石化上海石油化工股份有限公司〈P1780〉;[鲁]齐鲁石化公司胜利炼油厂〈P2051〉;[湘]中国石化长岭炼油化工有限责任公司〈P2254〉

石油甲苯 C02043511

Petroleum toluene

用作硝基甲苯、农药、糖精、染料、合成树脂等原料,也可作有机溶剂

【生产厂】[京]中国石油化工股份有限公司北京燕山分公司〈P1568〉;[辽]辽宁佳兴鸿泰石油化工有限公司〈P1703〉;[沪]中国石化上海石油化工股份有限公司〈P1780〉;[鲁]淄博环海佳业科工贸有限公司〈P2062〉;齐鲁石化公司胜利炼油厂〈P2051〉;[湘]中国石化长岭炼油化工有限责任公司〈P2254〉

【使用厂】[苏]南京隆燕化工有限公司〈P1787〉

叔戊基苯 C02043601

tert-Amylbenzene [2049-95-8]

主要用于过氧化氢高溶解度的工作液载体-叔戊基蒽醌的生产,亦可作为溶剂

【生产厂】[苏]镇江市海通化工有限公司〈P1845〉;靖江市化工总厂(300 吨)〈P1824〉

正戊基苯;戊基苯 C02043651

n-Amylbenzene [538-68-1]

【生产厂】[京]北京马氏精细化学品有限公司〈P1555〉;[苏]太仓市中天化学有限公司〈P1909〉

环己基苯;苯基环己烷 C02043701

Cyclohexylbenzene；Phenylcyclohexane [827-52-1]

用作高沸点溶剂和渗透剂，也用于有机合成

【生产厂】[京]北京格瑞华阳科技发展有限公司〈P1548〉；[苏]南京盛启化工有限公司〈P1789〉；[浙]嘉兴市步云富欣化工厂〈P1941〉；[皖]广德金邦化工有限公司〈P1986〉

C

2-甲基联苯 C02043801

2-Methylbiphenyl [643-58-3]

【生产厂】[沪]上海晨日化学有限公司〈P1730〉；[赣]江西省励远化工科技实业公司〈P2009〉

3-甲基联苯 C02043803

3-Methylbiphenyl [643-93-6]

【生产厂】[赣]江西省励远化工科技实业公司〈P2009〉

4-甲基联苯 C02043805

4-Methylbiphenyl [644-08-6]

【生产厂】[赣]江西省励远化工科技实业公司〈P2009〉

1,2,4,5-四甲苯；均四甲苯 C02043901

1,2,4,5-Tetramethylbenzene [95-93-2]

是氧化制备均苯四甲酸二酐最为理想的原料

【生产厂】[津]天津市大港兴实化工厂(2800吨)〈P1583〉；[冀]河北省藁城市瑞星化工有限责任公司(1200吨)〈P1621〉；[辽]辽阳石油化纤公司英华化工厂〈P1710〉；[苏]溧阳市诚兴化工有限公司(1000吨)〈P1863〉；[新]中国石油天然气股份有限公司乌鲁木齐石油化工总厂〈P2365〉

【使用厂】[浙]宁波市贝特化工新材料有限公司〈P1932〉；[皖]黄山市华美精细化工有限公司〈P1981〉

对丙基环己基苯 C02044101

p-Propylcyclohexylbenzene

【生产厂】[苏]太仓市中天化学有限公司〈P1909〉

四氢呋喃；氧杂环戊烷 C02050101

Tetrahydrofuran；Tetramethylene oxide [109-99-9]

用作溶剂、有机合成的原料

【生产厂】[津]天津市耀德工商实业公司(3000吨)〈P1610〉；[冀]石家庄新宇三阳实业有限公司(5000吨)〈P1633〉；[苏]南京富邦化工有限公司〈P1783〉；江都市银江化工有限公司〈P1815〉；[鲁]淄博市临淄冰清精细化工厂(1000吨)〈P2068〉；山东省博兴县凯利精细化工有限责任公司〈P2156〉；山东佳泰石油化工有限公司(1000吨)〈P2085〉；东营万象化工有限责任公司(3200吨)〈P2083〉

【使用厂】[京]北京紫竹药业有限公司〈P1567〉；[辽]丹东医创药业有限责任公司〈P1701〉；[黑]黑龙江省绥棱艾斯精细化工有限责任公司〈P1725〉；[苏]南通宝叶化工有限公司〈P1832〉；利君集团镇江制药有限责任公司〈P1843〉；苏州益良药业有限公司〈P1907〉；无锡市第七制药有限公司〈P1875〉；泰兴市一鸣精细化工有限公司〈P1827〉；[浙]浙江东亚医药化工有限公司〈P1963〉；[鲁]淄博市临淄鑫齐工贸有限公司〈P2070〉；青州市鑫隆化工有限公司〈P2093〉；招远三联化工集团公司〈P2121〉；潍坊市亚东化工有限公司〈P2105〉

2,3-二氢呋喃 C02050110

2,3-Dihydrofuran [1191-99-7]

用作抗肿瘤药的中间体，也用于电子化学品和香料中

【生产厂】[津]天津运盛化学品有限公司〈P1617〉；天津正元精细化工有限公司(3000吨)〈P1617〉；天津市成阳科技发展有限公司(100吨)〈P1582〉；[沪]上海晨日化学有限公司〈P1730〉；[苏]江苏华派集团(200吨)〈P1807〉；盐城市华佳化工有限公司〈P1811〉

2,5-二氢呋喃 C02050115

2,5-Dihydrofuran [1708-29-8]

【生产厂】[津]天津正元精细化工有限公司(120吨)〈P1617〉

5-甲基-2-乙酰基呋喃 C02050121

5-Methyl-2-acetylfuran [1193-79-9]

用作日用香精

【生产厂】[鲁]山东滕州悟通香料有限责任公司(1吨)〈P2078〉；滕州市香源化工有限责任公司〈P2079〉；滕州吉田香料有限公司〈P2078〉

2-乙酰基呋喃；乙酰呋喃 C02050131

2-Acetylfuran [1192-62-7]

用作有机合成原料、医药中间体

【生产厂】[黑]大庆新世纪精细化工有限公司〈P1722〉；[浙]浙江台州清泉医药化工有限公司(300吨)〈P1968〉；[鲁]山东滕州悟通香料有限责任公司(2吨)〈P2078〉；滕州市香源化工有限责任公司〈P2079〉；滕州吉田香料有限公司〈P2078〉

2-甲基-3-呋喃硫醇；2-甲基-3-巯基呋喃 C02050141

2-Methyl-3-furanthiol [28588-74-1]

用作调味料香精

【生产厂】[鲁]山东滕州悟通香料有限责任公司(1吨)〈P2078〉；滕州市香源化工有限责任公司〈P2079〉；滕州吉田香料有限公司〈P2078〉

2-甲基-3-甲硫基呋喃 C02050151

2-Methyl-3-methylthiofuran [63012-97-5]

【生产厂】[鲁]山东滕州悟通香料有限责任公司〈P2078〉；滕州市香源化工有限责任公司〈P2079〉；滕州吉田香料有限公司〈P2078〉

2-甲基四氢呋喃-3-硫醇 C02050171

2-Methyltetrahydrofuran-3-thioalcohol

用作有机合成中间体

【生产厂】[鲁]山东滕州悟通香料有限责任公司〈P2078〉；滕州市香源化工有限责任公司〈P2079〉

3-羟基四氢呋喃 C02050181

3-Hydroxytetrahydrofuran [453-20-3]

【生产厂】[冀]唐山市维智贸易有限公司(15吨)〈P1636〉

2-甲基-5-乙基吡啶 C02050201

2-Methyl-5-ethylpyridine；MEP [104-90-5]

用于医药工业，用于制备烟酸、烟酰胺、异烟肼、尼可杀米等

【生产厂】[苏]常州夏青化工有限公司〈P1857〉

3-羟甲基吡啶；3-吡啶甲醇；烟醇 C02050231

3-Hydroxymethylpyridine；Nicotinyl alcohol [100-55-0]

用作有机合成中间体

【生产厂】[苏]靖江市化工总厂〈P1824〉

2-乙基吡啶 C02050241

2-Ethylpyridine [100-71-0]

用作有机合成中间体

【生产厂】［鲁］山东滕州悟通香料有限责任公司〈P2078〉；滕州市香源化工有限责任公司〈P2079〉

3-乙基吡啶 C02050243

3-Ethylpyridine

【生产厂】［鲁］滕州市香源化工有限责任公司〈P2079〉

4-氨基-2-三氟甲基吡啶 C02050271

4-Amino-2-trifluoromethylpyridine［147149-98-2］

【生产厂】［沪］上海中科同力化工材料有限公司〈P1779〉

2-乙基-3-羟基-6-甲基吡啶；2-乙基-6-甲基-3-羟基吡啶 C02050291

2-Ethyl-3-hydroxy-6-methylpyridine［2364-75-2］

用作医药、化工中间体

【生产厂】［鲁］潍坊祥维斯化学品有限公司(100 吨)〈P2106〉

α-甲基吡啶；2-皮考林；2-甲基吡啶 C02050301

2-Methylpyridine；2-Picoline；α-Methylpyridine［109-06-8］

用作合成医药、染料、树脂的原料，可制取化肥增效剂、除草剂、牲畜驱虫剂、橡胶促进剂、染料中间体等

【生产厂】［辽］鞍钢实业化工公司〈P1695〉；［沪］上海邦成化工有限公司〈P1728〉；宝山钢铁股份有限公司化工分公司(64 吨)〈P1726〉；［苏］南京富邦化工有限公司〈P1783〉；［豫］新乡市恒基化工有限公司(1500 吨)〈P2204〉；新乡市兴亮精细化工有限公司〈P2207〉

【使用厂】［沪］上海南翔试剂有限公司〈P1754〉；上海宝山振宗生物工程厂〈P1728〉

β-甲基吡啶；3-甲基吡啶；3-皮考林 C02050401

β-Methylpyridine；3-Picoline［108-99-6］

用于医药工业，也用作染料中间体、树脂中间体、杀虫剂及防水剂等

【生产厂】［沪］宝山钢铁股份有限公司化工分公司〈P1726〉；［苏］南京红太阳集团〈P1784〉；［豫］濮阳市冠宇化工有限公司(1000 吨)〈P2213〉

【使用厂】［苏］苏州华源农用生物化学品有限公司〈P1901〉；江苏省农药研究所有限公司〈P1781〉；南通瑞普埃尔化学工程有限公司〈P1834〉；［鲁］山东京蓬生物药业股份有限公司〈P2113〉

γ-甲基吡啶；4-甲基吡啶；4-皮考林 C02050501

4-Methylpyridine；4-Picoline［108-89-4］

用于医药工业

【生产厂】［吉］吉林省四平市精细化学品有限公司〈P1717〉

4-甲基吡啶-*N*-氧化物 C02050551

4-Methylpyridine-*N*-oxide［1003-67-4］

【生产厂】［苏］丹阳市恒安化工有限公司〈P1840〉；［湘］新化县诺威化工有限公司〈P2258〉

2-乙氧基-5-氟尿嘧啶 C02050611

2-Ethoxy-5-fluorouracil［56177-80-1］

【生产厂】［苏］常州市剑湖东风化工有限公司〈P1852〉；江苏如东县丰利医药化工厂〈P1831〉；［鲁］济南隆盛有限责任公司〈P2023〉

2-甲氧基-5-氟尿嘧啶 C02050621

2-Methoxy-5-fluorouracil［1408-96-2］

【生产厂】［苏］江苏如东县丰利医药化工厂〈P1831〉

5-甲氧基尿嘧啶 C02050641

5-Methoxyuracil

【生产厂】［粤］肇庆市科立化工有限公司〈P2293〉

2,4-二氯-5-氟嘧啶；5-氟-2,4-二氯嘧啶 C02050661

2,4-Dichloro-5-fluoropyrimidine［2927-71-1］

【生产厂】［苏］江苏如东县丰利医药化工厂〈P1831〉

5-氮胞嘧啶 C02050671

5-Azacytosine；2-Amino-4-hydroxy-1,3,5-triazine［931-86-2］

【生产厂】［豫］新乡拓新生化科技有限公司(10 吨)〈P2207〉；新乡市赛特化工有限公司〈P2205〉

2,4-二氯-5-氟尿嘧啶 C02050681

2,4-Dichloro-5-fluorouracil

【生产厂】［鲁］济南隆盛有限责任公司〈P2023〉

4-氨基-2-氯-5-氟尿嘧啶 C02050689

4-Amino-2-chloro-5-fluorouracil

【生产厂】［鲁］济南隆盛有限责任公司〈P2023〉

2,4-二氯-5-甲氧基嘧啶 C02050693

2,4-Dichloro-5-methoxypyrimidine

【生产厂】［粤］肇庆市科立化工有限公司〈P2293〉

5-溴-2,4-二氯嘧啶 C02050695

5-Bromo-2,4-dichloropyrimidine［36082-50-5］

【生产厂】［苏］江苏如东县丰利医药化工厂〈P1831〉

5-溴-2-氯嘧啶 C02050697

5-Bromo-2-chloropyrimidine［32779-36-5］

用作医药中间体

【生产厂】［苏］苏州永拓医药科技有限公司〈P1907〉

6-乙基-5-氟嘧啶-4-醇 C02050699

6-Ethyl-5-fluoro-4-hydroxypyrimidine

【生产厂】［沪］上海立科药物化学有限公司〈P1750〉

吡咯；氮杂茂 C02050701

Pyrrole；Azole［109-97-7］

其衍生物广泛用作有机合成、医药、农药、香料、橡胶硫化促进剂、环氧树脂固化剂等的原料

【生产厂】［浙］浙江台州清泉医药化工有限公司(50 吨)〈P1968〉；［皖］铜陵阳光合成材料有限公司(1500 吨)〈P1979〉

【使用厂】［鲁］山东滕州悟通香料有限责任公司〈P2078〉

***N*-甲基吡咯** C02050711

N-Methylpyrrole［96-54-8］

可用作有机合成原料，广泛用作医药中间体和有机溶剂

【生产厂】［浙］浙江台州清泉医药化工有限公司(150 吨)〈P1968〉

C

四氢吡咯；吡咯烷 C02050721
Tetrahydropyrrole; Pyrrolidine [123-75-1]
用于制备药物、杀菌剂、杀虫剂等
【生产厂】[沪]上海邦成化工有限公司〈P1728〉；[浙]杭州浙大泛科化工有限公司〈P1925〉；[皖]铜陵阳光合成材料有限公司(200吨)〈P1979〉

***N*-甲基吡咯烷；*N*-甲基四氢吡咯** C02050731
N-Methylpyrrolidine [120-94-5]
用作医药中间体
【生产厂】[浙]杭州浙大泛科化工有限公司〈P1925〉；杭州广林生物医药有限公司〈P1917〉；浙江广科化工有限公司〈P1950〉；浙江台州清泉医药化工有限公司〈P1968〉；[皖]铜陵阳光合成材料有限公司(500吨)〈P1979〉

***N*-苄基-3-吡咯烷醇；*N*-苄基-3-羟基吡咯烷** C02050741
N-Benzyl-3-pyrrolidinol [775-15-5]
【生产厂】[川]江安杜威克化学技术开发有限责任公司〈P2334〉

1-苄基-3-氨基吡咯烷 C02050745
1-Benzyl-3-aminopyrrolidine
【生产厂】[川]江安杜威克化学技术开发有限责任公司〈P2334〉

***N*-甲基-3-吡咯烷醇；*N*-甲基-3-羟基吡咯烷** C02050751
N-Methyl-3-pyrrolidinol [13220-33-2]
用于合成医药
【生产厂】[冀]河北华戈化学集团〈P1654〉

3-羟基吡咯烷；3-吡咯烷醇 C02050761
3-Hydroxypyrrolidine; 3-Pyrrolidinol [40499-83-0]
【生产厂】[川]江安杜威克化学技术开发有限责任公司〈P2334〉

(*R*)-3-羟基吡咯烷；(*R*)-3-吡咯烷醇 C02050765
(*R*)-3-Hydroxypyrrolidine [2799-21-5]
【生产厂】[沪]上海科利生物医药有限公司〈P1749〉；[苏]苏州市华伦化工有限公司〈P1903〉

(*R*)-3-羟基吡咯烷盐酸盐 C02050781
(*R*)-3-Hydroxypyrrolidine hydrochloride [104706-47-0]
【生产厂】[沪]上海科利生物医药有限公司〈P1749〉；[苏]苏州市华伦化工有限公司〈P1903〉；[川]爱斯特(成都)医药技术有限公司〈P2309〉；江安杜威克化学技术开发有限责任公司〈P2334〉

(*S*)-3-羟基吡咯烷盐酸盐 C02050785
(*S*)-3-Hydroxypyrrolidine hydrochloride [122536-94-1]
【生产厂】[苏]苏州市华伦化工有限公司〈P1903〉；[浙]嘉兴市中科化学有限公司〈P1942〉

吡啶；氮(杂)苯；纯吡啶 C02050801
Pyridine [110-86-1]
主要用作医药工业的原料，用作溶剂和酒精变性剂，也用于生产橡胶、油漆、树脂和缓蚀剂等
【生产厂】[辽]辽宁鞍山市贝达合成化工厂〈P1697〉；[沪]宝山钢铁股份有限公司化工分公司(133吨)〈P1726〉；[苏]南京富邦化工有限公司〈P1783〉；南京红太阳集团〈P1784〉；江都市银江化工有限公司〈P1815〉；[豫]河南延化化工有限责任公司〈P2202〉
【使用厂】[津]天津天药药业股份有限公司〈P1615〉；天津市中央药业有限公司〈P1613〉；[冀]石家庄市有机化工厂〈P1632〉；[沪]上海泰禾(集团)有限公司〈P1767〉；[苏]昆山三友医药辅料厂〈P1896〉；徐州开达精细化工有限公司〈P1795〉；[浙]浙江天宇药业有限公司〈P1969〉；[鲁]邹平铭兴化工有限公司〈P2158〉；山东博丰植保药业有限公司〈P2051〉；济宁市化工研究所〈P2128〉；[豫]河南省化工研究所〈P2167〉；[鄂]湖北仙隆化工股份有限公司〈P2245〉；[粤]广州化学试剂厂〈P2261〉

吡啶三氧化硫络合物 C02050821
Pyridine sulfur trioride complex
一般常用作磺化剂，在生物制药领域常用作有机氧化剂和硫酸酯化剂等
【生产厂】[鲁]胜利油田胜大集团总公司化工一厂〈P2088〉

2-羟基-3-三氟甲基吡啶 C02050831
2-Hydroxy-3-trifluoromethylpyridine [22245-83-6]
【生产厂】[沪]上海先导化学有限公司〈P1770〉

2-羟基-5-三氟甲基吡啶 C02050833
2-Hydroxy-5-trifluoromethylpyridine [33252-63-0]
【生产厂】[沪]上海先导化学有限公司〈P1770〉

2-氟-5-三氟甲基吡啶 C02050841
2-Fluoro-5-trifluoromethylpyridine [69045-82-5]
【生产厂】[鲁]山东广恒化工有限公司〈P2052〉

2-氟-6-三氟甲基吡啶 C02050843
2-Fluoro-6-trifluoromethylpyridine [94239-04-0]
【生产厂】[沪]上海先导化学有限公司〈P1770〉

2-氟-5-甲基吡啶 C02050845
2-Fluoro-5-methylpyridine [2369-19-9]
【生产厂】[辽]阜新三宝化工实业有限公司〈P1708〉

2,2′-联吡啶 C02050851
2,2′-Bipyridine; 2,2′-Bipyridyl [366-18-7]
用于有机合成、医药中间体
【生产厂】[京]北京亚太化工科技有限公司〈P1564〉；[苏]南京仁信化工有限公司〈P1788〉；[赣]江西省励远化工科技实业公司〈P2009〉；[豫]新乡市恒基化工有限公司〈P2204〉

4,4′-联吡啶 C02050853
4,4′-Bipyridine; 4,4′-Bipyridyl [553-26-4]
用于有机合成，医药中间体
【生产厂】[浙]嘉兴市步云富欣化工厂〈P1941〉；[赣]江西省励远化工科技实业公司〈P2009〉

2-氯-3-三氟甲基吡啶 C02050861
2-Chloro-3-trifluoromethylpyridine [65753-47-1]
【生产厂】[沪]上海先导化学有限公司〈P1770〉；[鲁]山东广恒化工有限公司〈P2052〉

2-氯-4-三氟甲基吡啶 C02050863

2-Chloro-4-trifluoromethylpyridine [81565-18-6]
【生产厂】[鲁]山东广恒化工有限公司〈P2052〉

2-氯-6-三氟甲基吡啶 C02050867
2-Chloro-6-trifluoromethylpyridine [39890-95-4]
【生产厂】[沪]上海先导化学有限公司〈P1770〉;[鲁]山东广恒化工有限公司〈P2052〉

4-吡啶基硫代乙酸 C02050875
(4-Pyridylthio) acetic acid [10351-19-6]
【生产厂】[鲁]青岛裕达精细化工有限公司(10 吨)〈P2046〉

3-吡啶乙酸盐酸盐;吡啶-3-乙酸盐酸盐 C02050881
Pyridine-3-acetic acid hydrochloride [6419-36-9]
用作药品利塞膦酸钠中间体
【生产厂】[冀]沧州锐新化工有限公司〈P1652〉;[辽]阜新博达维医药科技有限公司〈P1707〉;[沪]上海巨龙药物研究开发有限公司〈P1746〉;[苏]南京博而凯科技有限公司〈P1782〉;[浙]桐乡市恒达化工有限公司〈P1943〉;[鲁]潍坊祥维斯化学品有限公司(100 吨)〈P2106〉;[豫]新乡市天丰精细化工有限公司〈P2206〉

2-吡啶乙酸盐酸盐 C02050883
2-Pyridineacetic acid hydrochloride [16179-97-8]
【生产厂】[苏]南京博而凯科技有限公司〈P1782〉

4-吡啶乙酸盐酸盐 C02050885
4-Pyridylacetic acid hydrochloride; Pyridine-4-acetic acid hydrochloride [28356-58-3]
【生产厂】[苏]南京博而凯科技有限公司〈P1782〉

吡啶-3-乙酸;3-吡啶乙酸 C02050887
Pyridine-3-acetic acid [501-81-5]
用作医药、化工中间体
【生产厂】[鲁]潍坊祥维斯化学品有限公司(100 吨)〈P2106〉

吡啶盐酸盐 C02050891
Pyridine hydrochloride [628-13-7]
用作医药中间体
【生产厂】[京]北京赛璐珈科技有限公司〈P1557〉;北京马氏精细化学品有限公司〈P1555〉;[鲁]济宁鲁源医药化工有限公司(1200 吨)〈P2128〉

吡啶硫酮;2-巯基吡啶-N-氧化物;2-硫代-1-氧化吡啶 C02050900
Pyrithione;2-Mercaptopyridine-N-oxide [1121-31-9]
广泛用于制备各种吡啶硫酮衍生产品
【生产厂】[津]天津圣华药业研发有限公司(1000 吨)〈P1578〉;[冀]河北海斯特化学有限公司〈P1663〉;[苏]南京红太阳集团〈P1784〉;连云港市三友精细化工厂〈P1800〉

3-氨基-2,6-二溴吡啶;2,6-二溴-3-氨基吡啶 C02050905
3-Amino-2,6-dibromopyridine [39856-57-0]
【生产厂】[苏]苏州市华伦化工有限公司〈P1903〉

2-氯吡啶 C02050911
2-Chloropyridine [109-09-1]
用于医药、杀虫剂、有机合成
【生产厂】[辽]沈阳新地药业有限公司〈P1689〉;[黑]鹤岗市清华紫光英力农化有限公司〈P1725〉;大庆新世纪精细化工有限公司〈P1722〉;[沪]上海三微实业有限公司〈P1759〉;[苏]盐城市德瑞化工有限公司〈P1810〉;[浙]杭州三禾化工科技有限公司〈P1922〉;杭州浙大泛科化工有限公司〈P1925〉;衢州市秀晨精细化工有限公司〈P1958〉;[鲁]邹平铭兴化工有限公司(1000 吨)〈P2158〉;[鄂]湖北志诚化工科技有限公司〈P2243〉
【使用厂】[苏]无锡康晟精细化工有限公司〈P1874〉

2-氯吡啶-N-氧化物 C02050913
2-Chloropyridine-N-oxide [2402-95-1]
【生产厂】[苏]盐城市德瑞化工有限公司〈P1810〉

3-氯吡啶 C02050914
3-Chloropyridine [626-60-8]
用作医药中间体
【生产厂】[冀]河北亚诺化工有限公司〈P1623〉;[豫]河南四通精细化工有限公司〈P2218〉;河南新天地药业有限公司〈P2218〉

2,6-二氯吡啶 C02050916
2,6-Dichloropyridine [2402-78-0]
主要用于制药
【生产厂】[黑]鹤岗市清华紫光英力农化有限公司〈P1725〉;[苏]南京红太阳集团〈P1784〉;[浙]杭州三禾化工科技有限公司〈P1922〉;[鲁]邹平铭兴化工有限公司(1000 吨)〈P2158〉

2,3-二氯吡啶 C02050917
2,3-Dichloropyridine [2402-77-9]
【生产厂】[冀]河北德隆泰化工有限公司〈P1619〉

2,5-二氯吡啶 C02050918
2,5-Dichloropyridine [16110-09-1]
【生产厂】[沪]上海华钛化学有限公司〈P1739〉;上海先导化学有限公司〈P1770〉;[苏]常州康力化工有限公司〈P1848〉;金坛市社头化工厂〈P1862〉

2,3,5-三氯吡啶 C02050919
2,3,5-Trichloropyridine [16063-70-0]
【生产厂】[苏]丹阳市大泊化工厂〈P1840〉;南通施壮化工有限公司〈P1834〉;如东县升辉化工有限公司〈P1837〉;[浙]浙江省台州市椒江天一化工厂〈P1966〉;衢州市聚华特种试剂厂〈P1958〉;[鄂]武穴市伟业药化有限责任公司〈P2244〉

3,4-二氯吡啶 C02050920
3,4-Dichloropyridine
【生产厂】[鲁]青岛裕达精细化工有限公司〈P2046〉

2,4-二氯吡啶 C02050921
2,4-Dichloropyridine [26452-80-2]
【生产厂】[苏]金坛市社头化工厂〈P1862〉;苏州市华伦化工有限公司〈P1903〉

4-溴吡啶盐酸盐 C02050929
4-Bromopyridine hydrochloride [19524-06-2]
用作医药中间体
【生产厂】[冀]河北亚诺化工有限公司〈P1623〉;[苏]江苏沭阳同盛科技有限公司〈P1804〉;[湘]新化县诺威化工有限公司〈P2258〉

C

4-氯吡啶盐酸盐 C02050931
4-Chloropyridine hydrochloride [7379-35-3]
【生产厂】[冀]河北亚诺化工有限公司(10吨)〈P1623〉;[苏]盐城市德瑞化工有限公司〈P1810〉

4-碘吡啶 C02050941
4-Iodopyridine [15854-87-2]
用作医药中间体
【生产厂】[冀]河北亚诺化工有限公司〈P1623〉

2-碘吡啶 C02050943
2-Iodopyridine [5029-67-4]
【生产厂】[苏]苏州市华伦化工有限公司〈P1903〉

3,5-二氯-2-氰基吡啶 C02050945
3,5-Dichloro-2-cyanopyridine [85331-33-5]
【生产厂】[沪]上海先导化学有限公司〈P1770〉

2-氰基吡啶 C02050953
2-Cyanopyridine;2-Pyridinecarbonitrile [100-70-9]
在制药、染料等工业中作中间体
【生产厂】[沪]上海邦成化工有限公司〈P1728〉;[豫]新乡市兴亮精细化工有限公司〈P2207〉

2-溴-5-氰基吡啶 C02050963
2-Bromo-5-cyanopyridine [139585-70-9]
【生产厂】[沪]上海先导化学有限公司〈P1770〉

5-溴-2-氰基吡啶 C02050965
5-Bromo-2-cyanopyridine [97483-77-7]
【生产厂】[沪]上海先导化学有限公司〈P1770〉;[苏]金坛市社头化工厂〈P1862〉

2-氟-5-溴吡啶;5-溴-2-氟吡啶 C02050971
2-Fluoro-5-bromopyridine
【生产厂】[辽]阜新金特莱氟化学有限责任公司〈P1707〉;[苏]常州康力化工有限公司〈P1848〉

2-溴-5-氟吡啶;5-氟-2-溴吡啶 C02050973
2-Bromo-5-fluoropyridine [41404-58-4]
【生产厂】[辽]阜新金特莱氟化学有限责任公司〈P1707〉;[沪]上海先导化学有限公司〈P1770〉

3-溴-5-氟吡啶;5-溴-3-氟吡啶 C02050975
3-Bromo-5-fluoropyridine [407-20-5]
【生产厂】[沪]上海先导化学有限公司〈P1770〉;[苏]苏州市华伦化工有限公司〈P1903〉

4-溴-3-氟吡啶 C02050977
4-Bromo-3-fluoropyridine
【生产厂】[辽]阜新金特莱氟化学有限责任公司〈P1707〉

2-巯基吡啶;2-吡啶硫醇 C02050981
2-Mercaptopyridine [2637-34-5]
用作有机合成中间体
【生产厂】[苏]连云港市三友精细化工厂〈P1800〉;赣榆县尤利特化工有限公司〈P1797〉;[浙]杭州格丽特化工有限公司〈P1917〉;[鲁]滕州吉田香料有限公司〈P2078〉

4-巯基吡啶;4-吡啶硫醇 C02050983
4-Mercaptopyridine [4556-23-4]
【生产厂】[苏]苏州市华伦化工有限公司〈P1903〉

2-溴-3-羟基吡啶 C02050989
2-Bromo-3-hydroxypyridine [6602-32-0]
用作医药中间体
【生产厂】[冀]河北亚诺化工有限公司〈P1623〉;[沪]上海益民化工有限公司(50吨)〈P1775〉;[苏]苏州寅生化工有限公司〈P1907〉

2-溴吡啶 C02050991
2-Bromopyridine [109-04-6]
用作医药中间体
【生产厂】[京]北京维达化工有限公司(60吨)〈P1563〉;北京金奥利维科技发展有限公司〈P1551〉;[冀]河北亚诺化工有限公司(20吨)〈P1623〉;河北省景县景美化学工业有限公司〈P1665〉;[赣]江西上饶现代化工有限公司〈P2015〉

3-溴吡啶 C02050993
3-Bromopyridine [626-55-1]
【生产厂】[京]北京维达化工有限公司(36吨)〈P1563〉;[冀]河北亚诺化工有限公司(20吨)〈P1623〉;[苏]丹阳市恒安化工有限公司〈P1840〉

2,6-二溴吡啶 C02050995
2,6-Dibromopyridine [626-05-1]
【生产厂】[京]北京维达化工有限公司(30吨)〈P1563〉

2,3-二溴吡啶 C02050996
2,3-Dibromopyridine [13534-89-9]
【生产厂】[沪]上海先导化学有限公司〈P1770〉

2,5-二溴吡啶 C02050997
2,5-Dibromopyridine [624-28-2]
【生产厂】[京]北京维达化工有限公司(30吨)〈P1563〉;北京金奥利维科技发展有限公司〈P1551〉;[沪]上海先导化学有限公司〈P1770〉;[苏]丹阳市恒安化工有限公司〈P1840〉;金坛市社头化工厂〈P1862〉;[赣]江西上饶现代化工有限公司〈P2015〉

3,5-二溴吡啶 C02050999
3,5-Dibromopyridine [625-92-3]
【生产厂】[京]北京维达化工有限公司(30吨)〈P1563〉

2-乙烯基吡啶 C02051001
2-Vinylpyridine [100-69-6]
主要用于合成丁苯吡胶乳,也用于制造克矽平、倍他定盐酸盐等药物
【生产厂】[京]北京维达化工有限公司(300吨)〈P1563〉;[冀]河北斌扬集团山海关万通助剂厂(300吨)〈P1637〉;秦皇岛万通精化有限公司〈P1637〉;[豫]新乡市兴亮精细化工有限公司〈P2207〉
【使用厂】[鲁]淄博合力化工有限公司〈P2061〉;淄博张店东方化学股份有限公司〈P2076〉

6-甲基-2-吡啶甲醛 C02051031
6-Methyl-2-pyridinecarboxaldehyde [1122-72-1]
【生产厂】[京]北京北化新元科技发展有限公司〈P1544〉

2-吡啶甲醛;吡啶-2-甲醛 C02051051
Pyridine-2-carboxaldehyde;2-Pyridinecarboxaldehyde [1121-60-4]

【生产厂】[沪]上海杜拿克化工有限公司〈P1732〉

4-吡啶甲醛；吡啶-4-甲醛 C02051055
4-Pyridinecarboxaldehyde; Pyridine-4-carboxaldehyde [872-85-5]
用作有机合成试剂
【生产厂】[冀]沧州那瑞化学科技有限公司〈P1652〉；[沪]上海泰顿化工有限公司〈P1766〉；上海华盛香料厂〈P1739〉；[鲁]山东久隆精细化工有限公司〈P2028〉；[湘]新化县诺威化工有限公司〈P2258〉

吡啶甲磺酸盐 C02051071
Pyridine mesylate
用作医药中间体
【生产厂】[冀]河北亚诺化工有限公司〈P1623〉

环丁砜；四氢噻吩砜 C02051101
Sulfolane; Tetramethylene sulfone [126-33-0]
用于天然气净化脱硫，重整生成油的芳烃抽提，氢气中的二氧化碳、硫化氢及有机硫等杂质的脱除等
【生产厂】[辽]辽阳光华化工有限公司(1600吨)〈P1709〉；锦州经济技术开发区六陆实业股份有限公司(5000吨)〈P1701〉；锦州经济技术开发区六陆实业股份有限公司化工分公司(5000吨)〈P1701〉；中国石油天然气股份公司锦州石化分公司(5000吨)〈P1702〉；[沪]上海康晟实业有限公司〈P1748〉；[川]成都嘉茂化工实业有限公司〈P2311〉
【使用厂】[辽]大连瑞泽农药股份有限公司〈P1693〉；[鲁]青岛双桃精细化工(集团)有限公司〈P2043〉

四氢噻吩 C02051111
Tetrahydrothiophene [110-01-0]
用作城市煤气、石油液化气、天然液化气等燃料气体的加臭剂，也可用作医药和农药原料
【生产厂】[京]北京高环科贸有限公司〈P1548〉

杂氮环丁烷 C02051131
Azetidine [503-29-7]
【生产厂】[浙]宁波大源化学有限公司〈P1933〉

咔唑；9-氮杂芴 C02051201
Carbazole [86-74-8]
用作硫化还原蓝RNX等染料、*N*-乙烯咔唑塑料、四硝基咔唑、氯化咔唑等杀虫剂的中间体
【生产厂】[辽]辽宁鞍山市贝达合成化工厂〈P1697〉；鞍钢实业化工公司(120吨)〈P1695〉；[苏]常州市武进临川化工有限公司(600吨)〈P1854〉；[鲁]济宁凯模特化工有限公司(1200吨)〈P2127〉
【使用厂】[苏]南通海迪化工有限公司〈P1833〉

哌啶；六氢吡啶 C02051301
Piperidine [110-89-4]
在有机合成中用作缩合剂及溶剂
【生产厂】[沪]上海邦成化工有限公司〈P1728〉
【使用厂】[辽]大连市旅顺合成制药厂〈P1694〉；大连金益制药厂〈P1692〉；[吉]辽源市百康药业有限责任公司〈P1717〉；[苏]江苏省江阴制药厂〈P1866〉；[鲁]山东农丰化工有限公司〈P2160〉

4-苯基哌啶 C02051315
4-Phenylpiperidine [771-99-3]
【生产厂】[赣]江西省励远化工科技实业公司〈P2009〉

五氯吡啶 C02051331
Pentachloropyridine [2176-62-7]
用作农药及医药中间体，可用于生产毒死蜱、二氯吡啶酸等杀虫剂
【生产厂】[湘]湖南湘大比德化工有限公司〈P2251〉

2,3,5,6-四氯吡啶 C02051333
2,3,5,6-Tetrachloropyridine [2402-79-1]
用作医药、农药中间体，是合成除草剂毒莠定的主要原料
【生产厂】[湘]湖南湘大比德化工有限公司〈P2251〉

4-对氟苄基哌啶 C02051341
4-(4′-Fluorobenzyl) piperidine
【生产厂】[川]爱斯特(成都)医药技术有限公司〈P2309〉

3,5-二氯-2-溴吡啶 C02051349
2-Bromo-3,5-dichloropyridine [14482-51-0]
【生产厂】[沪]上海先导化学有限公司〈P1770〉

2-氟吡啶；邻氟吡啶 C02051351
2-Fluoropyridine [372-48-5]
用作医药、农药中间体
【生产厂】[京]北京普瑞东方化学技术有限公司〈P1556〉；北京金奥利维科技发展有限公司〈P1551〉；北京北化新元科技发展有限公司〈P1544〉；[辽]阜新金特莱氟化学有限责任公司〈P1707〉；阜新三宝化工实业有限公司〈P1708〉；[鲁]济宁信东化工有限公司〈P2129〉

3-氟吡啶；间氟吡啶 C02051353
3-Fluoropyridine [372-47-4]
用作医药、农药中间体
【生产厂】[京]北京普瑞东方化学技术有限公司〈P1556〉；[辽]阜新恒辉化工有限公司〈P1707〉；阜新金特莱氟化学有限责任公司〈P1707〉；阜新三宝化工实业有限公司〈P1708〉；[鲁]济宁信东化工有限公司〈P2129〉

2,3-二氟吡啶 C02051355
2,3-Difluoropyridine
【生产厂】[辽]阜新金特莱氟化学有限责任公司〈P1707〉

2,6-二氟吡啶 C02051357
2,6-Difluoropyridine [1513-65-1]
【生产厂】[辽]阜新金特莱氟化学有限责任公司〈P1707〉；[沪]上海先导化学有限公司〈P1770〉

2-氯-5-羟基吡啶 C02051365
2-Chloro-5-hydroxypyridine [41288-96-4]
【生产厂】[沪]上海先导化学有限公司〈P1770〉；[苏]金坛市社头化工厂〈P1862〉；[鲁]潍坊祥维斯化学品有限公司(100吨)〈P2106〉

2-氯-4-羟基吡啶 C02051367
2-Chloro-4-hydroxypyridine
【生产厂】[冀]河北亚诺化工有限公司〈P1623〉

2-氯-3-羟基吡啶 C02051369
2-Chloro-3-hydroxypyridine [6636-78-8]

用作医药中间体

【生产厂】[冀]河北亚诺化工有限公司〈P1623〉;[沪]上海益民化工有限公司(50 吨)〈P1775〉;[苏]苏州寅生化工有限公司〈P1907〉

2-氨基-5-氟吡啶 C02051371

2-Amino-5-fluoropyridine

用作医药、农药中间体

【生产厂】[辽]阜新金特莱氟化学有限责任公司〈P1707〉;[苏]常州康力化工有限公司〈P1848〉;[鲁]济宁信东化工有限公司〈P2129〉

2-氯-5-氟吡啶 C02051374

2-Chloro-5-fluoropyridine [31301-51-6]

【生产厂】[沪]上海再启生物技术有限公司〈P1777〉;上海先导化学有限公司〈P1770〉;[苏]金坛市社头化工厂〈P1862〉

5-氯-2-氟吡啶;2-氟-5-氯吡啶 C02051375

5-Chloro-2-fluoropyridine

【生产厂】[辽]阜新金特莱氟化学有限责任公司〈P1707〉;[苏]常州康力化工有限公司〈P1848〉

4-氯-3-氟吡啶 C02051376

4-Chloro-3-fluoropyridine [2546-56-7]

【生产厂】[辽]阜新金特莱氟化学有限责任公司〈P1707〉

5-氯-2,3-二氟吡啶;2,3-二氟-5-氯吡啶 C02051377

5-Chloro-2,3-difluoropyridine [89402-43-7]

用作医药中间体

【生产厂】[苏]丹阳市大泊化工厂〈P1840〉;[浙]浙江省台州市椒江天一化工厂〈P1966〉;衢州市聚华特种试剂厂〈P1958〉

5-溴-2-氯吡啶;2-氯-5-溴吡啶 C02051378

5-Bromo-2-chloropyridine [53939-30-3]

【生产厂】[沪]上海先导化学有限公司〈P1770〉;[苏]金坛市社头化工厂〈P1862〉

2-溴-5-氯吡啶 C02051379

2-Bromo-5-chloropyridine [40473-01-6]

【生产厂】[沪]上海先导化学有限公司〈P1770〉;[苏]常州康力化工有限公司〈P1848〉

4-溴-2-氯吡啶;2-氯-4-溴吡啶 C02051380

4-Bromo-2-chloropyridine [73583-37-6]

【生产厂】[沪]上海先导化学有限公司〈P1770〉

***N*-羟乙基哌啶**;*N*-哌啶乙醇 C02051391

N-(2-Hydroxyethyl) piperidine; *N*-Piperidinoethanol [3040-44-6]

【生产厂】[辽]辽宁海德医药化工有限公司〈P1699〉

4-哌啶甲醇;4-羟甲基哌啶 C02051395

4-Piperidinemethanol [6457-49-4]

用于有机合成

【生产厂】[湘]新化县诺威化工有限公司〈P2258〉

1-叔丁氧羰基-3-哌啶甲醇;1-Boc-4-哌啶甲醇 C02051399

1-*tert*-Butoxycarbonylpiperidine-3-methanol [123855-51-6]

【生产厂】[川]江安杜威克化学技术开发有限责任公司〈P2334〉

噻吩;硫茂 C02051401

Thiophene [110-02-1]

用于合成药物先锋霉素等,也用于生产染料、合成树脂、溶剂等

【生产厂】[辽]抚顺市精细化工研发中心(300 吨)〈P1698〉;抚顺市元翔助剂有限公司〈P1698〉;盘锦孟天有机化工有限公司(500 吨)〈P1706〉;[浙]浙江优联医药化工有限公司〈P1928〉;[皖]合肥健坤化工有限公司〈P1972〉;[鲁]山东邹平宜中实业有限责任公司〈P2157〉;滕州市香源化工有限责任公司〈P2079〉;[鄂]罗田县华阳生化有限公司〈P2244〉

2-噻吩甲醇;2-羟甲基噻吩 C02051411

2-Thiophene methanol; 2-Hydroxymethylthiophene [636-72-6]

用作医药中间体

【生产厂】[浙]浙江燎原药业有限公司(30 吨)〈P1965〉;横店集团家园化工有限公司〈P1952〉

3-噻吩甲醇;3-羟甲基噻吩 C02051415

3-Thiophenemethanol [71637-34-8]

【生产厂】[苏]常州市武进临川化工有限公司〈P1854〉;[鲁]淄博凤宝化工有限公司〈P2059〉

2-噻吩乙醇 C02051421

2-Thiophene ethanol [5402-55-1]

用作抗血栓药噻氯匹啶中间体

【生产厂】[浙]浙江燎原药业有限公司(200 吨)〈P1965〉;[皖]安庆金泉药业有限公司〈P1979〉;[赣]江西金瑞化工有限责任公司〈P2016〉;[鲁]淄博凤宝化工有限公司〈P2059〉;[鄂]罗田县华阳生化有限公司〈P2244〉

2-乙酰噻吩;2-噻吩乙酮;噻吩-2-乙酮 C02051431

2-Acetylthiophene [88-15-3]

用作药物中间体

【生产厂】[冀]河北华戈化学集团〈P1654〉;[辽]抚顺市精细化工研发中心(150 吨)〈P1698〉;[苏]常州市武进临川化工有限公司〈P1854〉;徐州市人元化工有限公司〈P1796〉;[浙]浙江燎原药业有限公司(80 吨)〈P1965〉;[鲁]山东武城康达化工有限公司〈P2146〉;淄博凤宝化工有限公司〈P2059〉;山东玉成生化农药有限公司〈P2099〉;山东滕州悟通香料有限责任公司〈P2078〉;滕州吉田香料有限公司〈P2078〉

2-乙酰氨基噻吩 C02051439

2-Acetamidothiophene [13053-81-1]

【生产厂】[湘]湘潭市开元化学有限公司〈P2251〉

2-噻吩乙胺 C02051441

2-Thiopheneethylamine [30433-91-1]

用作抗血栓药氯吡格雷中间体

【生产厂】[京]北京卡乐瑞化工有限公司〈P1553〉;[苏]江苏省句容市中山化工研究所〈P1842〉;连云港泰亿精细化工有限公司〈P1800〉;[浙]浙江燎原药业有限公司(80 吨)〈P1965〉;台州市奥力特精细化工有限公司〈P1961〉;横店集团家园化工有限公司〈P1952〉;[赣]江西金瑞化工有限

责任公司〈P2016〉;[鲁]淄博凤宝化工有限公司〈P2059〉;[豫]南阳科生生物化工有限公司(150 吨)〈P2224〉

2-噻吩甲胺 C02051445

2-Thiophenemethylamine; Thiophene-2-methylamine [27757-85-3]

用作医药中间体

【生产厂】[浙]浙江燎原药业有限公司(30 吨)〈P1965〉

2-噻吩甲酸;噻吩-2-甲酸 C02051451

2-Thiophenecarboxylic acid [527-72-0]

用作消炎镇痛药中间体,有机合成试剂

【生产厂】[苏]徐州市人元化工有限公司〈P1796〉

3-噻吩甲酸;噻吩-3-甲酸 C02051453

3-Thiophenecarboxylic acid [88-13-1]

用作有机合成试剂

【生产厂】[苏]徐州市人元化工有限公司〈P1796〉;[皖]池州旷达冶金化工厂〈P1987〉

2-噻吩甲醛 C02051461

2-Thiophenecarboxaldehyde [98-03-3]

用作广谱驱虫药噻嘧啶及药物先锋霉素的中间体

【生产厂】[苏]徐州市人元化工有限公司〈P1796〉;[浙]浙江燎原药业有限公司(150 吨)〈P1965〉;横店集团家园化工有限公司〈P1952〉;[鲁]淄博凤宝化工有限公司〈P2059〉;山东玉成生化农药有限公司〈P2099〉;[豫]南阳科生生物化工有限公司(200 吨)〈P2224〉

3-噻吩甲醛 C02051462

3-Thiophenecarboxaldehyde [498-62-4]

用作医药中间体

【生产厂】[苏]徐州市人元化工有限公司〈P1796〉;[皖]池州旷达冶金化工厂〈P1987〉;[鲁]淄博凤宝化工有限公司〈P2059〉

2-氯噻吩 C02051473

2-Chlorothiophene [96-43-5]

用作医药、农药中间体

【生产厂】[冀]石家庄永峰化工原料有限公司〈P1633〉

2-噻吩甲酰氯 C02051475

2-Thiophenecarbonyl chloride [5271-67-0]

【生产厂】[苏]徐州市人元化工有限公司〈P1796〉

2-氯-5-氯甲基噻吩 C02051477

2-Chloro-5-chloromethylthiophene

用作医药、农药中间体

【生产厂】[冀]石家庄永峰化工原料有限公司〈P1633〉

2-氯-3-氯甲基噻吩 C02051479

2-Chloro-3-chloromethylthiophene

【生产厂】[苏]徐州市人元化工有限公司〈P1796〉

2-噻吩乙酰氯 C02051481

2-Thiopheneacetyl chloride [39098-97-0]

用作医药中间体

【生产厂】[苏]昆山市永淀精细化工厂〈P1898〉;[鲁]淄博凤宝化工有限公司〈P2059〉

2-氯-3-甲基噻吩 C02051483

2-Chloro-3-methylthiophene [14345-97-2]

【生产厂】[苏]徐州市人元化工有限公司〈P1796〉;[浙]浙江优联医药化工有限公司〈P1928〉

2-氯-5-甲基噻吩 C02051484

2-Chloro-5-methylthiophene

【生产厂】[苏]徐州市人元化工有限公司〈P1796〉

3-甲基-2-噻吩甲酰氯 C02051485

3-Methyl-2-thiopheneformyl chloride

用作药物中间体

【生产厂】[苏]徐州市人元化工有限公司〈P1796〉

2-溴-5-甲基噻吩 C02051488

2-Bromo-5-methylthiophene

【生产厂】[苏]徐州市人元化工有限公司〈P1796〉

2-溴-3-甲基噻吩 C02051489

2-Bromo-3-methylthiophene [14282-76-9]

【生产厂】[苏]徐州市人元化工有限公司〈P1796〉;[鲁]淄博凤宝化工有限公司〈P2059〉

2-溴噻吩 C02051491

2-Bromothiophene [1003-09-4]

用作抗血栓药氯吡格雷的中间体

【生产厂】[苏]苏州市晶华化工有限公司〈P1904〉;[赣]江西金瑞化工有限责任公司〈P2016〉;[鲁]淄博凤宝化工有限公司〈P2059〉

3-溴噻吩 C02051492

3-Bromothiophene [872-31-1]

【生产厂】[沪]上海金赛医药化工有限公司〈P1744〉;[苏]常州市武进临川化工有限公司〈P1854〉;苏州市晶华化工有限公司〈P1904〉;[浙]横店集团家园化工有限公司〈P1952〉;[鲁]淄博凤宝化工有限公司〈P2059〉

2,5-二氯噻吩 C02051493

2,5-Dichlorothiophene [3172-52-9]

用作医药中间体

【生产厂】[冀]石家庄永峰化工原料有限公司〈P1633〉;[苏]苏州市海鑫医药化工有限公司〈P1903〉;太仓制药厂〈P1909〉

4-溴-2-噻吩甲醛 C02051495

4-Bromothiophene-2-carboxaldehyde [18791-75-8]

用作药物中间体

【生产厂】[苏]徐州市人元化工有限公司〈P1796〉

3,4-二溴噻吩 C02051498

3,4-Dibromothiophene [3141-26-2]

【生产厂】[苏]苏州市晶华化工有限公司〈P1904〉

2,3,5-三溴噻吩 C02051499

2,3,5-Tribromothiophene [3141-24-0]

【生产厂】[沪]上海金赛医药化工有限公司〈P1744〉

噻吩-2-硼酸;2-噻吩硼酸 C02051501

Thiophene-2-boronic acid [6165-68-0]

用作药物中间体
【生产厂】[冀]河北德隆泰化工有限公司〈P1619〉

噻吩-3-硼酸;3-噻吩硼酸 C02051503
Thiophene-3-boronic acid [6165-69-1]
【生产厂】[冀]河北德隆泰化工有限公司〈P1619〉

C

2-氰基噻吩;2-噻吩甲腈 C02051511
2-Cyanothiophene
【生产厂】[苏]徐州市人元化工有限公司〈P1796〉

吡啶-4-硼酸;4-吡啶硼酸 C02051521
Pyridine-4-boronic acid [1692-15-5]
用作医药中间体
【生产厂】[冀]河北德隆泰化工有限公司〈P1619〉;[沪]上海再启生物技术有限公司〈P1777〉;[湘]新化县诺威化工有限公司〈P2258〉

吡啶-3-硼酸;3-吡啶硼酸 C02051523
Pyridine-3-boronic acid [1692-25-7]
用作医药中间体
【生产厂】[冀]河北德隆泰化工有限公司〈P1619〉;[沪]上海再启生物技术有限公司〈P1777〉;[湘]新化县诺威化工有限公司〈P2258〉

吡啶-2-硼酸;2-吡啶硼酸 C02051525
Pyridine-2-boronic acid [197958-29-5]
用作医药中间体
【生产厂】[沪]上海再启生物技术有限公司〈P1777〉;[湘]新化县诺威化工有限公司〈P2258〉

2,5-二氯-3-甲基噻吩 C02051531
2,5-Dichloro-3-methylthiophene
【生产厂】[苏]徐州市人元化工有限公司〈P1796〉

4-溴-2-噻吩甲酸;4-溴噻吩-2-甲酸 C02051541
4-Bromo-2-thiophenecarboxylic acid
【生产厂】[苏]徐州市人元化工有限公司〈P1796〉

苯并噻吩 C02051551
Benzothiophene [11095-43-5]
用于有机合成
【生产厂】[浙]浙江优联医药化工有限公司〈P1928〉

苯并噻吩-2-甲酸 C02051555
Benzothiophene-2-carboxylic acid [6314-28-9]
【生产厂】[赣]江西犇牛医药化工有限公司〈P2015〉

2-氰基苯并噻吩 C02051559
2-Cyanobenzothiophene [55219-11-9]
【生产厂】[赣]江西犇牛医药化工有限公司〈P2015〉

2,5-二氯噻吩-3-磺酰胺 C02051561
2,5-Dichlorothiophene-3-sulfonamide [53595-68-9]
【生产厂】[苏]苏州市海鑫医药化工有限公司〈P1903〉;太仓制药厂〈P1909〉

2,5-二氯-3-噻吩磺酰氯 C02051571
2,5-Dichloro-3-thiophenesulfuryl chloride [56946-83-9]
用作医药中间体
【生产厂】[苏]苏州市海鑫医药化工有限公司〈P1903〉;太仓制药厂〈P1909〉

2,5-二氯-3-乙酰基噻吩;3-乙酰基-2,5-二氯噻吩 C02051581
3-Acetyl-2,5-dichlorothiophene [36157-40-1]
用作医药中间体
【生产厂】[苏]苏州市海鑫医药化工有限公司〈P1903〉;太仓制药厂〈P1909〉

2-巯基噻吩;2-噻吩硫醇 C02051591
2-Mercaptothiophene [7774-74-5]
【生产厂】[鲁]淄博市临淄沣田化工有限公司〈P2068〉

呋喃;氧杂茂 C02051601
Furan;Furfuran [110-00-9]
用作有机合成原料和溶剂
【生产厂】[浙]浙江台州清泉医药化工有限公司(600 吨)〈P1968〉
【使用厂】[鲁]山东胜邦鲁南农药有限公司〈P2150〉;山东滕州悟通香料有限责任公司〈P2078〉

1-甲基吲唑 C02051651
1-Methylindazole [13436-48-1]
【生产厂】[浙]杭州广林生物医药有限公司〈P1917〉

2-氯苯并咪唑 C02051801
2-Chlorobenzimidazole [4857-06-1]
用作有机合成中间体
【生产厂】[苏]江苏华派集团〈P1807〉;[川]宜宾北方川安化工有限公司〈P2335〉

2-氯甲基苯并咪唑 C02051809
2-Chloromethylbenzimidazole [4857-04-9]
用于制染料及颜料
【生产厂】[京]北京成宇化工有限公司〈P1545〉;[冀]大名县名鼎化工有限责任公司〈P1638〉

苯并咪唑;间二氮茚 C02051821
Benzimidazole;1,3-Benzodiazole [51-17-2]
用于合成维生素 B_{12} 等药物和制备高分子化合物等
【生产厂】[京]北京成宇化工有限公司〈P1545〉;[沪]上海晨日化学有限公司〈P1730〉;[苏]常熟华益化工有限公司〈P1889〉

6-硝基苯并咪唑;5-硝基苯并咪唑 C02051825
5(6)-Nitrobenzimidazole [94-52-0]
用作照相材料
【生产厂】[京]北京成宇化工有限公司〈P1545〉

1-甲基苯并咪唑 C02051830
1-Methylbenzimidazole [1632-83-3]
【生产厂】[浙]杭州广林生物医药有限公司〈P1917〉

2-甲基苯并咪唑 C02051831
2-Methylbenzimidazole [615-15-6]
用于医药中间体
【生产厂】[京]北京成宇化工有限公司〈P1545〉

5-甲基苯并咪唑 C02051833
5-Methylbenzimidazole [614-97-1]
【生产厂】[沪]上海法茵克化学科技有限公司〈P1732〉

2-苯基苯并咪唑 C02051835
2-Phenylbenzimidazole [716-79-0]
【生产厂】[鄂]武汉怡兴化工有限公司〈P2235〉;湖北科兴医药化工股份有限公司〈P2237〉

5-甲基-2-巯基苯并咪唑 C02051855
5-Methyl-2-mercaptobenzimidazole [27231-36-3]
【生产厂】[苏]南京科邦医药化工有限公司〈P1786〉

***N*-苄基咪唑** C02051861
N-Benzylimidazole [4238-71-5]
用作环氧树脂固化剂、药物原料及用于有机合成
【生产厂】[沪]上海凯乐实业发展有限公司〈P1747〉

2-苯基咪唑 C02051871
2-Phenylimidazole [670-96-2]
可用作环氧树脂、聚氨基甲酸乙酯等固化剂,还可用作各种医药、农药和染料中间体
【生产厂】[沪]上海华钛化学有限公司〈P1739〉;上海三微实业有限公司〈P1759〉;上海依田化工公司〈P1774〉;上海凯乐实业发展有限公司〈P1747〉;[苏]太仓市鑫鹄化工有限公司〈P1909〉

苯并咪唑-5,6-二羧酸;5,6-二羧基苯并咪唑 C02051881
Benzimidazole-5,6-dicarboxylic acid
【生产厂】[浙]浙江东亚医药化工有限公司〈P1963〉

1*H*-咪唑-4,5-二甲酸二甲酯 C02051883
1*H*-Imidazole-4,5-dicarboxylic acid dimethyl ester [3304-70-9]
用作医药中间体
【生产厂】[苏]常州伊思特化工有限公司〈P1858〉

2-丙基咪唑二羧酸 C02051885
2-Propylimidazoledicarboxylic acid [58954-23-7]
用作抗高血压药奥美沙坦的中间体
【生产厂】[京]北京诺德恒信化工技术有限公司〈P1556〉;[沪]上海巨龙药物研究开发有限公司〈P1746〉;上海凯乐实业发展有限公司〈P1747〉;[苏]常州罗地尔生化技术有限公司〈P1848〉;常州伊思特化工有限公司〈P1858〉

2-丙基咪唑二羧酸二乙酯 C02051889
2-Propylimidazoledicarboxylic acid diethyl ester [144689-94-1]
用作抗高血压药奥美沙坦的中间体
【生产厂】[京]北京诺德恒信化工技术有限公司〈P1556〉;[沪]上海巨龙药物研究开发有限公司〈P1746〉;上海凯乐实业发展有限公司〈P1747〉;[苏]常州罗地尔生化技术有限公司〈P1848〉;常州伊思特化工有限公司〈P1858〉

苯并咪唑-2-乙腈;2-氰甲基苯并咪唑 C02051891
2-Benzimidazolylacetonitrile;2-(Cyanomethyl)benzimidazole [4414-88-4]
用于合成染料、颜料等
【生产厂】[京]北京成宇化工有限公司〈P1545〉;[津]天津市德爱化工新技术有限公司〈P1584〉

***N*-烯丙基咪唑** C02051901
N-Allylimidazole;1-Allylimidazole [31410-01-2]
用作环氧树脂固化剂、药物原料,或用于有机合成
【生产厂】[沪]上海凯乐实业发展有限公司〈P1747〉

2-正丁基咪唑 C02051911
2-*n*-Butylimidazole [50790-93-7]
【生产厂】[沪]上海凯乐实业发展有限公司〈P1747〉

***N*-丁基咪唑;1-丁基咪唑** C02051915
N-Butylimidazole [4316-42-1]
用于有机合成
【生产厂】[沪]上海凯乐实业发展有限公司〈P1747〉;[苏]苏州市美花日用香料有限公司〈P1904〉

2-苄基咪唑啉盐酸盐 C02051919
2-Benzyl-2-imidazoline hydrochloride [59-97-2]
用作有机中间体
【生产厂】[沪]上海晨日化学有限公司〈P1730〉

2-异丙基咪唑 C02051921
2-Isopropylimidazole [36947-68-9]
用于有机合成
【生产厂】[沪]上海凯乐实业发展有限公司〈P1747〉;[苏]苏州市美花日用香料有限公司〈P1904〉

2-丙基咪唑 C02051925
2-Propylimidazole [50995-95-4]
用作药物原料或用于有机合成
【生产厂】[沪]上海凯乐实业发展有限公司〈P1747〉;[苏]苏州市美花日用香料有限公司〈P1904〉

***N*-丙基咪唑;1-丙基咪唑** C02051927
N-Propylimidazole
用于有机合成
【生产厂】[沪]上海凯乐实业发展有限公司〈P1747〉;[苏]苏州市美花日用香料有限公司〈P1904〉

***N*-异丙基咪唑** C02051929
N-Isopropylimidazole
用于制药及有机合成
【生产厂】[沪]上海凯乐实业发展有限公司〈P1747〉;[苏]苏州市美花日用香料有限公司〈P1904〉

4-碘咪唑;5-碘咪唑 C02051931
4-Iodoimidazole [71759-89-2]
【生产厂】[沪]上海三爱思试剂有限公司〈P1759〉;[苏]苏州市华伦化工有限公司〈P1903〉

***N*-乙基咪唑;1-乙基咪唑** C02051941
N-Ethylimidazole [7098-07-9]
用于有机合成
【生产厂】[沪]上海凯乐实业发展有限公司〈P1747〉;[苏]苏州市美花日用香料有限公司〈P1904〉;[鄂]罗田县宏源化学原料药有限公司〈P2244〉

2-乙基咪唑 C02051943
2-Ethylimidazole [1072-62-4]
用作环氧树脂固化剂
【生产厂】[沪]上海凯乐实业发展有限公司〈P1747〉;[苏]苏州市美花日用香料有限公司〈P1904〉

4-甲基-2-乙基咪唑;2-乙基-4-甲基咪唑 C02051949
4-Methyl-2-ethylimidazole [931-36-2]
用作环氧树脂固化剂
【生产厂】[沪]上海晨日化学有限公司〈P1730〉;上海凯乐实业发展有限公司〈P1747〉;[苏]苏州市美花日用香料有限公司〈P1904〉;[浙]嘉兴市向阳化工厂〈P1942〉

2-硝基咪唑 C02051951
2-Nitroimidazole [527-73-1]
用作有机合成中间体
【生产厂】[沪]上海依福瑞实业有限公司〈P1774〉

1*H*-咪唑-4,5-二甲醇 C02051975
1*H*-Imidazole-4,5-dimethanol [33457-48-6]
用作医药中间体
【生产厂】[苏]常州伊思特化工有限公司〈P1858〉

咪唑-1-乙酸乙酯 C02051981
Imidazole-1-acetic acid ethyl ester [17450-34-9]
是药物唑来膦酸中间体
【生产厂】[冀]沧州锐新化工有限公司〈P1652〉;[鄂]湖北志诚化工科技有限公司〈P2243〉

4,5-二氰基咪唑 C02051991
4,5-Dicyanoimidazole [1122-28-7]
用作有机合成中间体
【生产厂】[沪]吉尔生化(上海)有限公司〈P1726〉;上海凯乐实业发展有限公司〈P1747〉;[苏]南京科邦医药化工有限公司〈P1786〉;苏州寅生化工有限公司〈P1907〉;[鲁]山东博森精细化工有限公司〈P2084〉

2-氨基-4,5-二氰基咪唑 C02051995
2-Amino-4,5-dicyanoimidazole
【生产厂】[苏]盐城康福生化技术开发有限公司〈P1810〉

2-氯腺嘌呤 C02052001
2-Chloroadenine [1839-18-5]
用作医药中间体
【生产厂】[京]凯翔精细化工有限公司〈P1567〉

2-氨基-6-羟基嘌呤;鸟嘌呤 C02052010
2-Amino-6-hydroxypurine;Guanine [73-40-5]
用作抗病毒药物阿昔洛韦中间体
【生产厂】[冀]河北浩诺化工有限公司〈P1620〉;[苏]常熟华港制药有限公司(300吨)〈P1889〉;常熟市蜂蚁化工综合厂(120吨)〈P1890〉;[浙]浙江车头制药有限公司(200吨)〈P1963〉;浙江台州市金田医药化工有限公司〈P1968〉;浙江奥马药业有限公司(300吨)〈P1963〉;[豫]新乡制药股份有限公司(200桶)〈P2208〉

2-羟基-6-氨基嘌呤;异鸟嘌呤 C02052015
2-Hydroxy-6-aminopurine;Isoguanine [3373-53-3]
【生产厂】[浙]德清县天宝化工厂〈P1945〉

二乙酰鸟嘌呤;2-乙酰氨基-9-乙酰基-6-羟基嘌呤 C02052020
*N*2,9-Diacetylguanine;*N*,9-Diacetylguanine [3056-33-5]
用作阿昔洛韦中间体
【生产厂】[浙]台州市知青化工有限公司〈P1962〉;浙江奥马药业有限公司(160吨)〈P1963〉;[豫]新乡市天丰精细化工有限公司〈P2206〉;新乡制药股份有限公司(100桶)〈P2208〉

6-氯嘌呤 C02052031
6-Chloropurine;6-CP [87-42-3]
用作嘌呤类产品中间体
【生产厂】[津]天津市武清区北洋化工厂(1200吨)〈P1606〉;[苏]苏州市苏瑞医药化工有限公司〈P1905〉;兴化明威化工有限公司〈P1828〉;[皖]安徽省广德科苑化工有限公司〈P1986〉;[赣]江西恒辉医药化工有限公司〈P2017〉;[豫]新乡拓新生化科技有限公司(20吨)〈P2207〉;新乡市赛特化工有限公司〈P2205〉;[粤]肇庆市科立化工有限公司〈P2293〉

2,6-二氯嘌呤 C02052035
2,6-Dichloropurine [5451-40-1]
用作抗肿瘤、抗病毒药物中间体
【生产厂】[苏]金坛市社头化工厂〈P1862〉;[豫]新乡市赛特化工有限公司〈P2205〉

次黄嘌呤;6-羟基嘌呤 C02052041
Hypoxathine;6-Hydroxypurine [68-94-0]
用作巯嘌呤和硫唑嘌呤的原料
【生产厂】[津]天津市武清区北洋化工厂(380吨)〈P1606〉;[沪]上海宝山振宗生物工程厂〈P1728〉;[苏]常州市霞峰化学材料公司〈P1855〉;苏州市苏瑞医药化工有限公司〈P1905〉;兴化明威化工有限公司〈P1828〉;[赣]江西恒辉医药化工有限公司〈P2017〉;[鲁]济南明鑫制药有限公司(100吨)〈P2024〉;[豫]新乡市天丰精细化工有限公司〈P2206〉;新乡拓新生化科技有限公司(50吨)〈P2207〉;新乡制药股份有限公司(300桶)〈P2208〉;[粤]肇庆市科立化工有限公司〈P2293〉

黄嘌呤;2,6-二羟基嘌呤 C02052045
Xanthine;2,6-Dihydroxypurine [69-89-6]
【生产厂】[浙]浙江奥马药业有限公司〈P1963〉;[粤]肇庆市科立化工有限公司〈P2293〉

2-巯基黄嘌呤 C02052051
2-Mercaptoxanthine
【生产厂】[粤]肇庆市科立化工有限公司〈P2293〉

2-氨基-6-氯嘌呤;6-氯鸟嘌呤 C02052061
2-Amino-6-chloropurine;6-Chloroguanine [10310-21-1]
用作阿昔洛韦中间体
【生产厂】[京]北京卡乐瑞化工有限公司〈P1553〉;[苏]金坛市社头化工厂〈P1862〉;[浙]浙江车头制药有限公司〈P1963〉;台州市知青化工有限公司〈P1962〉;[豫]郑州利丰化工有限公司〈P2171〉;[鄂]湖北益泰药业有限公司〈P2246〉

2,6-二巯基嘌呤 C02052071
2,6-Dimercaptopurine [5437-25-2]
【生产厂】[豫]新乡市天丰精细化工有限公司〈P2206〉;新乡市赛特化工有限公司〈P2205〉;[粤]肇庆市科立化工有限公司〈P2293〉

硫鸟嘌呤 C02052081
Thioguanine [154-42-7]
【生产厂】[浙]浙江奥马药业有限公司(5 吨)〈P1963〉

1,2,3,4-四氢喹啉 C02052100
1,2,3,4-Tetrahydroquinoline [635-46-1]
用于有机合成
【生产厂】[京]北京成宇化工有限公司〈P1545〉;[冀]河北省化学工业研究院(200 吨)〈P1621〉;[沪]上海静超化工有限公司〈P1745〉;[浙]杭州广林生物医药有限公司〈P1917〉

5,6,7,8-四氢喹啉 C02052102
5,6,7,8-Tetrahydroquinoline [10500-57-9]
【生产厂】[浙]杭州广林生物医药有限公司〈P1917〉

1-甲基-1,2,3,4-四氢喹啉 C02052104
1-Methyl-1,2,3,4-tetrahydroquinoline [491-34-9]
【生产厂】[浙]杭州广林生物医药有限公司〈P1917〉

2-甲基-1,2,3,4-四氢喹啉 C02052105
2-Methyl-1,2,3,4-tetrahydroquinoline [1780-19-4]
用于制药
【生产厂】[京]北京成宇化工有限公司〈P1545〉

2-甲基-5,6,7,8-四氢喹啉 C02052109
2-Methyl-5,6,7,8-tetrahydroquinoline [2617-98-3]
用于制药
【生产厂】[京]北京成宇化工有限公司〈P1545〉

4-羟基喹啉 C02052113
4-Hydroxyquinoline [611-36-9]
用作医药中间体
【生产厂】[沪]上海凯乐实业发展有限公司〈P1747〉;[浙]横店集团家园化工有限公司〈P1952〉

2,4-二羟基喹啉;2,4-喹啉二醇 C02052117
2,4-Quinolinediol;2,4-Dihydroxyquinoline [86-95-3]
是黄色偶氮染料的偶合组分,也用作医药中间体
【生产厂】[鲁]胶州市精细化工有限公司〈P2031〉

5,7-二氯-8-羟基喹啉 C02052131
5,7-Dichloro-8-hydroxyquinoline [773-76-2]
用于医药、农药的合成
【生产厂】[豫]开封明阳化工有限责任公司(500 吨)〈P2177〉

7-氯-4-羟基喹啉 C02052139
7-Chloro-4-hydroxyquinoline [86-99-7]
【生产厂】[渝]重庆康乐制药有限公司〈P2305〉

8-羟基喹啉硫酸盐 C02052145
8-Hydroxyquinoline sulfate [134-31-6]
用于杀菌剂、农用化学品等
【生产厂】[苏]南京奥德赛化工有限公司(50 吨)〈P1782〉;[豫]开封明阳化工有限责任公司(300 吨)〈P2177〉

2-氯喹噁啉 C02052155
2-Chloroquinoxaline [1448-87-9]
用作医药和农药的中间体
【生产厂】[苏]上海三维制药公司太仓岳王药物原料厂〈P1898〉;[鲁]青州市奥星化工有限公司〈P2091〉

2-羟基喹噁啉 C02052159
2-Hydroxyquinoxaline [1196-57-2]
主要用于生产农药喹硫磷和兽药磺胺喹噁啉
【生产厂】[苏]昆山城东化工有限公司〈P1895〉;[鲁]青州市奥星化工有限公司〈P2091〉

3-溴喹啉 C02052161
3-Bromoquinoline [5332-24-1]
用于制药
【生产厂】[京]北京成宇化工有限公司〈P1545〉;[苏]仪征市鼎信化工有限公司〈P1820〉

6-氟-2-甲基喹啉 C02052165
6-Fluoro-2-methylquinoline [1128-61-6]
【生产厂】[赣]江西上饶现代化工有限公司〈P2015〉

7-氟-2-甲基喹啉 C02052167
7-Fluoro-2-methylquinoline
【生产厂】[赣]江西上饶现代化工有限公司〈P2015〉

8-氟-2-甲基喹啉 C02052168
8-Fluoro-2-methylquinoline
【生产厂】[赣]江西上饶现代化工有限公司〈P2015〉

喹啉;氮萘;苯并吡啶 C02052170
Quinoline [91-22-5]
用作有机合成试剂、碱性缩合剂和溶剂
【生产厂】[辽]鞍山市惠丰化工有限责任公司〈P1695〉;[沪]上海威方精细化工有限公司〈P1769〉;上海邦成化工有限公司〈P1728〉;宝山钢铁股份有限公司化工分公司(122 吨)〈P1726〉;[苏]上海梅山企业发展有限公司南京化工实业分公司(70 吨)〈P1792〉;[鲁]莱芜市雅鲁生化有限公司〈P2141〉;山东定陶友帮化工有限公司〈P2159〉

3-甲基喹啉 C02052175
3-Methylquinoline [612-58-8]
用于制药
【生产厂】[京]北京成宇化工有限公司〈P1545〉

6-甲氧基喹啉 C02052179
6-Methoxyquinoline [5263-87-6]
用于有机合成
【生产厂】[沪]上海旭升精细化工技术研究所〈P1773〉;上海凯路化工有限公司〈P1747〉;[苏]苏州工业园区亚科化学试剂有限公司〈P1900〉

7-氯喹哪啶;2-甲基-7-氯喹啉 C02052183
7-Chloroquinaldine [4965-33-7]
【生产厂】[苏]南京奥德赛化工有限公司〈P1782〉

8-羟基喹哪啶;2-甲基-8-羟基喹啉 C02052191
8-Hydroxyquinaldine [826-81-3]
【生产厂】[苏]南京奥德赛化工有限公司〈P1782〉

硫尿嘧啶;硫代由雪 C02052201
Thiouracil;2-Thiouracil;2-Mercapto-4-pyrimidone [141-90-2]
用作医药中间体

C

【生产厂】[苏]徐州市人元化工有限公司〈P1796〉;[浙]杭州科本化工有限公司〈P1920〉

2-氰基嘧啶 C02052251
2-Cyanopyrimidine [14080-23-0]
用作医药中间体
【生产厂】[浙]浙江黄岩东升医药化工有限公司〈P1964〉

2-巯基嘧啶 C02052291
2-Mercaptopyrimidine [1450-85-7]
【生产厂】[粤]肇庆市科立化工有限公司〈P2293〉

2,4,6-三甲基吡啶 C02052301
2,4,6-Trimethylpyridine [108-75-8]
用于有机合成
【生产厂】[沪]宝山钢铁股份有限公司化工分公司〈P1726〉

2,3,5-三甲基吡啶;可力丁 C02052305
2,3,5-Trimethylpyridine;2,3,5-Collidine [695-98-7]
用作药物奥美拉唑中间体
【生产厂】[浙]杭州浙大泛科化工有限公司〈P1925〉;衢州市聚华特种试剂厂〈P1958〉

2-乙酰基吡啶 C02052311
2-Acetylpyridine [1122-62-9]
用作烟用香精,用于在烟中增加香气
【生产厂】[鲁]山东滕州悟通香料有限责任公司(2吨)〈P2078〉;滕州市香源化工有限责任公司〈P2079〉;滕州吉田香料有限公司〈P2078〉

3-乙酰基吡啶 C02052312
3-Acetylpyridine [350-03-8]
用作治疗骨质疏松症的药物利塞膦酸钠的中间体
【生产厂】[京]北京金奥利维科技发展有限公司〈P1551〉;北京北化新元科技发展有限公司〈P1544〉;[冀]沧州锐新化工有限公司〈P1652〉;[沪]上海巨龙药物研究开发有限公司〈P1746〉;[鲁]潍坊祥维斯化学品有限公司(100吨)〈P2106〉;山东滕州悟通香料有限责任公司(2吨)〈P2078〉;滕州市香源化工有限责任公司〈P2079〉;滕州吉田香料有限公司〈P2078〉

2,6-二甲基吡啶 C02052323
2,6-Dimethylpyridine [108-48-5]
用作有机合成原料
【生产厂】[吉]吉林省四平市精细化学品有限公司〈P1717〉;[鲁]滕州吉田香料有限公司〈P2078〉

2,3-二甲基吡啶 C02052325
2,3-Dimethylpyridine;2,3-Lutidine [583-61-9]
用作有机合成原料
【生产厂】[豫]新乡市兴亮精细化工有限公司〈P2207〉

2,4-二甲基吡啶 C02052327
2,4-Dimethylpyridine [108-47-4]
用作有机合成原料
【生产厂】[吉]吉林省四平市精细化学品有限公司〈P1717〉

4-丙基吡啶 C02052333
4-Propylpyridine [1122-81-2]
【生产厂】[沪]上海先导化学有限公司〈P1770〉

2-丙基吡啶 C02052335
2-Propylpyridine [622-39-9]
【生产厂】[鲁]山东滕州悟通香料有限责任公司〈P2078〉

2,6-二乙酰基吡啶 C02052341
2,6-Diacetylpyridine [1129-30-2]
【生产厂】[苏]常州康力化工有限公司〈P1848〉

2-氯-5-三氯甲基吡啶 C02052351
2-Chloro-5-trichloromethylpyridine
【生产厂】[鲁]山东广恒化工有限公司〈P2052〉

2-氨基-4,6-二羟基吡啶 C02052359
2-Amino-4,6-dihydroxypyridine
【生产厂】[沪]上海茂基化学试剂有限公司〈P1753〉

6-氯-2-甲基吡啶;2-氯-6-甲基吡啶 C02052361
6-Chloro-2-methylpyridine [18368-63-3]
【生产厂】[冀]河北省化学工业研究院〈P1621〉;[苏]金坛市社头化工厂〈P1862〉

2-氯-4-甲基吡啶 C02052362
2-Chloro-4-methylpyridine [3678-62-4]
【生产厂】[冀]河北省化学工业研究院〈P1621〉;[沪]上海先导化学有限公司〈P1770〉

2,5-二溴-4-甲基吡啶 C02052365
2,5-Dibromo-4-methylpyridine [3430-26-0]
【生产厂】[沪]上海先导化学有限公司〈P1770〉

2,5-二溴-3-甲基吡啶 C02052366
2,5-Dibromo-3-methylpyridine [3430-18-0]
【生产厂】[苏]丹阳市恒安化工有限公司〈P1840〉

3,5-二溴-2-甲基吡啶;2-甲基-3,5-二溴吡啶 C02052367
3,5-Dibromo-2-methylpyridine
【生产厂】[苏]丹阳市恒安化工有限公司〈P1840〉

2,5,6-三溴-3-甲基吡啶 C02052369
2,5,6-Tribromo-3-methylpyridine
【生产厂】[苏]丹阳市恒安化工有限公司〈P1840〉

2-苄基吡啶;2-苯甲基吡啶 C02052371
2-Benzylpyridine;2-(Phenylmethyl)pyridine [101-82-6]
用于有机合成
【生产厂】[辽]沈阳新地药业有限公司〈P1689〉;[豫]新乡市恒基化工有限公司〈P2204〉

4-苯基吡啶 C02052381
4-Phenylpyridine [939-23-1]
用作有机合成中间体
【生产厂】[赣]江西省励远化工科技实业公司〈P2009〉

2-苯基吡啶 C02052383
2-Phenylpyridine [1008-89-5]
【生产厂】[辽]沈阳新地药业有限公司〈P1689〉;[豫]新乡市恒基化工有限公司〈P2204〉

4-苯基-1,2,3,6-四氢吡啶 C02052391
4-Phenyl-1,2,3,6-tetrahydropyridine [10338-69-9]
【生产厂】[苏]太仓市运通化工厂〈P1909〉

吡啶氢溴酸盐 C02052451
Pyridine hydrobromide [18820-82-1]
用作医药中间体,造纸助剂等
【生产厂】[冀]河北海斯特化学有限公司〈P1663〉;固安县恩康医药化工原料有限公司〈P1658〉;[苏]昆山市花桥化工四厂〈P1897〉;苏州市晶华化工有限公司〈P1904〉;宿迁市永星药业有限公司〈P1805〉;[鲁]济宁市化工研究所(200吨)〈P2128〉;济宁鲁源医药化工有限公司(500吨)〈P2128〉

三溴化吡啶鎓;吡啶氢溴酸盐高溴化物 C02052491
Pyridine hydrobromide perbromide;Pyridinium perbromide [39416-48-3]
用作优良溴化剂
【生产厂】[浙]浙江迪耳化工有限公司〈P1954〉;浙江迪耳药业有限公司〈P1954〉

芴 C02052501
Fluorene [86-73-7]
是合成医药、农药、染料、工程塑料的原料
【生产厂】[辽]鞍山市惠丰化工有限责任公司(40吨)〈P1695〉;鞍山市天长化工有限公司〈P1696〉;辽宁鞍山市贝达合成化工厂〈P1697〉;鞍钢实业化工公司(100吨)〈P1695〉;[苏]常州市武进鸣凰化学厂〈P1854〉;常州市武进临川化工有限公司〈P1854〉;扬州宝盛生物化工有限公司〈P1817〉;[鲁]莱芜市雅鲁生化有限公司〈P2141〉;山东定陶友帮化工有限公司〈P2159〉

9,9′-螺二芴 C02052511
9,9′-Spirobifluorene [159-66-0]
用于电子化学品
【生产厂】[浙]杭州广林生物医药有限公司〈P1917〉

9-羟基芴 C02052551
9-Hydroxyfluorene [1689-64-1]
【生产厂】[苏]常州市武进临川化工有限公司〈P1854〉

9-溴芴 C02052591
9-Bromofluorene
可用作药品
【生产厂】[鲁]山东大地盐化集团〈P2094〉

2-氨基吡啶 C02052601
2-Aminopyridine [504-29-0]
用作有机合成中间体
【生产厂】[京]北京维达化工有限公司(100吨)〈P1563〉;北京金奥利维科技发展有限公司〈P1551〉;[苏]南京红太阳集团〈P1784〉;昆山市新镇振东化工厂〈P1898〉;昆山市石浦化工三厂〈P1897〉

3-氨基吡啶 C02052602
3-Aminopyridine [462-08-8]
【生产厂】[京]北京维达化工有限公司(30吨)〈P1563〉;[冀]河北亚诺化工有限公司(30吨)〈P1623〉;[沪]上海三微实业有限公司〈P1759〉;[苏]苏州市华伦化工有限公司〈P1903〉

4-氨基吡啶 C02052603
4-Aminopyridine [504-24-5]
是合成抗生素类药物的中间体
【生产厂】[京]北京维达化工有限公司(50吨)〈P1563〉;[冀]河北亚诺化工有限公司(50吨)〈P1623〉;[沪]上海三微实业有限公司〈P1759〉;[苏]南京红太阳集团〈P1784〉;苏州市华伦化工有限公司〈P1903〉;盐城市德瑞化工有限公司〈P1810〉;[浙]浙江省嵊州市新化科技有限公司(50吨)〈P1951〉;[湘]新化县诺威化工有限公司〈P2258〉

2-氨基-4-甲基吡啶 C02052620
2-Amino-4-methylpyridine;2-Amino-4-picoline [695-34-1]
用于制药
【生产厂】[京]北京维达化工有限公司(50吨)〈P1563〉;[沪]上海华钛化学有限公司〈P1739〉

2-氨基-5-甲基吡啶 C02052621
2-Amino-5-methylpyridine [1603-41-4]
【生产厂】[京]北京维达化工有限公司(10吨)〈P1563〉;[冀]河北亚诺化工有限公司(10吨)〈P1623〉;[鲁]邹平铭兴化工有限公司(100吨)〈P2158〉

3-氨基-2-甲基吡啶 C02052627
3-Amino-2-methylpyridine
【生产厂】[鲁]青岛裕达精细化工有限公司〈P2046〉

2-氨基-6-甲基吡啶 C02052631
2-Amino-6-methylpyridine [1824-81-3]
用于有机合成,用作医药、染料中间体
【生产厂】[京]北京维达化工有限公司(10吨)〈P1563〉;[浙]杭州浙大泛科化工有限公司〈P1925〉

3-氨基-4-甲基吡啶;4-甲基-3-氨基吡啶 C02052635
3-Amino-4-methylpyridine [3430-27-1]
【生产厂】[京]北京维达化工有限公司(10吨)〈P1563〉;[鲁]青岛裕达精细化工有限公司(3吨)〈P2046〉

4-氨基-3-甲基吡啶 C02052637
4-Amino-3-methylpyridine [1990-90-5]
【生产厂】[沪]上海先导化学有限公司〈P1770〉

5-氨基-2-甲基吡啶;3-氨基-6-甲基吡啶 C02052639
5-Amino-2-methylpyridine
【生产厂】[冀]河北省化学工业研究院〈P1621〉;[鲁]青岛裕达精细化工有限公司〈P2046〉

3-氨基-2,6-二甲基吡啶;2,6-二甲基-3-氨基吡啶 C02052643
3-Amino-2,6-dimethylpyridine
【生产厂】[浙]浙江台州海翔医药化工有限公司〈P1968〉

2,6-二叔丁基-4-甲基吡啶;4-甲基-2,6-二叔丁基吡啶 C02052647
2,6-Di-*tert*-butyl-4-methylpyridine [38222-83-2]
用作有机化工原料
【生产厂】[沪]上海瑞一医药科技有限公司〈P1759〉

C

2,6-二氨基吡啶;2,6-DAP C02052651
2,6-Diaminopyridine [141-86-6]
用于偶合重氮化合物
【生产厂】[沪]上海神强实业有限公司〈P1761〉;[苏]南京红太阳集团〈P1784〉

2,3-二氨基吡啶 C02052653
2,3-Diaminopyridine [452-58-4]
【生产厂】[苏]苏州市华伦化工有限公司〈P1903〉;[鲁]青岛裕达精细化工有限公司〈P2046〉

2,5-二氨基吡啶 C02052655
2,5-Diaminopyridine
【生产厂】[鲁]青岛裕达精细化工有限公司〈P2046〉

3,4-二氨基吡啶 C02052657
3,4-Diaminopyridine [54-96-6]
【生产厂】[鲁]青岛裕达精细化工有限公司(2吨)〈P2046〉

2-氨甲基吡啶;2-吡啶甲胺 C02052668
2-(Aminomethyl)pyridine;2-Pyridinemethaneamine [3731-51-9]
用于有机合成、药物合成
【生产厂】[浙]浙江台州清泉医药化工有限公司〈P1968〉

3-氨甲基吡啶;3-吡啶甲胺 C02052669
3-(Aminomethyl)pyridine;3-Picolylamine [3731-52-0]
用于有机合成、药物合成
【生产厂】[浙]浙江台州清泉医药化工有限公司〈P1968〉

2-氨基-3-羟基吡啶 C02052671
2-Amino-3-hydroxypyridine [16867-03-1]
用于有机合成,是抗艾滋病类药的中间体
【生产厂】[京]北京维达化工有限公司(20吨)〈P1563〉;[冀]河北亚诺化工有限公司〈P1623〉;[沪]上海立诚化工有限公司(20吨)〈P1750〉;[苏]苏州寅生化工有限公司〈P1907〉;[浙]宁波远欧精细化工有限公司〈P1934〉;[鲁]山东金城医药化工有限公司〈P2053〉;淄博世宏化学工业有限公司〈P2067〉;[鄂]湖北祥云(集团)化工股份有限公司〈P2244〉

5-氨基-2-羟基吡啶 C02052673
5-Amino-2-hydroxypyridine
【生产厂】[鲁]青岛裕达精细化工有限公司〈P2046〉

3-氨基-2-羟基吡啶 C02052675
3-Amino-2-hydroxypyridine
【生产厂】[鲁]青岛裕达精细化工有限公司〈P2046〉

3-氨基-4-羟基吡啶 C02052677
3-Amino-4-hydroxypyridine
【生产厂】[鲁]青岛裕达精细化工有限公司〈P2046〉

2-氨基-5-溴吡啶 C02052681
2-Amino-5-bromopyridine [1072-97-5]
用于制备药物及其他精细化学品
【生产厂】[京]北京维达化工有限公司(20吨)〈P1563〉;[苏]丹阳市恒安化工有限公司〈P1840〉;常州泰戈化工有限公司〈P1857〉;苏州市华伦化工有限公司〈P1903〉

4-氨基-2-溴吡啶;2-溴-4-氨基吡啶 C02052682
4-Amino-2-bromopyridine [7598-35-8]
【生产厂】[苏]苏州市华伦化工有限公司〈P1903〉

3-氨基-2-溴吡啶 C02052683
3-Amino-2-bromopyridine [39856-58-1]
【生产厂】[沪]上海先导化学有限公司〈P1770〉

5-氨基-2-溴吡啶;2-溴-5-氨基吡啶 C02052684
5-Amino-2-bromopyridine
【生产厂】[苏]金坛市社头化工厂〈P1862〉

2-氨基-5-碘吡啶 C02052685
2-Amino-5-iodopyridine [20511-12-0]
【生产厂】[沪]上海虹生实业有限公司〈P1737〉;上海先导化学有限公司〈P1770〉;[苏]常州泰戈化工有限公司〈P1857〉;金坛市社头化工厂〈P1862〉

5-溴-2-碘吡啶;2-碘-5-溴吡啶 C02052689
5-Bromo-2-iodopyridine [223463-13-6]
【生产厂】[沪]上海先导化学有限公司〈P1770〉;[苏]常州康力化工有限公司〈P1848〉;金坛市社头化工厂〈P1862〉

2-溴-4-甲基吡啶 C02052691
2-Bromo-4-methylpyridine
【生产厂】[京]北京维达化工有限公司(30吨)〈P1563〉

2-溴-5-甲基吡啶 C02052693
2-Bromo-5-methylpyridine [3510-66-5]
【生产厂】[沪]上海先导化学有限公司〈P1770〉

2-溴-6-甲基吡啶 C02052695
2-Bromo-6-methylpyridine [5315-25-3]
【生产厂】[冀]河北省化学工业研究院〈P1621〉;[沪]上海先导化学有限公司〈P1770〉;[苏]金坛市社头化工厂〈P1862〉

3-溴-2-甲基吡啶;2-甲基-3-溴吡啶 C02052696
3-Bromo-2-methylpyridine [38749-79-0]
【生产厂】[冀]河北省化学工业研究院〈P1621〉;[苏]丹阳市恒安化工有限公司〈P1840〉

3-溴-4-甲基吡啶;4-甲基-3-溴吡啶 C02052697
3-Bromo-4-methylpyridine [3430-22-6]
【生产厂】[苏]丹阳市恒安化工有限公司〈P1840〉

4-溴-2-甲基吡啶;2-甲基-4-溴吡啶 C02052698
4-Bromo-2-methylpyridine [22282-99-1]
【生产厂】[苏]苏州市华伦化工有限公司〈P1903〉

5-溴-2-甲基吡啶;2-甲基-5-溴吡啶 C02052699
5-Bromo-2-methylpyridine [3430-13-5]
用作医药中间体
【生产厂】[京]北京亚太化工科技有限公司(2吨)〈P1564〉;[冀]河北省化学工业研究院〈P1621〉;[沪]上海杜拿克化工有限公司〈P1732〉;上海中科同力化工材料有限公司〈P1779〉;[苏]丹阳市恒安化工有限公司〈P1840〉;[鲁]青岛裕达精细化工有限公司〈P2046〉

烟碱;尼古丁;1-甲基-2-(3-吡啶基)吡咯烷 C02052701
Nicotine;1-Methyl-2-(3-pyridyl)pyrrolidine [54-11-5]

【生产厂】[京]北京医科大学应用药物研究所〈P1564〉;[苏]常州佳灵药业有限公司〈P1848〉;[鲁]潍坊三强生物有限公司〈P2104〉;[湘]湖南诺伊尔生物制药有限公司〈P2257〉

硫酸烟碱 C02052710
Nicotine sulfate [65-30-5]
【生产厂】[鲁]潍坊三强生物有限公司(120吨)〈P2104〉

甲苯烟碱 C02052751
Nicotine toluene
主要用于植物源生物农药的生产
【生产厂】[鲁]潍坊三强生物有限公司(80吨)〈P2104〉

柠檬酸烟碱 C02052771
Nicotine citrate
主要用于烟草生产加工的增味剂
【生产厂】[鲁]潍坊三强生物有限公司(180吨)〈P2104〉

3-氰基-1,2,4-三氮唑 C02052801
3-Cyano-1,2,4-triazole [3641-10-9]
用作有机合成中间体
【生产厂】[浙]杭州广林生物医药有限公司〈P1917〉

3-氨基-1,2,4-三氮唑 C02052811
3-Amino-1,2,4-triazole [61-82-5]
用作阳离子染料中间体,可合成阳离子红X-GRL等多种红染料;也是杂环中间体,可用于制药
【生产厂】[沪]上海华彩精细化工有限公司〈P1738〉;[苏]镇江新宇化工有限责任公司〈P1846〉;苏州市东吴染料有限公司〈P1903〉;江苏华昌(集团)有限公司〈P1893〉;[浙]杭州近江化工染料有限公司〈P1919〉;杭州福德化工有限公司〈P1917〉;嘉兴市步云染化厂〈P1941〉

4-氨基-1,2,4-三氮唑 C02052815
4-Amino-1,2,4-triazole;4-Amino-4*H*-1,2,4-triazole [584-13-4]
用于制造农药、医药的中间体及有机合成
【生产厂】[辽]沈阳沈潘精细化工有限公司〈P1687〉;[苏]江苏华昌(集团)有限公司〈P1893〉

3-氯-1,2,4-三氮唑 C02052821
3-Chloro-1,2,4-triazole [6818-99-1]
【生产厂】[浙]杭州广林生物医药有限公司〈P1917〉

3-硝基-1,2,4-三氮唑 C02052831
3-Nitro-1,2,4-triazole [24807-55-4]
【生产厂】[沪]上海神强实业有限公司〈P1761〉

1-甲基-1,2,4-三氮唑 C02052851
1-Methyl-1,2,4-triazole [6086-21-1]
【生产厂】[浙]杭州广林生物医药有限公司〈P1917〉

1-甲基-1,2,3-三氮唑 C02052853
1-Methyl-1,2,3-triazole [16681-65-5]
【生产厂】[浙]杭州广林生物医药有限公司〈P1917〉

水杨酰-3-氨基-1,2,4-三氮唑 C02052891
Salicyloyl-3 amino-1,2,4-triazole
【生产厂】[沪]上海立诚化工有限公司〈P1750〉

3-羟基吡啶 C02052910
3-Hydroxypyridine [109-00-2]
用于有机合成、医药和染料的制备
【生产厂】[京]北京维达化工有限公司(30吨)〈P1563〉;[冀]河北亚诺化工有限公司(20吨)〈P1623〉;[苏]南京奥德赛化工有限公司(60吨)〈P1782〉;苏州寅生化工有限公司〈P1907〉

2-羟基吡啶 C02052920
2-Hydroxypyridine [72762-00-6]
【生产厂】[京]北京维达化工有限公司(30吨)〈P1563〉;北京金奥利维科技发展有限公司〈P1551〉;[苏]连云港市中成化工有限公司〈P1800〉;[浙]杭州浙大泛科化工有限公司〈P1925〉;平湖市双马精细化工有限公司〈P1943〉;[鲁]青岛裕达精细化工有限公司(35吨)〈P2046〉;青岛双收农药化工有限公司〈P2043〉;[鄂]武汉有机实业股份有限公司〈P2235〉

4-羟基吡啶 C02052925
4-Hydroxypyridine [626-64-2]
用于合成利尿药物托拉塞米或其他药物中间体
【生产厂】[京]北京维达化工有限公司(10吨)〈P1563〉;[苏]苏州市华伦化工有限公司〈P1903〉;盐城市德瑞化工有限公司〈P1810〉;[鲁]青岛裕达精细化工有限公司(30吨)〈P2046〉

3-羟基-2-甲基吡啶;2-甲基-3-羟基吡啶 C02052935
3-Hydroxy-2-methylpyridine [1121-25-1]
用作医药、化工中间体
【生产厂】[鲁]潍坊祥维斯化学品有限公司(100吨)〈P2106〉

3-羟基-2,6-二甲基吡啶;2,6-二甲基-3-羟基吡啶 C02052945
3-Hydroxy-2,6-dimethylpyridine [1122-43-6]
用作医药、化工中间体
【生产厂】[鲁]潍坊祥维斯化学品有限公司(100吨)〈P2106〉

4-羟基-2,6-二甲基吡啶;2,6-二甲基-4-羟基吡啶 C02052946
4-Hydroxy-2,6-dimethylpyridine [13603-44-6]
【生产厂】[沪]上海先导化学有限公司〈P1770〉

4-羟基-3-硝基吡啶 C02052951
4-Hydroxy-3-nitropyridine [15590-90-6]
【生产厂】[京]北京维达化工有限公司(20吨)〈P1563〉;[鲁]青岛裕达精细化工有限公司(5吨)〈P2046〉

5-溴-2-硝基吡啶;2-硝基-5-溴吡啶 C02052961
5-Bromo-2-nitropyridine [39856-50-3]
【生产厂】[京]北京精益精化工有限公司〈P1553〉

2-溴-5-硝基吡啶 C02052965
2-Bromo-5-nitropyridine [24487-59-6]
【生产厂】[沪]上海先导化学有限公司〈P1770〉;[苏]金坛市社头化工厂〈P1862〉

3-羟基-2-硝基吡啶 C02052971
3-Hydroxy-2-nitropyridine [15128-82-2]
【生产厂】[京]北京维达化工有限公司(20吨)〈P1563〉;

[冀]河北亚诺化工有限公司〈P1623〉;[沪]上海先导化学有限公司〈P1770〉;[苏]苏州寅生化工有限公司〈P1907〉

2,3-二羟基吡啶 C02052981

2,3-Dihydroxypyridine [16867-04-2]

用作医药中间体

【生产厂】[冀]河北亚诺化工有限公司〈P1623〉

2,4-二羟基吡啶 C02052983

2,4-Dihydroxypyridine [626-03-9]

用作医药中间体

【生产厂】[鲁]山东中科泰斗化学有限公司〈P2030〉

3-羟基吡啶-*N*-氧化物 C02052991

3-Hydroxypyridine-*N*-oxide [6602-28-4]

【生产厂】[苏]南京奥德赛化工有限公司〈P1782〉

3-羟基吡啶钠盐 C02052995

3-Hydroxypyridine sodium salt [52536-09-1]

【生产厂】[苏]南京奥德赛化工有限公司〈P1782〉

3-氨基吡咯烷 C02053001

3-Aminopyrrolidine [79286-79-6]

用作医药中间体

【生产厂】[蒙]赤峰万泽制药有限责任公司〈P1682〉;[豫]河南康泰制药集团公司(200 吨)〈P2166〉;河南康泰制药集团公司河南省精细化工厂(200 吨)〈P2166〉;[川]江安杜威克化学技术开发有限责任公司〈P2334〉

N-甲基吗啉-*N*-氧化物 C02053101

N-Methylmorpholine-*N*-oxide monohydrate [70187-32-5]

主要作为纤维生产的纺丝溶剂,用于生产高档纤维、玻璃纸和植物性食物肠衣

【生产厂】[吉]中国石油吉化集团公司(100 吨)〈P1717〉;吉林省龙腾精细化工有限责任公司〈P1717〉;[苏]淮安市华泰化工有限公司(400 吨)〈P1801〉

丙烯酰吗啉 C02053131

Acryloyl morpholine [5117-12-4]

【生产厂】[吉]吉林省龙腾精细化工有限责任公司〈P1717〉

4-(2-氨乙基)吗啉 C02053151

4-(2-Aminoethyl) morpholine [2038-03-1]

【生产厂】[苏]江都市大江化工厂〈P1813〉;[浙]浙江普康化工有限公司〈P1959〉

N-(2-氯乙基)吗啉盐酸盐 C02053171

N-(2-Chloroethyl) morpholine hydrochloride [3647-69-6]

【生产厂】[苏]句容市顺风助剂厂〈P1843〉

N-(2-羟乙基)吗啉;2-吗啉乙醇 C02053191

N-(2-Hydroxyethyl) morpholine;2-Morpholinoethanol [622-40-2]

【生产厂】[浙]浙江物产崇一医药化工有限公司〈P1956〉;浙江普康化工有限公司〈P1959〉

2-乙酰基吡咯 C02053201

2-Acetylpyrrole [1072-83-9]

用于食用香精中

【生产厂】[鲁]山东滕州悟通香料有限责任公司(2 吨)〈P2078〉;滕州市润隆香料有限公司〈P2079〉;滕州市香源化工有限责任公司〈P2079〉;滕州吉田香料有限公司(200 吨)〈P2078〉

N-甲基-2-乙酰基吡咯 C02053211

N-Methyl-2-acetylpyrrole [932-16-1]

用于咖啡、水果等食用香精中

【生产厂】[鲁]山东滕州悟通香料有限责任公司(1 吨)〈P2078〉;滕州市润隆香料有限公司〈P2079〉;滕州市香源化工有限责任公司〈P2079〉;滕州吉田香料有限公司〈P2078〉

N-乙基-2-乙酰基吡咯 C02053221

N-Ethyl-2-acetylpyrrole [39741-41-8]

用于咖啡、水果等食用香精中

【生产厂】[鲁]山东滕州悟通香料有限责任公司(1 吨)〈P2078〉;滕州市润隆香料有限公司〈P2079〉;滕州市香源化工有限责任公司〈P2079〉;滕州吉田香料有限公司〈P2078〉

N-糠基吡咯 C02053281

N-Furfurylpyrrole [1438-94-4]

【生产厂】[鲁]滕州吉田香料有限公司〈P2078〉

2-乙醇吡啶 C02053301

2-Pyridine ethanol [103-74-2]

【生产厂】[京]北京维达化工有限公司(240 吨)〈P1563〉

2,4-二甲基-3-乙基吡咯 C02053401

2,4-Dimethyl-3-ethylpyrrole [517-22-6]

用于诊断和治疗肿瘤等

【生产厂】[苏]苏州海宇生物科技有限公司〈P1900〉

氨基杂环盐酸盐 C02053501

3-Amino-3-azabicyclo[3.3.0]octane hydrochloride

用作药物格列齐特的中间体

【生产厂】[浙]宁波麒灵医药生物化学有限公司(60 吨)〈P1931〉;[鲁]山东科源制药有限公司〈P2028〉

1,2-亚甲二氧基苯;胡椒环;1,3-苯并二噁茂 C02053601

1,3-Benzodioxole;1,2-(Methylenedioxy) benzene [274-09-9]

用作重要的香料、医药及农药中间体

【生产厂】[沪]上海万凯化学有限公司〈P1768〉;[浙]浙江燎原药业有限公司(150 吨)〈P1965〉;[鄂]襄樊诺尔化工有限公司〈P2238〉

3,4-亚甲二氧基溴苯 C02053651

3,4-(Methylenedioxy) bromobenzene;5-Bromo-1,3-benzodioxole [2635-13-4]

用作日用化学品中间体

【生产厂】[沪]上海万凯化学有限公司〈P1768〉

3,4-亚甲二氧基苯胺;胡椒胺 C02053701

3,4-(Methylenedioxy) aniline;5-Amino-1,3-benzodioxole [14268-66-7]

用作药物奥索利酸、西诺沙星、米诺沙星等药物的中间体

【生产厂】[浙]浙江燎原药业有限公司(100 吨)〈P1965〉

【使用厂】[苏]海门兆丰化工有限公司〈P1830〉

3,4-亚甲二氧基苯乙胺;胡椒乙胺;高胡椒胺 C02053721
3,4-Methylenedioxyphenethylamine;Homopiperonylamine
是重要的医药中间体,用于制造小檗碱和多巴胺等
【生产厂】[沪]上海静超化工有限公司〈P1745〉

***N*-乙基胡椒胺**;*N*-乙基-3,4-亚甲二氧基苯胺 C02053731
N-Ethyl-3,4-methylenedioxy aniline
用作奥索利酸(噁喹酸)中间体
【生产厂】[沪]上海桑迪精细化工研究所〈P1760〉

吡嗪;对二氮杂苯 C02053901
Pyrazine;1,4-Diazine [290-37-9]
用作医药中间体,香精、香料中间体
【生产厂】[鲁]山东滕州悟通香料有限责任公司(2吨)〈P2078〉;滕州吉田香料有限公司(200吨)〈P2078〉;[豫]新乡市巨晶化工有限责任公司(300吨)〈P2205〉;[川]成都奥玛斯特科技有限公司〈P2309〉

2-氰基吡嗪 C02053951
2-Cyanopyrazine [19847-12-2]
主要用作医药原料、化工中间体等
【生产厂】[冀]邯郸市赵都精细化工厂〈P1639〉;[豫]新乡市巨晶化工有限责任公司(800吨)〈P2205〉

2-巯基吡嗪 C02053991
2-Mercaptopyrazine
【生产厂】[鲁]山东滕州悟通香料有限责任公司〈P2078〉

5,6,7,8-四氢喹喔啉 C02054001
5,6,7,8-Tetrahydroquinoxaline [34413-35-9]
用作日用香精
【生产厂】[鲁]山东滕州悟通香料有限责任公司(1吨)〈P2078〉;滕州市润隆香料有限公司〈P2079〉;滕州天祥香精香料有限公司〈P2079〉;滕州市香源化工有限责任公司〈P2079〉;滕州吉田香料有限公司〈P2078〉

2,3-二氯喹喔啉 C02054021
2,3-Dichloroquinoxaline
用作医药中间体
【生产厂】[冀]石家庄永峰化工原料有限公司〈P1633〉

2,6-二氯喹喔啉 C02054025
2,6-Dichloroquinoxaline [18671-97-1]
【生产厂】[苏]盐城市丰杯精细化工有限公司〈P1811〉

6-氨基-5-溴喹喔啉 C02054051
6-Amino-5-bromoquinoxaline [50358-63-9]
用于医药合成
【生产厂】[京]北京艾斯克医药技术开发有限公司〈P1543〉;[苏]吴江明恒化学有限公司〈P1909〉

1,3-二甲基-2-咪唑啉酮;1,3-二甲基-2-咪唑烷酮;DMI C02054101
1,3-Dimethyl-2-imidazolinone;DMI [80-73-9]
用作医药中间体,重要的有机溶剂
【生产厂】[京]北京达科思精细化工研究所〈P1545〉;[晋]芮城县虹桥药用中间体有限公司〈P1678〉;山西亚宝药业集团股份有限公司〈P1680〉;[沪]上海泰顿化工有限公司〈P1766〉;上海中康伟业生物科技有限公司〈P1778〉;上海虹生实业有限公司〈P1737〉;上海康文医药中间体有限公司〈P1748〉;[浙]建德市新化化工有限责任公司〈P1926〉;[皖]安徽省广德科苑化工有限公司〈P1986〉;[粤]东莞天傲化工有限公司〈P2281〉;[陕]陕西宏庆医药化学有限公司〈P2346〉

2-苯基咪唑啉 C02054201
2-Phenylimidazoline [936-49-2]
可作为环氧树脂粉末涂层的固化剂
【生产厂】[京]北京精益精化工有限公司〈P1553〉;[沪]上海晨日化学有限公司〈P1730〉;[皖]六安市捷通达化工有限责任公司〈P1985〉

四氮唑;1*H*-四氮唑 C02054401
1*H*-Tetrazole [288-94-8]
用作药物西洛他唑中间体
【生产厂】[沪]上海立科药物化学有限公司〈P1750〉;上海神强实业有限公司〈P1761〉

5-甲硫基四氮唑 C02054421
5-Methylthiotetrazole [29515-99-9]
【生产厂】[豫]新乡市天丰精细化工有限公司〈P2206〉

5-乙硫基四唑;5-乙硫基四氮唑 C02054431
5-Ethylthiotetrazole [89797-68-2]
【生产厂】[京]北京精益精化工有限公司〈P1553〉;[沪]上海神强实业有限公司〈P1761〉;[苏]南京科邦医药化工有限公司〈P1786〉;[豫]新乡市天丰精细化工有限公司〈P2206〉

5-苄硫基四氮唑 C02054441
5-Benzylthiotetrazole [21871-47-6]
【生产厂】[苏]南京科邦医药化工有限公司〈P1786〉;[豫]新乡市天丰精细化工有限公司〈P2206〉

5-苯基四氮唑 C02054451
5-Phenyl-1H-tetrazole [18039-42-4]
【生产厂】[沪]上海神强实业有限公司〈P1761〉;[苏]南京科邦医药化工有限公司〈P1786〉;[皖]安徽省郎溪县联科实业有限公司〈P1986〉

6-氯-2-氟苯四氮唑 C02054453
6-Chloro-2-fluorophenyltetrazole [503293-47-8]
【生产厂】[沪]上海立科药物化学有限公司〈P1750〉

5-苄基四氮唑 C02054461
5-Benzyl-1H-tetrazole [18489-25-3]
【生产厂】[苏]南京科邦医药化工有限公司〈P1786〉

1-羟基乙基-5-巯基四氮唑;2-(5-巯基四氮唑-1-基)乙醇 C02054471
1-Hydroxyethyl-5-mercaptotetrazole [56610-81-2]
用作药物氟莫克西侧链
【生产厂】[浙]杭州浙大泛科化工有限公司〈P1925〉;横店集团家园化工有限公司〈P1952〉;浙江普康化工有限公司〈P1959〉

1-(间乙酰氨基)苯基-5-巯基四氮唑 C02054481
1-(*m*-Acetamino) phenyl-5-mercaptotetrazole [14070-48-5]
【生产厂】[冀]保定市乐凯化学有限公司〈P1645〉;中国乐凯

胶片集团公司〈P1649〉

异噁唑 C02054551

Isoxazole [288-14-2]

用于有机合成

【生产厂】[苏]金坛市登冠化工有限公司〈P1861〉

【使用厂】[鄂]湖北科兴医药化工股份有限公司〈P2237〉

4-(4-硝基苯基)噁唑 C02054561

4-(4-Nitrophenyl) oxazole [13382-61-1]

用作有机合成原料和医药中间体等

【生产厂】[苏]徐州瑞赛科技实业有限公司〈P1795〉

3-氨基异噁唑 C02054571

3-Aminoisoxazole [36216-80-5]

【生产厂】[鄂]湖北志诚化工科技有限公司〈P2243〉

3,4-二氨基呋扎;3,4-二氨基-1,2,5-噁二唑 C02054589

3,4-Diaminofurazan;3,4-Diamino-1,2,5-oxadiazole [17220-38-1]

【生产厂】[沪]上海益民化工有限公司〈P1775〉

吩嗪;夹二氮杂蒽 C02054601

Phenazine;Dibenzopyrazine [92-82-0]

主要用于染料、医药、有机合成中间体及生化研究

【生产厂】[苏]南京科邦医药化工有限公司〈P1786〉

3,4-二氢吡喃;2,3-二氢吡喃 C02054701

3,4-Dihydro-2*H*-pyran;3,4-Dihydropyran;2,3-Dihydropyran [110-87-2]

用作医药中间体

【生产厂】[津]天津运盛化学品有限公司〈P1617〉;天津正元精细化工有限公司(80吨)〈P1617〉;天津市成阳科技发展有限公司(100吨)〈P1582〉;[沪]上海利翔化工有限公司〈P1751〉;[浙]浙江台州清泉医药化工有限公司〈P1968〉;[豫]河南豫辰精细化工有限公司(20吨)〈P2218〉;[粤]深圳凯奇化工有限公司(3万吨)〈P2269〉

2-羟甲基-3,4-二氢吡喃 C02054721

2-Hydroxymethyl-3,4-dihydropyran [3749-36-8]

【生产厂】[沪]上海再辉化工有限公司〈P1777〉;上海中科同力化工材料有限公司〈P1779〉

四氢吡喃 C02054751

Tetrahydropyran;THP;Pentamethylene oxide [142-68-7]

用作医药中间体

【生产厂】[津]天津正元精细化工有限公司(60吨)〈P1617〉;[浙]浙江台州清泉医药化工有限公司〈P1968〉

芘 C02054801

Pyrene [129-00-0]

用作生产1,4,5,8-萘四甲酸的原料,还用作染料、合成树脂和工程塑料的原料

【生产厂】[辽]鞍山市惠丰化工有限责任公司〈P1695〉;鞍山市天长化工有限公司〈P1696〉;辽宁鞍山市贝达合成化工厂〈P1697〉;鞍钢实业化工公司〈P1695〉

1-溴芘 C02054851

1-Bromopyrene [1714-29-0]

【生产厂】[苏]盐城康福生化技术开发有限公司〈P1810〉

荧蒽 C02054901

Fluoranthene;1,2-Benzacenaphthene [206-44-0]

可用作磁性金属表面探伤荧光剂和用于制合成染料、药物等

【生产厂】[辽]鞍山市天长化工有限公司〈P1696〉;辽宁鞍山市贝达合成化工厂〈P1697〉

1-(2-氟苯基)哌嗪 C02055001

1-(2-Fluorophenyl) piperazine [1011-15-0]

【生产厂】[津]天津市筠凯化工科技有限公司〈P1597〉

2,3,5-三甲基哌嗪 C02055031

2,3,5-Trimethylpiperazine

【生产厂】[苏]江阴南极星生物制品有限公司〈P1868〉;江阴市三益化工有限公司〈P1870〉

1-(2-吡啶基)哌嗪 C02055051

1-(2-Pyridinyl) piperazine [34803-66-2]

【生产厂】[津]天津市筠凯化工科技有限公司〈P1597〉

1-(4-硝基苯基)哌嗪 C02055091

1-(4-Nitrophenyl) piperazine [6269-89-2]

【生产厂】[津]天津市筠凯化工科技有限公司〈P1597〉

1-(2-硝基苯基)哌嗪 C02055093

1-(2-Nitrophenyl) piperazine [59084-06-9]

【生产厂】[津]天津市筠凯化工科技有限公司〈P1597〉

吲哚啉;2,3-二氢吲哚 C02055101

Indoline;2,3-Dihydro-1H-indole [496-15-1]

用于制药

【生产厂】[京]北京成宇化工有限公司〈P1545〉;[苏]南京锐马精细化工有限公司〈P1788〉

顺式六氢异吲哚啉;顺式全氢异吲哚 C02055111

cis-Hexahydroisoindoline [1470-99-1]

用作医药中间体

【生产厂】[苏]海峰化工科研有限公司〈P1797〉;盐城康福生化技术开发有限公司〈P1810〉

5-氟吲哚酮;5-氟吲哚-2-酮 C02055121

5-Fluoroindolinone [56341-41-4]

【生产厂】[沪]上海虹生实业有限公司〈P1737〉;[赣]江西犇牛医药化工有限公司〈P2015〉

7-氟吲哚酮;7-氟吲哚-2-酮 C02055123

7-Fluoroindolinone [71294-03-6]

【生产厂】[赣]江西犇牛医药化工有限公司〈P2015〉

5,6-二羟基吲哚啉 C02055131

5,6-Dihydroxyindoline

【生产厂】[苏]宜兴市中宇药化技术有限公司〈P1888〉

6-氟吲哚 C02055151

6-Fluoroindole [399-51-9]

【生产厂】[京]北京普瑞东方化学技术有限公司〈P1556〉;北京成宇化工有限公司〈P1545〉;[沪]上海威远精细氟科技

发展有限公司〈P1769〉;上海中科同力化工材料有限公司〈P1779〉;上海凯路化工有限公司〈P1747〉;[苏]宜兴市中宇药化技术有限公司〈P1888〉;[浙]浙江车头制药有限公司〈P1963〉;台州市知青化工有限公司〈P1962〉;[赣]江西上饶现代化工有限公司〈P2015〉

7-氯吲哚 C02055153

7-Chloroindole

【生产厂】[川]爱斯特(成都)医药技术有限公司〈P2309〉

4-氟吲哚 C02055155

4-Fluoroindole [387-43-9]

【生产厂】[京]北京成宇化工有限公司〈P1545〉;[沪]上海凯路化工有限公司〈P1747〉;[苏]宜兴市中宇药化技术有限公司〈P1888〉;[赣]江西上饶现代化工有限公司〈P2015〉

5-氟吲哚 C02055157

5-Fluoroindole [399-52-0]

【生产厂】[京]北京普瑞东方化学技术有限公司〈P1556〉;北京金奥利维科技发展有限公司〈P1551〉;[沪]上海中科同力化工材料有限公司〈P1779〉;上海凯路化工有限公司〈P1747〉;[苏]宜兴市中宇药化技术有限公司〈P1888〉;[浙]浙江车头制药有限公司〈P1963〉;[赣]江西上饶现代化工有限公司〈P2015〉

7-氟吲哚 C02055159

7-Fluoroindole [387-44-0]

【生产厂】[京]北京成宇化工有限公司〈P1545〉;[沪]上海凯路化工有限公司〈P1747〉

6-氯吲哚 C02055171

6-Chloroindole [17422-33-2]

【生产厂】[苏]宜兴市中宇药化技术有限公司〈P1888〉;苏州市华伦化工有限公司〈P1903〉;[浙]浙江车头制药有限公司〈P1963〉

N-乙烯基咪唑;1-乙烯基咪唑 C02055201

N-Vinylimidazole; Vinylimidazole [1072-63-5]

【生产厂】[苏]扬州腾达化工厂〈P1819〉

1,2-二甲基咪唑 C02055221

1,2-Dimethylimidazole [1739-84-0]

用于有机合成

【生产厂】[沪]上海凯乐实业发展有限公司〈P1747〉;[苏]苏州市美花日用香料有限公司〈P1904〉

2,4-二甲基咪唑 C02055231

2,4-Dimethylimidazole [930-62-1]

【生产厂】[沪]上海凯乐实业发展有限公司〈P1747〉

N,*N*′-硫羰基二咪唑;1,1′-硫羰基二咪唑;TCDI C02055251

N,*N*′-Thiocarbonyldiimidazole [6160-65-2]

用于生化合成反应中基团保护及蛋白质肽链的连接

【生产厂】[沪]上海晨日化学有限公司〈P1730〉;上海凯乐实业发展有限公司〈P1747〉;[苏]苏州市美花日用香料有限公司〈P1904〉;启东嘉峰医药科技有限公司〈P1836〉

N,*N*′-硫酰二咪唑;SDI C02055291

N,*N*′-Sulfonyldiimidazole [7189-69-7]

用作药物原料,或用于有机合成

【生产厂】[沪]上海凯乐实业发展有限公司〈P1747〉;[苏]苏州市美花日用香料有限公司〈P1904〉

6-硝基吲哚 C02055301

6-Nitroindole [4769-96-4]

用作有机合成试剂

【生产厂】[京]北京普瑞东方化学技术有限公司〈P1556〉;北京成宇化工有限公司〈P1545〉;[沪]上海再启生物技术有限公司〈P1777〉;[浙]浙江车头制药有限公司〈P1963〉

7-硝基吲哚 C02055321

7-Nitroindole [6960-42-5]

用作有机合成试剂

【生产厂】[京]北京普瑞东方化学技术有限公司〈P1556〉;北京成宇化工有限公司〈P1545〉;[苏]南京锐马精细化工有限公司〈P1788〉

4-硝基吲哚 C02055341

4-Nitroindole [4769-97-5]

用作有机合成试剂

【生产厂】[京]北京成宇化工有限公司〈P1545〉;[津]南开大学生物化学科技开发公司(50吨)〈P1569〉;[沪]上海再启生物技术有限公司〈P1777〉;上海凯路化工有限公司〈P1747〉;[苏]宜兴市中宇药化技术有限公司〈P1888〉;[浙]浙江车头制药有限公司〈P1963〉;台州市知青化工有限公司〈P1962〉

4-甲氧基吲哚 C02055401

4-Methoxyindole [4837-90-5]

用作医药中间体

【生产厂】[沪]上海中科同力化工材料有限公司〈P1779〉;[苏]宜兴市中宇药化技术有限公司〈P1888〉

5-甲氧基吲哚 C02055411

5-Methoxyindole [1006-94-6]

用作医药中间体

【生产厂】[京]北京达科思精细化工研究所〈P1545〉;北京成宇化工有限公司〈P1545〉;[沪]上海中科同力化工材料有限公司〈P1779〉;上海凯路化工有限公司〈P1747〉;[苏]南京锐马精细化工有限公司〈P1788〉;常州东方医药原料有限公司〈P1846〉;宜兴市中宇药化技术有限公司〈P1888〉;常熟亚美化工有限公司〈P1892〉;[浙]上虞市华康化工有限公司〈P1948〉;浙江车头制药有限公司〈P1963〉;[鲁]烟台只楚合成化学有限公司(200吨)〈P2120〉

6-甲氧基吲哚 C02055431

6-Methoxyindole [3189-13-7]

【生产厂】[沪]上海中科同力化工材料有限公司〈P1779〉;[苏]宜兴市中宇药化技术有限公司〈P1888〉

7-甲氧基吲哚 C02055441

7-Methoxyindole [3189-22-8]

【生产厂】[苏]宜兴市中宇药化技术有限公司〈P1888〉

4-氰基吲哚 C02055481

4-Cyanoindole [16136-52-0]

【生产厂】[苏]宜兴市中宇药化技术有限公司〈P1888〉

5-氰基吲哚 C02055483

5-Cyanoindole [15861-24-2]

用作医药中间体

【生产厂】[京]北京金奥利维科技发展有限公司〈P1551〉;北京成宇化工有限公司〈P1545〉;北京高盟化工有限公司(50吨)〈P1548〉;[苏]南京锐马精细化工有限公司〈P1788〉;宜兴市中宇药化技术有限公司〈P1888〉;江苏华派集团(20吨)〈P1807〉;[赣]江西犇牛医药化工有限公司〈P2015〉;[鲁]山东省平原永恒化工有限公司〈P2145〉

C

3-氰基吲哚;吲哚-3-甲腈　C02055485

3-Cyanoindole; Indole-3-carbonitrile [5457-28-3]

【生产厂】[苏]南京锐马精细化工有限公司〈P1788〉

7-氰基吲哚　C02055489

7-Cyanoindole

【生产厂】[冀]邯郸市永和化工有限公司〈P1639〉

2-氯-3-硝基吡啶　C02055501

2-Chloro-3-nitropyridine [5470-18-8]

【生产厂】[京]北京维达化工有限公司(20吨)〈P1563〉;[冀]河北亚诺化工有限公司〈P1623〉;[鲁]青岛裕达精细化工有限公司(10吨)〈P2046〉

2-氯-4-硝基吡啶　C02055503

2-Chloro-4-nitropyridine [23056-36-2]

用作医药中间体

【生产厂】[京]北京维达化工有限公司(2吨)〈P1563〉;[沪]上海再启生物技术有限公司〈P1777〉;[鲁]潍坊祥维斯化学品有限公司(10吨)〈P2106〉

4-硝基吡啶-*N*-氧化物　C02055509

4-Nitropyridine-*N*-oxide [1124-33-0]

【生产厂】[苏]丹阳市恒安化工有限公司〈P1840〉;[湘]新化县诺威化工有限公司〈P2258〉

3-氨基-4-氯吡啶　C02055511

3-Amino-4-chloropyridine

【生产厂】[鲁]青岛裕达精细化工有限公司〈P2046〉

2-氨基-4,6-二甲氧基吡啶　C02055515

2-Amino-4,6-dimethoxypyridine

【生产厂】[沪]上海茂基化学试剂有限公司〈P1753〉

2,3-二氨基-6-甲氧基吡啶盐酸盐　C02055521

2,3-Diamino-6-methoxypyridine hydrochloride

用作药物泰妥拉唑中间体

【生产厂】[京]北京维达化工有限公司〈P1563〉;[浙]绍兴海成化工有限公司〈P1949〉

2-羟甲基-3,4-二甲氧基吡啶　C02055525

2-Hydroxymethyl-3,4-dimethoxypyridine [72830-08-1]

用作医药中间体

【生产厂】[辽]沈阳市宏飞精细化工厂〈P1688〉

5-溴-2-乙氧基吡啶　C02055527

5-Bromo-2-ethoxypyridine [55849-30-4]

【生产厂】[沪]上海先导化学有限公司〈P1770〉;[苏]金坛市社头化工厂〈P1862〉

5-溴-2-甲氧基吡啶　C02055529

5-Bromo-2-methoxypyridine [13472-85-0]

【生产厂】[辽]阜新金特莱氟化学有限责任公司〈P1707〉;[沪]上海先导化学有限公司〈P1770〉;[苏]金坛市社头化工厂〈P1862〉

2-氨基-3-硝基-6-甲氧基吡啶　C02055531

2-Amino-3-nitro-6-methoxypyridine [73896-36-3]

用作药物泰妥拉唑中间体

【生产厂】[京]北京维达化工有限公司(20吨)〈P1563〉;[苏]苏州福玛威尔医药科技有限公司〈P1900〉

2-甲氧基-6-甲基吡啶　C02055535

2-Methoxy-6-methylpyridine [63071-03-4]

【生产厂】[浙]杭州浙大泛科化工有限公司〈P1925〉

4-氯-3-硝基吡啶　C02055551

4-Chloro-3-nitropyridine [13091-23-1]

【生产厂】[鲁]青岛裕达精细化工有限公司(8吨)〈P2046〉

4-氯-3-硝基吡啶盐酸盐　C02055559

4-Chloro-3-nitropyridine hydrochloride

【生产厂】[鲁]青岛裕达精细化工有限公司〈P2046〉

2-氨基-3-硝基-6-氯吡啶　C02055561

2-Amino-6-chloro-3-nitropyridine [27048-04-0]

【生产厂】[京]北京维达化工有限公司(20吨)〈P1563〉

2-氨基-5-氯-3-硝基吡啶　C02055563

2-Amino-5-chloro-3-nitropyridine [5409-39-2]

【生产厂】[沪]上海先导化学有限公司〈P1770〉

2-硝基-3-甲氧基吡啶;3-甲氧基-2-硝基吡啶　C02055571

2-Nitro-3-methoxypyridine

用作医药中间体

【生产厂】[沪]上海益民化工有限公司(50吨)〈P1775〉;[苏]苏州寅生化工有限公司〈P1907〉

2-甲氧基-5-硝基吡啶　C02055575

2-Methoxy-5-nitropyridine [5446-92-4]

用作药物中间体

【生产厂】[苏]徐州市人元化工有限公司〈P1796〉

4-乙氧基-3-硝基吡啶　C02055579

4-Ethoxy-3-nitropyridine [1796-84-5]

【生产厂】[沪]上海先导化学有限公司〈P1770〉;[鲁]青岛裕达精细化工有限公司〈P2046〉

2-氨基-3-硝基吡啶　C02055581

2-Amino-3-nitropyridine [4214-75-9]

【生产厂】[京]北京维达化工有限公司(10吨)〈P1563〉;[鲁]青岛裕达精细化工有限公司〈P2046〉

4-氨基-3-硝基吡啶　C02055585

4-Amino-3-nitropyridine

【生产厂】[鲁]青岛裕达精细化工有限公司〈P2046〉

2-甲基-5-硝基吡啶　C02055589

2-Methyl-5-nitropyridine [21203-68-9]

【生产厂】[鲁]青岛裕达精细化工有限公司〈P2046〉

2,6-二氯-3-硝基吡啶　C02055591

2,6-Dichloro-3-nitropyridine [16013-85-7]

用作医药中间体
【生产厂】[京]北京维达化工有限公司(50吨)〈P1563〉;[浙]杭州三禾化工科技有限公司〈P1922〉

2-溴嘧啶 C02055601
2-Bromopyrimidine [4595-60-2]
【生产厂】[浙]杭州江南化工有限公司〈P1919〉;[粤]肇庆市科立化工有限公司〈P2293〉

5-溴嘧啶 C02055605
5-Bromopyrimidine [4595-59-9]
【生产厂】[苏]常熟亚美化工有限公司〈P1892〉

5-氟嘧啶 C02055611
5-Fluoropyrimidine
用作医药中间体
【生产厂】[京]北京东方德众科技发展有限公司〈P1546〉;北京北化新元科技发展有限公司〈P1544〉

5-溴-2-碘嘧啶 C02055631
5-Bromo-2-iodopyrimidine [183438-24-6]
用作医药中间体
【生产厂】[苏]常州泰戈化工有限公司〈P1857〉;苏州永拓医药科技有限公司〈P1907〉

5-氟-4-羟基嘧啶 C02055671
5-Fluoro-4-hydroxypyrimidine [671-35-2]
【生产厂】[苏]江苏如东县丰利医药化工厂〈P1831〉

4-乙基-5-氟嘧啶 C02055681
4-Ethyl-5-fluoropyrimidine [137234-88-9]
【生产厂】[苏]江苏如东县丰利医药化工厂〈P1831〉

2-羟基嘧啶盐酸盐 C02055691
2-Hydroxypyrimidine hydrochloride [38353-09-2]
【生产厂】[苏]常州泰戈化工有限公司〈P1857〉

3-甲基噻吩 C02055701
3-Methylthiophene [616-44-4]
用作医药中间体
【生产厂】[浙]浙江优联医药化工有限公司〈P1928〉;[皖]池州旷达冶金化工厂〈P1987〉;[鲁]淄博凤宝化工有限公司〈P2059〉;[湘]湘潭市开元化学有限公司〈P2251〉

2-甲基噻吩 C02055703
2-Methylthiophene [554-14-3]
【生产厂】[苏]徐州市人元化工有限公司〈P1796〉;[鲁]山东滕州悟通香料有限责任公司〈P2078〉

3,4-乙烯二氧噻吩;EDOT C02055711
3,4-Ethylenedioxythiophene [126213-50-1]
【生产厂】[沪]上海金赛医药化工有限公司〈P1744〉

2,5-二甲基噻吩 C02055721
2,5-Dimethylthiophene [638-02-8]
【生产厂】[苏]徐州市人元化工有限公司〈P1796〉

2,5-二甲基-3-乙酰基噻吩 C02055741
3-Acetyl-2,5-dimethylthiophene [2530-10-1]
【生产厂】[鲁]山东滕州悟通香料有限责任公司〈P2078〉;滕州吉田香料有限公司〈P2078〉

2-乙酰基噻吩 C02055751
2-Acetylthiophene [88-15-3]
【生产厂】[鲁]滕州市香源化工有限责任公司〈P2079〉

3-甲基-2-乙酰基噻吩 C02055761
2-Acetyl-3-methylthiophene
【生产厂】[苏]徐州市人元化工有限公司〈P1796〉

4-甲基-2-乙酰基噻吩;2-乙酰基-4-甲基噻吩 C02055763
2-Acetyl-4-methylthiophene
【生产厂】[苏]徐州市人元化工有限公司〈P1796〉

5-甲基-2-乙酰基噻吩 C02055765
2-Acetyl-5-methylthiophene
【生产厂】[苏]徐州市人元化工有限公司〈P1796〉

2-噻吩乙腈 C02055781
2-Thiopheneacetonitrile;2-Cyanomethylthiophene [20893-30-5]
用作医药中间体
【生产厂】[苏]常州市武进临川化工有限公司〈P1854〉;[浙]横店集团家园化工有限公司〈P1952〉

3-噻吩乙腈 C02055783
3-Thiopheneacetonitrile;3-Cyanomethylthiophene [13781-53-8]
【生产厂】[苏]常州市武进临川化工有限公司〈P1854〉;[赣]江西犇牛医药化工有限公司〈P2015〉

4-苄氧基吲哚 C02055801
4-Benzyloxyindole [20289-26-3]
【生产厂】[沪]上海中科同力化工材料有限公司〈P1779〉;[苏]宜兴市中宇药化技术有限公司〈P1888〉;[浙]上虞市华康化工有限公司〈P1948〉;浙江车头制药有限公司〈P1963〉

5-苄氧基吲哚 C02055821
5-Benzyloxyindole [1215-59-4]
【生产厂】[沪]上海中科同力化工材料有限公司〈P1779〉;[苏]南京锐马精细化工有限公司〈P1788〉;宜兴市中宇药化技术有限公司〈P1888〉;常熟亚美化工有限公司〈P1892〉;[浙]浙江车头制药有限公司〈P1963〉

6-苄氧基吲哚 C02055841
6-Benzyloxyindole [15903-94-3]
【生产厂】[沪]上海中科同力化工材料有限公司〈P1779〉;[苏]宜兴市中宇药化技术有限公司〈P1888〉

7-苄氧基吲哚 C02055861
7-Benzyloxyindole [20289-27-4]
【生产厂】[沪]上海再启生物技术有限公司〈P1777〉;上海中科同力化工材料有限公司〈P1779〉;[苏]宜兴市中宇药化技术有限公司〈P1888〉;[川]爱斯特(成都)医药技术有限公司〈P2309〉

4-羟基吲哚 C02055901
4-Hydroxyindole [2380-94-1]
用作医药中间体
【生产厂】[京]北京成宇化工有限公司〈P1545〉;[沪]上海凯路化工有限公司〈P1747〉;[苏]宜兴市中宇药化技术有限

公司〈P1888〉;[浙]上虞市华康化工有限公司〈P1948〉;浙江车头制药有限公司〈P1963〉

C

6-羟基吲哚 C02055941
6-Hydroxyindole [2380-86-1]
用于有机合成
【生产厂】[冀]邯郸市永和化工有限公司〈P1639〉;[沪]上海中科同力化工材料有限公司〈P1779〉;[苏]宜兴市中宇药化技术有限公司〈P1888〉

7-羟基吲哚 C02055961
7-Hydroxyindole [2380-84-9]
用于有机合成
【生产厂】[冀]邯郸市永和化工有限公司〈P1639〉;[苏]宜兴市中宇药化技术有限公司〈P1888〉

4-氨基吲哚 C02056001
4-Aminoindole [5192-23-4]
在有机合成上利用其氨基的活泼性合成各种化合物
【生产厂】[冀]邯郸市永和化工有限公司〈P1639〉;[沪]上海再启生物技术有限公司〈P1777〉;[苏]宜兴市中宇药化技术有限公司〈P1888〉

6-氨基吲哚 C02056021
6-Aminoindole
在有机合成上利用其氨基的活泼性合成各种化合物
【生产厂】[苏]宜兴市中宇药化技术有限公司〈P1888〉

4-氮杂吲哚 C02056101
4-Azaindole
用于有机合成
【生产厂】[沪]上海中科同力化工材料有限公司〈P1779〉;[苏]宜兴市中宇药化技术有限公司〈P1888〉

5-氮杂吲哚 C02056121
5-Azaindole
用作有机合成试剂
【生产厂】[沪]上海中科同力化工材料有限公司〈P1779〉;[苏]宜兴市中宇药化技术有限公司〈P1888〉

6-氮杂吲哚 C02056131
6-Azaindole
用于有机合成
【生产厂】[沪]上海中科同力化工材料有限公司〈P1779〉

7-氮杂吲哚 C02056141
7-Azaindole [271-63-6]
用作有机合成试剂
【生产厂】[沪]上海再辉化工有限公司〈P1777〉;上海中科同力化工材料有限公司〈P1779〉

1-丁基-2-甲基吲哚 C02056151
1-Butyl-2-methylindole [42951-35-9]
【生产厂】[京]北京成宇化工有限公司〈P1545〉;[沪]上海凯路化工有限公司〈P1747〉

1-辛基-2-甲基吲哚 C02056155
1-Octyl-2-methylindole [42951-39-3]
可用作染料
【生产厂】[京]北京成宇化工有限公司〈P1545〉

N-甲基-5-氨基吲哚 C02056181
5-Amino-*N*-methylindole
【生产厂】[川]爱斯特(成都)医药技术有限公司〈P2309〉

噻吨酮;噻吨-9-酮 C02056231
Thioxanthone;Thioxanthen-9-one [492-22-8]
【生产厂】[苏]江苏华派集团〈P1807〉

2-氯噻吨酮;氯普噻吨中间体;2-氯硫杂蒽酮 C02056251
2-Chlorothioxanthone [86-39-5]
用作药物氯普噻吨中间体
【生产厂】[沪]上海再辉化工有限公司〈P1777〉

2,5-二氨基-4,6-二氯嘧啶 C02056421
2,5-Diamino-4,6-dichloropyrimidine
【生产厂】[苏]扬州飞扬化工有限公司〈P1817〉;[浙]德清县天宝化工厂〈P1945〉

2-巯基-4,6-二羟基嘧啶 C02056691
2-Mercapto-4,6-dihydroxypyrimidine [504-17-6]
【生产厂】[浙]杭州浙大泛科化工有限公司〈P1925〉;德清县天宝化工厂〈P1945〉;[鲁]济南瑞凯化工有限公司〈P2024〉

2-甲基嘧啶 C02056771
2-Methylpyrimidine [5053-43-0]
【生产厂】[粤]肇庆市科立化工有限公司〈P2293〉

2-甲氧基吡啶 C02056801
2-Methoxypyridine [1628-89-3]
【生产厂】[鲁]山东滕州悟通香料有限责任公司〈P2078〉;滕州吉田香料有限公司〈P2078〉

4-甲氧基吡啶 C02056805
4-Methoxypyridine [620-08-6]
用作医药中间体
【生产厂】[冀]河北亚诺化工有限公司〈P1623〉

2-乙氧基吡啶 C02056831
2-Ethoxypyridine [14529-53-4]
【生产厂】[鲁]山东滕州悟通香料有限责任公司〈P2078〉;滕州吉田香料有限公司〈P2078〉

2,3-二甲氧基吡啶 C02056851
2,3-Dimethoxypyridine [52605-97-7]
【生产厂】[沪]上海先导化学有限公司〈P1770〉

2-甲硫基吡啶 C02056901
2-Methylthiopyridine [18438-38-5]
【生产厂】[鲁]山东滕州悟通香料有限责任公司〈P2078〉;滕州吉田香料有限公司〈P2078〉

2-糠硫基吡啶 C02056951
2-Furfurylthiopyridine
【生产厂】[鲁]滕州吉田香料有限公司〈P2078〉

2-巯基噻唑;噻唑-2-硫醇 C02057001

2-Mercaptothiazole [5685-05-2]
【生产厂】[鲁]山东滕州悟通香料有限责任公司〈P2078〉;滕州吉田香料有限公司〈P2078〉

5-羟甲基噻唑 C02057031
5-Hydroxymethylthiazole [38585-74-9]
用作药物利托那韦中间体
【生产厂】[冀]河北华戈化学集团〈P1654〉;[鄂]湖北志诚化工科技有限公司〈P2243〉

2-仲丁基噻唑;2-(1-甲基丙基)噻唑 C02057051
2-(1-Methylpropyl) thiazole;2-*sec*-Butylthiazole [18277-27-5]
【生产厂】[湘]湘潭市开元化学有限公司〈P2251〉

2-巯基噻唑啉 C02057091
2-Mercaptothiazoline [96-53-7]
【生产厂】[沪]上海晨日化学有限公司〈P1730〉

2-氨基-4-甲基噻唑 C02057101
2-Amino-4-methylthiazole [1603-91-4]
用作医药中间体
【生产厂】[湘]湘潭市开元化学有限公司〈P2251〉

2-甲基-5-甲氧基噻唑 C02057151
2-Methyl-5-methoxythiazole
【生产厂】[湘]湘潭市开元化学有限公司〈P2251〉

噻唑 C02057201
Thiazole [288-47-1]
用作有机合成试剂,用于合成药物、染料、橡胶促进剂、胶片成色剂等
【生产厂】[沪]上海虹生实业有限公司〈P1737〉

8-氟喹啉 C02057401
8-Fluoroquinoline [394-68-3]
【生产厂】[浙]浙江车头制药有限公司〈P1963〉

茚 C02057501
Indene;1H-indene [95-13-6]
用于合成树脂、杀虫剂及用作溶剂
【生产厂】[辽]鞍山市惠丰化工有限责任公司〈P1695〉;辽宁鞍山市贝达合成化工厂〈P1697〉
【使用厂】[津]天津市中央药业有限公司〈P1613〉

7-溴吲哚 C02057601
7-Bromoindole [51417-51-7]
【生产厂】[沪]上海中科同力化工材料有限公司〈P1779〉;[川]爱斯特(成都)医药技术有限公司〈P2309〉

6-溴吲哚 C02057611
6-Bromoindole [52415-29-9]
【生产厂】[沪]上海中科同力化工材料有限公司〈P1779〉

5-溴吲哚 C02057615
5-Bromoindole [10075-50-0]
用作医药中间体
【生产厂】[京]北京金奥利维科技发展有限公司〈P1551〉;北京北化新元科技发展有限公司〈P1544〉;北京成宇化工有限公司(5 吨)〈P1545〉;北京高盟化工有限公司(80 吨)〈P1548〉;[冀]河北中化滏恒股份有限公司(20 吨)〈P1641〉;[沪]上海中科同力化工材料有限公司〈P1779〉;[苏]南京锐马精细化工有限公司(5 吨)〈P1788〉;常熟华益化工有限公司〈P1889〉;江苏华派集团〈P1807〉;[浙]浙江车头制药有限公司〈P1963〉;台州市奥力特精细化工有限公司〈P1961〉;浙江黄岩东升医药化工有限公司〈P1964〉;[鲁]山东平原县恒源化工有限公司(280 吨)〈P2145〉;[渝]重庆英斯凯化工有限公司〈P2308〉

4-溴吲哚 C02057619
4-Bromoindole [52488-36-5]
【生产厂】[京]北京达科思精细化工研究所〈P1545〉;北京成宇化工有限公司〈P1545〉;[沪]上海中科同力化工材料有限公司〈P1779〉;上海凯路化工有限公司〈P1747〉;[苏]宜兴市中宇药化技术有限公司〈P1888〉

3-吲哚乙腈;吲哚-3-乙腈 C02057701
3-Indoleacetonitrile;Indole-3-acetonitrile [771-51-7]
【生产厂】[苏]金坛市社头化工厂〈P1862〉;宜兴市中宇药化技术有限公司〈P1888〉

5-苄氧基-3-吲哚乙腈 C02057811
5-Benzyloxyindole-3-acetonitrile [2436-15-9]
【生产厂】[苏]宜兴市中宇药化技术有限公司〈P1888〉

4-苄氧基-3-吲哚甲醛 C02057901
4-Benzyloxyindole-3-carboxaldehyde [7042-71-9]
【生产厂】[沪]上海中科同力化工材料有限公司〈P1779〉

5-苄氧基-3-吲哚甲醛 C02057911
5-Benzyloxyindole-3-carboxaldehyde [6953-22-6]
【生产厂】[沪]上海中科同力化工材料有限公司〈P1779〉;[苏]宜兴市中宇药化技术有限公司〈P1888〉

6-苄氧基吲哚-3-甲醛 C02057915
6-Benzyloxyindole-3-carboxaldehyde [92855-64-6]
【生产厂】[沪]上海中科同力化工材料有限公司〈P1779〉

4-溴吲哚-3-甲醛 C02057921
4-Bromoindole-3-carboxaldehyde
【生产厂】[沪]上海中科同力化工材料有限公司〈P1779〉

5-溴吲哚-3-甲醛 C02057923
5-Bromoindole-3-carboxaldehyde [877-03-2]
【生产厂】[沪]上海中科同力化工材料有限公司〈P1779〉

6-溴吲哚-3-甲醛 C02057925
6-Bromoindole-3-carboxaldehyde
【生产厂】[沪]上海中科同力化工材料有限公司〈P1779〉

4-氯吲哚-3-甲醛 C02057941
4-Chloroindole-3-carboxaldehyde
【生产厂】[沪]上海中科同力化工材料有限公司〈P1779〉

5-氯吲哚-3-甲醛 C02057943
5-Chloroindole-3-carboxaldehyde [827-01-0]
【生产厂】[沪]上海中科同力化工材料有限公司〈P1779〉

6-氯吲哚-3-甲醛 C02057945
6-Chloroindole-3-carboxaldehyde
【生产厂】[沪]上海中科同力化工材料有限公司〈P1779〉

4-甲氧基吲哚-3-甲醛 C02057961

4-Methoxyindole-3-carboxaldehyde
【生产厂】[沪]上海中科同力化工材料有限公司〈P1779〉

5-甲氧基吲哚-3-甲醛 C02057965
5-Methoxyindole-3-carboxaldehyde [10601-19-1]
用作有机合成中间体
【生产厂】[沪]上海中科同力化工材料有限公司〈P1779〉；[苏]常熟亚美化工有限公司〈P1892〉；[浙]上虞市华康化工有限公司〈P1948〉

6-甲氧基吲哚-3-甲醛 C02057969
6-Methoxyindole-3-carboxaldehyde
【生产厂】[沪]上海中科同力化工材料有限公司〈P1779〉

1,3-二噻烷 C02058001
1,3-Dithiane [505-23-7]
由于两个硫原子之间的亚甲基的反应活性而在有机合成方面有广泛应用
【生产厂】[赣]景德镇市开门子药用化工有限公司〈P2010〉；[湘]湘潭市开元化学有限公司〈P2251〉

1,3,5-三噻烷 C02058051
1,3,5-Trithiane [291-21-4]
用于有机合成
【生产厂】[湘]湘潭市开元化学有限公司〈P2251〉

α-环状糊精；α-环糊精 C02058101
α-Cyclodextrin [51211-51-9]
广泛用于分离有机化合物及用于有机合成，在医药及农药上也有应用
【生产厂】[豫]孟州市华兴生物化工有限责任公司(1000 吨)〈P2197〉；[鄂]武汉市合中化工制造有限公司〈P2232〉

β-环状糊精；β-环糊精 C02058151
β-Cyclodextrin [68168-23-0]
广泛应用于分离有机化合物及用于有机合成，也用作医药辅料、食品添加剂等
【生产厂】[皖]淮南山河药用辅料有限公司〈P1976〉；[鲁]淄博千汇精细化工有限公司〈P2066〉；山东新大精细化工有限公司〈P2055〉；曲阜市天利药用辅料有限公司(500 吨)〈P2130〉；[豫]孟州市华兴生物化工有限责任公司(500 吨)〈P2197〉；[川]成都宏博实业有限公司〈P2310〉；[陕]西安宏昌药业有限责任公司(560 吨)〈P2348〉

羧甲基-β-环糊精 C02058191
Carboxymethyl-β-cyclodextrin
主要用于帕罗西汀及其中间体、巴比妥类、甾体类、喹诺酮类等手性药物和一些氨基酸的拆分
【生产厂】[川]四川抗菌素工业研究所化学制药事业部〈P2318〉

2,3-二氮杂萘；酞嗪 C02058291
Phthalazine;2,3-benzodiazine [253-52-1]
【生产厂】[沪]上海万凯化学有限公司〈P1768〉；[苏]常熟亚美化工有限公司〈P1892〉；[浙]宁波天源化学有限公司〈P1933〉

5-硝基喹啉 C02058305
5-Nitroquinoline [607-34-1]
用作有机合成试剂
【生产厂】[苏]南京奥德赛化工有限公司〈P1782〉

8-硝基喹啉 C02058309
8-Nitroquinoline [607-35-2]
用作有机合成试剂，也用作测定铋的试剂
【生产厂】[苏]南京奥德赛化工有限公司〈P1782〉

喹唑啉-4-酮 C02058351
3-Hydro-4-quinazolinone [491-36-1]
用于有机合成
【生产厂】[津]天津瑞发化工科技发展有限公司〈P1577〉；[鲁]山东武城康达化工有限公司〈P2146〉

2,2′-联喹啉 C02058391
2,2′-Biquinoline [119-91-5]
【生产厂】[沪]上海嘉辰化工有限公司〈P1742〉

吡唑 C02058401
Pyrazole;1,2-Diazole [288-13-1]
吡唑的衍生物吡唑啉是医药和染料的重要中间体
【生产厂】[苏]新沂市一诺生物化工有限公司〈P1794〉；[浙]浙江同丰医药化工有限公司〈P1969〉

1-甲基吡唑 C02058411
1-Methylpyrazole [930-36-9]
【生产厂】[苏]新沂市一诺生物化工有限公司〈P1794〉；[浙]杭州广林生物医药有限公司〈P1917〉

3-甲基吡唑 C02058413
3-Methylpyrazole [1453-58-3]
【生产厂】[苏]新沂市一诺生物化工有限公司〈P1794〉；[浙]杭州广林生物医药有限公司〈P1917〉

4-甲基吡唑 C02058415
4-Methylpyrazole [7554-65-6]
【生产厂】[苏]新沂市一诺生物化工有限公司〈P1794〉

3,5-二甲基吡唑 C02058421
3,5-Dimethylpyrazole [67-51-6]
【生产厂】[苏]常州泰戈化工有限公司〈P1857〉；常熟市新腾化工有限公司〈P1891〉

1,5-二甲基吡唑；1,5-二甲基-1*H*-吡唑 C02058425
1,5-Dimethylpyrazole [694-31-5]
【生产厂】[苏]新沂市一诺生物化工有限公司〈P1794〉；[浙]杭州广林生物医药有限公司〈P1917〉

1,3-二甲基吡唑；1,3-二甲基-1*H*-吡唑 C02058429
1,3-Dimethylpyrazole [694-48-4]
【生产厂】[苏]新沂市一诺生物化工有限公司〈P1794〉；[浙]杭州广林生物医药有限公司〈P1917〉

1,3,5-三甲基吡唑 C02058431
1,3,5-Trimethylpyrazole [1072-91-9]
【生产厂】[浙]杭州广林生物医药有限公司〈P1917〉

4-碘吡唑 C02058441
4-Iodopyrazole [3469-69-0]
【生产厂】[浙]杭州广林生物医药有限公司〈P1917〉

4-溴吡唑 C02058451
4-Bromopyrazole [2075-45-8]
【生产厂】[辽]大连联化化学有限公司〈P1692〉

5-氨基-1-甲基吡唑；1-甲基-5-氨基吡唑 C02058461
5-Amino-1-methylpyrazole [1192-21-8]
【生产厂】[苏]新沂市一诺生物化工有限公司〈P1794〉

3-氨基-1-甲基吡唑 C02058463
3-Amino-1-methylpyrazole [1904-31-0]
【生产厂】[苏]新沂市一诺生物化工有限公司〈P1794〉

1-甲基-4-溴吡唑 C02058491
1-Methyl-4-bromopyrazole [15803-02-8]
【生产厂】[辽]大连联化化学有限公司〈P1692〉

十氢异喹啉 C02058501
Decahydroisoquinoline [6329-61-9]
【生产厂】[苏]苏州敬业医药化工有限公司〈P1901〉

十氢喹啉 C02058505
Decahydroquinoline [2051-28-7]
【生产厂】[浙]杭州广林生物医药有限公司〈P1917〉

氯代十六烷基吡啶 C02058801
Chlorohexadecyl pyridine [6004-24-6]
用于制药
【生产厂】[沪]上海泰顿化工有限公司〈P1766〉；[苏]常熟亚美化工有限公司〈P1892〉；[浙]宁波天源化学有限公司〈P1933〉

溴代十六烷基吡啶 C02058851
Bromohexadecyl pyridine [140-72-7]
用于制药
【生产厂】[苏]常熟亚美化工有限公司〈P1892〉

6-三氟甲基喹啉 C02058901
6-Trifluoromethylquinoline
【生产厂】[赣]江西上饶现代化工有限公司〈P2015〉

7-三氟甲基喹啉 C02058911
7-Trifluoromethylquinoline [325-14-4]
【生产厂】[赣]江西上饶现代化工有限公司〈P2015〉

8-三氟甲基喹啉 C02058921
8-Trifluoromethylquinoline [317-57-7]
【生产厂】[赣]江西上饶现代化工有限公司〈P2015〉

2-甲基-8-三氟甲基喹啉 C02058981
2-Methyl-8-trifluoromethylquinoline
【生产厂】[赣]江西上饶现代化工有限公司〈P2015〉

2-巯基-5-甲氧基咪唑[4,5-n]吡啶 C02059101
2-Mercapto-5-methoxyimidazole[4,5-n]pyridine
用作药物泰妥拉唑中间体
【生产厂】[京]北京维达化工有限公司〈P1563〉；[苏]苏州福玛威尔医药科技有限公司〈P1900〉；[浙]绍兴海成化工有限公司〈P1949〉

2,5-噻吩二羧酸；噻吩-2,5-二羧酸；OB 酸 C02059201
Thiophene-2,5-dicarboxylic acid [4282-31-9]
主要用于制备荧光增白剂
【生产厂】[京]大庆开发区新世纪精细化工有限公司北京裕立化工有限公司〈P1567〉；[冀]河北星宇化工有限公司〈P1623〉；[辽]大连昊华化工有限公司〈P1692〉；大连化工研究设计院(30 吨)〈P1692〉；[黑]大庆新世纪精细化工有限公司〈P1722〉；[苏]南京力达宁化学有限公司〈P1786〉；常州市旭东化工有限公司〈P1856〉；连云港贝斯特化工有限公司〈P1798〉；[浙]绍兴县光耀化工助剂厂〈P1949〉；[川]四川博兴实业有限公司(200 吨)〈P2325〉

3-噻吩乙酸 C02059251
3-Thiopheneacetic acid [6964-21-2]
【生产厂】[皖]池州旷达冶金化工厂〈P1987〉；[赣]江西犇牛医药化工有限公司〈P2015〉

1,3-二氧五环；1,3-二氧环戊烷；1,3-二氧戊环 C02059301
1,3-Dioxolane;1,3-Dioxacyclopentane [646-06-0]
主要用作油和脂肪的溶剂、提取剂，锂电池的电解溶剂，氯基溶剂稳定剂，药物中间体等
【生产厂】[苏]淮安市华泰化工有限公司(800 吨)〈P1801〉；[浙]浙江车头制药有限公司〈P1963〉

1,2-环氧环戊烷；氧化环戊烯 C02059351
1,2-Epoxycyclopentane [285-67-6]
【生产厂】[苏]常熟亚美化工有限公司〈P1892〉

四氢双聚环戊二烯；四氢二聚环戊二烯 C02059391
Tetrahydrodicyclopentadiene [2825-82-3]
【生产厂】[辽]沈阳岭森精细化工厂〈P1687〉

***N*-丁基-4-氨甲基哌啶** C02059401
4-Aminomethyl-*N*-butylpiperidine
【生产厂】[川]爱斯特(成都)医药技术有限公司〈P2309〉

***N*-(2-氯乙基)哌啶盐酸盐** C02059411
N-(2-Chloroethyl) piperidine hydrochloride [2008-75-5]
【生产厂】[浙]浙江普康化工有限公司〈P1959〉

4-氯-1-甲基哌啶盐酸盐；*N*-甲基-4-氯哌啶盐酸盐 C02059421
4-Chloro-1-methylpiperidine hydrochloride [5382-23-0]
【生产厂】[京]北京诺德恒信化工技术有限公司〈P1556〉

***N*-叔丁氧羰基-4-氨基哌啶**；1-Boc-4-氨基哌啶 C02059441
N-*tert*-Butoxycarbonyl-4-aminopiperidine [87120-72-7]
用作医药中间体
【生产厂】[川]江安杜威克化学技术开发有限责任公司〈P2334〉

3-氨基哌啶 C02059462

3-Aminopiperidine
【生产厂】[川]爱斯特(成都)医药技术有限公司〈P2309〉

2-氨甲基哌啶 C02059471
2-Aminomethylpiperidine [22990-77-8]
【生产厂】[浙]浙江台州清泉医药化工有限公司〈P1968〉

(R)-1-苄基-3-羟基哌啶 C02059487
(R)-1-Benzyl-3-hydroxypiperidine
用作药物贝尼地平中间体
【生产厂】[辽]沈阳福宁药业有限公司〈P1685〉

1-(2-氨基乙基)哌啶;1-哌啶乙胺 C02059499
1-(2-Aminoethyl)piperidine;1-Piperidineethanamine [27578-60-5]
【生产厂】[浙]浙江普康化工有限公司〈P1959〉

苝 C02059701
Perylene [198-55-0]
用作有机合成的中间体、光电池材料等
【生产厂】[辽]辽阳联港染料化工有限公司〈P1710〉

乙二醛 C02060101
Glyoxal [107-22-2]
用作黏胶纤维后整理剂,聚乙烯醇、淀粉等的不溶黏结剂,以及油漆、染料及医药的原料
【生产厂】[沪]上海华谊集团上硫化工有限公司(3万吨)〈P1739〉;上海广裕精细化工有限公司(1万吨)〈P1735〉;[浙]台州市中海医药化工有限公司〈P1962〉;[鲁]山东金沂蒙集团有限公司(1万吨)〈P2149〉;[鄂]武汉市合中化工制造有限公司〈P2232〉;湖北恒日化工股份有限公司(8000吨)〈P2243〉;湖北省罗田顺惠化工有限责任公司(1万吨)〈P2243〉;黄冈市天然药业有限公司(1万吨)〈P2244〉;罗田县宏源化学原料药有限公司(2万吨)〈P2244〉;[粤]广州市荟普新材料有限公司〈P2264〉
【使用厂】[冀]鹿泉市弘利精细化工厂〈P1625〉;邯郸市赵都精细化工厂〈P1639〉;[苏]江苏省溧阳市制药厂〈P1861〉;[浙]中澳合资温州澳珀化工有限公司〈P1939〉;[鲁]山东滕州悟通香料有限责任公司〈P2078〉;[豫]荥阳市六零集团公司六零二分厂〈P2169〉;[鄂]武汉市天马解放化工有限公司〈P2233〉

乙醛 C02060201
Acetaldehyde;Ethyl aldehyde [75-07-0]
主要用于制备醋酸、醋酐、乙酸乙酯、丁醇、季戊四醇、三聚乙醛、3-羟基丁醛、三氯乙醛等产品
【生产厂】[沪]上海华彭实业有限公司〈P1739〉;中国石化上海石油化工股份有限公司(4万吨)〈P1780〉;上海闵南化工厂(2500吨)〈P1753〉;[苏]中国石化扬子石油化工股份有限公司(7万吨)〈P1792〉;江苏三木集团公司〈P1865〉;盐城鸿泰生物工程有限公司〈P1810〉;[鲁]山东博丰植保药业有限公司(2000吨)〈P2051〉;[鄂]武汉有机新康化工有限公司〈P2235〉
【使用厂】[冀]晋州市化肥厂〈P1625〉;[晋]山西三维集团股份有限公司〈P1678〉;[吉]吉林市吉化北方炬醌工贸有限责任公司〈P1716〉;[苏]海门兆丰化工有限公司〈P1830〉;[赣]江西第二化肥厂〈P2012〉;[鲁]山东滕州悟通香料有限责任公司〈P2078〉;青岛东生药业有限公司〈P2034〉;淄博开发区光明社会福利化工厂〈P2064〉;郯城县信合有机化工厂〈P2151〉;[豫]河南省尉氏县香料厂〈P2176〉;濮阳市鹏鑫化工有限公司〈P2214〉;[鄂]湖北恒日化工股份有限公司〈P2243〉;[黔]贵州水晶化工股份有限公司〈P2337〉;[滇]云天化集团有限责任公司〈P2344〉

二乙醇缩甲醛;二乙氧基甲烷;甲醛缩二乙醇 C02060301
Diethoxymethane;Diethylformal [462-95-3]
用于有机合成、医药工业
【生产厂】[苏]扬州市恒生化工有限公司〈P1818〉;[浙]杭州浙大泛科化工有限公司〈P1925〉

甘油缩甲醛 C02060351
Glycerol formal [4740-78-7]
用作农药、药物注射剂的溶剂
【生产厂】[沪]上海海隼化工科技有限公司〈P1735〉;[苏]常州高科生物化学有限公司〈P1846〉;昆山华旭精细化工有限公司〈P1895〉;上海三维制药公司太仓岳王药物原料厂〈P1898〉;[浙]中澳合资温州澳珀化工有限公司(300吨)〈P1939〉

2,4-二羟基苯甲醛 C02060401
2,4-Dihydroxybenzaldehyde [95-01-2]
用作染料和医药中间体
【生产厂】[苏]苏州市龙盛精细化工厂〈P1904〉;盐城市东港药物化工发展有限公司〈P1811〉;[鲁]山东武城康达化工有限公司〈P2146〉;[鄂]武汉市江润精细化工有限责任公司〈P2233〉;武汉赛达高新技术有限公司(10吨)〈P2231〉;[川]成都新特药化合成技术改进与创新中心〈P2317〉;宜宾北方川安化工有限公司〈P2335〉

对羟基苯甲醛;4-羟基苯甲醛;PHBA C02060402
4-Hydroxybenzaldehyde [123-08-0]
用作医药、香料、农药的重要中间体,用于合成羟氨苄青霉素、甲氧苄氨嘧啶、三甲氧基苯甲醛等药品
【生产厂】[晋]祁县精细化工厂(70吨)〈P1675〉;[辽]辽宁省沈阳中际精细化工总厂(300吨)〈P1684〉;[沪]上海朗瑞精细化学品有限公司〈P1749〉;上海康文医药中间体有限公司〈P1748〉;[苏]南京隆燕化工有限公司〈P1787〉;仪征市鼎信化工有限公司(100吨)〈P1820〉;金坛市华盛化工助剂有限公司〈P1862〉;江苏飞翔化工(张家港)有限公司〈P1893〉;江都市海辰化工有限公司〈P1814〉;泰兴市兴汉染料化工有限公司〈P1826〉;通州市锦通化工有限公司〈P1839〉;[浙]杭州福德化工有限公司〈P1917〉;嘉兴市步云染化厂〈P1941〉;嘉兴市金禾化工有限公司〈P1942〉;嘉兴市金利化工有限责任公司〈P1942〉;[鲁]济南瑞凯化工有限公司〈P2024〉;淄博市博山东方化工厂(200吨)〈P2067〉;淄博德丰化工有限公司〈P2059〉;寿光市天成精细化工厂〈P2100〉;[鄂]湖北龙感湖宏仕化工有限公司〈P2243〉;湖北祥云(集团)化工股份有限公司〈P2244〉;湖北永安集团〈P2244〉;[川]成都新特药化合成技术改进与创新中心〈P2317〉
【使用厂】[赣]江西樟树冠京香料有限公司〈P2016〉

间羟基苯甲醛;3-羟基苯甲醛 C02060408
m-Hydroxybenzaldehyde [100-83-4]
用于医药、染料及有机化合物的合成
【生产厂】[京]凯翔精细化工有限公司〈P1567〉;[黑]哈尔滨康文生化科技有限公司〈P1720〉;[沪]上海康文医药中间体有限公司〈P1748〉;[苏]仪征市鼎信化工有限公司

〈P1820〉;靖江市江鸿化合物有限公司〈P1825〉

3,5-二羟基苯甲醛 C02060411

3,5-Dihydroxybenzaldehyde [26153-38-8]

用作有机合成试剂

【生产厂】[苏]南京法姆化学厂〈P1783〉;常州联新化工有限公司〈P1848〉;[赣]江西正和化工有限公司(20吨)〈P2016〉;[川]中昊晨光化工研究院〈P2321〉

2,3-二羟基苯甲醛 C02060421

2,3-Dihydroxybenzaldehyde [24677-78-9]

【生产厂】[沪]上海中科同力化工材料有限公司〈P1779〉

2,5-二羟基苯甲醛 C02060431

2,5-Dihydroxybenzaldehyde [1194-98-5]

【生产厂】[沪]上海虹生实业有限公司〈P1737〉;[苏]苏州市龙盛精细化工厂〈P1904〉

3,4-二羟基-5-硝基苯甲醛 C02060471

3,4-Dihydroxy-5-nitrobenzaldehyde [116313-85-0]

用作医药中间体

【生产厂】[京]北京艾斯克医药技术开发有限公司〈P1543〉

丁醛;正丁醛 C02060501

Butylaldehyde; Butyric aldehyde [123-72-8]

用于有机合成,也是制造香料的原料

【生产厂】[沪]上海建北有机化工有限公司〈P1742〉;[苏]宜兴市中港精细化工有限公司〈P1888〉;[浙]浙江省建德市新成化工厂(2000吨)〈P1928〉;[鲁]淄博三昊精细化工有限公司〈P2066〉;淄博津溶化工有限公司(1000吨)〈P2063〉

【使用厂】[津]天津力生化工有限公司〈P1576〉;天津市光大冰峰化工有限公司〈P1587〉;[辽]锦化化工(集团)有限责任公司〈P1703〉;沈阳市应用技术实验厂〈P1689〉;[豫]河南省尉氏县香料厂〈P2176〉;[黔]贵州水晶化工股份有限公司〈P2337〉

丙烯醛 C02060601

Acrolein; Acrylaldehyde [107-02-8]

主要用于制蛋氨酸和其他丙烯醛衍生物

【生产厂】[豫]濮阳利鑫精细化工有限公司〈P2213〉;[鄂]武汉胜鑫化工有限公司〈P2232〉;武汉新景化工有限责任公司(1000吨)〈P2234〉;武汉有机实业股份有限公司(300吨)〈P2235〉;老河口荆洪化工有限责任公司(3000吨)〈P2237〉

【使用厂】[鲁]山东滕州悟通香料有限责任公司〈P2078〉

2-呋喃基丙烯醛 C02060631

2-Furylacrolein [623-30-3]

【生产厂】[鲁]滕州吉田香料有限公司〈P2078〉

3-(*N*-苯基-*N*-甲基)氨基丙烯醛 C02060691

3-(*N*-Phenyl-*N*-methyl) aminoacrolein [14189-82-3]

用作药物氟伐他丁的中间体

【生产厂】[沪]上海泰顿化工有限公司(20吨)〈P1766〉;[浙]浙江新东海医药化工有限公司〈P1969〉

2,3,4-三羟基苯甲醛 C02060701

2,3,4-Trihydroxybenzaldehyde [2144-08-3]

【生产厂】[津]天津市大港宏利染料化工厂(200吨)〈P1582〉;[黑]哈尔滨康文生化科技有限公司〈P1720〉;[沪]上海康晟实业有限公司〈P1748〉;上海立诚化工有限公司〈P1750〉;上海康文医药中间体有限公司〈P1748〉;上海里德化工有限公司〈P1750〉;[苏]无锡康晟精细化工有限公司〈P1874〉;苏州海宇生物科技有限公司〈P1900〉;[粤]珠海市金山化工有限公司(100吨)〈P2275〉

甲醛;福尔马林;蚁醛 C02060801

Formaldehyde [50-00-0]

主要用于制备酚醛、脲醛、三聚氰胺和聚甲醛树脂,也用于制取MDI、季戊四醇、乌洛托品和丁二醇等

【生产厂】[京]中国蓝星(集团)总公司〈P1568〉;[津]天津市沽上石化有限公司(3万吨)〈P1587〉;天津福林化工工贸有限公司(6万吨)〈P1572〉;[冀]石家庄化肥集团有限责任公司(2万吨)〈P1626〉;河北新化股份有限公司(5万吨)〈P1623〉;晋州市化肥厂(2万吨)〈P1625〉;河北省冀州市银河化工有限责任公司(9万吨)〈P1665〉;邢台市万达化工有限公司〈P1644〉;河北邢台航宇甲醛有限公司(1万吨)〈P1642〉;河北沧州大化集团新星工贸有限责任公司(3万吨)〈P1653〉;河北胜芳镇联合化工有限公司甲醛厂(7万吨)〈P1659〉;河北省文安县利隆福利化工厂〈P1659〉;河北文安利隆福利甲醛厂(7万吨)〈P1659〉;河北凯跃化工集团有限公司(16万吨)〈P1658〉;河北文安县太平洋化工厂(6万吨)〈P1659〉;保定市化工原料厂(6万吨)〈P1645〉;[晋]太原市元太生物化工有限公司(2万吨)〈P1672〉;临汾市同世达实业有限公司〈P1678〉;山西三维集团股份有限公司(14万吨)〈P1678〉;山西平陆丰喜肥业有限公司(8000吨)〈P1679〉;[蒙]内蒙古远兴天然碱股份有限公司〈P1683〉;[辽]沈阳东进化工产业有限公司(5万吨)〈P1685〉;盘锦昊源科工贸有限公司〈P1706〉;大洼县光明化工厂(1万吨)〈P1705〉;辽宁省大洼德源化工厂(2万吨)〈P1706〉;[吉]吉林长春市宏盛实业总公司化工塑料股份有限公司(3万吨)〈P1714〉;吉林森林工业股份有限公司通化胶粘剂分公司(6万吨)〈P1718〉;梅河口市创源化工有限公司(5万吨)〈P1718〉;[黑]黑龙江哈尔滨巨业化工有限公司(3万吨)〈P1721〉;宁安市兰华化工有限责任公司(3万吨)〈P1724〉;大庆油田甲醇厂(3万吨)〈P1723〉;[沪]上海建原化工有限公司〈P1743〉;上海申星化工有限公司(15万吨)〈P1761〉;上海吴泾化工有限公司(6万吨)〈P1770〉;上海市石化鑫源化工实业有限公司(3万吨)〈P1764〉;[苏]南京曙光化工集团有限公司〈P1789〉;金陵石化公司南京金龙化工厂〈P1782〉;南京金龙化工厂〈P1785〉;南化集团有限公司氮肥厂(2万吨)〈P1782〉;江苏南京梅化精细化工有限公司(3万吨)〈P1781〉;镇江李长荣综合石化工业有限公司(12万吨)〈P1844〉;建滔(常州)化工有限公司(20吨)〈P1858〉;无锡新虹化工有限公司(3万吨)〈P1882〉;江苏三木集团公司(8万吨)〈P1865〉;苏州精细化工有限公司(12万吨)〈P1901〉;太仓建滔化工有限公司(18万吨)〈P1908〉;铜山县朝阳化工有限公司〈P1794〉;赣榆县金山化工有限公司(2万吨)〈P1797〉;江苏淮安东大化工有限公司(3万吨)〈P1802〉;江苏沭阳县联沂树脂材料厂(4万吨)〈P1804〉;扬州市金峰树脂原料有限公司〈P1819〉;南通江山农药化工股份有限公司(2万吨)〈P1833〉;江苏南通江天化学品有限公司(8万吨)〈P1830〉;[浙]富阳市永星化工有限公司(5万吨)〈P1915〉;浙江宁波裕隆工贸实业有限公司碧波化工厂(7万吨)〈P1935〉;浙江巨州国盛化工有限公司(2万吨)〈P1958〉;江山市齐心化工有限公司(2万吨)〈P1957〉;浙江温州佳禾助剂有限公司(5万吨)〈P1939〉;[皖]安徽淮化集团有限公司(4万吨)〈P1976〉;安徽昊源化工集团有限公司(4万吨)〈P1983〉;[闽]福建建瓯华丰化工有限公司(2万吨)〈P2002〉;福建省建瓯市华荣化工有限公司(2万吨)〈P2003〉;福建省三明三化甲醛有限公司(5万吨)〈P1995〉;福建石化集团三明化工有限责任公司(1万吨)〈P1995〉;龙岩连润化工有限公司(3万吨)

C

〈P2006〉;[赣]江西化纤化工有限责任公司(4000 吨)〈P2010〉;江西第二化肥厂(6 万吨)〈P2012〉;[鲁]济南白云有机化工有限公司(10 万吨)〈P2020〉;山东华鲁恒升化工股份有限公司(3 万吨)〈P2144〉;山东华鲁恒升集团有限公司(3 万吨)〈P2144〉;山东博丰植保药业有限公司(3 万吨)〈P2051〉;淄博新宇集团有限公司(3 万吨)〈P2074〉;山东广河精细化工有限责任公司(3 万吨)〈P2084〉;山东省利津县正和化工有限公司(4 万吨)〈P2086〉;东辰(集团)化工有限公司(20 万吨)〈P2081〉;寿光市旭东化工有限公司(4 万吨)〈P2100〉;烟台市福山区正源化工有限公司(1 万吨)〈P2118〉;龙口科达化工有限公司(3 万吨)〈P2110〉;青岛碱业股份有限公司(5 万吨)〈P2038〉;青岛海湾集团有限公司(5 万吨)〈P2036〉;青岛凯联精细化学有限公司(4 万吨)〈P2039〉;青岛碱业股份有限公司天柱化肥分公司(1 万吨)〈P2038〉;莱芜市汶河化工有限公司〈P2140〉;山东飞达化工科技有限公司(1 万吨)〈P2135〉;山东明瑞化工集团总公司(3 万吨)〈P2136〉;山东新荣兴化工有限公司(4000 吨)〈P2133〉;临沂费县兴达化工有限责任公司(8 万吨)〈P2147〉;临沂银河甲醛厂(5 万吨)〈P2148〉;临沂永达甲醛厂(2 万吨)〈P2148〉;山东金秋化工科技有限公司(7 万吨)〈P2149〉;山东临沂兰山区银河化工有限公司(2 万吨)〈P2149〉;郯城县信合有机化工厂(2 万吨)〈P2151〉;枣庄市清泉化工有限公司(5 万吨)〈P2080〉;[豫]河南郑州市曙光化工有限公司(4 万吨)〈P2168〉;新郑市韩春化工有限公司(2 万吨)〈P2169〉;新乡开发区甲醛化工厂(4 万吨)〈P2203〉;新乡市新龙化工有限公司〈P2206〉;河南省翔宇实业公司(1 万吨)〈P2194〉;淇县宏达化工有限公司(2 万吨)〈P2200〉;濮阳市甲醇厂(4 万吨)〈P2214〉;濮阳市鹏鑫化工有限公司(4 万吨)〈P2214〉;河南颍青化工有限公司(4 万吨)〈P2220〉;临颍县颍发化工有限公司(3 万吨)〈P2220〉;[鄂]京山县华贝有机化工有限责任公司(3 万吨)〈P2242〉;湖北恒日化工股份有限公司(1 万吨)〈P2243〉;罗田县宏源化学原料药有限公司(1 万吨)〈P2244〉;湖北省枣阳化学工业总公司〈P2237〉;湖北宜化集团有限责任公司(4 万吨)〈P2241〉;[湘]湘潭市银河化工有限公司〈P2251〉;绥宁县化工厂〈P2253〉;湖南省永州市化学工业集团公司(4 万吨)〈P2257〉;[粤]广州市骏鑫化工有限公司〈P2265〉;广东中成化工股份有限公司(2 万吨)〈P2281〉;[桂]南宁华飞化工有限责任公司(2 万吨)〈P2296〉;柳州化工股份有限公司(3 万吨)〈P2297〉;[琼]海南琼山广盛化工有限公司(1 万吨)〈P2302〉;[川]成都民生消毒剂有限责任公司〈P2313〉;四川金象化工股份有限公司(2 万吨)〈P2333〉;绵阳市三江化工有限公司(5 万吨)〈P2330〉;[黔]贵州水晶化工股份有限公司(2 万吨)〈P2337〉;[滇]云南省宣威华兴化工有限公司(1 万吨)〈P2343〉;[陕]陕西城化股份有限公司(1 万吨)〈P2353〉;[新]乌鲁木齐市振良化工有限公司〈P2363〉;中国石油天然气股份有限公司乌鲁木齐石油化工总厂〈P2365〉

【使用厂】[京]北京化学试剂研究所〈P1550〉;[津]天津市东方红化工厂〈P1585〉;天津农药股份有限公司〈P1576〉;天津市大盈树脂塑料有限公司〈P1584〉;天津市雍阳减水剂厂〈P1611〉;天津市津海第二福利化工厂〈P1593〉;天津市纵横兴工贸有限公司化工试剂分公司〈P1614〉;[冀]石家庄市有机化工厂〈P1632〉;深州市天翔化工有限公司〈P1669〉;石家庄市新华染料化工厂〈P1631〉;河北世纪农药有限公司〈P1666〉;[晋]山西省高平化工有限公司〈P1675〉;[蒙]通辽制药总厂〈P1682〉;[辽]辽阳前进化工有限公司〈P1710〉;辽阳鸿泰有机化工有限公司〈P1710〉;鞍山市新型水处理材料厂〈P1696〉;沈阳市应用技术实验厂〈P1689〉;[吉]长春泰欧亚涂料有限公司〈P1714〉;吉林市吉化北方炬醌工贸有限责任公司〈P1716〉;[沪]上海华谊集团华原化工有限公司〈P1739〉;上海南大化工厂〈P1754〉;华东理工大学华昌聚合物有限公司〈P1726〉;上海双树塑料厂〈P1765〉;上海旭森非卤消烟阻燃剂有限公司〈P1773〉;上海五洲药业股份有限公司〈P1770〉;上海祁南胶粘材料厂〈P1756〉;上海天坛助剂有限公司〈P1767〉;上海南翔试剂有限公司〈P1754〉;上海树脂厂有限公司〈P1764〉;上海中远化工有限公司〈P1779〉;上海新浦化工厂有限公司〈P1772〉;上海吉安化工有限公司〈P1742〉;[苏]江苏海润化工有限公司〈P1816〉;江都市合成树脂厂〈P1814〉;南通新广生化工有限公司〈P1836〉;镇江市前进化工有限公司〈P1845〉;常州光辉化工有限公司〈P1847〉;苏州特种化学品有限公司〈P1906〉;东台市九转化工有限公司〈P1805〉;南京扬子复合材料有限公司〈P1791〉;南京开广化工有限公司〈P1786〉;江阴市顾山无机化工厂〈P1869〉;苏州市化工研究所有限公司〈P1904〉;江苏飞翔化工(张家港)有限公司〈P1893〉;常熟市医药原料厂〈P1891〉;常熟市农药厂有限公司〈P1890〉;昆山市南方化工厂〈P1897〉;江都市润扬化工有限公司〈P1814〉;宜兴市腾蛟化工材料有限公司〈P1887〉;张家港丰达制药有限公司〈P1911〉;姜堰市环球化工厂〈P1823〉;[浙]余姚化工厂有限责任公司〈P1935〉;杭州永欣精细化工有限公司〈P1924〉;浙江五龙化工股份有限公司〈P1947〉;[皖]马鞍山市康华化工有限公司〈P1977〉;[闽]福建省建瓯市立伟塑料有限公司〈P2003〉;沙县宏盛塑料有限公司〈P1996〉;福建省沙县宏光化工有限公司〈P1995〉;福建省宁化县利丰化工有限公司〈P1994〉;[赣]萍乡市一帆造型材料厂〈P2012〉;[鲁]济南鲁联集团试剂有限公司〈P2023〉;济南泰山金鹏涂料有限公司〈P2025〉;山东临朐富源精细化工有限公司〈P2096〉;青岛海晶化工集团有限公司〈P2035〉;山东新华制药股份有限公司〈P2055〉;淄博元兴化工有限公司〈P2075〉;济宁圣城化工实验有限责任公司〈P2128〉;山东济宁运河染料化工厂〈P2131〉;德州虹桥染料化工有限公司〈P2142〉;山东省桓台县金龙化工有限公司〈P2054〉;济南鲁康化学工业有限公司〈P2023〉;山东北方现代化学工业有限公司〈P2027〉;山东瑞星化工有限公司〈P2136〉;济南圣泉集团股份有限公司〈P2025〉;山东省泰和水处理有限公司〈P2077〉;山东胜邦绿野化学有限公司〈P2029〉;新汶矿业集团有限责任公司〈P2139〉;济南台岛化工有限公司〈P2025〉;山东海化魁星化工有限公司〈P2135〉;山东省微山县化工厂〈P2132〉;山东省临沂市三丰化工有限公司〈P2150〉;山东华仙集团总公司〈P2131〉;曲阜慧迪化工有限责任公司〈P2130〉;山东昌裕集团有限公司〈P2152〉;山东阳光颜料有限公司〈P2133〉;东营市方圆实业有限责任公司〈P2081〉;山东潜力化工有限公司〈P2029〉;新时代(济南)民爆科技产业有限公司〈P2030〉;烟台万华聚氨酯股份有限公司〈P2119〉;淄博市新材料研究所〈P2071〉;德州市宇虹化工有限公司〈P2142〉;山东莱芜润达化工有限公司〈P2141〉;淄博桓台祥龙化工有限公司〈P2062〉;淄博市张店齐鑫化工厂〈P2071〉;[豫]郑州双塔涂料有限公司〈P2174〉;巩义市恒大结合剂厂〈P2162〉;鹤壁市树脂有限公司〈P2200〉;开封化学试剂总厂〈P2176〉;安阳市安林生物化工有限责任公司〈P2208〉;偃师市商城防腐材料有限公司〈P2189〉;巩义市宏和结合剂厂〈P2163〉;巩义市宏亚冶化有限公司〈P2163〉;平顶山市神翔化工厂〈P2192〉;新乡市金升化工有限公司〈P2205〉;沁阳市九菱化工厂〈P2198〉;[鄂]湖北仙隆化工股份有限公司〈P2245〉;武汉市天马解放化工有限公司〈P2233〉;潜江市申昌有机化工厂〈P2246〉;武汉风帆化工有限公司〈P2229〉;[湘]湖南省湘维有限公司〈P2257〉;湖南中成化工有限公司〈P2249〉;[粤]广州化学试剂厂〈P2261〉;江门市制漆厂有限公司〈P2286〉;[桂]广西梧州松脂股份有限公司〈P2300〉;[渝]重庆长风化工厂〈P2303〉;西南合成制药股份有限公司〈P2303〉;重庆光华化工有限公司〈P2304〉;[川]四川省化工研究设计院〈P2319〉;四川川化集团成都望江化工厂〈P2318〉;成都天华科技股份有限公司〈P2315〉;[滇]云天化集团有限责任公司〈P2344〉;[甘]

兰州助剂厂〈P2356〉

甲醛溶液;工业甲醛溶液 C02060851

Formaldehyde solution [50-00-0]

为强还原剂,有杀菌作用,对人可作为消毒剂,对动物可作为防腐药、熏药等

【生产厂】[辽]朝阳市光达化工厂(500 吨)〈P1713〉;[沪]中国石化上海石油化工股份有限公司〈P1780〉;[鲁]东辰(集团)化工有限公司(6 万吨)〈P2081〉;山东金沂蒙集团有限公司(6 万吨)〈P2149〉;[甘]兰州中凯工贸有限责任公司〈P2356〉

【使用厂】[沪]上海五四助剂总厂〈P1770〉

甲醛次硫酸氢钠;吊白块;雕白块 C02060901

Sodium bisulfoxylate formaldehyde

用作印染拔染剂、丁苯橡胶和合成树脂活化剂、有机物的脱色和漂白剂等

【生产厂】[沪]上海众祥经贸有限公司(7500 吨)〈P1779〉;[湘]湖南中成化工有限公司(3000 吨)〈P2249〉

丙醛 C02061001

Propylaldehyde [123-38-6]

主要用于制备醇酸树脂、橡胶促进剂和防老剂、除草剂、杀虫剂、防霉剂、丙酸、丙醇、丙胺等

【生产厂】[苏]南京富邦化工有限公司〈P1783〉;[鲁]山东省淄博三丙化工有限公司(3 万吨)〈P2054〉

【使用厂】[沪]中国石化上海石油化工股份有限公司〈P1780〉;上海东风农药厂〈P1732〉;上海中西药业股份有限公司〈P1779〉;[苏]江苏省连云港市东金化工有限公司〈P1798〉;[浙]湖州长盛化工有限公司〈P1945〉

多聚甲醛;固体甲醛;仲甲醛 C02061101

Paraformaldehyde [30525-89-4]

用作有机化工、合成树脂的原料,也用作药物熏蒸剂

【生产厂】[冀]河北省冀州市银河化工有限责任公司〈P1665〉;[浙]台州市中海医药化工有限公司〈P1962〉;[鲁]青州市恒兴化工有限公司〈P2092〉;寿光市旭东化工有限公司(4 万吨)〈P2100〉;[粤]广州润土农药化工有限公司〈P2263〉

【使用厂】[京]北京杨村化工有限公司〈P1564〉;[辽]大连松辽化工有限公司〈P1694〉;[沪]上海升联化工有限公司〈P1762〉;上海天坛助剂有限公司〈P1767〉;上海市沪江生化厂〈P1763〉;[苏]镇江市前进化工有限公司〈P1845〉;江苏苏化集团有限公司〈P1894〉;张家港飞航实业有限公司〈P1911〉;江苏腾龙生物药业有限公司〈P1808〉;太仓市农药厂有限公司〈P1908〉;[浙]中澳合资温州澳珀化工有限公司〈P1939〉;[闽]福建南平瀚森化工有限公司〈P2003〉;[鲁]济南圣泉集团股份有限公司〈P2025〉;山东胜邦绿野化学有限公司〈P2029〉;山东阳谷中石药业有限公司〈P2154〉

糠醛;α-呋喃甲醛 C02061301

Furfural;α-Furfuraldehyde [98-01-1]

主要用作工业溶剂,用于制取糠醇、糠酸、四氢呋喃、γ-戊内酯、吡咯、四氢吡咯等

【生产厂】[冀]河北呋喃化工经贸有限公司(3 万吨)〈P1619〉;石家庄市麟鑫化工有限公司〈P1630〉;邢台春蕾糠醇有限公司(3 万吨)〈P1642〉;河北中化滏恒股份有限公司(4500 吨)〈P1641〉;河北省大名县瑞恒化工有限责任公司〈P1640〉;[晋]山西省太谷中晋化工有限公司(3000 吨)〈P1676〉;忻州市试剂化工厂〈P1676〉;山西省山阴县康立化工有限责任公司(3000 吨)〈P1675〉;山西省高平化工有限公司(5000 吨)〈P1675〉;[辽]沈阳市新民国富化工有限责任公司(3000 吨)〈P1689〉;辽阳鸿泰有机化工有限公司(1500 吨)〈P1710〉;昌图县糠醛厂(2500 吨)〈P1712〉;[黑]友谊县中北糠醛有限责任公司(2000 吨)〈P1725〉;[鲁]中国石油化工股份有限公司济南分公司(500 万吨)〈P2031〉;济南圣泉集团股份有限公司(1 万吨)〈P2025〉;山东奥克特化工有限公司(1 万吨)〈P2152〉;山东宝沣化工集团公司〈P2051〉;淄博华澳化工有限公司〈P2061〉;淄博市临淄有机化工股份有限公司(1 万吨)〈P2070〉;邹平玉泉化工有限公司(2000 吨)〈P2158〉;山东省桓台县社会福利有机化工厂(2000 吨)〈P2054〉;[豫]河南心连心化工有限公司(2500 吨)〈P2202〉;河南汇隆化工有限公司(1 万吨)〈P2193〉;河南省焦作市华康化工有限公司(1500 吨)〈P2194〉;安阳市谦和染料化工有限责任公司(1200 吨)〈P2209〉;内黄县糠醛有限公司(2500 吨)〈P2212〉;河南宏业化工有限公司(2 万吨)〈P2212〉;[甘]甘肃共享化工有限公司(2000 吨)〈P2358〉

【使用厂】[冀]河北宝硕股份有限公司〈P1647〉;[苏]利君集团镇江制药有限责任公司〈P1843〉;常熟市医药原料厂〈P1891〉;泰兴市一鸣精细化工有限公司〈P1827〉;[浙]浙江台州清泉医药化工有限公司〈P1968〉;[豫]河南中科化工有限责任公司〈P2202〉;河南省濮阳市氯碱厂〈P2213〉;[鄂]中国石化江汉油田分公司盐化工总厂〈P2246〉;[粤]广州化学试剂厂〈P2261〉;广东省肇庆香料厂有限公司〈P2294〉

5-甲基糠醛 C02061311

5-Methylfurfural;5-Methyl-2-furaldehyde [620-02-0]

用作烟用香精

【生产厂】[鲁]山东滕州悟通香料有限责任公司(5 吨)〈P2078〉;滕州市香源化工有限责任公司〈P2079〉;滕州吉田香料有限公司〈P2078〉

5-羟甲基糠醛 C02061321

5-Hydroxymethylfurfural;5-(Hydroxymethyl)-2-furaldehyde [67-47-0]

【生产厂】[苏]苏州市华伦化工有限公司〈P1903〉;[鲁]山东滕州悟通香料有限责任公司〈P2078〉

***N*,*N*-二甲基甲酰胺二甲缩醛**;DMF-DMA;1,1-二甲氧基三甲胺 C02061401

N,*N*-Dimethylformamide dimethyl acetal [18871-66-4]

用作药物扎来普隆中间体

【生产厂】[冀]河北省化学工业研究院〈P1621〉;[沪]上海三维制药有限公司〈P1760〉;[苏]宜兴市芳桥东方化工厂〈P1884〉;[陕]陕西宏庆医药化学有限公司〈P2346〉

聚三乙醛;三聚乙醛 C02061511

Paraldehyde; Paracetaldehyde; 2, 4, 6-Trimethyl-1, 3, 5-trioxane [123-63-7]

用于制药工业、有机合成等

【生产厂】[沪]上海威方精细化工有限公司〈P1769〉;上海华彭实业有限公司〈P1739〉;上海闵南化工厂(1500 吨)〈P1753〉;[苏]徐州诺特化工有限公司〈P1795〉;[鲁]山东滕州悟通香料有限责任公司(20 吨)〈P2078〉

2,4,6-三甲氧基苯甲醛 C02061601

2,4,6-Trimethoxybenzaldehyde [830-79-5]

【生产厂】[黑]哈尔滨康文生化科技有限公司〈P1720〉;[鲁]菏泽睿鹰制药集团(5 吨)〈P2158〉

2,4,5-三甲氧基苯甲醛 C02061603

2,4,5-Trimethoxybenzaldehyde [4460-86-0]

用作医药中间体,用于制备细辛脑

【生产厂】[辽]辽阳市众诺化学工业有限公司(15 吨)〈P1711〉;[苏]沭阳县华泰化工厂〈P1804〉;[浙]杭州三禾化工科技有限公司〈P1922〉;衢州瑞源化工有限公司〈P1957〉;[鲁]寿光富康制药有限公司(20 吨)〈P2099〉

C

2,6-二氯苯甲醛 C02061701

2,6-Dichlorobenzaldehyde [83-38-5]

用于合成染料、杀菌剂及用于制造除草剂 2,6-二氯苯腈等

【生产厂】[苏]靖江市江鸿化合物有限公司〈P1825〉;吴江市汇丰化工厂〈P1910〉;扬州天辰精细化工有限公司(120 吨)〈P1819〉;[鲁]龙口市龙海精细化工有限公司(200 吨)〈P2111〉

2,3-二氯苯甲醛 C02061702

2,3-Dichlorobenzaldehyde [6334-18-5]

用作药物非洛地平中间体,也用作染料中间体

【生产厂】[沪]上海市农药研究所〈P1764〉;[苏]金坛市三方医药原料厂〈P1862〉;苏州市御窑精细化工有限公司(120 吨)〈P1906〉;江苏振方化工有限公司〈P1803〉;江都市海辰化工有限公司〈P1814〉;高邮市康乐精细化工厂〈P1813〉;[浙]杭州三禾化工科技有限公司〈P1922〉;[赣]江西正和化工有限公司〈P2016〉;[川]四川琢新生物材料研究有限公司〈P2320〉

3,4-二氯苯甲醛 C02061711

3,4-Dichlorobenzaldehyde [6287-38-3]

用作染料、农药、医药中间体

【生产厂】[苏]苏州市御窑精细化工有限公司(60 吨)〈P1906〉;江苏振方化工有限公司〈P1803〉

D-(+)-甘油醛 C02061851

D-(+)-Glyceraldehyde [453-17-8]

【生产厂】[浙]杭州南博生化科技有限公司〈P1921〉;浙江奥马药业有限公司〈P1963〉

L-(-)-甘油醛 C02061891

L-(-)-Glyceraldehyde [497-09-6]

【生产厂】[浙]杭州南博生化科技有限公司〈P1921〉;浙江奥马药业有限公司〈P1963〉

环丙甲醛 C02062001

Cyclopropanecarboxyldehyde [1489-69-6]

【生产厂】[苏]南京瑞泽精细化工有限公司〈P1788〉

对氯苯甲醛;4-氯苯甲醛 C02062101

4-Chlorobenzaldehyde [104-88-1]

用于制造镇静药芬那露、染料酸性艳蓝 6B 等

【生产厂】[苏]丹阳中超化工有限公司〈P1841〉;金坛市三方医药原料厂〈P1862〉;靖江市江鸿化合物有限公司(800 吨)〈P1825〉;苏州市畅通化学品有限公司〈P1903〉;苏州市御窑精细化工有限公司(180 吨)〈P1906〉;江苏振方化工有限公司〈P1803〉;[浙]嘉兴市南化化工有限公司〈P1942〉;[鄂]武汉有机实业股份有限公司〈P2235〉

【使用厂】[赣]江西农大锐特化工科技有限公司〈P2009〉

间氯苯甲醛;3-氯苯甲醛 C02062151

m-Chlorobenzaldehyde [587-04-2]

用作农药、医药、染料和特种化学品的中间体

【生产厂】[苏]南京仁信化工有限公司〈P1788〉;苏州市御窑精细化工有限公司(120 吨)〈P1906〉;江苏振方化工有限公司〈P1803〉;[浙]杭州力禾颜料有限公司〈P1920〉;[鄂]武汉瑞阳化工有限公司〈P2231〉

邻氯苯甲醛;2-氯苯甲醛 C02062201

2-Chlorobenzaldehyde [89-98-5]

用作染料、农药、医药中间体

【生产厂】[黑]大庆新世纪精细化工有限公司〈P1722〉;[苏]丹阳中超化工有限公司(2500 吨)〈P1841〉;江苏江东化工股份有限公司(1500 吨)〈P1859〉;常州化工厂〈P1847〉;靖江市江鸿化合物有限公司(1000 吨)〈P1825〉;江苏省太仓市归庄镇武兵化工厂〈P1894〉;张家港市祥新电镀材料制造有限公司〈P1914〉;江苏振方化工有限公司〈P1803〉;[浙]嘉兴市南化化工有限公司(960 吨)〈P1942〉;[赣]江西麒麟化工有限公司〈P2013〉;[鄂]武汉有机实业股份有限公司〈P2235〉

【使用厂】[苏]南通宝叶化工有限公司〈P1832〉;[鲁]山东华阳和乐农药有限公司〈P2144〉

对氟苯甲醛;4-氟苯甲醛 C02062210

p-Fluorobenzaldehyde [459-57-4]

用作农药、医药中间体

【生产厂】[苏]南京锐马精细化工有限公司〈P1788〉;常州市常宇化工有限公司〈P1850〉;靖江市江鸿化合物有限公司〈P1825〉;[鲁]青岛东海源生化科技有限公司〈P2034〉;[豫]河南昊海实业有限公司(240 吨)〈P2165〉;南阳市威特化工有限责任公司(300 吨)〈P2224〉;南阳市思达特精细化学有限责任公司(3000 吨)〈P2224〉

邻氟苯甲醛;2-氟苯甲醛 C02062221

2-Fluorobenzaldehyde [446-52-6]

用作农药、医药中间体

【生产厂】[苏]常州市常宇化工有限公司〈P1850〉;金坛市三方医药原料厂〈P1862〉;[豫]河南昊海实业有限公司(240 吨)〈P2165〉;南阳市威特化工有限责任公司(150 吨)〈P2224〉;南阳市思达特精细化学有限责任公司(3000 吨)〈P2224〉

间氟苯甲醛;3-氟苯甲醛 C02062231

m-Fluorobenzaldehyde [456-48-4]

用作农药、医药中间体

【生产厂】[苏]常州市常宇化工有限公司〈P1850〉;[豫]河南昊海实业有限公司〈P2165〉;南阳市威特化工有限责任公司(150 吨)〈P2224〉

2,4-二氯苯甲醛 C02062301

2,4-Dichlorobenzaldehyde [874-42-0]

用作农药、染料中间体,是合成杀菌剂烯唑醇的重要中间体

【生产厂】[苏]靖江市江鸿化合物有限公司〈P1825〉;苏州市御窑精细化工有限公司(120 吨)〈P1906〉;江苏振方化工有限公司〈P1803〉

【使用厂】[辽]沈阳丰收农药有限公司〈P1685〉;[浙]浙江省东阳市康峰有机氟化工厂〈P1955〉

2-氯-6-氟苯甲醛 C02062351

2-Chloro-6-fluorobenzaldehyde [387-45-1]

主要用作医药抗生素和农药植物生长调节剂等原药的合成

【生产厂】[苏]靖江市江鸿化合物有限公司〈P1825〉;扬州天辰精细化工有限公司〈P1819〉;[浙]浙江省三门解氏化学工业有限公司〈P1966〉

2-氯-4-氟苯甲醛 C02062353

2-Chloro-4-fluorobenzaldehyde [84194-36-5]

用作医药、农药、液晶材料中间体

【生产厂】[辽]阜新金特莱氟化学有限责任公司〈P1707〉;[浙]浙江省三门解氏化学工业有限公司〈P1966〉

3-氯-4-氟苯甲醛 C02062355

3-Chloro-4-fluorobenzaldehyde [34328-61-5]

用作医药、农药、液晶材料中间体

【生产厂】[沪]上海威远精细氟科技发展有限公司〈P1769〉;[浙]浙江省三门解氏化学工业有限公司〈P1966〉

4-氯-3-氟苯甲醛 C02062359

4-Chloro-3-fluorobenzaldehyde

【生产厂】[沪]上海威远精细氟科技发展有限公司〈P1769〉

3-氯-2-氟苯甲醛 C02062361

3-Chloro-2-fluorobenzaldehyde [85070-48-0]

【生产厂】[沪]上海威远精细氟科技发展有限公司〈P1769〉

2-氯-5-氟苯甲醛 C02062363

2-Chloro-5-fluorobenzaldehyde [84194-30-9]

【生产厂】[辽]阜新金特莱氟化学有限责任公司〈P1707〉;[沪]上海威远精细氟科技发展有限公司〈P1769〉

5-氯-2-氟苯甲醛 C02062365

5-Chloro-2-fluorobenzaldehyde

【生产厂】[辽]阜新金特莱氟化学有限责任公司〈P1707〉;[沪]上海威远精细氟科技发展有限公司〈P1769〉

对苯二甲醛;对酞醛 C02062401

Terephthalic aldehyde [623-27-8]

是生产荧光增白剂的主要原料,也用于合成染料及药物

【生产厂】[京]大庆开发区新世纪精细化工有限公司北京裕立化工有限公司(150 吨)〈P1567〉;北京奥得赛化学有限公司〈P1543〉;北京瀑润化工产品有限责任公司〈P1557〉;[黑]大庆新世纪精细化工有限公司(120 吨)〈P1722〉;[苏]扬州市恒生化工有限公司〈P1818〉;高邮市康乐精细化工厂〈P1813〉;南通鹏陈化工有限公司〈P1834〉;[鲁]寿光市金泽洋化工有限公司(500 吨)〈P2100〉;青岛化工研究院(150 吨)〈P2037〉;青岛东海源生化科技有限公司〈P2034〉;[鄂]武汉有机实业股份有限公司〈P2235〉

间苯二甲醛 C02062411

1,3-Benzenedialdehyde [626-19-7]

用于医药中间体、荧光增白剂等

【生产厂】[京]大庆开发区新世纪精细化工有限公司北京裕立化工有限公司(20 吨)〈P1567〉;[黑]大庆新世纪精细化工有限公司〈P1722〉;[苏]仪征市鼎信化工有限公司(20 吨)〈P1820〉;[鄂]武汉有机实业股份有限公司〈P2235〉

邻苯二甲醛 C02062421

Phthalaldehyde [643-79-8]

主要用于医药、染料等

【生产厂】[京]北京奥得赛化学有限公司〈P1543〉;北京亚太化工科技有限公司〈P1564〉;[黑]大庆新世纪精细化工有限公司〈P1722〉;[沪]上海邦成化工有限公司〈P1728〉;[鄂]武汉有机实业股份有限公司〈P2235〉;武汉市合中化工制造有限公司〈P2232〉;湖北祥云(集团)化工股份有限公司〈P2244〉

正戊醛 C02062501

n-Pentanal [110-62-3]

用作有机合成中间体、香料原料等

【生产厂】[豫]河南省尉氏县香料厂(10 吨)〈P2176〉

异戊醛;3-甲基丁醛 C02062511

Isovaleraldehyde;3-Methylbutyraldehyde [590-86-3]

【生产厂】[苏]宜兴市中港精细化工有限公司〈P1888〉

新戊醛;特戊醛;2,2-二甲基丙醛;三甲基乙醛 C02062551

Pivalaldehyde;2,2-Dimethylpropanal;Trimethylacetaldehyde [630-19-3]

【生产厂】[冀]邯郸市林峰精细化工有限公司〈P1638〉;[沪]上海杜拿克化工有限公司〈P1732〉;[浙]台州市奥力特精细化工有限公司〈P1961〉;[湘]湘潭高新区林盛化学有限公司〈P2251〉

2-甲基戊醛 C02062571

2-Methylpentanal [123-15-9]

用作生产安眠、镇定药物甲丙氨酯的中间体

【生产厂】[渝]重庆小泉化工厂〈P2308〉;重庆英斯凯化工有限公司〈P2308〉

3,3-二甲基丁醛 C02062591

3,3-Dimethylbutyraldehyde [2987-16-8]

【生产厂】[苏]江阴南极星生物制品有限公司〈P1868〉;江阴市三益化工有限公司〈P1870〉

对甲砜基苯甲醛 C02062801

p-Methylsulfonyl benzaldehyde [5398-77-6]

用作医药中间体

【生产厂】[苏]苏州丽兰化工有限公司〈P1902〉;江苏华昌(集团)有限公司〈P1893〉

3,5-二溴-4-羟基苯甲醛;二溴醛 C02063001

3,5-Dibromo-4-hydroxybenzaldehyde [2973-77-5]

是生产3,4,5-三甲氧基苯甲醛的主要原料,为一种重要的医药和农药中间体

【生产厂】[鲁]淄博亿腾化工有限公司(600 吨)〈P2075〉;寿光富康制药有限公司(4000 吨)〈P2099〉;山东默锐化学有限公司〈P2096〉;山东省海洋化工科学研究院(2000 吨)〈P2097〉;潍坊新华海洋精细化工有限公司(1500 吨)〈P2106〉

【使用厂】[陕]宝鸡市有机化工厂〈P2351〉

邻溴苯甲醛;2-溴苯甲醛 C02063011

o-Bromobenzaldehyde [6630-33-7]

用于有机合成

【生产厂】[京]北京卡乐瑞化工有限公司〈P1553〉;[苏]宜兴市芳桥东方化工厂〈P1884〉;江苏大成医药化工有限公司(300 吨)〈P1802〉

对溴苯甲醛;4-溴苯甲醛 C02063015

4-Bromobenzaldehyde [1122-91-4]

用于有机合成、医药中间体等

【生产厂】[京]北京卡乐瑞化工有限公司〈P1553〉;[苏]宜兴市芳桥东方化工厂〈P1884〉;江苏双菱化工集团有限公司〈P1798〉;江苏大成医药化工有限公司(300吨)〈P1802〉;[鲁]青岛东海源生化科技有限公司〈P2034〉

C

间溴苯甲醛;3-溴苯甲醛 C02063019

3-Bromobenzaldehyde [3132-99-8]

用作医药中间体

【生产厂】[沪]上海华彩精细化工有限公司〈P1738〉;[苏]宜兴市芳桥东方化工厂〈P1884〉;扬州飞扬化工有限公司〈P1817〉;[浙]杭州浙大泛科化工有限公司〈P1925〉;[鲁]邹平铭兴化工有限公司〈P2158〉

2-氨基-3,5-二溴苯甲醛 C02063031

2-Amino-3,5-dibromobenzaldehyde [50910-55-9]

用作药物盐酸氨溴索中间体

【生产厂】[京]北京卡乐瑞化工有限公司〈P1553〉;凯翔精细化工有限公司〈P1567〉;[苏]常州罗地尔生化技术有限公司〈P1848〉;[浙]杭州龙生化工有限公司〈P1921〉;浙江天台福达医药化工有限公司〈P1968〉;台州东升医药化工有限公司〈P1960〉;[陕]陕西大生化学科技有限公司〈P2346〉

2-氟-4-溴苯甲醛;邻氟对溴苯甲醛;4-溴-2-氟苯甲醛 C02063051

4-Bromo-2-fluorobenzaldehyde [57848-46-1]

用于合成医药、农药中间体

【生产厂】[辽]阜新金特莱氟化学有限责任公司〈P1707〉;阜新特种化学股份有限公司(50吨)〈P1708〉

2-溴-4-氟苯甲醛 C02063059

2-Bromo-4-fluorobenzaldehyde

【生产厂】[辽]阜新金特莱氟化学有限责任公司〈P1707〉

3-溴-4-氟苯甲醛 C02063061

3-Bromo-4-fluorobenzaldehyde [77771-02-9]

用于合成农药中间体

【生产厂】[京]北京金奥利维科技发展有限公司〈P1551〉;[辽]阜新金特莱氟化学有限责任公司〈P1707〉;[苏]金坛市华盛化工助剂有限公司〈P1862〉;[赣]江西上饶现代化工有限公司〈P2015〉

4-溴-3-氟苯甲醛;3-氟-4-溴苯甲醛 C02063063

4-Bromo-3-fluorobenzaldehyde

【生产厂】[辽]阜新金特莱氟化学有限责任公司〈P1707〉

5-溴-2-氟苯甲醛;2-氟-5-溴苯甲醛 C02063065

5-Bromo-2-fluorobenzaldehyde

【生产厂】[辽]阜新金特莱氟化学有限责任公司〈P1707〉

2-氟-4-甲基苯甲醛 C02063081

2-Fluoro-4-methylbenzaldehyde [146137-80-6]

【生产厂】[辽]阜新金特莱氟化学有限责任公司〈P1707〉

4-(3-甲基-2-丁烯氧基)苯甲醛 C02063091

4-(3-Methyl-2-butenyloxy)benzaldehyde;MBBA [28090-12-2]

用作药物索法酮的中间体

【生产厂】[浙]浙江黄岩博泰化工有限公司〈P1964〉

巴豆醛;β-甲基丙烯醛;丁烯醛 C02063101

Crotonaldehyde;β-Methylacrolein [123-73-9]

用于制正丁醛、正丁醇、橡胶硫化促进剂、酒精变性剂和鞣剂等

【生产厂】[苏]盐城联孚石化有限公司〈P1810〉;[鲁]山东金能煤炭气化有限公司(1万吨)〈P2144〉

【使用厂】[津]天津力生化工有限公司〈P1576〉

α-甲基巴豆醛;2-甲基-2-丁烯醛;顺芷醛 C02063155

α-Methylcrotonaldehyde;2-Methyl-2-butenal [497-03-0]

用于口香糖、糖果、胶冻及布丁等食品工业

【生产厂】[苏]南京布莱克精细化工有限公司〈P1782〉

4-甲氧基苯甲醛;对甲氧基苯甲醛;对茴香醛;茴香醛 C02063201

4-Methoxybenzaldehyde [123-11-5]

用于香料的配制和有机合成

【生产厂】[辽]辽宁省沈阳中际精细化工总厂(300吨)〈P1684〉;[沪]上海神强实业有限公司〈P1761〉;上海申宝香精香料有限公司〈P1760〉;上海茂昌化学制品有限公司〈P1753〉;[苏]金坛市华盛化工助剂有限公司〈P1862〉;江阴市百汇香料有限公司〈P1868〉;苏州吴中前进有机化工有限公司〈P1907〉;张家港市东昌化工有限公司〈P1912〉;张家港市飞宇化工有限公司〈P1912〉;江都市海辰化工有限公司〈P1814〉;[赣]江西樟树冠京香料有限公司〈P2016〉;江西省南方药物油厂〈P2019〉;[鲁]济南瑞凯化工有限公司〈P2024〉;[川]成都新特药化合成技术改进与创新中心〈P2317〉

邻甲氧基苯甲醛;2-甲氧基苯甲醛;邻茴香醛 C02063211

o-Methoxybenzaldehyde [135-02-4]

用作香料、医药和荧光增白剂中间体

【生产厂】[京]大庆开发区新世纪精细化工有限公司北京裕立化工有限公司〈P1567〉;北京奥得赛化学有限公司〈P1543〉;[黑]大庆新世纪精细化工有限公司〈P1722〉;[苏]连云港市杰圩化工有限公司〈P1799〉;宝应县中宝云鹏化工有限公司〈P1813〉;[鲁]济南瑞凯化工有限公司〈P2024〉;青岛东海源生化科技有限公司〈P2034〉

间甲氧基苯甲醛;3-甲氧基苯甲醛;间茴香醛 C02063221

m-Methoxybenzaldehyde [591-31-1]

用作医药中间体

【生产厂】[京]大庆开发区新世纪精细化工有限公司北京裕立化工有限公司〈P1567〉;凯翔精细化工有限公司〈P1567〉;[黑]大庆新世纪精细化工有限公司〈P1722〉;[苏]徐州瑞赛科技实业有限公司〈P1795〉

5-溴-2-甲氧基苯甲醛 C02063225

5-Bromo-2-methoxybenzaldehyde [25016-01-7]

【生产厂】[苏]苏州海宇生物科技有限公司〈P1900〉

2,5-二甲氧基苯甲醛 C02063231

2,5-Dimethoxybenzaldehyde [93-02-7]

用作医药中间体

【生产厂】[冀]廊坊格瑞泰化工有限公司〈P1660〉

2,6-二甲氧基苯甲醛 C02063232

2,6-Dimethoxybenzaldehyde [3392-97-0]

用作医药中间体

【生产厂】[鲁]济南瑞凯化工有限公司〈P2024〉

2,3-二甲氧基苯甲醛 C02063234

2,3-Dimethoxybenzaldehyde [86-51-1]

【生产厂】[沪]上海中科同力化工材料有限公司〈P1779〉;[苏]苏州园方化工有限公司〈P1907〉;[浙]台州市新东方医化有限公司〈P1962〉

3,5-二甲氧基苯甲醛 C02063235

3,5-Dimethoxybenzaldehyde [7311-34-4]

主要用作医药中间体

【生产厂】[苏]昆山化工医药原料有限公司〈P1895〉;[赣]江西正和化工有限公司(50 吨)〈P2016〉

3,4-二甲氧基苯甲醛;藜芦醛;甲基香兰素 C02063237

Veratraldehyde;3,4-Dimethoxybenzaldehyde;Methyl vanillin [120-14-9]

医药工业用来合成药物甲基多巴,也用于生产兽药磺胺增效剂敌菌净

【生产厂】[冀]廊坊格瑞泰化工有限公司〈P1660〉;[沪]上海中科同力化工材料有限公司〈P1779〉;[浙]衢州瑞源化工有限公司〈P1957〉;[皖]安徽佰仕化工有限公司〈P1974〉;[鲁]淄博开发区光明社会福利化工厂(15 吨)〈P2064〉;淄博圣泽精细化工有限公司〈P2067〉;青岛东海源生化科技有限公司〈P2034〉;山东滕州悟通香料有限责任公司〈P2078〉;[豫]巩义雪莲香料有限公司(5 吨)〈P2165〉;[川]成都新特药化合成技术改进与创新中心〈P2317〉

对异丙基苯甲醛;枯茗醛 C02063241

p-Isopropylbenzaldehyde;Cuminic aldehyde [122-03-2]

用作香料制品、医药中间体

【生产厂】[津]天津市捷特精细化工有限公司(120 吨)〈P1591〉;[苏]吴江市高新精细化工有限公司〈P1910〉

邻异丙基苯甲醛 C02063243

o-Isopropylbenzaldehyde

用作香料中间体

【生产厂】[苏]常州市浩楠化工有限公司〈P1851〉

对叔丁基苯甲醛;4-叔丁基苯甲醛 C02063245

4-*tert*-Butylbenzaldehyde [939-97-9]

用于合成香料、医药、染料等

【生产厂】[津]天津天大天久科技股份有限公司(500 吨)〈P1615〉;天津市捷特精细化工有限公司(120 吨)〈P1591〉;[辽]辽宁省沈阳中际精细化工总厂〈P1684〉

对异丁基苯甲醛 C02063247

4-Isobutylbenzaldehyde [40150-98-9]

用作医药中间体

【生产厂】[京]北京卡乐瑞化工有限公司〈P1553〉

对甲基苯甲醛 C02063251

4-Methylbenzaldehyde [104-87-0]

是重要的有机合成中间体,用于香料、三苯甲烷染料等的合成

【生产厂】[苏]江苏磐希化工有限公司〈P1821〉;高邮市康乐精细化工厂〈P1813〉;[浙]台州市申源化学品有限公司〈P1962〉;[鲁]肥城阿斯德化工有限公司(100 吨)〈P2134〉;[鄂]武汉有机新康化工有限公司〈P2235〉;武汉瑞阳化工有限公司〈P2231〉;武汉有机实业股份有限公司〈P2235〉

间甲基苯甲醛 C02063252

m-Tolualdehyde;3-Methylbenzaldehyde [620-23-5]

用作有机合成中间体

【生产厂】[苏]江苏磐希化工有限公司〈P1821〉;[鄂]武汉有机实业股份有限公司〈P2235〉

邻甲基苯甲醛 C02063253

o-Methylbenzaldehyde;2-Methylbenzaldehyde [529-20-4]

用作有机合成中间体

【生产厂】[苏]江苏磐希化工有限公司〈P1821〉;[鲁]肥城阿斯德化工有限公司(600 吨)〈P2134〉;[鄂]武汉有机实业股份有限公司〈P2235〉

3,4-二甲基苯甲醛 C02063255

3,4-Dimethylbenzaldehyde [5973-71-7]

用于制备医药中间体、成核透明剂、香料等

【生产厂】[辽]辽宁省沈阳中际精细化工总厂〈P1684〉;[鲁]烟台只楚合成化学有限公司(200 吨)〈P2120〉;肥城阿斯德化工有限公司(100 吨)〈P2134〉

2,4-二甲基苯甲醛 C02063257

2,4-Dimethylbenzaldehyde [15764-16-6]

用作有机合成中间体

【生产厂】[津]天津市捷特精细化工有限公司(120 吨)〈P1591〉;[苏]江苏磐希化工有限公司〈P1821〉

邻三氟甲基苯甲醛;2-三氟甲基苯甲醛 C02063261

o-Trifluoromethylbenzaldehyde [447-61-0]

【生产厂】[京]北京金奥利维科技发展有限公司〈P1551〉;北京宜龙通广科技有限公司〈P1565〉;[辽]阜新三宝化工实业有限公司〈P1708〉;[苏]扬州天辰精细化工有限公司〈P1819〉;[赣]江西上饶现代化工有限公司〈P2015〉;[鲁]菏泽睿鹰制药集团(25 吨)〈P2158〉

间三氟甲基苯甲醛;3-三氟甲基苯甲醛 C02063271

m-Trifluoromethylbenzaldehyde [454-89-7]

【生产厂】[京]北京金奥利维科技发展有限公司〈P1551〉;北京宜龙通广科技有限公司〈P1565〉;北京北化新元科技发展有限公司〈P1544〉;[辽]阜新三宝化工实业有限公司〈P1708〉;[赣]江西上饶现代化工有限公司〈P2015〉

对三氟甲基苯甲醛;4-三氟甲基苯甲醛 C02063281

p-Trifluoromethylbenzaldehyde [455-19-6]

【生产厂】[京]北京普瑞东方化学技术有限公司〈P1556〉;北京金奥利维科技发展有限公司〈P1551〉;北京宜龙通广科技有限公司〈P1565〉;北京北化新元科技发展有限公司〈P1544〉;[辽]阜新三宝化工实业有限公司〈P1708〉;[鲁]菏泽睿鹰制药集团(5 吨)〈P2158〉

2-氯-5-三氟甲基苯甲醛 C02063284

2-Chloro-5-trifluoromethylbenzaldehyde

【生产厂】[赣]江西上饶现代化工有限公司〈P2015〉

4-氯-3-三氟甲基苯甲醛 C02063285

4-Chloro-3-trifluoromethylbenzaldehyde
【生产厂】[赣]江西上饶现代化工有限公司〈P2015〉

3,5-二(三氟甲基)苯甲醛 C02063291
3,5-Bis(trifluoromethyl) benzaldehyde [401-95-6]
用作医药、农药中间体
【生产厂】[京]北京金奥利维科技发展有限公司〈P1551〉;北京宜龙通广科技有限公司〈P1565〉;北京北化新元科技发展有限公司〈P1544〉;[辽]金凯(阜新)化工有限公司〈P1708〉;[赣]江西上饶现代化工有限公司〈P2015〉;[鲁]济宁信东化工有限公司〈P2129〉

联苯单甲醛;对苯基苯甲醛 C02063401
4-Biphenylcarboxaldehyde;*p*-Phenylbenzaldehyde [3218-36-8]
【生产厂】[京]大庆开发区新世纪精细化工有限公司北京裕立化工有限公司〈P1567〉;北京精益精化工有限公司〈P1553〉;[黑]大庆新世纪精细化工有限公司〈P1722〉

异丁醛;二甲基乙醛;2-甲基丙醛 C02063501
Isobutyraldehyde;2-Methylpropanal [78-84-2]
用于制橡胶硫化促进剂和防老剂、异丁酸等
【生产厂】[沪]上海建北有机化工有限公司〈P1742〉;[苏]宜兴市中港精细化工有限公司〈P1888〉;[浙]浙江省建德市新成化工厂(2000 吨)〈P1928〉
【使用厂】[鄂]湖北仙隆化工股份有限公司〈P2245〉;武汉绿茵化工有限公司〈P2231〉;[川]乐山三九长征药业股份有限公司〈P2332〉

3-甲硫基丁醛 C02063601
3-Methylthiobutyraldehyde [16630-52-7]
用于生产调味料
【生产厂】[鲁]山东滕州悟通香料有限责任公司〈P2078〉;滕州吉田香料有限公司〈P2078〉

5-硝基水杨醛 C02063801
5-Nitrosalicylaldehyde [97-51-8]
用作有机合成中间体
【生产厂】[京]北京奥得赛化学有限公司〈P1543〉;[沪]上海华彩精细化工有限公司〈P1738〉;上海万凯化学有限公司〈P1768〉;[苏]苏州工业园区亚科化学试剂有限公司〈P1900〉;泰兴盛铭精细化工有限公司(30 吨)〈P1825〉;[浙]嘉兴市向阳化工厂〈P1942〉;衢州市宏坤碳素制造厂〈P1957〉;衢州市一川化工有限公司〈P1958〉;[豫]洛阳天骋化学试剂有限公司(50 吨)〈P2187〉

5-溴水杨醛;5-溴-2-羟基苯甲醛 C02063901
5-Bromosalicylaldehyde [1761-61-1]
用于医药、香料和染料等有机合成的中间体
【生产厂】[苏]苏州海宇生物科技有限公司〈P1900〉;连云港中壹精细化工有限公司〈P1801〉

3-氟水杨醛 C02063953
3-Fluorosalicylaldehyde
【生产厂】[京]北京嘉盛扬医药科技有限公司〈P1551〉

4-(*N*,*N*-二乙氨基)水杨醛 C02063981
4-(*N*,*N*-Diethylamino) salicylaldehyde [17754-90-4]
是染料及有机合成中间体,主要用于有机颜料和功能染料(如分散荧光黄、橙、红等)的制造
【生产厂】[京]北京成宇化工有限公司〈P1545〉;[津]天津市德爱化工新技术有限公司〈P1584〉;[冀]河北永泰化工有限公司〈P1623〉;[苏]镇江茂源化工有限公司(200 吨)〈P1844〉;[浙]浙江新花蝶化工有限公司〈P1969〉;浙江科盛染料化工有限公司〈P1965〉

对氰基苯甲醛 C02064001
p-Cyanobenzaldehyde [105-07-7]
用作医药中间体
【生产厂】[京]大庆开发区新世纪精细化工有限公司北京裕立化工有限公司〈P1567〉;北京奥得赛化学有限公司〈P1543〉;[黑]大庆新世纪精细化工有限公司〈P1722〉;[苏]泰兴市对外贸易南京有限公司〈P1792〉;连云港贝斯特化工有限公司〈P1798〉;[鲁]青岛化工研究院〈P2037〉

邻氰基苯甲醛 C02064011
o-Cyanobenzaldehyde [7468-67-9]
用于有机合成,是药物肼酞嗪中间体
【生产厂】[京]大庆开发区新世纪精细化工有限公司北京裕立化工有限公司〈P1567〉;[黑]大庆新世纪精细化工有限公司〈P1722〉;[苏]连云港贝斯特化工有限公司〈P1798〉

间氰基苯甲醛 C02064021
m-Cyanobenzaldehyde [24964-64-5]
用于有机合成
【生产厂】[黑]大庆新世纪精细化工有限公司〈P1722〉;[苏]泰兴市对外贸易南京有限公司〈P1792〉;连云港贝斯特化工有限公司〈P1798〉

3,5-二叔丁基水杨醛 C02064101
3,5-Di-*tert*-butylsalicylaldehyde
【生产厂】[苏]江阴南极星生物制品有限公司〈P1868〉;江阴市三益化工有限公司〈P1870〉;靖江市三益化工有限公司〈P1825〉;[浙]湖州恩贝希生物原料有限公司〈P1945〉

3,5-二叔丁基-4-羟基苯甲醛 C02064201
3,5-Di-*tert*-butyl-4-hydroxybenzaldehyde [1620-98-0]
用于抗生素原料药合成
【生产厂】[苏]江阴南极星生物制品有限公司〈P1868〉;江阴市三益化工有限公司〈P1870〉;徐州市爱克医药科技有限公司〈P1795〉;[鲁]青岛裕达精细化工有限公司(8 吨)〈P2046〉

2-甲基-4-羟基苯甲醛;4-羟基-2-甲基苯甲醛 C02064351
4-Hydroxy-2-methylbenzaldehyde
【生产厂】[川]爱斯特(成都)医药技术有限公司〈P2309〉

2,6-二氟苯甲醛 C02064401
2,6-Difluorobenzaldehyde [437-81-0]
【生产厂】[苏]扬州天辰精细化工有限公司〈P1819〉;[鲁]济南瑞凯化工有限公司〈P2024〉

2,3-二氟苯甲醛 C02064403
2,3-Difluorobenzaldehyde [2646-91-5]
【生产厂】[京]北京金奥利维科技发展有限公司〈P1551〉;北京北化新元科技发展有限公司〈P1544〉;[辽]阜新金特莱氟化学有限责任公司〈P1707〉;[赣]江西上饶现代化工有限公司〈P2015〉

3,4-二氟苯甲醛 C02064404

3,4-Difluorobenzaldehyde [34036-07-2]
【生产厂】[京]北京宜龙通广科技有限公司〈P1565〉;北京北化新元科技发展有限公司〈P1544〉;[辽]阜新金特莱氟化学有限责任公司〈P1707〉;[沪]上海威远精细氟科技发展有限公司〈P1769〉;[赣]江西上饶现代化工有限公司〈P2015〉

3,5-二氟苯甲醛 C02064405
3,5-Difluorobenzaldehyde [32085-88-4]
【生产厂】[京]北京金奥利维科技发展有限公司〈P1551〉;北京宜龙通广科技有限公司〈P1565〉;北京北化新元科技发展有限公司〈P1544〉;[沪]上海威远精细氟科技发展有限公司〈P1769〉;[赣]江西上饶现代化工有限公司〈P2015〉

2,4-二氟苯甲醛 C02064406
2,4-Difluorobenzaldehyde [1550-35-2]
【生产厂】[京]北京北化新元科技发展有限公司〈P1544〉;[辽]阜新金特莱氟化学有限责任公司〈P1707〉;[苏]沭阳金凯化工厂〈P1804〉

2,5-二氟苯甲醛 C02064407
2,5-Difluorobenzaldehyde
【生产厂】[辽]阜新金特莱氟化学有限责任公司〈P1707〉

3,4,5-三氟苯甲醛 C02064451
3,4,5-Trifluorobenzaldehyde [132123-54-7]
【生产厂】[沪]上海威远精细氟科技发展有限公司〈P1769〉

2,4,6-三氟苯甲醛 C02064455
2,4,6-Trifluorobenzaldehyde [58551-83-0]
【生产厂】[沪]上海威远精细氟科技发展有限公司〈P1769〉

对氟肉桂醛;4-氟肉桂醛 C02064501
p-Fluorocinnamaldehyde [24654-55-5]
用于有机合成及用作医药中间体
【生产厂】[皖]安徽华业化工有限公司〈P1979〉

α-溴代肉桂醛 C02064551
α-Bromocinnamaldehyde [5443-49-2]
用作有机合成原料
【生产厂】[鄂]武汉远城科技发展有限公司〈P2235〉

α-甲基肉桂醛 C02064601
α-Methylcinnamaldehyde [101-39-3]
用作药物依帕司他中间体
【生产厂】[冀]沧州那瑞化学科技有限公司〈P1652〉;沧州锐新化工有限公司〈P1652〉;[沪]上海泰顿化工有限公司〈P1766〉;[赣]江西泰欣诺实业有限公司〈P2009〉

对甲硫基苯甲醛 C02064701
p-Methylthiobenzaldehyde [3446-89-7]
【生产厂】[浙]横店集团家园化工有限公司〈P1952〉

环辛甲醛 C02064801
Cyclooctanecarboxyldehyde
【生产厂】[川]爱斯特(成都)医药技术有限公司〈P2309〉

2,4,6-三甲基苯甲醛 C02064901
2,4,6-Trimethylbenzaldehyde [487-68-3]
用于有机合成
【生产厂】[津]天津市捷特精细化工有限公司(120 吨)〈P1591〉;[苏]江苏磐希化工有限公司〈P1821〉;[浙]浙江省嵊州市新化科技有限公司〈P1951〉

3-硝基-4-甲氧基苯甲醛;4-甲氧基-3-硝基苯甲醛 C02064991
3-Nitro-4-methoxybenzaldehyde
【生产厂】[苏]常熟市新腾化工有限公司〈P1891〉

5-硝基香兰素;3-甲氧基-4-羟基-5-硝基苯甲醛 C02065001
5-Nitrovanillin;4-Hydroxy-3-methoxy-5-nitrobenzaldehyde [6635-20-7]
【生产厂】[京]北京艾斯克医药技术开发有限公司〈P1543〉;[鲁]青岛裕达精细化工有限公司〈P2046〉

环己基甲醛 C02065101
Cyclohexylformaldehyde [2043-61-0]
用于有机合成、药物合成
【生产厂】[苏]江苏省句容市中山化工研究所〈P1842〉;[浙]浙江台州清泉医药化工有限公司〈P1968〉

3-环己烯-1-甲醛 C02065151
3-Cyclohexene-1-carboxaldehyde
【生产厂】[鄂]武汉新景化工有限责任公司〈P2234〉

4-吗啉甲醛;*N*-甲酰基吗啉 C02065301
4-Morpholinecarbaldehyde;*N*-Formylmorpholine [4394-85-8]
用于天然气、合成气、烟道气、天然气凝析油及汽油等的脱硫
【生产厂】[冀]廊坊龙翼精细化工有限公司〈P1660〉;[辽]辽阳鼎鑫化工有限公司〈P1709〉;[吉]吉林省龙腾精细化工有限责任公司〈P1717〉;[苏]淮安市华泰化工有限公司(600 吨)〈P1801〉;[鲁]烟台宏泰达有限公司〈P2117〉;[豫]南阳科生生物化工有限公司〈P2224〉;[川]西南化工研究设计院〈P2320〉

1-苄基-4-哌啶甲醛;1-苄基-4-甲酰基哌啶 C02065451
1-Benzyl-4-piperidinecarboxaldehyde; 1-Benzyl-4-formylpiperidine [22065-85-6]
【生产厂】[冀]沧州那瑞化学科技有限公司〈P1652〉;[沪]上海泰顿化工有限公司〈P1766〉

3,4-二苄氧基苯甲醛 C02065601
3,4-Dibenzyloxybenzaldehyde [5447-02-9]
用作有机合成原料和医药中间体
【生产厂】[苏]徐州瑞赛科技实业有限公司〈P1795〉

4-苄氧基苯甲醛 C02065651
4-Benzyloxybenzaldehyde [4397-53-9]
用作医药中间体
【生产厂】[浙]杭州广林生物医药有限公司〈P1917〉

吡咯-2-甲醛;2-甲酰基吡咯 C02065701
Pyrrole-2-carboxaldehyde;2-Pyrrolecarbaldehyde [1003-29-8]
【生产厂】[苏]苏州海宇生物科技有限公司〈P1900〉;[鲁]滕州吉田香料有限公司〈P2078〉

2-羟基-1-萘甲醛 C02065821

2-Hydroxy-1-naphthaldehyde [708-06-5]
用作染料、荧光增白剂中间体
【生产厂】[苏]常州市武进鸣凰化学厂〈P1854〉；常州市武进临川化工有限公司〈P1854〉

C

3,4-二乙氧基苯甲醛 C02065951
3,4-Diethoxybenzaldehyde
【生产厂】[浙]台州市新东方医化有限公司〈P1962〉

D-甘油醛缩丙酮 C02066151
D-Glyceraldehyde-acetonide
可用于药品
【生产厂】[浙]杭州南博生化科技有限公司〈P1921〉；浙江奥马药业有限公司〈P1963〉

L-甘油醛缩丙酮 C02066191
L-Glyceraldehyde-acetonide
可用于药品
【生产厂】[浙]杭州南博生化科技有限公司〈P1921〉；浙江奥马药业有限公司〈P1963〉

对碘苯甲醛 C02066201
p-Iodobenzaldehyde [15164-44-0]
【生产厂】[晋]祁县精细化工厂〈P1675〉

二茂铁甲醛 C02066301
Ferrocenecarboxaldehyde [12093-10-6]
【生产厂】[川]成都添彩化工有限公司〈P2316〉

4-溴-2-硝基苯甲醛 C02066401
4-Bromo-2-nitrobenzaldehyde [5551-12-2]
【生产厂】[沪]上海再辉化工有限公司〈P1777〉

5-降冰片烯-2-甲醛 C02066501
5-Norbornene-2-carboxaldehyde [5453-80-5]
【生产厂】[川]四川辉硕化工有限公司〈P2333〉

一缩二丙二醇；二(2-羟丙基)醚；二丙二醇 C02070101
Dipropylene glycol [110-98-5]
主要用作硝酸纤维素和醋酸纤维素的溶剂，还用于制油漆、油墨、印泥等
【生产厂】[苏]宜兴市鸿源化学厂〈P1885〉

乙二醇；甘醇；1,2-亚乙基二醇；EG C02070201
Ethylene glycol; Glycol [107-21-1]
主要用于生产聚酯树脂、醇酸树脂、增塑剂、防冻剂，也用于化妆品和炸药
【生产厂】[京]北京东方化工厂(4 万吨)〈P1546〉；北京宏悦顺化工厂〈P1549〉；北京市大兴县东方化工厂〈P1558〉；[津]天津市大港区聚富化工有限公司(300 吨)〈P1583〉；天津市宏祥化工有限公司〈P1589〉；中国石油化工股份有限公司天津分公司(4 万吨)〈P1618〉；[辽]辽阳石化公司烯烃厂(6 万吨)〈P1710〉；[吉]吉化集团吉林市星云工贸有限公司〈P1715〉；[沪]上海长风化工厂〈P1729〉；上海华谊集团上硫化工有限公司〈P1739〉；中国石化上海石油化工股份有限公司(12 万吨)〈P1780〉；[苏]南京富邦化工有限公司〈P1783〉；中国石化扬子石油化工股份有限公司(30 万吨)〈P1792〉；溧阳市清安有机化工厂〈P1863〉；兴达化工有限公司〈P1883〉；宜兴市鸿源化学厂〈P1885〉；宜兴市燎原化工有限公司(1000 吨)〈P1885〉；宜兴市赛利化工有限公司〈P1886〉；宜兴市博兴化工有限公司〈P1883〉；江苏省宜兴市兴洋化工厂〈P1866〉；宜兴市芳霞化工有限公司〈P1884〉；江苏省沛县东方化工厂〈P1793〉；江都市天达化工厂〈P1815〉；江苏省江都市天林化工有限公司〈P1816〉；南通恒兴电子材料有限公司〈P1833〉；[鲁]淄博瑞穗化工有限公司(1000 吨)〈P2066〉；临淄青华化工溶剂厂〈P2050〉；潍坊市田元农化研究所(1000 吨)〈P2105〉；青州贝特化工有限公司〈P2090〉；临朐县乙二醇化工厂〈P2090〉；山东省临朐县强力化建有限公司〈P2097〉；临朐县恒鸣化建有限公司〈P2090〉；临朐县龙岗弥龙乙二醇厂(150 吨)〈P2090〉；临朐县东郊化工有限公司〈P2090〉；[粤]中海壳牌石油化工有限公司(32 万吨)〈P2278〉；[新]中国石油天然气股份有限公司独山子石化分公司(6 万吨)〈P2365〉
【使用厂】[津]天津有机化学工业总公司合成材料厂〈P1617〉；天津市天庆化工有限公司〈P1605〉；天津有机化学工业总公司〈P1616〉；天津市津海第二福利化工厂〈P1593〉；天津市龙江精细化工有限公司〈P1598〉；[冀]石家庄市有机化工厂〈P1632〉；[辽]辽宁科隆化工实业有限公司〈P1709〉；中国石油天然气股份有限公司辽阳石化分公司〈P1712〉；辽宁奥克化学集团有限公司〈P1709〉；铁岭市东博合成材料厂〈P1712〉；盘锦辽河油田汇达化工有限公司〈P1706〉；辽阳华兴化学品有限公司〈P1710〉；[吉]长春泰欧亚涂料有限公司〈P1714〉；[沪]上海华源股份有限公司〈P1740〉；上海市大场化工厂〈P1763〉；上海美兴化工有限公司〈P1753〉；[苏]苏州特种化学品有限公司〈P1906〉；扬州江亚消防药剂有限公司〈P1817〉；江都市第八化工有限公司〈P1813〉；[皖]安庆市有机化工有限责任公司〈P1980〉；[闽]厦门利恒股份有限公司〈P1992〉；腾龙特种树脂(厦门)有限公司〈P1991〉；福建省晋江市华福化工有限公司〈P1998〉；福建兴宇树脂有限公司〈P1999〉；[鲁]山东金沂蒙集团有限公司〈P2149〉；济南鲁康化学工业有限公司〈P2023〉；东营市信义化工有限公司〈P2083〉；新汶矿业集团有限责任公司〈P2139〉；山东滕州悟通香料有限责任公司〈P2078〉；烟台华大化学工业有限公司〈P2117〉；寿光富康制药有限公司〈P2099〉；淄博市临淄环城玻璃钢制品有限公司〈P2068〉；[豫]黎明化工研究院〈P2181〉；新郑市树脂厂〈P2169〉；巩义市宏亚冶化有限公司〈P2163〉；[鄂]湖北恒日化工股份有限公司〈P2243〉；[粤]广州化学试剂厂〈P2261〉；珠海裕华聚酯有限公司〈P2275〉；[川]成都天华科技股份有限公司〈P2315〉；[新]新疆屯河聚酯有限责任公司〈P2367〉；乌鲁木齐市新市区顺通化工厂〈P2363〉

2-乙基己醇；异辛醇 C02070301
2-Ethyl-1-hexanol [104-76-7]
用于生产增塑剂、消泡剂、分散剂、选矿剂和石油添加剂，也用于印染、油漆、胶片等
【生产厂】[京]北京东方石化化工四厂(10 万吨)〈P1546〉；[沪]上海莱雅仕化工有限公司〈P1749〉；[鲁]淄博市临淄建明化工有限公司(1500 吨)〈P2069〉；淄博市临淄天德精细化工研究所(3 万吨)〈P2888〉
【使用厂】[京]北京东方化工厂〈P1546〉；[沪]上海千为油脂科技有限公司〈P1757〉；[苏]无锡市三吉助剂有限责任公司〈P1878〉；[浙]宁波市贝特化工新材料有限公司〈P1932〉；[鲁]山东新华东风化工有限公司〈P2055〉；德州信达化工有限公司〈P2142〉；[鄂]武汉风帆化工有限公司〈P2229〉；[滇]云南蓝德化工有限公司〈P2343〉

乙醇钠；乙氧钠 C02070401
Sodium ethoxide; Sodium ethylate [141-52-6]
用作强碱性催化剂、乙氧基化剂以及作为还原剂用于有机合成、医药合成等
【生产厂】[津]天津市东丽区福利有机化工厂(3000 吨)

〈P1585〉;天津市中科健化工有限公司(800 吨)〈P1613〉;[辽]沈阳市嘉恒化工有限公司〈P1688〉;[鲁]德州龙腾化工有限公司(100 吨)〈P2142〉;淄博市淄川方友化工有限公司〈P2072〉;山东新华制药股份有限公司〈P2055〉;淄博旭升化工有限公司〈P2075〉;淄博汇鑫化工有限责任公司(1000 吨)〈P2062〉;淄博市淄川兴隆化工有限公司〈P2073〉;淄博中银化工有限公司〈P2077〉;淄博中凯化工有限公司〈P2077〉;淄博市周村鲁博化工有限公司(500 吨)〈P2071〉;淄博市临淄泰达化工有限公司〈P2069〉;[豫]河南省荥阳甲醇钠有限公司(2000 吨)〈P2167〉;[鄂]来凤恒发医药化工集团公司〈P2245〉;[滇]杨林工业开发区汕滇药业有限公司〈P2340〉

【使用厂】[鲁]山东滕州悟通香料有限责任公司〈P2078〉;淄博开发区光明社会福利化工厂〈P2064〉;[豫]河南康泰制药集团公司河南省精细化工厂〈P2166〉;河南康泰制药集团公司〈P2166〉;[鄂]湖北仙隆化工股份有限公司〈P2245〉

乙醇钠(乙醇溶液);乙氧基钠(乙醇溶液)　C02070402

Sodium ethoxide, ethanol solution; Sodium ethylate, ethanol solution [141-52-6]

用作强碱性催化剂、乙氧基化剂以及作为还原剂用于有机合成、医药合成等

【生产厂】[鲁]德州龙腾化工有限公司(100 吨)〈P2142〉;淄博旭升化工有限公司〈P2075〉;山东淄博淄川新兴化工厂〈P2056〉

乙醇镁　C02070491

Magnesium ethoxide; Magnesium ethylate [2414-98-4]

主要用于制药及有机合成

【生产厂】[鲁]德州龙腾化工有限公司(800 吨)〈P2142〉

一缩二乙二醇;二乙二醇醚;二甘醇;二乙二醇;2,2′-氧联二乙醇　C02070501

Diethylene glycol; Diglycol [111-46-6]

用于制备增塑剂,亦用作萃取剂、干燥剂、保温剂、柔软剂和溶剂等

【生产厂】[京]北京东方化工厂〈P1546〉;北京市大兴县东方化工厂〈P1558〉;[津]天津市宏祥化工有限公司(500 吨)〈P1589〉;[辽]辽阳石化公司烯烃厂(5500 吨)〈P1710〉;中国石油天然气股份有限公司辽阳石化分公司(5600 吨)〈P1712〉;[吉]吉化集团吉林市星云工贸有限公司〈P1715〉;[沪]中国石化上海石油化工股份有限公司(9900 吨)〈P1780〉;上海沪试化工有限公司〈P1737〉;[苏]南京富邦化工有限公司〈P1783〉;中国石化扬子石油化工股份有限公司(3 万吨)〈P1792〉;溧阳市清安有机化工厂〈P1863〉;兴达化工有限公司〈P1883〉;宜兴市燎原化工有限公司〈P1885〉;宜兴市赛利化工有限公司〈P1886〉;宜兴市博兴化工有限公司〈P1883〉;江苏省宜兴市兴洋化工厂〈P1866〉;宜兴市芳霞化工有限公司〈P1884〉;江苏省沛县东方化工厂〈P1793〉;南通恒兴电子材料有限公司〈P1833〉;[鲁]临淄青华化工溶剂厂〈P2050〉;临朐县乙二醇化工厂〈P2090〉;临朐县恒鸣化建有限公司〈P2090〉;临朐县龙岗弥龙乙二醇厂(40 吨)〈P2090〉;临朐县东郊化工有限公司〈P2090〉

【使用厂】[津]天津市龙江精细化工有限公司〈P1598〉;[辽]铁岭市东博合成材料厂〈P1712〉;[吉]吉林省龙腾精细化工有限责任公司〈P1717〉;[苏]苏州益良药业有限公司〈P1907〉;泰兴市医药化工厂〈P1827〉;[皖]安庆市有机化工有限责任公司〈P1980〉;安徽昊源化工集团有限公司〈P1983〉;[闽]福建省晋江市华福化工有限公司〈P1998〉;泉州洛江三星涂料树脂有限公司〈P2000〉;福建莱克石化有限公司〈P1998〉;福建兴宇树脂有限公司〈P1999〉;[鲁]淄博市临淄环城玻璃钢制品有限公司〈P2068〉;[豫]黎明化工研究院〈P2181〉;[粤]广东省中山凯达精细化工股份有限公司〈P2282〉

2,5-二甲基-2,5-己二醇　C02070601

2,5-Dimethyl-2,5-hexanediol [110-03-2]

主要用于制取农药除虫菊酯类杀虫剂、香料、人造麝香、聚乙烯塑料交联剂等

【生产厂】[渝]重庆福润化工有限公司〈P2304〉;[川]成都惟精喜望精细化工有限公司〈P2316〉;宜宾恒德化学有限公司〈P2335〉;泸州万联化工有限公司〈P2323〉;四川众邦科技发展有限公司(2000 吨)〈P2323〉;四川泸州巨宏化工有限责任公司〈P2323〉

1,2-己二醇　C02070608

1,2-Hexanediol [6920-22-5]

【生产厂】[浙]浙江省建德市新成化工厂〈P1928〉;嘉兴市步云染化厂〈P1941〉

3-己炔-2-醇　C02070631

3-Hexyn-2-ol [109-50-2]

【生产厂】[浙]东港工贸集团有限公司〈P1960〉

2,5-二甲基-3-己炔-2,5-二醇　C02070651

2,5-Dimethyl-3-hexyne-2,5-diol [142-30-3]

用作电镀工业用的增亮剂及香料、除草剂、杀虫剂的原料

【生产厂】[鄂]武汉风帆化工有限公司〈P2229〉;[川]宜宾恒德化学有限公司〈P2335〉;泸州万联化工有限公司〈P2323〉;四川众邦科技发展有限公司〈P2323〉;四川泸州巨宏化工有限责任公司〈P2323〉

2-乙基-1,3-己二醇　C02070671

2-Ethyl-1,3-hexanediol [94-96-2]

【生产厂】[浙]杭州中香化学有限公司〈P1925〉

二氯异丙醇;1,3-二氯-2-丙醇　C02070701

1,3-Dichloroisopropanol; 1,3-Dichloro-2-propanol [96-23-1]

用于抗病毒药更昔洛韦的合成,用作醋酸纤维、乙基纤维的溶剂,也用于制造环氧树脂、离子交换树脂等

【生产厂】[晋]山西太明化工工业有限公司(100 吨)〈P1676〉;[浙]浙江车头制药有限公司〈P1963〉;[赣]江西麒麟化工有限公司〈P2013〉;[鲁]山东省东营国丰精细化工有限责任公司〈P2085〉;东营市联成化工有限责任公司(15 万吨)〈P2082〉;[粤]深圳市亚王康丽技术有限公司(300 吨)〈P2273〉

十八醇;硬脂醇;十八碳醇　C02070801

Octadecanol; Octadecyl alcohol; Octodecyl alcohol; Stearyl alcohol [112-92-5]

常用于制造表面活性剂,也可用于药物和化妆品的制备

【生产厂】[豫]商丘龙宇化工有限公司〈P2226〉;[粤]广东西陇化工有限公司〈P2276〉

【使用厂】[津]天津力生化工有限公司〈P1576〉;[辽]辽阳鸿泰有机化工有限公司〈P1710〉;[苏]江苏飞翔化工(张家港)有限公司〈P1893〉

二十二醇;山萮醇　C02070831

1-Docosanol; Behenyl alcohol [661-19-8]

用于合成乳化剂、表面活性剂等，广泛应用于个人护理、洗涤及保健用品行业

【生产厂】[沪]上海北卡医药技术有限公司〈P1728〉；[湘]湖南九典制药有限公司〈P2248〉；[川]四川西普化工股份有限公司〈P2331〉

C

二十四醇；二十四烷醇；木焦醇 C02070841

Tetracosanol [506-51-4]

【生产厂】[浙]浙江湖州四丰天然蜡精炼厂〈P1947〉

二十八醇；正二十八烷醇 C02070851

n-Octacosanol；Octacosyl alcohol [557-61-9]

具有抗疲劳、降血脂、增强性功能的功效，可用于治疗老年初期帕金森氏病

【生产厂】[京]北京恒天易德化工有限公司〈P1549〉；[浙]湖州市双林圣涛植物油脂厂〈P1946〉；浙江湖州四丰天然蜡精炼厂〈P1947〉；[豫]濮阳市亿丰生物化工工程有限公司(300吨)〈P2215〉；[川]四川西普化工股份有限公司〈P2331〉；[陕]西安华萃生物技术有限责任公司〈P2348〉；西安冠宇生物技术有限公司〈P2348〉

二十六醇；二十六烷醇；蜡醇 C02070861

Hexacosanol；Ceryl alcohol [506-52-5]

用作有机合成的原料

【生产厂】[浙]浙江湖州四丰天然蜡精炼厂〈P1947〉

13-二十二碳烯-1-醇；芥醇 C02070871

Docosa-13-*en*-1-ol

用于医药和化工行业中，可以作为化妆品、表面活性剂等的活性成分

【生产厂】[川]四川西普化工股份有限公司〈P2331〉

三十二烷醇；虫蜡醇 C02070891

Dotriacontanol

【生产厂】[浙]浙江湖州四丰天然蜡精炼厂〈P1947〉

1,4-丁二醇；BDO C02070901

1,4-Butanediol；BDO [110-63-4]

用作溶剂和增湿剂，也用于制增塑剂、药物、聚酯树脂、聚氨基甲酸酯树脂等

【生产厂】[辽]沈阳东进化工产业有限公司(3万吨)〈P1685〉；[沪]上海中远化工有限公司〈P1779〉；[鲁]山东省博兴县凯利精细化工有限责任公司〈P2156〉；山东佳泰石油化工有限公司(1万吨)〈P2085〉；东营万象化工有限责任公司(1800吨)〈P2083〉；[川]四川天华股份有限公司〈P2323〉

【使用厂】[沪]上海胜浦新材料有限公司〈P1762〉；[苏]南通星辰合成材料有限公司〈P1836〉；江都市第八化工有限公司〈P1813〉；南京金龙化工厂〈P1785〉；江苏德发树脂有限公司〈P1807〉；江苏华派集团〈P1807〉；[闽]福州昆胜复合塑料有限公司〈P1989〉；[鲁]淄博市临淄冰清精细化工厂〈P2068〉；烟台华大化学工业有限公司〈P2117〉；[豫]黎明化工研究院〈P2181〉；[粤]佛山市高明区华驰化工树脂有限公司〈P2287〉

1,4-二羟基-2-丁烯；1,4-丁烯二醇；2-丁烯-1,4-二醇 C02070910

1,4-Dihydroxy-2-butene [110-64-5]

用作醇酸树脂的增塑剂、合成树脂的交联剂、杀菌剂等，也可用于制1,4-丁二醇等

【生产厂】[沪]上海中远化工有限公司(1700吨)〈P1779〉；[苏]常州市东业化学品公司〈P1850〉；常州东方医药原料有限公司〈P1846〉

【使用厂】[沪]上海福达精细化工有限公司〈P1733〉

2,3-二溴-1,4-丁烯二醇 C02070920

2,3-Dibromo-2-butene-1,4-diol [3234-02-4]

【生产厂】[沪]上海索诚化学有限公司〈P1766〉；上海科帆化工科技有限公司〈P1748〉；[浙]湖州长盛化工有限公司〈P1945〉

1,2,4-丁三醇 C02070930

1,2,4-Butanetriol [3068-00-6]

用途与甘油相似，可用作湿润剂、溶剂和生产医药、炸药的中间体

【生产厂】[京]中国蓝星(集团)总公司〈P1568〉；[冀]唐山市维智贸易有限公司(60吨)〈P1636〉；[沪]上海申夏生物化工有限公司〈P1761〉；上海福达精细化工有限公司(50吨)〈P1733〉

丁炔二醇；1,4-丁炔二醇；1,4-二羟基-2-丁炔 C02071001

Butynediol；1,4-Butynediol；2-Butyne-1,4-diol [110-65-6]

用于生产丁烯二醇、丁二醇、γ-丁内酯等系列化工产品

【生产厂】[辽]沈阳岭森精细化工厂〈P1687〉；沈阳东进化工产业有限公司(4万吨)〈P1685〉；[沪]上海中远化工有限公司(3000吨)〈P1779〉；[苏]丹阳市延中助剂有限公司〈P1841〉；昆山晶科微电子材料有限公司〈P1896〉；江苏省太仓市归庄镇武兵化工厂〈P1894〉；[鲁]德州天宇化学工业有限公司(1000吨)〈P2142〉；淄博安兴化工有限公司(800吨)〈P2057〉

【使用厂】[鄂]武汉风帆化工有限公司〈P2229〉

2-甲基-3-丁炔-2-醇；甲基丁炔醇 C02071011

2-Methyl-3-butyn-2-ol [115-19-5]

用作合成医药、农药、萜烯类香料的中间体，酸蚀抑制剂、黏度稳定剂、减粘剂等

【生产厂】[渝]重庆福润化工有限公司〈P2304〉；[川]四川省天然气化工研究院(1000吨)〈P2319〉；四川天一科技股份有限公司〈P2319〉；宜宾恒德化学有限公司〈P2335〉；四川众邦科技发展有限公司〈P2323〉；四川泸州巨宏化工有限责任公司〈P2323〉

3-丁炔-1-醇 C02071041

3-Butyn-1-ol [927-74-2]

用作非索非那定中间体

【生产厂】[浙]杭州广林生物医药有限公司〈P1917〉

三乙二醇；三甘醇；二缩三乙二醇 C02071101

Triethylene glycol [112-27-6]

用作溶剂、萃取剂、干燥剂等

【生产厂】[京]北京东方化工厂〈P1546〉；北京马氏精细化学品有限公司〈P1555〉；[沪]中国石化上海石油化工股份有限公司〈P1780〉；[苏]中国石化扬子石油化工股份有限公司〈P1792〉；溧阳市清安有机化工厂〈P1863〉；宜兴市鸿源化学厂〈P1885〉；宜兴市燎原化工有限公司〈P1885〉；宜兴市赛利化工有限公司〈P1886〉；宜兴市博兴化工有限公司〈P1883〉；江苏省宜兴市兴洋化工厂〈P1866〉；[鲁]临朐县东郊化工有限公司〈P2090〉；山东省微山县化工厂(800吨)〈P2132〉；[川]成都嘉茂化工实业有限公司〈P2311〉

【使用厂】[苏]徐州开达精细化工有限公司〈P1795〉

4-羟基-4-甲基-2-戊酮;双丙酮醇;二丙酮醇 C02071201

Diacetone alcohol [123-42-2]

用作高沸点溶剂、喷漆稀释剂、木材着色剂、除锈剂及染料等的原料

【生产厂】[京]北京马氏精细化学品有限公司〈P1555〉;[津]天津市津浩科技发展有限公司(3万吨)〈P1593〉;天津市北星化工有限公司(1000吨)〈P1580〉;[沪]上海静超化工有限公司〈P1745〉;上海建原化工有限公司〈P1743〉;[苏]宜兴市中港精细化工有限公司〈P1888〉;[鲁]山东临邑鲁晶化工有限公司(80吨)〈P2144〉

【使用厂】[鲁]济南泰山金鹏涂料有限公司〈P2025〉

正丁醇;酪醇;丙原醇;丁醇 C02071301

n-Butanol;*n*-Butyl alcohol [71-36-3]

用于生产乙酸丁酯、邻苯二甲酸二丁酯及磷酸类增塑剂,还用于生产三聚氰胺树脂、丙烯酸、环氧清漆等

【生产厂】[京]北京东方石化化工四厂(2万吨)〈P1546〉;[津]天津港通化工有限公司(500吨)〈P1572〉;[冀]华北制药股份有限公司(3100吨)〈P1624〉;华北制药集团有限责任公司〈P1624〉;[沪]上海建原化工有限公司〈P1743〉;[苏]无锡市三吉助剂有限责任公司〈P1878〉;洪泽前程香料香精厂〈P1801〉;江都市天达化工厂〈P1815〉;江苏省江都市天林化工有限公司〈P1816〉;[鲁]山东省淄博三丙化工有限公司(7000吨)〈P2054〉;淄博市临淄建明化工有限公司(2000吨)〈P2069〉;淄博津溶化工有限公司(2500吨)〈P2063〉;淄博市临淄冰清精细化工厂(1200吨)〈P2068〉;山东华星石油化工集团有限公司(24万吨)〈P2085〉;山东凯利化工有限公司〈P2149〉;[豫]郑州华新化工有限公司(1000吨)〈P2171〉

【使用厂】[京]北京化工厂〈P1549〉;北京东方化工厂〈P1546〉;[津]天津溶剂厂〈P1577〉;天津灯塔涂料有限公司〈P1571〉;天津市创新有机化工厂〈P1582〉;天津市顶福化工总厂〈P1585〉;天津市北星化工有限公司〈P1580〉;天津市东丽区联兴化工厂〈P1585〉;天津市泰森化工集团有限公司〈P1603〉;[冀]石家庄白龙化工股份有限公司〈P1625〉;石家庄市有机化工厂〈P1632〉;石家庄市茂新化工有限公司〈P1631〉;河北张药股份有限公司〈P1650〉;[辽]大连松辽化工有限公司〈P1694〉;铁岭选矿药剂厂〈P1713〉;大连川连酒厂〈P1691〉;[吉]长春泰欧亚涂料有限公司〈P1714〉;[黑]哈药集团制药总厂〈P1721〉;[沪]上海长风化工厂〈P1729〉;上海南大化工厂〈P1754〉;上海华溢塑料助剂合作公司〈P1740〉;上海造漆厂〈P1777〉;上海振华造漆厂〈P1778〉;上海千为油脂科技有限公司〈P1757〉;上海祁南胶粘材料厂〈P1756〉;上海天坛助剂有限公司〈P1767〉;上海南翔试剂有限公司〈P1754〉;上海新大化工厂〈P1771〉;上海树脂厂有限公司〈P1764〉;上海沪试化工有限公司〈P1737〉;[苏]南通新广生化工有限公司〈P1836〉;南通江山农药化工股份有限公司〈P1833〉;常州光辉化工有限公司〈P1847〉;江苏三木集团公司〈P1865〉;扬州江亚消防药剂有限公司〈P1817〉;无锡山禾集团第一制药有限公司〈P1874〉;苏州第四制药厂有限公司〈P1899〉;金隆化工集团有限公司〈P1861〉;苏州市化工研究所有限公司〈P1904〉;江苏华伦化工有限公司〈P1816〉;徐州开达精细化工有限公司〈P1795〉;无锡市梁溪精细化工有限公司〈P1877〉;宜兴市昌吉利化工有限公司〈P1883〉;[浙]浙江建德建业有机化工有限公司〈P1928〉;浙江龙鑫化工有限公司〈P1970〉;[闽]福建省龙岩市卓越化工有限公司〈P2005〉;[赣]南昌市赣江溶剂厂〈P2010〉;[鲁]济南泰山金鹏涂料有限公司〈P2025〉;山东新华东风化工有限公司〈P2055〉;淄博元兴化工有限公司〈P2075〉;淄博化学试剂厂有限公司〈P2062〉;淄博市临淄天德精细化工研究所〈P2888〉;淄博市临淄东方红化工厂〈P2068〉;山东金沂蒙集团有限公司〈P2149〉;山东齐鲁增塑剂股份有限公司〈P2054〉;淄博市鲁川化工有限公司〈P2070〉;淄博惠华化工有限公司〈P2062〉;山东海化魁星化工有限公司〈P2135〉;山东省邹平县齐苑化工有限公司〈P2156〉;寿光富康制药有限公司〈P2099〉;山东昌裕集团有限公司〈P2152〉;济南海启明化工有限责任公司〈P2021〉;烟台市化学工业研究所〈P2119〉;莱西市金山化工厂〈P2032〉;寿光市万奥化工有限公司〈P2100〉;[豫]郑州双塔涂料有限公司〈P2174〉;洛阳市中达化工有限公司〈P2187〉;开封化学试剂总厂〈P2176〉;河南省化工研究所〈P2167〉;南阳普康药业有限公司〈P2224〉;南阳天冠生物化工有限责任公司〈P2225〉;[鄂]荆州市博尔德化学有限公司〈P2240〉;随州市文峰涂料有限责任公司〈P2245〉;[湘]株洲选矿药剂厂〈P2250〉;衡阳市化工研究所〈P2252〉;[粤]广州市坚红化工厂〈P2264〉;广州化学试剂厂〈P2261〉;江门市制漆厂有限公司〈P2286〉;佛山市鲸鲨制漆科技有限公司〈P2288〉;汕头精细化工(集团)公司〈P2276〉;江门谦信化工发展有限公司〈P2285〉;[川]成都川大华西康达药物研究所〈P2310〉;[滇]云南蓝德化工有限公司〈P2343〉;云南省宣威华兴化工有限公司〈P2343〉;昆明市西山选矿药剂厂〈P2339〉;[甘]西北永新化工股份有限公司〈P2356〉;白银有色金属公司〈P2357〉;[新]乌鲁木齐市新市区顺通化工厂〈P2363〉

仲丁醇;另丁醇;2-丁醇 C02071311

2-Butanol;2-Butyl alcohol [78-92-2]

用作生产甲乙酮的中间体,用于制醋酸丁酯、仲丁酯等

【生产厂】[黑]黑龙江石油化工厂〈P1723〉;[沪]上海科利生物医药有限公司〈P1749〉;上海闵南化工厂〈P1753〉;上海台界化工有限公司〈P1766〉;[鲁]淄博海正化工有限公司〈P2061〉;淄博齐翔腾达化工有限公司〈P2066〉

4-氯-1-丁醇;4-氯丁醇 C02071351

4-Chloro-1-butanol [928-51-8]

用作有机合成中间体

【生产厂】[沪]上海静超化工有限公司〈P1745〉

异丁醇 C02071401

Isobutanol;Isobutyl alcohol [78-83-1]

用作有机合成的原料,也用作高级溶剂

【生产厂】[京]北京东方石化化工四厂(7500吨)〈P1546〉;[吉]吉林市吉化北方炬醌工贸有限责任公司(5000吨)〈P1716〉;[沪]上海闵南化工厂〈P1753〉;[苏]南京富邦化工有限公司〈P1783〉;洪泽前程香料香精厂〈P1801〉;江苏沭阳同盛科技有限公司〈P1804〉;盐城市军营化工厂〈P1811〉;江都市银江化工有限公司〈P1815〉;[鲁]淄博市临淄建明化工有限公司(1000吨)〈P2069〉;山东滕州悟通香料有限责任公司(10吨)〈P2078〉;[豫]尉氏县宋塔香料厂(1000吨)〈P2179〉;河南省康源香料有限公司(1200吨)〈P2176〉;河南省尉氏县香料厂(50吨)〈P2176〉

【使用厂】[津]天津溶剂厂〈P1577〉;[冀]石家庄白龙化工股份有限公司〈P1625〉;[辽]铁岭选矿药剂厂〈P1713〉;[沪]上海南大化工厂〈P1754〉;[苏]无锡市三吉助剂有限责任公司〈P1878〉;无锡市第七制药有限公司〈P1875〉;[鲁]淄博元兴化工有限公司〈P2075〉;山东齐鲁增塑剂股份有限公司〈P2054〉;淄博开发区医药化工厂〈P2064〉;邹平铭兴化工有限公司〈P2158〉;济南海启明化工有限责任公司〈P2021〉;[甘]白银有色金属公司〈P2357〉

C

混丁醇 C02071451

Butyl alcohol, mix

主要用作溶剂,如用于制药行业中作溶剂,植物提取中作溶剂染料,颜料方面稀释剂、彩印溶剂等

【生产厂】[吉]吉林市吉化北方炬醌工贸有限责任公司(4000吨)〈P1716〉;[鲁]山东省淄博三丙化工有限公司〈P2054〉;周村华丰树脂厂〈P2057〉;淄博市临淄建明化工有限公司(2000吨)〈P2069〉;山东莒南县宝华化工厂〈P2149〉

叔丁醇;特丁醇;2-甲基-2-丙醇;三甲基甲醇 C02071501

tert-Butanol; *tert*-Butyl alcohol [75-65-0]

用作有机溶剂,也是制备药物、香料的原料

【生产厂】[京]中国蓝星(集团)总公司〈P1568〉;[辽]辽阳瑞兴化工有限公司(800吨)〈P1710〉;[苏]南京富邦化工有限公司〈P1783〉;常州市旭东化工有限公司〈P1856〉;[浙]台州市中海医药化工有限公司〈P1962〉;[皖]宁国佳华化学有限公司(5000吨)〈P1987〉;[鲁]山东恒源石油化工集团有限公司〈P2144〉;淄博海正化工有限公司〈P2061〉;淄博齐胜工贸股份有限公司〈P2065〉;淄博中海安龙化工科技有限公司(1500吨)〈P2077〉;淄博四泰联合化学有限公司(9000吨)〈P2073〉;淄博齐翔腾达化工有限公司〈P2066〉;天德化工控股有限公司(5000吨)〈P2101〉;潍坊同业化学有限公司(5000吨)〈P2105〉;潍坊鑫达化工有限公司(6000吨)〈P2106〉;[甘]兰化翔鑫工贸有限责任公司(2500吨)〈P2355〉

【使用厂】[津]天津市中央药业有限公司〈P1613〉;[冀]河北世纪农药有限公司〈P1666〉;[沪]上海华谊集团华原化工有限公司〈P1739〉;上海东风农药厂〈P1732〉;上海天坛助剂有限公司〈P1767〉;上海源大精细化工有限公司〈P1776〉;[苏]江苏安邦电化有限公司〈P1802〉;苏州益良药业有限公司〈P1907〉;兴化市青松农药化工有限公司〈P1828〉;江苏克胜集团股份有限公司〈P1808〉;[浙]浙江普洛化学有限公司〈P1955〉;[鲁]淄博开发区医药化工厂〈P2064〉;[甘]兰州助剂厂〈P2356〉

叔丁醇钠 C02071551

Sodium *tert*-butoxide; Sodium tertiary butoxide [865-48-5]

用作有机合成中间体、医药中间体

【生产厂】[鲁]德州龙腾化工有限公司(250吨)〈P2142〉;淄博永超化工有限公司〈P2075〉;淄博兴乐化工有限公司〈P2074〉;青岛雪洁助剂有限公司〈P2045〉

叔丁醇钾 C02071571

Potassium *tert*-butoxide [865-47-4]

作为强碱广泛应用于化工、医药、农药等有机合成中的缩合、重排和开环等反应中

【生产厂】[苏]靖江市化工总厂〈P1824〉;[鲁]德州龙腾化工有限公司(100吨)〈P2142〉;淄博永超化工有限公司〈P2075〉;淄博兴乐化工有限公司〈P2074〉

叔丁醇钾溶液 C02071575

Potassium *tert*-butoxide solution [865-47-4]

用于农药、医药、印染、催化剂等

【生产厂】[鲁]德州龙腾化工有限公司(200吨)〈P2142〉

叔丁醇镁 C02071579

Magnesium *tert*-butoxide

用于制药、化工、农药等

【生产厂】[鲁]德州龙腾化工有限公司(300吨)〈P2142〉

1,2-丙二醇;丙二醇 C02071601

1,2-Propylene glycol [57-55-6]

用作树脂、增塑剂、表面活性剂、乳化剂和破乳剂的原料,也可用作防冻剂和热载体

【生产厂】[京]北京格瑞华阳科技发展有限公司〈P1548〉;[冀]朝阳化工集团公司(5000吨)〈P1634〉;河北省新朝阳化工股份有限公司(1万吨)〈P1635〉;[辽]沈阳东宇精细化工有限公司〈P1685〉;锦化化工(集团)有限责任公司〈P1703〉;锦化化工集团氯碱股份有限公司〈P1703〉;[沪]上海长风化工厂〈P1729〉;[苏]南京富邦化工有限公司〈P1783〉;宜兴市鸿源化学厂〈P1885〉;宜兴市博兴化工有限公司〈P1883〉;江苏省宜兴市兴洋化工厂〈P1866〉;江苏华昌化工股份有限公司〈P1893〉;江都市天达化工厂〈P1815〉;江都市银江化工有限公司〈P1815〉;江苏省江都市天林化工有限公司〈P1816〉;[浙]浙江太平洋化学有限公司(5000吨)〈P1936〉;[皖]铜陵金泰化工实业有限责任公司(1万吨)〈P1978〉;[鲁]淄博宝鼎化工有限公司〈P2058〉;淄博金德化工有限公司〈P2063〉;山东省博兴县凯利精细化工有限责任公司〈P2156〉;山东石大科技集团有限公司(3万吨)〈P2086〉;山东石大胜华化工股份有限公司(5万吨)〈P2086〉;东营市海科新源化工有限责任公司(1万吨)〈P2082〉;青州贝特化工有限公司〈P2090〉;临朐县乙二醇化工厂〈P2090〉;临朐金富建材有限公司〈P2089〉;临朐县恒鸣化建有限公司〈P2090〉;临朐县龙岗弥龙乙二醇厂〈P2090〉;临朐县东郊化工有限公司〈P2090〉;[鄂]湖北省枣阳化学工业总公司〈P2237〉;[粤]广州市伟香单体香料有限公司〈P2266〉;中海壳牌石油化工有限公司(6万吨)〈P2278〉

【使用厂】[津]天津有机化学工业总公司合成材料厂〈P1617〉;天津市津海第二福利化工厂〈P1593〉;[辽]铁岭市东博合成材料厂〈P1712〉;抚顺佳化聚氨酯有限公司〈P1698〉;[沪]上海造漆厂〈P1777〉;上海市大场化工厂〈P1763〉;[苏]江苏三木集团公司〈P1865〉;江苏亚邦化工集团有限公司〈P1861〉;南京红宝丽股份有限公司〈P1784〉;常州天马集团有限公司〈P1857〉;江都市第八化工有限公司〈P1813〉;[浙]中澳合资温州澳珀化工有限公司〈P1939〉;[皖]安庆市有机化工有限责任公司〈P1980〉;[鲁]山东滕州悟通香料有限责任公司〈P2078〉;烟台华大化学工业有限公司〈P2117〉;山东东大化学工业有限公司〈P2052〉;[豫]开封油脂化工厂〈P2179〉;新郑市树脂厂〈P2169〉;[滇]云南省玉溪市香料厂〈P2344〉

1,3-丙二醇;1,3-二羟基丙烷 C02071611

1,3-Propanediol [504-63-2]

可用于多种药物、新型聚酯PTT、医药中间体及新型抗氧剂的合成

【生产厂】[黑]黑龙江辰能生物工程有限公司(2500吨)〈P1721〉;[皖]安徽立兴化工有限公司〈P1985〉;[鲁]山东梁邹矿业集团公司(500吨)〈P2156〉;邹平铭兴化工有限公司(1000吨)〈P2158〉

【使用厂】[苏]常熟市沪联助剂有限责任公司〈P1890〉

(*R*)-1,2-丙二醇 C02071651

(*R*)-1,2-Propanediol [4254-14-2]

用作手性试剂

【生产厂】[辽]大连天源基化学有限公司〈P1694〉;[苏]常州伊思特化工有限公司〈P1858〉;[粤]深圳市亚王康丽技术有限公司(150吨)〈P2273〉

(*S*)-1,2-丙二醇 C02071655

(*S*)-1,2-Propanediol [4254-15-3]

用作手性试剂

【生产厂】[辽]大连天源基化学有限公司〈P1694〉;[苏]常州伊思特化工有限公司〈P1858〉

丙三醇;甘油 C02071701

Glycerine;Glycerol;1,2,3-Propanetriol [56-81-5]

是制造硝化甘油、醋酸甘油、表面活性剂、香精、醇酸树脂和酯胶等的原料,可直接用于防冻液、化妆品、油墨等

【生产厂】[津]天津燕海化学有限公司(800 吨)〈P1616〉;天津市创新有机化工厂(2000 吨)〈P1582〉;[冀]石家庄加力化学品有限公司〈P1627〉;衡水东风化工有限责任公司(1500 吨)〈P1667〉;[晋]太原中联泽农化工有限公司〈P1672〉;南风化工集团股份有限公司(800 吨)〈P1678〉;[蒙]通辽市威宁化工有限责任公司〈P1682〉;[辽]沈阳东松药业有限责任公司〈P1685〉;丹东龙泽化工有限责任公司(300 吨)〈P1700〉;[吉]吉林市大宇化工有限公司(600 吨)〈P1716〉;[黑]黑龙江省友谊甘油厂(1500 吨)〈P1725〉;[沪]上海索凯实业有限公司〈P1766〉;上海威呈化工有限公司〈P1769〉;上海制皂有限公司(6000 吨)〈P1778〉;上海焦化总厂延安油脂化工厂嘉定分厂〈P1743〉;[苏]常州市无明化工有限公司〈P1854〉;溧阳市诚兴化工有限公司(1500 吨)〈P1863〉;无锡市三吉助剂有限责任公司〈P1878〉;宜兴市中天助剂有限公司(1 万吨)〈P1888〉;苏州工业园区苏扬制皂有限公司(500 吨)〈P1900〉;苏州西华化工有限公司〈P1907〉;江苏中鼎化学有限公司(600 吨)〈P1895〉;扬州飞扬化工有限公司〈P1817〉;江苏省泰州市白色油厂〈P1822〉;南通油脂厂有、限公司(550 吨)〈P1836〉;[浙]绍兴县光耀化工助剂厂〈P1949〉;德清县中信油脂有限公司〈P1945〉;安吉豪森药业有限公司〈P1944〉;浙江太平洋化学有限公司(5000 吨)〈P1936〉;上海华源制药浙江凤凰化工分公司〈P1954〉;[赣]吉水县金海天然香料油科技有限公司〈P2017〉;江西省吉水药用提炼厂〈P2019〉;吉安市通海医药化工有限公司〈P2017〉;江西省吉安市林源香料公司〈P2018〉;吉安市海洲医药化工有限公司〈P2017〉;[鲁]山东省莘县四强化工有限公司(1800 吨)〈P2154〉;博兴华润油脂化学有限公司(4000 吨)〈P2154〉;东营市联成化工有限责任公司(1 万吨)〈P2082〉;潍坊中业化学有限公司〈P2107〉;山东金达双鹏集团有限公司〈P2095〉;山东烟台凯联化工有限公司(1000 吨)〈P2115〉;青岛红星化工集团有限责任公司(600 吨)〈P2036〉;青岛碱业股份有限公司天柱化肥分公司(4000 吨)〈P2038〉;山东瑞星化工有限公司(3000 吨)〈P2136〉;[豫]河南久玖化工有限公司(1 万吨)〈P2165〉;河南省康源香料有限公司(1000 吨)〈P2176〉;商丘龙宇化工有限公司〈P2226〉;[鄂]武汉莱恩科技有限公司〈P2231〉;武汉一枝花油脂化工有限公司〈P2235〉;[湘]湖南尔康制药有限公司〈P2248〉;[粤]广东西陇化工有限公司〈P2276〉;[川]成都市新津日用化工厂(1000 吨)〈P2314〉;四川西普化工股份有限公司(1000 吨)〈P2331〉;四川古杉油脂化学有限公司〈P2331〉;四川泸天化股份有限公司〈P2323〉;四川天宇油脂化学有限公司〈P2323〉;[滇]昆明市日用化工厂〈P2339〉

【使用厂】[津]天津市汇丽精细化学公司〈P1591〉;天津市精细化学制剂厂〈P1596〉;天津市北星化工有限公司〈P1580〉;[冀]邯郸市鑫马涂料股份合作公司〈P1639〉;深州市天翔化工有限公司〈P1669〉;[辽]大化集团大连油漆厂〈P1690〉;锦化化工(集团)有限责任公司〈P1703〉;辽宁科隆化工实业有限公司〈P1709〉;[吉]长春泰欧亚涂料有限公司〈P1714〉;[黑]黑龙江辰能生物工程有限公司〈P1721〉;[沪]上海南大化工厂〈P1754〉;上海农药厂有限公司〈P1755〉;上海造漆厂〈P1777〉;上海天坛助剂有限公司〈P1767〉;上海多纶化工有限公司〈P1732〉;[苏]江都市合成树脂厂〈P1814〉;常州光辉化工有限公司〈P1847〉;南京红宝丽股份有限公司〈P1784〉;南通海星制药有限公司〈P1833〉;徐州开达精细化工有限公司〈P1795〉;[浙]杭州宝塔油漆有限公司〈P1915〉;中澳合资温州澳珀化工有限公司〈P1939〉;[闽]龙岩市三友化工有限公司〈P2007〉;福建省德化县龙津林化有限公司〈P1998〉;漳州片仔癀皇后化妆品有限公司〈P2002〉;福建省宁化县利丰化工有限公司〈P1994〉;[鲁]济南泰山金鹏涂料有限公司〈P2025〉;山东临邑县宏达化工有限公司〈P2144〉;山东梁山蓝天化工有限公司〈P2131〉;潍坊环宇油漆工业有限公司〈P2103〉;潍坊云飞化工有限公司〈P2107〉;蓬莱市北海印花色浆厂〈P2112〉;山东东大化学工业有限公司〈P2052〉;山东昌裕集团有限公司〈P2152〉;山东港泰实业有限公司〈P2135〉;[豫]安阳市健美日化有限责任公司〈P2209〉;开封化学试剂总厂〈P2176〉;开封市汴梁漆业有限公司〈P2177〉;河南省化工研究所〈P2167〉;[湘]长沙市有机试剂厂〈P2247〉;[粤]佛山市植宝化工有限公司〈P2289〉;[桂]广西梧州松脂股份有限公司〈P2300〉;[川]成都天华科技股份有限公司〈P2315〉;[滇]云南杨林化工厂〈P2342〉;云南省玉溪市溶剂厂〈P2344〉;[陕]陕西宝塔山油漆股份有限公司〈P2352〉;西安利澳科技股份有限公司〈P2349〉

精丙三醇;精甘油 C02071702

Glycerin,refined;Glycerol,refined [56-81-5]

广泛用于制造醇酸树脂、聚氨酯等,也用于医药、化妆品、纺织印染和炸药等行业

【生产厂】[蒙]通辽市通华蓖麻化工有限责任公司(150 吨)〈P1682〉;内蒙古天润蓖麻开发有限公司〈P1682〉;[豫]濮阳市利鑫化工有限公司(3000 吨)〈P2214〉

环氧丙醇;缩水甘油 C02071751

Glycidol;Epoxypropyl alcohol;2,3-Epoxy-1-propanol [556-52-5]

用作天然油和乙烯基聚合物、破乳剂、染色分层剂的稳定剂,用于表面涂料、化学合成、杀菌剂等

【生产厂】[辽]沈阳金久奇化工有限公司〈P1687〉;[苏]常州伊思特化工有限公司〈P1858〉;[浙]杭州中香化学有限公司〈P1925〉

(*S*)-缩水甘油 C02071755

(*S*)-Glycidol [60456-23-7]

用于合成多种手性医药中间体

【生产厂】[辽]沈阳东宇精细化工有限公司〈P1685〉;[沪]上海科利生物医药有限公司〈P1749〉

(*R*)-缩水甘油 C02071757

(*R*)-Glycidol [57044-25-4]

用于合成多种手性医药中间体

【生产厂】[辽]沈阳金久奇化工有限公司〈P1687〉;沈阳东宇精细化工有限公司〈P1685〉;[沪]上海科利生物医药有限公司〈P1749〉;[鄂]罗田县华阳生化有限公司〈P2244〉

1,3-二甲氧基-2-丙醇;甘油-1,3-二甲醚 C02071781

1,3-Dimethoxy-2-propanol [623-69-8]

【生产厂】[鲁]济南瑞凯化工有限公司〈P2024〉;济南泽溢科技有限公司〈P2027〉

四氢糠醇;四氢化呋喃-2-甲醇 C02071801

Tetrahydrofurfuryl alcohol [97-99-4]

用作溶剂,也用作制取二氢呋喃、赖氨酸等的原料,其酯类用作增塑剂

【生产厂】[浙]浙江台州清泉医药化工有限公司(300 吨)〈P1968〉;[鲁]山东宝沣化工集团公司〈P2051〉;淄博华澳化工有限公司〈P2061〉

【使用厂】[苏]如皋市恒祥化工有限责任公司〈P1838〉

C

甲醇钠　C02071901

Sodium methoxide;Sodium methylate [124-41-4]

用作有机合成中的碱性缩合剂及催化剂,用于香料、染料等的合成,是维生素 B_1、A 及磺胺嘧啶的原料

【生产厂】[蒙]内蒙古远兴天然碱股份有限公司〈P1683〉;[辽]沈阳市嘉恒化工有限公司〈P1688〉;沈阳东瑞科技有限公司〈P1685〉;东港市良茂化工有限公司〈P1701〉;[苏]江苏灶星农化有限公司〈P1809〉;[浙]临海市先锋化工有限公司(1 万吨)〈P1960〉;永康市溶剂厂〈P1954〉;[皖]安徽金邦医药化工有限公司(4 万吨)〈P1982〉;铜陵金泰化工实业有限责任公司(3000 吨)〈P1978〉;[鲁]德州龙腾化工有限公司(500 吨)〈P2142〉;淄博市淄川方友化工有限公司〈P2072〉;山东新华制药股份有限公司〈P2055〉;淄博旭升化工有限公司〈P2075〉;淄博汇鑫化工有限责任公司(1200 吨)〈P2062〉;淄博市淄川兴隆化工有限公司〈P2073〉;淄博中银化工有限公司〈P2077〉;淄博中凯化工有限公司〈P2077〉;淄博市临淄泰达化工有限公司〈P2069〉;淄博德丰化工有限公司〈P2059〉;寿光富康制药有限公司(1 万吨)〈P2099〉;[豫]河南省荥阳甲醇钠有限公司(1000 吨)〈P2167〉;[鄂]来凤恒发医药化工集团公司〈P2245〉;[渝]重庆市春瑞医药化工有限公司(5000 吨)〈P2306〉;重庆市昆仑化工有限公司(1200 吨)〈P2307〉;[川]成都科恩医药化工实业有限公司〈P2312〉;[滇]杨林工业开发区汕滇药业有限公司〈P2340〉;[宁]银川精鹰精细化工有限责任公司〈P2361〉

【使用厂】[辽]东北制药总厂〈P1684〉;[苏]如皋市恒祥化工有限责任公司〈P1838〉;[浙]浙江新东海医药化工有限公司〈P1969〉;嘉善嘉生药业有限公司〈P1940〉;浙江普洛化学有限公司〈P1955〉;遂昌金恒化工有限公司〈P1970〉;[皖]安徽淮化集团有限公司〈P1976〉;[赣]景德镇市开门子药用化工有限公司〈P2010〉;[鲁]山东省泰和水处理有限公司〈P2077〉;山东滕州悟通香料有限责任公司〈P2078〉;山东省临沂市三丰化工有限公司〈P2150〉;新泰市兰得染料化工有限公司〈P2138〉;[豫]河南巩义市银海天大化工有限公司〈P2165〉;[鄂]湖北仙隆化工股份有限公司〈P2245〉;[陕]宝鸡市有机化工厂〈P2351〉

甲醇钠(液体);液体甲醇钠　C02071905

Sodium methoxide, liquid;Sodium methylate, liquid [124-41-4]

主要用作医药、农药的原料,也用于染料及化纤业

【生产厂】[辽]辽阳威特化工有限公司(3000 吨)〈P1711〉;[苏]江苏灶星农化有限公司〈P1809〉;[鲁]德州龙腾化工有限公司(500 吨)〈P2142〉;淄博旭升化工有限公司〈P2075〉;淄博汇鑫化工有限责任公司(1 万吨)〈P2062〉;[豫]郑州盛宏丰实业有限公司(2 万吨)〈P2172〉;河南省荥阳甲醇钠有限公司(1 万吨)〈P2167〉

甲醇钾　C02071911

Potassium methoxide;Methanol, potassium salt [865-33-8]

用作缩合剂、生产甲酸甲酯的催化剂、二甲基甲酰胺的强碱性催化剂,也可用于医药原料

【生产厂】[鲁]淄博汇鑫化工有限责任公司(500 吨)〈P2062〉;肥城阿斯德化工有限公司(2000 吨)〈P2134〉

甲醇镁　C02071951

Magnesium methoxide;Magnesium methylate [27428-49-5]

主要用于制药及有机合成

【生产厂】[鲁]德州龙腾化工有限公司(300 吨)〈P2142〉

甲醇钙　C02071991

Calcium methoxide [2556-53-8]

【生产厂】[皖]铜陵阳光合成材料有限公司(3000 吨)〈P1979〉

烯丙醇;丙烯醇　C02072001

Allyl alcohol;1-Propen-3-ol [107-18-6]

是制备甘油的原料,也用于制备增塑剂、树脂、药物等

【生产厂】[鲁]邹平铭兴化工有限公司(1000 吨)〈P2158〉

【使用厂】[苏]南京红宝丽股份有限公司〈P1784〉;江苏苏青水处理工程集团有限公司〈P1866〉;昆山市鹿都香料厂〈P1897〉;[豫]河南省尉氏县香料厂〈P2176〉;[鄂]武汉中德远东精细化工有限公司〈P2236〉;[渝]重庆小泉化工厂〈P2308〉

甲代烯丙基醇;2-甲基-2-丙烯-1-醇　C02072051

Methallyl alcohol;2-Methyl-2-propen-1-ol [513-42-8]

用作有机合成中间体

【生产厂】[鲁]淄博澳纳斯化工有限公司(500 吨)〈P2058〉

丙酮氰醇;2-羟基异丁腈;氰丙醇;2-甲基-2-羟基丙腈　C02072101

Acetone cyanohydrin; 2-Hydroxy isobutyronitrile; 2-Methyl-2-hydroxypropionitrile [75-86-5]

用于制甲基丙烯酸甲酯、偶氮二异丁腈等,还用于制杀虫剂

【生产厂】[辽]中国石油抚顺石油化工公司〈P1699〉;[吉]中国石油吉化集团公司(6 万吨)〈P1717〉;[沪]中国石化上海石油化工股份有限公司(1 万吨)〈P1780〉

【使用厂】[沪]上海试四赫维化工有限公司〈P1764〉

二苯甲醇　C02072151

Benzhydrol;Diphenylmethanol [91-01-0]

用作医药中间体,用于合成苯甲托品、苯海拉明等药物

【生产厂】[京]北京奥得赛化学有限公司〈P1543〉;[黑]大庆新世纪精细化工有限公司〈P1722〉;[苏]南京奥德赛化工有限公司(60 吨)〈P1782〉;江阴市飞云化工有限公司〈P1869〉;吴江明恒化学有限公司〈P1909〉;如皋市金陵试剂厂〈P1838〉;[浙]浙江天台福达医药化工有限公司〈P1968〉;[鄂]武汉怡兴化工有限公司〈P2235〉;襄樊一诺精细化工有限公司〈P2238〉;湖北科兴医药化工股份有限公司(200 吨)〈P2237〉;湖北襄樊福润达化工有限公司〈P2237〉;襄樊金泽成精细化工有限公司〈P2238〉;襄樊明熙化工有限公司〈P2238〉;襄樊市裕昌精细化工有限公司〈P2238〉;[渝]重庆长风化工厂〈P2303〉

4,4′-二氯二苯甲醇　C02072161

4,4′-Dichlorobenzhydrol

【生产厂】[京]北京奥得赛化学有限公司〈P1543〉

4-氯二苯甲醇　C02072165

4-Chlorobenzhydrol;4-Chloro-α-phenylbenzenemethanol [119-56-2]

【生产厂】[吉]辽源市百康药业有限责任公司(200 吨)〈P1717〉;[沪]上海华钛化学有限公司〈P1739〉;[鄂]襄樊一诺精细化工有限公司〈P2238〉

4,4′-二氟二苯甲醇 C02072171

4,4′-Difluorobenzhydrol [365-24-2]

【生产厂】[沪]上海科利生物医药有限公司〈P1749〉;[浙]浙江台州海翔医药化工有限公司〈P1968〉;[豫]圣斯诺化工有限公司〈P2169〉;[鄂]湖北襄樊福润达化工有限公司〈P2237〉

对甲基二苯甲醇;4-甲基二苯甲醇 C02072181

p-Methylbenzhydrol [1517-63-1]

【生产厂】[沪]上海华钛化学有限公司〈P1739〉

邻甲基二苯甲醇;2-甲基二苯甲醇 C02072183

2-Methylbenzhydrol;Phenyl-*o*-tolylcarbinol [5472-13-9]

【生产厂】[沪]上海华钛化学有限公司〈P1739〉

4,4′-四甲基米氏醇;4,4′-二(*N*,*N*-二甲氨基)二苯基甲醇 C02072191

4,4′-Bis(dimethylamino)benzhydrol;4,4′-Bis(*N*,*N*-dimethylamino)diphenyl carbinol [119-58-4]

【生产厂】[苏]扬州康宏化工有限公司〈P1817〉

米氏醇;4,4′-二氨基二苯基甲醇 C02072199

Michler′s alcohol;4,4′-Diaminobenzhydrol

用作染料、医药、光敏剂和农药中间体

【生产厂】[苏]常州市东南开发区兴阳生物助剂有限公司〈P1850〉

异丙醇;2-丙醇;二甲基甲醇 C02072201

Isopropanol;Isopropyl alcohol [67-63-0]

主要用于制药,也用作溶剂、萃取剂、防冻剂等

【生产厂】[辽]中国石油天然气股份公司锦州石化分公司〈P1702〉;[沪]上海建原化工有限公司〈P1743〉;上海人民制药溶剂厂〈P1758〉;[苏]南京富邦化工有限公司〈P1783〉;南京台硝化工有限公司(1000 吨)〈P1790〉;江苏沭阳同盛科技有限公司〈P1804〉;江都市天达化工厂〈P1815〉;江都市银江化工有限公司〈P1815〉;江苏省江都市天林化工有限公司〈P1816〉;[鲁]淄博海正化工有限公司〈P2061〉;周村和平化工有限公司〈P2057〉;淄博市临淄泰达化工有限公司〈P2069〉;桓台县田庄镇东方化工助剂厂〈P2049〉;东营市海科新源化工有限责任公司(3 万吨)〈P2082〉;山东海科化工集团(3 万吨)〈P2084〉;青州贝特化工有限公司〈P2090〉

【使用厂】[津]天津市中央药业有限公司〈P1613〉;[冀]石家庄市有机化工厂〈P1632〉;河北张药股份有限公司〈P1650〉;[辽]沈阳市试剂三厂〈P1688〉;大连松辽化工有限公司〈P1694〉;铁岭选矿药剂厂〈P1713〉;东北制药总厂〈P1684〉;锦州经济技术开发区六陆实业股份有限公司〈P1701〉;[沪]上海农药厂有限公司〈P1755〉;上海五洲药业股份有限公司〈P1770〉;上海树脂厂有限公司〈P1764〉;上海实业化工有限公司〈P1763〉;[苏]江苏省江阴制药厂〈P1866〉;南京红太阳集团〈P1784〉;宜兴市芳桥东方化工厂〈P1884〉;宜兴市腾蛟化工材料有限公司〈P1887〉;常熟市沪联助剂有限责任公司〈P1890〉;宜兴市凯欣化工有限公司〈P1885〉;[浙]浙江建德建业有机化工有限公司〈P1928〉;浙江普洛化学有限公司〈P1955〉;[鲁]山东新华东风化工有限公司〈P2055〉;淄博元兴化工有限公司〈P2075〉;山东省单县化工有限公司〈P2160〉;山东省泰和水处理有限公司〈P2077〉;荣成市化工总厂有限公司〈P2122〉;山东胜邦绿野化学有限公司〈P2029〉;淄博市鲁川化工有限公司〈P2070〉;青岛市平度银河福利助剂厂〈P2043〉;寿光富康制药有限公司〈P2099〉;淄博三鹏化工有限责任公司〈P2066〉;寿光市万奥化工有限公司〈P2100〉;青州市海源化工有限公司〈P2092〉;[鄂]湖北仙隆化工股份有限公司〈P2245〉;[湘]株洲选矿药剂厂〈P2250〉;湖南天宇农药化工集团股份有限公司〈P2253〉;[粤]广州化学试剂厂〈P2261〉;[渝]重庆市化工研究院〈P2307〉;西南合成制药股份有限公司〈P2303〉;[川]四川省化工研究设计院〈P2319〉;[黔]贵州水晶化工股份有限公司〈P2337〉;[甘]白银有色金属公司〈P2357〉;[青]青海黎明化工有限责任公司〈P2359〉

3-氨基丙醇;3-羟基丙胺 C02072210

3-Amino-1-propanol [156-87-6]

用于合成环磷酰胺、心可定等药物,也可用于合成 DL-泛醇

【生产厂】[苏]南京江本化工有限公司〈P1785〉;昆山市陆家红星化工厂〈P1897〉;[豫]河南康泰制药集团公司河南省精细化工厂(100 吨)〈P2166〉

L-氨基丙醇;(*S*)-(+)-2-氨基-1-丙醇 C02072221

L-Alaninol;(*S*)-(+)-2-Amino-1-propanol [2749-11-3]

用于有机合成,用作乳化剂

【生产厂】[沪]上海科利生物医药有限公司〈P1749〉;[浙]浙江浙邦制药有限公司〈P1952〉;嵊州市油脂化工制品厂〈P1949〉;宁波市求是化工有限公司〈P1932〉;[皖]安徽省郎溪县联科实业有限公司〈P1986〉;[豫]河南康泰制药集团公司(100 吨)〈P2166〉

DL-氨基丙醇;DL-2-氨基-1-丙醇 C02072231

DL-Alaninol;DL-2-Amino-1-propanol [6168-72-5]

用于有机合成,用作乳化剂

【生产厂】[浙]嵊州市油脂化工制品厂〈P1949〉;宁波市求是化工有限公司〈P1932〉;[川]成都新特药化合成技术改进与创新中心〈P2317〉

D-氨基丙醇;(*R*)-(−)-2-氨基-1-丙醇 C02072241

D-Alaninol;(*R*)-(−)-2-Amino-1-propanol [35320-23-1]

用于有机合成,用作乳化剂

【生产厂】[沪]上海科利生物医药有限公司〈P1749〉;[浙]宁波市求是化工有限公司〈P1932〉;[皖]安徽省郎溪县联科实业有限公司〈P1986〉

2-(4-乙氧基苯基)-2-甲基丙醇;醚菊醇 C02072271

2-(4-Ethoxyphenyl)-2-methylpropanol

用于合成醚菊酯农药

【生产厂】[苏]金坛市华盛化工助剂有限公司〈P1862〉

2-(4-氯苯基)-2-甲基丙醇 C02072275

2-(4-Chlorophenyl)-2-methylpropanol

用于农药氯醚菊酯的合成

【生产厂】[苏]金坛市华盛化工助剂有限公司〈P1862〉

3-(4-氯苯基)-1 丙醇 C02072279

3-(4-Chlorophenyl)-1-propanol
【生产厂】[沪]上海中康伟业生物科技有限公司(500千克)〈P1778〉

C

D-(+)-苯丙氨醇;D-(+)-2-氨基-3-苯基-1-丙醇 C02072281
D-(+)-Phenylalaninol;D-(+)-2-Amino-3-phenyl-1-propanol [5267-64-1]
用作手性试剂
【生产厂】[沪]上海利科化学科技有限公司〈P1750〉;[浙]宁波市求是化工有限公司〈P1932〉

L-(-)-苯丙氨醇;L-(-)-2-氨基-3-苯基-1-丙醇 C02072285
L-(-)-Phenylalaninol;L-(-)-2-Amino-3-phenyl-1-propanol [3182-95-4]
【生产厂】[沪]上海利科化学科技有限公司〈P1750〉;[浙]宁波市求是化工有限公司〈P1932〉

异丙醇铝;三异丙氧基铝 C02072301
Aluminium isopropoxide [555-31-7]
是异植物醇、睾丸素、黄体酮、炔孕酮等激素类药物的中间体,也是铝酸酯偶联剂的原料之一
【生产厂】[辽]大连保税区科利德化工科技开发有限公司〈P1690〉;[苏]如皋市金陵试剂厂〈P1838〉;[鄂]武汉武药制药有限公司〈P2234〉;襄樊金译成精细化工有限公司〈P2238〉;南漳县襄九精细化工有限责任公司〈P2238〉;[川]成都科恩医药化工实业有限公司〈P2312〉

异戊醇;3-甲基-1-丁醇 C02072401
Isoamyl alcohol;Isoamylol [123-51-3]
用于制造香料、医药和选矿药剂,还可用作溶剂
【生产厂】[津]天津市飞鹿工贸有限公司(100吨)〈P1586〉;[沪]上海闵南化工厂〈P1753〉;上海茂昌化学制品有限公司〈P1753〉;[苏]洪泽前程香料香精厂〈P1801〉;江苏沭阳同盛科技有限公司〈P1804〉;盐城市军营化工厂〈P1811〉;[鲁]青岛加华化工有限公司(1000吨)〈P2038〉;山东莒南县宝华化工厂(700吨)〈P2149〉;山东凯利化工有限公司〈P2149〉;山东滕州悟通香料有限责任公司〈P2078〉;[豫]河南省康源香料有限公司(1000吨)〈P2176〉;河南省尉氏县香料厂(50吨)〈P2176〉;[桂]广西化工研究院〈P2296〉;广西化工研究院-广西新晶科技有限公司〈P2296〉
【使用厂】[辽]铁岭选矿药剂厂〈P1713〉;[沪]上海旭东海普药业有限公司〈P1773〉

叔戊醇;二甲基乙基甲醇;2-甲基-2-丁醇 C02072402
tert-Amyl alcohol;2-Methyl-2-butanol [75-85-4]
用作合成香料、农药的原料,也是优良的溶剂
【生产厂】[冀]河北智通化工有限责任公司(4000吨)〈P1623〉;邯郸市林峰精细化工有限公司〈P1638〉;[苏]南京富邦化工有限公司〈P1783〉;[鲁]淄博联碳化学有限公司(2000吨)〈P2064〉;[渝]重庆福润化工有限公司〈P2304〉;[川]四川省天然气化工研究院(300吨)〈P2319〉;四川天一科技股份有限公司〈P2319〉;四川众邦科技发展有限公司〈P2323〉;四川泸州巨宏化工有限责任公司〈P2323〉
【使用厂】[川]四川省化工研究设计院〈P2319〉

L-2-甲基丁醇 C02072411
L-2-Methyl-1-butanol [1565-80-6]
用作医药中间体
【生产厂】[鲁]山东滕州悟通香料有限责任公司(1吨)〈P2078〉

二甲基苄基甲醇;2-甲基-1-苯基-2-丙醇;二甲基苄基原醇 C02072421
Dimethylbenzylmethanol;2-Methyl-1-phenyl-2-propanol [100-86-7]
用于调配多种化妆、皂用和食用香精
【生产厂】[津]天津市南金化工有限公司〈P1599〉;天津汇宇实业有限公司(40吨)〈P1574〉;[苏]常熟市唐市精细医药化工厂(70吨)〈P1891〉

叔戊醇钠 C02072451
Sodium *tert*-pentoxide [14593-46-5]
【生产厂】[苏]丹阳市金象化工厂〈P1840〉

叔戊醇钾 C02072471
Potassium *tert*-pentoxide
用作医药中间体
【生产厂】[苏]丹阳市金象化工厂〈P1840〉

2-乙基丁醇 C02072491
2-Ethylbutanol [97-95-0]
用作有机合成中间体
【生产厂】[浙]杭州博化化工有限公司〈P1916〉

2-丁炔-1,4-二醇 C02072501
2-Butynylene-1,4-diol [110-65-6]
用于制医药、农药、丁烯二醇、丁二醇等,也用作电镀光亮剂等
【生产厂】[苏]常州东方医药原料有限公司〈P1846〉

辛醇;1-辛醇;正辛醇 C02072600
1-Octyl alcohol;1-Octanol;*n*-Octanol [111-87-5]
可用作香料、辛醛、辛酸及其酯的原料,也可用作溶剂、消泡剂和润滑油添加剂
【生产厂】[鲁]临淄青华化工溶剂厂〈P2050〉
【使用厂】[津]天津溶剂厂〈P1577〉;天津市东丽区联兴化工厂〈P1585〉;[冀]石家庄白龙化工股份有限公司〈P1625〉;[辽]北宁市闾峰化工厂〈P1701〉;[沪]上海华溢塑料助剂合作公司〈P1740〉;上海联成化学工业有限公司〈P1751〉;上海华盛香料厂〈P1739〉;[苏]无锡市三吉助剂有限责任公司〈P1878〉;江宁县秦淮化工厂〈P1781〉;常熟市金三角精细化工有限公司〈P1890〉;无锡市梁溪精细化工有限公司〈P1877〉;[浙]浙江建德律业有机化工有限公司〈P1928〉;浙江临安福盛涂料助剂有限公司〈P1926〉;[鲁]山东联合化工股份有限公司〈P2053〉;山东齐鲁增塑剂股份有限公司〈P2054〉;邹平铭兴化工有限公司〈P2158〉;济南海启明化工有限责任公司〈P2021〉;[豫]洛阳市中达化工有限公司〈P2187〉;[鄂]荆州市博尔德化学有限公司〈P2240〉;[湘]湖南省湘维有限公司〈P2257〉;湖南省洪江市昌和化工有限责任公司〈P2257〉;[滇]云南省宣威华兴化工有限公司〈P2343〉;[陕]宝鸡市有机化工厂〈P2351〉;陕西省武功县有机化工厂〈P2352〉;西安昌泰化工厂〈P2347〉

2-辛醇;仲辛醇 C02072601
2-Octanol [123-96-6]

用于制造增塑剂、合成纤维油剂、消泡剂、矿用浮选剂、农药乳化剂和香料，也可用作油脂和蜡的溶剂

【生产厂】[冀]河北德隆泰化工有限公司〈P1619〉；衡水东风化工有限责任公司(2 万吨)〈P1667〉；[蒙]通辽市通华蓖麻化工有限责任公司〈P1682〉；内蒙古天润蓖麻开发有限公司〈P1682〉；[辽]辽阳市会福化工厂(500 吨)〈P1711〉；[沪]上海莱雅仕化工有限公司〈P1749〉；[苏]常州夏青化工有限公司〈P1857〉；[鲁]山东省莘县四强化工有限公司(6000 吨)〈P2154〉；淄博临淄区浩源实业有限公司(2000 吨)〈P2065〉；天德化工控股有限公司(5000 吨)〈P2101〉；潍坊中业化学有限公司〈P2107〉；潍坊市元利化工有限公司〈P2105〉；[粤]深圳市鹏基生物有限公司〈P2272〉

【使用厂】[津]天津有机化学工业总公司中河化工厂〈P1617〉；[苏]常熟市金三角精细化工有限公司〈P1890〉；[鲁]淄博胜宝化工有限公司〈P2067〉；淄博市临淄恒立助剂有限公司〈P2068〉

D-(+)-2-辛醇 C02072605

D-(+)-2-Octanol；(*S*)-2-octanol [6169-06-8]

【生产厂】[辽]辽阳市会福化工厂〈P1711〉

1,2-辛二醇 C02072631

1,2-Octanediol [1117-86-8]

【生产厂】[浙]嘉兴市步云染化厂〈P1941〉；浙江省嘉兴市巨强化工有限公司〈P1944〉

1,8-辛二醇 C02072635

1,8-Octanediol [629-41-4]

【生产厂】[苏]镇江新宇化工有限责任公司〈P1846〉；[湘]湖南阿斯达生化科技有限公司〈P2255〉

1-辛烯-3-醇；蘑菇醇 C02072651

1-Octcne-3-ol；Mashroom alcohol [3391-86-4]

用于日化和食用香精，亦可用于配制人造精油、重组精油或制成酯类香料

【生产厂】[鲁]山东滕州悟通香料有限责任公司〈P2078〉

1,9-壬二醇 C02072721

1,9-Nonanediol [3937-56-2]

【生产厂】[湘]湖南阿斯达生化科技有限公司〈P2255〉

叔壬基醇 C02072751

tert-Nonyl alcohol

【生产厂】[鲁]山东滕州悟通香料有限责任公司〈P2078〉

9-溴-1-壬醇 C02072791

9-Bromo-1-nonanol [55362-80-6]

【生产厂】[湘]湖南阿斯达生化科技有限公司〈P2255〉

炔丙醇；2-丙炔-1-醇；丙炔醇 C02072801

Propargyl alcohol；2-Propyn-1-ol [107-19-7]

用作生产丙烯酸、丙烯醛的原料及医药中间体

【生产厂】[辽]沈阳东进化工产业有限公司(2 万吨)〈P1685〉；[苏]丹阳市延中助剂有限公司〈P1841〉；江苏省太仓市归庄镇武兵化工厂〈P1894〉；[鲁]德州天宇化学工业有限公司(800 吨)〈P2142〉；淄博安兴化工有限公司(460 吨)〈P2057〉；淄博市临淄冰清精细化工厂(1200 吨)〈P2068〉；山东省博兴县凯利精细化工有限责任公司〈P2156〉；[鄂]武汉风帆化工有限公司〈P2229〉

【使用厂】[辽]大连瑞泽农药股份有限公司〈P1693〉；东北制药总厂〈P1684〉

季戊四醇 C02072901

Pentaerythrite；Pentaerythritol [115-77-5]

主要用于醇酸树脂的生产，也用作制造油墨、润滑剂、增塑剂、表面活性剂、炸药和药物的原料

【生产厂】[冀]晋州市化肥厂(4000 吨)〈P1625〉；保定市化工原料厂(2 万吨)〈P1645〉；[吉]吉林市吉化北方炬醌工贸有限责任公司(1 万吨)〈P1716〉；[沪]上海威呈化工有限公司〈P1769〉；[苏]溧阳市瑞阳化工有限公司〈P1863〉；江苏三木集团公司〈P1865〉；[鲁]山东宝泮化工集团公司〈P2051〉；山东博丰植保药业有限公司(3000 吨)〈P2051〉；山东新荣兴化工有限公司(1000 吨)〈P2133〉；郯城县信合有机化工厂(2000 吨)〈P2151〉；[豫]濮阳市甲醇厂(1 万吨)〈P2214〉；濮阳市鹏鑫化工有限公司(6000 吨)〈P2214〉；河南天冠酒精化工集团有限公司(5000 吨)〈P2223〉；[鄂]武汉莱恩科技有限公司〈P2231〉；湖北宜化集团有限责任公司(3 万吨)〈P2241〉；[黔]贵州水晶化工股份有限公司(5000 吨)〈P2337〉；[滇]云南云天化股份有限公司(1 万吨)〈P2344〉；云南省宣威华兴化工有限公司〈P2343〉；云天化集团有限责任公司(1 万吨)〈P2344〉

【使用厂】[津]天津市新丽华色材有限责任公司〈P1608〉；天津市晨光化工有限公司〈P1581〉；[冀]邯郸市鑫马涂料股份合作公司〈P1639〉；深州市天翔化工有限公司〈P1669〉；[辽]辽阳鸿泰有机化工有限公司〈P1710〉；沈阳船牌制漆有限公司〈P1685〉；[吉]长春泰欧亚涂料有限公司〈P1714〉；[沪]上海南大化工厂〈P1754〉；上海造漆厂〈P1777〉；上海开林造漆厂〈P1746〉；上海千为油脂科技有限公司〈P1757〉；[苏]常州光辉化工有限公司〈P1847〉；南京红宝丽股份有限公司〈P1784〉；盐城美丽雅漆业有限公司〈P1810〉；[闽]龙岩市三友化工有限公司〈P2007〉；福建省龙岩市豪迪化工有限公司〈P2005〉；福建南平瀚森化工有限公司〈P2003〉；福建省腾龙工业公司〈P2001〉；福建省宁化县利丰化工有限公司〈P1994〉；[鲁]济南泰山金鹏涂料有限公司〈P2025〉；山东梁山蓝天化工有限公司〈P2131〉；山东省海洋化工科学研究院〈P2097〉；潍坊环宇油漆工业有限公司〈P2103〉；诸城翔龙化学品有限公司〈P2107〉；[豫]开封市汴梁漆业有限公司〈P2177〉；河南中原防火材料有限公司〈P2168〉；河南庆安化工高科技股份有限公司〈P2166〉；[粤]江门市制漆厂有限公司〈P2286〉；[滇]昆明中华涂料有限责任公司〈P2340〉；[陕]西安利澳科技股份有限公司〈P2349〉

双季戊四醇 C02072902

Dipentaerythritol [126-58-9]

用于生产聚醚、聚酯、聚氨酯、醇酸树脂以及感光树脂胶片等

【生产厂】[冀]保定市化工原料厂(500 吨)〈P1645〉；[鲁]山东博丰植保药业有限公司〈P2051〉；[鄂]湖北宜化集团有限责任公司(1000 吨)〈P2241〉

2-氯乙醇；氯乙醇 C02073201

2-Chloroethanol [107-07-3]

用于制造环氧乙烷、合成橡胶、染料、医药及农药等，也用作有机溶剂

【生产厂】[沪]上海南翔试剂有限公司(250 吨)〈P1754〉；[苏]宜兴市威之信化工有限公司〈P1887〉；江苏省宜兴市扶风第五化工厂〈P1866〉；[豫]河南省新乡市溶剂厂(2000 吨)〈P2201〉

【使用厂】[冀]河北省武强县启龙化工有限公司〈P1666〉；[辽]丹东医创药业有限责任公司〈P1701〉；[鲁]山东奥克

特化工有限公司〈P2152〉；东营胜利绿野农药化工有限公司〈P2081〉；[青]青海制药厂有限公司〈P2359〉

新戊二醇；2,2-二甲基-1,3-丙二醇 C02073301

Neopentyl glycol；2,2-Dimethyl-1,3-propanediol [126-30-7]

主要用于制造树脂、增塑剂和表面活性剂

【生产厂】[鲁]临淄华泰化工厂〈P2049〉；山东广河精细化工有限责任公司〈P2084〉；东辰(集团)化工有限公司(2万吨)〈P2081〉；山东东辰生物工程股份有限公司(1万吨)〈P2084〉；山东肥城鲁泰(集团)有限公司(8000吨)〈P2135〉

【使用厂】[吉]吉林市吉化北方炬醌工贸有限责任公司〈P1716〉；[沪]上海造漆厂〈P1777〉；[皖]安徽省歙县宏大化工有限公司〈P1980〉；[粤]美佳(肇庆)化学有限公司〈P2294〉

1,2-戊二醇 C02073311

1,2-Pentanediol [5343-92-0]

【生产厂】[浙]浙江省嘉兴市巨强化工有限公司〈P1944〉

糠醇；α-呋喃甲醇；氧茂甲醇 C02073401

Furfuryl alcohol；2-Furanmethanol [98-00-0]

是树脂、清漆、颜料的良好溶剂和火箭燃料，还可用于合成纤维、橡胶、农药及铸造行业

【生产厂】[京]中国北方化学工业总公司〈P1568〉；[冀]河北呋喃化工经贸有限公司(2万吨)〈P1619〉；石家庄市麟鑫化工有限公司〈P1630〉；邢台春蕾糠醇有限公司(3万吨)〈P1642〉；河北中化滏恒股份有限公司(6000吨)〈P1641〉；[晋]山西省山阴县康立化工有限责任公司(2500吨)〈P1675〉；山西省高平化工有限公司(1万吨)〈P1675〉；[辽]辽阳鸿泰有机化工有限公司(1000吨)〈P1710〉；[鲁]济南圣泉集团股份有限公司(1万吨)〈P2025〉；淄博齐泰化工有限公司〈P2065〉；山东宝沣化工集团公司〈P2051〉；淄博华澳化工有限公司〈P2061〉；淄博双玉化工有限公司(5000吨)〈P2073〉；淄博张店东方化学股份有限公司(1万吨)〈P2076〉；淄博市临淄有机化工股份有限公司(3万吨)〈P2070〉；山东隆信化工有限公司〈P2053〉；山东省桓台县社会福利有机化工厂〈P2054〉；[豫]河南中科化工有限责任公司(3000吨)〈P2202〉；河南汇隆化工有限公司(1万吨)〈P2193〉；河南省焦作市华康化工有限公司(2000吨)〈P2194〉；河南省濮阳市氯碱厂(4000吨)〈P2213〉；河南宏业化工有限公司(3万吨)〈P2212〉

【使用厂】[冀]石药集团新华制药厂〈P1634〉；[鲁]淄博市张店齐鑫化工厂〈P2071〉；[豫]许昌七星化工有限公司〈P2218〉；偃师市商城树脂厂〈P2189〉

油醇；9-正十八碳烯醇；9-十八烯-1-醇；十八烯醇 C02073601

Oleyl alcohol；9-Octadecen-1-ol [143-28-2]

用作有机合成、特种表面活性剂的原料，可用于生产油品添加剂、耐寒辅助增塑剂、润滑剂和溶剂等

【生产厂】[川]四川西普化工股份有限公司〈P2331〉

松油烯-4-醇 C02073651

Terpinen-4-ol

用于日化香精和配制玫瑰、香叶等型香油

【生产厂】[闽]三明市梅列香料厂〈P1996〉

氨基丁醇；2-氨基-1-丁醇 C02073711

2-Amino-1-butanol [96-20-8]

【生产厂】[沪]上海五洲药业股份有限公司〈P1770〉

L-缬氨醇；(S)-(+)-2-氨基-3-甲基-1-丁醇 C02073751

L-Valinol；(S)-(+)-2-Amino-3-methyl-1-butanol [2026-48-4]

用作医药中间体，也可用于其他有机合成

【生产厂】[苏]扬州明德生物化工有限公司〈P1818〉；扬州宝盛生物化工有限公司〈P1817〉；[浙]宁波市求是化工有限公司〈P1932〉；衢州市一川化工有限公司〈P1958〉；[川]成都景田生物药业有限公司〈P2312〉

2-苯基-2-二甲氨基正丁醇 C02073791

2-Phenyl-2-dimethylamino-n-butanol

用作有机合成中间体

【生产厂】[豫]开开援生制药股份有限公司〈P2226〉

β-苯乙醇；2-苯乙醇 C02073801

β-Phenylethanol；2-Phenyl ethyl alcohol [60-12-8]

用于日化和食用香精

【生产厂】[津]天津汇宇实业有限公司(20吨)〈P1574〉

(1S,2R)-(+)-2-氨基-1,2-二苯基乙醇 C02073811

(1S,2R)-(+)-2-Amino-1,2-diphenylethanol [23364-44-5]

【生产厂】[川]成都丽凯手性技术有限公司〈P2313〉；四川艾格尔生物科技有限公司〈P2317〉

(1R,2S)-(−)-2-氨基-1,2-二苯基乙醇 C02073813

(1R,2S)-(−)-2-Amino-1,2-diphenylethanol [23190-16-1]

【生产厂】[川]成都丽凯手性技术有限公司〈P2313〉；四川艾格尔生物科技有限公司〈P2317〉

S-(+)-α-氨基苯乙醇 C02073821

S-(+)-α-Aminophenylethanol

用作手性合成化合物

【生产厂】[浙]横店集团家园化工有限公司〈P1952〉

D-(−)-α-氨基苯乙醇 C02073825

D-(−)-α-Aminophenylethanol

用作手性合成化合物

【生产厂】[浙]横店集团家园化工有限公司〈P1952〉

对氟苯乙醇 C02073831

4-Fluorophenylethanol [7589-27-7]

主要用于合成药物

【生产厂】[京]北京嘉盛扬医药科技有限公司〈P1551〉

α-氨基-2′-氯苯乙醇；邻氯苯甘氨醇 C02073851

α-Amino-2′-chlorophenylethanol

用作医药中间体

【生产厂】[浙]宁波市求是化工有限公司〈P1932〉；横店集团家园化工有限公司〈P1952〉

DL-对氯苯甘氨醇 C02073855

DL-p-Chlorophenylglycinol

【生产厂】[浙]宁波市求是化工有限公司〈P1932〉

2-甲基-2,4-戊二醇；MPD C02073903

2-Methyl-2,4-pentadiol [107-41-5]

用作农药稳定剂、柴机油防冻剂等

【生产厂】[京]北京马氏精细化学品有限公司〈P1555〉;[陕]陕西渭南惠丰化学工业有限责任公司(120吨)〈P2352〉

六氟戊二醇　C02073951

Hexafluoropentane diol

用于树脂改性

【生产厂】[黑]雪佳氟硅化学有限公司〈P1722〉

13-溴十三-1-醇　C02074051

13-Bromo-1-tridecanol [116754-58-6]

【生产厂】[川]爱斯特(成都)医药技术有限公司〈P2309〉

三缩四乙二醇;四甘醇　C02074301

Tetraethylene glycol [112-60-7]

用作新型芳烃抽提溶剂,用作化妆品溶剂、飞机发动机的润滑油、刹车油掺合剂等

【生产厂】[鲁]山东省微山县化工厂(2000吨)〈P2132〉

环丁基甲醇;环丁烷甲醇　C02074451

Cyclobutanemethanol [4415-82-1]

用作医药中间体

【生产厂】[鲁]济南诚汇双达化工有限公司〈P2020〉

环己醇　C02074501

Cyclohexanol [4354-58-9]

可用于制备己二酸、己二胺、环己酮、环己胺、己内酰胺等

【生产厂】[辽]锦化化工(集团)有限责任公司(425吨)〈P1703〉;[赣]江西师大化工有限公司〈P2009〉;[鲁]山东方明化工有限公司(1万吨)〈P2160〉;[豫]河南省长葛市化工三厂(180吨)〈P2217〉

【使用厂】[鲁]山东临邑县宏达化工有限公司〈P2144〉;烟台市福山区化工研究所有限公司〈P2118〉;山东阳谷华泰化工有限公司〈P2154〉

2-甲基环己醇　C02074511

2-Methylcyclohexanol [583-59-5]

用作油漆溶剂、润滑油添加剂、纺织助剂和抗氧剂等

【生产厂】[沪]上海苏鹏实业有限公司〈P1766〉;[浙]浙江台州清泉医药化工有限公司〈P1968〉

对异丙基环己醇　C02074521

p-Isopropylcyclohexanol [4621-04-9]

可用于配制日化香精

【生产厂】[苏]扬州高华化工有限公司(500吨)〈P1817〉;[浙]建德市新化化工有限责任公司〈P1926〉

1-乙炔基环己醇;乙炔环己醇　C02074525

1-Ethynylcyclohexanol [78-27-3]

【生产厂】[皖]广德金邦化工有限公司〈P1986〉

环己基甲醇　C02074531

Cyclohexylmethanol [100-49-2]

用作医药中间体

【生产厂】[浙]杭州三禾化工科技有限公司〈P1922〉

邻氯环己醇　C02074541

2-Chlorocyclohexanol [1561-86-0]

用于合成低毒高效杀螨剂克螨特

【生产厂】[湘]岳阳昌德化工实业有限公司〈P2254〉

【使用厂】[鲁]山东阳谷华泰化工有限公司〈P2154〉

1,2-环己二醇　C02074551

1,2-Cyclohexandiol [931-17-9]

【生产厂】[湘]岳阳昌德化工实业有限公司(200吨)〈P2254〉;[陕]陕西宏庆医药化学有限公司〈P2346〉

1,3-环己二醇　C02074553

1,3-Cyclohexanediol [504-01-8]

【生产厂】[陕]陕西宏庆医药化学有限公司〈P2346〉

1,4-环己二醇　C02074555

1,4-Cyclohexanediol [556-48-9]

用于合成药物、聚氨酯扩链剂等

【生产厂】[浙]浙江台州清泉医药化工有限公司〈P1968〉;[陕]陕西宏庆医药化学有限公司〈P2346〉

1,4-环己二甲醇　C02074571

1,4-Cyclohexanedimethanol [105-08-8]

用于生产聚酯纤维等

【生产厂】[苏]如皋市恒祥化工有限责任公司〈P1838〉;[陕]陕西宏庆医药化学有限公司〈P2346〉

1,3-环己二甲醇　C02074573

1,3-Cyclohexanedimethanol [504-01-8]

【生产厂】[陕]陕西宏庆医药化学有限公司〈P2346〉

1,2-环己二甲醇　C02074575

1,2-Cyclohexanedimethanol [931-17-9]

【生产厂】[陕]陕西宏庆医药化学有限公司〈P2346〉

对叔丁基环己醇　C02074595

p-tert-Butylcyclohexanol [98-52-2]

主要用作香料原料

【生产厂】[苏]扬州高华化工有限公司(500吨)〈P1817〉;[浙]浙江台州清泉医药化工有限公司〈P1968〉

1,10-癸二醇　C02074631

1,10-Decanediol [112-47-0]

用于制备香精香料

【生产厂】[湘]湖南阿斯达生化科技有限公司〈P2255〉;[陕]陕西宏庆医药化学有限公司〈P2346〉

L-异亮氨醇;2-氨基-3-甲基-1-戊醇　C02074781

L-(+)-Isoleucinol;2-Amino-3-methyl-1-pentanol [24629-25-2]

【生产厂】[苏]扬州明德生物化工有限公司〈P1818〉;[浙]宁波市求是化工有限公司〈P1932〉

L-亮氨醇;*S*-(+)-2-氨基-4-甲基-1-戊醇　C02074791

L-(+)-Leucinol;*S*-(+)-2-Amino-4-methyl-1-pentanol [7533-40-6]

用作有机合成原料

【生产厂】[苏]扬州明德生物化工有限公司〈P1818〉;[浙]宁波市求是化工有限公司〈P1932〉;[皖]安徽省郎溪县联科实业有限公司〈P1986〉

C

C

过氧化叔丁醇；叔丁基过氧化氢；TBHP　C02074801
TBHP；*tert*-Butyl hydroperoxide [75-91-2]
用作不饱和三聚氰胺树脂涂料的干燥剂、聚合引发剂、有机合成中间体
【生产厂】[京]北京朝福化工实验厂〈P1544〉；北京市高丽工贸有限责任公司〈P1559〉；[冀]廊坊龙翼精细化工有限公司〈P1660〉；[苏]无锡新虹化工有限公司（100 吨）〈P1882〉；无锡润利化工有限公司〈P1874〉；苏州市华伦化工有限公司〈P1903〉；常熟市金城化工有限公司（1000 吨）〈P1890〉；泰州市远大化工原料有限公司〈P1828〉；[浙]浙江上虞绍风化工有限公司〈P1951〉；[鲁]青州贝特化工有限公司〈P2090〉；山东莱芜美星化工有限公司〈P2141〉；[湘]湖南民合化工有限公司〈P2248〉；湖南以翔化工有限公司〈P2249〉；[川]成都惟精喜望精细化工有限公司〈P2316〉
【使用厂】[甘]兰州助剂厂〈P2356〉

四甲基哌啶醇；2,2,6,6-四甲基哌啶醇　C02074901
2,2,6,6-Tetramethyl-4-piperidinol [2403-88-5]
用作受阻胺光稳定剂及合成受阻胺型光稳定剂的主要中间体
【生产厂】[京]北京加成助剂研究所〈P1551〉；北京天罡助剂有限责任公司〈P1562〉；北京达科思精细化工研究所〈P1545〉；北京金福莱吸水材料有限公司〈P1552〉；[冀]南宫市盛华化工有限责任公司（3000 吨）〈P1642〉；邯郸市富荣化工助剂有限责任公司〈P1638〉；廊坊市龙泉助剂有限公司（500 吨）〈P1661〉；[苏]南通市振兴精细化工有限公司〈P1835〉

五甲基哌啶醇；1,2,2,6,6-五甲基-4-哌啶醇　C02074911
1,2,2,6,6-Pentamethyl-4-piperidinol [2403-89-6]
是重要的受阻胺光稳定剂中间体
【生产厂】[京]北京天罡助剂有限责任公司〈P1562〉；北京金福莱吸水材料有限公司〈P1552〉；[冀]邯郸市富荣化工助剂有限责任公司〈P1638〉；廊坊市龙泉助剂有限公司（500 吨）〈P1661〉；[苏]南通市振兴精细化工有限公司〈P1835〉；[鲁]烟台开发区星火化工有限公司（2000 吨）〈P2117〉

4-羟基-*N*-甲基哌啶；1-甲基-4-哌啶醇　C02074935
4-Hydroxy-*N*-methylpiperidine；1-Methyl-4-piperidinol [106-52-5]
【生产厂】[鲁]烟台只楚合成化学有限公司（100 吨）〈P2120〉

植物醇　C02075301
Phytol；3,7,11,15-Tetramethyl-2-hexadec*en*-1-ol [150-86-7]
用作生产维生素 K_1、维生素 E 等的基本原料
【生产厂】[鲁]山东广通宝医药有限公司〈P2094〉
【使用厂】[苏]无锡市第七制药有限公司〈P1875〉

β-谷甾醇；麦固醇；β-谷固醇　C02075331
Sitosterol；β-Sitosterol [83-46-5]
用作降血脂药
【生产厂】[浙]杭州再纯生物工程有限公司〈P1925〉；浙江银河药业有限公司〈P1970〉

植物甾醇；固醇　C02075361
Sterol
用作医药中间体、食品抗氧化剂、营养补充剂等
【生产厂】[冀]保定鑫泰生物化工有限公司〈P1647〉；[浙]浙江银河药业有限公司〈P1970〉；[鄂]武汉远城科技发展有限公司〈P2235〉；武汉凯迪精细化工有限公司〈P2230〉；[湘]湖南省洪江市昌和化工有限责任公司〈P2257〉；[陕]西安惠丰生化集团股份有限公司〈P2348〉

左旋氨基二醇　C02075401
L-(+)-threo-2-Amino-1-phenyl-1,3-propanediol [28143-91-1]
用作医药中间体
【生产厂】[浙]上虞催化剂有限责任公司〈P1947〉
【使用厂】[苏]江都市华兴医药化工制品有限公司〈P1814〉

混旋氨基二醇　C02075411
DL-Aminodialcohol
用作医药中间体
【生产厂】[苏]江都市华兴医药化工制品有限公司〈P1814〉；江都市宙龙集团公司〈P1815〉

右旋氨基二醇　C02075421
D-2-Amino-1-phenyl-1,3-propanediol
【生产厂】[苏]江都市宙龙集团公司〈P1815〉

丙醇；正丙醇；1-丙醇　C02075501
n-Propanol；1-Propanol [71-23-8]
一般用作溶剂，也是制备正丙胺等的原料
【生产厂】[辽]中国石油天然气股份公司锦州石化分公司〈P1702〉；[苏]南京富邦化工有限公司〈P1783〉；洪泽前程香料香精厂〈P1801〉；[鲁]山东省淄博三丙化工有限公司（2 万吨）〈P2054〉；山东莒南县宝华化工厂〈P2149〉；山东滕州悟通香料有限责任公司（2 吨）〈P2078〉；[豫]尉氏县宋塔香料厂（1000 吨）〈P2179〉；河南省尉氏县香料厂（20 吨）〈P2176〉
【使用厂】[苏]连云港海水化工有限公司〈P1798〉；利君集团镇江制药有限责任公司〈P1843〉；宜兴市芳桥东方化工厂〈P1884〉；[浙]浙江建德建业有机化工有限公司〈P1928〉；[鲁]山东省海洋化工科学研究院〈P2097〉；寿光富康制药有限公司〈P2099〉；寿光市万奥化工有限公司〈P2100〉

混丙醇　C02075511
Propanol，mixed
【生产厂】[鲁]山东凯利化工有限公司〈P2149〉

1-苯基-1-丙醇；α-乙基苄醇；1-苯丙醇　C02075531
1-Phenyl-1-propanol；α-Ethylbenzyl alcohol [93-54-9]
用作香料、传热介质，也是一种利胆药
【生产厂】[苏]吴江明恒化学有限公司〈P1909〉

3-苯基-1-丙醇；氢化肉桂醇；3-苯丙醇　C02075551
3-Phenyl-1-propanol；Hydrocinnamic alcohol [122-97-4]
【生产厂】[苏]太仓市振湖化工厂〈P1909〉

正己醇；1-己醇；己醇　C02075601
n-Hexanol [111-27-3]
【生产厂】[津]天津市申泰化学试剂有限公司〈P1601〉；[豫]

尉氏县宋塔香料厂(800 吨)〈P2179〉;河南省尉氏县香料厂(10 吨)〈P2176〉
【使用厂】[沪]上海华盛香料厂〈P1739〉

3-甲基-3-戊醇;二乙基甲基甲醇;叔己醇 C02075651
3-Methyl-3-pentanol;Diethylmethylcarbinol [77-74-7]
用作有机合成中间体及溶剂
【生产厂】[川]四川泸州巨宏化工有限责任公司〈P2323〉

6-氯-1-己醇 C02075671
6-Chloro-1-hexanol [2009-83-8]
【生产厂】[浙]杭州浙大泛科化工有限公司〈P1925〉

1-戊醇;正戊醇;戊醇 C02075701
1-Pentanol;*n*-Pentyl alcohol [71-41-0]
用作溶剂和有机合成原料
【生产厂】[苏]盐城市军营化工厂〈P1811〉;盐城市龙升精细化工厂〈P1811〉;[鲁]山东莒南县宝华化工厂(300 吨)〈P2149〉;[豫]河南省尉氏县香料厂〈P2176〉;[湘]岳阳昌德化工实业有限公司(500 吨)〈P2254〉

2-戊醇;仲戊醇 C02075702
2-Pentanol;*sec*-Amyl alcohol [6032-29-7]
用作有机合成原料和溶剂
【生产厂】[苏]宜兴市中港精细化工有限公司〈P1888〉;苏州海宇生物科技有限公司〈P1900〉

3-戊醇;二乙基甲醇 C02075703
3-Pentanol;Diethyl carbinol [584-02-1]
用作有机溶剂和有机合成原料
【生产厂】[苏]宜兴市中港精细化工有限公司〈P1888〉

(*S*)-(+)-2-戊醇 C02075705
(*S*)-(+)-2-Pentanol [26184-62-3]
【生产厂】[沪]上海科利生物医药有限公司〈P1749〉

环戊醇;羟基环戊烷 C02075711
Cyclopentanol [96-41-3]
用于医药、染料和香料的制备,也用作药物和香料的溶剂
【生产厂】[辽]辽阳市彩练助剂化工厂〈P1710〉;抚顺隆亿石油化工有限公司(1000 吨)〈P1698〉;[苏]扬州高华化工有限公司(500 吨)〈P1817〉

3-环戊烯-1-醇 C02075725
3-Cyclopentene-1-ol [14320-38-8]
【生产厂】[苏]启东嘉峰医药科技有限公司〈P1836〉

八氟戊醇;2,2,3,3,4,4,5,5-八氟-1-戊醇 C02075731
2,2,3,3,4,4,5,5-Octafluoro-1-pentanol [355-80-6]
用作光盘涂料溶剂
【生产厂】[沪]上海茂基化学试剂有限公司〈P1753〉;[鲁]山东中氟化工科技有限公司(500 吨)〈P2030〉

环戊基甲醇 C02075751
Cyclopentylmethanol;Cyclopentanemethanol [3637-61-4]
【生产厂】[津]南开大学生物化学科技开发公司(50 吨)〈P1569〉

3-甲基-1-戊炔-3-醇;甲基戊炔醇 C02075771
3-Methyl-1-pentyn-3-ol;Methyl pentynol [77-75-8]
主要用于生产医药、农药中间体,用作活鲜鱼运输催眠剂、特种溶剂,还用作镀镍或铜的上光剂、黏度稳定剂等
【生产厂】[渝]重庆福润化工有限公司〈P2304〉;[川]宜宾恒德化学有限公司〈P2335〉;四川泸州巨宏化工有限责任公司〈P2323〉

C

庚醇;1-庚醇;正庚醇 C02075801
n-Heptyl alcohol;1-Heptanol [111-70-6]
用于有机合成
【生产厂】[晋]太原中联泽农化工有限公司〈P1672〉

2-庚醇 C02075803
2-Heptanol;Isoheptanol [543-49-7]
【生产厂】[苏]常州夏青化工有限公司(500 吨)〈P1857〉;宜兴市中港精细化工有限公司〈P1888〉

环庚醇 C02075831
Cycloheptanol [502-41-0]
【生产厂】[沪]上海益民化工有限公司〈P1775〉

二异丙基甲醇;2,4-二甲基-3-戊醇 C02075851
Diisopropylmethanol;2,4-Dimethyl-3-pentanol [600-36-2]
【生产厂】[苏]宜兴市中港精细化工有限公司〈P1888〉;[鲁]山东武城康达化工有限公司〈P2146〉

2,3-丁二醇 C02075901
2,3-Butanediol [513-85-9]
用于制备树脂和用作溶剂等
【生产厂】[豫]河南省尉氏县香料厂(10 吨)〈P2176〉

频哪醇;2,3-二甲基-2,3-丁二醇;四甲基乙二醇 C02075911
Pinacol;Pinacone;2,3-Dimethyl-2,3-butanediol [76-09-5]
用作医药中间体
【生产厂】[京]大庆开发区新世纪精细化工有限公司北京裕立化工有限公司〈P1567〉;北京奥得赛化学有限公司〈P1543〉;北京达科思精细化工研究所〈P1545〉;[辽]大连联化化学有限公司〈P1692〉;[黑]大庆新世纪精细化工有限公司〈P1722〉;[浙]浙江优联医药化工有限公司〈P1928〉

苯基频哪醇 C02075921
Phenylpinacol
【生产厂】[京]北京奥得赛化学有限公司〈P1543〉

1,4-二巯基-2,3-丁二醇 C02075991
1,4-Dimercapto-2,3-butanediol
【生产厂】[鄂]襄樊市隆晔医药化工有限公司〈P2238〉

苯乙醇;2-苯基乙醇 C02076001
Phenylethanol;2-Phenylethanol [60-12-8]
广泛用于调配皂用和化妆品用香精
【生产厂】[京]北京达科思精细化工研究所〈P1545〉;[沪]上海申宝香精香料有限公司〈P1760〉;上海先导化学有限公司〈P1770〉;[苏]无锡翔华化工有限公司〈P1882〉;盐城鸿泰生物工程有限公司〈P1810〉;[鄂]武汉市合中化工制造

有限公司〈P2232〉;[粤]广州市伟香单体香料有限公司〈P2266〉

C

3,4-二甲氧基苯乙醇 C02076011

3,4-Dimethoxyphenylethanol [7417-21-2]

【生产厂】[苏]常州市武进临川化工有限公司〈P1854〉

对氨基苯乙醇 C02076021

p-Aminophenylethanol [104-10-9]

【生产厂】[京]北京奥得赛化学有限公司〈P1543〉;[沪]上海金赛医药化工有限公司〈P1744〉;[苏]南京奥德赛化工有限公司〈P1782〉

2-氨基苯乙醇;邻氨基苯乙醇 C02076025

2-Aminophenylethanol [5339-85-5]

【生产厂】[沪]上海金赛医药化工有限公司〈P1744〉;[苏]南京奥德赛化工有限公司〈P1782〉;昆山化工医药原料有限公司〈P1895〉

3-氨基苯乙醇 C02076029

3-Aminophenylethanol

【生产厂】[苏]南京奥德赛化工有限公司〈P1782〉

对羟基苯乙醇 C02076051

p-Hydroxyphenylethanol [501-94-0]

主要用于合成心血管药物美多心安

【生产厂】[晋]长治市强大药业有限公司〈P1674〉;[苏]南京莱尔生物化工有限公司〈P1786〉;常州市武进临川化工有限公司〈P1854〉;[浙]横店集团家园化工有限公司〈P1952〉;[鲁]山东博森精细化工有限公司〈P2084〉

对硝基苯乙醇 C02076061

p-Nitrophenylethanol;2-(*p*-Nitrophenyl)ethanol [100-27-6]

用于有机合成

【生产厂】[沪]上海金赛医药化工有限公司〈P1744〉;[苏]南京奥德赛化工有限公司〈P1782〉

邻硝基苯乙醇 C02076065

o-Nitrophenylethanol [15121-84-3]

【生产厂】[沪]上海金赛医药化工有限公司〈P1744〉

DL-苯甘氨醇 C02076071

DL-Phenylglycinol [7568-92-5]

【生产厂】[浙]宁波市求是化工有限公司〈P1932〉

L-苯甘氨醇;(*S*)-2-苯基甘氨醇 C02076075

L-Phenylglycinol;(*S*)-(+)-2-Phenylglycinol [20989-17-7]

【生产厂】[沪]上海实业化工有限公司〈P1763〉;上海康福赛尔医药科技有限公司〈P1748〉;[浙]宁波市求是化工有限公司〈P1932〉

D-苯甘氨醇 C02076079

D-Phenylglycinol;(*R*)-(−)-α-Phenylglycinol [56613-80-0]

【生产厂】[沪]上海康福赛尔医药科技有限公司〈P1748〉;[浙]宁波市求是化工有限公司〈P1932〉

2,3-二溴丙醇 C02076101

2,3-Dibromopropanol [96-13-9]

用于有机合成

【生产厂】[冀]河北省大名县瑞恒化工有限责任公司〈P1640〉;河北泰丰化工有限责任公司〈P1640〉

1,3-二溴-2-丙醇 C02076105

1,3-Dibromo-2-propanol [96-21-9]

【生产厂】[苏]宜兴市芳桥东方化工厂〈P1884〉

3-溴-1-丙醇 C02076131

3-Bromo-1-propanol;1-Bromo-3-propanol [627-18-9]

用作有机合成原料,是重要的化工中间体

【生产厂】[苏]江苏东台鑫源化工有限公司〈P1807〉;[浙]杭州浙大泛科化工有限公司〈P1925〉;[鲁]邹平铭兴化工有限公司(100 吨)〈P2158〉

3-氯丙醇;3-氯-1-丙醇 C02076151

3-Chloro-1-propanol [627-30-5]

是药物合成的重要中间体,可用于多种药物的合成

【生产厂】[沪]上海共禾化工有限公司〈P1734〉;[苏]南京江本化工有限公司〈P1785〉;[浙]杭州浙大泛科化工有限公司〈P1925〉;[鲁]山东淄博三福化工开发有限公司〈P2056〉;邹平铭兴化工有限公司(1000 吨)〈P2158〉;[鄂]武汉有机实业股份有限公司〈P2235〉

1-氯-2-丙醇 C02076155

1-Chloro-2-propanol [127-00-4]

主要用于生产环氧丙烷,医药上用于合成氯丙嗪

【生产厂】[沪]上海科利生物医药有限公司〈P1749〉;[苏]仪征市鼎信化工有限公司〈P1820〉

2-氯-1-丙醇 C02076159

2-Chloro-1-propanol [37493-14-4]

【生产厂】[沪]上海科利生物医药有限公司〈P1749〉

六氟异丙醇 C02076181

Hexafluoroisopropanol

是一种重要的有机合成中间体,可用于合成含氟表面活性剂、乳剂、麻醉剂等多种化学品,或作为聚合物的溶剂

【生产厂】[苏]盐城冬阳生物制品有限公司〈P1809〉

四氟丙醇;1,1,3-三氢全氟丙醇 C02076191

2,2,3,3-Tetrafluoropropanol;1,1,3-Trihydroperfluoropropanol [76-37-9]

用作医药、农药中间体,光盘涂料溶剂,清洗剂等

【生产厂】[沪]上海茂基化学试剂有限公司〈P1753〉;上海中科合臣股份有限公司〈P1779〉;上海杜拿克化工有限公司〈P1732〉;[浙]衢州市台胞投资经贸有限公司(500 吨)〈P1958〉;[赣]江西金瑞化工有限责任公司〈P2016〉;[鲁]山东中氟化工科技有限公司(4000 吨)〈P2030〉;[粤]广州拓华化工科技有限公司〈P2267〉;[川]中昊晨光化工研究院〈P2321〉

2,3,5,6-四氟对苯二甲醇 C02076251

2,3,5,6-Tetrafluoro-1,4-benzenedimethanol [92339-07-6]

【生产厂】[鲁]青岛双收农药化工有限公司〈P2043〉

十六醇;鲸蜡醇;棕榈醇 C02076301

1-Hexadecanol [36653-82-4]
是表面活性剂的重要原料,也用于化妆品及其他多种有机化学品的制备
【生产厂】[豫]商丘龙宇化工有限公司〈P2226〉;[粤]广东西陇化工有限公司〈P2276〉
【使用厂】[津]天津市汇丽精细化学公司〈P1591〉;[鲁]济宁市化工研究所试剂厂〈P2128〉

16-溴十六-1-醇 C02076321
16-Bromo-1-hexadecanol [59101-28-9]
【生产厂】[川]爱斯特(成都)医药技术有限公司〈P2309〉

14-溴十四-1-醇 C02076371
14-Bromo-1-tetradecanol [72995-94-9]
【生产厂】[川]爱斯特(成都)医药技术有限公司〈P2309〉

十二烷二元醇;1,12-十二烷二醇 C02076491
1,12-Dodecanediol [5675-51-4]
用于合成医药、高级涂料、润滑剂、洗涤剂、表面活性剂等
【生产厂】[鲁]山东宝沣化工集团公司〈P2051〉;淄博广通化工有限责任公司(1000吨)〈P2060〉

三氯乙醇;2,2,2-三氯乙醇 C02076501
Trichloroethanol;2,2,2-Trichloroethanol [115-20-8]
用作医药中间体
【生产厂】[苏]苏州永拓医药科技有限公司〈P1907〉;苏州市华伦化工有限公司〈P1903〉

2,2,2-三溴乙醇 C02076531
2,2,2-Tribromoethanol [75-80-9]
用作引发剂
【生产厂】[苏]南京仁信化工有限公司〈P1788〉;[鲁]山东大地盐化集团〈P2094〉

3-氨基-1,2-丙二醇;1-氨基-2,3-丙二醇;2,3-二羟基丙胺 C02076601
3-Amino-1,2-propanediol;1-Amino-2,3-propanediol [616-30-8]
主要用于生产X-CT非离子型造影剂碘海醇、合成特种材料,也用作农药中间体
【生产厂】[辽]沈阳金久奇化工有限公司〈P1687〉;沈阳展宇科技开发有限公司〈P1690〉;[浙]杭州中香化学有限公司〈P1925〉;嘉兴市中科化学有限公司〈P1942〉;嘉兴市金利化工有限责任公司〈P1942〉;台州市奥力特精细化工有限公司〈P1961〉;[鲁]济南瑞凯化工有限公司〈P2024〉;济南泽溢科技有限公司〈P2027〉;淄博市博山东方化工厂(50吨)〈P2067〉

3-巯基-1,2-丙二醇;1-巯基甘油;1-硫代甘油 C02076611
3-Mercapto-1,2-propanediol [96-27-5]
【生产厂】[鲁]济南瑞凯化工有限公司〈P2024〉;济南泽溢科技有限公司〈P2027〉

丝氨醇;2-氨基-1,3-丙二醇 C02076631
Serinol;2-Amino-1,3-propanediol [534-03-2]
是合成药物碘帕醇的主要原料
【生产厂】[浙]宁波市求是化工有限公司〈P1932〉;[鲁]济南瑞凯化工有限公司〈P2024〉;济南泽溢科技有限公司〈P2027〉;新泰市蓝天化工科技有限公司〈P2138〉

L-丝氨醇 C02076635
L-Serinol
【生产厂】[浙]宁波市求是化工有限公司〈P1932〉

丝氨醇盐酸盐;2-氨基-1,3-丙二醇盐酸盐 C02076641
Serinol hydrochloride;2-Amino-1,3-propanediol hydrochloride [73708-65-3]
【生产厂】[鲁]济南瑞凯化工有限公司〈P2024〉;济南泽溢科技有限公司〈P2027〉

3-甲氨基-1,2-丙二醇 C02076651
3-Methylamino-1,2-propanediol [40137-22-2]
【生产厂】[浙]嘉兴市中科化学有限公司〈P1942〉;[鲁]济南瑞凯化工有限公司〈P2024〉;济南泽溢科技有限公司〈P2027〉

3-二甲氨基-1,2-丙二醇 C02076671
3-Dimethylamino-1,2-propanediol [623-57-4]
【生产厂】[苏]苏州园方化工有限公司〈P1907〉;[鲁]济南瑞凯化工有限公司〈P2024〉;济南泽溢科技有限公司〈P2027〉

3-二乙氨基-1,2-丙二醇 C02076691
3-Diethylamino-1,2-propanediol [621-56-7]
【生产厂】[鲁]济南瑞凯化工有限公司〈P2024〉;济南泽溢科技有限公司〈P2027〉

双三羟甲基丙烷;DiTMP C02076721
Di(trimethylolpropane)
是生产丙烯酸单体/低聚物、合成润滑油、特种树脂及化学中间体、涂料树脂、PVC稳定剂等的原料
【生产厂】[吉]吉化集团公司海特化工厂〈P1715〉

2-苯基-1,3-丙二醇 C02076741
2-Phenyl-1,3-propanediol [1570-95-2]
用作医药中间体
【生产厂】[苏]南京法姆化学厂〈P1783〉;江苏华派集团〈P1807〉;盐城市华佳化工有限公司〈P1811〉;[陕]陕西宏庆医药化学有限公司〈P2346〉

2-甲基-2-丙基-1,3-丙二醇 C02076771
2-Methyl-2-propyl-1,3-propanediol [78-26-2]
用于制药
【生产厂】[渝]重庆小泉化工厂〈P2308〉;重庆英斯凯化工有限公司〈P2308〉

2,6-二氯苯甲醇;2,6-二氯苄醇 C02076801
2,6-Dichlorobenzyl alcohol [15258-73-8]
用于合成医药、染料等
【生产厂】[苏]江苏振方化工有限公司〈P1803〉

2,4-二氯苄醇;2,4-二氯苯甲醇 C02076803
2,4-Dichlorobenzyl alcohol [1777-82-8]
用作医药中间体
【生产厂】[苏]常州高科生物化学有限公司(200千克)〈P1846〉;江苏振方化工有限公司〈P1803〉;沭阳金凯化工厂〈P1804〉

C

3,4-二氯苄醇 C02076805
3,4-Dichlorobenzyl alcohol [1805-32-9]
用作医药中间体
【生产厂】[苏]江苏振方化工有限公司〈P1803〉

间氯苄醇;3-氯苯甲醇 C02076821
3-Chlorobenzyl alcohol [873-63-2]
【生产厂】[苏]江苏振方化工有限公司〈P1803〉;沭阳金凯化工厂〈P1804〉;[鄂]武汉有机实业股份有限公司〈P2235〉

邻氯苄醇;2-氯苯甲醇 C02076831
o-Chlorobenzyl alcohol [17849-38-6]
用作医药、有机合成中间体
【生产厂】[苏]江苏振方化工有限公司〈P1803〉;[鄂]武汉有机实业股份有限公司〈P2235〉

对氯苄醇;对氯苯甲醇;4-氯苯甲醇 C02076841
p-Chlorobenzyl alcohol;4-Chlorobenzyl alcohol [873-76-7]
用作医药、有机合成中间体
【生产厂】[苏]苏州市御窑精细化工有限公司(120 吨)〈P1906〉;江苏振方化工有限公司〈P1803〉;高邮市康乐精细化工厂〈P1813〉;[鄂]武汉有机实业股份有限公司〈P2235〉

对氟苯甲醇;4-氟苯甲醇;对氟苄醇 C02076881
4-Fluorobenzyl alcohol [459-56-3]
用作有机合成中间体
【生产厂】[苏]沭阳金凯化工厂〈P1804〉;[浙]浙江省三门解氏化学工业有限公司〈P1966〉;[豫]河南昊海实业有限公司(240 吨)〈P2165〉;南阳市威特化工有限责任公司(300 吨)〈P2224〉

邻氟苯甲醇;邻氟苄醇;2-氟苯甲醇 C02076883
o-Fluorobenzyl alcohol [446-51-5]
用作有机合成中间体
【生产厂】[浙]浙江省三门解氏化学工业有限公司〈P1966〉;[豫]河南昊海实业有限公司(240 吨)〈P2165〉

间氟苯甲醇;间氟苄醇;3-氟苯甲醇 C02076885
m-Fluorobenzyl alcohol [456-47-3]
用作有机合成中间体
【生产厂】[苏]沭阳金凯化工厂〈P1804〉;[浙]浙江省三门解氏化学工业有限公司〈P1966〉;[豫]河南昊海实业有限公司(240 吨)〈P2165〉

3,5-二氟苯甲醇;3,5-二氟苄醇 C02076887
3,5-Difluorobenzyl alcohol [79538-20-8]
用作医药、农药中间体
【生产厂】[浙]浙江省三门解氏化学工业有限公司〈P1966〉

2,4-二氟苯甲醇;2,4-二氟苄醇 C02076889
2,4-Difluorobenzyl alcohol [56456-47-4]
用作医药、农药中间体
【生产厂】[浙]浙江省三门解氏化学工业有限公司〈P1966〉

2-溴苄醇;2-溴苯甲醇;邻溴苄醇 C02076891
2-Bromobenzyl alcohol [18982-54-2]
【生产厂】[皖]广德金邦化工有限公司〈P1986〉

对溴苄醇;4-溴苄醇;对溴苯甲醇 C02076893
p-Bromobenzyl alcohol
【生产厂】[苏]沭阳金凯化工厂〈P1804〉;[皖]广德金邦化工有限公司〈P1986〉

间溴苄醇;3-溴苄醇;间溴苯甲醇 C02076895
m-Bromobenzyl alcohol [15852-73-0]
【生产厂】[皖]广德金邦化工有限公司〈P1986〉

3-苯氧基苯甲醇;间苯氧基苯甲醇 C02076901
3-Phenoxybenzyl alcohol [13826-35-2]
用作农药、医药中间体
【生产厂】[苏]金坛市华盛化工助剂有限公司〈P1862〉;江苏苏化集团有限公司〈P1894〉;[浙]余姚化工厂有限责任公司(100 吨)〈P1935〉

间三氟甲基苄醇;3-三氟甲基苄醇 C02076921
m-(Trifluoromethyl) benzyl alcohol [349-75-7]
【生产厂】[京]北京金奥利维科技发展有限公司〈P1551〉;北京宜龙通广科技有限公司〈P1565〉

对三氟甲基苄醇;对三氟甲基苯甲醇 C02076923
p-(Trifluoromethyl) benzyl alcohol [349-95-1]
用作医药中间体
【生产厂】[京]北京普瑞东方化学技术有限公司〈P1556〉;北京宜龙通广科技有限公司〈P1565〉

邻三氟甲基苄醇;2-三氟甲基苯甲醇 C02076925
o-(Trifluoromethyl) benzyl alcohol [346-06-5]
【生产厂】[京]北京金奥利维科技发展有限公司〈P1551〉;北京宜龙通广科技有限公司〈P1565〉

3,5-双(三氟甲基)苄醇 C02076931
3,5-Di(trifluoromethyl) benzyl alcohol [32707-89-4]
【生产厂】[京]北京金奥利维科技发展有限公司〈P1551〉;北京宜龙通广科技有限公司〈P1565〉;[赣]江西上饶现代化工有限公司〈P2015〉

对甲氧基苯甲醇;对甲氧基苄醇;大茴香醇 C02076951
p-Methoxybenzyl alcohol;Anise alcohol [105-13-5]
用于制备药物和香料
【生产厂】[京]北京高盟化工有限公司〈P1548〉;[沪]上海凯路化工有限公司〈P1747〉;[苏]江苏省句容市中山化工研究所〈P1842〉;金坛市华盛化工助剂有限公司〈P1862〉

3-甲氧基苄醇;间甲氧基苄醇 C02076955
3-Methoxybenzyl alcohol [6971-51-3]
【生产厂】[苏]金坛市华盛化工助剂有限公司〈P1862〉

3,4-二甲氧基苄醇;3,4-二甲氧基苯甲醇;藜芦醇 C02076971
3,4-Dimethoxybenzyl alcohol;Veratryl alcohol [93-03-8]
用作有机合成原料
【生产厂】[黑]哈尔滨康文生化科技有限公司〈P1720〉;[苏]常州市武进临川化工有限公司〈P1854〉;苏州敬业医药化工有限公司〈P1901〉;[浙]台州市新东方医化有限公司〈P1962〉;[川]成都川大华西康达药物研究所(1 吨)〈P2310〉

3-甲基苄醇；间甲基苄醇；间甲基苯甲醇 C02077021
3-Methylbenzyl alcohol
【生产厂】[苏]金坛市华盛化工助剂有限公司〈P1862〉；高邮市康乐精细化工厂〈P1813〉

邻苯二甲醇 C02077051
1,2-Benzenedimethanol；*o*-Xylylene glycol [612-14-6]
【生产厂】[鄂]武汉有机实业股份有限公司〈P2235〉

间苯二甲醇 C02077055
1,3-Benzenedimethanol；*m*-Xylylene glycol [626-18-6]
【生产厂】[鄂]武汉有机实业股份有限公司〈P2235〉

4-氯-3-三氟甲基苄醇 C02077091
4-Chloro-3-(trifluoromethyl) benzyl alcohol
【生产厂】[赣]江西上饶现代化工有限公司〈P2015〉

2-氯-5-三氟甲基苄醇 C02077093
2-Chloro-5-trifluoromethylbenzyl alcohol
【生产厂】[赣]江西上饶现代化工有限公司〈P2015〉

异龙脑；异莰醇；异冰片；异樟醇 C02077101
Isoborneol [124-76-5]
作为香料用于日化产品中，也用作防腐剂
【生产厂】[粤]怀集县长林化工有限责任公司(2500 吨)〈P2294〉；[桂]广西梧州松脂股份有限公司〈P2300〉

2-甲基-3-丁烯-2-醇；2-甲基丁烯醇 C02077201
2-Methyl-3-buten-2-ol [115-18-4]
主要用于生产维生素E、维生素K_1、维生素A等
【生产厂】[川]四川泸州巨宏化工有限责任公司〈P2323〉

异戊烯醇；3-甲基-2-丁烯-1-醇 C02077231
3-Methyl-2-buten-1-ol；Prenyl alcohol [556-82-1]
【生产厂】[苏]南京布莱克精细化工有限公司〈P1782〉；连云港市中成化工有限公司(300 吨)〈P1800〉；[赣]江西省赣西化工有限公司〈P2016〉；[鲁]山东邹平国安化工有限公司〈P2157〉

三苯甲醇；三苯基甲醇 C02077301
Triphenylmethanol [76-84-6]
用于有机合成
【生产厂】[浙]杭州浙大泛科化工有限公司〈P1925〉；浙江华义医药有限公司〈P1954〉

L-脯氨醇 C02077401
L-(+)-Prolinol [23356-96-9]
【生产厂】[苏]扬州明德生物化工有限公司〈P1818〉；[浙]宁波市求是化工有限公司〈P1932〉；[皖]安徽省郎溪县联科实业有限公司〈P1986〉；[川]成都景田生物药业有限公司〈P2312〉

D-脯氨醇 C02077405
D-Prolinol [68832-13-3]
【生产厂】[浙]宁波市求是化工有限公司〈P1932〉；[皖]安徽省郎溪县联科实业有限公司〈P1986〉

α,α-二苯基-L-脯氨醇 C02077431
α,α-Diphenyl-L-prolinol [112068-01-6]
【生产厂】[辽]大连联化化学有限公司〈P1692〉；[沪]上海中康伟业生物科技有限公司(1 吨)〈P1778〉

***N*-甲基-L-脯氨醇** C02077451
N-Methyl-L-prolinol [34381-71-0]
【生产厂】[浙]宁波市求是化工有限公司〈P1932〉

甲硫醇 C02077521
Methyl mercaptan；Methanethiol [74-93-1]
用作有机合成中间体，主要用于合成材料、农药和医药等方面
【生产厂】[辽]大连光明特种气体有限公司〈P1691〉；[鲁]临淄兴武化工厂〈P2050〉
【使用厂】[鲁]山东滕州悟通香料有限责任公司〈P2078〉

十八硫醇 C02077601
n-Octadecyl mercaptan；Stearyl mercaptan [2885-00-9]
【生产厂】[沪]上海虹生实业有限公司〈P1737〉

十六硫醇；1-十六烷硫醇 C02077651
Hexadecanethiol [2917-26-2]
【生产厂】[沪]上海虹生实业有限公司〈P1737〉

苄硫醇；苯甲硫醇 C02077701
Benzyl mercaptan；α-Toluenethiol [100-53-8]
用作农药、医药中间体
【生产厂】[鲁]山东滕州悟通香料有限责任公司〈P2078〉；滕州市香源化工有限责任公司〈P2079〉
【使用厂】[苏]南京红太阳集团〈P1784〉

3-巯基-2-丁醇；巯基丁醇 C02077802
3-Mercapto-2-butanol [54812-86-1]
用作食用香精
【生产厂】[鲁]山东滕州悟通香料有限责任公司〈P2078〉；滕州市香源化工有限责任公司〈P2079〉；滕州吉田香料有限公司〈P2078〉

1,3-丙二硫醇；1,3-二巯基丙烷 C02077921
1,3-Propyldimercaptan [109-80-8]
用作日用香精
【生产厂】[鲁]山东滕州悟通香料有限责任公司〈P2078〉；[鄂]襄樊明熙化工有限公司〈P2238〉；襄樊市隆晔医药化工有限公司〈P2238〉

1,2-乙二硫醇；1,2-二巯基乙烷 C02077941
1,2-Ethanedithiol；Ethylene mercaptan [540-63-6]
用作医药中间体
【生产厂】[鄂]湖北襄樊福润达化工有限公司〈P2237〉；襄樊明熙化工有限公司〈P2238〉；襄樊市隆晔医药化工有限公司〈P2238〉

1,2-丁二硫醇 C02077953
1,2-Butanedithiol [16128-68-0]
【生产厂】[鲁]山东滕州悟通香料有限责任公司〈P2078〉

2,3-丁二硫醇 C02077955
2,3-Butanedithiol [4532-64-3]
【生产厂】[鲁]山东滕州悟通香料有限责任公司〈P2078〉；滕州市香源化工有限责任公司〈P2079〉

1,6-己二硫醇 C02077961

1,6-Hexanedithiol [1191-43-1]

用于合成橡胶

【生产厂】[鲁]山东滕州悟通香料有限责任公司〈P2078〉;滕州市香源化工有限责任公司〈P2079〉;滕州吉田香料有限公司〈P2078〉

C

3,4-己二硫醇 C02077965

3,4-Hexanedithiol

【生产厂】[鲁]山东滕州悟通香料有限责任公司〈P2078〉

叔壬基硫醇 C02077971

tert-Nonyl mercaptan [25360-10-5]

【生产厂】[鲁]山东滕州悟通香料有限责任公司〈P2078〉

异丁硫醇;2-甲基-1-丙硫醇 C02077981

Isobutanethiol;Isobutyl mercaptan [513-44-0]

【生产厂】[鲁]山东滕州悟通香料有限责任公司〈P2078〉

正丁硫醇 C02077983

n-Butanethiol;1-Butanethiol [109-79-5]

【生产厂】[鲁]山东滕州悟通香料有限责任公司〈P2078〉

芴甲醇;9-芴甲醇 C02078001

9-Fluorenemethanol;9-Fluorenylmethanol [24324-17-2]

用于制备在肽合成中保护氨基的氯甲酸-9-芴甲酯

【生产厂】[辽]鞍山市惠丰化工有限责任公司〈P1695〉;鞍山市兴懋化工有限责任公司〈P1696〉;辽宁鞍山市贝达合成化工厂〈P1697〉;[沪]上海万凯化学有限公司〈P1768〉;吉尔生化(上海)有限公司〈P1726〉;[苏]扬州宝盛生物化工有限公司〈P1817〉;[陕]西安博捷医药化工技术有限公司〈P2347〉

9-蒽甲醇 C02078101

9-Anthracenemethanol [1468-95-7]

用于生产医药和染料的中间体

【生产厂】[苏]常州市武进临川化工有限公司〈P1854〉;常熟市新腾化工有限公司〈P1891〉;江苏常余化工有限公司(60吨)〈P1893〉;启东嘉峰医药科技有限公司〈P1836〉

5-雄烯二醇 C02078201

5-Androstenediol;5-Androstene-3β,17β-diol [521-17-5]

用作甾体激素和避孕药的中间体

【生产厂】[浙]浙江仙居君业医药化工有限公司〈P1969〉;[鄂]湖北丹江口丹澳医药化工有限公司(15吨)〈P2239〉

4-雄烯二醇 C02078211

4-Androstene-3β,17β-diol [1156-92-9]

用于生产甾体激素和避孕药中间体

【生产厂】[浙]浙江仙居君业医药化工有限公司〈P1969〉;[鄂]湖北省丹江口开泰激素有限责任公司(20吨)〈P2239〉

1-雄烯二醇 C02078221

1-Androstenediol

【生产厂】[沪]上海久邦化工有限公司〈P1745〉

5-雄烯三醇 C02078251

5-Androstenetriol [697-85-0]

【生产厂】[浙]浙江仙居君业医药化工有限公司〈P1969〉

2,3,5,6-四氟苯甲醇 C02078301

2,3,5,6-Tetrafluorobenzyl alcohol [4084-38-2]

【生产厂】[鲁]青岛双收农药化工有限公司〈P2043〉

3-吲哚甲醇;吲哚-3-甲醇 C02078401

3-Indolylmethanol;Indole-3-methanol [700-06-1]

用于有机合成

【生产厂】[京]北京成宇化工有限公司〈P1545〉;[沪]上海凯路化工有限公司〈P1747〉;[苏]南京锐马精细化工有限公司〈P1788〉;常州雪龙化工有限公司〈P1858〉;金坛市社头化工厂〈P1862〉;江苏九寿堂生物制品有限公司〈P1821〉;江苏如东县丰利医药化工厂〈P1831〉;[浙]衢州市台胞投资经贸有限公司〈P1958〉

7-乙基色醇;7-乙基-3-吲哚乙醇 C02078451

7-Ethyltryptophol [41340-36-7]

主要用于生产依托度酸

【生产厂】[浙]杭州科本化工有限公司〈P1920〉;[鲁]山东玉成生化农药有限公司〈P2099〉

D-核糖 C02078601

D-Ribose [50-69-1]

用作医药原料、保健品、中间体、食品添加剂等

【生产厂】[津]天津天成制药有限公司(100吨)〈P1614〉;[沪]上海迪赛诺公司〈P1731〉;[浙]杭州达康化工有限公司〈P1916〉;[赣]江西诚志生物工程有限公司(50吨)〈P2013〉;[鲁]青岛琅琊台集团股份有限公司(2000吨)〈P2040〉;[豫]郑州拓洋实业有限公司(600吨)〈P2174〉

2-脱氧-D-核糖 C02078671

2-Deoxy-D-ribose [533-67-5]

【生产厂】[京]北京赛璐珈科技有限公司〈P1557〉;[沪]上海迪赛诺公司〈P1731〉;[皖]安徽贝克药业有限公司〈P1971〉;[豫]新乡拓新生化科技有限公司(1吨)〈P2207〉

麦角固醇;麦角甾醇 C02078701

Ergosterol;Ergosterin [57-87-4]

是生产维生素D2的前体,也是生产激素类药物的中间体,可用来生产可的松

【生产厂】[冀]华北制药集团有限责任公司〈P1624〉;[鲁]东辰(集团)化工有限公司(300吨)〈P2081〉;山东东辰生物工程股份有限公司(8吨)〈P2084〉

DL-乙基泛醇;DL-泛醇乙醚 C02078801

DL-Ethylpanthenol

用作化妆品添加剂

【生产厂】[浙]浙江杭州鑫富药业股份有限公司〈P1927〉;[粤]广州市天赐高新材料科技有限公司〈P2266〉

四苯基乙二醇;苯频哪醇 C02078901

1,1,2,2-Tetraphenyl-1,2-ethanediol;Benzopinacol [464-72-2]

【生产厂】[京]北京杨村化工有限公司〈P1564〉

茄尼醇 C02079001

Solanesol [13190-97-1]

主要用于医药辅酶Q10和维生素K2的合成

【生产厂】[京]北京怡禾生物工程有限公司〈P1565〉;[冀]河北九派实业集团有限公司(18吨)〈P1620〉;固安县恩康医药化工原料有限公司〈P1658〉;[苏]江苏日欣实业集团有

限公司〈P1816〉;南通远东生物化工有限公司(40 吨)〈P1836〉;[浙]杭州泰鑫医药化工有限公司〈P1922〉;德清县天宝化工厂〈P1945〉;浙江车头制药有限公司〈P1963〉;台州市中荣化工有限公司〈P1962〉;[豫]濮阳市亿丰生物化工工程有限公司(300 吨)〈P2215〉;[鄂]武汉赛达高新技术有限公司(5 吨)〈P2231〉;[湘]湖南湘源植物生化有限公司〈P2258〉;[川]成都天赐医药科技有限责任公司〈P2315〉;广汉绿松药业有限责任公司〈P2324〉;四川省什邡市华康药物原料厂〈P2328〉

二茂铁甲醇 C02079051
Ferrocenemethanol;(Hydroxymethyl)ferrocene [1273-86-5]
【生产厂】[川]成都添彩化工有限公司〈P2316〉

羊毛脂醇 C02079091
Lanolin alcohol;Wool alcohols
用于制备头油、护肤用品等
【生产厂】[苏]吴江市繁荣化工有限公司〈P1910〉

3,6-二硫杂-1,8-辛二醇 C02079401
3, 6-Dithia-1, 8-octanediol; 2, 2′-(Ethylenedithio) diethanol [5244-34-8]
用作医药中间体
【生产厂】[浙]杭州浙大泛科化工有限公司〈P1925〉

3,5-二硫杂-1,7-庚二醇 C02079451
3,5-Dithia-1,7-heptanediol [44860-68-6]
【生产厂】[浙]杭州浙大泛科化工有限公司〈P1925〉

豆甾醇 C02079501
Stigmasterol;Stigmasterin [83-48-7]
用作甾体激素合成原料,也可用作维生素 D_3 的生产原料
【生产厂】[鄂]武汉远城科技发展有限公司〈P2235〉;[陕]西安惠丰生化集团股份有限公司〈P2348〉

东莨菪醇 C02079511
Scopine [85700 55-6]
用作医药中间体
【生产厂】[鲁]济南诚汇双达化工有限公司〈P2020〉

无水乳糖 C02079531
Lactose,anhydrous [63-42-3]
广泛用于制婴儿食品、糖果、人造奶油等,也可以做培养基、色层吸收剂及赋形药等
【生产厂】[沪]上海华茂药业有限公司〈P1739〉

5-降冰片烯-2-甲醇 C02079571
5-Norbornene-2-methanol [95-12-5]
【生产厂】[川]四川辉硕化工有限公司〈P2333〉

5-降冰片烯-2-醇;2-羟基-5-降冰片烯 C02079575
5-Norbornene-2-ol [13080-90-5]
【生产厂】[川]四川辉硕化工有限公司〈P2333〉

占吨醇 C02079591
Xanthen-9-ol;9-Hydroxyxanthene [90-46-0]
【生产厂】[沪]上海五洲药业股份有限公司〈P1770〉

1-金刚烷醇;三环[3.3.1.1(3,7)]癸烷-1-醇 C02079601
1-Adamantanol;Tricyclo[3.3.1.1(3,7)]decan-1-ol [768-95-6]
用作合成金刚烷类的中间体
【生产厂】[浙]普洛康裕股份有限公司〈P1953〉;[川]泸州万联化工有限公司〈P2323〉;四川众邦科技发展有限公司〈P2323〉

2-金刚烷醇;三环[3.3.1.1(3,7)]癸烷-2-醇 C02079603
2-Adamantanol;Tricyclo[3.3.1.1(3,7)]decan-2-ol [700-57-2]
【生产厂】[川]泸州万联化工有限公司〈P2323〉;四川众邦科技发展有限公司〈P2323〉

1,3-金刚烷二醇;1,3-二羟基金刚烷 C02079611
Adamantane-1,3-diol;1,3-Dihydroxyadamantane [5001-18-3]
【生产厂】[川]泸州万联化工有限公司〈P2323〉

2-甲基-2-金刚烷醇 C02079631
2-Methyl-2-adamantanol [702-98-7]
【生产厂】[川]泸州万联化工有限公司〈P2323〉;四川众邦科技发展有限公司〈P2323〉

2-乙基-2-金刚烷醇 C02079651
2-Ethyl-2-adamantanol [14648-57-8]
【生产厂】[川]泸州万联化工有限公司〈P2323〉;四川众邦科技发展有限公司〈P2323〉

1-金刚烷乙醇 C02079671
1-Adamantaneethanol [6240-11-5]
【生产厂】[川]四川辉硕化工有限公司〈P2333〉

4,4′-二(羟甲基)联苯;4,4′-联苄醇 C02079791
4,4′-Di(hydroxymethyl)diphenyl [1667-12-5]
【生产厂】[鲁]青岛润兴光电材料有限公司〈P2041〉

L-蛋氨醇 C02079801
L-Methioninol;L-2-Amino-4-methylthio-1-butanol [2899-37-8]
【生产厂】[苏]扬州明德生物化工有限公司〈P1818〉;[浙]宁波市求是化工有限公司〈P1932〉

L-苏氨醇 C02079901
L-Threoninol
【生产厂】[浙]宁波市求是化工有限公司〈P1932〉

乙二醇单丁醚;二醇醚 EB;乙二醇丁醚 C02080101
Ethylene glycol monobutyl ether [111-76-2]
用作油漆、油墨的溶剂、金属清洗剂组分及染料分散剂的原料
【生产厂】[苏]南京富邦化工有限公司〈P1783〉;江苏瑞佳化学有限公司〈P1865〉;[鲁]青州贝特化工有限公司〈P2090〉
【使用厂】[苏]扬州江亚消防药剂有限公司〈P1817〉;宜兴市凯欣化工有限公司〈P1885〉

乙二醇单甲醚;2-甲氧基乙醇;甲基溶纤剂;乙二醇甲醚 C02080201

Ethylene glycol monomethyl ether;2-Methoxyethanol [109-86-4]

用作涂料溶剂、渗透剂、匀染剂及有机合成中间体,也用作喷气燃料的添加剂

【生产厂】[苏]无锡市高润杰化学有限公司〈P1875〉

【使用厂】[津]天津市中央药业有限公司〈P1613〉;[浙]浙江华海药业股份有限公司〈P1964〉;[皖]安徽省绩溪县天池化工厂〈P1986〉;[鲁]山东新华东风化工有限公司〈P2055〉;山东新华制药股份有限公司〈P2055〉

C

乙二醇二甲醚;1,2-二甲氧基乙烷 C02080251

Ethylene glycol dimethyl ether [110-71-4]

主要用作溶剂和有机合成中间体

【生产厂】[沪]上海利翔化工有限公司〈P1751〉;上海神强实业有限公司〈P1761〉;[苏]扬州元天工贸有限公司〈P1820〉;连云港都茂化工有限公司〈P1798〉;[浙]杭州浙大泛科化工有限公司〈P1925〉;[皖]安徽立兴化工有限公司〈P1985〉;安徽省绩溪县天池化工厂(300吨)〈P1986〉

乙醚;二乙醚 C02080301

Diethyl ether;Ethyl ether [60-29-7]

在有机合成中主要用作溶剂萃取剂和反应介质

【生产厂】[津]天津市天正化学试剂有限公司(500吨)〈P1605〉;天津市天梅化工厂(2000吨)〈P1604〉;[苏]沛县第一化工有限公司(600吨)〈P1793〉;[浙]台州市申源化学品有限公司〈P1962〉;[皖]安徽金邦医药化工有限公司(5000吨)〈P1982〉

【使用厂】[京]北京紫竹药业有限公司〈P1567〉;[津]天津市中央药业有限公司〈P1613〉;[鲁]青州市鑫隆化工有限公司〈P2093〉;山东滕州悟通香料有限责任公司〈P2078〉;淄博市临淄鑫森化工有限公司〈P2070〉;[川]成都天华科技股份有限公司〈P2315〉;成都川大华西康达药物研究所〈P2310〉

2-氯乙基甲基醚;1-氯-2-甲氧基乙烷 C02080311

2-Chloroethyl methyl ether;1-Chloro-2-methoxyethane [627-42-9]

【生产厂】[浙]杭州浙大泛科化工有限公司〈P1925〉

2,2′-二氯二乙醚;双(2-氯乙基)醚 C02080331

2,2′-Dichlordiethyl ether [111-44-4]

用作橡胶、树脂等的溶剂

【生产厂】[苏]江苏托球农化有限公司〈P1808〉;江都市大江化工厂〈P1813〉

氯乙基氯甲基醚;1-氯-2-氯甲氧基乙烷 C02080391

Chloroethyl chloromethyl ether

用作有机中间体

【生产厂】[皖]安徽贝克药业有限公司〈P1971〉;[豫]郑州路路德化学制品有限公司(1000吨)〈P2171〉

二苯醚;苯醚 C02080401

Diphenyl ether;Phenyl ether [101-84-8]

用于生产阻燃剂十溴二苯醚,用作高温载热体,并用于制造香料及染料

【生产厂】[苏]无锡市丰硕化工厂(800吨)〈P1875〉;江苏苏化集团有限公司(4000吨)〈P1894〉;[浙]杭州国晨化工技术有限公司〈P1917〉;[鲁]寿光市信昌化工有限公司〈P2100〉;山东省海洋化工科学研究院〈P2097〉

【使用厂】[苏]常熟市阻燃化工有限公司〈P1892〉;[鲁]青州市化纤厂〈P2092〉;青州市安达化工有限公司〈P2091〉

4,4′-二甲基二苯醚 C02080411

4,4′-Dimethyldiphenyl ether

用作医药中间体

【生产厂】[苏]金坛市华盛化工助剂有限公司〈P1862〉

4-羟基二苯醚;对苯氧基苯酚 C02080431

4-Hydroxydiphenyl ether [831 82-3]

用于高效、低毒农药双氧威、蚊蝇醚的合成

【生产厂】[苏]盐城市华佳化工有限公司〈P1811〉

3,4′-二硝基二苯醚 C02080451

3,4′-Dinitrodiphenyl ether [2914-72-9]

【生产厂】[苏]昆山化工医药原料有限公司〈P1895〉

4,4′-二氨基二苯醚 C02080501

4,4′-Diaminodiphenyl ether [101-80-4]

用作耐高温聚合材料聚酰亚胺的单体,也用于塑料工业

【生产厂】[京]北京杨村化工有限公司〈P1564〉;北京达科思精细化工研究所〈P1545〉;[冀]河北省大名县瑞恒化工有限责任公司〈P1640〉;[沪]上海华彩精细化工有限公司〈P1738〉;上海科帆化工科技有限公司〈P1748〉;[苏]金坛市华盛化工助剂有限公司〈P1862〉;[皖]安徽省怀远县虹桥化工有限公司〈P1975〉;[鲁]万达集团股份有限公司(5000吨)〈P2088〉

【使用厂】[沪]上海市合成树脂研究所〈P1763〉;[苏]扬州亚邦绝缘材料有限公司〈P1820〉

3,4′-二氨基二苯醚 C02080511

3,4′-Diaminodiphenylether

用作医药中间体

【生产厂】[浙]横店集团家园化工有限公司〈P1952〉

4,4′-二羟基二苯醚 C02080551

4,4′-Dihydroxydiphenyl ether;4,4′-Oxydiphenol [1965-09-9]

用作医药中间体,液晶类添加剂

【生产厂】[沪]上海华彩精细化工有限公司〈P1738〉;[浙]杭州依田化工有限公司〈P1924〉;横店集团家园化工有限公司〈P1952〉

石油醚 C02080601

Petroleum ether [8032-32-4]

用作有机高效溶剂、医药萃取剂、精细化工合成助剂等

【生产厂】[津]天津市天正化学试剂有限公司(150吨)〈P1605〉;天津宏运化工有限公司(500吨)〈P1573〉;天津市天梅化工厂(2000吨)〈P1604〉;[浙]浙江省建德市新成化工厂(2000吨)〈P1928〉;[鲁]淄博市临淄东方红化工厂(2万吨)〈P2068〉;淄博市临淄天德精细化工研究所(3万吨)〈P2888〉;淄博市临淄鑫勇石化添加剂厂(5000吨)〈P2070〉;临淄泽荣化工有限公司(5000吨)〈P2050〉

【使用厂】[沪]上海葡萄糖厂〈P1755〉;[鲁]潍坊市亚东化工有限公司〈P2105〉;[粤]广州化学试剂厂〈P2261〉;[渝]重庆小泉化工厂〈P2308〉;[川]成都川大华西康达药物研究所〈P2310〉

氯甲基甲醚;氯甲醚;一氯甲醚 C02080701

Chloromethyl methyl ether [107-30-2]

主要用于生产阴离子交换树脂，还用于生产磺胺嘧啶药物

【生产厂】[辽]丹东前阳宏达化工厂〈P1700〉；[黑]哈尔滨华尔化工有限公司〈P1720〉；[苏]盐城市坤业化工有限公司〈P1811〉；[豫]濮阳市顺昌日用化工有限公司(3000吨)〈P2215〉；濮阳市一帆化工有限公司(1000吨)〈P2215〉

【使用厂】[津]南开大学化工厂〈P1569〉；[冀]石家庄市有机化工厂〈P1632〉；[辽]丹东明珠特种树脂有限公司〈P1700〉；[沪]上海树脂厂有限公司〈P1764〉；[苏]江苏省临海化工厂有限公司〈P1808〉；江苏苏青水处理工程集团有限公司〈P1866〉；[鲁]山东东大化学工业有限公司〈P2052〉

环己二醇二缩水甘油醚 C02080891

Cyclohexandiol diglycidyl ether

用于油漆稀释剂、增塑剂、稳定剂、纺织整理剂等

【生产厂】[湘]岳阳昌德化工实业有限公司(200吨)〈P2254〉

八氯二丙醚；双(2,3,3,3-四氯丙基)醚；S2 C02080901

Octachlorodipropyl ether [127-90-2]

用作卫生用药的增效剂，如蚊香、气雾杀虫剂等

【生产厂】[沪]上海市农药研究所〈P1764〉；[苏]盐城市构港有机化工厂(200吨)〈P1811〉；扬州市恒生化工有限公司(800吨)〈P1818〉；[浙]湖州康润化工有限公司〈P1945〉

3-氯丙基甲基醚；1-氯-3-甲氧基丙烷 C02080991

3-Chloropropyl methyl ether; 1-Chloro-3-methoxypropane [36215-07-3]

【生产厂】[浙]杭州浙大泛科化工有限公司〈P1925〉

β-萘甲醚；2-甲氧基萘；2-萘甲醚 C02081001

β-Naphthyl methyl ether; 2-Methoxynaphthalene [93-04-9]

主要用于调配皂用香精、大众化的花露水和古龙香水等

【生产厂】[沪]上海茂昌化学制品有限公司〈P1753〉；[苏]常熟市芙蓉化工有限公司〈P1890〉；盐城市东港药物化工发展有限公司(900吨)〈P1811〉；[浙]上虞催化剂有限责任公司〈P1947〉；台州市知青化工有限公司〈P1962〉；[赣]江西樟树冠京香料有限公司〈P2016〉；[渝]重庆川东化工(集团)有限公司(500吨)〈P2304〉

1-甲氧基萘；1-萘甲醚 C02081002

1-Methoxynaphthalene [2216-69-5]

用作染料中间体

【生产厂】[苏]溧阳市永安精细化工有限公司(800吨)〈P1864〉

β-萘乙醚；2-萘乙醚 C02081005

β-Naphthyl ethyl ether [93-18-5]

用于调配洗涤剂和皂用香精

【生产厂】[沪]上海茂昌化学制品有限公司〈P1753〉；[苏]常熟市芙蓉化工有限公司〈P1890〉；[赣]江西樟树冠京香料有限公司〈P2016〉

苄基-2-萘基醚；2-苄氧基萘 C02081201

Benzyl 2-naphthyl ether; 2-(Phenylmethoxy)naphthalene [613-62-7]

可作为热敏涂料，用来生产热记录纸

【生产厂】[苏]南京莱尔生物化工有限公司〈P1786〉；江苏神洲化学工业有限公司〈P1808〉；泰兴市涂料助剂化工厂〈P1826〉；[鲁]寿光富康制药有限公司(500吨)〈P2099〉

甲基叔丁基醚；MTBE C02081301

Methyl *tert*-butyl ether [1634-04-4]

主要用作汽油添加剂，提高辛烷值，亦可裂解制得异丁烯

【生产厂】[京]中国蓝星(集团)总公司〈P1568〉；[吉]吉化集团吉林市锦江油化厂(3万吨)〈P1715〉；吉林市锦龙工业公司〈P1716〉；[黑]黑龙江石油化工厂(1万吨)〈P1723〉；[沪]上海利翔化工有限公司〈P1751〉；[苏]南京富邦化工有限公司〈P1783〉；[鲁]中国石油化工股份有限公司济南分公司〈P2031〉；山东恒源石油化工集团有限公司〈P2144〉；中国石油化工股份有限公司齐鲁石化股份公司(4万吨)〈P2057〉；淄博市临淄天德精细化工研究所(1万吨)〈P2888〉；山东正和集团股份有限公司(8万吨)〈P2087〉；利华益集团股份有限公司(8万吨)〈P2084〉；寿光市天健化工有限公司〈P2100〉；青岛安邦炼化有限公司(2万吨)〈P2032〉；山东玉皇化工有限公司〈P2161〉；[豫]洛阳石油化工总厂宏达实业总公司宏力化工厂(4万吨)〈P2183〉；[湘]岳阳兴长石化股份有限公司〈P2254〉；中国石化长岭炼油化工有限责任公司〈P2254〉；[新]中国石油天然气股份有限公司独山子石化分公司(3万吨)〈P2365〉

【使用厂】[苏]江苏南京梅化精细化工有限公司〈P1781〉；连云港市锦屏化工厂〈P1799〉；[浙]杭州顺达集团高分子材料有限公司〈P1922〉；[鲁]山东垦利石化有限责任公司〈P2085〉；山东省菏泽市化工有限公司〈P2160〉

氯丁基甲醚；1-氯-4-甲氧基丁烷 C02081321

Chlorobutyl methyl ether

【生产厂】[浙]台州市融丰医药化工有限公司〈P1961〉

二乙二醇单丁醚；二甘醇丁醚；二甘醇单丁醚 C02081431

Diethylene glycol monobutyl ether; 2-(2-Butoxyethoxy)ethanol [112-34-5]

【生产厂】[沪]上海沪试化工有限公司〈P1737〉

二乙二醇二丁醚；双(2-丁氧基乙基)醚 C02081451

Diethylene glycol dibutyl ether [112-73-2]

用作聚氯乙烯乳胶的稀释剂，也用于从稀溶液中萃取脂肪酸，烷基磷酸的分离精制，铀矿萃取，制药工业等

【生产厂】[苏]连云港都茂化工有限公司〈P1798〉；[皖]安徽立兴化工有限公司〈P1985〉；安徽省绩溪县天池化工厂〈P1986〉

甘油醚；二甘油；一缩二甘油 C02081501

Diglycerol [627-82-7]

主要用于制备脂肪酸酯，用作乳化剂和消泡剂，以及代替甘油用于印花

【生产厂】[京]北京化友工贸有限公司〈P1550〉；[津]天津市宝坻区港飞助剂有限公司(5000吨)〈P1579〉；天津市精细化学制剂厂(400吨)〈P1596〉；[辽]辽宁科隆化工实业有限公司〈P1709〉；[苏]江苏钟山化工有限公司〈P1782〉；[浙]杭州萧山三江精细化工有限公司〈P1924〉

1-丙炔基甘油醚;POPDH　C02081601
1-Propargyl glycerol ether; Propargyl-oxo-propane-2, 3-dihydroxy [13580-38-6]
用于配制电镀光亮剂
【生产厂】[鄂]武汉风帆化工有限公司(100 吨)〈P2229〉

C

间溴苯甲醚;间溴甲氧基苯　C02081901
3-Bromoanisole [2398-37-0]
用于有机合成
【生产厂】[京]北京维达化工有限公司(100 吨)〈P1563〉;[冀]河北省景县景美化学工业有限公司(60 吨)〈P1665〉;唐山市维智贸易有限公司〈P1636〉;[辽]阜新三宝化工实业有限公司〈P1708〉;[苏]江苏神洲化学工业有限公司〈P1808〉;盐城市华佳化工有限公司〈P1811〉;[鲁]寿光富康制药有限公司(500 吨)〈P2099〉;潍坊强源化工有限公司(1000 吨)〈P2103〉;青岛东海源生化科技有限公司〈P2034〉

邻溴苯甲醚;2-溴苯甲醚　C02081903
o-Bromoanisole [578-57-4]
用于合成香料
【生产厂】[辽]阜新三宝化工实业有限公司〈P1708〉;[苏]常州泰戈化工有限公司〈P1857〉;[鲁]鲍山化工厂〈P2020〉;青岛东海源生化科技有限公司〈P2034〉

对溴苯甲醚;对溴茴香醚;4-溴苯甲醚　C02081905
4-Bromoanisole [104-92-7]
用于有机合成
【生产厂】[京]北京马氏精细化学品有限公司〈P1555〉;[辽]阜新三宝化工实业有限公司〈P1708〉;盘锦盘助化工助剂有限公司〈P1706〉;[苏]常州泰戈化工有限公司〈P1857〉;江苏庙桥合成化工有限公司〈P1859〉;[鲁]鲍山化工厂〈P2020〉;山东广恒化工有限公司〈P2052〉;青岛东海源生化科技有限公司〈P2034〉

对氯苯甲醚;4-氯苯甲醚　C02081911
p-Chlorophenyl methyl ether;*p*-Chloro anisole [623-12-1]
【生产厂】[辽]阜新三宝化工实业有限公司〈P1708〉;盘锦盘助化工助剂有限公司〈P1706〉;[苏]金坛市聚源化工厂〈P1862〉;[鲁]鲍山化工厂〈P2020〉;山东广恒化工有限公司〈P2052〉

邻氯苯甲醚;邻甲氧基氯苯　C02081915
2-Chloroanisole;1-Chloro-2-methoxybenzene [766-51-8]
【生产厂】[辽]阜新三宝化工实业有限公司〈P1708〉;[鲁]山东广恒化工有限公司〈P2052〉

间氯苯甲醚;3-氯苯甲醚　C02081921
m-Chloroanisole [2845-89-8]
【生产厂】[辽]阜新三宝化工实业有限公司〈P1708〉;[鲁]山东广恒化工有限公司〈P2052〉

2,3-二氯苯甲醚　C02081931
2,3-Dichloroanisole;1,2-Dichloro-3-methoxybenzene [1984-59-4]
【生产厂】[沪]上海市农药研究所〈P1764〉

邻氟苯甲醚;2-氟苯甲醚　C02081951
o-Fluoroanisole [321-28-8]
用作医药、农药中间体
【生产厂】[京]北京卡乐瑞化工有限公司〈P1553〉;[辽]阜新金特莱氟化学有限责任公司〈P1707〉;阜新三宝化工实业有限公司〈P1708〉;盘锦盘助化工助剂有限公司〈P1706〉;[沪]上海威远精细氟科技发展有限公司〈P1769〉;[苏]江苏庙桥合成化工有限公司〈P1859〉;[浙]浙江省三门解氏化学工业有限公司〈P1966〉;[鲁]山东广恒化工有限公司〈P2052〉

间氟苯甲醚;3-氟苯甲醚　C02081961
m-Fluoroanisole [456-49-5]
用作医药、农药中间体
【生产厂】[辽]阜新金特莱氟化学有限责任公司〈P1707〉;阜新三宝化工实业有限公司〈P1708〉;盘锦盘助化工助剂有限公司〈P1706〉;[沪]上海威远精细氟科技发展有限公司〈P1769〉;[鲁]山东广恒化工有限公司〈P2052〉;济宁信东化工有限公司〈P2129〉

对氟苯甲醚;4-氟苯甲醚　C02081971
p-Fluoroanisole [459-60-9]
【生产厂】[辽]阜新三宝化工实业有限公司〈P1708〉;盘锦盘助化工助剂有限公司〈P1706〉;[苏]南京仁信化工有限公司〈P1788〉;江苏庙桥合成化工有限公司〈P1859〉;[鲁]山东广恒化工有限公司〈P2052〉

对碘苯甲醚;对碘茴香醚　C02081981
p-Iodoanisole [696-62-8]
用于有机合成
【生产厂】[鲁]淄博镇荣工贸有限公司〈P2076〉;山东广恒化工有限公司〈P2052〉

2,4-二氟苯甲醚　C02081995
2,4-Difluoroanisole [452-10-8]
【生产厂】[辽]阜新金特莱氟化学有限责任公司〈P1707〉;[苏]南京仁信化工有限公司〈P1788〉

3,5-二氟苯甲醚　C02081997
3,5-Difluoroanisole;3,5-Difluoromethoxybenzene [93343-10-3]
【生产厂】[辽]阜新金特莱氟化学有限责任公司〈P1707〉

2-氟-4-溴苯甲醚;4-溴-2-氟苯甲醚　C02082051
4-Bromo-2-fluoroanisole [2357-52-0]
【生产厂】[苏]常州市迅达化工有限公司〈P1856〉;江苏庙桥合成化工有限公司〈P1859〉

2-溴-4-氟苯甲醚　C02082055
2-Bromo-4-fluoroanisole [452-08-4]
【生产厂】[苏]常州市迅达化工有限公司〈P1856〉

4-溴-3-氟苯甲醚;3-氟-4-溴苯甲醚　C02082061
4-Bromo-3-fluoroanisole
【生产厂】[辽]阜新金特莱氟化学有限责任公司〈P1707〉

3-氯-4-甲基苯甲醚;2-氯-4-甲氧基甲苯　C02082071
3-Chloro-4-methylanisole [54788-38-4]
【生产厂】[沪]上海旭升精细化工技术研究所〈P1773〉

5-氯-2-甲基苯甲醚　C02082073
5-Chloro-2-methylanisole [40794-04-5]
【生产厂】[苏]南京奥德赛化工有限公司〈P1782〉

对氰基苯甲醚;对甲氧基苯腈　C02082081

p-Cyanoanisole [874-90-8]
【生产厂】[苏]常州泰戈化工有限公司〈P1857〉;[鲁]济南瑞凯化工有限公司〈P2024〉

邻甲氧基苯腈;邻氰基苯甲醚 C02082083
o-Methoxybenzonitrile [6609-56-9]
【生产厂】[苏]常州泰戈化工有限公司〈P1857〉

3-氟-4-氰基苯甲醚;2-氟-4-甲氧基苯腈 C02082091
4-Cyano-3-fluoroanisole
【生产厂】[辽]阜新金特莱氟化学有限责任公司〈P1707〉

聚乙二醇单甲醚 C02082151
Polyethylene glycol monomethyl ether
【生产厂】[辽]辽宁科隆化工实业有限公司〈P1709〉;[沪]上海台界化工有限公司(3000 吨)〈P1766〉;上海锦山化工有限公司〈P1745〉;[苏]南京威尔化工有限公司〈P1790〉;[浙]浙江皇马化工集团有限公司〈P1950〉

甲醚;二甲醚 C02082201
Dimethyl ether [115-10-6]
主要用作有机合成的原料,也用作溶剂、气雾剂、制冷剂和麻醉剂等
【生产厂】[晋]山西丰喜肥业(集团)股份有限公司(1 万吨)〈P1679〉;山西兰花煤炭实业集团有限公司(10 万吨)〈P1675〉;[蒙]内蒙古远兴天然碱股份有限公司〈P1683〉;[辽]大连光明特种气体有限公司〈P1691〉;[浙]浙江东阳化学工贸有限公司〈P1954〉;[鲁]山东玉皇化工有限公司〈P2161〉;山东久泰化工科技股份有限公司(15 万吨)〈P2149〉;[鄂]湖北省潜江华润化肥有限公司(5 万吨)〈P2245〉;[粤]广东省中山凯达精细化工股份有限公司(5000 吨)〈P2282〉;[川]四川泸天化股份有限公司(10 万吨)〈P2323〉;[滇]云南解化集团有限公司(5000 吨)〈P2345〉

1,2-丙二醇-1-单甲醚;1-甲氧基-2-丙醇;丙二醇单甲醚 C02082301
1,2-Propylene glycol-1-monomethyl ether; 1-Methoxy-2-propanol [107-98-2]
主要用作溶剂、分散剂和稀释剂,也用作燃料抗冻剂、萃取剂等
【生产厂】[沪]上海建原化工有限公司〈P1743〉;[苏]江苏瑞佳化学有限公司〈P1865〉;江苏华伦化工有限公司(3000 吨)〈P1816〉

1,3-丙二醇单甲醚;3-甲氧基-1-丙醇 C02082305
1,3-Propylene glycol monomethyl ether;3-Methoxy-1-propanol [1320-67-8]
主要用作硝基纤维、醇酸树脂和顺酐改性的酚醛树脂的优良溶剂,用作喷气机燃料抗冻剂和制动流体的添加剂等
【生产厂】[苏]江苏东台鑫源化工有限公司〈P1807〉;[浙]杭州浙大泛科化工有限公司〈P1925〉

丙二醇单乙醚;1-乙氧基-2-丙醇;1,2-丙二醇-1-单乙醚 C02082321
Propylene glycol monoethyl ether;1-Ethoxy-2-propanol [1569-02-4]
用于涂料、油墨、感光胶等
【生产厂】[苏]江苏华伦化工有限公司(1000 吨)〈P1816〉

1,3-丙二醇单乙醚;3-乙氧基-1-丙醇 C02082325
1,3-Propylene glycol monoethyl ether;3-Ethoxy-1-propanol [111-35-3]
【生产厂】[浙]杭州浙大泛科化工有限公司〈P1925〉

1,3-丙二醇二甲醚;1,3-二甲氧基丙烷 C02082331
1,3-Dimethoxypropane [17081-21-9]
【生产厂】[苏]连云港都茂化工有限公司〈P1798〉;[皖]安徽省绩溪县天池化工厂〈P1986〉

二丙二醇二甲醚 C02082341
Dipropylene glycol dimethyl ether [111109-77-4]
【生产厂】[苏]连云港都茂化工有限公司〈P1798〉;[皖]安徽省绩溪县天池化工厂〈P1986〉

丙二醇醚 C02082391
Propanediol ether
【生产厂】[沪]上海高桥石油化工公司聚氨酯事业部(3000 吨)〈P1734〉;[粤]东莞天傲化工有限公司〈P2281〉

二乙二醇二甲醚;二甘醇二甲醚;双(2-甲氧基乙基)醚 C02082401
Diethylene glycol dimethyl ether [111-96-6]
用作溶剂,也用作无污染清洗剂、萃取剂、稀释剂等
【生产厂】[沪]上海神强实业有限公司〈P1761〉;[苏]扬州元天工贸有限公司〈P1820〉;连云港都茂化工有限公司〈P1798〉;[皖]安徽立兴化工有限公司〈P1985〉;安徽省绩溪县天池化工厂(300 吨)〈P1986〉

二甘醇单乙醚;二乙二醇单乙醚;卡必醇 C02082411
Diethylene glycol monoethyl ether;Carbitol [111-90-0]
主要用于油漆、油墨中的互溶剂
【生产厂】[苏]江苏瑞佳化学有限公司〈P1865〉

乙二醇单苄醚;2-苄氧基乙醇 C02082431
Ethylene glycol monobenzyl ether;2-Benzyloxyethanol [622-08-2]
【生产厂】[京]北京精益精化工有限公司〈P1553〉

乙二醇苯醚;2-苯氧基乙醇 C02082451
Ethylene glycol monophenyl ether;2-Phenoxyethanol [122-99-6]
可用作水性涂料及油墨成膜助剂、香料定香剂、油墨流畅剂、药用防腐杀菌剂、电子清洗剂及油墨慢干剂等
【生产厂】[辽]辽宁科隆化工实业有限公司(7000 吨)〈P1709〉;[沪]上海锦山化工有限公司(1000 吨)〈P1745〉;[粤]广州鸿雨精细化工有限公司〈P2261〉

乙二醇单丙醚;2-正丙氧基乙醇 C02082471
Ethylene glycol monopropyl ether;2-Propoxyethanol [2807-30-9]
主要用作农药合成的原料,还可用作硝酸纤

维、涂料工业中的溶剂等
【生产厂】[浙]浙江皇马化工集团有限公司〈P1950〉

乙二醇单烯丙基醚;烯丙基羟乙基醚 C02082491
Allyl hydroxyethyl ether;2-(2-Propenyloxy)ethanol [111-45-5]
用于氟碳树脂、不饱和聚酯树脂、超吸水性树脂、紫外光(UV)固化涂料等
【生产厂】[苏]江苏省海安石油化工厂〈P1831〉;[渝]重庆市化工研究院〈P2307〉;[川]四川辉硕化工有限公司(100吨)〈P2333〉

丙二醇单丁醚;1,2-丙二醇-1-单丁醚 C02082501
Propylene glycol mono-*n*-butyl ether [10215-33-5]
用于涂料、油墨、成膜助剂等
【生产厂】[苏]江苏华伦化工有限公司(1000吨)〈P1816〉

丙二醇苯醚;3-苯氧基-1-丙醇 C02082551
Propanediol phenyl ether;3-Phenoxy-1-propanol [6180-61-6]
用作高档汽车涂料、汽车修补涂料、电泳涂料等的助溶剂
【生产厂】[辽]辽阳东宝力化学建材有限公司〈P1709〉;辽宁科隆化工实业有限公司〈P1709〉;[沪]上海锦山化工有限公司(500吨)〈P1745〉

间三氟甲基苯甲醚 C02082651
3-(Trifluoromethyl)anisole [454-90-0]
【生产厂】[苏]江苏庙桥合成化工有限公司〈P1859〉

对三氟甲基苯甲醚 C02082655
4-(Trifluoromethyl)anisole
用作医药、农药中间体
【生产厂】[鲁]济宁信东化工有限公司〈P2129〉

3,4′-二氯二苯醚 C02082951
3,4′-Dichlorodiphenylether [6842-62-2]
广泛用作医药、农药中间体
【生产厂】[皖]安徽立兴化工有限公司〈P1985〉;[湘]长沙鑫本化工有限公司〈P2247〉

甲基异丙基二硫醚 C02083302
Methyl isopropyl disulfide [40136-65-0]
用作食用香精
【生产厂】[鲁]滕州吉田香料有限公司〈P2078〉

二烯丙基二硫 C02083371
Diallyl disulfide [2179-57-9]
用作食品添加剂、医药中间体
【生产厂】[鲁]邹平铭兴化工有限公司〈P2158〉;山东滕州悟通香料有限责任公司〈P2078〉;滕州市香源化工有限责任公司〈P2079〉

二烯丙基三硫 C02083375
Diallyl trisulfide
用作医药中间体、食品添加剂、饲料添加剂等
【生产厂】[鲁]邹平铭兴化工有限公司〈P2158〉

二烯丙基硫醚 C02083379
Diallyl sulfide [592-88-1]
【生产厂】[鲁]滕州市香源化工有限责任公司〈P2079〉

二甲基三硫 C02083381
Dimethyl trisulfide [3658-80-8]
用于调味、肉汁、汤类等食品香精中
【生产厂】[鲁]滕州吉田香料有限公司(200吨)〈P2078〉

二甲基四硫醚;二甲基四硫 C02083385
Dimethyl tetrasulfide [5756-24-1]
【生产厂】[鲁]滕州吉田香料有限公司〈P2078〉

二丁基硫醚 C02083393
Dibutyl sulfide [544-40-1]
用作日用、食用香精
【生产厂】[鲁]山东滕州悟通香料有限责任公司(1吨)〈P2078〉;滕州市香源化工有限责任公司〈P2079〉;滕州吉田香料有限公司〈P2078〉

2-甲氧基丙烯 C02083405
2-Methoxy-1-propene [116-11-0]
用作医药中间体
【生产厂】[粤]深圳凯奇化工有限公司〈P2269〉

丙烯醛缩二甲醇;3,3-二甲氧基-1-丙烯 C02083408
Acrolein dimethyl acetal [6044-68-4]
【生产厂】[陕]陕西宏庆医药化学有限公司〈P2346〉

丙烯醛缩二乙醇;3,3-二乙氧基-1-丙烯 C02083409
Acrolein diethyl acetal [3054-95-3]
【生产厂】[陕]陕西宏庆医药化学有限公司〈P2346〉

烯丙基硫醚 C02083421
Diallyl sulfide [592-88-1]
用作日用、食用香精
【生产厂】[鲁]邹平铭兴化工有限公司〈P2158〉;山东滕州悟通香料有限责任公司(1吨)〈P2078〉

烯丙基甲基硫醚 C02083425
Allyl methyl sulfide [10152-76-8]
【生产厂】[鲁]山东滕州悟通香料有限责任公司〈P2078〉

二丙基四硫醚 C02083435
Dipropyl tetrasulfide [13730-34-2]
【生产厂】[鲁]滕州吉田香料有限公司〈P2078〉

甲基乙基硫醚 C02083441
Methyl ethyl sulfide [624-89-5]
用作日用香精
【生产厂】[鲁]山东滕州悟通香料有限责任公司(1吨)〈P2078〉

二乙基二硫 C02083451
Diethyl disulfide [110-81-6]
用作有机合成中间体
【生产厂】[冀]河北海斯特化学有限公司(1000吨)〈P1663〉;廊坊光亚化工有限公司〈P1660〉

乙硫醚;二乙基硫醚 C02083455
Diethyl sulfide;Ethyl thioether [352-93-2]
【生产厂】[鲁]山东滕州悟通香料有限责任公司〈P2078〉;滕州吉田香料有限公司〈P2078〉

二苄基硫醚 C02083461
Dibenzylthioether;Dibenzyl sulfide [538-74-9]
【生产厂】[鲁]滕州吉田香料有限公司〈P2078〉

二烯丙基醚;烯丙基醚 C02083471
Diallyl ether [557-40-4]
【生产厂】[粤]深圳市飞扬实业有限公司〈P2270〉

二叔壬基硫醚 C02083481
Di-*tert*-nonyl sulfide
【生产厂】[鲁]山东滕州悟通香料有限责任公司〈P2078〉

2,2′-硫代双(乙硫醇);2-巯基乙基硫醚;双巯乙基硫醚 C02083491
2,2′-Thiobisethanethiol;2-Mercaptoethyl sulfide [3570-55-6]
【生产厂】[苏]赣榆县尤利特化工有限公司〈P1797〉

异丁香酚;4-丙烯基-2-甲氧基苯酚 C02083501
Isoeugenol;4-Propenyl-2-methoxyphenol [97-54-1]
用作香精中间体
【生产厂】[苏]南通薄荷厂有限公司〈P1832〉

丁香酚;4-烯丙基-2-甲氧基苯酚 C02083502
Eugenol;4-Allyl-2-methoxyphenol [97-53-0]
用于配制康乃馨型香精及制异丁香酚和香兰素等,也用作杀虫剂和防腐剂
【生产厂】[苏]昆山天然香料厂〈P1898〉;南通薄荷厂有限公司〈P1832〉;[赣]吉水县金海天然香料油科技有限公司〈P2017〉;江西省吉水县华宝天然药用油厂〈P2018〉;江西省吉水县康神天然药用油提炼厂〈P2018〉;江西省吉水县水南药用百草油提炼厂〈P2019〉;江西省吉水县同仁天然药用油厂〈P2019〉;江西省吉水药用提炼厂〈P2019〉;江西省南方药物油厂〈P2019〉;江西省吉水县水南威霸香料公司〈P2018〉;江西省吉水三达天然药用香料油厂〈P2018〉;江西省吉水中南天然香料油厂〈P2019〉;江西省吉安市福达天然药用油厂〈P2018〉;[鲁]青岛东海源生化科技有限公司〈P2034〉;[粤]广州市伟香单体香料有限公司〈P2266〉

异丁香酚甲醚;3,4-二甲氧基-1-丙烯基苯 C02083551
Isoeugenol methyl ether;3,4-Dimethoxy-1-propenylbenzene [93-16-3]
用于生产香料
【生产厂】[津]南开大学生物化学科技开发公司(50 吨)〈P1569〉

丁香酚甲醚;1,2-二甲氧基-4-烯丙基苯 C02083561
Eugenol methyl ether;1,2-Dimethoxy-4-allylbenzene [93-15-2]
【生产厂】[苏]洪泽前程香料香精厂〈P1801〉

对苯二甲醚;对二甲氧基苯;对苯二酚二甲醚;对甲氧基苯甲醚 C02083601
1,4-Dimethoxybenzene;Hydroquinone dimethyl ether [150-78-7]
用作有机化工中间体,用于生产药物甲氧胺盐酸盐、染料黑色盐 ANS 等,还用作定香剂
【生产厂】[冀]大名县名鼎化工有限责任公司〈P1638〉;河北华戈化学集团〈P1654〉;[苏]淮安德邦化工有限公司(1000 吨)〈P1801〉

1,2-二甲氧基苯;邻二甲氧基苯;藜芦醚;邻苯二甲醚 C02083611
1,2-Dimethoxybenzene;*o*-Dimethoxybenzene;Veratrole [91-16-7]
用作有机合成中间体,医药工业用于合成延胡索乙素、异博定,也是检定血液中乳酸、测定甘油的试剂
【生产厂】[冀]大名县名鼎化工有限责任公司〈P1638〉;河北省大名县瑞恒化工有限责任公司〈P1640〉;[苏]宜兴市昌吉利化工有限公司〈P1883〉;淮安德邦化工有限公司(800 吨)〈P1801〉;[浙]浙江省嘉兴市巨强化工有限公司〈P1944〉;[皖]安徽佰仕化工有限公司〈P1974〉;[渝]重庆小泉化工厂(50 吨)〈P2308〉

1,3-二甲氧基苯;间二甲氧基苯;间苯二甲醚 C02083631
1,3-Dimethoxybenzene [151-10-0]
用作医药中间体
【生产厂】[冀]大名县名鼎化工有限责任公司〈P1638〉;[沪]上海华彩精细化工有限公司〈P1738〉;上海旭升精细化工技术研究所〈P1773〉;[苏]吴江市万达化工厂〈P1911〉;淮安德邦化工有限公司(800 吨)〈P1801〉

2,5-二氯对苯二甲醚;2,5-二氯-1,4-二甲氧基苯 C02083651
2,5-Dichloro-1,4-dimethoxybenzene
用作医药中间体
【生产厂】[鲁]青岛天元化工股份有限公司(300 吨)〈P2044〉

3,4-二甲氧基甲苯 C02083671
3,4-Dimethoxytoluene [494-99-5]
用作有机合成中间体
【生产厂】[苏]上海三维制药公司太仓岳王药物原料厂〈P1898〉;[川]成都新特药化合成技术改进与创新中心〈P2317〉

4,4′-联苯二甲基二甲醚;联苯二甲醚 C02083751
4,4′-Bis(methoxymethyl)biphenyl
用于高分子树脂合成
【生产厂】[苏]宝应县中宝云鹏化工有限公司〈P1813〉

丁醚;二丁醚 C02083801
Butyl ether;Dibutyl ether [142-96-1]
用作溶剂、电子级清洗剂及用于有机合成
【生产厂】[京]北京马氏精细化学品有限公司〈P1555〉;[辽]辽阳木星化工有限公司〈P1710〉;[沪]上海利翔化工有限公司〈P1751〉;[苏]宜兴市中港精细化工有限公司〈P1888〉;常熟市中杰化工有限公司〈P1892〉;[鲁]淄博市临淄东方红化工厂(2000 吨)〈P2068〉;淄博市临淄天德精细化工研究所(1000 吨)〈P2888〉

C

安息香双甲醚;光引发剂 651;2,2-二甲氧基-2-苯基苯乙酮 C02084001
Benzoin bis-methyl ether;2,2-Dimethoxy-2-phenylacetophenone [24650-42-8]
主要用作紫外固化系统的光固化剂
【生产厂】[冀]廊坊格瑞泰化工有限公司〈P1660〉;[沪]上海泰禾(集团)有限公司〈P1767〉;[苏]镇江新区格蕊尔源体有限公司(300 吨)〈P1846〉;靖江宏泰化工有限公司(650 吨)〈P1824〉

安息香甲醚;苯偶姻甲醚;2-甲氧基-2-苯基苯乙酮 C02084051
Benzoin methyl ether;2-Methoxy-2-phenylacetophenone [3524-62-7]
用作光引发剂,在合成感光树脂体系中有广泛用途
【生产厂】[京]北京马氏精细化学品有限公司〈P1555〉

羟基丁基乙烯基醚;HBVE C02084101
Hydroxybutyl vinyl ether
【生产厂】[渝]重庆市化工研究院〈P2307〉

乙烯基异丁基醚 C02084151
Vinyl isobutyl ether [109-53-5]
用于聚合和共聚生产聚乙烯基醚,也用于涂料助剂
【生产厂】[豫]濮阳利鑫精细化工有限公司〈P2213〉;[鄂]武汉胜鑫化工有限公司〈P2232〉;武汉新景化工有限责任公司〈P2234〉;老河口荆洪化工有限责任公司〈P2237〉;[甘]兰州中顺科工贸集团有限公司〈P2356〉

乙烯基正丁基醚;乙烯基丁醚 C02084155
n-Butyl vinyl ether [111-34-2]
用于有机合成,可用于聚合和共聚生产聚乙烯基醚,也用于涂料、胶黏剂、助剂、增塑剂等
【生产厂】[豫]濮阳利鑫精细化工有限公司〈P2213〉;[鄂]武汉胜鑫化工有限公司〈P2232〉;武汉新景化工有限责任公司〈P2234〉;老河口荆洪化工有限责任公司(60 千克)〈P2237〉;[渝]重庆市化工研究院〈P2307〉

安息香异丙醚;苯偶姻异丙醚 C02084201
Benzoin isopropyl ether;α-Isopropoxybenzyl phenyl ketone
用于涂料、印刷工业
【生产厂】[浙]平湖市双马精细化工有限公司〈P1943〉

2,3-二氟-6-硝基苯甲醚 C02084401
2,3-Difluoro-6-nitroanisole
【生产厂】[沪]上海威远精细氟科技发展有限公司〈P1769〉

乙烯基丙基醚 C02084601
Vinyl propyl ether [928-55-2]
用于有机合成,也用于涂料、胶黏剂、助剂、增塑剂等
【生产厂】[鄂]武汉胜鑫化工有限公司〈P2232〉;武汉新景化工有限责任公司〈P2234〉;老河口荆洪化工有限责任公司〈P2237〉

4-氯-2-硝基苯甲醚 C02084801
4-Chloro-2-nitroanisole [89-21-4]
【生产厂】[辽]阜新三宝化工实业有限公司〈P1708〉

4-氯-3-硝基苯甲醚 C02084811
4-Chloro-3-nitroanisole [10298-80-3]
用作医药、染料中间体
【生产厂】[冀]石家庄永峰化工原料有限公司〈P1633〉;[辽]沈阳金久奇化工有限公司〈P1687〉;乐凯(沈阳)科技产业有限责任公司〈P1684〉;阜新三宝化工实业有限公司〈P1708〉

乙烯基乙醚 C02084901
Ethyl vinyl ether [109-92-2]
医药上用作麻醉剂、镇痛剂,也用作精细化学品的中间体
【生产厂】[豫]濮阳利鑫精细化工有限公司〈P2213〉;[鄂]武汉胜鑫化工有限公司〈P2232〉;武汉新景化工有限责任公司〈P2234〉;老河口荆洪化工有限责任公司〈P2237〉

乙烯基甲醚 C02084921
Vinyl methyl ether [107-25-5]
用于生产戊二醛及高分子材料、涂料、增塑剂、黏合剂等
【生产厂】[豫]濮阳利鑫精细化工有限公司〈P2213〉;[鄂]武汉胜鑫化工有限公司〈P2232〉;武汉新景化工有限责任公司〈P2234〉;老河口荆洪化工有限责任公司〈P2237〉

三氟甲基苯硫醚 C02085131
Trifluoromethyl phenyl sulfide [456-56-4]
【生产厂】[鲁]山东广恒化工有限公司〈P2052〉

二苄醚;苄醚 C02085401
Dibenzyl ether;Benzyl ether [103-50-4]
用作气相色谱固定液及硝化纤维素的增塑剂,也用于香料的制备
【生产厂】[苏]常熟市金城化工有限公司〈P1890〉;[鄂]武汉有机实业股份有限公司〈P2235〉

4,4′-二甲基二苄醚 C02085451
4,4′-Dimethyldibenzyl ether
【生产厂】[鄂]武汉有机实业股份有限公司〈P2235〉

双酚 A 双烯丙基醚 C02085501
Bisphenol-A diallyl ether; 2, 2-Bis (4-allyloxyphenyl) propane [3739-67-1]
主要用于环氧树脂的交联剂
【生产厂】[鲁]莱州市莱玉化工有限公司(500 吨)〈P2109〉

正十二烷基硫醚 C02085601
n-Dodecyl sulfide;Didodecyl sulfide [2469-45-6]
【生产厂】[鲁]山东滕州悟通香料有限责任公司〈P2078〉

乙二醇单乙醚;乙基溶纤剂;乙二醇乙醚 C02085701
Ethylene glycol monoethyl ether [110-80-5]
用作溶剂、抽提剂、防水剂及有机中间体
【生产厂】[津]天津石油化工公司聚醚部(1 万吨)〈P1578〉;[苏]江苏瑞佳化学有限公司〈P1865〉;江苏华伦化工有限公司(2 万吨)〈P1816〉
【使用厂】[津]天津市新丽华色材有限责任公司〈P1608〉;[苏]扬州江亚消防药剂有限公司〈P1817〉;[粤]广州化学试剂厂〈P2261〉

乙二醇二乙醚;1,2-二乙氧基乙烷 C02085801
Ethylene glycol diethyl ether [629-14-1]
用作硝化纤维素、橡胶、树脂等的溶剂及有机合成介质
【生产厂】[苏]扬州元天工贸有限公司〈P1820〉;连云港都茂化工有限公司〈P1798〉;[皖]安徽立兴化工有限公司〈P1985〉;安徽省绩溪县天池化工厂〈P1986〉

苯乙醚;乙氧基苯 C02086101
Phenetole;Ethoxybenzene;Ethyl phenyl ether [103-73-1]
用作有机合成中间体,用于制造医药、染料等
【生产厂】[沪]上海华彩精细化工有限公司〈P1738〉

2-氯苯乙醚;邻氯苯乙醚 C02086201
2-Chlorophenetole [622-86-6]
用于萘法唑酮等原料药的合成
【生产厂】[苏]徐州市爱克医药科技有限公司〈P1795〉

对氯苯乙醚;4-氯苯乙醚 C02086205
p-Chlorophenetole [622-61-7]
【生产厂】[鲁]鲍山化工厂〈P2020〉

邻羟基苯乙醚 C02086211
o-Hydroxyphenetole;*o*-Hydroxyphenyl ethyl ether [94-71-3]
是合成香料乙基香草醛的原料,也可以作为医药原料
【生产厂】[川]成都新特药化合成技术改进与创新中心〈P2317〉

β-溴苯乙醚;2-苯氧基乙基溴;2-溴乙基苯基醚 C02086251
β-Bromophenetole;2-Bromoethyl phenyl ether;2-Phenoxyethylbromide [589-10-6]
用于萘法唑酮、苯氧哌咪酮等原料药合成
【生产厂】[苏]徐州市爱克医药科技有限公司〈P1795〉

邻溴苯乙醚;1-溴-2-乙氧基苯 C02086271
o-Bromophenetole;1-Bromo-2-ethoxybenzene [583-19-7]
【生产厂】[苏]阜宁胜达医药化工有限公司〈P1806〉

烯丙基苯基醚 C02086401
Allyl phenyl ether;(2-Propenyloxy)benzene [1746-13-0]
用于合成药物心得舒及其他精细化工产品
【生产厂】[苏]宜兴市昌吉利化工有限公司〈P1883〉

氰基乙醚盐酸盐 C02086701
Cyano ethyl ether hydrochloride
用作医药中间体,用于合成农药、有机化合物及促进剂H等
【生产厂】[豫]河南鸿业科技化工有限公司(300吨)〈P2221〉

4,4′-二羟基二苯硫醚;4,4′-硫代二苯酚 C02086801
4,4′-Dihydroxydiphenyl sulfide;4,4′-Thiobisphenol [2664-63-3]
用于有机合成
【生产厂】[沪]上海华彩精细化工有限公司〈P1738〉;[苏]盐城市虹艳化工有限公司〈P1811〉

二苯硫醚;二苯基硫 C02086851
Diphenyl sulfide [139-66-2]
【生产厂】[沪]上海中康伟业生物科技有限公司〈P1778〉

对苯二酚二(2-羟乙基)醚;1,4-二(2-羟基乙氧基)苯;HQER C02087301
Hydroquinone bis(2-hydroxyethyl) ether;1,4-Bis(2-hydroxyethoxy)benzene [104-38-1]
是一种对称的芳香族二醇扩链剂
【生产厂】[苏]苏州市湘园特种精细化工有限公司〈P1905〉

间苯二酚二(2-羟乙基)醚;1,3-二(2-羟基乙氧基)苯 C02087351
Resorcinol bis(2-hydroxyethyl) ether;1,3-Bis(2-hydroxyethoxy)benzene
是一种对称的芳香族二醇扩链剂,用于混炼型、浇注型、热塑型的PU弹性体制品
【生产厂】[苏]苏州市湘园特种精细化工有限公司〈P1905〉

环己基乙烯基醚 C02087401
Cyclohexyl vinyl ether [2182-55-0]
【生产厂】[渝]重庆市化工研究院〈P2307〉

1,4-环己烷二甲醇二乙烯醚 C02087451
1,4-Cyclohexanedimethanol divinyl ether [17351-75-6]
用于制备环氧树脂
【生产厂】[苏]如皋市恒祥化工有限责任公司〈P1838〉

对苯二丁醚;1,4-二丁氧基苯 C02087501
1,4-Dibutoxybenzene
【生产厂】[京]北京益利精细化学品有限公司〈P1565〉

对羟基苯基苄基醚;对苄氧基苯酚 C02087601
p-Hydroxyphenyl benzyl ether;*p*-(Benzyloxy)phenol [103-16-2]
用作医药中间体
【生产厂】[鄂]武汉市银冠化工有限公司黄陂精细化工厂〈P2233〉;襄樊一诺精细化工有限公司〈P2238〉;湖北襄樊福润达化工有限公司〈P2237〉;襄樊明熙化工有限公司〈P2238〉;[川]成都宇洋高科技术发展有限公司〈P2317〉;成都上元医药科技有限公司〈P2313〉

邻羟基苯基苄基醚;邻苄氧基苯酚 C02087611
o-Hydroxyphenyl benzyl ether;2-Benzyloxyphenol [6272-38-4]
【生产厂】[鄂]武汉市银冠化工有限公司黄陂精细化工厂〈P2233〉;湖北襄樊福润达化工有限公司〈P2237〉

三羟甲基丙烷二烯丙基醚 C02087701
Trimethylolpropane diallyl ether [682-09-7]
用作有机中间体
【生产厂】[鄂]武汉瑞阳化工有限公司〈P2231〉;[粤]深圳市飞扬实业有限公司〈P2270〉

2-乙氧基丙烯 C02087851
2-Ethoxypropene [926-66-9]
用作抗菌素中间体
【生产厂】[苏]太仓市鑫鹄化工有限公司〈P1909〉;[粤]深圳凯奇化工有限公司〈P2269〉

苯基缩水甘油醚;1,2-环氧-3-苯氧基丙烷 C02088001

Phenyl glycidyl ether;1,2-Epoxy-3-phenoxypropane [122-60-1]

【生产厂】[辽]沈阳东宇精细化工有限公司〈P1685〉;[沪]上海科利生物医药有限公司〈P1749〉

C

R-苄基缩水甘油醚;R-苄氧甲基环氧乙烷 C02088031

R-Benzyl glycidyl ether [14618-80-5]

用于合成多种手性医药中间体

【生产厂】[沪]上海科利生物医药有限公司〈P1749〉

S-苄基缩水甘油醚;S-苄氧甲基环氧乙烷 C02088035

S-Benzyl glycidyl ether [16495-13-9]

用于合成多种手性医药中间体

【生产厂】[沪]上海科利生物医药有限公司〈P1749〉

甲基缩水甘油醚;1,2-环氧-3-甲氧基丙烷 C02088051

Methyl glycidyl ether;1,2-Epoxy-3-methoxypropane [930-37-0]

【生产厂】[辽]沈阳东宇精细化工有限公司〈P1685〉

三苯甲基缩水甘油醚 C02088091

Triphenylmethyl glycidyl ether [129940-50-7]

【生产厂】[辽]沈阳东宇精细化工有限公司〈P1685〉

2-溴乙基乙基醚;1-溴-2-乙氧基乙烷 C02088401

2-Bromoethyl ethyl ether [592-55-2]

【生产厂】[京]北京卡乐瑞化工有限公司〈P1553〉

2-溴乙基甲基醚;1-溴-2-甲氧基乙烷 C02088451

2-Bromoethyl methyl ether;1-Bromo-2-methoxyethane [6482-24-2]

【生产厂】[沪]上海嘉辰化工有限公司〈P1742〉

3-溴丙基苯基醚;3-苯氧基溴丙烷 C02088551

3-Bromopropyl phenyl ether;3-Phenoxypropyl bromide [588-63-6]

【生产厂】[豫]河南豫辰精细化工有限公司(20吨)〈P2218〉

香草醇丁醚 C02088601

Vanillyl butyl ether

可广泛用于食品、肉制品及辣味调味品中

【生产厂】[冀]河北省东昊化工有限公司〈P1621〉

对戊基苯甲醚 C02088701

p-Pentylanisole

【生产厂】[苏]太仓市中天化学有限公司〈P1909〉

二乙二醇二乙醚;双(2-乙氧基乙基)醚 C02089997

Diethylene glycol diethyl ether [112-36-7]

用作有机合成溶剂、刷涂用硝基喷漆成分、纤维及皮革的匀染剂、照相印刷的调平剂等

【生产厂】[苏]扬州元天工贸有限公司〈P1820〉;连云港都茂化工有限公司〈P1798〉;[皖]安徽立兴化工有限公司〈P1985〉;安徽省绩溪县天池化工厂〈P1986〉

乙二胺四乙酸;乙底酸;维尔烯酸;EDTA C02090101

EDTA;Ethylene diamine tetraacetic acid [60-00-4]

用作染色助剂、纤维处理剂、化妆品添加剂、血液抗凝剂、水处理剂、橡胶聚合引发剂、PVC热稳定剂等

【生产厂】[津]天津市顶福化工总厂(2000吨)〈P1585〉;[冀]河北诚信有限责任公司〈P1619〉;[辽]顺新天地化工有限公司〈P1699〉;[吉]吉林市新文助剂厂(500吨)〈P1716〉;[沪]上海威垦化工有限公司〈P1769〉;上海三微实业有限公司〈P1759〉;上海朗瑞精细化学品有限公司〈P1749〉;上海盛龙化工有限公司〈P1762〉;[鲁]济南鲁联集团试剂有限公司(1200吨)〈P2023〉;淄博开发区三威化工厂(1500吨)〈P2064〉;青岛三凯化工有限公司〈P2041〉;曲阜市天昊化工助剂有限公司(100吨)〈P2130〉;[粤]广东西陇化工有限公司〈P2276〉;[渝]重庆福润化工有限公司〈P2304〉

【使用厂】[闽]福建省南平威尔生化科技有限公司〈P2004〉;[豫]河南省化工研究所〈P2167〉

N,N′-二苄基乙二胺二乙酸;DBED C02090151

N,N′-Dibenzyl ethylenediamine diacetic acid;DBED [122-75-8]

用作药物苄星青霉素的中间体

【生产厂】[渝]重庆市春瑞医药化工有限公司〈P2306〉

1,3-丙二胺四乙酸 C02090171

1,3-Propylenediamine tertaacetic acid [1939-36-2]

【生产厂】[苏]无锡市汇友化工有限公司〈P1876〉;[鄂]荆州市沙隆达维迅化工有限公司〈P2240〉

二乙烯三胺五乙酸;二乙基三胺五乙酸;DTPA C02090191

Diethylenetriaminepentaacetic acid;DTPA [67-43-6]

用作络合剂、彩色冲洗套药、丙烯腈原液脱色剂等

【生产厂】[津]天津市顶福化工总厂(1000吨)〈P1585〉;[鲁]济南鲁联集团试剂有限公司(50吨)〈P2023〉

一氯乙酸;一氯醋酸;氯乙酸 C02090201

Chloroacetic acid [79-11-8]

染料工业用于生产靛蓝染料,医药工业用于合成咖啡因、巴比妥、肾上腺素等,农药工业用于制造乐果、除草剂等

【生产厂】[津]天津市亿天工贸有限公司〈P1610〉;[冀]河北省高营企业集团公司(1万吨)〈P1621〉;石家庄合佳保健品有限公司〈P1626〉;河北星宇化工有限公司(1000吨)〈P1623〉;邱县龙港化工有限公司(2000吨)〈P1641〉;河北省文安县天成精细化工厂(3000吨)〈P1659〉;河北保定满通精细化工有限公司(4000吨)〈P1647〉;[蒙]阿拉善达康精细化工股份有限公司〈P1681〉;[辽]丹东前阳宏达化工厂〈P1700〉;[吉]吉林省舒兰合成药业股份有限公司〈P1716〉;[黑]佳木斯黑龙农药化工股份有限公司(2500吨)〈P1724〉;[沪]上海建北有机化工有限公司〈P1742〉;[苏]常州市通达化工有限公司〈P1853〉;江苏金浦北方氯碱化工有限公司(2000吨)〈P1793〉;盐城市坤业化工有限公司〈P1811〉;盐城市万达香料化工有限公司〈P1812〉;[赣]江西洪都生物化学有限公司〈P2008〉;江西电化精细化工有限责任公司(1万吨)〈P2010〉;[鲁]山东新华制药股份有限公司〈P2055〉;山东新华东风化工有限公司(1万吨)〈P2055〉;淄博合力化工有限公司(6000吨)〈P2061〉;

山东侨昌化学有限公司(1000 吨)〈P2156〉;潍坊潍泰化工有限公司(5000 吨)〈P2106〉;青岛德源化工有限公司(1 万吨)〈P2033〉;山东华阳科技股份有限公司(1 万吨)〈P2135〉;山东恒通化工股份有限公司(5000 吨)〈P2149〉;[豫]濮阳市一帆化工有限公司(1000 吨)〈P2215〉;鹤壁市化工四厂(300 吨)〈P2199〉;许昌东方化工有限公司(1 万吨)〈P2218〉;洛阳市润康石油化工有限公司(1000 吨)〈P2185〉;河南省三门峡天成电化有限公司(2500 吨)〈P2221〉;平顶山煤业集团开封东大化工有限公司(5000 吨)〈P2179〉;尉氏县中原化工厂(168 吨)〈P2179〉;[粤]广州润土农药化工有限公司〈P2263〉;佛山市华昊化工有限公司电化厂(4500 吨)〈P2287〉;[渝]重庆嘉陵化学制品有限公司(1 万吨)〈P2305〉;[川]成都化工股份有限公司(300 吨)〈P2311〉;泸州北方化学工业有限公司〈P2322〉;泸州和普化工有限公司〈P2323〉

【使用厂】[京]北京丽水化工有限责任公司〈P1554〉;北京健力药业有限公司〈P1551〉;[冀]石家庄市联碱厂化工分厂〈P1630〉;河北诚信有限责任公司〈P1619〉;邯郸市赵都精细化工厂〈P1639〉;[晋]山西汾河制药厂〈P1678〉;山西省临汾生化制药厂〈P1678〉;[辽]大连松辽化工有限公司〈P1694〉;大连瑞泽农药股份有限公司〈P1693〉;[吉]吉林市新文助剂厂〈P1716〉;三九集团长春三顺药业有限公司〈P1714〉;[沪]上海农药厂有限公司〈P1755〉;上海华彩精细化工有限公司〈P1738〉;上海经纬化工有限公司〈P1745〉;上海树脂厂有限公司〈P1764〉;上海华申树脂有限公司〈P1739〉;[苏]徐州市恒扬化工有限公司〈P1795〉;南通市东昌化工有限公司〈P1834〉;宿迁市健谷农化有限公司〈P1804〉;江苏升华集团第二农药厂〈P1808〉;南通江山农药化工股份有限公司〈P1833〉;海门市江乐农药化工有限责任公司〈P1830〉;武进农药厂〈P1864〉;江苏苏中农药化工厂〈P1822〉;丹尼斯克(张家港)亲水胶体有限公司〈P1892〉;南通光荣化工有限公司〈P1833〉;宜兴市通达化学有限公司〈P1887〉;江苏腾龙生物药业有限公司〈P1808〉;[浙]海盐博大精细化工有限公司〈P1940〉;[闽]福建三农集团股份有限公司〈P1994〉;[鲁]济南鲁联集团试剂有限公司〈P2023〉;淄博市临淄区罗鑫化工厂〈P2069〉;山东大成农药股份有限公司〈P2051〉;淄博金马化工厂〈P2063〉;鱼台奥伦特原野化工有限公司〈P2134〉;山东聊城阿华制药有限公司〈P2153〉;曲阜市天昊化工助剂有限公司〈P2130〉;潍坊天洁环保科技有限公司〈P2105〉;淄博开发区三威化工厂〈P2064〉;东营胜利绿野农药化工有限公司〈P2081〉;淄博瑞穗化工有限公司〈P2066〉;[豫]洛阳市富苑精细化工有限公司〈P2183〉;开封化学试剂总厂〈P2176〉;濮阳中原三力实业有限公司〈P2216〉;偃师市福兴纤维素厂〈P2188〉;[鄂]湖北科兴医药化工股份有限公司〈P2237〉;仙桃市楚天精细化工厂〈P2246〉;[湘]长沙市有机试剂厂〈P2247〉;株洲选矿药剂厂〈P2250〉;湖南天宇农药化工集团股份有限公司〈P2253〉;[粤]广州化学试剂厂〈P2261〉;广州市金珠江化学有限公司〈P2265〉;[川]四川省化工研究设计院〈P2319〉;[陕]西安北方惠安精细化工有限公司〈P2347〉

α-氯丙酸;2-氯丙酸　C02090210

α-Chloropropionic acid;2-Chloropropionic acid [598-78-7]

用于农药、医药、染料中间体及其他有机合成

【生产厂】[苏]常州市科丰化工有限公司〈P1852〉;扬州天辰精细化工有限公司〈P1819〉

【使用厂】[京]北京健力药业有限公司〈P1551〉;[皖]安徽华星化工股份有限公司〈P1984〉

(S)-(－)-2-氯丙酸;L-2-氯丙酸　C02090212

(S)-(－)-2-Chloropropanoic acid [29617-66-1]

用于芳香丙酸类除草剂的合成

【生产厂】[沪]上海科利生物医药有限公司〈P1749〉;上海利科化学科技有限公司〈P1750〉;[苏]常州联新化工有限公司〈P1848〉;[浙]杭州华东普洛医药科技有限公司〈P1918〉;浙江圣达药业有限公司〈P1967〉;[鲁]枣庄麒彩手性药物化学有限公司(3000 吨)〈P2080〉

(R)-(＋)-2-氯丙酸　C02090213

(R)-(＋)-2-Chloropropionic acid [7474-05-7]

【生产厂】[冀]邯郸市永和化工有限公司〈P1639〉;[鲁]枣庄麒彩手性药物化学有限公司(3000 吨)〈P2080〉

2,2-二氯丙酸;α,α-二氯丙酸　C02090215

2,2-Dichloropropionic acid [75-99-0]

用于有机合成和生化研究

【生产厂】[苏]常州市科丰化工有限公司〈P1852〉

2,3-二溴丙酸　C02090220

2,3-Dibromopropionic acid [600-05-5]

用作染料、医药、农药中间体

【生产厂】[冀]河北省大名县瑞恒化工有限责任公司〈P1640〉;河北泰丰化工有限责任公司〈P1640〉;[苏]宜兴市芳桥东方化工厂〈P1884〉

丙酸　C02090230

Propionic acid [79-09-4]

用于制备香料用丙酸酯,并用作硝酸纤维素溶剂和增塑剂等

【生产厂】[沪]上海建北有机化工有限公司〈P1742〉;[苏]洪泽前程香料香精厂〈P1801〉;盐城鸿泰生物工程有限公司〈P1810〉;[鲁]淄博隆邦化工有限公司(5000 吨)〈P2065〉;淄博三昊精细化工有限公司〈P2066〉;淄博业盛化工有限公司〈P2075〉;[豫]河南省康源香料有限公司(800 吨)〈P2176〉

【使用厂】[沪]上海华美助剂厂精细化工分厂〈P1739〉;[苏]常州市武进东湖化工原料有限公司〈P1854〉;宜兴市凯欣化工有限公司〈P1885〉;[鲁]潍坊潍泰化工有限公司〈P2106〉;山东滕州悟通香料有限责任公司〈P2078〉;[渝]重庆市化工研究院〈P2307〉

环丙酸;环丙甲酸;环丙烷羧酸　C02090231

Cyclopropanecarboxylic acid [1759-53-1]

用作医药、农药中间体

【生产厂】[浙]杭州浙大泛科化工有限公司〈P1925〉

2-溴丙酸;α-溴丙酸　C02090233

2-Bromopropionic acid [598-72-1]

用作有机合成、医药中间体

【生产厂】[苏]宜兴市芳桥东方化工厂〈P1884〉;江苏大成医药化工有限公司〈P1802〉;盐城百瑞特精化有限公司〈P1809〉;[鲁]山东威泰精细化工有限公司〈P2048〉

3-溴丙酸;β-溴丙酸　C02090235

3-Bromopropionic acid [590-92-1]

【生产厂】[辽]营口三征科技化工有限公司〈P1704〉;[苏]宜兴市芳桥东方化工厂(240 吨)〈P1884〉;江苏大成医药化工有限公司(300 吨)〈P1802〉;[鲁]青岛东海源生化科技有限公司〈P2034〉

2,2-二甲基环丙烷甲酸　C02090237

2,2-Dimethylcyclopropanecarboxylic acid

【生产厂】[浙]浙江海宁群力化工有限公司〈P1943〉

C

二氯乙酸；二氯醋酸　C02090240
Dichloroacetic acid [79-43-6]
用作农药及医药中间体
【生产厂】[苏]常州市武进临川化工有限公司〈P1854〉；[鲁]东营银桥化工有限公司〈P2083〉；[豫]许昌东方化工有限公司〈P2218〉

3-氯丙酸　C02090250
3-Chloropropionic acid [107-94-8]
用作农药及医药中间体
【生产厂】[津]天津天大天久科技股份有限公司(600 吨)〈P1615〉

溴乙酸　C02090260
Bromoacetic acid [79-08-3]
【生产厂】[苏]宜兴市芳桥东方化工厂(240 吨)〈P1884〉；江苏沃德化工有限公司〈P1894〉；江苏大成医药化工有限公司(300 吨)〈P1802〉；阜宁胜达医药化工有限公司〈P1806〉；[豫]辉县市泉西化工厂(100 吨)〈P2203〉

环戊基甲酸；环戊酸　C02090289
Cyclopentanecarboxylic acid [3400-45-1]
用于有机合成
【生产厂】[湘]湘潭高新区林盛化学有限公司〈P2251〉

苯基丁二酸；苯基琥珀酸　C02090351
Phenylsuccinic acid [635-51-8]
【生产厂】[京]大庆开发区新世纪精细化工有限公司北京裕立化工有限公司〈P1567〉；[辽]大连天源基化学有限公司〈P1694〉；[黑]大庆新世纪精细化工有限公司〈P1722〉；[鄂]襄樊诺尔化工有限公司〈P2238〉

(*S*)-2-苄基丁二酸；(*S*)-2-苄基琥珀酸　C02090391
(*S*)-2-Benzylsuccinic acid [3972-36-9]
用作药物米格列奈钙中间体
【生产厂】[京]北京高盟化工有限公司〈P1548〉；[苏]海峰化工科研有限公司〈P1797〉；盐城康福生化技术开发有限公司〈P1810〉

反式,反式-己二烯二酸；反式,反式-1,3-丁二烯-1,4-二羧酸　C02090431
trans,*trans*-Muconic acid [3588-17-8]
【生产厂】[沪]上海茂昌化学制品有限公司〈P1753〉

丁炔二酸；乙炔二羧酸　C02090451
2-Butynedioic acid; Acetylenedicarboxylic acid [142-45-0]
【生产厂】[沪]上海金冠化工有限公司〈P1744〉

2-氯-3-硝基苯甲酸　C02090500
2-Chloro-3-nitrobenzoic acid [3970-35-2]
【生产厂】[鄂]武汉市天麦染料实业有限公司〈P2233〉

3,5-二硝基苯甲酸　C02090501
3,5-Dinitrobenzoic acid [99-34-3]
用作 X 光造影剂泛影酸、染料等的中间体
【生产厂】[沪]上海华彩精细化工有限公司〈P1738〉；上海康晟实业有限公司〈P1748〉；[苏]泰兴盛铭精细化工有限公司(100 吨)〈P1825〉

3,5-二硝基-4-氯苯甲酸　C02090502
3,5-Dinitro-4-chlorobenzoic acid [118-97-8]
用作农药杀菌剂、医药、染料及化学合成中间体
【生产厂】[苏]仪征市鼎信化工有限公司(100 吨)〈P1820〉；泰兴盛铭精细化工有限公司(70 吨)〈P1825〉

3,4-二硝基苯甲酸　C02090503
3,4-Dinitrobenzoic acid [528-45-0]
【生产厂】[冀]保定市乐凯化学有限公司〈P1645〉；中国乐凯胶片集团公司〈P1649〉

3-氯-4-硝基苯甲酸　C02090504
3-Chloro-4-nitrobenzoic acid [39608-47-4]
【生产厂】[苏]泰兴市对外贸易南京有限公司〈P1792〉

2-氯-3,5-二硝基苯甲酸；3,5-二硝基邻氯苯甲酸　C02090505
2-Chloro-3,5-dinitrobenzoic acid [2497-91-8]
【生产厂】[苏]泰兴盛铭精细化工有限公司(70 吨)〈P1825〉

5-氯-2-硝基苯甲酸；2-硝基-5-氯苯甲酸　C02090506
5-Chloro-2-nitrobenzoic acid [2516-95-2]
【生产厂】[苏]苏州开元民生化学科技有限公司〈P1901〉；[鲁]青岛双收农药化工有限公司〈P2043〉

3-氯-2-硝基苯甲酸　C02090507
3-Chloro-2-nitrobenzoic acid [4771-47-5]
【生产厂】[苏]苏州开元民生化学科技有限公司〈P1901〉

4-氨基-2-氯苯甲酸；2-氯-4-氨基苯甲酸　C02090510
2-Chloro-4-aminobenzoic acid [2457-76-3]
用作医药中间体
【生产厂】[苏]泰兴市对外贸易南京有限公司〈P1792〉；仪征市鼎信化工有限公司(40 吨)〈P1820〉

3,5-二硝基-4-甲基苯甲酸　C02090511
3,5-Dinitro-4-methylbenzoic acid
用作有机合成及医药中间体
【生产厂】[苏]仪征市鼎信化工有限公司(100 吨)〈P1820〉；泰兴盛铭精细化工有限公司(60 吨)〈P1825〉

4-氨基-3-氯苯甲酸　C02090512
4-Amino-3-chlorobenzoic acid [2486-71-7]
【生产厂】[苏]泰兴市对外贸易南京有限公司〈P1792〉

2-氨基-5-溴苯甲酸　C02090515
2-Amino-5-bromobenzoic acid [5794-88-7]
【生产厂】[苏]苏州市相城区青台精细化工有限公司〈P1905〉；连云港中壹精细化工有限公司〈P1801〉

2-溴-4-硝基苯甲酸　C02090524
2-Bromo-4-nitrobenzoic acid
【生产厂】[苏]苏州市相城区新益化工厂〈P1905〉

4-溴-2-硝基苯甲酸；2-硝基-4-溴苯甲酸　C02090525
4-Bromo-5-nitrobenzoic acid [99277-71-1]

【生产厂】[苏]苏州市相城区新益化工厂〈P1905〉;[鲁]青岛双收农药化工有限公司〈P2043〉

3-硝基-4-甲基苯甲酸;4-甲基-3-硝基苯甲酸　　C02090531
3-Nitro-4-methylbenzoic acid;4-Methyl-3-nitrobenzoic acid [96-98-0]
用作医药、染料中间体
【生产厂】[苏]仪征市鼎信化工有限公司(100 吨)〈P1820〉;泰兴盛铭精细化工有限公司(30 吨)〈P1825〉

4-氰基-3-甲基苯甲酸　　C02090535
4-Cyano-3-methylbenzoic acid
用作医药中间体
【生产厂】[鲁]潍坊特化精细化工有限公司〈P2105〉

3-甲基-2-硝基苯甲酸;2-硝基-3-甲基苯甲酸　　C02090541
3-Methyl-2-nitrobenzoic acid [5437-38-7]
用作有机合成中间体
【生产厂】[苏]泰兴盛铭精细化工有限公司(12 吨)〈P1825〉

4-甲氧基-3-硝基苯甲酸;3-硝基-4-甲氧基苯甲酸　　C02090555
4-Methoxy-3-nitrobenzoic acid [89-41-8]
【生产厂】[赣]江西犇牛医药化工有限公司〈P2015〉;[豫]洛阳永光化工有限公司〈P2187〉

4-乙氧基-3-硝基苯甲酸　　C02090557
4-Ethoxy-3-nitrobenzoic acid [59719-77-6]
【生产厂】[赣]江西犇牛医药化工有限公司〈P2015〉

4-羟基-3-硝基苯甲酸;3-硝基-4-羟基苯甲酸　　C02090561
4-Hydroxy-3-nitrobenzoic acid;3-Nitro-4-hydroxybenzoic acid [616-82-0]
用作医药中间体
【生产厂】[鄂]襄樊诺尔化工有限公司〈P2238〉

3-羟基-4-硝基苯甲酸　　C02090569
3-Hydroxy-4-nitrobenzoic acid [619-14-7]
用作医药中间体
【生产厂】[鲁]青岛润兴光电材料有限公司〈P2041〉

2-氟-5-硝基苯甲酸　　C02090571
2-Fluoro-5-nitrobenzoic acid [7304-32-7]
【生产厂】[京]北京嘉盛扬医药科技有限公司〈P1551〉;[沪]上海威远精细氟科技发展有限公司〈P1769〉;[浙]浙江省三门解氏化学工业有限公司〈P1966〉

5-氟-2-硝基苯甲酸　　C02090573
5-Fluoro-2-nitrobenzoic acid
【生产厂】[沪]上海威远精细氟科技发展有限公司〈P1769〉

2-氟-6-硝基苯甲酸　　C02090575
2-Fluoro-6-nitrobenzoic acid
【生产厂】[沪]上海威远精细氟科技发展有限公司〈P1769〉

2-氟-4-硝基苯甲酸　　C02090577
2-Fluoro-4-nitrobenzoic acid
【生产厂】[沪]上海威远精细氟科技发展有限公司〈P1769〉;[苏]苏州市相城区新益化工厂〈P1905〉

4-氟-2-硝基苯甲酸　　C02090579
4-Fluoro-2-nitrobenzoic acid
【生产厂】[沪]上海威远精细氟科技发展有限公司〈P1769〉

2,5-二氯苯甲酸　　C02090581
2,5-Dichlorobenzoic acid [50-79-3]
用作农药、医药中间体
【生产厂】[京]大庆开发区新世纪精细化工有限公司北京裕立化工有限公司〈P1567〉;[黑]大庆新世纪精细化工有限公司〈P1722〉;[苏]太仓市东明化工有限公司(120 吨)〈P1908〉;[赣]江西正和化工有限公司(50 吨)〈P2016〉

间氰基苯甲酸;3-氰基苯甲酸　　C02090591
m-Cyanobenzoic acid;3-Cyanobenzoic acid [1877-72-1]
用作有机合成中间体
【生产厂】[苏]泰兴市对外贸易南京有限公司〈P1792〉

对氰基苯甲酸;4-氰基苯甲酸　　C02090593
4-Cyanobenzoic acid [619-65-8]
用作有机合成中间体
【生产厂】[京]大庆开发区新世纪精细化工有限公司北京裕立化工有限公司〈P1567〉;北京奥得赛化学有限公司〈P1543〉;[苏]泰兴市对外贸易南京有限公司〈P1792〉;连云港贝斯特化工有限公司〈P1798〉;[浙]杭州浙大泛科化工有限公司〈P1925〉

4-氟-2-氰基苯甲酸　　C02090597
4-Fluoro-2-cyanobenzoic acid
【生产厂】[辽]阜新特种化学股份有限公司〈P1708〉

2-氟-4-氰基苯甲酸　　C02090599
2-Fluoro-4-cyanobenzoic acid
【生产厂】[辽]阜新特种化学股份有限公司〈P1708〉

二聚酸;十八碳二烯酸二聚体　　C02090611
(Octadecadienoic acid) dipolymer
主要用作聚酰胺树脂、环氧树脂的改性剂和燃料油、润滑油、切削油的添加剂
【生产厂】[沪]上海市嘉定区江桥化工厂〈P1763〉;[苏]无锡市恒辉化学有限公司〈P1876〉;兴化市伟业植物油脂厂〈P1828〉;[皖]安庆市鸿源化工有限责任公司(4000 吨)〈P1979〉;[闽]福建中德科技有限公司〈P1988〉;福建省沙县嘉利化工有限公司〈P1995〉;福建省连城百新科技有限公司(2500 吨)〈P2005〉;[赣]江西省宜春远大化工有限公司(1 万吨)〈P2016〉;[鲁]广饶县福利树脂厂(2500 吨)〈P2083〉
【使用厂】[津]天津燕海化学有限公司〈P1616〉

三聚酸;十八碳二烯酸三聚体　　C02090651
(Octadecadienoic acid) tripolymer
用于合成聚酰胺树脂、油田缓蚀剂等
【生产厂】[闽]福建省连城百新科技有限公司(675 吨)〈P2005〉;[鲁]枣庄市世纪新星化工有限责任公司(8000 吨)〈P2080〉

单酸　　C02090691
Momomer acid
可用于塑料增塑剂、润滑剂、制革剂、洗涤

剂、制皂及涂料用醇酸树脂等

【生产厂】[苏]兴化市伟业植物油脂厂〈P1828〉;[闽]福建中德科技有限公司〈P1988〉;福建省连城百新科技有限公司(800吨)〈P2005〉

丁酸;杀灭菊酸;正丁酸 C02090701

Butanoic acid; *n*-Butyric acid [107-92-6]

用于制备香料、医药及其他有机化学品,也用于皮革的脱灰

【生产厂】[沪]上海建北有机化工有限公司〈P1742〉;上海茂昌化学制品有限公司〈P1753〉;[苏]宜兴市中港精细化工有限公司〈P1888〉;洪泽前程香料香精厂〈P1801〉;盐城鸿泰生物工程有限公司〈P1810〉;[鲁]淄博隆邦化工有限公司(6000吨)〈P2065〉;淄博三昊精细化工有限公司〈P2066〉;临淄泽荣化工有限公司(1000吨)〈P2050〉;淄博业盛化工有限公司〈P2075〉;[豫]尉氏县宋塔香料厂(600吨)〈P2179〉;河南省尉氏县香料厂(100吨)〈P2176〉;[粤]广州市伟香单体香料有限公司〈P2266〉

【使用厂】[津]天津市宏鑫化工厂〈P1589〉;[苏]南京红太阳集团〈P1784〉;高邮市宏扬助剂厂〈P1813〉;徐州开达精细化工有限公司〈P1795〉;[浙]浙江临安福盛涂料助剂有限公司〈P1928〉;[鲁]青岛赛特香料有限公司〈P2041〉;济南金信洋染料有限公司〈P2023〉;[豫]洛阳市曙光福利染化厂〈P2186〉;[桂]桂林南药股份有限公司〈P2299〉

异丁酸;2-甲基丙酸 C02090711

Isobutanoic acid [79-31-2]

主要用于合成异丁酸酯类产品,如异丁酸甲酯、丙酯、异戊酯、苄酯等,可作为食用香料,也用于制药

【生产厂】[沪]上海建北有机化工有限公司(1000吨)〈P1742〉;[苏]宜兴市中港精细化工有限公司(400吨)〈P1888〉;洪泽前程香料香精厂〈P1801〉;[鲁]山东武城康达化工有限公司〈P2146〉;淄博隆邦化工有限公司(3000吨)〈P2065〉;淄博三昊精细化工有限公司〈P2066〉;淄博业盛化工有限公司〈P2075〉

【使用厂】[浙]浙江普洛化学有限公司〈P1955〉;[甘]甘肃省化工研究院〈P2355〉

2-甲基丁酸 C02090721

2-Methylbutanoic acid [116-53-0]

用于调配食用、烟用和日化香精

【生产厂】[冀]河北省化学工业研究院〈P1621〉;[苏]洪泽前程香料香精厂〈P1801〉;[鲁]山东武城康达化工有限公司〈P2146〉;[粤]广州市伟香单体香料有限公司〈P2266〉

2-羟基异丁酸;2-羟基-2-甲基丙酸 C02090731

2-Hydroxyisobutyric acid [594-61-6]

用于有机合成

【生产厂】[苏]江苏省金坛市西南化工研究所〈P1860〉;昆山市花桥化工四厂〈P1897〉;[浙]浙江优联医药化工有限公司〈P1928〉

3,3-二甲基丁酸;叔丁基乙酸 C02090741

3,3-Dimethylbutyric acid; *tert*-Butylacetic acid [1070-83-3]

是一种重要的医药、农药、有机合成中间体

【生产厂】[冀]河北省化学工业研究院(100吨)〈P1621〉;[鲁]青岛润兴光电材料有限公司〈P2041〉

4-溴丁酸 C02090751

4-Bromobutyric acid [2623-87-2]

用于有机合成

【生产厂】[赣]江西金瑞化工有限责任公司〈P2016〉;[鲁]青岛东海源生化科技有限公司〈P2034〉;[鄂]武汉市合中化工制造有限公司〈P2232〉

2-溴丁酸 C02090755

2-Bromobutyric acid [80-58-0]

【生产厂】[京]北京精益精化工有限公司〈P1553〉

2-巯基异丁酸 C02090761

2-Mercaptoisobutyric acid

【生产厂】[苏]昆山化工医药原料有限公司〈P1895〉

2-羟基-2-甲基丁酸;HMB酸;β-羟基-β-甲基丁酸 C02090771

2-Hydroxy-2-methylbutyric acid [3739-30-8]

【生产厂】[苏]靖江市三益化工有限公司〈P1825〉

己二酸 C02090801

Adipic acid; Hexane diacid [124-04-9]

主要用作尼龙66和工程塑料的原料,也用于生产各种酯类产品,还用作聚氨基甲酸酯弹性体的原料

【生产厂】[津]天津市帆利精细化工有限公司(2500吨)〈P1586〉;[辽]辽阳市太子河区沃隆科技化学品厂〈P1711〉;辽阳木星化工有限公司〈P1710〉;辽阳天成化工有限公司〈P1711〉;辽阳易晨化工有限公司〈P1712〉;[沪]上海三微实业有限公司〈P1759〉;[苏]江苏省沛县东方化工厂〈P1793〉;南通恒兴电子材料有限公司〈P1833〉;[浙]宁波敏特尼龙工业有限公司(4000吨)〈P1931〉;[豫]河南神马尼龙化工有限责任公司(6万吨)〈P2191〉

【使用厂】[京]北京杨村化工有限公司〈P1564〉;[津]天津市塑料集团有限公司聚氨酯制品分公司〈P1602〉;[辽]北宁市闾峰化工厂〈P1701〉;大连化工研究设计院〈P1692〉;[沪]上海造漆厂〈P1777〉;上海联成化学工业有限公司〈P1751〉;[苏]无锡市三吉助剂有限责任公司〈P1878〉;江都市第八化工有限公司〈P1813〉;宜兴市腾蛟化工材料有限公司〈P1887〉;常州市武进运波化工有限公司〈P1855〉;[闽]福建省晋江市华福化工有限公司〈P1998〉;[鲁]烟台华大化学工业有限公司〈P2117〉;淄博津利精细化工厂〈P2063〉;[豫]黎明化工研究院〈P2181〉;[粤]佛山市高明区华驰化工树脂有限公司〈P2287〉;[陕]西安昌泰化工厂〈P2347〉

D-α-氨基己二酸 C02090821

D-α-Aminoadipic acid

广泛应用于生化、医药领域

【生产厂】[沪]上海求德生物化工有限公司〈P1758〉;[鲁]济宁鲁源医药化工有限公司(300吨)〈P2128〉

三氯异氰尿酸;三氯异氰脲酸;强氯精 C02090901

Trichloroisocyanuric acid [87-90-1]

用于饮用水、游泳池水、工业循环水、污水等各种水质的杀菌消毒处理

【生产厂】[冀]石家庄市南方化工有限公司(1000吨)〈P1631〉;河北冀衡化学股份有限公司(2万吨)〈P1664〉;衡水洁威化学有限公司(1万吨)〈P1668〉;邯郸市光正消毒剂有限公司(4500吨)〈P1638〉;邯郸市瑞邦精细化工有限公司〈P1639〉;河北省孔祥化工集团有限公司(3000吨)

〈P1640〉;河北亚光精细化工有限公司〈P1641〉;[蒙]内蒙古兰太实业股份有限公司(1万吨)〈P1681〉;[辽]铁岭远能化工有限公司〈P1713〉;大连华瑞化学工业有限公司〈P1692〉;[沪]上海信博森化工有限公司〈P1772〉;上海庆东精细化工公司(1000吨)〈P1758〉;上海凯路化工有限公司〈P1747〉;上海未来企业有限公司〈P1770〉;[苏]长江(常州)氯碱联合开发公司(2万吨)〈P1846〉;江苏江东化工股份有限公司(2万吨)〈P1859〉;江苏金浦北方氯碱化工有限公司(3000吨)〈P1793〉;[鲁]聊城华奥化工有限公司(6000吨)〈P2152〉;聊城市中联化工有限公司(8000吨)〈P2152〉;山东阳光化工有限公司(2000吨)〈P2154〉;山东广威消毒剂有限公司(3000吨)〈P2094〉;烟台恒邦化工有限公司(3000吨)〈P2116〉;青岛天元化工股份有限公司(5000吨)〈P2044〉;泰安华威消毒剂有限公司〈P2137〉;济宁新格瑞水处理有限公司(300吨)〈P2129〉;菏泽沃蓝化工有限公司(5000吨)〈P2159〉;鄄城建融有限公司〈P2159〉;鄄城欧亚化工有限公司(6000吨)〈P2159〉;滕州银丰化工有限公司(1000吨)〈P2080〉;[豫]濮阳可利威化工有限公司(5000吨)〈P2213〉;濮阳市银泰工贸有限公司〈P2215〉;[湘]湖南省海洋生物工程有限公司(2000吨)〈P2250〉;[桂]南宁化工股份有限公司(2万吨)〈P2296〉;梧州市联溢化工有限公司〈P2300〉

二氯异氰脲酸;二氯异氰尿酸 C02090911

Dichloroisocyanuric acid [2782-57-2]

【生产厂】[鲁]山东广威消毒剂有限公司(4000吨)〈P2094〉

己酸;正己酸 C02091101

Caproic acid;Hexoic acid [142-62-1]

主要用于配制己酸酯作为食用香料

【生产厂】[苏]盐城鸿泰生物工程有限公司〈P1810〉;[鲁]淄博胜宝化工有限公司(1200吨)〈P2067〉;[豫]尉氏县宋塔香料厂(800吨)〈P2179〉;濮阳市冠宇化工有限公司(800吨)〈P2213〉;河南省尉氏县香料厂(1000吨)〈P2176〉;[粤]广州市伟香单体香料有限公司〈P2266〉

【使用厂】[苏]昆山市鹿都香料厂〈P1897〉;[鲁]邹平铭兴化工有限公司〈P2158〉

2-溴己酸 C02091121

2-Bromohexanoic acid [616-05-7]

用作有机合成中间体

【生产厂】[苏]阜宁胜达医药化工有限公司〈P1806〉

1,4-环己二甲酸 C02091151

1,4-Cyclohexanedicarboxylic acid;CHDA [1076-97-7]

在医药方面用于合成消化性溃疡药,在聚酯树脂方面用作改性单体

【生产厂】[苏]如皋市恒祥化工有限责任公司〈P1838〉;[浙]浙江台州清泉医药化工有限公司〈P1968〉;[陕]陕西宏庆医药化学有限公司〈P2346〉

1,3-环己二甲酸 C02091152

1,3-Cyclohexanedicarboxylic acid [3971-31-1]

【生产厂】[陕]陕西宏庆医药化学有限公司〈P2346〉

1,2-环己二甲酸 C02091153

1,2-Cyclohexanedicarboxylic acid [2305-32-0]

【生产厂】[苏]江苏省句容市中山化工研究所〈P1842〉;[陕]陕西宏庆医药化学有限公司〈P2346〉

1-氨基-1-环己烷羧酸 C02091191

1-Amino-1-cyclohexanecarboxylic acid [2756-85-6]

【生产厂】[苏]江阴市龙达化工有限公司〈P1870〉

三聚氰酸;2,4,6-三羟基-1,3,5-三嗪;氰尿酸;异氰尿酸 C02091201

Cyanuric acid;2,4,6-Trihydroxy-1,3,5-triazine;Isocyanuric acid [108-80-5]

主要用于制新型漂白剂、消毒杀菌剂、水处理剂以及树脂、涂料和金属氰化缓蚀剂等

【生产厂】[冀]石家庄市南方化工有限公司(3000吨)〈P1631〉;河北星宇化工有限公司〈P1623〉;河北众诚化工科技有限公司〈P1624〉;石家庄市科奥化工有限责任公司(3600吨)〈P1630〉;河北冀衡化学股份有限公司(2万吨)〈P1664〉;衡水洁威化学有限公司(6000吨)〈P1668〉;邯郸市光正消毒剂有限公司(1万吨)〈P1638〉;邯郸市瑞邦精细化工有限公司〈P1639〉;河北省孔祥化工集团有限公司(2万吨)〈P1640〉;[晋]山西舜都集团有限公司(5000吨)〈P1680〉;[苏]无锡阳山生化有限责任公司〈P1883〉;[鲁]山东兴达化工有限公司(2万吨)〈P2146〉;聊城市中联化工有限公司(8000吨)〈P2152〉;山东阳光化工有限公司〈P2154〉;诸城市良丰化学有限公司〈P2107〉;山东广威消毒剂有限公司(6000吨)〈P2094〉;泰安华威消毒剂有限公司〈P2137〉;山东省汶上洁威化工有限公司(500吨)〈P2132〉;菏泽沃蓝化工有限公司(2万吨)〈P2159〉;鄄城欧亚化工有限公司(1万吨)〈P2159〉;滕州市瑞得丰精细化工有限公司(1万吨)〈P2079〉;滕州银丰化工有限公司(2000吨)〈P2080〉;[豫]河南省翔宇实业公司(2000吨)〈P2194〉;濮阳可利威化工有限公司(5000吨)〈P2213〉;濮阳市银泰工贸有限公司〈P2215〉

【使用厂】[沪]上海庆东精细化工公司〈P1758〉;[苏]长江(常州)氯碱联合开发公司〈P1846〉;镇江市前进化工有限公司〈P1845〉;扬州三得利化工有限公司〈P1818〉;[皖]黄山市华美精细化工有限公司〈P1981〉;[闽]福建省南平市榕昌化工有限公司〈P2003〉;[鲁]青岛天元化工股份有限公司〈P2044〉;鄄城建融有限公司〈P2159〉;临朐县第一化工厂〈P2090〉;[湘]湖南省海洋生物工程有限公司〈P2250〉;[桂]梧州市联溢化工有限公司〈P2300〉

三聚硫氰酸;硫代三聚氰酸;2,4,6-三巯基-1,3,5-三嗪 C02091251

Trithiocyanuric acid [638-16-4]

【生产厂】[浙]杭州广林生物医药有限公司〈P1917〉;[鄂]襄樊市隆晔医药化工有限公司〈P2238〉

反丁烯二酸;富马酸;延胡索酸 C02091301

Fumaric acid;*trans*-Butenedioic acid [110-17-8]

用于制造不饱和聚酯树脂、农药、酸味剂及氨基酸等

【生产厂】[京]中国蓝星(集团)总公司〈P1568〉;[津]天津市源翔化工股份合作公司〈P1612〉;天津有机化学工业总公司中河化工厂(1万吨)〈P1617〉;[冀]石家庄白龙化工股份有限公司(500吨)〈P1625〉;河北智通化工有限责任公司(5000吨)〈P1623〉;[晋]太原市侨友化工有限公司(2000吨)〈P1671〉;山西太明化工工业有限公司(2000吨)〈P1676〉;[辽]锦州石化长虹公司(2000吨)〈P1702〉;[苏]南京盟伦化学品有限公司(8000吨)〈P1787〉;南京利邦化工有限公司(8000吨)〈P1787〉;江苏亚邦化工集团有限公司〈P1861〉;江苏杰成生物工程有限公司〈P1865〉;江苏三木集团公司〈P1865〉;江阴市苯酐厂(900吨)〈P1868〉;苏州合成化工有限公司(1万吨)〈P1900〉;[鲁]淄博市周村区前进助剂实验厂(2700吨)〈P2071〉;山东齐隆化工股份有限公司〈P2053〉;淄博环海佳业科工贸有限公司〈P2062〉;山东邹平宜中实业有限责任公司〈P2157〉;青州市大华化工厂〈P2091〉;青州市安达化工有限公司

(1000吨)〈P2091〉;临朐金富建材有限公司〈P2089〉;烟台恒源生物工程有限公司〈P2117〉;新泰市宏达化工有限公司(600吨)〈P2138〉;郯城县杨集起飞化工厂(1000吨)〈P2151〉;[豫]河南庆安化工高科技股份有限公司(3000吨)〈P2166〉;开封市通达化工厂(4000吨)〈P2178〉;开封油脂化工厂(1万吨)〈P2179〉;[陕]交大瑞森渭南化学工业有限责任公司〈P2352〉;渭南双侨化工有限责任公司(1万吨)〈P2353〉;宝鸡市有机化工厂(200吨)〈P2351〉

【使用厂】[京]北京丽水化工有限责任公司〈P1554〉;[冀]滦南九州生物化工有限公司〈P1635〉;[辽]大连市旅顺合成制药厂〈P1694〉;[苏]江苏菊花味精集团公司〈P1894〉;常州市武进东湖化工原料有限公司〈P1854〉;[浙]诸暨丰盈化工有限公司〈P1952〉;[鲁]邹城市富阳生物化工有限公司〈P2134〉;济宁市化工研究所〈P2128〉

C

顺丁烯二酸;马来酸;失水苹果酸　C02091401

Maleic acid;*cis*-Butenedioic acid [110-16-7]

用于制备不饱和树脂和松香脂等

【生产厂】[晋]太原市侨友化工有限公司〈P1671〉;山西太明化工工业有限公司(2000吨)〈P1676〉;[苏]南通恒兴电子材料有限公司〈P1833〉;[浙]湖州长盛化工有限公司〈P1945〉

【使用厂】[津]天津天成制药有限公司〈P1614〉;天津市中央药业有限公司〈P1613〉;[沪]华东理工大学华昌聚合物有限公司〈P1726〉;[苏]苏州益良药业有限公司〈P1907〉;[浙]浙江华海药业股份有限公司〈P1964〉;浙江东亚医药化工有限公司〈P1963〉;[鲁]山东省泰和水处理有限公司〈P2077〉

2-羟基苯甲酸;水杨酸;柳酸;邻羟基苯甲酸　C02091501

2-Hydroxybenzoic acid;Salicylic acid [69-72-7]

医药工业用于制解热、镇痛、消炎、利尿等药物,染料工业用于制偶氮直接染料和酸性媒染染料,还用于香料等

【生产厂】[冀]河北敬业化工集团股份有限公司(7000吨)〈P1620〉;衡水市冀衡药业有限公司〈P1668〉;[苏]南京隆燕化工有限公司〈P1787〉;镇江茂源化工有限公司(5000吨)〈P1844〉;吴江市汇丰化工厂〈P1910〉;江苏大华药业有限公司〈P1802〉;江都市鑫亚精细化工有限公司(3000吨)〈P1815〉;[浙]温州美尔诺化工有限公司〈P1937〉;[鲁]山东新华制药股份有限公司(2500吨)〈P2055〉;淄博亿腾化工有限公司(300吨)〈P2075〉;山东隆信化工有限公司(3000吨)〈P2053〉;青岛双收农药化工有限公司〈P2043〉;[豫]孟州市恒昌化工有限公司(6000吨)〈P2197〉;河南长葛五环活性炭厂(1000吨)〈P2217〉;许昌市华原药业有限公司(30吨)〈P2219〉;河南省长葛市吉鸿催化剂厂(1000吨)〈P2217〉;长葛市新原化工有限公司(200吨)〈P2217〉;[鄂]湖北仙隆化工股份有限公司〈P2245〉;[粤]广东汇联达化工有限公司〈P2259〉;[陕]华阴市锦前程药业有限公司(3500吨)〈P2352〉

【使用厂】[津]天津市天梅化工厂〈P1604〉;[冀]石家庄市有机化工厂〈P1632〉;邢台铁牛染料化工有限公司〈P1644〉;[辽]沈阳市试剂三厂〈P1688〉;丹东市精细化工厂〈P1700〉;[沪]上海华溢塑料助剂合作公司〈P1740〉;[苏]常州康达制药有限公司〈P1848〉;[鲁]潍坊潍泰化工有限公司〈P2106〉;山东博山制药有限公司〈P2051〉;[豫]开封市祥利化工厂〈P2178〉;[粤]广州化学试剂厂〈P2261〉;[川]成都天华科技股份有限公司〈P2315〉

2-羟基苯甲酸(升华级);水杨酸(升华级);邻羟基苯甲酸(升华级)　C02091502

2-Hydroxybenzoic acid, sublimation;Salicylic acid, sublimation [69-72-7]

主要用作阿斯匹林药物的原料和农药水胺硫磷等产品的原料,亦可用于染料工业、精制化学试剂等

【生产厂】[冀]沧州华通化工有限公司〈P1651〉;[鲁]山东隆信化工有限公司(5000吨)〈P2053〉;[陕]华阴市锦前程药业有限公司(3500吨)〈P2352〉

【使用厂】[苏]镇江市前进化工有限公司〈P1845〉

2,3,4,5-四氟-6-氯苯甲酸　C02091503

6-Chloro-2,3,4,5-tetrafluorobenzoic acid [1868-80-0]

【生产厂】[沪]上海威远精细氟科技发展有限公司〈P1769〉;[浙]台州宏盛化学品有限公司〈P1961〉

对氟苯甲酸;4-氟苯甲酸　C02091505

p-Fluorobenzoic acid [456-22-4]

用作农药、医药中间体

【生产厂】[京]大庆开发区新世纪精细化工有限公司北京裕立化工有限公司〈P1567〉;[黑]大庆新世纪精细化工有限公司〈P1722〉;[苏]句容市顺风助剂厂〈P1843〉;常州高科生物化学有限公司(200千克)〈P1846〉;苏州市相城区新益化工厂〈P1905〉;[浙]浙江省三门解氏化学工业有限公司〈P1966〉;[鲁]青岛东海源生化科技有限公司〈P2034〉;[豫]河南昊海实业有限公司(36吨)〈P2165〉;南阳市威特化工有限责任公司〈P2224〉

间氟苯甲酸;3-氟苯甲酸　C02091506

3-Fluorobenzoic acid [455-38-9]

用作有机合成中间体

【生产厂】[京]北京奥得赛化学有限公司〈P1543〉;[苏]句容市顺风助剂厂〈P1843〉;苏州市相城区新益化工厂〈P1905〉;太仓市东明化工有限公司(120吨)〈P1908〉;[浙]浙江省三门解氏化学工业有限公司〈P1966〉;[豫]河南昊海实业有限公司(36吨)〈P2165〉

邻氟苯甲酸;2-氟苯甲酸　C02091507

2-Fluorobenzoic acid [445-29-4]

用作医药、颜料和染料的中间体

【生产厂】[辽]阜新特种化学股份有限公司(50吨)〈P1708〉;[苏]句容市顺风助剂厂〈P1843〉;常州高科生物化学有限公司(200千克)〈P1846〉;太仓市东明化工有限公司(120吨)〈P1908〉;[豫]河南昊海实业有限公司(36吨)〈P2165〉

2,6-二氟苯甲酸　C02091508

2,6-Difluorobenzoic acid [385-00-2]

用于食品防腐剂、灭菌剂及农药、医药中间体

【生产厂】[京]北京金奥利维科技发展有限公司〈P1551〉;[冀]石家庄市京东医药化工有限公司〈P1630〉;[沪]上海威远精细氟科技发展有限公司〈P1769〉;[苏]江苏庙桥合成化工有限公司〈P1859〉;盐城中亚医药化工有限公司(100吨)〈P1812〉;扬州天辰精细化工有限公司(120吨)〈P1819〉

3-溴-2,4,5-三氟苯甲酸　C02091509

3-Bromo-2,4,5-trifluorobenzoic acid

【生产厂】[沪]上海立科药物化学有限公司〈P1750〉;上海威远精细氟科技发展有限公司〈P1769〉

3,5-二羟基苯甲酸　C02091510

3,5-Dihydroxybenzoic acid [99-10-5]

用作有机合成中间体,用于制药、合成树脂等

【生产厂】[京]北京奥得赛化学有限公司〈P1543〉;[苏]昆山华旭精细化工有限公司〈P1895〉;[豫]临颍县颍华技术开发有限公司(100吨)〈P2220〉;[川]四川红光化工有限公司〈P2334〉

2,4,6-三氟苯甲酸 C02091511

2,4,6-Trifluorobenzoic acid [28314-80-9]

【生产厂】[沪]上海立科药物化学有限公司〈P1750〉

2,4,5-三氟苯甲酸 C02091512

2,4,5-Trifluorobenzoic acid [446-17-3]

用作医药中间体,也用于制备航空、航天用的液晶材料

【生产厂】[京]北京卡乐瑞化工有限公司〈P1553〉;[冀]河北威远亨迪生物化工有限公司〈P1622〉;[沪]上海立科药物化学有限公司〈P1750〉;[苏]盐城中亚医药化工有限公司(100吨)〈P1812〉;[浙]浙江浙邦制药有限公司〈P1952〉;浙江白云伟业化工股份有限公司〈P1950〉;浙江省兰溪凯普化学有限公司〈P1956〉;横店集团家园化工有限公司〈P1952〉;[鲁]东营市润达化工有限公司(300吨)〈P2083〉

2,3-二羟基苯甲酸 C02091513

2,3-Dihydroxybenzoic acid [303-38-8]

用作医药中间体

【生产厂】[沪]上海中科同力化工材料有限公司〈P1779〉;[苏]苏州市龙盛精细化工厂〈P1904〉;太仓市振湖化工厂〈P1909〉;[浙]台州市新东方医化有限公司〈P1962〉

3-羟基-2-甲基苯甲酸 C02091514

3-Hydroxy-2-methylbenzoic acid

用作医药中间体

【生产厂】[浙]浙江天新药业有限公司(20吨)〈P1968〉;[皖]安徽省广德科苑化工有限公司〈P1986〉

3-羟基-2,4,5-三氟苯甲酸;2,4,5-三氟-3-羟基苯甲酸 C02091516

3-Hydroxy-2,4,5-trifluorobenzoic acid [116751-24-7]

用作医药中间体

【生产厂】[冀]河北威远亨迪生物化工有限公司〈P1622〉;[沪]上海威远精细氟科技发展有限公司〈P1769〉;[浙]浙江浙邦制药有限公司〈P1952〉;浙江省兰溪凯普化学有限公司〈P1956〉;[鲁]东营市润达化工有限公司(200吨)〈P2083〉

3-甲氧基-2,4,5-三氟苯甲酸;2,4,5-三氟-3-甲氧基苯甲酸 C02091517

3-Methoxy-2,4,5-trifluorobenzoic acid;2,4,5-Trifluoro-3-methoxybenzoic acid [112811-65-1]

用作医药中间体,主要用于喹诺酮类广谱抗菌素的合成

【生产厂】[冀]河北威远亨迪生物化工有限公司〈P1622〉;[苏]江苏如东县丰利医药化工厂〈P1831〉;[浙]浙江浙邦制药有限公司〈P1952〉;浙江白云伟业化工股份有限公司〈P1950〉;[鲁]东营市润达化工有限公司(200吨)〈P2083〉

3-氯-2,4,5-三氟苯甲酸 C02091518

3-Chloro-2,4,5-trifluorobenzoic acid [101513-77-3]

【生产厂】[冀]河北威远亨迪生物化工有限公司〈P1622〉;[沪]上海立科药物化学有限公司〈P1750〉;上海威远精细氟科技发展有限公司〈P1769〉

2,4-二氟苯甲酸 C02091519

2,4-Difluorobenzoic acid [1583-58-0]

【生产厂】[辽]阜新恒辉化工有限公司〈P1707〉;[沪]上海立科药物化学有限公司〈P1750〉;上海威远精细氟科技发展有限公司〈P1769〉;[苏]苏州市相城区新益化工厂〈P1905〉;盐城中亚医药化工有限公司(100吨)〈P1812〉

2-氯-4-氟苯甲酸 C02091520

2-Chloro-4-fluorobenzoic acid [2252-51-9]

用作医药、农药、液晶材料中间体

【生产厂】[辽]阜新三宝化工实业有限公司〈P1708〉;[苏]苏州市相城区新益化工厂〈P1905〉;[浙]浙江省三门解氏化学工业有限公司〈P1966〉

2-羟基-5-氯苯甲酸;5-氯水杨酸 C02091521

2-Hydroxy-5-chlorobenzoic acid [321-14-2]

用作农药、医药、染料中间体

【生产厂】[沪]上海南翔试剂有限公司〈P1754〉

【使用厂】[川]四川省化工研究设计院〈P2319〉

3,5-二碘水杨酸;2-羟基-3,5-二碘苯甲酸 C02091523

3,5-Diiodosalicylic acid [133-91-5]

用作医药中间体

【生产厂】[苏]江苏永联集团公司精细化工厂〈P1866〉;江阴市三益化工有限公司〈P1870〉;[浙]建德市医药化工厂〈P1926〉

3,5-二氯-4-羟基苯甲酸 C02091524

3,5-Dichloro-4-hydroxybenzoic acid [3336-41-2]

用作有机合成中间体

【生产厂】[陕]陕西金阳化工有限公司〈P2346〉

5-氨基水杨酸;2-羟基-5-氨基苯甲酸 C02091525

5-Aminosalicylic acid [394-31-0]

用作偶氮及硫化染料的中间体,并用于制造感光纸

【生产厂】[京]北京高盟化工有限公司(30吨)〈P1548〉;[沪]上海旭升精细化工技术研究所〈P1773〉;[苏]无锡市东升助剂厂〈P1875〉;连云港中壹精细化工有限公司〈P1801〉;[浙]建德市医药化工厂〈P1926〉;浙江科盛染料化工有限公司〈P1965〉;[皖]安徽东盛制药有限公司〈P1976〉;[豫]新乡市天丰精细化工有限公司〈P2206〉

4-氯水杨酸;4-氯邻羟基苯甲酸 C02091526

4-Chlorosalicylic acid [5106-98-9]

【生产厂】[苏]苏州市相城区青台精细化工有限公司〈P1905〉;[鲁]青岛裕达精细化工有限公司(7吨)〈P2046〉

5-溴水杨酸 C02091528

5-Bromosalicylic acid [89-55-4]

用于有机合成

【生产厂】[苏]苏州市美花日用香料有限公司〈P1904〉

2,3,4-三氟苯甲酸 C02091530

2,3,4-Trifluorobenzoic acid [61079-72-9]

【生产厂】[沪]上海立科药物化学有限公司〈P1750〉;上海威远精细氟科技发展有限公司〈P1769〉;[苏]江苏庙桥合成化工有限公司〈P1859〉;苏州市相城区新益化工厂〈P1905〉

对甲氧基苯甲酸；4-甲氧基苯甲酸　C02091531
4-Methoxybenzoic acid；*p*-Methoxybenxoic acid［100-09-4］
用作茄拉西坦、乙胺磺肤酮等医药中间体，亦可用于香料
【生产厂】［京］北京马氏精细化学品有限公司〈P1555〉；［苏］张家港市东昌化工有限公司〈P1912〉；江苏常余化工有限公司（200 吨）〈P1893〉；沭阳县华泰化工厂〈P1804〉；［浙］杭州浙大泛科化工有限公司〈P1925〉

6-氯水杨酸；2-羟基-6-氯苯甲酸　C02091532
6-Chlorosalicylic acid
【生产厂】［苏］常州佳灵药业有限公司〈P1848〉

3-甲氧基苯甲酸；间甲氧基苯甲酸　C02091533
3-Methoxybenzoic acid［586-38-9］
用作农药、医药中间体
【生产厂】［浙］台州市新东方医化有限公司〈P1962〉

3,5-二溴-4-羟基苯甲酸　C02091534
3,5-Dibromo-4-hydroxybenzoic acid［3337-62-0］
用于合成药物苯溴马隆
【生产厂】［浙］浙江同丰医药化工有限公司〈P1969〉

2,4,6-三溴-3-羟基苯甲酸；TBHBA　C02091535
2,4,6-Tribromo-3-hydroxybenzoic acid［14348-40-4］
用作生化试剂
【生产厂】［沪］上海沪旦生物科技有限公司〈P1737〉；［苏］苏州工业园区亚科化学试剂有限公司〈P1900〉

邻碘苯甲酸；2-碘苯甲酸　C02091536
2-Iodobenzoic acid［88-67-5］
用于有机合成
【生产厂】［沪］上海再辉化工有限公司〈P1777〉；［苏］金湖申凯化学有限公司〈P1803〉

3,4-二羟基苯甲酸　C02091538
3,4-Dihydroxybenzoic acid［99-50-3］
用作染料、医药中间体
【生产厂】［沪］上海三微实业有限公司〈P1759〉；上海中科同力化工材料有限公司〈P1779〉；上海益民化工有限公司〈P1775〉；［苏］苏州市畅通化学品有限公司〈P1903〉；太仓市振湖化工厂〈P1909〉；海门贝斯特精细化工有限公司（60 吨）〈P1829〉；［浙］台州市新东方医化有限公司〈P1962〉

2-氨基-5-羟基苯甲酸　C02091539
2-Amino-5-hydroxybenzoic acid［394-31-0］
用作医药中间体
【生产厂】［沪］上海虹生实业有限公司〈P1737〉；［苏］连云港中壹精细化工有限公司〈P1801〉

对氨基水杨酸；4-氨基-2-羟基苯甲酸　C02091540
4-Aminosalicylic acid；4-Amino-2-hydroxybenzoic acid［65-49-6］
医药中间体，用于合成抗结核药对氨基水杨酸钠
【生产厂】［苏］无锡市东升助剂厂〈P1875〉

邻甲氧基苯甲酸；2-甲氧基苯甲酸；邻茴香酸　C02091541
2-Methoxybenzoic acid［579-75-9］
用于香料、医药、防腐等
【生产厂】［京］北京维达化工有限公司（100 吨）〈P1563〉；［沪］上海海隼化工科技有限公司〈P1735〉；［苏］苏州诚和医药化学有限公司〈P1899〉；江苏常余化工有限公司〈P1893〉；［浙］浙江野风化工有限公司〈P1956〉；［湘］湖南中南制药有限责任公司〈P2253〉

2,4-二甲氧基苯甲酸　C02091542
2,4-Dimethoxybenzoic acid［91-52-1］
用作医药中间体
【生产厂】［苏］苏州市美花日用香料有限公司〈P1904〉；苏州市龙盛精细化工厂〈P1904〉

3,4-二甲氧基苯甲酸；藜芦酸　C02091543
3,4-Dimethoxybenzoic acid；Veratric acid［93-07-2］
用作医药中间体
【生产厂】［黑］哈尔滨康文生化科技有限公司〈P1720〉；［沪］上海中科同力化工材料有限公司〈P1779〉；上海康文医药中间体有限公司〈P1748〉；［浙］台州市新东方医化有限公司〈P1962〉

2,5-二甲氧基苯甲酸　C02091544
2,5-Dimethoxybenzoic acid
【生产厂】［苏］苏州市龙盛精细化工厂〈P1904〉

2,3-二甲氧基苯甲酸　C02091545
2,3-Dimethoxybenzoic acid［1521-38-6］
【生产厂】［沪］上海中科同力化工材料有限公司〈P1779〉；上海益民化工有限公司〈P1775〉；［苏］苏州园方化工有限公司〈P1907〉；［浙］台州市新东方医化有限公司〈P1962〉

2,6-二甲氧基苯甲酸　C02091546
2,6-Dimethoxybenzoic acid［1466-76-8］
用作医药中间体
【生产厂】［苏］苏州市龙盛精细化工厂〈P1904〉；昆山化工医药原料有限公司〈P1895〉；［鲁］济南瑞凯化工有限公司〈P2024〉

3-甲氧基-2-甲基苯甲酸　C02091548
3-Methoxy-2-methylbenzoic acid
【生产厂】［陕］陕西金阳化工有限公司〈P2346〉

3,5-二甲基-4-甲氧基苯甲酸　C02091550
3,5-Dimethyl-4-methoxybenzoic acid［21553-46-8］
【生产厂】［鲁］青岛裕达精细化工有限公司〈P2046〉

2,4,6-三氯苯甲酸　C02091551
2,4,6-Trichlorobenzoic acid［50-43-1］
用于合成医药、杀虫剂、杀菌剂
【生产厂】［京］北京奥得赛化学有限公司〈P1543〉；［黑］大庆新世纪精细化工有限公司〈P1722〉；［浙］浙江同丰医药化工有限公司〈P1969〉；［鲁］青岛双收农药化工有限公司〈P2043〉

2-氨基-4-羟基苯甲酸　C02091552
2-Amino-4-hydroxybenzoic acid
【生产厂】［苏］连云港市中成化工有限公司〈P1800〉

对三氟甲氧基苯甲酸　C02091556
4-(Trifluoromethoxy)benzoic acid［330-12-1］

【生产厂】[辽]阜新恒辉化工有限公司〈P1707〉

2,3,4,5-四氟苯甲酸 C02091561

2,3,4,5-Tetrafluorobenzoic acid [1201-31-6]

是制备含氟喹诺酮类抗菌药物如氧氟沙星等的重要中间体,还可用于农药、液晶制备等

【生产厂】[京]北京卡乐瑞化工有限公司〈P1553〉;北京恒天易德化工有限公司〈P1549〉;[冀]河北威远亨迪生物化工有限公司〈P1622〉;[浙]浙江浙邦制药有限公司〈P1952〉;浙江白云伟业化工股份有限公司〈P1950〉;台州宏盛化学品有限公司(40吨)〈P1961〉;浙江台州市金田医药化工有限公司〈P1968〉;浙江省兰溪凯普化学有限公司〈P1956〉;横店集团家园化工有限公司〈P1952〉;[鲁]东营市润达化工有限公司(300吨)〈P2083〉;青岛双收农药化工有限公司〈P2043〉

2-氟-4-三氟甲基苯甲酸 C02091563

2-Fluoro-4-trifluoromethylbenzoic acid [115029-24-8]

【生产厂】[辽]阜新奥瑞凯精细化工有限公司〈P1707〉

4-氟-2-三氟甲基苯甲酸 C02091564

4-Fluoro-2-trifluoromethylbenzoic acid

【生产厂】[辽]阜新奥瑞凯精细化工有限公司〈P1707〉

五氟苯甲酸 C02091565

Pentafluorobenzoic acid [602-94-8]

用作医药中间体

【生产厂】[苏]江苏永联集团公司精细化工厂〈P1866〉;[浙]横店集团家园化工有限公司〈P1952〉;[鲁]东营市润达化工有限公司(80吨)〈P2083〉

3-氯-2-甲基苯甲酸 C02091567

3-Chloro-2-methylbenzoic acid [7499-08-3]

【生产厂】[苏]苏州海宇生物科技有限公司〈P1900〉

2-氯-6-甲基苯甲酸 C02091569

2-Chloro-6-methylbenzoic acid [21327-86-6]

【生产厂】[陕]陕西金阳化工有限公司〈P2346〉

4-氯-2,5-二氟苯甲酸;2,5-二氟-4-氯苯甲酸 C02091571

4-Chloro-2,5-difluorobenzoic acid [132794-07-1]

【生产厂】[沪]上海威远精细氟科技发展有限公司〈P1769〉

2-溴-5-氯苯甲酸 C02091572

2-Bromo-5-chlorobenzoic acid [21739-93-5]

【生产厂】[辽]阜新恒辉化工有限公司〈P1707〉;[苏]苏州市相城区新益化工厂〈P1905〉

5-溴-2-氯苯甲酸;2-氯-5-溴苯甲酸 C02091573

5-Bromo-2-chlorobenzoic acid [21739-92-4]

【生产厂】[苏]苏州市相城区新益化工厂〈P1905〉;昆山华旭精细化工有限公司〈P1895〉

4-溴-2-氯苯甲酸;2-氯-4-溴苯甲酸 C02091574

4-Bromo-2-chlorobenzoic acid

【生产厂】[苏]苏州市相城区新益化工厂〈P1905〉

2,4-二氯-5-氟苯甲酸 C02091575

2,4-Dichloro-5-fluorobenzoic acid [86522-89-6]

【生产厂】[沪]上海市农药研究所〈P1764〉;上海威远精细氟科技发展有限公司〈P1769〉;[浙]浙江白云伟业化工股份有限公司〈P1950〉

2-氯-5-氟苯甲酸 C02091576

2-Chloro-5-fluorobenzoic acid

【生产厂】[苏]苏州市相城区新益化工厂〈P1905〉

5-氯-2-氟苯甲酸 C02091577

5-Chloro-2-fluorobenzoic acid

用作医药中间体

【生产厂】[苏]苏州市相城区新益化工厂〈P1905〉;[赣]江西正和化工有限公司(60吨)〈P2016〉

2,5-二溴苯甲酸 C02091578

2,5-Dibromobenzoic acid [610-71-9]

【生产厂】[苏]苏州市相城区新益化工厂〈P1905〉;昆山华旭精细化工有限公司〈P1895〉

3,5-二溴苯甲酸 C02091579

3,5-Dibromobenzoic acid [618-58-6]

【生产厂】[苏]金坛市源诺对外贸易有限公司〈P1862〉

3-氨基-4-羟基苯甲酸 C02091580

3-Amino-4-hydroxybenzoic acid

【生产厂】[鄂]襄樊诺尔化工有限公司〈P2238〉

邻溴苯甲酸;2-溴苯甲酸 C02091581

o-Bromobenzoic acid [88-65-3]

用于有机合成

【生产厂】[苏]宜兴市芳桥东方化工厂〈P1884〉;太仓市中天化学有限公司(60吨)〈P1909〉

间溴苯甲酸;3-溴苯甲酸 C02091583

m-Bromobenzoic acid [585-76-2]

用作有机合成试剂

【生产厂】[苏]苏州市相城区新益化工厂〈P1905〉

对溴苯甲酸;4-溴苯甲酸 C02091585

4-Bromobenzoic acid [586-76-5]

用于有机合成

【生产厂】[京]北京卡乐瑞化工有限公司〈P1553〉;[苏]宜兴市芳桥东方化工厂〈P1884〉;太仓市中天化学有限公司(30吨)〈P1909〉

3-碘-4-甲基苯甲酸 C02091587

3-Iodo-4-methylbenzoic acid [82998-57-0]

【生产厂】[沪]上海再启生物技术有限公司〈P1777〉;上海旭升精细化工技术研究所〈P1773〉

5-碘-2-甲基苯甲酸 C02091588

5-Iodo-2-methylbenzoic acid [54811-38-0]

用作有机合成中间体

【生产厂】[浙]衢州市聚华特种试剂厂〈P1958〉

对巯基苯甲酸;4-巯基苯甲酸 C02091590

p-Mercaptobenzoic acid

【生产厂】[黑]大庆新世纪精细化工有限公司〈P1722〉

3-溴-5-氟苯甲酸;5-溴-3-氟苯甲酸 C02091591

3-Bromo-5-fluorobenzoic acid [176548-70-2]

【生产厂】[沪]上海再启生物技术有限公司〈P1777〉;上海威

远精细氟科技发展有限公司〈P1769〉

3-溴-2-氟苯甲酸 C02091592

3-Bromo-2-fluorobenzoic acid [161957-56-8]

【生产厂】[沪]上海威远精细氟科技发展有限公司〈P1769〉

2-溴-5-氟苯甲酸 C02091593

2-Bromo-5-fluorobenzoic acid [394-28-5]

【生产厂】[辽]阜新三宝化工实业有限公司〈P1708〉;[沪]上海再辉化工有限公司〈P1777〉;上海威远精细氟科技发展有限公司〈P1769〉;[苏]苏州市相城区新益化工厂〈P1905〉

2-溴-6-氟苯甲酸 C02091594

2-Bromo-6-fluorobenzoic acid [2252-37-1]

【生产厂】[沪]上海威远精细氟科技发展有限公司〈P1769〉

4-溴-2-氟苯甲酸;邻氟对溴苯甲酸;2-氟-4-溴苯甲酸 C02091595

4-Bromo-2-fluorobenzoic acid [112704-79-7]

【生产厂】[辽]阜新三宝化工实业有限公司〈P1708〉;[沪]上海立科药物化学有限公司〈P1750〉;上海威远精细氟科技发展有限公司〈P1769〉;[苏]苏州市相城区新益化工厂〈P1905〉

4-溴-3-氟苯甲酸;3-氟-4-溴苯甲酸 C02091596

4-Bromo-3-fluorobenzoic acid [153556-42-4]

【生产厂】[沪]上海威远精细氟科技发展有限公司〈P1769〉;[苏]苏州市相城区新益化工厂〈P1905〉

2-溴-4-氟苯甲酸 C02091597

2-Bromo-4-fluorobenzoic acid [1006-41-3]

【生产厂】[辽]阜新三宝化工实业有限公司〈P1708〉;[沪]上海威远精细氟科技发展有限公司〈P1769〉;[苏]苏州市相城区新益化工厂〈P1905〉

5-溴-2-氟苯甲酸 C02091598

5-Bromo-2-fluorobenzoic acid

【生产厂】[沪]上海威远精细氟科技发展有限公司〈P1769〉;[苏]苏州市相城区新益化工厂〈P1905〉

3-溴-4-氟苯甲酸 C02091599

3-Bromo-4-fluorobenzoic acid [1007-16-5]

【生产厂】[辽]阜新三宝化工实业有限公司〈P1708〉;[沪]上海威远精细氟科技发展有限公司〈P1769〉;[苏]常州泰戈化工有限公司〈P1857〉;苏州市相城区新益化工厂〈P1905〉

2-溴-3-氟苯甲酸 C02091600

2-Bromo-3-fluorobenzoic acid [132715-69-6]

【生产厂】[沪]上海威远精细氟科技发展有限公司〈P1769〉

4-羟基苯甲酸;对苯酚甲酸;对羟基安息香酸;尼泊金酸;对羟基苯甲酸 C02091601

4-Hydroxybenzoic acid [99-96-7]

主要用于有机合成、染料、香料等工业,也用于制备高效防腐剂

【生产厂】[沪]上海康晟实业有限公司〈P1748〉;[苏]沭阳县华泰化工厂〈P1804〉;[皖]安徽郎溪县新科化工有限公司〈P1985〉

【使用厂】[苏]江苏常余化工有限公司〈P1893〉

4-溴-3-氯苯甲酸;3-氯-4-溴苯甲酸 C02091602

4-Bromo-3-chlorobenzoic acid

【生产厂】[苏]苏州市相城区新益化工厂〈P1905〉

2-溴-4-氯苯甲酸 C02091603

2-Bromo-4-chlorobenzoic acid

【生产厂】[苏]苏州市相城区新益化工厂〈P1905〉

3-溴-4-氯苯甲酸 C02091604

3-Bromo-4-chlorobenzoic acid

【生产厂】[苏]苏州市相城区新益化工厂〈P1905〉

对溴甲基苯甲酸 C02091605

4-Bromomethylbenzoic acid [6232-88-8]

用作有机合成原料和医药中间体等

【生产厂】[苏]徐州瑞赛科技实业有限公司〈P1795〉

3-溴-2-甲基苯甲酸 C02091607

3-Bromo-2-methylbenzoic acid [76006-33-2]

【生产厂】[苏]苏州海宇生物科技有限公司〈P1900〉

3-氯-2-氟苯甲酸 C02091610

3-Chloro-2-fluorobenzoic acid [161957-55-7]

用作医药中间体

【生产厂】[沪]上海威远精细氟科技发展有限公司〈P1769〉;[赣]江西正和化工有限公司(20 吨)〈P2016〉

4-氯-2-氟苯甲酸 C02091611

4-Chloro-2-fluorobenzoic acid [446-30-0]

用作农药、医药中间体

【生产厂】[辽]阜新特种化学股份有限公司〈P1708〉;[苏]苏州市相城区新益化工厂〈P1905〉

3-氯-4-氟苯甲酸 C02091612

3-Chloro-4-fluorobenzoic acid [403-16-7]

用作医药、农药、液晶材料中间体

【生产厂】[沪]上海再辉化工有限公司〈P1777〉;上海威远精细氟科技发展有限公司〈P1769〉;[浙]浙江省三门解氏化学工业有限公司〈P1966〉

3,4-二氟苯甲酸 C02091613

3,4-Difluorobenzoic acid [455-86-7]

【生产厂】[京]北京嘉盛扬医药科技有限公司〈P1551〉;北京宜龙通广科技有限公司〈P1565〉;[辽]阜新恒辉化工有限公司〈P1707〉;[沪]上海威远精细氟科技发展有限公司〈P1769〉;[苏]苏州市相城区新益化工厂〈P1905〉;盐城中亚医药化工有限公司(100 吨)〈P1812〉;[赣]江西上饶现代化工有限公司〈P2015〉

4-氯-3-氟苯甲酸 C02091614

4-Chloro-3-fluorobenzoic acid [403-17-8]

【生产厂】[沪]上海威远精细氟科技发展有限公司〈P1769〉

2,3-二氟苯甲酸 C02091615

2,3-Difluorobenzoic acid [4519-39-5]

【生产厂】[京]北京金奥利维科技发展有限公司〈P1551〉;[沪]上海威远精细氟科技发展有限公司〈P1769〉;[苏]苏州市相城区新益化工厂〈P1905〉;[浙]浙江省三门解氏化学工业有限公司〈P1966〉;[赣]江西上饶现代化工有限公司〈P2015〉

2,5-二氟苯甲酸 C02091617
2,5-Difluorobenzoic acid [2991-28-8]
【生产厂】[辽]阜新恒辉化工有限公司〈P1707〉;[苏]苏州市相城区新益化工厂〈P1905〉

3,5-二氟苯甲酸 C02091619
3,5-Difluorobenzoic acid [455-40-3]
【生产厂】[京]北京宜龙通广科技有限公司〈P1565〉;[苏]苏州市相城区新益化工厂〈P1905〉;盐城中亚医药化工有限公司〈P1812〉;[赣]江西上饶现代化工有限公司〈P2015〉

4-叔丁基苯甲酸;对叔丁基苯甲酸 C02091621
4-*tert*-Butylbenzoic acid [98-73-7]
用于有机合成
【生产厂】[津]天津天大天久科技股份有限公司(700 吨)〈P1615〉;[辽]辽宁省沈阳中际精细化工总厂(500 吨)〈P1684〉;海城市华荣合成化工厂(300 吨)〈P1697〉;[沪]上海三微实业有限公司(500 吨)〈P1759〉;[鲁]青岛扶桑精制加工有限公司(8000 吨)〈P2034〉;青岛雪洁助剂有限公司〈P2045〉;[豫]安阳市华鹰精细化工有限责任公司〈P2209〉

对正丁基苯甲酸;对丁基苯甲酸 C02091625
4-*n*-Butylbenzoic acid [20651-71-2]
用作液晶原料及中间体
【生产厂】[京]北京马氏精细化学品有限公司〈P1555〉;[苏]江阴市龙达化工有限公司〈P1870〉;太仓市中天化学有限公司(15 吨)〈P1909〉

对苯丁氧基苯甲酸 C02091629
4-(4-Phenylbutoxy)benzoic acid [30131-16-9]
【生产厂】[浙]台州市海峰医化有限公司〈P1961〉

3,5-二叔丁基水杨酸;3,5-二叔丁基-2-羟基苯甲酸 C02091631
3,5-Di-*tert*-butylsalicylic acid [19715-19-6]
用于压敏记录纸,农药抗氧剂等
【生产厂】[苏]靖江市三益化工有限公司〈P1825〉;江苏华派集团〈P1807〉;[甘]甘肃省化工研究院〈P2355〉

3,5-二叔丁基-4-羟基苯甲酸 C02091635
3,5-Di-*tert*-butyl-4-hydroxybenzoic acid [1421-49-4]
【生产厂】[甘]甘肃省化工研究院〈P2355〉

4-异丙基苯甲酸;枯酸;对异丙基苯甲酸 C02091641
4-Isopropylbenzoic acid; Cuminic acid [536-66-3]
用作医药中间体
【生产厂】[京]大庆开发区新世纪精细化工有限公司北京裕立化工有限公司〈P1567〉;[辽]辽阳市众诺化学工业有限公司(60 吨)〈P1711〉;[黑]大庆新世纪精细化工有限公司〈P1722〉;[苏]太仓市东明化工有限公司(480 吨)〈P1908〉;太仓市中天化学有限公司(50 吨)〈P1909〉;[浙]宁波麒灵医药生物化学有限公司〈P1931〉

对丙基苯甲酸;4-丙基苯甲酸 C02091642
4-Propylbenzoic acid [2438-05-3]
用作液晶原料及中间体
【生产厂】[苏]江阴市龙达化工有限公司〈P1870〉;太仓市中天化学有限公司(25 吨)〈P1909〉

邻乙氧基苯甲酸;2-乙氧基苯甲酸 C02091651
2-Ethoxybenzoic acid [134-11-2]
用于医药中间体,也用于有机合成
【生产厂】[苏]南京市江宁区盛业化工有限公司〈P1789〉;[浙]桐乡市恒达化工有限公司〈P1943〉;台州市新东方医化有限公司〈P1962〉;[赣]江西犇牛医药化工有限公司〈P2015〉

对乙氧基苯甲酸 C02091653
4-Ethoxybenzoic acid [619-86-3]
【生产厂】[赣]江西犇牛医药化工有限公司〈P2015〉

4-氨基-5-氯-2-乙氧基苯甲酸 C02091657
4-Amino-5-chloro-2-ethoxybenzoic acid [108282-38-8]
【生产厂】[浙]浙江省三门县康宁化工有限公司〈P1966〉;[渝]重庆英斯凯化工有限公司〈P2308〉

2,5-二(三氟乙氧基)苯甲酸 C02091658
2,5-Bis(2′,2′,2′-trifluoroethoxy)benzoic acid [35480-52-5]
【生产厂】[苏]昆山华旭精细化工有限公司〈P1895〉

3,4-二乙氧基苯甲酸 C02091659
3,4-Diethoxybenzoic acid
【生产厂】[浙]台州市新东方医化有限公司〈P1962〉

4-羟基-3,5-二甲氧基苯甲酸;丁香酸 C02091661
Syringic acid; 4-Hydroxy-3,5-dimethoxybenzoic acid [530-57-4]
用于有机合成
【生产厂】[沪]上海立诚化工有限公司〈P1750〉;上海康文医药中间体有限公司〈P1748〉;[苏]南京奥德赛化工有限公司(60 吨)〈P1782〉;[鄂]竹山县天新医药化工有限责任公司(50 吨)〈P2239〉

3-溴-5-(三氟甲基)苯甲酸 C02091662
3-Bromo-5-(trifluoromethyl)benzoic acid [328-67-6]
【生产厂】[辽]阜新恒辉化工有限公司〈P1707〉

4-氯-3-三氟甲基苯甲酸 C02091663
4-Chloro-3-trifluoromethylbenzoic acid
【生产厂】[赣]江西上饶现代化工有限公司〈P2015〉

4-羟基-3-甲氧基苯甲酸;香草酸 C02091665
4-Hydroxy-3-methoxybenzoic acid; Vanillic acid [121-34-6]
适于调配香荚兰、椰子、坚果、可可、牛奶、奶油等食用和酒用香精
【生产厂】[冀]河北省东昊化工有限公司〈P1621〉;[苏]苏州市畅通化学品有限公司〈P1903〉;[浙]台州市新东方医化有限公司〈P1962〉

3-羟基-4-甲氧基苯甲酸;异香兰酸 C02091667
3-Hydroxy-4-methoxybenzoic acid
【生产厂】[浙]台州市新东方医化有限公司〈P1962〉

4-甲基水杨酸;2-羟基-4-甲基苯甲酸 C02091671
4-Methylsalicylic acid [50-85-1]
【生产厂】[苏]连云港中壹精细化工有限公司〈P1801〉

C

4-三氟甲基水杨酸 C02091675
4-Trifluoromethylsalicylic acid [328-90-5]
【生产厂】[京]北京北化新元科技发展有限公司〈P1544〉

2,4,6-三溴苯甲酸 C02091679
2,4,6-Tribromobenzoic acid
【生产厂】[辽]荣成市东立精细化工有限公司阜新分公司〈P1708〉

4-甲氧基水杨酸;2-羟基-4-甲氧基苯甲酸 C02091681
4-Methoxysalicylic acid;2-Hydroxy-4-methoxybenzoic acid [2237-36-7]
用作医药中间体
【生产厂】[苏]苏州市龙盛精细化工厂〈P1904〉;[鲁]济宁浩美化工有限公司(500吨)〈P2127〉

5-甲氧基水杨酸;2-羟基-5-甲氧基苯甲酸 C02091683
5-Methoxysalicylic acid;2-Hydroxy-5-methoxybenzoic acid [2612-02-4]
用作医药中间体
【生产厂】[苏]苏州市美花日用香料有限公司〈P1904〉;苏州市龙盛精细化工厂〈P1904〉

3-甲氧基水杨酸;2-羟基-3-甲氧基苯甲酸 C02091685
3-Methoxysalicylic acid [877-22-5]
【生产厂】[苏]苏州市龙盛精细化工厂〈P1904〉;苏州园方化工有限公司〈P1907〉;[浙]台州市新东方医化有限公司〈P1962〉

6-甲氧基水杨酸;2-羟基-6-甲氧基苯甲酸 C02091687
6-Methoxysalicylic acid;2-Hydroxy-6-methoxybenzoic acid
用作医药中间体
【生产厂】[苏]苏州市龙盛精细化工厂〈P1904〉

5-氯-2-甲氧基苯甲酸 C02091691
5-Chloro-2-methoxybenzoic acid [3438-16-2]
【生产厂】[苏]金坛德培化工有限公司〈P1861〉;江苏华派集团〈P1807〉

4-氯-2-甲氧基苯甲酸 C02091693
4-Chloro-2-methoxybenzoic acid [57479-70-6]
【生产厂】[苏]苏州市相城区青台精细化工有限公司〈P1905〉;苏州诚和医药化学有限公司〈P1899〉

2-氯-3-氟苯甲酸 C02091697
2-Chloro-3-fluorobenzoic acid
【生产厂】[苏]苏州市相城区新益化工厂〈P1905〉

壬酸;洋锈球酸 C02091701
Nonanoic acid;Pelargonic acid [112-05-0]
用作油漆干燥剂、增塑剂及合成润滑剂等
【生产厂】[沪]上海申鹤精细化工有限公司〈P1760〉;[豫]南阳科生生物化工有限公司〈P2224〉;[川]四川西普化工股份有限公司〈P2331〉

叔壬酸 C02091731
tert-Nonanoic acid
用于生产叔碳酸缩水甘油酯和叔碳酸乙烯酯
【生产厂】[冀]邯郸市林峰精细化工有限公司〈P1638〉

壬二酸;杜鹃花酸 C02091751
Azelaic acid [123-99-9]
用作生产增塑剂壬二酸二辛酯及香料、润滑油、油剂、聚酰胺树脂的原料
【生产厂】[沪]上海宝瑞化工有限公司〈P1728〉;上海申鹤精细化工有限公司〈P1760〉;[苏]江苏省沛县东方化工厂〈P1793〉;泰兴市医药化工厂(300吨)〈P1827〉;南通恒兴电子材料有限公司〈P1833〉;[赣]江西省吉水三达天然药用香料油厂〈P2018〉;[鲁]青岛东海源生化科技有限公司〈P2034〉;[豫]南阳科生生物化工有限公司〈P2224〉;[川]四川西普化工股份有限公司〈P2331〉

3,5-二氨基苯甲酸 C02091801
3,5-Diaminobenzoic acid [535-87-5]
用作医药中间体
【生产厂】[黑]大庆新世纪精细化工有限公司〈P1722〉;[苏]仪征市鼎信化工有限公司(30吨)〈P1820〉;常熟市新腾化工有限公司〈P1891〉;泰兴盛铭精细化工有限公司〈P1825〉;[鲁]山东瀛寰化工有限公司(500吨)〈P2056〉

2,5-二氨基苯甲酸 C02091805
2,5-Diaminobenzoic acid
【生产厂】[鄂]武汉市天麦染料实业有限公司〈P2233〉

2-氨基-3,5-二甲基苯甲酸;3,5-二甲基-2-氨基苯甲酸 C02091811
2-Amino-3,5-dimethylbenzoic acid [14438-32-5]
【生产厂】[沪]上海旭升精细化工技术研究所〈P1773〉

对戊氧基苯甲酸 C02091821
4-Pentyloxybenzoic acid [15872-41-0]
【生产厂】[赣]江西犇牛医药化工有限公司〈P2015〉

3,4-二氨基苯甲酸 C02091831
3,4-Diaminobenzoic acid [619-05-6]
主要用作染料、农药、医药中间体
【生产厂】[沪]上海华彩精细化工有限公司(10吨)〈P1738〉;[苏]仪征市鼎信化工有限公司(100吨)〈P1820〉;常熟市新腾化工有限公司〈P1891〉

2-氨基-3-氟苯甲酸 C02091841
2-Amino-3-fluorobenzoic acid
【生产厂】[辽]阜新金特莱氟化学有限责任公司〈P1707〉

2-氨基-4-氟苯甲酸;4-氟-2-氨基苯甲酸 C02091843
2-Amino-4-fluorobenzoic acid [446-32-2]
【生产厂】[辽]阜新金特莱氟化学有限责任公司〈P1707〉;[沪]上海威远精细氟科技发展有限公司〈P1769〉;上海旭升精细化工技术研究所〈P1773〉;上海凯路化工有限公司〈P1747〉;[苏]苏州市相城区新益化工厂〈P1905〉

2-氨基-6-氟苯甲酸 C02091844
2-Amino-6-fluorobenzoic acid [434-76-4]
【生产厂】[沪]上海威远精细氟科技发展有限公司〈P1769〉

3-氨基-4-氟苯甲酸 C02091845

3-Amino-4-fluorobenzoic acid [2365-85-7]
【生产厂】[鲁]青岛裕达精细化工有限公司(20 吨)〈P2046〉

4-氨基-2-氟苯甲酸 C02091846

4-Amino-2-fluorobenzoic acid [446-31-1]
【生产厂】[沪]上海再启生物技术有限公司〈P1777〉

5-氨基-2-氟苯甲酸;3-氨基-6-氟苯甲酸 C02091847

5-Amino-2-fluorobenzoic acid [56741-33-4]
【生产厂】[沪]上海威远精细氟科技发展有限公司〈P1769〉

2-氨基-5-氟苯甲酸 C02091849

2-Amino-5-fluorobenzoic acid [446-08-2]
【生产厂】[沪]上海威远精细氟科技发展有限公司〈P1769〉

3-甲基-2-氨基苯甲酸;2-氨基-3-甲基苯甲酸 C02091851

3-Methyl-2-aminobenzoic acid [4389-45-1]
用作有机合成中间体
【生产厂】[沪]上海旭升精细化工技术研究所〈P1773〉;上海凯路化工有限公司〈P1747〉;[苏]泰兴盛铭精细化工有限公司(12 吨)〈P1825〉

3-甲基-4-氨基苯甲酸;4-氨基-3-甲基苯甲酸 C02091855

4-Amino-3-methylbenzoic acid [2486-70-6]
【生产厂】[苏]常熟市新腾化工有限公司〈P1891〉;[浙]横店集团家园化工有限公司〈P1952〉

3-氨基-4-甲基苯甲酸 C02091859

3-Amino-4-methylbenzoic acid [2458-12-0]
【生产厂】[苏]泰兴市对外贸易南京有限公司〈P1792〉;常熟市新腾化工有限公司〈P1891〉;泰兴盛铭精细化工有限公司〈P1825〉

2-氨基-5-甲基苯甲酸 C02091865

2-Amino-5-methylbenzoic acid [2941-78-8]
【生产厂】[鄂]武汉市天麦染料实业有限公司〈P2233〉

3,4,5-三氟苯甲酸 C02091871

3,4,5-Trifluorobenzoic acid [121602-93-5]
用作有机合成中间体
【生产厂】[苏]盐城中亚医药化工有限公司(100 吨)〈P1812〉

2,3,6-三氟苯甲酸 C02091873

2,3,6-Trifluorobenzoic acid
【生产厂】[沪]上海威远精细氟科技发展有限公司〈P1769〉

邻丙氧基苯甲酸 C02091881

o-Propoxybenzoic acid [2100-31-4]
【生产厂】[赣]江西犇牛医药化工有限公司〈P2015〉

对丙氧基苯甲酸 C02091883

p-Propoxybenzoic acid [5438-19-7]
【生产厂】[赣]江西犇牛医药化工有限公司〈P2015〉

3-硝基-4-丙氧基苯甲酸 C02091887

3-Nitro-4-propoxybenzoic acid [35288-44-9]
【生产厂】[赣]江西犇牛医药化工有限公司〈P2015〉

5-甲酰基水杨酸 C02091891

5-Formylsalicylic acid [616-76-2]
【生产厂】[沪]上海里德化工有限公司〈P1750〉

1,4-苯二甲酸;对苯二甲酸;精对苯二甲酸;PTA C02091901

p-Phthalic acid;Terephthalic acid [100-21-0]
是制造聚酯树脂、薄膜、纤维、绝缘漆和工程塑料等的重要原料
【生产厂】[辽]中国石油天然气股份有限公司辽阳石化分公司〈P1712〉;[苏]中国石化扬子石油化工股份有限公司(105 万吨)〈P1792〉;江苏省仪征市化工三厂(1200 吨)〈P1816〉;仪征市格林曼化工有限公司(5000 吨)〈P1820〉;中国石化仪征化纤股份有限公司(45 万吨)〈P1821〉;[浙]浙江华联三鑫石化有限公司(60 万吨)〈P1950〉;浙江逸盛石化有限公司(60 万吨)〈P1936〉;[闽]翔鹭石化企业(厦门)有限公司(120 万吨)〈P1994〉;[赣]江西省永泰化工有限公司〈P2011〉;[鲁]济南正昊化纤新材料有限公司(10 万吨)〈P2027〉
【使用厂】[津]天津溶剂厂〈P1577〉;[辽]北宁市闾峰化工厂〈P1701〉;[沪]上海华溢塑料助剂合作公司〈P1740〉;上海华源股份有限公司〈P1740〉;[苏]无锡市三吉助剂有限责任公司〈P1878〉;[皖]安徽省歙县宏大化工有限公司〈P1980〉;[闽]厦门利恒股份有限公司〈P1992〉;腾龙特种树脂(厦门)有限公司〈P1991〉;[赣]江西联达化工有限公司〈P2009〉;[粤]美佳(肇庆)化学有限公司〈P2294〉;珠海裕华聚酯有限公司〈P2275〉;[渝]重庆长寿化工有限责任公司〈P2304〉;[川]四川博兴实业有限公司〈P2325〉;[陕]陕西省武功县有机化工厂〈P2352〉;[新]新疆屯河聚酯有限责任公司〈P2367〉

邻苯二甲酸;1,2-苯二甲酸 C02091911

o-Phthalic acid [88-99-3]
用于制造染料、聚酯树脂、涤纶、药物和增塑剂等
【生产厂】[京]北京马氏精细化学品有限公司〈P1555〉;[苏]无锡市三吉助剂有限责任公司(1 万吨)〈P1878〉;南通恒兴电子材料有限公司〈P1833〉
【使用厂】[苏]扬州高华化工有限公司〈P1817〉;[浙]瑞安市双环工业公司〈P1937〉;[鲁]济南泰山金鹏涂料有限公司〈P2025〉

四氯邻苯二甲酸;四氯酞酸 C02091931

Tetrachlorophthalic acid; Tetrachloro-1,2-benzenedicarboxylic acid [632-58-6]
用作医药、染料等有机合成中间体
【生产厂】[鄂]湖北仙隆化工股份有限公司〈P2245〉

四氯对苯二甲酸;氯酞酸 C02091935

Tetrachloroterephthalic acid;Chlorthal [2136-79-0]
【生产厂】[苏]沭阳县华泰化工厂〈P1804〉

3,4,5,6-四氟邻苯二甲酸;四氟邻苯二甲酸 C02091951

3,4,5,6-Tetrafluorophthalic acid [652-03-9]
可用于润滑剂、表面活性剂等
【生产厂】[沪]上海威远精细氟科技发展有限公司〈P1769〉;[浙]浙江浙邦制药有限公司〈P1952〉;浙江白云伟业化工股份有限公司〈P1950〉;台州宏盛化学品有限公司〈P1961〉;浙江省兰溪凯普化学有限公司〈P1956〉

C

2,3,5,6-四氟对苯二甲酸;四氟对苯二甲酸 C02091955
2,3,5,6-Tetrafluorophthalic acid [652-36-8]
【生产厂】[苏]沭阳县华泰化工厂〈P1804〉;[鲁]青岛双收农药化工有限公司〈P2043〉

4-氨基邻苯二甲酸 C02091971
4-Amino-*o*-phthalic acid
用作有机合成中间体
【生产厂】[苏]泰兴盛铭精细化工有限公司〈P1825〉

4-羟基邻苯二甲酸;4-羟基-1,2-苯二甲酸 C02091981
4-Hydroxy-*o*-phthalic acid [610-35-3]
用作有机中间体
【生产厂】[沪]上海旭升精细化工技术研究所〈P1773〉

1,3-苯二甲酸;间苯二甲酸 C02092001
m-Phthalic acid [121-91-5]
用于制醇酸树脂、不饱和聚酯树脂及其他高聚物和增塑剂,也用于制电影胶片成色剂、纤维染色改性剂等
【生产厂】[苏]吴江市梅堰涤纶改性剂有限公司〈P1910〉;[鲁]山东华源化工有限公司(3万吨)〈P2113〉
【使用厂】[苏]江苏群发化工有限公司〈P1816〉;[皖]安徽省歙县宏大化工有限公司〈P1980〉;[闽]腾龙特种树脂(厦门)有限公司〈P1991〉;[川]四川博兴实业有限公司〈P2325〉;[甘]兰州助剂厂〈P2356〉

4-甲氧基间苯二甲酸;4-甲氧基异酞酸 C02092011
4-Methoxyisophthalic acid [2206-43-1]
【生产厂】[苏]南京科邦医药化工有限公司〈P1786〉

5-羟基间苯二甲酸 C02092031
5-Hydroxyisophthalic acid [618-83-7]
用作农药、医药中间体
【生产厂】[沪]上海华彩精细化工有限公司〈P1738〉

5-氨基间苯二甲酸;5-氨基异酞酸 C02092051
5-Amino-*m*-phthalic acid [99-31-0]
用作有机合成中间体
【生产厂】[苏]常熟市新腾化工有限公司〈P1891〉;泰兴盛铭精细化工有限公司〈P1825〉

2,5-二羟基对苯二甲酸;2,5-二羟基-1,4-苯二甲酸 C02092061
2,5-Dihydroxyterephthalic acid [610-92-4]
用作医药中间体
【生产厂】[浙]杭州创引化工科技有限公司〈P1916〉

5-甲基间苯二甲酸 C02092071
5-Methylisophthalic acid
【生产厂】[苏]太仓市中天化学有限公司〈P1909〉;张家港丰达制药有限公司〈P1911〉

2,4,6-三碘-5-氨基间苯二甲酸;5-氨基-2,4,6-三碘异酞酸 C02092091
5-Amino-2,4,6-triiodoisophthalic acid [35453-19-1]
【生产厂】[京]北京卡乐瑞化工有限公司〈P1553〉;[晋]山西新天源医药化工有限公司〈P1677〉;[苏]泰兴盛铭精细化工有限公司〈P1825〉;[浙]台州市奥力特精细化工有限公司〈P1961〉

甲基丙烯酸;异丁烯酸;MAA C02092101
Methacrylic acid;Methylacrylic acid [79-41-4]
用于制造涂料、绝缘材料、黏合剂和离子交换树脂
【生产厂】[苏]溧阳市正大化工有限责任公司(8000吨)〈P1864〉;溧阳市飞达电化设备厂〈P1863〉;[浙]浙江东越化工有限公司〈P1927〉;[粤]增城市云超化工有限公司〈P2268〉
【使用厂】[津]天津市合成材料工业研究所〈P1589〉;[沪]上海博立尔化工有限公司〈P1729〉;上海新华阻燃剂总厂〈P1772〉;[浙]浙江华海药业股份有限公司〈P1964〉;[鲁]济南泰山金鹏涂料有限公司〈P2025〉;潍坊潍泰化工有限公司〈P2106〉;山东东明石化集团科耀化工有限公司〈P2159〉;青州兴庆助剂有限公司〈P2094〉;安丘市鲁星化学有限公司〈P2088〉;寿光市曙光助剂厂〈P2100〉;潍坊市亚东化工有限公司〈P2105〉;淄博张店君臣化工厂〈P2076〉;[豫]洛阳恒光化工有限公司〈P2181〉;[陕]西安利澳科技股份有限公司〈P2349〉

3,3-二甲基丙烯酸;3-甲基-2-丁烯酸 C02092151
3,3-Dimethylacrylic acid [541-47-9]
用于涂料等
【生产厂】[京]北京达科思精细化工研究所〈P1545〉;[苏]靖江市三益化工有限公司〈P1825〉;[鲁]青岛双桃精细化工(集团)有限公司〈P2043〉

2-(三氟甲基)丙烯酸 C02092191
2-(Trifluoromethyl) acrylic acid [381-98-6]
【生产厂】[黑]雪佳氟硅化学有限公司〈P1722〉;[沪]上海康福赛尔医药科技有限公司〈P1748〉

甲酸;蚁酸 C02092201
Formic acid;Methanoic acid [64-18-6]
用于制备甲酸盐、甲酸酯类、甲酰胺等,还在医药、印染、染料、皮革等工业都具有一定用途
【生产厂】[津]天津市云奇有机合成厂(1000吨)〈P1612〉;[冀]石家庄冀华化工纺织有限公司〈P1627〉;石家庄市泰和化工有限公司(5000吨)〈P1631〉;石家庄玮奇工贸有限公司〈P1633〉;河北省景县鑫源橡胶化工有限公司〈P1666〉;[晋]山西省原平市化工有限责任公司(1万吨)〈P1676〉;[辽]开原市正元化工有限公司(5000吨)〈P1712〉;[黑]牡丹江鸿利化工有限责任公司(3500吨)〈P1723〉;[苏]南京燕江化工厂〈P1791〉;南京南元化工有限公司(4000吨)〈P1787〉;溧阳市瑞阳化工有限公司〈P1863〉;江苏省沛县东方化工厂〈P1793〉;南通恒兴电子材料有限公司〈P1833〉;[浙]台州市申源化学品有限公司〈P1962〉;[鲁]淄博市淄川凤凰精细化工有限公司〈P2072〉;山东淄川精细化工厂(5000吨)〈P2056〉;山东博丰植保药业有限公司〈P2051〉;山东宝源化工有限公司(1200吨)〈P2051〉;桓台县渔洋洗涤剂化工厂〈P2049〉;潍坊海化三江化工有限公司〈P2102〉;烟台恒邦化工有限公司(5000吨)〈P2116〉;青岛三凯化工有限公司〈P2041〉;肥城阿斯德化工有限公司(6万吨)〈P2134〉;山东阿斯德化工有限公司(10万吨)〈P2135〉;临沂宏仕德化工有限公司(6万吨)〈P2147〉;临沂市兰山区中山化工厂(2万吨)

〈P2148〉;[豫]三门峡化工厂(1000吨)〈P2221〉;河南省康源香料有限公司(1500吨)〈P2176〉;[湘]长沙鑫本化工有限公司〈P2247〉;[渝]重庆川东化工(集团)有限公司(2000吨)〈P2304〉;[川]绵阳启明星磷化工有限公司〈P2330〉;[滇]云南省富民县磷酸盐总厂(2000吨)〈P2341〉

【使用厂】[京]北京市大兴兴福精细化学研究所〈P1558〉;[晋]山西三维集团股份有限公司〈P1678〉;[蒙]通辽制药总厂〈P1682〉;[吉]吉林市吉化北方炬醌工贸有限责任公司〈P1716〉;吉林省舒兰合成药业股份有限公司〈P1716〉;[沪]上海东风农药厂〈P1732〉;上海五洲药业股份有限公司〈P1770〉;上海南翔试剂有限公司〈P1754〉;上海科创化工有限公司〈P1748〉;[苏]兴化市青松农药化工有限公司〈P1828〉;江都市宙龙集团公司〈P1815〉;江苏丰登农药有限公司〈P1858〉;[浙]建德市新化化工有限责任公司〈P1926〉;[闽]福建省建瓯福农化工有限公司〈P2003〉;福建省漳州市芗城元光塑料助剂厂〈P2001〉;[赣]江西联达化工有限公司〈P2009〉;江西第二化肥厂〈P2012〉;[鲁]山东新华制药股份有限公司〈P2055〉;济南鲁康化学工业有限公司〈P2023〉;临沂金亿化工有限公司〈P2147〉;山东滕州悟通香料有限责任公司〈P2078〉;邹平县玉光塑料助剂有限公司〈P2158〉;郯城县信合有机化工厂〈P2151〉;[豫]平顶山市染料化工厂〈P2192〉;濮阳市鹏鑫化工有限公司〈P2214〉;中国人民解放军第六四五六工厂〈P2225〉;[湘]湖南天宇农药化工集团股份有限公司〈P2253〉;[粤]广州化学试剂厂〈P2261〉;[川]四川省化工研究设计院〈P2319〉;成都天华科技股份有限公司〈P2315〉;乐山三九长征药业股份有限公司〈P2332〉

丙二酸;胡萝卜酸 C02092301

Malonic acid;Propandioic acid [141-82-2]

主要用于医药中间体,也用于香料、黏合剂、树脂添加剂、电镀抛光剂等

【生产厂】[晋]山西物产精细化工有限公司(150吨)〈P1670〉;[沪]上海南翔试剂有限公司(100吨)〈P1754〉;[苏]仪征市鼎信化工有限公司(80吨)〈P1820〉;[渝]重庆紫光化工有限责任公司(250吨)〈P2308〉

丙烯酸 C02092401

Acrylic acid;Propenoic acid [79-10-7]

通过均聚或共聚制备高聚物,用于涂料、黏合剂、固体树脂、模塑料等

【生产厂】[京]北京爱德泰普膜制品厂〈P1543〉;北京东方化工厂(5000吨)〈P1546〉;[辽]沈阳石蜡化工有限公司〈P1687〉;[沪]上海华谊丙烯酸有限公司〈P1739〉;[苏]江苏裕廊化工有限公司(20万吨)〈P1809〉;[浙]杭州中香化学有限公司〈P1925〉;[鲁]山东恒源石油化工集团有限公司〈P2144〉;[豫]河南省金凤化工有限公司(1000吨)〈P2167〉;郑州市候砦装饰防水防腐材料厂(1000吨)〈P2173〉;[鄂]武汉胜鑫化工有限公司〈P2232〉;[川]四川光亚科技股份有限公司〈P2334〉

【使用厂】[京]北京东方锐波化工厂〈P1546〉;北京市通州互益化工厂〈P1560〉;[津]天津灯塔涂料有限公司〈P1571〉;天津化工研究设计院〈P1573〉;[辽]鞍山市新型水处理材料厂〈P1696〉;[吉]长春泰欧亚涂料有限公司〈P1714〉;[沪]上海长风化工厂〈P1729〉;上海天坛助剂有限公司〈P1767〉;上海皮革化工厂〈P1755〉;上海市马陆丙烯酸涂料厂〈P1763〉;上海石化森清水处理有限公司〈P1762〉;[苏]常熟市辐照技术应用厂〈P1890〉;常州市武进运波化工有限公司〈P1855〉;[鲁]山东海化华龙硝铵有限公司〈P2095〉;菏泽源丰农药有限公司〈P2159〉;山东省桓台县金龙化工有限公司〈P2054〉;山东鲁抗立科药物化学有限公司〈P2131〉;山东北方现代化学工业有限公司〈P2027〉;烟台市福山区化工研究所有限公司〈P2118〉;青岛华龙涂料有限公司〈P2037〉;淄博科宇化工有限公司〈P2064〉;枣庄市世纪新星化工有限责任公司〈P2080〉;济南章城油墨有限公司〈P2027〉;山东省泰和水处理有限公司〈P2077〉;淄博华星助剂有限公司〈P2062〉;烟台市福山云丽涂料厂〈P2118〉;蓬莱市北海印花色浆厂〈P2112〉;诸城翔龙化学品有限公司〈P2107〉;济南华泰科技发展有限公司〈P2022〉;潍坊恒兴化工有限公司〈P2102〉;青岛市崂山区晓望化工有限公司〈P2042〉;青州市宝达化工有限公司〈P2091〉;济南高新开发区大山科贸公司〈P2021〉;寿光市曙光助剂厂〈P2100〉;山东青州诚信化工有限公司〈P2096〉;[豫]焦作市华联化工有限公司〈P2196〉;河南省中原大化集团有限责任公司〈P2213〉;濮阳中原三力实业有限公司〈P2216〉;新乡市金升化工有限公司〈P2205〉;沁阳市九菱化工厂〈P2198〉;[粤]广州市东风化工实业有限公司〈P2263〉;江门市制漆厂有限公司〈P2286〉;广州秀珀化工有限公司〈P2268〉;广州金乐防水工程有限公司〈P2262〉;永大(中山)有限公司〈P2282〉;[渝]重庆市化工研究院〈P2307〉;重庆长寿化工有限责任公司〈P2304〉;[川]四川川化集团成都望江化工厂〈P2318〉;[陕]西安利澳科技股份有限公司〈P2349〉

2-氯丙烯酸;α-氯丙烯酸 C02092451

2-Chloroacrylic acid;α-Chloroacrylic acid [598-79-8]

用于有机合成

【生产厂】[沪]上海高伦现代农化股份有限公司〈P1734〉;上海市农药研究所〈P1764〉

戊酸;缬草酸;正戊酸 C02092501

n-Pentanoic acid;*n*-Valeric acid [109-52-4]

主要用于制备正戊酸酯

【生产厂】[沪]上海三微实业有限公司〈P1759〉

【使用厂】[沪]上海华彩精细化工有限公司〈P1738〉;[豫]河南省尉氏县香料厂〈P2176〉

异戊酸;3-甲基丁酸 C02092511

Isopentanoic acid;Isovaleric acid;3-Methylbutyric acid [503-74-2]

用于制备香料

【生产厂】[苏]宜兴市中港精细化工有限公司〈P1888〉;洪泽前程香料香精厂〈P1801〉;盐城鸿泰生物工程有限公司〈P1810〉;[鲁]山东滕州悟通香料有限责任公司(2吨)〈P2078〉;[豫]尉氏县宋塔香料厂(800吨)〈P2179〉;河南省尉氏县香料厂(50吨)〈P2176〉

特戊酸;叔戊酸;三甲基乙酸;2,2-二甲基丙酸 C02092521

Pivalic acid;Trimethylacetic acid [75-98-9]

用作农药、医药、染料中间体,也用于高档涂料、聚合引发剂、感光材料、香料、润滑油等

【生产厂】[冀]邯郸市林峰精细化工有限公司〈P1638〉;邯郸市邯钢集团化学品有限公司(5000吨)〈P1638〉;邯郸市永和化工有限公司〈P1639〉;武安市华神化工有限公司〈P1641〉;廊坊格瑞泰化工有限公司〈P1660〉;[浙]浙江黄岩澄江精细化工厂〈P1964〉;[鲁]淄博镇荣工贸有限公司〈P2076〉;山东青州日月化工有限公司〈P2097〉;[陕]陕西西安瑞科制药有限责任公司〈P2347〉

2-溴异戊酸;2-溴-3-甲基丁酸 C02092571

2-Bromoisovaleric acid;2-Bromo-3-methylbutyric acid [565-74-2]

用作有机合成中间体

【生产厂】[沪]上海利科化学科技有限公司〈P1750〉;[苏]宜

兴市芳桥东方化工厂〈P1884〉;阜宁胜达医药化工有限公司〈P1806〉

2-溴戊酸 C02092573

2-Bromovaleric acid

【生产厂】[苏]阜宁胜达医药化工有限公司〈P1806〉

5-溴戊酸 C02092575

5-Bromovaleric acid [2067-33-6]

【生产厂】[苏]常熟亚美化工有限公司〈P1892〉

β-苯基丙烯酸;肉桂酸;桂皮酸 C02092601

Cinnamic acid;β-Phenylpropenoic acid [621-82-9]

是制备酯类、香料、医药的原料

【生产厂】[津]天津市南金化工有限公司〈P1599〉;天津市亿天工贸有限公司〈P1610〉;[沪]上海万凯化学有限公司〈P1768〉;[浙]浙江省海宁市云涛化工有限责任公司(70吨)〈P1944〉;衢州市九洲化工有限公司〈P1958〉;[赣]江西省吉水中南天然香料油厂〈P2019〉;[鲁]烟台奥东化学材料有限公司〈P2116〉;[豫]河南省保利平原药业有限责任公司(18吨)〈P2211〉;[鄂]武汉有机新康化工有限公司〈P2235〉;武汉有机合成材料研究所〈P2235〉;武汉有机实业股份有限公司〈P2235〉;武汉远城科技发展有限公司(1000吨)〈P2235〉;湖北天盟化工有限公司〈P2243〉

2-苯基丙烯酸;阿托酸 C02092605

2-Phenylpropenoic acid;Atropic acid [492-38-6]

【生产厂】[苏]苏州市相城区青台精细化工有限公司〈P1905〉

2-苄基丙烯酸 C02092609

2-Benzylacrylic acid

用作药品消旋卡多曲中间体

【生产厂】[京]凯翔精细化工有限公司〈P1567〉;[陕]陕西汉江万全医药化工有限公司〈P2353〉

对甲基肉桂酸 C02092611

p-Methylcinnamic acid [1866-39-3]

【生产厂】[鲁]济南诚汇双达化工有限公司〈P2020〉

α-甲基肉桂酸 C02092619

α-Methylcinnamic acid [1199-77-5]

用于有机合成

【生产厂】[沪]上海华彩精细化工有限公司〈P1738〉

间氯肉桂酸 C02092622

3-Chlorocinnamic acid [1866-38-2]

用于有机合成,是生产5-氯茚酮的原料,也是医药及农药的中间体

【生产厂】[浙]湖州恩贝希生物原料有限公司〈P1945〉

对溴肉桂酸 C02092625

p-Bromocinnamic acid [1200-07-3]

【生产厂】[浙]湖州恩贝希生物原料有限公司〈P1945〉

邻溴肉桂酸 C02092626

o-Bromocinnamic acid [7499-56-1]

【生产厂】[苏]宜兴市芳桥东方化工厂〈P1884〉

3-氟肉桂酸;间氟肉桂酸 C02092627

3-Fluorocinnamic acid [458-46-8]

【生产厂】[京]北京宜龙通广科技有限公司〈P1565〉

2-氟肉桂酸;邻氟肉桂酸 C02092628

2-Fluorocinnamic acid [451-69-4]

【生产厂】[京]北京宜龙通广科技有限公司〈P1565〉

对氟肉桂酸 C02092629

p-Fluorocinnamic acid [459-32-5]

用于有机合成

【生产厂】[京]北京宜龙通广科技有限公司〈P1565〉;[苏]金坛市华盛化工助剂有限公司〈P1862〉

α-乙酰氨基肉桂酸 C02092635

α-Acetamidocinnamic acid [5469-45-4]

【生产厂】[苏]南京科邦医药化工有限公司〈P1786〉

对羟基肉桂酸 C02092641

p-Hydroxycinnamic acid [501-98-4]

用作医药与香料工业中间体

【生产厂】[苏]金坛市华盛化工助剂有限公司〈P1862〉

咖啡酸;3,4-二羟基肉桂酸 C02092645

Caffeic acid;3,4-Dihydroxycinnamic acid [331-39-5]

用作有机合成试剂

【生产厂】[苏]苏州市畅通化学品有限公司〈P1903〉;[浙]湖州恩贝希生物原料有限公司〈P1945〉;台州市新东方医化有限公司〈P1962〉;[鲁]山东滕州悟通香料有限责任公司〈P2078〉

2,5-二甲氧基肉桂酸 C02092651

2,5-Dimethoxycinnamic acid [10538-51-9]

用作医药中间体

【生产厂】[浙]湖州恩贝希生物原料有限公司〈P1945〉

2,3-二甲氧基肉桂酸 C02092655

2,3-Dimethoxycinnamic acid [7345-82-6]

【生产厂】[浙]湖州恩贝希生物原料有限公司〈P1945〉

3,4-二甲氧基肉桂酸 C02092657

3,4-Dimethoxycinnamic acid [2316-26-9]

用于医药中间体及有机合成中间体

【生产厂】[苏]南通集海化工有限公司〈P1833〉;[浙]台州市新东方医化有限公司〈P1962〉

对甲氧基肉桂酸;4-甲氧基肉桂酸 C02092661

4-Methoxycinnamic acid [830-09-1]

主要用于化妆品紫外线吸收

【生产厂】[苏]金坛市华盛化工助剂有限公司〈P1862〉

2,3,4-三甲氧基肉桂酸 C02092669

2,3,4-Trimethoxycinnamic acid [33130-03-9]

【生产厂】[沪]上海立诚化工有限公司〈P1750〉;[浙]湖州恩贝希生物原料有限公司〈P1945〉

阿魏酸;3-甲氧基-4-羟基肉桂酸 C02092671

Ferulic acid;3-Methoxy-4-hydroxycinnamic acid [1135-24-6]

用作食品防腐剂和有机合成原料

【生产厂】[苏]苏州市畅通化学品有限公司〈P1903〉;苏州立新制药有限公司〈P1902〉;[浙]浙江银河药业有限公司〈P1970〉;[赣]江西吉水县威海药用油厂〈P2017〉;江西省

吉水县华宝天然药用油厂〈P2018〉；江西省吉水县康神天然药用油提炼厂〈P2018〉；江西省吉水药用提炼厂〈P2019〉；江西省南方药物油厂〈P2019〉；江西省吉水中南天然香料油厂〈P2019〉；[鲁]青岛裕达精细化工有限公司(10吨)〈P2046〉；山东曲阜弘利化工有限公司(100吨)〈P2132〉；山东滕州悟通香料有限责任公司〈P2078〉；[陕]陕西西安瑞科制药有限责任公司〈P2347〉

3,4-二氯肉桂酸 C02092677

3,4-Dichlorocinnamic acid [1202-39-7]

【生产厂】[浙]湖州恩贝希生物原料有限公司〈P1945〉

间硝基肉桂酸；3-硝基肉桂酸 C02092681

m-Nitrocinnamic acid [555-68-0]

【生产厂】[浙]湖州恩贝希生物原料有限公司〈P1945〉

邻三氟甲基肉桂酸 C02092691

o-(Trifluoromethyl)cinnamic acid [2062-26-2]

用作医药、农药中间体

【生产厂】[京]北京宜龙通广科技有限公司〈P1565〉；[鲁]菏泽睿鹰制药集团(30吨)〈P2158〉

间三氟甲基肉桂酸 C02092693

m-(Trifluoromethyl)cinnamic acid [779-89-5]

【生产厂】[京]北京宜龙通广科技有限公司〈P1565〉；[沪]上海宏鹏化工有限公司〈P1737〉

对三氟甲基肉桂酸 C02092695

p-(Trifluoromethyl)cinnamic acid [16642-92-5]

【生产厂】[京]北京宜龙通广科技有限公司〈P1565〉；[鲁]菏泽睿鹰制药集团(10吨)〈P2158〉

衣康酸；亚甲基丁二酸；亚甲基琥珀酸 C02092701

Itaconic acid; Methylenesuccinic acid [97-65-4]

用作聚丙烯腈纤维的共聚单体，亦可用于制备增塑剂、润滑油添加剂等

【生产厂】[沪]上海静超化工有限公司〈P1745〉；[苏]南京华锦生物制品有限公司(2000吨)〈P1785〉；[浙]衢州市台胞投资经贸有限公司〈P1958〉；[鲁]济南华明生化有限公司(5000吨)〈P2022〉；山东中舜科技发展有限公司(4500吨)〈P2056〉；淄博矿业集团有限责任公司(3000吨)〈P2064〉；山东凯翔生物化工有限公司(5000吨)〈P2140〉；青岛扶桑精制加工有限公司(2000吨)〈P2034〉；青岛琅琊台集团股份有限公司(1万吨)〈P2040〉；[川]成都拉克生物工程实业有限公司(4000吨)〈P2312〉；成都万和生物工程有限责任公司〈P2316〉；[滇]云南燃二化工有限公司〈P2345〉；[甘]兰州中凯工贸有限责任公司〈P2356〉

【使用厂】[苏]江苏苏青水处理工程集团有限公司〈P1866〉

透明质酸 C02092751

Hyaluronic acid; HA [9004-61-9]

用作高档化妆品添加剂，也用于医药

【生产厂】[冀]唐山三鑫实业集团有限公司〈P1636〉；[沪]上海道舟生物科技有限公司(2吨)〈P1731〉；[苏]丽珠集团苏州新宝制药厂〈P1898〉；[浙]中外合资杭州嘉伟生物制品有限公司〈P1929〉；台州复大海洋生物实业有限公司〈P1960〉；浙江台州海翔医药化工有限公司〈P1968〉；[鲁]山东东辰生物工程股份有限公司(500吨)〈P2084〉；山东临朐华元生物工程有限公司〈P2096〉；烟台东诚生化有限公司〈P2116〉；烟台康得生化制品有限公司〈P2117〉；青岛盛洋化工有限公司(1吨)〈P2042〉；曲阜广龙生物化工有限公司(12吨)〈P2129〉

醋酸；乙酸 C02092801

Acetic acid [64-19-7]

主要用于制备醋酐、醋酸乙烯、乙酸酯类、金属醋酸盐、氯乙酸、醋酸纤维素等，也用作溶剂

【生产厂】[京]北京东方石油化工有限公司有机化工厂(3万吨)〈P1546〉；[辽]台安县化工有限责任公司(4000吨)〈P1697〉；[沪]上海吴泾化工有限公司(11万吨)〈P1770〉；[苏]南京扬子石化精细化工有限责任公司〈P1791〉；中国石化扬子石油化工股份有限公司(9万吨)〈P1792〉；盐城鸿泰生物工程有限公司〈P1810〉；江都市天和化工有限公司〈P1815〉；[浙]台州市申源化学品有限公司〈P1962〉；[鲁]山东新华制药股份有限公司〈P2055〉；山东宝洋化工集团公司〈P2051〉；淄博亿腾化工有限公司(1800吨)〈P2075〉；淄博业盛化工有限公司〈P2075〉；[豫]许昌东方化工有限公司〈P2218〉；河南天冠企业集团有限公司(2万吨)〈P2223〉；河南省康源香料有限公司(1000吨)〈P2176〉；[湘]湖南尔康制药有限公司〈P2248〉

【使用厂】[京]北京化工厂〈P1549〉；[津]天津溶剂厂〈P1577〉；天津中新药业集团股份有限公司新新制药厂〈P1618〉；天津化工研究院津宏化工厂〈P1573〉；天津天成制药有限公司〈P1614〉；天津市泰森化工集团有限公司〈P1603〉；[冀]石家庄市有机化工厂〈P1632〉；华北制药股份有限公司〈P1624〉；石家庄化工化纤有限公司〈P1626〉；河北雄威化工股份有限公司〈P1648〉；[辽]沈阳市试剂二厂〈P1688〉；沈阳市试剂三厂〈P1688〉；同联集团沈阳抗生素厂〈P1690〉；大连川连酒厂〈P1691〉；[沪]上海华谊集团华原化工有限公司〈P1739〉；上海浦东亚美化工厂〈P1756〉；中国石化上海石油化工股份有限公司〈P1780〉；上海裕立实业有限公司〈P1776〉；上海化工高等专科学校实验工厂〈P1740〉；上海浩业化工有限公司〈P1736〉；上海建平化工有限公司〈P1743〉；上海宝达兽药制造有限公司〈P1728〉；上海美兴化工有限公司〈P1753〉；上海科创化工有限公司〈P1748〉；[苏]南京台硝化工有限公司〈P1790〉；南通江山农药化工股份有限公司〈P1833〉；江苏三木集团公司〈P1865〉；中国石化仪征化纤股份有限公司〈P1821〉；常州市武进东湖化工原料有限公司〈P1854〉；昆山三友医药辅料厂〈P1896〉；淮安德邦化工有限公司〈P1801〉；[浙]建德市新化化工有限责任公司〈P1926〉；浙江临安福盛涂料助剂有限公司〈P1928〉；[闽]福建纺织化纤集团有限公司〈P1994〉；福建省龙岩市卓越化工有限公司〈P2005〉；[赣]江西化纤化工有限责任公司〈P2010〉；[鲁]青岛红星化工集团自力实业公司〈P2037〉；山东联盟化工集团有限公司〈P2096〉；潍坊振兴焦化有限公司〈P2107〉；山东金沂蒙集团有限公司〈P2149〉；山东省宁津县永兴化工有限责任公司〈P2145〉；淄博市周村区裕源助剂厂〈P2072〉；淄博市临淄鑫齐工贸有限公司〈P2070〉；青州市鑫隆化工有限公司〈P2093〉；鱼台奥伦特原野化工有限公司〈P2134〉；济宁市化工研究所试剂厂〈P2128〉；山东博山制药有限公司〈P2051〉；山东平原县忠臣化工有限公司〈P2145〉；淄博开发区医药化工厂〈P2064〉；山东滕州悟通香料有限责任公司〈P2078〉；青州市广汇化工厂〈P2092〉；淄博桓台祥龙化工有限公司〈P2062〉；淄博津溶化工有限公司〈P2063〉；[豫]河南省新乡六通实业有限公司〈P2201〉；河南省商丘市丰源化肥有限公司〈P2225〉；河南省化工研究所〈P2167〉；新乡市石油化工厂〈P2206〉；荥阳市六零集团公司六零二分厂〈P2169〉；[湘]湖南中南制药有限责任公司〈P2253〉；湖南省湘维有限公司〈P2257〉；[粤]广州化学试剂厂〈P2261〉；江门甘蔗化工厂(集团)股份有限公司〈P2285〉；江门谦信化工发展有限公司〈P2285〉；[桂]广西梧州松脂股份有限公司〈P2300〉；广西河池化工股份有限公司〈P2302〉；广西维尼纶集团有限责任公司〈P2302〉；

C

[渝]西南合成制药股份有限公司〈P2303〉;[川]成都天华科技股份有限公司〈P2315〉;成都天作化工实业股份有限公司〈P2316〉;[黔]贵州水晶化工股份有限公司〈P2337〉;[滇]云南省宣威华兴化工有限公司〈P2343〉;云南云维集团有限公司〈P2343〉

冰醋酸;冰乙酸;醋酸,无水 C02092802

Glacial acetic acid;HAC [64-19-7]

用于合成醋酸乙烯、醋酸纤维、醋酸酯、金属醋酸盐及卤代醋酸,也是制药、染料、农药及有机合成的重要原料

【生产厂】[津]天津市康友化工有限公司(8000吨)〈P1597〉;天津市宇博精细化工有限公司(3000吨)〈P1611〉;[冀]石家庄冀华化工纺织有限公司〈P1627〉;石家庄新宇三阳实业有限公司(3万吨)〈P1633〉;[沪]中国石化上海石油化工股份有限公司(3万吨)〈P1780〉;上海浩业化工有限公司(150吨)〈P1736〉;[苏]中国石化扬子石油化工股份有限公司〈P1792〉;江苏省江都市天林化工有限公司〈P1816〉;[浙]建德市新化化工有限责任公司〈P1926〉;[鲁]济南巨业精细化工有限公司〈P2023〉;山东金沂蒙集团有限公司(8万吨)〈P2149〉;[豫]河南汇隆化工有限公司(3000吨)〈P2193〉;河南天冠企业集团有限公司(1万吨)〈P2223〉;开封化学试剂总厂(8000吨)〈P2176〉;[粤]广东西陇化工有限公司〈P2276〉;[黔]贵州水晶化工股份有限公司(2万吨)〈P2337〉;[陕]华阴市锦前程药业有限公司(1500吨)〈P2352〉

【使用厂】[津]天津市东方化工厂〈P1585〉;天津市东方红化工厂〈P1585〉;天津市延安化工厂〈P1610〉;天津市风船化学试剂科技有限公司〈P1586〉;天津市染料化学第二厂〈P1600〉;天津市创新有机化工厂〈P1582〉;天津新技术产业园区科茂化学试剂有限公司〈P1616〉;天津市泰森化工集团有限公司〈P1603〉;[冀]石家庄市有机化工厂〈P1632〉;华北制药股份有限公司〈P1624〉;石家庄市茂新化工有限公司〈P1631〉;河北邢台化学试剂有限责任公司〈P1642〉;河北新兴化工有限责任公司〈P1648〉;安平县冠达颜料工业有限公司〈P1663〉;[晋]山西省高平化工有限公司〈P1675〉;山西晋城制药厂〈P1675〉;[辽]沈阳化工股份有限公司〈P1686〉;大连第一有机化工有限公司〈P1691〉;沈阳市试剂三厂〈P1688〉;大连瑞泽农药股份有限公司〈P1693〉;辽宁省沈阳中际精细化工总厂〈P1684〉;丹东医创药业有限责任公司〈P1701〉;鞍山市新型水处理材料厂〈P1696〉;沈阳化工研究院试验厂〈P1686〉;丹东深兰化工有限公司〈P1700〉;[吉]辽源市百康药业有限责任公司〈P1717〉;[沪]上海华谊集团华原化工有限公司〈P1739〉;上海三维制药有限公司〈P1760〉;上海天坛助剂有限公司〈P1767〉;上海经纬化工有限公司〈P1745〉;上海新浦化工厂有限公司〈P1772〉;[苏]江苏金浦北方氯碱化工有限公司〈P1793〉;江苏双菱化工集团有限公司〈P1798〉;东台市绿源化工有限公司〈P1806〉;江苏天容集团股份有限公司〈P1861〉;无锡市高润杰化学有限公司〈P1875〉;苏州合成化工有限公司〈P1900〉;无锡山禾集团第一制药有限公司〈P1874〉;南通海星制药有限公司〈P1833〉;南京开广化工有限公司〈P1786〉;江苏省溧阳市制药厂〈P1861〉;盐城市东港药物化工发展有限公司〈P1811〉;常熟华港制药有限公司〈P1889〉;宜兴市腾蛟化工材料有限公司〈P1887〉;张家港浩波化学品有限公司〈P1912〉;宜兴市凯欣化工有限公司〈P1885〉;[浙]浙江建德建业有机化工有限公司〈P1928〉;浙江黄岩精细化学品集团有限公司〈P1964〉;嘉善嘉生药业有限公司〈P1940〉;[皖]安徽省宿州化学试剂有限公司〈P1984〉;[闽]建阳市青松化工有限公司〈P2005〉;福建三农集团股份有限公司〈P1994〉;[赣]南昌市赣江溶剂厂〈P2010〉;[鲁]潍坊潍泰化工有限公司〈P2106〉;淄博合力化工有限公司〈P2061〉;山东新华东风化工有限公司〈P2055〉;淄博化学试剂厂有限公司〈P2062〉;山东高密康丰农化有限公司〈P2094〉;安丘市鲁安药业有限责任公司〈P2088〉;山东临邑县宏达化工有限公司〈P2144〉;泰安双丰化肥有限公司〈P2138〉;德州信达化工有限公司〈P2142〉;山东华阳和乐农药有限公司〈P2144〉;山东省桓台县金龙化工有限公司〈P2054〉;淄博市周村区裕源助剂厂〈P2072〉;邹平玉泉化工有限公司〈P2158〉;山东省泰和水处理有限公司〈P2077〉;东营东方化学工业有限公司〈P2081〉;淄博胜宝化工有限公司〈P2067〉;淄博开发区医药化工厂〈P2064〉;淄博凯美可工贸有限公司〈P2064〉;济南华泰科技发展有限公司〈P2022〉;济宁鲁源医药化工有限公司〈P2128〉;[豫]平顶山煤业集团开封东大化工有限公司〈P2179〉;河南省三门峡天成电化有限公司〈P2221〉;三门峡金茂化工有限公司〈P2221〉;郑州沃原化工股份有限公司〈P2174〉;南阳德润化工有限责任公司〈P2223〉;河南省尉氏县香料厂〈P2176〉;南阳天冠生物化工有限责任公司〈P2225〉;河南省新乡卫星染化厂〈P2201〉;新乡市金升化工有限公司〈P2205〉;[湘]衡阳市晨晖化工有限责任公司〈P2252〉;[粤]广州化学试剂厂〈P2261〉;佛山市华昊化工有限公司电化厂〈P2287〉;[桂]梧州市联溢化工有限公司〈P2300〉;广西梧州松脂股份有限公司〈P2300〉;[渝]重庆嘉陵化学制品有限公司〈P2305〉;[川]成都化工股份有限公司〈P2311〉;[滇]云南杨林化工厂〈P2342〉;云南省玉溪市溶剂厂〈P2344〉;[陕]西安北方惠安精细化工有限公司〈P2347〉

醋酸(食品级) C02092803

Acetic acid,food grade [64-19-7]

用于生产醋酸乙酯、食用香料、酒用香料等

【生产厂】[冀]石家庄新宇三阳实业有限公司(2万吨)〈P1633〉;[苏]宜兴市博兴化工有限公司〈P1883〉

没食子酸;3,4,5-三羟基苯甲酸;倍酸;五倍子酸 C02092901

Gallic acid;3,4,5-Trihydroxybenzoic acid [5995-86-8]

用于制造噻嗪染料、噁嗪染料、药物等

【生产厂】[黑]哈尔滨康文生化科技有限公司〈P1720〉;[沪]上海康文医药中间体有限公司〈P1748〉;[苏]无锡康晟精细化工有限公司〈P1874〉;[鄂]竹山县天新医药化工有限责任公司(400吨)〈P2239〉;湖北山山林产化工有限公司〈P2240〉;[湘]湖南省张家界市贸源化工有限公司(600吨)〈P2255〉;[粤]珠海市金山化工有限公司(200吨)〈P2275〉;[渝]南川市远大林化有限责任公司(300吨)〈P2303〉;[黔]六盘水神驰生物科技有限公司〈P2337〉

【使用厂】[浙]浙江台州海翔医药化工有限公司〈P1968〉

没食子酸(无水) C02092905

Gallic acid,anhydrous [149-91-7]

可用作防腐剂,可制备媒介染料和防爆剂等

【生产厂】[浙]衢州市聚华特种试剂厂〈P1958〉;[湘]湖南省张家界市贸源化工有限公司(150吨)〈P2255〉

3,4,5-三甲氧基苯甲酸;没食子酸三甲醚 C02092911

3,4,5-Trimethoxybenzoic acid [118-41-2]

用作医药、有机合成中间体

【生产厂】[黑]哈尔滨康文生化科技有限公司〈P1720〉;[沪]上海康晟实业有限公司〈P1748〉;上海康文医药中间体有限公司〈P1748〉;[浙]浙江东亚医药化工有限公司〈P1963〉;[鄂]竹山县天新医药化工有限责任公司(200吨)〈P2239〉;[湘]湖南省张家界市贸源化工有限公司(150吨)〈P2255〉;[粤]珠海市金山化工有限公司(200吨)〈P2275〉

2,4,5-三甲氧基苯甲酸 C02092915
2,4,5-Trimethoxybenzoic acid [490-64-2]
用作医药中间体
【生产厂】[辽]辽阳市众诺化学工业有限公司(20 吨)〈P1711〉;[沪]上海康文医药中间体有限公司〈P1748〉;[苏]沭阳县华泰化工厂〈P1804〉;[浙]衢州瑞源化工有限公司〈P1957〉

2,3,4-三羟基苯甲酸 C02092921
2,3,4-Trihydroxybenzoic acid [610-02-6]
用作医药中间体
【生产厂】[沪]上海康文医药中间体有限公司〈P1748〉;[粤]珠海市金山化工有限公司(100 吨)〈P2275〉

2,3,4-三甲氧基苯甲酸 C02092931
2,3,4-Trimethoxybenzoic acid [573-11-5]
用作有机合成中间体
【生产厂】[黑]哈尔滨康文生化科技有限公司〈P1720〉;[沪]上海康晟实业有限公司〈P1748〉;上海康文医药中间体有限公司〈P1748〉;[粤]珠海市金山化工有限公司〈P2275〉

2-氨基-5-甲氧基苯甲酸 C02092951
2-Amino-5-methoxybenzoic acid [6705-03-9]
【生产厂】[沪]上海再启生物技术有限公司〈P1777〉;[苏]泰兴市对外贸易南京有限公司〈P1792〉;[鲁]青岛双收农药化工有限公司〈P2043〉

2-氟-3-甲基苯甲酸 C02092961
2-Fluoro-3-methylbenzoic acid [315-31-1]
【生产厂】[沪]上海威远精细氟科技发展有限公司〈P1769〉

2-氟-5-甲基苯甲酸 C02092963
2-Fluoro-5-methylbenzoic acid [2252-50-8]
【生产厂】[沪]上海威远精细氟科技发展有限公司〈P1769〉

2-氟-6-甲基苯甲酸 C02092964
2-Fluoro-6-methylbenzoic acid [90259-27-1]
【生产厂】[沪]上海威远精细氟科技发展有限公司〈P1769〉

3-氟-2-甲基苯甲酸 C02092965
3-Fluoro-2-methylbenzoic acid [699-90-1]
【生产厂】[沪]上海威远精细氟科技发展有限公司〈P1769〉

3-氟-4-甲基苯甲酸 C02092966
3-Fluoro-4-methylbenzoic acid [350-28-7]
【生产厂】[沪]上海威远精细氟科技发展有限公司〈P1769〉

4-氟-2-甲基苯甲酸 C02092968
4-Fluoro-2-methylbenzoic acid [321-21-1]
【生产厂】[沪]上海威远精细氟科技发展有限公司〈P1769〉

5-氟-2-甲基苯甲酸 C02092969
5-Fluoro-2-methylbenzoic acid [33184-16-6]
用作医药中间体
【生产厂】[沪]上海威远精细氟科技发展有限公司〈P1769〉

辛酸;羊脂酸;正辛酸 C02093001
Octanoic acid; *n*-Octanoic acid [124-07-2]
用于染料、香料、医药的合成,制备杀虫剂、杀菌剂、增塑剂等
【生产厂】[沪]上海索凯实业有限公司〈P1766〉
【使用厂】[豫]河南省尉氏县香料厂〈P2176〉

2-乙基己酸;异辛酸 C02093002
2-Ethylhexanoic acid; Isooctanoic acid [149-57-5]
主要用于制备各种金属盐作为涂料和油漆的催干剂,其酯类可用作增塑剂和羧苄青霉素的原料
【生产厂】[津]天津市津鸽化工有限公司(500 吨)〈P1593〉;天津市涂料包装器材厂助剂分厂(1000 吨)〈P1605〉;[冀]石家庄市万福化工有限公司(600 吨)〈P1631〉;[浙]湖州伊唯尔实业有限公司(8000 吨)〈P1946〉;[豫]河南庆安化工高科技股份有限公司(1 万吨)〈P2166〉;恒甫油漆助剂有限公司〈P2191〉
【使用厂】[冀]河北张药股份有限公司〈P1650〉;[辽]沈阳市应用技术实验厂〈P1689〉;[沪]上海长风化工厂〈P1729〉;[甘]兰州助剂厂〈P2356〉

辛二酸 C02093021
Octanedioic acid; Suberic acid [505-48-6]
用于制备醇酸树脂、塑料、药物和染料等
【生产厂】[沪]上海宝瑞化工有限公司〈P1728〉;[鲁]潍坊海龙化工有限公司〈P2102〉

苯乙酸;苯醋酸 C02093101
Phenylacetic acid [103-82-2]
是合成医药、农药和香料的重要原料
【生产厂】[冀]华北制药股份有限公司(600 吨)〈P1624〉;华北制药集团有限责任公司〈P1624〉;河北诚信有限责任公司(1 万吨)〈P1619〉;[晋]山西省陵川化工总厂(500 吨)〈P1675〉;山西省陵川化工总厂(500 吨)〈P1675〉;[苏]江苏双菱化工集团有限公司〈P1798〉;[豫]河南省新乡六通实业有限公司(3000 吨)〈P2201〉;[鄂]武汉有机实业股份有限公司〈P2235〉;[粤]珠海保税区丽珠合成制药有限公司(200 吨)〈P2274〉;[川]四川省天然气化工研究院(600 吨)〈P2319〉
【使用厂】[冀]河北张药股份有限公司〈P1650〉;[黑]哈药集团制药总厂〈P1721〉;[沪]上海华盛香料厂〈P1739〉;[苏]昆山三友医药辅料厂〈P1896〉

对羟基苯乙酸 C02093102
4-Hydroxyphenylacetic acid [156-38-7]
是合成新药物 4,7-二羟基异黄酮的中间体,还可用作农药中间体
【生产厂】[冀]中国昊华集团宣化有限公司(400 吨)〈P1650〉;[沪]上海美林康精细化工有限公司〈P1753〉;[苏]泰兴市兴源石化厂〈P1827〉;江苏省姜堰市鑫鑫化工有限公司(150 吨)〈P1822〉;[鲁]淄博圣泽精细化工有限公司〈P2067〉;山东博森精细化工有限公司〈P2084〉

苯氧乙酸 C02093120
Phenoxyacetic acid [122-59-8]
用于制造染料、药物、杀虫剂等,也可用作杀菌剂
【生产厂】[京]北京马氏精细化学品有限公司〈P1555〉;[豫]河南省镇平药用原料化工有限公司(10 吨)〈P2223〉;[鄂]武汉怡兴化工有限公司〈P2235〉;湖北科兴医药化工股份有限公司(200 吨)〈P2237〉;[陕]陕西渭南惠丰化学工业有限责任公司(600 吨)〈P2352〉

苯氧乙酸钾 C02093121
Potassium phenoxyacetate

【生产厂】[鄂]武汉怡兴化工有限公司〈P2235〉

苯氧乙酸钠 C02093122

Sodium phenoxyacetate [3598-16-1]

用作医药、农药中间体

【生产厂】[鄂]武汉怡兴化工有限公司〈P2235〉;武汉市银冠化工有限公司黄陂精细化工厂〈P2233〉;襄樊一诺精细化工有限公司〈P2238〉;湖北科兴医药化工股份有限公司〈P2237〉

C

2,4-二氯苯乙酸 C02093131

2,4-Dichlorophenylacetic acid [19719-28-9]

用作医药中间体

【生产厂】[苏]高邮市康乐精细化工厂〈P1813〉;[鄂]武汉有机实业股份有限公司〈P2235〉

2,6-二氯苯乙酸 C02093133

2,6-Dichlorophenylacetic acid [6575-24-2]

用作有机合成中间体

【生产厂】[苏]金坛市群乐化工助剂研究所〈P1862〉

3,4-二氯苯乙酸 C02093135

3,4-Dichlorophenylacetic acid [5807-30-7]

用作医药中间体

【生产厂】[苏]沭阳金凯化工厂〈P1804〉

2-(二苯甲硫基)乙酸 C02093153

2-[(Diphenylmethyl)thio]acetic acid [63547-22-8]

用作药物莫达非尼中间体

【生产厂】[沪]上海康鸣高科技有限公司〈P1748〉;上海凯峰化工有限公司〈P1747〉;[浙]浙江华纳药业有限公司〈P1950〉

二苯乙酸;二苯基乙酸;α-苯基苯乙酸 C02093155

Diphenylacetic acid [117-34-0]

用于有机合成

【生产厂】[沪]上海晨日化学有限公司〈P1730〉

4-羟基-3-甲氧基苯乙酸;高香草酸 C02093159

4-Hydroxy-3-methoxyphenylacetic acid; Homovanillic acid [306-08-1]

【生产厂】[苏]南京博而凯科技有限公司〈P1782〉

2-甲氧基苯乙酸 C02093160

2-Methoxyphenylacetic acid [93-25-4]

【生产厂】[苏]江苏省姜堰市鑫鑫化工有限公司(100吨)〈P1822〉

对甲氧基苯乙酸;4-甲氧基苯乙酸 C02093161

p-Methoxyphenylacetic acid [104-01-8]

【生产厂】[京]北京奥得赛化学有限公司〈P1543〉;[苏]江苏省姜堰市鑫鑫化工有限公司(150吨)〈P1822〉

间甲氧基苯乙酸 C02093162

m-Methoxyphenylacetic acid [1798-09-0]

【生产厂】[苏]江苏省姜堰市鑫鑫化工有限公司(100吨)〈P1822〉;[浙]横店集团家园化工有限公司〈P1952〉

3,4-二乙氧基苯乙酸 C02093167

3,4-Diethoxyphenylacetic acid [38464-04-9]

用作药物屈他维林中间体

【生产厂】[浙]浙江燎原药业有限公司(30吨)〈P1965〉;普洛康裕股份有限公司〈P1953〉

4-乙氧羰基-3-乙氧基苯乙酸 C02093168

4-(Ethoxycarbonyl)-3-ethoxyphenylacetic acid [99469-99-5]

用作医药中间体

【生产厂】[津]天津市炜杰科技有限公司〈P1606〉;[苏]海峰化工科研有限公司〈P1797〉

3,4-二甲氧基苯乙酸;高藜芦酸 C02093169

3,4-Dimethoxyphenylacetic acid [93-40-3]

用作维拉帕米、贝凡洛尔等心血管药物的中间体

【生产厂】[浙]浙江燎原药业有限公司(30吨)〈P1965〉

对氨基苯乙酸 C02093171

4-Aminophenylacetic acid [1197-55-3]

用作有机合成原料及用于制取医药中间体

【生产厂】[苏]句容市顺风助剂厂〈P1843〉;江苏沭阳同盛科技有限公司〈P1804〉;[赣]江西省励远化工科技实业公司〈P2009〉;[鲁]山东博森精细化工有限公司〈P2084〉;[豫]河南省镇平药用原料化工有限公司〈P2223〉

α-氨基-4-氯苯乙酸 C02093179

α-Amino-4-chlorophenylacetic acid [6212-33-5]

【生产厂】[沪]上海高伦现代农化股份有限公司〈P1734〉

4-氯-α-异丙基苯乙酸;2-(4′-氯苯基)-3-甲基丁酸 C02093181

α-Isopropyl-4-chlorophenylacetic acid [2012-74-0]

用作生产菊酯类农药的中间体

【生产厂】[苏]金坛市振兴化工有限公司〈P1863〉

α-乙基-4-硝基苯乙酸 C02093185

α-Ethyl-4-nitrophenylacetic acid

【生产厂】[浙]台州市华鼎化工有限公司〈P1961〉

2-甲基-3-硝基苯乙酸 C02093187

2-Methyl-3-nitrophenylacetic acid [23876-15-5]

【生产厂】[京]北京艾斯克医药技术开发有限公司〈P1543〉;[沪]上海再辉化工有限公司〈P1777〉;[苏]海峰化工科研有限公司〈P1797〉

3,5-二羟基苯乙酸 C02093189

3,5-Dihydroxylphenylacetic acid

【生产厂】[赣]江西正和化工有限公司(20吨)〈P2016〉;[鲁]青岛裕达精细化工有限公司〈P2046〉;青岛双收农药化工有限公司〈P2043〉

对甲基苯乙酸 C02093191

p-Methylphenylacetic acid [622-47-9]

用于有机合成、制药工业

【生产厂】[苏]高邮市康乐精细化工厂〈P1813〉;[鄂]武汉有机实业股份有限公司〈P2235〉;襄樊诺尔化工有限公司〈P2238〉

邻甲基苯乙酸 C02093193

o-Methylphenylacetic acid; *o*-Tolylacetic acid [644-36-0]

【生产厂】[苏]高邮市康乐精细化工厂〈P1813〉;[鄂]武汉有机实业股份有限公司〈P2235〉

间甲基苯乙酸 C02093195
m-Methylphenylacetic acid;*m*-Tolylacetic acid [621-36-3]
【生产厂】[鄂]武汉有机实业股份有限公司〈P2235〉

2,4,6-三甲基苯乙酸 C02093197
2,4,6-Trimethylphenylacetic acid [52629-46-6]
【生产厂】[沪]上海万凯化学有限公司〈P1768〉

苯甲酸;安息香酸 C02093201
Benzoic acid;Benzene carboxylic acid;Phenylformic acid [65-85-0]
用于医药、染料载体、增塑剂、香料和食品防腐剂等的生产,也用于醇酸树脂涂料的性能改进
【生产厂】[京]北京宏悦顺化工厂〈P1549〉;[津]天津市津南区宏宇化工厂(2000 吨)〈P1594〉;天津市精细化学制剂厂(2000 吨)〈P1596〉;天津市东大化工有限公司(2000 吨)〈P1585〉;[冀]河北智通化工有限责任公司〈P1623〉;[辽]辽阳木星化工有限公司〈P1710〉;辽阳市东阳精细化工有限公司〈P1710〉;本溪黑马化工实业有限公司〈P1699〉;[沪]上海威呈化工有限公司〈P1769〉;上海燎原利平日用化工有限公司(2500 吨)〈P1751〉;[苏]南京纵横生物科技有限公司〈P1791〉;仪征市格林曼化工有限公司〈P1820〉;镇江市前进化工有限公司〈P1845〉;常州雪龙化工有限公司〈P1858〉;江苏三木集团公司〈P1865〉;连云港中铭化工有限公司〈P1801〉;江苏大华药业有限公司〈P1802〉;姜堰市扬子化工厂(300 吨)〈P1824〉;[鲁]山东宝沣化工集团公司〈P2051〉;青岛三凯化工有限公司〈P2041〉;青岛天元化工股份有限公司(3000 吨)〈P2044〉;山东滕州东信精细化工厂(1000 吨)〈P2078〉;滕州市腾龙化工有限责任公司(2 万吨)〈P2079〉;山东省滕州市滕宝化工有限责任公司(1500 吨)〈P2078〉;滕州市奥龙化工有限公司(3000 吨)〈P2079〉;[豫]郑州元丰食品添加剂有限责任公司〈P2175〉;[鄂]武汉有机新康化工有限公司〈P2235〉;武汉有机实业股份有限公司(3 万吨)〈P2235〉
【使用厂】[辽]辽宁省沈阳中际精细化工总厂〈P1684〉;[沪]上海华美助剂厂精细化工分厂〈P1739〉;[苏]常州光辉化工有限公司〈P1847〉;[豫]开封市汴梁漆业有限公司〈P2177〉;[粤]广州化学试剂厂〈P2261〉;[川]成都天华科技股份有限公司〈P2315〉

苯甲酸(药用);安息香酸(药用) C02093202
Benzoic acid,medicinal [65-85-0]
主要用于抗真菌及消毒防腐
【生产厂】[津]天津市津宝凯通福利化工厂(800 吨)〈P1592〉;[苏]镇江市前进化工有限公司(250 吨)〈P1845〉;[鲁]滕州市腾龙化工有限责任公司(3000 吨)〈P2079〉;[鄂]武汉有机实业股份有限公司(1000 吨)〈P2235〉;[川]成都宏博实业有限公司〈P2310〉

2-甲基苯甲酸;邻甲基苯甲酸 C02093211
2-Methylbenzoic acid;*o*-Toluic acid [118-90-1]
主要用于农药、医药及有机化工原料的合成,目前是生产除草剂稻无草的主要原料
【生产厂】[苏]常州雪龙化工有限公司〈P1858〉;江苏磐希化工有限公司〈P1821〉;泰兴市化工七厂(1000 吨)〈P1826〉;姜堰市扬子化工厂〈P1824〉;[豫]新乡市祥润化工有限公司〈P2206〉;开封市华星化工厂(1200 吨)〈P2177〉;[鄂]武汉有机实业股份有限公司〈P2235〉
【使用厂】[辽]沈阳化工研究院试验厂〈P1686〉;[豫]开封化工三厂〈P2176〉

对乙基苯甲酸;4-乙基苯甲酸 C02093231
4-Ethylbenzoic acid [619-64-7]
用作液晶原料及中间体,也用于生产农药
【生产厂】[京]北京马氏精细化学品有限公司〈P1555〉;[苏]太仓市东明化工有限公司(300 吨)〈P1908〉;太仓市中天化学有限公司(100 吨)〈P1909〉;江苏兰健药业有限公司〈P1802〉;扬州天辰精细化工有限公司〈P1819〉

对丁基环己基苯甲酸 C02093237
4-(4-Butylcyclohexyl) benzoic acid
用作液晶中间体
【生产厂】[京]北京诺德恒信化工技术有限公司〈P1556〉

对乙基环己基苯甲酸 C02093239
4-(4-Ethylcyclohexyl) benzoic acid [24645-20-3]
用作液晶中间体
【生产厂】[京]北京诺德恒信化工技术有限公司〈P1556〉

对戊基环己基苯甲酸 C02093241
4-(4-Pentylcyclohexyl) benzoic acid
用于液晶单体的合成
【生产厂】[京]北京诺德恒信化工技术有限公司〈P1556〉

对丙基环己基苯甲酸 C02093245
4-(4-Propylcyclohexyl) benzoic acid
用于液晶单体的合成
【生产厂】[京]北京诺德恒信化工技术有限公司〈P1556〉

苯基丁酸;4-苯基丁酸 C02093250
4-Phenylbutyric acid [1821-12-1]
用于合成染料
【生产厂】[京]北京奥得赛化学有限公司〈P1543〉;[苏]苏州园方化工有限公司〈P1907〉;[闽]福建省三农碳酸钙有限责任公司钙品分公司〈P1995〉

2-苯基丁酸 C02093255
2-Phenylbutyric acid [90-27-7]
【生产厂】[京]大庆开发区新世纪精细化工有限公司北京裕立化工有限公司〈P1567〉;[冀]河北省化学工业研究院〈P1621〉;[黑]大庆新世纪精细化工有限公司〈P1722〉;[鄂]襄樊诺尔化工有限公司〈P2238〉

双苯溴丁酸;4-溴-2,2-二苯基丁酸 C02093261
4-Bromo-2,2-diphenylbutyric acid [37742-98-6]
【生产厂】[浙]嘉兴市步云染化厂〈P1941〉

2-乙基丁酸;二乙基乙酸 C02093265
2-Ethylbutyric acid;Diethylacetic acid [88-09-5]
用于医药、香料及有机合成等
【生产厂】[浙]杭州博化化工有限公司〈P1916〉

2-苯基-2-乙基丁酸 C02093271
2-Phenyl-2-ethylbutyric acid
【生产厂】[黑]大庆新世纪精细化工有限公司〈P1722〉

2,2-二羟甲基丁酸 C02093275
2,2-Dihydroxymethylbutyric acid [10097-02-6]
【生产厂】[京]北京金源东和化学有限责任公司〈P1552〉;[浙]嘉兴市中科化学有限公司〈P1942〉;[鲁]胜利油田胜大集团总公司化工一厂〈P2088〉

C

α-氧代苯丁酸 C02093285
α-Oxo-phenylbutanoic acid
【生产厂】[苏]江苏庙桥合成化工有限公司〈P1859〉

α-羟基苯丁酸 C02093289
α-Hydroxyphenylbutyric acid
【生产厂】[苏]江苏庙桥合成化工有限公司〈P1859〉;[浙]浙江金立源药业有限公司〈P1951〉

对戊基苯甲酸 C02093291
4-Pentylbenzoic acid [26311-45-5]
用作液晶中间体
【生产厂】[苏]太仓市中天化学有限公司(15 吨)〈P1909〉

苯酞;邻羟甲基苯甲酸内酯 C02093301
Phthalide [87-41-2]
用作有机合成中间体,用于合成多虑平药物及染料还原棕 BR 等
【生产厂】[苏]常州市旭东化工有限公司〈P1856〉;响水县科伟精细化工有限公司(120 吨)〈P1809〉;[川]四川博兴实业有限公司(200 吨)〈P2325〉

3-溴苯酞 C02093310
3-Bromophthalide [6940-49-4]
主要用于医药中间体
【生产厂】[苏]太仓市运通化工厂〈P1909〉;江苏华昌(集团)有限公司〈P1893〉;[浙]浙江东阳化学工贸有限公司〈P1954〉;东阳市向阳化工有限公司〈P1952〉

5-溴苯酞 C02093321
5-Bromophthalide
用作药物西酞普兰中间体
【生产厂】[苏]仪征市鼎信化工有限公司(10 吨)〈P1820〉;[浙]临海市先锋化工有限公司〈P1960〉;浙江黄岩东升医药化工有限公司〈P1964〉;东阳市向阳化工有限公司〈P1952〉

苯磺酸 C02093401
Benzenesulfonic acid [98-11-3]
主要用于经碱熔制苯酚,也用于制间苯二酚等,在酯化和脱水反应中常用作催化剂
【生产厂】[苏]南京大唐化工有限责任公司专用化学品厂〈P1783〉;海安县凯旋助剂厂〈P1829〉
【使用厂】[苏]江苏中鼎化学有限公司〈P1895〉;[鲁]山东招远化工总厂〈P2115〉;山东省宁津县永兴化工有限责任公司〈P2145〉

4-氯苯磺酸 C02093405
4-Chlorobenzenesulfonic acid [98-66-8]
【生产厂】[苏]江苏如东县丰利医药化工厂〈P1831〉

甲基磺酸;甲烷磺酸;甲磺酸 C02093410
Methanesulfonic acid; Methylsulfonic acid; MSA [75-75-2]
用作溶剂,烷化、酯化和聚合反应的催化剂,也用于医药及电镀行业
【生产厂】[京]北京维达化工有限公司(1200 吨)〈P1563〉;[冀]河北亚诺化工有限公司(3000 吨)〈P1623〉;河北省景县景美化学工业有限公司(6 吨)〈P1665〉;河北海斯特化学有限公司(3000 吨)〈P1663〉;唐山市维智贸易有限公司〈P1636〉;廊坊格瑞泰化工有限公司〈P1660〉;廊坊金盛汇化工有限公司〈P1660〉;廊坊光亚化工有限公司〈P1660〉;[沪]上海宝瑞化工有限公司〈P1728〉;上海三微实业有限公司〈P1759〉;上海朗瑞精细化学品有限公司〈P1749〉;上海新阳电子化学有限公司〈P1772〉;[苏]江苏华昌(集团)有限公司〈P1893〉;盐城中亚医药化工有限公司(300 吨)〈P1812〉;高邮市振阳化工有限公司(600 吨)〈P1813〉;[豫]南阳市威特化工有限责任公司〈P2224〉;南阳市思达特精细化学有限责任公司(3500 吨)〈P2224〉;河南科邦化工有限公司(1000 吨)〈P2223〉;[鄂]武汉海德化工发展有限公司(800 吨)〈P2229〉
【使用厂】[蒙]通辽制药总厂〈P1682〉;[沪]上海华彩精细化工有限公司〈P1738〉;上海旭东海普药业有限公司〈P1773〉;[赣]江西农大锐特化工科技有限公司〈P2009〉

三氟甲基磺酸;三氟甲磺酸 C02093415
Trifluoromethanesulfonic acid [1493-13-6]
用于有机合成
【生产厂】[沪]上海威方精细化工有限公司〈P1769〉;上海晨日化学有限公司〈P1730〉

乙基磺酸;乙烷磺酸 C02093421
Ethylsulfonic acid [594-45-6]
可用作烷基化、聚合及其他反应的催化剂
【生产厂】[冀]河北海斯特化学有限公司〈P1663〉;廊坊光亚化工有限公司〈P1660〉;[苏]盐城中亚医药化工有限公司(100 吨)〈P1812〉

1,2-乙二磺酸 C02093425
1,2-Ethanedisulfonic acid
【生产厂】[冀]河北海斯特化学有限公司〈P1663〉

氨基甲烷磺酸 C02093431
Aminomethanesulfonic acid [13881-91-9]
用作医药中间体
【生产厂】[苏]常州康力化工有限公司〈P1848〉

丙基磺酸 C02093441
Propanesulfonic acid [5284-66-2]
【生产厂】[苏]盐城中亚医药化工有限公司(100 吨)〈P1812〉

丁基磺酸 C02093451
Butanesulfonic acid [16794-12-0]
【生产厂】[苏]盐城中亚医药化工有限公司(100 吨)〈P1812〉
【使用厂】[沪]上海华彩精细化工有限公司〈P1738〉

3-[三(羟甲基)甲基]氨基-1-丙磺酸;3-Tris 丙磺酸;TAPS C02093461
3-(Tris(hydroxymethyl)methyl)amino-1-propanesulfonic acid; TAPS [29915-38-6]
【生产厂】[苏]苏州工业园区亚科化学试剂有限公司〈P1900〉;[豫]洛阳天骋化学试剂有限公司(30 吨)〈P2187〉

1,4-哌嗪二乙磺酸;PIPES C02093471
1,4-Piperazinebis(ethanesulfonic acid); Piperazine-*N*,*N'*-bis(2-ethanesulfonic acid); PIPES [5625-37-6]
【生产厂】[鲁]淄博星之联化工有限公司(60 吨)〈P2074〉;[豫]洛阳天骋化学试剂有限公司(20 吨)〈P2187〉

***N*-甲基哌嗪乙酸** C02093475
N-Methylpiperazineacetic acid

【生产厂】[浙]浙江物产崇一医药化工有限公司〈P1956〉

4-羟乙基哌嗪乙磺酸;*N*-(2-羟基乙基)哌嗪-*N*′-乙磺酸 C02093479

4-Hydroxyethylpiperazineethanesulfonic acid [7365-45-9]

用作生物缓冲剂

【生产厂】[鲁]淄博星之联化工有限公司(50 吨)〈P2074〉

羟乙基磺酸 C02093481

2-Hydroxyethanesulfonic acid [107-36-8]

用作医药原料、食品添加剂等

【生产厂】[鄂]湖北永安集团(500 吨)〈P2244〉

乙烯基磺酸溶液 C02093485

Vinylsulfonic acid solution [1184-84-5]

用作功能性单体

【生产厂】[鲁]淄博星之联化工有限公司〈P2074〉

2-(4-吡啶基)乙磺酸;4-(2-磺乙基)吡啶 C02093489

2-(4-Pyridyl) ethanesulfonic acid [53054-76-5]

【生产厂】[津]天津瑞发化工科技发展有限公司〈P1577〉

3-(*N*-吗啉)丙磺酸;MOPS C02093491

3-(*N*-Morpholino) propansulfonic acid; MOPS [1132-61-2]

【生产厂】[鲁]淄博星之联化工有限公司(50 吨)〈P2074〉

吗啉乙磺酸;MES C02093495

2-(*N*-Morpholino) ethanesulfonic acid; MES [4432-31-9]

【生产厂】[鲁]淄博星之联化工有限公司(50 吨)〈P2074〉

单宁酸;鞣酸;丹宁酸 C02093501

Tannic acid [1401-55-4]

主要用于鞣革,也用于医药、墨水、印染、橡胶和冶金等工业以及水处理等方面

【生产厂】[黑]哈尔滨康文生化科技有限公司〈P1720〉;[沪]上海邦成化工有限公司〈P1728〉;上海金冠化工有限公司〈P1744〉;上海立诚化工有限公司〈P1750〉;上海康文医药中间体有限公司〈P1748〉,[苏]江苏宜兴市第二化学试剂厂〈P1866〉;[浙]衢州市聚华特种试剂厂〈P1958〉;[鄂]竹山县天新医药化工有限责任公司(500 吨)〈P2239〉;湖北山山林产化工有限公司(300 吨)〈P2240〉;[湘]湖南省张家界市贸源化工有限公司(500 吨)〈P2255〉;[粤]珠海市金山化工有限公司(100 吨)〈P2275〉;[桂]广西南宁科森林产化工有限公司〈P2296〉;[渝]南川市远大林化有限责任公司(300 吨)〈P2303〉;[黔]六盘水神驰生物科技有限公司〈P2337〉

2,4,6-三硝基苯酚;苦味酸 C02093601

Picric acid; 2,4,6-Trinitrophenol [88-89-1]

用于制红光硫化黑及酸性染料、照相药品、炸药及农药等,医药上用作外科收敛剂

【生产厂】[辽]大连染料化工有限公司(4600 吨)〈P1693〉;[鲁]威海市东洋化工厂(3000 吨)〈P2125〉

【使用厂】[鲁]威海武岭爆破器材有限公司〈P2126〉;[鄂]随州市府河化工有限责任公司〈P2245〉

环烷酸;萘酸;环酸 C02093701

Naphthenic acid [1338-24-5]

用作生产环烷酸盐的原料及涂料干燥剂,也用于木材、电缆的防腐

【生产厂】[津]天津市东奥化工涂料厂(2000 吨)〈P1585〉;[辽]锦西炼化渤海集团公司(2000 吨)〈P1703〉;[沪]上海长风化工厂(1500 吨)〈P1729〉;[鲁]山东省淄博市淄川鲁峰精细化工厂(150 吨)〈P2055〉;淄博兆凯化工有限公司〈P2076〉;[湘]株洲市亚帝实业有限公司〈P2250〉;湖南省岳阳市青山油剂有限公司〈P2254〉

【使用厂】[津]天津市北辰区振乾化工厂〈P1580〉;[辽]大连第一有机化工有限公司〈P1691〉;沈阳市应用技术实验厂〈P1689〉;[鲁]新汶矿业集团有限责任公司〈P2139〉;淄博照新化工有限公司〈P2076〉;[豫]河南庆安化工高科技股份有限公司〈P2166〉;鹤壁市前进乳化剂厂〈P2199〉

环烷酸(脱脂);环酸(脱脂);萘酸(脱脂) C02093706

Naphthenic acid, degreased [1338-24-5]

用作油漆的催干剂、生物助剂及防腐剂等

【生产厂】[沪]上海长风化工厂(1500 吨)〈P1729〉

环烷酸(精制);环酸(精制);萘酸(精制) C02093707

Naphthenic acid, refined [1338-24-5]

用于生产各种环烷酸盐

【生产厂】[沪]上海长风化工厂(1500 吨)〈P1729〉;[赣]江西东川化工有限公司〈P2017〉

过氧乙酸;过醋酸 C02093801

Peracetic acid [79-21-0]

主要用作纺织品、纸张、油脂、石蜡、淀粉的漂白剂,医药上作杀菌剂,有机合成中作氧化、环氧化剂

【生产厂】[津]天津市东方化工厂(2000 吨)〈P1585〉;[冀]石家庄新宇三阳实业有限公司〈P1633〉;深泽县三洁化工有限公司〈P1625〉;保定市乐凯化学有限公司〈P1645〉;[辽]沈阳化学试剂厂〈P1686〉;丹东前阳宏达化工厂〈P1700〉;[沪]上海华谊集团华原化工有限公司〈P1739〉;[苏]扬州腾达化工厂〈P1819〉;[皖]蚌埠市化学试剂厂〈P1975〉;[赣]江西省永泰化工有限公司〈P2011〉;[鲁]淄博市临淄天德精细化工研究所〈P2888〉;莱州市莱玉化工有限公司〈P2109〉;龙口市华瑞新材料科技有限公司〈P2111〉;济宁鲁源医药化工有限公司(500 吨)〈P2128〉;山东郓城三兴化工有限公司(1 万吨)〈P2161〉;[豫]博爱惠丰生化农药有限公司〈P2192〉;临颍县颍华技术开发有限公司(80 吨)〈P2220〉;[粤]广东西陇化工有限公司〈P2276〉;台山市众城化工有限公司〈P2286〉;[桂]广西南宁市新城化工厂〈P2296〉;[新]新疆兰岭双氧水有限责任公司(600 吨)〈P2364〉

1,4-二羟基-2-萘甲酸 C02093811

1,4-Dihydroxy-2-naphthoic acid [31519-22-9]

用作感光材料、染料中间体

【生产厂】[皖]安徽省广德科苑化工有限公司〈P1986〉

2,8-二羟基-3-萘甲酸 C02093815

2,8-Dihydroxy-3-naphthoic acid

用作染料中间体,是色酚 AS-SG 的主要原料

【生产厂】[沪]上海汇龙化工有限公司〈P1741〉

2,6-二羟基 3-萘甲酸;3,7-二羟基-2-萘甲酸 C02093819

2,6-Dihydroxy-3-naphthoic acid [83511-07-3]

【生产厂】[苏]常州市武进临川化工有限公司〈P1854〉

3-(1-萘基)丙烯酸 C02093851

3-(1-Naphthyl) acrylic acid [13026-12-5]

用于有机合成

【生产厂】[苏]常州市武进临川化工有限公司〈P1854〉

3-(2-萘基)丙烯酸 C02093861

3-(2-Naphthyl) acrylic acid [51557-26-7]

【生产厂】[苏]常州市武进临川化工有限公司〈P1854〉

鞣花酸 C02093951

Ellagic acid [476-66-4]

用于医药及化妆品,作抗氧剂,具有防癌及抑制病毒作用

【生产厂】[冀]华北制药股份有限公司〈P1624〉;华北制药集团有限责任公司〈P1624〉;石家庄市大东生物化工有限公司〈P1628〉;河北德隆泰化工有限公司〈P1619〉;[黑]哈尔滨康文生化科技有限公司〈P1720〉;[沪]上海康晟实业有限公司〈P1748〉;上海立诚化工有限公司(50 吨)〈P1750〉;上海康文医药中间体有限公司〈P1748〉;[闽]福州日冕科技开发有限公司〈P1990〉;[粤]珠海市金山化工有限公司〈P2275〉;[川]成都川峰化学工程有限责任公司(50 吨)〈P2310〉

乳酸;2-羟基丙酸;α-羟基丙酸 C02094001

Lactic acid;2-Hydroxypropionic acid [50-21-5]

主要用于香料、食品、饮料行业,也是医药、化工、皮革、印染等行业的原料

【生产厂】[冀]石家庄维诺伟业生物制品有限公司〈P1633〉;[沪]上海申夏生物化工有限公司〈P1761〉;[苏]江苏华昌(集团)有限公司〈P1893〉;盐城鸿泰生物工程有限公司〈P1810〉;[浙]桐乡市康普达生物科技有限公司〈P1943〉;[闽]福建宁化翠江化工有限公司〈P1994〉;[赣]江西武藏野生物化工有限公司〈P2009〉;[鲁]淄博天智化工有限公司〈P2073〉;淄博陇川镍产品有限公司(3000 吨)〈P2065〉;[豫]郑州天润乳酸有限公司(1000 吨)〈P2174〉;尉氏县宋塔香料厂(800 吨)〈P2179〉;偃师乳酸有限公司(1000 吨)〈P2188〉;[鄂]湖北孝感亚风乳酸集团公司(5000 吨)〈P2242〉;湖北省广水市民族化工有限公司〈P2245〉;[湘]湖南省安化乳酸厂(5000 吨)〈P2256〉;[川]五粮液集团精细化工有限公司〈P2335〉

【使用厂】[沪]上海太阳神复旦高科技产业有限公司〈P1766〉;[鲁]山东临朐富源精细化工有限公司〈P2096〉;济宁市化工研究所〈P2128〉;[豫]河南省尉氏县香料厂〈P2176〉;[青]青海制药厂有限公司〈P2359〉

L-乳酸 C02094011

L-(+)-Lactic acid [79-33-4]

主要用作食品的酸味剂和防腐剂,以及用于制造乳酸钙等药物

【生产厂】[冀]河北新化股份有限公司(2000 吨)〈P1623〉;[苏]盐城鸿泰生物工程有限公司〈P1810〉;[豫]郑州天润乳酸有限公司(1000 吨)〈P2174〉;[鄂]武汉市合中化工制造有限公司〈P2232〉

【使用厂】[沪]上海华美助剂厂精细化工分厂〈P1739〉

乳清酸;维生素 B_{13} C02094051

Orotic acid;2,4-Dioxy-6-carboxy pyrimidine;Vitamin B_{13} [65-86-1]

主要用于日用化妆品及医药、核酸、生物研究,医药上用于制黄胆肝药、心脏病药物等

【生产厂】[冀]河北省邢台市人民制药厂(100 吨)〈P1642〉;[闽]厦门市湖里今日成科工贸有限公司〈P1993〉

5-氟乳清酸 C02094071

5-Fluoroorotic acid;5-FOA [703-95-7]

用作基因工程的一种研究试剂

【生产厂】[沪]上海力明工贸有限公司〈P1750〉;上海昊化化工有限公司〈P1736〉;上海邦成化工有限公司〈P1728〉;上海亿际化工有限公司〈P1775〉

2,2-二羟甲基丙酸;二羟甲基丙酸;DMPA C02094091

2,2-Dihydroxymethylpropionic acid [4767-03-7]

用于制备聚氨酯水乳型皮革涂饰剂、光敏树脂、磁性记录材料及其黏合剂等

【生产厂】[辽]本溪市瑞事达化工有限公司〈P1699〉;[沪]上海晨日化学有限公司〈P1730〉;[苏]泰兴盛铭精细化工有限公司(60 吨)〈P1825〉;[浙]湖州长盛化工有限公司(120 吨)〈P1945〉;东阳市向阳化工有限公司(120 吨)〈P1952〉;[皖]合肥健坤化工有限公司〈P1972〉;[鲁]胜利油田胜大集团总公司化工一厂〈P2088〉

庚酸;葡萄花酸 C02094101

Enanthic acid;Heptanoic acid;Heptoic acid;Heptylic acid [111-14-8]

主要用于生产庚酸酯,作为香料

【生产厂】[晋]太原中联泽农化工有限公司〈P1672〉;[沪]上海建北有机化工有限公司〈P1742〉;[苏]盐城鸿泰生物工程有限公司〈P1810〉

【使用厂】[豫]河南省尉氏县香料厂〈P2176〉

全氟庚酸 C02094121

Perfluoroheptanoic acid [375-85-9]

【生产厂】[辽]金凯(阜新)化工有限公司〈P1708〉

庚二酸 C02094151

Heptanedioic acid [111-16-0]

一般用于生化研究,也用于制备聚合物,还可作为增塑剂的原料

【生产厂】[沪]上海虹生实业有限公司〈P1737〉;[苏]江苏东台鑫源化工有限公司〈P1807〉

环庚甲酸 C02094191

Cycloheptanecarboxylic acid [1460-16-8]

【生产厂】[沪]上海益民化工有限公司〈P1775〉

4,4′-联苯二甲酸 C02094201

4,4′-Biphenyldicarboxylic acid [787-70-2]

【生产厂】[京]北京奥得赛化学有限公司〈P1543〉;[苏]常州市武进临川化工有限公司〈P1854〉

2,2′-联苯二甲酸 C02094205

2,2′-Biphenyldicarboxylic acid [482-05-3]

用作有机合成中间体

【生产厂】[苏]常州市武进临川化工有限公司〈P1854〉

联苯-4-羧酸;对苯基苯甲酸 C02094211

4-Biphenylcarboxylic acid;4-Phenylbenzoic acid [92-92-2]

用于有机合成

【生产厂】[京]北京奥得赛化学有限公司〈P1543〉

联苯-2-羧酸；邻苯基苯甲酸 C02094215

2-Biphenylcarboxylic acid;*o*-Phenylbenzoic acid [947-84-2]

【生产厂】[苏]常州市武进临川化工有限公司〈P1854〉

联苯-4-乙酸；4-联苯乙酸 C02094221

4-Biphenylacetic acid [5728-52-9]

【生产厂】[京]北京维达化工有限公司(50吨)〈P1563〉;大庆开发区新世纪精细化工有限公司北京裕立化工有限公司〈P1567〉;北京奥得赛化学有限公司〈P1543〉;[黑]大庆新世纪精细化工有限公司〈P1722〉;[浙]杭州国晨化工技术有限公司〈P1917〉;杭州龙生化工有限公司〈P1921〉;[赣]江西省励远化工科技实业公司〈P2009〉

4′-甲基联苯-2-羧酸 C02094251

4′-Methylbiphenyl-2-carboxylic acid

【生产厂】[京]北京诺德恒信化工技术有限公司〈P1556〉;[苏]江苏中丹制药有限公司〈P1823〉;[浙]浙江金立源药业有限公司〈P1951〉;浙江天宇药业有限公司(50吨)〈P1969〉;[赣]江西省励远化工科技实业公司〈P2009〉

癸二酸；皮脂酸 C02094301

Decanedioic acid;Sebacic acid [111-20-6]

用作耐寒增塑剂、树脂及尼龙等的原料

【生产厂】[津]天津有机化学工业总公司(1万吨)〈P1616〉;[冀]衡水东风化工有限责任公司(2万吨)〈P1667〉;[晋]太原中联泽农化工有限公司〈P1672〉;[蒙]通辽市通华蓖麻化工有限责任公司〈P1682〉;通辽市威宁化工有限责任公司〈P1682〉;内蒙古天润蓖麻开发有限公司〈P1682〉;[苏]江苏省沛县东方化工厂〈P1793〉;南通恒兴电子材料有限公司〈P1833〉;[鲁]山东省莘县四强化工有限公司(1万吨)〈P2154〉;[豫]濮阳市银泰工贸有限公司〈P2215〉;中国石化集团公司中原石化公司(3000吨)〈P2216〉

【使用厂】[沪]上海赛璐化工有限公司〈P1759〉;[皖]安徽氯碱化工集团有限责任公司〈P1972〉;[鲁]淄博广通化工有限责任公司〈P2060〉;[陕]西安昌泰化工厂〈P2347〉

草酸；乙二酸；修酸 C02094401

Oxalic acid [144-62-7]

主要用作还原剂和漂白剂,印染工业的媒染剂,亦用于提炼稀有金属,合成各种草酸酯、草酸盐和草酰胺等

【生产厂】[津]天津休美特国际贸易有限公司(2万吨)〈P1616〉;天津市天福精细化工有限公司(20吨)〈P1604〉;[冀]石家庄冀华化工纺织有限公司〈P1627〉;黄骅桑田化工有限公司〈P1656〉;[晋]山西省原平市化工有限责任公司(8万吨)〈P1676〉;[蒙]乌海市恒昌化工有限责任公司(2万吨)〈P1682〉;[黑]佳木斯黑龙农药化工股份有限公司〈P1724〉;牡丹江鸿利化工有限责任公司(8万吨)〈P1723〉;[沪]上海威呈化工有限公司〈P1769〉;上海广裕精细化工有限公司〈P1735〉;[苏]泰兴市有机化工四厂(5000吨)〈P1827〉;海门贝斯特精细化工有限公司(360吨)〈P1829〉;南通恒兴电子材料有限公司〈P1833〉;[皖]合肥东风化工总厂(6万吨)〈P1972〉;核工业华东地质局芜湖二七一化工厂(1200吨)〈P1973〉;[鲁]淄博市淄川五龙化工材料厂(600吨)〈P2072〉;淄博永超化工有限公司〈P2075〉;青州市振华化工有限公司(5000吨)〈P2093〉;青州市兴源助剂厂〈P2093〉;青州市奥星化工有限公司〈P2091〉;枣庄市丰元化工有限公司(5000吨)〈P2080〉;[湘]株洲选矿药剂厂(1万吨)〈P2250〉;[川]四川泸天化股份有限公司〈P2323〉

【使用厂】[津]天津市新丽华色材有限责任公司〈P1608〉;[冀]中国昊华集团宣化有限公司〈P1650〉;河北雄威化工股份有限公司〈P1648〉;邯郸市赵都精细化工厂〈P1639〉;[蒙]赤峰制药集团有限责任公司〈P1682〉;通辽制药总厂〈P1682〉;[辽]大连第一有机化工有限公司〈P1691〉;沈阳市试剂三厂〈P1688〉;丹东医创药业有限责任公司〈P1701〉;[沪]上海祁南胶粘材料厂〈P1756〉;上海浦东旭光化工有限公司〈P1756〉;上海美兴化工有限公司〈P1753〉;上海达峰化工合作公司〈P1730〉;[苏]张家港市宏新化学制药有限公司〈P1912〉;[浙]浙江海正药业股份有限公司〈P1964〉;[闽]建阳市青松化工有限公司〈P2005〉;福建省浦城林产化工总厂〈P2004〉;[赣]赣州钴钨有限责任公司〈P2014〉;[鲁]山东省邹平县齐苑化工有限公司〈P2156〉;[豫]荥阳市六零集团公司六零二分厂〈P2169〉;南阳普康药业有限公司〈P2224〉;[粤]广州化学试剂厂〈P2261〉;[川]成都天华科技股份有限公司〈P2315〉

草酰乙酸 C02094451

Oxaloacetic acid [328-42-7]

【生产厂】[苏]南京法姆化学厂〈P1783〉

酒石酸；DL-酒石酸；2,3-二羟基丁二酸 C02094501

2,3-Dihydroxysuccinic acid;Tartaric acid [133-37-9]

用于制造酒石酸盐类,在电镀晒图中用作pH稳定剂,食品工业用作酸味剂,工业上主要用作络合剂,也可用于医药

【生产厂】[冀]河北智通化工有限责任公司(5000吨)〈P1623〉;[晋]山西太明化工工业有限公司(2000吨)〈P1676〉;[吉]磐石长城精细化工有限公司〈P1716〉;[沪]上海邦成化工有限公司〈P1728〉;上海艾博添加剂有限公司〈P1727〉;[苏]江阴海达精细化工厂〈P1867〉;江苏华昌(集团)有限公司〈P1893〉;[浙]杭州宝晶生物化工有限公司〈P1915〉;宁海有机化工厂(3000吨)〈P1934〉;衢州市台胞投资经贸有限公司〈P1958〉;衢州市兴隆助剂有限公司〈P1958〉;温州市白水化工厂〈P1937〉;[赣]吉安市通海医药化工有限公司〈P2017〉;吉安市海洲医药化工有限公司〈P2017〉;[豫]郑州市实验化工厂(1300吨)〈P2173〉;[鄂]武汉莱恩科技有限公司〈P2231〉;武汉神舟化工有限公司〈P2232〉;武汉醒狮化学品有限公司〈P2235〉;[粤]广东西陇化工有限公司〈P2276〉

【使用厂】[京]北京市港华助剂有限责任公司〈P1559〉;[津]天津天成制药有限公司〈P1614〉;[辽]沈阳市试剂三厂〈P1688〉;[沪]上海美兴化工有限公司〈P1753〉;上海新浦化工厂有限公司〈P1772〉;[苏]宜兴市创新精细化工有限公司〈P1883〉;宜兴市石化助剂厂〈P1886〉;[浙]浙江新东海医药化工有限公司〈P1969〉;[鲁]济南华菱药业有限公司〈P2022〉;山东瑞阳制药有限公司〈P2054〉;[粤]广州化学试剂厂〈P2261〉;[川]成都天华科技股份有限公司〈P2315〉

D-酒石酸；右旋酒石酸；D-2,3-二羟基琥珀酸 C02094503

D-Tartaric acid [147-71-7]

用作医药拆分剂、食品添加剂、生化试剂等

【生产厂】[晋]山西太明化工工业有限公司(100吨)〈P1676〉;[沪]上海新浦化工厂有限公司〈P1772〉;上海邦成化工有限公司〈P1728〉;[苏]江阴海达精细化工厂〈P1867〉;[浙]杭州宝晶生物化工有限公司〈P1915〉;宁海有机化工厂〈P1934〉;浙江新东海医药化工有限公司〈P1969〉;温州市白水化工厂〈P1937〉;[鲁]枣庄麒彩手性药物化学有限公司(5000吨)〈P2080〉

【使用厂】[苏]苏州益良药业有限公司〈P1907〉

C

L-酒石酸;左旋酒石酸;L-(+)-酒石酸 C02094504

L-Tartaric acid [87-69-4]

主要作为酸味剂、拆分剂和制药原料

【生产厂】[冀]怀来长城生物化学工程有限公司〈P1650〉;[晋]山西太明化工工业有限公司(2000吨)〈P1676〉;[沪]上海新浦化工厂有限公司〈P1772〉;上海艾博添加剂有限公司〈P1727〉;[浙]杭州宝晶生物化工有限公司〈P1915〉;宁海有机化工厂(2500吨)〈P1934〉;浙江黄岩生物工程有限公司〈P1965〉;衢州市台胞投资经贸有限公司〈P1958〉

D-(+)-二苯甲酰酒石酸 C02094511

(+)-Dibenzoyl-D-tartaric acid [17026-42-5]

广泛用于手性拆分胺类化合物

【生产厂】[冀]深泽县三洁化工有限公司〈P1625〉;[辽]大连联化化学有限公司〈P1692〉;[浙]衢州市台胞投资经贸有限公司〈P1958〉;[粤]深圳市鹏基生物有限公司〈P2272〉;[川]成都丽凯手性技术有限公司〈P2313〉

D-(+)-二苯甲酰酒石酸一水物 C02094512

(+)-Dibenzoyl-D-tartaric acid monohydrate [80822-15-7]

用于手性拆分胺类化合物

【生产厂】[冀]深泽县三洁化工有限公司〈P1625〉;[浙]衢州市台胞投资经贸有限公司〈P1958〉;[粤]深圳市鹏基生物有限公司〈P2272〉;[川]成都丽凯手性技术有限公司〈P2313〉

D-(+)-二对甲基苯甲酰酒石酸 C02094513

(+)-Di-*p*-methylbenzoyl-D-tartaric acid [32634-68-7]

广泛用于手性拆分胺类化合物

【生产厂】[冀]深泽县三洁化工有限公司〈P1625〉;[辽]大连联化化学有限公司〈P1692〉;[浙]衢州市台胞投资经贸有限公司〈P1958〉;[鲁]莱芜市润中精细化工有限公司〈P2140〉;[粤]深圳市鹏基生物有限公司〈P2272〉;[川]成都丽凯手性技术有限公司〈P2313〉

D-(+)-二对甲基苯甲酰酒石酸一水物 C02094515

Di-*p*-methylbenzoyl-D-tartaric acid, monohydrate [71607-32-4]

广泛用于手性拆分胺类化合物

【生产厂】[冀]深泽县三洁化工有限公司〈P1625〉;[浙]衢州市台胞投资经贸有限公司〈P1958〉;[鲁]莱芜市润中精细化工有限公司〈P2140〉;[粤]深圳市鹏基生物有限公司〈P2272〉;[川]成都丽凯手性技术有限公司〈P2313〉

L-(-)-二苯甲酰酒石酸 C02094521

(-)-Dibenzoyl-L-tartaric acid [2743-38-6]

广泛用于手性拆分胺类化合物

【生产厂】[冀]深泽县三洁化工有限公司〈P1625〉;[辽]大连联化化学有限公司〈P1692〉;[浙]衢州市台胞投资经贸有限公司〈P1958〉;温州市白水化工厂〈P1937〉;[粤]深圳市鹏基生物有限公司〈P2272〉;[川]成都丽凯手性技术有限公司〈P2313〉

L-(-)-二苯甲酰酒石酸一水物 C02094522

(-)-Dibenzoyl-L-tartaric acid monohydrate [62708-56-9]

广泛用于手性拆分外消旋胺类化合物

【生产厂】[冀]深泽县三洁化工有限公司〈P1625〉;[浙]衢州市台胞投资经贸有限公司〈P1958〉;[粤]深圳市鹏基生物有限公司〈P2272〉

L-(-)-二对甲基苯甲酰酒石酸 C02094523

Di-*p*-toluoyl-L-tartaric acid [32634-66-5]

广泛用于手性拆分胺类化合物

【生产厂】[冀]深泽县三洁化工有限公司〈P1625〉;[辽]大连联化化学有限公司〈P1692〉;[浙]衢州市台胞投资经贸有限公司〈P1958〉;[鲁]莱芜市润中精细化工有限公司〈P2140〉;[粤]深圳市鹏基生物有限公司〈P2272〉;[川]成都丽凯手性技术有限公司〈P2313〉

L-(-)-二对甲基苯甲酰酒石酸一水物 C02094525

Di-*p*-toluoyl-L-tartaric acid, monohydrate

广泛用于手性拆分胺类化合物

【生产厂】[冀]深泽县三洁化工有限公司〈P1625〉;[浙]衢州市台胞投资经贸有限公司〈P1958〉;[鲁]莱芜市润中精细化工有限公司〈P2140〉;[粤]深圳市鹏基生物有限公司〈P2272〉;[川]成都丽凯手性技术有限公司〈P2313〉

D-(+)-二对甲氧基苯甲酰酒石酸 C02094531

Di-*p*-anisoyl-D-tartaric acid [191605-10-4]

【生产厂】[辽]大连联化化学有限公司〈P1692〉;[粤]深圳市鹏基生物有限公司〈P2272〉

L-(-)-二对甲氧基苯甲酰酒石酸 C02094535

Di-*p*-anisoyl-L-tartaric acid [50583-51-2]

【生产厂】[辽]大连联化化学有限公司〈P1692〉;[粤]深圳市鹏基生物有限公司〈P2272〉

氨基酸;氨基酸系列 C02094800

Amino acid

用作营养强化剂、动物饲用添加剂,用于合成药物

【生产厂】[沪]上海凯洛格化工科技有限公司〈P1747〉;上海安祺生化技术有限公司〈P1727〉;上海协和氨基酸有限公司(2500吨)〈P1771〉;[浙]宁波市镇海步云生化厂〈P1933〉;[皖]淮北新兴实业有限责任公司〈P1977〉;[鲁]垦利三合新材料科技有限责任公司(2000吨)〈P2084〉;[豫]河南医科大学制药厂(30吨)〈P2168〉;[鄂]武汉百友氨基酸有限公司〈P2229〉;[川]四川同晟氨基酸有限公司(100吨)〈P2329〉;四川省玉鑫药业有限公司〈P2328〉

【使用厂】[鲁]化学工业(全国)饲料添加剂工程技术中心山东科技公司〈P2020〉

氨基乙酸;甘氨酸 C02094801

Aminoacetic acid; Glycine [56-40-6]

用作生化试剂,用于医药、饲料和食品添加剂,氮肥工业用作无毒脱碳剂

【生产厂】[京]北京清华紫光英力化工技术有限责任公司〈P1557〉;北京奥博星生物技术责任有限公司〈P1543〉;北京健力药业有限公司〈P1551〉;[津]天津市无机化学工业研究所(50吨)〈P1606〉;天津天安药业股份有限公司〈P1614〉;天津天成制药有限公司(50吨)〈P1614〉;[冀]河北新东华氨基酸有限公司(5万吨)〈P1623〉;石家庄维诺伟业生物制品有限公司〈P1633〉;河北智通化工有限责任公司(1万吨)〈P1623〉;河北星宇化工有限公司〈P1623〉;河北东华化工总公司(50万吨)〈P1619〉;石家庄市新泽兴化工有限公司〈P1631〉;河北东华化工集团(8万吨)〈P1619〉;石家庄市海天精细化工有限公司〈P1629〉;石家庄市石兴氨基酸有限公司〈P1631〉;河北省冀州市华阳化工有限责任公司(3000吨)〈P1665〉;河北省文安县天成精细化工厂〈P1659〉;保定中原绿农化工有限公司〈P1647〉;河北保定满通精细化工有限公司〈P1647〉;保定

市满城东方化工有限公司〈P1646〉;北京市清河塑料厂顺平县联营厂〈P1647〉;[蒙]阿拉善达康精细化工股份有限公司〈P1681〉;[黑]鹤岗市清华紫光英力农化有限公司〈P1725〉;[苏]南京仁信化工有限公司〈P1788〉;无锡四周氨基酸有限公司〈P1881〉;无锡市瑞源化工有限公司〈P1878〉;南通市东昌化工有限公司(2万吨)〈P1834〉;南通光荣化工有限公司(1200吨)〈P1833〉;[浙]桐乡市康普达生物科技有限公司〈P1943〉;宁波海德氨基酸工业有限公司〈P1930〉;[赣]江西电化精细化工有限责任公司(1万吨)〈P2010〉;江西电化有限责任公司余江化工分厂(3000吨)〈P2013〉;[豫]郑州厚泽木食品技术有限公司〈P2170〉;濮阳中原三力实业有限公司(5000吨)〈P2216〉;许昌东方化工有限公司(8000吨)〈P2218〉;[鄂]武汉麦可贝斯生物科技有限公司〈P2231〉;武汉市合中化工制造有限公司〈P2232〉;武汉武大弘元股份有限公司〈P2234〉;武汉汉龙氨基酸有限责任公司〈P2230〉;湖北八峰药化股份有限公司〈P2245〉;[陕]陕西西岳制药有限公司〈P2352〉

【使用厂】[辽]沈阳市试剂三厂〈P1688〉;[黑]黑龙江黑化集团有限公司〈P1722〉;[沪]上海升联化工有限公司〈P1762〉;上海市沪江生化厂〈P1763〉;[苏]苏州市永达精细化工有限公司〈P1906〉;扬州市恒生化工有限公司〈P1818〉;镇江江南化工有限公司〈P1844〉;江苏苏化集团有限公司〈P1894〉;常熟市农药厂有限公司〈P1890〉;太仓市农药厂有限公司〈P1908〉;[浙]杭州金帆达化工有限公司〈P1919〉;[闽]福建三农集团股份有限公司〈P1994〉;[鲁]兖矿鲁南化肥厂〈P2080〉;化学工业(全国)饲料添加剂工程技术中心山东科技公司〈P2020〉;[豫]安阳市安林生物化工有限责任公司〈P2208〉;[桂]桂林市红星化工有限责任公司〈P2299〉

N-苯基甘氨酸;苯胺基乙酸 C02094811

N-Phenylglycine; Anilinoacetic acid [103-01-5]

用于制造靛蓝染料,用作医药中间体

【生产厂】[京]北京清华紫光英力化工技术有限责任公司〈P1557〉;[浙]浙江海宁群力化工有限公司〈P1943〉;[鄂]襄樊诺尔化工有限公司〈P2238〉;[渝]重庆紫光化工有限责任公司(500吨)〈P2308〉

D-对羟基苯甘氨酸 C02094812

D-*p*-Hydroxyphenylglycine [22818-40-2]

用作医药中间体,主要用于半合成青霉素、羟氨苄青霉素、头孢菌素等药物合成

【生产厂】[冀]石家庄龙泰化工有限公司(300吨)〈P1628〉;河北宏源化工有限公司(1000吨)〈P1620〉;[晋]山西临汾染化(集团)有限责任公司〈P1678〉;[黑]大庆新世纪精细化工有限公司〈P1722〉;[沪]上海康福赛尔医药科技有限公司〈P1748〉;[浙]横店集团家园化工有限公司〈P1952〉;[鲁]淄博圣泽精细化工有限公司〈P2067〉;[豫]河南四通精细化工有限公司〈P2218〉;河南新天地药业有限公司(1500吨)〈P2218〉

DL-对羟基苯甘氨酸 C02094819

DL-*p*-Hydroxyphenylglycine

用作医药中间体

【生产厂】[冀]石家庄龙泰化工有限公司(1000吨)〈P1628〉;鹿泉市弘利精细化工厂(1000吨)〈P1625〉;[晋]山西临汾染化(集团)有限责任公司〈P1678〉

D-烯丙基甘氨酸 C02094821

D-Allylglycine [108412-04-0]

【生产厂】[沪]上海求德生物化工有限公司〈P1758〉

右旋苯甘氨酸;D-α-苯甘氨酸 C02094831

D-2-Phenylglycine; D-(－)-α-Aminophenylacetic acid [875-74-1]

用于新药制造

【生产厂】[冀]石家庄市石兴氨基酸有限公司〈P1631〉;[沪]上海实业化工有限公司(200吨)〈P1763〉;[浙]浙江省海宁市云涛化工有限责任公司〈P1944〉;横店集团家园化工有限公司〈P1952〉

对氟苯甘氨酸;DL-4-氟苯甘氨酸 C02094841

4-Fluorophenylglycine [7292-73-1]

用作医药中间体

【生产厂】[川]爱斯特(成都)医药技术有限公司〈P2309〉

D-4-氟苯甘氨酸 C02094843

D-4-Fluorophenylglycine

【生产厂】[川]爱斯特(成都)医药技术有限公司〈P2309〉

L-4-氟苯甘氨酸 C02094845

L-4-Fluorophenylglycine [19883-57-9]

【生产厂】[沪]上海康福赛尔医药科技有限公司〈P1748〉;[川]爱斯特(成都)医药技术有限公司〈P2309〉

N-叔丁氧羰基甘氨酸;*N*-*t*-Boc-甘氨酸 C02094851

N-(*tert*-Butoxycarbonyl) glycine [4530-20-5]

用于蛋白质及多肽等的合成,广泛应用于医药生物化学、食品、化妆品等多种产品合成中

【生产厂】[浙]浙江台州海神制药有限公司〈P1968〉

N-邻苯二甲酰甘氨酸 C02094861

N-Phthaloylglycine; Phthalimidoacetic acid [4702-13-0]

【生产厂】[沪]上海赛恩斯医药化工有限公司〈P1759〉

N-苄氧羰酰基甘氨酸 C02094871

N-Carbobenzyloxyglycine; *N*-CBZ-glycine [1138-80-3]

用作多肽试剂

【生产厂】[沪]上海赛恩斯医药化工有限公司〈P1759〉

双甘氨肽;*N*-甘氨酰甘氨酸;一缩二氨基乙酸 C02094891

Glycyl-glycine; *N*-Glycylglycine; Gycylglycine [556-50-3]

【生产厂】[京]北京健力药业有限公司〈P1551〉;[苏]常州市东南开发区兴阳生物助剂有限公司〈P1850〉;[川]四川峨眉山荣高生化制品有限公司〈P2318〉;四川同晟氨基酸有限公司(100吨)〈P2329〉

L-脯氨酸 C02094901

L-Proline [147-85-3]

用于氨基酸注射剂、复合氨基酸输液、食品添加剂、营养增补液等

【生产厂】[京]北京奥博星生物技术责任有限公司〈P1543〉;[冀]石家庄维诺伟业生物制品有限公司〈P1633〉;石家庄市环城氨基酸厂〈P1629〉;石家庄市新泽兴化工有限公司〈P1631〉;石家庄市海天精细化工有限公司〈P1629〉;石家庄市石兴氨基酸有限公司〈P1631〉;晋州冀荣氨基酸有限公司(100吨)〈P1625〉;河北省冀州市华阳化工有限责任公司〈P1665〉;[沪]上海斐雅科技发展有限公司〈P1733〉;上海协和氨基酸有限公司(600吨)〈P1771〉;[苏]南京仁信化工有限公司〈P1788〉;无锡四周氨基酸有限公司〈P1881〉;江苏菊花味精集团公司(300吨)〈P1894〉;张家港市菊花氨基酸有限公司〈P1913〉;[浙]桐乡市康普达生

物科技有限公司〈P1943〉;宁波立华制药有限公司〈P1931〉;宁波海德氨基酸工业有限公司〈P1930〉;宁波科瑞生物工程有限公司〈P1931〉;[豫]郑州厚泽木食品技术有限公司〈P2170〉;[鄂]武汉麦可贝斯生物科技有限公司〈P2231〉;武汉武大弘元股份有限公司〈P2234〉;武汉汉龙氨基酸有限责任公司〈P2230〉;湖北八峰药化股份有限公司〈P2245〉;[川]四川峨眉山荣高生化制品有限公司〈P2318〉;罗江晨明生物制品有限公司(100吨)〈P2324〉

【使用厂】[沪]上海五洲药业股份有限公司〈P1770〉;[苏]常州药业股份有限公司〈P1858〉;[浙]浙江华海药业股份有限公司〈P1964〉;[鲁]山东潍坊制药厂有限公司〈P2099〉

C

D-脯氨酸 C02094905

D-Proline [344-25-2]

用于合成药品

【生产厂】[冀]石家庄市石兴氨基酸有限公司〈P1631〉;[沪]上海求德生物化工有限公司〈P1758〉;[苏]无锡四周氨基酸有限公司〈P1881〉;江苏菊花味精集团公司(40吨)〈P1894〉;[浙]浙江普康化工有限公司〈P1959〉;[皖]安徽省恒锐新技术开发有限责任公司〈P1972〉

DL-脯氨酸;脯氨酸 C02094909

DL-Proline [609-36-9]

【生产厂】[沪]上海求德生物化工有限公司〈P1758〉;[苏]张家港市菊花氨基酸有限公司〈P1913〉

反式-4-环己基-L-脯氨酸 C02094921

trans-4-Cyclohexyl-L-prodine

【生产厂】[浙]浙江圣达药业有限公司〈P1967〉;[赣]江西迪瑞合成化工有限公司〈P2014〉

N-苄氧羰酰基-D-脯氨酸 C02094931

N-Benzyloxycarbonyl-D-proline;*N*-CBZ-D-proline [6404-31-5]

【生产厂】[沪]上海万凯化学有限公司〈P1768〉

N-乙酰-L-羟基脯氨酸 C02094971

N-Acetyl-L-hydroxyproline

【生产厂】[鄂]武汉阿米诺科技有限公司〈P2228〉;[川]成都科恩医药化工实业有限公司(24吨)〈P2312〉

L-羟基脯氨酸;L-4-羟基脯氨酸 C02094981

L-Hydroxyproline;L-4-Hydroxyproline [51-35-4]

【生产厂】[冀]石家庄市海天精细化工有限公司〈P1629〉;石家庄市石兴氨基酸有限公司〈P1631〉;[沪]上海斐雅科技发展有限公司〈P1733〉;上海求德生物化工有限公司〈P1758〉;[浙]宁波海德氨基酸工业有限公司〈P1930〉;[鄂]武汉阿米诺科技有限公司〈P2228〉;武汉武大弘元股份有限公司〈P2234〉

硫代脯氨酸 C02094991

Thioproline [34592-47-7]

【生产厂】[鄂]武汉武大弘元股份有限公司〈P2234〉

1,2,3-苯三甲酸;连苯三甲酸 C02095031

1,2,3-Benzenetricarboxylic acid;Hemimellitic acid [569-51-7]

【生产厂】[京]北京达科思精细化工研究所〈P1545〉;[苏]太仓市中天化学有限公司(10吨)〈P1909〉;[皖]黄山市泰达化工有限公司(200吨)〈P1981〉

均苯三甲酸;1,3,5-苯三甲酸 C02095051

1,3,5-Benzenetricarboxylic acid [554-95-0]

用作医药中间体,也用于制备杀菌剂、防霉剂、增塑剂和交联剂

【生产厂】[京]北京维达化工有限公司(100吨)〈P1563〉;北京达科思精细化工研究所〈P1545〉;[冀]河北斌扬集团山海关万通助剂厂〈P1637〉;秦皇岛万通精化有限公司〈P1637〉;[苏]太仓市中天化学有限公司(30吨)〈P1909〉;张家港丰达制药有限公司〈P1911〉;[皖]黄山市泰达化工有限公司(1000吨)〈P1981〉

均苯四甲酸;1,2,4,5-苯四甲酸;PMA C02095071

Pyromellitic acid [89-05-4]

用于合成聚酰亚胺、均苯四酸辛酯等,是生产消光固化剂的主要原料

【生产厂】[冀]河北省藁城市瑞星化工有限责任公司(350吨)〈P1621〉;[浙]宁波市贝特化工新材料有限公司〈P1932〉;[皖]黄山市德平化工有限公司〈P1981〉;[豫]濮阳市民源精细化工有限公司(5000吨)〈P2214〉;[鄂]武汉汉南同心化工有限公司〈P2230〉;[粤]广州龙沙有限公司〈P2262〉

12-羟基硬脂酸 C02095101

12-Hydroxystearic acid [106-14-9]

用于制润滑脂,也用于有机合成

【生产厂】[蒙]通辽市通华蓖麻化工有限责任公司(4800吨)〈P1682〉;通辽市威宁化工有限责任公司〈P1682〉;内蒙古天润蓖麻开发有限公司〈P1682〉

次氮基三乙酸;氮川三乙酸;氨基三乙酸;次氨基三乙酸;NTA C02095201

Nitrilotriacetic acid;NTA [139-13-9]

在染料工业中是相当好的固色剂,在苯乙烯生产中起稳定剂作用,在聚氨酯泡沫生产中起催化剂及络合剂等作用

【生产厂】[京]北京清华紫光英力化工技术有限责任公司〈P1557〉;北京马氏精细化学品有限公司〈P1555〉;[沪]上海三维制药有限公司〈P1760〉;上海裕立实业有限公司(1000吨)〈P1776〉;[鲁]济南鲁联集团试剂有限公司(50吨)〈P2023〉

胆酸;3α,7α,12α-三羟基-5β-胆烷酸 C02095401

Cholic acid;Cholalic acid [81-25-4]

一种具有类固醇结构的有机酸,能乳化脂肪,促进其消化作用

【生产厂】[湘]湖南益阳益威生化试剂有限公司〈P2256〉;常德云港生物科技有限公司〈P2255〉;[粤]汕头市澄海区民康生化厂〈P2276〉;[川]四川广汉博盛生化制品有限责任公司〈P2326〉

【使用厂】[鲁]兖州生宝制药有限公司〈P2134〉

全氟丙酸 C02095421

Perfluoropropanoic acid [422-64-0]

【生产厂】[辽]金凯(阜新)化工有限公司〈P1708〉

去氢胆酸;脱氢胆酸 C02095431

Dehydrocholic acid [81-23-2]

【生产厂】[皖]淮北市博奥高科生物化学有限公司〈P1977〉;[湘]常德云港生物科技有限公司〈P2255〉

托品酸;2-苯基-3-羟基丙酸 C02095451
Tropic acid;3-Hydroxy-2-phenylpropanoic acid [529-64-6]
【生产厂】[苏]苏州市苏瑞医药化工有限公司〈P1905〉;[豫]河南普瑞制药有限公司〈P2227〉

3-(4-氯苯基)丙酸 C02095461
3-(4-Chlorophenyl) propionic acid
【生产厂】[苏]金坛市华盛化工助剂有限公司〈P1862〉

2-乙酰氨基-3-(4-氯苯基)丙酸 C02095465
2-Acetylamino-3-(4-chlorophenyl) propionic acid [14091-10-2]
用作医药中间体
【生产厂】[京]北京东方德众科技发展有限公司〈P1546〉

2-乙酰氨基-3-(3,4-二氯苯基)丙酸 C02095467
2-Acetylamino-3-(3,4-dichlorophenyl) propionic acid
用作医药中间体
【生产厂】[京]北京东方德众科技发展有限公司〈P1546〉

2-乙酰氨基-3-(3,4-二羟基苯基)丙酸 C02095469
2-Acetylamino-3-(3,4-dihydroxyphenyl) propionic acid
用作医药中间体
【生产厂】[京]北京东方德众科技发展有限公司〈P1546〉

***R*-(+)-(2-羟基苯氧基)丙酸** C02095475
R-(+)-(2-Hydroxyphenoxy) propionic acid [94050-90-5]
用作医药中间体
【生产厂】[沪]上海科利生物医药有限公司〈P1749〉;[苏]常州联新化工有限公司〈P1848〉

对溴甲基苯丙酸 C02095489
p-Bromomethylphenylpropionic acid [111128-12-2]
用作医药中间体
【生产厂】[浙]杭州科本化工有限公司〈P1920〉

L-(+)-3-氨基-3 苯基丙酸 C02095495
L-(+)-3-Amino-3-phenylpropionic acid [83649-47-2]
【生产厂】[沪]上海康福赛尔医药科技有限公司〈P1748〉;[赣]江西犇牛医药化工有限公司〈P2015〉

D-(-)-3-氨基-3-苯基丙酸 C02095497
D-(-)-3-Amino-3-phenylpropionic acid [83649-48-3]
【生产厂】[沪]上海康福赛尔医药科技有限公司〈P1748〉

DL-3-氨基-3-苯基丙酸 C02095499
DL-3-Amino-3-phenylpropionic acid [3646-50-2]
【生产厂】[沪]上海康福赛尔医药科技有限公司〈P1748〉

琥珀酸;丁二酸 C02095501
Butane diacid;Butanedioic acid;Succinic acid [110-15-6]
主要用于制取丁二酸酐、丁二酸酯类等衍生物,用作涂料、染料、黏合剂、药物等的原料
【生产厂】[京]北京冶建新技术公司精细化工厂〈P1564〉;北京丽水化工有限责任公司(100 吨)〈P1554〉;[冀]辛集市华鹿福利皮毛助剂厂〈P1634〉;廊坊格瑞泰化工有限公司〈P1660〉;[辽]辽阳易晨化工有限公司〈P1712〉;[沪]上海邦成化工有限公司〈P1728〉;上海南翔试剂有限公司〈P1754〉;[苏]宜兴市燎原化工有限公司〈P1885〉;[浙]杭州金帆达化工有限公司(300 吨)〈P1919〉;浙江黄岩先灵化工厂(200 吨)〈P1965〉;[皖]安庆和兴化工有限责任公司(1000 吨)〈P1979〉;[赣]江西省吉水中南天然香料油厂〈P2019〉;[鲁]山东中舜科技发展有限公司(3000 吨)〈P2056〉;山东振兴化工有限公司〈P2099〉;[粤]广州市伟香单体香料有限公司〈P2266〉;深圳市飞扬实业有限公司〈P2270〉;[陕]陕西渭南惠丰化学工业有限责任公司(360 吨)〈P2352〉;陕西宝鸡宝玉化工有限公司〈P2351〉
【使用厂】[津]天津天成制药有限公司〈P1614〉;[辽]沈阳市试剂三厂〈P1688〉;[沪]上海美兴化工有限公司〈P1753〉;[苏]南京台硝化工有限公司〈P1790〉;高邮市宏扬助剂厂〈P1813〉;江苏华派集团〈P1807〉;[鲁]山东滕州悟通香料有限责任公司〈P2078〉;[豫]河南省尉氏县香料厂〈P2176〉;[粤]广州化学试剂厂〈P2261〉

α,β-二溴丁二酸;2,3-二溴丁二酸 C02095511
α,β-Dibromosuccinic acid [526-78-3]
用作生物素中间体
【生产厂】[京]北京丽水化工有限责任公司(30 吨)〈P1554〉;[沪]上海华彩精细化工有限公司〈P1738〉;上海索诚化学有限公司〈P1766〉;[苏]宜兴市芳桥东方化工厂〈P1884〉;江苏沃德化工有限公司〈P1894〉;[浙]湖州长盛化工有限公司〈P1945〉;浙江天台福达医药化工有限公司〈P1968〉;[皖]安徽省郎溪县联科实业有限公司〈P1986〉

***S*-(-)-2-溴丁二酸** C02095531
S-(-)-2-Bromosuccinic acid [584-98-5]
用于农药马拉硫磷的合成
【生产厂】[沪]上海利科化学科技有限公司〈P1750〉

甲基丁二酸;甲基琥珀酸 C02095551
Methylsuccinic acid [498-21-5]
【生产厂】[辽]大连天源基化学有限公司〈P1694〉;[鄂]襄樊诺尔化工有限公司〈P2238〉

2,2-二甲基丁二酸 C02095571
2,2-Dimethylsuccinic acid
【生产厂】[鄂]襄樊诺尔化工有限公司〈P2238〉

硬脂酸;十八碳烷酸;十八酸 C02095604
Stearic acid [57-11-4]
用于肥皂、化妆品、药品及其他有机化学品的制备
【生产厂】[冀]石家庄冀华化工纺织有限公司〈P1627〉;石家庄加力化学品有限公司〈P1627〉;衡水海润化工有限公司〈P1667〉;河北省东光县天力粘合剂厂〈P1655〉;[蒙]通辽市通华蓖麻化工有限责任公司〈P1682〉;[辽]丹东龙泽化工有限责任公司(3000 吨)〈P1700〉;[沪]上海索凯实业有限公司〈P1766〉;上海威呈化工有限公司〈P1769〉;上海元吉化工有限公司〈P1776〉;上海制皂有限公司(1 万吨)〈P1778〉;上海焦化总厂延安油脂化工厂嘉定分厂〈P1743〉;[苏]常州市无明化工有限公司〈P1854〉;常州市武进康佳化工有限公司〈P1854〉;无锡市嘉利华化工有限公司〈P1877〉;苏州市连海油脂化工有限公司〈P1904〉;苏州市三利特种添加剂有限公司〈P1904〉;苏州西华化工有限公司(4000 吨)〈P1907〉;江苏中鼎化学有限公司(1 万吨)〈P1895〉;兴化市伟业植物油脂厂(2500 吨)〈P1828〉;[浙]杭州众汇贸易(实业)有限公司(6000 吨)〈P1926〉;湖州市菱湖新望化学有限公司〈P1946〉;湖州展望药业化学有限公司〈P1946〉;德清县中信油脂有限公司(1600 吨)〈P1945〉;海盐利晖化工塑料有限公司〈P1940〉;上海华源制药浙江凤凰化工分公司〈P1954〉;兰溪市恒顺化工有限公司〈P1953〉;[皖]淮南山河药用辅料有限公司〈P1976〉;

［闽］福建中德科技有限公司〈P1988〉；福建天盛油脂化工有限公司(4000吨)〈P2007〉；福建泉州市中原隆化工有限公司(700吨)〈P1998〉；福建省沙县嘉利化工有限公司〈P1995〉；［赣］江西省宜春远大化工有限公司〈P2016〉；［鲁］临清市永康油脂厂(1000吨)〈P2152〉；山东淄博淄川新兴化工厂(300吨)〈P2056〉；山东省淄博市淄川汇通油脂精细化工厂(2000吨)〈P2055〉；周村大成特种油品厂〈P2057〉；淄博爱迪森油脂化工有限公司〈P2057〉；淄博凤宝化工有限公司〈P2059〉；淄博市周村天合化工有限公司〈P2072〉；博兴华润油脂化学有限公司(1万吨)〈P2154〉；广饶县福利树脂厂(5000吨)〈P2083〉；高密友强助剂有限公司〈P2089〉；山东金达双鹏集团有限公司〈P2095〉；潍坊市大明化工有限公司〈P2104〉；临朐县宏恩橡塑制品有限公司(600吨)〈P2090〉；山东烟台凯联化工有限公司(4500吨)〈P2115〉；青岛红星化工集团有限责任公司(5000吨)〈P2036〉；青岛碱业股份有限公司天柱化肥分公司(4万吨)〈P2038〉；山东瑞星化工有限公司(2万吨)〈P2136〉；［豫］河南久玖化工有限公司(20万吨)〈P2165〉；濮阳市溥源化工有限公司(500吨)〈P2214〉；许昌市物团化工有限公司〈P2219〉；［鄂］武汉莱恩科技有限公司〈P2231〉；［湘］湘潭市昭山旅游经贸开发区油脂化工厂(3500吨)〈P2251〉；［粤］广东西陇化工有限公司〈P2276〉；［川］成都宏博实业有限公司〈P2310〉；四川西普化工股份有限公司〈P2331〉；四川古杉油脂化学有限公司〈P2331〉；四川泸天化股份有限公司〈P2323〉；四川天宇油脂化学有限公司〈P2323〉；［新］新疆大森化工有限公司〈P2363〉；昌吉市疆北油脂化工厂〈P2367〉

【使用厂】［津］天津市天星助剂颜料厂〈P1605〉；［冀］石家庄市有机化工厂〈P1632〉；［辽］本溪怀特石油化工有限责任公司〈P1699〉；辽宁科隆化工实业有限公司〈P1709〉；［沪］上海新华化工厂〈P1772〉；上海华溢塑料助剂合作公司〈P1740〉；上海千为油脂科技有限公司〈P1757〉；上海天坛助剂有限公司〈P1767〉；上海葡萄糖厂〈P1755〉；上海碳酸钙厂〈P1767〉；［苏］南京金陵化工厂有限责任公司〈P1785〉；江都市润扬化工有限公司〈P1814〉；常州市武进运波化工有限公司〈P1855〉；江阴市光华化工有限公司〈P1869〉；［闽］福建省厦鹭电化有限公司〈P2001〉；［鲁］济南弘易化工厂〈P2021〉；青岛红星化工集团自力实业公司〈P2037〉；济南宏业音像化工有限责任公司〈P2022〉；山东海化华龙硝铵有限公司〈P2095〉；山东长链化学有限公司〈P2155〉；淄博市淄川创业油脂化工厂〈P2072〉；山东省桓台县金龙化工有限公司〈P2054〉；招远七六一有限责任公司〈P2120〉；山东聊城阿华制药有限公司〈P2153〉；淄博市鲁川化工有限公司〈P2070〉；淄川诚达化工厂〈P2077〉；山东港泰实业有限公司〈P2135〉；章丘市三行化工有限公司〈P2031〉；荣成市日跃化工有限公司〈P2122〉；寿光市曙光助剂厂〈P2100〉；淄博鑫桥化工有限公司〈P2074〉；青州振利化工有限公司〈P2094〉；［豫］河南省辉县市玉康油脂化工有限责任公司〈P2201〉；河南省新乡铁新化工工业公司〈P2201〉；巩义市凌云胶粘剂厂〈P2163〉；［粤］广州化学试剂厂〈P2261〉；佛山市植宝化工有限公司〈P2289〉；［桂］南宁市化工研究设计院〈P2297〉；［渝］重庆市化工研究院〈P2307〉；［滇］云南师范大学化工厂〈P2341〉

异十八酸；异硬脂酸　C02095608

Isostearic acid [2724-58-5]

用作化妆品原料、高级润滑油添加剂、各种酯类原料等

【生产厂】［沪］上海元吉化工有限公司〈P1776〉；［鲁］荣成市日跃化工有限公司(100吨)〈P2122〉

顺式十八碳-9,12-二烯酸；亚油酸　C02095610

Linoleic acid; 9,12-Octadecadienoic acid [60-33-3]

主要用作油漆和油墨的原料，也可用于生产聚酰胺、聚酯和聚脲等产品，还可作为治疗动脉粥样硬化药物的原料

【生产厂】［晋］太原中联泽农化工有限公司〈P1672〉；［辽］大连医诺生物有限公司〈P1694〉；［苏］江苏奥奇海洋生物工程有限公司(600吨)〈P1858〉；［赣］江西省吉水三达天然药用香料油厂〈P2018〉；江西省吉水中南天然香料油厂〈P2019〉；［鲁］蓬莱市海洋生物有限公司(300吨)〈P2112〉

顺二十碳-9-烯酸；花生烯酸　C02095613

Eicosenoic acid [26764-41-0]

是生产花生酸、洗涤剂、化妆品和其他化学品的原料，也可作为油酸替代品

【生产厂】［川］四川西普化工股份有限公司(800吨)〈P2331〉

二十碳不饱和脂肪酸；花生油酸　C02095615

Unsaturated arachidic acid [5561-99-9]

用作洗涤剂、化妆品和高级润滑油的原料

【生产厂】［川］四川泸天化股份有限公司〈P2323〉；四川天宇油脂化学有限公司〈P2323〉

二十碳饱和脂肪酸；花生酸　C02095616

Arachidic acid; Eicosanoic acid [506-30-9]

用于制取洗衣粉、照相材料、润滑油等

【生产厂】［川］四川西普化工股份有限公司〈P2331〉；四川泸天化股份有限公司〈P2323〉；四川天宇油脂化学有限公司〈P2323〉

13-二十二碳烯酸；芥酸　C02095622

Erucic acid; Erucidic acid [112-86-7]

用于制备润滑剂、表面活性剂和塑料助剂等

【生产厂】［豫］濮阳市市区四方化工厂(500吨)〈P2215〉；［川］四川西普化工股份有限公司(4000吨)〈P2331〉；四川古杉油脂化学有限公司〈P2331〉；四川泸天化股份有限公司〈P2323〉；四川天宇油脂化学有限公司〈P2323〉

【使用厂】［沪］上海华溢塑料助剂合作公司〈P1740〉

9,10-二羟基十八酸；9,10-二羟基硬脂酸　C02095641

9,10-Dihydroxystearic acid

【生产厂】［浙］浙江省嘉兴市巨强化工有限公司〈P1944〉

正二十二酸；山萮酸　C02095651

Docosanoic acid; Behenic acid [112-85-6]

用于制造山萮醇、山萮酸酯、山萮酸酰胺，广泛用于纺织、石油、洗涤剂、化妆品等行业

【生产厂】［豫］濮阳市市区四方化工厂〈P2215〉；［川］四川西普化工股份有限公司〈P2331〉；四川泸天化股份有限公司〈P2323〉；四川天宇油脂化学有限公司〈P2323〉

桐油酸；十八碳-9,11,13-三烯酸　C02095681

Elacostearic acid

【生产厂】［苏］扬州广润化工有限公司〈P1817〉

亚麻油酸；亚麻酸；十八碳-9,12,15-三烯酸　C02095691

Linolenic acid [60-33-3]

【生产厂】［京］北京三鸣生物工程有限公司〈P1557〉；［辽］大连医诺生物有限公司〈P1694〉

巯基丙酸；3-巯基丙酸　C02095711

3-Mercaptopropionic acid [107-96-0]

用于医药中间体、电子化学品等

【生产厂】[沪]上海宝瑞化工有限公司〈P1728〉;[鲁]青岛东海源生化科技有限公司〈P2034〉;山东滕州悟通香料有限责任公司〈P2078〉

2-巯基丙酸 C02095715

2-Mercaptopropionic acid [79-42-5]

用作医药中间体

【生产厂】[京]北京达科思精细化工研究所〈P1545〉;[沪]上海宝瑞化工有限公司〈P1728〉

二氟甲基硫乙酸 C02095721

Difluoromethylthioacetic acid [83494-32-0]

用作医药中间体

【生产厂】[浙]杭州浙大泛科化工有限公司〈P1925〉;横店集团家园化工有限公司〈P1952〉

羟基乙酸;乙醇酸;甘醇酸 C02095731

Hydroxyacetic acid; Glycolic acid [79-14-1]

用作制革助剂、水消毒剂、牛奶棚消毒剂、锅炉除垢剂等

【生产厂】[京]北京清华紫光英力化工技术有限责任公司〈P1557〉;[冀]河北诚信有限责任公司〈P1619〉;辛集市泰达石化有限公司〈P1634〉;[苏]江阴海达精细化工厂〈P1867〉;靖江宏泰化工有限公司〈P1824〉;[浙]浙江省湖州沙龙化工有限公司〈P1947〉;浙江海宁群力化工有限公司〈P1943〉;[粤]茂名市科成精细化工有限公司〈P2293〉

甲氧基乙酸 C02095741

Methoxyacetic acid [625-45-6]

【生产厂】[苏]苏州市华丰精细化工有限公司〈P1903〉;[皖]安徽立兴化工有限公司〈P1985〉;[鲁]山东武城康达化工有限公司(300 吨)〈P2146〉

乙氧基乙酸 C02095761

Ethoxyacetic acid [627-03-2]

用于有机合成和生化研究

【生产厂】[苏]苏州市华丰精细化工有限公司〈P1903〉

丙氧基乙酸 C02095765

Propoxyacetic acid

用作有机合成中间体

【生产厂】[苏]扬州腾达化工厂〈P1819〉

硫代乙酸;乙硫羟酸;乙硫酸 C02095771

Ethanethiolic acid; Thioacetic acid [507-09-5]

用作医药、香精香料中间体

【生产厂】[苏]南京苏如化工有限公司〈P1789〉;常州市新力医药化工有限公司〈P1855〉;[鲁]淄博福琛精细化工有限公司〈P2060〉;潍坊潍泰化工有限公司(500 吨)〈P2106〉;[粤]深圳欣福林精细化工有限公司〈P2273〉

【使用厂】[浙]浙江华海药业股份有限公司〈P1964〉

十四烷基巯基乙酸;十四硫代乙酸 C02095775

Tetradecylthioacetic acid [2921-20-2]

【生产厂】[沪]上海虹生实业有限公司〈P1737〉;上海久邦化工有限公司〈P1745〉;[鄂]黄冈市恒兴源化工有限责任公司〈P2244〉

5-氨基-2-氯-4-氟苯硫基乙酸 C02095799

5-Amino-2-chloro-4-fluorophenylthioacetic acid

用于制备高效、低毒、低残留农药和新型高效除草剂

【生产厂】[辽]大连瑞泽农药股份有限公司〈P1693〉

2-氟烟酸;2-氟吡啶-3-甲酸 C02095801

2-Fluoronicotinic acid [393-55-5]

【生产厂】[冀]河北省化学工业研究院〈P1621〉

5-氟烟酸;5-氟吡啶-3-甲酸 C02095803

5-Fluoronicotinic acid [402-66-4]

【生产厂】[冀]河北省化学工业研究院〈P1621〉

6-氟烟酸;6-氟吡啶-3-甲酸 C02095804

6-Fluoronicotinic acid [403-45-2]

【生产厂】[冀]河北省化学工业研究院〈P1621〉

2-氟异烟酸;2-氟吡啶-4-甲酸 C02095806

2-Fluoroisonicotinic acid; 2-Fluoropyridine-4-carboxylic acid [369-24-4]

【生产厂】[冀]河北省化学工业研究院〈P1621〉

2-氨基烟酸 C02095821

2-Aminonicotinic acid [5345-47-1]

【生产厂】[冀]河北省化学工业研究院〈P1621〉;[苏]盐城康福生化技术开发有限公司〈P1810〉

4-氨基烟酸;4-氨基吡啶-3-羧酸 C02095823

4-Aminonicotinic acid [7418-65-7]

用作药品和中间体

【生产厂】[冀]河北省化学工业研究院〈P1621〉;[沪]上海先导化学有限公司〈P1770〉;[苏]金坛市社头化工厂〈P1862〉

5-氨基烟酸 C02095824

5-Aminonicotinic acid [24242-19-1]

【生产厂】[冀]河北省化学工业研究院〈P1621〉

6-氨基烟酸;2-氨基吡啶-5-羧酸 C02095825

6-Aminonicotinic acid [3167-49-5]

【生产厂】[冀]河北省化学工业研究院〈P1621〉;[沪]上海先导化学有限公司〈P1770〉;[苏]金坛市社头化工厂〈P1862〉;盐城康福生化技术开发有限公司〈P1810〉

2-氨基异烟酸;2-氨基吡啶-4-羧酸 C02095826

2-Aminoisonicotinic acid [13362-28-2]

【生产厂】[冀]河北省化学工业研究院〈P1621〉;[沪]上海先导化学有限公司〈P1770〉;[苏]金坛市社头化工厂〈P1862〉

3-氨基异烟酸;3-氨基吡啶-4-羧酸 C02095827

3-Aminoisonicotinic acid [7579-20-6]

【生产厂】[冀]河北省化学工业研究院〈P1621〉;[沪]上海先导化学有限公司〈P1770〉;[苏]金坛市社头化工厂〈P1862〉

2-氯-6-甲基烟酸;6-甲基-2-氯烟酸 C02095881

2-Chloro-6-methylnicotinic acid [30529-70-5]

【生产厂】[浙]浙江台州海翔医药化工有限公司〈P1968〉

5-溴-2-羟基烟酸 C02095885

5-Bromo-2-hydroxynicotinic acid

用作制备抗高血压药、抗病毒药和抗阻胺类药的中间体

【生产厂】[冀]河北亚诺化工有限公司〈P1623〉

5-氯-6-羟基烟酸 C02095889

5-Chloro-6-hydroxynicotinic acid [54127-63-8]

【生产厂】[浙]浙江台州海翔医药化工有限公司〈P1968〉

腐殖酸;黑腐酸 C02095901

Humic acid;HA [1415-93-6]

是生产腐殖酸复合肥料的原料,也是生产钻井助剂、农药的原料

【生产厂】[津]天津休美特国际贸易有限公司(1万吨)〈P1616〉;天津华孚油田化学股份有限公司(1万吨)〈P1573〉;[蒙]乌海市公乌素宏利腐植酸厂(2万吨)〈P1681〉;内蒙古霍林郭勒市红霞腐植酸厂〈P1682〉;[赣]江西丰农生物科技有限公司〈P2015〉;江西省萍乡市乐乐腐植酸厂〈P2011〉;萍乡市潘塘腐植酸厂(5000吨)〈P2012〉;[新]新疆双龙腐植酸有限公司(8000吨)〈P2367〉

【使用厂】[鲁]青州市广汇化工厂〈P2092〉;山东省茌平县德玺生物肥料有限责任公司〈P2153〉;青州市良田化肥有限公司〈P2093〉

二茂铁甲酸 C02095951

Ferrocenecarboxylic acid [1271-42-7]

用于不对称有机合成催化剂,燃烧控制剂或调节剂,在高分子材料中也可作光敏剂、稳定剂和改良剂

【生产厂】[苏]南京市江宁区盛业化工有限公司〈P1789〉;苏州永拓医药科技有限公司〈P1907〉;盐城利民农化有限公司〈P1810〉;[浙]嘉兴精化化工有限公司〈P1941〉;[川]成都添彩化工有限公司〈P2316〉

5-氯戊酸 C02096191

5-Chlorovaleric acid [1119-46-6]

用作医药中间体

【生产厂】[津]天津天大天久科技股份有限公司(800吨)〈P1615〉

三氟乙酸;三氟醋酸 C02096201

Trifluoroacetic acid [76-05-1]

用作医药、农药中间体、生化试剂、有机合成试剂

【生产厂】[京]北京金源东和化学有限责任公司〈P1552〉;[苏]江苏康泰氟化工有限公司〈P1859〉;[浙]浙江化工科技集团有限公司〈P1927〉;[闽]福建省建阳金石氟业有限公司〈P2003〉;[鲁]济南市美华实业总公司化工厂〈P2025〉;济南万兴达化工有限公司〈P2026〉

【使用厂】[沪]上海五洲药业股份有限公司〈P1770〉;上海华彩精细化工有限公司〈P1738〉;[浙]浙江华海药业股份有限公司〈P1964〉

三氯乙酸 C02096202

Trichloroacetic acid [76-03-9]

用作三磷酸腺苷、细胞色素丙和胎盘脂多糖提取剂及蛋白质沉淀剂,也用作农药除草剂和有机合成原料

【生产厂】[苏]南通林港化工有限公司(100吨)〈P1834〉;[鲁]东营银桥化工有限公司〈P2083〉

【使用厂】[浙]浙江新农化工股份有限公司〈P1970〉;[闽]福建福农生化有限公司〈P1988〉

二氟溴乙酸 C02096251

Difluorobromoacetic acid

【生产厂】[京]北京金奥利维科技发展有限公司〈P1551〉

氟磺酰基二氟乙酸 C02096281

(Fluorosulfonyl)difluoroacetic acid [1717-59-5]

【生产厂】[沪]上海中科同力化工材料有限公司〈P1779〉

2-甲氧基烟酸 C02096301

2-Methoxynicotinic acid [16498-81-0]

【生产厂】[浙]浙江台州海翔医药化工有限公司〈P1968〉

6-甲基烟酸;6-甲基吡啶-3-甲酸 C02096303

6-Methylnicotinic acid [3222-47-7]

用作医药中间体

【生产厂】[冀]河北省化学工业研究院(50吨)〈P1621〉

2-苄硫基烟酸 C02096309

2-(Benzylthio)nicotinic acid [112811-90-2]

用作医药中间体

【生产厂】[鄂]襄樊市裕昌精细化工有限公司〈P2238〉

吡啶-2,6-二羧酸;皮考啉二酸 C02096311

Pyridine-2,6-dicarboxylic acid [499-83-2]

用作牛肝谷氨酸脱氢酶的竞争抑制剂

【生产厂】[京]北京奥得赛化学有限公司〈P1543〉;[浙]衢州市九洲化工有限公司〈P1958〉

吡啶-2,5-二羧酸 C02096313

Pyridine-2,5-dicarboxylic acid

【生产厂】[浙]衢州市九洲化工有限公司〈P1958〉

吡啶-2,3-二羧酸;喹啉酸 C02096315

Quinolinic acid;Pyridine-2,3-dicarboxylic acid [89-00-9]

用作有机合成试剂

【生产厂】[冀]河北中化滏恒股份有限公司(500吨)〈P1641〉;[沪]上海先导化学有限公司〈P1770〉;[苏]金坛市社头化工厂〈P1862〉;[浙]衢州市九洲化工有限公司〈P1958〉;[豫]南阳科生生物化工有限公司〈P2224〉

【使用厂】[沪]上海中西药业股份有限公司〈P1779〉

吡啶-3,5-二羧酸 C02096317

Pyridine-3,5-dicarboxylic acid [499-81-0]

【生产厂】[浙]衢州市九洲化工有限公司〈P1958〉

吡啶-3,4-二羧酸 C02096319

Pyridine-3,4-dicarboxylic acid [490-11-9]

【生产厂】[沪]上海先导化学有限公司〈P1770〉;[苏]金坛市社头化工厂〈P1862〉

2-吡啶甲酸;吡啶-2-甲酸 C02096321

Pyridine-2-carboxylic acid;2-Pyridinecarboxylic acid [98-98-6]

【生产厂】[京]北京维达化工有限公司(30吨)〈P1563〉;[沪]上海南翔试剂有限公司(10吨)〈P1754〉;[苏]南京红太阳集团〈P1784〉

3-羟基-2-吡啶甲酸 C02096325
3-Hydroxy-2-pyridinecarboxylic acid [874-24-8]
【生产厂】[京]北京维达化工有限公司(20 吨)〈P1563〉

6-羟基吡啶-2-羧酸;6-羟基-2-吡啶羧酸 C02096329
6-Hydroxypyridine-2-carboxylic acid [19621-92-2]
【生产厂】[沪]上海先导化学有限公司〈P1770〉;[苏]金坛市社头化工厂〈P1862〉

3-吡啶磺酸;吡啶-3-磺酸 C02096331
3-Pyridinesulfonic acid [636-73-7]
用于医药
【生产厂】[湘]新化县诺威化工有限公司〈P2258〉

4-羟基吡啶-3-磺酸 C02096336
4-Hydroxy-3-pyridinesulfonic acid [51498-37-4]
用于合成利尿药物托拉塞米
【生产厂】[鲁]山东中科泰斗化学有限公司〈P2030〉

2-溴烟酸;2-溴吡啶-3-甲酸 C02096341
2-Bromonicotinic acid [35905-85-2]
用作中间体
【生产厂】[冀]河北省化学工业研究院〈P1621〉

4-溴烟酸;4-溴吡啶-3-甲酸 C02096342
4-Bromonicotinic acid [15366-62-8]
【生产厂】[冀]河北省化学工业研究院〈P1621〉

5-溴烟酸;5-溴吡啶-3-甲酸 C02096343
5-Bromonicotinic acid [20826-04-4]
【生产厂】[冀]河北省化学工业研究院〈P1621〉;[沪]上海先导化学有限公司〈P1770〉;[苏]金坛市社头化工厂〈P1862〉

6-溴烟酸;6-溴吡啶-3-甲酸 C02096344
6-Bromonicotinic acid [6311-35-9]
【生产厂】[冀]河北省化学工业研究院〈P1621〉;[沪]上海先导化学有限公司〈P1770〉;[苏]金坛市社头化工厂〈P1862〉

2-溴异烟酸;2-溴吡啶-4-甲酸 C02096346
2-Bromoisonicotinic acid [66572-56-3]
【生产厂】[冀]河北省化学工业研究院〈P1621〉;[沪]上海先导化学有限公司〈P1770〉

3-溴异烟酸;3-溴吡啶-4-甲酸 C02096347
3-Bromoisonicotinic acid [13959-02-9]
【生产厂】[冀]河北省化学工业研究院〈P1621〉

5-溴吡啶-2-甲酸 C02096348
5-Bromopyridine-2-carboxylic acid [30766-11-1]
【生产厂】[沪]上海先导化学有限公司〈P1770〉;[苏]苏州市华伦化工有限公司〈P1903〉

6-溴吡啶-2-甲酸;6-溴-2-吡啶羧酸 C02096349
6-Bromopyridine-2-carboxylic acid [21190-87-4]
【生产厂】[沪]上海先导化学有限公司〈P1770〉;[苏]金坛市社头化工厂〈P1862〉

2-氯烟酸;2-氯吡啶-3-甲酸 C02096351
2-Chloronicotinic acid;2-Chloropyridine-3-carboxylic acid [2942-59-8]
用作医药中间体,用于制造烟甲灭酸、烟氟灭酸等;农药中间体,用于制造烟嘧磺隆、吡氟草胺等
【生产厂】[京]北京金奥利维科技发展有限公司〈P1551〉;[冀]河北省化学工业研究院〈P1621〉;河北亚诺化工有限公司〈P1623〉;河北省景县景美化学工业有限公司〈P1665〉;[沪]上海邦成化工有限公司〈P1728〉;[苏]南京仁信化工有限公司〈P1788〉;常州市浩楠化工有限公司〈P1851〉;苏州市晶华化工有限公司〈P1904〉;徐州市人元化工有限公司〈P1796〉;[浙]杭州德立化工有限公司〈P1916〉;宁波远欧精细化工有限公司〈P1934〉;浙江台州海翔医药化工有限公司〈P1968〉;[皖]安徽省郎溪县联科实业有限公司〈P1986〉;[鄂]潜江东立精细化工有限公司〈P2246〉;武穴市伟业药化有限责任公司〈P2244〉;襄樊市裕昌精细化工有限公司(150 吨)〈P2238〉;南漳县襄九精细化工有限责任公司〈P2238〉

4-氯烟酸;4-氯吡啶-3-甲酸 C02096353
4-Chloronicotinic acid;4-Chloropyridine-3-carboxylic acid [10177-29-4]
用作中间体
【生产厂】[冀]河北省化学工业研究院〈P1621〉

5-氯烟酸;5-氯吡啶-3-甲酸 C02096354
5-Chloronicotinic acid;5-Chloropyridine-3-carboxylic acid [22620-27-5]
【生产厂】[冀]河北省化学工业研究院〈P1621〉

6-氯烟酸;6-氯吡啶-3-甲酸 C02096355
6-Chloronicotinic acid;6-Chloropyridine-3-carboxylic acid [5326-23-8]
【生产厂】[冀]河北省化学工业研究院〈P1621〉;[苏]江苏如东县丰利医药化工厂〈P1831〉;[浙]浙江台州海翔医药化工有限公司〈P1968〉;[鄂]武穴市伟业药化有限责任公司〈P2244〉;襄樊市裕昌精细化工有限公司〈P2238〉

2-氯异烟酸;2-氯吡啶-4-甲酸 C02096357
2-Chloroisonicotinic acid;2-Chloropyridine-4-carboxylic acid [6313-54-8]
【生产厂】[冀]河北省化学工业研究院〈P1621〉

3-氯异烟酸;3-氯吡啶-4-甲酸 C02096358
3-Chloroisonicotinic acid;3-Chloropyridine-4-carboxylic acid [88912-27-0]
【生产厂】[冀]河北省化学工业研究院〈P1621〉

5,6-二氯烟酸 C02096359
5,6-Dichloronicotinic acid [41667-95-2]
【生产厂】[冀]河北省化学工业研究院〈P1621〉;[浙]浙江台州海翔医药化工有限公司〈P1968〉

2,5-二氯烟酸 C02096360
2,5-Dichloronicotinic acid [59782-85-3]
【生产厂】[冀]河北省化学工业研究院〈P1621〉

2,5-二氯异烟酸 C02096361
2,5-Dichloroisonicotinic acid [88912-26-9]
【生产厂】[冀]河北省化学工业研究院〈P1621〉

5-羟基烟酸 C02096363

5-Hydroxynicotinic acid [27828-71-3]
【生产厂】[沪]上海先导化学有限公司〈P1770〉

2-羟基烟酸 C02096365
2-Hydroxynicotinic acid [609-71-2]
【生产厂】[冀]河北省化学工业研究院〈P1621〉;河北亚诺化工有限公司〈P1623〉;[鄂]襄樊市裕昌精细化工有限公司〈P2238〉

6-羟基烟酸;2-羟基-5-吡啶甲酸 C02096367
6-Hydroxynicotinic acid;2-Hydroxy-5-pyridinecarboxylic acid [5006-66-6]
【生产厂】[冀]河北省化学工业研究院〈P1621〉;[浙]浙江台州海翔医药化工有限公司〈P1968〉;[鄂]武穴市伟业药化有限责任公司〈P2244〉

4-羟基-6-甲基烟酸 C02096369
4-Hydroxy-6-methylnicotinic acid
主要用于合成头孢匹胺和头孢酚苄唑等药物
【生产厂】[鲁]淄博顺景精细化工有限公司〈P2073〉;[豫]河南省新谊医药集团精细化工有限公司(50 吨)〈P2202〉

6-氯吡啶-2-甲酸;2-氯-6-吡啶羧酸 C02096370
6-Chloropyridine-2-carboxylic acid [4684-94-0]
【生产厂】[沪]上海先导化学有限公司〈P1770〉;[苏]金坛市社头化工厂〈P1862〉

3-哌啶甲酸 C02096371
3-Piperidinecarboxylic acid [498-95-3]
用于有机合成
【生产厂】[京]北京普瑞东方化学技术有限公司〈P1556〉;[川]爱斯特(成都)医药技术有限公司〈P2309〉

4-哌啶甲酸;异哌啶酸;哌啶-4-甲酸 C02096372
4-Piperidinecarboxylic acid;Isonipecotic acid [498-94-2]
用作医药中间体
【生产厂】[京]北京普瑞东方化学技术有限公司〈P1556〉;[川]成都艾立化工有限公司〈P2309〉

2-哌啶甲酸;哌啶-2-甲酸 C02096373
2-Piperidinecarboxylic acid [535-75-1]
用作医药中间体
【生产厂】[京]北京卡乐瑞化工有限公司〈P1553〉;北京普瑞东方化学技术有限公司〈P1556〉;[沪]上海求德生物化工有限公司〈P1758〉;[赣]江西犇牛医药化工有限公司〈P2015〉;[川]成都艾立化工有限公司〈P2309〉

哌啶-4-乙酸 C02096379
Piperidine-4-acetic acid
用作医药中间体
【生产厂】[川]成都艾立化工有限公司〈P2309〉

1-乙酰基-4-哌啶甲酸 C02096381
1-Acetyl-4-piperidinecarboxylic acid [25503-90-6]
用于利培酮原料药的合成
【生产厂】[苏]徐州市爱克医药科技有限公司〈P1795〉

2-哌啶酮-3-甲酸;2-氧代哌啶-3-甲酸 C02096383
2-Piperidone-3-carboxylic acid
【生产厂】[浙]浙江物产崇一医药化工有限公司〈P1956〉

6-氧代哌啶-2-甲酸 C02096385
6-Oxo-piperidine-2-carboxylic acid
【生产厂】[川]爱斯特(成都)医药技术有限公司〈P2309〉

6-三氟甲基烟酸 C02096389
6-(Trifluoromethyl)nicotinic acid
【生产厂】[沪]上海立科药物化学有限公司〈P1750〉

1,3-二噻烷-2-羧酸 C02096391
1,3-Dithiane-2-carboxylic acid
【生产厂】[湘]湘潭市开元化学有限公司〈P2251〉

3,5-二氯吡啶-2-羧酸 C02096393
3,5-Dichloropyridine-2-carboxylic acid [81719-53-1]
【生产厂】[沪]上海先导化学有限公司〈P1770〉

吡喃-4-甲酸 C02096395
Pyrane-4-carboxylic acid
【生产厂】[津]南开大学生物化学科技开发公司(50 吨)〈P1569〉

1-萘硼酸 C02096501
Naphthalene-1-boronic acid [13922-41-3]
用作药物中间体
【生产厂】[京]北京普瑞东方化学技术有限公司〈P1556〉;[津]南开大学生物化学科技开发公司(50 吨)〈P1569〉;[冀]河北德隆泰化工有限公司〈P1619〉

2-萘硼酸 C02096505
2-Naphthaleneboronic acid [32316-92-0]
用作药物中间体
【生产厂】[京]北京普瑞东方化学技术有限公司〈P1556〉;[冀]河北德隆泰化工有限公司〈P1619〉

2-萘甲酸;β-萘甲酸 C02096631
2-Naphthalenecarboxylic acid;2-Naphthoic acid [93-09-4]
用作植物生长调节剂
【生产厂】[京]大庆开发区新世纪精细化工有限公司北京裕立化工有限公司〈P1567〉;[黑]大庆新世纪精细化工有限公司〈P1722〉;[苏]常州市武进临川化工有限公司〈P1854〉;太仓市东明化工有限公司(120 吨)〈P1908〉

1-萘甲酸;α-萘甲酸 C02096651
1-Naphthoic acid [86-55-5]
用于有机合成
【生产厂】[京]大庆开发区新世纪精细化工有限公司北京裕立化工有限公司〈P1567〉;[黑]大庆新世纪精细化工有限公司〈P1722〉;[苏]常州市武进鸣凰化学厂〈P1854〉;常州市武进临川化工有限公司〈P1854〉;太仓市东明化工有限公司(120 吨)〈P1908〉

6-溴-2-萘甲酸 C02096671
6-Bromo-2-naphthoic acid [5773-80-8]
用作医药中间体
【生产厂】[苏]常州市武进临川化工有限公司〈P1854〉;[浙]台州市春泉医化有限公司〈P1961〉;浙江黄岩三力化工厂〈P1964〉;[赣]九江中天药业有限公司〈P2013〉

6-氟-2-萘甲酸 C02096681
6-Fluoro-2-naphthoic acid
【生产厂】[苏]常州市武进临川化工有限公司〈P1854〉

9-蒽甲酸 C02096691
9-Anthracenecarboxylic acid [723-62-6]
用作染料中间体
【生产厂】[苏]常州市武进鸣凰化学厂〈P1854〉;常州市武进临川化工有限公司〈P1854〉

乙醛酸 C02096701
Glyoxalic acid;Glyoxylic acid [298-12-4]
用作化妆品的调香剂和定香剂,用于制药
【生产厂】[京]北京东方德众科技发展有限公司〈P1546〉;[冀]鹿泉市弘利精细化工厂(1500 克)〈P1625〉;石家庄市石兴氨基酸有限公司(1000 吨)〈P1631〉;河北冀中化工有限责任公司(2000 吨)〈P1620〉;黄骅桑田化工有限公司(5000 吨)〈P1656〉;中国昊华集团宣化有限公司(3000 吨)〈P1650〉;[晋]山西华阳染化有限公司(6500 吨)〈P1678〉;[苏]苏州市中发医药化工有限公司〈P1906〉;泰兴市有机化工四厂〈P1827〉;[鲁]青州市奥星化工有限公司〈P2091〉;[豫]荥阳市六零集团公司六零二分厂(1000 吨)〈P2169〉;[鄂]湖北省罗田顺惠化工有限责任公司(2000 吨)〈P2243〉
【使用厂】[黑]哈尔滨龙升精细化工股份有限公司〈P1720〉;[鲁]山东省泰和水处理有限公司〈P2077〉

乙醛酸水合物 C02096751
Glyoxalic acid hydrate;Glyoxylic acid monohydrate [563-96-2]
用作香料、医药、染料和农药的中间体
【生产厂】[冀]河北省化学工业研究院〈P1621〉;黄骅桑田化工有限公司〈P1656〉;[沪]上海广裕精细化工有限公司〈P1735〉

糠氯酸;黏氯酸;2,3-二氯丁烯醛酸 C02096801
Mucochloric acid [87-56-9]
是合成农药的主要原料,也是医药磺胺嘧啶类药的中间体
【生产厂】[苏]江苏江东化工股份有限公司(2000 吨)〈P1859〉;常州化工厂〈P1847〉
【使用厂】[沪]上海农药厂有限公司〈P1755〉;[苏]连云港立本农药化工有限公司〈P1798〉

2-呋喃甲酸;2-糠酸 C02096811
2-Furancarboxylic acid;2-Furoic acid [88-14-2]
有机合成原料,广泛用作医药、香料的中间体,也可作防腐剂和杀菌剂
【生产厂】[浙]浙江台州清泉医药化工有限公司(100 吨)〈P1968〉;[鲁]淄博华澳化工有限公司〈P2061〉;济宁圣城化工实验有限责任公司〈P2128〉;[豫]辉县市泉西化工厂(120 吨)〈P2203〉

3-呋喃甲酸;3-糠酸 C02096813
3-Furoic acid;3-Furancarboxylic acid [488-93-7]
用于合成中间体、感光材料、食品添加剂、药物及杀虫剂等
【生产厂】[鲁]淄博开发区光明社会福利化工厂(12 吨)〈P2064〉

粘溴酸;二溴代丁烯醛酸;糠溴酸 C02096831
Mucobromic acid;2,3-Dibromo-4-oxo-2-butenoic acid [488-11-9]
是有机合成中间体
【生产厂】[沪]上海杜拿克化工有限公司〈P1732〉;[鲁]青岛东海源生化科技有限公司〈P2034〉

四氢糠酸;四氢呋喃甲酸 C02096851
2-Tetrahydrofuroic acid;Tetrahydro-2-furoic acid [16874-33-2]
用作医药中间体
【生产厂】[苏]常州伊思特化工有限公司〈P1858〉;[浙]浙江台州清泉医药化工有限公司〈P1968〉;[川]成都丽凯手性技术有限公司〈P2313〉

硫代糠酸 C02096891
Thiofuroic acid
【生产厂】[鲁]山东滕州悟通香料有限责任公司〈P2078〉

D-扁桃酸;D-苦杏仁酸 C02096901
D-Mandelic acid [611-71-2]
用于有机合成及医药工业
【生产厂】[苏]泰兴市一鸣精细化工有限公司〈P1827〉;[皖]安徽省广德科苑化工有限公司〈P1986〉;[川]成都新特药化合成技术改进与创新中心〈P2317〉

L-扁桃酸;L-苦杏仁酸 C02096911
L-Mandelic acid [17199-29-0]
用于有机合成及医药工业
【生产厂】[苏]泰兴市一鸣精细化工有限公司〈P1827〉;[浙]横店集团家园化工有限公司〈P1952〉;[皖]安徽省广德科苑化工有限公司〈P1986〉;[川]成都新特药化合成技术改进与创新中心〈P2317〉

对氟扁桃酸;对氟苦杏仁酸 C02096921
p-Fluoromandelic acid [395-33-5]
【生产厂】[苏]句容市顺风助剂厂〈P1843〉;[皖]安徽省广德科苑化工有限公司〈P1986〉

邻氟扁桃酸 C02096922
o-Fluoromandelic acid
【生产厂】[苏]句容市顺风助剂厂〈P1843〉

间氟扁桃酸 C02096923
m-Fluoromandelic acid
【生产厂】[苏]句容市顺风助剂厂〈P1843〉

间氯扁桃酸 C02096925
3-Chloromandelic acid
【生产厂】[皖]安徽省广德科苑化工有限公司〈P1986〉

2,5-二氟扁桃酸 C02096931
2,5-Difluoromandelic acid
【生产厂】[京]北京金奥利维科技发展有限公司〈P1551〉;[皖]安徽省广德科苑化工有限公司〈P1986〉

2,6-二氟扁桃酸 C02096932
2,6-Difluoromandelic acid
【生产厂】[京]北京金奥利维科技发展有限公司〈P1551〉

2,4-二氟扁桃酸 C02096933
2,4-Difluoromandelic acid
【生产厂】[皖]安徽省广德科苑化工有限公司〈P1986〉

3,4-二氟扁桃酸 C02096934
3,4-Difluoromandelic acid
【生产厂】[京]北京金奥利维科技发展有限公司〈P1551〉;[皖]安徽省广德科苑化工有限公司〈P1986〉

3,5-二氟扁桃酸 C02096935
3,5-Difluoromandelic acid
【生产厂】[京]北京金奥利维科技发展有限公司〈P1551〉;[皖]安

徽省广德科苑化工有限公司〈P1986〉；[赣]江西上饶现代化工有限公司〈P2015〉

对溴扁桃酸；对溴苦杏仁酸；4-溴扁桃酸 C02096941

p-Bromomandelic acid [6940-50-7]

【生产厂】[京]北京马氏精细化学品有限公司〈P1555〉；[皖]安徽省广德科苑化工有限公司〈P1986〉

对甲基扁桃酸；对甲基苦杏仁酸 C02096951

p-Methylmandelic acid

【生产厂】[皖]安徽省广德科苑化工有限公司〈P1986〉

对甲氧基扁桃酸；对甲氧基苦杏仁酸 C02096961

p-Methoxymandelic acid；*α*-Hydroxy-4-methoxybenzeneacetic acid [10502-44-0]

【生产厂】[皖]安徽省广德科苑化工有限公司〈P1986〉

对丙氧基扁桃酸 C02096971

p-Propoxymandelic acid

【生产厂】[皖]安徽省广德科苑化工有限公司〈P1986〉

对羟基扁桃酸 C02096981

p-Hydroxymandelic acid

【生产厂】[皖]安徽省广德科苑化工有限公司〈P1986〉

α-环己基扁桃酸 C02096991

α-Cyclohexylmandelic acid

【生产厂】[浙]台州耀业医化有限公司〈P1962〉；[皖]安徽省广德科苑化工有限公司〈P1986〉

DL-胱氨酸；双巯丙氨酸；3,3′-二硫代二丙氨酸 C02097001

DL-Cystine [923-32-0]

用于医药、食品、化妆品等行业

【生产厂】[浙]宁波立华制药有限公司〈P1931〉；[皖]安徽省恒锐新技术开发有限责任公司〈P1972〉；[鄂]武汉阿米诺科技有限公司〈P2228〉；武汉武大弘元股份有限公司〈P2234〉；武汉汉龙氨基酸有限责任公司〈P2230〉

【使用厂】[晋]山西省临汾生化制药厂〈P1678〉；[吉]三九集团长春三顺药业有限公司〈P1714〉

L-胱氨酸 C02097011

L-Cystine [56-89-3]

用于医药、化妆品、食品添加剂等

【生产厂】[冀]石家庄维诺伟业生物制品有限公司〈P1633〉；河北智通化工有限责任公司〈P1623〉；石家庄市环城氨基酸厂(240吨)〈P1629〉；石家庄市新泽兴化工有限公司〈P1631〉；石家庄市石兴氨基酸有限公司〈P1631〉；河北省冀州市华阳化工有限责任公司〈P1665〉；[晋]山西汾河制药厂〈P1678〉；[沪]上海斐雅科技发展有限公司〈P1733〉；[苏]无锡四周氨基酸有限公司〈P1881〉；[浙]桐乡市康普达生物科技有限公司〈P1943〉；宁波海德氨基酸工业有限公司〈P1930〉；宁波市镇海步云生化厂〈P1933〉；宁波市镇海天龙氨基酸厂〈P1933〉；宁波海硕生物科技有限公司〈P1930〉；[鲁]山东振兴化工有限公司〈P2099〉；潍坊三希化工有限公司〈P2104〉；[豫]郑州厚泽木食品技术有限公司〈P2170〉；[鄂]武汉阿米诺科技有限公司〈P2228〉；武汉麦可贝斯生物科技有限公司〈P2231〉；武汉武大弘元股份有限公司〈P2234〉；武汉汉龙氨基酸有限责任公司〈P2230〉；湖北省潜江市四维氨基酸有限公司〈P2245〉；湖北新生源生物工程股份有限公司〈P2240〉；湖北八峰药化股份有限公司〈P2245〉；[川]四川峨眉山荣高生化制品有限公司(150吨)〈P2318〉；四川省新繁生物化学厂(50吨)〈P2319〉；四川绵竹市鹏发生化有限责任公司(250吨)〈P2327〉；四川正华药业有限公司〈P2330〉；罗江晨明生物制品有限公司〈P2324〉；四川省用九生化制品有限公司〈P2334〉

D-胱氨酸 C02097015

D-Cystine [349-46-2]

【生产厂】[皖]安徽省恒锐新技术开发有限责任公司〈P1972〉；[鄂]武汉武大弘元股份有限公司〈P2234〉

L-半胱氨酸盐酸盐 C02097020

L-Cysteine hydrochloride [52-89-1]

用于医药、食品等

【生产厂】[京]北京奥博星生物技术责任有限公司〈P1543〉；[冀]石家庄市新泽兴化工有限公司〈P1631〉；石家庄市石兴氨基酸有限公司〈P1631〉；[鄂]武汉武大弘元股份有限公司〈P2234〉

L-半胱氨酸 C02097021

L-Cysteine [52-90-4]

用于治疗湿疹、荨麻疹、雀斑等皮肤病，其系列产品广泛用于医药、食品和化妆品工业

【生产厂】[京]北京奥博星生物技术责任有限公司〈P1543〉；北京健力药业有限公司〈P1551〉；[冀]石家庄维诺伟业生物制品有限公司〈P1633〉；石家庄市新泽兴化工有限公司〈P1631〉；石家庄市石兴氨基酸有限公司〈P1631〉；河北省冀州市华阳化工有限责任公司〈P1665〉；[沪]上海斐雅科技发展有限公司〈P1733〉；[苏]无锡四周氨基酸有限公司〈P1881〉；[浙]桐乡市康普达生物科技有限公司〈P1943〉；宁波海德氨基酸工业有限公司〈P1930〉；宁波市镇海步云生化厂〈P1933〉；宁波市镇海天龙氨基酸厂(300吨)〈P1933〉；宁波科瑞生物工程有限公司〈P1931〉；宁波海硕生物科技有限公司〈P1930〉；[鲁]淄博福琛精细化工有限公司〈P2060〉；潍坊三希化工有限公司〈P2104〉；[豫]郑州厚泽木食品技术有限公司〈P2170〉；[鄂]武汉阿米诺科技有限公司〈P2228〉；武汉麦可贝斯生物科技有限公司〈P2231〉；武汉武大弘元股份有限公司〈P2234〉；武汉汉龙氨基酸有限责任公司〈P2230〉；武汉百友氨基酸有限公司〈P2229〉；湖北新生源生物工程股份有限公司〈P2240〉；[川]四川峨眉山荣高生化制品有限公司〈P2318〉；四川绵竹市鹏发生化有限责任公司〈P2327〉；罗江晨明生物制品有限公司(100吨)〈P2324〉

【使用厂】[苏]利君集团镇江制药有限责任公司〈P1843〉

D-半胱氨酸 C02097031

D-Cysteine [921-01-7]

用于有机合成

【生产厂】[晋]太原世乐药业有限公司〈P1671〉；[沪]上海求德生物化工有限公司〈P1758〉；[鄂]武汉阿米诺科技有限公司〈P2228〉；武汉武大弘元股份有限公司〈P2234〉

***N*-CBZ-*S*-苯基-L-半胱氨酸；*N*-苄氧羰酰基-*S*-苯基-L-半胱氨酸** C02097041

N-Carbobenzyloxy-*S*-phenyl-L-cysteine；*N*-CBZ-*S*-phenyl-L-cysteine

【生产厂】[苏]常熟市新腾化工有限公司〈P1891〉；[浙]湖州康润化工有限公司〈P1945〉；[鄂]武汉武大弘元股份有限公司〈P2234〉

DL-半胱氨酸盐酸盐 C02097051

DL-Cysteine hydrochloride

【生产厂】[津]天津天安药业股份有限公司〈P1614〉；[皖]安徽省恒锐新技术开发有限责任公司〈P1972〉；[鄂]武汉麦可贝斯生物科技有限公司〈P2231〉；武汉百友氨基酸有限公司〈P2229〉；湖北省潜江市四维氨基酸有限公司〈P2245〉

DL-半胱氨酸盐酸盐一水物　C02097053
DL-Cysteine hydrochloride monohydrate [96998-61-7]
【生产厂】[皖]安徽省恒锐新技术开发有限责任公司〈P1972〉;[鄂]武汉武大弘元股份有限公司〈P2234〉;武汉汉龙氨基酸有限责任公司〈P2230〉

D-半胱氨酸盐酸盐　C02097055
D-Cysteine hydrochloride
【生产厂】[晋]太原世乐药业有限公司〈P1671〉;[沪]上海求德生物化工有限公司〈P1758〉;[浙]宁波海德氨基酸工业有限公司〈P1930〉;[鄂]武汉麦可贝斯生物科技有限公司〈P2231〉

L-半胱氨酸盐酸盐一水物　C02097061
L-Cysteine hydrochloride monohydrate [7048-04-6]
用作医药、食品、化妆品添加剂
【生产厂】[冀]石家庄维诺伟业生物制品有限公司〈P1633〉;石家庄市环城氨基酸厂(240 吨)〈P1629〉;河北省冀州市华阳化工有限责任公司〈P1665〉;[沪]上海斐雅科技发展有限公司〈P1733〉;[浙]桐乡市康普达生物科技有限公司〈P1943〉;宁波立华制药有限公司〈P1931〉;宁波海德氨基酸工业有限公司〈P1930〉;宁波市镇海步云生化厂〈P1933〉;宁波市镇海天龙氨基酸厂〈P1933〉;宁波科瑞生物工程有限公司〈P1931〉;宁波海硕生物科技有限公司〈P1930〉;[鲁]山东振兴化工有限公司〈P2099〉;潍坊三希化工有限公司〈P2104〉;[鄂]武汉阿米诺科技有限公司〈P2228〉;武汉麦可贝斯生物科技有限公司〈P2231〉;武汉武大弘元股份有限公司〈P2234〉;武汉汉龙氨基酸有限责任公司〈P2230〉;武汉百友氨基酸有限公司〈P2229〉;湖北新生源生物工程股份有限公司〈P2240〉;[川]四川峨眉山荣高生化制品有限公司〈P2318〉;四川绵竹市鹏发生化有限责任公司(300 吨)〈P2327〉;罗江晨明生物制品有限公司〈P2324〉

L-半胱氨酸盐酸盐无水物　C02097081
L-Cysteine hydrochloride anhydrous [52-89-1]
广泛用于化妆品、医药、食品等行业
【生产厂】[京]北京健力药业有限公司〈P1551〉;[冀]石家庄维诺伟业生物制品有限公司〈P1633〉;石家庄市环城氨基酸厂(240 吨)〈P1629〉;河北省冀州市华阳化工有限责任公司〈P1665〉;[沪]上海斐雅科技发展有限公司〈P1733〉;[浙]桐乡市康普达生物科技有限公司〈P1943〉;宁波海德氨基酸工业有限公司〈P1930〉;宁波科瑞生物工程有限公司〈P1931〉;宁波海硕生物科技有限公司〈P1930〉;[鲁]山东振兴化工有限公司〈P2099〉;潍坊三希化工有限公司〈P2104〉;[鄂]武汉阿米诺科技有限公司〈P2228〉;武汉麦可贝斯生物科技有限公司〈P2231〉;武汉汉龙氨基酸有限责任公司〈P2230〉;武汉百友氨基酸有限公司〈P2229〉;湖北省潜江市四维氨基酸有限公司〈P2245〉;湖北新生源生物工程股份有限公司〈P2240〉;湖北八峰药化股份有限公司〈P2245〉;[川]四川峨眉山荣高生化制品有限公司〈P2318〉;四川绵竹市鹏发生化有限责任公司(100 吨)〈P2327〉;罗江晨明生物制品有限公司〈P2324〉

N-乙酰-L-胱氨酸　C02097091
N-Acetyl-L-cystine
【生产厂】[鄂]武汉麦可贝斯生物科技有限公司〈P2231〉

全氟丁酸　C02097101
Perfluorobutanoic acid [375-22-4]
【生产厂】[辽]金凯(阜新)化工有限公司〈P1708〉;[沪]上海亿际化工有限公司〈P1775〉

对氟苯甲酰基丁酸　C02097111
4-(4-Fluorobenzoyl) butyric acid [149437-76-3]
用于有机合成,也用作医药中间体
【生产厂】[冀]河北华戈化学集团〈P1654〉

L-缬氨酸　C02097131
L-Valine [72-18-4]
是人体必需氨基酸,医药上用作氨基酸输液成分之一,合成新药,还可作为食品添加剂
【生产厂】[津]天津天安药业股份有限公司〈P1614〉;[冀]石家庄维诺伟业生物制品有限公司〈P1633〉;石家庄市环城氨基酸厂〈P1629〉;石家庄市新泽兴化工有限公司〈P1631〉;石家庄市石兴氨基酸有限公司〈P1631〉;晋州冀荣氨基酸有限公司(50 万吨)〈P1625〉;河北省冀州市华阳化工有限责任公司〈P1665〉;[沪]上海斐雅科技发展有限公司〈P1733〉;[苏]南京仁信化工有限公司〈P1788〉;无锡四周氨基酸有限公司〈P1881〉;江苏华昌(集团)有限公司〈P1893〉;江苏亚太氨基酸有限公司(50 吨)〈P1895〉;张家港市菊花氨基酸有限公司〈P1913〉;[浙]富阳市东辰生物工程有限公司(120 吨)〈P1915〉;桐乡市康普达生物科技有限公司〈P1943〉;宁波海德氨基酸工业有限公司〈P1930〉;宁波科瑞生物工程有限公司〈P1931〉;宁波海硕生物科技有限公司〈P1930〉;[豫]郑州厚泽木食品技术有限公司〈P2170〉;[鄂]武汉麦可贝斯生物科技有限公司〈P2231〉;武汉武大弘元股份有限公司〈P2234〉;武汉汉龙氨基酸有限责任公司〈P2230〉;宜昌三峡制药有限公司〈P2241〉;湖北八峰药化股份有限公司〈P2245〉;[川]成都龙泰生化实业有限公司〈P2313〉;四川峨眉山荣高生化制品有限公司〈P2318〉

D-缬氨酸　C02097141
D-Valine; D-2-Amino-3-methylbutanoic acid [640-68-6]
用作药物原料及药物中间体,还用于合成甜味剂阿拉坦
【生产厂】[冀]石家庄市石兴氨基酸有限公司〈P1631〉;[晋]太原世乐药业有限公司〈P1671〉;[沪]上海求德生物化工有限公司〈P1758〉;[苏]宜兴市康源生物化工有限公司〈P1885〉;张家港市菊花氨基酸有限公司〈P1913〉;[皖]安徽省恒锐新技术开发有限责任公司〈P1972〉

DL-缬氨酸　C02097151
DL-Valine; DL-2-Amino-3-methylbutyric acid [516-06-3]
可用于营养剂与药物合成
【生产厂】[京]北京奥博星生物技术责任有限公司〈P1543〉;[冀]石家庄市石兴氨基酸有限公司〈P1631〉;[沪]上海求德生物化工有限公司〈P1758〉;[皖]安徽省恒锐新技术开发有限责任公司〈P1972〉;[鄂]湖北省潜江市四维氨基酸有限公司〈P2245〉;[川]四川峨眉山荣高生化制品有限公司〈P2318〉;四川同晟氨基酸有限公司〈P2329〉

L-正缬氨酸;L-(+)-2-氨基戊酸　C02097161
L-Norvaline; L-(+)-2-Aminovaleric acid [6600-40-4]
可用于营养剂与药物合成
【生产厂】[沪]上海瀚鸿化工科技有限公司〈P1735〉;[苏]宜兴市康源生物化工有限公司〈P1885〉;[浙]浙江优联医药化工有限公司〈P1928〉;衢州市一川化工有限公司(30 吨)〈P1958〉;[皖]安徽省恒锐新技术开发有限责任公司〈P1972〉;[川]四川琢新生物材料研究有限公司〈P2320〉

D-正缬氨酸;D-2-氨基戊酸　C02097165
D-Norvaline; D-(−)-2-Aminovaleric acid [2013-12-9]
用作药物中间体
【生产厂】[沪]上海求德生物化工有限公司〈P1758〉;[苏]宜兴市康源生物化工有限公司〈P1885〉;[浙]衢州市一川化工有限公司〈P1958〉;[川]四川琢新生物材料研究有限公司〈P2320〉

DL-正缬氨酸;DL-2-氨基戊酸　C02097169

DL-Norvaline;DL-2-Aminovaleric acid [760-78-1]

用作药物中间体

【生产厂】[沪]上海求德生物化工有限公司〈P1758〉;[苏]宜兴市康源生物化工有限公司〈P1885〉;[浙]衢州市一川化工有限公司〈P1958〉;[川]四川琢新生物材料研究有限公司〈P2320〉

C

DL-色氨酸;色氨酸 C02097201

DL-Tryptophan [153-94-6]

是重要的营养剂,医药上用作癞皮病的防治剂

【生产厂】[京]北京奥博星生物技术责任有限公司〈P1543〉;[冀]石家庄市石兴氨基酸有限公司〈P1631〉;[沪]上海求德生物化工有限公司〈P1758〉;[浙]上虞市华康化工有限公司〈P1948〉;[皖]安徽省恒锐新技术开发有限责任公司〈P1972〉;[鲁]东营市恒星化工有限责任公司(20吨)〈P2082〉;[鄂]湖北永安集团(200吨)〈P2244〉;[川]四川峨眉山荣高生化制品有限公司〈P2318〉

N-乙酰-DL-色氨酸 C02097251

N-Acetyl-DL-tryptophan [87-32-1]

【生产厂】[苏]昆山市花桥化工四厂〈P1897〉;扬州宝盛生物化工有限公司〈P1817〉;[浙]上虞市华康化工有限公司〈P1948〉;[皖]安徽省恒锐新技术开发有限责任公司〈P1972〉;[鄂]武汉阿米诺科技有限公司〈P2228〉;[川]四川峨眉山荣高生化制品有限公司〈P2318〉

N-乙酰-L-色氨酸 C02097261

N-Acetyl-L-tryptophan [1218-34-4]

【生产厂】[津]天津天安药业股份有限公司〈P1614〉;[苏]扬州宝盛生物化工有限公司〈P1817〉;[鄂]武汉阿米诺科技有限公司〈P2228〉;武汉武大弘元股份有限公司〈P2234〉

N-乙酰-D-色氨酸 C02097265

N-Acetyl-D-tryptophan

【生产厂】[苏]扬州宝盛生物化工有限公司〈P1817〉

十一烷酸 C02097301

Hendecanoic acid [112-37-8]

【生产厂】[浙]浙江新花蝶化工有限公司〈P1969〉

十五碳二元酸;十五烷二酸 C02097311

Pentadecanedioic acid [1460-18-0]

用于合成环十五酮、环十五内酯、麝香酮等

【生产厂】[鲁]淄博广通化工有限责任公司(300吨)〈P2060〉

十一烯酸;10-十一碳烯酸 C02097351

10-Undecylenic acid [112-38-9]

用于合成γ-十一内酯等香料

【生产厂】[晋]太原中联泽农化工有限公司〈P1672〉

【使用厂】[沪]上海造漆厂〈P1777〉

1-甲基-3-吲唑甲酸 C02097601

1-Methyl-3-indazolecarboxylic acid [50890-83-0]

是药物格拉司琼合成的中间体

【生产厂】[沪]上海法茵克化学科技有限公司〈P1732〉;[川]四川抗菌素工业研究所化学制药事业部〈P2318〉;四川抗菌素工业研究所有限公司〈P2318〉

吲唑-3-羧酸 C02097621

Indazole-3-carboxylic acid [4498-67-3]

用于有机合成

【生产厂】[沪]上海法茵克化学科技有限公司〈P1732〉;[苏]赣榆县尤利特化工有限公司〈P1797〉

咪唑-1-乙酸 C02097651

Imidazole-1-acetic acid [22884-10-2]

用作原料药唑来膦酸中间体

【生产厂】[沪]上海凯乐实业发展有限公司〈P1747〉;[苏]常州罗地尔生化技术有限公司〈P1848〉;苏州市美花日用香料有限公司〈P1904〉;扬州腾达化工厂〈P1819〉

2-(1H-咪唑-1-基)乙酸盐酸盐 C02097661

2-(1H-Imidazol-1-yl)acetic acid hydrochloride

用作药物唑来膦酸中间体

【生产厂】[辽]阜新博达维医药科技有限公司〈P1707〉;[浙]桐乡市恒达化工有限公司〈P1943〉

咪唑-4-甲酸;4-咪唑甲酸 C02097671

Imidazole-4-carboxylic acid

【生产厂】[川]爱斯特(成都)医药技术有限公司〈P2309〉

胞苷酸;5-胞苷一磷酸 C02097801

Cytidylic acid;CMP;Cytidine 5′-monophosphate [63-37-6]

用作食品添加剂、基因工程试剂及制药原料

【生产厂】[冀]石家庄市大东生物化工有限公司〈P1628〉;[沪]上海秋之友生物科技有限公司〈P1758〉;上海太平洋生物高科技有限公司〈P1766〉;[苏]苏州工业园区赛康德万马化工有限公司〈P1900〉;[豫]新乡拓新生化科技有限公司(10吨)〈P2207〉;新乡市恒辉生化科技有限公司〈P2204〉;[粤]江门甘蔗化工厂(集团)股份有限公司〈P2285〉

鸟苷酸;鸟嘌呤核苷酸 C02097831

Guanylic acid;Guanidylic acid [85-32-5]

用作药物中间体、保健食品及生化试剂、食品添加剂等

【生产厂】[沪]上海太平洋生物高科技有限公司〈P1766〉

腺苷酸;腺苷一磷酸 C02097851

Adenylic acid;Adenosine monophosphate [84-21-9]

可作为生产核酸类药物中间体,保健食品及生化试剂,并用于制造腺苷三磷酸、环腺苷酸等生化药物

【生产厂】[京]北京赛瑙珈科技有限公司〈P1557〉;[沪]上海秋之友生物科技有限公司〈P1758〉;[鲁]山东凯盛生物化工有限公司〈P2053〉;[豫]新乡拓新生化科技有限公司(10吨)〈P2207〉;新乡市恒辉生化科技有限公司〈P2204〉;新乡市赛特化工有限公司〈P2205〉;[粤]江门甘蔗化工厂(集团)股份有限公司〈P2285〉

尿苷酸 C02097881

Uridylic acid;Uridine 5′-monophosphate;UMP [58-97-9]

用作核酸类药物中间体,保健食品及生化试剂,并用于制造尿苷三磷酸、聚腺尿、氟铁龙等药物

【生产厂】[沪]上海太平洋生物高科技有限公司〈P1766〉

2-吲哚乙酸;吲哚-2-乙酸 C02097905

Indole-2-acetic acid;2-Indoleacetic acid

【生产厂】[浙]浙江海宁群力化工有限公司〈P1943〉

吲哚啉-2-羧酸 C02097921

Indoline-2-carboxylic acid [78348-24-0]

【生产厂】[京]北京成宇化工有限公司〈P1545〉;[沪]上海凯路化工有限公司〈P1747〉;[苏]宜兴市中宇药化技术有限公司〈P1888〉;[浙]上虞市华康化工有限公司〈P1948〉;宁波武盛化学有限公司〈P1933〉

5-氯吲哚-2-羧酸 C02097941

5-Chloroindole-2-carboxylic acid [10517-21-2]

【生产厂】[浙]浙江车头制药有限公司〈P1963〉;[渝]重庆英斯凯化工有限公司〈P2308〉

吲哚-6-羧酸 C02097971

Indole-6-carboxylic acid [1670-82-2]

用于有机合成

【生产厂】[京]北京普瑞东方化学技术有限公司〈P1556〉;[沪]上海再启生物技术有限公司〈P1777〉;[苏]宜兴市中宇药化技术有限公司〈P1888〉;常熟亚美化工有限公司〈P1892〉;[浙]浙江车头制药有限公司〈P1963〉

吲哚-4-羧酸;吲哚-4-甲酸 C02097972

Indole-4-carboxylic acid [2124-55-2]

【生产厂】[京]北京普瑞东方化学技术有限公司〈P1556〉

7-羟基吲哚-2-甲酸 C02097981

7-Hydroxyindole-2-carboxylic acid

【生产厂】[川]爱斯特(成都)医药技术有限公司〈P2309〉

3-吲哚丙烯酸;吲哚-3-丙烯酸 C02097991

3-Indoleacrylic acid;Indole-3-acrylic acid [1204-06-4]

【生产厂】[苏]宜兴市中宇药化技术有限公司〈P1888〉

L-丝氨酸 C02098001

L-Serine [56-45-1]

用作生化试剂和食品添加剂

【生产厂】[京]北京奥博星生物技术责任有限公司〈P1543〉;[津]天津天安药业股份有限公司〈P1614〉;[冀]石家庄市新泽兴化工有限公司〈P1631〉;石家庄市石兴氨基酸有限公司〈P1631〉;晋州冀荣氨基酸有限公司(50 吨)〈P1625〉;河北省冀州市华阳化工有限责任公司〈P1665〉;[沪]上海协和氨基酸有限公司(600 吨)〈P1771〉;[苏]无锡四周氨基酸有限公司〈P1881〉;宜兴市康源生物化工有限公司〈P1885〉;张家港市三兴生化试剂厂〈P1913〉;扬州宝盛生物化工有限公司〈P1817〉;[浙]桐乡市康普达生物科技有限公司〈P1943〉;宁波海德氨基酸工业有限公司〈P1930〉;[皖]安徽省恒锐新技术开发有限责任公司〈P1972〉;[鲁]淄博张店鑫沣生物化工厂〈P2076〉;[豫]郑州厚泽木食品技术有限公司〈P2170〉;[鄂]湖北友芝友生物科技有限公司〈P2228〉;武汉麦可贝斯生物科技有限公司〈P2231〉;湖北永安集团〈P2244〉;湖北八峰药化股份有限公司〈P2245〉

D-丝氨酸 C02098031

D-Serine [312-84-5]

用作医药中间体,生化试剂

【生产厂】[冀]石家庄市石兴氨基酸有限公司〈P1631〉;[晋]太原世乐药业有限公司〈P1671〉;[沪]上海瀚鸿化工科技有限公司(11 吨)〈P1735〉;上海求德生物化工有限公司〈P1758〉;[苏]无锡四周氨基酸有限公司〈P1881〉;宜兴市康源生物化工有限公司〈P1885〉;[皖]安徽省恒锐新技术开发有限责任公司〈P1972〉

DL-丝氨酸 C02098051

DL-Serine [302-84-1]

用作生化试剂

【生产厂】[京]北京奥博星生物技术责任有限公司〈P1543〉;[冀]石家庄市石兴氨基酸有限公司〈P1631〉;[沪]上海求德生物化工有限公司〈P1758〉;[苏]无锡四周氨基酸有限公司〈P1881〉;宜兴市康源生物化工有限公司〈P1885〉;[皖]安徽省恒锐新技术开发有限责任公司〈P1972〉;[鄂]湖北永安集团〈P2244〉;[川]成都景田生物药业有限公司(250 吨)〈P2312〉

十二烷基苯磺酸 C02098101

Dodecylbenzenesulfonic acid [27176-87-0]

可用作氨基烘漆的固化催化剂,用于配制各种液体、固体洗涤剂

【生产厂】[冀]邢台市合成化学厂〈P1643〉;[辽]盘锦昊源科工贸有限公司〈P1706〉;[沪]上海白猫股份有限公司(3 万吨)〈P1728〉;[闽]厦门金桐合成洗涤剂有限公司(2 万吨)〈P1992〉;[鲁]济南海华洗涤制品有限公司(2 万吨)〈P2021〉;淄博海杰化工有限公司〈P2060〉;[豫]安阳市兴亚洗涤用品有限责任公司(5 万吨)〈P2210〉;安阳市健美日化有限责任公司(7200 吨)〈P2209〉;河南省偃师市伟通化工有限公司(100 吨)〈P2180〉

【使用厂】[苏]南京曙光化工集团有限公司〈P1789〉;[鲁]山东济宁齐天佳丽日化有限公司〈P2131〉

直链烷基苯磺酸 C02098151

Linear chain alkylbenzene sulfonic acid

用于生产直链烷基苯磺酸钠盐、铵盐和乙醇铵盐,是生产洗衣粉、民用液体洗涤剂、工业清洗剂等常用原料

【生产厂】[津]天津天智精细化工有限公司(3 万吨)〈P1615〉;[苏]江苏钟山化工有限公司〈P1782〉;南京卡尼尔科技有限责任公司〈P1786〉;徐州汉高洗涤剂有限公司〈P1794〉

癸酸 C02098201

n-Capric acid;*n*-Decanoic acid [334-48-5]

用于香精、香料及药物合成

【生产厂】[沪]上海索凯实业有限公司〈P1766〉

【使用厂】[苏]无锡市梁溪精细化工有限公司〈P1877〉;[豫]河南省尉氏县香料厂〈P2176〉

10-羟基癸酸 C02098211

10-Hydroxydecanoic acid [1679-53-4]

可用于合成麝香 105 等大环麝香,可合成 10-羟基-2-癸烯酸,也可加在化妆品中作为皮脂分泌抑制剂

【生产厂】[辽]营口天元实业精细化工有限公司〈P1705〉

10-溴癸酸 C02098221

10-Bromodecanoic acid [50530-12-6]

用于合成麝香 105、γ-癸内酯及其他化工产品

【生产厂】[辽]营口天元实业精细化工有限公司〈P1705〉

叔癸酸 C02098231

tert-Decanoic acid

【生产厂】[冀]邯郸市林峰精细化工有限公司〈P1638〉

3,5-二甲基苯甲酸 C02098302

3,5-Dimethylbenzoic acid [499-06-9]

用于有机合成及农药、医药中间体

【生产厂】[京]北京奥得赛化学有限公司〈P1543〉;[苏]太仓市中天化学有限公司(100 吨)〈P1909〉;张家港丰达制药有限公司〈P1911〉;扬州天辰精细化工有限公司〈P1819〉;江苏磐希化工有限公司〈P1821〉;泰兴市化工七厂(500 吨)〈P1826〉;[皖]黄山市泰达化工有限公司(500 吨)〈P1981〉;[鲁]淄博达隆制药

C

科技有限公司〈P2059〉;青岛三力化工技术有限公司(80吨)〈P2041〉

2,3-二甲基苯甲酸 C02098305
2,3-Dimethylbenzoic acid [603-79-2]
用作有机合成中间体
【生产厂】[京]大庆开发区新世纪精细化工有限公司北京裕立化工有限公司〈P1567〉;[黑]大庆新世纪精细化工有限公司〈P1722〉;[苏]太仓市东明化工有限公司(240吨)〈P1908〉

2,5-二甲基苯甲酸 C02098307
2,5-Dimethylbenzoic acid [610-72-0]
用作有机合成中间体
【生产厂】[京]大庆开发区新世纪精细化工有限公司北京裕立化工有限公司〈P1567〉;[黑]大庆新世纪精细化工有限公司〈P1722〉;[苏]太仓市东明化工有限公司(300吨)〈P1908〉

3,4-二甲基苯甲酸 C02098309
3,4-Dimethylbenzoic acid [619-04-5]
用作有机合成中间体
【生产厂】[京]北京嘉盛扬医药科技有限公司〈P1551〉

2-氨基-5-硝基苯甲酸 C02098341
2-Amino-5-nitrobenzoic acid [616-79-5]
用于医药、染料的合成
【生产厂】[鄂]武汉市天麦染料实业有限公司〈P2233〉

2-氨基-3-硝基苯甲酸 C02098343
2-Amino-3-nitrobenzoic acid [606-18-8]
【生产厂】[鄂]武汉市天麦染料实业有限公司〈P2233〉

2-氨基-4-硝基苯甲酸 C02098345
2-Amino-4-nitrobenzoic acid [619-17-0]
【生产厂】[鄂]武汉市天麦染料实业有限公司〈P2233〉

4-氨基-2-硝基苯甲酸 C02098347
4-Amino-2-nitrobenzoic acid [610-36-6]
【生产厂】[苏]泰兴市对外贸易南京有限公司〈P1792〉

2,4-二甲基苯甲酸;不对称间二甲苯酸 C02098352
2,4-Dimethylbenzoic acid [611-01-8]
用于有机合成及农药、医药中间体
【生产厂】[京]大庆开发区新世纪精细化工有限公司北京裕立化工有限公司〈P1567〉;[黑]大庆新世纪精细化工有限公司〈P1722〉;[苏]太仓市东明化工有限公司(300吨)〈P1908〉;江苏磐希化工有限公司〈P1821〉;泰兴市化工七厂(300吨)〈P1826〉

2,4,5-三甲基苯甲酸 C02098361
2,4,5-Trimethylbenzoic acid
用作有机合成中间体
【生产厂】[苏]江苏磐希化工有限公司〈P1821〉

2,4,6-三甲基苯甲酸 C02098363
2,4,6-Trimethylbenzoic acid [480-63-7]
用作染料、杀虫剂、医药和光引发剂的中间体,可用于合成三甲基苯甲酰氯等
【生产厂】[沪]上海华钛化学有限公司〈P1739〉;[苏]金坛市三方医药原料厂〈P1862〉;金坛市花山化工厂〈P1861〉;吴江市高新精细化工有限公司〈P1910〉;昆山化工医药原料有限公司〈P1895〉;常熟市新腾化工有限公司〈P1891〉;江苏磐希化工有限公司〈P1821〉;[浙]宁波市贝特化工新材料有限公司〈P1932〉;[甘]甘肃省化工研究院〈P2355〉

4,4′-二苯醚二甲酸;4,4′-二羧基二苯醚 C02098371
4,4′-Dicarboxydiphenyl ether;4,4′-Oxybis(benzoic acid) [2215-89-6]
用作液晶类添加剂单体
【生产厂】[沪]上海华彩精细化工有限公司〈P1738〉;[苏]金坛市华盛化工助剂有限公司〈P1862〉;[浙]横店集团家园化工有限公司〈P1952〉

4-苄氧基-3,5-二甲基苯甲酸 C02098391
4-Benzyloxy-3,5-dimethylbenzoic acid [97888-80-7]
【生产厂】[鲁]青岛裕达精细化工有限公司(15吨)〈P2046〉

巴豆酸;丁烯酸 C02098401
Crotonic acid;β-Methylacrylic acid [107-93-7]
反式丁烯酸主要用于制合成树脂、增塑剂、药物,也用于其他有机合成
【生产厂】[津]天津市百灵消毒剂有限责任公司〈P1579〉;天津市金汇药业有限公司(1000吨)〈P1592〉;[浙]浙江新花蝶化工有限公司〈P1969〉;[豫]郑州利丰化工有限公司〈P2171〉

蓖麻油酸;蓖麻酸;顺式-12-羟基十八碳烯-9-酸 C02098501
Ricinoleic acid;12-Hydroxy-*cis*-9-octadecenoic acid [141-22-0]
用于制备表面活性剂、增塑剂、润滑油添加剂,也用于制备癸二酸、庚酸等
【生产厂】[冀]衡水海润化工有限公司〈P1667〉;[蒙]通辽市通华蓖麻化工有限责任公司〈P1682〉;通辽市威宁化工有限责任公司〈P1682〉;内蒙古天润蓖麻开发有限公司〈P1682〉;[苏]南京盛启化工有限公司〈P1789〉

丙酮酸;乙酰甲酸;2-氧代丙酸 C02098601
Pyruvic acid [127-17-3]
是生产色氨酸、苯丙氨酸和维生素B的主要原料,是生物合成L-多巴的原料,也是乙烯聚合物的起始剂
【生产厂】[京]北京市港华助剂有限责任公司(300吨)〈P1559〉;北京马氏精细化学品有限公司〈P1555〉;[津]天津市昱辉工贸有限公司〈P1612〉;[沪]上海太阳神复旦高科技产业有限公司(100吨)〈P1766〉;上海久邦化工有限公司〈P1745〉;[浙]浙江车头制药有限公司〈P1963〉

苯基丙酮酸;苯丙酮酸 C02098611
Phenylpyruvic acid [156-06-9]
用作生化试剂,用于合成苯丙氨酸及其他化工产品
【生产厂】[浙]浙江车头制药有限公司〈P1963〉

三甲基丙酮酸 C02098651
Trimethylpyruvic acid;3,3-Dimethyl-2-oxobutanoic acid [815-17-8]
【生产厂】[沪]上海力明工贸有限公司〈P1750〉

4-羟基苯丙酮酸;对羟基苯丙酮酸 C02098671

4-Hydroxyphenylpyruvic acid [156-39-8]
【生产厂】[津]天津瑞发化工科技发展有限公司〈P1577〉

丙戊酸;二丙基乙酸;2-丙基戊酸 C02098701
Valproic acid;2-Propylpentanoic acid;Dipropylacetic acid [99-66-1]
用作医药中间体
【生产厂】[苏]盐城冬阳生物制品有限公司〈P1809〉;[渝]重庆南松医药科技有限公司〈P2305〉

丙炔酸;乙炔甲酸 C02098751
Propiolic acid;Acetylenecarboxylic acid [471-25-0]
用作有机合成中间体,可与甲醇在硫酸催化下生成丙炔酸甲酯,是生产抗病毒药物碘苷的原料
【生产厂】[苏]苏州园方化工有限公司〈P1907〉

氟嗪羧酸;氧氟羧酸 C02098801
Oxyfluoro carboxylic acid [82419-35-0]
主要用于氟嗪酸的合成
【生产厂】[浙]普洛康裕股份有限公司〈P1953〉;[赣]吉安市通海医药化工有限公司〈P2017〉;吉安市海洲医药化工有限公司〈P2017〉

正十四碳酸;豆蔻酸;特十四酸;肉豆蔻酸 C02099101
n-Myristic acid;Tetradecanoic acid [544-63-8]
用于制造乳化剂、防水剂、固化剂、聚氯乙烯热稳定剂及增塑剂等,也是香料和医药的原料
【生产厂】[沪]上海索凯实业有限公司〈P1766〉

月桂酸;十二酸 C02099103
n-Dodecanoic acid;Lauric acid [143-07-7]
用于醇酸树脂及润湿剂、洗涤剂、杀虫剂的制备
【生产厂】[沪]上海索凯实业有限公司〈P1766〉;[鄂]武汉莱恩科技有限公司〈P2231〉
【使用厂】[京]北京正恒化工有限公司〈P1566〉;[津]天津天成制药有限公司〈P1614〉;[沪]上海千为油脂科技有限公司〈P1757〉;[苏]无锡市高润杰化学有限公司〈P1875〉;[闽]福建省龙岩市豪迪化工有限公司〈P2005〉;[鲁]山东长链化学有限公司〈P2155〉;蓬莱市红卫化工厂〈P2112〉

棕榈酸;十六酸;软脂酸 C02099105
Palmitic acid [57-10-3]
用作沉淀剂、化学试剂及防水剂
【生产厂】[沪]上海索凯实业有限公司〈P1766〉;[苏]无锡市嘉利华化工有限公司〈P1877〉;[鲁]淄博凤宝化工有限公司〈P2059〉;[川]四川省广汉市古城化工厂〈P2327〉;四川西普化工股份有限公司〈P2331〉
【使用厂】[沪]上海新华化工厂〈P1772〉

椰油酸;椰子油脂肪酸 C02099111
Cocinic acid;Coconut oil fatty acid [61788-47-4]
适用于日用、工业洗涤剂,造纸助剂及化纤油剂等的合成或复配
【生产厂】[蒙]通辽市通华蓖麻化工有限责任公司〈P1682〉;[鲁]山东省淄博市淄川汇通油脂精细化工厂〈P2055〉;博兴华润油脂化学有限公司(6 万吨)〈P2154〉

脂肪酸 C02099121
Fatty acid
主要用于生产丁苯橡胶乳化剂、ABS树脂、非离子表面活性剂、高级香皂等
【生产厂】[津]天津市亚德植物油厂(200 吨)〈P1610〉;[冀]衡水东风化工有限责任公司(2000 吨)〈P1667〉;河北省东光县天力粘合剂厂〈P1655〉;[辽]丹东龙泽化工有限责任公司〈P1700〉;北宁市闾峰化工厂(1000 吨)〈P1701〉;[吉]吉林市大宇化工有限公司(3000 吨)〈P1716〉;[沪]上海索凯实业有限公司〈P1766〉;上海勤工助剂有限公司〈P1757〉;[苏]兴化市伟业植物油脂厂〈P1828〉;[浙]杭州众汇贸易(实业)有限公司(4000 吨)〈P1926〉;德清县中信油脂有限公司(1000 吨)〈P1945〉;[皖]安庆市鸿源化工有限责任公司(2000 吨)〈P1979〉;[闽]福建省沙县嘉利化工有限公司〈P1995〉;[鲁]莘县科力恒油脂化学有限公司(6000 吨)〈P2154〉;山东省莘县四强化工有限公司(4200 吨)〈P2154〉;周村大成特种油品厂〈P2057〉;淄博爱迪森油脂化工有限公司〈P2057〉;淄博凤宝化工有限公司〈P2059〉;山东省昌乐县金海特种油脂厂〈P2097〉;青岛红星化工集团有限责任公司(6000 吨)〈P2036〉;[鄂]武汉一枝花油脂化工有限公司〈P2235〉;[湘]湘潭市昭山旅游经贸开发区油脂化工厂(4000 吨)〈P2251〉;[川]四川省广汉市古城化工厂〈P2327〉;四川西普化工股份有限公司〈P2331〉;[新]昌吉市疆北油脂化工厂〈P2367〉;昌吉市众和油脂化工厂〈P2367〉
【使用厂】[津]天津市科迈化工有限公司〈P1597〉;天津燕海化学有限公司〈P1616〉;[辽]本溪怀特石油化工有限责任公司〈P1699〉;辽宁奥克化学集团有限公司〈P1709〉;[沪]上海天坛助剂有限公司〈P1767〉;上海多纶化工有限公司〈P1732〉;[苏]无锡市高润杰化学有限公司〈P1875〉;常州市武进运波化工有限公司〈P1855〉;[闽]福建泉州市中原隆化工有限公司〈P1998〉;[鲁]山东海化华龙硝铵有限公司〈P2095〉;山东梁山蓝天化工有限公司〈P2131〉;博兴华润油脂化学有限公司〈P2154〉;淄博华星助剂有限公司〈P2062〉;莱州市化工三厂〈P2109〉;[川]四川川化集团成都望江化工厂〈P2318〉

植物油脂肪酸 C02099123
Fatty acid,vegetable [67254-79-9]
主要用于制造日用化妆品、洗涤剂、工业脂肪酸盐、涂料、油漆、橡胶、肥皂等
【生产厂】[苏]无锡市嘉利华化工有限公司〈P1877〉;[鲁]广饶县福利树脂厂(1 万吨)〈P2083〉

半硬化牛脂脂肪酸;FAD C02099124
Semiharden tallow fatty acid
主要用于丁苯橡胶及其他高分子乳液催化聚合配制乳化剂
【生产厂】[鲁]淄博市周村天合化工有限公司〈P2072〉;山东瑞泰化工(集团)有限公司(3000 吨)〈P2136〉

棕榈油脂肪酸 C02099125
Palm oil fatty acid
用于有机合成,可生产橡塑助剂、洗涤剂等
【生产厂】[沪]上海索凯实业有限公司〈P1766〉;[鲁]山东省淄博市淄川汇通油脂精细化工厂(2000 吨)〈P2055〉;博兴华润油脂化学有限公司(6 万吨)〈P2154〉;[川]四川泸天化股份有限公司〈P2323〉

大豆油脂肪酸 C02099129
Fatty acid of soya bean oil
主要用于生产硬脂酸,也可以聚合成二聚酸作为涂料用树脂的原料,还可以分馏来制取油酸和亚油酸等
【生产厂】[沪]上海静超化工有限公司〈P1745〉;[苏]兴化市伟业植物油脂厂(2400 吨)〈P1828〉;[浙]海盐利晖化工塑料有限公司〈P1940〉

C

烷基苯磺酸 C02099131
Alkylbenzenesulfonic acid
用作洗衣粉、洗衣膏、工业洗涤剂的原料
【生产厂】[辽]抚顺石油化工公司石化五厂〈P1698〉;[苏]金桐石油化工有限公司(2 万吨)〈P1782〉;中国石化金陵石化公司烷基苯厂(3 万吨)〈P1792〉;[浙]中轻物产化工有限公司〈P1928〉
【使用厂】[鲁]山东济宁齐天佳丽日化有限公司〈P2131〉;[豫]漯河红日集团有限公司〈P2220〉

重烷基苯磺酸 C02099135
Heavyalkylbenzenesulfonic acid
用作助排剂、洗涤剂原料
【生产厂】[辽]盘锦昊源科工贸有限公司〈P1706〉;[苏]南京卡尼尔科技有限责任公司〈P1786〉
【使用厂】[辽]辽宁天合精细化工股份有限公司〈P1702〉

对乙基苯磺酸 C02099145
4-Ethylbenzenesulfonic acid [98-69-1]
【生产厂】[苏]苏州诚和医药化学有限公司〈P1899〉

4-甲苯磺酸;对甲苯磺酸 C02099151
4-Methylbenzenesulfonic acid;4-Toluenesulfonic acid [104-15-4]
用于医药、农药、染料和洗涤剂,还用于塑料和印刷涂料
【生产厂】[京]北京马氏精细化学品有限公司〈P1555〉;[冀]石家庄市石兴氨基酸有限公司(2000 吨)〈P1631〉;[沪]上海华彭实业有限公司〈P1739〉;上海建平化工有限公司(500 吨)〈P1743〉;上海南威化工有限公司〈P1754〉;[苏]南京隆燕化工有限公司(5000 吨)〈P1787〉;南京大唐化工有限责任公司专用化学品厂〈P1783〉;南京九龙化工有限公司〈P1786〉;苏州市兴业化工有限公司(2800 吨)〈P1906〉;苏州鸿程化工有限公司〈P1900〉;昆山市花桥化工四厂〈P1897〉;苏州诚和医药化学有限公司〈P1899〉;常熟市育新化工有限公司〈P1891〉;江苏奥耐斯特医药化工有限公司〈P1807〉;[皖]安徽省郎溪县联科实业有限公司〈P1986〉;[鲁]山东瑞普生化有限公司(1 万吨)〈P2145〉;潍坊潍泰化工有限公司(3000 吨)〈P2106〉;山东科润生物化工有限公司(3 万吨)〈P2095〉;山东省滕州市国安化工有限公司〈P2078〉;[豫]新乡市黄河精细化工有限公司〈P2205〉;河南四通精细化工有限公司(1500 吨)〈P2218〉;河南新天地药业有限公司(1500 吨)〈P2218〉;开封市恒利化工厂(1500 吨)〈P2177〉;[鄂]武汉市合中化工制造有限公司〈P2232〉
【使用厂】[鲁]山东大成农药股份有限公司〈P2051〉

对羟基苯磺酸;4-羟基苯磺酸;苯酚磺酸 C02099155
4-Hydroxybenzenesulfonic acid;*p*-Phenolsulfonic acid [98-67-9]
是酸性镀锡工艺中最主要的添加剂,同时也具有酸性树脂发泡的作用
【生产厂】[苏]南京大唐化工有限责任公司专用化学品厂〈P1783〉;常州太华化工原料有限公司〈P1857〉;如东县兴达精细化工厂(600 吨)〈P1837〉

邻甲酚磺酸 C02099157
o-Cresolsulfonic acid [7134-04-5]
【生产厂】[苏]南京大唐化工有限责任公司专用化学品厂〈P1783〉

对乙酰氨基苯亚磺酸 C02099159
p-Acetaminobenzenesulfinic acid
【生产厂】[豫]河南省保利平原药业有限责任公司(10 吨)〈P2211〉

乙酰丙酸;左旋糖酸 C02099161
Acetylpropionic acid [123-76-2]
用作医药、香料、涂料的原料,并用作溶剂
【生产厂】[冀]河北亚诺化工有限公司(300 吨)〈P1623〉;[苏]南通市江心沙合成化工厂(250 吨)〈P1835〉;[鲁]淄博双玉化工有限公司(1000 吨)〈P2073〉;淄博市临淄有机化工股份有限公司(1000 吨)〈P2070〉
【使用厂】[冀]廊坊三威化工有限公司〈P1660〉;[苏]江苏飞翔化工(张家港)有限公司〈P1893〉

5-氨基乙酰丙酸盐酸盐;5-氨基-4-酮戊酸盐酸盐 C02099165
5-Aminolevulinic acid hydrochloride;5-Amino-4-oxopentanoic acid hydrochloride [5451-09-2]
用作医药中间体
【生产厂】[赣]江西金海化工有限公司〈P2014〉

L-苹果酸;L-羟基丁二酸;L-羟基琥珀酸 C02099171
L-Hydroxybutanedioic acid [97-67-6]
用作食品添加剂、药品原料
【生产厂】[冀]滦南九州生物化工有限公司(700 吨)〈P1635〉;[晋]太原市侨友化工有限公司〈P1671〉;山西太明化工工业有限公司〈P1676〉;[苏]常州雪龙化工有限公司(1500 吨)〈P1858〉;无锡四周氨基酸有限公司〈P1881〉;[鲁]淄博张店鑫沣生物化工厂(200 吨)〈P2076〉;枣庄麒彩手性药物化学有限公司(8000 吨)〈P2080〉
【使用厂】[鲁]山东招远化工总厂〈P2115〉;[粤]广州市坚红化工厂〈P2264〉

DL-苹果酸;DL-羟基丁二酸 C02099172
DL-Malic acid;DL-Hydroxybutanedioic acid [617-48-1]
食品工业用作酸味剂、色泽保持剂、防腐剂和蛋黄等的乳化稳定剂等,也用于制药
【生产厂】[晋]太原市侨友化工有限公司〈P1671〉;山西太明化工工业有限公司(2000 吨)〈P1676〉;[浙]桐乡市康普达生物科技有限公司〈P1943〉;[鲁]青岛扶桑精制加工有限公司(1500 吨)〈P2034〉;[鄂]武汉市合中化工制造有限公司〈P2232〉;[粤]广州龙沙有限公司〈P2262〉
【使用厂】[津]天津天成制药有限公司〈P1614〉;[沪]上海天坛助剂有限公司〈P1767〉;[鲁]诸城翔龙化学品有限公司〈P2107〉;济宁市化工研究所〈P2128〉

D-(+)-苹果酸;*R*-羟基丁二酸 C02099175
D-(+)-Malic acid;D-Hydroxysuccinic acid [636-61-3]
用于手性药物、手性添加剂、手性助剂等
【生产厂】[辽]大连联化化学有限公司〈P1692〉

亚氨基二乙酸 C02099181
Iminodiacetic acid [142-73-4]
用于农药、橡胶和氨羧络合物,大量用作草甘膦的原料
【生产厂】[京]北京清华紫光英力化工技术有限责任公司〈P1557〉;北京马氏精细化学品有限公司〈P1555〉;[浙]杭州萧山飞翔化工有限公司(500 吨)〈P1923〉;乐清市乐安化工有限公司〈P1936〉;[皖]安徽海丰精细化工股份有限公司〈P1971〉;安庆曙光化工(集团)有限公司〈P1980〉;[粤]广州润土农药化工有限公司〈P2263〉

***N*-(2-乙酰氨基)亚氨基二乙酸**;ADA C02099189
N-(2-Acetamide)iminodiacetic acid;ADA [26239-55-4]

用作医药中间体,诊断试剂
【生产厂】[沪]上海汇龙化工有限公司(100吨)〈P1741〉;[苏]常州康力化工有限公司〈P1848〉;苏州工业园区亚科化学试剂有限公司〈P1900〉

豆油酸;豆油脂肪酸 C02099192
Soya oil acid [68308-53-2]
在涂料工业中代替豆油用于改性醇酸树脂,油墨用的聚酰胺树脂,也可用于生产合成洗涤剂
【生产厂】[冀]衡水海润化工有限公司〈P1667〉;[浙]海盐利晖化工塑料有限公司〈P1940〉;[鲁]莘县科力恒油脂化学有限公司〈P2154〉;临清市永康油脂厂(3000吨)〈P2152〉;潍坊市大明化工有限公司〈P2104〉;青岛红星化工集团有限责任公司(1万吨)〈P2036〉;山东瑞泰化工(集团)有限公司(2000吨)〈P2136〉

L-丙氨酸;L-2-氨基丙酸 C02099201
L-2-Aminopropionic acid;L-Alanine [56-41-7]
食品饮料方面用作防腐剂、风味调味料及氨基酸低度酒等,医药方面用于合成氨基酸输液
【生产厂】[京]北京奥博星生物技术责任有限公司〈P1543〉;北京健力药业有限公司〈P1551〉;[冀]石家庄维诺伟业生物制品有限公司〈P1633〉;石家庄市环城氨基酸厂〈P1629〉;石家庄市海天精细化工有限公司〈P1629〉;石家庄市石兴氨基酸有限公司〈P1631〉;晋州冀荣氨基酸有限公司(100吨)〈P1625〉;河北省冀州市华阳化工有限责任公司〈P1665〉;[晋]太原市侨友化工有限公司〈P1671〉;山西太明化工工业有限公司(100吨)〈P1676〉;[沪]上海斐雅科技发展有限公司〈P1733〉;上海协和氨基酸有限公司(600吨)〈P1771〉;[苏]南京利邦化工有限公司(1000吨)〈P1787〉;南京仁信化工有限公司〈P1788〉;常州市武进东湖化工原料有限公司〈P1854〉;无锡四周氨基酸有限公司〈P1881〉;江苏杰成生物工程有限公司(3000吨)〈P1865〉;江苏菊花味精集团公司(500吨)〈P1894〉;张家港市菊花氨基酸有限公司〈P1913〉;南通远大生物科技发展有限公司〈P1836〉;[浙]通宝生物工程有限公司(1200吨)〈P1946〉;桐乡市康普达生物科技有限公司〈P1943〉;宁波立华制药有限公司〈P1931〉;宁波海德氨基酸工业有限公司〈P1930〉;宁波科瑞生物工程有限公司〈P1931〉;[皖]淮北新兴实业有限责任公司〈P1977〉;淮北原野生物工程有限公司(1500吨)〈P1978〉;[鲁]淄博张店鑫沣生物化工厂(300吨)〈P2076〉;淄博凯瑞化工厂〈P2064〉;烟台恒源生物工程有限公司〈P2117〉;[豫]郑州厚泽木食品技术有限公司〈P2170〉;[鄂]武汉武大弘元股份有限公司〈P2234〉;湖北八峰药化股份有限公司〈P2245〉;[川]成都龙泰生化实业有限公司〈P2313〉;四川峨眉山荣高生化制品有限公司〈P2318〉
【使用厂】[豫]河南康泰制药集团公司河南省精细化工厂〈P2166〉;河南康泰制药集团公司〈P2166〉

D-丙氨酸;D-氨基丙酸 C02099202
D-Alanine;D-2-Aminopropionic acid [338-69-2]
用于合成新型甜味剂及某些手性药物中间体的原料
【生产厂】[冀]石家庄市海天精细化工有限公司〈P1629〉;石家庄市石兴氨基酸有限公司〈P1631〉;[晋]太原世乐药业有限公司〈P1671〉;[沪]上海求德生物化工有限公司〈P1758〉;[苏]无锡四周氨基酸有限公司〈P1881〉;江苏华昌(集团)有限公司〈P1893〉;[皖]安徽省恒锐新技术开发有限责任公司〈P1972〉;淮北原野生物工程有限公司〈P1978〉;[鲁]枣庄麒彩手性药物化学有限公司(2000吨)〈P2080〉;[陕]陕西大生化学科技有限公司〈P2346〉

***N*-[1-(*S*)-乙氧羰基-3-苯丙基]-L-丙氨酸;**依那普利氢化物 C02099205
N-[1-(*S*)-Ethoxycarbonyl-3-phenylpropyl]-L-alanine [82717-96-2]
用作药物马来酸依那普利中间体
【生产厂】[京]北京恒天易德化工有限公司〈P1549〉;[浙]天台昌明化学制品有限公司〈P1962〉;[赣]江西金瑞化工有限责任公司〈P2016〉;江西迪瑞合成化工有限公司〈P2014〉

2-氯苯乙酸;邻氯苯乙酸 C02099211
2-Chlorophenylacetic acid [2444-36-2]
用作医药中间体,用于高效消炎类药物双氯灭痛的合成
【生产厂】[苏]沭阳金凯化工厂〈P1804〉;江苏省姜堰市鑫鑫化工有限公司(100吨)〈P1822〉;高邮市康乐精细化工厂〈P1813〉;[鄂]武汉有机实业股份有限公司〈P2235〉

间氯苯乙酸;3-氯苯乙酸 C02099212
m-Chlorophenylacetic acid [1878-65-5]
用作医药中间体
【生产厂】[鄂]武汉有机实业股份有限公司〈P2235〉

对氯苯乙酸;4-氯苯乙酸 C02099213
p-Chlorophenylacetic acid [1878-66-6]
用作医药中间体
【生产厂】[苏]金坛市振兴化工有限公司〈P1863〉;沭阳金凯化工厂〈P1804〉;高邮市康乐精细化工厂〈P1813〉;[鄂]武汉有机实业股份有限公司〈P2235〉

对氟苯乙酸;4-氟苯乙酸 C02099221
p-Fluorophenylacetic acid [405-50-5]
用作医药中间体
【生产厂】[苏]句容市顺风助剂厂〈P1843〉;沭阳金凯化工厂〈P1804〉;盐城市虹艳化工有限公司(240吨)〈P1811〉

邻氟苯乙酸;2-氟苯乙酸 C02099223
o-Fluorophenylacetic acid [451-82-1]
用作医药中间体
【生产厂】[苏]句容市顺风助剂厂〈P1843〉;金坛市群乐化工助剂研究所〈P1862〉;沭阳金凯化工厂〈P1804〉;[浙]浙江省三门解氏化学工业有限公司〈P1966〉

间氟苯乙酸;3-氟苯乙酸 C02099225
m-Fluorophenylacetic acid [331-25-9]
用作医药中间体
【生产厂】[苏]句容市顺风助剂厂〈P1843〉

对苯二乙酸 C02099231
p-Phenylenediacetic acid;1,4-Phenylenediacetic acid [7325-46-4]
【生产厂】[鄂]武汉有机实业股份有限公司〈P2235〉

邻苯二乙酸 C02099235
o-Phenylenediacetic acid;1,2-Phenylenediacetic acid [7500-53-0]
【生产厂】[鄂]武汉有机实业股份有限公司〈P2235〉

对溴苯乙酸;4-溴苯乙酸 C02099241
p-Bromophenylacetic acid [1878-68-8]
【生产厂】[苏]金坛市群乐化工助剂研究所〈P1862〉

3-(氯甲基)苯乙酸 C02099251
3-(Chloromethyl)phenylacetic acid
【生产厂】[鄂]武汉有机实业股份有限公司〈P2235〉

C

4-(氯甲基)苯乙酸 C02099253

4-(Chloromethyl)phenylacetic acid

【生产厂】[鄂]武汉有机实业股份有限公司〈P2235〉

α-甲基-4-氯苯乙酸 C02099259

4-Chloro-α-methylphenylacetic acid [938-95-4]

用作医药中间体

【生产厂】[苏]昆山化工医药原料有限公司〈P1895〉

3,5-二溴苯乙酸 C02099261

3,5-Dibromophenylacetic acid

【生产厂】[苏]金坛市群乐化工助剂研究所〈P1862〉

2-氨基-4-氟苯乙酸;4-氟-2-氨基苯乙酸 C02099275

2-Amino-4-fluorophenylacetic acid

用作医药中间体

【生产厂】[沪]上海凯峰化工有限公司〈P1747〉;[浙]浙江华纳药业有限公司〈P1950〉

3,5-二氟苯乙酸 C02099281

3,5-Difluorophenylacetic acid [105184-38-1]

用作医药、农药中间体

【生产厂】[辽]阜新金特莱氟化学有限责任公司〈P1707〉;[鲁]济宁信东化工有限公司〈P2129〉

2,3-二氟苯乙酸 C02099283

2,3-Difluorophenylacetic acid [360-03-2]

用作医药、农药、液晶材料中间体

【生产厂】[赣]江西上饶现代化工有限公司〈P2015〉

3,4-二氟苯乙酸 C02099285

3,4-Difluorophenylacetic acid

【生产厂】[京]北京嘉盛扬医药科技有限公司〈P1551〉

2,4-二氟苯乙酸 C02099287

2,4-Difluorophenylacetic acid [81228-09-3]

用作医药、农药、液晶材料中间体

【生产厂】[浙]浙江省三门解氏化学工业有限公司〈P1966〉

2,4,5-三氟苯乙酸 C02099289

2,4,5-Trifluorophenylacetic acid [209995-38-0]

【生产厂】[浙]浙江省东阳市康峰有机氟化工厂〈P1955〉

对三氟甲基苯乙酸;4-三氟甲基苯乙酸 C02099291

p-(Trifluoromethyl)phenylacetic acid [32857-62-8]

用作医药中间体

【生产厂】[京]北京金奥利维科技发展有限公司〈P1551〉;北京宜龙通广科技有限公司〈P1565〉;北京北化新元科技发展有限公司〈P1544〉;[沪]上海康福赛尔医药科技有限公司〈P1748〉

邻三氟甲基苯乙酸;2-三氟甲基苯乙酸 C02099293

o-(Trifluoromethyl)phenylacetic acid

【生产厂】[京]北京宜龙通广科技有限公司〈P1565〉

3,5-双(三氟甲基)苯乙酸 C02099295

3,5-Di(trifluoromethyl)phenylacetic acid [85068-33-3]

【生产厂】[京]北京金奥利维科技发展有限公司〈P1551〉;北京宜龙通广科技有限公司〈P1565〉;北京北化新元科技发展有限公司〈P1544〉;[赣]江西上饶现代化工有限公司〈P2015〉

十三碳二元酸;巴西基酸 C02099301

Tridecanedioic acid;Brassylic acid [505-52-2]

用于生产高级香精、香料及人造麝香-T,热熔胶和工程塑料,高级食品包装材料,也是高档尼龙1313的主要原料

【生产厂】[赣]江西国药有限责任公司〈P2008〉;[鲁]山东宝沣化工集团公司〈P2051〉;淄博广通化工有限责任公司(700吨)〈P2060〉;[川]四川西普化工股份有限公司〈P2331〉

正十二烷二元酸;十二烷二酸;1,10-癸烷二羧酸 C02099311

Dodecanedioic acid;DDDA [693-23-2]

用于合成聚酰胺、长碳链尼龙、高档润滑油等,是尼龙1212、尼龙612和尼龙1012的主要原料

【生产厂】[蒙]通辽市通华蓖麻化工有限责任公司〈P1682〉;[鲁]山东宝沣化工集团公司〈P2051〉;淄博广通化工有限责任公司(700吨)〈P2060〉

间二甲氨基苯甲酸 C02099401

m-Dimethylaminobenzoic acid [99-64-9]

是染料、色素、农药、医药、感光材料和有机试剂的重要中间体

【生产厂】[苏]吴江市东风化工有限公司〈P1910〉;[豫]安阳市华鹰精细化工有限责任公司〈P2209〉;[湘]株洲市亚帝实业有限公司〈P2250〉

对二甲氨基苯甲酸 C02099411

4-Dimethylaminobenzoic acid [619-84-1]

用作光敏剂的重要中间体,涂料、染料中间体

【生产厂】[豫]安阳市华鹰精细化工有限责任公司〈P2209〉

L-异丝氨酸;L-3-氨基-2-羟基丙酸 C02099521

L-Isoserine [632-13-3]

用作生化试剂、食品添加剂,用于化妆品工业

【生产厂】[沪]上海求德生物化工有限公司〈P1758〉;[苏]苏州开元民生化学科技有限公司〈P1901〉

氨基磺酸;磺酸胺;氨磺酸;磺酰胺酸 C02099601

Aminosulfonic acid;Sulfamic acid [5329-14-6]

用于除草剂、防火剂、纸张和纺织品的软化剂、金属清洗剂等

【生产厂】[京]北京奥博星生物技术责任有限公司〈P1543〉;[冀]石家庄市南方化工有限公司(1000吨)〈P1631〉;沧州市晶玉工业有限公司〈P1653〉;唐山三鼎化工有限公司(3000吨)〈P1636〉;遵化市山隆工贸有限责任公司〈P1637〉;河北省遵化市永合化工有限责任公司(5000吨)〈P1635〉;保定恒润化工有限公司〈P1645〉;保定市满城荣泰染料化工有限公司〈P1646〉;[晋]阳泉精诚化工有限公司(2万吨)〈P1674〉;[沪]上海南威化工有限公司〈P1754〉;[苏]句容长宁生物化工有限公司(6000吨)〈P1843〉;江苏省太仓市归庄镇武兵化工厂〈P1894〉;[浙]浙江黄岩精细化学品集团有限公司〈P1964〉;[鲁]东营市

恒锐新技术开发有限责任公司〈P2082〉;莱州金兴化工有限责任公司(5000吨)〈P2109〉;烟台三鼎化工有限公司(6000吨)〈P2118〉;潍坊万源化工有限公司〈P2106〉;青岛三凯化工有限公司〈P2041〉;莱西市金山化工厂(4560吨)〈P2032〉;[豫]河南四通精细化工有限公司(3000吨)〈P2218〉;河南新天地药业有限公司(3000吨)〈P2218〉;[陕]西安市优立电子化工有限责任公司〈P2349〉

【使用厂】[苏]盐城市金雨科技有限公司〈P1811〉;[鲁]山东临朐富源精细化工有限公司〈P2096〉;潍坊振兴焦化有限公司〈P2107〉

N-对硝基苄氧基-*β*-丙氨酸;对硝基苯甲酰-*β*-丙氨酸 C02099631

N-(*p*-Nitrobenzoyl)-*β*-alanine [59642-21-6]

用作医药中间体,用于合成药物巴柳氮二钠

【生产厂】[苏]吴江明恒化学有限公司〈P1909〉

4-硝基-L-苯丙氨酸 C02099671

4-Nitro-L-phenylalanine [207591-86-4]

【生产厂】[沪]上海凯峰化工有限公司〈P1747〉;[苏]苏州福玛威尔医药科技有限公司〈P1900〉;[浙]浙江华纳药业有限公司〈P1950〉;[川]四川琢新生物材料研究有限公司〈P2320〉

对氟苯丙氨酸 C02099691

p-Fluorophenylalanine [60-17-3]

【生产厂】[苏]江苏庙桥合成化工有限公司〈P1859〉

海藻酸 C02099701

Alginic acid [9005-32-7]

主要用于医药行业,是生产盖胃平、PSS的主要原料

【生产厂】[鲁]青岛海化化工有限责任公司(200吨)〈P2035〉;青岛明月海藻集团有限公司(300吨)〈P2040〉;青岛南洋海藻工业有限公司〈P2041〉;青岛盛洋化工有限公司〈P2042〉;青岛鹰飞化工有限公司〈P2046〉;青岛聚大洋海藻工业有限公司(200吨)〈P2039〉

喹啉 2-硼酸;2-喹啉硼酸 C02099702

Quinoline-2-boronic acid [745784-12-7]

【生产厂】[浙]宁波天源化学有限公司〈P1933〉

4-联苯硼酸;联苯-4-硼酸 C02099703

4-Biphenylboronic acid [5122-94-1]

【生产厂】[京]北京普瑞东方化学技术有限公司〈P1556〉;[冀]河北德隆泰化工有限公司〈P1619〉

2-甲酰基苯硼酸 C02099705

2-Formylphenylboronic acid [40138-16-7]

【生产厂】[京]北京普瑞东方化学技术有限公司〈P1556〉;[冀]河北德隆泰化工有限公司〈P1619〉

3-甲酰基苯硼酸 C02099706

3-Formylphenylboronic acid [87199-16-4]

【生产厂】[京]北京普瑞东方化学技术有限公司〈P1556〉;[冀]河北德隆泰化工有限公司〈P1619〉

4-甲酰基苯硼酸 C02099707

4-Formylphenylboronic acid [87199-17-5]

【生产厂】[京]北京普瑞东方化学技术有限公司〈P1556〉;[冀]河北德隆泰化工有限公司〈P1619〉

4-氰基苯硼酸 C02099708

4-Cyanophenylboric acid [126747-14-6]

【生产厂】[冀]河北德隆泰化工有限公司〈P1619〉;[沪]上海再启生物技术有限公司〈P1777〉

3-氰基苯硼酸 C02099709

3-Cyanophenylboric acid [150255-96-2]

【生产厂】[冀]河北德隆泰化工有限公司〈P1619〉;[沪]上海再启生物技术有限公司〈P1777〉

2-氰基苯硼酸 C02099710

2-Cyanophenylboric acid [138642-62-3]

【生产厂】[冀]河北德隆泰化工有限公司〈P1619〉;[沪]上海再启生物技术有限公司〈P1777〉

2-甲硫基苯硼酸;邻硼酸茴香硫醚 C02099711

2-(Methylthio)phenylboronic acid [168618-42-6]

【生产厂】[京]北京维达化工有限公司(5吨)〈P1563〉;北京普瑞东方化学技术有限公司〈P1556〉

3-甲硫基苯硼酸 C02099712

3-(Methylthio)phenylboronic acid [128312-11-8]

【生产厂】[京]北京普瑞东方化学技术有限公司〈P1556〉

4-甲硫基苯硼酸;4-硼酸茴香硫醚 C02099713

4-(Methylthio)phenylboronic acid [98546-51-1]

【生产厂】[京]北京维达化工有限公司(5吨)〈P1563〉;北京普瑞东方化学技术有限公司〈P1556〉;北京金奥利维科技发展有限公司〈P1551〉

对乙氧基苯硼酸;4-乙氧基苯硼酸 C02099717

4-Ethoxyphenylboronic acid [22237-13-4]

【生产厂】[京]北京普瑞东方化学技术有限公司〈P1556〉

邻乙氧基苯硼酸;2-乙氧基苯硼酸 C02099718

2-Ethoxyphenylboronic acid [213211-69-9]

【生产厂】[京]北京普瑞东方化学技术有限公司〈P1556〉

间乙氧基苯硼酸;3-乙氧基苯硼酸 C02099719

3-Ethoxyphenylboronic acid [90555-66-1]

【生产厂】[京]北京普瑞东方化学技术有限公司〈P1556〉;[川]爱斯特(成都)医药技术有限公司〈P2309〉

间氨基苯硼酸;3-氨基苯硼酸 C02099723

3-Aminophenylboronic acid [30418-59-8]

用作医药中间体

【生产厂】[京]北京普瑞东方化学技术有限公司〈P1556〉;北京金奥利维科技发展有限公司〈P1551〉

2,4-二甲氧基苯硼酸 C02099724

2,4-Dimethoxybenzeneboronic acid [133730-34-4]

【生产厂】[京]北京普瑞东方化学技术有限公司〈P1556〉

3,4-二甲氧基苯硼酸 C02099725

3,4-Dimethoxybenzeneboronic acid [122775-35-3]

【生产厂】[冀]河北德隆泰化工有限公司〈P1619〉

3,5-二甲氧基苯硼酸 C02099726

3,5-Dimethoxybenzeneboronic acid [192182-54-0]

【生产厂】[冀]河北德隆泰化工有限公司〈P1619〉

2-羧基苯硼酸；邻羧基苯硼酸 C02099727
2-Carboxylphenylboronic acid [149105-19-1]
【生产厂】[京]北京普瑞东方化学技术有限公司〈P1556〉；[冀]河北德隆泰化工有限公司〈P1619〉；[辽]大连联化化学有限公司〈P1692〉

C

3-羧基苯硼酸；间羧基苯硼酸 C02099728
3-Carboxylphenylboronic acid [25487-66-5]
【生产厂】[京]北京普瑞东方化学技术有限公司〈P1556〉；[冀]河北德隆泰化工有限公司〈P1619〉；[辽]大连联化化学有限公司〈P1692〉

4-羧基苯硼酸；对羧基苯硼酸 C02099729
4-Carboxylphenylboronic acid [14047-29-1]
【生产厂】[京]北京普瑞东方化学技术有限公司〈P1556〉；[冀]河北德隆泰化工有限公司〈P1619〉；[辽]大连联化化学有限公司〈P1692〉；[沪]上海再启生物技术有限公司〈P1777〉

间氯苯硼酸；3-氯苯硼酸 C02099731
3-Chlorophenylboronic acid [63503-60-6]
【生产厂】[京]北京普瑞东方化学技术有限公司〈P1556〉；[冀]河北德隆泰化工有限公司〈P1619〉；[川]爱斯特(成都)医药技术有限公司〈P2309〉

邻氯苯硼酸；2-氯苯硼酸 C02099732
2-Chlorophenylboronic acid [3900-89-8]
【生产厂】[京]北京普瑞东方化学技术有限公司〈P1556〉；[冀]河北德隆泰化工有限公司〈P1619〉

对氯苯硼酸；4-氯苯硼酸 C02099733
4-Chlorophenylboronic acid [1679-18-1]
【生产厂】[京]北京普瑞东方化学技术有限公司〈P1556〉；[冀]河北德隆泰化工有限公司〈P1619〉；[辽]阜新金特莱氟化学有限责任公司〈P1707〉

邻氟苯硼酸；2-氟苯硼酸 C02099734
2-Fluorophenylboronic acid [1993-03-9]
【生产厂】[京]北京普瑞东方化学技术有限公司〈P1556〉；[冀]河北德隆泰化工有限公司〈P1619〉

对氟苯硼酸；4-氟苯硼酸 C02099735
4-Fluorophenylboronic acid [1765-93-1]
【生产厂】[京]北京普瑞东方化学技术有限公司〈P1556〉；北京金奥利维科技发展有限公司〈P1551〉；[冀]河北德隆泰化工有限公司〈P1619〉；[辽]阜新金特莱氟化学有限责任公司〈P1707〉；[赣]江西上饶现代化工有限公司〈P2015〉；[川]爱斯特(成都)医药技术有限公司〈P2309〉

间氟苯硼酸；3-氟苯硼酸 C02099736
3-Fluorophenylboronic acid [768-35-4]
【生产厂】[京]北京普瑞东方化学技术有限公司〈P1556〉；北京金奥利维科技发展有限公司〈P1551〉；[冀]河北德隆泰化工有限公司〈P1619〉；[辽]大连联化化学有限公司〈P1692〉；[赣]江西上饶现代化工有限公司〈P2015〉；[川]爱斯特(成都)医药技术有限公司〈P2309〉

3-氯-4-氟苯硼酸 C02099738
3-Chloro-4-fluorophenylboronic acid [144432-85-9]
【生产厂】[京]北京普瑞东方化学技术有限公司〈P1556〉；[辽]阜新金特莱氟化学有限责任公司〈P1707〉

5-氯-2-醛基苯硼酸 C02099741
5-Chloro-2-formylphenylboronic acid
【生产厂】[津]南开大学生物化学科技开发公司(50 吨)〈P1569〉

3,4,5-三甲氧基苯硼酸 C02099743
3,4,5-Trimethoxybenzeneboronic acid [182163-96-8]
【生产厂】[冀]河北德隆泰化工有限公司〈P1619〉

对丙基苯硼酸；4-丙基苯硼酸 C02099747
4-Propylphenylboric acid [134150-01-9]
【生产厂】[冀]河北德隆泰化工有限公司〈P1619〉

对苄氧基苯硼酸 C02099749
4-Benzyloxyphenylboronic acid [146631-00-7]
【生产厂】[京]北京北化新元科技发展有限公司〈P1544〉

苯硼酸 C02099751
Phenylboronic acid [98-80-6]
用作医药中间体
【生产厂】[京]北京维达化工有限公司(5 吨)〈P1563〉；北京普瑞东方化学技术有限公司〈P1556〉；北京金奥利维科技发展有限公司〈P1551〉；北京北化新元科技发展有限公司〈P1544〉；[冀]河北德隆泰化工有限公司〈P1619〉；河北省景县景美化学工业有限公司〈P1665〉；[川]爱斯特(成都)医药技术有限公司〈P2309〉

对羟基苯硼酸 C02099753
4-Hydroxyphenylboronic acid [71597-85-8]
【生产厂】[京]北京金奥利维科技发展有限公司〈P1551〉；北京北化新元科技发展有限公司〈P1544〉

2-乙基苯硼酸；邻乙基苯硼酸 C02099755
2-Ethylbenzeneboronic acid [90002-36-1]
【生产厂】[京]北京普瑞东方化学技术有限公司〈P1556〉

对乙基苯硼酸；4-乙基苯硼酸 C02099756
4-Ethylbenzeneboronic acid [63139-21-9]
【生产厂】[冀]河北德隆泰化工有限公司〈P1619〉

4-甲氧基苯硼酸；对甲氧基苯硼酸 C02099757
4-Methoxyphenylboronic acid [5720-07-0]
【生产厂】[京]北京维达化工有限公司(5 吨)〈P1563〉；北京普瑞东方化学技术有限公司〈P1556〉；北京北化新元科技发展有限公司〈P1544〉；[冀]河北德隆泰化工有限公司〈P1619〉；[川]爱斯特(成都)医药技术有限公司〈P2309〉

邻甲氧基苯硼酸；2-甲氧基苯硼酸 C02099758
2-Methoxybenzeneboronic acid [5720-06-9]
【生产厂】[京]北京普瑞东方化学技术有限公司〈P1556〉；[冀]河北德隆泰化工有限公司〈P1619〉；[辽]大连联化化学有限公司〈P1692〉；[川]爱斯特(成都)医药技术有限公司〈P2309〉

3-甲氧基苯硼酸；间甲氧基苯硼酸 C02099759
3-Methoxyphenylboronic acid [10365-98-7]
【生产厂】[京]北京维达化工有限公司(5 吨)〈P1563〉；北京普瑞东方化学技术有限公司〈P1556〉；北京金奥利维科技发展有限公司〈P1551〉；[冀]河北德隆泰化工有限公司〈P1619〉；[川]爱斯特(成都)医药技术有限公司〈P2309〉

邻甲基苯硼酸;2-甲基苯硼酸 C02099760
2-Methylphenylboric acid [16419-60-6]
【生产厂】[京]北京普瑞东方化学技术有限公司〈P1556〉;[冀]河北德隆泰化工有限公司〈P1619〉

间甲基苯硼酸;3-甲基苯硼酸 C02099761
3-Tolylboronic acid;3-Methylphenylboric acid [17933-03-8]
【生产厂】[京]北京普瑞东方化学技术有限公司〈P1556〉;[津]南开大学生物化学科技开发公司(50 吨)〈P1569〉;[冀]河北德隆泰化工有限公司〈P1619〉;[浙]浙江圣达药业有限公司〈P1967〉

对甲基苯硼酸;4-甲基苯硼酸 C02099762
4-Methylbenzeneboronic acid;*p*-Tolylboronic acid [5720-05-8]
【生产厂】[京]北京普瑞东方化学技术有限公司〈P1556〉;[冀]河北德隆泰化工有限公司〈P1619〉;[沪]上海再启生物技术有限公司〈P1777〉;[浙]台州市奥力特精细化工有限公司〈P1961〉

5-氯-2-甲基苯硼酸 C02099765
5-Chloro-2-methylphenylboronic acid
【生产厂】[津]南开大学生物化学科技开发公司(50 吨)〈P1569〉

5-氟-2-甲氧基苯硼酸 C02099769
5-Fluoro-2-methoxyphenylboronic acid [179897-94-0]
【生产厂】[京]北京普瑞东方化学技术有限公司〈P1556〉

2,3-二氯苯硼酸 C02099771
2,3-Dichlorophenylboronic acid [151169-74-3]
【生产厂】[京]北京普瑞东方化学技术有限公司〈P1556〉;[冀]河北德隆泰化工有限公司〈P1619〉

2,4-二氯苯硼酸 C02099772
2,4-Dichlorophenylboronic acid [68716-47-2]
【生产厂】[京]北京普瑞东方化学技术有限公司〈P1556〉;[冀]河北德隆泰化工有限公司〈P1619〉;[辽]阜新金特莱氟化学有限责任公司〈P1707〉

2,5-二氯苯硼酸 C02099773
2,5-Dichlorophenylboronic acid [135145-90-3]
【生产厂】[京]北京普瑞东方化学技术有限公司〈P1556〉

2,6-二氯苯硼酸 C02099774
2,6-Dichlorophenylboronic acid [73852-17-2]
【生产厂】[京]北京普瑞东方化学技术有限公司〈P1556〉

3,4-二氯苯硼酸 C02099775
3,4-Dichlorophenylboronic acid [151169-75-4]
用作药物中间体
【生产厂】[京]北京普瑞东方化学技术有限公司〈P1556〉;[冀]河北德隆泰化工有限公司〈P1619〉

3,5-二氯苯硼酸 C02099776
3,5-Dichlorophenylboronic acid [67492-50-6]
【生产厂】[京]北京普瑞东方化学技术有限公司〈P1556〉;[冀]河北德隆泰化工有限公司〈P1619〉;[辽]阜新金特莱氟化学有限责任公司〈P1707〉;[川]爱斯特(成都)医药技术有限公司〈P2309〉

2,3,4-三氯苯硼酸 C02099777
2,3,4-Trichlorophenylboronic acid [352530-21-3]
【生产厂】[京]北京普瑞东方化学技术有限公司〈P1556〉

2,3,5-三氯苯硼酸 C02099778
2,3,5-Trichlorophenylboronic acid [212779-19-6]
【生产厂】[京]北京普瑞东方化学技术有限公司〈P1556〉

2,4,5-三氯苯硼酸 C02099779
2,4,5-Trichlorophenylboronic acid
【生产厂】[京]北京普瑞东方化学技术有限公司〈P1556〉

2,4,6-三氯苯硼酸 C02099780
2,4,6-Trichlorophenylboronic acid [73852-18-3]
【生产厂】[京]北京普瑞东方化学技术有限公司〈P1556〉

4-异丁基苯硼酸 C02099781
4-Isobutylphenylboronic acid [153624-38-5]
【生产厂】[冀]河北德隆泰化工有限公司〈P1619〉

4-叔丁基苯硼酸 C02099783
4-*tert*-Butylphenylboronic acid [123324-71-0]
【生产厂】[京]北京普瑞东方化学技术有限公司〈P1556〉;[冀]河北德隆泰化工有限公司〈P1619〉

3-硝基苯硼酸;间硝基苯硼酸 C02099785
3-Nitrophenylboronic acid [13331-27-6]
【生产厂】[京]北京普瑞东方化学技术有限公司〈P1556〉;北京金奥利维科技发展有限公司〈P1551〉;北京北化新元科技发展有限公司〈P1544〉

4-三氟甲基苯硼酸;对三氟甲基苯硼酸 C02099789
4-Trifluoromethylphenylboronic acid [128796-39-4]
【生产厂】[京]北京普瑞东方化学技术有限公司〈P1556〉;北京宜龙通广科技有限公司〈P1565〉;北京北化新元科技发展有限公司〈P1544〉;[冀]河北德隆泰化工有限公司〈P1619〉;[沪]上海再启生物技术有限公司〈P1777〉;[赣]江西上饶现代化工有限公司〈P2015〉

2-三氟甲基苯硼酸;邻三氟甲基苯硼酸 C02099790
2-Trifluoromethylphenylboronic acid [1423-27-4]
【生产厂】[京]北京普瑞东方化学技术有限公司〈P1556〉;北京宜龙通广科技有限公司〈P1565〉;[冀]河北德隆泰化工有限公司〈P1619〉;[赣]江西上饶现代化工有限公司〈P2015〉

3-三氟甲基苯硼酸;间三氟甲基苯硼酸 C02099791
3-Trifluoromethylphenylboronic acid [17933-03-8]
【生产厂】[京]北京普瑞东方化学技术有限公司〈P1556〉;北京宜龙通广科技有限公司〈P1565〉;北京北化新元科技发展有限公司〈P1544〉;[冀]河北德隆泰化工有限公司〈P1619〉;[赣]江西上饶现代化工有限公司〈P2015〉

3,5-双(三氟甲基)苯硼酸 C02099792
3,5-Di(trifluoromethyl)phenylboronic acid [73852-19-4]
【生产厂】[京]北京普瑞东方化学技术有限公司〈P1556〉;北京金奥利维科技发展有限公司〈P1551〉;北京宜龙通广科技有限公司〈P1565〉;北京北化新元科技发展有限公司〈P1544〉;[冀]河北德隆泰化工有限公司〈P1619〉;[赣]江西上饶现代化工有限公司〈P2015〉

C

2,5-二氟苯硼酸 C02099793

2,5-Difluorophenylboronic acid [193353-34-3]

【生产厂】[京]北京普瑞东方化学技术有限公司〈P1556〉

2,6-二氟苯硼酸 C02099794

2,6-Difluorophenylboronic acid [162101-25-9]

【生产厂】[赣]江西上饶现代化工有限公司〈P2015〉

3,5-二氟苯硼酸 C02099795

3,5-Difluorophenylboronic acid [156545-07-2]

【生产厂】[京]北京普瑞东方化学技术有限公司〈P1556〉;北京宜龙通广科技有限公司〈P1565〉;[津]南开大学生物化学科技开发公司(50 吨)〈P1569〉;[冀]河北德隆泰化工有限公司〈P1619〉;[辽]阜新金特莱氟化学有限责任公司〈P1707〉;[川]爱斯特(成都)医药技术有限公司〈P2309〉

2,3-二氟苯硼酸 C02099796

2,3-Difluorophenylboronic acid

【生产厂】[赣]江西上饶现代化工有限公司〈P2015〉

3,4-二氟苯硼酸 C02099798

3,4-Difluorophenylboronic acid [168267-41-2]

【生产厂】[京]北京普瑞东方化学技术有限公司〈P1556〉;北京宜龙通广科技有限公司〈P1565〉;北京北化新元科技发展有限公司〈P1544〉;[冀]河北德隆泰化工有限公司〈P1619〉;[辽]阜新金特莱氟化学有限责任公司〈P1707〉;[川]爱斯特(成都)医药技术有限公司〈P2309〉

2,4-二氟苯硼酸 C02099799

2,4-Difluorophenylboronic acid [144025-03-6]

【生产厂】[京]北京普瑞东方化学技术有限公司〈P1556〉;[冀]河北德隆泰化工有限公司〈P1619〉

2,3,4-三氟苯硼酸 C02099801

2,3,4-Trifluorophenylboronic acid [226396-32-3]

【生产厂】[京]北京普瑞东方化学技术有限公司〈P1556〉

2,3,5-三氟苯硼酸 C02099802

2,3,5-Trifluorophenylboronic acid [247564-71-2]

【生产厂】[京]北京普瑞东方化学技术有限公司〈P1556〉

2,3,6-三氟苯硼酸 C02099803

2,3,6-Trifluorophenylboronic acid [247564-73-4]

【生产厂】[京]北京普瑞东方化学技术有限公司〈P1556〉

2,4,5-三氟苯硼酸 C02099804

2,4,5-Trifluorophenylboronic acid [247564-72-3]

【生产厂】[京]北京普瑞东方化学技术有限公司〈P1556〉

3,4,5-三氟苯硼酸 C02099807

3,4,5-Trifluorophenylboronic acid [143418-49-9]

【生产厂】[京]北京普瑞东方化学技术有限公司〈P1556〉;北京北化新元科技发展有限公司〈P1544〉;[冀]河北德隆泰化工有限公司〈P1619〉;[辽]阜新金特莱氟化学有限责任公司〈P1707〉;[鲁]山东大地盐化集团〈P2094〉;[川]爱斯特(成都)医药技术有限公司〈P2309〉

1-氨基-8-萘酚-4,6-二磺酸;K 酸 C02099851

1-Amino-8-naphthol-4,6-disulfonic acid;K-Acid

用作合成活性染料和有机颜料的中间体

【生产厂】[津]天津理工产业股份有限公司〈P1576〉;[苏]连云港中壹精细化工有限公司〈P1801〉;[浙]上虞亿得化工有限公司(1500 吨)〈P1949〉

N-苯甲酰基 K 酸 C02099871

N-Benzoyl-K-acid

【生产厂】[津]天津理工产业股份有限公司〈P1576〉

戊二酸 C02099901

Glutaric acid [110-94-1]

主要用于制取戊二酸酐

【生产厂】[冀]廊坊格瑞泰化工有限公司〈P1660〉;[辽]辽阳市彩练助剂化工厂〈P1710〉;辽阳市石油化工研究所〈P1711〉;辽阳易晨化工有限公司〈P1712〉;[沪]上海华彩精细化工有限公司〈P1738〉;上海三微实业有限公司(200 吨)〈P1759〉;上海威方精细化工有限公司〈P1769〉;[粤]深圳市飞扬实业有限公司(10 吨)〈P2270〉

3-甲基戊二酸 C02099911

3-Methylglutaric acid

用作医药、有机合成中间体

【生产厂】[苏]淮安市华东化工研究所〈P1801〉

3,3-二甲基戊二酸 C02099921

3,3-Dimethylglutaric acid [4839-46-7]

【生产厂】[冀]河北省化学工业研究院〈P1621〉

1,3-丙酮二羧酸;3-氧代戊二酸;*β*-酮戊二酸 C02099941

1,3-Acetonedicarboxylic acid [542-05-2]

用于医药中间体

【生产厂】[浙]浙江优联医药化工有限公司〈P1928〉

α-酮戊二酸;2-氧代戊二酸 C02099951

α-Ketoglutaric acid;2-Oxopentanedioic acid [328-50-7]

主要作为运动营养饮料的成分

【生产厂】[津]天津天成制药有限公司(50 吨)〈P1614〉;[辽]辽阳市众诺化学工业有限公司(120 吨)〈P1711〉;开原亨泰精细化工厂〈P1712〉;[沪]上海汉飞生化科技有限公司〈P1735〉;[苏]常熟市金城化工有限公司〈P1890〉;[浙]浙江省上虞市精益生物化工有限公司〈P1951〉

樟脑磺酸;混旋樟脑磺酸;DL-樟脑磺酸 C02099961

Camphorsulfonic acid;DL-10-Camphorsulfonic acid [5872-08-2]

用作医药中间体、旋光体拆分剂等

【生产厂】[沪]上海飞祥化工厂(200 吨)〈P1733〉;[豫]南阳市理邦实业有限公司(200 吨)〈P2224〉

【使用厂】[沪]上海实业化工有限公司〈P1763〉;[赣]景德镇市开门子药用化工有限公司〈P2010〉

1-萘酚-3,6-二磺酸 C02099962

1-Naphthol-3,6-disulfonic acid [578-85-8]

主要用于制造酸性染料

【生产厂】[浙]杭州安隆达化工有限公司〈P1915〉;[鄂]湖北仙隆化工股份有限公司〈P2245〉

D-樟脑酸 C02099965

D-Camphoric acid [124-83-4]

用于医药化工

【生产厂】[皖]安徽省郎溪县联科实业有限公司〈P1986〉

3-溴樟脑磺酸 C02099966
3-Bromocamphorsulfonic acid
用于化学中间体的拆分
【生产厂】[沪]上海康福赛尔医药科技有限公司〈P1748〉

左旋樟脑磺酸;L-樟脑磺酸;L-樟脑-10-磺酸 C02099967
(1R)-(-)-10-Camphorsulfonic acid [35963-20-3]
用于医药中间体或异构体产品拆分
【生产厂】[沪]上海飞祥化工厂(60 吨)〈P1733〉;上海康福赛尔医药科技有限公司〈P1748〉

右旋樟脑磺酸;D-樟脑磺酸 C02099969
D-(+)-10-Camphorsulfonic acid;D-Camphorsulfonic acid [3144-16-9]
用于医药中间体或异构体产品拆分
【生产厂】[蒙]赤峰市东方化工染料助剂厂〈P1682〉;[沪]上海飞祥化工厂(400 吨)〈P1733〉;上海康福赛尔医药科技有限公司〈P1748〉;[赣]景德镇市开门子药用化工有限公司〈P2010〉

无水肌酸;肌酸 C02099971
Creatine anhydrous;Methylglycocyamine [57-00-1]
用于生化研究
【生产厂】[津]天津天成制药有限公司(300 吨)〈P1614〉;[苏]无锡四周氨基酸有限公司〈P1881〉;吴县市德大化工厂〈P1911〉;常熟市金城化工有限公司〈P1890〉

肌酸一水化物;一水肌酸 C02099975
Creatine monohydrate [6020-87-7]
广泛用于食品、饮料添加剂等
【生产厂】[津]天津天成制药有限公司(600 吨)〈P1614〉;[苏]江阴南极星生物制品有限公司〈P1868〉;江苏永联集团公司精细化工厂〈P1866〉;江阴市三益化工有限公司〈P1870〉;常熟市金城化工有限公司(2000 吨)〈P1890〉

肌酸盐酸盐 C02099979
Creatine hydrochloride
用作疲劳恢复剂,广泛用在食品、饮料添加剂中
【生产厂】[津]天津天成制药有限公司(500 吨)〈P1614〉

尼龙酸 C02099991
Nylon acid
用于生产聚酯多元醇、增塑剂、尼龙 66 盐、润滑油、食品添加剂等
【生产厂】[辽]辽阳市太子河区沃隆科技化学品厂〈P1711〉;辽阳木星化工有限公司〈P1710〉;辽阳易晨化工有限公司〈P1712〉

一氯醋酸甲酯;氯乙酸甲酯 C02100101
Methyl chloroacetate [96-34-4]
用作医药的中间体,也是农药乐果的原料
【生产厂】[冀]河北新兴化工有限责任公司(3000 吨)〈P1648〉;[辽]沈阳东瑞科技有限公司〈P1685〉;[沪]上海农药厂有限公司〈P1755〉;[苏]常州市通达化工有限公司(800 吨)〈P1853〉;[浙]浙江台州市金田医药化工有限公司〈P1968〉;[闽]福建省三农碳酸钙有限责任公司钙品分公司〈P1995〉;[鲁]山东新华制药股份有限公司〈P2055〉;淄博合力化工有限公司(6000 吨)〈P2061〉;淄博德丰化工有限公司〈P2059〉;[鄂]仙桃市楚天精细化工厂(200 吨)〈P2246〉;[渝]重庆嘉陵化学制品有限公司(270 吨)〈P2305〉
【使用厂】[冀]邯郸市赵都精细化工厂〈P1639〉;[辽]东北制药总厂〈P1684〉;[苏]江都市蒙升泰化工厂〈P1814〉;[闽]福建三农集团股份有限公司〈P1994〉;[赣]景德镇市开门子药用化工有限公司〈P2010〉

2-溴丙酸乙酯;α-溴丙酸乙酯 C02100110
Ethyl 2-bromopropionate [535-11-5]
用作除草剂喹禾灵的专用合成中间体
【生产厂】[苏]宜兴市芳桥东方化工厂〈P1884〉;江苏大成医药化工有限公司〈P1802〉;[鲁]山东威泰精细化工有限公司〈P2048〉

3-溴丙酸乙酯;β-溴丙酸乙酯 C02100115
Ethyl 3-bromopropionate;Ethyl β-bromopropionate [539-74-2]
用作有机合成试剂
【生产厂】[苏]宜兴市芳桥东方化工厂〈P1884〉;江苏大成医药化工有限公司(300 吨)〈P1802〉

溴乙酸乙酯 C02100120
Ethyl bromoacetate [105-36-2]
用作医药、农药中间体
【生产厂】[苏]常州夏青化工有限公司〈P1857〉;宜兴市芳桥东方化工厂(240 吨)〈P1884〉;江苏大成医药化工有限公司(300 吨)〈P1802〉;沭阳金凯化工厂〈P1804〉;江苏东台鑫源化工有限公司〈P1807〉;阜宁胜达医药化工有限公司〈P1806〉;[浙]浙江黄岩中兴香精香料有限公司〈P1965〉

巯基乙酸甲酯 C02100131
Methyl mercaptoacetate;Methyl thioglycollate [2365-48-2]
【生产厂】[鲁]青岛加华化工有限公司(300 吨)〈P2038〉

溴乙酸甲酯 C02100141
Methyl bromoacetate [96-32-2]
用作有机合成中间体和溶剂
【生产厂】[苏]宜兴市芳桥东方化工厂〈P1884〉;江苏大成医药化工有限公司(300 吨)〈P1802〉;沭阳金凯化工厂〈P1804〉;江苏东台鑫源化工有限公司〈P1807〉;阜宁胜达医药化工有限公司〈P1806〉

β-苯氧基丙酸乙酯 C02100161
Ethyl β-phenoxypropionate
【生产厂】[豫]河南豫辰精细化工有限公司〈P2218〉

2,3-二溴丙酸乙酯 C02100171
Ethyl 2,3-dibromopropionate [3674-13-3]
【生产厂】[苏]宜兴市芳桥东方化工厂〈P1884〉

溴乙酸丙酯;溴乙酸正丙酯 C02100181
Propyl bromoacetate [35223-80-4]
【生产厂】[苏]宜兴市芳桥东方化工厂〈P1884〉

乙酰乙酸乙酯;丁酮酸乙酯 C02100201
Ethyl acetoacetate;EAA;Ethyl acetylacetate [141-97-9]
医药上用于合成氨基吡啉、维生素 B 等,亦用于偶氮黄色染料的制备,还用于调合苹果香精及其他果香香精

C

【生产厂】[沪]上海华谊集团华原化工有限公司〈P1739〉;上海先导化学有限公司〈P1770〉;上海浦杰香料有限公司〈P1756〉;[苏]张家港浩波化学品有限公司(800 吨)〈P1912〉;[鲁]淄博双玉化工有限公司〈P2073〉;淄博开发区医药化工厂(5000 吨)〈P2064〉;青岛双桃精细化工(集团)有限公司〈P2043〉;[粤]广州龙沙有限公司〈P2262〉;广州市伟香单体香料有限公司〈P2266〉

【使用厂】[沪]上海泰顿化工有限公司〈P1766〉;[苏]南通利田化工有限公司〈P1834〉;[豫]河南省安阳市益康制药厂〈P2211〉;[湘]湖南洞庭药业股份有限公司〈P2255〉;[粤]广州化学试剂厂〈P2261〉

C

乙酰丙酸乙酯 C02100203

Ethyl levulinate; Ethyl acetylpropanoate [539-88-8]

【生产厂】[冀]廊坊三威化工有限公司(200 吨)〈P1660〉;[沪]上海浦杰香料有限公司〈P1756〉;[苏]洪泽前程香料香精厂〈P1801〉;[鲁]淄博双玉化工有限公司〈P2073〉

乙酰丙酸丁酯 C02100205

Butyl levulinate [2052-15-5]

【生产厂】[冀]廊坊三威化工有限公司(100 吨)〈P1660〉;[鲁]淄博双玉化工有限公司〈P2073〉

乙酰丙酸甲酯 C02100207

Methyl acetylpropanoate [624-45-3]

【生产厂】[鲁]淄博双玉化工有限公司〈P2073〉

乙酰丙酸丙酯 C02100209

Propyl acetylpropanoate

【生产厂】[鲁]淄博双玉化工有限公司〈P2073〉

2-甲基乙酰乙酸乙酯;α-丁酮酸乙酯 C02100211

Ethyl 2-methylacetoacetate [609-14-3]

用作医药及农药的中间体

【生产厂】[冀]唐山市维智贸易有限公司(80 吨)〈P1636〉

2-乙基乙酰乙酸乙酯;α-乙基丁酮酸乙酯 C02100221

Ethyl 2-ethylacetoacetate; Ethyl 2-ethyl-3-oxobutanoate [607-97-6]

用作药物瑞巴匹德中间体

【生产厂】[冀]唐山市维智贸易有限公司(50 吨)〈P1636〉;[苏]南京科邦医药化工有限公司〈P1786〉

乙酰乙酸(2-甲氧基)乙酯 C02100231

2-Methoxyethyl acetoacetate [22502-03-0]

用作有机中间体

【生产厂】[苏]南京科邦医药化工有限公司〈P1786〉;[豫]郑州瑞康制药有限公司(30 吨)〈P2172〉

(3-硝基苯亚甲基)乙酰乙酸-2-甲氧基乙酯 C02100261

2-Methoxyethyl (3-nitrophenylmethylene) acetoacetate

用作医药中间体

【生产厂】[晋]芮城县顺昌化工有限公司〈P1679〉;[皖]安徽丰原集团〈P1974〉;[赣]景德镇市富祥药业有限公司〈P2010〉

2-氯乙酰乙酸乙酯;乙基-2-氯乙酸乙酯 C02100281

Ethyl 2-chloroacetoacetate [609-15-4]

【生产厂】[赣]江西泰欣诺实业有限公司〈P2009〉;[鄂]襄樊市隆晔医药化工有限公司〈P2238〉

乙酰乙酸甲酯;丁酮酸甲酯 C02100301

Methyl acetoacetate [105-45-3]

用作纤维素的溶剂,用于合成吡唑酮类药物和维生素 B_1、丙烯菊酯类农药及偶氮染料等

【生产厂】[沪]上海华谊集团华原化工有限公司〈P1739〉;[苏]张家港浩波化学品有限公司(1200 吨)〈P1912〉;兴化市同新化工有限公司〈P1828〉;[鲁]淄博双玉化工有限公司〈P2073〉;淄博开发区医药化工厂(300 吨)〈P2064〉;青岛双桃精细化工(集团)有限公司〈P2043〉;[豫]郑州瑞康制药有限公司(20 吨)〈P2172〉;[粤]广州龙沙有限公司〈P2262〉

【使用厂】[冀]鹿泉市弘利精细化工厂〈P1625〉;[浙]东港工贸集团有限公司〈P1960〉;浙江普洛化学有限公司〈P1955〉;[鲁]德州德药制药有限公司〈P2141〉;[豫]河南省安阳市益康制药厂〈P2211〉

4-氯乙酰乙酸甲酯 C02100331

Methyl 4-chloroacetoacetate [32807-28-6]

用作有机合成中间体

【生产厂】[苏]张家港浩波化学品有限公司〈P1912〉

2-氯乙酰乙酸甲酯 C02100333

Methyl 2-chloroacetoacetate [4755-81-1]

【生产厂】[赣]江西泰欣诺实业有限公司〈P2009〉

2-正己基乙酰乙酸甲酯 C02100351

Methyl 2-*n*-hexylacetoacetate [70203-04-2]

【生产厂】[苏]江苏磐希化工有限公司〈P1821〉

二苯基甲烷-4,4′-二异氰酸酯;MDI C02100401

Diphenylmethane-4,4′-diisocyanate [101-68-8]

用于生产聚氨酯弹性体,制造合成纤维、人造革、无溶剂涂料等

【生产厂】[鲁]烟台万华合成革集团有限公司(27 万吨)〈P2119〉;烟台万华聚氨酯股份有限公司(28 万吨)〈P2119〉

【使用厂】[京]北京茂华保温材料有限公司〈P1555〉;[津]天津市福荣聚氨酯塑料制品厂〈P1586〉;[苏]张家港金冠化工有限公司〈P1912〉;[闽]福州昆胜复合塑料有限公司〈P1989〉;[鲁]烟台市福山区化工研究所有限公司〈P2118〉;烟台氨纶股份有限公司〈P2116〉;[豫]新乡白鹭化纤集团有限责任公司〈P2203〉;[粤]佛山市高明区华驰化工树脂有限公司〈P2287〉

六亚甲基二异氰酸酯;六亚甲基-1,6-二异氰酸酯;HDI;HMDI C02100431

Hexamethylene diisocyanate; 1,6-Hexamethylene diisocyanate; HDI; HMDI [822-06-0]

用作生产聚氨酯涂料的原料,同时也用作干性醇酸树脂交联剂和合成纤维的原料

【生产厂】[沪]上海申聚化工厂有限公司〈P1761〉;[皖]铜陵金泰化工实业有限责任公司(1000 吨)〈P1978〉

【使用厂】[鲁]烟台市福山区化工研究所有限公司〈P2118〉

3,3′-二甲基联苯-4,4′-二异氰酸酯;TODI C02100471

3,3′-Dimethyldiphenyl-4,4′-diisocyanate; *o*-Tolidine diisocyanate [91-97-4]

用作耐温聚氨酯弹性体的原料

【生产厂】[苏]靖江市化工总厂〈P1824〉

联苯二甲酸二甲酯 C02100481

Dimethyl biphenyl-4,4′-dicarboxylate [792-74-5]

【生产厂】[苏]赣榆县尤利特化工有限公司〈P1797〉

二氯醋酸甲酯；二氯乙酸甲酯 C02100501

Methyl dichloroacetate [116-54-1]

用作医药工业的原料及染料中间体

【生产厂】[沪]上海信博森化工有限公司〈P1772〉；[苏]常州市通达化工有限公司〈P1853〉；[浙]浙江台州市金田医药化工有限公司〈P1968〉；[鄂]仙桃市楚天精细化工厂(200吨)〈P2246〉；[渝]重庆嘉陵化学制品有限公司(180吨)〈P2305〉

【使用厂】[津]天津天成制药有限公司〈P1614〉；[苏]江都市华兴医药化工制品有限公司〈P1814〉；[渝]西南合成制药股份有限公司〈P2303〉

三氯乙酸甲酯；三氯醋酸甲酯 C02100511

Methyl trichloroacetate [598-99-2]

用于有机合成，用作中沸点溶剂和香料以及医药的原料

【生产厂】[鲁]东营银桥化工有限公司〈P2083〉

二苯乙醇酸甲酯；二苯基羟基乙酸甲酯 C02100531

Methyl benzilate [76-89-1]

用作医药中间体

【生产厂】[鄂]武汉怡兴化工有限公司〈P2235〉

异丁酸乙酯 C02100602

Ethyl isobutyrate [97-62-1]

用作食品香精原料，也可用于香烟、日化产品或其他产品的香原料，同时也是一种优良的有机溶剂

【生产厂】[沪]上海丰达香料有限公司〈P1733〉；上海浦杰香料有限公司〈P1756〉

丁酸甲酯 C02100603

Methyl *n*-butyrate [623-42-7]

【生产厂】[沪]上海嘉辰化工有限公司〈P1742〉；上海浦杰香料有限公司〈P1756〉；上海茂昌化学制品有限公司〈P1753〉；[粤]广州市伟香单体香料有限公司〈P2266〉

丁酸丁酯 C02100605

n-Butyl butyrate [109-21-7]

主要用于配制日用食品香精，还可在制造喷漆时，用作树脂和硝化纤维的溶剂

【生产厂】[沪]上海浦杰香料有限公司〈P1756〉；上海茂昌化学制品有限公司〈P1753〉；上海华盛香料厂〈P1739〉；[苏]宜兴市中港精细化工有限公司〈P1888〉；盐城鸿泰生物工程有限公司〈P1810〉；[粤]广州市伟香单体香料有限公司〈P2266〉

丁酸戊酯 C02100610

n-Amyl butyrate [540-18-1]

用作油漆、涂料的溶剂

【生产厂】[沪]上海浦杰香料有限公司〈P1756〉；[粤]广州市伟香单体香料有限公司〈P2266〉

丁酸异戊酯 C02100611

Isoamyl butyrate [106-27-4]

广泛用于配制各种果汁食用香精

【生产厂】[津]天津市津东宏远香料厂(100吨)〈P1593〉；[沪]上海申宝香精香料有限公司〈P1760〉；上海浦杰香料有限公司〈P1756〉；上海茂昌化学制品有限公司〈P1753〉；上海华盛香料厂〈P1739〉；[苏]盐城鸿泰生物工程有限公司〈P1810〉

马来酸二甲酯；DMM C02100621

Dimethyl maleate [624-48-6]

用作树脂聚合单体、有机合成中间体

【生产厂】[京]北京冶建新技术公司精细化工厂〈P1564〉；[鲁]山东化友科技服务中心〈P2028〉；山东佳泰石油化工有限公司〈P2085〉；[陕]陕西宝鸡宝玉化工有限公司〈P2351〉

【使用厂】[鲁]山东省泰和水处理有限公司〈P2077〉

丁酸苄酯 C02100631

Benzyl butyrate [103-37-7]

【生产厂】[沪]上海浦杰香料有限公司〈P1756〉；上海茂昌化学制品有限公司〈P1753〉；[鄂]武汉有机实业股份有限公司〈P2235〉；[粤]广州市伟香单体香料有限公司〈P2266〉

丁酸缩水甘油酯 C02100635

Glycidyl butyrate [2461-40-7]

【生产厂】[辽]沈阳东宇精细化工有限公司〈P1685〉

(*R*)-丁酸缩水甘油酯 C02100637

(*R*)-Glycicyl butanoate [60456-26-0]

用作药物利奈唑酮中间体

【生产厂】[沪]上海科利生物医药有限公司〈P1749〉；[皖]宣城精方医药化工有限公司〈P1987〉

丁二酸二甲酯；琥珀酸二甲酯 C02100651

Dimethyl succinate [106-65-0]

用于合成光稳定剂、高档涂料、杀菌剂、医药中间体等

【生产厂】[京]北京冶建新技术公司精细化工厂〈P1564〉；[冀]沧州华光化工有限公司(3000吨)〈P1651〉；河北华戈化学集团〈P1654〉；[辽]辽阳市石油化工研究所〈P1711〉；辽阳易晨化工有限公司〈P1712〉；[吉]吉林省石油化工设计研究院〈P1714〉；[苏]常州夏青化工有限公司〈P1857〉；[鲁]山东佳泰石油化工有限公司〈P2085〉；潍坊海龙化工有限公司〈P2102〉；潍坊拓实化工有限公司〈P2106〉；[粤]深圳市飞扬实业有限公司〈P2270〉；[陕]陕西宝鸡宝玉化工有限公司〈P2351〉

丁二酸二异丙酯；琥珀酸二异丙酯 C02100661

Diisopropyl succinate [924-88-9]

用作塑料、染料、香料的中间体

【生产厂】[京]北京冶建新技术公司精细化工厂〈P1564〉；[冀]沧州华光化工有限公司(500吨)〈P1651〉；河北华戈化学集团〈P1654〉；[陕]陕西宝鸡宝玉化工有限公司〈P2351〉

丁二酸二丙酯；琥珀酸二丙酯 C02100665

Dipropyl succinate；Di-*n*-propyl succinate [925-15-5]

用作溶剂，塑料、香料的中间体，气相色谱固

定液等
【生产厂】[陕]陕西宝鸡宝玉化工有限公司〈P2351〉

丁二酸二戊酯;琥珀酸二戊酯 C02100671
Dipentyl succinate; Di-*n*-pentyl succinate [645-69-2]
用于树脂、塑料及助剂的制造,也用于气相色谱固定液
【生产厂】[陕]陕西宝鸡宝玉化工有限公司〈P2351〉

丁二酸二异戊酯;琥珀酸二异戊酯 C02100675
Diisopentyl succinate [818-04-2]
用于香料、合成树脂、塑料及助剂的制造,也用于气相色谱固定液
【生产厂】[陕]陕西宝鸡宝玉化工有限公司〈P2351〉

丁二酸二丁酯;琥珀酸二丁酯 C02100681
Dibutyl succinate [141-03-7]
主要用作防虫剂和有机合成试剂
【生产厂】[陕]陕西宝鸡宝玉化工有限公司〈P2351〉

丁二酸二异丁酯;琥珀酸二异丁酯 C02100685
Diisobutyl succinate; Di-*iso*-butyl succinate [925-06-4]
用于树脂、塑料及助剂的制造,也用于气相色谱固定液
【生产厂】[陕]陕西宝鸡宝玉化工有限公司〈P2351〉

D-(-)-酒石酸二甲酯 C02100691
Dimethyl D-(-)-tartrate [13171-64-7]
主要用于手性药物、手性中间体的合成及不对称催化领域
【生产厂】[浙]浙江新东海医药化工有限公司〈P1969〉;[鲁]青岛裕达精细化工有限公司(10 吨)〈P2046〉;[粤]深圳市鹏基生物有限公司〈P2272〉;[川]成都丽凯手性技术有限公司〈P2313〉

L-(+)-酒石酸二甲酯 C02100695
Dimethyl L-(+)-tartrate [608-68-4]
主要用于手性药物、手性中间体的合成及不对称催化领域
【生产厂】[浙]浙江新东海医药化工有限公司〈P1969〉;[粤]深圳市鹏基生物有限公司〈P2272〉;[川]成都丽凯手性技术有限公司〈P2313〉

D-(-)-酒石酸二异丙酯 C02100697
Diisopropyl D-(-)-tartrate [62961-64-2]
用作手性拆分剂,主要用于新药物、香料的手性拆分
【生产厂】[浙]浙江新东海医药化工有限公司〈P1969〉;[粤]深圳市鹏基生物有限公司〈P2272〉;[川]成都丽凯手性技术有限公司〈P2313〉

L-(+)-酒石酸二异丙酯 C02100699
Diisopropyl L-(+)-tartrate [2217-15-4]
用作手性拆分剂,主要用于新药物、香料的手性拆分
【生产厂】[浙]浙江新东海医药化工有限公司〈P1969〉;[粤]深圳市鹏基生物有限公司〈P2272〉;[川]成都丽凯手性技术有限公司〈P2313〉

三醋酸甘油酯;三乙酸甘油酯;甘油三乙酸酯 C02100701
Glyceryl triacetate; Triacetin [102-76-1]
用作增塑剂及香料固定剂、油墨溶剂,亦用于医药和染料的合成
【生产厂】[沪]上海经纬化工有限公司〈P1745〉;[苏]南京爱邦化学有限公司〈P1872〉;宜兴市永加化工有限公司〈P1888〉;江苏瑞佳化学有限公司〈P1865〉;宜兴市凯欣化工有限公司(2000 吨)〈P1885〉;[鲁]山东临邑县宏达化工有限公司(5000 吨)〈P2144〉;[豫]许昌荣发化工有限公司(900 吨)〈P2218〉;[粤]广州市伟香单体香料有限公司〈P2266〉

甲氧甘油三乙酸酯;2-乙酰氧基甲氧基-1,3-二乙酰氧基丙烷 C02100709
Methoxyglyceryl triacetate
用作抗病毒药中间体
【生产厂】[鲁]山东平原县恒源化工有限公司(100 吨)〈P2145〉;[鄂]湖北保乐制药有限公司〈P2245〉

三异辛酸甘油酯 C02100721
Glyceryl triisocaprylate [7360-38-5]
用于生产化妆品
【生产厂】[赣]江西省赫埔化工有限公司〈P2012〉

辛癸酸甘油酯;ODO C02100731
Decanoyl and octanoyl glycerides; Mixed decanoyl octanoyl glycerides [73398-61-5]
是食品、香精、日化、医药行业中广泛应用的有特殊营养的乳化稳定剂
【生产厂】[沪]上海千为油脂科技有限公司〈P1757〉;[浙]杭州金诚助剂有限公司〈P1919〉;浙江迪耳化工有限公司〈P1954〉;[赣]江西省赫埔化工有限公司〈P2012〉

β-D-半乳糖五乙酸酯 C02100795
β-D-Galactose pentaacetate [4163-60-4]
用于生物化学反应和医药中间体
【生产厂】[苏]启东嘉峰医药科技有限公司〈P1836〉;[浙]浙江迪耳化工有限公司〈P1954〉

4-甲氧基苯基氨基甲酸乙酯 C02100801
Ethyl 4-methoxyphenylaminoformate [7451-55-0]
【生产厂】[京]北京精益精化工有限公司〈P1553〉

3,4-二硝基苯甲酸苯酯 C02100821
Phenyl 3,4-dinitrobenzoate
【生产厂】[冀]保定天祥化工有限公司〈P1646〉

2,4,5-三氟-3-甲氧基苯甲酸甲酯 C02100881
Methyl 2,4,5-trifluoro-3-methoxybenzoate [136897-64-8]
用作药品和中间体
【生产厂】[浙]浙江浙邦制药有限公司〈P1952〉

2,3,5,6-四氟苯甲酸甲酯 C02100885
Methyl 2,3,5,6-tetrafluorobenzoate
【生产厂】[鲁]青岛双收农药化工有限公司〈P2043〉

5-甲氧基水杨酸甲酯;2-羟基-5-甲氧基苯甲酸甲酯 C02100895
Methyl 5-methoxysalicylate

用作医药中间体
【生产厂】[苏]苏州市龙盛精细化工厂〈P1904〉

6-甲氧基水杨酸甲酯;2-羟基-6-甲氧基苯甲酸甲酯 C02100896
Methyl 6-methoxysalicylate
用作医药中间体
【生产厂】[苏]苏州市龙盛精细化工厂〈P1904〉

香草酸乙酯;4-羟基-3-甲氧基苯甲酸乙酯 C02100898
Ethyl vanillate [617-05-0]
用于巧克力、可可、咖啡等香精中
【生产厂】[冀]河北省东昊化工有限公司〈P1621〉

4-羟基-3-甲氧基苯甲酸甲酯;香草酸甲酯 C02100899
Methyl 4-hydroxy-3-methoxybenzoate [3943-74-6]
可用于香烟、食品、调味品、日化香精中
【生产厂】[冀]河北省东昊化工有限公司〈P1621〉;[沪]上海益民化工有限公司〈P1775〉;[浙]台州市新东方医化有限公司〈P1962〉

水杨酸甲酯;邻羟基苯甲酸甲酯;柳酸甲酯 C02100901
Methyl salicylate; Methyl 2-hydroxybenzoate [119-36-8]
用作食品、牙膏、化妆品的香料,也用于制止痛药、杀虫剂、擦光剂、油墨等
【生产厂】[京]北京达科思精细化工研究所〈P1545〉;[辽]大连弘丰制药有限公司〈P1692〉;[沪]上海万香集团〈P1769〉;上海浦杰香料有限公司〈P1756〉;上海茂昌化学制品有限公司〈P1753〉;[苏]南京隆燕化工有限公司〈P1787〉;江苏大华药业有限公司〈P1802〉;江都市鑫亚精细化工有限公司(2000 吨)〈P1815〉;[赣]吉水县金海天然香料油科技有限公司〈P2017〉;[鲁]青岛双收农药化工有限公司〈P2043〉;[豫]河南省长葛市吉鸿催化剂厂〈P2217〉;[鄂]湖北仙隆化工股份有限公司〈P2245〉;[粤]广州市伟香单体香料有限公司〈P2266〉;广东汇联达化工有限公司〈P2259〉

水杨酸乙酯;邻羟基苯甲酸乙酯;柳酸乙酯 C02100902
Ethyl salicylate [118-61-6]
用于调制日用皂用香精,也用于制药
【生产厂】[津]天津市南金化工有限公司〈P1599〉;[沪]上海浦杰香料有限公司〈P1756〉

对硝基苯甲酸乙酯;4-硝基苯甲酸乙酯 C02100903
Ethyl *p*-nitrobenzoate [99-77-4]
用于有机合成
【生产厂】[苏]沭阳金凯化工厂〈P1804〉;[豫]濮阳市银泰工贸有限公司〈P2215〉

对氰基苯甲酸乙酯 C02100904
Ethyl 4-cyanobenzoate [7153-22-2]
【生产厂】[苏]泰兴市对外贸易南京有限公司〈P1792〉

3-氨基-2-甲基苯甲酸乙酯;2-甲基-3-氨基苯甲酸乙酯 C02100905
Ethyl 2-methyl-3-aminobenzoate
【生产厂】[苏]常熟市新腾化工有限公司〈P1891〉

2-氯苯甲酸乙酯;邻氯苯甲酸乙酯 C02100906
Ethyl 2-chlorobenzoate [7335-25-3]
【生产厂】[苏]南通光荣化工有限公司〈P1833〉

4-氟-3-硝基苯甲酸乙酯 C02100908
Ethyl 4-fluoro-3-nitrobenzoate [367-80-6]
【生产厂】[鲁]青岛裕达精细化工有限公司(20 吨)〈P2046〉

3,4-二羟基苯甲酸乙酯 C02100909
Ethyl 3,4-dihydroxybenzoate [3943-89-3]
用作食品添加剂、医药中间体等
【生产厂】[沪]上海三微实业有限公司〈P1759〉;上海益民化工有限公司(50 吨)〈P1775〉;[苏]海门贝斯特精细化工有限公司(60 吨)〈P1829〉

2,4-二羟基苯甲酸甲酯;4-羟基水杨酸甲酯 C02100910
Methyl *p*-hydroxysalicylate; Methyl 2,4-dihydroxybenzoate [2150-47-2]
用作医药中间体
【生产厂】[沪]上海三爱思试剂有限公司〈P1759〉;[苏]苏州市龙盛精细化工厂〈P1904〉;苏州市相城区青台精细化工有限公司〈P1905〉;[鲁]济宁浩美化工有限公司(200 吨)〈P2127〉

2,3-二羟基苯甲酸甲酯;3-羟基水杨酸甲酯 C02100911
Methyl 2,3-dihydroxybenzoate
【生产厂】[苏]苏州市龙盛精细化工厂〈P1904〉

2,5-二羟基苯甲酸甲酯;龙胆酸甲酯;5-羟基水杨酸甲酯 C02100912
Methyl 2,5-dihydroxybenzoate
【生产厂】[苏]苏州市龙盛精细化工厂〈P1904〉

2,6-二羟基苯甲酸甲酯;6-羟基水杨酸甲酯 C02100914
Methyl 2,6-dihydroxybenzoate
用作医药中间体
【生产厂】[苏]苏州市龙盛精细化工厂〈P1904〉

5-乙酰水杨酸甲酯 C02100915
Methyl 5-acetylsalicylate [16475-90-4]
用作医药中间体
【生产厂】[浙]建德市医药化工厂〈P1926〉

对乙酰氨基水杨酸甲酯 C02100916
Methyl *p*-acetaminosalicylate
【生产厂】[苏]无锡市东升助剂厂〈P1875〉

对氨基水杨酸甲酯;邻羟基对氨基苯甲酸甲酯 C02100918
Methyl *p*-aminosalicylate
【生产厂】[苏]无锡市东升助剂厂〈P1875〉

对叔丁基苯甲酸甲酯 C02100921
Methyl *p*-*tert*-butylbenzoate [26537-19-9]

【生产厂】[津]天津天大天久科技股份有限公司(700 吨)〈P1615〉;[辽]辽宁省沈阳中际精细化工总厂〈P1684〉;[豫]安阳市华鹰精细化工有限责任公司〈P2209〉

C

2,4,6-三甲基苯甲酸甲酯 C02100924
Methyl 2,4,6-trimethylbenzoate [2282-84-0]
用作有机合成中间体
【生产厂】[苏]江苏磐希化工有限公司〈P1821〉

5-甲基水杨酸甲酯 C02100926
Methyl 5-methylsalicylate
【生产厂】[苏]苏州市相城区青台精细化工有限公司〈P1905〉

对碘苯甲酸乙酯 C02100927
Ethyl 4-iodobenzoate [51934-41-9]
【生产厂】[浙]浙江圣达药业有限公司〈P1967〉

2,6-二甲氧基苯甲酸甲酯 C02100930
Methyl 2,6-dimethoxybenzoate [2065-27-2]
【生产厂】[鲁]济南瑞凯化工有限公司〈P2024〉

对甲基苯甲酸叔丁酯 C02100938
tert-Butyl *p*-methylbenzoate [13756-42-8]
【生产厂】[苏]江苏磐希化工有限公司〈P1821〉

苯甲酸丁酯 C02100939
n-Butyl benzoate [136-60-7]
是有机合成中间体
【生产厂】[苏]常州雪龙化工有限公司〈P1858〉;[鄂]武汉有机新康化工有限公司〈P2235〉;[粤]广州市伟香单体香料有限公司〈P2266〉

3,5-二硝基水杨酸甲酯 C02100943
Methyl 3,5-dinitrosalicylate [22633-33-6]
【生产厂】[苏]南京奥德赛化工有限公司〈P1782〉

对溴苯甲酸甲酯 C02100947
Methyl 4-bromobenzoate [619-42-1]
【生产厂】[苏]句容市顺风助剂厂〈P1843〉;宜兴市芳桥东方化工厂〈P1884〉

邻溴苯甲酸甲酯;2-溴苯甲酸甲酯 C02100948
Methyl 2-bromobenzoate [610-94-6]
【生产厂】[苏]句容市顺风助剂厂〈P1843〉;宜兴市芳桥东方化工厂〈P1884〉

对溴甲基苯甲酸甲酯 C02100949
Methyl 4-bromomethylbenzoate [2417-72-3]
【生产厂】[苏]江苏磐希化工有限公司〈P1821〉

间溴苯甲酸甲酯;3-溴苯甲酸甲酯 C02100950
Methyl 3-bromobenzoate [618-89-3]
【生产厂】[苏]句容市顺风助剂厂〈P1843〉

邻苯甲酰苯甲酸甲酯;BB 酸甲酯 C02100951
Methyl *o*-benzoylbenzoate [606-28-0]
用作抗紫外线吸收剂,用于食品、饮料的防腐
【生产厂】[沪]上海神和化工技术有限公司〈P1761〉;[苏]江阴市马镇有机化工有限公司〈P1870〉

邻甲氧基苯甲酸甲酯 C02100952
Methyl *o*-methoxybenzoate
【生产厂】[苏]苏州诚和医药化学有限公司〈P1899〉

3-甲基-4-氨基苯甲酸甲酯 C02100954
Methyl 4-amino-3-methylbenzoate
用作药物替米沙坦中间体
【生产厂】[京]北京诺德恒信化工技术有限公司〈P1556〉;[鲁]潍坊特化精细化工有限公司〈P2105〉

3-甲氧基水杨酸甲酯;2-羟基-3-甲氧基苯甲酸甲酯 C02100956
Methyl 3-methoxysalicylate [6342-70-7]
用作医药中间体
【生产厂】[苏]苏州市龙盛精细化工厂〈P1904〉;苏州园方化工有限公司〈P1907〉

4-甲氧基水杨酸甲酯;2-羟基-4-甲氧基苯甲酸甲酯 C02100957
Methyl 4-methoxysalicylate; Methyl 2-hydroxy-4-methoxybenzoate [5446-02-6]
【生产厂】[苏]苏州市龙盛精细化工厂〈P1904〉

3,4-二甲氧基苯甲酸甲酯;藜芦酸甲酯 C02100958
Methyl 3,4-dimethoxybenzoate; Methyl veratate [2150-38-1]
用于有机合成
【生产厂】[黑]哈尔滨康文生化科技有限公司〈P1720〉;大庆新世纪精细化工有限公司〈P1722〉

邻甲基苯甲酸甲酯 C02100963
Methyl 2-methylbenzoate [89-71-4]
用作染料及医药中间体
【生产厂】[苏]泰兴市对外贸易南京有限公司〈P1792〉;常州雪龙化工有限公司〈P1858〉;江苏磐希化工有限公司〈P1821〉;扬州杰迪化工有限公司〈P1817〉;[豫]新乡市祥润化工有限公司〈P2206〉

对乙氧基苯甲酸乙酯 C02100966
Ethyl 4-ethoxybenzoate; PEEB [23676-09-7]
【生产厂】[苏]常熟市新腾化工有限公司〈P1891〉

对氯苯甲酸甲酯;4-氯苯甲酸甲酯 C02100974
Methyl 4-chlorobenzoate
【生产厂】[苏]沭阳金凯化工厂〈P1804〉

邻氯苯甲酸甲酯;2-氯苯甲酸甲酯 C02100976
Methyl 2-chlorobenzoate [610-96-8]
【生产厂】[苏]丹阳市万隆化工有限公司〈P1841〉

对硝基苯甲酸甲酯 C02100978
Methyl *p*-nitrobenzoate [619-50-1]
【生产厂】[苏]常州高科生物化学有限公司(200 千克)〈P1846〉

3-硝基苯甲酸甲酯;间硝基苯甲酸甲酯 C02100979
Methyl 3-nitrobenzoate [618-95-1]
用作有机合成中间体
【生产厂】[苏]仪征市鼎信化工有限公司(30 吨)〈P1820〉

苯甲酰甲酸甲酯；苯乙酮酸甲酯 C02100981
Methyl benzoylformate; Methyl phenylglyoxylate [15206-55-0]
【生产厂】[浙]富阳市成兴化工助剂有限公司〈P1915〉；台州耀业医化有限公司〈P1962〉；[皖]安徽省广德科苑化工有限公司〈P1986〉

3-氨基-4-氟苯甲酸乙酯 C02100983
Ethyl 3-amino-4-fluorobenzoate [455-75-4]
【生产厂】[沪]上海再启生物技术有限公司〈P1777〉；[鲁]青岛裕达精细化工有限公司〈P2046〉

4-甲基-3-硝基苯甲酸甲酯 C02100985
Methyl 4-methyl-3-nitrobenzoate
【生产厂】[苏]泰兴盛铭精细化工有限公司〈P1825〉

3-甲基-2-硝基苯甲酸甲酯 C02100986
Methyl 3-methyl-2-nitrobenzoate [5471-82-9]
【生产厂】[苏]泰兴盛铭精细化工有限公司〈P1825〉

邻甲基苯甲酸乙酯 C02100987
Ethyl *o*-methylbenzoate [87-24-1]
用作有机合成中间体
【生产厂】[苏]常州雪龙化工有限公司〈P1858〉；江苏磐希化工有限公司〈P1821〉；扬州杰迪化工有限公司〈P1817〉

间三氟甲基苯甲酸甲酯 C02100988
Methyl 3-(trifluoromethyl) benzoate [2557-13-3]
【生产厂】[京]北京金奥利维科技发展有限公司〈P1551〉；北京北化新元科技发展有限公司〈P1544〉；[苏]丹阳市大泊化工厂〈P1840〉；江苏庙桥合成化工有限公司〈P1859〉

对三氟甲基苯甲酸甲酯 C02100989
Methyl 4-(trifluoromethyl) benzoate [2967-66-0]
【生产厂】[京]北京普瑞东方化学技术有限公司〈P1556〉；北京金奥利维科技发展有限公司〈P1551〉；[苏]丹阳市大泊化工厂〈P1840〉

2,4,6-三甲基苯甲酸乙酯 C02100990
Ethyl 2,4,6-trimethylbenzoate
用作有机合成中间体
【生产厂】[苏]江苏磐希化工有限公司〈P1821〉

2,3,4,5-四氟苯甲酸乙酯 C02100991
Ethyl 2,3,4,5-tetrafluorobenzoate
【生产厂】[冀]河北威远亨迪生物化工有限公司〈P1622〉；[浙]浙江浙邦制药有限公司〈P1952〉

间氟苯甲酸甲酯 C02100992
Methyl *m*-fluorobenzoate
【生产厂】[辽]阜新恒辉化工有限公司〈P1707〉；[苏]句容市顺风助剂厂〈P1843〉

对氟苯甲酸甲酯 C02100993
Methyl *p*-fluorobenzoate [403-33-8]
【生产厂】[京]大庆开发区新世纪精细化工有限公司北京裕立化工有限公司〈P1567〉；[辽]阜新恒辉化工有限公司〈P1707〉；[黑]大庆新世纪精细化工有限公司〈P1722〉；[苏]丹阳市万隆化工有限公司〈P1841〉；句容市顺风助剂厂〈P1843〉；沭阳金凯化工厂〈P1804〉；[豫]南阳市威特化工有限责任公司〈P2224〉

邻氟苯甲酸甲酯 C02100994
Methyl *o*-fluorobenzoate [394-35-4]
【生产厂】[辽]阜新恒辉化工有限公司〈P1707〉；[苏]句容市顺风助剂厂〈P1843〉

对氟苯甲酸乙酯 C02100995
Ethyl *p*-fluorobenzoate [451-46-7]
【生产厂】[京]大庆开发区新世纪精细化工有限公司北京裕立化工有限公司〈P1567〉；[辽]阜新恒辉化工有限公司〈P1707〉；[黑]大庆新世纪精细化工有限公司〈P1722〉；[苏]沭阳金凯化工厂〈P1804〉；[豫]南阳市威特化工有限责任公司〈P2224〉

C

季戊四醇硬脂酸酯 C02101001
Pentaerythrityl tetrastearate [115-83-3]
用作橡胶助剂生产原料
【生产厂】[鲁]聊城瑞捷化学有限公司(500吨)〈P2152〉；莘县科力恒油脂化学有限公司(1000吨)〈P2154〉；[鄂]武汉市合中化工制造有限公司〈P2232〉；[粤]深圳凯奇化工有限公司〈P2269〉

单硬脂酸季戊四醇酯 C02101011
Pentaerythrityl monostearate
用作PVC加工的内润滑剂
【生产厂】[浙]杭州金诚助剂有限公司〈P1919〉

季戊四醇松香酯；松香季戊四醇酯 C02101031
Rosin pentaerythrityl ester
用于制造油漆、油墨、黏合剂等
【生产厂】[闽]福建省宁化县利丰化工有限公司(5000吨)〈P1994〉；福建省沙县嘉利化工有限公司〈P1995〉；[赣]遂川县新海化工有限责任公司〈P2019〉；[鲁]山东瑞泰化工(集团)有限公司(3000吨)〈P2136〉

季戊四醇油酸酯 C02101051
Pentaerythrityl oleate
用作化纤油剂、金属加工用油添加剂、润滑油剂等
【生产厂】[沪]上海千为油脂科技有限公司(500吨)〈P1757〉；[浙]浙江皇马化工集团有限公司〈P1950〉；[鲁]聊城瑞捷化学有限公司〈P2152〉

季戊四醇四辛酸酯 C02101091
Pentaerythrityl tetraoctanoate [7299-99-2]
【生产厂】[浙]浙江皇马化工集团有限公司〈P1950〉；[赣]江西省赫埔化工有限公司〈P2012〉

4-甲苯磺酸甲酯；对甲苯磺酸甲酯 C02101101
Methyl *p*-toluenesulfonate [80-48-8]
用于制造染料及有机合成
【生产厂】[苏]苏州诚和医药化学有限公司〈P1899〉；[浙]嘉兴市金利化工有限责任公司〈P1942〉

间苯二甲酸二甲酯；DMIP C02101111
Dimethyl isophthalate [1459-93-4]
用于合成间苯二甲酸二苯酯，作为PBT耐热聚合物的单体，也用于其他有机合成
【生产厂】[苏]靖江市长江化工有限公司〈P1824〉；常熟市新腾化工有限公司〈P1891〉；[鲁]东营旭业化工有限公司〈P2083〉；潍坊海龙化工有限公司〈P2102〉；潍坊拓实化工有限公司〈P2106〉；招远市国泰化工厂〈P2121〉；山东华源化工有限公司(1000吨)〈P2113〉；青岛三力化工技术有限

公司〈P2041〉

对甲苯磺酸丙酯 C02101121

Propyl 4-toluenesulfonate

【生产厂】[浙]嘉兴市金利化工有限责任公司〈P1942〉

对甲苯磺酸缩水甘油酯 C02101131

Glycidyl *p*-toluenesulfonate

【生产厂】[辽]沈阳东宇精细化工有限公司〈P1685〉;[沪]上海科利生物医药有限公司〈P1749〉

对甲苯磺酸正丁酯 C02101141

n-Butyl 4-toluenesulfonate

【生产厂】[浙]嘉兴市金利化工有限责任公司〈P1942〉

5-氨基间苯二甲酸二甲酯;5-氨基异酞酸二甲酯 C02101151

Dimethyl 5-aminoisophthalate [99-27-4]

【生产厂】[苏]常熟市新腾化工有限公司〈P1891〉;常熟华益化工有限公司〈P1889〉;泰兴盛铭精细化工有限公司〈P1825〉

5-氨基间苯二甲酸单甲酯;5-氨基异酞酸单甲酯 C02101161

Monomethyl 5-aminoisophthalate [28179-47-7]

【生产厂】[苏]泰兴盛铭精细化工有限公司〈P1825〉

对甲苯磺酸月桂酯;对甲苯磺酸十二酯 C02101181

Lauryl *o*-toluenesulfonate

【生产厂】[浙]嘉兴市金利化工有限责任公司〈P1942〉

间氟苯甲酸乙酯 C02101182

Ethyl 3-fluorobenzoate [451-02-5]

【生产厂】[辽]阜新恒辉化工有限公司〈P1707〉

邻氟苯甲酸乙酯 C02101183

Ethyl 2-fluorobenzoate [443-26-5]

【生产厂】[辽]阜新恒辉化工有限公司〈P1707〉

2,4-二氯苯甲酸乙酯 C02101191

Ethyl 2,4-dichlorobenzoate

【生产厂】[苏]沭阳金凯化工厂〈P1804〉

对苯二甲酸单甲酯 C02101221

1,4-Benzenedicarboxylic acid monomethyl ester [1679-64-7]

用作医药中间体

【生产厂】[苏]赣榆县尤利特化工有限公司〈P1797〉;[鄂]湖北志诚化工科技有限公司〈P2243〉

3-氨基-4-甲基苯甲酸甲酯 C02101235

Methyl 3-amino-4-methylbenzoate [18595-18-1]

【生产厂】[苏]泰兴市对外贸易南京有限公司〈P1792〉

对氰基苯甲酸甲酯;4-氰基苯甲酸甲酯 C02101241

Methyl 4-cyanobenzoate [1129-35-7]

【生产厂】[苏]泰兴市对外贸易南京有限公司〈P1792〉;句容市顺风助剂厂〈P1843〉

间氰基苯甲酸甲酯;3-氰基苯甲酸甲酯 C02101243

Methyl *m*-cyanobenzoate [13531-48-1]

【生产厂】[苏]泰兴市对外贸易南京有限公司〈P1792〉

2-硝基对苯二甲酸二甲酯 C02101291

Dimethyl 2-nitroterephthalate [5292-45-5]

【生产厂】[苏]泰兴盛铭精细化工有限公司〈P1825〉

十八烷基异氰酸酯 C02101293

Octadecyl isocyanate [112-96-9]

用作毛纺织品柔软剂 VS 的原料

【生产厂】[苏]涟水金兰化工有限公司〈P1803〉;[鲁]山东省平原永恒化工有限公司〈P2145〉

异氰酸酯 C02101300

Isocyanate

用于家电、汽车、建筑、鞋业、家具、胶黏剂等行业

【生产厂】[津]天津市龙兴化工厂(600 吨)〈P1598〉;[冀]廊坊金盛汇化工有限公司〈P1660〉

【使用厂】[津]天津市福荣聚氨酯塑料制品厂〈P1586〉;[沪]上海皮革化工厂〈P1755〉;[苏]张家港金冠化工有限公司〈P1912〉;江苏德发树脂有限公司〈P1807〉;[闽]福建兴宇树脂有限公司〈P1999〉;[鲁]烟台同化防水保温工程有限公司〈P2119〉;济南高新开发区大山科贸公司〈P2021〉;[豫]黎明化工研究院〈P2181〉;[陕]西安利澳科技股份有限公司〈P2349〉

甲苯二异氰酸酯;TDI;二异氰酸甲苯 C02101301

Toluene diisocyanate (mixed);2,4-/2,6-Toluene diisocyanate mixture [26471-62-5]

用作制造聚氨酯软泡沫塑料、涂料、橡胶及黏合剂的原料

【生产厂】[京]中国蓝星(集团)总公司〈P1568〉;中国北方化学工业总公司〈P1568〉;[冀]河北沧州大化集团有限责任公司〈P1653〉;[辽]沈阳永兴化工有限公司〈P1690〉;[浙]台州市中海医药化工有限公司〈P1962〉;[粤]广州市浦源八达化工有限公司〈P2265〉

【使用厂】[津]天津化工研究设计院〈P1573〉;天津市北星化工有限公司〈P1580〉;天津市塑料集团有限公司聚氨酯制品分公司〈P1602〉;[冀]邯郸市鑫马涂料股份合作公司〈P1639〉;保定长城合成橡胶有限公司〈P1644〉;保定市聚氨酯厂〈P1645〉;[晋]阳泉市泡沫塑料有限公司〈P1674〉;[辽]辽阳前进化工有限公司〈P1710〉;辽宁庆阳特种化工有限公司〈P1709〉;[沪]上海造漆厂〈P1777〉;上海家具涂料厂〈P1742〉;上海汇丽集团有限公司〈P1741〉;上海康达化工有限公司〈P1747〉;上海汇宇精细化工有限公司〈P1741〉;[苏]江苏三木集团公司〈P1865〉;江都市第八化工有限公司〈P1813〉;[闽]福清联昌化工有限公司〈P1989〉;[鲁]山东塑料试验厂〈P2030〉;济南泰山金鹏涂料有限公司〈P2025〉;山东新汉邦化工科技有限公司〈P2030〉;山东东明石化集团科耀化工有限公司〈P2159〉;烟台市福山区化工研究所有限公司〈P2118〉;潍坊环宇油漆工业有限公司〈P2103〉;菏泽仕达化工有限公司〈P2159〉;山东力华防水建材有限公司〈P2077〉;[豫]黎明化工研究院〈P2181〉;河南庆安化工高科技股份有限公司〈P2166〉;[粤]江门市制漆厂有限公司〈P2286〉;广州秀珀化工有限公司〈P2268〉

对甲苯异氰酸酯;异氰酸对甲苯酯 C02101307

p-Tolyl Isocyanate;4-Methylphenyl isocyanate [622-58-2]

【生产厂】[沪]上海再启生物技术有限公司〈P1777〉;[鲁]山东省平原永恒化工有限公司〈P2145〉

间甲苯异氰酸酯;异氰酸间甲苯酯;3-甲基苯异氰酸酯 C02101308

3-Methylphenyl isocyanate;*m*-Tolyl isocyanate [621-29-4]

用作合成医药或农药的中间体

【生产厂】[沪]上海申聚化工厂有限公司〈P1761〉;[浙]宁波市镇海翔宇化工有限公司〈P1933〉

异氰酸正丁酯;异氰酸丁酯 C02101311

n-Butyl isocyanate [111-36-4]

用作医药、农药、染料中间体

【生产厂】[苏]江苏安邦电化有限公司〈P1802〉;淮安瑞尔化学有限公司〈P1801〉

异氰酸-2-氯乙酯;2-氯乙基异氰酸酯 C02101315

2-Chloroethyl isocyanate [1943-83-5]

【生产厂】[浙]杭州浙大泛科化工有限公司〈P1925〉

对氯苯基异氰酸酯;异氰酸对氯苯酯 C02101321

p-Chlorophenyl isocyanate [104-12-1]

用于有机合成,主要用作医药、农药等中间体

【生产厂】[晋]山西物产精细化工有限公司〈P1670〉;[沪]上海再启生物技术有限公司〈P1777〉;上海申聚化工厂有限公司〈P1761〉;[苏]淮安瑞尔化学有限公司〈P1801〉;[浙]杭州新龙化工有限公司〈P1924〉;宁波市镇海翔宇化工有限公司〈P1933〉;浙江省仙居县福利无机化工厂〈P1967〉;[皖]蚌埠市海兴化工有限责任公司〈P1975〉;[鲁]德州锐隆化工有限公司(80 吨)〈P2142〉;山东省平原永恒化工有限公司〈P2145〉

【使用厂】[豫]安阳市安林生物化工有限责任公司〈P2208〉

3-氯苯基异氰酸酯;异氰酸间氯苯酯 C02101323

3-Chlorophenyl isocyanate [2909-38-8]

【生产厂】[渝]重庆长风化工厂〈P2303〉

3,4-二氯苯基异氰酸酯 C02101325

3,4-Dichlorophenyl isocyanate [102-36-3]

用作农药、医药中间体,主要用于合成敌草隆、敌稗等除草剂

【生产厂】[黑]鹤岗市清华紫光英力农化有限公司〈P1725〉;[沪]上海再启生物技术有限公司〈P1777〉;[苏]江苏安邦电化有限公司〈P1802〉;淮安瑞尔化学有限公司〈P1801〉;[皖]蚌埠市海兴化工有限责任公司〈P1975〉;[鲁]山东省平原永恒化工有限公司〈P2145〉

2,3-二氯苯基异氰酸酯 C02101328

2,3-Dichlorophenyl isocyanate [41195-90-8]

【生产厂】[沪]上海再启生物技术有限公司〈P1777〉

2,6-二氯苯基异氰酸酯 C02101330

2,6-Dichlorophenyl isocyanate [39920-37-1]

【生产厂】[沪]上海再启生物技术有限公司〈P1777〉

环己基异氰酸酯;异氰酸环己酯 C02101331

Cyclohexyl isocyanate [3173-53-3]

用作合成医药或农药的中间体

【生产厂】[沪]上海申聚化工厂有限公司〈P1761〉;[苏]江苏永联集团公司精细化工厂〈P1866〉;淮安瑞尔化学有限公司〈P1801〉;[鲁]山东省平原永恒化工有限公司〈P2145〉

1,4-环己基二异氰酸酯 C02101332

1,4-Cyclohexyl diisocyanate

【生产厂】[苏]如皋市恒祥化工有限责任公司〈P1838〉

异氰酸正己酯;异氰酸己酯 C02101335

n-Hexyl isocyanate;Hexyl isocyanate [2525-62-4]

用作有机中间体

【生产厂】[豫]郑州路路德化学制品有限公司(800 吨)〈P2171〉

异氰酸正庚酯;庚基异氰酸酯 C02101337

n-Heptyl isocyanate;Heptyl isocyanate [4747-81-3]

用作有机中间体

【生产厂】[豫]郑州路路德化学制品有限公司(1000 吨)〈P2171〉

反式-4-甲基环己基异氰酸酯 C02101339

trans-4-Methylcyclohexylisocyanate [32175-00-1]

用作药物格列美脲中间体

【生产厂】[冀]沧州那瑞化学科技有限公司〈P1652〉;沧州锐新化工有限公司〈P1652〉;[沪]上海泰顿化工有限公司〈P1766〉;[浙]浙江省仙居华康医药化工有限公司〈P1967〉;台州市中荣化工有限公司〈P1962〉;金华立信医药化工有限公司〈P1953〉;[渝]重庆小泉化工厂(10 吨)〈P2308〉;重庆南松医药科技有限公司〈P2305〉;重庆亚威精细化工有限公司〈P2308〉;重庆威尔德·浩瑞医药化工有限公司(10 吨)〈P2307〉

异氰酸苯酯;苯基异氰酸酯 C02101351

Phenyl isocyanate [103-71-9]

用于合成医药、农药和高分子材料等

【生产厂】[沪]上海申聚化工厂有限公司〈P1761〉;[苏]江苏永联集团公司精细化工厂〈P1866〉;江苏安邦电化有限公司〈P1802〉;淮安瑞尔化学有限公司〈P1801〉;涟水金兰化工有限公司〈P1803〉;[浙]杭州新龙化工有限公司〈P1924〉;宁波市镇海翔宇化工有限公司〈P1933〉;[鲁]山东省平原永恒化工有限公司〈P2145〉;[渝]重庆长风化工厂〈P2303〉

α-萘异氰酸酯;异氰酸-1-萘酯 C02101352

α-Naphthyl isocyanate;1-Naphthyl isocyanate [86-84-0]

【生产厂】[鲁]山东省平原永恒化工有限公司〈P2145〉

异氰酸苄酯 C02101355

Benzyl isocyanate [3173-56-6]

用于合成医药、农药和高分子材料

【生产厂】[冀]沧州锐新化工有限公司〈P1652〉

异氰酸苯乙酯 C02101359

Phenylethyl isocyanate

用于合成医药、农药和高分子材料

【生产厂】[冀]沧州锐新化工有限公司〈P1652〉;[沪]上海泰顿化工有限公司〈P1766〉

C

对三氟甲氧基苯基异氰酸酯 C02101360
4-(Trifluoromethoxy)phenyl isocyanate [35037-73-1]
用作合成医药或农药的中间体
【生产厂】[沪]上海申聚化工厂有限公司〈P1761〉

对三氟甲氧基苯基异丁酮 C02101362
4-(Trifluoromethoxy)isobutyrophenone [56435-84-4]
【生产厂】[沪]上海万凯化学有限公司〈P1768〉

异丙基异氰酸酯;异氰酸异丙酯 C02101371
Isopropyl isocyanate [1795-48-8]
用于有机合成
【生产厂】[苏]淮安瑞尔化学有限公司〈P1801〉;[浙]杭州国晨化工技术有限公司〈P1917〉

对甲苯磺酰甲基异氰酸酯 C02101383
p-Toluenesulfonylmethyl isocyanate [36635-61-7]
用作医药中间体
【生产厂】[辽]沈阳市嘉恒化工有限公司〈P1688〉;[鲁]蓬莱鸿源化工有限公司〈P2111〉;蓬莱市前卫化工有限公司〈P2112〉

对氯苯磺酰异氰酸酯 C02101388
4-Chlorobenzenesulfonyl isocyanate [5769-15-3]
用作合成医药或农药的中间体
【生产厂】[沪]上海申聚化工厂有限公司〈P1761〉

氯磺酰异氰酸酯 C02101391
Chlorosulfonyl isocyanate [1189-71-5]
广泛用于抗生素、农用化学品、聚合物等的合成
【生产厂】[辽]营口三征科技化工有限公司〈P1704〉;[吉]吉林省四平市精细化学品有限公司〈P1717〉;[苏]苏州诚和医药化学有限公司〈P1899〉;[粤]广州龙沙有限公司〈P2262〉

对甲苯磺酰异氰酸酯 C02101395
p-Toluenesulfonyl isocyanate;PTSI [4083-64-1]
用作合成医药或农药的中间体
【生产厂】[沪]上海申聚化工厂有限公司〈P1761〉;[浙]嘉兴市金利化工有限责任公司〈P1942〉;[赣]海利贵溪化工农药有限公司〈P2013〉;[鲁]德州锐隆化工有限公司(100吨)〈P2142〉;山东省平原永恒化工有限公司〈P2145〉;[渝]重庆长风化工厂〈P2303〉

甲基丙烯酸乙酯 C02101401
Ethyl methacrylate [97-63-2]
用于制造丙烯酸酯类的共聚物、黏合剂及涂料等
【生产厂】[辽]抚顺安信化学有限公司〈P1697〉
【使用厂】[川]成都天华科技股份有限公司〈P2315〉

甲基丙烯酸月桂酯;甲基丙烯酸十二醇酯 C02101421
Dodecyl methacrylate;Lauryl methacrylate
用作聚合物的单体,用于生产皮革、纸张、织物等整理剂、上光剂等
【生产厂】[辽]抚顺安信化学有限公司〈P1697〉

甲基丙烯酸烯丙酯 C02101431
Allyl methacrylate
广泛用作有机玻璃制备中共聚单体、接枝单体及牙齿修补交联剂等
【生产厂】[辽]抚顺安信化学有限公司〈P1697〉

3,3-二甲基丙烯酸乙酯;3-甲基-2-丁烯酸乙酯 C02101451
Ethyl 3,3-dimethylacrylate [638-10-8]
【生产厂】[京]北京达科思精细化工研究所〈P1545〉;[鲁]青岛双桃精细化工(集团)有限公司〈P2043〉

甲基丙烯酸异冰片酯 C02101461
Isobornyl methacrylate [7534-94-3]
【生产厂】[辽]抚顺安信化学有限公司〈P1697〉

丙烯酸异冰片酯 C02101465
Isobornyl acrylate [5888-33-5]
【生产厂】[辽]抚顺安信化学有限公司〈P1697〉

2-苄基丙烯酸甲酯 C02101471
Methyl 2-benzylacrylate [3070-71-1]
用作医药中间体
【生产厂】[京]凯翔精细化工有限公司〈P1567〉

甲基丙烯酸环己酯 C02101481
Cyclohexyl methacrylate
用作聚合单体
【生产厂】[辽]抚顺安信化学有限公司〈P1697〉

甲基丙烯酸丁酯;BMA C02101501
Butyl methacrylate [97-88-1]
用作聚合物的单体,用于生产改性有机玻璃、透明胶片,制造纸张、织物、皮革等整理剂、上光剂,用作涂料溶剂
【生产厂】[辽]抚顺安信化学有限公司〈P1697〉;[鲁]淄博宝翠实业有限公司(3000吨)〈P2058〉;山东省东营国丰精细化工有限责任公司〈P2085〉;东营市达伟塑化有限责任公司(1000吨)〈P2081〉
【使用厂】[沪]上海新华阻燃剂总厂〈P1772〉;[鲁]济南泰山金鹏涂料有限公司〈P2025〉

甲基丙烯酸异丁酯 C02101511
Isobutyl methacrylate [97-86-9]
用作有机合成单体,用于合成树脂、塑料、涂料、印刷油墨、胶黏剂等
【生产厂】[辽]抚顺安信化学有限公司〈P1697〉;[鲁]东营市达伟塑化有限责任公司(1000吨)〈P2081〉

甲基丙烯酸叔丁酯 C02101515
tert-Butyl methacrylate [585-07-9]
【生产厂】[辽]抚顺安信化学有限公司〈P1697〉

甲基丙烯酸缩水甘油酯;GMA C02101521
Glycidyl methacrylate [106-91-2]
主要用于丙烯酸粉末涂料、乳胶涂料、纺织皮革整理剂、胶黏剂、医药等
【生产厂】[京]北京燕山石油化工有限公司〈P1564〉;[辽]抚顺安信化学有限公司〈P1697〉;[沪]上海静超化工有限公司〈P1745〉;[苏]南京九龙化工有限公司〈P1786〉;[豫]洛阳恒光化工有限公司(200吨)〈P2181〉

甲基丙烯酸异辛酯；甲基丙烯酸-2-乙基己酯 C02101531
Isooctyl methacrylate [28675-80-1]
【生产厂】[辽]抚顺安信化学有限公司〈P1697〉；[陕]陕西宏庆医药化学有限公司〈P2346〉

甲基丙烯酸二甲氨基乙酯 C02101541
Dimethylaminoethyl methacrylate [2867-47-2]
用于制备聚合物、净化污水
【生产厂】[辽]抚顺安信化学有限公司〈P1697〉；[浙]杭州市银湖化工有限公司〈P1922〉；[鲁]东营市达伟塑化有限责任公司(1000 吨)〈P2081〉；[鄂]黄石龙骏化工科技有限公司〈P2236〉

甲基丙烯酸二乙氨基乙酯 C02101551
Diethylaminoethyl methacrylate [105-16-8]
【生产厂】[辽]抚顺安信化学有限公司〈P1697〉

甲基丙烯酸异癸酯 C02101581
Isodecyl methacrylate
用作聚合物的单体，用于合成树脂、涂料、织物整理剂、皮革浸渍剂等
【生产厂】[辽]抚顺安信化学有限公司〈P1697〉

甲基丙烯酸三氟乙酯 C02101591
Trifluoroethyl methacrylate；2,2,2-Trifluoroethyl methacrylate [352-87-4]
主要用于涂料，改善其耐候性、抗水性和耐污染性，还可用作光纤的包层和纤芯材料、接触镜片和计算机的墨粉等
【生产厂】[黑]雪佳氟硅化学有限公司〈P1722〉；[鲁]威海新元化工有限公司〈P2126〉

甲基丙烯酸甲酯；有机玻璃单体；MMA C02101601
Methyl methacrylate；MMA [80-62-6]
主要用作有机玻璃的单体，也用于制其他塑料、涂料等
【生产厂】[辽]抚顺抚中有机玻璃厂(1000 吨)〈P1697〉；[吉]中国石油吉化集团公司(5 万吨)〈P1717〉；[浙]温州市天丰塑料助剂有限公司(5000 吨)〈P1938〉；[鲁]博山恒泰化工厂(5000 吨)〈P2048〉；[滇]杨林工业开发区汕滇药业有限公司〈P2340〉
【使用厂】[京]北京东方锐波化工厂〈P1546〉；[沪]上海天坛助剂有限公司〈P1767〉；上海汇丽集团有限公司〈P1741〉；[苏]盐城市东港药物化工发展有限公司〈P1811〉；南京永丰化工有限责任公司〈P1791〉；[浙]嘉兴精化化工有限公司〈P1941〉；[鲁]济南泰山金鹏涂料有限公司〈P2025〉；沂源瑞丰高分子材料有限公司〈P2056〉；山东东明石化集团科耀化工有限公司〈P2159〉；山东省东营市金友来工贸有限责任公司〈P2085〉；青州兴庆助剂有限公司〈P2094〉；万达集团股份有限公司〈P2088〉；淄博宝翠实业有限公司〈P2058〉；[粤]永大(中山)有限公司〈P2282〉

二甲基丙烯酸-1,4-丁二醇酯 C02101611
1,4-Butanediol dimethacrylate [2082-81-7]
【生产厂】[辽]抚顺安信化学有限公司〈P1697〉；[鲁]烟台云开化工有限责任公司〈P2120〉

二甲基丙烯酸-1,3-丁二醇酯；1,3-丁二醇二甲基丙烯酸酯 C02101615
1,3-Butanediol dimethacrylate [1189-08-8]
用作橡胶、塑料助交联剂，橡胶及合成树脂改性剂等
【生产厂】[鲁]烟台云开化工有限责任公司〈P2120〉

二甲基丙烯酸新戊二醇酯 C02101621
Neopentyl glycol dimethacrylate [1985-51-9]
可作为过氧化物交联的助交联剂，适用于乙丙橡胶等硫化体系；亦可作为 PVC 等的改性剂
【生产厂】[辽]抚顺安信化学有限公司〈P1697〉；[鲁]烟台云开化工有限责任公司〈P2120〉

二甲基丙烯酸乙二醇酯 C02101631
Glycol dimethacrylate [97-90-5]
用作涂料、胶黏剂、树脂等制取过程中的交联剂
【生产厂】[辽]抚顺安信化学有限公司〈P1697〉；[皖]合肥安邦化工有限公司〈P1972〉；[鲁]烟台云开化工有限责任公司〈P2120〉

聚乙二醇(200)二甲基丙烯酸酯 C02101637
Polyethylene glycol(200) dimethacrylate
用于制备橡胶和塑料助交联剂、橡胶改性剂、纤维涂层、纸张涂层等
【生产厂】[鲁]烟台云开化工有限责任公司〈P2120〉

聚乙二醇(400)二甲基丙烯酸酯 C02101639
Polyethylene glycol(400) dimethacrylate [25852-47-5]
用于制备厌氧胶、水性涂料、增塑溶胶、密封胶等
【生产厂】[鲁]烟台云开化工有限责任公司〈P2120〉

二甲基丙烯酸二乙二醇酯；二甲基丙烯酸二甘醇酯 C02101641
Diethylene glycol dimethacrylate [2358-84-1]
用作涂料、胶黏剂、树脂等制取过程中的交联剂
【生产厂】[辽]抚顺安信化学有限公司〈P1697〉；[鲁]烟台云开化工有限责任公司〈P2120〉

二甲基丙烯酸三乙二醇酯；二甲基丙烯酸三甘醇酯 C02101645
Triethylene glycol dimethacrylate [109-16-0]
用作丙烯酸及酯聚合物的交联剂
【生产厂】[辽]抚顺安信化学有限公司〈P1697〉；[鲁]烟台云开化工有限责任公司〈P2120〉

二甲基丙烯酸四乙二醇酯 C02101649
Tetraethylene glycol dimethacrylate [109-17-1]
用于制备胶黏剂、丙烯酸涂料等
【生产厂】[鲁]烟台云开化工有限责任公司〈P2120〉

3,3-二甲基丙烯酸甲酯；3-甲基-2-丁烯酸甲酯 C02101651
Methyl 3,3-dimethylacrylate [924-50-5]
【生产厂】[京]北京达科思精细化工研究所〈P1545〉；[鲁]青岛双桃精细化工(集团)有限公司〈P2043〉

C

2-羟基-3-甲基-3-丁烯酸乙酯;α-羟基异戊烯酸乙酯 C02101691
Ethyl 2-hydroxy-3-methyl-3-butenoate
用于合成水田除草剂
【生产厂】[辽]大连瑞泽农药股份有限公司〈P1693〉

甲酸甲酯 C02101701
Methyl formate [107-31-3]
用作醋酸纤维、DMF的原料,农药多菌灵杀虫剂的溶剂,在酚醛树脂中用作固化剂,用于水果、各类烟草的熏蒸剂
【生产厂】[冀]霸州市华厦溶剂精制有限公司〈P1657〉;[鲁]肥城阿斯德化工有限公司(5000吨)〈P2134〉;山东省菏泽市化工有限公司(2600吨)〈P2160〉;[豫]郑州森奥化工有限责任公司〈P2172〉;[川]四川天一科技股份有限公司〈P2319〉

甲酸异戊酯 C02101711
Isoamyl formate [110-45-2]
用于香料及有机合成
【生产厂】[沪]上海浦杰香料有限公司〈P1756〉;[苏]洪泽前程香料香精厂〈P1801〉

甲酸苄酯;甲酸苯甲酯 C02101731
Benzyl formate [104-57-4]
【生产厂】[沪]上海浦杰香料有限公司〈P1756〉;[鄂]武汉有机实业股份有限公司〈P2235〉

甲酸丁酯 C02101741
Butyl formate;n-Butyl Formate [592-84-7]
用于香料制造及有机合成
【生产厂】[沪]上海浦杰香料有限公司〈P1756〉

丙烯酸羟丙酯;丙烯酸-2-羟基丙酯;丙烯酸-β-羟丙酯 C02101750
2-Hydroxypropyl acrylate [25584-83-2]
可用于生产胶黏剂、热固性涂料、纤维处理剂及合成树脂共聚物的改性剂,也可用于制备润滑油添加剂等
【生产厂】[京]北京东方亚科力化工科技有限公司〈P1546〉;[沪]上海华谊丙烯酸有限公司〈P1739〉;[苏]无锡润利化工有限公司〈P1874〉;[鲁]山东省东营国丰精细化工有限责任公司〈P2085〉
【使用厂】[鲁]淄博科宇化工有限公司〈P2064〉;山东省泰和水处理有限公司〈P2077〉

环丙甲酸甲酯 C02101751
Methyl cyclopropanecarboxylate [2868-37-3]
用作医药中间体、有机合成等
【生产厂】[浙]杭州浙大泛科化工有限公司〈P1925〉

甲酸己酯;蚁酸己酯 C02101771
Hexyl formate [629-33-4]
用作维生素 B_1 中间体
【生产厂】[沪]上海源森医药原料有限公司〈P1776〉;[粤]广州市伟香单体香料有限公司〈P2266〉

甲酸肉桂酯 C02101779
Cinnamyl formate
【生产厂】[鄂]武汉市合中化工制造有限公司〈P2232〉

环己甲酸乙酯 C02101781
Ethyl cyclohexanecarboxylate [3289-28-9]
【生产厂】[苏]南京市江宁区盛业化工有限公司〈P1789〉

1,2-环己二甲酸二乙酯 C02101785
1,2-Cyclohexanedicarboxylic acid diethyl ester [10138-59-7]
【生产厂】[陕]陕西宏庆医药化学有限公司〈P2346〉

环己甲酸甲酯 C02101791
Methyl cyclohexanecarboxylate [4630-82-4]
用作有机合成中间体
【生产厂】[浙]浙江台州清泉医药化工有限公司〈P1968〉

1,2-环己二甲酸二甲酯 C02101795
1,2-Cyclohexanedicarboxylic acid dimethyl ester [1687-29-2]
【生产厂】[苏]江苏省句容市中山化工研究所〈P1842〉;[陕]陕西宏庆医药化学有限公司〈P2346〉

1,4-环己二甲酸二甲酯 C02101799
1,4-Cyclohexanedicarboxylic acid dimethyl ester [94-60-0]
【生产厂】[陕]陕西宏庆医药化学有限公司〈P2346〉

丙烯酸酯 C02101800
Acrylate ester
是制造胶黏剂、合成树脂、特种橡胶和塑料的单体
【生产厂】[京]北京东方亚科力化工科技有限公司〈P1546〉;[冀]石家庄双联化工有限责任公司〈P1633〉;[辽]营口星火化工有限公司〈P1705〉;[苏]常州雪龙化工有限公司〈P1858〉
【使用厂】[京]北京市通州互益化工厂〈P1560〉;[津]天津市合成材料工业研究所〈P1589〉;[沪]上海世傲印刷材料有限公司〈P1763〉;[苏]南京神柏远东化工有限公司〈P1788〉;[闽]福建省泉州市佳友精化有限公司〈P1998〉;[鲁]淄博奥威粘合剂有限公司〈P2058〉;山东东明石化集团科耀化工有限公司〈P2159〉;山东省东营市金友来工贸有限责任公司〈P2085〉;青州兴庆助剂有限公司〈P2094〉;威海市瀚玉化纺有限公司〈P2125〉;枣庄市世纪新星化工有限责任公司〈P2080〉;山东阳光颜料有限公司〈P2133〉;安丘市鲁星化学有限公司〈P2088〉;青州市宝达化工有限公司〈P2091〉;济宁市化工研究所〈P2128〉;日照金马化工有限公司〈P2139〉

丙烯酸丁酯 C02101801
Butyl acrylate [141-32-2]
主要用于制合成树脂、合成纤维、合成橡胶、塑料、涂料、胶黏剂等
【生产厂】[京]北京爱德泰普膜制品厂〈P1543〉;北京东方化工厂(4万吨)〈P1546〉;[辽]沈阳石蜡化工有限公司〈P1687〉;[沪]上海华谊丙烯酸有限公司〈P1739〉;[苏]江阴市东风化工总厂有限公司〈P1868〉;江苏裕廊化工有限公司〈P1809〉
【使用厂】[京]北京东方锐波化工厂〈P1546〉;[沪]上海长风化工厂〈P1729〉;上海皮革化工厂〈P1755〉;上海市马陆丙烯酸涂料厂〈P1763〉;[浙]嘉兴精化化工有限公司〈P1941〉;[闽]莆田市新邦胶粘制品有限公司〈P1997〉;[鲁]沂源瑞丰高分子材料有限公司〈P2056〉;烟台市福山云丽涂料厂〈P2118〉;蓬莱市北海印花色浆厂〈P2112〉;[豫]洛阳恒光化工有限公司〈P2181〉;[粤]广州市东风化工实业有限公司〈P2263〉;永大(中山)有限公司〈P2282〉

丙烯酸异丁酯 C02101802

Isobutyl acrylate [106-63-8]

是制备丙烯酸类树脂的单体，用作制造涂料、胶黏剂、纤维处理剂等

【生产厂】[辽]抚顺安信化学有限公司〈P1697〉

丙烯酸六氟丁酯 C02101821

2,2,3,4,4,4-Hexafluorobutyl acrylate [54052-90-3]

用于配制高耐候、抗污自洁的新型建筑外墙涂料

【生产厂】[黑]雪佳氟硅化学有限公司〈P1722〉

对甲氧基肉桂酸戊酯 C02101831

Pentyl *p*-methoxycinnamate

主要用于化妆品紫外线吸收

【生产厂】[苏]金坛市华盛化工助剂有限公司〈P1862〉

丙烯酸二甲氨基乙酯；DMAEA C02101841

Dimethylaminoethyl acrylate；2-Dimethylaminoethyl acrylate [2439-35-2]

广泛用于纤维、橡胶、塑料、光固化涂料、医药、表面活性剂以及水处理、造纸等行业

【生产厂】[辽]抚顺安信化学有限公司〈P1697〉；[陕]陕西宏庆医药化学有限公司〈P2346〉

对甲氧基肉桂酸异辛酯 C02101851

Isooctyl *p*-methoxycinnamate

主要用于化妆品紫外线吸收

【生产厂】[沪]上海立诚化工有限公司〈P1750〉；[苏]金坛市华盛化工助剂有限公司〈P1862〉

甲基丙烯酸六氟丁酯 C02101871

2,2,3,4,4,4-Hexafluorobutyl methacrylate [36405-47-7]

用于配制高耐候、抗污自洁的新型建筑外墙涂料

【生产厂】[黑]雪佳氟硅化学有限公司〈P1722〉

丙烯酸八氟戊酯 C02101881

2,2,3,3,4,4,5,5-Octafluoropentyl acrylate [376 84-1]

【生产厂】[苏]苏州市华丰精细化工有限公司〈P1903〉

甲基丙烯酸八氟戊酯 C02101885

2,2,3,3,4,4,5,5-Octafluoropentyl methacrylate [355-93-1]

【生产厂】[苏]苏州市华丰精细化工有限公司〈P1903〉

甲基丙烯酸十二氟庚酯 C02101891

1*H*,1*H*,7*H*-Dodecafluoroheptyl methacrylate [2261-99-6]

【生产厂】[黑]雪佳氟硅化学有限公司〈P1722〉

丙烯酸甲酯；MA C02101901

Methyl acrylate [96-33-3]

是合成聚合物的单体，主要用作腈纶第二单体，和苯乙烯、醋酸乙烯等的共聚物广泛用于涂料、黏合剂等行业

【生产厂】[京]北京爱德泰普膜制品厂〈P1543〉；北京东方化工厂(2万吨)〈P1546〉；北京东方亚科力化工科技有限公司(5000吨)〈P1546〉；[辽]沈阳石蜡化工有限公司〈P1687〉；[沪]上海华谊丙烯酸有限公司〈P1739〉；[苏]江阴市东风化工总厂有限公司(2万吨)〈P1868〉；江苏裕廊化工有限公司〈P1809〉

【使用厂】[京]北京东方锐波化工厂〈P1546〉；[津]南开大学化工厂〈P1569〉；天津天成制药有限公司〈P1614〉；[辽]抚顺石油化工分公司腈纶化工厂〈P1698〉；黑山县精细化工厂〈P1701〉；[沪]华东理工大学华昌聚合物有限公司〈P1726〉；中国石化上海石油化工股份有限公司〈P1780〉；上海皮革化工厂〈P1755〉；上海树脂厂有限公司〈P1764〉；上海市马陆丙烯酸涂料厂〈P1763〉；上海华盛香料厂〈P1739〉；[苏]江苏苏青水处理工程集团有限公司〈P1866〉；[浙]浙江金甬腈纶有限公司〈P1935〉；嘉兴精化化工有限公司〈P1941〉；[鲁]山东新华制药股份有限公司〈P2055〉；山东省泰和水处理有限公司〈P2077〉；山东滕州悟通香料有限责任公司〈P2078〉；山东省临沂市三丰化工有限公司〈P2150〉

丙烯酸环己酯 C02101931

Cyclohexyl acrylate

【生产厂】[辽]抚顺安信化学有限公司〈P1697〉

丙烯酸羟基环己酯 C02101951

Hydroxycyclohexyl acrylate

用作生产热固性涂料的单体

【生产厂】[湘]岳阳昌德化工实业有限公司(200吨)〈P2254〉

1,4-环己烷二甲醇二丙烯酸酯 C02101991

1,4-Cyclohexanedimethanol diacrylate

【生产厂】[苏]如皋市恒祥化工有限责任公司〈P1838〉

TDI 三聚体 C02102001

TDI Tripolymer

用作底漆或哑光面漆的固化剂

【生产厂】[粤]深圳市飞扬实业有限公司〈P2270〉

异氰尿酸三缩水甘油酯；TGIC C02102010

Triglycidol isocyanurate [2451-62-9]

用于纯聚酯粉末涂料、含羧基丙烯酸聚酯的交联固化，用于自熄性聚合物、改性环氧树脂、配制高效黏合剂等

【生产厂】[冀]河北九派实业集团有限公司(2000吨)〈P1620〉；[吉]吉林市双鸥化工有限公司(2000吨)〈P1716〉；[皖]安徽神剑新材料有限公司(3000吨)〈P1973〉；黄山市泰达化工有限公司(1200吨)〈P1981〉；安徽省歙县宏大化工有限公司〈P1980〉；黄山市德平化工有限公司〈P1981〉；黄山市华美精细化工有限公司(25吨)〈P1981〉；[湘]湖南民合化工有限公司〈P2248〉；湖南新晨化工有限公司〈P2249〉

环十五内酯 C02102051

Pentadecanolide [32539-85-8]

用于生产香精、香料和化妆品

【生产厂】[吉]吉林省石油化工设计研究院〈P1714〉

5-降冰片烯-2-羧酸叔丁酯 C02102071

tert-Butyl 5-norbornene-2-carboxylate [154970-45-3]

【生产厂】[川]四川辉硕化工有限公司〈P2333〉

对羟基苯丙酸乙酯 C02102091

Ethyl *p*-hydroxyphenylpropionate [23795-02-0]

【生产厂】[苏]江苏省姜堰市鑫鑫化工有限公司(80吨)〈P1822〉

亚磷酸二正丁酯 C02102101

C

Di-*n*-butyl phosphite [1809-19-4]

用于制药、香料合成，也用作润滑油的添加剂、抗磨剂

【生产厂】[鲁]淄博惠华化工有限公司(1000 吨)〈P2062〉

亚磷酸三异丙酯　C02102151

Triisopropyl phosphite [116-17-6]

用作塑料增塑剂、稳定剂

【生产厂】[皖]安徽贝克药业有限公司〈P1971〉

亚磷酸二乙酯　C02102221

Diethyl phosphite [762-04-9]

是制备有机磷化合物的中间体，也用作萃取剂

【生产厂】[苏]宜兴市满球化工有限公司〈P1886〉；[鲁]青岛雪洁助剂有限公司〈P2045〉

乳酸丁酯　C02102301

Butyl lactate；Butyl 2-hydroxypropionic acid [138-22-7]

用作医药的原料和农药中间体，也用作喷漆溶剂

【生产厂】[京]中国蓝星(集团)总公司〈P1568〉；[沪]上海申夏生物化工有限公司〈P1761〉；[苏]丽珠集团苏州新宝制药厂〈P1898〉

乳酸甲酯；α-羟基丙酸甲酯　C02102351

Methyl lactate [547-64-8]

可作为高沸点溶剂、洗净剂、合成原料等

【生产厂】[沪]上海闵南化工厂〈P1753〉；[苏]丽珠集团苏州新宝制药厂〈P1898〉；[赣]江西武藏野生物化工有限公司〈P2009〉

乳酸苄酯　C02102391

Benzyl lactate

【生产厂】[沪]上海浦杰香料有限公司〈P1756〉

苯磺酸甲酯　C02102401

Methyl benzenesulfonate [80-18-2]

用作染料和医药工业的原料

【生产厂】[苏]苏州诚和医药化学有限公司〈P1899〉；[浙]嘉兴市金利化工有限责任公司〈P1942〉

苯磺酸乙酯　C02102411

Ethyl benzenesulfonate

【生产厂】[浙]嘉兴市金利化工有限责任公司〈P1942〉

甲磺酸丁酯；甲基磺酸丁酯　C02102491

Butyl methylsulfonate

【生产厂】[冀]河北省景县景美化学工业有限公司〈P1665〉

癸二酸单甲酯酰氯　C02102511

Methyl sebacoyl monochloride

【生产厂】[鲁]潍坊海龙化工有限公司〈P2102〉

己二酸单乙酯酰氯　C02102521

Ethyl adipoyl monochloride

【生产厂】[鲁]潍坊海龙化工有限公司〈P2102〉

己二酸单甲酯酰氯　C02102531

Methyl adipoyl monochloride

用作有机合成原料

【生产厂】[鲁]潍坊海龙化工有限公司〈P2102〉

乙酸癸酯　C02102551

Decyl acetate；*n*-Decyl acetate [112-17-4]

【生产厂】[粤]广州市伟香单体香料有限公司〈P2266〉

草酸二甲酯　C02102600

Dimethyl oxalate [553-90-2]

主要用于制药、农药、有机合成，也用作增塑剂

【生产厂】[晋]太原天熙贸易有限公司〈P1672〉；山西省原平市化工有限责任公司(2000 吨)〈P1676〉；[沪]上海浦东旭光化工有限公司〈P1756〉；[苏]南京东方石油化工厂〈P1783〉；海门贝斯特精细化工有限公司〈P1829〉；[鲁]山东省邹平县齐苑化工有限公司(1000 吨)〈P2156〉；[豫]开封明阳化工有限责任公司(200 吨)〈P2177〉

草酸二乙酯；乙二酸二乙酯　C02102601

Diethyl oxalate [95-92-1]

用作药物苯巴比妥、硫唑嘌呤、固效磺胺的中间体及塑料促进剂

【生产厂】[晋]太原天熙贸易有限公司〈P1672〉；山西新天源医药化工有限公司〈P1677〉；山西省原平市化工有限责任公司(2000 吨)〈P1676〉；[黑]牡丹江鸿利化工有限责任公司(2500 吨)〈P1723〉；[沪]上海浦东旭光化工有限公司(200 吨)〈P1756〉；[苏]南京东方石油化工厂〈P1783〉；海门贝斯特精细化工有限公司(240 吨)〈P1829〉；[鲁]淄博旭升化工有限公司〈P2075〉；山东淄博淄川新兴化工厂〈P2056〉；山东省邹平县齐苑化工有限公司(1500 吨)〈P2156〉；[豫]荥阳市六零集团公司六零二分厂(3000 吨)〈P2169〉；开封明阳化工有限责任公司(300 吨)〈P2177〉；[渝]重庆市昆仑化工有限公司(900 吨)〈P2307〉

【使用厂】[津]天津中新药业集团股份有限公司新新制药厂〈P1618〉；[沪]上海盛欣医药化工有限公司〈P1762〉；[浙]浙江金华康恩贝生物制药有限公司〈P1955〉；[鲁]寿光富康制药有限公司〈P2099〉；[豫]河南巩义市银海天大化工有限公司〈P2165〉；[渝]西南合成制药股份有限公司〈P2303〉

乙基丙二酸二乙酯　C02102602

Diethyl ethylmalonate [133-13-1]

用作医药的原料和农药中间体

【生产厂】[苏]常州东南鹏程化工有限公司〈P1846〉

二乙基丙二酸二乙酯　C02102603

Diethyl diethylmalonate [77-25-8]

用作医药的原料和农药中间体

【生产厂】[苏]溧阳市永安精细化工有限公司〈P1864〉

二丙基丙二酸二乙酯　C02102604

Diethyl dipropylmalonate

用作医药的原料和农药中间体

【生产厂】[苏]溧阳市永安精细化工有限公司〈P1864〉

甲基丙二酸二乙酯　C02102605

Diethyl methylmalonate [609-08-5]

用作有机合成中间体

【生产厂】[冀]石家庄市联碱厂化工分厂〈P1630〉

草酸二丁酯 C02102606

Dibutyl oxalate [2050-60-4]

【生产厂】[鲁]山东省邹平县齐苑化工有限公司(600 吨)〈P2156〉

草酸二苄酯 C02102607

Dibenzyl oxalate

【生产厂】[京]北京奥得赛化学有限公司〈P1543〉

烯丙基丙二酸二乙酯 C02102610

Diethyl allylmalonate [2049-80-1]

用作医药的原料和农药中间体

【生产厂】[苏]溧阳市永安精细化工有限公司〈P1864〉

异丁基丙二酸二乙酯 C02102611

Diethyl isobutylmalonate [10203-58-4]

【生产厂】[苏]常州东南鹏程化工有限公司〈P1846〉;溧阳市永安精细化工有限公司〈P1864〉

苄基丙二酸二乙酯 C02102612

Diethyl benzylmalonate [607-81-8]

【生产厂】[苏]常州东南鹏程化工有限公司〈P1846〉

己二酸二甲酯 C02102613

Dimethyl adipate [627-93-0]

用作合成中间体,高沸点溶剂等

【生产厂】[辽]辽阳市彩练助剂化工厂〈P1710〉;辽阳市石油化工研究所〈P1711〉;辽阳木星化工有限公司〈P1710〉;辽阳天成化工有限公司〈P1711〉;[吉]吉林省石油化工设计研究院〈P1714〉;[沪]上海神强实业有限公司〈P1761〉;[苏]常州夏青化工有限公司〈P1857〉;[鲁]潍坊海龙化工有限公司〈P2102〉;潍坊拓实化工有限公司〈P2106〉;招远市国泰化工厂〈P2121〉;[粤]深圳市飞扬实业有限公司〈P2270〉

己二酸二乙酯;DEA C02102614

Diethyl adipate [141-28-6]

广泛用于有机合成中间体和溶剂

【生产厂】[辽]辽阳市彩练助剂化工厂〈P1710〉;辽阳木星化工有限公司〈P1710〉;[沪]上海神强实业有限公司〈P1761〉;[苏]常州夏青化工有限公司〈P1857〉;[鲁]潍坊海龙化工有限公司〈P2102〉;招远市国泰化工厂〈P2121〉

己二酸二丁酯;DBA C02102615

Dibutyl adipate [105-99-7]

用作增塑剂、特种溶剂等

【生产厂】[津]天津市通达化工有限公司(1000 吨)〈P1605〉;[辽]营口天元实业精细化工有限公司〈P1705〉;[鲁]潍坊海龙化工有限公司〈P2102〉

己二酸二正己酯 C02102616

Di-*n*-hexyl adipate [110-33-8]

主要用于聚乙烯醇缩丁醛中,也可用于硝化纤维素、乙基纤维素、乙烯共聚物、氯化橡胶及醋酸丁酯纤维等

【生产厂】[吉]吉化集团精细化学品有限公司〈P1715〉;[鲁]潍坊海龙化工有限公司〈P2102〉

己二酸单乙酯 C02102617

Monoethyl adipate [626-86-8]

用于有机合成、医药中间体、溶剂等

【生产厂】[鲁]潍坊海龙化工有限公司〈P2102〉

己二酸单甲酯 C02102618

Monomethyl adipate

用作染料中间体

【生产厂】[鲁]潍坊海龙化工有限公司〈P2102〉

己二酸二异丙酯 C02102619

Diisoproryl adipate [6938-94-9]

广泛用于医药、香料和日化用品

【生产厂】[鲁]潍坊海龙化工有限公司〈P2102〉;招远市国泰化工厂〈P2121〉

草酸单乙酯酰氯;草酰氯单乙酯 C02102620

Ethyl oxalyl monochloride [4755-77-5]

用于有机合成

【生产厂】[苏]海门贝斯特精细化工有限公司(240 吨)〈P1829〉;[鲁]淄博镇荣工贸有限公司〈P2076〉

双草酸酯;CPPO C02102621

Bis(2,4,5-trichloro-6-carbopertoxyphenyl) oxalate

【生产厂】[鲁]淄博森杰化工助剂有限公司(50 吨)〈P2067〉

草酸铵甲酯 C02102622

Monoammonium oxalate methyl ester [62155-27-5]

【生产厂】[津]南开大学生物化学科技开发公司(50 吨)〈P1569〉

烯丙基丙二酸二甲酯 C02102625

Dimethyl allylmalonate [40637-56-7]

【生产厂】[苏]溧阳市永安精细化工有限公司〈P1864〉

丙二酸二叔丁酯 C02102627

Di-*tert*-butyl malonate [541-16-2]

用作医药中间体

【生产厂】[苏]苏州永拓医药科技有限公司〈P1907〉

β-甲基戊二酸单甲酯 C02102650

Monomethyl β-methylglutarate [27151-65-1]

用于有机合成

【生产厂】[鲁]淄博开发区光明社会福利化工厂(5 吨)〈P2064〉

戊二酸二乙酯 C02102655

Diethyl glutarate [818-38-2]

主要用于有机合成、制药等

【生产厂】[鲁]潍坊海龙化工有限公司〈P2102〉

戊二酸二异癸酯 C02102659

Diisodecyl glutarate [29733-18-4]

【生产厂】[辽]辽阳市太子河区沃隆科技化学品厂〈P1711〉

1,3-丁二醇二醋酸酯;1,3-丁二醇二乙酸酯 C02102661

1,3-Butanediol diacetate

【生产厂】[苏]宜兴市凯欣化工有限公司〈P1885〉

L-(+)-酒石酸二乙酯;L-(+)-2,3-二羟基丁二酸二乙酯 C02102663

Diethyl L-(+)-tartrate [87-91-2]
用于食品添加剂、药物合成、手性化合物的拆分等
【生产厂】[沪]上海宏鹏化工有限公司〈P1737〉;[苏]江阴海达精细化工厂〈P1867〉;[浙]浙江新东海医药化工有限公司(400 吨)〈P1969〉;[粤]深圳市鹏基生物有限公司〈P2272〉;[川]成都丽凯手性技术有限公司〈P2313〉

C

D-(-)-酒石酸二乙酯 C02102664
Diethyl D-(-)-tartrate [13811-71-7]
主要用于手性药物、手性中间体的合成及不对称催化领域
【生产厂】[浙]宁海有机化工厂〈P1934〉;浙江新东海医药化工有限公司(100 吨)〈P1969〉;温州市白水化工厂〈P1937〉;[粤]深圳市鹏基生物有限公司〈P2272〉;[川]成都丽凯手性技术有限公司〈P2313〉

1,4-丁二醇二丙烯酸酯;BDDA C02102665
1,4-Butanediol diacrylate [1070-70-8]
用作共聚单体,用于涂料、黏合剂、离子交换树脂等
【生产厂】[津]天津市天骄化工有限公司(2000 吨)〈P1604〉;[苏]南通利田化工有限公司〈P1834〉

3,3-二甲基-4-戊烯酸甲酯;贲亭酸甲酯 C02102666
3,3-Dimethyl-4-pentenoic acid methyl ester [63721-05-1]
用于合成许多卫生用和农用的拟除虫菊酯类杀虫剂
【生产厂】[苏]南京红太阳集团〈P1784〉;连云港市华通化学有限公司〈P1799〉;连云港市中成化工有限公司(600 吨)〈P1800〉;沭阳县华泰化工厂〈P1804〉;[赣]江西省赣西化工有限公司〈P2016〉;[鲁]淄博海洲化工有限公司〈P2061〉

二乙氧基乙酸乙酯 C02102667
Ethyl diethoxyacetate [6065-82-3]
用作医药中间体
【生产厂】[苏]宿迁市永星药业有限公司〈P1805〉

二正丁酸丁烯-1,4-二醇酯;2-丁烯-1,4-二醇双丁酸酯 C02102668
2-Butene-1,4-diol dibutyrate [1572-84-5]
用作医药中间体
【生产厂】[苏]苏州市相城区青台精细化工有限公司〈P1905〉

乙二醇乙醚乙酸酯;乙酸-2-乙氧基乙酯;乙二醇乙醚醋酸酯 C02102669
2-Ethoxyethyl acetate; Ethylene glycol monoethyl ether acetate [111-15-9]
用作树脂、皮革、油墨等的溶剂
【生产厂】[苏]江苏瑞佳化学有限公司〈P1865〉;江苏华伦化工有限公司〈P1816〉

1,6-己二醇二丙烯酸酯;二丙烯酸-1,6-己二醇酯;HDDA C02102670
1,6-Hexanediol diacrylate;HDDA [13048-33-4]
广泛用于塑料、黏合剂、纺织品、橡胶、改性共聚物等
【生产厂】[津]天津市天骄化工有限公司(500 吨)〈P1604〉;[苏]南通利田化工有限公司〈P1834〉

戊二酸二甲酯 C02102671
Dimethyl glutarate [1119-40-0]
主要用于有机合成
【生产厂】[辽]辽阳市石油化工研究所〈P1711〉;辽阳易晨化工有限公司〈P1712〉;[吉]吉林省石油化工设计研究院〈P1714〉;[苏]常州夏青化工有限公司〈P1857〉

α-酮戊二酸二甲酯 C02102677
α-Ketoglutaric acid dimethyl ester [13192-04-6]
【生产厂】[沪]上海汉飞生化科技有限公司〈P1735〉

乙二醇苯醚醋酸酯;乙酸-2-苯氧基乙酯 C02102679
Ethylene glycol phenyl ether acetate;2-Phenoxyethyl acetate
用作溶剂,可用于制备光敏剂、光聚合引发剂、液晶定向剂、驱虫剂等
【生产厂】[津]天津市捷特精细化工有限公司(100 吨)〈P1591〉;[沪]上海锦山化工有限公司(200 吨)〈P1745〉

二丙二醇二丙烯酸酯;DPGDA C02102681
Dipropylene glycol diacrylate;DPGDA
【生产厂】[津]天津市天骄化工有限公司(1000 吨)〈P1604〉;[苏]南通利田化工有限公司〈P1834〉

二丙烯酸乙二醇酯 C02102683
Glycol diacrylate
【生产厂】[辽]抚顺安信化学有限公司〈P1697〉

正戊基丙二酸二乙酯 C02102685
Diethyl *n*-amylmalonate
【生产厂】[苏]溧阳市永安精细化工有限公司〈P1864〉

二乙二醇乙醚醋酸酯 C02102689
Diethylene glycol monoethyl ether acetate [112-15-2]
是具有多官能团的非公害溶剂,广泛应用于轿车漆、电视机漆、冰箱漆、飞机漆等高档油漆中
【生产厂】[苏]江苏瑞佳化学有限公司〈P1865〉

4-氯苯氧乙酸乙酯 C02102699
Ethyl 4-chlorophenoxyacetate [14426-42-7]
【生产厂】[陕]陕西宏庆医药化学有限公司〈P2346〉

原甲酸三乙酯;三乙氧基甲烷 C02102701
Triethoxymethane;Triethyl orthoformate [122-51-0]
用作制备抗疟药氯喹、喹哌及照相药剂、感光材料的原料,也用于合成甲川和花菁染料
【生产厂】[津]天津市东丽区福利有机化工厂(3000 吨)〈P1585〉;[冀]河北诚信有限责任公司〈P1619〉;[沪]上海元吉化工有限公司〈P1776〉;上海静超化工有限公司〈P1745〉;[浙]浙江白云伟业化工股份有限公司〈P1950〉;[鲁]淄博市淄川方友化工有限公司〈P2072〉;山东新华制药股份有限公司〈P2055〉;淄博万昌集团有限公司(1 万吨)〈P2073〉;天德化工控股有限公司〈P2101〉
【使用厂】[苏]江苏省常州华夏农药有限公司〈P1860〉;[豫]河南康泰制药集团公司河南省精细化工厂〈P2166〉;荥阳

市六零集团公司六零二分厂〈P2169〉;[渝]重庆康乐制药有限公司〈P2305〉

原甲酸三甲酯;三甲氧基甲烷 C02102711

Trimethoxymethane;Trimethyl orthoformate [149-73-5]

用作生产维生素 B_1、磺胺药物、抗菌素等药物的中间体,是香料和农药的原料及聚氨酯涂料的添加剂

【生产厂】[津]天津市东丽区福利有机化工厂(700 吨)〈P1585〉;[冀]河北诚信有限责任公司〈P1619〉;[沪]上海静超化工有限公司〈P1745〉;[浙]浙江白云伟业化工股份有限公司〈P1950〉;[鲁]淄博市淄川方友化工有限公司〈P2072〉;山东新华制药股份有限公司〈P2055〉;淄博万昌集团有限公司(5000 吨)〈P2073〉;[鄂]武汉市合中化工制造有限公司〈P2232〉;[粤]广东西陇化工有限公司(200 吨)〈P2276〉;[渝]重庆紫光化工有限责任公司(1500 吨)〈P2308〉

原甲酸四乙酯;四乙氧基甲烷;原碳酸四乙酯 C02102731

Tetraethoxymethane;Tetraethyl orthocarbonate [78-09-1]

主要用于医药中间体和胶黏剂的合成

【生产厂】[苏]通州市金科化工厂〈P1839〉;[浙]杭州浙大泛科化工有限公司〈P1925〉;台州市新东方医化有限公司〈P1962〉

原乙酸三乙酯;1,1,1-三乙氧基乙烷 C02102751

Triethyl orthoacetate;1,1,1-Triethoxyethane [78-39-7]

用于反式三取代烯及手性丙二烯等烯类制剂的制备及染料、制药工业的原料

【生产厂】[沪]上海静超化工有限公司〈P1745〉;上海邦成化工有限公司〈P1728〉;[苏]徐州市建平化工有限公司〈P1795〉;[赣]江西省赣西化工有限公司〈P2016〉;[鲁]淄博海洲化工有限公司(200 吨)〈P2061〉;山东邹平国安化工有限公司〈P2157〉

原乙酸三甲酯;1,1,1-三甲氧基乙烷 C02102761

Trimethyl orthoaceate;1,1,1-Trimethoxyethane [1445-45-0]

用作有机合成试剂

【生产厂】[沪]上海静超化工有限公司〈P1745〉;上海邦成化工有限公司〈P1728〉;[苏]连云港市中成化工有限公司(800 吨)〈P1800〉;沭阳县华泰化工厂〈P1804〉;[赣]江西省赣西化工有限公司〈P2016〉;[鲁]淄博海洲化工有限公司(3000 吨)〈P2061〉;山东邹平国安化工有限公司〈P2157〉;青岛雪洁助剂有限公司〈P2045〉;[豫]许昌东方化工有限公司〈P2218〉

原丙酸三甲酯;1,1,1-三甲氧基丙烷 C02102771

Trimethyl orthopropionate;1,1,1-Trimethoxypropane [24823-81-2]

【生产厂】[鲁]莱芜市润中精细化工有限公司〈P2140〉

原丁酸三甲酯;三甲氧基丁烷 C02102781

Trimethyl orthobutyrate [43083-12-1]

【生产厂】[鲁]莱芜市润中精细化工有限公司〈P2140〉

原丁酸三乙酯;三乙氧基丁烷 C02102791

Triethyl orthobutyrate [24964-76-9]

【生产厂】[鲁]莱芜市润中精细化工有限公司〈P2140〉

硅酸乙酯;硅酸四乙酯;四乙氧基硅烷 C02102801

Ethyl silicate;Tetraethoxysilicone [78-10-4]

主要用于光学玻璃、耐化学品涂料及耐热涂料和黏合剂

【生产厂】[辽]大连保税区科利德化工科技开发有限公司〈P1690〉;[吉]磐石市大田化工助剂研究所〈P1717〉;吉林华丰有机硅有限公司〈P1715〉;[沪]上海白鹤化工厂〈P1727〉;[苏]常熟市中杰化工有限公司(500 吨)〈P1892〉;张家港市国泰华荣化工新材料有限公司〈P1912〉;[浙]浙江宇仁新材料有限公司〈P1970〉;开化县鑫源精细化工有限公司〈P1957〉;[赣]蓝星化工新材料股份有限公司江西星火有机硅厂〈P2013〉;[鲁]淄博市临淄齐泉工贸有限公司〈P2069〉;[鄂]湖北蓝天化工有限公司〈P2245〉;[粤]深圳市淳昌科技有限公司〈P2270〉;[川]成都今天化工有限公司〈P2311〉;[滇]杨林工业开发区汕滇药业有限公司〈P2340〉

硅酸甲酯;四甲氧基硅烷;硅酸四甲酯 C02102811

Methyl silicate;Tetramethoxysilane [681-84-5]

用于生产耐热、耐化学作用的涂料,有机硅溶剂和精密铸造用黏合剂等,也是用途较广的有机合成中间体

【生产厂】[沪]上海树脂厂有限公司〈P1764〉;[苏]丹阳市有机硅材料实业公司〈P1841〉;金坛市华东偶联剂厂(30 吨)〈P1862〉;常熟市中杰化工有限公司(500 吨)〈P1892〉;张家港市国泰华荣化工新材料有限公司〈P1912〉;[鄂]湖北武大有机硅新材料股份有限公司〈P2228〉;湖北省化学工业研究设计院〈P2228〉;应城市德邦化工新材料有限公司〈P2243〉;湖北蓝天化工有限公司〈P2245〉

原硅酸四丙酯;四丙氧基硅烷 C02102821

Tetrapropoxysilane;Tetrapropyl orthosilicate [682-01-9]

用于油漆、涂料、硅橡胶及无机材料的处理

【生产厂】[鄂]湖北蓝天化工有限公司〈P2245〉

氯乙酸乙酯 C02102901

Ethyl chloroacetate [105-39-5]

用作制药、香料的原料,也用作溶剂

【生产厂】[苏]丹阳市恒安化工有限公司〈P1840〉;宝应县大有化学品制造有限公司〈P1813〉;[鲁]山东新华制药股份有限公司〈P2055〉;淄博德丰化工有限公司〈P2059〉;山东青州日月化工有限公司〈P2097〉;[鄂]仙桃市楚天精细化工厂〈P2246〉;[粤]广东西陇化工有限公司〈P2276〉

【使用厂】[吉]辽源市百康药业有限责任公司〈P1717〉;[沪]上海华盛香料厂〈P1739〉;[鲁]山东方明药业股份有限公司〈P2160〉

二氯乙酸乙酯 C02102941

Ethyl dichloroacetate [535-15-9]

主要用作医药中间体,在精细化工领域用作提取植物精华素的溶剂

【生产厂】[鲁]东营银桥化工有限公司〈P2083〉

三氯乙酸乙酯 C02102951

Ethyl trichloroacetate [515-84-4]

用于有机合成,用作中沸点溶剂和香料的原料,也用作医药原料

【生产厂】[鲁]东营银桥化工有限公司〈P2083〉

氯乙酸苯酯 C02102991

Phenyl chloroacetate

【生产厂】[沪]上海晨日化学有限公司〈P1730〉

氯甲酸甲酯 C02103001

Methyl chloroformate [79-22-1]

用作有机合成中间体,农药工业用于制取除草剂灭草灵、杀菌剂多菌灵等,也是制药的原料和催泪性毒剂

【生产厂】[苏]苏州华源农用生物化学品有限公司(3500 吨)〈P1901〉;江苏徐州神农化工有限责任公司〈P1793〉;连云港市金囤农药有限公司〈P1825〉;[赣]海利贵溪化工农药有限公司〈P2013〉;[渝]重庆长风化工厂〈P2303〉

【使用厂】[沪]上海宝达兽药制造有限公司〈P1728〉;[苏]江苏苏中农药化工厂〈P1822〉

氯甲酸乙酯 C02103005

Ethyl chloroformate [541-41-3]

用作有机合成中间体,用于制取氨基甲酸乙酯、甲酸二乙酯等,亦用于医药、农药以及浮选剂等

【生产厂】[苏]江苏徐州神农化工有限责任公司〈P1793〉

氯甲酸三氯甲酯;双光气 C02103021

Trichloromethyl chloroformate [503-38-8]

用作军用毒气及有机合成工业的原料

【生产厂】[苏]常州市科丰化工有限公司〈P1852〉;[浙]金华市金龙化工有限公司〈P1953〉;[豫]濮阳县大丰化工有限公司〈P2216〉

氯甲酸 2-乙基己酯 C02103031

2-Ethylhexyl chloroformate [24468-13-1]

用作引发剂

【生产厂】[鲁]德州信达化工有限公司(3000 吨)〈P2142〉

氯甲酸特戊酯 C02103039

tert-Pentyl chloroformate

【生产厂】[吉]吉林省石油化工设计研究院〈P1714〉

氯甲酸烯丙酯 C02103041

Allyl chloroformate; Allyl chlorocarbonate [2937-50-0]

用作有机合成试剂

【生产厂】[冀]石家庄市龙汇精细化工有限责任公司〈P1630〉;河北联立化工科技有限公司〈P1641〉

3-氯丙酸甲酯 C02103049

Methyl 3-chloropropionate

【生产厂】[苏]金坛市聚源化工厂〈P1862〉

2-氯丙酸甲酯 C02103050

Methyl 2-chloropropionate [17639-93-9]

用作农药、医药、香料的中间体

【生产厂】[苏]常州夏青化工有限公司〈P1857〉;常州市科丰化工有限公司〈P1852〉;扬州天辰精细化工有限公司〈P1819〉

2-氯丙酸乙酯 C02103051

Ethyl 2-chloropropionate [535-13-7]

用作农药、医药、香料的中间体

【生产厂】[苏]常州市科丰化工有限公司〈P1852〉;扬州天辰精细化工有限公司〈P1819〉

(*S*)-(−)-2-氯丙酸甲酯 C02103057

Methyl (*S*)-(−)-2-chloropropionate [73246-45-4]

【生产厂】[沪]上海科利生物医药有限公司〈P1749〉;[浙]浙江圣达药业有限公司〈P1967〉

2,3-二溴丙酸甲酯 C02103065

Methyl 2,3-dibromopropionate [1729-67-5]

【生产厂】[苏]宜兴市芳桥东方化工厂〈P1884〉

2-溴丙酸甲酯;α-溴代丙酸甲酯 C02103071

Methyl 2-bromopropionate [5445-17-0]

用作有机合成原料、医药中间体

【生产厂】[苏]宜兴市芳桥东方化工厂〈P1884〉;江苏大成医药化工有限公司〈P1802〉

3-溴丙酸甲酯;β-溴丙酸甲酯 C02103073

Methyl 3-bromopropionate [3395-91-3]

【生产厂】[苏]宜兴市芳桥东方化工厂〈P1884〉;江苏大成医药化工有限公司(300 千克)〈P1802〉

2-溴丙酸十二酯;2-溴丙酸月桂酯 C02103075

Lauryl 2-bromopropionate

【生产厂】[苏]宜兴市芳桥东方化工厂〈P1884〉

氯甲酸-1-氯乙酯 C02103085

1-Chloroethyl chloroformate [50893-53-3]

【生产厂】[沪]上海泰禾(集团)有限公司〈P1767〉;[苏]江苏东台鑫源化工有限公司〈P1807〉;[浙]浙江天宇药业有限公司〈P1969〉

氯甲酸三氯乙酯 C02103087

2,2,2-Trichloroethyl chloroformate [17341-93-4]

【生产厂】[苏]苏州市华伦化工有限公司〈P1903〉

氯甲酸丙酯 C02103091

Propyl chlorocarbonate; *n*-Propyl chloroformate [109-61-5]

用作浮选剂及有机合成试剂

【生产厂】[苏]江苏徐州神农化工有限责任公司〈P1793〉

氯甲酸异丙酯 C02103093

Isopropyl chloroformate [108-23-6]

用作聚氯乙烯树脂聚合时的引发剂,也可用作农药中间体、矿石浮选剂等

【生产厂】[苏]江苏永联集团公司精细化工厂〈P1866〉;江苏徐州神农化工有限责任公司〈P1793〉;[浙]宁波市镇海翔宇化工有限公司〈P1933〉;[渝]重庆长风化工厂〈P2303〉

氯甲酸正丁酯 C02103099

n-Butyl chloroformate [592-34-7]

用于有机合成

【生产厂】[苏]江苏徐州神农化工有限责任公司〈P1793〉

氰乙酸乙酯 C02103101

Ethyl cyanoacetate [105-56-6]

用作医药中间体，用于咖啡因和维生素 B，也用于彩色胶片的油溶性成色剂和502胶黏剂的原料

【生产厂】［京］北京丽水化工有限责任公司（120 吨）〈P1554〉；［冀］河北诚信有限责任公司〈P1619〉；［鲁］山东新华制药股份有限公司〈P2055〉；山东新华东风化工有限公司（5000 吨）〈P2055〉；淄博德丰化工有限公司〈P2059〉；天德化工控股有限公司（2 万吨）〈P2101〉；潍坊同业化学有限公司（2 万吨）〈P2105〉

【使用厂】［苏］江苏省溧阳市制药厂〈P1861〉；南京法姆化学厂〈P1783〉；［鲁］青岛双桃精细化工（集团）有限公司〈P2043〉

异氰基乙酸乙酯 C02103105

Ethyl isocyanoacetate [2999-46-4]

【生产厂】［苏］苏州海宇生物科技有限公司〈P1900〉

氰乙酸异丙酯 C02103121

Isopropyl cyanoacetate [13361-30-3]

【生产厂】［鲁］山东新华东风化工有限公司（500 吨）〈P2055〉

氰乙酸正丁酯 C02103131

n-Butyl cyanoacetate [5459-58-5]

用作化工中间体

【生产厂】［鲁］山东新华东风化工有限公司（500 吨）〈P2055〉；天德化工控股有限公司〈P2101〉

氰乙酸异丁酯 C02103135

Isobutyl cyanoacetate [13361-31-4]

【生产厂】［鲁］天德化工控股有限公司〈P2101〉

氰乙酸叔丁酯 C02103139

tert-Butyl cyanoacetate [5459-58-5]

【生产厂】［沪］上海华彩精细化工有限公司〈P1738〉

氰乙酸甲酯 C02103151

Methyl cyanoacetate [105-34-0]

用于有机合成、医药、染料的中间体和制备 α-氰基丙烯酸酯瞬干性黏合剂

【生产厂】［冀］河北诚信有限责任公司〈P1619〉；［沪］上海华彩精细化工有限公司〈P1738〉；［苏］江都市蒙升泰化工厂（100 吨）〈P1814〉；［鲁］山东新华制药股份有限公司〈P2055〉；山东新华东风化工有限公司（500 吨）〈P2055〉；淄博德丰化工有限公司〈P2059〉；天德化工控股有限公司〈P2101〉；潍坊同业化学有限公司（1000 吨）〈P2105〉

【使用厂】［豫］开封染料化工厂〈P2177〉

氰乙酸环己酯 C02103161

Cyclohexyl cyanoacetate [52688-11-6]

【生产厂】［鲁］天德化工控股有限公司〈P2101〉

氰乙酸异辛酯 C02103171

Isooctyl cyanoacetate

用作化工、医药中间体

【生产厂】［鲁］山东新华东风化工有限公司（500 吨）〈P2055〉；天德化工控股有限公司〈P2101〉

氰乙酸正辛酯 C02103173

Octyl cyanoacetate

【生产厂】［鲁］天德化工控股有限公司〈P2101〉

氰乙酸仲辛酯 C02103175

sec-Octyl cyanoacetate [52688-08-1]

【生产厂】［鲁］天德化工控股有限公司〈P2101〉

乙氧基亚甲基氰乙酸乙酯 C02103181

Ethyl (ethoxymethylene) cyanoacetate [94-05-3]

用作有机合成及医药中间体

【生产厂】［冀］河北美化化工有限公司〈P1620〉；河北浩诺化工有限公司〈P1620〉；［苏］苏州市御窑精细化工有限公司〈P1906〉；江苏振方化工有限公司〈P1803〉

氰乙酸甲氧基乙酯 C02103185

2-Methoxyethyl cyanoacetate

【生产厂】［鲁］山东新华东风化工有限公司（500 吨）〈P2055〉；天德化工控股有限公司〈P2101〉

2-氯乙氧基乙酸乙酯 C02103195

Ethyl 2-chloroethoxyacetate

用作医药中间体

【生产厂】［沪］上海凯峰化工有限公司〈P1747〉

N,*N*-二甲氨基乙酸乙酯 C02103199

Ethyl *N*,*N*-dimethylaminoacetate [33229-89-9]

【生产厂】［津］南开大学生物化学科技开发公司（50 吨）〈P1569〉

4,6-二氯烟酸甲酯；4,6-二氯吡啶-3-甲酸甲酯 C02103201

Methyl 4,6-dichloronicotinate [65973-52-6]

【生产厂】［浙］嘉兴市中科化学有限公司〈P1942〉

烟酸甲酯；吡啶-3-甲酸甲酯 C02103211

Methyl nicotinate; Methyl 3-pyridinecarboxylate [93-60-7]

【生产厂】［京］北京普瑞东方化学技术有限公司〈P1556〉；北京金奥利维科技发展有限公司〈P1551〉；［苏］靖江市化工总厂〈P1824〉

烟酸乙酯 C02103221

Ethyl nicotinate [614-18-6]

用于有机合成

【生产厂】［京］北京普瑞东方化学技术有限公司〈P1556〉；北京金奥利维科技发展有限公司〈P1551〉；北京马氏精细化学品有限公司〈P1555〉；［冀］廊坊三威化工有限公司〈P1660〉

6-甲基烟酸甲酯 C02103231

Methyl 6-methylnicotinate

【生产厂】［冀］河北省化学工业研究院（50 吨）〈P1621〉；［浙］浙江台州海翔医药化工有限公司〈P1968〉

吡啶-2,3-二羧酸二乙酯；2,3-吡啶二羧酸二乙酯 C02103241

Diethyl 2,3-pyridinedicarboxylate

用于生产农药灭草烟

【生产厂】［鲁］山东先达化工有限公司〈P2157〉

5-乙基-2,3-吡啶二羧酸二乙酯 C02103245

Diethyl 5-ethyl-2,3-pyridinedicarboxylate

用于生产农药咪草烟

【生产厂】[冀]河北省景县景美化学工业有限公司〈P1665〉;[鲁]山东先达化工有限公司〈P2157〉

异烟酸乙酯;吡啶-4-甲酸乙酯 C02103261

Ethyl isonicotinate; Ethyl 4-pyridinecarboxylate [1570-45-2]

用作医药中间体

【生产厂】[浙]浙江台州清泉医药化工有限公司〈P1968〉;[鲁]山东临邑鲁晶化工有限公司(3000吨)〈P2144〉

2-氯烟酸甲酯 C02103273

Methyl 2-chloronicotinate

【生产厂】[鄂]武穴市伟业药化有限责任公司〈P2244〉

2,6-二氯-5-氟烟酰乙酸乙酯;氟氯烟酸酯 C02103295

Ethyl 2,6-dichloro-5-fluoropyridine-3-formylacetate [96568-04-6]

用作医药中间体

【生产厂】[苏]盐城中亚医药化工有限公司〈P1812〉;[浙]浙江天台福达医药化工有限公司〈P1968〉

硫酸二乙酯 C02103301

Diethyl sulfate [64-67-5]

用于医药、染料、香料、农药等,也用作乙基化试剂、乙烯磺化促进剂

【生产厂】[豫]濮阳市银泰工贸有限公司〈P2215〉

【使用厂】[冀]唐山市维智贸易有限公司〈P1636〉

亚硫酸乙二酯;亚硫酸乙烯酯 C02103361

Ethylene sulfite; Glycol sulfite [3741-38-6]

【生产厂】[浙]嘉兴市步云富欣化工厂〈P1941〉;[皖]广德金邦化工有限公司〈P1986〉

亚硫酸丙烯酯 C02103381

Propylene sulfite [4176-55-0]

【生产厂】[浙]嘉兴市步云富欣化工厂〈P1941〉

硫酸二甲酯;硫酸甲酯;二甲基硫酸 C02103401

Dimethyl sulfate [77-78-1]

用作甲基化剂,用于制造二甲基亚砜、咖啡因、香草醛、氨基比林、甲氧苄氨嘧啶以及农药乙酰甲胺磷等

【生产厂】[冀]河北冀衡磷肥股份有限公司(1万吨)〈P1664〉;[蒙]内蒙古鄂尔多斯市鑫泰隆精细化工有限责任公司(6000吨)〈P1683〉;[沪]上海吴泾化工有限公司(1000吨)〈P1770〉;上海华谊集团上硫化工有限公司(1万吨)〈P1739〉;[苏]常州市清红化工有限公司(5000吨)〈P1853〉;苏州市吴赣化工有限责任公司(1万吨)〈P1905〉;保利时化工(昆山)有限公司〈P1889〉;南通大伦化工有限公司(1万吨)〈P1833〉;[浙]台州市中海医药化工有限公司〈P1962〉;[鲁]山东新华万博化工有限公司〈P2055〉;山东新华制药股份有限公司〈P2055〉;淄博市淄川福利化工原料厂(4000吨)〈P2072〉;淄博金坤化学工业有限公司(2万吨)〈P2063〉;山东兴辉化工有限公司(2万吨)〈P2055〉;淄博兴鲁化工厂〈P2074〉;[鄂]武汉青江化工股份有限公司(6000吨)〈P2231〉;湖北富驰化工医药股份有限公司(1万吨)〈P2236〉

【使用厂】[冀]唐山市维智贸易有限公司〈P1636〉;廊坊三威化工有限公司〈P1660〉;[辽]辽阳鸿泰有机化工有限公司〈P1710〉;[吉]吉林省舒兰合成药业股份有限公司〈P1716〉;[沪]上海五洲药业股份有限公司〈P1770〉;上海泰禾(集团)有限公司〈P1767〉;[苏]连云港立本农药化工有限公司〈P1798〉;江苏常余化工有限公司〈P1893〉;南京红太阳集团〈P1784〉;兴化市青松农药化工有限公司〈P1828〉;常州康达制药有限公司〈P1848〉;江苏省溧阳市制药厂〈P1861〉;淮安德邦化工有限公司〈P1801〉;[浙]浙江普洛化学有限公司〈P1955〉;[赣]江西樟树冠京香料有限公司〈P2016〉;[鲁]青岛天元化工股份有限公司〈P2044〉;山东高密康丰农化有限公司〈P2094〉;淄博市博山东方化工厂〈P2067〉;山东鲁光化工厂〈P2150〉;山东省平原制药厂〈P2146〉;山东博山制药有限公司〈P2051〉;临沂金亿化工有限公司〈P2147〉;山东滕州悟通香料有限责任公司〈P2078〉;青岛东生药业有限公司〈P2034〉;淄博开发区光明社会福利化工厂〈P2064〉;山东宝源化工有限公司〈P2051〉;[豫]开封染料化工厂〈P2177〉;濮阳市益丰精细化工有限公司〈P2215〉;[鄂]湖北科兴医药化工股份有限公司〈P2237〉;湖北华中药业有限公司〈P2237〉;[粤]广州化学试剂厂〈P2261〉;[陕]宝鸡市有机化工厂〈P2351〉

脂肪酸甲酯 C02103521

Fatty acid methyl ester

广泛用于合成高级表面活性剂,用作高级润滑油和燃料的添加剂、乳化剂制品、香料的溶剂等

【生产厂】[冀]保定鑫泰生物化工有限公司〈P1647〉;张家口市广盛化学助剂有限公司(600吨)〈P1650〉;[苏]兴化市伟业植物油脂厂(1200吨)〈P1828〉;[浙]兰溪市恒顺化工有限公司〈P1953〉;[鲁]山东省淄博市淄川汇通油脂精细化工厂〈P2055〉;淄博市周村天合化工有限公司〈P2072〉;山东省昌乐县金海特种油脂厂(1000吨)〈P2097〉;[鄂]武汉远城科技发展有限公司〈P2235〉;武汉凯迪精细化工有限公司〈P2230〉;[湘]湖南省洪江市昌和化工有限责任公司〈P2257〉

脂肪酸聚乙二醇酯 C02103551

Polyethylene glycol fatty acid

可用作纺织助剂、乳化剂、柔软剂、染色助剂等

【生产厂】[京]北京化友工贸有限公司〈P1550〉;[津]天津市宝坻区港飞助剂有限公司〈P1579〉;天津市金明工业助剂有限公司(1000吨)〈P1592〉;[苏]海安县国力化工有限公司〈P1829〉;江苏省海安石油化工厂〈P1831〉

碳酸二乙酯 C02103601

Diethyl carbonate [105-58-8]

主要用作纤维素醚、硝基纤维素、天然和合成树脂的溶剂,也用于合成苯巴比妥、除虫菊酯等

【生产厂】[京]北京高环科贸有限公司〈P1548〉;北京格瑞华阳科技发展有限公司(5000吨)〈P1548〉;[冀]朝阳化工集团公司〈P1634〉;河北省新朝阳化工股份有限公司(6000吨)〈P1635〉;[辽]辽阳港隆化工有限公司〈P1709〉;[苏]南京富邦化工有限公司〈P1783〉;苏州华源农用生物化学品有限公司(400吨)〈P1901〉;[皖]铜陵金泰化工实业有限责任公司(2000吨)〈P1978〉;[鲁]山东石大科技集团有限公司(1000吨)〈P2086〉;山东石大胜华化工股份有限公司(6万吨)〈P2086〉;[渝]重庆长风化工厂〈P2303〉

【使用厂】[津]天津中新药业集团股份有限公司新新制药厂〈P1618〉;[苏]泰兴市医药化工厂〈P1827〉

碳酸二甲酯 C02103611

Dimethyl carbonate [616-38-6]

在化学合成中用于甲基化剂和羰基化剂,用于农药除草剂的制备

【生产厂】[京]北京格瑞华阳科技发展有限公司(2万吨)〈P1548〉;[冀]朝阳化工集团公司(6000吨)〈P1634〉;河北省新朝阳化工股份有限公司(2万吨)〈P1635〉;[辽]辽阳港隆化工有限公司〈P1709〉;[沪]上海申聚化工厂有限公司〈P1761〉;[苏]南京富邦化工有限公司〈P1783〉;[皖]铜陵金泰化工实业有限责任公司(1万吨)〈P1978〉;铜陵有色金属(集团)公司〈P1979〉;[鲁]淄博宝鼎化工有限公司〈P2058〉;淄博金德化工有限公司〈P2063〉;东营市利明石油化工有限公司(300吨)〈P2082〉;山东石大科技集团有限公司(6万吨)〈P2086〉;山东石大胜华化工股份有限公司(3万吨)〈P2086〉;东营市海科新源化工有限责任公司(2万吨)〈P2082〉;山东海科化工集团(2万吨)〈P2084〉;平邑县丰源有限责任公司(3000吨)〈P2148〉;[豫]河南省濮阳市氯碱厂(2000吨)〈P2213〉;[鄂]湖北省枣阳化学工业总公司〈P2237〉;湖北兴发化工集团股份有限公司(4000吨)〈P2241〉;[渝]重庆长风化工厂(297吨)〈P2303〉;[滇]云南江磷集团股份有限公司〈P2343〉

【使用厂】[津]天津市中央药业有限公司〈P1613〉;[鲁]淄博市临淄鑫齐工贸有限公司〈P2070〉

碳酸二丙酯;DPC C02103621

Dipropyl carbonate [623-96-1]

可作为锂电池电解液溶剂

【生产厂】[辽]辽阳港隆化工有限公司〈P1709〉

碳酸二丁酯;DBC C02103631

Dibutyl carbonate

可作为锂电池电解液溶剂

【生产厂】[辽]辽阳港隆化工有限公司〈P1709〉

碳酸甲乙酯;EMC C02103651

Ethyl methyl carbonate; Methyl ethyl carbonate [623-53-0]

用于有机合成

【生产厂】[京]北京格瑞华阳科技发展有限公司(3000吨)〈P1548〉;[冀]朝阳化工集团公司〈P1634〉;河北省新朝阳化工股份有限公司(1000吨)〈P1635〉;[辽]辽阳港隆化工有限公司〈P1709〉;[苏]张家港爱华化工有限公司〈P1911〉;[皖]铜陵金泰化工实业有限责任公司(1000吨)〈P1978〉;[鲁]山东石大科技集团有限公司(1000吨)〈P2086〉;山东石大胜华化工股份有限公司(2000吨)〈P2086〉

碳酸甲丁酯;BMC C02103671

Methyl butyl carbonate

可作为锂电池电解液溶剂

【生产厂】[辽]辽阳港隆化工有限公司〈P1709〉

碳酸甲丙酯;MPC C02103691

Methyl propyl carbonate; MPC [56525-42-9]

用作锂电池电解液溶剂

【生产厂】[辽]辽阳港隆化工有限公司〈P1709〉

碳酸二苯酯 C02103701

Diphenyl carbonate [102-09-0]

主要用于工程塑料聚碳酸酯和聚对羟基苯甲酸酯等的合成原料,也可以用作硝酸纤维素的增塑剂和溶剂

【生产厂】[冀]朝阳化工集团公司〈P1634〉;[沪]上海申聚化工厂有限公司(1200吨)〈P1761〉;[皖]铜陵金泰化工实业有限责任公司(500吨)〈P1978〉;[渝]重庆长风化工厂(1000吨)〈P2303〉

焦碳酸二乙酯 C02103731

Diethyl pyrocarbonate [1609-47-8]

【生产厂】[浙]桐乡市恒达化工有限公司〈P1943〉

1-氯乙基碳酸乙酯 C02103751

1-Chloroethyl ethyl carbonate [50893-36-2]

用作坎地沙坦酯、头孢替安酯等药物中间体

【生产厂】[沪]上海泰禾(集团)有限公司〈P1767〉;[苏]南京市江宁区盛业化工有限公司〈P1789〉

1-氯乙基环己基碳酸酯 C02103791

1-Chloroethyl cyclohexyl carbonate

【生产厂】[沪]上海泰禾(集团)有限公司〈P1767〉;[浙]浙江金立源药业有限公司〈P1951〉;浙江天宇药业有限公司〈P1969〉

碳酸丙烯酯;1,2-丙二醇碳酸酯 C02103801

Propylene carbonate; 1,2-Propylene carbonate [108-32-7]

用作油性溶剂、纺丝溶剂,烯烃、芳烃萃取剂,二氧化碳吸收剂,水溶性染料及颜料的分散剂等

【生产厂】[京]北京格瑞华阳科技发展有限公司(1000吨)〈P1548〉;[冀]朝阳化工集团公司(2万吨)〈P1634〉;河北省新朝阳化工股份有限公司(3万吨)〈P1635〉;[辽]辽阳港隆化工有限公司〈P1709〉;[苏]泰兴市泰达精细化工有限公司〈P1826〉;[皖]铜陵金泰化工实业有限责任公司(2万吨)〈P1978〉;[鲁]淄博森杰化工助剂有限公司(3000吨)〈P2067〉;山东石大科技集团有限公司(4万吨)〈P2086〉;山东石大胜华化工股份有限公司(7万吨)〈P2086〉;东营市海科新源化工有限责任公司(2万吨)〈P2082〉;平邑县丰源有限责任公司(6000吨)〈P2148〉;[鄂]湖北省枣阳化学工业总公司〈P2237〉

【使用厂】[皖]江苏德邦兴华化工股份有限公司淮南市分公司〈P1977〉

三氯甲基碳酸酯;双(三氯甲基)碳酸酯;固体光气;三光气 C02103810

Bis(trichloromethyl) carbonate [32315-10-9]

用于合成氯甲酸酯、异氰酸酯、聚碳酸酯和酰氯等

【生产厂】[冀]朝阳化工集团公司〈P1634〉;[晋]山西物产精细化工有限公司〈P1670〉;太原新康发展有限公司〈P1672〉;交城联鑫化工有限公司〈P1677〉;山西省交城县晶鑫化工厂〈P1677〉;[沪]上海中康伟业生物科技有限公司〈P1778〉;上海化工高等专科学校实验工厂〈P1740〉;[苏]南京科邦医药化工有限公司〈P1786〉;淮安瑞尔化学有限公司〈P1801〉;[皖]安徽氯碱化工集团有限责任公司〈P1972〉;[闽]顺昌县远达化工有限公司〈P2005〉;[鲁]威海金威化学工业有限公司(300吨)〈P2124〉;威海市燕威橡塑公司(300吨)〈P2126〉;[豫]濮阳县大丰化工有限公司〈P2216〉

碳酸乙烯酯;1,3-二氧杂环戊酮;乙二醇碳酸酯 C02103831

Ethylene carbonate; Ethylene glycol carbonate; 1,3-Dioxolan-2-one [96-49-1]

用于化肥、纤维、制药及有机合成等

【生产厂】[京]北京格瑞华阳科技发展有限公司(5000 吨)〈P1548〉;[冀]朝阳化工集团公司(1 万吨)〈P1634〉;[辽]辽阳港隆化工有限公司〈P1709〉;[皖]铜陵金泰化工实业有限责任公司〈P1978〉

C

碳酸亚乙烯酯　C02103835

Vinylene carbonate [872-36-6]

用作有机合成中间体、锂电池电解液添加剂

【生产厂】[京]北京格瑞华阳科技发展有限公司(10 吨)〈P1548〉;[浙]杭州三禾化工科技有限公司〈P1922〉;嘉兴阿尔法精细化工有限公司〈P1940〉

氯代碳酸乙烯酯;4-氯-1,3-二氧五环-2-酮　C02103839

4-Chloro-1,3-dioxolan-2-one [3967-54-2]

用作有机合成中间体、锂电池电解液添加剂

【生产厂】[京]北京格瑞华阳科技发展有限公司〈P1548〉;[浙]嘉兴阿尔法精细化工有限公司〈P1940〉

2-氧环戊基甲酸乙酯;2-乙氧羰基环戊酮;环戊酮-2-羧酸乙酯　C02103841

2-Ethoxycarbonylcyclopentanone; Ethyl 2-oxocyclopentanecarboxylate [611-10-9]

用作药物中间体或香料添加剂

【生产厂】[苏]宜兴市中宇药化技术有限公司〈P1888〉;[浙]浙江圣达药业有限公司〈P1967〉;台州市知青化工有限公司〈P1962〉;[鄂]襄樊明熙化工有限公司〈P2238〉

衣康酸二甲酯　C02103861

Dimethyl itaconate [617-52-7]

用于润滑油增稠剂、共聚物胶乳、水处理的除垢剂、表面活性剂、改性醇酸树脂等

【生产厂】[鲁]青岛琅琊台集团股份有限公司(2000 吨)〈P2040〉

二碳酸二叔丁酯;Boc-酸酐　C02103871

Di-*tert*-butyl dicarbonate [24424-99-5]

用作医药及有机合成中间体,是一种重要的应用于医药及农化产品合成的氨基保护剂

【生产厂】[沪]上海泰禾(集团)有限公司〈P1767〉;吉尔生化(上海)有限公司〈P1726〉;[苏]南京市盼丰化工有限公司〈P1789〉;丹阳市金象化工厂(1000 吨)〈P1840〉;江苏省武进市凌源化工厂〈P1861〉;苏州市华伦化工有限公司〈P1903〉;新沂市腾上工业助剂有限公司〈P1794〉;扬州宝盛生物化工有限公司〈P1817〉;[浙]台州市奥力特精细化工有限公司〈P1961〉;[鲁]淄博兴乐化工有限公司〈P2074〉

叔碳酸缩水甘油酯　C02103891

Glycidyl tertcarbonate

在涂料行业应用广泛,能改善涂料性能

【生产厂】[冀]邯郸市林峰精细化工有限公司〈P1638〉

乙酸乙酯;醋酸乙酯　C02103901

Ethyl acetate [141-78-6]

广泛用于油墨、胶黏剂、人造革的生产中,也是制药和有机酸的萃取剂,还用作清漆、香料的组分

【生产厂】[津]天津市津东宏远香料厂(200 吨)〈P1593〉;天津市泰森化工集团有限公司(8000 吨)〈P1603〉;天津市创新有机化工厂(3000 吨)〈P1582〉;天津市宇博精细化工有限公司(5000 吨)〈P1611〉;天津市北辰区新欣精细化工厂(200 吨)〈P1580〉;天津市晟通化工商贸有限公司(500 吨)〈P1601〉;天津市冠达有机化工厂(3 万吨)〈P1587〉;[冀]石家庄市茂新化工有限公司(2000 吨)〈P1631〉;石家庄新宇三阳实业有限公司(3 万吨)〈P1633〉;唐山市冀东溶剂有限公司(2000 吨)〈P1636〉;[辽]台安县化工有限责任公司〈P1697〉;大连川连酒厂(1000 吨)〈P1691〉;[吉]吉林燃料乙醇有限责任公司(5 万吨)〈P1715〉;[沪]上海建原化工有限公司〈P1743〉;上海丰达香料有限公司〈P1733〉;上海浦杰香料有限公司〈P1756〉;[苏]南京富邦化工有限公司〈P1783〉;江苏三木集团公司(8000 吨)〈P1865〉;江阴市东风化工总厂有限公司(6000 吨)〈P1868〉;盐城鸿泰生物工程有限公司〈P1810〉;扬州贝尔化工有限公司〈P1817〉;江都市天达化工厂〈P1815〉;江都市银江化工有限公司〈P1815〉;[浙]浙江建德建业有机化工有限公司(1 万吨)〈P1928〉;永康市溶剂厂〈P1954〉;[赣]南昌市赣江溶剂厂(5 万吨)〈P2010〉;吉安市通海医药化工有限公司〈P2017〉;[鲁]邹平玉泉化工有限公司(5000 吨)〈P2158〉;临朐县泓杰化工有限公司〈P2090〉;山东海化股份有限公司〈P2094〉;山东金沂蒙集团有限公司(26 万吨)〈P2149〉;[豫]河南省新乡六通实业有限公司(2000 吨)〈P2201〉;孟州市华兴生物化工有限责任公司(5 万吨)〈P2197〉;安阳市光明化工有限责任公司(1000 吨)〈P2208〉;濮阳市冠宇化工有限公司(1200 吨)〈P2213〉;南阳天冠生物化工有限责任公司(5000 吨)〈P2225〉;开封化学试剂总厂(5000 吨)〈P2176〉;[粤]广州市伟香单体香料有限公司〈P2266〉;广州市骏鑫化工有限公司〈P2265〉;江门甘蔗化工厂(集团)股份有限公司(3000 吨)〈P2285〉;江门谦信化工发展有限公司(8 万吨)〈P2285〉;[桂]广西化工研究院-广西新晶科技有限公司〈P2296〉;[川]成都天作化工实业股份有限公司(4000 吨)〈P2316〉;[黔]贵州水晶化工股份有限公司(2800 吨)〈P2337〉;[滇]杨林工业开发区汕滇药业有限公司〈P2340〉;云南省宣威华兴化工有限公司(1200 吨)〈P2343〉;[陕]西安北方惠安精细化工有限公司(3000 吨)〈P2347〉

【使用厂】[京]北京紫竹药业有限公司〈P1567〉;[津]天津市北星化工有限公司〈P1580〉;[冀]石家庄市有机化工厂〈P1632〉;邯郸市鑫马涂料股份合作公司〈P1639〉;河北张药股份有限公司〈P1650〉;[沪]上海造漆厂〈P1777〉;上海试剂五厂〈P1764〉;上海树脂厂有限公司〈P1764〉;上海汇宇精细化工有限公司〈P1741〉;[苏]南京台硝化工有限公司〈P1790〉;连云港立本农药化工有限公司〈P1798〉;常州药业股份有限公司〈P1858〉;苏州二叶制药有限公司〈P1899〉;苏州第四制药厂有限公司〈P1899〉;昆山三友医药辅料厂〈P1896〉;江苏克胜集团股份有限公司〈P1808〉;[浙]浙江普洛化学有限公司〈P1955〉;宁波市鄞州虎啸合成化工厂〈P1932〉;[皖]安庆市特种橡塑制品有限责任公司〈P1980〉;[闽]福建莆田大隆化工实业有限公司〈P1997〉;[鲁]济南泰山金鹏涂料有限公司〈P2025〉;山东富安集团农药有限公司〈P2052〉;淄博化学试剂厂有限公司〈P2062〉;山东梁山蓝天化工有限公司〈P2131〉;山东北方现代化学工业有限公司〈P2027〉;烟台市福山区化工研究所有限公司〈P2118〉;山东滕州悟通香料有限责任公司〈P2078〉;淄博开发区光明社会福利化工厂〈P2064〉;东营胜利绿野农药化工有限公司〈P2081〉;[湘]湖南中南制药有限责任公司〈P2253〉;湖南洞庭药业股份有限公司〈P2255〉;[川]成都天华科技股份有限公司〈P2315〉;乐山三九长征药业股份有限公司〈P2332〉;成都川大华西康达药物研究所〈P2310〉;[甘]西北永新化工股份有限公司〈P2356〉

醋酸甲酯;乙酸甲酯　C02103902

Methyl acetate [79-20-9]

用作有机溶剂、喷漆人造革及香料等的原料
【生产厂】[浙]上虞市临江化工有限公司〈P1948〉;[鲁]山东临邑县宏达化工有限公司(8000 吨)〈P2144〉

4′-甲基联苯-2-羧酸甲酯 C02103911
4′-Methylbiphenyl-2-carboxylic acid methyl ester
用作医药及染料中间体
【生产厂】[苏]江苏中丹制药有限公司〈P1823〉;[浙]浙江天宇药业有限公司〈P1969〉

4′-溴甲基联苯-2-甲酸叔丁酯 C02103917
4′-Bromomethylbiphenyl-2-carboxylic acid *tert*-butyl ester
用作原料药替米沙坦中间体
【生产厂】[京]凯翔精细化工有限公司〈P1567〉;[浙]浙江同丰医药化工有限公司〈P1969〉

4′-溴甲基联苯-2-羧酸甲酯 C02103919
4′-Bromomethylbiphenyl-2-carboxylic acid methyl ester [114772-38-2]
医药中间体,用于生产沙坦系列原料药
【生产厂】[京]北京诺德恒信化工技术有限公司〈P1556〉;[冀]任丘市华北石油科林环保有限公司〈P1657〉;[苏]苏州市苏瑞医药化工有限公司〈P1905〉;江苏中丹制药有限公司〈P1823〉;[浙]浙江金立源药业有限公司〈P1951〉;浙江天宇药业有限公司〈P1969〉;[赣]江西省励远化工科技实业公司〈P2009〉;[渝]重庆赛维药业有限公司〈P2306〉

4-溴苯乙酸乙酯 C02103925
Ethyl 4-bromophenylacetate
【生产厂】[苏]金坛市群乐化工助剂研究所〈P1862〉

2,4-二氯苯乙酸乙酯 C02103929
Ethyl 2,4-dichlorophenylacetate
【生产厂】[苏]金坛市群乐化工助剂研究所〈P1862〉;沭阳金凯化工厂〈P1804〉

溴乙酸苯酯 C02103941
Phenyl bromoacetate
【生产厂】[苏]宜兴市芳桥东方化工厂〈P1884〉;阜宁胜达医药化工有限公司〈P1806〉

乙酸苯乙酯 C02103951
Phenylethyl acetate [103-45-7]
用于配制玫瑰、茉莉及风信子香精
【生产厂】[津]天津汇宇实业有限公司(60 吨)〈P1574〉;[沪]上海申宝香精香料有限公司〈P1760〉;上海先导化学有限公司〈P1770〉;上海浦杰香料有限公司〈P1756〉;[粤]广州市伟香单体香料有限公司〈P2266〉

对乙酰氨基苯乙酸乙酯 C02103955
Ethyl 4-acetaminophenylacetate
用作有机合成中间体
【生产厂】[苏]句容市顺风助剂厂〈P1843〉

对硝基苯乙酸乙酯 C02103965
Ethyl 4-nitrophenylacetate [5445-26-1]
【生产厂】[豫]河南省镇平药用原料化工有限公司(5 吨)〈P2223〉

对氟苯乙酸乙酯 C02103967
Ethyl *p*-fluorophenylacetate
【生产厂】[苏]沭阳金凯化工厂〈P1804〉

扁桃酸乙酯;苦杏仁酸乙酯 C02103969
Ethyl α-hydroxyphenylacetate; Mandelic acid ethyl ester
【生产厂】[皖]安徽省广德科苑化工有限公司〈P1986〉

苯乙酸苯乙酯 C02103971
Phenylethyl phenylacetate [102-20-5]
用作定香剂,用于配制蜂蜜、樱桃、杏仁等型香精
【生产厂】[沪]上海浦杰香料有限公司〈P1756〉;[粤]广州市伟香单体香料有限公司〈P2266〉

3,5-二羟基苯乙酸甲酯 C02103979
Methyl 3,5-dihydroxyphenylacetate
【生产厂】[鲁]青岛裕达精细化工有限公司〈P2046〉

2-氟异丁酸甲酯;2-氟-2-甲基丙酸甲酯 C02103983
Methyl 2-fluoroisobutyrate
【生产厂】[浙]衢州市台胞投资经贸有限公司〈P1958〉

4-氯-3-羟基丁酸甲酯 C02103985
Methyl 4-chloro-3-hydroxybutyrate
【生产厂】[辽]沈阳东宇精细化工有限公司〈P1685〉

4-氯-3-羟基丁酸乙酯 C02103989
Ethyl 4-chloro-3-hydroxybutyrate
【生产厂】[冀]唐山市维智贸易有限公司(50 吨)〈P1636〉;[辽]沈阳东宇精细化工有限公司〈P1685〉

3-羟基-3-甲基丁酸乙酯;β-羟基-β-甲基丁酸乙酯 C02103997
Ethyl 3-hydroxy-3-methylbutyrate
【生产厂】[苏]靖江市三益化工有限公司〈P1825〉

***R*-2-羟基-4-苯基丁酸乙酯** C02103999
Ethyl *R*-2-hydroxy-4-phenylbutyrate [90315-82-5]
用作医药中间体
【生产厂】[浙]浙江金立源药业有限公司〈P1951〉;台州海辰药业有限公司〈P1960〉;[川]中国科学院成都有机化学有限公司〈P2320〉

醋酸乙烯酯;乙酸乙烯酯;醋酸乙烯;VAC C02104001
Vinyl acetate; Vinyl acetic ester; VA [108-05-4]
用于生产聚乙烯醇、涂料及黏合剂等
【生产厂】[京]北京东方石油化工有限公司有机化工厂(9 万吨)〈P1546〉;[冀]石家庄化工化纤有限公司(2 万吨)〈P1626〉;[沪]中国石化上海石油化工股份有限公司(9 万吨)〈P1780〉;[闽]福建纺织化纤集团有限公司(6 万吨)〈P1994〉;[赣]江西化纤化工有限责任公司(3 万吨)〈P2010〉;[桂]广西维尼纶集团有限责任公司(5 万吨)〈P2302〉;[黔]贵州水晶化工股份有限公司(4 万吨)〈P2337〉;[滇]云南云维集团有限公司(3 万吨)〈P2343〉
【使用厂】[京]北京兴有化工有限责任公司〈P1564〉;[晋]山西三维集团股份有限公司〈P1678〉;[沪]上海振华造漆厂〈P1778〉;上海市石化鑫源化工实业有限公司〈P1764〉;[苏]南京扬子复合材料有限公司〈P1791〉;苏州市化工研究所有限公司〈P1904〉;[浙]慈溪市周巷镇大通助剂厂〈P1929〉;[闽]永安市福维精细化工有限公司〈P1996〉;

C

［鲁］济南泰山金鹏涂料有限公司〈P2025〉；安丘市鲁安药业有限责任公司〈P2088〉；山东东明石化集团科耀化工有限公司〈P2159〉；山东北方现代化学工业有限公司〈P2027〉；德州德药制药有限公司〈P2141〉；［粤］广州化学试剂厂〈P2261〉；永大(中山)有限公司〈P2282〉；［滇］昆明庚申精细化工有限责任公司〈P2339〉

C

醋酸丁酯；乙酸丁酯　C02104101

Butyl acetate［123-86-4］

是优良的有机溶剂，广泛用于硝化纤维清漆中，在人造革、织物及塑料加工过程中用作溶剂，也用于香料工业

【生产厂】［京］北京市通州永乐长城化工有限公司(150吨)〈P1561〉；［津］天津有机化学工业总公司(8000吨)〈P1616〉；天津溶剂厂(3000吨)〈P1577〉；天津市津东宏远香料厂(200吨)〈P1593〉；天津市泰森化工集团有限公司(5000吨)〈P1603〉；天津市创新有机化工厂(3000吨)〈P1582〉；［冀］华北制药华盈有限公司〈P1624〉；石家庄市茂新化工有限公司(3000吨)〈P1631〉；石家庄新宇三阳实业有限公司(5000吨)〈P1633〉；河北省武邑慈航药业有限公司〈P1666〉；唐山市冀东溶剂有限公司(3000吨)〈P1636〉；［辽］台安县化工有限责任公司〈P1697〉；大连川连酒厂(1000吨)〈P1691〉；［沪］上海建原化工有限公司〈P1743〉；上海浦杰香料有限公司〈P1756〉；上海人民制药溶剂厂〈P1758〉；［苏］南京富邦化工有限公司〈P1783〉；无锡市三吉助剂有限责任公司〈P1878〉；宜兴市昌吉利化工有限公司〈P1883〉；江苏三木集团公司(3万吨)〈P1865〉；江阴市东风化工总厂有限公司〈P1868〉；江都市天达化工厂(800吨)〈P1815〉；江都市银江化工有限公司〈P1815〉；江苏省江都市天林化工有限公司〈P1816〉；［浙］浙江建德建业有机化工有限公司(5000吨)〈P1928〉；永康市溶剂厂〈P1954〉；［闽］福建省龙岩市卓越化工有限公司(3000吨)〈P2005〉；［赣］南昌市赣江溶剂厂(3万吨)〈P2010〉；［鲁］山东新华万博化工有限公司(500吨)〈P2055〉；淄博亿腾化工有限公司〈P2075〉；山东淄川精细化工厂(5000吨)〈P2056〉；淄博业盛化工有限公司〈P2075〉；淄博津溶化工有限公司(300吨)〈P2063〉；临朐县泓杰化工有限公司〈P2090〉；山东金沂蒙集团有限公司(2万吨)〈P2149〉；［豫］郑州华新化工有限公司(800吨)〈P2171〉；河南省新乡六通实业有限公司(2000吨)〈P2201〉；安阳市光明化工有限责任公司(800吨)〈P2208〉；濮阳市冠宇化工有限公司(1000吨)〈P2213〉；河南省长葛市化工三厂〈P2217〉；南阳天冠生物化工有限责任公司(5000吨)〈P2225〉；开封化学试剂总厂(600吨)〈P2176〉；［粤］江门谦信化工发展有限公司(8万吨)〈P2285〉；［川］成都天作化工实业股份有限公司(2000吨)〈P2316〉；［滇］云南省宣威华兴化工有限公司(1000吨)〈P2343〉

【使用厂】［津］天津灯塔涂料有限公司〈P1571〉；天津市北星化工有限公司〈P1580〉；［冀］邯郸市鑫马涂料股份合作公司〈P1639〉；河北张药股份有限公司〈P1650〉；［辽］同联集团沈阳抗生素厂〈P1690〉；朝阳富祥药业有限公司〈P1713〉；［苏］利君集团镇江制药有限责任公司〈P1843〉；苏州二叶制药有限公司〈P1899〉；盐城市东港药物化工发展有限公司〈P1811〉；［闽］福建省龙岩市豪迪化工有限公司〈P2005〉；［鲁］济南泰山金鹏涂料有限公司〈P2025〉；淄博化学试剂厂有限公司〈P2062〉；山东高密康丰农化有限公司〈P2094〉；山东梁山蓝天化工有限公司〈P2131〉；淄博开发区医药化工厂〈P2064〉；［粤］台山市化学制药有限公司〈P2286〉；［川］成都天华科技股份有限公司〈P2315〉；四川山山内江制药厂〈P2332〉

乙酸叔丁酯；醋酸叔丁酯　C02104103

tert-Butyl acetate［540-88-5］

用作化工溶剂、汽油防震剂等

【生产厂】［辽］沈阳东瑞科技有限公司〈P1685〉；［苏］常州夏青化工有限公司(600吨)〈P1857〉；［浙］浙江黄岩中兴香精香料有限公司〈P1965〉；［鲁］青岛雪洁助剂有限公司〈P2045〉

乙酸丙酯；醋酸丙酯；醋酸正丙酯　C02104105

Propyl acetate［109-60-4］

用作食品香料

【生产厂】［辽］辽阳石油化纤公司英华化工厂〈P1710〉；［沪］上海建原化工有限公司〈P1743〉；上海浦杰香料有限公司〈P1756〉；［苏］宜兴市永加化工有限公司〈P1888〉；江苏瑞佳化学有限公司〈P1865〉；宜兴市凯欣化工有限公司(3000吨)〈P1885〉；［浙］浙江建德建业有机化工有限公司〈P1928〉；［赣］江西永雄饲料化工有限公司〈P2014〉

醋酸混丁酯　C02104109

Mix-butyl acetate

【生产厂】［粤］江门谦信化工发展有限公司(3万吨)〈P2285〉

乙酸戊酯；醋酸戊酯　C02104111

Pentyl acetate［628-63-7］

用作油漆、涂料、香料、化妆品、黏结剂、人造革等的溶剂，用作青霉素生产的萃取剂，也可用作香料

【生产厂】［京］北京马氏精细化学品有限公司〈P1555〉；［辽］辽阳木星化工有限公司〈P1710〉；［沪］上海浦杰香料有限公司〈P1756〉；［苏］宜兴市凯欣化工有限公司〈P1885〉；［粤］广州市伟香单体香料有限公司〈P2266〉

【使用厂】［沪］上海华宝孔雀香精香料有限公司〈P1738〉

硫代乙酸丙酯　C02104121

Propyl thioacetate

用作食用香精

【生产厂】［鲁］山东滕州悟通香料有限责任公司(1吨)〈P2078〉；滕州吉田香料有限公司〈P2078〉

乙酸缩水甘油酯　C02104141

Glycidyl acetate

【生产厂】［辽］沈阳东宇精细化工有限公司〈P1685〉

醋酸辛酯；乙酸辛酯　C02104151

Octyl acetate［112-14-1］

用作树脂、涂料的溶剂，也可用于食用香料

【生产厂】［津］天津溶剂厂(4700吨)〈P1577〉；天津市龙兴化工厂(800吨)〈P1598〉；［苏］常州夏青化工有限公司〈P1857〉；［粤］广州市伟香单体香料有限公司〈P2266〉

醋酸异辛酯　C02104152

Isooctyl acetate［31565-19-2］

用作高档油漆、高档涂料及皮革光亮剂的助剂

【生产厂】［苏］常州夏青化工有限公司〈P1857〉；宜兴市永加化工有限公司〈P1888〉；江苏瑞佳化学有限公司〈P1865〉

乙酸己酯　C02104161

n-Hexyl acetate［142-92-7］

【生产厂】［沪］上海浦杰香料有限公司〈P1756〉；［苏］常州夏青化工有限公司〈P1857〉

邻甲基环己醇醋酸酯　C02104163

2-Methylcyclohexanol acetate［54714-33-9］

用于生产双氧水工艺的溶剂体系,用于溶解醌类有机物,还可以用于其他反应的溶剂
【生产厂】[沪]上海苏鹏实业有限公司〈P1766〉

对甲基-α-氯苯乙酸甲酯 C02104165
Methyl *p*-methyl-*α*-chlorophenylacetate
【生产厂】[皖]安徽省广德科苑化工有限公司〈P1986〉

对硝基苯乙酸甲酯 C02104171
Methyl *p*-nitrophenylacetate [2945-08-6]
【生产厂】[豫]河南省镇平药用原料化工有限公司(5 吨)〈P2223〉

α-溴苯乙酸甲酯 C02104175
Methyl *α*-bromophenylacetate
【生产厂】[苏]沭阳金凯化工厂〈P1804〉

乙酸烯丙酯 C02104181
Allyl acetate [591-87-7]
用作有机中间体
【生产厂】[浙]杭州浙大泛科化工有限公司〈P1925〉;建德市新化化工有限责任公司〈P1926〉;[鲁]邹平铭兴化工有限公司(1000 吨)〈P2158〉

乙酸甲代烯丙酯;2-甲基丙烯乙酸酯 C02104185
Methallyl acetate [820-71-3]
是一种重要的有机中间体
【生产厂】[鲁]淄博澳纳斯化工有限公司〈P2058〉

原戊酸三甲酯;1,1,1-三甲氧基戊烷 C02104191
Trimethyl orthovalerate [13820-09-2]
【生产厂】[沪]上海华彩精细化工有限公司〈P1738〉;上海虹生实业有限公司〈P1737〉;[鲁]青岛雪洁助剂有限公司〈P2045〉;莱芜市润中精细化工有限公司〈P2140〉

醋酸异丙酯;乙酸异丙酯 C02104201
Isopropyl acetate [108-21-4]
主要用作涂料、印刷油墨等的溶剂,也是工业上常用的脱水剂,药物生产中的萃取剂及香料组分
【生产厂】[津]天津市泰森化工集团有限公司(3500 吨)〈P1603〉;[沪]上海康鑫化工有限公司〈P1748〉;[苏]常州夏青化工有限公司〈P1857〉;宜兴市永加化工有限公司〈P1888〉;江苏瑞佳化学有限公司〈P1865〉;宜兴市凯欣化工有限公司(1000 吨)〈P1885〉;[浙]浙江建德建业有机化工有限公司〈P1928〉;[黔]贵州水晶化工股份有限公司(1000 吨)〈P2337〉

乙酸异丙烯酯;醋酸异丙烯酯 C02104211
Isopropenyl acetate [108-22-5]
医药中主要用作肤轻松系列产品的精制溶剂
【生产厂】[京]北京派恩化学制品有限公司〈P1556〉;[浙]湖州新奥特医药化工有限公司〈P1946〉;[鲁]平原海达化工有限公司(3000 吨)〈P2143〉;淄博开发区医药化工厂(100 吨)〈P2064〉

乙酸环己酯 C02104221
Cyclohexyl acetate [622-45-7]
【生产厂】[陕]陕西宏庆医药化学有限公司〈P2346〉

乙酰乙酸叔丁酯 C02104231
tert-Butyl acetoacetate [1694-31-1]
【生产厂】[鲁]淄博开发区医药化工厂(200 吨)〈P2064〉;青岛双桃精细化工(集团)有限公司〈P2043〉

乙酰乙酸异丁酯 C02104241
Isobutyl acetoacetate [7779-75-1]
用于有机合成
【生产厂】[鲁]淄博开发区医药化工厂(200 吨)〈P2064〉

乙酰乙酸异丙酯 C02104251
Isopropyl acetoacetate [542-08-5]
【生产厂】[鲁]淄博开发区医药化工厂(200 吨)〈P2064〉;青岛双桃精细化工(集团)有限公司〈P2043〉;[豫]郑州瑞康制药有限公司(20 吨)〈P2172〉
【使用厂】[豫]河南省安阳市益康制药厂〈P2211〉

溴乙酸叔丁酯 C02104261
tert-Butyl bromoacetate [5292-43-3]
用作医药中间体,用于合成氨基酸和肽类化合物
【生产厂】[苏]常州夏青化工有限公司〈P1857〉;宜兴市芳桥东方化工厂〈P1884〉;苏州市华丰精细化工有限公司〈P1903〉;沭阳金凯化工厂〈P1804〉;江苏东台鑫源化工有限公司〈P1807〉;阜宁胜达医药化工有限公司〈P1806〉

乙酸-4-溴丁酯 C02104271
4-Bromobutyl acetate
【生产厂】[苏]沭阳金凯化工厂〈P1804〉

磷酸三乙酯;TEP C02104401
Triethyl phosphate [78-40-0]
用作高沸点溶剂、橡胶及塑料的增塑剂,也用作制备农药杀虫剂的原料、乙基化试剂等
【生产厂】[津]天津市超越科技有限公司(2000 吨)〈P1581〉;天津市联瑞化工有限公司〈P1598〉;[冀]辛集宏正化工有限公司〈P1634〉;[吉]吉化集团吉林市联化福利化工厂(5000 吨)〈P1714〉;[沪]上海华谊集团华原化工有限公司〈P1739〉;[苏]江苏常余化工有限公司(8000 吨)〈P1893〉;张家港市飞宇化工有限公司(800 吨)〈P1912〉;徐州市建平化工有限公司(1 万吨)〈P1795〉;江苏沭阳同盛科技有限公司〈P1804〉;沭阳县华泰化工厂〈P1804〉
【使用厂】[鲁]山东高密康丰农化有限公司〈P2094〉

磷酸二苄酯 C02104411
Dibenzyl phosphate [1623-08-1]
【生产厂】[京]北京嘉盛扬医药科技有限公司〈P1551〉;[浙]衢州市一川化工有限公司〈P1958〉

氯磷酸二异丙酯;二异丙氧基磷酰氯 C02104421
Diisopropyl phosphorochloridate [2574-25-6]
【生产厂】[苏]连云港泰亿精细化工有限公司〈P1800〉

联萘酚磷酸酯 C02104431
1,1′-Binaphthyl-2,2′-diyl hydrogenphosphate [35193-63-6]
【生产厂】[苏]苏州市海鑫医药化工有限公司〈P1903〉;太仓制药厂〈P1909〉

C

氯磷酸二乙酯 C02104451
Diethyl chlorophosphate [814-49-3]
用作医药中间体
【生产厂】[苏]连云港泰亿精细化工有限公司〈P1800〉;宿迁市永星药业有限公司〈P1805〉

氯磷酸二苯酯;二苯氧基磷酰氯 C02104461
Diphenyl chlorophosphate [2524-64-3]
【生产厂】[苏]连云港泰亿精细化工有限公司〈P1800〉;宿迁市永星药业有限公司〈P1805〉;[浙]台州市申源化学品有限公司〈P1962〉;[豫]新乡弘辰科技有限公司〈P2203〉

二氯磷酸苯酯;苯氧基磷酰二氯;磷酸苯酯二酰氯 C02104465
Phenyl dichlorophosphate [770-12-7]
用作甲氨基阿维菌素苯甲酸盐合成专用催化剂
【生产厂】[冀]石家庄市龙汇精细化工有限责任公司〈P1630〉;河北联立化工科技有限公司〈P1641〉;[辽]营口天元实业精细化工有限公司〈P1705〉;[苏]宿迁市永星药业有限公司〈P1805〉

膦酰基乙酸三甲酯;二甲氧基膦酰基乙酸甲酯 C02104481
Trimethyl phosphoroacetate; Methyl (dimethoxyphosphoryl) acetate [5927-18-4]
【生产厂】[沪]上海万凯化学有限公司〈P1768〉;[苏]太仓市运通化工厂〈P1909〉

磷酸三丁氧基乙酯;TBEP C02104491
Tri(butoxyethyl) phosphate; TBEP [78-51-3]
【生产厂】[苏]江苏常余化工有限公司〈P1893〉;张家港市卫星化工厂〈P1914〉

磷酸三甲酯;三甲基磷酸酯;TMP C02104501
Trimethyl phosphate [512-56-1]
主要用作医药、农药的溶剂和萃取剂
【生产厂】[沪]上海信博森化工有限公司〈P1772〉;上海白鹤化工厂〈P1727〉;[苏]江苏群发化工有限公司(200吨)〈P1816〉;[鲁]淄博荣泽化工有限公司〈P2066〉

单硬脂酸甘油酯 C02104601
Glycerol monostearate [123-94-4]
在食品或化妆品中作为乳化剂和表面活性剂,也是塑料制品的内外润滑剂
【生产厂】[津]天津市宝坻区港飞助剂有限公司〈P1579〉;[沪]上海威呈化工有限公司〈P1769〉;上海焦化总厂延安油脂化工厂嘉定分厂〈P1743〉;[苏]江苏中鼎化学有限公司(1500吨)〈P1895〉;海安县苏北化工有限公司〈P1829〉;[浙]杭州金诚助剂有限公司〈P1919〉;杭州众汇贸易(实业)有限公司〈P1926〉;嘉兴市秀城油脂化工厂〈P1942〉;[鲁]莘县科力恒油脂化学有限公司(1000吨)〈P2154〉;[鄂]湖北省化学工业研究设计院〈P2228〉;[粤]广州市佳力士食品有限公司〈P2264〉

9,10-二羟基十八酸甲酯 C02104621
Methyl 9,10-dihydroxystearate
【生产厂】[浙]浙江省嘉兴市巨强化工有限公司〈P1944〉

硬脂酸乙酯;十八酸乙酯 C02104641
Ethyl stearate [111-61-5]
用于润滑剂、抗水剂及乳化剂等
【生产厂】[沪]上海千为油脂科技有限公司〈P1757〉

硬脂酸甲酯;十八碳酸甲酯 C02104651
Methyl octadecanoate; Methyl stearate [112-61-8]
用于表面活性剂、润滑剂和其他有机化学品的制备
【生产厂】[沪]上海千为油脂科技有限公司(500吨)〈P1757〉;[苏]德发(南通)生物化工有限公司〈P1829〉;中外合资德发(南通)生物化工有限公司〈P1839〉

月桂酸异辛酯 C02104661
Isooctyl laurate
【生产厂】[沪]上海千为油脂科技有限公司〈P1757〉

月桂酸甲酯;十二酸甲酯 C02104671
Methyl laurate; Methyl dodecanoate [111-82-0]
用作气相色谱固定液、食品添加剂和有机合成试剂
【生产厂】[沪]上海千为油脂科技有限公司(500吨)〈P1757〉

月桂酸乙酯;十二酸乙酯 C02104673
Ethyl dodecanoate; Ethyl laurate [106-33-2]
用作香精、香料、氨纶助剂及医药原料等
【生产厂】[沪]上海浦杰香料有限公司〈P1756〉;上海千为油脂科技有限公司(500吨)〈P1757〉;[粤]广州市伟香单体香料有限公司〈P2266〉

月桂酸丁酯;十二酸丁酯 C02104681
n-Butyl laurate [106-18-3]
用作油性添加原料、化纤油剂原料等
【生产厂】[沪]上海千为油脂科技有限公司(500吨)〈P1757〉

丙烯酸乙酯;EA C02104701
Ethyl acrylate [140-88-5]
主要用作合成树脂的共聚单体,形成的共聚物广泛用于涂料、纺织、皮革、黏合剂等工业
【生产厂】[京]北京爱德泰普膜制品厂〈P1543〉;北京东方化工厂(6500吨)〈P1546〉;[辽]沈阳石蜡化工有限公司〈P1687〉;[苏]江阴市东风化工总厂有限公司〈P1868〉;江苏裕廊化工有限公司〈P1809〉
【使用厂】[闽]福建省晋江市华福化工有限公司〈P1998〉;[鲁]山东滕州悟通香料有限责任公司〈P2078〉;济宁市化工研究所〈P2128〉;[豫]河南康泰制药集团公司河南省精细化工厂〈P2166〉;河南康泰制药集团公司〈P2166〉

丙烯酸羟乙酯;丙烯酸-2-羟基乙酯 C02104702
Hydroxyethyl acrylate; 2-Hydroxyethyl acrylate [818-61-1]
用于辐射固化体系中的活性稀释剂和交联剂,亦可作为树脂交联剂,塑料、橡胶改性剂
【生产厂】[京]北京爱德泰普膜制品厂〈P1543〉;北京东方亚科力化工科技有限公司〈P1546〉;[辽]抚顺安信化学有限公司〈P1697〉;[沪]上海华谊丙烯酸有限公司〈P1739〉;[苏]无锡润利化工有限公司〈P1874〉;[鲁]山东省东营国丰精细化工有限责任公司〈P2085〉

丙烯酸卡必酯 C02104731
Carbitol acrylate [7328-17-8]
用于特种印染材料的生产

【生产厂】[苏]镇江市海通化工有限公司〈P1845〉

β-苯甲酰基丙烯酸乙酯 C02104751
Ethyl β-benzoylacrylate
用于制造抗高血压药血管紧张素转换酶抑制剂
【生产厂】[浙]台州市华鼎化工有限公司〈P1961〉;[赣]江西金瑞化工有限责任公司〈P2016〉;江西迪瑞合成化工有限公司〈P2014〉

丙烯酸-2-乙氧基乙酯;乙二醇乙醚丙烯酸酯 C02104761
2-Ethoxyethyl acrylate
用作活性稀释剂
【生产厂】[辽]抚顺安信化学有限公司〈P1697〉;[皖]安徽省绩溪县天池化工厂〈P1986〉

2-氰基-3-乙氧基-2-丙烯酸乙酯 C02104771
Ethyl 2-cyano-3-ethoxyacrylate [94-05-3]
用作有机中间体
【生产厂】[沪]上海晨日化学有限公司〈P1730〉

丙烯酸-2-乙基己酯;丙烯酸异辛酯 C02104815
2-Ethylhexyl acrylate;*iso*-Octyl acrylate [103-11-7]
用作聚合单体,用于软性聚合物,在共聚物中起内增塑作用
【生产厂】[京]北京爱德泰普膜制品厂〈P1543〉;北京东方化工厂(7500 吨)〈P1546〉;北京东方亚科力化工科技有限公司(5500 吨)〈P1546〉;[辽]沈阳石蜡化工有限公司〈P1687〉;[苏]江阴市东风化工总厂有限公司〈P1868〉;江苏裕廊化工有限公司〈P1809〉
【使用厂】[豫]洛阳恒光化工有限公司〈P2181〉;[粤]广州市东风化工实业有限公司〈P2263〉;永大(中山)有限公司〈P2282〉

十四酸乙酯;肉豆蔻酸乙酯 C02104831
Ethyl tetradecanoate;Ethyl Myristate [124-06-1]
【生产厂】[沪]上海浦杰香料有限公司〈P1756〉;[粤]广州市伟香单体香料有限公司〈P2266〉

丙烯酸十二酯;LA;丙烯酸月桂酯 C02104841
Dodecyl acrylate;Lauryl acrylate [57472-68-1]
用于辐射固化体系中的活性稀释剂和交联剂,亦可作为树脂交联剂,塑料、橡胶改性剂
【生产厂】[京]北京东方亚科力化工科技有限公司〈P1546〉

丙烯酸十八酯;SA C02104861
Octadecyl acrylate;Stearyl acrylate [4813-57-4]
用于辐射固化体系中的活性稀释剂和交联剂,亦可作为树脂交联剂,塑料、橡胶改性剂
【生产厂】[京]北京东方亚科力化工科技有限公司〈P1546〉

芥酸甲酯;13-二十二碳烯酸甲酯 C02104871
Methyl erucate;13-Docosenoic acid methyl ester [1120-34-9]
用于芥醇、芥酸酰胺及其他衍生物的生产
【生产厂】[豫]濮阳市市区四方化工厂〈P2215〉;[川]四川古杉油脂化学有限公司〈P2331〉

山嵛酸甘油酯 C02104881
Docosanoic acid glycerol ester
用于油类的增稠剂,具有优异的热稳定性,对无水产品和 W/O 乳液特别有效
【生产厂】[川]四川西普化工股份有限公司〈P2331〉

硬脂酸聚氧乙烯酯 C02105001
Polyoxyethylene stearate [9004-99-3]
【生产厂】[浙]浙江皇马化工集团有限公司〈P1950〉

硬脂酸-40-聚烃氧基酯;硬脂酸聚烃氧(40)酯 C02105051
Polyoxyl-40-stearate
主要用作栓剂基质,也可作为中草药栓剂的基质,在化妆品行业中用在生产雪花膏、护发素等水包油型的产品中
【生产厂】[京]北京市海淀会友精细化工厂〈P1559〉;[辽]辽阳奥克纳米材料有限公司〈P1709〉;[苏]江苏钟山化工有限公司〈P1782〉

二苯甲酸二甘醇酯;二甘醇二苯甲酸酯 C02105101
Diethylene glycol dibenzoate [120-55-8]
用作 PVC 树脂的部分增塑剂
【生产厂】[辽]辽阳木星化工有限公司〈P1710〉;[豫]河南省武陟县塑光化工有限公司〈P2194〉;濮阳县亿丰新型增塑剂有限公司(300 吨)〈P2216〉;洛阳市嘉瑞塑业有限公司(500 吨)〈P2184〉

1,2-丙二醇二乙酸酯 C02105131
1,2-Propyleneglycol diacetate [623-84-7]
广泛用作油墨、油漆、塑料、香料等工业的溶剂,如汽车烤漆中作为迟延性溶剂及酚醛树脂烘烤涂料的溶剂
【生产厂】[沪]上海锦山化工有限公司〈P1745〉;[浙]杭州中香化学有限公司〈P1925〉

丙二醇甲醚丙酸酯 C02105161
Propanediol monomethyl ether propionate [148462-57-1]
是直接替代乙二醇乙醚醋酸酯最理想的溶剂,也用作高档涂料、油墨的溶剂
【生产厂】[苏]江苏瑞佳化学有限公司〈P1865〉

乙二醇二醋酸酯;乙二醇二乙酸酯;二乙酸乙二醇酯 C02105181
Glycol diacetate [111-55-7]
用作溶剂,也用于有机合成
【生产厂】[沪]上海浩业化工有限公司(100 吨)〈P1736〉

谷氨酸苄酯 C02105301
Benzyl glutamate
用于医药、食品、有机合成等
【生产厂】[川]四川同晟氨基酸有限公司(10 吨)〈P2329〉

谷氨酸甲酯 C02105321
Methyl glutamate
用于医药、食品、有机合成等
【生产厂】[川]四川同晟氨基酸有限公司(10 吨)〈P2329〉

L-谷氨酸二乙酯盐酸盐 C02105331

L-Glutamic acid diethyl ester hydrochloride
【生产厂】[苏]扬州宝盛生物化工有限公司〈P1817〉

肌氨酸甲酯 C02105351
Methyl sarcosine
【生产厂】[苏]江苏永联集团公司精细化工厂〈P1866〉

C

肌氨酸甲酯盐酸盐 C02105371
Sarcosine methyl ester hydrochloride [13515-93-0]
【生产厂】[津]天津天成制药有限公司〈P1614〉;[浙]上虞市卧龙化工有限公司〈P1948〉;[鄂]武汉阿米诺科技有限公司〈P2228〉

肌氨酸乙酯盐酸盐 C02105381
Sarcosine ethyl ester hydrochloride
【生产厂】[苏]扬州宝盛生物化工有限公司〈P1817〉

棕榈酸异丙酯;十六酸异丙酯;IPP C02105401
Isopropyl palmitate [142-91-6]
广泛应用于医药工业及化妆品工业中
【生产厂】[津]天津市瑞德化工有限公司〈P1601〉;[滇]杨林工业开发区汕滇药业有限公司〈P2340〉

棕榈酸乙酯;软脂酸乙酯;十六酸乙酯 C02105411
Ethyl palmitate [628-97-7]
用于有机合成、香料香精等
【生产厂】[沪]上海浦杰香料有限公司〈P1756〉

棕榈酸异辛酯;十六酸异辛酯 C02105451
Isooctyl palmitate [1341-38-4]
用于化妆品、洗发香波的软化剂、分散剂及润滑油添加剂等
【生产厂】[沪]上海千为油脂科技有限公司〈P1757〉

十二烷二酸单甲酯 C02105460
Dodecanedioic acid monomethyl ester
用于香料等的合成,还可用作饱和聚酯的改性剂、重金属的沉淀剂、特殊聚氨酯的原料等
【生产厂】[吉]吉林省四平市精细化学品有限公司〈P1717〉;[鲁]淄博开发区光明社会福利化工厂(5吨)〈P2064〉

月桂基磷酸单酯;十二烷基磷酸单酯 C02105481
Lauryl phosphate [12751-23-4]
用于洗面奶、沐浴露、香波、洗手液中的表面活性剂,化纤油剂、柔软剂、染色剂等
【生产厂】[津]天津先光化工有限公司(1000吨)〈P1616〉

月桂酸单甘油酯;2,3-二羟基丙醇十二酸酯 C02105491
Glyceryl monolaurate [142-18-7]
【生产厂】[京]北京清华紫光英力化工技术有限责任公司〈P1557〉;[沪]上海千为油脂科技有限公司〈P1757〉;[苏]海安县苏北化工有限公司〈P1829〉

二乙二醇单硬脂酸酯;DEGMS C02105501
Diethylene glycol monostearate;PEG-2 Stearate [106-11-6]
用于制药工业中作增溶剂、乳化剂、分散剂、透皮促进剂等
【生产厂】[辽]辽宁科隆化工实业有限公司〈P1709〉

二乙二醇双硬脂酸酯;DEGDS C02105551
Diethylene glycol distearate [109-30-8]
在纺织工业中用作乳化剂、遮光剂、珠光剂,也可用作色素增溶剂、稳定剂、泡沫调节剂等
【生产厂】[辽]辽宁科隆化工实业有限公司〈P1709〉

对-*N*,*N*-二甲氨基苯甲酸异戊酯 C02105651
Isoamyl 4-*N*,*N*-dimethylaminobenzoate [21245-01-2]
主要用于化妆品紫外线吸收,涂料、染料中间体
【生产厂】[苏]金坛市华盛化工助剂有限公司〈P1862〉;[鄂]武汉华联工业助剂有限公司〈P2230〉

对-*N*,*N*-二甲氨基苯甲酸异辛酯 C02105661
Isooctyl 4-*N*,*N*-dimethylaminobenzoate;2-Ethylhexyl 4-dimethylaminobenzoate [21245-02-3]
主要用于化妆品紫外线吸收
【生产厂】[京]北京清华紫光英力化工技术有限责任公司(1000吨)〈P1557〉;[苏]金坛市华盛化工助剂有限公司〈P1862〉;[鄂]武汉华联工业助剂有限公司〈P2230〉

2-溴-5-氯苯甲酸甲酯 C02105674
Methyl 2-bromo-5-chlorobenzoate [27007-53-0]
【生产厂】[辽]阜新恒辉化工有限公司〈P1707〉

间溴苯甲酸乙酯 C02105681
Ethyl 3-bromobenzoate [24398-88-7]
【生产厂】[苏]沭阳金凯化工厂〈P1804〉

2-糠酸甲酯;2-呋喃甲酸甲酯 C02105801
Methyl 2-furoate [611-13-2]
用于有机合成,也用作溶剂
【生产厂】[浙]浙江台州清泉医药化工有限公司〈P1968〉;[鲁]滕州吉田香料有限公司〈P2078〉;[豫]辉县市泉西化工厂(100吨)〈P2203〉

2-糠酸乙酯;2-呋喃甲酸乙酯 C02105811
Ethyl 2-furoate [614-99-3]
用作有机合成中间体,用于合成6-己氨酸、2-溴己二酸、杀虫剂、香料等
【生产厂】[浙]浙江台州清泉医药化工有限公司〈P1968〉;[鲁]滕州吉田香料有限公司〈P2078〉;[豫]辉县市泉西化工厂(100吨)〈P2203〉

5-苯甲酰基-2-糠酸甲酯 C02105831
Methyl 5-benzoyl-2-furoate [58972-21-7]
用作有机中间体
【生产厂】[浙]杭州华东普洛医药科技有限公司〈P1918〉

2-四氢糠酸甲酯 C02105851
Methyl tetrahydro-2-furoate [37443-42-8]
用作医药中间体和溶剂
【生产厂】[浙]浙江台州清泉医药化工有限公司〈P1968〉

2-四氢糠酸乙酯 C02105871
Ethyl tetrahydro-2-furoate [16874-34-3]
用作医药中间体和溶剂

【生产厂】[浙]浙江台州清泉医药化工有限公司〈P1968〉

醋酸异丁酯;乙酸异丁酯 C02105901

Isobutyl acetate [110-19-0]

主要用作硝基漆和过氯乙烯漆的稀释剂,也可用作溶剂,还可作为塑料印花浆的稀释剂、制药行业的萃取剂等

【生产厂】[津]天津溶剂厂(4000 吨)〈P1577〉;[辽]辽阳石油化纤公司英华化工厂〈P1710〉;[沪]上海浦杰香料有限公司〈P1756〉;[苏]常州夏青化工有限公司〈P1857〉;江苏三木集团公司〈P1865〉;江苏瑞佳化学有限公司〈P1865〉;宜兴市凯欣化工有限公司〈P1885〉;[浙]浙江建德建业有机化工有限公司〈P1928〉;[粤]广州市伟香单体香料有限公司〈P2266〉

乙二醇丁醚醋酸酯;乙酸-2-丁氧基乙酯 C02105931

2-Butoxyethyl acetate; Ethylene glylol butylether acetate [112-07-2]

广泛用于轿车漆、电视机漆、冰箱漆、飞机漆等高档油漆中

【生产厂】[苏]宜兴市永加化工有限公司〈P1888〉;江苏瑞佳化学有限公司〈P1865〉;宜兴市凯欣化工有限公司(500 吨)〈P1885〉;[鲁]淄博巨丰乳化剂厂〈P2063〉

丙二醇甲醚醋酸酯;1-甲氧基-2-乙酰氧基丙烷 C02105941

Propanediol monomethyl ether acetate; 1-Methoxy-2-acetoxypropane [108-65-6]

主要用于油墨、油漆、墨水、纺织染料、纺织油剂的溶剂,也可用于液晶显示器生产中的清洗剂

【生产厂】[苏]江苏瑞佳化学有限公司〈P1865〉

富马酸单乙酯;反丁烯二酸单乙酯 C02105951

Monoethyl fumarate [2459-05-4]

是一种性能优良的防腐剂、高分子材料聚合剂,是食品添加剂富马酸及其双甲酯的换代产品

【生产厂】[京]北京奥得赛化学有限公司〈P1543〉;[苏]苏州市畅通化学品有限公司〈P1903〉;[鄂]湖北志诚化工科技有限公司〈P2243〉;湖北祥云(集团)化工股份有限公司〈P2244〉;[陕]陕西渭南惠丰化学工业有限责任公司〈P2352〉

富马酸二乙酯 C02105961

Diethyl fumarate [623-91-6]

【生产厂】[苏]南京东方石油化工厂〈P1783〉

丙二醇苯醚醋酸酯 C02105971

Propylene glycol phenyl ether acetate

可用作成膜助剂、液体洗涤剂、防霉剂等

【生产厂】[沪]上海锦山化工有限公司〈P1745〉

邻苯二甲酸二环己酯 C02106001

Dicyclohexyl phthalate [84-61-7]

用作聚氯乙烯、丙烯酸树脂、聚苯乙烯、硝基纤维素等的主增塑剂

【生产厂】[豫]河南省长葛市化工三厂(150 吨)〈P2217〉

邻苯二甲酸二苯酯 C02106051

Diphenyl phthalate [84-62-8]

【生产厂】[津]南开大学生物化学科技开发公司(50 吨)〈P1569〉

间苯二甲酸二苯酯 C02106055

Diphenyl isophthalate [744-45-6]

用于树脂的合成等

【生产厂】[赣]江西麒麟化工有限公司(200 吨)〈P2013〉

氯乙酸叔丁酯 C02106251

tert-Butyl chloroacetate [107-59-5]

用作医药、农药、染料中间体

【生产厂】[沪]上海华彩精细化工有限公司〈P1738〉;[苏]常州市通达化工有限公司〈P1853〉;常州夏青化工有限公司〈P1857〉;苏州市华丰精细化工有限公司〈P1903〉;[浙]浙江黄岩中兴香精香料有限公司〈P1965〉;[鲁]淄博市临淄区罗鑫化工厂(500 吨)〈P2069〉

辛酸甲酯 C02106301

Methyl caprylate; Methyl *n*-octanoate [111-11-5]

用于有机合成

【生产厂】[粤]广州市伟香单体香料有限公司〈P2266〉

壬酸乙酯 C02106351

Ethyl nonanoate [123-29-5]

用于配制食用香精

【生产厂】[沪]上海浦杰香料有限公司〈P1756〉;[粤]广州市伟香单体香料有限公司〈P2266〉

异壬酸异壬酯;合成蚕丝油 C02106371

Isononyl isononanate; ININ

是硅油类的稳定剂和偶联剂

【生产厂】[赣]江西省赫埔化工有限公司〈P2012〉

辛酸异辛酯 C02106391

2-Ethylhexyl octanoate

用于塑料行业,也可作为化纤油剂的平滑剂

【生产厂】[浙]浙江皇马化工集团有限公司〈P1950〉

6,8-二氯辛酸乙酯;双氯单酯 C02106401

Ethyl 6,8-dichlorocaprylate [41443-60-1]

用作维生素类药硫辛酸、硫辛酰胺的中间体

【生产厂】[沪]上海现代制药股份有限公司〈P1771〉;上海益民化工有限公司(100 吨)〈P1775〉;[苏]苏州丽兰化工有限公司〈P1902〉;常熟市益康化工有限公司〈P1891〉;常熟市育新化工有限公司〈P1891〉;江苏神洲化学工业有限公司〈P1808〉;江苏奥耐斯特医药化工有限公司〈P1807〉;[浙]杭州泰鑫医药化工有限公司〈P1922〉;[豫]上海现代哈森(商丘)药业有限公司〈P2226〉

【使用厂】[沪]上海现代浦东药厂有限公司〈P1771〉

6-羟基-8-氯辛酸乙酯 C02106451

Ethyl 8-chloro-6-hydroxyoctanate

【生产厂】[沪]上海益民化工有限公司〈P1775〉

二异辛酸新戊二醇酯;DONPG C02106471

Neopentyl glycol diisooctanoate

可溶于硅油,热稳定性高

【生产厂】[赣]江西省赫埔化工有限公司〈P2012〉

柠檬酸三甲酯;枸橼酸三甲酯 C02106501
Trimethyl citrate [1587-20-8]
用作有机合成中间体,日化添加剂
【生产厂】[苏]南京东方石油化工厂〈P1783〉

C

柠檬酸三乙酯 C02106601
Triethyl citrate [77-93-0]
主要用作纤维素类、乙烯基类等热塑性树脂的增塑剂,也用于涂料工业,还可作浆果型食用香精
【生产厂】[沪]上海邦成化工有限公司〈P1728〉;[苏]南京东方石油化工厂〈P1783〉;南京爱邦化学有限公司〈P1872〉;江苏仪征天宁化工股份有限公司〈P1816〉;扬州宝盛生物化工有限公司〈P1817〉;[皖]安徽丰原集团〈P1974〉;[鲁]青岛东海源生化科技有限公司〈P2034〉

柠檬酸三丁酯;TBC C02106701
Tributyl citrate [77-94-1]
主要用作乙烯基树脂和纤维素树脂的增塑剂
【生产厂】[津]天津市源翔化工股份合作公司〈P1612〉;[辽]鞍山市鞍鸿化工有限公司〈P1695〉;[苏]南京东方石油化工厂〈P1783〉;南京爱邦化学有限公司〈P1872〉;江苏仪征天宁化工股份有限公司〈P1816〉;无锡市梁溪精细化工有限公司〈P1877〉;扬州宝盛生物化工有限公司〈P1817〉;[浙]宁波东来化工有限公司〈P1930〉;[皖]安徽丰原集团〈P1974〉;巢湖香枫塑胶助剂有限公司〈P1984〉;[鲁]山东齐鲁增塑剂股份有限公司〈P2054〉;青岛东海源生化科技有限公司〈P2034〉

乙酰柠檬酸三丁酯 C02106711
Tributyl acetylcitrate [77-90-7]
用于乳制品、饮料、食品等包装材料所用的无毒增塑剂
【生产厂】[苏]南京盛启化工有限公司〈P1789〉;南京爱邦化学有限公司〈P1872〉;江苏仪征天宁化工股份有限公司〈P1816〉;扬州宝盛生物化工有限公司〈P1817〉;[浙]宁波东来化工有限公司〈P1930〉;[鲁]山东齐鲁增塑剂股份有限公司〈P2054〉;淄博蓝帆化工有限公司〈P2064〉;[湘]衡阳市化工研究所(600 吨)〈P2252〉

乙酰柠檬酸三乙酯;ATEC C02106721
Triethyl acetylcitrate [77-89-4]
用作塑料的增塑剂
【生产厂】[苏]江苏仪征天宁化工股份有限公司〈P1816〉

柠檬酸三辛酯 C02106751
Trioctyl citrate
用于生产增塑剂
【生产厂】[辽]鞍山市鞍鸿化工有限公司〈P1695〉;[苏]无锡市梁溪精细化工有限公司〈P1877〉

磷酸三丁酯;TBP C02106801
Tributyl phosphate [126-73-8]
用作金属络合物的萃取剂,硝酸纤维素、醋酸纤维素、氯化橡胶和聚氯乙烯的增塑剂,涂料、油墨和黏合剂的溶剂
【生产厂】[津]天津市超越科技有限公司(1000 吨)〈P1581〉;天津市联瑞化工有限公司〈P1598〉;天津市顶福化工总厂(1000 吨)〈P1585〉;[沪]上海信博森化工有限公司〈P1772〉;上海莱雅仕化工有限公司〈P1749〉;上海白鹤化工厂〈P1727〉;上海南威化工有限公司〈P1754〉;[苏]如东县通园精细化工厂(1000 吨)〈P1837〉;[滇]杨林工业开发区汕滇药业有限公司〈P2340〉
【使用厂】[鲁]济南泰山金鹏涂料有限公司〈P2025〉;新汶矿业集团有限责任公司〈P2139〉;[粤]广州化学试剂厂〈P2261〉

磷酸二异辛酯 C02106821
Di(isooctyl) phosphate
用于纺织、印染、日化等行业
【生产厂】[豫]洛阳市中达化工有限公司(2000 吨)〈P2187〉

油酸三乙醇胺 C02106911
Triethanolamine oleate [2717-15-9]
用作洗涤剂、油剂的单体
【生产厂】[京]北京化友工贸有限公司〈P1550〉;[津]天津市宝坻区港飞助剂有限公司〈P1579〉;天津市北仁化工助剂有限公司〈P1580〉;天津市浩元精细化工有限公司(500 吨)〈P1588〉;[沪]上海千为油脂科技有限公司〈P1757〉

二癸酸新戊二醇酯;NGDC C02106991
Neopentyl glycol dicaprate
【生产厂】[赣]江西省赫埔化工有限公司〈P2012〉

对苯二酚二丙酸酯 C02107091
Hydroquinone dipropionate [7402-28-0]
用作日用化工原料,也是美容用化学品
【生产厂】[苏]徐州瑞赛科技实业有限公司〈P1795〉

三羟甲基丙烷三丙烯酸酯 C02107101
Trihydroxymethylpropyl triacrylate [15625-89-5]
主要用于紫外线固化涂料和油墨的反应稀释剂
【生产厂】[京]北京东方亚科力化工科技有限公司〈P1546〉;[津]天津市天骄化工有限公司(2000 吨)〈P1604〉;[辽]辽阳奥克纳米材料有限公司〈P1709〉;[苏]南通利田化工有限公司〈P1834〉

三羟甲基丙烷三甲基丙烯酸酯 C02107111
Trihydroxymethylpropyl trimethylacrylate [3290-92-4]
可作为过氧化物交联时的助交联剂,适用于顺丁橡胶、二元乙丙、三元乙丙橡胶、异戊橡胶、丁基和丁腈橡胶混炼
【生产厂】[苏]南通利田化工有限公司〈P1834〉;[浙]杭州浙大泛科化工有限公司〈P1925〉;[皖]合肥安邦化工有限公司〈P1972〉

乙氧基化三羟甲基丙烷三丙烯酸酯;EO-TMPTA C02107121
Ethoxy trihydroxymethylpropyl triacrylate
用作辐射固化材料
【生产厂】[津]天津市天骄化工有限公司(800 吨)〈P1604〉;[辽]辽阳奥克纳米材料有限公司〈P1709〉;[苏]南通利田化工有限公司〈P1834〉

三羟甲基丙烷三苯甲酸酯 C02107161
Trimethylolpropane tribenzoate [54547-34-1]
【生产厂】[苏]昆山化工医药原料有限公司〈P1895〉

三羟甲基丙烷椰子油酸酯 C02107181

Trihydroxymethylpropyl cocinate
用于金属加工及化纤油剂
【生产厂】[浙]浙江皇马化工集团有限公司〈P1950〉

三羟甲基丙烷三油酸酯 C02107191
Trihydroxymethylpropyl trioleate [11138-60-6]
用作润滑油、金属用油添加剂,化纤油剂,塑料润滑剂等
【生产厂】[沪]上海千为油脂科技有限公司(500 吨)〈P1757〉;[浙]浙江皇马化工集团有限公司〈P1950〉;[鲁]聊城瑞捷化学有限公司〈P2152〉

马来酸二丙酯;顺丁烯二酸二丙酯 C02107201
Dipropyl maleate;Di-*n*-propyl maleate
用于合成香料、制药、生产塑料助剂等
【生产厂】[陕]陕西宝鸡宝玉化工有限公司〈P2351〉

马来酸二异丙酯 C02107211
Diisopropyl maleate [10099-70-4]
【生产厂】[陕]陕西宝鸡宝玉化工有限公司〈P2351〉

顺丁烯二酸二烯丙酯;马来酸二烯丙酯 C02107221
Diallyl maleate [999-21-3]
【生产厂】[川]成都添彩化工有限公司〈P2316〉

马来酸二异丁酯;顺丁烯二酸二异丁酯 C02107231
Diisobutyl maleate [7283-69-4]
用于香料合成、制药、塑料助剂等
【生产厂】[陕]陕西宝鸡宝玉化工有限公司〈P2351〉

马来酸二戊酯;顺丁烯二酸二戊酯 C02107241
Diamyl maleate;Dipentyl maleate;Di-*n*-amyl maleate
用于香料合成、制药、塑料助剂等
【生产厂】[陕]陕西宝鸡宝玉化工有限公司〈P2351〉

马来酸二异戊酯;顺丁烯二酸二异戊酯 C02107251
Diisoamyl maleate
【生产厂】[陕]陕西宝鸡宝玉化工有限公司〈P2351〉

1,2,3,4-四氢喹啉-2-甲酸甲酯 C02107301
Methyl 1,2,3,4-tetrahydroquinoline-2-carboxylate
【生产厂】[川]爱斯特(成都)医药技术有限公司〈P2309〉

6-溴-1,2,3,4-四氢喹啉-2-甲酸甲酯 C02107351
6-Bromo-1,2,3,4-tetrahydroquinoline-2-carboxylic acid methyl ester
【生产厂】[川]爱斯特(成都)医药技术有限公司〈P2309〉

丙酸甲酯 C02107511
Methyl propionate [554-12-1]
用作医药、农药、香料中间体
【生产厂】[苏]常州市科丰化工有限公司〈P1852〉;[浙]建德市新化化工有限责任公司〈P1926〉

丙酸肉桂酯;丙酸桂酯 C02107521
Cinnamyl propionate [103-56-0]
用作肥皂、香水和化妆品的添加剂,同时也是重要的医药原料
【生产厂】[鄂]湖北天盟化工有限公司〈P2243〉

3-甲氧基丙酸甲酯 C02107531
Methyl 3-methoxypropionate [3852-09-3]
用作医药中间体
【生产厂】[苏]南京市江宁区盛业化工有限公司〈P1789〉

2-(对溴甲基苯基)丙酸甲酯 C02107539
Methyl 2-(*p*-bromomethylphenyl) propionate
用作有机合成原料和医药中间体等
【生产厂】[苏]徐州瑞赛科技实业有限公司〈P1795〉

丙酸丙酯;丙酸正丙酯 C02107571
Propyl propionate;*n*-Propyl propionate [106-36-5]
【生产厂】[苏]宜兴市永加化工有限公司〈P1888〉;宜兴市中港精细化工有限公司〈P1888〉

丙酸异戊酯 C02107591
Isoamyl propionate;3-Methylbutyl propanoate [105-68-0]
用于杏、梨、草莓等果香食用香精,也可用作萃取剂和调制香料,还可作为硝酸纤维素、树脂的溶剂
【生产厂】[沪]上海浦杰香料有限公司〈P1756〉

偶氮二甲酸二乙酯 C02107601
Diethyl azodicarboxylate;DEAD [1972-28-7]
【生产厂】[苏]常州泰戈化工有限公司〈P1857〉

偶氮二甲酸二叔丁酯 C02107641
Di-*tert*-butyl azodicarboxylate [870-50-8]
【生产厂】[苏]常州泰戈化工有限公司〈P1857〉;苏州永拓医药科技有限公司〈P1907〉

偶氮二甲酸二苄酯 C02107681
Dibenzyl azodicarboxylate [2449-05-0]
【生产厂】[苏]常州泰戈化工有限公司〈P1857〉

乙酸柏木酯;乙酸雪松酯 C02107701
Cedryl acetate [77-54-3]
用作日化香精原料
【生产厂】[浙]浙江黄岩中兴香精香料有限公司〈P1965〉;[赣]江西樟树冠京香料有限公司(40 吨)〈P2016〉;[川]宜宾建中香料有限公司〈P2335〉

己酸己酯 C02107901
Hexyl caproate;Hexyl hexanoate [6378-65-0]
用于食品添加剂和有机合成
【生产厂】[沪]上海浦杰香料有限公司〈P1756〉

己酸戊酯 C02107921
Amyl caproate;Amyl hexanoate [540-07-8]
【生产厂】[津]天津市捷特精细化工有限公司(100 吨)〈P1591〉

己酸异戊酯 C02107925
Isoamyl caproate [2198-61-0]
【生产厂】[沪]上海浦杰香料有限公司〈P1756〉;[粤]广州市

C

伟香单体香料有限公司〈P2266〉

2-溴己酸甲酯;α-溴代己酸甲酯 C02107951
Methyl 2-bromohexanoate [5445-19-2]
用作农药、医药中间体
【生产厂】[苏]宜兴市芳桥东方化工厂〈P1884〉;沭阳金凯化工厂〈P1804〉;阜宁胜达医药化工有限公司〈P1806〉

C

2-溴己酸乙酯;α-溴己酸乙酯 C02107961
Ethyl 2-bromocaproate; Ethyl α-Bromocaproate [615-96-3]
【生产厂】[苏]宜兴市芳桥东方化工厂〈P1884〉;阜宁胜达医药化工有限公司〈P1806〉

丁酰乙酸甲酯;3-氧代己酸甲酯 C02107981
Methyl butyrylacetate; Methyl 3-oxohexanoate [30414-54-1]
【生产厂】[鲁]潍坊杜得利化学工业有限公司〈P2101〉;[陕]陕西宏庆医药化学有限公司〈P2346〉

丁酰乙酸乙酯;3-氧代己酸乙酯 C02107983
Ethyl butyrylacetate; Ethyl 3-oxohexanoate [3249-68-1]
【生产厂】[鲁]潍坊杜得利化学工业有限公司〈P2101〉

3-羟基己酸乙酯 C02107985
Ethyl 3-hydroxyhexanoate [2305-25-1]
广泛用于食品、烟用香精中
【生产厂】[浙]浙江黄岩中兴香精香料有限公司〈P1965〉

异丁酰乙酸甲酯 C02107987
Methyl isobutyrylacetate [42558-54-3]
用作阿伐他汀钙中间体
【生产厂】[浙]东港工贸集团有限公司〈P1960〉;[皖]安庆金泉药业有限公司〈P1979〉;[鲁]潍坊杜得利化学工业有限公司〈P2101〉

异丁酰乙酸乙酯 C02107989
Ethyl isobutyrylacetate [7152-15-0]
【生产厂】[鲁]潍坊杜得利化学工业有限公司〈P2101〉

乙二胺四乙酸二甲酯 C02108051
Ethylene diamine tetraacetic acid, dimethyl ester
【生产厂】[京]北京马氏精细化学品有限公司〈P1555〉

芪二酸二甲酯;4,4′-二苯乙烯二羧酸二甲酯 C02108101
4,4′-Stilbenedicarboxylic methyl ester [10374-80-8]
【生产厂】[辽]大连昊华化工有限公司〈P1692〉

4-哌啶甲酸乙酯 C02108201
Ethyl 4-piperidinecarboxylate [1126-09-6]
用于有机合成、药物合成
【生产厂】[浙]浙江台州清泉医药化工有限公司〈P1968〉

3-哌啶甲酸乙酯 C02108205
Ethyl 3-piperidinecarboxylate [71962-74-8]
【生产厂】[川]爱斯特(成都)医药技术有限公司〈P2309〉

4-哌啶甲酸甲酯 C02108231
Methyl 4-piperidinecarboxylate [2971-79-1]
【生产厂】[鲁]济南诚汇双达化工有限公司〈P2020〉

4-哌啶乙酸甲酯 C02108271
Methyl 4-piperidineacetate
【生产厂】[川]爱斯特(成都)医药技术有限公司〈P2309〉

庚酸烯丙酯 C02108301
Allyl heptylate [142-19-8]
用于配制日化香精和食用香精
【生产厂】[津]天津市捷特精细化工有限公司(150 吨)〈P1591〉;[沪]上海浦杰香料有限公司〈P1756〉;上海茂昌化学制品有限公司〈P1753〉;上海华盛香料厂〈P1739〉;[苏]昆山市鹿都香料厂〈P1897〉;[浙]建德市新化化工有限责任公司〈P1926〉;[粤]广州市伟香单体香料有限公司〈P2266〉

丙炔酸乙酯 C02108351
Propiolic acid ethyl ester [623-47-2]
用作有机合成试剂
【生产厂】[沪]上海里德化工有限公司〈P1750〉;[苏]苏州园方化工有限公司〈P1907〉

油酸乙酯 C02108401
Ethyl oleate [111-62-6]
用于表面活性剂和其他有机化学品的制备,也用作香料
【生产厂】[沪]上海千为油脂科技有限公司(500 吨)〈P1757〉

油酸异辛酯 C02108431
Isooctyl oleate
用作油品添加剂、纤维润滑剂等
【生产厂】[冀]张家口市广盛化学助剂有限公司(400 吨)〈P1650〉;[沪]上海千为油脂科技有限公司〈P1757〉

油酸丙二醇酯 C02108441
Propylene glycol oleate
用于润滑剂、化纤油剂等
【生产厂】[沪]上海千为油脂科技有限公司〈P1757〉

C_{12}-C_{14}醇油酸酯 C02108461
C_{12}-C_{14} alcohol oleate
用于金属加工和化纤油剂的平滑剂
【生产厂】[浙]杭州萧山三江精细化工有限公司〈P1924〉;浙江皇马化工集团有限公司〈P1950〉;[鲁]淄博永航化工有限公司(80 吨)〈P2075〉

油酸月桂醇酯;油酸十二醇酯 C02108471
Lauryl oleate
用作润滑剂、化纤油剂等
【生产厂】[沪]上海千为油脂科技有限公司〈P1757〉

油酸甘油酯;甘油单油酸酯 C02108491
Glyceryl monooleate [25496-72-4]
用作表面活性剂、润滑剂、医药原料等
【生产厂】[沪]上海千为油脂科技有限公司〈P1757〉;[苏]海安县苏北化工有限公司〈P1829〉

胆固醇苯甲酸酯 C02108581
Cholesteryl benzoate [604-32-0]
用于液晶显示材料

【生产厂】[苏]扬州腾达化工厂〈P1819〉;[皖]淮北市博奥高科生物化学有限公司〈P1977〉

氨基甲酸甲酯 C02108701

Methyl carbamate [598-55-0]

用作医药、农药、有机合成中间体

【生产厂】[京]北京达科思精细化工研究所〈P1545〉;[吉]吉林省通化化工股份有限公司〈P1718〉;[苏]苏州开元民生化学科技有限公司〈P1901〉;[鲁]济南巨业精细化工有限公司〈P2023〉

色甘酸二乙酯 C02108751

Diethyl cromoglicate

【生产厂】[沪]上海华盛香料厂〈P1739〉;[苏]昆山宏沓医药化工有限公司(8 吨)〈P1895〉

【使用厂】[沪]上海五洲药业股份有限公司〈P1770〉

吲哚-4-羧酸甲酯 C02108951

Methyl indole-4-carboxylate [39830-66-5]

【生产厂】[京]北京普瑞东方化学技术有限公司〈P1556〉;[苏]宜兴市中宇药化技术有限公司〈P1888〉;[浙]浙江车头制药有限公司〈P1963〉

吲哚-2-甲酸甲酯 C02108953

Methyl indole-2-carboxylate [1202-04-6]

用于有机合成

【生产厂】[京]北京达科思精细化工研究所〈P1545〉;[苏]南京锐马精细化工有限公司〈P1788〉;[浙]宁波武盛化学有限公司〈P1933〉

吲哚-5-甲酸甲酯 C02108955

Indole-5-carboxylic acid methyl ester [1011-65-0]

【生产厂】[苏]宜兴市中宇药化技术有限公司〈P1888〉

吲哚-7-甲酸甲酯 C02108957

Indole-7-carboxylic acid methyl ester [93247-78-0]

【生产厂】[苏]宜兴市中宇药化技术有限公司〈P1888〉

吲哚-6-甲酸甲酯 C02108959

Indole-6-carboxylic acid methyl ester [50820-65-0]

【生产厂】[苏]宜兴市中宇药化技术有限公司〈P1888〉

5-氯吲哚-2-羧酸乙酯 C02108971

Ethyl 5-chloro-2-indolecarboxylate [4792-67-0]

【生产厂】[苏]宜兴市中宇药化技术有限公司〈P1888〉;[渝]重庆英斯凯化工有限公司〈P2308〉

吲哚-2-羧酸乙酯 C02108991

Ethyl indole-2-carboxylate [3770-50-1]

医药中间体,用于合成普利系列

【生产厂】[苏]南京锐马精细化工有限公司〈P1788〉;常州雪龙化工有限公司〈P1858〉;[浙]宁波武盛化学有限公司〈P1933〉

肉桂酸异戊酯 C02109001

Isoamyl cinnamate

【生产厂】[津]天津市南金化工有限公司〈P1599〉

肉桂酸异丁酯 C02109005

Isobutyl cinnamate

【生产厂】[津]天津市南金化工有限公司〈P1599〉

肉桂酸异丙酯 C02109021

Isopropyl cinnamate [7780-06-5]

【生产厂】[津]天津市南金化工有限公司〈P1599〉;[苏]南京科邦医药化工有限公司〈P1786〉

肉桂酸甲酯 C02109051

Methyl cinnamate [103-26-4]

主要用于配制樱桃、草莓和葡萄等香精

【生产厂】[津]天津市南金化工有限公司〈P1599〉;天津市亿天工贸有限公司〈P1610〉;[沪]上海浦杰香料有限公司〈P1756〉;[鄂]武汉市合中化工制造有限公司(200 吨)〈P2232〉;武汉远城科技发展有限公司(100 吨)〈P2235〉;湖北天盟化工有限公司〈P2243〉;[粤]广州市伟香单体香料有限公司〈P2266〉

肉桂酸乙酯 C02109061

Ethyl cinnamate; Ethyl 3-phenylpropenoate [103-36-6]

是重要的香精香料中间体,也用作医药、食品添加剂中间体

【生产厂】[津]天津市南金化工有限公司〈P1599〉;天津市亿天工贸有限公司〈P1610〉;[沪]上海浦杰香料有限公司〈P1756〉;[鄂]武汉远城科技发展有限公司(100 吨)〈P2235〉

4-氨基肉桂酸乙酯;对氨基肉桂酸乙酯 C02109071

Ethyl 4-aminocinnamate [5048-82-8]

【生产厂】[浙]湖州恩贝希生物原料有限公司〈P1945〉

对甲基肉桂酸乙酯 C02109091

Ethyl *p*-methylcinnamate [20511-20-0]

【生产厂】[浙]湖州恩贝希生物原料有限公司〈P1945〉

巯基乙酸异辛酯;巯基乙酸-2-乙基已酯 C02109101

Isooctyl mercaptoacetate [7659-86-1]

在塑料制品特别是聚氯乙烯制品中用作稳定剂

【生产厂】[浙]湖州城区天顺化工厂〈P1945〉;德清县建洋化工有限公司(1800 吨)〈P1944〉;[鲁]青岛加华化工有限公司(4000 吨)〈P2038〉;[豫]河南联科药业有限公司(20 吨)〈P2221〉;三门峡奥科钡业有限公司(1800 吨)〈P2221〉;[鄂]武汉青江化工股份有限公司〈P2231〉

【使用厂】[浙]杭州东旭助剂有限公司〈P1916〉

巯基乙酸乙酯 C02109131

Ethyl mercaptoacetate; Ethyl thioglycolate [623-51-8]

【生产厂】[鲁]青岛加华化工有限公司(300 吨)〈P2038〉

巯基乙酸甘油酯 C02109151

Glycerol monomercaptoacetate [30618-84-9]

用于化妆品行业

【生产厂】[鲁]青岛加华化工有限公司(50 吨)〈P2038〉

二巯基乙酸乙二醇酯 C02109171

Glycol dimercaptoacetate [123-81-9]

用于有机合成

【生产厂】[鲁]青岛加华化工有限公司(100 吨)〈P2038〉

C

四巯基乙酸季戊四醇酯 C02109191
Pentaerythritol tetramercaptoacetate
【生产厂】[鲁]青岛加华化工有限公司〈P2038〉

癸二酸二甲酯 C02109201
Dimethyl decanedioate [106-79-6]
用作纤维素类、乙烯基类树脂的溶剂和增塑剂,也可用作有机合成的中间体
【生产厂】[冀]衡水东风化工有限责任公司(2000 吨)〈P1667〉;南宫市盛华化工有限责任公司(3000 吨)〈P1642〉;[苏]常州夏青化工有限公司〈P1857〉;[鲁]潍坊海龙化工有限公司〈P2102〉;潍坊市元利化工有限公司〈P2105〉;潍坊拓实化工有限公司〈P2106〉;招远市国泰化工厂〈P2121〉

癸二酸单甲酯 C02109211
Monomethyl sebacate;MMS
用作医药和有机合成中间体
【生产厂】[鲁]潍坊海龙化工有限公司〈P2102〉

癸二酸二乙酯 C02109231
Diethyl sebacate [110-40-7]
用于塑料制备及有机合成
【生产厂】[鲁]潍坊海龙化工有限公司〈P2102〉;招远市国泰化工厂〈P2121〉

癸二酸单乙酯 C02109241
Monoethyl sebacate
用作有机合成原料
【生产厂】[鲁]潍坊海龙化工有限公司〈P2102〉

丙二酸乙酯单钾盐 C02109251
Ethyl potassium malonate [6148-64-7]
【生产厂】[苏]江苏如东县丰利医药化工厂〈P1831〉;[鲁]临沂瑞达精细化工有限公司(2 吨)〈P2148〉

丙二酸单甲酯钾盐 C02109255
Methyl potassium malonate
【生产厂】[鲁]临沂瑞达精细化工有限公司(2 吨)〈P2148〉

丙二酸单甲酯酰氯 C02109261
Methyl malonyl chloride [37517-81-0]
用作医药中间体
【生产厂】[苏]苏州永拓医药科技有限公司〈P1907〉

丙二酸单乙酯 C02109271
Monoethyl malonate [1071-46-1]
用作医药中间体
【生产厂】[苏]苏州市畅通化学品有限公司〈P1903〉;新沂市一诺生物化工有限公司〈P1794〉

丙二酸单乙酯酰氯 C02109281
Ethyl malonyl chloride [36239-09-5]
用作医药中间体
【生产厂】[苏]苏州永拓医药科技有限公司〈P1907〉;新沂市一诺生物化工有限公司〈P1794〉

混合二元酸二甲酯;高沸点溶剂 DBE C02109291
Dimethyl mixed dibasic acid
是一种环保型清洁剂及脱漆剂,还被广泛用于汽车修补漆、乳胶涂料的成膜剂等
【生产厂】[辽]辽阳木星化工有限公司〈P1710〉;[吉]吉林省石油化工设计研究院〈P1714〉;[苏]南京爱邦化学有限公司〈P1872〉;[鲁]天德化工控股有限公司(2000 吨)〈P2101〉;诸城市乐天化工有限公司(500 吨)〈P2107〉;潍坊市元利化工有限公司〈P2105〉;[豫]河南省长葛市化工三厂(300 吨)〈P2217〉;[粤]深圳市飞扬实业有限公司〈P2270〉

钛酸四丁酯;原钛酸丁酯 C02109301
Tetrabutyl titanate [5593-70-4]
用于酯交换反应,可用作高强度聚酯漆改性剂、耐高温涂料添加剂、医用黏合剂、交联剂和缩合反应催化剂等
【生产厂】[苏]常州市吉耐助剂有限公司〈P1851〉;无锡市梁溪精细化工有限公司〈P1877〉;锡山市后宅催化剂厂(700 吨)〈P1883〉;宜兴市苏南石油化工助剂有限公司(500 吨)〈P1886〉;扬州立达树脂有限公司〈P1818〉;[皖]安徽泰昌化工有限公司(300 吨)〈P1982〉;[鲁]淄博市鲁川化工有限公司(150 吨)〈P2070〉
【使用厂】[沪]上海美兴化工有限公司〈P1753〉

钛酸四乙酯;原钛酸乙酯 C02109331
Tetraethyl titanate
用于有机合成、酯交换,增强橡胶和塑料在金属表面的粘附性
【生产厂】[苏]宜兴市苏南石油化工助剂有限公司〈P1886〉

钛酸四辛酯;原钛酸辛酯 C02109391
Tetraoctyl titanate
【生产厂】[苏]宜兴市苏南石油化工助剂有限公司〈P1886〉

钛酸四异丙酯;原钛酸异丙酯 C02109401
Tetraisopropyl titanate [546-68-9]
用于制取黏合剂,用作酯交换反应和聚合反应的催化剂
【生产厂】[京]北京朝福化工实验厂〈P1544〉;[苏]南京曙光化工集团有限公司〈P1789〉;南京利邦化工有限公司(150 吨)〈P1787〉;仪征市天扬化工厂〈P1820〉;宜兴市苏南石油化工助剂有限公司(2000 吨)〈P1886〉;扬州立达树脂有限公司〈P1818〉;[皖]安徽省天长市绿色化工助剂有限公司(300 吨)〈P1982〉;天长市广源精细化工厂〈P1982〉;天长市宏盛精细化工厂〈P1983〉;[鲁]淄博市鲁川化工有限公司(60 吨)〈P2070〉;山东齐鲁增塑剂股份有限公司〈P2054〉;淄博蓝帆化工有限公司〈P2064〉

钛酸四丙酯;原钛酸丙酯 C02109411
Tetrapropyl orthotitanate [3087-37-4]
【生产厂】[苏]宜兴市苏南石油化工助剂有限公司〈P1886〉

氟乙酸甲酯 C02109501
Methyl fluoroacetate [453-18-9]
用作医药、农药、染料中间体
【生产厂】[苏]江都市蒙升泰化工厂(32 吨)〈P1814〉;江苏如东县丰利医药化工厂〈P1831〉;[鲁]济南隆盛有限责任公司〈P2023〉;[鄂]湖北成宇制药有限公司(500 吨)〈P2245〉

氟乙酸乙酯 C02109502
Ethyl fluoroacetate [459-72-3]
用作医药中间体,用于5-氟脲嘧啶、氟胞嘧

啶的合成

【生产厂】[苏]江都市蒙升泰化工厂(100 吨)〈P1814〉;江苏如东县丰利医药化工厂〈P1831〉;[鲁]济南隆盛有限责任公司〈P2023〉;[鄂]湖北成宇制药有限公司〈P2245〉

二氟乙酸乙酯 C02109505

Ethyl difluoroacetate [454-31-9]

【生产厂】[苏]常州联新化工有限公司〈P1848〉

三氟乙酸乙酯;三氟醋酸乙酯 C02109511

Ethyl trifluoroacetate [383-63-1]

用作医药、农药中间体

【生产厂】[鲁]济南市美华实业总公司化工厂(500 吨)〈P2025〉;济南万兴达化工有限公司〈P2026〉

三氟乙酸甲酯 C02109521

Methyl trifluoroacetate [431-47-0]

【生产厂】[鲁]济南市美华实业总公司化工厂〈P2025〉

氟溴乙酸乙酯 C02109531

Ethyl fluorobromoacetate [401-55-8]

用作有机合成中间体

【生产厂】[沪]上海再辉化工有限公司〈P1777〉;[苏]江苏沭阳同盛科技有限公司〈P1804〉

二溴氟乙酸乙酯 C02109533

Ethyl dibromofluoroacetate [565-53-7]

【生产厂】[苏]江苏沭阳同盛科技有限公司〈P1804〉

二氟溴乙酸乙酯 C02109535

Ethyl difluorobromoacetate [667-27-6]

【生产厂】[苏]江苏沭阳同盛科技有限公司〈P1804〉;盐城冬阳生物制品有限公司〈P1809〉

二氟氯乙酸乙酯 C02109541

Ethyl chlorodifluoroacetate [383-62-0]

广泛用于农药、医药、染料、磷酸酯及阻燃剂的生产

【生产厂】[苏]江苏沭阳同盛科技有限公司〈P1804〉

对硝基三氟乙酸苯酯 C02109571

4-Nitrophenyl trifluoroacetate [658-78-6]

用作有机氟中间体

【生产厂】[沪]上海华彩精细化工有限公司〈P1738〉

三氟乙酰乙酸乙酯 C02109591

Ethyl trifluoroacetoacetate [372-31-6]

用作农药、医药中间体

【生产厂】[京]北京金奥利维科技发展有限公司〈P1551〉;[沪]上海华彩精细化工有限公司〈P1738〉;[苏]南京仁信化工有限公司〈P1788〉;[鲁]济南市美华实业总公司化工厂(80 吨)〈P2025〉;济南万兴达化工有限公司〈P2026〉

水杨酸异丙酯;邻羟基苯甲酸异丙酯 C02109601

Isopropyl salicylate [607-85-2]

用作农药中间体

【生产厂】[鄂]湖北仙隆化工股份有限公司〈P2245〉

【使用厂】[鲁]青岛海湾集团有限公司〈P2036〉;青岛碱业股份有限公司〈P2038〉

水杨酸辛酯 C02109651

Octyl salicylate [6969-49-9]

【生产厂】[粤]广州鸿雨精细化工有限公司〈P2261〉

水杨酸异辛酯 C02109661

Isooctyl salicylate;2-Ethylhexyl salicylate [118-60-5]

【生产厂】[津]天津瑞发化工科技发展有限公司〈P1577〉;天津市南金化工有限公司〈P1599〉

异戊酸乙酯 C02109701

Ethyl isovalerate [108-64-5]

主要用于配制食用香精

【生产厂】[沪]上海浦杰香料有限公司〈P1756〉;上海茂昌化学制品有限公司〈P1753〉;上海华盛香料厂〈P1739〉;[苏]盐城鸿泰生物工程有限公司〈P1810〉;[豫]尉氏县宋塔香料厂〈P2179〉;河南省尉氏县香料厂(10 吨)〈P2176〉;[粤]广州市伟香单体香料有限公司〈P2266〉

癸酸乙酯 C02109711

Ethyl caprate [110-38-3]

用于配制食用香精

【生产厂】[沪]上海浦杰香料有限公司〈P1756〉;[豫]尉氏县宋塔香料厂〈P2179〉;河南省尉氏县香料厂(10 吨)〈P2176〉

3-氧代戊酸甲酯;丙酰乙酸甲酯 C02109721

Methyl 3-oxopentanoate [30414-53-0]

用作医药中间体

【生产厂】[苏]江苏如东县丰利医药化工厂〈P1831〉;[浙]东港工贸集团有限公司〈P1960〉;[皖]安庆金泉药业有限公司〈P1979〉

4,4-二甲基-3-氧代戊酸甲酯;特戊酰基乙酸甲酯 C02109731

Methyl 4,4-dimethyl-3-oxovalerate;Methyl pivaloylacetate [55107-14-7]

用作成色剂中间体

【生产厂】[津]天津市百灵消毒剂有限责任公司〈P1579〉;[冀]武强县长虹化工有限公司〈P1669〉;[辽]乐凯(沈阳)科技产业有限责任公司〈P1684〉;[苏]苏州开元民生化学科技有限公司〈P1901〉

2-氟-3-氧代戊酸甲酯 C02109735

Methyl 2-fluoro-3-oxovalerate [180287-02-9]

【生产厂】[沪]上海立科药物化学有限公司〈P1750〉

反-3-戊烯酸甲酯 C02109737

Methyl (E)-3-pentenoate [20515-19-9]

【生产厂】[苏]苏州市华伦化工有限公司〈P1903〉

特戊酸叔丁酯 C02109741

tert-Butyl pivalate

广泛用于医药化工、石油添加剂等

【生产厂】[苏]常州夏青化工有限公司〈P1857〉

正戊酸异戊酯 C02109751

Isoamyl valerate

【生产厂】[津]天津市津东宏远香料厂(200 吨)〈P1593〉;

C

［苏］昆山市鹿都香料厂〈P1897〉

2-甲基丁酸甲酯 C02109761
Methyl 2-methylbutyrate［868-57-5］
【生产厂】［沪］上海浦杰香料有限公司〈P1756〉；［粤］广州市伟香单体香料有限公司〈P2266〉

2-甲基丁酸乙酯 C02109763
Ethyl 2-methylbutyrate［7452-79-1］
【生产厂】［沪］上海浦杰香料有限公司〈P1756〉；［粤］广州市伟香单体香料有限公司〈P2266〉

特戊酸乙酯；叔戊酸乙酯；三甲基乙酸乙酯；2,2-二甲基丙酸乙酯 C02109771
Ethyl pivalate；Ethyl trimethylacetate；Ethyl 2,2-dimethylpropionate［3938-95-2］
主要用作工业香料，可用于香皂、洗发香波等
【生产厂】［冀］邯郸市林峰精细化工有限公司〈P1638〉；［浙］浙江黄岩澄江精细化工厂〈P1964〉

特戊酸甲酯；叔戊酸甲酯；三甲基乙酸甲酯；2,2-二甲基丙酸甲酯 C02109781
Methyl pivalate；Methyl trimethylacetate；Methyl 2,2-dimethylpropionate［598-98-1］
主要用作工业香料，可用于香皂、洗发香波等，也用作医药中间体
【生产厂】［冀］邯郸市林峰精细化工有限公司〈P1638〉；［浙］浙江黄岩澄江精细化工厂〈P1964〉

2-溴戊酸甲酯 C02109783
Methyl 2-bromovalerate
【生产厂】［苏］宜兴市芳桥东方化工厂〈P1884〉；阜宁胜达医药化工有限公司〈P1806〉

2-溴异戊酸甲酯 C02109785
Methyl 2-bromoisovalerate［26330-51-8］
用于有机合成中间体、制冷剂等
【生产厂】［苏］宜兴市芳桥东方化工厂〈P1884〉；阜宁胜达医药化工有限公司〈P1806〉

特戊酸氯甲酯；叔戊酸氯甲酯；新戊酸氯甲酯 C02109791
Chloromethyl pivalate［18997-19-8］
用于医药中间体，是第二代口服头孢类抗生素头孢他类酯和头孢特酯的原料
【生产厂】［冀］邯郸市林峰精细化工有限公司〈P1638〉；邯郸市永和化工有限公司〈P1639〉；武安市华神化工有限公司〈P1641〉；［辽］沈阳展宇科技开发有限公司〈P1690〉；［苏］苏州永拓医药科技有限公司〈P1907〉；盐城利民农化有限公司〈P1810〉；［浙］浙江黄岩澄江精细化工厂（500 吨）〈P1964〉；普洛康裕股份有限公司〈P1953〉

特戊酸碘甲酯；叔戊酸碘甲酯；新戊酸碘甲酯 C02109795
Iodomethyl pivalate［53064-79-2］
用作医药中间体、生化试剂
【生产厂】［冀］邯郸市林峰精细化工有限公司〈P1638〉；邯郸市永和化工有限公司〈P1639〉；武安市华神化工有限公司〈P1641〉；［苏］苏州永拓医药科技有限公司〈P1907〉；［浙］浙江黄岩澄江精细化工厂〈P1964〉

水杨酸苯酯；萨罗 C02109801
Phenyl salicylate；Salol［118-55-8］
用作塑料制品的紫外线吸收剂、增塑剂、防腐剂，用于药物合成、配制香精等
【生产厂】［粤］广东汇联达化工有限公司〈P2259〉

水杨酸己酯；柳酸己酯；邻羟基苯甲酸己酯 C02109821
Hexyl salicylate；*n*-Hexyl salicylate［6259-76-3］
【生产厂】［津］天津市南金化工有限公司〈P1599〉；［沪］上海浦杰香料有限公司〈P1756〉

水杨酸乙二酯 C02109831
Glycol salicylate；2-Hydroxyethyl salicylate［87-28-5］
用作医药中间体
【生产厂】［粤］广东汇联达化工有限公司〈P2259〉

氯甲酸苯酯 C02109851
Phenyl chloroformate［1885-14-9］
用作有机合成试剂
【生产厂】［苏］江苏永联集团公司精细化工厂〈P1866〉

氯甲酸对硝基苯酯；对硝基氯甲酸苯酯 C02109861
p-Nitrophenyl chloroformate［7693-46-1］
【生产厂】［京］北京维达化工有限公司（50 吨）〈P1563〉；［苏］苏州永拓医药科技有限公司〈P1907〉

氯甲酸对硝基苄酯 C02109885
p-Nitrobenzyl chloroformate［4457-32-3］
【生产厂】［苏］扬州宝盛生物化工有限公司〈P1817〉；［浙］富阳市成兴化工助剂有限公司〈P1915〉；浙江黄岩博泰化工有限公司〈P1964〉；［豫］新乡弘辰科技有限公司〈P2203〉

苯甲酸萘酯；苯甲酸-2-萘酯 C02109891
2-Naphthyl benzoate［93-44-7］
【生产厂】［京］北京亚太化工科技有限公司〈P1564〉；［苏］太仓市运通化工厂〈P1909〉

苯甲酸乙酯；安息香酸乙酯 C02109901
Ethyl benzoate［93-89-0］
用于配制香精，也用作纤维素酯、纤维素醚、树脂等的溶剂
【生产厂】［津］天津市飞鹿工贸有限公司（200 吨）〈P1586〉；［辽］辽阳木星化工有限公司〈P1710〉；［沪］上海邦成化工有限公司〈P1728〉；上海浦杰香料有限公司〈P1756〉；上海茂昌化学制品有限公司〈P1753〉；［苏］常州雪龙化工有限公司〈P1858〉；扬州杰迪化工有限公司〈P1817〉；［鄂］武汉有机新康化工有限公司〈P2235〉；武汉有机实业股份有限公司〈P2235〉；［粤］广州市伟香单体香料有限公司〈P2266〉

2-羟基-3-萘甲酸甲酯 C02109905
Methyl 2-hydroxy-3-naphthoate
【生产厂】［鄂］武汉瑞阳化工有限公司〈P2231〉

6-溴-2-萘甲酸甲酯 C02109909
Methyl 6-bromo-2-naphthoate［33626-98-1］
用于合成药物阿达帕林
【生产厂】［苏］常州市武进临川化工有限公司〈P1854〉；［浙］

浙江同丰医药化工有限公司〈P1969〉

α-萘乙酸甲酯 C02109913
Methyl naphthacetate; Methyl naphthalene-1-acetate [2876-78-0]
【生产厂】[京]北京佳友盛新技术开发中心〈P1551〉

1-萘乙酸乙酯 C02109914
Ethyl 1-naphthaleneacetate [2122-70-5]
【生产厂】[苏]常州市武进鸣凰化学厂〈P1854〉

1-羟基-2-萘甲酸苯酯 C02109915
Phenyl 1-hydroxy-2-naphthoate [132-54-7]
【生产厂】[辽]乐凯(沈阳)科技产业有限责任公司〈P1684〉;[苏]太仓市运通化工厂〈P1909〉

1,4-二羟基-2-萘甲酸苯酯 C02109918
Phenyl 1,4-dihydroxy-2-naphthoate [54978-55-1]
用于合成染料、颜料及感光材料等
【生产厂】[苏]常熟华益化工有限公司〈P1889〉

硝酸异辛酯 C02109921
Isooctyl nitrate [73513-43-6]
用于增加柴油的十六烷值
【生产厂】[鲁]山东联合化工股份有限公司(500 吨)〈P2053〉;[鄂]武汉市合中化工制造有限公司〈P2232〉

硝酸异丙酯 C02109925
Isopropyl nitrate [1712-64-7]
用作医药中间体
【生产厂】[浙]浙江黄岩精细化学品集团有限公司〈P1964〉;浙江精进药业有限公司〈P1965〉;[青]青海黎明化工有限责任公司〈P2359〉

硼酸三异丙酯 C02109933
Triisopropyl borate [5419-55-6]
【生产厂】[沪]上海朗瑞精细化学品有限公司〈P1749〉;[苏]南通宏梓化工有限公司〈P1833〉

硼酸三甲酯 C02109935
Trimethyl borate [121-43-7]
用作半导体的掺杂源,也用于高纯硼的制备
【生产厂】[津]天津市津浩科技发展有限公司〈P1593〉;[沪]上海朗瑞精细化学品有限公司〈P1749〉;上海南翔试剂有限公司〈P1754〉;[苏]南通宏梓化工有限公司(300 吨)〈P1833〉;[浙]东港工贸集团有限公司〈P1960〉;[皖]安庆金泉药业有限公司〈P1979〉;[鲁]潍坊杜得利化学工业有限公司〈P2101〉;[鄂]来凤恒发医药化工集团公司〈P2245〉

硼酸三丁酯 C02109941
Tributyl borate; Tri-*n*-butyl borate [688-74-4]
用于制备半导体元件
【生产厂】[沪]上海金赛医药化工有限公司〈P1744〉;上海南翔试剂有限公司(30 吨)〈P1754〉;上海沪试化工有限公司〈P1737〉

亚硝酸叔丁酯 C02109955
tert-Butyl nitrite [540-80-7]
【生产厂】[沪]上海嘉辰化工有限公司〈P1742〉;[苏]常州夏青化工有限公司(100 吨)〈P1857〉

2-溴丁酸乙酯;α-溴丁酸乙酯 C02109960
Ethyl 2-bromobutyrate [533-68-6]
用作农药、医药中间体
【生产厂】[苏]宜兴市芳桥东方化工厂〈P1884〉;阜宁胜达医药化工有限公司〈P1806〉

异丁酸异丁酯 C02109961
Isobutyl isobutyrate [97-85-8]
用作有机合成原料和有机溶剂
【生产厂】[苏]常州夏青化工有限公司〈P1857〉;宜兴市中港精细化工有限公司〈P1888〉;[浙]台州市海峰医化有限公司〈P1961〉

4-溴丁酸乙酯 C02109962
Ethyl 4-bromobutyrate [2969-81-5]
用作农药、医药中间体
【生产厂】[苏]宜兴市芳桥东方化工厂〈P1884〉

α-溴代异丁酸甲酯 C02109963
Methyl α-bromoisobutyrate [23426-63-3]
用作有机合成中间体
【生产厂】[苏]宜兴市芳桥东方化工厂〈P1884〉;江苏大成医药化工有限公司〈P1802〉

2-溴丁酸甲酯;α-溴丁酸甲酯 C02109964
Methyl 2-bromobutyrate [3196-15-4]
用作农药、医药中间体
【生产厂】[苏]宜兴市芳桥东方化工厂〈P1884〉;[鲁]山东定陶县润鑫精细化工有限公司〈P2159〉

α-溴代异丁酸乙酯;2-溴异丁酸乙酯 C02109965
Ethyl 2-bromoisobutyrate [600-00-0]
是一种重要的医药中间体,主要用于制备降血脂药物及治疗动脉粥状硬化、血栓的药物
【生产厂】[苏]宜兴市芳桥东方化工厂〈P1884〉;江苏大成医药化工有限公司〈P1802〉;沭阳金凯化工厂〈P1804〉;盐城百瑞特精化有限公司〈P1809〉;阜宁胜达医药化工有限公司〈P1806〉

α-溴代异丁酸叔丁酯;2-溴异丁酸叔丁酯 C02109966
tert-Butyl α-bromoisobutyrate [23877-12-5]
用作医药中间体
【生产厂】[苏]宜兴市芳桥东方化工厂〈P1884〉;沭阳金凯化工厂〈P1804〉;宿迁市永星药业有限公司〈P1805〉;江苏东台鑫源化工有限公司〈P1807〉;[浙]浙江车头制药有限公司〈P1963〉

硫代丁酸甲酯 C02109967
Methyl thiobutyrate [2432-51-1]
【生产厂】[鲁]山东滕州悟通香料有限责任公司〈P2078〉;滕州吉田香料有限公司〈P2078〉

4-溴丁酸甲酯 C02109968
Methyl 4-bromobutyrate [4897-84-1]

【生产厂】[苏]宜兴市芳桥东方化工厂〈P1884〉

4-氯丁酸甲酯 C02109969
Methyl 4-chlorobutyrate [3153-37-5]
【生产厂】[浙]浙江省兰溪凯普化学有限公司(2160 吨)〈P1956〉

C

4-氯丁酸异丙酯;γ-氯代丁酸异丙酯 C02109970
Isopropyl 4-chlorobutyrate
【生产厂】[浙]浙江省兰溪凯普化学有限公司(600 吨)〈P1956〉

巴豆酸甲酯;2-丁烯酸甲酯 C02109975
Methyl crotonate [18707-60-3]
用于有机合成和配制香料等
【生产厂】[浙]浙江新花蝶化工有限公司〈P1969〉

3-氨基丁烯酸肉桂酯 C02109977
Cinnamyl 3-aminocrotonate
【生产厂】[皖]安徽丰原集团〈P1974〉

巴豆酸乙酯;2-丁烯酸乙酯 C02109979
Ethyl crotonate [10544-63-5]
用于有机合成,也用作溶剂油漆软化剂
【生产厂】[浙]浙江新花蝶化工有限公司〈P1969〉

2-己烯酸乙酯 C02109985
Ethyl 2-Hexenoate [27829-72-7]
用于配制菠萝型食用香精
【生产厂】[沪]上海申宝香精香料有限公司〈P1760〉

γ-戊内酯;4-甲基丁内酯 C02109991
γ-Valerolactone;4-Methylbutyrolactone [108-29-2]
【生产厂】[冀]廊坊三威化工有限公司〈P1660〉

2-亚甲基丁内酯;2-甲烯基丁内酯 C02109995
2-Methylenebutyrolactone [547-65-9]
【生产厂】[浙]杭州广林生物医药有限公司〈P1917〉

乙酰丙酮;间戊二酮;二乙酰基甲烷;2,4-戊二酮 C02110101
Acetylacetone;2,4-Pentanedione [123-54-6]
用作制药的原料及有机中间体,也可作溶剂
【生产厂】[京]北京双鹤药业股份有限公司〈P1561〉;北京派恩化学制品有限公司(2000 吨)〈P1556〉;北京马氏精细化学品有限公司〈P1555〉;[晋]山西晋新双鹤药业有限责任公司〈P1679〉;[苏]江苏丰登农药有限公司〈P1858〉;兴化市同新化工有限公司(720 吨)〈P1828〉;[浙]浙江中维药业有限公司〈P1947〉;湖州通宝精细化工有限公司〈P1946〉;湖州新奥特医药化工有限公司〈P1946〉;[鲁]茌平华昊化工有限公司(1000 吨)〈P2151〉;平原海达化工有限公司(3000 吨)〈P2143〉;淄博开发区医药化工厂(400 吨)〈P2064〉
【使用厂】[京]北京丽水化工有限责任公司〈P1554〉;[沪]上海华彩精细化工有限公司〈P1738〉;[浙]嘉善嘉生药业有限公司〈P1940〉;[鲁]山东滕州悟通香料有限责任公司〈P2078〉;[粤]广州化学试剂厂〈P2261〉

2,3-戊二酮 C02110111
2,3-Pentanedione [600-14-6]
用作食品香精的原料、明胶硬化剂、相片的黏结剂等
【生产厂】[鲁]山东滕州悟通香料有限责任公司〈P2078〉

双乙烯酮;二乙烯酮;3-羟基丁烯酸-β-内酯 C02110201
Acetyl ketene;Diketen [674-82-8]
用作染料、颜料、农药、医药及有机合成中间体
【生产厂】[苏]张家港浩波化学品有限公司(3000 吨)〈P1912〉;兴化市同新化工有限公司(3000 吨)〈P1828〉;南通江山农药化工股份有限公司(1600 吨)〈P1833〉;[鲁]淄博开发区医药化工厂(8000 吨)〈P2064〉
【使用厂】[京]北京丽水化工有限责任公司〈P1554〉;[津]天津市中央药业有限公司〈P1613〉;[冀]河北省武强县启龙化工有限公司〈P1666〉;唐山市维智贸易有限公司〈P1636〉;[辽]沈阳化工研究院试验厂〈P1686〉;[浙]浙江华海药业股份有限公司〈P1964〉;[鲁]青岛双桃精细化工(集团)有限公司〈P2043〉;山东新华制药股份有限公司〈P2055〉;山东高密康丰农化有限公司〈P2094〉;胶州市精细化工有限公司〈P2031〉

2-丁酮;丁酮;甲基乙基酮;甲乙酮;MEK C02110301
2-Butanone;Methyl ethyl ketone [78-93-3]
用作醋酸纤维素、丙烯酸树脂、醇酸树脂、涂料、油墨等的溶剂,染料的黏结剂,润滑油脱蜡剂,硫化促进剂等
【生产厂】[京]中国蓝星(集团)总公司〈P1568〉;[津]天津市宇博精细化工有限公司(1 万吨)〈P1611〉;[黑]黑龙江石油化工厂(1 万吨)〈P1723〉;[苏]南京富邦化工有限公司〈P1783〉;江都市天达化工厂〈P1815〉;江都市银江化工有限公司〈P1815〉;江苏省江都市天林化工有限公司〈P1816〉;[鲁]淄博齐翔腾达化工有限公司(2 万吨)〈P2066〉;[粤]广州许氏三彩塑胶颜料厂〈P2268〉
【使用厂】[辽]沈阳市试剂三厂〈P1688〉;沈阳市应用技术实验厂〈P1689〉;[沪]上海沪试化工有限公司〈P1737〉;上海华美助剂厂精细化工分厂〈P1739〉;[苏]张家港金冠化工有限公司〈P1912〉;[浙]温州市东方精细化工有限公司〈P1937〉;宁波市鄞州虎啸合成化工厂〈P1932〉;[闽]厦门进尚树脂有限公司〈P1992〉;福建省晋江市华福化工有限公司〈P1998〉;[鲁]烟台市福山区化工研究所有限公司〈P2118〉;山东滕州悟通香料有限责任公司〈P2078〉;淄博汇昌石化助剂有限责任公司〈P2062〉;烟台万华聚氨酯股份有限公司〈P2119〉;[豫]河南省尉氏县香料厂〈P2176〉;[粤]广州化学试剂厂〈P2261〉;佛山市高明区华驰化工树脂有限公司〈P2287〉;[甘]兰州助剂厂〈P2356〉

甲基异丁基甲酮;4-甲基-2-戊酮;甲基酮;MIBK;六碳酮 C02110401
Methyl isobutyl ketone [108-10-1]
用作溶剂,也用作润滑油的脱蜡剂
【生产厂】[辽]锦州经济技术开发区六陆实业股份有限公司〈P1701〉;锦州经济技术开发区六陆实业股份有限公司化工分公司(2000 吨)〈P1701〉;[吉]中国石油吉化集团公司(2 万吨)〈P1717〉;[苏]金陵石化公司南京金龙化工厂〈P1782〉;南京金龙化工厂〈P1785〉
【使用厂】[京]北京化工厂〈P1549〉;[苏]南京化学工业有限公司化工厂〈P1785〉;[鲁]山东飞达化工科技有限公司〈P2135〉;山东圣奥化工股份有限公司〈P2161〉;[川]四川省天然气化工研究院〈P2319〉

甲基异丙基酮;3-甲基-2-丁酮 C02110410

3-Methyl-2-butanone [563-80-4]

主要用作染料中间体，并可用于医药、农药、纺织、油漆、选矿等行业

【生产厂】[沪]上海建北有机化工有限公司(1000 吨)〈P1742〉；上海台界化工有限公司〈P1766〉；[苏]宜兴市中港精细化工有限公司(600 吨)〈P1888〉；[鲁]山东武城康达化工有限公司(300 吨)〈P2146〉

二异丙基酮；2,4-二甲基-3-戊酮 C02110420

2,4-Dimethyl-3-pentanone；Diisopropyl ketone [565-80-0]

用作稀贵金属萃取剂

【生产厂】[苏]宜兴市中港精细化工有限公司(200 吨)〈P1888〉

4,4-二甲氧基-2-丁酮；乙酰乙醛二甲缩醛；3-氧代丁醛二甲缩醛 C02110461

4，4-Dimethoxy-2-butanone；Acetylacetaldehyde dimethyl acetal [5436-21-5]

主要用作医药、农药中间体

【生产厂】[津]天津市百灵消毒剂有限责任公司〈P1579〉；[冀]武强县长虹化工有限公司〈P1669〉

N-甲基吡咯烷酮；NMP；1-甲基-2-吡咯烷酮 C02110501

N-Methylpyrrolidone [872-50-4]

是一种优良溶剂，广泛用作芳烃抽提、润滑油精制、乙炔提浓、合成气脱硫等的萃取剂，也用于工业清洗等

【生产厂】[京]北京高环科贸有限公司〈P1548〉；[津]天津市津宇精细化工有限公司(50 吨)〈P1595〉；[辽]沈阳东进化工产业有限公司(2000 吨)〈P1685〉；[吉]吉林省四平市精细化学品有限公司〈P1717〉；[沪]上海雅本化学有限公司〈P1773〉；上海邦成化工有限公司〈P1728〉；[苏]金陵石化公司南京金龙化工厂〈P1782〉；南京金龙化工厂(1500 吨)〈P1785〉；南京瑞泽精细化工有限公司〈P1788〉；江苏飞翔化工(张家港)有限公司〈P1893〉；如皋市恒祥化工有限责任公司〈P1838〉；[皖]安徽海丰精细化工股份有限公司〈P1971〉；合肥江淮化肥总厂(1000 吨)〈P1972〉；合肥四方集团公司〈P1973〉；[鲁]胜利油田东胜星润化工有限责任公司〈P2087〉；烟台恒鑫化工科技有限公司(1000 吨)〈P2117〉；[豫]河南省卫辉市豫北化工有限公司(300 吨)〈P2201〉；濮阳市迈奇精细化工有限公司(2000 吨)〈P2214〉；濮阳市光明化工有限公司〈P2214〉

【使用厂】[苏]徐州开达精细化工有限公司〈P1795〉

N-月桂基吡咯烷酮；*N*-十二烷基吡咯烷酮 C02110561

N-Lauryl-2-pyrrolidone [2687-96-9]

用作表面活性剂，可与各种阴离子复配

【生产厂】[苏]江苏飞翔化工(张家港)有限公司〈P1893〉；[皖]安徽海丰精细化工股份有限公司〈P1971〉

N-辛基吡咯烷酮 C02110581

N-Octyl-2-pyrrolidone [2687-94-7]

【生产厂】[苏]江苏飞翔化工(张家港)有限公司〈P1893〉；[皖]安徽海丰精细化工股份有限公司〈P1971〉

丙酮；二甲酮；醋酮；木酮 C02110601

Acetone；Dimethyl ketone；Propanone [67-64-1]

是重要的有机合成原料，用于生产环氧树脂、聚碳酸酯、有机玻璃等，也是良好溶剂，并用作萃取剂、稀释剂等

【生产厂】[京]中国蓝星(集团)总公司〈P1568〉；[津]天津市北辰区新欣精细化工厂(100 吨)〈P1580〉；[冀]华北制药股份有限公司(2500 吨)〈P1624〉；华北制药集团有限责任公司〈P1624〉；霸州市华厦溶剂精制有限公司〈P1657〉；[沪]上海建原化工有限公司〈P1743〉；中国石油化工股份有限公司上海高桥分公司(3 万吨)〈P1780〉；[苏]南京富邦化工有限公司〈P1783〉；南京台硝化工有限公司(1000 吨)〈P1790〉；无锡市三吉助剂有限责任公司〈P1878〉；扬州贝尔化工有限公司〈P1817〉；江都市天达化工厂〈P1815〉；江都市银江化工有限公司〈P1815〉；江苏省江都市天林化工有限公司〈P1816〉；[鲁]周村华丰树脂厂〈P2057〉；[豫]河南中促实业有限公司〈P2218〉

【使用厂】[津]天津市五一化工厂〈P1606〉；天津市风船化学试剂科技有限公司〈P1586〉；天津灯塔涂料有限公司〈P1571〉；天津市科迈化工有限公司〈P1597〉；天津天药药业股份有限公司〈P1615〉；天津市中央药业有限公司〈P1613〉；天津市北星化工有限公司〈P1580〉；天津拉勃助剂有限公司〈P1576〉；天津市茂丰化工有限公司〈P1599〉；[冀]石家庄市有机化工厂〈P1632〉；石家庄制药集团有限公司〈P1634〉；邯郸市鑫马涂料股份合作公司〈P1639〉；邢台市乙炔气厂〈P1644〉；[辽]大连市旅顺合成制药厂〈P1694〉；[黑]哈药集团制药总厂〈P1721〉；[沪]中国石化上海石油化工股份有限公司〈P1780〉；上海造漆厂〈P1777〉；上海福达精细化工有限公司〈P1733〉；上海博爱化工有限公司〈P1729〉；上海南翔试剂有限公司〈P1754〉；上海东和胶粘剂有限公司〈P1732〉；[苏]南京化学工业有限公司化工厂〈P1785〉；徐州试剂厂〈P1796〉；镇江市乙炔气厂〈P1846〉；利君集团镇江制药有限责任公司〈P1843〉；苏州第四制药厂有限公司〈P1899〉；南通利田化工有限公司〈P1834〉；江苏省溧阳市制药厂〈P1861〉；昆山三友医药辅料厂〈P1896〉；南京溧水工业气体制造有限公司〈P1787〉；无锡市梁溪精细化工有限公司〈P1877〉；[浙]浙江海正药业股份有限公司〈P1964〉；浙江金华康恩贝生物制药有限公司〈P1955〉；浙江华海药业股份有限公司〈P1964〉；浙江东亚医药化工有限公司〈P1963〉；嘉兴精化化工有限公司〈P1941〉；[皖]铜陵化工集团有机化工有限责任公司〈P1978〉；[闽]龙海市气体有限责任公司〈P2001〉；[赣]萍乡市天源化工厂〈P2012〉；吉安市制氧厂〈P2017〉；江西樟树冠京香料有限公司〈P2016〉；[鲁]济南泰山金鹏涂料有限公司〈P2025〉；山东飞达化工科技有限公司〈P2135〉；山东梁山蓝天化工有限公司〈P2131〉；山东圣奥化工股份有限公司〈P2161〉；烟台市福山区化工研究所有限公司〈P2118〉；荣成市化工总厂有限公司〈P2122〉；山东省平原制药厂〈P2146〉；淄博开发区医药化工厂〈P2064〉；淄博市临淄恒立助剂有限公司〈P2068〉；青岛正好助剂厂〈P2047〉；潍坊市亚东化工有限公司〈P2105〉；[豫]郑州双塔涂料有限公司〈P2174〉；河南省开仑化工有限责任公司〈P2211〉；开封化学试剂总厂〈P2176〉；郑州中原应用技术研究开发有限公司〈P2176〉；洛阳市化学试剂厂〈P2184〉；河南省化工研究所〈P2167〉；黎明化工研究院〈P2181〉；焦作市华联化工有限公司〈P2196〉；漯河市溶解乙炔厂〈P2220〉；南阳普康药业有限公司〈P2224〉；河南巩义市银海天大化工有限公司〈P2165〉；[湘]湘潭市电石厂〈P2251〉；湖南洞庭药业股份有限公司〈P2255〉；郴州旭辉工业气体有限公司〈P2256〉；[粤]广州化学试剂厂〈P2261〉；台山市化学制药有限公司〈P2286〉；广州市合成材料研究院〈P2264〉；[桂]广西柳州东风化工有限责任公司〈P2297〉；[渝]西南合成制药股份有限公司〈P2303〉；[川]四川山山内江制药厂〈P2332〉；四川省天然气化工研

究院〈P2319〉；[甘]西北永新化工股份有限公司〈P2356〉；[新]乌鲁木齐市新市区合力乙炔气厂〈P2363〉

异亚丙基丙酮；4-甲基-3-戊烯-2-酮　C02110701
Methyl isobutenyl ketone；4-Methyl-3-penten-2-one [141-79-7]
用作涂料和树脂的溶剂，可用作药物、杀虫剂的中间体，也是生产甲基异丁基酮和甲基异丁基醇的原料
【生产厂】[津]天津市津浩科技发展有限公司〈P1593〉；[沪]上海建原化工有限公司〈P1743〉

甲氧基丙酮；1-甲氧基-2-丙酮　C02110751
Methoxyacetone；1-Methoxy-2-propanone [5878-19-3]
用作农药中间体，可生产异丙甲草胺
【生产厂】[辽]辽阳市会福化工厂〈P1711〉

α-苯丁烯-γ-酮；亚苄基丙酮；甲基苯乙烯基酮　C02110801
Benzalacetone；Benzylidene acetone [122-57-6]
用于配制香料及镀锌增光剂
【生产厂】[苏]昆山晶科微电子材料有限公司〈P1896〉；张家港市祥新电镀材料制造有限公司〈P1914〉；张家港市庆安化工厂〈P1913〉；张家港市科龙表面处理材料有限公司〈P1913〉；[鄂]武汉有机合成材料研究所〈P2235〉；武汉有机实业股份有限公司〈P2235〉；武汉远城科技发展有限公司(300吨)〈P2235〉

对羟基亚苄基丙酮；4-(对羟基苯基)-3-丁烯-2-酮　C02110851
4-Hydroxybenzylideneacetone [3160-35-8]
用作有机合成中间体
【生产厂】[沪]上海华彩精细化工有限公司〈P1738〉

α-吡咯烷酮；2-吡咯烷酮；丁内酰胺；α-PVR　C02110901
α-Pyrrolidone；2-Pyrrolidone；Butyrolactam [616-45-5]
用作有机合成的原料及溶剂
【生产厂】[辽]沈阳东进化工产业有限公司(2000吨)〈P1685〉；[苏]金陵石化公司南京金龙化工厂〈P1782〉；南京金龙化工厂(1500吨)〈P1785〉；南京瑞泽精细化工有限公司〈P1788〉；江苏飞翔化工(张家港)有限公司〈P1893〉；[皖]安徽海丰精细化工股份有限公司〈P1971〉；合肥江淮化肥总厂(2000吨)〈P1972〉；[赣]景德镇市开门子药用化工有限公司(500吨)〈P2010〉；[鲁]胜利油田东胜星润化工有限责任公司〈P2087〉；[豫]河南省卫辉市豫北化工有限公司(300吨)〈P2201〉
【使用厂】[辽]东北制药总厂〈P1684〉

***N*-乙基-2-吡咯烷酮**；1-乙基-2-吡咯烷酮　C02110911
N-Ethyl-2-pyrrolidinone；NEP [2687-91-4]
主要用于精制油品及生产火药、医药、染料、农药、日化、涂料、耐热树脂等
【生产厂】[苏]江苏飞翔化工(张家港)有限公司〈P1893〉；如皋市恒祥化工有限责任公司(1000吨)〈P1838〉；[皖]安徽海丰精细化工股份有限公司〈P1971〉

***N*-乙烯基吡咯烷酮**；*N*-乙烯基-2-吡咯烷酮；NVP　C02110921
N-Vinylpyrrolidone；*n*-Vinyl-2-pyrolidone [88-12-0]
在化妆品、洗涤品、医药、感光材料等诸领域有广泛的应用
【生产厂】[沪]上海胜浦新材料有限公司(1500吨)〈P1762〉；[浙]杭州市银湖化工有限公司〈P1922〉；台州市奥力特精细化工有限公司〈P1961〉；[豫]焦作市源海精细化工有限公司〈P2197〉

3-乙基-4-甲基吡咯啉-2-酮　C02110951
3-Ethyl-4-methylpyrroline-2-one [766-36-9]
用作医药格列美脲中间体
【生产厂】[冀]沧州那瑞化学科技有限公司〈P1652〉；沧州锐新化工有限公司〈P1652〉；任丘市华北石油科林环保有限公司〈P1657〉；[沪]上海泰顿化工有限公司(10吨)〈P1766〉；[苏]南京科邦医药化工有限公司〈P1786〉；[浙]浙江优联医药化工有限公司〈P1928〉；嘉兴市步云染化厂〈P1941〉；浙江省仙居华康医药化工有限公司〈P1967〉；台州市奥力特精细化工有限公司〈P1961〉；台州市中荣化工有限公司〈P1962〉；浙江新东海医药化工有限公司〈P1969〉；金华立信医药化工有限公司〈P1953〉；[渝]重庆小泉化工厂〈P2308〉；重庆南松医药科技有限公司〈P2305〉

1-苄基-3-吡咯烷酮　C02110981
N-Benzyl-3-pyrrolidone [775-16-6]
【生产厂】[川]江安杜威克化学技术开发有限责任公司〈P2334〉

3-甲基-5-吡唑啉酮　C02111000
3-Methyl-5-pyrazolone
用于合成酸性金属络合染料、分散染料，如C.I.酸性黄106、C.I.酸性橙98、C.I.酸性橙99、C.I.分散黄8等
【生产厂】[冀]河北省武强县启龙化工有限公司〈P1666〉；[苏]常州泰戈化工有限公司〈P1857〉；[鲁]胶州市精细化工有限公司〈P2031〉

1-苯基-3-甲基-5-吡唑啉酮；吡唑啉酮；1,3,5-吡唑酮　C02111001
1-Phenyl-3-methyl-5-pyrazolone [89-25-8]
用于合成安替匹林、氨基比林、安乃近等药物，制备酸性媒介枣红BN、永固黄G、皮革喷涂红G等染料
【生产厂】[冀]沧州科润化工有限公司(1500吨)〈P1651〉；[苏]常州联新化工有限公司〈P1848〉；苏州晟鑫化工有限公司〈P1902〉；江苏常余化工有限公司(3000吨)〈P1893〉；兴化市同新化工有限公司(5000吨)〈P1828〉；[浙]温州美尔诺化工有限公司〈P1937〉；[鲁]山东中科泰斗化学有限公司〈P2030〉；青岛双桃精细化工(集团)有限公司(400吨)〈P2043〉；胶州市精细化工有限公司(5000吨)〈P2031〉；[鄂]武汉武药制药有限公司〈P2234〉
【使用厂】[津]天津市染料化学第八厂〈P1600〉；天津市中天化工工贸有限公司〈P1613〉；[辽]丹东深兰化工有限公司〈P1700〉；[沪]上海五洲药业股份有限公司〈P1770〉；[浙]上虞市东海化工有限公司〈P1947〉；[鲁]山东新华制药股份有限公司〈P2055〉；山东博山制药有限公司〈P2051〉；德州市宇虹化工有限公司〈P2142〉

吡唑蒽酮；1,9-吡唑并蒽酮　C02111011
1,9-Pyrazoloanthrone [129-56-6]
用作染料中间体，可用来生产还原灰M等

【生产厂】[苏]镇江市海通化工有限公司〈P1845〉

1,3-二甲基-5-吡唑酮 C02111071

1,3-Dimethyl-5-pyrazolone [2749-59-9]

【生产厂】[鲁]龙口市龙海精细化工有限公司(600 吨)〈P2111〉

环己酮 C02111101

Cyclohexanone [108-94-1]

是生产己内酰胺和己二酸的原料,用作油漆、油墨、合成树脂、合成橡胶的溶剂和稀释剂,还用作皮革脱脂剂等

【生产厂】[京]北京市通州永乐长城化工有限公司(200 吨)〈P1561〉;[辽]辽阳英华有机化工有限公司(2000 吨)〈P1712〉;锦化化工(集团)有限责任公司(5200 吨)〈P1703〉;[沪]上海建北有机化工有限公司〈P1742〉;上海建原化工有限公司〈P1743〉;[苏]江都市天达化工厂〈P1815〉;江都市银江化工有限公司〈P1815〉;江苏省江都市天林化工有限公司〈P1816〉;南通恒兴电子材料有限公司〈P1833〉;[浙]衢州市台胞投资经贸有限公司〈P1958〉;[鲁]山东方明化工有限公司(2 万吨)〈P2160〉

【使用厂】[津]天津灯塔涂料有限公司〈P1571〉;天津中新药业集团股份有限公司新新制药厂〈P1618〉;天津市中央药业有限公司〈P1613〉;天津市北星化工有限公司〈P1580〉;天津市科威实业公司〈P1597〉;[冀]邯郸市鑫马涂料股份合作公司〈P1639〉;[辽]沈阳市应用技术实验厂〈P1689〉;[苏]江苏三木集团公司〈P1865〉;江都市大江化工厂〈P1813〉;[闽]福建莆田大隆化工实业有限公司〈P1997〉;[鲁]济南泰山金鹏涂料有限公司〈P2025〉;山东梁山蓝天化工有限公司〈P2131〉;淄博开发区光明社会福利化工厂〈P2064〉;菏泽仕达化工有限公司〈P2159〉;济宁市化工研究所〈P2128〉;潍坊市亚东化工有限公司〈P2105〉;山东省东营远大化工有限公司〈P2085〉;[豫]郑州双塔涂料有限公司〈P2174〉;新郑市树脂厂〈P2169〉;[粤]佛山市鲸鲨制漆科技有限公司〈P2288〉;[甘]兰州助剂厂〈P2356〉

1,3-环己二酮 C02111151

1,3-Cyclohexandione [504-02-9]

用作医药中间体

【生产厂】[京]北京医科大学应用药物研究所〈P1564〉;[辽]辽宁海德医药化工有限公司〈P1699〉;[浙]杭州广林生物医药有限公司〈P1917〉;浙江新农化工股份有限公司〈P1970〉;金华立信医药化工有限公司〈P1953〉;[陕]陕西宏庆医药化学有限公司〈P2346〉

1,4-环己二酮 C02111161

1,4-Cyclohexandione;Cyclohexane-1,4-dione [637-88-7]

用于制药、合成电导体材料等

【生产厂】[冀]沧州华光化工有限公司(100 吨)〈P1651〉;河北华戈化学集团〈P1654〉;[浙]浙江优联医药化工有限公司〈P1928〉;浙江省台州市椒江天一化工厂(30 吨)〈P1966〉;[陕]陕西宏庆医药化学有限公司〈P2346〉

1,2-环己二酮 C02111165

1,2-Cyclohexanedione [765-87-7]

【生产厂】[陕]陕西宏庆医药化学有限公司〈P2346〉

苯乙酮;甲基苯基酮;乙酰苯 C02111201

Acetophenone;Methyl phenyl ketone [98-86-2]

用作溶剂、烯烃聚合催化剂,用于制造香料等

【生产厂】[京]北京马氏精细化学品有限公司〈P1555〉;[津]天津汇宇实业有限公司(40 吨)〈P1574〉;[苏]无锡市佳盛高新改性材料有限公司〈P1877〉

【使用厂】[津]天津市中央药业有限公司〈P1613〉;[辽]东北制药总厂〈P1684〉;[沪]上海华盛香料厂〈P1739〉

对甲基苯乙酮 C02111205

4-Methylacetophenone [122-00-9]

用作香料、除草剂中间体及用于有机合成

【生产厂】[苏]金坛市花山化工厂〈P1861〉;太仓市振湖化工厂〈P1909〉;江苏磐希化工有限公司〈P1821〉;[鲁]山东武城康达化工有限公司〈P2146〉

对乙基苯乙酮;4-乙基苯乙酮 C02111206

4-Ethylacetophenone [937-30-4]

用作农药、液晶及有机合成中间体

【生产厂】[京]北京清华紫光英力化工技术有限责任公司〈P1557〉;[苏]江苏兰健药业有限公司〈P1802〉;江苏磐希化工有限公司〈P1821〉

2,4-二甲基苯乙酮;2,4-二甲基乙酰苯 C02111207

2,4-Dimethylacetophenone [89-74-7]

用作有机合成中间体

【生产厂】[皖]安徽省广德科苑化工有限公司〈P1986〉

对氯苯乙酮;4-氯苯乙酮 C02111210

p-Chloroacetophenone [99-91-2]

用作荧光增白剂、制药和中间体原料

【生产厂】[京]大庆开发区新世纪精细化工有限公司北京裕立化工有限公司〈P1567〉;[晋]山西新天源医药化工有限公司〈P1677〉;[辽]乐凯(沈阳)科技产业有限责任公司〈P1684〉;[黑]大庆新世纪精细化工有限公司〈P1722〉;[沪]上海汇龙化工有限公司〈P1741〉;[苏]金坛市花山化工厂〈P1861〉;[皖]广德金邦化工有限公司〈P1986〉;安徽省广德科苑化工有限公司〈P1986〉

邻氯苯乙酮;2-氯苯乙酮 C02111211

o-Chloroacetophenone [2142-68-9]

用作医药中间体

【生产厂】[京]大庆开发区新世纪精细化工有限公司北京裕立化工有限公司〈P1567〉;北京奥得赛化学有限公司(2 吨)〈P1543〉;[黑]大庆新世纪精细化工有限公司〈P1722〉;[沪]上海康文医药中间体有限公司〈P1748〉;[苏]南京奥德赛化工有限公司(24 吨)〈P1782〉;金坛市源诺对外贸易有限公司〈P1862〉;[浙]台州东升医药化工有限公司〈P1960〉

间氯苯乙酮;3-氯苯乙酮 C02111212

m-Chloroacetophenone [99-02-5]

用作医药合成原料,主要用于合成治疗癫痫病药物卡马西平等,同时也可作为精细化工、农药等的中间体

【生产厂】[苏]南京奥德赛化工有限公司(24 吨)〈P1782〉;徐州瑞赛科技实业有限公司〈P1795〉;江苏沭阳同盛科技有限公司〈P1804〉;[浙]浙江九洲药业股份有限公司〈P1965〉;浙江台州海翔医药化工有限公司〈P1968〉;[粤]深圳欣福林精细化工有限公司〈P2273〉

α-氯代苯乙酮 C02111213

α-Chloroacetophenone [532-27-4]

用于制药及用于有机合成

【生产厂】[苏]金坛市花山化工厂〈P1861〉;[皖]安徽省广德

科苑化工有限公司〈P1986〉

3,5-二羟基苯乙酮　C02111217

3,5-Dihydroxylacetophenone [51863-60-6]

用作药物特布他林、班布特罗等的重要中间体

【生产厂】[浙]浙江台州海翔医药化工有限公司〈P1968〉

2,4-二羟基苯乙酮;雷琐苯乙酮　C02111219

2,4-Dihydroxylacetophenone;Resacetophenone [89-84-9]

医药工业用于制冠心病药乙氧黄酮等

【生产厂】[苏]金坛市花山化工厂〈P1861〉;盐城聚源化工有限公司〈P1810〉;[皖]安徽省广德科苑化工有限公司〈P1986〉

苯丙酮　C02111220

Propiophenone;Ethyl phenyl ketone [93-55-0]

用于通用试剂、制药、香精、香料及有机合成等

【生产厂】[京]北京马氏精细化学品有限公司〈P1555〉;[沪]上海华彭实业有限公司〈P1739〉;上海华盛香料厂〈P1739〉;[苏]宜兴市中港精细化工有限公司〈P1888〉;吴江明恒化学有限公司〈P1909〉;昆山城东化工有限公司〈P1895〉;连云港立本农药化工有限公司(100 吨)〈P1798〉;[鲁]淄博福琛精细化工有限公司〈P2060〉;潍坊潍泰化工有限公司(360 吨)〈P2106〉

对甲基苯丙酮;4-甲基苯丙酮　C02111221

p-Methylpropiophenone [5337-93-9]

【生产厂】[苏]金坛市花山化工厂〈P1861〉;昆山城东化工有限公司〈P1895〉;[浙]台州市新东方医化有限公司〈P1962〉

苯基丙酮;苄基甲基酮;1-苯基-2-丙酮　C02111222

1-Phenyl-2-acetone [103-79-7]

用于合成敌鼠钠盐等农药中间体,苯丙胺、苯基异丙胺等医药中间体

【生产厂】[津]天津市豹鸣精细化工有限责任公司(200 吨)〈P1579〉;[苏]宜兴市中港精细化工有限公司〈P1888〉;宝应县中宝云鹏化工有限公司〈P1813〉;[浙]嘉兴市步云富欣化工厂〈P1941〉

对乙基苯丙酮　C02111224

4-Ethylpropiophenone [16819-97-7]

【生产厂】[苏]昆山城东化工有限公司〈P1895〉;[浙]浙江优联医药化工有限公司〈P1928〉

邻氯苯丙酮;2-氯苯丙酮　C02111230

o-Chloropropiophenone

【生产厂】[苏]金坛市群乐化工助剂研究所〈P1862〉

间氯苯丙酮;3′-氯苯丙酮　C02111232

m-Chloropropiophenone;3′-Chloropropiophenone [936-59-4]

用于合成药物安非他酮

【生产厂】[苏]南京奥德赛化工有限公司〈P1782〉;金坛市群乐化工助剂研究所〈P1862〉;[浙]浙江优联医药化工有限公司〈P1928〉

邻氟苯丙酮　C02111234

o-Fluoropropiophenone [446-22-0]

【生产厂】[苏]南京仁信化工有限公司〈P1788〉

对氯苯丙酮　C02111235

p-Chloropropiophenone [6285-05-8]

【生产厂】[京]北京卡乐瑞化工有限公司〈P1553〉;北京昊科尔化工有限公司〈P1548〉

邻羟基苯丙酮;2-羟基苯丙酮　C02111237

o-Hydroxylpropiophenone [610-99-1]

【生产厂】[京]北京卡乐瑞化工有限公司〈P1553〉

对羟基苯丙酮;对丙酰基苯酚　C02111238

p-Hydroxypropiophenone;1-(4-Hydroxyphenyl)-1-propanone [70-70-2]

用作液晶原料及中间体

【生产厂】[京]北京卡乐瑞化工有限公司〈P1553〉;北京马氏精细化学品有限公司〈P1555〉;[苏]金坛市花山化工厂〈P1861〉;江苏飞翔化工(张家港)有限公司〈P1893〉

间三氟甲基苯丙酮　C02111239

3-(Trifluoromethyl)propiophenone [1533-03-5]

【生产厂】[沪]上海宏鹏化工有限公司〈P1737〉

4-羟基苯基丙酮　C02111241

4-Hydroxyphenylacetone [770-39-8]

【生产厂】[苏]金坛市花山化工厂〈P1861〉

4-氟苯基丙酮;对氟苯基丙酮　C02111245

4-Fluorophenylacetone [459-03-0]

【生产厂】[苏]金坛市花山化工厂〈P1861〉

邻氟苯基丙酮　C02111247

o-Fluorophenylacetone [2836-82-0]

【生产厂】[湘]湘潭高新区林盛化学有限公司〈P2251〉

对丁基苯乙酮　C02111261

p-*n*-Butylacetophenone [37920-25-5]

【生产厂】[苏]金坛市花山化工厂〈P1861〉

对异丁基苯乙酮　C02111265

p-*iso*-Butylacetophenone [38861-78-8]

【生产厂】[苏]金坛市花山化工厂〈P1861〉

对丙基苯乙酮　C02111271

p-Propylacetophenone [2932-65-2]

【生产厂】[苏]太仓市中天化学有限公司〈P1909〉

对异丙基苯乙酮　C02111273

p-*iso*-Propylacetophenone [645-13-6]

【生产厂】[苏]金坛市花山化工厂〈P1861〉;江苏兰健药业有限公司〈P1802〉

对戊基苯乙酮　C02111275

p-Pentylacetophenone [37593-02-5]

【生产厂】[苏]太仓市中天化学有限公司〈P1909〉

3,4-二甲基苯乙酮　C02111281

3,4-Dimethylacetophenone [3637-01-2]

【生产厂】[皖]安徽省广德科苑化工有限公司〈P1986〉

β-氯代苯丙酮 C02111291

β-Chloropropiophenone [936-59-4]

医药中间体,也可用于其他有机合成

【生产厂】[浙]横店集团家园化工有限公司〈P1952〉

对溴苯丙酮;对丙酰基溴苯 C02111295

p-Bromopropiophenone [10342-83-3]

【生产厂】[京]北京马氏精细化学品有限公司〈P1555〉

薄荷脑;2-异丙基-5-甲基环己醇;薄荷醇 C02111301

Peppermint camphor;Menthol [89-78-1]

医药上用于清凉油、止痛药等,也用于制牙膏、牙粉、糖果、饮料、香料等

【生产厂】[沪]上海邦成化工有限公司〈P1728〉;上海新嘉香料有限公司(550 吨)〈P1772〉;[苏]昆山市鹿都香料厂〈P1897〉;江苏省新曹天然香料研究所〈P1808〉;南通薄荷厂有限公司(4000 吨)〈P1832〉;[皖]安徽贝克药业有限公司〈P1971〉;安徽丰乐香料有限责任公司〈P1971〉;黄山市天目药业有限公司(300 吨)〈P1981〉;[闽]福建瑞国药业有限公司〈P1997〉;[赣]吉水县金海天然香料油科技有限公司〈P2017〉;江西省吉水县华宝天然药用油厂〈P2018〉;江西省吉水县华源香料油厂〈P2018〉;江西省吉水县金康天然香料厂〈P2018〉;江西省吉水县康神天然药用油提炼厂〈P2018〉;江西省吉水县水南药用百草油提炼厂〈P2019〉;江西省吉水县同仁天然药用油厂〈P2019〉;江西省吉水药用提炼厂〈P2019〉;江西省南方药物油厂〈P2019〉;江西省吉水县水南威霸香料公司〈P2018〉;江西省吉水三达天然药用香料油厂〈P2018〉;江西省吉水中南天然香料油厂〈P2019〉;江西省吉安市福达天然药用油厂〈P2018〉;江西吉安市绿康天然香料油厂〈P2017〉;[湘]湖南衡山岳北天然香料油有限公司〈P2253〉;[滇]杨林工业开发区汕滇药业有限公司〈P2340〉

异佛尔酮;3,5,5-三甲基-2-环己烯-1-酮 C02111401

Isophorone;3,5,5-Trimethyl-2-cyclohexene-1-one [78-59-1]

是油脂、树胶、树脂等的优良溶剂,特别适用于乙烯基树脂

【生产厂】[津]天津市津浩科技发展有限公司〈P1593〉

α-环己烯酮;2-环己烯-1-酮 C02111431

2-Cyclohexenone;2-Cyclohexen-1-one [930-68-7]

【生产厂】[苏]吴江市高新精细化工有限公司〈P1910〉

2,6,6-三甲基环己烯-1,4-二酮;茶香酮 C02111451

2,6,6-Trimethylcyclohex-2-ene-1,4-dione [1125-21-9]

用作配制烟用香精和饮料香精

【生产厂】[沪]上海华盛香料厂(100 千克)〈P1739〉

达美酮;5,5-二甲基-1,3-环己二酮 C02111471

Dimedone;5,5-Dimethyl-1,3-cyclohexanedione [126-81-8]

【生产厂】[苏]江苏神洲化学工业有限公司〈P1808〉

1-金刚烷甲酮;1-乙酰基金刚烷 C02111501

1-Adamantyl methyl ketone;1-Acetyladamantane [1660-04-4]

是合成盐酸金刚乙胺的中间体

【生产厂】[浙]普洛康裕股份有限公司〈P1953〉

樟脑;2-莰酮;合成樟脑 C02111601

Camphor [76-22-2]

是重要的药品和化工基础原料,可用作增塑剂,用于生产塑料、假象牙、清漆、炸药、驱虫剂、防腐剂等

【生产厂】[沪]上海华谊集团华原化工有限公司(3000 吨)〈P1739〉;上海金鹿化工有限公司〈P1744〉;[苏]苏州合成化工有限公司(1 万吨)〈P1900〉;昆山嘉福香料有限责任公司〈P1896〉;江苏大华药业有限公司〈P1802〉;南通薄荷厂有限公司(4000 吨)〈P1832〉;[浙]浙江海正药业股份有限公司〈P1964〉;[闽]建阳市青松化工有限公司(5000 吨)〈P2005〉;三明市梅列香料厂〈P1996〉;[赣]吉水县金海天然香料油科技有限公司〈P2017〉;江西吉水县兴华天然香料有限公司(2000 吨)〈P2017〉;江西省吉水县华宝天然药用油厂〈P2018〉;江西省吉水县金康天然香料厂〈P2018〉;江西省吉水县康神天然药用油提炼厂〈P2018〉;江西省吉水县水南药用百草油提炼厂〈P2019〉;江西省吉水县同仁天然药用油厂〈P2019〉;江西省南方药物油厂〈P2019〉;江西省吉水县水南威霸香料公司〈P2018〉;江西省吉水三达天然药用香料油厂〈P2018〉;江西省吉水中南天然香料油厂〈P2019〉;江西省吉安市林源香料公司〈P2018〉;[粤]怀集县长林化工有限责任公司(1500 吨)〈P2294〉;[桂]广西百色市益联植化有限公司〈P2301〉;广西梧州松脂股份有限公司(1000 吨)〈P2300〉;[川]四川省宜宾市川汇香料有限责任公司〈P2335〉;宜宾建中香料有限公司〈P2335〉

D-3-溴樟脑 C02111631

3-Bromo-D-camphor [10293-06-8]

用作有机合成中间体、医药中间体,也可用作手性结构单元

【生产厂】[沪]上海康福赛尔医药科技有限公司〈P1748〉;[苏]南京科邦医药化工有限公司〈P1786〉;盐城市东港药物化工发展有限公司〈P1811〉

一氯丙酮 C02111701

Chloroacetone [78-95-5]

用于有机合成,制备药物、杀虫剂、香料和染料等

【生产厂】[苏]如东县升辉化工有限公司〈P1837〉

【使用厂】[鲁]山东滕州悟通香料有限责任公司〈P2078〉

1,3-二氯丙酮 C02111710

1,3-Dichloroacetone [534-07-6]

是重要的医药、农药中间体,目前主要用于喹诺酮类抗菌药环丙氟哌酸的合成

【生产厂】[苏]江苏兰健药业有限公司〈P1802〉

六氯丙酮;全氯丙酮 C02111730

Hexachloroacetone;Hexachloro-2-propanone [116-16-5]

用于生产医药、农药中间体

【生产厂】[辽]沈阳市嘉恒化工有限公司〈P1688〉;[苏]昆山市花桥化工四厂〈P1897〉;[鲁]蓬莱鸿源化工有限公司〈P2111〉;蓬莱市前卫化工有限公司〈P2112〉

1,1,3-三氯丙酮 C02111750

1,1,3-Trichloroacetone;1,1,3-TCA [921-03-9]

【生产厂】[苏]江苏江东化工股份有限公司〈P1859〉;常州市通达化工有限公司〈P1853〉

1,1,3-三溴丙酮 C02111770

1,1,3-Tribromoacetone [3475-39-6]

【生产厂】[浙]浙江优联医药化工有限公司〈P1928〉

全氟丙酮;六氟丙酮　C02111790
Hexafluoroacetone [684-16-2]
用于医药、农药和有机化学品的合成
【生产厂】[苏]盐城冬阳生物制品有限公司〈P1809〉

C

4,4′-二氟二苯甲酮　C02111801
4,4′-Difluorobenzophenone [345-92-6]
可作光记录及电记录材料的成像剂和电荷控制剂,还可作某些聚合反应的引发剂,是许多共聚物的单体材料
【生产厂】[沪]上海华钛化学有限公司〈P1739〉;[苏]江苏省句容市兴源化工厂〈P1842〉;常州高科生物化学有限公司(300千克)〈P1846〉;江苏永联集团公司精细化工厂〈P1866〉;昆山化工医药原料有限公司〈P1895〉;江苏兰健药业有限公司〈P1802〉;[浙]上虞市卧龙化工有限公司〈P1948〉;[赣]江西省励远化工科技实业公司〈P2009〉;[鲁]山东中科泰斗化学有限公司〈P2030〉;[豫]圣斯诺化工有限公司〈P2169〉;[鄂]武汉怡兴化工有限公司〈P2235〉;湖北省化学研究院〈P2228〉;湖北科兴医药化工股份有限公司〈P2237〉;湖北襄樊福润达化工有限公司〈P2237〉

2,4′-二氟二苯甲酮　C02111805
2,4′-Difluorobenzophenone [342-25-6]
用作农药粉唑醇的中间体
【生产厂】[苏]常州高科生物化学有限公司(320千克)〈P1846〉;盐城利民农化有限公司〈P1810〉;[豫]河南昊海实业有限公司〈P2165〉

2,4-二氟二苯甲酮　C02111809
2,4-Difluorobenzophenone [85068-35-5]
【生产厂】[苏]江苏兰健药业有限公司〈P1802〉

2-氨基二苯甲酮　C02111810
2-Aminobenzophenone [2835-77-0]
【生产厂】[苏]金坛德培化工有限公司〈P1861〉;金坛市三方医药原料厂〈P1862〉;[鄂]武汉市银冠化工有限公司黄陂精细化工厂〈P2233〉

4-氨基二苯甲酮　C02111812
4-Aminobenzophenone
【生产厂】[鄂]武汉怡兴化工有限公司〈P2235〉

4-氟-4′-甲氧基二苯甲酮　C02111821
4-Fluoro-4′-methoxybenzophenone [345-89-1]
用作医药中间体
【生产厂】[苏]昆山化工医药原料有限公司〈P1895〉

4,4′-二甲氧基二苯甲酮　C02111831
4,4′-Dimethoxybenzophenone [90-96-0]
【生产厂】[苏]江苏永联集团公司精细化工厂〈P1866〉

4-氟二苯甲酮;对氟二苯甲酮　C02111851
4-Fluorobenzophenone [345-83-5]
【生产厂】[苏]常州高科生物化学有限公司(300千克)〈P1846〉;金坛市花山化工厂〈P1861〉;[鄂]湖北省化学研究院〈P2228〉

2-氟二苯甲酮;邻氟二苯甲酮　C02111853
2-Fluorobenzophenone [342-24-5]
【生产厂】[苏]金坛市三方医药原料厂〈P1862〉

4-甲氧基-4′-甲基二苯甲酮　C02111861
4-Methoxy-4′-methylbenzophenone
【生产厂】[苏]金坛市花山化工厂〈P1861〉

3-(1-氰乙基)二苯甲酮　C02111871
3-(1-Cyanoethyl) benzophenone [42872-30-0]
【生产厂】[冀]石家庄经济技术开发区阜达化工有限公司〈P1628〉;[鄂]湖北省化学研究院〈P2228〉

4-乙氧基二苯甲酮　C02111891
4-Ethoxybenzophenone [27982-06-5]
【生产厂】[苏]金坛市花山化工厂〈P1861〉

2,3-丁二酮;双乙酰;丁二酮　C02111901
2,3-Butanedione [431-03-8]
用于配制奶油香精,是生产吡嗪类香料的主要原料
【生产厂】[辽]大连金菊香料有限公司〈P1692〉;[苏]苏州市美花日用香料有限公司〈P1904〉;盐城鸿泰生物工程有限公司〈P1810〉;[浙]台州市华鼎化工有限公司〈P1961〉;[豫]河南省康源香料有限公司(800吨)〈P2176〉;河南省尉氏县香料厂(5吨)〈P2176〉;[粤]广州市伟香单体香料有限公司〈P2266〉
【使用厂】[鲁]山东滕州悟通香料有限责任公司〈P2078〉

3-羟基-2-丁酮;乙偶姻;甲基乙酰基原醇　C02112001
3-Hydroxy-2-butanone; Acetoin [513-86-0]
可用于制取2,3-丁二酮,用于配制奶油、乳品、酸奶和草莓等型香料
【生产厂】[辽]大连金菊香料有限公司〈P1692〉;[浙]嘉善志远生化有限公司〈P1940〉;[鲁]山东滕州悟通香料有限责任公司(30吨)〈P2078〉;[豫]河南省尉氏县香料厂(5吨)〈P2176〉

1-苯基-1,2-丙二酮　C02112101
1-Phenyl-1,2-propanedione [579-07-7]
用作光引发剂、医药中间体和食品添加剂等的重要原料
【生产厂】[苏]徐州瑞赛科技实业有限公司〈P1795〉

香叶基丙酮;2,6-二甲基-2,6-十一碳二烯-10-酮　C02112201
Geranyl acetone; 2,6-Dimethyl-2,6-undecadi*en*-10-one [3796-70-1]
用作医药中间体,用于合成异植物醇,可配制香叶油
【生产厂】[沪]上海雅本化学有限公司〈P1773〉;[苏]宜兴市昌吉利化工有限公司〈P1883〉

2,4-二氯-5-氟苯乙酮　C02112301
2,4-Dichloro-5-fluoroacetophenone [704-10-9]
用作医药中间体,为第三代广谱高效喹诺酮类抗菌剂环丙沙星、蒽诺沙星的主要中间体
【生产厂】[冀]石家庄市汇康精细化学有限公司〈P1629〉;[苏]常州市通达化工有限公司〈P1853〉;江阴市璜土固化剂厂〈P1869〉;[浙]浙江白云伟业化工股份有限公司

〈P1950〉;浙江普洛化学有限公司(4000 吨)〈P1955〉

2-溴-4′-氯苯乙酮　C02112325
2-Bromo-4′-chloroacetophenone [536-38-9]
【生产厂】[沪]上海华彩精细化工有限公司〈P1738〉;[苏]徐州瑞赛科技实业有限公司〈P1795〉

α-溴代-2,4-二氯苯乙酮　C02112329
α-Bromo-2,4-dichloroacetophenone
用作合成三唑类化合物如氟康唑、伊曲康唑等的中间体
【生产厂】[苏]盐城聚源化工有限公司〈P1810〉

2′-溴-2,6-二氟苯乙酮　C02112333
2′-Bromo-2,6-difluoroacetophenone
【生产厂】[赣]江西上饶现代化工有限公司〈P2015〉

2-氯-4′-氟苯乙酮; α-氯-4′-氟苯乙酮　C02112335
2-Chloro-4′-fluoroacetophenone; α-Chloro-4′-fluoroacetophenone [456-04-2]
用作医药中间体
【生产厂】[苏]金坛市花山化工厂〈P1861〉;苏州永拓医药科技有限公司〈P1907〉;[皖]广德金邦化工有限公司〈P1986〉

2,3-二氟苯乙酮　C02112340
2,3-Difluoroacetophenone [18355-80-1]
【生产厂】[赣]江西上饶现代化工有限公司〈P2015〉

3,4-二氟苯乙酮　C02112343
3,4-Difluoroacetophenone [369-33-5]
【生产厂】[京]北京宜龙通广科技有限公司〈P1565〉;[苏]金坛市花山化工厂〈P1861〉;[赣]江西上饶现代化工有限公司〈P2015〉

3,5-二氟苯乙酮　C02112345
3,5-Difluoroacetophenone [123577-99-1]
用作医药、农药中间体
【生产厂】[京]北京金奥利维科技发展有限公司〈P1551〉;北京宜龙通广科技有限公司〈P1565〉;[赣]江西上饶现代化工有限公司〈P2015〉;[鲁]济宁信东化工有限公司〈P2129〉

2,6-二氟苯乙酮　C02112347
2,6-Difluoroacetophenone [13670-99-0]
【生产厂】[京]北京金奥利维科技发展有限公司〈P1551〉;北京宜龙通广科技有限公司〈P1565〉;[赣]江西上饶现代化工有限公司〈P2015〉

对氟苯乙酮;4′-氟苯乙酮　C02112351
p-Fluoroacetophenone [403-42-9]
用作有机中间体，可用于生产农药氟环唑等
【生产厂】[京]大庆开发区新世纪精细化工有限公司北京裕立化工有限公司〈P1567〉;[冀]石家庄市汇康精细化学有限公司〈P1629〉;[黑]大庆新世纪精细化工有限公司〈P1722〉;[沪]上海市农药研究所〈P1764〉;[苏]句容市顺风助剂厂〈P1843〉;常州高科生物化学有限公司(360 千克)〈P1846〉;金坛市花山化工厂〈P1861〉;江苏沭阳同盛科技有限公司〈P1804〉;盐城聚源化工有限公司〈P1810〉

邻氟苯乙酮;2′-氟苯乙酮　C02112355
o-Fluoroacetophenone;2′-Fluoroacetophenone [445-27-2]
【生产厂】[苏]句容市顺风助剂厂〈P1843〉;金坛市源诺对外贸易有限公司〈P1862〉;扬州天辰精细化工有限公司〈P1819〉;[浙]浙江优联医药化工有限公司〈P1928〉

间氟苯乙酮;3′-氟苯乙酮　C02112359
m-Fluoroacetophenone;3′-Fluoroacetophenone [455-36-7]
【生产厂】[苏]句容市顺风助剂厂〈P1843〉;金坛市源诺对外贸易有限公司〈P1862〉

α-溴代苯乙酮　C02112361
α-Bromoacetophenone [70-11-1]
用作医药中间体
【生产厂】[辽]荣成市东立精细化工有限公司阜新分公司〈P1708〉;[苏]南通大鸿化工有限公司〈P1832〉;[皖]广德金邦化工有限公司〈P1986〉;安徽省广德科苑化工有限公司〈P1986〉

2,2,2-三氟苯乙酮;α,α,α-三氟苯乙酮　C02112365
2,2,2-Trifluoroacetophenone [434-45-7]
【生产厂】[京]北京金奥利维科技发展有限公司〈P1551〉

间溴苯乙酮　C02112371
m-Bromoacetophenone;1-(3-Bromophenyl) ethanone [2142-63-4]
用作有机合成原料,也是合成软化血管类药物的中间体
【生产厂】[辽]荣成市东立精细化工有限公司阜新分公司〈P1708〉;[苏]徐州瑞赛科技实业有限公司〈P1795〉;[粤]深圳欣福林精细化工有限公司〈P2273〉

邻溴苯乙酮;2′-溴苯乙酮　C02112373
2′-Bromoacetophenone [2142-69-0]
【生产厂】[苏]金坛市源诺对外贸易有限公司〈P1862〉

4-溴苯乙酮;对溴苯乙酮　C02112375
4-Bromoacetophenone [99-90-1]
用作医药中间体
【生产厂】[京]北京马氏精细化学品有限公司〈P1555〉;[晋]山西新天源医药化工有限公司〈P1677〉;[苏]金坛市源诺对外贸易有限公司〈P1862〉;金坛市花山化工厂〈P1861〉;江苏沭阳同盛科技有限公司〈P1804〉;[皖]安徽省广德科苑化工有限公司〈P1986〉

2-溴-4′-甲基苯乙酮　C02112381
2-Bromo-4′-methylacetophenone [619-41-0]
【生产厂】[浙]杭州广林生物医药有限公司〈P1917〉

4-溴-2-羟基苯乙酮;2-乙酰基-5-溴苯酚　C02112383
4-Bromo-2-hydroxyacetophenone
用作医药中间体
【生产厂】[浙]浙江圣达药业有限公司〈P1967〉

5-溴-2-羟基苯乙酮　C02112384
5-Bromo-2-hydroxyacetophenone [1450-75-5]
【生产厂】[苏]昆山华旭精细化工有限公司〈P1895〉

α-溴代对羟基苯乙酮　C02112399

α-Bromo-4-hydroxyacetophenone [2491-38-5]
用作有机合成原料
【生产厂】[苏]苏州永拓医药科技有限公司〈P1907〉；[鲁]山东大地盐化集团〈P2094〉

2-氨基-5-氯二苯甲酮；氨基酮 C02112401
2-Amino-5-chlorobenzophenone [719-59-5]
用作医药中间体，主要用于制备利眠宁、安定、舒乐安定等镇静药物
【生产厂】[豫]河南省镇平药用原料化工有限公司(10吨)〈P2223〉；[鄂]武汉怡兴化工有限公司〈P2235〉；襄樊一诺精细化工有限公司〈P2238〉；湖北科兴医药化工股份有限公司(200吨)〈P2237〉；湖北制药有限公司(100吨)〈P2237〉
【使用厂】[苏]常州康达制药有限公司〈P1848〉

2-氨基-2′-氟-5-氯二苯甲酮；氟氨基酮 C02112410
2-Amino-2′-fluoro-5-chlorobenzophenone [784-38-3]
用作药品氟奋乃静的中间体
【生产厂】[沪]上海晨日化学有限公司〈P1730〉；[苏]金坛德培化工有限公司〈P1861〉；昆山化工医药原料有限公司〈P1895〉

2-氨基-2′,5-二氯二苯甲酮 C02112421
2-Amino-2′,5-dichlorobenzophenone [2958-36-3]
用作药品三唑仑、劳拉西泮的中间体
【生产厂】[苏]金坛德培化工有限公司〈P1861〉；金坛市三方医药原料厂〈P1862〉；[浙]浙江台州海翔医药化工有限公司〈P1968〉

2-氯-5-硝基二苯甲酮 C02112481
2-Chloro-5-nitrobenzophenone [34052-37-4]
用作医药中间体
【生产厂】[鄂]武汉怡兴化工有限公司〈P2235〉；湖北科兴医药化工股份有限公司〈P2237〉；襄樊明熙化工有限公司〈P2238〉

2-氨基-5-硝基二苯甲酮；硝基氨基酮 C02112501
2-Amino-5-nitrobenzophenone [1775-95-7]
【生产厂】[鄂]武汉怡兴化工有限公司〈P2235〉；湖北科兴医药化工股份有限公司(50吨)〈P2237〉；湖北襄樊福润达化工有限公司〈P2237〉

2-氨基-5-硝基-2′-氯二苯甲酮 C02112502
2-Amino-5-nitro-2′-chlorobenzophenone [2011-66-7]
【生产厂】[苏]江苏省句容市兴源化工厂〈P1842〉；金坛德培化工有限公司〈P1861〉；[浙]台州市大众化工有限公司〈P1961〉；浙江台州海翔医药化工有限公司〈P1968〉

3,4-二氨基二苯甲酮 C02112521
3,4-Diaminobenzophenone [39070-63-8]
用作医药中间体
【生产厂】[鄂]武汉怡兴化工有限公司〈P2235〉

3,3′-二氨基二苯甲酮 C02112523
3,3′-Diaminobenzophenone [611-79-0]
用作有机中间体
【生产厂】[沪]上海金赛医药化工有限公司〈P1744〉

4,4′-二氨基二苯甲酮 C02112525
4,4′-Diaminobenzophenone
【生产厂】[沪]上海金赛医药化工有限公司〈P1744〉；[豫]郑州路路德化学制品有限公司(1000吨)〈P2171〉

2,2′-二氨基二苯甲酮 C02112527
2,2′-Diaminobenzophenone [606-10-0]
【生产厂】[沪]上海金赛医药化工有限公司〈P1744〉

2,4′-二氨基二苯甲酮 C02112529
2,4′-Diaminobenzophenone [14963-42-9]
【生产厂】[沪]上海金赛医药化工有限公司〈P1744〉

4-氨基-3-硝基二苯甲酮 C02112535
4-Amino-3-nitrobenzophenone [31431-19-3]
用作医药中间体
【生产厂】[鄂]武汉怡兴化工有限公司〈P2235〉

二苄基甲酮；1,3-二苯基丙酮 C02112551
Dibenzyl ketone；1,3-Diphenylacetone [102-04-5]
用于有机合成
【生产厂】[苏]金坛市群乐化工助剂研究所〈P1862〉

偏二苯基丙酮；1,1-二苯基丙酮 C02112555
1,1-Diphenylacetone [781-35-1]
可作为生产抗凝血型杀鼠剂敌鼠钠盐、敌鼠和氯鼠酮的中间体，也可作为前列腺素I2激动剂等医药中间体
【生产厂】[辽]大连第一有机化工有限公司〈P1691〉

环丙基甲酮 C02112581
Cyclopropyl methyl ketone；1-Cyclopropylethanone [765-43-5]
用作医药及农药中间体
【生产厂】[苏]南京瑞泽精细化工有限公司〈P1788〉；[浙]杭州浙大泛科化工有限公司〈P1925〉；台州和丰医药化工有限公司(200吨)〈P1961〉；浙江台州海翔医药化工有限公司〈P1968〉；[鲁]青岛化工研究院〈P2037〉

双环丙基甲酮 C02112585
Dicyclopropyl ketone [1121-37-5]
用作医药和有机合成中间体
【生产厂】[冀]河北欣港药业有限公司〈P1623〉

4-硝基二苯甲酮 C02112591
4-Nitrobenzophenone [1144-74-7]
用作医药中间体
【生产厂】[鄂]武汉怡兴化工有限公司〈P2235〉；湖北科兴医药化工股份有限公司〈P2237〉；襄樊明熙化工有限公司〈P2238〉

9,10-蒽醌；蒽醌；9,10-蒽二酮 C02112601
9,10-Dianthrone [84-65-1]
用作染料中间体、造纸蒸煮剂及双氧水原料等
【生产厂】[冀]石家庄白龙化工股份有限公司(1200吨)〈P1625〉；[辽]辽宁鞍山市贝达合成化工厂〈P1697〉；[吉]吉化集团吉林市松江化工厂〈P1715〉；[沪]宝山钢铁股份

有限公司化工分公司(2000 吨)〈P1726〉;[苏]常州市清红化工有限公司(3000 吨)〈P1853〉;江苏亚邦化工集团有限公司(6000 吨)〈P1861〉;江阴市龙达化工有限公司(1500 吨)〈P1870〉;[浙]杭州力禾颜料有限公司〈P1920〉;[鲁]胜利油田胜大集团总公司化工一厂(3000 吨)〈P2088〉;济宁凯模特化工有限公司(2000 吨)〈P2127〉;山东神工化工股份有限公司(1 万吨)〈P2077〉;[豫]安阳染料厂(1000 吨)〈P2208〉

【使用厂】[冀]河北沧州大化集团有限责任公司〈P1653〉;吴桥顺达化工有限责任公司〈P1657〉;[辽]本溪化学双氧水有限责任公司〈P1699〉;[苏]徐州开达精细化工有限公司〈P1795〉;[浙]建德市新化化工有限责任公司〈P1926〉;[闽]福州一化化学品股份有限公司〈P1990〉;福建龙岩港龙化工有限公司〈P2005〉;[鲁]青岛双桃精细化工(集团)有限公司〈P2043〉;山东烟台凯联化工有限公司〈P2115〉;山东双龙化工有限公司〈P2115〉;山东海化盛兴化工有限公司〈P2095〉;山东顺通集团〈P2086〉;[鄂]武汉醒狮化学品有限公司〈P2235〉;武汉青江化工股份有限公司〈P2231〉;[湘]湖南湘渝化工有限责任公司〈P2258〉

菲醌 C02112605

9,10-Phenanthraquinone [84-11-7]

【生产厂】[苏]常州市武进鸣凰化学厂〈P1854〉;常州市武进临川化工有限公司(50 吨)〈P1854〉;[浙]台州市新东方医化有限公司〈P1962〉

2-甲基蒽醌 C02112611

2-Methylanthraquinone [84-54-8]

用于生产高级染料及中间体

【生产厂】[苏]江阴市马镇有机化工有限公司〈P1870〉;靖江市化工总厂〈P1824〉;[浙]浙江衢州门捷化工有限公司〈P1959〉

2-甲氧基蒽醌 C02112633

2-Methoxyanthraquinone

【生产厂】[渝]湘渝化工有限公司〈P2303〉

2-甲氨基-5-氯二苯甲酮;甲基氯基酮 C02112801

5-Chloro-2-(methylamino) benzophenone [1022-13-5]

用作药品安定、甲基安定的中间体

【生产厂】[豫]河南省镇平药用原料化工有限公司〈P2223〉;[鄂]武汉怡兴化工有限公司〈P2235〉;襄樊一诺精细化工有限公司〈P2238〉;湖北科兴医药化工股份有限公司(100 吨)〈P2237〉;湖北制药有限公司(100 吨)〈P2237〉

3,3-二甲基-2-丁酮;特己酮;甲基叔丁基甲酮;1,1,1-三甲基丙酮;频哪酮;频呐酮 C02112901

3,3-Dimethyl-2-butanone;Pinacoline;Pinacolone [75-97-8]

主要用于生产三唑类农药,如三唑酮、多效唑、烯效唑、嗪草酮等

【生产厂】[京]北京奥得赛化学有限公司〈P1543〉;[冀]邯郸市邯钢集团化学品有限公司〈P1638〉;[沪]上海建北有机化工有限公司〈P1742〉;[苏]苏州市华丰精细化工有限公司〈P1903〉;江苏华昌(集团)有限公司〈P1893〉;张家港保税区东方农化国贸有限公司〈P1911〉;盐城市稳诚化工有限公司〈P1812〉;盐城市德瑞化工有限公司〈P1810〉;姜堰市康鹏农化有限公司〈P1823〉;如东县兴达精细化工厂〈P1837〉

【使用厂】[苏]江苏克胜集团股份有限公司〈P1808〉;[湘]湖南天宇农药化工集团股份有限公司〈P2253〉

氰基频那酮 C02112991

Cyanopinacolone

用作有机合成中间体

【生产厂】[沪]上海农药厂有限公司〈P1755〉;[苏]金坛市社头化工厂〈P1862〉;[鄂]罗田县宏源化学原料药有限公司〈P2244〉

4-氯-4′-氟苯丁酮;γ-氯代丁酰氟苯 C02113001

4-Chloro-4′-fluorobutyrophenone; γ-Chloro-*p*-fluorobutyrophenone [3874-54-2]

用作医药中间体,有机合成

【生产厂】[浙]杭州浙大泛科化工有限公司〈P1925〉

对溴苯丁酮;对丁酰基溴苯 C02113005

1-(4-Bromophenyl)-1-butanone

【生产厂】[京]北京马氏精细化学品有限公司〈P1555〉

苯丁酮;1-苯基-1-丁酮 C02113021

n-Butyrophenone;1-Phenyl-1-butanone [495-40-9]

【生产厂】[京]北京马氏精细化学品有限公司〈P1555〉

4-苯基-2-丁酮;苄基丙酮 C02113025

4-Phenyl-2-butanone;Benzylacetone [2550-26-7]

用作医药合成的中间体

【生产厂】[冀]沧州锐新化工有限公司〈P1652〉;[鄂]武汉有机合成材料研究所〈P2235〉;[粤]肇庆市科立化工有限公司〈P2293〉

对羟基苯庚酮;对庚酰基苯酚 C02113041

4-Hydroxyheptanophenone

用作有机合成中间体

【生产厂】[京]北京马氏精细化学品有限公司〈P1555〉;[苏]江阴市龙达化工有限公司〈P1870〉;江苏飞翔化工(张家港)有限公司〈P1893〉

对羟基苯丁酮;对丁酰基苯酚 C02113051

1-(4-Hydroxyphenyl)-1-butanone [1009-11-6]

用作有机中间体

【生产厂】[京]北京卡乐瑞化工有限公司〈P1553〉;北京马氏精细化学品有限公司〈P1555〉;[苏]金坛市花山化工厂〈P1861〉;江阴市龙达化工有限公司〈P1870〉;江苏飞翔化工(张家港)有限公司〈P1893〉

对羟基苯戊酮;对戊酰基苯酚 C02113061

p-Hydroxyvalerophenone;4-Pentanoylphenol [2589-71-1]

用作液晶原料及中间体

【生产厂】[京]北京卡乐瑞化工有限公司〈P1553〉;北京马氏精细化学品有限公司〈P1555〉;[苏]金坛市花山化工厂〈P1861〉;江苏飞翔化工(张家港)有限公司〈P1893〉

4-甲基苯戊酮;对甲基苯戊酮 C02113066

4-Methylvalerophenone [1671-77-8]

【生产厂】[苏]金坛市花山化工厂〈P1861〉

苯戊酮 C02113071

Valerophenone [1009-14-9]

【生产厂】[京]北京马氏精细化学品有限公司〈P1555〉

对甲氧基苯戊酮 C02113075

p-Methoxyvalerophenone
【生产厂】[苏]太仓市中天化学有限公司〈P1909〉

对氯苯戊酮　C02113081
p-Chlorovalerophenone;1-(4-Chlorophenyl)-1-pentanone
[25017-08-7]
【生产厂】[苏]金坛市花山化工厂〈P1861〉

C

2,4-二氯苯戊酮　C02113085
2,4-Dichlorovalerophenone [61023-66-3]
用作农药己唑醇的中间体
【生产厂】[冀]石家庄市汇康精细化学有限公司〈P1629〉;[苏]金坛市花山化工厂〈P1861〉;盐城利民农化有限公司〈P1810〉

对溴苯戊酮;对戊酰基溴苯　C02113087
p-Bromovalerophenone;1-(4-Bromophenyl)-1-pentanone
【生产厂】[京]北京马氏精细化学品有限公司〈P1555〉

4,4-二甲基-1-(对氯苯基)-3-戊酮　C02113091
4,4-Dimethyl-1-(*p*-chlorophenyl)-3-pentanone
[66346-01-8]
是戊唑醇、烯效唑等农药的中间体
【生产厂】[苏]苏州敬业医药化工有限公司〈P1901〉;江苏飞翔化工(张家港)有限公司〈P1893〉;[浙]杭州浙大泛科化工有限公司〈P1925〉

环戊酮　C02113101
Cyclopentanone [120-92-3]
用作医药及香料工业的原料,也用于橡胶合成及生化制药
【生产厂】[京]北京杨村化工有限公司〈P1564〉;[辽]辽阳市彩练助剂化工厂〈P1710〉;辽阳市太子河区沃隆科技化学品厂〈P1711〉;辽阳市会福化工厂〈P1711〉;辽阳天成化工有限公司〈P1711〉;[苏]宜兴市中港精细化工有限公司〈P1888〉

3-环戊烯-1-酮　C02113151
3-Cyclopenten-1-one [14320-37-7]
【生产厂】[苏]启东嘉峰医药科技有限公司〈P1836〉

苯并环戊酮　C02113191
Benzocyclopentanone
【生产厂】[沪]上海立科药物化学有限公司〈P1750〉

蒽酮　C02113201
Anthranone;Anthrone [90-44-8]
用于有机合成
【生产厂】[苏]苏州永拓医药科技有限公司〈P1907〉;盐城利民农化有限公司〈P1810〉
【使用厂】[苏]徐州开达精细化工有限公司〈P1795〉

双蒽酮　C02113251
Dianthrone [434-85-5]
用作电子化学品
【生产厂】[苏]苏州永拓医药科技有限公司〈P1907〉

1-萘乙酮;α-萘乙酮　C02113301
1-Acetonaphthone;α-Acetonaphthone [941-98-0]
用作有机合成的中间体
【生产厂】[苏]南京奥德赛化工有限公司(60 吨)〈P1782〉;常州市武进临川化工有限公司〈P1854〉;[渝]重庆川东化工(集团)有限公司(100 吨)〈P2304〉
【使用厂】[渝]西南合成制药股份有限公司〈P2303〉

β-萘乙酮;甲基萘酮;2-萘乙酮　C02113311
Methyl 2-naphthyl ketone;2-Acetylnaphthalene
[93-08-3]
用于配制日化香精
【生产厂】[沪]上海茂昌化学制品有限公司〈P1753〉;[苏]常州市武进临川化工有限公司〈P1854〉;[浙]建德市新化化工有限责任公司〈P1926〉;[渝]重庆川东化工(集团)有限公司(100 吨)〈P2304〉

6-甲氧基-2-萘乙酮　C02113331
6-Methoxy-2-naphthylacetone
用于医药,是萘普生、萘丁美酮等药的中间体
【生产厂】[浙]浙江车头制药有限公司〈P1963〉;台州市知青化工有限公司〈P1962〉

6-甲氧基-2-萘丙酮　C02113341
6-Methoxy-2-propionaphthone
用作医药中间体
【生产厂】[浙]浙江车头制药有限公司〈P1963〉

仲辛酮;2-辛酮;甲基己基甲酮　C02113401
2-Octanone; *sec*-Octanone [111-13-7]
用于纤维、医药、农药、香料化工等领域,用作合成纤维油剂、消沫剂及制取表面活性剂、煤矿用浮选剂等
【生产厂】[辽]辽阳市会福化工厂〈P1711〉;[苏]常州夏青化工有限公司〈P1857〉;宜兴市中港精细化工有限公司〈P1888〉;[鲁]淄博市临淄恒立助剂有限公司(500 吨)〈P2068〉;潍坊市元利化工有限公司〈P2105〉
【使用厂】[鲁]山东飞达化工科技有限公司〈P2135〉

3,4-己二酮　C02113501
3,4-Hexanedione [4437-51-8]
【生产厂】[鲁]山东滕州悟通香料有限责任公司〈P2078〉

4-甲硫基-2-丁酮　C02113601
4-Methylthio-2-butanone [34047-39-7]
用作食用香精
【生产厂】[鲁]山东滕州悟通香料有限责任公司(1 吨)〈P2078〉

环丁酮　C02113701
Cyclobutanone [1191-95-3]
【生产厂】[浙]宁波天源化学有限公司〈P1933〉

3-戊酮;二乙基甲酮　C02113801
Diethyl ketone;3-Pentanone [96-22-0]
用作溶剂,也是药物合成的中间体
【生产厂】[津]天津市豹鸣精细化工有限责任公司(80 吨)〈P1579〉;[沪]上海建北有机化工有限公司〈P1742〉;[苏]宜兴市中港精细化工有限公司(200 吨)〈P1888〉;常熟市中杰化工有限公司(100 吨)〈P1892〉;[鲁]山东武城康达化工有限公司(1000 吨)〈P2146〉

2-戊酮;甲基丙基甲酮　C02113811
Methyl propyl ketone;2-Pentanone [107-87-9]
用作溶剂、有机合成中间体

【生产厂】[津]天津市豹鸣精细化工有限责任公司〈P1579〉;[沪]上海建北有机化工有限公司〈P1742〉;上海台界化工有限公司〈P1766〉;[苏]常熟市中杰化工有限公司(100吨)〈P1892〉;张家港保税区东方农化国贸有限公司〈P1911〉;[浙]杭州浙大泛科化工有限公司〈P1925〉;[鲁]山东武城康达化工有限公司(500吨)〈P2146〉

2-壬酮;甲基庚基甲酮 C02113901

2-Nonanone;Methyl heptyl ketone [821-55-6]

【生产厂】[苏]宜兴市中港精细化工有限公司〈P1888〉

3-壬烯-2-酮 C02113951

3-Nonen-2-one [14309-57-0]

【生产厂】[浙]宁波天源化学有限公司〈P1933〉

2-十一酮;甲基壬基甲酮 C02114001

2-Undecanone;Methyl nonyl ketone [112-12-9]

【生产厂】[苏]宜兴市中港精细化工有限公司〈P1888〉;苏州海宇生物科技有限公司〈P1900〉

6-十一酮;双正戊基酮 C02114051

6-Undecanone;Di-n-amyl ketone [927-49-1]

【生产厂】[苏]宜兴市中港精细化工有限公司〈P1888〉;苏州海宇生物科技有限公司〈P1900〉;常熟市中杰化工有限公司〈P1892〉

2-己酮;甲基正丁基甲酮 C02114101

2-Hexanone;Methyl n-butyl ketone [591-78-6]

【生产厂】[苏]宜兴市中港精细化工有限公司〈P1888〉;常熟市中杰化工有限公司〈P1892〉

6-氯-2-己酮 C02114151

6-Chloro-2-hexanone [10226-30-9]

用作医药中间体

【生产厂】[冀]河北星宇化工有限公司〈P1623〉;[苏]江苏华派集团〈P1807〉;[浙]杭州浙大泛科化工有限公司〈P1925〉

6-溴-2-己酮 C02114171

6-Bromo-2-hexanone [10226-29-6]

【生产厂】[浙]杭州浙大泛科化工有限公司〈P1925〉

苯并环己酮 C02114191

Benzocyclohexanone

【生产厂】[沪]上海立科药物化学有限公司〈P1750〉

2-庚酮 C02114201

2-Heptanone [110-43-0]

用于有机合成

【生产厂】[苏]常州夏青化工有限公司〈P1857〉;宜兴市中港精细化工有限公司〈P1888〉;[鲁]山东武城康达化工有限公司(300吨)〈P2146〉

3-庚酮;乙基正丁基甲酮 C02114211

3-Heptanone;Ethyl n-butyl ketone [106-35-4]

用作硝化纤维素的溶剂,也用于有机合成

【生产厂】[苏]宜兴市中港精细化工有限公司〈P1888〉

4-庚酮;二丙基甲酮 C02114231

4-Heptanone;Dipropyl ketone [123-19-3]

用作硝化纤维的溶剂,也用于有机合成

【生产厂】[苏]宜兴市中港精细化工有限公司(100吨)〈P1888〉;常熟市中杰化工有限公司(100吨)〈P1892〉;[鲁]山东武城康达化工有限公司(100吨)〈P2146〉

环庚酮;软木酮 C02114301

Cycloheptanone;Suberone [502-42-1]

用于颠茄酮等有机物的合成

【生产厂】[沪]上海万凯化学有限公司〈P1768〉;上海益民化工有限公司(50吨)〈P1775〉;[陕]陕西宏庆医药化学有限公司〈P2346〉

苯并环庚酮 C02114351

Benzocycloheptanone

【生产厂】[沪]上海立科药物化学有限公司〈P1750〉

二苯并[a,d]环庚烯-5-酮 C02114371

Dibenzo[a,d]cyclohepten-5-one [2222-33-5]

用作药物环苯扎林中间体

【生产厂】[苏]苏州市海鑫医药化工有限公司〈P1903〉;太仓制药厂〈P1909〉

2-甲基-1,3-环戊二酮;甲基D环 C02114401

2-Methyl-1,3-cyclopentanedione [765-69-5]

用作医药中间体

【生产厂】[京]北京市甘兴化工厂〈P1559〉;[苏]高邮市宏扬助剂厂(20吨)〈P1813〉;[鄂]仙桃市楚天精细化工厂〈P2246〉

2-乙基-1,3-环戊二酮;乙基D环 C02114451

2-Ethyl-1,3-cyclopentanedione [823-36-9]

是18-甲基炔诺酮、三烯高诺酮的中间体,是甾体化合物全合成中D环的前体

【生产厂】[京]北京市甘兴化工厂〈P1559〉;[苏]高邮市宏扬助剂厂(20吨)〈P1813〉;[鄂]仙桃市楚天精细化工厂〈P2246〉

4-甲氧基苯基丙酮;对甲氧基苯基丙酮 C02114501

4-Methoxyphenylacetone;4-Methoxybenzyl methyl ketone [122-84-9]

【生产厂】[苏]金坛市花山化工厂〈P1861〉;[鲁]山东博森精细化工有限公司〈P2084〉

2-甲氧基苯基丙酮;邻甲氧基苯基丙酮 C02114521

2-Methoxyphenylacetone;2-Methoxybenzyl methyl ketone [5211-62-1]

【生产厂】[鲁]山东博森精细化工有限公司〈P2084〉

2,4-二甲氧基苯基丙酮 C02114561

2,4-Dimethoxyphenylacetone [831-29-8]

【生产厂】[苏]金坛市花山化工厂〈P1861〉

间三氟甲基苯基丙酮 C02114581

m-(Trifluoromethyl)phenylacetone [21906-39-8]

【生产厂】[湘]湘潭高新区林盛化学有限公司〈P2251〉

间硝基苯丙酮;3-硝基苯丙酮 C02114601

m-Nitropropiophenone [17408-16-1]

C

【生产厂】[苏]泰兴盛铭精细化工有限公司〈P1825〉

4-溴-3-硝基苯丙酮 C02114651
4-Bromo-3-nitropropiophenone
用作有机中间体
【生产厂】[京]凯翔精细化工有限公司〈P1567〉

2-甲基四氢呋喃-3-酮 C02114801
2-Methyltetrahydrofuran-3-one [3188-00-9]
用作香料的原料及用于有机合成
【生产厂】[沪]上海泰顿化工有限公司〈P1766〉;[苏]昆山华旭精细化工有限公司〈P1895〉;上海三维制药公司太仓岳王药物原料厂〈P1898〉;[鲁]山东滕州悟通香料有限责任公司〈P2078〉;滕州市香源化工有限责任公司〈P2079〉;滕州吉田香料有限公司〈P2078〉

3-氯-2-丁酮 C02114901
3-Chloro-2-butanone [4091-39-8]
【生产厂】[浙]嘉善志远生化有限公司〈P1940〉;[鲁]山东滕州悟通香料有限责任公司〈P2078〉;山东省滕州市国安化工有限公司〈P2078〉

1-氯-2-丁酮 C02114905
1-Chloro-2-butanone
【生产厂】[浙]嘉善志远生化有限公司〈P1940〉

2,4-二氟苯基-4-哌啶基甲酮;4-(2,4-二氟苯甲酰基)哌啶 C02115001
2,4-Difluorophenyl-4-piperidyl ketone [84162-86-7]
用于利培酮等原料药合成
【生产厂】[京]北京高博医药化学技术开发有限公司〈P1547〉;北京诺德恒信化工技术有限公司〈P1556〉;[苏]徐州市爱克医药科技有限公司〈P1795〉

1-乙氧羰基-4-哌啶酮;4-氧代-1-哌啶甲酸乙酯 C02115231
N-Carbethoxy-4-piperidone; Ethyl 4-oxopiperidine-1-carboxylate [29976-53-2]
用作药物氯雷他定中间体
【生产厂】[沪]上海康鸣高科技有限公司〈P1748〉;[苏]江苏亚邦化工集团有限公司〈P1861〉

2,2,6,6-四甲基-4-哌啶酮 C02115261
2,2,6,6-Tetramethyl-4-piperidinone [826-36-8]
用于合成抗阻胺类光稳定剂
【生产厂】[京]北京天罡助剂有限责任公司〈P1562〉;北京金福莱吸水材料有限公司〈P1552〉;[冀]南宫市盛华化工有限责任公司(2000 吨)〈P1642〉;邯郸市富荣化工助剂有限责任公司〈P1638〉;[苏]南通市振兴精细化工有限公司〈P1835〉;[鄂]襄樊市裕昌精细化工有限公司〈P2238〉

***N*-甲基-4-哌啶酮;1-甲基-4-哌啶酮** C02115295
N-Methyl-4-piperidone; 1-Methyl-4-piperidone [1445-73-4]
【生产厂】[鲁]烟台只楚合成化学有限公司(170 吨)〈P2120〉

占吨酮;二苯并-γ-吡喃酮 C02115301
Xanthen-9-one; Xanthenone [90-47-1]
可用作荧光剂
【生产厂】[沪]上海五洲药业股份有限公司〈P1770〉

苯肼基特戊酮 C02115401
Phenyldiazanyl *tert*-butyl ketone
【生产厂】[冀]河北新兴化工有限责任公司〈P1648〉

2,4,4′-三羟基二苯甲酮 C02115601
2,4,4′-Trihydroxybenzophenone [1470-79-7]
【生产厂】[沪]上海立诚化工有限公司〈P1750〉

4-烯丙氧基-2-羟基二苯甲酮 C02115691
4-Allyloxy-2-hydroxybenzophenone
【生产厂】[鄂]武汉怡兴化工有限公司〈P2235〉;湖北襄樊福润达化工有限公司〈P2237〉

西瓜酮 C02115701
7-Methyl-3,4-dihydro-2H-1,5-benzdioxepine-3-one [28940-11-6]
【生产厂】[沪]上海先导化学有限公司〈P1770〉;[闽]福建省永安风帆精细化工有限公司〈P1995〉

2,6-二羟基-4-甲基苯乙酮;3,5-二羟基-4-乙酰甲苯 C02115801
2,6-Dihydroxy-4-methylacetophenone
【生产厂】[京]北京维达化工有限公司〈P1563〉

3-氨基-2-羟基苯乙酮 C02115813
3-Amino-2-hydroxyacetophenone [70977-72-9]
【生产厂】[苏]昆山华旭精细化工有限公司〈P1895〉

2,4,6-三羟基苯乙酮 C02115851
2,4,6-Trihydroxyacetophenone [480-66-0]
用于有机合成、医药中间体和合成新型抗氧剂黄烷酮等
【生产厂】[苏]徐州瑞赛科技实业有限公司〈P1795〉;[皖]广德金邦化工有限公司〈P1986〉

4-氯-3-硝基苯乙酮 C02115891
4-Chloro-3-nitroacetophenone [5465-65-6]
【生产厂】[鲁]山东大地盐化集团〈P2094〉

4-氯-3-三氟甲基苯乙酮;间三氟甲基对氯苯乙酮 C02115901
4-Chloro-3-(trifluoromethyl) acetophenone
【生产厂】[京]北京金奥利维科技发展有限公司〈P1551〉;北京宜龙通广科技有限公司〈P1565〉

5-氟-2-羟基苯乙酮;2-乙酰基-4-氟苯酚 C02115951
5-Fluoro-2-hydroxyacetophenone [394-32-1]
【生产厂】[浙]浙江圣达药业有限公司〈P1967〉

对乙氧基苯乙酮 C02116001
p-Ethoxyacetophenone [1676-63-7]
【生产厂】[苏]金坛市花山化工厂〈P1861〉

α-乙酰氧基苯乙酮 C02116091
α-Acetoxyacetophenone
【生产厂】[皖]安徽省广德科苑化工有限公司〈P1986〉

3,4-二羟基-3-环丁烯-1,2-二酮;方形酸 C02116201

3,4-Dihydroxy-3-cyclobutene-1,2-dione;Squaric acid [2892-51-5]

【生产厂】[沪]上海康福赛尔医药科技有限公司〈P1748〉;[苏]江苏磐希化工有限公司〈P1821〉

3,5-二氟苯丙酮 C02116301

3,5-Difluoropropiophenone [135306-45-5]

【生产厂】[赣]江西上饶现代化工有限公司〈P2015〉

2,4-二氟苯丙酮 C02116311

2,4-Difluoropropiophenone [85068-30-0]

【生产厂】[苏]金坛市花山化工厂〈P1861〉

环十五酮 C02116401

Cyclopentadecanone [502-72-7]

用于生产香精、香料和化妆品

【生产厂】[吉]吉林省石油化工设计研究院〈P1714〉

1-茚酮 C02116801

1-Indanone [83-33-0]

用于有机合成

【生产厂】[沪]上海万凯化学有限公司〈P1768〉;[苏]常州泰戈化工有限公司〈P1857〉

2-茚酮 C02116803

2-Indanone [615-13-4]

【生产厂】[苏]常州泰戈化工有限公司〈P1857〉;[浙]台州市华鼎化工有限公司〈P1961〉

5,6-二甲氧基-1-茚酮 C02116821

5,6-Dimethoxy-1-indanone [2107-69-9]

【生产厂】[冀]沧州那瑞化学科技有限公司〈P1652〉;[沪]上海泰顿化工有限公司〈P1766〉;[苏]常州伊思特化工有限公司〈P1858〉;[浙]浙江黄岩精细化学品集团有限公司〈P1964〉;[鲁]济南诚汇双达化工有限公司〈P2020〉;[鄂]潜江东立精细化工有限公司〈P2246〉

6-溴-1-茚酮 C02116865

6-Bromo-1-indanone [14548-39-1]

【生产厂】[苏]常州泰戈化工有限公司〈P1857〉

5-氯-1-茚酮 C02116881

5-Chloro-1-indanone [42348-86-7]

【生产厂】[苏]昆山化工医药原料有限公司〈P1895〉

2,4,6-三甲基二苯甲酮 C02116961

2,4,6-Trimethylbenzophenone [954-16-5]

【生产厂】[苏]金坛市花山化工厂〈P1861〉

3,4,3′,4′-四甲基二苯甲酮 C02116981

3,4,3′,4′-Tetramethylbenzophenone [4659-48-7]

【生产厂】[苏]昆山化工医药原料有限公司〈P1895〉

1-(4-吡啶基)-2-丙酮 C02117001

1-(4-Pyridyl)-2-acetone [6304-16-1]

医药中间体,主要用于米力农的合成

【生产厂】[沪]上海展舒化学科技有限公司〈P1777〉;[苏]赣榆县尤利特化工有限公司〈P1797〉

2-吲哚酮 C02117101

2-Indolinone [59-48-3]

【生产厂】[苏]南京锐马精细化工有限公司〈P1788〉;[豫]河南东泰制药有限公司(100 吨)〈P2210〉;[鄂]潜江东立精细化工有限公司〈P2246〉

苯醌;对苯醌;1,4-苯醌 C02117201

Quinone;1,4-Benzoquinone;*p*-Benzoquinone [106-51-4]

用于制对苯二酚,用作染料和医药中间体、橡胶防老剂、阻聚剂、抗氧化剂、显影剂等

【生产厂】[辽]大连宇山化工有限公司(300 吨)〈P1694〉;[沪]上海浦东兴邦化工发展有限公司(400 吨)〈P1756〉;上海信博森化工有限公司〈P1772〉;[苏]连云港市东港化工厂(420 吨)〈P1799〉;盐城凤阳化工有限公司(1000 吨)〈P1809〉;[鄂]湖北开元化工科技股份有限公司(500 吨)〈P2240〉

【使用厂】[鲁]山东方明药业股份有限公司〈P2160〉;寿光富康制药有限公司〈P2099〉

邻甲基对苯醌;甲基苯醌 C02117231

o-Methyl-*p*-benzoquinone [553-97-9]

主要用于颜料、染料、医药中间体

【生产厂】[辽]大连化工研究设计院〈P1692〉

四氯苯醌 C02117251

Chloranil;Tetrachlorobenzoquinone [118-75-2]

用作染料、医药及农药中间体

【生产厂】[京]北京成宇化工有限公司〈P1545〉;[苏]连云港市东港化工厂(540 吨)〈P1799〉;响水县科伟精细化工有限公司〈P1809〉;建湖县鑫鑫化工有限公司〈P1807〉

【使用厂】[苏]南通海迪化工有限公司〈P1833〉

四羟基苯醌 C02117291

Tetrahydroxybenzoquinone [319-89-1]

【生产厂】[沪]上海旭升精细化工技术研究所〈P1773〉

4-三氟甲氧基苯乙酮 C02117301

4-Trifluoromethoxyacetophenone [85013-98-5]

用作医药和农药中间体

【生产厂】[苏]苏州市海鑫医药化工有限公司〈P1903〉;太仓制药厂〈P1909〉

2-十三酮 C02117401

2-Tridecanone;Methyl undecyl ketone [593-08-8]

【生产厂】[鲁]临邑氟瑞精细化工有限公司(500 吨)〈P2143〉

1,3-环戊二酮 C02117501

1,3-Cyclopentanedione [3859-41-4]

【生产厂】[沪]上海虹生实业有限公司〈P1737〉

1,4-二氧六环-2-酮 C02117601

1,4-Dioxane-2-one [3041-16-5]

【生产厂】[沪]上海法茵克化学科技有限公司〈P1732〉

丁二酸酐;琥珀酸酐 C02120101

Butanedioic anhydride;Succinic anhydride [108-30-5]

用于有机合成,是涂料用醇酸树脂、黏合树脂和蒽醌染料的原料,医药上用于生产维生素 A 和磺胺类药等

【生产厂】[京]北京冶建新技术公司精细化工厂〈P1564〉;[冀]邯郸市邯山区福利精细化工厂(2000 吨)〈P1638〉;廊坊三威化工有限公司〈P1660〉;[辽]辽阳市石油化工研究所〈P1711〉;[吉]吉林省石油化工设计研究院〈P1714〉;

[浙]杭州中香化学有限公司〈P1925〉;[皖]安庆和兴化工有限责任公司(200吨)〈P1979〉;[陕]陕西渭南惠丰化学工业有限责任公司〈P2352〉;陕西宝鸡宝玉化工有限公司〈P2351〉

【使用厂】[沪]上海泰顿化工有限公司〈P1766〉;[苏]利君集团镇江制药有限责任公司〈P1843〉

C

丁酸酐;氧化丁酰 C02120201

n-Butyric anhydride [106-31-0]

用于制备丁酸酯、香料和丁酸纤维素等,医药工业上用作制备胆囊造影剂的原料

【生产厂】[冀]邯郸市林峰精细化工有限公司〈P1638〉;[鲁]淄博隆邦化工有限公司(1000吨)〈P2065〉

异丁酸酐;2-甲基丙酸酐 C02120251

Isobutyric anhydride;2-Methylpropionic anhydride [97-72-3]

用作有机合成中间体

【生产厂】[浙]建德市六合精细化工有限公司〈P1926〉

十二烯基丁二酸酐;十二烯基琥珀酸酐 C02120401

2-Dodecenylsuccinic anhydride [19780-11-1]

【生产厂】[浙]杭州中香化学有限公司〈P1925〉

四氯苯酐;四氯邻苯二甲酸酐 C02120501

Tetrachlorophthalic anhydride [117-08-8]

用作酞菁类绿色颜料及占吨系染料中间体,也是醇酸树脂的原料

【生产厂】[鄂]湖北仙隆化工股份有限公司(500吨)〈P2245〉

四氟邻苯二甲酸酐;四氟苯酐 C02120591

Tetrafluorophthalic anhydride [652-12-0]

【生产厂】[沪]上海威远精细氟科技发展有限公司〈P1769〉;[浙]台州宏盛化学品有限公司〈P1961〉

均苯四甲酸二酐;1,2,4,5-苯四酸酐;均酐 C02120601

Pyromellitic dianhydride;PMDA [89-32-7]

用于制聚酰亚胺树脂、耐高温电绝缘漆、PVC增塑剂、合成树脂交联剂和环氧树脂固化剂,也用于制酞菁蓝染料等

【生产厂】[冀]河北省藁城市瑞星化工有限责任公司(500吨)〈P1621〉;廊坊格瑞泰化工有限公司〈P1660〉;河北大田化工有限公司(500吨)〈P1658〉;[沪]上海三微实业有限公司〈P1759〉;上海市合成树脂研究所〈P1763〉;[浙]宁波市贝特化工新材料有限公司(250吨)〈P1932〉;[皖]黄山市德平化工有限公司〈P1981〉;黄山市华美精细化工有限公司〈P1981〉;[鲁]寿光市天成精细化工厂(200吨)〈P2100〉;[豫]濮阳市民源精细化工有限公司(800吨)〈P2214〉;[鄂]武汉汉南同心化工有限公司〈P2230〉;[粤]广州龙沙有限公司〈P2262〉

【使用厂】[苏]扬州亚邦绝缘材料有限公司〈P1820〉;[皖]安徽省歙县宏大化工有限公司〈P1980〉

六氢苯酐;六氢邻苯二甲酸酐;HHPA C02120701

Hexahydrophthalic anhydride [85-42-7]

用于涂料、环氧树脂固化剂、聚酯树脂、胶黏剂、增塑剂等

【生产厂】[辽]辽阳虹马化工有限责任公司〈P1709〉;[浙]嘉兴阿尔法精细化工有限公司〈P1940〉;嘉兴市清洋化学有限公司〈P1942〉;[豫]濮阳市惠成化工有限公司〈P2214〉

苯酐;邻苯二甲酸酐;PA C02120801

Phthalic anhydride;PA [85-44-9]

是重要的有机化工原料之一,用于生产增塑剂、醇酸树脂、不饱和聚酯树脂、染料及颜料、医药及农药等

【生产厂】[京]中国蓝星(集团)总公司〈P1568〉;[津]天津有机化学工业总公司(5万吨)〈P1616〉;天津溶剂厂(4万吨)〈P1577〉;天津市鹏英化工有限公司(3万吨)〈P1600〉;[冀]石家庄冀华化工纺织有限公司〈P1627〉;石家庄白龙化工股份有限公司(8万吨)〈P1625〉;[辽]辽宁辽炜化工有限公司(1万吨)〈P1684〉;[沪]上海华钛化学有限公司〈P1739〉;上海沪试化工有限公司〈P1737〉;[苏]无锡市三吉助剂有限责任公司〈P1878〉;江苏三木集团公司〈P1865〉;江阴市苯酐厂(3万吨)〈P1868〉;苏州合成化工有限公司(2万吨)〈P1900〉;[皖]铜陵化工集团有机化工有限责任公司(3万吨)〈P1978〉;[闽]世佳化工(厦门)有限公司(2万吨)〈P1991〉;[鲁]中国石油化工股份有限公司齐鲁石化股份公司〈P2057〉;利华益集团股份有限公司(6万吨)〈P2084〉;青州市大华化工厂〈P2091〉;临朐金富建材有限公司〈P2089〉;新泰市宏达化工有限公司(2万吨)〈P2138〉;郯城县杨集起飞化工厂(1500吨)〈P2151〉;[豫]河南庆安化工高科技股份有限公司(6万吨)〈P2166〉;[鄂]武汉汉南同心化工有限公司〈P2230〉;荆州市博尔德化学有限公司(3万吨)〈P2240〉;[粤]潮州市粤东化学工业公司〈P2295〉;[川]成都天作化工实业股份有限公司(5000吨)〈P2316〉;[滇]云南省宣威华兴化工有限公司(5000吨)〈P2343〉;[陕]宝鸡市有机化工厂(8000吨)〈P2351〉

【使用厂】[京]北京化工厂〈P1549〉;[津]天津有机化学工业总公司合成材料厂〈P1617〉;天津市染料化学第二厂〈P1600〉;天津灯塔涂料有限公司〈P1571〉;天津市胜利化工厂〈P1601〉;天津市津海第二福利化工厂〈P1593〉;天津市龙江精细化工有限公司〈P1598〉;天津市北星化工有限公司〈P1580〉;天津市长虹化工颜料厂〈P1581〉;天津市天星助剂颜料厂〈P1605〉;天津市东丽区联兴化工厂〈P1585〉;[冀]邯郸市鑫马涂料股份合作公司〈P1639〉;石家庄市新华染料化工厂〈P1631〉;美利达颜料工业有限公司〈P1669〉;[辽]沈阳船牌制漆有限公司〈P1685〉;沈阳市试剂三厂〈P1688〉;铁岭市东博合成材料厂〈P1712〉;北宁市闾峰化工厂〈P1701〉;丹东深兰化工有限公司〈P1700〉;[吉]长春泰欧亚涂料有限公司〈P1714〉;[沪]华东理工大学华昌聚合物有限公司〈P1726〉;上海造漆厂〈P1777〉;上海开林造漆厂〈P1746〉;上海家具涂料厂〈P1742〉;上海市大场化工厂〈P1763〉;上海经纬化工有限公司〈P1745〉;上海华申树脂有限公司〈P1739〉;上海联成化学工业有限公司〈P1751〉;上海福新化工有限公司〈P1733〉;[苏]连云港海水化工有限公司〈P1798〉;常州光辉化工有限公司〈P1847〉;苏州精细化工有限公司〈P1901〉;徐州云翔树脂有限公司〈P1796〉;常州市东方化工有限公司〈P1850〉;江苏亚邦化工集团有限公司〈P1861〉;盐城市誉球化工有限公司〈P1812〉;通州市江石化工厂〈P1839〉;江宁县秦淮化工厂〈P1781〉;常州天马集团有限公司〈P1857〉;江苏省溧阳市制药厂〈P1861〉;江阴市龙达化工有限公司〈P1870〉;昆山市合峰化工有限公司〈P1896〉;江都市第八化工有限公司〈P1813〉;[浙]杭州宝塔油漆有限公司〈P1915〉;杭州萧山飞翔化工有限公司〈P1923〉;浙江建德建业有机化工有限公司〈P1928〉;浙江衢州门捷化工有限公司〈P1959〉;[皖]马鞍山市康华化工有限公司〈P1977〉;安庆市有机化工有限责任公司〈P1980〉;[闽]福建省厦门电化有限公司〈P2001〉;福建省龙岩市豪迪化工有限公司〈P2005〉;福建

省百花化学股份有限公司〈P2005〉；泉州洛江三星涂料树脂有限公司〈P2000〉；福建省腾龙工业公司〈P2001〉；福建省胜达化工有限公司〈P1995〉；[鲁]济南泰山金鹏涂料有限公司〈P2025〉；青岛双桃精细化工（集团）有限公司〈P2043〉；山东梁山蓝天化工有限公司〈P2131〉；德州虹桥染料化工有限公司〈P2142〉；山东齐鲁增塑剂股份有限公司〈P2054〉；山东神工化工股份有限公司〈P2077〉；潍坊环宇油漆工业有限公司〈P2103〉；山东乐化集团有限公司〈P2095〉；山东昌裕集团有限公司〈P2152〉；济南海启明化工有限责任公司〈P2021〉；菏泽仕达化工有限公司〈P2159〉；济南金信洋染料有限公司〈P2023〉；招远市秦金化工有限公司〈P2121〉；[豫]开封油脂化工厂〈P2179〉；郑州市中州油漆厂〈P2174〉；开封市汴梁漆业有限公司〈P2177〉；黎明化工研究院〈P2181〉；新乡市东风化工有限责任公司〈P2204〉；开封化工三厂〈P2176〉；新郑市树脂厂〈P2169〉；[鄂]湖北仙隆化工股份有限公司〈P2245〉；[粤]广州化学试剂厂〈P2261〉；佛山市鲸鲨制漆科技有限公司〈P2288〉；汕头精细化工（集团）公司〈P2276〉；[川]攀枝花荣鑫油漆有限责任公司〈P2322〉；四川博兴实业有限公司〈P2325〉；[滇]昆明中华涂料有限责任公司〈P2340〉；[陕]陕西宝塔山油漆股份有限公司〈P2352〉；西安昌泰化工厂〈P2347〉；西安利澳科技股份有限公司〈P2349〉

3-硝基苯酐；3-硝基邻苯二甲酸酐 C02120851
3-Nitrophthalic anhydride [641-70-3]
用于有机合成、颜料中间体
【生产厂】[苏]宜兴市高塍日新化工厂〈P1884〉；泰兴盛铭精细化工有限公司(60 吨)〈P1825〉

4-硝基苯酐；4-硝基邻苯二甲酸酐 C02120861
4-Nitrophthalic anhydride [5466-84-2]
【生产厂】[苏]泰兴盛铭精细化工有限公司〈P1825〉

顺丁烯二酸酐；顺酐；失水苹果酸酐；马来酐；MAN；马来酸酐 C02120901
Maleic anhydride；*cis*-Butenedioic anhydride [108-31-6]
用作生产1,4-丁二醇、γ-丁内酯、四氢呋喃、琥珀酸、不饱和聚酯树脂、醇酸树脂等的原料，也用于医药和农药
【生产厂】[京]中国蓝星（集团）总公司〈P1568〉；[津]天津有机化学工业总公司(7 万吨)〈P1616〉；天津有机化学工业总公司中河化工厂(6 万吨)〈P1617〉；[冀]石家庄白龙化工股份有限公司(3 万吨)〈P1625〉；[晋]太原市侨友化工有限公司(2 万吨)〈P1671〉；山西太明化工工业有限公司(3 万吨)〈P1676〉；山西省龙腾达化工有限公司〈P1678〉；[沪]上海涂料有限公司〈P1768〉；[苏]江苏亚邦化工集团有限公司〈P1861〉；苏州合成化工有限公司(6000 吨)〈P1900〉；[皖]安庆市有机化工有限责任公司(1500 吨)〈P1980〉；[鲁]山东齐峰化轻集团公司(1 万吨)〈P2053〉；山东佳泰石油化工有限公司(2 万吨)〈P2085〉；新泰市宏达化工有限公司(5000 吨)〈P2138〉；[豫]郑州市实验化工厂(4500 吨)〈P2173〉；开封市通达化工厂(4000 吨)〈P2178〉；开封油脂化工厂(6000 吨)〈P2179〉；[鄂]武汉莱恩科技有限公司〈P2231〉
【使用厂】[京]北京丽水化工有限责任公司〈P1554〉；[津]天津有机化学工业总公司合成材料厂〈P1617〉；天津市津海第二福利化工厂〈P1593〉；天津市龙江精细化工有限公司〈P1598〉；[冀]邯郸市赵都精细化工厂〈P1639〉；怀来长城生物化学工程有限公司〈P1650〉；邯郸市邯山区福利精细化工厂〈P1638〉；[辽]铁岭市东博合成材料厂〈P1712〉；[沪]上海造漆厂〈P1777〉；上海五洲药业股份有限公司〈P1770〉；上海天坛助剂有限公司〈P1767〉；上海市大场化工厂〈P1763〉；上海经纬化工有限公司〈P1745〉；[苏]徐州云翔树脂有限公司〈P1796〉；常州天马集团有限公司〈P1857〉；宜兴市腾蛟化工材料有限公司〈P1887〉；无锡市梁溪精细化工有限公司〈P1877〉；[浙]浙江华海药业股份有限公司〈P1964〉；杭州金帆达化工有限公司〈P1919〉；[皖]合肥江淮化肥总厂〈P1972〉；[闽]龙岩市三友化工有限公司〈P2007〉；福建南平瀚森化工有限公司〈P2003〉；泉州洛江三星涂料树脂有限公司〈P2000〉；[鲁]济南泰山金鹏涂料有限公司〈P2025〉；德州恒东农药化工有限公司〈P2141〉；淄博科宇化工有限公司〈P2064〉；济南章城油墨有限公司〈P2027〉；山东省泰和水处理有限公司〈P2077〉；莱西市金山化工厂〈P2032〉；章丘市三行化工有限公司〈P2031〉；[豫]黎明化工研究院〈P2181〉；新郑市树脂厂〈P2169〉；沁阳市九菱化工厂〈P2198〉；[粤]广州化学试剂厂〈P2261〉；[川]四川川化集团成都望江化工厂〈P2318〉；[陕]西北化工研究院〈P2350〉

偏苯三酸酐；1,2,4-苯三酸酐；偏酐 C02121001
1,2,4-Benzenetricarboxylic anhydride；Trimellitic anhydride；TMA [552-30-7]
用于制不饱和聚酯树脂、聚酰亚胺树脂、聚氯乙烯耐热增塑剂、环氧树脂固化剂、染料、电容器浸渍油和胶黏剂等
【生产厂】[京]中国蓝星（集团）总公司〈P1568〉；[津]天津市通达化工有限公司(4000 吨)〈P1605〉；[苏]常州市博大化工有限公司(2 万吨)〈P1850〉；[皖]黄山市泰达化工有限公司(8000 吨)〈P1981〉；[豫]濮阳市春盛化工有限公司(1000 吨)〈P2213〉
【使用厂】[沪]上海华溢塑料助剂合作公司〈P1740〉；上海联成化学工业有限公司〈P1751〉；[苏]无锡市三吉助剂有限责任公司〈P1878〉；[皖]安徽省歙县宏大化工有限公司〈P1980〉

1,2,4-偏苯三酸酐酰氯；氯化偏苯三酸酐 C02121051
4-Chloroformylphthalic anhydride [1204-28-0]
用于牙科复合树脂材料
【生产厂】[浙]衢州瑞源化工有限公司〈P1957〉

醋酸酐；乙酸酐；醋酐 C02121101
Acetic anhydride [108-24-7]
主要用于醋酸纤维素、药物、乙酰化剂和染料、香料的合成
【生产厂】[辽]台安县化工有限责任公司(1000 吨)〈P1697〉；[浙]湖州通宝精细化工有限公司(8000 吨)〈P1946〉；湖州新奥特医药化工有限公司〈P1946〉；[鲁]淄博开发区医药化工厂〈P2064〉；[鄂]武汉市合中化工制造有限公司〈P2232〉；[黔]贵州水晶化工股份有限公司(2000 吨)〈P2337〉
【使用厂】[津]天津天药药业股份有限公司〈P1615〉；天津天成制药有限公司〈P1614〉；[冀]邯郸市邯山区福利精细化工厂〈P1638〉；[蒙]赤峰制药集团有限责任公司〈P1682〉；[辽]大连第一有机化工有限公司〈P1691〉；东北制药总厂〈P1684〉；锦州九泰药业有限责任公司〈P1701〉；[吉]吉林省舒兰合成药业股份有限公司〈P1716〉；[黑]中国石油林源炼油厂〈P1723〉；[沪]上海浦东亚美化工厂〈P1756〉；上海农药厂有限公司〈P1755〉；上海宝达兽药制造有限公司〈P1728〉；上海华盛香料厂〈P1739〉；[苏]利君集团镇江制药有限责任公司〈P1843〉；苏州二叶制药有限公司〈P1899〉；利民化工有限责任公司〈P1793〉；江苏省勤奋药业有限公司〈P1831〉；南京法姆化学厂〈P1783〉；江苏华派集团〈P1807〉；[闽]福建欣诺日化有限公司〈P1988〉；[赣]江西樟树冠京香料有限公司〈P2016〉；[鲁]青岛海湾集团有限公司〈P2036〉；潍坊潍泰化工有限公司〈P2106〉；山东

新华制药股份有限公司〈P2055〉;淄博化学试剂厂有限公司〈P2062〉;山东高密康丰农化有限公司〈P2094〉;青岛碱业股份有限公司〈P2038〉;淄博隆邦化工有限公司〈P2065〉;[豫]开封化学试剂总厂〈P2176〉;河南康泰制药集团公司〈P2166〉;[湘]衡阳市化工研究所〈P2252〉;湖南中南制药有限责任公司〈P2253〉;湖南洞庭药业股份有限公司〈P2255〉;[渝]西南合成制药股份有限公司〈P2303〉;[川]四川红光化工有限公司〈P2334〉

C

甲氧基乙酸酐 C02121191

Methoxyacetic anhydride

【生产厂】[苏]常州夏青化工有限公司〈P1857〉

四溴苯酐 C02121401

Tetrabromophthalic anhydride [632-79-1]

是反应型阻燃剂,可用于聚酯树脂、环氧树脂的阻燃,也可作添加型阻燃剂,用于PS、PP、PE、ABS树脂的阻燃

【生产厂】[苏]连云港海水化工有限公司(200吨)〈P1798〉;盐城市构港有机化工厂(350吨)〈P1811〉;盐城聚源化工有限公司〈P1810〉

4-溴苯酐 C02121451

4-Bromophthalic anhydride

【生产厂】[苏]宜兴市芳桥东方化工厂〈P1884〉

3-氯苯酐;3-氯邻苯二甲酸酐 C02121511

3-Chlorophthalic anhydride [117-21-5]

用作染料、医药及农药中间体,同时又是合成聚酰亚胺的原料

【生产厂】[辽]大连瑞泽农药股份有限公司〈P1693〉;[鲁]淄博三鹏化工有限责任公司〈P2066〉

4-氯苯酐;4-氯邻苯二甲酸酐 C02121531

4-Chlorophthalic anhydride [118-45-6]

【生产厂】[辽]大连瑞泽农药股份有限公司〈P1693〉;[鲁]淄博三鹏化工有限责任公司〈P2066〉

丙酸酐 C02121601

Propionic anhydride [123-62-6]

主要用作酯化剂和硝化或磺化的脱水剂,也用于制醇酸树脂、染料和药物等

【生产厂】[冀]邯郸市林峰精细化工有限公司〈P1638〉;[苏]张家港爱华化工有限公司〈P1911〉;[鄂]黄冈市恒兴源化工有限责任公司〈P2244〉

【使用厂】[苏]利君集团镇江制药有限责任公司〈P1843〉;[粤]台山市化学制药有限公司〈P2286〉

戊二酸酐 C02121901

Glutaric anhydride [108-55-4]

主要用于生产和制取橡胶、塑料、树脂、医药等

【生产厂】[冀]廊坊格瑞泰化工有限公司〈P1660〉;[辽]辽阳市彩练助剂化工厂〈P1710〉;辽阳市石油化工研究所〈P1711〉;[沪]上海三微实业有限公司(100吨)〈P1759〉;上海万代制药有限公司〈P1768〉;[苏]宜兴市芳桥东方化工厂〈P1884〉;[浙]杭州中香化学有限公司〈P1925〉;嘉兴市金利化工有限责任公司〈P1942〉

甲基磺酸酐;甲磺酸酐 C02122001

Methanesulfonic anhydride [7143-01-3]

用于有机合成

【生产厂】[冀]廊坊三威化工有限公司(1000吨)〈P1660〉;[豫]南阳市思达特精细化学有限责任公司(2000吨)〈P2224〉

4,4′-氧双邻苯二甲酸酐;ODPA C02122101

4,4′-Oxydi(phthalic anhydride);Bis-(3-phthalyl anhydride) ether [1823-59-2]

用于复合材料、泡沫、黏合剂、模塑零件、薄膜等

【生产厂】[沪]上海市合成树脂研究所〈P1763〉;[苏]苏州寅生化工有限公司〈P1907〉

巴豆酸酐;丁烯酸酐 C02122201

Crotonic anhydride;2-Butenoic acid anhydride [623-68-7]

主要用于制备合成树脂、增塑剂、药物,也用于其他有机合成

【生产厂】[津]天津市百灵消毒剂有限责任公司〈P1579〉;天津市金汇药业有限公司(90吨)〈P1592〉;[浙]浙江新花蝶化工有限公司〈P1969〉

衣康酸酐;亚甲基丁二酸酐 C02122301

Itaconic Anhydride;2-Methylenesuccinic anhydride [2170-03-8]

广泛应用于金属粘接促进剂、合成树脂改进剂、酯化剂、抗变色剂、除草剂、杀虫剂等

【生产厂】[鲁]山东中舜科技发展有限公司(300吨)〈P2056〉

三氟乙酐;三氟乙酸酐 C02122401

Trifluoroacetic anhydride [407-25-0]

用作农药中间体

【生产厂】[沪]上海亿际化工有限公司〈P1775〉

特戊酸酐;三甲基乙酸酐 C02122601

Trimethylacetic anhydride;Pivalic anhydride [1538-75-6]

【生产厂】[冀]邯郸市林峰精细化工有限公司〈P1638〉

戊酸酐 C02122611

Valeric anhydride [2082-59-9]

【生产厂】[冀]邯郸市林峰精细化工有限公司〈P1638〉

3,3′,4,4′-联苯四羧酸二酐;3,3′,4,4′-联苯四甲酸二酐 C02122801

3,3′,4,4′-Biphenyltetracarboxylic acid dianhydride [2420-87-3]

用于生产聚酰亚胺产品及其复合材料

【生产厂】[辽]大连瑞泽农药股份有限公司〈P1693〉;[沪]上海市合成树脂研究所〈P1763〉;[苏]常州市武进临川化工有限公司〈P1854〉

氯菌酸酐;六氯降冰片烯二酸酐;氯桥酸酐 C02122901

Chlorendic anhydride;1,4,5,6,7,7-Hexachloro-5-norbornene-2,3-dicarboxylic anhydride [115-27-5]

用作环氧树脂和聚氨酯的反应型阻燃剂

【生产厂】[苏]江苏安邦电化有限公司〈P1802〉

苯甲酸酐;安息香酸酐 C02123001

Benzoic anhydride [93-97-0]

用作制造药物、染料、防腐剂的苯甲酰化剂，也可用作一些聚合物的添加剂及软化剂

【生产厂】[苏]镇江新宇化工有限责任公司〈P1846〉；[鄂]武汉有机实业股份有限公司〈P2235〉

降冰片烯二酸酐；纳迪克酸酐；NA 酸酐 C02123101

5-Norbornene-endo-2,3-dicarboxylic anhydride [129-64-6]

用作醇酸树脂、脲醛树脂、三聚氰胺树脂等改性剂

【生产厂】[沪]上海市农药研究所〈P1764〉；[豫]濮阳市惠成化工有限公司〈P2214〉

丙烯酸酐 C02123201

Acrylic anhydride [2051-76-5]

用于丙烯酸树脂的制备和有机合成

【生产厂】[苏]南京科邦医药化工有限公司〈P1786〉

甲基丙烯酸酐 C02123251

Methacrylic anhydride [760-93-0]

用于光固化涂料、交联树脂等材料的合成

【生产厂】[苏]镇江市海通化工有限公司〈P1845〉；吴江市高新精细化工有限公司〈P1910〉

三氟甲磺酸酐 C02123401

Trifluoromethanesulfonic anhydride; Triflic anhydride [358-23-6]

【生产厂】[沪]上海威方精细化工有限公司〈P1769〉；上海晨日化学有限公司〈P1730〉；上海亿际化工有限公司〈P1775〉

甲基纳迪克酸酐；甲基降冰片烯二酸酐 C02123501

Methyl nadic anhydride; Methyl-5-norbornene-2,3-dicarboxylic anhydride [25134-21-8]

主要用于环氧树脂固化剂

【生产厂】[辽]辽阳虹马化工有限责任公司〈P1709〉；[浙]嘉兴精化化工有限公司〈P1941〉；[豫]濮阳市惠成化工有限公司〈P2214〉

2,3-吡啶二酸酐；喹啉酸酐 C02123701

2,3-Pyridinedicarboxylic anhydride; Quinolinic anhydride [699-98-9]

用作医药中间体

【生产厂】[苏]金坛市社头化工厂〈P1862〉；[浙]衢州市九洲化工有限公司〈P1958〉

卡龙酸酐；3,3-二甲基环丙烷二甲酸酐 C02123901

3,3-Dimethylcyclopropanedicarboxylic anhydride [67911-21-1]

用作医药中间体

【生产厂】[沪]上海益民化工有限公司〈P1775〉；[川]四川琢新生物材料研究有限公司〈P2320〉

一溴甲烷；甲基溴；溴甲烷 C02130101

Bromomethane; Methyl bromide [74-83-9]

用作植物保护用的杀虫剂、杀菌剂、谷物熏蒸剂、木材防腐剂、制冷剂、低沸点溶剂等，也用于有机合成

【生产厂】[苏]连云港海水化工有限公司(3500 吨)〈P1798〉

【使用厂】[津]天津天药药业股份有限公司〈P1615〉；[沪]上海经纬化工有限公司〈P1745〉

二溴甲烷 C02130131

Dibromomethane [74-95-3]

用作有机合成原料，可作溶剂、制冷剂、阻燃剂和抗爆剂组分

【生产厂】[苏]宜兴市芳桥东方化工厂〈P1884〉；[鲁]山东威泰精细化工有限公司〈P2048〉

三溴甲烷；溴仿 C02130151

Bromoform; Tribromomethane [75-25-2]

用作消毒剂、镇痛剂、制冷剂、灭水剂、抗爆剂、溶剂等

【生产厂】[沪]上海闵南化工厂〈P1753〉；[苏]宜兴市芳桥东方化工厂〈P1884〉；江苏大成医药化工有限公司(500 吨)〈P1802〉

乙酰氯；氯乙酰 C02130201

Acetyl chloride [75-36-5]

是乙酰化剂，用作农药和医药的原料，还是制造水处理剂亚乙基二磷酸的中间体

【生产厂】[京]北京马氏精细化学品有限公司〈P1555〉；[苏]常州市旭东化工有限公司〈P1856〉；常州市通达化工有限公司〈P1853〉；[浙]浙江省湖州沙龙化工有限公司(300 吨)〈P1947〉；临海市先锋化工有限公司(1000 吨)〈P1960〉；[鲁]淄博市淄川方友化工有限公司〈P2072〉；山东新华制药股份有限公司〈P2055〉；淄博振河塑胶化工有限公司〈P2076〉；淄博镇荣工贸有限公司〈P2076〉；潍坊海化三江化工有限公司〈P2102〉；[鄂]湖北蓝天化工有限公司(1000 吨)〈P2245〉

【使用厂】[苏]太仓市中天化学有限公司〈P1909〉；盐城市东港药物化工发展有限公司〈P1811〉；泗阳县鼠药厂〈P1804〉；[鲁]山东滕州悟通香料有限责任公司〈P2078〉

丙酰氯 C02130211

Propionyl chloride [79-03-8]

医药工业用于生产抗癫痫药甲妥因，抗肾上腺素药甲氧胺盐酸盐，在有机合成中用作丙酰试剂

【生产厂】[京]北京马氏精细化学品有限公司〈P1555〉；[冀]邯郸市林峰精细化工有限公司〈P1638〉；[沪]上海盛龙化工有限公司〈P1762〉；[苏]南京九龙化工有限公司〈P1786〉；[浙]浙江省湖州沙龙化工有限公司〈P1947〉；[鲁]山东新华制药股份有限公司〈P2055〉；潍坊潍泰化工有限公司(1800 吨)〈P2106〉；潍坊海化三江化工有限公司〈P2102〉

【使用厂】[辽]大连市旅顺合成制药厂〈P1694〉

丙二酰氯 C02130215

Malonyl dichloride [1663-67-8]

可作为优良的酰化剂，用于有机合成

【生产厂】[苏]金坛市社头化工厂〈P1862〉；苏州永拓医药科技有限公司〈P1907〉

2,3-二溴丙酰氯 C02130221

2,3-Dibromopropionyl chloride [18791-02-1]

用作医药、农药、皮革染料中间体

【生产厂】[冀]大名县名鼎化工有限责任公司〈P1638〉；河北

省大名县瑞恒化工有限责任公司〈P1640〉；河北泰丰化工有限责任公司〈P1640〉；［苏］昆山化工医药原料有限公司〈P1895〉

2-溴丙酰氯 C02130223

2-Bromopropionyl chloride ［7148-74-5］

【生产厂】［苏］阜宁胜达医药化工有限公司〈P1806〉

光气；碳酰氯；氯代甲酰氯；碳酰二氯 C02130231

Carbon oxychloride；Carbonyl chloride；Phosgene ［75-44-5］

重要的有机化工中间体，广泛用于农药、医药、染料等工业，亦用于制取聚氨酯、聚碳酸酯等高分子材料

【生产厂】［苏］连云港市金囤农药有限公司（5000 吨）〈P1825〉；［鲁］山东华阳科技股份有限公司（6000 吨）〈P2135〉

【使用厂】［津］天津农药股份有限公司〈P1576〉；天津市农药研究所〈P1600〉；［辽］沈阳化工研究院试验厂〈P1686〉；［沪］上海农药厂有限公司〈P1755〉；上海东风农药厂〈P1732〉；上海泰顿化工有限公司〈P1766〉；上海中远化工有限公司〈P1779〉；上海申聚化工厂有限公司〈P1761〉；［苏］苏州华源农用生物化学品有限公司〈P1901〉；江苏省靖江市金囤农化有限公司〈P1822〉；［赣］海利贵溪化工农药有限公司〈P2013〉；［鲁］德州信达化工有限公司〈P2142〉；［豫］洛阳市曙光化工厂〈P2186〉；［渝］重庆长风化工厂〈P2303〉

对氟苯乙酰氯 C02130237

4-Fluorophenylacetyl chloride ［459-04-1］

【生产厂】［苏］沭阳金凯化工厂〈P1804〉；［鲁］淄博达隆制药科技有限公司〈P2059〉

3-环戊基丙酰氯 C02130241

3-Cyclopentylpropionyl chloride ［104-97-2］

【生产厂】［浙］浙江省湖州沙龙化工有限公司〈P1947〉

α-氯代丙酰氯；2-氯丙酰氯 C02130250

α-Chloropropionyl chloride；2-Chloropropionyl chloride ［7623-09-8］

用作医药、染料、农药中间体及庄稼保护剂

【生产厂】［苏］南京九龙化工有限公司〈P1786〉；［鲁］山东新华制药股份有限公司〈P2055〉

3-氯丙酰氯；β-氯丙酰氯 C02130255

3-Chloropropionyl chloride ［625-36-5］

用作有机合成中间体

【生产厂】［津］天津天大天久科技股份有限公司（1000 吨）〈P1615〉；［苏］海安县弘鑫化工厂〈P1829〉；［鲁］山东新华制药股份有限公司〈P2055〉

苯乙酰氯 C02130261

Phenylacetyl chloride ［103-80-0］

用作医药、农药、香料中间体

【生产厂】［苏］句容市顺风助剂厂〈P1843〉；沭阳金凯化工厂〈P1804〉；［鲁］淄博振河塑胶化工有限公司〈P2076〉；淄博镇荣工贸有限公司〈P2076〉

【使用厂】［苏］泗阳县鼠药厂〈P1804〉

邻异丙基对氯苯乙酰氯 C02130263

2-Isopropyl-4-chlorophenylacetyl chloride

是农药氰戊菊酯的中间体

【生产厂】［苏］连云港永龙化工有限公司〈P1800〉

α-甲酰基扁桃酸酰氯 C02130265

α-Formyl-α-hydroxyphenylacetyl chloride ［29169-64-0］

【生产厂】［冀］河北金通医药化工有限责任公司〈P1620〉；［皖］安徽省广德科苑化工有限公司〈P1986〉

2-溴丙酰溴 C02130271

2-Bromopropionyl bromide ［563-76-8］

用作医药、农药中间体

【生产厂】［苏］江苏大成医药化工有限公司（100 吨）〈P1802〉；［豫］新乡弘辰科技有限公司〈P2203〉

【使用厂】［豫］河南康泰制药集团公司河南省精细化工厂〈P2166〉；河南康泰制药集团公司〈P2166〉

丙酰溴 C02130275

Propionyl bromide ［598-22-1］

用作医药中间体，用于有机合成

【生产厂】［苏］太仓市鑫鹄化工有限公司〈P1909〉；江苏大成医药化工有限公司（1000 吨）〈P1802〉

2-溴丁酰溴 C02130284

2-Bromobutyryl bromide

【生产厂】［苏］江苏大成医药化工有限公司〈P1802〉

2-溴异丁酰溴；2-溴-2-甲基丙酰溴 C02130285

2-Bromoisobutyryl bromide；2-Bromo-2-methylpropionyl bromide ［20769-85-1］

【生产厂】［苏］宿迁市永星药业有限公司〈P1805〉

丁酰溴 C02130289

Butyryl bromide

【生产厂】［苏］江苏大成医药化工有限公司〈P1802〉

2-乙酰氧基异丁酰溴 C02130291

2-Acetoxyisobutyryl bromide；2-Acetoxy-2-methylpropionyl bromide ［40635-67-4］

用作医药中间体

【生产厂】［苏］江苏省金坛市西南化工研究所〈P1860〉；昆山市花桥化工四厂〈P1897〉

2-乙酰氧基异丁酰氯 C02130295

2-Acetoxyisobutyryl chloride；2-Acetoxy-2-methylpropionyl chloride ［40635-66-3］

【生产厂】［苏］江苏省金坛市西南化工研究所〈P1860〉；昆山市花桥化工四厂〈P1897〉

二氟一氯溴甲烷；溴氯二氟甲烷；氟利昂-1211；1211 灭火剂 C02130301

Bromochlorodifluoromethane ［353-59-3］

用作灭火剂、制冷剂及金属表面润滑剂

【生产厂】［浙］浙江莹光化工有限公司（5000 吨）〈P1956〉；衢州市九洲化工有限公司〈P1958〉；衢州市衢化永和新型制冷剂有限公司〈P1958〉；［粤］佛山市华昊化工有限公司电化厂（1350 吨）〈P2287〉

氯溴甲烷；溴氯甲烷 C02130311

Chlorobromomethane；Bromochloromethane ［74-97-5］

用于制药

【生产厂】[苏]启东金禾化工有限公司〈P1837〉;[浙]杭州浙大泛科化工有限公司〈P1925〉;[鲁]邹平铭兴化工有限公司(1000吨)〈P2158〉;山东威泰精细化工有限公司〈P2048〉

1-溴-2-氯乙烷 C02130331

1-Bromo-2-chloroethane [107-04-0]

用作农药、医药中间体

【生产厂】[苏]宜兴市芳桥东方化工厂(120吨)〈P1884〉;盐城市龙升精细化工厂〈P1811〉;[浙]杭州浙大泛科化工有限公司〈P1925〉;[鲁]邹平铭兴化工有限公司〈P2158〉

二氟甲烷;HFC-32 C02130351

Difluoromethane;Freon-32 [75-10-5]

用作干刻剂,低温制冷剂R-502的替代品,或者分别与HFC-134a、HFC-152a形成混合制冷剂替代HCFC-22

【生产厂】[苏]江苏康泰氟化工有限公司〈P1859〉;常熟三爱富氟化工有限责任公司〈P1889〉;[浙]浙江化工科技集团有限公司〈P1927〉;浙江埃克盛化工有限公司〈P1949〉;浙江星腾化工有限公司〈P1956〉;浙江三美化工有限公司〈P1955〉;衢州市台胞投资经贸有限公司〈P1958〉;衢州市衢化永和新型制冷剂有限公司〈P1958〉;[鲁]山东东岳化工股份有限公司〈P2052〉

三氟甲烷;氟仿;氟利昂-23;HFC-23 C02130361

Trifluoromethane;HFC-23;Freon 23 [75-46-7]

用作低温(-100℃)制冷剂,电子工业等离子体化学蚀刻剂及氟有化合物的原料

【生产厂】[辽]大连光明特种气体有限公司〈P1691〉;[浙]浙江化工科技集团有限公司〈P1927〉;浙江星腾化工有限公司〈P1956〉;浙江鹰鹏化工有限公司〈P1956〉;衢州市衢化永和新型制冷剂有限公司〈P1958〉

1,2-二氯乙烷;二氯乙烷 C02130401

1,2-Dichloroethane;Ethylene dichloride [107-06-2]

主要用于制造氯乙烯、乙二酸和乙二胺,还可作溶剂、谷物熏蒸剂、洗涤剂、萃取剂、金属脱油剂等

【生产厂】[京]北京春雨化工厂〈P1545〉;[辽]沈阳永兴化工有限公司〈P1690〉;[沪]上海德诺化工有限公司〈P1731〉;[苏]常熟市沪联助剂有限责任公司(2000吨)〈P1890〉;扬州贝尔化工有限公司〈P1817〉;[鲁]周村和平化工有限公司〈P2057〉;周村鲁岳化工有限公司〈P2057〉;淄博市临淄昊虹工贸有限公司(300吨)〈P2068〉;临淄乐达化工有限公司(800吨)〈P2049〉;临淄鲁安化工厂(200吨)〈P2050〉;山东省桓台县鑫荣化工厂(1000吨)〈P2054〉;山东鲁岳化工有限公司(7000吨)〈P2136〉;[湘]岳阳市云溪区湘达化工厂〈P2254〉;[川]四川省精细化工研究设计院(100吨)〈P2321〉

【使用厂】[沪]上海树脂厂有限公司〈P1764〉;上海华申树脂有限公司〈P1739〉;[苏]江苏省临海化工厂有限公司〈P1808〉;苏州第四制药厂有限公司〈P1899〉;江苏苏青水处理工程集团有限公司〈P1866〉;高邮市宏扬助剂厂〈P1813〉;江苏丰登农药有限公司〈P1858〉;无锡市东风化工厂〈P1875〉;[浙]海盐博大精细化工有限公司〈P1940〉;东港工贸集团有限公司〈P1960〉;[赣]赣南果业赣州农药公司〈P2014〉;[鲁]济南弘易化工厂〈P2021〉;潍坊市亚东化工有限公司〈P2105〉;[豫]鹤壁市树脂有限公司〈P2200〉;安阳市全丰农药化工有限责任公司〈P2209〉;中国人民解放军第六四五六工厂〈P2225〉;[鄂]湖北仙隆化工股份有限公司〈P2245〉;[湘]湖南天宇农药化工集团股份有限公司〈P2253〉;[粤]广州化学试剂厂〈P2261〉;[川]四川省化工研究设计院〈P2319〉

1,1-二氯乙烷 C02130403

1,1-Dichloroethane [107-06-2]

主要用作低毒性溶剂

【生产厂】[津]天津市汉沽区化工金属熔炼总厂(500吨)〈P1588〉;[鲁]山东省桓台县鑫荣化工厂〈P2054〉

二氯甲烷 C02130601

Dichloromethane;Methylenechloride;Methylene dichloride [75-09-2]

是不燃性低沸点溶剂,作醋酸纤维素成膜、气溶胶和抗菌素、维生素生产中的溶剂,也用作萃取剂、金属清洗剂等

【生产厂】[沪]上海德诺化工有限公司〈P1731〉;上海人民制药溶剂厂〈P1758〉;[苏]南京富邦化工有限公司〈P1783〉;江都市银江化工有限公司〈P1815〉;江苏省江都市天林化工有限公司〈P1816〉;江苏梅兰化工股份有限公司(16万吨)〈P1821〉;[浙]浙江衢化氟化学有限公司(2600吨)〈P1959〉;衢州市衢化永和新型制冷剂有限公司〈P1958〉;[赣]吉安市通海医药化工有限公司〈P2017〉;[鲁]周村和平化工有限公司〈P2057〉;淄博市临淄天德精细化工研究所(3000吨)〈P2888〉;山东东岳化工股份有限公司(1000吨)〈P2052〉;山东金岭化工集团股份有限公司(4万吨)〈P2085〉;青岛西盛源化工有限公司(1000吨)〈P2044〉;[川]四川鸿鹤精细化工股份有限公司〈P2321〉;自贡鸿鹤化工集团有限责任公司(1万吨)〈P2321〉

【使用厂】[辽]大连瑞泽农药股份有限公司〈P1693〉;[黑]哈药集团制药总厂〈P1721〉;[沪]上海五洲药业股份有限公司〈P1770〉;[浙]浙江台州海翔医药化工有限公司〈P1968〉;浙江海正药业股份有限公司〈P1964〉;浙江普洛化学有限公司〈P1955〉;[鲁]寿光富康制药有限公司〈P2099〉;[豫]河南省化工研究所〈P2167〉;[鄂]湖北仙隆化工股份有限公司〈P2245〉;[粤]广州化学试剂厂〈P2261〉;珠海保税区丽珠合成制药有限公司〈P2274〉;[川]成都天华科技股份有限公司〈P2315〉

5-溴-5-硝基-1,3-二噁烷 C02130751

5-Bromo-5-nitro-1,3-dioxane [30007-47-7]

用于制备化妆品、涂料等

【生产厂】[苏]江苏托球农化有限公司〈P1808〉

1,2-二溴戊烷 C02130803

1,2-Dibromopentane [3234-49-9]

【生产厂】[苏]宜兴市芳桥东方化工厂(120吨)〈P1884〉

1,5-二溴戊烷 C02130805

1,5-Dibromopentane [111-24-0]

用作有机合成中间体

【生产厂】[苏]宜兴市芳桥东方化工厂(120吨)〈P1884〉;江苏大成医药化工有限公司〈P1802〉;盐城市龙升精细化工厂〈P1811〉;江苏东台鑫源化工有限公司〈P1807〉

1-碘-3-甲基丁烷;碘代异戊烷 C02130851

1-Iodo-3-methylbutane [541-28-6]

用作有机中间体

【生产厂】[沪]上海晨日化学有限公司〈P1730〉;[苏]太仓市鑫鹊化工有限公司〈P1909〉

1,5-二氯戊烷 C02130871

1,5-Dichloropentane [628-76-2]
【生产厂】[苏]江苏东台鑫源化工有限公司〈P1807〉

溴代异戊烷;1-溴-3-甲基丁烷　C02130881
1-Bromo-3-methylbutane;Isoamyl bromide [107-82-4]
用作有机合成中间体
【生产厂】[苏]宜兴市芳桥东方化工厂(1万吨)〈P1884〉;盐城市龙升精细化工厂〈P1811〉

1-溴-2-甲基丁烷　C02130885
1-Bromo-2-methylbutane [10422-35-2]
用作有机合成中间体
【生产厂】[苏]宜兴市芳桥东方化工厂〈P1884〉

3,3-二甲基-1-溴丁烷　C02130889
1-Bromo-3,3-dimethylbutane [1647-23-0]
【生产厂】[苏]宜兴市芳桥东方化工厂〈P1884〉

1-溴-5-氯戊烷　C02130891
1-Bromo-5-chloropentane [54512-75-3]
一种重要的医药中间体
【生产厂】[苏]苏州市华伦化工有限公司〈P1903〉;江苏东台鑫源化工有限公司〈P1807〉;[豫]河南豫辰精细化工有限公司(20吨)〈P2218〉

三氟乙烷;1,1,1-三氟乙烷;HFC-143a　C02130902
1,1,1-Trifluoroethane;HFC-143a [420-46-2]
可作制冷剂,是替代R-502的重要组分
【生产厂】[苏]常熟三爱富氟化工有限责任公司〈P1889〉;[浙]浙江化工科技集团有限公司〈P1927〉;浙江埃克盛化工有限公司〈P1949〉;衢州市衢化永和新型制冷剂有限公司〈P1958〉;[陕]中化近代环保化工(西安)有限公司〈P2350〉

全氟乙基碘;全氟碘乙烷;五氟碘乙烷　C02130991
Perfluoroethyl iodide;Pentafluoroethyl iodide [354-64-3]
主要用于生产全氟烷基碘的初始调聚剂,还可用于生产含氟医药中间体等含氟精细化学品
【生产厂】[沪]上海福邦化工有限公司〈P1733〉

3,3,3-三氟丙烯　C02131101
3,3,3-Trifluoropropene [677-21-4]
用于生产氟硅橡胶
【生产厂】[鲁]威海新元化工有限公司(1000吨)〈P2126〉

六氟丙烯;全氟丙烯;HFP　C02131151
Hexafluoropropene;1,1,2,3,3,3-Hexafluoro-1-propene [116-15-4]
可制备多种含氟精细化工产品、药物中间体、灭火剂等,还可制得含氟高分子材料
【生产厂】[苏]江苏梅兰化工股份有限公司〈P1821〉;[浙]浙江巨化股份有限公司氟聚厂〈P1958〉;[鲁]山东东岳化工股份有限公司(3000吨)〈P2052〉;[川]中昊晨光化工研究院〈P2321〉
【使用厂】[浙]浙江莹光化工有限公司〈P1956〉

4-氯甲基苯乙烯　C02131251
4-Chloromethylstyrene [1592-20-7]
【生产厂】[京]北京达科思精细化工研究所〈P1545〉;[苏]常州市武进临川化工有限公司〈P1854〉;江苏磐希化工有限公司〈P1821〉

三氟氯乙烯;CTFE　C02131301
Trifluorochloroethylene;Chlorotrifluoroethylene;CTFE [79-38-9]
用于制备聚三氟氯乙烯树脂及氟橡胶
【生产厂】[苏]江苏康泰氟化工有限公司〈P1859〉;常熟三爱富氟化工有限责任公司〈P1889〉

三氟溴甲烷;溴三氟甲烷;1301灭火剂;哈龙1301　C02131401
Trifluorobromomethane;Halon 1301 [75-63-8]
用于油类、电器设备、有机溶剂、天然气及多种有机物的灭火
【生产厂】[浙]浙江化工科技集团有限公司〈P1927〉;衢州市九洲化工有限公司〈P1958〉;衢州市衢化永和新型制冷剂有限公司〈P1958〉

二氟二溴甲烷　C02131451
Dibromodifluoromethane
用于合成染料、药物、灭火剂等
【生产厂】[浙]衢州市衢化永和新型制冷剂有限公司〈P1958〉

1,1,1-三氯乙烷;甲基氯仿　C02131501
1,1,1-Trichloroethane [71-55-6]
主要用作金属清洗剂、纺织品的干洗剂,还可用作粘接剂和金属切削添加剂及DAP树脂的聚合溶剂等
【生产厂】[苏]常熟市长江精细化工厂(500吨)〈P1889〉;常熟三爱富氟化工有限责任公司〈P1889〉

1,1,2-三氯乙烷　C02131502
1,1,2-Trichloroethane [79-00-5]
主要用作脂肪、树脂、蜡、生物碱的溶剂,橡胶和树脂的中间体,农药杀虫剂,制备1,1-二氯乙烯等化学品
【生产厂】[苏]常熟市长江精细化工厂(500吨)〈P1889〉;[鲁]淄博市临淄昊虹工贸有限公司(300吨)〈P2068〉;山东省桓台县鑫荣化工厂(500吨)〈P2054〉

三氯乙烯;1,1,2-三氯乙烯　C02131601
1,1,2-Trichloroethylene [79-01-6]
用于制造靛蓝及其他染料,生产一氯代乙酸,是重要的工业溶剂,用作金属洗涤剂、干洗剂、农用杀虫剂等
【生产厂】[津]天津市兴华化学试剂厂(1000吨)〈P1609〉;[蒙]内蒙古三联化工股份有限公司(5000吨)〈P1681〉;阿拉善达康精细化工股份有限公司〈P1681〉;[辽]锦化化工(集团)有限责任公司(5500吨)〈P1703〉;锦化化工集团氯碱股份有限公司(6400吨)〈P1703〉;[苏]常熟市长江精细化工厂(3000吨)〈P1889〉;盐城市构港有机化工厂(400吨)〈P1811〉;江苏省江都市天林化工有限公司〈P1816〉;[浙]衢州市衢化永和新型制冷剂有限公司〈P1958〉

【使用厂】［辽］丹东医创药业有限责任公司〈P1701〉；［苏］扬州市恒生化工有限公司〈P1818〉；淮安德邦化工有限公司〈P1801〉；［鲁］山东大成农药股份有限公司〈P2051〉；东辰(集团)化工有限公司〈P2081〉；［豫］河南中孚药业有限公司〈P2168〉；［粤］广州化学试剂厂〈P2261〉

三氯乙醛；氯醛　C02131701

Chloral；Trichloroacetaldehyde；Trichloroaldehyde
［75-87-6］

主要用于制造杀虫剂滴滴涕、敌百虫、敌敌畏和除草剂三氯乙醛脲，医药上用于生产氯霉素、合霉素等

【生产厂】［苏］扬州杰迪化工有限公司〈P1817〉；南通江山农药化工股份有限公司(1万吨)〈P1833〉；［鄂］沙隆达集团公司〈P2240〉；［甘］甘肃省盐锅峡化工总厂(3400吨)〈P2358〉

【使用厂】［津］天津农药股份有限公司〈P1576〉；［沪］上海农药厂有限公司〈P1755〉；［苏］江苏梅兰化工股份有限公司〈P1821〉；［闽］福建省东南电化股份有限公司〈P1988〉；［鲁］青岛双桃精细化工(集团)有限公司〈P2043〉；青岛宇龙海藻有限公司〈P2046〉；山东大成农药股份有限公司〈P2051〉；［豫］安阳市安林生物化工有限责任公司〈P2208〉；［粤］广州化学试剂厂〈P2261〉；广东省石油化工研究院〈P2259〉

三氯化苄；苄川三氯；三氯甲苯；苯基氯仿　C02131801

Benzyl trichloride［98-07-7］

用作染料、医药中间体及紫外线吸收剂UV-9、UV-531的基本原料

【生产厂】［苏］长江(常州)氯碱联合开发公司(2000吨)〈P1846〉；江苏江东化工股份有限公司(2000吨)〈P1859〉；常州化工厂〈P1847〉；金坛市三方医药原料厂〈P1862〉；金坛市振兴气体化工有限公司〈P1863〉；江阴市马镇有机化工有限公司〈P1870〉；常熟市金城化工有限公司(3000吨)〈P1890〉；淮安永创化学有限公司〈P1801〉；沭阳县华泰化工厂〈P1804〉；海安县弘鑫化工厂〈P1829〉；［浙］浙江省东阳市康峰有机氟化工厂〈P1955〉；［豫］河南昊海实业有限公司(1200吨)〈P2165〉；［鄂］襄樊金泽成精细化工有限公司〈P2238〉；［湘］湖南省洪江市昌和化工有限责任公司(60吨)〈P2257〉

三氯甲烷；氯仿　C02131901

Chloroform；Trichloromethane［67-66-3］

主要用于制造氟利昂22，医药上用作溶剂和麻醉剂，也可作为橡胶、树脂、油脂的溶剂

【生产厂】［津］天津渤海化工有限责任公司天津化工厂(1万吨)〈P1570〉；［冀］霸州市华厦溶剂精制有限公司〈P1657〉；［沪］上海德诺化工有限公司〈P1731〉；［苏］江都市银江化工有限公司〈P1815〉；［浙］浙江衢化氟化学有限公司(2万吨)〈P1959〉；衢州市衢化永和新型制冷剂有限公司〈P1958〉；［鲁］山东金岭化工集团股份有限公司(4万吨)〈P2085〉；［粤］广东西陇化工有限公司〈P2276〉；［川］四川鸿鹤精细化工股份有限公司〈P2321〉；自贡鸿鹤化工集团有限责任公司(7000吨)〈P2321〉；泸州北方化学工业有限公司〈P2322〉

【使用厂】［津］天津市硫酸厂〈P1598〉；天津市东丽区福利有机化工厂〈P1585〉；天津市爱普思特科技发展有限公司〈P1578〉；［冀］石家庄市有机化工厂〈P1632〉；河北新兴化工有限责任公司〈P1648〉；朝阳化工集团公司〈P1634〉；［辽］辽宁五环化工有限公司〈P1698〉；［沪］上海农药厂有限公司〈P1755〉；上海宝达兽药制造有限公司〈P1728〉；［苏］海门市江乐农药化工有限责任公司〈P1830〉；无锡阿尔梅新材料有限公司〈P1872〉；江苏梅兰化工股份有限公司〈P1821〉；南通海星制药有限公司〈P1833〉；常熟三爱富氟化工有限责任公司〈P1889〉；［浙］浙江台州海翔医药化工有限公司〈P1968〉；浙江海正药业股份有限公司〈P1964〉；浙江莹光化工有限公司〈P1956〉；浙江金华康恩贝生物制药有限公司〈P1955〉；浙江鹰鹏化工有限公司〈P1956〉；［鲁］济南三爱富氟化工有限责任公司〈P2024〉；潍坊市新虎啸化工有限公司〈P2105〉；山东省平原制药厂〈P2146〉；山东东岳化工股份有限公司〈P2052〉；［粤］广州化学试剂厂〈P2261〉；［川］成都天华科技股份有限公司〈P2315〉

三氯溴甲烷　C02131951

Bromotrichloromethane［75-62-7］

【生产厂】［沪］上海虹生实业有限公司〈P1737〉

2,4-二氟联苯　C02132010

2,4-Difluorodiphenyl［37847-52-2］

是解热镇痛药二氟苯水杨酸(二氟尼柳)的重要原料

【生产厂】［赣］江西省励远化工科技实业公司〈P2009〉

4,4′-二氟联苯　C02132012

4,4′-Difluorobiphenyl［398-23-2］

【生产厂】［赣］江西省励远化工科技实业公司〈P2009〉

2-氟联苯　C02132021

2-Fluorodiphenyl［321-60-8］

【生产厂】［赣］江西省励远化工科技实业公司〈P2009〉

4-氟联苯　C02132025

4-Fluorobiphenyl［324-74-3］

【生产厂】［赣］江西省励远化工科技实业公司〈P2009〉

4-溴-2-氟联苯　C02132051

4-Bromo-2-fluorodiphenyl［41604-19-7］

用作医药中间体

【生产厂】［浙］杭州科本化工有限公司〈P1920〉；［赣］江西省励远化工科技实业公司〈P2009〉

4,4′-二碘联苯　C02132075

4,4′-Diiodobiphenyl［3001-15-8］

用于液晶

【生产厂】［京］北京卡乐瑞化工有限公司〈P1553〉；［冀］河北德隆泰化工有限公司〈P1619〉；［苏］南京科邦医药化工有限公司〈P1786〉；苏州永拓医药科技有限公司〈P1907〉；［浙］杭州国晨化工技术有限公司〈P1917〉

4,4′-二溴联苯　C02132091

4,4′-Dibromobiphenyl［92-86-4］

【生产厂】［冀］河北德隆泰化工有限公司〈P1619〉；［沪］上海宝瑞化工有限公司〈P1728〉；［苏］江苏省启东市宇林化工厂〈P1831〉；［鲁］青岛东海源生化科技有限公司〈P2034〉

1,2,4-三氯苯；三氯苯　C02132101

1,2,4-Trichlorobenzene［120-82-1］

用作制造农药、变压器油、润滑油等的溶剂，染料载体，绝缘和冷却流体的添加剂，也是制造2,5-二氯苯酚的原料

【生产厂】［津］天津市耀德工商实业公司(2000吨)〈P1610〉；

[冀]河北思尔可化学有限责任公司〈P1666〉;[苏]江都市海辰化工有限公司〈P1814〉;[豫]巩义市兴发化工有限公司(500 吨)〈P2164〉

【使用厂】[冀]河北省武强县灌封化工厂〈P1666〉;大名县名鼎化工有限责任公司〈P1638〉;河北省武强县启龙化工有限公司〈P1666〉;[苏]徐州开达精细化工有限公司〈P1795〉;[鲁]德州虹桥染料化工有限公司〈P2142〉;济南金信洋染料有限公司〈P2023〉

C

1,3,5-三氯苯 C02132110

1,3,5-Trichlorobenzene [108-70-3]

用于有机合成及用作溶剂

【生产厂】[京]北京奥得赛化学有限公司〈P1543〉;[黑]大庆新世纪精细化工有限公司〈P1722〉;[苏]南京奥德赛化工有限公司(60 吨)〈P1782〉;江都市海辰化工有限公司〈P1814〉;[浙]浙江同丰医药化工有限公司(300 吨)〈P1969〉;浙江天宇药业有限公司〈P1969〉;[皖]安徽立兴化工有限公司〈P1985〉

1,2,3-三氯苯 C02132121

1,2,3-Trichlorobenzene [87-61-6]

主要用于有机合成

【生产厂】[津]天津市耀德工商实业公司(500 吨)〈P1610〉;[冀]河北思尔可化学有限责任公司〈P1666〉;[苏]江都市海辰化工有限公司(200 吨)〈P1814〉

1,2,4,5-四氯苯 C02132161

1,2,4,5-Tetrachlorobenzene [95-94-3]

用作医药、农药中间体

【生产厂】[浙]浙江同丰医药化工有限公司〈P1969〉

1,2,3,5-四氯苯 C02132171

1,2,3,5-Tetrachlorobenzene [634-90-2]

用于合成医药、农药中间体

【生产厂】[浙]浙江同丰医药化工有限公司〈P1969〉

三氯乙醛水合物;水合氯醛;氯油 C02132201

Chloral hydrate;Trichloro acetaldehyde hydrate [302-17-0]

用作农药、医药中间体,也用于制备氯仿、三氯乙醛等

【生产厂】[沪]上海白鹤化工厂〈P1727〉;[苏]江苏华昌(集团)有限公司〈P1893〉;江都市兴伟净水剂厂〈P1815〉;[鲁]青岛三凯化工有限公司〈P2041〉;青岛宇龙海藻有限公司(60 吨)〈P2046〉;[鄂]武汉风帆化工有限公司〈P2229〉;武汉市强龙化工新材料有限责任公司〈P2233〉;沙隆达集团公司〈P2240〉

【使用厂】[湘]湖南天宇农药化工集团股份有限公司〈P2253〉

六氯乙烷;全氯乙烷;CFC-12 C02132301

Hexachloroethane [67-72-1]

用作润滑油添加剂,亦可用于制造杀虫剂、驱虫剂、烟幕等

【生产厂】[苏]常熟市长江精细化工厂(1500 吨)〈P1889〉;常熟三爱富氟化工有限责任公司〈P1889〉

五氯乙烷 C02132351

Pentachloroethane [76-01-7]

【生产厂】[苏]常熟市长江精细化工厂(500 吨)〈P1889〉

全氯甲硫醇;三氯甲基氯化硫 C02132401

Perchloromethylmercaptan; Trichloromethyl sulfur chloride; Clairsit;PCM [594-42-3]

用作有机合成中间体

【生产厂】[豫]河南省淇县天水化工厂〈P2198〉

联苯二氯苄;联苯苄基氯 C02132521

4,4′-Di(chloromethyl)biphenyl [1667-10-3]

是荧光增白剂 FP 和 CBS 的重要中间体,也可以用于医药或树脂中间体

【生产厂】[京]大庆开发区新世纪精细化工有限公司北京裕立化工有限公司〈P1567〉;北京奥得赛化学有限公司〈P1543〉;北京杨村化工有限公司(400 吨)〈P1564〉;北京瀑润化工产品有限责任公司〈P1557〉;[黑]大庆新世纪精细化工有限公司〈P1722〉;[苏]宝应县中宝云鹏化工有限公司〈P1813〉;[浙]杭州国晨化工技术有限公司〈P1917〉

1,4-二氯苯;对二氯苯 C02132601

1,4-Dichlorobenzene [106-46-7]

用于合成大红色基 GG、活性嫩黄等染料,用作农药中间体、熏蒸杀虫剂、织物防蛀剂,也用于有机合成

【生产厂】[津]天津市振兴化工有限公司(2000 吨)〈P1613〉;[沪]上海德诺化工有限公司〈P1731〉;[苏]南京化学工业有限公司化工厂(750 吨)〈P1785〉;扬州腾达化工厂〈P1819〉;扬州贝尔化工有限公司〈P1817〉;江都市海辰化工有限公司〈P1814〉;江都市星海化工有限公司(100 吨)〈P1815〉;江苏省江都市天林化工有限公司〈P1816〉;如皋市隆昌化工有限公司〈P1838〉;[皖]安徽佰仕化工有限公司〈P1974〉;[鲁]山东大成农药股份有限公司(3000 吨)〈P2051〉;[豫]巩义市兴发化工有限公司(500 吨)〈P2164〉

【使用厂】[闽]花仙子(厦门)日用化学品有限公司〈P1990〉;[川]四川特种工程塑料厂〈P2321〉

对溴氯苯;对氯溴苯 C02132631

p-Bromochlorobenzene;*p*-Chlorobromobenzene [106-39-8]

【生产厂】[苏]江苏庙桥合成化工有限公司〈P1859〉;阜宁胜达医药化工有限公司〈P1806〉;[皖]安徽微纳生命科学技术开发有限公司〈P1972〉

2,4-二氯-5-氟溴苯 C02132651

2,4-Dichloro-5-fluorobromobenzene

【生产厂】[沪]上海威远精细氟科技发展有限公司〈P1769〉

3,5-二氯溴苯 C02132681

3,5-Dichlorobromobenzene [19752-55-7]

用作医药、染料及农药中间体

【生产厂】[浙]浙江同丰医药化工有限公司(300 吨)〈P1969〉

2,3-二氯溴苯 C02132685

2,3-Dichlorobromobenzene [56961-77-4]

【生产厂】[沪]上海市农药研究所〈P1764〉

四氟乙烯 C02132701

Tetrafluoroethylene;Perfluoroethylene [116-14-3]

用于制造氟树脂、氟弹性体和其他含氟中间体

【生产厂】[鲁]山东中氟化工科技有限公司(4000 吨)〈P2030〉

偏氟乙烯;1,1-二氟乙烯;VDF C02132751
Vinylidene fluoride;1,1-Difluoroethene;VDF [75-38-7]
主要用作氟树脂、氟橡胶的单体原料
【生产厂】[苏]江苏梅兰化工股份有限公司〈P1821〉;[浙]浙江巨化股份有限公司氟聚厂〈P1958〉

四氯乙烯;全氯乙烯 C02132801
Perchloroethylene;Tetrachloroethylene [127-18-4]
用作有机溶剂、干洗剂、油脂萃取剂、烟幕剂、脱硫剂及织物整理剂等
【生产厂】[蒙]阿拉善达康精细化工股份有限公司〈P1681〉;[沪]上海氯碱化工股份有限公司〈P1752〉;[苏]常熟市长江精细化工厂(3000 吨)〈P1889〉;盐城市构港有机化工厂(200 吨)〈P1811〉;[浙]衢州市衢化永和新型制冷剂有限公司〈P1958〉
【使用厂】[津]天津市爱普思特科技发展有限公司〈P1578〉;[苏]苏州吴中前进有机化工有限公司〈P1907〉;常熟三爱富氟化工有限责任公司〈P1889〉

四氯化碳;四氯甲烷 C02132901
Carbon tetrachloride;Tetrachloromethane [56-23-5]
主要用作生产氟利昂 F11 和 F12 的原料,用作灭火剂、有机物氯化剂、香料浸出剂、干洗去污剂、谷物熏蒸剂等
【生产厂】[沪]上海氯碱化工股份有限公司〈P1752〉;[苏]江苏省江都市天林化工有限公司〈P1816〉;江苏梅兰化工股份有限公司〈P1821〉;[浙]台州市中海医药化工有限公司〈P1962〉;浙江衢化氟化学有限公司(1 万吨)〈P1959〉;[鲁]淄博市临淄天德精细化工研究所(3000 吨)〈P2888〉;山东金岭化工集团股份有限公司〈P2085〉;[鄂]武汉市合中化工制造有限公司〈P2232〉;[川]四川鸿鹤精细化工股份有限公司〈P2321〉;自贡鸿鹤化工集团有限责任公司(2 万吨)〈P2321〉;泸州北方化学工业有限公司〈P2322〉
【使用厂】[冀]石家庄市有机化工厂〈P1632〉;[沪]上海长江化工厂〈P1729〉;[苏]徐州试剂厂〈P1796〉;江苏省连云港市东金化工有限公司〈P1798〉;江苏省靖江市金囤农化有限公司〈P1822〉;无锡市梁溪精细化工有限公司〈P1877〉;常熟三爱富氟化工有限责任公司〈P1889〉;[浙]浙江莹光化工有限公司〈P1956〉;[鲁]济南化工厂分厂〈P2022〉;淄博化学试剂厂有限公司〈P2062〉;[豫]河南省化工研究所〈P2167〉;[粤]广州化学试剂厂〈P2261〉;广州市金珠江化学有限公司〈P2265〉;[渝]重庆长寿化工有限责任公司〈P2304〉;重庆长风化工厂〈P2303〉

四溴乙烷;均四溴乙烷;TBE;1,1,2,2-四溴乙烷 C02133001
1,1,2,2-Tetrabromoethane [79-27-6]
用于合成季铵化合物,用作医药、染料中间体,也是对二甲苯氧化制对苯二甲酸的催化剂
【生产厂】[津]天津长芦海晶集团有限公司(1000 吨)〈P1571〉;[苏]南京昂扬石化助剂有限公司〈P1782〉;江苏仪征天宁化工股份有限公司(300 吨)〈P1816〉;宜兴市芳桥东方化工厂(1200 吨)〈P1884〉;江苏大成医药化工有限公司〈P1802〉;[鲁]潍坊张氏化工有限公司〈P2107〉

4-氯甲苯;对氯甲苯 C02133101
4-Chlorotoluene [106-43-4]
主要用于生产对氯次苄基三氯,也用于制造对氯苄基氯、对氯苯甲醛、对氯苯甲酰氯、对氯苯甲酸等,也用于医药
【生产厂】[苏]丹阳中超化工有限公司(7000 吨)〈P1841〉;常州化工厂〈P1847〉;苏州市御窑精细化工有限公司(6000 吨)〈P1906〉;[鄂]武汉有机实业股份有限公司〈P2235〉;[湘]湖南株洲化工集团翔宇精细化工有限公司〈P2249〉
【使用厂】[辽]辽宁天合精细化工股份有限公司〈P1702〉;[苏]靖江市江鸿化合物有限公司〈P1825〉;[浙]浙江省东阳市巍华化工有限公司〈P1955〉

2-氯甲苯;邻氯甲苯 C02133111
2-Chlorotoluene [95-49-8]
用于有机合成,用于制备邻氯苯腈、邻氯苯胺、邻氯苯甲酰氯、邻氯苯甲醛等
【生产厂】[苏]丹阳中超化工有限公司(6000 吨)〈P1841〉;常州化工厂〈P1847〉;苏州市御窑精细化工有限公司(1000 吨)〈P1906〉;[鄂]武汉有机实业股份有限公司〈P2235〉;[湘]湖南株洲化工集团翔宇精细化工有限公司〈P2249〉
【使用厂】[冀]黄骅市渤海化工(集团)公司〈P1656〉;[吉]吉林通化农药化工股份有限公司〈P1718〉;[苏]靖江市江鸿化合物有限公司〈P1825〉;[浙]嘉兴市南化化工有限公司〈P1942〉

间氯甲苯;3-氯甲苯 C02133121
m-Chlorotoluene [108-41-8]
用作医药中间体
【生产厂】[苏]金坛市聚源化工厂〈P1862〉;江苏宜兴市第二化学试剂厂〈P1866〉;[浙]杭州力禾颜料有限公司〈P1920〉;[鄂]武汉有机实业股份有限公司〈P2235〉

2,3-二氯甲苯 C02133161
2,3-Dichlorotoluene
用作农药、医药、染料中间体
【生产厂】[苏]苏州市御窑精细化工有限公司(240 吨)〈P1906〉;高邮市康乐精细化工厂〈P1813〉

3-氟-4-甲基苯腈 C02133201
3-Fluoro-4-methylbenzonitrile [170572-49-3]
【生产厂】[辽]阜新三宝化工实业有限公司〈P1708〉;阜新特种化学股份有限公司〈P1708〉;[沪]上海威远精细氟科技发展有限公司〈P1769〉

4-氟-3-甲基苯腈 C02133203
4-Fluoro-3-methylbenzonitrile
【生产厂】[沪]上海威远精细氟科技发展有限公司〈P1769〉

4-氟-2-甲基苯腈 C02133205
4-Fluoro-2-methylbenzonitrile
【生产厂】[沪]上海威远精细氟科技发展有限公司〈P1769〉

2-氟-4-甲基苯腈 C02133207
2-Fluoro-4-methylbenzonitrile
【生产厂】[辽]阜新特种化学股份有限公司〈P1708〉;[沪]上海威远精细氟科技发展有限公司〈P1769〉

3-氟-2-甲基苯腈 C02133209
3-Fluoro-2-methylbenzonitrile
【生产厂】[沪]上海威远精细氟科技发展有限公司〈P1769〉

间苯二腈;间苯二甲腈 C02133211
1,3-Dicyanobenzene [626-17-5]
是制取农药百菌清和防腐剂的原料,也用于聚氨酯树脂和环氧树脂的固化剂

C

【生产厂】[苏]仪征市鼎信化工有限公司〈P1820〉;[鲁]德州埃法化学有限公司〈P2141〉
【使用厂】[沪]上海泰禾(集团)有限公司〈P1767〉;[苏]利民化工有限责任公司〈P1793〉;[滇]云南天丰农药有限公司〈P2342〉

C

对苯二甲腈;对苯二腈　C02133213
Terephthalonitrile;1,4-Dicyanobenzene [623-26-7]
用于有机合成
【生产厂】[苏]沭阳县华泰化工厂〈P1804〉;[鲁]德州埃法化学有限公司〈P2141〉

四氯对苯二甲腈　C02133214
Tetrachloro-1,4-dicyanobenzene [1897-41-2]
【生产厂】[苏]泰兴市对外贸易南京有限公司〈P1792〉;沭阳县华泰化工厂〈P1804〉

四氟对苯二甲腈;2,3,5,6-四氟对苯二甲腈　C02133218
Tetrafluoroterephthalonitrile [1835-49-0]
【生产厂】[鲁]青岛双收农药化工有限公司〈P2043〉

五氟苯乙腈;五氟苄基腈　C02133225
Pentafluorophenylacetonitrile
【生产厂】[辽]荣成市东立精细化工有限公司阜新分公司〈P1708〉

异丁腈;异丙基氰　C02133229
Isobutyronitrile;Isopropyl cyanide [78-82-0]
用作农药二嗪磷(地亚农、二嗪农)的关键原料,也用作医药中间体
【生产厂】[苏]如东县通园精细化工厂(1200吨)〈P1837〉
【使用厂】[鲁]山东高密康丰农化有限公司〈P2094〉

对甲氧基氰苄;对甲氧基苯乙腈　C02133231
4-Methoxybenzyl cyanide [104-47-2]
用作有机合成中间体,用于合成β-(对甲氧基苯)乙胺
【生产厂】[川]成都新特药化合成技术改进与创新中心〈P2317〉

4-氟氰苄;对氟氰苄;4-氟苯乙腈;对氟苯乙腈　C02133241
4-Fluorobenzyl cyanide [459-22-3]
用于有机合成
【生产厂】[苏]丹阳市大泊化工厂〈P1840〉;句容市顺风助剂厂〈P1843〉;沭阳金凯化工厂〈P1804〉;[豫]河南昊海实业有限公司〈P2165〉

邻氟氰苄;2-氟苯乙腈;邻氟苯乙腈　C02133243
2-Fluorobenzyl cyanide [326-62-5]
用作医药、农药中间体
【生产厂】[苏]丹阳市大泊化工厂〈P1840〉;句容市顺风助剂厂〈P1843〉;沭阳金凯化工厂〈P1804〉;[豫]河南昊海实业有限公司〈P2165〉

间氟氰苄;3-氟苯乙腈;间氟苯乙腈　C02133245
3-Fluorobenzyl cyanide [501-00-8]
用作医药、农药中间体
【生产厂】[苏]丹阳市大泊化工厂〈P1840〉;句容市顺风助剂厂〈P1843〉;沭阳金凯化工厂〈P1804〉;[豫]河南昊海实业有限公司〈P2165〉

2-氯-4-氟苯腈　C02133247
2-Chloro-4-fluorobenzonitrile [60702-69-4]
用作医药、农药、液晶材料中间体
【生产厂】[浙]浙江省三门解氏化学工业有限公司〈P1966〉

2-溴-4-氟苯腈　C02133249
2-Bromo-4-fluorobenzonitrile [36282-26-5]
【生产厂】[沪]上海立科药物化学有限公司〈P1750〉

2,4-二氯氰苄;2,4-二氯苯乙腈　C02133251
2,4-Dichlorobenzyl cyanide [6303-60-1]
【生产厂】[苏]丹阳市大泊化工厂〈P1840〉;金坛市振兴化工有限公司〈P1863〉;沭阳金凯化工厂〈P1804〉;[鄂]武汉有机实业股份有限公司〈P2235〉

3,4-二氯苯乙腈　C02133252
3,4-Dichlorobenzyl cyanide [3218-49-3]
【生产厂】[浙]浙江物产崇一医药化工有限公司〈P1956〉

3,4-二氯氰苄　C02133253
3,4-Dichlorobenzyl cyanide [3218-49-3]
【生产厂】[苏]丹阳市大泊化工厂〈P1840〉;沭阳金凯化工厂〈P1804〉

4-氯-3-氟苯腈　C02133254
4-Chloro-3-fluorobenzonitrile
【生产厂】[沪]上海威远精细氟科技发展有限公司〈P1769〉

2,6-二氯苯乙腈;2,6-二氯氰苄　C02133255
2,6-Dichlorobenzylcyanide;2,6-Dichlorophenylacetonitrile [3215-64-3]
用作医药中间体
【生产厂】[苏]金坛市群乐化工助剂研究所〈P1862〉

2-氯-5-氟苯腈　C02133256
2-Chloro-5-fluorobenzonitrile
【生产厂】[沪]上海威远精细氟科技发展有限公司〈P1769〉

3-氯-2-氟苯腈　C02133258
3-Chloro-2-fluorobenzonitrile
【生产厂】[沪]上海威远精细氟科技发展有限公司〈P1769〉

3-氯-4-氟苯腈　C02133259
3-Chloro-4-fluorobenzonitrile [117482-84-5]
用作医药、农药、液晶材料中间体
【生产厂】[沪]上海威远精细氟科技发展有限公司〈P1769〉;[浙]浙江省三门解氏化学工业有限公司〈P1966〉

2,5-二氯苯腈　C02133260
2,5-Dichlorobenzonitrile [21663-61-6]
【生产厂】[苏]扬州天辰精细化工有限公司〈P1819〉

对甲氧基氯苄　C02133261
4-Methoxybenzyl chloride [824-94-2]
【生产厂】[苏]常州市武进临川化工有限公司〈P1854〉;金坛市华盛化工助剂有限公司〈P1862〉

2,3-二氯苯腈　C02133262

2,3-Dichlorobenzonitrile [6574-97-6]
【生产厂】[赣]江西正和化工有限公司〈P2016〉

3,4-二甲氧基氯苄;3,4-二甲氧基苄基氯　C02133263
3,4-Dimethoxybenzyl chloride
【生产厂】[苏]常州市武进临川化工有限公司〈P1854〉

3-甲氧基氯苄;间甲氧基氯苄　C02133264
3-Methoxybenzyl chloride [824-98-6]
用于合成新型抗心血管类药物盐酸可乐定等的重要中间体,也是其他精细化工产品的原料
【生产厂】[苏]徐州诺特化工有限公司〈P1795〉

5-氟-2-甲基苯腈;2-氰基-4-氟甲苯　C02133267
5-Fluoro-2-methylbenzonitrile [77532-79-7]
【生产厂】[辽]阜新特种化学股份有限公司〈P1708〉;[沪]上海威远精细氟科技发展有限公司〈P1769〉

2-氟-5-甲基苯腈;3-氰基-4-氟甲苯　C02133268
2-Fluoro-5-methylbenzonitrile
【生产厂】[沪]上海威远精细氟科技发展有限公司〈P1769〉

2,3,4-三氟苯腈　C02133271
2,3,4-Trifluorobenzonitrile [143879-80-5]
【生产厂】[沪]上海威远精细氟科技发展有限公司〈P1769〉

2,3,6-三氟苯腈　C02133273
2,3,6-Trifluorobenzonitrile [136514-17-5]
【生产厂】[沪]上海威远精细氟科技发展有限公司〈P1769〉

2,4,5-三氟苯腈　C02133275
2,4,5-Trifluorobenzonitrile [98349-22-5]
【生产厂】[沪]上海威远精细氟科技发展有限公司〈P1769〉;[浙]浙江白云伟业化工股份有限公司〈P1950〉

2,4,6-三氟苯腈　C02133276
2,4,6-Trifluorobenzonitrile [96606-37-0]
【生产厂】[沪]上海威远精细氟科技发展有限公司〈P1769〉

3,4,5-三氟苯腈　C02133277
3,4,5-Trifluorobenzonitrile [134227-45-5]
【生产厂】[沪]上海威远精细氟科技发展有限公司〈P1769〉

对甲基氯苄　C02133281
p-Methylbenzyl chloride [104-82-5]
用于制备对甲基苯甲醇、对甲基苯甲醛等
【生产厂】[苏]高邮市康乐精细化工厂〈P1813〉;[鄂]武汉瑞阳化工有限公司〈P2231〉;武汉有机实业股份有限公司〈P2235〉

邻甲基氯苄;2-甲基苄基氯　C02133285
o-Methylbenzylchloride;2-Methylbenzyl chloride [552-45-4]
用作有机合成中间体,用于合成对甲基苯甲醇、对甲基苯甲醛等
【生产厂】[苏]苏州市畅通化学品有限公司〈P1903〉;苏州市御窑精细化工有限公司(120 吨)〈P1906〉;江苏振方化工有限公司〈P1803〉;高邮市康乐精细化工厂〈P1813〉;[鄂]武汉有机实业股份有限公司〈P2235〉

间甲基氯苄;3-甲基苄基氯　C02133289
m-Methylbenzylchloride;3-Methylbenzyl chloride [620-19-9]
用作有机合成中间体
【生产厂】[苏]高邮市康乐精细化工厂〈P1813〉;[鄂]武汉有机实业股份有限公司〈P2235〉

C

3,4-二氟苯腈　C02133291
3,4-Difluorobenzonitrile [64248-62-0]
【生产厂】[京]北京宜龙通广科技有限公司〈P1565〉;[沪]上海威远精细氟科技发展有限公司〈P1769〉;[苏]常州市迅达化工有限公司〈P1856〉;泰兴市永佳化工有限公司〈P1827〉

2,3-二氟苯腈　C02133293
2,3-Difluorobenzonitrile [21524-39-0]
【生产厂】[沪]上海威远精细氟科技发展有限公司〈P1769〉

五氯苯甲腈;五氯氰基苯　C02133295
Pentachlorobenzonitrile [20925-85-3]
用作农药中间体
【生产厂】[皖]铜陵阳光合成材料有限公司〈P1979〉;[湘]湖南湘大比德化工有限公司〈P2251〉

全氟辛基磺酰氟　C02133309
Perfluoro *n*-octylsulfonyl fluoride [307-35-7]
用于制备含氟特种表面活性剂的重要中间体,用它可合成系列氟碳表面活性剂
【生产厂】[辽]金凯(阜新)化工有限公司〈P1708〉;[闽]福建省建阳金石氟业有限公司〈P2003〉;[鄂]武汉市德孚经济发展有限公司〈P2232〉;武汉市道奇化工公司〈P2232〉;武汉市江润精细化工有限责任公司〈P2233〉;武汉市化学工业研究所有限责任公司〈P2232〉;武汉海德化工发展有限公司〈P2229〉;湖北恒新化工有限公司〈P2242〉

七氟丙烷;HFC-227ea　C02133311
1,1,1,2,3,3,3-Heptafluoropropane [431-89-0]
属洁净气体灭火剂,主要用于扑灭 A 类、B 类、C 类等各种火灾,还被用作制冷剂和医用喷射剂
【生产厂】[苏]常熟三爱富氟化工有限责任公司〈P1889〉;[浙]浙江化工科技集团有限公司〈P1927〉;浙江莹光化工有限公司(200 吨)〈P1956〉;衢州市衢化永和新型制冷剂有限公司〈P1958〉

五氟丙烷;HFC-245fa　C02133321
1,1,1,3,3-Pentafluoropropane [460-73-1]
用于冰箱、板材聚氨酯绝热材料发泡等
【生产厂】[浙]衢州瑞源化工有限公司〈P1957〉;衢州市衢化永和新型制冷剂有限公司〈P1958〉

六氟丙烷;HFP;HFC236fa　C02133331
Hexafluoropropane;1,1,1,2,2,3-Hexafluoropropane [677-56-5]
适合充装手提式灭火器材,用于敞开、半敞开空间灭火,也适用于有人场合全淹没灭火系统使用
【生产厂】[浙]浙江化工科技集团有限公司〈P1927〉;浙江莹光化工有限公司〈P1956〉;衢州瑞源化工有限公司〈P1957〉;衢州市衢化永和新型制冷剂有限公司〈P1958〉

C

全氟辛烷 C02133391

Perfluorooctane [307-34-6]

【生产厂】[辽]金凯(阜新)化工有限公司〈P1708〉

1,2-二氯苯;邻二氯苯 C02133401

1,2-Dichlorobenzene [95-50-1]

用作特殊溶剂及防锈剂、脱脂剂,也用于制防疫药剂、杀虫剂、消毒剂等,还可制备染料还原蓝 CLB 和 CLG 等

【生产厂】[津]天津市振兴化工有限公司(1000 吨)〈P1613〉;[沪]上海德诺化工有限公司〈P1731〉;[苏]南京化学工业有限公司化工厂(1100 吨)〈P1785〉;扬州贝尔化工有限公司〈P1817〉;江都市海辰化工有限公司〈P1814〉;江都市星海化工有限公司〈P1815〉;江苏省江都市天林化工有限公司〈P1816〉;如皋市隆昌化工有限公司〈P1838〉;[皖]安徽佰仕化工有限公司〈P1974〉;[鲁]山东大成农药股份有限公司〈P2051〉;[豫]巩义市兴发化工有限公司(500 吨)〈P2164〉

【使用厂】[冀]安平县冠达颜料工业有限公司〈P1663〉;[苏]南通海迪化工有限公司〈P1833〉;[浙]浙江省三门解氏化学工业有限公司〈P1966〉;[鲁]山东省海洋化工科学研究院〈P2097〉;[豫]河南康泰制药集团公司河南省精细化工厂〈P2166〉;河南康泰制药集团公司〈P2166〉

2,4,6-三甲基氯苄 C02133451

2,4,6-Trimethylbenzyl chloride [1585-16-6]

【生产厂】[沪]上海万凯化学有限公司〈P1768〉

环氧氯丙烷;表氯醇;3-氯-1,2-环氧丙烷;1-氯-2,3-环氧丙烷;ECH C02133501

Epichlorohydrin;3-Chloro-1,2-epoxypropene;ECH [106-89-8]

主要用于制备甘油、环氧树脂、氯醇橡胶、聚醚多元醇,是生产甘油及缩水甘油衍生物的重要原料,还用作溶剂

【生产厂】[津]天津渤海化工有限责任公司天津化工厂(2 万吨)〈P1570〉;天津化工厂环氧氯丙烷分厂(3 万吨)〈P1573〉;[辽]沈阳东宇精细化工有限公司〈P1685〉;[苏]张家港爱华化工有限公司〈P1911〉;[鲁]中国石油化工股份有限公司齐鲁石化股份公司(3 万吨)〈P2057〉;淄博乾胜化工有限公司〈P2066〉;东营市联成化工有限责任公司(10 万吨)〈P2082〉;山东华泰化工集团(10 万吨)〈P2085〉;广饶县金岭公司化工厂(10 万吨)〈P2083〉;青岛三凯化工有限公司〈P2041〉

【使用厂】[津]天津市津东化工厂〈P1593〉;天津中新药业集团股份有限公司新新制药厂〈P1618〉;天津市津南区新桥绝缘材料有限公司〈P1594〉;天津燕海化学有限公司〈P1616〉;天津市中央药业有限公司〈P1613〉;[辽]沈阳化工股份有限公司〈P1686〉;锦州黑龙制药厂〈P1701〉;[沪]上海康鑫化工有限公司〈P1748〉;上海天坛助剂有限公司〈P1767〉;上海树脂厂有限公司〈P1764〉;上海升纬化工原料有限公司〈P1762〉;[苏]常州市黄河化工设备有限公司〈P1851〉;南通新广生化工有限公司〈P1836〉;江苏三木集团公司〈P1865〉;昆山市南方化工厂〈P1897〉;常州市武进运波化工有限公司〈P1855〉;[皖]黄山市华美精细化工有限公司〈P1981〉;安徽省歙县宏大化工有限公司〈P1980〉;[赣]江西省赣西化工有限公司〈P2016〉;[鲁]淄博市博山东方化工厂〈P2067〉;东营东方化学工业有限公司〈P2081〉;淄博市新材料研究所〈P2071〉;安丘市鲁星化学有限公司〈P2088〉;淄博津利精细化工厂〈P2063〉;[豫]开封市电镀化工厂〈P2177〉;开化集团开封市树脂厂〈P2179〉;河南省化工研究所〈P2167〉;河南省安阳市益康制药厂〈P2211〉;洛阳恒光化工有限公司〈P2181〉;[鄂]武汉风帆化工有限公司〈P2229〉;[粤]广州市东风化工实业有限公司〈P2263〉;佛山市鲸鲨制漆科技有限公司〈P2288〉;深圳市亚王康丽技术有限公司〈P2273〉;[桂]广西化工研究院〈P2296〉;南宁市化工研究设计院〈P2297〉

***S*-环氧氯丙烷** C02133503

S-Epichlorohydrin [67843-74-7]

用于手性中间体及手性药物的合成

【生产厂】[辽]沈阳展宇科技开发有限公司〈P1690〉;大连天源基化学有限公司〈P1694〉;[沪]上海科利生物医药有限公司〈P1749〉;上海瑞一医药科技有限公司〈P1759〉;[苏]常州伊思特化工有限公司〈P1858〉;[鄂]罗田县华阳生化有限公司〈P2244〉

***R*-环氧氯丙烷** C02133511

R-Epichlorohydrin [51594-55-9]

用于手性中间体及手性药物的合成

【生产厂】[沪]上海瑞一医药科技有限公司〈P1759〉;[苏]常州伊思特化工有限公司〈P1858〉;[鄂]罗田县华阳生化有限公司〈P2244〉

***β*-甲基环氧氯丙烷** C02133551

β-Methylepichlorohydrin

是一种重要的有机化工原料和中间体

【生产厂】[鲁]淄博澳纳斯化工有限公司(500 吨)〈P2058〉

氟利昂-11;三氯氟甲烷;一氟三氯甲烷;制冷剂-11 C02133601

Fluorotrichloromethane;Freon-11 [75-69-4]

用作制冷剂、发泡剂,也用于生产海绵、医药和农药等

【生产厂】[苏]常熟三爱富氟化工有限责任公司(1 万吨)〈P1889〉;江苏梅兰化工股份有限公司(3000 吨)〈P1821〉;[浙]浙江衢化氟化学有限公司(4000 吨)〈P1959〉;衢州市衢化永和新型制冷剂有限公司〈P1958〉

氟利昂-113;三氯三氟乙烷;三氟三氯乙烷;1,1,2-三氟-1,2,2-三氯乙烷;CFC-113a C02133801

Freon-113;1,1,2-Trifluoro-1,2,2-trichloroethane [76-13-1]

用作制冷剂、发泡剂、萃取剂及溶剂等

【生产厂】[苏]常熟三爱富氟化工有限责任公司(5000 吨)〈P1889〉;[浙]浙江鹰鹏化工有限公司〈P1956〉;衢州市衢化永和新型制冷剂有限公司〈P1958〉

1,1-二氯-2,2,2-三氟乙烷;氟利昂-123;HCFC-123 C02133851

1,1-Dichloro-2,2,2-trifluoroethane;HCFC-123;Freon 123 [306-83-2]

主要用于制冷系统或用作发泡剂(主要是聚氨酯发泡剂)以及清洗剂

【生产厂】[苏]常熟三爱富氟化工有限责任公司〈P1889〉;[浙]浙江化工科技集团有限公司〈P1927〉;浙江鹰鹏化工有限公司〈P1956〉;衢州市衢化永和新型制冷剂有限公司〈P1958〉

氟利昂-12;二氯二氟甲烷;二氟二氯甲烷;制冷剂-12 C02133901

Difluorodichloromethane；Freon-12 [75-71-8]

用作工业制冷剂、农药喷雾剂、发泡剂及溶剂等

【生产厂】[苏]常熟三爱富氟化工有限责任公司(5000 吨)〈P1889〉；江苏梅兰化工股份有限公司(3000 吨)〈P1821〉；[浙]浙江鹰鹏化工有限公司〈P1956〉；浙江莹光化工有限公司(5000 吨)〈P1956〉；衢州市台胞投资经贸有限公司〈P1958〉；浙江衢化氟化学有限公司(8000 吨)〈P1959〉；衢州市衢化永和新型制冷剂有限公司〈P1958〉；[渝]重庆和普新型制冷剂有限公司〈P2305〉

氟利昂-142；二氟一氯乙烷 C02134101

1,1-Difluoro-1-chloroethane；Freon-142 [75-68-3]

用作制冷剂及火箭推进剂的中间体

【生产厂】[苏]常熟三爱富氟化工有限责任公司(2000 吨)〈P1889〉；泰兴市精华园生化有限公司〈P1826〉；[浙]浙江化工科技集团有限公司〈P1927〉；浙江埃克盛化工有限公司〈P1949〉；浙江星腾化工有限公司〈P1956〉；浙江三美化工有限公司〈P1955〉；浙江鹰鹏化工有限公司〈P1956〉；衢州市衢化永和新型制冷剂有限公司〈P1958〉

氟利昂-22；二氟一氯甲烷；HCFC-22 C02134201

Difluorochloromethane；Freon-22 [75-45-6]

用作制冷剂、农药喷雾剂，也用作灭火剂及氟树脂的原料

【生产厂】[苏]常熟三爱富氟化工有限责任公司(6000 吨)〈P1889〉；江苏梅兰化工股份有限公司(2 万吨)〈P1821〉；[浙]浙江埃克盛化工有限公司〈P1949〉；浙江星腾化工有限公司〈P1956〉；浙江三美化工有限公司〈P1955〉；浙江鹰鹏化工有限公司(2 万吨)〈P1956〉；浙江莹光化工有限公司(1 万吨)〈P1956〉；衢州市台胞投资经贸有限公司〈P1958〉；浙江衢化氟化学有限公司(7500 吨)〈P1959〉；衢州市衢化永和新型制冷剂有限公司〈P1958〉；[鲁]济南三爱富氟化工有限责任公司(6000 吨)〈P2024〉；山东中氟化工科技有限公司(1 万吨)〈P2030〉；山东东岳化工股份有限公司(10 万吨)〈P2052〉；潍坊市新虎啸化工有限公司(3000 吨)〈P2105〉；[川]中昊晨光化工研究院〈P2321〉

氟利昂-21；二氯一氟甲烷 C02134231

Dichlorofluoromethane

【生产厂】[浙]衢州市衢化永和新型制冷剂有限公司〈P1958〉

氟制冷剂 R502；HCFC-22 和 CFC-115 的恒沸混合物 C02134251

Fluorine refrigerant R502；HCFC-22/CFC-115

可作为食品陈列、食品贮藏、低温冰箱以及低温冷冻泵压缩机用制冷剂

【生产厂】[苏]常熟三爱富氟化工有限责任公司〈P1889〉

3-氯丙烯；烯丙基氯 C02134301

Allyl chloride；3-Chloro-1-propene [107-05-1]

可作为生产环氧氯丙烷、丙烯醇、甘油等的中间体，用作特殊反应的溶剂，也是农药、医药、香料、涂料的原料

【生产厂】[鲁]东营华泰化工集团公司(20 万吨)〈P2081〉；东营市联成化工有限责任公司(20 万吨)〈P2082〉；广饶县金岭公司化工厂(2 万吨)〈P2083〉；山东金岭化工集团股份有限公司(2 万吨)〈P2085〉；[湘]湖南省岳阳市云溪区道仁矾溶剂化工厂(600 吨)〈P2254〉

【使用厂】[京]北京市申达精细化工有限公司〈P1560〉；[沪]上海南翔试剂有限公司〈P1754〉；[苏]连云港海水化工有限公司〈P1798〉；江苏安邦电化有限公司〈P1802〉；江苏天容集团股份有限公司〈P1861〉；[浙]海盐博大精细化工有限公司〈P1940〉；[皖]安徽氯碱化工集团有限责任公司〈P1972〉；安徽华星化工股份有限公司〈P1984〉；[闽]福建福农生化有限公司〈P1988〉；[赣]赣南果业赣州农药公司〈P2014〉；[鲁]山东省淄博市淄川鲁峰精细化工厂〈P2055〉；邹平铭兴化工有限公司〈P2158〉；寿光富康制药有限公司〈P2099〉；东营市恒益化工有限责任公司〈P2082〉；曲阜市万达化工有限公司〈P2130〉；[鄂]湖北仙隆化工股份有限公司〈P2245〉；武汉风帆化工有限公司〈P2229〉；[桂]广西贺县精细化工厂〈P2300〉

3-溴丙烯；烯丙基溴 C02134351

3-Bromopropene；Allyl bromide [106-95-6]

用作医药中间体

【生产厂】[京]北京马氏精细化学品有限公司〈P1555〉；[苏]宜兴市芳桥东方化工厂(1200 吨)〈P1884〉；江苏大成医药化工有限公司(100 吨)〈P1802〉；盐城市龙升精细化工厂〈P1811〉；[鲁]邹平铭兴化工有限公司(500 吨)〈P2158〉；青岛东海源生化科技有限公司〈P2034〉；[滇]杨林工业开发区汕滇药业有限公司〈P2340〉

【使用厂】[鲁]山东滕州悟通香料有限责任公司〈P2078〉

2,3-二溴丙烯 C02134371

2,3-Dibromopropene [513-31-5]

【生产厂】[苏]宜兴市芳桥东方化工厂〈P1884〉

氯乙烷；乙基氯 C02134401

Chloroethane；Ethyl chloride [75-00-3]

用作生产四乙基铅、乙基纤维素和乙基咔唑等的原料，还可用作溶剂、冷冻剂、杀虫剂和局部麻醉剂等

【生产厂】[津]天津市中科健化工有限公司(500 吨)〈P1613〉；天津渤天化工有限责任公司(5000 吨)〈P1571〉；[冀]河北新丰农药化工股份有限公司〈P1640〉；沧州天一化工有限公司沧县分公司〈P1653〉；[辽]大连光明特种气体有限公司〈P1691〉；[吉]吉化集团吉林市松江化工厂〈P1715〉；[苏]宜兴市满球化工有限公司〈P1886〉；[浙]上虞颜料厂(1000 吨)〈P1948〉

【使用厂】[津]天津农药股份有限公司〈P1576〉；天津华士化工有限公司〈P1573〉；[冀]河北世纪农药有限公司〈P1666〉；[苏]南京长江第一化工厂〈P1783〉；[鲁]德州信达化工有限公司〈P2142〉

氯乙烯；乙烯基氯 C02134501

Chloroethylene；Vinyl chloride [75-01-4]

用作多种聚合物的共聚单体

【生产厂】[苏]江阴市璜土固化剂厂〈P1869〉；[鲁]山东德州石油化工总厂(7 万吨)〈P2143〉

【使用厂】[黑]哈尔滨华尔化工有限公司〈P1720〉；[苏]苏州市永达精细化工有限公司〈P1906〉；江苏江东化工股份有限公司〈P1859〉；[赣]南昌氯碱总厂〈P2010〉；[鲁]山东东岳化工股份有限公司〈P2052〉；曲阜市万达化工有限公司〈P2130〉；[鄂]武汉葛化集团有限公司〈P2229〉；[甘]兰州中顺科工贸集团有限公司〈P2356〉

溴乙烯；乙烯基溴 C02134551

Bromoethylene；Vinylbromide [593-60-2]

【生产厂】[湘]新化县诺威化工有限公司〈P2258〉

六氯环戊二烯 C02134691

C

Hexachlorocyclopentadiene [77-47-4]

用于制备有机氯杀虫剂硫丹,还用于制备聚酯型和环氧树脂型特种塑料

【生产厂】[苏]江苏安邦电化有限公司〈P1802〉

C

1-氯丁烷 C02134701

Butyl chloride;1-Chlorobutane [109-69-3]

用作溶剂及有机合成中丁基化试剂,还可用于制造丁基纤维素、驱虫剂及赛璐珞、保泰松等

【生产厂】[京]北京朝福化工实验厂〈P1544〉;北京马氏精细化学品有限公司〈P1555〉;[苏]宜兴市昌吉利化工有限公司(8000吨)〈P1883〉;宜兴市芳桥东方化工厂〈P1884〉;建湖县鑫鑫化工有限公司〈P1807〉;江苏海门兴虹化工有限公司〈P1830〉

2-氯丁烷 C02134703

2-Chlorobutane [78-86-4]

用于有机合成

【生产厂】[京]北京马氏精细化学品有限公司〈P1555〉;[苏]宜兴市芳桥东方化工厂〈P1884〉;建湖县鑫鑫化工有限公司〈P1807〉

氯代异丁烷;1-氯-2-甲基丙烷 C02134711

Isobutyl chloride;1-Chloro-2-methylpropane [513-36-0]

用作丙烯聚合反应催化剂组分、溶剂及用于有机合成

【生产厂】[苏]宜兴市昌吉利化工有限公司〈P1883〉;宜兴市芳桥东方化工厂〈P1884〉;[鲁]邹平铭兴化工有限公司(1000吨)〈P2158〉

1,4-二氯丁烷 C02134731

1,4-Dichlorobutane [110-56-5]

用作医药中间体

【生产厂】[苏]宜兴市芳桥东方化工厂〈P1884〉;建湖县鑫鑫化工有限公司〈P1807〉;扬州三友合成化工有限公司〈P1818〉

α-氟萘;1-氟萘;α-氟代萘 C02134901

α-Fluoronaphthalene;1-Fluoronaphthalene [321-38-0]

【生产厂】[辽]阜新特种化学股份有限公司〈P1708〉;[苏]常州市迅达化工有限公司〈P1856〉;昆山华旭精细化工有限公司〈P1895〉;滨海县明昇化工厂〈P1889〉

一氯化苯;氯化苯;氯苯 C02135001

Chlorobenzene;Phenylchloride [108-90-7]

用作染料、医药、农药、有机合成的中间体及溶剂

【生产厂】[津]天津渤海化工有限责任公司天津化工厂(2万吨)〈P1570〉;[辽]锦化化工(集团)有限责任公司(2万吨)〈P1703〉;锦化化工集团氯碱股份有限公司(3万吨)〈P1703〉;[沪]上海德诺化工有限公司〈P1731〉;[苏]江苏苏化集团有限公司(1万吨)〈P1894〉;南京化学工业有限公司化工厂(4万吨)〈P1785〉;江都市星海化工有限公司〈P1815〉;如皋市隆昌化工有限公司〈P1838〉;[皖]安徽八一化工股份有限公司(8万吨)〈P1974〉;[鲁]济宁中银电化有限公司(2万吨)〈P2129〉;[豫]河南开普化工股份有限公司(2万吨)〈P2165〉;[鄂]武汉葛化集团有限公司(5万吨)〈P2229〉

【使用厂】[津]天津华士化工有限公司〈P1573〉;天津灯塔涂料有限公司〈P1571〉;天津市染料厂分厂〈P1600〉;[冀]黄骅市渤海化工(集团)公司〈P1656〉;[辽]大连染料化工有限公司〈P1693〉;东北制药总厂〈P1684〉;大连化工研究设计院〈P1692〉;沈阳彩逸特种涂料制造有限公司〈P1684〉;[吉]辽源市百康药业有限责任公司〈P1717〉;[苏]江苏省溧阳市制药厂〈P1861〉;江阴市龙达化工有限公司〈P1870〉;无锡市丰硕化工厂〈P1875〉;[浙]杭州萧山飞翔化工有限公司〈P1923〉;海盐博大精细化工有限公司〈P1940〉;[鲁]青岛一农七星化学有限公司〈P2045〉;山东招远化工总厂〈P2115〉;山东博山制药有限公司〈P2051〉;[豫]河南洛染股份有限公司〈P2180〉;安阳染料厂〈P2208〉;[湘]湖南洞庭药业股份有限公司〈P2255〉;[粤]广州化学试剂厂〈P2261〉;[渝]重庆长风化工厂〈P2303〉;西南合成制药股份有限公司〈P2303〉;[川]四川省化工研究设计院〈P2319〉

4-溴甲苯;对溴甲苯 C02135002

4-Bromotoluene [106-38-7]

用作有机合成原料及中间体,用于医药工业

【生产厂】[辽]阜新特种化学股份有限公司〈P1708〉;[沪]上海高伦现代农化股份有限公司〈P1734〉;上海金赛医药化工有限公司〈P1744〉;[苏]宜兴市芳桥东方化工厂〈P1884〉

【使用厂】[苏]太仓市中天化学有限公司〈P1909〉

间溴甲苯;3-溴甲苯 C02135003

m-Bromotoluene [591-17-3]

用作有机合成原料及中间体,也用于医药工业

【生产厂】[苏]常州市武进临川化工有限公司〈P1854〉;江苏沭阳同盛科技有限公司〈P1804〉;[鲁]青岛东海源生化科技有限公司〈P2034〉

邻溴甲苯;2-溴甲苯 C02135004

2-Bromotoluene [95-46-5]

用作有机合成原料及中间体,也用于医药工业

【生产厂】[苏]常州市武进临川化工有限公司〈P1854〉;[鲁]青岛东海源生化科技有限公司〈P2034〉

【使用厂】[苏]太仓市中天化学有限公司〈P1909〉

1,3-二氯苯;间二氯苯 C02135011

1,3-Dichlorobenzene [541-73-1]

是医药、农药、染料等工业的重要中间体

【生产厂】[沪]上海科丰化学试剂有限公司〈P1749〉;[苏]江苏宜兴市第二化学试剂厂〈P1866〉;江都市海辰化工有限公司〈P1814〉;[皖]安徽佰仕化工有限公司〈P1974〉;安徽立兴化工有限公司(600吨)〈P1985〉

【使用厂】[苏]南京白敬宇制药有限责任公司〈P1782〉;[浙]浙江省三门解氏化学工业有限公司〈P1966〉

2-溴-1,3,5-三甲基苯;2,4,6-三甲基溴苯 C02135021

2-Bromo-1,3,5-trimethylbenzene [576-83-0]

【生产厂】[京]北京朝福化工实验厂〈P1544〉;[苏]宜兴市芳桥东方化工厂〈P1884〉;[皖]广德金邦化工有限公司〈P1986〉

2,3-二甲基溴苯;3-溴邻二甲苯 C02135023

2,3-Dimethylbromobenzene [576-23-8]

【生产厂】[苏]阜宁胜达医药化工有限公司〈P1806〉

2,4-二甲基溴苯;4-溴间二甲苯 C02135024

2,4-Dimethylbromobenzene [583-70-0]
【生产厂】[苏]阜宁胜达医药化工有限公司〈P1806〉

3,4-二甲基溴苯;4-溴邻二甲苯 C02135025
3,4-Dimethylbromobenzene;4-Bromo-*o*-xylene [583-71-1]
【生产厂】[苏]阜宁胜达医药化工有限公司〈P1806〉;[皖]广德金邦化工有限公司〈P1986〉

3,5-二甲基溴苯;5-溴间二甲苯 C02135026
3,5-Dimethylbromobenzene [556-96-7]
【生产厂】[辽]阜新三宝化工实业有限公司〈P1708〉;[苏]阜宁胜达医药化工有限公司〈P1806〉;[皖]广德金邦化工有限公司〈P1986〉

2,6-二甲基溴苯;2-溴间二甲苯 C02135027
2,6-Dimethylbromobenzene;2-Bromo-*m*-xylene [576-22-7]
【生产厂】[辽]阜新三宝化工实业有限公司〈P1708〉;[沪]上海杜拿克化工有限公司〈P1732〉;[苏]阜宁胜达医药化工有限公司〈P1806〉;[皖]广德金邦化工有限公司〈P1986〉;[鲁]山东大地盐化集团〈P2094〉

2,5-二甲基溴苯;2-溴对二甲苯 C02135028
2,5-Dimethylbromobenzene [553-94-6]
【生产厂】[苏]阜宁胜达医药化工有限公司〈P1806〉

对溴乙苯;对乙基溴苯 C02135031
p-Bromoethylbenzene;1-Bromo-4-ethylbenzene [1585-07-5]
用作液晶中间体
【生产厂】[京]北京诺德恒信化工技术有限公司〈P1556〉;北京马氏精细化学品有限公司〈P1555〉;[苏]泰兴市三川化工有限公司〈P1826〉

对溴丙苯;对丙基溴苯 C02135041
p-Bromopropylbenzene;1-Bromo-4-propylbenzene [588-93-2]
【生产厂】[京]北京马氏精细化学品有限公司〈P1555〉;[苏]泰兴市三川化工有限公司〈P1826〉

邻溴异丙苯 C02135045
2-Bromoisopropylbenzene
【生产厂】[苏]宜兴市芳桥东方化工厂〈P1884〉

对溴异丙苯 C02135047
4-Bromoisopropylbenzene [586-61-8]
【生产厂】[苏]宜兴市芳桥东方化工厂〈P1884〉

对溴丁苯;对丁基溴苯 C02135051
1-Bromo-4-butylbenzene [41492-05-1]
【生产厂】[京]北京卡乐瑞化工有限公司〈P1553〉;北京马氏精细化学品有限公司〈P1555〉

对溴叔丁苯 C02135055
p-Bromo-*tert*-butylbenzene [3972-65-4]
【生产厂】[京]北京卡乐瑞化工有限公司〈P1553〉

对戊基溴苯 C02135061
4-*n*-Amylbromobenzene [51554-95-1]
【生产厂】[京]北京马氏精细化学品有限公司〈P1555〉

2,4-二甲氧基溴苯 C02135071
2,4-Dimethoxybromobenzene [17715-69-4]
【生产厂】[辽]阜新三宝化工实业有限公司〈P1708〉

2,5-二甲氧基溴苯 C02135073
2,5-Dimethoxybromobenzene [25245-34-5]
【生产厂】[辽]阜新三宝化工实业有限公司〈P1708〉

3,4-二甲氧基溴苯 C02135075
3,4-Dimethoxybromobenzene
【生产厂】[辽]阜新三宝化工实业有限公司〈P1708〉

2-甲基-3,4,5,6-四甲氧基溴苯 C02135077
2-Methyl-3,4,5,6-tetramethoxybromobenzene [73875-27-1]
【生产厂】[沪]上海立科药物化学有限公司〈P1750〉

邻氯乙苯 C02135081
o-Chloroethylbenzene [1331-31-3]
用作医药中间体
【生产厂】[浙]台州东升医药化工有限公司〈P1960〉

氯乙酰氯;一氯代乙酰氯;氯化酰氯 C02135101
Chloroacetyl chloride [79-04-9]
主要用作医药及农药的原料,尤其用于丁草胺、甲草胺等除草剂的生产
【生产厂】[辽]大连瑞泽农药股份有限公司〈P1693〉;[苏]金坛市三方医药原料厂〈P1862〉;[浙]宁波亿得精细化工有限公司〈P1934〉;[鲁]济南弘丰化工有限公司(6000 吨)〈P2021〉;山东广恒化工有限公司〈P2052〉;淄博市临淄区罗鑫化工厂(3000 吨)〈P2069〉;山东华阳农药化工集团有限公司(3000 吨)〈P2136〉;[豫]原阳县化工厂(1200 吨)〈P2208〉;[鄂]仙桃市楚天精细化工厂〈P2246〉;[粤]广州润土农药化工有限公司〈P2263〉
【使用厂】[晋]大同江龙药业有限公司〈P1672〉;[沪]上海农药厂有限公司〈P1755〉;[苏]江苏省溧阳市制药厂〈P1861〉

氯乙酰胺 C02135110
2-Chloroacetamide [79-07-2]
用于合成氯乙腈、磺胺甲基吡嗪等有机化合物
【生产厂】[苏]苏州市华丰精细化工有限公司〈P1903〉;太仓市振湖化工厂〈P1909〉;张家港浩波化学品有限公司〈P1912〉;盐城市稳诚化工有限公司〈P1812〉;宝应县大有化学品制造有限公司〈P1813〉;[鄂]仙桃市楚天精细化工厂〈P2246〉;[粤]广东西陇化工有限公司〈P2276〉;[滇]杨林工业开发区汕滇药业有限公司〈P2340〉

二氯乙酰氯 C02135121
Dichloroacetyl chloride [79-36-7]
用于有机合成及农药、医药中间体
【生产厂】[辽]大连瑞泽农药股份有限公司〈P1693〉;[苏]淮安德邦化工有限公司(1000 吨)〈P1801〉;江苏托球农化有限公司〈P1808〉;[鲁]东营银桥化工有限公司〈P2083〉

三氯乙酰氯 C02135131
Trichloroacetyl chloride [76-02-8]
用作有机合成的重要原料,农药毒死蜱、甲基毒死蜱和除草剂的重要中间体
【生产厂】[苏]淮安德邦化工有限公司(1000 吨)〈P1801〉;江苏托球农化有限公司〈P1808〉;[鲁]山东天成农药有限公司(1000 吨)〈P2055〉;东营银桥化工有限公司〈P2083〉;

[豫]许昌东方化工有限公司〈P2218〉;[鄂]武汉市合中化工制造有限公司〈P2232〉;仙桃市楚天精细化工厂〈P2246〉
【使用厂】[浙]浙江新农化工股份有限公司〈P1970〉

C

二氯乙酰胺 C02135141
Dichloroacetamide [683-72-7]
用作医药、农药中间体
【生产厂】[鄂]仙桃市楚天精细化工厂〈P2246〉

三氯乙酰胺 C02135151
Trichloroacetamide [594-65-0]
用作有机合成原料、医药中间体
【生产厂】[苏]苏州市华丰精细化工有限公司〈P1903〉;[浙]湖州长盛化工有限公司〈P1945〉

2,2,2-三氟乙酰胺 C02135171
2,2,2-Trifluoroacetamide [354-38-1]
【生产厂】[鄂]武汉市化学工业研究所有限责任公司〈P2232〉

吲哚-3-甲酰氯 C02135181
Indole-3-carbonyl chloride
【生产厂】[皖]安徽丰原集团〈P1974〉

糠酰氯;2-呋喃甲酰氯 C02135191
Furoyl chloride;2-Furancarbonyl chloride [527-69-5]
【生产厂】[鲁]淄博镇荣工贸有限公司〈P2076〉

一氯甲烷;氯甲烷 C02135201
Chloromethane [74-87-3]
用于生产甲基氯硅烷、四甲基铅、甲基纤维素等,少量用于生产季铵化合物、农药,在异丁橡胶生产中用作溶剂
【生产厂】[冀]河北新丰农药化工股份有限公司〈P1640〉;[辽]大连光明特种气体有限公司〈P1691〉;[沪]上海市沪江生化厂〈P1763〉;[苏]丹阳市双阳化工厂(700 吨)〈P1840〉;宜兴市腾明化工有限公司〈P1887〉;江苏省江都市天林化工有限公司〈P1816〉;江苏梅兰化工股份有限公司〈P1821〉;南通江山农药化工股份有限公司〈P1833〉;江苏南通江天化学品有限公司〈P1830〉;[浙]杭州金帆达化工有限公司〈P1919〉;浙江衢化氟化学有限公司(2 万吨)〈P1959〉;[鲁]山东润丰化工有限公司〈P2029〉;山东大成农药股份有限公司(2300 吨)〈P2051〉;山东东岳化工股份有限公司〈P2052〉;[鄂]沙隆达集团公司〈P2240〉;[粤]广州市骏旗气体有限公司〈P2265〉;[川]四川省乐山市福华农药科技有限公司〈P2333〉;四川鸿鹤精细化工股份有限公司〈P2321〉;自贡鸿鹤化工集团有限责任公司(4 万吨)〈P2321〉;[甘]甘肃省盐锅峡化工总厂〈P2358〉
【使用厂】[津]天津市奔澎表面化学助剂厂〈P1581〉;[冀]河北省藁城市瑞星化工有限责任公司〈P1621〉;石家庄市金华纤维素化工有限公司〈P1630〉;[沪]上海经纬化工有限公司〈P1745〉;[苏]江苏飞翔化工(张家港)有限公司〈P1893〉;泰兴市一鸣精细化工有限公司〈P1827〉;[浙]杭州东旭助剂有限公司〈P1916〉;[皖]安徽省绩溪县天池化工厂〈P1986〉;[鲁]青岛一农七星化学有限公司〈P2045〉;山东瑞泰化工(集团)有限公司〈P2136〉;山东农丰化工有限公司〈P2160〉;[鄂]湖北仙隆化工股份有限公司〈P2245〉

对苯二甲酰氯 C02135301
1,4-Dichloroformyl benzene [100-20-9]
是合成特种纤维的单体,可作芳纶、锦纶增强剂,也可作有机合成原料
【生产厂】[苏]常州市科丰化工有限公司〈P1852〉;金坛市聚源化工厂〈P1862〉;江苏华派集团〈P1807〉;建湖县鑫鑫化工有限公司〈P1807〉;[浙]衢州瑞源化工有限公司〈P1957〉;[赣]江西联科化工有限公司(600 吨)〈P2009〉;江西联达化工有限公司(200 吨)〈P2009〉;江西麒麟化工有限公司〈P2013〉;[鲁]淄博达隆制药科技有限公司〈P2059〉;青岛三力化工技术有限公司〈P2041〉;[川]四川博兴实业有限公司(100 吨)〈P2325〉
【使用厂】[粤]广州化学试剂厂〈P2261〉

邻苯二甲酰氯 C02135311
Phthaloyl chloride [88-95-9]
【生产厂】[浙]衢州瑞源化工有限公司〈P1957〉

5-溴-2-氯三氟甲苯 C02135401
5-Bromo-2-chlorobenzotrifluoride [445-01-2]
用作染料及医药的中间体
【生产厂】[京]北京宜龙通广科技有限公司〈P1565〉

3-溴-4-氯三氟甲苯 C02135405
3-Bromo-4-chlorobenzotrifluoride [454-78-4]
【生产厂】[京]北京宜龙通广科技有限公司〈P1565〉;[辽]金凯(阜新)化工有限公司〈P1708〉

3-溴-4-氟三氟甲苯 C02135411
3-Bromo-4-fluorobenzotrifluoride [68322-84-9]
用作医药、农药中间体
【生产厂】[辽]阜新奥瑞凯精细化工有限公司〈P1707〉;阜新金特莱氟化学有限责任公司〈P1707〉;阜新三宝化工实业有限公司〈P1708〉;[鲁]济宁信东化工有限公司〈P2129〉

3-溴-5-氟三氟甲苯 C02135412
3-Bromo-5-fluorobenzotrifluoride [130723-13-6]
【生产厂】[冀]河北华兴化工有限公司(1 千克)〈P1641〉;[苏]丹阳市大泊化工厂〈P1840〉

2-溴-5-氟三氟甲苯 C02135413
2-Bromo-5-fluorobenzotrifluoride [40161-55-5]
【生产厂】[辽]阜新奥瑞凯精细化工有限公司〈P1707〉;阜新金特莱氟化学有限责任公司〈P1707〉

4-溴-3-氟三氟甲苯;3-氟-4-溴三氟甲苯 C02135414
4-Bromo-3-fluorobenzotrifluoride
【生产厂】[辽]阜新奥瑞凯精细化工有限公司〈P1707〉

5-溴-2-氟三氟甲苯 C02135415
5-Bromo-2-fluorobenzotrifluoride [393-37-3]
【生产厂】[津]天津市筠凯化工科技有限公司〈P1597〉;[辽]阜新奥瑞凯精细化工有限公司〈P1707〉;阜新金特莱氟化学有限责任公司〈P1707〉;阜新三宝化工实业有限公司〈P1708〉

3-氯-4-氟三氟甲苯 C02135421
3-Chloro-4-fluorobenzotrifluoride [78068-85-6]
用作医药、农药中间体
【生产厂】[辽]阜新金特莱氟化学有限责任公司〈P1707〉;阜新三宝化工实业有限公司〈P1708〉;[沪]上海杜拿克化工有限公司〈P1732〉;[鲁]山东广恒化工有限公司〈P2052〉;济宁信东化工有限公司〈P2129〉

2-溴-5-氟甲苯;5-氟-2-溴甲苯 C02135431
2-Bromo-5-fluorotoluene [452-63-1]
用作医药、农药中间体
【生产厂】[京]北京卡乐瑞化工有限公司〈P1553〉;[辽]阜新恒辉化工有限公司〈P1707〉;阜新金特莱氟化学有限责任公司〈P1707〉;阜新三宝化工实业有限公司〈P1708〉;阜新特种化学股份有限公司〈P1708〉;金凯(阜新)化工有限公司〈P1708〉;[沪]上海威远精细氟科技发展有限公司〈P1769〉;[鲁]济宁信东化工有限公司〈P2129〉

4-溴-3-氟甲苯;3-氟-4-溴甲苯 C02135435
4-Bromo-3-fluorotoluene [452-74-4]
【生产厂】[辽]阜新恒辉化工有限公司〈P1707〉;阜新金特莱氟化学有限责任公司〈P1707〉;[沪]上海威远精细氟科技发展有限公司〈P1769〉

3-氟-5-溴甲苯 C02135436
3-fluoro-5-bromotoluene
【生产厂】[辽]阜新恒辉化工有限公司〈P1707〉

5-溴-2-氟甲苯;2-氟-5-溴甲苯 C02135441
5-Bromo-2-fluorotoluene [51437-00-4]
用作医药、农药中间体
【生产厂】[辽]阜新恒辉化工有限公司〈P1707〉;阜新金特莱氟化学有限责任公司〈P1707〉;阜新三宝化工实业有限公司〈P1708〉;[沪]上海威远精细氟科技发展有限公司〈P1769〉;[鲁]济宁信东化工有限公司〈P2129〉

3-溴-4-氟甲苯 C02135445
3-Bromo-4-fluorotoluene [452-62-0]
用作医药、农药、液晶材料中间体
【生产厂】[辽]阜新金特莱氟化学有限责任公司〈P1707〉;阜新三宝化工实业有限公司〈P1708〉;[沪]上海威远精细氟科技发展有限公司〈P1769〉;[苏]南京锐马精细化工有限公司〈P1788〉;[浙]浙江省三门解氏化学工业有限公司〈P1966〉

邻氯三氟甲氧基苯 C02135451
o-(Trifluoromethoxy)chlorobenzene [450-96-4]
【生产厂】[鲁]山东广恒化工有限公司〈P2052〉

间氯三氟甲氧基苯 C02135453
m-(Trifluoromethoxy)chlorobenzene [772-49-6]
【生产厂】[鲁]山东广恒化工有限公司〈P2052〉

4-溴-2-氟三氟甲氧基苯;1-溴-3-氟-4-三氟甲氧基苯 C02135461
4-Bromo-2-fluoro(trifluoromethoxy)benzene
【生产厂】[辽]阜新金特莱氟化学有限责任公司〈P1707〉;阜新三宝化工实业有限公司〈P1708〉

邻氟三氟甲氧基苯 C02135471
o-(Trifluoromethoxy)fluorobenzene [2106-18-5]
【生产厂】[鲁]山东广恒化工有限公司〈P2052〉

间氟三氟甲氧基苯 C02135473
m-(Trifluoromethoxy)fluorobenzene [1077-01-6]
【生产厂】[辽]阜新金特莱氟化学有限责任公司〈P1707〉;[鲁]山东广恒化工有限公司〈P2052〉

对氟三氟甲氧基苯 C02135475
p-(Trifluoromethoxy)fluorobenzene [352-67-0]
【生产厂】[辽]阜新金特莱氟化学有限责任公司〈P1707〉;[鲁]山东广恒化工有限公司〈P2052〉

2-溴-4-氯甲苯 C02135480
2-Bromo-4-chlorotoluene
【生产厂】[辽]金凯(阜新)化工有限公司〈P1708〉

2-溴-5-氯甲苯 C02135481
2-Bromo-5-chlorotoluene [14495-51-3]
【生产厂】[苏]常州市迅达化工有限公司〈P1856〉

4-溴-2-氯甲苯;2-氯-4-溴甲苯 C02135482
4-Bromo-2-chlorotoluene
【生产厂】[辽]金凯(阜新)化工有限公司〈P1708〉

4-溴-3-氯甲苯;3-氯-4-溴甲苯 C02135483
4-Bromo-3-chlorotoluene
【生产厂】[辽]荣成市东立精细化工有限公司阜新分公司〈P1708〉;金凯(阜新)化工有限公司〈P1708〉

3-溴-4-氯甲苯 C02135487
3-Bromo-4-chlorotoluene
【生产厂】[辽]金凯(阜新)化工有限公司〈P1708〉

溴乙烷;乙基溴;溴代乙烷 C02135501
Bromoethane;Ethyl bromide [74-96-4]
用于医药、农药、染料工业,是有机合成中的乙基化剂,也用作制冷剂和有机溶剂
【生产厂】[京]北京马氏精细化学品有限公司〈P1555〉;[沪]上海罗店化工总厂〈P1752〉;[苏]宜兴市芳桥东方化工厂(500吨)〈P1884〉;苏州市晶华化工有限公司(3600吨)〈P1904〉;连云港海水化工有限公司(3000吨)〈P1798〉;江苏大成医药化工有限公司(1000吨)〈P1802〉;盐城市军营化工厂〈P1811〉;盐城市龙升精细化工厂〈P1811〉;阜宁胜达医药化工有限公司〈P1806〉;海门市海信化工助剂厂〈P1830〉;[浙]台州市海峰医化有限公司(2000吨)〈P1961〉;[鲁]无棣金盛化工有限公司(1000吨)〈P2157〉;潍坊杜得利化学工业有限公司〈P2101〉;寿光市南马店阳光化工厂(2500吨)〈P2100〉;寿光市万奥化工有限公司(2000吨)〈P2100〉;潍坊凯龙化工有限公司〈P2103〉;潍坊新华海洋精细化工有限公司〈P2106〉;潍坊张氏化工有限公司〈P2107〉;山东威泰精细化工有限公司〈P2048〉
【使用厂】[辽]锦州九洋药业有限责任公司〈P1702〉;[苏]昆山三友医药辅料厂〈P1896〉;常州市武进临川化工有限公司〈P1854〉;[浙]浙江椒江制药厂〈P1965〉;浙江九洲药业股份有限公司〈P1965〉;[鲁]山东滕州悟通香料有限责任公司〈P2078〉;[川]四川红光化工有限公司〈P2334〉

碘乙烷 C02135551
Iodoethane [75-03-6]
在有机合成中广泛用作乙基化试剂,医药工业中用作助诊剂
【生产厂】[京]北京马氏精细化学品有限公司〈P1555〉;[冀]黄骅市津骅饲料添加剂有限公司〈P1656〉;[苏]太仓市鑫鹊化工有限公司〈P1909〉;[鲁]山东滕州悟通香料有限责任公司(1吨)〈P2078〉

溴代十二烷;月桂基溴 C02135601
1-Bromododecane;Lauryl bromide;*n*-Dodecyl bromide [143-15-7]
主要用于有机合成,在医药上用于合成消毒

C

药新洁尔灭、度米芬等
【生产厂】[京]北京朝福化工实验厂〈P1544〉;[沪]上海罗店化工总厂〈P1752〉;[苏]宜兴市芳桥东方化工厂(1200吨)〈P1884〉;连云港市杰圩化工有限公司(260吨)〈P1799〉;江苏大成医药化工有限公司(1000吨)〈P1802〉;盐城市龙升精细化工厂〈P1811〉;阜宁胜达医药化工有限公司〈P1806〉;启东金禾化工有限公司〈P1837〉;[浙]台州市海峰医化有限公司〈P1961〉;[鲁]山东省海洋化工科学研究院〈P2097〉;青岛东海源生化科技有限公司〈P2034〉;[豫]河南省道纯化工技术有限公司(2000吨)〈P2166〉

溴代十四烷　C02135611
1-Bromotetradecane;Tetradecyl bromide [112-71-0]
【生产厂】[苏]宜兴市芳桥东方化工厂(1200吨)〈P1884〉;盐城市龙升精细化工厂〈P1811〉;阜宁胜达医药化工有限公司〈P1806〉

溴代十六烷　C02135621
1-Bromohexadecane;Hexadecyl bromide [112-82-3]
【生产厂】[苏]宜兴市芳桥东方化工厂(1200吨)〈P1884〉;盐城市龙升精细化工厂〈P1811〉;阜宁胜达医药化工有限公司〈P1806〉

溴代十八烷　C02135631
1-Bromooctadecane;Octadecyl bromide [112-89-0]
【生产厂】[苏]宜兴市芳桥东方化工厂(1200吨)〈P1884〉;盐城市龙升精细化工厂〈P1811〉;阜宁胜达医药化工有限公司〈P1806〉

溴代十三烷;1-溴十三烷　C02135691
1-Bromotridecane;Tridecyl bromide [765-09-3]
【生产厂】[苏]阜宁胜达医药化工有限公司〈P1806〉;启东金禾化工有限公司〈P1837〉

溴代异十三烷　C02135695
1-Bromoisotridecane
【生产厂】[苏]宜兴市芳桥东方化工厂〈P1884〉;江苏大成医药化工有限公司(100吨)〈P1802〉

3-溴丙炔;炔丙基溴　C02135701
3-Bromopropine;Propargyl bromide [106-96-7]
用于有机合成
【生产厂】[苏]南京布莱克精细化工有限公司〈P1782〉;宜兴市芳桥东方化工厂(120吨)〈P1884〉;江苏大成医药化工有限公司(300吨)〈P1802〉;盐城市龙升精细化工厂〈P1811〉;阜宁胜达医药化工有限公司〈P1806〉

3-氯苯乙炔　C02135731
3-Chlorophenylacetylene [766-83-6]
【生产厂】[川]爱斯特(成都)医药技术有限公司〈P2309〉

炔丙基氯;3-氯丙炔;丙炔氯　C02135751
3-Chloropropyne;Propargyl chloride [624-65-7]
用于合成医药优降宁等,也可用于制农药土壤熏蒸剂
【生产厂】[苏]南京盛启化工有限公司〈P1789〉;南京布莱克精细化工有限公司〈P1782〉;[鄂]武汉瑞阳化工有限公司〈P2231〉;[湘]湘潭高新区林盛化学有限公司〈P2251〉
【使用厂】[鄂]武汉风帆化工有限公司〈P2229〉

1-溴丙烷;溴代正丙烷　C02135801
Propyl bromide;1-Bromopropane [106-94-5]
用于合成医药、农药、染料、香料等
【生产厂】[京]北京马氏精细化学品有限公司〈P1555〉;[苏]宜兴市芳桥东方化工厂(1000吨)〈P1884〉;连云港海水化工有限公司(1000吨)〈P1798〉;盐城市军营化工厂〈P1811〉;盐城市龙升精细化工厂〈P1811〉;阜宁胜达医药化工有限公司〈P1806〉;海门市海信化工助剂厂〈P1830〉;[浙]台州市海峰医化有限公司〈P1961〉;[鲁]寿光富康制药有限公司(6000吨)〈P2099〉;山东默锐化学有限公司(1万吨)〈P2096〉;寿光卫东化工有限公司(5000吨)〈P2100〉;寿光市万奥化工有限公司(2000吨)〈P2100〉;山东省海洋化工科学研究院(3000吨)〈P2097〉;潍坊新华海洋精细化工有限公司〈P2106〉;山东威泰精细化工有限公司〈P2048〉
【使用厂】[津]天津农药股份有限公司〈P1576〉;[苏]江苏生花农药有限公司〈P1865〉;江苏丰山集团有限公司〈P1807〉;[鲁]淄博市周村穗丰农药化工有限公司〈P2072〉;济宁圣城化工实验有限责任公司〈P2128〉

2-溴丙烷;溴代异丙烷　C02135811
2-Bromopropane [75-26-3]
用于有机合成及医药、农药中间体
【生产厂】[苏]宜兴市芳桥东方化工厂(1000吨)〈P1884〉;盐城市龙升精细化工厂〈P1811〉;阜宁胜达医药化工有限公司〈P1806〉;[鲁]寿光富康制药有限公司(3000吨)〈P2099〉;山东默锐化学有限公司〈P2096〉;寿光市万奥化工有限公司(3000吨)〈P2100〉;潍坊凯盛化工有限公司〈P2103〉

1,2,3-三溴丙烷　C02135821
1,2,3-Tribromopropane [96-11-7]
【生产厂】[京]北京奥得赛化学有限公司〈P1543〉;[苏]宜兴市芳桥东方化工厂(120吨)〈P1884〉;江苏大成医药化工有限公司〈P1802〉

环氧溴丙烷　C02135851
Epibromohydrin;1-Bromo-2,3-epoxypropane [3132-64-7]
用作有机合成中间体
【生产厂】[苏]宜兴市芳桥东方化工厂〈P1884〉

2,4-二氯-5-氟苯腈　C02135901
2,4-Dichloro-5-fluorobenzonitrile
【生产厂】[沪]上海威远精细氟科技发展有限公司〈P1769〉

2-氯-4,5-二氟苯腈　C02135921
2-Chloro-4,5-difluorobenzonitrile
【生产厂】[沪]上海威远精细氟科技发展有限公司〈P1769〉

4-氯-2,5-二氟苯腈　C02135925
4-Chloro-2,5-difluorobenzonitrile
【生产厂】[沪]上海威远精细氟科技发展有限公司〈P1769〉

5-氯-2,4-二氟苯腈　C02135929
5-Chloro-2,4-difluorobenzonitrile
【生产厂】[沪]上海威远精细氟科技发展有限公司〈P1769〉

四氟二氯乙烷;1,2-二氯四氟乙烷;氟利昂-114;CFC-114　C02136101
1,2-Dichlorotetrafluoroethane;CFC-114;Freon 114 [76-14-2]
用作发泡剂、制冷剂和气雾剂等
【生产厂】[浙]浙江化工科技集团有限公司〈P1927〉;衢州市衢化永和新型制冷剂有限公司〈P1958〉

1-氯-1,2,2,2-四氟乙烷;氟利昂-124;HCFC-124;一氯四氟乙烷 C02136131

1-Chloro-1, 2, 2, 2-tetrafluoroethane; HCFC-124; Freon-124 [2837-89-0]

主要用作制冷剂、发泡剂以及制备 HCFC-134a 的原料

【生产厂】[苏]常熟三爱富氟化工有限责任公司〈P1889〉;[浙]浙江化工科技集团有限公司〈P1927〉;浙江埃克盛化工有限公司〈P1949〉;衢州市衢化永和新型制冷剂有限公司〈P1958〉

1,1,1,2-四氟乙烷;HFC-134a C02136151

1,1,1,2-Tetrafluoroethane; HFC-134a [811-97-2]

用于冰箱和制冷机及汽车空调系统的制冷剂,还可用作医药、化妆品的气雾喷射剂

【生产厂】[苏]江苏康泰氟化工有限公司〈P1859〉;江苏梅兰化工股份有限公司〈P1821〉;江苏金雪集团有限公司(2 万吨)〈P1830〉;[浙]浙江化工科技集团有限公司〈P1927〉;浙江埃克盛化工有限公司〈P1949〉;浙江星腾化工有限公司〈P1956〉;浙江鹰鹏化工有限公司〈P1956〉;浙江莹光化工有限公司〈P1956〉;衢州市衢化永和新型制冷剂有限公司〈P1958〉;[陕]中化近代环保化工(西安)有限公司〈P2350〉

五氟乙烷;氟利昂-125;HFC-125 C02136171

Pentafluoroethane; Freon-125; HFC-125 [354-33-6]

主要用作制冷剂,用于替代 CFC-502 和 HCFC-22

【生产厂】[苏]江苏康泰氟化工有限公司〈P1859〉;常熟三爱富氟化工有限责任公司〈P1889〉;[浙]浙江化工科技集团有限公司〈P1927〉;浙江埃克盛化工有限公司〈P1949〉;浙江星腾化工有限公司〈P1956〉;衢州市衢化永和新型制冷剂有限公司〈P1958〉;[鲁]山东中氟化工科技有限公司(2000 吨)〈P2030〉;山东东岳化工股份有限公司(2000 吨)〈P2052〉;[陕]中化近代环保化工(西安)有限公司〈P2350〉

五氟氯乙烷;氟利昂-115;CFC-115 C02136191

Pentafluorochloroethane; Freon 115 [76-15-3]

用于配制低温致冷介质 R502 等

【生产厂】[苏]常熟三爱富氟化工有限责任公司〈P1889〉

1-氯十二烷;氯代十二烷;氯化月桂烷 C02136221

1-Chlorododecane; Dodecyl chloride [112-52-7]

可用作表面活性剂、增塑剂及有机合成的中间体

【生产厂】[苏]宜兴市芳桥东方化工厂〈P1884〉;建湖县鑫鑫化工有限公司〈P1807〉

1-氯十六烷;氯代十六烷;氯化鲸蜡烷 C02136231

1-Chlorohexadecane [4860-03-1]

用于有机合成

【生产厂】[京]北京马氏精细化学品有限公司〈P1555〉

1-氯十三烷;氯代十三烷 C02136251

1-Chlorotridecane

【生产厂】[京]北京马氏精细化学品有限公司〈P1555〉

丁酰氯 C02136301

Butanoyl chloride; Butyryl chloride [141-75-3]

用于有机合成

【生产厂】[京]北京马氏精细化学品有限公司〈P1555〉;[冀]邯郸市林峰精细化工有限公司〈P1638〉;[沪]上海亿际化工有限公司〈P1775〉;[浙]浙江省湖州沙龙化工有限公司〈P1947〉;[鲁]淄博镇荣工贸有限公司〈P2076〉

【使用厂】[苏]连云港立本农药化工有限公司〈P1798〉;[桂]桂林依柯诺农药有限公司〈P2299〉

4-氯丁酰氯 C02136302

4-Chlorobutyroyl chloride [4635-59-0]

用作医药中间体,用于生产氟哌啶醇、三氯哌丁苯等

【生产厂】[晋]山西新天源医药化工有限公司〈P1677〉;[苏]常州高科生物化学有限公司(200 千克)〈P1846〉;沭阳金凯化工厂〈P1804〉;[浙]杭州浙大泛科化工有限公司〈P1925〉

2-苯基丁酰氯 C02136304

2-Phenylbutyryl chloride [36854-57-6]

【生产厂】[京]北京奥得赛化学有限公司〈P1543〉;[冀]河北省化学工业研究院〈P1621〉

2,2-二苯基-4-溴丁酰氯 C02136311

2,2-Diphenyl-4-bromobutyryl chloride

用作盐酸氯哌丁胺等医药中间体

【生产厂】[浙]嘉兴市步云染化厂(12 吨)〈P1941〉

巴豆酰氯;2-丁烯酰氯 C02136351

Crotonyl chloride; 2-Butenoyl chloride [625-35-4]

常用于制备丁烯酸酯类和其他衍生物

【生产厂】[浙]浙江新花蝶化工有限公司〈P1969〉

2,2-二甲基丁酰氯 C02136411

2,2-Dimethylbutyryl chloride

【生产厂】[冀]河北省化学工业研究院〈P1621〉;[鲁]山东大地盐化集团〈P2094〉

甲氧基乙酰氯 C02136421

Methoxyacetyl chloride [38870-89-2]

用作医药、染料中间体

【生产厂】[苏]江苏永联集团公司精细化工厂〈P1866〉;苏州市华丰精细化工有限公司〈P1903〉;[鲁]山东武城康达化工有限公司〈P2146〉

叔丁基乙酰氯;3,3-二甲基丁酰氯 C02136431

tert-Butylacetyl chloride; 3,3-Dimethylbutyryl chloride; TBAC [7065-46-5]

【生产厂】[京]北京奥得赛化学有限公司〈P1543〉;[冀]河北省化学工业研究院(100 吨)〈P1621〉

乙酰氧基乙酰氯 C02136481

Acetoxyacetyl chloride

【生产厂】[苏]金湖申凯化学有限公司〈P1803〉;太仓市运通化工厂〈P1909〉;[浙]浙江省湖州沙龙化工有限公司〈P1947〉

6-氯-2-萘磺酰氯 C02136751

6-Chloronaphthalene-2-sulfonyl chloride [102153-63-9]

【生产厂】[苏]常州市武进临川化工有限公司〈P1854〉

C

2-萘胺-6-磺酰甲胺　C02136791
2-Naphthylamine-6-sulfonylmethylamide [104295-55-8]
用作酸性染料中间体
【生产厂】[苏]靖江市长江化工有限公司〈P1824〉;[鄂]仙桃市先峰化工有限公司〈P2246〉;荆州市沙隆达维迅化工有限公司〈P2240〉

溴苯;一溴代苯　C02137001
Bromobenzene [108-86-1]
用作溶剂、汽车燃料、有机合成原料、制药中间体等
【生产厂】[京]北京马氏精细化学品有限公司〈P1555〉;[苏]江苏大成医药化工有限公司(500 吨)〈P1802〉;盐城市龙升精细化工厂〈P1811〉;阜宁胜达医药化工有限公司〈P1806〉;[鲁]青岛东海源生化科技有限公司〈P2034〉

2,5-二氟溴苯　C02137011
2,5-Difluorobromobenzene;1-Bromo-2,5-difluorobenzene [399-94-0]
用作医药、农药、液晶材料中间体
【生产厂】[苏]常州市迅达化工有限公司〈P1856〉;泰兴市三川化工有限公司〈P1826〉

2,3-二氟溴苯　C02137015
2,3-Difluorobromobenzene
【生产厂】[辽]阜新金特莱氟化学有限责任公司〈P1707〉

3,4-二氟溴苯　C02137021
3,4-Difluorobromobenzene [348-61-8]
用作医药、液晶材料中间体
【生产厂】[京]北京卡乐瑞化工有限公司〈P1553〉;北京恒天易德化工有限公司〈P1549〉;[沪]上海立科药物化学有限公司〈P1750〉;上海凯路化工有限公司〈P1747〉;[苏]常州市迅达化工有限公司〈P1856〉;泰兴市三川化工有限公司〈P1826〉;盐城中亚医药化工有限公司(200 吨)〈P1812〉;泰兴市永佳化工有限公司〈P1827〉;[浙]浙江省三门解氏化学工业有限公司(12 吨)〈P1966〉

3,5-二氟溴苯　C02137031
3,5-Difluorobromobenzene [461-96-1]
用作医药或液晶材料中间体
【生产厂】[京]北京卡乐瑞化工有限公司〈P1553〉;北京金奥利维科技发展有限公司〈P1551〉;[沪]上海凯路化工有限公司〈P1747〉;[苏]南京仁信化工有限公司〈P1788〉;泰兴市三川化工有限公司〈P1826〉;盐城中亚医药化工有限公司(200 吨)〈P1812〉;[浙]浙江省三门解氏化学工业有限公司(8 吨)〈P1966〉;浙江省台州市椒江天一化工厂〈P1966〉

2,4-二氟溴苯;1-溴-2,4-二氟苯　C02137041
1-Bromo-2,4-difluorobenzene [348-57-2]
用作医药或液晶材料中间体
【生产厂】[辽]阜新金特莱氟化学有限责任公司〈P1707〉;[苏]江苏庙桥合成化工有限公司〈P1859〉;泰兴市三川化工有限公司〈P1826〉;盐城中亚医药化工有限公司(200 吨)〈P1812〉;[浙]浙江省三门解氏化学工业有限公司〈P1966〉;[鲁]济宁信东化工有限公司〈P2129〉

1,2,3-三氟苯　C02137045
1,2,3-Trifluorobenzene [1489-53-8]
用于合成药物中间体,如2,3,4-三氟硝基苯等
【生产厂】[苏]昆山华旭精细化工有限公司〈P1895〉

4-氯-2-氟溴苯;4-溴-3-氟氯苯　C02137052
4-Chloro-2-fluorobromobenzene [1996-29-8]
【生产厂】[沪]上海再辉化工有限公司〈P1777〉

1-溴-4-氯-3-氟苯;4-氯-3-氟溴苯　C02137053
1-Bromo-4-chloro-3-fluorobenzene [60811-18-9]
【生产厂】[苏]常州泰戈化工有限公司〈P1857〉

2-氯氟苯;邻氯氟苯　C02137055
2-Chlorofluorobenzene [348-51-6]
【生产厂】[辽]阜新恒辉化工有限公司〈P1707〉;[沪]上海威远精细氟科技发展有限公司〈P1769〉;[苏]常州市迅达化工有限公司〈P1856〉;[浙]浙江省三门解氏化学工业有限公司〈P1966〉

对氯氟苯　C02137056
p-Chlorofluorobenzene [352-33-0]
用作医药、农药、液晶材料中间体
【生产厂】[辽]阜新恒辉化工有限公司〈P1707〉;[浙]浙江省三门解氏化学工业有限公司〈P1966〉

间氯氟苯;3-氯氟苯　C02137057
m-Chlorofluorobenzene;1-Chloro-3-fluorobenzene [625-98-9]
【生产厂】[辽]阜新恒辉化工有限公司〈P1707〉;阜新金特莱氟化学有限责任公司〈P1707〉;[苏]常州市迅达化工有限公司〈P1856〉;[浙]浙江省三门解氏化学工业有限公司〈P1966〉

邻氟溴苯;2-氟溴苯;2-溴氟苯;邻溴氟苯　C02137061
2-Fluorobromobenzene [1072-85-1]
用作医药、农药中间体
【生产厂】[京]北京卡乐瑞化工有限公司〈P1553〉;[辽]沈阳沈潘精细化工有限公司〈P1687〉;阜新恒辉化工有限公司〈P1707〉;[沪]上海立科药物化学有限公司〈P1750〉;[苏]江苏庙桥合成化工有限公司〈P1859〉;[浙]浙江省三门解氏化学工业有限公司〈P1966〉;[鲁]济宁信东化工有限公司〈P2129〉

4-溴氟苯;对溴氟苯;对氟溴苯　C02137065
4-Bromofluorobenzene;4-Fluorobromobenzene [460-00-4]
用于医药、农药的合成
【生产厂】[京]北京卡乐瑞化工有限公司〈P1553〉;[辽]辽宁天合精细化工股份有限公司〈P1702〉;阜新恒辉化工有限公司〈P1707〉;阜新金特莱氟化学有限责任公司〈P1707〉;[苏]江苏庙桥合成化工有限公司〈P1859〉;盐城氟源化工有限公司〈P1810〉;[浙]浙江省三门解氏化学工业有限公司〈P1966〉;[皖]广德金邦化工有限公司〈P1986〉;[鲁]寿光申达化学工业有限公司〈P2100〉;青岛东海源生化科技有限公司〈P2034〉;济宁信东化工有限公司〈P2129〉

间溴氟苯;3-溴氟苯;间氟溴苯　C02137069
3-Bromofluorobenzene;1-Bromo-3-fluorobenzene [1073-06-9]
用作医药、农药中间体
【生产厂】[京]北京卡乐瑞化工有限公司〈P1553〉;[辽]阜新恒辉化工有限公司〈P1707〉;[沪]上海立科药物化学有限公司〈P1750〉;上海凯路化工有限公司〈P1747〉;[苏]常州

市迅达化工有限公司〈P1856〉;[浙]浙江省三门解氏化学工业有限公司〈P1966〉;[鲁]济宁信东化工有限公司〈P2129〉

对二溴苯 C02137071

1,4-Dibromobenzene [106-37-6]

用于有机合成

【生产厂】[苏]宜兴市芳桥东方化工厂〈P1884〉;盐城市龙升精细化工厂〈P1811〉;阜宁胜达医药化工有限公司〈P1806〉;[鲁]青岛东海源生化科技有限公司〈P2034〉

邻二溴苯 C02137081

1,2-Dibromobenzene [583-53-9]

【生产厂】[苏]常州泰戈化工有限公司〈P1857〉;[鲁]山东省海洋化工科学研究院〈P2097〉

间二溴苯;1,3-二溴苯 C02137085

m-Dibromobenzene;1,3-Dibromobenzene [108-36-1]

【生产厂】[苏]常州泰戈化工有限公司〈P1857〉

1,3,5-三溴苯 C02137091

1,3,5-Tribromobenzene [626-39-1]

是重要的有机合成中间体

【生产厂】[苏]苏州市中发医药化工有限公司〈P1906〉;[鲁]山东大地盐化集团〈P2094〉;青岛东海源生化科技有限公司〈P2034〉

1,3-二溴-5-氟苯;3,5-二溴氟苯 C02137095

1,3-Dibromo-5-fluorobenzene [1435-51-4]

【生产厂】[辽]阜新三宝化工实业有限公司〈P1708〉;[浙]浙江省三门解氏化学工业有限公司〈P1966〉

1,2-二溴-4,5-二氟苯 C02137097

1,2-Dibromo-4,5-difluorobenzene [64695-78-9]

【生产厂】[辽]阜新三宝化工实业有限公司〈P1708〉

对叔丁基氯化苄;对叔丁基氯苄;4-叔丁基氯化苄 C02137101

4-*tert*-Butylbenzyl chloride [19692-45-6]

是有机合成的重要中间体,主要用于医药、农药及香料方面

【生产厂】[苏]江苏省金坛市西南化工研究所〈P1860〉;金坛市振兴气体化工有限公司〈P1863〉

【使用厂】[苏]连云港立本农药化工有限公司〈P1798〉;江苏克胜集团股份有限公司〈P1808〉

4-硝基氯苄;对硝基氯苄 C02137102

4-Nitrobenzyl chloride [100-14-1]

用作医药中间体

【生产厂】[苏]仪征市鼎信化工有限公司(50吨)〈P1820〉

2-羟基-5-硝基氯苄 C02137171

2-Hydroxy-5-nitrobenzyl chloride

【生产厂】[辽]荣成市东立精细化工有限公司阜新分公司〈P1708〉

1-溴丁烷;溴代正丁烷 C02137201

1-Bromobutane [109-65-9]

用作稀有元素萃取剂、烃化剂及有机合成原料,还可用作医药、染料和香料的原料

【生产厂】[京]北京朝福化工实验厂〈P1544〉;北京马氏精细化学品有限公司〈P1555〉;[苏]江苏省金坛市西南化工研究所〈P1860〉;溧阳市永安精细化工有限公司〈P1864〉;江苏大成医药化工有限公司〈P1802〉;江苏沭阳同盛科技有限公司〈P1804〉;盐城市龙升精细化工厂〈P1811〉;阜宁胜达医药化工有限公司〈P1806〉;响水县科伟精细化工有限公司(240吨)〈P1809〉;如皋市万利化工有限责任公司〈P1838〉;[浙]台州市海峰医化有限公司〈P1961〉;[鲁]寿光富康制药有限公司(2000吨)〈P2099〉;山东默锐化学有限公司〈P2096〉;寿光市万奥化工有限公司(1500吨)〈P2100〉;山东威泰精细化工有限公司〈P2048〉

【使用厂】[鲁]山东滕州悟通香料有限责任公司〈P2078〉

2-溴丁烷 C02137211

2-Bromobutane [78-76-2]

【生产厂】[苏]宜兴市芳桥东方化工厂(1200吨)〈P1884〉;江苏大成医药化工有限公司〈P1802〉;盐城市龙升精细化工厂〈P1811〉;[浙]台州市海峰医化有限公司〈P1961〉

【使用厂】[鲁]寿光富康制药有限公司〈P2099〉

1,4-二溴丁烷 C02137261

1,4-Dibromobutane [110-52-1]

医药上用于制造氨茶碱、咳必清等

【生产厂】[苏]宜兴市芳桥东方化工厂(1200吨)〈P1884〉;江苏大成医药化工有限公司〈P1802〉;盐城市龙升精细化工厂〈P1811〉;阜宁胜达医药化工有限公司〈P1806〉;[鲁]青岛东海源生化科技有限公司〈P2034〉

甲代烯丙基氯;MAC C02137301

Methyl-allyl-chloride [563-47-3]

用于合成杀螨锡、甲代烯丙基磺酸钠、3-氯-2-甲基环氧丙烷等

【生产厂】[苏]南京曙光化工集团有限公司〈P1789〉;[浙]宁波亿得精细化工有限公司〈P1934〉;[鲁]淄博澳纳斯化工有限公司(3000吨)〈P2058〉

乙二酰氯;草酰氯;乙二酰二氯;氯化乙二酰;双碳酰氯 C02137401

Oxalyl chloride [79-37-8]

一般用作军事用的毒气,也作为有机合成中的氯化剂使用

【生产厂】[京]北京马氏精细化学品有限公司〈P1555〉;[冀]邯郸市赵都精细化工厂(500吨)〈P1639〉;[沪]上海三微实业有限公司〈P1759〉;上海浦东兴邦化工发展有限公司(1200吨)〈P1756〉;[苏]南通万邦科技精细化工有限公司〈P1836〉;海门贝斯特精细化工有限公司(600吨)〈P1829〉;海安县弘鑫化工厂〈P1829〉

【使用厂】[辽]大连瑞泽农药股份有限公司〈P1693〉;[苏]江苏天容集团股份有限公司〈P1861〉;[鲁]德州恒东农药化工有限公司〈P2141〉

己二酰氯 C02137451

Adipoyl chloride;Hexanedioyl chloride [111-50-2]

用于有机化合物、医药、树脂、塑料的制备

【生产厂】[鲁]淄博镇荣工贸有限公司〈P2076〉

氯化苄;苯氯甲烷;苄基氯;一氯化苄;氯苄 C02137601

Benzyl chloride [100-44-7]

是制造染料、香料、药物、合成鞣剂、合成树脂等的原料

【生产厂】[冀]石家庄市电化厂(1000吨)〈P1629〉;[苏]江

C

苏江东化工股份有限公司(1 万吨)〈P1859〉;常州化工厂〈P1847〉;江苏双菱化工集团有限公司〈P1798〉;连云港泰乐化学工业有限公司(3 万吨)〈P1800〉;[赣]南昌市兴赣科技实业有限公司(3000 吨)〈P2010〉;[鲁]山东长链化学有限公司(1000 吨)〈P2155〉;青岛三力化工技术有限公司〈P2041〉;新泰市浓润化工有限公司(5000 吨)〈P2138〉;山东恒通化工股份有限公司(8000 吨)〈P2149〉;[豫]河南昊海实业有限公司(3600 吨)〈P2165〉;[鄂]武汉有机新康化工有限公司〈P2235〉;武汉有机实业股份有限公司〈P2235〉

【使用厂】[京]北京太洋药业有限公司〈P1562〉;[津]天津中新药业集团股份有限公司新新制药厂〈P1618〉;天津市奔澎表面化学助剂厂〈P1581〉;天津市永安化工厂〈P1611〉;[晋]山西省陵川化工总厂〈P1675〉;[沪]上海天坛助剂有限公司〈P1767〉;上海经纬化工有限公司〈P1745〉;[苏]苏州益良药业有限公司〈P1907〉;江苏飞翔化工(张家港)有限公司〈P1893〉;[鲁]山东省桓台县金龙化工有限公司〈P2054〉;淄博市博山东方化工厂〈P2067〉;淄博科宇化工有限公司〈P2064〉;山东省泰和水处理有限公司〈P2077〉;寿光富康制药有限公司〈P2099〉;淄博桓台祥龙化工有限公司〈P2062〉;[豫]焦作市华联化工有限公司〈P2196〉;安阳豫北制药厂〈P2210〉;[鄂]湖北仙隆化工股份有限公司〈P2245〉;湖北大田化工股份有限公司〈P2239〉;[渝]重庆小泉化工厂〈P2308〉

对溴溴苄;对溴苄基溴 C02137602

p-Bromobenzyl bromide [589-15-1]

用作医药、农药中间体

【生产厂】[京]北京卡乐瑞化工有限公司〈P1553〉;[苏]金坛市群乐化工助剂研究所〈P1862〉;宜兴市芳桥东方化工厂〈P1884〉;江苏双菱化工集团有限公司〈P1798〉;江苏大成医药化工有限公司(300 吨)〈P1802〉;[鲁]青岛东海源生化科技有限公司〈P2034〉

2-氟-4-溴苄基溴 C02137603

2-Fluoro-4-bromobenzyl bromide [76283-09-5]

用于医药合成

【生产厂】[京]北京卡乐瑞化工有限公司〈P1553〉;[辽]阜新三宝化工实业有限公司〈P1708〉

对四氯苄;1,4-二(二氯甲基)苯 C02137604

1,4-Di(dichloromethyl)benzene;α,α,α′,α′-Tetrachloro-*p*-xylene [7398-82-5]

用作有机合成的重要中间体

【生产厂】[苏]扬州市恒生化工有限公司(200 吨)〈P1818〉

间硝基溴苄;间硝基苄基溴;3-硝基苄基溴 C02137605

m-Nitrobenzyl bromide [3958-57-4]

用于医药

【生产厂】[苏]仪征市鼎信化工有限公司(5 吨)〈P1820〉

邻溴溴苄 C02137607

o-Bromobenzyl bromide [3433-80-5]

用于有机合成

【生产厂】[京]北京卡乐瑞化工有限公司〈P1553〉;[苏]金坛市群乐化工助剂研究所〈P1862〉;宜兴市芳桥东方化工厂〈P1884〉;江苏大成医药化工有限公司(300 吨)〈P1802〉

对硝基溴苄;对硝基苄基溴;对溴甲基硝基苯 C02137608

4-Nitrobenzyl bromide [100-11-8]

是有机合成原料及医药、染料中间体

【生产厂】[沪]上海神强实业有限公司〈P1761〉;[苏]仪征市鼎信化工有限公司(10 吨)〈P1820〉;昆山市花桥化工四厂〈P1897〉;徐州瑞赛科技实业有限公司(100 吨)〈P1795〉;[浙]杭州龙生化工有限公司〈P1921〉;浙江天台福达医药化工有限公司〈P1968〉;浙江省台州市椒江天一化工厂〈P1966〉

邻氰基氯苄;邻氰基苯氯甲烷;2-氰基氯苄 C02137610

2-Cyanobenzylchloride;*o*-Cyano-α-chlorotoluene [612-13-5]

用于合成二苯乙烯类荧光增白剂,如荧光增白剂 ER 系列等

【生产厂】[黑]大庆新世纪精细化工有限公司(100 吨)〈P1722〉;[苏]连云港贝斯特化工有限公司〈P1798〉;扬州杰迪化工有限公司〈P1817〉;高邮市康乐精细化工厂〈P1813〉;[浙]杭州格丽特化工有限公司〈P1917〉;[鲁]山东武城康达化工有限公司(300 吨)〈P2146〉;青岛化工研究院〈P2037〉;[鄂]武汉有机实业股份有限公司〈P2235〉

对氰基氯苄;对氰基苄基氯 C02137615

p-Cyanobenzylchloride [874-86-2]

用于合成二苯乙烯荧光增白剂

【生产厂】[苏]连云港贝斯特化工有限公司〈P1798〉;扬州杰迪化工有限公司〈P1817〉;高邮市康乐精细化工厂〈P1813〉;[浙]杭州格丽特化工有限公司〈P1917〉;[鲁]青岛化工研究院〈P2037〉;[鄂]武汉有机实业股份有限公司〈P2235〉

【使用厂】[黑]大庆新世纪精细化工有限公司〈P1722〉

间氰基氯苄;3-氯苯乙腈 C02137619

3-Cyanobenzylchloride;3-Chlorobenzyl cyanide [1529-41-5]

用作有机合成中间体

【生产厂】[苏]连云港贝斯特化工有限公司〈P1798〉;扬州杰迪化工有限公司〈P1817〉;[鄂]武汉有机实业股份有限公司〈P2235〉

对氰基苄基溴;4-氰基溴化苄 C02137625

4-Cyanobenzyl bromide [17201-43-3]

【生产厂】[皖]铜陵阳光合成材料有限公司(200 吨)〈P1979〉

二苯氯甲烷 C02137631

Diphenylchloromethane [90-99-3]

用作苯海拉敏中间体

【生产厂】[京]北京奥得赛化学有限公司〈P1543〉;[黑]大庆新世纪精细化工有限公司〈P1722〉;[沪]上海三维制药有限公司〈P1760〉;[苏]南京奥德赛化工有限公司〈P1782〉;金坛市群乐化工助剂研究所〈P1862〉

邻甲基二苯氯甲烷;1-苯基-1-(2-甲基)苯基氯甲烷 C02137641

o-Methyldiphenylchloromethane

【生产厂】[沪]上海华钛化学有限公司〈P1739〉

对甲基二苯基氯甲烷;1-苯基-1-(4-甲基苯基)氯甲烷 C02137643

p-Methyldiphenylchloromethane

【生产厂】[苏]金坛市群乐化工助剂研究所〈P1862〉

4-氯二苯氯甲烷 C02137651

4-Chlorodiphenylchloromethane [134-83-8]
【生产厂】[沪]上海华钛化学有限公司〈P1739〉

二苯溴甲烷 C02137655
Bromodiphenylmethane; Diphenyl methyl bromide [776-74-9]
【生产厂】[苏]南京奥德赛化工有限公司〈P1782〉；南京盛启化工有限公司〈P1789〉；[豫]河南省安阳市益康制药厂（6吨）〈P2211〉

三苯基氯甲烷 C02137661
Triphenylchloromethane; Chlorotriphenylmethane [76-83-5]
用作头孢类药物中间体
【生产厂】[晋]运城市鑫河医药化工有限公司〈P1680〉；芮城县顺昌化工有限公司〈P1679〉；[沪]吉尔生化（上海）有限公司〈P1726〉；[苏]丹阳市金象化工厂（800吨）〈P1840〉；江苏省句容市兴源化工厂〈P1842〉；金坛市三方医药原料厂〈P1862〉；金坛市源诺对外贸易有限公司〈P1862〉；宜兴市锦程化工有限公司〈P1885〉；张家港市卫星化工厂〈P1914〉；[皖]安徽省广德县中信化工厂〈P1986〉；[赣]江西宇洋化工有限公司（100吨）〈P2013〉

3,5-二(溴甲基)甲苯；1,3-二(溴甲基)-5-甲基苯 C02137665
3,5-Bis(bromomethyl) toluene
用作药物阿拉曲唑中间体
【生产厂】[鄂]湖北志诚化工科技有限公司〈P2243〉

双(4-氟苯基)氯甲烷；4,4′-二氟二苯基氯甲烷 C02137671
Bis(4-fluorophenyl) chloromethane [27064-94-4]
用作医药中间体
【生产厂】[沪]上海三维制药有限公司〈P1760〉；上海晨日化学有限公司〈P1730〉

1,2-二(溴甲基)苯 C02137675
1,2-Bis(bromomethyl) benzene [91-13-4]
【生产厂】[沪]上海再辉化工有限公司〈P1777〉

对苄氧基氯苄；4-苄氧基氯苄 C02137679
4-Benzyloxybenzyl chloride
用作医药中间体
【生产厂】[川]宜宾北方川安化工有限公司〈P2335〉

溴化苄；苄基溴；溴苄 C02137681
Benzyl bromide [100-39-0]
用于有机合成及作泡沫剂和酵母防腐剂
【生产厂】[苏]仪征市鼎信化工有限公司（100吨）〈P1820〉；江苏省金坛市西南化工研究所〈P1860〉；常州高科生物化学有限公司（200千克）〈P1846〉；徐州瑞赛科技实业有限公司〈P1795〉；[鲁]青岛东海源生化科技有限公司〈P2034〉

2-氟-4-氰基苄基溴 C02137683
2-Fluoro-4-cyanobenzyl bromide
【生产厂】[辽]阜新特种化学股份有限公司〈P1708〉

对碘溴苄；4-碘苄基溴 C02137687
4-Iodobenzyl bromide [16004-15-2]
【生产厂】[京]北京嘉盛扬医药科技有限公司〈P1551〉；[赣]江西上饶现代化工有限公司〈P2015〉

对六氯苄；六氯对二甲苯；P303 C02137691
1,4-Bis(trichloromethyl) benzene [68-36-0]
广泛用于制药、农药、涂料、染料等生产
【生产厂】[苏]扬州市恒生化工有限公司〈P1818〉

五氯邻二甲苯；1-(二氯甲基)-2-(三氯甲基)苯 C02137695
1-(Dichoromethyl)-2-(trichloromethyl) benzene
用作医药中间体
【生产厂】[鄂]湖北祥云（集团）化工股份有限公司〈P2244〉

肉桂酰氯；桂皮酰氯；3-苯基丙烯酰氯 C02137700
Cinnamoyl chloride; 3-Phenyl-2-propenoyl chloride [102-92-1]
用于有机合成
【生产厂】[津]天津市亿天工贸有限公司〈P1610〉；[沪]上海万凯化学有限公司〈P1768〉

月桂酰氯；十二酰氯 C02137701
Lauroyl chloride [112-16-3]
用作表面活性剂及其他有机化学品合成用的酰化剂
【生产厂】[浙]浙江省湖州沙龙化工有限公司〈P1947〉；[赣]海利贵溪化工农药有限公司〈P2013〉

2-甲基丙烯酰氯；异丁烯酰氯 C02137703
Methacryloyl chloride; 2-Methyl-2-propenoyl chloride [920-46-7]
用于有机合成，是合成防老剂 NAPM 的中间体
【生产厂】[晋]山西新天源医药化工有限公司〈P1677〉；[苏]海门贝斯特精细化工有限公司〈P1829〉；海安县弘鑫化工厂〈P1829〉；[鲁]淄博镇荣工贸有限公司〈P2076〉

丙烯酰氯 C02137711
Acrylyl chloride [814-68-6]
主要用于合成丙烯酸酯、丙烯酰胺类化合物，也用于制备防灰雾剂I的中间体
【生产厂】[苏]海门贝斯特精细化工有限公司（240吨）〈P1829〉；海安县弘鑫化工厂〈P1829〉；[鲁]潍坊海化三江化工有限公司〈P2102〉

新癸酰氯；十碳酰氯 C02137731
Neodecanoyl chloride [40292-82-8]
广泛用于涂料、引发剂、聚合物等行业
【生产厂】[冀]邯郸市邯钢集团化学品有限公司（1000吨）〈P1638〉

正癸酰氯；癸酰氯 C02137735
Decanoly chloride
【生产厂】[浙]浙江省湖州沙龙化工有限公司〈P1947〉

十一烷酰氯；十一碳酰氯 C02137741
Undecanoyl chloride
【生产厂】[浙]浙江省湖州沙龙化工有限公司〈P1947〉

肉桂基氯；3-氯-1-苯基-2-丙烯 C02137751

Cinnamyl chloride;3-Chloro-1-phenyl-2-propene [2687-12-9]

用于有机合成

【生产厂】[沪]上海三维制药有限公司〈P1760〉;[浙]浙江新花蝶化工有限公司〈P1969〉;[鄂]湖北天盟化工有限公司〈P2243〉

C

十四烷酰氯;十四碳酰氯;豆蔻酰氯 C02137771

Tetradecanoyl chloride;Myristoyl chloride [112-64-1]

【生产厂】[浙]浙江省湖州沙龙化工有限公司〈P1947〉

十六碳酰氯;棕榈酰氯 C02137781

Hexadecanoyl chloride;Palmitoyl chloride [112-67-4]

用作有机合成中间体

【生产厂】[冀]保定天祥化工有限公司〈P1646〉;[浙]浙江省湖州沙龙化工有限公司〈P1947〉;[鄂]湖北襄西化学工业有限公司〈P2237〉

间苯二甲酰氯 C02137801

1,3-Benzenedicarbonyl chloride [99-63-8]

可用于合成芳纶、聚丙烯酸酯、耐高温树脂、染料、颜料、医药以及农药等

【生产厂】[苏]常州市科丰化工有限公司〈P1852〉;建湖县鑫鑫化工有限公司〈P1807〉;海安县弘鑫化工厂〈P1829〉;[浙]衢州瑞源化工有限公司〈P1957〉;[赣]江西联科化工有限公司(1200吨)〈P2009〉;江西联达化工有限公司(200吨)〈P2009〉;江西麒麟化工有限公司〈P2013〉;[鲁]淄博达隆制药科技有限公司〈P2059〉;青岛三力化工技术有限公司〈P2041〉;[川]四川博兴实业有限公司(100吨)〈P2325〉

5-氨基-2,4,6-三碘-1,3-苯二甲酰氯;5-氨基-2,4,6-三碘异酞酰氯 C02137851

5-Amino-2,4,6-triiodoisophthaloyl chloride [37441-29-5]

用作碘海醇、碘佛醇、碘帕醇等非离子型X-CT造影剂的重要中间体

【生产厂】[晋]山西新天源医药化工有限公司〈P1677〉

1,3,5-三苯甲酰氯;均苯三甲酰氯 C02137891

1,3,5-Tri(chloroformyl)benzene [4422-95-0]

用于反渗透膜、海水淡化、水的高度提纯、气体分离等

【生产厂】[皖]黄山市泰达化工有限公司(500吨)〈P1981〉;[鲁]淄博达隆制药科技有限公司〈P2059〉

3,4,5-三氯三氟甲苯 C02137902

3,4,5-Trichlorotrifluoromethylbenzene [50594-82-6]

用作农药中间体

【生产厂】[苏]江苏亨泰化工有限公司〈P1797〉;[浙]浙江莹光化工有限公司〈P1956〉;浙江省东阳市康峰有机氟化工厂〈P1955〉;浙江省东阳市巍华化工有限公司〈P1955〉

2-氯-5-氰基三氟甲苯 C02137906

2-Chloro-5-cyanobenzotrifluoride

【生产厂】[辽]阜新奥瑞凯精细化工有限公司〈P1707〉

3-氯-4-氰基三氟甲苯 C02137907

3-Chloro-4-cyanobenzotrifluoride [1813-33-8]

【生产厂】[辽]阜新奥瑞凯精细化工有限公司〈P1707〉

5-氯-2-氰基三氟甲苯 C02137908

5-Chloro-2-cyanobenzotrifluoride

【生产厂】[辽]阜新奥瑞凯精细化工有限公司〈P1707〉

3,5-二(三氟甲基)硝基苯 C02137911

3,5-Bis(trifluoromethyl)nitrobenzene [328-75-6]

【生产厂】[辽]阜新特种化学股份有限公司〈P1708〉;[浙]浙江莹光化工有限公司〈P1956〉

3-溴三氟甲基苯;间溴三氟甲基苯 C02137921

3-Bromotrifluoromethylbenzene [401-78-5]

【生产厂】[沪]上海市农药研究所〈P1764〉

3,5-二氯-4-氟硝基苯 C02137931

3,5-Dichloro-4-fluoronitrobenzene

【生产厂】[浙]浙江省三门解氏化学工业有限公司〈P1966〉

对甲基溴苄;对二甲苯基溴 C02137935

p-Methylbenzyl bromide;*p*-Xylyl bromide [104-81-4]

【生产厂】[鄂]武汉瑞阳化工有限公司〈P2231〉

3,5-双(三氟甲基)溴苯;3,5-二(三氟甲基)溴苯 C02137951

3,5-Bis(trifluoromethyl)bromobenzene [328-70-1]

用作医药、农药中间体及其他有机合成原料

【生产厂】[京]北京金奥利维科技发展有限公司〈P1551〉;北京宜龙通广科技有限公司〈P1565〉;[辽]阜新奥瑞凯精细化工有限公司〈P1707〉;阜新三宝化工实业有限公司〈P1708〉;金凯(阜新)化工有限公司〈P1708〉;[赣]江西上饶现代化工有限公司〈P2015〉;[鲁]济宁信东化工有限公司〈P2129〉

3,5-双三氟甲基苄基溴 C02137961

3,5-Di(trifluoromethyl)benzyl bromide [32247-96-4]

【生产厂】[京]北京金奥利维科技发展有限公司〈P1551〉;北京宜龙通广科技有限公司〈P1565〉;[赣]江西上饶现代化工有限公司〈P2015〉

2-氟三氟甲苯;邻氟三氟甲苯 C02137971

2-Fluorobenzotrifluoride [392-85-8]

用作染料、农药、医药中间体

【生产厂】[辽]阜新金特莱氟化学有限责任公司〈P1707〉;阜新三宝化工实业有限公司〈P1708〉;阜新特种化学股份有限公司〈P1708〉;金凯(阜新)化工有限公司〈P1708〉;[苏]丹阳市大泊化工厂〈P1840〉;淮安永创化学有限公司〈P1801〉;[鲁]山东广恒化工有限公司〈P2052〉;济宁信东化工有限公司〈P2129〉

3-氟三氟甲苯;间氟三氟甲苯 C02137973

3-Fluorobenzotrifluoride [401-80-9]

用作染料、农药、医药中间体

【生产厂】[辽]阜新金特莱氟化学有限责任公司〈P1707〉;阜新三宝化工实业有限公司〈P1708〉;阜新特种化学股份有限公司〈P1708〉;金凯(阜新)化工有限公司〈P1708〉;[苏]丹阳市大泊化工厂〈P1840〉;淮安永创化学有限公司〈P1801〉;[鲁]山东广恒化工有限公司〈P2052〉;济宁信东化工有限公司〈P2129〉

4-氟三氟甲苯;对氟三氟甲苯 C02137975

4-Fluorobenzotrifluoride [402-44-8]

用作染料、农药、医药中间体

【生产厂】[辽]阜新金特莱氟化学有限责任公司〈P1707〉;阜新三宝化工实业有限公司〈P1708〉;阜新特种化学股份有限公司〈P1708〉;金凯(阜新)化工有限公司〈P1708〉;[苏]丹阳市大泊化工厂〈P1840〉;淮安永创化学有限公司〈P1801〉;[鲁]山东广恒化工有限公司〈P2052〉;济宁信东化工有限公司〈P2129〉

邻溴三氟甲苯;2-溴三氟甲苯　C02137991

2-Bromobenzotrifluoride [392-83-6]

用作染料、医药、农药中间体

【生产厂】[津]天津中兴精细化工有限公司(500 吨)〈P1618〉;天津市[illegible]凯化工科技有限公司〈P1597〉;[辽]阜新奥瑞凯精细化工有限公司〈P1707〉;阜新金特莱氟化学有限责任公司〈P1707〉;阜新三宝化工实业有限公司〈P1708〉;荣成市东立精细化工有限公司阜新分公司〈P1708〉;[沪]上海市农药研究所〈P1764〉;[苏]丹阳市大泊化工厂〈P1840〉;常州泰戈化工有限公司〈P1857〉

3,5-二硝基三氟甲苯　C02138001

3,5-Dinitrobenzotrifluoride [401-99-0]

用于合成含氟农药及作医药中间体

【生产厂】[京]北京卡乐瑞化工有限公司〈P1553〉;[辽]阜新三宝化工实业有限公司〈P1708〉;阜新特种化学股份有限公司(100 吨)〈P1708〉;[苏]江苏亨泰化工有限公司〈P1797〉;[浙]浙江省东阳市巍华化工有限公司〈P1955〉;[鲁]济宁信东化工有限公司〈P2129〉

3,5-二硝基-4-氯三氟甲苯　C02138002

4-Chloro-3,5-dinitrobenzotrifluoride [393-75-9]

用作有机合成中间体

【生产厂】[苏]丹阳市大泊化工厂〈P1840〉;江苏亨泰化工有限公司〈P1797〉;淮安永创化学有限公司〈P1801〉;[浙]浙江莹光化工有限公司〈P1956〉;浙江省东阳市康峰有机氟化工厂(1500 吨)〈P1955〉

3-硝基-4-氯三氟甲苯;4-氯-3-硝基三氟甲苯　C02138004

4-Chloro-3-nitrobenzotrifluoride [121-17-5]

用作医药中间体

【生产厂】[辽]阜新特种化学股份有限公司〈P1708〉;金凯(阜新)化工有限公司〈P1708〉;[沪]上海市农药研究所〈P1764〉;[苏]丹阳市大泊化工厂〈P1840〉;江苏亨泰化工有限公司〈P1797〉;淮安永创化学有限公司〈P1801〉;[浙]浙江莹光化工有限公司〈P1956〉;浙江省东阳市康峰有机氟化工厂〈P1955〉;浙江省东阳市巍华化工有限公司〈P1955〉

2-氯-3,5-二硝基三氟甲苯　C02138006

2-Chloro-3,5-dinitrobenzotrifluoride [392-95-0]

【生产厂】[苏]丹阳市大泊化工厂〈P1840〉;[浙]浙江莹光化工有限公司〈P1956〉

2,4-二氯-3,5-二硝基三氟甲苯　C02138008

2,4-Dichloro-3,5-dinitrobenzotrifluoride [29091-09-6]

用作农药、医药、有机合成中间体

【生产厂】[沪]上海华彩精细化工有限公司〈P1738〉;[苏]丹阳市大泊化工厂〈P1840〉;江苏亨泰化工有限公司〈P1797〉;淮安永创化学有限公司〈P1801〉;[浙]浙江省东阳市康峰有机氟化工厂〈P1955〉;浙江省东阳市巍华化工有限公司〈P1955〉

4-硝基三氟甲苯;对硝基三氟甲苯　C02138011

4-Nitrobenzotrifluoride [402-54-0]

【生产厂】[鲁]山东武城康达化工有限公司(150 吨)〈P2146〉

5-氯-2-硝基三氟甲苯;2-硝基-5-氯三氟甲苯　C02138021

5-Chloro-2-nitrobenzotrifluoride [118-83-2]

【生产厂】[沪]上海市农药研究所〈P1764〉;[苏]丹阳市大泊化工厂〈P1840〉;江苏亨泰化工有限公司〈P1797〉

2-氯-5-硝基三氟甲苯　C02138031

2-Chloro-5-nitrobenzotrifluoride [777-37-7]

【生产厂】[辽]阜新三宝化工实业有限公司〈P1708〉;金凯(阜新)化工有限公司〈P1708〉;[沪]上海市农药研究所〈P1764〉;上海海隼化工科技有限公司〈P1735〉;[苏]丹阳市大泊化工厂〈P1840〉;江苏亨泰化工有限公司〈P1797〉;[浙]浙江莹光化工有限公司〈P1956〉;浙江省东阳市康峰有机氟化工厂〈P1955〉

2-溴-5-硝基三氟甲苯　C02138035

2-Bromo-5-nitrobenzotrifluoride [367-67-9]

用作医药、农药中间体

【生产厂】[津]天津中兴精细化工有限公司〈P1618〉;天津市筠凯化工科技有限公司〈P1597〉

4-溴-3-硝基三氟甲苯　C02138037

4-Bromo-3-nitrobenzotrifluoride [349-03-1]

【生产厂】[津]天津市筠凯化工科技有限公司〈P1597〉

5-溴-2-硝基三氟甲苯　C02138038

5-Bromo-2-nitrobenzotrifluoride [344-38-7]

【生产厂】[津]天津市筠凯化工科技有限公司〈P1597〉

2-氟-5-硝基三氟甲苯　C02138041

2-Fluoro-5-nitrobenzotrifluoride [400-74-8]

用于有机合成

【生产厂】[津]天津市筠凯化工科技有限公司〈P1597〉;[辽]金凯(阜新)化工有限公司〈P1708〉;[沪]上海市农药研究所〈P1764〉;[浙]浙江莹光化工有限公司〈P1956〉

4-氟-3-硝基三氟甲苯　C02138045

4-Fluoro-3-nitrobenzotrifluoride [367-86-2]

【生产厂】[津]天津市筠凯化工科技有限公司〈P1597〉;[沪]上海市农药研究所〈P1764〉;[浙]浙江省东阳市康峰有机氟化工厂〈P1955〉;浙江省东阳市巍华化工有限公司〈P1955〉

5-氟-2-硝基三氟甲苯　C02138049

5-Fluoro-2-nitrobenzotrifluoride [393-09-9]

【生产厂】[津]天津市筠凯化工科技有限公司〈P1597〉;[沪]上海市农药研究所〈P1764〉

2,4-二氯-5-硝基三氟甲苯　C02138051

2,4-Dichloro-5-nitrobenzotrifluoride [400-70-4]

【生产厂】[沪]上海旭升精细化工技术研究所〈P1773〉

2,5-二氯三氟甲苯　C02138061

2,5-Dichlorobenzotrifluoride [320-50-3]

【生产厂】[沪]上海市农药研究所〈P1764〉

2,3-二氯三氟甲苯　C02138063

2,3-Dichlorobenzotrifluoride [54773-19-2]

C

【生产厂】[苏]丹阳市大泊化工厂〈P1840〉

2,4-二氯-5-甲基三氟甲苯;DCTFT　C02138071

2,4-Dichloro-5-methylbenzotrifluoride [115571-61-4]

【生产厂】[京]北京维达化工有限公司〈P1563〉

2,3-二氯-4-甲基三氟甲苯　C02138073

2,3-Dichloro-4-methyltrifluorotoluene

【生产厂】[京]北京维达化工有限公司〈P1563〉

3,4-二氯-2-甲基三氟甲苯;2,3-二氯-6-三氟甲基甲苯　C02138075

3,4-Dichloro-2-methyltrifluorotoluene

【生产厂】[京]北京维达化工有限公司〈P1563〉

4,5-二氯-2-甲基三氟甲苯;3,4-二氯-6-三氟甲基甲苯　C02138079

4,5-Dichloro-2-methyltrifluorotoluene [74483-51-5]

【生产厂】[京]北京维达化工有限公司(10吨)〈P1563〉

对叔丁基氯苯　C02138095

4-*tert*-Butylchlorobenzene [3972-56-3]

【生产厂】[苏]苏州开元民生化学科技有限公司〈P1901〉;昆山城东化工有限公司〈P1895〉

4-氟甲苯;对氟甲苯　C02138101

4-Fluorotoluene [352-32-9]

用作医药、农药及染料中间体

【生产厂】[京]北京卡乐瑞化工有限公司〈P1553〉;[辽]辽宁天合精细化工股份有限公司(400吨)〈P1702〉;阜新恒辉化工有限公司〈P1707〉;阜新三宝化工实业有限公司〈P1708〉;阜新特种化学股份有限公司(100吨)〈P1708〉;盘锦盘助化工助剂有限公司〈P1706〉;[苏]盐城氟源化工有限公司〈P1810〉;[浙]浙江鹰鹏化工有限公司〈P1956〉;[皖]东至德泰精细化工有限公司(500吨)〈P1987〉;[鲁]青岛东海源生化科技有限公司〈P2034〉;[豫]南阳市威特化工有限责任公司(300吨)〈P2224〉

邻氟甲苯;2-氟甲苯　C02138111

o-Fluorotoluene [95-52-3]

用作医药、农药中间体

【生产厂】[京]北京卡乐瑞化工有限公司〈P1553〉;[辽]辽宁天合精细化工股份有限公司〈P1702〉;阜新恒辉化工有限公司〈P1707〉;阜新三宝化工实业有限公司〈P1708〉;阜新特种化学股份有限公司(100吨)〈P1708〉;盘锦盘助化工助剂有限公司〈P1706〉;[苏]盐城氟源化工有限公司〈P1810〉;[豫]南阳市威特化工有限责任公司(300吨)〈P2224〉

间氟甲苯;3-氟甲苯　C02138121

m-Fluorotoluene [352-70-5]

用作医药、农药中间体

【生产厂】[京]北京卡乐瑞化工有限公司〈P1553〉;[辽]辽宁天合精细化工股份有限公司〈P1702〉;阜新恒辉化工有限公司〈P1707〉;阜新三宝化工实业有限公司〈P1708〉;阜新特种化学股份有限公司(100吨)〈P1708〉;盘锦盘助化工助剂有限公司〈P1706〉;[苏]盐城氟源化工有限公司〈P1810〉;[皖]东至德泰精细化工有限公司〈P1987〉

2,3-二氟甲苯　C02138131

2,3-Difluorotoluene

【生产厂】[辽]阜新金特莱氟化学有限责任公司〈P1707〉;阜新三宝化工实业有限公司〈P1708〉

2,4-二氟甲苯　C02138132

2,4-Difluorotoluene [452-76-6]

用作医药、农药中间体

【生产厂】[辽]阜新金特莱氟化学有限责任公司〈P1707〉;阜新三宝化工实业有限公司〈P1708〉;盘锦盘助化工助剂有限公司〈P1706〉;[浙]浙江省三门解氏化学工业有限公司〈P1966〉

3,5-二氟甲苯　C02138133

3,5-Difluorotoluene

【生产厂】[辽]阜新金特莱氟化学有限责任公司〈P1707〉

3,4-二氟甲苯　C02138134

3,4-Difluorotoluene [2927-34-6]

用作医药、农药中间体

【生产厂】[辽]阜新金特莱氟化学有限责任公司〈P1707〉;[浙]浙江省三门解氏化学工业有限公司〈P1966〉

2,6-二氟甲苯　C02138135

2,6-Difluorotoluene

用作医药、农药中间体

【生产厂】[辽]阜新三宝化工实业有限公司〈P1708〉

2,5-二氟甲苯　C02138136

2,5-Difluorotoluene

【生产厂】[辽]阜新金特莱氟化学有限责任公司〈P1707〉;阜新三宝化工实业有限公司〈P1708〉

2,5-二溴甲苯　C02138151

2,5-Dibromotoluene [615-59-8]

【生产厂】[苏]南京科邦医药化工有限公司〈P1786〉

3,5-二溴甲苯　C02138153

3,5-Dibromotoluene [1611-92-3]

【生产厂】[辽]阜新三宝化工实业有限公司〈P1708〉

2,6-二溴甲苯　C02138155

2,6-Dibromotoluene

【生产厂】[辽]阜新三宝化工实业有限公司〈P1708〉

1,3-二溴甲基-5-甲基苯;3,5-二(溴甲基)甲苯　C02138161

1,3-Bis(bromomethyl)-5-methylbenzene;3,5-Bis(bromomethyl)toluene [19294-04-3]

【生产厂】[浙]杭州广林生物医药有限公司〈P1917〉

5-氯-2-氟甲苯;2-氟-5-氯甲苯　C02138171

5-Chloro-2-fluorotoluene [452-66-4]

【生产厂】[辽]阜新恒辉化工有限公司〈P1707〉;阜新金特莱氟化学有限责任公司〈P1707〉;阜新三宝化工实业有限公司〈P1708〉

2-氯-3-氟甲苯　C02138173

2-Chloro-3-fluorotoluene

【生产厂】[辽]阜新金特莱氟化学有限责任公司〈P1707〉

3-氯-4-氟甲苯　C02138175

3-Chloro-4-fluorotoluene [1523-25-3]

用作医药、农药、液晶材料中间体

【生产厂】[浙]浙江省三门解氏化学工业有限公司〈P1966〉

对叔丁基苄硫醇;苄硫醇-TBSH;4-叔丁基苄硫醇 C02138301

p-tert-Butylbenzyl mercaptan [7252-86-0]

用于农药的合成

【生产厂】[苏]靖江市化工总厂〈P1824〉;昆山城东化工有限公司〈P1895〉

【使用厂】[沪]上海农药厂有限公司〈P1755〉

1-溴萘;α-溴萘 C02138401

1-Bromonaphthalene;α-Bromonaphthalene [90-11-9]

用作有机合成原料,用作冷冻剂以及分子量大的物质的溶剂,也是干燥物品的热载体

【生产厂】[京]北京马氏精细化学品有限公司〈P1555〉;[冀]河北德隆泰化工有限公司〈P1619〉;[苏]常州市武进鸣凰化学厂〈P1854〉;宜兴市芳桥东方化工厂〈P1884〉

2-溴萘;β-溴萘 C02138431

2-Bromonaphthalene [580-13-2]

主要用作医药中间体

【生产厂】[冀]河北德隆泰化工有限公司〈P1619〉;[苏]常州市武进临川化工有限公司〈P1854〉

八氯萘;全氯萘 C02138441

Octachloronaphthalene;Perchloronaphthalene [2234-13-1]

【生产厂】[苏]常熟亚美化工有限公司〈P1892〉

1-萘甲酰氯;α-萘甲酰氯 C02138451

1-Naphthoyl chloride [879-18-5]

用于有机合成

【生产厂】[苏]常州市武进鸣凰化学厂〈P1854〉;常州市武进临川化工有限公司〈P1854〉

2-萘甲酰氯;β-萘甲酰氯 C02138461

2-Naphthoyl chloride [2243-83-6]

用于有机合成

【生产厂】[苏]常州市武进鸣凰化学厂〈P1854〉;常州市武进临川化工有限公司〈P1854〉

1-氯萘;α-氯萘 C02138471

1-Chloronaphthalene [90-13-1]

用于制1-萘酚,用于生产染料、木材防腐剂、杀菌剂、特种清洁剂等

【生产厂】[沪]上海浩洲化工有限公司〈P1736〉;[苏]常州市武进临川化工有限公司〈P1854〉

2-氯萘;β-氯萘 C02138472

2-Chloronaphthalene [91-58-7]

【生产厂】[苏]常州市武进临川化工有限公司〈P1854〉

间氟溴苄 C02138511

m-Fluorobenzyl bromide [456-41-7]

【生产厂】[苏]金坛市群乐化工助剂研究所〈P1862〉

4-氟氯苄;对氟氯苄 C02138521

4-Fluorobenzyl chloride [352-11-4]

用作农药、医药中间体

【生产厂】[辽]阜新特种化学股份有限公司〈P1708〉;[苏]丹阳市万隆化工有限公司〈P1841〉;句容市顺风助剂厂〈P1843〉;金坛市群乐化工助剂研究所〈P1862〉;沭阳金凯化工厂〈P1804〉;[豫]河南昊海实业有限公司(240吨)〈P2165〉;南阳市威特化工有限责任公司〈P2224〉

邻氟氯苄;2-氟氯苄 C02138523

o-Fluorobenzyl chloride [345-35-7]

用于有机合成

【生产厂】[辽]阜新特种化学股份有限公司〈P1708〉;[苏]丹阳市万隆化工有限公司〈P1841〉;句容市顺风助剂厂〈P1843〉;沭阳金凯化工厂〈P1804〉;[豫]河南昊海实业有限公司(240吨)〈P2165〉;南阳市威特化工有限责任公司〈P2224〉

间氟氯苄;3-氟氯苄 C02138525

m-Fluorobenzyl chloride [456-42-8]

用于有机合成

【生产厂】[辽]阜新特种化学股份有限公司〈P1708〉;[苏]句容市顺风助剂厂〈P1843〉;金坛市群乐化工助剂研究所〈P1862〉;[豫]河南昊海实业有限公司(240吨)〈P2165〉;南阳市威特化工有限责任公司〈P2224〉

对二氯苄 C02138531

1,4-Bis(chloromethyl)benzene [623-25-6]

有机合成中间体,用于制造对苯二甲醇、对苯二甲醚、对苯二甲醛以及其他染料、医药中间体等

【生产厂】[辽]阜新特种化学股份有限公司〈P1708〉;[苏]扬州市恒生化工有限公司〈P1818〉;高邮市康乐精细化工厂〈P1813〉;[浙]杭州格丽特化工有限公司〈P1917〉;[皖]合肥安邦化工有限公司〈P1972〉;[鲁]寿光市金泽洋化工有限公司(500吨)〈P2100〉;青岛化工研究院〈P2037〉;[鄂]武汉有机实业股份有限公司〈P2235〉

邻二氯苄 C02138541

1,2-Bis(chloromethyl)benzene [612-12-4]

用作医药、农药中间体

【生产厂】[苏]苏州市畅通化学品有限公司〈P1903〉;苏州市御窑精细化工有限公司(240吨)〈P1906〉;江苏振方化工有限公司〈P1803〉;高邮市康乐精细化工厂〈P1813〉;[鄂]武汉有机实业股份有限公司〈P2235〉

间二氯苄 C02138551

1,3-Bis(chloromethyl)benzene [626-16-4]

用作医药、增白剂中间体

【生产厂】[辽]阜新特种化学股份有限公司〈P1708〉;[苏]高邮市康乐精细化工厂〈P1813〉;[鄂]武汉有机实业股份有限公司〈P2235〉

间二溴苄;1,3-二(溴甲基)苯 C02138555

1,3-Bis(bromomethyl)benzene [626-15-3]

【生产厂】[苏]江苏大成医药化工有限公司〈P1802〉

2-氯-6-氟氯苄 C02138561

2-Chloro-6-fluorobenzyl chloride [55117-15-2]

主要用作医药抗生素和农药植物生长调节剂等的合成原料

【生产厂】[辽]阜新特种化学股份有限公司〈P1708〉;[苏]丹

阳市万隆化工有限公司〈P1841〉

4-氯-2-氟氯苄 C02138563
4-Chloro-2-fluorobenzyl chloride
【生产厂】[苏]丹阳市万隆化工有限公司〈P1841〉

间氯对甲基氯苄;3-氯-4-甲基氯苄 C02138581
3-Chloro-4-methylbenzyl chloride [2719-40-6]
【生产厂】[鄂]武汉有机实业股份有限公司〈P2235〉

2,6-二氟氯苄;α-氯-2,6-二氟甲苯 C02138585
2,6-Difluorobenzyl chloride;α-Chloro-2,6-difluorotoluene [697-73-4]
【生产厂】[京]北京嘉盛扬医药科技有限公司〈P1551〉

3,4-二氟氯苄;α-氯-3,4-二氟甲苯 C02138589
3,4-Difluorobenzyl chloride;α-Chloro-3,4-difluorotoluene
【生产厂】[京]北京嘉盛扬医药科技有限公司〈P1551〉

2,3-二氟溴苄 C02138591
2,3-Difluorobenzyl bromide [113211-94-2]
【生产厂】[赣]江西上饶现代化工有限公司〈P2015〉

3,4-二氟溴苄 C02138593
3,4-Difluorobenzyl bromide [85118-01-0]
【生产厂】[赣]江西上饶现代化工有限公司〈P2015〉

3,5-二氟溴苄 C02138595
3,5-Difluorobenzyl bromide [141776-91-2]
【生产厂】[赣]江西上饶现代化工有限公司〈P2015〉

2,5-二氟溴苄 C02138597
2,5-Difluorobenzyl bromide
【生产厂】[辽]阜新特种化学股份有限公司〈P1708〉

1,2-二溴乙烷 C02138601
1,2-Dibromoethane [106-93-4]
用作有机合成中间体
【生产厂】[京]北京马氏精细化学品有限公司〈P1555〉;[苏]宜兴市芳桥东方化工厂(2400 吨)〈P1884〉;江苏大成医药化工有限公司(300 吨)〈P1802〉;盐城市龙升精细化工厂〈P1811〉;盐城市华佳化工有限公司〈P1811〉;阜宁胜达医药化工有限公司〈P1806〉;[浙]台州市海峰医化有限公司〈P1961〉;[皖]铜陵阳光合成材料有限公司(500 吨)〈P1979〉;[鲁]寿光富康制药有限公司(1000 吨)〈P2099〉
【使用厂】[苏]常州康达制药有限公司〈P1848〉

混合二氯苯 C02138701
Mixed dichlorobenzene [25321-22-6]
用作有机原料、熏蒸杀虫剂等
【生产厂】[苏]南京化学工业有限公司化工厂〈P1785〉
【使用厂】[津]天津市振兴化工有限公司〈P1613〉

2,3,5-三氟溴苯 C02138751
2,3,5-Trifluorobromobenzene [133739-70-5]
【生产厂】[苏]常州市迅达化工有限公司〈P1856〉

3,4,5-三氟溴苯 C02138755
3,4,5-Trifluorobromobenzene [138526-69-9]
【生产厂】[京]北京卡乐瑞化工有限公司〈P1553〉;[辽]阜新金特莱氟化学有限责任公司〈P1707〉;[沪]上海凯路化工有限公司〈P1747〉;[苏]盐城中亚医药化工有限公司(100 吨)〈P1812〉

2,4,5-三氟溴苯 C02138761
1-Bromo-2,4,5-trifluorobenzene [327-52-6]
用作医药中间体
【生产厂】[苏]常州市迅达化工有限公司〈P1856〉;盐城中亚医药化工有限公司(200 吨)〈P1812〉

2,3,4-三氟溴苯 C02138765
2,3,4-Trifluorobromobenzene
【生产厂】[辽]阜新金特莱氟化学有限责任公司〈P1707〉

碘甲烷;甲基碘 C02138901
Iodomethane [74-88-4]
主要用作甲基化试剂,在医药工业中用于碘甲基蛋氨酸(维生素 U)、镇痛药、解毒药磷酸系药物的生产
【生产厂】[冀]黄骅市津骅饲料添加剂有限公司〈P1656〉;[苏]太仓市鑫鹄化工有限公司〈P1909〉;[鲁]山东绿生生化科技有限公司〈P2029〉;淄博万康医药化工有限公司〈P2074〉;山东滕州悟通香料有限责任公司(2 吨)〈P2078〉;滕州吉田香料有限公司〈P2078〉
【使用厂】[津]天津市中央药业有限公司〈P1613〉;[沪]上海中科合臣股份有限公司〈P1779〉

四碘甲烷;四碘化碳 C02138991
Tetraiodomethane;Carbon tetraiodide [507-25-5]
用于有机合成
【生产厂】[苏]太仓市鑫鹄化工有限公司〈P1909〉

溴乙酰溴 C02139001
Bromoacetyl bromide [598-21-0]
用作医药中间体
【生产厂】[苏]宜兴市芳桥东方化工厂(120 吨)〈P1884〉;昆山市花桥化工四厂〈P1897〉;江苏大成医药化工有限公司(50 吨)〈P1802〉;盐城市龙升精细化工厂〈P1811〉;[鄂]南漳县襄九精细化工有限责任公司〈P2238〉

乙酰溴;溴化乙酰 C02139031
Acetyl bromide [506-96-7]
用作染料、医药、农药中间体和其他有机合成中间体
【生产厂】[苏]宜兴市芳桥东方化工厂(120 吨)〈P1884〉;太仓市鑫鹄化工有限公司〈P1909〉;江苏大成医药化工有限公司(800 吨)〈P1802〉;盐城市龙升精细化工厂〈P1811〉

溴辛烷;1-溴辛烷 C02139101
1-Bromooctane;*n*-Octyl bromide [111-83-1]
主要用于有机合成
【生产厂】[冀]保定市乐凯化学有限公司〈P1645〉;中国乐凯胶片集团公司〈P1649〉;[苏]宜兴市芳桥东方化工厂(1200 吨)〈P1884〉;江苏大成医药化工有限公司(100 吨)〈P1802〉;盐城市龙升精细化工厂〈P1811〉;阜宁胜达医药化工有限公司〈P1806〉;海门市海信化工助剂厂〈P1830〉;[浙]台州市海峰医化有限公司〈P1961〉;[鲁]青岛东海源生化科技有限公司〈P2034〉;山东威泰精细化工有限公司〈P2048〉

2-溴辛烷 C02139105
2-Bromooctane [557-35-7]

用作有机合成中间体

【生产厂】[苏]宜兴市芳桥东方化工厂〈P1884〉;江苏大成医药化工有限公司〈P1802〉;[浙]台州市海峰医化有限公司〈P1961〉

2-溴戊烷;仲戊基溴 C02139111

2-Bromopentane [107-81-3]

用作有机合成中间体

【生产厂】[苏]宜兴市昌吉利化工有限公司〈P1883〉;宜兴市芳桥东方化工厂(1200 吨)〈P1884〉;盐城市龙升精细化工厂〈P1811〉;江苏东台鑫源化工有限公司〈P1807〉

1-溴戊烷 C02139115

1-Bromopentane [110-53-2]

用作有机合成中间体

【生产厂】[京]北京马氏精细化学品有限公司〈P1555〉;[苏]江苏省金坛市西南化工研究所〈P1860〉;溧阳市永安精细化工有限公司〈P1864〉;宜兴市芳桥东方化工厂〈P1884〉;江苏大成医药化工有限公司(300 吨)〈P1802〉;盐城市龙升精细化工厂〈P1811〉;阜宁胜达医药化工有限公司〈P1806〉;[浙]台州市海峰医化有限公司〈P1961〉;[鲁]山东威泰精细化工有限公司〈P2048〉

溴代正己烷;1-溴己烷 C02139121

1-Bromohexane; *n*-Hexyl bromide [111-25-1]

【生产厂】[冀]保定市乐凯化学有限公司〈P1645〉;中国乐凯胶片集团公司〈P1649〉;[苏]宜兴市芳桥东方化工厂(1200 吨)〈P1884〉;江苏大成医药化工有限公司(100 吨)〈P1802〉;盐城市龙升精细化工厂〈P1811〉;阜宁胜达医药化工有限公司〈P1806〉;[鲁]青岛东海源生化科技有限公司〈P2034〉;山东威泰精细化工有限公司〈P2048〉

溴代正癸烷;1-溴癸烷 C02139131

1-Bromodecane; *n*-Decyl bromide [112-29-8]

用作有机合成中间体

【生产厂】[苏]宜兴市芳桥东方化工厂(1200 吨)〈P1884〉;江苏大成医药化工有限公司(100 吨)〈P1802〉

溴代正庚烷;1-溴庚烷 C02139141

1-Bromoheptane; *n*-Heptyl bromide [629-04-9]

用作有机合成中间体

【生产厂】[苏]宜兴市芳桥东方化工厂(120 吨)〈P1884〉;江苏大成医药化工有限公司(100 吨)〈P1802〉;盐城市龙升精细化工厂〈P1811〉;阜宁胜达医药化工有限公司〈P1806〉

全氟庚烷 C02139149

Perfluoroheptane [335-57-9]

【生产厂】[辽]金凯(阜新)化工有限公司〈P1708〉

溴代异丁烷;1-溴-2-甲基丙烷 C02139151

1-Bromo-2-methylpropane; Isobutyl bromide [78-77-3]

用作有机合成中间体

【生产厂】[京]北京马氏精细化学品有限公司〈P1555〉;[苏]溧阳市永安精细化工有限公司〈P1864〉;宜兴市芳桥东方化工厂(1200 吨)〈P1884〉;江苏大成医药化工有限公司〈P1802〉;盐城市龙升精细化工厂〈P1811〉;盐城市华佳化工有限公司〈P1811〉;阜宁胜达医药化工有限公司〈P1806〉

【使用厂】[苏]江苏华派集团〈P1807〉

1,6-二溴己烷 C02139161

1,6-Dibromohexane [629-03-8]

用作农药、医药中间体

【生产厂】[苏]宜兴市芳桥东方化工厂(1200 吨)〈P1884〉;江苏大成医药化工有限公司〈P1802〉;[鲁]天德化工控股有限公司〈P2101〉

溴代异辛烷;1-溴-2,2,4-三甲基戊烷 C02139171

1-Bromo-2,2,4-trimethylpentane; 1-Bromoisooctane [18908-66-2]

【生产厂】[苏]宜兴市芳桥东方化工厂(1200 吨)〈P1884〉;江苏大成医药化工有限公司〈P1802〉;阜宁胜达医药化工有限公司〈P1806〉

1-碘庚烷 C02139181

1-Iodoheptane [4282-40-0]

用作电子化学品

【生产厂】[苏]苏州永拓医药科技有限公司〈P1907〉

溴壬烷;1-溴壬烷 C02139191

1-Bromononane; *n*-Nonyl bromide [693-58-3]

用作有机合成中间体

【生产厂】[苏]宜兴市芳桥东方化工厂(1200 吨)〈P1884〉

溴代环戊烷 C02139201

Bromocyclopentane; Cyclopentyl bromide [137-43-9]

用作有机合成中间体,用于药品环戊甲噻嗪的生产

【生产厂】[沪]上海共禾化工有限公司〈P1734〉;[苏]宜兴市芳桥东方化工厂(1 吨)〈P1884〉;江苏大成医药化工有限公司〈P1802〉;盐城市龙升精细化工厂〈P1811〉;盐城市华佳化工有限公司〈P1811〉;启东金禾化工有限公司〈P1837〉

溴代环己烷 C02139251

Bromocyclohexane [108-85-0]

用作有机合成中间体

【生产厂】[苏]宜兴市芳桥东方化工厂〈P1884〉;江苏大成医药化工有限公司〈P1802〉;盐城市龙升精细化工厂〈P1811〉

β-溴苯乙烷;1-溴-2-苯基乙烷 C02139331

β-Bromophenylethane; 1-Bromo-2-phenylethane [103-63-9]

用作医药与农药中间体

【生产厂】[冀]河北省衡水桃城化工助剂有限公司〈P1665〉;[苏]宜兴市芳桥东方化工厂〈P1884〉;盐城市龙升精细化工厂〈P1811〉;阜宁胜达医药化工有限公司〈P1806〉;[鲁]淄博亿腾化工有限公司〈P2075〉;山东默锐化学有限公司〈P2096〉;青岛东海源生化科技有限公司〈P2034〉

八氟环丁醚 C02139411

Octafluorocyclobutyl ether

【生产厂】[鄂]武汉市德孚经济发展有限公司〈P2232〉

全氟环丁醚 C02139421

Perfluorocyclobutyl ether

用于电子工业清洗剂

【生产厂】[鄂]武汉市化学工业研究所有限责任公司〈P2232〉

全氟丁基碘;全氟碘丁烷 C02139441

Perfluorobutyl iodide [423-39-2]

【生产厂】[沪]上海福邦化工有限公司〈P1733〉

C

1-溴-4-氯丁烷 C02139451
1-Bromo-4-chlorobutane [6940-78-9]
用作医药、香料及其他有机合成中间体
【生产厂】[苏]江苏东台鑫源化工有限公司〈P1807〉;[豫]河南豫辰精细化工有限公司〈P2218〉

1-溴-4-苯基丁烷 C02139461
1-Bromo-4-phenylbutane [13633-25-5]
【生产厂】[浙]浙江优联医药化工有限公司〈P1928〉

1,2-二溴-2,4-二氰基丁烷 C02139481
1,2-Dibromo-2,4-dicyanobutane [35691-65-7]
用于胶片、皮革、涂料、针纺织品、化妆品等作防霉防腐剂,又作石油钻探注水、工业循环水的杀菌剂
【生产厂】[苏]江苏托球农化有限公司〈P1808〉;盐城市旭星化工有限公司〈P1812〉

1,4-二溴-2-丁烯 C02139501
1,4-Dibromo-2-butene [821-06-7]
【生产厂】[苏]连云港永龙化工有限公司〈P1800〉;江苏大成医药化工有限公司(300 吨)〈P1802〉

4-溴-1-丁烯 C02139511
4-Bromo-1-butene [5162-44-7]
用作药物中间体
【生产厂】[沪]上海金赛医药化工有限公司〈P1744〉

1,2-二溴-1-环戊烯 C02139531
1,2-Dibromo-1-cyclopentene
【生产厂】[沪]上海立科药物化学有限公司〈P1750〉

1-溴-3-甲基-2-丁烯;溴代异戊烯 C02139551
1-Bromo-3-methyl-2-butene [870-63-3]
用作农药、医药中间体
【生产厂】[苏]江苏托球农化有限公司〈P1808〉

1-氯-3-甲基-2-丁烯;氯代异戊烯 C02139591
1-Chloro-3-methyl-2-butene [503-60-6]
用作农药、医药及香料中间体
【生产厂】[沪]上海博爱化工有限公司〈P1729〉;[苏]江苏托球农化有限公司〈P1808〉;[赣]江西省赣西化工有限公司〈P2016〉

1-溴金刚烷;1-溴代三环[3.3.1.1(3,7)]癸烷 C02139601
1-Bromoadamantane [768-90-1]
是合成盐酸金刚烷胺的中间体
【生产厂】[浙]普洛康裕股份有限公司〈P1953〉;[川]泸州万联化工有限公司〈P2323〉

2-溴金刚烷;1-溴三环[3.3.1.1(3,7)]癸烷 C02139603
2-Bromoadamantane; 1-Bromotricyclo [3.3.1.1(3,7)] decane [7314-85-4]
【生产厂】[川]泸州万联化工有限公司〈P2323〉

1-溴-3,5-二甲基金刚烷 C02139611
1-Bromo-3,5-dimethyladamantane [941-37-7]
用作美金刚中间体
【生产厂】[辽]辽阳市众诺化学工业有限公司(10 吨)〈P1711〉;[浙]杭州三禾化工科技有限公司〈P1922〉;普洛康裕股份有限公司〈P1953〉;[鲁]山东博森精细化工有限公司〈P2084〉;[川]泸州万联化工有限公司〈P2323〉

1,3-二溴金刚烷 C02139631
1,3-Dibromoadamantane [876-53-9]
【生产厂】[川]泸州万联化工有限公司〈P2323〉

9-溴蒽 C02139651
9-Bromoanthracene [1564-64-3]
【生产厂】[苏]常州市武进鸣凰化学厂〈P1854〉;常州市武进临川化工有限公司〈P1854〉

9,10-二溴蒽 C02139671
9,10-Dibromoanthracene [523-27-3]
【生产厂】[苏]常州市武进临川化工有限公司〈P1854〉

9,10-二氯甲基蒽 C02139691
9,10-Di(chloromethyl) anthracene [10387-13-0]
【生产厂】[苏]常州市武进临川化工有限公司〈P1854〉

碘苯;碘代苯 C02139701
Iodobenzene; Phenyliodide [591-50-4]
用于有机合成
【生产厂】[沪]上海宝瑞化工有限公司〈P1728〉;[鲁]青岛东海源生化科技有限公司〈P2034〉

对二碘苯 C02139721
1,4-Diiodobenzene [624-38-4]
主要作为生物制药中的医药中间体
【生产厂】[鲁]青岛东海源生化科技有限公司〈P2034〉

2,3-二氯碘苯 C02139731
2,3-Dichloroiodobenzene [2401-21-0]
【生产厂】[沪]上海市农药研究所〈P1764〉

邻氟碘苯;邻碘氟苯 C02139751
2-Fluoroiodobenzene [348-52-7]
【生产厂】[辽]阜新恒辉化工有限公司〈P1707〉

对氟碘苯;对碘氟苯 C02139753
4-Fluoroiodobenzene [352-34-1]
【生产厂】[辽]阜新恒辉化工有限公司〈P1707〉

间氟碘苯;间碘氟苯 C02139755
3-Fluoroiodobenzene [1121-86-4]
【生产厂】[辽]阜新恒辉化工有限公司〈P1707〉

3,4-二氟碘苯 C02139757
3,4-Difluoroiodobenzene [64248-58-4]
【生产厂】[辽]阜新三宝化工实业有限公司〈P1708〉

对溴碘苯 C02139771
4-Bromoiodobenzene [589-87-7]
【生产厂】[皖]广德金邦化工有限公司〈P1986〉

对碘甲苯 C02139801
p-Iodotoluene [624-31-7]
主要用于生物制药
【生产厂】[沪]上海宝瑞化工有限公司〈P1728〉;[鲁]山东瀛

寰化工有限公司〈P2056〉;青岛东海源生化科技有限公司〈P2034〉

3,4-二氟苯甲酰氯 C02139904
3,4-Difluorobenzoyl chloride [76903-88-3]
【生产厂】[苏]盐城中亚医药化工有限公司(100 吨)〈P1812〉

3,5-二氟苯甲酰氯 C02139905
3,5-Difluorobenzoyl chloride [129714-97-2]
【生产厂】[苏]盐城中亚医药化工有限公司(100 吨)〈P1812〉

2,4-二氟苯甲酰氯 C02139909
2,4-Difluorobenzoyl chloride [72482-64-5]
【生产厂】[苏]盐城中亚医药化工有限公司(100 吨)〈P1812〉

2,4,5-三氟苯甲酰氯 C02139911
2,4,5-Trifluorobenzoyl chloride [88419-56-1]
【生产厂】[苏]盐城中亚医药化工有限公司(100 吨)〈P1812〉

2,4,5-三氟-3-甲氧基苯甲酰氯 C02139916
2,4,5-Trifluoro-3-methoxybenzoyl chloride
用作医药中间体
【生产厂】[浙]浙江浙邦制药有限公司〈P1952〉;浙江省兰溪凯普化学有限公司〈P1956〉

五氟苯甲酰氯 C02139919
Pentafluorobenzoyl chloride [2251-50-5]
用作医药、农药、液晶材料中间体
【生产厂】[浙]浙江省三门解氏化学工业有限公司〈P1966〉

对氯甲基苯甲酰氯 C02139921
4-(Chloromethyl)benzoyl chloride [876-08-4]
【生产厂】[苏]沭阳金凯化工厂〈P1804〉

邻氯甲基苯甲酰氯 C02139923
2-(Chloromethyl)benzoyl chloride
【生产厂】[苏]沭阳金凯化工厂〈P1804〉

4-氯-2-氟苯甲酰氯 C02139931
4-Chloro-2-fluorobenzoyl chloride
【生产厂】[苏]丹阳市万隆化工有限公司〈P1841〉

2,4-二氯-5-氟苯甲酰氯 C02139935
2,4-Dichloro-5-fluorobenzoyl chloride
【生产厂】[沪]上海市农药研究所〈P1764〉

3,5-二碘水杨酰氯 C02139951
3,5-Diiodosalicyl chloride
【生产厂】[鲁]青岛裕达精细化工有限公司(8 吨)〈P2046〉

水杨酰氯;邻羟基苯甲酰氯 C02139955
Salicyloyl chloride [5538-51-2]
用作医药中间体
【生产厂】[鲁]淄博达隆制药科技有限公司〈P2059〉

2,4,6-三甲基苯甲酰氯 C02139961
2,4,6-Trimethylbenzoyl chloride [938-18-1]
用作塑胶和油墨添加剂
【生产厂】[苏]江苏磐希化工有限公司〈P1821〉

对丙基苯甲酰氯;4-丙基苯甲酰氯 C02139971
p-Propylbenzoyl chloride [52710-27-7]
【生产厂】[京]北京马氏精细化学品有限公司〈P1555〉

对戊基苯甲酰氯 C02139981
4-*n*-Amylbenzoyl chloride [49763-65-7]
【生产厂】[京]北京马氏精细化学品有限公司〈P1555〉

2,4-二硝基甲苯 C02140101
2,4-Dinitrotoluene [121-14-2]
用作有机合成、染料和炸药的原料
【生产厂】[川]四川红光化工有限公司(1500 吨)〈P2334〉

2-氯-4,6-二硝基苯酚 C02140151
2-Chloro-4,6-dinitrophenol [946-31-6]
【生产厂】[苏]南京奥德赛化工有限公司〈P1782〉

3,5-二硝基苯甲酰氯;3,5-二硝基氯代苯甲酰 C02140201
3,5-Dinitrobenzoyl chloride [99-33-2]
用作维生素 D 的中间体,亦可用作消毒防腐剂
【生产厂】[苏]泰兴盛铭精细化工有限公司(40 吨)〈P1825〉

2,4-二硝基苯酚;DNP C02140301
2,4-Dinitrophenol [51-28-5]
用于制造染料、苦味酸和显像剂等
【生产厂】[京]北京益中伟业化工有限公司(1500 吨)〈P1565〉;[津]天津瑞泰精细化工有限公司(2000 吨)〈P1577〉;[苏]苏州吴中前进有机化工有限公司(400 吨)〈P1907〉;江苏省沛县东方化工厂〈P1793〉;[皖]安徽省怀远县虹桥化工有限公司〈P1975〉;安徽省广德县中信化工厂〈P1986〉

4-硝基甲苯;对硝基甲苯 C02140401
4-Nitrotoluene [99-99-0]
用于制造对甲苯胺、甲苯二异氰酸酯等,也用作农药、染料、医药、塑料和合成纤维助剂的中间体
【生产厂】[京]北京马氏精细化学品有限公司〈P1555〉;[辽]辽宁庆阳特种化工有限公司(1 万吨)〈P1709〉;[苏]江苏省淮安嘉诚化工有限公司〈P1803〉;[鄂]老河口荆洪化工有限责任公司〈P2237〉;[渝]重庆市春瑞医药化工有限公司〈P2306〉;[川]四川红光化工有限公司(2880 吨)〈P2334〉
【使用厂】[津]天津市胜利化工厂〈P1601〉;[苏]江苏苏中农药化工厂〈P1822〉;[鲁]青岛天元化工股份有限公司〈P2044〉;山东招远化工总厂〈P2115〉;曲阜市天昊化工助剂有限公司〈P2130〉;淄博胜宝化工有限公司〈P2067〉;[豫]开封染料化工厂〈P2177〉;河南省安阳茭迪化工有限责任公司〈P2211〉;[青]青海制药厂有限公司〈P2359〉

2-硝基甲苯;邻硝基甲苯 C02140501
2-Nitrotoluene [88-72-2]
用作染料、农药的中间体,也用于生产涂料、塑料和医药等
【生产厂】[辽]辽宁庆阳特种化工有限公司〈P1709〉;[苏]江苏省淮安嘉诚化工有限公司〈P1803〉;[鄂]老河口荆洪化工有限责任公司〈P2237〉;[川]四川红光化工有限公司(4800 吨)〈P2334〉
【使用厂】[沪]上海市农药研究所〈P1764〉;上海盛欣医药化工有限公司〈P1762〉;[苏]江苏安邦电化有限公司

〈P1802〉；靖江市江鸿化合物有限公司〈P1825〉；［浙］浙江新东海医药化工有限公司〈P1969〉；浙江九洲药业股份有限公司〈P1965〉；［鲁］龙口市龙海精细化工有限公司〈P2111〉；［豫］林州市华帅化工有限公司〈P2211〉

C

3-硝基甲苯；间硝基甲苯 C02140601
3-Nitrotoluene［99-08-1］
主要用于有机合成，作为农药、染料、医药、彩色显影剂、塑料、合成纤维及助剂的中间体
【生产厂】［辽］辽宁庆阳特种化工有限公司〈P1709〉；［苏］江苏省淮安嘉诚化工有限公司〈P1803〉；［川］四川红光化工有限公司(320 吨)〈P2334〉

4-硝基苯甲酸；对硝基苯甲酸 C02140701
4-Nitrobenzoic acid［62-23-7］
用于制麻醉剂盐酸普鲁卡因和染料中间体，也可制取滤光剂
【生产厂】［辽］辽宁庆阳特种化工有限公司〈P1709〉；［沪］上海神强实业有限公司〈P1761〉；［苏］仪征市鼎信化工有限公司(400 吨)〈P1820〉；如东县兴达精细化工厂(600 吨)〈P1837〉；南通恒兴电子材料有限公司〈P1833〉；［浙］杭州力禾颜料有限公司〈P1920〉；宁波市镇海翔宇化工有限公司(6000 吨)〈P1933〉；三门华丽医药化工有限公司〈P1960〉；［豫］安阳市华鹰精细化工有限责任公司〈P2209〉；濮阳市银泰工贸有限公司〈P2215〉；［渝］重庆市春瑞医药化工有限公司(2000 吨)〈P2306〉；［川］四川红光化工有限公司〈P2334〉
【使用厂】［沪］上海华彩精细化工有限公司〈P1738〉；［豫］洛阳市曙光化工厂〈P2186〉

2-硝基苯甲酸；邻硝基苯甲酸 C02140711
2-Nitrobenzoic acid［552-16-9］
用作染料中间体
【生产厂】［苏］南京江本化工有限公司〈P1785〉；靖江市恒政增稠材料厂〈P1824〉
【使用厂】［鲁］德州恒东农药化工有限公司〈P2141〉

对硝基苯乙酸；4-硝基苯乙酸 C02140751
4-Nitrophenylacetic acid［104-03-0］
主要用于医药和其他有机合成，还可用于生化研究
【生产厂】［豫］河南省镇平药用原料化工有限公司(5 吨)〈P2223〉

邻硝基苯乙酸；2-硝基苯乙酸 C02140755
o-Nitrophenylacetic acid［3740-52-1］
【生产厂】［苏］金坛市社头化工厂〈P1862〉；［豫］河南省镇平药用原料化工有限公司〈P2223〉

5-硝基间苯二甲酸；5-硝基异酞酸 C02140781
5-Nitroisophthalic acid［618-88-2］
用作医药、农药、染料、颜料的中间体
【生产厂】［晋］山西新天源医药化工有限公司〈P1677〉；［沪］上海华彩精细化工有限公司〈P1738〉；［苏］金坛市源诺对外贸易有限公司〈P1862〉；常熟市新腾化工有限公司〈P1891〉；泰兴盛铭精细化工有限公司(70 吨)〈P1825〉

4-硝基苯酚；对硝基苯酚；4-硝基-1-羟基苯 C02140801
4-Nitrophenol［100-02-7］
用作染料、医药及农药的中间体，也用作酸碱指示剂
【生产厂】［晋］山西晋城制药厂〈P1675〉；［苏］仪征市鼎信化工有限公司(500 吨)〈P1820〉；南京化学工业有限公司化工厂(2000 吨)〈P1785〉；江苏省沛县东方化工厂〈P1793〉；南通恒兴电子材料有限公司〈P1833〉；［皖］安徽八一化工股份有限公司(2 万吨)〈P1974〉；［豫］巩义市孝义镇化工厂(300 吨)〈P2164〉
【使用厂】［苏］连云港立本农药化工有限公司〈P1798〉；张家港市活性炭厂〈P1913〉；海门市药物化工厂〈P1830〉；常熟市蜂蚁化工综合厂〈P1890〉；［鲁］安丘市鲁安药业有限责任公司〈P2088〉

邻硝基苯酚钠 C02140811
Sodium *o*-nitrophenol［824-39-5］
【生产厂】［豫］郑州标典化工有限公司〈P2169〉；郑州中大农化有限公司〈P2175〉；巩义市孝义镇化工厂(500 吨)〈P2164〉
【使用厂】［闽］旭化学工业(漳洲)有限公司〈P2002〉

2,4-二硝基苯酚钠 C02140851
2,4-Dinitrophenol sodium salt；Sodium 2,4-dinitrophenol［1011-73-0］
【生产厂】［豫］郑州中大农化有限公司〈P2175〉；巩义市孝义镇化工厂(200 千克)〈P2164〉

2-硝基苯酚；邻硝基苯酚 C02140901
2-Nitrophenol［88-75-5］
用作医药、染料的中间体，也用作单色 pH 指示剂
【生产厂】［苏］南京力达宁化学有限公司〈P1786〉；仪征市鼎信化工有限公司(500 吨)〈P1820〉；［皖］安徽八一化工股份有限公司〈P1974〉；蚌埠市海兴化工有限责任公司〈P1975〉；［豫］巩义市孝北化工厂〈P2164〉；巩义市孝义镇化工厂(250 吨)〈P2164〉；洛阳市曙光化工厂(200 吨)〈P2186〉；洛阳精成化工有限公司(1000 吨)〈P2182〉

间硝基苯酚；3-硝基苯酚 C02140951
m-Nitrophenol［554-84-7］
用作医药、染料中间体
【生产厂】［京］北京金奥利维科技发展有限公司〈P1551〉；北京马氏精细化学品有限公司〈P1555〉；［冀］河北永泰化工有限公司〈P1623〉；［沪］上海再启生物技术有限公司〈P1777〉；［苏］仪征市鼎信化工有限公司(60 吨)〈P1820〉；［浙］横店集团家园化工有限公司〈P1952〉

4-硝基氯苯；对硝基氯苯；对硝基氯化苯 C02141001
4-Nitrochlorobenzene［100-00-5］
是制造偶氮染料及硫化染料、药物非那西丁及扑热息痛、农药除草醚等的重要中间体，也是橡胶防老剂 4010 的原料
【生产厂】［津］天津市染料厂分厂(6000 吨)〈P1600〉；［辽］辽宁世星药化有限公司〈P1703〉；［苏］南京化学工业有限公司化工厂(3 万吨)〈P1785〉；江都市海辰化工有限公司〈P1814〉；［皖］安徽八一化工股份有限公司(10 万吨)〈P1974〉；［豫］河南开普化工股份有限公司(8000 吨)〈P2165〉
【使用厂】［津］天津市五一化工厂〈P1606〉；天津华士化工有限公司〈P1573〉；［沪］上海农药厂有限公司〈P1755〉；［苏］江苏庙桥合成化工有限公司〈P1859〉；张家港丰达制药有限公司〈P1911〉；［浙］杭州萧山飞翔化工有限公司〈P1923〉；［鲁］山东省平原制药厂〈P2146〉；［豫］巩义市孝

义镇化工厂〈P2164〉;[鄂]湖北楚源集团股份有限公司〈P2239〉;[新]新疆哈密红山化工有限责任公司〈P2366〉

2-硝基氯苯;邻硝基氯苯;邻硝基氯化苯　C02141101
2-Nitrochlorobenzene [88-73-3]
是农药(如多菌灵)、染料、医药的重要中间体,也可作橡胶促进剂M的原料
【生产厂】[津]天津市染料厂分厂(3000吨)〈P1600〉;[辽]辽宁世星药化有限公司〈P1703〉;[苏]南京化学工业有限公司化工厂(2万吨)〈P1785〉;[皖]安徽八一化工股份有限公司(10万吨)〈P1974〉;[豫]河南开普化工股份有限公司(5300吨)〈P2165〉
【使用厂】[沪]上海农药厂有限公司〈P1755〉;上海泰顿化工有限公司〈P1766〉;[苏]江苏庙桥合成化工有限公司〈P1859〉;[浙]浙江省三门解氏化学工业有限公司〈P1966〉;[鲁]山东泰山染料股份有限公司〈P2137〉;新泰市兰得染料化工有限公司〈P2138〉;[豫]巩义市孝义镇化工厂〈P2164〉;巩义市陇海化工厂〈P2163〉;[鄂]湖北楚源集团股份有限公司〈P2239〉;[湘]邵阳市大圳发达实业有限公司〈P2253〉

3-硝基氯苯;间硝基氯苯　C02141201
3-Nitrochlorobenzene [121-73-3]
用于制造间氯苯胺、偶氮染料、颜料、药物、杀虫剂等
【生产厂】[苏]江都市海辰化工有限公司〈P1814〉;[浙]宁波市镇海翔宇化工有限公司(6000吨)〈P1933〉;[皖]安徽八一化工股份有限公司〈P1974〉;蚌埠市海兴化工有限责任公司〈P1975〉;安徽佰仕化工有限公司〈P1974〉;[滇]杨林工业开发区汕滇药业有限公司〈P2340〉

2-硝基乙苯;邻硝基乙苯　C02141301
2-Nitroethylbenzene [612-22-6]
用作染料、农药的中间体,亦用于制矿山炸药等
【生产厂】[浙]横店集团家园化工有限公司〈P1952〉
【使用厂】[鲁]招远七六一有限责任公司〈P2120〉

对硝基乙苯;对乙基硝基苯　C02141303
4-Nitroethylbenzene;4-Ethylnitrobenzene [100-12-9]
用作医药中间体
【生产厂】[浙]横店集团家园化工有限公司〈P1952〉

2-硝基苯甲醛;邻硝基苯甲醛　C02141401
2-Nitrobenzaldehyde [552-89-6]
用作医药中间体,用于生产心痛定
【生产厂】[沪]上海盛欣医药化工有限公司(40吨)〈P1762〉;[苏]南京隆燕化工有限公司〈P1787〉;南京宁康化工有限公司(20吨)〈P1788〉;仪征市鼎信化工有限公司〈P1820〉;靖江市江鸿化合物有限公司(120吨)〈P1825〉;靖江市恒政增稠材料厂〈P1824〉;[豫]濮阳市银泰工贸有限公司〈P2215〉
【使用厂】[苏]江苏省溧阳市制药厂〈P1861〉;[鲁]德州德药制药有限公司〈P2141〉

2-氯-5-硝基苯甲醛　C02141402
2-Chloro-5-nitrobenzaldehyde [6361-21-3]
用作有机合成中间体
【生产厂】[苏]仪征市鼎信化工有限公司(10吨)〈P1820〉;靖江市江鸿化合物有限公司〈P1825〉

4-氯-3-硝基苯甲醛　C02141407
4-Chloro-3-nitrobenzaldehyde [16588-34-4]
用作有机合成中间体
【生产厂】[冀]保定天祥化工有限公司〈P1646〉;[沪]上海华彩精细化工有限公司〈P1738〉

4-氯-2-硝基苯甲醛　C02141409
4-Chloro-2-nitrobenzaldehyde [5551-11-1]
【生产厂】[沪]上海再辉化工有限公司〈P1777〉;上海康文医药中间体有限公司〈P1748〉

2-硝基-5-羟基苯甲醛;5-羟基-2-硝基苯甲醛　C02141413
5-Hydroxy-2-nitrobenzaldehyde [42454-06-8]
【生产厂】[沪]上海金易精细化工有限公司〈P1745〉;上海里德化工有限公司〈P1750〉;[苏]泰兴市对外贸易南京有限公司〈P1792〉;[川]爱斯特(成都)医药技术有限公司〈P2309〉

4-羟基-3-硝基苯甲醛　C02141415
4-Hydroxy-3-nitrobenzaldehyde [3011-34-5]
用作医药、农药和染料等中间体
【生产厂】[赣]江西金海化工有限公司〈P2014〉

2,6-二氯-3-硝基苯甲醛　C02141425
2,6-Dichloro-3-nitrobenzaldehyde [5866-97-7]
【生产厂】[沪]上海再启生物技术有限公司〈P1777〉

2,4-二硝基苯甲醛　C02141441
2,4-Dinitrobenzaldehyde [528-75-6]
主要用于有机合成
【生产厂】[苏]徐州瑞赛科技实业有限公司〈P1795〉

1-氯-2,6-二硝基萘　C02141501
1-Chloro-2,6-dinitronaphthalene
【生产厂】[辽]荣成市东立精细化工有限公司阜新分公司〈P1708〉

一硝基甲烷;硝基甲烷　C02141601
Nitromethane [75-52-5]
用于制炸药、火箭燃料、医药、农药、染料、表面活性剂和助燃剂,也用作醋酸纤维素、聚合物和蜡制品等的溶剂
【生产厂】[晋]太原市欣吉达化工有限公司〈P1672〉;[苏]苏州市吴赣化工有限责任公司〈P1905〉;保利时化工(昆山)有限公司(2400吨)〈P1889〉;[鲁]淄博市淄川福利化工原料厂〈P2072〉;山东兴辉化工有限公司(1500吨)〈P2055〉;淄博兴鲁化工厂〈P2074〉;山东宝源化工有限公司(2200吨)〈P2051〉;临沂远博化工有限公司(4000吨)〈P2148〉;临沂亿鑫化工有限公司(2000吨)〈P2148〉;山东鲁光化工厂(2000吨)〈P2150〉;临沂金亿化工有限公司(5000吨)〈P2147〉;[鄂]武汉市合中化工制造有限公司〈P2232〉
【使用厂】[鲁]济宁市化工研究所〈P2128〉;[豫]安阳豫北制药厂〈P2210〉

一硝基苯;硝化苯;米耳班油;人造苦杏仁油;硝基苯　C02141701
Nitrobenzene [98-95-3]
作为基本有机化工原料,用于生产多种医药

C

和染料中间体，如苯胺、间氨基苯磺酸、二硝基苯等，也用作溶剂

【生产厂】［冀］河北冀中化工有限责任公司（1 万吨）〈P1620〉；河北冀衡磷肥股份有限公司（5 万吨）〈P1664〉；［辽］辽宁庆阳特种化工有限公司（1 万吨）〈P1709〉；［黑］牡丹江鸿利化工有限责任公司〈P1723〉；［苏］南京浦津化工有限公司（2 万吨）〈P1788〉；南京化学工业有限公司化工厂（10 万吨）〈P1785〉；扬州贝尔化工有限公司〈P1817〉；［鲁］德州福鑫化工有限公司（3000 吨）〈P2141〉；德州虹桥染料化工有限公司（8000 吨）〈P2142〉；德州佳兴化工有限公司〈P2142〉；山东金岭化工集团股份有限公司（9 万吨）〈P2085〉；济宁有机化工厂（1 万吨）〈P2129〉；山东民生煤化工有限公司（3000 吨）〈P2132〉；［豫］河南开普化工股份有限公司（2 万吨）〈P2165〉；［渝］重庆长风化工厂〈P2303〉

【使用厂】［津］天津市胜利化工厂〈P1601〉；［冀］沧州天一化工有限公司沧县分公司〈P1653〉；［辽］沈阳市应用技术实验厂〈P1689〉；［苏］金隆化工集团有限公司〈P1861〉；江阴市龙达化工有限公司〈P1870〉；无锡市丰硕化工厂〈P1875〉；［鲁］青岛双桃精细化工（集团）有限公司〈P2043〉；烟台市牟平区经协化工厂〈P2119〉；［粤］广州化学试剂厂〈P2261〉

2-氯-4-硝基甲苯　　C02141901

2-Chloro-4-nitrotoluene [121-86-8]

【生产厂】［京］凯翔精细化工有限公司〈P1567〉；［苏］仪征市鼎信化工有限公司〈P1820〉；［浙］嘉兴精化化工有限公司〈P1941〉

2-氯-5-硝基甲苯　　C02141911

2-Chloro-5-nitrotoluene [13290-74-9]

用于合成重氮感光材料，微波照相等方面

【生产厂】［沪］上海旭升精细化工技术研究所〈P1773〉

3-氯-4-硝基甲苯　　C02141915

3-Chloro-4-nitrotoluene [38939-88-7]

【生产厂】［苏］泰兴市对外贸易南京有限公司〈P1792〉

4-溴-3-氟-6-硝基甲苯；3-氟-4-溴-6-硝基甲苯　　C02141931

4-Bromo-3-fluoro-6-nitrotoluene

【生产厂】［赣］江西上饶现代化工有限公司〈P2015〉

5-氟-2-硝基甲苯；3-氟-6-硝基甲苯　　C02141951

5-Fluoro-2-nitrotoluene; 3-Fluoro-6-nitrotoluene [446-33-3]

【生产厂】［辽］阜新三宝化工实业有限公司〈P1708〉；阜新特种化学股份有限公司〈P1708〉；［沪］上海威远精细氟科技发展有限公司〈P1769〉；［浙］东阳市向阳化工有限公司〈P1952〉；［赣］江西上饶现代化工有限公司〈P2015〉

2-氟-4-硝基甲苯　　C02141981

2-Fluoro-4-nitrotoluene [1427-07-2]

用于医药、农药的合成

【生产厂】［京］北京卡乐瑞化工有限公司〈P1553〉；［辽］阜新金特莱氟化学有限责任公司〈P1707〉；阜新三宝化工实业有限公司〈P1708〉；阜新特种化学股份有限公司（50 吨）〈P1708〉；盘锦盘助化工助剂有限公司〈P1706〉；［沪］上海威远精细氟科技发展有限公司〈P1769〉；［赣］江西上饶现代化工有限公司〈P2015〉

3-氟-4-硝基甲苯　　C02141983

3-Fluoro-4-nitrotoluene [446-34-4]

【生产厂】［辽］阜新恒辉化工有限公司〈P1707〉；阜新金特莱氟化学有限责任公司〈P1707〉；阜新三宝化工实业有限公司〈P1708〉；［沪］上海威远精细氟科技发展有限公司〈P1769〉

2-氟-5-硝基甲苯　　C02141985

2-Fluoro-5-nitrotoluene [455-88-9]

【生产厂】［辽］阜新恒辉化工有限公司〈P1707〉；阜新金特莱氟化学有限责任公司〈P1707〉；阜新三宝化工实业有限公司〈P1708〉；阜新特种化学股份有限公司〈P1708〉；［沪］上海威远精细氟科技发展有限公司〈P1769〉；［赣］江西上饶现代化工有限公司〈P2015〉

4-氟-3-硝基甲苯；3-硝基-4-氟甲苯　　C02141987

4-Fluoro-3-nitrotoluene [446-11-7]

【生产厂】［辽］阜新恒辉化工有限公司〈P1707〉；阜新金特莱氟化学有限责任公司〈P1707〉；阜新三宝化工实业有限公司〈P1708〉；［沪］上海威远精细氟科技发展有限公司〈P1769〉

4-氟-2-硝基甲苯；2-硝基-4-氟甲苯　　C02141989

4-Fluoro-2-nitrotoluene [446-10-6]

【生产厂】［辽］阜新恒辉化工有限公司〈P1707〉；阜新金特莱氟化学有限责任公司〈P1707〉；阜新三宝化工实业有限公司〈P1708〉；［沪］上海威远精细氟科技发展有限公司〈P1769〉；［赣］江西上饶现代化工有限公司〈P2015〉

2-氟-6-硝基甲苯　　C02141991

2-Fluoro-6-nitrotoluene; 1-Fluor-2-methyl-3-nitrobenzene [769-10-8]

【生产厂】［京］北京北化新元科技发展有限公司〈P1544〉；［辽］阜新金特莱氟化学有限责任公司〈P1707〉；阜新三宝化工实业有限公司〈P1708〉；［沪］上海威远精细氟科技发展有限公司〈P1769〉；［浙］东阳市向阳化工有限公司〈P1952〉；［赣］江西上饶现代化工有限公司〈P2015〉

2-氟-3-硝基甲苯　　C02141993

2-Fluoro-3-nitrotoluene

【生产厂】［辽］阜新恒辉化工有限公司〈P1707〉；阜新金特莱氟化学有限责任公司〈P1707〉；［沪］上海威远精细氟科技发展有限公司〈P1769〉

2,2′-二硝基联苄；卡马西平缩合物　　C02142001

2,2′-Dinitrodibenzyl

用作医药中间体

【生产厂】［苏］响水县科斯达化工有限公司（1000 吨）〈P1809〉；［浙］浙江新东海医药化工有限公司（1200 吨）〈P1969〉

2,3,4-三氟硝基苯；三氟硝基苯　　C02142101

2,3,4-Trifluoronitrobenzene [771-69-7]

用作药品氧氟沙星、洛美沙星、氟诺沙星等的中间体

【生产厂】［京］北京卡乐瑞化工有限公司〈P1553〉；［沪］上海凯路化工有限公司〈P1747〉；［浙］浙江省三门解氏化学工业有限公司（140 吨）〈P1966〉；浙江东亚医药化工有限公司〈P1963〉；衢州康环医药化工有限公司（100 吨）〈P1957〉；［豫］河南康泰制药集团公司（100 吨）〈P2166〉；河南康泰制药集团公司河南省精细化工厂（100 吨）〈P2166〉

3,4,5-三氟硝基苯　　C02142111

3,4,5-Trifluoronitrobenzene [66684-58-0]
【生产厂】[京]北京卡乐瑞化工有限公司〈P1553〉

2,4,6-三氟硝基苯 C02142131
2,4,6-Trifluoronitrobenzene [315-14-0]
【生产厂】[苏]常州市迅达化工有限公司〈P1856〉

2,4,5-三氟硝基苯 C02142151
2,4,5-Trifluoronitrobenzene [2105-61-5]
用作医药中间体
【生产厂】[京]北京卡乐瑞化工有限公司〈P1553〉;[苏]常州市迅达化工有限公司〈P1856〉;盐城中亚医药化工有限公司(500 吨)〈P1812〉

3,4-二氟硝基苯 C02142171
3,4-Difluoronitrobenzene [369-34-6]
用作医药、农药中间体
【生产厂】[京]北京卡乐瑞化工有限公司〈P1553〉;[沪]上海凯路化工有限公司〈P1747〉;[苏]常州市迅达化工有限公司〈P1856〉;常州市旭东化工有限公司〈P1856〉;泰兴市三川化工有限公司〈P1826〉;盐城中亚医药化工有限公司(500 吨)〈P1812〉;[浙]浙江省三门解氏化学工业有限公司(20 吨)〈P1966〉

2,4-二氟硝基苯 C02142175
2,4-Difluoronitrobenzene [446-35-5]
是药物氟苯布洛芬中间体,也用作农药、液晶材料中间体
【生产厂】[京]北京卡乐瑞化工有限公司〈P1553〉;[苏]常州市旭东化工有限公司〈P1856〉;江苏庙桥合成化工有限公司〈P1859〉;泰兴市三川化工有限公司〈P1826〉;盐城中亚医药化工有限公司(500 吨)〈P1812〉;[浙]浙江省三门解氏化学工业有限公司〈P1966〉;浙江省台州市椒江天一化工厂〈P1966〉;[皖]安徽省怀远县虹桥化工有限公司〈P1975〉

3,5-二氟硝基苯 C02142177
3,5-Difluoronitrobenzene [2265-94-3]
【生产厂】[京]北京卡乐瑞化工有限公司〈P1553〉;[苏]常州市旭东化工有限公司〈P1856〉;盐城中亚医药化工有限公司(100 吨)〈P1812〉

4-氟硝基苯;对氟硝基苯 C02142301
4-Fluoronitrobenzene [350-46-9]
用作医药、农药及染料中间体
【生产厂】[京]北京益利精细化学品有限公司〈P1565〉;[辽]盘锦盘助化工助剂有限公司〈P1706〉;[沪]上海凯路化工有限公司〈P1747〉;[苏]江苏庙桥合成化工有限公司(550 吨)〈P1859〉;泰兴市三川化工有限公司〈P1826〉;盐城氟源化工有限公司〈P1810〉;[浙]浙江普洛化学有限公司〈P1955〉;[皖]安徽省怀远县虹桥化工有限公司〈P1975〉

3-氟硝基苯;间氟硝基苯 C02142351
3-Fluoronitrobenzene;1-Fluoro-3-nitrobenzene [402-67-5]
【生产厂】[沪]上海凯路化工有限公司〈P1747〉;[苏]常州市迅达化工有限公司〈P1856〉

2-氟硝基苯;邻氟硝基苯 C02142401
2-Fluoronitrobenzene [1493-27-2]
用作农药、医药及染料中间体
【生产厂】[辽]盘锦盘助化工助剂有限公司〈P1706〉;[苏]江苏庙桥合成化工有限公司(160 吨)〈P1859〉;泰兴市三川化工有限公司〈P1826〉;[浙]浙江省三门解氏化学工业有限公司(80 吨)〈P1966〉

硝基乙烷 C02142501
Nitroethane [79-24-3]
用作工业溶剂和医药中间体、炸药、火箭燃料等
【生产厂】[浙]浙江车头制药有限公司〈P1963〉

间溴硝基苯;3-溴硝基苯 C02142601
m-Bromonitrobenzene [585-79-5]
用作医药中间体
【生产厂】[京]北京高环科贸有限公司(250 吨)〈P1548〉;北京维达化工有限公司(250 吨)〈P1563〉;北京金奥利维科技发展有限公司〈P1551〉;[冀]河北省景县景美化学工业有限公司(300 吨)〈P1665〉;[鲁]潍坊海化三江化工有限公司(150 吨)〈P2102〉

对溴硝基苯;4-溴硝基苯 C02142603
p-Bromonitrobenzene [586-78-7]
【生产厂】[鲁]青岛东海源生化科技有限公司〈P2034〉

1-溴-2,4-二硝基苯;邻溴间二硝基苯 C02142611
1-Bromo-2,4-dinitrobenzene
【生产厂】[京]北京奥得赛化学有限公司〈P1543〉

3-溴-2-氯硝基苯 C02142651
3-Bromo-2-chloronitrobenzene
【生产厂】[苏]苏州海宇生物科技有限公司〈P1900〉

2,5-二甲氧基-4-氯硝基苯;4-氯-2,5-二甲氧基硝基苯 C02142701
2,5-Dimethoxy-4-chloronitrobenzene;4-Chloro-2,5-dimethoxy-nitrobenzene [6940-53-0]
用于合成有机颜料
【生产厂】[冀]河北华戈化学集团〈P1654〉

2,5-二丁氧基-4-溴硝基苯 C02142711
2,5-Dibutoxy-4-bromonitrobenzene
用作感光材料中间体
【生产厂】[鄂]武汉瑞阳化工有限公司〈P2231〉

2-甲氧基-4-硝基甲苯;2-甲基-5-硝基苯甲醚 C02142721
2-Methoxy-4-nitrotoluene [13120-77-9]
用作医药、染料及农药中间体
【生产厂】[沪]上海旭升精细化工技术研究所〈P1773〉;[苏]泰兴市对外贸易南京有限公司〈P1792〉;[浙]浙江同丰医药化工有限公司〈P1969〉

3-甲基-2-硝基苯甲醚 C02142725
3-Methyl-2-nitroanisole [5345-42-6]
【生产厂】[苏]南京奥德赛化工有限公司〈P1782〉

4-甲基-3-硝基苯甲醚;4-甲氧基-2-硝基甲苯 C02142729
4-Methyl-3-nitroanisole;4-Methoxy-2-nitrotoluene [17484-36-5]

C

用作医药、染料及农药中间体
【生产厂】[浙]浙江同丰医药化工有限公司〈P1969〉

2-甲基-4-甲氧基硝基苯;3-甲基-4-硝基苯甲醚;2-硝基-5-甲氧基甲苯 C02142731
2-Methyl-4-methoxynitrobenzene;3-Methyl-4-nitroanisole [5367-32-8]
【生产厂】[浙]宁波市求是化工有限公司〈P1932〉;台州市新东方医化有限公司〈P1962〉

4-溴-2-硝基苯甲醚 C02142741
4-Bromo-2-nitroanisole [33696-00-3]
【生产厂】[沪]上海再辉化工有限公司〈P1777〉

3,4,5-三氯硝基苯 C02142751
3,4,5-Trichloronitrobenzene [20098-48-0]
用作医药中间体
【生产厂】[鲁]淄博凤宝化工有限公司〈P2059〉

2,3,4-三氯硝基苯 C02142755
2,3,4-Trichloronitrobenzene
是农药、医药、染料的中间体
【生产厂】[苏]江都市海辰化工有限公司〈P1814〉

1-(2-溴乙氧基)-4-硝基苯 C02142761
1-(2-Bromoethoxy)-4-nitrobenzene [13288-06-7]
用作药物多非利特中间体
【生产厂】[渝]重庆赛维药业有限公司〈P2306〉

1,2-二甲氧基-4,5-二硝基苯 C02142771
1,2-Dimethoxy-4,5-dinitrobenzene
【生产厂】[苏]苏州海宇生物科技有限公司〈P1900〉

3-硝基邻苯二甲酸 C02142801
3-Nitrophthalic acid [603-11-2]
用作有机合成中间体,可用于合成医药、染料、农作物保护剂等
【生产厂】[沪]上海高伦现代农化股份有限公司〈P1734〉;[苏]宜兴市高塍日新化工厂〈P1884〉;常熟市新腾化工有限公司〈P1891〉;泰兴盛铭精细化工有限公司(120吨)〈P1825〉

4-硝基邻苯二甲酸 C02142811
4-Nitrophthalic acid [610-27-5]
用于有机合成
【生产厂】[苏]泰兴盛铭精细化工有限公司(30吨)〈P1825〉;[鲁]青岛双收农药化工有限公司〈P2043〉

4-硝基邻苯二甲腈;4-硝基邻苯二腈 C02143001
4-Nitrophthalonitrile [31643-49-9]
用作颜料、医药中间体
【生产厂】[沪]上海泰顿化工有限公司(50吨)〈P1766〉;上海三维制药有限公司〈P1760〉;[苏]南京奥德赛化工有限公司〈P1782〉;宜兴市高塍日新化工厂〈P1884〉;上海三维制药公司太仓岳王药物原料厂〈P1898〉;泰兴盛铭精细化工有限公司〈P1825〉;[鲁]德州埃法化学有限公司〈P2141〉;青岛双收农药化工有限公司〈P2043〉

3-硝基邻苯二腈;3-硝基邻苯二甲腈 C02143051
3-Nitrophthalonitrile;3-Nitro-1,2-dicyanobenzene [51762-67-5]
是合成硝基酞菁、硝基金属酞菁或其他酞菁衍生物的关键中间体
【生产厂】[沪]上海高伦现代农化股份有限公司〈P1734〉;上海市农药研究所〈P1764〉;[苏]南京科邦医药化工有限公司〈P1786〉;宜兴市高塍日新化工厂〈P1884〉;泰兴盛铭精细化工有限公司〈P1825〉;[鲁]德州埃法化学有限公司〈P2141〉;胶州市精细化工有限公司〈P2031〉

5-硝基吲唑 C02143101
5-Nitroindazole [5401-94-5]
用作感光化学品
【生产厂】[苏]常熟市新腾化工有限公司〈P1891〉;[鲁]山东博森精细化工有限公司〈P2084〉

3-氨基-5-硝基吲唑 C02143171
3-Amino-5-nitroindazole [41339-17-7]
【生产厂】[赣]江西犇牛医药化工有限公司〈P2015〉

4-氯-3-硝基叔丁基苯 C02143251
4-Chloro-3-nitro-*tert*-butylbenzene [58574-05-3]
【生产厂】[苏]靖江市化工总厂〈P1824〉;苏州开元民生化学科技有限公司〈P1901〉

2-硝基联苯;邻硝基联苯 C02143401
2-Nitrodiphenyl [86-00-0]
用于有机合成,也用作医药、染料中间体和防霉剂
【生产厂】[浙]杭州科本化工有限公司〈P1920〉

2,6-二甲基-4-亚硝基苯酚 C02143501
2,6-Dimethyl-4-nitrosophenol [13331-93-6]
【生产厂】[苏]南京奥德赛化工有限公司〈P1782〉

4-硝基苯乙基溴 C02143601
4-Nitrophenethyl bromide [5339-26-4]
【生产厂】[苏]南京奥德赛化工有限公司〈P1782〉

二甲酚;混二甲酚;工业二甲酚 C02150101
Dimethylphenol;Xylenol [526-75-0]
用作消毒剂、增塑剂、农药的原料,用于提取3,5-二甲酚、3,4-二甲酚等
【生产厂】[冀]石家庄焦化集团有限责任公司〈P1627〉;[辽]辽宁鞍山市贝达合成化工厂〈P1697〉;[黑]哈尔滨市依兰中太化工有限公司(600吨)〈P1720〉;[沪]宝山钢铁股份有限公司化工分公司(300吨)〈P1726〉;[苏]上海梅山企业发展有限公司南京化工实业分公司〈P1792〉;常州市无明化工有限公司〈P1854〉;[鲁]临淄晟恒绝缘材料厂〈P2050〉;[豫]许昌县天缘溶剂厂〈P2219〉;长葛市虹美绝缘材料厂(150吨)〈P2217〉;河南鸿业科技化工有限公司(400吨)〈P2221〉

2,3-二甲基苯酚;2,3-二甲酚 C02150201
2,3-Dimethylphenol;2,3-Xylenol [526-75-0]
可用作消毒剂、增塑剂及农药的原料
【生产厂】[苏]吴江市万达化工厂〈P1911〉;[陕]陕西省宝鸡金洋化工有限公司〈P2351〉

2,5-二甲基苯酚;2,5-二甲酚 C02150202
2,5-Dimethylphenol;2,5-Xylenol [95-87-4]

用作有机合成中间体，用于染料和降血脂药吉非罗齐的合成

【生产厂】[浙]台州市海峰医化有限公司(300吨)〈P1961〉；浙江黄岩精细化学品集团有限公司〈P1964〉；浙江精进药业有限公司〈P1965〉；[皖]铜陵儒德化工有限责任公司〈P1978〉；[川]四川红光化工有限公司(300吨)〈P2334〉；[陕]陕西省宝鸡金洋化工有限公司〈P2351〉

【使用厂】[沪]上海三维制药有限公司〈P1760〉；[苏]无锡市第七制药有限公司〈P1875〉

2,6-二甲基苯酚；2,6-二甲酚 C02150203

2,6-Dimethylphenol [576-26-1]

用于聚苯醚树脂、照相用药剂、农药、聚酯和聚醚树脂的生产，也是抗心律失常药物慢心律的原料

【生产厂】[苏]南京大唐化工有限责任公司专用化学品厂〈P1783〉；[陕]陕西省宝鸡金洋化工有限公司〈P2351〉

3,5-二甲基苯酚；3,5-二甲酚 C02150204

3,5-Dimethylphenol [108-68-9]

用于制酚醛树脂、医药、杀虫剂、染料和炸药等

【生产厂】[辽]辽宁鞍山市贝达合成化工厂〈P1697〉；鞍钢实业化工公司〈P1695〉；[沪]上海苏鹏实业有限公司〈P1766〉；[浙]台州市海峰医化有限公司〈P1961〉；[粤]利莱精细原料有限公司〈P2276〉；[川]四川红光化工有限公司〈P2334〉；[陕]西北化工研究院(200吨)〈P2350〉

【使用厂】[沪]上海华彩精细化工有限公司〈P1738〉

2,4-二甲基苯酚；2,4-二甲酚 C02150205

2,4-Dimethylphenol；2,4-Xylenol [105-67-9]

【生产厂】[苏]南京大唐化工有限责任公司专用化学品厂〈P1783〉；[陕]陕西省宝鸡金洋化工有限公司〈P2351〉

2,5-二氯苯酚 C02150210

2,5-Dichlorophenol [583-78-8]

用作医药、染料等中间体，除草剂麦草畏中间体、氮肥增效剂、皮革防霉剂等

【生产厂】[京]北京金奥利维科技发展有限公司〈P1551〉；[冀]河北思尔可化学有限责任公司〈P1666〉；[苏]江都市海辰化工有限公司〈P1814〉；[鲁]青岛亿明翔精细化工科技有限公司〈P2046〉

3,4-二氯苯酚 C02150211

3,4-Dichlorophenol [95-77-2]

用作医药中间体

【生产厂】[苏]建湖县鑫鑫化工有限公司〈P1807〉

2,3-二氯苯酚 C02150213

2,3-Dichlorophenol [576-24-9]

用作医药、农药、染料等中间体

【生产厂】[冀]河北思尔可化学有限责任公司〈P1666〉；[沪]上海市农药研究所〈P1764〉；[苏]江都市海辰化工有限公司(100吨)〈P1814〉

4-甲氧基-2-硝基苯酚；2-羟基-5-甲氧基硝基苯 C02150217

4-Methoxy-2-nitrophenol [1568-70-3]

用作医药和染料等中间体

【生产厂】[赣]江西金海化工有限公司〈P2014〉

5-硝基邻甲氧基苯酚；5-硝基愈创木酚 C02150219

2-Methoxy-5-nitrophenol；5-Nitroguaiacol [636-93-1]

【生产厂】[京]北京金奥利维科技发展有限公司〈P1551〉；[浙]浙江物产崇一医药化工有限公司〈P1956〉

2,3,4-三甲氧基-6-甲基苯酚 C02150231

2,3,4-Trimethoxy-6-methylphenol [39068-88-7]

【生产厂】[沪]上海立科药物化学有限公司〈P1750〉；上海勤工助剂有限公司〈P1757〉

对甲氧基乙基苯酚；对羟基苯乙基甲醚 C02150251

4-(2-Methoxyethyl) phenol；4-Hydroxyphenylethyl methyl ether [56718-71-9]

是一种重要的医药中间体，主要用于制造治疗心血管病的有效药物美多心安

【生产厂】[苏]常州市浩楠化工有限公司〈P1851〉；江苏省金坛市制药厂〈P1860〉；[浙]横店集团家园化工有限公司〈P1952〉

5-溴-2-甲氧基苯酚；5-溴愈创木酚 C02150261

5-Bromo-2-methoxyphenol [37942-01-1]

【生产厂】[浙]宁波天源化学有限公司〈P1933〉

2,6-二甲氧基苯酚；邻苯三酚-1,3-二甲醚 C02150275

2,6-Dimethoxyphenol；Pyrogallol 1,3-dimethyl ether [91-10-1]

【生产厂】[苏]南京奥德赛化工有限公司〈P1782〉

3-甲氧基苯酚；间羟基苯甲醚 C02150281

3-Methoxyphenol [150-19-6]

【生产厂】[苏]泰兴市对外贸易南京有限公司〈P1792〉

2,4-二甲基-6-叔丁基苯酚；阻聚剂 TBX C02150291

2,4-Dimethyl-6-*tert*-butylphenol [1879-09-0]

是新型耐高温航空燃料抗氧剂，丙烯酸阻聚剂，同时也是一种非常重要的医药中间体

【生产厂】[陕]陕西省宝鸡金洋化工有限公司〈P2351〉

2,3,6-三甲基苯酚 C02150301

2,3,6-Trimethylphenol [2416-94-6]

用作合成维生素E主环2,3,5-三甲基氢醌的原料

【生产厂】[陕]西北化工研究院(1000吨)〈P2350〉

【使用厂】[苏]武进农药厂〈P1864〉

2,3,4-三甲基苯酚 C02150302

2,3,4-Trimethylphenol

【生产厂】[黑]哈尔滨市依兰中太化工有限公司〈P1720〉

2,3,5-三甲基苯酚 C02150305

2,3,5-Trimethylphenol [697-82-5]

用于合成芳香维A酸

【生产厂】[黑]哈尔滨市依兰中太化工有限公司〈P1720〉；[皖]安徽省郎溪县联科实业有限公司〈P1986〉；[陕]西北

C

化工研究院(50吨)〈P2350〉

4-氯-3-甲基苯酚;3-甲基-4-氯苯酚;间甲基对氯苯酚 C02150311
4-Chloro-3-methylphenol [59-50-7]
用于有机合成
【生产厂】[苏]南京奥德赛化工有限公司〈P1782〉;仪征市鼎信化工有限公司(80吨)〈P1820〉;宝应县大有化学品制造有限公司〈P1813〉

4-氯-2-甲基苯酚;2-甲基-4-氯苯酚;4-氯邻甲酚 C02150321
4-Chloro-2-methylphenol;4-Chloro-*o*-cresol [1570-64-5]
用作有机合成中间体
【生产厂】[苏]南京奥德赛化工有限公司〈P1782〉;南京科邦医药化工有限公司〈P1786〉;仪征市鼎信化工有限公司(60吨)〈P1820〉;[浙]衢州市聚华特种试剂厂〈P1958〉

5-氯-2-甲基苯酚;5-氯邻甲酚 C02150325
5-Chloro-2-methylphenol [5306-98-9]
【生产厂】[苏]南京奥德赛化工有限公司〈P1782〉

4-溴-2-硝基苯酚;2-硝基-4-溴苯酚 C02150341
4-Bromo-2-nitrophenol [7693-52-9]
【生产厂】[京]北京维达化工有限公司(50吨)〈P1563〉

2-溴-6-硝基苯酚;2-硝基-6-溴苯酚 C02150343
2-Bromo-6-nitrophenol [13073-25-1]
【生产厂】[沪]上海再辉化工有限公司〈P1777〉

4-氯-2-硝基苯酚;2-硝基-4-氯苯酚;邻硝基对氯苯酚 C02150351
4-Chloro-2-nitrophenol [89-64-5]
用作有机合成中间体
【生产厂】[苏]南京奥德赛化工有限公司〈P1782〉;仪征市鼎信化工有限公司(100吨)〈P1820〉;无锡大洋化工有限责任公司〈P1872〉;吴江市汇丰化工厂〈P1910〉;吴江市万达化工厂〈P1911〉;建湖县鑫鑫化工有限公司〈P1807〉;[豫]洛阳精成化工有限公司(1000吨)〈P2182〉

2-氯-6-硝基苯酚;2-硝基-6-氯苯酚 C02150353
2-Chloro-6-nitrophenol [603-86-1]
【生产厂】[苏]南京奥德赛化工有限公司〈P1782〉

2-氯-4-硝基苯酚;邻氯对硝基苯酚 C02150355
2-Chloro-4-nitrophenol [619-08-9]
用于有机合成
【生产厂】[苏]南京奥德赛化工有限公司〈P1782〉;仪征市鼎信化工有限公司(300吨)〈P1820〉

2-氯-5-硝基苯酚 C02150357
2-Chloro-5-nitrophenol [619-10-3]
【生产厂】[辽]荣成市东立精细化工有限公司阜新分公司〈P1708〉;[苏]苏州市相城区青台精细化工有限公司〈P1905〉;[浙]台州市春泉医化有限公司〈P1961〉;浙江黄岩三力化工厂〈P1964〉;[赣]九江中天药业有限公司〈P2013〉

2,4-二氯-6-硝基苯酚 C02150358
2,4-Dichloro-6-nitrophenol [609-89-2]
用作医药、农药、有机合成的中间体
【生产厂】[苏]南京奥德赛化工有限公司〈P1782〉;建湖县鑫鑫化工有限公司〈P1807〉

2,6-二氯-4-硝基苯酚;2,6-二氯对硝基苯酚 C02150359
2,6-Dichloro-4-nitrophenol [618-80-4]
用作有机合成中间体
【生产厂】[苏]建湖县鑫鑫化工有限公司〈P1807〉;扬州天辰精细化工有限公司〈P1819〉;[鄂]襄樊诺尔化工有限公司〈P2238〉

2-苄基-4-氯苯酚;4-氯-2-苄基苯酚 C02150361
2-Benzyl-4-chlorophenol [120-32-1]
用作农药、医药中间体
【生产厂】[苏]连云港中壹精细化工有限公司〈P1801〉;盐城市华佳化工有限公司〈P1811〉

2,3-二氟-6-硝基苯酚 C02150371
2,3-Difluoro-6-nitrophenol [82419-26-9]
【生产厂】[沪]上海威远精细氟科技发展有限公司〈P1769〉;[苏]江苏庙桥合成化工有限公司〈P1859〉

3-氟-4-硝基苯酚 C02150373
3-Fluoro-4-nitrophenol
【生产厂】[辽]阜新三宝化工实业有限公司〈P1708〉

4-氟-2-硝基苯酚;2-硝基-4-氟苯酚 C02150375
4-Fluoro-2-nitrophenol [394-33-2]
【生产厂】[苏]常州市迅达化工有限公司〈P1856〉

2-氟-4-硝基苯酚 C02150377
2-Fluoro-4-nitrophenol
【生产厂】[京]北京嘉盛扬医药科技有限公司〈P1551〉

5-氟-2-硝基苯酚 C02150379
5-Fluoro-2-nitrophenol [446-36-6]
【生产厂】[辽]阜新三宝化工实业有限公司〈P1708〉;[沪]上海威远精细氟科技发展有限公司〈P1769〉

2-甲基-5-硝基-6-氯苯酚 C02150381
6-Chloro-2-methyl-5-nitrophenol [39183-20-5]
【生产厂】[苏]沭阳金凯化工厂〈P1804〉

2,6-二溴-4-硝基苯酚 C02150385
2,6-Dibromo-4-nitrophenol [99-28-5]
【生产厂】[川]成都添彩化工有限公司〈P2316〉

4-氯-3,5-二甲基苯酚 C02150391
4-Chloro-3,5-dimethylphenol;4-Chloro-3,5-xylenol [88-04-0]
可用于各种抗菌处理过程,如皮革、纸张的抗菌处理,纺织品、照片的抗菌防霉处理等
【生产厂】[辽]鞍山市惠丰化工有限责任公司〈P1695〉;[沪]上海索凯实业有限公司〈P1766〉;上海华彩精细化工有限公司(60吨)〈P1738〉;上海亿际化工有限公司〈P1775〉;[浙]宁波志华化学有限公司〈P1934〉;台州市海峰医化有限公司〈P1961〉;[鄂]湖北祥云(集团)化工股份有限公司〈P2244〉;襄樊市裕昌精细化工有限公司〈P2238〉

三混甲酚;甲酚;混合甲酚 C02150401
Cresol;Cresols mixture

用作合成树脂、绝缘漆、抗氧剂的原料,也用作消毒剂和溶剂

【生产厂】[冀]石家庄焦化集团有限责任公司〈P1627〉;[辽]辽宁鞍山市贝达合成化工厂〈P1697〉;[苏]南京隆燕化工有限公司(2000 吨)〈P1787〉;上海梅山企业发展有限公司南京化工实业分公司(200 吨)〈P1792〉;常州市无明化工有限公司〈P1854〉;[赣]江西东川化工有限公司〈P2017〉;[鲁]临淄晟恒绝缘材料厂(500 吨)〈P2050〉;山东科润生物化工有限公司(600 吨)〈P2095〉;莱芜市莱城区绝缘材料厂(120 吨)〈P2140〉;济宁有机化工厂(1000 吨)〈P2129〉;山东定陶友帮化工有限公司〈P2159〉;[豫]许昌县天缘溶剂厂〈P2219〉;长葛市虹美绝缘材料厂(1500 吨)〈P2217〉

【使用厂】[京]北京化学试剂研究所〈P1550〉;[津]天津市联瑞化工有限公司〈P1598〉;[辽]铁岭选矿药剂厂〈P1713〉;[鲁]淄博元兴化工有限公司〈P2075〉;山东北方现代化学工业有限公司〈P2027〉;淄博惠华化工有限公司〈P2062〉;[豫]三门峡市峡威化工有限公司〈P2222〉

双酚 A;二酚基丙烷;2,2-双对羟苯基丙烷;2,2-二对酚基丙烷;BPA C02150501

Bisphenol A;2,2-Bis(4-hydroxyphenyl) propane [80-05-7]

是合成聚碳酸酯、环氧树脂、耐高温聚酯的重要原料,也用作 PVC 稳定剂、塑料抗氧剂、紫外线吸收剂、杀菌剂等

【生产厂】[京]中国蓝星(集团)总公司(1 万吨)〈P1568〉;[津]天津市有机化工二厂(1000 吨)〈P1611〉

【使用厂】[津]天津市津东化工厂〈P1593〉;天津燕海化学有限公司〈P1616〉;[冀]深州市天翔化工有限公司〈P1669〉;[辽]沈阳化工股份有限公司〈P1686〉;[沪]上海南大化工厂〈P1754〉;上海树脂厂有限公司〈P1764〉;[苏]常州市黄河化工设备有限公司〈P1851〉;南通新广生化工有限公司〈P1836〉;江苏三木集团公司〈P1865〉;徐州云翔树脂有限公司〈P1796〉;苏州市化工研究所有限公司〈P1904〉;江都市润扬化工有限公司〈P1814〉;[皖]安徽省歙县宏大化工有限公司〈P1980〉;[赣]江西省赣西化工有限公司〈P2016〉;[鲁]寿光市信昌化工有限公司〈P2100〉;[豫]开化集团开封市树脂厂〈P2179〉;[粤]广州市东风化工实业有限公司〈P2263〉;佛山市鲸鲨制漆科技有限公司〈P2288〉;[渝]重庆长风化工厂〈P2303〉

双酚 BP;4,4′-二羟基四苯基甲烷;二对酚基二苯基甲烷 C02150551

Bisphenol AP;4,4′-Dihydroxytetraphenylmethane [1844-01-5]

用于生产聚碳酸酯等聚酯材料

【生产厂】[赣]江西金海化工有限公司〈P2014〉

4,4′-二羟基二苯砜;双酚 S C02150601

Bisphenol S;4,4′-Dihydroxydiphenylsulfone [80-09-1]

主要用作合成聚砜树脂的单体,也可直接应用于涂料、皮革改性剂、染料中间体、金属电镀亮光剂等

【生产厂】[沪]上海美林康精细化工有限公司〈P1753〉;上海立诚化工有限公司(500 吨)〈P1750〉;[苏]靖江市长江化工有限公司〈P1824〉;苏州寅生化工有限公司〈P1907〉;南通集海化工有限公司〈P1833〉

2-硝基二苯砜;邻硝基二苯砜 C02150611

2-Nitrodiphenyl sulfone

【生产厂】[鄂]武汉市天麦染料实业有限公司〈P2233〉

【使用厂】[苏]苏州寅生化工有限公司〈P1907〉

2-氨基二苯砜;邻氨基二苯砜 C02150651

2-Aminodiphenylsulfone [4273-98-7]

用于合成酸性染料 42# 红和医药、农药中间体

【生产厂】[辽]沈阳市嘉恒化工有限公司〈P1688〉;[苏]苏州寅生化工有限公司(300 吨)〈P1907〉

4-甲酚;对甲酚;对甲基苯酚 C02150701

4-Cresol;*p*-Methylphenol [128-39-2]

用于制抗氧剂 2,6-二叔丁基对甲酚、橡胶防老剂、甲酚-甲醛树脂和增塑剂,医药上用作消毒剂,还用于制染料等

【生产厂】[吉]吉林市锦龙工业公司〈P1716〉;[苏]南京隆燕化工有限公司(2000 吨)〈P1787〉;[鲁]山东金能煤炭气化有限公司(1 万吨)〈P2144〉;山东瑞普生化有限公司(5000 吨)〈P2145〉;淄博临淄区浩源实业有限公司〈P2065〉;山东科润生物化工有限公司(8000 吨)〈P2095〉;[甘]兰州长兴石油化工厂(1500 吨)〈P2355〉

【使用厂】[辽]辽阳滨河化工有限公司〈P1709〉;[沪]上海华谊集团华原化工有限公司〈P1739〉;[苏]江苏省连云港市东金化工有限公司〈P1798〉;[鲁]山东高密康丰农化有限公司〈P2094〉;淄博市博山东方化工厂〈P2067〉;山东省海洋化工科学研究院〈P2097〉;寿光富康制药有限公司〈P2099〉;烟台通世化工有限公司〈P2119〉;淄博市新材料研究所〈P2071〉

3-/4-甲酚;间/对甲酚;间对甲酚 C02150801

3-Cresol/4-Cresol [84989-04-8]

用于医药、塑料、农药及油漆等工业,也用作显影剂

【生产厂】[冀]石家庄焦化集团有限责任公司〈P1627〉;[黑]哈尔滨市依兰中太化工有限公司〈P1720〉;[沪]宝山钢铁股份有限公司化工分公司〈P1726〉;[苏]上海梅山企业发展有限公司南京化工实业分公司(250 吨)〈P1792〉;南京九龙化工有限公司〈P1786〉;常州市无明化工有限公司〈P1854〉;[鲁]临淄晟恒绝缘材料厂〈P2050〉;[豫]河南鸿业科技化工有限公司(400 吨)〈P2221〉;[甘]兰州长兴石油化工厂〈P2355〉

3-甲酚;间甲酚;间甲基苯酚 C02150901

3-Cresol;*m*-Methylphenol [108-39-4]

用作彩色胶片的染料中间体,用于生产杀螟松、倍硫磷、速灭威、二氯苯醚菊酯等农药,以及树脂、增塑剂等

【生产厂】[沪]上海沪试化工有限公司〈P1737〉;[苏]溧阳市诚兴化工有限公司(2000 吨)〈P1863〉;江苏方舟化工有限公司〈P1802〉;[鲁]淄博临淄区浩源实业有限公司〈P2065〉;[川]四川红光化工有限公司〈P2334〉

【使用厂】[浙]浙江天宇药业有限公司〈P1969〉;[赣]赣南果业赣州农药公司〈P2014〉;[鲁]菏泽源丰农药有限公司〈P2159〉;淄博市新材料研究所〈P2071〉;[粤]广州市合成材料研究院〈P2264〉;[陕]西北化工研究院〈P2350〉

2-甲基-4-硝基苯酚;4-硝基邻甲酚;2-羟基-5-硝基甲苯 C02150911

4-Nitro-*o*-cresol;2-Methyl-4-nitrophenol [99-53-6]

【生产厂】[苏]南京奥德赛化工有限公司〈P1782〉

C

5-硝基邻甲酚;2-甲基-5-硝基苯酚 C02150931
2-Methyl-5-nitrophenol [5428-54-6]
【生产厂】[苏]南京奥德赛化工有限公司(60吨)〈P1782〉;常熟市新腾化工有限公司〈P1891〉;[浙]杭州安隆达化工有限公司〈P1915〉;嘉兴市步云染化厂〈P1941〉;[鄂]仙桃市先峰化工有限公司〈P2246〉;荆州市沙隆达维迅化工有限公司〈P2240〉

4-硝基间甲酚;3-甲基-4-硝基苯酚;2-硝基-5-羟基甲苯 C02150951
4-Nitro-*m*-cresol;3-Methyl-4-nitrophenol [2581-34-2]
用作医药中间体
【生产厂】[苏]南京奥德赛化工有限公司〈P1782〉;[陕]陕西金阳化工有限公司〈P2346〉

6-硝基间甲酚;5-甲基-2-硝基苯酚 C02150971
6-Nitro-*m*-cresol;5-Methyl-2-nitrophenol [700-38-9]
【生产厂】[苏]南京奥德赛化工有限公司〈P1782〉;[陕]陕西金阳化工有限公司〈P2346〉

6-硝基邻甲酚;2-甲基-6-硝基苯酚 C02150976
6-Nitro-*o*-cresol;2-Methyl-6-nitrophenol [13073-29-5]
【生产厂】[苏]南京奥德赛化工有限公司〈P1782〉

2-甲酚;邻甲酚;邻甲苯酚 C02151001
2-Cresol;*o*-Methylphenol [95-48-7]
是农药除草剂的重要中间体,也用于合成香豆素,还可用作消毒剂、防腐剂、癸二酸生产中的稀释剂等
【生产厂】[冀]石家庄焦化集团有限责任公司〈P1627〉;[黑]哈尔滨市依兰中太化工有限公司(300吨)〈P1720〉;[沪]宝山钢铁股份有限公司化工分公司〈P1726〉;[苏]南京隆燕化工有限公司(2000吨)〈P1787〉;上海梅山企业发展有限公司南京化工实业分公司(40吨)〈P1792〉;南京九龙化工有限公司〈P1786〉;[闽]福建省永安风帆精细化工有限公司〈P1995〉;[鲁]淄博临淄区浩源实业有限公司〈P2065〉;临淄晟恒绝缘材料厂〈P2050〉;[豫]河南鸿业科技化工有限公司(80吨)〈P2221〉;[甘]兰州长兴石油化工厂〈P2355〉
【使用厂】[辽]沈阳市试剂三厂〈P1688〉;[苏]宿迁市健谷农化有限公司〈P1804〉;江苏升华集团第二农药厂〈P1808〉;武进农药厂〈P1864〉;[浙]海盐博大精细化工有限公司〈P1940〉;[粤]广州化学试剂厂〈P2261〉

1,4-苯二酚;几奴尼;氢醌;对苯二酚;鸡纳酚;1,4-二羟基苯 C02151101
1,4-Dihydroxybenzene;Hydroquinone [123-31-9]
用作显像剂及染料、药物原料
【生产厂】[京]北京市高丽工贸有限责任公司〈P1559〉;北京马氏精细化学品有限公司〈P1555〉;[辽]大连宇山化工有限公司(400吨)〈P1694〉;[沪]上海三微实业有限公司〈P1759〉;上海浦东兴邦化工发展有限公司(960吨)〈P1756〉;上海信博森化工有限公司〈P1772〉;上海球龙化工有限公司〈P1758〉;[苏]连云港市东港化工厂(600吨)〈P1799〉;盐城凤阳化工有限公司(4000吨)〈P1809〉;[鲁]青岛东海源生化科技有限公司〈P2034〉;[鄂]湖北开元化工科技股份有限公司(2000吨)〈P2240〉
【使用厂】[冀]石家庄市有机化工厂〈P1632〉;[辽]铁岭市东博合成材料厂〈P1712〉;丹东深兰化工有限公司〈P1700〉;[沪]上海炼油厂〈P1751〉;[浙]海宁市金潮实业总公司〈P1939〉;[皖]安徽华星化工股份有限公司〈P1984〉;[鲁]青岛天元化工股份有限公司〈P2044〉;潍坊振兴焦化有限公司〈P2107〉;龙口科达化工有限公司〈P2110〉;山东胜邦绿野化学有限公司〈P2029〉;山东省微山县化工厂〈P2132〉;青岛正好助剂厂〈P2047〉;山东省巨野凌峰化工原料有限公司〈P2160〉;[豫]南阳德润化工有限责任公司〈P2223〉;[鄂]荆州市博尔德化学有限公司〈P2240〉;[粤]广州化学试剂厂〈P2261〉;[川]成都科隆摄影材料有限公司〈P2312〉

三甲基氢醌;2,3,5-三甲基氢醌;2,3,5-三甲基对苯二酚 C02151121
2,3,5-Trimethylhydroquinone [700-13-0]
用于合成维生素E
【生产厂】[苏]武进农药厂(200吨)〈P1864〉;江苏宜兴市第二化学试剂厂〈P1866〉;[浙]浙江黄岩生物工程有限公司(300吨)〈P1965〉;[川]成都天然气化工总厂〈P2316〉
【使用厂】[渝]西南合成制药股份有限公司〈P2303〉

1,3-苯二酚;雷锁酚;雷锁辛;1,3-二羟基苯;间苯二酚 C02151201
1,3-Dihydroxybenzene;Resorcinol;Resorcin [108-46-3]
是生产合成树脂、黏合剂、染料及紫外线吸收剂的原料,可用于轮胎的帘线浸胶,医药上用作消毒防腐剂
【生产厂】[苏]句容长宁生物化工有限公司(1000吨)〈P1843〉;常州太华化工原料有限公司〈P1857〉;常州市常宇化工有限公司〈P1850〉;南京化学工业有限公司化工厂(2000吨)〈P1785〉;盐城汇龙化工有限公司〈P1810〉;[鲁]招远市金昌化工有限责任公司(2000吨)〈P2121〉
【使用厂】[津]天津市胜利化工厂〈P1601〉;[辽]辽阳鸿泰有机化工有限公司〈P1710〉;[苏]昆山三友医药辅料厂〈P1896〉;淮安德邦化工有限公司〈P1801〉;[鲁]龙口科达化工有限公司〈P2110〉;[湘]湖南省洪江市昌和化工有限责任公司〈P2257〉;[粤]广州化学试剂厂〈P2261〉

4-氯间苯二酚;4-氯-1,3-苯二酚 C02151251
4-Chloro-1,3-dihydroxybenzene [95-88-5]
主要用于有机合成
【生产厂】[沪]上海神强实业有限公司〈P1761〉

4-溴间苯二酚;4-溴-1,3-苯二酚 C02151271
4-Bromoresorcinol;4-Bromo-1,3-dihydroxybenzene [6626-15-9]
【生产厂】[津]天津瑞发化工科技发展有限公司〈P1577〉

2-氯对苯二酚;邻氯对苯二酚;氯代氢醌 C02151291
2-Chlorohydroquinone [615-67-8]
用于杀菌剂、显影剂、医药中间体等
【生产厂】[苏]盐城凤阳化工有限公司(500吨)〈P1809〉

1,2-苯二酚;儿茶酚;焦性儿茶酚;1,2-二羟基苯;邻苯二酚 C02151301
Catechol;1,2-Dihydroxybenzene;Pyrocatechol [120-80-9]
是重要的化工中间体,可用于制造橡胶硬化剂、电镀添加剂、皮肤防腐杀菌剂、染发剂、照相显影剂等
【生产厂】[沪]上海三微实业有限公司〈P1759〉;[鲁]山东省微山县化工厂(5000吨)〈P2132〉
【使用厂】[京]北京丽水化工有限责任公司〈P1554〉;[苏]淮

安德邦化工有限公司〈P1801〉

4-甲基儿茶酚;4-甲基-1,2-苯二酚;3,4-二羟基甲苯 C02151311
4-Methylcatechol;4-Methyl-1,2-dihydroxybenzene [452-86-8]
作为中间体,用于抗菌剂、抗氧化剂的合成,并可用作高效阻聚剂
【生产厂】[苏]江苏飞翔化工(张家港)有限公司〈P1893〉;[浙]杭州浙大泛科化工有限公司〈P1925〉;横店集团家园化工有限公司〈P1952〉;[闽]福建省永安风帆精细化工有限公司〈P1995〉

氯乙酰儿茶酚 C02151321
Chloroacetylcatechol
【生产厂】[鄂]武汉武药制药有限公司〈P2234〉;武汉远大制药集团有限公司〈P2235〉

1,2-二羟基-4-硝基苯;4-硝基邻苯二酚 C02151391
1,2-Dihydroxy-4-nitrobenzene [3316-09-4]
【生产厂】[陕]陕西金阳化工有限公司〈P2346〉

2-硝基间苯二酚;2-硝基-1,3-二羟基苯 C02151395
2-Nitroresorcinol;2-Nitro-1,3-dihydroxybenzene [601-89-8]
【生产厂】[苏]南京奥德赛化工有限公司〈P1782〉

4-氨基苯酚;对羟基苯胺;对氨基苯酚;PAP C02151401
4-Aminophenol;4-Hydroxyaminobenzene [123-30-8]
用于生产硫化蓝 FBG、弱酸性嫩黄 5G 等染料,制造扑热息痛、安妥明等药物,也用于制显影剂、抗氧剂等
【生产厂】[京]北京市天河化工厂〈P1560〉;[晋]山西晋城制药厂(300 吨)〈P1675〉;[辽]葫芦岛天宝化工厂(1 万吨)〈P1702〉;辽宁世星药化有限公司(3000 吨)〈P1703〉;[苏]仪征市鼎信化工有限公司(500 吨)〈P1820〉;扬中市永丰化工厂(1800 吨)〈P1843〉;常熟华港制药有限公司(5000 吨)〈P1889〉;常熟市蜂蚁化工综合厂(3200 吨)〈P1890〉;张家港市活性炭厂(3500 吨)〈P1913〉;江苏扬农化工集团泰兴药化有限公司(8000 吨)〈P1823〉;海门市药物化工厂(1800 吨)〈P1830〉;[浙]杭州力禾颜料有限公司〈P1920〉;[皖]安徽八一化工股份有限公司(1 万吨)〈P1974〉;[川]四川红光化工有限公司〈P2334〉
【使用厂】[津]天津中新药业集团股份有限公司新新制药厂〈P1618〉;[辽]锦州九泰药业有限责任公司〈P1701〉;[吉]辽源市百康药业有限责任公司〈P1717〉;[苏]淮阴市染料化工厂〈P1802〉;[鲁]淄博化学试剂厂有限公司〈P2062〉;安丘市鲁安药业有限责任公司〈P2088〉;[粤]广州化学试剂厂〈P2261〉

***N*-甲基-4-氨基苯酚硫酸盐**;米妥儿;米吐尔;对甲氨基苯酚硫酸盐 C02151411
N-Methyl-4-aminophenol sulfate;Metol [55-55-0]
用作显影剂
【生产厂】[津]天津瑞发化工科技发展有限公司〈P1577〉;[沪]上海沪试化工有限公司〈P1737〉;[鲁]山东新华制药股份有限公司〈P2055〉;青岛三凯化工有限公司〈P2041〉

对叔丁基邻氨基苯酚;邻氨基对叔丁基苯酚 C02151421
p-tert-Butyl-*o*-aminophenol [1199-46-8]
用于制造荧光增白剂,还可用于农药、染料、感光材料等的生产
【生产厂】[辽]大连化工研究设计院〈P1692〉;[黑]大庆新世纪精细化工有限公司〈P1722〉;[苏]南京力达宁化学有限公司〈P1786〉;连云港贝斯特化工有限公司〈P1798〉;[鲁]烟台恒鑫化工科技有限公司(500 吨)〈P2117〉;[豫]河南新乡张氏化工有限公司(200 吨)〈P2202〉;西平骏马精细化工有限公司〈P2227〉;[鄂]襄樊诺尔化工有限公司〈P2238〉
【使用厂】[京]北京杨村化工有限公司〈P1564〉

***N*,*N'*-二丁基间氨基苯酚**;间二丁氨基苯酚 C02151425
N,*N'*-Dibutyl-3-aminophenol [43141-69-1]
【生产厂】[苏]江苏方舟化工有限公司〈P1802〉

对硝基苯酚钾;4-硝基苯酚钾 C02151432
Potassium 4-nitrophenolate [1124-31-8]
【生产厂】[鲁]青岛双收农药化工有限公司〈P2043〉

2,3,5,6-四氟苯酚钾盐 C02151435
2,3,5,6-Tetrafluorophenole potassium salt [42289-34-9]
【生产厂】[沪]上海金赛医药化工有限公司〈P1744〉

2,3,5,6-四氟苯酚 C02151439
2,3,5,6-Tetrafluorophenol [769-39-1]
【生产厂】[沪]上海金赛医药化工有限公司〈P1744〉

邻硝基对叔丁基苯酚;2-硝基-4-叔丁基苯酚 C02151445
2-Nitro-4-*tert*-butylphenol [3279-07-0]
经还原后,可用于制造一系列高档荧光增白剂,如荧光增白剂 OB 等
【生产厂】[苏]南京力达宁化学有限公司〈P1786〉;南京奥德赛化工有限公司〈P1782〉;靖江市化工总厂〈P1824〉

4,6-二硝基-2-仲丁基苯酚;阻聚剂 DNBP C02151449
4,6-Dinitro-2-*sec*-butylphenol [88-85-7]
用作苯乙烯阻聚剂及农药中间体
【生产厂】[辽]辽阳鼎鑫化工有限公司〈P1709〉;[吉]吉林九新实业集团化工有限公司〈P1715〉;[鲁]山东瀛寰化工有限公司〈P2056〉;潍坊丹灵精细化工有限公司(800 吨)〈P2101〉

2,4-二氯-3-乙基-6-氨基苯酚盐酸盐 C02151469
2,4-Dichloro-3-ethyl-6-aminophenol hydrochloride [101819-99-2]
【生产厂】[辽]乐凯(沈阳)科技产业有限责任公司〈P1684〉

4,6-二氨基间苯二酚 C02151475
4,6-Diaminoresorcinol [16523-31-2]
用作农药、染料、聚合物中间体
【生产厂】[辽]大连化工研究设计院〈P1692〉;[鲁]山东泰山

染料股份有限公司(200 吨)〈P2137〉

对三氟甲硫基苯酚　C02151481
4-(Trifluoromethylthio) phenol
用作医药、农药中间体
【生产厂】[鲁]山东绿生生化科技有限公司〈P2029〉

C

对甲硫基间甲苯酚;3-甲基-4-甲硫基苯酚　C02151495
p-Methylthio-*m*-methylphenol [3120-74-9]
用作有机合成中间体
【生产厂】[浙]浙江天宇药业有限公司〈P1969〉;[鄂]湖北仙隆化工股份有限公司〈P2245〉

4-氯苯酚;对氯苯酚　C02151501
4-Chlorophenol [106-48-9]
用于合成染料中性艳绿 BL、医药安妥明及农药等,也可用作精制矿物油的溶剂
【生产厂】[苏]江苏省金坛市西南化工研究所〈P1860〉;金坛市振兴气体化工有限公司〈P1863〉;江苏华派集团(1500 吨)〈P1807〉;盐城市华佳化工有限公司〈P1811〉;盐城汇龙化工有限公司〈P1810〉;建湖县鑫鑫化工有限公司〈P1807〉;[鲁]曲阜市助剂厂(200 吨)〈P2130〉;[鄂]湖北楚源集团股份有限公司〈P2239〉
【使用厂】[苏]江苏克胜集团股份有限公司〈P1808〉

3-氯苯酚;间氯苯酚　C02151502
3-Chlorophenol [108-43-0]
用于医药及有机合成
【生产厂】[苏]南通集海化工有限公司〈P1833〉;[浙]台州市新东方医化有限公司〈P1962〉;[鄂]湖北龙感湖宏仕化工有限公司(300 吨)〈P2243〉

2,4,6-三氯苯酚　C02151510
2,4,6-Trichlorophenol [88-06-2]
主要用于杀菌剂、保鲜剂咪鲜胺的主要原料
【生产厂】[苏]江苏华派集团(300 吨)〈P1807〉;盐城市华佳化工有限公司〈P1811〉;盐城汇龙化工有限公司〈P1810〉;建湖县鑫鑫化工有限公司〈P1807〉;[豫]辉县市东普合成中间体有限责任公司〈P2202〉

2,4,6-三氯苯酚钠　C02151521
2,4,6-Trichlorophenol,sodium salt [3784-03-0]
用作农药、医药中间体
【生产厂】[苏]盐城市华佳化工有限公司〈P1811〉

2,3,6-三溴对甲苯酚;4-甲基-2,3,6-三溴苯酚　C02151541
2,3,6-Tribromo-*p*-cresol
【生产厂】[苏]金坛市源诺对外贸易有限公司〈P1862〉;[鲁]淄博顺景精细化工有限公司〈P2073〉

对溴苯酚;4-溴苯酚　C02151550
4-Bromophenol [106-41-2]
用作医药、农药、阻燃剂中间体
【生产厂】[苏]苏州市苏瑞医药化工有限公司〈P1905〉;昆山三友医药辅料厂(20 吨)〈P1896〉;江苏华派集团(300 吨)〈P1807〉;盐城市华佳化工有限公司〈P1811〉;[鲁]鲍山化工厂〈P2020〉;淄博镇荣工贸有限公司〈P2076〉;山东广恒化工有限公司〈P2052〉;山东大地盐化集团〈P2094〉;青岛裕达精细化工有限公司〈P2046〉;青岛东海源生化科技有限公司〈P2034〉

间溴苯酚;3-溴苯酚　C02151553
3-Bromophenol [591-20-8]
【生产厂】[京]北京卡乐瑞化工有限公司〈P1553〉;北京维达化工有限公司(60 吨)〈P1563〉;北京金奥利维科技发展有限公司〈P1551〉;[冀]河北省景县景美化学工业有限公司(60 吨)〈P1665〉;[鲁]青岛东海源生化科技有限公司〈P2034〉

邻溴苯酚;2-溴苯酚　C02151555
o-Bromophenol [95-56-7]
【生产厂】[鲁]鲍山化工厂〈P2020〉

2-氯-4-溴苯酚　C02151571
4-Bromo-2-chlorophenol [3964-56-5]
用作农药丙溴磷的中间体,也可用于其他有机合成
【生产厂】[鲁]莱州市腾飞化工有限公司〈P2110〉;山东默锐化学有限公司〈P2096〉;曲阜市助剂厂(1000 吨)〈P2130〉

4-溴-2,6-二甲基苯酚　C02151581
4-Bromo-2,6-dimethylphenol;4-Bromo-2,6-xylenol [2374-05-2]
用作医药中间体
【生产厂】[苏]苏州永拓医药科技有限公司〈P1907〉

3,5-二甲基-4-溴苯酚　C02151583
4-Bromo-3,5-dimethylphenol;4-Bromo-3,5-xylenol [7463-51-6]
【生产厂】[辽]阜新三宝化工实业有限公司〈P1708〉

4-溴-3-甲基苯酚　C02151587
4-Bromo-3-methylphenol
【生产厂】[川]爱斯特(成都)医药技术有限公司〈P2309〉

2-溴-4-甲基苯酚;邻溴对甲酚　C02151588
2-Bromo-4-methylphenol [6627-55-0]
【生产厂】[闽]福建省永安风帆精细化工有限公司〈P1995〉

4-碘苯酚;对碘苯酚　C02151591
4-Iodophenol [540-38-5]
可用作消毒剂或有机合成中间体
【生产厂】[鲁]青岛东海源生化科技有限公司〈P2034〉

对特辛基苯酚　C02151611
4-*tert*-Octylphenol [140-66-9]
广泛用于制造油溶性酚醛树脂、表面活性剂、黏合剂等
【生产厂】[晋]太原市元太生物化工有限公司(2000 吨)〈P1672〉;[苏]徐州万和化学工业有限公司〈P1796〉;[鲁]淄博临淄区浩源实业有限公司(1000 吨)〈P2065〉

对庚基苯酚　C02151651
4-Pentylphenol [14938-35-3]
用作液晶原料及中间体
【生产厂】[京]北京马氏精细化学品有限公司〈P1555〉

苯酚;羟基苯;石炭酸　C02151701
Phenol [108-95-2]

是重要有机合成原料，用于制酚醛树脂、双酚A、酚酞、苦味酸、水杨酸、烷基苯酚等化学品，还可用作溶剂

【生产厂】[京]中国蓝星(集团)总公司〈P1568〉；[冀]石家庄冀华化工纺织有限公司〈P1627〉；河北敬业化工集团股份有限公司(5000吨)〈P1620〉；[蒙]包头明天科技股份有限公司(1万吨)〈P1681〉；[辽]鞍钢实业化工公司〈P1695〉；[沪]中国石油化工股份有限公司上海高桥分公司(4万吨)〈P1780〉；宝山钢铁股份有限公司化工分公司(1500吨)〈P1726〉；[苏]南京隆燕化工有限公司(2000吨)〈P1787〉；南京九龙化工有限公司〈P1786〉；江苏凌飞化工有限公司〈P1865〉；[浙]台州市中海医药化工有限公司〈P1962〉；[闽]福建省永安风帆精细化工有限公司〈P1995〉；[鲁]临淄晟恒绝缘材料厂〈P2050〉；[豫]许昌县天缘溶剂厂〈P2219〉；河南鸿业科技化工有限公司(1000吨)〈P2221〉；[甘]兰州长兴石油化工厂〈P2355〉

【使用厂】[津]天津市滨海化工有限公司〈P1581〉；天津众邦化工有限公司〈P1618〉；天津市染料化学第九厂〈P1600〉；天津市大盈树脂塑料有限公司〈P1584〉；天津市津海第二福利化工厂〈P1593〉；天津三环化学有限公司〈P1577〉；天津市联瑞化工有限公司〈P1598〉；[冀]石家庄市有机化工厂〈P1632〉；中国昊华集团宣化有限公司〈P1650〉；[晋]太原市元太生物化工有限公司〈P1672〉；山西省高平化工有限公司〈P1675〉；[辽]大化集团大连油漆厂〈P1690〉；辽阳前进化工有限公司〈P1710〉；辽阳鸿泰有机化工有限公司〈P1710〉；辽宁科隆化工实业有限公司〈P1709〉；大连松辽化工有限公司〈P1694〉；大连金益制药厂〈P1692〉；[吉]吉化集团吉林市锦江油化厂〈P1715〉；[黑]黑龙江石油化工厂〈P1723〉；[沪]上海南大化工厂〈P1754〉；华东理工大学华昌聚合物有限公司〈P1726〉；上海双树塑料厂〈P1765〉；上海祁南胶粘材料厂〈P1756〉；上海天坛助剂有限公司〈P1767〉；上海树脂厂有限公司〈P1764〉；上海申星化工有限公司〈P1761〉；上海申聚化工厂有限公司〈P1761〉；[苏]江都市合成树脂厂〈P1814〉；南通新广生化工有限公司〈P1836〉；镇江茂源化工有限公司〈P1844〉；江苏苏化集团有限公司〈P1894〉；东台市九转化工有限公司〈P1805〉；江苏飞翔化工(张家港)有限公司〈P1893〉；张家港飞航实业有限公司〈P1911〉；昆山市南方化工厂〈P1897〉；昆山三友医药辅料厂〈P1896〉；江都市润扬化工有限公司〈P1814〉；张家港丰达制药有限公司〈P1911〉；姜堰市环球化工厂〈P1823〉；无锡市丰硕化工厂〈P1875〉；南京法姆化学厂〈P1783〉；苏州PPG包装涂料有限公司〈P1898〉；江苏华派集团〈P1807〉；淮安德邦化工有限公司〈P1801〉；[浙]杭州萧山飞翔化工有限公司〈P1923〉；杭州永欣精细化工有限公司〈P1924〉；[皖]安徽省蚌埠市永艳染料化工有限公司〈P1975〉；[闽]福建省建瓯市立伟塑料有限公司〈P2003〉；沙县宏盛塑料有限公司〈P1996〉；福建省宁化县利丰化工有限公司〈P1994〉；[赣]萍乡市一帆造型材料厂〈P2012〉；[鲁]济南泰山金鹏涂料有限公司〈P2025〉；青岛海晶化工集团有限公司〈P2035〉；青岛双桃精细化工(集团)有限公司〈P2043〉；山东新华制药股份有限公司〈P2055〉；淄博临淄区浩源实业有限公司〈P2065〉；淄博市临淄于官福利化工厂〈P2070〉；德州虹桥染料化工有限公司〈P2142〉；德州信达化工有限公司〈P2142〉；山东北方现代化学工业有限公司〈P2027〉；济南圣泉集团股份有限公司〈P2025〉；威海市东洋化工厂〈P2125〉；山东潜力化工有限公司〈P2029〉；烟台通世化工有限公司〈P2119〉；青岛正好助剂厂〈P2047〉；淄博市临淄鑫森化工有限公司〈P2070〉；淄博三鹏化工有限责任公司〈P2066〉；山东隆信化工有限公司〈P2053〉；山东莱芜润达化工有限公司〈P2141〉；[豫]巩义市恒大结合剂厂〈P2162〉；巩义市宏和结合剂厂〈P2163〉；巩义市宏亚冶化有限公司〈P2163〉；[鄂]湖北科兴医药化工股份有限公司〈P2237〉；潜江市申昌有机化工厂〈P2246〉；[湘]湖南中南制药有限责任公司〈P2253〉；[粤]广州化学试剂厂〈P2261〉；[桂]梧州市联溢化工有限公司〈P2300〉；广西梧州松脂股份有限公司〈P2300〉；桂林南药股份有限公司〈P2299〉；[渝]重庆康乐制药有限公司〈P2305〉；重庆长风化工厂〈P2303〉；重庆光华化工有限公司〈P2304〉；[川]四川川化集团成都望江化工厂〈P2318〉；[青]青海制药厂有限公司〈P2359〉

C

工业酚 C02151702

Phenol, industrial [108-95-2]

是制造酚醛树脂、油漆、医药的原料

【生产厂】[苏]上海梅山企业发展有限公司南京化工实业分公司〈P1792〉；[鲁]济南钢铁集团总公司焦化厂〈P2021〉；莱芜钢铁股份有限公司焦化厂〈P2140〉

焦化苯酚 C02151711

Coking phenol

用于染料、合成树脂、塑料、合成纤维和农药等

【生产厂】[黑]哈尔滨市依兰中太化工有限公司〈P1720〉；[苏]上海梅山企业发展有限公司南京化工实业分公司〈P1792〉

3,4-二甲酚；3,4-二甲基苯酚 C02151921

3,4-Xylenol; 3,4-Dimethylphenol [95-65-8]

用于制造改性聚酰亚胺、杀虫剂、染料等

【生产厂】[辽]鞍钢实业化工公司〈P1695〉；[苏]吴江市万达化工厂〈P1911〉；[粤]利莱精细原料有限公司〈P2276〉

1-萘酚；α-萘酚；甲萘酚；α-羟基萘 C02152001

1-Hydroxynaphthalene; 1-Naphthol [90-15-3]

用作染料、农药、香料和橡胶防老剂的基本原料或中间体及彩色电影胶片成色剂

【生产厂】[沪]上海神强实业有限公司〈P1761〉；上海立诚化工有限公司(2000吨)〈P1750〉；[苏]常州市常宇化工有限公司〈P1850〉

【使用厂】[冀]河北省武强县启龙化工有限公司〈P1666〉；[赣]海利贵溪化工农药有限公司〈P2013〉

2,7-二羟基十氢萘 C02152021

2,7-Dihydroxydecahydronaphthalene [20917-99-1]

【生产厂】[浙]杭州广林生物医药有限公司〈P1917〉

2,6-二羟基十氢萘 C02152023

2,6-Dihydroxydecahydronaphthalene [102942-69-8]

【生产厂】[浙]杭州广林生物医药有限公司〈P1917〉

1,5-二羟基萘；1,5-萘二酚 C02152051

1,5-Dihydroxynaphthalene [83-56-7]

是合成媒染偶氮染料的中间体

【生产厂】[辽]丹东深兰化工有限公司〈P1700〉；[苏]南通海迪化工有限公司(200吨)〈P1833〉

1,6-二羟基萘；1,6-萘二酚 C02152061

1,6-Dihydroxynaphthalene [575-44-0]

用作染料、医药中间体

【生产厂】[苏]南通海迪化工有限公司〈P1833〉；[鲁]山东平原县忠臣化工有限公司(100吨)〈P2145〉；青岛裕达精细化工有限公司〈P2046〉

2,7-二羟基萘；2,7-萘二酚 C02152081

2,7-Dihydroxynaphthalene [582-17-2]

用作染料、医药中间体

【生产厂】[鲁]山东平原县忠臣化工有限公司(100 吨)〈P2145〉

C

2-萘酚;2-羟基萘;乙萘酚;β-萘酚 C02152101

2-Hydroxynaphthalene;2-Naphthol [135-19-3]

用于制吐氏酸、J 酸、2,3 酸以及偶氮染料,也是橡胶防老剂、选矿剂、杀菌剂、防霉剂、防腐剂等的原料

【生产厂】[津]天津市宏鑫化工厂(3000 吨)〈P1589〉;天津市长城化工厂(3000 吨)〈P1581〉;天津市杰泰化工有限公司(8000 吨)〈P1591〉;天津市兰化染料厂(5 万吨)〈P1598〉;天津市鑫阔化工厂(2 万吨)〈P1608〉;天津市万发化工有限公司(1 万吨)〈P1606〉;[冀]深州市天翔化工有限公司〈P1669〉;[苏]苏州林通染料化工有限公司(3000 吨)〈P1902〉;南京化学工业有限公司化工厂(4300 吨)〈P1785〉;[鲁]招远七六一有限责任公司(4000 吨)〈P2120〉

【使用厂】[京]北京紫竹药业有限公司〈P1567〉;[津]天津华士化工有限公司〈P1573〉;天津市染料化学第八厂〈P1600〉;天津市科迈化工有限公司〈P1597〉;天津市茂丰化工有限公司〈P1599〉;天津市大港区天成化工厂〈P1583〉;[冀]河北省武强县启龙化工有限公司〈P1666〉;安平县冠达颜料工业有限公司〈P1663〉;[沪]上海汇龙化工有限公司〈P1741〉;上海泗联实业总公司〈P1766〉;[苏]镇江茂源化工有限公司〈P1844〉;常熟市染料化工厂〈P1890〉;海安县有机化工厂〈P1829〉;常熟市颜料化工厂有限公司〈P1891〉;盐城市东港药物化工发展有限公司〈P1811〉;徐州恩华药业集团有限责任公司〈P1794〉;[浙]杭州萧山飞翔化工有限公司〈P1923〉;杭州红妍颜料化工有限公司〈P1918〉;浙江车头制药有限公司〈P1963〉;上虞市东海化工有限公司〈P1947〉;上虞亿得化工有限公司〈P1949〉;[鲁]青岛双桃精细化工(集团)有限公司〈P2043〉;德州虹桥染料化工有限公司〈P2142〉;山东阳光颜料有限公司〈P2133〉;山东省乐陵市华虹染化有限公司〈P2145〉;[豫]河南省开仑化工有限责任公司〈P2211〉;[粤]广州化学试剂厂〈P2261〉

6-氰基-2-萘酚 C02152191

6-Cyano-2-naphthol [52927-22-7]

【生产厂】[沪]上海金赛医药化工有限公司〈P1744〉

2-氨基-4-硝基苯酚;对硝基邻氨基苯酚;4-硝基-2-氨基苯酚 C02152201

2-Amino-4-nitrophenol [99-57-0]

用于制造活性染料、酸性染料、中性染料及溶剂染料等

【生产厂】[津]天津兴隆化工厂〈P1616〉;[冀]石家庄冀华化工纺织有限公司〈P1627〉;河北石家庄市东胜化工厂〈P1622〉;[浙]浙江新花蝶化工有限公司〈P1969〉;温州美尔诺化工有限公司〈P1937〉;[皖]安徽省广德县中信化工厂〈P1986〉;[鲁]青岛双桃精细化工(集团)有限公司〈P2043〉;[豫]安阳市谦和染料化工有限责任公司(300 吨)〈P2209〉

【使用厂】[辽]丹东市精细化工厂〈P1700〉

4-氨基-2-硝基苯酚 C02152209

4-Amino-2-nitrophenol [119-34-6]

【生产厂】[辽]鞍山市兴懋化工有限责任公司〈P1696〉;[苏]泰兴市对外贸易南京有限公司〈P1792〉

4-氨基-3-硝基苯酚;3-硝基-4-氨基苯酚 C02152211

3-Nitro-4-aminophenol [610-81-1]

【生产厂】[辽]鞍山市兴懋化工有限责任公司〈P1696〉;[苏]泰兴市对外贸易南京有限公司〈P1792〉;苏州海宇生物科技有限公司〈P1900〉;苏州市相城区青台精细化工有限公司〈P1905〉

3,5-二甲基-4-氨基苯酚 C02152231

4-Amino-3,5-xylenol [3096-70-6]

用作医药中间体

【生产厂】[沪]上海华彩精细化工有限公司〈P1738〉;[苏]泰兴市对外贸易南京有限公司〈P1792〉

6-氨基-2-甲基苯酚;2-羟基-3-甲基苯胺 C02152241

6-Amino-2-methylphenol [17672-22-9]

【生产厂】[沪]上海神强实业有限公司〈P1761〉

2-氨基-4-氯-5-硝基苯酚 C02152251

2-Amino-4-chloro-5-nitrophenol [6358-07-2]

【生产厂】[苏]连云港中壹精细化工有限公司〈P1801〉

2-氨基-4-氯-6-硝基苯酚;2-羟基-3-硝基-5-氯苯胺 C02152255

2-Amino-4-chloro-6-nitrophenol; 2-Hydroxy-3-nitro-5-chloroaniline [6358-08-3]

【生产厂】[苏]南京奥德赛化工有限公司〈P1782〉

2-氨基-6-氯-4-硝基苯酚 C02152256

2-Amino-6-chloro-4-nitrophenol [6358-09-4]

【生产厂】[苏]吴江市万达化工厂〈P1911〉

3-硝基-4-(2-羟丙氨基)苯酚 C02152261

3-Nitro-4-(2-hydroxypropylamino) phenol [92952-81-3]

【生产厂】[苏]苏州海宇生物科技有限公司〈P1900〉;苏州市相城区青台精细化工有限公司〈P1905〉

3-硝基-4-(2-羟乙氨基)苯酚 C02152271

4-(2-Hydroxyethylamino)-3-nitrophenol [65235-31-6]

【生产厂】[苏]苏州海宇生物科技有限公司〈P1900〉;苏州市相城区青台精细化工有限公司〈P1905〉

3-[1-(二甲氨基)乙基]苯酚 C02152281

3-[1-(Dimethylamino) ethyl] phenol [105601-04-5]

用作药物卡巴拉汀(利斯的明)中间体

【生产厂】[苏]海峰化工科研有限公司〈P1797〉

2-氨基-4,6-二硝基苯酚;苦氨酸 C02152291

Picramic acid; 2-Amino-4,6-dinitrophenol; 2,4-Dinitro-6-aminophenol [96-91-3]

用作染料中间体和指示剂

【生产厂】[冀]保定恒润化工有限公司〈P1645〉

乙基麦芽酚;2-乙基-3-羟基-4-吡喃酮 C02152301

Ethylmaltol; 2-Ethyl-3-hydroxy-4-pyrone [4940-11-8]

用于食品、烟草、化妆品等行业,有增香、固香、增甜效果

【生产厂】[冀]石家庄市海天精细化工有限公司〈P1629〉;河

北省冀州市华阳化工有限责任公司〈P1665〉;[苏]江苏大华药业有限公司〈P1802〉;泰兴市一鸣精细化工有限公司〈P1827〉;[皖]皖东金瑞化工有限公司(900 吨)〈P1983〉;[豫]郑州海昆食品添加剂有限公司〈P2170〉;[粤]广州市伟香单体香料有限公司〈P2266〉;深圳市唐正实业有限公司〈P2272〉;广东省肇庆香料厂有限公司(1000 吨)〈P2294〉

对戊基苯酚;4-戊基苯酚 C02152631
p-Amylphenol;4-*n*-Amylphenol [14938-35-3]
用作液晶原料及中间体
【生产厂】[京]北京马氏精细化学品有限公司〈P1555〉

2,6-二异丙基苯酚;丙泊酚 C02152651
2,6-Diisopropyl phenol [2078-54-8]
用作有机合成中间体,可用于合成新型多环麝香 DDHI
【生产厂】[冀]河北思尔可化学有限责任公司〈P1666〉;[鲁]济南乐康信药业有限公司〈P2023〉;山东中科泰斗化学有限公司〈P2030〉

对环己基苯酚 C02152661
p-Cyclohexylphenol [1131-60-8]
【生产厂】[浙]杭州三禾化工科技有限公司〈P1922〉

邻异丙基苯酚 C02152671
2-Isopropylphenol [88-69-7]
主要用于合成异丙威
【生产厂】[冀]河北思尔可化学有限责任公司〈P1666〉
【使用厂】[沪]上海东风农药厂〈P1732〉;[赣]海利贵溪化工农药有限公司〈P2013〉

对异丙基苯酚 C02152673
p-Isopropylphenol [99-89-8]
主要用作非离子活性剂的原料
【生产厂】[冀]河北思尔可化学有限责任公司〈P1666〉;[鲁]山东中科泰斗化学有限公司〈P2030〉

对丙基环己基苯酚 C02152681
4-(4-Propylcyclohexyl) phenol
用作液晶中间体
【生产厂】[京]北京诺德恒信化工技术有限公司〈P1556〉

对丁基环己基苯酚 C02152685
4-(4-Butylcyclohexyl) phenol
用作液晶中间体
【生产厂】[京]北京诺德恒信化工技术有限公司〈P1556〉

对乙基环己基苯酚 C02152689
4-(4-Ethylcyclohexyl) phenol
用作液晶中间体
【生产厂】[京]北京诺德恒信化工技术有限公司〈P1556〉

对戊基环己基苯酚 C02152691
4-(4-Pentylcyclohexyl) phenol
用于液晶单体的合成
【生产厂】[京]北京诺德恒信化工技术有限公司〈P1556〉

对庚基环己基苯酚 C02152695
4-(4-Heptylcyclohexyl) phenol
用作液晶中间体
【生产厂】[京]北京诺德恒信化工技术有限公司〈P1556〉

百里酚;麝香草酚;5-甲基-2-异丙基苯酚 C02152701
Thymol;5-Methyl-2-isopropylphenol [89-83-8]
用于制香料、药物和指示剂等,也常用于皮肤霉菌病和癣症的治疗
【生产厂】[沪]上海邦成化工有限公司〈P1728〉;[赣]江西吉水县威海药用油厂〈P2017〉;江西省吉水县金康天然香料厂〈P2018〉;江西省南方药物油厂〈P2019〉;江西省吉水中南天然香料油厂〈P2019〉;[粤]广州百花香料股份有限公司〈P2260〉
【使用厂】[鲁]山东绿生生化科技有限公司〈P2029〉;[粤]广州化学试剂厂〈P2261〉

香芹酚;香荆芥酚;5-异丙基-2-甲基苯酚 C02152901
Carvacrol;Cymenol;5-Isopropyl-2-methylphenol [499-75-2]
用于配制香料、杀菌剂和消毒剂,作为香料用于牙膏、香皂等日用品,也用作食用香精
【生产厂】[京]北京金奥利维科技发展有限公司〈P1551〉;[蒙]赤峰万泽制药有限责任公司〈P1682〉;[赣]江西省吉水县金康天然香料厂〈P2018〉;[鲁]山东绿生生化科技有限公司〈P2029〉;[川]成都新特药化合成技术改进与创新中心〈P2317〉

4-硝基-1-萘酚 C02153011
4-Nitro-1-naphthol
【生产厂】[沪]上海中科同力化工材料有限公司〈P1779〉;[苏]宜兴市中宇药化技术有限公司〈P1888〉

6-溴-2-萘酚 C02153021
6-Bromo-2-naphthol [15231-91-1]
【生产厂】[沪]上海金赛医药化工有限公司〈P1744〉

1-亚硝基-2-萘酚 C02153051
1-Nitroso-2-naphthol [131-91-9]
【生产厂】[苏]南京奥德赛化工有限公司〈P1782〉

6-甲氧基-2-萘酚 C02153071
6-Methoxy-2-naphthol [5111-66-0]
【生产厂】[辽]荣成市东立精细化工有限公司阜新分公司〈P1708〉

麦芽酚;甲基麦芽酚;2-甲基-3-羟基-4-吡喃酮 C02153301
Maltol;2-Methyl-3-hydroxy-4-pyranone [118-71-8]
用作食品添加剂、香精香料,可用于烟用香精
【生产厂】[冀]石家庄市海天精细化工有限公司〈P1629〉;[苏]泰兴市一鸣精细化工有限公司(25 吨)〈P1827〉;海门市通联化工有限责任公司(100 吨)〈P1830〉;[皖]皖东金瑞化工有限公司(600 吨)〈P1983〉;[粤]广州市伟香单体香料有限公司〈P2266〉;广东省肇庆香料厂有限公司(300 吨)〈P2294〉
【使用厂】[滇]云南省玉溪市香料厂〈P2344〉

6-甲基-4-羟基-2-吡喃酮;4-羟基-6-甲基-2-吡喃酮 C02153311
6-Methyl-4-hydroxy-2-pyranone

主要用于合成化学杂交剂
【生产厂】[豫]河南省新谊医药集团精细化工有限公司(80吨)〈P2202〉

苯硫酚　C02153401
Thiophenol;Phenyl mercaptan [108-98-5]
用作医药中间体
【生产厂】[苏]盐城市虹艳化工有限公司(1200吨)〈P1811〉
【使用厂】[沪]上海宝达兽药制造有限公司〈P1728〉

邻羧基苯硫酚;硫代水杨酸;2-巯基苯甲酸　C02153521
2-Mercaptobenzoic acid;Thiosalicylic acid [147-93-3]
用作有机合成、医药和染料中间体
【生产厂】[京]大庆开发区新世纪精细化工有限公司北京裕立化工有限公司〈P1567〉;[黑]大庆新世纪精细化工有限公司〈P1722〉;[沪]上海华钛化学有限公司〈P1739〉;[鄂]襄樊诺尔化工有限公司〈P2238〉

3,5-双三氟甲基苯硫酚　C02153641
3,5-Bis(trifluoromethyl)thiophenol
【生产厂】[赣]江西上饶现代化工有限公司〈P2015〉

2,4-二叔丁基苯酚;2,4DTBP;2,4酚　C02153801
2,4-Di-*tert*-butylphenol [96-76-4]
是多种光稳定剂、抗氧化剂的重要中间体
【生产厂】[京]北京极易化工有限公司〈P1550〉;[辽]营口市风光化工有限公司〈P1705〉;[苏]徐州万和化学工业有限公司〈P1796〉;[鲁]淄博临淄区浩源实业有限公司(2000吨)〈P2065〉;山东科威化工有限公司〈P2053〉
【使用厂】[鲁]山东省临沂市三丰化工有限公司〈P2150〉

2,6-二叔丁基苯酚;2,6DTBP;2,6酚　C02153901
2,6-Di(*tert*-butyl)phenol [128-39-2]
是一种抗氧化剂,并用于制造多种优良的抗氧化剂和光稳定剂
【生产厂】[京]北京极易化工有限公司〈P1550〉;[辽]营口市风光化工有限公司〈P1705〉;[苏]南京隆燕化工有限公司〈P1787〉;徐州万和化学工业有限公司〈P1796〉;[鲁]淄博临淄区浩源实业有限公司〈P2065〉;山东科威化工有限公司〈P2053〉;[豫]河南延化化工有限责任公司〈P2202〉
【使用厂】[津]天津市晨光化工有限公司〈P1581〉;[鲁]山东省临沂市三丰化工有限公司〈P2150〉

2-叔丁基苯酚;邻叔丁基苯酚　C02154001
2-*tert*-Butylphenol [88-18-6]
主要用作抗氧化剂、植物保护剂、合成树脂、医药与农药中间体及香精香料的原料
【生产厂】[鲁]山东科威化工有限公司〈P2053〉

2-叔丁基-5-甲基苯酚　C02154004
2-*tert*-Butyl-5-methylphenol [88-60-8]
用于生产抗氧剂300、BBM、CA等,同时也可用作有机合成及制药中间体
【生产厂】[鲁]山东科威化工有限公司〈P2053〉

2-叔丁基-4-甲基苯酚;2-叔丁基对甲酚　C02154005
2-*tert*-Butyl-4-methylphenol [2409-55-4]
主要用于抗氧剂2246系列、紫外线吸收剂UV-326等的制造
【生产厂】[冀]廊坊丰得润化工有限公司〈P1660〉;[苏]南京迈达化学实业有限公司〈P1787〉;南京隆燕化工有限公司〈P1787〉;南京宁康化工有限公司〈P1788〉;南京燕江化工厂〈P1791〉;通州市锦通化工有限公司〈P1839〉;[鲁]淄博市新材料研究所(500吨)〈P2071〉;山东科威化工有限公司〈P2053〉;寿光市天成精细化工厂〈P2100〉

2-叔丁基对苯二酚;邻叔丁基对苯二酚;TBHQ　C02154011
2-*tert*-Butyl-1,4-dihydroxybenzene;TBHQ [1948-33-0]
用作PVC抗鱼眼剂及食品添加剂
【生产厂】[京]北京朝福化工实验厂〈P1544〉;北京迪龙化工有限公司〈P1546〉;[辽]大连昊华化工有限公司〈P1692〉;大连化工研究设计院〈P1692〉;[苏]南京金陵化工厂有限责任公司〈P1785〉;南京仁信化工有限公司〈P1788〉;盐城市华佳化工有限公司〈P1811〉;[浙]杭州万景新材料有限公司〈P1923〉;[鲁]烟台恒鑫化工科技有限公司(1500吨)〈P2117〉;山东省微山县化工厂(50吨)〈P2132〉;[豫]郑州元丰食品添加剂有限责任公司〈P2175〉;[粤]广州泰邦食品添加剂有限公司〈P2267〉;东莞市广益食品添加剂实业有限公司〈P2279〉

4-正丁基间苯二酚　C02154015
4-*n*-Butyl-1,3-dihydroxybenzene [18979-61-8]
【生产厂】[沪]上海益民化工有限公司〈P1775〉;[皖]广德金邦化工有限公司〈P1986〉

5-戊基间苯二酚;3,5-二羟基戊苯　C02154018
5-Pentylresorcinol;3,5-Dihydroxyamylbenzene; [500-66-3]
【生产厂】[浙]宁波天源化学有限公司〈P1933〉

4-戊基间苯二酚;2,4-二羟基戊苯　C02154019
4-*n*-Amyl-1,3-dihydroxybenzene
【生产厂】[皖]广德金邦化工有限公司〈P1986〉

邻甲基对苯二酚;2,5-二羟基甲苯　C02154021
2-Methylhydroquinone;2,5-Dihydroxytoluene [95-71-6]
用作医药、染料、颜料中间体,抗氧化剂,也是一种新型阻聚剂
【生产厂】[京]北京迪龙化工有限公司〈P1546〉;[津]天津瑞发化工科技发展有限公司〈P1577〉;[冀]河北星宇化工有限公司〈P1623〉;河北省大名县瑞恒化工有限责任公司〈P1640〉;[辽]大连昊华化工有限公司〈P1692〉;大连化工研究设计院〈P1692〉

4-丙基间苯二酚　C02154025
4-Propyl-1,3-dihydroxybenzene
【生产厂】[皖]广德金邦化工有限公司〈P1986〉

4-乙基间苯二酚;4-乙基-1,3-二羟基苯　C02154029
4-Ethylresorcinol;4-Ethyl-1,3-dihydroxybenzene [2896-60-8]
【生产厂】[皖]广德金邦化工有限公司〈P1986〉

2,6-二羟基甲苯;2-甲基间苯二酚;2-甲基-1,3-苯二酚　C02154031

2,6-Dihydroxytoluene;2-Methylresorcinol [608-25-3]
用于医药、染料和炸药的制备
【生产厂】[苏]仪征市鼎信化工有限公司〈P1820〉;太仓市东明化工有限公司(120 吨)〈P1908〉;[陕]陕西金阳化工有限公司〈P2346〉

3,5-二羟基甲苯;5-甲基间苯二酚 C02154033
3,5-Dihydroxytoluene;5-Methylresorcinol [504-15-4]
用于有机合成、医药中间体
【生产厂】[京]北京维达化工有限公司(30 吨)〈P1563〉;[沪]上海华彭实业有限公司〈P1739〉;[苏]沭阳金凯化工厂〈P1804〉;[赣]江西正和化工有限公司(50 吨)〈P2016〉

2,5-二叔丁基对苯二酚;抗氧剂 DT-BHQ C02154041
2,5-Di-*tert*-butylhydroquinone; 2,5-Di-*tert*-butyl-1,4-dihydroxybenzene [88-58-4]
用作天然橡胶、合成橡胶及乳胶的抗氧剂
【生产厂】[京]北京朝福化工实验厂〈P1544〉;北京迪龙化工有限公司〈P1546〉;[冀]河北佰斯特化工有限公司〈P1619〉;保定石油化工厂〈P1645〉;[辽]大连昊华化工有限公司〈P1692〉;大连化工研究设计院〈P1692〉;[苏]南京奥德赛化工有限公司(60 吨)〈P1782〉;盐城市华佳化工有限公司〈P1811〉;[浙]杭州万景新材料有限公司〈P1923〉;浙江开化盛丰化工有限公司〈P1958〉;[鲁]山东省微山县化工厂(180 吨)〈P2132〉

6-叔丁基间甲酚 C02154081
6-*tert*-Butyl-3-methylphenol
用作 300、CA 等抗氧剂中间体
【生产厂】[鲁]淄博市新材料研究所(300 吨)〈P2071〉
【使用厂】[津]天津力生化工有限公司〈P1576〉

6-叔丁基-2-甲酚 C02154083
6-*tert*-Butyl-2-methylphenol [2219-82-1]
抗氧剂原料
【生产厂】[苏]南京大唐化工有限责任公司专用化学品厂〈P1783〉

邻甲氧基对苯二酚;2-甲氧基对苯二酚 C02154091
o-Methoxyhydroquinone [824-46-4]
用作医药中间体
【生产厂】[京]北京达科思精细化工研究所〈P1545〉

2,4,6-三叔丁基苯酚 C02154101
2,4,6-Tri(*tert*-butyl)phenol [732-26-3]
可用作天然橡胶以及各种合成橡胶如 BR、SBR 的防老剂
【生产厂】[京]北京极易化工有限公司〈P1550〉;[鲁]山东科威化工有限公司〈P2053〉

间乙基苯酚;间羟基乙苯 C02154155
m-Ethylphenol [620-17-7]
用于有机合成
【生产厂】[冀]河北中化滏恒股份有限公司(200 吨)〈P1641〉;[沪]上海汇龙化工有限公司〈P1741〉

对氯苯硫酚 C02154201
4-Chlorophenylmercaptan;4-Chlorothiophenol [106-54-7]
用作医药、染料中间体
【生产厂】[苏]盐城市虹艳化工有限公司〈P1811〉

4-甲基苯硫酚;对甲基苯硫酚 C02154210
4-Methylbenzenethiol;*p*-Toluenethiol [106-45-6]
用于合成染料、医药等
【生产厂】[苏]江苏灶星农化有限公司〈P1809〉

对异丙基苯硫酚;4-异丙基苯硫酚 C02154211
4-Isopropyl thiophenol;4-*iso*-Propylphenyl mercaptan [4946-14-9]
用于合成农药、医药、染料等
【生产厂】[津]天津市成阳科技发展有限公司(150 吨)〈P1582〉;天津振泰化工有限公司〈P1617〉;[苏]江苏灶星农化有限公司〈P1809〉;盐城市虹艳化工有限公司〈P1811〉

间甲氧基苯硫酚;3-甲氧基苯硫酚 C02154231
3-Methoxybenzenethiol;3-Methoxythiophenol [15570-12-4]
【生产厂】[浙]杭州创引化工科技有限公司〈P1916〉

4-乙基苯硫酚;对乙基苯硫酚 C02154281
4-Ethylthiophenol [4946-13-8]
【生产厂】[鲁]山东滕州悟通香料有限责任公司〈P2078〉

对氰基酚;对氰基苯酚 C02154301
4-Cyanophenol [767-00-0]
用于生产液晶、医药、染料、农药中间体等
【生产厂】[津]天津瑞发化工科技发展有限公司〈P1577〉;[皖]安徽郎溪县新科化工有限公司〈P1985〉

3-氟-4-氰基苯酚;2-氟-4-羟基苯腈 C02154350
3-Fluoro-4-cyanophenol [82380-18-5]
用于液晶单体合成
【生产厂】[京]北京诺德恒信化工技术有限公司〈P1556〉;[冀]河北德隆泰化工有限公司〈P1619〉;保定通元精细化工有限公司〈P1647〉;[沪]上海立科药物化学有限公司〈P1750〉

4-氰基-3,5-二氟苯酚;2,6-二氟-4-羟基苯腈 C02154391
4-Cyano-3,5-difluorophenol [123843-57-2]
【生产厂】[冀]河北德隆泰化工有限公司〈P1619〉;[沪]上海立科药物化学有限公司〈P1750〉;[浙]浙江省台州市椒江天一化工厂〈P1966〉

3-乙氨基-4-甲酚;间乙基氨基对甲苯酚 C02154401
3-Ethylamino-4-methylphenol [120-37-6]
主要用作染料中间体
【生产厂】[津]天津市津西北方化工厂(600 吨)〈P1595〉;[冀]河北星宇化工有限公司(150 吨)〈P1623〉

4-氟苯酚;对氟苯酚 C02154501
p-Fluorophenol [371-41-5]
用作医药、农药及染料中间体
【生产厂】[京]北京卡乐瑞化工有限公司〈P1553〉;[辽]阜新特种化学股份有限公司〈P1708〉;盘锦盘助化工助剂有限公司〈P1706〉;[沪]上海威远精细氟科技发展有限公司〈P1769〉;[苏]南京仁信化工有限公司〈P1788〉;江苏庙桥合成化工有限公司(80 吨)〈P1859〉;[浙]浙江省三门解氏

化学工业有限公司〈P1966〉;[鲁]青岛东海源生化科技有限公司〈P2034〉

2-氟苯酚;邻氟苯酚　C02154601
2-Fluorophenol [367-12-4]
用作农药、医药及染料中间体
【生产厂】[京]北京卡乐瑞化工有限公司〈P1553〉;[辽]盘锦盘助化工助剂有限公司〈P1706〉;[沪]上海威远精细氟科技发展有限公司〈P1769〉;[苏]江苏庙桥合成化工有限公司(50吨)〈P1859〉;[浙]浙江省三门解氏化学工业有限公司〈P1966〉;[鲁]青岛东海源生化科技有限公司〈P2034〉

2,4-二氟苯酚　C02154701
2,4-Difluorophenol [367-27-1]
用作农药、医药及染料中间体
【生产厂】[苏]常州市迅达化工有限公司〈P1856〉;江苏庙桥合成化工有限公司(20吨)〈P1859〉;[浙]浙江省三门解氏化学工业有限公司〈P1966〉

2,3-二氟苯酚　C02154703
2,3-Difluorophenol [6418-38-8]
用作医药、农药、液晶材料中间体
【生产厂】[辽]阜新金特莱氟化学有限责任公司〈P1707〉;[浙]浙江省三门解氏化学工业有限公司〈P1966〉;浙江省台州市椒江天一化工厂〈P1966〉

2,6-二氟苯酚　C02154705
2,6-Difluorophenol [28177-48-2]
用作医药、农药、液晶材料中间体
【生产厂】[冀]石家庄市京东医药化工有限公司〈P1630〉;[赣]江西上饶现代化工有限公司〈P2015〉

2,5-二氟苯酚　C02154707
2,5-Difluorophenol [2713-31-7]
用作医药、农药、液晶材料中间体
【生产厂】[浙]浙江省三门解氏化学工业有限公司〈P1966〉

3,4-二氟苯酚　C02154711
3,4-Difluorophenol [2713-33-9]
【生产厂】[京]北京卡乐瑞化工有限公司〈P1553〉;[苏]江苏庙桥合成化工有限公司〈P1859〉;[浙]浙江省台州市椒江天一化工厂〈P1966〉

3,5-二氟苯酚　C02154713
3,5-Difluorophenol [2713-34-0]
【生产厂】[京]北京卡乐瑞化工有限公司〈P1553〉;[辽]阜新三宝化工实业有限公司〈P1708〉;[赣]江西上饶现代化工有限公司〈P2015〉

4-氯-3,5-二氟苯酚;3,5-二氟-4-氯苯酚　C02154721
4-Chloro-3,5-difluorophenol
【生产厂】[沪]上海立科药物化学有限公司〈P1750〉

4-溴-3,5-二氟苯酚　C02154741
4-Bromo-3,5-difluorophenol
用作医药中间体
【生产厂】[浙]浙江车头制药有限公司〈P1963〉;台州市知青化工有限公司〈P1962〉

3,4,5-三氟苯酚　C02154751
3,4,5-Trifluorophenol [99627-05-1]
【生产厂】[京]北京卡乐瑞化工有限公司〈P1553〉;[苏]常州市迅达化工有限公司〈P1856〉;苏州开元民生化学科技有限公司(12吨)〈P1901〉

3-氯-4-氟苯酚　C02154771
3-Chloro-4-fluorophenol [2613-23-2]
用作医药、农药、液晶材料中间体
【生产厂】[苏]江苏庙桥合成化工有限公司〈P1859〉;[浙]浙江省三门解氏化学工业有限公司〈P1966〉

2-氯-4-氟苯酚　C02154773
2-Chloro-4-fluorophenol [1996-41-4]
用作医药、农药、液晶材料中间体
【生产厂】[苏]江苏庙桥合成化工有限公司〈P1859〉;[浙]浙江省三门解氏化学工业有限公司〈P1966〉

4-氯-2-氟苯酚　C02154777
4-Chloro-2-fluorophenol [348-62-9]
用作医药、农药、液晶材料中间体
【生产厂】[浙]浙江省三门解氏化学工业有限公司〈P1966〉

4-氟-2-甲基苯酚;2-甲基-4-氟苯酚;2-羟基-5-氟甲苯　C02154781
4-Fluoro-2-methylphenol [452-72-2]
【生产厂】[京]北京金奥利维科技发展有限公司〈P1551〉;[赣]江西上饶现代化工有限公司〈P2015〉

3-氟-2-甲基苯酚;2-羟基-6-氟甲苯　C02154785
3-Fluoro-2-methylphenol [443-87-8]
【生产厂】[京]北京嘉盛扬医药科技有限公司〈P1551〉

2-氟-4-溴苯酚;4-溴-2-氟苯酚　C02154791
4-Bromo-2-fluorophenol [2105-94-4]
【生产厂】[辽]盘锦盘助化工助剂有限公司〈P1706〉;[苏]常州市迅达化工有限公司〈P1856〉;江苏庙桥合成化工有限公司〈P1859〉

2-溴-3-氟苯酚　C02154792
2-Bromo-3-fluorophenol [443-81-2]
【生产厂】[沪]上海再启生物技术有限公司〈P1777〉

2-溴-4-氟苯酚　C02154793
2-Bromo-4-fluorophenol [496-69-5]
【生产厂】[苏]常州市迅达化工有限公司〈P1856〉

2-溴-5-氟苯酚　C02154795
2-Bromo-5-fluorophenol [147460-41-1]
【生产厂】[苏]常州市迅达化工有限公司〈P1856〉

4-溴-3-氟苯酚　C02154797
4-Bromo-3-fluorophenol
【生产厂】[苏]常州市迅达化工有限公司〈P1856〉

5-溴-2-氟苯酚　C02154799
5-Bromo-2-fluorophenol [112204-58-7]
【生产厂】[沪]上海再启生物技术有限公司〈P1777〉

氰基联苯酚;4′-氰基-4-羟基联苯　C02154801
Cyanophenyl phenol;4′-Cyano-4-hydroxybiphenyl [19812-93-2]

用作液晶中间体

【生产厂】[冀]保定通元精细化工有限公司〈P1647〉

4-丁氧基苯酚 C02155101

4-Butoxyphenol [122-94-1]

用作有机合成中间体

【生产厂】[浙]嘉兴市步云富欣化工厂(50吨)〈P1941〉

5-氨基-6-氯邻甲酚;5-氨基-6-氯-2-甲基苯酚 C02155201

5-Amino-6-chloro-2-methylphenol [84540-50-1]

【生产厂】[沪]上海神强实业有限公司〈P1761〉;[苏]沭阳金凯化工厂〈P1804〉

2-氨基-4-溴苯酚;2-羟基-5-溴苯胺 C02155401

2-Amino-4-bromophenol

【生产厂】[京]北京维达化工有限公司〈P1563〉

β,β′-联萘酚;2,2′-二羟基-1,1′-联萘 C02155501

1,1′-Bi-2-naphthol;2,2′-Dihydroxy-1,1′-binaphthyl [602-09-5]

在有机合成、染料、农药尤其是特种医药等领域有着重要用途

【生产厂】[沪]上海利科化学科技有限公司〈P1750〉;[苏]苏州市海鑫医药化工有限公司〈P1903〉;太仓制药厂〈P1909〉;[桂]广西化工研究院〈P2296〉;广西化工研究院-广西新晶科技有限公司〈P2296〉;[川]成都添彩化工有限公司〈P2316〉

(R)-(+)-1,1′-联-2-萘酚 C02155505

(R)-(+)-1,1′-Bi-2-naphthol;R-(+)-2,2′-Dihydroxy-1,1′-dinaphthyl [18531-94-7]

用于合成多种手性医药中间体

【生产厂】[京]北京成宇化工有限公司〈P1545〉;[沪]上海科利生物医药有限公司〈P1749〉;[苏]苏州市华伦化工有限公司〈P1903〉;苏州市海鑫医药化工有限公司〈P1903〉;太仓制药厂〈P1909〉;[川]成都添彩化工有限公司〈P2316〉

(S)-(-)-1,1′-联-2-萘酚 C02155509

(S)-(-)-1,1′-Bi-2-naphthol [18531-99-2]

用于合成多种手性试剂

【生产厂】[京]北京成宇化工有限公司〈P1545〉;[沪]上海科利生物医药有限公司〈P1749〉;[苏]苏州市华伦化工有限公司〈P1903〉;苏州市海鑫医药化工有限公司〈P1903〉;太仓制药厂〈P1909〉;[川]成都添彩化工有限公司〈P2316〉

2,4-二氯-6-氨基苯酚;2-氨基-4,6-二氯苯酚 C02155601

2,4-Dichloro-6-aminophenol;2-Amino-4,6-dichlorophenol [527-62-8]

【生产厂】[苏]南京奥德赛化工有限公司〈P1782〉

邻苯三酚;焦性没食子酸;焦倍酸;1,2,3-苯三酚;连苯三酚 C02156001

Pyrogallic acid;Pyrogallol;1,2,3-Trihydroxybenzene [87-66-1]

主要用于生产显影剂、阻聚剂和红外线照相热敏剂,也用作医药和染料的中间体

【生产厂】[黑]哈尔滨康文生化科技有限公司〈P1720〉;[沪]上海康晟实业有限公司〈P1748〉;上海康文医药中间体有限公司〈P1748〉;[鄂]竹山县天新医药化工有限责任公司(50吨)〈P2239〉;[湘]湖南省张家界市贸源化工有限公司(100吨)〈P2255〉;[粤]珠海市金山化工有限公司(250吨)〈P2275〉;[渝]南川市远大林化有限责任公司(100吨)〈P2303〉;[黔]六盘水神驰生物科技有限公司〈P2337〉

【使用厂】[沪]上海立诚化工有限公司〈P1750〉

偏苯三酚;1,2,4-苯三酚;1,2,4-三羟基苯 C02156021

1,2,4-Trihydroxybenzene [533-73-3]

【生产厂】[辽]荣成市东立精细化工有限公司阜新分公司〈P1708〉;[浙]衢州瑞源化工有限公司〈P1957〉;[粤]珠海市金山化工有限公司〈P2275〉

间苯三酚;1,3,5-三羟基苯;均苯三酚;1,3,5-苯三酚 C02156031

Phloroglucinol;1,3,5-Trihydroxybenzene [6099-90-7]

用于制药、生物试剂、染料,也可用于合成5,7-二羟基黄酮

【生产厂】[京]北京维达化工有限公司(60吨)〈P1563〉;北京达科思精细化工研究所〈P1545〉;[津]天津市南金化工有限公司〈P1599〉;[冀]河北斌扬集团山海关万通助剂厂(60吨)〈P1637〉;秦皇岛万通精化有限公司〈P1637〉;[黑]大庆新世纪精细化工有限公司〈P1722〉;[沪]上海中康伟业生物科技有限公司〈P1778〉;[苏]南京恒生制药厂〈P1784〉;[浙]杭州浙大泛科化工有限公司〈P1925〉;[川]四川红光化工有限公司〈P2334〉;[陕]陕西晶华科技有限公司〈P2346〉;陕西西安瑞科制药有限责任公司〈P2347〉

【使用厂】[苏]南通利田化工有限公司〈P1834〉

乙胺;一乙胺 C02160101

Ethylamine [75-04-7]

用于生产染料、医药、表面活性剂、除草剂、橡胶硫化促进剂和离子交换树脂等

【生产厂】[冀]中国昊华集团宣化有限公司(1000吨)〈P1650〉;[沪]上海建北有机化工有限公司〈P1742〉;[浙]杭州浙大泛科化工有限公司〈P1925〉;建德市新化化工有限责任公司(3000吨)〈P1926〉;浙江建德建业有机化工有限公司〈P1928〉;[青]青海黎明化工有限责任公司〈P2359〉

【使用厂】[辽]沈阳市合成兽药厂〈P1688〉;[苏]如皋市恒祥化工有限责任公司〈P1838〉;[鲁]山东胜邦绿野化学有限公司〈P2029〉

乙胺溴氢酸盐 C02160191

Ethylamine hydrobromide [593-55-5]

【生产厂】[沪]上海科帆化工科技有限公司〈P1748〉

一乙醇胺;2-氨基乙醇;乙醇胺 C02160201

2-Aminoethanol;Ethanolamine;2-Hydroxyethylamine [141-43-5]

用于除去天然气和石油气中的酸性气体,制造非离子型洗涤剂、乳化剂等

【生产厂】[津]天津市北仁化工助剂有限公司〈P1580〉;[冀]石家庄市海森化工有限公司〈P1629〉;[沪]中国石油化工股份有限公司上海高桥分公司〈P1780〉;[苏]常州太华化工原料有限公司〈P1857〉;江苏省太仓市归庄镇武兵化工厂〈P1894〉;[鲁]潍坊密恩化工有限公司〈P2103〉;[豫]林州市光华药业有限公司(300吨)〈P2211〉

【使用厂】[津]天津天成制药有限公司〈P1614〉;[沪]上海天坛助剂有限公司〈P1767〉;上海胜浦新材料有限公司

〈P1762〉;上海南翔试剂有限公司〈P1754〉;上海旭东海普药业有限公司〈P1773〉;[苏]利君集团镇江制药有限责任公司〈P1843〉;江苏省常州华夏农药有限公司〈P1860〉;常州市清红化工有限公司〈P1853〉;常熟市医药原料厂〈P1891〉;[浙]嘉善嘉生药业有限公司〈P1940〉;[鲁]泰安市黎明化工有限责任公司〈P2138〉;招远市石油化工厂有限公司〈P2121〉;[粤]广州化学试剂厂〈P2261〉

C

一甲胺(40%) C02160301

Monomethyl amine(40%)[74-89-5]

用作基本有机化工原料,也用于农药、医药、纺织等行业

【生产厂】[浙]台州市申源化学品有限公司〈P1962〉;[鲁]滕州永兴化工有限责任公司(2000吨)〈P2080〉;[豫]濮阳市春盛化工有限公司(600吨)〈P2213〉

【使用厂】[苏]海门市江乐农药化工有限责任公司〈P1830〉;江苏苏化集团有限公司〈P1894〉;江苏飞翔化工(张家港)有限公司〈P1893〉

一甲胺;甲胺 C02160302

Monomethyl amine [74-89-5]

用作基本有机原料,用于农药、医药、纺织等行业,也用于制水胺炸药

【生产厂】[皖]淮南市恩贝化工有限公司〈P1976〉;[鲁]章丘日月化工有限公司(1万吨)〈P2031〉;山东华鲁恒升化工股份有限公司(20万吨)〈P2144〉;山东华鲁恒升集团有限公司(20万吨)〈P2144〉;[豫]安阳化学工业集团有限责任公司(1万吨)〈P2208〉;[青]青海黎明化工有限责任公司(1800吨)〈P2359〉

【使用厂】[冀]河北新兴化工有限责任公司〈P1648〉;[吉]吉林省舒兰合成药业股份有限公司〈P1716〉;[沪]上海农药厂有限公司〈P1755〉;上海东风农药厂〈P1732〉;上海市金山区朱泾化工厂〈P1763〉;[苏]南通江山农药化工股份有限公司〈P1833〉;江苏苏中农药化工厂〈P1822〉;常州康达制药有限公司〈P1848〉;江苏飞翔化工(张家港)有限公司〈P1893〉;常熟市医药原料厂〈P1891〉;张家港浩波化学品有限公司〈P1912〉;南京金龙化工厂〈P1785〉;江苏腾龙生物药业有限公司〈P1808〉;宜兴市石化助剂厂〈P1886〉;[皖]合肥江淮化肥总厂〈P1972〉;[闽]福建三农集团股份有限公司〈P1994〉;[赣]海利贵溪化工农药有限公司〈P2013〉;[鲁]山东大成农药股份有限公司〈P2051〉;淄博市博山东方化工厂〈P2067〉;德州德药制药有限公司〈P2141〉;淄博凯美可工贸有限公司〈P2064〉;山东鸿汇烟草用药有限公司〈P2095〉;淄博张店君臣化工厂〈P2076〉;[豫]河南省卫辉市豫北化工有限公司〈P2201〉;[青]青海制药厂有限公司〈P2359〉

一甲胺盐酸盐 C02160311

Methylamine, hydrochloride [593-51-1]

【生产厂】[京]北京朝福化工实验厂〈P1544〉;[冀]石家庄市栾城县华英工贸有限责任公司〈P1630〉;[赣]广丰县弘立化工厂(120吨)〈P2014〉

甲氧基胺盐酸盐;*O*-甲基羟胺盐酸盐 C02160351

O-Methylhydroxylamine hydrochloride; Methoxylamine hydrochloride [593-56-6]

用作甲氧胺基化试剂,也用于生产药物头孢呋新侧链和其他新药

【生产厂】[京]北京卡乐瑞化工有限公司〈P1553〉;[冀]河北柏奇医药化工有限公司〈P1619〉;石家庄柏奇化工有限公司(300吨)〈P1625〉;[浙]浙江黄岩东升医药化工有限公司〈P1964〉;[鲁]山东平原县恒源化工有限公司(200吨)〈P2145〉;烟台奥东化学材料有限公司〈P2116〉;烟台市裕盛化工有限公司〈P2119〉

甲氧基胺甲磺酸盐;*O*-甲基羟胺甲磺酸盐 C02160361

Methoxylamine mesylate

【生产厂】[鲁]烟台奥东化学材料有限公司〈P2116〉

乙氧基胺盐酸盐 C02160371

Ethoxyamine hydrochloride [3332-29-4]

是生产农药烯禾啶的中间体

【生产厂】[鲁]山东先达化工有限公司〈P2157〉;烟台奥东化学材料有限公司〈P2116〉;烟台市裕盛化工有限公司〈P2119〉

N-甲基羟胺盐酸盐 C02160391

N-Methylhydroxylamine hydrochloride [4229-44-1]

是药物氟西汀、替泊沙林、舍曲林的中间体

【生产厂】[浙]浙江华海药业股份有限公司〈P1964〉

三羟甲基氨基甲烷 C02160401

Tri(hydroxymethyl) aminomethane [77-86-1]

用作医药中间体及用于有机合成

【生产厂】[苏]苏州工业园区亚科化学试剂有限公司〈P1900〉;苏州市吴赣化工有限责任公司〈P1905〉;吴江市东风化工有限公司(30吨)〈P1910〉;[鲁]淄博星之联化工有限公司(500吨)〈P2074〉

三(羟甲基)氨基甲烷盐酸盐 C02160451

Tri(hydroxymethyl) aminomethane hydrochloride [1185-53-1]

用作有机合成中间体

【生产厂】[苏]苏州工业园区亚科化学试剂有限公司〈P1900〉

乙二胺;1,2-二氨基乙烷;乙烯二胺 C02160501

1,2-Diaminoethane; Ethylene diamine [107-15-3]

用于医药、农药、染料、塑料、橡胶等工业

【生产厂】[津]天津振泰化工有限公司〈P1617〉;[鲁]济南宏业音像化工有限责任公司(2000吨)〈P2022〉;济南弘易化工厂(2000吨)〈P2021〉;[鄂]武汉市合中化工制造有限公司〈P2232〉

【使用厂】[津]天津市延安化工厂〈P1610〉;天津天成制药有限公司〈P1614〉;天津燕海化学有限公司〈P1616〉;天津市顶福化工总厂〈P1585〉;[冀]石家庄市有机化工厂〈P1632〉;河北双吉化工有限公司〈P1622〉;[辽]沈阳丰收农药有限公司〈P1685〉;沈阳化工研究院试验厂〈P1686〉;[吉]吉林省舒兰合成药业股份有限公司〈P1716〉;[沪]华东理工大学华昌聚合物有限公司〈P1726〉;上海南翔试剂有限公司〈P1754〉;上海源大精细化工有限公司〈P1776〉;上海经纬化工有限公司〈P1745〉;[苏]南通新广生化工有限公司〈P1836〉;南通宝叶化工有限公司〈P1832〉;南京红宝丽股份有限公司〈P1784〉;江苏省溧阳市制药厂〈P1861〉;昆山市南方化工厂〈P1897〉;昆山三友医药辅料厂〈P1896〉;利民化工有限责任公司〈P1793〉;张家港丰达制药有限公司〈P1911〉;江苏华派集团〈P1807〉;[浙]浙江化工科技集团有限公司精细化工厂〈P1927〉;[皖]黄山市华美精细化工有限公司〈P1981〉;安徽省歙县宏大化工有限公司〈P1980〉;[闽]福建三农集团股份有限公司〈P1994〉;[鲁]济南鲁联集团试剂有限公司〈P2023〉;山东

富安集团农药有限公司〈P2052〉;枣庄市世纪新星化工有限责任公司〈P2080〉;曲阜市天昊化工助剂有限公司〈P2130〉;山东省泰和水处理有限公司〈P2077〉;淄博开发区三威化工厂〈P2064〉;山东滕州悟通香料有限责任公司〈P2078〉;淄博华王化工有限公司〈P2062〉;曲阜市万达化工有限公司〈P2130〉;[豫]开封化学试剂总厂〈P2176〉;沁阳市九菱化工厂〈P2198〉;[鄂]武汉风帆化工有限公司〈P2229〉;[湘]长沙市有机试剂厂〈P2247〉;[粤]广州化学试剂厂〈P2261〉;[川]成都天华科技股份有限公司〈P2315〉

乙二胺盐酸盐 C02160511

Ethylenediamine hydrochloride [18299-54-2]

用作医药中间体、有机化工原料

【生产厂】[浙]湖州长盛化工有限公司〈P1945〉

乙二胺氢溴酸盐 C02160521

Ethylenediamine hydrobromide

【生产厂】[浙]湖州长盛化工有限公司〈P1945〉

N,*N*-二乙基乙二胺 C02160531

N, *N*-Diethylethylenediamine; *N*, *N*-Diethyl-1, 2-ethanediamine [100-36-7]

【生产厂】[京]北京朝福化工实验厂〈P1544〉;[津]天津运盛化学品有限公司〈P1617〉;天津振泰化工有限公司〈P1617〉;[吉]辽源市银鹰制药有限责任公司(100 吨)〈P1718〉;[苏]淮安市华东化工研究所〈P1801〉;淮安德邦化工有限公司(200 吨)〈P1801〉

1,2-二苯基乙二胺 C02160551

1,2-Diphenylethylenediamine [16635-95-3]

【生产厂】[浙]浙江物产崇一医药化工有限公司〈P1956〉

(1*S*,2*S*)-1,2-二苯基乙二胺 C02160561

(1*S*,2*S*)-1,2-Diphenyl-1,2-ethanediamine [35132-20-8]

【生产厂】[川]成都丽凯手性技术有限公司〈P2313〉;四川艾格尔生物科技有限公司〈P2317〉

(1*R*,2*R*)-1,2-二苯基乙二胺 C02160563

(1*R*,2*R*)-1,2-Diphenyl-1,2-ethanediamine [29841-69-8]

【生产厂】[川]成都丽凯手性技术有限公司〈P2313〉;四川艾格尔生物科技有限公司〈P2317〉

N-乙基苯胺 C02160601

N-Ethylaniline [103-69-5]

用作农药及染料中间体、橡胶促进剂等

【生产厂】[苏]无锡市汇友化工有限公司〈P1876〉;滨海恒联化工有限公司〈P1805〉;[浙]嘉兴市通元化工有限公司〈P1942〉;嘉兴市江南化工厂(1000 吨)〈P1941〉;[渝]重庆长风化工厂(297 吨)〈P2303〉

对甲基苯乙胺;4-甲基苯乙胺 C02160605

4-Methylphenethylamine [3261-62-9]

【生产厂】[苏]江苏省句容市中山化工研究所〈P1842〉

邻氟苯乙胺;2-氟苯乙胺 C02160607

2-Fluorophenethylamine [52721-69-4]

【生产厂】[苏]江苏省句容市中山化工研究所〈P1842〉

间氟苯乙胺;3-氟苯乙胺 C02160608

3-Fluorophenethylamine [404-70-6]

【生产厂】[苏]江苏省句容市中山化工研究所〈P1842〉

对氟苯乙胺;4-氟苯乙胺 C02160609

4-Fluorophenethylamine [1583-88-6]

【生产厂】[苏]江苏省句容市中山化工研究所〈P1842〉

邻甲氧基苯乙胺 C02160620

o-Methoxyphenylethylamine [2045-79-6]

【生产厂】[苏]江苏省句容市中山化工研究所〈P1842〉

对甲氧基苯乙胺 C02160621

p-Methoxyphenylethylamine [55-81-2]

【生产厂】[苏]江苏省句容市中山化工研究所〈P1842〉;江苏飞翔化工(张家港)有限公司〈P1893〉

间甲氧基苯乙胺 C02160622

m-Methoxyphenylethylamine [2039-67-0]

【生产厂】[苏]江苏省句容市中山化工研究所〈P1842〉

3,4-二甲氧基苯乙胺 C02160623

3,4-Dimethoxyphenylethylamine [120-20-7]

是合成维拉帕米、贝凡洛尔等心血管药物的中间体

【生产厂】[津]天津环威精细化工有限公司〈P1574〉;[苏]江苏省句容市中山化工研究所〈P1842〉;常州泰戈化工有限公司〈P1857〉;常熟市益康化工有限公司〈P1891〉;江苏飞翔化工(张家港)有限公司〈P1893〉;[浙]浙江燎原药业有限公司(50 吨)〈P1965〉

2,5-二甲氧基苯乙胺 C02160624

2,5-Dimethoxyphenylethylamine [3600-86-0]

是合成多巴和罂粟碱等药物的重要中间体

【生产厂】[津]天津环威精细化工有限公司〈P1574〉;[苏]常熟市益康化工有限公司〈P1891〉;[湘]湘潭高新区林盛化学有限公司〈P2251〉

对羟基苯乙胺;4-羟基苯乙胺;酪胺 C02160631

4-Hydroxyphenethylamine [51-67-2]

用于有机合成

【生产厂】[津]天津市百灵消毒剂有限责任公司〈P1579〉;[冀]武强县长虹化工有限公司〈P1669〉;[苏]江苏省句容市中山化工研究所〈P1842〉;江苏飞翔化工(张家港)有限公司〈P1893〉;江苏省姜堰市鑫鑫化工有限公司(40 吨)〈P1822〉

对羟基苯乙胺盐酸盐;酪胺盐酸盐 C02160635

4-Hydroxyphenylethylamine hydrochloride; Tyramine hydrochloride [60-19-5]

用作有机合成中间体

【生产厂】[苏]江苏飞翔化工(张家港)有限公司〈P1893〉;江苏省姜堰市鑫鑫化工有限公司(50 吨)〈P1822〉;[浙]横店集团家园化工有限公司〈P1952〉;[陕]陕西金阳化工有限公司〈P2346〉

N-(对氯苯甲酰基)酪胺;*N*-(对氯苯甲酰基)-4-羟基苯乙胺 C02160637

N-(*p*-Chlorobenzoyl)-4-hydroxyphenylethylamine

【生产厂】[苏]江苏飞翔化工(张家港)有限公司〈P1893〉;[浙]浙江优联医药化工有限公司〈P1928〉

C

N,N-二甲基酪胺;N,N-二甲基-4-羟基苯乙胺 C02160639
N,N-Dimethyl-4-hydroxyphenylethylamine
【生产厂】[苏]江苏飞翔化工(张家港)有限公司〈P1893〉

2,4-二氯-α-苯乙胺 C02160663
2,4-Dichloro-α-phenethylamine
【生产厂】[川]成都丽凯手性技术有限公司〈P2313〉

对溴-α-苯乙胺 C02160665
4-Bromo-α-phenylethylamine [24358-62-1]
【生产厂】[浙]浙江物产崇一医药化工有限公司〈P1956〉;[皖]安徽省广德科苑化工有限公司〈P1986〉

2,5-二甲氧基-4-正丙硫基苯乙胺 C02160667
2,5-Dimethoxy-4-*n*-propylthiophenylethylamine [207740-26-9]
【生产厂】[浙]浙江物产崇一医药化工有限公司〈P1956〉

N-甲基-3,4-二甲氧基苯乙胺 C02160669
N-Methyl-3,4-dimethoxyphenylethylamine
用作医药中间体
【生产厂】[浙]杭州科本化工有限公司〈P1920〉

邻甲氧基苯氧基乙胺盐酸盐;2-(2-甲氧基)苯氧基乙胺盐酸盐 C02160681
2-(2-Methoxyphenoxy)ethylamine hydrochloride [64464-07-9]
用作医药中间体
【生产厂】[辽]沈阳福宁药业有限公司〈P1685〉;[苏]苏州市苏瑞医药化工有限公司〈P1905〉;徐州市爱克医药科技有限公司〈P1795〉;[浙]杭州科本化工有限公司〈P1920〉;[鲁]山东曲阜弘利化工有限公司〈P2132〉

2-甲氧基苯氧基乙胺 C02160685
2-(2-Methoxyphenoxy)ethylamine [1836-62-0]
医药中间体,用于盐酸氨磺洛尔、卡维地洛、愈创他明等原料药合成
【生产厂】[辽]沈阳福宁药业有限公司〈P1685〉;[苏]苏州市苏瑞医药化工有限公司〈P1905〉;徐州市爱克医药科技有限公司〈P1795〉

苯氧乙胺 C02160689
Phenoxyethylamine
用于萘法唑酮等原料药合成
【生产厂】[苏]徐州市爱克医药科技有限公司〈P1795〉

1,3-二(4′-氨基苯氧基)苯 C02160691
1,3-Bis(4′-aminophenoxy)benzene [2479-46-1]
【生产厂】[浙]湖州恩贝希生物原料有限公司〈P1945〉

乙烯亚胺;氮丙环;吖丙啶 C02160701
Ethyleneimine [151-56-4]
用于有机合成,并用作黏合剂、诱变剂,在电镀工业中用于新型光亮剂的生产
【生产厂】[浙]杭州中香化学有限公司〈P1925〉;[鲁]潍坊杜得利化学工业有限公司〈P2101〉;[鄂]武汉市强龙化工新材料有限责任公司〈P2233〉

2,2-二甲基环丙甲酰胺 C02160711
2,2-Dimethylcyclopropanecarboxamide [75885-58-4]
【生产厂】[浙]上虞市华康化工有限公司〈P1948〉

双环丙基甲胺 C02160751
Dicyclopropyl methylamine [13375-29-6]
用作医药和有机合成中间体
【生产厂】[冀]河北欣港药业有限公司〈P1623〉

二乙胺;DEA C02160801
Diethylamine [109-89-7]
用作医药、农药的中间体及橡胶促进剂
【生产厂】[冀]中国昊华集团宣化有限公司(1000吨)〈P1650〉;[沪]上海建北有机化工有限公司〈P1742〉;[浙]杭州浙大泛科化工有限公司〈P1925〉;建德市新化化工有限责任公司(2400吨)〈P1926〉;浙江建德建业有机化工有限公司(3000吨)〈P1928〉;[青]青海黎明化工有限责任公司(500吨)〈P2359〉
【使用厂】[晋]大同江龙药业有限公司〈P1672〉;[辽]丹东医创药业有限责任公司〈P1701〉;东北制药总厂〈P1684〉;[吉]辽源市百康药业有限责任公司〈P1717〉;[沪]上海南翔试剂有限公司〈P1754〉;[苏]苏州益良药业有限公司〈P1907〉;[鲁]淄博元兴化工有限公司〈P2075〉;山东方明药业股份有限公司〈P2160〉;淄博华王化工有限公司〈P2062〉;[鄂]湖北仙隆化工股份有限公司〈P2245〉;[湘]株洲选矿药剂厂〈P2250〉;[川]四川省化工研究设计院〈P2319〉

盐酸二乙胺;二乙胺盐酸盐;二乙基氯化铵 C02160802
Diethylamine hydrochloride [660-68-4]
【生产厂】[沪]上海南翔试剂有限公司(10吨)〈P1754〉;[浙]杭州浙大泛科化工有限公司〈P1925〉;湖州长盛化工有限公司〈P1945〉

二乙胺溴氢酸盐 C02160803
Diethylamine hydrobromide [6274-12-0]
【生产厂】[浙]湖州长盛化工有限公司〈P1945〉

3-氯-2-羟丙基三甲基氯化铵;阳离子醚化剂 C02160810
3-Chloro-2-hydroxypropyltrimethyl ammonium chloride [3327-22-8]
用于制备阳离子淀粉、阳离子型聚丙烯酰胺、电镀添加剂、纺织印染助剂、抗静电剂及造纸助剂等
【生产厂】[辽]沈阳东宇精细化工有限公司〈P1685〉;[苏]江苏飞翔化工(张家港)有限公司〈P1893〉;[浙]杭州市银湖化工有限公司〈P1922〉;[鲁]淄博张店东方化学股份有限公司(2000吨)〈P2076〉;山东省东营国丰精细化工有限责任公司〈P2085〉;潍坊润丰造纸助剂有限公司〈P2104〉;烟台开发区三贡化工有限公司〈P2117〉;[豫]郑州中吉精细化工有限公司〈P2175〉;[桂]南宁市化工研究设计院(600吨)〈P2297〉;[陕]陕西大生化学科技有限公司〈P2346〉;交大瑞森渭南化学工业有限责任公司〈P2352〉

十六酰胺基丙基三甲基氯化铵 C02160813
Palmitoylamidopropyltrimethylammonium chloride
是一种新型的季铵盐调理剂,可用于洗发水、护发素、焗油膏等
【生产厂】[浙]宁波东方永宁化工科技有限公司〈P1930〉

二乙基二烯丙基氯化铵 C02160819

Diethyl diallyl ammonium chloride

主要用于合成高分子聚合物单体

【生产厂】[浙]杭州市银湖化工有限公司〈P1922〉

四乙基溴化铵 C02160821

Tetraethyl ammonium bromide [71-91-0]

用作相转移催化剂

【生产厂】[京]北京朝福化工实验厂〈P1544〉;[沪]上海凯洛格化工科技有限公司〈P1747〉;[苏]江苏省金坛市西南化工研究所〈P1860〉;宜兴市芳桥东方化工厂(240 吨)〈P1884〉;盐城市龙升精细化工厂〈P1811〉;响水县科伟精细化工有限公司〈P1809〉;[浙]建德市新化化工有限责任公司〈P1926〉;[闽]厦门市先端科技有限公司〈P1993〉;[赣]广丰县弘立化工厂(120 吨)〈P2014〉

甲基三乙基氯化铵 C02160822

Methyltriethylammonium chloride

【生产厂】[京]北京朝福化工实验厂〈P1544〉;[苏]江苏省金坛市西南化工研究所〈P1860〉

甲基三丁基氯化铵 C02160823

Methyltributylammonium chloride

【生产厂】[闽]厦门市先端科技有限公司〈P1993〉

甲基三辛基氯化铵 C02160825

Methyltrioctylammonium chloride [5137-55-3]

【生产厂】[苏]如皋市万利化工有限责任公司〈P1838〉;[闽]厦门市先端科技有限公司〈P1993〉

甲基三辛基溴化铵;三辛基甲基溴化铵 C02160829

Methyltrioctylammonium bromide

【生产厂】[闽]厦门市先端科技有限公司〈P1993〉

苄基三甲基溴化铵 C02160831

Benzyltrimethyl ammonium bromide [5350-41-4]

【生产厂】[京]北京朝福化工实验厂〈P1544〉;[苏]江苏省金坛市西南化工研究所〈P1860〉;[闽]厦门市先端科技有限公司〈P1993〉

乙基三甲基溴化铵 C02160835

Ethyltrimethylammonium bromide

【生产厂】[京]北京朝福化工实验厂〈P1544〉

丙基三乙基溴化铵 C02160837

Propyltriethylammonium bromide

【生产厂】[京]北京朝福化工实验厂〈P1544〉

甲基三乙基溴化铵 C02160839

Methyltriethylammonium bromide

【生产厂】[京]北京朝福化工实验厂〈P1544〉

苄基三乙基溴化铵 C02160841

Benzyltriethyl ammonium bromide [5197-95-5]

【生产厂】[京]北京朝福化工实验厂〈P1544〉;[苏]江苏省金坛市西南化工研究所〈P1860〉;[闽]厦门市先端科技有限公司〈P1993〉;[赣]广丰县弘立化工厂(36 吨)〈P2014〉

甲基三丁基溴化铵 C02160843

Methyltributylammonium bromide

【生产厂】[京]北京朝福化工实验厂〈P1544〉;[闽]厦门市先端科技有限公司〈P1993〉

乙基三丁基溴化铵 C02160844

Ethyltributylammonium bromide

【生产厂】[京]北京朝福化工实验厂〈P1544〉

苄基三丁基溴化铵 C02160845

Benzyltributylammonium bromide [25316-59-0]

【生产厂】[京]北京朝福化工实验厂〈P1544〉;[苏]江苏省金坛市西南化工研究所〈P1860〉;[闽]厦门市先端科技有限公司〈P1993〉

丙基三丁基溴化铵 C02160846

Propyltributylammonium bromide

【生产厂】[京]北京朝福化工实验厂〈P1544〉

苄基三丙基溴化铵 C02160847

Benzyltripropyl ammonium bromide

【生产厂】[闽]厦门市先端科技有限公司〈P1993〉

苄基三苯基溴化铵 C02160849

Benzyltriphenylammonium bromide

【生产厂】[苏]江苏省金坛市西南化工研究所〈P1860〉

苄基三丁基氯化铵 C02160851

Benzyltributylammonium chloride [23616-79-7]

【生产厂】[京]北京朝福化工实验厂〈P1544〉;[苏]江苏省金坛市西南化工研究所〈P1860〉;[闽]厦门市先端科技有限公司〈P1993〉

苄基三丙基氯化铵 C02160855

Benzyltripropyl ammonium chloride

【生产厂】[闽]厦门市先端科技有限公司〈P1993〉

苄基三甲基氯化铵;三甲基苄基氯化铵 C02160861

Benzyltrimethylammonium chloride [56-93-9]

用作医药中间体及相转移催化剂

【生产厂】[京]北京朝福化工实验厂〈P1544〉;[苏]江苏省金坛市西南化工研究所〈P1860〉;[浙]杭州中香化学有限公司〈P1925〉;[闽]厦门市先端科技有限公司〈P1993〉;[赣]广丰县弘立化工厂(60 吨)〈P2014〉;[鲁]淄博东港化学制品有限公司〈P2059〉

苯基三甲基氯化铵 C02160871

Phenyltrimethylammonium chloride [138-24-9]

【生产厂】[京]北京马氏精细化学品有限公司〈P1555〉;[闽]厦门市先端科技有限公司〈P1993〉

苯基三甲基溴化铵 C02160875

Phenyltrimethylammonium bromide [16056-11-4]

【生产厂】[苏]江苏省金坛市西南化工研究所〈P1860〉;[闽]厦门市先端科技有限公司〈P1993〉

三丙基甲基氯化铵 C02160883

Tripropylmethylammonium chloride

【生产厂】[闽]厦门市先端科技有限公司〈P1993〉

三丙基甲基溴化铵 C02160887

Tripropylmethylammonium bromide

【生产厂】[闽]厦门市先端科技有限公司〈P1993〉

丙基三甲基溴化铵 C02160889
Propyltrimethylammonium bromide
【生产厂】[京]北京朝福化工实验厂〈P1544〉

环氧丙基三甲基氯化铵 C02160891
(2,3-Epoxypropyl)trimethylammonium chloride
[3033-77-0]
用于有机合成、造纸工业、水处理工业等
【生产厂】[鲁]山东省东营国丰精细化工有限责任公司〈P2085〉;烟台开发区三贡化工有限公司〈P2117〉

烯丙基三甲基氯化铵 C02160895
Allyltrimethylammonium chloride
【生产厂】[苏]江苏省金坛市西南化工研究所〈P1860〉;[川]四川光亚科技股份有限公司〈P2334〉

烯丙基三甲基溴化铵 C02160899
Allyltrimethylammonium bromide [3004-51-1]
用于医药
【生产厂】[苏]江苏省金坛市西南化工研究所(500 千克)〈P1860〉

哌嗪(六水);二乙烯二胺(六水) C02160901
Diethylenediamine, hexahydrate; Piperazine hexahydrate
[142-63-2]
用于医药及有机化合物的合成
【生产厂】[苏]常州蓝航涂料助剂有限公司〈P1848〉;常州市东业化学品公司〈P1850〉;[鲁]淄博开发区医药化工厂(100 吨)〈P2064〉;[粤]汕头金石制药总厂〈P2276〉
【使用厂】[豫]河南福森药业有限公司〈P2223〉;河南康泰制药集团公司〈P2166〉;[川]乐山三九长征药业股份有限公司〈P2332〉

哌嗪;哌嗪(无水) C02160902
Piperazine, anhydrous; Diethylene diamine anhydrous
[110-85-0]
作为医药中间体,主要用于制磷酸哌嗪、氟奋乃静和利福平等,也用于制润湿剂、乳化剂、分散剂、抗氧剂等
【生产厂】[冀]石家庄合佳保健品有限公司〈P1626〉;[苏]常州蓝航涂料助剂有限公司〈P1848〉;江苏雅克化工有限公司〈P1866〉;苏州市中发医药化工有限公司〈P1906〉;[赣]江西昌九金桥化工有限公司〈P2008〉;[豫]河南延化化工有限责任公司〈P2202〉;新乡市巨晶化工有限责任公司(3000 吨)〈P2205〉
【使用厂】[津]天津市中央药业有限公司〈P1613〉;[辽]锦州九洋药业有限责任公司〈P1702〉;[苏]常熟市医药原料厂〈P1891〉;[浙]浙江椒江制药厂〈P1965〉;浙江九洲药业股份有限公司〈P1965〉;[豫]河南省安阳市益康制药厂〈P2211〉

六氢哒嗪 C02160911
Hexahydropyridazine
用作有机中间体
【生产厂】[浙]浙江新农化工股份有限公司〈P1970〉

***R*-(-)-2-甲基哌嗪** C02160921
R-(-)-2-Methylpiperazine [75336-86-6]
【生产厂】[赣]江西犇牛医药化工有限公司〈P2015〉;[川]爱斯特(成都)医药技术有限公司〈P2309〉

***S*-(+)-2-甲基哌嗪** C02160925
S-(+)-2-Methylpiperazine [74879-18-8]
【生产厂】[赣]江西犇牛医药化工有限公司〈P2015〉

***N*-苯基哌嗪**;1-苯基哌嗪 C02160931
N-Phenylpiperazine [92-54-6]
【生产厂】[津]天津市筠凯化工科技有限公司〈P1597〉;[赣]江西省励远化工科技实业公司〈P2009〉;[鲁]济南诚汇双达化工有限公司〈P2020〉

1-甲基-3-苯基哌嗪 C02160961
1-Methyl-3-phenylpiperazine
【生产厂】[沪]上海泰顿化工有限公司〈P1766〉;[苏]上海三维制药公司太仓岳王药物原料厂〈P1898〉;[浙]浙江燎原药业有限公司(50 吨)〈P1965〉

***N*-(2-四氢呋喃甲酰基)哌嗪**;四氢糠酰哌嗪 C02160972
N-(2-Tetrahydrofuroyl)piperazine [63074-07-7]
用作盐酸特拉唑嗪中间体
【生产厂】[津]天津市筠凯化工科技有限公司〈P1597〉;[渝]重庆威尔德·浩瑞医药化工有限公司(15 吨)〈P2307〉

***N*-(2-呋喃甲酰基)哌嗪**;*N*-(2-糠酰基)哌嗪 C02160974
N-(2-Furoyl)piperazine [40172-95-0]
【生产厂】[津]天津市筠凯化工科技有限公司〈P1597〉;[苏]苏州市畅通化学品有限公司〈P1903〉

1-(2,3-二甲基苯基)哌嗪盐酸盐 C02160979
1-(2,3-Dimethylphenyl)piperazine hydrochloride
[80836-96-0]
【生产厂】[苏]泰兴市三川化工有限公司〈P1826〉;徐州市爱克医药科技有限公司〈P1795〉

1-(3-氯苯基)哌嗪盐酸盐 C02160981
1-(3-Chlorophenyl)piperazine dihydrochloride
[51639-49-7]
用于依托哌酮、曲唑酮、萘法唑酮、洛丁布罗芬等原料药合成
【生产厂】[苏]苏州海宇生物科技有限公司〈P1900〉;徐州市爱克医药科技有限公司〈P1795〉

1-(4-氯苯基)哌嗪盐酸盐;对氯苯基哌嗪盐酸盐 C02160983
1-(4-Chlorophenyl)piperazine dihydrochloride
[38869-46-4]
【生产厂】[苏]徐州市爱克医药科技有限公司〈P1795〉

1-(2,3-二氯苯基)哌嗪 C02160986
1-(2,3-Dichlorophenyl)piperazine
用于阿哌利唑等原料药合成
【生产厂】[苏]昆山化工医药原料有限公司〈P1895〉

1-(2,3-二氯苯基)哌嗪盐酸盐 C02160987
1-(2,3-Dichlorophenyl)piperazine dihydrochloride
[119532-26-2]
用于阿哌利唑等原料药合成
【生产厂】[沪]上海康鸣高科技有限公司〈P1748〉;[苏]泰兴

市三川化工有限公司〈P1826〉;苏州海宇生物科技有限公司〈P1900〉;徐州市爱克医药科技有限公司〈P1795〉;[浙]浙江省台州市椒江天一化工厂〈P1966〉

1-(3-氯苯基)-4-(3-氯丙基)哌嗪盐酸盐 C02160989

1-(3-Chlorophenyl)-4-(3-chloropropyl) piperazine dihydrochloride [39577-43-0]

是药物曲唑酮、依托哌酮等的中间体

【生产厂】[苏]苏州海宇生物科技有限公司〈P1900〉;[皖]安徽丰原集团〈P1974〉

N,*N*-二羟乙基苯胺 C02161001

N,*N*-Dihydroxyethylaniline [120-07-0]

用作染料中间体

【生产厂】[苏]无锡市汇友化工有限公司〈P1876〉;滨海恒联化工有限公司〈P1805〉;[浙]嘉兴市通元化工有限公司〈P1942〉

间氯双羟乙基苯胺;3-氯-*N*,*N*-二(2-羟基乙基)苯胺 C02161005

3-Chloro-*N*,*N*-di(2-hydroxyethyl) aniline [92-00-2]

用作染料中间体

【生产厂】[苏]无锡市汇友化工有限公司〈P1876〉

二乙醇胺 C02161101

Diethanolamine;2,2′-Dihydroxydiethylamine [111-42-2]

用作气体的净化剂,也用作合成药物及有机合成的原料

【生产厂】[冀]石家庄市海森化工有限公司〈P1629〉;[沪]中国石油化工股份有限公司上海高桥分公司〈P1780〉;[苏]常州太华化工原料有限公司〈P1857〉;[鲁]潍坊密恩化工有限公司〈P2103〉

【使用厂】[沪]上海天坛助剂有限公司〈P1767〉;上海南翔试剂有限公司〈P1754〉;上海旭东海普药业有限公司〈P1773〉;上海制皂有限公司〈P1778〉;[苏]南京白敬宇制药有限责任公司〈P1782〉;南京添喜精细化工有限责任公司〈P1790〉;宜兴市腾蛟化工材料有限公司〈P1887〉;常州市武进运波化工有限公司〈P1855〉;[浙]杭州萧山飞翔化工有限公司〈P1923〉;[鲁]兖矿鲁南化肥厂〈P2080〉;山东胜邦绿野化学有限公司〈P2029〉;青岛市平度银河福利助剂厂〈P2043〉;[豫]河南省化工研究所〈P2167〉

N-乙基庚胺 C02161141

N-Ethylheptylamine [66793-76-8]

用作药物富马酸伊布利特中间体

【生产厂】[渝]重庆赛维药业有限公司〈P2306〉

庚胺;正庚胺;1-氨基庚烷 C02161151

n-Heptylamine;1-Aminoheptane [111-68-2]

【生产厂】[浙]建德市新化化工有限责任公司〈P1926〉

正二十二胺;山萮胺 C02161171

n-Docosylamine

用作水处理剂、纤维柔软剂、抗静电剂、乳化剂、化肥抗结块剂和矿物浮选剂等

【生产厂】[川]四川泸天化股份有限公司〈P2323〉

3,4-二乙氧基苯乙胺 C02161201

3,4-Diethoxyphenylethylamine [61381-04-2]

用作药物屈他维林中间体

【生产厂】[浙]浙江燎原药业有限公司(30 吨)〈P1965〉;普洛康裕股份有限公司〈P1953〉

对氨基苯乙胺 C02161251

4-Aminophenethylamine [13472-00-9]

用作医药中间体

【生产厂】[苏]常州康力化工有限公司〈P1848〉

对硝基苯乙胺盐酸盐 C02161291

4-Nitrophenethylamine hydrochloride [29968-78-3]

用作医药中间体

【生产厂】[苏]常州康力化工有限公司〈P1848〉

二甲胺 C02161300

Dimethylamine [124-40-3]

用作生产药物、染料、农药、皮革去毛剂、橡胶硫化促进剂、火箭推进剂等的原料

【生产厂】[京]北京朝福化工实验厂〈P1544〉;[黑]牡丹江鸿利化工有限责任公司〈P1723〉;[皖]淮南市恩贝化工有限公司〈P1976〉;[鲁]章丘日月化工有限公司(6 万吨)〈P2031〉;山东华鲁恒升集团有限公司(20 万吨)〈P2144〉;淄博兆凯化工有限公司〈P2076〉;滕州永兴化工有限责任公司(2000 吨)〈P2080〉

【使用厂】[津]天津市有机化工一厂〈P1611〉;天津市农药研究所〈P1600〉;天津天成制药有限公司〈P1614〉;[冀]石家庄林峰化工有限公司〈P1628〉;[辽]丹东明珠特种树脂有限公司〈P1700〉;大连松辽化工有限公司〈P1694〉;[吉]辽源市迪康药业有限责任公司〈P1717〉;[沪]上海华谊集团华原化工有限公司〈P1739〉;上海天坛助剂有限公司〈P1767〉;上海长江化工厂〈P1729〉;上海南翔试剂有限公司〈P1754〉;上海经纬化工有限公司〈P1745〉;[苏]江苏安邦电化有限公司〈P1802〉;南通宝叶化工有限公司〈P1832〉;镇江振邦化工有限公司〈P1846〉;镇江市前进化工有限公司〈P1845〉;江苏省临海化工厂有限公司〈P1808〉;江苏天容集团股份有限公司〈P1861〉;苏州华源农用生物化学品有限公司〈P1901〉;南京红宝丽股份有限公司〈P1784〉;江苏飞翔化工(张家港)有限公司〈P1893〉;常熟市医药原料厂〈P1891〉;昆山市南方化工厂〈P1897〉;江都市大江化工厂〈P1813〉;盐城鸿泰生物工程有限公司〈P1810〉;[浙]海盐博大精细化工有限公司〈P1940〉;[皖]安徽氯碱化工集团有限责任公司〈P1972〉;安徽淮化集团有限公司〈P1976〉;安徽华星化工股份有限公司〈P1984〉;[闽]福建福农生化有限公司〈P1988〉;[赣]江西联达化工有限公司〈P2009〉;赣南果业赣州农药公司〈P2014〉;[鲁]淄博元兴化工有限公司〈P2075〉;山东省单县化工有限公司〈P2160〉;淄博市博山东方化工厂〈P2067〉;肥城阿斯德化工有限公司〈P2134〉;东营东方化学工业有限公司〈P2081〉;山东东大化学工业有限公司〈P2052〉;淄博华王化工有限公司〈P2062〉;安丘市鲁星化学有限公司〈P2088〉;[豫]濮阳市益丰精细化工有限公司〈P2215〉;鹤壁市国峰助剂有限责任公司〈P2199〉;新乡市石油化工厂〈P2206〉;[鄂]湖北仙隆化工股份有限公司〈P2245〉;[桂]广西贺县精细化工厂〈P2300〉;[川]四川省天然气化工研究院〈P2319〉;[青]青海黎明化工有限责任公司〈P2359〉

二甲胺(40%~50%) C02161301

Dimethylamine(40%~50%)[124-40-3]

用作基本有机化工原料、溶剂及助剂

【生产厂】[浙]台州市申源化学品有限公司〈P1962〉;[豫]濮阳市春盛化工有限公司(1400 吨)〈P2213〉;[青]青海黎明化工有限责任公司(1800 吨)〈P2359〉

二甲胺盐酸盐 C02161303

Dimethylamine hydrochloride [506-59-2]
用作制药的原料
【生产厂】[冀]石家庄市栾城县华英工贸有限责任公司〈P1630〉;[吉]吉林省三友精细化工有限责任公司〈P1714〉;[沪]上海索诚化学有限公司〈P1766〉;[皖]安徽省郎溪县联科实业有限公司〈P1986〉;[赣]广丰县弘立化工厂(120 吨)〈P2014〉;[陕]陕西大生化学科技有限公司〈P2346〉

C

二乙烯三胺;二亚乙基三胺 C02161401
Diethylenetriamine [111-40-0]
用于合成聚酰胺树脂、表面活性剂、润滑剂、环氧树脂固化剂等
【生产厂】[津]天津市耀德工商实业公司(800 吨)〈P1610〉;[沪]上海沪试化工有限公司〈P1737〉
【使用厂】[津]天津市东方红化工厂〈P1585〉;天津市延安化工厂〈P1610〉;[沪]上海天坛助剂有限公司〈P1767〉;上海树脂厂有限公司〈P1764〉;[苏]南通新广生化工有限公司〈P1836〉;常州市武进运波化工有限公司〈P1855〉;[赣]江西省赣西化工有限公司〈P2016〉;[鲁]济南鲁联集团试剂有限公司〈P2023〉;山东省泰和水处理有限公司〈P2077〉;山东胜邦绿野化学有限公司〈P2029〉;淄博开发区三威化工厂〈P2064〉;[粤]广州化学试剂厂〈P2261〉

五甲基二乙烯三胺;*N*,*N*,*N*′,*N*′,*N*″-五甲基二亚乙基三胺 C02161421
Pentamethyldiethylenetriamine;*N*,*N*,*N*′,*N*′,*N*″-Pentamethyldiethylenetriamine [3030-47-5]
用作聚氨基甲酸酯软泡的高效催化剂
【生产厂】[苏]江都市大江化工厂〈P1813〉

***N*,*N*-二甲基乙酰胺** C02161501
N,*N*-Dimethylacetamide [127-19-5]
用作合成纤维的原料及有机合成的优良极性溶剂
【生产厂】[冀]河北省化学工业研究院(1000 吨)〈P1621〉;[沪]上海华谊集团华原化工有限公司(2000 吨)〈P1739〉;上海利翔化工有限公司〈P1751〉;上海经纬化工有限公司(1500 吨)〈P1745〉;上海沪试化工有限公司〈P1737〉;[浙]宁波亿得精细化工有限公司〈P1934〉;[鲁]烟台开发区三责化工有限公司〈P2117〉
【使用厂】[苏]扬州亚邦绝缘材料有限公司〈P1820〉;[鲁]山东滕州悟道香料有限责任公司〈P2078〉;万达集团股份有限公司〈P2088〉

***N*,*N*-二甲基氯乙酰胺**;*N*,*N*-二甲基-2-氯乙酰胺 C02161511
N,*N*-Dimethyl-2-chloroacetamide [2675-89-0]
可用于合成中间体
【生产厂】[浙]杭州浙大泛科化工有限公司〈P1925〉

***N*,*N*-二乙基氯乙酰胺**;2-氯-*N*,*N*-二乙基乙酰胺 C02161521
N,*N*-Diethylchloroacetamide;2-Chloro-*N*,*N*-diethylacetamide [2315-36-8]
【生产厂】[浙]杭州浙大泛科化工有限公司〈P1925〉

***N*,*N*-二苯基乙酰胺**;*N*-乙酰二苯胺 C02161531
N,*N*-Diphenylacetamide [519-87-9]
【生产厂】[苏]南京科邦医药化工有限公司〈P1786〉

***N*,*N*-二乙基乙酰胺** C02161541
N,*N*-Diethylacetamide [685-91-6]
用作医药中间体
【生产厂】[冀]河北省化学工业研究院〈P1621〉

对羟基苯乙酰胺 C02161551
p-Hydroxylphenylacetylamide [17194-82-0]
用作医药、有机合成中间体
【生产厂】[冀]河北美化化工有限公司〈P1620〉;中国昊华集团宣化有限公司(100 吨)〈P1650〉;[沪]上海美林康精细化工有限公司〈P1753〉;[苏]泰兴市兴源石化厂〈P1827〉;江苏省姜堰市鑫鑫化工有限公司(350 吨)〈P1822〉;[浙]浙江海宁群力化工有限公司〈P1943〉;横店集团家园化工有限公司〈P1952〉;[皖]安徽李氏化工有限公司〈P1985〉
【使用厂】[津]天津市中央药业有限公司〈P1613〉

3-二氟甲氧基苯胺 C02161561
3-Difluoromethoxyaniline [22236-08-4]
用作医药中间体
【生产厂】[辽]沈阳市宏飞精细化工厂〈P1688〉

4-二氟甲氧基苯胺 C02161565
4-Difluoromethoxyaniline [22236-10-8]
用作医药中间体
【生产厂】[辽]沈阳市宏飞精细化工厂〈P1688〉

4-溴-2-氟苯乙酰胺 C02161571
4-Bromo-2-fluorophenylacetamide
【生产厂】[赣]江西省励远化工科技实业公司〈P2009〉

***N*-(4-二氟甲氧基苯基)乙酰胺**;4-(二氟甲氧基)-*N*-乙酰基苯胺 C02161591
N-(4-Difluoromethoxyphenyl)acetamide
用作原料药泮托拉唑的中间体
【生产厂】[辽]沈阳市宏飞精细化工厂〈P1688〉;[浙]浙江奥马药业有限公司〈P1963〉

***N*-丁基乙酰苯胺**;*N*-丁基-*N*-苯基乙酰胺 C02161595
N-Butylacetanilide;*N*-Butyl-*N*-phenylacetamide [91-49-6]
【生产厂】[冀]保定市乐凯化学有限公司〈P1645〉

***N*,*N*-二甲基乙醇胺**;二甲基乙醇胺;2-二甲氨基乙醇 C02161601
N,*N*-Dimethylethanolamine [108-01-0]
用作医药原料,制造染料、纤维处理剂、防腐添加剂等的中间体,可作水溶性涂料基料、合成树脂溶剂等
【生产厂】[冀]石家庄合佳保健品有限公司〈P1626〉;[苏]江都市大江化工厂〈P1813〉;[浙]浙江普康化工有限公司〈P1959〉;[鄂]武汉有机实业股份有限公司〈P2235〉
【使用厂】[沪]上海南翔试剂有限公司〈P1754〉;[苏]江苏省临海化工厂有限公司〈P1808〉

***N*-甲基单乙醇胺**;MMEA;2-甲氨基乙醇 C02161611
N-Methylmonoethanolamine;MMEA;2-Methylaminoethanol [109-83-1]
用作医药、有机合成中间体

【生产厂】[鄂]武汉有机实业股份有限公司〈P2235〉;湖北志诚化工科技有限公司〈P2243〉

N-苄基乙醇胺;2-苄基氨基乙醇 C02161631
N-Benzylethanolamine;2-Benzylaminoethanol [104-63-2]
【生产厂】[苏]金坛市群乐化工助剂研究所〈P1862〉

N-苄基-N-甲基乙醇胺 C02161641
N-Benzyl-N-methylethanolamine [101-98-4]
用作医药中间体
【生产厂】[苏]苏州市畅通化学品有限公司〈P1903〉;[浙]杭州中香化学有限公司〈P1925〉

苯甲酸单乙醇胺 C02161661
Monoethanolamine benzoate
用作氧化剂、防锈剂,也用于表面活性剂
【生产厂】[辽]海城化工三厂(400吨)〈P1696〉

N-(2-硝基苯基)乙醇胺 C02161671
N-(2-Nitrophenyl) ethanolamine
【生产厂】[苏]南京科邦医药化工有限公司〈P1786〉

二甲氨基乙醇,酒石酸氢盐 C02161691
Dimethylaminoethanol bitartrate [5988-51-2]
【生产厂】[沪]上海迪赛诺公司〈P1731〉;[苏]江阴海达精细化工厂〈P1867〉

N,N-二甲基-1,3-丙二胺;N,N-二甲氨基丙胺 C02161701
N,N-Dimethyl-1,3-propanediamine [109-55-7]
广泛用于制造化妆品原料,如棕榈酰胺二甲基丙胺、椰油酰胺丙基甜菜碱、貂油酰胺丙基胺等
【生产厂】[沪]上海依田化工公司〈P1774〉;[苏]南京曙光化工集团有限公司〈P1789〉;江苏飞翔化工(张家港)有限公司(2000吨)〈P1893〉;江都市大江化工厂〈P1813〉;[浙]宁波远欧精细化工有限公司〈P1934〉

N,N-二甲基丙烯胺;二甲基丙烯胺;二甲基烯丙基胺 C02161703
N,N-Dimethylallylamine;Allyldimethylamine [2155-94-4]
用于合成农药杀虫双,用作阳离子季铵盐单体
【生产厂】[鲁]山东鲁岳化工有限公司(200吨)〈P2136〉

N,N-二乙基-1,3-丙二胺;二乙氨基丙胺;3-(二乙氨基)丙胺 C02161711
N,N-Diethyl-1,3-propanediamine;3-(Diethylamino) propylamine [104-78-9]
主要用作染料、颜料、表面活性剂、医药合成的中间体
【生产厂】[苏]南京曙光化工集团有限公司〈P1789〉;昆山市陆家红星化工厂〈P1897〉;[浙]宁波远欧精细化工有限公司〈P1934〉

1,4-丁二胺双盐酸盐 C02161729
1,4-Butanediamine dihydrochloride
【生产厂】[沪]上海依福瑞实业有限公司〈P1774〉

1,3-丙二胺 C02161731
1,3-Diaminopropane;1,3-Proplenediamine [109-76-2]
用于医药、农药的合成,是造纸、纺织、皮革工业的辅助原料,还用于环氧树脂固化剂的合成
【生产厂】[沪]上海建北有机化工有限公司〈P1742〉;[浙]浙江台州清泉医药化工有限公司〈P1968〉
【使用厂】[鲁]山东滕州悟通香料有限责任公司〈P2078〉

N-甲基-3-苯基-3-羟基丙胺 C02161741
N-Methyl-3-phenyl-3-hydroxypropylamine [42142-52-9]
【生产厂】[浙]浙江白云伟业化工股份有限公司〈P1950〉;[鲁]山东博森精细化工有限公司〈P2084〉

N,N-二羟乙基癸氧丙基胺 C02161751
N,N-Dihydroxyethyldecyloxypropylamine
【生产厂】[鲁]山东临邑鲁晶化工有限公司(150吨)〈P2144〉

丁二酰亚胺;琥珀酰亚胺 C02161761
Succinimide [123-56-8]
用于合成药物、植物生长刺激素等
【生产厂】[京]北京冶建新技术公司精细化工厂〈P1564〉;[津]天津天成制药有限公司(200吨)〈P1614〉;[苏]南京苏如化工有限公司〈P1789〉;南京锐马精细化工有限公司〈P1788〉;江苏华派集团(60吨)〈P1807〉;[浙]浙江德清县银苑化工有限公司〈P1946〉;台州市新东方医化有限公司〈P1962〉;[豫]临颍县颍华技术开发有限公司(100吨)〈P2220〉;河南联科药业有限公司(10吨)〈P2221〉;[陕]陕西渭南惠丰化学工业有限责任公司〈P2352〉;陕西宝鸡宝玉化工有限公司〈P2351〉

N-苄氧羰氧基丁二酰亚胺;苄基琥珀酰亚胺基碳酸酯 C02161781
N-(Benzyloxycarbonyloxy) succinimide [13139-17-8]
用作多肽试剂
【生产厂】[沪]上海万凯化学有限公司〈P1768〉;吉尔生化(上海)有限公司〈P1726〉;[苏]扬州宝盛生物化工有限公司〈P1817〉

N-碘代丁二酰亚胺 C02161785
N-Iodosuccinimide [516-12-1]
主要作为生物制药中的医药中间体
【生产厂】[沪]上海邦成化工有限公司〈P1728〉;[苏]南京锐马精细化工有限公司〈P1788〉;[浙]浙江德清县银苑化工有限公司〈P1946〉

二烯丙基胺 C02161791
Diallylamine [124-02-7]
用作有机合成原料、离子净水剂、聚合物单体、制药中间体等
【生产厂】[辽]大连瑞泽农药股份有限公司〈P1693〉;[浙]杭州浙大泛科化工有限公司〈P1925〉;[鲁]山东梁邹矿业集团公司(200吨)〈P2156〉;邹平铭兴化工有限公司(1000吨)〈P2158〉;山东鲁岳化工有限公司(1000吨)〈P2136〉

烯丙基胺;3-氨基-1-丙烯 C02161795
Allylamine;3-Amino-1-propene [107-11-9]
用作制药中间体、乳液改性剂、有机合成和树脂改性剂、硅产品等的中间体
【生产厂】[浙]杭州浙大泛科化工有限公司〈P1925〉;[鲁]山东鲁岳化工有限公司(1000吨)〈P2136〉

C

三烯丙基胺 C02161799

Triallylamine [102-70-5]

用于有机合成和树脂改性,还作为高吸收剂的交联剂,离子交换树脂的中间体

【生产厂】[浙]杭州浙大泛科化工有限公司〈P1925〉;[鲁]山东鲁岳化工有限公司(200 吨)〈P2136〉

***N*,*N*-二甲基-1,4-苯二胺**;对氨基二甲基苯胺;*N*,*N*-二甲基对苯二胺 C02161901

N,*N*-Dimethyl-1,4-phenylenediamine [99-98-9]

用作医药、偶氮染料、显影剂及农药等的原料

【生产厂】[苏]连云港中壹精细化工有限公司〈P1801〉

***N*-甲基对苯二胺** C02161951

N-Methyl-1,4-phenylenediamine

【生产厂】[苏]苏州敬业医药化工有限公司〈P1901〉;扬州康宏化工有限公司〈P1817〉

***N*-甲基邻苯二胺** C02161981

N-Methyl-*o*-phenylenediamine

用作医药及染料中间体

【生产厂】[苏]南京科邦医药化工有限公司〈P1786〉;苏州市苏瑞医药化工有限公司〈P1905〉;[浙]湖州新奥特医药化工有限公司〈P1946〉

***N*-甲基邻苯二胺盐酸盐** C02161991

N-Methyl-*o*-phenylenediamine dihydrochloride [25148-68-9]

用作药物替米沙坦中间体

【生产厂】[京]北京诺德恒信化工技术有限公司〈P1556〉;[冀]任丘市华北石油科林环保有限公司〈P1657〉;[苏]南京科邦医药化工有限公司〈P1786〉;[浙]浙江金立源药业有限公司〈P1951〉;湖州恒远生物化学技术有限公司〈P1945〉;浙江同丰医药化工有限公司〈P1969〉;[鲁]临沂瑞达精细化工有限公司(350 千克)〈P2148〉;[渝]重庆赛维药业有限公司〈P2306〉

***N*,*N*-二甲基甲酰胺;DMF**;二甲基甲酰胺 C02162001

N,*N*-Dimethylformamide;DMF [68-12-2]

是优良的有机溶剂,用作聚氨酯、聚丙烯腈、聚氯乙烯的溶剂,亦用作萃取剂、医药和农药杀虫脒的原料

【生产厂】[津]天津市亿天工贸有限公司〈P1610〉;[冀]河北省武邑慈航药业有限公司〈P1666〉;霸州市华厦溶剂精制有限公司〈P1657〉;[辽]沈阳永兴化工有限公司〈P1690〉;盘锦市新兴化工有限公司(3000 吨)〈P1706〉;[苏]宜兴市博兴化工有限公司(8000 吨)〈P1883〉;江苏双菱化工集团有限公司〈P1798〉;连云港市天山化工厂〈P1800〉;南通恒兴电子材料有限公司〈P1833〉;[浙]台州市申源化学品有限公司(5000 吨)〈P1962〉;[皖]安徽淮化集团有限公司(4 万吨)〈P1976〉;淮南市恩贝化工有限公司〈P1976〉;[鲁]章丘日月化工有限公司(4 万吨)〈P2031〉;山东华鲁恒升化工股份有限公司(23 万吨)〈P2144〉;山东华鲁恒升集团有限公司(23 万吨)〈P2144〉;淄博万康医药化工有限公司〈P2074〉;肥城阿斯德化工有限公司(5000 吨)〈P2134〉;[粤]广州许氏三彩塑胶颜料厂〈P2268〉;[川]四川天一科技股份有限公司〈P2319〉

【使用厂】[冀]邯郸市赵都精细化工厂〈P1639〉;[辽]沈阳市试剂三厂〈P1688〉;抚顺石油化工分公司腈纶化工厂〈P1698〉;[黑]哈药集团制药总厂〈P1721〉;[沪]上海五洲药业股份有限公司〈P1770〉;[苏]苏州第四制药厂有限公司〈P1899〉;江苏常余化工有限公司〈P1893〉;南通利田化工有限公司〈P1834〉;江苏省溧阳市制药厂〈P1861〉;张家港金冠化工有限公司〈P1912〉;江苏克胜集团股份有限公司〈P1808〉;常州市化安精细化工有限公司〈P1851〉;如皋市恒祥化工有限责任公司〈P1838〉;江苏德发树脂有限公司〈P1807〉;[浙]浙江台州海翔医药化工有限公司〈P1968〉;浙江海正药业股份有限公司〈P1964〉;浙江椒江制药厂〈P1965〉;浙江震元制药有限公司〈P1952〉;[闽]厦门进尚树脂有限公司〈P1992〉;福建省晋江市华福化工有限公司〈P1998〉;福建兴宇树脂有限公司〈P1999〉;[鲁]烟台市福山区化工研究所有限公司〈P2118〉;烟台氨纶股份有限公司〈P2116〉;山东滕州悟通香料有限责任公司〈P2078〉;[豫]豫浙鹏程化冶总公司〈P2225〉;河南中孚药业有限公司〈P2168〉;[粤]佛山市高明区华驰化工树脂有限公司〈P2287〉;[渝]西南合成制药股份有限公司〈P2303〉;[陕]宝鸡市有机化工厂〈P2351〉

***N*-甲基甲酰胺;MMF** C02162002

N-Methylformamide [123-39-7]

用于合成高效低毒农药单甲脒、双甲脒等,用作有机合成的反应溶剂和精制溶剂,广泛用于医药、染料、香料等

【生产厂】[苏]江苏双菱化工集团有限公司〈P1798〉;[川]四川天一科技股份有限公司〈P2319〉

【使用厂】[苏]江苏省常州华夏农药有限公司〈P1860〉

特戊酰胺 C02162151

tert-Valeramide

【生产厂】[冀]邯郸市林峰精细化工有限公司〈P1638〉

***N*,*N*-二甲基癸酰胺** C02162171

N,*N*-Dimethyldecanamide [14433-76-2]

【生产厂】[沪]上海生农生化制品有限公司〈P1762〉

***N*-环己基-5-氯戊酰胺** C02162191

N-Cyclohexyl-5-chlorovaleramide [15865-18-6]

【生产厂】[沪]上海立科药物化学有限公司〈P1750〉

二异丙胺 C02162201

Diisopropylamine [108-18-9]

用于生产农药、医药、染料、矿物浮选剂、乳化剂以及精细化学品的中间体

【生产厂】[沪]上海建北有机化工有限公司〈P1742〉;[浙]杭州浙大泛科化工有限公司〈P1925〉;建德市新化化工有限责任公司〈P1926〉;浙江建德建业有机化工有限公司(2000 吨)〈P1928〉;浙江省建德市新德化工有限公司〈P1928〉;[青]青海黎明化工有限责任公司(240 吨)〈P2359〉

二异丙基胺锂 C02162251

Lithium diisopropylamide [4111-54-0]

【生产厂】[浙]东港工贸集团有限公司〈P1960〉;[湘]新化县诺威化工有限公司〈P2258〉

***N*-苄基异丙胺;*N*-异丙基苄胺** C02162271

N-Benzylisopropylamine [102-97-6]

【生产厂】[浙]台州市华鼎化工有限公司〈P1961〉

***N*,*N*-二异丙基乙二胺;*N*,*N*-二异丙氨基乙胺** C02162281

N,*N*-Diisopropylethylenediamine;*N*,*N*-Diisopropylamino ethylamine [121-05-1]

【生产厂】［浙］浙江省建德市新德化工有限公司〈P1928〉；浙江普康化工有限公司〈P1959〉

N,N-二异丙基乙胺；N-乙基二异丙胺 C02162291
N,N-Diisopropylethylamine；N-Ethyldiisopropylamine [7087-68-5]
用作溶剂，用于氨基酸多肽合成等
【生产厂】［沪］上海建北有机化工有限公司〈P1742〉；［浙］杭州浙大泛科化工有限公司〈P1925〉；浙江省建德市新德化工有限公司(500吨)〈P1928〉；［豫］濮阳市银泰工贸有限公司〈P2215〉

二异丙醇胺；DIPA C02162301
Diisopropanolamine [110-97-4]
用于天然气及炼厂气中脱除硫化氢和二氧化碳，用于纤维助剂、鞣革剂、杀虫剂、切削油等
【生产厂】［苏］常州市中兴石油化工助剂有限公司(500吨)〈P1856〉；［浙］杭州浙大泛科化工有限公司〈P1925〉

N-苯基苯胺；二苯胺 C02162401
Diphenylamine [122-39-4]
主要用于制造橡胶防老剂、火药安定剂，也用作染料和农药的中间体
【生产厂】［苏］南通新邦化工有限公司〈P1836〉；海安县凯旋助剂厂〈P1829〉；江苏飞亚化学工业有限责任公司(2万吨)〈P1830〉；［豫］河南久玖化工有限公司(8000吨)〈P2165〉
【使用厂】［津］天津市大港染料厂〈P1583〉；［辽］本溪怀特石油化工有限责任公司〈P1699〉；丹东医创药业有限责任公司〈P1701〉；［苏］无锡市高润杰化学有限公司〈P1875〉；［鲁］青岛正好助剂厂〈P2047〉；［豫］河南省开仑化工有限责任公司〈P2211〉；洛阳市乐友化工厂〈P2184〉

4,4′-二甲基二苯胺；双对甲苯基胺 C02162405
4,4′-Dimethyldiphenylamine；Di-p-tolylamine [620-93-9]
【生产厂】［沪］上海中科同力化工材料有限公司〈P1779〉

三苯胺；三苯基胺 C02162411
Triphenylamine [603-34-9]
用于有机合成
【生产厂】［沪］上海中科同力化工材料有限公司〈P1779〉；［苏］镇江市海通化工有限公司〈P1845〉；海安县凯旋助剂厂〈P1829〉

4-甲酰基三苯胺；4-二苯胺基苯甲醛 C02162421
4-Formyltriphenylamine；4-Diphenylaminobenzaldehyde [4181-05-9]
【生产厂】［沪］上海中科同力化工材料有限公司〈P1779〉

4-二对甲苯胺基苯甲醛 C02162429
4-Di-p-tolylaminobenzaldehyde [42906-19-4]
【生产厂】［沪］上海中科同力化工材料有限公司〈P1779〉

2-氨基联苯；邻氨基联苯；邻苯基苯胺 C02162431
2-Aminodiphenyl；o-Phenylaniline [90-41-5]
用作医药中间体
【生产厂】［浙］杭州科本化工有限公司〈P1920〉

氨基二苯基甲烷；二苯甲胺 C02162441
Aminodiphenylmethane [91-00-9]
【生产厂】［沪］上海中康伟业生物科技有限公司〈P1778〉；［苏］南京奥德赛化工有限公司〈P1782〉

N-甲基二苯胺；二苯基甲基胺 C02162451
N-Methyldiphenylamine；Diphenylmethylamine [552-82-9]
用于合成染料、颜料等
【生产厂】［京］北京成宇化工有限公司〈P1545〉

三(4-溴苯基)胺 C02162461
Tris(4-bromophenyl)amine [4316-58-9]
用于电致发光材料
【生产厂】［沪］上海中科同力化工材料有限公司〈P1779〉；［苏］镇江市海通化工有限公司〈P1845〉

3-甲基二苯胺；间甲二苯胺 C02162471
3-Methyldiphenylamine [1205-64-7]
用于有机功能材料和医药的合成
【生产厂】［沪］上海三维制药有限公司〈P1760〉；［苏］南京科邦医药化工有限公司〈P1786〉；［鲁］龙口科达化工有限公司(10吨)〈P2110〉

4-甲基二苯胺；4-甲基-N-苯基苯胺 C02162475
4-Methyldiphenylamine；4-Methyl-N-phenylaniline [620-84-8]
有机合成中间体，用于有机功能材料和医药的合成
【生产厂】［鲁］龙口科达化工有限公司(10吨)〈P2110〉

4-氨基-2-硝基二苯胺 C02162481
4-Amino-2-nitrodiphenylamine
【生产厂】［苏］南京科邦医药化工有限公司〈P1786〉

3-甲基三苯胺 C02162491
3-Methyltriphenylamine
【生产厂】［苏］南京科邦医药化工有限公司〈P1786〉

4-溴三苯胺 C02162495
4-Bromotriphenylamine [36809-26-4]
【生产厂】［沪］上海中科同力化工材料有限公司〈P1779〉

2,5-二氯苯胺 C02162601
2,5-Dichloroaniline；2,5-DCA [95-82-9]
用作染料和颜料中间体，也用于有机合成和制取氮肥增效剂
【生产厂】［冀］河北永泰化工有限公司〈P1623〉；［苏］吴江市汇丰化工厂〈P1910〉；江都市海辰化工有限公司〈P1814〉
【使用厂】［冀］河北省武强县启龙化工有限公司〈P1666〉；［浙］浙江省三门解氏化学工业有限公司〈P1966〉

2,6-二氯苯胺 C02162611
2,6-Dichloroaniline；2,6-DCA [608-31-1]
用作医药中间体，用于合成氧氟沙星、可乐定等，也是染料中间体
【生产厂】［浙］浙江天宇药业有限公司(450吨)〈P1969〉；衢州康环医药化工有限公司〈P1957〉
【使用厂】［浙］浙江省三门解氏化学工业有限公司〈P1966〉

2,4,6-三氯苯胺;三氯苯胺 C02162631
2,4,6-Trichloroaniline [634-93-5]
用作偶氮染料、杀虫剂、杀菌剂、除草剂和照相用碱性品红偶联剂的原料
【生产厂】[浙]浙江同丰医药化工有限公司(500 吨)〈P1969〉;浙江天宇药业有限公司(300 吨)〈P1969〉;衢州康环医药化工有限公司(200 吨)〈P1957〉

2,4-二氯苯胺 C02162641
2,4-Dichloroaniline [554-00-7]
用作抗感染药环丙沙星、农药杀菌剂酰胺唑、除草剂(PUMA)和染料的合成原料
【生产厂】[苏]常州市旭东化工有限公司〈P1856〉;盐城中亚医药化工有限公司(300 吨)〈P1812〉;[豫]河南新乡张氏化工有限公司(200 吨)〈P2202〉

4-氯-2-羟基苯胺;2-羟基-4-氯苯胺;2-氨基-5-氯苯酚 C02162655
4-Chloro-2-hydroxyaniline [28443-50-7]
用作染料中间体
【生产厂】[苏]常州佳灵药业有限公司〈P1848〉

2-氯-5-氨基苯酚;5-氨基-2-氯苯酚 C02162659
2-Chloro-5-aminophenol;5-Amino-2-chlorophenol
【生产厂】[沪]上海旭升精细化工技术研究所〈P1773〉;[苏]苏州市相城区青台精细化工有限公司〈P1905〉

2,3-二氯苯胺 C02162661
2,3-Dichloroaniline [608-27-5]
用作医药、农药中间体
【生产厂】[沪]上海市农药研究所〈P1764〉;上海安诺芳胺化学品有限公司(600 吨)〈P1727〉;[苏]江都市海辰化工有限公司〈P1814〉

3,5-二氯苯胺;3,5-DCA C02162671
3,5-Dichloroaniline [626-43-7]
用作农药、医药中间体
【生产厂】[辽]沈阳市嘉恒化工有限公司〈P1688〉;[沪]上海生农生化制品有限公司〈P1762〉;[苏]南京仁信化工有限公司〈P1788〉;常州市常宇化工有限公司〈P1850〉;南通施壮化工有限公司〈P1834〉;如东县光荣合成化工厂〈P1837〉;[皖]安徽立兴化工有限公司〈P1985〉;[鄂]湖北龙感湖宏仕化工有限公司(150 吨)〈P2243〉;[川]宜宾北方川安化工有限公司〈P2335〉
【使用厂】[沪]上海升联化工有限公司〈P1762〉

2,3-二氟苯胺 C02162679
2,3-Difluoroaniline [4519-40-8]
【生产厂】[辽]阜新金特莱氟化学有限责任公司〈P1707〉;[浙]浙江省台州市椒江天一化工厂〈P1966〉

4-溴-*N*,*N*-二甲基苯胺;*N*,*N*-二甲基对溴苯胺 C02162681
4-Bromo-*N*,*N*-dimethylaniline [586-77-6]
用于有机合成、制药等
【生产厂】[京]北京市京洲企业集团公司化工厂〈P1560〉;[苏]江苏庙桥合成化工有限公司〈P1859〉;昆山市花桥化工四厂(10 吨)〈P1897〉;[鲁]山东大地盐化集团〈P2094〉

4-溴-2,6-二甲基苯胺 C02162685
4-Bromo-2,6-dimethylaniline [24596-19-8]
【生产厂】[京]北京嘉盛扬医药科技有限公司〈P1551〉;[苏]常熟市新腾化工有限公司〈P1891〉

4-碘-2,6-二甲基苯胺 C02162687
4-Iodo-2,6-dimethylaniline [24596-19-8]
【生产厂】[京]北京精益精化工有限公司〈P1553〉

十八胺;十八烷基胺;硬脂胺;油脂十八胺 C02162701
Octadecylamine [124-30-1]
用于制彩色照片的成色剂,用作树脂、乳化剂、杀菌剂、表面活性剂的原料及纺织助剂
【生产厂】[鲁]博兴华润油脂化学有限公司(4000 吨)〈P2154〉;山东长链化学有限公司(1200 吨)〈P2155〉;[粤]广州市荟普新材料有限公司〈P2264〉;[川]四川泸天化股份有限公司〈P2323〉;四川天宇油脂化学有限公司〈P2323〉
【使用厂】[豫]濮阳市市区四方化工厂〈P2215〉;河南省化工研究所〈P2167〉;[青]青海盐湖钾肥股份有限公司〈P2360〉;瀚海企业(集团)有限责任公司〈P2360〉

十二胺;月桂胺 C02162705
1-Aminododecane;Dodecylamine;Laurylamine [124-22-1]
用于制取表面活性剂、矿物浮选剂、十二烷基季铵盐、杀菌剂、农药、乳化剂、洗涤剂等
【生产厂】[鲁]山东长链化学有限公司(1200 吨)〈P2155〉;[川]四川泸天化股份有限公司〈P2323〉
【使用厂】[鲁]博兴华润油脂化学有限公司〈P2154〉

十八烷基二甲基叔胺;十八叔胺;*N*,*N*-二甲基十八烷基胺 C02162711
N,*N*-Dimethyloctadecylamine;*N*-*n*-Octadecyldimethylamine [124-28-7]
用于制备季铵盐、甜菜碱、氧化叔胺等
【生产厂】[津]天津市华联有机陶土化工福利厂(700 吨)〈P1590〉;[苏]江苏飞翔化工(张家港)有限公司〈P1893〉;[鲁]淄博森杰化工助剂有限公司(1000 吨)〈P2067〉;博兴华润油脂化学有限公司(3000 吨)〈P2154〉;山东长链化学有限公司〈P2155〉;山东富斯特化工有限公司〈P2155〉;[川]四川泸天化股份有限公司〈P2323〉
【使用厂】[津]天津市奔澎表面化学助剂厂〈P1581〉;[浙]临安市青虹化工助剂厂〈P1926〉

双十八叔胺 C02162721
Bis-octadecyl tertiary amine
用作杀菌剂、柔软剂中间体
【生产厂】[苏]江苏飞翔化工(张家港)有限公司(3000 吨)〈P1893〉

十二烷基伯胺醋酸盐 C02162751
Dodecylamine acetate
【生产厂】[鲁]山东长链化学有限公司(1500 吨)〈P2155〉

十六烷基伯胺醋酸盐;十六胺醋酸盐 C02162771
Hexadecylamine acetate
用作抗静电剂、矿物浮选剂等
【生产厂】[川]四川泸天化股份有限公司〈P2323〉;四川天宇油脂化学有限公司〈P2323〉

十八烷基伯胺醋酸盐 C02162781

Octadecylamine acetate

用作金属阻蚀剂、化肥防结块剂、矿物浮选剂等

【生产厂】[鲁]山东长链化学有限公司(1000 吨)〈P2155〉;[川]四川泸天化股份有限公司〈P2323〉;四川天宇油脂化学有限公司〈P2323〉

十八胺盐酸盐 C02162791

Octadecylamine hydrochloride

用作化肥防结块剂,矿物浮选剂

【生产厂】[川]四川泸天化股份有限公司〈P2323〉

三乙胺 C02162801

Triethylamine [121-44-8]

用于制造医药、农药、阻聚剂、高能燃料、橡胶硫化剂等

【生产厂】[冀]中国昊华集团宣化有限公司(1000 吨)〈P1650〉;[沪]上海建北有机化工有限公司〈P1742〉;上海威方精细化工有限公司〈P1769〉;上海泰禾(集团)有限公司〈P1767〉;[浙]杭州浙大泛科化工有限公司〈P1925〉;建德市新化化工有限责任公司(5000 吨)〈P1926〉;浙江建德建业有机化工有限公司(6000 吨)〈P1928〉;[青]青海黎明化工有限责任公司(432 吨)〈P2359〉

【使用厂】[津]天津市中央药业有限公司〈P1613〉;[冀]河北世纪农药有限公司〈P1666〉;[沪]上海华彩精细化工有限公司〈P1738〉;上海市沪江生化厂〈P1763〉;[苏]镇江江南化工有限公司〈P1844〉;南京白敬宇制药有限责任公司〈P1782〉;[浙]浙江震元制药有限公司〈P1952〉;浙江普洛化学有限公司〈P1955〉;[皖]安徽八一化工股份有限公司〈P1974〉;[鲁]邹平铭兴化工有限公司〈P2158〉;淄博三鹏化工有限责任公司〈P2066〉;[鄂]湖北仙隆化工股份有限公司〈P2245〉;咸宁京汇药业有限公司〈P2244〉;[湘]湖南中南制药有限责任公司〈P2253〉;湖南天宇农药化工集团股份有限公司〈P2253〉;[粤]珠海保税区丽珠合成制药有限公司〈P2274〉;[甘]兰州助剂厂〈P2356〉

三乙胺盐酸盐 C02162851

Triethylamine hydrochloride [554-68-7]

用作季铵盐、医药、农药、染料及其他有机合成的基本原料

【生产厂】[京]北京马氏精细化学品有限公司〈P1555〉;[沪]上海华彩精细化工有限公司(200 吨)〈P1738〉;[苏]苏州市晶华化工有限公司〈P1904〉;响水县科伟精细化工有限公司〈P1809〉;[赣]广丰县弘立化工厂(120 吨)〈P2014〉

全氟三乙胺 C02162891

Perfluorotriethylamine; Tris (pentafluoroethyl) amine [359-70-6]

在航天、电子、电力工业中用作电绝缘油、导热冷却剂、介电液、精密仪器洗液等

【生产厂】[鄂]武汉市德孚经济发展有限公司〈P2232〉;武汉市化学工业研究所有限责任公司〈P2232〉;湖北恒新化工有限公司〈P2242〉

三乙烯二胺;三亚乙基二胺 C02162901

Triethylene-diamine [280-57-9]

可用于聚氨酯泡沫体、弹性体及涂料等多种制品的生产

【生产厂】[冀]石家庄合佳保健品有限公司〈P1626〉;[苏]江都市大江化工厂〈P1813〉;[赣]江西昌九金桥化工有限公司〈P2008〉;[豫]河南新乡延化集团(2000 吨)〈P2202〉;河南延化化工有限责任公司(300 吨)〈P2202〉;新乡市巨晶化工有限责任公司(1000 吨)〈P2205〉

【使用厂】[津]天津市天汇聚氨酯有限责任公司〈P1604〉;[辽]大连瑞泽农药股份有限公司〈P1693〉

三甲胺 C02163200

Trimethylamine [75-50-3]

用于农药、染料、医药及有机合成等

【生产厂】[京]北京朝福化工实验厂〈P1544〉;[浙]杭州海尔希畜牧科技有限公司〈P1917〉;[皖]淮南市恩贝化工有限公司〈P1976〉;[鲁]章丘日月化工有限公司〈P2031〉;山东华鲁恒升集团有限公司〈P2144〉;滕州永兴化工有限责任公司(2000 吨)〈P2080〉

【使用厂】[津]南开大学化工厂〈P1569〉;天津天成制药有限公司〈P1614〉;[辽]丹东明珠特种树脂有限公司〈P1700〉;[沪]上海南翔试剂有限公司〈P1754〉;上海树脂厂有限公司〈P1764〉;[苏]江苏省临海化工厂有限公司〈P1808〉;兴化市青松农药化工有限公司〈P1828〉;[赣]江西联达化工有限公司〈P2009〉;[鲁]山东胜邦鲁南农药有限公司〈P2150〉;山东华阳和乐农药有限公司〈P2144〉;山东奥克特化工有限公司〈P2152〉;济宁市化工研究所试剂厂〈P2128〉;济南华菱药业有限公司〈P2022〉;山东华仙集团总公司〈P2131〉;山东东大化学工业有限公司〈P2052〉;济宁宁丰化工有限公司〈P2128〉;[豫]濮阳市春盛化工有限公司〈P2213〉;河南省化工研究所〈P2167〉;安阳市全丰农药化工有限责任公司〈P2209〉;[鄂]湖北仙隆化工股份有限公司〈P2245〉;[桂]广西化工研究院〈P2296〉

三甲胺水溶液 C02163201

Trimethylamine, water solution [75-50-3]

用于农药、染料、医药及有机合成等

【生产厂】[豫]濮阳市春盛化工有限公司(1600 吨)〈P2213〉;[青]青海黎明化工有限责任公司(400 吨)〈P2359〉

【使用厂】[鲁]山东东大化学工业有限公司〈P2052〉

三甲胺盐酸盐;盐酸三甲胺 C02163203

Trimethylamine hydrochloride [593-81-7]

用于生产离子交换树脂、饲料添加剂等

【生产厂】[冀]石家庄市栾城县华英工贸有限责任公司〈P1630〉;[苏]如皋市万利化工有限责任公司〈P1838〉;[浙]杭州海尔希畜牧科技有限公司〈P1917〉;杭州萧山楼塔饲料添加剂厂〈P1923〉;[赣]广丰县弘立化工厂(120 吨)〈P2014〉;[陕]陕西大生化学科技有限公司〈P2346〉;陕西渭南惠丰化学工业有限责任公司(600 吨)〈P2352〉

【使用厂】[桂]南宁市化工研究设计院〈P2297〉

乙酰乙酰邻氯苯胺;2-氯-*N*-乙酰乙酰苯胺 C02163301

Acetoacetyl-2-chloroaniline [93-70-9]

用作染料和颜料的中间体

【生产厂】[冀]沧州科润化工有限公司〈P1651〉;[鲁]青岛双桃精细化工(集团)有限公司〈P2043〉;胶州市精细化工有限公司(5000 吨)〈P2031〉

【使用厂】[津]天津东洋油墨有限公司〈P1571〉;[冀]安平县冠达颜料工业有限公司〈P1663〉;[沪]上海泗联实业总公司〈P1766〉;[鲁]山东阳光颜料有限公司〈P2133〉;德州市宇虹化工有限公司〈P2142〉

乙酰乙酰对氯苯胺;4-氯-*N*-乙酰乙酰苯胺 C02163305

N-Acetoacetyl-4-chloroaniline; 4-Chloroacetoacetanilide [101-92-8]

【生产厂】[冀]沧州科润化工有限公司〈P1651〉;[鲁]青岛双桃精细化工(集团)有限公司〈P2043〉;胶州市精细化工有限公司〈P2031〉

对氯乙酰苯胺 C02163313
p-Chloroacetanilide;*N*-(4-Chlorophenyl)acetamide [539-03-7]
用作有机合成及染料中间体
【生产厂】[晋]山西新天源医药化工有限公司〈P1677〉

邻羟基乙酰苯胺;邻乙酰氨基苯酚;2-羟基乙酰苯胺 C02163321
o-Hydroxyacetanilide;*o*-Acetaminophenol [614-80-2]
用于有机合成,制药工业,也用作过氧化氢的稳定剂
【生产厂】[豫]洛阳精成化工有限公司(1000 吨)〈P2182〉

4-溴-2,6-二氟苯胺 C02163341
4-Bromo-2,6-difluoroaniline [67567-26-4]
用作医药、农药和有机合成中间体
【生产厂】[赣]江西省励远化工科技实业公司〈P2009〉

5-氨基-4-氯-2-氟乙酰苯胺 C02163361
5-Amino-4-chloro-2-fluoroacetanilide
用于制备高效、低毒、低残留农药和新型高效除草剂
【生产厂】[辽]大连瑞泽农药股份有限公司〈P1693〉

对氟乙酰苯胺 C02163371
p-Fluoroacetanilide;4-Fluoroacetanilide [351-83-7]
【生产厂】[苏]江苏庙桥合成化工有限公司〈P1859〉

邻氟乙酰苯胺 C02163375
2-Fluoroacetanilide [399-31-5]
【生产厂】[苏]江苏庙桥合成化工有限公司〈P1859〉

对溴乙酰苯胺 C02163381
p-Bromoacetanilide [103-88-8]
【生产厂】[鲁]山东大地盐化集团〈P2094〉

4-溴-2-氟乙酰苯胺 C02163393
4-Bromo-2-fluoroacetanilide [326-66-9]
【生产厂】[京]北京嘉盛扬医药科技有限公司〈P1551〉

乙酰乙酰邻甲氧基苯胺 C02163401
Acetoacetyl-*o*-anisidine [92-15-9]
用作染料、有机颜料中间体,用于合成黄色耐光染料,直接耐晒黄 5G 等的偶氮组分
【生产厂】[冀]沧州科润化工有限公司〈P1651〉;[鲁]青岛双桃精细化工(集团)有限公司〈P2043〉;胶州市精细化工有限公司〈P2031〉
【使用厂】[津]天津市染料化学第八厂〈P1600〉

邻乙酰氨基苯甲醚;邻甲氧基乙酰苯胺 C02163411
2-Acetaniside [93-26-5]
用于生产红色基 B
【生产厂】[苏]句容市顺风助剂厂〈P1843〉

2,5-二乙氧基苯胺 C02163451
2,5-Diethoxyaniline [94-85-9]
【生产厂】[冀]大名县名鼎化工有限责任公司〈P1638〉;[苏]常熟华益化工有限公司〈P1889〉

3,4-二乙氧基苯胺 C02163455
3,4-Diethoxyaniline
【生产厂】[冀]大名县名鼎化工有限责任公司〈P1638〉

三异丙醇胺 C02163501
Triisopropanolamine;Tris(2-hydroxypropyl)amine [122-20-3]
用作医药原料、照像显影液溶剂,人造纤维中作石蜡油的溶剂,化妆品的乳化剂等
【生产厂】[苏]南京红宝丽股份有限公司(5000 吨)〈P1784〉;常州市中兴石油化工助剂有限公司〈P1856〉

丙炔胺;2-丙炔胺;炔丙胺 C02163521
Propargylamine [2450-71-7]
用作医药中间体、固体燃料推进剂等
【生产厂】[苏]南京布莱克精细化工有限公司〈P1782〉;宜兴市芳桥东方化工厂〈P1884〉

3-氯丙胺盐酸盐 C02163551
3-Chloropropylamine hydrochloride [6276-54-6]
用作盐酸罗沙替丁醋酸酯中间体
【生产厂】[苏]常熟市新腾化工有限公司〈P1891〉

三聚氰胺;蜜胺;氰脲酰胺;三聚氰酰胺 C02163701
Cyanuramide;Melamine [108-78-1]
是制造三聚氰胺甲醛树脂的主要原料
【生产厂】[津]天津市凯威化工有限公司(3 万吨)〈P1597〉;[冀]河北省藁城市瑞星化工有限责任公司〈P1621〉;河北辛集化工集团有限责任公司〈P1622〉;河北沧州大化集团有限责任公司〈P1653〉;[晋]山西丰喜肥业(集团)股份有限公司(3 万吨)〈P1679〉;阳泉精诚化工有限公司(6000 吨)〈P1674〉;山西兰花科技创业股份有限公司〈P1675〉;山西兰花煤炭实业集团有限公司(3000 吨)〈P1675〉;[苏]南京霞安化工有限公司(1 万吨)〈P1790〉;江苏三木集团公司〈P1865〉;[浙]富阳市永星化工有限公司(5000 吨)〈P1915〉;[皖]合肥四方集团公司(1 万吨)〈P1973〉;安徽三星化工集团公司(2000 吨)〈P1983〉;[闽]福建省顺昌富宝腾达化工有限公司〈P2004〉;福建省上杭县明华化工有限公司〈P2006〉;福建三明华茂化工有限公司(2 万吨)〈P1994〉;福建石化集团三明化工有限责任公司(1 万吨)〈P1995〉;[鲁]济南化肥厂有限责任公司(1000 吨)〈P2022〉;山东明水大化集团(9000 吨)〈P2029〉;济南泰星精细化工有限公司(2000 吨)〈P2026〉;济南华泰隆化工有限公司(5000 吨)〈P2022〉;山东德齐龙化工集团有限公司(3 万吨)〈P2143〉;山东省宁津县永兴化工有限责任公司(1 万吨)〈P2145〉;山东联合化工股份有限公司(3 万吨)〈P2053〉;山东海化股份有限公司(7 万吨)〈P2094〉;青岛天元化工股份有限公司(5000 吨)〈P2044〉;泰安市亚特尔化工建材有限公司〈P2138〉;泰安双丰化肥有限公司(5000 吨)〈P2138〉;新泰市宏达化工有限公司(2 万吨)〈P2138〉;山东海化魁星化工有限公司(6 万吨)〈P2135〉;山东方明化工有限公司(3000 吨)〈P2160〉;山东省郓城县鲁发化工有限公司(3000 吨)〈P2161〉;山东省大舜化工有限公司(6000 吨)〈P2150〉;枣庄市清泉化工有限公司(2000 吨)〈P2080〉;[豫]新乡市华幸化工有限责任公司〈P2205〉;辉县市昊利达化工有限公司(600 吨)〈P2202〉;河南濮阳市三安化工有限公司(8000 吨)〈P2212〉;濮阳市银泰工贸有

限公司〈P2215〉;河南省中原大化集团有限责任公司(6万吨)〈P2213〉;[川]川化集团有限责任公司(6万吨)〈P2317〉;四川美丰化工股份有限公司(6000吨)〈P2327〉;四川天华股份有限公司〈P2323〉;[滇]泸西县伟洪吉宇化工有限责任公司(3000吨)〈P2345〉;[新]中国石油天然气股份有限公司乌鲁木齐石油化工总厂〈P2365〉;新疆新化化肥有限责任公司(800吨)〈P2364〉

【使用厂】[津]天津市大盈树脂塑料有限公司〈P1584〉;天津市纵横兴工贸有限公司化工试剂分公司〈P1614〉;[辽]沈阳船牌制漆有限公司〈P1685〉;丹东市化工研究所有限责任公司〈P1700〉;[吉]长春泰欧亚涂料有限公司〈P1714〉;[沪]上海南大化工厂〈P1754〉;上海双树塑料厂〈P1765〉;上海旭森非卤消烟阻燃剂有限公司〈P1773〉;上海天坛助剂有限公司〈P1767〉;上海申星化工有限公司〈P1761〉;上海新华阻燃剂总厂〈P1772〉;上海吉安化工有限公司〈P1742〉;[苏]常州光辉化工有限公司〈P1847〉;[鲁]淄博奥威粘合剂有限公司〈P2058〉;山东昌裕集团有限公司〈P2152〉;山东阳光颜料有限公司〈P2133〉;德州市宇虹化工有限公司〈P2142〉;[豫]郑州双塔涂料有限公司〈P2174〉;[粤]广东省石油化工研究院〈P2259〉;[陕]西安利澳科技股份有限公司〈P2349〉

三羟甲基三聚氰胺 C02163751

Trihydroxymethyl melamine [1017-56-7]

【生产厂】[京]北京三嗪兴达化学研究所〈P1557〉

三羟乙基三聚氰胺 C02163761

Trihydroxyethyl melamine

【生产厂】[京]北京三嗪兴达化学研究所〈P1557〉

六羟甲基三聚氰胺 C02163791

Hexahydroxymethyl melamine [531-18-0]

【生产厂】[京]北京三嗪兴达化学研究所〈P1557〉;[苏]丹阳市胜达化工有限公司〈P1840〉

己二胺;1,6-二氨基己烷;1,6-己二胺 C02163801

1,6-Diaminohexane;Hexamethylene diamine [124-09-4]

用作尼龙66、聚氨酯泡沫塑料的原料及环氧树脂固化剂

【生产厂】[津]天津市帆利精细化工有限公司(300吨)〈P1586〉;[辽]辽阳天成化工有限公司〈P1711〉;[沪]上海三微实业有限公司〈P1759〉;上海赛璐化工有限公司〈P1759〉;[浙]宁波敏特尼龙工业有限公司(3000吨)〈P1931〉;[豫]河南省长葛市化工三厂(300吨)〈P2217〉;恒甫油漆助剂有限公司〈P2191〉

【使用厂】[辽]锦州九泰药业有限责任公司〈P1701〉;[沪]上海天坛助剂有限公司〈P1767〉;[鲁]济南鲁联集团试剂有限公司〈P2023〉;山东省临沂市三丰化工有限公司〈P2150〉;[粤]广州化学试剂厂〈P2261〉

己内酰胺;卡普隆;CPL C02163901

Caprolactam;Hexanolactam;CPL [105-60-2]

主要用于制取己内酰胺树脂、纤维和人造革等,也用作医药原料

【生产厂】[冀]石家庄炼油化工股份有限公司(5万吨)〈P1628〉;石家庄市京东医药化工有限公司〈P1630〉

【使用厂】[辽]中国石油天然气股份有限公司辽阳石化分公司〈P1712〉;[苏]江苏丰源生物化工有限公司〈P1807〉;江苏群发化工有限公司〈P1816〉;徐州飞达帘布有限责任公司〈P1794〉;[鲁]诸城市良丰化学有限公司〈P2107〉;[鄂]武汉市工程塑料有限公司〈P2232〉;[湘]湖南金帛化纤有限公司〈P2255〉;[粤]广东新会美达锦纶股份有限公司〈P2284〉

N-甲基己内酰胺 C02163911

N-Methylcaprolactam [2556-73-2]

用作医药中间体

【生产厂】[浙]杭州三禾化工科技有限公司〈P1922〉

N-乙烯基己内酰胺 C02163915

N-Vinylcaprolactam [2235-00-9]

【生产厂】[甘]甘肃省化工研究院(200吨)〈P2355〉

乙内酰脲;海因 C02163931

Hydantoin;2,4-Imidazolidinedione [461-72-3]

用于有机合成

【生产厂】[京]北京清华紫光英力化工技术有限责任公司〈P1557〉;[苏]昆山市鼎惠精细化工有限公司(1000吨)〈P1896〉;昆山市新镇振东化工厂〈P1898〉

1-氨基海因盐酸盐;1-氨基乙内酰脲盐酸盐 C02163945

1-Aminohydantoin hydrochloride [2827-56-7]

用作医药、农药中间体

【生产厂】[苏]昆山市新镇振东化工厂〈P1898〉;[鲁]济南金达药化有限公司(10吨)〈P2023〉;山东方兴科技开发有限公司(60吨)〈P2155〉

5-异丙基海因;5-异丙基乙内酰脲 C02163951

5-Isopropylhydantoin [16935-34-5]

【生产厂】[沪]上海赛恩斯医药化工有限公司〈P1759〉

5,5-二甲基海因;5,5-二甲基乙内酰脲;DMH C02163961

5,5-Dimethylhydantoin [77-71-4]

主要用作杀菌消毒剂、环氧树脂和氨基酸的原料

【生产厂】[京]北京达科思精细化工研究所〈P1545〉;[冀]河北亚光精细化工有限公司〈P1641〉;[晋]太原华鹰化工有限公司〈P1671〉;[吉]吉林市美林化工有限公司(2000吨)〈P1716〉;[沪]上海高伦现代农化股份有限公司〈P1734〉;[苏]常州市霞峰化学材料公司〈P1855〉;江苏飞翔化工(张家港)有限公司〈P1893〉;盐城百瑞特精化有限公司〈P1809〉;盐城市德瑞化工有限公司〈P1810〉;[浙]舟山市强弘精细化工有限公司〈P1959〉;[鲁]龙口科达化工有限公司(1000吨)〈P2110〉

1-苄基-5-乙氧基海因 C02163971

1-Benzyl-5-ethoxyhydantoin [65855-02-9]

【生产厂】[苏]昆山市新镇振东化工厂〈P1898〉

1-苄基海因 C02163975

1-Benzylhydantoin [6777-05-5]

【生产厂】[苏]昆山市新镇振东化工厂〈P1898〉

5-苄基海因;5-苄基-2,4-咪唑啉二酮 C02163977

5-Benzylhydantoin [3530-82-3]

【生产厂】[沪]上海赛恩斯医药化工有限公司〈P1759〉

5-(4-羟基苯基)海因;对羟基苯海因 C02163979

5-(4-Hydroxylphenyl) hydantoin

用于合成对羟基苯甘氨酸,从而进一步制备半合成青霉素以及头孢菌素

【生产厂】[冀]辛集市泰达石化有限公司〈P1634〉;中国昊华集团宣化有限公司〈P1650〉;[晋]太原华鹰化工有限公司〈P1671〉;山西华阳染化有限公司(3000 吨)〈P1678〉;山西临汾染化(集团)有限责任公司〈P1678〉;[沪]上海美林康精细化工有限公司〈P1753〉;[鲁]淄博圣泽精细化工有限公司(5000 吨)〈P2067〉

C

氨基脲　　C02163981

Aminourea; Carbamoylhydrazine [563-41-7]

是医药、农药的中间体,用于制呋喃西林、硝基呋喃妥因等药物

【生产厂】[津]天津市亿天工贸有限公司〈P1610〉;[鄂]武汉市天麦染料实业有限公司〈P2233〉;襄樊金译成精细化工有限公司〈P2238〉;南漳县襄九精细化工有限责任公司〈P2238〉

重氮烷基脲;杰马 A;*N*-(1,3-二羟甲基-2,5-二酮-4-咪唑烷基)-*N*,*N'*-二羟甲基脲　　C02163991

Diazolidinylurea; Germall Ⅱ [78491-02-8]

用于化妆品、食品加工及饲料工业等防腐

【生产厂】[闽]厦门市湖里今日成科工贸有限公司〈P1993〉

水杨酰苯胺　　C02164001

Salicylylaniline [87-17-2]

用于有机合成及医药工业,也用作防霉剂

【生产厂】[津]天津瑞发化工科技发展有限公司〈P1577〉

乌洛托品;六亚甲基四胺;海克沙;六胺;六次甲基四胺;促进剂 H　　C02164101

Hexamethylenetetraamine; Hexamine; Urotropine [100-97-0]

用作树脂和塑料的固化剂、橡胶的硫化促进剂、纺织品的防缩剂,并用于制杀菌剂、炸药等

【生产厂】[京]北京益利精细化学品有限公司〈P1565〉;中国蓝星(集团)总公司〈P1568〉;[冀]河北省冀州市银河化工有限责任公司(3000 吨)〈P1665〉;[黑]大庆油田甲醇厂〈P1723〉;[沪]上海建原化工有限公司〈P1743〉;[苏]苏州精细化工有限公司(1 万吨)〈P1901〉;[浙]杭州顺祥工贸有限公司〈P1922〉;[鲁]济南白云有机化工有限公司(2 万吨)〈P2020〉;青州市恒兴化工有限公司〈P2092〉;寿光市旭东化工有限公司(8000 吨)〈P2100〉;青岛三凯化工有限公司〈P2041〉;山东瑞星化工有限公司(3 万吨)〈P2136〉;山东新荣兴化工有限公司(300 吨)〈P2133〉;临沂市大有化工有限公司(8000 吨)〈P2148〉;[鄂]武汉莱恩科技有限公司〈P2231〉;[粤]广州市汉普医药有限公司〈P2264〉;广东西陇化工有限公司〈P2276〉;[渝]重庆市昆仑化工有限公司(900 吨)〈P2307〉;[甘]兰州中凯工贸有限责任公司〈P2356〉

【使用厂】[京]北京健力药业有限公司〈P1551〉;[晋]太原市元太生物化工有限公司〈P1672〉;[辽]沈阳市试剂三厂〈P1688〉;东北制药总厂〈P1684〉;[沪]上海农药厂有限公司〈P1755〉;上海祁南胶粘材料厂〈P1756〉;[苏]苏州市永达精细化工有限公司〈P1906〉;南通市东昌化工有限公司〈P1834〉;南通光荣化工有限公司〈P1833〉;[闽]福建省建瓯市立伟塑料有限公司〈P2003〉;[鲁]山东省平原制药厂〈P2146〉;东辰(集团)化工有限公司〈P2081〉;[粤]广州化学试剂厂〈P2261〉

2-乙氨基乙醇;*N*-乙基乙醇胺　　C02164231

2-Ethylaminoethanol; Ethylaminoethanol; *N*-Ethylethanolamine [110-73-6]

【生产厂】[渝]重庆南松医药科技有限公司〈P2305〉

双氰胺;氰基胍;二聚氰胺;二氰二胺;二聚氨基氰　　C02164301

Cyanoguanidine; Dicyanodiamide; Dicyandiamide [461-58-5]

是三聚氰胺的原料,也是合成医药、农药和染料的中间体

【生产厂】[京]北京精益精化工有限公司〈P1553〉;[津]天津市玉新化工有限公司〈P1612〉;[晋]山西玉新双氰胺有限公司(3000 吨)〈P1674〉;[蒙]内蒙古乌海市丰源化工有限责任公司〈P1681〉;[闽]福建石化集团三明化工有限责任公司(4000 吨)〈P1995〉;[甘]甘肃古浪氰胺有限责任公司(2000 吨)〈P2356〉;[宁]宁夏西域龙化工有限公司(3000 吨)〈P2361〉;宁夏凌云化工有限公司(4000 吨)〈P2361〉;宁夏兴平精细化工股份有限公司(3 万吨)〈P2361〉;宁夏嘉峰化工有限公司(6000 吨)〈P2361〉

【使用厂】[吉]辽源市迪康药业有限责任公司〈P1717〉;[沪]上海南大化工厂〈P1754〉;上海天坛助剂有限公司〈P1767〉;上海新大化工厂〈P1771〉;上海华美助剂厂精细化工分厂〈P1739〉;[苏]宜兴市腾蛟化工材料有限公司〈P1887〉;[鲁]山东博山制药有限公司〈P2051〉;山东省微山县化工厂〈P2132〉;寿光富康制药有限公司〈P2099〉;曲阜市石门化工厂〈P2130〉;莱西市金山化工厂〈P2032〉

氰胺;单氰胺;氨基氰　　C02164302

Cyanamide [420-04-2]

液体单氰胺用于工业原料、医药、农药中间体、农业肥料、植物调节剂、食物添加剂等

【生产厂】[津]天津市玉新化工有限公司〈P1612〉;[晋]山西玉新双氰胺有限公司〈P1674〉;[苏]苏州华源农用生物化学品有限公司〈P1901〉;吴县市德大化工厂(2 万吨)〈P1911〉;泰兴市泰达精细化工有限公司〈P1826〉;如皋市中如化工有限公司(2500 吨)〈P1839〉

【使用厂】[沪]上海源大精细化工有限公司〈P1776〉

双氰胺钠　　C02164351

Dicyanodiamide sodium [1934-75-4]

【生产厂】[京]北京金源东和化学有限责任公司〈P1552〉;[辽]营口三征科技化工有限公司〈P1704〉

2,2-二乙氧基乙基氰胺　　C02164391

2,2-Diethoxyethylcyanoamine

【生产厂】[辽]营口三征有机化工股份有限公司〈P1704〉

***N*,*N'*-二甲基乙二胺**　　C02164521

N,*N'*-Dimethylethylenediamine [110-70-3]

用于有机合成或用作医药中间体

【生产厂】[苏]淮安市华东化工研究所〈P1801〉

***N*,*N*-二甲基-1,2-乙二胺**　　C02164525

N,*N*-Dimethyl-1,2-ethylenediamine [108-00-9]

主要用于合成头孢替安中间体 1-二甲氨乙基-5-巯基四唑

【生产厂】[浙]浙江普康化工有限公司〈P1959〉

四甲基乙二胺 C02164531

N,*N*,*N*′,*N*′-Tetramethylethylenediamine [110-18-9]

是极性非质子溶剂,也用于制备烯基炔化物等有机试剂

【生产厂】[沪]上海元吉化工有限公司〈P1776〉;上海静超化工有限公司〈P1745〉;[苏]江都市大江化工厂〈P1813〉

N-(2-羟乙基)乙二胺;*N*-(2-氨基乙基)乙醇胺 C02164551

N-(2-Hydroxyethyl)ethylenediamine [111-41-1]

用于洗发香波、润滑剂、油田缓冲剂、树脂合成、纺织助剂、咪唑啉两性表面活性剂等

【生产厂】[京]北京马氏精细化学品有限公司〈P1555〉;[苏]江苏华派集团(500 吨)〈P1807〉;[鄂]武汉有机实业股份有限公司〈P2235〉

N-乙基乙二胺 C02164571

N-Ethylethylenediamine [110-72-5]

用于药物中间体 *N*-乙基-2,3-二氧哌嗪等的合成

【生产厂】[津]天津运盛化学品有限公司〈P1617〉;天津市成阳科技发展有限公司(100 吨)〈P1582〉;天津振泰化工有限公司〈P1617〉;[晋]山西新天源医药化工有限公司〈P1677〉;[苏]南京科邦医药化工有限公司〈P1786〉;扬中远东化工厂〈P1843〉;昆山市新镇振东化工厂〈P1898〉;淮安市华东化工研究所〈P1801〉

N,*N*,*N*′,*N*′-四(2-羟丙基)乙二胺;EDTP C02164581

N,*N*,*N*′,*N*′-Tetra(2-hydroxypropyl)ethylenediamine;EDTP [102-60-3]

主要用于化学镀铜络合剂

【生产厂】[鄂]湖北凌志化工科技实业有限公司〈P2242〉

丙烯酰胺 C02164601

Acrylamide [79-06-1]

用作聚丙烯酰胺的单体,其聚合物或共聚物用作化学灌浆物质、土壤改良剂、絮凝剂、胶黏剂和涂料等

【生产厂】[冀]张家口麦尔生化有限公司〈P1650〉;[辽]盘锦兴建助剂有限公司(1 万吨)〈P1707〉;[吉]中国石油吉化集团公司(1 万吨)〈P1717〉;[黑]牡丹江鸿利化工有限责任公司〈P1723〉;[沪]上海恒谊化工有限公司〈P1736〉;[苏]扬州科宇化工有限公司〈P1818〉;[皖]安徽巨成精细化工有限公司〈P1977〉;[赣]江西昌九农科化工有限公司(2 万吨)〈P2008〉;江西昌九生物化工股份有限公司(2 万吨)〈P2008〉;[鲁]山东宝洋化工集团公司〈P2051〉;张店良誉新型材料厂〈P2057〉;淄博百成化工有限公司(2000 吨)〈P2058〉;淄博东港化学制品有限公司〈P2059〉;淄博坤元化工有限公司(3000 吨)〈P2064〉;淄博信业化工有限公司(2 万吨)〈P2074〉;淄博张店东方化学股份有限公司(5000 吨)〈P2076〉;淄博中森化工有限公司〈P2077〉;淄博宏盛集团化工厂〈P2061〉;淄博市淄川区社会福利五金化工厂(1400 吨)〈P2072〉;淄博市淄川兴隆化工有限公司〈P2073〉;淄博天海化工有限公司〈P2073〉;山东顺通集团(9000 吨)〈P2086〉;青岛三凯化工有限公司〈P2041〉;[豫]新乡爱龙化工有限公司(2000 吨)〈P2203〉;焦作多生多化工股份有限公司(1 万吨)〈P2195〉;[粤]增城市云超化工有限公司〈P2268〉;[川]四川光亚科技股份有限公司〈P2334〉

【使用厂】[津]天津市西青区发达化工厂〈P1607〉;[辽]辽宁海城三洋化工厂〈P1697〉;[沪]上海长风化工厂〈P1729〉;上海旭森非卤消烟阻燃剂有限公司〈P1773〉;[鲁]淄博科宇化工有限公司〈P2064〉;诸城翔龙化学品有限公司〈P2107〉;桓台县聚鑫福利化工厂〈P2049〉;安丘市鲁星化学有限公司〈P2088〉;万达集团股份有限公司〈P2088〉;[豫]焦作市华联化工有限公司〈P2196〉;濮阳中原三力实业有限公司〈P2216〉;[湘]株洲市天桥化工有限责任公司〈P2250〉;湘潭市光华日用化工厂〈P2251〉;[渝]重庆市化工研究院〈P2307〉

丙烯酰胺水合液 C02164602

Acrylamide,hydrate [79-06-1]

是生产聚丙烯酰胺及其系列产品的原料

【生产厂】[鲁]淄博张店东方化学股份有限公司(2 万吨)〈P2076〉

【使用厂】[鲁]淄博市淄川区社会福利五金化工厂〈P2072〉

丙酰胺 C02164611

Propionamide [79-05-0]

用于麦迪霉素药物的合成

【生产厂】[鲁]山东济宁高新技术开发区永丰化工厂(1800 吨)〈P2131〉;[川]成都菊乐制药有限公司〈P2312〉

N-甲基丙酰胺 C02164613

N-Methylpropionamide [1187-58-2]

【生产厂】[冀]河北省化学工业研究院(100 吨)〈P1621〉

N,*N*-二甲基丙酰胺 C02164615

N,*N*-Dimethylpropionamide [758-96-3]

用作医药中间体

【生产厂】[冀]河北省化学工业研究院(100 吨)〈P1621〉

N,*N*-二乙基丙酰胺 C02164619

N,*N*-Diethylpropionamide [1114-51-8]

用作医药中间体

【生产厂】[冀]河北省化学工业研究院(1000 吨)〈P1621〉

N-(3-二甲氨基丙基)甲基丙烯酰胺;DMAPMA C02164625

N-(3-Dimethylaminopropyl) methacrylamide [5205-93-6]

用作医药中间体

【生产厂】[京]北京赛璐珈科技有限公司〈P1557〉;[陕]陕西宏庆医药化学有限公司〈P2346〉

甲基丙烯酰胺 C02164631

Methacrylamide;2-Methylpropenamide [79-39-0]

用于制取甲基丙烯酸甲酯

【生产厂】[辽]辽宁海城三洋化工厂〈P1697〉;[鲁]淄博张店君臣化工厂(150 吨)〈P2076〉

【使用厂】[沪]上海炼油厂〈P1751〉

丙二酰胺 C02164651

Malonamide;Propanediamide [108-13-4]

主要用作有机合成的原料

【生产厂】[晋]山西物产精细化工有限公司〈P1670〉

N-异丙基丙烯酰胺 C02164671

N-Isopropylacrylamide [2210-25-5]

【生产厂】[辽]辽宁海城三洋化工厂〈P1697〉

双丙酮丙烯酰胺；*N*-(1,1-二甲基-3-氧代丁基)丙烯酰胺　C02164681

Diacetone acrylamide; *N*-(1,1-Dimethyl-3-oxobutyl) acrylamide [2873-97-4]

主要作为均聚物使用，广泛用于涂料、耐湿性好的烫发用树脂及喷雾定型剂、感光树脂及其添加剂等

【生产厂】[京]北京金源东和化学有限责任公司〈P1552〉；[辽]辽宁海城三洋化工厂〈P1697〉；[沪]上海邦成化工有限公司〈P1728〉；[苏]无锡市梁溪精细化工有限公司(1000 吨)〈P1877〉；[鲁]山东金城医药化工有限公司〈P2053〉；淄博世宏化学工业有限公司〈P2067〉；山东赫达股份有限公司〈P2052〉；淄博德丰化工有限公司〈P2059〉；山东双龙化工有限公司(200 吨)〈P2115〉；[豫]南阳科生生物化工有限公司〈P2224〉

1-乙基-3-(3-二甲基氨基丙基)碳化二亚胺盐酸盐　C02164711

1-Ethyl-3-(3-dimethylaminopropyl) carbodiimide hydrochloride [25952-53-8]

主要用作多肽、蛋白质、核苷酸合成中的脱水剂

【生产厂】[沪]上海求德生物化工有限公司〈P1758〉；[浙]浙江普康化工有限公司〈P1959〉；[川]四川琢新生物材料研究有限公司〈P2320〉

***N*,*N*′-二叔丁基碳二亚胺**　C02164721

N,*N*′-Di-*tert*-butylcarbodiimide

【生产厂】[鲁]淄博天堂山化工有限公司〈P2073〉

***N*,*N*′-二异丙基碳酰亚胺；*N*,*N*′-二异丙基碳二亚胺**　C02164731

N,*N*′-Diisopropylcarbodiimide [693-13-0]

主要用作丁胺卡那霉素、谷胱甘肽等药物的脱水剂，也可用于酸酐、醛、酮、异氰酸酯的合成

【生产厂】[苏]苏州永拓医药科技有限公司〈P1907〉；[浙]浙江天宇药业有限公司〈P1969〉；[鲁]山东金城医药化工有限公司〈P2053〉；淄博畅顺化工有限公司〈P2058〉；淄博天堂山化工有限公司〈P2073〉

***N*,*N*′-二乙基碳二亚胺**　C02164741

N,*N*′-Diethylcarbodiimide

【生产厂】[鲁]淄博天堂山化工有限公司〈P2073〉

***N*,*N*′-二环己基碳二亚胺；*N*,*N*′-二环己基碳酰亚胺；DCC**　C02164751

Dicyclohexylcarbodiimide; *N*, *N*′-Dicyclohexylcarbodiimide; DCC [538-75-0]

主要用于阿米卡星及氨基酸的合成脱水，是一种很好的低温生化脱水剂

【生产厂】[沪]上海威方精细化工有限公司〈P1769〉；吉尔生化(上海)有限公司〈P1726〉；松江佘山化工厂〈P1780〉；[苏]苏州永拓医药科技有限公司〈P1907〉；[浙]浙江天宇药业有限公司(160 吨)〈P1969〉；[鲁]济南巨业精细化工有限公司〈P2023〉；山东金城医药化工有限公司〈P2053〉；淄博畅顺化工有限公司〈P2058〉；淄博天堂山化工有限公司〈P2073〉

环戊二碳酰亚胺　C02164791

Cyclopentane *o*-dicarbimide

【生产厂】[浙]宁波麒灵医药生物化学有限公司(100 吨)〈P1931〉

4-甲基苯胺；对甲苯胺；对甲基苯胺　C02164801

4-Methylaniline; 4-Toluidine [106-49-0]

用作染料、医药、农药中间体

【生产厂】[苏]南京力达宁化学有限公司〈P1786〉；江苏华昌(集团)有限公司〈P1893〉；江苏省淮安嘉诚化工有限公司〈P1803〉；滨海县明昇化工厂〈P1889〉；江苏梅兰化工股份有限公司〈P1821〉；[浙]嘉兴精化化工有限公司〈P1941〉；[鲁]青岛天元化工股份有限公司(3000 吨)〈P2044〉；济宁信东化工有限公司〈P2129〉；曲阜市天昊化工助剂有限公司(1000 吨)〈P2130〉；[豫]开封染料化工厂(200 吨)〈P2177〉；[鄂]湖北楚源集团股份有限公司〈P2239〉

【使用厂】[津]天津市胜利化工厂〈P1601〉；[辽]辽宁天合精细化工股份有限公司〈P1702〉；[苏]吴江市东风化工有限公司〈P1910〉；[鲁]胶州市精细化工有限公司〈P2031〉

苯丁胺；4-苯基丁胺　C02164831

4-Phenylbutylamine; Benzenebutanamine [13214-66-9]

【生产厂】[沪]上海华彩精细化工有限公司〈P1738〉

4-十二烷基苯胺；对十二烷基苯胺　C02164850

4-Dodecylaniline [104-42-7]

用于制造卡普仑黄 3GS、卡普仑桃红 BS、卡普仑蓝 BS 等染料

【生产厂】[京]北京精益精化工有限公司〈P1553〉；[沪]上海嘉辰化工有限公司〈P1742〉；[浙]金华双宏化工有限公司〈P1953〉；[豫]安阳市谦和染料化工有限责任公司(400 吨)〈P2209〉

1-甲基-3-苯基丙胺；α-甲基苯丙胺；2-氨基-4-苯基丁烷　C02164881

1-Methyl-3-phenylpropylamine; 2-Amino-4-phenylbutane [22374-89-6]

是制造心血管药物柳胺苄心定的中间体

【生产厂】[冀]河北美化化工有限公司〈P1620〉；[皖]安徽李氏化工有限公司〈P1985〉

4-甲磺酰基苯胺　C02164891

4-Methylsulfonylaniline [5470-49-5]

【生产厂】[沪]上海旭升精细化工技术研究所〈P1773〉

3-甲基苯胺；间甲苯胺　C02164901

3-Methylaniline; 3-Toluidine [108-44-1]

用作阳离子染料、彩色电影显影剂的中间体

【生产厂】[苏]南京力达宁化学有限公司〈P1786〉；无锡市汇友化工有限公司〈P1876〉；江苏方舟化工有限公司(1000 吨)〈P1802〉；江苏省淮安嘉诚化工有限公司(1000 吨)〈P1803〉

【使用厂】[鲁]德州信达化工有限公司〈P2142〉

邻乙基苯胺；2-乙基苯胺　C02164915

o-Ethylaniline; 2-Ethylaniline [578-54-1]

是重要的农药、染料及医药中间体，农药方面是合成新型杀虫剂的关键中间体

【生产厂】[辽]大连瑞泽农药股份有限公司〈P1693〉；[苏]昆

山市化学原料有限公司〈P1897〉;太仓市振湖化工厂〈P1909〉

对正丁基苯胺 C02164921

p-n-Butylaniline [104-13-2]

【生产厂】[京]大庆开发区新世纪精细化工有限公司北京裕立化工有限公司〈P1567〉;[黑]大庆新世纪精细化工有限公司〈P1722〉;[浙]金华双宏化工有限公司〈P1953〉;[鄂]湖北仙隆化工股份有限公司〈P2245〉

对叔丁基苯胺 C02164931

p-tert-Butylaniline [769-92-6]

主要用作酸性染料中间体,也用于合成农药、医药等

【生产厂】[京]大庆开发区新世纪精细化工有限公司北京裕立化工有限公司〈P1567〉;[黑]大庆新世纪精细化工有限公司〈P1722〉;[鄂]湖北仙隆化工股份有限公司〈P2245〉

2-叔丁基苯胺 C02164933

2-*tert*-Butylaniline [6310-21-0]

【生产厂】[川]成都景田生物药业有限公司〈P2312〉

对异丁基苯胺 C02164941

p-Isobutylaniline

【生产厂】[黑]大庆新世纪精细化工有限公司〈P1722〉

对仲丁基苯胺 C02164951

p-sec-Butylaniline;4-*sec*-Butylaniline [30273-11-1]

【生产厂】[黑]大庆新世纪精细化工有限公司〈P1722〉

2,6-二乙基-4-甲基苯胺 C02164981

2,6-Diethyl-4-methylaniline [24544-08-9]

【生产厂】[苏]昆山市化学原料有限公司〈P1897〉

3,5-二甲氧基苯胺 C02164991

3,5-Dimethoxyaniline [10272-07-8]

【生产厂】[沪]上海虹生实业有限公司〈P1737〉;[鲁]青岛裕达精细化工有限公司(4 吨)〈P2046〉

2-甲基苯胺;邻甲苯胺;2-氨基甲苯 C02165001

2-Methylaniline;2-Toluidine [95-53-4]

用作染料、农药、医药及有机合成中间体

【生产厂】[辽]辽宁庆阳特种化工有限公司〈P1709〉;[苏]江苏华昌(集团)有限公司〈P1893〉;江苏安邦电化有限公司(3000 吨)〈P1802〉;江苏方舟化工有限公司(1500 吨)〈P1802〉;江苏省淮安嘉诚化工有限公司(2000 吨)〈P1803〉;[豫]林州市华帅化工有限公司(2000 吨)〈P2211〉;[鄂]湖北楚源集团股份有限公司〈P2239〉;[渝]重庆长风化工厂〈P2303〉

【使用厂】[津]天津华士化工有限公司〈P1573〉;天津市胜利化工厂〈P1601〉;[冀]河北星宇化工有限公司〈P1623〉;[沪]上海浦东亚美化工厂〈P1756〉;[苏]昆山市化学原料有限公司〈P1897〉;江苏苏中农药化工厂〈P1822〉;常熟市染料化工厂〈P1890〉;江苏丰登农药有限公司〈P1858〉;[皖]安徽省蚌埠市永艳染料化工有限公司〈P1975〉;[鲁]青岛双桃精细化工(集团)有限公司〈P2043〉;胶州市精细化工有限公司〈P2031〉;[豫]豫浙鹏程化冶总公司〈P2225〉;[川]四川省化工研究设计院〈P2319〉

4-三氟甲基苄胺 C02165022

4-Trifluoromethylbenzylamine

【生产厂】[鲁]青岛和兴精细化学有限公司(260 吨)〈P2036〉

3,4-二氨基甲苯;4-甲基邻苯二胺 C02165041

3,4-Diaminotoluene;4-Methyl-*o*-phenylenediamine [496-72-0]

用作染料、有机合成中间体

【生产厂】[冀]沧州那瑞化学科技有限公司〈P1652〉;[苏]南京科邦医药化工有限公司〈P1786〉

4-溴邻苯二胺;3,4-二氨基溴苯 C02165061

4-Bromo-*o*-phenylenediamine;3,4-Diaminobromobenzene [1575-37-7]

用于制药或有机合成

【生产厂】[沪]上海凯乐实业发展有限公司〈P1747〉

***N*,*N*-二乙基对苯二胺;*N*,*N*-二乙基-1,4-苯二胺** C02165071

N, *N*-Diethyl-1, 4-phenylenediamine; *N*, *N*-Diethyl-*p*-phenylenediamine [93-05-0]

用作医药中间体

【生产厂】[苏]连云港中壹精细化工有限公司〈P1801〉

***N*,*N′*-二仲丁基对苯二胺** C02165091

N,*N′*-Di-*sec*-butyl-*p*-phenylenediamine [101-96-2]

【生产厂】[苏]南京力达宁化学有限公司〈P1786〉;南京南元化工有限公司〈P1787〉

***N*-甲基苯磺酰胺;MBSA** C02165098

N-Methylbenzenesulfonamide

【生产厂】[浙]嘉兴市金利化工有限责任公司〈P1942〉

4-甲苯磺酰胺;对甲苯磺酰胺;PTSA C02165101

4-Toluenesulfonamide [70-55-3]

用于制造染料、增塑剂、合成树脂、涂料、消毒剂及木材加工光亮剂等

【生产厂】[辽]丹东市精细化工厂〈P1700〉;[苏]常州市东业化学品公司〈P1850〉;苏州市鑫隆化工有限公司〈P1905〉;苏州金忠化工有限公司〈P1901〉;昆山市石浦化工三厂〈P1897〉;苏州诚和医药化学有限公司〈P1899〉;苏州丽兰化工有限公司(180 吨)〈P1902〉;[浙]嘉兴辰龙化工有限责任公司〈P1941〉;嘉兴市步云染化厂〈P1941〉;嘉兴市金禾化工有限公司〈P1942〉;嘉兴市向阳化工厂(1500 吨)〈P1942〉;嘉兴市金利化工有限责任公司〈P1942〉;[鲁]潍坊浩鑫精细化工有限公司〈P2102〉

【使用厂】[津]天津天成制药有限公司〈P1614〉;[沪]松江佘山化工厂〈P1780〉;上海建平化工有限公司〈P1743〉;[苏]南京白敬宇制药有限责任公司〈P1782〉;[鲁]山东阳光颜料有限公司〈P2133〉;德州市宇虹化工有限公司〈P2142〉

***N*-乙基邻甲苯磺酰胺** C02165102

N-Ethyl-2-methylbenzenesulfonamide [8047-99-2]

是聚酰胺树脂、纤维素类树脂的优良增塑剂

【生产厂】[苏]苏州金忠化工有限公司〈P1901〉;[浙]嘉兴辰龙化工有限责任公司〈P1941〉;嘉兴市步云染化厂〈P1941〉;嘉兴市金禾化工有限公司〈P1942〉;嘉兴市金利化工有限责任公司〈P1942〉

***N*-乙基对甲苯磺酰胺** C02165103

N-Ethyl-*p*-toluenesulfonamide [80-39-7]

可用于有机合成、制药,也可作为增塑剂

【生产厂】[苏]苏州金忠化工有限公司〈P1901〉;[浙]嘉兴辰

C

龙化工有限责任公司〈P1941〉；嘉兴市步云染化厂〈P1941〉；嘉兴市向阳化工厂（100 吨）〈P1942〉；嘉兴市金利化工有限责任公司〈P1942〉

N,*N*-二乙基对甲苯磺酰胺；DETSA C02165105

N,*N*-Diethyl-*p*-toluenesulfonamide

【生产厂】［浙］嘉兴市金利化工有限责任公司〈P1942〉

N-丁基对甲苯磺酰胺；BTSA C02165107

N-Butyl-*p*-toluenesulfonamide［1907-65-9］

【生产厂】［浙］嘉兴市金利化工有限责任公司〈P1942〉

2,4,6-三甲基苯磺酰胺 C02165109

2,4,6-Trimethylbenzenesulfonamide

【生产厂】［苏］苏州诚和医药化学有限公司〈P1899〉

苯磺酰胺 C02165111

Benzenesulfonamide［98-10-2］

用于有机合成和制药工业

【生产厂】［京］北京马氏精细化学品有限公司〈P1555〉；［冀］廊坊三威化工有限公司〈P1660〉；河北大田化工有限公司〈P1658〉；［苏］镇江市宏晔建材化工有限公司（500 吨）〈P1845〉；苏州金忠化工有限公司〈P1901〉；太仓市鑫鹄化工有限公司〈P1909〉；苏州诚和医药化学有限公司〈P1899〉；江苏托球农化有限公司〈P1808〉；［浙］嘉兴辰龙化工有限责任公司〈P1941〉；嘉兴市金禾化工有限公司〈P1942〉；嘉兴市金利化工有限责任公司〈P1942〉；［渝］重庆小泉化工厂（5 吨）〈P2308〉；重庆亚威精细化工有限公司〈P2308〉

对叔丁基苯磺酰胺 C02165125

p-tert-Butylbenzenesulfonamide

【生产厂】［苏］苏州诚和医药化学有限公司〈P1899〉

甲烷磺酰胺；甲基磺酰胺；甲磺酰胺 C02165131

Methane sulfonamide［3144-09-0］

用于生产农田除草剂

【生产厂】［冀］河北海斯特化学有限公司（600 吨）〈P1663〉；廊坊三威化工有限公司（1000 吨）〈P1660〉；［黑］佳木斯市北星有机化工有限责任公司〈P1724〉；［苏］苏州园方化工有限公司〈P1907〉；沭阳县华泰化工厂〈P1804〉；盐城中亚医药化工有限公司（200 吨）〈P1812〉；［赣］江西麒麟化工有限公司〈P2013〉；江西永雄饲料化工有限公司〈P2014〉；［豫］南阳市思达特精细化学有限责任公司（3000 吨）〈P2224〉；河南科邦化工有限公司（1000 吨）〈P2223〉

【使用厂】［辽］大连松辽化工有限公司〈P1694〉；大连瑞泽农药股份有限公司〈P1693〉；［沪］上海农药厂有限公司〈P1755〉；［苏］江苏天容集团股份有限公司〈P1861〉；［闽］福建三农集团股份有限公司〈P1994〉

N-苯基甲磺酰胺 C02165135

N-Phenylmethanesulfonamide［1197-22-4］

用作药物富马酸伊布利特中间体

【生产厂】［渝］重庆赛维药业有限公司〈P2306〉

对三氟甲基苯磺酰胺 C02165141

p-Trifluoromethylbenzenesulfonamide［830-43-3］

【生产厂】［津］天津市[illegible]凯化工科技有限公司〈P1597〉

邻三氟甲基苯磺酰胺 C02165143

o-Trifluoromethylbenzenesulfonamide［1869-24-5］

【生产厂】［津］天津市[illegible]凯化工科技有限公司〈P1597〉

间三氟甲基苯磺酰胺 C02165145

m-Trifluoromethylbenzenesulfonamide［672-58-2］

【生产厂】［津］天津市筘凯化工科技有限公司〈P1597〉

乙基磺酰胺 C02165161

Ethanesulfonamide［1520-70-3］

用作医药、农药中间体

【生产厂】［冀］河北海斯特化学有限公司〈P1663〉；［苏］盐城中亚医药化工有限公司（200 吨）〈P1812〉

R-（+）-叔丁基亚磺酰胺 C02165171

R-（+）-*tert*-Butylsulfinamide［196929-78-9］

用作有机合成中间体

【生产厂】［辽］大连联化化学有限公司〈P1692〉；［鲁］东营市润达化工有限公司（100 吨）〈P2083〉；青岛裕达精细化工有限公司（2 吨）〈P2046〉；［川］成都彦瑞生物科技有限公司〈P2317〉

S-（－）-叔丁基亚磺酰胺 C02165173

S-（－）-*tert*-Butylsulfinamide［343338-28-3］

用作抗生素和抗菌素

【生产厂】［辽］大连联化化学有限公司〈P1692〉；［鲁］东营市润达化工有限公司（100 吨）〈P2083〉；［川］成都彦瑞生物科技有限公司〈P2317〉

丁基磺酰胺 C02165175

Butylsulfonamide

【生产厂】［苏］盐城中亚医药化工有限公司〈P1812〉

丙基磺酰胺 C02165181

Propanesulfonamide

【生产厂】［苏］盐城中亚医药化工有限公司（200 吨）〈P1812〉

辛基磺酰胺 C02165189

Octylsulfonamide

【生产厂】［苏］盐城中亚医药化工有限公司〈P1812〉

4-（2-氨乙基）苯磺酰胺 C02165191

4-（2-Aminoethyl）benzenesulfonamide［35303-76-5］

用于有机合成

【生产厂】［苏］金坛德培化工有限公司〈P1861〉；苏州诚和医药化学有限公司〈P1899〉；江苏华派集团〈P1807〉

对乙基苯磺酰胺 C02165195

4-Ethylbenzenesulfonamide［138-38-5］

【生产厂】［苏］苏州诚和医药化学有限公司〈P1899〉

N-乙基苯磺酰胺；EBSA C02165196

N-Ethylbenzenesulfonamide

【生产厂】［浙］嘉兴市金利化工有限责任公司〈P1942〉

N-（2-羟丙基）对甲苯磺酰胺 C02165197

N-（2-Hydroxypropyl）-*p*-toluenesulfonamide

【生产厂】［浙］嘉兴市金利化工有限责任公司〈P1942〉

N-（2-羟丙基）苯磺酰胺；HPBSA C02165199

N-（2-Hydroxypropyl）benzenesulfonamide［35325-02-1］

用作液体可塑剂、高效抗静电剂

【生产厂】［浙］嘉兴市金利化工有限责任公司〈P1942〉

1,4-苯二胺；对二氨基苯；对苯二胺；乌尔斯 D C02165201
1,4-Phenylenediamine [106-50-3]
是重要的染料中间体，主要用于制造偶氮染料和硫化染料，也可用于生产毛皮黑 D 以及橡胶防老剂 DNP 等
【生产厂】[冀]河北永泰化工有限公司〈P1623〉；[沪]上海康晟实业有限公司〈P1748〉；[苏]宜兴市高塍日新化工厂(200 吨)〈P1884〉；宜兴市三洋化工厂(360 吨)〈P1886〉；江阴东方医药原料有限公司(500 吨)〈P1867〉；常熟市精细化工厂(100 吨)〈P1890〉；泰兴市兴汉染料化工有限公司〈P1826〉；[浙]衢县立新化工有限公司〈P1957〉；衢州瑞源化工有限公司〈P1957〉；龙游诚义精细化工厂〈P1957〉；[皖]安徽八一化工股份有限公司〈P1974〉；蚌埠市海兴化工有限责任公司〈P1975〉；郎溪县鸿盛化工有限公司〈P1987〉；[鲁]青岛三凯化工有限公司〈P2041〉；[豫]巩义市孝义镇化工厂(300 吨)〈P2164〉
【使用厂】[鲁]胶州市精细化工有限公司〈P2031〉

1,4-苯二胺盐酸盐；对苯二胺盐酸盐 C02165202
1,4-Phenyldiamine hydrochloride [624-18-0]
用作染料中间体
【生产厂】[浙]衢州瑞源化工有限公司〈P1957〉

对苯二胺硫酸盐；1,4-苯二胺，硫酸盐 C02165211
p-Phenylenediamine, sulfate [16245-77-5]
【生产厂】[苏]江阴东方医药原料有限公司〈P1867〉；[浙]衢州瑞源化工有限公司〈P1957〉

邻磺酸对苯二胺；对苯二胺邻磺酸 C02165219
2-Sulfo-1,4-phenylenediamine [88-45-9]
【生产厂】[冀]河北泰丰化工有限责任公司〈P1640〉

邻氯对苯二胺盐酸盐；2-氯-1,4-苯二胺盐酸盐 C02165225
2-Chloro-1,4-benzenediamine hydrochloride [62106-51-8]
【生产厂】[沪]上海旭升精细化工技术研究所〈P1773〉

2-氯-5-甲基-1,4-苯二胺 C02165229
2-Chloro-5-methyl-1,4-phenylenediamine
【生产厂】[鄂]荆州市沙隆达维迅化工有限公司〈P2240〉

***N*,*N*-二(2-羟乙基)对苯二胺硫酸盐** C02165251
N,*N*-Di(2-hydroxyethyl)-*p*-phenylenediamine sulfate [93841-25-9]
【生产厂】[辽]沈阳沈潘精细化工有限公司〈P1687〉；[沪]上海神强实业有限公司〈P1761〉；[浙]绍兴海成化工有限公司〈P1949〉

2-硝基对苯二胺；邻硝基对苯二胺；1,4-二氨基-2-硝基苯 C02165291
2-Nitro-1,4-phenylenediamine；1,4-Diamino-2-nitrobenzene [5307-14-2]
【生产厂】[沪]上海神强实业有限公司〈P1761〉

3-硝基邻苯二胺 C02165293
3-Nitro-*o*-phenylenediamine；3-Nitro-1,2-benzenediamine [3694-52-8]
用作染发剂及有机颜料中间体
【生产厂】[沪]上海旭升精细化工技术研究所〈P1773〉；上海凯路化工有限公司〈P1747〉

4-硝基邻苯二胺 C02165295
4-Nitro-*o*-phenylenediamine；4-Nitro-1,2-benzenediamine [99-56-9]
主要用于合成药物及合成颜料、染料等
【生产厂】[苏]镇江市天龙化工有限公司〈P1846〉

1,3-苯二胺；间苯二胺 C02165301
1,3-Phenylenediamine [108-45-2]
主要用作染料中间体及环氧树脂固化剂
【生产厂】[津]天津华士化工有限公司(5000 吨)〈P1573〉；[冀]河北智通化工有限责任公司〈P1623〉；[沪]上海康晟实业有限公司〈P1748〉；上海安诺芳胺化学品有限公司(2 万吨)〈P1727〉；[苏]常熟市精细化工厂〈P1890〉；常熟欣润染料有限公司(2000 吨)〈P1892〉；响水县科斯达化工有限公司(1000 吨)〈P1809〉；海安县染料化工厂(1500 吨)〈P1829〉；[浙]杭州力禾颜料有限公司〈P1920〉；[皖]安徽海丰精细化工股份有限公司〈P1971〉；[鲁]济南润原化工有限责任公司〈P2024〉；胶南恒源化工有限公司(3000 吨)〈P2031〉
【使用厂】[津]天津市津南华利化工厂〈P1594〉；[冀]石家庄市新华染料化工厂〈P1631〉；邢台铁牛染料化工有限公司〈P1644〉；[沪]上海崇明生化制品厂有限公司〈P1730〉；[浙]杭州萧山飞翔化工有限公司〈P1923〉；[鲁]山东省乐陵市华虹染化有限公司〈P2145〉；[豫]洛阳瑞丰工业有限公司〈P2183〉

1,2-苯二胺；1,2-二氨基苯；邻苯二胺 C02165401
1,2-Phenylenediamine [95-54-5]
用作阳离子染料的中间体，是农药多菌灵及其他防霉剂的主要原料
【生产厂】[沪]上海农药厂有限公司〈P1755〉；上海泰禾(集团)有限公司〈P1767〉；上海安诺芳胺化学品有限公司(2000 吨)〈P1727〉；[苏]江苏永联集团公司精细化工厂〈P1866〉；苏州华源农用生物化学品有限公司(1300 吨)〈P1901〉；南京化学工业有限公司化工厂(1100 吨)〈P1785〉；海安县染料化工厂〈P1829〉；[皖]安徽八一化工股份有限公司(7000 吨)〈P1974〉；郎溪县鸿盛化工有限公司〈P1987〉；[鄂]武穴市伟业药化有限责任公司〈P2244〉
【使用厂】[辽]沈阳市试剂三厂〈P1688〉；[沪]上海万安化工科技研究所〈P1768〉；[苏]江苏苏中农药化工厂〈P1822〉；江苏省靖江市金囤农化有限公司〈P1822〉；江阴市龙达化工有限公司〈P1870〉；南京神柏远东化工有限公司〈P1788〉；[闽]福建三农集团股份有限公司〈P1994〉；[赣]海利贵溪化工农药有限公司〈P2013〉；[豫]开封染料化工厂〈P2177〉；[川]四川省化工研究设计院〈P2319〉

1,2,4-三氨基苯二盐酸盐 C02165451
1,2,4-Triaminobenzene dihydrochloride [615-47-4]
【生产厂】[京]北京维达化工有限公司(50 吨)〈P1563〉；[浙]嘉兴市步云染化厂〈P1941〉

4-氯苯胺；对氯苯胺 C02165501
4-Chloroaniline [106-47-8]
是偶氮染料及色酚 AS-LB 的中间体，也是医药利眠宁、非那西丁及农药的原料，还用于制彩色胶片成色剂

【生产厂】[辽]葫芦岛天宝化工厂(1000 吨)〈P1702〉;葫芦岛市通远化工厂〈P1702〉;辽宁世星药化有限公司(500 吨)〈P1703〉;[苏]溧阳市天荣化工有限公司〈P1863〉;滨海县明昇化工厂〈P1889〉;江都市海辰化工有限公司〈P1814〉;[皖]安徽八一化工股份有限公司〈P1974〉;蚌埠市海兴化工有限责任公司〈P1975〉;安徽佰仕化工有限公司〈P1974〉;[鲁]山东省滕州市国安化工有限公司〈P2078〉

【使用厂】[辽]锦州九泰药业有限责任公司〈P1701〉;[吉]吉林通化农药化工股份有限公司〈P1718〉;[沪]上海农药厂有限公司〈P1755〉;[苏]徐州恩华药业集团有限责任公司〈P1794〉;[鲁]德州恒东农药化工有限公司〈P2141〉;[豫]安阳市安林生物化工有限责任公司〈P2208〉

C

对氯苯胺盐酸盐 C02165551

4-Chloroaniline hydrochloride [20265-96-7]

用作染料中间体

【生产厂】[苏]溧阳市天荣化工有限公司〈P1863〉;[浙]衢州瑞源化工有限公司〈P1957〉;[鲁]山东省滕州市国安化工有限公司〈P2078〉

邻氯苯胺盐酸盐 C02165555

2-Chloroaniline hydrochloride [137-04-2]

是冰染染料的色基,用于棉织物、黏胶织物的染色和印花的显色剂,还可用作染料中间体

【生产厂】[苏]滨海县明昇化工厂〈P1889〉

十二烷基三甲基氢氧化铵 C02165601

Dodecyl trimethyl ammonium hydroxide

【生产厂】[沪]上海凯洛格化工科技有限公司〈P1747〉

2-氯苯胺;邻氯苯胺;邻氨基氯苯 C02165701

2-Chloroaniline [95-51-2]

用作农药、医药、染料和合成树脂的中间体

【生产厂】[冀]河北省大名县瑞恒化工有限责任公司〈P1640〉;[苏]溧阳市天荣化工有限公司〈P1863〉;苏州明达化工有限公司(1500 吨)〈P1902〉;江苏华昌(集团)有限公司〈P1893〉;江苏方舟化工有限公司(800 吨)〈P1802〉;江苏省淮安嘉诚化工有限公司(1 万吨)〈P1803〉;滨海县明昇化工厂(5000 吨)〈P1889〉;盐城中亚医药化工有限公司(500 吨)〈P1812〉;江都市海辰化工有限公司〈P1814〉;[浙]衢州市秀晨精细化工有限公司〈P1958〉;[皖]安徽八一化工股份有限公司〈P1974〉;安徽佰仕化工有限公司〈P1974〉

【使用厂】[辽]沈阳丰收农药有限公司〈P1685〉;[苏]江苏天容集团股份有限公司〈P1861〉;[鲁]胶州市精细化工有限公司〈P2031〉

3-氯苯胺;间氯苯胺 C02165702

3-Chloroaniline [108-42-9]

主要用于棉、麻、黏胶织物的染色和印花的显影剂,在医药上可制抗精神病药物盐酸氯丙嗪及奋乃静等

【生产厂】[京]北京马氏精细化学品有限公司〈P1555〉;[冀]河北省大名县瑞恒化工有限责任公司〈P1640〉;[沪]上海康晟实业有限公司〈P1748〉;上海罗店化工总厂〈P1752〉;[苏]溧阳市天荣化工有限公司〈P1863〉;滨海县明昇化工厂〈P1889〉;盐城中亚医药化工有限公司(500 吨)〈P1812〉;江都市海辰化工有限公司〈P1814〉;[浙]宁波市镇海翔宇化工有限公司(6000 吨)〈P1933〉;龙游诚义精细化工厂〈P1957〉;[皖]安徽八一化工股份有限公司〈P1974〉;安徽佰仕化工有限公司〈P1974〉;[滇]杨林工业开发区汕滇药业有限公司〈P2340〉

【使用厂】[苏]常州药业股份有限公司〈P1858〉;[鲁]山东阳光颜料有限公司〈P2133〉;[渝]重庆康乐制药有限公司〈P2305〉

对碘苯胺;4-碘苯胺 C02165735

4-Iodoaniline [540-37-4]

【生产厂】[沪]上海虹生实业有限公司〈P1737〉;[苏]常州泰戈化工有限公司〈P1857〉

邻氯对碘苯胺;2-氯-4-碘苯胺 C02165751

2-Chloro-4-iodoaniline [42016-93-3]

用作医药中间体

【生产厂】[苏]常州泰戈化工有限公司〈P1857〉

4-氯-3-氟苯胺 C02165771

4-Chloro-3-fluoroaniline

【生产厂】[沪]上海威远精细氟科技发展有限公司〈P1769〉

2-氯-5-氟苯胺 C02165775

2-Chloro-5-fluoroaniline

【生产厂】[沪]上海威远精细氟科技发展有限公司〈P1769〉

甲酰胺 C02165801

Formamide [75-12-7]

用作合成咪唑、嘧啶、1,3,5-三嗪、咖啡碱的原料,丙烯腈共聚物纺丝、塑料制品防静电涂饰的溶剂等

【生产厂】[苏]江苏双菱化工集团有限公司〈P1798〉;[浙]台州市申源化学品有限公司〈P1962〉;[鲁]肥城阿斯德化工有限公司(4000 吨)〈P2134〉;[豫]郑州森奥化工有限责任公司(5000 吨)〈P2172〉;[川]四川天一科技股份有限公司〈P2319〉

【使用厂】[浙]浙江海正药业股份有限公司〈P1964〉;[鲁]山东滕州悟通香料有限责任公司〈P2078〉;[豫]河南中孚药业有限公司〈P2168〉;河南省荥阳甲醇钠有限公司〈P2167〉

N,*N*-二苯基氯甲酰胺;二苯氨基甲酰氯 C02165821

N,*N*-Diphenylchloroformamide [83-01-2]

【生产厂】[浙]杭州浙大泛科化工有限公司〈P1925〉

环己甲酰胺 C02165831

Cyclohexanecarboxamide [1122-56-1]

用作药物中间体

【生产厂】[京]北京达科思精细化工研究所〈P1545〉;[苏]南京市江宁区盛业化工有限公司〈P1789〉

乙酰胺;醋酰胺 C02165851

Acetylamine [60-35-5]

主要用作有机溶剂,也可用作增塑剂和过氧化物的稳定剂,化妆品生产中作抗酸剂,还用于制备安眠药、杀虫剂等

【生产厂】[浙]平湖市新埭精细化工厂〈P1943〉;[粤]肇庆市科立化工有限公司〈P2293〉

【使用厂】[鲁]山东滕州悟通香料有限责任公司〈P2078〉

N-甲基乙酰胺 C02165871

N-Methylacetamide [79-16-3]

用作溶剂,也用于制药

【生产厂】[冀]河北省化学工业研究院(100 吨)〈P1621〉;[鲁]山东新华制药股份有限公司〈P2055〉

乙二酰胺;草酰二胺;草酰胺 C02165881

Oxalamide;Ethanediamide [471-46-5]

用作硝化纤维素的稳定剂

【生产厂】[鲁]青州市奥星化工有限公司〈P2091〉

双马来酰亚胺 C02165900

Bismaleimide;*N*,*N*′-(4,4′-Diphenylmethane)bismaleimide [13676-54-5]

用于制备电器绝缘材料、耐磨材料、增强塑料添加剂、砂轮黏结剂等

【生产厂】[鲁]烟台恒鑫化工科技有限公司(600 吨)〈P2117〉

***N*,*N*′-亚甲基双丙烯酰胺** C02165901

N,*N*′-Methylenebisacrylamide [110-26-9]

可在油田钻井作业中和建筑灌浆作业中用作堵水剂,亦可在丙烯酸树脂和黏合剂合成中用作交联剂

【生产厂】[辽]辽宁海城三洋化工厂(60 吨)〈P1697〉;营口星火化工有限公司〈P1705〉;[沪]上海旭森非卤消烟阻燃剂有限公司(10 吨)〈P1773〉;[苏]苏州市化工研究所有限公司〈P1904〉;连云港市杰圩化工有限公司〈P1799〉;[皖]合肥安邦化工有限公司〈P1972〉;[鲁]淄博东港化学制品有限公司〈P2059〉;淄博永益化工有限公司(20 吨)〈P2075〉;淄博张店东方化学股份有限公司(300 吨)〈P2076〉;淄博中森化工有限公司〈P2077〉;[粤]增城市云超化工有限公司〈P2268〉

***N*,*N*′-(亚甲基二苯基)双马来酰亚胺**;4,4′-双马来酰亚胺二苯甲烷 C02165910

N,*N*′-(Methylenediphenyl)bismaleimide;BMI [13676-54-5]

可用于生产电器绝缘材料、耐磨材料、增强塑料添加剂、橡胶交联剂、航空结构材料、航天结构材料、功能材料等

【生产厂】[鄂]湖北省化学研究院〈P2228〉;[陕]西北化工研究院(40 吨)〈P2350〉

马来酰亚胺 C02165921

Maleimide;2,5-Pyrroledione [541-59-3]

【生产厂】[鲁]淄博凤宝化工有限公司〈P2059〉;[陕]陕西宝鸡宝玉化工有限公司〈P2351〉

2,4,6-三溴苯基马来酰亚胺;TBPMI C02165925

2,4,6-Tribromophenylmaleimide

是目前颇具代表性和广阔开发前景的高分子耐热阻燃改性剂

【生产厂】[鲁]山东省巨野凌峰化工原料有限公司〈P2160〉

2,4,6-三氯苯基马来酰亚胺;高效防污杀菌剂 TCPM C02165929

2,4,6-Trichlorophenylmaleimide

广泛用作防污剂

【生产厂】[沪]上海苏鹏实业有限公司〈P1766〉;[浙]浙江同丰医药化工有限公司〈P1969〉;[鲁]山东省巨野凌峰化工原料有限公司〈P2160〉

***N*-烷基马来酰亚胺** C02165931

N-Alkylmaleimide

是光敏剂的单体,其树脂可作为光敏助剂用于光固化

【生产厂】[川]成都博深高技术材料开发有限公司〈P2309〉

2-氨基-2,3-二甲基丁酰胺 C02165975

2-Amino-2,3-dimethylbutyramide

用于生产农药咪草烟

【生产厂】[冀]河北省景县景美化学工业有限公司〈P1665〉;[鲁]山东先达化工有限公司〈P2157〉

4,4′-二(二甲氨基)二苯基甲烷;甲烷贝司 C02165991

4,4′-Di(dimethylamino)diphenylmethane;4,4′-Methylenebis(*N*,*N*-Dimethylaniline) [101-61-1]

用作染料中间体

【生产厂】[苏]扬州康宏化工有限公司〈P1817〉;[鲁]济宁圣城化工实验有限责任公司(600 吨)〈P2128〉

异丙胺;甲基乙胺;2-氨基丙烷 C02166101

Isopropylamine;2-Aminopropane [75-31-0]

用于生产农药、医药、染料中间体,橡胶促进剂,硬水处理剂及表面活性剂等

【生产厂】[辽]锦州经济技术开发区六陆实业股份有限公司(1500 吨)〈P1701〉;锦州经济技术开发区六陆实业股份有限公司化工分公司(1500 吨)〈P1701〉;[浙]杭州浙大泛科化工有限公司〈P1925〉;建德市新化化工有限责任公司(2 万吨)〈P1926〉;浙江建德建业有机化工有限公司(1 万吨)〈P1928〉;[青]青海黎明化工有限责任公司〈P2359〉

【使用厂】[津]天津市中央药业有限公司〈P1613〉;[苏]江苏安邦电化有限公司〈P1802〉;南通江山农药化工股份有限公司〈P1833〉;兴化市青松农药化工有限公司〈P1828〉;[鲁]青岛海湾集团有限公司〈P2036〉;青岛碱业股份有限公司〈P2038〉;山东胜邦绿野化学有限公司〈P2029〉;[鄂]湖北仙隆化工股份有限公司〈P2245〉

γ-[(β-甲氧基)乙氧基]丙胺 C02166131

γ-[(β-Methoxy)ethoxy]propylamine

用于制备分散颜料及医药中间体

【生产厂】[苏]昆山市陆家红星化工厂〈P1897〉

3-异辛氧基丙胺;3-[(2-乙基己基)氧基]丙胺 C02166151

3-[(2-Ethylhexyl)oxy]propylamine [5397-31-9]

用作染料中间体

【生产厂】[苏]昆山市陆家红星化工厂〈P1897〉

3-丁氧基丙胺;γ-丁氧基丙胺 C02166161

3-Butoxypropanamine;3-Butoxy-1-propylamine [16499-88-0]

【生产厂】[苏]吴江市高新精细化工有限公司〈P1910〉

***N*-氨丙基吗啉**;4-吗啉丙胺 C02166191

N-Aminopropylmorpholine;4-Morpholinepropanamine [123-00-2]

【生产厂】[吉]吉林省龙腾精细化工有限责任公司〈P1717〉;[鄂]武汉瑞阳化工有限公司〈P2231〉

4-氨基吗啉;*N*-氨基吗啉 C02166195

4-Aminomorpholine;*N*-Aminomorpholine [4319-49-7]

【生产厂】[沪]上海金易精细化工有限公司〈P1745〉;上海里德化工有限公司〈P1750〉

C

异丙醇胺；1-氨基-2-丙醇 C02166201
1-Amino-2-propanol; Isopropanolamine [78-96-6]
可用作表面活性剂的原料以及纤维工业精炼剂、抗静电剂、染色助剂和纤维湿润剂等
【生产厂】[苏]南京红宝丽股份有限公司(1000 吨)〈P1784〉；常州市中兴石油化工助剂有限公司〈P1856〉；[浙]杭州浙大泛科化工有限公司〈P1925〉
【使用厂】[沪]上海天坛助剂有限公司〈P1767〉

***N*,*N*-二甲基异丙醇胺；1-二甲氨基-2-丙醇** C02166202
1-Dimethylamino-2-propanol; *N*,*N*-Dimethylisopropanolamine [108-16-7]
用于制药工业，也用作丙烯腈聚合物的稳定剂
【生产厂】[沪]上海晨日化学有限公司〈P1730〉

***N*,*N*-二甲基丙醇胺；3-二甲氨基-1-丙醇** C02166205
N,*N*-Dimethylpropanolamine; 3-Dimethylamino-1-propanol [3179-63-3]
用于医药原料，亦可作为纸张处理助剂、汽油添加剂等
【生产厂】[沪]上海晨日化学有限公司〈P1730〉；[苏]镇江市海通化工有限公司〈P1845〉

异丙醇胺氢溴酸盐 C02166209
Isopropanolamine hydrobromide
【生产厂】[浙]湖州长盛化工有限公司〈P1945〉

1,3-二氨基-2-丙醇；1,3-二氨基-2-羟基丙烷 C02166251
1,3-Diamino-2-propanol; 1,3-Diamino-2-hydroxypropane [616-29-5]
用作甲醛吸收剂，用于二氧化碳及酸性气体的吸收
【生产厂】[沪]上海晨日化学有限公司〈P1730〉

全氟三丙胺 C02166301
Perfluoro-tri-*n*-propylamine [338-83-0]
用作仪器仪表的抗腐蚀传动液、介电绝缘液，电子元件、器件检漏液
【生产厂】[辽]金凯(阜新)化工有限公司〈P1708〉；[鄂]武汉市德孚经济发展有限公司〈P2232〉；湖北恒新化工有限公司〈P2242〉

2-硝基苯胺；邻硝基苯胺 C02166401
2-Nitroaniline [88-74-4]
用作染料中间体和照相防灰剂原料，亦可用于农药多菌灵的生产
【生产厂】[冀]河北永泰化工有限公司〈P1623〉；[沪]上海农药厂有限公司〈P1755〉；[苏]南京化学工业有限公司化工厂〈P1785〉；[浙]乐清市乐安化工有限公司(1500 吨)〈P1936〉；[皖]安徽八一化工股份有限公司〈P1974〉；郎溪县鸿盛化工有限公司〈P1987〉；[鲁]无棣金盛化工有限公司(2000 吨)〈P2157〉；[豫]巩义市海洋有机化工厂(700 吨)〈P2162〉；巩义市嵩源有机化工厂(1400 吨)〈P2164〉；巩义市陇海化工厂(800 吨)〈P2163〉；河南省巩义市新奇化工厂(800 吨)〈P2167〉；[鄂]武穴市伟业药化有限责任公司〈P2244〉
【使用厂】[京]北京丽水化工有限责任公司〈P1554〉；[苏]南京台硝化工有限公司〈P1790〉；江苏亚邦化工集团有限公司〈P1861〉；[浙]嘉善嘉生药业有限公司〈P1940〉；[鲁]山东阳光颜料有限公司〈P2133〉

3-氨基苯磺酰胺；间氨基苯磺酰胺 C02166501
3-Aminobenzenesulfonamide; 3-Sulfanilamide [98-18-0]
用作有机合成中间体
【生产厂】[鲁]青岛双桃精细化工(集团)有限公司〈P2043〉

对乙酰氨基苯磺酰胺 C02166511
p-Acetaminobenzenesulfonamide
【生产厂】[苏]苏州诚和医药化学有限公司〈P1899〉

对乙酰基苯磺酰胺 C02166521
p-Acetylbenzenesulfonamide
【生产厂】[苏]苏州诚和医药化学有限公司〈P1899〉

3-甲基-4-氨基苯磺酰胺 C02166531
3-Methyl-4-aminobenzenesulfonamide [53297-70-4]
用作医药中间体
【生产厂】[浙]浙江车头制药有限公司〈P1963〉；台州市知青化工有限公司〈P1962〉

对溴苯磺酰胺 C02166551
4-Bromobenzenesulfonamide [701-34-8]
【生产厂】[苏]苏州诚和医药化学有限公司〈P1899〉

2-氯-5-硝基苯磺酰胺 C02166571
2-Chloro-5-nitrobenzenesulfonamide
【生产厂】[苏]苏州诚和医药化学有限公司〈P1899〉

3-硝基-4-氯苯磺酰胺 C02166573
4-Chloro-3-nitrobenzenesulfonamide
用作染料中间体
【生产厂】[苏]苏州诚和医药化学有限公司〈P1899〉

2-甲基-5-硝基苯磺酰胺 C02166581
2-Methyl-5-nitrobenzenesulfonamide
【生产厂】[苏]苏州诚和医药化学有限公司〈P1899〉

对氟苯磺酰胺 C02166591
4-Fluorobenzenesulfonamide [402-46-0]
用作医药、染料中间体
【生产厂】[苏]苏州诚和医药化学有限公司〈P1899〉；[浙]嘉兴市金利化工有限责任公司〈P1942〉

4-硝基二苯胺；对硝基二苯胺 C02166605
4-Nitrodiphenylamine; *p*-Nitrodiphenylamine [836-30-6]
【生产厂】[冀]大名县名鼎化工有限责任公司〈P1638〉；[苏]南京科邦医药化工有限公司〈P1786〉

2-硝基二苯胺；邻硝基二苯胺 C02166609
2-Nitrodiphenylamine [119-75-5]
用于合成染料
【生产厂】[冀]大名县名鼎化工有限责任公司〈P1638〉；[苏]南京科邦医药化工有限公司〈P1786〉

对羟基二苯胺；4-羟基二苯胺 C02166611
4-Hydroxydiphenylamine [122-37-2]
用作医药、染料、农药中间体，也是橡胶助剂

的中间体

【生产厂】[京]北京朝福化工实验厂〈P1544〉;[鲁]龙口科达化工有限公司(150 吨)〈P2110〉

邻甲基间羟基二苯胺;2-甲基-3′-羟基二苯胺;间(2-甲苯基)氨基苯酚 C02166621

2-Methyl-3′-hydroxydianiline

用于制造酸性黑染料

【生产厂】[鲁]龙口科达化工有限公司(150 吨)〈P2110〉

2-甲基-4′-羟基二苯胺 C02166623

2-Methyl-4′-hydroxydianiline

【生产厂】[鲁]龙口科达化工有限公司〈P2110〉

3-羟基二苯胺;间羟基二苯胺 C02166631

3-Hydroxydiphenylamine

用作染料、医药及橡胶助剂的中间体

【生产厂】[鲁]龙口科达化工有限公司(150 吨)〈P2110〉

3-甲氧基二苯胺 C02166641

3-Methoxydiphenylamine [101-16-6]

用作染料、医药及橡胶中间体

【生产厂】[沪]上海旭升精细化工技术研究所〈P1773〉;[鲁]龙口科达化工有限公司(10 吨)〈P2110〉

4-甲氧基二苯胺 C02166643

4-Methoxydiphenylamine

用于染料、医药中间体

【生产厂】[鲁]龙口科达化工有限公司(10 吨)〈P2110〉

2-硝基-4′-甲氧基二苯胺 C02166649

2-Nitro-4′-methoxydiphenylamine

【生产厂】[苏]南京科邦医药化工有限公司〈P1786〉

2,4-二甲基三苯胺 C02166661

2,4-Dimethyltriphenylamine [1228-80-4]

【生产厂】[沪]上海中科同力化工材料有限公司〈P1779〉

4,4′-二甲基三苯胺 C02166665

4,4′-Dimethyltriphenylamine [20440-95-3]

【生产厂】[沪]上海中科同力化工材料有限公司〈P1779〉

4-羟基-2′-硝基二苯胺 C02166671

4-Hydroxy-2′-nitrodiphenylamine

【生产厂】[苏]南京科邦医药化工有限公司〈P1786〉

4-氯-2′-硝基二苯胺 C02166681

4-Chloro-2′-nitrodiphenylamine

【生产厂】[苏]南京科邦医药化工有限公司〈P1786〉

2,4-二硝基二苯胺 C02166685

2,4-Dinitrodiphenylamine [961-68-2]

【生产厂】[苏]南京科邦医药化工有限公司〈P1786〉

***N*-苯基-2,6-二氯苯胺;2,6-二氯二苯胺** C02166691

N-Phenyl-2,6-dichloroaniline

【生产厂】[豫]辉县市东普合成中间体有限责任公司〈P2202〉;河南东泰制药有限公司(500 吨)〈P2210〉

苄胺;苯甲胺 C02166701

Benzylamine [100-46-9]

用作染料及医药中间体

【生产厂】[沪]上海康晟实业有限公司〈P1748〉;[苏]仪征市鼎信化工有限公司(20 吨)〈P1820〉;江苏省句容市中山化工研究所〈P1842〉;苏州敬业医药化工有限公司〈P1901〉;[鄂]武汉有机实业股份有限公司〈P2235〉

【使用厂】[津]天津市津东化工厂〈P1593〉;[沪]上海东风农药厂〈P1732〉;[鲁]济宁市化工研究所〈P2128〉;[豫]河南康泰制药集团公司河南省精细化工厂〈P2166〉;河南康泰制药集团公司〈P2166〉

间甲基苄胺 C02166702

m-Methylbenzylamine [100-81-2]

【生产厂】[鄂]武汉有机实业股份有限公司〈P2235〉

对甲基苄胺;4-甲基苄胺 C02166703

p-Methylbenzylamine;4-Methylbenzylamine [104-84-7]

【生产厂】[苏]江苏省句容市中山化工研究所〈P1842〉;[鄂]武汉有机实业股份有限公司〈P2235〉

邻甲基苄胺 C02166704

o-Methylbenzylamine [89-93-0]

【生产厂】[鄂]武汉有机实业股份有限公司〈P2235〉

***N*,*N*-二甲基苄胺;*N*-苄基二甲胺** C02166710

N,*N*-Dimethylbenzylamine [103-83-3]

用作有机合成中间体,还可用作脱氢催化剂、防腐剂、酸中和剂等

【生产厂】[苏]南京仁信化工有限公司〈P1788〉;赣榆县尤利特化工有限公司〈P1797〉;江都市大江化工厂〈P1813〉;[浙]杭州中香化学有限公司〈P1925〉

3,4-二甲基苄胺 C02166712

3,4-Dimethylbenzylamine [102-48-7]

【生产厂】[苏]江苏省句容市中山化工研究所〈P1842〉

邻氯苄胺;邻氯苯甲胺 C02166721

o-Chlorobenzylamine;2-Chlorobenzylamine [89-97-4]

用作医药中间体

【生产厂】[苏]苏州敬业医药化工有限公司〈P1901〉;昆山化工医药原料有限公司〈P1895〉

间氯苄胺;3-氯苄胺 C02166731

m-Chlorobenzylamine;3-Chlorobenzylamine [4152-90-3]

用作医药、农药、染料中间体

【生产厂】[苏]扬州杰迪化工有限公司〈P1817〉

对氯苄胺;4-氯苄胺 C02166741

p-Chlorobenzylamine;4-Chlorobenzylamine [104-86-9]

【生产厂】[鄂]武汉有机实业股份有限公司〈P2235〉

邻氟苄胺 C02166751

2-Fluorobenzylamine [89-99-6]

用作有机合成中间体

【生产厂】[苏]江苏省句容市中山化工研究所〈P1842〉;金坛市群乐化工助剂研究所〈P1862〉;沭阳金凯化工厂〈P1804〉;[豫]河南昊海实业有限公司〈P2165〉

间氟苄胺 C02166761

3-Fluorobenzylamine [100-82-3]

用作有机合成中间体
【生产厂】[苏]江苏省句容市中山化工研究所〈P1842〉;[豫]河南昊海实业有限公司〈P2165〉

对氟苄胺 C02166771
4-Fluorobenzylamine [140-75-0]
用作医药、农药中间体
【生产厂】[京]北京卡乐瑞化工有限公司〈P1553〉;[辽]阜新特种化学股份有限公司〈P1708〉;[苏]江苏省句容市中山化工研究所〈P1842〉;金坛市群乐化工助剂研究所〈P1862〉;金坛市华盛化工助剂有限公司〈P1862〉;沭阳金凯化工厂〈P1804〉;[鲁]济宁信东化工有限公司〈P2129〉;[豫]河南昊海实业有限公司〈P2165〉

3,4-二氟苄胺 C02166774
3,4-Difluorobenzylamine [72235-53-1]
【生产厂】[苏]江苏省句容市中山化工研究所〈P1842〉

2,4-二氟苄胺 C02166775
2,4-Difluorobenzylamine [72235-52-0]
【生产厂】[京]北京金奥利维科技发展有限公司〈P1551〉;[苏]江苏省句容市中山化工研究所〈P1842〉

2,5-二氟苄胺 C02166776
2,5-Difluorobenzylamine [85118-06-5]
【生产厂】[京]北京金奥利维科技发展有限公司〈P1551〉

2,6-二氟苄胺 C02166777
2,6-Difluorobenzylamine [69385-30-4]
【生产厂】[京]北京金奥利维科技发展有限公司〈P1551〉;[赣]江西上饶现代化工有限公司〈P2015〉

2,4-二氯苄胺 C02166785
2,4-Dichlorobenzylamine [95-00-1]
【生产厂】[苏]沭阳金凯化工厂〈P1804〉

4-羟基-3-甲氧基苄胺盐酸盐;香兰素胺盐酸盐 C02166789
4-Hydroxy-3-methoxybenzylamine hydrochloride; Vanillylamine hydrochloride [7149-10-2]
【生产厂】[浙]杭州广林生物医药有限公司〈P1917〉

邻甲氧基苄胺 C02166790
o-Methoxybenzylamine [6850-57-3]
【生产厂】[苏]江苏省句容市中山化工研究所〈P1842〉

对甲氧基苄胺 C02166791
p-Methoxybenzylamine [2393-23-9]
用于医药中间体的合成
【生产厂】[苏]江苏省句容市中山化工研究所〈P1842〉;金坛市华盛化工助剂有限公司〈P1862〉;苏州敬业医药化工有限公司〈P1901〉

3,4-二甲氧基苄胺 C02166794
3,4-Dimethoxybenzylamine [5763-61-1]
【生产厂】[苏]江苏省句容市中山化工研究所〈P1842〉

间氨基苄胺;3-氨基苄胺 C02166797
m-Aminobenzylamine
【生产厂】[苏]苏州敬业医药化工有限公司〈P1901〉

对氨基苄胺 C02166798
p-Aminobenzylamine [4403-71-8]
【生产厂】[苏]苏州敬业医药化工有限公司〈P1901〉

间苯二甲胺 C02166802
1,3-Benzenedimethanamine; 1,3-Bis(aminomethyl) benzene [1477-55-0]
用于制环氧树脂固化剂、光敏塑料、橡胶助剂、聚氨酯树脂及涂料等
【生产厂】[沪]上海泰禾(集团)有限公司〈P1767〉

3-硝基苄胺盐酸盐 C02166941
3-Nitrobenzylamine hydrochloride [26177-43-5]
【生产厂】[沪]上海浩洲化工有限公司〈P1736〉

3-硝基苄胺 C02166945
3-Nitrobenzylamine [7409-18-9]
【生产厂】[浙]浙江车头制药有限公司〈P1963〉

对叔丁基苄胺 C02166991
4-*tert*-Butylbenzylamine
用作农药中间体
【生产厂】[沪]上海市农药研究所〈P1764〉

苯胺;阿尼林油;氨基苯 C02167001
Aminobenzene; Aniline [62-53-3]
是染料工业的最重要的中间体之一,也是医药、橡胶促进剂、防老剂的主要原料,还可制香料、清漆和炸药等
【生产厂】[冀]河北冀中化工有限责任公司(1万吨)〈P1620〉;河北冀衡磷肥股份有限公司(3万吨)〈P1664〉;[辽]辽宁庆阳特种化工有限公司(8000吨)〈P1709〉;[苏]南京浦津化工有限公司(2万吨)〈P1788〉;宜兴市博兴化工有限公司〈P1883〉;南京化学工业有限公司化工厂(4万吨)〈P1785〉;[鲁]章丘日月化工有限公司(8万吨)〈P2031〉;山东金岭化工集团股份有限公司(6万吨)〈P2085〉;[豫]河南开普化工股份有限公司(1万吨)〈P2165〉;河南中促实业有限公司〈P2218〉;[渝]重庆长风化工厂(1万吨)〈P2303〉
【使用厂】[津]天津市五一化工厂〈P1606〉;天津市有机化工一厂〈P1611〉;天津华士化工有限公司〈P1573〉;天津市科迈化工有限公司〈P1597〉;天津市创新有机化工厂〈P1582〉;天津市津南区振华化工厂〈P1594〉;天津市中天化工工贸有限公司〈P1613〉;天津拉勒助剂有限公司〈P1576〉;天津市茂丰化工有限公司〈P1599〉;天津市越过化工有限责任公司〈P1612〉;[冀]沧州科润化工有限公司〈P1651〉;石家庄林峰化工有限公司〈P1628〉;石家庄市新华染料化工厂〈P1631〉;邢台铁牛染料化工有限公司〈P1644〉;保定市满城信誉化工厂〈P1646〉;保定市满城金星化工有限公司〈P1646〉;[辽]大连染料化工有限公司〈P1693〉;丹东市精细化工厂〈P1700〉;铁岭选矿药剂厂〈P1713〉;辽宁天合精细化工股份有限公司〈P1702〉;丹东深兰化工有限公司〈P1700〉;[沪]上海浦东亚美化工厂〈P1756〉;上海浦东兴邦化工发展有限公司〈P1756〉;上海天坛助剂有限公司〈P1767〉;上海南翔试剂有限公司〈P1754〉;上海泗联实业总公司〈P1766〉;[苏]盐城凤阳化工有限公司〈P1809〉;镇江振邦化工有限公司〈P1846〉;苏州吴中前进有机化工有限公司〈P1907〉;吴江市东风化工有限公司〈P1910〉;盐城氟源化工有限公司〈P1810〉;常熟市染料化工厂〈P1890〉;江都市二姜化工有限责任公司〈P1813〉;江苏飞亚化学工业有限责任公司〈P1830〉;南京法姆化学厂〈P1783〉;[浙]杭州萧山飞翔化工有限公司

〈P1923〉;浙江新农化工股份有限公司〈P1970〉;衢州康环医药化工有限公司〈P1957〉;上虞市东海化工有限公司〈P1947〉;浙江同丰医药化工有限公司〈P1969〉;浙江鹰鹏化工有限公司〈P1956〉;[鲁]青岛双桃精细化工(集团)有限公司〈P2043〉;潍坊潍泰化工有限公司〈P2106〉;淄博元兴化工有限公司〈P2075〉;诸城市良丰化学有限公司〈P2107〉;潍坊振兴焦化有限公司〈P2107〉;山东省单县化工有限公司〈P2160〉;德州虹桥染料化工有限公司〈P2142〉;德州信达化工有限公司〈P2142〉;山东圣奥化工股份有限公司〈P2161〉;山东北方现代化学工业有限公司〈P2027〉;乳山市东华助剂厂〈P2123〉;荣成市化工总厂有限公司〈P2122〉;青岛欣华先化工有限公司〈P2045〉;山东胜邦绿野化学有限公司〈P2029〉;烟台万华合成革集团有限公司〈P2119〉;胶州市精细化工有限公司〈P2031〉;山东阳光颜料有限公司〈P2133〉;淄博市临淄恒立助剂有限公司〈P2068〉;烟台市牟平区经协化工厂〈P2119〉;青岛正好助剂厂〈P2047〉;烟台万华聚氨酯股份有限公司〈P2119〉;德州市宇虹化工有限公司〈P2142〉;济南金信洋染料有限公司〈P2023〉;招远市宏达化工有限公司〈P2121〉;山东省乐陵市华虹染化有限公司〈P2145〉;[豫]偃师乳酸有限公司〈P2188〉;河南省开仑化工有限责任公司〈P2211〉;河南省安阳荧迪化工有限责任公司〈P2211〉;鹤壁市国峰助剂有限责任公司〈P2199〉;黎明化工研究院〈P2181〉;洛阳瑞丰工业有限公司〈P2183〉;河南康泰制药集团公司河南省精细化工厂〈P2166〉;荥阳市六零集团公司六零二分厂〈P2169〉;安阳豫北制药厂〈P2210〉;河南省新乡卫星染化厂〈P2201〉;鹤壁市金昌化工有限公司〈P2199〉;[粤]广州化学试剂厂〈P2261〉

苯胺盐酸盐 C02167011

Aniline hydrochloride [142-04-1]

用于有机合成

【生产厂】[苏]南京燕江化工厂〈P1791〉

【使用厂】[沪]上海南翔试剂有限公司〈P1754〉

4-苄氧基苯胺盐酸盐 C02167031

4-Benzyloxyaniline hydrochloride [51388-20-6]

用作有机合成原料和医药中间体等

【生产厂】[苏]徐州瑞赛科技实业有限公司〈P1795〉

环己胺;六氢化苯胺 C02167101

Cyclohexylamine [108-91-8]

用作橡胶硫化促进剂,也用作合成纤维、染料、气相缓蚀剂的原料

【生产厂】[冀]河北冀中化工有限责任公司(4000 吨)〈P1620〉;河北冀衡磷肥股份有限公司(1万吨)〈P1664〉;[沪]上海康晟实业有限公司〈P1748〉;[苏]南京化学工业有限公司化工厂(750 吨)〈P1785〉;[鲁]潍坊振兴焦化有限公司(1000 吨)〈P2107〉;青岛欣华先化工有限公司(4000吨)〈P2045〉

【使用厂】[津]天津市有机化工一厂〈P1611〉;天津市科迈化工有限公司〈P1597〉;天津拉勒助剂有限公司〈P1576〉;[苏]镇江振邦化工有限公司〈P1846〉;[鲁]山东省单县化工有限公司〈P2160〉;乳山市东华助剂厂〈P2123〉;荣成市化工总厂有限公司〈P2122〉;[豫]河南省开仑化工有限责任公司〈P2211〉;鹤壁市国峰助剂有限责任公司〈P2199〉

N,*N*-二甲基环己胺 C02167111

N,*N*-Dimethylcyclohexylamine [98-94-2]

主要用作聚氨酯硬泡催化剂

【生产厂】[苏]江都市大江化工厂(300 吨)〈P1813〉

反式-1,2-环己二胺 C02167120

trans-1,2-Cyclohexanediamine [1121-22-8]

【生产厂】[川]成都添彩化工有限公司〈P2316〉

(1*R*,2*R*)-(-)-1,2-环己二胺 C02167121

(1*R*,2*R*)-(-)-1,2-Diaminocyclohexane [20439-47-8]

【生产厂】[沪]上海科利生物医药有限公司〈P1749〉;[鲁]济南铂源化学有限公司〈P2020〉;[川]四川艾格尔生物科技有限公司〈P2317〉;成都添彩化工有限公司〈P2316〉

(1*S*,2*S*)-(+)-1,2-环己二胺 C02167125

(1*S*,2*S*)-(+)-1,2-Diaminocyclohexane [21436-03-3]

用于合成多种手性试剂及医药中间体

【生产厂】[沪]上海科利生物医药有限公司〈P1749〉;[川]四川艾格尔生物科技有限公司〈P2317〉;成都添彩化工有限公司〈P2316〉

环己胺盐酸盐 C02167141

Cyclohexylamine hydrochloride [4998-76-9]

【生产厂】[沪]上海索诚化学有限公司〈P1766〉;上海科帆化工科技有限公司〈P1748〉;[浙]湖州长盛化工有限公司〈P1945〉

环己胺氢溴酸盐 C02167145

Cyclohexylamine hydrobromide [26227-54-3]

【生产厂】[沪]上海索诚化学有限公司〈P1766〉;上海科帆化工科技有限公司〈P1748〉;[浙]湖州长盛化工有限公司〈P1945〉

反式-4-甲基环己胺 C02167151

trans-4-Methylcyclohexylamine [6321-23-9]

用作药物格列美脲中间体

【生产厂】[冀]沧州那瑞化学科技有限公司〈P1652〉;[浙]浙江优联医药化工有限公司〈P1928〉;浙江省仙居华康医药化工有限公司〈P1967〉;台州市中荣化工有限公司〈P1962〉;浙江新东海医药化工有限公司〈P1969〉;[渝]重庆小泉化工厂(50 吨)〈P2308〉;重庆英斯凯化工有限公司〈P2308〉;重庆南松医药科技有限公司〈P2305〉

反式-4-甲基环己胺盐酸盐 C02167159

trans-4-Methylcyclohexylamine hydrochloride [2523-55-9]

用作药物格列美脲中间体

【生产厂】[浙]浙江省仙居华康医药化工有限公司〈P1967〉;台州市奥力特精细化工有限公司〈P1961〉

N-乙基-*N*-羟乙基-1,4-戊二胺;羟基氯喹侧链 C02167165

N-Ethyl-*N*-hydroxyethyl-1,4-pentamethylene diamine

用于制药

【生产厂】[渝]重庆南松医药科技有限公司〈P2305〉

N-甲基正戊胺 C02167169

N-Methyl-*n*-amylamine [25419-06-1]

用于有机合成

【生产厂】[浙]桐乡市恒达化工有限公司〈P1943〉

戊胺;正戊胺;1-氨基戊烷;1-戊胺 C02167170

Amylamine;*n*-Amylamine;1-Aminopentane;1-Pentylamine [110-58-7]

用于有机合成

【生产厂】[沪]上海建北有机化工有限公司〈P1742〉;[浙]建

德市新化化工有限责任公司〈P1926〉

二戊胺;二正戊胺 C02167185

Diamylamine;Di-*n*-amylamine [2050-92-2]

用于制备橡胶促进剂、润滑剂添加剂和抗氧化剂等

【生产厂】[浙]建德市新化化工有限责任公司〈P1926〉

C

三戊胺;三正戊胺 C02167189

Triamylamine;Tri-*n*-pentylamine [621-77-2]

用于防腐剂、乳化剂、染料、杀虫剂等的制造

【生产厂】[浙]建德市新化化工有限责任公司〈P1926〉

盐酸羟胺;盐酸胲 C02167201

Hydroxyamine hydrochloride [5470-11-1]

用作医药和有机合成的原料,用作还原剂和显像剂等

【生产厂】[沪]上海康晟实业有限公司〈P1748〉;上海闵南化工厂〈P1753〉;[苏]苏州市吴赣化工有限责任公司〈P1905〉;[鲁]淄博市淄川福利化工原料厂(800 吨)〈P2072〉;山东兴辉化工有限公司(5000 吨)〈P2055〉;淄博兴鲁化工厂〈P2074〉;山东宝源化工有限公司(2000 吨)〈P2051〉;临沂亿鑫化工有限公司(3000 吨)〈P2148〉;山东鲁光化工厂(1000 吨)〈P2150〉;临沂金亿化工有限公司(2000 吨)〈P2147〉;[鄂]武汉市合中化工制造有限公司〈P2232〉;[川]成都科恩医药化工实业有限公司〈P2312〉

【使用厂】[沪]上海长风化工厂〈P1729〉;上海泰顿化工有限公司〈P1766〉;[浙]浙江金华康恩贝生物制药有限公司〈P1955〉;[鲁]寿光富康制药有限公司〈P2099〉;山东博丰植保药业有限公司〈P2051〉;[豫]焦作市华联化工有限公司〈P2196〉;河南巩义市银海天大化工有限公司〈P2165〉;[粤]广州化学试剂厂〈P2261〉;[渝]西南合成制药股份有限公司〈P2303〉

硫酸羟胺 C02167211

Hydroxyamine sulfate [10039-54-0]

主要用于己内酰胺的制备及用作医药、农药的中间体

【生产厂】[京]北京金源东和化学有限责任公司〈P1552〉

【使用厂】[苏]徐州开达精细化工有限公司〈P1795〉

羟胺-*N*,*N*-二(乙基磺酸钠);*N*,*N*-二乙磺基羟胺二钠盐;DESHA C02167291

Hydroxyamine-*N*,*N*-di(ethanesulfonic acid sodium salt) [133986-51-3]

【生产厂】[鲁]淄博星之联化工有限公司〈P2074〉

α-萘胺;1-萘胺 C02167301

1-Naphthylamine [134-32-7]

是直接染料、酸性染料、冰染染料和分散染料等的中间体,也是橡胶防老剂、农药的原料

【生产厂】[津]天津华士化工有限公司(3000 吨)〈P1573〉;[苏]常州市常宇化工有限公司〈P1850〉;[豫]河南省开仑化工有限责任公司(1000 吨)〈P2211〉;偃师市兴盛化工厂(600 吨)〈P2189〉

【使用厂】[苏]南京化学工业有限公司化工厂〈P1785〉;常熟市染料化工厂〈P1890〉;盐城市东港药物化工发展有限公司〈P1811〉;江苏省高邮市化工厂〈P1816〉

1-萘乙胺 C02167371

1-Naphthaleneethylamine

【生产厂】[苏]常州市武进临川化工有限公司〈P1854〉

4-溴-1-萘胺 C02167381

4-Bromo-1-naphthylamine [2298-07-9]

【生产厂】[沪]上海中科同力化工材料有限公司〈P1779〉

氰乙酰胺 C02167401

Cyanoacetamide [107-91-5]

用作医药、染料及电镀液中间体

【生产厂】[沪]上海华彩精细化工有限公司(200 吨)〈P1738〉;[苏]常州市剑湖东风化工有限公司〈P1852〉;常州恒丰化工有限公司(500 吨)〈P1847〉;江都市蒙升泰化工厂(60 吨)〈P1814〉;如东县通园精细化工厂(120 吨)〈P1837〉;[鲁]淄博开发区光明社会福利化工厂(100 吨)〈P2064〉;[鄂]仙桃市楚天精细化工厂〈P2246〉

【使用厂】[苏]南京法姆化学厂〈P1783〉

氰乙酰脲 C02167410

Cyanoacetylurea [1448-98-2]

用作医药中间体

【生产厂】[沪]上海人民制药溶剂厂〈P1758〉;[浙]杭州浙大泛科化工有限公司〈P1925〉

硫代乙酰胺 C02167501

Thioacetamide [62-55-5]

用作聚合物的硫化剂及交联剂、橡胶助剂、医药原料等

【生产厂】[皖]安徽黄山市嘉徽医药化工有限责任公司(200 吨)〈P1980〉

硫代甲酰胺 C02167561

Methanethioamide [115-08-2]

【生产厂】[豫]河南豫辰精细化工有限公司〈P2218〉

【使用厂】[鲁]山东滕州悟通香料有限责任公司〈P2078〉

***N*,*N*′-二甲基-3,3′-二硫代二丙酰胺**;3,3′-二硫代二丙酰甲胺 C02167591

3,3′-Dithio-bis(*N*-methylpropionamide)

用于生产凯松杀菌剂中间体

【生产厂】[浙]杭州市银湖化工有限公司〈P1922〉

1-萘乙酰胺;NAD C02167621

1-Naphthaleneacetamide [86-86-2]

用作植物生长调节剂

【生产厂】[苏]常州市武进鸣凰化学厂〈P1854〉;常州市武进临川化工有限公司〈P1854〉;金坛市社头化工厂〈P1862〉;淮安市华泰化工有限公司〈P1801〉

***N*,*N*′-二苯基-4,4′-联苯胺** C02167641

N,*N*′-Diphenyl-4,4′-benzidine

广泛应用于有机电致发光材料

【生产厂】[闽]福建省永安风帆精细化工有限公司〈P1995〉

3,3′,5,5′-四甲基联苯胺 C02167651

3,3′,5,5′-Tetramethylbenzidine;TMB [54827-17-7]

【生产厂】[浙]杭州龙生化工有限公司〈P1921〉;台州市新日东生物科技有限公司(120 千克)〈P1962〉

3,3′,5,5′-四甲基联苯胺硫酸盐 C02167655

3,3′,5,5′-Tetramethylbenzidine sulfate

【生产厂】[豫]洛阳天骋化学试剂有限公司(60 吨)〈P2187〉

3,3′,5,5′-四甲基联苯胺盐酸盐 C02167659
3,3′,5,5′-Tetramethylbenzidine hydrochloride
[64285-73-0]
【生产厂】[苏]苏州工业园区亚科化学试剂有限公司〈P1900〉;[豫]洛阳天骋化学试剂有限公司〈P2187〉

N,N,N′,N′-四苯基联苯胺 C02167681
N,N,N′,N′-Tetraphenylbenzidine [15546-43-7]
【生产厂】[沪]上海中科同力化工材料有限公司〈P1779〉

硬脂酰胺;十八酰胺 C02167701
Octadecanamide;Stearamide [124-26-5]
用作PVC、聚烯烃、聚苯乙烯等塑料的爽滑剂和脱模剂
【生产厂】[冀]石家庄加力化学品有限公司〈P1627〉;[沪]上海华溢塑料助剂合作公司(300吨)〈P1740〉;上海勤工助剂有限公司〈P1757〉;[苏]江苏飞翔化工(张家港)有限公司〈P1893〉;海门市众腾化工有限公司〈P1830〉;[赣]江西永友化工助剂有限公司〈P2019〉;[川]四川泸天化股份有限公司〈P2323〉;四川天宇油脂化学有限公司〈P2323〉;[陕]西安凯洁精细化工制造有限公司〈P2348〉

可可胺 C02167731
Cacao amine
用作水处理剂、纤维柔软剂、抗静电剂、乳化剂、化肥抗结块剂和矿物浮选剂等
【生产厂】[川]四川泸天化股份有限公司〈P2323〉

可可胺醋酸盐 C02167741
Cacao amine acetate
用作颜料添加剂、水处理剂、杀菌剂等
【生产厂】[川]四川泸天化股份有限公司〈P2323〉

N-羟甲基硬脂酰胺 C02167751
N-Hydroxymethyloctadecanamide [3370-35-2]
可用作纤维柔软剂、防水剂、纤维油剂、纸张疏水剂、热固性树脂用的润滑剂及改性剂等
【生产厂】[鲁]临朐县万利助剂厂(50吨)〈P2090〉

山萮酸酰胺 C02167791
Behenyl amide
用作水处理剂、纤维柔软剂、抗静电剂、乳化剂、化肥抗结块剂和矿物浮选剂等
【生产厂】[赣]江西威科油脂化学有限公司〈P2019〉;[豫]濮阳市市区四方化工厂〈P2215〉;[川]四川泸天化股份有限公司〈P2323〉;四川天宇油脂化学有限公司〈P2323〉

丙烯腈 C02167801
Acrylonitrile;Vinyl cyanide [107-13-1]
用于合成聚丙烯腈、尼龙66、丁腈橡胶、ABS树脂、聚丙烯酰胺、丙烯酸酯类等,也用作谷物烟熏剂
【生产厂】[京]北京马氏精细化学品有限公司〈P1555〉;[辽]中国石油抚顺石油化工公司(7万吨)〈P1699〉;抚顺石油化工分公司腈纶化工厂(7万吨)〈P1698〉;[吉]中国石油吉化集团公司(21万吨)〈P1717〉;[沪]中国石化上海石油化工股份有限公司(5万吨)〈P1780〉;[浙]台州市中海医药化工有限公司〈P1962〉;[鲁]淄博齐泰化工有限公司〈P2065〉
【使用厂】[京]北京东方锐波化工厂〈P1546〉;北京丽水化工有限责任公司〈P1554〉;[津]天津力生化工有限公司〈P1576〉;天津市光大冰峰化工有限公司〈P1587〉;[冀]石家庄市联碱厂化工分厂〈P1630〉;[辽]丹东明珠特种树脂有限公司〈P1700〉;辽阳鸿泰有机化工有限公司〈P1710〉;辽宁海城三洋化工厂〈P1697〉;[沪]上海泰顿化工有限公司〈P1766〉;中国石油化工股份有限公司上海高桥分公司〈P1780〉;[苏]扬州科宇化工有限公司〈P1818〉;江苏飞翔化工(张家港)有限公司〈P1893〉;江苏克胜集团股份有限公司〈P1808〉;无锡市梁溪精细化工有限公司〈P1877〉;[浙]浙江金甬腈纶有限公司〈P1935〉;浙江新农化工股份有限公司〈P1970〉;乐清市今升有机化工有限公司〈P1936〉;[闽]福建福农生化有限公司〈P1988〉;[鲁]山东联盟化工集团有限公司〈P2096〉;山东省禹城市兴达工程塑胶总厂〈P2146〉;淄博洁水化工有限公司〈P2063〉;山东齐鲁乙烯化工股份有限公司〈P2054〉;淄博张店东方化学股份有限公司〈P2076〉;淄博市淄川区社会福利五金化工厂〈P2072〉;山东东大化学工业有限公司〈P2052〉;万达集团股份有限公司〈P2088〉;淄博百成化工有限公司〈P2058〉;寿光申达化学工业有限公司〈P2100〉;[豫]河南省辉县市振兴化工厂〈P2201〉;[鄂]湖北华中药业有限公司〈P2237〉;[粤]广州化学试剂厂〈P2261〉

α-氯丙烯腈;2-氯丙烯腈 C02167811
α-Chloroacrylonitrile;2-Chloroacrylonitrile
[920-37-6]
用作农药、医药中间体
【生产厂】[辽]营口三征科技化工有限公司〈P1704〉;[沪]上海高伦现代农化股份有限公司〈P1734〉;上海市农药研究所〈P1764〉;上海生农生化制品有限公司〈P1762〉;[浙]杭州达康化工有限公司〈P1916〉;杭州浙大泛科化工有限公司〈P1925〉;[鲁]寿光申达化学工业有限公司〈P2100〉
【使用厂】[鲁]山东胜邦绿野化学有限公司〈P2029〉

甲基丙烯腈 C02167821
Methylacrylonitrile [126-98-7]
【生产厂】[湘]新化县诺威化工有限公司〈P2258〉

肉桂腈;3-苯基-2-丙烯腈 C02167851
Cinnamonitrile;3-Phenyl-2-propenenitrile [1885-38-7]
【生产厂】[苏]上海三维制药公司太仓岳王药物原料厂〈P1898〉;[鄂]武汉远城科技发展有限公司〈P2235〉

2-氰基-4-硝基苯胺 C02167901
2-Cyano-4-nitroaniline [17420-30-3]
主要用于合成分散染料
【生产厂】[冀]黄骅市渤海化工(集团)公司〈P1656〉;[浙]杭州力禾颜料有限公司〈P1920〉;[鄂]武汉市银冠化工有限公司黄陂精细化工厂〈P2233〉;[湘]湘潭市开元化学有限公司〈P2251〉

3-氰基-4-氟苯胺 C02167921
3-Cyano-4-fluroaniline
【生产厂】[沪]上海立科药物化学有限公司〈P1750〉

4-硝基-3-三氟甲基苯胺;5-氨基-2-硝基三氟甲苯;3-氨基-6-硝基三氟甲苯 C02167931
4-Nitro-3-(trifluoromethyl)aniline;5-Amino-2-nitrobenzotrifluoride [393-11-3]
用作医药、农药中间体
【生产厂】[津]天津中兴精细化工有限公司〈P1618〉;天津市[illegible]凯化工科技有限公司〈P1597〉;[辽]阜新金特莱氟化学

C

有限责任公司〈P1707〉；阜新三宝化工实业有限公司〈P1708〉；[苏]徐州市爱克医药科技有限公司〈P1795〉；[浙]上虞市卧龙化工有限公司〈P1948〉；浙江台州海翔医药化工有限公司〈P1968〉；[鲁]济宁信东化工有限公司〈P2129〉

C

2-氨基-5-硝基三氟甲苯；4-硝基-2-三氟甲基苯胺 C02167935

2-Amino-5-nitrobenzotrifluoride；4-Nitro-2-(trifluoromethyl) aniline [121-01-7]

用作医药、农药中间体

【生产厂】[津]天津中兴精细化工有限公司〈P1618〉；天津市筠凯化工科技有限公司〈P1597〉；[辽]阜新奥瑞凯精细化工有限公司〈P1707〉；阜新三宝化工实业有限公司〈P1708〉；[浙]浙江莹光化工有限公司〈P1956〉；浙江省东阳市康峰有机氟化工厂〈P1955〉；[鲁]济宁信东化工有限公司〈P2129〉

4-氨基-3-硝基三氟甲苯；2-硝基-4-三氟甲基苯胺 C02167937

4-Amino-3-nitrobenzotrifluoride；2-Nitro-4-(trifluoromethyl) aniline [400-98-6]

用作医药、农药中间体

【生产厂】[津]天津中兴精细化工有限公司〈P1618〉；天津市筠凯化工科技有限公司〈P1597〉；[浙]浙江莹光化工有限公司〈P1956〉

4-甲基-3-三氟甲基苯胺 C02167951

4-Methyl-3-(trifluoromethyl) aniline

【生产厂】[京]北京维达化工有限公司(10吨)〈P1563〉

3-甲基-5-三氟甲基苯胺；3-氨基-5-甲基三氟甲苯 C02167953

3-Methyl-5-(trifluoromethyl) aniline [96100-12-8]

【生产厂】[京]北京维达化工有限公司(10吨)〈P1563〉

2-甲基-3-三氟甲基苯胺；3-氨基-2-甲基三氟甲苯 C02167955

2-Methyl-3-trifluoromethylaniline；3-Amino-2-methylbenzotrifluoride [54396-44-0]

【生产厂】[京]北京维达化工有限公司(10吨)〈P1563〉

3-氨基-4-甲基三氟甲苯；2-甲基-5-三氟甲基苯胺 C02167959

3-Amino-4-methylbenzotrifluoride [25449-96-1]

【生产厂】[京]北京维达化工有限公司(10吨)〈P1563〉

2-溴-5-三氟甲基苯胺；3-氨基-4-溴三氟甲苯 C02167961

2-Bromo-5-(trifluoromethyl) aniline；3-Amino-4-bromobenzotrifluoride [454-79-5]

【生产厂】[津]天津市筠凯化工科技有限公司〈P1597〉；[沪]上海威远精细氟科技发展有限公司〈P1769〉

2-溴-4-三氟甲基苯胺；4-氨基-3-溴三氟甲苯 C02167965

2-Bromo-4-(trifluoromethyl) aniline；4-Amino-3-bromobenzotrifluoride [57946-63-1]

【生产厂】[沪]上海威远精细氟科技发展有限公司〈P1769〉

4-氟-3-三氟甲基苯胺；5-氨基-2-氟三氟甲苯 C02167971

4-Fluoro-3-(trifluoromethyl) aniline；5-Amino-2-fluorobenzotrifluoride [2357-47-3]

【生产厂】[辽]辽宁天合精细化工股份有限公司〈P1702〉；阜新金特莱氟化学有限责任公司〈P1707〉；阜新三宝化工实业有限公司〈P1708〉；金凯(阜新)化工有限公司〈P1708〉；[苏]江苏庙桥合成化工有限公司〈P1859〉；[浙]浙江莹光化工有限公司〈P1956〉

4-氟-2-三氟甲基苯胺；2-氨基-5-氟三氟甲苯 C02167973

4-Fluoro-2-(trifluoromethyl) aniline；2-Amino-5-fluorobenzotrifluoride [393-39-5]

用作医药、农药中间体

【生产厂】[辽]阜新金特莱氟化学有限责任公司〈P1707〉；阜新三宝化工实业有限公司〈P1708〉；[鲁]济宁信东化工有限公司〈P2129〉

4-氨基-3-氟三氟甲苯；2-氟-4-三氟甲基苯胺 C02167974

4-Amino-3-fluorobenzotrifluoride

【生产厂】[辽]阜新奥瑞凯精细化工有限公司〈P1707〉

2-氟-5-三氟甲基苯胺；3-氨基-4-氟三氟甲苯 C02167975

2-Fluoro-5-(trifluoromethyl) aniline [535-52-4]

【生产厂】[辽]阜新金特莱氟化学有限责任公司〈P1707〉；阜新三宝化工实业有限公司〈P1708〉

3-氨基-5-氟三氟甲苯；3-氟-5-三氟甲基苯胺 C02167976

3-Amino-5-fluorobenzotrifluoride [454-67-1]

用作医药中间体

【生产厂】[苏]江苏中丹制药有限公司〈P1823〉

5-氟-2-甲基苯胺；2-氨基-4-氟甲苯 C02167979

5-Fluoro-2-methylaniline [367-29-3]

是合成农药、医药和染料的中间体

【生产厂】[辽]辽宁天合精细化工股份有限公司〈P1702〉；[沪]上海威远精细氟科技发展有限公司〈P1769〉；[浙]浙江省三门解氏化学工业有限公司〈P1966〉

***N*-甲基-2-氟苯胺** C02167981

N-Methyl-2-fluoroaniline

【生产厂】[苏]昆山化工医药原料有限公司〈P1895〉

2-氟-3-甲基苯胺 C02167982

2-Fluoro-3-methylaniline [1978-33-2]

【生产厂】[辽]阜新三宝化工实业有限公司〈P1708〉

3-氟-4-甲基苯胺；4-氨基-2-氟甲苯 C02167983

3-Fluoro-4-methylaniline [452-77-7]

【生产厂】[辽]阜新三宝化工实业有限公司〈P1708〉；盘锦盘助化工助剂有限公司〈P1706〉；[沪]上海威远精细氟科技发展有限公司〈P1769〉

2-氟-5-甲基苯胺；3-氨基-4-氟甲苯 C02167984

2-Fluoro-5-methylaniline
【生产厂】[辽]阜新三宝化工实业有限公司〈P1708〉;[沪]上海威远精细氟科技发展有限公司〈P1769〉

3-氟-2-甲基苯胺;6-氨基-2-氟甲苯　C02167985
3-Fluoro-2-methylaniline [443-86-7]
【生产厂】[京]北京嘉盛扬医药科技有限公司〈P1551〉;[辽]阜新金特莱氟化学有限责任公司〈P1707〉;阜新三宝化工实业有限公司〈P1708〉;[沪]上海威远精细氟科技发展有限公司〈P1769〉

3-氟-5-甲基苯胺;3-氨基-5-氟甲苯　C02167986
3-Fluoro-5-methylaniline [52215-41-5]
【生产厂】[沪]上海再启生物技术有限公司〈P1777〉

2-氟-4-甲基苯胺　C02167987
2-Fluoro-4-methylaniline [452-80-2]
【生产厂】[辽]阜新三宝化工实业有限公司〈P1708〉;[沪]上海威远精细氟科技发展有限公司〈P1769〉

4-氟-3-甲基苯胺;5-氨基-2-氟甲苯　C02167988
4-Fluoro-3-methylaniline [452-69-7]
【生产厂】[辽]阜新金特莱氟化学有限责任公司〈P1707〉;阜新三宝化工实业有限公司〈P1708〉;[沪]上海威远精细氟科技发展有限公司〈P1769〉

4-氟-2-甲基苯胺;2-氨基-5-氟甲苯　C02167989
4-Fluoro-2-methylaniline [452-71-1]
是合成农药、医药和染料的中间体
【生产厂】[辽]辽宁天合精细化工股份有限公司〈P1702〉;阜新三宝化工实业有限公司〈P1708〉;[沪]上海威远精细氟科技发展有限公司〈P1769〉;[浙]浙江省三门解氏化学工业有限公司〈P1966〉

***N*-异丙基-3-氟苯胺**　C02167993
N-Isopropyl-3-fluoroaniline [121431-27-4]
【生产厂】[浙]杭州浙大泛科化工有限公司〈P1925〉

4-氟-2-碘苯胺;2-碘-4-氟苯胺　C02167998
4-Fluoro-2-iodoaniline
【生产厂】[苏]常熟市新腾化工有限公司〈P1891〉

2-氟-4-碘苯胺　C02167999
2-Fluoro-4-iodoaniline [29632-74-4]
【生产厂】[辽]阜新三宝化工实业有限公司〈P1708〉;[苏]常州泰戈化工有限公司〈P1857〉;常熟市新腾化工有限公司〈P1891〉

2-氰基-4-硝基-6-溴苯胺　C02168001
2-Cyano-4-nitro-6-bromoaniline [17601-94-4]
主要用于合成分散染料
【生产厂】[冀]黄骅市渤海化工(集团)公司〈P1656〉;[鄂]武汉市天麦染料实业有限公司〈P2233〉;武汉市银冠化工有限公司黄陂精细化工厂〈P2233〉

2-溴-4-硝基苯胺　C02168003
2-Bromo-4-nitroaniline [13296-94-1]
【生产厂】[鲁]山东大地盐化集团〈P2094〉

4-溴-3-硝基苯胺;3-硝基-4-溴苯胺　C02168005
4-Bromo-3-nitroaniline
【生产厂】[鲁]山东大地盐化集团〈P2094〉

邻溴苯胺;2-溴苯胺　C02168011
2-Bromoaniline [615-36-1]
【生产厂】[京]北京维达化工有限公司(20 吨)〈P1563〉;[苏]常州泰戈化工有限公司〈P1857〉;[鲁]青岛东海源生化科技有限公司〈P2034〉

3-溴苯胺;间溴苯胺　C02168015
3-Bromoaniline [591-19-5]
用作有机合成原料、医药中间体
【生产厂】[京]北京高环科贸有限公司(50 吨)〈P1548〉;北京维达化工有限公司(100 吨)〈P1563〉;北京金奥利维科技发展有限公司〈P1551〉;[冀]河北省景县景美化学工业有限公司(60 吨)〈P1665〉;[鲁]潍坊海化三江化工有限公司(150 吨)〈P2102〉;青岛东海源生化科技有限公司〈P2034〉

4-溴苯胺;对溴苯胺　C02168018
4-Bromoaniline [106-40-1]
【生产厂】[京]北京维达化工有限公司(60 吨)〈P1563〉;[苏]常州泰戈化工有限公司〈P1857〉;江苏庙桥合成化工有限公司〈P1859〉;[鲁]山东大地盐化集团〈P2094〉;青岛东海源生化科技有限公司〈P2034〉

2,4,6-三溴苯胺　C02168019
2,4,6-Tribromoaniline [147-82-0]
用作医药中间体、化学阻燃剂等
【生产厂】[鲁]山东大地盐化集团(600 吨)〈P2094〉

***N*-甲基-*N*-环己基对溴苯胺;4-溴-*N*-甲基-*N*-环己基苯胺;BCMA**　C02168035
4-Bromo-*N*-cyclohexyl-*N*-methylaniline;BCMA [88799-11-5]
用作医药中间体
【生产厂】[津]天津市炜杰科技有限公司〈P1606〉

3-溴-4-甲基苯胺　C02168047
3-Bromo-4-methylaniline [7745-91-7]
【生产厂】[辽]阜新三宝化工实业有限公司〈P1708〉

2,4-二溴苯胺　C02168048
2,4-Dibromoaniline [615-57-6]
【生产厂】[鲁]山东大地盐化集团〈P2094〉

2-氰基-4-硝基-6-氯苯胺　C02168051
2-Cyano-4-nitro-6-chloroaniline
用作分散染料中间体
【生产厂】[鄂]武汉市天麦染料实业有限公司〈P2233〉;武汉市银冠化工有限公司黄陂精细化工厂〈P2233〉

4-溴-2-氯苯胺　C02168053
4-Bromo-2-chloroaniline [38762-41-3]
【生产厂】[苏]常州泰戈化工有限公司〈P1857〉

4-氯-2,6-二溴苯胺　C02168055
4-Chloro-2,6-dibromoaniline [874-17-9]
【生产厂】[鲁]山东大地盐化集团〈P2094〉

4-溴-2,6-二氯苯胺;2,6-二氯-4-溴苯胺　C02168057
4-Bromo-2,6-dichloroaniline [697-88-1]

【生产厂】[京]北京嘉盛扬医药科技有限公司〈P1551〉

4-氨基邻苯二甲腈 C02168059
4-Aminophthalonitrile [56765-79-8]
【生产厂】[鲁]青岛双收农药化工有限公司〈P2043〉

2-氨基-4-氯苯腈;2-氰基-5-氯苯胺 C02168061
2-Amino-4-chlorobenzonitrile [38487-86-4]
用作有机合成中间体
【生产厂】[黑]哈尔滨康文生化科技有限公司〈P1720〉;[沪]上海康晟实业有限公司〈P1748〉;上海康文医药中间体有限公司〈P1748〉;[苏]无锡康晟精细化工有限公司〈P1874〉

2-氨基-5-氯苯腈;2-氰基-4-氯苯胺 C02168065
2-Amino-5-chlorobenzonitrile [5922-60-1]
【生产厂】[苏]江苏华派集团〈P1807〉

2-氨基-6-氯苯腈;3-氯-2-氰基苯胺 C02168075
2-Amino-6-chlorobenzonitrile [6575-11-7]
【生产厂】[苏]无锡康晟精细化工有限公司〈P1874〉

2-氯-5-氨基苯甲腈;3-氰基-4-氯苯胺 C02168081
2-Chloro-5-aminobenzonitrile [35747-58-1]
用作医药中间体
【生产厂】[辽]乐凯(沈阳)科技产业有限责任公司〈P1684〉;[苏]仪征市鼎信化工有限公司〈P1820〉;[湘]湘潭市开元化学有限公司〈P2251〉

2-氯-4-氨基苯甲腈;邻氯对氨基苯甲腈;3-氯-4-氰基苯胺 C02168085
2-Chloro-4-aminobenzonitrile [20925-27-3]
用作医药中间体
【生产厂】[苏]泰兴市对外贸易南京有限公司〈P1792〉;仪征市鼎信化工有限公司〈P1820〉

2,5-二氨基苯甲腈;2-氰基-1,4-苯二胺 C02168089
2,5-Diaminobenzonitrile [14346-13-5]
【生产厂】[鄂]武汉市天麦染料实业有限公司〈P2233〉

2-氯-5-氨基苯甲腈盐酸盐 C02168091
2-Chloro-5-aminobenzonitrile hydrochloride
用作医药中间体
【生产厂】[苏]仪征市鼎信化工有限公司〈P1820〉

氨基乙腈盐酸盐;盐酸胺腈 C02168095
Aminoacetonitrile hydrochloride [6011-14-9]
用作医药中间体、有机合成原料
【生产厂】[京]北京清华紫光英力化工技术有限责任公司〈P1557〉;[皖]安徽省恒锐新技术开发有限责任公司〈P1972〉

氨基乙腈硫酸盐 C02168097
Aminoacetonitrile sulfate [5466-22-8]
【生产厂】[京]北京清华紫光英力化工技术有限责任公司〈P1557〉

异烟酰胺;4-吡啶甲酰胺 C02168151
Isonicotinamide;4-Pyridinecarboxamide [1453-82-3]
用作医药中间体
【生产厂】[冀]河北亚诺化工有限公司(50 吨)〈P1623〉;[浙]杭州胜大药业有限公司〈P1922〉

N-苯基异烟酰胺 C02168171
N-Phenylisonicotinamide
【生产厂】[沪]上海泰顿化工有限公司〈P1766〉;[苏]上海三维制药公司太仓岳王药物原料厂〈P1898〉

脂肪酸酰胺 C02168201
Fatty acid amide
用于爽滑剂、复写纸等
【生产厂】[沪]上海勤工助剂有限公司〈P1757〉;[浙]浙江平湖凯宇化工集团有限公司〈P1943〉

N,N-二乙基间甲基苯甲酰胺;避蚊胺;驱蚊胺 C02168401
N,*N*-Diethyl-*m*-methylbenzamide [134-62-3]
为各种固、液体驱蚊系列的主要驱避成分
【生产厂】[沪]上海生农生化制品有限公司〈P1762〉;[苏]宜兴市昌吉利化工有限公司〈P1883〉;江苏磐希化工有限公司〈P1821〉;[鲁]淄博达隆制药科技有限公司〈P2059〉;青岛三力化工技术有限公司〈P2041〉;[豫]新乡市祥润化工有限公司〈P2206〉

N-丁基邻苯二甲酰亚胺 C02168419
N-*n*-Butylphthalimide [1515-72-6]
【生产厂】[赣]江西金海化工有限公司〈P2014〉

N-甲基-4-硝基邻苯二甲酰亚胺 C02168421
N-Methyl-4-nitrophthalimide [41663-84-7]
【生产厂】[沪]上海利翔化工有限公司〈P1751〉;[苏]泰兴盛铭精细化工有限公司〈P1825〉;[鲁]山东淄博三福化工开发有限公司〈P2056〉

4-氯-5-硝基邻苯二甲酰亚胺 C02168425
4-Chloro-5-nitrophthalimide [6015-57-2]
【生产厂】[赣]江西金海化工有限公司〈P2014〉

N-溴邻苯二甲酰亚胺 C02168429
N-Bromophthalimide
【生产厂】[赣]江西金海化工有限公司〈P2014〉

3-硝基邻苯二甲酰胺 C02168461
3-Nitrophthalamide [603-62-3]
用作颜料中间体
【生产厂】[苏]宜兴市高塍日新化工厂〈P1884〉;泰兴盛铭精细化工有限公司〈P1825〉

4-硝基邻苯二甲酰胺 C02168463
4-Nitrophthalamide [89-40-7]
用作颜料中间体
【生产厂】[苏]宜兴市高塍日新化工厂〈P1884〉;泰兴盛铭精细化工有限公司〈P1825〉;[鲁]青岛双收农药化工有限公司〈P2043〉

3,5-二甲氧基苯甲酰胺 C02168491
3,5-Dimethoxybenzamide [17213-58-0]
【生产厂】[鲁]青岛润兴光电材料有限公司〈P2041〉

对羟基苯甲酰胺;4-羟基苯甲酰胺 C02168505
p-Hydroxybenzamide [619-57-8]
【生产厂】[鲁]济南瑞凯化工有限公司〈P2024〉

2,3-二氯苯甲酰胺 C02168511
2,3-Dichlorobenzamide [5980-26-7]
【生产厂】[沪]上海市农药研究所〈P1764〉

2,6-二氯苯甲酰胺 C02168515
2,6-Dichlorobenzamide [2008-58-4]
【生产厂】[鲁]济南瑞凯化工有限公司〈P2024〉

3,5-二硝基苯甲酰胺 C02168521
3,5-Dinitrobenzamide [121-81-3]
【生产厂】[苏]泰兴盛铭精细化工有限公司〈P1825〉

4-羟基水杨酰胺;2,4-二羟基苯甲酰胺 C02168561
4-Hydroxysalicylamide;2,4-Dihydroxybenzamide [3147-45-3]
【生产厂】[津]天津瑞发化工科技发展有限公司〈P1577〉;[苏]苏州市相城区青台精细化工有限公司〈P1905〉

4-甲基水杨酰胺;2-羟基-4-甲基苯甲酰胺 C02168591
4-Methylsalicylamide [49667-22-3]
【生产厂】[津]天津瑞发化工科技发展有限公司〈P1577〉

5-甲基水杨酰胺;2-羟基-5-甲基苯甲酰胺 C02168595
5-Methylsalicylamide [63-25-2]
【生产厂】[苏]苏州市相城区青台精细化工有限公司〈P1905〉

全氟三丁胺 C02168601
Perfluorotributylamine [311-89-7]
【生产厂】[辽]金凯(阜新)化工有限公司〈P1708〉;[鄂]武汉市德孚经济发展有限公司〈P2232〉;武汉市化学工业研究所有限责任公司〈P2232〉;湖北恒新化工有限公司〈P2242〉

全氟三戊胺 C02168651
Perfluorotriamylamine [338-84-1]
用作电绝缘油、导热冷却剂、介电液、精密仪器清洗液等
【生产厂】[辽]金凯(阜新)化工有限公司〈P1708〉;[鄂]武汉市化学工业研究所有限责任公司〈P2232〉

2,4,6-三甲基苯胺;均三甲苯胺 C02168701
2,4,6-Trimethylaniline [88-05-1]
主要用于合成染料,是弱酸艳蓝 RAW 的中间体
【生产厂】[苏]吴江市东风化工有限公司(300 吨)〈P1910〉
【使用厂】[辽]丹东深兰化工有限公司〈P1700〉

3-硝基-4-氯苯胺;4-氯-3-硝基苯胺 C02168801
4-Chloro-3-nitroaniline [635-22-3]
用于成色剂中间体及彩色胶卷显影剂
【生产厂】[冀]大名县名鼎化工有限责任公司〈P1638〉;[苏]常州佳灵药业有限公司〈P1848〉

2-氯-5-硝基苯胺;5-硝基-2-氯苯胺 C02168811
2-Chloro-5-nitroaniline [6283-25-6]
用于成色剂中间体及彩色胶卷显影剂
【生产厂】[辽]乐凯(沈阳)科技产业有限责任公司〈P1684〉;[苏]仪征市鼎信化工有限公司(120 吨)〈P1820〉;常州佳灵药业有限公司〈P1848〉;苏州市相城区青台精细化工有限公司〈P1905〉

2-甲基-4-硝基-5-氯苯胺 C02168831
5-Chloro-2-methyl-4-nitroaniline [13852-51-2]
【生产厂】[鄂]荆州市沙隆达维迅化工有限公司〈P2240〉

2-氯-5-甲氧基苯胺;3-氨基-4-氯苯甲醚 C02168851
2-Chloro-5-methoxyaniline [2401-24-3]
【生产厂】[苏]常州泰戈化工有限公司〈P1857〉

5-氯-2-甲氧基苯胺;2-氨基-4-氯苯甲醚 C02168855
5-Chloro-2-methoxyaniline
【生产厂】[冀]大名县名鼎化工有限责任公司〈P1638〉

二乙基羟胺;*N*,*N*-二乙基羟胺;DEHA C02168901
Diethylhydroxylamine [3710-84-7]
用作乙烯基单体及共轭烯烃的高效阻聚剂,是丁苯乳聚过程的终止剂,是不饱和油类等的抗氧化剂
【生产厂】[浙]杭州浙大泛科化工有限公司〈P1925〉;嘉兴东方树脂厂〈P1941〉;嘉兴市向阳化工厂〈P1942〉;嘉兴市金利化工有限责任公司〈P1942〉;[鲁]淄博三鹏化工有限责任公司(200 吨)〈P2066〉;[甘]兰化翔鑫工贸有限责任公司〈P2355〉;兰州助剂厂(10 吨)〈P2356〉

***N*,*N*-二苄基羟胺;抗氧剂 DBHA** C02168951
N,*N*-Dibenzylhydroxylamine [621-07-8]
是一种高效、非污染的抗氧剂,广泛用于橡胶、塑料及涂料加工中
【生产厂】[苏]常州欧士橡胶助剂有限公司〈P1849〉;[浙]杭州浙大泛科化工有限公司〈P1925〉;[鲁]淄博东港化学制品有限公司〈P2059〉

***N*-异丙基羟胺;IPHA** C02168991
N-Isopropylhydroxyamine
【生产厂】[浙]嘉兴市向阳化工厂〈P1942〉

4-二甲氨基丁醛缩二甲醇 C02169051
4-Dimethylaminobutyaldehyde dimethyl acetal [64277-22-1]
用作药物舒马曲坦、佐米曲坦中间体
【生产厂】[京]北京高博医药化学技术开发有限公司〈P1547〉;[苏]苏州福玛威尔医药科技有限公司〈P1900〉;江苏托球农化有限公司〈P1808〉

4-(*N*,*N*-二甲氨基)二乙缩丁醛;4-二甲氨基丁醛缩二乙醇 C02169061
4-(*N*,*N*-Dimethylamino) butyaldehyde diethyl acetal [1116-77-4]
用作药物舒马曲坦、佐米曲坦中间体
【生产厂】[京]北京高博医药化学技术开发有限公司

C

〈P1547〉;北京金奥利维科技发展有限公司〈P1551〉;北京诺德恒信化工技术有限公司〈P1556〉;北京北化新元科技发展有限公司〈P1544〉;[苏]苏州福玛威尔医药科技有限公司〈P1900〉;[浙]杭州龙生化工有限公司〈P1921〉

C

甘氨酰胺 C02169151
Glycinamide [598-41-4]
【生产厂】[苏]苏州市吴赣化工有限责任公司〈P1905〉

联二脲 C02169201
Biurea [110-21-4]
用于生产 ADC 发泡剂
【生产厂】[闽]福建省南平市榕昌化工有限公司(1 万吨)〈P2003〉
【使用厂】[闽]福州一化化学品股份有限公司〈P1990〉

缩二脲 C02169202
Biuret [108-19-0]
用作医药中间体、生长激素、发泡剂、制漆
【生产厂】[闽]厦门市湖里今日成科工贸有限公司〈P1993〉;[赣]南昌氯碱总厂(8000 吨)〈P2010〉
【使用厂】[鲁]烟台市福山区化工研究所有限公司〈P2118〉

羟乙基脲 C02169271
Hydroxyethylurea
是一种全新的、具有突出优势的保湿剂,可用于配制各类膏霜、乳液、面膜及发用品等
【生产厂】[沪]上海升纬化工原料有限公司〈P1762〉

亚乙基二脲;*N*,*N'*-乙撑二脲;1,1'-乙撑二脲 C02169291
Ethylene biurea
【生产厂】[冀]保定市乐凯化学有限公司〈P1645〉;中国乐凯胶片集团公司〈P1649〉

偏二甲肼 C02169305
1,1-Dimethylhydrazine [57-14-7]
用作燃料添加剂及用于有机合成
【生产厂】[青]青海黎明化工有限责任公司(500 吨)〈P2359〉

对氨基苯甲酰肼 C02169315
p-Aminobenzoylhydrazine [5351-17-7]
【生产厂】[苏]常州泰戈化工有限公司〈P1857〉

2-羟乙基肼;β-羟乙基肼;乙醇肼 C02169321
2-Hydroxyethylhydrazine;β-Hydroxyethyl hydrazine [109-84-2]
用作合成呋喃唑酮的中间原料,也可用作植物生长调节剂、聚氨酯和聚丙烯腈的稳定剂、油井腐蚀抑制剂等
【生产厂】[冀]唐山三鑫实业集团有限公司〈P1636〉;[鲁]淄博福琛精细化工有限公司〈P2060〉

1,2-二乙酰基肼;*N*,*N'*-二乙酰基肼 C02169335
1,2-Diacetylhydrazine;*N*,*N'*-Diacetylhydrazine [3148-73-0]
【生产厂】[浙]浙江普康化工有限公司〈P1959〉

氰基乙酰肼;网尾素 C02169339
Cyanoacetylhydrazine [140-87-4]
用作抗结核病药及有机合成中间体
【生产厂】[苏]泰兴市兴源石化厂〈P1827〉

癸二酸二酰肼;癸二酰肼 C02169341
Sebacic dihydrazide [125-83-7]
【生产厂】[苏]扬州市恒生化工有限公司〈P1818〉;江苏省启东市宇林化工厂〈P1831〉

辛酰肼 C02169343
Octanoic hydrazide [6304-39-8]
用于合成医药、农药及感光材料
【生产厂】[浙]浙江同丰医药化工有限公司〈P1969〉

十二烷二酸二酰肼 C02169347
1,12-Dodecanedioyl dihydrazide [4080-98-2]
【生产厂】[陕]陕西宏庆医药化学有限公司〈P2346〉

月桂酰肼 C02169349
Lauryl hydrazine;Dodecanoic hydrazide [5399-22-4]
【生产厂】[陕]陕西宏庆医药化学有限公司〈P2346〉

丙二酰肼;丙二酸二酰肼 C02169355
Propanedioyl dihydrazide [3815-86-9]
【生产厂】[陕]陕西宏庆医药化学有限公司〈P2346〉

丁二酰肼;丁二酸二酰肼 C02169359
Succinic dihydrazide;Butanedioyl dihydrazide [4146-43-4]
【生产厂】[苏]扬州市恒生化工有限公司〈P1818〉;江苏省启东市宇林化工厂〈P1831〉

己二酸二酰肼;己二酰肼 C02169361
Adipoyl hydrazide;Hexanedioic acid,dihydrazide [1071-93-8]
主要用于环氧粉末涂料固化剂及涂料助剂,金属减活剂等其他高分子助剂及水处理剂
【生产厂】[苏]泰兴盛铭精细化工有限公司〈P1825〉;江苏省启东市宇林化工厂〈P1831〉;[皖]广德金邦化工有限公司〈P1986〉;[鲁]青岛双收农药化工有限公司〈P2043〉;[鄂]襄樊诺尔化工有限公司〈P2238〉

间苯二甲酰肼;间苯二甲酸二酰肼 C02169367
Isophthalic dihydrazide;1,3-Benzenedicarboxylic acid dihydrazide [2760-98-7]
【生产厂】[陕]陕西宏庆医药化学有限公司〈P2346〉

邻苯二甲酰肼 C02169369
Phthalhydrazide;2,3-dihydro-1,4-phthalazinedione [1445-69-8]
【生产厂】[浙]宁波武盛化学有限公司〈P1933〉

2-氯苯肼盐酸盐;邻氯苯肼盐酸盐 C02169376
2-Chlorophenylhydrazine hydrochloride [41052-75-9]
用于染料和医药中间体
【生产厂】[苏]盐城中亚医药化工有限公司(100 吨)〈P1812〉

3-氯苯肼盐酸盐;间氯苯肼盐酸盐 C02169377
3-Chlorophenylhydrazine hydrochloride [2312-23-4]
用于染料和医药中间体
【生产厂】[苏]盐城中亚医药化工有限公司(100 吨)〈P1812〉

对叔丁基苯肼盐酸盐 C02169378
p-tert-Butylphenylhydrazine hydrochloride
【生产厂】[苏]常熟市新腾化工有限公司〈P1891〉

苄基肼 C02169379
Benzylhydrazine [555-96-4]
【生产厂】[浙]杭州华东普洛医药科技有限公司〈P1918〉

乙酰苯肼 C02169380
Acetylphenylhydrazine;1-Acetyl-2-phenylhydrazine [114-83-0]
用于制药及有机合成工业
【生产厂】[浙]湖州长盛化工有限公司〈P1945〉

苯甲酰肼 C02169383
Benzoic hydrazide;Benzohydrazide [613-94-5]
用于有机合成
【生产厂】[陕]陕西宏庆医药化学有限公司〈P2346〉

***N*,*N*-二苄基肼** C02169386
N,*N*-Dibenzylhydrazine [5802-60-8]
【生产厂】[浙]杭州华东普洛医药科技有限公司〈P1918〉

甲苯胺(混合物) C02169501
Methylaniline,mixed [100-61-8]
【生产厂】[苏]江苏方舟化工有限公司〈P1802〉

三正丁胺;*N*,*N*-二丁基-1-丁胺 C02169611
Tri-*n*-butylamine [102-82-9]
用于石油添加剂、溶剂、医药中间体、杀虫剂、乳化剂、塑料增塑剂、矿物浮选剂及表面活性剂等
【生产厂】[沪]上海建北有机化工有限公司〈P1742〉;[浙]杭州浙大泛科化工有限公司〈P1925〉;建德市新化化工有限责任公司〈P1926〉;浙江建德建业有机化工有限公司(1000吨)〈P1928〉

2,4-二甲基苯胺 C02169711
2,4-Dimethylaniline;2,4-Xylidine [95-68-1]
用作农药、医药和染料的中间体
【生产厂】[浙]杭州优泰克农化有限公司〈P1947〉;温州天盛电化有限公司(400吨)〈P1938〉;[鄂]老河口荆洪化工有限责任公司〈P2237〉;[陕]陕西金阳化工有限公司〈P2346〉;陕西省宝鸡金洋化工有限公司(1000吨)〈P2351〉
【使用厂】[苏]江苏省常州华夏农药有限公司〈P1860〉;[鲁]青岛双桃精细化工(集团)有限公司〈P2043〉;胶州市精细化工有限公司〈P2031〉

2,5-二甲基苯胺 C02169712
2,5-Dimethylaniline;2,5-Xylidine [95-78-3]
用于有机合成,是农药、偶氮染料及药物的重要中间体
【生产厂】[浙]绍兴贝斯美化工有限公司〈P1949〉

二甲基苯胺;混合二甲苯胺 C02169721
Dimethylaniline,mixed;Xylidine,mixed [1300-73-8]
【生产厂】[津]天津市益顺化工有限公司(1000吨)〈P1611〉
【使用厂】[冀]石家庄市新华染料化工厂〈P1631〉;[鲁]山东济宁运河染料化工厂〈P2131〉

十八酰胺基丙基二甲胺;OPA C02169739
Stearylamidopropyl dimethyl amine
可用于焗油膏、洗发水等洗发、护发类产品,能改善头发的干、湿梳性能
【生产厂】[浙]宁波东方永宁化工科技有限公司〈P1930〉

3-甲氨基-4-羟基苯胺盐酸盐;2-甲氨基-4-氨基苯酚盐酸盐 C02169741
3-Methylamino-4-hydroxyaniline dihydrochloride
【生产厂】[浙]绍兴海成化工有限公司〈P1949〉

3,4-二氯苯胺 C02169751
3,4-Dichloroaniline [95-76-1]
用作医药、农药、染料的中间体
【生产厂】[津]天津华柏企业有限公司(800吨)〈P1573〉;天津市福日来化工有限公司(1000吨)〈P1586〉;[冀]河北省景县景美化学工业有限公司(60吨)〈P1665〉;[晋]山西新天源医药化工有限公司〈P1677〉;[吉]辽源市银鹰制药有限责任公司(50吨)〈P1718〉;[沪]上海安诺芳胺化学品有限公司(4000吨)〈P1727〉;[苏]常州市旭东化工有限公司〈P1856〉;涟水金兰化工有限公司〈P1803〉;盐城中亚医药化工有限公司(200吨)〈P1812〉;江都市海辰化工有限公司〈P1814〉;[浙]杭州力禾颜料有限公司〈P1920〉;上虞市卧龙化工有限公司〈P1948〉;浙江新农化工股份有限公司〈P1970〉;[皖]安徽八一化工股份有限公司〈P1974〉;蚌埠市海兴化工有限责任公司〈P1975〉;安徽省怀远县虹桥化工有限公司〈P1975〉

二环己胺 C02169761
Dicyclohexylamine [101-83-7]
用于制造橡胶硫化促进剂、杀虫剂、催化剂、防腐剂等
【生产厂】[苏]南京化学工业有限公司化工厂(150吨)〈P1785〉;[鲁]青岛欣华先化工有限公司(1000吨)〈P2045〉
【使用厂】[鲁]山东省单县化工有限公司〈P2160〉;荣成市化工总厂有限公司〈P2122〉

亚硝酸二环己胺 C02169765
Dicyclohexylamine nitrite [3129-91-7]
用作气相缓蚀剂
【生产厂】[鲁]青岛朗力防锈材料有限公司〈P2040〉

环庚亚胺 C02169769
Heptamethyleneimine;Octahydroazocine [1121-92-2]
用作医药中间体
【生产厂】[鲁]济宁市化工研究所(100千克)〈P2128〉

***N*,*N*-二乙基乙醇胺**;二乙基乙醇胺;二乙氨基乙醇;2-羟基三乙胺;2-二乙氨基乙醇 C02169771
Diethyl ethanolamine;Diethylaminoethanol;2-Hydroxytriethylamine [100-37-8]
用作医药中间体、软化剂、乳化剂、固化剂等
【生产厂】[京]北京马氏精细化学品有限公司〈P1555〉;[冀]保定加合精细化工有限公司〈P1645〉;[沪]上海南翔试剂有限公司(100吨)〈P1754〉;[浙]浙江省建德市新德化工有限公司〈P1928〉;三门华丽医药化工有限公司〈P1960〉
【使用厂】[鲁]蓬莱市红卫化工厂〈P2112〉

C

N,N-二乙基乙醇胺盐酸盐;2-二乙氨基乙醇盐酸盐 C02169772
N,N-Diethylethanolamine hydrochloride [14426-20-1]
【生产厂】[沪]上海科帆化工科技有限公司〈P1748〉

2-氯-4-氟苯胺 C02169773
2-Chloro-4-fluoroaniline [2106-02-7]
用作医药、农药、液晶材料中间体
【生产厂】[浙]浙江省三门解氏化学工业有限公司〈P1966〉

2-氯-3-氟苯胺 C02169774
2-Chloro-3-fluoroaniline [21397-08-0]
【生产厂】[沪]上海立科药物化学有限公司〈P1750〉

2-溴-4-氟苯胺 C02169776
2-Bromo-4-fluoroaniline [1003-98-1]
【生产厂】[沪]上海立科药物化学有限公司〈P1750〉

3-溴-4-氟苯胺 C02169777
3-Bromo-4-fluoroaniline
用作医药、农药中间体
【生产厂】[鲁]济宁信东化工有限公司〈P2129〉

5-氯-2-氟苯胺 C02169778
5-Chloro-2-fluoroaniline
【生产厂】[沪]上海威远精细氟科技发展有限公司〈P1769〉

4-氯-2-氟苯胺;2-氟-4-氯苯胺 C02169780
4-Chloro-2-fluoroaniline [57946-56-2]
用作农药及有机合成中间体
【生产厂】[沪]上海威远精细氟科技发展有限公司〈P1769〉;[浙]浙江省三门解氏化学工业有限公司〈P1966〉

3-氯-4-氟苯胺;氟氯苯胺 C02169781
3-Chloro-4-fluoroaniline [367-21-5]
是合成氟哌酸的重要中间体
【生产厂】[晋]山西新天源医药化工有限公司〈P1677〉;[浙]上虞市临江化工有限公司〈P1948〉;浙江省三门解氏化学工业有限公司(8吨)〈P1966〉;浙江普洛化学有限公司〈P1955〉;[豫]河南康泰制药集团公司(1000吨)〈P2166〉;河南康泰制药集团公司河南省精细化工厂(1000吨)〈P2166〉
【使用厂】[辽]锦州九洋药业有限责任公司〈P1702〉;[浙]浙江椒江制药厂〈P1965〉;浙江九洲药业股份有限公司〈P1965〉;[渝]西南合成制药股份有限公司〈P2303〉

3-氯-2-甲基苯胺;2-甲基-3-氯苯胺;邻甲基间氯苯胺 C02169783
3-Chloro-2-methylaniline;2-Methyl-3-chloroaniline [87-60-5]
是合成染料、农药的重要原料,可合成染料DB-50,可生产水田除草剂快杀稗等
【生产厂】[沪]上海高伦现代农化股份有限公司〈P1734〉;上海市农药研究所(800吨)〈P1764〉;[苏]江苏方舟化工有限公司(500吨)〈P1802〉;[浙]宁波市镇海翔宇化工有限公司〈P1933〉;[鲁]龙口市龙海精细化工有限公司(1200吨)〈P2111〉
【使用厂】[沪]上海农药厂有限公司〈P1755〉

2-氟-5-硝基苯胺 C02169784
2-Fluoro-5-nitroaniline [369-36-8]
【生产厂】[苏]江苏庙桥合成化工有限公司〈P1859〉;常州佳灵药业有限公司〈P1848〉

3-硝基-4-氟苯胺;4-氟-3-硝基苯胺 C02169786
4-Fluoro-3-nitroaniline [364-76-1]
用作染料和医药中间体
【生产厂】[苏]江苏庙桥合成化工有限公司〈P1859〉

4-溴-2-氟苯胺;2-氟-4-溴苯胺 C02169787
4-Bromo-2-fluoroaniline [367-24-8]
【生产厂】[京]北京嘉盛扬医药科技有限公司〈P1551〉;[沪]上海立科药物化学有限公司〈P1750〉;上海凯路化工有限公司〈P1747〉;[苏]常州泰戈化工有限公司〈P1857〉;江苏庙桥合成化工有限公司〈P1859〉;[赣]江西省励远化工科技实业公司〈P2009〉

2-氯-6-甲基苯胺;6-氯-2-甲基苯胺 C02169788
2-Chloro-6-methylaniline;6-Chloro-2-methylaniline [87-63-8]
用作医药、农药、染料中间体
【生产厂】[沪]上海旭升精细化工技术研究所〈P1773〉;[苏]苏州市相城区青台精细化工有限公司〈P1905〉;[浙]杭州达康化工有限公司〈P1916〉

5-氟-2-硝基苯胺 C02169789
5-Fluoro-2-nitroaniline [2369-11-1]
【生产厂】[冀]河北德隆泰化工有限公司〈P1619〉

4-氯-2-甲基苯胺;2-氨基-5-氯甲苯 C02169790
4-Chloro-2-methylaniline [95-69-2]
用作农药、医药中间体
【生产厂】[辽]阜新特种化学股份有限公司〈P1708〉;[苏]常州市迅达化工有限公司〈P1856〉;金坛市三方医药原料厂〈P1862〉;江苏华派集团〈P1807〉;盐城市华佳化工有限公司〈P1811〉

混甲胺 C02169791
Methylamine, mixed
用于合成高效农药、医药、染料、香料等,并用于电解、电镀
【生产厂】[冀]河北新化股份有限公司(4000吨)〈P1623〉;[辽]大洼县光明化工厂(5000吨)〈P1705〉;[皖]安徽淮化集团有限公司(4万吨)〈P1976〉;[鲁]肥城阿斯德化工有限公司(1万吨)〈P2134〉

氟硼酸正丁胺 C02169801
n-Butylamine fluoroborate
【生产厂】[沪]上海科帆化工科技有限公司〈P1748〉

叔丁胺;特丁胺 C02169811
tert-Butylamine [75-64-9]
用于合成橡胶促进剂、农药、医药、表面活性剂等
【生产厂】[鲁]山东富丰化工股份有限公司〈P2052〉;淄博晨龙橡胶助剂公司〈P2058〉;山东省菏泽市化工有限公司(3800吨)〈P2160〉
【使用厂】[津]天津市中央药业有限公司〈P1613〉;[苏]江苏群发化工有限公司〈P1816〉;苏州益良药业有限公司〈P1907〉;[鲁]山东省单县化工有限公司〈P2160〉;荣成市化工总厂有限公司〈P2122〉

N-苄基叔丁胺;N-叔丁基苄胺 C02169819

N-(*tert*-Butyl)benzylamine [3378-72-1]

【生产厂】[沪]上海立诚化工有限公司(100 吨)〈P1750〉;上海益民化工有限公司〈P1775〉;[苏]苏州寅生化工有限公司〈P1907〉;[浙]台州市华鼎化工有限公司〈P1961〉

N,N-二羟乙基对甲苯胺 C02169821

N,*N*-Dihydroxyethyl-4-methylaniline

【生产厂】[苏]滨海恒联化工有限公司〈P1805〉

二正丁胺 C02169831

Di-*n*-butylamine;*N*,*N*-Dibutylamine [111-92-2]

用于石油添加剂、橡胶促进剂、矿物浮选剂、腐蚀抑制剂、乳化剂、杀虫剂、阻聚剂及染料等

【生产厂】[沪]上海建北有机化工有限公司〈P1742〉;[浙]杭州浙大泛科化工有限公司〈P1925〉;建德市新化化工有限责任公司〈P1926〉;浙江建德建业有机化工有限公司(1000 吨)〈P1928〉

二仲丁胺 C02169832

Di-*sec*-Butylamine [626-23-3]

主要用来生产除草剂

【生产厂】[浙]杭州浙大泛科化工有限公司〈P1925〉;浙江建德建业有机化工有限公司〈P1928〉

N,N-二甲基丁胺 C02169835

N,*N*-Dimethylbutylamine [927-62-8]

用作医药中间体

【生产厂】[浙]杭州浙大泛科化工有限公司〈P1925〉

二异丁胺 C02169837

Diisobutylamine;Bis(2-methylpropyl)amine;DIBA [110-96-3]

用于生产除草剂

【生产厂】[沪]上海建北有机化工有限公司〈P1742〉;[浙]杭州浙大泛科化工有限公司〈P1925〉;建德市新化化工有限责任公司〈P1926〉;浙江建德建业有机化工有限公司〈P1928〉

N,N-二甲基-4,4-二甲氧基-1-丁胺;4-(N,N-二甲氨基)二甲缩丁醛 C02169839

N,*N*-Dimethyl-4,4-dimethoxy-1-butanamine [19718-92-4]

用作药物舒马曲坦中间体

【生产厂】[京]北京诺德恒信化工技术有限公司〈P1556〉;[苏]常州伊思特化工有限公司〈P1858〉

正辛胺;1-氨基辛烷 C02169841

n-Octylamine;1-Aminooctane [111-86-4]

用作农药、表面活性剂、医药合成的中间体

【生产厂】[沪]上海建北有机化工有限公司〈P1742〉;[浙]杭州浙大泛科化工有限公司〈P1925〉;建德市新化化工有限责任公司〈P1926〉

异辛胺;2-乙基己胺 C02169842

2-Ethylhexylamine;Isooctylamine [104-75-6]

用作农药、染料、颜料、表面活性剂、杀虫剂的中间体,还可用于生产稳定剂、防腐剂、乳化剂等

【生产厂】[沪]上海建北有机化工有限公司〈P1742〉;[浙]杭州浙大泛科化工有限公司〈P1925〉

叔辛胺;1,1,3,3-四甲基丁胺;2,4,4-三甲基-2-戊胺 C02169843

tert-Octylamine;1,1,3,3-Tetramethylbutylamine;2,4,4-Trimethyl-2-pentanamine [107-45-9]

主要用于合成光稳定剂 944 及制造树脂,同时在金属萃取和制药领域也有应用

【生产厂】[冀]河北省化学工业研究院(450 吨)〈P1621〉;廊坊市龙泉助剂有限公司(300 吨)〈P1661〉;[鄂]湖北龙感湖宏仕化工有限公司(200 吨)〈P2243〉

二正辛胺 C02169845

Di-*n*-octylamine [1120-48-5]

【生产厂】[浙]杭州浙大泛科化工有限公司〈P1925〉

辛二胺;1,8-二氨基辛烷 C02169847

1,8-Octanediamine;1,8-Diaminooctane [373-44-4]

【生产厂】[鲁]天德化工控股有限公司(150 吨)〈P2101〉

2,3,4-三氟苯胺 C02169851

2,3,4-Trifluoroaniline [3862-73-5]

用于合成多种含氟喹诺酮类抗菌药物

【生产厂】[京]北京卡乐瑞化工有限公司〈P1553〉;[沪]上海凯路化工有限公司〈P1747〉

2,4,5-三氟苯胺 C02169852

2,4,5-Trifluoroaniline [367-34-0]

【生产厂】[京]北京卡乐瑞化工有限公司〈P1553〉;[苏]常州市迅达化工有限公司〈P1856〉;盐城中亚医药化工有限公司(500 吨)〈P1812〉

2,4,6-三氟苯胺 C02169854

2,4,6-Trifluoroaniline [363-81-5]

【生产厂】[苏]常州市迅达化工有限公司〈P1856〉

3,4,5-三氟苯胺 C02169856

3,4,5-Trifluoroaniline [163733-96-8]

【生产厂】[京]北京卡乐瑞化工有限公司〈P1553〉;[苏]盐城中亚医药化工有限公司(100 吨)〈P1812〉

甲酸铵 C02169871

Ammonium formate [540-69-2]

用于电解、电容器行业

【生产厂】[苏]江苏省沛县东方化工厂〈P1793〉;南通恒兴电子材料有限公司〈P1833〉;[浙]台州市申源化学品有限公司(2000 吨)〈P1962〉;[鲁]潍坊海化三江化工有限公司〈P2102〉;肥城阿斯德化工有限公司(2000 吨)〈P2134〉;[渝]重庆川东化工(集团)有限公司〈P2304〉

3-氨基-4-甲氧基乙酰苯胺 C02169881

3-Amino-4-methoxyacetanilide [6375-47-9]

主要用作分散染料中间体

【生产厂】[苏]盐城市丰杯精细化工有限公司〈P1811〉;[浙]杭州力禾颜料有限公司〈P1920〉

2,4,5-三氯苯胺 C02169901

2,4,5-Trichloroaniline [636-30-6]

主要用作分散染料中间体

【生产厂】[冀]河北省武强县灌封化工厂(600 吨)〈P1666〉;河北省武强县启龙化工有限公司(200 吨)〈P1666〉;大名

县名鼎化工有限责任公司(200 吨)〈P1638〉;[鲁]兖州市恒源化工有限责任公司(800 吨)〈P2134〉

2,4,5-三氯苯胺盐酸盐 C02169909

2,4,5-Trichloroaniline hydrochloride

用于生产染料、农药等

【生产厂】[冀]河北省武强县灌封化工厂(300 吨)〈P1666〉;河北省武强县启龙化工有限公司〈P1666〉;大名县名鼎化工有限责任公司〈P1638〉

4-氟苯胺;对氟苯胺 C02169921

4-Fluoroaniline [371-40-4]

用作医药、染料、农药合成的中间体

【生产厂】[京]北京卡乐瑞化工有限公司〈P1553〉;[辽]盘锦盘助化工助剂有限公司〈P1706〉;[沪]上海凯路化工有限公司〈P1747〉;[苏]江苏庙桥合成化工有限公司(250 吨)〈P1859〉;泰兴市三川化工有限公司〈P1826〉;盐城中亚医药化工有限公司(100 吨)〈P1812〉;[浙]绍兴贝斯美化工有限公司〈P1949〉;浙江省三门解氏化学工业有限公司〈P1966〉;浙江普洛化学有限公司〈P1955〉;[鲁]济宁信东化工有限公司〈P2129〉

四甲基碘化铵 C02169931

Tetramethylammonium iodide [75-58-1]

【生产厂】[沪]上海凯洛格化工科技有限公司〈P1747〉;[闽]厦门市先端科技有限公司〈P1993〉

四乙基碘化铵 C02169933

Tetraethylammonium iodide [68-05-3]

【生产厂】[沪]上海凯洛格化工科技有限公司〈P1747〉;[闽]厦门市先端科技有限公司〈P1993〉

四丙基碘化铵 C02169935

Tetrapropylammonium iodide [631-40-3]

【生产厂】[沪]上海凯洛格化工科技有限公司〈P1747〉;[闽]厦门市先端科技有限公司〈P1993〉

四丁基碘化铵 C02169937

Tetrabutylammonium iodide [311-28-4]

【生产厂】[沪]上海宝瑞化工有限公司〈P1728〉;上海凯洛格化工科技有限公司〈P1747〉;[苏]响水县科伟精细化工有限公司(240 吨)〈P1809〉;[闽]厦门市先端科技有限公司〈P1993〉

四甲基氟化铵 C02169941

Tetramethylammonium fluoride

【生产厂】[沪]上海凯洛格化工科技有限公司〈P1747〉;[闽]厦门市先端科技有限公司〈P1993〉

四乙基氟化铵 C02169943

Tetraethylammonium fluoride

【生产厂】[沪]上海凯洛格化工科技有限公司〈P1747〉;[闽]厦门市先端科技有限公司〈P1993〉

四丙基氟化铵 C02169945

Tetrapropylammonium fluoride

【生产厂】[沪]上海凯洛格化工科技有限公司〈P1747〉;[闽]厦门市先端科技有限公司〈P1993〉

四丁基氟化铵 C02169947

Tetrabutyl ammonium fluoride [429-41-4]

【生产厂】[沪]上海凯洛格化工科技有限公司〈P1747〉;[闽]厦门市先端科技有限公司〈P1993〉

四甲基溴化铵 C02169953

Tetramethyl ammonium bromide [64-20-0]

【生产厂】[京]北京朝福化工实验厂〈P1544〉;[沪]上海凯洛格化工科技有限公司〈P1747〉;[苏]江苏省金坛市西南化工研究所〈P1860〉;如皋市万利化工有限责任公司〈P1838〉;[闽]厦门市先端科技有限公司〈P1993〉;[赣]广丰县弘立化工厂(60 吨)〈P2014〉

四甲基氯化铵 C02169956

Tetramethylammonium chloride [75-57-0]

广泛用于电子工业

【生产厂】[京]北京朝福化工实验厂〈P1544〉;[沪]上海凯洛格化工科技有限公司〈P1747〉;[苏]如皋市万利化工有限责任公司〈P1838〉;[浙]浙江省建德市新德化工有限公司〈P1928〉;[闽]厦门市先端科技有限公司〈P1993〉;[赣]江西星火化工厂〈P2012〉;广丰县弘立化工厂(360 吨)〈P2014〉

【使用厂】[京]北京市大兴兴福精细化学研究所〈P1558〉

四乙基氯化铵 C02169957

Tetraethyl ammonium chloride [56-34-8]

【生产厂】[沪]上海凯洛格化工科技有限公司〈P1747〉;[苏]如皋市万利化工有限责任公司〈P1838〉;[闽]厦门市先端科技有限公司〈P1993〉

四丙基氯化铵 C02169958

Tetrapropylammonium chloride [5810-42-4]

【生产厂】[沪]上海凯洛格化工科技有限公司〈P1747〉;[苏]江苏省金坛市西南化工研究所〈P1860〉;[闽]厦门市先端科技有限公司〈P1993〉

四丁基氯化铵 C02169959

Tetrabutylammonium chloride [1112-67-0]

【生产厂】[沪]上海凯洛格化工科技有限公司〈P1747〉;[苏]江苏省金坛市西南化工研究所〈P1860〉;[闽]厦门市先端科技有限公司〈P1993〉

N,*N*-二乙基-2,5-二甲氧基苯胺 C02169975

N,*N*-Diethyl-2,5-dimethoxyaniline

【生产厂】[冀]大名县名鼎化工有限责任公司〈P1638〉

正丙胺;1-氨基丙烷;丙胺 C02169981

n-Propylamine;1-Aminopropane [107-10-8]

用于有机合成

【生产厂】[沪]上海建北有机化工有限公司〈P1742〉;[浙]杭州浙大泛科化工有限公司〈P1925〉;建德市新化化工有限责任公司〈P1926〉;浙江建德建业有机化工有限公司(500 吨)〈P1928〉

二正丙胺;二丙胺 C02169982

Di(*n*-propyl)amine;*N*,*N*-Dipropylamine [142-84-7]

用于制备农药、医药、乳化剂等

【生产厂】[沪]上海建北有机化工有限公司〈P1742〉;[浙]杭州浙大泛科化工有限公司〈P1925〉;建德市新化化工有限责任公司〈P1926〉;浙江建德建业有机化工有限公司(1000 吨)〈P1928〉

【使用厂】[苏]江苏省勤奋药业有限公司〈P1831〉

三正丙胺;三丙胺 C02169983

Tri-*n*-propylamine [102-69-2]

用于制药物、农药、橡胶和纤维加工助剂等

【生产厂】[沪]上海建北有机化工有限公司〈P1742〉;[浙]杭州浙大泛科化工有限公司〈P1925〉;建德市新化化工有限责任公司〈P1926〉;浙江建德建业有机化工有限公司(500吨)〈P1928〉

四乙基氢氧化铵 C02169991

Tetraethyl ammonium hydroxide [77-98-5]

用作相转移催化剂,分子筛合成的模板剂及清洗剂等

【生产厂】[辽]营口嘉合有机硅分子材料有限公司〈P1704〉;[沪]上海凯洛格化工科技有限公司〈P1747〉;[赣]广丰县弘立化工厂(60吨)〈P2014〉

四丁基氢氧化铵 C02169993

Tetrabutylammonium hydroxide [2052-49-5]

【生产厂】[京]北京朝福化工实验厂〈P1544〉;[辽]营口嘉合有机硅分子材料有限公司〈P1704〉;[沪]上海凯洛格化工科技有限公司〈P1747〉;[苏]江苏省金坛市西南化工研究所〈P1860〉;[赣]广丰县弘立化工厂(60吨)〈P2014〉

四丙基氢氧化铵 C02169995

Tetrapropyl ammonium hydroxide [4499-86-9]

【生产厂】[辽]营口嘉合有机硅分子材料有限公司〈P1704〉;[沪]上海凯洛格化工科技有限公司〈P1747〉;[苏]江苏省金坛市西南化工研究所〈P1860〉;[赣]广丰县弘立化工厂(60吨)〈P2014〉

苄基三甲基氢氧化铵 C02169999

Benzyltrimethyl ammonium hydroxide [100-85-6]

【生产厂】[辽]营口嘉合有机硅分子材料有限公司〈P1704〉;[沪]上海凯洛格化工科技有限公司〈P1747〉;[苏]江苏省金坛市西南化工研究所〈P1860〉

乙二胺四乙酸二钠;EDTA 二钠 C02170101

Disodium ethylenediamine tetraacetate [6381-92-6]

用作络合剂,也用于制药、彩色显影及稀有金属的冶炼等

【生产厂】[京]北京市高丽工贸有限责任公司〈P1559〉;北京马氏精细化学品有限公司〈P1555〉;[津]天津市顶福化工总厂(2000吨)〈P1585〉;[冀]河北诚信有限责任公司〈P1619〉;[辽]顺新天地化工有限公司〈P1699〉;[吉]吉林市新文助剂厂(500吨)〈P1716〉;[沪]上海三微实业有限公司〈P1759〉;上海朗瑞精细化学品有限公司〈P1749〉;上海盛龙化工有限公司〈P1762〉;[苏]昆山市花桥化工四厂〈P1897〉;[鲁]济南鲁联集团试剂有限公司(200吨)〈P2023〉;淄博开发区三威化工厂(1000吨)〈P2064〉;[粤]广东西陇化工有限公司〈P2276〉;[渝]重庆福润化工有限公司〈P2304〉

【使用厂】[粤]广州化学试剂厂〈P2261〉

乙二胺四乙酸四钠;EDTA 四钠 C02170201

Tetrasodium ethylenediamine tetraacetate [64-02-8]

用作螯合剂、丁苯橡胶聚合引发剂、腈纶用引发剂等

【生产厂】[京]北京高环科贸有限公司〈P1548〉;北京清华紫光英力化工技术有限责任公司〈P1557〉;[津]天津市顶福化工总厂(800吨)〈P1585〉;[冀]河北诚信有限责任公司〈P1619〉;[辽]辽阳市天元化工厂〈P1711〉;顺新天地化工有限公司〈P1699〉;[吉]吉林市新文助剂厂(500吨)〈P1716〉;[沪]上海三微实业有限公司〈P1759〉;上海嘉辰化工有限公司〈P1742〉;上海朗瑞精细化学品有限公司〈P1749〉;[鲁]济南鲁联集团试剂有限公司(200吨)〈P2023〉;淄博开发区三威化工厂(500吨)〈P2064〉;曲阜市天昊化工助剂有限公司(200吨)〈P2130〉

乙二胺四乙酸铁钠;EDTA 铁钠 C02170301

Ferric sodium ethylenediamine tetraacetate [15708-41-5]

主要用作络合剂、氧化剂、感光材料冲洗药剂及漂白剂、黑白胶片减薄剂

【生产厂】[津]天津市顶福化工总厂(500吨)〈P1585〉;[冀]石家庄市天成食品添加剂厂〈P1631〉;石家庄维平功能食品科技有限公司〈P1633〉;[辽]辽阳市天元化工厂〈P1711〉;[吉]吉林市新文助剂厂(500吨)〈P1716〉;[沪]上海三微实业有限公司〈P1759〉;上海申夏生物化工有限公司〈P1761〉;[苏]徐州海成食品添加剂有限公司〈P1794〉;[浙]桐乡市康普达生物科技有限公司〈P1943〉;[鲁]济南鲁联集团试剂有限公司(80吨)〈P2023〉;淄博开发区三威化工厂(500吨)〈P2064〉;曲阜市天昊化工助剂有限公司(300吨)〈P2130〉;[豫]郑州瑞普生物工程有限公司(350吨)〈P2172〉

乙二胺四乙酸铁铵 C02170302

Ferric ammonium ethylenediamine tetraacetate [21265-50-9]

用于照相行业胶片显影、定影

【生产厂】[津]天津市顶福化工总厂(1000吨)〈P1585〉;[辽]辽阳市天元化工厂〈P1711〉;[吉]吉林市新文助剂厂(200吨)〈P1716〉

乙二胺四乙酸镁二钠;EDTA 镁二钠 C02170311

Magnesium disodium ethylenediamine tetraacetate [14402-88-1]

是一种稳定的可溶于水的金属螯合物,主要作为微营养素,应用于农业、园艺等方面

【生产厂】[京]北京马氏精细化学品有限公司〈P1555〉;[辽]辽阳市天元化工厂〈P1711〉

乙二胺四乙酸铜二钠;EDTA 二钠铜 C02170321

Copper disodium ethylenediamine tetraacetate [39208-15-6]

用于植物及农作物的土壤及叶面供给以及化工行业等

【生产厂】[辽]辽阳市天元化工厂〈P1711〉

乙二胺四乙酸钙二钠;EDTA 钙二钠 C02170331

Calcium disodium ethylenediamine tetraacetate [23411-34-9]

是一种稳定的可溶于水的金属螯合物,主要作为微营养素用于食品、农业、园艺等行业,钙以螯合态存在

【生产厂】[京]北京马氏精细化学品有限公司〈P1555〉;[辽]辽阳市天元化工厂〈P1711〉

乙二胺四乙酸二钾;EDTA 二钾 C02170341

Ethylene diamine tetraacetic acid, dipotassium salt [2001-94-7]

用于络合金属离子和分离金属,也用于洗涤剂、液体肥皂、洗发剂、农业化学喷雾剂、解毒剂、血液抗凝剂等

【生产厂】[鄂]武汉市江润精细化工有限责任公司〈P2233〉

C

乙二胺四乙酸三钾;EDTA 三钾 C02170351
Ethylene diamine tetraacetic acid, tripotassium salt
用于络合金属离子和分离金属,也用于洗涤剂、液体肥皂、洗发剂、农业化学喷雾剂、解毒剂、血液抗凝剂等
【生产厂】[苏]苏州工业园区亚科化学试剂有限公司〈P1900〉;[鄂]武汉市江润精细化工有限责任公司〈P2233〉

乙二胺四乙酸锰二钠;EDTA 锰二钠 C02170361
Manganese disodium ethylenediamine tetraacetate [15375-84-5]
是一种稳定的可溶于水的金属螯合物,作为微营养素主要应用于农业和园艺等方面,锰以螯合态存在
【生产厂】[辽]辽阳市天元化工厂〈P1711〉

乙二胺四乙酸锌二钠;EDTA 锌二钠 C02170371
Zinc disodium ethylenediamine tetraacetate [14025-21-9]
是一种稳定的可溶于水的金属螯合物,主要作为微营养素应用于农业和园艺等方面,锌以螯合态存在
【生产厂】[辽]辽阳市天元化工厂〈P1711〉

二氯异氰尿酸钠;优氯净;优乐净;NaDCC C02170501
Sodium dichloroisocyanurate [2893-78-9]
用作工业水杀菌剂、饮用水消毒剂、游泳池杀菌消毒剂、织物整理剂等
【生产厂】[冀]石家庄市南方化工有限公司(2000 吨)〈P1631〉;河北智通化工有限责任公司(5000 吨)〈P1623〉;河北星宇化工有限公司〈P1623〉;石家庄市科奥化工有限责任公司(1000 吨)〈P1630〉;河北冀衡化学股份有限公司(6000 吨)〈P1664〉;衡水洁威化学有限公司(2000 吨)〈P1668〉;邯郸市光正消毒剂有限公司(6000 吨)〈P1638〉;邯郸市瑞邦精细化工有限公司〈P1639〉;河北亚光精细化工有限公司〈P1641〉;大城县广安化工有限公司〈P1658〉;[辽]铁岭远能化工有限公司〈P1713〉;[沪]上海凯路化工有限公司〈P1747〉;[苏]南京纳科水处理技术有限公司〈P1787〉;长江(常州)氯碱联合开发公司(1 万吨)〈P1846〉;江苏江东化工股份有限公司(1 万吨)〈P1859〉;常州化工厂〈P1847〉;常州中南化工有限公司〈P1858〉;[浙]浙江衢州门捷化工有限公司〈P1959〉;[鲁]济南巨业精细化工有限公司〈P2023〉;聊城华奥化工有限公司(3000 吨)〈P2152〉;聊城市中联化工有限公司(1 万吨)〈P2152〉;山东阳光化工有限公司(3000 吨)〈P2154〉;临朐县第一化工厂(3000 吨)〈P2090〉;山东广威消毒剂有限公司(1 万吨)〈P2094〉;青岛天元化工股份有限公司(5000 吨)〈P2044〉;泰安华威消毒剂有限公司〈P2137〉;新泰市浓润化工有限公司(4000 吨)〈P2138〉;济宁新格瑞水处理有限公司(200 吨)〈P2129〉;山东省汶上洁威化工有限公司(2000 吨)〈P2132〉;菏泽沃蓝化工有限公司(5000 吨)〈P2159〉;鄄城建融有限公司(6000 吨)〈P2159〉;鄄城欧亚化工有限公司(5000 吨)〈P2159〉;滕州银丰化工有限公司(1000 吨)〈P2080〉;[豫]河南省翔宇实业公司(1000 吨)〈P2194〉;濮阳可利威化工有限公司(2000 吨)〈P2213〉;濮阳市银泰工贸有限公司〈P2215〉;[桂]梧州市联溢化工有限公司(2000 吨)〈P2300〉

尿苷酸钠 C02170551
Uridine 5′-monophosphate, disodium salt [35170-03-7]
用作食品添加剂、基因工程试剂及制药原料
【生产厂】[粤]江门甘蔗化工厂(集团)股份有限公司〈P2285〉

鸟苷酸钠;5′-鸟苷酸二钠 C02170591
Guanylic acid sodium salt
用作食品添加剂、基因工程试剂及制药原料
【生产厂】[鲁]山东凯盛生物化工有限公司〈P2053〉;[粤]江门甘蔗化工厂(集团)股份有限公司〈P2285〉

十二烷基苯磺酸钙;钙盐 C02170601
Calcium dodecylbenzenesulfonate [26264-06-2]
主要用于配制混合型农药乳化剂
【生产厂】[冀]邯郸市新迪亚化工有限责任公司〈P1639〉;[黑]佳木斯市北星有机化工有限责任公司〈P1724〉;[苏]南京太化化工有限公司〈P1790〉;江苏钟山化工有限公司〈P1782〉;[鲁]青岛石喜精细化工有限公司〈P2042〉;[鄂]荆州江汉精细化工有限公司〈P2240〉

十二烷基硫酸钠;月桂基硫酸钠;十二醇硫酸钠;月桂醇硫酸钠;K12 C02170701
Sodium dodecylsulfate; Sodium laurylsulfate [151-21-3]
用作洗涤剂和纺织助剂,也用作牙膏起泡剂、矿井灭火剂、乳液聚合乳化剂、羊毛净洗剂等
【生产厂】[苏]武进农药厂〈P1864〉;江苏省太仓市归庄镇武兵化工厂〈P1894〉;江苏省新沂市经纬化工有限公司〈P1793〉;[浙]中轻物产化工有限公司〈P1928〉;诸暨丰盈化工有限公司〈P1952〉;诸暨市化工研究所〈P1952〉;上虞市康特化工有限公司〈P1948〉;安吉豪森药业有限公司〈P1944〉;[鲁]淄博俱进化工有限公司〈P2063〉;[鄂]武汉市合中化工制造有限公司〈P2232〉
【使用厂】[晋]南风化工集团股份有限公司〈P1678〉;[苏]利君集团镇江制药有限责任公司〈P1843〉;[鲁]山东省淄博市淄川黉阳农药有限公司〈P2054〉;[粤]台山市化学制药有限公司〈P2286〉

辛基硫酸钠 C02170751
Sodium octylsulfate [142-31-4]
用作表面活性剂
【生产厂】[冀]河北省化学工业研究院〈P1621〉

己二酸铵(电容器级) C02170801
Ammonium adipate, capacitor grade [3385-41-9]
广泛用于电子工业代替硼酸铵配制铝电解电容器的工作液
【生产厂】[苏]江苏省沛县东方化工厂〈P1793〉;南通江海高纯化学品有限公司〈P1833〉;南通恒兴电子材料有限公司〈P1833〉

己二酸钾(电容器级) C02170851
Potassium adipate, capacitor grade
【生产厂】[苏]南通江海高纯化学品有限公司〈P1833〉

丙二酸钠 C02170901
Sodium malonate [141-95-7]
用于医药工业
【生产厂】[沪]上海南翔试剂有限公司〈P1754〉

丙烯酸锌 C02171051

Zinc acrylate [14643-87-9]
【生产厂】[京]北京马氏精细化学品有限公司〈P1555〉

烯丙基磺酸钠 C02171101
Sodium allylsulfonate [2495-39-8]
用于合成纤维、电镀镍光亮剂、水处理剂、泥浆助剂等
【生产厂】[苏]丹阳市延中助剂有限公司〈P1841〉;江苏省太仓市归庄镇武兵化工厂〈P1894〉;[鄂]武汉风帆化工有限公司(500吨)〈P2229〉;[川]四川光亚科技股份有限公司〈P2334〉

甲基丙烯磺酸钠;甲代烯丙基磺酸钠 C02171111
Sodium methylacrylsulfonate [1561-92-8]
主要用作生产腈纶的第三单体,能很好地改善腈纶的染色与耐热性能
【生产厂】[浙]宁波亿得精细化工有限公司〈P1934〉;[鲁]山东省淄博市淄川鲁峰精细化工厂(200吨)〈P2055〉;淄博澳纳斯化工有限公司(500吨)〈P2058〉
【使用厂】[沪]中国石化上海石油化工股份有限公司〈P1780〉

对苯乙烯磺酸钠 C02171113
Sodium *p*-styrenesulfonate [2695-37-6]
用于制备丙纶、腈纶染色改性剂,反应性乳化剂,尼龙、纪录纸、聚酯等带电防止剂,硫黄交换树脂等
【生产厂】[鲁]淄博星之联化工有限公司(500吨)〈P2074〉
【使用厂】[辽]抚顺石油化工分公司腈纶化工厂〈P1698〉;[浙]浙江金甬腈纶有限公司〈P1935〉

3-氯-2-羟基丙基磺酸钠 C02171115
Sodium 3-chloro-2-hydroxypropylsulfonate
用作医药中间体
【生产厂】[鄂]武汉风帆化工有限公司〈P2229〉

丙酮酸钠 C02171121
Sodium pyruvate [113-24-6]
用作医药原料及食品添加剂
【生产厂】[京]北京市港华助剂有限责任公司(100吨)〈P1559〉;[津]天津市昱辉工贸有限公司〈P1612〉;[沪]上海邦成化工有限公司〈P1728〉;上海太阳神复旦高科技产业有限公司(100吨)〈P1766〉;上海久邦化工有限公司〈P1745〉

丙酮酸钙 C02171131
Calcium pyruvate [52009-14-0]
用作医药的原料和食品添加剂
【生产厂】[京]北京市港华助剂有限责任公司(300吨)〈P1559〉;[津]天津市昱辉工贸有限公司〈P1612〉;[沪]上海邦成化工有限公司〈P1728〉;上海太阳神复旦高科技产业有限公司(150吨)〈P1766〉;上海久邦化工有限公司〈P1745〉;上海罗店化工总厂〈P1752〉

丙酮酸钾 C02171141
Potassium pyruvate [4151-33-1]
用作医药的原料和食品添加剂
【生产厂】[京]北京市港华助剂有限责任公司〈P1559〉;[津]天津市昱辉工贸有限公司〈P1612〉;[沪]上海久邦化工有限公司〈P1745〉

丙酮酸镁 C02171151
Magnesium pyruvate [81686-75-1]
【生产厂】[沪]上海邦成化工有限公司〈P1728〉;上海久邦化工有限公司〈P1745〉

丙酮酸肌酸盐 C02171191
Creatine pyruvate [55965-97-4]
用作医药原料和食品添加剂
【生产厂】[津]天津市昱辉工贸有限公司〈P1612〉;[沪]上海久邦化工有限公司〈P1745〉

4-甲苯磺酸钠;对甲苯磺酸钠 C02171201
Sodium 4-methylbenzenesulfonate;Sodium *p*-toluenesulfonate [657-84-1]
主要用于有机合成工业,在医药上用于合成强力霉素、潘生丁、萘普生及用于生产阿莫西林、头孢羟氨苄中间体
【生产厂】[沪]上海建平化工有限公司(100吨)〈P1743〉;上海南威化工有限公司〈P1754〉;[苏]南京苏如化工有限公司〈P1789〉;南京隆燕化工有限公司〈P1787〉;南京九龙化工有限公司〈P1786〉;苏州市兴业化工有限公司〈P1906〉;苏州鸿程化工有限公司〈P1900〉;常熟市育新化工有限公司〈P1891〉;江苏奥耐斯特医药化工有限公司〈P1807〉

甲基磺酸铅 C02171231
Lead methanesulfonate [17570-76-2]
用于电镀及其他电子行业
【生产厂】[冀]河北海斯特化学有限公司(300吨)〈P1663〉;廊坊金盛汇化工有限公司〈P1660〉;[苏]盐城中亚医药化工有限公司〈P1812〉;[豫]南阳市思达特精细化学有限责任公司(60吨)〈P2224〉;河南科邦化工有限公司(500吨)〈P2223〉;[鄂]武汉海德化工发展有限公司(500吨)〈P2229〉

甲基磺酸锡 C02171241
Tin methanesulfonate [53408-94-9]
用于电镀及其他电子行业
【生产厂】[冀]河北海斯特化学有限公司(300吨)〈P1663〉;廊坊金盛汇化工有限公司〈P1660〉;[沪]上海新阳电子化学有限公司〈P1772〉;[苏]盐城中亚医药化工有限公司(100吨)〈P1812〉;[豫]南阳市威特化工有限责任公司〈P2224〉;南阳市思达特精细化学有限责任公司(60吨)〈P2224〉;河南科邦化工有限公司〈P2223〉;[鄂]武汉海德化工发展有限公司(500吨)〈P2229〉

甲基磺酸钠;甲烷磺酸钠 C02171251
Sodium methylsulfonate [2386-57-4]
【生产厂】[冀]廊坊三威化工有限公司〈P1660〉;[豫]南阳市思达特精细化学有限责任公司(2000吨)〈P2224〉

羟甲基磺酸钠 C02171255
Sodium hydroxymethanesulfonate [870-72-4]
用作电镀添加剂中间体,用于配制镀镍光亮剂
【生产厂】[鄂]武汉风帆化工有限公司(200吨)〈P2229〉;湖北永安集团〈P2244〉

甲基磺酸亚锡 C02171261
Stannous methanesulfonate

主要用于电镀行业

【生产厂】[豫]河南科邦化工有限公司(500 吨)〈P2223〉

甲基磺酸镍;甲烷磺酸镍 C02171271

Nickel methylsulfonate

【生产厂】[豫]南阳市思达特精细化学有限责任公司(2000 吨)〈P2224〉

二甲苯磺酸 C02171280

Dimethylbenzenesulfonic acid [25321-41-9]

用于制造工业呋喃树脂的硬化剂,作为清洁剂主要原料的助剂

【生产厂】[苏]南京大唐化工有限责任公司专用化学品厂〈P1783〉

二甲苯磺酸钠;3,5-二甲基苯磺酸钠 C02171281

Dimethylbenzenesulfonic acid, sodium salt; Sodium xylenesulfonate [1300-72-7]

广泛用于日用洗涤用品的制造,是一种新型高效的低毒性洗涤用品增溶调理剂

【生产厂】[苏]南京大唐化工有限责任公司专用化学品厂〈P1783〉;苏州鸿程化工有限公司〈P1900〉

2,4-二甲苯磺酸 C02171282

2,4-Dimethylbenzenesulfonic acid [88-61-9]

用于制造工业呋喃树脂的硬化剂,作为清洁剂主要原料的助剂

【生产厂】[苏]南京大唐化工有限责任公司专用化学品厂〈P1783〉

2,5-二甲苯磺酸 C02171283

2,5-Dimethylbenzenesulfonic acid [609-54-1]

用于制造工业呋喃树脂的硬化剂,作为清洁剂主要原料的助剂

【生产厂】[苏]南京大唐化工有限责任公司专用化学品厂〈P1783〉

二甲苯磺酸铵 C02171285

3,4-Dimethylbenzenesulfonic acid, ammonium salt [26447-10-9]

广泛用于日用洗涤用品的制造,是一种新型高效的低毒性洗涤用品增溶调理剂

【生产厂】[苏]苏州鸿程化工有限公司〈P1900〉

均三甲苯磺酸钠 C02171289

2,4,6-Trimethylbenzenesulfonic acid sodium salt

【生产厂】[苏]常熟市新腾化工有限公司〈P1891〉

三氟甲基磺酸钠;三氟甲磺酸钠 C02171295

Sodium trifluoromethanesulfonate [2926-30-9]

用作有机氟取代剂,农药、医药中间体

【生产厂】[沪]上海华彩精细化工有限公司〈P1738〉;上海亿际化工有限公司〈P1775〉;[浙]杭州南博生化科技有限公司〈P1921〉;[鄂]武穴市伟业药化有限责任公司〈P2244〉

甲基磺酸铬;甲烷磺酸铬 C02171301

Chromium methanesulfonate

【生产厂】[豫]南阳市思达特精细化学有限责任公司(2000 吨)〈P2224〉

甲基磺酸锌;甲烷磺酸锌 C02171351

Zinc methylsulfonate

【生产厂】[豫]南阳市思达特精细化学有限责任公司(2000 吨)〈P2224〉

甲基磺酸铜;甲烷磺酸铜 C02171391

Copper methylsulfonate

用于电镀及电子行业

【生产厂】[豫]南阳市思达特精细化学有限责任公司(2000 吨)〈P2224〉

甲酸钠 C02171400

Sodium formate [141-53-7]

主要用于生产甲酸、草酸和保险粉等

【生产厂】[冀]晋州市化肥厂(5000 吨)〈P1625〉;保定市化工原料厂(1 万吨)〈P1645〉;[晋]山西省原平市化工有限责任公司(10 万吨)〈P1676〉;[蒙]乌海市恒昌化工有限责任公司(5000 吨)〈P1682〉;[辽]开原市正元化工有限公司(1 万吨)〈P1712〉;[吉]吉化集团公司海特化工厂(3000 吨)〈P1715〉;吉林市吉化北方炬醌工贸有限责任公司(7000 吨)〈P1716〉;[黑]牡丹江鸿利化工有限责任公司〈P1723〉;[苏]溧阳市瑞阳化工有限公司〈P1863〉;[浙]浙江嘉成化工有限公司〈P1950〉;台州市申源化学品有限公司〈P1962〉;[皖]合肥东风化工总厂(6 万吨)〈P1972〉;[鲁]山东淄川精细化工厂(5000 吨)〈P2056〉;淄博富丰同盛化工有限公司(6000 吨)〈P2060〉;山东博丰植保药业有限公司(2000 吨)〈P2051〉;山东顺通集团(5000 吨)〈P2086〉;山东广河精细化工有限责任公司〈P2084〉;潍坊海化三江化工有限公司(2 万吨)〈P2102〉;烟台恒邦化工有限公司(3 万吨)〈P2116〉;山东恒邦冶炼股份有限公司(1200 吨)〈P2113〉;山东金河实业有限公司(2 万吨)〈P2113〉;山东肥城鲁泰(集团)有限公司(2000 吨)〈P2135〉;临沂市兰山区中山化工厂(3 万吨)〈P2148〉;[豫]濮阳市甲醇厂(3000 吨)〈P2214〉;濮阳市鹏鑫化工有限公司(4800 吨)〈P2214〉;[鄂]武汉市合中化工制造有限公司〈P2232〉;湖北宜化集团有限责任公司〈P2241〉;[桂]广西河池化工股份有限公司〈P2302〉;[渝]重庆川东化工(集团)有限公司(3000 吨)〈P2304〉;[川]绵阳启明星磷化工有限公司〈P2330〉;[黔]贵州磷酸盐厂〈P2337〉;贵州水晶化工股份有限公司(2000 吨)〈P2337〉;[滇]云南云天化股份有限公司〈P2344〉;云南省宣威华兴化工有限公司〈P2343〉;云天化集团有限责任公司(7100 吨)〈P2344〉

【使用厂】[皖]安徽氯碱化工集团有限责任公司〈P1972〉;[鲁]山东宝源化工有限公司〈P2051〉

甲酸镍 C02171411

Nickelous formate [15694-70-9]

用于制造镍和镍催化剂等

【生产厂】[鲁]潍坊万源化工有限公司〈P2106〉

甲酸铯 C02171421

Caesium formate

【生产厂】[渝]重庆川东化工(集团)有限公司〈P2304〉

甲酸钾 C02171451

Potassium formate [590-29-4]

主要用于配制含水油井加注液

【生产厂】[冀]河北省化学工业研究院(2000 吨)〈P1621〉;[苏]南通恒兴电子材料有限公司〈P1833〉;[鲁]寿光市恒通化工有限公司(5 万吨)〈P2100〉;潍坊海化三江化工有

限公司(2万吨)〈P2102〉;肥城阿斯德化工有限公司(3000吨)〈P2134〉;[渝]重庆川东化工(集团)有限公司〈P2304〉

甲酸铬 C02171471
Chromium formate
【生产厂】[浙]温州美尔诺化工有限公司〈P1937〉;[鄂]黄石振华化工有限公司〈P2236〉;[粤]佛山市海纳化工有限公司〈P2287〉;[陕]咸阳银河无机材料有限公司〈P2352〉

甲酸钴 C02171481
Cobaltous formate [544-18-3]
用于制备钴催化剂
【生产厂】[鲁]潍坊万源化工有限公司〈P2106〉

甲酸锂;单水甲酸锂 C02171491
Lithium formate [6108-23-2]
【生产厂】[冀]河北澳鑫锌业有限公司〈P1647〉

丁二酸钠;琥珀酸钠;丁二酸二钠 C02171601
Sodium succinate [150-90-3]
用作调味剂、酸味剂、缓冲剂,主要用于配制火腿、香肠、水产品、调味液等
【生产厂】[京]北京冶建新技术公司精细化工厂〈P1564〉;北京马氏精细化学品有限公司〈P1555〉;北京丽水化工有限责任公司〈P1554〉;[沪]上海美兴化工有限公司(40吨)〈P1753〉;[皖]安庆和兴化工有限责任公司(500吨)〈P1979〉;[鲁]山东振兴化工有限公司〈P2099〉;潍坊三希化工有限公司〈P2104〉;青岛大伟食品添加剂有限公司〈P2033〉;青岛三泰化工有限公司〈P2042〉;[陕]陕西宝鸡宝玉化工有限公司〈P2351〉

丁二酸钾;琥珀酸钾 C02171631
Potassium succinate
【生产厂】[陕]陕西宝鸡宝玉化工有限公司〈P2351〉

丁二酸铵;琥珀酸铵 C02171651
Ammonium succinate [2226-88-2]
用于有机合成、制药工业
【生产厂】[陕]陕西宝鸡宝玉化工有限公司〈P2351〉

四羟基丁二酸钠 C02171691
Sodium tetrahydroxysuccinate
【生产厂】[鄂]武汉神舟化工有限公司〈P2232〉

邻苯二甲酸铵 C02171791
Ammonium *o*-phthalate [523-24-0]
【生产厂】[苏]南通恒兴电子材料有限公司〈P1833〉

对叔丁基苯甲酸铝 C02171841
Aluminium *p-tert*-butylbenzoate
【生产厂】[辽]辽宁省沈阳中际精细化工总厂〈P1684〉

对叔丁基苯甲酸锌 C02171861
Zinc *p-tert*-butylbenzoate
【生产厂】[辽]辽宁省沈阳中际精细化工总厂〈P1684〉

对叔丁基苯甲酸钡 C02171881
Barium *p-tert*-butylbenzoate
【生产厂】[辽]辽宁省沈阳中际精细化工总厂〈P1684〉

苯甲酸钾 C02171901
Potassium benzoate [582-25-2]
用作食用防腐剂
【生产厂】[辽]本溪黑马化工实业有限公司(1000吨)〈P1699〉;[苏]南通恒兴电子材料有限公司〈P1833〉;[鲁]山东滕州东信精细化工厂(1000吨)〈P2078〉;滕州市腾龙化工有限责任公司(1500吨)〈P2079〉;滕州市奥龙化工有限公司(500吨)〈P2079〉;[鄂]武汉有机实业股份有限公司〈P2235〉

苯亚磺酸钠 C02172001
Benzenesulfinic acid, sodium salt [873-55-2]
用作聚合黏合增强剂、增塑剂,用于聚酰胺、环氧树脂、酚醛树脂增塑和改性
【生产厂】[苏]丹阳市延中助剂有限公司〈P1841〉;苏州寅生化工有限公司(600吨)〈P1907〉;苏州诚和医药化学有限公司〈P1899〉;江苏省太仓市归庄镇武兵化工厂〈P1894〉;江都市华兴医药化工制品有限公司(20吨)〈P1814〉;[浙]嘉兴辰龙化工有限责任公司〈P1941〉;嘉兴市金利化工有限责任公司〈P1942〉;[陕]陕西渭南惠丰化学工业有限责任公司〈P2352〉

对甲苯亚磺酸钠;SPTS C02172011
Sodium *p*-toluenesulfinate [824-79-3]
用作医药、分散染料中间体,也用作灌浆材料固化剂
【生产厂】[苏]苏州金忠化工有限公司〈P1901〉;苏州诚和医药化学有限公司〈P1899〉;苏州丽兰化工有限公司〈P1902〉;[浙]嘉兴辰龙化工有限责任公司〈P1941〉;嘉兴市向阳化工厂(500吨)〈P1942〉;嘉兴市金利化工有限责任公司〈P1942〉;[鲁]山东兴辉化工有限公司〈P2055〉

三氟甲基亚磺酸钠 C02172031
Sodium trifluoromethanesulfinate
用作农药中间体
【生产厂】[冀]石家庄市龙汇精细化工有限责任公司〈P1630〉

对氯苯亚磺酸钠 C02172041
Sodium *p*-chlorobenzenesulfinate
【生产厂】[苏]苏州诚和医药化学有限公司〈P1899〉;[浙]嘉兴市金利化工有限责任公司〈P1942〉

对乙酰氨基苯亚磺酸钠 C02172061
p-Acetaminobenzenesulfinic acid sodium salt
【生产厂】[苏]苏州诚和医药化学有限公司〈P1899〉

苯亚磺酸锌 C02172071
Benzenesulfinic acid, zinc salt [12561-48-7]
【生产厂】[浙]嘉兴辰龙化工有限责任公司〈P1941〉;嘉兴市金利化工有限责任公司〈P1942〉

对甲苯亚磺酸锌 C02172081
p-Methylbenzenesulfinic acid, zinc salt
【生产厂】[浙]嘉兴辰龙化工有限责任公司〈P1941〉;嘉兴市金利化工有限责任公司〈P1942〉

二乙烯三胺五乙酸五钠;DTPA-5Na C02172101
Diethylene triaminepentaacetic acid pentasodium salt [61790-13-4]
用作络合剂

C

【生产厂】[鲁]淄博开发区三威化工厂(2000 吨)〈P2064〉

草酸钛钾 C02172201

Titanium potassium oxalate; TPO [14481-26-6]

用作印染媒染剂、增白剂等

【生产厂】[沪]上海达峰化工合作公司〈P1730〉;上海大峰草酸有限公司〈P1731〉;[皖]合肥亚龙化工有限责任公司〈P1973〉

草酸锌;乙二酸锌 C02172291

Zinc oxalate

用于电子工业

【生产厂】[皖]合肥亚龙化工有限责任公司〈P1973〉

草酸钠 C02172301

Sodium oxalate [62-76-0]

用作焰火的黄色发光剂,用于制革、织物整理等

【生产厂】[晋]山西物产精细化工有限公司〈P1670〉;[沪]上海达峰化工合作公司(60 吨)〈P1730〉;上海大峰草酸有限公司〈P1731〉;[浙]嘉兴市向阳化工厂〈P1942〉;[皖]安徽联科化工有限责任公司〈P1971〉;合肥亚龙化工有限责任公司〈P1973〉

草酸氢钠 C02172305

Sodium hydrogen oxalate

【生产厂】[皖]合肥亚龙化工有限责任公司〈P1973〉

草酸钾;乙二酸钾 C02172310

Potassium oxalate [6487-48-5]

用于制药物和漂白剂等

【生产厂】[晋]山西物产精细化工有限公司〈P1670〉;[辽]丹东市中和化工厂〈P1700〉;[沪]上海达峰化工合作公司〈P1730〉;上海大峰草酸有限公司〈P1731〉;[苏]南通恒兴电子材料有限公司〈P1833〉;[皖]安徽联科化工有限责任公司〈P1971〉;合肥亚龙化工有限责任公司〈P1973〉

草酸氢钾 C02172315

Potassium bioxalate [127-95-7]

【生产厂】[沪]上海达峰化工合作公司〈P1730〉;[皖]合肥亚龙化工有限责任公司〈P1973〉

草酸三氢钾;四草酸钾 C02172319

Potassium tetroxalate dihydrate; Potassium trihydrogen dioxalate dihydrate [6100-20-5]

【生产厂】[沪]上海达峰化工合作公司〈P1730〉;[皖]合肥亚龙化工有限责任公司〈P1973〉

草酸钙 C02172321

Calcium oxalate [5794-28-5]

【生产厂】[沪]上海达峰化工合作公司〈P1730〉;上海大峰草酸有限公司〈P1731〉;[皖]合肥亚龙化工有限责任公司〈P1973〉

草酸铁 C02172331

Ferric oxalate [2944-66-3]

【生产厂】[京]北京马氏精细化学品有限公司〈P1555〉;[皖]合肥亚龙化工有限责任公司〈P1973〉

草酸亚铁;草酸亚铁二水合物 C02172335

Ferrous oxalate [6047-25-2]

【生产厂】[沪]上海达峰化工合作公司〈P1730〉;上海大峰草酸有限公司〈P1731〉;[皖]安徽联科化工有限责任公司〈P1971〉;合肥亚龙化工有限责任公司〈P1973〉

草酸亚锡 C02172341

Stannous oxalate [814-94-8]

用作织物印染剂和煤的气化催化剂

【生产厂】[皖]安徽联科化工有限责任公司〈P1971〉;合肥亚龙化工有限责任公司〈P1973〉

草酸镍 C02172351

Nickel oxalate [6018-94-6]

主要用于生产镍催化剂,也可用于生产超细氧化镍、镍粉

【生产厂】[皖]安徽联科化工有限责任公司〈P1971〉;[粤]珠海市华新钴业有限公司〈P2275〉;[渝]重庆冶炼(集团)有限责任公司〈P2308〉

草酸铝;乙二酸铝 C02172361

Aluminium oxalate

用作媒染剂

【生产厂】[皖]合肥亚龙化工有限责任公司〈P1973〉

草酸锶 C02172371

Strontium oxalate [814-95-9]

用于锶盐的制备

【生产厂】[皖]安徽联科化工有限责任公司〈P1971〉;合肥亚龙化工有限责任公司〈P1973〉;[渝]重庆华琦精细化工有限公司〈P2305〉;重庆福斯达化工有限公司〈P2304〉;重庆元和精细化工有限公司〈P2308〉

草酸铜;乙二酸铜 C02172381

Cupric oxalate [814-91-5]

【生产厂】[皖]安徽联科化工有限责任公司〈P1971〉;合肥亚龙化工有限责任公司〈P1973〉

草酸氢铵;草酸单铵 C02172391

Ammonium bioxalate

【生产厂】[皖]合肥亚龙化工有限责任公司〈P1973〉

柠檬酸钠;枸橼酸钠;2-羟基丙烷-1,2,3-三羧酸钠 C02172401

Sodium citrate, dihydrate [6132-04-3]

用作食品添加剂,电镀工业用作络合剂、缓冲剂,医药工业用于制造抗血凝药,轻工业用作洗涤剂的助剂等

【生产厂】[津]天津市天福精细化工有限公司(100 吨)〈P1604〉;[冀]河北省冀州市华阳化工有限责任公司〈P1665〉;[沪]上海威呈化工有限公司〈P1769〉;上海邦成化工有限公司〈P1728〉;[苏]无锡市先得生化有限公司〈P1880〉;昆山市花桥化工四厂〈P1897〉;连云港中铭化工有限公司〈P1801〉;连云港瑞丰化工有限公司〈P1799〉;江苏德邦化学工业集团有限公司〈P1797〉;连云港格兰特化工食品添加剂有限公司(1000 吨)〈P1798〉;江都市华都食品添加剂有限公司(1000 吨)〈P1814〉;南通市飞宇精细化学品有限公司〈P1835〉;[鲁]山东中舜科技发展有限公司(2000 吨)〈P2056〉;青岛扶桑精制加工有限公司(1 万吨)〈P2034〉;莱芜泰禾生化有限公司(1 万吨)〈P2141〉;山东泰山海泽生物工程有限公司(2 万吨)〈P2136〉;莒县银丰柠檬有限公司(5000 吨)〈P2139〉;山东银丰化工集团股份有限公司(5000 吨)〈P2140〉;日照金禾生化集团有限公司

(3 万吨)〈P2139〉;[豫]郑州元丰食品添加剂有限责任公司〈P2175〉;新乡市华幸化工有限责任公司〈P2205〉;[鄂]黄石兴华生化有限公司〈P2236〉;[湘]湖南尔康制药有限公司〈P2248〉;湖南华日制药有限公司〈P2248〉;湖南银海石化集团有限公司(1 万吨)〈P2249〉;湖南洞庭柠檬酸化学有限公司(5000 吨)〈P2254〉;[粤]广东西陇化工有限公司〈P2276〉;[滇]云南燃二化工有限公司〈P2345〉

柠檬酸二钠;枸橼酸二钠 C02172431
Disodium citrate
【生产厂】[苏]南通市飞宇精细化学品有限公司〈P1835〉

柠檬酸一钠;枸橼酸一钠 C02172451
Monosodium citrate [18996-35-5]
【生产厂】[苏]南通市飞宇精细化学品有限公司〈P1835〉

柠檬酸钠(无水);无水柠檬酸钠 C02172491
Sodium citrate, anhydrous
【生产厂】[苏]南通市飞宇精细化学品有限公司〈P1835〉

柠檬酸钙;枸橼酸钙 C02172501
Calcium citrate [813-94-5]
用作螯合剂、缓冲剂、组织凝固剂、钙质强化剂、乳化盐等
【生产厂】[冀]石家庄市天成食品添加剂厂〈P1631〉;石家庄维平功能食品科技有限公司〈P1633〉;河北省冀州市华阳化工有限责任公司〈P1665〉;[吉]吉林新星药业有限公司〈P1714〉;[沪]上海申夏生物化工有限公司〈P1761〉;[苏]连云港瑞丰化工有限公司〈P1799〉;江苏德邦化学工业集团有限公司〈P1797〉;连云港格兰特化工食品添加剂有限公司(1000 吨)〈P1798〉;连云港泰达精细化工有限公司〈P1800〉;南通市飞宇精细化学品有限公司〈P1835〉;如皋市长江食品有限公司(1600 吨)〈P1838〉;如皋市江北添加剂有限公司〈P1838〉;[浙]桐乡市康普达生物科技有限公司〈P1943〉;[鲁]山东中舜科技发展有限公司(1200 吨)〈P2056〉;蓬莱市海洋生物有限公司(3600 吨)〈P2112〉;青岛扶桑精制加工有限公司(1000 吨)〈P2034〉;莱芜泰禾生化有限公司(1000 吨)〈P2141〉;日照金禾生化集团有限公司(1 万吨)〈P2139〉;[豫]郑州瑞普生物工程有限公司(150 吨)〈P2172〉;[鄂]黄石兴华生化有限公司〈P2236〉;[湘]长沙埃索凯化工有限公司(3000 吨)〈P2247〉;湖南华日制药有限公司〈P2248〉;湖南银海石化集团有限公司〈P2249〉;湖南洞庭柠檬酸化学有限公司〈P2254〉

酒石酸钾钠;罗谢尔盐 C02172601
Potassium sodium tartrate [304-59-6]
食品工业中用作焙粉,印刷业中用于制版、制镜
【生产厂】[沪]上海邦成化工有限公司〈P1728〉;上海艾博添加剂有限公司〈P1727〉;[苏]江阴海达精细化工厂〈P1867〉;[浙]杭州宝晶生物化工有限公司〈P1915〉;宁海有机化工厂〈P1934〉;衢州市兴隆助剂有限公司〈P1958〉;温州市白水化工厂〈P1937〉;[豫]郑州市实验化工厂(600 吨)〈P2173〉;[鄂]武汉醒狮化学品有限公司〈P2235〉
【使用厂】[苏]上海梅山企业发展有限公司南京化工实业分公司〈P1792〉

酒石酸钾 C02172610
Potassium tartrate [868-14-4]
用于食品加工、电镀、制药等
【生产厂】[苏]江阴海达精细化工厂〈P1867〉;[浙]宁海有机化工厂〈P1934〉;衢州市兴隆助剂有限公司〈P1958〉

酒石酸钠 C02172611
Sodium tartrate [6106-24-7]
用于制药、食品加工、稳定剂等
【生产厂】[冀]怀来长城生物化学工程有限公司〈P1650〉;[苏]江阴海达精细化工厂〈P1867〉;[浙]衢州市兴隆助剂有限公司〈P1958〉

酒石酸钙 C02172621
Calcium tartrate [3164-34-9]
用于医药及装饰材料方面
【生产厂】[苏]江阴海达精细化工厂〈P1867〉

酒石酸铵 C02172631
Ammonium tartrate [3164-29-2]
用于制药工业等
【生产厂】[苏]江阴海达精细化工厂〈P1867〉;[浙]宁海有机化工厂〈P1934〉
【使用厂】[闽]浦城正大生化有限公司〈P2005〉

酒石酸氢铵;重酒石酸铵;酸性酒石酸铵 C02172635
Ammonium hydrogen tartrate; Ammonium bitartrate [3095-65-6]
用于测定钙,制造焙粉
【生产厂】[苏]江阴海达精细化工厂〈P1867〉

酒石酸镁 C02172641
Magnesium tartrate
用于药物制造等
【生产厂】[苏]江阴海达精细化工厂〈P1867〉

酒石酸亚铁 C02172651
Ferrous tartrate
用于制药等
【生产厂】[苏]江阴海达精细化工厂〈P1867〉

酒石酸铜;葡萄酸铜 C02172661
Cupric tartrate [815-82-7]
用作催化剂等
【生产厂】[苏]江阴海达精细化工厂〈P1867〉;昆山市远洋化工有限公司〈P1898〉

酒石酸锑钠 C02172671
Sodium antimony tartrate [34521-09-0]
用作媒染剂、杀虫剂等
【生产厂】[苏]江阴海达精细化工厂〈P1867〉

酒石酸锑钾;吐酒石 C02172675
Potassium antimony tartrate; Tartar emetic [16039-64-8]
用作织物和皮革的媒染剂和杀虫剂,也用于制药工业
【生产厂】[沪]上海宸锋锑业有限公司〈P1730〉;上海艾博添加剂有限公司〈P1727〉;[苏]江阴海达精细化工厂〈P1867〉;[浙]宁海有机化工厂〈P1934〉;衢州市兴隆助剂有限公司〈P1958〉;温州市白水化工厂〈P1937〉;[鄂]武汉醒狮化学品有限公司〈P2235〉

氨基磺酸钴 C02172801

Cobalt sulfamate [14017-41-5]

主要用于精密电镀、印刷线路板电镀等

【生产厂】[沪]上海顺博金属材料有限公司〈P1765〉;[浙]浙江黄岩精细化学品集团有限公司〈P1964〉;[鲁]潍坊万源化工有限公司〈P2106〉

氨基磺酸钠 C02172851

Sodium sulfamate [13845-18-6]

【生产厂】[冀]唐山三鼎化工有限公司(2000吨)〈P1636〉;[鲁]潍坊万源化工有限公司〈P2106〉;莱西市金山化工厂(2000吨)〈P2032〉

氨基磺酸镍 C02172901

Nickel sulfamate [13770-89-3]

用于精密仪器的电镀

【生产厂】[吉]吉林吉恩镍业股份有限公司〈P1715〉;磐石长城精细化工有限公司〈P1716〉;[沪]上海勤翔化工有限公司〈P1757〉;上海勤工无机盐有限公司〈P1757〉;上海汇龙化工有限公司〈P1741〉;上海良仁化工有限公司〈P1751〉;[苏]江苏省太仓市归庄镇武兵化工厂〈P1894〉;[浙]浙江黄岩精细化学品集团有限公司(300吨)〈P1964〉;[鲁]潍坊万源化工有限公司〈P2106〉;莱西市金山化工厂(900吨)〈P2032〉

醋酸钠;乙酸钠;结晶醋酸钠 C02173000

Sodium acetate trihydrate [6131-90-4]

用于印染、制药、摄影、电镀等,也用作酯化剂、防腐剂等

【生产厂】[京]北京可尔制药厂〈P1554〉;北京市燕京制药厂〈P1561〉;北京市高丽工贸有限责任公司〈P1559〉;[津]天津市冠峰化工有限公司(200吨)〈P1587〉;天津市天福精细化工有限公司(140吨)〈P1604〉;天津市新新药业公司上辛口分厂(4000吨)〈P1608〉;天津市裕胜化工有限公司(1000吨)〈P1612〉;[冀]石家庄冀华化工纺织有限公司〈P1627〉;河北呋喃化工经贸有限公司(1000吨)〈P1619〉;河北省石家庄亚风化工厂〈P1622〉;石家庄市安发化工厂(1000吨)〈P1628〉;石家庄市栾城县华英工贸有限责任公司〈P1630〉;石家庄市豪盛化工有限责任公司(3000吨)〈P1629〉;石家庄市麟鑫化工有限公司〈P1630〉;河北中化滏恒股份有限公司〈P1641〉;唐山市维智贸易有限公司〈P1636〉;保定市满城东方化工有限公司〈P1646〉;[晋]忻州市试剂化工厂(2500吨)〈P1676〉;山西晋城制药厂〈P1675〉;山西省高平化工有限公司(500吨)〈P1675〉;[吉]辽源市百康药业有限责任公司(800吨)〈P1717〉;[沪]上海申夏生物化工有限公司〈P1761〉;上海浩业化工有限公司(200吨)〈P1736〉;[苏]常州市科丰化工有限公司〈P1852〉;江苏省金坛市制药厂〈P1860〉;无锡阳山生化有限责任公司〈P1883〉;张家港市东昌化工有限公司〈P1912〉;连云港中铭化工有限公司〈P1801〉;[浙]上虞亿得化工有限公司〈P1949〉;嘉兴市金利化工有限责任公司〈P1942〉;衢州海顺医药化工有限公司〈P1957〉;[鲁]济南鲁联集团试剂有限公司(100吨)〈P2023〉;济南大正伟业科贸有限公司〈P2021〉;济南巨业精细化工有限公司〈P2023〉;济南金达药化有限公司〈P2023〉;山东奥克特化工有限公司(2000吨)〈P2152〉;淄博天智化工有限公司〈P2073〉;山东淄川精细化工厂(5000吨)〈P2056〉;淄博市周村区裕源助剂厂(1000吨)〈P2072〉;山东方兴科技开发有限公司(360吨)〈P2155〉;安丘市鲁安药业有限责任公司(5000吨)〈P2088〉;青州市永胜化工有限公司〈P2093〉;青州市广汇化工厂(1000吨)〈P2092〉;[豫]内黄县糠醛有限公司(800吨)〈P2212〉;林州市光华药业有限公司(300吨)〈P2211〉;[鄂]武汉莱恩科技有限公司〈P2231〉;武汉武大弘元股份有限公司〈P2234〉;湖北芳通药业股份有限公司(500吨)〈P2236〉;襄樊金译成精细化工有限公司〈P2238〉;湖北丹江口丹澳医药化工有限公司(80吨)〈P2239〉;[粤]广东西陇化工有限公司〈P2276〉;怀集县长林化工有限责任公司〈P2294〉;[桂]广西梧州松脂股份有限公司〈P2300〉;[陕]陕西渭南惠丰化学工业有限责任公司(600吨)〈P2352〉;陕西汉星生物化工有限公司〈P2353〉

【使用厂】[津]天津市染料化学第九厂〈P1600〉;天津新技术产业园区科茂化学试剂有限公司〈P1616〉;[冀]河北张药股份有限公司〈P1650〉;安平县冠达颜料工业有限公司〈P1663〉;[黑]哈药集团制药总厂〈P1721〉;[鲁]山东泰山染料股份有限公司〈P2137〉;山东滕州悟通香料有限责任公司〈P2078〉;[豫]新乡市石油化工厂〈P2206〉

醋酸钠(无水);无水醋酸钠 C02173001

Sodium acetate, anhydrous [127-09-3]

用于医药、印染及有机合成

【生产厂】[京]北京市京洲企业集团公司化工厂〈P1560〉;[冀]石家庄市安发化工厂(1000吨)〈P1628〉;石家庄市麟鑫化工有限公司〈P1630〉;[晋]山西省高平化工有限公司〈P1675〉;[沪]上海申夏生物化工有限公司〈P1761〉;[苏]常州市科丰化工有限公司〈P1852〉;无锡阳山生化有限责任公司〈P1883〉;上海斌顺金属材料有限公司〈P1898〉;张家港爱华化工有限公司〈P1911〉;张家港市飞宇化工有限公司〈P1912〉;南通市苏东化工厂〈P1835〉;[鲁]淄博天智化工有限公司〈P2073〉;邹平铭兴化工有限公司〈P2158〉;[陕]西安利君精华药业有限责任公司(300吨)〈P2349〉

氯乙酸钠 C02173101

Sodium chloroacetate [3926-62-3]

用于合成染料、农药除草剂等

【生产厂】[津]天津市杰程化工有限公司〈P1591〉;天津市天工化工厂(600吨)〈P1604〉;天津市西青区光辉化工厂(230吨)〈P1607〉;天津市亿天工贸有限公司〈P1610〉;[苏]江苏沃德化工有限公司〈P1894〉;[粤]佛山市华昊化工有限公司电化厂〈P2287〉;[陕]陕西渭南惠丰化学工业有限责任公司(960吨)〈P2352〉

【使用厂】[沪]上海天坛助剂有限公司〈P1767〉;上海经纬化工有限公司〈P1745〉

巯基乙酸钠;硫代乙醇酸钠 C02173151

Sodium mercaptoacetate [367-51-1]

在铜钼矿浮选中,用作铜矿和镁铁矿的抑制剂

【生产厂】[津]天津津立龙精细化工有限公司(500吨)〈P1574〉;[川]四川峨眉山荣高生化制品有限公司〈P2318〉

乙醇酸钠;羟基乙酸钠 C02173171

Sodium glycollate; Sodium hydroxyacetate [2836-32-0]

【生产厂】[粤]茂名市科成精细化工有限公司〈P2293〉

醋酸钾;乙酸钾 C02173201

Potassium acetate [127-08-2]

用作缓冲剂、利尿药、织物和纸的柔软剂、催化剂等

【生产厂】[京]北京奥得赛化学有限公司〈P1543〉;[津]天津市冠峰化工有限公司(150吨)〈P1587〉;天津市精细化学制剂厂(2000吨)〈P1596〉;天津市西青区光辉化工厂(240吨)〈P1607〉;[冀]河北省石家庄亚风化工厂〈P1622〉;石家庄市安发化工厂(1000吨)〈P1628〉;石家庄市栾城县华英工贸有限责任公司〈P1630〉;石家庄市豪盛化工有限责

任公司(1500 吨)〈P1629〉;石家庄市麟鑫化工有限公司〈P1630〉;唐山市维智贸易有限公司〈P1636〉;[晋]忻州市试剂化工厂(1500 吨)〈P1676〉;山西省高平化工有限公司〈P1675〉;[辽]丹东市中和化工厂〈P1700〉;[苏]无锡阳山生化有限责任公司〈P1883〉;昆山市永淀精细化工厂〈P1898〉;江都市大江化工厂〈P1813〉;南通市苏东化工厂〈P1835〉;[浙]浙江省仙居县福利无机化工厂〈P1967〉;[鲁]济南大正伟业科贸有限公司〈P2021〉

醋酸钡;乙酸钡 C02173210

Barium acetate [543-80-6]

用于媒染剂、制药等

【生产厂】[渝]重庆仙峰锶盐化工有限公司〈P2308〉;重庆华琦精细化工有限公司(2 吨)〈P2305〉;重庆福斯达化工有限公司〈P2304〉;重庆新申锶盐有限公司〈P2308〉;重庆元和精细化工有限公司〈P2308〉

醋酸铝;乙酸铝 C02173211

Aluminium acetate [139-12-8]

【生产厂】[陕]咸阳银河无机材料有限公司〈P2352〉

环烷酸钡 C02173212

Barium naphthenate [61789-67-1]

主要用作代铅催干剂、涂料稳定剂、油品添加剂、防锈剂等

【生产厂】[辽]沈阳市应用技术实验厂(2000 吨)〈P1689〉;[沪]上海长风化工厂(1000 吨)〈P1729〉;[苏]常州市戚墅堰开源化工有限公司〈P1853〉

碱式乙酸铝;碱式醋酸铝 C02173215

Aluminium acetate, basic [142-03-0]

用作媒染剂、印染剂等

【生产厂】[沪]上海振欣试剂厂〈P1778〉

环烷酸钾 C02173221

Potassium naphthenate [66072-08-0]

用作涂料催干剂,还可用于制染料、香精、防腐剂等

【生产厂】[津]天津市津鸽化工有限公司(1000 吨)〈P1593〉;[辽]沈阳市应用技术实验厂(2000 吨)〈P1689〉

环烷酸钠 C02173231

Sodium naphthenate

可用作乳化剂和温和洗涤剂,用于制环烷酸盐催干剂,也可用作植物生长剂

【生产厂】[辽]沈阳市应用技术实验厂(2000 吨)〈P1689〉;[沪]上海长风化工厂〈P1729〉

醋酸铅;乙酸铅;铅糖 C02173301

Lead acetate [6080-56-4]

用作颜料、稳定剂及催化剂等

【生产厂】[皖]安徽省青阳县银兴化工原料有限责任公司〈P1987〉;[鲁]淄博市周村区裕源助剂厂(5000 吨)〈P2072〉

【使用厂】[冀]邢台铁牛染料化工有限公司〈P1644〉;[沪]上海长风化工厂〈P1729〉;上海铬黄颜料厂〈P1734〉;[粤]广州化学试剂厂〈P2261〉

醋酸镧 C02173351

Lanthanum acetate

【生产厂】[鲁]淄博市荣瑞达粉体材料厂〈P2071〉;山东鱼台清达精细化工厂(150 吨)〈P2133〉

醋酸钕 C02173391

Neodymium acetate

【生产厂】[鲁]淄博市荣瑞达粉体材料厂〈P2071〉;山东鱼台清达精细化工厂(200 吨)〈P2133〉

醋酸铈;乙酸铈 C02173401

Cerium acetate [537-00-8]

用于汽车尾气净化、催化剂等

【生产厂】[蒙]内蒙古包钢稀土高科技股份有限公司〈P1681〉;内蒙古和发稀土科技开发股份有限公司〈P1681〉;[苏]阜宁稀土实业有限公司〈P1806〉;[鲁]淄博市荣瑞达粉体材料厂〈P2071〉;山东鱼台清达精细化工厂(300 吨)〈P2133〉;[甘]甘肃稀土集团有限责任公司〈P2357〉

醋酸苯汞;乙酸苯汞;醋酸苯基汞;赛力散;龙汞 C02173491

Phenylmercuric acetate [62-38-4]

用作医用杀菌剂、农用除莠剂、聚氨酯塑胶催化剂、防霉剂等

【生产厂】[苏]江都市大江化工厂〈P1813〉;泰兴盛铭精细化工有限公司〈P1825〉

醋酸铜;乙酸铜 C02173501

Cupric acetate [6046-93-1]

用于印染、医药、油漆快干剂等

【生产厂】[吉]吉林吉恩镍业股份有限公司〈P1715〉;磐石长城精细化工有限公司〈P1716〉;[沪]上海勤化化工有限公司〈P1757〉;上海勤翔化工有限公司〈P1757〉;上海勤工无机盐有限公司〈P1757〉;松江佘山化工厂〈P1780〉;[苏]无锡阳山生化有限责任公司〈P1883〉;上海斌顺金属材料有限公司〈P1898〉;吴江市绿艳化工厂〈P1910〉;昆山市远洋化工有限公司〈P1898〉;江苏省淮阴市清浦精细化工厂(500 吨)〈P1803〉;[鲁]东方润博农化(山东)有限公司〈P2089〉;潍坊万源化工有限公司〈P2106〉;[粤]广州中捷机械化工有限公司〈P2268〉;佛山市南海长城精细化工有限公司〈P2288〉;广东南海奇瑞德助剂厂〈P2290〉

【使用厂】[沪]上海天坛助剂有限公司〈P1767〉;[苏]江苏联合农用化学有限公司〈P1781〉;宜兴兴农化工制品有限公司〈P1888〉;[浙]浙江震元制药有限公司〈P1952〉;[鲁]山东省济南燕山三丰实业有限公司〈P2030〉;山东绿丰农药有限公司〈P2096〉;山东滕州悟通香料有限责任公司〈P2078〉;青岛东生药业有限公司〈P2034〉;山东神星农药有限公司〈P2097〉;山东省青岛海利尔药业有限公司〈P2047〉;山东省淄博市淄川黉阳农药有限公司〈P2054〉;山东寿光双星农药有限公司〈P2099〉;青岛阳光农药厂(有限公司)〈P2045〉

醋酸锶 C02173551

Strontium acetate [543-94-2]

医药上用作驱虫剂

【生产厂】[渝]重庆华琦精细化工有限公司(2 吨)〈P2305〉;重庆福斯达化工有限公司〈P2304〉;重庆新申锶盐有限公司〈P2308〉;重庆元和精细化工有限公司〈P2308〉

醋酸锌;乙酸锌 C02173601

Zinc acetate; Zinc acetate dihydrate [5970-45-6]

用作醋酸乙烯、聚乙烯醇生产催化剂,印染

媒染剂，医药收敛剂，木材防腐剂，瓷器釉料等

【生产厂】[冀]河北省石家庄亚风化工厂〈P1622〉；石家庄市安发化工厂(1000 吨)〈P1628〉；石家庄市栾城县华英工贸有限责任公司〈P1630〉；石家庄市豪盛化工有限责任公司(2000 吨)〈P1629〉；石家庄市麟鑫化工有限公司〈P1630〉；唐山市维智贸易有限公司〈P1636〉；河北澳鑫锌业有限公司〈P1647〉；[晋]忻州市试剂化工厂(100 吨)〈P1676〉；山西省高平化工有限公司〈P1675〉；[辽]大连第一有机化工有限公司〈P1691〉；[苏]无锡阳山生化有限责任公司〈P1883〉；[湘]衡阳市晨晖化工有限责任公司(1000 吨)〈P2252〉；[桂]广西化工研究院〈P2296〉；广西化工研究院-广西新晶科技有限公司〈P2296〉

【使用厂】[冀]石家庄市有机化工厂〈P1632〉；[闽]福建纺织化纤集团有限公司〈P1994〉

C

无水醋酸锌 C02173611

Zinc acetate, anhydrous [557-34-6]

【生产厂】[苏]无锡阳山生化有限责任公司〈P1883〉

醋酸镁；乙酸镁 C02173691

Magnesium acetate [16674-78-5]

用于催化剂、饲料添加剂和化妆品等

【生产厂】[辽]营口兄弟硼镁化工有限公司〈P1705〉；大连第一有机化工有限公司〈P1691〉；丹东市中和化工厂〈P1700〉；[苏]无锡阳山生化有限责任公司〈P1883〉；[鲁]莱州市莱玉化工有限公司(6000 吨)〈P2109〉

无水醋酸镁 C02173695

Magnesium acetate, anhydrous [142-72-3]

【生产厂】[苏]无锡阳山生化有限责任公司〈P1883〉

醋酸镍；乙酸镍 C02173701

Nickel acetate [6018-89-9]

主要用于镀镍、金属着色、制镍催化剂，用作织物媒染剂等

【生产厂】[冀]河北雄威化工股份有限公司〈P1648〉；[辽]大连第一有机化工有限公司〈P1691〉；[吉]吉林吉恩镍业股份有限公司〈P1715〉；磐石长城精细化工有限公司〈P1716〉；[沪]上海勤翔化工有限公司〈P1757〉；上海勤工无机盐有限公司〈P1757〉；上海汇龙化工有限公司〈P1741〉；上海一心试剂厂〈P1774〉；[苏]江苏省太仓市归庄镇武兵化工厂〈P1894〉；[浙]浙江省仙居县福利无机化工厂〈P1967〉；浙江黄岩精细化学品集团有限公司(300 吨)〈P1964〉；[鲁]潍坊万源化工有限公司〈P2106〉；[粤]广州中捷机械化工有限公司〈P2268〉；佛山市南海长城精细化工有限公司〈P2288〉；广东南海奇瑞德助剂厂〈P2290〉；[渝]重庆仙峰锶盐化工有限公司〈P2308〉

醋酸锂；两水醋酸锂 C02173751

Lithium acetate dihydrate [6108-17-4]

主要用作有机反应催化剂

【生产厂】[辽]大连第一有机化工有限公司〈P1691〉；[赣]新余市赣锋锂业有限公司〈P2012〉

醋酸铬；乙酸铬 C02173791

Chromic acetate [1066-30-4]

用作媒染剂、催化剂等

【生产厂】[晋]太原市欣吉达化工有限公司〈P1672〉；[沪]上海良仁化工有限公司〈P1751〉；[鲁]淄博福春化工有限公司〈P2060〉；[鄂]黄石振华化工有限公司〈P2236〉；[粤]佛山市海纳化工有限公司〈P2287〉；[陕]咸阳银河无机材料有限公司〈P2352〉

苯磺酸钠 C02173801

Sodium benzenesulfonate [515-42-4]

可用作染料中间体、洗涤助剂以及用于铸造行业

【生产厂】[苏]南京大唐化工有限责任公司专用化学品厂〈P1783〉

【使用厂】[鲁]泰安市黎明化工有限责任公司〈P2138〉

苯磺酸铵 C02173821

Ammonium benzenesulfonate [19402-64-3]

【生产厂】[苏]南京大唐化工有限责任公司专用化学品厂〈P1783〉

2-萘磺酸钠 C02173831

2-Naphthalenesulfonic acid sodium salt [532-02-5]

【生产厂】[苏]南京奥德赛化工有限公司〈P1782〉

4-氯苯磺酸钾；对氯苯磺酸钾 C02173841

4-Chlorobenzenesulfonic acid potassium salt [78135-07-6]

【生产厂】[沪]上海中科同力化工材料有限公司〈P1779〉

4-溴苯磺酸钾；对溴苯磺酸钾 C02173861

4-Bromobenzenesulfonic acid potassium salt [66788-58-7]

【生产厂】[沪]上海中科同力化工材料有限公司〈P1779〉

4-碘苯磺酸钾；对碘苯磺酸钾 C02173865

4-Iodobenzenesulfonic acid potassium-salt [13035-63-7]

【生产厂】[沪]上海中科同力化工材料有限公司〈P1779〉

N-苯基甘氨酸钾；苯胺基乙酸钾 C02173991

Potassium *N*-phenylglycinate [19525-59-8]

主要用于生产还原染料

【生产厂】[冀]河北武强县必特化工有限公司〈P1666〉；衡水优利精细化学有限公司(1 万吨)〈P1669〉；[渝]重庆紫光化工有限责任公司(5000 吨)〈P2308〉

水杨酸铅 C02174031

Lead salicylate [15748-73-9]

用作固体推进剂的燃烧催化剂

【生产厂】[辽]营口天元实业精细化工有限公司〈P1705〉

对氨基水杨酸钙 C02174071

Calcium *p*-aminosalicylate

【生产厂】[苏]无锡市东升助剂厂〈P1875〉

柠檬酸锌；枸橼酸锌 C02174101

Zinc citrate [546-46-3]

主要用作食品添加剂

【生产厂】[津]天津开发区信达化工技术发展有限公司〈P1575〉；[冀]石家庄市天成食品添加剂厂〈P1631〉；石家庄维平功能食品科技有限公司〈P1633〉；河北省冀州市华阳化工有限责任公司〈P1665〉；[苏]连云港瑞丰化工有限公司〈P1799〉；江苏德邦化学工业集团有限公司〈P1797〉；连云港泰达精细化工有限公司〈P1800〉；南通市飞宇精细化学品有限公司〈P1835〉；[浙]桐乡市康普达生物科技有限公司〈P1943〉；[鲁]潍坊祥维斯化学品有限公司(1000

吨)〈P2106〉;蓬莱市海洋生物有限公司〈P2112〉;日照金禾生化集团有限公司(1 万吨)〈P2139〉;[豫]郑州瑞普生物工程有限公司(200 吨)〈P2172〉

柠檬酸铅 C02174151

Lead citrate [512-26-5]

用作固体推进剂的燃烧催化剂或电子显微镜的对照试剂

【生产厂】[辽]营口天元实业精细化工有限公司〈P1705〉

柠檬酸铜;枸橼酸铜 C02174191

Cupric citrate [866-82-0]

用作防腐剂、杀虫剂、收敛剂等

【生产厂】[苏]昆山市远洋化工有限公司〈P1898〉;南通市飞宇精细化学品有限公司〈P1835〉

柠檬酸镁(无水);无水柠檬酸镁 C02174201

Magnesium citrate, anhydrous

【生产厂】[冀]石家庄维平功能食品科技有限公司〈P1633〉;河北省冀州市华阳化工有限责任公司〈P1665〉;[苏]连云港瑞丰化工有限公司〈P1799〉;连云港泰达精细化工有限公司〈P1800〉;南通市飞宇精细化学品有限公司〈P1835〉;[鲁]蓬莱市海洋生物有限公司〈P2112〉;[鄂]武汉市合中化工制造有限公司〈P2232〉

柠檬酸锰 C02174251

Manganous citrate

【生产厂】[苏]南通市飞宇精细化学品有限公司〈P1835〉;[湘]长沙埃索凯化工有限公司〈P2247〉

间苯二甲酸二甲酯-5-磺酸钠;1,3-苯二甲酸二甲酯-5-磺酸钠;三单体;SIPM C02174301

Sodium dimethyl *m*-phthalate-5-sulfonate [3965-55-7]

主要用于涤纶聚酯的合成,也可作为有机合成、高分子合成、精细化工的中间体

【生产厂】[苏]吴江迪宇化纤原料有限公司(1000 吨)〈P1909〉;常熟市新腾化工有限公司〈P1891〉;江苏群发化工有限公司(1600 吨)〈P1816〉;[鲁]东营旭业化工有限公司(3000 吨)〈P2083〉;山东海化股份有限公司〈P2094〉;山东华源化工有限公司(2500 吨)〈P2113〉

间苯二甲酸二乙酯-5-磺酸钠 C02174321

Sodium diethyl isophthalate-5-sulfonate

【生产厂】[鲁]山东华源化工有限公司(2000 吨)〈P2113〉

间苯二甲酸乙二醇酯-5-磺酸钠 C02174341

Sodium ethylene glycol isophthalate-5-sulfonate

主要用于聚酯树脂的合成

【生产厂】[苏]江苏群发化工有限公司〈P1816〉;[鲁]山东华源化工有限公司(1000 吨)〈P2113〉

氯乙基磺酸钠 C02174351

Chloroethylsulfonic acid sodium salt [15484-44-3]

用作有机化工中间体

【生产厂】[鲁]东营市恒锐新技术开发有限责任公司〈P2082〉

2-溴乙烷磺酸钠 C02174371

2-Bromoethanesulfonic acid sodium salt [4263-52-9]

【生产厂】[浙]杭州浙大泛科化工有限公司〈P1925〉

乙烯基磺酸钠 C02174391

Sodium vinylsulfonate [3039-83-6]

广泛用于纯丙、苯丙、醋丙等乳液的合成,并可用于各种聚合物的转化单体,磺基乙基化助剂,表面活性剂等

【生产厂】[鲁]淄博星之联化工有限公司(500 吨)〈P2074〉

异辛酸钠;2-乙基己酸钠 C02174401

Sodium isocaprylate; Sodium isooctanoate [29355-14-4]

主要用作头孢类、抗生类等药物成盐剂,用于聚合反应催化剂、油漆催干剂等

【生产厂】[津]天津市奥多精细化工厂(2000 吨)〈P1578〉;天津市津鸽化工有限公司(1000 吨)〈P1593〉;[冀]河北金通医药化工有限责任公司(360 吨)〈P1620〉;石家庄合佳保健品有限公司(300 吨)〈P1626〉;石家庄市万福化工有限公司(600 吨)〈P1631〉;[辽]沈阳市应用技术实验厂(2000 吨)〈P1689〉;[吉]吉林省四平市精细化学品有限公司(500 吨)〈P1717〉

异辛酸铝;2-乙基己酸铝 C02174410

Aluminium isooctanoate; Aluminium 2-ethylcaproate [30745-55-2]

用作印刷油墨的增稠剂

【生产厂】[津]天津市泰安化工有限公司(150 吨)〈P1602〉;[冀]石家庄市万福化工有限公司〈P1631〉;[浙]兰溪市恒顺化工有限公司〈P1953〉

异辛酸钾;2-乙基己酸钾 C02174421

Potassium isooctanoate; Potassium 2-ethylhexanoate [3164-85-0]

用作树脂涂料的催干剂、聚氨酯硬泡催化剂等

【生产厂】[津]天津市奥多精细化工厂(100 吨)〈P1578〉;天津市津鸽化工有限公司(1000 吨)〈P1593〉;[冀]河北金通医药化工有限责任公司〈P1620〉;石家庄合佳保健品有限公司(300 吨)〈P1626〉;[辽]沈阳市应用技术实验厂(2000 吨)〈P1689〉;[苏]江都市大江化工厂〈P1813〉;[浙]浙江省仙居县福利无机化工厂〈P1967〉

异辛酸铁 C02174431

Ferric isooctanoate

用作涂料、油墨催干剂,生物助长剂等

【生产厂】[冀]石家庄市万福化工有限公司〈P1631〉

异辛酸铜;2-乙基己酸铜 C02174441

Copper isocaprylate; Copper 2-ethylcaproate [22221-10-9]

用于涂料、防腐剂、电缆防水剂等

【生产厂】[冀]石家庄市万福化工有限公司〈P1631〉;[辽]沈阳市应用技术实验厂(2000 吨)〈P1689〉

异辛酸铈 C02174451

Cerium isocaprylate

【生产厂】[辽]沈阳市应用技术实验厂〈P1689〉;[苏]南京盛启化工有限公司〈P1789〉

重烷基苯磺酸钠;SAS C02174501

Alkylbenzenesulfonic acid, sodium salt [68411-30-3]

用于配制防锈油、乳化油,也可作为助溶剂

【生产厂】[津]天津市雄冠科技发展有限公司(500 吨)

〈P1609〉;[冀]石家庄加力化学品有限公司〈P1627〉;[辽]盘锦昊源科工贸有限公司(1000吨)〈P1706〉;[苏]南京卡尼尔科技有限责任公司〈P1786〉;苏州市浒墅关化工添加剂厂(500吨)〈P1903〉;[豫]鹤壁市前进乳化剂厂(360吨)〈P2199〉

C

异丙基苯磺酸钠 C02174511

Isopropylbenzenesulfonic acid sodium salt
[32073-22-6]

【生产厂】[苏]南京大唐化工有限责任公司专用化学品厂〈P1783〉;[鲁]青岛雪洁助剂有限公司〈P2045〉;[甘]天水华硕精细化工有限公司〈P2357〉

多聚烟酸铬 C02174551

Chromium polynicotinate

用作医药保健品、食品添加剂

【生产厂】[鲁]潍坊祥维斯化学品有限公司(100吨)〈P2106〉

2-乙基己酸锰;异辛酸锰 C02174701

Manganous 2-ethylcaproate;Manganous 2-ethylhexanoate
[15956-58-8]

用作油漆、油墨的催干剂

【生产厂】[津]天津津东颜料厂(1000吨)〈P1574〉;[冀]石家庄市万福化工有限公司〈P1631〉;石家庄市佳彩化工有限责任公司〈P1629〉;[辽]沈阳市应用技术实验厂(2000吨)〈P1689〉;大连第一有机化工有限公司〈P1691〉;[苏]常州市戚墅堰开源化工有限公司〈P1853〉;常州雪龙化工有限公司〈P1858〉;[浙]浙江省仙居县福利无机化工厂〈P1967〉;[湘]湖南湘江涂料集团有限公司〈P2248〉

异辛酸铅;2-乙基己酸铅 C02174801

Lead isocaprylate;Lead isooctanoate [301-08-6]

广泛用于油漆和高级彩印行业作催干剂,也用于润滑油添加剂

【生产厂】[津]天津市奥多精细化工厂(100吨)〈P1578〉;[冀]石家庄市万福化工有限公司〈P1631〉;石家庄市佳彩化工有限责任公司〈P1629〉;[辽]沈阳市应用技术实验厂(2000吨)〈P1689〉;大连第一有机化工有限公司〈P1691〉;[苏]常州市戚墅堰开源化工有限公司〈P1853〉;江都市大江化工厂〈P1813〉;[浙]浙江省仙居县福利无机化工厂〈P1967〉

异辛酸镍;2-乙基己酸镍 C02174851

Nickel isooctanoate

【生产厂】[辽]沈阳市应用技术实验厂〈P1689〉;[苏]常州市戚墅堰开源化工有限公司〈P1853〉

异辛酸钴;2-乙基己酸钴 C02174901

Cobalt 2-ethylcaproate;Cobalt 2-ethylhexanoate
[136-52-7]

主要用作油漆、油墨的催干剂,不饱和聚酯树脂的固化促进剂,聚氯乙烯稳定剂,聚合反应催化剂等

【生产厂】[冀]石家庄市万福化工有限公司〈P1631〉;石家庄市佳彩化工有限责任公司〈P1629〉;[辽]沈阳市应用技术实验厂(2000吨)〈P1689〉;澳特钴镍制品(大连)有限公司〈P1690〉;大连第一有机化工有限公司〈P1691〉;[沪]上海长风化工厂(2000吨)〈P1729〉;[苏]常州市戚墅堰开源化工有限公司〈P1853〉;常州雪龙化工有限公司〈P1858〉;[浙]浙江省仙居县福利无机化工厂〈P1967〉;[鲁]山东省淄博市淄川鲁峰精细化工厂〈P2055〉;[鄂]荆州市博尔德化学有限公司〈P2240〉

异辛酸锆;2-乙基己酸锆 C02174951

Zirconium isocaprylate;Zirconium 2-ethylhexanoate

用作油墨催干剂及塑料增塑剂

【生产厂】[辽]沈阳市应用技术实验厂(2000吨)〈P1689〉;[皖]安徽省康达锆业有限公司〈P1986〉

2-乙基己酸亚锡 C02175050

Stannous 2-ethylcaproate [301-10-0]

用作聚氨酯工业助剂,并作为高效催化剂、防老剂等

【生产厂】[鲁]烟台市福山区化工研究所有限公司(20吨)〈P2118〉

异辛酸铬 C02175101

Chromium 2-ethylhexanoate;Chromic isooctanoate
[3444-17-5]

用作油漆、油墨催干剂

【生产厂】[津]天津市奥多精细化工厂(100吨)〈P1578〉;[冀]石家庄市万福化工有限公司〈P1631〉

二乙基二硫代氨基甲酸镍 C02175301

Bis(diethyldithiocarbamato)nickel [14267-17-5]

【生产厂】[京]北京朝福化工实验厂〈P1544〉

二甲基二硫代氨基甲酸镍;二甲氨基二硫代甲酸镍 C02175351

Bis(dimethyldithiocarbamato) nickel [15521-65-0]

【生产厂】[京]北京朝福化工实验厂〈P1544〉

间苯二甲酸-5-磺酸锂 C02175401

m-Phthalic-5-sulfonic acid lithium salt [46728-75-0]

主要用作高级水溶性涂料和医药中间体

【生产厂】[鲁]东营旭业化工有限公司〈P2083〉

乙酸钙;醋酸钙 C02175501

Calcium acetate [62-54-4]

用作食品稳定剂、腐蚀阻抑剂,也用于乙酸盐的合成

【生产厂】[冀]河北省石家庄亚风化工厂〈P1622〉;[晋]忻州市试剂化工厂〈P1676〉;[辽]大连第一有机化工有限公司〈P1691〉;丹东市中和化工厂〈P1700〉;[苏]无锡阳山生化有限责任公司〈P1883〉;无锡市瑞源化工有限公司〈P1878〉;[鲁]蓬莱市海洋生物有限公司(300吨)〈P2112〉

【使用厂】[粤]广州化学试剂厂〈P2261〉

一水醋酸钙 C02175511

Calcium acetate monohydrate

【生产厂】[苏]无锡阳山生化有限责任公司〈P1883〉

巯基乙酸钙;硫代乙醇酸钙 C02175551

Calcium mercaptoacetate;Calcium thioglycollate
[814-71-1]

【生产厂】[津]天津津立龙精细化工有限公司(800吨)〈P1574〉

硬脂酸镁(药用) C02175601

Magnesium stearate,medicinal [557-04-0]

是新型药用辅料,可作固体制剂的成膜包衣材料、胶体液体制剂的增稠剂、混悬剂等

【生产厂】[津]天津市春义化工原料有限公司(500吨)

〈P1582〉;天津市裕发助剂厂(1000 吨)〈P1612〉;[晋]山西省太原晋阳制药厂〈P1670〉;[辽]营口奥达制药有限公司〈P1703〉;[沪]上海葡萄糖厂(180 吨)〈P1755〉;[苏]南通新邦化工有限公司〈P1836〉;[浙]浙江中维药业有限公司〈P1947〉;湖州市菱湖新望化学有限公司〈P1946〉;湖州展望药业化学有限公司〈P1946〉;海盐六和淀粉化工有限公司〈P1940〉;[皖]淮南山河药用辅料有限公司(400 吨)〈P1976〉;[鲁]山东聊城阿华制药有限公司(400 吨)〈P2153〉;曲阜市药用辅料有限公司(2000 吨)〈P2130〉;曲阜市天利药用辅料有限公司(300 吨)〈P2130〉;[豫]河南正弘药用辅料有限公司〈P2211〉;洛阳民昌药用辅料有限公司〈P2182〉;[鄂]武汉一枝花油脂化工有限公司〈P2235〉;[桂]广西化工研究院〈P2296〉;广西化工研究院-广西新晶科技有限公司〈P2296〉;[川]成都宏博实业有限公司〈P2310〉;[滇]云南师范大学化工厂(200 吨)〈P2341〉

胆固醇硫酸酯钾盐 C02175801

Potassium cholesterol sulfate

【生产厂】[苏]扬州腾达化工厂〈P1819〉;[鲁]青岛裕达精细化工有限公司(15 吨)〈P2046〉

胆固醇硫酸酯钠盐 C02175851

Sodium cholesterol sulfate

【生产厂】[鲁]青岛裕达精细化工有限公司(10 吨)〈P2046〉

乙酸锆;醋酸锆 C02175901

Zirconium acetate [7585-20-8]

广泛用于油漆催干剂,纤维、纸张的表面处理,建材防水剂等

【生产厂】[辽]丹东市中和化工厂〈P1700〉;[苏]兴化市松鹤化学试剂厂(100 吨)〈P1828〉;[浙]德清新康化工有限公司(1000 吨)〈P1945〉;升华集团控股有限公司〈P1946〉;[皖]安徽省康达锆业有限公司〈P1986〉;[赣]江西晶安高科技股份有限公司(500 吨)〈P2008〉;[鲁]山东鱼台清达精细化工厂(100 吨)〈P2133〉

乙酸钯;醋酸钯 C02175951

Palladium acetate [3375-31-3]

【生产厂】[浙]杭州凯明催化剂有限公司〈P1920〉

氰尿酸铅 C02176001

Cyanuric acid lead salt

主要用作聚氯乙烯的热稳定剂,提高 PVC 的阻燃、抗静电等性能

【生产厂】[苏]江苏丹阳市宁陵化工助剂有限公司〈P1841〉;宜兴市恒雷化工助剂有限公司〈P1885〉;宜兴市分水橡塑化工厂(3500 吨)〈P1884〉;靖江市天龙化工有限公司〈P1825〉

戊烷磺酸钠;戊基磺酸钠 C02176101

Sodium pentanesulfonate [22767-49-3]

【生产厂】[沪]上海沪旦生物科技有限公司〈P1737〉;[赣]江西犇牛医药化工有限公司〈P2015〉

己烷磺酸钠;己基磺酸钠 C02176121

Sodium hexanesulfonate [2832-45-3]

【生产厂】[冀]保定市乐凯化学有限公司〈P1645〉;[沪]上海沪旦生物科技有限公司〈P1737〉;[赣]江西犇牛医药化工有限公司〈P2015〉

庚烷磺酸钠;庚基磺酸钠 C02176141

Sodium heptanesulfonate [22767-50-6]

【生产厂】[沪]上海沪旦生物科技有限公司〈P1737〉;[赣]江西犇牛医药化工有限公司〈P2015〉

辛烷磺酸钠;辛基磺酸钠 C02176161

Sodium octanesulfonate [5324-84-5]

【生产厂】[沪]上海沪旦生物科技有限公司〈P1737〉;[赣]江西犇牛医药化工有限公司〈P2015〉

乙醛酸钠 C02176201

Glyoxalic acid sodium salt

用于制备药物、食用香料、化妆品、除草剂以及水处理剂等产品

【生产厂】[鲁]淄博圣泽精细化工有限公司〈P2067〉

泛酸钠 C02176351

Sodium pantothenate

用于制药工业

【生产厂】[鄂]武汉市合中化工制造有限公司〈P2232〉

柠檬酸二氢锂 C02176401

Lithium dihydrogen citrate

【生产厂】[苏]南通市飞宇精细化学品有限公司〈P1835〉

植酸锌;肌醇六磷酸锌 C02176501

Zinc phytate

【生产厂】[鄂]当阳市三鑫生物工程有限责任公司〈P2240〉

植酸钙;肌醇六磷酸钙 C02176521

Calcium phytate

主要用于食品、油脂、制药、饲料等行业

【生产厂】[冀]石家庄市亚龙肌醇有限公司〈P1632〉;[鄂]当阳市三鑫生物工程有限责任公司〈P2240〉

植酸钾;肌醇六磷酸钾 C02176541

Potassium phytate

广泛用于医药、食品、日化等行业

【生产厂】[鄂]当阳市三鑫生物工程有限责任公司(3 吨)〈P2240〉

油酸钾;十八碳烯酸钾 C02176652

Potassium oleate [143-18-0]

是一种钾类催化剂,被广泛用于聚异氰酸酯泡沫反应中

【生产厂】[苏]江阴市桐岐泗河化工厂〈P1871〉;江都市大江化工厂〈P1813〉

2-(*N*-吗啉)乙磺酸钠盐;MES 钠盐 C02176751

2-(*N*-Morpholino)ethanesulfonic acid, sodium salt [71119-23-8]

【生产厂】[鲁]淄博星之联化工有限公司(50 吨)〈P2074〉;[豫]洛阳天骋化学试剂有限公司〈P2187〉

2-噻吩甲酸钠 C02176791

2-Thiophenecarboxylic acid sodium salt

【生产厂】[苏]南京科邦医药化工有限公司〈P1786〉

乳酸铬 C02176851

Chromium lactate

【生产厂】[陕]咸阳银河无机材料有限公司〈P2352〉

乳酸钠 C02176901

Sodium lactate [867-56-1]

用于食品的保鲜、保湿、增香及用作制药原料

【生产厂】[沪]上海联合食品添加剂有限公司〈P1751〉;上海申夏生物化工有限公司〈P1761〉;上海华美助剂厂精细化工分厂(100吨)〈P1739〉;[赣]江西武藏野生物化工有限公司〈P2009〉;[鲁]青岛大伟食品添加剂有限公司〈P2033〉;青岛三泰化工有限公司〈P2042〉;山东滕州东信精细化工厂(1000吨)〈P2078〉;[豫]郑州瑞普生物工程有限公司(200吨)〈P2172〉;郑州天润乳酸有限公司(800吨)〈P2174〉;偃师乳酸有限公司(300吨)〈P2188〉;豫西药业股份有限责任公司(100吨)〈P2222〉;[鄂]湖北省广水市民族化工有限公司〈P2245〉;[湘]湖南省安化乳酸厂〈P2256〉;[粤]广东西陇化工有限公司〈P2276〉

酒石酸氢钠 C02177201

Sodium hydrogen tartrate [526-94-3]

可作生化试剂

【生产厂】[苏]江阴海达精细化工厂〈P1867〉

葡萄糖酸钠 C02177301

Sodium gluconate [527-07-1]

用作循环冷却水系统的缓蚀阻垢剂,用于电镀及金属清洗,也用于制药

【生产厂】[冀]河北东华化工总公司(350吨)〈P1619〉;河北省冀州市华阳化工有限责任公司〈P1665〉;[辽]沈阳永兴化工有限公司〈P1690〉;辽阳市康佳精细化工厂〈P1711〉;辽阳富强食品化工有限公司(20吨)〈P1709〉;[沪]上海泰顿化工有限公司〈P1766〉;上海邦成化工有限公司〈P1728〉;上海艾博添加剂有限公司〈P1727〉;[浙]浙江天益食品添加剂有限公司〈P1944〉;浙江省仙居县欣宏医药化工有限公司〈P1967〉;浙江黄岩精细化学品集团有限公司(3000吨)〈P1964〉;[鲁]山东中舜科技发展有限公司(5000吨)〈P2056〉;山东凯翔生物化工有限公司(3500吨)〈P2140〉;青岛琅琊台集团股份有限公司(5万吨)〈P2040〉;[豫]新乡市华幸化工有限责任公司〈P2205〉;[鄂]武汉华东化工有限公司〈P2230〉;湖北省化学研究院(400吨)〈P2228〉

双乙酸钠;双醋酸氢钠;SDA C02177401

Sodium diacetate [126-96-5]

是一种新型食品及饲料防霉防腐剂、酸味剂和改良剂,在工业领域用作螯合剂、匀化剂和媒化剂等

【生产厂】[京]北京凌云建材化工有限公司〈P1555〉;[冀]华北制药华盈有限公司〈P1624〉;石家庄辰兴实业有限公司〈P1625〉;衡水新光化工有限责任公司〈P1668〉;河北省邢台市人民制药厂(2000吨)〈P1642〉;黄骅市津骅饲料添加剂有限公司〈P1656〉;[晋]忻州市试剂化工厂〈P1676〉;[沪]上海三微实业有限公司〈P1759〉;上海新浦化工厂有限公司(100吨)〈P1772〉;上海台界化工有限公司〈P1766〉;[苏]无锡阳山生化有限责任公司〈P1883〉;江苏双菱化工集团有限公司〈P1798〉;盐城市华鸥化工厂〈P1811〉;江苏新星食品添加剂有限公司〈P1822〉;姜堰市荣昌食品添加剂有限公司〈P1823〉;[皖]合肥精汇化工研究所〈P1972〉;[鲁]山东鲁西兽药股份有限公司(360吨)〈P2145〉;泰安市亚特尔化工建材有限公司〈P2138〉;山东郓城三兴化工有限公司(800吨)〈P2161〉;[豫]郑州海昆食品添加剂有限公司〈P2170〉;新乡市石油化工厂(2000吨)〈P2206〉;[桂]广西化工研究院-广西新晶科技有限公司〈P2296〉;[渝]重庆华琦精细化工有限公司〈P2305〉;[川]中国科学院成都市成科精细化学品有限责任公司(1000吨)〈P2320〉

2-二乙氨基乙硫醇 C02177495

2-Diethylaminoethyl mercaptide

【生产厂】[冀]保定加合精细化工有限公司〈P1645〉;保定市满城县保满联营化工厂〈P1646〉

2-二乙氨基乙硫醇盐酸盐 C02177499

2-Diethylaminoethanethiol hydrochloride

用于医药中间体

【生产厂】[冀]保定加合精细化工有限公司〈P1645〉;保定市满城东方化工有限公司〈P1646〉;保定市满城县保满联营化工厂〈P1646〉

甲硫醇钠 C02177501

Methanethiol, sodium salt [5188-07-8]

可作为农药、医药、染料中间体的原料

【生产厂】[辽]本溪成德化工有限公司(300吨)〈P1699〉;盘锦远东锦星化工有限公司(1500吨)〈P1707〉;[鲁]临淄兴武化工厂〈P2050〉

【使用厂】[鲁]山东胜邦绿野化学有限公司〈P2029〉;山东滕州悟通香料有限责任公司〈P2078〉;泰安市景风化工厂〈P2137〉;山东博丰植保药业有限公司〈P2051〉

甲硫醇钾 C02177511

Potassium methyl mercaptide [26385-24-0]

用作农药中间体

【生产厂】[冀]保定加合精细化工有限公司〈P1645〉

2-苯硫代乙醇;β-苯基乙硫醇 C02177550

2-Phenylethanethiol; β-Phenyl ethyl mercaphtan [4410-99-5]

用作农药、医药、染料中间体

【生产厂】[鲁]山东滕州悟通香料有限责任公司〈P2078〉

草酸铵 C02177601

Ammonium oxalate [1113-38-8]

用于贵金属提炼及有机合成

【生产厂】[晋]山西物产精细化工有限公司〈P1670〉;[辽]丹东市中和化工厂〈P1700〉;[沪]上海达峰化工合作公司〈P1730〉;上海大峰草酸有限公司〈P1731〉;[皖]安徽联科化工有限责任公司〈P1971〉;合肥亚龙化工有限责任公司〈P1973〉

乙酸铵;醋酸铵 C02177610

Ammonium acetate [631-61-8]

用于肉类防腐、电镀、水处理、制药等

【生产厂】[津]天津市西青区光辉化工厂(200吨)〈P1607〉;[冀]河北省石家庄亚风化工厂〈P1622〉;石家庄市安发化工厂(1000吨)〈P1628〉;石家庄市栾城县华英工贸有限责任公司〈P1630〉;石家庄市豪盛化工有限责任公司〈P1629〉;石家庄市麟鑫化工有限公司〈P1630〉;唐山市维智贸易有限公司〈P1636〉;霸州市华厦溶剂精制有限公司〈P1657〉;[辽]丹东市中和化工厂〈P1700〉;[苏]无锡阳山生化有限责任公司〈P1883〉;江苏华昌(集团)有限公司〈P1893〉;南通恒兴电子材料有限公司〈P1833〉;[鲁]济南大正伟业科贸有限公司〈P2021〉

【使用厂】[浙]浙江尖峰海洲制药有限公司〈P1965〉

草酸高铁铵 C02177701

Ammonium ferric oxalate [14221-47-7]

用于铝及铝合金着色、照相、电镀等

【生产厂】[浙]浙江黄岩精细化学品集团有限公司(80 吨)〈P1964〉;[皖]安徽联科化工有限责任公司〈P1971〉;合肥亚龙化工有限责任公司〈P1973〉;[鲁]潍坊万源化工有限公司〈P2106〉

草酸钡 C02177710

Barium oxalate [516-02-9]

【生产厂】[沪]上海达峰化工合作公司〈P1730〉;上海大峰草酸有限公司〈P1731〉;[皖]安徽联科化工有限责任公司〈P1971〉;合肥亚龙化工有限责任公司〈P1973〉

草酸高铁钠 C02177731

Sodium ferric oxalate

【生产厂】[皖]合肥亚龙化工有限责任公司〈P1973〉

草酸铁钾 C02177741

Potassium ferric oxalate

【生产厂】[皖]合肥亚龙化工有限责任公司〈P1973〉

草酸钴 C02177750

Cobalt oxalate [5965-38-8]

用于指示剂和催化剂的制备及其氧化钴的制备

【生产厂】[冀]河北雄威化工股份有限公司(100 吨)〈P1648〉;[辽]澳特钴镍制品(大连)有限公司〈P1690〉;大连宇山化工有限公司〈P1694〉;大连第一有机化工有限公司〈P1691〉;[沪]上海南威化工有限公司〈P1754〉;[苏]江苏雄风科技股份有限公司〈P1832〉;[浙]浙江嘉利珂钴镍材料有限公司〈P1950〉;慈溪市飞兰有色金属有限公司〈P1929〉;宁波雁门化工有限公司〈P1934〉;[皖]安徽青阳铜鑫化工厂(8 吨)〈P1987〉;[赣]赣州钴钨有限责任公司(600 吨)〈P2014〉;[鲁]山东东佳集团公司〈P2052〉;[粤]珠海市华新钴业有限公司〈P2275〉;[渝]重庆冶炼(集团)有限责任公司〈P2308〉;[川]广汉泛太平洋冶金化工金属制品有限公司〈P2324〉

甲基丙烯酸镁 C02177801

Magnesium methacrylate

用作橡胶添加剂,可提高橡胶的交联性

【生产厂】[陕]陕西岐山县宝益橡塑助剂有限公司〈P2351〉

甲基丙烯酸钠;异丁烯酸钠 C02177802

Sodium methacrylate

作为分散剂,也可用于涂料的辅料

【生产厂】[湘]新化县诺威化工有限公司〈P2258〉

【使用厂】[鲁]济南泰山金鹏涂料有限公司〈P2025〉

葡萄糖庚酸钠;葡庚酸钠 C02177901

Sodium glucoseheptylate

【生产厂】[苏]江阴市月城利达化工厂〈P1872〉

乙烯基溴化镁 C02177991

Vinylmagnesium bromide [1826-67-1]

【生产厂】[皖]广德金邦化工有限公司〈P1986〉

四丁基溴化铵 C02178001

Tetrabutyl ammonium bromide [1643-19-2]

用作有机合成中间体,相转移催化剂

【生产厂】[京]北京高环科贸有限公司〈P1548〉;北京朝福化工实验厂〈P1544〉;[沪]上海宝瑞化工有限公司〈P1728〉;上海凯洛格化工科技有限公司〈P1747〉;[苏]南京市盼丰化工有限公司〈P1789〉;江苏省金坛市西南化工研究所(30 吨)〈P1860〉;宜兴市芳桥东方化工厂(240 吨)〈P1884〉;苏州市化工研究所有限公司〈P1904〉;盐城市龙升精细化工厂〈P1811〉;响水县科伟精细化工有限公司(240 吨)〈P1809〉;如皋市万利化工有限责任公司〈P1838〉;[闽]厦门市先端科技有限公司〈P1993〉;[赣]广丰县弘立化工厂(240 吨)〈P2014〉;[鲁]山东默锐化学有限公司〈P2096〉

四甲基醋酸铵 C02178011

Tetramethylammonium acetate [10581-12-1]

【生产厂】[沪]上海凯洛格化工科技有限公司〈P1747〉;[闽]厦门市先端科技有限公司〈P1993〉

四乙基醋酸铵 C02178013

Tetraethylammonium acetate;Tetraethylammonium acetate tetrahydrate [1185-59-7]

【生产厂】[沪]上海凯洛格化工科技有限公司〈P1747〉;[闽]厦门市先端科技有限公司〈P1993〉

四丙基醋酸铵 C02178015

Tetrapropylammonium acetate

【生产厂】[闽]厦门市先端科技有限公司〈P1993〉

四丁基醋酸铵 C02178017

Tetrabutylammonium acetate

【生产厂】[沪]上海凯洛格化工科技有限公司〈P1747〉;[闽]厦门市先端科技有限公司〈P1993〉

四丁基硫酸氢铵 C02178051

Tetrabutyl ammonium hydrogen sulfate [32503-27-8]

【生产厂】[京]北京朝福化工实验厂〈P1544〉;[沪]上海凯洛格化工科技有限公司〈P1747〉;[苏]江苏省金坛市西南化工研究所〈P1860〉;昆山市花桥化工四厂〈P1897〉;响水县科伟精细化工有限公司(24 吨)〈P1809〉;[闽]厦门市先端科技有限公司〈P1993〉;[赣]广丰县弘立化工厂(24 吨)〈P2014〉

四甲基硫酸氢铵 C02178055

Tetramethylammonium hydrogen sulfate [103812-00-6]

【生产厂】[沪]上海凯洛格化工科技有限公司〈P1747〉;[闽]厦门市先端科技有限公司〈P1993〉

四丙基硫酸氢铵 C02178061

Tetrapropylammonium hydrogen sulfate

【生产厂】[沪]上海凯洛格化工科技有限公司〈P1747〉;[苏]江苏省金坛市西南化工研究所〈P1860〉;[闽]厦门市先端科技有限公司〈P1993〉

四乙基硫酸氢铵 C02178065

Tetraethylammonium hydrogen sulfate

【生产厂】[沪]上海凯洛格化工科技有限公司〈P1747〉;[闽]厦门市先端科技有限公司〈P1993〉

四辛基氯化铵 C02178071

Tetraoctyl ammonium chloride

【生产厂】[闽]厦门市先端科技有限公司〈P1993〉

四丙基溴化铵 C02178081

Tetrapropylammonium bromide [1941-30-6]

用作相转移催化剂

【生产厂】[京]北京朝福化工实验厂〈P1544〉;[沪]上海凯洛格化工科技有限公司〈P1747〉;[苏]江苏省金坛市西南化工研究所〈P1860〉;[浙]建德市新化化工有限责任公司〈P1926〉;[闽]厦门市先端科技有限公司〈P1993〉;[赣]广丰县弘立化工厂(36 吨)〈P2014〉

C

四辛基溴化铵 C02178091

Tetraoctyl ammonium bromide [14866-33-2]

【生产厂】[苏]江苏省金坛市西南化工研究所〈P1860〉;[闽]厦门市先端科技有限公司〈P1993〉

酒石酸氢钾;重酒石酸钾;酸性酒石酸钾 C02178201

Potassium bitartrate [868-14-4]

用作容量分析、缓冲剂、还原剂以及食品工业的膨松剂等

【生产厂】[京]北京市天河化工厂〈P1560〉;[冀]河北智通化工有限责任公司〈P1623〉;怀来长城生物化学工程有限公司〈P1650〉;[沪]上海艾博添加剂有限公司〈P1727〉;[苏]江阴海达精细化工厂〈P1867〉;[浙]杭州宝晶生物化工有限公司〈P1915〉;宁海有机化工厂〈P1934〉;衢州市兴隆助剂有限公司〈P1958〉;温州市白水化工厂〈P1937〉;[鄂]武汉醒狮化学品有限公司〈P2235〉

脂肪醇聚氧乙烯醚磺基琥珀酸酯二钠盐;MES;表面活性剂 MES C02178301

Fatty alcohol polyoxyethylene ether disodium sulfosuccinate

可用作洗面奶、香波类泡沫浴剂,餐具洗涤剂,洗手剂原料等

【生产厂】[冀]邢台市日用化学厂(1000 吨)〈P1644〉;[沪]上海升纬化工原料有限公司〈P1762〉;[苏]如皋市万利化工有限责任公司〈P1838〉;海安县国力化工有限公司〈P1829〉;海安县苏北化工有限公司〈P1829〉;[浙]宁波东方永宁化工科技有限公司〈P1930〉;[粤]广东省石油化工研究院〈P2259〉

马来酸氢铵;马来酸单铵;顺丁烯二酸一铵 C02178351

Ammonium hydrogen maleate;Maleic acid monoammonium salt

【生产厂】[苏]南通恒兴电子材料有限公司〈P1833〉

马来酸氢钾;马来酸单钾;顺丁烯二酸单钾 C02178371

Potassium hydrogen maleate;Monopotassium maleate

【生产厂】[苏]南通恒兴电子材料有限公司〈P1833〉

草酰乙酸二乙酯钠盐 C02178401

Diethyl oxalacetate sodium salt [40876-98-0]

【生产厂】[苏]南京科邦医药化工有限公司〈P1786〉

富马酸钠 C02178411

Sodium fumarate;Disodium fumarate [17013-01-3]

用作食品工业调味剂、聚酯树脂、媒染剂及黏合剂等产品的原料

【生产厂】[苏]苏州市畅通化学品有限公司〈P1903〉;[陕]交大瑞森渭南化学工业有限责任公司〈P2352〉

癸二酸铵(电容器级) C02178501

Ammonium sebate,capacitor grade [19402-63-2]

用于电容器的生产

【生产厂】[苏]江苏省沛县东方化工厂〈P1793〉;南通江海高纯化学品有限公司〈P1833〉;南通恒兴电子材料有限公司〈P1833〉

癸二酸单钠 C02178521

Monosodium sebacate

【生产厂】[蒙]通辽市威宁化工有限责任公司〈P1682〉

癸二酸二钠 C02178531

Disodium sebacate

【生产厂】[蒙]通辽市通华蓖麻化工有限责任公司〈P1682〉;通辽市威宁化工有限责任公司〈P1682〉;内蒙古天润蓖麻开发有限公司〈P1682〉

癸二酸二钾;癸二酸双钾 C02178541

Dipotassium sebacate

【生产厂】[蒙]通辽市威宁化工有限责任公司〈P1682〉

壬二酸氢铵 C02178551

Ammonium hydrogen azelate

用于电子工业

【生产厂】[苏]江苏省沛县东方化工厂〈P1793〉;南通江海高纯化学品有限公司〈P1833〉

新癸酸钴 C02178601

Cobalt neocaprate

用于橡胶黏接剂

【生产厂】[辽]澳特钴镍制品(大连)有限公司〈P1690〉;大连第一有机化工有限公司〈P1691〉

癸酸钴 C02178651

Cobalt decanoate

主要用于橡胶钢丝子午轮胎、橡胶与钢丝镀黄铜、镀锌帘线的黏结促进剂

【生产厂】[辽]朝阳市征和化工有限公司〈P1713〉;[沪]上海长风化工厂〈P1729〉;[苏]宜兴市卡欧化工有限公司〈P1885〉;[浙]浙江嘉利珂钴镍材料有限公司〈P1950〉;[鲁]山东东佳集团公司〈P2052〉;[豫]沁阳市天益化工有限公司〈P2198〉

3-吲哚乙酸钾盐 C02178751

3-Indoleacetic acid potassium salt

【生产厂】[苏]兴化明威化工有限公司〈P1828〉

3-吲哚丁酸钾盐 C02178791

3-Indolebutyric acid potassium salt

【生产厂】[苏]兴化明威化工有限公司〈P1828〉

4-氯-1-羟基丁烷-1-磺酸钠 C02178891

Sodium 4-chloro-1-hydroxybutane-1-sulfonate [54322-20-2]

【生产厂】[京]北京高博医药化学技术开发有限公司〈P1547〉

2-乙基己酸钙;异辛酸钙 C02178901

Calcium 2-ethylcaproate;Calcium 2-ethylhexanoate [136-51-6]

主要用作油漆的催干剂和不饱和聚酯树脂的促进剂

【生产厂】[冀]石家庄市万福化工有限公司〈P1631〉;石家庄市佳彩化工有限责任公司〈P1629〉;[辽]沈阳市应用技术

实验厂(2000 吨)〈P1689〉;大连第一有机化工有限公司〈P1691〉;[苏]常州雪龙化工有限公司〈P1858〉

辛酸钙 C02178905
Calcium octanoate
【生产厂】[京]北京马氏精细化学品有限公司〈P1555〉

2-乙基己酸锌;异辛酸锌 C02179001
Zinc 2-ethylcaproate;Zinc 2-ethylhexanoate [136-53-8]
主要用作涂料催干剂,在白漆中使用更具有良好的特性
【生产厂】[冀]石家庄市万福化工有限公司〈P1631〉;石家庄市佳彩化工有限责任公司〈P1629〉;[辽]沈阳市应用技术实验厂(2000 吨)〈P1689〉;[苏]常州市戚墅堰开源化工有限公司〈P1853〉;常州雪龙化工有限公司〈P1858〉;[浙]浙江省仙居县福利无机化工厂〈P1967〉
【使用厂】[津]天津市奥多精细化工厂〈P1578〉

二硫代氨基甲酸铵 C02179111
Ammonium dithiocarbamate [513-74-6]
【生产厂】[鄂]襄樊市隆晔医药化工有限公司〈P2238〉

α-酮戊二酸单钾盐 C02179131
α-Ketoglutaric acid potassium salt [997-43-3]
【生产厂】[沪]上海汉飞生化科技有限公司〈P1735〉

α-酮戊二酸钙盐 C02179151
α-Ketoglutaric acid calcium salt [71686-01-6]
【生产厂】[辽]开原亨泰精细化工厂〈P1712〉;[沪]上海汉飞生化科技有限公司〈P1735〉;[苏]金湖申凯化学有限公司〈P1803〉

α-酮戊二酸镁盐 C02179171
α-Ketoglutaric acid magnesium salt
用于制药
【生产厂】[沪]上海汉飞生化科技有限公司〈P1735〉

α-酮戊二酸二钠盐 C02179191
α-Ketoglutaric acid disodium salt [305-72-6]
用作医药中间体
【生产厂】[辽]开原亨泰精细化工厂〈P1712〉;[沪]上海汉飞生化科技有限公司〈P1735〉;[浙]浙江省上虞市精益生物化工有限公司〈P1951〉

果酸钙;柠檬酸苹果酸钙 C02179201
Calcium citrate malate
用作医药和食品原料
【生产厂】[冀]石家庄维平功能食品科技有限公司〈P1633〉;[苏]南通市飞宇精细化学品有限公司〈P1835〉;[浙]桐乡市康普达生物科技有限公司〈P1943〉;[鲁]蓬莱市海洋生物有限公司(300 吨)〈P2112〉;[豫]郑州瑞普生物工程有限公司(200 吨)〈P2172〉

肌氨酸钠 C02179251
Sodium sarcosine;Sarcosine,monosodium salt [4316-73-8]
用于生产一水合肌酸,并用于生产 N-酰基肌氨酸及钠盐等
【生产厂】[冀]河北省文安县天成精细化工厂(1000 吨)〈P1659〉;[苏]常熟市金城化工有限公司〈P1890〉
【使用厂】[津]天津天成制药有限公司〈P1614〉

苯甲酸铵;安息香酸铵 C02179351
Ammonium benzoate [1863-63-4]
用作防腐剂及分析试剂
【生产厂】[京]北京马氏精细化学品有限公司〈P1555〉;[辽]海城化工三厂(300 吨)〈P1696〉;[苏]江苏省沛县东方化工厂〈P1793〉;南通恒兴电子材料有限公司〈P1833〉;[鄂]武汉有机新康化工有限公司〈P2235〉;武汉有机实业股份有限公司〈P2235〉

对硝基苯甲酸铵;4-硝基苯甲酸铵 C02179371
Ammonium p-nitrobenzoate
【生产厂】[苏]江苏省沛县东方化工厂〈P1793〉;南通恒兴电子材料有限公司〈P1833〉

亚氨基二乙酸二钠 C02179401
Disodium iminodiacetate [17593-73-6]
用作农药中间体,用于合成除草剂草甘膦
【生产厂】[京]北京清华紫光英力化工技术有限责任公司〈P1557〉;[苏]南通光荣化工有限公司〈P1833〉

β-羟基-β-甲基丁酸钙;HMB-Ca C02179501
β-Hydroxy-β-methylbutyric acid,calcium salt [135236-72-5]
用作医药中间体、饲料添加剂等
【生产厂】[苏]金湖申凯化学有限公司〈P1803〉;靖江市三益化工有限公司〈P1825〉

丁酸钙 C02179521
Calcium butyrate
用于制药工业
【生产厂】[鲁]蓬莱市海洋生物有限公司〈P2112〉

2,3,4-三羟基丁酸钙 C02179531
Calcium 2,3,4-trihydroxybutyrate
【生产厂】[津]天津市巨能化学有限公司(1000 吨)〈P1596〉

丁酸钠 C02179551
Sodium butyrate [156-54-7]
【生产厂】[浙]杭州康德权科技有限公司〈P1920〉;[鲁]蓬莱市海洋生物有限公司〈P2112〉

α-酮基缬氨酸钙盐;3-甲基-2-氧代丁酸钙 C02179581
Calcium α-ketovaline [51828-94-5]
【生产厂】[辽]开原亨泰精细化工厂〈P1712〉

α-酮基苯丙酸钙盐 C02179591
Calcium α-ketophenylpropionate [51828-93-4]
【生产厂】[辽]开原亨泰精细化工厂〈P1712〉;[沪]上海依福瑞实业有限公司〈P1774〉

四乙酰乙二胺 C02179701
N,N,N′,N′-Tetraacetylethylenediamine [10543-57-4]
是高效的低温漂白活化剂,广泛用于洗衣粉、彩漂粉、洗碗剂及其他各类固体洗涤剂及去污剂中
【生产厂】[沪]上海晨日化学有限公司〈P1730〉;[赣]江西省永泰化工有限公司〈P2011〉;[豫]河南宏业化工有限公司(2000 吨)〈P2212〉

C

透明质酸钠 C02179801
Sodium hyaluronate, transparence [9067-32-7]
广泛应用于高档化妆品行业
【生产厂】[冀]河北常山生化药业股份有限公司〈P1619〉；[鲁]山东福瑞达生物化工有限公司(3 吨)〈P2028〉；山东东辰生物工程股份有限公司(1500 吨)〈P2084〉

透明质酸钙 C02179851
Calcium hyaluronate, transparence
【生产厂】[鲁]山东福瑞达生物化工有限公司〈P2028〉；山东东辰生物工程股份有限公司(200 吨)〈P2084〉

透明质酸锌 C02179891
Zinc hyaluronate, transparence
用于溃疡、创面治疗等药用
【生产厂】[鲁]山东福瑞达生物化工有限公司〈P2028〉

硫代乙酸钾 C02179901
Potassium thioacetate [10387-40-3]
用于合成抗艾滋病药物等
【生产厂】[苏]常州市新力医药化工有限公司〈P1855〉；[浙]浙江优联医药化工有限公司〈P1928〉；[鲁]淄博福琛精细化工有限公司〈P2060〉

苯乙酸钾；苯醋酸钾 C02179931
Potassium phenylacetate [13005-36-2]
用于医药青霉素的生产
【生产厂】[冀]华北制药股份有限公司(900 吨)〈P1624〉；华北制药集团有限责任公司〈P1624〉；河北诚信有限责任公司(6000 吨)〈P1619〉；[鄂]武汉有机实业股份有限公司〈P2235〉

苯乙酸钠 C02179951
Phenylacetic acid, sodium salt; Sodium phenylacetate [114-70-5]
用于制药工业，主要用于制造青霉素
【生产厂】[冀]河北诚信有限责任公司(6000 吨)〈P1619〉

甲基三氯硅烷 C02180101
Methyltrichlorosilicane [75-79-6]
用作有机硅树脂的单体
【生产厂】[京]蓝星化工新材料股份有限公司〈P1567〉；[吉]磐石市大田化工助剂研究所〈P1717〉；吉林市新亚强实业有限责任公司〈P1716〉；吉林新亚强生物化工有限公司〈P1716〉；吉林华丰有机硅有限公司〈P1715〉；[苏]江苏宝应化工助剂厂〈P1815〉；[浙]浙江华成有机硅材料有限公司〈P1927〉；浙江宇仁新材料有限公司〈P1970〉；[赣]蓝星化工新材料股份有限公司江西星火有机硅厂〈P2013〉；[鲁]山东东岳化工股份有限公司〈P2052〉
【使用厂】[沪]上海树脂厂有限公司〈P1764〉；[赣]江西星火化工厂〈P2012〉

一甲基二氯硅烷；甲基二氯硅烷 C02180111
Methyl dichloro silane [75-54-7]
用于制备含氢硅油，也用于织物处理、防水剂等
【生产厂】[吉]磐石市大田化工助剂研究所〈P1717〉；吉林新亚强生物化工有限公司〈P1716〉；吉林华丰有机硅有限公司〈P1715〉；[苏]江苏宝应化工助剂厂〈P1815〉；[浙]浙江宇仁新材料有限公司〈P1970〉；[赣]蓝星化工新材料股份有限公司江西星火有机硅厂〈P2013〉；[鲁]山东东岳化工股份有限公司〈P2052〉

三氟丙基甲基二氯硅烷 C02180191
(3,3,3-Trifluoropropyl) methyldichlorosilane [870-56-4]
用于氟硅橡胶、氟硅油的制造
【生产厂】[鲁]威海新元化工有限公司〈P2126〉

苯基三氯硅烷 C02180201
Phenyl trichlorosilane [98-13-5]
用作硅油、硅树脂的原料，也用于制漆工业
【生产厂】[辽]沈阳彩逸特种涂料制造有限公司(95 吨)〈P1684〉；[浙]浙江华成有机硅材料有限公司〈P1927〉；[川]中昊晨光化工研究院〈P2321〉

γ-氯丙基三氯硅烷 C02180211
Trichloro(3-chloropropyl) silane [2550-06-3]
用作制造硅烷偶联剂系列产品的主要生产原料
【生产厂】[赣]南昌赣宇有机硅有限公司〈P2009〉；[鲁]淄博市临淄齐泉工贸有限公司〈P2069〉；东营市恒益化工有限责任公司(300 吨)〈P2082〉；[鄂]荆州江汉精细化工有限公司〈P2240〉

二甲基二氯硅烷 C02180301
Dimethyldichlorosilicane [75-78-5]
用作有机硅树脂的单体
【生产厂】[京]蓝星化工新材料股份有限公司〈P1567〉；[吉]磐石市大田化工助剂研究所〈P1717〉；吉林市新亚强实业有限责任公司〈P1716〉；吉林新亚强生物化工有限公司〈P1716〉；[苏]江苏宝应化工助剂厂〈P1815〉；[浙]浙江宇仁新材料有限公司〈P1970〉；[赣]蓝星化工新材料股份有限公司江西星火有机硅厂〈P2013〉
【使用厂】[沪]上海树脂厂有限公司〈P1764〉；[川]中蓝晨光化工研究院〈P2320〉

二甲基一氯硅烷；二甲基氯硅烷 C02180311
Dimethylchlorosilane [1066-35-9]
【生产厂】[吉]磐石市大田化工助剂研究所〈P1717〉；吉林市新亚强实业有限责任公司〈P1716〉；吉林新亚强生物化工有限公司〈P1716〉；吉林华丰有机硅有限公司〈P1715〉；[鄂]武汉市化学工业研究所有限责任公司〈P2232〉

八甲基环四硅氧烷；D4 C02180401
Octamethylcyclotetrasiloxane [556-67-2]
用作有机硅的原料，也用在电子工业
【生产厂】[京]蓝星化工新材料股份有限公司〈P1567〉；[苏]江苏宝应化工助剂厂〈P1815〉；[皖]蚌埠市新瑞有机硅有限公司〈P1976〉；蚌埠市金星有机硅材料厂〈P1975〉；[赣]江西洪都生物化学有限公司〈P2008〉；蓝星化工新材料股份有限公司江西星火有机硅厂〈P2013〉；[鲁]山东东岳化工股份有限公司〈P2052〉
【使用厂】[沪]上海树脂厂有限公司〈P1764〉；[苏]宜兴市创新精细化工有限公司〈P1883〉；[浙]杭州永欣精细化工有限公司〈P1924〉；[鄂]湖北枣阳四海化工有限公司〈P2237〉；[川]中蓝晨光化工研究院〈P2320〉

八甲基环四硅氮烷；硅氮烷；八甲基环四硅胺；八甲基环四硅亚氨烷 C02180501
Octamethyl cyclotetrasilazane [556-67-2]
用于制造高抗撕硅橡胶制品，也用于合成其

他高分子化合物
【生产厂】[苏]江苏宝应化工助剂厂〈P1815〉;[皖]蚌埠市新瑞有机硅有限公司〈P1976〉

二苯基二羟基硅烷;二苯基硅二醇 C02180601
Diphenyldihydroxylsilicane [947-42-2]
用作硅橡胶结构控制剂,苯甲基硅油的原料和其他硅产品的中间体
【生产厂】[辽]营口嘉合有机硅分子材料有限公司〈P1704〉;[吉]磐石市大田化工助剂研究所〈P1717〉;[川]中昊晨光化工研究院〈P2321〉

4,4′-双(二甲基羟基硅基)二苯醚 C02180671
4,4′-Bis(dimethylhydroxysilyl) diphenyl ether [2096-54-0]
【生产厂】[鄂]武汉市化学工业研究所有限责任公司〈P2232〉

1,4-双(二甲基羟基硅基)苯;亚苯基硅二醇 C02180691
1,4-Bis(dimethylhydroxysilyl) benzene [2754-32-7]
【生产厂】[鄂]武汉市化学工业研究所有限责任公司〈P2232〉

二苯基二氯硅烷 C02180701
Diphenyl dichlorosilicane [80-10-4]
用作硅油和硅树脂的原料
【生产厂】[辽]沈阳彩逸特种涂料制造有限公司〈P1684〉;[川]中昊晨光化工研究院〈P2321〉
【使用厂】[浙]浙江化工科技集团有限公司精细化工厂〈P1927〉;[鄂]湖北省化学工业研究设计院〈P2228〉

氯甲基三甲基硅烷 C02180731
Chloromethyltrimethylsilane [2344-80-1]
【生产厂】[沪]上海立科药物化学有限公司〈P1750〉

叔丁基二苯基氯硅烷 C02180751
tert-Butyldiphenylchlorosilane [58479-61-1]
用作医药中间体及用于有机合成
【生产厂】[京]北京维达化工有限公司(10 吨)〈P1563〉;[苏]海门贝斯特精细化工有限公司(60 吨)〈P1829〉

甲基苯基二氯硅烷 C02180791
Methylphenyldichlorosilane; Phenylmethyldichlorosilane [149-74-6]
用于合成有机硅树脂及含苯基硅化合物中,是有机硅重要的单体之一
【生产厂】[浙]浙江华成有机硅材料有限公司〈P1927〉

三甲基一氯硅烷;三甲基氯硅烷;TMCS C02180801
Trimethylchlorosilicane [75-77-4]
可用于生产各种有机硅化合物,是生产六甲基二硅氮(胺)烷和六甲基二硅氧烷的主要原料
【生产厂】[京]蓝星化工新材料股份有限公司〈P1567〉;[冀]石家庄海力精化有限责任公司〈P1626〉;[吉]磐石市大田化工助剂研究所〈P1717〉;吉林市新亚强实业有限责任公司〈P1716〉;吉林新亚强生物化工有限公司〈P1716〉;吉林华丰有机硅有限公司〈P1715〉;[苏]江苏宝应化工助剂厂〈P1815〉;[浙]浙江宇仁新材料有限公司〈P1970〉;[赣]蓝星化工新材料股份有限公司江西星火有机硅厂〈P2013〉;[鲁]山东东岳化工股份有限公司〈P2052〉;[川]四川省仁寿川祥精细化工厂〈P2334〉
【使用厂】[沪]上海华彩精细化工有限公司〈P1738〉

1,3-双三甲硅基脲;六甲基二硅脲 C02180810
1,3-Bis(trimethylsilyl) urea; Hexamethyl disilaurea [18297-63-7]
是一种优良的硅烷化试剂,可将有机物分子中的活泼氢原子替换成三甲基硅原子团
【生产厂】[京]北京医科大学应用药物研究所〈P1564〉;[冀]固安县恩康医药化工原料有限公司〈P1658〉;[吉]吉林市新亚强实业有限责任公司(800 吨)〈P1716〉;吉林新亚强生物化工有限公司〈P1716〉;[川]四川省仁寿川祥精细化工厂〈P2334〉

叔丁基二甲基氯硅烷 C02180811
tert-Butyldimethylchlorosilane [18162-48-6]
用作医药中间体及用于有机合成,在有机合成中作为羟基保护剂
【生产厂】[京]北京维达化工有限公司(30 吨)〈P1563〉;[津]天津运盛化学品有限公司〈P1617〉;天津振泰化工有限公司〈P1617〉;[沪]上海三微实业有限公司〈P1759〉;上海益民化工有限公司〈P1775〉;吉尔生化(上海)有限公司〈P1726〉;[苏]海门贝斯特精细化工有限公司(240 吨)〈P1829〉;[浙]台州市奥力特精细化工有限公司〈P1961〉;[豫]河南豫辰精细化工有限公司(200 吨)〈P2218〉

甲基二甲氧基硅烷 C02180821
Methyldimethoxysilane [16881-77-9]
【生产厂】[苏]张家港市国泰华荣化工新材料有限公司〈P1912〉;[赣]江西星火化工厂〈P2012〉

二甲基二甲氨基氯硅烷;(*N*,*N*-二甲氨基)二甲基氯硅烷 C02180831
(*N*,*N*-Dimethylamino) dimethylchlorosilane [18209-60-4]
用作医药中间体
【生产厂】[鲁]山东滕州悟通香料有限责任公司〈P2078〉

氯甲基二甲基氯硅烷 C02180841
(Chloromethyl) dimethylchlorosilane [1719-57-9]
【生产厂】[沪]上海立科药物化学有限公司〈P1750〉;[浙]浙江化工科技集团有限公司〈P1927〉

三甲基溴硅烷 C02180861
Trimethylbromosilane; Bromotrimethylsilane [2857-97-8]
是重要的合成试剂,可用于阿地福韦的合成
【生产厂】[苏]盐城市金港化工有限公司〈P1811〉;扬州三友合成化工有限公司〈P1818〉

三甲基碘硅烷 C02180881
Trimethyliodosilane; Iodotrimethylsilane [16029-98-4]
重要的合成试剂,用于头孢他啶的合成
【生产厂】[吉]吉林市新亚强实业有限责任公司〈P1716〉;吉林新亚强生物化工有限公司〈P1716〉;吉林省四平市精细化学品有限公司〈P1717〉;[沪]上海瑞一医药科技有限公司〈P1759〉;[苏]扬州三友合成化工有限公司〈P1818〉;[赣]景德镇市开门子药用化工有限公司〈P2010〉

六甲基二硅氮烷;六甲基二硅胺烷;六甲基二硅亚胺;药用硅氮烷 C02180901

C

Hexamethyldisilazane [999-97-3]
为阿米卡星药用中间体，是羟基及氨基保护剂
【生产厂】[吉]吉林市新亚强实业有限责任公司(2000吨)〈P1716〉；吉林新亚强生物化工有限公司〈P1716〉；吉林华丰有机硅有限公司〈P1715〉；[沪]上海树脂厂有限公司〈P1764〉；[苏]宜兴市锦程化工有限公司〈P1885〉；江苏宝应化工助剂厂〈P1815〉；[浙]浙江化工科技集团有限公司精细化工厂〈P1927〉；浙江顺风海德尔有限公司〈P1956〉；[鲁]淄博市临淄齐泉工贸有限公司〈P2069〉；济宁鲁源医药化工有限公司(300吨)〈P2128〉；[川]成都今天化工有限公司〈P2311〉；四川省仁寿川祥精细化工厂〈P2334〉

七甲基二硅氮烷 C02180931
Heptamethyldisilazane [37074-17-2]
作为基团保护剂广泛应用于农药、兽药等医药生产过程中
【生产厂】[冀]石家庄市龙汇精细化工有限责任公司〈P1630〉；河北联立化工科技有限公司〈P1641〉；[吉]吉林市新亚强实业有限责任公司〈P1716〉；吉林新亚强生物化工有限公司〈P1716〉；吉林华丰有机硅有限公司〈P1715〉

六甲基二硅烷 C02180951
Hexamethyldisilane [1450-14-2]
用作合成三甲基硅基锂、三甲基硅基钠、三甲基硅基钾的原料
【生产厂】[吉]吉林市新亚强实业有限责任公司〈P1716〉；吉林新亚强生物化工有限公司〈P1716〉；吉林华丰有机硅有限公司〈P1715〉；[苏]宜兴市锦程化工有限公司〈P1885〉；扬州三友合成化工有限公司〈P1818〉；[浙]台州市奥力特精细化工有限公司〈P1961〉；[赣]景德镇市开门子药用化工有限公司(200吨)〈P2010〉

六甲基氧二硅烷；六甲基二硅氧烷；六甲基二硅醚 C02181001
Hexamethyl disiloxane [107-46-0]
作为封头剂、清洗剂、脱膜剂，主要用于有机化工及医药生产中
【生产厂】[晋]山西新天源医药化工有限公司〈P1677〉；[吉]磐石市大田化工助剂研究所〈P1717〉；吉林市新亚强实业有限责任公司(800吨)〈P1716〉；吉林新亚强生物化工有限公司〈P1716〉；吉林华丰有机硅有限公司〈P1715〉；[沪]上海树脂厂有限公司〈P1764〉；[苏]宜兴市锦程化工有限公司〈P1885〉；江苏宝应化工助剂厂〈P1815〉；[浙]浙江宇仁新材料有限公司〈P1970〉；[皖]安徽省蚌埠市鑫盛精细化工有限责任公司〈P1975〉；蚌埠市新瑞有机硅有限公司〈P1976〉；安徽金邦医药化工有限公司(50吨)〈P1982〉；[赣]江西星火化工厂〈P2012〉；蓝星化工新材料股份有限公司江西星火有机硅厂〈P2013〉；[鲁]济宁鲁源医药化工有限公司(800吨)〈P2128〉；[川]四川省仁寿川祥精细化工厂〈P2334〉
【使用厂】[川]中蓝晨光化工研究院〈P2320〉

四甲基二硅氧烷；有机硅含氢双封头剂 C02181031
1,1,3,3-Tetramethyldisiloxane [30110-74-8]
用于生产加成型硅橡胶、硅凝胶、甲基氢硅油和其他特种助剂
【生产厂】[吉]磐石市大田化工助剂研究所〈P1717〉；吉林市新亚强实业有限责任公司〈P1716〉；吉林新亚强生物化工有限公司〈P1716〉；吉林华丰有机硅有限公司〈P1715〉；[鄂]武汉市化学工业研究所有限责任公司〈P2232〉

十甲基四硅氧烷 C02181051
Decamethyltetrasiloxane [141-62-8]
用作生产硅橡胶、硅油的封头剂，工业粉体的改性处理剂
【生产厂】[吉]磐石市大田化工助剂研究所〈P1717〉；吉林市新亚强实业有限责任公司〈P1716〉；吉林新亚强生物化工有限公司〈P1716〉

1,3-双(对氨基苯氧基)四甲基二硅氧烷 C02181071
1,3-Di(*p*-aminophenoxy)tetramethyldisiloxane
用作环氧树脂固化剂，能提高韧性和耐温性，也可用于制备端活泼基聚酰亚胺或聚酰胺的中间体
【生产厂】[浙]浙江化工科技集团有限公司〈P1927〉

二(氯甲基)四甲基二硅氧烷；1,3-二(氯甲基)-1,1,3,3-四甲基二硅氧烷 C02181091
1,3-Bis(chloromethyl)-1,1,3,3-tetramethyldisiloxane [2362-10-9]
【生产厂】[沪]上海立科药物化学有限公司〈P1750〉

1,1,3,3,5,5-六甲基环三硅氮烷 C02181101
1,1,3,3,5,5-Hexamethylcyclotrisilazane [541-05-9]
用于制造甲基乙烯基硅橡胶制品，也是合成其他高分子化合物的重要原料
【生产厂】[苏]江苏宝应化工助剂厂〈P1815〉

三氟丙基甲基环三硅氧烷；1,3,5-三甲基-1,3-5-三(3,3,3-三氟丙基)环三硅氧烷；D3F C02181131
1,3,5-Trimethyl-1,3,5-tris(3,3,3-trifluoropropyl)cyclotrisiloxane [2374-14-3]
是制备氟硅橡胶、氟硅树脂、氟硅油的主要单体，并能与多种单体共聚
【生产厂】[沪]上海富路达橡塑材料科技有限公司〈P1734〉；[浙]浙江化工科技集团有限公司精细化工厂〈P1927〉；[鲁]威海新元化工有限公司〈P2126〉

六甲基环三硅氧烷；D3 C02181151
Hexamethylcyclotrisiloxane [541-05-9]
除用来合成一般有机硅聚合物外，还可用来制备特定的有机硅化合物，作为各种表面处理剂、偶联剂、交联剂等
【生产厂】[吉]吉林华丰有机硅有限公司〈P1715〉；[苏]江苏宝应化工助剂厂〈P1815〉

六乙基环三硅氧烷；乙基D3 C02181161
Hexaethylcyclotrisiloxane [2031-79-0]
【生产厂】[鄂]武汉市化学工业研究所有限责任公司〈P2232〉

十二甲基环六硅氧烷 C02181171
Dodecamethylcyclohexasiloxane [540-97-6]
通常以混合环状硅氧烷的形式来制备硅油、硅橡胶

【生产厂】[苏]张家港市国泰华荣化工新材料有限公司〈P1912〉

十甲基环五硅氧烷;D5 C02181191

Decamethylcyclopentasiloxane [541-02-6]

广泛使用于化妆品和人体护理产品中,与大部分的醇和其他化妆品溶剂有很好的相容性

【生产厂】[苏]张家港市国泰华荣化工新材料有限公司〈P1912〉

甲基三乙氧基硅烷;ND-27 C02181201

Methyltriethoxylsilane [2031-67-6]

用作硅树脂、织物整理剂、苯甲基硅油等的主要原料

【生产厂】[京]蓝星化工新材料股份有限公司〈P1567〉;[吉]磐石市大田化工助剂研究所〈P1717〉;吉林市新亚强实业有限责任公司〈P1716〉;吉林新亚强生物化工有限公司〈P1716〉;[沪]上海树脂厂有限公司〈P1764〉;[苏]张家港市国泰华荣化工新材料有限公司〈P1912〉;江苏宝应化工助剂厂〈P1815〉;[浙]浙江化工科技集团有限公司精细化工厂〈P1927〉;衢州蓝点工业有限公司〈P1957〉;[皖]蚌埠市新瑞有机硅有限公司〈P1976〉;[赣]江西星火化工厂(100 吨)〈P2012〉;[鄂]武汉天目科技发展有限责任公司〈P2233〉;[川]成都今天化工有限公司〈P2311〉

一氯甲基三乙氧基硅烷 C02181211

Chloromethyltriethoxysilane [15267-95-5]

用作偶联剂的中间体

【生产厂】[苏]溧阳市云锋化工有限公司〈P1864〉

二氯甲基三乙氧基硅烷 C02181221

Dichloromethyltriethoxysilane

用作硅橡胶的固化剂

【生产厂】[苏]溧阳市云锋化工有限公司〈P1864〉

乙基三乙酰氧基硅烷 C02181241

Ethyltriacetoxysilane [17689-77-9]

【生产厂】[鄂]武汉市化学工业研究所有限责任公司〈P2232〉

甲基三乙酰氧基硅烷 C02181251

Methyltriacetoxysilane [4253-34-3]

用作交联剂,可用于塑料、尼龙、陶瓷、铝等与硅橡胶的黏合

【生产厂】[吉]磐石市大田化工助剂研究所〈P1717〉;[浙]浙江宇仁新材料有限公司〈P1970〉;[鄂]湖北武大有机硅新材料股份有限公司(200 吨)〈P2228〉;武汉天目科技发展有限责任公司〈P2233〉;湖北蓝天化工有限公司〈P2245〉

三乙氧基硅烷 C02181271

Triethoxysilane [998-30-1]

是合成硅烷偶联剂的重要原料,也可用于制造硅油、聚硅烷等

【生产厂】[京]北京维达化工有限公司(30 吨)〈P1563〉;[津]天津市圣滨化工有限公司〈P1601〉;[苏]张家港市国泰华荣化工新材料有限公司〈P1912〉;[鲁]淄博市临淄齐泉工贸有限公司〈P2069〉

四甲基硅烷 C02181351

Tetramethyl silane [75-76-3]

【生产厂】[吉]吉林市新亚强实业有限责任公司〈P1716〉;吉林新亚强生物化工有限公司〈P1716〉

双(三甲基硅氧基)甲基硅烷 C02181401

Di(trimethylsiloxy)methylsilane [1873-88-7]

用于聚醚改性及有机合成

【生产厂】[吉]吉林华丰有机硅有限公司〈P1715〉

氰基三甲基硅烷 C02181501

Trimethylsilyl cyanide; Cyanotrimethylsilane [7677-24-9]

【生产厂】[沪]上海金赛医药化工有限公司〈P1744〉;[苏]响水华旭药业有限公司〈P1809〉;[豫]郑州路路德化学制品有限公司〈P2171〉

叠氮基三甲基硅烷;三甲基硅叠氮 C02181551

Azidotrimethylsilane; Trimethylsilyl azide [4648-54-8]

用作中间体

【生产厂】[皖]安徽省郎溪县联科实业有限公司〈P1986〉;[豫]郑州路路德化学制品有限公司〈P2171〉

氰乙基甲基二甲氧基硅烷 C02181591

Cyanoethylmethyldimethoxysilane

主要用于硅橡胶,用于制备含氰硅油、含氰橡胶及一些复合材料

【生产厂】[浙]浙江化工科技集团有限公司精细化工厂〈P1927〉

苯基氯硅烷 C02181601

Phenyl chloro silane [98-13-5]

用于生产含苯基的硅油、硅树脂

【生产厂】[苏]武进芙蓉嘉诺磷化材料厂〈P1864〉

【使用厂】[津]天津灯塔涂料有限公司〈P1571〉

三苯基氯硅烷 C02181701

Triphenylchlorosilane [76-86-8]

用于制药及有机合成

【生产厂】[京]北京维达化工有限公司(30 吨)〈P1563〉;[沪]上海聚豪精细化工有限公司(30 吨)〈P1746〉

三苯基硅烷 C02181721

Triphenylsilane [789-25-3]

【生产厂】[京]北京维达化工有限公司(30 吨)〈P1563〉;[鲁]山东大地盐化集团〈P2094〉

1,2,2-三氟乙烯基三苯基硅烷 C02181781

1,2,2-Trifluorovinyltriphenylsilane [2643-25-6]

【生产厂】[辽]营口嘉合有机硅分子材料有限公司〈P1704〉

叠氮化钠;迭氮钠 C02181801

Sodium azide [26628-22-8]

用于有机合成、污水含氧量测定、血清防腐剂等

【生产厂】[冀]河北茂源化工有限公司〈P1620〉;[辽]沈阳化学试剂厂〈P1686〉;[浙]浙江省东阳市天宇化工有限公司(1000 吨)〈P1955〉;横店集团家园化工有限公司〈P1952〉;东阳市向阳化工有限公司〈P1952〉;衢州市台胞投资经贸有限公司〈P1958〉;[皖]安徽省郎溪县联科实业有限公司〈P1986〉;[赣]上饶市广氟医药化工有限公司〈P2015〉;[鲁]山东博森精细化工有限公司〈P2084〉;[豫]中国石化中原油气高新股份有限公司天然气化工厂(500 吨)〈P2216〉

二甲基环硅氧烷;DMC C02182051
Dimethyl cyclosiloxane
用于生产硅油、硅橡胶等
【生产厂】[京]蓝星化工新材料股份有限公司〈P1567〉;[皖]蚌埠市新瑞有机硅有限公司〈P1976〉;蚌埠市金星有机硅材料厂〈P1975〉;[赣]蓝星化工新材料股份有限公司江西星火有机硅厂〈P2013〉;[鲁]山东鲁岳化工有限公司(300吨)〈P2136〉;[鄂]湖北枣阳四海化工有限公司(600吨)〈P2237〉;[粤]增城市亿克有机硅有限公司(500吨)〈P2268〉;深圳市吉鹏硅氟材料有限公司〈P2271〉;南海市利达有机硅有限公司〈P2291〉

三乙基硅烷 C02182251
Triethylsilane [617-86-7]
用于有机合成及医药中间体
【生产厂】[京]北京维达化工有限公司(30吨)〈P1563〉;[苏]苏州市晶华化工有限公司〈P1904〉;[鲁]山东大地盐化集团〈P2094〉

三乙基氯硅烷 C02182271
Triethylchlorosilane [994-30-9]
用来合成有机硅的原料、中间体及用作乙基硅油、乙基硅橡胶的封端剂
【生产厂】[京]北京维达化工有限公司(20吨)〈P1563〉;[苏]苏州市晶华化工有限公司〈P1904〉

苯基三甲基硅烷;三甲基硅基苯 C02182291
Phenyltrimethylsilane [768-32-1]
是重要的硅烷试剂
【生产厂】[苏]扬州三友合成化工有限公司〈P1818〉

二苯基二甲氧基硅烷;DDS C02182301
Diphenyldimethoxylsilicane [6843-66-9]
主要用于丙烯聚合反应中,起着提高等规度的作用
【生产厂】[冀]衡水市华兴化工厂〈P1668〉;[苏]南京扬子石化精细化工有限责任公司〈P1791〉;南京长江第一化工厂(30吨)〈P1783〉;南京通联化工有限公司〈P1790〉;[浙]浙江化工科技集团有限公司精细化工厂〈P1927〉;[鄂]湖北省化学工业研究设计院(20吨)〈P2228〉

苯基三甲氧基硅烷 C02182311
Phenyltrimethoxysilane [2996-92-1]
用作制备高分子有机硅化合物的原料
【生产厂】[浙]浙江化工科技集团有限公司精细化工厂〈P1927〉;浙江华成有机硅材料有限公司〈P1927〉

γ-氯丙基三甲氧基硅烷;硅烷偶联剂 NQ-54 C02182321
γ-Chloropropyltrimethoxysilane;3-Chloropropyltrimethoxysilane [2530-87-2]
用作偶联剂以及作为其他偶联剂的原料
【生产厂】[津]天津市圣滨化工有限公司〈P1601〉;[苏]南京曙光化工集团有限公司〈P1789〉;南京和福化工厂〈P1784〉;[浙]浙江化工科技集团有限公司精细化工厂〈P1927〉;[赣]南昌赣宇有机硅有限公司〈P2009〉;[鲁]淄博市临淄齐泉工贸有限公司〈P2069〉;曲阜市万达化工有限公司(200吨)〈P2130〉;[鄂]湖北武大有机硅新材料股份有限公司〈P2228〉;武汉市华昌应用技术研究所〈P2232〉;武汉天目科技发展有限责任公司〈P2233〉;应城市德邦化工新材料有限公司〈P2243〉;荆州江汉精细化工有限公司〈P2240〉

γ-氯丙基三乙氧基硅烷;硅烷偶联剂 KH-230 C02182331
γ-Chloropropyltriethoxysilane [5089-70-3]
可用于制取活性硅油及硅烷偶联剂,同时其自身亦可用作环氧树脂复合材料的偶联剂
【生产厂】[京]北京市申达精细化工有限公司〈P1560〉;[津]天津市圣滨化工有限公司(1万吨)〈P1601〉;[苏]南京曙光化工集团有限公司〈P1789〉;南京和福化工厂〈P1784〉;[浙]浙江化工科技集团有限公司精细化工厂〈P1927〉;[赣]南昌赣宇有机硅有限公司〈P2009〉;[鲁]淄博市临淄齐泉工贸有限公司〈P2069〉;曲阜市万达化工有限公司(200吨)〈P2130〉;日照岚星化工工业有限公司(3000吨)〈P2139〉;[鄂]湖北武大有机硅新材料股份有限公司〈P2228〉;武汉市华昌应用技术研究所〈P2232〉;武汉天目科技发展有限责任公司〈P2233〉;应城市德邦化工新材料有限公司〈P2243〉;荆州江汉精细化工有限公司〈P2240〉

烯丙基三乙氧基硅烷 C02182341
Allyltriethoxysilane [2550-04-1]
用于合成有机硅中间体及高分子化合物
【生产厂】[鲁]东营市恒益化工有限责任公司(300吨)〈P2082〉

三甲氧基硅烷 C02182351
Trimethoxysilane [2487-90-3]
是合成功能性有机硅化合物的重要中间体,用于黏合剂、涂料和有机硅改性高聚物,还可用作加氢还原试剂
【生产厂】[苏]丹阳市有机硅材料实业公司〈P1841〉;金坛市华东偶联剂厂(60吨)〈P1862〉;张家港市国泰华荣化工新材料有限公司〈P1912〉;南京和福化工厂〈P1784〉;[浙]开化县鑫源精细化工有限公司〈P1957〉;[鲁]淄博市临淄齐泉工贸有限公司〈P2069〉;[鄂]湖北武大有机硅新材料股份有限公司〈P2228〉;湖北省化学工业研究设计院〈P2228〉;应城市德邦化工新材料有限公司〈P2243〉

甲基三甲氧基硅烷 C02182361
Methyltrimethoxysilane [1185-55-3]
用作室温硫化硅橡胶交联剂、玻纤和增强塑料层压制品的处理剂、二氧化硅的偶联剂
【生产厂】[吉]磐石市大田化工助剂研究所〈P1717〉;吉林市新亚强实业有限责任公司〈P1716〉;吉林新亚强生物化工有限公司〈P1716〉;[苏]丹阳市有机硅材料实业公司〈P1841〉;张家港市国泰华荣化工新材料有限公司〈P1912〉;[浙]浙江化工科技集团有限公司精细化工厂〈P1927〉;[赣]江西星火化工厂〈P2012〉;[鄂]湖北武大有机硅新材料股份有限公司(300吨)〈P2228〉;武汉天目科技发展有限责任公司〈P2233〉;湖北蓝天化工有限公司〈P2245〉;[川]成都今天化工有限公司〈P2311〉

二甲基二甲氧基硅烷 C02182365
Dimethoxydimethylsilane [1112-39-6]
作为结构控制剂、扩链剂、填料处理剂,广泛应用于有机硅胶及白炭黑的处理上
【生产厂】[吉]磐石市大田化工助剂研究所〈P1717〉;吉林市新亚强实业有限责任公司(1000吨)〈P1716〉;吉林新亚强生物化工有限公司〈P1716〉;[沪]上海树脂厂有限公司〈P1764〉;[苏]无锡市全立化工有限公司〈P1878〉;[赣]江西星火化工厂〈P2012〉

二异丙基二甲氧基硅烷 C02182369
Diisopropyldimethoxysilane [18230-61-0]
用于丙烯聚合中的催化剂,作为给电子体
【生产厂】[津]天津京凯精细化工有限公司〈P1575〉;[鄂]湖北省化学工业研究设计院〈P2228〉

苯基三乙氧基硅烷 C02182371
Phenyltriethoxysilane [780-69-8]
用作制备高分子有机化合物的原料
【生产厂】[浙]浙江化工科技集团有限公司精细化工厂〈P1927〉;浙江华成有机硅材料有限公司〈P1927〉

甲基苯基二乙氧基硅烷 C02182381
Methylphenyldiethoxysilane [775-56-4]
用于合成一般有机硅聚合物,还可用来制备特定的有机硅化合物,作为各种表面处理剂、偶联剂、交联剂等
【生产厂】[苏]江苏宝应化工助剂厂〈P1815〉;[浙]浙江华成有机硅材料有限公司〈P1927〉

甲基二苯基乙氧基硅烷 C02182391
Methyldiphenylethoxysilane [1825-59-8]
用于合成一般有机硅聚合物,还可用来制备特定的有机硅化合物,作为各种表面处理剂、偶联剂、交联剂等
【生产厂】[苏]江苏宝应化工助剂厂〈P1815〉

氯化四羟甲基磷;四羟甲基氯化磷;THPC C02182511
Tetrakis(hydroxymethyl)phosphonium chloride;THPC [124-64-1]
用于纺织品后处理,用作塑料、纸品阻燃剂,还用于有机合成
【生产厂】[津]天津市朝日科贸有限公司〈P1581〉;[苏]江苏和纯化学工业有限公司〈P1841〉;常熟新特化工有限公司〈P1892〉;泰兴金缘精细化工有限公司〈P1825〉;[川]四川成洪磷化工有限责任公司〈P2332〉

四羟甲基硫酸磷;THPS C02182551
Tetrahydroxymethyl phosphonium sulfate
是一种绿色环保型季磷酸盐杀菌剂,也是国际上肯定的纯棉、涤棉织物永久性的阻燃剂
【生产厂】[津]天津市朝日科贸有限公司〈P1581〉;[苏]江苏和纯化学工业有限公司〈P1841〉;常熟新特化工有限公司〈P1892〉;[川]四川成洪磷化工有限责任公司〈P2332〉

苯基二氯化磷;二氯苯基膦;苯基二氯膦 C02182591
Phenylphosphonous dichloride [644-97-3]
用作医药、农药中间体及有机合成
【生产厂】[京]北京奥得赛化学有限公司〈P1543〉;[沪]上海华钛化学有限公司〈P1739〉;上海华彭实业有限公司〈P1739〉;[鲁]德州常兴化工新材料研制有限公司(2万吨)〈P2141〉;[陕]陕西宏庆医药化学有限公司〈P2346〉

二甲基二乙氧基硅烷 C02182601
Dimethyldiethoxysilane [78-62-6]
用于硅橡胶制备中的结构控制剂,有机硅产品合成中的扩链剂及硅油合成原料
【生产厂】[吉]磐石市大田化工助剂研究所〈P1717〉;吉林市新亚强实业有限责任公司(1000吨)〈P1716〉;吉林新亚强生物化工有限公司〈P1716〉;[苏]无锡市全立化工有限公司〈P1878〉;江苏宝应化工助剂厂〈P1815〉;[浙]衢州蓝点工业有限公司〈P1957〉;[皖]蚌埠市新瑞有机硅有限公司〈P1976〉;[赣]江西星火化工厂〈P2012〉;[川]成都今天化工有限公司〈P2311〉

甲基二乙氧基硅烷;二乙氧基甲基硅烷 C02182611
Methyldiethoxysilane;Diethoxymethylsilane [2031-62-1]
用于合成有机硅中间体及高分子化合物
【生产厂】[苏]张家港爱华化工有限公司〈P1911〉;张家港市国泰华荣化工新材料有限公司〈P1912〉

二甲基乙氧基硅烷 C02182621
Dimethylethoxysilane [14857-34-2]
用作有机硅含氢封头剂,用于制备含氢封头的硅油和硅橡胶
【生产厂】[吉]吉林华丰有机硅有限公司〈P1715〉

三甲基乙氧基硅烷 C02182631
Trimethylethoxysilane
用于硅有机化合物的合成,也用作憎水剂
【生产厂】[吉]吉林市新亚强实业有限责任公司〈P1716〉

二异丁基二甲氧基硅烷 C02182651
Diisobutyldimethoxysilane [17980-32-4]
用于丙烯聚合中的催化剂
【生产厂】[津]天津京凯精细化工有限公司〈P1575〉;[鄂]湖北省化学工业研究设计院〈P2228〉

异丁基三甲氧基硅烷 C02182671
Isobutyltrimethoxysilane [18395-30-7]
【生产厂】[苏]张家港市国泰华荣化工新材料有限公司〈P1912〉

异丁基三乙氧基硅烷 C02182681
Isobutyltriethoxysilane;Triethoxyisobutylsilane [17980-47-1]
【生产厂】[苏]张家港市国泰华荣化工新材料有限公司〈P1912〉;[鄂]应城市德邦化工新材料有限公司〈P2243〉

γ-氨丙基三甲氧基硅烷;硅烷偶联剂 KH-540 C02182691
γ-Aminopropyltrimethoxysilane [13822-56-5]
广泛用于复合材料、涂层、油墨、胶水和密封材料等,还可用作树脂改性添加剂和酶固定剂
【生产厂】[苏]南京立派化工有限公司〈P1787〉;南京和福化工厂〈P1784〉;[鄂]应城市德邦化工新材料有限公司〈P2243〉;荆州江汉精细化工有限公司〈P2240〉

1,2,2-三氟乙烯基三乙基硅烷 C02182701
1,2,2-Trifluorovinyltriethylsilane [680-76-2]
【生产厂】[辽]营口嘉合有机硅分子材料有限公司〈P1704〉

四(正)丁氧基锆;四丁氧基锆 C02182801
Zirconium tetra-*n*-butoxy
主要用于制备纳米级氧化锆材料及无机膜等

【生产厂】[鲁]烟台市化学工业研究所(20吨)〈P2119〉;烟台宏泰达有限公司〈P2117〉

二乙基甲氧基硼烷 C02182901
Diethylmethoxyborane [7397-46-8]
【生产厂】[浙]东港工贸集团有限公司〈P1960〉

三乙基硼 C02182951
Triethylborane [97-94-9]
【生产厂】[沪]上海浩洲化工有限公司〈P1736〉

吗啉硼烷 C02183001
Borane-Morpholine complex;Morpholineborane [4856-95-5]
【生产厂】[沪]上海浩洲化工有限公司〈P1736〉

四苯硼钠 C02183051
Sodium tetraphenylboron [143-66-8]
【生产厂】[沪]上海浩洲化工有限公司〈P1736〉;[苏]吴县市德大化工厂〈P1911〉

二环戊基二甲氧基硅烷 C02183101
Dicyclopentyldimethoxysilane [131390-32-4]
【生产厂】[津]天津京凯精细化工有限公司〈P1575〉;[鲁]山东临邑鲁晶化工有限公司(200吨)〈P2144〉;[鄂]湖北省化学工业研究设计院〈P2228〉

γ-哌嗪基丙基甲基二甲氧基硅烷 C02183151
γ-Piperazinylpropylmethyldimethoxysilane
用于生产哌嗪改性硅油及乳液
【生产厂】[苏]南京立派化工有限公司〈P1787〉

甲基三苯基溴化膦 C02183201
Methyltriphenylphosphonium bromide [1779-49-3]
【生产厂】[京]北京朝福化工实验厂〈P1544〉;[苏]江苏省金坛市西南化工研究所〈P1860〉

乙基三苯基溴化膦;三苯基乙基溴化膦 C02183211
Ethyltriphenylphosphonium bromide [1530-32-1]
【生产厂】[京]北京朝福化工实验厂〈P1544〉;[沪]上海金赛医药化工有限公司〈P1744〉;[苏]江苏省金坛市西南化工研究所〈P1860〉;[赣]广丰县弘立化工厂〈P2014〉

丙基三苯基溴化膦 C02183231
Propyltriphenylphosphonium bromide [15912-75-1]
【生产厂】[京]北京朝福化工实验厂〈P1544〉

丁基三苯基溴化膦 C02183241
n-Butyltriphenylphosphonium bromide [1779-51-7]
【生产厂】[京]北京朝福化工实验厂〈P1544〉;[沪]上海金赛医药化工有限公司〈P1744〉;[苏]江苏省金坛市西南化工研究所〈P1860〉;[赣]广丰县弘立化工厂〈P2014〉

5-羧戊基三苯基溴化膦 C02183251
(5-Carboxypentyl)triphenylphosphonium bromide [50889-29-7]
用作医药中间体、催化剂、歧化剂等
【生产厂】[黑]大庆新世纪精细化工有限公司〈P1722〉;[鄂]湖北志诚化工科技有限公司〈P2243〉

十二烷基三丁基溴化膦 C02183301
Dodecyltributylphosphonium bromide
【生产厂】[苏]江苏省金坛市西南化工研究所〈P1860〉

十六烷基三丁基溴化膦 C02183351
Hexadecyltributylphosphonium bromide
【生产厂】[苏]江苏省金坛市西南化工研究所〈P1860〉

苄基三丁基溴化膦 C02183401
Benzyltributylphosphonium bromide
【生产厂】[苏]江苏省金坛市西南化工研究所〈P1860〉

十六烷基三苯基溴化膦 C02183501
Hexadecyltriphenylphosphonium bromide [14866-43-4]
【生产厂】[苏]江苏省金坛市西南化工研究所〈P1860〉

十六烷基三苯基氯化膦 C02183601
Hexadecyltriphenylphosphonium chloride
【生产厂】[苏]江苏省金坛市西南化工研究所〈P1860〉

二叔丁基氯化膦 C02183701
Di-*tert*-butylchlorophosphine [13716-10-4]
主要用于不对称偶联钯络合物的催化剂的配体
【生产厂】[吉]吉林省四平市精细化学品有限公司〈P1717〉

二苯基乙氧基膦 C02183711
Diphenylethoxyphosphine;Ethyl diphenylphosphinite [719-80-2]
【生产厂】[沪]上海万凯化学有限公司〈P1768〉

二苯基膦 C02183721
Diphenylphosphine [829-85-6]
【生产厂】[苏]连云港泰亿精细化工有限公司〈P1800〉

三丁基膦;TBUP C02183731
Tributyl phosphine;TBUP [998-40-3]
是石油化工生产中所用均相催化剂的主要配体,可作为还原剂、烯烃聚合催化剂等
【生产厂】[沪]上海华彭实业有限公司〈P1739〉;上海莱雅仕化工有限公司〈P1749〉;[苏]连云港泰亿精细化工有限公司〈P1800〉

甲基三苯基氯化膦 C02183741
Methyltriphenylphosphonium chloride
【生产厂】[京]北京朝福化工实验厂〈P1544〉

丁基三苯基氯化膦 C02183761
Butyltriphenylphosphonium chloride
【生产厂】[京]北京朝福化工实验厂〈P1544〉

三苯基氧化膦 C02183791
Triphenylphosphine oxide [791-28-6]
用作有机合成及医药中间体、催化剂、萃取剂等
【生产厂】[沪]上海威方精细化工有限公司〈P1769〉;上海华彭实业有限公司〈P1739〉;上海豪申化学试剂有限公司〈P1736〉;上海金赛医药化工有限公司〈P1744〉;[苏]苏州锦源精细化工有限责任公司(150吨)〈P1901〉;[川]成都科恩医药化工实业有限公司〈P2312〉

苯基二氯氧化膦 C02183795
Phenyldichlorophosphine oxide [824-72-6]
【生产厂】[浙]嘉兴市中科化学有限公司〈P1942〉

三异丙基硅烷 C02183801
Triisopropylsilane [6485-79-6]
【生产厂】[京]北京维达化工有限公司(30 吨)〈P1563〉

苯亚硒酸 C02183901
Benzeneseleninic acid [6996-92-5]
【生产厂】[苏]南京科邦医药化工有限公司〈P1786〉

苯亚硒酸酐 C02184001
Benzeneseleninic anhydride [17697-12-0]
是温和的氧化剂
【生产厂】[苏]南京科邦医药化工有限公司〈P1786〉

二苯基二硒醚 C02184101
Diphenyl diselenide [1666-13-3]
【生产厂】[苏]南京科邦医药化工有限公司〈P1786〉

二苄基二硒醚 C02184201
Dibenzyldiselenide [1482-82-2]
【生产厂】[苏]南京科邦医药化工有限公司〈P1786〉

二甲基二硒醚 C02184301
Dimethyldiselenide [7101-31-7]
【生产厂】[苏]南京科邦医药化工有限公司〈P1786〉

三叔丁氧基氢化铝锂 C02184401
Tri-*tert*-butoxy lithium aluminium hydride
是比氢化铝锂温和的还原剂,广泛用于甾体酮的还原
【生产厂】[津]天津环威精细化工有限公司〈P1574〉

双(三甲硅基)氨基锂 C02184501
Lithium bis(trimethylsilyl) amide [4039-32-1]
用于醛醇缩合,是常用的有机碱
【生产厂】[沪]上海华彩精细化工有限公司〈P1738〉

异辛基三甲氧基硅烷 C02184701
Isooctyltrimethoxysilane
【生产厂】[苏]张家港市国泰华荣化工新材料有限公司〈P1912〉

异辛基三乙氧基硅烷 C02184751
Isooctyltriethoxysilane
【生产厂】[苏]张家港市国泰华荣化工新材料有限公司〈P1912〉

甲基乙烯基二(*N*-甲基乙酰氨基)硅烷 C02184801
Methyl vinyl di(*N*-methylacetamino) silane
用于低模量密封胶的扩链剂,道路及高速公路用的低模量密封剂等
【生产厂】[苏]泰兴市涂料助剂化工厂〈P1826〉

甲基乙烯基二己内酰氨基硅烷 C02184851
Methyl vinyl dicaprolactam silane
用于低模量高伸长率的 RTV 硅橡胶密封胶的扩链剂
【生产厂】[苏]泰兴市涂料助剂化工厂〈P1826〉

甲基乙烯基二氯硅烷;WD-22 C02184891
Methylvinyldichlorosilane [124-70-9]
【生产厂】[鄂]湖北武大有机硅新材料股份有限公司〈P2228〉

***N*,*O*-双(三甲基硅基)乙酰胺;BSA** C02184901
N,*O*-Bis(trimethylsilyl) acetamide [10416-59-8]
是制备头孢类药物的保护剂
【生产厂】[京]北京维达化工有限公司(300 吨)〈P1563〉;北京精益精化工有限公司〈P1553〉;[沪]上海益民化工有限公司(100 吨)〈P1775〉;[苏]张家港爱华化工有限公司(200 吨)〈P1911〉;苏州市晶华化工有限公司〈P1904〉;[浙]杭州浙大泛科化工有限公司〈P1925〉;浙江黄岩三力化工厂〈P1964〉;[鲁]山东大地盐化集团〈P2094〉;[鄂]罗田县华阳生化有限公司〈P2244〉

***N*,*O*-双(三甲基硅烷基)三氟乙酰胺** C02184951
N,*O*-Bis(trimethylsilyl) trifluoroacetamide [25561-30-2]
【生产厂】[京]北京精益精化工有限公司〈P1553〉;[沪]上海益民化工有限公司〈P1775〉;[苏]张家港爱华化工有限公司〈P1911〉;苏州市晶华化工有限公司〈P1904〉

α-氨基乙基膦酸 C02185101
α-Aminoethylphosphonic acid [6323-97-3]
【生产厂】[沪]上海万凯化学有限公司〈P1768〉

丙酮基膦酸二甲酯;2-氧代丙基膦酸二甲酯 C02185301
Dimethyl (2-oxopropyl) phosphonate [4202-14-6]
【生产厂】[沪]上海万凯化学有限公司〈P1768〉

2-羟乙基膦酸二甲酯 C02185351
Dimethyl (2-hydroxyethyl) phosphonate [54731-72-5]
【生产厂】[沪]上海万凯化学有限公司〈P1768〉

三(三溴新戊基)磷酸酯 C02185401
Tri(tribromoneopentyl) phosphate [19186-97-1]
【生产厂】[沪]上海万凯化学有限公司〈P1768〉;[苏]苏州市晶华化工有限公司〈P1904〉

双(三苯基正膦基)氯化铵 C02185501
Bis(triphenylphosphoranylidene) ammonium chloride [21050-13-5]
【生产厂】[沪]上海万凯化学有限公司〈P1768〉

甲氧羰基亚甲基三苯基正膦 C02185601
Carbomethoxymethylene triphenylphosphorane [2605-67-6]
【生产厂】[沪]上海万凯化学有限公司〈P1768〉

双联新戊二醇硼酸酯;联硼酸新戊二醇酯 C02185701
Bis(neopentyl glycolato) diboron [201733-56-4]
【生产厂】[辽]大连联化化学有限公司〈P1692〉;[鲁]东营市润达化工有限公司(120 吨)〈P2083〉

双联己二醇硼酸酯;双联(2-甲基-2,4-戊二醇)硼酸酯 C02185751

Bis(hexylene glycolato)diboron [230299-21-5]
【生产厂】[辽]大连联化化学有限公司〈P1692〉

双联频哪醇硼酸酯 C02185801
Bis(pinacolato)diboron [73183-34-3]
用作医药中间体
【生产厂】[辽]大连联化化学有限公司〈P1692〉;[鲁]东营市润达化工有限公司(60吨)〈P2083〉

C

5-吲哚硼酸频哪醇酯 C02185851
Pinacol 5-indoleborate [269410-24-4]
【生产厂】[辽]大连联化化学有限公司〈P1692〉

双联邻苯二酚硼酸酯 C02185901
Bis(catecholato)diboron [13826-27-2]
【生产厂】[鲁]东营市润达化工有限公司(150吨)〈P2083〉

四乙基锡 C02186201
Tin tetraethyl
【生产厂】[辽]大连保税区科利德化工科技开发有限公司〈P1690〉

二甲基锌 C02186301
Zinc dimethyl
【生产厂】[辽]大连保税区科利德化工科技开发有限公司〈P1690〉

甲基硼酸 C02186401
Methylboronic acid; Methaneboronic acid [13061-96-6]
【生产厂】[辽]大连联化化学有限公司〈P1692〉

正丁基硼酸 C02186501
n-Butylboronic acid [4426-47-5]
【生产厂】[辽]大连联化化学有限公司〈P1692〉

异丁基硼酸 C02186505
Isobutylboronic acid [84110-40-7]
【生产厂】[辽]大连联化化学有限公司〈P1692〉

正丙基硼酸 C02186551
n-Propylboronic acid [17745-45-8]
【生产厂】[辽]大连联化化学有限公司〈P1692〉

N,*N*′-二甲基-*N*,*N*′-二苯脲;Ⅱ号中定剂 C02190301
N,*N*′-Dimethyl-*N*,*N*′-diphenyl urea [611-92-7]
用于无烟火药、炸药、硝化物及无烟燃料的稳定剂,也用于精细化学品的中间体
【生产厂】[渝]重庆长风化工厂(600吨)〈P2303〉

4,4′-二甲基双苯基脲;*N*,*N*′-双(对甲苯基)脲 C02190311
4,4′-Dimethyldiphenyl urea; *N*,*N*′-bis(4-methylphenyl) urea [621-00-1]
【生产厂】[京]北京达科思精细化工研究所〈P1545〉

N-氰基-*N*-[2-(5-甲基咪唑-4-甲硫)乙基]-*S*-甲基异硫脲;西咪替丁二缩物 C02190351
N-Cyano-*N*-[2-(5-methylimidazole-4-methylthio) ethyl]-*S*-methyl isothiourea [52378-40-2]
是药物西咪替丁中间体
【生产厂】[苏]常熟市医药原料厂(200吨)〈P1891〉;滨海欣兴医药化工有限公司〈P1805〉

S-甲基异硫脲硫酸盐 C02190381
S-Methylisothiourea sulfate [867-44-7]
用作医药及农药中间体
【生产厂】[浙]杭州达康化工有限公司〈P1916〉;杭州浙大泛科化工有限公司〈P1925〉

脒基脲硫酸盐 C02190391
Dicyanodiamidine sulfate; Guanyl urea sulfate
【生产厂】[沪]上海万安化工科技研究所(100吨)〈P1768〉

原油;原油加工量 C02190511
Crude oil
用于加工成各种馏分油,进而获得成品油及各种化工原料
【生产厂】[津]中国石油化工股份有限公司天津分公司(500万吨)〈P1618〉;[冀]石家庄炼油化工股份有限公司(350万吨)〈P1628〉;[辽]台安华油化工厂(15万吨)〈P1697〉;中国石油天然气股份公司锦州石化分公司(500万吨)〈P1702〉;盘锦昂由沥青有限公司(45万吨)〈P1706〉;[黑]牡丹江石油化工厂(35万吨)〈P1723〉;大庆开发区中益石化添加剂有限公司〈P1722〉;[浙]中国石化镇海炼油化工股份有限公司(2000万吨)〈P1936〉;[鲁]济南长城炼油厂(30万吨)〈P2020〉;中国石油化工股份有限公司济南分公司(500万吨)〈P2031〉;山东恒源石油化工集团有限公司(200万吨)〈P2144〉;山东滨化集团有限责任公司(350万吨)〈P2155〉;胜利油田大明集团股份有限公司(10万吨)〈P2087〉;中国石化胜利油田有限公司(3000万吨)〈P2088〉;中国石化胜利油田有限公司石油化工总厂(150万吨)〈P2088〉;山东石大科技集团有限公司(150万吨)〈P2086〉;山东正和集团股份有限公司(300万吨)〈P2087〉;山东华星石油化工集团有限公司(100万吨)〈P2085〉;利华益集团股份有限公司(500万吨)〈P2084〉;山东省利津石油化工厂有限公司(500万吨)〈P2086〉;山东垦利石化有限责任公司(150万吨)〈P2085〉;中国石化集团青岛石油化工有限责任公司(300万吨)〈P2048〉;青岛广源发集团有限公司(300万吨)〈P2035〉;山东东明石化集团有限公司(300万吨)〈P2159〉;[豫]中国石化中原油气高新股份有限公司(60万吨)〈P2176〉;新乡市石油化工厂(2万吨)〈P2206〉;中国石油化工股份有限公司中原油田分公司(375万吨)〈P2216〉;中国石化集团公司中原石化公司(15万吨)〈P2216〉;中原石油勘探局濮阳濮油化工总厂(200万吨)〈P2216〉;[湘]中国石化长岭炼油化工有限责任公司(500万吨)〈P2254〉;[桂]中油广西田东石油化工总厂有限公司(3万吨)〈P2302〉;[甘]中国石油天然气股份有限公司兰州石化分公司(1200万吨)〈P2356〉;[新]中国石油化工股份有限公司西北局(224万吨)〈P2365〉;中国石油天然气股份有限公司独山子石化分公司〈P2365〉;中国石油天然气股份有限公司克拉玛依石化分公司(300万吨)〈P2365〉;中国石油天然气股份有限公司吐哈油田分公司(227万吨)〈P2366〉;中国石油天然气股份有限公司塔里木油田分公司〈P2366〉;中国石油化工股份有限公司塔河分公司〈P2366〉
【使用厂】[辽]沈阳石蜡化工有限公司〈P1687〉;中国石油天然气股份有限公司大连西太平洋有限公司〈P1695〉;[黑]黑龙江石油化工厂〈P1723〉;[苏]盐城联孚石化有限公司〈P1810〉;[赣]赣南果业赣州农药公司〈P2014〉;[鲁]山东联盟化工集团有限公司〈P2096〉;中国石油化工股份有限公司齐鲁石化股份公司〈P2057〉;山东环球润滑油股份有

限公司〈P2028〉;[陕]陕西延长石油(集团)有限责任公司永坪炼油厂〈P2353〉

白石蜡;半精炼石蜡 C02190600

Paraffin wax, white [8002-74-2]

用于蜡笔、蜡纸、电讯器材、轻工和化工原料、蜡模型工艺品等

【生产厂】[京]中国石油化工股份有限公司北京燕山分公司〈P1568〉;[冀]沧州东方蜂蜡胶业有限公司(150 吨)〈P1651〉;[辽]抚顺东启化工有限公司〈P1697〉;[沪]中国石油化工股份有限公司上海高桥分公司(12 万吨)〈P1780〉;上海炼油厂〈P1751〉;[甘]兰化翔鑫工贸有限责任公司〈P2355〉

【使用厂】[苏]建湖县建磷肥料化工有限公司〈P1807〉;[鲁]青岛红星化工集团自力实业公司〈P2037〉;[陕]商洛秦威化工有限责任公司〈P2354〉

全精炼石蜡;精石蜡 C02191011

Paraffin wax, refined [8002-74-2]

适用于高频瓷、复写纸、铁笔蜡纸、冷霜等产品的生产及精密铸造

【生产厂】[京]中国石油化工股份有限公司北京燕山分公司〈P1568〉;[冀]河北省东光鑫联蜂蜡厂〈P1655〉;[辽]抚顺东启化工有限公司〈P1697〉;[沪]中国石油化工股份有限公司上海高桥分公司〈P1780〉;上海炼油厂〈P1751〉

石蜡 C02191021

Paraffin wax [8002-74-2]

用于生产合成脂肪酸和高级醇,也用于制造火柴、蜡烛、蜡纸、防水剂、软膏等

【生产厂】[辽]抚顺东启化工有限公司(1 万吨)〈P1697〉;[鲁]东辰(集团)化工有限公司(1000 吨)〈P2081〉;临沂正元石蜡化工有限公司(2500 吨)〈P2148〉;[豫]河南油田南阳石蜡精细化工厂〈P2223〉;[粤]广东西陇化工有限公司〈P2276〉;[桂]中油广西田东石油化工总厂有限公司(2 万吨)〈P2302〉

【使用厂】[蒙]通辽制药总厂〈P1682〉;[辽]铁岭市东博合成材料厂〈P1712〉;北宁市闾峰化工厂〈P1701〉;抚顺市通源科技开发研究所〈P1698〉;辽河油田壬龙化工总厂〈P1705〉;[黑]哈尔滨华尔化工有限公司〈P1720〉;哈尔滨亿滨化工有限公司〈P1721〉;[沪]上海新华化工厂〈P1772〉;华东理工大学华昌聚合物有限公司〈P1726〉;上海振兴防腐工程塑料有限公司〈P1778〉;上海吉安化工有限公司〈P1742〉;[苏]江阴市顾山东风合成化工有限公司〈P1869〉;南京浦口橡胶总厂〈P1788〉;[闽]福建省厦鹭电化有限公司〈P2001〉;[鲁]新汶矿业集团有限责任公司〈P2139〉;山东圣世达化工有限责任公司〈P2055〉;青岛市平度银河福利助剂厂〈P2043〉;威海武岭爆破器材有限公司〈P2126〉;莱西市金山化工厂〈P2032〉;淄博津利精细化工厂〈P2063〉;招远市宏达化工有限公司〈P2121〉;[豫]郑州化工厂〈P2171〉;河南开普化工股份有限公司〈P2165〉;中国人民解放军第六四五六工厂〈P2225〉;[川]成都天华科技股份有限公司〈P2315〉

石油液化气;液化石油气;混合碳四;液化气 C02191201

Liquefied petroleum gas; LPG [68476-85-7]

用作化工原料或城市煤气

【生产厂】[京]中国蓝星(集团)总公司〈P1568〉;中国石油化工股份有限公司北京燕山分公司〈P1568〉;北京兴氧乙炔厂〈P1564〉;[辽]沈阳石蜡化工有限公司(11 万吨)〈P1687〉;中国石油天然气股份有限公司辽阳石化分公司〈P1712〉;辽宁佳兴鸿泰石油化工有限公司〈P1703〉;盘锦昂由沥青有限公司〈P1706〉;中国石油锦西炼油化工总厂〈P1703〉;[黑]牡丹江石油化工厂〈P1723〉;黑龙江石油化工厂(5 万吨)〈P1723〉;[沪]中国石油化工股份有限公司上海高桥分公司〈P1780〉;上海炼油厂(15 万吨)〈P1751〉;中国石化上海石油化工股份有限公司〈P1780〉;[苏]中国石化金陵石化公司炼油厂〈P1792〉;中国石化扬子石油化工股份有限公司〈P1792〉;南京溧水工业气体制造有限公司〈P1787〉;盐城联孚石化有限公司〈P1810〉;扬州石油化工厂〈P1818〉;[浙]中国石化镇海炼油化工股份有限公司(14 万吨)〈P1936〉;[闽]福建华星石化有限公司〈P1997〉;[鲁]济南长城炼油厂(3 万吨)〈P2020〉;中国石油化工股份有限公司济南分公司(22 万吨)〈P2031〉;山东恒源石油化工集团有限公司(25 万吨)〈P2144〉;淄博联碳化学有限公司〈P2064〉;山东滨化集团有限责任公司(2 万吨)〈P2155〉;东营石油化工厂〈P2081〉;山东石大科技集团有限公司(921 吨)〈P2086〉;山东正和集团股份有限公司(5 万吨)〈P2087〉;利华益集团股份有限公司(30 万吨)〈P2084〉;山东垦利石化有限责任公司(10 万吨)〈P2085〉;潍坊弘润石化助剂有限公司〈P2102〉;中国石化集团青岛石油化工有限责任公司(12 万吨)〈P2048〉;青岛广源发集团有限公司〈P2035〉;山东东明石化集团有限公司(4 万吨)〈P2159〉;[豫]中国石化中原油气高新股份有限公司〈P2176〉;河南省贝利石化集团股份有限公司(4800 吨)〈P2212〉;濮阳市光璞石化有限责任公司(3000 吨)〈P2214〉;[湘]岳阳兴长石化股份有限公司〈P2254〉;[桂]中油广西田东石油化工总厂有限公司〈P2302〉;[陕]陕西延长石油(集团)有限责任公司延安炼油厂(4 万吨)〈P2353〉;陕西延长石油(集团)有限责任公司永坪炼油厂(5 万吨)〈P2353〉;[新]中国石油天然气股份有限公司乌鲁木齐石油化工总厂〈P2365〉;新疆八钢佳域工贸总公司乙炔气厂〈P2363〉;中国石油天然气股份有限公司独山子石化分公司〈P2365〉;中国石油天然气股份有限公司克拉玛依石化分公司〈P2365〉;中国石油天然气股份有限公司塔里木油田分公司〈P2366〉;中国石油化工股份有限公司塔河分公司〈P2366〉

【使用厂】[吉]吉化集团吉林市锦江油化厂〈P1715〉

天然气 C02191211

Natural gas

有干气和湿气之分,干气可用作燃料或用于生产合成氨、炭黑、甲醇等;湿气可作裂解原料,制取乙烯、丙烯等

【生产厂】[鲁]中国石化胜利油田有限公司(100000 万立方米)〈P2088〉;[豫]中国石化中原油气高新股份有限公司〈P2176〉;中国石油化工股份有限公司中原油田分公司(33 万立方米)〈P2216〉;[川]四川蓬莱盐化有限公司(2000 万立方米)〈P2331〉;[新]中国石油化工股份有限公司西北局(40000 万立方米)〈P2365〉;中国石油天然气股份有限公司吐哈油田分公司(80000 万立方米)〈P2366〉;中国石油天然气股份有限公司塔里木油田分公司〈P2366〉

【使用厂】[辽]辽阳瑞兴化工有限公司〈P1710〉;[黑]大庆油田甲醇厂〈P1723〉;[浙]建德市新化化工有限责任公司〈P1926〉;[鲁]山东滨州天阳化工有限公司〈P2155〉;菏泽泰龙化工有限公司〈P2159〉;山东省菏泽市化工有限公司〈P2160〉;[豫]濮阳县化肥厂〈P2216〉;河南省中原大化集团有限责任公司〈P2213〉;[川]川化集团有限责任公司〈P2317〉;四川天华股份有限公司〈P2323〉;[陕]陕西榆林天然气化工有限责任公司〈P2353〉;[新]新疆新化化肥有限责任公司〈P2364〉

汽车用液化气 C02191221

Liquefied gas for automobile

用作液化气内燃机的汽车燃料

【生产厂】[辽]沈阳石蜡化工有限公司〈P1687〉;[沪]中国石油化工股份有限公司上海高桥分公司〈P1780〉

液化天然气;LNG　　C02191251

Liquefied natural gas;LNG

可用作燃料或用于生产合成氨、炭黑、甲醇等

【生产厂】[鲁]山东玉皇化工有限公司〈P2161〉;[新]中国石油天然气股份有限公司吐哈油田分公司(17 万吨)〈P2366〉

石脑油　　C02191301

Naphtha [8030-30-6]

主要用作重整原料、化工原料、汽油调和组分等

【生产厂】[京]中国蓝星(集团)总公司〈P1568〉;[津]天津市欣宽福利化工厂〈P1608〉;[辽]沈阳石蜡化工有限公司(7 万吨)〈P1687〉;台安华油化工厂〈P1697〉;中国石油天然气股份有限公司大连西太平洋有限公司(82 万吨)〈P1695〉;中国石油锦西炼油化工总厂〈P1703〉;[黑]牡丹江石油化工厂〈P1723〉;黑龙江石油化工厂(6 万吨)〈P1723〉;[沪]中国石油化工股份有限公司上海高桥分公司〈P1780〉;[鲁]利华益集团股份有限公司(10 万吨)〈P2084〉;潍坊弘润石化助剂有限公司〈P2102〉;中国石化集团青岛石油化工有限责任公司(35 万吨)〈P2048〉;山东东明石化集团有限公司(16 万吨)〈P2159〉;[湘]中国石化长岭炼油化工有限责任公司〈P2254〉

【使用厂】[京]北京东方化工厂〈P1546〉;[浙]中国石化镇海炼油化工股份有限公司〈P1936〉;[鲁]临淄泽荣化工有限公司〈P2050〉

加氢汽油　　C02191501

Hydrogenated gasoline

用于抽提芳烃

【生产厂】[辽]盘锦乙烯工业公司(8 万吨)〈P1707〉;[鲁]利华益集团股份有限公司(100 万吨)〈P2084〉

【使用厂】[沪]上海长风化工厂〈P1729〉;[苏]中国石化扬子石油化工股份有限公司〈P1792〉

杂醇油　　C02191801

Fusel oil [8013-75-0]

主要用作溶剂,用于制药、植物提取、彩印、胶黏剂生产中,也用作染料、颜料稀释剂

【生产厂】[吉]吉林市吉化北方炬醌工贸有限责任公司(3000 吨)〈P1716〉;[苏]太仓新太酒精有限公司(2000 吨)〈P1909〉;[鲁]淄博永航化工有限公司(30 吨)〈P2075〉

【使用厂】[鲁]山东滕州悟通香料有限责任公司〈P2078〉;[豫]河南省尉氏县香料厂〈P2176〉

汽油　　C02191901

Gasoline [86290-81-5]

用作汽油机的燃料及溶剂

【生产厂】[京]中国蓝星(集团)总公司〈P1568〉;[冀]石家庄炼油化工股份有限公司〈P1628〉;[辽]沈阳石蜡化工有限公司(16 万吨)〈P1687〉;辽宁佳兴鸿泰石油化工有限公司〈P1703〉;中国石油天然气股份公司锦州石化分公司(110 万吨)〈P1702〉;盘锦昂由沥青有限公司(3 万吨)〈P1706〉;中国石油锦西炼油化工总厂〈P1703〉;[黑]黑龙江石油化工厂(20 万吨)〈P1723〉;[苏]中国石化金陵石化公司炼油厂〈P1792〉;中国石化扬子石油化工股份有限公司〈P1792〉;扬州石油化工厂〈P1818〉;[浙]中国石化镇海炼油化工股份有限公司〈P1936〉;[鲁]济南长城炼油厂(10 万吨)〈P2020〉;济南海汇新能源科技发展有限公司〈P2021〉;山东恒源石油化工集团有限公司〈P2144〉;山东石大科技集团有限公司〈P2086〉;山东正和集团股份有限公司(30 万吨)〈P2087〉;山东华星石油化工集团有限公司(50 万吨)〈P2085〉;利华益集团股份有限公司(30 万吨)〈P2084〉;潍坊弘润石化助剂有限公司〈P2102〉;山东省曲阜市燕宇石油化工有限公司(6000 吨)〈P2132〉;[豫]河南省贝利石化集团股份有限公司(1 万吨)〈P2212〉;河南油田南阳石蜡精细化工厂〈P2223〉;[桂]中油广西田东石油化工总厂有限公司(3 万吨)〈P2302〉;[甘]中国石油天然气股份有限公司兰州石化分公司〈P2356〉;[新]中国石油天然气股份有限公司乌鲁木齐石油化工总厂〈P2365〉;中国石油天然气股份有限公司独山子石化分公司〈P2365〉;中国石油天然气股份有限公司吐哈油田分公司〈P2366〉;中国石油天然气股份有限公司塔里木油田分公司〈P2366〉;中国石油化工股份有限公司塔河分公司〈P2366〉

【使用厂】[津]南开大学化工厂〈P1569〉;天津市橡胶制品七厂〈P1607〉;天津市凯利化工厂〈P1597〉;[晋]山西省陵川化工总厂〈P1675〉;[沪]上海造漆厂〈P1777〉;[苏]常州光辉化工有限公司〈P1847〉;[皖]安庆曙光化工(集团)有限公司〈P1980〉;安徽省铜陵化工集团新桥矿业有限公司〈P1978〉;[鲁]山东梁山蓝天化工有限公司〈P2131〉;淄博市临淄特种橡胶制品厂〈P2069〉;山东北方现代化学工业有限公司〈P2027〉;[豫]许昌中州轮胎有限公司〈P2219〉;[粤]广州市合成材料研究院〈P2264〉;广州第十一橡胶厂〈P2260〉

70 号汽油　　C02191902

Gasoline No. 70 [86290-81-5]

用作汽油机的燃料及溶剂

【生产厂】[苏]盐城联孚石化有限公司(4 万吨)〈P1810〉;[鲁]东营石油化工厂〈P2081〉

90 号汽油　　C02191904

Gasoline No. 90 [86290-81-5]

用作汽化式汽油发动机的燃料

【生产厂】[苏]盐城联孚石化有限公司(6 万吨)〈P1810〉;[鲁]山东恒源石油化工集团有限公司(15 万吨)〈P2144〉;齐鲁石化公司胜利炼油厂〈P2051〉;山东滨化集团有限责任公司(11 万吨)〈P2155〉;东营石油化工厂〈P2081〉;山东垦利石化有限责任公司(45 万吨)〈P2085〉

93 号汽油　　C02191907

Gasoline No. 93

【生产厂】[鲁]山东恒源石油化工集团有限公司〈P2144〉;中国石化集团青岛石油化工有限责任公司〈P2048〉

无铅汽油　　C02191908

Gasoline, nonlead

满足各种类型的汽车使用,使发动机发挥最大功率

【生产厂】[京]中国石油化工股份有限公司北京燕山分公司〈P1568〉;[辽]沈阳石蜡化工有限公司(18 万吨)〈P1687〉;中国石油天然气股份有限公司大连西太平洋有限公司〈P1695〉;[沪]中国石油化工股份有限公司上海高桥分公司〈P1780〉;[苏]盐城联孚石化有限公司〈P1810〉;[鲁]中国石化集团青岛石油化工有限责任公司〈P2048〉;山东省曲阜市燕宇石油化工有限公司〈P2132〉;山东东明石化集团有限公司(8 万吨)〈P2159〉;[湘]中国石化长岭炼油化工有限责任公司〈P2254〉;[陕]陕西延长石油(集团)有限责任公司永坪炼油厂〈P2353〉;[新]中国石油天然气股份有限公司克拉玛依石化分公司〈P2365〉

车用汽油　　C02191910

Automobile gasoline

用作汽车燃料

【生产厂】[沪]上海炼油厂(100 万吨)〈P1751〉;[鲁]中国石油化工股份有限公司济南分公司(125 万吨)〈P2031〉;山东正和集团股份有限公司(26 万吨)〈P2087〉;[豫]洛阳市锦谷润滑油厂(3000 吨)〈P2184〉;[陕]陕西延长石油(集团)有限责任公司延安炼油厂〈P2353〉

97 号无铅汽油　C02191921

Gasoline, nonlead No. 97

适用于作点燃式内燃机的燃料

【生产厂】[沪]中国石油化工股份有限公司上海高桥分公司〈P1780〉;中国石化上海石油化工股份有限公司〈P1780〉;[鲁]齐鲁石化公司胜利炼油厂〈P2051〉

93 号无铅汽油　C02191941

Gasoline, nonlead (No. 93)

【生产厂】[辽]沈阳石蜡化工有限公司〈P1687〉;[鲁]东辰(集团)化工有限公司(5000 吨)〈P2081〉

加氢裂解汽油　C02191981

Hydrocracking gasoline

【生产厂】[豫]中国石化集团公司中原石化公司〈P2216〉;[新]中国石油天然气股份有限公司独山子石化分公司〈P2365〉

裂解粗汽油　C02191991

Pyrolysis crude gasoline

【生产厂】[豫]中国石化集团公司中原石化公司〈P2216〉;[新]中国石油天然气股份有限公司独山子石化分公司〈P2365〉

芳烃抽余油　C02192001

Aromatic hydrocarbon raffinate oil

用作化工原料

【生产厂】[沪]上海炼油厂(20 万吨)〈P1751〉;[鲁]山东省临邑县碱李化工厂(1 万吨)〈P2145〉

【使用厂】[沪]上海吴泾化工有限公司〈P1770〉;[鲁]淄博市临淄天德精细化工研究所〈P2888〉

重芳烃油　C02192031

Heavy aromatics oil

可用于橡胶操作油和 PVC 助增塑剂

【生产厂】[辽]辽阳市宏伟区欣欣化工有限公司〈P1711〉;[黑]牡丹江石油化工厂〈P1723〉

石油树脂抽余油 AS1;芳烃 AS1　C02192051

Petroleum resin raffinate oil AS1

用作精细化工原料和化工溶剂

【生产厂】[黑]大庆华科股份有限公司〈P1722〉

C_4 抽余油;碳四抽余油　C02192101

C_4 Raffinate oil

用作燃料及生产 1-丁烯、异丁烯等

【生产厂】[京]北京东方化工厂(2 万吨)〈P1546〉;[苏]中国石化扬子石油化工股份有限公司〈P1792〉

烷基羟肟酸　C02192211

Alkyl hydroxy oximido acid

用作稀土、黑色金属、非硫化矿捕收剂

【生产厂】[辽]铁岭选矿药剂厂(180 吨)〈P1713〉

2-氰基苯甲肟　C02192261

2-Cyanobenzyloxime

【生产厂】[冀]邯郸市凯米克化工有限责任公司〈P1638〉;[豫]河南永信生物农药股份有限公司(3000 吨)〈P2194〉

轻柴油　C02192401

Light diesel fuel

用作各种柴油汽车、拖拉机、船舶等设备的高速柴油机的燃料

【生产厂】[京]中国石油化工股份有限公司北京燕山分公司(170 万吨)〈P1568〉;[辽]沈阳石蜡化工有限公司〈P1687〉;[黑]牡丹江石油化工厂〈P1723〉;[沪]中国石油化工股份有限公司上海高桥分公司〈P1780〉;上海炼油厂(150 万吨)〈P1751〉;中国石化上海石油化工股份有限公司〈P1780〉;[鲁]山东滨化集团有限责任公司(17 万吨)〈P2155〉;山东正和集团股份有限公司(32 万吨)〈P2087〉;中国石化集团青岛石油化工有限责任公司〈P2048〉;山东东明石化集团有限公司(11 万吨)〈P2159〉;[湘]中国石化长岭炼油化工有限责任公司〈P2254〉;[陕]陕西延长石油(集团)有限责任公司延安炼油厂〈P2353〉;[新]中国石油天然气股份有限公司乌鲁木齐石油化工总厂〈P2365〉;中国石油天然气股份有限公司克拉玛依石化分公司〈P2365〉

【使用厂】[京]北京东方化工厂〈P1546〉

0 号轻柴油　C02192501

Light diesel fuel No. 0

广泛用于各种型号拖拉机、渔船和各种高速柴油发动机的燃料

【生产厂】[鲁]济南长城炼油厂(10 万吨)〈P2020〉;中国石化集团青岛石油化工有限责任公司〈P2048〉

重液体石蜡;300# 液体石蜡　C02192701

Heavy liquid paraffin

用于生产石油树脂、氯化石蜡、化肥添加剂、皮革加脂剂等

【生产厂】[辽]沈阳石蜡化工有限公司(2 万吨)〈P1687〉;中国石油锦西炼油化工总厂〈P1703〉

【使用厂】[辽]锦西炼化渤海集团公司〈P1703〉;[豫]安阳市健美日化有限责任公司〈P2209〉;河南中科化工有限责任公司〈P2202〉;[粤]佛山市植宝化工有限公司〈P2289〉

轻液体石蜡;200# 液体石蜡　C02192711

Light liquid paraffin; Light liquid petrolatum

【生产厂】[沪]上海市大场化工厂(1000 吨)〈P1763〉

液体石蜡;液蜡;液状石蜡　C02192721

Liquid paraffin

主要用于制造洗衣粉、合成洗涤剂等,亦可用于合成石油蛋白、塑料增塑剂、农药乳化剂等

【生产厂】[津]天津市红山石油化工有限公司(1000 吨)〈P1589〉;[浙]宁波兴华化学有限公司〈P1934〉;[赣]江西省吉水县华宝天然药用油厂〈P2018〉;江西省吉水县水南药用百草油提炼厂〈P2019〉;江西省吉水县同仁天然药用油厂〈P2019〉;江西省吉水药用提炼厂〈P2019〉;[鲁]山东东明石化集团有限公司(19 万吨)〈P2159〉;山东东明石化集团玉皇实业有限公司(2 万吨)〈P2160〉

【使用厂】[沪]上海氯碱化工股份有限公司〈P1752〉;[苏]江阴市光华化工有限公司〈P1869〉;[浙]温州天盛电化有限公司〈P1938〉;[闽]福建省南平市榕昌化工有限公司〈P2003〉;福建省龙岩龙化化工有限公司〈P2005〉;[鲁]招

远市石油化工厂有限公司〈P2121〉；烟台市牟平区经协化工厂〈P2119〉；莱西市金山化工厂〈P2032〉；泰安市孛家店福利化工厂〈P2137〉；胜利油田海发环保化工有限责任公司〈P2087〉；[鄂]中国石化江汉油田分公司盐化工总厂〈P2246〉

C

微晶石蜡；提纯地蜡；石油地蜡　C02192751

Paraffin wax, microcrystalline [8002-74-2]

用作化妆品原料，也用于电容器、电子元件、皮鞋油等方面

【生产厂】[冀]沧州东方蜂蜡胶业有限公司(50吨)〈P1651〉；[苏]江阴市顾山东风合成化工有限公司〈P1869〉

【使用厂】[苏]苏州特种化学品有限公司〈P1906〉

溶剂　C02192801

Solvent

用作工业溶剂

【生产厂】[冀]武强县长虹化工有限公司〈P1669〉；[鲁]山东省桓台县鑫荣化工厂〈P2054〉

【使用厂】[津]天津市延安化工厂分厂〈P1610〉；天津市耀华红日油漆有限公司〈P1610〉；[黑]佳木斯市恺乐农药有限公司〈P1725〉；[沪]上海家具涂料厂〈P1742〉；上海宝银电子材料有限公司〈P1728〉；上海珺璇工贸有限公司〈P1746〉；上海汇宇精细化工有限公司〈P1741〉；上海石化森清水处理有限公司〈P1762〉；上海吉安化工有限公司〈P1742〉；[苏]镇江农药厂有限公司〈P1844〉；丹阳市远中金属助剂有限公司〈P1841〉；宜兴市创新精细化工有限公司〈P1883〉；江苏华派集团〈P1807〉；[浙]杭州萧山阳光涂料有限公司〈P1924〉；临海市永固为华涂料有限公司〈P1960〉；[皖]安徽新源石油化工技术开发有限公司〈P1979〉；[闽]福建泉州美家涂料制造有限公司〈P1998〉；泉州市信和涂料有限公司〈P2000〉；福建省龙岩市豪迪化工有限公司〈P2005〉；福建省腾龙工业公司〈P2001〉；福建东海漆业有限公司〈P1988〉；福清市新美光涂料有限公司〈P1989〉；[鲁]山东富安集团农药有限公司〈P2052〉；山东胜邦鲁南农药有限公司〈P2150〉；德州恒东农药化工有限公司〈P2141〉；威海市玉威漆业有限公司〈P2126〉；山东奔腾漆业有限公司〈P2130〉；济南章城油墨有限公司〈P2027〉；胜利油田大明新型建筑防水材料有限责任公司〈P2087〉；济南玛博伦环保涂料有限公司〈P2024〉；山东胜邦绿野化学有限公司〈P2029〉；山东阳谷中石药业有限公司〈P2154〉；莱阳市亚力美涂料有限公司〈P2108〉；青岛润泰制漆有限公司〈P2041〉；潍坊云飞化工有限公司〈P2107〉；诸城市乐天化工有限公司〈P2107〉；山东省淄博市淄川黉阳农药有限公司〈P2054〉；日照市工业学校实验化工厂〈P2139〉；济宁市通达化工厂〈P2128〉；梁山县第一油漆厂〈P2129〉；山东省昌乐县华颖液体瓷厂〈P2097〉；山东临清洪流化工总公司〈P2153〉；[豫]黎明化工研究院〈P2181〉；三门峡油墨彩印有限公司〈P2222〉；[粤]广东华润涂料有限公司〈P2290〉

黄石蜡；粗石蜡　C02193100

Paraffin wax, yellow [8002-74-2]

用于橡胶制品、篷帆布、火柴等

【生产厂】[沪]中国石油化工股份有限公司上海高桥分公司〈P1780〉

【使用厂】[辽]沈阳化工股份有限公司〈P1686〉

乳化石蜡　C02193451

Emulsified paraffin

用于人造板、造纸、纺织工业中主要用作柔软剂和上浆助剂，农业上用于水果蔬菜的保鲜剂等

【生产厂】[鲁]北京化工大学乳山联营化工厂(500吨)〈P2121〉；龙口市华瑞新材料科技有限公司〈P2111〉；[粤]东莞市恒业助剂有限公司〈P2280〉

煤油　C02193601

Kerosene; Coal oil [8008-20-6]

适用于点灯照明和各种煤油燃烧器作燃料，也可作为清洗机件的溶剂

【生产厂】[冀]石家庄炼油化工股份有限公司〈P1628〉；[辽]中国石油天然气股份有限公司大连西太平洋有限公司〈P1695〉；盘锦昂由沥青有限公司〈P1706〉；中国石油锦西炼油化工总厂〈P1703〉；[沪]中国石油化工股份有限公司上海高桥分公司〈P1780〉；上海炼油厂(28万吨)〈P1751〉；[苏]中国石化金陵石化公司炼油厂〈P1792〉；无锡祁连石化有限公司〈P1874〉；常熟市虹盛石油化工有限公司〈P1890〉；[浙]中国石化镇海炼油化工股份有限公司〈P1936〉；[鲁]中国石油化工股份有限公司济南分公司(7万吨)〈P2031〉；中国石化集团青岛石油化工有限责任公司〈P2048〉；[豫]河南油田南阳石蜡精细化工厂〈P2223〉；[湘]中国石化长岭炼油化工有限责任公司〈P2254〉；[桂]中油广西田东石油化工总厂有限公司(2000吨)〈P2302〉；[陕]陕西延长石油(集团)有限责任公司永坪炼油厂〈P2353〉；[甘]中国石油天然气股份有限公司兰州石化分公司〈P2356〉；[新]中国石油天然气股份有限公司独山子石化分公司〈P2365〉；中国石油天然气股份有限公司克拉玛依石化分公司〈P2365〉

【使用厂】[闽]福建高科日化有限公司〈P1997〉

航空煤油；喷气燃料　C02193602

Aviation kerosene

用作喷气式发动机燃料

【生产厂】[京]中国石油化工股份有限公司北京燕山分公司〈P1568〉；[辽]中国石油天然气股份有限公司辽阳石化分公司〈P1712〉；[沪]中国石油化工股份有限公司上海高桥分公司〈P1780〉；上海炼油厂(25万吨)〈P1751〉；中国石化上海石油化工股份有限公司〈P1780〉；[鲁]齐鲁石化公司胜利炼油厂〈P2051〉；[新]中国石油天然气股份有限公司独山子石化分公司〈P2365〉

【使用厂】[浙]温州华华集团有限公司〈P1937〉

无味煤油　C02193651

Kerosene, scentless

用于高档无毒灭蚊虫剂、农药等作溶剂，用作发动机化油器的校对油、电火花加工液及磁粉检测载液

【生产厂】[粤]茂名市高山海洋化工有限公司〈P2293〉

磺化煤油　C02193691

Sulfonated kerosene

用作溶剂

【生产厂】[沪]上海莱雅仕化工有限公司〈P1749〉

渣油　C02193701

Residuum

用作工业燃料、裂解原料及筑路材料

【生产厂】[京]中国蓝星(集团)总公司〈P1568〉；中国石油化工股份有限公司北京燕山分公司〈P1568〉；[津]天津市欣宽福利化工厂〈P1608〉；蓝星石化有限公司天津分公司(2万吨)〈P1569〉；[辽]中国石油天然气股份有限公司辽阳石化分公司〈P1712〉；台安华油化工厂〈P1697〉；[沪]中国石油化工股份有限公司上海高桥分公司〈P1780〉；[鲁]山东

恒源石油化工集团有限公司〈P2144〉;淄博德业油脂化工有限公司(1000吨)〈P2059〉;山东石大科技集团有限公司(2500吨)〈P2086〉;山东正和集团股份有限公司(40万吨)〈P2087〉;利华益集团股份有限公司(10万吨)〈P2084〉;青州市振华化工有限公司(10万吨)〈P2093〉;[新]中国石油天然气股份有限公司独山子石化分公司〈P2365〉

【使用厂】[浙]中国石化镇海炼油化工股份有限公司〈P1936〉;[鲁]山东联盟化工集团有限公司〈P2096〉;济南长城炼油厂〈P2020〉;淄博津溶化工有限公司〈P2063〉;[陕]陕西延长石油(集团)有限责任公司延安炼油厂〈P2353〉;[新]新疆新化化肥有限责任公司〈P2364〉;新疆独山子天利高新技术股份有限公司〈P2365〉

减粘渣油 C02193751

Residual oil, viscosity breaking

【生产厂】[鲁]潍坊弘润石化助剂有限公司〈P2102〉

脱臭煤油;脱芳油 C02193901

Sweatening kerosene

可广泛用作气雾杀虫剂的溶剂、无味煤油、上光剂、液体蚊香、印染用油、金属清洗剂、洗手液、无味油漆调合油

【生产厂】[苏]中国石化金陵石化公司炼油厂〈P1792〉

C_4 馏分;碳四馏分 C02194001

C_4 Fraction

用作有机合成、合成橡胶、合成树脂及甲基叔丁基醚等的原料,也可直接作工业、民用燃料

【生产厂】[京]中国蓝星(集团)总公司〈P1568〉;[沪]中国石化上海石油化工股份有限公司〈P1780〉;[豫]中国石化集团公司中原石化公司〈P2216〉;[新]中国石油天然气股份有限公司独山子石化分公司〈P2365〉

【使用厂】[苏]中国石化扬子石油化工股份有限公司〈P1792〉

C_5 馏分;碳五馏分 C02194101

C_5 Fraction

用作化工原料

【生产厂】[京]中国蓝星(集团)总公司〈P1568〉;[津]天津市欣宽福利化工厂〈P1608〉;[苏]中国石化扬子石油化工股份有限公司〈P1792〉;[鲁]山东东明石化集团玉皇实业有限公司(2万吨)〈P2160〉;山东玉皇化工有限公司〈P2161〉;[豫]中国石化集团公司中原石化公司〈P2216〉

【使用厂】[豫]濮阳市瑞森石油树脂有限公司〈P2214〉

C_9 馏分;碳九馏分 C02194102

C_9 Fraction

可制造碳九树脂,还可以用作工业锅炉燃料

【生产厂】[京]北京东方化工厂〈P1546〉;[津]天津市欣宽福利化工厂〈P1608〉;[吉]吉化集团吉林市锦江油化厂(3万吨)〈P1715〉;[沪]宝山钢铁股份有限公司化工分公司〈P1726〉;[苏]中国石化扬子石油化工股份有限公司〈P1792〉;[豫]中国石化集团公司中原石化公司〈P2216〉

【使用厂】[鲁]山东齐隆化工股份有限公司〈P2053〉

C_{10} 馏分;碳十馏分 C02194201

C_{10} Fraction

适用于生产烤漆、地板漆、船用漆、农药乳化剂、PVC增塑剂和化学清洁剂等

【生产厂】[沪]中国石化上海石油化工股份有限公司〈P1780〉;[鲁]山东齐隆化工股份有限公司〈P2053〉;[新]中国石油天然气股份有限公司独山子石化分公司〈P2365〉

C_{11} 馏分;碳十一馏分 C02194221

C_{11} Fraction

用作化工原料

【生产厂】[沪]中国石化上海石油化工股份有限公司〈P1780〉

溶剂油200号;200#溶剂油;芳烃溶剂油200号 C02194301

Solvent oil No. 200

用作石油树脂的原料及油漆的溶剂、农药乳化剂、银粉轧浆等

【生产厂】[津]天津市欣宽福利化工厂〈P1608〉;[苏]镇江市润州染料化工厂(1200吨)〈P1845〉;常熟市虹盛石油化工有限公司〈P1890〉;盐城联孚石化有限公司(4300吨)〈P1810〉;[鲁]淄博环海佳业科工贸有限公司〈P2062〉;山东胜亚化工有限公司〈P2054〉;山东胜海化工股份有限公司(1万吨)〈P2085〉;山东华星石油化工集团有限公司(3万吨)〈P2085〉;[豫]濮阳市星海化工厂(4500吨)〈P2215〉

【使用厂】[津]天津灯塔涂料有限公司〈P1571〉;天津市耀华红日油漆有限公司〈P1610〉;天津市奥多精细化工厂〈P1578〉;天津市北辰区振乾化工厂〈P1580〉;[辽]大连第一有机化工有限公司〈P1691〉;[吉]长春泰欧亚涂料有限公司〈P1714〉;[沪]上海长风化工厂〈P1729〉;上海新浦化工厂有限公司〈P1772〉;[苏]江苏苏青水处理工程集团有限公司〈P1866〉;[皖]马鞍山市康华化工有限公司〈P1977〉;[闽]福建省百花化学股份有限公司〈P2005〉;[鲁]济南泰山金鹏涂料有限公司〈P2025〉;新汶矿业集团有限责任公司〈P2139〉;[豫]郑州双塔涂料有限公司〈P2174〉;开封市汴梁漆业有限公司〈P2177〉;河南庆安化工高科技股份有限公司〈P2166〉;新乡市东风化工有限责任公司〈P2204〉;[鄂]随州市文峰涂料有限责任公司〈P2245〉;[粤]江门市制漆厂有限公司〈P2286〉;[川]攀枝花荣鑫油漆有限责任公司〈P2322〉;[陕]西安利澳科技股份有限公司〈P2349〉

芳烃溶剂油 C02194305

Aromatics solvent oil

用作涂料、油墨、农药等的溶剂

【生产厂】[津]天津市大港兴实化工厂(4000吨)〈P1583〉;[冀]石家庄市鑫安精细化工有限公司〈P1632〉;[辽]辽阳市宏伟区欣欣化工有限公司〈P1711〉;锦州石化精细化工有限责任公司〈P1702〉;[沪]上海高特化工有限公司〈P1734〉;[苏]中国石化金陵石化公司炼油厂〈P1792〉;南京宗宇石油化工有限公司(2万吨)〈P1791〉;吴江宏伟环保助剂有限公司〈P1909〉;吴江市雪力润滑油有限公司(1万吨)〈P1911〉;江苏华伦化工有限公司(1万吨)〈P1816〉;[鲁]淄博正德建筑装饰材料有限公司〈P2077〉;淄博科飞助剂厂(6000吨)〈P2064〉;淄博泰畅润滑油有限公司(8000吨)〈P2073〉;青岛振利化工有限公司(3000吨)〈P2047〉

柴油 C02194501

Diesel oil [68334-30-5]

用于高、中、低速柴油机,作为汽车、火车、拖拉机、船舶、农业机械、柴油发电等动力设备的燃料

【生产厂】[京]中国蓝星(集团)总公司〈P1568〉;[冀]河北京

都润滑油有限公司〈P1620〉；石家庄炼油化工股份有限公司〈P1628〉；[辽]沈阳石蜡化工有限公司(17 万吨)〈P1687〉；中国石油天然气股份有限公司辽阳石化分公司〈P1712〉；辽宁佳兴鸿泰石油化工有限公司〈P1703〉；中国石油天然气股份有限公司大连西太平洋有限公司(160 万吨)〈P1695〉；中国石油天然气股份公司锦州石化分公司(200 万吨)〈P1702〉；盘锦昂由沥青有限公司(10 万吨)〈P1706〉；中国石油锦西炼油化工总厂〈P1703〉；[黑]黑龙江石油化工厂(20 万吨)〈P1723〉；[苏]中国石化金陵石化公司炼油厂〈P1792〉；中国石化扬子石油化工股份有限公司〈P1792〉；盐城联孚石化有限公司〈P1810〉；扬州石油化工厂〈P1818〉；[浙]中国石化镇海炼油化工股份有限公司〈P1936〉；[鲁]济南长城炼油厂(12 万吨)〈P2020〉；济南海汇新能源科技发展有限公司〈P2021〉；中国石油化工股份有限公司济南分公司(200 万吨)〈P2031〉；山东恒源石油化工集团有限公司(20 万吨)〈P2144〉；山东石大科技集团有限公司〈P2086〉；山东正和集团股份有限公司(7 万吨)〈P2087〉；山东华星石油化工集团有限公司(20 万吨)〈P2085〉；利华益集团股份有限公司(30 万吨)〈P2084〉；山东垦利石化有限责任公司(16 万吨)〈P2085〉；潍坊弘润石化助剂有限公司〈P2102〉；山东联盟化工集团有限公司(8 万吨)〈P2096〉；山东省曲阜市燕宇石油化工有限公司(1 万吨)〈P2132〉；山东东明石化集团有限公司(27 万吨)〈P2159〉；[豫]河南省贝利石化集团股份有限公司(5 万吨)〈P2212〉；义马煤业(集团)洛阳石油化工有限责任公司(4900 吨)〈P2190〉；河南油田南阳石蜡精细化工厂〈P2223〉；[桂]中油广西田东石油化工总厂有限公司(5000 吨)〈P2302〉；[陕]陕西延长石油(集团)有限责任公司永坪炼油厂(30 万吨)〈P2353〉；[甘]中国石油天然气股份有限公司兰州石化分公司〈P2356〉；[新]中国石油天然气股份有限公司乌鲁木齐石油化工总厂〈P2365〉；中国石油天然气股份有限公司独山子石化分公司〈P2365〉；中国石油天然气股份有限公司吐哈油田分公司〈P2366〉；中国石油天然气股份有限公司塔里木油田分公司〈P2366〉；中国石油化工股份有限公司塔河分公司〈P2366〉

【使用厂】[沪]上海吴泾化工有限公司〈P1770〉；上海炼油厂〈P1751〉；[苏]连云港立本农药化工有限公司〈P1798〉；盐城市龙冈农药厂〈P1811〉；宜兴兴农化工制品有限公司〈P1888〉；盐城市龙跃农药有限公司〈P1811〉；[皖]马鞍山市康华化工有限公司〈P1977〉；安徽省铜陵化工集团新桥矿业有限公司〈P1978〉；[鲁]山东东泰农化有限公司〈P2152〉；山东富安集团农药有限公司〈P2052〉；淄博市周村穗丰农药化工有限公司〈P2072〉；潍坊天达植保有限公司〈P2105〉；邹平县绿大药业有限公司〈P2158〉；山东省济南天邦化工有限公司〈P2030〉；山东省邹平八四工厂〈P2156〉；青岛东生药业有限公司〈P2034〉；东辰(集团)化工有限公司〈P2081〉；山东省青岛海利尔药业有限公司〈P2047〉；山东省淄博市淄川黉阳农药有限公司〈P2054〉；日照市工业学校实验化工厂〈P2139〉；山东东方农药科技实业公司〈P2028〉；山东京博农化有限公司〈P2155〉；山东省青岛好利特生物农药有限公司〈P2048〉；威海市农药厂〈P2125〉；山东九洲农药有限公司〈P2160〉；[鄂]武汉醒狮化学品有限公司〈P2235〉；湖北黄麦岭磷化工集团公司〈P2242〉；[桂]苍梧顺风钛白粉有限责任公司〈P2300〉；[黔]贵州宏福实业开发有限总公司〈P2338〉

0 号柴油 C02194502

Diesel oil No.0

用作负荷转速不低于每分钟 1000 转的高速压燃式柴油机的燃料

【生产厂】[沪]上海炼油厂(120 万吨)〈P1751〉；[苏]盐城联孚石化有限公司(4 万吨)〈P1810〉；[鲁]东营石油化工厂〈P2081〉

10 号柴油 C02194503

Diesel oil No.10

用作柴油机燃料

【生产厂】[辽]台安华油化工厂〈P1697〉；[鲁]齐鲁石化公司胜利炼油厂〈P2051〉

环保柴油 C02194551

Diesel oil, environmental-protection type

用于清洁燃料,有利于净化环境

【生产厂】[鲁]山东省曲阜市燕宇石油化工有限公司〈P2132〉；[川]四川古杉油脂化学有限公司(1 万吨)〈P2331〉

加氢柴油 C02194591

Hydrogenated diesel oil

【生产厂】[鲁]利华益集团股份有限公司(30 万吨)〈P2084〉

蜡油 C02194701

Wax oil

主要用作石油化工、润滑油生产的原材料

【生产厂】[辽]盘锦昂由沥青有限公司〈P1706〉；[鲁]淄博德业油脂化工有限公司(1500 吨)〈P2059〉；淄博文盛化工有限公司〈P2074〉；利华益集团股份有限公司(10 万吨)〈P2084〉；青州市振华化工有限公司(2 万吨)〈P2093〉；[新]中国石油化工股份有限公司塔河分公司〈P2366〉

【使用厂】[鲁]济宁中银电化有限公司〈P2129〉；中国石化集团青岛石油化工有限责任公司〈P2048〉；山东滨化集团有限责任公司〈P2155〉；山东垦利石化有限责任公司〈P2085〉；山东石大科技集团有限公司〈P2086〉；济南长城炼油厂〈P2020〉；中国石油化工股份有限公司济南分公司〈P2031〉；中国石油化工股份有限公司齐鲁石化股份公司〈P2057〉；山东正和集团股份有限公司〈P2087〉

液蜡原料油 C02194703

Liquid paraffin raw oil

用于生产 270°油墨溶剂油及 300°液体石蜡

【生产厂】[苏]盐城联孚石化有限公司(1 万吨)〈P1810〉

石蜡基橡胶油 C02194751

Rubber oil, paraffin base

【生产厂】[苏]无锡市新敏特种润滑油厂〈P1880〉；[滇]云南解化集团有限公司〈P2345〉

二氧化硫脲；甲脒亚磺酸 C02194801

Thiourea dioxide [1758-73-2]

用作合成纤维助剂、脱色剂、照相胶片乳化剂、氯丁二烯聚合剂以及铑和铱分离剂等

【生产厂】[冀]石家庄市南方化工有限公司(500 吨)〈P1631〉；河北星宇化工有限公司〈P1623〉；河北省大名县瑞恒化工有限责任公司〈P1640〉；河北泰丰化工有限责任公司〈P1640〉；河北省定州市昌盛化工有限公司(1000 吨)〈P1648〉；[吉]吉林市双鸥化工有限公司(1000 吨)〈P1716〉；[苏]南京力达宁化学有限公司〈P1786〉；[闽]泉州隆泰化工有限公司(5000 吨)〈P2000〉；[赣]江西省永泰化工有限公司〈P2011〉；[鲁]济南巨业精细化工有限公司〈P2023〉；山东宝洋化工集团公司〈P2051〉；淄博万昌集团有限公司(3000 吨)〈P2073〉；潍坊瑞敏化工有限公司〈P2103〉；山东青州友邦化工有限公司(8000 吨)〈P2097〉；青州市光大化工有限公司〈P2092〉；山东烟台凯联化工有限公司(2600 吨)〈P2115〉；烟台达斯特克化工有限公司(4000 吨)〈P2116〉；青岛红星化工集团有限责任公司〈P2036〉；青岛金龙源化工有限公司(1000 吨)〈P2039〉；山

东信科环化有限责任公司(3000 吨)〈P2151〉;[豫]濮阳市凯宇化工有限公司(1000 吨)〈P2214〉;濮阳市濮中化工有限公司〈P2214〉;河南宏业化工有限公司(2 万吨)〈P2212〉;[湘]衡阳万峰化工有限公司〈P2253〉

重油;重油加工量 C02195101

Heavy oil

用作裂化和气化原料、锅炉燃料以及制造润滑油的原料

【生产厂】[京]中国蓝星(集团)总公司〈P1568〉;[辽]盘锦汇源溶剂油助剂厂〈P1706〉;中国石油锦西炼油化工总厂〈P1703〉;[沪]中国石油化工股份有限公司上海高桥分公司〈P1780〉;上海炼油厂(170 万吨)〈P1751〉;[闽]福建省清流县鸿翔化工有限公司(100 吨)〈P1995〉;[鲁]济南长城炼油厂(18 万吨)〈P2020〉;山东陆海石化有限公司〈P2053〉;山东华星石油化工集团有限公司〈P2085〉;青州红星化工有限公司(1000 吨)〈P2090〉;[豫]安阳县西北化工厂(1000 吨)〈P2210〉;[桂]中油广西田东石油化工总厂有限公司(5 万吨)〈P2302〉;[新]中国石油天然气股份有限公司吐哈油田分公司〈P2366〉

【使用厂】[京]北京东方石化化工四厂〈P1546〉;[津]天津开发区永利有限公司〈P1575〉;[黑]黑龙江石油化工厂〈P1723〉;[沪]上海吴泾化工有限公司〈P1770〉;[苏]盐城联孚石化有限公司〈P1810〉;[浙]浙江丰登化工股份有限公司〈P1954〉;[鲁]山东东明石化集团有限公司〈P2159〉;青岛玖琦精细化工有限责任公司〈P2039〉;新汶矿业集团有限责任公司〈P2139〉;青州市振华化工有限公司〈P2093〉;[鄂]黄石振华化工有限公司〈P2236〉;[粤]广州钛白粉厂〈P2267〉;[陕]陕西兴化化学股份有限公司〈P2347〉

软化重油 C02195151

Intenerated heavy oil

【生产厂】[鲁]山东省临邑县碱李化工厂(3000 吨)〈P2145〉

白油 C02195200

White oil;Whiteruss [8042-47-5]

用于日化、橡胶、机械、轻纺、石化、医药等

【生产厂】[津]天津市振达化工有限公司(4000 吨)〈P1613〉;天津有机化学工业总公司红岩化工厂(8000 吨)〈P1617〉;天津市大港区天港石油化工厂(4000 吨)〈P1583〉;天津市红山石油化工有限公司(3 万吨)〈P1589〉;[冀]辛集市泰达石化有限公司〈P1634〉;[辽]辽阳隆亿化工有限公司(2000 吨)〈P1710〉;抚顺隆亿石油化工有限公司(5000 吨)〈P1698〉;抚顺北源精细化工有限公司〈P1697〉;[黑]中国石油林源炼油厂〈P1723〉;[沪]上海市大场化工厂(5000 吨)〈P1763〉;上海新华润滑油厂〈P1772〉;[苏]无锡祁连石化有限公司〈P1874〉;无锡市长润石油化工有限公司〈P1875〉;江苏大华药业有限公司〈P1802〉;[浙]杭州江南化工有限公司〈P1919〉;绍兴县南方石化有限公司〈P1949〉;[鲁]淄博三泰润滑油有限公司〈P2067〉;山东华星石油化工集团有限公司〈P2085〉;潍坊中业化学有限公司〈P2107〉;青州市力特油业有限公司〈P2092〉;青州瑞洋油脂化工有限公司〈P2091〉;[湘]常德恒通石化助剂有限公司〈P2255〉;[粤]茂名市高山海洋化工有限公司〈P2293〉;茂名市科成精细化工有限公司(2 万吨)〈P2293〉;茂名英达精细化工有限公司〈P2293〉;佛山市大庆林源化工有限公司〈P2287〉

【使用厂】[沪]上海霞飞精细化工厂〈P1770〉;[苏]江阴市光华化工有限公司〈P1869〉;[浙]临安市青虹化工助剂厂〈P1926〉;[闽]福建省厦鹭电化有限公司〈P2001〉;[鲁]山东临朐富源精细化工有限公司〈P2096〉

白油(食品级) C02195251

White oil,edible

用于食品级聚苯乙烯、聚丙烯生产中的增塑、内部润滑等

【生产厂】[黑]中国石油林源炼油厂〈P1723〉;[粤]佛山市大庆林源化工有限公司〈P2287〉

硫化异丁烯 C02195401

Isobutenyl sulfide

用于调制抗磨液压油

【生产厂】[辽]辽阳滨河化工有限公司(600 吨)〈P1709〉;[鲁]山东联合化工股份有限公司(2000 吨)〈P2053〉

复合蜡 C02195601

Compound wax

【生产厂】[鲁]山东省淄博市淄川汇通油脂精细化工厂(2000 吨)〈P2055〉

精制碳五;加氢戊烯 C02195901

Refine C5

用于调和汽油提高辛烷值,生产固化剂等

【生产厂】[苏]中国石化扬子石油化工股份有限公司〈P1792〉;[鲁]淄博联碳化学有限公司〈P2064〉;[豫]濮阳市瑞森石油树脂有限公司(1 万吨)〈P2214〉;濮阳市新豫化工物资有限公司(1 万吨)〈P2215〉

二苯胍氢溴酸盐 C02196351

Diphenyl guanidine hydrobromide

【生产厂】[沪]上海南翔试剂有限公司(2 吨)〈P1754〉;[浙]湖州长盛化工有限公司〈P1945〉

乙脒盐酸盐;盐酸乙脒 C02196401

Acetamidine hydrochloride [124 42 5]

是合成维生素 B_1 的重要中间体,也用作有机合成原料

【生产厂】[津]天津市华新制药厂(3000 吨)〈P1590〉;[冀]河北新兴化工有限责任公司(1000 吨)〈P1648〉;[鲁]淄博金马化工厂(3000 吨)〈P2063〉;[鄂]湖北双环科技股份有限公司〈P2242〉

盐酸丙脒;丙脒盐酸盐 C02196431

Propanimidamide monohydrochloride

【生产厂】[皖]宣城精方医药化工有限公司〈P1987〉

醋酸甲脒 C02196501

Formamidine acetate [3473-63-0]

【生产厂】[苏]苏州市华丰精细化工有限公司〈P1903〉;江苏如东县丰利医药化工厂〈P1831〉

苯甲脒盐酸盐 C02196551

Phenylformamidine hydrochloride [1670-14-0]

【生产厂】[苏]苏州市相城区青台精细化工有限公司〈P1905〉

甲基乙基酮肟;丁酮肟;甲乙酮肟; C02196601

油漆防结皮剂

2-Butanone oxime;Ethyl methyl ketone oxime [96-29-7]

用于各种油基漆、醇酸漆、环氧酯漆等储运过程中的防结皮处理,也可用作硅固化剂

【生产厂】[辽]沈阳市应用技术实验厂(800 吨)〈P1689〉;锦化化工(集团)有限责任公司〈P1703〉;[苏]苏州市吴赣化工有限责任公司〈P1905〉;泰兴市涂料助剂化工厂(1000 吨)〈P1826〉;泰州凯华化工有限公司〈P1827〉;[浙]浙江东越化工有限公司〈P1927〉;[鲁]山东武城康达化工有限公司(300 吨)〈P2146〉;青岛红星化工集团自力实业公司(50 吨)〈P2037〉;青岛化工研究院〈P2037〉;山东莱芜美星化工有限公司(1000 吨)〈P2141〉;[豫]郑州市中岳涂料助剂有限公司(1000 吨)〈P2174〉;郑州华新化工有限公司(150 吨)〈P2171〉;[鄂]湖北蓝天化工有限公司〈P2245〉

丁二酮肟;二甲基乙二醛肟;二乙酰二肟 C02196611

Diacetyldioxime;Dimethyl glyoxime [95-45-4]

【生产厂】[京]北京朝福化工实验厂〈P1544〉;北京马氏精细化学品有限公司〈P1555〉

环己酮肟 C02196631

Cyclohexanone oxime [100-64-1]

【生产厂】[沪]上海邦成化工有限公司〈P1728〉

甲基异丁基酮肟 C02196651

Methyl isobutyl ketone oxime [105-44-2]

用于油基漆、醇酸漆、环氧酯漆等在使用及储存过程中防止表面结皮,也是生产硅酮类交联剂的主要原料

【生产厂】[苏]泰兴市涂料助剂化工厂〈P1826〉

1,2,4-三氮唑;1*H*-1,2,4-三氮唑 C02196701

1,2,4-Triazole;1*H*-1,2,4-Triazole [288-88-0]

用作农药和医药中间体,广泛用于粉锈宁、多效唑、烯效唑、烯唑醇等农药的合成

【生产厂】[冀]霸州市华厦溶剂精制有限公司〈P1657〉;[苏]江苏华昌(集团)有限公司〈P1893〉;张家港保税区东方农化国贸有限公司〈P1911〉;盐城市稳诚化工有限公司〈P1812〉;盐城市华鸥化工厂〈P1811〉;海门贝斯特精细化工有限公司(300 吨)〈P1829〉;[湘]长沙鑫本化工有限公司(2000 吨)〈P2247〉

【使用厂】[苏]江苏克胜集团股份有限公司〈P1808〉;[赣]江西农大锐特化工科技有限公司〈P2009〉;[湘]湖南天宇农药化工集团股份有限公司〈P2253〉

1,2,4-三氮唑-3-甲酰胺 C02196731

1,2,4-Triazole-3-formamide [3641-08-5]

【生产厂】[鄂]湖北志诚化工科技有限公司〈P2243〉

辛二腈;1,6-二氰基己烷 C02196801

Octanedinitrile;1,6-Dicyanohexane [629-40-3]

【生产厂】[鲁]天德化工控股有限公司〈P2101〉

十二腈;月桂腈 C02196851

Dodecanenitrile;Lauronitrile [2437-25-4]

作为有力的芳香扩散剂用于皂用洗涤剂及其他日化香精中

【生产厂】[皖]安徽华业化工有限公司〈P1979〉

正丁腈;丁腈;正丙基氰 C02196911

n-Butyronitrile [109-74-0]

是有机合成及医药中间体的关键原料

【生产厂】[苏]如东县通园精细化工厂〈P1837〉

【使用厂】[鲁]淄博爱科实业有限责任公司〈P2057〉;蓬莱市宏光橡胶制品厂〈P2112〉

邻苯二甲腈;邻苯二腈 C02196921

1,2-Dicyanobenzene;Phthalonitrile [91-15-6]

广泛用于合成酞磺胺药物、酞菁颜料和染料、高热阻聚酰胺纤维、二甲苯基和二异氰酸酯塑料及脱硫催化剂等

【生产厂】[沪]上海信合化工有限公司〈P1772〉;[鲁]德州埃法化学有限公司〈P2141〉;[鄂]武汉市银冠化工有限公司黄陂精细化工厂〈P2233〉;孝感市龙马催化剂有限责任公司〈P2243〉

戊腈;正戊腈;1-氰基丁烷 C02196931

Pentanenitrile;Valeronitrile;*n*-Valeronitrile [110-59-8]

用作农药中间体、萃取剂、有机合成中间体

【生产厂】[沪]上海华彩精细化工有限公司(50 吨)〈P1738〉;[苏]江苏海门兴虹化工有限公司〈P1830〉

异戊腈;异丁基氰;3-甲基丁腈 C02196933

Isovaleronitrile;Isobutyl cyanide [625-28-5]

【生产厂】[赣]江西泰欣诺实业有限公司〈P2009〉

邻苯二乙腈 C02196941

Phthalic diacetonitrile [613-73-0]

【生产厂】[苏]句容市顺风助剂厂〈P1843〉;[浙]横店集团家园化工有限公司〈P1952〉;[鄂]武汉有机实业股份有限公司〈P2235〉

己腈;氰戊烷 C02196951

Amylcyanide;*n*-Capronitrile;Hexanonitrile [628-73-9]

【生产厂】[苏]仪征市鼎信化工有限公司〈P1820〉

特戊腈 C02196971

tert-Valeronitrile

【生产厂】[冀]邯郸市林峰精细化工有限公司〈P1638〉

戊二腈 C02196981

Pentanedinitrile [544-13-8]

【生产厂】[沪]上海华彩精细化工有限公司〈P1738〉

异辛腈 C02196991

iso-Caprylonitrile

【生产厂】[苏]仪征市鼎信化工有限公司(120 吨)〈P1820〉

基础油 C02197000

Base oil

是调和成品润滑油的组分,可用于调配粘温性能较高的润滑油

【生产厂】[沪]中国石油化工股份有限公司上海高桥分公司〈P1780〉;上海新华润滑油厂(1 万吨)〈P1772〉;[苏]无锡运河石油化工有限公司〈P1883〉;苏州市天瑞化工有限公司〈P1905〉;[鲁]临邑鲁冀化工有限公司(20 吨)〈P2143〉;淄博文盛化工有限公司〈P2074〉;淄博助友石油化工有限公司(12 万吨)〈P2077〉;临淄奇麟石化油脂有限公司〈P2050〉;淄博一方实业有限公司特种润滑油厂(2 万吨)〈P2075〉;青州市力特润滑油厂〈P2092〉;青州市力特油业有限公司〈P2092〉;青州鹏奥润滑油有限公司〈P2091〉

【使用厂】[沪]上海市大场化工厂〈P1763〉;[苏]盐城联孚石

化有限公司〈P1810〉；无锡市高润杰化学有限公司〈P1875〉；宜兴市创新精细化工有限公司〈P1883〉；[闽]福建莱克石化有限公司〈P1998〉；[鲁]东营市信义化工有限公司〈P2083〉；淄博爱科实业有限责任公司〈P2057〉；桓台县恒德导热油有限公司〈P2049〉；临淄勤润油脂化工厂〈P2050〉；[豫]南阳市福来石油化学有限公司〈P2224〉；[粤]广东省石油化工研究院〈P2259〉；[桂]中油广西田东石油化工总厂有限公司〈P2302〉

润滑油基础油 C02197001

Base oil for lubricating oil; Lubricant base [8002-05-9]

主要用作低温、高温润滑油的基础油

【生产厂】[京]中国石油化工股份有限公司北京燕山分公司〈P1568〉；[辽]辽阳隆亿化工有限公司(4 万吨)〈P1710〉；[苏]无锡通达石油有限公司〈P1882〉；[鲁]中国石油化工股份有限公司济南分公司(10 万吨)〈P2031〉；[甘]兰化翔鑫工贸有限责任公司〈P2355〉

【使用厂】[沪]上海炼油厂〈P1751〉；[鲁]山东环球润滑油股份有限公司〈P2028〉

α-甲硫基乙酰肟；灭多威肟 C02197301

α-Methylthioacetaldoxime; Methylthio aldoxime [10533-67-2]

是合成灭多威原药的中间体

【生产厂】[鲁]济南市商河县合成化工厂(1500 吨)〈P2025〉；山东博丰植保药业有限公司(200 吨)〈P2051〉；泰安市景风化工厂(200 吨)〈P2137〉；山东华阳农药化工集团有限公司〈P2136〉；[粤]广州润土农药化工有限公司〈P2263〉

尿囊素 C02197801

Allantoin [97-59-6]

广泛用于各种皮肤溃疡、创伤的治疗及营养化妆品的添加剂

【生产厂】[京]北京东方德众科技发展有限公司〈P1546〉；[冀]黄骅桑田化工有限公司(500 吨)〈P1656〉；中国昊华集团宣化有限公司(500 吨)〈P1650〉；[晋]太原华鹰化工有限公司〈P1671〉；山西临汾染化(集团)有限责任公司〈P1678〉；[沪]上海美林康精细化工有限公司〈P1753〉；[苏]苏州市中发医药化工有限公司〈P1906〉；泰兴市有机化工四厂(250 吨)〈P1827〉；[皖]合肥健坤化工有限公司〈P1972〉；芜湖华海生物工程有限公司〈P1974〉；[赣]江西省吉水中南天然香料油厂〈P2019〉；[鲁]济南金达药化有限公司(2 吨)〈P2023〉；淄博圣泽精细化工有限公司〈P2067〉；青州市奥星化工有限公司〈P2091〉；[豫]临颍县颖华技术开发有限公司(100 吨)〈P2220〉；[湘]湖南九典制药有限公司(50 吨)〈P2248〉；[粤]广州鸿雨精细化工有限公司〈P2261〉；[渝]重庆市化工研究院〈P2307〉

蜂蜡；黄蜡 C02197901

Beeswax [8012-89-3]

用于蜡光纸、工艺蜡烛、眉笔、彩笔、上光蜡等

【生产厂】[京]北京逾世纪科技有限公司〈P1565〉；[冀]河北省阜城县码头镇司庄蜡厂〈P1664〉；沧州东方蜂蜡胶业有限公司(300 吨)〈P1651〉；沧州森林蜡业有限公司〈P1652〉；河北沧州森林蜡业有限公司〈P1654〉；河北东光果园天然蜂蜡有限公司〈P1654〉；河北省沧州汇鑫防烧剂厂〈P1654〉；河北省东光隆达天然蜂蜡厂〈P1655〉；河北省东光县双达蜂蜡厂(1500 吨)〈P1655〉；河北省东光鑫联蜂蜡厂〈P1655〉；[辽]大连天山实业有限公司〈P1694〉；[粤]汕头市三峰化工公司〈P2277〉

【使用厂】[辽]沈阳化工股份有限公司〈P1686〉；[闽]厦门大学化工厂〈P1991〉

地蜡；微晶蜡 C02197931

Ceresine wax [8001-75-0]

用于化妆品、彩笔、鞋油、各种上光蜡等

【生产厂】[冀]河北省阜城县码头镇司庄蜡厂〈P1664〉；沧州东方蜂蜡胶业有限公司(60 吨)〈P1651〉；沧州森林蜡业有限公司〈P1652〉；河北沧州金祥蜡业有限公司〈P1654〉；河北东光果园天然蜂蜡有限公司〈P1654〉；河北省东光鑫联蜂蜡厂〈P1655〉

【使用厂】[鲁]招远市宏达化工有限公司〈P2121〉

合成蜡 C02197951

Paraflint wax

用于蜜丸、蜡光纸、蜡染等

【生产厂】[冀]沧州东方蜂蜡胶业有限公司(150 吨)〈P1651〉；沧州森林蜡业有限公司〈P1652〉；河北东光果园天然蜂蜡有限公司〈P1654〉；[苏]镇江市意德精细化工有限公司〈P1846〉

白虫蜡；白蜡；虫蜡 C02197971

Chinese wax

用于医药、化妆品、食品、片剂上光等

【生产厂】[冀]河北省阜城县码头镇司庄蜡厂〈P1664〉；沧州东方蜂蜡胶业有限公司(50 吨)〈P1651〉；沧州森林蜡业有限公司〈P1652〉；河北东光果园天然蜂蜡有限公司〈P1654〉；河北省东光鑫联蜂蜡厂〈P1655〉；河北省东光县霞鑫蜂蜡厂〈P1655〉；[粤]汕头市三峰化工公司〈P2277〉

橡胶防护蜡 C02198001

Rubber protecting wax

用于轮胎、胶管、胶带的制造

【生产厂】[辽]抚顺市通源科技开发研究所〈P1698〉；抚顺东启化工有限公司〈P1697〉；[沪]上海帕卡兴产化工有限公司〈P1755〉；[鲁]招远市宏达化工有限公司(1000 吨)〈P2121〉

碘丙炔正丁胺甲酸酯；IPBC C02198301

Iodopropynyl butylcarbamate; 3-Iodo-2-propynyl *N* butylcarbamate; IPBC [55406-53-6]

用作杀菌剂，用于涂料、颜料、皮革、木材等

【生产厂】[沪]上海嘉辰化工有限公司〈P1742〉；上海汇龙化工有限公司(50 吨)〈P1741〉；上海桑迪精细化工研究所〈P1760〉；[苏]江苏安邦电化有限公司〈P1802〉

α-苯乙胺 C03010110

α-Phenylethylamine [98-84-0]

用作医药中间体

【生产厂】[皖]安徽省广德科苑化工有限公司〈P1986〉

【使用厂】[鲁]山东博山制药有限公司〈P2051〉

β-苯乙胺；β-氨基乙苯 C03010111

β-Phenylethylamine [64-04-0]

是药物降糖灵的中间体，也用于其他有机合成

【生产厂】[苏]江苏省句容市中山化工研究所〈P1842〉；昆山市陆家红星化工厂〈P1897〉；昆山立邦化学(医药)有限公司〈P1896〉

DL-α-苯乙胺 C03010121

DL-α-Methylbenzylamine; DL-α-Phenylethylamine [618-36-0]

用作医药中间体、拆分剂

C

【生产厂】[苏]昆山市陆家红星化工厂〈P1897〉

乙酰乙酰甲胺;双乙甲胺 C03010201

N-Methylacetoacetylamide [20306-75-6]

用作农药中间体,还可用作饲料添加剂

【生产厂】[苏]张家港浩波化学品有限公司(1500 吨)〈P1912〉;南通江山农药化工股份有限公司(5000 吨)〈P1833〉

【使用厂】[津]南开大学化工厂〈P1569〉

2-氯-*N*-甲基乙酰乙酰胺;氯代乙酰乙酰甲胺 C03010221

2-Chloro-*N*-methylacetoacetamide [4116-10-3]

【生产厂】[苏]南通江山农药化工股份有限公司〈P1833〉

***N*-(1-乙基丙基)-3,4-二甲基苯胺** C03010251

N-(1-Ethylpropyl)-3,4-dimethylaniline

用作农药二甲戊乐灵的中间体

【生产厂】[浙]浙江新农化工股份有限公司〈P1970〉

氯代烯丙氧基胺 C03010291

Chloroallyloxyamine

用于生产农药烯草酮

【生产厂】[鲁]山东先达化工有限公司〈P2157〉

二乙氨基甲酰氯;*N*,*N*-二乙基氯甲酰胺 C03010301

N,*N*-Diethylaminoformyl chloride;*N*,*N*-Diethylchloroformamide [88-10-8]

用作医药及农药杀草丹的中间体

【生产厂】[浙]杭州浙大泛科化工有限公司〈P1925〉;宁波市镇海翔宇化工有限公司(500 吨)〈P1933〉

叔丁基肼;特丁基肼 C03010331

tert-Butylhydrazine

用作农药哒螨酮中间体

【生产厂】[沪]上海源大精细化工有限公司(200 吨)〈P1776〉

【使用厂】[沪]上海农药厂有限公司〈P1755〉

马来酰肼;顺丁烯二酰肼 C03010351

cis-Butenedioic hydrazide;Maleic hydrazide [123-33-1]

用作农药、医药中间体

【生产厂】[冀]邯郸市赵都精细化工厂(600 吨)〈P1639〉

***N*-乙基-*N*-甲基氨基甲酰氯** C03010391

N-Ethyl-*N*-methylcarbamoyl chloride [42252-34-6]

用作药物利斯的明中间体

【生产厂】[苏]海峰化工科研有限公司〈P1797〉

***O*,*O*-二乙基硫代磷酰氯**;乙基氯化物 C03010401

O,*O*-Diethylthiophosphoryl chloride [2524-04-1]

用于合成辛硫磷、对硫磷、苏化203、毒死蜱、三唑磷和二嗪磷等有机磷农药

【生产厂】[冀]邢台市农药有限公司(2 万吨)〈P1643〉;[辽]盘锦盘助化工助剂有限公司〈P1706〉;葫芦岛凌云集团农药化工有限公司〈P1702〉;[苏]南通林港化工有限公司(2000 吨)〈P1834〉;[浙]浙江新农化工股份有限公司〈P1970〉;[皖]安徽省池州新赛德化工有限公司〈P1987〉;[鲁]山东胜邦鲁南农药有限公司(6000 吨)〈P2150〉;[豫]河南永信生物农药股份有限公司(5000 吨)〈P2194〉;[鄂]沙隆达集团公司〈P2240〉;[粤]广州润土农药化工有限公司〈P2263〉

【使用厂】[津]天津农药股份有限公司〈P1576〉;[沪]上海农药厂有限公司〈P1755〉;[苏]连云港立本农药化工有限公司〈P1798〉;苏州华源农用生物化学品有限公司〈P1901〉;江都市宙龙集团公司〈P1815〉;[闽]福建省建瓯福农化工有限公司〈P2003〉;福建三农集团股份有限公司〈P1994〉;[赣]江西联达化工有限公司〈P2009〉;[鲁]淄博市周村穗丰农药化工有限公司〈P2072〉;济宁圣城化工实验有限责任公司〈P2128〉;山东华阳和乐农药有限公司〈P2144〉;[鄂]湖北仙隆化工股份有限公司〈P2245〉;[湘]湖南天宇农药化工集团股份有限公司〈P2253〉;[川]四川省化工研究设计院〈P2319〉

二苯基膦酰氯;氯二苯基膦氧化物 C03010451

Diphenylphosphinyl chloride [1499-21-4]

【生产厂】[京]北京奥得赛化学有限公司〈P1543〉;[沪]上海万凯化学有限公司〈P1768〉;[苏]连云港泰亿精细化工有限公司〈P1800〉

二甲氨基甲酰氯;DMCl C03010501

N, *N*-Dimethylaminoformyl chloride; *N*, *N*-Dimethylchloroformamide [79-44-7]

用作医药、农药中间体

【生产厂】[浙]宁波市镇海翔宇化工有限公司(500 吨)〈P1933〉;[皖]安徽省广德县中信化工厂〈P1986〉

二甲氨基硫代甲酰氯 C03010551

N,*N*-Dimethylaminothioformyl chloride;Dimethylthiocarbamoyl chloride [16420-13-6]

用作医药中间体

【生产厂】[京]北京朝福化工实验厂〈P1544〉

二甲基二硫;DMDS C03010701

Dimethyl disulfide [624-92-0]

用作溶剂和农药中间体、燃料和润滑油添加剂、乙烯裂解炉和炼油装置的结焦抑制剂等

【生产厂】[冀]河北亚诺化工有限公司(1000 吨)〈P1623〉;河北青县大地化工有限公司(2000 吨)〈P1654〉;廊坊格瑞泰化工有限公司〈P1660〉;廊坊三威化工有限公司(8000 吨)〈P1660〉;廊坊金盛汇化工有限公司〈P1660〉;廊坊光亚化工有限公司〈P1660〉;[蒙]杭锦旗四海医药化工有限公司(4500 吨)〈P1683〉;内蒙古鄂尔多斯市鑫泰隆精细化工有限责任公司(3000 吨)〈P1683〉;[辽]辽阳光华化工有限公司(3000 吨)〈P1709〉;辽阳鼎鑫化工有限公司〈P1709〉;本溪成德化工有限公司(2 万吨)〈P1699〉;丹东明珠特种树脂有限公司〈P1700〉;[沪]上海三微实业有限公司〈P1759〉;上海浦东兴邦化工发展有限公司(600 吨)〈P1756〉;[苏]南京瑞泽精细化工有限公司〈P1788〉;[鲁]淄博市博山东方化工厂(500 吨)〈P2067〉;潍坊杜得利化学工业有限公司〈P2101〉;山东滕州悟通香料有限责任公司〈P2078〉;滕州市香源化工有限责任公司〈P2079〉;滕州吉田香料有限公司〈P2078〉;[豫]濮阳市益丰精细化工有限公司(500 吨)〈P2215〉;南阳市威特化工有限责任公司〈P2224〉;南阳市思达特精细化学有限责任公司(1000 吨)〈P2224〉

【使用厂】[冀]河北海斯特化学有限公司〈P1663〉

***O*,*O*-二甲基硫代磷酰胺**;精酰胺;精胺 C03010810

O,*O*-Dimethylthiophosphorylamide

主要用作甲胺磷、乙酰甲胺磷的中间体

【生产厂】[沪]上海农药厂有限公司〈P1755〉;[苏]武进农药厂〈P1864〉;[湘]湖南湘大比德化工有限公司〈P2251〉;[粤]广州润土农药化工有限公司〈P2263〉

二甲基硫醚;二甲硫;甲硫醚 C03011001

Dimethyl sulfide [75-18-3]

用于制备二甲基亚砜和用作农药中间体或溶剂

【生产厂】[冀]廊坊格瑞泰化工有限公司〈P1660〉;廊坊光亚化工有限公司〈P1660〉;[晋]榆次开发区福利油脂化工厂(3000吨)〈P1676〉;[辽]辽阳光华化工有限公司(3000吨)〈P1709〉;本溪成德化工有限公司(3000吨)〈P1699〉;盘锦远东锦星化工有限公司(2000吨)〈P1707〉;[鲁]山东滕州悟通香料有限责任公司(50吨)〈P2078〉;滕州市香源化工有限责任公司〈P2079〉;滕州吉田香料有限公司〈P2078〉;[甘]甘肃省化工研究院(100吨)〈P2355〉

苯硫醚 C03011010

Diphenyl sulfide [139-66-2]

用作农药、医药、染料中间体

【生产厂】[苏]靖江市化工总厂〈P1824〉

茴香硫醚;苯硫基甲烷 C03011013

Thioanisole; Methyl phenyl sulfide; (Methylthio) benzene [100-68-5]

用作农药、医药、染料中间体

【生产厂】[浙]杭州新龙化工有限公司〈P1924〉

间氨基茴香硫醚;3-氨基茴香硫醚 C03011015

3-Aminothioanisole; *m*-Methylthioaniline [1783-81-9]

用作药物中间体

【生产厂】[渝]重庆川东化工(集团)有限公司(100吨)〈P2304〉

3-溴茴香硫醚 C03011025

3-Bromothioanisole

【生产厂】[京]北京维达化工有限公司(20吨)〈P1563〉;[冀]河北亚诺化工有限公司(10吨)〈P1623〉

间硼酸茴香硫醚;3-甲硫基苯硼酸 C03011028

3-Thioanisoleboromic acid [128312-11-8]

用作有机合成中间体

【生产厂】[京]北京维达化工有限公司(5吨)〈P1563〉;[冀]河北亚诺化工有限公司(2吨)〈P1623〉

2,2′-二氨基二苯二硫;2,2′-二硫二苯胺 C03011039

2,2′-Diaminodiphenyl disulfide; 2,2′-Dithiobisbenzenamine [1141-88-4]

【生产厂】[鲁]潍坊万源化工有限公司〈P2106〉

2-氨基二苯硫醚 C03011041

2-Aminodiphenyl sulfide

【生产厂】[苏]苏州敬业医药化工有限公司〈P1901〉

2,4-二氯苯酚 C03011101

2,4-Dichlorophenol [120-83-2]

用作农药、医药中间体,用于合成除草醚、2,4-D等产品

【生产厂】[黑]佳木斯黑龙农药化工股份有限公司〈P1724〉;[苏]连云港市金囤农药有限公司〈P1825〉;江苏华派集团(600吨)〈P1807〉;盐城市华佳化工有限公司〈P1811〉;盐城凤阳化工有限公司(200吨)〈P1809〉;盐城汇龙化工有限公司〈P1810〉;建湖县鑫鑫化工有限公司〈P1807〉;[鲁]曲阜市助剂厂(480吨)〈P2130〉;[豫]辉县市东普合成中间体有限责任公司〈P2202〉;[鄂]湖北楚源集团股份有限公司〈P2239〉

【使用厂】[苏]江苏省靖江市金囤农化有限公司〈P1822〉

2,4-二氯苯酚钠 C03011191

2,4-Dichlorophenol, sodium salt [3757-76-4]

用作除草剂的中间体

【生产厂】[鲁]曲阜市助剂厂(1800吨)〈P2130〉

甘氨酸甲酯盐酸盐 C03011251

Glycine methyl ester hydrochloride [5680-79-5]

用作家用杀虫剂、除虫菊酯原料及制药工业原料

【生产厂】[沪]上海雅本化学有限公司〈P1773〉;[苏]苏州市永达精细化工有限公司(1200吨)〈P1906〉;[鄂]武汉阿米诺科技有限公司〈P2228〉

甘氨酸乙酯盐酸盐 C03011301

Ethyl glycinate hydrochloride [623-33-6]

用作农药菊酯类杀虫剂及医药中间体

【生产厂】[京]北京东方德众科技发展有限公司〈P1546〉;北京清华紫光英力化工技术有限责任公司〈P1557〉;[沪]上海雅本化学有限公司〈P1773〉;上海嘉辰化工有限公司〈P1742〉;[苏]苏州市永达精细化工有限公司(1200吨)〈P1906〉;扬州市恒生化工有限公司(200吨)〈P1818〉;扬州宝盛生物化工有限公司〈P1817〉;南通光荣化工有限公司(300吨)〈P1833〉;南通利田化工有限公司〈P1834〉

6,7,8-三氟-1,4-二氢-4-氧代喹啉-3-羧酸乙酯;环合物 C03011311

6,7,8-Trifluoro-1,4-dihydro-4-oxo-quinoline-3-carboxylic acid ethyl ester

用作医药洛美沙星、氟罗沙星中间体

【生产厂】[辽]锦州九洋药业有限责任公司〈P1702〉;[苏]常州市白云化工有限公司〈P1849〉;[豫]河南省龙泉集团医药中间体有限公司(800吨)〈P2201〉

【使用厂】[湘]湖南洞庭药业股份有限公司〈P2255〉

喹啉-2,3-二羧酸二乙酯;2,3-喹啉二羧酸二乙酯 C03011331

Diethyl quinoline-2,3-dicarboxylate

用于生产农药灭草喹

【生产厂】[鲁]山东先达化工有限公司〈P2157〉

甘氨酸叔丁酯盐酸盐 C03011351

tert-Butyl glycine hydrochloride [27532-96-3]

【生产厂】[沪]上海雅本化学有限公司〈P1773〉;[苏]南京科邦医药化工有限公司〈P1786〉;常州夏青化工有限公司(100吨)〈P1857〉

甘氨酸叔丁酯 C03011355

tert-Butyl glycinate [6456-74-2]

【生产厂】[辽]大连联化化学有限公司〈P1692〉

1-苯基-3-羟基-1,2,4-三唑;苯唑醇 C03011501

1-Phenyl-3-hydroxy-1,2,4-triazole
用作农药三唑磷的中间体
【生产厂】[沪]上海浦东兴邦化工发展有限公司〈P1756〉；[苏]江都市宙龙集团公司〈P1815〉；[浙]浙江新农化工股份有限公司〈P1970〉；[皖]安徽省池州新赛德化工有限公司〈P1987〉

C

4-硝基酚钠；对硝基苯酚钠 C03011601
Sodium *p*-nitrophenolate [824-78-2]
主要用于制造农药、医药、显影剂和染料中间体
【生产厂】[津]天津市五一化工厂(2000吨)〈P1606〉；[苏]南京化学工业有限公司化工厂(5000吨)〈P1785〉；[皖]安徽八一化工股份有限公司(3万吨)〈P1974〉；蚌埠市海兴化工有限责任公司〈P1975〉；[豫]郑州标典化工有限公司〈P2169〉；郑州中大农化有限公司〈P2175〉；巩义市孝义镇化工厂(600吨)〈P2164〉
【使用厂】[苏]连云港立本农药化工有限公司〈P1798〉；武进农药厂〈P1864〉；江苏省连云港市东金化工有限公司〈P1798〉；[闽]旭化学工业(漳洲)有限公司〈P2002〉；[赣]赣南果业赣州农药公司〈P2014〉；[鲁]山东高密康丰农化有限公司〈P2094〉；山东华阳农药化工集团有限公司〈P2136〉

邻异丙基苯胺；2-异丙基苯胺 C03011731
o-Isopropylaniline；2-(1-Methylethyl) aniline [643-28-7]
用作农药中间体
【生产厂】[苏]常州市浩楠化工有限公司〈P1851〉

间异丙基苯胺 C03011735
m-Isopropylaniline
用作医药、农药中间体
【生产厂】[苏]常州市浩楠化工有限公司〈P1851〉

对异丙基苯胺 C03011741
p-Isopropylaniline [99-88-7]
用作医药、农药中间体
【生产厂】[沪]上海永远化工有限公司〈P1775〉；[苏]常州市浩楠化工有限公司〈P1851〉

环己亚胺；环六亚甲基亚胺 C03011751
Hexamethyleneimine；HMI [111-49-9]
用作农药中间体
【生产厂】[苏]江苏华昌(集团)有限公司〈P1893〉；江苏华昌化工股份有限公司〈P1893〉；江苏丰源生物化工有限公司(250吨)〈P1807〉

2,6-二异丙基苯胺 C03011761
2,6-Diisopropylaniline [24544-04-5]
是重要的农药、染料及医药中间体，农药方面是合成新型杀虫剂杀螨隆的关键中间体
【生产厂】[苏]昆山市化学原料有限公司〈P1897〉

2-氯苯酚；邻氯苯酚 C03011801
2-Chlorophenol [95-57-8]
用于医药、农药和染料及其他有机合成原料
【生产厂】[苏]江苏省金坛市西南化工研究所〈P1860〉；金坛市振兴气体化工有限公司〈P1863〉；江苏华派集团(1000吨)〈P1807〉；盐城市华佳化工有限公司〈P1811〉；盐城汇龙化工有限公司〈P1810〉；建湖县鑫鑫化工有限公司〈P1807〉；[鄂]湖北楚源集团股份有限公司〈P2239〉
【使用厂】[津]天津农药股份有限公司〈P1576〉；[鲁]青岛一农七星化学有限公司〈P2045〉；济宁圣城化工实验有限责任公司〈P2128〉

2,6-二氯苯酚 C03011802
2,6-Dichlorophenol [87-65-0]
用作医药、农药、染料及有机合成中间体
【生产厂】[苏]江苏华派集团(800吨)〈P1807〉；盐城市华佳化工有限公司〈P1811〉；盐城汇龙化工有限公司〈P1810〉；[豫]辉县市东普合成中间体有限责任公司〈P2202〉

3-甲基二苯醚；间甲基二苯醚；间苯氧基甲苯 C03011901
3-Methyldiphenyl ether [3586-14-9]
用作农药除虫菊酯类中间体
【生产厂】[苏]金坛市华盛化工助剂有限公司〈P1862〉；[浙]湖州康润化工有限公司〈P1945〉；余姚化工厂有限责任公司〈P1935〉
【使用厂】[苏]江苏苏化集团有限公司〈P1894〉

对氟间苯氧基苯甲醇；氟醚醇 C03011931
p-Fluoro-*m*-phenoxybenzyl alcohol
用于农药合成工业
【生产厂】[苏]金坛市华盛化工助剂有限公司〈P1862〉

对氟间苯氧基苯甲醛 C03011951
p-Fluoro-*m*-phenoxybenzaladehyde
用作合成拟除虫菊酯的中间体，用于合成氟氯氰菊酯、氟氯苯菊酯、烃菊酯等农药
【生产厂】[苏]金坛市华盛化工助剂有限公司〈P1862〉

苯乙腈；苄基氰；氰化苄 C03012001
Benzyl cyanide；Phenylacetonitrile [140-29-4]
主要用作医药、农药、染料和香料的中间体
【生产厂】[冀]河北诚信有限责任公司(2万吨)〈P1619〉；[晋]山西省陵川化工总厂(1500吨)〈P1675〉；山西省陵川化工总厂(1500吨)〈P1675〉；[苏]仪征市鼎信化工有限公司(150吨)〈P1820〉；江苏双菱化工集团有限公司〈P1798〉；[豫]河南省新乡六通实业有限公司(3000吨)〈P2201〉；[鄂]武汉有机实业股份有限公司〈P2235〉；[渝]重庆福润化工有限公司〈P2304〉
【使用厂】[辽]丹东医创药业有限责任公司〈P1701〉；[沪]上海农药厂有限公司〈P1755〉；[苏]连云港立本农药化工有限公司〈P1798〉；南京红太阳集团〈P1784〉；江苏丰山集团有限公司〈P1807〉；[鲁]淄博市周村穗丰农药化工有限公司〈P2072〉；山东华阳和乐农药有限公司〈P2144〉；济宁市通达化工厂〈P2128〉；[豫]河南永信生物农药股份有限公司〈P2194〉；[鄂]湖北科兴医药化工股份有限公司〈P2237〉

苯甲腈；苯腈 C03012002
Benzonitrile [100-47-0]
用作农药、染料中间体及溶剂抗氧剂等
【生产厂】[京]北京奥得赛化学有限公司(200吨)〈P1543〉；[沪]上海涂料有限公司〈P1768〉；上海南大化工厂(1000吨)〈P1754〉；上海市大场化工厂〈P1763〉；上海新大化工厂(1400吨)〈P1771〉；[苏]仪征市鼎信化工有限公司(30吨)〈P1820〉；[鄂]武汉有机实业股份有限公司〈P2235〉

【使用厂】[皖]安徽省歙县宏大化工有限公司〈P1980〉

二苯乙腈 C03012003

Diphenylacetonitrile [86-29-3]

可作除草剂,芽前用于草皮防除禾本科幼草

【生产厂】[沪]上海华钛化学有限公司〈P1739〉

【使用厂】[苏]常州康达制药有限公司〈P1848〉

对甲基苯甲腈;对甲苯腈 C03012005

p-Methylbenzonitrile;*p*-Tolunitrile [104-85-8]

用作医药、染料中间体

【生产厂】[京]北京奥得赛化学有限公司〈P1543〉;北京马氏精细化学品有限公司〈P1555〉;[黑]大庆新世纪精细化工有限公司〈P1722〉;[苏]扬州杰迪化工有限公司〈P1817〉;[豫]新乡市祥润化工有限公司〈P2206〉;开封市华星化工厂(1200 吨)〈P2177〉;[鄂]武汉有机实业股份有限公司〈P2235〉

间甲基苯甲腈;间甲苯腈 C03012006

m-Tolunitrile [620-22-4]

是有机合成中间体,主要用于合成间甲基苯甲酸

【生产厂】[京]北京奥得赛化学有限公司〈P1543〉;[苏]扬州杰迪化工有限公司〈P1817〉;[豫]开封市华星化工厂(1000 吨)〈P2177〉;[鄂]武汉有机实业股份有限公司〈P2235〉

对硝基苯甲腈;对硝基苯腈 C03012007

p-Nitrobenzonitrile [619-72-7]

用作医药中间体

【生产厂】[沪]上海旭升精细化工技术研究所〈P1773〉;[苏]仪征市鼎信化工有限公司(20 吨)〈P1820〉;句容市顺风助剂厂〈P1843〉;扬州天辰精细化工有限公司〈P1819〉;[鲁]青岛双收农药化工有限公司〈P2043〉;[鄂]武汉市天麦染料实业有限公司〈P2233〉

间硝基苯腈;3-硝基苯腈 C03012009

m-Nitrobenzonitrile [619-24-9]

用作医药、农药中间体

【生产厂】[苏]仪征市鼎信化工有限公司(30 吨)〈P1820〉

间三氟甲基苯乙腈 C03012011

m-Trifluoromethylbenzyl cyanide [2338-76-3]

用作农药、医药、染料中间体,用于合成除草剂、除莠剂,合成抗病菌或冠状血管扩张药等

【生产厂】[京]北京达科思精细化工研究所〈P1545〉;[沪]上海试四赫维化工有限公司〈P1764〉;[苏]丹阳市大泊化工厂〈P1840〉;[浙]浙江省东阳市康峰有机氟化工厂〈P1955〉;[桂]广西平果氟化盐有限公司〈P2301〉

4-联苯乙腈;联苯-4-乙腈 C03012021

4-Biphenylacetonitrile [31603-77-7]

用作解热镇痛药联苯乙酸乙酯中间体

【生产厂】[赣]江西省励远化工科技实业公司〈P2009〉

对苯二乙腈 C03012025

p-Phenylenediacetonitrile [622-75-3]

【生产厂】[鄂]武汉有机实业股份有限公司〈P2235〉

3,5-双三氟甲基苯腈 C03012031

3,5-Bis(trifluoromethyl)benzonitrile [27126-93-8]

用作有机合成中间体

【生产厂】[京]北京金奥利维科技发展有限公司〈P1551〉;北京宜龙通广科技有限公司〈P1565〉;[辽]阜新奥瑞凯精细化工有限公司〈P1707〉;阜新特种化学股份有限公司〈P1708〉

2-乙氧基苯腈;邻乙氧基苯腈 C03012034

2-Ethoxybenzonitrile [6609-57-0]

【生产厂】[苏]苏州市华伦化工有限公司〈P1903〉

对乙氧基苯腈 C03012035

p-Ethoxybenzonitrile [25117-74-2]

用于有机合成

【生产厂】[苏]金坛市华盛化工助剂有限公司〈P1862〉

5-甲基间苯二乙腈;5-甲基-1,3-苯二乙腈 C03012041

5-Methyl-1,3-phenylenediacetonitrile [120511-74-2]

用作医药中间体

【生产厂】[浙]杭州广林生物医药有限公司〈P1917〉;[鄂]湖北祥云(集团)化工股份有限公司〈P2244〉

五甲基-1,3-二乙氰基苯;α,α,α′,α′,5-五甲基-1,3-苯二乙腈 C03012049

α,α,α′,α′,5-Pentamethyl-1,3-benzenediacetonitrile [120511-72-0]

【生产厂】[浙]杭州广林生物医药有限公司〈P1917〉

对三氟甲基苯腈;4-三氟甲基苯腈 C03012051

p-(Trifluoromethyl)benzonitrile [455-18-5]

【生产厂】[京]北京宜龙通广科技有限公司〈P1565〉;[苏]丹阳市大泊化工厂〈P1840〉;扬州天辰精细化工有限公司〈P1819〉;[鲁]山东武城康达化工有限公司(150 吨)〈P2146〉;菏泽睿鹰制药集团(8 吨)〈P2158〉

邻三氟甲基苯腈;邻氰基三氟甲苯 C03012061

o-(Trifluoromethyl)benzonitrile [447-60-9]

【生产厂】[京]北京宜龙通广科技有限公司〈P1565〉;[辽]阜新特种化学股份有限公司〈P1708〉;[沪]上海市农药研究所〈P1764〉;[苏]丹阳市大泊化工厂〈P1840〉;扬州天辰精细化工有限公司〈P1819〉;[鲁]青岛和兴精细化学有限公司(200 吨)〈P2036〉

间三氟甲基苯腈;间氰基三氟甲苯 C03012071

m-(Trifluoromethyl)benzonitrile [368-77-4]

【生产厂】[辽]阜新特种化学股份有限公司〈P1708〉;[沪]上海市农药研究所〈P1764〉;[苏]丹阳市大泊化工厂〈P1840〉;江苏庙桥合成化工有限公司〈P1859〉;[鲁]山东武城康达化工有限公司(150 吨)〈P2146〉

3,4-二甲氧基苯乙腈;3,4-二甲氧基苄腈 C03012091

3,4-Dimethoxylphenylacetonitrile;3,4-Dimethoxybenzyl cyanide [93-17-4]

用于有机合成、医药工业

【生产厂】[苏]常州市武进临川化工有限公司〈P1854〉;[浙]浙江燎原药业有限公司(50 吨)〈P1965〉;浙江新花蝶化工有限公司〈P1969〉

对叔丁基苯乙腈;对叔丁基苄基氰 C03012095

p-tert-Butylphenylacetonitrile
【生产厂】[苏]昆山城东化工有限公司〈P1895〉

3,4,5-三甲氧基苯乙腈;3,4,5-三甲氧基苄腈 C03012099
3,4,5-Trimethoxyphenylacetonitrile;3,4,5-Trimethoxybenzyl cyanide [13338-63-1]
【生产厂】[赣]江西犇牛医药化工有限公司〈P2015〉

C

5-氨基-1,2,3-噻二唑 C03012111
5-Amino-1,2,3-thiadiazole [4100-41-8]
用作农药中间体
【生产厂】[吉]吉林省石油化工设计研究院〈P1714〉;[浙]浙江九洲药业股份有限公司〈P1965〉

2-氨基-5-二异丙氨基-1,3,4-噻二唑 C03012117
2-Amino-5-diisopropylamino-1,3,4-thiadiazole
用作医药、染料的中间体
【生产厂】[浙]杭州近江化工染料有限公司〈P1919〉

2-氨基-5-溴-1,3,4-噻二唑 C03012119
2-Amino-5-bromo-1,3,4-thiadiazole
【生产厂】[浙]杭州近江化工染料有限公司〈P1919〉

2,4-噻唑烷二酮 C03012151
2,4-Thiazolidinedione;Thiazolidine-2,4-dione [2295-31-0]
用于合成药物吡格列酮、罗格列酮等
【生产厂】[冀]河北金通医药化工有限责任公司〈P1620〉;[苏]南京科邦医药化工有限公司〈P1786〉;宜兴市屺亭化工厂〈P1886〉;启东嘉峰医药科技有限公司〈P1836〉;[浙]台州市奥力特精细化工有限公司〈P1961〉;[鲁]临沂奥浦生物技术有限公司〈P2147〉;[鄂]湖北志诚化工科技有限公司〈P2243〉

2-氨基-5-三氟甲基-1,3,4-噻二唑 C03012171
2-Amino-5-trifluoromethyl-1,3,4-thiadiazole [10444-89-0]
用作农药、医药中间体
【生产厂】[鲁]淄博市临淄沣田化工有限公司〈P2068〉

3-氨基-5-氯-1,2,4-噻二唑 C03012191
3-Amino-5-chloro-1,2,4-thiadiazole [50988-13-1]
用作农药、医药中间体
【生产厂】[鲁]淄博市临淄沣田化工有限公司〈P2068〉

二甲基砜 C03012201
Dimethyl sulfone;Sulfonylbismethane [67-71-0]
用作有机合成原料、高温溶剂、食品添加剂和保健品原料等
【生产厂】[京]北京维达化工有限公司(500 吨)〈P1563〉;[津]天津天成制药有限公司(300 吨)〈P1614〉;天津宝丰医药化工有限公司(1000 吨)〈P1570〉;[辽]本溪成德化工有限公司(600 吨)〈P1699〉;盘锦远东锦星化工有限公司(3500 吨)〈P1707〉;[苏]金坛市登冠化工有限公司〈P1861〉;[浙]杭州达康化工有限公司(2 吨)〈P1916〉;浙江华义医药有限公司〈P1954〉

硫丹醇;1,4,5,6,7,7-六氯双环(2,2,1)庚-5-烯-2,3-二甲醇 C03012251
1,4,5,6,7,7-Hexachlorobicyclo(2,2,1)hept-5-ene-2,3-dimethanol
用于合成农药硫丹的中间体
【生产厂】[苏]涟水金兰化工有限公司〈P1803〉

双甘膦;*N*-(膦羧基甲基)亚氨基二乙酸 C03012301
N-Phosphonomethyl iminodiacetic acid [5994-61-6]
是生产广谱灭生性芽后除草剂的主要原料,也是农药、医药、橡胶、电镀、染料行业中重要中间体
【生产厂】[京]北京清华紫光英力化工技术有限责任公司〈P1557〉;[黑]鹤岗市清华紫光英力农化有限公司〈P1725〉;[苏]南京红太阳集团〈P1784〉;镇江江南化工有限公司〈P1844〉;江苏裕廊化工有限公司〈P1809〉;如皋市化工防腐有限公司(3600 吨)〈P1838〉;[皖]安徽氯碱化工集团有限责任公司〈P1972〉;安徽海丰精细化工股份有限公司〈P1971〉;[鲁]淄博万昌集团有限公司(1 万吨)〈P2073〉;[粤]广州润土农药化工有限公司〈P2263〉

邻氯苄基膦酸二甲酯 C03012351
Dimethyl *o*-chlorobenzylphosphonate
用于生产以氟环唑为主要有效成分的杀菌剂
【生产厂】[苏]泰州市天成化工有限公司〈P1827〉

亚氨基二乙腈 C03012391
Iminodiacetonitrile [628-87-5]
主要用于合成除草剂草甘膦,也是一种重要的精细化工中间体
【生产厂】[京]北京清华紫光英力化工技术有限责任公司〈P1557〉;[冀]河北诚信有限责任公司〈P1619〉;[渝]重庆紫光化工有限责任公司〈P2308〉

2-甲基-6-乙基苯胺;2-乙基-6-甲基苯胺 C03012501
2-Methyl-6-ethylaniline;2-Ethyl-6-methylaniline [24549-06-2]
是重要的农药、染料及医药中间体,是酰胺类除草剂乙草胺的生产原料
【生产厂】[辽]大连瑞泽农药股份有限公司〈P1693〉;[苏]昆山市化学原料有限公司(6500 吨)〈P1897〉;[豫]林州市华帅化工有限公司(500 吨)〈P2211〉
【使用厂】[苏]南通江山农药化工股份有限公司〈P1833〉;江苏腾龙生物药业有限公司〈P1808〉;[鲁]山东胜邦绿野化学有限公司〈P2029〉

2,6-二乙基苯胺 C03012601
2,6-Diethylaniline [579-66-8]
是重要的农药、染料及医药中间体,是酰胺类除草剂甲草胺和丁草胺的原料
【生产厂】[辽]大连瑞泽农药股份有限公司〈P1693〉;[沪]上海康晟实业有限公司〈P1748〉;[苏]昆山市化学原料有限公司(3500 吨)〈P1897〉
【使用厂】[苏]南通江山农药化工股份有限公司〈P1833〉;[鲁]山东胜邦绿野化学有限公司〈P2029〉

N-甲基哌嗪 C03012701
N-Methylpiperazine [109-01-3]
用于制取抗菌类药物甲哌利福霉素、抗精神病药三氟拉嗪及氧氟沙星等

【生产厂】[京]北京普瑞东方化学技术有限公司〈P1556〉；北京市申达精细化工有限公司〈P1560〉；[沪]上海朗瑞精细化学品有限公司〈P1749〉；[苏]南京富邦化工有限公司〈P1783〉；宝应县大有化学品制造有限公司〈P1813〉；[浙]浙江白云伟业化工股份有限公司〈P1950〉；台州市奥力特精细化工有限公司〈P1961〉；[赣]江西昌九金桥化工有限公司〈P2008〉

N,N′-二甲基哌嗪；1,4-二甲基哌嗪 C03012702
N,N′-Dimethylpiperazine；1,4-Dimethylpiperazine [106-58-1]
用作医药中间体及表面活性剂
【生产厂】[苏]江都市大江化工厂〈P1813〉；[浙]杭州广林生物医药有限公司〈P1917〉

N-羟乙基哌嗪 C03012703
N-β-Hydroxyethylpiperazine [103-76-4]
是生产三乙烯二胺、表面活性剂、医药、农药的重要中间体，可用于合成精神病药氟奋乃静等
【生产厂】[赣]江西昌九金桥化工有限公司〈P2008〉；[豫]河南延化化工有限责任公司〈P2202〉；新乡市巨晶化工有限责任公司(300 吨)〈P2205〉

N-乙基哌嗪 C03012711
N-Ethylpiperazine [5308-25-8]
主要用于生产兽药乙基环丙沙星，同时也可用作染料、植物保护剂的合成原料等
【生产厂】[苏]宝应县大有化学品制造有限公司〈P1813〉；[赣]江西昌九金桥化工有限公司〈P2008〉

1-羟乙氧基乙基哌嗪；1-[2-(2-羟基乙氧基)]乙基哌嗪 C03012721
1-Hydroxyethoxyethylpiperazine；2-[2-(1-Piperazinyl) ethoxy] ethanol [13349-82-1]
用作医药中间体
【生产厂】[沪]上海凯峰化工有限公司〈P1747〉；[苏]苏州敬业医药化工有限公司〈P1901〉；[浙]台州东升医药化工有限公司〈P1960〉；浙江华纳药业有限公司〈P1950〉

N-乙酰基哌嗪；1-乙酰基哌嗪 C03012731
1-Acetylpiperazine；N-Acetylpiperazine [13889-98-0]
【生产厂】[京]北京市申达精细化工有限公司〈P1560〉

2-甲基哌嗪 C03012751
2-Methylpiperazine [109-07-9]
医药中间体，是合成洛美沙星的原料
【生产厂】[赣]江西昌九金桥化工有限公司〈P2008〉

亚磷酸二异丙酯 C03012851
Diisopropyl phosphite
用作农药中间体
【生产厂】[沪]上海农药厂有限公司〈P1755〉

三氟甲基亚磺酰氯 C03012901
Trifluoromethylsulfinyl chloride
用作农药中间体
【生产厂】[冀]石家庄市龙汇精细化工有限责任公司〈P1630〉

2,2,3,3-四甲基环丙烷羧酸；菊酸 C03013001
2,2,3,3-Tetramethylcyclopropylcarboxylic acid；Chrysanthemic acid [15641-58-4]
用作农药甲氰菊酯的中间体
【生产厂】[辽]大连瑞泽农药股份有限公司〈P1693〉；[浙]台州市申源化学品有限公司〈P1962〉；[鲁]山东大成农药股份有限公司〈P2051〉

功夫酸；3-(2-氯-3,3,3-三氟-1-丙烯基)-2,2-二甲基环丙烷羧酸；三氟氯菊酸 C03013021
3-(2-Chloro-3,3,3-trifluoro-1-propenyl)-2,2-dimethylcyclopropanecarboxylic acid [72748-35-7]
用于合成拟除虫菊酯类杀虫剂的重要中间体菊酸
【生产厂】[苏]靖江宏泰化工有限公司〈P1824〉；连云港市华通化学有限公司(300 吨)〈P1799〉；连云港永龙化工有限公司〈P1800〉；江苏灶星农化有限公司〈P1809〉；[皖]安徽省银山药业有限公司〈P1984〉

二氯菊酰氯；DV 菊酰氯；3-(2,2-二氯乙烯基)-2,2-二甲基环丙烷甲酰氯 C03013031
Dichlorochrysanoyl chloride；DV Chrysanoyl chloride
用作农药中间体
【生产厂】[沪]上海永远化工有限公司〈P1775〉
【使用厂】[沪]上海中西药业股份有限公司〈P1779〉

DV 菊酸甲酯 C03013041
DV Methyl chrysanthemate；Methyl 3-(2,2-dichlorovinyl)-2,2-dimethyl-(1-cyclopropane) carboxylate [61898-95-1]
用于生产菊酯类农药
【生产厂】[沪]上海永远化工有限公司〈P1775〉；[苏]南京红太阳集团〈P1784〉

第一菊酸乙酯；菊酸乙酯 C03013051
Primary ethyl chrysanthemat [97-41-6]
主要用于丙烯氯菊酯、胺菊酯、苯醚菊酯、丙炔菊酯等杀虫剂的关键中间体
【生产厂】[苏]南京布莱克精细化工有限公司〈P1782〉

顺式二氯菊酸甲酯；3-(2,2-二氯乙烯基)-2,2-二甲基环丙烷羧酸甲酯 C03013071
Methyl 3-(2,2-dichloroethenyl)-2,2-dimethylcyclopropanecarbxylate
用作农药中间体
【生产厂】[苏]南京红太阳集团〈P1784〉

乙醛肟 C03013201
Acetaldoxime；Acetaldehyde oxime [107-29-9]
用作有机合成中间体、农药灭多威中间体、锅炉水除氧剂等
【生产厂】[辽]铁岭远能化工有限公司〈P1713〉；[鲁]山东武城康达化工有限公司〈P2146〉；山东泰安宜丰化工有限公司(400 吨)〈P2136〉
【使用厂】[苏]江阴龙灯化学有限公司〈P1867〉；[鲁]泰安市景风化工厂〈P2137〉

C

甲硫基乙醛肟 C03013211
Methylthioacetaldoxime
【生产厂】[鲁]山东武城康达化工有限公司〈P2146〉

丙酮肟；二甲基酮肟 C03013221
Acetoxime；Acetone oxime [127-06-0]
是医药、农药、染料及有机硅偶联剂的原料
【生产厂】[京]北京朝福化工实验厂〈P1544〉；[辽]铁岭远能化工有限公司〈P1713〉；[苏]苏州市吴赣化工有限责任公司〈P1905〉；太仓市鑫鹄化工有限公司〈P1909〉；泰兴市涂料助剂化工厂〈P1826〉；[鲁]山东武城康达化工有限公司〈P2146〉；[豫]焦作市华联化工有限公司(100 吨)〈P2196〉
【使用厂】[粤]广州化学试剂厂〈P2261〉

2-甲基-2-甲硫基丙醛肟；涕灭威肟 C03013261
2-Methyl-2-methylthiopropionaldoxime [1646-75-9]
是合成农药涕灭威及相关产品的主要中间体
【生产厂】[鲁]济南市商河县合成化工厂(500 吨)〈P2025〉

***O*-甲基异脲硫酸盐** C03013301
O-Methylisourea sulfate；*O*-Methylisourea hemisulfate [52328-05-9]
用于合成氟脲嘧啶类抗肿瘤药、咪唑类驱虫药及新型除草剂等
【生产厂】[鲁]济南隆盛有限责任公司〈P2023〉

1,3-二乙基脲；*N*,*N*′-二乙基脲；均二乙脲 C03013381
1,3-Diethylurea；*N*,*N*′-Diethylurea；*sym*-Diethylurea [623-76-7]
【生产厂】[浙]杭州浙大泛科化工有限公司〈P1925〉

2,2′-二硫代二苯甲酸；2,2′-二硫化水杨酸 C03013611
2,2′-Dithiodibenzoic acid；2,2′-Dithiosalicylic acid [119-80-2]
用作医药、染料、杀菌剂和光引发剂的中间体
【生产厂】[沪]上海华钛化学有限公司〈P1739〉；[苏]常州市化安精细化工有限公司〈P1851〉；江苏托球农化有限公司〈P1808〉；江都市海辰化工有限公司〈P1814〉；[浙]浙江化工科技集团有限公司〈P1927〉

4-甲硫基苯甲酸；对甲硫基苯甲酸 C03013631
4-Methylthiobenzoic acid；*p*-Methylthiobenzoic acid [13205-48-6]
【生产厂】[苏]苏州寅生化工有限公司〈P1907〉

2-氨基-4,6-二氯嘧啶 C03013801
2-Amino-4,6-dichloropyrimidine [56-05-3]
用于合成氯嘧磺隆除草剂
【生产厂】[京]北京卡乐瑞化工有限公司〈P1553〉；[辽]大连瑞泽农药股份有限公司〈P1693〉；[苏]江苏瑞邦农药厂〈P1860〉；[浙]金华市金龙化工有限公司〈P1953〉；[鲁]济南瑞凯化工有限公司〈P2024〉

4-氨基-2,6-二氯嘧啶 C03013805
4-Amino-2,6-dichloropyrimidine [10132-07-7]
【生产厂】[豫]新乡市天丰精细化工有限公司〈P2206〉

2-氨基-4,6-二甲基嘧啶 C03013811
2-Amino-4,6-dimethylpyrimidine [767-15-7]
用于农药嘧磺隆的合成
【生产厂】[苏]江苏瑞邦农药厂〈P1860〉；苏州寅生化工有限公司〈P1907〉；[浙]德清县天宝化工厂〈P1945〉；金华市金龙化工有限公司〈P1953〉

4-氨基-2,6-二甲基嘧啶 C03013815
4-Amino-2,6-dimethylpyrimidine [461-98-3]
【生产厂】[浙]德清县天宝化工厂〈P1945〉

2-甲硫基-4,6-二氯嘧啶 C03013821
4,6-Dichloro-2-(methylthio)pyrimidine [6299-25-8]
【生产厂】[苏]兴化明威化工有限公司〈P1828〉；[浙]杭州浙大泛科化工有限公司〈P1925〉；[鲁]济南瑞凯化工有限公司〈P2024〉

4,6-二羟基-2-甲硫基嘧啶 C03013825
4,6-Dihydroxy-2-methylthiopyrimidine [1979-98-2]
【生产厂】[苏]兴化明威化工有限公司〈P1828〉；[浙]杭州浙大泛科化工有限公司〈P1925〉

2-甲硫基-4,6-二甲基嘧啶 C03013841
2-Methylthio-4,6-dimethylpyrimidine [14001-64-0]
【生产厂】[沪]上海凯路化工有限公司〈P1747〉

2-氨基-4-氯-6-甲氧基嘧啶 C03013851
2-Amino-4-chloro-6-methoxypyrimidine [5734-64-5]
用于农药氯嘧磺隆的合成
【生产厂】[辽]大连瑞泽农药股份有限公司〈P1693〉；[沪]上海凯路化工有限公司〈P1747〉；[苏]江苏瑞邦农药厂〈P1860〉；苏州丽兰化工有限公司〈P1902〉；[浙]金华市金龙化工有限公司〈P1953〉

4,6-二甲氧基-2-甲磺酰基嘧啶；2-甲砜基-4,6-二甲氧基嘧啶 C03013861
4,6-Dimethoxy-2-methylsulfonylpyrimidine [113583-35-0]
作为农药中间体，用于水杨酸嘧啶系列除草剂的合成
【生产厂】[沪]上海凯路化工有限公司〈P1747〉；[苏]兴化明威化工有限公司〈P1828〉；[浙]杭州浙大泛科化工有限公司〈P1925〉；[鲁]济南瑞凯化工有限公司〈P2024〉

4,6-二甲氧基-2-甲硫基嘧啶 C03013871
4,6-Dimethoxy-2-methylthiopyrimidine [90905-46-7]
作为医药、农药中间体，用于水杨酸嘧啶系列除草剂的合成
【生产厂】[苏]兴化明威化工有限公司〈P1828〉；[鲁]济南瑞凯化工有限公司〈P2024〉

2-氨基-4,6-二羟基嘧啶 C03013891
2-Amino-4,6-dihydroxypyrimidine [56-09-7]
用作除草剂苄磺隆、吡嘧磺隆中间体
【生产厂】[京]北京卡乐瑞化工有限公司〈P1553〉；[辽]大连瑞泽农药股份有限公司〈P1693〉；[苏]江苏瑞邦农药厂〈P1860〉；苏州市吴赣化工有限责任公司〈P1905〉；[浙]金华市金龙化工有限公司〈P1953〉；[鲁]济南瑞凯化工有限公司〈P2024〉；[豫]河南省荥阳甲醇钠有限公司〈P2167〉；[粤]肇庆市科立化工有限公司〈P2293〉

2-氨基-4,6-二甲氧基嘧啶 C03013894
2-Amino-4,6-dimethoxypyrimidine [36315-01-2]

用于合成除草剂苄嘧磺隆、吡嘧磺隆等

【生产厂】[京]北京卡乐瑞化工有限公司〈P1553〉;[辽]大连瑞泽农药股份有限公司〈P1693〉;[沪]上海凯路化工有限公司〈P1747〉;[苏]江苏瑞邦农药厂〈P1860〉;苏州丽兰化工有限公司〈P1902〉;连云港永龙化工有限公司〈P1800〉;[浙]金华市金龙化工有限公司〈P1953〉;[鲁]济南瑞凯化工有限公司〈P2024〉

2,5-二氨基-4,6-二羟基嘧啶盐酸盐　C03013899

2,5-Diamino-4,6-dihydroxypyrimidine hydrochloride

【生产厂】[苏]扬州飞扬化工有限公司〈P1817〉;[粤]肇庆市科立化工有限公司〈P2293〉

N-氯甲基-*N*-苯基氨基甲酰氯　C03013901

N-Chloromethyl-*N*-phenylaminoformyl chloride

用于生产农药百虱灵

【生产厂】[渝]重庆长风化工厂(750 吨)〈P2303〉

2-氯-5-氯甲基吡啶;PMC　C03014001

2-Chloro-5-chloromethylpyridine [70258-18-3]

用作农药吡虫啉和啶虫咪中间体

【生产厂】[苏]南京红太阳集团〈P1784〉;南京仁信化工有限公司〈P1788〉;盐城利民农化有限公司〈P1810〉;姜堰市康鹏农化有限公司〈P1823〉;如东县光荣合成化工厂〈P1837〉;[皖]安徽金泰农药化工有限公司(1000 吨)〈P1971〉;安徽省银山药业有限公司〈P1984〉;[豫]濮阳利鑫精细化工有限公司〈P2213〉;[鄂]武汉胜鑫化工有限公司〈P2232〉

【使用厂】[沪]上海东风农药厂〈P1732〉

3,5,6-三氯吡啶-2-醇钠　C03014051

Sodium 3,5,6-trichloro-2-pyridinol [37439-34-2]

用于生产高效低残留杀虫杀螨剂毒死蜱、甲基毒死蜱等

【生产厂】[沪]上海永远化工有限公司〈P1775〉;[苏]南通远东生物化工有限公司(3000 吨)〈P1836〉;[皖]安徽省池州新赛德化工有限公司〈P1987〉;[鲁]山东天成农药有限公司〈P2055〉;淄博增瑞化工有限公司〈P2076〉

4-氨基-3,5-二氯-2,6-二氟吡啶　C03014091

4-Amino-3,5-dichloro-2,6-difluoropyridine [2840-00-8]

用作农药中间体,是合成除草剂氟草烟的主要原料

【生产厂】[湘]湖南湘大比德化工有限公司〈P2251〉

2-特丁基-4,5-二氯-3-2*H*-哒嗪酮;哒嗪酮　C03014101

2-*tert*-Butyl-4,5-dichloro-3-2*H*-pyridazinone

用作农药和医药中间体

【生产厂】[沪]上海农药厂有限公司(1000 吨)〈P1755〉;[苏]南京红太阳集团〈P1784〉;[皖]安徽省池州新赛德化工有限公司〈P1987〉

环氧环己烷;氧化环己烯　C03014301

Epoxycyclohexane; Cyclohexene oxide [286-20-4]

是农药杀螨剂的主要原料,也是表面活性剂、橡胶助剂的原料

【生产厂】[湘]岳阳昌德化工实业有限公司(1500 吨)〈P2254〉

【使用厂】[辽]大连瑞泽农药股份有限公司〈P1693〉;[苏]江苏丰山集团有限公司〈P1807〉

N-氰基-*N*′-甲基乙脒　C03014401

N-Cyano-*N*′-methylacetamidine

用于生产杀虫剂啶虫脒

【生产厂】[沪]上海市农药研究所〈P1764〉;上海源大精细化工有限公司(150 吨)〈P1776〉

N,*N*′-二苯甲脒　C03014451

N,*N*′-Diphenylformamidine [622-15-1]

【生产厂】[冀]保定市乐凯化学有限公司〈P1645〉

N-硝基亚氨基咪唑烷　C03014531

N-Nitroiminoimidazolidine [5465-96-3]

用作高效低毒农药吡虫啉的中间体

【生产厂】[沪]上海源大精细化工有限公司(300 吨)〈P1776〉

二苯砜　C03014601

Diphenylsulfone [127-63-9]

用作医药、农药中间体

【生产厂】[苏]南京盛启化工有限公司〈P1789〉;苏州寅生化工有限公司〈P1907〉;苏州诚和医药化学有限公司〈P1899〉;[浙]嘉兴市金利化工有限责任公司〈P1942〉

4,4′-双(4-氨基苯氧基)二苯砜　C03014691

4,4′-Di(4-aminophenoxy) diphenyl sulfone

【生产厂】[苏]苏州寅生化工有限公司〈P1907〉

N-氰基乙亚氨酸乙酯　C03014701

Ethyl *N*-cyanoethylimidoate [1558-82-3]

用作高效低毒农药啶虫脒的中间体

【生产厂】[沪]上海源大精细化工有限公司(200 吨)〈P1776〉;[苏]南京市盼丰化工有限公司〈P1789〉;靖江市凡友精细化工厂(500 吨)〈P1824〉;盐城市稳诚化工有限公司〈P1812〉

N-氰基乙亚氨酸甲酯　C03014711

Methyl *N*-cyanoethylimidoate [5652-84-6]

用作农药啶虫脒的中间体

【生产厂】[沪]上海源大精细化工有限公司(200 吨)〈P1776〉;[苏]南京市盼丰化工有限公司〈P1789〉

间苯氧基苯甲醛;3-苯氧基苯甲醛;醚醛　C03014801

3-Phenoxybenzaldehyde [39515-51-0]

主要用于合成除虫菊酯类农药

【生产厂】[冀]河北新兴化工有限责任公司〈P1648〉;[辽]大连瑞泽农药股份有限公司〈P1693〉;[沪]上海永远化工有限公司〈P1775〉;[苏]常州市无明化工有限公司〈P1854〉;金坛市华盛化工助剂有限公司〈P1862〉;江苏苏化集团有限公司(800 吨)〈P1894〉;[浙]余姚化工厂有限责任公司〈P1935〉;[鲁]东营旭业化工有限公司(1000 吨)〈P2083〉;[粤]广州润土农药化工有限公司〈P2263〉

【使用厂】[沪]上海农药厂有限公司〈P1755〉;上海中西药业股份有限公司〈P1779〉;[苏]南京红太阳集团〈P1784〉;[闽]福建三农集团股份有限公司〈P1994〉;[鲁]山东大成农药股份有限公司〈P2051〉;德州恒东农药化工有限公司〈P2141〉;[豫]开封市豫农夫化工有限公司〈P2178〉;[桂]桂林依柯诺农药有限公司〈P2299〉

α-溴代异戊酸乙酯　C03014901

Ethyl α-bromoisovalerate [609-12-1]

用作农药、医药中间体

【生产厂】[苏]宜兴市芳桥东方化工厂〈P1884〉;阜宁胜达医药化工有限公司〈P1806〉

2-溴戊酸乙酯 C03014911

Ethyl 2-bromovalerate [615-83-8]

【生产厂】[苏]宜兴市芳桥东方化工厂〈P1884〉;阜宁胜达医药化工有限公司〈P1806〉

4-甲基-2-酮基戊酸钙;α-氧代异己酸钙 C03014951

Calcium bis(4-methyl-2-oxopentanoate) [51828-95-6]

用作农药和医药中间体,运动营养成分,营养增补剂

【生产厂】[京]北京维多化工有限责任公司〈P1563〉;[沪]上海依福瑞实业有限公司〈P1774〉;[苏]靖江市三益化工有限公司〈P1825〉

4-甲基-2-酮基戊酸钾;α-氧代异己酸钾 C03014991

Potassium 4-methyl-2-oxopentanoate

【生产厂】[苏]靖江市三益化工有限公司〈P1825〉

1-(2-噻吩基)-1-丙酮 C03015001

1-(2-Thienyl)-1-propanone [13679-75-9]

用作农药中间体

【生产厂】[浙]浙江燎原药业有限公司〈P1965〉

1-(4-氯苯基)-2-环丙基-1-丙酮 C03015051

1-(4-Chlorophenyl)-2-cyclopropyl-1-propanone [123989-29-7]

用作农药中间体

【生产厂】[苏]江苏神洲化学工业有限公司〈P1808〉

唑酮;3,3-二甲基-1-(1,2,4-三唑-1-基)-2-丁酮;1-三唑基频哪酮 C03015201

3,3-Dimethyl-1-(1,2,4-triazole-1-yl)-2-butanone

用作农药多效唑、烯唑醇、烯效唑的中间体

【生产厂】[苏]盐城利民农化有限公司〈P1810〉;盐城聚源化工有限公司〈P1810〉

氯代醚酮;1-(4-氯苯氧基)-3,3-二甲基-1-氯-2-丁酮 C03015301

1-(4-Chlorophenoxy)-3,3-dimethyl-1-chloro-2-butanone

主要用作医药中间体,也是生产三唑系列农药的原料

【生产厂】[苏]江苏神洲化学工业有限公司〈P1808〉;盐城利民农化有限公司〈P1810〉;盐城市德瑞化工有限公司〈P1810〉

三氟甲氧基苯 C03015401

Trifluoromethoxybenzene [456-55-3]

用于合成含氟农药和医药

【生产厂】[辽]阜新三宝化工实业有限公司〈P1708〉;金凯(阜新)化工有限公司〈P1708〉;[黑]佳木斯市北星有机化工有限责任公司〈P1724〉;[苏]丹阳市大泊化工厂〈P1840〉;[浙]浙江莹光化工有限公司〈P1956〉;[鲁]山东广恒化工有限公司〈P2052〉;济宁信东化工有限公司〈P2129〉

对氯三氟甲氧基苯;对三氟甲氧基氯苯 C03015421

p-Chlorotrifluoromethoxybenzene [461-81-4]

【生产厂】[鲁]山东广恒化工有限公司〈P2052〉

邻溴三氟甲氧基苯;2-溴三氟甲氧基苯 C03015431

2-(Trifluoromethoxy)bromobenzene [64115-88-4]

用作农药、医药中间体

【生产厂】[辽]阜新奥瑞凯精细化工有限公司〈P1707〉;阜新金特莱氟化学有限责任公司〈P1707〉;阜新三宝化工实业有限公司〈P1708〉

间溴三氟甲氧基苯 C03015435

m-Bromo(trifluoromethoxy)benzene [2252-44-0]

【生产厂】[辽]阜新奥瑞凯精细化工有限公司〈P1707〉;阜新金特莱氟化学有限责任公司〈P1707〉;阜新三宝化工实业有限公司〈P1708〉

对溴三氟甲氧基苯;4-溴三氟甲氧基苯 C03015441

p-Bromo(trifluoromethoxy)benzene [407-14-7]

用作农药、医药中间体

【生产厂】[辽]阜新奥瑞凯精细化工有限公司〈P1707〉;阜新三宝化工实业有限公司〈P1708〉;[苏]丹阳市大泊化工厂〈P1840〉;[鲁]山东广恒化工有限公司〈P2052〉;济宁信东化工有限公司〈P2129〉

2,4-二硝基三氟甲氧基苯 C03015461

2,4-Dinitrotrifluoromethoxybenzene [655-07-2]

【生产厂】[鲁]山东广恒化工有限公司〈P2052〉

间三氟甲氧基苯酚 C03015481

3-(Trifluoromethoxy)phenol [827-99-6]

用作医药、农药中间体

【生产厂】[辽]阜新金特莱氟化学有限责任公司〈P1707〉;阜新三宝化工实业有限公司〈P1708〉;[鲁]济宁信东化工有限公司〈P2129〉

对三氟甲氧基苯酚;4-三氟甲氧基苯酚 C03015485

4-(Trifluoromethoxy)phenol [828-27-3]

【生产厂】[辽]阜新金特莱氟化学有限责任公司〈P1707〉;阜新特种化学股份有限公司〈P1708〉;[浙]衢州瑞源化工有限公司〈P1957〉

邻三氟甲氧基苯酚;2-三氟甲氧基苯酚 C03015489

o-(Trifluoromethoxy)phenol

【生产厂】[辽]阜新金特莱氟化学有限责任公司〈P1707〉;阜新三宝化工实业有限公司〈P1708〉

对三氟甲氧基苯腈;对氰基三氟甲氧基苯 C03015491

p-Cyanotrifluoromethoxybenzene [332-25-2]

【生产厂】[辽]阜新金特莱氟化学有限责任公司〈P1707〉

间三氟甲基苯酚;间羟基三氟甲苯 C03015501

m-Trifluoromethylphenol [98-17-9]

用作农药、医药和染料中间体

【生产厂】[辽]沈阳市嘉恒化工有限公司〈P1688〉;阜新金特莱氟化学有限责任公司〈P1707〉;阜新三宝化工实业有限公司〈P1708〉;阜新特种化学股份有限公司(50吨)〈P1708〉;金凯(阜新)化工有限公司〈P1708〉;[苏]丹阳市大泊化工厂〈P1840〉;江苏庙桥合成化工有限公司〈P1859〉;江苏亨泰化工有限公司〈P1797〉;泰兴市永佳化工有限公司〈P1827〉;高邮市康乐精细化工厂〈P1813〉;[浙]浙江省东阳市巍华化工有限公司〈P1955〉;[鲁]蓬莱鸿源化工有限公司〈P2111〉;蓬莱市前卫化工有限公司〈P2112〉;济宁信东化工有限公司〈P2129〉

邻三氟甲基苯酚;邻羟基三氟甲苯 C03015505
o-Trifluoromethylphenol;*o*-Hydroxybenzotrifluoride
[444-30-4]
用作医药、农药中间体
【生产厂】[津]天津中兴精细化工有限公司(750吨)〈P1618〉;天津市筠凯化工科技有限公司〈P1597〉;[辽]阜新金特莱氟化学有限责任公司〈P1707〉;阜新三宝化工实业有限公司〈P1708〉;[鲁]济宁信东化工有限公司〈P2129〉

对三氟甲基苯酚;对羟基三氟甲苯;4-羟基三氟甲苯 C03015511
p-Trifluoromethylphenol;*p*-Hydroxybenzotrifluoride
[402-45-9]
用作医药、农药中间体
【生产厂】[津]天津中兴精细化工有限公司(750吨)〈P1618〉;天津市筠凯化工科技有限公司〈P1597〉;[辽]阜新金特莱氟化学有限责任公司〈P1707〉;阜新三宝化工实业有限公司〈P1708〉;金凯(阜新)化工有限公司〈P1708〉;[鲁]济宁信东化工有限公司〈P2129〉;[陕]陕西晶华科技有限公司〈P2346〉

3,5-双三氟甲基苯酚 C03015551
3,5-Bis(trifluoromethyl)phenol [349-58-6]
【生产厂】[赣]江西上饶现代化工有限公司〈P2015〉

4-氟-3-三氟甲基苯酚;2-氟-5-羟基三氟甲苯 C03015591
4-Fluoro-3-(trifluoromethyl)phenol [61721-07-1]
【生产厂】[苏]江苏庙桥合成化工有限公司〈P1859〉

5-羧基苯并三氮唑;苯并三唑-5-羧酸 C03015651
Benzotriazole-5-carboxylic acid
用作农药、医药中间体
【生产厂】[沪]上海华彩精细化工有限公司(10吨)〈P1738〉;[苏]常熟市新腾化工有限公司〈P1891〉

三唑钠;1-钠-1,2,4-三唑;1,2,4-三氮唑钠 C03015671
1-Sodium-1,2,4-triazole;1,2,4-Triazole sodium
[41253-21-8]
可用作农药中间体的原料及有机合成原料
【生产厂】[苏]江苏华昌(集团)有限公司〈P1893〉;盐城市德瑞化工有限公司〈P1810〉;海门贝斯特精细化工有限公司(300吨)〈P1829〉;[湘]长沙鑫本化工有限公司(800吨)〈P2247〉

硫代卡巴肼;1,3-二氨基硫脲;硫卡巴肼;硫卡巴脲;均二氨基硫脲 C03015801
Thiocarbazide;Carbonothioic dihydrazide;Thiocarbohydrazide
[2231-57-4]
广泛用于有机合成,是高效广谱除草剂嗪草酮的重要生产原料
【生产厂】[晋]山西太明化工工业有限公司(500吨)〈P1676〉;[辽]沈阳市嘉恒化工有限公司〈P1688〉;[苏]张家港保税区东方农化国贸有限公司〈P1911〉

氯代叔丁基苯;1-氯-2-甲基-2-苯基丙烷;新苯基氯 C03016301
1-Chloro-2-methyl-2-phenylpropane;Neophyl chloride
[515-40-2]
主要用于苯丁锡原药合成,还可用作医药、香料等的中间体
【生产厂】[京]北京达科思精细化工研究所〈P1545〉;[沪]上海华彩精细化工有限公司〈P1738〉

2-氯-5-氯甲基噻唑 C03016501
2-Chloro-5-chloromethylthiazole
用作农药、医药中间体
【生产厂】[冀]石家庄市龙汇精细化工有限责任公司〈P1630〉;河北华戈化学集团〈P1654〉;[沪]上海市农药研究所〈P1764〉;上海生农生化制品有限公司〈P1762〉;[苏]扬州天辰精细化工有限公司〈P1819〉;[鲁]山东临邑鲁晶化工有限公司(50吨)〈P2144〉

2,3-二氰基丙酸乙酯 C03016701
Ethyl 2,3-dicyanopropionate [40497-11-8]
用作农药中间体
【生产厂】[冀]石家庄市龙汇精细化工有限责任公司〈P1630〉;[辽]大连化工研究设计院〈P1692〉;大连瑞泽农药股份有限公司〈P1693〉;[沪]上海晨日化学有限公司〈P1730〉;[苏]泰州市天源化工有限公司〈P1828〉

吡唑胺;5-氨基-4-乙氧羰基-1-甲基吡唑 C03016901
Ethyl 5-amino-1-methylpyrazole-4-carboxylate
[31037-02-2]
用作农药中间体,可直接用来合成磺酰胺
【生产厂】[鲁]龙口市龙海精细化工有限公司(50吨)〈P2111〉

3-氨基吡唑 C03016931
3-Aminopyrazole [1820-80-0]
用于制备农药
【生产厂】[沪]上海益民化工有限公司(10吨)〈P1775〉;[苏]新沂市一诺生物化工有限公司〈P1794〉

磺酰胺;1-甲基-4-乙氧羰基-5-磺酰氨基吡唑 C03017101
Sulfonamide; 1-Methyl-4-ethoxycarbonyl-5-sulfonylaminopyrazole
用作农药中间体,可直接用来合成胺酯
【生产厂】[辽]沈阳丰收农药有限公司〈P1685〉;[浙]金华市金龙化工有限公司〈P1953〉

噻磺酰胺;3-氨磺酰基噻吩-2-羧酸甲酯 C03017151
Methyl 3-aminosulfonylthiophene-2-carboxylate
用于合成噻磺隆除草剂,也可用于合成医药

产品
【生产厂】[浙]金华市金龙化工有限公司〈P1953〉

三氯甲氧基苯　C03017301
Trichloromethoxybenzene
用作医药、农药中间体
【生产厂】[浙]浙江莹光化工有限公司〈P1956〉

2,5-二氨基三氟甲苯;2-三氟甲基-1,4-苯二胺　C03017401
2,5-Diaminobenzotrifluoride;2-Trifluoromethyl-1,4-phenylenediamine [364-13-6]
用作医药、农药中间体
【生产厂】[京]北京嘉盛扬医药科技有限公司〈P1551〉;[浙]浙江莹光化工有限公司〈P1956〉

3,5-二氨基三氟甲苯　C03017411
3,5-Diaminobenzotrifluoride [368-53-6]
【生产厂】[辽]阜新特种化学股份有限公司〈P1708〉

3,4-二氨基三氟甲苯;4-三氟甲基-1,2-苯二胺　C03017421
3,4-Diaminobenzotrifluoride
用作医药、农药中间体
【生产厂】[浙]浙江莹光化工有限公司〈P1956〉

4-氨基-3,5-二氯三氟甲苯;2,6-二氯-4-三氟甲基苯胺　C03017461
2,6-Dichloro-4-trifluoromethylaniline [24279-39-8]
用作农药中间体
【生产厂】[津]天津中兴精细化工有限公司〈P1618〉;天津市筠凯化工科技有限公司〈P1597〉;[冀]石家庄市龙汇精细化工有限责任公司〈P1630〉;[辽]大连瑞泽农药股份有限公司〈P1693〉;[苏]扬州天辰精细化工有限公司〈P1819〉;泰兴市永佳化工有限公司〈P1827〉;[浙]杭州南博生化科技有限公司〈P1921〉

5-氨基-2-氯-4-氟苯硫基乙酸甲酯　C03017601
Methyl 5-amino-2-chloro-4-fluorophenylthioacetate
用作农药中间体
【生产厂】[辽]大连瑞泽农药股份有限公司〈P1693〉;[浙]浙江新农化工股份有限公司〈P1970〉

2-(2-氯乙氧基)苯磺酰胺　C03017801
2-(2-Chloroethoxy)benzenesulfonamide [82097-01-6]
用于合成磺酰脲类农药的中间体
【生产厂】[辽]大连瑞泽农药股份有限公司〈P1693〉

邻甲氧羰基苄磺酰胺;邻甲酸甲酯苄磺酰胺　C03017821
o-Methoxycarbonylbenzylsulfonamide
用作农药中间体
【生产厂】[浙]金华市金龙化工有限公司〈P1953〉

4-(2-氯乙氧基)氯苯　C03017901
4-(2-Chloroethoxy)chlorobenzene
用于合成磺酰脲类农药的中间体
【生产厂】[辽]大连瑞泽农药股份有限公司〈P1693〉

硫氰酸苄酯　C03018001
Benzylthiocyanate;Thiocyanic acid benzyl ester [3012-37-1]
用于杀虫剂的制备
【生产厂】[苏]南京科邦医药化工有限公司〈P1786〉

异硫氰酸甲酯;甲基异硫氰酸酯;MTC　C03018051
Methyl isothiocyanate [556-61-6]
【生产厂】[苏]南京科邦医药化工有限公司〈P1786〉

***N*-叔丁氧羰基哌嗪**;哌嗪-1-甲酸叔丁酯;1-Boc-哌嗪　C03018301
N-tert-Butyloxycarbonylpiperazine [57260-71-6]
用作有机中间体
【生产厂】[川]江安杜威克化学技术开发有限责任公司〈P2334〉

1-叔丁氧羰基-4-(3-羟基丙基)哌嗪;1-Boc-4-(3-羟基丙基)哌嗪　C03018391
1-*tert*-Butoxycarbonyl-4-(3-hydroxypropyl)piperazine [132710-90-8]
【生产厂】[川]江安杜威克化学技术开发有限责任公司〈P2334〉

***N*-乙酰基吗啉**　C03018401
N-Acetylmorpholine;4-Acetylmorpholine [1696-20-4]
是非常重要的农药中间体,是合成农用杀菌剂烯酰吗啉、氟吗啉的主要原料之一
【生产厂】[吉]中国石油吉化集团公司(100吨)〈P1717〉;吉林省龙腾精细化工有限责任公司〈P1717〉;[鲁]山东先达化工有限公司〈P2157〉;[川]宜宾北方川安化工有限公司〈P2335〉

4-哌啶基哌啶　C03018501
4-Piperidinopiperidine;4-(1-Piperidino)piperidine [4897-50-1]
【生产厂】[苏]扬州明德生物化工有限公司〈P1818〉

4-哌啶基哌啶双盐酸盐　C03018521
4-(1-Piperidinyl)piperidine dihydrochloride [4876-60-2]
【生产厂】[苏]扬州明德生物化工有限公司〈P1818〉

2,6-二氯苯腈　C03018801
2,6-Dichlorophenylcyanide [1194-65-6]
是多种除草剂和杀虫剂的中间体,用于生产草克乐、除虫脲、氟幼脲等10余种农药,还用于染料、塑料等
【生产厂】[黑]大庆新世纪精细化工有限公司〈P1722〉;[苏]无锡康晟精细化工有限公司〈P1874〉;吴江市汇丰化工厂〈P1910〉;扬州天辰精细化工有限公司(400吨)〈P1819〉;高邮市康乐精细化工厂〈P1813〉;[浙]浙江天宇药业有限公司〈P1969〉
【使用厂】[浙]衢州康环医药化工有限公司〈P1957〉;浙江省三门解氏化学工业有限公司〈P1966〉;[豫]安阳市安林生物化工有限责任公司〈P2208〉

2,4-二氯苯腈　C03018803
2,4-Dichlorocyanobenzene [6574-98-7]
用作有机合成中间体

【生产厂】[苏]沭阳金凯化工厂〈P1804〉;扬州天辰精细化工有限公司(60 吨)〈P1819〉;[浙]浙江省东阳市康峰有机氟化工厂〈P1955〉;[鄂]武汉市银冠化工有限公司黄陂精细化工厂〈P2233〉

2,6-二氟苯腈　C03018805
2,6-Difluorophenylcyanide [1897-52-5]
是新型农药中间体,主要用于生产高效、低毒、广谱的含苯甲酰胺的农药,在工程塑料、染料等方面也有应用
【生产厂】[京]北京东方德众科技发展有限公司〈P1546〉;[冀]石家庄市京东医药化工有限公司〈P1630〉;[辽]大连瑞泽农药股份有限公司〈P1693〉;[苏]南京仁信化工有限公司〈P1788〉;无锡康晟精细化工有限公司〈P1874〉;盐城中亚医药化工有限公司(100 吨)〈P1812〉;扬州天辰精细化工有限公司(100 吨)〈P1819〉;泰兴市永佳化工有限公司〈P1827〉;[浙]浙江省三门解氏化学工业有限公司(10 吨)〈P1966〉;浙江省东阳市康峰有机氟化工厂〈P1955〉;[鲁]济南瑞凯化工有限公司〈P2024〉;青岛东海源生化科技有限公司〈P2034〉
【使用厂】[浙]衢州康环医药化工有限公司〈P1957〉;[豫]安阳市安林生物化工有限责任公司〈P2208〉

2-(4-氟苯基)-2-(2-氟苯基)环氧乙烷;粉唑醇环氧化物　C03018901
2-(4-Fluorophenyl)-2-(2-fluorophenyl) epoxyethane
用作农药粉唑醇中间体
【生产厂】[苏]盐城利民农化有限公司〈P1810〉

2-(4-氯苯基)乙基-2-叔丁基环氧乙烷;戊唑醇环氧化物　C03018951
2-(4-Chlorophenyl) ethyl-2-*tert*-butylepoxyethane
用作农药戊唑醇中间体
【生产厂】[苏]盐城利民农化有限公司〈P1810〉

2-(2,4-二氯苯基)-2-丁基环氧乙烷;己唑醇环氧化物　C03018991
2-(2,4-Dichlorophenyl)-2-butylepoxyethane
用作农药己唑醇中间体
【生产厂】[苏]盐城利民农化有限公司〈P1810〉

4,4′-二甲氧基三苯基氯甲烷;DMT-C1　C03020001
4,4′-Dimethoxytriphenylchloromethane;DMT chloride [40615-36-9]
用作核苷的5′-羟基保护基
【生产厂】[京]北京鲁玫信悦生物科技中心〈P1555〉;[沪]吉尔生化(上海)有限公司〈P1726〉;上海南翔试剂有限公司〈P1754〉;[苏]金坛市三方医药原料厂〈P1862〉

邻氯苯基二苯基氯甲烷　C03020005
2-Chlorophenyl diphenyl chloromethane
用作药物克霉唑中间体
【生产厂】[苏]江苏省句容市兴源化工厂〈P1842〉

二苯基重氮甲烷　C03020007
Diphenyldiazomethane [883-40-9]
用作医学中间体,用于药物合成中羟基保护剂
【生产厂】[浙]杭州创引化工科技有限公司〈P1916〉

甲氧基乙氧基氯甲烷;罗红霉素侧链　C03020009
Methoxyethoxymethyl chloride;MEM chloride [3970-21-6]
用于生产罗红霉素中间体
【生产厂】[鄂]湖北黄石美丰化工有限公司〈P2236〉

乙基雌烯醇　C03020015
Ethylestrenol [965-90-2]
用作医药中间体
【生产厂】[京]北京市科益丰生物技术发展有限公司〈P1560〉;[浙]浙江奥马药业有限公司(2 吨)〈P1963〉

利奈孕醇　C03020018
Lynoestrenol
【生产厂】[京]北京市科益丰生物技术发展有限公司〈P1560〉

烯丙基雌烯醇　C03020019
Allylestrenol [432-60-0]
【生产厂】[京]北京市科益丰生物技术发展有限公司〈P1560〉;[赣]江西宇能医药化工有限公司〈P2019〉

米氮醇;1-(3-羟甲基吡啶-2-基)-4-甲基-2-苯基哌嗪;2-(4-甲基-2-苯基-1-哌嗪基)-3-吡啶甲醇　C03020020
1-(3-Hydroxymethylpyridin-2-yl)-4-methyl-2-phenylpiperazine [61337-89-1]
用作抗抑郁药米氮平中间体
【生产厂】[京]北京国联诚辉医药技术有限公司〈P1548〉;[冀]沧州那瑞化学科技有限公司〈P1652〉;[浙]浙江燎原药业有限公司(15 吨)〈P1965〉;[陕]宝鸡市瑞科医药化工有限公司〈P2351〉

6-氯-3,4-二氢-4-甲基-3-氧-2*H*-1,4-苯并噁嗪-8-羧酸　C03020021
6-Chloro-3, 4-dihydro-4-methyl-3-oxy-2*H*-1, 4-benzoxazine-8-carboxylic acid [123040-79-9]
用作药物阿扎司琼中间体
【生产厂】[京]北京鲁玫信悦生物科技中心〈P1555〉;[鄂]湖北志诚化工科技有限公司〈P2243〉

***N*-苄氧羰酰基-4-哌啶酮**;1-CBZ-4-哌啶酮　C03020028
1-Benzyloxycarbonyl-4-piperidone [129365-23-7]
【生产厂】[川]江安杜威克化学技术开发有限责任公司〈P2334〉

4-乙基-2,3-双氧哌嗪;*N*-乙基双氧哌嗪;双酮乙哌;*N*-乙基-2,3-二酮哌嗪　C03020030
4-Ethyl-2,3-dioxypiperazine [59702-31-7]
用作有机合成中间体,用于生产哌拉西林、头孢哌酮等药物
【生产厂】[晋]山西新天源医药化工有限公司〈P1677〉;[闽]福建省永春制药厂(200 吨)〈P1999〉;[鲁]菏泽睿鹰制药

集团(70 吨)〈P2158〉

4-乙基-2,3-二氧-1-哌嗪甲酰氯;4-乙基-2,3-双氧哌嗪酰氯;1-氯甲酰基-4-乙基-2,3-二氧代哌嗪;EDPC C03020031

4-Ethyl-2,3-dioxo-1-piperazinecarbonyl chloride [59703-00-3]

是一种重要的医药中间体,主要用于合成氧哌嗪青霉素和头孢哌酮等

【生产厂】[晋]山西新天源医药化工有限公司〈P1677〉;[闽]福建省永春制药厂(20 吨)〈P1999〉;[赣]江西昌九金桥化工有限公司〈P2008〉;景德镇市富祥药业有限公司〈P2010〉;[鲁]菏泽睿鹰制药集团(50 吨)〈P2158〉

6-氯-3,4-二氢-4-甲基-3-氧-2*H*-1,4-苯并噁嗪-8-酰氯 C03020034

6-Chloro-3,4-dihydro-4-methyl-3-oxy-2*H*-1,4-benzoxazine-8-formyl chloride

用作抗癌药阿扎司琼的中间体

【生产厂】[苏]常州罗地尔生化技术有限公司〈P1848〉;[鄂]湖北祥云(集团)化工股份有限公司〈P2244〉

3-氯亚氨基二苄 C03020037

3-Chloroiminodibenzyl [32943-25-2]

【生产厂】[苏]徐州瑞赛科技实业有限公司〈P1795〉

亚氨基二苄 C03020039

Iminodibenzyl [494-19-9]

用作抗癫痫药卡马西平中间体

【生产厂】[苏]常熟市益康化工有限公司〈P1891〉

3-氯-5-乙酰基亚氨基二苄;3-氯-*N*-乙酰基亚氨基二苄 C03020040

3-Chloro-5-acetyliminodibenzyl [25961-11-9]

用作合成镇定剂氯米帕明(氯丙咪嗪)的中间体

【生产厂】[苏]徐州瑞赛科技实业有限公司(20 吨)〈P1795〉

亚氨基二苄甲酰氯 C03020042

Iminodibenzylcarbonyl chloride [33948-19-5]

用作医药中间体

【生产厂】[苏]徐州瑞赛科技实业有限公司〈P1795〉

亚氨基芪甲酰氯 C03020043

Iminostilbenecarbonyl chloride [33948-22-0]

用作医药中间体,主要用于合成卡马西平等药物

【生产厂】[赣]海利贵溪化工农药有限公司〈P2013〉

亚氨基芪 C03020047

Iminostilbene [256-96-2]

用作医药中间体,用于合成药品卡马西平等

【生产厂】[苏]盐城市东港药物化工发展有限公司〈P1811〉

10-甲氧基亚氨基芪 C03020049

10-Methoxyiminostilbene [4698-11-7]

用于制备药物奥卡西平

【生产厂】[皖]安庆金泉药业有限公司〈P1979〉

3-乙酰丙醇;γ-乙酰基正丙醇;γ-乙酰丙醇 C03020051

3-Acetopropanol;3-Acetopropyl alcohol [1071-73-4]

用于医药工业,也用作磷酸氯喹中间体

【生产厂】[苏]南京瑞泽精细化工有限公司〈P1788〉;[浙]台州和丰医药化工有限公司(100 吨)〈P1961〉

双(乙烯砜基)丙醇 C03020055

1,3-Bis(vinylsulfonyl)-2-propanol [67006-32-0]

用于合成感光材料

【生产厂】[浙]浙江同丰医药化工有限公司〈P1969〉

***N*-乙酰苯胺;退热冰;乙酰苯胺** C03020061

N-Acetylaniline;Acetanilide;Antifebrin [103-84-4]

是磺胺类药物、橡胶硫化促进剂、染料和合成樟脑等的原料和中间体

【生产厂】[豫]荥阳市六零集团公司六零二分厂(5000 吨)〈P2169〉;巩义市孝义二中兰天化工厂(3000 吨)〈P2164〉;新乡市天丰精细化工有限公司〈P2206〉;河南省新乡卫星染化厂(4000 吨)〈P2201〉;安阳染料厂(2000 吨)〈P2208〉;[鄂]湖北楚源集团股份有限公司〈P2239〉

【使用厂】[冀]河北省武强县启龙化工有限公司〈P1666〉;[苏]常州药业股份有限公司〈P1858〉;[浙]上虞市东海化工有限公司〈P1947〉;[鲁]德州信达化工有限公司〈P2142〉;寿光富康制药有限公司〈P2099〉;[豫]河南中孚药业有限公司〈P2168〉;[渝]重庆长寿化工有限责任公司〈P2304〉

***N*-(2-羟乙基)-3-(4-硝基苯基)丙胺** C03020062

N-(2-Hydroxyethyl)-3-(4-nitrophenyl)propylamine [130634-09-2]

用作医药中间体

【生产厂】[鲁]山东中科泰斗化学有限公司〈P2030〉

***N*-异丙基苯胺;*N*-苯基异丙胺** C03020063

N-Isopropylaniline;*N*-Phenylisopropylamine [768-52-5]

用作医药中间体

【生产厂】[苏]滨海恒联化工有限公司〈P1805〉

***N*-3-[3-(1-哌啶甲基)苯氧基]丙胺** C03020064

N-3-[3-(1-Piperidinylmethyl)phenoxy]propylamine [73278-98-5]

用作药物罗沙替丁中间体

【生产厂】[晋]山西新天源医药化工有限公司〈P1677〉;[浙]浙江同丰医药化工有限公司〈P1969〉

3,4,5-三甲氧基苯胺 C03020065

3,4,5-Trimethoxyaniline [24313-88-0]

用作医药中间体

【生产厂】[辽]阜新三宝化工实业有限公司〈P1708〉;[苏]泰兴市兴源石化厂〈P1827〉;[粤]珠海市金山化工有限公司(20 吨)〈P2275〉

3,4,5-三甲氧基苯甲酰胺 C03020067

3,4,5-Trimethoxybenzamide [3086-62-2]

用作医药中间体

【生产厂】[苏]泰兴市兴源石化厂〈P1827〉;[粤]珠海市金山化工有限公司(20 吨)〈P2275〉

***N*-甲基-*N*-(2-氯乙基)邻苯甲酰苯甲酰胺** C03020069

N-Methyl-*N*-(2-chloroethyl)-2-benzoylbenzamide

用作药物平痛新中间体

【生产厂】[吉]辽源市百康药业有限责任公司(500 吨)〈P1717〉;[浙]台州东升医药化工有限公司〈P1960〉

乙酰氨基丙二酸二乙酯 C03020071

Diethyl acetylaminomalonate [1068-90-2]

用于医药工业,也用作色氨酸中间体

【生产厂】[苏]溧阳市永安精细化工有限公司〈P1864〉;南通远大生物科技发展有限公司〈P1836〉;[皖]安徽省恒锐新技术开发有限责任公司〈P1972〉;[鲁]青岛裕达精细化工有限公司〈P2046〉;[渝]重庆英斯凯化工有限公司〈P2308〉

对硝基苄醇丙二酸单酯镁;镁试剂 C03020072

Magnesium mono-*p*-nitrobenzyl malonate [83972-01-4]

用作医药中间体,用于生产美洛培南、比阿培南等药物

【生产厂】[豫]新乡弘辰科技有限公司〈P2203〉

丙二酸单对硝基苄酯 C03020073

mono-*p*-Nitrobenzyl malonate

用作医药中间体,用于生产美洛培南、比阿培南

【生产厂】[豫]新乡弘辰科技有限公司〈P2203〉

5-氯-2,2-二甲基戊酸异丁酯 C03020075

Isobutyl 5-chloro-2,2-dimethylvalerate [109232-37-3]

用作药物中间体

【生产厂】[浙]台州市海峰医化有限公司〈P1961〉;浙江黄岩精细化学品集团有限公司(300 吨)〈P1964〉;浙江精进药业有限公司〈P1965〉

2,2-二甲基-5-(2,5-二甲苯氧基)戊酸异丁酯 C03020076

2,2-Dimethyl-5-(2,5-dimethylphenoxy) valeric acid isobutyl ester [149105-26-0]

用作药物吉非罗齐中间体

【生产厂】[浙]浙江黄岩精细化学品集团有限公司〈P1964〉;浙江精进药业有限公司〈P1965〉

4-(3,4-二甲氧基苯基)-4-氧丁烯酸乙酯 C03020079

Ethyl 4-(3,4-dimethoxyphenyl)-4-oxycrotonate [80937-23-1]

用作医药中间体

【生产厂】[鄂]武汉市化学工业研究所有限责任公司〈P2232〉;湖北祥云(集团)化工股份有限公司〈P2244〉

4-三氟-1-(4-甲基苯基)-1,3-丁二酮 C03020085

4-Trifluoro-1-(4-methylphenyl)-1,3-butanedione

医药中间体,主要用于生产赛利可西

【生产厂】[苏]苏州市龙盛精细化工厂〈P1904〉

1,2,3,4-四氢-9-甲基咔唑-4-酮 C03020089

1,2,3,4-Tetrahydro-9-methylcarbazol-4-one [27387-31-1]

用作药物蒽丹西酮的中间体

【生产厂】[沪]上海法齿克化学科技有限公司〈P1732〉;[苏]苏州市苏瑞医药化工有限公司〈P1905〉;[鲁]青岛裕达精细化工有限公司(15 吨)〈P2046〉;山东曲阜弘利化工有限公司〈P2132〉

α-乙酰基-γ-丁内酯 C03020091

α-Acetyl-γ-butyrolactone [517-23-7]

用于制造维生素 B_1 和延痛心等药物

【生产厂】[津]天津市东丽区福利有机化工厂(1000 吨)〈P1585〉;[辽]沈阳东瑞科技有限公司〈P1685〉;[苏]南京瑞泽精细化工有限公司〈P1788〉;江苏省常熟市南湖实业化工厂(500 吨)〈P1894〉;[浙]台州市奥力特精细化工有限公司〈P1961〉;[鲁]淄博开发区医药化工厂(200 吨)〈P2064〉

【使用厂】[沪]上海泰顿化工有限公司〈P1766〉;[鄂]湖北华中药业有限公司〈P2237〉

(*S*)-β-羟基-γ-丁内酯 C03020094

(*S*)-β-Hydroxy-γ-butyrolactone [7331-52-4]

用作有机合成中间体

【生产厂】[辽]沈阳东宇精细化工有限公司〈P1685〉;[川]成都新特药化合成技术改进与创新中心〈P2317〉

α-溴-γ-丁内酯 C03020095

α-Bromo-γ-butyrolactone [5061-21-2]

用作医药、农药中间体

【生产厂】[苏]常州市科丰化工有限公司〈P1852〉;宜兴市芳桥东方化工厂〈P1884〉;江苏华派集团(50 吨)〈P1807〉

D-泛醇;右旋泛醇;维生素原 B_5 C03020096

D-Panthenol;Dexpanthenol [81-13-0]

广泛用于医药、食品、化妆品及液体制剂中

【生产厂】[沪]上海奥利实业有限公司〈P1727〉;[浙]浙江杭州鑫富药业股份有限公司(1000 吨)〈P1927〉;[鲁]山东新发药业有限责任公司(300 吨)〈P2086〉;[鄂]湖北富驰化工医药股份有限公司(300 吨)〈P2236〉

DL-泛醇;混旋泛醇 C03020097

DL-Panthenol [16485-10-2]

【生产厂】[苏]昆山市陆家红星化工厂〈P1897〉;[浙]杭州万景新材料有限公司〈P1923〉

1,3-溴氯丙烷;1-溴-3-氯丙烷 C03020101

1-Bromo-3-chloropropane [109-70-6]

用作医药中间体,主要用于氯丙嗪、三氟拉嗪、奋乃静、氯丙咪嗪、炎痛静、盐酸多塞平、泰尔登等产品的合成

【生产厂】[苏]宜兴市芳桥东方化工厂(240 吨)〈P1884〉;[鲁]寿光富康制药有限公司(1200 吨)〈P2099〉;山东默锐化学有限公司〈P2096〉;山东威泰精细化工有限公司〈P2048〉;[豫]河南豫辰精细化工有限公司〈P2218〉

【使用厂】[津]天津市中央药业有限公司〈P1613〉;[鲁]山东博山制药有限公司〈P2051〉;邹平铭兴化工有限公司〈P2158〉

1-甲氨基-1-甲硫基-2-硝基乙烯 C03020106

1-Methylamino-1-methylthio-2-nitroethylene

用作消化道胃药盐酸雷尼替丁的中间体

【生产厂】[冀]石家庄永峰化工原料有限公司〈P1633〉;[豫]河南省大山药业有限公司(300 吨)〈P2193〉

法莫替丁侧链 C03020109

N-Sulphamyl-3-chloropropionamidine

用作法莫替丁中间体
【生产厂】[苏]江苏兰健药业有限公司〈P1802〉

氨乙基硫醚 C03020110
2,2′-Thiobisethylamine [871-76-1]
【生产厂】[苏]常熟市医药原料厂(100 吨)〈P1891〉;江苏兰健药业有限公司〈P1802〉

C

左氟羧酸 C03020111
Levofluorocarboxylic acid
为全合成抗菌素左氟沙星的中间体
【生产厂】[浙]浙江东亚医药化工有限公司〈P1963〉

潘托拉唑缩合物;5-二氟甲氧基-2-[(3,4-二甲氧基-2-吡啶基)甲基]亚砜-1*H*-苯并咪唑 C03020112
5-Difluoromethoxy-2-[(3,4-dimethoxy-2-pyridinyl) methyl] sulfoxide-1*H*-benzimidazole
用于合成药物潘托拉唑
【生产厂】[辽]沈阳市腾飞化工原料加工厂〈P1689〉

5-甲氧基-2-巯基苯并咪唑;2-巯基-5-甲氧基苯并咪唑 C03020113
5-Methoxy-2-mercaptobenzimidazole; 2-Mercapto-5-methoxybenzimidazole [37052-78-1]
用作药物奥美拉唑中间体
【生产厂】[京]北京恒天易德化工有限公司〈P1549〉;北京诺德恒信化工技术有限公司〈P1556〉;[浙]杭州浙大泛科化工有限公司〈P1925〉;浙江华义医药有限公司〈P1954〉

5-二氟甲氧基-2-巯基-1*H*-苯并咪唑;潘托拉唑侧链 C03020114
5-Difluoromethoxy-2-mercapto-1*H*-benzimidazole [102625-64-9]
用于合成药物潘托拉唑
【生产厂】[京]北京诺德恒信化工技术有限公司〈P1556〉;[辽]沈阳市腾飞化工原料加工厂〈P1689〉;沈阳市宏飞精细化工厂〈P1688〉;[沪]上海三维制药有限公司〈P1760〉;上海金赛医药化工有限公司〈P1744〉

6,7,8-三氟喹啉羧酸酯 C03020116
6,7,8-Trifluoroquinoline carboxylate ester
用作医药中间体
【生产厂】[豫]河南康泰制药集团公司(10 吨)〈P2166〉

大黄酸;1,8-二羟基蒽醌-3-羧酸 C03020140
1,8-Dihydroxyanthraquinone-3-carboxylic acid; Rhein [478-43-3]
用作医药中间体、保健食品原料
【生产厂】[苏]江阴南极星生物制品有限公司〈P1868〉;江阴市三益化工有限公司〈P1870〉;[浙]台州海辰药业有限公司〈P1960〉
【使用厂】[川]成都市金堂天然植物中间体厂〈P2314〉

芬那酸;*N*-苯基氨茴酸;*N*-苯基邻氨基苯甲酸 C03020141
N-Phenylanthranilic acid [91-40-7]
用作医药中间体
【生产厂】[苏]赣榆县尤利特化工有限公司〈P1797〉

唑吡坦酸 C03020142
Zolpidic acid
【生产厂】[苏]金坛德培化工有限公司〈P1861〉

4,6-二甲基-2-巯基嘧啶 C03020145
4,6-Dimethyl-2-mercaptopyrimidine; 2-Mercapto-4,6-dimethylpyrimidine [22325-27-5]
用作医药、农药中间体
【生产厂】[浙]德清县天宝化工厂〈P1945〉

尼氟酸;尼氟灭酸 C03020147
Niflumic acid [4394-00-7]
用作医药中间体
【生产厂】[浙]浙江台州海翔医药化工有限公司〈P1968〉;[鲁]淄博顺景精细化工有限公司〈P2073〉

二氟羧酸 C03020149
Difluorocarboxylic acid
为全合成抗菌素氧氟沙星的中间体
【生产厂】[浙]浙江东亚医药化工有限公司〈P1963〉

甲基脲 C03020150
Methylurea [598-50-5]
【生产厂】[沪]上海人民制药溶剂厂〈P1758〉;[鲁]山东绿生生化科技有限公司〈P2029〉

二甲基脲;1,3-二甲基脲;*N*,*N*′-二甲基脲;均二甲脲 C03020151
1,3-Dimethylurea; *N*,*N*′-Dimethylurea; *sym*-Dimethylurea [96-31-1]
用作合成茶叶碱和咖啡因的中间体,也用于生产纤维处理剂
【生产厂】[吉]吉林省舒兰合成药业股份有限公司〈P1716〉;[沪]上海万代制药有限公司〈P1768〉;上海人民制药溶剂厂〈P1758〉

四甲基脲 C03020153
Tetramethylurea; 1,1,3,3-Tetramethylurea [632-22-4]
【生产厂】[渝]重庆长风化工厂〈P2303〉

丙基脲 C03020159
Propylurea [627-06-5]
【生产厂】[沪]上海虹生实业有限公司〈P1737〉

***N*-(双环丙甲基)-*N*′-(*β*-羟乙基)脲** C03020160
N-(Dicyclopropylmethy)-*N*′-(*β*-hydroxyethyl)urea
用作医药和有机合成中间体
【生产厂】[冀]河北欣港药业有限公司〈P1623〉

二甲基氰乙酰脲 C03020161
N,*N*′-Dimethylcyanoacetylurea
【生产厂】[沪]上海人民制药溶剂厂〈P1758〉

一甲基氰乙酰脲 C03020162
Methylcyanoacetylurea
【生产厂】[沪]上海人民制药溶剂厂〈P1758〉

2-(1-羟基环己基)-2-(4-甲氧基苯基)乙胺盐酸盐 C03020168
2-(1-Hydroxycyclohexyl)-2-(4-methoxyphenyl) ethylamine

hydrochloride [130198-05-9]

用于合成药物万拉法辛

【生产厂】[冀]河北美化化工有限公司〈P1620〉;[苏]扬州威斯曼雅本制药有限公司〈P1820〉

N,N-二甲基-2-氯丙胺盐酸盐;1-二甲氨基-2-氯丙烷盐酸盐 C03020171

N,*N*-Dimethyl-2-chloropropylamine hydrochloride [4584-49-0]

用于医药工业

【生产厂】[冀]保定加合精细化工有限公司〈P1645〉;[沪]上海晨日化学有限公司〈P1730〉;[豫]河南豫辰精细化工有限公司〈P2218〉

2-氯乙胺盐酸盐 C03020172

2-Chloroethylamine hydrochloride [870-24-6]

【生产厂】[沪]上海晨日化学有限公司〈P1730〉

二(2-氯乙基)胺盐酸盐;二(β-氯乙基)胺盐酸盐 C03020173

Bis(2-chloroethyl)amine hydrochloride [821-48-7]

用作医药中间体

【生产厂】[冀]保定加合精细化工有限公司〈P1645〉;[苏]句容市顺风助剂厂〈P1843〉;常州市新力医药化工有限公司〈P1855〉

二异丙氨基氯乙烷盐酸盐;2-氯-N,N-二异丙基乙胺盐酸盐 C03020175

2-Chloro-*N*,*N*-diisopropylethylamine hydrochloride [4261-68-1]

【生产厂】[浙]浙江普康化工有限公司〈P1959〉

二乙氨基氯乙烷盐酸盐;N,N-二乙基-β-氯乙胺盐酸盐 C03020176

N,*N*-Diethyl-β-chloroethylamine hydrochloride [869-24-9]

用作医药中间体,用于制造延通心药物等

【生产厂】[吉]辽源市银鹰制药有限责任公司(100 吨)〈P1718〉;[沪]上海南翔试剂有限公司(10 吨)〈P1754〉;[浙]杭州浙大泛科化工有限公司〈P1925〉;浙江普康化工有限公司〈P1959〉;浙江开化盛丰化工有限公司〈P1958〉

二甲氨基氯乙烷盐酸盐;2-氯代二甲氨基乙烷盐酸盐;(β-氯乙基)二甲胺,盐酸盐 C03020186

2-Dimethylaminoethyl chloride hydrochloride [4584-46-7]

用作有机合成、医药中间体

【生产厂】[辽]沈阳新地药业有限公司〈P1689〉;[浙]浙江普康化工有限公司〈P1959〉;[豫]河南豫辰精细化工有限公司〈P2218〉

2,4-二氨基苯氧基乙醇盐酸盐 C03020189

2-(2,4-Diaminophenoxy)ethanol dihydrochloride [66422-95-5]

主要用作医药中间体

【生产厂】[沪]上海神强实业有限公司〈P1761〉

二苯乙醇酮;二苯羟乙酮;安息香;苯偶姻 C03020191

Benzoin;2-Hydroxy-1,2-diphenyl ethanone [119-53-9]

用作医药、染料中间体,香料定香剂等

【生产厂】[冀]廊坊格瑞泰化工有限公司〈P1660〉;[沪]上海泰禾(集团)有限公司〈P1767〉;上海晨日化学有限公司〈P1730〉;[苏]镇江新区格蕊尔源体有限公司(600 吨)〈P1846〉;靖江宏泰化工有限公司(1800 吨)〈P1824〉;苏州市苏瑞医药化工有限公司〈P1905〉;江苏双菱化工集团有限公司〈P1798〉;[浙]奉化南海药化集团有限公司〈P1929〉;宁波志华化学有限公司〈P1934〉;[赣]江西省南方药物油厂〈P2019〉

2-氰基-4′-甲基联苯;沙坦联苯 C03020193

2-Cyano-4′-methylbiphenyl;Sartandiphenyl [114772-53-1]

医药中间体,用于合成新型沙坦类抗高血压药,如洛沙坦、缬沙坦、伊普沙坦、伊贝沙坦等

【生产厂】[京]北京卡乐瑞化工有限公司〈P1553〉;北京恒天易德化工有限公司〈P1549〉;[沪]上海金赛医药化工有限公司〈P1744〉;[苏]江苏中丹制药有限公司〈P1823〉;[浙]上虞市华康化工有限公司〈P1948〉;浙江天宇药业有限公司(50 吨)〈P1969〉;[赣]江西泰欣诺实业有限公司〈P2009〉;江西省励远化工科技实业公司〈P2009〉;江西迪瑞合成化工有限公司〈P2014〉;江西麒麟化工有限公司〈P2013〉

苯偶酰;联苯酰;二苯基乙二酮 C03020195

Benzil; Diphenylethanedione; Diphenylglyoxal; 1,2-Diphenylethanedione; Dibenzoyl [134-81-6]

用作医药中间体、紫外线固化树脂的光敏剂等

【生产厂】[冀]廊坊格瑞泰化工有限公司〈P1660〉;[苏]镇江新区格蕊尔源体有限公司(300 吨)〈P1846〉;靖江宏泰化工有限公司(1200 吨)〈P1824〉;江苏双菱化工集团有限公司〈P1798〉

4,4′-二氯二苯砜 C03020201

4,4′-Dichlorodiphenyl sulfone [80-07-9]

用作工程塑料聚砜的原料,也用于生产4,4′-二氨基二苯砜

【生产厂】[苏]苏州寅生化工有限公司〈P1907〉

二甲胺硼烷 C03020215

Dimethylamineborane [74-94-2]

【生产厂】[沪]上海浩洲化工有限公司〈P1736〉;上海申宇医药化工有限公司〈P1761〉

2-甲氧基-4-氯-5-氨磺酰基苯甲酸;2-甲氧基-4-氯苯甲酸-5-磺酰胺 C03020220

2-Methoxy-4-chloro-5-sulfamoylbenzoic acid [14293-50-6]

【生产厂】[苏]苏州市相城区青台精细化工有限公司〈P1905〉

对羧基苯磺酰胺;4-氨磺酰基苯甲酸;对磺酰胺苯甲酸 C03020221

p-Carboxybenzenesulfonamide;4-Aminosulfonylbenzoic acid [138-41-0]

用作医药中间体

【生产厂】[苏]苏州诚和医药化学有限公司〈P1899〉;[浙]嘉

兴市金利化工有限责任公司〈P1942〉

2-氯-4-甲磺酰基苯甲酸；4-甲磺酰基-2-氯苯甲酸　C03020222
2-Chloro-4-methylsulfonylbenzoic acid [53250-83-2]
用作有机合成中间体
【生产厂】[鄂]武汉市天麦染料实业有限公司〈P2233〉

2,3-二甲氧基-5-磺酰胺基苯甲酸　C03020223
2,3-Dimethoxy-5-sulfamoylbenzoic acid [66644-80-2]
用作药物舒必利中间体
【生产厂】[沪]上海神和化工技术有限公司〈P1761〉；上海益民化工有限公司(50吨)〈P1775〉；[苏]苏州园方化工有限公司〈P1907〉

2-甲氧基-5-磺酰胺基苯甲酸　C03020224
2-Methoxy-5-sulfamoylbenzoic acid
用作有机合成中间体
【生产厂】[苏]苏州诚和医药化学有限公司〈P1899〉

2-氯-4,5-二氟苯甲酸　C03020225
2-Chloro-4,5-difluorobenzoic acid [110877-64-0]
【生产厂】[冀]河北威远亨迪生物化工有限公司〈P1622〉；[沪]上海威远精细氟科技发展有限公司〈P1769〉；[苏]江苏庙桥合成化工有限公司〈P1859〉

3,4-二氯苯甲酸　C03020227
3,4-Dichlorobenzoic acid [51-44-5]
用作有机合成中间体
【生产厂】[沪]上海神强实业有限公司〈P1761〉；[苏]太仓市东明化工有限公司(300吨)〈P1908〉

2,3-二氯苯甲酸　C03020230
2,3-Dichlorobenzoic acid [50-45-3]
【生产厂】[京]大庆开发区新世纪精细化工有限公司北京裕立化工有限公司〈P1567〉；[黑]大庆新世纪精细化工有限公司〈P1722〉；[沪]上海市农药研究所〈P1764〉；[苏]金坛市三方医药原料厂〈P1862〉；苏州市相城区新益化工厂〈P1905〉；太仓市东明化工有限公司(360吨)〈P1908〉；张家港市永方化工有限公司〈P1914〉；[浙]杭州三禾化工科技有限公司〈P1922〉

2,4-二氯苯甲酸　C03020231
2,4-Dichlorobenzoic acid [50-84-0]
用作医药、染料、农药中间体
【生产厂】[苏]苏州市御窑精细化工有限公司(120吨)〈P1906〉；太仓市东明化工有限公司(480吨)〈P1908〉；张家港市永方化工有限公司〈P1914〉；江苏振方化工有限公司(300吨)〈P1803〉；扬州天辰精细化工有限公司〈P1819〉

2,6-二氯苯甲酸　C03020232
2,6-Dichlorobenzoic acid [50-30-6]
主要用于有机合成、医药、农药、染料中间体
【生产厂】[京]大庆开发区新世纪精细化工有限公司北京裕立化工有限公司〈P1567〉；[黑]大庆新世纪精细化工有限公司〈P1722〉；[苏]扬州天辰精细化工有限公司(120吨)〈P1819〉；[鲁]济南瑞凯化工有限公司〈P2024〉；龙口市龙海精细化工有限公司(400吨)〈P2111〉

2,4-二羟基苯甲酸；雷锁酸　C03020233
2,4-Dihydroxylbenzoic acid [89-86-1]
用作染料、医药、农药中间体
【生产厂】[京]北京奥得赛化学有限公司〈P1543〉；[冀]河北省大名县瑞恒化工有限责任公司〈P1640〉；[苏]昆山化工医药原料有限公司〈P1895〉；泰兴市化工七厂(300吨)〈P1826〉；[浙]台州市新东方医化有限公司〈P1962〉；[鲁]济宁浩美化工有限公司(150吨)〈P2127〉
【使用厂】[津]天津市染料化学第二厂〈P1600〉

2,6-二羟基苯甲酸　C03020234
2,6-Dihydroxylbenzoic acid [303-07-1]
用作农药、医药中间体
【生产厂】[苏]金坛市社头化工厂〈P1862〉；苏州市龙盛精细化工厂〈P1904〉；昆山化工医药原料有限公司〈P1895〉；扬州天辰精细化工有限公司〈P1819〉；泰兴市化工七厂(150吨)〈P1826〉；兴化明威化工有限公司〈P1828〉；[鲁]济南瑞凯化工有限公司〈P2024〉

2,4-二氯-5-磺酰胺基苯甲酸　C03020235
2,4-Dichloro-5-sulfamoylbenzoic acid [2736-23-4]
用于合成呋噻咪、速尿等药物
【生产厂】[沪]上海神和化工技术有限公司〈P1761〉；[苏]江苏省金坛市制药厂〈P1860〉；金坛市三方医药原料厂〈P1862〉；[浙]浙江野风化工有限公司〈P1956〉；浙江野风药业有限公司〈P1956〉

2-甲基-3-氨基苯甲酸　C03020236
2-Methyl-3-aminobenzoic acid [52130-17-3]
用作医药中间体
【生产厂】[浙]浙江天新药业有限公司(20吨)〈P1968〉

2-甲基-3-硝基苯甲酸；3-硝基-2-甲基苯甲酸　C03020237
2-Methyl-3-nitrobenzoic acid [1975-50-4]
用作医药中间体
【生产厂】[苏]常熟市新腾化工有限公司〈P1891〉；[浙]浙江天新药业有限公司(20吨)〈P1968〉

4,5-二甲氧基-2-硝基苯甲酸；6-硝基藜芦酸　C03020238
6-Nitroveratric acid [4998-07-6]
用作医药中间体
【生产厂】[晋]芮城县虹桥药用中间体有限公司〈P1678〉；山西亚宝药业集团股份有限公司〈P1680〉；[黑]哈尔滨康文生化科技有限公司〈P1720〉；[沪]上海康文医药中间体有限公司〈P1748〉；[苏]苏州海宇生物科技有限公司〈P1900〉；[鲁]山东宝洋化工集团公司〈P2051〉

间羟基苯甲酸；3-羟基苯甲酸　C03020239
m-Hydroxybenzoic acid [99-06-9]
用作杀菌剂、防腐剂、增塑剂及医药的中间体，也可用来合成偶氮染料
【生产厂】[黑]佳木斯市北星有机化工有限责任公司〈P1724〉；[苏]泰兴市化工七厂(500吨)〈P1826〉；[赣]江西麒麟化工有限公司〈P2013〉；江西永雄饲料化工有限公司(140吨)〈P2014〉；[豫]临颍县颍华技术开发有限公司(100吨)〈P2220〉
【使用厂】[辽]大连瑞泽农药股份有限公司〈P1693〉；[黑]佳木斯市恺乐农药有限公司〈P1725〉；[沪]上海农药厂有限公司〈P1755〉；[苏]连云港立本农药化工有限公司〈P1798〉；[闽]福建三农集团股份有限公司〈P1994〉；[鲁]青岛海湾集团有限公司〈P2036〉；青岛碱业股份有限公司〈P2038〉

2,4-二氯-3-硝基-5-氟苯甲酸 C03020240
2,4-Dichloro-3-nitro-5-fluorobenzoic acid [106809-14-7]
【生产厂】[苏]宿迁市永星药业有限公司〈P1805〉

4,7-二氯喹啉 C03020241
4,7-Dichloroquinoline [86-98-6]
用作药物磷酸氯喹中间体
【生产厂】[渝]重庆康乐制药有限公司(100吨)〈P2305〉
【使用厂】[沪]上海中西药业股份有限公司〈P1779〉

2-氟-4-氯-5-磺酰胺基苯甲酸 C03020242
4-Chloro-2-fluoro-5-sulfamoylbenzoic acid
用作药物阿佐塞米中间体
【生产厂】[沪]上海神和化工技术有限公司〈P1761〉

邻三氟甲基苯甲酸;2-三氟甲基苯甲酸 C03020243
2-Trifluoromethylbenzoic acid [433-97-6]
【生产厂】[京]北京普瑞东方化学技术有限公司〈P1556〉;北京金奥利维科技发展有限公司〈P1551〉;北京宜龙通广科技有限公司〈P1565〉;[辽]阜新三宝化工实业有限公司〈P1708〉;[沪]上海市农药研究所〈P1764〉;[苏]丹阳市大泊化工厂〈P1840〉;扬州天辰精细化工有限公司〈P1819〉;[赣]江西上饶现代化工有限公司〈P2015〉;[鲁]青岛和兴精细化学有限公司(200吨)〈P2036〉;菏泽睿鹰制药集团(15吨)〈P2158〉

3-硝基-4-氯-5-磺酰胺基苯甲酸 C03020244
3-Nitro-4-chloro-5-sulfamoylbenzoic acid
用作药物布美他尼的中间体
【生产厂】[沪]上海神和化工技术有限公司〈P1761〉

4-氯-3-氨磺酰基苯甲酸;4-氯-3-磺酰胺基苯甲酸 C03020245
4-Chloro-3-sulfamoylbenzoic acid [1205-30-7]
用于药物布美他尼的合成
【生产厂】[冀]霸州市华厦溶剂精制有限公司〈P1657〉;[沪]上海神和化工技术有限公司〈P1761〉;[苏]金坛市三方医药原料厂〈P1862〉;苏州开元民生化学科技有限公司〈P1901〉;[浙]浙江野风药业有限公司〈P1956〉

3,5-双三氟甲基苯甲酸 C03020246
3,5-Di(trifluoromethyl)benzoic acid [725-89-3]
【生产厂】[京]北京金奥利维科技发展有限公司〈P1551〉;北京宜龙通广科技有限公司〈P1565〉;[辽]阜新奥瑞凯精细化工有限公司〈P1707〉;[沪]上海杜拿克化工有限公司〈P1732〉;[赣]江西上饶现代化工有限公司〈P2015〉

间三氟甲基苯甲酸;3-三氟甲基苯甲酸 C03020247
m-Trifluoromethylbenzoic acid [454-92-2]
【生产厂】[京]北京普瑞东方化学技术有限公司〈P1556〉;北京金奥利维科技发展有限公司〈P1551〉;北京宜龙通广科技有限公司〈P1565〉;[辽]阜新恒辉化工有限公司〈P1707〉;阜新三宝化工实业有限公司〈P1708〉;[沪]上海市农药研究所〈P1764〉;上海立科药物化学有限公司〈P1750〉;[苏]丹阳市大泊化工厂〈P1840〉;江苏庙桥合成化工有限公司〈P1859〉;[浙]浙江省东阳市康峰有机氟化工厂〈P1955〉;[鲁]菏泽睿鹰制药集团(6吨)〈P2158〉

对三氟甲基苯甲酸;4-三氟甲基苯甲酸 C03020248
p-Trifluoromethylbenzoic acid [455-24-3]
【生产厂】[京]北京普瑞东方化学技术有限公司〈P1556〉;北京金奥利维科技发展有限公司〈P1551〉;北京宜龙通广科技有限公司〈P1565〉;[辽]阜新三宝化工实业有限公司〈P1708〉;[苏]丹阳市大泊化工厂〈P1840〉;扬州天辰精细化工有限公司〈P1819〉;[赣]江西上饶现代化工有限公司〈P2015〉;[鲁]山东武城康达化工有限公司〈P2146〉;菏泽睿鹰制药集团(4吨)〈P2158〉

3-甲基-4-硝基苯甲酸 C03020249
3-Methyl-4-nitrobenzoic acid;4-Nitro-*m*-toluic acid [3113-71-1]
【生产厂】[鄂]湖北龙感湖宏仕化工有限公司(300吨)〈P2243〉

2,5-二羟基苯甲酸;龙胆酸;5-羟基水杨酸 C03020250
2,5-Dihydroxybenzoic acid;Gentisic acid [490-79-9]
用作医药中间体
【生产厂】[苏]苏州市龙盛精细化工厂〈P1904〉;泰兴市化工七厂(100吨)〈P1826〉

甲基物;2-甲基-4-羟基-2*H*-1,2-苯并异噻嗪-3-羧酸乙酯-1,1-二氧化物 C03020251
2-Methyl-4-hydroxy-2*H*-1,2-benzisothiazine-3-carboxylic acid ethyl ester-1,1-dioxide [35511-15-0]
是合成炎痛喜康等镇痛药物的中间体
【生产厂】[浙]浙江黄岩精细化学品集团有限公司(10吨)〈P1964〉;浙江精进药业有限公司〈P1965〉

5-氰基-1-(4-氟苯基)-1,3-二氢化异苯并呋喃 C03020258
5-Cyano-1-(4-fluorophenyl)-1,3-dihydro-isobenzofuran
用作药物西普酞兰中间体
【生产厂】[苏]江阴东方医药原料有限公司〈P1867〉;[浙]浙江黄岩东升医药化工有限公司〈P1964〉

3,5-二氯苯甲酸 C03020259
3,5-Dichlorobenzoic acid [51-36-5]
用作农药、医药中间体
【生产厂】[苏]南通施壮化工有限公司〈P1834〉;[浙]衢州市聚华特种试剂厂〈P1958〉

***N*-乙酰氨基葡萄糖** C03020263
N-Acetylaminoglucose
用作骨关节炎、风湿性关节炎治疗剂,食品添加剂
【生产厂】[苏]江阴南极星生物制品有限公司〈P1868〉;江阴市三益化工有限公司〈P1870〉;江苏日欣实业集团有限公司〈P1816〉;江苏九寿堂生物制品有限公司〈P1821〉;启东嘉峰医药科技有限公司〈P1836〉;[浙]浙江省建德市生物化工厂〈P1928〉;宁波海德氨基酸工业有限公司〈P1930〉;舟山市普陀新兴医药化工厂〈P1959〉;台州东升医药化工有限公司〈P1960〉;台州复大海洋生物实业有限公司〈P1960〉;台州市丰润生物化学有限公司〈P1961〉;[鲁]山东莱州市海力生物制品有限公司〈P2114〉;烟台东诚生化有限公司〈P2116〉

C

γ-丁内酯;γ-羟基丁酸内酯;GBL;1,4-丁内酯　C03020281

γ-Butyrolactone [96-48-0]

用于生产环丙胺、吡咯烷酮等药品,也是工业的溶剂、稀释剂、固化剂等

【生产厂】[辽]沈阳东进化工产业有限公司(2 万吨)〈P1685〉;[沪]上海元吉化工有限公司〈P1776〉;上海静超化工有限公司〈P1745〉;上海中远化工有限公司〈P1779〉;[苏]金陵石化公司南京金龙化工厂(5000 吨)〈P1782〉;南京金龙化工厂(4000 吨)〈P1785〉;南京瑞泽精细化工有限公司〈P1788〉;江苏飞翔化工(张家港)有限公司〈P1893〉;江苏省沛县东方化工厂〈P1793〉;南通恒兴电子材料有限公司〈P1833〉;[皖]安徽海丰精细化工股份有限公司〈P1971〉;合肥江淮化肥总厂(2500 吨)〈P1972〉;[鲁]山东省博兴县凯利精细化工有限责任公司〈P2156〉;山东佳泰石油化工有限公司(2000 吨)〈P2085〉;胜利油田东胜星润化工有限责任公司〈P2087〉;东营万象化工有限责任公司(1400 吨)〈P2083〉;新泰市宏达化工有限公司(1200 吨)〈P2138〉;[豫]濮阳市迈奇精细化工有限公司(1000 吨)〈P2214〉;[鄂]湖北仙隆化工股份有限公司〈P2245〉

【使用厂】[沪]上海胜浦新材料有限公司〈P1762〉;上海旭东海普药业有限公司〈P1773〉;[苏]江苏华派集团〈P1807〉;[浙]遂昌金恒化工有限公司〈P1970〉;[豫]河南省卫辉市豫北化工有限公司〈P2201〉;博爱新开源制药有限公司〈P2192〉

DL-泛酸内酯;DL-泛解酸内酯　C03020285

DL-Pantolactone

用于合成 DL-泛酸钙及其系列衍生物

【生产厂】[鲁]淄博申维化工有限公司〈P2067〉

3,4,5-三甲氧基苯甲醛;TMBA　C03020291

3,4,5-Trimethoxybenzaldehyde [86-81-7]

用于合成抗菌增效药甲氧苄氨嘧啶

【生产厂】[黑]哈尔滨康文生化科技有限公司〈P1720〉;[沪]上海康晟实业有限公司〈P1748〉;上海康文医药中间体有限公司〈P1748〉;[苏]江都市星海化工有限公司(80 吨)〈P1815〉;[鲁]寿光富康制药有限公司(1800 吨)〈P2099〉;[湘]湖南省张家界市贸源化工有限公司(100 吨)〈P2255〉

2,3,4-三甲氧基苯甲醛　C03020295

2,3,4-Trimethoxybenzaldehyde [2103-57-3]

用作医药中间体

【生产厂】[京]北京卡乐瑞化工有限公司〈P1553〉;[晋]运城市鑫河医药化工有限公司〈P1680〉;芮城县虹桥药用中间体有限公司〈P1678〉;山西亚宝药业集团股份有限公司〈P1680〉;[沪]上海康晟实业有限公司〈P1748〉;上海邦成化工有限公司〈P1728〉;上海康文医药中间体有限公司〈P1748〉;[苏]无锡康晟精细化工有限公司〈P1874〉;[粤]珠海市金山化工有限公司(100 吨)〈P2275〉

对乙酰氨基环己酮;N-(4-氧环己基)乙酰胺　C03020301

p-Acetaminocyclohexanone [27514-08-5]

【生产厂】[京]北京艾斯克医药技术开发有限公司〈P1543〉

反式-4-氨基环己醇　C03020311

trans-4-Aminocyclohexanol [27489-62-9]

有机合成原料,是合成盐酸氨溴索等药物的重要中间体

【生产厂】[京]北京恒天易德化工有限公司〈P1549〉;[苏]常州罗地尔生化技术有限公司〈P1848〉;[浙]杭州龙生化工有限公司〈P1921〉;嘉兴阿尔法精细化工有限公司〈P1940〉;浙江天台福达医药化工有限公司〈P1968〉;浙江台州清泉医药化工有限公司(50 吨)〈P1968〉

对乙酰氨基环己醇　C03020319

p-Acetaminocyclohexanol

【生产厂】[浙]嘉兴阿尔法精细化工有限公司〈P1940〉

山梨醇;花椒醇;山梨糖醇;清凉花醇;蔷薇醇　C03020321

Sorbitol [50-70-4]

用作食品调湿剂、保香剂、抗氧化剂,化妆品原料,香烟、牙膏保湿剂,维生素 C、胶黏剂的原料及利尿和利胆药

【生产厂】[津]天津开发区信达化工技术发展有限公司〈P1575〉;[冀]华北制药股份有限公司〈P1624〉;华北制药集团有限责任公司〈P1624〉;河北华旭药业有限责任公司(2 万吨)〈P1620〉;石家庄焦化集团有限责任公司〈P1627〉;华北制药华盈有限公司〈P1624〉;石家庄华康制药有限公司(1000 吨)〈P1626〉;河北圣雪葡萄糖有限责任公司(5000 吨)〈P1622〉;[辽]沈阳东进化工产业有限公司(30 万吨)〈P1685〉;大连通用化工有限公司(3000 吨)〈P1694〉;[沪]上海邦成化工有限公司〈P1728〉;上海中远化工有限公司(5000 吨)〈P1779〉;上海吴淞化肥厂〈P1770〉;[皖]安徽海丰精细化工股份有限公司〈P1971〉;合肥江淮化肥总厂(6000 吨)〈P1972〉;[鲁]山东福田药业有限公司(1 万吨)〈P2144〉;山东联盟化工集团有限公司(10 万吨)〈P2096〉;青岛明月海藻集团有限公司(1 万吨)〈P2040〉;[鄂]宜昌人福药业有限责任公司〈P2241〉;湖北八峰药化股份有限公司〈P2245〉;[桂]南宁市化工研究设计院〈P2297〉;广西南宁化学制药有限责任公司(2000 吨)〈P2296〉;[渝]重庆福润化工有限公司〈P2304〉

【使用厂】[冀]石家庄制药集团有限公司〈P1634〉;[晋]南风化工集团股份有限公司〈P1678〉;[辽]辽宁科隆化工实业有限公司〈P1709〉;丹东龙泽化工有限责任公司〈P1700〉;[沪]上海天坛助剂有限公司〈P1767〉;上海申宇医药化工有限公司〈P1761〉;[苏]南京红宝丽股份有限公司〈P1784〉;[浙]龙游县化工试剂厂〈P1957〉;[鲁]淄博市淄川创业油脂化工厂〈P2072〉;山东省淄博市淄川汇通油脂精细化工厂〈P2055〉;招远七六一有限责任公司〈P2120〉;山东博山制药有限公司〈P2051〉

结晶山梨醇　C03020323

Sorbitol, crystal [50-70-4]

医药级用于配制注射液、大输液和口服冲剂等,食品级用于口香糖、无糖糖果等

【生产厂】[冀]华北制药华盈有限公司〈P1624〉;石家庄华康制药有限公司(1000 吨)〈P1626〉;[鄂]武汉市合中化工制造有限公司〈P2232〉;[桂]南宁市化工研究设计院(1000 吨)〈P2297〉;广西南宁化学制药有限责任公司(1000 吨)〈P2296〉

丙二酰脲;巴比土酸;巴比妥酸　C03020331

Barbituric acid; Malonylurea [67-52-7]

用作医药中间体,合成巴比妥、苯巴比妥、维生素 B_{12} 等药物,也用作聚合催化剂和制染料的原料

【生产厂】[冀]河北华戈化学集团〈P1654〉;[晋]山西物产精细化工有限公司〈P1670〉;山西省交城县晶鑫化工厂〈P1677〉;芮城县新宇化工有限公司(800 吨)〈P1679〉;[苏]溧阳市永安精细化工有限公司〈P1864〉;扬州康宏化

工有限公司〈P1817〉;[豫]郑州利丰化工有限公司(2000吨)〈P2171〉;[湘]湘潭高新区科旺化工有限公司(1000吨)〈P2251〉

1-甲基巴比妥酸 C03020333

1-Methylbarbituric acid

【生产厂】[皖]宣城精方医药化工有限公司〈P1987〉

1-苄基-5-苯基巴比妥酸 C03020334

1-Benzyl-5-phenylbarbituric acid [72846-00-5]

【生产厂】[津]南开大学生物化学科技开发公司(50吨)〈P1569〉

N-叔丁基-3-酮-4-氮杂-5α-雄甾烯-17β-酰胺 C03020336

17β-(*N-tert*-Butylcarbamoyl)-4-aza-5α-androstene-3-one

【生产厂】[鄂]湖北葛店人福药业有限责任公司〈P2242〉

利多卡因碱 C03020338

Lidocaine base

【生产厂】[浙]杭州浙大泛科化工有限公司〈P1925〉

普鲁卡因碱 C03020340

Procaine base

用作医药中间体

【生产厂】[渝]重庆小泉化工厂(100吨)〈P2308〉

水合肼;水合联氨 C03020341

Hydrazine monohydrate [7803-57-8]

用作医药、农药、染料、显影剂、抗氧剂及塑料发泡剂的原料,是锅炉用水的优良脱氧剂,也用于制炸药等

【生产厂】[津]天津市创新有机化工厂(500吨)〈P1582〉;天津市宇博精细化工有限公司(500吨)〈P1611〉;[冀]河北省冀州市东风福利化工有限公司〈P1665〉;[黑]大庆市让胡路区明星化工厂〈P1722〉;[沪]上海华谊集团华原化工有限公司(800吨)〈P1739〉;[苏]新沂市一诺生物化工有限公司〈P1794〉;江苏双菱化工集团有限公司〈P1798〉;[赣]南昌氯碱总厂(1万吨)〈P2010〉;[鲁]山东塑料试验厂〈P2030〉;[豫]焦作市华联化工有限公司(500吨)〈P2196〉;[湘]长沙鑫本化工有限公司(1200吨)〈P2247〉;湖南株洲化工集团翔宇精细化工有限公司〈P2249〉;[川]宜宾天原股份有限公司(1万吨)〈P2335〉

【使用厂】[津]天津天成制药有限公司〈P1614〉;[冀]邯郸市赵都精细化工厂〈P1639〉;廊坊三威化工有限公司〈P1660〉;[辽]大连化工研究设计院〈P1692〉;[沪]上海泰顿化工有限公司〈P1766〉;上海南翔试剂有限公司〈P1754〉;上海宝山振宗生物工程厂〈P1728〉;上海源大精细化工有限公司〈P1776〉;上海试四赫维化工有限公司〈P1764〉;[苏]连云港海水化工有限公司〈P1798〉;连云港立本农药化工有限公司〈P1798〉;南通宝叶化工有限公司〈P1832〉;江苏苏中农药化工厂〈P1822〉;利君集团镇江制药有限责任公司〈P1843〉;南京红太阳集团〈P1784〉;江苏克胜集团股份有限公司〈P1808〉;江苏丰登农药有限公司〈P1858〉;南京法姆化学厂〈P1783〉;[浙]浙江金华康恩贝生物制药有限公司〈P1955〉;浙江省东阳市天宇化工有限公司〈P1955〉;[鲁]山东华阳和乐农药有限公司〈P2144〉;山东泰山染料股份有限公司〈P2137〉;山东省临沂市三丰化工有限公司〈P2150〉;淄博汇昌石化助剂有限责任公司〈P2062〉;[鄂]湖北科兴医药化工股份有限公司〈P2237〉;[粤]广州化学试剂厂〈P2261〉;[渝]西南合成制药股份有限公司〈P2303〉;[川]四川省化工研究设计院〈P2319〉;四川省天然气化工研究院〈P2319〉

八氢吲哚-2-羧酸 C03020342

Octahydroindole-2-carboxylic acid [80828-13-3]

用作药物培哚普利中间体

【生产厂】[沪]上海金赛医药化工有限公司〈P1744〉;[浙]宁波武盛化学有限公司〈P1933〉

芦竹碱;3-(二甲氨基甲基)吲哚 C03020344

Gramine;3-(Dimethylaminomethyl)indole [87-52-5]

【生产厂】[辽]辽宁海德医药化工有限公司〈P1699〉;[苏]金坛市社头化工厂〈P1862〉

吲哚-3-甲酸;3-吲哚甲酸 C03020346

Indole-3-carboxylic acid [771-50-6]

医药中间体,用于合成托烷司琼、抗病毒药等

【生产厂】[京]北京金奥利维科技发展有限公司〈P1551〉;北京成宇化工有限公司〈P1545〉;[沪]上海再启生物技术有限公司〈P1777〉;[苏]南京锐马精细化工有限公司〈P1788〉;常州雪龙化工有限公司〈P1858〉;金坛市社头化工厂〈P1862〉;[浙]杭州江南化工有限公司〈P1919〉;[湘]新化县诺威化工有限公司〈P2258〉

吲哚-5-羧酸 C03020347

Indole-5-carboxylic acid [1670-81-1]

用作有机合成中间体

【生产厂】[京]北京成宇化工有限公司〈P1545〉;[沪]上海再启生物技术有限公司〈P1777〉;[苏]宜兴市中宇药化技术有限公司〈P1888〉

吲哚-2-羧酸;2-吲哚甲酸 C03020348

Indole-2-carboxylic acid [1477-50-5]

用作有机合成原料

【生产厂】[京]北京达科思精细化工研究所〈P1545〉;北京成宇化工有限公司〈P1545〉;[沪]上海再启生物技术有限公司〈P1777〉;上海凯路化工有限公司〈P1747〉;[苏]南京锐马精细化工有限公司〈P1788〉;常州雪龙化工有限公司〈P1858〉;金坛市社头化工厂〈P1862〉;[鄂]潜江东立精细化工有限公司〈P2246〉

5-硝基吲哚 C03020349

5-Nitroindole [6146-52-7]

用作有机合成中间体

【生产厂】[京]北京金奥利维科技发展有限公司〈P1551〉;北京成宇化工有限公司〈P1545〉;[沪]上海凯路化工有限公司〈P1747〉;[苏]南京锐马精细化工有限公司〈P1788〉;[浙]浙江车头制药有限公司〈P1963〉;[赣]江西犇牛医药化工有限公司〈P2015〉;[鲁]山东平原县恒源化工有限公司(200吨)〈P2145〉

甘草亭酸;甘草次酸 C03020351

Glycyrrhetic acid;Glycyrrhetinic acid [471-53-4]

是一种重要的医药和高档化妆品原料,具有抗炎抗过敏、抑制细菌繁殖等作用

【生产厂】[沪]上海盛欣医药化工有限公司〈P1762〉;[陕]陕西慧科植物开发有限公司〈P2346〉;西安天行健天然生物制品有限公司〈P2350〉;[甘]甘肃金汉伯生物制品有限责任公司〈P2358〉;[宁]宁夏启元药业有限公司(3吨)〈P2361〉

N-苯基-2-吲哚酮 C03020352

N-Phenyl-2-indolinone
用作药物利诺比啶的主要中间体
【生产厂】[浙]宁波市求是化工有限公司〈P1932〉

5-氯吲哚-2-酮 C03020354
5-Chloroindolin-2-one;5-Chloro-1,3-dihydroindole-2-one [17630-75-0]
【生产厂】[苏]南京锐马精细化工有限公司〈P1788〉;苏州海宇生物科技有限公司〈P1900〉;宜兴市中宇药化技术有限公司〈P1888〉;[赣]江西犇牛医药化工有限公司〈P2015〉

6-氯-1,3-二氢吲哚-2-酮;6-氯吲哚-2-酮 C03020355
6-Chloro-1,3-dihydroindole-2-one [56341-37-8]
用作药物齐拉西酮中间体
【生产厂】[京]北京艾斯克医药技术开发有限公司〈P1543〉;[沪]上海海隼化工科技有限公司〈P1735〉;[苏]宜兴市中宇药化技术有限公司〈P1888〉;[湘]湘潭市开元化学有限公司〈P2251〉

5-(2-氯乙基)-6-氯-1,3-二氢吲哚-2-(2*H*)-酮 C03020358
5-(2-Chloroethyl)-6-chloro-1,3-dihydro-2*H*-indole-2-one [144010-02-6]
用于制备药物齐拉西酮
【生产厂】[京]北京国联诚辉医药技术有限公司〈P1548〉;[湘]湘潭高新区科旺化工有限公司〈P2251〉

1-甲基六氢氮杂卓-4-酮盐酸盐 C03020361
1-Methylhexahydroazepin-4-one hydrochloride [19869-42-2]
【生产厂】[皖]广德金邦化工有限公司〈P1986〉

7-氯-5-(2-氟苯基)-1,3-二氢-3*H*-1,4-苯并二氮杂卓-2-酮 C03020371
5-(2-Fluorophenyl)-7-chloro-1,3-dihydro-3*H*-1,4-benzodiazepin-2-one [2886-65-9]
【生产厂】[苏]金坛德培化工有限公司〈P1861〉;徐州市爱克医药科技有限公司〈P1795〉

7-氯-5-(2-氯苯基)-1,3-二氢-3*H*-1,4-苯并二氮杂卓-2-酮 C03020373
7-Chloro-5-(2-chlorophenyl)-1,3-dihydro-3*H*-1,4-benzodiazepin-2-one [2894-67-9]
用于合成劳拉西泮、三唑仑、氯马唑仑等原料药
【生产厂】[苏]徐州市爱克医药科技有限公司〈P1795〉;[鄂]湖北志诚化工科技有限公司〈P2243〉

2,3-杂氮萘酮;1-(2*H*)-酞嗪酮 C03020376
Benzo[d]pyridazin-1-(2*H*)-one;1-(2*H*)-Phthalazinone [119-39-1]
【生产厂】[浙]宁波天源化学有限公司〈P1933〉

4-(2-溴乙基)氧化吲哚 C03020377
4-(2-Bromoethyl)-2-oxoindole [120427-96-5]
用作医药中间体
【生产厂】[苏]海峰化工科研有限公司〈P1797〉

4-(2-羟乙基)氧化吲哚;4-(2-羟乙基)吲哚-2-酮 C03020379
4-(2-Hydroxyethyl)oxyindole [139122-19-3]
用作医药中间体
【生产厂】[京]北京艾斯克医药技术开发有限公司〈P1543〉;[苏]海峰化工科研有限公司〈P1797〉

1,2,4-三嗪-2-甲基-6-羟基-3-硫代-5-酮;三嗪醇;头孢三嗪侧链酸 C03020380
1,2,4-Triazine-2-methyl-6-hydroxy-3-thio-5-one
用作头孢三嗪中间体
【生产厂】[浙]浙江普洛化学有限公司(6吨)〈P1955〉

1,4-双酮酞嗪 C03020381
1,4-Phthalazinedione [20116-64-7]
用于医药工业,是血压达静的中间体
【生产厂】[苏]江苏华派集团〈P1807〉;盐城市华佳化工有限公司〈P1811〉

咪唑[1,2-b]并哒嗪 C03020382
Imidazo-[1,2-b]pyridazine [766-55-2]
【生产厂】[辽]阜新博达维医药科技有限公司〈P1707〉

6-(4-氨基苯基)-4,5-二氢-5-甲基-3(2*H*)-哒嗪酮 C03020383
6-(4-Aminophenyl)-4,5-dihydro-5-methyl-3(2*H*)-pyridazinone [101328-85-2]
用作医药中间体
【生产厂】[鄂]湖北志诚化工科技有限公司〈P2243〉;湖北祥云(集团)化工股份有限公司〈P2244〉

阿昔洛韦钠 C03020384
Aciclovir sodium
用作抗病毒药中间体
【生产厂】[浙]浙江浙北药业有限公司〈P1947〉

阿昔洛韦侧链;2-氧杂-1,4-丁二醇二乙酯 C03020385
2-Oxo-1,4-butanediol diacetate [59278-00-1]
用于合成药品阿昔洛韦
【生产厂】[津]天津市武清区北洋化工厂(80吨)〈P1606〉;[冀]河北美化化工有限公司〈P1620〉;[浙]浙江奥马药业有限公司(80吨)〈P1963〉;[豫]新乡市天丰精细化工有限公司〈P2206〉;新乡拓新生化科技有限公司(10吨)〈P2207〉

吡咯列酮亚胺;5-{4-[2-(5-乙基-2-吡啶基)乙氧基]苄基}-2-亚氨基-4-噻唑酮 C03020386
5-{4-[2-(5-Ethyl-2-pyridyl)ethoxy]benzyl}-2-imino-4-thiazolidinone [105355-26-8]
用作药物吡咯列酮的中间体
【生产厂】[冀]沧州那瑞化学科技有限公司〈P1652〉;[鲁]山东中科泰斗化学有限公司〈P2030〉

匹格列酮烯 C03020387
5-{4-[2-(5-Ethyl-2-pyridinyl)ethoxy]benzyldene}-2,4-thiazolidinedione [627502-58-3]
用作医药中间体
【生产厂】[鲁]山东中科泰斗化学有限公司〈P2030〉

二乙酰阿昔洛韦 C03020390

Diacetylacyclovir [75128-73-3]
用于合成抗病毒药阿昔洛韦
【生产厂】[沪]上海雅本化学有限公司〈P1773〉;[皖]安徽李氏化工有限公司〈P1985〉

丁炔胺酯;乙酸-4-二乙氨基-2-丁炔酯 C03020392
Acetic acid 4-diethylamino-2-butine ester
【生产厂】[浙]台州耀业医化有限公司〈P1962〉

4-(3,4-二氯苯基)-1-四氢萘酮 C03020395
4-(3,4-Dichlorophenyl)-1-tetralone [79560-19-3]
用于合成抗抑郁药盐酸舍曲林等
【生产厂】[辽]沈阳东瑞科技有限公司〈P1685〉;[沪]上海泰顿化工有限公司〈P1766〉;[苏]盐城市东港药物化工发展有限公司(50吨)〈P1811〉;新沂市永诚化工有限公司〈P1794〉;[浙]上虞市卧龙化工有限公司〈P1948〉;浙江普康化工有限公司〈P1959〉;[川]四川抗菌素工业研究所化学制药事业部〈P2318〉

6-甲氧基-1-萘满酮;6-甲氧基-1,2,3,4-四氢萘-1-酮 C03020396
6-Methoxy-1-tetralone [1078-19-9]
是18-甲基炔诺酮、三烯高诺酮等药物的中间体
【生产厂】[鄂]仙桃市楚天精细化工厂〈P2246〉

1-四氢萘酮;1-萘满酮 C03020397
1-Tetralone;1,2,3,4-Tetrahydro-1-naphthalenone [529-34-0]
用作多种药物如避孕药、杀鼠剂等中间体,亦用作溶剂和塑料软化剂
【生产厂】[闽]福建省三农碳酸钙有限责任公司钙品分公司〈P1995〉

7-甲氧基-2-萘满酮;7-甲氧基-1,2,3,4-四氢萘-2-酮 C03020399
7-Methoxy-2-tetralone [4133-34-0]
用作医药中间体
【生产厂】[京]北京赛璐珈科技有限公司〈P1557〉

5-羟基-1-四氢萘酮 C03020400
5-Hydroxy-1-tetralone [28315-93-7]
【生产厂】[沪]上海金赛医药化工有限公司〈P1744〉

2,4,6-三甲基苯磺酰氯 C03020401
2,4,6-Trimethylbenzenesulfonyl chloride [773-64-8]
【生产厂】[苏]苏州诚和医药化学有限公司〈P1899〉;[浙]嘉兴市金利化工有限责任公司〈P1942〉

4-叔丁基苯磺酰氯 C03020403
4-*tert*-Butylbenzenesulfonyl chloride [15084-51-2]
【生产厂】[苏]苏州诚和医药化学有限公司〈P1899〉

3-乙酰氧基-2-甲基苯甲酸 C03020405
3-Acetoxy-2-methylbenzoic acid [168899-58-9]
用作医药中间体
【生产厂】[浙]浙江天新药业有限公司(60吨)〈P1968〉;[皖]安徽省广德科苑化工有限公司〈P1986〉

对甲氧基苯磺酰氯 C03020409
4-Methoxybenzenesulfonyl chloride [98-68-0]
用作医药中间体
【生产厂】[冀]固安县恩康医药化工原料有限公司〈P1658〉;[苏]苏州永拓医药科技有限公司〈P1907〉;苏州诚和医药化学有限公司〈P1899〉

4-乙酰氨基苯磺酰氯;对乙酰氨基苯磺酰氯 C03020411
4-Acetaminobenzenesulfonyl chloride [121-60-8]
用于制备磺胺间二甲氧嘧啶、磺胺甲基异噁唑等磺胺类药
【生产厂】[冀]河北省武强县启龙化工有限公司〈P1666〉;[苏]苏州诚和医药化学有限公司〈P1899〉;[浙]衢州海顺医药化工有限公司(500吨)〈P1957〉

对硝基苯磺酰氯 C03020412
4-Nitrobenzenesulfonyl chloride [98-74-8]
用作医药、染料中间体
【生产厂】[苏]苏州诚和医药化学有限公司〈P1899〉;[浙]浙江优联医药化工有限公司〈P1928〉;浙江野风药业有限公司〈P1956〉

邻硝基苯磺酰氯;2-硝基苯磺酰氯 C03020413
2-Nitrobenzenesulfonyl chloride [1694-92-4]
用作医药、染料中间体
【生产厂】[辽]沈阳沈潘精细化工有限公司(120吨)〈P1687〉;沈阳市嘉恒化工有限公司〈P1688〉;[苏]苏州诚和医药化学有限公司〈P1899〉;[鲁]蓬莱市前卫化工有限公司〈P2112〉

间硝基苯磺酰氯;3-硝基苯磺酰氯 C03020414
m-Nitrobenzenesulfonyl chloride [121-51-7]
用作医药、染料中间体
【生产厂】[冀]河北亚诺化工有限公司(10吨)〈P1623〉;[苏]苏州诚和医药化学有限公司〈P1899〉;[浙]嘉兴市金利化工有限责任公司〈P1942〉

2-硝基苯硫氯 C03020419
2-Nitrobenzenesulfenyl chloride [7669-54-7]
用作医药、染料中间体
【生产厂】[辽]沈阳沈潘精细化工有限公司〈P1687〉

4-甲苯磺酰脲;对甲苯磺酰脲 C03020421
4-Toluenesulfonylurea [1694-06-0]
用作有机合成原料
【生产厂】[浙]宁波麒灵医药生物化学有限公司〈P1931〉;[赣]吉安市通海医药化工有限公司〈P2017〉;吉安市海洲医药化工有限公司〈P2017〉

三苯基氯化硫;三苯基硫氯化物 C03020425
Triphenyl sulfur chloride
用作医药中间体
【生产厂】[沪]上海万安化工科技研究所(400吨)〈P1768〉

对氯苯磺酰脲 C03020429
p-Chlorophenylsulfonylurea
【生产厂】[苏]苏州诚和医药化学有限公司〈P1899〉

对甲氨基苯甲酰谷氨酸 C03020431

p-Methylaminobenzoylglutamic acid
【生产厂】[苏]苏州市苏瑞医药化工有限公司〈P1905〉

对甲氨基苯甲酰谷氨酸二乙酯 C03020433
p-Methylaminobenzoylglutamic acid diethyl ester
用作医药中间体
【生产厂】[苏]苏州市苏瑞医药化工有限公司〈P1905〉

C

对氨基苯甲酰谷氨酸 C03020435
p-Aminobenzoylglutamic acid [4271-30-1]
【生产厂】[苏]常熟华港制药有限公司(120吨)〈P1889〉

对甲氨基苯甲酰谷氨酸锌 C03020437
p-Methylaminobenzoylglutamic acid zinc salt
【生产厂】[苏]苏州市苏瑞医药化工有限公司〈P1905〉

4-甲苯磺酰氯;对甲苯磺酰氯 C03020441
4-Toluenesulfonyl chloride [98-59-9]
用于有机合成、磺胺药物及农药中间体
【生产厂】[辽]丹东市精细化工厂〈P1700〉;[苏]常州市东业化学品公司〈P1850〉;江苏省金坛市制药厂〈P1860〉;苏州市鑫隆化工有限公司〈P1905〉;苏州金忠化工有限公司〈P1901〉;苏州诚和医药化学有限公司〈P1899〉;苏州丽兰化工有限公司〈P1902〉;[浙]嘉兴辰龙化工有限责任公司〈P1941〉;嘉兴市金禾化工有限公司〈P1942〉;嘉兴市向阳化工厂(2000吨)〈P1942〉;嘉兴市金利化工有限责任公司〈P1942〉;[鲁]山东省滕州市国安化工有限公司〈P2078〉
【使用厂】[辽]丹东深兰化工有限公司〈P1700〉;[沪]松江佘山化工厂〈P1780〉;[苏]江都市华兴医药化工制品有限公司〈P1814〉;江苏省高邮市化工厂〈P1816〉;[浙]杭州萧山飞翔化工有限公司〈P1923〉;[鲁]山东胜邦绿野化学有限公司〈P2029〉;[粤]广州化学试剂厂〈P2261〉

对乙基苯磺酰氯 C03020444
4-Ethylbenzenesulfonyl chloride
【生产厂】[苏]苏州诚和医药化学有限公司〈P1899〉

对溴苯磺酰氯;4-溴苯磺酰氯 C03020445
p-Bromobenzenesulfonyl chloride [98-58-8]
用作农药、医药中间体
【生产厂】[沪]上海中科同力化工材料有限公司〈P1779〉;[苏]苏州诚和医药化学有限公司〈P1899〉;江苏托球农化有限公司〈P1808〉;江苏华派集团〈P1807〉

对碘苯磺酰氯 C03020449
p-Iodobenzenesulfonyl chloride [98-61-3]
【生产厂】[沪]上海中科同力化工材料有限公司〈P1779〉

4-异丙基甲苯;对伞花烃;对异丙基甲苯 C03020451
4-Isopropyltoluene;4-Cymene [99-87-6]
用于制药工业
【生产厂】[苏]宜兴市中宇药化技术有限公司〈P1888〉

1-叔丁基-3,5-二甲基苯;3,5-二甲基叔丁苯 C03020452
tert-Butyl-*m*-xylene;3,5-Dimethyl-*tert*-butylbenzene [98-19-1]
用作合成酮麝香的基本原料,经硝化可合成二甲苯麝香
【生产厂】[苏]常熟市唐市精细医药化工厂(50吨)〈P1891〉

4-亚硝基苯酚;对亚硝基苯酚 C03020461
4-Nitrosophenol [104-91-6]
【生产厂】[苏]南京奥德赛化工有限公司〈P1782〉;泰兴盛铭精细化工有限公司〈P1825〉

1,3-二苯基脲;均二苯脲;碳酰二苯胺 C03020471
1,3-Diphenylurea;*N*,*N'*-diphenylurea [102-07-8]
主要用作氨苯磺胺的中间体,其氯磺化后的产物,可作新诺明的主要原料
【生产厂】[渝]重庆市昆仑化工有限公司〈P2307〉

2-氨基苯乙酮;邻氨基苯乙酮 C03020489
2-Aminoacetophenone [551-93-9]
【生产厂】[京]北京奥得赛化学有限公司〈P1543〉;[苏]南京力达宁化学有限公司〈P1786〉;金坛市源诺对外贸易有限公司〈P1862〉;[鄂]武汉市化学工业研究所有限责任公司〈P2232〉

3-氨基苯乙酮;间氨基苯乙酮 C03020490
3-Aminoacetophenone [99-03-6]
用于合成苯肾上腺素药物、催眠药扎来普隆等,又可作为有机合成原料
【生产厂】[沪]上海康晟实业有限公司〈P1748〉;[苏]南京力达宁化学有限公司〈P1786〉;徐州瑞赛科技实业有限公司〈P1795〉;[浙]浙江台州海翔医药化工有限公司〈P1968〉;[豫]新郑市永兴工贸有限公司〈P2169〉;[粤]深圳欣福林精细化工有限公司〈P2273〉

4-氨基苯乙酮;对氨基乙酰苯;对氨基苯乙酮 C03020491
4-Aminoacetophenone [99-92-3]
用作医药喘咳素的原料
【生产厂】[苏]金坛市源诺对外贸易有限公司〈P1862〉;[浙]横店集团家园化工有限公司〈P1952〉;[豫]河南联科药业有限公司(10吨)〈P2221〉

3,5-二乙酰氧基苯乙酮 C03020493
3,5-Diacetoxyacetophenone [35086-59-0]
【生产厂】[浙]浙江台州海翔医药化工有限公司〈P1968〉

3,5-二氯-4-氨基苯乙酮 C03020495
3,5-Dichloro-4-aminoacetophenone [37148-48-4]
是药物克喘素中间体
【生产厂】[苏]金坛市源诺对外贸易有限公司〈P1862〉;[皖]广德金邦化工有限公司〈P1986〉

5-氯-2-羟基苯乙酮;2-羟基-5-氯苯乙酮 C03020496
5-Chloro-2-hydroxyacetophenone [1450-74-4]
【生产厂】[苏]昆山华旭精细化工有限公司〈P1895〉

3,5-二苄氧基苯乙酮 C03020497
3,5-Dibenzyloxyacetophenone [28924-21-2]
【生产厂】[苏]徐州瑞赛科技实业有限公司〈P1795〉;[浙]浙江台州海翔医药化工有限公司〈P1968〉

4-苄氧基苯乙酮;对苄氧基苯乙酮 C03020499
4-Benzyloxyacetophenone [54696-05-8]
用作医药中间体和有机合成原料

【生产厂】[苏]徐州瑞赛科技实业有限公司〈P1795〉

4-氨基苯磺酰胺;工业磺胺 C03020501
Sulfanilamide [63-74-1]
用于医药工业,是合成磺胺类药物的主要原料
【生产厂】[苏]苏州市吴赣化工有限责任公司〈P1905〉;江苏省常熟市南湖实业化工厂〈P1894〉;[浙]衢州海顺医药化工有限公司(3000 吨)〈P1957〉;[渝]重庆长寿化工有限责任公司(3600 吨)〈P2304〉
【使用厂】[沪]上海宝山振宗生物工程厂〈P1728〉;[豫]河南康泰制药集团公司河南省精细化工厂〈P2166〉;河南康泰制药集团公司〈P2166〉;[渝]西南合成制药股份有限公司〈P2303〉

邻氨基苯磺酰胺 C03020503
o-Aminobenzenesulfonamide [3306-62-5]
用作医药、染料中间体
【生产厂】[辽]沈阳沈潘精细化工有限公司〈P1687〉;沈阳市嘉恒化工有限公司〈P1688〉;[苏]南京法姆化学厂〈P1783〉

邻氯苯磺酰胺 C03020505
o-Chlorobenzenesulfonamide [6961-82-6]
用作农药中间体
【生产厂】[苏]江苏瑞邦农药厂〈P1860〉;[浙]金华市金龙化工有限公司〈P1953〉

对氯苯磺酰胺 C03020506
p-Chlorobenzenesulfonamide [98-64-6]
用作医药对氯苯磺酰肼的中间体
【生产厂】[苏]苏州诚和医药化学有限公司〈P1899〉;[浙]嘉兴市金利化工有限责任公司〈P1942〉

4-氨基-6-氯-1,3-苯二磺酰胺;精磺胺 C03020507
4-Amino-6-chlorobenzene-1,3-disulfonamide [121-30-2]
用作医药中间体,可用于合成氢氯噻嗪等原料药
【生产厂】[苏]金坛市三方医药原料厂〈P1862〉;金坛市聚源化工厂〈P1862〉;苏州市奥盛精细化工有限公司〈P1902〉

***N*-甲基-4-硝基苯甲磺酰胺** C03020508
N-Methyl-4-nitrophenylmethyl sulfonamide
用作药物舒马曲坦中间体
【生产厂】[京]北京诺德恒信化工技术有限公司〈P1556〉

***N*-甲基-4-氨基苯甲磺酰胺**;4-氨基苯基-*N*-甲基甲烷磺酰胺 C03020510
N-Methyl-4-aminophenylmethyl sulfonamide [109903-35-7]
医药中间体,用于合成药物舒马曲坦
【生产厂】[京]北京诺德恒信化工技术有限公司〈P1556〉;[苏]苏州福玛威尔医药科技有限公司〈P1900〉

2-(4′-氯苄基)吡啶 C03020511
2-(4′-Chlorobenzyl) pyridine [4350-41-8]
用作药物扑尔敏的中间体
【生产厂】[辽]沈阳新地药业有限公司〈P1689〉

4-氯吡啶-3-磺酰氯 C03020516
4-Chloropyridine-3-sulfonyl chloride
用作药物托拉塞米等中间体
【生产厂】[鲁]山东中科泰斗化学有限公司〈P2030〉

4-(3′-甲基苯基)氨基-3-吡啶磺酰胺 C03020517
4-(3′-Methylphenyl) aminopyridine-3-sulfonamide [72811-73-5]
用作药物托拉塞米中间体
【生产厂】[浙]台州市融丰医药化工有限公司〈P1961〉;[鲁]山东中科泰斗化学有限公司〈P2030〉

5-(2-氨基丙基)-2-甲氧基苯磺酰胺 C03020518
5-(2-Aminopropyl)-2-methoxybenzenesulfonamide [12101-81-2]
【生产厂】[沪]上海再启生物技术有限公司〈P1777〉;[浙]杭州科本化工有限公司〈P1920〉

4-氯-3-吡啶磺酰胺 C03020519
4-Chloropyridine-3-sulfonamide [33263-43-3]
用于合成利尿药物托拉塞米
【生产厂】[鲁]山东中科泰斗化学有限公司〈P2030〉

3,5-二氯苯甲酰氯 C03020520
3,5-Dichlorobenzoyl chloride [2905-62-6]
用作农药、医药中间体
【生产厂】[沪]上海立科药物化学有限公司〈P1750〉;[苏]沭阳金凯化工厂〈P1804〉;沭阳县华泰化工厂〈P1804〉;海安县弘鑫化工厂〈P1829〉;[闽]福建省三农碳酸钙有限责任公司钙品分公司〈P1995〉

4-氯苯甲酰氯;对氯苯甲酰氯;氯化对氯苯甲酰 C03020521
4-Chlorobenzoyl chloride [122-01-0]
用作药物和染料中间体
【生产厂】[冀]河北美化化工有限公司〈P1620〉;[沪]上海盛欣医药化工有限公司〈P1762〉;[苏]丹阳市万隆化工有限公司〈P1841〉;常州市旭东化工有限公司〈P1856〉;金坛市三方医药原料厂〈P1862〉;金坛市振兴气体化工有限公司〈P1863〉;淮安德邦化工有限公司(1000 吨)〈P1801〉;沭阳县华泰化工厂〈P1804〉;[皖]安徽李氏化工有限公司〈P1985〉;[豫]河南昊海实业有限公司(120 吨)〈P2165〉

邻氟苯甲酰氯;2-氟苯甲酰氯 C03020522
o-Fluorobenzoyl chloride [393-52-2]
用作染料、农药、医药中间体
【生产厂】[辽]阜新恒辉化工有限公司〈P1707〉;阜新特种化学股份有限公司〈P1708〉;[苏]丹阳市万隆化工有限公司〈P1841〉;句容市顺风助剂厂〈P1843〉;金坛市三方医药原料厂〈P1862〉;沭阳金凯化工厂〈P1804〉;沭阳县华泰化工厂〈P1804〉;[浙]浙江省三门解氏化学工业有限公司〈P1966〉;[豫]河南昊海实业有限公司(240 吨)〈P2165〉

对氟苯甲酰氯;4-氟苯甲酰氯 C03020523
p-Fluorobenzoyl chloride [403-43-0]
用作染料、农药、医药中间体
【生产厂】[辽]阜新恒辉化工有限公司〈P1707〉;阜新特种化学股份有限公司〈P1708〉;[苏]丹阳市万隆化工有限公司

C

〈P1841〉；句容市顺风助剂厂〈P1843〉；金坛市三方医药原料厂〈P1862〉；沭阳金凯化工厂〈P1804〉；海安县弘鑫化工厂〈P1829〉；[浙]浙江省三门解氏化学工业有限公司〈P1966〉；[豫]河南昊海实业有限公司(240吨)〈P2165〉；南阳市威特化工有限责任公司〈P2224〉

间氟苯甲酰氯；3-氟苯甲酰氯 C03020524

m-Fluorobenzoyl chloride [1711-07-5]

用作染料、农药、医药中间体

【生产厂】[京]北京奥得赛化学有限公司〈P1543〉；[辽]阜新恒辉化工有限公司〈P1707〉；[苏]丹阳市万隆化工有限公司〈P1841〉；句容市顺风助剂厂〈P1843〉；常州高科生物化学有限公司(200千克)〈P1846〉；[浙]浙江省三门解氏化学工业有限公司〈P1966〉；[豫]河南昊海实业有限公司(120吨)〈P2165〉

2,4-二氯苯甲酰氯 C03020525

2,4-Dichlorobenzoyl chloride [89-75-8]

用作农药、医药中间体

【生产厂】[苏]南京锐马精细化工有限公司〈P1788〉；丹阳市万隆化工有限公司〈P1841〉；金坛市振兴化工有限公司〈P1863〉；沭阳金凯化工厂〈P1804〉；沭阳县华泰化工厂〈P1804〉；[豫]河南昊海实业有限公司(1200吨)〈P2165〉

3,4-二氯苯甲酰氯 C03020526

3,4-Dichlorobenzoyl chloride [3024-72-4]

【生产厂】[苏]丹阳市万隆化工有限公司〈P1841〉；金坛市三方医药原料厂〈P1862〉；沭阳金凯化工厂〈P1804〉

2,6-二氯苯甲酰氯 C03020527

2,6-Dichlorobenzoyl chloride [4659-45-4]

用于有机合成

【生产厂】[苏]沭阳金凯化工厂〈P1804〉；[鲁]济南瑞凯化工有限公司〈P2024〉

2,5-二氯苯甲酰氯 C03020528

2,5-Dichlorobenzoyl chloride

用作有机合成中间体

【生产厂】[苏]沭阳金凯化工厂〈P1804〉

2,3,4,5-四氟苯甲酰氯 C03020530

2,3,4,5-Tetrafluorobenzoyl chloride [94695-48-4]

用于生产左旋氧氟沙星

【生产厂】[冀]河北威远亨迪生物化工有限公司〈P1622〉；[浙]浙江浙邦制药有限公司〈P1952〉；浙江白云伟业化工股份有限公司〈P1950〉；台州宏盛化学品有限公司〈P1961〉；浙江省兰溪凯普化学有限公司〈P1956〉

3-乙酰巯基-2-苄基丙酸 C03020532

3-Acetylthio-2-benzylpropanoic acid

用于合成药物消旋卡多曲

【生产厂】[京]凯翔精细化工有限公司〈P1567〉；[冀]沧州那瑞化学科技有限公司〈P1652〉

3-乙酰硫基-2-甲基丙酸 C03020533

3-(Acetylthio)-2-methylpropanoic acid [76497-39-7]

用作医药中间体，主要用于生产卡托普利原料药等

【生产厂】[沪]上海科利生物医药有限公司〈P1749〉；[鲁]潍坊潍泰化工有限公司〈P2106〉

3-(2-甲氧基-5-甲基苯基)-3-苯基丙酸 C03020534

3-(2-Methoxy-5-methylphenyl)-3-phenylpropionic acid [109089-77-2]

用作药物酒石酸托特罗定中间体

【生产厂】[京]北京高博医药化学技术开发有限公司〈P1547〉

2-对溴甲基苯基丙酸；对溴甲基苯基异丙酸 C03020535

2-(*p*-Bromomethylphenyl) propionic acid [111128-12-2]

用作医药合成的中间体

【生产厂】[苏]徐州瑞赛科技实业有限公司(40吨)〈P1795〉；[赣]江西省励远化工科技实业公司〈P2009〉

3,4-二羟基-α-氯代苯乙酮 C03020537

3,4-Dihydroxy-α-chloroacetophenone [207740-26-9]

用作肾上腺素系列药物的重要中间体

【生产厂】[浙]浙江物产崇一医药化工有限公司〈P1956〉

对羟基苯乙酮；4-羟基苯乙酮；对乙酰苯酚 C03020538

4-Hydroxyacetophenone [99-93-4]

用于制造利胆药及其他有机合成的原料

【生产厂】[京]北京马氏精细化学品有限公司〈P1555〉；[苏]江苏省金坛市制药厂〈P1860〉；盐城聚源化工有限公司〈P1810〉；[豫]河南联科药业有限公司(10吨)〈P2221〉

3-羟基苯乙酮；间乙酰苯酚；间羟基苯乙酮 C03020539

3-Hydroxyacetophenone [121-71-1]

用于有机合成，也是药物苯肾上腺素的中间体

【生产厂】[沪]上海康晟实业有限公司〈P1748〉；[苏]徐州瑞赛科技实业有限公司〈P1795〉；[浙]浙江台州海翔医药化工有限公司〈P1968〉；[豫]新郑市永兴工贸有限公司〈P2169〉；[粤]深圳欣福林精细化工有限公司〈P2273〉

邻羟基苯乙酮；2′-羟基苯乙酮；2-乙酰基苯酚 C03020540

2′-Hydroxyacetophenone；2-Acetylphenol [118-93-4]

用于合成医药中间体

【生产厂】[苏]南京仁信化工有限公司〈P1788〉；[鄂]湖北武穴市迅达药业有限公司〈P2243〉

【使用厂】[豫]河南省安阳市益康制药厂〈P2211〉

2,5-二氯苯并噁唑 C03020543

2,5-Dichlorobenzoxazole [3621-81-6]

【生产厂】[苏]昆山化工医药原料有限公司〈P1895〉

2,6-二氯苯并噁唑 C03020544

2,6-Dichlorobenzoxazole [3621-82-7]

【生产厂】[苏]连云港中壹精细化工有限公司〈P1801〉

4-氯氯苄；对氯氯苄 C03020551

4-Chlorobenzyl chloride [104-83-6]

用于医药工业，也用作农药杀灭菊酯的中间体

【生产厂】[苏]丹阳市大泊化工厂〈P1840〉；丹阳市万隆化工

有限公司〈P1841〉;金坛市振兴化工有限公司〈P1863〉;苏州市畅通化学品有限公司〈P1903〉;苏州市御窑精细化工有限公司(600 吨)〈P1906〉;江苏振方化工有限公司〈P1803〉;高邮市康乐精细化工厂〈P1813〉;[赣]江西麒麟化工有限公司〈P2013〉;[鄂]武汉有机实业股份有限公司〈P2235〉

【使用厂】[吉]三九集团长春三顺药业有限公司〈P1714〉;[湘]湖南天宇农药化工集团股份有限公司〈P2253〉;[川]四川省化工研究设计院〈P2319〉

邻氯氯苄 C03020552

2-Chlorobenzyl chloride [611-19-8]

用于生产邻氯氰苄、邻氯苯甲醇以及合成染料、制药等

【生产厂】[黑]佳木斯市北星有机化工有限责任公司〈P1724〉;[苏]丹阳中超化工有限公司〈P1841〉;丹阳市大泊化工厂〈P1840〉;丹阳市万隆化工有限公司〈P1841〉;苏州市畅通化学品有限公司〈P1903〉;苏州市御窑精细化工有限公司(360 吨)〈P1906〉;江苏振方化工有限公司〈P1803〉;高邮市康乐精细化工厂〈P1813〉;[赣]江西麒麟化工有限公司〈P2013〉;[鄂]武汉有机实业股份有限公司〈P2235〉

3-氯氯苄;间氯氯苄 C03020553

3-Chlorobenzyl chloride [620-20-2]

用作农药、医药中间体

【生产厂】[苏]丹阳市大泊化工厂〈P1840〉;丹阳市万隆化工有限公司〈P1841〉;金坛市振兴化工有限公司〈P1863〉;苏州市畅通化学品有限公司〈P1903〉;苏州市御窑精细化工有限公司(120 吨)〈P1906〉;江苏振方化工有限公司〈P1803〉;[鄂]武汉有机实业股份有限公司〈P2235〉

2,4-二氯氯苄 C03020555

2,4-Dichlorobenzyl chloride [94-99-5]

用于制备2,4-二氯苯甲醇、2,4-二氯苯甲醛、2,4-二氯氰苄、2,4-二氯苯甲酸、2,4-二氯苯甲酰氯等

【生产厂】[苏]南京锐马精细化工有限公司〈P1788〉;丹阳市大泊化工厂〈P1840〉;丹阳市万隆化工有限公司〈P1841〉;苏州市畅通化学品有限公司〈P1903〉;苏州市御窑精细化工有限公司(120 吨)〈P1906〉;江苏振方化工有限公司〈P1803〉;沭阳金凯化工厂〈P1804〉;高邮市康乐精细化工厂〈P1813〉;[鄂]武汉有机实业股份有限公司〈P2235〉

2,6-二氯氯苄 C03020556

2,6-Dichlorobenzyl chloride [2014-83-7]

广泛用于医药、农药、染料等行业

【生产厂】[苏]丹阳市万隆化工有限公司〈P1841〉;苏州市畅通化学品有限公司〈P1903〉;苏州市御窑精细化工有限公司(120 吨)〈P1906〉;江苏振方化工有限公司〈P1803〉

3,4-二氯氯苄 C03020558

3,4-Dichlorobenzyl chloride [102-47-6]

用作有机合成中间体,用于农药、医药、染料等方面

【生产厂】[苏]丹阳市大泊化工厂〈P1840〉;丹阳市万隆化工有限公司〈P1841〉;苏州市畅通化学品有限公司〈P1903〉;苏州市御窑精细化工有限公司(120 吨)〈P1906〉;江苏振方化工有限公司〈P1803〉;沭阳金凯化工厂〈P1804〉;高邮市康乐精细化工厂〈P1813〉

正丁胺;1-氨基丁烷 C03020561

n-Butylamine [109-73-9]

用于制医药、农药除草剂、染料、表面活性剂、橡胶加工助剂等

【生产厂】[沪]上海建北有机化工有限公司〈P1742〉;[浙]杭州浙大泛科化工有限公司〈P1925〉;建德市新化化工有限责任公司〈P1926〉;浙江建德建业有机化工有限公司(1000 吨)〈P1928〉;[川]成都科恩医药化工实业有限公司〈P2312〉

【使用厂】[苏]常州药业股份有限公司〈P1858〉

异丁胺;2-甲基丙胺 C03020562

Isobutylamine;2-Methylpropylamine [78-81-9]

用于生产杀虫剂、缓蚀剂和橡胶助剂

【生产厂】[浙]杭州浙大泛科化工有限公司〈P1925〉;建德市新化化工有限责任公司〈P1926〉;浙江建德建业有机化工有限公司〈P1928〉

仲丁胺;2-氨基丁烷 C03020563

sec-Butyl amine;2-Aminobutane [13952-84-6]

用作农药、医药和硅氧烷的中间体

【生产厂】[沪]上海建北有机化工有限公司〈P1742〉;[浙]杭州浙大泛科化工有限公司〈P1925〉;建德市新化化工有限责任公司〈P1926〉;浙江建德建业有机化工有限公司〈P1928〉

(*R*)-4-氰基-3-羟基丁酸乙酯 C03020566

Ethyl (*R*)-4-cyano-3-hydroxybutyrate [141942-85-0]

医药中间体,是降血脂药物阿伐他汀钙的主要原料

【生产厂】[辽]沈阳东宇精细化工有限公司〈P1685〉;[鲁]潍坊杜得利化学工业有限公司〈P2101〉;[豫]河南豫辰精细化工有限公司〈P2218〉;[鄂]黄冈市恒兴源化工有限责任公司〈P2244〉

(*S*)-4-氰基-3-羟基丁酸乙酯;侧链ATS-5 C03020567

Ethyl (*S*)-4-cyano-3-hydroxybutanoate

用作药品阿伐他汀中间体

【生产厂】[辽]沈阳东宇精细化工有限公司〈P1685〉;[皖]安庆金泉药业有限公司〈P1979〉;[鄂]罗田县宏源化学原料药有限公司(12 吨)〈P2244〉

α-溴代苯丁酸乙酯 C03020569

Ethyl 2-bromo-4-phenylbutyrate

用作有机合成中间体

【生产厂】[苏]南京博而凯科技有限公司〈P1782〉

正丁基丙二酸二乙酯 C03020571

Diethyl *n*-butylmalonate [133-08-4]

用于医药及染料工业

【生产厂】[苏]常州东南鹏程化工有限公司〈P1846〉;溧阳市永安精细化工有限公司〈P1864〉;江苏如东县丰利医药化工厂〈P1831〉;[鲁]山东新华制药股份有限公司〈P2055〉;山东新华东风化工有限公司(100 吨)〈P2055〉

苯甲酰乙酸乙酯;3-氧代苯丙酸乙酯 C03020575

Ethyl benzoylacetate [94-02-0]

用作黄酮药物的中间体、也用于合成彩色照相成色剂

【生产厂】[皖]安徽省广德科苑化工有限公司〈P1986〉

苯丙酸甲酯 C03020576
Methyl 3-phenylpropionate [103-25-3]
用作医药中间体,也用于有机合成
【生产厂】[苏]江苏省句容市中山化工研究所〈P1842〉

苯丙酸乙酯 C03020577
Ethyl 3-phenylpropionate [2021-28-5]
用作医药中间体,也用于有机合成
【生产厂】[苏]江苏省句容市中山化工研究所〈P1842〉;常州泰戈化工有限公司〈P1857〉

对羟基苯丙酸甲酯 C03020579
Methyl *p*-hydroxyphenylpropionate [5597-50-2]
【生产厂】[苏]江苏飞翔化工(张家港)有限公司〈P1893〉;江苏省姜堰市鑫鑫化工有限公司(80 吨)〈P1822〉

丙二腈;二氰代甲烷 C03020581
Malononitrile [109-77-3]
用于制药,是药物氨苯蝶啶中间体
【生产厂】[辽]营口三征科技化工有限公司〈P1704〉;[苏]如东县通园精细化工厂(450 吨)〈P1837〉;[粤]广州龙沙有限公司〈P2262〉

丙酮醛;甲基乙二醛 C03020583
Pyruvic aldehyde; Methylglyoxal [78-98-8]
用作医药、农药中间体及生化试剂
【生产厂】[沪]上海太阳神复旦高科技产业有限公司〈P1766〉;[苏]江阴市利华化工有限公司〈P1870〉;[浙]中澳合资温州澳珀化工有限公司(1000 吨)〈P1939〉

丙酮缩氨基脲 C03020584
Acetone semicarbazone [110-20-3]
主要用于生产药物呋喃坦啶中间体
【生产厂】[津]天津市亿天工贸有限公司〈P1610〉

丙酮醛缩二甲醇;1,1-二甲氧基丙酮 C03020585
Pyruvic aldehyde dimethyl acetal; 1,1-Dimethoxypropanone [6342-56-9]
用于制备抗肿瘤药、细胞激素抑制剂、抗心血管药、抗菌素等药物
【生产厂】[浙]中澳合资温州澳珀化工有限公司(100 吨)〈P1939〉

丙二酸单乙酯甲酰胺 C03020588
Monoethyl malonate formamide
用于制备药物盐酸帕罗西汀
【生产厂】[苏]苏州市畅通化学品有限公司〈P1903〉;[浙]临海市金桥化工有限公司〈P1960〉

丙二酸二乙酯 C03020591
Diethyl malonate [105-53-3]
用作医药周效磺胺和巴比妥的中间体,也是香料、染料的中间体
【生产厂】[冀]石家庄市联碱厂化工分厂(3000 吨)〈P1630〉;河北诚信有限责任公司(1 万吨)〈P1619〉;[沪]上海浦杰香料有限公司〈P1756〉;上海南翔试剂有限公司〈P1754〉;[苏]苏州市美花日用香料有限公司〈P1904〉;[皖]安徽金邦医药化工有限公司(6000 万吨)〈P1982〉;[鲁]山东新华制药股份有限公司〈P2055〉;山东新华东风化工有限公司(5000 吨)〈P2055〉;淄博德丰化工有限公司〈P2059〉;天德化工控股有限公司〈P2101〉;[渝]重庆紫光化工有限责任公司(2500 吨)〈P2308〉
【使用厂】[津]天津市天庆化工有限公司〈P1605〉;[沪]上海现代浦东药厂有限公司〈P1771〉;[苏]泗阳县鼠药厂〈P1804〉;[浙]浙江海正药业股份有限公司〈P1964〉;[豫]河南康泰制药集团公司河南省精细化工厂〈P2166〉;荥阳市六零集团公司六零二分厂〈P2169〉;河南省荥阳甲醇钠有限公司〈P2167〉;[渝]重庆康乐制药有限公司〈P2305〉

1,2,3,5-四乙酰-β-D-呋喃核糖;四乙酰核糖 C03020594
1,2,3,5-Tetraacetyl-β-D-ribose [13035-61-5]
用作三氮唑核苷的中间体
【生产厂】[京]北京赛璐珈科技有限公司〈P1557〉;[津]天津市武清区北洋化工厂(100 吨)〈P1606〉;[苏]江阴市璜土固化剂厂〈P1869〉;盐城市华佳化工有限公司〈P1811〉;[鲁]济南明鑫制药有限公司(80 吨)〈P2024〉;[豫]河南昊海实业有限公司〈P2165〉;新乡市天丰精细化工有限公司〈P2206〉;新乡拓新生化科技有限公司(150 吨)〈P2207〉;新乡市恒辉生化科技有限公司〈P2204〉;新乡制药股份有限公司(200 吨)〈P2208〉

2,3,5-三苯甲酰基-β-D-呋喃核糖 C03020595
β-D-Ribofuranose 2,3,5-tribenzoate [67525-66-0]
用作药物克罗拉滨中间体
【生产厂】[沪]上海巨龙药物研究开发有限公司〈P1746〉;[苏]常州伊思特化工有限公司〈P1858〉

1,3,5-三苯甲酸基-α-D-呋喃核糖 C03020596
1,3,5-Tribenzoate-α-D-Ribofuranose [22224-41-5]
用作药物克罗拉滨中间体
【生产厂】[苏]常州伊思特化工有限公司〈P1858〉

呋喃核糖 C03020597
Ribofuranose
用于制药
【生产厂】[沪]上海迪赛诺公司〈P1731〉

1-乙酰-2,3,5-三苯甲酰-1-β-D-呋喃核糖 C03020600
1-Acetyl-2,3,5-tribenzoyl-1-β-D-ribofuranose [6974-32-9]
用作医药中间体
【生产厂】[沪]上海巨龙药物研究开发有限公司〈P1746〉;上海展舒化学科技有限公司〈P1777〉;[苏]常州伊思特化工有限公司〈P1858〉;[豫]新乡拓新生化科技有限公司(20 吨)〈P2207〉

丙二酸二甲酯 C03020601
Dimethyl malonate [108-59-8]
用于制药及有机合成
【生产厂】[冀]石家庄市联碱厂化工分厂(500 吨)〈P1630〉;河北诚信有限责任公司(2000 吨)〈P1619〉;[鲁]山东新华制药股份有限公司〈P2055〉;山东新华东风化工有限公司(2000 吨)〈P2055〉;淄博金马化工厂(600 吨)〈P2063〉;淄博德丰化工有限公司〈P2059〉;天德化工控股有限公司〈P2101〉;[渝]重庆紫光化工有限责任公司(2500 吨)〈P2308〉
【使用厂】[辽]沈阳化工研究院试验厂〈P1686〉

氯代丙二酸二甲酯 C03020602

Dimethyl chloromalonate [28868-76-0]

用作医药中间体

【生产厂】[苏]常州东南鹏程化工有限公司〈P1846〉

二乙基丙二酸二甲酯 C03020604

Dimethyl diethylmalonate [27132-23-6]

【生产厂】[苏]溧阳市永安精细化工有限公司〈P1864〉

异丁基丙二酸二甲酯 C03020606

Dimethyl isobutylmalonate

【生产厂】[苏]溧阳市永安精细化工有限公司〈P1864〉

丙二酸二异丙酯 C03020608

Diisopropyl malonate [13195-64-7]

用作医药、农药中间体

【生产厂】[冀]石家庄市联碱厂化工分厂〈P1630〉;河北诚信有限责任公司(1000 吨)〈P1619〉;[沪]上海建原化工有限公司〈P1743〉;[鲁]山东新华制药股份有限公司〈P2055〉;山东新华东风化工有限公司(500 吨)〈P2055〉;淄博德丰化工有限公司〈P2059〉;天德化工控股有限公司〈P2101〉

丙二酸亚异丙酯;2,2-二甲基-1,3-二噁烷-4,6-二酮;米氏酸 C03020609

Isopropylidene malonate; 2,2-Dimethyl-1,3-dioxane-4,6-dione; Meldrum's acid [2033-24-1]

用作医药中间体

【生产厂】[苏]江苏如东县丰利医药化工厂〈P1831〉;[浙]浙江优联医药化工有限公司〈P1928〉;嘉兴阿尔法精细化工有限公司〈P1940〉;[鲁]山东中科泰斗化学有限公司〈P2030〉

DL-丙氨酸;DL-2-氨基丙酸 C03020611

DL-Alanine [302-72-7]

用作食品调味剂、营养增补剂、维生素 B_6 中间体、饲料添加剂等,亦可作生化试剂

【生产厂】[津]天津天成制药有限公司(50 吨)〈P1614〉;[冀]石家庄维诺伟业生物制品有限公司〈P1633〉;石家庄市环城氨基酸厂〈P1629〉;石家庄市海天精细化工有限公司〈P1629〉;石家庄市石兴氨基酸有限公司〈P1631〉;河北省冀州市华阳化工有限责任公司〈P1665〉;[沪]上海雅本化学有限公司〈P1773〉;[苏]南京仁信化工有限公司〈P1788〉;常州市武进东湖化工原料有限公司〈P1854〉;无锡四周氨基酸有限公司〈P1881〉;[浙]桐乡市康普达生物科技有限公司〈P1943〉;[豫]郑州厚泽木食品技术有限公司〈P2170〉;[鄂]武汉武大弘元股份有限公司〈P2234〉;武汉汉龙氨基酸有限责任公司〈P2230〉

【使用厂】[苏]张家港市宏新化学制药有限公司〈P1912〉

β-丙氨酸;β-氨基丙酸;3-氨基丙酸 C03020613

β-Alanine; 3-Aminopropanoic acid [107-95-9]

主要用作合成泛酸钙的原料,还用于电镀缓蚀剂和生化试剂

【生产厂】[沪]上海雅本化学有限公司〈P1773〉;上海科帆化工科技有限公司〈P1748〉;[苏]常州市武进东湖化工原料有限公司〈P1854〉;[皖]安徽省恒锐新技术开发有限责任公司〈P1972〉;淮北原野生物工程有限公司〈P1978〉;[鲁]淄博申维化工有限公司〈P2067〉;东营市恒星化工有限责任公司(100 吨)〈P2082〉;[鄂]湖北仙隆化工股份有限公司〈P2245〉;湖北富驰化工医药股份有限公司(300 吨)〈P2236〉;罗田县华阳生化有限公司〈P2244〉;[川]成都景田生物药业有限公司(300 吨)〈P2312〉

D-苯丙氨酸 C03020615

D-Phenylalanine [673-06-3]

用作医药中间体或原料药,用于合成那格列奈等药物

【生产厂】[冀]石家庄市海天精细化工有限公司〈P1629〉;石家庄市石兴氨基酸有限公司〈P1631〉;[晋]太原世乐药业有限公司〈P1671〉;[沪]上海新浦化工厂有限公司(40 吨)〈P1772〉;[苏]无锡四周氨基酸有限公司〈P1881〉;扬州宝盛生物化工有限公司〈P1817〉;[浙]浙江天新药业有限公司(60 吨)〈P1968〉;浙江新东海医药化工有限公司〈P1969〉;[皖]安徽省恒锐新技术开发有限责任公司〈P1972〉;马鞍山金星化工(集团)有限公司(20 吨)〈P1977〉;[鲁]山东奥克特化工有限公司(500 吨)〈P2152〉;[鄂]武汉武大弘元股份有限公司〈P2234〉;[陕]陕西大生化学科技有限公司〈P2346〉

DL-苯丙氨酸 C03020617

DL-Phenylalanine [150-30-1]

用作营养增补剂、食品添加剂

【生产厂】[京]北京东方德众科技发展有限公司〈P1546〉;北京奥博星生物技术责任有限公司〈P1543〉;[冀]石家庄市石兴氨基酸有限公司〈P1631〉;[苏]南京仁信化工有限公司〈P1788〉;[浙]宁波海德氨基酸工业有限公司〈P1930〉;浙江天新药业有限公司(250 吨)〈P1968〉;[皖]安徽省恒锐新技术开发有限责任公司〈P1972〉;[鲁]山东奥克特化工有限公司(500 吨)〈P2152〉;[鄂]武汉市合中化工制造有限公司〈P2232〉;武汉武大弘元股份有限公司〈P2234〉;武汉汉龙氨基酸有限责任公司〈P2230〉;湖北省潜江市四维氨基酸有限公司〈P2245〉;[陕]陕西西岳制药有限公司〈P2352〉

【使用厂】[皖]马鞍山金星化工(集团)有限公司〈P1977〉

3-(4-氟苯硫基)-2-羟基-2-甲基丙酸 C03020625

3-(4-Fluorophenylthio)-2-hydroxy-2-methylpropionic acid

用于制备药物比卡鲁胺

【生产厂】[京]北京国联诚辉医药技术有限公司〈P1548〉

(*R*)-3-羟基十四烷酸甲酯 C03020629

(*R*)-3-Hydroxytetradecanoic acid methyl ester [76835-67-1]

是合成减肥药奥利司他的重要中间体

【生产厂】[川]四川琢新生物材料研究有限公司〈P2320〉

7-氯-2-氧代庚酸乙酯 C03020633

Ethyl 7-chloro-2-oxoheptanoate [78834-75-0]

用作药物西司他丁中间体

【生产厂】[苏]江苏东台鑫源化工有限公司〈P1807〉

2,3-缩酮-L-来苏糖内酯 C03020639

2,3-Isopropyllidene-L-lyxono lactone [152006-17-2]

【生产厂】[沪]上海展舒化学科技有限公司〈P1777〉

4-雄烯三酮 C03020648

4-Androstenetrione [2243-06-3]

【生产厂】[浙]浙江仙居君业医药化工有限公司〈P1969〉

19-去甲基-4-雄烯二酮 C03020649

19-Nor-androst-4-ene-3,17-dione [734-32-7]

【生产厂】[津]天津市福兴达精细有机化工有限公司(200 吨)〈P1587〉;[沪]上海久邦化工有限公司〈P1745〉;[浙]

浙江仙居君业医药化工有限公司〈P1969〉;[陕]陕西省城固县振华生物科技有限公司〈P2353〉

雄甾-3-酮-4-烯-17β-羧酸;3-羰基-4-雄甾烯-17β-羧酸 C03020650

Androst-3-one-4-ene-17β-carboxylic acid

用作医药中间体

【生产厂】[鄂]湖北葛店人福药业有限责任公司〈P2242〉

19-去甲基-5(10)-雄甾烯-3,17-二酮;19-去甲基-5(10)-雄烯二酮 C03020651

19-Nor-androst-5(10)-ene-3,17-dione [3962-66-1]

用于药物合成

【生产厂】[沪]上海久邦化工有限公司〈P1745〉;[浙]浙江仙居捷大医药化工有限公司〈P1969〉;浙江仙居君业医药化工有限公司〈P1969〉

5-雄烯二酮;1,(5α)-雄烯-3,17-二酮 C03020652

5α-Androst-1-ene-3,17-dione;5-Androstenedione [571-40-4]

用作生产甾体激素和避孕药的主要中间体

【生产厂】[浙]浙江仙居捷大医药化工有限公司〈P1969〉;浙江仙居君业医药化工有限公司〈P1969〉;[鄂]湖北丹江口丹澳医药化工有限公司(15吨)〈P2239〉;[滇]云南丽江映华集团公司〈P2344〉

4-雄烯二酮 C03020653

4-Androstenedione;4-Androstene-3,17-dione [63-05-8]

用作甾体激素药中间体

【生产厂】[津]天津市津津药业有限公司〈P1593〉;天津市药业有限公司(100吨)〈P1610〉;[冀]保定加合精细化工有限公司〈P1645〉;[浙]浙江仙居捷大医药化工有限公司〈P1969〉;[鄂]湖北芳通药业股份有限公司(50吨)〈P2236〉;[粤]广州拓华化工科技有限公司〈P2267〉;[陕]汉中汉江振华生物科技有限公司〈P2353〉;陕西省城固县振华生物科技有限公司〈P2353〉

1,4-雄烯二酮;1,4-雄甾二烯-3,17-二酮 C03020654

Androsta-1,4-diene-3,17-dione [897-06-3]

用作甾体激素的中间体

【生产厂】[冀]保定加合精细化工有限公司〈P1645〉;[浙]仙居县绿叶医药原料厂〈P1963〉;浙江仙居君业医药化工有限公司〈P1969〉;[鄂]武汉三晶化工有限公司〈P2232〉;[湘]邵阳甾体化学品有限公司〈P2249〉;[粤]广州拓华化工科技有限公司〈P2267〉

19-去甲基-4-雄烯二醇 C03020655

19-Nor-4-androstene-3β,17β-diol

用作医药中间体

【生产厂】[浙]浙江仙居君业医药化工有限公司〈P1969〉

霉菌氧化物;4-孕甾烯-16α,17α-环氧-11β醇-3,20-二酮 C03020657

4-Pregnene-16α,17α-epoxy-11β-ol-3,20-dione

用作甾体激素类中间体

【生产厂】[浙]浙江天台药业有限公司〈P1968〉

16,17-环氧孕烯醇酮 C03020658

16,17-Epoxypregnenolone [974-23-2]

【生产厂】[浙]杭州浙大泛科化工有限公司〈P1925〉

16,17-环氧孕烯醇酮醋酸酯 C03020659

16,17-Epoxypregnenolone acetate [34209-81-9]

【生产厂】[浙]杭州浙大泛科化工有限公司〈P1925〉

表雄酮 C03020660

Epiandrosterone;*trans*-Androsterone;Isoandrosterone [481-29-8]

用于甾体激素类药物

【生产厂】[沪]上海久邦化工有限公司〈P1745〉;[苏]盐城信谊医药化工有限公司〈P1812〉;[浙]仙居县力天化工有限公司〈P1963〉;仙居县绿叶医药原料厂〈P1963〉;浙江仙居君业医药化工有限公司〈P1969〉;[鄂]湖北芳通药业股份有限公司(20吨)〈P2236〉;湖北省丹江口开泰激素有限责任公司(20吨)〈P2239〉

去氢表雄酮醋酸酯 C03020661

5-Epiandroster-17-one acetate [1239-31-2]

用作医药炔诺酮中间体

【生产厂】[陕]汉中汉江振华生物科技有限公司〈P2353〉;陕西省城固县振华生物科技有限公司〈P2353〉

醋酸去氢表雄酮;3β-羟基-去氧雄甾-5-烯-17-酮-3-醋酸酯 C03020662

3β-Hydroxy-deoxyandrost-5-ene-17-one-3-acetate

用于合成甾体激素药物

【生产厂】[鄂]湖北芳通药业股份有限公司(60吨)〈P2236〉;湖北丹江口丹澳医药化工有限公司(58吨)〈P2239〉;湖北省丹江口开泰激素有限责任公司(50吨)〈P2239〉

去氢表雄酮;3β-羟基-5-雄烯-17-酮;普拉雄酮;普拉睾酮 C03020663

Dehydroepiandrosterone; 3β-Hydroxyandrost-5-en-17-one [53-43-0]

用于生产甾体激素药物和避孕药的主要原料

【生产厂】[京]北京市甘兴化工厂〈P1559〉;[沪]上海久邦化工有限公司〈P1745〉;[浙]仙居县鸿燕医药化工有限公司〈P1963〉;[豫]河南利华制药有限公司(6吨)〈P2210〉;[鄂]湖北芳通药业股份有限公司(100吨)〈P2236〉;湖北省丹江口开泰激素有限责任公司(30吨)〈P2239〉;[滇]云南丽江映华集团公司〈P2344〉;[陕]汉中汉江振华生物科技有限公司〈P2353〉;陕西省城固县振华生物科技有限公司〈P2353〉

3-乙酰-7-酮基去氢表雄酮 C03020665

3-Acetyl-7-ketodehydroepiandrosterone

用作医药中间体,是7-酮基去氢表雄酮的主要原料

【生产厂】[苏]江阴东方医药原料有限公司〈P1867〉

7-酮基去氢表雄酮 C03020666

7-Keto-dehydroepiandrosterone [566-19-8]

用作医药中间体

【生产厂】[沪]上海久邦化工有限公司〈P1745〉;[苏]江阴南极星生物制品有限公司〈P1868〉;江阴市三益化工有限公司〈P1870〉;江阴东方医药原料有限公司〈P1867〉;[湘]湖南德瑞生物产业集团有限公司〈P2247〉

雄酮;雄(甾)酮 C03020667

Androsterone; *cis*-Androsterone [53-41-8]
【生产厂】[苏]江阴市三益化工有限公司〈P1870〉;[浙]仙居县绿叶医药原料厂〈P1963〉;[湘]邵阳甾体化学品有限公司〈P2249〉

7α-羟基去氢表雄酮 C03020669
7α-Hydroxydehydroepiandrosterone [53-00-9]
用作医药中间体
【生产厂】[沪]上海久邦化工有限公司〈P1745〉

法尼基丙酮;6,10,14-三甲基-十五碳-5,9,13-三烯-2-酮 C03020672
Farnesylacetone
是重要的医药中间体
【生产厂】[浙]台州南峰药业有限公司〈P1961〉

5α-雄烷二醇;5α-雄甾烷-3β,17β-二醇 C03020675
5α-Androstane-3β,17β-diol [571-20-0]
用作合成性激素的原料
【生产厂】[浙]仙居县绿叶医药原料厂〈P1963〉;浙江仙居君业医药化工有限公司〈P1969〉

17α-甲基-5α-雄烷二醇 C03020677
17α-Methyl-5α-androstane-3β,17β-diol
【生产厂】[浙]浙江仙居君业医药化工有限公司〈P1969〉

5α-雄烷二酮;5α-雄甾烷-3,17-二酮 C03020679
5α-Androstane-3,17-dione [846-46-8]
【生产厂】[浙]浙江仙居君业医药化工有限公司〈P1969〉

N-乙酰-L-酪氨酸 C03020681
N-Acetyl-L-tyrosine [537-55-3]
用于医药工业
【生产厂】[浙]宁波海德氨基酸工业有限公司〈P1930〉;[鄂]武汉阿米诺科技有限公司〈P2228〉;武汉麦可贝斯生物科技有限公司〈P2231〉;武汉武大弘元股份有限公司〈P2234〉;武汉汉龙氨基酸有限责任公司〈P2230〉;湖北新生源生物工程股份有限公司〈P2240〉

N-苯甲酰基-L-酪氨酰二正丙胺 C03020682
N-Benzoyl-L-tyrosil-di-*N*-propylamide
用作苯酰胺桂胺的中间体
【生产厂】[冀]河北美化化工有限公司〈P1620〉;河北浩诺化工有限公司〈P1620〉

N-乙酰-DL-谷氨酸 C03020684
N-Acetyl-DL-glutamic acid
【生产厂】[鄂]武汉阿米诺科技有限公司〈P2228〉

N-乙酰-L-谷氨酸 C03020685
N-Acetyl-L-glutamic acid; *N*-Acetylglutamate [1188-37-0]
主要用作医药中间体、生化试剂、拆分试剂等
【生产厂】[浙]宁波海德氨基酸工业有限公司〈P1930〉;[鄂]武汉阿米诺科技有限公司〈P2228〉;[川]四川峨眉山荣高生化制品有限公司〈P2318〉;四川同晟氨基酸有限公司(100 吨)〈P2329〉;四川绵竹市鹏发生化有限责任公司〈P2327〉

三氟乙酰赖氨酸 C03020687
Trifluoroacetyllysine [10009-20-8]
用作药物赖诺普利中间体
【生产厂】[沪]上海赛恩斯医药化工有限公司〈P1759〉;[浙]杭州南博生化科技有限公司〈P1921〉;天台县昌明化学制品有限公司〈P1962〉;[赣]江西迪瑞合成化工有限公司〈P2014〉

*N*2-(1-乙氧羰基-3-苯丙基)-*N*6-三氟乙酰基-L-赖氨酸 C03020688
*N*2-(1-Ethoxycarbonyl-3-phenylpropyl)-*N*6-trifluoroacetyl-L-lysine [116169-90-5]
用作药物赖诺普利中间体
【生产厂】[浙]天台昌明化学制品有限公司〈P1962〉;[赣]江西金瑞化工有限责任公司〈P2016〉;江西迪瑞合成化工有限公司〈P2014〉

N-苄氧羰基-L-赖氨酰-L-脯氨酸 C03020689
N-Benzyloxycarbonyl-L-lysinyl-L-proline [42001-60-5]
是血管紧张素转化酶抑制剂赖诺普利的中间体
【生产厂】[川]成都艾立化工有限公司〈P2309〉

半胱胺盐酸盐;α-巯基乙胺,盐酸盐 C03020691
Cysteamine hydrochloride; 2-Aminoethanethiol hydrochloride [156-57-0]
是制造西咪替丁、雷尼替丁等药物的中间体
【生产厂】[冀]石家庄市汇康精细化学有限公司(600 吨)〈P1629〉;[苏]常州市剑湖东风化工有限公司〈P1852〉;常州市清红化工有限公司(1500 吨)〈P1853〉;无锡市凯利药业有限公司〈P1877〉;常熟市医药原料厂(180 吨)〈P1891〉;[浙]杭州康德权科技有限公司〈P1920〉;杭州萧山恒康化工有限公司〈P1923〉;杭州萧山前进化工有限公司(4000 吨)〈P1923〉;[赣]江西聚尔美制药有限公司(450 吨)〈P2008〉;[鄂]武汉市合中化工制造有限公司〈P2232〉

胱胺二盐酸盐 C03020692
Cystamine dihydrochloride; 2,2′-Diaminodiethyldisulfide dihydrochloride [56-17-7]
用于肝素拮抗体、果糖二磷酸酶的合成
【生产厂】[苏]常州市剑湖东风化工有限公司〈P1852〉;[浙]杭州萧山恒康化工有限公司(100 吨)〈P1923〉

半胱氨酸;巯基丙氨酸 C03020693
Cysteine; β-Mercaptoalanine [52-90-4]
用于医药、食品、化妆品等
【生产厂】[津]天津天安药业股份有限公司〈P1614〉;[冀]石家庄市石兴氨基酸有限公司〈P1631〉;[鲁]山东振兴化工有限公司〈P2099〉;[鄂]武汉阿米诺科技有限公司〈P2228〉;武汉武大弘元股份有限公司〈P2234〉
【使用厂】[晋]山西汾河制药厂〈P1678〉

胱胺硫酸盐 C03020694
Cystamine sulfate [16214-16-7]
用于肝素拮抗体、果糖二磷酸酶的合成
【生产厂】[苏]常州市剑湖东风化工有限公司〈P1852〉

N-乙酰-L-半胱氨酸;乙酰半胱氨酸 C03020695
N-Acetyl-L-cysteine; Acetylcysteine [616-91-1]
医药方面用作粘痰溶解药
【生产厂】[浙]宁波海德氨基酸工业有限公司〈P1930〉;宁波海硕生物科技有限公司〈P1930〉;[鲁]山东振兴化工有限

公司〈P2099〉；潍坊三希化工有限公司〈P2104〉；［鄂］武汉阿米诺科技有限公司〈P2228〉；武汉麦可贝斯生物科技有限公司〈P2231〉；武汉武大弘元股份有限公司〈P2234〉；武汉汉龙氨基酸有限责任公司〈P2230〉；武汉百友氨基酸有限公司〈P2229〉；湖北新生源生物工程股份有限公司〈P2240〉；［粤］肇庆市科立化工有限公司〈P2293〉；［川］四川峨眉山荣高生化制品有限公司〈P2318〉；四川绵竹市鹏发生化有限责任公司〈P2327〉

C

N,*S*-二丙酰基半胱胺 C03020696

N,*S*-Dipropionylcysteamine

用作有机合成中间体

【生产厂】［苏］宜兴市中宇药化技术有限公司〈P1888〉

高半胱氨酸硫内酯盐酸盐 C03020697

Homocysteine thiolactone hydrochloride [6038-19-3]

用作医药中间体

【生产厂】［浙］杭州浙大泛科化工有限公司〈P1925〉

N,*S*-二乙酰基半胱氨酸甲酯 C03020699

N,*S*-Diacetylcysteine methyl ester

【生产厂】［鄂］黄冈市恒兴源化工有限责任公司〈P2244〉

甲氧基乙酸甲酯 C03020701

Methyl methoxyacetate [6290-49-9]

用作医药、农药、染料中间体，医药上用于合成维生素 B_6

【生产厂】［鲁］山东武城康达化工有限公司〈P2146〉

3-甲基喹啉-8-磺酰氯 C03020704

3-Methylquinoline-8-sulfonyl chloride

用作医药中间体

【生产厂】［津］天津市炜杰科技有限公司〈P1606〉

2,4-二氯-6,7-二甲氧基喹唑啉 C03020706

2,4-Dichloro-6,7-dimethoxyquinazoline [27631-29-4]

【生产厂】［渝］重庆威尔德·浩瑞医药化工有限公司（2 吨）〈P2307〉

R-1,2,3,4-四氢异喹啉-3-羧酸 C03020707

R-1,2,3,4-Tetrahydro-3-isoquinolinecarboxylic acid

用作药物中间体

【生产厂】［浙］台州市华鼎化工有限公司〈P1961〉

6,7-二甲氧基喹唑啉-2,4-二酮 C03020708

6,7-Dimethoxyquinazoline-2,4-dione [28888-44-0]

用作盐酸哌唑嗪中间体

【生产厂】［渝］重庆威尔德·浩瑞医药化工有限公司（45 吨）〈P2307〉

4-氨基-2-(1-哌嗪基)-6,7-二甲氧基喹唑啉 C03020712

4-Amino-2-(1-piperazinyl)-6,7-dimethoxyquinazoline [60547-97-9]

用作唑嗪类药物中间体

【生产厂】［渝］重庆威尔德·浩瑞医药化工有限公司（10 吨）〈P2307〉

2,4-二羟基-6,7-二甲氧基喹唑啉 C03020714

2,4-Dihydroxy-6,7-dimethoxyquinazoline

【生产厂】［鲁］山东宝沣化工集团公司〈P2051〉

4-氨基-2-氯-6,7-二甲氧基喹唑啉 C03020718

4-Amino-2-chloro-6,7-dimethoxyquinazoline [23680-84-4]

用于合成哌唑嗪、多沙唑嗪、特拉唑嗪、阿夫唑嗪等药物

【生产厂】［苏］苏州海宇生物科技有限公司〈P1900〉；苏州市畅通化学品有限公司〈P1903〉；［浙］东港工贸集团有限公司〈P1960〉；浙江天宇药业有限公司〈P1969〉；［赣］江西畅成药业有限公司〈P2015〉；［鄂］湖北志诚化工科技有限公司〈P2243〉；［渝］重庆威尔德·浩瑞医药化工有限公司（10 吨）〈P2307〉

(*S*)-(－)-1,2,3,4-四氢异喹啉-3-羧酸；(*S*)-TIC C03020720

(*S*)-(－)-1,2,3,4-Tetrahydro-3-isoquinolinecarboxylic acid [74163-81-8]

用作药物中间体

【生产厂】［沪］上海利科化学科技有限公司〈P1750〉；［浙］上虞市华康化工有限公司〈P1948〉；［赣］江西迪瑞合成化工有限公司〈P2014〉；［鲁］青岛裕达精细化工有限公司〈P2046〉；［川］成都艾立化工有限公司〈P2309〉；爱斯特（成都）医药技术有限公司〈P2309〉

(*S*)-四氢异喹啉-3-*N*-叔丁基甲酰胺 C03020722

(*S*)-1,2,3,4-tetrahydroisoquinoline-3-*N*-*tert*-butylcarboxamide [136465-81-1]

用于合成沙坦联苯、氟虫胺等药物

【生产厂】［浙］台州市华鼎化工有限公司〈P1961〉；［川］成都艾立化工有限公司〈P2309〉

8-氨基喹啉 C03020723

8-Aminoquinoline [578-66-5]

用作医药中间体

【生产厂】［苏］南京奥德赛化工有限公司〈P1782〉

5-氨基喹啉 C03020724

5-Aminoquinoline；5-Quinolinamine [611-34-7]

用作有机合成中间体

【生产厂】［苏］南京奥德赛化工有限公司（60 吨）〈P1782〉

6-氨基喹啉 C03020725

6-Aminoquinoline；6-Quinolinamine [580-15-4]

用作有机合成中间体

【生产厂】［沪］上海旭升精细化工技术研究所〈P1773〉

3-氰基喹啉 C03020735

3-Cyanoquinoline [34846-64-5]

用于医药

【生产厂】［京］北京成宇化工有限公司〈P1545〉

1-甲基-7-硝基-1,2,3,4-四氢喹啉 C03020736

1-Methyl-7-nitro-1,2,3,4-tetrahydroquinoline [39275-18-8]

【生产厂】［浙］杭州广林生物医药有限公司〈P1917〉

1-乙基-7-硝基-1,2,3,4-四氢喹啉 C03020737

1-Ethyl-7-nitro-1,2,3,4-tetrahydroquinoline [57883-28-0]

【生产厂】［浙］杭州广林生物医药有限公司〈P1917〉

7-硝基-1,2,3,4-四氢喹啉 C03020738
7-Nitro-1,2,3,4-tetrahydroquinoline [30450-62-5]
【生产厂】[浙]杭州广林生物医药有限公司〈P1917〉

1-氨基-1,2,3,4-四氢喹啉 C03020739
1-Amino-1,2,3,4-tetrahydroquinoline [5825-45-6]
【生产厂】[浙]杭州广林生物医药有限公司〈P1917〉

甲基庚烯酮;6-甲基-5-庚烯-2-酮 C03020745
6-Methyl-5-hepten-2-one [110-93-0]
是重要的医药中间体
【生产厂】[沪]上海博爱化工有限公司〈P1729〉;[川]四川天一科技股份有限公司〈P2319〉

环庚三烯酚酮;2-羟基-2,4,6-环庚三烯-1-酮 C03020749
Tropolone;2-Hydroxy-2,4,6-cycloheptatrien-1-one [533-75-5]
用作医药、染料中间体
【生产厂】[鲁]蓬莱鸿源化工有限公司〈P2111〉;蓬莱市前卫化工有限公司〈P2112〉

2-甲基四氢呋喃 C03020751
2-Methyltetrahydrofuran [96-47-9]
主要用作树脂、橡胶、乙基纤维素等的溶剂
【生产厂】[苏]南京瑞泽精细化工有限公司〈P1788〉;[浙]浙江台州清泉医药化工有限公司(500吨)〈P1968〉

2-甲基呋喃;邻甲呋喃 C03020761
2-Methylfuran [534-22-5]
用于制取维生素 B_1、磷酸氯喹和磷酸伯氨喹等药物,合成菊酯类农药及香精香料,也是很好的溶剂
【生产厂】[晋]山西省太谷中晋化工有限公司(150吨)〈P1676〉;[辽]辽阳鸿泰有机化工有限公司(1000吨)〈P1710〉;[苏]江苏华昌(集团)有限公司〈P1893〉;[鲁]淄博市临淄有机化工股份有限公司(1000吨)〈P2070〉
【使用厂】[沪]上海中西药业股份有限公司〈P1779〉;[苏]盐城鸿泰生物工程有限公司〈P1810〉;[鲁]山东滕州悟通香料有限责任公司〈P2078〉

甲氧亚氨基呋喃乙酸铵;呋喃铵盐 C03020770
2-Methoxyiminofurylacetic acid amonium salt;SMIA [97148-89-5]
用作头孢呋辛类药物中间体
【生产厂】[冀]河北柏奇医药化工有限公司〈P1619〉;石家庄经济技术开发区阜达化工有限公司〈P1628〉;石家庄柏奇化工有限公司(200吨)〈P1625〉;[浙]浙江黄岩东升医药化工有限公司〈P1964〉;浙江普洛化学有限公司〈P1955〉;[鲁]山东平原县恒源化工有限公司(300吨)〈P2145〉;山东金城医药化工有限公司〈P2053〉;烟台奥东化学材料有限公司〈P2116〉

N-甲基环己胺 C03020771
N-Methylcyclohexylamine [100-60-7]
用作医药及染料的中间体
【生产厂】[苏]江都市大江化工厂〈P1813〉

N-苄基-4-哌啶酮;1-苄基-4-哌啶酮;N-苄基-4-氮杂环已酮 C03020772
1-Benzyl-4-piperidone;N-Benzyl-4-piperidone [3612-20-2]
用于五氟利多原料药的合成
【生产厂】[沪]上海宏鹏化工有限公司〈P1737〉;[苏]昆山化工医药原料有限公司〈P1895〉;徐州市爱克医药科技有限公司〈P1795〉

反式-3-乙氧羰基-4-(4-氟苯基)-1-甲基哌啶-2,6-二酮 C03020773
trans-3-Ethoxycarbonyl-4-(4-fluorophenyl)-1-methylpiperidine-2,6-dione [109887-52-7]
用作药物盐酸帕罗西汀的中间体
【生产厂】[苏]江阴东方医药原料有限公司〈P1867〉;[浙]临海市金桥化工有限公司〈P1960〉

N-氨基哌啶盐酸盐 C03020774
N-Aminopiperidine hydrochloride
【生产厂】[皖]安徽广德凯瑞生物化工有限公司〈P1985〉

3-甲氨基哌啶双盐酸盐 C03020775
3-Methylaminopiperidine dihydrochloride [127294-77-3]
【生产厂】[苏]盐城康福生化技术开发有限公司〈P1810〉

N-甲基哌啶 C03020782
N-Methylpiperidine [626-67-5]
用作药物和有机合成中间体
【生产厂】[浙]杭州广林生物医药有限公司〈P1917〉

N-(2′,6′-二甲苯基)-2-哌啶甲酰胺 C03020785
N-(2′,6′-Dimethylphenyl)-2-piperidylformamide
用作医药中间体
【生产厂】[鲁]济南诚汇双达化工有限公司〈P2020〉

哌啶酮 C03020786
Piperidine ketone
【生产厂】[京]北京加成助剂研究所〈P1551〉;[沪]上海邦成化工有限公司〈P1728〉

β-氯乙烷-N-甲基哌啶盐酸盐 C03020787
β-Chloroethyl-N-methylpiperidine,hydrochloride
【生产厂】[渝]重庆川东化工(集团)有限公司(20吨)〈P2304〉

反式-4-(4-氟苯基)-3-羟甲基-1-甲基哌啶;帕罗西汀中间体;左旋帕罗醇 C03020789
trans-4-(4-Fluorophenyl)-3-hydroxymethyl-1-methylpiperidine [109887-53-8]
用作药物帕罗西汀中间体
【生产厂】[京]北京诺德恒信化工技术有限公司〈P1556〉;[苏]江阴东方医药原料有限公司〈P1867〉;[浙]临海市金桥化工有限公司〈P1960〉

3-(1-哌啶甲基)苯酚 C03020790
3-(1-Piperidinylmethyl)phenol
用作胃药罗沙替丁中间体
【生产厂】[晋]山西新天源医药化工有限公司〈P1677〉;[浙]浙江同丰医药化工有限公司〈P1969〉

4-甲基咪唑 C03020792

4-Methylimidazole [822-36-6]

用作环氧树脂的固化剂、药品西咪替丁的主要原料,还可用于合成抗菌剂等

【生产厂】[沪]上海朗瑞精细化学品有限公司〈P1749〉;[苏]江阴市利华化工有限公司〈P1870〉;[浙]中澳合资温州澳珀化工有限公司(400 吨)〈P1939〉

【使用厂】[苏]常州康达制药有限公司〈P1848〉;常熟市医药原料厂〈P1891〉

C

2-甲基咪唑　C03020793

2-Methylimidazole [693-98-1]

用作药物灭滴灵的中间体,也是环氧树脂及其他树脂的固化剂

【生产厂】[冀]廊坊格瑞泰化工有限公司〈P1660〉;[沪]上海三微实业有限公司(500 吨)〈P1759〉;上海朗瑞精细化学品有限公司〈P1749〉;上海凯乐实业发展有限公司〈P1747〉;[豫]河南新新精细化工有限公司(1800 吨)〈P2202〉;[鄂]武汉有机新康化工有限公司〈P2235〉;武汉武药制药有限公司〈P2234〉;武汉远大制药集团有限公司〈P2235〉;潜江东立精细化工有限公司〈P2246〉;黄冈赛康药业有限公司〈P2244〉;湖北恒日化工股份有限公司(2000 吨)〈P2243〉;罗田县恒兴源化工有限公司〈P2244〉;罗田县宏源化学原料药有限公司(5000 吨)〈P2244〉

2-甲基-5-硝基咪唑　C03020797

2-Methyl-5-nitroimidazole [88054-22-2]

用于制备药物甲硝唑和迪美唑

【生产厂】[鄂]武汉武药制药有限公司〈P2234〉;潜江东立精细化工有限公司〈P2246〉;罗田县恒兴源化工有限公司〈P2244〉;罗田县宏源化学原料药有限公司(5000 吨)〈P2244〉

2-甲基-4-氨基-5-乙酰氨甲基嘧啶;乙酰嘧啶　C03020801

2-Methyl-4-amino-5-acetylaminomethylpyrimidine

用作医药维生素 B_1 中间体

【生产厂】[沪]上海源森医药原料有限公司〈P1776〉

2,4-二氨基-6-氯嘧啶　C03020803

2,4-Diamino-6-chloropyrimidine [156-83-2]

用作药物敏乐定中间体

【生产厂】[京]北京卡乐瑞化工有限公司〈P1553〉;[浙]杭州浙大泛科化工有限公司〈P1925〉

4,6-二氯-2-甲基嘧啶　C03020804

4,6-Dichloro-2-methylpyrimidine

用于医药中间体的合成

【生产厂】[苏]连云港永龙化工有限公司〈P1800〉

4-氨基-6-甲氧基嘧啶　C03020806

4-Amino-6-methoxypyrimidine

主要用于磺胺间甲氧嘧啶、除草剂及化肥增效剂等的制备

【生产厂】[豫]河南中孚药业有限公司(100 吨)〈P2168〉

4-氨基-2,6-二甲氧基嘧啶　C03020808

4-Amino-2,6-dimethoxypyrimidine [3289-50-7]

用作医药中间体

【生产厂】[苏]昆山市石浦化工三厂〈P1897〉

1-氨基-4-甲基哌嗪;利福平侧链　C03020811

1-Amino-4-methylpiperazine [6928-85-4]

用作医药中间体,用于合成抗生素利福平

【生产厂】[津]天津华柏企业有限公司(1000 吨)〈P1573〉;[苏]宝应县大有化学品制造有限公司〈P1813〉

【使用厂】[浙]浙江江北药业有限公司〈P1965〉

2-乙氧基-5-氟-4-羟基嘧啶;5-EFV　C03020812

2-Ethoxy-5-fluoro-4-hydroxypyrimidine

【生产厂】[沪]上海三维制药有限公司〈P1760〉

4,6-二氯嘧啶　C03020813

4,6-Dichloropyrimidine [1193-21-1]

用作医药中间体的合成

【生产厂】[京]北京卡乐瑞化工有限公司〈P1553〉;[沪]上海凯路化工有限公司〈P1747〉;[苏]连云港永龙化工有限公司〈P1800〉;[浙]德清县天宝化工厂〈P1945〉;[鲁]济南瑞凯化工有限公司〈P2024〉;[豫]新乡市天丰精细化工有限公司〈P2206〉

N-苄基哌嗪　C03020815

N-Benzylpiperazine [2759-28-6]

用作医药中间体

【生产厂】[京]北京普瑞东方化学技术有限公司〈P1556〉

4,6-二羟基嘧啶　C03020818

4,6-Dihydroxypyrimidine [1193-24-4]

用于生产磺胺间甲氧嘧啶等药物

【生产厂】[京]北京卡乐瑞化工有限公司〈P1553〉;[浙]宁波大红鹰药业股份有限公司〈P1930〉;[鲁]济南瑞凯化工有限公司〈P2024〉;[豫]河南省荥阳甲醇钠有限公司(100 吨)〈P2167〉;[渝]重庆紫光化工有限责任公司(2000 吨)〈P2308〉

4-氨基-2-羟基嘧啶;胞嘧啶　C03020819

4-Amino-2-hydroxypyrimidine; Cytosine [71-30-7]

用作药物中间体

【生产厂】[京]北京东方德众科技发展有限公司〈P1546〉;[沪]上海迪赛诺公司〈P1731〉;[苏]金坛市登冠化工有限公司〈P1861〉;江苏如东县丰利医药化工厂〈P1831〉;[浙]杭州科本化工有限公司〈P1920〉;[赣]江西畅成药业有限公司〈P2015〉;[豫]新乡市天丰精细化工有限公司〈P2206〉;新乡拓新生化科技有限公司(200 吨)〈P2207〉;新乡市恒辉生化科技有限公司〈P2204〉

2,4-二氨基-6-羟基嘧啶　C03020820

2,4-Diamino-6-hydroxypyrimidine [56-06-4]

用作医药中间体

【生产厂】[京]北京卡乐瑞化工有限公司〈P1553〉

2-氨基-5-硝基吡啶　C03020822

2-Amino-5-nitropyridine [4214-76-0]

【生产厂】[京]北京维达化工有限公司(10 吨)〈P1563〉;[沪]上海先导化学有限公司〈P1770〉;[苏]徐州市人元化工有限公司〈P1796〉;[鲁]青岛裕达精细化工有限公司〈P2046〉

2-氯甲基-3,5-二甲基-4-甲氧基吡啶盐酸盐;2-氯甲基-4-甲氧基-3,5-二甲基吡啶盐酸盐;氯甲吡啶;CMDM　C03020825

2-Chloromethyl-3,5-dimethyl-4-methoxypyridine, hydrochloride [86604-75-3]

用作药物奥美拉唑的中间体

【生产厂】[京]北京诺德恒信化工技术有限公司〈P1556〉; [浙]杭州浙大泛科化工有限公司〈P1925〉; 浙江天宇药业有限公司〈P1969〉; 浙江华义医药有限公司〈P1954〉; [皖]安徽丰原集团〈P1974〉

2-羟基-3-硝基吡啶 C03020827

2-Hydroxy-3-nitropyridine [6332-56-5]

【生产厂】[京]北京维达化工有限公司(20 吨)〈P1563〉; [鲁]青岛裕达精细化工有限公司(13 吨)〈P2046〉

2-羟基-5-硝基吡啶 C03020828

2-Hydroxy-5-nitropyridine [5418-51-9]

用作医药中间体

【生产厂】[京]北京维达化工有限公司(5 吨)〈P1563〉; [苏]徐州市人元化工有限公司〈P1796〉; [鲁]青岛裕达精细化工有限公司(4 吨)〈P2046〉

2-氯-5-硝基吡啶 C03020829

2-Chloro-5-nitropyridine [4548-45-2]

可用于制药物及其他精细化学品

【生产厂】[京]北京维达化工有限公司(3 吨)〈P1563〉; [沪]上海先导化学有限公司〈P1770〉; [苏]徐州市人元化工有限公司〈P1796〉; [鲁]青岛裕达精细化工有限公司(9 吨)〈P2046〉

2-氰基-3-甲基吡啶 C03020830

2-Cyano-3-methylpyridine [20970-75-6]

用作奥美拉唑、丁洛地尔、氯雷他啶等药物的中间体

【生产厂】[浙]杭州浙大泛科化工有限公司〈P1925〉

甲酸乙酯 C03020831

Ethyl formate [109-94-4]

用作硝基纤维素、醋酸纤维素的溶剂,医药上用于脲嘧啶、胞嘧啶、胸腺嘧啶的中间体

【生产厂】[沪]上海浦杰香料有限公司〈P1756〉; [赣]景德镇市开门子药用化工有限公司(1000 吨)〈P2010〉; [鲁]济南鲁康化学工业有限公司(500 吨)〈P2023〉; 淄博星之联化工有限公司〈P2074〉; [豫]偃师市聚源化工厂(1000 吨)〈P2189〉

【使用厂】[浙]浙江新东海医药化工有限公司〈P1969〉; [鄂]湖北华中药业有限公司〈P2237〉

2-氯-3-氰基吡啶 C03020832

2-Chloro-3-cyanopyridine [6602-54-6]

【生产厂】[冀]河北亚诺化工有限公司(20 吨)〈P1623〉; [浙]杭州德立化工有限公司〈P1916〉; 浙江台州海翔医药化工有限公司〈P1968〉; [鄂]武穴市伟业药化有限责任公司〈P2244〉; 襄樊市裕昌精细化工有限公司〈P2238〉

2-氯-5-氰基吡啶 C03020833

2-Chloro-5-cyanopyridine [33252-28-7]

【生产厂】[沪]上海先导化学有限公司〈P1770〉; [苏]金坛市社头化工厂〈P1862〉

2-氯-4-氰基吡啶 C03020834

2-Chloro-4-cyanopyridine [33252-30-1]

用作医药、农药中间体

【生产厂】[冀]河北省化学工业研究院〈P1621〉; 河北亚诺化工有限公司(20 吨)〈P1623〉; 河北斌扬集团山海关万通助剂厂(30 吨)〈P1637〉; 秦皇岛万通精化有限公司〈P1637〉; [浙]杭州浙大泛科化工有限公司〈P1925〉

2-氯-6-氰基吡啶 C03020835

2-Chloro-6-cyanopyridine [33252-29-8]

【生产厂】[沪]上海先导化学有限公司〈P1770〉

2-甲氧基-5-氨基吡啶;5-氨基-2-甲氧基吡啶 C03020836

5-Amino-2-methoxypyridine [6628-77-9]

用作药物中间体

【生产厂】[苏]徐州市人元化工有限公司〈P1796〉; 江苏如东县丰利医药化工厂〈P1831〉

3-氯甲基吡啶盐酸盐 C03020837

3-Chloromethylpyridine hydrochloride; PCHC [6959-47-3]

用作医药中间体

【生产厂】[苏]丹阳市恒安化工有限公司(20 吨)〈P1840〉; [鲁]烟台奥东化学材料有限公司〈P2116〉

吡硫醇;脑复新(培司);双-[(3-羟基-4-羟甲基-2-甲基-5-吡啶基)-甲基]二硫化物 C03020839

Pyrithioxin; Pyritinol [1098-97-1]

用作医药中间体

【生产厂】[沪]上海特化医药科技有限公司〈P1767〉

2-氯甲基-3,4-二甲氧基吡啶盐酸盐 C03020840

2-Chloromethy1-3,4-dimethoxypyridine hydrochloride [72830-09-2]

用作医药中间体,用于合成潘多拉唑钠盐

【生产厂】[京]北京恒天易德化工有限公司〈P1549〉; 北京诺德恒信化工技术有限公司〈P1556〉; [辽]沈阳市腾飞化工原料加工厂〈P1689〉; 沈阳市宏飞精细化工厂〈P1688〉; [沪]上海三维制药有限公司〈P1760〉; [浙]浙江黄岩东升医药化工有限公司〈P1964〉

甲醇钠(甲醇溶液);甲氧基钠(甲醇溶液) C03020841

Sodium methoxide, methanol solution [124-41-4]

有机合成中用作缩合剂,食用油脂处理中用作催化剂,又是磺胺咪啶、新诺明、磺胺增效剂等药物合成的重要原料

【生产厂】[京]北京丽水化工有限责任公司(500 吨)〈P1554〉; [浙]临海市先锋化工有限公司(5 万吨)〈P1960〉; [赣]景德镇市开门子药用化工有限公司(5000 吨)〈P2010〉; [鲁]山东淄博淄川新兴化工厂〈P2056〉

4-氯-3-甲氧基-2-氯甲基吡啶盐酸盐 C03020842

4-Chloro-3-methoxy-2-chloromethylpyridine hydrochloride

【生产厂】[辽]沈阳市宏飞精细化工厂〈P1688〉

2,3-二甲基-4-硝基吡啶-*N*-氧化物 C03020845

2,3-Dimethyl-4-nitropyridine-*N*-oxide [37699-43-7]

用作药物兰索拉唑中间体

【生产厂】[京]北京恒天易德化工有限公司〈P1549〉; 北京诺德恒信化工技术有限公司〈P1556〉; [沪]上海三维制药有限公司〈P1760〉

C

4-氯-3-甲氧基-2-甲基吡啶-*N*-氧化物 C03020847
4-Chloro-3-methoxy-2-methylpyridine-*N*-oxide
【生产厂】[辽]沈阳市宏飞精细化工厂〈P1688〉

2-氯甲基-3-甲基-4-(2,2,2-三氟乙氧基)吡啶盐酸盐 C03020848
2-Chloromethyl-3-methyl-4-(2,2,2-trifluoroethoxy) pyridine hydrochloride [127337-60-4]
用作药物兰索拉唑中间体
【生产厂】[京]北京诺德恒信化工技术有限公司〈P1556〉;[陕]陕西汉江万全医药化工有限公司〈P2353〉

3-氰基-2,6-二羟基-5-氟吡啶 C03020849
3-Cyano-2,6-dihydroxy-5-fluoropyridine [113237-18-6]
【生产厂】[苏]江苏如东县丰利医药化工厂〈P1831〉;[鲁]济南隆盛有限责任公司〈P2023〉

4-氯-2,3-二甲基吡啶-*N*-氧化物 C03020850
4-Chloro-2,3-dimethylpyridine-*N*-oxide
用作药物雷贝拉唑中间体
【生产厂】[鄂]湖北志诚化工科技有限公司〈P2243〉

2,6-二氯-3-氰基-4-甲基吡啶 C03020851
2,6-Dichloro-3-cyano-4-methylpyridine [875-35-4]
【生产厂】[沪]上海旭升精细化工技术研究所〈P1773〉;[鄂]荆州市沙隆达维迅化工有限公司〈P2240〉

4,5,6,7-四氢噻吩[3,2-c]吡啶盐酸盐 C03020852
4,5,6,7-Tetrahydrothiophene[3,2-c]pyridine hydrochloride [28783-41-7]
用作抗血栓药氯吡格雷中间体
【生产厂】[浙]浙江燎原药业有限公司(50 吨)〈P1965〉

2-氯甲基-3-甲基-4-(3-甲氧丙氧基)吡啶 C03020853
2-Chloromethyl-3-methyl-4-(3-methoxypropoxy)pyridine [117977-20-5]
用作药物雷贝拉唑中间体
【生产厂】[京]北京诺德恒信化工技术有限公司〈P1556〉;[浙]浙江黄岩东升医药化工有限公司〈P1964〉;[鄂]湖北志诚化工科技有限公司〈P2243〉

2-[*N*-甲基-*N*-(2-吡啶基)氨基]乙醇 C03020856
2-[*N*-Methyl-*N*-(2-pyridyl)amino]ethanol [122321-04-4]
用作药物罗格列酮中间体
【生产厂】[京]北京高博医药化学技术开发有限公司〈P1547〉;[冀]沧州那瑞化学科技有限公司〈P1652〉;[鄂]湖北志诚化工科技有限公司〈P2243〉

2,3-环戊烯并吡啶 C03020860
2,3-Cyclopentenopyridine [533-37-9]
用作药物头孢匹罗的中间体
【生产厂】[沪]上海法茵克化学科技有限公司〈P1732〉;[苏]江阴南极星生物制品有限公司〈P1868〉;江阴市三益化工有限公司〈P1870〉;连云港市中成化工有限公司〈P1800〉;[浙]杭州维华生物技术有限公司〈P1923〉;[鲁]济南诚汇双达化工有限公司〈P2020〉;济南乐康信药业有限公司〈P2023〉

异丁基苯;2-甲基丙基苯 C03020861
Isobutylbenzene [538-93-2]
用于生产镇痛、解热消炎新药布洛芬
【生产厂】[吉]吉化集团吉林市锦江油化厂(2000 吨)〈P1715〉;吉林市锦龙工业公司〈P1716〉;[鲁]山东新华万博化工有限公司(1000 吨)〈P2055〉;[陕]陕西延长石油(集团)有限责任公司延安炼油厂〈P2353〉

对二乙氧基苯;1,4-二乙氧基苯;对苯二乙醚 C03020863
1,4-Diethoxybenzene [122-95-2]
用作有机合成中间体
【生产厂】[京]北京益利精细化学品有限公司〈P1565〉;[冀]大名县名鼎化工有限责任公司〈P1638〉

1,2-二乙氧基苯;邻二乙氧基苯;邻苯二乙醚 C03020864
1,2-Diethoxybenzene [2050-46-6]
用作医药的原料和农药中间体
【生产厂】[冀]大名县名鼎化工有限责任公司〈P1638〉

索法酮 C03020879
Sofalcone [64506-49-6]
【生产厂】[浙]浙江广科化工有限公司〈P1950〉;浙江黄岩博泰化工有限公司〈P1964〉

2-氨基-2-苯基丁酸 C03020880
2-Amino-2-phenylbutyric acid
【生产厂】[豫]开开援生制药股份有限公司〈P2226〉

2-甲氧羰基甲氧亚胺基-4-氯-3-氧代丁酸;CMOBA C03020882
4-Chloro-3-oxo-2-methoxycarbonyl-methoxyiminobutyric acid [84080-70-6]
用作头孢克肟等头孢系列药物中间体
【生产厂】[冀]河北金通医药化工有限责任公司〈P1620〉;[沪]上海金赛医药化工有限公司〈P1744〉;[鲁]菏泽睿鹰制药集团(20 吨)〈P2158〉;[粤]益鹏生物科技(深圳)有限公司〈P2274〉

2,2-二甲基丁酸 C03020883
2,2-Dimethylbutanoic acid [595-37-9]
主要用作医药、农药中间体,润滑剂等
【生产厂】[京]大庆开发区新世纪精细化工有限公司北京裕立化工有限公司〈P1567〉;北京奥得赛化学有限公司〈P1543〉;[冀]河北省化学工业研究院(200 吨)〈P1621〉;[黑]大庆新世纪精细化工有限公司〈P1722〉

4-(4-氟苯基)-4-氧代丁酸 C03020887
4-(4-Fluorophenyl)-4-oxobutanoic acid; 3-(4-Fluorobenzoyl) propionic acid [366-77-8]
【生产厂】[苏]徐州市爱克医药科技有限公司〈P1795〉

4,4-二(4-氟苯基)丁酸 C03020889
4,4-Di(*p*-fluorophenyl) butyric acid
【生产厂】[苏]徐州市爱克医药科技有限公司〈P1795〉

4-氨基-3-苯基丁酸盐酸盐 C03020890
4-Amino-3-phenylbutyric acid hydrochloride [1078-21-3]

用作抗抑郁药

【生产厂】[辽]开原亨泰精细化工厂〈P1712〉;[皖]安徽省郎溪县联科实业有限公司〈P1986〉

异烟酸;异尼克酸;4-吡啶甲酸;吡啶-4-甲酸 C03020891

Isonicotinic acid;Pyridine-4-carboxylic acid [55-22-1]

用作医药中间体,主要用于制抗结核病药物异烟肼,也用于合成酰胺、酰肼、酯类等衍生物

【生产厂】[津]天津市华顺药业有限公司〈P1590〉;[冀]河北亚诺化工有限公司(50 吨)〈P1623〉;[浙]杭州胜大药业有限公司〈P1922〉;浙江新赛科药业有限公司〈P1952〉;台州市中荣化工有限公司〈P1962〉;[豫]河南省新谊医药集团精细化工有限公司〈P2202〉

2,6-二羟基异烟酸;柠嗪酸 C03020893

2,6-Dihydroxyisonicotinic acid;Citrazinic acid [99-11-6]

用作医药、农药中间体

【生产厂】[苏]南京法姆化学厂〈P1783〉;金坛市登冠化工有限公司〈P1861〉

2,6-二氯-5-氟烟酸;2,6-二氯-5-氟吡啶-3-甲酸 C03020897

2,6-Dichloro-5-fluoronicotinic acid [82671-06-5]

用作医药中间体

【生产厂】[京]北京达科思精细化工研究所〈P1545〉;[苏]江苏如东县丰利医药化工厂〈P1831〉;[浙]浙江天台福达医药化工有限公司〈P1968〉;[鄂]武汉武药制药有限公司〈P2234〉

2-巯基烟酸;2-巯基吡啶-3-甲酸 C03020899

2-Mercaptonicotinic acid [38521-46-9]

用作医药中间体

【生产厂】[冀]河北省化学工业研究院〈P1621〉;[苏]丹阳市大泊化工厂〈P1840〉

异喹啉 C03020901

Isoquinoline [119-65-3]

用作合成药物、染料、杀虫剂的中间体及气相色谱固定液

【生产厂】[辽]辽宁鞍山市贝达合成化工厂〈P1697〉;鞍钢实业化工公司(20 吨)〈P1695〉;[苏]上海梅山企业发展有限公司南京化工实业分公司〈P1792〉;[鲁]莱芜市雅鲁生化有限公司〈P2141〉;山东定陶友帮化工有限公司〈P2159〉

1-羧基异喹啉;1-异喹啉羧酸 C03020905

1-Isoquinolinecarboxylic acid [486-73-7]

【生产厂】[渝]重庆英斯凯化工有限公司〈P2308〉

1-苯基-3,4-二氢异喹啉 C03020907

1-Phenyl-3,4-dihydroisoquinoline [52250-50-7]

【生产厂】[沪]上海金赛医药化工有限公司〈P1744〉

4-溴异喹啉 C03020909

4-Bromoisoquinoline [1532-97-4]

用于制药

【生产厂】[苏]宜兴市芳桥东方化工厂〈P1884〉

2-正丙基-4-甲基-6-(1′-甲基苯并咪唑-2-基)苯并咪唑 C03020911

2-*n*-Propyl-4-methyl-6-(1′-methylbenzimidazol-2-yl) benzimidazole [152628-02-9]

用作药物替米沙坦中间体

【生产厂】[京]北京诺德恒信化工技术有限公司〈P1556〉;[冀]任丘市华北石油科林环保有限公司〈P1657〉;[苏]常州罗地尔生化技术有限公司〈P1848〉;[浙]浙江金立源药业有限公司〈P1951〉;浙江天宇药业有限公司〈P1969〉;[鲁]潍坊特化精细化工有限公司〈P2105〉

1-(4-氟苄基)-2-氯苯并咪唑 C03020913

1-(4-Fluorobenzyl)-2-chlorobenzimidazole [84946-20-3]

用于药物咪唑斯汀中间体

【生产厂】[川]宜宾北方川安化工有限公司〈P2335〉

7-甲基-2-丙基-(1*H*)-苯并咪唑-5-羧酸;2-正丙基-4-甲基苯并咪唑-6-羧酸 C03020915

7-Methyl-2-propyl-(1*H*)-benzimidazole-5-carboxylic acid [152628-03-0]

用作药物替米沙坦中间体

【生产厂】[京]北京恒天易德化工有限公司〈P1549〉;北京诺德恒信化工技术有限公司〈P1556〉;[苏]常州罗地尔生化技术有限公司〈P1848〉;苏州市苏瑞医药化工有限公司〈P1905〉;[浙]浙江金立源药业有限公司〈P1951〉;[鲁]潍坊特化精细化工有限公司〈P2105〉

5-氯-1,3-二氢-1-(4-哌啶基)-2*H*-苯并咪唑-2-酮 C03020917

5-Chloro-1,3-dihydro-1-(4-piperidinyl)-2*H*-benzimidazole-2-one [53786-28-0]

用作药物多潘利酮中间体

【生产厂】[京]北京诺德恒信化工技术有限公司〈P1556〉

1-(3-氯丙基)-1,3-二氢-2*H*-苯并咪唑-2-酮 C03020919

1-(3-Chloropropyl)-1,3-dihydro-2*H*-benzimidazole-2-one [62780-89-6]

用作药物多潘利酮中间体

【生产厂】[京]北京诺德恒信化工技术有限公司〈P1556〉

吗啡啉盐酸盐 C03020921

Morpholine hydrochloride [10024-89-2]

用作医药吗啉胍中间体

【生产厂】[青]青海制药厂有限公司〈P2359〉

吗啡啉;1,4-氧氮杂环己烷;吗啉 C03020922

Morpholine [110-91-8]

用作医药、橡胶促进剂及荧光增白剂的原料

【生产厂】[辽]辽阳石油化纤公司英华化工厂〈P1710〉;[吉]中国石油吉化集团公司(3000 吨)〈P1717〉;吉林省龙腾精细化工有限责任公司(3000 吨)〈P1717〉;[苏]南京富邦化工有限公司〈P1783〉;[皖]安徽昊源化工集团有限公司〈P1983〉;[渝]重庆市富源化工有限责任公司(2500 吨)〈P2306〉

【使用厂】[津]天津市有机化工一厂〈P1611〉;天津拉勃助剂有限公司〈P1576〉;[沪]上海天坛助剂有限公司〈P1767〉;

上海京海化工有限公司〈P1745〉;上海南翔试剂有限公司〈P1754〉;[苏]南京化学工业有限公司化工厂〈P1785〉;镇江振邦化工有限公司〈P1846〉;江苏省连云港市东金化工有限公司〈P1798〉;[鲁]山东省单县化工有限公司〈P2160〉;乳山市东华助剂厂〈P2123〉;荣成市化工总厂有限公司〈P2122〉;[豫]河南省开仑化工有限责任公司〈P2211〉;鹤壁市国峰助剂有限责任公司〈P2199〉;[甘]甘肃省化工研究院〈P2355〉

C

双吗啉乙基醚;2,2′-二吗啉基二乙基醚 C03020925

Di(morpholinylethyl) ether [6425-39-4]

用作聚氨酯催化剂

【生产厂】[苏]江都市大江化工厂〈P1813〉;[皖]安徽华业化工有限公司〈P1979〉

***N*,*N*′-二环己基-4-吗啉脒** C03020927

N,*N*′-Dicyclohexyl-4-morpholinecarboximidamide [4975-73-9]

用作医药中间体

【生产厂】[苏]苏州工业园区亚科化学试剂有限公司〈P1900〉

***N*-甲基吗啉**;*N*-甲基吗啡啉 C03020930

N-Methylmorpholine [109-02-4]

用作溶剂、催化剂、乳化剂、有机合成中间体等

【生产厂】[吉]中国石油吉化集团公司(500吨)〈P1717〉;吉林省龙腾精细化工有限责任公司〈P1717〉;[苏]昆山市花桥化工四厂〈P1897〉;淮安市华泰化工有限公司(200吨)〈P1801〉;江都市大江化工厂〈P1813〉;宝应县大有化学品制造有限公司〈P1813〉;[浙]杭州广林生物医药有限公司〈P1917〉

***N*-乙基吗啉** C03020933

N-Ethylmorpholine [100-74-3]

【生产厂】[吉]中国石油吉化集团公司(300吨)〈P1717〉;吉林省龙腾精细化工有限责任公司〈P1717〉

2,6-二甲基吗啉 C03020935

2,6-Dimethylmorpholine [141-91-3]

【生产厂】[沪]上海法茵克化学科技有限公司〈P1732〉

顺式-2,6-二甲基吗啉 C03020936

cis-2,6-Dimethylmorpholine [6485-55-8]

【生产厂】[沪]上海法茵克化学科技有限公司〈P1732〉

十三烷基-2,6-二甲基吗啉;十三吗啉 C03020937

Tridemorph;Tridecyl-2,6-dimethylmorpholine [24602-86-6]

用作医药中间体

【生产厂】[沪]上海美林康精细化工有限公司〈P1753〉;上海生农生化制品有限公司〈P1762〉;[苏]江苏飞翔化工(张家港)有限公司〈P1893〉;[浙]浙江世佳科技有限公司〈P1947〉;[皖]安徽省康达锆业有限公司〈P1986〉

2-氨甲基-4-(4-氟苄)吗啉 C03020939

2-Aminomethyl-4-(4-fluorobenzyl) morpholine [174561-70-7]

【生产厂】[浙]浙江省三门县康宁化工有限公司〈P1966〉;[渝]重庆英斯凯化工有限公司〈P2308〉

肌醇六磷酸;植酸;环己六醇磷酸酯 C03020941

Phytic acid [83-86-3]

食品工业用于果蔬及水产的保鲜、护色,也用作金属防锈、防蚀剂

【生产厂】[沪]上海邦成化工有限公司〈P1728〉;[浙]浙江省建德市生物化工厂〈P1928〉;[豫]郑州元丰食品添加剂有限责任公司〈P2175〉;[鄂]当阳市三鑫生物工程有限责任公司(10吨)〈P2240〉;[川]成都东华化工厂〈P2310〉;成都东方企业公司〈P2310〉

肌醇六磷酸钙镁;植酸钙镁;菲酊 C03020951

Phytin;Calcium magnesium phytate [3615-82-5]

用作生产肌醇的原料

【生产厂】[鄂]当阳市三鑫生物工程有限责任公司(5吨)〈P2240〉

3-甲基苯甲酸;间甲基苯甲酸;间甲苯甲酸 C03020961

3-Methylbenzoic acid;3-Toluic acid [99-04-7]

主要用于生产高效避蚊剂、*N*,*N*-二乙基间甲苯甲酰胺、间甲苯甲酰氯、间甲苯腈等

【生产厂】[苏]常州雪龙化工有限公司〈P1858〉;太仓市东明化工有限公司(480吨)〈P1908〉;江苏磐希化工有限公司〈P1821〉;泰兴市化工七厂(1000吨)〈P1826〉;扬州杰迪化工有限公司(2000吨)〈P1817〉;[鲁]淄博达隆制药科技有限公司〈P2059〉;青岛三力化工技术有限公司(500吨)〈P2041〉;[豫]新乡市祥润化工有限公司〈P2206〉;[鄂]武汉有机实业股份有限公司〈P2235〉

4-甲基苯甲酸;对甲基苯甲酸 C03020962

4-Methylbenzoic acid;4-Toluic acid [99-94-5]

主要用于制造止血芳酸、对甲腈、对甲苯甲酰氯、感光材料等

【生产厂】[京]北京马氏精细化学品有限公司〈P1555〉;[苏]常州雪龙化工有限公司〈P1858〉;太仓市东明化工有限公司(720吨)〈P1908〉;太仓市中天化学有限公司(100吨)〈P1909〉;江苏磐希化工有限公司〈P1821〉;泰兴市化工七厂(1000吨)〈P1826〉;扬州杰迪化工有限公司(2000吨)〈P1817〉;[鲁]淄博张店君臣化工厂(2000吨)〈P2076〉;淄博达隆制药科技有限公司〈P2059〉;青岛三力化工技术有限公司(500吨)〈P2041〉;青岛化工研究院〈P2037〉;[豫]新乡市祥润化工有限公司〈P2206〉;开封市华星化工厂(1100吨)〈P2177〉;[鄂]武汉有机实业股份有限公司〈P2235〉

【使用厂】[鄂]湖北科兴医药化工股份有限公司〈P2237〉

亚胺培南母核;碳青霉烯双环母核 C03020971

p-Nitrobenzyl 6-(1-hydroxyethyl)-1-azabicyclo(3.2.0)heptane-3,7-dione-2-carboxylate [74288-40-7]

【生产厂】[豫]新乡弘辰科技有限公司〈P2203〉

4-氟-*α*-(2-甲基-1-氧丙基)-*γ*-氧代-*N*,*β*-二苯基苯丁酰胺;阿伐他汀母核M4 C03020975

4-Fluoro-*α*-(2-methyl-1-oxopropyl)-*γ*-oxo-*N*, *β*-diphenylbenzenebutyramide [125971-96-2]

用作阿伐他汀系列中间体

【生产厂】[浙]浙江金立源药业有限公司〈P1951〉;[皖]安庆金泉药业有限公司〈P1979〉;[鲁]潍坊杜得利化学工业有限公司〈P2101〉

(*S*)-3-氨基-2,3,4,5-四氢-2-氧-1*H*-1-苯并氮杂卓-1-乙酸叔丁酯 C03020977
tert-Butyl (*S*)-3-amino-2,3,4,5-tetrahydro-2-oxo-1*H*-1-benazepine-1-acetate [109010-60-8]
是血管紧张素转化酶抑制剂贝那普利的中间体
【生产厂】[浙]浙江金立源药业有限公司〈P1951〉;[川]成都艾立化工有限公司〈P2309〉

美罗培南侧链 C03020981
(2S,4S)-2-(dimethylaminocarbonyl)-4-mercapto-1-(*p*-nitrobenzyloxycarbonyl)-1-pyrrolidine [96034-64-9]
用作药物美罗培南的中间体
【生产厂】[津]天津天士力集团有限公司〈P1615〉;[浙]浙江黄岩博泰化工有限公司〈P1964〉;[豫]新乡弘辰科技有限公司〈P2203〉

比阿培南侧链 C03020985
Side chain for biapenem [153851-71-9]
【生产厂】[津]天津天士力集团有限公司〈P1615〉;[豫]新乡弘辰科技有限公司〈P2203〉

三苯甲基奥美沙坦酯 C03020989
Trityl olmesartan medoxomil [144690-92-6]
【生产厂】[苏]常州伊思特化工有限公司〈P1858〉;[浙]浙江金立源药业有限公司〈P1951〉

3-氨基苯酚;间氨基苯酚;间羟基苯胺 C03020991
3-Aminophenol;*m*-Aminophenol [591-27-5]
用作染料及医药中间体,用于制造偶氮染料
【生产厂】[冀]石家庄市桥东印染化工厂〈P1631〉;石家庄市新华染料化工厂(200 吨)〈P1631〉;河北永泰化工有限公司〈P1623〉;沧州华通化工有限公司〈P1651〉;沧州天一化工有限公司沧县分公司〈P1653〉;沧州天一化工有限公司〈P1653〉;[沪]上海神强实业有限公司〈P1761〉;[苏]仪征市鼎信化工有限公司(200 吨)〈P1820〉;江苏方舟化工有限公司(300 吨)〈P1802〉;[浙]杭州力禾颜料有限公司〈P1920〉;横店集团家园化工有限公司〈P1952〉;[鲁]山东陵县阳光涂料助剂厂〈P2144〉;山东省金乡有机化工厂(300 吨)〈P2132〉;[川]四川红光化工有限公司〈P2334〉
【使用厂】[京]北京太洋药业有限公司〈P1562〉

5-磺基水杨酸;磺基水杨酸;2-羟基-5-磺基苯甲酸 C03021002
5-Sulfosalicylic acid [97-05-2]
用作医药中间体,用于医药强力霉素及甲稀土霉素生产
【生产厂】[津]天津瑞发化工科技发展有限公司〈P1577〉;[苏]镇江新区格蕊尔源体有限公司(1000 吨)〈P1846〉;[浙]浙江黄岩精细化学品集团有限公司(300 吨)〈P1964〉;浙江精进药业有限公司〈P1965〉;[鲁]济南欣邦药业有限公司(1500 吨)〈P2026〉;淄博市临淄天德精细化工研究所〈P2888〉;潍坊潍泰化工有限公司(1800 吨)〈P2106〉;[豫]开封市恒利化工厂(400 吨)〈P2177〉;[粤]广东汇联达化工有限公司〈P2259〉
【使用厂】[沪]上海五洲药业股份有限公司〈P1770〉;[粤]广州化学试剂厂〈P2261〉

D-(-)-苏-1-对硝基苯基-2-氨基-1,3-丙二醇;精左氨基物 C03021011
D-(-)-*Threo*-1-(4-nitrophenyl)-2-amino-1,3-propanediol [716-61-0]
用于医药工业,是氯霉素的中间体
【生产厂】[苏]江都市宙龙集团公司〈P1815〉;[鄂]武汉武药制药有限公司〈P2234〉

(1*S*,2*S*)-(+)-2-氨基-1-苯基-1,3-丙二醇;*S*-氨基物 C03021015
(1*S*,2*S*)-(+)-2-Amino-1-phenyl-1,3-propanediol [28143-91-1]
用于医药工业
【生产厂】[沪]上海金易精细化工有限公司〈P1745〉;[浙]横店集团家园化工有限公司〈P1952〉

5-氟靛红 C03021025
5-Fluoroisatin [443-69-6]
用作心脑血管、抗炎杀菌药等中间体
【生产厂】[沪]上海再启生物技术有限公司〈P1777〉;[苏]扬州康宏化工有限公司〈P1817〉

2-羟基-4-甲氧基苯甲醛;4-甲氧基水杨醛 C03021033
2-Hydroxy-4-methoxybenzaldehyde [673-22-3]
用作有机合成中间体
【生产厂】[苏]苏州市龙盛精细化工厂〈P1904〉;昆山化工医药原料有限公司〈P1895〉;泰兴市兴源石化厂〈P1827〉

3,4-二羟基苯甲醛;原儿茶醛 C03021035
3,4-Dihydroxybenzaldehyde [139-85-5]
一种重要的医药中间体,可用于合成多种抗菌素和消炎药物
【生产厂】[辽]鞍山市兴懋化工有限责任公司〈P1696〉;[沪]上海中科同力化工材料有限公司〈P1779〉;[苏]江苏飞翔化工(张家港)有限公司〈P1893〉;徐州瑞赛科技实业有限公司〈P1795〉;[浙]杭州江南化工有限公司〈P1919〉;台州市新东方医化有限公司〈P1962〉;浙江黄岩精细化学品集团有限公司〈P1964〉;[川]成都新特药化合成技术改进与创新中心〈P2317〉

4-羟基-2-甲氧基苯甲醛 C03021037
4-Hydroxy-2-methoxybenzaldehyde [18278-34-7]
【生产厂】[京]北京卡乐瑞化工有限公司〈P1553〉;凯翔精细化工有限公司〈P1567〉

2-氯-3,4-二甲氧基苯甲醛 C03021039
2-Chloro-3,4-dimethoxybenzaldehyde [5417-17-4]
用作药品非诺多泮中间体
【生产厂】[京]凯翔精细化工有限公司〈P1567〉

2-氨基苯甲酸甲酯;邻氨基苯甲酸甲酯 C03021041
Methyl 2-aminobenzoate [134-20-3]
用于合成香料、药物等
【生产厂】[津]天津市第一香料厂(300 吨)〈P1584〉;[沪]上海浦杰香料有限公司〈P1756〉;上海茂昌化学制品有限公司〈P1753〉;[苏]昆山市文教日用化工厂〈P1898〉

间甲基苯甲酸乙酯 C03021044
Ethyl *m*-methylbenzoate [120-33-2]
用作医药、农药、染料中间体

【生产厂】[苏]江苏磐希化工有限公司〈P1821〉;扬州杰迪化工有限公司〈P1817〉;[豫]新乡市祥润化工有限公司〈P2206〉

对甲基苯甲酸甲酯;4-甲基苯甲酸甲酯 C03021045
Methyl *p*-methylbenzoate [99-75-2]
用作医药中间体
【生产厂】[苏]南京东方石油化工厂〈P1783〉;常州雪龙化工有限公司〈P1858〉;江苏磐希化工有限公司〈P1821〉;扬州杰迪化工有限公司〈P1817〉;[豫]新乡市祥润化工有限公司〈P2206〉

间甲基苯甲酸甲酯 C03021046
Methyl 3-methylbenzoate [99-36-5]
用作医药、农药、染料中间体
【生产厂】[苏]江苏磐希化工有限公司〈P1821〉;扬州杰迪化工有限公司〈P1817〉

对甲基苯甲酸乙酯 C03021047
Ethyl *p*-methylbenzoate [94-08-6]
用作有机合成中间体
【生产厂】[苏]常州夏青化工有限公司〈P1857〉;常州雪龙化工有限公司〈P1858〉;常州高科生物化学有限公司(200 千克)〈P1846〉;太仓市东明化工有限公司(600 吨)〈P1908〉;江苏磐希化工有限公司〈P1821〉;扬州杰迪化工有限公司〈P1817〉;[豫]新乡市祥润化工有限公司〈P2206〉

γ-氯代乙酰乙酸乙酯;4-氯乙酰乙酸乙酯 C03021048
Ethyl 4-chloroacetoacetate [638-07-3]
用作医药及农药的中间体
【生产厂】[冀]河北省大名县瑞恒化工有限责任公司〈P1640〉;唐山市维智贸易有限公司(300 吨)〈P1636〉;[苏]常州市科丰化工有限公司〈P1852〉;宜兴市中宇药化技术有限公司〈P1888〉;张家港浩波化学品有限公司(300 吨)〈P1912〉;[浙]杭州维华生物技术有限公司〈P1923〉

3,5-二溴邻氨基苯甲酸甲酯 C03021049
Methyl 3,5-dibromo-2-aminobenzoate [606-00-8]
用作医药中间体
【生产厂】[沪]上海茂昌化学制品有限公司〈P1753〉;[苏]金坛市源诺对外贸易有限公司〈P1862〉;[浙]杭州龙生化工有限公司〈P1921〉;台州东升医药化工有限公司〈P1960〉

3,5-二硝基苯甲酸甲酯 C03021050
Methyl 3,5-dinitrobenzoate [2702-58-1]
用作有机合成中间体
【生产厂】[苏]泰兴盛铭精细化工有限公司(70 吨)〈P1825〉

2-氯苯甲酸;邻氯苯甲酸 C03021051
2-Chlorobenzoic acid [118-91-2]
是医药、农药的中间体,主要用于制备氯丙嗪、抗炎灵、双氯灭痛等药物,还用于染料及彩色胶片
【生产厂】[苏]金坛德培化工有限公司〈P1861〉;苏州市御窑精细化工有限公司(360 吨)〈P1906〉;张家港市永方化工有限公司(1200 吨)〈P1914〉;江苏振方化工有限公司(1000 吨)〈P1803〉;南通光荣化工有限公司〈P1833〉;如东县兴达精细化工厂(600 吨)〈P1837〉;南通市苏东化工厂〈P1835〉;[浙]嘉兴市南化化工有限公司(2160 吨)〈P1942〉;[豫]开封市祥利化工厂(60 吨)〈P2178〉;[鄂]武汉有机实业股份有限公司〈P2235〉
【使用厂】[鄂]湖北科兴医药化工股份有限公司〈P2237〉

17α-羟基孕烯醇酮;3α,17α-二羟基孕甾-5-烯-20-酮 C03021060
17α-Hydroxypregnenolone [1887-95-2]
【生产厂】[浙]浙江神洲药业有限公司〈P1966〉

妊娠烯醇酮;孕烯醇酮;3β-羟基孕甾-5-烯-20-酮 C03021061
Pregnenolone;3β-Hydroxypregn-5-*en*-20-one [145-13-1]
用于甾体类药物中间体和甾体类药物的合成
【生产厂】[浙]浙江神洲药业有限公司〈P1966〉;浙江仙居捷大医药化工有限公司〈P1969〉;[鄂]湖北芳通药业股份有限公司(50 吨)〈P2236〉;[川]成都科恩医药化工实业有限公司〈P2312〉;[陕]汉中汉江振华生物科技有限公司〈P2353〉;陕西省城固县振华生物科技有限公司〈P2353〉

妊娠双烯醇酮;3β-羟基孕甾-5,16-二烯-20-酮 C03021063
16-Dehydropregnenolone;5,16-Pregnadiene-3β-ol-20-one [1162-53-4]
【生产厂】[浙]浙江神洲药业有限公司〈P1966〉

胆甾醇;胆固醇;异辛甾烯醇 C03021065
Cholesterol;Cholesterin [57-88-5]
是制造激素的重要原料,并可用作乳化剂
【生产厂】[沪]上海邦成化工有限公司〈P1728〉;[皖]淮北市博奥高科生物化学有限公司〈P1977〉;[豫]郑州利伟生物化工有限公司(600 吨)〈P2171〉;河南省夏邑县益康生化原料厂(2 吨)〈P2225〉;河南夏邑县贝尔生物制品有限公司(36 吨)〈P2226〉;[湘]湖南益阳益威生化试剂有限公司〈P2256〉;[粤]汕头市澄海区民康生化厂〈P2276〉;[渝]重庆市劲康生物技术有限公司〈P2307〉;[川]什邡市川西兴泰工贸有限公司〈P2325〉;四川菲德力制药有限公司〈P2331〉

四氯邻苯二甲酰亚胺;3,4,5,6-四氯邻苯二甲酰亚胺 C03021073
3,4,5,6-Tetrachlorophthalimide [1571-13-7]
用于医药、染料、颜料中间体
【生产厂】[鄂]湖北仙隆化工股份有限公司〈P2245〉

***N*-苯基-3,4,5,6-四氯邻苯二甲酰亚胺** C03021075
N-Phenyl-3,4,5,6-tetrachlorophthalimide
用作医药中间体
【生产厂】[鄂]湖北仙隆化工股份有限公司〈P2245〉

***N*-甲基邻苯二甲酰亚胺** C03021076
N-Methylphthalimide [550-44-7]
用作染料、药物、有机合成中间体
【生产厂】[赣]江西金海化工有限公司〈P2014〉;[鲁]山东淄博三福化工开发有限公司(900 吨)〈P2056〉

4-氨基邻苯二甲酰亚胺;4-氨基酞酰亚胺 C03021077
4-Aminophthalimide [3676-85-5]
用于有机合成

【生产厂】[苏]泰兴盛铭精细化工有限公司〈P1825〉

3-氨基邻苯二甲酰亚胺 C03021078
3-Aminophthalimide [2518-24-3]
【生产厂】[苏]泰兴盛铭精细化工有限公司〈P1825〉

N-羟基邻苯二甲酰亚胺;N-羟基酞酰亚胺 C03021079
N-Hydroxyphthalimide [524-38-9]
用作阿米卡星等药物中间体,也用作烷基氧化剂、催化剂、选矿捕收剂
【生产厂】[鲁]济南诚汇双达化工有限公司〈P2020〉;青州市奥星化工有限公司〈P2091〉;临朐天汇生物助剂有限公司〈P2089〉;[豫]河南联科药业有限公司(10吨)〈P2221〉

邻苯二甲酰亚胺钾盐;酞酰亚胺钾 C03021080
Phthalimide potassium salt [1074-82-4]
广泛用于生产医药、农药、染料等
【生产厂】[苏]南京盛启化工有限公司〈P1789〉;[浙]长兴明华精细化工有限公司〈P1944〉;[赣]江西金海化工有限公司〈P2014〉;[豫]河南联科药业有限公司(10吨)〈P2221〉

糠胺;2-呋喃甲胺 C03021081
2-Furanmethylamine [617-89-0]
用于制药及有机合成
【生产厂】[浙]浙江台州清泉医药化工有限公司〈P1968〉

2-四氢糠胺;2-四氢呋喃甲胺 C03021085
2-Tetrahydrofurfurylamine [4795-29-3]
【生产厂】[沪]上海科利生物医药有限公司〈P1749〉;[浙]浙江台州清泉医药化工有限公司〈P1968〉

利福霉素-S C03021091
Rifamycin-S [13292-46-1]
用作医药中间体
【生产厂】[冀]河北欣港药业有限公司〈P1623〉;[苏]江苏华泰抗生素有限公司〈P1821〉;[豫]郑州民众制药有限公司(160吨)〈P2172〉

3-甲酰基利福霉素 SV C03021093
3-Formyrifamycin SV
用作药物利福平中间体
【生产厂】[冀]河北欣港药业有限公司〈P1623〉

1-(四氢-2-呋喃甲酰基)-1,3-丙二胺 C03021095
1-(Tetrahydro-2-furoyl)-1,3-propanediamine
用作盐酸阿夫唑嗪中间体
【生产厂】[鄂]湖北志诚化工科技有限公司〈P2243〉

十二烷二元胺 C03021115
1,12-Diaminododecane [2783-17-7]
是生产尼龙 1212 的单体之一
【生产厂】[苏]无锡市兴达尼龙有限公司〈P1880〉;[鲁]淄博广通化工有限责任公司(100吨)〈P2060〉

二苯甲基硫代乙酰胺 C03021117
Diphenylmethyl thioacetamide [68524-30-1]
用作药品莫达非尼的中间体
【生产厂】[沪]上海康鸣高科技有限公司〈P1748〉;[渝]重庆康乐制药有限公司〈P2305〉

N-(3,4-二乙氧基苯乙基)-3,4-二乙氧基苯乙酰胺 C03021129
N-(3,4-Diethoxyphenylethyl)-3,4-diethoxyphenylacetamide [71457-14-2]
用作药物屈他维林中间体
【生产厂】[浙]浙江燎原药业有限公司〈P1965〉;普洛康裕股份有限公司〈P1953〉

N-[3-(3-二甲氨基-1-氧-2-丙烯基)苯基]-N-乙基乙酰胺 C03021133
N-[3-(3-Dimethylamino-1-oxo-2-propenyl)phenyl]-N-ethylacetamide [96605-66-2]
用作药物扎来普隆中间体
【生产厂】[京]北京高博医药化学技术开发有限公司〈P1547〉;北京金奥利维科技发展有限公司〈P1551〉;北京北化新元科技发展有限公司〈P1544〉;[沪]上海再启生物技术有限公司〈P1777〉;[苏]常州罗地尔生化技术有限公司〈P1848〉;[渝]重庆英斯凯化工有限公司〈P2308〉

2-甲基-3-硝基-N,N-二丙基苯乙酰胺 C03021134
2-Methyl-3-nitro-N,N-dipropylphenylacetamide [91374-22-0]
用作医药中间体
【生产厂】[京]北京艾斯克医药技术开发有限公司〈P1543〉;[苏]海峰化工科研有限公司〈P1797〉

苯乙酰二硫化物 C03021135
Diphenylacetyl disulfide [15088-78-5]
用作医药中间体
【生产厂】[苏]南京科邦医药化工有限公司〈P1786〉

苯基乙基丙二酸二乙酯 C03021141
Diethyl phenylethylmalonate
用于医药工业
【生产厂】[沪]上海罗店化工总厂〈P1752〉

反式对氨基环己甲酸 C03021170
trans-p-Aminocyclohexanecarboxylic acid
用作药物中间体
【生产厂】[沪]上海凯峰化工有限公司〈P1747〉;[浙]浙江华纳药业有限公司〈P1950〉

环己甲酸 C03021171
Cyclohexanecarboxylic acid [98-89-5]
用于合成医药、农药、染料及其他有机化合物
【生产厂】[冀]石家庄市京东医药化工有限公司〈P1630〉;[苏]南京市江宁区盛业化工有限公司〈P1789〉;江都市大江化工厂〈P1813〉;[浙]浙江台州清泉医药化工有限公司(1000吨)〈P1968〉;[鄂]潜江东立精细化工有限公司〈P2246〉;[陕]陕西宏庆医药化学有限公司〈P2346〉

乙基环己烷甲酸 C03021172
Ethylcyclohexanecarboxylic acid
【生产厂】[鲁]蓬莱市红卫化工厂〈P2112〉

反式对异丙基环己基甲酸 C03021173
trans-p-Isopropylcyclohexanecarboxylic acid [7077-05-6]

用作医药中间体,用于生产糖尿病新药那格列奈

【生产厂】[苏]苏州敬业医药化工有限公司〈P1901〉;[浙]浙江台州清泉医药化工有限公司〈P1968〉;浙江黄岩东升医药化工有限公司〈P1964〉

C

丙基环己烷甲酸 C03021174

Propylcyclohexanecarboxylic acid

【生产厂】[鲁]蓬莱市红卫化工厂〈P2112〉

1,1-环己基二乙酸单酰胺;CAM C03021175

1,1-Cyclohexanediacetic acid monoamide [99189-60-3]

用作治疗癫痫病药物加巴喷丁的中间体

【生产厂】[沪]上海康鸣高科技有限公司〈P1748〉;上海宝山振宗生物工程厂〈P1728〉;[苏]太仓市运通化工厂〈P1909〉;[浙]杭州泰鑫医药化工有限公司〈P1922〉;浙江省三门县康宁化工有限公司〈P1966〉

反式对氰基环己甲酸;反式-4-氰基环己甲酸 C03021176

trans-p-Cyanocyclohexanecarboxylic acid

用作药物中间体

【生产厂】[沪]上海凯峰化工有限公司〈P1747〉;[浙]浙江华纳药业有限公司〈P1950〉

1,1-环己基二乙酸 C03021178

1,1-Cyclohexanediacetic acid [4355-11-7]

用作药物加巴喷丁中间体

【生产厂】[冀]河北美化化工有限公司〈P1620〉;[沪]上海康鸣高科技有限公司〈P1748〉;上海嘉辰化工有限公司〈P1742〉;上海宝山振宗生物工程厂〈P1728〉;[浙]杭州泰鑫医药化工有限公司〈P1922〉;浙江省三门县康宁化工有限公司〈P1966〉;[皖]安徽李氏化工有限公司〈P1985〉

1,1-环己二乙酸酐;CAA C03021179

1,1-Cyclohexanediacetic anhydride [1010-26-0]

用作药品加巴喷丁中间体

【生产厂】[沪]上海康鸣高科技有限公司〈P1748〉;[苏]太仓市运通化工厂〈P1909〉;[浙]杭州泰鑫医药化工有限公司〈P1922〉

二氟孕甾丁酯 C03021180

Difluprednate [23674-86-4]

用作医药原料

【生产厂】[粤]广州拓华化工科技有限公司〈P2267〉

16,17α-环氧黄体酮;沃氏氧化物;环氧孕酮 C03021181

16,17α-Epoxyprogesterone [1097-51-4]

用于医药己酸孕酮中间体

【生产厂】[京]北京紫竹药业有限公司〈P1567〉;[津]天津市津津药业有限公司〈P1593〉;天津市津药化工厂(1600吨)〈P1595〉;天津市药业有限公司(50吨)〈P1610〉;[鄂]湖北芳通药业股份有限公司(80吨)〈P2236〉;湖北丹江口丹澳医药化工有限公司(50吨)〈P2239〉;湖北省丹江口开泰激素有限责任公司(200吨)〈P2239〉;[滇]云南丽江映华集团公司〈P2344〉;[陕]汉中汉江振华生物科技有限公司〈P2353〉;陕西省城固县振华生物科技有限公司〈P2353〉

17α-羟基黄体酮 C03021183

17α-Hydroxyprogesterone [68-96-2]

用作甾体激素药中间体

【生产厂】[浙]台州百大医药化工有限公司〈P1960〉;仙居县鸿燕医药化工有限公司〈P1963〉;浙江仙居捷大医药化工有限公司〈P1969〉;[鄂]湖北芳通药业股份有限公司(100吨)〈P2236〉;湖北丹江口丹澳医药化工有限公司(30吨)〈P2239〉;[滇]云南丽江映华集团公司〈P2344〉

17α-羟基黄体酮醋酸酯;单酯 C03021185

17α-Hydroxylprogesterone acetate [302-23-8]

用作甾体激素药中间体

【生产厂】[浙]仙居县鸿燕医药化工有限公司〈P1963〉;浙江仙居仙乐药业有限公司〈P1969〉;[鄂]湖北芳通药业股份有限公司(100吨)〈P2236〉;湖北丹江口丹澳医药化工有限公司(10吨)〈P2239〉;[滇]云南丽江映华集团公司〈P2344〉;[陕]陕西省城固县振华生物科技有限公司〈P2353〉

17α-羟基-1α,2α-亚甲基孕甾-4,6-二烯-3,20-二酮醋酸酯;环丙氯地孕酮酰化物 C03021186

17α-Hydroxy-1α,2α-methylenepregna-4,6-diene-3,20-dione acetate

【生产厂】[浙]浙江仙居仙乐药业有限公司〈P1969〉;[鄂]湖北葛店人福药业有限责任公司〈P2242〉

去氢黄体酮 C03021189

16-Dehydroprogesterone [1096-38-4]

【生产厂】[浙]浙江神洲药业有限公司〈P1966〉

16-次甲基-17α-羟基黄体酮醋酸酯 C03021190

16-Methylene-17α-hydroxylprogesterone acetate

【生产厂】[京]北京市甘兴化工厂〈P1559〉

戊基环己烷甲酸 C03021191

Amylcyclohexanecarboxylic acid

【生产厂】[鲁]蓬莱市红卫化工厂〈P2112〉

丁基环己烷甲酸 C03021192

Butylcyclohexanecarboxylic acid

【生产厂】[鲁]蓬莱市红卫化工厂〈P2112〉

占吨酸 C03021193

Xanthene-9-carboxylic acid [82-07-5]

【生产厂】[沪]上海五洲药业股份有限公司〈P1770〉

2,3-二甲氧基-5-甲基-1,4-苯醌;辅酶Q C03021201

2,3-Dimethoxy-5-methyl-1,4-benzoquinone; 2,3-Dimethoxy-5-methyl-2,5-cyclohexadiene-1,4-dione [605-94-7]

用作医药中间体

【生产厂】[沪]上海立科药物化学有限公司〈P1750〉;上海勤工助剂有限公司〈P1757〉;[浙]台州市开创化工有限公司〈P1961〉;台州市知青化工有限公司〈P1962〉;[鲁]济南明鑫制药有限公司(50吨)〈P2024〉;山东海王化工有限公司〈P2095〉

2,3-二氯-5,6-二氰基-1,4-苯醌;DDQ;二氯二氰对苯醌 C03021205

2,3-Dichloro-5,6-dicyano-1,4-benzoquinone [84-58-2]

用作医药中间体,专门作为甾体类激素化合物的脱氢剂

【生产厂】[浙]浙江优联医药化工有限公司〈P1928〉;浙江黄岩三力化工厂〈P1964〉;[皖]安徽黄山市嘉徽医药化工有限责任公司〈P1980〉;安庆金泉药业有限公司〈P1979〉;[赣]九江中天药业有限公司〈P2013〉;[鲁]潍坊杜得利化学工业有限公司〈P2101〉;[湘]邵阳甾体化学品有限公司〈P2249〉;湖南华诚制药有限公司〈P2253〉

3-奎宁环酮盐酸盐 C03021215

3-Quinuclidinone hydrochloride [1193-65-3]

【生产厂】[鲁]山东中科泰斗化学有限公司〈P2030〉

3-氨基奎宁环二盐酸盐 C03021219

3-Aminoquinuclidine dihydrochloride [6530-09-2]

是抗癌药阿扎司琼的中间体

【生产厂】[苏]常州罗地尔生化技术有限公司〈P1848〉;[粤]益鹏生物科技(深圳)有限公司〈P2274〉

乳糖酸钠 C03021221

Sodium lactobionate [27297-39-8]

用作乳糖酸红霉素的中间体

【生产厂】[沪]上海宝瑞化工有限公司〈P1728〉;上海神强实业有限公司〈P1761〉;[陕]西安利君精华药业有限责任公司(8 吨)〈P2349〉

***N*-乙酰-D-氨基半乳糖** C03021225

N-Acetyl-D-galactosamine [14215-68-0]

【生产厂】[苏]启东嘉峰医药科技有限公司〈P1836〉

3-氰基苯肼盐酸盐 C03021231

3-Cyanophenylhydrazine hydrochloride [2881-99-4]

【生产厂】[苏]常熟华益化工有限公司〈P1889〉

2-[4-(2-吡啶基)苄基]肼羧酸叔丁酯 C03021233

tert-Butyl 2-(4-(2-pyridinyl)benzyl)hydrazinecarboxylate [198904-85-7]

用于合成药物阿扎那韦

【生产厂】[沪]上海巨龙药物研究开发有限公司〈P1746〉

{[4-(2-吡啶基)苯基]亚甲基}肼羧酸叔丁酯 C03021234

tert-Butyl {[4-(2-pyridinyl)phenyl]methylene}hydrazinecarboxylate [198904-84-6]

用于合成药物阿扎那韦

【生产厂】[沪]上海巨龙药物研究开发有限公司〈P1746〉

***N*-甲基-4-甲磺酰氨基苯肼盐酸盐** C03021237

N-Methyl-4-methylsulfonylaminophenylhydrazine hydrochloride

用作医药中间体

【生产厂】[浙]杭州龙生化工有限公司〈P1921〉

对氨磺酰基苯肼盐酸盐;4-SPH;对肼基苯磺酰胺盐酸盐 C03021239

4-Aminosulfonylphenylhydrazine hydrochloride [17852-52-7]

用作农药、医药及染料中间体

【生产厂】[沪]上海康鸣高科技有限公司〈P1748〉;上海汇龙化工有限公司〈P1741〉;[苏]苏州市龙盛精细化工厂〈P1904〉;[浙]浙江黄岩精细化学品集团有限公司〈P1964〉;浙江精进药业有限公司〈P1965〉

氢化偶氮苯;二苯肼 C03021241

1,2-Diphenylhydrazine; Hydroazobenzene [122-66-7]

用作有机合成原料,也用于制解热止痛类药物保太松

【生产厂】[苏]常州市新力医药化工有限公司〈P1855〉;无锡市东升助剂厂〈P1875〉

3,4,5-三氯苯肼 C03021242

3,4,5-Trichlorophenylhydrazine

【生产厂】[鲁]淄博凤宝化工有限公司〈P2059〉

2,4-二氯苯肼 C03021243

2,4-Dichlorophenylhydrazine [13123-92-7]

用于农药、医药中间体

【生产厂】[苏]常州市旭东化工有限公司〈P1856〉;盐城中亚医药化工有限公司(100 吨)〈P1812〉

2,4-二氯苯肼盐酸盐 C03021244

2,4-Dichlorophenylhydrazine hydrochloride [5446-18-4]

用作医药及染料中间体

【生产厂】[苏]常州市旭东化工有限公司〈P1856〉;盐城中亚医药化工有限公司(100 吨)〈P1812〉;[浙]浙江车头制药有限公司〈P1963〉

2,4,6-三氯苯肼 C03021245

2,4,6-Trichlorophenylhydrazine [5329-12-4]

用作医药及染料中间体

【生产厂】[浙]浙江同丰医药化工有限公司(100 吨)〈P1969〉

邻氟苯肼;2-氟苯肼 C03021248

o-Fluorophenylhydrazine

【生产厂】[苏]江苏庙桥合成化工有限公司〈P1859〉;[鲁]青岛东海源生化科技有限公司〈P2034〉

邻甲基苯肼盐酸盐;2-甲基苯肼盐酸盐 C03021249

o-Tolylhydrazine hydrochloride [635-26-7]

用作医药中间体

【生产厂】[浙]浙江车头制药有限公司〈P1963〉

氟苯 C03021251

Fluorobenzene [462-06-6]

主要用于制取抗精神病特效药氟哌丁醇等,也用作杀虫剂,并用于塑料和树脂聚合物的鉴定

【生产厂】[辽]辽宁天合精细化工股份有限公司(400 吨)〈P1702〉;阜新恒辉化工有限公司〈P1707〉;盘锦盘助化工助剂有限公司〈P1706〉;[苏]盐城氟源化工有限公司(1500 吨)〈P1810〉;[浙]浙江鹰鹏化工有限公司(200 吨)〈P1956〉;[皖]东至德泰精细化工有限公司(2000 吨)〈P1987〉;[赣]江西浔朋化工有限公司(2500 吨)〈P2013〉;[鲁]龙口市龙海精细化工有限公司(800 吨)〈P2111〉

【使用厂】[沪]上海宝达兽药制造有限公司〈P1728〉;[鲁]迪沙药业集团有限公司〈P2121〉;[湘]湖南中南制药有限责任公司〈P2253〉

咪唑;1,3-二氮唑;间二氮茂;甘噁啉 C03021261

Glyoxaline; Imidazole [288-32-4]

用作有机合成原料及中间体,用于制取药物

C

及杀虫剂

【生产厂】[冀]廊坊格瑞泰化工有限公司〈P1660〉;[沪]上海三微实业有限公司(500 吨)〈P1759〉;上海朗瑞精细化学品有限公司〈P1749〉;上海晨日化学有限公司〈P1730〉;上海凯乐实业发展有限公司〈P1747〉;[苏]南京仁信化工有限公司〈P1788〉;盐城市华鸥化工厂〈P1811〉;[浙]浙江浙北药业有限公司〈P1947〉;中澳合资温州澳珀化工有限公司(20 吨)〈P1939〉;[豫]濮阳市银泰工贸有限公司〈P2215〉

【使用厂】[吉]三九集团长春三顺药业有限公司〈P1714〉;[苏]徐州恩华药业集团有限责任公司〈P1794〉;[豫]安阳市健美日化有限责任公司〈P2209〉

N-甲基咪唑;1-甲基咪唑 C03021262

N-Methylimidazole;1-Methylimidazole [616-47-7]

用作有机合成中间体和树脂固化剂、黏合剂等

【生产厂】[沪]上海朗瑞精细化学品有限公司〈P1749〉;上海凯乐实业发展有限公司〈P1747〉;[苏]苏州市美花日用香料有限公司〈P1904〉;江都市大江化工厂〈P1813〉;[鄂]罗田县宏源化学原料药有限公司〈P2244〉

4,5-二羧基咪唑;咪唑-4,5-二羧酸 C03021264

4,5-Imidazoledicarboxylic acid [570-22-9]

主要用于合成头孢咪唑等原料药

【生产厂】[京]北京成宇化工有限公司〈P1545〉;[沪]上海旭升精细化工技术研究所〈P1773〉

1-(2,4-二氯苯基)-2-(1-咪唑基)乙醇;咪唑缩合物;咪唑乙醇 C03021265

1-(2,4-Dichlorophenyl)-2-(1-imidazolyl)ethanol [24155-42-8]

主要用作咪唑类抗真菌药物的中间体

【生产厂】[苏]金坛市城东化工原料有限公司〈P1861〉;扬州腾达化工厂〈P1819〉;[浙]浙江圣达药业有限公司〈P1967〉;[陕]陕西大生化学科技有限公司〈P2346〉

顺-1,3-二苄基咪唑-2-酮-4,5-二羧酸 C03021266

cis-1,3-Dibenzylimidazol-2-one-4,5-dicarboxylic acid [59564-78-2]

用作药物生物素中间体

【生产厂】[浙]浙江金立源药业有限公司〈P1951〉;[皖]安徽省郎溪县联科实业有限公司〈P1986〉

N,N′-羰基二咪唑;1,1′-羰基二咪唑;CDI C03021267

1,1′-Carbonyldiimidazole;N,N′-Carbonyldiimidazole [530-62-1]

用作农药、医药中间体

【生产厂】[沪]吉尔生化(上海)有限公司〈P1726〉;上海晨日化学有限公司〈P1730〉;上海凯乐实业发展有限公司〈P1747〉;[苏]苏州市美花日用香料有限公司〈P1904〉;昆山化工医药原料有限公司〈P1895〉;[浙]天台昌明化学制品有限公司〈P1962〉;浙江普洛化学有限公司(100 吨)〈P1955〉;[豫]濮阳市银泰工贸有限公司〈P2215〉

5-氯-1-甲基咪唑;1-甲基-5-氯咪唑 C03021273

5-Chloro-1-methylimidazole [872-49-1]

【生产厂】[沪]上海晨日化学有限公司〈P1730〉

5-氨基-4-甲酰胺咪唑;阿卡;4-氨基-5-咪唑甲酰胺 C03021275

5-Amino-4-imidazolecarboxamide [360-97-4]

用作药物替莫唑胺中间体

【生产厂】[沪]上海神强实业有限公司〈P1761〉;[苏]常州康力化工有限公司〈P1848〉;[湘]湖南中南制药有限责任公司〈P2253〉

阿卡盐酸盐;4-氨基-5-咪唑甲酰胺盐酸盐 C03021276

Aica hydrochloride;5(4)-Amino-4(5)-imidazolecarboxamide hydrochloride [72-40-2]

【生产厂】[湘]湖南中南制药有限责任公司〈P2253〉

1-氯甲酰基-3-甲磺酰基-2-咪唑烷酮 C03021277

1-Chloroformyl-3-methylsulfonylimidazolidinyl-2-one [41762-76-9]

是一种重要的医药中间体,主要用于合成美洛西林等

【生产厂】[浙]长兴明华精细化工有限公司〈P1944〉;[鲁]菏泽睿鹰制药集团(20 吨)〈P2158〉

1-甲磺酰基-2-咪唑烷酮 C03021278

1-Methylsulfonyl-2-imidazolidinone [41730-79-4]

用作医药中间体,主要用于合成药物美洛西林

【生产厂】[浙]长兴明华精细化工有限公司〈P1944〉

1-氯甲酰基-2-咪唑烷酮 C03021279

1-Chloroformyl-2-imidazolidinone

一种重要的医药中间体,主要用于合成药物阿洛西林等

【生产厂】[浙]长兴明华精细化工有限公司〈P1944〉

2-丁基-4-氯-5-甲酰基咪唑 C03021280

2-Butyl-4(5)-chloro-1H-imidazole-5(4)-carbaldehyde [83857-96-9]

【生产厂】[浙]浙江天宇药业有限公司〈P1969〉

4,5-二氯咪唑 C03021281

4,5-Dichloroimidazole [15965-30-7]

用作药物中间体

【生产厂】[苏]苏州寅生化工有限公司〈P1907〉

1-(2-嘧啶基)哌嗪;2-(1-哌嗪基)嘧啶 C03021282

1-(2-Pyrimidyl)piperazine;2-(1-Piperazinyl)pyrimidine [20980-22-7]

用作医药中间体

【生产厂】[苏]太仓市运通化工厂〈P1909〉;[浙]浙江黄岩东升医药化工有限公司〈P1964〉

2-溴-4,5-二氯咪唑 C03021284

2-Bromo-4,5-dichloroimidazole [16076-27-0]

用作药物中间体

【生产厂】[苏]苏州寅生化工有限公司〈P1907〉

盐酸氯咪唑 C03021285

Clemizole hydrochloride [1163-36-6]

用作氯咪唑青霉素等药物的中间体
【生产厂】[赣]江西省励远化工科技实业公司〈P2009〉

阿卡重氮盐 C03021290
Aica diazosalt
用作医药中间体
【生产厂】[湘]湖南中南制药有限责任公司〈P2253〉

1-乙酰咪唑;*N*-乙酰咪唑 C03021291
1-Acetylimidazole;*N*-Acetylimidazole [2466-76-4]
用作医药中间体
【生产厂】[沪]上海凯乐实业发展有限公司〈P1747〉

咪唑-*N*-甲醛;*N*-甲酰基咪唑 C03021294
Imidazole-*N*-carboxaldehyde
用作环氧树脂固化剂、药物原料,或用于有机合成
【生产厂】[沪]上海凯乐实业发展有限公司〈P1747〉

咪唑-2-甲醛;2-甲酰基咪唑 C03021295
Imidazole-2-carboxaldehyde [10111-08-7]
用作环氧树脂固化剂、药物原料,或用于有机合成
【生产厂】[沪]上海凯乐实业发展有限公司〈P1747〉

咪唑-4-甲醛;4-甲酰基咪唑 C03021297
Imidazole-4-carboxaldehyde [3034-50-2]
用于有机合成
【生产厂】[川]成都添彩化工有限公司〈P2316〉

茶碱钠;1,3-二甲基黄嘌呤,钠盐 C03021301
1,3-Dimethylxanthine sodium;Theophylline sodium
用于制药工业
【生产厂】[吉]吉林省舒兰合成药业股份有限公司〈P1716〉

茶碱钙;1,3-二甲基黄嘌呤钙盐 C03021302
Theophylline calcium;1,3-Dimethylxanthine calcium
用于制药工业
【生产厂】[吉]吉林省舒兰合成药业股份有限公司〈P1716〉

1,3-二丙基-7-甲基黄嘌呤 C03021305
1,3-Dipropyl-7-methylxanthine [31542-63-9]
用作医药中间体,能降低一些抗生素类药物副作用,同时增加药物的保健功能
【生产厂】[赣]江西金海化工有限公司〈P2014〉

2-哌嗪甲酸甲酯二盐酸盐 C03021308
Piperazine-2-carboxylic acid methyl ester dihydrochloride
【生产厂】[川]爱斯特(成都)医药技术有限公司〈P2309〉

氧化苯乙烯;环氧苯乙烷;苯基环氧乙烷 C03021311
1,2-Epoxyethylbenzene [96-09-3]
用于医药、香料中间体
【生产厂】[沪]上海泰顿化工有限公司〈P1766〉;[苏]无锡翔华化工有限公司〈P1882〉;吴江市高新精细化工有限公司〈P1910〉

1-(3-三氟甲基苯基)哌嗪盐酸盐 C03021312
1-(3-Trifluoromethylphenyl) piperazine monohydrochloride [16015-69-3]
用于氟丁洛芬、安拉非宁、洛匹普拉唑、拖西普拉辛、氟哌乙脲等原料药的合成
【生产厂】[京]北京普瑞东方化学技术有限公司〈P1556〉;[苏]泰兴市三川化工有限公司〈P1826〉;徐州市爱克医药科技有限公司〈P1795〉

C

1-(4,4′-二氟二苯甲基)哌嗪盐酸盐 C03021313
1-(4,4′-Difluorodiphenylmethyl) piperzine dihydrochloride
【生产厂】[豫]郑州路路德化学制品有限公司〈P2171〉

***N*-[(1,4-苯并二噁烷-2-基)羰基]哌嗪盐酸盐** C03021314
N-[(1,4-Benzodioxin-2-yl) carbonyl] piperazine hydrochloride [70918-74-0]
用作多沙唑嗪类药物中间体
【生产厂】[苏]江苏华派集团〈P1807〉;[浙]东港工贸集团有限公司〈P1960〉;[渝]重庆威尔德·浩瑞医药化工有限公司(10 吨)〈P2307〉

1-氨基-4-环戊基哌嗪 C03021315
1-Amino-4-cyclopentylpiperazine [61379-64-4]
用作药物利福喷丁中间体
【生产厂】[川]成都菊乐制药有限公司〈P2312〉

***N*-4-Boc-2-哌嗪甲酸**;4-叔丁氧羰基哌嗪-2-甲酸 C03021316
N-4-Boc-2-piperazinecarboxylic acid
【生产厂】[川]爱斯特(成都)医药技术有限公司〈P2309〉

哌嗪-2-羧酸二盐酸盐 C03021317
Piperazine-2-carboxylic acid dihydrochloride [3022-15-9]
用作医药中间体
【生产厂】[京]北京普瑞东方化学技术有限公司〈P1556〉;[冀]河北德隆泰化工有限公司〈P1619〉;[浙]浙江物产崇一医药化工有限公司〈P1956〉

1-(2-甲氧基苯基)哌嗪盐酸盐 C03021318
1-(2-Methoxyphenyl) piperazine hydrochloride
【生产厂】[苏]苏州海宇生物科技有限公司〈P1900〉

1-乙酰基-4-(4-羟基苯基)哌嗪 C03021320
1-Acetyl-4-(4-hydroxyphenyl) piperazine [67914-60-7]
用于药物酮康唑、伊曲康唑的合成
【生产厂】[苏]常州市科丰化工有限公司〈P1852〉;徐州市爱克医药科技有限公司〈P1795〉;[浙]浙江东亚医药化工有限公司〈P1963〉

2*R*-2-[(4-乙基-2,3-双氧代哌嗪基)甲酰胺]苯乙酸;EPCP C03021321
2*R*-2[(4-Ethyl-2,3-dioxypiperazyl) formamide] phenylacetic acid
用作第三代氧哌嗪青霉素侧链中间体
【生产厂】[晋]山西新天源医药化工有限公司〈P1677〉;[沪]上海化工高等专科学校实验工厂〈P1740〉;[闽]福建省永春制药厂(30 吨)〈P1999〉;[鲁]菏泽睿鹰制药集团(25 吨)〈P2158〉

C

2R-2[(4-乙基-2,3-双氧代哌嗪基)甲酰胺]对羟基苯乙酸;HO-EPCP C03021322
2R-2-[(4-Ethyl-2,3-dioxypiperazyl) formamide]-p-hydroxyphenylacetic acid [79868-75-0]
用作头孢哌酮钠侧链中间体
【生产厂】[冀]河北宏源化工有限公司〈P1620〉;[晋]山西新天源医药化工有限公司〈P1677〉;[沪]上海实业化工有限公司〈P1763〉;[闽]福建省永春制药厂(100吨)〈P1999〉;[鲁]菏泽睿鹰制药集团(30吨)〈P2158〉

1-(4-甲氧苯基)哌嗪盐酸盐 C03021324
1-(4-Methoxyphenyl) piperazine dihydrochloride [38869-47-5]
用作医药中间体,用于伊曲康唑、特康唑等原料药合成
【生产厂】[苏]苏州海宇生物科技有限公司〈P1900〉;徐州市爱克医药科技有限公司〈P1795〉

1-(2-甲氧苯基)哌嗪氢溴酸盐 C03021325
1-(2-Methoxyphenyl) piperazine hydrobromide
用于制药
【生产厂】[苏]徐州市爱克医药科技有限公司〈P1795〉

二苯甲基哌嗪 C03021326
Benzhydrylpiperazine;1-(Diphenylmethyl) piperazine [841-77-0]
【生产厂】[津]天津市筠凯化工科技有限公司〈P1597〉;[沪]上海再启生物技术有限公司〈P1777〉;[豫]河南省安阳市益康制药厂(10吨)〈P2211〉

苯丙烯基哌嗪;肉桂基哌嗪 C03021327
1-Cinnamylpiperazine [87179-40-6]
是药品盐酸氟桂利嗪等的中间体
【生产厂】[苏]常州罗地尔生化技术有限公司〈P1848〉;[豫]圣斯诺化工有限公司〈P2169〉;河南省安阳市益康制药厂(5吨)〈P2211〉
【使用厂】[鲁]迪沙药业集团有限公司〈P2121〉

二(对氟苯基)甲基哌嗪;4,4′-对二氟苯甲哌嗪 C03021328
1-Bis(4-fluorophenyl) methyl piperazine [27469-60-9]
用作医药氟桂嗪中间体
【生产厂】[沪]上海再启生物技术有限公司〈P1777〉;上海晨日化学有限公司〈P1730〉;[鲁]山东中科泰斗化学有限公司〈P2030〉;[豫]郑州路路德化学制品有限公司〈P2171〉;圣斯诺化工有限公司〈P2169〉;[鄂]湖北襄樊福润达化工有限公司〈P2237〉

三尖杉宁碱 C03021343
Cephalomannine [71610-00-9]
是合成多烯紫杉醇的主要原料之一
【生产厂】[京]北京怡禾生物工程有限公司〈P1565〉;[沪]上海骏杰生物技术有限公司〈P1746〉;[滇]云南汉德生物技术有限公司〈P2340〉;[陕]西安冠宇生物技术有限公司〈P2348〉

二氯醋酸二异丙胺;肝乐 C03021349
Diisopropylamine dichloroacetate
是肝病辅助药的中间体
【生产厂】[苏]南通市苏东化工厂〈P1835〉

2-氨基-5-二乙氨基戊烷;4-氨基-1-二乙氨基戊烷;氯喹侧链 C03021351
2-Amino-5-diethylaminopentane; 4-Amino-1-diethylaminopentane [140-80-7]
为制造抗疟疾药磷酸氯喹的中间体
【生产厂】[苏]溧阳市清安化工厂〈P1863〉;[渝]重庆南松医药科技有限公司〈P2305〉

3-苯丙酰氯;氢化肉桂酰氯;β-苯丙酰氯 C03021352
3-Phenylpropionyl chloride;Hydrocinnamoylchloride [645-45-4]
用作医药中间体,也用于有机合成
【生产厂】[沪]上海万凯化学有限公司〈P1768〉;[浙]浙江省湖州沙龙化工有限公司〈P1947〉

α-异丙基对氯苯基乙酰氯 C03021355
α-Isopropyl-p-chlorophenylacetyl chloride
用作生产农药氰戊菊酯和戊菊酯的中间体
【生产厂】[苏]金坛市振兴化工有限公司〈P1863〉

3-乙酰硫基-2-甲基丙酰氯 C03021359
3-Acetylthio-2-methylpropionyl chloride [74345-73-6]
用作医药中间体,主要用于生产卡托普利原料药等
【生产厂】[苏]常州市新力医药化工有限公司〈P1855〉
【使用厂】[鲁]山东潍坊制药厂有限公司〈P2099〉

7-APCA;头孢他啶母核 C03021360
7-Aminocephalosporanic pyridine;7-APCA
用作医药中间体,用于头孢他啶的合成
【生产厂】[苏]扬州三友合成化工有限公司〈P1818〉

7-氨基头孢烷酸;7-ACA C03021361
7-Aminocephalosporanic acid;7-ACA [957-68-6]
用作医药中间体
【生产厂】[冀]河北中润制药有限公司(800吨)〈P1624〉;石家庄制药集团有限公司〈P1634〉;[晋]山西威奇达药业有限公司〈P1673〉;[鲁]山东鲁抗医药股份有限公司〈P2132〉;山东鲁抗医药集团有限公司〈P2132〉;菏泽睿鹰制药集团(300吨)〈P2158〉;[豫]南阳普康集团衡消制药有限责任公司(400吨)〈P2224〉;南阳普康集团盲衡制药有限公司〈P2224〉;南阳科生生物化工有限公司(200吨)〈P2224〉

7-ANCA;7-氨基-8-氧代-5-硫杂-1-氮杂双环[4.2.0]辛-2-烯-2-甲酸 C03021362
7-ANCA [36923-17-8]
头孢母核,用作头孢布坦、头孢唑肟中间体
【生产厂】[浙]浙江天台药业有限公司〈P1968〉;[鲁]山东鲁抗立科药物化学有限公司〈P2131〉

7-TMCA;7-氨基-3-(1-甲基四唑-5-硫代甲基)-8-氧代-5-硫杂-1-氮杂双环[4.2.0]辛-2-烯-2-羧酸 C03021363
7-TMCA [24209-38-9]
用于合成抗生素头孢匹胺、头孢哌嗪和头孢甲肟

【生产厂】[鲁]淄博顺景精细化工有限公司〈P2073〉

7-TACA;7-氨基-3-(1,2,3-三唑-4-基硫)甲基头孢烷酸 C03021364
7-Amino-3-(1,2,3-triazol-4-ylthio) methylcephalosporanic acid [37539-03-0]
用作药物头孢曲秦中间体
【生产厂】[浙]浙江天台药业有限公司〈P1968〉

7-氨基头孢三嗪;7-ACT C03021365
7-Aminoceftriaxone sodium;7-ACT
用作头孢类药物中间体
【生产厂】[鲁]山东金城医药化工有限公司〈P2053〉;[豫]南阳科生生物化工有限公司〈P2224〉;[粤]丽珠医药集团股份有限公司〈P2274〉

7-AVCA;7-氨基-3-乙烯基-3-头孢环-4-羧酸 C03021366
7-Amino-3-vinyl-3-cephem-4-carboxylic acid;7-AVCA
用作药物头孢克肟、头孢地尼中间体
【生产厂】[沪]上海立科药物化学有限公司〈P1750〉

7-氨基-3-氯-3-头孢环-4-羧酸;7-ACCA C03021367
7-Amino-3-chloro-3-cephem-4-carboxylic acid;7-ACCA [53994-69-7]
用作头孢类药物中间体
【生产厂】[浙]浙江天台药业有限公司(50 吨)〈P1968〉

7-氨基-3-去乙酰氧基头孢烷酸;7-ADCA C03021368
7-Amino-3-deacetoxycephalosporanic acid;7-ADCA
是抗生素母核,用作医药中间体
【生产厂】[苏]徐州瑞赛科技实业有限公司〈P1795〉;[浙]浙江海正药业股份有限公司〈P1964〉;浙江新东海医药化工有限公司〈P1969〉;[鲁]山东鲁抗医药股份有限公司〈P2132〉;山东鲁抗医药集团有限公司〈P2132〉;[粤]佛山市南海北沙制药有限公司〈P2288〉
【使用厂】[黑]哈药集团制药总厂〈P1721〉

三嗪环;2,5-二氢-6-羟基-2-甲基-5-氧-3-巯基-1,2,4-三嗪;三嗪酸 C03021369
2,5-Dihydro-6-hydroxy-3-mercapto-2-methyl-5-oxo-1,2,4-triazine;TTZ [58909-39-0]
用作头孢曲松钠、头孢三嗪钠等药物的中间体
【生产厂】[冀]石家庄龙泰化工有限公司(30 吨)〈P1628〉;河北金通医药化工有限责任公司(120 吨)〈P1620〉;石家庄合佳保健品有限公司〈P1626〉;石家庄玮奇工贸有限公司〈P1633〉;[鲁]山东金城医药化工有限公司〈P2053〉;淄博济维泽化工有限公司(360 吨)〈P2063〉

3-(2,6-二氯苯基)-5-甲基-4-异噁唑甲酸 C03021372
3-(2,6-Dichlorophenyl)-5-methylisoxazole-4-carboxylic acid [3919-76-4]
【生产厂】[鲁]青岛裕达精细化工有限公司〈P2046〉

5-甲基-3-苯基-4-异噁唑甲酸 C03021373
5-Methyl-3-phenylisoxazole-4-carboxylic acid [1136-45-4]
【生产厂】[鲁]青岛裕达精细化工有限公司〈P2046〉

5-甲基-3-(2-氯苯基)-4-异噁唑甲酸 C03021374
5-Methyl-3-(2-chlorophenyl) isoxazole-4-carboxylic acid [23598-72-3]
【生产厂】[鲁]青岛裕达精细化工有限公司〈P2046〉

5-甲基异噁唑-4-甲酸 C03021375
5-Methyl-4-isoxazolecarboxylic acid [42831-50-5]
用作医药来氟米特中间体
【生产厂】[京]北京卡乐瑞化工有限公司〈P1553〉

对氯扁桃酸;对氯苦杏仁酸;4-氯-α-羟基苯乙酸 C03021376
4-Chloromandelic acid;4-Chloro-α-hydroxyphenylacetic acid [492-86-4]
用作医药中间体
【生产厂】[皖]安徽省广德科苑化工有限公司〈P1986〉

α-溴-2-氯苯乙酸 C03021377
α-Bromo-2-chlorophenylacetic acid [141109-25-3]
用作药物氯吡格雷中间体
【生产厂】[苏]盐城市虹艳化工有限公司〈P1811〉;[浙]横店集团家园化工有限公司〈P1952〉

乙酰氧基扁桃酸 C03021378
Acetylmandelic acid [5438-68-6]
【生产厂】[皖]安徽省广德科苑化工有限公司〈P1986〉

邻氯苦杏仁酸;2-氯-α-羟基苯乙酸;邻氯扁桃酸 C03021379
2-Chloro-α-hydroxyphenylacetic acid;2-Chloromandelic acid [10421-85-9]
用作医药中间体
【生产厂】[苏]常州高科生物化学有限公司(200 千克)〈P1846〉;[浙]浙江新东海医药化工有限公司〈P1969〉;横店集团家园化工有限公司〈P1952〉;[皖]安徽省广德科苑化工有限公司〈P1986〉

α-羟基苯乙酸;苦杏仁酸;DL-扁桃酸 C03021380
α-Hydroxyphenylacetic acid;Mandelic acid [611-72-3]
用作医药原料及中间体、染料中间体等
【生产厂】[沪]上海信合化工有限公司〈P1772〉;上海三微实业有限公司〈P1759〉;上海康文医药中间体有限公司〈P1748〉;[苏]常州市迅达化工有限公司〈P1856〉;徐州市爱克医药科技有限公司〈P1795〉;江苏双菱化工集团有限公司〈P1798〉;泰兴市一鸣精细化工有限公司〈P1827〉;泰州市天成化工有限公司〈P1827〉;[皖]安徽省广德科苑化工有限公司〈P1986〉;[鲁]淄博春旺达化工有限公司〈P2059〉;[川]成都新特药化合成技术改进与创新中心〈P2317〉;四川省天然气化工研究院〈P2319〉

L-(-)-α-氨基-4-羟基苯乙酸;左旋对羟基苯甘氨酸 C03021381
L-(-)-4-Hydroxy-α-aminophenylacetic acid [22818-40-2]
主要用于制造半合成抗生素阿莫西林
【生产厂】[沪]上海康福赛尔医药科技有限公司〈P1748〉;[豫]河南四通精细化工有限公司〈P2218〉;河南新天地药业有限公司(1500 吨)〈P2218〉;洛阳多力泰格生化科技有

限公司(600 吨)〈P2181〉

左旋对羟基苯甘氨酸邓钾盐(乙基) C03021382
L-(*p*-Hydroxylphenyl) glycine, potassium salt
【生产厂】[黑]哈尔滨龙升精细化工股份有限公司(400 吨)〈P1720〉;[豫]洛阳多力泰格生化科技有限公司(600 吨)〈P2181〉

C

双氢苯甘氨酸甲基邓钾盐 C03021383
Dihydrophenylglycine, potassium salt(methyl)
用于制造头孢拉定、头孢沙定等药物
【生产厂】[浙]浙江普洛化学有限公司(600 吨)〈P1955〉

对羟基苯甘氨酸邓钾盐 C03021384
p-Hydroxylphenylglycine potassium salt
可生产羟氨苄青霉素和羟氨苄头孢霉素
【生产厂】[冀]华北制药股份有限公司〈P1624〉;华北制药集团有限责任公司〈P1624〉;石家庄龙泰化工有限公司(500 吨)〈P1628〉;[晋]山西临汾染化(集团)有限责任公司〈P1678〉;[沪]上海联民化工厂〈P1751〉;[浙]横店集团家园化工有限公司〈P1952〉;[豫]河南四通精细化工有限公司(1800 吨)〈P2218〉;河南新天地药业有限公司(1800 吨)〈P2218〉

间三氟甲基苯乙酸;3-三氟甲基苯乙酸 C03021385
m-(Trifluoromethyl) phenylacetic acid [351-35-9]
用作有机合成中间体
【生产厂】[京]北京宜龙通广科技有限公司〈P1565〉;[沪]上海试四赫维化工有限公司〈P1764〉;[苏]丹阳市大泊化工厂〈P1840〉;[鲁]青岛和兴精细化学有限公司(300 吨)〈P2036〉

α,α-二甲基苯乙酸 C03021388
α,α-Dimethylphenylacetic acid [826-55-1]
用作医药中间体
【生产厂】[浙]杭州广林生物医药有限公司〈P1917〉;台州市融丰医药化工有限公司〈P1961〉

2-苯硫基-5-丙酰基苯乙酸 C03021389
2-Phenylthio-5-propionylphenylacetic acid
用于合成药物扎托洛芬
【生产厂】[苏]苏州福玛威尔医药科技有限公司〈P1900〉

对羟基苯甘氨酸酰氯盐酸盐 C03021390
p-Hydroxyphenylglycyl chloride hydrochloride
【生产厂】[豫]河南四通精细化工有限公司(300 吨)〈P2218〉;河南新天地药业有限公司(300 吨)〈P2218〉

4-氨基安替比林;4-氨基非那宗 C03021391
4-Aminoantipyrine;4-Aminophenazone [83-07-8]
用作药物安乃近的中间体
【生产厂】[沪]上海五洲药业股份有限公司〈P1770〉;[鄂]武汉武药制药有限公司〈P2234〉

4-甲酰基安替比林 C03021393
4-Formylantipyrine
【生产厂】[鄂]武汉武药制药有限公司〈P2234〉

4-甲氨基安替比林 C03021397
4-Methylaminoantipyrine
【生产厂】[鄂]武汉武药制药有限公司〈P2234〉

***R*-(+)-叔丁基亚磺酸硫代特丁酯** C03021399
R-(+)-*tert*-Butyl *tert*-butanethiosulfinate
用作有机合成中间体
【生产厂】[鲁]青岛裕达精细化工有限公司(3 吨)〈P2046〉

L-(+)-α-苯甘氨酸;左旋苯甘氨酸 C03021401
L-(+)-α-Phenylglycine [2935-35-5]
用于制造氨苄青霉素和头孢氨苄等药物
【生产厂】[冀]石家庄市石兴氨基酸有限公司〈P1631〉;[沪]上海实业化工有限公司(2000 吨)〈P1763〉

左旋苯甘氨酸邓钾盐(乙基);L-苯甘氨酸邓钾盐 C03021402
L-Phenylglycine potassium salt(ethyl) [961-69-3]
用于制造氨苄青霉素、氧哌嗪青霉素、头孢氨苄及头孢氯氨苄等
【生产厂】[冀]华北制药集团有限责任公司〈P1624〉;石家庄合佳保健品有限公司〈P1626〉;华北制药集团嘉华化工有限公司〈P1624〉;[沪]上海联民化工厂〈P1751〉;上海实业化工有限公司(1500 吨)〈P1763〉;[浙]横店集团家园化工有限公司〈P1952〉

左旋双氢苯甘氨酸邓钠盐(甲基) C03021404
L-Dihydrophenylglycine sodium salt(methyl)
用于制造头孢拉啶
【生产厂】[冀]石家庄经济技术开发区阜达化工有限公司〈P1628〉;[黑]黑龙江谱安化工试剂制造有限公司(400 吨)〈P1721〉;[浙]浙江普洛化学有限公司〈P1955〉

左旋双氢苯甘氨酸 C03021405
L-Dihydrophenylglycine
用作生产药物先锋 6 号的主要中间体
【生产厂】[冀]石家庄经济技术开发区阜达化工有限公司〈P1628〉;[黑]黑龙江谱安化工试剂制造有限公司(400 吨)〈P1721〉;[浙]浙江普洛化学有限公司(120 吨)〈P1955〉

左旋苯甘氨酰胺 C03021406
L-Phenylglycine amide [6485-67-2]
用于制造半合成抗生素头孢氨苄
【生产厂】[沪]上海实业化工有限公司〈P1763〉;[浙]浙江天台福达医药化工有限公司〈P1968〉

D-(-)-α-苯甘酰氯盐酸盐 C03021408
D-(-)-α-Phenylglycyl chloride hydrochloride
【生产厂】[浙]横店集团家园化工有限公司〈P1952〉

DL-邻氯苯甘氨酸;邻氯苯甘氨酸 C03021410
DL-2-Chlorophenylglycine
用作抗血栓药氯吡格雷中间体
【生产厂】[沪]上海宏鹏化工有限公司〈P1737〉;[浙]浙江车头制药有限公司〈P1963〉;[鄂]黄冈市恒兴源化工有限责任公司(40 吨)〈P2244〉;[川]宜宾北方川安化工有限公司〈P2335〉

6-氨基青霉烷酸;6-氨基青霉素酸;6-APA;无侧链青霉素 C03021411
6-Aminopenicillanic acid [551-16-6]

用作医药中间体

【生产厂】[冀]华北制药集团有限责任公司〈P1624〉;河北中润制药有限公司〈P1624〉;石家庄制药集团有限公司〈P1634〉;河北君临药业有限公司(1000 吨)〈P1641〉;[鲁]山东鲁抗医药股份有限公司〈P2132〉;山东鲁抗医药集团有限公司〈P2132〉;[粤]珠海保税区丽珠合成制药有限公司(350 吨)〈P2274〉;珠海联邦制药厂有限公司原料厂〈P2274〉

D-(－)-邻氯苯甘氨酸 C03021412

D-(－)-2-Chlorophenylglycine

用作手性合成化合物

【生产厂】[浙]横店集团家园化工有限公司〈P1952〉

对氯苯甘氨酸 C03021413

p-Chlorophenylglycine

用于合成药物

【生产厂】[京]北京东方德众科技发展有限公司〈P1546〉;[沪]上海宏鹏化工有限公司〈P1737〉;[浙]横店集团家园化工有限公司〈P1952〉;[鲁]寿光申达化学工业有限公司〈P2100〉;[鄂]黄冈市恒兴源化工有限责任公司〈P2244〉;[川]宜宾北方川安化工有限公司〈P2335〉

***S*-(＋)-对氯苯甘氨酸** C03021414

S-(＋)-*p*-Chlorophenylglycine

【生产厂】[沪]上海宏鹏化工有限公司〈P1737〉;[浙]横店集团家园化工有限公司〈P1952〉

D-(－)-苯甘氨酸邓氏盐 C03021415

D-(－)-Phenylglycine potassium or sodium salt

用于制造氨苄青霉素、氧哌嗪青霉素、头孢氨苄等药物

【生产厂】[冀]华北制药股份有限公司〈P1624〉;[沪]上海五洲药业股份有限公司〈P1770〉;[浙]浙江省海宁市云涛化工有限责任公司〈P1944〉;台州市奥力特精细化工有限公司〈P1961〉

L-(＋)-邻氯苯甘氨酸 C03021417

L-(＋)-*o*-Chlorophenylglycine [141315-50-6]

【生产厂】[沪]上海康福赛尔医药科技有限公司〈P1748〉;[浙]杭州江南化工有限公司〈P1919〉;横店集团家园化工有限公司〈P1952〉

D-(－)-苯甘氨酰胺 C03021419

D-(－)-Phenylglycinamide

【生产厂】[浙]横店集团家园化工有限公司〈P1952〉

甘氨酰胺盐酸盐 C03021420

Glycinamide hydrochloride [1668-10-6]

用作医药中间体,用于有机合成

【生产厂】[京]北京清华紫光英力化工技术有限责任公司〈P1557〉;[苏]苏州市华丰精细化工有限公司〈P1903〉

6,6-二溴青霉烷酸甲酯 C03021422

6,6-Dibromopenicillanic acid methyl ester

是合成新一代β-内酰胺类抗生素的关键中间体

【生产厂】[苏]响水华旭药业有限公司〈P1809〉

***N*-苄基甘氨酸乙酯** C03021425

Ethyl *N*-benzylaminoacetate;*N*-Benzylglycine ethyl ester [6436-90-4]

用于医药中间体

【生产厂】[京]大庆开发区新世纪精细化工有限公司北京裕立化工有限公司〈P1567〉;[浙]上虞市卧龙化工有限公司〈P1948〉

***N*-二苯亚甲基甘氨酸叔丁酯** C03021426

N-(Diphenylmethylene) glycerine *tert*-butyl ester [81477-94-3]

【生产厂】[辽]大连联化化学有限公司〈P1692〉

***N*-三苯甲基甘氨酸甲酯** C03021427

N-Tritylglycine methyl ester

【生产厂】[苏]扬州宝盛生物化工有限公司〈P1817〉

***N*-三苯甲基甘氨酸乙酯** C03021428

N-Tritylglycine ethyl ester

【生产厂】[苏]扬州宝盛生物化工有限公司〈P1817〉

甘氨酸苄酯对甲苯磺酸盐 C03021429

Benzyl glycinate *p*-toluenesulfonate [1738-76-7]

用作原料药消旋卡多曲中间体

【生产厂】[冀]沧州那瑞化学科技有限公司〈P1652〉;[沪]上海雅本化学有限公司〈P1773〉;上海赛恩斯医药化工有限公司〈P1759〉;[陕]陕西汉江万全医药化工有限公司〈P2353〉

3-氨基-4-氰基吡唑;5-氨基-4-氰基吡唑 C03021430

3-Amino-4-cyanopyrazole;5-Amino-4-cyanopyrazole [16617-46-2]

用作原料药扎来普隆中间体

【生产厂】[京]北京高博医药化学技术开发有限公司〈P1547〉;北京金奥利维科技发展有限公司〈P1551〉;北京北化新元科技发展有限公司〈P1544〉;[苏]常熟华益化工有限公司〈P1889〉;[渝]重庆英斯凯化工有限公司〈P2308〉

1-苯基-4-氰基-5-氨基吡唑 C03021432

1-Phenyl-4-cyano-5-aminopyrazole

【生产厂】[苏]常州联新化工有限公司〈P1848〉

对甲苯基吡唑酮;1-对甲苯基-3-甲基-5-吡唑酮 C03021433

1-Tolyl-3-methyl-5-pyrazolone [86-92-0]

主要用作染料、颜料、医药的中间体

【生产厂】[鲁]青岛双桃精细化工(集团)有限公司〈P2043〉;胶州市精细化工有限公司(5000 吨)〈P2031〉

噁唑吡啶酮 C03021435

Oxazolo-[4,5-b]-pyridine-2(3H)-one [60832-72-6]

用作医药中间体

【生产厂】[浙]宁波远欧精细化工有限公司〈P1934〉

5-甲酰氨基-1-(2-甲酰氧乙基)吡唑 C03021436

5-Formylamino-1-(2-formyloxyethyl) pyrazole

用作药物头孢舍利中间体

【生产厂】[浙]浙江燎原药业有限公司〈P1965〉;浙江黄岩东升医药化工有限公司〈P1964〉

2-氟腺嘌呤 C03021440

2-Fluoroadenine [700-49-2]
用作医药中间体
【生产厂】[京]凯翔精细化工有限公司〈P1567〉

6-氨基嘌呤;腺嘌呤 C03021441
Adenine;6-Aminopurine [73-24-5]
用于生产腺苷、ATP、ADP、抗艾滋病新药及维生素 B_4 和植物生长激素6-苄基腺嘌呤等
【生产厂】[苏]常州市霞峰化学材料公司〈P1855〉;[浙]浙江同丰医药化工有限公司〈P1969〉;台州市中荣化工有限公司〈P1962〉;[赣]江西恒辉医药化工有限公司〈P2017〉;[豫]新乡市天丰精细化工有限公司〈P2206〉;新乡拓新生化科技有限公司(50吨)〈P2207〉;新乡制药股份有限公司(150吨)〈P2208〉;新乡市赛特化工有限公司〈P2205〉

6-糠氨基嘌呤;6-糠基氨基嘌呤;激动素 C03021442
6-Furfurylaminopurine [525-79-1]
用作生化试剂和生物激素
【生产厂】[苏]金坛市社头化工厂〈P1862〉;兴化明威化工有限公司〈P1828〉

腺嘌呤硫酸盐;6-氨基嘌呤硫酸盐 C03021443
Adenine sulfate [321-30-2]
【生产厂】[苏]兴化明威化工有限公司〈P1828〉;[浙]宁波大红鹰药业股份有限公司〈P1930〉;[赣]江西恒辉医药化工有限公司〈P2017〉;[豫]新乡拓新生化科技有限公司(10吨)〈P2207〉

腺嘌呤盐酸盐 C03021444
Adenine hydrochloride [2922-28-3]
【生产厂】[浙]宁波大红鹰药业股份有限公司〈P1930〉;[赣]江西恒辉医药化工有限公司〈P2017〉;[豫]新乡拓新生化科技有限公司(10吨)〈P2207〉

2,6-二氨基嘌呤 C03021445
2,6-Diaminopurine [1904-98-9]
用作有机合成中间体
【生产厂】[苏]苏州市苏瑞医药化工有限公司〈P1905〉;[浙]德清县天宝化工厂〈P1945〉;台州市融丰医药化工有限公司〈P1961〉;[粤]肇庆市科立化工有限公司〈P2293〉

5′-腺嘌呤核苷酸 C03021447
5′-Adenosine monophosphonic acid
用作生产核苷酸类药物的中间体,食品添加剂及生物制品
【生产厂】[沪]上海新浦化工厂有限公司〈P1772〉

N-乙酰基-9-[(2-乙酰氧基)乙氧基]甲基鸟嘌呤 C03021449
N-Acetyl-9-[(2-acetyloxy)ethoxy]methyl guanine
用作医药中间体
【生产厂】[冀]河北美化化工有限公司〈P1620〉;[浙]台州市知青化工有限公司〈P1962〉

2-氨基噻唑 C03021450
2-Aminothiazole [96-50-4]
用作医药、染料中间体
【生产厂】[京]大庆开发区新世纪精细化工有限公司北京裕立化工有限公司〈P1567〉;[黑]大庆新世纪精细化工有限公司〈P1722〉
【使用厂】[鲁]山东滕州悟通香料有限责任公司〈P2078〉

2-氨基噻唑盐酸盐 C03021451
2-Aminothiazole hydrochloride [3882-98-2]
用作磺胺噻唑及其衍生物的中间体
【生产厂】[沪]上海三维制药有限公司〈P1760〉;[湘]湘潭市开元化学有限公司〈P2251〉
【使用厂】[鲁]山东滕州悟通香料有限责任公司〈P2078〉

4-甲基-5-甲酰基噻唑 C03021453
4-Methyl-5-formylthiazole [82294-70-0]
用作医药中间体
【生产厂】[浙]台州海辰药业有限公司〈P1960〉;[鄂]襄樊市隆晔医药化工有限公司〈P2238〉

2-氨基-5-甲基噻唑 C03021455
2-Amino-5-methylthiazole [7305-71-7]
用作治疗类风湿病药美洛西康中间体
【生产厂】[京]大庆开发区新世纪精细化工有限公司北京裕立化工有限公司〈P1567〉;[冀]河北华戈化学集团〈P1654〉;[浙]浙江黄岩精细化学品集团有限公司(20吨)〈P1964〉;浙江精进药业有限公司〈P1965〉;[闽]福建省永春制药厂〈P1999〉

2-氨基噻唑硫酸盐 C03021461
2-Aminothiazole,sulfate [61169-63-9]
用于医药及染料行业
【生产厂】[沪]上海三维制药有限公司〈P1760〉

1,2-苯并异噻唑-3-乙酸 C03021463
1,2-Benzisothiazole-3-acetic acid
用作药物唑尼沙胺中间体
【生产厂】[粤]益鹏生物科技(深圳)有限公司〈P2274〉

1,2-苯并异噻唑-3-甲磺酸钠 C03021464
1,2-Benzisothiazole-3-methanesulfonic acid sodium salt
用作药物唑尼沙胺中间体
【生产厂】[粤]益鹏生物科技(深圳)有限公司〈P2274〉

4,5,6,7-四氢-2,6-苯并噻唑二胺 C03021465
4,5,6,7-Tetrahydro-2,6-benzothiazolediamine [104617-49-4]
用作医药中间体
【生产厂】[京]北京艾斯克医药技术开发有限公司〈P1543〉;[浙]嘉兴市中科化学有限公司〈P1942〉

2-氰基亚胺基-1,3-噻唑烷 C03021467
2-Cyanoimino-1,3-thiazolidine [26364-65-8]
【生产厂】[沪]上海生农生化制品有限公司〈P1762〉;[苏]滨海欣兴医药化工有限公司〈P1805〉

2-氟-2′,3′,5′-三乙酰氧基腺苷 C03021469
2-Fluoro-2′,3′,5′-triacetoxyadenosine [15811-32-2]
用作药物氟达拉滨中间体
【生产厂】[渝]重庆南松医药科技有限公司〈P2305〉

L-甲状腺素 C03021473
L-Thyroxine [51-48-9]

【生产厂】[沪]上海求德生物化工有限公司〈P1758〉

L-甲状腺素钠;左旋甲状腺素钠 C03021475
L-Thyroxine,sodium salt [55-03-8]
【生产厂】[京]北京达科思精细化工研究所〈P1545〉;[沪]上海求德生物化工有限公司〈P1758〉;[赣]江西犇牛医药化工有限公司〈P2015〉

1,3-二甲基-6-(2-羟乙基)氨基尿嘧啶 C03021479
1,3-Dimethyl-6-(2-hydroxyethyl)aminouracil [5770-44-5]
用作医药中间体
【生产厂】[鲁]山东中科泰斗化学有限公司〈P2030〉

6-氯尿嘧啶 C03021480
6-Chlorouracil [4270-27-3]
【生产厂】[沪]上海旭升精细化工技术研究所〈P1773〉

氨基脲盐酸盐;盐酸氨基脲 C03021481
Semicarbazide hydrochloride [563-41-7]
用作医药原料,用以制取硝基呋喃类药物
【生产厂】[津]天津市亿天工贸有限公司〈P1610〉;天津天成制药有限公司(400 吨)〈P1614〉;[鄂]襄樊金译成精细化工有限公司〈P2238〉;襄樊明熙化工有限公司〈P2238〉;南漳县襄九精细化工有限责任公司〈P2238〉;[陕]陕西渭南惠丰化学工业有限责任公司(60 吨)〈P2352〉

1,3-二甲基-4-氨基尿嘧啶 C03021482
1,3-Dimethyl-4-aminouracil [6642-31-5]
用作医药中间体
【生产厂】[冀]河北星宇化工有限公司〈P1623〉;[沪]上海旭升精细化工技术研究所〈P1773〉;[鲁]山东中科泰斗化学有限公司〈P2030〉

5-硝基-6-甲基尿嘧啶 C03021483
5-Nitro-6-methyluracil [16632-21-6]
用作医药中间体
【生产厂】[沪]上海凯路化工有限公司〈P1747〉

5-氯尿嘧啶 C03021484
5-Chlorouracil [1820-81-1]
【生产厂】[豫]新乡拓新生化科技有限公司〈P2207〉;新乡市赛特化工有限公司〈P2205〉

尿嘧啶 C03021485
Uracil [66-22-8]
用于合成药物
【生产厂】[京]北京东方德众科技发展有限公司〈P1546〉;北京马氏精细化学品有限公司〈P1555〉;[沪]上海泰亨实业有限公司〈P1767〉;[苏]南京仁信化工有限公司〈P1788〉;江苏如东县丰利医药化工厂〈P1831〉;[浙]浙江黄岩东升医药化工有限公司〈P1964〉;[鲁]山东齐鲁制药有限公司〈P2029〉;[豫]新乡市天丰精细化工有限公司〈P2206〉;新乡市恒辉生化科技有限公司〈P2204〉;新乡市赛特化工有限公司〈P2205〉

5-硝基尿嘧啶 C03021486
5-Nitrouracil [611-08-5]
【生产厂】[苏]常州泰戈化工有限公司〈P1857〉;常州市新力医药化工有限公司〈P1855〉

6-甲基尿嘧啶 C03021487
6-Methyluracil;2,4-Dihydroxy-6-methylpyrimidine [626-48-2]
用于医药工业,主要用于心血管药物潘生丁的合成
【生产厂】[冀]鹿泉市太行医药中间体有限公司(800 吨)〈P1625〉;鹿泉市弘利精细化工厂(300 吨)〈P1625〉;[沪]上海罗店化工总厂〈P1752〉;[苏]扬州康宏化工有限公司〈P1817〉

6-氨基尿嘧啶 C03021488
6-Aminouracil [873-83-6]
用作医药、化工中间体
【生产厂】[浙]杭州浙大泛科化工有限公司〈P1925〉

5-甲基尿嘧啶;胸腺嘧啶 C03021489
Thymine;5-Methyluracil [65-71-4]
是合成抗艾滋病药物 AZT、DDT 及相关药物的关键中间体
【生产厂】[京]北京东方德众科技发展有限公司〈P1546〉;北京赛璐珈科技有限公司〈P1557〉;[苏]盐城市东港药物化工发展有限公司(100 吨)〈P1811〉;盐城中亚医药化工有限公司〈P1812〉;[浙]杭州江南化工有限公司〈P1919〉;浙江浙邦制药有限公司〈P1952〉;[川]成都新特药化合成技术改进与创新中心〈P2317〉

β-胸腺嘧啶核苷;胸苷;β-胸苷 C03021490
Thymidine;β-Thymidine [50-89-5]
用作医药中间体,用于合成抗病毒和抗 HIV 药
【生产厂】[京]北京赛璐珈科技有限公司〈P1557〉;[沪]上海迪赛诺公司〈P1731〉;[苏]苏州工业园区赛康德万马化工有限公司〈P1900〉;[浙]浙江东亚医药化工有限公司〈P1963〉;[皖]安徽贝克药业有限公司〈P1971〉;[豫]新乡拓新生化科技有限公司(10 吨)〈P2207〉

α-萘乙酸;1-萘乙酸;NAA C03021491
1-Naphthylacetic acid;α-Naphthylacetic acid [86-87-3]
用于有机合成,用作植物生长调节剂,医药上用作鼻眼净和眼可明的原料
【生产厂】[苏]南京仁信化工有限公司〈P1788〉;常州市武进鸣凰化学厂〈P1854〉;常州市武进临川化工有限公司〈P1854〉;金坛市社头化工厂〈P1862〉;江阴市龙达化工有限公司〈P1870〉;兴化明威化工有限公司〈P1828〉;[皖]广德金邦化工有限公司〈P1986〉;[豫]安阳市小康农药有限责任公司〈P2210〉;河南省安阳市化工实验厂(60 吨)〈P2211〉;[川]四川国光农化有限公司〈P2331〉
【使用厂】[津]天津天成制药有限公司〈P1614〉

2-萘乙酸;β-萘乙酸 C03021492
2-Naphthaleneacetic acid [581-96-4]
用作医药中间体
【生产厂】[苏]南京奥德赛化工有限公司〈P1782〉;常州市武进鸣凰化学厂〈P1854〉;常州市武进临川化工有限公司〈P1854〉;金坛市社头化工厂〈P1862〉;[鲁]青岛润兴光电材料有限公司〈P2041〉

5-氟尿嘧啶核苷 C03021493
5-Fluorouridine [316-46-1]
用于抗肿瘤药物 DFUR 和 FUDR 生产的中间

体、基因工程和生化试剂等
【生产厂】[沪]上海秋之友生物科技有限公司〈P1758〉;[苏]江苏如东县丰利医药化工厂〈P1831〉;[皖]合肥健坤化工有限公司〈P1972〉;合肥立方精细化学品有限公司〈P1973〉

C

6-氮杂尿嘧啶 C03021494
6-Azauracil [461-89-2]
用作抑菌及阻肿瘤剂,RNA合成抑制剂
【生产厂】[沪]上海旭升精细化工技术研究所〈P1773〉

2′-脱氧-D-尿苷 C03021495
2′-Deoxy-D-uridine
【生产厂】[苏]张家港爱华化工有限公司〈P1911〉

2′-脱氧尿嘧啶核苷;2′-脱氧尿苷 C03021496
2′-Deoxyuridine [951-78-0]
是生产抗肿瘤药FUDR、抗病毒药IDUR与BrDUR的原料药,并用作生化试剂
【生产厂】[苏]苏州工业园区赛康德万马化工有限公司〈P1900〉;[豫]新乡拓新生化科技有限公司(2吨)〈P2207〉;新乡市恒辉生化科技有限公司〈P2204〉

1,3-二甲基尿嘧啶;1,3-二甲基-2,4-嘧啶二酮 C03021499
1,3-Dimethyluracil;1,3-Dimethyl-2,4-pyrimidinedione [874-14-6]
【生产厂】[沪]上海旭升精细化工技术研究所〈P1773〉

***N*-羟基丁二酰亚胺**;*N*-羟基琥珀酰亚胺 C03021501
N-Hydroxysuccinimide [6066-82-6]
用作半合成抗菌素中间体
【生产厂】[沪]上海泰顿化工有限公司(30吨)〈P1766〉;上海万凯化学有限公司〈P1768〉;上海邦成化工有限公司〈P1728〉;上海迪赛诺公司〈P1731〉;[苏]南京锐马精细化工有限公司〈P1788〉;苏州工业园区亚科化学试剂有限公司〈P1900〉;扬州宝盛生物化工有限公司〈P1817〉;[浙]台州市奥力特精细化工有限公司〈P1961〉;浙江黄岩先灵化工厂(50吨)〈P1965〉;[鲁]山东省巨野凌峰化工原料有限公司〈P2160〉;[豫]临颍县颍华技术开发有限公司(50吨)〈P2220〉;[陕]陕西渭南惠丰化学工业有限责任公司(36吨)〈P2352〉

7-(4-乙基-1-甲基辛基)-8-羟基喹啉 C03021505
7-(4-Ethyl-1-methyloctyl)-8-hydroxyquinoline [73545-11-6]
【生产厂】[苏]南京奥德赛化工有限公司〈P1782〉

2-羟基喹啉-4-甲酰氯 C03021506
2-Hydroxyquinoline-4-carbonyl chloride
用作医药中间体
【生产厂】[鲁]济南诚汇双达化工有限公司〈P2020〉

8-羟基喹啉-5-磺酸 C03021507
8-Hydroxyquinoline-5-sulfonic acid [84-88-8]
用作医药中间体
【生产厂】[苏]南京奥德赛化工有限公司〈P1782〉;[豫]开封明阳化工有限责任公司〈P2177〉

8-羟基喹啉 C03021511
8-Hydroxyquinoline;Oxine [148-24-3]
用作医药中间体,是合成克泻痢宁、氯碘喹啉、扑喘息敏的原料,也是染料、农药中间体
【生产厂】[辽]辽宁鞍山市贝达合成化工厂〈P1697〉;[沪]上海高伦现代农化股份有限公司〈P1734〉;[苏]南京力达宁化学有限公司〈P1786〉;南京市盼丰化工有限公司〈P1789〉;南京奥德赛化工有限公司〈P1782〉;[浙]浙江优联医药化工有限公司〈P1928〉;[赣]江西金峰原料药有限公司〈P2018〉;景德镇市开门子药用化工有限公司〈P2010〉;江西畅成药业有限公司〈P2015〉;[豫]开封明阳化工有限责任公司〈P2177〉;[滇]杨林工业开发区汕滇药业有限公司〈P2340〉

2-甲基喹啉;喹哪啶 C03021512
2-Methylquinoline [91-63-4]
用作染料、医药中间体
【生产厂】[京]北京成宇化工有限公司〈P1545〉;[辽]辽宁鞍山市贝达合成化工厂〈P1697〉;鞍钢实业化工公司〈P1695〉;[浙]中澳合资温州澳珀化工有限公司〈P1939〉;[鄂]武汉市天麦染料实业有限公司〈P2233〉
【使用厂】[苏]扬州威斯曼雅本制药有限公司〈P1820〉

2-羟基喹啉 C03021514
2-Hydroxyquinoline [59-31-4]
用作医药及染料中间体
【生产厂】[冀]河北永泰化工有限公司〈P1623〉

5-硝基-8-羟基喹啉 C03021515
5-Nitro-8-hydroxyquinoline [4008-48-4]
用作医药中间体、杀菌剂等
【生产厂】[苏]南京力达宁化学有限公司〈P1786〉;南京奥德赛化工有限公司(60吨)〈P1782〉;常州市常宇化工有限公司〈P1850〉;[豫]开封明阳化工有限责任公司〈P2177〉

5-氯-8-羟基喹啉 C03021517
5-Chloro-8-hydroxyquinoline [130-16-5]
用于有机合成
【生产厂】[苏]南京力达宁化学有限公司〈P1786〉;南京奥德赛化工有限公司(60吨)〈P1782〉;[豫]开封明阳化工有限责任公司〈P2177〉

8-羟基喹啉硫酸氢钾盐 C03021518
8-Hydroxyquinoline potassium hydrogen sulfate [15077-57-3]
用作医药中间体、杀菌剂等
【生产厂】[苏]南京奥德赛化工有限公司〈P1782〉;[豫]开封明阳化工有限责任公司〈P2177〉

8-羟基喹啉柠檬酸盐 C03021519
8-Hydroxyquinoline citrate [134-30-5]
【生产厂】[苏]南京奥德赛化工有限公司(60吨)〈P1782〉

氰基乙酸;氰乙酸 C03021531
Cyanoacetic acid [372-09-8]
医药工业用于制取维生素B_6、咔啡因、医用黏合剂等,也用于农药霜脲氰的合成
【生产厂】[冀]河北诚信有限责任公司(2000吨)〈P1619〉;[沪]上海人民制药溶剂厂〈P1758〉;[鲁]淄博德丰化工有限公司〈P2059〉;天德化工控股有限公司〈P2101〉
【使用厂】[苏]利民化工有限责任公司〈P1793〉;[鲁]潍坊同业化学有限公司〈P2105〉

氰亚氨基二硫代碳酸二甲酯 C03021541
Cyanoimino dithiocarbonic dimethyl ester; Dimethyl cyanoimino dithiocarbonate [10191-60-3]
用作医药甲氰脒胍的中间体
【生产厂】[苏]常熟市医药原料厂〈P1891〉

氰亚胺荒酸二甲酯;氰氨基二硫化碳酸二甲酯 C03021551
Dimethyl carbodithiocyanamate; Dimethyl *N*-cyanodithioiminocarbonate [10191-60-3]
用作制造消化道药物西米替丁的主要中间体
【生产厂】[苏]高淳县丹湖精细化工厂〈P1864〉;滨海欣兴医药化工有限公司〈P1805〉;[赣]江西聚尔美制药有限公司(600 吨)〈P2008〉;[鲁]山东省滕州市国安化工有限公司〈P2078〉

荒酸二甲酯;二硫代羧酸二甲酯 C03021555
Dimethyl dithiocarboxylate
用于制造药物西咪替丁
【生产厂】[苏]江苏省沭阳县新源化工厂(1500 吨)〈P1804〉
【使用厂】[苏]常州康达制药有限公司〈P1848〉;常熟市医药原料厂〈P1891〉

聚卡波非钙 C03021571
Calcium polycarbophil [9003-97-8]
用作医药中间体
【生产厂】[沪]上海华盛香料厂〈P1739〉;[粤]奥星医药有限公司〈P2268〉

3-(*N*,*N*-二甲基)氨基-1-氯丙烷,盐酸盐;3-氯-*N*,*N*-二甲基丙胺盐酸盐 C03021591
3-Chloro-*N*,*N*-dimethylpropylamine hydrochloride [5407-04-5]
用于合成氯丙嗪、盐酸多虑平、泰尔登等药物
【生产厂】[豫]河南豫辰精细化工有限公司〈P2218〉

***N*,*N'*-二琥珀酰亚胺基碳酸酯;DSC** C03021612
N,*N'*-Disuccinimidyl carbonate; DSC [74124-79-1]
用作脱水剂及医药中间体
【生产厂】[沪]上海万凯化学有限公司〈P1768〉;上海凯乐实业发展有限公司〈P1747〉;[苏]苏州工业园区亚科化学试剂有限公司〈P1900〉

乙酸-*N*-琥珀酰亚胺酯 C03021613
Succinimide acetate [14464-29-0]
【生产厂】[沪]上海万凯化学有限公司〈P1768〉

***N*-羟基-5-降冰片烯-2,3-二羧酰亚胺** C03021614
N-Hydroxy-5-norbornene-2,3-dicarboximide [21715-90-2]
【生产厂】[沪]上海万凯化学有限公司〈P1768〉;[苏]南京科邦医药化工有限公司〈P1786〉;常熟亚美化工有限公司〈P1892〉

2-氯苄基-*N*-琥珀酰亚胺基碳酸酯;*N*-(2-氯苄氧羰酰氧基)丁二酰亚胺 C03021616
N-(2-Chlorobenzyloxycarbonyloxy) succinimide [65853-65-8]
用作氨基酸保护剂
【生产厂】[沪]上海万凯化学有限公司〈P1768〉;吉尔生化(上海)有限公司〈P1726〉

9-芴甲基-*N*-琥珀酰亚胺碳酸酯;芴甲氧羰酰琥珀酰亚胺 C03021618
9-Fluorenylmethyl succinimidyl carbonate; Fmoc-OSu [82911-69-1]
用作氨基酸保护剂
【生产厂】[沪]上海万凯化学有限公司〈P1768〉;吉尔生化(上海)有限公司〈P1726〉;[苏]扬州宝盛生物化工有限公司〈P1817〉

2-溴苄基-*N*-琥珀酰亚胺基碳酸酯;*N*-(2-溴苄氧羰酰氧基)丁二酰亚胺 C03021619
N-(2-Bromobenzyloxycarbonyloxy) succinimide [128611-93-8]
用作氨基酸保护剂
【生产厂】[沪]上海万凯化学有限公司〈P1768〉;吉尔生化(上海)有限公司〈P1726〉

3-氯-1,2-丙二醇 C03021621
3-Chloro-1,2-propanediol [96-24-2]
主要用作醋酸纤维等的溶剂,还用于制备增塑剂、表面活性剂、染料中间体和药物等
【生产厂】[津]天津天大天久科技股份有限公司(800 吨)〈P1615〉;[辽]沈阳金久奇化工有限公司〈P1687〉;沈阳东宇精细化工有限公司〈P1685〉;沈阳展宇科技开发有限公司〈P1690〉;[沪]上海万代制药有限公司〈P1768〉;[浙]杭州中香化学有限公司〈P1925〉;嘉兴市金利化工有限责任公司〈P1942〉;[赣]江西麒麟化工有限公司〈P2013〉;[鲁]济南瑞凯化工有限公司〈P2024〉;济南泽溢科技有限公司〈P2027〉;[粤]深圳市亚王康丽技术有限公司(200 吨)〈P2273〉

***S*-3-氯-1,2-丙二醇** C03021625
S-3-Chloro-1,2-propanediol [60827-45-4]
用于合成手性试剂及医药中间体
【生产厂】[辽]沈阳金久奇化工有限公司〈P1687〉;大连天源基化学有限公司〈P1694〉;[沪]上海科利生物医药有限公司〈P1749〉;[苏]常州伊思特化工有限公司〈P1858〉;[鄂]罗田县华阳生化有限公司〈P2244〉

***R*-3-氯-1,2-丙二醇** C03021627
R-3-chloro-1,2-propanediol [57090-45-6]
用于合成手性试剂及医药中间体
【生产厂】[辽]沈阳金久奇化工有限公司〈P1687〉;[沪]上海科利生物医药有限公司〈P1749〉;[苏]常州伊思特化工有限公司〈P1858〉;[鄂]罗田县华阳生化有限公司〈P2244〉;[粤]深圳市亚王康丽技术有限公司(300 吨)〈P2273〉

5-氯-2-戊酮;3-乙酰-1-氯丙烷 C03021631
3-Acetyl-1-chloropropane; 5-Chloro-2-pentanone [5891-21-4]
用于医药工业
【生产厂】[浙]台州和丰医药化工有限公司(1000 吨)〈P1961〉;[渝]重庆南松医药科技有限公司〈P2305〉

苯甲氧基甲酰氯;氯代甲酸苄酯 C03021641
Benzyl chloroformate; Carbobenzoxy chloride [501-53-1]

用作半合成抗菌素中间体
【生产厂】[沪]吉尔生化(上海)有限公司〈P1726〉

2-氯吩噻嗪　C03021661
2-Chlorophenothiazine [92-39-7]
用作药物盐酸氯丙嗪的中间体
【生产厂】[苏]太仓市运通化工厂〈P1909〉

C

2-巯甲基吩噻嗪　C03021663
2-Mercaptomethylphenothiazine
【生产厂】[渝]重庆川东化工(集团)有限公司(100 吨)〈P2304〉

2-甲硫基吩噻嗪　C03021665
2-Methylthiophenothiazine
【生产厂】[苏]太仓市运通化工厂〈P1909〉;[鄂]武汉市江润精细化工有限责任公司〈P2233〉

2-甲氧基吩噻嗪　C03021667
2-Methoxyphenothiazine
【生产厂】[苏]太仓市运通化工厂〈P1909〉

2-乙酰吩噻嗪;2-乙酰基吩噻嗪　C03021668
2-Acetylphenothiazine [6631-94-3]
用作医药中间体,用于解热镇痛新药消炎丙宁和乙酰嗪的制造
【生产厂】[苏]太仓市运通化工厂〈P1909〉

2-三氟甲基吩噻嗪　C03021669
2-Trifluoromethylphenothiazine [92-30-8]
【生产厂】[苏]太仓市运通化工厂〈P1909〉

喹哪啶酸;2-喹啉羧酸;α-喹啉羧酸　C03021675
Quinadinic acid; Quinoline-2-carboxylic acid [93-10-7]
【生产厂】[沪]上海朗瑞精细化学品有限公司〈P1749〉

2-氯-4-硝基苯甲酸　C03021681
2-Chloro-4-nitrobenzoic acid [99-60-5]
用作医药中间体,用于生产药物利凡诺
【生产厂】[冀]河北永泰化工有限公司〈P1623〉;[辽]沈阳沈潘精细化工有限公司(120 吨)〈P1687〉;[吉]辽源市银鹰制药有限责任公司(25 吨)〈P1718〉;[沪]上海康晟实业有限公司〈P1748〉;上海神强实业有限公司〈P1761〉;[苏]泰兴市对外贸易南京有限公司〈P1792〉;仪征市鼎信化工有限公司(60 吨)〈P1820〉;[鲁]蓬莱鸿源化工有限公司〈P2111〉;蓬莱市前卫化工有限公司〈P2112〉

4-氯-2-硝基苯甲酸;2-硝基-4-氯苯甲酸　C03021683
4-Chloro-2-nitrobenzoic acid [6280-88-2]
用作医药、有机合成中间体
【生产厂】[黑]哈尔滨康文生化科技有限公司〈P1720〉;[沪]上海康晟实业有限公司〈P1748〉;上海康文医药中间体有限公司〈P1748〉;[苏]无锡康晟精细化工有限公司〈P1874〉;扬州天辰精细化工有限公司〈P1819〉

2-氯-5-硝基苯甲酸　C03021685
2-Chloro-5-nitrobenzoic acid [2516-96-3]
用作农药、医药、有机颜料中间体
【生产厂】[苏]仪征市鼎信化工有限公司(300 吨)〈P1820〉;宜兴市屺亭化工厂〈P1886〉;[鄂]武汉怡兴化工有限公司〈P2235〉;武汉市银冠化工有限公司黄陂精细化工厂〈P2233〉;武汉市黄陂区大田精细化工厂〈P2233〉;湖北科兴医药化工股份有限公司(800 吨)〈P2237〉;襄樊明熙化工有限公司〈P2238〉

4-氯-3-硝基苯甲酸;3-硝基-4-氯苯甲酸　C03021687
4-Chloro-3-nitrobenzoic acid [96-99-1]
用作医药中间体
【生产厂】[冀]保定市乐凯化学有限公司〈P1645〉;中国乐凯胶片集团公司〈P1649〉;[沪]上海华彩精细化工有限公司〈P1738〉;[苏]宜兴市屺亭化工厂〈P1886〉;苏州开元民生化学科技有限公司〈P1901〉;沭阳县华泰化工厂〈P1804〉

2-(2-氯乙氧基)乙醇;氯代二甘醇;氯羟基乙醚　C03021695
2-(2-Chloroethoxy)ethanol [628-89-7]
用于有机合成
【生产厂】[辽]沈阳金久奇化工有限公司〈P1687〉;[沪]上海盛欣医药化工有限公司〈P1762〉;[苏]苏州敬业医药化工有限公司〈P1901〉

硫代硫胺素　C03021701
Thiothiamine
用于医药工业,是维生素 B_1 中间体
【生产厂】[沪]上海源森医药原料有限公司〈P1776〉

二硫化硫胺;硫胺素二硫化物　C03021703
Thiamine disulfide [67-16-3]
【生产厂】[沪]上海赛恩斯医药化工有限公司〈P1759〉

邻氯苯基硫脲　C03021708
o-Chlorophenylthiourea [5344-82-1]
用于生产医药、农药中间体
【生产厂】[辽]沈阳市嘉恒化工有限公司〈P1688〉

硫脲;硫代尿素　C03021711
Thiocarbamide; Thiourea [62-56-6]
用于制造磺胺药物、染料、树脂、压塑粉等,也用作橡胶的硫化促进剂、金属矿物的浮选剂等
【生产厂】[冀]石家庄冀华化工纺织有限公司〈P1627〉;河北省藁城市瑞星化工有限责任公司〈P1621〉;河北辛集化工集团有限责任公司〈P1622〉;邢台银尊钡盐有限责任公司(2800 吨)〈P1644〉;[晋]太原天熙贸易有限公司〈P1672〉;榆次金泰钡盐化工有限公司〈P1676〉;南风化工集团股份有限公司(1500 吨)〈P1678〉;[蒙]内蒙古乌海市丰源化工有限责任公司〈P1681〉;[苏]常州市旭东化工有限公司〈P1856〉;江苏华昌(集团)有限公司〈P1893〉;[鲁]山东宝沣化工集团公司〈P2051〉;淄博万昌集团有限公司(9000 吨)〈P2073〉;淄博市临淄万通精细化工厂(2 万吨)〈P2070〉;潍坊瑞敏化工有限公司(4000 吨)〈P2103〉;青州荣华化工有限公司(800 吨)〈P2091〉;青州市振华化工有限公司(8000 吨)〈P2093〉;山东青州友邦化工有限公司〈P2097〉;青岛三凯化工有限公司〈P2041〉;郯城县杨集起飞化工厂(500 吨)〈P2151〉;莒南县泰祥化肥有限公司(3000 吨)〈P2147〉;山东信科环化有限责任公司(3 万吨)〈P2151〉;[豫]濮阳市银泰工贸有限公司〈P2215〉;河南宏业化工有限公司(8000 吨)〈P2212〉;河南省华兴钡业有限责任公司(2000 吨)〈P2221〉;[鄂]武汉莱恩科技有限公司〈P2231〉;[湘]衡阳万峰化工有限公司(1 万吨)〈P2253〉;

[黔]贵州宏凯化工有限公司(1 万吨)〈P2338〉;[宁]宁夏西域龙化工有限公司(5000 吨)〈P2361〉;宁夏凌云化工有限公司〈P2361〉;宁夏嘉峰化工有限公司〈P2361〉

【使用厂】[冀]石家庄白龙化工股份有限公司〈P1625〉;[辽]沈阳市试剂三厂〈P1688〉;丹东医创药业有限责任公司〈P1701〉;沈阳化工研究院试验厂〈P1686〉;[沪]上海泰顿化工有限公司〈P1766〉;上海达峰化工合作公司〈P1730〉;[苏]镇江市前进化工有限公司〈P1845〉;[浙]浙江普洛化学有限公司〈P1955〉;[鲁]山东烟台凯联化工有限公司〈P2115〉;青岛东生药业有限公司〈P2034〉;[鄂]武汉风帆化工有限公司〈P2229〉;[粤]广东兴宁市精细化工厂有限公司〈P2277〉;[陕]宝鸡市有机化工厂〈P2351〉

四甲基硫脲 C03021713

Tetramethylthiourea;1,1,3,3-Tetramethyl-2-thiourea;TMTU [2782-91-4]

用于有机合成

【生产厂】[苏]常州市武进东湖化工原料有限公司〈P1854〉;[鲁]菏泽睿鹰制药集团(100 吨)〈P2158〉

N,*N'*-二叔丁基硫脲 C03021714

N,*N'*-Di-*tert*-butylthiourea [4041-95-6]

【生产厂】[鲁]淄博天堂山化工有限公司〈P2073〉

丁丙硫脲 C03021715

Butyl propylthiourea

用作农药中间体

【生产厂】[苏]常州市浩楠化工有限公司〈P1851〉

N,*N'*-二乙基硫脲;DETU C03021716

N,*N'*-Diethylthiourea [105-55-5]

主要用于丁胺卡那霉素、谷胱甘肽脱水剂的合成,也用作橡胶促进剂

【生产厂】[鲁]淄博市临淄沣田化工有限公司〈P2068〉;淄博畅顺化工有限公司〈P2058〉;淄博天堂山化工有限公司〈P2073〉;[豫]濮阳蔚林化工股份有限公司〈P2215〉;鹤壁市山城区昌海助剂厂〈P2200〉

N,*N'*-二异丙基硫脲 C03021717

N,*N'*-Diisopropylthiourea [2986-17-6]

用作头孢硫脒中间体

【生产厂】[鲁]淄博天堂山化工有限公司〈P2073〉

N,*N'*-二环己基硫脲 C03021719

N,*N'*-Dicyclohexylthiourea;1,3-Dicyclohexylthiourea [1212-29-9]

【生产厂】[鲁]淄博天堂山化工有限公司〈P2073〉

7α-甲基-3,3-二甲氧基-5(10)-雄烯-17-酮 C03021723

7α-Methyl-3,3-dimethoxy-5(10)-estrene-17-one

【生产厂】[鄂]湖北葛店人福药业有限责任公司〈P2242〉

甲基双烯双酮 C03021725

D(1)-18-Methyl-estra-4,9-diene-3,17-dione [5173-46-6]

用作医药中间体

【生产厂】[沪]上海久邦化工有限公司〈P1745〉

3-硝基邻二甲苯;2,3-二甲基硝基苯 C03021741

3-Nitro-*o*-xylene;2,3-Dimethylnitrobenzene [83-41-0]

用作医药中间体,用于生产抗炎镇痛药甲灭酸

【生产厂】[浙]绍兴贝斯美化工有限公司〈P1949〉

4-硝基邻二甲苯;1,2-二甲基-4-硝基苯 C03021742

4-Nitro-*o*-xylene;1,2-Dimethyl-4-nitrobenzene [99-51-4]

是化学合成法生产维生素 B_2 的重要原料

【生产厂】[浙]绍兴贝斯美化工有限公司〈P1949〉;[陕]陕西金阳化工有限公司〈P2346〉

2,6-二甲基硝基苯 C03021746

2,6-Dimethylnitrobenzene;1,3-Dimethyl-2-nitrobenzene [81-20-9]

用作医药中间体

【生产厂】[京]中国北方化学工业总公司〈P1568〉;[浙]绍兴贝斯美化工有限公司〈P1949〉;[鄂]老河口荆洪化工有限责任公司〈P2237〉;[陕]陕西金阳化工有限公司〈P2346〉;陕西省宝鸡金洋化工有限公司〈P2351〉

硝酸胍 C03021761

Guanidine nitrate [506-93-4]

用于制碳酸胍及其他胍盐,也用于制照相材料、消毒剂和炸药等

【生产厂】[苏]苏州市吴赣化工有限责任公司〈P1905〉;[鲁]曲阜市石门化工厂(200 吨)〈P2130〉;[宁]宁夏嘉峰化工有限公司〈P2361〉

【使用厂】[沪]上海源大精细化工有限公司〈P1776〉;[渝]西南合成制药股份有限公司〈P2303〉

硫氰酸胍 C03021763

Guanidine thiocyanate [593-84-0]

主要用于生物医药,化学试剂等

【生产厂】[晋]山西新联友化工有限公司〈P1675〉;[苏]苏州工业园区亚科化学试剂有限公司〈P1900〉;江苏泗洪悦诚精细化工有限公司〈P1804〉;[豫]河南省淇具天水化工厂〈P2198〉;[宁]宁夏嘉峰化工有限公司〈P2361〉

碳酸胍;胍,碳酸盐 C03021764

Guanidine carbonate [593-85-1]

用于有机合成,可制抗氧剂、树脂稳定剂、氨基树脂的 pH 值调节剂等

【生产厂】[冀]河北智通化工有限责任公司(4000 吨)〈P1623〉;[苏]江苏泗洪悦诚精细化工有限公司〈P1804〉;[豫]南阳科生生物化工有限公司〈P2224〉;[宁]宁夏嘉峰化工有限公司〈P2361〉

胍,盐酸盐;盐酸胍 C03021765

Guanidine hydrochloride [50-01-1]

主要用作药物的中间体,是制造磺胺嘧啶、磺胺甲基嘧啶、磺胺二甲基嘧啶和叶酸的重要原料

【生产厂】[冀]唐山三鼎化工有限公司〈P1636〉;[苏]江苏泗洪悦诚精细化工有限公司〈P1804〉;[鲁]烟台三鼎化工有限公司(2500 吨)〈P2118〉;[豫]南阳科生生物化工有限公司〈P2224〉

【使用厂】[辽]沈阳化工研究院试验厂〈P1686〉;[苏]江苏省溧阳市制药厂〈P1861〉

胍,磷酸盐;磷酸胍 C03021766

Guanidine phosphate [5423-23-4]

用作木材、纤维、纸张等的阻燃剂、防水剂和防锈剂

【生产厂】[豫]南阳科生生物化工有限公司〈P2224〉;[宁]宁夏嘉峰化工有限公司〈P2361〉

C

硫酸胍;胍,硫酸盐 C03021767

Guanidine sulfate [594-14-9]

用作医药、农药、染料中间体

【生产厂】[苏]江苏泗洪悦诚精细化工有限公司〈P1804〉;[豫]南阳科生生物化工有限公司〈P2224〉;上海现代哈森(商丘)药业有限公司(60吨)〈P2226〉;[宁]宁夏嘉峰化工有限公司〈P2361〉

四甲基胍;1,1,3,3-四甲基胍;TMG C03021772

Tetramethylguanidine;1,1,3,3-Tetramethylguanidine [80-70-6]

主要用作聚氨基甲酸乙酯泡沫的催化剂,也用于锦纶(尼龙)、羊毛及其他蛋白质的均染

【生产厂】[冀]石家庄柏奇化工有限公司(200吨)〈P1625〉;[吉]吉林省四平市精细化学品有限公司〈P1717〉;[黑]牡丹江鸿利化工有限责任公司〈P1723〉;[浙]台州市奥力特精细化工有限公司〈P1961〉;[鲁]山东新华万博化工有限公司(320吨)〈P2055〉;山东新华制药股份有限公司〈P2055〉

***N*-甲基硝基胍** C03021774

N-Methylnitroguanidine

用作农药、医药中间体

【生产厂】[沪]上海市农药研究所〈P1764〉;[苏]扬州天辰精细化工有限公司〈P1819〉;[鲁]山东临邑鲁晶化工有限公司(50吨)〈P2144〉

1-甲基胍盐酸盐 C03021776

1-Methylguanidine hydrochloride [22661-87-6]

用作药物中间体

【生产厂】[沪]上海金赛医药化工有限公司〈P1744〉;上海利科化学科技有限公司〈P1750〉

***N*-氨基-*N*-戊基胍氢碘酸盐** C03021778

N-Amino-*N*-pentylguanidine hydroiodide [169789-35-9]

用作药物马来酸替加色罗中间体

【生产厂】[渝]重庆康乐制药有限公司〈P2305〉

葡萄糖醛酸-γ-内酯;呋喃糖醛酸-γ-内酯 C03021781

Glucuronolactone [32449-92-6]

用于医药工业

【生产厂】[辽]辽阳市康佳精细化工厂〈P1711〉

葡萄糖五乙酸酯 C03021785

Glucose pentaacetate;α-D-Glucose pentaacetate [604-68-2]

主要用于生化反应和作为医药中间体等

【生产厂】[苏]启东嘉峰医药科技有限公司〈P1836〉;[浙]浙江迪耳化工有限公司〈P1954〉;浙江迪耳药业有限公司〈P1954〉

氨基乙醛缩二甲醇;2,2-二甲氧基乙胺 C03021787

Aminoacetaldehyde dimethyl acetal;2,2-Dimethoxyethylamine [22483-09-6]

用作医药中间体

【生产厂】[苏]金坛市登冠化工有限公司〈P1861〉;[浙]浙江物产崇一医药化工有限公司〈P1956〉;[陕]陕西宏庆医药化学有限公司〈P2346〉

半缩醛;3-甲氧基-2-甲氧基甲基丙烯腈 C03021788

3-Methoxy-2-(methoxymethyl) acrylonitrile [1608-82-8]

是药物氨丙啉的中间体

【生产厂】[苏]苏州市奥盛精细化工有限公司〈P1902〉

甲氨基乙醛缩二甲醇 C03021789

Methylaminoacetaldehyde dimethyl acetal; 1,1-Dimethoxy-2-(methylamino) ethane [122-07-6]

【生产厂】[陕]陕西宏庆医药化学有限公司〈P2346〉

溴乙醛缩二乙醇;溴化阿西缩;溴代乙缩醛;2-溴-1,1-二乙氧基乙烷 C03021791

Bromoacetal;2-Bromo-1,1-diethoxyethane [2032-35-1]

主要用于合成抗生素药物,如地红霉素和头孢霉素及其他药物

【生产厂】[苏]宜兴市芳桥东方化工厂〈P1884〉;[浙]浙江物产崇一医药化工有限公司〈P1956〉;[鲁]山东大地盐化集团〈P2094〉

氯乙醛缩二甲醇;2-氯-1,1-二甲氧基乙烷 C03021794

Chloroacetaldehyde dimethyl acetal [97-97-2]

【生产厂】[浙]长兴明华精细化工有限公司〈P1944〉;[陕]陕西宏庆医药化学有限公司〈P2346〉

氯乙醛缩二乙醇;2-氯-1,1-二乙氧基乙烷 C03021795

Chloroacetaldehyde diethyl acetal;2-Chloro-1,1-diethoxyethane [621-62-5]

【生产厂】[浙]长兴明华精细化工有限公司〈P1944〉;[陕]陕西宏庆医药化学有限公司〈P2346〉

氨基乙醛缩二乙醇;2,2-二乙氧基乙胺 C03021796

Aminoacetaldehyde diethyl acetal;2,2-Diethoxyethylamine [645-36-3]

是有机合成的原料,用于合成异喹啉及其衍生物

【生产厂】[苏]金坛市登冠化工有限公司〈P1861〉;[浙]浙江物产崇一医药化工有限公司〈P1956〉;[陕]陕西宏庆医药化学有限公司〈P2346〉

顺式溴代酯;顺-[2-(溴甲基)-2-(2,4-二氯苯基)-1,3-二氧戊环-4-基]甲醇苯甲酸酯 C03021805

cis-Bromo-ester

主要用于药物酮康唑和伊曲康唑的合成

【生产厂】[浙]浙江东亚医药化工有限公司〈P1963〉

碘苯二乙酸;二乙酸亚碘酰苯 C03021807

Iodobenzene diacetate [3240-34-4]

用作拓扑替康中间体

【生产厂】[沪]上海利科化学科技有限公司〈P1750〉;[鄂]湖北志诚化工科技有限公司〈P2243〉

碘代物;2-丁基-3-(3,5-二碘-4-羟基苯甲酰基)苯并呋喃 C03021809

2-Butyl-3-(3,5-diiodo-4-hydroxybenzoyl)benzofuran

用作盐酸胺碘酮中间体

【生产厂】[浙]浙江省三门县康宁化工有限公司〈P1966〉

N-氯甲基邻苯二甲酰亚胺 C03021810

N-Chloromethylphthalimide [17564-64-6]

用于农药和医药的中间体

【生产厂】[鲁]青州市奥星化工有限公司〈P2091〉;临朐天汇生物助剂有限公司〈P2089〉

N-(4-溴丁基)邻苯二甲酰亚胺 C03021812

N-(4-Bromobutyl)phthalimide [5394-18-3]

用于制药、有机合成等

【生产厂】[苏]镇江新宇化工有限责任公司〈P1846〉

N-(3-溴丙基)邻苯二甲酰亚胺;N-溴代丙基邻苯二甲酰胺 C03021813

N-(3-Bromopropyl)phthalimide [5460-29-7]

【生产厂】[晋]山西新天源医药化工有限公司〈P1677〉

N-溴甲基邻苯二甲酰亚胺 C03021814

N-Bromomethylphthalimide [5332-26-3]

用于农药和医药的中间体

【生产厂】[赣]江西金海化工有限公司〈P2014〉;[鲁]青州市奥星化工有限公司〈P2091〉

N-甲基四氟邻苯二甲酰亚胺 C03021820

N-Methyltetrafluorophthalimide

【生产厂】[浙]浙江省兰溪凯普化学有限公司〈P1956〉

1,3-二氯丙烷 C03021822

1,3-Dichloropropane [142-28-9]

用于有机合成

【生产厂】[苏]宜兴市芳桥东方化工厂〈P1884〉;常熟市沪联助剂有限责任公司(500吨)〈P1890〉;[浙]杭州浙大泛科化工有限公司〈P1925〉;[鲁]淄博远望化工厂〈P2076〉;临淄鲁安化工厂(200吨)〈P2050〉;邹平铭兴化工有限公司(1000吨)〈P2158〉;东营市联成化工有限责任公司(2000吨)〈P2082〉;[湘]岳阳市云溪区湘达化工厂〈P2254〉

2-氯丙烷;氯代异丙烷 C03021823

2-Chloropropane [75-29-6]

用作农药中间体、有机合成原料、溶剂等

【生产厂】[京]北京马氏精细化学品有限公司〈P1555〉;[苏]宜兴市芳桥东方化工厂〈P1884〉;常熟市沪联助剂有限责任公司(500吨)〈P1890〉

【使用厂】[沪]上海农药厂有限公司〈P1755〉

1,2-二氯丙烷 C03021825

1,2-Dichloropropane [78-87-5]

用作溶剂和用于有机合成

【生产厂】[苏]江苏钟山化工有限公司〈P1782〉;常熟市沪联助剂有限责任公司(1500吨)〈P1890〉;建湖县鑫鑫化工有限公司〈P1807〉;如东县兴达精细化工厂(300吨)〈P1837〉;[鲁]淄博市临淄鲁达化工有限公司(1000吨)〈P2069〉;淄博远望化工厂〈P2076〉;[湘]岳阳磊鑫化工有限公司〈P2254〉;湖南省岳阳市云溪区道仁矾溶剂化工厂(6000吨)〈P2254〉;岳阳市云溪区湘达化工厂〈P2254〉

1,3-二溴丙烷 C03021827

1,3-Dibromopropane [109-64-8]

用作医药中间体

【生产厂】[京]北京市京洲企业集团公司化工厂〈P1560〉;北京马氏精细化学品有限公司〈P1555〉;[苏]宜兴市芳桥东方化工厂(120吨)〈P1884〉;江苏大成医药化工有限公司〈P1802〉;盐城市龙升精细化工厂〈P1811〉;阜宁胜达医药化工有限公司〈P1806〉;启东金禾化工有限公司〈P1837〉;[浙]杭州浙大泛科化工有限公司〈P1925〉;[鲁]邹平铭兴化工有限公司(1000吨)〈P2158〉;[豫]河南豫辰精细化工有限公司〈P2218〉

【使用厂】[苏]江苏华派集团〈P1807〉

雌(甾)酮;雌酚酮 C03021831

Estrone;Oestrone [53-16-7]

是合成医药炔雌醇的中间体

【生产厂】[京]北京市科益丰生物技术发展有限公司〈P1560〉;[苏]苏州市苏瑞医药化工有限公司〈P1905〉;[赣]江西宇能医药化工有限公司〈P2019〉;[湘]邵阳甾体化学品有限公司〈P2249〉;[陕]西安益尔集团〈P2350〉

甲基帕罗西汀 C03021841

Methylparoxetine [110429-36-2]

用作盐酸帕罗西汀中间体

【生产厂】[京]北京诺德恒信化工技术有限公司〈P1556〉;[苏]江阴东方医药原料有限公司〈P1867〉;[浙]临海市金桥化工有限公司〈P1960〉

醋酸妊娠双烯醇酮;双烯醇酮醋酸酯;双烯;孕甾双烯醇酮 C03021861

5,16-Pregnadiene-3β-ol-20-one acetate [979-02-2]

用作甾体激素药物中间体,可制造皮质激素、蛋白固化激素类、雄性激素类、黄体激素类的药物

【生产厂】[津]天津市津津药业有限公司〈P1593〉;天津市药业有限公司(50吨)〈P1610〉;[晋]太原兴远生化有限公司〈P1672〉;[苏]江苏日欣实业集团有限公司〈P1816〉;[鄂]湖北芳通药业股份有限公司(120吨)〈P2236〉;湖北丹江口丹澳医药化工有限公司(120吨)〈P2239〉;湖北省丹江口开泰激素有限责任公司(280吨)〈P2239〉;[川]成都科恩医药化工实业有限公司〈P2312〉;成都超人植化开发有限公司〈P2310〉;四川省彭州市亨达生化有限公司(240吨)〈P2319〉;[滇]云南丽江映华集团公司〈P2344〉;[陕]西安益尔集团〈P2350〉;汉中汉江振华生物科技有限公司〈P2353〉;陕西省城固县振华生物科技有限公司(50吨)〈P2353〉;陕西汉星生物化工有限公司〈P2353〉

【使用厂】[津]天津市中央药业有限公司〈P1613〉

单烯醇酮醋酸酯;孕烯醇酮醋酸酯;3β-羟基孕甾-5-烯-20-酮-3-醋酸酯 C03021865

Pregnenolone acetate [1778-02-5]

【生产厂】[浙]浙江神洲药业有限公司〈P1966〉;[川]成都科恩医药化工实业有限公司〈P2312〉

氮杂环丁烷-2-羧酸 C03021867

Azetidine-2-carboxylic acid [2133-34-8]

【生产厂】[浙]浙江普康化工有限公司〈P1959〉

环丁基甲酸;环丁烷甲酸;环丁烷羧酸 C03021870

Cyclobutanecarboxylic acid [3721-95-7]

用于有机合成

【生产厂】[浙]浙江黄岩精细化学品集团有限公司〈P1964〉;浙江精进药业有限公司〈P1965〉

2-噻吩乙酸 C03021871

2-Thiopheneacetic acid [1918-77-0]

用作头孢噻啶、头孢噻吩钠等药物中间体

【生产厂】[京]北京高盟化工有限公司〈P1548〉;[苏]常州市武进临川化工有限公司〈P1854〉;徐州市人元化工有限公司〈P1796〉;[浙]横店集团家园化工有限公司〈P1952〉;[鲁]淄博凤宝化工有限公司〈P2059〉

3-噻吩丙二酸 C03021872

3-Thiophenemalonic acid [21080-92-2]

用作医药中间体

【生产厂】[晋]山西省交城县富丽化工有限公司〈P1677〉;[沪]上海立科药物化学有限公司〈P1750〉;上海泰顿化工有限公司〈P1766〉;[苏]昆山华旭精细化工有限公司〈P1895〉;上海三维制药公司太仓岳王药物原料厂〈P1898〉;[鲁]淄博凤宝化工有限公司〈P2059〉;山东鲁抗立科药物化学有限公司〈P2131〉;[湘]湘潭市开元化学有限公司〈P2251〉

1,1-环丁烷二羧酸;环丁二羧酸 C03021873

Cyclobutane-1,1-dicarboxylic acid [5445-51-2]

用作药物中间体,用于合成抗癌药卡铂和顺铂

【生产厂】[沪]上海泰顿化工有限公司〈P1766〉;[皖]铜陵阳光合成材料有限公司〈P1979〉;[鲁]济南铂源化学有限公司〈P2020〉

【使用厂】[鲁]德州德药制药有限公司〈P2141〉

3-氧代环丁烷羧酸;3-氧代环丁烷基羧酸 C03021874

3-Oxocyclobutanecarboxylic acid [23761-23-1]

【生产厂】[浙]宁波天源化学有限公司〈P1933〉

5-甲基-2-噻吩甲醛;5-甲基噻吩-2-甲醛 C03021875

5-Methyl-2-thiophenecarboxaldehyde [13679-70-4]

【生产厂】[苏]徐州市人元化工有限公司〈P1796〉

3-甲基-2-噻吩甲醛 C03021876

3-Methylthiophene-2-formaldehyde [5834-16-2]

用作药物中间体

【生产厂】[苏]徐州市人元化工有限公司〈P1796〉

3-甲基-2-噻吩羧酸 C03021877

3-Methylthiophene-2-carboxylic acid [23806-24-8]

用作药物中间体

【生产厂】[苏]徐州市人元化工有限公司〈P1796〉

5-甲基-2-噻吩甲酸 C03021879

5-Methylthiophene-2-carboxylic acid

【生产厂】[苏]徐州市人元化工有限公司〈P1796〉

4-甲基-3-氨基噻吩-2-甲酸甲酯 C03021880

Methyl 3-amino-4-methylthiophene-2-carboxylate [85006-31-1]

【生产厂】[苏]泰兴市对外贸易南京有限公司〈P1792〉;南京科邦医药化工有限公司〈P1786〉

3-磺酰氯-2-噻吩甲酸甲酯 C03021882

Methyl 3-chlorosulfonyl-2-thiophenecarboxylate [59337-92-7]

用作药物替诺昔康中间体

【生产厂】[苏]苏州市海鑫医药化工有限公司〈P1903〉;太仓制药厂〈P1909〉

2-氨基-3-氰基-5-甲基噻吩 C03021884

2-Amino-3-cyano-5-methylthiophene

用作药物奥氮平中间体

【生产厂】[浙]浙江九洲药业股份有限公司〈P1965〉

2-噻吩羧酸乙酯 C03021885

Ethyl 2-thiophenecarboxylate; Ethyl thiophene-2-carboxylate [2810-04-0]

用作医药中间体

【生产厂】[苏]徐州市人元化工有限公司〈P1796〉

3-氨基噻吩-2-羧酸甲酯 C03021887

Methyl 3-amino-2-thiophenecarboxylate [22288-78-4]

用作农药、医药中间体,是农药噻黄隆、阔叶散,药物替诺昔康合成的中间体

【生产厂】[苏]苏州市海鑫医药化工有限公司〈P1903〉;太仓制药厂〈P1909〉;扬州天辰精细化工有限公司〈P1819〉;[浙]浙江优联医药化工有限公司〈P1928〉;横店集团家园化工有限公司〈P1952〉

2-甲氧羰基噻吩-3-磺酰氨基乙酸甲酯;3-磺酰氨基乙酸甲酯-2-羧酸甲酯噻吩 C03021888

Methyl 2-methoxycarbonylthiophene-3-sulfonylaminoacetate [106820-63-7]

【生产厂】[苏]苏州市海鑫医药化工有限公司〈P1903〉;太仓制药厂〈P1909〉

2-乙酰基苯并噻吩 C03021889

2-Acetylbenzothiophene; ABT [22720-75-8]

用作药物中间体,用于合成齐留通

【生产厂】[京]北京嘉盛扬医药科技有限公司〈P1551〉;[沪]上海泰顿化工有限公司〈P1766〉;[苏]上海三维制药公司太仓岳王药物原料厂〈P1898〉

6-甲氧基-2-(4-甲氧苯基)苯并噻吩 C03021890

6-Methoxy-2-(4-methoxyphenyl) benzothiophene [4390-94-7]

用作医药中间体

【生产厂】[浙]浙江台州海翔医药化工有限公司〈P1968〉;[鲁]山东齐河银飞达化工有限公司(100 吨)〈P2145〉

磺胺甲基嘧啶;SM1 C03021891

Sulfamerazine; Sulfamethyldiazine [127-79-7]

用作医药中间体

【生产厂】[冀]河北辛兴制药厂〈P1648〉

3-氨基-5-苯基-2-噻吩羧酸甲酯 C03021895

Methyl 3-amino-5-phenylthiophene-2-carboxylate [169759-79-9]
【生产厂】[浙]浙江优联医药化工有限公司〈P1928〉

S-(－)-N,N-二甲基-3-羟基-3-(2-噻吩)丙胺 C03021897
S-(－)-N,N-Dimethyl-3-Hydroxy-3-(2-thienyl) propanamine [132335-44-5]
用于度洛西汀中间体
【生产厂】[浙]德清县新溪塑化有限公司〈P1945〉;浙江燎原药业有限公司〈P1965〉

S-(+)-N,N-二甲基-3-(1-萘氧基)-3-(2-噻吩)丙胺 C03021898
S-(+)-N,N-Dimethyl-3-(1-naphthlenyloxy)-3-(2-thienyl) propanamine [132335-46-7]
用于合成药物氟西汀
【生产厂】[浙]德清县新溪塑化有限公司〈P1945〉;浙江燎原药业有限公司〈P1965〉

薯蓣皂素;地奥配质;薯蓣皂苷配基;薯芋皂苷元 C03021901
Diosgenin [512-04-9]
是合成甾体激素药物的前体,用于合成氢化可的松、强的松、炔诺酮、肤轻松、地塞米松等各类甾体药物
【生产厂】[晋]太原兴远生化有限公司〈P1672〉;[鄂]湖北芳通药业股份有限公司(120 吨)〈P2236〉;竹山县天新医药化工有限责任公司〈P2239〉;[川]四川时代药业集团有限公司〈P2319〉;[陕]汉中汉江振华生物科技有限公司〈P2353〉;陕西省城固县振华生物科技有限公司〈P2353〉;陕西汉星生物化工有限公司〈P2353〉

黄芩素;黄芩苷元;5,6,7-三羟基黄酮 C03021907
Baicalein;5,6,7-Trihydroxyflavone [491-67-8]
【生产厂】[苏]南京莱尔生物化工有限公司〈P1786〉

高良姜素;3,5,7-三羟基黄酮 C03021908
Galangin;3,5,7-Trihydroxyflavone [548-83-4]
【生产厂】[苏]苏州市华伦化工有限公司〈P1903〉

4-溴黄酮 C03021909
4-Bromoflavone
【生产厂】[京]北京达科思精细化工研究所〈P1545〉

5,7-二羟基黄酮;柯茵 C03021910
5,7-Dihydroxyflavone;Chrysin [480-40-0]
是合成抗癌、降血脂、防心脑血管疾病、抗菌、消炎等药物的原料
【生产厂】[苏]南通利田化工有限公司(20 吨)〈P1834〉

特戊酰氯;三甲基乙酰氯 C03021911
tert-Valeryl chloride [3282-30-2]
用作医药和农药中间体,用于生产氨苄青霉素、头孢唑啉类抗生素等
【生产厂】[京]北京维达化工有限公司(600 吨)〈P1563〉;[冀]邯郸市林峰精细化工有限公司〈P1638〉;邯郸市邯钢集团化学品有限公司(3000 吨)〈P1638〉;邯郸市永和化工有限公司〈P1639〉;武安市华神化工有限公司(2000 吨)〈P1641〉;廊坊格瑞泰化工有限公司〈P1660〉;[浙]浙江黄岩澄江精细化工厂〈P1964〉;[鲁]淄博镇荣工贸有限公司〈P2076〉;山东青州日月化工有限公司(3000 吨)〈P2097〉
【使用厂】[粤]珠海保税区丽珠合成制药有限公司〈P2274〉

氯代特戊酰氯 C03021913
3-Chloropivalic chloride [4300-97-4]
用作医药、农药中间体,可用于合成农药噁草酮
【生产厂】[冀]邯郸市林峰精细化工有限公司〈P1638〉;邯郸市邯钢集团化学品有限公司(2000 吨)〈P1638〉;邯郸市瑞邦精细化工有限公司〈P1639〉;邯郸市永和化工有限公司〈P1639〉;廊坊格瑞泰化工有限公司〈P1660〉;[苏]扬州天辰精细化工有限公司〈P1819〉;[赣]江西麒麟化工有限公司〈P2013〉;[鲁]山东青州日月化工有限公司(3000 吨)〈P2097〉

3-甲基黄酮-8-羧酸;黄酮酸 C03021921
3-Methylflavone-8-carboxylic acid [3468-01-7]
用作药物黄酮哌酯中间体
【生产厂】[辽]辽宁海德医药化工有限公司〈P1699〉;[浙]杭州创引化工科技有限公司〈P1916〉;杭州浙大泛科化工有限公司〈P1925〉;浙江同丰医药化工有限公司〈P1969〉

4-(1-羟基-1-甲基乙基)-2-丙基-1H-咪唑-5-羧酸乙酯 C03021923
4-(1-Hydroxy-1-methylethyl)-2-propylimidazole-5-carboxylic acid ethyl ester [144689-93-0]
是抗高血压药奥美沙坦的中间体
【生产厂】[京]北京诺德恒信化工技术有限公司〈P1556〉;[苏]常州罗地尔生化技术有限公司〈P1848〉;常州伊思特化工有限公司〈P1858〉;[浙]浙江省三门县康宁化工有限公司〈P1966〉

1-甲基苯并三氮唑 C03021926
1-Methylbenzotriazole;1-Methyl-1,2,3-benzotriazole [13351-73-0]
【生产厂】[浙]杭州广林生物医药有限公司〈P1917〉

1-羟基苯并三氮唑;1-羟基苯并三唑 C03021927
1-Hydroxybenzotriazole [2592-95-2]
用作有机合成中间体
【生产厂】[冀]沧州那瑞化学科技有限公司〈P1652〉;[沪]上海雅本化学有限公司〈P1773〉;上海泰顿化工有限公司(80 吨)〈P1766〉;吉尔生化(上海)有限公司〈P1726〉;[苏]常州大华化工原料有限公司〈P1857〉;常州市武进东湖化工原料有限公司〈P1854〉;宜兴市中宇药化技术有限公司〈P1888〉;泰兴盛铭精细化工有限公司〈P1825〉;江苏宝应化工助剂厂〈P1815〉;[浙]杭州浙大泛科化工有限公司〈P1925〉;浙江野风药业有限公司〈P1956〉;普洛康裕股份有限公司〈P1953〉;[川]四川琢新生物材料研究有限公司〈P2320〉

1-羟基苯并三氮唑一水物 C03021928
1-Hydroxybenzotriazole monohydrate [123333-53-9]
用作医药中间体,金属表面处理剂
【生产厂】[苏]盐城市东港药物化工发展有限公司〈P1811〉;[浙]浙江优联医药化工有限公司〈P1928〉;杭州浙大泛科化工有限公司〈P1925〉;浙江野风药业有限公司〈P1956〉

6-氯-1-羟基苯并三氮唑 C03021929
6-Chloro-1-hydroxybenzotriazole [26198-19-6]

用作医药中间体

【生产厂】[沪]上海泰顿化工有限公司〈P1766〉;吉尔生化(上海)有限公司〈P1726〉

C

5-(*N*,*N*-二苄基氨基乙酰)水杨酰胺 C03021933

5-(*N*,*N*-Dibenzylglycyl) salicylamide [30566-92-8]

用作心血管药物拉贝诺尔(柳胺苄心定)的中间体

【生产厂】[浙]建德市医药化工厂〈P1926〉

5-乙酰基水杨酰胺;5-乙酰水杨酰胺 C03021935

5-Acetylsalicylamide [40187-51-7]

用作医药中间体,可用于合成抗过敏药和抗消炎药

【生产厂】[京]北京金奥利维科技发展有限公司〈P1551〉;[苏]江苏飞翔化工(张家港)有限公司〈P1893〉;[浙]建德市医药化工厂〈P1926〉

5-溴乙酰水杨酰胺 C03021937

5-Bromoacetylsalicylamide [73866-23-6]

重要的医药中间体,用于柳胺心定等药物的制造

【生产厂】[冀]河北美化化工有限公司〈P1620〉;[浙]建德市医药化工厂〈P1926〉;[皖]安徽李氏化工有限公司〈P1985〉

邻乙酰水杨酰氯 C03021939

o-Acetylsalicylryl chloride [5538-51-2]

用作医药中间体

【生产厂】[浙]建德市医药化工厂〈P1926〉

乙氧基亚甲基丙二酸二乙酯;EMME C03021961

Diethyl ethoxymethylenemalonate [87-13-8]

一种分子中含有多种活性基团的重要有机原料,能与多种物质进行缩聚和环化缩合,现主要用于合成氟哌酸

【生产厂】[渝]重庆紫光化工有限责任公司(1000 吨)〈P2308〉

3,4-二氯甲苯 C03021968

3,4-Dichlorotoluene [95-75-0]

用作农药、医药、染料中间体

【生产厂】[苏]苏州市御窑精细化工有限公司(120 吨)〈P1906〉;高邮市康乐精细化工厂〈P1813〉;如皋市隆昌化工有限公司〈P1838〉

2,6-二氯甲苯 C03021969

2,6-Dichlorotoluene [118-69-4]

用作新型农药、医药中间体

【生产厂】[苏]高邮市康乐精细化工厂〈P1813〉;[鲁]龙口市龙海精细化工有限公司(700 吨)〈P2111〉

2,4-二氯甲苯 C03021970

2,4-Dichlorotoluene [95-73-8]

用作农药、染料、医药中间体,用于生产2,4-二氯苯甲醛,药物阿的平、腹安酸等

【生产厂】[苏]丹阳中超化工有限公司〈P1841〉;苏州市御窑精细化工有限公司(600 吨)〈P1906〉;高邮市康乐精细化工厂(200 吨)〈P1813〉;如皋市隆昌化工有限公司〈P1838〉;[鲁]龙口市龙海精细化工有限公司(300 吨)〈P2111〉

对甲砜基甲苯 C03021971

4-Methylsulfonyltoluene [3185-99-7]

用作医药中间体

【生产厂】[苏]苏州市鑫隆化工有限公司〈P1905〉;昆山市鼎惠精细化工有限公司(50 吨)〈P1896〉;苏州诚和医药化学有限公司〈P1899〉;苏州丽兰化工有限公司〈P1902〉;[鲁]山东兴辉化工有限公司〈P2055〉;[鄂]武汉市天麦染料实业有限公司〈P2233〉

【使用厂】[浙]浙江台州海翔医药化工有限公司〈P1968〉

对甲砜基氯苄;4-氯甲基苯基甲基砜 C03021973

4-Methylsulfonylbenzyl chloride [40517-43-9]

用作环庚吲哚烷基酸类抗炎药的中间体

【生产厂】[苏]昆山化工医药原料有限公司〈P1895〉

邻硝基对甲砜基甲苯;2-硝基-4-甲砜基甲苯 C03021975

2-Nitro-4-methylsulfonyltoluene [1671-49-4]

用作医药、染料中间体

【生产厂】[苏]苏州市鑫隆化工有限公司〈P1905〉;苏州诚和医药化学有限公司〈P1899〉;[浙]嘉兴市步云染化厂〈P1941〉;嘉兴市金禾化工有限公司〈P1942〉;嘉兴市金利化工有限责任公司〈P1942〉;[鄂]武汉市天麦染料实业有限公司〈P2233〉

1-氨基-9-甲基-9-氮杂双环[3.3.1]壬烷;3α-高托品烷胺 C03021977

1-Amino-9-methyl-9-azabicyclo[3.3.1]nonane [76272-56-5]

是药物格拉司琼中间体

【生产厂】[沪]上海法茵克化学科技有限公司〈P1732〉;[川]四川抗菌素工业研究所化学制药事业部〈P2318〉;四川抗菌素工业研究所有限公司〈P2318〉

双环[2.2.1]-2-庚烯-5,6-二酰亚胺 C03021978

Bicyclo[2.2.1]-2-heptene-5,6-diimide

用作医药、农药、光敏剂中间体及助剂等

【生产厂】[苏]常州市东南开发区兴阳生物助剂有限公司〈P1850〉

2-氮杂双环[2.2.1]庚-5-烯-3-酮 C03021980

2-Azabicyclo[2.2.1]hept-5-*en*-3-one [49805-30-3]

【生产厂】[苏]苏州开元民生化学科技有限公司〈P1901〉;[浙]杭州三禾化工科技有限公司〈P1922〉

氮杂双环盐酸盐 C03021981

3-Azabicyclo[3.3.0]octane hydrochloride

用作医药中间体

【生产厂】[浙]宁波麒灵医药生物化学有限公司(30 吨)〈P1931〉

头孢地尼侧链酸;(*Z*)--2-(2-氨基噻唑-4-基)-2-三苯甲氧亚氨基乙酸 C03021983

(*Z*)--2-(2-Aminothiazol-4-yl)-2-trityloxyiminoacetic acid [128438-01-7]

用作头孢类药物中间体
【生产厂】[浙]浙江普洛化学有限公司〈P1955〉

3-甲基-3-羟甲基氧杂环丁烷 C03021984
3-Methyl-3-hydroxymethyloxocyclobutane
用作医药中间体
【生产厂】[鲁]济南诚汇双达化工有限公司〈P2020〉

头孢克肟侧链酸活性酯;(Z)--2-(2-氨基噻唑-4-基)-2-叔丁氧羰甲氧亚氨基乙酸(2-巯基苯并噻唑)酯 C03021985
2-Mercaptobenzothiazolyl (Z)--2-(2-aminothiazol-4-yl)-2-(t-butoxycarbonylmethoxyimino) acetate [89605-09-4]
用于制造头孢类药物
【生产厂】[冀]河北金通医药化工有限责任公司〈P1620〉;[沪]上海金赛医药化工有限公司〈P1744〉;[鲁]山东绿生生化科技有限公司〈P2029〉;山东金城医药化工有限公司〈P2053〉

头孢噻利 C03021988
Cefoselis
【生产厂】[苏]江阴南极星生物制品有限公司〈P1868〉;江阴市三益化工有限公司〈P1870〉

头孢唑啉酸 C03021989
Cefamedin acid
用作医药中间体
【生产厂】[冀]河北中润制药有限公司〈P1624〉;[黑]哈药集团制药总厂〈P1721〉;[鲁]山东鲁抗医药股份有限公司〈P2132〉;[粤]广东立国制药有限公司〈P2277〉

头孢替唑酸;头孢替唑 C03021992
Ceftezole acid [26973-24-0]
是合成药物头孢替唑钠的中间体
【生产厂】[苏]苏州市奥盛精细化工有限公司〈P1902〉

头孢噻吩酸 C03021993
Cephalotin acid [153-61-7]
用于药物头孢噻吩钠和头孢西丁钠的生产
【生产厂】[苏]苏州市奥盛精细化工有限公司〈P1902〉

2-(2-甲酰氨基噻唑-4-基)乙酸 C03021995
2-(2-Formylaminothiazol-4-yl) acetic acid
用作头孢类药物中间体
【生产厂】[冀]石家庄柏奇化工有限公司(50 吨)〈P1625〉

氨噻肟酸苯并三唑酯;活性氧酯 C03021998
1-[(2)-2-(2-Aminothiazol-yl)-2-methoxyaminoacetyl] benzotriazole
用作药物头孢舍利中间体
【生产厂】[浙]浙江燎原药业有限公司〈P1965〉

氨基噻唑乙酸;2-氨基-4-噻唑乙酸 C03022000
2-Amino-4-thiazoleacetic acid [29676-71-9]
用于头孢类药物的制造,是头孢替安的中间体
【生产厂】[冀]河北金通医药化工有限责任公司〈P1620〉;石家庄柏奇化工有限公司(80 吨)〈P1625〉

氨噻肟酸;2-甲氧亚胺基-2-(2-氨基噻唑)-4-乙酸;ATMA C03022001
Aminothiaoximino acid;2-Methoxylimino-2-(2-aminothiazolyl)-4-acetic acid [65872-41-5]
用作抗生素药物中间体,是头孢噻肟钠、头孢三嗪、头孢塔齐定等的侧链
【生产厂】[冀]石家庄合佳保健品有限公司(300 吨)〈P1626〉;石家庄市汇康精细化学有限公司〈P1629〉;[浙]台州市奥力特精细化工有限公司〈P1961〉;浙江普洛化学有限公司(600 吨)〈P1955〉;[鲁]山东金城医药化工有限公司〈P2053〉;淄博济维泽化工有限公司(300 吨)〈P2063〉
【使用厂】[黑]哈药集团制药总厂〈P1721〉

2-(2-氨基噻唑-4-基)-2-[2-(特丁氧羰基)-甲氧亚氨基]乙酸;头孢克肟侧链酸 C03022002
2-(2-Aminothiazole-4-yl)-2-[2-(*tert*-butoxycarbonyl) methoxyimino] acetic acid [168551-88-0]
用于制造先锋类药
【生产厂】[冀]河北金通医药化工有限责任公司〈P1620〉;[沪]上海金赛医药化工有限公司〈P1744〉;[浙]浙江普洛化学有限公司(20 吨)〈P1955〉;[鲁]山东绿生生化科技有限公司〈P2029〉;山东金城医药化工有限公司〈P2053〉

头孢他啶侧链酸;2-(2-氨基噻唑-4-基)-2-[2-(特丁氧羰基)异丙氧亚氨基]乙酸 C03022003
2-(2-Aminothiazole-4-yl)-2-[2-(tertbutoxycarbonyl) isopropoxyimino] acetic acid [86299-46-9]
用于制造头孢他啶等先锋类药
【生产厂】[冀]河北柏奇医药化工有限公司〈P1619〉;河北金通医药化工有限责任公司(36 吨)〈P1620〉;华北制药集团嘉华化工有限公司〈P1624〉;[浙]台州市知青化工有限公司〈P1962〉;浙江普洛化学有限公司(30 吨)〈P1955〉;[闽]福建省永春制药厂〈P1999〉;[粤]丽珠医药集团股份有限公司〈P2274〉

2-肟基-2-(2-氨基噻唑)-4-乙酸乙酯;去甲基氨噻肟酸乙酯 C03022005
Ethyl 2-(2-aminothiazol-4-yl)-2-hydroxyiminoacetate [64485-82-1]
主要用于头孢类抗生素的合成
【生产厂】[冀]河北柏奇医药化工有限公司〈P1619〉;河北金通医药化工有限责任公司〈P1620〉;石家庄合佳保健品有限公司〈P1626〉;[鲁]山东中科泰斗化学有限公司〈P2030〉;山东金城医药化工有限公司〈P2053〉

2-(2-氨基-4-噻唑基)-2-(甲氧亚氨基)乙酸硫代苯并噻唑酯;AE 活性酯 C03022006
2-(2-Amino-4-thiazolyl)-2-methoxyiminoacetic acid thiobenzothiazole ester [80756-85-0]
用于制造头孢噻肟、头孢三嗪、头孢曲松、头孢他美酯等先锋类药
【生产厂】[冀]石家庄龙泰化工有限公司(50 吨)〈P1628〉;石家庄合佳保健品有限公司(100 吨)〈P1626〉;河北宏源化工有限公司〈P1620〉;石家庄市汇康精细化学有限公司〈P1629〉;[浙]浙江东亚医药化工有限公司〈P1963〉;浙江普洛化学有限公司(30 吨)〈P1955〉;[鲁]山东金城医药化工有限公司〈P2053〉;淄博济维泽化工有限公司(300 吨)〈P2063〉;菏泽睿鹰制药集团(600 吨)〈P2158〉

C

【使用厂】[粤]珠海保税区丽珠合成制药有限公司〈P2274〉

头孢他啶侧链酸活性酯;2-(2-氨基-4-噻唑基)-2-(特丁氧羰基异丙氧亚氨基)乙酸硫代苯并噻唑酯 C03022007
2-(2-Amino-4-thiazolyl)-2-(tertbutoxycarbonylisopropoxyimino) acetic acid thiobenzothiazole ester [89604-92-2]
用于制造头孢他啶等先锋类药
【生产厂】[冀]河北柏奇医药化工有限公司〈P1619〉;河北金通医药化工有限责任公司(36 吨)〈P1620〉;石家庄合佳保健品有限公司〈P1626〉;华北制药集团嘉华化工有限公司〈P1624〉;[浙]浙江车头制药有限公司〈P1963〉;浙江普洛化学有限公司(20 吨)〈P1955〉;[闽]福建省永春制药厂〈P1999〉;[鲁]山东金城医药化工有限公司〈P2053〉;菏泽睿鹰制药集团(600 吨)〈P2158〉

氨噻肟乙酸乙酯 C03022008
Ethyl (2-aminothiazole-4-yl)-2-methoxyiminoacetate
用作药物头孢三嗪、头孢噻肟的中间体
【生产厂】[冀]河北金通医药化工有限责任公司〈P1620〉;[鲁]山东金城医药化工有限公司〈P2053〉

噻酯肟酸;2-甲氧羰基甲氧亚胺基-2-(2-氨基噻唑-4-基)乙酸 C03022009
2-Methoxycarbonylmethoxyimino-2-(2-aminothiazole-4-yl) acetie acid
用作有机合成中间体
【生产厂】[粤]益鹏生物科技(深圳)有限公司〈P2274〉

2-巯基-4-甲基-5-噻唑乙酸;头孢地嗪侧链酸 C03022010
2-Mercapto-4-methyl-5-thiazoleacetic acid;MMTA [31090-12-7]
用作头孢类原料药及中间体
【生产厂】[浙]浙江黄岩东升医药化工有限公司〈P1964〉;[鲁]山东金城医药化工有限公司〈P2053〉

氨基噻唑乙酸盐酸盐 C03022011
2-Amino-4-thiazoleacetic acid hydrochloride [66659-20-9]
用于生产药物头孢替胺
【生产厂】[冀]石家庄柏奇化工有限公司(50 吨)〈P1625〉

去甲基氨噻肟酸;2-肟基-2-(2-氨基噻唑)-4-乙酸 C03022013
2-(2-Aminothiazole-4-yl)-2-hydroxyiminoacetic acid [66338-96-3]
用作头孢类药物中间体
【生产厂】[鲁]山东中科泰斗化学有限公司〈P2030〉

三甲基硅基咪唑 C03022015
1-(Trimethylsilyl) imidazole [18156-74-6]
用作抗菌素中间体、特强的硅烷化剂
【生产厂】[沪]上海晨日化学有限公司〈P1730〉;[苏]苏州市美花日用香料有限公司〈P1904〉

2-氨基-4-噻唑乙酸乙酯 C03022017
Ethyl 2-amino-4-thiazoleacetate [53266-94-7]
用作头孢类药物中间体
【生产厂】[冀]石家庄柏奇化工有限公司(50 吨)〈P1625〉

2,5-二巯基-1,3,4-噻二唑 C03022023
2,5-Dimercapto-1,3,4-thiadiazole [1072-71-5]
用作医药中间体、有机合成原料、分析试剂、燃料添加剂等
【生产厂】[京]北京达科思精细化工研究所〈P1545〉;[浙]浙江野风药业有限公司〈P1956〉;[赣]江西迪瑞合成化工有限公司〈P2014〉;[鲁]淄博市临淄沣田化工有限公司〈P2068〉;淄博畅顺化工有限公司〈P2058〉

2-氨基-5-巯基-1,3,4-噻二唑 C03022024
2-Amino-5-mercapto-1,3,4-thiadiazole;5-Amino-1,3,4-thiadiazole-2-thiol [2349-67-9]
用作医药、农药中间体
【生产厂】[浙]浙江新花蝶化工有限公司〈P1969〉

甲基巯基噻二唑;2-甲基-5-巯基-1,3,4-噻二唑;2-巯基-5-甲基-1,3,4-噻二唑 C03022025
2-Mercapto-5-methyl-1,3,4-thiadiazole [29490-19-5]
主要用作头孢唑啉钠的中间体
【生产厂】[浙]横店集团家园化工有限公司〈P1952〉;[鲁]淄博畅顺化工有限公司〈P2058〉;曲阜市助剂厂(400 吨)〈P2130〉;菏泽睿鹰制药集团(45 吨)〈P2158〉

2-巯基-1,3,4-噻二唑 C03022026
2-Mercapto-1,3,4-thiadiazole
用作头孢类药物中间体
【生产厂】[鲁]曲阜市助剂厂(150 吨)〈P2130〉

5-巯基四氮唑-1-甲烷磺酸二钠盐;头孢尼西侧链酸二钠盐 C03022029
5-Mercaptotetrazole-1-methanesulfonic acid, disodium salt [66242-82-8]
用作头孢尼西侧链
【生产厂】[鲁]淄博天堂山化工有限公司〈P2073〉;[豫]河南省新谊医药集团精细化工有限公司〈P2202〉

甲基四唑;5-甲基-1*H*-四氮唑 C03022030
5-Methyl-1*H*-tetrazole;5-Methyltetrazole [4076-36-2]
【生产厂】[沪]上海神强实业有限公司〈P1761〉;上海金赛医药化工有限公司〈P1744〉

甲硫四氮唑;甲巯四氮唑;1-甲基-5-巯基四氮唑 C03022031
Methylthiotetranitrazole;1-Methyltetrazole-5-thiol [13183-79-4]
用作头孢哌酮钠、头孢孟多、头孢甲肟盐酸盐、头孢美唑、头孢替坦、头孢匹胺等药物的中间体
【生产厂】[鲁]菏泽睿鹰制药集团(100 吨)〈P2158〉

甲苯四唑;5-对甲苯基-1*H*-四氮唑 C03022032
5-*p*-Tolyl-1*H*-tetrazole [24994-04-5]
用于有机合成
【生产厂】[苏]南京科邦医药化工有限公司〈P1786〉;无锡康晟精细化工有限公司〈P1874〉

1-乙基-5-巯基四氮唑 C03022033

1-Ethyl-5-mercaptotetrazole [15217-53-5]

用于有机合成

【生产厂】[浙]浙江普康化工有限公司〈P1959〉

1-(2-二甲基氨基乙基)-5-巯基四氮唑 C03022034

1-(2-Dimethylaminoethyl)-5-mercaptotetrazole [61607-68-9]

用于生产药物头孢替胺

【生产厂】[冀]石家庄柏奇化工有限公司(50吨)〈P1625〉;[浙]浙江普康化工有限公司〈P1959〉

***N*-(三苯基甲基)-5-(4′-甲基联苯-2-基)四氮唑** C03022035

N-(Triphenylmethyl)-5-(4′-methylbiphenyl-2-yl)tetrazole [124750-53-4]

用作医药中间体

【生产厂】[苏]江苏中丹制药有限公司〈P1823〉;江苏如东县丰利医药化工厂〈P1831〉;[浙]浙江天宇药业有限公司〈P1969〉

5,5-二硫-1,1-双苯基四氮唑;双四氮唑 C03022036

1,1-Diphenyl-bistetrazole-5,5-disulfide [5117-07-7]

用作有机合成中间体

【生产厂】[沪]上海三爱思试剂有限公司〈P1759〉;[苏]江都市华兴医药化工制品有限公司〈P1814〉;泰兴盛铭精细化工有限公司〈P1825〉

巯唑甲磺酸;5-巯基四氮唑-1-甲烷磺酸 C03022037

5-Mercaptotetrazole-1-methanesulfonic acid [67146-22-9]

用作有机合成中间体

【生产厂】[豫]河南省新谊医药集团精细化工有限公司〈P2202〉

5-氨基四氮唑 C03022038

5-Aminotetrazole [5378-49-4]

用作有机合成中间体

【生产厂】[沪]上海神强实业有限公司〈P1761〉

1-环己基-5-(4-氯丁基)四氮唑 C03022039

1-Cyclohexyl-5-(4-chlorobutyl)tetrazole [73963-42-5]

用于有机合成,用作药物西洛他唑中间体

【生产厂】[沪]上海立科药物化学有限公司〈P1750〉;[浙]浙江金立源药业有限公司〈P1951〉;[渝]重庆康乐制药有限公司〈P2305〉

【使用厂】[渝]重庆小泉化工厂〈P2308〉

5-邻溴苯基-1*H*-四氮唑;邻溴四唑 C03022042

5-(*o*-Bromophenyl)-1*H*-tetrazole [73096-42-1]

用作医药中间体

【生产厂】[苏]江苏中丹制药有限公司〈P1823〉

***N*-(三苯基甲基)-5-(邻溴苯基)四氮唑**;邻溴三苯基四唑 C03022044

N-(Triphenylmethyl)-5-(*o*-bromophenyl)tetrazole

用作医药中间体

【生产厂】[苏]江苏中丹制药有限公司〈P1823〉

2,5-二巯基-1,3,4-噻二唑二钠 C03022047

2,5-Dimercapto-1,3,4-thiadiazole disodium salt

【生产厂】[鲁]淄博市临淄沣田化工有限公司〈P2068〉

2-氨基噻唑-4-甲酸乙酯 C03022050

Ethyl 2-amino-4-thiazoleformate [5398-36-7]

用作医药中间体

【生产厂】[川]爱斯特(成都)医药技术有限公司〈P2309〉

2-氨基噻唑-5-甲酸乙酯 C03022051

Ethyl 2-aminothiazole-5-carboxylate

【生产厂】[川]爱斯特(成都)医药技术有限公司〈P2309〉

4-甲基-5-噻唑甲酸乙酯 C03022055

Ethyl 4-methylthiazole-5-carboxylate [20582-55-2]

【生产厂】[鲁]滕州吉田香料有限公司〈P2078〉

噻唑-4-羧酸乙酯 C03022057

Thiazole-4-carboxylic acid ethyl ester

【生产厂】[苏]苏州海宇生物科技有限公司〈P1900〉

2-巯基-4-甲基-5-噻唑甲酸乙酯 C03022059

Ethyl 2-mercapto-4-methyl-5-thiazoleformate [111874-19-2]

【生产厂】[鄂]襄樊市隆畔医药化工有限公司〈P2238〉

反式-4-(4-氟苯基)-3-羟甲基哌啶 C03022065

trans-4-(4-Fluorophenyl)-3-Hydroxymethylpiperidine

用作药物帕罗西汀中间体

【生产厂】[浙]台州市融丰医药化工有限公司〈P1961〉

(*E*)-4-氯-2-甲基-1-苯磺酰基-2-丁烯;CMPSB C03022069

(*E*)-4-Chloro-2-methyl-1-benzenesulfonyl-2-butylene

用作合成辅酶Q10的中间体

【生产厂】[鲁]淄博顺景精细化工有限公司〈P2073〉

***N*-(三苯基甲基)-5-(4′-溴甲基联苯-2-基)四氮唑** C03022071

N-(Triphenylmethyl)-5-(4′-bromomethylbiphenyl-2-yl-)tetrazole [124750-51-2]

用作药物依贝沙坦中间体

【生产厂】[苏]常州伊思特化工有限公司〈P1858〉;江苏中丹制药有限公司〈P1823〉;[浙]浙江金立源药业有限公司〈P1951〉;湖州恒远生物化学技术有限公司〈P1945〉;浙江天宇药业有限公司〈P1969〉

5-(4-氯-2-氨基苯基)四氮唑 C03022075

5-(4-Chloro-2-aminophenyl)tetrazole

用作医药中间体

【生产厂】[苏]无锡康晟精细化工有限公司〈P1874〉

α-(2-呋喃甲基亚磺酰基)乙酸对硝基苯酚酯 C03022081

4-Nitrophenol α-(2-furylmethylsulfinyl)acetate [123855-55-0]

用于制备药物拉呋替丁

【生产厂】[京]北京国联诚辉医药技术有限公司〈P1548〉

5-氰基苯酞 C03022091

5-Cyanophthalide [82104-74-3]

用于制备转移性乳腺癌治疗药西酞普兰等

【生产厂】[苏]江苏华派集团〈P1807〉;滨海博大化工有限公司〈P1805〉;[浙]杭州达康化工有限公司〈P1916〉;杭州浙大泛科化工有限公司〈P1925〉;浙江黄岩东升医药化工有限公司(8吨)〈P1964〉;[豫]河南四通精细化工有限公司〈P2218〉;河南新天地药业有限公司〈P2218〉

C

5-羧基苯酞 C03022097

5-Carboxylphthalide

【生产厂】[苏]仪征市鼎信化工有限公司〈P1820〉

DL-2-氨基丁酸 C03022111

DL-2-Amino-*n*-butyric acid; DL-2-Aminobutyric acid [2835-81-6]

用作药物合成中间体

【生产厂】[京]北京精益精化工有限公司〈P1553〉;[冀]固安县恩康医药化工原料有限公司〈P1658〉;[辽]沈阳东瑞科技有限公司〈P1685〉;[苏]宜兴市康源生物化工有限公司〈P1885〉

L-2-氨基丁酸 C03022115

L-2-Aminobutyric acid; L-(+)-2-Aminobutyric acid; (*S*)-(+)-2-Aminobutyric acid [1492-24-6]

用作药物中间体

【生产厂】[苏]宜兴市康源生物化工有限公司〈P1885〉

D-2-氨基丁酸 C03022119

D-2-Aminobutyric acid; D-(−)-2-Aminobutyric acid; (*R*)-(−)-2-Aminobutyric acid [2623-91-8]

用作药物中间体

【生产厂】[苏]宜兴市康源生物化工有限公司〈P1885〉

DL-3-氨基丁酸 C03022121

DL-3-Aminobutyric acid [2835-82-7]

用作药物中间体

【生产厂】[苏]宜兴市康源生物化工有限公司〈P1885〉

2-氨基异丁酸;2-甲基丙氨酸;*β*-氨基异丁酸 C03022127

2-Aminoisobutyric acid; 2-Methylalanine [62-57-7]

【生产厂】[苏]宜兴市康源生物化工有限公司〈P1885〉

3-氨基异丁酸 C03022129

3-Aminoisobutyric acid [10569-72-9]

【生产厂】[苏]宜兴市康源生物化工有限公司〈P1885〉

四氮唑乙酸 C03022201

Tetrazole-1-acetic acid [21732-17-2]

用作头孢唑啉的侧链

【生产厂】[冀]河北柏奇医药化工有限公司〈P1619〉;河北茂源化工有限公司(4000吨)〈P1620〉;石家庄柏奇化工有限公司(150吨)〈P1625〉;[浙]横店集团家园化工有限公司〈P1952〉;[鲁]菏泽睿鹰制药集团(80吨)〈P2158〉

【使用厂】[黑]哈药集团制药总厂〈P1721〉

绕丹宁-3-乙酸;3-羧甲基绕丹宁 C03022221

Rhodanine-3-acetic acid [5718-83-2]

用作药物依帕司他中间体

【生产厂】[冀]沧州那瑞化学科技有限公司〈P1652〉;沧州锐新化工有限公司〈P1652〉;[辽]辽宁华海蓝帆化工科技有限公司〈P1684〉;[沪]上海泰顿化工有限公司〈P1766〉;[赣]江西泰欣诺实业有限公司〈P2009〉

2-[1-(巯甲基)环丙基]乙酸 C03022231

2-[1-(Mercaptomethyl) cyclopropyl] acetic acid [162515-68-6]

用于生产药物孟鲁司特

【生产厂】[辽]阜新博达维医药科技有限公司〈P1707〉

2-[1-(羟甲基)环丙基]乙酸 C03022241

2-[1-(Hydorxymethyl) cyclopropyl] acetic acid

【生产厂】[黑]牡丹江恒远药业有限公司〈P1723〉

2-[1-(羟甲基)环丙基]乙酸甲酯 C03022245

2-[1-(Hydorxymethyl) cyclopropyl] acetic acid methyl ester

【生产厂】[黑]牡丹江恒远药业有限公司〈P1723〉

2-[1-(溴甲基)环丙基]乙酸甲酯 C03022249

2-[1-(Bromomethyl) cyclopropyl] acetic acid methyl ester

【生产厂】[黑]牡丹江恒远药业有限公司〈P1723〉

1,4-苯并二噁烷-2-羧酸 C03022251

1,4-Benzodioxan-2-carboxylic acid [3663-80-7]

用作多沙唑嗪中间体

【生产厂】[浙]杭州三禾化工科技有限公司〈P1922〉

α,*α*-二苯基-4-哌啶甲醇;氮杂环醇 C03022261

α,*α*-Diphenyl-4-piperidinemethanol; Azacyclonol [115-46-8]

是药物盐酸非索非那定中间体

【生产厂】[沪]上海康鸣高科技有限公司〈P1748〉;[浙]浙江黄岩精细化学品集团有限公司〈P1964〉;浙江精进药业有限公司〈P1965〉

右旋氯吡格雷盐酸盐;氯吡格雷中间体 C03022299

D-Clopidogrel hydrochloride

是药物氯吡格雷的中间体

【生产厂】[沪]上海宏鹏化工有限公司〈P1737〉;[浙]浙江黄岩东升医药化工有限公司〈P1964〉

1,4,7,10-四氮杂环十二烷 C03022301

1,4,7,10-Tetraazacyclododecane [294-90-6]

【生产厂】[苏]南京奥德赛化工有限公司〈P1782〉

1,8-二氮杂环[5,4,0]十一烯-7;二氮杂二环;DBU C03022311

1,8-Diazabicyclo[5,4,0]undec-7-ene; DBU [6674-22-2]

用于头孢半合成抗生素药物的制造,也用于配制脱酸剂、防锈剂、高级缓蚀剂等

【生产厂】[吉]吉林省石油化工设计研究院(500吨)〈P1714〉;[苏]江都市大江化工厂〈P1813〉;[鲁]山东新华万博化工有限公司(300吨)〈P2055〉;山东新华制药股份有限公司〈P2055〉;泗水县正泰化工有限公司(100吨)〈P2133〉

1-金刚烷基乙酸 C03022315

1-Adamantaneacetic acid [942-47-6]

【生产厂】[川]四川辉硕化工有限公司〈P2333〉

1,3-金刚烷基二乙酸 C03022316
1,3-Adamantanediacetic acid [7768-28-4]
【生产厂】[川]四川辉硕化工有限公司〈P2333〉

3-羟基-1-金刚烷基乙酸 C03022317
3-Hydroxy-1-adamantaneacetic acid
【生产厂】[川]四川辉硕化工有限公司〈P2333〉

3-苯基-1-金刚烷基乙酸 C03022318
3-Phenyl-1-adamantaneacetic acid
【生产厂】[川]四川辉硕化工有限公司〈P2333〉

3-溴-1-金刚烷基乙酸 C03022319
3-Bromo-1-adamantaneacetic acid
【生产厂】[川]四川辉硕化工有限公司〈P2333〉

2-(1-金刚烷基)-4-溴苯甲醚 C03022321
2-(1-Adamantyl)-4-bromoanisole
用作医药中间体
【生产厂】[辽]阜新博达维医药科技有限公司〈P1707〉;[浙]浙江同丰医药化工有限公司〈P1969〉

2-(1-金刚烷基)-4-溴苯酚 C03022323
2-(1-Adamantyl)-4-bromophenol
用作药物阿达帕林中间体
【生产厂】[浙]浙江同丰医药化工有限公司〈P1969〉

1-氨基-3,5-二甲基金刚烷 C03022325
1-Amino-3,5-dimethyladamantane [19982-08-2]
用于医药中间体
【生产厂】[鲁]山东博森精细化工有限公司〈P2084〉

1-乙酰氨基-3,5-二甲基金刚烷 C03022329
1-Acetamino-3,5-dimethyladamantane
【生产厂】[鲁]山东博森精细化工有限公司〈P2084〉

1-金刚烷甲酸;三环[3.3.1.1(3,7)]癸烷-1-羧酸 C03022331
1-Adamantanecarboxylic acid;Adamantane-1-carboxylic acid [828-51-3]
用作合成盐酸金刚乙胺的中间体
【生产厂】[辽]沈阳岭森精细化工厂〈P1687〉;[浙]普洛康裕股份有限公司〈P1953〉

3-羟基-1-金刚烷基甲酸 C03022332
3-Hydroxy-1-adamantanecarboxylic acid [2711-75-1]
【生产厂】[川]四川辉硕化工有限公司〈P2333〉

金刚烷胺;1-氨基金刚烷 C03022333
Amantadine;1-Aminoadamantane [768-94-5]
【生产厂】[豫]河南省大明实业有限公司〈P2166〉;[川]泸州万联化工有限公司〈P2323〉

3-苯基-1-金刚烷基甲酸 C03022334
3-Phenyl-1-adamantanecarboxylic acid
【生产厂】[川]四川辉硕化工有限公司〈P2333〉

***N*-乙酰基金刚烷胺**;1-乙酰胺基金刚烷 C03022335
1-Acetamidoadamantane [880-52-4]
用作合成盐酸金刚烷胺的中间体
【生产厂】[浙]普洛康裕股份有限公司〈P1953〉

2-金刚烷酮;三环[3.3.1.1(3,7)]癸烷-2-酮 C03022337
2-Adamantanone;Tricyclo[3.3.1.1(3,7)]decane-2-one [700-58-3]
【生产厂】[川]泸州万联化工有限公司〈P2323〉;四川众邦科技发展有限公司〈P2323〉

3-溴-1-金刚烷基甲酸 C03022338
3-Bromo-1-adamantanecarboxylic acid
【生产厂】[川]四川辉硕化工有限公司〈P2333〉

6-[3-(1-金刚烷)-4-甲氧基苯基]-2-萘甲酸甲酯 C03022339
Methyl 6-[3-(1-adamantyl)-4-methoxyphenyl]-2-naphthoate
用作药物阿达帕林中间体
【生产厂】[辽]阜新博达维医药科技有限公司〈P1707〉;[浙]浙江同丰医药化工有限公司〈P1969〉

5-氨基-2,4,6-三碘-*N*,*N'*-二(2,3-二羟基丙基)-1,3-苯二甲酰胺;碘海醇中间体;碘化物 C03022371
5-Amino-*N*,*N'*-bis(2,3-dihydroxypropyl)-2,4,6-triiodo-1,3-benzenediformamide [76801-93-9]
用作药物碘海醇的中间体
【生产厂】[晋]山西新天源医药化工有限公司〈P1677〉;[浙]浙江司太立制药有限公司〈P1968〉;浙江台州海神制药有限公司〈P1968〉

5-乙酰胺基-2,4,6-三碘-*N*,*N'*-双(2,3-二羟基丙基)-1,3-苯二甲酰胺;水解物 C03022391
5-(Acetylamido)-*N*,*N'*-bis(2,3-dihydroxypropyl)-2,4,6-triiodo-1,3-benzenedicarboxamide [31127-80-7]
用作药物碘海醇的中间体
【生产厂】[晋]山西新天源医药化工有限公司〈P1677〉;[浙]浙江司太立制药有限公司〈P1968〉;浙江台州海神制药有限公司〈P1968〉

4-甲基-5-噻唑甲酸甲酯;4-甲基噻唑-5-甲酸甲酯 C03022491
Methyl 4-methyl-5-thiazolecarboxylate [81569-44-0]
【生产厂】[苏]江苏如东县丰利医药化工厂〈P1831〉;[鲁]滕州吉田香料有限公司〈P2078〉

2-丁基-1,3-二氮杂螺环[4,4]壬-1-烯-4-酮盐酸盐 C03022503
2-*n*-Butyl-1,3-diaza-spiro[4,4]non-1-en-4-one hydrochloride [151257-01-1]
用作合成治疗高血压药物依贝沙坦的中间体
【生产厂】[浙]浙江天宇药业有限公司〈P1969〉;横店集团家园化工有限公司〈P1952〉

4,5-二甲基-1,3-二氧杂环戊烯-2-酮;DMDO C03022505
4,5-Dimethyl-1,3-dioxocyclopenten-2-one [37830-90-3]

用作抗高血压药奥美沙坦的中间体

【生产厂】[京]北京嘉盛扬医药科技有限公司〈P1551〉;北京诺德恒信化工技术有限公司〈P1556〉;[沪]上海巨龙药物研究开发有限公司〈P1746〉;[苏]常州罗地尔生化技术有限公司〈P1848〉;常州伊思特化工有限公司〈P1858〉;[浙]湖州恒远生物化学技术有限公司〈P1945〉;[鲁]德州信达化工有限公司(10吨)〈P2142〉;[豫]新乡弘辰科技有限公司〈P2203〉;[渝]重庆英斯凯化工有限公司〈P2308〉

C

4-氯甲基-5-甲基-1,3-二氧杂环戊烯-2-酮;DMDO-Cl C03022507

4-Chloromethyl-5-methyl-1,3-dioxocyclopenten*n*-2-one [80841-78-7]

用作医药中间体

【生产厂】[鲁]德州信达化工有限公司(10吨)〈P2142〉;[豫]新乡弘辰科技有限公司〈P2203〉;[鄂]武汉市化学工业研究所有限责任公司〈P2232〉

2,4-二氯氟苯 C03022511

2,4-Dichlorofluorobenzene [1435-48-9]

用作农药、医药中间体,用作新型氟喹诺酮类抗菌药环丙沙星的中间体

【生产厂】[辽]盘锦盘助化工助剂有限公司〈P1706〉;[苏]盐城氟源化工有限公司(1200吨)〈P1810〉;[浙]浙江省三门解氏化学工业有限公司〈P1966〉;浙江鹰鹏化工有限公司〈P1956〉;浙江普洛化学有限公司(4000吨)〈P1955〉;衢州瑞源化工有限公司〈P1957〉;[皖]东至德泰精细化工有限公司(200吨)〈P1987〉;[赣]江西浔朋化工有限公司(2000吨)〈P2013〉

3,4-二氯氟苯 C03022512

3,4-Dichlorofluorobenzene [1435-49-0]

【生产厂】[浙]浙江省三门解氏化学工业有限公司〈P1966〉

1-(3-氯丙氧基)-4-氟苯 C03022518

1-(3-Chloropropoxy)-4-fluorobenzene [1716-42-3]

用作医药的原料和农药中间体

【生产厂】[苏]江苏庙桥合成化工有限公司〈P1859〉

氟乙醇;2-氟乙醇 C03022522

Fluoroethanol;2-Fluoroethanol [371-62-0]

用作医药、农药中间体

【生产厂】[浙]杭州浙大泛科化工有限公司〈P1925〉;台州耀业医化有限公司〈P1962〉

三氟乙醇;2,2,2-三氟乙醇;TFE C03022525

2,2,2-Trifluoroethanol [75-89-8]

用作溶剂,可作三氟乙基和三氟乙氧剂的导入剂,也用作医药、农药中间体

【生产厂】[京]北京金源东和化学有限责任公司〈P1552〉;[沪]上海元吉化工有限公司〈P1776〉;上海立科药物化学有限公司〈P1750〉;[苏]江苏康泰氟化工有限公司〈P1859〉;江苏金雪集团有限公司〈P1830〉;[浙]浙江新花蝶化工有限公司〈P1969〉;[鲁]东营市恒锐新技术开发有限责任公司〈P2082〉;威海新元化工有限公司(800吨)〈P2126〉;[陕]中化近代环保化工(西安)有限公司〈P2350〉

环丙胺;氨基环丙烷 C03022541

Cyclopropylamine [765-30-0]

用作环丙沙星的中间体,亦用于农药和植物保护剂的合成

【生产厂】[蒙]内蒙古远兴天然碱股份有限公司〈P1683〉;[浙]杭州浙大泛科化工有限公司〈P1925〉;浙江台州海翔医药化工有限公司〈P1968〉;遂昌金恒化工有限公司(200吨)〈P1970〉

【使用厂】[津]天津市中央药业有限公司〈P1613〉

环丙溴 C03022545

Cyclopropyl bromide [4333-56-6]

【生产厂】[京]北京维达化工有限公司(10吨)〈P1563〉;[冀]唐山市维智贸易有限公司〈P1636〉

环丙基溴甲烷;溴甲基环丙烷 C03022547

Cyclopropylmethyl bromide;(Bromomethyl)cyclopropane [7051-34-5]

用作医药中间体

【生产厂】[晋]长治市强大药业有限公司〈P1674〉;[闽]福建省永春制药厂〈P1999〉

邻氯氰苄;邻氯苯乙腈 C03022550

2-Chlorobenzyl cyanide;(2-Chlorophenyl)acetonitrile [2856-63-5]

用于生产盐酸格拉司琼

【生产厂】[苏]丹阳市大泊化工厂〈P1840〉;金坛市振兴化工有限公司〈P1863〉;[鄂]武汉有机实业股份有限公司〈P2235〉

对氯氰苄;对氯苯乙腈 C03022551

4-Chlorobenzyl cyanide;4-Chlorobenzeneacetonitrile [140-53-4]

用作药物乙胺嘧啶的中间体及用于医药、染料的合成

【生产厂】[苏]丹阳市大泊化工厂〈P1840〉;金坛市振兴化工有限公司〈P1863〉;[皖]安徽省星河化学有限责任公司(800吨)〈P1978〉;[鄂]武汉有机实业股份有限公司〈P2235〉

【使用厂】[沪]上海农药厂有限公司〈P1755〉;上海中西药业股份有限公司〈P1779〉;[苏]江苏华派集团〈P1807〉

间氯氰苄 C03022552

m-Chlorobenzylcyanide;(3-Chlorophenyl)acetonitrile [1529-41-5]

用作氯羟安定药物中间体

【生产厂】[苏]丹阳市大泊化工厂〈P1840〉;金坛市振兴化工有限公司〈P1863〉;[鄂]武汉有机实业股份有限公司〈P2235〉

对溴氰苄;对溴苯乙腈 C03022553

p-Bromobenzyl cyanide [16532-79-9]

【生产厂】[京]北京卡乐瑞化工有限公司〈P1553〉;[苏]金坛市群乐化工助剂研究所〈P1862〉

邻溴氰苄;邻溴苯乙腈 C03022554

o-Bromobenzyl cyanide [19472-74-3]

【生产厂】[京]北京卡乐瑞化工有限公司〈P1553〉

间溴氰苄;3-溴氰苄;间溴苯乙腈 C03022555

m-Bromobenzyl cyanide [31938-07-5]

用于有机合成

【生产厂】[苏]金坛市群乐化工助剂研究所〈P1862〉

3,4-二乙氧基苯乙腈 C03022561
3,4-Diethoxyphenylacetonitrile [27472-21-5]
用作屈他维林中间体
【生产厂】[浙]普洛康裕股份有限公司〈P1953〉

对环丙基羰基苯乙腈 C03022565
p-(Cyclopropylcarbonyl) benzyl cyanide
用作医药中间体
【生产厂】[鄂]湖北祥云(集团)化工股份有限公司〈P2244〉

5-溴甲基-α,α,α′,α′-四甲基-1,3-二乙氰基苯;5-溴甲基-α,α,α′,α′-四甲基-1,3-苯二乙腈 C03022581
5-Bromomethyl-α,α,α′,α′-tetramethyl-1,3-benzenediacetonitrile [120511-84-4]
用作药物阿那曲唑中间体
【生产厂】[浙]杭州广林生物医药有限公司〈P1917〉;[赣]江西泰欣诺实业有限公司〈P2009〉

甲砜胺 C03022591
Methanesulfonamide [3144-09-0]
用作药物中间体
【生产厂】[苏]江苏华昌(集团)有限公司〈P1893〉;[浙]浙江润康药业有限公司(30 吨)〈P1966〉

绿原酸 C03022601
Chlorogenic acid [327-97-9]
用作医药原料及中间体
【生产厂】[湘]湖南湘源植物生化有限公司〈P2258〉;[桂]广西昌洲天然产物开发有限公司〈P2296〉;[川]成都欧康植化科技有限公司〈P2313〉;成都普瑞法科技开发有限公司〈P2313〉;成都超人植化开发有限公司〈P2310〉;四川省彭州市亨达生化有限公司〈P2319〉;四川广汉博盛生化制品有限责任公司〈P2326〉;广汉市生化制品有限公司〈P2324〉;四川什邡鸿鸣原料药有限公司〈P2329〉

雷尼酸锶;5-[双(羧甲基)氨基]-2-羧基-4-氰基-3-噻吩乙酸二锶 C03022621
Strontium ranelate [135459-87-9]
【生产厂】[苏]盐城康福生化技术开发有限公司〈P1810〉

间乙氧基苯甲醛;3-乙氧基苯甲醛 C03022643
m-Ethoxybenzaldehyde;3-Ethoxybenzaldehyde
【生产厂】[浙]台州市新东方医化有限公司〈P1962〉

对乙氧基苯甲醛 C03022645
p-Ethoxybenzaldehyde [10031-82-0]
用作医药中间体
【生产厂】[浙]台州市新东方医化有限公司〈P1962〉

2,3-二甲基苯甲酰氯 C03022646
2,3-Dimethylbenzoylchloride
【生产厂】[苏]句容市顺风助剂厂〈P1843〉

2,6-二甲基苯甲酰氯 C03022647
2,6-Dimethylbenzoylchloride
【生产厂】[鲁]淄博达隆制药科技有限公司〈P2059〉

3,5-二甲基苯甲酰氯 C03022648
3,5-Dimethylbenzoylchloride [6613-44-1]
用作有机合成中间体
【生产厂】[京]大庆开发区新世纪精细化工有限公司北京裕立化工有限公司〈P1567〉;北京清华紫光英力化工技术有限责任公司〈P1557〉;[黑]大庆新世纪精细化工有限公司〈P1722〉;[苏]金坛市聚源化工厂〈P1862〉;沭阳县华泰化工厂〈P1804〉;江苏磐希化工有限公司〈P1821〉;[闽]福建省三农碳酸钙有限责任公司钙品分公司〈P1995〉;[鲁]淄博达隆制药科技有限公司〈P2059〉;青岛三力化工技术有限公司(400 吨)〈P2041〉

对硝基苯甲酰氯;硝酰 C03022651
4-Nitrobenzoyl chloride [122-04-3]
用作医药、染料中间体
【生产厂】[苏]丹阳市万隆化工有限公司〈P1841〉;常州市旭东化工有限公司〈P1856〉;吴江明恒化学有限公司〈P1909〉;沭阳金凯化工厂〈P1804〉;沭阳县华泰化工厂〈P1804〉;[浙]宁波市镇海翔宇化工有限公司(700 吨)〈P1933〉

间硝基苯甲酰氯 C03022655
m-Nitrobenzoyl chloride [121-90-4]
用于医药、染料的制备,也用作彩色显影剂的中间体
【生产厂】[苏]丹阳市万隆化工有限公司〈P1841〉

2-氯-5-硝基苯甲酰氯 C03022657
2-Chloro-5-nitrobenzoyl chloride [25784-91-2]
用作有机合成中间体
【生产厂】[苏]泰兴盛铭精细化工有限公司〈P1825〉

4-氯-3-硝基苯甲酰氯;3-硝基-4-氯苯甲酰氯 C03022658
4-Chloro-3-nitrobenzoyl chloride [38818-50-7]
用于有机合成
【生产厂】[苏]泰兴盛铭精细化工有限公司〈P1825〉

3-(3-喹啉基)-2-丙烯-1-醇 C03022661
3-(3-Quinolyl)-2-propen-1-ol
用作医药中间体
【生产厂】[浙]浙江华义医药有限公司〈P1954〉

3-(3-喹啉基)-2-丙炔-1-醇 C03022662
3-(3-Quinolyl)-2-propyn-1-ol
用作医药中间体
【生产厂】[浙]浙江华义医药有限公司〈P1954〉

3,4-二氢-2(1*H*)-喹啉酮 C03022665
3,4-Dihydro-2(1*H*)-quinolinone [553-03-7]
【生产厂】[鲁]山东武城康达化工有限公司〈P2146〉

7-羟基喹啉酮 C03022667
7-Hydroxyquinolinone [22246-18-0]
【生产厂】[苏]徐州诺特化工有限公司〈P1795〉;徐州瑞赛科技实业有限公司〈P1795〉

3,4-二氢-7-(4-氯丁氧基)-2-喹啉酮 C03022668
7-(4-Chlorobutoxy)-3,4-dihydro-2-quinolinone [120004-79-7]

C

用作药物阿立哌唑中间体
【生产厂】[沪]上海康鸣高科技有限公司〈P1748〉

8-羟基喹诺酮；2,8-喹啉二醇 C03022670
8-Hydroxyquinolone；2,8-Dihydroxyquinoline
[15450-76-7]
【生产厂】[苏]南京奥德赛化工有限公司〈P1782〉

C

7-(4-溴丁氧基)-3,4-二氢-2-喹啉酮 C03022672
7-(4-Bromobutoxy)-3,4-dihydro-2-quinolinone
[129722-34-5]
用作药物阿立哌唑中间体
【生产厂】[沪]上海康鸣高科技有限公司〈P1748〉；[苏]苏州海宇生物科技有限公司〈P1900〉；昆山化工医药原料有限公司〈P1895〉

6-羟基-3,4-二氢-2-喹啉酮 C03022673
6-Hydroxy-3,4-dihydro-2-quinolinone [54197-66-9]
用作药物西斯他唑中间体
【生产厂】[沪]上海立科药物化学有限公司〈P1750〉；[浙]浙江金立源药业有限公司〈P1951〉

7-羟基-3,4-二氢-2-喹啉酮 C03022674
7-Hydroxy-3,4-dihydro-2-quinolinone [22246-18-0]
用作药物阿立哌唑中间体
【生产厂】[沪]上海康鸣高科技有限公司〈P1748〉；[苏]苏州海宇生物科技有限公司〈P1900〉

8-羟基喹啉酮 C03022675
8-Hydroxyquinolinone [10380-28-6]
【生产厂】[浙]浙江优联医药化工有限公司〈P1928〉；[豫]开封明阳化工有限责任公司〈P2177〉

4-溴甲基喹啉-2-酮 C03022676
4-Bromomethyl-2-quinolinone [4876-10-2]
用作医药中间体
【生产厂】[沪]上海科利生物医药有限公司〈P1749〉；[苏]常州联新化工有限公司〈P1848〉；[浙]横店集团家园化工有限公司〈P1952〉

6-羟基-3,4-二氢喹诺酮 C03022677
6-Hydroxy-3,4-dihydroquinolone [54197-66-9]
用作医药西洛他唑中间体
【生产厂】[渝]重庆康乐制药有限公司〈P2305〉

7-羟基-3,4-二氢喹诺酮 C03022678
7-Hydroxy-3,4-dihydroquinolone [22246-18-0]
【生产厂】[苏]昆山化工医药原料有限公司〈P1895〉；昆山化工医药原料有限公司〈P1895〉；[浙]杭州广林生物医药有限公司〈P1917〉

4-溴甲基喹诺酮 C03022680
4-Bromomethylquinolone
用作药物瑞巴匹特中间体
【生产厂】[苏]苏州园方化工有限公司〈P1907〉

***N*-溴代丁二酰亚胺；*N*-溴代琥珀酰亚胺** C03022681
N-Bromosuccinimide；1-Bromo-2,5-pyrrolidinedione
[128-08-5]
可合成溴乙腈药物，农药工业用于合成噻菌灵，可用作水果保鲜剂以及防腐、防霉剂等
【生产厂】[津]天津市天工化工厂(200吨)〈P1604〉；天津市亿天工贸有限公司〈P1610〉；天津天成制药有限公司(300吨)〈P1614〉；[沪]上海邦成化工有限公司〈P1728〉；[苏]南京苏如化工有限公司〈P1789〉；仪征市鼎信化工有限公司〈P1820〉；南京锐马精细化工有限公司〈P1788〉；太仓市鑫鹄化工有限公司〈P1909〉；江苏华派集团(50吨)〈P1807〉；[浙]浙江德清县银苑化工有限公司〈P1946〉；浙江黄岩先灵化工厂(100吨)〈P1965〉；[鲁]淄博万康医药化工有限公司〈P2074〉；潍坊万源化工有限公司〈P2106〉；青岛东海源生化科技有限公司〈P2034〉；山东省巨野凌峰化工原料有限公司〈P2160〉；[豫]临颍县颍华技术开发有限公司(50吨)〈P2220〉；河南联科药业有限公司(10吨)〈P2221〉；[陕]陕西宝鸡宝玉化工有限公司〈P2351〉

***N*-氯代丁二酰亚胺；*N*-氯代琥珀酰亚胺；氯代二乙酰亚胺；NCS** C03022685
N-Chlorosuccinimide [128-09-6]
用作医药中间体、有机合成氯化剂，也可用于制备橡胶助剂
【生产厂】[津]天津天成制药有限公司(150吨)〈P1614〉；[冀]廊坊三威化工有限公司〈P1660〉；[沪]上海邦成化工有限公司〈P1728〉；[苏]南京苏如化工有限公司〈P1789〉；仪征市鼎信化工有限公司(30吨)〈P1820〉；南京长澳制药有限公司〈P1782〉；南京台硝化工有限公司(90吨)〈P1790〉；太仓市鑫鹄化工有限公司〈P1909〉；江苏华派集团(30吨)〈P1807〉；[浙]浙江德清县银苑化工有限公司〈P1946〉；台州市新东方医化有限公司〈P1962〉；[鲁]潍坊万源化工有限公司〈P2106〉；[豫]临颍县颍华技术开发有限公司(50吨)〈P2220〉；河南联科药业有限公司(10吨)〈P2221〉；[陕]陕西宝鸡宝玉化工有限公司〈P2351〉

丁二酸单乙酯酰氯；琥珀酸单乙酯酰氯 C03022687
Ethyl succinyl monochloride；Ethyl 3-(Chloroformyl) propionate
[14794-31-1]
用作琥乙红霉素、琥珀酸类产品中间体
【生产厂】[陕]陕西渭南惠丰化学工业有限责任公司(60吨)〈P2352〉

3,3-环戊烷戊二酰亚胺 C03022689
3,3-Pentamethylene glutarimide [1130-32-1]
用作药物加巴喷丁中间体
【生产厂】[沪]上海康鸣高科技有限公司〈P1748〉；[苏]太仓市运通化工厂〈P1909〉；[浙]杭州泰鑫医药化工有限公司〈P1922〉

氢化可的松半琥珀酸酯 C03022695
Hydrocortisone hemisuccinate
用作医药中间体
【生产厂】[津]天津金耀集团有限公司〈P1574〉；[浙]浙江仙居捷大医药化工有限公司〈P1969〉

氢化可的松琥珀酸钠 C03022696
Hydrocortisone sodium succinate
用作医药中间体
【生产厂】[浙]浙江仙居捷大医药化工有限公司〈P1969〉

氢化泼尼松琥珀酸钠 C03022698
Prednisolone sodium succinate

用作医药中间体
【生产厂】[浙]浙江仙居捷大医药化工有限公司〈P1969〉

氢化可的松琥珀酸酯 C03022699
Hydrocortisone succinate
【生产厂】[津]天津天药药业股份有限公司〈P1615〉

乙氧基亚甲基丙二酸丙二酯 C03022701
Propylene glycol ethoxymethylenemalonate
用作医药及农药中间体
【生产厂】[豫]荥阳市六零集团公司六零二分厂(1000 吨)〈P2169〉;河南康泰制药集团公司河南省精细化工厂(200 吨)〈P2166〉
【使用厂】[豫]河南康泰制药集团公司〈P2166〉;[渝]西南合成制药股份有限公司〈P2303〉

氨基硫脲;硫代氨基脲 C03022711
N-Aminothiourea [79-19-6]
用于合成抗结核药氨硫脲和磺胺药物,用作农药中间体、橡胶助剂、合成树脂添加剂以及分析试剂等
【生产厂】[冀]石家庄龙泰化工有限公司〈P1628〉;[苏]常州市浩楠化工有限公司〈P1851〉;常熟市新腾化工有限公司〈P1891〉

碳酸肼 C03022713
Hydrazine carbonate
用作纤维和树脂的改性剂、金属表面处理剂等
【生产厂】[鲁]山东石大科技集团有限公司(500 吨)〈P2086〉

卡巴肼;碳酰肼;1,3-二氨基脲 C03022715
Carbazide;Carbohydrazide;1,3-Diaminourea [497-18-7]
广泛用于生产药品、除草剂、植物生长调节剂、染料等
【生产厂】[沪]上海美林康精细化工有限公司〈P1753〉;[苏]南京法姆化学厂〈P1783〉;[鲁]山东石大胜华化工股份有限公司(500 吨)〈P2086〉;潍坊青田化工科技有限公司〈P2103〉;[鄂]襄樊金译成精细化工有限公司〈P2238〉;南漳县襄九精细化工有限责任公司〈P2238〉;[川]宜宾北方川安化工有限公司〈P2335〉

5-溴-2,3-亚甲二氧基苯甲醛;溴代邻位胡椒醛 C03022741
5-Bromo-2,3-methylenedioxybenzaldehyde
用于生产治疗心脑血管疾病药物的中间体
【生产厂】[渝]重庆小泉化工厂〈P2308〉

甘草酸单钾盐 C03022751
Monopotassium glycyrhetate
用于医药、食品、饮料等行业
【生产厂】[蒙]开鲁兴利制药有限责任公司〈P1682〉;[苏]江苏大华药业有限公司〈P1802〉;[陕]西安天行健天然生物制品有限公司〈P2350〉;[甘]甘肃金汉伯生物制品有限责任公司〈P2358〉

甘草酸二钾盐 C03022753
Dipotassium glycyrhetate
主要用于医药、食品、饮料、保健品行业
【生产厂】[粤]广州鸿雨精细化工有限公司〈P2261〉;[陕]西安天行健天然生物制品有限公司〈P2350〉;[甘]甘肃金汉伯生物制品有限责任公司〈P2358〉

甘草酸三钾盐 C03022755
Tripotassium glycyrhetate
用于医药、烟草、食品、保健品、饮料行业
【生产厂】[甘]甘肃金汉伯生物制品有限责任公司〈P2358〉

甘草酸三钠盐 C03022757
Trisodium glycyrhetate
用于医药、食品、烟草、保健品、饮料行业
【生产厂】[陕]西安天行健天然生物制品有限公司〈P2350〉;[甘]甘肃金汉伯生物制品有限责任公司〈P2358〉

甘草酸二钠;甘草甜素二钠 C03022759
Disodium glycyrhetate
用作甜味剂,应用于医药、食品、酱制品、饮料等行业
【生产厂】[甘]甘肃金汉伯生物制品有限责任公司〈P2358〉

甘草酸单钠盐 C03022760
Monosodium glycyrhetate
【生产厂】[陕]西安天行健天然生物制品有限公司〈P2350〉

混旋苯甘氨酸;DL-苯甘氨酸 C03022771
DL-α-Aminophenylacetic acid;DL-2-Phenylglycine [2835-06-5]
用于制造左旋苯甘氨酸
【生产厂】[京]大庆开发区新世纪精细化工有限公司北京裕立化工有限公司〈P1567〉;北京东方德众科技发展有限公司〈P1546〉;[冀]石家庄市石兴氨基酸有限公司〈P1631〉;[黑]大庆新世纪精细化工有限公司〈P1722〉
【使用厂】[粤]珠海保税区丽珠合成制药有限公司〈P2274〉

古龙酸 C03022781
Gulonic acid
用作维生素中间体
【生产厂】[冀]河北维尔康制药有限公司〈P1622〉;[鲁]山东淄博华龙制药有限公司〈P2056〉
【使用厂】[苏]泰兴市有机化工四厂〈P1827〉

氯甲酸苄酯 C03022791
Benzyl chloroformate [501-53-1]
在抗生素合成中作氨基保护剂,也用于农药中间体
【生产厂】[沪]上海泰禾(集团)有限公司〈P1767〉;[苏]江苏永联集团公司精细化工厂〈P1866〉

托品醇;β-托品醇;8-甲基-8-氮杂双环[3.2.1]辛-3-醇 C03022801
β-Tropanol [135-97-7]
用作医药中间体
【生产厂】[京]北京迈劲医药科技有限公司〈P1555〉;[浙]杭州广林生物医药有限公司〈P1917〉;[鲁]山东中科泰斗化学有限公司〈P2030〉;[豫]河南普瑞制药有限公司〈P2227〉

托品酮;8-甲基-8-氮杂双环[3.3.1]辛烷-3-酮 C03022851
Tropinone;8-Methyl-8-azabicyclo[3.3.1]octan-3-one [532-24-1]

C

用作医药中间体

【生产厂】[沪]上海法茵克化学科技有限公司〈P1732〉；[浙]杭州广林生物医药有限公司〈P1917〉；[豫]河南普瑞制药有限公司〈P2227〉

乐卡地平主环；2,6-二甲基-5-甲氧羰基-4-(3-硝基苯基)-1,4-二氢吡啶-3-甲酸 C03022871

Lercanidipine mainring；2,6-Dimethyl-5-methoxycarbonyl-4-(3-nitrophenyl)-1,4-dihydropyridine-3-carboxylic acid [74936-72-4]

用作药物乐卡地平的中间体

【生产厂】[浙]浙江丽晶化学有限公司〈P1965〉

乐卡地平侧链；2,*N*-二甲基-*N*-(3,3-二苯基丙基)-1-氨基-2-丙醇 C03022891

Lercanidipine branch；2,*N*-Dimethyl-*N*-(3,3-diphenylpropyl)-1-amino-2-propanol [100442-33-9]

用作药物乐卡地平的中间体

【生产厂】[浙]浙江丽晶化学有限公司〈P1965〉

盐酸苄丝肼 C03022901

Benserazide hydrochloride [14919-77-8]

用作脱羧酶抑制剂

【生产厂】[沪]上海康文医药中间体有限公司〈P1748〉；[浙]杭州泰鑫医药化工有限公司〈P1922〉；台州南峰药业有限公司〈P1961〉；金华立信医药化工有限公司〈P1953〉；浙江耐司康药业有限公司〈P1955〉；[鄂]黄冈赛康药业有限公司〈P2244〉；黄冈市恒兴源化工有限责任公司〈P2244〉；罗田县恒兴源化工有限公司〈P2244〉

肼基乙酸乙酯盐酸盐 C03022951

Ethyl hydrazinoacetate hydrochloride [6945-92-2]

【生产厂】[浙]浙江车头制药有限公司〈P1963〉；[鲁]青岛裕达精细化工有限公司〈P2046〉

L-谷氨酰胺-α-酮戊二酸 C03022961

L-Glutamine-α-ketoglutarate

主要用于运动保健和增强体质等

【生产厂】[辽]开原亨泰精细化工厂〈P1712〉；[沪]上海汉飞生化科技有限公司〈P1735〉；[浙]浙江省上虞市精益生物化工有限公司〈P1951〉

L-组氨酸-α-酮戊二酸 C03022971

L-Histidine-α-ketoglutarate

【生产厂】[沪]上海汉飞生化科技有限公司〈P1735〉；[浙]浙江省上虞市精益生物化工有限公司〈P1951〉

L-赖氨酸-α-酮戊二酸 C03022981

L-Lysine-α-ketoglutarate

【生产厂】[沪]上海汉飞生化科技有限公司〈P1735〉

***N*,*O*-二甲基羟胺盐酸盐** C03023331

N,*O*-Dimethylhydroxylamine hydrochloride [6638-79-5]

用于医药、农药的合成

【生产厂】[京]北京高盟化工有限公司(60 吨)〈P1548〉；[浙]浙江黄岩东升医药化工有限公司〈P1964〉；[鲁]山东平原县恒源化工有限公司(100 吨)〈P2145〉；烟台奥东化学材料有限公司〈P2116〉

1-(4-氯苯基)环丁腈 C03023371

1-(4-Chlorophenyl) cyclobutane carbonitrile

用作药物西布曲明中间体

【生产厂】[苏]江阴东方医药原料有限公司〈P1867〉

1-[1-(4-氯苯基)环丁基]-3-甲基丁胺 C03023391

1-[1-(4-Chlorophenyl) cyclobutyl]-3-methylbutylamine

用作药物西布曲明中间体

【生产厂】[苏]江阴东方医药原料有限公司〈P1867〉

氮螺盐酸盐 C03023401

1,4-Dithia-7-azaspiro(4,4) nonane-8-(*S*)-carboxylic acid hydrochloride

【生产厂】[苏]苏州开元民生化学科技有限公司〈P1901〉

氮螺溴酸盐 C03023411

1,4-Dithia-7-azaspiro(4,4) nonane-8-(*S*)-carboxylic acid hydrobromide [75776-79-3]

【生产厂】[苏]苏州开元民生化学科技有限公司〈P1901〉

正丙基七元环；七环；2-正丙基-4,7-二氢-1,3-二氧七环 C03023502

2-*n*-Propyl-4,7-dihydro-1,3-dioxoheptacycle

维生素 B_6 中间体

【生产厂】[苏]常州东方医药原料有限公司〈P1846〉；江苏瑞佳化学有限公司〈P1865〉

卡巴多；卡巴得 C03023701

Carbadox；Fortigro [6804-07-5]

用作药用辅料、饲料添加剂

【生产厂】[苏]南京台硝化工有限公司(360 吨)〈P1790〉；[川]成都台硝化工有限公司(300 吨)〈P2315〉

六氯三聚磷腈 C03023801

Hexachlorocyclotriphosphazine；Phosphonitrilic chloride trimer [940-71-6]

【生产厂】[沪]上海万凯化学有限公司〈P1768〉；[苏]江苏华昌(集团)有限公司〈P1893〉

4-氯苯甲酸；对氯苯甲酸 C03023901

4-Chlorobenzoic acid [74-11-3]

用作医药、农药和染料及有机合成中间体

【生产厂】[苏]仪征市鼎信化工有限公司(300 吨)〈P1820〉；金坛市华盛化工助剂有限公司〈P1862〉；金坛市登冠化工有限公司〈P1861〉；苏州开元民生化学科技有限公司〈P1901〉；太仓市东明化工有限公司(480 吨)〈P1908〉；南通林港化工有限公司〈P1834〉；[浙]嘉兴市南化化工有限公司(960 吨)〈P1942〉；[鄂]武汉有机实业股份有限公司〈P2235〉

【使用厂】[鄂]湖北科兴医药化工股份有限公司〈P2237〉；[桂]桂林南药股份有限公司〈P2299〉

间氯苯甲酸；3-氯苯甲酸 C03023902

m-Chlorobenzoic acid [535-80-8]

用作医药、染料中间体

【生产厂】[沪]上海神强实业有限公司〈P1761〉；[苏]泰兴市化工七厂(500 吨)〈P1826〉

香兰素(1,2)丙二醇缩醛 C03024111

Vanillin 1,2-propylene glycol acetal

用作医药加香中间体

【生产厂】[粤]广州市伟香单体香料有限公司〈P2266〉

4-氯丁醛缩二甲醇;4-氯-1,1-二甲氧基丁烷 C03024131
4-Chlorobutyaldehyde dimethyl acetal [29882-07-3]
用作曲坦类药物的中间体
【生产厂】[京]北京高博医药化学技术开发有限公司〈P1547〉

4-氯丁醛缩二乙醇;4-氯-1,1-二乙氧基丁烷 C03024151
4-Chlorobutyaldehyde diethyl acetal [6139-83-9]
用作曲坦类药物的中间体
【生产厂】[京]北京高博医药化学技术开发有限公司〈P1547〉

4-氨基丁醛缩二乙醇 C03024171
4-Aminobutyaldehyde diethyl acetal [6346-09-4]
【生产厂】[陕]陕西宏庆医药化学有限公司〈P2346〉

α-乙基去氧苯偶姻 C03024201
α-Ethyldeoxybenzoin
【生产厂】[苏]苏州市苏瑞医药化工有限公司〈P1905〉;昆山三友医药辅料厂(10吨)〈P1896〉

2,4,5-三氨基-6-羟基嘧啶硫酸盐 C03024303
2,4,5-Triamino-6-hydroxypyrimidine sulfate [1603-02-7]
用作医药中间体,用于制叶酸及嘌呤等
【生产厂】[浙]台州市知青化工有限公司〈P1962〉
【使用厂】[苏]常熟市蜂蚁化工综合厂〈P1890〉

4,6-二羟基-2-甲基嘧啶 C03024307
4,6-Dihydroxy-2-methylpyrimidine [40497-30-1]
用于医药中间体的合成
【生产厂】[苏]连云港永龙化工有限公司〈P1800〉;[浙]德清县天宝化工厂〈P1945〉;[粤]肇庆市科立化工有限公司〈P2293〉

2,4,6-三氨基嘧啶 C03024311
2,4,6-Triaminopyrimidine [1004-38-2]
用于抗肿瘤药、抗癌药及氨苯喋啶、甲氨喋呤等药物的合成
【生产厂】[沪]上海嘉辰化工有限公司〈P1742〉;[苏]苏州市苏瑞医药化工有限公司〈P1905〉;[浙]德清县天宝化工厂〈P1945〉;台州市知青化工有限公司〈P1962〉;[粤]肇庆市科立化工有限公司〈P2293〉

2-氨基嘧啶盐酸盐 C03024318
2-Aminopyrimidine hydrochloride [138588-40-6]
【生产厂】[浙]杭州江南化工有限公司〈P1919〉

2-氨基嘧啶 C03024319
2-Aminopyrimidine [109-12-6]
用作医药中间体
【生产厂】[沪]上海金易精细化工有限公司〈P1745〉;[苏]仪征市鼎信化工有限公司(10吨)〈P1820〉;[浙]杭州江南化工有限公司〈P1919〉;浙江黄岩精细化学品集团有限公司〈P1964〉;[粤]肇庆市科立化工有限公司〈P2293〉

5-亚硝基-2,4,6-三氨基嘧啶 C03024321
5-Nitroso-2,4,6-triaminopyrimidine [1006-23-1]
用作医药中间体
【生产厂】[苏]苏州市苏瑞医药化工有限公司〈P1905〉;[粤]肇庆市科立化工有限公司〈P2293〉

2-甲硫基-4-嘧啶酮 C03024329
2-Methylthio-4-pyrimidone [5751-20-2]
用于合成药物咪唑斯汀
【生产厂】[川]宜宾北方川安化工有限公司〈P2335〉

2-氨基-5-异丙基嘧啶 C03024335
2-Amino-5-isopropylpyrimidine [98432-17-8]
【生产厂】[赣]江西金海化工有限公司〈P2014〉

4,6-二氯-5-硝基嘧啶 C03024347
4,6-Dichloro-5-nitropyrimidine
【生产厂】[浙]宁波大红鹰药业股份有限公司〈P1930〉

2,4,5,6-四氨基嘧啶硫酸盐 C03024361
2,4,5,6-Tetraaminopyrimidine sulfate [5392-28-9]
用作药物甲氨喋呤中间体
【生产厂】[苏]苏州市苏瑞医药化工有限公司〈P1905〉;[浙]湖州恒远生物化学技术有限公司〈P1945〉;德清县天宝化工厂〈P1945〉

2,4,5,6-四氨基嘧啶盐酸盐 C03024369
2,4,5,6-Tetraaminopyrimidine hydrochloride
【生产厂】[浙]德清县天宝化工厂〈P1945〉

2-甲基-4,6-二氯-5-氨基嘧啶;5-氨基-4,6-二氯-2-甲基嘧啶 C03024371
2-Methyl-4,6-dichloro-5-aminopyrimidine
用作抗高血压药莫索尼啶的中间体
【生产厂】[苏]金坛德培化工有限公司〈P1861〉;[浙]德清县天宝化工厂〈P1945〉

4,6-二氯-5-氨基嘧啶;5-氨基-4,6-二氯嘧啶 C03024375
5-Amino-4,6-dichloropyrimidine [5413-85-4]
用于医药中间体的合成
【生产厂】[沪]上海凯路化工有限公司〈P1747〉;[浙]宁波大红鹰药业股份有限公司〈P1930〉

4,6-二甲基嘧啶-2-硫代甲酸苄酯;Z-试剂 C03024381
4,6-Dimethylpyrimidine-2-thiocarboxylic acid benzyl ester; Z-Reagent [42116-21-2]
用作合成乌苯美司的中间体
【生产厂】[浙]普洛康裕股份有限公司〈P1953〉

4-甲基-5-乙氧基噁唑 C03024401
4-Methyl-5-ethoxyoxazole [5006-20-2]
用作维生素 B_6 中间体
【生产厂】[沪]上海晨富化工有限公司〈P1730〉;[浙]浙江天新药业有限公司(200吨)〈P1968〉

2,5-二苯基噁唑 C03024451
2,5-Diphenyloxazole [92-71-7]
用于有机化合物、医药及染料的合成

【生产厂】[鄂]襄樊诺尔化工有限公司〈P2238〉

甲基磺酰氯;甲磺酰氯;甲烷磺酰氯 C03024711

Methylsulfonyl chloride [124-63-0]

是生产甲磺酸的原料,用作酯化或聚合的催化剂、染色助剂及油墨、涂料的催干剂,还可用作合成医药、农药原料

【生产厂】[京]北京维达化工有限公司(1500吨)〈P1563〉;[冀]河北亚诺化工有限公司(3000吨)〈P1623〉;河北省景县景美化学工业有限公司(1800吨)〈P1665〉;河北海斯特化学有限公司(2000吨)〈P1663〉;唐山市维智贸易有限公司〈P1636〉;廊坊格瑞泰化工有限公司〈P1660〉;廊坊金盛汇化工有限公司(3000吨)〈P1660〉;廊坊光亚化工有限公司〈P1660〉;[蒙]内蒙古鄂尔多斯市鑫泰隆精细化工有限责任公司〈P1683〉;[苏]常州市旭东化工有限公司〈P1856〉;盐城中亚医药化工有限公司(800吨)〈P1812〉;[浙]杭州力禾颜料有限公司〈P1920〉;[豫]南阳市威特化工有限责任公司〈P2224〉;南阳市思达特精细化学有限责任公司(3000吨)〈P2224〉;河南科邦化工有限公司(1000吨)〈P2223〉

【使用厂】[冀]廊坊三威化工有限公司〈P1660〉

乙基磺酰氯;乙磺酰氯 C03024721

Ethanesulfonyl chloride [594-44-5]

用作医药、农药中间体

【生产厂】[冀]河北海斯特化学有限公司(1000吨)〈P1663〉;廊坊格瑞泰化工有限公司〈P1660〉;廊坊光亚化工有限公司〈P1660〉;[苏]盐城中亚医药化工有限公司(500吨)〈P1812〉

丙基磺酰氯 C03024731

Propanesulfonyl chloride [10147-36-1]

【生产厂】[苏]盐城中亚医药化工有限公司(500吨)〈P1812〉

丁基磺酰氯 C03024741

Butylsulfonyl chloride [2386-60-9]

【生产厂】[苏]盐城中亚医药化工有限公司(500吨)〈P1812〉

辛基磺酰氯 C03024781

n-Octylsulfonyl chloride [7795-95-1]

【生产厂】[苏]盐城中亚医药化工有限公司(500吨)〈P1812〉

苄基磺酰氯 C03024791

Benzylsulfonyl chloride [1939-99-7]

【生产厂】[沪]上海杜拿克化工有限公司〈P1732〉;[苏]南通施壮化工有限公司〈P1834〉

三苯基膦 C03024801

Triphenyl phosphine [603-35-0]

用于有机合成,也用作聚合引发剂、抗菌素类药物氯洁霉素等的原料

【生产厂】[京]大庆开发区新世纪精细化工有限公司北京裕立化工有限公司〈P1567〉;北京清华紫光英力化工技术有限责任公司〈P1557〉;[黑]大庆新世纪精细化工有限公司〈P1722〉;[沪]上海三微实业有限公司(500吨)〈P1759〉;上海威方精细化工有限公司〈P1769〉;上海华彭实业有限公司〈P1739〉;上海朗瑞精细化学品有限公司〈P1749〉;上海光铧科技有限公司〈P1735〉;上海金赛医药化工有限公司〈P1744〉;[苏]苏州锦源精细化工有限责任公司(300吨)〈P1901〉;江都市星海化工有限公司〈P1815〉;如皋市恒祥化工有限责任公司(150吨)〈P1838〉;[浙]浙江新花蝶化工有限公司〈P1969〉;[皖]安庆和兴化工有限责任公司(200吨)〈P1979〉;[鲁]济南乐康信药业有限公司〈P2023〉;山东博森精细化工有限公司〈P2084〉;招远市金恒化工有限公司〈P2121〉;[川]成都科恩医药化工实业有限公司〈P2312〉

【使用厂】[浙]浙江普洛化学有限公司〈P1955〉

二苯基氯化膦 C03024821

Diphenylchlorophosphine [1079-66-9]

【生产厂】[京]北京奥得赛化学有限公司〈P1543〉;[黑]大庆新世纪精细化工有限公司〈P1722〉;[沪]上海华钛化学有限公司〈P1739〉;上海万凯化学有限公司〈P1768〉;上海华彭实业有限公司〈P1739〉;[苏]吴江市高新精细化工有限公司〈P1910〉;连云港泰亿精细化工有限公司〈P1800〉;[陕]陕西宏庆医药化学有限公司〈P2346〉

乙基三苯基氯化膦 C03024861

Ethyltriphenylphosphonium chloride [896-33-3]

用作药物中间体

【生产厂】[沪]上海金赛医药化工有限公司〈P1744〉;[苏]如皋市恒祥化工有限责任公司〈P1838〉

苄基三苯基氯化膦 C03024871

Benzyltriphenylphosphonium chloride [1100-88-5]

【生产厂】[京]北京朝福化工实验厂〈P1544〉;[沪]上海金赛医药化工有限公司〈P1744〉;[苏]江苏省金坛市西南化工研究所〈P1860〉

苄基三苯基溴化膦 C03024875

Benzyltriphenylphosphonium bromide [1449-46-3]

【生产厂】[京]北京朝福化工实验厂〈P1544〉;[苏]江苏省金坛市西南化工研究所〈P1860〉;[赣]广丰县弘立化工厂〈P2014〉

烯丙基三苯基氯化膦 C03024881

Allyltriphenylphosphonium chloride [18480-23-4]

【生产厂】[苏]江苏省金坛市西南化工研究所〈P1860〉

烯丙基三苯基溴化膦 C03024885

Allyltriphenylphosphonium bromide [1560-54-9]

【生产厂】[苏]江苏省金坛市西南化工研究所〈P1860〉

乙基三苯基碘化膦 C03024891

Ethyl triphenylphosphonium iodide [4736-60-1]

【生产厂】[沪]上海金赛医药化工有限公司〈P1744〉

乙基三苯基醋酸膦 C03024899

Ethyltriphenylphosphonium acetate [35835-94-0]

【生产厂】[沪]上海金赛医药化工有限公司〈P1744〉

盐酸丁脒 C03024951

Butylamidine hydrochloride [3020-81-3]

是生产抗球虫药安普罗林的重要中间体

【生产厂】[苏]苏州市奥盛精细化工有限公司〈P1902〉

1,2-二氟苯;邻二氟苯 C03025001

1,2-Difluorobenzene [367-11-3]

用作医药中间体、有机合成中间体

【生产厂】[沪]上海凯路化工有限公司〈P1747〉;[苏]常州市迅达化工有限公司〈P1856〉;[浙]浙江省三门解氏化学工

业有限公司(15 吨)〈P1966〉;[皖]东至德泰精细化工有限公司〈P1987〉

1,3-二氟苯;间二氟苯　C03025011
1,3-Difluorobenzene [372-18-9]
是合成含氟医药、农药等的重要中间体
【生产厂】[沪]上海凯路化工有限公司〈P1747〉;上海崇明生化制品厂有限公司(20 吨)〈P1730〉;[苏]南京仁信化工有限公司〈P1788〉;常州市迅达化工有限公司〈P1856〉;泰兴市三川化工有限公司〈P1826〉;[浙]浙江省三门解氏化学工业有限公司(10 吨)〈P1966〉;浙江鹰鹏化工有限公司〈P1956〉;[皖]东至德泰精细化工有限公司〈P1987〉

1,2,4,5-四氟苯　C03025012
1,2,4,5-Tetrafluorobenzene [327-54-8]
用作医药中间体
【生产厂】[鲁]青岛双收农药化工有限公司〈P2043〉

1,2,3,4-四氟苯　C03025013
1,2,3,4-Tetrafluorobenzene [551-62-2]
【生产厂】[苏]昆山华旭精细化工有限公司〈P1895〉

1,4-二氟苯;对二氟苯　C03025015
1,4-Difluorobenzene [540-36-3]
用作医药中间体
【生产厂】[苏]常州市迅达化工有限公司〈P1856〉;[浙]浙江省三门解氏化学工业有限公司(15 吨)〈P1966〉;[皖]东至德泰精细化工有限公司〈P1987〉

1,3,5-三氟苯　C03025018
1,3,5-Trifluorobenzene [372-38-3]
【生产厂】[苏]常州市迅达化工有限公司〈P1856〉;[赣]江西省励远化工科技实业公司〈P2009〉;江西上饶现代化工有限公司〈P2015〉

1,2,4-三氟苯　C03025019
1,2,4-Trifluorobenzene [367-23-7]
【生产厂】[苏]常州市迅达化工有限公司〈P1856〉

1,3-二(三氟甲基)苯;间二(三氟甲基)苯　C03025021
1,3-Di(trifluoromethyl)benzene [402-31-3]
用作医药、农药中间体
【生产厂】[京]北京卡乐瑞化工有限公司〈P1553〉;[辽]辽宁天合精细化工股份有限公司(40 吨)〈P1702〉;阜新三宝化工实业有限公司〈P1708〉;阜新特种化学股份有限公司(200 吨)〈P1708〉;[苏]丹阳市大泊化工厂〈P1840〉;江苏亨泰化工有限公司〈P1797〉;淮安永创化学有限公司〈P1801〉;高邮市康乐精细化工厂〈P1813〉;[浙]浙江莹光化工有限公司〈P1956〉;浙江省东阳市巍华化工有限公司〈P1955〉;[鲁]济宁信东化工有限公司〈P2129〉

1,4-二(三氟甲基)苯;对二(三氟甲基)苯　C03025023
1,4-Bis(trifluoromethyl)benzene [433-19-2]
用作医药、农药中间体
【生产厂】[辽]辽宁天合精细化工股份有限公司〈P1702〉;阜新三宝化工实业有限公司〈P1708〉;阜新特种化学股份有限公司〈P1708〉;[苏]丹阳市大泊化工厂〈P1840〉;[浙]浙江省东阳市巍华化工有限公司〈P1955〉;[鲁]济宁信东化工有限公司〈P2129〉

2-氟苯胺;邻氟苯胺　C03025031
2-Fluoroaniline [348-54-9]
用作医药、农药及染料中间体
【生产厂】[京]北京卡乐瑞化工有限公司〈P1553〉;[辽]大连瑞泽农药股份有限公司〈P1693〉;盘锦盘助化工助剂有限公司〈P1706〉;[沪]上海凯路化工有限公司〈P1747〉;[苏]江苏庙桥合成化工有限公司(100 吨)〈P1859〉;泰兴市三川化工有限公司〈P1826〉;盐城中亚医药化工有限公司(100 吨)〈P1812〉;[浙]绍兴贝斯美化工有限公司〈P1949〉;浙江省三门解氏化学工业有限公司(20 吨)〈P1966〉;[赣]江西省励远化工科技实业公司〈P2009〉

3-氟苯胺;间氟苯胺　C03025032
3-Fluoroaniline [372-19-0]
用作有机合成中间体
【生产厂】[京]北京卡乐瑞化工有限公司〈P1553〉;[苏]常州市迅达化工有限公司〈P1856〉;[浙]浙江省三门解氏化学工业有限公司(10 吨)〈P1966〉

2,5-双三氟甲基苯胺　C03025034
2,5-Bis(trifluoromethyl)aniline
是合成农药、医药和染料的中间体
【生产厂】[辽]辽宁天合精细化工股份有限公司〈P1702〉

3,5-二(三氟甲基)苯胺;间二(三氟甲基)苯胺　C03025035
3,5-Bis(trifluoromethyl)aniline [328-74-5]
用作医药、农药中间体
【生产厂】[京]北京卡乐瑞化工有限公司〈P1553〉;北京金奥利维科技发展有限公司〈P1551〉;[辽]辽宁天合精细化工股份有限公司(50 吨)〈P1702〉;阜新三宝化工实业有限公司〈P1708〉;阜新特种化学股份有限公司〈P1708〉;[苏]南京仁信化工有限公司〈P1788〉;[浙]浙江莹光化工有限公司〈P1956〉;浙江省东阳市巍华化工有限公司〈P1955〉

对三氟甲基苯胺;4-三氟甲基苯胺　C03025036
p-Trifluoromethylaniline [455-14-1]
用作医药、染料、农药中间体
【生产厂】[京]北京金奥利维科技发展有限公司〈P1551〉;[津]天津中兴精细化工有限公司(800 吨)〈P1618〉;天津市筠凯化工科技有限公司〈P1597〉;[苏]丹阳市大泊化工厂〈P1840〉;扬州天辰精细化工有限公司〈P1819〉;如皋市恒祥化工有限责任公司〈P1838〉;[浙]绍兴贝斯美化工有限公司〈P1949〉;东阳市向阳化工有限公司〈P1952〉;衢州瑞源化工有限公司〈P1957〉;[赣]江西上饶现代化工有限公司〈P2015〉;[陕]陕西晶华科技有限公司〈P2346〉

2,6-二氟苯胺　C03025040
2,6-Difluoroaniline [5509-65-9]
用于制造多种杀虫剂、杀菌剂及除草剂,是医药和农药的重要中间体
【生产厂】[京]北京卡乐瑞化工有限公司〈P1553〉;[冀]石家庄市京东医药化工有限公司〈P1630〉;[苏]江苏庙桥合成化工有限公司〈P1859〉;泰兴市永佳化工有限公司〈P1827〉;[浙]浙江省三门解氏化学工业有限公司〈P1966〉;浙江莹光化工有限公司〈P1956〉;[赣]江西省励远化工科技实业公司〈P2009〉

2,4-二氟苯胺　C03025041
2,4-Difluoroaniline [367-25-9]
用作合成医药、农药、染料的中间体

【生产厂】[京]北京卡乐瑞化工有限公司〈P1553〉;[苏]常州市旭东化工有限公司〈P1856〉;江苏庙桥合成化工有限公司〈P1859〉;泰兴市三川化工有限公司〈P1826〉;盐城中亚医药化工有限公司(500 吨)〈P1812〉;[浙]浙江省三门解氏化学工业有限公司(15 吨)〈P1966〉;[赣]江西省励远化工科技实业公司〈P2009〉

C

3,4-二氟苯胺　C03025042

3,4-Difluoroaniline [3863-11-4]

用作医药中间体

【生产厂】[京]北京卡乐瑞化工有限公司〈P1553〉;[沪]上海凯路化工有限公司〈P1747〉;[苏]常州市迅达化工有限公司〈P1856〉;泰兴市三川化工有限公司〈P1826〉;盐城中亚医药化工有限公司(500 吨)〈P1812〉;[浙]浙江省三门解氏化学工业有限公司(15 吨)〈P1966〉

2,5-二氟苯胺　C03025043

2,5-Difluoroaniline [367-30-6]

用作医药中间体

【生产厂】[京]北京卡乐瑞化工有限公司〈P1553〉;[浙]浙江省三门解氏化学工业有限公司(15 吨)〈P1966〉

对氟苯甲腈;4-氟苯腈;对氟苯腈　C03025044

p-Fluorobenzonitrile [1194-02-1]

用作农药、医药中间体

【生产厂】[苏]句容市顺风助剂厂〈P1843〉;江苏庙桥合成化工有限公司〈P1859〉;金坛市华盛化工助剂有限公司〈P1862〉;泰兴市三川化工有限公司〈P1826〉;沭阳金凯化工厂〈P1804〉;[浙]浙江省三门解氏化学工业有限公司〈P1966〉

2,4-二氟苯腈　C03025045

2,4-Difluorobenzonitrile [3939-09-1]

用作医药中间体

【生产厂】[沪]上海威远精细氟科技发展有限公司〈P1769〉;[苏]江苏庙桥合成化工有限公司〈P1859〉;盐城中亚医药化工有限公司(100 吨)〈P1812〉;[浙]浙江省东阳市康峰有机氟化工厂(20 吨)〈P1955〉

3,5-二氟苯胺　C03025046

3,5-Difluoroaniline [372-39-4]

用于有机合成

【生产厂】[京]北京卡乐瑞化工有限公司〈P1553〉;[苏]南京仁信化工有限公司〈P1788〉;昆山化工医药原料有限公司〈P1895〉;盐城中亚医药化工有限公司(500 吨)〈P1812〉;南通施壮化工有限公司〈P1834〉;[浙]浙江省台州市椒江天一化工厂〈P1966〉;浙江莹光化工有限公司〈P1956〉;[赣]江西上饶现代化工有限公司〈P2015〉

3,5-二氟苯腈　C03025047

3,5-Difluorobenzonitrile [64248-63-1]

【生产厂】[京]北京宜龙通广科技有限公司〈P1565〉;[苏]常州市迅达化工有限公司〈P1856〉

邻氟苯腈;2-氟苯腈　C03025048

2-Fluorobenzonitrile [394-47-8]

用作医药、农药中间体

【生产厂】[苏]句容市顺风助剂厂〈P1843〉;江苏庙桥合成化工有限公司〈P1859〉;泰兴市三川化工有限公司〈P1826〉;沭阳金凯化工厂〈P1804〉;[浙]浙江省三门解氏化学工业有限公司〈P1966〉;[鲁]青岛东海源生化科技有限公司〈P2034〉

间氟苯腈;3-氟苯腈　C03025049

3-Fluorobenzonitrile [403-54-3]

【生产厂】[苏]句容市顺风助剂厂〈P1843〉;[浙]浙江省三门解氏化学工业有限公司〈P1966〉

3,4-二羟基苯腈　C03025050

3,4-Dihydroxybenzonitrile [17345-61-8]

用作医药中间体

【生产厂】[津]天津瑞发化工科技发展有限公司〈P1577〉;[辽]鞍山市兴懋化工有限责任公司〈P1696〉;[苏]江苏华派集团〈P1807〉

2,4-二硝基氟苯　C03025051

2,4-Dinitrofluorobenzene [70-34-8]

用作医药、农药、染料中间体

【生产厂】[皖]安徽省怀远县虹桥化工有限公司〈P1975〉

2,6-二氯氟苯　C03025061

2,6-Dichlorofluorobenzene [2268-05-5]

用作医药、农药及染料的中间体

【生产厂】[京]北京卡乐瑞化工有限公司〈P1553〉;[沪]上海凯路化工有限公司〈P1747〉;[浙]浙江省三门解氏化学工业有限公司(150 吨)〈P1966〉

3,4,5-三甲氧基苯腈　C03025071

3,4,5-Trimethoxybenzonitrile [1885-35-4]

【生产厂】[苏]无锡康晟精细化工有限公司〈P1874〉

4-(1*H*-1,2,4-三唑基甲基)苯腈　C03025075

4-(1*H*-1,2,4-Triazolylmethyl) benzonitrile [112809-25-3]

用作药物来曲唑中间体

【生产厂】[辽]阜新博达维医药科技有限公司〈P1707〉;[鄂]湖北志诚化工科技有限公司〈P2243〉

3-氟苯酚;间氟苯酚　C03025081

3-Fluorophenol [372-20-3]

用作医药、农药及染料的中间体

【生产厂】[京]北京卡乐瑞化工有限公司〈P1553〉;[辽]盘锦盘助化工助剂有限公司〈P1706〉;[浙]浙江省三门解氏化学工业有限公司(5 吨)〈P1966〉

2-硝基苯甲醇;邻硝基苯甲醇;邻硝基苄醇　C03025091

2-Nitrobenzyl alcohol [612-25-9]

用作医药中间体

【生产厂】[苏]南京隆燕化工有限公司〈P1787〉;靖江市江鸿化合物有限公司〈P1825〉

3,5-二溴邻氨基苯甲醇　C03025095

3,5-Dibromo-2-aminobenzalcohol

【生产厂】[浙]台州东升医药化工有限公司〈P1960〉

三氟甲苯;苄川三氟;次苄基三氟　C03025101

Trifluoromethylbenzene;Benzotrifluoride [98-08-8]

用于制造药物、染料,并用作硫化剂、杀虫剂等

【生产厂】[辽]阜新恒辉化工有限公司〈P1707〉;[苏]丹阳市大泊化工厂〈P1840〉;江苏亨泰化工有限公司〈P1797〉;淮安永创化学有限公司〈P1801〉;高邮市康乐精细化工厂

〈P1813〉；[浙]浙江鹰鹏化工有限公司〈P1956〉；浙江莹光化工有限公司〈P1956〉；浙江省东阳市康峰有机氟化工厂(1500吨)〈P1955〉；浙江省东阳市巍华化工有限公司〈P1955〉
【使用厂】[辽]大连松辽化工有限公司〈P1694〉；阜新特种化学股份有限公司〈P1708〉；[鲁]曲阜市天昊化工助剂有限公司〈P2130〉

间氯三氯甲苯；3-氯三氯苄　C03025112
m-Chlorotrichlorotoluene；3-Chlorobenzotrichloride
【生产厂】[苏]淮安永创化学有限公司〈P1801〉

邻氯三氯甲苯；2-氯三氯甲苯　C03025113
2-Chlorotrichlorotoluene [2136-89-2]
主要用于克霉唑的中间体和邻氯苯甲酰氯的生产
【生产厂】[苏]丹阳市万隆化工有限公司〈P1841〉；金坛市三方医药原料厂〈P1862〉；淮安永创化学有限公司〈P1801〉；沭阳县华泰化工厂〈P1804〉；[浙]浙江莹光化工有限公司〈P1956〉
【使用厂】[鲁]山东博山制药有限公司〈P2051〉

对氯三氯甲苯　C03025114
p-Chlorotrichlorotoluene [5216-25-1]
用作医药中间体
【生产厂】[苏]丹阳市万隆化工有限公司〈P1841〉；淮安永创化学有限公司〈P1801〉；沭阳县华泰化工厂〈P1804〉

盐酸四咪唑；盐酸噻咪唑；(R,S)-2,3,5,6-四氢-6-苯基咪唑异(2,1,6)噻唑盐酸盐　C03025121
(R,S)-2,3,5,6-Tetrahydro-6-phenylimidazole iso(2,1,6) thiazole, hydrochloride
用作左旋咪唑中间体、抗蠕虫药
【生产厂】[苏]南京瑞尔医药有限公司〈P1788〉；江都市华兴医药化工制品有限公司(260吨)〈P1814〉；[浙]舟山市强弘精细化工有限公司〈P1959〉；[渝]重庆青阳药业有限公司〈P2306〉

2-邻氯苯基-4,5-二苯基咪唑　C03025125
2-*o*-Chlorophenyl-4,5-diphenylimidazole
主要用于医药中间体
【生产厂】[冀]河北浩诺化工有限公司〈P1620〉

噻莫西酸　C03025133
Timonacic [444-27-9]
【生产厂】[陕]西安博捷医药化工技术有限公司〈P2347〉

2-氨基噻唑啉；2-氨基-2-噻唑啉　C03025139
2-Amino-2-thiazoline [1779-81-3]
可用作放射性防护剂
【生产厂】[晋]山西新天源医药化工有限公司〈P1677〉

2,5-二羟基-1,4-二噻烷　C03025141
2,5-Dihydroxy-1,4-dithiane；1,4-Dithiane-2,5-diol [40018-26-6]
用作拉米夫定等医药中间体
【生产厂】[湘]湘潭市开元化学有限公司〈P2251〉

2,5-二甲基-2,5-二羟基-1,4-二噻烷　C03025145
2,5-Dimethyl-2,5-dihydroxy-1,4-dithiane；2,5-Dimethyl-1,4-dithiane-2,5-diol [55704-78-4]
【生产厂】[湘]湘潭市开元化学有限公司〈P2251〉

S-(－)-3-叔丁基氨基-1,2-丙二醇　C03025151
S-(－)-3-*tert*-Butylamino-1,2-propanediol [30315-46-9]
【生产厂】[苏]苏州园方化工有限公司〈P1907〉

1-对硝基苯基-2-氨基-1,3-丙二醇　C03025161
2-Amino-1-(4-nitrophenyl)-1,3-propanediol [119-62-0]
用作抗菌药氯霉素中间体
【生产厂】[鄂]武汉武药制药有限公司〈P2234〉

α-乙酰氨基-β-羟基对硝基苯丙酮；对硝基-α-乙酰氨基-β-羟基苯丙酮　C03025171
α-Acetylamino-β-hydroxy-*p*-nitropropiophenone
用作氯霉素药物的中间体
【生产厂】[鄂]武汉武药制药有限公司〈P2234〉

α-溴代苯丙酮　C03025175
α-Bromopropiophenone [2114-00-3]
用作医药、有机合成中间体
【生产厂】[苏]吴江明恒化学有限公司〈P1909〉；[皖]广德金邦化工有限公司〈P1986〉；[鲁]潍坊潍泰化工有限公司〈P2106〉

3-氯-3′,4′-二甲氧基苯丙酮　C03025186
3-Chloro-3′,4′-dimethoxypropiophenone
【生产厂】[浙]浙江优联医药化工有限公司〈P1928〉

D-α-苯乙胺；R-(＋)-α-甲基苄胺　C03025211
D-α-Phenylethylamine；*R*-(＋)-α-Methylbenzylamine [3886-69-9]
【生产厂】[苏]连云港市中成化工有限公司〈P1800〉；[浙]浙江奥马药业有限公司〈P1963〉

L-α-苯乙胺；S-(－)-α-甲基苄胺　C03025215
L-α-Phenylethylamine；*S*-(－)-α-Methylbenzylamine [2627-86-3]
【生产厂】[苏]昆山市陆家红星化工厂〈P1897〉；连云港市中成化工有限公司〈P1800〉；[浙]浙江奥马药业有限公司〈P1963〉；横店集团家园化工有限公司〈P1952〉

(1R,2S)-1-氨基-2-茚醇　C03025231
(1*R*,2*S*)-1-Amino-2-indanol [136030-00-7]
用作药物茚地那韦中间体
【生产厂】[辽]大连联化化学有限公司〈P1692〉；[鲁]东营市润达化工有限公司(300吨)〈P2083〉

(1S,2R)-(－)-1-氨基-2-茚醇　C03025235
(1*S*,2*R*)-(－)-1-Amino-2-indanol [126456-43-7]
用作药物茚地那韦中间体
【生产厂】[辽]大连联化化学有限公司〈P1692〉；[鲁]东营市润达化工有限公司〈P2083〉；[川]成都艾立化工有限公司〈P2309〉

帕米膦酸；3-氨基-1-羟基-1,1-丙烷二膦酸　C03025251
Pamidronic acid；Pamidronate；Delavirdine mesylate；DLV；Rescriptor [40391-99-9]
用作帕米膦酸二钠中间体
【生产厂】[辽]沈阳东瑞科技有限公司〈P1685〉；阜新博达维

医药科技有限公司〈P1707〉;[苏]常州康力化工有限公司〈P1848〉;[鄂]湖北志诚化工科技有限公司〈P2243〉;[粤]深圳信立泰药业有限公司〈P2273〉

阿仑膦酸 C03025261
Alendronic acid [66376-36-1]
用作药物阿仑膦酸钠中间体
【生产厂】[辽]沈阳东瑞科技有限公司〈P1685〉;阜新博达维医药科技有限公司〈P1707〉;[浙]台州市新日东生物科技有限公司(2 吨)〈P1962〉;[鄂]湖北信康实业有限公司〈P2228〉

利塞膦酸 C03025271
Risedronic acid [105462-24-6]
用作药物利塞膦酸钠中间体
【生产厂】[冀]沧州锐新化工有限公司〈P1652〉;[辽]阜新博达维医药科技有限公司〈P1707〉;[沪]上海金赛医药化工有限公司〈P1744〉;[浙]桐乡市恒达化工有限公司〈P1943〉;[豫]新乡市天丰精细化工有限公司〈P2206〉

伊班膦酸;1-羟基-3-(甲基正戊胺基)-丙叉-1,1-双膦酸 C03025281
Ibandronic acid [114084-78-5]
是药物伊班膦酸钠的中间体
【生产厂】[沪]上海金赛医药化工有限公司〈P1744〉;[浙]桐乡市恒达化工有限公司〈P1943〉

2-溴-6-甲氧基萘;6-甲氧基-2-溴萘 C03025301
2-Bromo-6-methoxynaphthalene [5111-65-9]
用作萘普生等药物中间体
【生产厂】[苏]江苏飞翔化工(张家港)有限公司〈P1893〉;盐城市东港药物化工发展有限公司〈P1811〉;[浙]台州市知青化工有限公司〈P1962〉;横店集团家园化工有限公司〈P1952〉

1-乙基-2-氨甲基四氢吡咯;*N*-乙基-2-氨甲基吡咯烷 C03025501
1-Ethyl-2-aminomethyl tetrahydropyrrole [26116-12-1]
用作医药中间体
【生产厂】[沪]上海康福赛尔医药科技有限公司〈P1748〉;[苏]苏州园方化工有限公司〈P1907〉;如皋市恒祥化工有限责任公司(100 吨)〈P1838〉;[浙]浙江新东海医药化工有限公司〈P1969〉

***S*-(-)-*N*-乙基-2-氨甲基吡咯烷** C03025505
S-(-)-*N*-Ethyl-2-aminomethylpyrrolidine
用于抗精神病药物左旋舒必利的生产
【生产厂】[沪]上海康福赛尔医药科技有限公司〈P1748〉;[苏]如皋市恒祥化工有限责任公司〈P1838〉;[浙]浙江优联医药化工有限公司〈P1928〉;浙江新东海医药化工有限公司〈P1969〉

***N*-甲基-2-(2-氨基乙基)吡咯烷** C03025521
N-Methyl-2-(2-aminoethyl) pyrrolidine [51387-90-7]
用作医药中间体
【生产厂】[苏]苏州园方化工有限公司〈P1907〉;如皋市恒祥化工有限责任公司〈P1838〉;[浙]台州海辰药业有限公司〈P1960〉

***N*-甲基-2-(2-羟乙基)吡咯烷** C03025531
2-(2-Hydroxyethyl)-*N*-methylpyrrolidine [67004-64-2]
用作医药中间体,用于克敏停、盐酸阿立必利等药物的制备
【生产厂】[苏]如皋市恒祥化工有限责任公司〈P1838〉

***N*-甲基-2-(2-氯乙基)吡咯烷** C03025541
2-(2-Chloroethyl)-*N*-methylpyrrolidine [56824-22-7]
用作医药中间体
【生产厂】[苏]如皋市恒祥化工有限责任公司〈P1838〉

3,3-亚戊烯基-4-丁内酰胺 C03025591
3,3-Pentenylene-4-butyrolactam [64744-50-9]
用作药物加巴喷丁中间体
【生产厂】[沪]上海康鸣高科技有限公司〈P1748〉;[苏]太仓市运通化工厂〈P1909〉;[浙]杭州泰鑫医药化工有限公司〈P1922〉;浙江省三门县康宁化工有限公司〈P1966〉

3-苯基-5-氯甲基苯并异噁唑 C03025601
3-Phenyl-5-chloromethylbenzisoxazole
用作药物安定的中间体
【生产厂】[鄂]湖北科兴医药化工股份有限公司(300 吨)〈P2237〉

3-苯基-5-氯苯并异噁唑 C03025602
3-Phenyl-5-chlorobenzisoxazole
【生产厂】[豫]河南省镇平药用原料化工有限公司〈P2223〉

6-氟-3-(4-哌啶基)-1,2-苯并异噁唑盐酸盐 C03025603
6-Fluoro-3-(4-piperidyl)-1,2-benzisoxazole hydrochloride [84163-13-3]
用作药物利培酮、齐拉西酮、哌罗匹隆中间体
【生产厂】[京]北京高博医药化学技术开发有限公司〈P1547〉;[沪]上海海隼化工科技有限公司〈P1735〉;[苏]苏州福玛威尔医药科技有限公司〈P1900〉;[浙]浙江同丰医药化工有限公司〈P1969〉

2-甲基苯并噁唑 C03025607
2-Methylbenzoxazole [95-21-6]
用于染料、医药及有机化合物的合成
【生产厂】[冀]保定市乐凯化学有限公司〈P1645〉;中国乐凯胶片集团公司〈P1649〉

2-巯基苯并噁唑 C03025609
2-Mercaptobenzoxazole [2382-96-9]
【生产厂】[苏]常州佳灵药业有限公司〈P1848〉;苏州市相城区青台精细化工有限公司〈P1905〉

5-甲基-3-苯基-4-异噁唑酰氯;苯甲异噁唑酰氯 C03025610
5-Methyl-3-phenylisoxazole-4-carbonyl chloride [16883-16-2]
用作苯唑青霉素钠中间体
【生产厂】[鲁]青岛裕达精细化工有限公司〈P2046〉

3-邻氯苯基-5-甲基-4-异噁唑酰氯;邻氯酰氯 C03025620
3-(2-Chlorophenyl)-5-methylisoxazole-4-carbonyl chloride [25629-50-9]
用于医药中间体
【生产厂】[浙]浙江黄岩澄江精细化工厂(600 吨)〈P1964〉;

[鲁]青岛裕达精细化工有限公司〈P2046〉

3-(2,6-二氯苯基)-5-甲基异噁唑-4-甲酰氯;双氯酰氯 C03025630
3-(2,6-Dichlorophenyl)-5-methylisoxazole-4-carbonyl chloride [4462-55-9]
用作医药中间体
【生产厂】[浙]浙江黄岩澄江精细化工厂〈P1964〉;[鲁]青岛裕达精细化工有限公司〈P2046〉

5-氨基-3,4-二甲基异噁唑 C03025635
5-Amino-3,4-dimethylisoxazole [19947-75-2]
用于磺胺异噁唑的合成
【生产厂】[苏]江都市苏康化工有限公司〈P1815〉

***R*-4-甲基-2-噁唑烷酮** C03025641
R-4-Methyl-2-oxazolidone
【生产厂】[苏]江苏庙桥合成化工有限公司〈P1859〉

***S*-4-甲基-2-噁唑烷酮** C03025643
S-4-Methyl-2-oxazolidone
【生产厂】[苏]江苏庙桥合成化工有限公司〈P1859〉

***R*-4-乙基-2-噁唑烷酮** C03025647
R-4-Ethyl-2-oxazolidone
【生产厂】[苏]江苏庙桥合成化工有限公司〈P1859〉

***S*-4-乙基-2-噁唑烷酮** C03025649
S-4-Ethyl-2-oxazolidone
【生产厂】[苏]江苏庙桥合成化工有限公司〈P1859〉

2-噁唑烷酮 C03025651
2-Oxazolidone;Oxazolidin-2-one [497-25-6]
用作有机中间体
【生产厂】[浙]台州海辰药业有限公司〈P1960〉;浙江省台州市椒江天一化工厂〈P1966〉

5,5-二甲基噁唑烷-2,4-二酮 C03025659
5,5-Dimethyloxazolidine-2,4-dione [695-53-4]
【生产厂】[津]天津市百灵消毒剂有限责任公司〈P1579〉;[冀]武强县长虹化工有限公司〈P1669〉

***S*-4-异丙基-2-噁唑烷酮** C03025661
S-4-Isopropyl-2-oxazolidone [17016-83-0]
医药中间体,也可用于其他有机合成
【生产厂】[苏]江苏庙桥合成化工有限公司〈P1859〉;[川]成都彦瑞生物科技有限公司〈P2317〉

***R*-4-异丙基-2-噁唑烷酮** C03025663
R-4-Isopropyl-2-oxazolidone [95530-58-8]
【生产厂】[苏]江苏庙桥合成化工有限公司〈P1859〉;[川]成都彦瑞生物科技有限公司〈P2317〉

***S*-4-丙基-2-噁唑烷酮** C03025665
S-4-Propyl-2-oxazolidone
【生产厂】[苏]江苏庙桥合成化工有限公司〈P1859〉

***R*-4-丙基-2-噁唑烷酮** C03025667
R-4-Propyl-2-oxazolidone
【生产厂】[苏]江苏庙桥合成化工有限公司〈P1859〉

(*S*)-4-苯基-2-噁唑烷酮 C03025671
(*S*)-4-Phenyl-2-oxazolidone
【生产厂】[沪]上海凯峰化工有限公司〈P1747〉;[苏]江苏庙桥合成化工有限公司〈P1859〉;苏州敬业医药化工有限公司〈P1901〉

(*R*)-4-苯基-2-噁唑烷酮 C03025675
(*R*)-4-Phenyl-2-oxazolidone
【生产厂】[沪]上海凯峰化工有限公司〈P1747〉;[苏]江苏庙桥合成化工有限公司〈P1859〉;[浙]浙江华纳药业有限公司〈P1950〉

(*R*)-4-苄基-2-噁唑烷酮 C03025685
(*R*)-4-Benzyl-2-oxazolidone [102029-44-7]
【生产厂】[浙]浙江华纳药业有限公司〈P1950〉

(*S*)-4-(4-氨基苄基)-1,3-噁唑-2-酮 C03025687
(*S*)-4-(4-Aminobenzyl)-1,3-oxazolidone-2 [152305-23-2]
用作药物佐米曲坦中间体
【生产厂】[京]北京高博医药化学技术开发有限公司〈P1547〉;北京北化新元科技发展有限公司〈P1544〉;[苏]苏州福玛威尔医药科技有限公司〈P1900〉;[浙]台州市融丰医药化工有限公司〈P1961〉

***R*-4-丁基-2-噁唑烷酮** C03025691
R-4-Butyl-2-oxazolidone
【生产厂】[苏]江苏庙桥合成化工有限公司〈P1859〉

***S*-4-丁基-2-噁唑烷酮** C03025693
S-4-Butyl-2-oxazolidone
【生产厂】[苏]江苏庙桥合成化工有限公司〈P1859〉

2,4-二氯苯乙酮 C03025701
2,4-Dichloroacetophenone [2234-16-4]
用作医药中间体,用于合成酮康唑药物
【生产厂】[冀]石家庄市汇康精细化学有限公司〈P1629〉;河北省大名县瑞恒化工有限责任公司〈P1640〉;[苏]常州市通达化工有限公司〈P1853〉;金坛市花山化工厂〈P1861〉;盐城聚源化工有限公司〈P1810〉;[浙]浙江白云伟业化工股份有限公司〈P1950〉;浙江东亚医药化工有限公司〈P1963〉
【使用厂】[鲁]寿光富康制药有限公司〈P2099〉

3,5-二氯苯乙酮 C03025706
3,5-Dichloroacetophenone
【生产厂】[苏]金坛市源诺对外贸易有限公司〈P1862〉

2,3′-二氯苯乙酮;α-氯代间氯苯乙酮 C03025709
2,3′-Dichloroacetophenone [21886-56-6]
用作有机合成原料和医药中间体等
【生产厂】[苏]徐州瑞赛科技实业有限公司〈P1795〉

2,2′,4-三氯苯乙酮 C03025710
2,2′,4-Trichloroacetophenone [4252-78-2]
用作农药、医药中间体,主要用于生产硝酸咪康唑、硝酸益康唑等药物
【生产厂】[苏]金坛市花山化工厂〈P1861〉;徐州诺特化工有限公司〈P1795〉

C

4-(对氯苯氧基)-2-氯苯乙酮 C03025751

2-Chloro-4-(*p*-chlorophenoxy) acetophenone [13221-80-2]

用作农药、医药中间体，是嗯醚唑合成必需中间体

【生产厂】[湘]长沙鑫本化工有限公司〈P2247〉

α-甲氨基间羟基苯乙酮硫酸盐 C03025761

α-Methylamino-*m*-hydroxyacetophenone sulfate

是药物苯福林的关键中间体

【生产厂】[豫]新郑市永兴工贸有限公司〈P2169〉

2′,4′-二氟-2-[1*H*-(1,2,4-三唑基)]苯乙酮 C03025781

2′,4′-Difluoro-2-[1*H*-(1,2,4-triazolyl)] acetophenone [86404-63-9]

【生产厂】[沪]上海中康伟业生物科技有限公司(30吨)〈P1778〉;[浙]浙江优联医药化工有限公司〈P1928〉

α-(2,4-二氯苯基)-1*H*-咪唑-1-乙酮肟;咪唑乙酮肟 C03025795

Imidazole ethyl ketone oxime

主要用于抗真菌药物和水果保鲜剂等的合成

【生产厂】[苏]扬州腾达化工厂〈P1819〉

3,4-二羟基二苯甲酮 C03025800

3,4-Dihydroxybenzophenone [10425-11-3]

【生产厂】[津]天津瑞发化工科技发展有限公司〈P1577〉;[沪]上海益民化工有限公司〈P1775〉;[苏]常州高科生物化学有限公司(30千克)〈P1846〉

4,4′-二羟基二苯甲酮 C03025802

4,4′-Dihydroxybenzophenone [611-99-4]

用作医药、染料、农药、紫外线吸收剂等的中间体

【生产厂】[鄂]武汉怡兴化工有限公司〈P2235〉;武汉市银冠化工有限公司黄陂精细化工厂〈P2233〉;湖北襄樊福润达化工有限公司〈P2237〉;襄樊明熙化工有限公司〈P2238〉

2,2′,4,4′-四羟基二苯甲酮;BP-2 C03025803

2,2′,4,4′-Tetrehydroxybenzophenone;BP-2 [131-55-5]

用作医药中间体、感光材料、化妆品防紫外线添加剂等

【生产厂】[津]天津瑞发化工科技发展有限公司〈P1577〉;[沪]上海立诚化工有限公司(100吨)〈P1750〉;[苏]常州佳灵药业有限公司〈P1848〉;苏州市美花日用香料有限公司〈P1904〉;苏州市龙盛精细化工厂〈P1904〉;昆山化工医药原料有限公司〈P1895〉;[鄂]武汉华联工业助剂有限公司〈P2230〉;襄樊明熙化工有限公司〈P2238〉

4-氯-4′-羟基二苯甲酮 C03025804

4-Chloro-4′-hydroxybenzophenone [42019-78-3]

用作医药非诺贝特中间体

【生产厂】[冀]河北美化化工有限公司〈P1620〉;[苏]金坛市三方医药原料厂〈P1862〉;常州高科生物化学有限公司(200千克)〈P1846〉;江苏永联集团公司精细化工厂〈P1866〉;沭阳县华泰化工厂〈P1804〉;[浙]台州市大众化工有限公司〈P1961〉;[皖]安徽李氏化工有限公司〈P1985〉;[鄂]武汉怡兴化工有限公司〈P2235〉;湖北科兴医药化工股份有限公司(200吨)〈P2237〉

4-羟基二苯甲酮 C03025805

4-Hydroxybenzophenone [1137-42-4]

用作医药中间体

【生产厂】[京]北京马氏精细化学品有限公司〈P1555〉;[沪]上海立诚化工有限公司〈P1750〉;[苏]金坛市三方医药原料厂〈P1862〉;常州高科生物化学有限公司(120千克)〈P1846〉;金坛市花山化工厂〈P1861〉;[鄂]武汉怡兴化工有限公司〈P2235〉;襄樊一诺精细化工有限公司〈P2238〉;湖北科兴医药化工股份有限公司(240吨)〈P2237〉;襄樊明熙化工有限公司〈P2238〉

2-羟基-二苯甲酮 C03025806

2-Hydroxybenzophenone

【生产厂】[沪]上海立诚化工有限公司〈P1750〉

2,3,4,4′-四羟基二苯甲酮 C03025808

2,3,4,4′-Tetrehydroxybenzophenone [31127-54-5]

【生产厂】[津]天津瑞发化工科技发展有限公司〈P1577〉;[苏]昆山化工医药原料有限公司〈P1895〉;[粤]珠海市金山化工有限公司〈P2275〉

2,3,4-三羟基二苯甲酮 C03025809

2,3,4-Trihydroxybenzophenone [1143-72-2]

用作有机中间体，用于微电子集成电路(IC)工业的光致抗蚀剂、医药中间体、紫外光吸收剂等

【生产厂】[津]天津瑞发化工科技发展有限公司〈P1577〉;[黑]哈尔滨康文生化科技有限公司〈P1720〉;[沪]上海立诚化工有限公司(50吨)〈P1750〉;上海康文医药中间体有限公司〈P1748〉;[粤]珠海市金山化工有限公司〈P2275〉

4-氯二苯甲酮;对氯二苯甲酮 C03025810

4-Chlorobenzophenone [134-85-0]

用作医药、农药中间体

【生产厂】[吉]辽源市百康药业有限责任公司(500吨)〈P1717〉;[沪]上海华钛化学有限公司〈P1739〉;[苏]金坛市三方医药原料厂〈P1862〉;常州高科生物化学有限公司(300千克)〈P1846〉;金坛市花山化工厂〈P1861〉;江苏兰健药业有限公司〈P1802〉;[鄂]武汉怡兴化工有限公司〈P2235〉;湖北省化学研究院〈P2228〉;襄樊一诺精细化工有限公司〈P2238〉;湖北科兴医药化工股份有限公司(100吨)〈P2237〉;襄樊明熙化工有限公司〈P2238〉

4,4′-二氯二苯甲酮 C03025811

4,4′-Dichlorobenzophenone [90-98-2]

用作医药中间体

【生产厂】[冀]石家庄市汇康精细化学有限公司〈P1629〉;[沪]上海立诚化工有限公司〈P1750〉;[鄂]武汉怡兴化工有限公司〈P2235〉;湖北科兴医药化工股份有限公司〈P2237〉

3-硝基-4-氯二苯甲酮;4-氯-3-硝基二苯甲酮 C03025815

4-Chloro-3-nitrobenzophenone [56107-02-9]

用作医药中间体

【生产厂】[苏]金坛市三方医药原料厂〈P1862〉

2-氯二苯甲酮;邻氯二苯甲酮 C03025820

2-Chlorobenzophenone [5162-03-8]

用作医药中间体

【生产厂】[晋]山西新天源医药化工有限公司〈P1677〉;[沪]

上海华钛化学有限公司〈P1739〉;[苏]金坛市三方医药原料厂〈P1862〉;常州高科生物化学有限公司(200 千克)〈P1846〉;金坛市花山化工厂〈P1861〉;[鄂]湖北科兴医药化工股份有限公司(100 吨)〈P2237〉

2-甲基二苯甲酮 C03025830

2-Methylbenzophenone [131-58-8]

用作医药中间体

【生产厂】[京]北京奥得赛化学有限公司〈P1543〉;[沪]上海华钛化学有限公司〈P1739〉;[苏]金坛市花山化工厂〈P1861〉

3-甲基二苯甲酮 C03025831

3-Methylbenzophenone [643-65-2]

用作医药中间体

【生产厂】[沪]上海华钛化学有限公司〈P1739〉;[苏]金坛市三方医药原料厂〈P1862〉

4-甲基二苯甲酮 C03025832

4-Methylbenzophenone [134-84-9]

用作紫外线吸收剂、医药中间体

【生产厂】[沪]上海华钛化学有限公司〈P1739〉;[苏]金坛市花山化工厂〈P1861〉;江阴市飞云化工有限公司〈P1869〉;[鄂]武汉怡兴化工有限公司〈P2235〉;湖北科兴医药化工股份有限公司(100 吨)〈P2237〉;襄樊明熙化工有限公司〈P2238〉

4-二乙氨基酮酸;4-二乙氨基-2-羟基二苯甲酮-2′-甲酸 C03025851

4-Diethylamino-2-hydroxybenzophenone-2′-carboxylic acid [5809-23-4]

用于生产热敏染料

【生产厂】[冀]沧州天一化工有限公司〈P1653〉

4-二丁氨基酮酸;4-二正丁氨基-2-羟基二苯甲酮-2′-甲酸 C03025861

4-Di-*n*-butylamino-2-hydroxybenzophenone-2′-carboxylic acid

用于生产热敏染料

【生产厂】[冀]沧州天一化工有限公司〈P1653〉

4-(3-吲哚基)-4-氧代丁酸 C03025881

Indole-3-(4′-oxo)butyric acid

【生产厂】[川]爱斯特(成都)医药技术有限公司〈P2309〉

4-(4-氨基苯基)-3-甲基-4-氧代丁酸 C03025895

4-(4-Aminophenyl)-3-methyl-4-oxobutyric acid [42075-29-6]

是药物左西孟坦中间体

【生产厂】[鄂]湖北志诚化工科技有限公司〈P2243〉

双丙戊酸钠 C03025897

Divalproex sodium

用作医药中间体

【生产厂】[苏]盐城冬阳生物制品有限公司〈P1809〉

4-甲基-2-氧代戊酸;4-甲基-2-酮戊酸;异己酮酸 C03025899

4-Methyl-2-oxopentanoic acid

用作医药中间体

【生产厂】[沪]上海依福瑞实业有限公司〈P1774〉;[浙]浙江车头制药有限公司〈P1963〉

1,2,3-三氮唑 C03025902

1,2,3-Triazole [27070-49-1]

用作药物三唑巴坦中间体

【生产厂】[沪]上海神和化工技术有限公司〈P1761〉;[浙]台州市奥力特精细化工有限公司〈P1961〉;浙江黄岩东升医药化工有限公司〈P1964〉;浙江普康化工有限公司〈P1959〉

C

5-巯基-1,2,3-三氮唑单钠盐 C03025903

5-Mercapto-1,2,3-triazole monosodium salt [59032-27-8]

用作头孢菌素类医药中间体

【生产厂】[浙]浙江普康化工有限公司〈P1959〉

1-(4-硝基苯基)甲基-1,2,4-三氮唑 C03025905

1-(4-Nitrophenyl)methyl-1,2,4-triazole [119192-09-5]

【生产厂】[渝]重庆赛维药业有限公司〈P2306〉

1,2,4-三氮唑-3-羧酸甲酯 C03025907

Methyl 1,2,4-triazole-3-carboxylate [4928-88-5]

用作医药中间体

【生产厂】[浙]杭州福德化工有限公司〈P1917〉;[豫]新乡制药股份有限公司(150 吨)〈P2208〉;[鄂]湖北志诚化工科技有限公司〈P2243〉

1*H*-1,2,4-三氮唑-3-羧酸 C03025911

1*H*-1,2,4-Triazole-3-carboxylic acid [4928-87-4]

【生产厂】[鄂]湖北志诚化工科技有限公司〈P2243〉

5-氨基-1,2,4-三氮唑-3-羧酸;3-氨基-1,2,4-三氮唑-5-羧酸 C03025921

5-Amino-1,2,4-triazole-3-carboxylic acid [3641-13-2]

用作医药、农药、染料的中间体

【生产厂】[苏]镇江新宇化工有限责任公司〈P1846〉;[鄂]湖北志诚化工科技有限公司〈P2243〉

3-氨基-5-巯基1,2,4-三氮唑 C03025961

3-Amino-5-mercapto-1,2,4-triazole [16691-43-3]

用作医药、农药的中间体

【生产厂】[浙]杭州浙大泛科化工有限公司〈P1925〉

3-巯基-1,2,4-三氮唑 C03025965

3-Mercapto-1,2,4-triazole;1,2,4-Triazole-3(5)-thiol [3179-31-5]

【生产厂】[浙]浙江普康化工有限公司〈P1959〉;[鲁]山东省滕州市国安化工有限公司〈P2078〉

3-巯基-4-甲基-1,2,4-三氮唑 C03025969

3-Mercapto-4-methyl-1,2,4-triazole [24854-43-1]

【生产厂】[浙]浙江普康化工有限公司〈P1959〉

1*H*-1,2,4-三氮唑-3-甲酰肼 C03025971

1*H*-1,2,4-Triazole-3-formylhydrazine

用作医药中间体

【生产厂】[鄂]湖北志诚化工科技有限公司〈P2243〉

2,6-二氯吡嗪 C03026031

2,6-Dichloropyrazine [4774-14-5]

用作医药、农药的中间体

【生产厂】[沪]上海泰顿化工有限公司〈P1766〉;上海宝众制药有限公司〈P1728〉;[苏]上海三维制药公司太仓岳王药

物原料厂〈P1898〉；[浙]宁波远欧精细化工有限公司〈P1934〉

2,3-二氯吡嗪；二氯吡嗪 C03026033
2,3-Dichloropyrazine [4858-85-9]
用作医药中间体
【生产厂】[沪]上海泰顿化工有限公司〈P1766〉；[苏]上海三维制药公司太仓岳王药物原料厂〈P1898〉

2,6-二甲氧基吡嗪 C03026041
2,6-Dimethoxypyrazine [4774-15-6]
用作医药中间体
【生产厂】[沪]上海益民化工有限公司〈P1775〉

3,6-二氯哒嗪 C03026051
3,6-Dichloropyridazine [141-30-0]
用作医药、农药中间体
【生产厂】[冀]邯郸市赵都精细化工厂(100吨)〈P1639〉；河北省大名县瑞恒化工有限责任公司〈P1640〉；[浙]宁波远欧精细化工有限公司〈P1934〉

2-氯吡嗪 C03026061
2-Chloropyrazine [14508-49-7]
用作医药、农药中间体
【生产厂】[冀]邯郸市赵都精细化工厂(100吨)〈P1639〉；河北省大名县瑞恒化工有限责任公司〈P1640〉；[沪]上海泰顿化工有限公司〈P1766〉；[苏]上海三维制药公司太仓岳王药物原料厂〈P1898〉；[浙]宁波远欧精细化工有限公司〈P1934〉；[鲁]滕州吉田香料有限公司〈P2078〉
【使用厂】[鲁]山东滕州悟通香料有限责任公司〈P2078〉

3-氨基吡嗪-2-羧酸 C03026071
3-Aminopyrazine-2-carboxylic acid [5424-01-1]
用作有机合成中间体
【生产厂】[浙]东港工贸集团有限公司〈P1960〉

5-甲基吡嗪-2-羧酸；2-甲基-5-吡嗪羧酸 C03026079
5-Methyl-2-pyrazinecarboxylic acid；2-Methylpyrazine-5-carboxylic acid [5521-55-1]
是药品格列吡嗪及乐脂平的中间体
【生产厂】[苏]常州罗地尔生化技术有限公司〈P1848〉
【使用厂】[鲁]迪沙药业集团有限公司〈P2121〉

吡嗪-2-羧酸 C03026080
Pyrazine-2-carboxylic acid [98-97-5]
【生产厂】[浙]衢州市聚华特种试剂厂〈P1958〉

吡嗪-2,3-二羧酸 C03026081
Pyrazine-2,3-dicarboxylic acid [89-01-0]
用作合成吡嗪酰胺中间体
【生产厂】[苏]江苏省江阴制药厂(100吨)〈P1866〉

吡嗪-2,3-二羧酸酐 C03026085
Pyrazine-2,3-dicarboxylic anhydride [4744-50-7]
【生产厂】[浙]衢州市聚华特种试剂厂〈P1958〉

依那普利氢化物酸酐；*N*-[1-(*S*)-乙氧甲酰基-3-苯基丙基]-L-丙氨酰基羧酸酐 C03026089
N-[1-(*S*)-Ethoxycarbonyl-3-phenylpropyl]-L-alanylcarboxyanhydride [84793-24-8]
用于合成心血管药物马来酸依那普利、喹那普利、雷米普利等多种普利类药物
【生产厂】[浙]天台昌明化学制品有限公司〈P1962〉；[赣]江西金瑞化工有限责任公司〈P2016〉

5,5′-亚甲基二水杨酸 C03026131
5,5′-Methylenedisalicylic acid [122-25-8]
【生产厂】[浙]台州市春泉医化有限公司〈P1961〉；[赣]九江中天药业有限公司〈P2013〉

多西环素磺基水杨酸盐；强力霉素磺基水杨酸盐 C03026151
Doxycycline sulfosalicylate
是制造四环素类药物的中间体
【生产厂】[苏]盐城苏海制药有限公司〈P1812〉；扬州威斯曼雅本制药有限公司〈P1820〉

4-氯-2-三氟乙酰基苯胺盐酸盐一水合物；依氟维纶中间体 C03026171
4-Chloro-2-(trifluoroacetyl)aniline hydrochloride monohydrate
用于医药中间体
【生产厂】[沪]上海立科药物化学有限公司〈P1750〉；[浙]浙江华邦医药化工有限公司〈P1964〉

4-甲基丙烯酰胺基水杨酸 C03026191
4-Methacrylamidosalicylic acid [50512-48-6]
【生产厂】[苏]镇江市海通化工有限公司〈P1845〉

5-氯-2-氨基三氟甲苯；2-氨基-5-氯三氟甲苯 C03026201
5-Chloro-2-aminobenzotrifluoride [445-03-4]
用作染料中间体
【生产厂】[辽]辽宁天合精细化工股份有限公司(100吨)〈P1702〉；阜新三宝化工实业有限公司〈P1708〉；[苏]江苏亨泰化工有限公司〈P1797〉；泰兴市永佳化工有限公司〈P1827〉；[浙]浙江莹光化工有限公司〈P1956〉；浙江省东阳市巍华化工有限公司〈P1955〉；[鲁]济宁信东化工有限公司〈P2129〉

3-氨基-4-氯三氟甲苯；2-氯-5-三氟甲基苯胺 C03026202
3-Amino-4-chlorobenzotrifluoride [121-50-6]
用作医药、农药中间体
【生产厂】[京]北京卡乐瑞化工有限公司〈P1553〉；[辽]阜新金特莱氟化学有限责任公司〈P1707〉；阜新三宝化工实业有限公司〈P1708〉；阜新特种化学股份有限公司(100吨)〈P1708〉；[苏]丹阳市大泊化工厂〈P1840〉；江苏亨泰化工有限公司〈P1797〉；淮安永创化学有限公司〈P1801〉；[浙]浙江莹光化工有限公司〈P1956〉；浙江省东阳市巍华化工有限公司〈P1955〉；[鲁]济宁信东化工有限公司〈P2129〉

5-氨基-2-氯三氟甲苯；4-氯-3-三氟甲基苯胺 C03026203
5-Amino-2-chlorobenzotrifluoride；4-Chloro-3-(trifluoromethyl)aniline [320-51-4]
用作医药、农药中间体
【生产厂】[辽]金凯(阜新)化工有限公司〈P1708〉；[苏]江苏亨泰化工有限公司〈P1797〉；[浙]浙江莹光化工有限公司

〈P1956〉;[鲁]济宁信东化工有限公司〈P2129〉;[湘]湘潭市开元化学有限公司〈P2251〉

2-氨基-5-溴三氟甲苯;4-溴-2-(三氟甲基)苯胺　C03026205

2-Amino-5-bromobenzotrifluoride; 4-Bromo-2-(trifluoromethyl) aniline [445-02-3]

用作医药、农药中间体

【生产厂】[沪]上海威远精细氟科技发展有限公司〈P1769〉;[鲁]济宁信东化工有限公司〈P2129〉

5-氨基-2-溴三氟甲苯;4-溴-3-(三氟甲基)苯胺　C03026206

5-Amino-2-bromobenzotrifluoride; 4-Bromo-3-(trifluoromethyl) aniline [393-36-2]

用作医药、农药中间体

【生产厂】[津]天津中兴精细化工有限公司(240 吨)〈P1618〉;天津市筠凯化工科技有限公司〈P1597〉;[沪]上海威远精细氟科技发展有限公司〈P1769〉;[鲁]济宁信东化工有限公司〈P2129〉

5-乙酰基-2-氨基三氟甲苯;2-氨基-5-乙酰基三氟甲苯　C03026209

5-Acetyl-2-aminotrifluorotoluene

用作医药中间体

【生产厂】[苏]如皋市恒祥化工有限责任公司〈P1838〉

2-氟-4-氯甲苯;4-氯-2-氟甲苯　C03026211

2-Fluoro-4-chlorotoluene [452-75-5]

用作医药、农药中间体

【生产厂】[辽]阜新恒辉化工有限公司〈P1707〉;阜新三宝化工实业有限公司〈P1708〉;阜新特种化学股份有限公司〈P1708〉;盘锦盘助化工助剂有限公司〈P1706〉

2-氯-4-氟甲苯　C03026213

2-Chloro-4-fluorotoluene [452-73-3]

【生产厂】[辽]阜新恒辉化工有限公司〈P1707〉;阜新三宝化工实业有限公司〈P1708〉

2-氯-5-氟甲苯　C03026214

2-Chloro-5-fluorotoluene [33406-96-1]

用作医药、农药中间体

【生产厂】[辽]阜新恒辉化工有限公司〈P1707〉;阜新三宝化工实业有限公司〈P1708〉;[鲁]济宁信东化工有限公司〈P2129〉

2-氟-4-溴甲苯;4-溴-2-氟甲苯　C03026231

4-Bromo-2-fluorotoluene [51436-99-8]

【生产厂】[京]北京卡乐瑞化工有限公司〈P1553〉;北京金奥利维科技发展有限公司〈P1551〉;[辽]阜新恒辉化工有限公司〈P1707〉;阜新金特莱氟化学有限责任公司〈P1707〉;阜新三宝化工实业有限公司〈P1708〉;阜新特种化学股份有限公司(100 吨)〈P1708〉;盘锦盘助化工助剂有限公司〈P1706〉;[沪]上海威远精细氟科技发展有限公司〈P1769〉;[苏]盐城氟源化工有限公司〈P1810〉

2-溴-4-氟甲苯;4-氟-2-溴甲苯　C03026233

2-Bromo-4-fluorotoluene [1422-53-3]

用作医药中间体

【生产厂】[京]北京卡乐瑞化工有限公司〈P1553〉;[辽]阜新恒辉化工有限公司〈P1707〉;阜新金特莱氟化学有限责任公司〈P1707〉;阜新三宝化工实业有限公司〈P1708〉;金凯(阜新)化工有限公司〈P1708〉;[沪]上海威远精细氟科技发展有限公司〈P1769〉;[浙]浙江省三门解氏化学工业有限公司〈P1966〉

间溴三氟甲苯;3-溴三氟甲苯　C03026241

m-Bromobenzotrifluoride [401-78-5]

用作医药、农药中间体

【生产厂】[京]北京卡乐瑞化工有限公司〈P1553〉;[辽]阜新奥瑞凯精细化工有限公司〈P1707〉;阜新金特莱氟化学有限责任公司〈P1707〉;阜新三宝化工实业有限公司〈P1708〉;荣成市东立精细化工有限公司阜新分公司〈P1708〉;金凯(阜新)化工有限公司〈P1708〉;[苏]丹阳市大泊化工厂〈P1840〉;常州泰戈化工有限公司〈P1857〉;江苏庙桥合成化工有限公司〈P1859〉;高邮市康乐精细化工厂〈P1813〉;[浙]浙江省东阳市康峰有机氟化工厂〈P1955〉;浙江省东阳市巍华化工有限公司〈P1955〉;[鲁]济宁信东化工有限公司〈P2129〉

对溴三氟甲苯;4-溴三氟甲苯　C03026251

4-Bromobenzotrifluoride [402-43-7]

用作医药、农药中间体

【生产厂】[津]天津中兴精细化工有限公司(300 吨)〈P1618〉;天津市筠凯化工科技有限公司〈P1597〉;[辽]阜新奥瑞凯精细化工有限公司〈P1707〉;阜新金特莱氟化学有限责任公司〈P1707〉;阜新三宝化工实业有限公司〈P1708〉;金凯(阜新)化工有限公司〈P1708〉;[苏]常州泰戈化工有限公司〈P1857〉;泰兴市三川化工有限公司〈P1826〉;[浙]绍兴贝斯美化工有限公司〈P1949〉;[陕]陕西晶华科技有限公司〈P2346〉

丙酮酸乙酯　C03026301

Ethyl pyruvate [617-35-6]

用于制造医药吲哚心安和农药噻菌灵等

【生产厂】[津]天津市昱辉工贸有限公司〈P1612〉;[辽]大连医诺生物有限公司〈P1694〉;[沪]上海太阳神复旦高科技产业有限公司(300 吨)〈P1766〉;上海罗店化工总厂〈P1752〉

丙酮酸甲酯　C03026302

Methyl pyruvate [600-22-6]

用作医药的原料和农药中间体

【生产厂】[沪]上海太阳神复旦高科技产业有限公司〈P1766〉

溴代丙酮酸乙酯　C03026311

Ethyl bromopyruvate [70-23-5]

用作医药中间体、药用原料

【生产厂】[津]天津市天工化工厂(150 吨)〈P1604〉;天津市亿天工贸有限公司〈P1610〉

溴代丙酮酸甲酯　C03026313

Methyl bromopyruvate [7425-63-0]

用作医药中间体、药用原料

【生产厂】[津]天津市天工化工厂(300 吨)〈P1604〉;天津市亿天工贸有限公司〈P1610〉

1,3-丙酮二羧酸二甲酯　C03026315

Dimethyl 1,3-acetonedicarboxylate [1830-54-2]

【生产厂】[浙]嘉兴市中科化学有限公司〈P1942〉

丙酮二羧酸二乙酯；3-氧代戊二酸二乙酯 C03026317

Diethyl 1,3-acetonedicarboxylate [105-50-0]

用于有机合成

【生产厂】[苏]盐城康福生化技术开发有限公司〈P1810〉；[浙]嘉兴市中科化学有限公司〈P1942〉

2-(2,3-二氯亚苄基)乙酰乙酸甲酯；非洛地平中间体 C03026321

Methyl 2-(2,3-dichlorobenzylidene)-2-acetylacetate

用作药物非洛地平中间体

【生产厂】[赣]江西正和化工有限公司(15 吨)〈P2016〉

双氯非那胺 C03026323

Dichlorophenamide [120-97-8]

用作中间体

【生产厂】[苏]常州康力化工有限公司〈P1848〉

非那甾胺中间体；孕烯酮酸 C03026327

Intermediate of finasteride

用于合成药品非那甾胺

【生产厂】[川]成都科恩医药化工实业有限公司(5 吨)〈P2312〉

(*S*,*S*,*S*)-2-氮杂双环[3,3,0]辛烷-3-羧酸苄酯盐酸盐；雷米普利中间体 C03026329

(*S*,*S*,*S*)-2-Azabicyclo[3,3,0]octane-3-carboxylic acid benzyl ester hydrochloride

用于合成雷米普利药物

【生产厂】[浙]天台昌明化学制品有限公司〈P1962〉；[赣]江西迪瑞合成化工有限公司〈P2014〉

L-缬氨酸甲酯盐酸盐 C03026331

L-Valine methyl ester hydrochloride [6306-52-1]

【生产厂】[苏]扬州宝盛生物化工有限公司〈P1817〉；[浙]浙江金立源药业有限公司〈P1951〉；浙江天宇药业有限公司〈P1969〉；衢州市一川化工有限公司〈P1958〉；[皖]安徽省恒锐新技术开发有限责任公司〈P1972〉；[鄂]武汉阿米诺科技有限公司〈P2228〉

L-正缬氨酸乙酯盐酸盐 C03026335

L-Norvaline ethyl ester hydrochloride [40918-51-2]

【生产厂】[浙]衢州市一川化工有限公司〈P1958〉；[川]四川琢新生物材料研究有限公司〈P2320〉

阿佐塞米 C03026371

Azosemide [27589-33-9]

用作医药中间体

【生产厂】[苏]无锡康晟精细化工有限公司(5 吨)〈P1874〉

吖啶酮乙酸 C03026385

N-Acridoneacetic acid [3869-97-1]

用作医药中间体

【生产厂】[苏]赣榆县尤利特化工有限公司〈P1797〉；[川]四川琢新生物材料研究有限公司〈P2320〉

多塞平酮基物 C03026395

Dibenz[b,e]oxepin-11(6H)-one [4504-87-4]

是多塞平中间体

【生产厂】[苏]苏州市海鑫医药化工有限公司〈P1903〉；太仓制药厂〈P1909〉

对甲酰基苯甲酸；对羧基苯甲醛；对醛基苯甲酸 C03026401

p-Formylbenzoic acid [619-66-9]

用作医药、农药、荧光增白剂的中间体

【生产厂】[京]大庆开发区新世纪精细化工有限公司北京裕立化工有限公司(100 吨)〈P1567〉；北京瀑润化工产品有限责任公司〈P1557〉；[黑]大庆新世纪精细化工有限公司〈P1722〉；[苏]扬州市恒生化工有限公司〈P1818〉；[鲁]青岛化工研究院〈P2037〉

邻醛基苯甲酸；邻羧基苯甲醛 C03026405

o-Formylbenzoic acid；2-Carboxybenzaldehyde [119-67-5]

用作医药中间体

【生产厂】[苏]太仓市运通化工厂〈P1909〉；[鄂]湖北祥云(集团)化工股份有限公司〈P2244〉

对甲酰基苯甲酸甲酯 C03026411

Methyl *p*-formylbenzoate [1571-08-0]

用作药物、荧光增白剂中间体

【生产厂】[鲁]青岛化工研究院〈P2037〉

2-甲基-5-氟茚满酮 C03026531

2-Methyl-5-fluoroindanone [41201-58-5]

用于医药中间体

【生产厂】[沪]上海泰顿化工有限公司〈P1766〉；[苏]上海三维制药公司太仓岳王药物原料厂〈P1898〉

醚酮；2-丙酮基氧基-3,4-二氟硝基苯 C03026551

2-Acetonyloxo-3,4-difluoronitrobenzene [82419-32-7]

用于合成氧氟沙星的中间体

【生产厂】[浙]普洛康裕股份有限公司〈P1953〉

吗茚酮 C03026561

Molindone

【生产厂】[皖]合肥立方精细化学品有限公司〈P1973〉

阿吗碱 C03026571

Ajmalicine [483-04-5]

【生产厂】[沪]上海康爱生物制品有限公司〈P1747〉

D-对甲砜基苯丝氨酸乙酯 C03026691

D-4-Methylsulfonylphenyl serine ethyl ester

主要用于生产甲砜霉素

【生产厂】[苏]苏州市鑫隆化工有限公司〈P1905〉；江苏华昌(集团)有限公司〈P1893〉；张家港市恒盛药用化学有限公司〈P1912〉；[浙]浙江润康药业有限公司(25 吨)〈P1966〉

依托度酸甲酯 C03027701

Etodolac methyl ester [200880-31-5]

【生产厂】[浙]杭州科本化工有限公司〈P1920〉

鱼油多烯酸甲酯 C03027851

Methyl polyenoic acid fish oil

【生产厂】[冀]秦皇岛百慧制药厂〈P1637〉

L-肉毒碱；维生素 Bt；左卡尼汀；左旋肉碱；L-肉碱 C03027901

L-Carnitine; Vitamin Bt [541-15-1]

用于药物、营养保健品、功能饮料、饲料添加剂等

【生产厂】[冀]石家庄市石兴氨基酸有限公司〈P1631〉；河北省冀州市华阳化工有限责任公司〈P1665〉；[辽]东北制药总厂〈P1684〉；沈阳福宁药业有限公司〈P1685〉；沈阳东宇精细化工有限公司〈P1685〉；开原亨泰精细化工厂〈P1712〉；抚顺顺辉化工有限公司〈P1698〉；[沪]上海康鑫化工有限公司(200 吨)〈P1748〉；[苏]南京仁信化工有限公司〈P1788〉；苏州第四制药厂有限公司〈P1899〉；苏州市苏瑞医药化工有限公司〈P1905〉；[浙]桐乡市康普达生物科技有限公司〈P1943〉；宁波海德氨基酸工业有限公司〈P1930〉；[鄂]武汉远城科技发展有限公司〈P2235〉；湖北祥云(集团)化工股份有限公司〈P2244〉；湖北省黄冈市医药化工厂〈P2243〉；罗田县宏源化学原料药有限公司(100 吨)〈P2244〉；罗田县华阳生化有限公司〈P2244〉

肉毒碱盐酸盐 C03027902

Carnitine hydrochloride [461-05-2]

用于医药、水产饲料添加营养剂等

【生产厂】[冀]石家庄市石兴氨基酸有限公司〈P1631〉；[辽]抚顺顺辉化工有限公司〈P1698〉；[沪]上海康鑫化工有限公司(200 吨)〈P1748〉；[鄂]武汉市合中化工制造有限公司〈P2232〉；黄冈市恒兴源化工有限责任公司〈P2244〉；罗田县华阳生化有限公司〈P2244〉；[粤]深圳市亚王康丽技术有限公司〈P2273〉；[桂]广西化工研究院-广西新晶科技有限公司〈P2296〉

L-肉碱盐酸盐；左旋肉碱盐酸盐 C03027905

L-Carnitine hydrochloride [10017-44-4]

用于医药、营养食品添加剂、饲料添加剂等

【生产厂】[冀]石家庄市石兴氨基酸有限公司〈P1631〉；河北省冀州市华阳化工有限责任公司〈P1665〉；[辽]沈阳东宇精细化工有限公司〈P1685〉；开原亨泰精细化工厂〈P1712〉；[沪]上海康鑫化工有限公司(200 吨)〈P1748〉；[浙]宁波海德氨基酸工业有限公司〈P1930〉；[鄂]湖北省黄冈市医药化工厂〈P2243〉；[粤]深圳市亚王康丽技术有限公司〈P2273〉

左旋肉碱酒石酸盐；L-肉碱酒石酸盐 C03027911

L-Carnitine tartrate [36687-82-8]

用于医药保健品、食品添加剂等

【生产厂】[冀]河北省冀州市华阳化工有限责任公司〈P1665〉；[辽]东北制药总厂〈P1684〉；沈阳福宁药业有限公司〈P1685〉；沈阳东宇精细化工有限公司〈P1685〉；开原亨泰精细化工厂〈P1712〉；抚顺顺辉化工有限公司〈P1698〉；[沪]上海康鑫化工有限公司(200 吨)〈P1748〉；[苏]苏州市苏瑞医药化工有限公司〈P1905〉；[浙]宁波海德氨基酸工业有限公司〈P1930〉；[鄂]湖北省黄冈市医药化工厂〈P2243〉；罗田县宏源化学原料药有限公司(100 吨)〈P2244〉；罗田县华阳生化有限公司〈P2244〉；[粤]深圳市亚王康丽技术有限公司〈P2273〉

乙酰左旋肉碱盐酸盐 C03027921

Acetyl-L-carnitine hydrochloride [328-50-7]

用作医药、保健品原料及食品添加剂

【生产厂】[辽]沈阳福宁药业有限公司〈P1685〉；沈阳东宇精细化工有限公司〈P1685〉；开原亨泰精细化工厂〈P1712〉；抚顺顺辉化工有限公司〈P1698〉；[沪]上海康鑫化工有限公司(200 吨)〈P1748〉；[苏]苏州市苏瑞医药化工有限公司〈P1905〉；[浙]宁波科瑞生物工程有限公司〈P1931〉；[鄂]罗田县宏源化学原料药有限公司(100 吨)〈P2244〉；罗田县华阳生化有限公司〈P2244〉

L-肉碱富马酸盐 C03027931

L-Carnitine fumarate [90471-79-7]

可作为左旋肉碱酒石酸盐的替代品，且稳定性比酒石酸盐更好，适用于固体制剂

【生产厂】[冀]石家庄市石兴氨基酸有限公司〈P1631〉；河北省冀州市华阳化工有限责任公司〈P1665〉；[辽]沈阳福宁药业有限公司〈P1685〉；沈阳东宇精细化工有限公司〈P1685〉；开原亨泰精细化工厂〈P1712〉；抚顺顺辉化工有限公司〈P1698〉；[沪]上海康鑫化工有限公司(200 吨)〈P1748〉；[苏]苏州市苏瑞医药化工有限公司〈P1905〉；[浙]宁波海德氨基酸工业有限公司〈P1930〉；[鄂]湖北省黄冈市医药化工厂〈P2243〉；罗田县宏源化学原料药有限公司(100 吨)〈P2244〉；罗田县华阳生化有限公司〈P2244〉

混旋卡尼汀酰胺氯化物 C03027961

DL-Carnitine amide chloride

用作医药中间体

【生产厂】[辽]沈阳东瑞科技有限公司〈P1685〉

左旋肉碱乳清酸盐 C03027971

L-Carnitine orotic acid salt

【生产厂】[辽]沈阳东宇精细化工有限公司〈P1685〉

左旋肉碱柠檬酸镁盐 C03027991

L-Carnitine magnesium citrate

【生产厂】[辽]沈阳东宇精细化工有限公司〈P1685〉

环丙羧酸；7-氯-6-氟-1-环丙基-1,4-二氢-4-氧-3-喹啉羧酸 C03028001

7-Chloro-6-fluoro-1-cyclopropyl-1,4-dihydro-4-oxo-3-quinoline carboxylic acid [86393-33-1]

用作新型喹啉类抗菌药物环丙沙星的中间体

【生产厂】[浙]浙江润康药业有限公司(30 吨)〈P1966〉；浙江华义医药有限公司〈P1954〉；[豫]河南省龙泉集团医药中间体有限公司(200 吨)〈P2201〉；[鄂]武汉市合中化工制造有限公司〈P2232〉

2-乙酰氨基-3-(3,4-二氯苯基)丙烯酸 C03028085

2-Acetylamino-3-(3,4-dichlorophenyl) acrylic acid [14091-10-2]

用作医药中间体

【生产厂】[京]北京东方德众科技发展有限公司〈P1546〉

2-乙酰氨基-3-(4-羟基苯基)丙烯酸 C03028089

2-Acetylamino-3-(4-hydroxyphenyl) acrylic acid [64896-33-9]

用作医药中间体

【生产厂】[京]北京东方德众科技发展有限公司〈P1546〉

环丙基萘啶羧酸；1-环丙基-6-氟-7-氯-4-氧-1，4-二氢-1，8-萘啶-3-羧酸 C03028091

1-Cyclopropyl-6-fluoro-7-chloro-4-oxo-1, 4-dihydro-1, 8-naphthyridine-3-carboxylic acid

用作吉米沙星等喹诺酮类药物中间体
【生产厂】[苏]盐城中亚医药化工有限公司〈P1812〉

乙基萘啶羧酸；1-乙基-6-氟-7-氯-4-氧-1,4-二氢-1,8-萘啶-3-羧酸　C03028101
1-Ethyl-6-fluoro-7-chloro-4-oxo-1, 4-dihydro-1, 8-naphthyridine-3-carboxylic acid
用作药物依诺沙星中间体
【生产厂】[苏]盐城中亚医药化工有限公司〈P1812〉

氯霉素右旋氨基物　C03028151
Chloromycin D-amino-compound
用于医药中间体
【生产厂】[浙]浙江台州市金田医药化工有限公司〈P1968〉；[鄂]武汉武药制药有限公司〈P2234〉

3,4,5-三甲氧基苯甲酸甲酯　C03028301
Methyl 3,4,5-trimethoxybenzoate [1916-07-0]
用作医药中间体，是抗焦虑药曲美托嗪、肠胃药马来酸曲美布汀等的主要原料
【生产厂】[黑]哈尔滨康文生化科技有限公司〈P1720〉；[沪]上海康晟实业有限公司〈P1748〉；上海康文医药中间体有限公司〈P1748〉；[苏]无锡康晟精细化工有限公司〈P1874〉；[鄂]竹山县天新医药化工有限责任公司(100吨)〈P2239〉；[湘]湖南省张家界市贸源化工有限公司〈P2255〉；[粤]珠海市金山化工有限公司〈P2275〉

2-甲氧基-5-甲砜基苯甲酸甲酯　C03028311
Methyl 2-methoxy-5-methylsulfonylbenzoate [63484-12-8]
【生产厂】[苏]苏州诚和医药化学有限公司〈P1899〉

2-甲氧基-5-乙砜基苯甲酸甲酯　C03028315
Methyl 2-methoxy-5-ethylsulfonylbenzoate
用作医药中间体
【生产厂】[苏]苏州诚和医药化学有限公司〈P1899〉

2-氯-4-氨基苯甲酸甲酯；邻氯对氨基苯甲酸甲酯　C03028327
Methyl 2-chloro-4-aminobenzoate [46004-37-9]
用作医药中间体
【生产厂】[沪]上海神强实业有限公司〈P1761〉；[苏]仪征市鼎信化工有限公司(15吨)〈P1820〉；[浙]嘉兴市向阳化工厂〈P1942〉

5-氯-4-乙酰氨基-2-甲氧基苯甲酸甲酯；胃复安氯化物　C03028331
Methyl 5-chloro-4-acetamino-2-methoxybenzoate [4093-31-6]
用于制药
【生产厂】[吉]辽源市银鹰制药有限责任公司(50吨)〈P1718〉；[苏]苏州诚和医药化学有限公司〈P1899〉

3-氨基-5-氯-2-羟基苯甲酸甲酯　C03028335
Methyl 3-amino-5-chloro-2-hydroxybenzoate [5043-81-2]
用作药物阿扎司琼中间体
【生产厂】[鄂]湖北志诚化工科技有限公司〈P2243〉

4-氨基-2-甲氧基苯甲酸甲酯；2-甲氧基-4-氨基苯甲酸甲酯　C03028339
Methyl 4-Amino-2-methoxylbenzoate [27492-84-8]
【生产厂】[渝]重庆赛维药业有限公司〈P2306〉

4-乙酰氨基-2-甲氧基苯甲酸甲酯；胃复安甲基物　C03028341
Methyl 4-acetamido-2-methoxybenzoate [4093-29-2]
【生产厂】[吉]辽源市银鹰制药有限责任公司(50吨)〈P1718〉；[苏]苏州诚和医药化学有限公司〈P1899〉

4,5-二甲氧基-2-硝基苯甲酸甲酯；6-硝基藜芦酸甲酯　C03028351
Methyl 4,5-dimethoxy-2-nitrobenzoate [26791-93-5]
用作医药中间体
【生产厂】[晋]芮城县虹桥药用中间体有限公司〈P1678〉；山西亚宝药业集团股份有限公司〈P1680〉；[黑]哈尔滨康文生化科技有限公司〈P1720〉；[沪]上海康文医药中间体有限公司〈P1748〉；[苏]苏州海宇生物科技有限公司〈P1900〉

2-氨基-4,5-二甲氧基苯甲酸甲酯；6-氨基藜芦酸甲酯　C03028371
Methyl 2-amino-4,5-dimethoxybenzoate [26759-46-6]
用于有机合成
【生产厂】[黑]哈尔滨康文生化科技有限公司〈P1720〉；[沪]上海康文医药中间体有限公司〈P1748〉；[苏]苏州海宇生物科技有限公司〈P1900〉

2-甲氧基-4-氨基-5-巯基苯甲酸甲酯　C03028381
Methyl 4-Amino-2-methoxyl-5-mercaptobenzoate [59168-57-9]
【生产厂】[渝]重庆赛维药业有限公司〈P2306〉

2-甲氧基-4-氨基-5-硫氰基苯甲酸甲酯　C03028385
4-Amino-2-methoxy-5-thiocyanatobenzoic acid methyl ester [59168-56-8]
用作药物阿米舒必利的中间体
【生产厂】[渝]重庆赛维药业有限公司〈P2306〉

2-甲氧基-4-氨基-5-乙硫基苯甲酸甲酯　C03028389
4-Amino-5-ethylthio-2-methoxybenzoic acid methyl ester [71675-86-0]
用作药物阿米舒必利中间体
【生产厂】[渝]重庆赛维药业有限公司〈P2306〉

2-甲氧基-5-磺酰胺基苯甲酸甲酯　C03028391
Methyl 2-methoxy-5-sulfamoylbenzoate
用作药物舒必利中间体
【生产厂】[苏]苏州诚和医药化学有限公司〈P1899〉；江苏天士力帝益药业有限公司〈P1803〉

2-甲氧基-5-氨磺酰基苯甲酸乙酯　C03028395
Ethyl 2-methoxy-5-sulfamoylbenzoate
用作药物舒必利中间体
【生产厂】[苏]苏州诚和医药化学有限公司〈P1899〉

3,4,5-三甲氧基苯甲酸乙酯　C03028401
Ethyl 3,4,5-trimethoxybenzoate [6178-44-5]
用作食品添加剂及医药中间体
【生产厂】[粤]珠海市金山化工有限公司(100吨)〈P2275〉

3-氨基-4-氯苯甲酸月桂酯;3-氨基-4-氯苯甲酸十二烷酯 C03028451
Dodecyl 3-amino-4-chlorobenzoate [6195-20-6]
用作有机合成中间体
【生产厂】[冀]保定市乐凯化学有限公司〈P1645〉;中国乐凯胶片集团公司〈P1649〉;保定天祥化工有限公司〈P1646〉;[苏]仪征市鼎信化工有限公司〈P1820〉;苏州开元民生化学科技有限公司〈P1901〉;昆山市新镇振东化工厂〈P1898〉

对甲氧基苯丙酸甲酯 C03028491
4-Methoxyphenylpropionic acid methyl ester
【生产厂】[苏]金坛市华盛化工助剂有限公司〈P1862〉

***N*,*N*-二甲基甘氨酸盐酸盐** C03028511
N,*N*-Dimethylglycine hydrochloride [2491-06-7]
用作医药及保健品的原料
【生产厂】[津]天津天成制药有限公司(200 吨)〈P1614〉;[鲁]潍坊祥维斯化学品有限公司(100 吨)〈P2106〉

丙叉克林霉素;3,4-缩酮化克林霉素 C03028601
Clindamycin 3,4-isopropylidene
用作药物中间体
【生产厂】[苏]苏州第四制药厂有限公司〈P1899〉

克林霉素醇化物 C03028611
Clindamycin alcoholate
用作药物中间体
【生产厂】[苏]苏州第四制药厂有限公司〈P1899〉

美海洛林;美海屈林萘二磺酸 C03028651
Mebhydroline napadisylate [6153-33-9]
用作医药中间体
【生产厂】[辽]辽阳市众诺化学工业有限公司〈P1711〉;[沪]上海特化医药科技有限公司〈P1767〉

磷苯妥英酯化物 C03028671
Fosphenytoin ester
【生产厂】[苏]昆山化工医药原料有限公司〈P1895〉

3,4,5-三甲氧基苯甲酰氯 C03028701
3,4,5-Trimethoxybenzoyl chloride [4521-61-3]
用作医药中间体
【生产厂】[黑]哈尔滨康文生化科技有限公司〈P1720〉;[沪]上海康晟实业有限公司〈P1748〉;上海康文医药中间体有限公司〈P1748〉;[粤]珠海市金山化工有限公司(100 吨)〈P2275〉

3,4,5-三甲氧基苯磺酸钠 C03028711
Sodium 3,4,5-trimethoxybenzenesulfonate
用作医药中间体
【生产厂】[粤]珠海市金山化工有限公司(30 吨)〈P2275〉

3,4-二甲氧基苯甲酰氯 C03028731
3,4-Dimethoxybenzoyl chloride [3535-37-3]
用作医药、农药中间体
【生产厂】[吉]吉林省四平市精细化学品有限公司〈P1717〉;[苏]金坛市登冠化工有限公司〈P1861〉

2,6-二甲氧基苯甲酰氯 C03028735
2,6-Dimethoxybenzoyl chloride [1989-53-3]
用于有机合成
【生产厂】[鲁]济南瑞凯化工有限公司〈P2024〉

4,4′-氧二苯甲酰氯;4,4′-二酰氯二苯醚 C03028751
4,4′-Oxybis(benzoyl chloride) [7158-32-9]
【生产厂】[浙]横店集团家园化工有限公司〈P1952〉

1,2-乙二磺酸二钠 C03028771
1,2-Ethanedisulfonic acid disodium salt [5325-43-9]
用作医药中间体
【生产厂】[冀]河北海斯特化学有限公司〈P1663〉

1,4-丁二磺酸钠 C03028791
1,4-Butanedisulfonic acid disodium salt
用作医药中间体
【生产厂】[沪]上海沪旦生物科技有限公司〈P1737〉

9-蒽甲醛;9-蒽醛 C03028801
9-Anthraldehyde [642-31-9]
用作染料、医药等中间体
【生产厂】[苏]常州市武进鸣凰化学厂〈P1854〉;江苏常余化工有限公司(100 吨)〈P1893〉;张家港市飞宇化工有限公司(100 吨)〈P1912〉

3,4-亚甲二氧基苯乙酮;胡椒乙酮 C03028911
3,4-(Methylenedioxy)acetophenone;5-Acetyl-1,3-benzodioxole [3162-29-6]
用作医药中间体,用于合成防治高胆固醇和冠状动脉硬化症的药物,也用于合成新一类磺胺类抗菌消炎药物
【生产厂】[沪]上海万凯化学有限公司〈P1768〉

顺式-2,6-二甲基哌嗪 C03029101
cis-2,6-Dimethylpiperazine [108-49-6]
用作医药中间体,主要用于合成氟喹诺酮类药物斯帕沙星
【生产厂】[浙]浙江白云伟业化工股份有限公司〈P1950〉;[赣]江西昌九金桥化工有限公司〈P2008〉;[豫]河南康泰制药集团公司(15 吨)〈P2166〉;河南康泰制药集团公司河南省精细化工厂(10 吨)〈P2166〉

羟丙哌嗪 C03029151
Dropropizine [17692-31-8]
用于制造左羟丙哌嗪
【生产厂】[沪]上海凯峰化工有限公司〈P1747〉;[浙]浙江华纳药业有限公司〈P1950〉;[湘]湖南九典制药有限公司〈P2248〉

5-硝基糠醛二醋酸酯;5-硝基糠醛二乙酸酯 C03029251
5-Nitro-2-furaldehyde diacetate [92-55-7]
用作医药中间体,用于制呋喃类抗感染药痢特灵、呋喃西林、呋喃坦丁等
【生产厂】[津]天津市新新药业公司上辛口分厂(300 吨)〈P1608〉;[吉]辽源市百康药业有限责任公司(200 吨)〈P1717〉;[鲁]山东方兴科技开发有限公司(600 吨)〈P2155〉

C

2-氯-5-羟甲基吡啶;CPM C03029301
2-Chloro-5-hydroxymethylpyridine
用作医药、农药中间体
【生产厂】[苏]姜堰市康鹏农化有限公司〈P1823〉;[鄂]武汉胜鑫化工有限公司〈P2232〉

2-氯-5-甲基吡啶 C03029351
2-Chloro-5-methylpyridine
用作农药中间体
【生产厂】[冀]石家庄市龙汇精细化工有限责任公司〈P1630〉;[苏]镇江市润州第二化工厂〈P1845〉

3,5-二氯-4-羟基吡啶 C03029391
3,5-Dichloro-4-pyridinol [17228-70-5]
【生产厂】[冀]河北亚诺化工有限公司〈P1623〉;[鲁]青岛裕达精细化工有限公司(20 吨)〈P2046〉

2,3,4,5-四氟-6-硝基苯甲酸 C03029401
2,3,4,5-Tetrafluoro-6-nitrobenzoic acid
是制备含氟喹诺酮类抗菌药物斯帕沙星等的重要中间体
【生产厂】[浙]台州宏盛化学品有限公司(10 吨)〈P1961〉;浙江台州市金田医药化工有限公司〈P1968〉

4-氟-3-硝基苯甲酸;3-硝基-4-氟苯甲酸 C03029411
4-Fluoro-3-nitrobenzoic acid [453-71-4]
用作农药、医药中间体
【生产厂】[沪]上海威远精细氟科技发展有限公司〈P1769〉;[浙]浙江省三门解氏化学工业有限公司〈P1966〉;[赣]江西上饶现代化工有限公司〈P2015〉;[鲁]青岛裕达精细化工有限公司(20 吨)〈P2046〉

2-氯-3-氨基吡啶 C03029501
2-Chloro-3-aminopyridine [6298-19-7]
【生产厂】[京]北京维达化工有限公司(10 吨)〈P1563〉;[冀]河北省化学工业研究院〈P1621〉;河北亚诺化工有限公司〈P1623〉;[沪]上海华钛化学有限公司〈P1739〉;[浙]浙江台州海翔医药化工有限公司〈P1968〉;[鲁]青岛裕达精细化工有限公司〈P2046〉

2-氯-4-氨基吡啶;4-氨基-2-氯吡啶 C03029511
2-Chloro-4-aminopyridine [14432-12-3]
用作医药、农药、颜料中间体
【生产厂】[京]北京维达化工有限公司(10 吨)〈P1563〉;[冀]河北亚诺化工有限公司(10 吨)〈P1623〉;河北斌扬集团山海关万通助剂厂(30 吨)〈P1637〉;秦皇岛万通精化有限公司〈P1637〉;[苏]南京红太阳集团〈P1784〉;苏州市华伦化工有限公司〈P1903〉;[浙]杭州浙大泛科化工有限公司〈P1925〉;[鲁]潍坊祥维斯化学品有限公司(10 吨)〈P2106〉

2-氯-5-氨基吡啶 C03029515
2-Chloro-5-aminopyridine [5350-93-6]
【生产厂】[京]北京维达化工有限公司(3 吨)〈P1563〉;[沪]上海再启生物技术有限公司〈P1777〉;上海先导化学有限公司〈P1770〉;[苏]金坛市社头化工厂〈P1862〉;[鲁]青岛裕达精细化工有限公司〈P2046〉

2-氨基-5-氯吡啶 C03029521
2-Amino-5-chloropyridine [1072-98-6]
用于生产除草剂、药物佐匹克隆等
【生产厂】[京]北京维达化工有限公司(3 吨)〈P1563〉;[沪]上海华钛化学有限公司〈P1739〉;[苏]常州泰戈化工有限公司〈P1857〉

4-氨基-3,5-二氯吡啶 C03029527
4-Amino-3,5-dichloropyridine
用作医药中间体
【生产厂】[冀]河北亚诺化工有限公司〈P1623〉

2-氯-5-三氟甲基吡啶 C03029531
2-Chloro-5-trifluoromethylpyridine [52334-81-3]
用作农药中间体
【生产厂】[辽]阜新三宝化工实业有限公司〈P1708〉;金凯(阜新)化工有限公司〈P1708〉;[沪]上海杜拿克化工有限公司〈P1732〉;上海先导化学有限公司〈P1770〉;[苏]扬州飞扬化工有限公司〈P1817〉;泰兴市永佳化工有限公司〈P1827〉;姜堰市康鹏农化有限公司〈P1823〉;[浙]浙江化工科技集团有限公司〈P1927〉;[鲁]山东广恒化工有限公司(30 吨)〈P2052〉;[豫]濮阳利鑫精细化工有限公司〈P2213〉

2,3-二氯-5-三氟甲基吡啶 C03029535
2,3-Dichloro-5-trifluoromethylpyridine [69045-84-7]
【生产厂】[辽]阜新三宝化工实业有限公司〈P1708〉;[苏]扬州飞扬化工有限公司〈P1817〉;泰兴市永佳化工有限公司〈P1827〉;[鲁]山东广恒化工有限公司〈P2052〉

2-氨基-5-三氟甲基吡啶 C03029539
2-Amino-5-trifluoromethylpyridine [74784-70-6]
用作医药中间体
【生产厂】[沪]上海先导化学有限公司〈P1770〉;[鲁]山东广恒化工有限公司〈P2052〉

2-氯-3-氨基-4-甲基吡啶 C03029541
2-Chloro-3-amino-4-methylpyridine [133627-45-9]
是合成抗艾滋病毒和预防艾滋病毒药物萘维拉平的重要中间体
【生产厂】[京]北京维达化工有限公司(10 吨)〈P1563〉;[浙]上虞市卧龙化工有限公司〈P1948〉;浙江台州海翔医药化工有限公司〈P1968〉

2-氨基-3-氯-5-三氟甲基吡啶 C03029545
2-Amino-3-chloro-5-trifluoromethylpyridine [79456-26-1]
用于生产除草剂吡氟禾草灵、精稳杀得等,也是杀虫剂氟啶脲的中间体
【生产厂】[苏]扬州飞扬化工有限公司〈P1817〉;[鲁]山东广恒化工有限公司〈P2052〉

2-氨基-3-苄氧基吡啶 C03029551
2-Amino-3-benzyloxypyridine [24016-03-3]
用作医药中间体
【生产厂】[冀]河北亚诺化工有限公司〈P1623〉

一氯频哪酮;1-氯-3,3-二甲基-2-丁酮;一氯频呐酮 C03029601
Chloropinacoline [13547-70-1]
用作医药、农药等的中间体
【生产厂】[冀]河北新兴化工有限责任公司〈P1648〉;[苏]张

家港保税区东方农化国贸有限公司〈P1911〉;江苏神洲化学工业有限公司〈P1808〉;盐城利民农化有限公司〈P1810〉;盐城市德瑞化工有限公司〈P1810〉;盐城聚源化工有限公司〈P1810〉

二氯频哪酮;1,1-二氯-3,3-二甲基-2-丁酮;二氯频呐酮　C03029611
1,1-Dichloro-3,3-dimethyl-2-butanone
用作医药、农药等的中间体
【生产厂】[苏]张家港保税区东方农化国贸有限公司〈P1911〉;盐城利民农化有限公司〈P1810〉;如东县兴达精细化工厂〈P1837〉

染料中间体　C03030000
Dyestuff intermediate
用于染料合成
【生产厂】[辽]丹东深兰化工有限公司〈P1700〉;[豫]开封染料化工厂(100 吨)〈P2177〉

间氨基苯脲盐酸盐　C03030001
(3-Aminophenyl) urea monohydrochloride [59690-88-9]
用作活性染料中间体,用于制备黄色到橙色染料,是中间体氨基乙酰苯胺的替代品
【生产厂】[冀]河北省大名县瑞恒化工有限责任公司〈P1640〉;河北泰丰化工有限责任公司〈P1640〉;[苏]泰兴市兴汉染料化工有限公司〈P1826〉;[浙]上虞亿得化工有限公司〈P1949〉

***N*-乙基-*N*-(3-磺酸苄基)苯胺**;*N*-乙基-*N*-苄基苯胺-3′-磺酸　C03030021
N-Ethyl-*N*-(3-sulfobenzyl) aniline [101-11-1]
用于生产食用染料亮蓝
【生产厂】[沪]上海汇龙化工有限公司〈P1741〉;[浙]温州金源化工有限公司〈P1937〉
【使用厂】[津]天津市染料工业研究所〈P1600〉

间脲基苯胺;间氨基苯脲　C03030031
m-Carbamidoaniline;3-Aminophenylurea [25711-72-2]
【生产厂】[沪]上海富洋化工有限公司(1500 吨)〈P1734〉;[苏]江都市宙龙集团公司〈P1815〉;泰兴市兴汉染料化工有限公司〈P1826〉

乙酰乙酰-2,5-二甲氧基苯胺　C03030043
2,5-Dimethoxyacetoacetanilide [6375-27-5]
是有机颜料汉沙黄、双偶氮颜料的中间体
【生产厂】[冀]沧州科润化工有限公司〈P1651〉

***N*-乙酰乙酰苯胺**;乙酰乙酰苯胺　C03030051
N-Acetoacetanilide [102-01-2]
主要用作染料中间体,用于制造吡唑啉酮、嫩黄 5G、酸性络合黄 GR、中性深黄 GL、汉沙黄 G、颜料黄 G 等染料
【生产厂】[冀]沧州科润化工有限公司〈P1651〉;[苏]江苏常余化工有限公司〈P1893〉;[浙]温州美尔诺化工有限公司〈P1937〉;[鲁]青岛双桃精细化工(集团)有限公司(500 吨)〈P2043〉;胶州市精细化工有限公司〈P2031〉;山东阳光颜料有限公司(1500 吨)〈P2133〉
【使用厂】[津]天津市中天化工工贸有限公司〈P1613〉;[冀]安平县冠达颜料工业有限公司〈P1663〉;[沪]上海泗联实业总公司〈P1766〉;[浙]杭州红妍颜料化工有限公司〈P1918〉;[鲁]山东高密康丰农化有限公司〈P2094〉;山东泰山染料股份有限公司〈P2137〉;德州市宇虹化工有限公司〈P2142〉;[豫]开封染料化工厂〈P2177〉

***N*-乙酰乙酰苄胺**;乙酰乙酰苄胺;AABA　C03030057
N-Acetoacetobenzylamine
【生产厂】[冀]沧州科润化工有限公司〈P1651〉;[鲁]胶州市精细化工有限公司〈P2031〉

邻乙酰氨基苯甲酸;2-乙酰氨基苯甲酸;*N*-乙酰邻氨基苯甲酸　C03030058
o-Acetaminobenzoic acid [89-52-1]
【生产厂】[豫]河南省保利平原药业有限责任公司(10 吨)〈P2211〉

间甲砜基苯甲酸　C03030068
m-Methylsulfonylbenzoic acid
【生产厂】[苏]苏州诚和医药化学有限公司〈P1899〉

对甲砜基苯甲酸　C03030069
p-Methylsulfonylbenzoic acid [4052-30-6]
【生产厂】[鄂]武汉市天麦染料实业有限公司〈P2233〉

1-乙酰氨基-7-萘酚;8-乙酰氨基-2-萘酚　C03030071
1-Acetamino-7-naphthol [6470-18-4]
用作中性染料灰、棕、黑、卡其等偶合组分的中间体
【生产厂】[沪]上海汇龙化工有限公司〈P1741〉;[鲁]山东平原县忠臣化工有限公司(50 吨)〈P2145〉;青岛双桃精细化工(集团)有限公司〈P2043〉

1-甲氧基羰酰氨基-7-萘酚　C03030079
1-Methoxycarbonylamino-7-naphthol
【生产厂】[鲁]山东平原县忠臣化工有限公司(30 吨)〈P2145〉

***N*,*N*-二乙基苯胺**　C03030081
N,*N*-Diethylaniline [91-66-7]
用于染料中间体、乳胶促进剂、制药、农药等
【生产厂】[苏]无锡市汇友化工有限公司〈P1876〉;滨海恒联化工有限公司〈P1805〉;[浙]嘉兴市通元化工有限公司〈P1942〉
【使用厂】[苏]南通星辰合成材料有限公司〈P1836〉

间烷氧基-*N*,*N*-二乙基苯胺;间醚　C03030082
3-Alkoxy-*N*,*N*-diethylaniline
用作染料中间体
【生产厂】[豫]开封染料化工厂〈P2177〉

***N*,*N*-二乙基间甲苯胺**;间甲基-*N*,*N*-二乙基苯胺　C03030083
3-Methyl-*N*,*N*-diethylaniline;*N*,*N*-Diethyl-*m*-toluidine [91-67-8]
用作染料中间体
【生产厂】[苏]无锡市汇友化工有限公司〈P1876〉;滨海恒联化工有限公司〈P1805〉;[浙]嘉兴市通元化工有限公司〈P1942〉

【使用厂】[苏]南通星辰合成材料有限公司〈P1836〉

N,N-二甲氧羰酰乙基苯胺　C03030087

N,N-Dimethoxycarbonylethylaniline

用作染料中间体

【生产厂】[浙]浙江省台州市椒江天一化工厂(150 吨)〈P1966〉

N-乙基-N-甲氧羰酰乙基苯胺　C03030088

N-Ethyl-N-methoxycarbonylethylaniline

用作染料中间体

【生产厂】[浙]浙江省台州市椒江天一化工厂(240 吨)〈P1966〉

2,4-二甲氧基苯胺　C03030090

2,4-Dimethoxyaniline [2735-04-8]

【生产厂】[冀]大名县名鼎化工有限责任公司〈P1638〉;河北省大名县瑞恒化工有限责任公司〈P1640〉

2,5-二甲氧基苯胺;氨基氢醌二甲醚　C03030091

2,5-Dimethoxyaniline [102-56-7]

用于制备冰染染料黑色盐 K 的中间体及医药、杀虫剂和抗氧剂的中间体

【生产厂】[冀]大名县名鼎化工有限责任公司(50 吨)〈P1638〉

2,5-二甲氧基-4-氯苯胺;4-氯-2,5-二甲氧基苯胺　C03030092

2,5-Dimethoxy-4-chloroaniline [6358-64-1]

用作染料中间体

【生产厂】[冀]大名县名鼎化工有限责任公司〈P1638〉;河北华戈化学集团〈P1654〉;[苏]南京力达宁化学有限公司〈P1786〉;盐城凤阳化工有限公司〈P1809〉;[鲁]青岛天元化工股份有限公司(600 吨)〈P2044〉

【使用厂】[鲁]胶州市精细化工有限公司〈P2031〉

2,3-二甲氧基苯胺　C03030093

2,3-Dimethoxyaniline [6299-67-8]

用作有机合成中间体

【生产厂】[沪]上海再启生物技术有限公司〈P1777〉

3,3′-二甲氧基联苯胺盐酸盐;联大茴香胺盐酸盐　C03030101

3,3′-Dimethoxybenzidine dihydrochloride [20325-40-0]

主要用作偶氮染料中间体,如制直接蓝 RG、直接蓝 5B、湖蓝 6B 等染料,还可用于检测金、铜、钴和钒等元素

【生产厂】[鲁]新泰市兰得染料化工有限公司(300 吨)〈P2138〉;山东泰山染料股份有限公司(600 吨)〈P2137〉

3,4-二甲氧基苯胺;1,2-二甲氧基-4-氨基苯　C03030105

3,4-Dimethoxyaniline;1,2-Dimethoxy-4-aminobenzene [6315-89-5]

用作医药中间体

【生产厂】[冀]大名县名鼎化工有限责任公司〈P1638〉;[辽]乐凯(沈阳)科技产业有限责任公司〈P1684〉;[浙]浙江燎原药业有限公司〈P1965〉;浙江新花蝶化工有限公司〈P1969〉

3,4-二甲氧基苯胺盐酸盐　C03030106

3,4-Dimethoxyaniline hydrochloride [35589-32-3]

【生产厂】[辽]乐凯(沈阳)科技产业有限责任公司〈P1684〉

N,N-二甲基苯胺　C03030121

N,N-Dimethylaniline [121-69-7]

用于制造香料、农药、染料、炸药等

【生产厂】[津]天津市益顺化工有限公司(1500 吨)〈P1611〉;[冀]河北冀衡磷肥股份有限公司(1 万吨)〈P1664〉;[辽]大连染料化工有限公司(1700 吨)〈P1693〉;[苏]南京浦津化工有限公司(3000 吨)〈P1788〉;宜兴市兴宁化工科技有限公司(6000 吨)〈P1887〉;盐城凤阳化工有限公司(2000 吨)〈P1809〉;滨海恒联化工有限公司〈P1805〉;[浙]嘉兴市江南化工厂(1000 吨)〈P1941〉;[鲁]胜利油田东胜星润化工有限责任公司〈P2087〉;兖州市恒源化工有限责任公司(1 万吨)〈P2134〉

【使用厂】[津]天津三环化学有限公司〈P1577〉;[辽]沈阳市试剂三厂〈P1688〉;[苏]昆山市花桥化工四厂〈P1897〉;[鲁]青岛双桃精细化工(集团)有限公司〈P2043〉;济宁圣城化工实验有限责任公司〈P2128〉;德州虹桥染料化工有限公司〈P2142〉;[粤]广州化学试剂厂〈P2261〉

N-丁基苯胺　C03030124

N-Butylaniline [1126-78-9]

用作有机合成中间体

【生产厂】[苏]滨海恒联化工有限公司〈P1805〉

N,N-二丁基苯胺　C03030125

N,N-Dibutylaniline [613-29-6]

【生产厂】[苏]滨海恒联化工有限公司〈P1805〉

2,2′-二甲基联苯胺;间位托力丁培司　C03030147

2,2′-Dimethylbenzidine

【生产厂】[辽]丹东深兰化工有限公司〈P1700〉

4,4′-二氨基三苯基甲烷　C03030161

4,4′-Diaminotriphenylmethane [603-40-7]

用作酸性染料中间体

【生产厂】[浙]金华双宏化工有限公司〈P1953〉

【使用厂】[苏]常熟市染料化工厂〈P1890〉

双(乙烯砜基)甲烷　C03030167

Bis(vinylsulfonyl)methane [3278-22-6]

用于有机合成

【生产厂】[浙]浙江同丰医药化工有限公司〈P1969〉

间氨基-N-苯甲酰苯胺;3-氨基-N-苯甲酰苯胺　C03030173

m-Aminobenzanilide [16091-26-2]

【生产厂】[苏]常熟华益化工有限公司〈P1889〉

4,4′-二氨基二苯基环己烷;1,1-二(4-氨基苯基)环己烷　C03030175

4,4′-Diaminodiphenylcyclohexane [34447-09-1]

用作有机合成中间体

【生产厂】[浙]金华双宏化工有限公司〈P1953〉

2,4-二氨基苯磺酸;间二氨基苯磺酸;1,3-二氨基-4-苯磺酸　C03030181

2,4-Diaminobenzenesulfonic acid; 1,3-Diaminobenzene-4-sulfonic acid [88-63-1]
用作染料中间体
【生产厂】[津]天津兴隆化工厂〈P1616〉;[冀]河北泰丰化工有限责任公司〈P1640〉;[沪]上海世展实业有限公司〈P1763〉;[苏]靖江市长江化工有限公司〈P1824〉;盐城市虹艳化工有限公司〈P1811〉
【使用厂】[鲁]青岛双桃精细化工(集团)有限公司〈P2043〉

2,5-二氨基苯磺酸 C03030183
2,5-Diaminobenzenesulfonic acid [88-45-9]
【生产厂】[苏]苏州市相城区青台精细化工有限公司〈P1905〉

2,4-二氨基苯磺酸钠 C03030191
Sodium 2,4-diaminobenzenesulfonate [3177-22-8]
用作染料中间体
【生产厂】[冀]河北省大名县瑞恒化工有限责任公司〈P1640〉;河北泰丰化工有限责任公司〈P1640〉;沧州华通化工有限公司〈P1651〉;[苏]盐城市虹艳化工有限公司〈P1811〉;[鲁]济南润原化工有限责任公司〈P2024〉
【使用厂】[津]天津市大港染料厂〈P1583〉;[冀]河北省武强县启龙化工有限公司〈P1666〉

3,5-二氨基-2,4,6-三甲基苯磺酸;M酸 C03030195
3,5-Diamino-2,4,6-trimethylbenzenesulfonic acid [32432-55-6]
用作活性染料中间体
【生产厂】[浙]杭州力禾颜料有限公司〈P1920〉

1,4-二氨基蒽醌 C03030201
1,4-Diaminoanthraquinone [128-95-0]
用作合成染料的中间体
【生产厂】[苏]兴达化工有限公司(1500吨)〈P1883〉
【使用厂】[苏]江阴市龙达化工有限公司〈P1870〉

1-羟基蒽醌 C03030205
1-Hydroxyanthraquinone [129-43-1]
【生产厂】[湘]湖南湘渝化工有限责任公司〈P2258〉;[渝]湘渝化工有限公司〈P2303〉

2-羟基蒽醌 C03030206
2-Hydroxyanthraquinone
【生产厂】[渝]湘渝化工有限公司〈P2303〉

1,5-二氨基蒽醌 C03030211
1,5-Diaminoanthraquinone [129-44-2]
用于制造染料
【生产厂】[苏]江苏亚邦化工集团有限公司〈P1861〉

1,5-二羟基-4,8-二硝基蒽醌 C03030213
1,5-Dihydroxy-4,8-dinitroanthraquinone
用于合成染料
【生产厂】[苏]南通海迪化工有限公司〈P1833〉

1,8-二羟基-4,5-二硝基蒽醌 C03030214
1,8-Dihydroxy-4,5-dinitroanthraquinone [81-55-0]
用于合成染料
【生产厂】[沪]上海康晟实业有限公司〈P1748〉;[苏]南通海迪化工有限公司〈P1833〉

2,6-二氨基蒽醌 C03030221
2,6-Diaminoanthraquinone [131-14-6]
用于制造染料还原黄GCN
【生产厂】[沪]上海华元实业总公司〈P1740〉

1,8-二氨基蒽醌 C03030225
1,8-Diamino anthraquinone [129-42-0]
【生产厂】[苏]江苏亚邦化工集团有限公司〈P1861〉

1,4-二氨基蒽醌,隐色体 C03030231
Leuco-1,4-diaminoanthraquinone [128-95-0]
用作染料中间体,广泛用于还原灰BG、分散翠蓝HBF及酸性染料等
【生产厂】[苏]盐城市虹艳化工有限公司〈P1811〉;[鄂]荆州市博尔德化学有限公司〈P2240〉;湖北开元化工科技股份有限公司(800吨)〈P2240〉

1-苯甲酰氨基-4-溴蒽醌 C03030233
1-Benzoylamino-4-bromoanthraquinone
【生产厂】[渝]湘渝化工有限公司〈P2303〉

1-氨基-5-苯甲酰氨基蒽醌 C03030236
1-Amino-5-benzoylaminoanthraquinone
【生产厂】[渝]湘渝化工有限公司〈P2303〉

1,4,5,8-四羟基蒽醌隐色体 C03030239
Leuco-1,4,5,8-tetrahydroxyanthraquinone
用作染料中间体
【生产厂】[苏]南通海迪化工有限公司〈P1833〉

1-硝基-2-甲基蒽醌 C03030241
1-Nitro-2-methylanthraquinone [129-15-7]
用于制1-硝基-2-蒽醌甲酸等中间体及还原黄4GF、还原红F3B和还原蓝ER等还原染料
【生产厂】[浙]鄞县兴华化工厂〈P1935〉

2,3-二羟基萘-6-磺酸钠;二羟R盐 C03030251
Sodium 2,3-dihydroxynaphthalene-6-sulfonate [135-53-5]
用作染料中间体,也是重氮感光纸的偶合剂
【生产厂】[沪]上海华元实业总公司〈P1740〉;上海汇龙化工有限公司(250吨)〈P1741〉;[鄂]武汉瑞阳化工有限公司〈P2231〉

2,8-二羟基萘-6-磺酸钠;二羟G盐 C03030261
Sodium 2,8-dihydroxynaphthalene-6-sulfonate [83732-86-5]
用作染料中间体
【生产厂】[浙]上虞亿得化工有限公司〈P1949〉

1,4-二羟基蒽醌;醌茜;奎札因 C03030271
1,4-Dihydroxyanthraquinone; Quinizarin [81-64-1]
用于制造还原染料、分散染料及活性染料的中间体
【生产厂】[辽]丹东深兰化工有限公司(120吨)〈P1700〉;[黑]佳木斯市北星有机化工有限责任公司〈P1724〉;[苏]兴达化工有限公司〈P1883〉;盐城市虹艳化工有限公司〈P1811〉;[鄂]荆州市博尔德化学有限公司(1000吨)〈P2240〉

C

1,4-二羟基蒽醌,隐色体 C03030272
Leuco-1,4-dihydroxyanthraquinone
用作染料中间体
【生产厂】[鄂]荆州市博尔德化学有限公司〈P2240〉

1,5-二羟基蒽醌 C03030273
1,5-Dihydroxyanthraquinone [117-12-4]
用于合成染料
【生产厂】[渝]湘渝化工有限公司〈P2303〉

1,8-二羟基蒽醌 C03030275
1,8-Dihydroxyanthraquinone [117-10-2]
【生产厂】[苏]南通海迪化工有限公司〈P1833〉;[渝]湘渝化工有限公司〈P2303〉
【使用厂】[苏]南通海星制药有限公司〈P1833〉

1-(2′,5′-二氯-4′-磺酸苯基)-3-甲基-5-吡唑啉酮 C03030301
1-(2′,5′-Dichloro-4′-sulfophenyl)-3-methyl-5-pyrazolone [84-57-1]
用于合成C.I.酸性黄17、C.I.酸性橙40、C.I.活性黄1等活性染料
【生产厂】[冀]河北省武强县启龙化工有限公司(200吨)〈P1666〉;[鲁]青岛双桃精细化工(集团)有限公司〈P2043〉;胶州市精细化工有限公司〈P2031〉

1-(2′-氯-5′-磺酸苯基)-3-甲基-5-吡唑啉酮 C03030305
1-(2′-Chloro-5′-sulfophenyl)-3-methyl-5-pyrazolone [88-76-6]
用于制备染料及颜料的中间体
【生产厂】[鲁]青岛双桃精细化工(集团)有限公司〈P2043〉;胶州市精细化工有限公司〈P2031〉

3,3′-二氯-4,4′-联苯二胺,盐酸盐;DCB盐酸盐;3,3′-二氯联苯胺盐酸盐 C03030311
3,3′-Dichlorobenzidine hydrochloride [612-83-9]
用于生产染料、颜料及油墨
【生产厂】[鲁]山东恒邦冶炼股份有限公司(2000吨)〈P2113〉;新泰市兰得染料化工有限公司(3000吨)〈P2138〉;山东泰山染料股份有限公司(7500吨)〈P2137〉

四苯基联苯二胺 C03030315
N,N,N′,N′-Tetraphenylbenzidine
【生产厂】[苏]南京科邦医药化工有限公司〈P1786〉

6-硝基-1,4-二氯苯;2,5-二氯硝基苯 C03030321
2,5-Dichloronitrobenzene [89-61-2]
用作染料中间体,用于冰染染料大红色基GG、红色基3GL、红色基RC等,也是氮肥增效剂
【生产厂】[苏]吴江市汇丰化工厂〈P1910〉;扬州腾达化工厂(400吨)〈P1819〉;扬州贝尔化工有限公司〈P1817〉;江都市海辰化工有限公司〈P1814〉;如皋市隆昌化工有限公司〈P1838〉;[皖]安徽省怀远县虹桥化工有限公司〈P1975〉
【使用厂】[豫]巩义市桥上化工厂〈P2163〉

2,4-二氯硝基苯 C03030322
2,4-Dichloronitrobenzene [611-06-3]
是农药、医药、染料等有机化工产品的重要中间体
【生产厂】[苏]常州市旭东化工有限公司〈P1856〉;盐城中亚医药化工有限公司(500吨)〈P1812〉;[豫]河南新乡张氏化工有限公司(300吨)〈P2202〉
【使用厂】[苏]江苏庙桥合成化工有限公司〈P1859〉

3,4-二氯硝基苯;DCNB C03030323
3,4-Dichloronitrobenzene [99-54-7]
是3-氯-4-氟硝基苯、3-氯-4-氟苯胺、3,4-二氯苯胺等有机化工产品的重要中间体
【生产厂】[津]天津华柏企业有限公司(1000吨)〈P1573〉;[冀]河北省景县景美化学工业有限公司(300吨)〈P1665〉;[晋]山西省临汾有机化工厂〈P1678〉;[沪]上海再启生物技术有限公司〈P1777〉;[苏]常州市旭东化工有限公司〈P1856〉;涟水金兰化工有限公司〈P1803〉;江都市海辰化工有限公司〈P1814〉;如皋市隆昌化工有限公司〈P1838〉;[浙]上虞市卧龙化工有限公司〈P1948〉;[皖]蚌埠市海兴化工有限责任公司〈P1975〉;安徽省怀远县虹桥化工有限公司〈P1975〉

2,3-二氯硝基苯 C03030324
2,3-Dichloronitrobenzene [3209-22-1]
【生产厂】[苏]如皋市隆昌化工有限公司〈P1838〉

2,6-二氯硝基苯 C03030325
2,6-Dichloronitrobenzene [601-88-7]
【生产厂】[浙]浙江天宇药业有限公司〈P1969〉

2,4,5-三氯硝基苯 C03030328
2,4,5-Trichloronitrobenzene [89-69-0]
用于合成农药、染料和医药产品
【生产厂】[冀]河北省武强县灌封化工厂〈P1666〉;[苏]江都市海辰化工有限公司〈P1814〉

2,6-二氯-4-硝基苯胺;氯硝胺 C03030331
2,6-Dichloro-4-nitroaniline [99-30-9]
用作染料及有机颜料中间体
【生产厂】[冀]河北永泰化工有限公司〈P1623〉;河北省武强县启龙化工有限公司(80吨)〈P1666〉;[苏]吴江森亮化工有限公司(2万吨)〈P1910〉;姜堰市环球化工厂〈P1823〉;[浙]杭州力禾颜料有限公司〈P1920〉;浙江省常山长盛化工有限公司(2500吨)〈P1959〉;[皖]安徽八一化工股份有限公司〈P1974〉
【使用厂】[鲁]青岛双桃精细化工(集团)有限公司〈P2043〉

4,5-二氯-2-硝基苯胺;2-硝基-4,5-二氯苯胺 C03030335
4,5-Dichloro-2-nitroaniline [6641-64-1]
用作驱虫药三氯苯达唑中间体
【生产厂】[苏]常州佳灵药业有限公司〈P1848〉;江都市海辰化工有限公司〈P1814〉

1,5-二氯蒽醌 C03030341
1,5-Dichloroanthraquinone [82-46-2]
用作还原及分散染料中间体
【生产厂】[津]天津理工产业股份有限公司〈P1576〉;[苏]南通海迪化工有限公司〈P1833〉;[湘]湖南湘渝化工有限责任公司〈P2258〉;[渝]湘渝化工有限公司〈P2303〉

1,8-二氯蒽醌　C03030345
1,8-Dichloroanthraquinone [82-43-9]
用于制造还原染料、分散染料、有机颜料及医药
【生产厂】[津]天津理工产业股份有限公司〈P1576〉;[苏]南通海迪化工有限公司〈P1833〉;[浙]杭州力禾颜料有限公司〈P1920〉;[湘]湖南湘渝化工有限责任公司〈P2258〉;[渝]湘渝化工有限公司〈P2303〉

2,4-二硝基苯胺　C03030362
2,4-Dinitroaniline [97-02-9]
用于制造偶氮染料及分散染料,也可用作印刷油墨的调色剂和制取防腐剂等
【生产厂】[冀]武邑县国兴化工有限责任公司〈P1669〉;[苏]南京化学工业有限公司化工厂(200 吨)〈P1785〉;[浙]杭州福德化工有限公司〈P1917〉;[皖]安徽省怀远县虹桥化工有限公司〈P1975〉;[鲁]平阴县金城化工厂(1300 吨)〈P2027〉

2,4-二硝基氯苯;1-氯-2,4-二硝基苯　C03030371
2,4-Dinitrochlorobenzene [97-00-7]
主要作为染料、农药、医药中间体
【生产厂】[津]天津兴隆化工厂〈P1616〉;天津市染料厂分厂(2 万吨)〈P1600〉;[冀]河北永泰化工有限公司〈P1623〉;[晋]山西临汾染化(集团)有限责任公司〈P1678〉;芮城县虹桥药用中间体有限公司〈P1678〉;[辽]大连染料化工有限公司(1 万吨)〈P1693〉;[苏]南京化学工业有限公司化工厂(3000 吨)〈P1785〉;南通鹏陈化工有限公司〈P1834〉;[皖]蚌埠市海兴化工有限责任公司〈P1975〉;安徽省怀远县虹桥化工有限公司〈P1975〉;[豫]安阳染料厂(1800 吨)〈P2208〉;河南洛染股份有限公司(3 万吨)〈P2180〉
【使用厂】[鲁]平阴县金城化工厂〈P2027〉;[豫]安阳市谦和染料化工有限责任公司〈P2209〉

2,6-二硝基氯苯;2,6 油　C03030372
2,6-Dinitrochlorobenzene [606-21-3]
用于制备硫化染料
【生产厂】[苏]南京化学工业有限公司化工厂(800 吨)〈P1785〉

3,4-二硝基氯苯　C03030373
3,4-Dinitrochlorobenzene
用作有机合成中间体
【生产厂】[苏]苏州园方化工有限公司(50 吨)〈P1907〉;[豫]安阳染料厂(1700 吨)〈P2208〉

2,6-二溴-4-硝基苯胺;4-硝基-2,6-二溴苯胺　C03030380
2,6-Dibromo-4-nitroaniline [827-94-1]
用作染料及有机颜料中间体
【生产厂】[苏]盐城凤阳化工有限公司(500 吨)〈P1809〉;[皖]安徽省怀远县虹桥化工有限公司〈P1975〉;[鲁]无棣金盛化工有限公司(5000 吨)〈P2157〉;山东大地盐化集团(4000 吨)〈P2094〉

2,4-二硝基-6-溴苯胺;6-溴-2,4-二硝基苯胺　C03030381
2,4-Dinitro-6-bromoaniline [1817-73-8]
用作分散染料的中间体,用以制取分散藏青 2GL
【生产厂】[津]天津市染料厂分厂(2000 吨)〈P1600〉;[冀]武邑县国兴化工有限责任公司(3600 吨)〈P1669〉;[鲁]山东大地盐化集团(5000 吨)〈P2094〉

1,5-二硝基蒽醌　C03030391
1,5-Dinitroanthraquinone [82-35-9]
用于制造染料
【生产厂】[苏]江苏亚邦化工集团有限公司〈P1861〉

1,8-二硝基蒽醌　C03030392
1,8-Dinitroanthraquinone
用于制造染料
【生产厂】[苏]江苏亚邦化工集团有限公司〈P1861〉

1-硝基蒽醌　C03030393
1-Nitroanthraquinone [82-34-8]
用于制 1-氨基蒽醌、1-羟基蒽醌、1,5-和 1,8-二硝基蒽醌等染料中间体
【生产厂】[冀]吴桥顺达化工有限责任公司〈P1657〉;[苏]江苏亚邦化工集团有限公司〈P1861〉

1,5(1,8)-二硝基蒽醌(混合)　C03030395
1,5(1,8)-Dinitroanthraquinone, mixed
用于合成多种高档染料及中间体
【生产厂】[鲁]青岛双桃精细化工(集团)有限公司〈P2043〉

3,9-二溴苯并蒽酮;3,9-二溴苯绕蒽酮　C03030401
3,9-Dibromobenzanthrone [81-98-1]
用作生产还原灰 M、还原橄榄绿 T 等染料的中间体
【生产厂】[苏]金隆化工集团有限公司〈P1861〉

十八碳酰氯;硬脂酰氯　C03030411
Stearyl chloride [112-76-5]
用作合成电影染料的中间体
【生产厂】[沪]上海华彩精细化工有限公司〈P1738〉;[苏]连云港市金囤农药有限公司〈P1825〉;[赣]海利贵溪化工农药有限公司〈P2013〉

2-磺酸基-4-硝基苯甲酸;2-羧基-5-硝基苯磺酸　C03030421
2-Sulfo-4-nitrobenzoic acid; 2-Carboxyl-5-nitrobenzenesulfonic acid
用作药物、植物保护剂,也是聚合物和染料的中间体
【生产厂】[冀]沧州华光化工有限公司〈P1651〉;河北华戈化学集团〈P1654〉

2-氨基-5-磺基苯甲酸;4-氨基-3-羧基苯磺酸　C03030423
2-Amino-5-sulfobenzoic acid [3577-63-7]
【生产厂】[沪]上海旭升精细化工技术研究所〈P1773〉;[苏]靖江市长江化工有限公司〈P1824〉

2-氨基-4-磺酸基苯甲酸;3-氨基-4-羧基苯磺酸　C03030425
2-Amino-4-sulfobenzoic acid [98-43-1]

用作中性染料中间体
【生产厂】[浙]上虞亿得化工有限公司〈P1949〉

1,3,3-三甲基-2-亚甲基吲哚啉;三贝斯 C03030431
1,3,3-Trimethyl-2-methyleneindoline [118-12-7]
用作阳离子染料中间体
【生产厂】[沪]上海罗泾染料化工有限公司〈P1752〉;上海市金山区漕泾化工厂(360 吨)〈P1763〉;[苏]苏州市东吴染料有限公司〈P1903〉;扬州康宏化工有限公司〈P1817〉;[浙]杭州近江化工染料有限公司〈P1919〉;嘉兴市步云染化厂(300 吨)〈P1941〉;[豫]开封染料化工厂(100 吨)〈P2177〉

5-硝基-2,3,3-三甲基吲哚啉 C03030433
5-Nitro-2,3,3-trimethylindoline [3484-22-8]
【生产厂】[京]北京成宇化工有限公司〈P1545〉

5-氯-1,3,3-三甲基-2-亚甲基吲哚啉 C03030435
5-Chloro-1,3,3-trimethyl-2-methyleneindoline [6872-17-9]
【生产厂】[京]北京成宇化工有限公司〈P1545〉;[浙]嘉兴市步云染化厂〈P1941〉

5-氯-2,3,3-三甲基吲哚啉 C03030439
5-Chloro-2,3,3-trimethylindoline [25981-83-3]
【生产厂】[京]北京成宇化工有限公司〈P1545〉

1,3,3-三甲基-2-亚甲基吲哚啉乙醛;ω 醛 C03030441
1,3,3-Trimethyl-2-methyleneindolineacetaldehyde [84-83-3]
用作阳离子染料中间体,用于合成阳离子黄X-8GL、黄3GLH 等染料,也是医药中间体
【生产厂】[京]北京成宇化工有限公司〈P1545〉;[沪]上海华彩精细化工有限公司〈P1738〉;上海罗泾染料化工有限公司〈P1752〉;上海凯路化工有限公司〈P1747〉;[苏]苏州市东吴染料有限公司〈P1903〉;[浙]杭州近江化工染料有限公司〈P1919〉;嘉兴市步云染化厂〈P1941〉

2-亚甲基-1,3,3-三甲基吲哚啉醛 C03030442
2-Methylene-1,3,3-trimethylindolinaldehyde
【生产厂】[沪]上海华彩精细化工有限公司〈P1738〉;上海市金山区漕泾化工厂(360 吨)〈P1763〉

2-甲基吲哚-3-甲醛 C03030443
2-Methylindole-3-formaldehyde [5416-80-8]
用于制药
【生产厂】[京]北京成宇化工有限公司〈P1545〉;[沪]上海凯路化工有限公司〈P1747〉

吲哚-6-甲醛 C03030446
Indole-6-carboxaldehyde [1196-70-9]
【生产厂】[苏]宜兴市中宇药化技术有限公司〈P1888〉;[浙]浙江车头制药有限公司〈P1963〉

吲哚-5-甲醛 C03030447
Indole-5-carboxaldehyde
【生产厂】[苏]宜兴市中宇药化技术有限公司〈P1888〉

吲哚-3-甲醛 C03030448
Indole-3-carboxaldehyde [487-89-8]
用于制取吲哚衍生物
【生产厂】[京]北京金奥利维科技发展有限公司〈P1551〉;北京成宇化工有限公司〈P1545〉;[沪]上海凯路化工有限公司〈P1747〉;[苏]南京锐马精细化工有限公司〈P1788〉;金坛市社头化工厂〈P1862〉

吲哚-4-甲醛 C03030449
Indole-4-carboxaldehyde [1074-86-8]
【生产厂】[苏]宜兴市中宇药化技术有限公司〈P1888〉

三聚氯氰;2,4,6-三氯-1,3,5-三嗪;三聚氰酰氯;氰脲酰氯 C03030451
Cyanuric chloride;2,4,6-Trichloro-1,3,5-triazine [108-77-0]
用于合成荧光增白剂、活性染料、医药、农药等
【生产厂】[津]天津市越过化工有限责任公司(4000 吨)〈P1612〉;天津市海洋染料化工厂(5000 吨)〈P1588〉;[冀]河北诚信有限责任公司(3 万吨)〈P1619〉;[辽]营口三征有机化工股份有限公司(4 万吨)〈P1704〉;[鲁]山东侨昌化学有限公司(1200 吨)〈P2156〉
【使用厂】[津]天津市汇泉精细化工有限公司〈P1591〉;[冀]河北省武强县启龙化工有限公司〈P1666〉;河北西海集团有限公司〈P1666〉;[沪]上海天坛助剂有限公司〈P1767〉;[浙]杭州萧山飞翔化工有限公司〈P1923〉;东港工贸集团有限公司〈P1960〉;[鲁]青岛双桃精细化工(集团)有限公司〈P2043〉;山东招远化工总厂〈P2115〉;山东济宁运河染料化工厂〈P2131〉;山东胜邦绿野化学有限公司〈P2029〉;招远市石油化工厂有限公司〈P2121〉;[豫]偃师乳酸有限公司〈P2188〉;河南省安阳荧迪化工有限责任公司〈P2211〉

三聚氟氰;2,4,6-三氟-1,3,5-三嗪 C03030455
Cyanuric fluoride;2,4,6-Trifluoro-1,3,5-triazine [675-14-9]
主要用于制备活性染料
【生产厂】[苏]扬州康宏化工有限公司〈P1817〉;[皖]安徽省广德县中信化工厂〈P1986〉

双(*N*-乙酰乙酰基)-1,4-苯二胺 C03030461
Bis(*N*-acetoacetyl)-1,4-phenylene diamine
用作染料、有机颜料中间体
【生产厂】[冀]沧州科润化工有限公司〈P1651〉

双 J 酸;*N*,*N*-双(5-萘酚-7-磺酸)胺;双杰酸 C03030481
N,*N*-Bis(5-naphthol-7-sulfonic acid) amine
用作直接染料和偶氮染料中间体,如合成直接桃红 12B、直接耐酸枣红等
【生产厂】[沪]上海汇龙化工有限公司〈P1741〉;[鲁]德州信达化工有限公司(100 吨)〈P2142〉
【使用厂】[豫]洛阳瑞丰工业有限公司〈P2183〉

2-氨基-4,5-二甲基苯磺酸;3,4-二甲基苯胺-6-磺酸 C03030496
2-Amino-4,5-dimethylbenzenesulfonic acid [56375-83-8]
【生产厂】[苏]吴江市万达化工厂〈P1911〉

2-氨基-3,5-二甲基苯磺酸;2,4-二甲基苯胺-6-磺酸 C03030497
2-Amino-3,5-dimethylbenzenesulfonic acid

【生产厂】[苏]吴江市万达化工厂〈P1911〉

3,5-二氨基-4-甲基苯磺酸;2,6-二氨基甲苯-4-磺酸 C03030498

3,5-Diamino-4-methylbenzenesulfonic acid; 2,6-Diaminotoluene-4-sulfonic acid [98-25-9]

【生产厂】[沪]上海旭升精细化工技术研究所〈P1773〉

2-氨基甲苯-5-磺酸;4-氨基-3-甲基苯磺酸 C03030499

2-Aminotoluene-5-sulfonic acid [98-33-9]

用作染料中间体

【生产厂】[沪]上海旭升精细化工技术研究所〈P1773〉;上海汇龙化工有限公司〈P1741〉;[苏]吴江市万达化工厂〈P1911〉

2-氨基甲苯-4-磺酸;邻甲苯胺-5-磺酸 C03030500

2-Aminotoluene-4-sulfonic acid

用于染料中间体

【生产厂】[沪]上海汇龙化工有限公司(500吨)〈P1741〉

3-甲基-6-氨基苯磺酸;4B酸;4-氨基甲苯-3-磺酸;2-氨基-5-甲基苯磺酸 C03030501

3-Methyl-6-aminobenzenesulfonic acid [88-44-8]

主要用于生产颜料C.I.57:1

【生产厂】[冀]深州市天翔化工有限公司〈P1669〉;[苏]镇江市天龙化工有限公司(5000吨)〈P1846〉;无锡市丰硕化工厂〈P1875〉;苏州林通染料化工有限公司〈P1902〉;[浙]嘉兴精化化工有限公司(2000吨)〈P1941〉;平湖市双马精细化工有限公司〈P1943〉

【使用厂】[沪]上海泗联实业总公司〈P1766〉;[浙]杭州红妍颜料化工有限公司〈P1918〉;上虞市东海化工有限公司〈P1947〉

脱氢硫代对甲苯胺双磺酸;2-对氨基苯基-6-甲基苯并噻唑双磺酸 C03030504

2-(4-Aminophenyl)-6-methylbenzothiazoledisulfonic acid; Dehydrothio-*p*-toluidinedisulfonic acid

用作染料中间体

【生产厂】[津]天津市长城友兴化工有限公司(200吨)〈P1581〉;[辽]鞍山市兴懋化工有限责任公司〈P1696〉

5-氨基-2-甲基苯磺酸;4-氨基甲苯-2-磺酸;异4B酸 C03030505

5-Amino-2-methylbenzenesulfonic acid; 4-Aminotoluene-2-sulfonic acid [118-88-7]

主要用于合成颜料红57#时的添加剂和蓝色相调节剂

【生产厂】[苏]镇江市天龙化工有限公司〈P1846〉;[浙]嘉兴精化化工有限公司〈P1941〉

2,5-二氨基甲苯硫酸盐 C03030506

2,5-Diaminotoluene sulfate [615-50-9]

用于染发剂及有机中间体

【生产厂】[沪]上海神强实业有限公司〈P1761〉;[苏]吴江市万达化工厂〈P1911〉;[浙]杭州创引化工科技有限公司〈P1916〉

对硝基甲苯邻磺酸;4-硝基甲苯-2-磺酸 C03030507

4-Nitrotoluene-2-sulfonic acid [121-03-9]

用作二苯乙烯系直接染料的中间体

【生产厂】[冀]衡水东港化工有限公司〈P1667〉;河北省景县中亚化工有限公司(1200吨)〈P1666〉;沧州华光化工有限公司(3000吨)〈P1651〉;河北华戈化学集团〈P1654〉;河北省东光县宏浩染料化工有限公司(1000吨)〈P1655〉;泊头市天河化工有限公司(1200吨)〈P1651〉;[晋]山西省临猗县翔宇化工有限公司〈P1680〉;[豫]偃师市东园化工有限公司(2000吨)〈P2188〉;[川]四川红光化工有限公司〈P2334〉

【使用厂】[津]天津市津南区振华化工厂〈P1594〉

脱氢硫代对甲苯胺单磺酸;2-对氨基苯基-6-甲基苯并噻唑单磺酸 C03030508

2-(4-Aminophenyl)-6-methylbenzothiazole-7-sulfonic acid; Dehydrothio-*p*-toluidinesulfonic acid [130-17-6]

用作染料中间体

【生产厂】[津]天津市长城友兴化工有限公司(230吨)〈P1581〉;[辽]鞍山市兴懋化工有限责任公司〈P1696〉;[豫]开封染料化工厂(100吨)〈P2177〉

脱氢硫代对甲苯胺;2-对氨基苯基-6-甲基苯并噻唑 C03030515

Dehydrothio-*p*-toluidine; 2-(4-Aminophenyl)-6-methylbenzothiazole [92-36-4]

可进一步延伸加工成脱氢硫代对甲苯胺单磺酸、双磺酸及其他染料中间体

【生产厂】[津]天津市长城友兴化工有限公司(180吨)〈P1581〉;[辽]鞍山市兴懋化工有限责任公司〈P1696〉

4-甲氧基-*N*-乙酰乙酰基苯胺;乙酰乙酰对甲氧基苯胺 C03030521

4-Methoxyl-*N*-acetoacetanilide; AAPA [5437-98-9]

用作染料中间体

【生产厂】[冀]沧州科润化工有限公司〈P1651〉;[鲁]青岛双桃精细化工(集团)有限公司〈P2043〉;胶州市精细化工有限公司〈P2031〉

***N*-羟甲基苯甲酰胺** C03030537

N-(Hydroxymethyl)benzamide [6282-02-6]

用作染料、颜料中间体

【生产厂】[京]北京成宇化工有限公司〈P1545〉

4-(*N*,*N*-二甲基)氨基苯甲醛;*N*,*N*-二甲基-4-氨基苯甲醛;对二甲氨基苯甲醛 C03030540

4-(*N*,*N*-Dimethyl)aminobenzaldehyde [100-10-7]

用作染料中间体

【生产厂】[沪]上海华彩精细化工有限公司〈P1738〉;上海晨日化学有限公司〈P1730〉;[苏]太仓市运通化工厂〈P1909〉;扬州康宏化工有限公司〈P1817〉;[浙]杭州近江化工染料有限公司〈P1919〉;乐清市乐安化工有限公司〈P1936〉;[鲁]济宁圣城化工实验有限责任公司(300吨)〈P2128〉;[湘]株洲市亚帝实业有限公司〈P2250〉

4-[*N*-甲基-*N*-(β-氯乙基)]氨基苯甲醛;桃红FG醛 C03030541

4-[*N*-Methyl-*N*-(β-chloroethyl)]aminobenzaldehyde [94-31-5]

用作阳离子染料的中间体

【生产厂】[沪]上海华彩精细化工有限公司〈P1738〉;上海罗泾染料化工有限公司〈P1752〉;[苏]苏州市东吴染料有限公司〈P1903〉;[浙]杭州近江化工染料有限公司〈P1919〉;乐清市乐安化工有限公司〈P1936〉;[豫]开封染料化工厂(80吨)〈P2177〉

C

4-(*N*-乙基-*N*-氯乙基)氨基苯甲醛;*N*-乙基-*N*-氯乙基-4-氨基苯甲醛 C03030543

4-(*N*-Ethyl-*N*-chloroethyl) aminobenzaldehyde [2643-07-4]

用作染料中间体

【生产厂】[浙]乐清市乐安化工有限公司〈P1936〉

4-(*N*-甲基-*N*-羟乙基)氨基苯甲醛;*N*-甲基-*N*-羟乙基-4-氨基苯甲醛 C03030545

4-(*N*-Methyl-*N*-hydroxyethyl) aminobenzaldehyde

用作染料中间体

【生产厂】[浙]乐清市乐安化工有限公司〈P1936〉

4-(*N*-乙基-*N*-苄基)氨基苯甲醛;*N*-乙基-*N*-苄基-4-氨基苯甲醛 C03030547

4-(*N*-Ethyl-*N*-benzyl) aminobenzaldehyde [67676-47-5]

用作染料中间体

【生产厂】[浙]乐清市乐安化工有限公司〈P1936〉

2-甲基-4-(*N*-乙基-*N*-苄基)氨基苯甲醛;*N*-乙基-*N*-苄基-4-氨基-2-甲基苯甲醛 C03030548

2-Methyl-4-(*N*-ethyl-*N*-benzyl) aminobenzaldehyde

用作染料中间体

【生产厂】[浙]乐清市乐安化工有限公司〈P1936〉

4-[*N*-甲基-*N*-(β-氰乙基)]氨基苯甲醛;艳红5GN醛 C03030551

4-(*N*-Methyl-*N*-(β-cyanoethyl)) aminobenzaldehyde [94-21-3]

用于合成阳离子染料

【生产厂】[沪]上海华彩精细化工有限公司〈P1738〉;上海罗泾染料化工有限公司〈P1752〉;[苏]苏州市东吴染料有限公司〈P1903〉;[浙]杭州近江化工染料有限公司〈P1919〉;乐清市乐安化工有限公司〈P1936〉;[豫]开封染料化工厂(80吨)〈P2177〉

4-(*N*-乙基-*N*-氰乙基)氨基苯甲醛 C03030553

4-(*N*-Ethyl-*N*-cyanoethyl) aminobenzaldehyde [27914-15-4]

用作有机合成中间体

【生产厂】[浙]乐清市乐安化工有限公司〈P1936〉

2-甲基-4-(*N*-乙基-*N*-氰乙基)氨基苯甲醛 C03030555

2-Methyl-4-(*N*-Ethyl-*N*-cyanoethyl) aminobenzaldehyde [119-97-1]

用作染料中间体

【生产厂】[浙]杭州近江化工染料有限公司〈P1919〉;乐清市乐安化工有限公司〈P1936〉

2-甲基-4-(*N*-乙基-*N*-氯乙基)氨基苯甲醛;*N*-乙基-*N*-氯乙基-4-氨基-2-甲基苯甲醛 C03030556

2-Methyl-4-(*N*-ethyl-*N*-chloroethyl) aminobenzaldehyde

用作染料中间体

【生产厂】[浙]乐清市乐安化工有限公司〈P1936〉

2-甲基-4-(*N*-乙基-*N*-羟乙基)氨基苯甲醛;*N*-乙基-*N*-羟乙基-4-氨基-2-甲基苯甲醛 C03030557

2-Methyl-4-(*N*-ethyl-*N*-hydroxyethyl) aminobenzaldehyde [21850-52-2]

用作染料中间体

【生产厂】[浙]乐清市乐安化工有限公司〈P1936〉

4-(*N*,*N*-二乙基)氨基苯甲醛;*N*,*N*-二乙基-4-氨基苯甲醛;对二乙氨基苯甲醛 C03030558

4-(*N*,*N*-Diethyl) aminobenzaldehyde [120-21-8]

用作染料中间体,用于合成阳离子染料

【生产厂】[沪]上海华彩精细化工有限公司〈P1738〉;[苏]苏州市东吴染料有限公司〈P1903〉;[浙]杭州近江化工染料有限公司〈P1919〉;乐清市乐安化工有限公司〈P1936〉;[豫]开封染料化工厂(100吨)〈P2177〉

2-甲基-4-(*N*,*N*-二乙基)氨基苯甲醛;*N*,*N*-二乙基-4-氨基-2-甲基苯甲醛 C03030559

2-Methyl-4-(*N*,*N*-diethyl) aminobenzaldehyde

用作染料中间体

【生产厂】[浙]乐清市乐安化工有限公司〈P1936〉

4-氨基苯甲酸;对氨基苯甲酸;对酸 C03030571

4-Aminobenzoic acid [150-13-0]

用作医药、染料中间体

【生产厂】[冀]河北智通化工有限责任公司(5000吨)〈P1623〉;[沪]上海神强实业有限公司〈P1761〉;[豫]安阳市华鹰精细化工有限责任公司〈P2209〉;[渝]重庆市春瑞医药化工有限公司(500吨)〈P2306〉

【使用厂】[吉]辽源市百康药业有限责任公司〈P1717〉

间氨基苯甲酸;3-氨基苯甲酸 C03030572

3-Aminobenzoic acid [99-05-8]

用作感光、医药中间体

【生产厂】[沪]上海神强实业有限公司〈P1761〉;[苏]仪征市鼎信化工有限公司(500吨)〈P1820〉;[豫]安阳市华鹰精细化工有限责任公司〈P2209〉

3-(1-氰乙基)苯甲酸 C03030574

3-(1-Cyanoethyl) benzoic acid [5537-71-3]

用作解热镇痛药酮基布洛芬中间体

【生产厂】[冀]石家庄经济技术开发区阜达化工有限公司〈P1628〉;[赣]江西省励远化工科技实业公司〈P2009〉;[鄂]湖北省化学研究院〈P2228〉

2-氨基-4,5-二甲氧基苯甲酸;6-氨基藜芦酸 C03030577

2-Amino-4,5-dimethoxybenzoic acid [5653-40-7]

用作有机合成中间体

【生产厂】[晋]芮城县虹桥药用中间体有限公司〈P1678〉;山西亚宝药业集团股份有限公司〈P1680〉;[黑]哈尔滨康文生化科技有限公司〈P1720〉;[沪]上海康文医药中间体有限公司〈P1748〉;[苏]苏州海宇生物科技有限公司〈P1900〉;[鲁]潍坊特化精细化工有限公司〈P2105〉

4-氨基-3-甲氧基苯甲酸;3-甲氧基-4-氨基苯甲酸 C03030578

4-Amino-3-methoxybenzoic acid [2486-69-3]

【生产厂】[苏]徐州瑞赛科技实业有限公司〈P1795〉

3-氨基-4-甲氧基苯甲酸 C03030579

3-Amino-4-methoxybenzoic acid [2840-26-8]

主要用于棉、麻的印花、染色和制造有机颜料及涂料

【生产厂】[苏]常熟华益化工有限公司〈P1889〉

4-氨基苯甲酸甲酯;对氨基苯甲酸甲酯 C03030581

Methyl 4-aminobenzoate [619-45-4]

用作染料中间体

【生产厂】[苏]响水县科伟精细化工有限公司(120 吨)〈P1809〉

对氨基苯甲酰胺;4-氨基苯甲酰胺 C03030583

4-Aminobenzamide [2835-68-9]

用作有机颜料中间体

【生产厂】[冀]大名县名鼎化工有限责任公司〈P1638〉;[沪]上海神强实业有限公司〈P1761〉;[豫]洛阳市曙光化工厂(50 吨)〈P2186〉

2,6-二氟苯甲酰胺 C03030588

2,6-Difluorobenzamide [18063-03-1]

用作合成氟代苯甲酰基脲类农药的中间体,可制氟铃脲、定虫隆、除虫脲等多种杀虫、杀螨剂,也用于医药

【生产厂】[冀]石家庄市京东医药化工有限公司〈P1630〉;河北华兴化工有限公司(100 吨)〈P1641〉;[辽]大连瑞泽农药股份有限公司〈P1693〉;[苏]南京仁信化工有限公司〈P1788〉;常州市迅达化工有限公司〈P1856〉;扬州天辰精细化工有限公司(240 吨)〈P1819〉;泰兴市永佳化工有限公司〈P1827〉;南通海迪化工有限公司〈P1833〉;[浙]浙江省东阳市康峰有机氟化工厂(40 吨)〈P1955〉;[鲁]济南瑞凯化工有限公司〈P2024〉

【使用厂】[鲁]德州恒东农药化工有限公司〈P2141〉

4-氨基苯甲醚;对甲氧基苯胺;对茴香胺;对氨基苯甲醚 C03030591

4-Aminoanisole;4-Anisidine [104-94-9]

用作染料和医药中间体

【生产厂】[苏]张家港丰达制药有限公司(1500 吨)〈P1911〉;[皖]安徽八一化工股份有限公司〈P1974〉;蚌埠市海兴化工有限责任公司〈P1975〉;安徽佰仕化工有限公司〈P1974〉;[鄂]湖北楚源集团股份有限公司〈P2239〉

【使用厂】[冀]河北省武强县启龙化工有限公司〈P1666〉;[沪]上海浦东亚美化工厂〈P1756〉;[豫]开封染料化工厂〈P2177〉

间氨基苯甲醚;3-氨基苯甲醚;间甲氧基苯胺 C03030592

3-Aminoanisole;3-Methoxyaniline [536-90-3]

用于合成医药、染料、液晶材料中间体

【生产厂】[京]北京清华紫光英力化工技术有限责任公司〈P1557〉;[浙]横店集团家园化工有限公司〈P1952〉

2,4-二氨基苯甲醚硫酸盐 C03030595

2,4-Diaminoanisole sulfate [39156-41-7]

主要用于有机颜料中间体及染发剂

【生产厂】[沪]上海神强实业有限公司〈P1761〉

2,5-二氨基苯甲醚硫酸盐 C03030596

2,5-Diaminoanisole sulfate

用于染发剂及有机颜料中间体

【生产厂】[沪]上海神强实业有限公司〈P1761〉

2-氨基-4-(β-羟乙基氨基)苯甲醚 C03030597

2-Amino-4-(β-hydroxyethylamino) anisole [83763-48-8]

用作染料中间体、化妆品显色剂

【生产厂】[浙]嘉兴市步云染化厂〈P1941〉

对叔丁基邻氨基苯甲醚;2-氨基-4-叔丁基苯甲醚 C03030598

4-*tert*-Butyl-2-aminoanisole

用作有机合成中间体

【生产厂】[沪]上海华彩精细化工有限公司〈P1738〉

2-氨基-4-[*N*-(2-羟乙基)氨基]苯甲醚硫酸盐 C03030599

2-Amino-4-[*N*-(2-hydroxyethyl) amino] anisole sulfate

用作毛发染料中间体

【生产厂】[辽]沈阳沈潘精细化工有限公司〈P1687〉;[浙]嘉兴市步云染化厂〈P1941〉

4-氨基苯磺酸;对氨基苯磺酸 C03030621

4-Aminobenzenesulfonic acid [121-57-3]

主要用于制造染料、印染助剂和防治麦类锈病及用作香料、食用色素、医药、增白剂、农药等中间体

【生产厂】[津]天津市越过化工有限责任公司(6000 吨)〈P1612〉;[冀]河北永泰化工有限公司〈P1623〉;石家庄昌佳化工厂〈P1625〉;石家庄市麟鑫化工有限公司〈P1630〉;石家庄市振兴化工厂〈P1632〉;无极县宏盛化工有限公司(4000 吨)〈P1634〉;无极县四通化工有限公司(1 万吨)〈P1634〉;柏乡县宏源化工有限责任公司〈P1641〉;沧州天一化工有限公司〈P1653〉;廊坊三威化工有限公司(500 吨)〈P1660〉;保定恒润化工有限公司〈P1645〉;保定顺发先进化工有限公司(6000 吨)〈P1646〉;保定市满城信誉化工厂(1 万吨)〈P1646〉;保定市满城荣泰染料化工有限公司〈P1646〉;保定市满城金星化工有限公司〈P1646〉;[晋]山西青山化工有限公司(3000 吨)〈P1679〉;[沪]上海三微实业有限公司(1000 吨)〈P1759〉;[浙]衢州海顺医药化工有限公司(500 吨)〈P1957〉;[鲁]山东招远化工总厂(500 吨)〈P2115〉;莱西市天时化工有限公司〈P2032〉;[豫]洛阳市洛东化工厂(1000 吨)〈P2185〉

【使用厂】[冀]石家庄市新华染料化工厂〈P1631〉;[苏]常熟市染料化工厂〈P1890〉;[浙]杭州萧山飞翔化工有限公司〈P1923〉;[豫]洛阳市乐友化工厂〈P2184〉;[粤]广州化学试剂厂〈P2261〉

4-氨基苯磺酸钠;敌锈钠;对氨基苯磺酸钠 C03030631

Sodium 4-aminobenzenesulfonate [515-74-2]

用于制造染料、香料，也用于防治麦类的锈病

【生产厂】[冀]河北永泰化工有限公司〈P1623〉；石家庄昌佳化工厂〈P1625〉；石家庄市麟鑫化工有限公司〈P1630〉；石家庄市振兴化工厂〈P1632〉；柏乡县宏源化工有限责任公司〈P1641〉；保定顺发先进化工有限公司（1万吨）〈P1646〉；保定市满城金星化工有限公司（2000吨）〈P1646〉；[苏]江都市二姜化工有限责任公司〈P1813〉；[鲁]莱西市天时化工有限公司〈P2032〉；[豫]洛阳市洛东化工厂（1000吨）〈P2185〉

【使用厂】[津]天津市染料化学第八厂〈P1600〉；天津市染料工业研究所〈P1600〉；[冀]河北省武强县启龙化工有限公司〈P1666〉；邢台铁牛染料化工有限公司〈P1644〉；[苏]常熟市染料化工厂〈P1890〉；[鲁]山东省乐陵市华虹染化有限公司〈P2145〉

3-氨基苯磺酸钠；间氨基苯磺酸钠　C03030632

Sodium 3-aminobenzenesulfonate [1126-34-7]

用于制造偶氮、活性、酸性、硫化及其他染料

【生产厂】[冀]河北永泰化工有限公司〈P1623〉；[鲁]济南润原化工有限责任公司〈P2024〉

4-氨基偶氮苯，盐酸盐；对氨基偶氮苯，盐酸盐　C03030641

4-Aminoazobenzene, hydrochloride [3457-98-5]

用作偶氮染料中间体，用于生产直接耐晒橙GGL、酸性大红GK、分散黄RG和FL、分散橙GG等染料

【生产厂】[苏]江苏省高邮市化工厂〈P1816〉

【使用厂】[鲁]青岛双桃精细化工（集团）有限公司〈P2043〉

4-氨基-3-甲基-3′-磺酸基偶氮苯　C03030649

4-Amino-3-methyl-3′-sulfoazobenzene [55994-13-3]

用作合成染料和有机颜料的中间体

【生产厂】[辽]鞍山市兴懋化工有限责任公司〈P1696〉

4′-氨基偶氮苯-4-磺酸　C03030651

4′-Aminoazobenzene-4-sulfonic acid

用作染料中间体

【生产厂】[冀]保定市满城荣泰染料化工有限公司〈P1646〉

4-氨基偶氮苯-3,4′-双磺酸　C03030653

4-Aminoazobenzene-3,4′-disulfonic acid [101-50-8]

【生产厂】[冀]保定市满城荣泰染料化工有限公司〈P1646〉

4-氨基-3-甲氧基偶氮苯-3′-磺酸钠　C03030655

4-Amino-3-methoxyazobenzene-3′-sulfonic acid, sodium salt; MAA Salt [6300-07-8]

用作染料中间体

【生产厂】[辽]鞍山市兴懋化工有限责任公司〈P1696〉

4-氨基偶氮苯-3-甲氧基-3′-磺酸　C03030656

4-Aminoazobenzene-3-methoxy-3′-sulfonic acid

【生产厂】[冀]保定市满城荣泰染料化工有限公司〈P1646〉

对二甲氨基偶氮苯磺酸钠　C03030658

4-Dimethylaminoazobenzene-4′-sulfonic acid, sodium salt [547-58-0]

用作染料

【生产厂】[京]北京化工厂〈P1549〉

4-β-羟基乙砜乙酰苯胺；对β-羟基乙砜乙酰苯胺　C03030661

4-(β-Hydroxyethylsulfonyl)-*N*-acetanilide [27375-52-6]

用作活性染料中间体

【生产厂】[苏]苏州诚和医药化学有限公司〈P1899〉

羟乙基砜；双羟乙基砜　C03030663

Dihydroxyethylsulfone

用作棉织物的树脂整理剂

【生产厂】[川]四川省永业化工有限公司〈P2331〉

4-硫酸乙酯砜基苯胺；对-β-羟基乙砜苯胺硫酸酯；对位酯；对-(β-硫酸乙酯砜基)苯胺　C03030671

2-[(4-Aminophenyl)sulfonyl]ethanol hydrogen sulfate ester [2494-89-5]

用作染料中间体

【生产厂】[冀]河北省武强县启龙化工有限公司（400吨）〈P1666〉；[豫]巩义市孝义二中兰天化工厂（1200吨）〈P2164〉；河南巩义市银海天大化工有限公司（500吨）〈P2165〉；河南省新乡卫星染化厂（1万吨）〈P2201〉；[鄂]湖北楚源集团股份有限公司〈P2239〉

【使用厂】[浙]上虞亿得化工有限公司〈P1949〉

间-β-羟乙基砜硫酸酯苯胺；间位酯；3-硫酸乙酯砜基苯胺　C03030673

2-[(3-Aminophenyl) sulfonyl] ethanol, hydrogen sulfate ester [2494-88-4]

用作染料中间体

【生产厂】[冀]河北省武强县启龙化工有限公司〈P1666〉；[浙]嘉兴市金禾化工有限公司〈P1942〉

2,3,4,5-四氟苯甲酰乙酸乙酯　C03030685

Ethyl 2,3,4,5-tetrafluorobenzoylacetate

【生产厂】[浙]浙江浙邦制药有限公司〈P1952〉

4-硝基苯胺；对硝基苯胺　C03030691

4-Nitroaniline [100-01-6]

是各种直接、酸性、分散染料及颜料的中间体，重要的农药中间体

【生产厂】[津]天津华士化工有限公司（500吨）〈P1573〉；[冀]河北智通化工有限责任公司（5000吨）〈P1623〉；河北永泰化工有限公司〈P1623〉；[沪]上海建北有机化工有限公司〈P1742〉；上海农药厂有限公司〈P1755〉；[苏]吴江森亮化工有限公司（2万吨）〈P1910〉；灌南南北联合化工有限公司（800吨）〈P1797〉；[浙]杭州力禾颜料有限公司〈P1920〉；杭州萧山飞翔化工有限公司（2000吨）〈P1923〉；乐清市乐安化工有限公司（4000吨）〈P1936〉；[皖]安徽八一化工股份有限公司〈P1974〉；蚌埠市海兴化工有限责任公司〈P1975〉；郎溪县鸿盛化工有限公司〈P1987〉；[鲁]无棣金盛化工有限公司（2000吨）〈P2157〉；山东梁邹矿业集团公司（800吨）〈P2156〉；[豫]巩义市海洋有机化工厂（200吨）〈P2162〉；巩义市陇海化工厂（1200吨）〈P2163〉；河南省巩义市新奇化工厂（800吨）〈P2167〉

【使用厂】[津]天津市染料化学第八厂〈P1600〉；天津市染料化学第九厂〈P1600〉；天津市大港染料厂〈P1583〉；[冀]河北省武强县启龙化工有限公司〈P1666〉；邢台铁牛染料化工有限公司〈P1644〉；[苏]江阴东方医药原料有限公司〈P1867〉；徐州恩华药业集团有限责任公司〈P1794〉；[鲁]青岛双桃精细化工（集团）有限公司〈P2043〉；山东省乐陵

市华虹染化有限公司〈P2145〉;[豫]洛阳瑞丰工业有限公司〈P2183〉

四甲基米氏酮;4,4′-二(N,N-二甲氨基)二苯甲酮 C03030701

4,4′-Di(N,N-dimethylamino)benzophenone [90-94-8]

用作碱性染料的重要中间体

【生产厂】[苏]苏州市美花日用香料有限公司〈P1904〉;苏州林通染料化工有限公司〈P1902〉;[鲁]潍坊浩鑫精细化工有限公司〈P2102〉

四乙基米氏酮 C03030702

4,4′-Di(N,N-diethylamino)benzophenone [90-93-7]

用作染料中间体

【生产厂】[沪]上海泰禾(集团)有限公司〈P1767〉;[苏]苏州市美花日用香料有限公司〈P1904〉;苏州林通染料化工有限公司〈P1902〉;[鲁]潍坊浩鑫精细化工有限公司〈P2102〉

1,4,5,8-四氯蒽醌 C03030711

1,4,5,8-Tetrachloroanthraquinone [2841-29-4]

用于合成染料

【生产厂】[沪]上海康晟实业有限公司〈P1748〉;[苏]南通海迪化工有限公司〈P1833〉;[湘]湖南湘渝化工有限责任公司〈P2258〉;[渝]湘渝化工有限公司〈P2303〉

2-甲氧基-5-甲基苯胺;甲氧基克利西丁;克利西丁;2-氨基-4-甲基苯甲醚 C03030721

2-Methoxy-5-methylaniline [120-71-8]

适用于直接、分散、活性染料的合成

【生产厂】[苏]高邮市康乐精细化工厂〈P1813〉;高邮市振阳化工有限公司(500吨)〈P1813〉;[鲁]淄博市临淄高楼化工有限公司(1000吨)〈P2068〉

4-甲氧基-2-甲基苯胺;2-甲基-4-甲氧基苯胺 C03030723

2-Methyl-4-methoxyaniline [102-50-1]

用作医药及染料中间体

【生产厂】[京]北京清华紫光英力化工技术有限责任公司〈P1557〉;[苏]常熟华益化工有限公司〈P1889〉

2-甲氧基-5-甲基-N-乙酰苯胺;酰化克利西丁 C03030725

2-Methoxy-5-methyl-N-acetanilide [6962-44-3]

用于染料、颜料、中间体的合成

【生产厂】[鲁]淄博市临淄高楼化工有限公司〈P2068〉

2-甲氧基-5-甲基-N-乙酰乙酰苯胺;乙酰乙酰克利西丁 C03030729

2-Methoxy-5-methyl-N-acetoacetanilide [85968-72-5]

用于染料、颜料、中间体的合成

【生产厂】[鲁]淄博市临淄高楼化工有限公司〈P2068〉

2-氨基-6-甲氧基苯并噻唑 C03030731

2-Amino-6-methoxybenzothiazole [1747-60-0]

用作阳离子染料中间体

【生产厂】[冀]大名县名鼎化工有限责任公司〈P1638〉;[沪]上海华彩精细化工有限公司〈P1738〉;上海罗泾染料化工有限公司〈P1752〉;[苏]苏州市东吴染料有限公司〈P1903〉;盐城利民农化有限公司〈P1810〉;[浙]杭州近江化工染料有限公司〈P1919〉;[豫]河南淇县东方化工有限公司〈P2198〉

5-乙酰乙酰氨基苯并咪唑酮 C03030735

5-Acetoacetaminobenzimidazolone [26576-46-5]

用于合成颜料黄及颜料橙等

【生产厂】[冀]沧州科润化工有限公司〈P1651〉;[苏]常熟华益化工有限公司〈P1889〉;[鲁]胶州市精细化工有限公司〈P2031〉;[豫]新乡高技术陶瓷材料公司〈P2203〉

5-(3′-羟基-2′-萘甲酰氨基)苯并咪唑酮;色酚AS-BI C03030737

5-(3′-Hydroxy-2′-naphthylformamido)benzimidazolone [2684-40-8]

用于合成颜料红、颜料紫等染料

【生产厂】[鲁]淄博市博山东方化工厂(50吨)〈P2067〉

5-氨基-6-甲基苯并咪唑酮 C03030738

5-Amino-6-methylbenzimidazolone [67014-36-2]

【生产厂】[冀]大名县名鼎化工有限责任公司〈P1638〉

5-氨基苯并咪唑酮 C03030739

5-Aminobenzimidazolone [95-23-8]

主要用作染料中间体

【生产厂】[冀]大名县名鼎化工有限责任公司〈P1638〉;沧州科润化工有限公司〈P1651〉;[苏]常熟华益化工有限公司〈P1889〉;[浙]浙江科盛染料化工有限公司(30吨)〈P1965〉;[鲁]蓬莱天晨化工有限公司(1000吨)〈P2113〉

3-氨基-4-甲氧基苯磺酸;邻甲氧基苯胺-5-磺酸 C03030741

3-Amino-4-methoxybenzenesulfonic acid [98-42-0]

是直接、活性以及金属络合染料的重要中间体

【生产厂】[沪]上海旭升精细化工技术研究所〈P1773〉;[苏]常熟市新腾化工有限公司〈P1891〉

1-(4′-氯苯基)-3-甲基-5-吡唑啉酮;对氯吡唑酮 C03030751

3-Methyl-N-(4′-chlorophenyl)-5-pyrazolone [13024-90-3]

用作染料、颜料、医药、农药中间体

【生产厂】[鲁]青岛双桃精细化工(集团)有限公司〈P2043〉;胶州市精细化工有限公司〈P2031〉

1-(4′-磺酸苯基)-3-羧基-5-吡唑啉酮 C03030758

1-(4′-Sulfophenyl)-3-carboxy-5-pyrazolone [118-47-8]

主要用作染料、颜料、医药的中间体

【生产厂】[津]天津市恒泽化工科技开发有限公司(100吨)〈P1589〉;[鲁]青岛双桃精细化工(集团)有限公司〈P2043〉;胶州市精细化工有限公司〈P2031〉

N,N-甲基苄基苯胺;N-甲基-N-苄基苯胺 C03030761

N-Methyl-N-benzylaniline [614-30-2]

用于合成阳离子染料

【生产厂】[沪]上海华彩精细化工有限公司〈P1738〉;[苏]滨海恒联化工有限公司〈P1805〉;扬州康宏化工有限公司

〈P1817〉;［浙］杭州近江化工染料有限公司〈P1919〉;［豫］开封染料化工厂(100 吨)〈P2177〉

N-甲基苯胺;甲基替苯胺 C03030781

N-Methylaniline [100-61-8]

用作染料中间体

【生产厂】［苏］滨海恒联化工有限公司(3 万吨)〈P1805〉;［渝］重庆长风化工厂(1485 吨)〈P2303〉

【使用厂】［辽］大连瑞泽农药股份有限公司〈P1693〉;［沪］上海东风农药厂〈P1732〉;［苏］江苏安邦电化有限公司〈P1802〉;兴化市青松农药化工有限公司〈P1828〉;［鲁］山东胜邦绿野化学有限公司〈P2029〉;［豫］开封染料化工厂〈P2177〉

N-甲基邻甲苯胺 C03030783

N-Methyl-o-methylaniline [611-21-2]

用于有机合成

【生产厂】［渝］重庆长风化工厂〈P2303〉

甲基苄胺;N-甲基苄胺 C03030791

Methyl benzyl amine; N-Benzyl-N-methylamine [103-67-3]

用作医药、染料中间体

【生产厂】［苏］苏州敬业医药化工有限公司〈P1901〉;江都市大江化工厂〈P1813〉

1-(3′-磺酰胺苯基)-3-甲基-5-吡唑啉酮 C03030811

3-Methyl-1-(3′-sulfonamidephenyl)-5-pyrazolone

用作染料、农药、医药的中间体

【生产厂】［鲁］青岛双桃精细化工(集团)有限公司〈P2043〉;胶州市精细化工有限公司〈P2031〉

N-甲基-N-羟乙基苯胺 C03030821

N-Methyl-N-hydroxyethylaniline [93-90-3]

用作染料中间体

【生产厂】［沪］上海华彩精细化工有限公司〈P1738〉;上海罗泾染料化工有限公司〈P1752〉;［苏］无锡市汇友化工有限公司〈P1876〉;滨海恒联化工有限公司〈P1805〉;［浙］杭州近江化工染料有限公司〈P1919〉

【使用厂】［豫］开封染料化工厂〈P2177〉

N-丁基-N-羟乙基苯胺 C03030827

N-Butyl-N-hydroxyethylaniline

【生产厂】［苏］滨海恒联化工有限公司〈P1805〉

2-甲基-β-萘并噻唑;2-甲基-β-萘并硫氮茂 C03030831

2-Methyl-β-naphthothiazole [2682-45-3]

用作感光染料中间体

【生产厂】［冀］保定市乐凯化学有限公司〈P1645〉;中国乐凯胶片集团公司〈P1649〉;保定天祥化工有限公司〈P1646〉

2-巯基-β-萘并噻唑 C03030835

2-Mercapto-β-naphthothiazole

【生产厂】［冀］中国乐凯胶片集团公司〈P1649〉

2-甲硫基-β-萘并噻唑 C03030839

2-Methylthio-β-naphthothiazole [51769-43-8]

【生产厂】［冀］保定市乐凯化学有限公司〈P1645〉

噁喹酸;1-乙基-6,7-亚甲二氧基-4-喹诺酮-3-羧酸 C03030845

Oxolinic acid; 1-Ethyl-6,7-methylenedioxo-4-quinoline-3-carboxylic acid [14698-29-4]

【生产厂】［鲁］山东鲁西兽药股份有限公司〈P2145〉;山东方兴科技开发有限公司(6 吨)〈P2155〉;［鄂］武穴市龙翔药业有限公司〈P2244〉

1-(2′-氯苯基)-3-甲基-5-吡唑啉酮 C03030851

3-Methyl-1-(2′-chlorophenyl)-5-pyrazolone [14580-22-4]

用作染料、医药、农药的中间体

【生产厂】［鲁］青岛双桃精细化工(集团)有限公司〈P2043〉;胶州市精细化工有限公司〈P2031〉

1-(3′-氯苯基)-3-甲基-5-吡唑啉酮;间氯吡唑啉酮 C03030855

3-Methyl-1-(3′-chlorophenyl)-5-pyrazolone

主要用作染料、颜料、医药的中间体

【生产厂】［鲁］青岛双桃精细化工(集团)有限公司〈P2043〉;胶州市精细化工有限公司〈P2031〉

1-(2′,5′-二氯苯基)-3-甲基-5-吡唑啉酮 C03030857

1-(2′,5′-Dichlorophenyl)-3-methyl-5-pyrazolidone

用于合成黄色染料及颜料品种的偶合组分

【生产厂】［鲁］胶州市精细化工有限公司〈P2031〉

2-萘胺-1-磺酸;吐氏酸;托拜厄斯酸;2-氨基-1-萘磺酸 C03030861

2-Naphthylamine-1-sulfonic acid; Tobias acid [81-16-3]

用作偶氮染料及偶氮颜料中间体,用于制造J酸及γ酸、色酚 AS-SW、活性红 K-1613 等染料

【生产厂】［津］天津市大港新泰化工厂(5000 吨)〈P1583〉;天津港鑫工业集团有限公司(5 万吨)〈P1572〉;天津市长城化工厂(1 万吨)〈P1581〉;［冀］深州市天翔化工有限公司〈P1669〉;［晋］山西省临猗县翔宇化工有限公司(5000 吨)〈P1680〉;［苏］南京化学工业有限公司化工厂(2500 吨)〈P1785〉;［鲁］招远七六一有限责任公司(2000 吨)〈P2120〉;山东华阳科技股份有限公司(3000 吨)〈P2135〉;山东华阳农药化工集团有限公司(3000 吨)〈P2136〉

【使用厂】［沪］上海汇龙化工有限公司〈P1741〉;上海泗联实业总公司〈P1766〉;［苏］常熟市颜料化工厂有限公司〈P1891〉;［浙］上虞市东海化工有限公司〈P1947〉;［鲁］德州虹桥染料化工有限公司〈P2142〉;山东阳光颜料有限公司〈P2133〉

磺化吐氏酸;2-萘胺-1,5-二磺酸;1,5-酸 C03030865

2-Naphthylamine-1,5-disulfonic acid

用作染料中间体

【生产厂】［冀］河北省大名县瑞恒化工有限责任公司〈P1640〉;河北泰丰化工有限责任公司〈P1640〉;［沪］上海汇龙化工有限公司(500 吨)〈P1741〉

N,N,N′,N′-四(对氨基苯基)对苯二胺 C03030879

N,N,N′,N′-Tetra(p-aminophenyl)-p-phenylenediamine [3283-07-6]

【生产厂】[辽]辽宁华海蓝帆化工科技有限公司〈P1684〉

1,3-二硝基苯;间二硝基苯 C03030901
1,3-Dinitrobenzene [99-65-0]
主要用于制造间苯二胺、间二氯苯等染料、农药和医药中间体
【生产厂】[辽]辽宁庆阳特种化工有限公司(4000 吨)〈P1709〉;[苏]无锡市丰硕化工厂〈P1875〉;射阳欣荣染料有限公司(800 吨)〈P1809〉;响水县科斯达化工有限公司(2500 吨)〈P1809〉;南通恒兴电子材料有限公司〈P1833〉
【使用厂】[苏]常熟欣润染料有限公司〈P1892〉;[皖]安徽立兴化工有限公司〈P1985〉

2,5-二甲基硝基苯;邻硝基对二甲苯 C03030905
2,5-Dimethylnitrobenzene
用于合成直接紫7、溶剂红26,亦可作为其他化工产品的中间原料
【生产厂】[浙]绍兴贝斯美化工有限公司〈P1949〉

2,4-二甲基硝基苯 C03030906
2,4-Dimethylnitrobenzene
是农药双甲脒的原料,也可作为染料等化工产品的原料
【生产厂】[京]中国北方化学工业总公司〈P1568〉;[浙]绍兴贝斯美化工有限公司〈P1949〉;[鄂]老河口荆洪化工有限责任公司〈P2237〉;[陕]陕西金阳化工有限公司〈P2346〉;陕西省宝鸡金洋化工有限公司〈P2351〉

3,5-二甲基硝基苯 C03030908
3,5-Dimethylnitrobenzene
【生产厂】[陕]陕西省宝鸡金洋化工有限公司〈P2351〉

***N*-乙酰基-1,3-苯二胺**;间氨基乙酰苯胺 C03030931
N-Acetyl-1,3-phenylenediamine;3-Aminoacetanilide [102-28-3]
主要用作反应染料和分散染料的中间体
【生产厂】[苏]无锡市丰硕化工厂〈P1875〉;昆山市华泰染料化工有限公司〈P1897〉;[浙]杭州力禾颜料有限公司〈P1920〉

2-氯-4-三氟甲基苯胺 C03030951
2-Chloro-4-trifluoromethylaniline [39885-50-2]
【生产厂】[辽]阜新三宝化工实业有限公司〈P1708〉

2-氨基对苯二甲酸二甲酯 C03030961
Dimethyl 2-aminoterephthalate [5372-81-6]
用作医药或染料、电影彩色胶片色料中间体
【生产厂】[苏]泰兴盛铭精细化工有限公司〈P1825〉;[豫]河南新乡张氏化工有限公司(100 吨)〈P2202〉;平顶山市恒兴化工有限公司(1000 吨)〈P2192〉

5-硝基间苯二甲酸单甲酯;5-硝基异酞酸单甲酯 C03030962
Monomethyl 5-nitroisophthalate [1955-46-0]
用作有机合成中间体
【生产厂】[苏]泰兴盛铭精细化工有限公司〈P1825〉

5-硝基间苯二甲酸二甲酯;5-硝基异酞酸二甲酯 C03030963
Dimethyl 5-nitroisophthalate [13290-96-5]
用作有机合成中间体
【生产厂】[晋]山西新天源医药化工有限公司〈P1677〉;[苏]太仓市运通化工厂〈P1909〉;常熟市新腾化工有限公司〈P1891〉;泰兴盛铭精细化工有限公司〈P1825〉;[鄂]武汉市化学工业研究所有限责任公司〈P2232〉

3-氨基苯磺酸;间氨基苯磺酸 C03030971
3-Aminobenzenesulfonic acid;Metanilic acid [121-47-1]
用作染料中间体,用于制备酸性、活性染料
【生产厂】[冀]石家庄市桥东印染化工厂〈P1631〉;河北永泰化工有限公司〈P1623〉;沧州华通化工有限公司〈P1651〉;沧州市工贸化工厂〈P1652〉;沧州天一化工有限公司沧县分公司(2000 吨)〈P1653〉;沧州天一化工有限公司〈P1653〉;[沪]上海华元实业总公司〈P1740〉;[苏]江苏方舟化工有限公司(500 吨)〈P1802〉;[鲁]德州福鑫化工有限公司(5000 吨)〈P2141〉
【使用厂】[津]天津市大港染料厂〈P1583〉;[冀]河北省武强县启龙化工有限公司〈P1666〉;石家庄市新华染料化工厂〈P1631〉;[辽]沈阳市应用技术实验厂〈P1689〉;[苏]常熟市染料化工厂〈P1890〉;[鲁]青岛双桃精细化工(集团)有限公司〈P2043〉

间-*β*-羟乙基砜苯胺;氨基油 C03030980
m-*β*-Hydroxyethylsulfonyl aniline [5246-57-1]
用于合成乙烯基砜染料
【生产厂】[浙]嘉兴市金禾化工有限公司〈P1942〉

2-(2-氯乙基砜基)乙胺盐酸盐 C03030983
2-(2-Chloroethylsulfonyl)ethylamine hydrochloride [85739-74-8]
用作染料中间体
【生产厂】[苏]昆山化工医药原料有限公司〈P1895〉

3-羟基-*N*,*N*-二乙基苯胺;间二乙氨基苯酚 C03031001
3-Hydroxy-*N*,*N*-diethylaniline [91-68-9]
用作玫瑰精、酸性桃红、碱性蕊香红等染料中间体
【生产厂】[津]天津华士化工有限公司(2000 吨)〈P1573〉;[冀]石家庄市新华染料化工厂(150 吨)〈P1631〉;沧州天一化工有限公司沧县分公司(700 吨)〈P1653〉;沧州天一化工有限公司〈P1653〉;[苏]江苏方舟化工有限公司〈P1802〉
【使用厂】[豫]开封染料化工厂〈P2177〉

3-硝基苯甲醛;间硝基苯甲醛 C03031011
3-Nitrobenzaldehyde [99-61-6]
用作染料、感光材料及药品尼群地平、尼莫地平、尼卡地平中间体
【生产厂】[京]凯翔精细化工有限公司〈P1567〉;[津]天津市武清区陈嘴乡渔坝口化工厂(300 吨)〈P1606〉;[晋]山西物产精细化工有限公司〈P1670〉;交城联鑫化工有限公司〈P1677〉;山西省交城县晶鑫化工厂〈P1677〉;运城市鑫河医药化工有限公司〈P1680〉;芮城县顺昌化工有限公司〈P1679〉;[苏]仪征市鼎信化工有限公司(60 吨)〈P1820〉;靖江市江鸿化合物有限公司(60 吨)〈P1825〉;[浙]衢州瑞源化工有限公司〈P1957〉;[鲁]淄博开发区光明社会福利化工厂(50 吨)〈P2064〉;[鄂]武汉远城科技发展有限公司〈P2235〉;枣阳市残联福利生物化工厂(150 吨)〈P2238〉
【使用厂】[津]天津市中央药业有限公司〈P1613〉;[浙]浙江

华海药业股份有限公司〈P1964〉；[鲁]山东新华制药股份有限公司〈P2055〉；[豫]河南省安阳市益康制药厂〈P2211〉

3-硝基苯胺；间硝基苯胺 C03031021
3-Nitroaniline [99-09-2]
用作医药及染料中间体
【生产厂】[冀]邢台市农药有限公司(1500吨)〈P1643〉；[苏]无锡市丰硕化工厂〈P1875〉
【使用厂】[浙]浙江省三门解氏化学工业有限公司〈P1966〉；[鲁]山东阳光颜料有限公司〈P2133〉

C

3-硝基苯磺酸钠；间硝基苯磺酸钠；防染盐S C03031041
Sodium 3-nitrobenzenesulfonate [127-68-4]
用作还原染料、硫化染料的防染剂和染料的成色保护剂，并可用作船舶的防锈剂及电镀退镍剂
【生产厂】[冀]沧州瑞东化工有限责任公司〈P1652〉；[沪]上海神强实业有限公司〈P1761〉；[苏]仪征市鼎信化工有限公司(800吨)〈P1820〉；吴江明恒化学有限公司〈P1909〉；[浙]绍兴县光耀化工助剂厂〈P1949〉；上虞市康特化工有限公司〈P1948〉；上虞市国泰化工有限公司〈P1948〉；绍兴市应用化学研究所〈P1949〉；浙江上虞市珊瑚化工厂〈P1951〉；浙江省上虞市杜浦化工厂〈P1951〉；温州金源化工有限公司〈P1937〉；[鲁]德州福鑫化工有限公司(5000吨)〈P2141〉；德州虹桥染料化工有限公司(800吨)〈P2142〉；德州佳兴化工有限公司〈P2142〉
【使用厂】[津]天津华士化工有限公司〈P1573〉

2-氨基苯磺酸苯酯 C03031051
Phenyl 2-aminobenzenesulfonate
用作染料中间体
【生产厂】[辽]沈阳市嘉恒化工有限公司(10吨)〈P1688〉

2-氨基苯磺酸-2′-氯苯酯 C03031055
2′-Chlorophenyl 2-aminobenzenesulfonate
用作染料中间体
【生产厂】[辽]沈阳市嘉恒化工有限公司〈P1688〉

2-(4-甲基苯甲酰)苯甲酸；2-(对甲基苯甲酰)苯甲酸；TBB酸 C03031061
2-(4-Methylbenzoyl) benzoic acid [85-55-2]
用作还原染料和荧光涂料的中间体
【生产厂】[苏]江阴市龙达化工有限公司〈P1870〉；江阴市马镇有机化工有限公司〈P1870〉

2-(4-乙基苯甲酰)苯甲酸 C03031069
2-(4-Ethylbenzoyl) benzoic acid [1151-14-0]
广泛用作双氧水工作载体、染料类中间体、光敏材料原料等
【生产厂】[浙]浙江衢州门捷化工有限公司〈P1959〉

2-苯甲酰苯甲酸；BB酸；邻苯甲酰苯甲酸 C03031071
2-Benzoylbenzoic acid [85-52-9]
是重要的染料、医药中间体
【生产厂】[沪]上海神和化工技术有限公司〈P1761〉；[苏]江阴市龙达化工有限公司〈P1870〉；江阴市马镇有机化工有限公司〈P1870〉
【使用厂】[苏]江苏亚邦化工集团有限公司〈P1861〉

2-(4-氯-3-氨基苯甲酰)苯甲酸 C03031072
2-(4-Chloro-3-aminobenzoyl) benzoic acid [118-04-7]
用作有机合成中间体
【生产厂】[苏]常熟市新腾化工有限公司〈P1891〉；常熟华益化工有限公司〈P1889〉；泰兴盛铭精细化工有限公司〈P1825〉；江苏如东县丰利医药化工厂〈P1831〉

2-(4-氯苯甲酰)苯甲酸；CBB酸 C03031073
2-(4-Chlorobenzoyl) benzoic acid [85-56-3]
用作医药、染料中间体，用于生产氯噻酮、2-氯蒽醌等
【生产厂】[苏]江阴市龙达化工有限公司〈P1870〉；泰兴盛铭精细化工有限公司〈P1825〉

2-(4-氯-3-硝基苯甲酰)苯甲酸 C03031074
2-(4-Chloro-3-nitrobenzoyl) benzoic acid [85-54-1]
用作有机合成中间体
【生产厂】[苏]泰兴盛铭精细化工有限公司〈P1825〉

邻苯二甲酰亚胺；酞酰亚胺 C03031075
Phthalimide [85-41-6]
用于生产农药、染料、香料、医药、橡胶助剂CTP，另外还可用于生产高效离子交换树脂、表面活性剂等
【生产厂】[苏]靖江市恒政增稠材料厂〈P1824〉；淮安市华泰化工有限公司(1200吨)〈P1801〉；滨海县明昇化工厂〈P1889〉；响水县科伟精细化工有限公司(360吨)〈P1809〉；[浙]长兴明华精细化工有限公司〈P1944〉；[赣]江西金海化工有限公司〈P2014〉；[鲁]淄博市临淄大荣精细化工厂〈P2068〉；淄博畅顺化工有限公司〈P2058〉；青州市奥星化工有限公司〈P2091〉；临朐天汇生物助剂有限公司〈P2089〉；招远市秦金化工有限公司(1800吨)〈P2121〉；[豫]新乡市华瑞精细化工有限公司〈P2205〉；濮阳县大丰化工有限公司〈P2216〉；临颍县颍华技术开发有限公司(50吨)〈P2220〉；河南联科药业有限公司(10吨)〈P2221〉；[鄂]湖北仙隆化工股份有限公司〈P2245〉
【使用厂】[鲁]山东省单县化工有限公司〈P2160〉；山东阳谷华泰化工有限公司〈P2154〉

***N*-氯代邻苯二甲酰亚胺** C03031076
N-Chlorophthalimide [3481-09-2]
用作医药中间体
【生产厂】[浙]浙江天台福达医药化工有限公司〈P1968〉；[鲁]青州市奥星化工有限公司〈P2091〉

3-硝基邻苯二甲酰亚胺 C03031077
3-Nitrophthalimide [603-62-3]
用于有机合成及用作颜料、医药中间体
【生产厂】[苏]南京科邦医药化工有限公司〈P1786〉；宜兴市高塍日新化工厂〈P1884〉；泰兴盛铭精细化工有限公司(40吨)〈P1825〉

4-硝基邻苯二甲酰亚胺；5-硝基邻苯二甲酰亚胺；4-硝基酞酰亚胺 C03031078
4-Nitrophthalimide；5-Nitrophthalimide [89-40-7]
用作有机合成及荧光染料中间体
【生产厂】[苏]宜兴市高塍日新化工厂〈P1884〉；泰兴盛铭精细化工有限公司〈P1825〉；[鲁]青岛双收农药化工有限公司〈P2043〉；[豫]河南联科药业有限公司〈P2221〉

N-羟甲基邻苯二甲酰亚胺 C03031079

N-(Hydroxymethyl) phthalimide [118-29-6]

用于农药、染料、颜料、医药的有机合成

【生产厂】[赣]江西金海化工有限公司〈P2014〉;[鲁]山东淄博三福化工开发有限公司(500 吨)〈P2056〉;青州市奥星化工有限公司〈P2091〉;临朐天汇生物助剂有限公司〈P2089〉;[鄂]湖北仙隆化工股份有限公司(1500 吨)〈P2245〉

N-(2-羟乙基)邻苯二甲酰亚胺;N-(2-羟乙基)酞酰亚胺 C03031080

N-(2-Hydroxyethyl) phthalimide [3891-07-4]

用于染料、颜料及医药中间体

【生产厂】[苏]南京盛启化工有限公司〈P1789〉;[赣]江西金海化工有限公司〈P2014〉;[鲁]青州市奥星化工有限公司〈P2091〉;[豫]河南联科药业有限公司〈P2221〉;[鄂]湖北仙隆化工股份有限公司〈P2245〉

N-丁基间氨基邻苯二甲酰亚胺 C03031091

N-Butyl-m-aminophthalimide

用作染料中间体

【生产厂】[苏]江苏飞翔化工(张家港)有限公司〈P1893〉

四氢邻苯二甲酰亚胺;THPI C03031095

Tetrahydrophthalimide;3,4,5,6-Tetrahydrophthalimide [4720-86-9]

主要用于染料、医药、农药等的中间体

【生产厂】[赣]江西金海化工有限公司〈P2014〉;[鲁]淄博畅顺化工有限公司〈P2058〉;[豫]濮阳市惠成化工有限公司〈P2214〉

2-氨基苯乙醚;邻乙氧基苯胺;邻苯乙啶;邻氨基苯乙醚 C03031101

2-Aminophenetole;2-Ethoxyaniline;2-Phenetidine [94-70-2]

用作染料、香料、医药的中间体

【生产厂】[苏]张家港丰达制药有限公司(1000 吨)〈P1911〉,[皖]安徽佰仕化工有限公司〈P1974〉;[鄂]湖北楚源集团股份有限公司(1000 吨)〈P2239〉

【使用厂】[沪]上海浦东亚美化工厂〈P1756〉

4-氨基苯乙醚;对氨基苯乙醚 C03031102

4-Aminophenetole;4-Ethoxyaniline;4-Phenetidine [156-43-4]

用作医药、染料、食品防腐剂、饲料添加剂、橡胶防老剂的中间体

【生产厂】[冀]沧州华通化工有限公司〈P1651〉;[苏]张家港丰达制药有限公司(1500 吨)〈P1911〉;[皖]安徽佰仕化工有限公司〈P1974〉;[鄂]湖北楚源集团股份有限公司(6000 吨)〈P2239〉

【使用厂】[苏]南通利田化工有限公司〈P1834〉;[鲁]青岛双桃精细化工(集团)有限公司〈P2043〉;胶州市精细化工有限公司〈P2031〉;青岛正好助剂厂〈P2047〉;[青]青海制药厂有限公司〈P2359〉

间氨基苯乙醚;间乙氧基苯胺;3-氨基乙氧基苯 C03031103

m-Phenetidine;3-Aminoethoxybenzene;m-Ethoxyaniline [621-33-0]

【生产厂】[苏]南京科邦医药化工有限公司〈P1786〉

对溴苯乙醚;4-溴苯乙醚 C03031105

p-Bromophenetole;4-Bromophenyl ethyl ether [588-96-5]

用作有机合成原料

【生产厂】[鲁]鲍山化工厂〈P2020〉

2-氨基-6-氯苯甲酸;6-氯-2-氨基苯甲酸 C03031109

2-Amino-6-chlorobenzoic acid [2148-56-3]

用作医药中间体

【生产厂】[苏]无锡康晟精细化工有限公司〈P1874〉;扬州天辰精细化工有限公司〈P1819〉

3-氨基-4-氯苯甲酸 C03031110

3-Amino-4-chlorobenzoic acid [2840-28-0]

【生产厂】[沪]上海华彩精细化工有限公司〈P1738〉;[苏]苏州开元民生化学科技有限公司〈P1901〉

2-氨基苯甲酸;氨茴酸;邻氨基苯甲酸 C03031111

2-Aminobenzoic acid;Anthranilic acid [118-92-3]

用作染料、医药、香料的中间体

【生产厂】[京]北京马氏精细化学品有限公司〈P1555〉;[苏]吴江市汇丰化工厂〈P1910〉;[浙]温州美尔诺化工有限公司〈P1937〉;[闽]福建省胜达化工有限公司(500 吨)〈P1995〉;[豫]西平骏马精细化工有限公司〈P2227〉;开封市祥利化工厂(60 吨)〈P2178〉

5-氯-2-氨基苯甲酸;2-氨基-5-氯苯甲酸 C03031112

2-Amino-5-chlorobenzoic acid [635-21-2]

用作农药、医药中间体

【生产厂】[沪]上海旭升精细化工技术研究所〈P1773〉

4-氯-2-氨基苯甲酸;2-氨基-4-氯苯甲酸 C03031113

4-Chloro-2-aminobenzoic acid [89-77-0]

用作农药、医药中间体

【生产厂】[黑]哈尔滨康文生化科技有限公司〈P1720〉;[沪]上海康晟实业有限公司〈P1748〉;上海旭升精细化工技术研究所〈P1773〉;上海康文医药中间体有限公司〈P1748〉;[苏]无锡康晟精细化工有限公司〈P1874〉;扬州天辰精细化工有限公司〈P1819〉

3-氨基-2,5-二氯苯甲酸 C03031114

3-Amino-2,5-dichlorobenzoic acid;Amiben [133-90-4]

【生产厂】[赣]江西正和化工有限公司(60 吨)〈P2016〉

间氯甲基苯甲酸;3-氯甲基苯甲酸 C03031118

m-Chloromethylbenzoic acid;3-(Chloromethyl) benzoic acid [31719-77-4]

用作有机合成中间体

【生产厂】[鄂]武汉有机实业股份有限公司〈P2235〉

对氯甲基苯甲酸;4-氯甲基苯甲酸 C03031119

p-Chloromethylbenzoic acid [1642-81-5]

用作医药及染料中间体

【生产厂】[苏]江苏磐希化工有限公司〈P1821〉;[鲁]淄博达隆制药科技有限公司〈P2059〉;青岛三力化工技术有限公司〈P2041〉;[鄂]武汉有机实业股份有限公司〈P2235〉

C

邻氯甲基苯甲酸;2-氯甲基苯甲酸 C03031120
o-Chloromethylbenzoic acid
是医药、油漆等的主要原料,还可用作染料,彩色胶印的原料
【生产厂】[鄂]武汉有机实业股份有限公司〈P2235〉

2-氨基苯甲醛;邻氨基苯甲醛 C03031121
2-Aminobenzaldehyde [529-23-7]
用作染料、医药中间体
【生产厂】[京]凯翔精细化工有限公司〈P1567〉

4-氨基苯甲醛;对氨基苯甲醛 C03031125
4-Aminobenzaldehyde;*p*-Aminobenzaldehyde [17625-83-1]
用作医药、染料中间体
【生产厂】[苏]仪征市鼎信化工有限公司〈P1820〉;江都市海辰化工有限公司〈P1814〉
【使用厂】[辽]大连市旅顺合成制药厂〈P1694〉;[豫]开封染料化工厂〈P2177〉

2-氨基苯甲醚;邻茴香胺;邻甲氧基苯胺;邻氨基苯甲醚 C03031131
2-Aminoanisole;2-Anisidine [90-04-0]
用作染料、香料及医药中间体
【生产厂】[冀]沧州华通化工有限公司〈P1651〉;[苏]张家港丰达制药有限公司(1000 吨)〈P1911〉;[皖]安徽八一化工股份有限公司〈P1974〉;蚌埠市海兴化工有限责任公司〈P1975〉;安徽佰仕化工有限公司〈P1974〉;[鲁]新泰市兰得染料化工有限公司(3000 吨)〈P2138〉;[鄂]湖北楚源集团股份有限公司〈P2239〉
【使用厂】[沪]上海浦东亚美化工厂〈P1756〉;[鲁]山东泰山染料股份有限公司〈P2137〉

2-氨基苯磺酸;邻氨基苯磺酸 C03031141
2-Aminobenzenesulfonic acid [88-21-1]
用作活性染料的中间体
【生产厂】[津]天津三环化学有限公司(500 吨)〈P1577〉

乙酰乙酰对乙氧基苯胺;对乙氧基乙酰乙酰苯胺 C03031148
Acetoacetyl-4-ethoxyaniline [122-82-7]
用作染料、有机颜料中间体
【生产厂】[冀]沧州科润化工有限公司〈P1651〉;[鲁]青岛双桃精细化工(集团)有限公司(100 吨)〈P2043〉;胶州市精细化工有限公司(200 吨)〈P2031〉

乙酰乙酰对甲基苯胺;*N*-(4-甲基苯基)-3-氧代丁酰胺 C03031149
Acetoacet-*p*-toluidide
用于合成 C.I.颜料黄 55 及颜料橙 63 等品种的偶合组分
【生产厂】[冀]沧州科润化工有限公司〈P1651〉;[鲁]胶州市精细化工有限公司〈P2031〉

邻甲基乙酰乙酰苯胺;2-甲基乙酰乙酰苯胺 C03031150
Acetoacet-*o*-toluidine;2-Methylacetoacetanilide [93-68-5]
用作有机颜料中间体
【生产厂】[冀]沧州科润化工有限公司〈P1651〉;[鲁]青岛双桃精细化工(集团)有限公司(100 吨)〈P2043〉;胶州市精细化工有限公司(5000 吨)〈P2031〉
【使用厂】[沪]上海泗联实业总公司〈P1766〉

对氯邻硝基乙酰乙酰苯胺;4-氯-2-硝基乙酰乙酰苯胺 C03031152
p-Chloro-*o*-nitroacetoacetanilide [34797-69-8]
用于生产除草剂的中间体
【生产厂】[苏]盐城市丰杯精细化工有限公司(3000 吨)〈P1811〉;[皖]安徽省广德县中信化工厂〈P1986〉

3-硝基乙酰乙酰苯胺;乙酰乙酰间硝基苯胺 C03031153
3-Nitroacetoacetanilide
主要用于制造有机颜料
【生产厂】[鲁]胶州市精细化工有限公司〈P2031〉

4-硝基乙酰乙酰苯胺;乙酰乙酰对硝基苯胺 C03031154
4-Nitroacetoacetanilide
【生产厂】[鲁]胶州市精细化工有限公司〈P2031〉

2,4-二甲基乙酰乙酰苯胺;2,4-二甲基-*N*-乙酰乙酰苯胺 C03031155
2,4-Dimethyl-*N*-acetoacetanilide [97-36-9]
用作有机颜料中间体
【生产厂】[冀]沧州科润化工有限公司〈P1651〉;[鲁]青岛双桃精细化工(集团)有限公司(100 吨)〈P2043〉

邻硝基乙酰乙酰苯胺;乙酰乙酰邻硝基苯胺 C03031158
2-Nitroacetoacetanilide
【生产厂】[鲁]胶州市精细化工有限公司〈P2031〉

2-氯-1,4-苯二胺,硫酸盐 C03031161
2-Chloro-1,4-diaminobenzene sulfate [6219-71-2]
用作染料中间体
【生产厂】[苏]吴江市万达化工厂〈P1911〉

4,5-二氯-1,2-苯二胺 C03031168
4,5-Dichloro-1,2-phenylenediamine
用于有机合成
【生产厂】[苏]江都市海辰化工有限公司〈P1814〉

4-氯-5-(2,3-二氯苯氧基)-1,2-苯二胺 C03031169
4-Chloro-5-(2,3-dichlorobenzoxy)-1,2-phenylenediamine
用作有机合成中间体
【生产厂】[苏]江都市海辰化工有限公司〈P1814〉

2-氯-4-硝基苯胺;邻氯对硝基苯胺 C03031171
2-Chloro-4-nitroaniline [121-87-9]
用作有机颜料及分散染料的中间体
【生产厂】[冀]河北永泰化工有限公司〈P1623〉;[苏]吴江森亮化工有限公司(1000 吨)〈P1910〉;昆山化工医药原料有限公司〈P1895〉;[浙]杭州萧山飞翔化工有限公司(200 吨)〈P1923〉;浙江省常山长盛化工有限公司(1500 吨)〈P1959〉;乐清市乐安化工有限公司〈P1936〉
【使用厂】[鲁]青岛双桃精细化工(集团)有限公司〈P2043〉;[川]四川省化工研究设计院〈P2319〉

4-甲基-2-硝基苯酚;邻硝基对甲基苯酚;邻硝基对甲酚 C03031191

2-Nitro-*p*-cresol;4-Methyl-2-nitrophenol [119-33-5]

用作染料中间体及生产涤纶增白剂中间体,用于制取甲氧基克力西丁和乙氧基克力西丁等

【生产厂】[辽]辽阳滨河化工有限公司(1000 吨)〈P1709〉;[苏]南京力达宁化学有限公司〈P1786〉

4-甲基-3-硝基苯酚;3-硝基-4-甲基苯酚 C03031192

4-Methyl-3-nitrophenol [2042-14-0]

【生产厂】[苏]泰兴市对外贸易南京有限公司〈P1792〉;苏州市相城区青台精细化工有限公司〈P1905〉

2-硝基-3-甲基苯酚;2-硝基间甲酚 C03031193

2-Nitro-3-methylphenol;2-Nitro-*m*-cresol [4920-77-8]

【生产厂】[苏]南京奥德赛化工有限公司〈P1782〉;[陕]陕西金阳化工有限公司〈P2346〉

2,4-二硝基邻甲酚;4,6-二硝基邻甲酚;3,5-二硝基-2-羟基甲苯 C03031196

2,4-Dinitro-*o*-cresol;4,6-Dinitro-*o*-cresol;3,5-Dinitro-2-hydroxytoluene [534-52-1]

用作有机合成中间体

【生产厂】[苏]泰兴盛铭精细化工有限公司(40 吨)〈P1825〉

2,6-二硝基对甲酚;2,6-二硝基-4-甲基苯酚 C03031197

2,6-Dinitro-*p*-cresol;2,6-Dinitro-4-methylphenol [609-93-8]

用作乙烯基芳香化合物单体的阻聚剂,同时也可用于制造杀虫剂、除草剂及染发剂等

【生产厂】[辽]辽阳滨河化工有限公司(500 吨)〈P1709〉;辽阳鼎鑫化工有限公司〈P1709〉;[鲁]山东瀛寰化工有限公司〈P2056〉

6-硝基-2,4-二氯-3-甲基苯酚 C03031198

6-Nitro-2,4-dichloro-3-methylphenol [39549-27-4]

【生产厂】[辽]乐凯(沈阳)科技产业有限责任公司〈P1684〉

2,4-二氯-3-乙基-6-硝基苯酚 C03031199

2,4-Dichloro-3-ethyl-6-nitrophenol [99817-36-4]

用作有机合成中间体

【生产厂】[京]北京维达化工有限公司(20 吨)〈P1563〉;[冀]河北亚诺化工有限公司(20 吨)〈P1623〉;[辽]乐凯(沈阳)科技产业有限责任公司〈P1684〉

2-硝基-4-氯苯胺;对氯邻硝基苯胺;红色基 3GL C03031201

4-Chloro-2-nitroaniline;2-Nitro-4-chloroaniline [89-63-4]

用于生产颜料耐晒黄 10G、分散黄 211、紫外线吸收剂 UV-326 等

【生产厂】[苏]扬州腾达化工厂〈P1819〉;如皋市隆昌化工有限公司〈P1838〉;[豫]巩义市桥上化工厂(2400 吨)〈P2163〉;河南省巩义市新奇化工厂(1000 吨)〈P2167〉

【使用厂】[津]天津东洋油墨有限公司〈P1571〉;[冀]安平县冠达颜料工业有限公司〈P1663〉;[苏]江苏丰山集团有限公司〈P1807〉;[浙]上虞市东海化工有限公司〈P1947〉;[鲁]德州市宇虹化工有限公司〈P2142〉

5-氯-2-硝基苯胺;2-硝基-5-氯苯胺 C03031202

5-Chloro-2-nitroaniline [1635-61-6]

用于医药中间体

【生产厂】[津]天津中兴精细化工有限公司〈P1618〉;[沪]上海再启生物技术有限公司〈P1777〉;上海神强实业有限公司〈P1761〉

2,4-二甲氧基-5-氯苯胺 C03031203

2,4-Dimethoxy-5-chloroaniline [97-50-7]

用作农药中间体

【生产厂】[冀]大名县名鼎化工有限责任公司(100 吨)〈P1638〉

2-硝基-4-氯甲苯;邻硝基对氯甲苯;4-氯-2-硝基甲苯 C03031205

2-Nitro-4-chlorotoluene [89-59-8]

在染料合成中是冰染染料红色基 KB 和色酚 AS-KB 的重要原料

【生产厂】[沪]上海高伦现代农化股份有限公司〈P1734〉;[鲁]龙口市龙海精细化工有限公司(1500 吨)〈P2111〉

2-硝基苯甲醚;邻硝基苯甲醚 C03031211

2-Nitroanisole [91-23-6]

用于染料、医药、香料等工业

【生产厂】[皖]安徽八一化工股份有限公司〈P1974〉;蚌埠市海兴化工有限责任公司〈P1975〉;安徽佰仕化工有限公司〈P1974〉;[鲁]新泰市兰得染料化工有限公司(1000 吨)〈P2138〉;[豫]巩义市孝义镇化工厂(600 吨)〈P2164〉

间硝基苯甲醚;间甲氧基硝基苯 C03031212

3-Methoxynitrobenzene;3-Nitroanisole;3-Nitrophenyl methyl ether [555-03-3]

用于有机合成

【生产厂】[浙]横店集团家园化工有限公司〈P1952〉

对硝基苯甲醚;4-硝基苯甲醚 C03031213

4-Nitroanisole [100-17-4]

用作染料和医药中间体,主要用于生产对氨基苯甲醚、蓝色盐、维生素 B 等

【生产厂】[皖]安徽八一化工股份有限公司〈P1974〉;蚌埠市海兴化工有限责任公司〈P1975〉

二苯甲酮腙 C03031223

Diphenylmethanone hydrazone;Benzophenone hydrazone [5350-57-2]

用作有机颜料、医药中间体

【生产厂】[晋]山西新天源医药化工有限公司〈P1677〉;[辽]沈阳岭森精细化工厂〈P1687〉;[沪]上海科帆化工科技有限公司〈P1748〉;[苏]南京奥德赛化工有限公司〈P1782〉;江阴市飞云化工有限公司〈P1869〉;[浙]浙江黄岩澄江精细化工厂〈P1964〉;[鄂]武汉怡兴化工有限公司〈P2235〉;襄樊一诺精细化工有限公司〈P2238〉;湖北科兴医药化工股份有限公司(100 吨)〈P2237〉;湖北襄樊福润达化工有限公司〈P2237〉;襄樊金译成精细化工有限公司〈P2238〉;襄樊市裕昌精细化工有限公司〈P2238〉;[渝]重庆长风化工厂〈P2303〉

苯甲醛-2-磺酸钠 C03031235

Benzaldehyde-2-sulfonic acid,sodium salt [135-02-4]

是合成荧光增白剂CBS、三苯甲烷染料和防蛀剂N的主要中间体

【生产厂】[京]北京瀑润化工产品有限责任公司〈P1557〉;[苏]连云港市杰圩化工有限公司〈P1799〉;宝应县中宝云鹏化工有限公司〈P1813〉;[豫]洛阳精成化工有限公司(1000吨)〈P2182〉

C

邻三氟甲基苯甲酰氯;2-三氟甲基苯甲酰氯 C03031238

o-Trifluoromethylbenzoyl chloride [312-94-7]

【生产厂】[京]北京普瑞东方化学技术有限公司〈P1556〉;北京宜龙通广科技有限公司〈P1565〉;[辽]阜新三宝化工实业有限公司〈P1708〉;[沪]上海市农药研究所〈P1764〉;上海凯路化工有限公司〈P1747〉;[苏]扬州天辰精细化工有限公司〈P1819〉

间三氟甲基苯甲酰氯;3-三氟甲基苯甲酰氯 C03031239

m-Trifluoromethylbenzoyl chloride [2251-65-2]

【生产厂】[京]北京普瑞东方化学技术有限公司〈P1556〉;北京宜龙通广科技有限公司〈P1565〉;[辽]阜新三宝化工实业有限公司〈P1708〉;[沪]上海市农药研究所〈P1764〉

苯甲酰氯 C03031241

Benzoyl chloride [98-88-4]

用于染料中间体、引发剂、紫外线吸收剂、橡塑助剂、医药等

【生产厂】[冀]邯郸市林峰精细化工有限公司〈P1638〉;[苏]长江(常州)氯碱联合开发公司(2000吨)〈P1846〉;常州东南鹏程化工有限公司(800吨)〈P1846〉;江苏省金坛市制药厂〈P1860〉;金坛市三方医药原料厂〈P1862〉;金坛市振兴气体化工有限公司(500吨)〈P1863〉;苏州市苏瑞医药化工有限公司〈P1905〉;苏州市华伦化工有限公司〈P1903〉;常熟市金城化工有限公司(8000吨)〈P1890〉;沭阳县华泰化工厂〈P1804〉;泰兴市精华园生化有限公司〈P1826〉;姜堰市海翔化工有限公司〈P1823〉;海安县弘鑫化工厂〈P1829〉;[鲁]淄博振河塑胶化工有限公司〈P2076〉;[豫]河南昊海实业有限公司(4800吨)〈P2165〉;新郑市永兴工贸有限公司(6000吨)〈P2169〉;郑州超达食品化学有限公司〈P2170〉;[鄂]武汉有机实业股份有限公司〈P2235〉

【使用厂】[京]北京化工厂〈P1549〉;[津]天津市东大化工有限公司〈P1585〉;[辽]辽阳鸿泰有机化工有限公司〈P1710〉;[吉]辽源市百康药业有限责任公司〈P1717〉;[沪]上海联化化工有限公司〈P1751〉;[苏]南通利田化工有限公司〈P1834〉;[鲁]淄博市周村区裕源助剂厂〈P2072〉;临邑县精细化工厂〈P2143〉;[甘]兰州助剂厂〈P2356〉

对甲基苯甲酰氯;4-甲基苯甲酰氯 C03031242

p-Methylbenzoyl chloride [874-60-2]

用于医药、农药、感光材料及染料中间体等

【生产厂】[京]北京马氏精细化学品有限公司〈P1555〉;[苏]丹阳市万隆化工有限公司〈P1841〉;金坛市聚源化工厂〈P1862〉;沭阳县华泰化工厂〈P1804〉;江苏磐希化工有限公司〈P1821〉;泰兴市兴汉染料化工有限公司〈P1826〉;[鲁]淄博张店君臣化工厂(250吨)〈P2076〉;淄博达隆制药科技有限公司〈P2059〉;青岛三力化工技术有限公司(600吨)〈P2041〉;[鄂]武汉有机实业股份有限公司〈P2235〉

间甲基苯甲酰氯;3-甲基苯甲酰氯 C03031243

3-Methylbenzoyl chloride [1711-06-4]

用于医药、农药、感光材料及染料中间体

【生产厂】[苏]江苏磐希化工有限公司〈P1821〉;扬州杰迪化工有限公司〈P1817〉;[鲁]淄博达隆制药科技有限公司〈P2059〉;青岛三力化工技术有限公司(600吨)〈P2041〉;[鄂]武汉有机实业股份有限公司〈P2235〉

邻甲基苯甲酰氯 C03031244

o-Methylbenzoyl chloride [933-88-0]

用于医药、农药、感光材料及染料中间体

【生产厂】[苏]金坛市聚源化工厂〈P1862〉;江苏磐希化工有限公司〈P1821〉;扬州杰迪化工有限公司〈P1817〉;[鄂]武汉有机实业股份有限公司〈P2235〉

对甲氧基苯甲酰氯;大茴香酰氯;茴香酰氯 C03031245

4-Methoxybenzoyl chloride;*p*-Anisoyl chloride [100-07-2]

用于医药中间体及有机合成

【生产厂】[京]北京马氏精细化学品有限公司〈P1555〉;[苏]常州高科生物化学有限公司(200千克)〈P1846〉;沭阳金凯化工厂〈P1804〉;沭阳县华泰化工厂〈P1804〉

邻甲氧基苯甲酰氯 C03031247

o-Methoxybenzoyl chloride [21615-34-9]

用作医药中间体

【生产厂】[京]北京维达化工有限公司(120吨)〈P1563〉

对乙基苯甲酰氯 C03031248

p-Ethylbenzoyl chloride [16331-45-6]

用作农药、医药、感光材料中间体

【生产厂】[京]北京清华紫光英力化工技术有限责任公司〈P1557〉;[苏]句容市顺风助剂厂〈P1843〉;沭阳金凯化工厂〈P1804〉;沭阳县华泰化工厂〈P1804〉;[闽]福建省三农碳酸钙有限责任公司钙品分公司〈P1995〉

邻乙氧基苯甲酰氯 C03031249

o-Ethoxybenzoyl chloride [42926-52-3]

用作医药中间体

【生产厂】[沪]上海建北有机化工有限公司〈P1742〉

3-甲氧基-2-甲基苯甲酰氯 C03031250

3-Methoxy-2-methylbenzoyl chloride

【生产厂】[陕]陕西金阳化工有限公司〈P2346〉

2,3-二氯苯甲酰氯 C03031253

2,3-Dichlorobenzoyl chloride [2905-60-4]

用作有机合成中间体

【生产厂】[沪]上海市农药研究所〈P1764〉;[苏]丹阳市万隆化工有限公司〈P1841〉;沭阳金凯化工厂〈P1804〉;高邮市康乐精细化工厂〈P1813〉;[浙]杭州三禾化工科技有限公司〈P1922〉;浙江黄岩东升医药化工有限公司〈P1964〉

间氯苯甲酰氯;3-氯苯甲酰氯 C03031255

m-Chlorobenzoyl chloride [618-46-2]

用作医药中间体

【生产厂】[苏]丹阳市万隆化工有限公司〈P1841〉;常州市科丰化工有限公司〈P1852〉;江苏宜兴市第二化学试剂厂〈P1866〉;沭阳金凯化工厂〈P1804〉;沭阳县华泰化工厂〈P1804〉

间溴苯甲酰氯;3-溴苯甲酰氯 C03031256
m-Bromobenzoyl chloride [1711-09-7]
用作有机合成中间体
【生产厂】[苏]句容市顺风助剂厂〈P1843〉;徐州瑞赛科技实业有限公司〈P1795〉;沭阳金凯化工厂〈P1804〉

邻溴苯甲酰氯;2-溴苯甲酰氯 C03031257
o-Bromobenzoyl chloride [7154-66-7]
【生产厂】[苏]句容市顺风助剂厂〈P1843〉

对溴苯甲酰氯;4-溴苯甲酰氯 C03031258
p-Bromobenzoyl chloride [586-75-4]
用于有机合成
【生产厂】[苏]句容市顺风助剂厂〈P1843〉;常州高科生物化学有限公司(200 千克)〈P1846〉;沭阳金凯化工厂〈P1804〉

4-三氟甲基苯甲酰氯;对三氟甲基苯甲酰氯 C03031259
4-Trifluoromethylbenzoyl chloride [329-15-7]
【生产厂】[京]北京普瑞东方化学技术有限公司〈P1556〉;北京宜龙通广科技有限公司〈P1565〉;[辽]阜新三宝化工实业有限公司〈P1708〉;[苏]扬州天辰精细化工有限公司〈P1819〉;[鲁]山东武城康达化工有限公司(300 吨)〈P2146〉

3,5-双三氟甲基苯甲酰氯 C03031260
3,5-Bis(trifluoromethyl)benzoyl chloride [785-56-8]
【生产厂】[京]北京金奥利维科技发展有限公司〈P1551〉;北京宜龙通广科技有限公司〈P1565〉

苯肼-4-磺酸;苯肼对磺酸 C03031261
Phenylhydrazine-4-sulfonic acid [98-71-5]
用作染料中间体
【生产厂】[沪]上海汇龙化工有限公司〈P1741〉;[鄂]武汉神舟化工有限公司〈P2232〉

五氯苯甲酰氯 C03031263
Pentachlorobenzoyl chloride
【生产厂】[浙]浙江省东阳市康峰有机氟化工厂〈P1955〉

4-硝基苯肼;对硝基苯肼 C03031266
4-Nitrophenylhydrazine [100-16-3]
【生产厂】[辽]辽宁世星药化有限公司(300 吨)〈P1703〉;[苏]常熟市新腾化工有限公司〈P1891〉

4-甲氧基苯肼盐酸盐 C03031267
4-Methoxyphenylhydrazine hydrochloride [19501-58-7]
【生产厂】[京]北京精益精化工有限公司〈P1553〉;[苏]南京法姆化学厂〈P1783〉;常熟市新腾化工有限公司〈P1891〉;[浙]浙江车头制药有限公司〈P1963〉;台州市知青化工有限公司〈P1962〉

4-硝基苯肼盐酸盐 C03031270
4-Nitrophenylhydrazine hydrochloride [636-99-7]
【生产厂】[浙]浙江车头制药有限公司〈P1963〉

苯肼;肼化苯 C03031271
Phenylhydrazine;Hydrazinobenzene [100-63-0]
用于制染料、药物、显影剂等
【生产厂】[辽]辽宁世星药化有限公司(600 吨)〈P1703〉;[沪]上海浦东兴邦化工发展有限公司(2000 吨)〈P1756〉;[苏]苏州吴中前进有机化工有限公司(100 吨)〈P1907〉;南通万邦科技精细化工有限公司〈P1836〉;[浙]浙江新农化工股份有限公司(2000 吨)〈P1970〉;[鲁]山东恒嘉精细化工有限公司〈P2053〉;山东淄博三福化工开发有限公司〈P2056〉
【使用厂】[苏]如皋市恒祥化工有限责任公司〈P1838〉;[赣]江西联达化工有限公司〈P2009〉;[豫]开封染料化工厂〈P2177〉;[粤]广州化学试剂厂〈P2261〉

C

1,1-二苯基肼盐酸盐 C03031275
1,1-Diphenylhydrazine hydrochloride [530-47-2]
主要用作医药中间体
【生产厂】[鲁]青岛润兴光电材料有限公司〈P2041〉;[鄂]湖北武穴市迅达药业有限公司〈P2243〉

2,6-二甲基苯肼盐酸盐 C03031276
2,6-Dimethylphenylhydrazine hydrochloride
【生产厂】[苏]常熟市新腾化工有限公司〈P1891〉

3,5-二甲基苯肼盐酸盐 C03031277
3,5-Dimethylphenylhydrazine hydrochloride [60481-36-9]
【生产厂】[浙]浙江车头制药有限公司〈P1963〉

对异丙基苯肼盐酸盐 C03031279
4-Isopropylphenylhydrazine hydrochloride [118427-29-5]
【生产厂】[苏]常熟市新腾化工有限公司〈P1891〉

苯肼盐酸盐;盐酸苯肼 C03031281
Phenylhydrazine hydrochloride [59-88-1]
用作医药、农药及染料中间体
【生产厂】[辽]辽宁世星药化有限公司(600 吨)〈P1703〉;[沪]上海浦东兴邦化工发展有限公司(4000 吨)〈P1756〉;[浙]浙江新农化工股份有限公司〈P1970〉;[鲁]山东恒嘉精细化工有限公司〈P2053〉
【使用厂】[苏]江都市宙龙集团公司〈P1815〉;[闽]福建省律瓯福农化工有限公司〈P2003〉;[鄂]湖北仙隆化工股份有限公司〈P2245〉

邻乙基苯肼盐酸盐 C03031282
2-Ethylphenylhydrazine hydrochloride [58711-02-7]
主要用于制造药物依托吐酸
【生产厂】[浙]东阳市向阳化工有限公司〈P1952〉;[皖]安庆金泉药业有限公司〈P1979〉

叔丁基肼盐酸盐;肼盐 C03031283
tert-Butylhydrazine hydrochloride [7400-27-3]
用作医药、农药中间体
【生产厂】[沪]上海源大精细化工有限公司(200 吨)〈P1776〉;[陕]陕西宏庆医药化学有限公司〈P2346〉

对氯苯肼盐酸盐 C03031284
p-Chlorophenylhydrazine hydrochloride [1073-70-7]
用作有机合成中间体
【生产厂】[辽]辽宁世星药化有限公司(300 吨)〈P1703〉;[吉]辽源市银鹰制药有限责任公司(100 吨)〈P1718〉;[苏]常熟市新腾化工有限公司〈P1891〉;[浙]浙江车头制药有限公司〈P1963〉;[鲁]山东瀛寰化工有限公司〈P2056〉

一甲基肼;甲基肼 C03031285

Methyl hydrazine [60-34-4]
【生产厂】[青]青海黎明化工有限责任公司(240 吨)〈P2359〉

对甲苯肼盐酸盐;4-甲基苯肼盐酸盐 C03031286
4-Methylphenylhydrazine hydrochloride; *p*-Tolylhydrazine hydrochloride [637-60-5]
用作医药及染料中间体
【生产厂】[沪]上海凯路化工有限公司〈P1747〉;[苏]宜兴市中宇药化技术有限公司〈P1888〉;常熟市新腾化工有限公司〈P1891〉;[浙]浙江车头制药有限公司〈P1963〉;台州市奥力特精细化工有限公司〈P1961〉

邻溴苯肼盐酸盐 C03031287
o-Bromophenylhydrazine hydrochloride [50709-33-6]
用作医药中间体,也用于有机合成
【生产厂】[鲁]山东大地盐化集团〈P2094〉

4-氟苯肼盐酸盐 C03031288
4-Fluorophenylhydrazine hydrochloride [823-85-8]
【生产厂】[浙]浙江车头制药有限公司〈P1963〉

苯绕蒽酮;苯并蒽酮 C03031291
Benzanthrone [82-05-3]
用于制深色的还原染料
【生产厂】[沪]上海华元实业总公司〈P1740〉;[苏]金隆化工集团有限公司〈P1861〉;徐州开达精细化工有限公司(300 吨)〈P1795〉
【使用厂】[津]天津市染料化学第九厂〈P1600〉

对三氟甲基苯肼 C03031292
p-(Trifluoromethyl)phenylhydrazine [368-90-1]
【生产厂】[津]天津市筠凯化工科技有限公司〈P1597〉

2,4-二氟苯肼 C03031294
2,4-Difluorophenylhydrazine [40594-30-7]
用于医药中间体
【生产厂】[苏]盐城中亚医药化工有限公司(100 吨)〈P1812〉

2,4-二氟苯肼盐酸盐 C03031295
2,4-Difluorophenylhydrazine hydrochloride [51523-79-6]
【生产厂】[苏]盐城中亚医药化工有限公司(100 吨)〈P1812〉

3,4-二氟苯肼 C03031296
3,4-Difluorophenylhydrazine
【生产厂】[苏]盐城中亚医药化工有限公司(100 吨)〈P1812〉

3,4-二氟苯肼盐酸盐 C03031297
3,4-Difluorophenylhydrazine hydrochloride
【生产厂】[苏]盐城中亚医药化工有限公司(100 吨)〈P1812〉

3,5-二氟苯肼 C03031298
3,5-Difluorophenylhydrazine
【生产厂】[苏]盐城中亚医药化工有限公司(100 吨)〈P1812〉

3,5-二氟苯肼盐酸盐 C03031299
3,5-Difluorophenylhydrazine hydrochloride
【生产厂】[苏]盐城中亚医药化工有限公司(100 吨)〈P1812〉

对甲苯胺-2,5-二磺酸;2-氨基-5-甲基-1,4-苯二磺酸 C03031305
4-Methylaniline-2,5-disulfonic acid
用作染料中间体
【生产厂】[辽]鞍山市兴懋化工有限责任公司〈P1696〉

2-氨基-1,4-苯二磺酸;苯胺-2,5-双磺酸 C03031311
2-Amino-1,4-benzenedisulfonic acid; Aniline-2,5-disulfonic acid [98-44-2]
用作染料中间体,主要用于制造直接耐晒蓝RGL、活性翠蓝KGL、活性嫩黄和活性橙等
【生产厂】[冀]河北智通化工有限责任公司〈P1623〉;河北省武强县启龙化工有限公司(150 吨)〈P1666〉;[沪]上海华元实业总公司〈P1740〉

5-氨基-4-羟基-1,3-苯二磺酸 C03031317
5-Amino-4-hydroxy-1,3-benzenedisulfonic acid [120-98-9]
【生产厂】[沪]上海旭升精细化工技术研究所〈P1773〉

4-甲氧基苯胺-2,5-双磺酸 C03031319
4-Methoxyaniline-2,5-disulfonic acid
用作酸性、活性、直接染料中间体
【生产厂】[苏]靖江市长江化工有限公司〈P1824〉

***N*-苯基-1-萘胺-8-磺酸铵**;*N*-苯基周位酸铵 C03031332
Ammonium *N*-phenyl-1-naphthylamine-8-sulfonate [28836-03-5]
主要用于染料中间体,如制造弱酸深蓝5R和弱酸黑BR等
【生产厂】[苏]吴江市东风化工有限公司(100 吨)〈P1910〉

***N*-苯基-1-萘胺-8-磺酸**;苯基周位酸;*N*-苯基周位酸 C03031341
N-Phenyl-1-naphthylamine-8-sulfonic acid [82-76-8]
用作酸性染料的中间体
【生产厂】[苏]吴江市东风化工有限公司(300 吨)〈P1910〉
【使用厂】[苏]常熟市染料化工厂〈P1890〉;江苏省高邮市化工厂〈P1816〉

2-(*N*-苯氨基)-5-萘酚-7-磺酸;苯基J酸 C03031351
2-(*N*-Phenylamino)-5-naphthol-7-sulfonic acid [119-40-4]
用作耐晒蓝RGL的中间体
【生产厂】[冀]河北泰丰化工有限责任公司〈P1640〉;[沪]上海汇龙化工有限公司〈P1741〉;[鲁]济宁浩美化工有限公司(300 吨)〈P2127〉

对甲氧基苯基J酸 C03031355
p-Methoxyphenyl J acid
用作染料中间体
【生产厂】[鲁]济宁浩美化工有限公司(200 吨)〈P2127〉

苯磺酰氯 C03031371
Benzenesulfonyl chloride [98-09-9]
用于制磺胺药物等,也用于鉴定各种胺

【生产厂】[京]北京马氏精细化学品有限公司〈P1555〉;[冀]廊坊三威化工有限公司(300 吨)〈P1660〉;[苏]江苏和纯化学工业有限公司〈P1841〉;镇江市宏晔建材化工有限公司(2500 吨)〈P1845〉;太仓市鑫鹄化工有限公司(2000 吨)〈P1909〉;苏州诚和医药化学有限公司〈P1899〉;[浙]嘉兴市金禾化工有限公司〈P1942〉;嘉兴市金利化工有限责任公司〈P1942〉
【使用厂】[苏]苏州寅生化工有限公司〈P1907〉;江都市华兴医药化工制品有限公司〈P1814〉;[鄂]武汉风帆化工有限公司〈P2229〉

2-氯-5-硝基苯磺酰氯 C03031377
2-Chloro-5-nitrobenzenesulfonyl chloride [4533-95-3]
用作医药及染料中间体
【生产厂】[冀]河北永泰化工有限公司〈P1623〉;[苏]苏州诚和医药化学有限公司〈P1899〉;[鄂]荆州市沙隆达维迅化工有限公司〈P2240〉

3-硝基-4-氯苯磺酰氯 C03031379
4-Chloro-3-nitrobenzenesulfonyl chloride [97-08-5]
用于制造分散染料中间体
【生产厂】[苏]苏州诚和医药化学有限公司〈P1899〉

苝四甲酸二酐;四酸酐并苝;苝酐 C03031381
Perylene-3,4,9,10-tetracarboxylic acid dianhydride [128-69-8]
用作染料中间体,用于合成还原大红 K 和 R,以及用于合成树脂
【生产厂】[辽]辽阳联港染料化工有限公司〈P1710〉;鞍山市惠丰化工有限责任公司〈P1695〉;[浙]上虞亿得化工有限公司〈P1949〉

苝四甲酰二亚胺;3,4,9,10-苝四甲酰二亚胺 C03031385
Perylene-3,4,9,10-tetraformyldiimine
是合成苝系染、颜料的重要中间体
【生产厂】[辽]辽阳联港染料化工有限公司〈P1710〉;鞍山市惠丰化工有限责任公司〈P1695〉

1,2-重氮氧基萘-4-磺酸;1,2,4-酸氧体 C03031401
1,2-Naphthoxydiazo-4-sulfonic acid [887-76-3]
用作酸性染料、媒介染料中间体
【生产厂】[津]天津三环化学有限公司(400 吨)〈P1577〉;[冀]河北省武强县启龙化工有限公司(400 吨)〈P1666〉;[苏]常州市常宇化工有限公司〈P1850〉

***N*-苯基-1,4-苯二胺**;4-氨基二苯胺;RT 贝司 C03031421
4-Aminodiphenylamine; *N*-Phenyl-1,4-phenylenediamine [101-54-2]
用作染料及助剂的中间体
【生产厂】[冀]大名县名鼎化工有限责任公司〈P1638〉;[苏]南京化学工业有限公司化工厂(1 万吨)〈P1785〉;[皖]铜陵化工集团有机化工有限责任公司(1000 吨)〈P1978〉;[鲁]山东飞达化工科技有限公司(2000 吨)〈P2135〉;山东圣奥化工股份有限公司(6 万吨)〈P2161〉
【使用厂】[鲁]淄博市临淄恒立助剂有限公司〈P2068〉

***N*-苯基邻苯二胺**;邻氨基二苯胺 C03031423
N-Phenyl-*o*-phenylenediamine; *o*-Aminodiphenylamine [534-85-0]
【生产厂】[苏]南京科邦医药化工有限公司〈P1786〉

4-氨基二苯胺硫酸盐;*N*-苯基对苯二胺硫酸盐;RT 贝司硫酸盐 C03031425
4-Aminodiphenylamine sulfate [4698-29-7]
用作染发剂中间体
【生产厂】[津]天津瑞发化工科技发展有限公司〈P1577〉

2-氨基-1,4-苯二磺酸一钠;苯胺-2,5-双磺酸单钠盐;2,5 酸 C03031431
Sodium 2-amino-1,4-benzenedisulfonate; Sodium aniline-2,5-disulfonate [24605-36-5]
用作染料中间体,用于制备活性染料
【生产厂】[冀]河北省武强县启龙化工有限公司〈P1666〉;沧州华通化工有限公司〈P1651〉;沧州市工贸化工厂〈P1652〉;沧州天一化工有限公司沧县分公司〈P1653〉;沧州天一化工有限公司〈P1653〉

2-氨基苯酚-4-磺酰胺;3-氨基-4-羟基苯磺酰胺 C03031461
2-Aminophenol-4-sulfamide [98-32-8]
用作活性染料中间体
【生产厂】[苏]吴江市万达化工厂〈P1911〉;[浙]温州美尔诺化工有限公司〈P1937〉;[鲁]蓬莱鸿源化工有限公司〈P2111〉;蓬莱市前卫化工有限公司〈P2112〉;青岛双桃精细化工(集团)有限公司〈P2043〉

2-氨基苯酚-4-磺酰甲胺 C03031462
2-Aminophenol-4-sulfonmethylamide [80-23-9]
用作酸性染料中间体
【生产厂】[苏]吴江市万达化工厂〈P1911〉;[鲁]蓬莱鸿源化工有限公司〈P2111〉;蓬莱市前卫化工有限公司〈P2112〉

2-氨基苯酚-4-磺酰乙胺 C03031463
2-Aminophenol-4-sulfonethylamide
用作酸性染料中间体
【生产厂】[苏]吴江市万达化工厂〈P1911〉

2-氨基苯酚-4-(2′-羧基)磺酰苯胺 C03031469
2-Aminophenol-4-(2′-carboxyl) sulfonylaniline [91-35-0]
用作酸性染料中间体
【生产厂】[苏]吴江市万达化工厂〈P1911〉;[鲁]蓬莱鸿源化工有限公司〈P2111〉;蓬莱市前卫化工有限公司〈P2112〉

2-萘胺-3,6,8-三磺酸;氨基三磺酸;*β*-萘胺-3,6,8-三磺酸 C03031471
2-Naphthylamine-3,6,8-trisulfonic acid [118-03-6]
用于制造偶氮染料及 2R 酸
【生产厂】[沪]上海汇龙化工有限公司(300 吨)〈P1741〉

7-氨基-1,3,5-萘三磺酸;2-萘胺-4,6,8-三磺酸;磺化 C 酸 C03031481
7-Amino-1,3,5-naphthalenetrisulfonic acid [27310-25-4]
是制造多种活性染料浅色品种的中间体
【生产厂】[沪]上海汇龙化工有限公司〈P1741〉;[苏]南通大伦化工有限公司〈P1833〉

1-氨基-5-萘酚;5-氨基-1-萘酚 C03031491
1-Amino-5-naphthol [83-55-6]
用于制偶氮染料
【生产厂】[鲁]山东平原县忠臣化工有限公司(15 吨)〈P2145〉

1-氨基-7-萘酚 C03031493
1-Amino-7-naphthol
用于制备偶氮染料
【生产厂】[鲁]山东平原县忠臣化工有限公司(20 吨)〈P2145〉

3-氨基-4-羟基苯磺酸;2-氨基苯酚-4-磺酸 C03031501
3-Amino-4-hydroxybenzenesulfonic acid [98-37-3]
用作染料中间体
【生产厂】[苏]南京力达宁化学有限公司〈P1786〉;吴江市汇丰化工厂〈P1910〉;吴江市万达化工厂〈P1911〉;[浙]鄞县兴华化工厂〈P1935〉;温州美尔诺化工有限公司〈P1937〉;[鲁]蓬莱市前卫化工有限公司〈P2112〉
【使用厂】[辽]丹东深兰化工有限公司〈P1700〉

2-氨基-8-萘酚-6-磺酸;γ 酸 C03031511
2-Amino-8-naphthol-6-sulfonic acid [90-51-7]
主要用作偶氮染料的中间体,用于制造活性及直接染料
【生产厂】[浙]上虞亿得化工有限公司〈P1949〉
【使用厂】[冀]邢台铁牛染料化工有限公司〈P1644〉;[豫]洛阳瑞丰工业有限公司〈P2183〉

8-羟基-2-(*N*-苯基)萘胺-5-磺酸;2-(*N*-苯基氨基)-8-萘酚-6-磺酸;苯基 γ 酸 C03031512
8-Hydroxy-2-(*N*-phenyl) naphthylamine-5-sulfonic acid; *N*-Phenyl-γ-acid
用作染料中间体
【生产厂】[冀]河北泰丰化工有限责任公司〈P1640〉;[沪]上海汇龙化工有限公司〈P1741〉;[浙]上虞亿得化工有限公司〈P1949〉;[鲁]济宁浩美化工有限公司(300 吨)〈P2127〉

乙酰 γ 酸;2-乙酰氨基-8-萘酚-6-磺酸 C03031515
2-Acetylamino-8-naphthol-6-sulfonic acid; Acetyl γ acid
用作活性染料中间体
【生产厂】[冀]河北泰丰化工有限责任公司〈P1640〉;[沪]上海汇龙化工有限公司〈P1741〉;[鲁]济宁浩美化工有限公司(400 吨)〈P2127〉

甲基 γ 酸;8-羟基-2-(*N*-甲基)萘胺-6-磺酸;*N*-甲基 γ 酸 C03031517
N-Methyl-γ-acid [6259-53-6]
用作染料中间体
【生产厂】[苏]靖江市长江化工有限公司〈P1824〉;[浙]上虞亿得化工有限公司〈P1949〉

对羧基苯基 γ 酸 C03031518
p-Carboxylphenyl-γ-acid
用作染料中间体
【生产厂】[苏]靖江市长江化工有限公司〈P1824〉

***N*-(3′-磺苯基)γ 酸** C03031519
N-(3′-Sulfophenyl) γ acid
用作染料中间体
【生产厂】[苏]靖江市长江化工有限公司〈P1824〉

2-氨基-5-萘酚-7-磺酸;J 酸;杰酸;7-氨基-4-羟基-2-萘磺酸 C03031521
2-Amino-5-naphthol-7-sulfonic acid; 7-Amino-4-hydroxy-2-naphthalenesulfonic acid [87-02-5]
用作染料中间体,用于制造活性、直接等染料
【生产厂】[津]天津市大港新泰化工厂(2000 吨)〈P1583〉;天津港鑫工业集团有限公司(2 万吨)〈P1572〉;天津市长城化工厂(3000 吨)〈P1581〉;[苏]南京化学工业有限公司化工厂(1300 吨)〈P1785〉;[浙]杭州力禾颜料有限公司〈P1920〉
【使用厂】[津]天津市永合染化厂〈P1611〉;[冀]河北西海集团有限公司〈P1666〉;[鲁]德州信达化工有限公司〈P2142〉;山东省乐陵市华虹染化有限公司〈P2145〉;[豫]洛阳瑞丰工业有限公司〈P2183〉;洛阳市曙光化工厂〈P2186〉

2-乙酰氨基-5-萘酚-7-磺酸;乙酰 J 酸 C03031522
2-Acetylamino-5-hydroxy-7-naphthalenesulfonic acid; Acetyl-J acid [6334-97-0]
用作活性染料中间体
【生产厂】[冀]河北省大名县瑞恒化工有限责任公司〈P1640〉;[沪]上海汇龙化工有限公司〈P1741〉;[鲁]济宁浩美化工有限公司(200 吨)〈P2127〉

甲基 J 酸;2-(*N*-甲氨基)-5-萘酚-7-磺酸 C03031525
2-(*N*-Methylamino)-5-naphthol-7-sulfonic acid
【生产厂】[鲁]济宁浩美化工有限公司(200 吨)〈P2127〉

苯甲酰基 J 酸;2-(*N*-苯甲酰基)氨基-5-萘酚-7-磺酸 C03031527
2-(*N*-Benzoyl) amino-5-naphthol-7-sulfonic acid; Benzoyl J acid
用作染料中间体
【生产厂】[沪]上海汇龙化工有限公司〈P1741〉;[鲁]济宁浩美化工有限公司(500 吨)〈P2127〉

1-氨基-2-萘酚-4-磺酸;1,2,4 酸 C03031531
1-Amino-2-naphthol-4-sulfonic acid; 1,2,4-Acid [116-63-2]
用于制造偶氮染料
【生产厂】[津]天津三环化学有限公司(600 吨)〈P1577〉;[冀]河北省武强县启龙化工有限公司(200 吨)〈P1666〉
【使用厂】[辽]丹东市精细化工厂〈P1700〉

1-氨基-8-萘酚-4-磺酸;S 酸;芝加哥 S 酸;8-氨基-1-萘酚-5-磺酸 C03031535
1-Amino-8-naphthol-4-sulfonic acid; 8-Amino-1-naphthol-5-sulfonic acid [83-64-7]
用作制造酸性染料、皮革染料的重要中间体,也用作合成芝加哥 SS 酸等
【生产厂】[豫]开封开化(集团)有限公司(30 吨)〈P2176〉

1-萘胺-5-磺酸;劳伦酸;5-氨基-1-萘磺酸 C03031540
1-Naphthylamine-5-sulfonic acid;Laurent's acid [84-89-9]
用于制备酸性染料和活性染料,也是制1-萘酚-5-磺酸的中间体
【生产厂】[苏]吴江市东风化工有限公司(150 吨)〈P1910〉;[皖]铜陵化工集团有机化工有限责任公司(350 吨)〈P1978〉

1-萘胺-6-磺酸;1,6-克列夫酸;1,6-克列氏酸 C03031541
1-Naphthylamine-6-sulfonic acid [119-79-9]
用于制备偶氮染料和硫化染料,如直接耐晒蓝 BGL、硫化蓝 CV 等
【生产厂】[冀]衡水华邦化工有限公司(300 吨)〈P1667〉;[鲁]山东平原县忠臣化工有限公司(80 吨)〈P2145〉;山东省平原永恒化工有限公司〈P2145〉;德州信达化工有限公司(60 吨)〈P2142〉

1-萘胺-7-磺酸;1,7-克列夫酸;1,7-克列氏酸 C03031551
1-Naphthylamine-7-sulfonic acid [119-28-8]
主要用于直接耐晒蓝 B2R、BGL、灰 LBN、棕 RTL、直接黑 FF 以及硫化盐 CD 等的制备
【生产厂】[冀]衡水华邦化工有限公司(500 吨)〈P1667〉;[鲁]山东平原县忠臣化工有限公司(80 吨)〈P2145〉;山东省平原永恒化工有限公司〈P2145〉;德州信达化工有限公司(90 吨)〈P2142〉
【使用厂】[鲁]山东省乐陵市华虹染化有限公司〈P2145〉

克列夫酸;1-萘胺-6-磺酸和 1-萘胺-7-磺酸混合物 C03031560
Cleve's acid;1-Naphthylamine-6(7)-sulfonic acid
用作染料中间体,主要用于制直接耐晒蓝 B2R、RGL、BGL,直接耐晒灰 LBN,直接耐晒棕 RTL,直接黑 FF 等染料
【生产厂】[冀]衡水华邦化工有限公司〈P1667〉;[鲁]山东省平原永恒化工有限公司〈P2145〉;德州信达化工有限公司(200 吨)〈P2142〉

8-氨基-1-萘磺酸;周位酸;迫位酸;1,8-克列夫酸;1-萘胺-8-磺酸 C03031561
8-Naphthylamine-1-sulfonic acid;Peri acid [82-75-7]
用于制造还原染料和活性染料,并用于合成苯基周位酸和甲苯基周位酸
【生产厂】[苏]吴江市东风化工有限公司(400 吨)〈P1910〉;[鲁]德州信达化工有限公司(10 吨)〈P2142〉

邻甲基苯甲腈;2-甲基苯甲腈;邻甲苯腈 C03031564
2-Methylbenzonitrile;*o*-Methylcyanobenzene [529-19-1]
用作生产荧光增白剂的主要原料,也可用于染料、医药、橡胶及农药行业
【生产厂】[京]北京奥得赛化学有限公司(100 吨)〈P1543〉;[黑]大庆新世纪精细化工有限公司(150 吨)〈P1722〉;[苏]扬州杰迪化工有限公司〈P1817〉;[豫]新乡市祥润化工有限公司〈P2206〉;开封市顺河区大有化纤厂(500 吨)〈P2178〉;开封化工三厂(150 吨)〈P2176〉;开封市华星化工厂(800 吨)〈P2177〉;[鄂]武汉有机实业股份有限公司〈P2235〉

1-氨基蒽醌;α-氨基蒽醌 C03031571
1-Aminoanthraquinone;α-Aminoanthraquinone [82-45-1]
用于制分散、活性、还原染料
【生产厂】[津]天津理工产业股份有限公司〈P1576〉;[冀]吴桥顺达化工有限责任公司(2000 吨)〈P1657〉;[吉]吉化集团吉林市松江化工厂〈P1715〉;[苏]江苏亚邦化工集团有限公司(500 吨)〈P1861〉;金隆化工集团有限公司〈P1861〉;江苏日欣实业集团有限公司(900 吨)〈P1816〉;[皖]铜陵儒德化工有限责任公司〈P1978〉;安徽亚邦化工有限公司(1200 吨)〈P1978〉;[鄂]武汉青江化工股份有限公司(500 吨)〈P2231〉
【使用厂】[津]天津市染料化学第八厂〈P1600〉;[苏]徐州开达精细化工有限公司〈P1795〉;[鲁]青岛双桃精细化工(集团)有限公司〈P2043〉

2-氨基蒽醌;β-氨基蒽醌 C03031581
2-Aminoanthraquinone;β-Aminoanthraquinone [117-79-3]
用于制蒽醌染料等
【生产厂】[沪]上海华元实业总公司〈P1740〉;[浙]杭州福德化工有限公司〈P1917〉;杭州萧山飞翔化工有限公司(200 吨)〈P1923〉;乐清市乐安化工有限公司〈P1936〉

1-氨基-5-氯蒽醌 C03031585
1-Amino-5-chloroanthraquinone
【生产厂】[湘]湖南湘渝化工有限责任公司〈P2258〉;[渝]湘渝化工有限公司〈P2303〉

1-甲氨基蒽醌 C03031595
1-Methylaminoanthraquinone [82-38-2]
用作染料中间体
【生产厂】[苏]南通海迪化工有限公司(100 吨)〈P1833〉;[湘]湖南湘渝化工有限责任公司〈P2258〉;[渝]湘渝化工有限公司〈P2303〉

1-异丙氨基蒽醌 C03031597
1-Isopropylaminoanthraquinone
【生产厂】[湘]湖南湘渝化工有限责任公司〈P2258〉;[渝]湘渝化工有限公司〈P2303〉

1-异丙氨基-4-溴蒽醌 C03031599
1-Isopropylamino-4-bromoanthraquinone
【生产厂】[湘]湖南湘渝化工有限责任公司〈P2258〉;[渝]湘渝化工有限公司〈P2303〉

1,5-萘二磺酸;天蓝酸 C03031611
1,5-Naphthalenedisulfonic acid [81-04-9]
用作有机合成原料及染料中间体
【生产厂】[沪]上海汇龙化工有限公司〈P1741〉;上海沪试化工有限公司〈P1737〉;[苏]南通海迪化工有限公司(500 吨)〈P1833〉

2,7-萘二磺酸钠 C03031625
2,7-Naphthalenedisulfonic acid disodium salt [1655-35-2]
用于有机合成及染料工业
【生产厂】[苏]南通海迪化工有限公司〈P1833〉;[鲁]山东平原县忠臣化工有限公司(100 吨)〈P2145〉

1,8-萘酐;1,8-萘二甲酸酐 C03031631

1,8-Naphthalic anhydride [81-84-5]

是合成苝系染料、颜料和荧光增白剂的重要原料

【生产厂】[辽]辽阳联港染料化工有限公司〈P1710〉;鞍山市惠丰化工有限责任公司〈P1695〉;辽宁鞍山市贝达合成化工厂〈P1697〉;鞍钢实业化工公司〈P1695〉;海城市华荣合成化工厂〈P1697〉;[浙]上虞亿得化工有限公司〈P1949〉;[粤]利莱精细原料有限公司〈P2276〉

C

4-氯-1,8-萘二甲酸酐 C03031632

4-Chloro-1,8-naphthalic anhydride [4053-08-1]

是合成染料、颜料及荧光增白剂等的重要原料

【生产厂】[辽]辽阳联港染料化工有限公司〈P1710〉;鞍山市惠丰化工有限责任公司〈P1695〉;鞍山市兴懋化工有限责任公司〈P1696〉

1,4,5,8-萘四甲酸;萘四甲酸 C03031633

1,4,5,8-Naphthalene tetraformic acid [128-97-2]

用于生产还原艳橙 GR、还原大红 GG、还原棕 B 和还原棕 5R 等

【生产厂】[冀]河北省曲周县滏南化工有限公司〈P1640〉;[苏]吴江市汇丰化工厂〈P1910〉

4-溴-1,8-萘二甲酸酐 C03031634

4-Bromo-1,8-naphthalic anhydride [81-86-7]

用于制造荧光黄、荧光橙等荧光染料

【生产厂】[辽]辽阳联港染料化工有限公司〈P1710〉;鞍山市惠丰化工有限责任公司〈P1695〉;鞍山市兴懋化工有限责任公司〈P1696〉

1,4-萘二甲酸;KCB 酸 C03031635

1,4-Naphthalenedicarboxylic acid [605-70-9]

用于生产荧光增白剂、染料中间体等

【生产厂】[黑]大庆新世纪精细化工有限公司〈P1722〉;[苏]太仓市东明化工有限公司(60 吨)〈P1908〉;太仓市中天化学有限公司(40 吨)〈P1909〉

4-硝基-1,8-萘二甲酸酐 C03031636

4-Nitro-1,8-naphthalic anhydride [34087-02-0]

是合成苝系染、颜料,还原 BG 灰和荧光增白剂等的重要原料

【生产厂】[辽]鞍山市兴懋化工有限责任公司〈P1696〉

4,5-二氯-1,8-萘二甲酸酐 C03031638

4,5-Dichloro-1,8-naphthalic anhydride [7267-14-3]

是合成染料、颜料及荧光增白剂等的重要原料

【生产厂】[辽]鞍山市兴懋化工有限责任公司〈P1696〉

1,8-萘酐-4-磺酸钾 C03031639

1,8-Naphthalic anhydride-4-sulfonic acid, potassium salt

是合成溶剂染料、有机颜料和荧光增白剂的重要原料

【生产厂】[辽]辽阳联港染料化工有限公司〈P1710〉;鞍山市惠丰化工有限责任公司〈P1695〉;鞍山市兴懋化工有限责任公司〈P1696〉

2-萘胺-4,8-二磺酸;氨基 C 酸 C03031651

2-Naphthylamine-4,8-disulfonic acid [131-27-1]

用作耐晒、活性染料的中间体,如合成活性黄、活性金黄、活性棕等

【生产厂】[津]天津理工产业股份有限公司〈P1576〉;天津市津南区振华化工厂(500 吨)〈P1594〉;[苏]盐城市虹艳化工有限公司〈P1811〉;南通大伦化工有限公司(2000 吨)〈P1833〉

【使用厂】[鲁]山东省乐陵市华虹染化有限公司〈P2145〉

1-萘酚-3,6,8-三磺酸 C03031679

1-Naphthol-3,6,8-trisulfonic acid

用作直接染料和媒介染料的中间体

【生产厂】[沪]上海汇龙化工有限公司〈P1741〉

2-萘酚-6-磺酸钾;薛佛氏钾盐;6-羟基-2-萘磺酸钾 C03031685

2-Naphthol-6-sulfonic acid potassium salt; Schaeffer's salt; 6-Hydroxy-2-naphthalenesulfonic acid, monopotassium salt [833-66-9]

用于生产偶氮染料或其他染料

【生产厂】[冀]衡水华邦化工有限公司〈P1667〉;[沪]上海立诚化工有限公司(800 吨)〈P1750〉;[浙]上虞亿得化工有限公司〈P1949〉

2-萘酚-3,6-二磺酸二钠;R 盐 C03031691

Disodium 2-naphthol-3,6-disulfonate [135-51-3]

用于制食用色素、偶氮染料、感光复印纸等

【生产厂】[沪]上海华元实业总公司〈P1740〉;[苏]上海颐贤化工有限公司〈P1839〉;[浙]上虞亿得化工有限公司〈P1949〉

【使用厂】[津]天津市染料工业研究所〈P1600〉;[沪]上海汇龙化工有限公司〈P1741〉

3-氨基-8-萘酚-4,6-二磺酸;磺化 J 酸 C03031695

3-Amino-8-naphthol-4,6-disulfonic acid; Sulfo-J-acid

用于染料中间体

【生产厂】[冀]河北泰丰化工有限责任公司〈P1640〉;[沪]上海立诚化工有限公司(120 吨)〈P1750〉

2-氨基-8-萘酚-3,6-二磺酸;2*R* 酸;7-氨基-1-萘酚-3,6-二磺酸 C03031697

7-Amino-1-naphthol-3,6-disulfonic acid; 2*R* Acid

可用作棕色乃至黑色一系列直接染料的中间体

【生产厂】[沪]上海汇龙化工有限公司〈P1741〉

2-萘酚-6,8-二磺酸二钾;G 盐 C03031701

Dipotassium 2-naphthol-6,8-disulfonate [842-18-2]

用作酸性染料中间体,可制作食用色素

【生产厂】[冀]衡水华邦化工有限公司〈P1667〉;[沪]上海汇龙化工有限公司〈P1741〉;[浙]上虞亿得化工有限公司〈P1949〉

【使用厂】[冀]邢台铁牛染料化工有限公司〈P1644〉;[苏]常熟市染料化工厂〈P1890〉;[鲁]山东济宁运河染料化工厂〈P2131〉

1-萘酚-4-磺酸;尼文酸;4-羟基-1-萘磺酸;NW 酸 C03031711

1-Naphthol-4-sulfonic acid; Neville acid; Neville and winther acid [84-87-7]

用作偶氮染料中间体，用于制取直接铜蓝 BR 和 2R、直接紫 RB、酸性红 B 和酸性媒介枣红 B 等染料

【生产厂】［津］天津市津西华瑞福利化工厂（600 吨）〈P1595〉；［苏］常州市常宇化工有限公司（800 吨）〈P1850〉；［皖］广德县天成化工有限公司〈P1986〉；广德县永成化工有限公司〈P1987〉；［豫］偃师市聚源化工厂（300 吨）〈P2189〉

【使用厂】［苏］常熟市染料化工厂〈P1890〉；［豫］洛阳瑞丰工业有限公司〈P2183〉

1-萘酚-5-磺酸；L 酸 C03031721

1-Naphthol-5-sulfonic acid [117-59-9]

用于制取直接染料和有机颜料的中间体

【生产厂】［辽］辽宁华海蓝帆化工科技有限公司〈P1684〉；［沪］上海立诚化工有限公司（80 吨）〈P1750〉；上海汇龙化工有限公司（150 吨）〈P1741〉；［苏］吴江市汇丰化工厂〈P1910〉；［鲁］山东平原县忠臣化工有限公司（100 吨）〈P2145〉

【使用厂】［辽］辽宁五环化工有限公司〈P1698〉

2-萘酚-6-磺酸钠；薛佛氏钠盐；6-羟基-2-萘磺酸钠 C03031741

Sodium 2-naphthol-6-sulfonate; 6-Hydroxy-2-naphthalenesulfonic acid, sodium salt [135-76-2]

染料中间体，主要用于制造食用染料色素日落黄

【生产厂】［沪］上海立诚化工有限公司（500 吨）〈P1750〉；上海汇龙化工有限公司（700 吨）〈P1741〉；［浙］上虞亿得化工有限公司〈P1949〉；温州金源化工有限公司〈P1937〉

【使用厂】［津］天津市染料工业研究所〈P1600〉

2-羟基-3-羧基苯并咔唑；苯并咔唑-2,3-酸 C03031761

2-Hydroxybenzocarbazole-3-carboxylic acid [84-43-5]

用作 AS/SG 染料色酚的中间体

【生产厂】［沪］上海汇龙化工有限公司（50 吨）〈P1741〉

4-羟基咔唑 C03031765

4-Hydroxycarbazole [52602-39-8]

用作医药中间体

【生产厂】［辽］沈阳福宁药业有限公司〈P1685〉；［苏］苏州市苏瑞医药化工有限公司〈P1905〉；［鲁］青岛裕达精细化工有限公司〈P2046〉；山东曲阜弘利化工有限公司〈P2132〉

2-萘酚-3-甲酸；2-羟基-3-萘甲酸；2,3 酸 C03031771

2-Hydroxy-3-naphthoic acid [92-70-6]

主要用于制造色酚 AS 及其他各种色酚的中间体，也可作医药及有机颜料的中间体

【生产厂】［津］天津华士化工有限公司（800 吨）〈P1573〉；天津市大港区天成化工厂（2 万吨）〈P1583〉；［冀］深州市天翔化工有限公司〈P1669〉；沧州华通化工有限公司〈P1651〉；［吉］中国石油吉化集团公司（4000 吨）〈P1717〉；吉林市裕嘉色酚化工有限公司（2400 吨）〈P1716〉；［黑］黑龙江黑化集团有限公司〈P1722〉；［苏］镇江茂源化工有限公司（6000 吨）〈P1844〉；苏州晟鑫化工有限公司（1800 吨）〈P1902〉；苏州林通染料化工有限公司（3000 吨）〈P1902〉；张家港市福利化学原料二厂（700 吨）〈P1912〉；海安县有机化工厂（300 吨）〈P1829〉

【使用厂】［津］天津东洋油墨有限公司〈P1571〉；［沪］上海浦东亚美化工厂〈P1756〉；上海泗联实业总公司〈P1766〉；［浙］杭州红妍颜料化工有限公司〈P1918〉；上虞市东海化工有限公司〈P1947〉；［鲁］淄博市博山东方化工厂〈P2067〉；山东阳光颜料有限公司〈P2133〉

2-羟基-6-萘甲酸；2,6 酸；2-萘酚-6-甲酸 C03031772

2-Hydroxy-6-naphthoic acid [16712-64-4]

用于医药、液晶、油漆等

【生产厂】［苏］苏州林通染料化工有限公司〈P1902〉；江苏飞翔化工（张家港）有限公司〈P1893〉

2-羟基-3-萘甲酰胺；2,3 酸酰胺 C03031775

2-Hydroxy-3-naphthamide

用作医药、高档有机颜料、汽车工业专用涂料以及染料的重要中间体

【生产厂】［冀］黄骅市渤海化工（集团）公司（200 吨）〈P1656〉

2-萘胺-6-磺酸；布龙酸；6-氨基-2-萘磺酸 C03031783

2-Naphthylamine-6-sulfonic acid; Bronner's acid [93-00-5]

用于制造酸性、直接和媒染偶氮染料等

【生产厂】［沪］上海汇龙化工有限公司（300 吨）〈P1741〉；［浙］上虞亿得化工有限公司〈P1949〉

2-萘胺-5-磺酸；D 酸 C03031784

2-Aminonaphthalene-5-sulfonic acid; 6-Amino-1-naphthalenesulfonic acid; D-Acid [81-05-0]

用于制取酸性染料

【生产厂】［冀］河北省东光县宏浩染料化工有限公司（1200 吨）〈P1655〉；［沪］上海汇龙化工有限公司（300 吨）〈P1741〉

偶氮二甲酸二异丙酯；偶氮二异丙基二羧酸；DIAD C03031795

Diisopropyl azodicarboxylate; DIAD [2446-83-5]

用作染料中间体、医药中间体、有机合成试剂、橡胶塑料液体发泡剂等

【生产厂】［苏］常州泰戈化工有限公司〈P1857〉；苏州永拓医药科技有限公司〈P1907〉；盐城利民农化有限公司〈P1810〉；［浙］浙江白云伟业化工股份有限公司〈P1950〉

4,4′-二氨基联苄 C03031815

4,4′-Diaminobibenzyl [621-95-4]

用作染料中间体

【生产厂】［辽］沈阳市嘉恒化工有限公司〈P1688〉

2-氨基-4-氯-5-甲基苯磺酸；2B 酸；4-氨基-2-氯甲苯-5-磺酸 C03031821

2-Amino-4-chloro-5-methylbenzenesulfonic acid; 2B Acid [88-51-7]

用作染料中间体

【生产厂】［苏］南通集海化工有限公司〈P1833〉；［浙］嘉兴精化化工有限公司〈P1941〉；平湖市双马精细化工有限公司（2000 吨）〈P1943〉；嘉兴市南化化工有限公司（720 吨）〈P1942〉

【使用厂】［津］天津东洋油墨有限公司〈P1571〉；［冀］安平县冠达颜料工业有限公司〈P1663〉；［沪］上海泗联实业总公

司〈P1766〉；[浙]上虞市东海化工有限公司〈P1947〉

2-氨基-4-氯-5-甲基苯磺酸钠；2B 酸钠；4-氨基-2-氯甲苯-5-磺酸钠 C03031825
2-Amino-4-chloro-5-methylbenzenesulfonic acid, sodium salt; 2B Acid sodium salt
主要用于红 48 号颜料及其他有机物的合成
【生产厂】[浙]嘉兴精化化工有限公司〈P1941〉；平湖市双马精细化工有限公司〈P1943〉

C

2-氨基-5-氯-4-甲基苯磺酸；CLT 酸；6-氯-3-氨基甲苯-4-磺酸；3-氨基-4-磺酸-6-氯甲苯 C03031831
2-Amino-5-chloro-4-methylbenzenesulfonic acid [88-53-9]
用作染料金光红 C 的中间体
【生产厂】[冀]秦皇岛秦燕化工有限公司〈P1637〉；[吉]辽源富洋化工有限责任公司〈P1718〉；[浙]嘉兴精化化工有限公司〈P1941〉；[鲁]青岛天元化工股份有限公司(3000 吨)〈P2044〉
【使用厂】[津]天津市染料化学第八厂〈P1600〉；[沪]上海泗联实业总公司〈P1766〉；[鲁]山东阳光颜料有限公司〈P2133〉

6-氯-3-氨基乙苯-4-磺酸；乙基 C 酸；乙基-CLT 酸 C03031832
6-Chloro-3-aminoethylbenzene-4-sulfonic acid [88-56-2]
用作染料中间体
【生产厂】[吉]辽源富洋化工有限责任公司〈P1718〉

2-氨基-4-氯二苯醚；2-氨基-4-氯联苯醚 C03031841
2-Amino-4-chlorodiphenyl ether [93-67-4]
用作染料中间体
【生产厂】[鄂]仙桃市先峰化工有限公司〈P2246〉
【使用厂】[浙]杭州萧山飞翔化工有限公司〈P1923〉

2-氨基-4-氯苯酚；邻氨基对氯苯酚 C03031851
2-Amino-4-chlorophenol [95-85-2]
用于制备酸性媒介 RH、酸性络合紫 5RN 及活性染料，也可用于制备原料药氯唑沙宗
【生产厂】[京]凯翔精细化工有限公司〈P1567〉；[苏]无锡大洋化工有限责任公司〈P1872〉；苏州海宇生物科技有限公司〈P1900〉；吴江市汇丰化工厂〈P1910〉；吴江市万达化工厂〈P1911〉；响水县科伟精细化工有限公司(120 吨)〈P1809〉；[豫]平顶山市恒兴化工有限公司(1000 吨)〈P2192〉

2,6-二氯-4-氨基苯酚；2,6-二氯对氨基苯酚；4-氨基-2,6-二氯苯酚 C03031855
2,6-Dichloro-4-aminophenol; 4-Amino-2,6-dichlorophenol [5930-28-9]
用作农药氟铃脲中间体
【生产厂】[辽]沈阳沈潘精细化工有限公司(120 吨)〈P1687〉；沈阳市嘉恒化工有限公司〈P1688〉；[鲁]蓬莱鸿源化工有限公司〈P2111〉；蓬莱市前卫化工有限公司〈P2112〉；[鄂]襄樊诺尔化工有限公司〈P2238〉

6-氨基-2,4-二氯-3-甲基苯酚 C03031858
6-Amion-2,4-Dichloro-3-methylphenol
【生产厂】[苏]宝应县大有化学品制造有限公司〈P1813〉

6-氨基-2,4-二氯-3-甲基苯酚盐酸盐 C03031859
6-Amino-2,4-dichloro-3-methylphenol hydrochloride [39549-31-0]
【生产厂】[辽]乐凯(沈阳)科技产业有限责任公司〈P1684〉

2-氯-5-氨基苯磺酸；4-氯苯胺-3-磺酸 C03031861
2-Chloro-5-aminobenzenesulfonic acid; 4-Chloroaniline-3-sulfonic acid [88-43-7]
用作活性染料中间体
【生产厂】[苏]靖江市长江化工有限公司〈P1824〉

2-氨基-4,5-二氯苯磺酸；3,4-二氯苯胺-6-磺酸 C03031863
2-Amino-4,5-dichlorobenzenesulfonic acid [6331-96-0]
【生产厂】[苏]吴江市万达化工厂〈P1911〉

2-氨基-3,5-二氯苯磺酸；2,4-二氯苯胺-6-磺酸 C03031864
2-Amino-3,5-dichlorobenzenesulfonic acid
【生产厂】[苏]吴江市万达化工厂〈P1911〉

4-氨基-2,5-二氯苯磺酸；2,5-二氯苯胺-4-磺酸 C03031865
4-Amino-2,5-dichlorobenzenesulfonic acid [88-50-6]
用作医药及染料中间体
【生产厂】[冀]河北永泰化工有限公司〈P1623〉；河北省武强县启龙化工有限公司〈P1666〉

3-氨基-4-氯苯磺酸；2-氯苯胺-5-磺酸 C03031867
3-Amino-4-chlorobenzenesulfonic acid; 2-Chloroaniline-5-sulfonic acid [98-36-2]
【生产厂】[沪]上海旭升精细化工技术研究所〈P1773〉；[苏]靖江市长江化工有限公司〈P1824〉

2-氯-5-硝基苯磺酸；对硝基氯苯邻磺酸 C03031871
2-Chloro-5-nitrobenzenesulfonic acid [96-73-1]
主要用于制造氨基二苯胺的衍生物和对硝基苯胺邻磺酸等
【生产厂】[津]天津市大港染化一厂(200 吨)〈P1583〉；[冀]石家庄富强染料有限公司〈P1626〉；[鲁]昌邑东泽化工有限责任公司〈P2088〉

4-氯-3-硝基苯磺酸 C03031881
4-Chloro-3-nitrobenzenesulfonic acid [97-09-6]
用作染料中间体
【生产厂】[浙]鄞县兴华化工厂〈P1935〉

2-β-羧乙基氨基-4-氨基苯磺酸；*N*-(5-氨基-2-磺酸基苯基)-β-丙氨酸 C03031889
2-β-Carboxyethylamino-4-aminobenzenesulfonic acid [334757-72-1]
用作染料中间体
【生产厂】[辽]沈阳市嘉恒化工有限公司〈P1688〉

α-氯蒽醌；1-氯蒽醌　C03031891
1-Chloroanthraquinone [82-44-0]
用作染料中间体
【生产厂】[沪]上海华元实业总公司〈P1740〉；[浙]杭州力禾颜料有限公司〈P1920〉；[湘]湖南湘渝化工有限责任公司(300吨)〈P2258〉；[渝]湘渝化工有限公司〈P2303〉

1-环己氨基蒽醌　C03031894
1-Cyclohexylaminoanthraquinone
【生产厂】[湘]湖南湘渝化工有限责任公司〈P2258〉；[渝]湘渝化工有限公司〈P2303〉

1-环己氨基-4-溴蒽醌　C03031895
1-Cyclohexylamino-4-bromoanthraquinone
【生产厂】[湘]湖南湘渝化工有限责任公司〈P2258〉；[渝]湘渝化工有限公司〈P2303〉

1-氯-2-甲基蒽醌　C03031897
1-Chloro-2-methylanthraquinone
用于生产还原金橙G及还原直接黑RB
【生产厂】[沪]上海华元实业总公司〈P1740〉；[苏]江阴市龙达化工有限公司〈P1870〉

1-甲氨基-4-溴蒽醌　C03031898
1-Methylamino-4-bromoanthraquinone; 4-Bromo-1-(methylamino) anthraquinone
用作染料中间体
【生产厂】[苏]南通海迪化工有限公司〈P1833〉；[湘]湖南湘渝化工有限责任公司〈P2258〉；[渝]湘渝化工有限公司〈P2303〉

1,3-二氯-2-甲基蒽醌　C03031899
1,3-Dichloro-2-methylanthraquinone
【生产厂】[渝]湘渝化工有限公司〈P2303〉

β-氯蒽醌；2-氯蒽醌　C03031901
2-Chloroanthraquinone [138-09-9]
用于染料工业
【生产厂】[沪]上海华元实业总公司〈P1740〉；[苏]江阴市龙达化工有限公司(1000吨)〈P1870〉；江阴市马镇有机化工有限公司〈P1870〉；[浙]杭州萧山飞翔化工有限公司(700吨)〈P1923〉

1-氨基-4-溴蒽醌　C03031905
1-Amino-4-bromoanthraquinone
【生产厂】[渝]湘渝化工有限公司〈P2303〉

6,6′-(1,3-亚脲基)双(1-萘酚-3-磺酸钠)；猩红酸钠　C03031911
Sodium 6,6′-(1,3-ureylene) bis(1-naphthol-3-sulfonate) [20324-87-2]
用作偶氮染料如直接橙S和直接耐酸大红4BS等的中间体
【生产厂】[津]天津市宏鑫化工厂(800吨)〈P1589〉；[鲁]山东省平原永恒化工有限公司〈P2145〉；德州信达化工有限公司(1000吨)〈P2142〉；[豫]洛阳市曙光化工厂(250吨)〈P2186〉

1,2-重氮氧基-6-硝基-4-萘磺酸；6-硝基-1,2,4-酸氧体　C03031931
1,2-Azoxy-6-nitro-4-naphthalenesulfonic acid
用作酸性染料的中间体，用于制取酸性媒介黑染料，如酸性媒介黑T、酸性媒介黑A等
【生产厂】[津]天津三环化学有限公司(800吨)〈P1577〉；[冀]河北省武强县启龙化工有限公司(400吨)〈P1666〉；[苏]常州市常宇化工有限公司〈P1850〉
【使用厂】[豫]洛阳瑞丰工业有限公司〈P2183〉

2-氨基-5-硝基苯酚；5-硝基-2-氨基苯酚　C03031951
2-Amino-5-nitrophenol [121-88-0]
用于制造金属络合染料和活性黑等
【生产厂】[苏]南京力达宁化学有限公司〈P1786〉；扬州康宏化工有限公司〈P1817〉；[浙]杭州安隆达化工有限公司〈P1915〉；温州美尔诺化工有限公司〈P1937〉

3-硝基-4-氨基苯磺酸；邻硝基苯胺对磺酸　C03031963
3-Nitro-4-aminobenzenesulfonic acid
用作染料中间体
【生产厂】[苏]连云港中壹精细化工有限公司〈P1801〉

β-巯基乙醇；一硫代乙二醇；2-巯基乙醇　C03031971
β-Mercaptoethanol [60-24-2]
用于合成染料、农药、医药等，在橡胶、纺织、塑料、涂料工业中可用作助剂
【生产厂】[黑]黑龙江省绥棱艾斯精细化工有限责任公司(1万吨)〈P1725〉；[川]四川省永业化工有限公司(3000吨)〈P2331〉；四川省精细化工研究设计院(150吨)〈P2321〉

3-溴代苯绕蒽酮；3-溴苯绕蒽酮　C03031981
3-Bromobenzanthrone [81-96-9]
用作染料还原灰3T和还原橄榄绿B的中间体
【生产厂】[黑]大庆新世纪精细化工有限公司〈P1722〉；[苏]金隆化工集团有限公司〈P1861〉

4-溴-1-氨基蒽醌-2-磺酸；溴氨酸；1-氨基-4-溴蒽酮-2-磺酸　C03031991
4-Bromo-1-aminoanthraquinone-2-sulfonic acid; Bromamine acid [116-81-4]
用作蒽醌型活性染料和酸性蒽醌染料的中间体
【生产厂】[津]天津市染料化学第八厂(500吨)〈P1600〉；[浙]杭州力禾颜料有限公司〈P1920〉；[鲁]山东省巨野凌峰化工原料有限公司〈P2160〉

溴氨酸钠盐；1-氨基-4-溴蒽醌-2-磺酸钠　C03031999
Bromamine acid sodium salt [6258-06-6]
用作蒽醌型活性染料和蒽醌型酸性染料中间体
【生产厂】[冀]河北省武强县启龙化工有限公司〈P1666〉；[鲁]山东大地盐化集团(1500吨)〈P2094〉

氧化蒽醌　C03032001
Oxyanthraquinone
用作高级染料中间体
【生产厂】[冀]石家庄市迅达化工有限责任公司〈P1632〉

C

蒽醌-1,5-二磺酸 C03032011
Anthraquinone-1,5-disulfonic acid [117-14-6]
是染料中间体,用于制蒽醌型分散染料、酸性染料和还原染料,如分散蓝2BLN和酸性蒽醌天蓝等
【生产厂】[津]天津理工产业股份有限公司〈P1576〉

蒽醌-1,5-二磺酸二钠 C03032015
Anthraquinone-1,5-disulfonic acid disodium salt
【生产厂】[湘]湖南湘渝化工有限责任公司〈P2258〉;[渝]湘渝化工有限公司〈P2303〉

蒽醌-2,6-二磺酸二钠 C03032021
Disodium anthraquinone-2,6-disulfonate [853-68-9]
用作染料中间体
【生产厂】[浙]湖州长盛化工有限公司〈P1945〉

蒽醌-2,7-二磺酸二钠 C03032025
Disodium anthraquinone-2,7-disulfonate
在合成氨、合成甲醇、炼焦气、合成燃料等工业生产中用作脱硫剂
【生产厂】[浙]湖州长盛化工有限公司〈P1945〉

蒽醌-2,6(或2,7)-二磺酸二钠;ADA C03032031
Disodium anthraquinone-2,6(2,7)-disulfonate
主要用作合成氨生产中水煤气和半水煤气的脱硫剂,还可用作染料中间体
【生产厂】[豫]安阳染料厂(250吨)〈P2208〉
【使用厂】[苏]上海梅山企业发展有限公司南京化工实业分公司〈P1792〉;[鲁]兖矿鲁南化肥厂〈P2080〉

蒽醌-1,8-二磺酸二钾 C03032041
Dipotassium anthraquinone-1,8-disulfonate [14938-42-2]
用作染料中间体
【生产厂】[湘]湖南湘渝化工有限责任公司〈P2258〉;[渝]湘渝化工有限公司〈P2303〉

蒽醌-1,8-二磺酸 C03032045
Anthraquinone-1,8-disulfonic acid
【生产厂】[津]天津理工产业股份有限公司〈P1576〉

蒽醌-2,6-二磺酸二铵 C03032051
Diammonium anthraquinone-2,6-disulfonate
用于染料工业
【生产厂】[沪]上海华元实业总公司〈P1740〉;[浙]湖州长盛化工有限公司〈P1945〉

蒽醌-1-磺酸钠 C03032071
Sodium anthraquinone-1-sulfonate [128-56-3]
用作染料中间体
【生产厂】[湘]湖南湘渝化工有限责任公司〈P2258〉;[渝]湘渝化工有限公司〈P2303〉

蒽醌-2-磺酸钠;银盐 C03032073
Anthraquinone-2-sulfonic acid, sodium salt [131-08-8]
用于染料合成、有机合成
【生产厂】[湘]湖南湘渝化工有限责任公司〈P2258〉;[渝]湘渝化工有限公司〈P2303〉

蒽醌-1-磺酸铵 C03032081
Ammonium anthraquinone-1-sulfonate [55812-59-4]
用作染料中间体
【生产厂】[湘]湖南湘渝化工有限责任公司(500吨)〈P2258〉;[渝]湘渝化工有限公司〈P2303〉

1-硝基蒽醌-5-磺酸铵 C03032085
Ammonium 1-nitroanthraquinone-5-sulfonate
【生产厂】[湘]湖南湘渝化工有限责任公司〈P2258〉;[渝]湘渝化工有限公司〈P2303〉

1-氨基-5-蒽醌磺酸铵 C03032089
Ammonium 1-amino-5-anthraquinonesulfonate
【生产厂】[湘]湖南湘渝化工有限责任公司〈P2258〉;[渝]湘渝化工有限公司〈P2303〉

蒽醌-1-磺酸钾 C03032095
1-Anthraquinonesulfonic acid, potassium salt [30845-78-4]
【生产厂】[湘]湖南湘渝化工有限责任公司〈P2258〉;[渝]湘渝化工有限公司〈P2303〉

4,4′-二氨基二苯乙烯-2,2′-二磺酸;DSD酸;二氨基芪二磺酸 C03032101
4,4′-Diaminodiphenylethylene-2,2′-disulfonic acid [81-11-8]
用于生产荧光增白剂、直接冻黄G和直接黄R,并用作杀虫剂
【生产厂】[冀]衡水东港化工有限公司(4000吨)〈P1667〉;河北省景县中亚化工有限公司(2000吨)〈P1666〉;河北华戈化学集团〈P1654〉;河北省东光县宏浩染料化工有限公司〈P1655〉;泊头市天河化工有限公司(3000吨)〈P1651〉;[晋]山西省临猗县翔宇化工有限公司(5000吨)〈P1680〉;[鲁]淄博胜宝化工有限公司(800吨)〈P2067〉;山东招远化工总厂(1000吨)〈P2115〉;[豫]河南省安阳荧迪化工有限责任公司(600吨)〈P2211〉;偃师市东园化工有限公司(5000吨)〈P2188〉;[川]四川红光化工有限公司〈P2334〉
【使用厂】[津]天津市汇泉精细化工有限公司〈P1591〉;[沪]上海天坛助剂有限公司〈P1767〉;[鲁]德州信达化工有限公司〈P2142〉;招远市石油化工厂有限公司〈P2121〉;山东省乐陵市华虹染化有限公司〈P2145〉;[豫]偃师乳酸有限公司〈P2188〉

4-硝基-4′-氨基二苯乙烯-2,2′-二磺酸;ANSD酸 C03032103
4-Nitro-4′-aminodiphenylethylene-2,2′-disulfonic acid
用作有机合成中间体,用于合成直接耐晒荧光黄7GL、6GL、5GL等
【生产厂】[冀]沧州华光化工有限公司〈P1651〉;河北华戈化学集团〈P1654〉;[豫]偃师市东园化工有限公司(1000吨)〈P2188〉

4,4′-二硝基二苯乙烯-2,2′-二磺酸;DNS酸;二硝基酸 C03032105
4,4′-Dinitrodiphenylethylene-2,2′-disulfonic acid; DNS acid
用作染料中间体,用于生产DSD酸
【生产厂】[冀]衡水东港化工有限公司〈P1667〉;河北华戈化学集团〈P1654〉;河北省东光县宏浩染料化工有限公司〈P1655〉;泊头市天河化工有限公司(600吨)〈P1651〉;[晋]山西省临猗县翔宇化工有限公司〈P1680〉;[豫]偃师市东园化工有限公司(2000吨)〈P2188〉

1-氨基-8-萘酚-3,6-二磺酸一钠;H酸单钠盐 C03032111

1-Amino-8-naphthol-3,6-disulfonic acid monosodium salt; H-Acid sodium salt [5460-09-3]

主要用于生产酸性、直接和活性染料

【生产厂】[津]天津理工产业股份有限公司(4500 吨)〈P1576〉;[豫]安阳染料厂(1600 吨)〈P2208〉;偃师市科承化工有限公司(800 吨)〈P2189〉

【使用厂】[冀]河北省武强县启龙化工有限公司〈P1666〉;[苏]常熟市染料化工厂〈P1890〉;江苏省高邮市化工厂〈P1816〉;[浙]杭州萧山飞翔化工有限公司〈P1923〉;[鲁]德州信达化工有限公司〈P2142〉;山东省乐陵市华虹染化有限公司〈P2145〉;[豫]洛阳瑞丰工业有限公司〈P2183〉

4-氨基-5-羟基-2,7-萘二磺酸;H酸;1-氨基-8-萘酚-3,6-二磺酸 C03032112

4-Amino-5-hydroxy-2,7-naphthalenedisulfonic acid; H-Acid [90-20-0]

是制造偶氮染料的重要中间体

【生产厂】[津]天津市绿洲化工有限公司(3000 吨)〈P1599〉;[冀]石家庄冀华化工纺织有限公司〈P1627〉;河北西海集团有限公司〈P1666〉;河北省邢台市华普化工有限公司〈P1642〉;[浙]杭州福德化工有限公司(2000 吨)〈P1917〉

【使用厂】[津]天津市染料化学第八厂〈P1600〉;天津市大港染料厂〈P1583〉;[冀]邢台铁牛染料化工有限公司〈P1644〉;[辽]丹东深兰化工有限公司〈P1700〉;[苏]常熟市染料化工厂〈P1890〉;[浙]上虞亿得化工有限公司〈P1949〉;[鲁]山东济宁运河染料化工厂〈P2131〉;[豫]洛阳市曙光福利染化厂〈P2186〉;洛阳市乐友化工厂〈P2184〉;洛阳瑞丰工业有限公司〈P2183〉;安阳染料厂〈P2208〉

对甲苯磺酰基H酸;1-(对甲苯磺酰基)氨基-8-萘酚-3,6-二磺酸 C03032116

1-(*p*-Tosyl) amino-8-naphthol-3, 6-disulfonic acid; *p*-Tosyl-H-acid

用作染料中间体

【生产厂】[冀]河北泰丰化工有限责任公司〈P1640〉;[鲁]济宁浩美化工有限公司(300 吨)〈P2127〉

***N*-苯甲酰基H酸** C03032117

N-Benzoyl-H-acid

用作染料中间体

【生产厂】[津]天津理工产业股份有限公司〈P1576〉;[冀]河北泰丰化工有限责任公司〈P1640〉;[鲁]济宁浩美化工有限公司(300 吨)〈P2127〉

乙酰H酸;1-乙酰氨基-8-萘酚-3,6-二磺酸 C03032119

1-Acetylamino-8-naphthol-3,6-disulfonic acid; Acetyl-H-acid

用作活性染料中间体

【生产厂】[津]天津理工产业股份有限公司〈P1576〉;[沪]上海汇龙化工有限公司〈P1741〉;[鲁]济宁浩美化工有限公司(400 吨)〈P2127〉

1-(3′-磺酸苯基)-3-甲基-5-吡唑啉酮 C03032131

1-(3′-Sulfophenyl)-3-methyl-5-pyrazolone [119-17-5]

用作活性染料中间体

【生产厂】[鲁]青岛双桃精细化工(集团)有限公司〈P2043〉;胶州市精细化工有限公司〈P2031〉

1-(4′-磺酸苯基)-3-甲基-5-吡唑啉酮 C03032133

1-(4′-Sulfophenyl)-3-methyl-5-pyrazolone [89-36-1]

用作医药、染料、颜料的中间体

【生产厂】[冀]河北省武强县启龙化工有限公司〈P1666〉;保定市乐凯化学有限公司〈P1645〉;中国乐凯胶片集团公司〈P1649〉;[辽]丹东市精细化工厂〈P1700〉;[鲁]青岛双桃精细化工(集团)有限公司〈P2043〉;胶州市精细化工有限公司〈P2031〉

【使用厂】[苏]常熟市染料化工厂〈P1890〉

间苯二胺硫酸盐 C03032171

m-Phenylenediamine, sulfate [541-70-8]

用于有机合成中间体

【生产厂】[沪]上海神强实业有限公司〈P1761〉;[苏]泰兴市兴汉染料化工有限公司〈P1826〉;海安县染料化工厂〈P1829〉

4,6-二氨基苯-1,3-二磺酸;间苯二胺双磺酸 C03032181

4,6-Diaminobenzene-1,3-disulfonic acid [137-50-8]

是活性黄86、活性嫩黄KM-7G等染料的中间体

【生产厂】[浙]上虞亿得化工有限公司〈P1949〉

邻苯二胺对磺酸;3,4-二氨基苯磺酸 C03032185

3,4-Diaminobenzenesulfonic acid [7474-78-4]

用作染料中间体

【生产厂】[浙]浙江普康化工有限公司〈P1959〉

间苯二甲酸-5-磺酸钠 C03032231

5-Sulfoisophthalic acid monosodium salt [6362-79-4]

用作医药、农药、聚酯的中间体和改性剂

【生产厂】[苏]常熟市新腾化工有限公司〈P1891〉;[鲁]东营旭业化工有限公司〈P2083〉;山东华源化工有限公司(1000 吨)〈P2113〉;青岛三凯化工有限公司〈P2041〉

间苯二甲酸-5-磺酸;5-SIPA C03032235

m-Phthalic-5-sulfonic acid

用于合成SIPM、SIPE、SSIPA等间苯二甲酸衍生物,可作为医药、农药等产品的原料和中间体

【生产厂】[鲁]东营旭业化工有限公司〈P2083〉;山东华源化工有限公司(800 吨)〈P2113〉

邻苯二甲酸-4-磺酸钾 C03032241

Potassium *o*-phthalate-4-sulfonate

用作颜料中间体

【生产厂】[苏]宜兴市高塍日新化工厂〈P1884〉

2-氨基苯酚;邻氨基苯酚 C03032251

2-Aminophenol [95-55-6]

用作染料和医药的重要中间体

【生产厂】[黑]大庆新世纪精细化工有限公司〈P1722〉;[苏]南京力达宁化学有限公司〈P1786〉;扬州高华化工有限公司(500 吨)〈P1817〉;南通鹏陈化工有限公司〈P1834〉;[浙]杭州力禾颜料有限公司〈P1920〉;[皖]安徽八一化工股份有限公司〈P1974〉;蚌埠市海兴化工有限责任公司〈P1975〉;[鲁]新泰市浓润化工有限公司(500 吨)

〈P2138〉;[豫]西平骏马精细化工有限公司〈P2227〉;平顶山市恒兴化工有限公司(1000吨)〈P2192〉
【使用厂】[京]北京杨村化工有限公司〈P1564〉;[皖]安徽华星化工股份有限公司〈P1984〉;[豫]洛阳市曙光化工厂〈P2186〉

C

3-环己氨基苯酚;N-环己基-3-羟基苯胺 C03032261
3-Cyclohexylaminophenol [5269-05-6]
用于生产热敏、压敏染料的中间体
【生产厂】[辽]沈阳市嘉恒化工有限公司〈P1688〉

甲苯基周位酸;N-甲苯基-1-萘胺-8-磺酸 C03032281
N-Methylphenyl-1-naphthylamine-8-sulfonic acid
主要用于染料中间体,如制造弱酸深蓝GR及硫化亮绿5G染料等
【生产厂】[苏]吴江市东风化工有限公司(200吨)〈P1910〉;[皖]铜陵化工集团有机化工有限责任公司(700吨)〈P1978〉

1-氨基-4-萘磺酸钠;1,4-酸钠;1-萘胺-4-磺酸钠 C03032291
Sodium 1-amino-4-naphthalenesulfonate [130-13-2]
用于制备酸性、直接染料和食用红色素,也用作亚硝酸盐和碘中毒的解药
【生产厂】[苏]常州市常宇化工有限公司〈P1850〉;[皖]广德县天成化工有限公司(2000吨)〈P1986〉;广德县永成化工有限公司(5000吨)〈P1987〉;[豫]中铁第十五工程局化工厂(2000吨)〈P2190〉;偃师市聚源化工厂(2000吨)〈P2189〉
【使用厂】[津]天津市染料工业研究所〈P1600〉;[冀]邢台铁牛染料化工有限公司〈P1644〉

氨基胍碳酸氢盐;氨基胍重碳酸盐;氨基胍酸式碳酸盐 C03032301
Aminoguanidine hydrogen carbonate; Aminoguanidine bicarbonate [2582-30-1]
可用作医药、农药、染料、发泡剂和炸药的合成原料
【生产厂】[冀]河北智通化工有限责任公司〈P1623〉;[晋]山西玉新双氰胺有限公司〈P1674〉;[沪]上海华彩精细化工有限公司〈P1738〉;[苏]苏州市东吴染料有限公司〈P1903〉;[浙]杭州福德化工有限公司〈P1917〉;嘉兴市步云染化厂〈P1941〉;嘉善县合力精细化工厂(800吨)〈P1940〉;[鄂]湖北志诚化工科技有限公司〈P2243〉

氨基胍盐酸盐 C03032303
Aminoguanidine hydrochoride [1937-19-5]
【生产厂】[苏]镇江市润州染料化工厂〈P1845〉;[甘]甘肃古浪氰胺有限责任公司(1000吨)〈P2356〉

二氨基胍盐酸盐 C03032305
Diaminoguanidine hydrochloride [36062-19-8]
用作药物中间体
【生产厂】[辽]营口三征科技化工有限公司〈P1704〉;[苏]镇江新宇化工有限责任公司〈P1846〉

氨基胍硝酸盐 C03032306
Aminoguanidine nitrate [10308-82-4]
【生产厂】[苏]常熟市新腾化工有限公司〈P1891〉;[浙]嘉兴市步云染化厂〈P1941〉

2,3-二甲基苯胺 C03032321
2,3-Dimethylaniline [87-59-2]
用作生产甲灭酸的主要原料
【生产厂】[浙]绍兴贝斯美化工有限公司〈P1949〉;浙江新农化工股份有限公司〈P1970〉

3,4-二甲基苯胺 C03032322
3,4-Dimethylaniline [95-64-7]
用于生产维生素B_2,亦可用于合成染料
【生产厂】[辽]大连瑞泽农药股份有限公司〈P1693〉;[浙]绍兴贝斯美化工有限公司〈P1949〉;浙江新农化工股份有限公司〈P1970〉
【使用厂】[鲁]山东胜邦绿野化学有限公司〈P2029〉

3,5-二甲基苯胺 C03032323
3,5-Dimethylaniline [108-69-0]
用作染料、颜料和医药工业的中间体
【生产厂】[辽]辽阳联港染料化工有限公司〈P1710〉;阜新三宝化工实业有限公司〈P1708〉;[苏]南通施壮化工有限公司〈P1834〉;[鄂]襄樊市裕昌精细化工有限公司〈P2238〉;[陕]陕西省宝鸡金洋化工有限公司(500吨)〈P2351〉

2,6-二甲基苯胺 C03032324
2,6-Dimethylaniline [87-62-7]
用作农药、医药中间体,用于制造甲霜灵、呋霜灵和利多卡因等
【生产厂】[京]北京市海淀会友精细化工厂(50吨)〈P1559〉;[浙]杭州优泰克农化有限公司〈P1947〉;绍兴贝斯美化工有限公司〈P1949〉;浙江新农化工股份有限公司〈P1970〉;温州天盛电化有限公司(100吨)〈P1938〉;[鄂]老河口荆洪化工有限责任公司〈P2237〉;[陕]陕西金阳化工有限公司〈P2346〉;陕西省宝鸡金洋化工有限公司(500吨)〈P2351〉
【使用厂】[晋]大同江龙药业有限公司〈P1672〉;[鲁]山东胜邦绿野化学有限公司〈P2029〉;[豫]洛阳天骋化学试剂有限公司〈P2187〉

2,4-二甲基苯磺酸 C03032331
2,4-Dimethylbenzenesulfonic acid [88-61-9]
主要用作酚类及呋喃树脂砂芯或模具固化系统催化剂
【生产厂】[苏]苏州鸿程化工有限公司〈P1900〉

邻氨基对甲苯酚;2-氨基-4-甲基苯酚 C03032341
2-Amino-4-cresol [95-84-1]
用作染料中间体,也用于制取荧光增白剂
【生产厂】[苏]南京力达宁化学有限公司〈P1786〉
【使用厂】[沪]上海天坛助剂有限公司〈P1767〉;[鲁]青岛双桃精细化工(集团)有限公司〈P2043〉;山东招远化工总厂〈P2115〉

6-氨基间甲酚;2-氨基-5-甲基苯酚 C03032343
6-Amino-*m*-cresol; 2-Amino-5-methylphenol [2835-98-5]
用于有机合成
【生产厂】[苏]南京奥德赛化工有限公司〈P1782〉

对氨基邻甲酚;2-甲基-4-氨基苯酚 C03032345

p-Amino-*o*-cresol

【生产厂】[陕]陕西金阳化工有限公司〈P2346〉

对氨基间甲酚;3-甲基-4-氨基苯酚 C03032346

p-Amino-*m*-cresol [2835-99-6]

用作染料中间体

【生产厂】[京]北京清华紫光英力化工技术有限责任公司〈P1557〉;[沪]上海神强实业有限公司〈P1761〉

5-氨基-2-甲基苯酚;2-羟基-4-氨基甲苯;5-氨基邻甲酚 C03032348

5-Amino-2-methylphenol [2835-95-2]

用作染料、医药中间体

【生产厂】[辽]鞍山市兴懋化工有限责任公司〈P1696〉;[沪]上海神强实业有限公司〈P1761〉;[苏]吴江市万达化工厂〈P1911〉;常熟市新腾化工有限公司〈P1891〉;[浙]杭州安隆达化工有限公司〈P1915〉;嘉兴市步云染化厂〈P1941〉;[鄂]仙桃市先峰化工有限公司〈P2246〉;荆州市沙隆达维迅化工有限公司〈P2240〉

5-氨基邻甲酚硫酸盐 C03032349

5-Amino-2-methylphenol sulfate

【生产厂】[浙]嘉兴市步云染化厂〈P1941〉

邻甲基水杨酸;2-羟基-3-甲基苯甲酸 C03032351

3-Methylsalicylic acid [83-40-9]

用作有机合成和染料中间体

【生产厂】[苏]江苏永联集团江阴化工一厂〈P1867〉;吴江市汇丰化工厂〈P1910〉

5-甲基水杨酸 C03032353

5-Methylsalicylic acid [89-56-5]

【生产厂】[苏]江苏永联集团江阴化工一厂〈P1867〉;苏州市相城区青台精细化工有限公司〈P1905〉

5-硝基水杨酸;5-硝基-2-羟基苯甲酸 C03032355

5-Nitrosalicylic acid [96-97-9]

用作药物、染料中间体

【生产厂】[津]天津市天梅化工厂(50吨)〈P1604〉;[豫]新乡市天丰精细化工有限公司〈P2206〉;开封市祥利化工厂(60吨)〈P2178〉

6-硝基水杨酸;2-羟基-6-硝基苯甲酸 C03032357

6-Nitrosalicylic acid

【生产厂】[苏]常州佳灵药业有限公司〈P1848〉

3,5-二硝基水杨酸 C03032358

3,5-Dinitrosalicylic acid [609-99-4]

用作医药中间体

【生产厂】[京]大庆开发区新世纪精细化工有限公司北京裕立化工有限公司〈P1567〉;[黑]大庆新世纪精细化工有限公司〈P1722〉;[苏]南京奥德赛化工有限公司(60吨)〈P1782〉

1,2-二羟基蒽醌;茜素 C03032361

1,2-Dihydroxyanthraquinone [72-48-0]

用于合成酸性染料媒介红S-80等

【生产厂】[苏]吴江市汇丰化工厂〈P1910〉;[鲁]山东双龙化工有限公司(200吨)〈P2115〉

2-乙基蒽醌 C03032371

2-Ethylanthraquinone [84-51-5]

用于制造双氧水、染料中间体、光固化树脂催化剂、光降解膜、涂料和光敏聚合引发剂

【生产厂】[冀]沧州运河化工有限责任公司〈P1653〉;[吉]吉化集团吉林市松江化工厂〈P1715〉;[苏]常州市清红化工有限公司(800吨)〈P1853〉;[浙]浙江衢州门捷化工有限公司(2000吨)〈P1959〉;[豫]河南宏业化工有限公司(1000吨)〈P2212〉;黎明化工研究院(300吨)〈P2181〉;洛阳黎明化工科工贸总公司(300吨)〈P2182〉

【使用厂】[黑]黑龙江黑化集团有限公司〈P1722〉;[沪]上海吴淞化肥厂〈P1770〉;上海中远化工有限公司〈P1779〉;[苏]江苏苏化集团有限公司〈P1894〉;[浙]浙江龙鑫化工有限公司〈P1970〉;[粤]广州市金珠江化学有限公司〈P2265〉;[甘]兰州助剂厂〈P2356〉

2-叔丁基蒽醌 C03032375

2-*tert*-Butylanthraquinone [84-47-9]

主要用作蒽醌法制过氧化氢的工作载体,也用于制造染料

【生产厂】[苏]镇江市海通化工有限公司〈P1845〉;靖江市化工总厂〈P1824〉;[浙]浙江衢州门捷化工有限公司〈P1959〉

2-戊基蒽醌 C03032377

2-Amylanthraquinone [13936-21-5]

用于双氧水生产过程中高溶解度工作液载体

【生产厂】[苏]镇江市海通化工有限公司〈P1845〉;靖江市化工总厂(200吨)〈P1824〉

1-苯基-3-羧酸乙酯-5-吡唑酮;1-苯基-3-乙氧羰基-5-吡唑酮 C03032380

3-(Ethoxycarbonyl)-1-phenyl-5-pyrazolone [89-33-8]

用于合成C.I.颜料红38、39、42品种的偶合组分

【生产厂】[鲁]胶州市精细化工有限公司〈P2031〉

1-苯基-3-羧基-5-吡唑酮 C03032382

1-Phenyl-3-carboxy-5-pyrazolone

用于合成染料及颜料

【生产厂】[鲁]胶州市精细化工有限公司〈P2031〉

苯胺基乙腈;*N*-苯基氨基乙腈 C03032395

Anilinoacetonitrile [3009-97-0]

用于染料中间体

【生产厂】[京]北京清华紫光英力化工技术有限责任公司〈P1557〉;[冀]河北诚信有限责任公司〈P1619〉;衡水优利精细化学有限公司〈P1669〉;[鲁]淄博齐田医药化工有限公司(2万吨)〈P2066〉;[渝]重庆紫光化工有限责任公司(3万吨)〈P2308〉;[川]四川省天然气化工研究院(2万吨)〈P2319〉

羟乙腈;乙醇腈;甲醛氰醇 C03032399

Hydroxyacetonitrile [107-16-4]

可作为生产甘氨酸、丙二腈、靛蓝染料的中间体

【生产厂】[京]北京清华紫光英力化工技术有限责任公司

C

〈P1557〉;[冀]河北诚信有限责任公司〈P1619〉

2-氨基-4-硝基苯酚钠;4-硝基-2-氨基苯酚钠　C03032401
Sodium 2-amino-4-nitrophenol [61702-43-0]
用作染料和医药中间体,用于制酸性媒介棕RH,中性黑BL、BRL、BGL等染料
【生产厂】[津]天津兴隆化工厂〈P1616〉;[冀]石家庄冀华化工纺织有限公司〈P1627〉;河北石家庄市东胜化工厂〈P1622〉;[浙]温州美尔诺化工有限公司〈P1937〉;[皖]安徽省广德县中信化工厂〈P1986〉;[鲁]济南润原化工有限责任公司〈P2024〉;[豫]安阳市谦和染料化工有限责任公司(400吨)〈P2209〉

2-氨基-4,6-二硝基苯酚钠;苦氨酸钠　C03032405
Sodium 2-amino-4,6-dinitrophenol;Sodium picramate [831-52-7]
主要用于制造偶氮染料等
【生产厂】[冀]河北永泰化工有限公司〈P1623〉;保定恒润化工有限公司〈P1645〉;保定市满城县保满联营化工厂〈P1646〉;[辽]沈阳沈潘精细化工有限公司(120吨)〈P1687〉;大连染料化工有限公司〈P1693〉;[豫]洛阳市曙光福利染化厂〈P2186〉

对氨基乙酰苯胺;*N*-乙酰基对苯二胺　C03032411
4-Aminoacetanilide;*N*-acetyl-1,4-diaminobenzene [122-80-5]
用于制染料和医药中间体
【生产厂】[津]天津市大港区华浦化工厂(600吨)〈P1582〉;[冀]河北永泰化工有限公司〈P1623〉;衡水华邦化工有限公司(60吨)〈P1667〉;保定恒润化工有限公司〈P1645〉;[苏]无锡市汇友化工有限公司〈P1876〉;大丰市川东化工厂(500吨)〈P1805〉;盐城市丰杯精细化工有限公司〈P1811〉;[鲁]德州信达化工有限公司(150吨)〈P2142〉
【使用厂】[津]天津市津南区振华化工厂〈P1594〉;[冀]邢台铁牛染料化工有限公司〈P1644〉;[苏]常熟市染料化工厂〈P1890〉;[鲁]德州虹桥染料化工有限公司〈P2142〉;山东省乐陵市华虹染化有限公司〈P2145〉;[豫]洛阳瑞丰工业有限公司〈P2183〉

对氨基-*N*-甲基乙酰苯胺　C03032415
p-Amino-*N*-methylacetanilide
用作染料中间体
【生产厂】[冀]河北永泰化工有限公司〈P1623〉

4-甲酰氨基乙酰乙酰苯胺;AA4BA　C03032432
4-Formylaminoacetoacetanilide [56766-13-3]
用于制造有机颜料
【生产厂】[苏]常熟华益化工有限公司〈P1889〉;[鲁]胶州市精细化工有限公司〈P2031〉

5-氯-2-甲氧基乙酰乙酰苯胺　C03032437
5-Chloro-2-methoxyacetoacetanilide
【生产厂】[冀]沧州科润化工有限公司〈P1651〉;[鲁]胶州市精细化工有限公司〈P2031〉

对氯邻甲基乙酰乙酰苯胺;4-氯-2-甲基乙酰乙酰苯胺　C03032439
4-Chloro-2-methylacetoacetanilide
主要用于合成染料和颜料
【生产厂】[苏]常熟华益化工有限公司〈P1889〉

1-氨基-2-溴-4-羟基蒽醌　C03032441
1-Amino-2-bromo-4-hydroxyanthraquinone [116-82-5]
用于制备各种蒽醌型的分散、活性、还原染料
【生产厂】[苏]江苏亚邦化工集团有限公司〈P1861〉;吴江森亮化工有限公司(1500吨)〈P1910〉;[皖]铜陵儒德化工有限责任公司〈P1978〉

1-氨基-4-羟基蒽醌;1-羟基-4-氨基蒽醌　C03032443
1-Amino-4-hydroxyanthraquinone; 1-Hydroxy-4-aminoanthraquinone [116-85-8]
【生产厂】[湘]湖南湘渝化工有限责任公司〈P2258〉;[渝]湘渝化工有限公司〈P2303〉

1-氨基-2,4-二溴蒽醌　C03032445
1-Amino-2,4-dibromoanthraquinone [81-49-2]
用作染料中间体
【生产厂】[沪]上海康晟实业有限公司〈P1748〉;[苏]江苏亚邦化工集团有限公司〈P1861〉;吴江森亮化工有限公司(1500吨)〈P1910〉;[皖]铜陵儒德化工有限责任公司〈P1978〉

2,4,6-三氯苯甲腈;2,4,6-三氯苯腈　C03032447
2,4,6-Trichlorobenzonitrile [6575-05-9]
【生产厂】[黑]大庆新世纪精细化工有限公司〈P1722〉

3,5-二氯苯腈　C03032448
3,5-Dichlorobenzonitrile [6575-00-4]
【生产厂】[沪]上海立科药物化学有限公司〈P1750〉;[苏]泰兴市对外贸易南京有限公司〈P1792〉

3,4-二氯苯腈　C03032449
3,4-Dichlorobenzonitrile [6574-99-8]
用作农药中间体
【生产厂】[苏]泰兴市对外贸易南京有限公司〈P1792〉;扬州天辰精细化工有限公司〈P1819〉;高邮市康乐精细化工厂〈P1813〉;[鄂]武汉市银冠化工有限公司黄陂精细化工厂〈P2233〉

2-氯苯甲腈;邻氯苯甲腈;邻氯苯腈　C03032450
2-Chlorobenzonitrile [873-32-5]
用于染料、医药及其他精细化工中间体
【生产厂】[苏]仪征市鼎信化工有限公司(250吨)〈P1820〉;扬州杰迪化工有限公司〈P1817〉;[鲁]德州埃法化学有限公司〈P2141〉;[鄂]武汉市银冠化工有限公司黄陂精细化工厂〈P2233〉;武汉市黄陂区大田精细化工厂〈P2233〉;襄樊明熙化工有限公司〈P2238〉;[湘]湘潭市开元化学有限公司〈P2251〉

4-氯苯腈;对氯苯腈;对氯苯甲腈　C03032451
4-Chlorophenylcyanide [623-03-0]
用作染料、医药中间体
【生产厂】[京]北京卡乐瑞化工有限公司〈P1553〉;[苏]仪征市鼎信化工有限公司(100吨)〈P1820〉;扬州天辰精细化工有限公司〈P1819〉;扬州杰迪化工有限公司(100吨)〈P1817〉;[鲁]德州埃法化学有限公司〈P2141〉;山东武城康达化工有限公司(200吨)〈P2146〉;[鄂]武汉市银冠化工有限公司黄陂精细化工厂〈P2233〉;武汉市黄陂区大田

精细化工厂〈P2233〉;襄樊明熙化工有限公司〈P2238〉

2-氯-6-氟苯腈 C03032453
2-Chloro-6-fluorocyanobenzene [668-45-1]
用作医药、农药、液晶材料中间体
【生产厂】[冀]河北威远亨迪生物化工有限公司〈P1622〉;[苏]扬州天辰精细化工有限公司(60 吨)〈P1819〉;[浙]浙江省三门解氏化学工业有限公司〈P1966〉

邻溴苯腈;2-溴苯腈 C03032456
o-Bromobenzonitrile [2042-37-7]
用作有机合成中间体
【生产厂】[苏]句容市顺风助剂厂〈P1843〉;常州泰戈化工有限公司〈P1857〉;连云港市中成化工有限公司〈P1800〉;南通市苏东化工厂〈P1835〉;[鲁]青岛双收农药化工有限公司〈P2043〉

4-氨基苯腈;对氨基苯腈;对氰基苯胺 C03032457
4-Aminocyanobenzene;4-Aminobenzonitrile [873-74-5]
【生产厂】[苏]仪征市鼎信化工有限公司〈P1820〉;常州泰戈化工有限公司〈P1857〉;扬州天辰精细化工有限公司〈P1819〉

邻氨基苯腈;2-氨基苯腈 C03032458
o-Aminocyanobenzene;2-Aminobenzonitrile [1885-29-6]
用于有机合成
【生产厂】[沪]上海生农生化制品有限公司〈P1762〉;[苏]常州泰戈化工有限公司〈P1857〉;扬州天辰精细化工有限公司〈P1819〉;南通施壮化工有限公司〈P1834〉

对溴苯腈 C03032459
p-Bromobenzonitrile [623-00-7]
【生产厂】[京]北京卡乐瑞化工有限公司〈P1553〉;[沪]上海宝瑞化工有限公司〈P1728〉;上海三微实业有限公司〈P1759〉;上海虹生实业有限公司〈P1737〉;[苏]句容市顺风助剂厂〈P1843〉;常州泰戈化工有限公司〈P1857〉;连云港市中成化工有限公司〈P1800〉;沭阳金凯化工厂〈P1804〉;[鲁]青岛双收农药化工有限公司〈P2043〉;青岛东海源生化科技有限公司〈P2034〉

2-氟-5-氨基苯腈;5-氨基-2-氟苯腈 C03032460
5-Amino-2-fluorocyanobenzene
【生产厂】[苏]昆山化工医药原料有限公司〈P1895〉

间氨基苯腈;3-氨基苯腈;间氰基苯胺 C03032462
3-Aminobenzonitrile;*m*-Cyanoaniline [2237-30-1]
用作医药中间体
【生产厂】[苏]泰兴市对外贸易南京有限公司〈P1792〉;仪征市鼎信化工有限公司〈P1820〉;常熟华益化工有限公司〈P1889〉

间氨基苯腈盐酸盐 C03032463
3-Aminobenzonitrile hydrochloroide
用作医药中间体
【生产厂】[苏]仪征市鼎信化工有限公司(12 吨)〈P1820〉

间溴苯腈;3-溴苯腈 C03032465
m-Bromobenzonitride [6952-59-6]
【生产厂】[苏]句容市顺风助剂厂〈P1843〉

间氯苯腈 C03032467
m-Chlorobenzonitrile [766-84-7]
用作医药、农药、染料中间体
【生产厂】[鄂]武汉市银冠化工有限公司黄陂精细化工厂〈P2233〉

2-氨基-5-硝基噻唑;硝胺噻唑 C03032471
2-Amino-5-nitrothiazole [121-66-4]
用作制备偶氮杂环染料的重要中间体
【生产厂】[湘]湘潭市开元化学有限公司〈P2251〉

2-氨基-5,6(6,7)-二氯苯并噻唑 C03032481
2-Amino-5,6(6,7)-dichlorobenzothiazole [24072-75-1]
用作分散染料及偶氮染料中间体
【生产厂】[浙]杭州力禾颜料有限公司〈P1920〉;浙江省常山县恒达有限责任公司〈P1959〉

2-氨基-6-硝基苯并噻唑 C03032491
2-Amino-6-nitrobenzothiazole [6285-57-0]
用作分散染料及偶氮染料中间体
【生产厂】[浙]浙江省常山县恒达有限责任公司〈P1959〉

3-氨基-5-硝基苯并噻唑 C03032495
3-Amino-5-nitrobenzothiazole [6285-57-0]
用作染料中间体
【生产厂】[浙]杭州力禾颜料有限公司〈P1920〉

γ-甲氧基丙胺 C03032501
γ-Methoxypropylamine [5332-73-0]
用于合成分散染料 60# 翠蓝
【生产厂】[苏]吴江市高新精细化工有限公司〈P1910〉;昆山市陆家红星化工厂〈P1897〉

3-乙氧基丙胺;γ-乙氧基丙胺 C03032503
3-Ethoxypropylamine [6291-85-6]
主要用于合成分散染料 90# 红中间体
【生产厂】[苏]吴江市高新精细化工有限公司〈P1910〉;昆山市陆家红星化工厂〈P1897〉

3-异丙氧基丙胺 C03032509
3-Isopropoxypropylamine [2906-12-9]
用于染料中间体等
【生产厂】[苏]昆山市陆家红星化工厂〈P1897〉

1,4-二氨基-2,3-二氯蒽醌;2,3-二氯-1,4-二氨基蒽醌 C03032511
1,4-Diamino-2,3-dichloroanthraquinone [81-42-5]
用作染料中间体,用于生产 26 紫、28 紫、双氰等
【生产厂】[苏]盐城市虹艳化工有限公司〈P1811〉;[皖]铜陵儒德化工有限责任公司〈P1978〉

***N*-乙基-*N*-苄基苯胺** C03032561
N-Ethyl-*N*-benzylaniline [92-59-1]
用作酸性橙 50、红 119、蓝 5、7 和绿 5、15、65,阳离子蓝 65 等染料的中间体
【生产厂】[苏]滨海恒联化工有限公司〈P1805〉;[浙]嘉兴市通元化工有限公司〈P1942〉;嘉兴市江南化工厂(500 吨)〈P1941〉

C

N-乙基-N-羟乙基苯胺 C03032571
N-Ethyl-N-hydroxyethylaniline [92-50-2]
用作染料及有机颜料中间体
【生产厂】[沪]上海华彩精细化工有限公司〈P1738〉;[苏]无锡市汇友化工有限公司〈P1876〉;滨海恒联化工有限公司〈P1805〉

N-氰乙基-N-羟乙基苯胺 C03032572
N-Cyanoethyl-N-hydroxyethylaniline [92-64-8]
用作染料中间体
【生产厂】[苏]滨海恒联化工有限公司〈P1805〉

N-氰乙基-N-羟乙基间甲苯胺 C03032575
N-Cyanoethyl-N-hydroxyethyl-m-toluidine
用作有机合成中间体
【生产厂】[苏]滨海恒联化工有限公司〈P1805〉

N,N-二羟乙基间甲苯胺 C03032578
N,N-Dihydroxyethyl-m-toluidine [91-99-6]
用作染料中间体
【生产厂】[苏]无锡市汇友化工有限公司〈P1876〉;滨海恒联化工有限公司〈P1805〉;[浙]嘉兴市通元化工有限公司〈P1942〉

N-甲基-N-氰乙基苯胺 C03032580
N-Methyl-N-cyanoethylaniline [94-34-8]
用作染料及有机颜料中间体
【生产厂】[沪]上海罗泾染料化工有限公司〈P1752〉;[浙]杭州近江化工染料有限公司〈P1919〉
【使用厂】[豫]开封染料化工厂〈P2177〉

N-乙基-N-氰乙基苯胺 C03032581
N-Ethyl-N-cyanoethylaniline [148-87-8]
是分散黄棕、分散橙的主要原料
【生产厂】[沪]上海华彩精细化工有限公司〈P1738〉;[苏]滨海恒联化工有限公司〈P1805〉;[浙]嘉兴市通元化工有限公司〈P1942〉;嘉兴市江南化工厂(1500 吨)〈P1941〉

N-乙基-N-氰乙基间甲苯胺 C03032582
N-Ethyl-N-cyanoethyl-m-methylaniline
用作染料中间体
【生产厂】[苏]无锡市汇友化工有限公司〈P1876〉;滨海恒联化工有限公司〈P1805〉;[浙]嘉兴市通元化工有限公司〈P1942〉

N-丁基-N-氰乙基苯胺 C03032583
N-Butyl-N-cyanoethylaniline [61852-40-2]
用作有机合成中间体
【生产厂】[苏]滨海恒联化工有限公司〈P1805〉

3-硝基-4-(2-羟乙氨基)甲苯 C03032587
4-(2-Hydroxyethylamino)-3-nitrotoluene [100418-33-5]
用作有机合成中间体
【生产厂】[苏]苏州市相城区青台精细化工有限公司〈P1905〉;泰兴市兴源石化厂〈P1827〉

N-乙基-N-苄基间甲苯胺 C03032591
N-Ethyl-N-benzyl-m-toluidine [119-94-8]
用于有机合成
【生产厂】[苏]滨海恒联化工有限公司〈P1805〉;[浙]嘉兴市通元化工有限公司〈P1942〉

N-乙基邻甲苯胺 C03032601
N-Ethyl-o-toluidine [94-68-8]
用于染料、医药及其他有机合成
【生产厂】[津]天津市津西北方化工厂(300 吨)〈P1595〉;[苏]无锡市汇友化工有限公司〈P1876〉;滨海恒联化工有限公司〈P1805〉;[渝]重庆长风化工厂〈P2303〉

N-乙基对甲苯胺 C03032605
4-Ethylaminotoluene;N-Ethyl-p-toluidine [622-57-1]
用于有机合成
【生产厂】[苏]无锡市汇友化工有限公司〈P1876〉

N,N-二苄基苯胺 C03032611
N,N-Dibenzyl aniline [91-73-6]
【生产厂】[鲁]蓬莱市红卫化工厂〈P2112〉

N-乙基-N-羟乙基间甲苯胺 C03032621
N-Ethyl-N-hydroxyethyl-m-toluidine [91-88-3]
用作染料中间体
【生产厂】[苏]无锡市汇友化工有限公司〈P1876〉;滨海恒联化工有限公司〈P1805〉

3-硝基-4-[N-(2-羟乙基)氨基]-N,N-二(2-羟乙基)苯胺 C03032623
3-Nitro-4-[N-(2-hydroxyethyl)amino]-N,N-bis(2-hydroxyethyl)aniline [33229-34-4]
用作医药、染料中间体
【生产厂】[辽]沈阳沈潘精细化工有限公司(120 吨)〈P1687〉;[苏]南京科邦医药化工有限公司〈P1786〉

2-硝基-N-(2-羟乙基)苯胺 C03032625
2-Nitro-N-(2-hydroxyethyl)aniline
主要用于染料及染发剂的合成
【生产厂】[辽]沈阳沈潘精细化工有限公司〈P1687〉;[苏]南京科邦医药化工有限公司〈P1786〉

2-氨基-4-硝基-N-(2-羟乙基)苯胺 C03032627
2-Amino-4-nitro-N-(2-hydroxyethyl)aniline [56932-44-6]
用作毛发染料中间体
【生产厂】[辽]沈阳沈潘精细化工有限公司〈P1687〉;[苏]南京科邦医药化工有限公司〈P1786〉

4-氨基-2-硝基-N-(2-羟乙基)苯胺 C03032629
4-Amino-2-nitro-N-(2-hydroxyethyl)aniline [2871-01-4]
用作医药、染料中间体
【生产厂】[辽]沈阳沈潘精细化工有限公司〈P1687〉;[苏]南京科邦医药化工有限公司〈P1786〉

N-乙基间甲苯胺 C03032631
N-Ethyl-m-toluidine [102-27-2]
用作染料中间体及感光材料中间体
【生产厂】[苏]无锡市汇友化工有限公司〈P1876〉;滨海恒联化工有限公司〈P1805〉;[浙]嘉兴市通元化工有限公司〈P1942〉;嘉兴市江南化工厂(500 吨)〈P1941〉
【使用厂】[苏]南通星辰合成材料有限公司〈P1836〉

4,4′-二氨基苯磺酰替苯胺;4-氨基-N-(对氨基苯基)苯磺酰胺 C03032653

4-Amine-*N*-(*p*-aminophenyl) benzenesulfonamide [16803-97-7]

是联苯胺衍生物的替代产品，用于酸性黑210、酸性黑234等染料的制造

【生产厂】[冀]河北永泰化工有限公司〈P1623〉；河北省武强县启龙化工有限公司〈P1666〉；保定恒润化工有限公司〈P1645〉；保定市满城荣泰染料化工有限公司〈P1646〉；[豫]洛阳市曙光福利染化厂(500吨)〈P2186〉

【使用厂】[豫]洛阳瑞丰工业有限公司〈P2183〉

4-甲氧基-3-氨基苯酰替苯胺 C03032655

4-Methoxy-3-aminobenzanilide [120-35-4]

用作有机合成中间体

【生产厂】[浙]杭州力禾颜料有限公司〈P1920〉

***N*-乙基咔唑** C03032661

N-Ethylcarbazole [86-28-2]

用作染料中间体，用于生产永固紫RL、青光海昌蓝等

【生产厂】[苏]常州市武进临川化工有限公司(250吨)〈P1854〉

2-苯基吲哚 C03032662

2-Phenylindole [948-65-2]

用作PVC玻璃纸稳定剂及染料中间体

【生产厂】[京]北京成宇化工有限公司〈P1545〉；[鲁]山东淄博三福化工开发有限公司(500吨)〈P2056〉

3-氨基-*N*-乙基咔唑 C03032663

3-Amino-*N*-ethylcarbazole；3-Amino-9-ethylcarbazole [132-32-1]

用作染料中间体

【生产厂】[苏]常州市武进临川化工有限公司(200吨)〈P1854〉

3-硝基-*N*-乙基咔唑 C03032667

3-Nitro-*N*-ethylcarbazole

【生产厂】[苏]常州市武进临川化工有限公司〈P1854〉

***N*-乙基咔唑-3-甲醛** C03032669

N-Ethylcarbazole-3-aldehyde [7570-45-8]

【生产厂】[苏]常州市武进临川化工有限公司〈P1854〉

4,4′-二氨基二苯砜 C03032681

4,4′-Diaminodiphenyl sulfone [80-08-0]

用作医药、高分子材料中间体

【生产厂】[京]北京达科思精细化工研究所〈P1545〉；[晋]芮城县虹桥药用中间体有限公司〈P1678〉；山西亚宝药业集团股份有限公司〈P1680〉；[辽]沈阳市嘉恒化工有限公司〈P1688〉；[苏]苏州寅生化工有限公司(400吨)〈P1907〉；[皖]安徽省怀远县虹桥化工有限公司〈P1975〉

3,3′-二氨基二苯砜 C03032691

3,3′-Diaminodiphenyl sulfone [599-61-1]

用于合成聚砜类聚合物

【生产厂】[苏]苏州寅生化工有限公司〈P1907〉

4-羟基-4′-苄氧基二苯砜 C03032695

4-Hydroxy-4′-benzyloxy diphenyl sulfone [63134-33-8]

用作成色剂中间体

【生产厂】[辽]乐凯(沈阳)科技产业有限责任公司〈P1684〉

***N*-乙基-*N*-(β-氯乙基)苯胺** C03032717

N-Ethyl-*N*-(β-chloroethyl) aniline [92-49-9]

用作有机合成中间体

【生产厂】[浙]乐清市乐安化工有限公司〈P1936〉

***N*-乙基-*N*-(β-氯乙基)间甲苯胺；*N*-乙基-*N*-氯乙基-3-甲基苯胺** C03032718

N-Ethyl-*N*-(β-chloroethyl)-*m*-toluidine [22564-43-8]

用作有机合成中间体

【生产厂】[津]天津市滨海化工有限公司(200吨)〈P1581〉；[浙]乐清市乐安化工有限公司〈P1936〉

四氯联苯胺；TCB C03032721

2,2′,5,5′-Tetrachlorobenzidine [15721-02-5]

用于制造高档有机颜料

【生产厂】[鲁]新泰市兰得染料化工有限公司(300吨)〈P2138〉；山东泰山染料股份有限公司(200吨)〈P2137〉

【使用厂】[沪]上海泗联实业总公司〈P1766〉

4,4′-二氨基二苯胺硫酸盐 C03032739

4,4′-Diaminodiphenylamine sulfate

【生产厂】[冀]大名县名鼎化工有限责任公司〈P1638〉

***N*-甲基-2-苯基吲哚；1-甲基-2-苯基吲哚** C03032741

N-Methyl-2-phenylindole；1-Methyl-2-phenylindole [3558-24-5]

用作阳离子染料中间体

【生产厂】[京]北京成宇化工有限公司(30吨)〈P1545〉；[沪]上海凯路化工有限公司〈P1747〉；[鲁]山东淄博三福化工开发有限公司(200吨)〈P2056〉

2-苯基吲哚-5-磺酸钠 C03032743

2-Phenylindol-5-sulfonic acid，sodium salt [119205-39-9]

【生产厂】[鲁]山东淄博三福化工开发有限公司(200吨)〈P2056〉；[鄂]荆州市沙隆达维迅化工有限公司〈P2240〉

1-甲基-2-苯基吲哚-3-甲醛 C03032745

1-Methyl-2-phenylindole-3-carboxaldehyde [1757-72-8]

用作染料中间体

【生产厂】[京]北京成宇化工有限公司〈P1545〉；[沪]上海凯路化工有限公司〈P1747〉

***N*-乙基-2-苯基吲哚** C03032747

N-Ethyl-2-phenylindole [948-65-2]

【生产厂】[沪]上海凯路化工有限公司〈P1747〉；[鲁]山东淄博三福化工开发有限公司(200吨)〈P2056〉

2,3,3-三甲基-4,5-苯并吲哚 C03032749

2,3,3-Trimethyl-4,5-benzoindole [41532-84-7]

用作染料、医药中间体

【生产厂】[京]北京成宇化工有限公司〈P1545〉；[辽]辽宁华海蓝帆化工科技有限公司〈P1684〉；[苏]常州夏青化工有限公司(100吨)〈P1857〉；宜兴市中宇药化技术有限公司〈P1888〉

2-氨基-4-甲基苯并噻唑；4-甲基-2-氨基苯并噻唑 C03032754

2-Amino-4-methylbenzothiazole [1477-42-5]

用作医药、农药中间体

【生产厂】[苏]江都市宙龙集团公司〈P1815〉

5-氯-2-甲基苯并噻唑;2-甲基-5-氯苯并噻唑 C03032757

5-Chloro-2-methylbenzothiazole [1006-99-1]

【生产厂】[冀]保定恒润化工有限公司〈P1645〉;保定市乐凯化学有限公司〈P1645〉;中国乐凯胶片集团公司〈P1649〉;保定市满城东方化工有限公司〈P1646〉

2-氯苯并噻唑 C03032758

2-Chlorobenzothiazole [615-20-3]

用于生产农药苯噻草胺稻田除草剂

【生产厂】[渝]重庆长风化工厂〈P2303〉

【使用厂】[辽]大连瑞泽农药股份有限公司〈P1693〉;[鲁]山东胜邦绿野化学有限公司〈P2029〉

3-氯苯并异噻唑 C03032759

3-Chloro-1,2-benzisothiazole [7716-66-7]

【生产厂】[湘]湘潭市开元化学有限公司〈P2251〉

4-氨基苯甲醚-3-磺酸;对氨基苯甲醚-3-磺酸 C03032761

4-Aminoanisole-3-sulfonic acid [13244-33-2]

用作酸性、活性、间接染料中间体

【生产厂】[苏]靖江市长江化工有限公司(40 吨)〈P1824〉;常熟市新腾化工有限公司〈P1891〉

邻氨基苯甲醚-4-磺酸 C03032769

2-Aminoanisole-4-sulfonic acid

用作酸性、活性、直接染料中间体

【生产厂】[苏]靖江市长江化工有限公司〈P1824〉

猩红酸;6,6′-(1,3-亚脲基)双(1,1′-萘酚)-3,3′-磺酸 C03032791

Scarlet acid [134-47-4]

为偶氮染料用的中间体,用于制造直接橙 S、直接耐酸大红 4BS 等

【生产厂】[冀]河北泰丰化工有限责任公司〈P1640〉;[鲁]山东省平原永恒化工有限公司〈P2145〉;德州信达化工有限公司(1000 吨)〈P2142〉

【使用厂】[津]天津市津南区振华化工厂〈P1594〉;[冀]邢台铁牛染料化工有限公司〈P1644〉;[鲁]德州虹桥染料化工有限公司〈P2142〉;济南金信洋染料有限公司〈P2023〉;山东省乐陵市华虹染化有限公司〈P2145〉;[豫]洛阳市曙光福利染化厂〈P2186〉;洛阳瑞丰工业有限公司〈P2183〉

6-氯-2,4-二硝基苯胺;2-氯-4,6-二硝基苯胺 C03032802

6-Chloro-2,4-dinitroaniline [3531-19-9]

用作分散染料中间体

【生产厂】[津]天津市染料厂分厂(3600 吨)〈P1600〉;[冀]武邑县国兴化工有限责任公司(3600 吨)〈P1669〉

5-氯-2-甲基苯胺 C03032805

5-Chloro-2-methylaniline [95-79-4]

染料行业中可直接用其合成冰染染料红色基 KB、色酚 AS-KB,它还是一种重要的农药中间体

【生产厂】[辽]阜新三宝化工实业有限公司〈P1708〉;[沪]上海高伦现代农化股份有限公司〈P1734〉;上海市农药研究所(300 吨)〈P1764〉;[鲁]龙口市龙海精细化工有限公司(600 吨)〈P2111〉

2-硝基-4-氯乙酰苯胺;对氯邻硝基乙酰苯胺 C03032819

2-Nitro-4-chloroacetanilide [881-51-6]

【生产厂】[苏]盐城市丰杯精细化工有限公司〈P1811〉

2,4-二磺酸苯甲醛 C03032821

Benzaldehyde-2,4-disulfonic acid [88-39-1]

用于生产酸性染料

【生产厂】[鲁]山东双龙化工有限公司(100 吨)〈P2115〉

【使用厂】[津]天津市染料化学第二厂〈P1600〉

4-氯-2-氨基苯酚-6-磺酸 C03032831

2-Amino-4-chlorophenol-6-sulfonic acid [88-23-3]

用作染料中间体,用于合成酸性媒介藏青 RRN

【生产厂】[苏]吴江市汇丰化工厂〈P1910〉;[鲁]山东双龙化工有限公司(80 吨)〈P2115〉

2-氨基-4-硝基苯酚-6-磺酸 C03032835

2-Amino-4-nitrophenol-6-sulfonic acid

用作染料中间体,主要用于制造 M 型活性染料和酸性染料

【生产厂】[苏]靖江市长江化工有限公司〈P1824〉;[浙]上虞亿得化工有限公司〈P1949〉

6-硝基-2-氨基苯酚-4-磺酸 C03032837

2-Amino-6-nitrophenol-4-sulfonic acid [96-93-5]

用作染料中间体

【生产厂】[辽]鞍山市兴懋化工有限责任公司〈P1696〉;[苏]吴江市万达化工厂〈P1911〉

2-氯-4-氨基甲苯;邻氯对氨基甲苯;3-氯-4-甲基苯胺;2B 油 C03032841

4-Amino-2-chlorotoluene;3-Chloro-4-methylaniline [95-74-9]

用于制造有机颜料中间体 2B 酸和农药绿麦隆除草剂及医药中间体等

【生产厂】[浙]嘉兴精化化工有限公司〈P1941〉;平湖市双马精细化工有限公司(1000 吨)〈P1943〉;嘉兴市南化化工有限公司(1440 吨)〈P1942〉;浙江新农化工股份有限公司〈P1970〉

4-氯吲哚 C03032848

4-Chloroindole [25235-85-2]

【生产厂】[苏]宜兴市中宇药化技术有限公司〈P1888〉

吲哚;苯并吡咯 C03032850

Indole;1-Benzazole [120-72-9]

是香料、医药、植物生长激素药的原料

【生产厂】[京]北京成宇化工有限公司〈P1545〉;[辽]辽宁鞍山市贝达合成化工厂〈P1697〉;[苏]南京苏如化工有限公司〈P1789〉;上海梅山企业发展有限公司南京化工实业分公司〈P1792〉;仪征市鼎信化工有限公司(3 吨)〈P1820〉;江苏省如东大恒生化科技有限公司(180 吨)〈P1831〉;[鲁]山东定陶友帮化工有限公司〈P2159〉

【使用厂】[苏]江苏华派集团〈P1807〉;[浙]嘉兴市步云染化厂〈P1941〉

靛红;吲哚满二酮;吲哚酮;吲哚-2,3-二酮 C03032851
Isatin;Indole-2,3-dione [91-56-5]
用于制还原染料和药物等
【生产厂】[苏]扬州康宏化工有限公司〈P1817〉;[豫]河南省九州药业有限责任公司(120 吨)〈P2211〉

5-羟基吲哚 C03032853
5-Hydroxyindole [1953-54-4]
用作有机中间体
【生产厂】[京]北京成宇化工有限公司〈P1545〉;[沪]上海凯路化工有限公司〈P1747〉;[苏]南京锐马精细化工有限公司〈P1788〉;宜兴市中宇药化技术有限公司〈P1888〉

3,3′-二吲哚甲烷 C03032854
3,3′-Diindolylmethane [1968-05-4]
【生产厂】[京]北京达科思精细化工研究所〈P1545〉;[苏]南京锐马精细化工有限公司〈P1788〉;[浙]杭州江南化工有限公司〈P1919〉

5-氯吲哚 C03032860
5-Chloroindole [17422-32-1]
【生产厂】[苏]南京锐马精细化工有限公司〈P1788〉;宜兴市中宇药化技术有限公司〈P1888〉;[浙]浙江车头制药有限公司〈P1963〉

4-氯靛红 C03032864
4-Chloroisatin [6344-05-4]
【生产厂】[鲁]青岛和兴精细化学有限公司(150 吨)〈P2036〉

7-氟靛红 C03032891
7-Fluoroisatin
【生产厂】[沪]上海威远精细氟科技发展有限公司〈P1769〉

5-硝基靛红;5-硝基吲哚-2,3-二酮 C03032895
5-Nitroisatin [611-09-6]
【生产厂】[鄂]武汉市天麦染料实业有限公司〈P2233〉

5-甲基靛红;5-甲基吲哚-2,3-二酮 C03032899
5-Methylisatin;5-Methylindole-2,3-dione [608-05-9]
【生产厂】[鄂]武汉市天麦染料实业有限公司〈P2233〉

3,5-二氯-4-吡啶酮-1-乙酸 C03032931
3,5-Dichloro-4-pyridone-1-acetic acid
用作制取头孢西酮的中间体
【生产厂】[冀]河北亚诺化工有限公司〈P1623〉

6-羟乙基砜基-2-萘胺 C03032961
6-Hydroxyethylsulfonyl-2-naphthalamine [52218-35-6]
用作活性染料中间体
【生产厂】[苏]靖江市长江化工有限公司〈P1824〉

4-β-羟乙砜基硫酸酯苯胺-2-磺酸;磺化对位酯 C03032991
4-β-Hydroxyethylsulfonyl sulfate aniline-2-sulfonic acid [42986-22-1]
用作活性染料中间体
【生产厂】[冀]河北省大名县瑞恒化工有限责任公司〈P1640〉;[苏]靖江市长江化工有限公司〈P1824〉

3-β-羟乙砜基硫酸酯苯胺-6-磺酸;磺化间位酯 C03032995
3-β-Hydroxyethylsulfonyl sulfate aniline-6-sulfonic acid [41261-80-7]
【生产厂】[苏]靖江市长江化工有限公司〈P1824〉

***N*-乙基-1-萘胺**;*N*-乙基甲萘胺 C03033011
N-Ethyl-1-naphthalenamine [118-44-5]
用作染料中间体
【生产厂】[苏]苏州林通染料化工有限公司〈P1902〉;[鲁]潍坊浩鑫精细化工有限公司〈P2102〉

***N*-甲基-1-萘甲胺** C03033031
N-Methyl-1-naphthalenemethylamine [14489-75-9]
【生产厂】[苏]常州市武进鸣凰化学厂〈P1854〉;常州市武进临川化工有限公司〈P1854〉;[鲁]山东齐河银飞达化工有限公司(200 吨)〈P2145〉

***N*-甲基-1-萘甲胺盐酸盐** C03033041
N-Methyl-1-naphthalenemethylamine hydrochloride
用作烯丙胺类抗真菌药特比萘芬的中间体
【生产厂】[沪]上海立科药物化学有限公司〈P1750〉;[苏]常州联新化工有限公司〈P1848〉;常州市武进鸣凰化学厂〈P1854〉;常州市武进临川化工有限公司〈P1854〉;[鲁]山东齐河银飞达化工有限公司(100 吨)〈P2145〉

原丙酸三乙酯;1,1,1-三乙氧基丙烷 C03033101
Triethyl orthopropionate [115-80-0]
用于有机合成,制染料、药物和胶片增感剂等
【生产厂】[沪]上海邦成化工有限公司〈P1728〉;[鲁]莱芜市润中精细化工有限公司〈P2140〉

2-甲基-4,5-二氢-1,3-噻唑;2-甲基-2-噻唑啉;2-甲基噻唑啉 C03033201
2-Methyl-4,5-dihydro-1,3-thiazole;2-Methyl-2-thiazoline [2346-00-1]
用作增感染料中间体
【生产厂】[鲁]滕州吉田香料有限公司〈P2078〉

2-氨基-1,3,4-噻二唑 C03033271
2-Amino-1,3,4-thiadiazole [4005-51-0]
用作医药、染料的中间体
【生产厂】[浙]杭州新龙化工有限公司〈P1924〉

苯并噁唑酮;苯并噁唑啉酮 C03033310
2-Benzoxazolinone;*o*-Phenylene carbamate [59-49-4]
用于生产染料及合成中间体
【生产厂】[京]北京精益精化工有限公司〈P1553〉;[沪]上海中科同力化工材料有限公司〈P1779〉;[豫]洛阳市曙光化工厂(60 吨)〈P2186〉;[陕]陕西宏庆医药化学有限公司〈P2346〉

3-甲基苯并噁唑酮 C03033321
3-Methylbenzoxazolinone [21892-80-8]
用作农药中间体

【生产厂】[沪]上海旭升精细化工技术研究所〈P1773〉

6-(2-羟乙基砜基)苯并噁唑酮 C03033351
6-(2-Hydroxyethylsulfonyl)-2(3*H*)-benzoxazolone
[5031-74-3]
【生产厂】[京]北京精益精化工有限公司〈P1553〉;[豫]洛阳市曙光化工厂(50 吨)〈P2186〉

3-乙酰基-2-苯并噁唑酮 C03033361
3-Acetyl-2-benzoxazolinone [24963-28-8]
【生产厂】[沪]上海中科同力化工材料有限公司〈P1779〉

***N*-丙酰基苯并噁唑酮** C03033371
N-Propionyl-2-benzoxazolone
【生产厂】[沪]上海中科同力化工材料有限公司〈P1779〉

苊醌;萘并乙二酮;萘嵌戊二酮;二氧化苊 C03033391
Acenaphthenequinone;1,2-Acenaphthylenedione [82-86-0]
用于制造医药及染料等
【生产厂】[辽]鞍山市兴懋化工有限责任公司〈P1696〉

4,4′-二氨基二苯胺二磺酸;4,4′酸;对对酸 C03033511
4,4′-Diaminodianilinedisulfonic acid
【生产厂】[豫]洛阳市曙光福利染化厂(400 吨)〈P2186〉

4,4′-二氨基二苯胺-2′-磺酸 C03033512
4,4′-Diaminodiphenylamine-2′-sulfonic acid [119-70-0]
用作染料中间体
【生产厂】[冀]河北永泰化工有限公司〈P1623〉;石家庄富强染料有限公司〈P1626〉

2,2′-双磺酸联苯胺;4,4′-二氨基联苯-2,2′-二磺酸 C03033515
Benzidine-2,2′-disulfonic acid;4,4′-Diaminobiphenyl-2,2′-disulfonic acid [117-61-3]
用于有机合成
【生产厂】[冀]河北泰丰化工有限责任公司〈P1640〉;[渝]湘渝化工有限公司〈P2303〉

4-氨基二苯胺-2-磺酸 C03033517
4-Aminodiphenylamine-2-sulfonic acid
【生产厂】[冀]石家庄富强染料有限公司〈P1626〉

4-氨基-4′-硝基二苯胺-2-磺酸 C03033521
4-Amino-4′-nitrodiphenylamine-2-sulfonic acid
[118-87-6]
【生产厂】[冀]石家庄富强染料有限公司〈P1626〉

3-氨基-4-甲氧基甲苯-6-磺酸;克利西丁磺酸;3-甲氧基-4-氨基-6-甲基苯磺酸 C03033531
3-Amino-4-methoxytoluene-6-sulfonic acid [6471-78-9]
用作染料及有机颜料中间体
【生产厂】[苏]高邮市康乐精细化工厂〈P1813〉;[鲁]淄博市临淄高楼化工有限公司(1000 吨)〈P2068〉

4-氨基-2-甲基-5-甲氧基-*N*-甲基苯磺酰胺;甲基磺酰胺克利西丁 C03033535
4-Amino-2-methyl-5-methoxy-*N*-methylbenzenesulfonamide
[49564-57-0]
用于有机颜料的合成
【生产厂】[浙]浙江野风药业有限公司〈P1956〉;[鲁]淄博市临淄高楼化工有限公司〈P2068〉

4-氨基-2-甲基-5-甲氧基苯磺酰胺;磺酰胺克利西丁 C03033537
4-Amino-2-methyl-5-methoxybenzenesulfonamide
[98489-97-5]
可用于生产染料
【生产厂】[鲁]淄博市临淄高楼化工有限公司〈P2068〉

4-氯-2-甲氧基-5-甲基苯胺;氯化克利西丁 C03033539
4-Chloro-2-methoxy-5-methylaniline [6376-14-3]
用作染料及颜料的中间体
【生产厂】[鲁]淄博市临淄高楼化工有限公司〈P2068〉

1-甲基吲哚啉 C03033541
1-Methylindoline [824-21-5]
【生产厂】[浙]杭州广林生物医药有限公司〈P1917〉

2-甲基吲哚啉;2-甲基二氢吲哚 C03033545
2-Methylindoline [6872-06-6]
用作染料、医药中间体
【生产厂】[京]北京成宇化工有限公司〈P1545〉;[沪]上海凯路化工有限公司〈P1747〉;[苏]吴江市万达化工厂〈P1911〉;[鲁]山东淄博三福化工开发有限公司〈P2056〉

1-氨基-2-甲基吲哚啉 C03033547
1-Amino-2-methylindoline
【生产厂】[浙]宁波市求是化工有限公司〈P1932〉

1-氨基-2-甲基吲哚啉盐酸盐 C03033549
1-Amino-2-methylindoline hydrochloride [102789-79-7]
用于合成药物吲哒帕胺
【生产厂】[苏]吴江明恒化学有限公司〈P1909〉;[浙]宁波市求是化工有限公司〈P1932〉

2-氯-5-硝基苯腈 C03033551
2-Chloro-5-nitrobenzonitrile [16588-02-6]
用作染料中间体
【生产厂】[苏]仪征市鼎信化工有限公司(60 吨)〈P1820〉;[鄂]武汉市银冠化工有限公司黄陂精细化工厂〈P2233〉;[湘]湘潭市开元化学有限公司〈P2251〉

2-氯-4-硝基苯腈 C03033553
2-Chloro-4-nitrobenzonitrile [28163-00-0]
【生产厂】[苏]泰兴市对外贸易南京有限公司〈P1792〉

4-氯-2-硝基苯腈;2-硝基-4-氯苯腈 C03033555
4-Chloro-2-nitrobenzonitrile [34662-32-3]
用作有机合成中间体
【生产厂】[黑]哈尔滨康文生化科技有限公司〈P1720〉;[沪]上海康晟实业有限公司〈P1748〉;[苏]无锡康晟精细化工有限公司〈P1874〉

4-氯-3-硝基苯腈 C03033557
4-Chloro-3-nitrobenzonitrile [939-80-0]

【生产厂】[苏]仪征市鼎信化工有限公司〈P1820〉

对氟苯肼盐酸盐 C03033565
4-Fluorophenylhydrazine hydrochloride [823-85-8]
【生产厂】[苏]常熟市新腾化工有限公司〈P1891〉

对羧基苯肼盐酸盐;对肼基苯甲酸盐酸盐 C03033567
p-Hydrazinobenzoic acid hydrochloride [24589-77-3]
【生产厂】[苏]常熟市新腾化工有限公司〈P1891〉

邻羧基苯肼盐酸盐;2-肼基苯甲酸盐酸盐 C03033569
2-Hydrazinobenzoic acid hydrochloride [52356-01-1]
【生产厂】[苏]常熟市新腾化工有限公司〈P1891〉

4-乙酰氨基-2-氨基苯磺酸;5-乙酰氨基苯胺-2-磺酸 C03033571
4-Acetamino-2-aminobenzenesulfonic acid [88-64-2]
用作活性染料中间体
【生产厂】[京]北京精益精化工有限公司〈P1553〉;[苏]靖江市长江化工有限公司〈P1824〉;常熟市新腾化工有限公司〈P1891〉

4-氨基乙酰苯胺-3-磺酸;5-乙酰氨基-2-氨基苯磺酸 C03033575
4-Aminoacetanilide-3-sulfonic acid; 5-Acetamido-2-aminobenzenesulphonic acid [96-78-6]
用作酸性红 37、直接绿 50 等染料中间体
【生产厂】[苏]靖江市长江化工有限公司〈P1824〉

1-(2,6-二氯苯基)-2-吲哚酮 C03033591
1-(2,6-Dichlorophenyl)-2-indolinone
用作药物双氯灭痛中间体
【生产厂】[辽]铁岭天德制药有限公司〈P1713〉;[苏]苏州市奥盛精细化工有限公司〈P1902〉;[豫]辉县市东普合成中间体有限责任公司〈P2202〉;河南东泰制药有限公司(300 吨)〈P2210〉

3-氨基-5-硝基苯并异噻唑 C03033701
3-Amino-5-nitrobenzoisothiazole [14346-19-1]
用作分散染料中间体
【生产厂】[苏]扬州康宏化工有限公司〈P1817〉;[湘]湘潭市开元化学有限公司〈P2251〉

3-氨基-5-硝基-7-溴苯并异噻唑 C03033711
3-Amino-5-nitro-7-bromobenzoisothiazole
【生产厂】[湘]湘潭市开元化学有限公司〈P2251〉

2-正辛基-4-异噻唑啉-3-酮;OIT C03033741
2-*n*-Octyl-4-isothiazolin-3-one [26530-20-1]
用作有机合成中间体
【生产厂】[冀]石家庄市博雅化工助剂有限公司〈P1628〉;[辽]大连星原精细化工有限公司〈P1694〉;[苏]常州恒丰化工有限公司〈P1847〉;太仓市鑫鹄化工有限公司〈P1909〉

4,5-二氯-*N*-辛基-4-异噻唑啉-3-酮 C03033751
4,5-Dichloro-*N*-octyl-4-isothiazol-3-one [64359-81-5]
【生产厂】[冀]石家庄市博雅化工助剂有限公司〈P1628〉;[苏]常州恒丰化工有限公司〈P1847〉

3-(1-哌嗪基)-1,2-苯并异噻唑盐酸盐 C03033769
3-(1-Piperazinyl)-1,2-benzisothiazole, hydrochloride [144010-02-6]
用于制备药物齐拉西酮和哌罗匹隆
【生产厂】[京]北京国联诚辉医药技术有限公司〈P1548〉;[沪]上海海隼化工科技有限公司〈P1735〉;[湘]湘潭高新区科旺化工有限公司〈P2251〉;湘潭市开元化学有限公司〈P2251〉

3-氨基苯并异噻唑 C03033781
3-Aminobenzoisothiazole
【生产厂】[湘]湘潭市开元化学有限公司〈P2251〉

1,5-萘二磺酸钠;1,5-二萘磺酸二钠 C03034601
Sodium 1,5-naphthalenedisulfonate [1655-29-4]
用于染料合成
【生产厂】[冀]河北省武强县启龙化工有限公司(300 吨)〈P1666〉;[辽]辽宁华海蓝帆化工科技有限公司〈P1684〉;[沪]上海立诚化工有限公司(300 吨)〈P1750〉;[苏]如东县通园精细化工厂(200 吨)〈P1837〉;[鲁]山东平原县忠臣化工有限公司(300 吨)〈P2145〉

1,6-萘二磺酸钠 C03034651
1,6-Naphthalenedisulfonic acid, disodium salt [1655-43-2]
用作染料中间体
【生产厂】[苏]南通海迪化工有限公司〈P1833〉;[鲁]山东平原县忠臣化工有限公司(80 吨)〈P2145〉

2,6-萘二磺酸钠 C03034661
Sodium 2,6-naphthalene disulfonate [1655-45-4]
用作染料、医药中间体
【生产厂】[京]北京马氏精细化学品有限公司〈P1555〉;[苏]南通海迪化工有限公司〈P1833〉;[鲁]山东平原县忠臣化工有限公司(50 吨)〈P2145〉

***N*-甲基-*N*-环己基-2-硝基苯磺酰胺** C03034711
N-Methyl-*N*-cyclohexyl-2-nitrobenzenesulfonamide
【生产厂】[苏]江苏常余化工有限公司(80 吨)〈P1893〉

2-氨基-*N*-甲基-*N*-环己基苯磺酰胺;2-氨基苯磺酰-*N*-甲基环己胺 C03034721
2-Amino-*N*-methyl-*N*-cyclohexylbenzenesulfonamide [70693-59-3]
用作染料中间体
【生产厂】[辽]沈阳市嘉恒化工有限公司〈P1688〉;[鲁]蓬莱鸿源化工有限公司〈P2111〉;蓬莱市前卫化工有限公司〈P2112〉

2-氨基-*N*-乙基-*N*-苯基苯磺酰胺;2-氨基苯磺酰-*N*-乙基苯胺 C03034731
2-Amino-*N*-ethyl-*N*-phenylbenzenesulfonamide [81-10-7]
用作染料中间体
【生产厂】[辽]沈阳沈潘精细化工有限公司(120 吨)〈P1687〉;沈阳市嘉恒化工有限公司(10 吨)〈P1688〉;[鲁]蓬莱鸿源化工有限公司〈P2111〉;蓬莱市前卫化工有限公司〈P2112〉

4-氨基-2,5-二甲氧基-*N*-甲基苯磺酰胺 C03034735
4-Amino-2,5-dimethoxy-*N*-methylbenzenesulfonamide
[49701-24-8]
用于合成颜料紫32
【生产厂】[鲁]淄博市临淄高楼化工有限公司〈P2068〉

4-氨基-2,5-二甲氧基-*N*-苯基苯磺酰胺 C03034739
4-Amino-2,5-dimethoxy-*N*-phenylbenzenesulfonamide
[52298-44-9]
用于合成颜料黄97
【生产厂】[鲁]淄博市临淄高楼化工有限公司〈P2068〉

2-氨基-*N*-甲基-*N*-苯基苯磺酰胺 C03034741
2-Amino-*N*-methyl-*N*-phenylbenzenesulfonamide
用作酸性染料中间体
【生产厂】[辽]沈阳市嘉恒化工有限公司(10吨)〈P1688〉

5-氨基-2-甲基-*N*-苯基苯磺酰胺;对氨基甲苯邻磺酰苯胺 C03034743
5-Amino-2-methyl-*N*-phenylbenzenesulfonamide [79-72-1]
用作精细化工、医药、农药中间体
【生产厂】[沪]上海旭升精细化工技术研究所〈P1773〉;[苏]吴江市万达化工厂〈P1911〉

***N*-甲基-*N*-苯基苯磺酰胺** C03034749
N-Methyl-*N*-phenylbenzenesulfonamide [90-10-8]
【生产厂】[沪]上海旭升精细化工技术研究所〈P1773〉

4-氨基-2-氯-5-羟基苯磺酰胺;2-氨基-4-氯苯酚-5-磺酰胺 C03034751
4-Amino-2-chloro-5-hydroxybenzensulfonamide
[41606-65-9]
用作染料、颜料中间体
【生产厂】[鄂]湖北仙隆化工股份有限公司(100吨)〈P2245〉

2-硝基苯磺酰胺;邻硝基苯磺酰胺 C03034781
2-Nitrobenzenesulfonamide [5455-59-4]
用作医药、染料中间体
【生产厂】[辽]沈阳沈潘精细化工有限公司〈P1687〉;沈阳市嘉恒化工有限公司〈P1688〉

间氨基甲磺酰苯胺;3-甲磺酰氨基苯胺 C03034791
m-Aminomethylsulfonylaniline [37045-73-1]
用作有机合成中间体
【生产厂】[京]北京精益精化工有限公司〈P1553〉

2-苯氧基甲磺酰苯胺 C03034795
2-Phenoxymethanesulfonanilide
用作消炎镇痛药尼美舒利的中间体
【生产厂】[沪]上海海隼化工科技有限公司〈P1735〉

双乙酰克利西丁磺酸钠 C03035001
Sodium acetoacetyl-2-methoxy-5-methylaniline-6-sulfonate
[133167-77-8]
用于染料合成
【生产厂】[鲁]淄博市临淄高楼化工有限公司〈P2068〉

乙酰乙酰克利西丁磺酸铵 C03035051
N-Acetoacetyl cresidine sulfonic acid ammonium salt
[72705-22-7]
用作染料及有机颜料的中间体
【生产厂】[鲁]淄博市临淄高楼化工有限公司〈P2068〉

5-氟-1-茚酮;5-氟茚酮 C03035171
5-Fluoro-1-indanone [700-84-5]
【生产厂】[苏]常州泰戈化工有限公司〈P1857〉

乙酰丁二酸二甲酯;乙酰琥珀酸二甲酯 C03035201
Dimethyl acetylsuccinate [10420-33-4]
用于合成染料、食用色素、烟用香精等
【生产厂】[津]天津市恒泽化工科技开发有限公司(100吨)〈P1589〉;[冀]沧州华光化工有限公司〈P1651〉;河北华戈化学集团〈P1654〉
【使用厂】[津]天津市染料工业研究所〈P1600〉

1,4-环己二酮-2,5-二甲酸二甲酯;丁二酰丁二酸二甲酯;2,5-二甲氧酰基-1,4-环己二酮;DMSS C03035251
Dimethyl 1,4-cyclohexanedione-2,5-dicarboxylate; Dimethyl succinylsuccinate [6289-46-9]
用于合成喹丫啶酮类颜料如颜料红122、颜料紫19等,是合成1,4-环己二酮和光敏聚合物的中间体
【生产厂】[京]北京冶建新技术公司精细化工厂〈P1564〉;[冀]沧州华光化工有限公司〈P1651〉;河北华戈化学集团〈P1654〉;[苏]苏州林通染料化工有限公司〈P1902〉

2,4,5,6-四氯嘧啶 C03035401
2,4,5,6-Tetrachloropyrimidine [1780-40-1]
用作活性染料中间体
【生产厂】[沪]上海力明工贸有限公司〈P1750〉;上海昊化化工有限公司〈P1736〉

2,4,6-三氯嘧啶 C03035451
2,4,6-Trichloropyrimidine [3764-01-0]
【生产厂】[苏]扬州康宏化工有限公司〈P1817〉

2,5,6-三氯嘧啶 C03035453
2,5,6-Trichloropyrimidine [5750-76-5]
【生产厂】[苏]江苏如东县丰利医药化工厂〈P1831〉

4,5,6-三氯嘧啶 C03035455
4,5,6-Trichloropyrimidine [1780-27-4]
【生产厂】[苏]苏州开元民生化学科技有限公司〈P1901〉

2-氯嘧啶 C03035471
2-Chloropyrimidine [1722-12-9]
用作药物丁螺环酮中间体
【生产厂】[沪]上海神和化工技术有限公司〈P1761〉;[苏]太仓市运通化工厂〈P1909〉;[浙]杭州江南化工有限公司〈P1919〉;浙江黄岩东升医药化工有限公司〈P1964〉;浙江黄岩精细化学品集团有限公司〈P1964〉;[粤]肇庆市科立化工有限公司〈P2293〉

5-溴尿嘧啶 C03035481

5-Bromouracil [51-20-7]

【生产厂】[苏]江苏如东县丰利医药化工厂〈P1831〉

5-氯-2,4,6-三氟嘧啶 C03035491

5-Chloro-2,4,6-trifluoropyrimidine

主要用于生产含氟的F型高档活性染料

【生产厂】[沪]上海力明工贸有限公司〈P1750〉

9-溴菲 C03035501

9-Bromophenanthrene [573-17-1]

【生产厂】[苏]常州市武进鸣凰化学厂〈P1854〉;常州市武进临川化工有限公司〈P1854〉;[皖]广德金邦化工有限公司〈P1986〉

3,5-二硝基-2-氨基噻吩;2-氨基-3,5-二硝基噻吩 C03035621

3,5-Dinitro-2-aminothiophene [2045-70-7]

用于合成分散绿9#

【生产厂】[湘]湘潭市开元化学有限公司〈P2251〉

2-氨基-3-氰基噻吩 C03035681

2-Amino-3-cyanothiophene

【生产厂】[湘]湘潭市开元化学有限公司〈P2251〉

2-氨基-3-氰基-4-氯-5-甲酰基噻吩 C03035691

2-Amino-3-cyano-4-chloro-5-formylthiophene

【生产厂】[湘]湘潭市开元化学有限公司〈P2251〉

***N*-羟甲基氯乙酰胺** C03036201

N-(Hydroxymethyl) chloroacetamide

用作染料中间体

【生产厂】[京]北京成宇化工有限公司〈P1545〉

靛红酸酐 C03036301

Isatoic anhydride; 1, 2-Dihydro-4H-3, 1-benzoxazine-2, 4-dione [118-48-9]

用作医药、农药、染料的原料,是除草剂苯达松的重要中间体

【生产厂】[津]天津瑞发化工科技发展有限公司〈P1577〉;[苏]南通施壮化工有限公司〈P1834〉;如东县升辉化工有限公司〈P1837〉

5-氟靛红酸酐 C03036381

5-Fluoroisatoic anhydride [321-69-7]

【生产厂】[苏]靖江市化工总厂〈P1824〉

2,3-二氰基对苯二酚;3,6-二羟基邻苯二甲腈 C03036501

2,3-Dicyanohydroquinone;3,6-Dihydroxyphthalonitrile [4733-50-0]

用作颜料中间体

【生产厂】[苏]宜兴市高塍日新化工厂〈P1884〉

乙酸叶醇酯;顺式-3-己烯醇乙酸酯 C03040150

cis-3-Hexenyl acetate [3681-71-8]

用于配制食用、日用香精

【生产厂】[沪]上海申宝香精香料有限公司〈P1760〉;上海浦杰香料有限公司〈P1756〉;[粤]广州市伟香单体香料有限公司〈P2266〉

二氢月桂烯 C03040601

Dihydromyrcene

用作香料中间体

【生产厂】[浙]建德市新化化工有限责任公司(2000吨)〈P1926〉;[闽]福建华瑞化工有限公司(300吨)〈P2002〉;[桂]广西梧州松脂股份有限公司〈P2300〉

4-甲基苯甲醚;对甲基苯甲醚;对甲氧基甲苯;大茴香醚 C03040701

4-Methylanisole;*p*-Methoxytoluene [104-93-8]

用于配制胡桃、榛子等坚果型香料

【生产厂】[苏]淮安德邦化工有限公司(1000吨)〈P1801〉;[鲁]山东广恒化工有限公司〈P2052〉;青岛东海源生化科技有限公司〈P2034〉;[鄂]武汉有机实业股份有限公司〈P2235〉

间甲基苯甲醚;3-甲氧基甲苯;3-甲基苯甲醚 C03040702

3-Methylanisole [100-84-5]

主要用于有机合成

【生产厂】[苏]淮安德邦化工有限公司(1000吨)〈P1801〉;[鲁]山东广恒化工有限公司〈P2052〉

邻甲基苯甲醚;邻甲氧基甲苯 C03040705

o-Methylanisole;*o*-Methoxytoluene [578-58-5]

是一种有机合成中间体,农药工业用于制新除草剂NK-409等

【生产厂】[苏]淮安德邦化工有限公司(1000吨)〈P1801〉;[鲁]山东广恒化工有限公司〈P2052〉

对丙烯基茴香醚;茴香脑 C03040710

Anethole;Anise camphor;*p*-Propenylanisole [104-46-1]

用作牙膏用香精、香料,也用于食品、医药等

【生产厂】[赣]江西省南方药物油厂〈P2019〉;江西省吉水三达天然药用香料油厂〈P2018〉;江西省吉水中南天然香料油厂〈P2019〉;[川]宜宾建中香料有限公司〈P2335〉

3,5-二甲氧基苯乙酮 C03040802

3,5-Dimethoxyacetophenone [39151-19-4]

用作医药中间体

【生产厂】[赣]江西正和化工有限公司(20吨)〈P2016〉

3,4-二甲氧基苯乙酮 C03040804

3,4-Dimethoxyacetophenone [1131-62-0]

【生产厂】[辽]乐凯(沈阳)科技产业有限责任公司〈P1684〉

2,4-二甲氧基苯乙酮 C03040808

2,4-Dimethoxyacetophenone [829-20-9]

【生产厂】[苏]金坛市花山化工厂〈P1861〉

2,5-二甲氧基苯乙酮 C03040809

2,5-Dimethoxyacetophenone [1201-38-3]

【生产厂】[苏]金坛市花山化工厂〈P1861〉

3-甲氧基苯乙酮;间甲氧基苯乙酮 C03040813

3-Methoxyacetophenone [586-37-8]

【生产厂】[苏]靖江市化工总厂〈P1824〉;徐州瑞赛科技实业有限公司〈P1795〉

3-甲氧基-2,4,5-三氟苯乙酮 C03040821

C

3-Methoxy-2,4,5-trifluoroacetophenone
【生产厂】[冀]河北威远亨迪生物化工有限公司〈P1622〉

α-氯代-4-甲氧基苯乙酮 C03040851
α-Chloro-4-methoxyacetophenone
用于有机合成与香料制造
【生产厂】[沪]上海海隼化工科技有限公司〈P1735〉;[苏]金坛市花山化工厂〈P1861〉

α-溴-2′-甲氧基苯乙酮 C03040875
α-Bromo-2′-methoxyacetophenone [31949-21-0]
【生产厂】[苏]南京科邦医药化工有限公司〈P1786〉

2-氟-4-甲氧基苯乙酮 C03040881
2-Fluoro-4-methoxyacetophenone [74457-86-6]
【生产厂】[沪]上海立科药物化学有限公司〈P1750〉

3-氟-4-甲氧基苯乙酮 C03040891
3-Fluoro-4-methoxyacetophenone [455-91-4]
【生产厂】[苏]江苏庙桥合成化工有限公司〈P1859〉

异长叶烷酮 C03041101
Isolongifolanone [29461-14-1]
用于香料工业
【生产厂】[苏]苏州市美花日用香料有限公司〈P1904〉

苯甲醇;苄醇 C03041201
Benzyl alcohol;Benzenemethanol [100-51-6]
用作香料的原料和定香剂,医药原料和麻醉剂、防腐剂,染色助剂,涂料和油墨的溶剂,并用于制圆珠笔油
【生产厂】[津]天津市飞鹿工贸有限公司(200吨)〈P1586〉;天津市南金化工有限公司〈P1599〉;天津市永安化工厂(5000吨)〈P1611〉;天津市隆盛化工有限公司(200吨)〈P1598〉;[辽]辽宁省沈阳中际精细化工总厂(500吨)〈P1684〉;[沪]上海茂昌化学制品有限公司〈P1753〉;[苏]常熟市金城化工有限公司(2000吨)〈P1890〉;江苏双菱化工集团有限公司〈P1798〉;连云港泰乐化学工业有限公司〈P1800〉;江苏大华药业有限公司〈P1802〉;[赣]南昌市兴赣科技实业有限公司(2000吨)〈P2010〉;[鲁]平原县芳香化学有限公司(500吨)〈P2143〉;[鄂]武汉有机新康化工有限公司〈P2235〉;武汉有机实业股份有限公司〈P2235〉;[粤]广州市荟普新材料有限公司〈P2264〉;广州市伟香单体香料有限公司〈P2266〉
【使用厂】[辽]大连金益制药厂〈P1692〉;[粤]广州化学试剂厂〈P2261〉

4-硝基苯甲醇;对硝基苯甲醇;对硝基苄醇 C03041202
4-Nitrobenzyl alcohol [619-73-8]
用作有机合成中间体
【生产厂】[辽]大连化工研究设计院〈P1692〉;[沪]上海神强实业有限公司〈P1761〉;[苏]泰兴市对外贸易南京有限公司〈P1792〉;仪征市鼎信化工有限公司(10吨)〈P1820〉;靖江市江鸿化合物有限公司〈P1825〉;南通江海高纯化学品有限公司〈P1833〉;[浙]浙江省台州市椒江天一化工厂〈P1966〉;[豫]新乡弘辰科技有限公司〈P2203〉;濮阳市银泰工贸有限公司〈P2215〉

3-硝基苯甲醇;间硝基苯甲醇;间硝基苄醇 C03041203
3-Nitrobenzyl alcohol [619-25-0]
用于有机合成
【生产厂】[苏]仪征市鼎信化工有限公司(100吨)〈P1820〉

对甲基苄醇;对甲基苯甲醇 C03041205
4-Methylbenzyl alcohol [589-18-4]
用于合成染料、医药等
【生产厂】[苏]仪征市鼎信化工有限公司(100吨)〈P1820〉;高邮市康乐精细化工厂〈P1813〉;[鄂]武汉有机新康化工有限公司〈P2235〉

对羟基苯甲醇;4-羟基苯甲醇;对羟基苄醇 C03041221
4-Hydroxybenzylalcohol [623-05-2]
用作有机合成中间体
【生产厂】[苏]仪征市鼎信化工有限公司(3吨)〈P1820〉;[浙]浙江黄岩中兴香精香料有限公司〈P1965〉;[川]成都景田生物药业有限公司〈P2312〉

间羟基苯甲醇;3-羟基苯甲醇;间羟基苄醇 C03041223
3-Hydroxybenzylalcohol [620-24-6]
【生产厂】[苏]仪征市鼎信化工有限公司〈P1820〉

水杨醇;邻羟基苄醇;2-羟基苯甲醇;邻羟基苯甲醇 C03041225
2-Hydroxybenzyl alcohol;Salicyl alcohol [90-01-7]
【生产厂】[苏]仪征市鼎信化工有限公司(40吨)〈P1820〉;高邮市康乐精细化工厂〈P1813〉;[川]成都景田生物药业有限公司〈P2312〉

2-氨基苯甲醇;邻氨基苄醇 C03041241
2-Aminobenzylalcohol [5344-90-1]
用于染料、医药等
【生产厂】[苏]仪征市鼎信化工有限公司(5吨)〈P1820〉

4-氨基苯甲醇;对氨基苯甲醇 C03041251
4-Aminobenzylalcohol [61224-32-6]
【生产厂】[苏]仪征市鼎信化工有限公司(10吨)〈P1820〉

间氨基苄醇;3-氨基苯甲醇 C03041261
3-Aminobenzylalcohol [1877-77-6]
【生产厂】[苏]仪征市鼎信化工有限公司(30吨)〈P1820〉

3,5-二羟基苯甲醇 C03041291
3,5-Dihydroxybenzylalcohol [29654-55-5]
是药物博利康尼、假密环菌素等中间体
【生产厂】[苏]南京法姆化学厂〈P1783〉;[赣]江西正和化工有限公司(20吨)〈P2016〉;[川]四川红光化工有限公司〈P2334〉

苯甲酸甲酯;尼哦油 C03041301
Methyl benzoate;Niobe oil [93-58-3]
用作纤维素酯、纤维素醚、合成树脂和橡胶的溶剂及聚酯纤维的助染剂,用于配制香精
【生产厂】[津]天津市永安化工厂(2000吨)〈P1611〉;[辽]辽阳木星化工有限公司〈P1710〉;[沪]上海邦成化工有限公司〈P1728〉;上海浦杰香料有限公司〈P1756〉;上海茂昌化学制品有限公司〈P1753〉;[苏]常州雪龙化工有限公司〈P1858〉;扬州杰迪化工有限公司〈P1817〉;德发(南通)生

物化工有限公司〈P1829〉；中外合资德发（南通）生物化工有限公司〈P1839〉；［鄂］武汉有机新康化工有限公司〈P2235〉；武汉有机实业股份有限公司〈P2235〉；［粤］广州市伟香单体香料有限公司〈P2266〉

苯甲酸戊酯 C03041341

Amyl benzoate

【生产厂】［津］天津市南金化工有限公司〈P1599〉

苯甲酸异戊酯 C03041351

Isoamyl benzoate [94-46-2]

【生产厂】［津］天津市南金化工有限公司〈P1599〉

苯甲醚；茴香醚；甲氧基苯 C03041401

Anisole [100-66-3]

用于生产香料、染料、医药、农药，也用作溶剂

【生产厂】［京］北京马氏精细化学品有限公司〈P1555〉；［沪］上海华彩精细化工有限公司〈P1738〉；上海三微实业有限公司〈P1759〉；［苏］淮安德邦化工有限公司（3000 吨）〈P1801〉；［浙］浙江省嘉兴市巨强化工有限公司（200 吨）〈P1944〉；［鲁］山东广恒化工有限公司〈P2052〉；潍坊海化三江化工有限公司〈P2102〉

【使用厂】［沪］上海泰顿化工有限公司〈P1766〉；［鲁］山东东大化学工业有限公司〈P2052〉

莰烯 C03041601

Camphene [79-92-5]

用于合成香料、农药、樟脑等

【生产厂】［沪］上海华谊集团华原化工有限公司〈P1739〉；［闽］建阳市青松化工有限公司（700 吨）〈P2005〉；［桂］广西梧州松脂股份有限公司〈P2300〉

松油醇；萜品醇 C03041701

Terpineol [8000-41-7]

用于配制香精，也用于医药、农药、塑料、肥皂、油墨工业中，又是玻璃器皿上色彩的溶剂

【生产厂】［沪］上海申宝香精香料有限公司〈P1760〉；［苏］南通薄荷厂有限公司〈P1832〉；［浙］浙江龙鑫化工有限公司（400 吨）〈P1970〉；温州市化学试剂有限公司〈P1938〉；［闽］福建欣诺日化有限公司〈P1988〉；福建省永安风帆精细化工有限公司〈P1995〉；［赣］吉水县金海天然香料油科技有限公司〈P2017〉；江西省吉水县宏达天然香料有限公司〈P2018〉；江西省吉水县金康天然香料厂〈P2018〉；江西省吉水县康神天然药用油提炼厂〈P2018〉；江西省吉水药用提炼厂〈P2019〉；江西省南方药物油厂〈P2019〉；江西省吉安市福达天然药用油厂〈P2018〉；江西省吉安市林源香料公司〈P2018〉；［鲁］青岛加华化工有限公司（2000 吨）〈P2038〉；［粤］怀集县长林化工有限责任公司（1000 吨）〈P2294〉；［桂］广西化工研究院〈P2296〉；广西化工研究院-广西新晶科技有限公司〈P2296〉；［川］四川省宜宾市川汇香料有限责任公司〈P2335〉；宜宾建中香料有限公司〈P2335〉

α-松油醇；α-萜品醇 C03041711

α-Terpineol [10482-56-1]

用于调和肥皂、香皂及化妆品香料，可用于紫丁香等的调和香精

【生产厂】［闽］三明市梅列香料厂〈P1996〉；［赣］江西省吉水县宏达天然香料有限公司〈P2018〉；［粤］广州市伟香单体香料有限公司〈P2266〉

β-溴苯乙烯；溴代苏合香烯 C03041901

2-Bromostyrene；2-Bromostyrol [103-64-0]

用作香料中间体

【生产厂】［鄂］武汉市合中化工制造有限公司〈P2232〉；武汉远城科技发展有限公司〈P2235〉

溴三苯乙烯 C03041951

Bromotriphenylethylene [1607-57-4]

用作有机合成中间体

【生产厂】［京］北京奥得赛化学有限公司〈P1543〉；［苏］苏州园方化工有限公司〈P1907〉

2,4,5-三甲基噻唑 C03042201

2,4,5-Trimethylthiazole [13623-11-5]

用于配制香精，也用于有机合成

【生产厂】［沪］上海凯路化工有限公司〈P1747〉；［鲁］山东滕州悟通香料有限责任公司（1 吨）〈P2078〉；滕州市香源化工有限责任公司〈P2079〉；滕州吉田香料有限公司〈P2078〉

2-甲基噻唑 C03042211

2-Methylthiazole [3581-87-1]

用作食用香精

【生产厂】［鲁］山东滕州悟通香料有限责任公司（1 吨）〈P2078〉；滕州吉田香料有限公司〈P2078〉

4-甲基噻唑 C03042221

4-Methylthiazole [693-95-8]

用作医药、香料中间体

【生产厂】［沪］上海泰顿化工有限公司〈P1766〉；［苏］上海三维制药公司太仓岳王药物原料厂〈P1898〉；［鲁］山东滕州悟通香料有限责任公司〈P2078〉；滕州市香源化工有限责任公司〈P2079〉；滕州吉田香料有限公司〈P2078〉

5-甲基噻唑 C03042225

5-Methylthiazole [3581-89-3]

用于合成药物中间体

【生产厂】［冀］河北华戈化学集团〈P1654〉

2,4-二甲基噻唑 C03042231

2,4-Dimethylthiazole [541-58-2]

用作日用、食用香精

【生产厂】［鲁］山东滕州悟通香料有限责任公司（1 吨）〈P2078〉；滕州市香源化工有限责任公司〈P2079〉；滕州吉田香料有限公司〈P2078〉

4,5-二甲基噻唑 C03042235

4,5-Dimethylthiazole [3581-91-7]

【生产厂】［沪］上海泰顿化工有限公司〈P1766〉；上海凯路化工有限公司〈P1747〉；［苏］上海三维制药公司太仓岳王药物原料厂〈P1898〉；［鲁］滕州市香源化工有限责任公司〈P2079〉；滕州吉田香料有限公司〈P2078〉

4-甲基-5-羟乙基噻唑；4-甲基-5-噻唑乙醇 C03042241

4-Methyl-5-(β-hydroxyethyl) thiazole [137-00-8]

用于坚果类、奶制品、肉制品等，用作医药中间体

【生产厂】［沪］上海泰顿化工有限公司（100 吨）〈P1766〉；［苏］南京奥德赛化工有限公司〈P1782〉；昆山华旭精细化工有限公司〈P1895〉；苏州市海鑫医药化工有限公司〈P1903〉；太仓制药厂〈P1909〉；上海三维制药公司太仓岳王药物原料厂〈P1898〉；［鲁］山东滕州悟通香料有限责任

公司(50 吨)〈P2078〉;滕州天祥香精香料有限公司〈P2079〉;滕州市香源化工有限责任公司〈P2079〉;滕州吉田香料有限公司〈P2078〉;[鄂]襄樊市隆晔医药化工有限公司〈P2238〉

C

2-异丁基噻唑 C03042261
2-Isobutyl thiazole [18640-74-9]
用作食用香精
【生产厂】[鲁]山东滕州悟通香料有限责任公司(1 吨)〈P2078〉;滕州吉田香料有限公司〈P2078〉;[湘]湘潭市开元化学有限公司〈P2251〉

2-异丁基-4-甲基噻唑;2-异丁基-5-甲基噻唑 C03042265
2-Isobutyl-4-methylthiazole;2-Isobutyl-5-methylthiazole [61323-24-8]
【生产厂】[鲁]山东滕州悟通香料有限责任公司〈P2078〉

4-甲基-5-(2-乙酰氧乙基)噻唑;4-甲基-5-噻唑乙基乙酸酯 C03042271
4-Methyl-5-(2-acetoxyethyl) thiazole;4-Methyl-5-thiazolylethyl acetate [656-53-1]
【生产厂】[苏]昆山华旭精细化工有限公司〈P1895〉;苏州市海鑫医药化工有限公司〈P1903〉;太仓制药厂〈P1909〉;[鲁]山东滕州悟通香料有限责任公司(5 吨)〈P2078〉;滕州市香源化工有限责任公司〈P2079〉;滕州吉田香料有限公司〈P2078〉

4-甲基-5-乙烯基噻唑 C03042275
4-Methyl-5-vinylthiazole [1759-28-0]
【生产厂】[沪]上海泰顿化工有限公司〈P1766〉;[苏]上海三维制药公司太仓岳王药物原料厂〈P1898〉;[鲁]山东滕州悟通香料有限责任公司〈P2078〉;滕州市香源化工有限责任公司〈P2079〉;滕州吉田香料有限公司〈P2078〉

2-乙酰基噻唑 C03042281
2-Acetylthiazole [24295-03-2]
用作香料
【生产厂】[沪]上海凯路化工有限公司〈P1747〉;[鲁]滕州吉田香料有限公司〈P2078〉

2-乙基-4-甲基噻唑 C03042291
2-Ethyl-4-methylthiazole [15679-12-6]
【生产厂】[沪]上海凯路化工有限公司〈P1747〉;[鲁]山东滕州悟通香料有限责任公司〈P2078〉;滕州市香源化工有限责任公司〈P2079〉;滕州吉田香料有限公司〈P2078〉

2-乙基-4,5-二甲基噻唑 C03042293
2-Ethyl-4,5-dimethylthiazole
【生产厂】[鲁]滕州吉田香料有限公司〈P2078〉

2-溴噻唑 C03042295
2-Bromothiazole [3034-53-5]
【生产厂】[沪]上海虹生实业有限公司〈P1737〉;[鲁]滕州吉田香料有限公司〈P2078〉
【使用厂】[鲁]山东滕州悟通香料有限责任公司〈P2078〉

2,4-二溴噻唑 C03042299
2,4-Dibromothiazole [4175-77-3]
用作有机合成中间体
【生产厂】[苏]常州康力化工有限公司〈P1848〉

二苯甲酮;二苯酮 C03042301
Benzophenone;Diphenyl ketone [119-61-9]
常用于香皂香精,用于紫外线吸收剂、颜料、医药与试剂的生产,也是氟橡胶的低温快速硫化剂
【生产厂】[晋]山西新天源医药化工有限公司〈P1677〉;[沪]上海康晟实业有限公司〈P1748〉;上海泰禾(集团)有限公司〈P1767〉;[苏]南京奥德赛化工有限公司〈P1782〉;金坛市三方医药原料厂〈P1862〉;江阴市飞云化工有限公司〈P1869〉;[豫]河南昊海实业有限公司(240 吨)〈P2165〉;新郑市永兴工贸有限公司(1500 吨)〈P2169〉;[鄂]襄樊市裕昌精细化工有限公司〈P2238〉;[湘]湖南省洪江市昌和化工有限责任公司〈P2257〉;[渝]重庆长风化工厂(2500 吨)〈P2303〉
【使用厂】[苏]江苏省江阴制药厂〈P1866〉;[鄂]湖北科兴医药化工股份有限公司〈P2237〉

苄基苯基甲酮;α-苯基苯乙酮;脱氧苯偶姻;二苯乙酮 C03042311
Benzyl phenyl ketone;α-Phenylacetophenone [451-40-1]
【生产厂】[苏]金坛市群乐化工助剂研究所〈P1862〉

二乙醇缩乙醛;乙缩醛;1,1-二乙氧基乙烷 C03042701
1,1-Diethoxyethane;Acetal;Diethyl acetal [105-57-7]
用作重要的酒类添加剂,可作溶剂使用,也用于染料、塑料、香料的合成等
【生产厂】[沪]上海威方精细化工有限公司〈P1769〉;上海华彭实业有限公司〈P1739〉;上海闵南化工厂(200 吨)〈P1753〉;[苏]盐城鸿泰生物工程有限公司〈P1810〉;[豫]河南省康源香料有限公司(1000 吨)〈P2176〉

苯乙酸乙酯 C03042801
Ethyl phenylacetate [101-97-3]
用于配制各种花香型日用香精
【生产厂】[沪]上海申宝香精香料有限公司〈P1760〉;上海浦杰香料有限公司〈P1756〉;上海罗店化工总厂〈P1752〉;[苏]句容市顺风助剂厂〈P1843〉;苏州市美花日用香料有限公司〈P1904〉;太仓市振湖化工厂〈P1909〉;泰兴市医药化工厂(500 吨)〈P1827〉
【使用厂】[苏]利君集团镇江制药有限责任公司〈P1843〉;[鲁]万达集团股份有限公司〈P2088〉

苯乙酸甲酯 C03042811
Methyl phenylacetate [101-41-7]
用作香料,用于配制蜂蜜、巧克力、烟草等型香精
【生产厂】[沪]上海农药厂有限公司〈P1755〉;[苏]句容市顺风助剂厂〈P1843〉;苏州市苏瑞医药化工有限公司〈P1905〉;昆山市新镇振东化工厂〈P1898〉;[鄂]武汉有机新康化工有限公司〈P2235〉

苦杏仁酸甲酯;α-羟基苯乙酸甲酯;扁桃酸甲酯 C03042821
Methyl α-hydroxyphenylacetate
【生产厂】[浙]台州耀业医化有限公司〈P1962〉;[皖]安徽省广德科苑化工有限公司〈P1986〉

邻氯苯乙酸甲酯 C03042831

Methyl 2-chlorophenylacetate
【生产厂】[苏]沭阳金凯化工厂〈P1804〉

α-甲酰基苯乙酸甲酯 C03042861
Methyl α-formylphenylacetate
【生产厂】[苏]苏州市苏瑞医药化工有限公司〈P1905〉

对羟基苯乙酸甲酯 C03042871
Methyl 4-hydroxyphenylacetate [14199-15-6]
用作医药中间体
【生产厂】[苏]泰兴市兴源石化厂〈P1827〉;江苏省姜堰市鑫鑫化工有限公司(50 吨)〈P1822〉

对叔丁基苯乙酸甲酯 C03042881
Methyl *p-tert*-butylphenylacetate [33155-60-1]
用作香精香料
【生产厂】[鲁]山东滕州悟通香料有限责任公司〈P2078〉

对羟基苯乙酸乙酯 C03042891
Ethyl 4-hydroxyphenylacetate
用作医药中间体
【生产厂】[苏]泰兴市兴源石化厂〈P1827〉;江苏省姜堰市鑫鑫化工有限公司(50 吨)〈P1822〉;[鲁]山东博森精细化工有限公司〈P2084〉

对甲氧基苯乙酸乙酯 C03042895
Ethyl *p*-methoxyphenylacetate [14062-18-1]
【生产厂】[鄂]湖北祥云(集团)化工股份有限公司〈P2244〉

2,4-二甲基-5-乙酰基噻唑 C03042901
2,4-Dimethyl-5-acetylthiazole [38205-60-6]
用作香料中间体
【生产厂】[沪]上海凯路化工有限公司〈P1747〉;[鲁]山东滕州悟通香料有限责任公司(2 吨)〈P2078〉;滕州市香源化工有限责任公司〈P2079〉;滕州吉田香料有限公司〈P2078〉

4-甲基-5-乙酰基噻唑 C03042951
5-Acetyl-4-methylthiazole
【生产厂】[鲁]滕州吉田香料有限公司〈P2078〉

2-异丙基-4-甲基噻唑 C03043001
2-Isopropyl-4-methylthiazole [15679-13-7]
用于香料
【生产厂】[沪]上海凯路化工有限公司〈P1747〉;[鲁]山东滕州悟通香料有限责任公司(5 吨)〈P2078〉;滕州市润隆香料有限公司〈P2079〉;滕州吉田香料有限公司〈P2078〉

苯甲酸苄酯 C03043101
Benzyl benzoate [120-51-4]
用于麝香的溶剂和香精的定香剂、樟脑的代用品,也用于配制百日咳药、气喘药等
【生产厂】[津]天津市永安化工厂(800 吨)〈P1611〉;天津市隆盛化工有限公司(1500 吨)〈P1598〉;[辽]辽宁省沈阳中际精细化工总厂(400 吨)〈P1684〉;[沪]上海浦杰香料有限公司〈P1756〉;上海茂昌化学制品有限公司〈P1753〉;上海华盛香料厂〈P1739〉;[苏]常州雪龙化工有限公司〈P1858〉;江苏华昌(集团)有限公司〈P1893〉;江苏大华药业有限公司〈P1802〉;[鄂]武汉有机新康化工有限公司〈P2235〉;武汉有机实业股份有限公司〈P2235〉;[粤]广州市伟香单体香料有限公司〈P2266〉

氢化松油醇;氢化萜品醇 C03043201
Dihydro-α-terpineol; Hydrogenated terilenol
[498-81-7]
用于调配香料、香精,也用作生产双氧水和电子产品的溶剂
【生产厂】[浙]浙江龙鑫化工有限公司(400 吨)〈P1970〉;[湘]湖南松源化工有限公司〈P2248〉;[川]宜宾建中香料有限公司〈P2335〉
【使用厂】[鲁]山东烟台凯联化工有限公司〈P2115〉

3-甲基吲哚 C03043301
3-Methylindole [83-34-1]
用作有机合成试剂
【生产厂】[京]北京成宇化工有限公司〈P1545〉;北京高盟化工有限公司〈P1548〉;[沪]上海华彩精细化工有限公司〈P1738〉;上海凯路化工有限公司〈P1747〉

4-甲基吲哚 C03043305
4-Methylindole [16096-32-5]
用作有机合成试剂
【生产厂】[苏]宜兴市中宇药化技术有限公司〈P1888〉

1-甲基吲哚;*N*-甲基吲哚 C03043309
1-Methylindole; *N*-Methylindole [603-76-9]
用于制药
【生产厂】[京]北京成宇化工有限公司〈P1545〉;[沪]上海凯路化工有限公司〈P1747〉;[苏]南京锐马精细化工有限公司〈P1788〉;[浙]杭州广林生物医药有限公司〈P1917〉

2-甲基吲哚 C03043311
2-Methylindole [95-20-5]
用作有机合成试剂,染料中间体
【生产厂】[京]北京达科思精细化工研究所〈P1545〉;北京成宇化工有限公司(30 吨)〈P1545〉;[沪]上海三维制药有限公司〈P1760〉;上海凯路化工有限公司〈P1747〉;[苏]吴江市万达化工厂〈P1911〉;[鲁]山东恒嘉精细化工有限公司〈P2053〉;山东淄博三福化工开发有限公司(200 吨)〈P2056〉

6-甲基吲哚 C03043315
6-Methylindole [3420-02-8]
用作有机合成试剂
【生产厂】[冀]邯郸市永和化工有限公司〈P1639〉;[苏]宜兴市中宇药化技术有限公司〈P1888〉

5-甲基吲哚 C03043331
5-Methylindole; 5-methyl-1*H*-indole [614-96-0]
用作有机合成试剂
【生产厂】[苏]宜兴市中宇药化技术有限公司〈P1888〉;江苏省如东大恒生化科技有限公司〈P1831〉;[川]爱斯特(成都)医药技术有限公司〈P2309〉

1,2-二甲基吲哚 C03043351
1,2-Dimethylindole [875-79-6]
用于制备染料
【生产厂】[京]北京成宇化工有限公司〈P1545〉;[沪]上海凯路化工有限公司〈P1747〉

2,3-二甲基吲哚 C03043353
2,3-Dimethylindole [91-55-4]
用作染料、医药中间体

【生产厂】[京]北京成宇化工有限公司〈P1545〉;[沪]上海凯路化工有限公司〈P1747〉;[鲁]山东恒嘉精细化工有限公司〈P2053〉

C

2,3,3-三甲基吲哚 C03043361

2,3,3-Trimethylindole [1640-39-7]

用于合成菁染料

【生产厂】[京]北京成宇化工有限公司〈P1545〉;[辽]辽宁华海蓝帆化工科技有限公司〈P1684〉;[苏]宜兴市中宇药化技术有限公司〈P1888〉

7-乙基吲哚 C03043371

7-Ethylindole [22867-74-9]

【生产厂】[苏]宜兴市中宇药化技术有限公司〈P1888〉

3-吲哚乙酰胺 C03043381

3-Indoleacetamide;Indole-3-acetamide [879-37-8]

用于有机合成

【生产厂】[浙]浙江海宁群力化工有限公司〈P1943〉

2,3-二甲基-2-丁烯;四甲基乙烯 C03043451

2,3-Dimethyl-2-butene;Tetramethylethylene [563-79-1]

用于生产菊酸、香料

【生产厂】[鲁]山东大成农药股份有限公司〈P2051〉

4,5-二甲基-2-异丁基-3-噻唑啉 C03043501

4,5-Dimethyl-2-isobutyl-3-thiazoline [65894-83-9]

【生产厂】[鲁]山东滕州悟通香料有限责任公司〈P2078〉;滕州市香源化工有限责任公司〈P2079〉;滕州吉田香料有限公司〈P2078〉

R-(-)-2-氧代噻唑啉-4-羧酸 C03043551

R-(-)-2-Oxothiazolidine-4-carboxylic acid [19771-63-2]

【生产厂】[鲁]青岛裕达精细化工有限公司(12 吨)〈P2046〉

3-甲硫基己醇 C03043601

3-Methylthio-1-hexanol [51755-66-9]

【生产厂】[鲁]滕州吉田香料有限公司〈P2078〉

4,4′-双仲丁氨基三苯基甲烷 C03050101

4,4′-Di(*sec*-butylamino)triphenylmethane [5285-60-9]

用于制造软泡、硬泡、涂料、胶黏剂、弹性体等

【生产厂】[鲁]烟台万华聚氨酯股份有限公司(1000 吨)〈P2119〉

异丙基氯甲基碳酸酯 C03050201

Isopropyl chloromethyl carbonate [35180-01-9]

用作有机合成中间体

【生产厂】[苏]溧阳市永安精细化工有限公司〈P1864〉;扬州三友合成化工有限公司〈P1818〉;[浙]浙江台州海翔医药化工有限公司〈P1968〉;[赣]江西金海化工有限公司〈P2014〉

癸二腈 C03050301

Sebaconitrile [1871-96-1]

是尼龙 1010 和尼龙 1012 的中间体

【生产厂】[苏]无锡市兴达尼龙有限公司〈P1880〉

三聚甲醛;三噁烷;三氧杂环己烷 C03050601

Metaformaldehyde;Trioxane;Trioxymethylene [110-88-3]

用作工程塑料聚甲醛及其他化学品的中间体,并用作消毒剂等

【生产厂】[沪]上海华彭实业有限公司〈P1739〉;上海闵南化工厂〈P1753〉

【使用厂】[辽]大连瑞泽农药股份有限公司〈P1693〉;[苏]扬州市恒生化工有限公司〈P1818〉

双酚 A 二异丙醇醚;2,2-二[对-(*β*-羟基丙氧基)苯基]丙烷 C03050801

2,2-Bis[4-(*β*-hydroxypropoxy)phenyl]propane

是制备耐化学腐蚀性、耐热、耐高机械强度的不饱和聚酯树脂的主要中间体

【生产厂】[苏]溧阳市后周福利溶剂厂〈P1863〉;[浙]嘉兴东方树脂厂〈P1941〉

4,4′-二(2-氨基苯磺酸)双酚 A 酯 C03050901

4,4′-Di(2-aminobenzenesulfonyl)bisphenol A ester [68015-60-1]

用作医药、染料中间体

【生产厂】[辽]沈阳沈潘精细化工有限公司(120 吨)〈P1687〉;[鲁]蓬莱市前卫化工有限公司〈P2112〉

1,4-二(4-氟苯甲酰基)苯 C03051001

1,4-Bis(4-fluorobenzoyl)benzene

用作合成材料中间体

【生产厂】[鄂]武汉怡兴化工有限公司〈P2235〉

甲基丙烯酸羟乙酯 C03051101

Hydroxyethyl methacrylate [868-77-9]

用于合成医用高分子材料、热固性涂料及黏合剂等

【生产厂】[京]北京东方亚科力化工科技有限公司〈P1546〉;[辽]抚顺安信化学有限公司〈P1697〉;[苏]无锡润利化工有限公司〈P1874〉

4-氯苯磺酰氯;对氯苯磺酰氯 C03051401

4-Chlorobenzenesulfonyl chloride [98-60-2]

用作医药、农药中间体

【生产厂】[沪]上海中科同力化工材料有限公司〈P1779〉;[苏]苏州诚和医药化学有限公司〈P1899〉;江苏托球农化有限公司〈P1808〉;[浙]嘉兴市向阳化工厂〈P1942〉;嘉兴市金利化工有限责任公司〈P1942〉

对三氟甲基苯磺酰氯 C03051411

p-Trifluoromethylbenzenesulfonyl chloride [2991-42-6]

【生产厂】[津]天津市筠凯化工科技有限公司〈P1597〉;[辽]阜新奥瑞凯精细化工有限公司〈P1707〉

邻三氟甲基苯磺酰氯 C03051413

o-Trifluoromethylbenzenesulfonyl chloride [776-04-5]

【生产厂】[津]天津市筠凯化工科技有限公司〈P1597〉;[辽]阜新奥瑞凯精细化工有限公司〈P1707〉

间三氟甲基苯磺酰氯 C03051415

m-Trifluoromethylbenzenesulfonyl chloride [777-44-6]

【生产厂】[津]天津市筠凯化工科技有限公司〈P1597〉

邻三氟甲氧基苯磺酰氯 C03051421

o-Trifluoromethoxybenzenesulfonyl chloride [103008-51-1]

【生产厂】[辽]阜新奥瑞凯精细化工有限公司〈P1707〉

间三氟甲氧基苯磺酰氯 C03051423
m-Trifluoromethoxybenzenesulfonyl chloride
[220227-84-9]
【生产厂】[辽]阜新奥瑞凯精细化工有限公司〈P1707〉

3,5-二氯苯磺酰氯 C03051435
3,5-Dichlorobenzenesulfonyl chloride
【生产厂】[京]北京嘉盛扬医药科技有限公司〈P1551〉

3,5-双三氟甲基苯磺酰氯 C03051471
3,5-Bis(trifluoromethyl)benzenesulfonyl chloride
[39234-86-1]
【生产厂】[辽]阜新奥瑞凯精细化工有限公司〈P1707〉

2,6-二氟苯磺酰氯 C03051481
2,6-Difluorobenzenesulfonyl chloride [60230-36-6]
【生产厂】[京]北京嘉盛扬医药科技有限公司〈P1551〉;[沪]上海再启生物技术有限公司〈P1777〉

间羧基苯磺酰氯 C03051491
m-Carboxybenzenesulfonyl chloride
【生产厂】[苏]苏州诚和医药化学有限公司〈P1899〉

亚乙基脲;乙烯脲;2-咪唑烷酮 C03051501
Ethyleneurea;2-Imidazolidinone [120-93-4]
用作甲醛捕获剂,精细化学品的中间体,也用于制树脂和配制增塑剂、喷漆、胶黏剂等
【生产厂】[浙]长兴明华精细化工有限公司〈P1944〉

多亚甲基多苯基多异氰酸酯;PAPI C03051601
Polymethylene polyphenyl isocyanate;Polymeric MDI
[9016-87-9]
用于制造泡沫塑料、黏合剂等
【生产厂】[鲁]烟台万华合成革集团有限公司(27 万吨)〈P2119〉;烟台万华聚氨酯股份有限公司(28 万吨)〈P2119〉;[渝]重庆长风化工厂(459 吨)〈P2303〉

苯代三聚氰胺;2,4-二氨基-6-苯基-1,3,5-三嗪;苯鸟粪胺 C03051801
Benzoguanamine;2,4-Diamino-6-phenyl-1,3,5-triazine
[91-76-9]
可与醇酸树脂、丙烯酸树脂等混合以制造涂料
【生产厂】[沪]上海涂料有限公司〈P1768〉;上海旭升精细化工技术研究所〈P1773〉;上海南大化工厂(1500 吨)〈P1754〉;上海新大化工厂(350 吨)〈P1771〉

2-氨基-4,6-二氯-1,3,5-三嗪;一氨基三聚氯氰 C03051871
2-Amino-4,6-dichloro-1,3,5-triazine [933-20-0]
【生产厂】[京]北京三嗪兴达化学研究所〈P1557〉

2,4-二氨基-6-氯-1,3,5-三嗪;二氨基三聚氯氰 C03051881
2,4-Diamino-6-chloro-1,3,5-triazine [3397-62-4]
【生产厂】[京]北京三嗪兴达化学研究所〈P1557〉

2-氯-4,6-双烯丙基三嗪 C03051891
2-Chloro-4,6-diallyl-1,3,5-triazine
用作有机中间体
【生产厂】[豫]郑州路路德化学制品有限公司〈P2171〉

2-氨基-4-甲氧基-6-甲基-1,3,5-三嗪;均三嗪 C03051901
2-Amino-4-methoxy-6-methyl-1,3,5-triazine [1668-54-8]
主要用于造纸涂料、聚合物乳液、金属加工液的杀菌防腐等
【生产厂】[津]天津市中兴天泰科技发展有限公司(500 吨)〈P1613〉;[苏]常州市浩楠化工有限公司〈P1851〉;江苏瑞邦农药厂〈P1860〉;[浙]金华市金龙化工有限公司〈P1953〉;[赣]江西日上化工有限公司〈P2017〉

2-甲氨基-4-甲氧基-6-甲基-1,3,5-三嗪;*N*-甲基三嗪;甲氨基均三嗪 C03051910
2-Methylamino-4-methoxy-6-methyl-1,3,5-triazine
[5248-39-5]
用作农药除草剂中间体
【生产厂】[苏]常州市浩楠化工有限公司〈P1851〉;江苏瑞邦农药厂〈P1860〉;苏州丽兰化工有限公司〈P1902〉;[浙]金华市金龙化工有限公司〈P1953〉

2-氨基-4-甲氨基-6-乙氧基-1,3,5-三嗪 C03051931
2-Amino-4-methylamino-6-ethoxy-1,3,5-triazine
用作农药中间体
【生产厂】[苏]江苏瑞邦农药厂〈P1860〉;[浙]金华市金龙化工有限公司〈P1953〉

2-氯-4,6-二甲氧基-1,3,5-三嗪 C03051951
2-Chloro-4,6-dimethoxy-1,3,5-triazine [3140-73-6]
是稳定的,但活性极强的肽(缩氨酸)的偶合试剂,多用于多肽的合成
【生产厂】[苏]苏州永拓医药科技有限公司〈P1907〉;盐城利民农化有限公司〈P1810〉

2,4-二羟基-6-苯基-1,3,5-三嗪 C03051971
2,4-Dihydroxy-6-phenyl-1,3,5-triazine [7459-63-4]
【生产厂】[沪]上海旭升精细化工技术研究所〈P1773〉

2,4-二氯-6-甲氧基-1,3,5-三嗪 C03051981
2,4-Dichloro-6-methoxy-1,3,5-triazine;DCMT
[3638-04-8]
用作反应缩合剂
【生产厂】[苏]苏州永拓医药科技有限公司〈P1907〉

2,4-二氯-6-苯基-1,3,5-三嗪 C03051991
2,4-Dichloro-6-phenyl-1,3,5-triazine [1700-02-3]
【生产厂】[沪]上海旭升精细化工技术研究所〈P1773〉

甲基丙烯酸-β-羟丙酯;甲基丙烯酸羟丙酯 C03052401
2-Hydroxypropyl methacrylate [923-26-2]
用于辐射固化体系中的活性稀释剂和交联剂,亦可作为树脂交联剂,塑料、橡胶改性剂
【生产厂】[京]北京东方亚科力化工科技有限公司〈P1546〉;[辽]抚顺安信化学有限公司〈P1697〉;[苏]无锡润利化工有限公司〈P1874〉

1,1,3-三甲基环己烷 C03052501

1,1,3-Trimethylcyclohexane [3073-66-3]

【生产厂】[苏]常熟市金城化工有限公司〈P1890〉

对苯二甲基二甲醚;1,4-二(甲氧基甲基)苯 C03052701

1,4-Bis(methoxymethyl)benzene [6770-38-3]

用作有机合成中间体,用于合成树脂等

【生产厂】[苏]高邮市康乐精细化工厂〈P1813〉;[鲁]寿光市金泽洋化工有限公司〈P2100〉;[鄂]武汉有机实业股份有限公司〈P2235〉

间氨基苯乙炔 C03055401

3-Aminophenylacetylene [54060-30-9]

用于合成航空、航天、军事等领域的高档树脂及合成新型抗癌药物的重要中间体

【生产厂】[苏]赣榆县尤利特化工有限公司〈P1797〉;[鲁]胶州市精细化工有限公司〈P2031〉

OB-1 氯苄;4-(苯并噁唑-2-基)苄基氯 C03055501

4-(Benzoxazol-2-yl)benzyl chloride

用于合成荧光增白剂 OB-1

【生产厂】[苏]连云港贝斯特化工有限公司〈P1798〉;[浙]杭州格丽特化工有限公司〈P1917〉

荧光增白剂 OB-1 醛;4-(苯并噁唑-2-基)苯甲醛 C03055551

Fluorescent brightener OB-1 aldehyde

用于合成荧光增白剂 OB-1 等中间体

【生产厂】[黑]大庆新世纪精细化工有限公司〈P1722〉;[苏]连云港贝斯特化工有限公司〈P1798〉;[浙]杭州格丽特化工有限公司〈P1917〉

4,4′-二苯乙烯二羧酸;芪二酸 C03056001

4,4′-Diphenylethylenedicarboxylic acid [100-31-2]

主要用于生产荧光增白剂 OB-1

【生产厂】[冀]河北星宇化工有限公司〈P1623〉;[辽]大连昊华化工有限公司〈P1692〉;大连化工研究设计院〈P1692〉;[苏]南通鹏陈化工有限公司〈P1834〉

2-羟基-3-叔丁基-5-甲基-4′-氯-2′-硝基偶氮苯 C03056401

2-Hydroxy-3-*tert*-butyl-5-methyl-4′-chloro-2′-nitroazobenzene

主要用于合成紫外线吸收剂 UV-326

【生产厂】[沪]上海市金山区漕泾化工厂〈P1763〉

2-羟基-5-异辛基-2′-硝基偶氮苯 C03056501

2-Hydroxy-5-isooctyl-2′-nitroazobenzene

主要用于合成紫外线吸收剂 UV-329

【生产厂】[沪]上海市金山区漕泾化工厂〈P1763〉;[鲁]山东瀛寰化工有限公司〈P2056〉

2-羟基-3,5-二叔丁基-4′-氯-2′-硝基偶氮苯 C03056601

2-Hydroxy-3,5-di-*tert*-butyl-4′-chloro-2′-nitroazobenzene

主要用于合成紫外线吸收剂 UV-327

【生产厂】[沪]上海市金山区漕泾化工厂〈P1763〉

4,4′-氧代双苯磺酰氯;OBSC C03056701

4,4′-Oxybis(benzenesulfonyl chloride)

是生产 OBSH 发泡剂的中间体

【生产厂】[苏]苏州诚和医药化学有限公司〈P1899〉

1,1-二(4-羟基苯基)-1-苯基乙烷;双酚 AP;BHPPE C03056901

1,1-Bi(4-hydroxyphenyl)-1-phenylethane [1571-75-1]

主要用于制造高分子材料如环氧树脂、聚碳酸酯等,也可用于制造聚氯乙烯热稳定剂、增塑剂、橡胶防老剂等

【生产厂】[苏]南京曙光化工集团有限公司〈P1789〉;南京金陵化工厂有限责任公司〈P1785〉;淮安市华泰化工有限公司(100 吨)〈P1801〉;[赣]江西金海化工有限公司〈P2014〉

3,3′,5,5′-四甲基-4,4′-联苯二酚;3,3′,5,5′-四甲基-4,4′-二羟基联苯 C03057001

3,3′,5,5′-Tetramethyl-4,4′-biphenol [2417-04-1]

用于合成酚氧树脂

【生产厂】[甘]甘肃省化工研究院(200 吨)〈P2355〉

3,3′,5,5′-四甲基联苯二酚二缩水甘油醚 C03057101

3,3′,5,5′-Tetramethyl-4,4′-diphenol diglycidyl ether [85954-11-6]

用于合成含有联苯结构二缩水甘油醚型环氧树脂

【生产厂】[甘]甘肃省化工研究院(200 吨)〈P2355〉

2,2-二乙氧基乙醇 C03060121

2,2-Diethoxyethanol [621-63-6]

用作医药中间体

【生产厂】[苏]苏州市海鑫医药化工有限公司〈P1903〉;太仓制药厂〈P1909〉;宿迁市永星药业有限公司〈P1805〉

2,2′-联吡啶-4,4′-二甲酸 C03060201

2,2′-Dipyridyl-4,4′-dicarboxylic acid [6813-38-3]

用作电子化学品

【生产厂】[苏]苏州工业园区亚科化学试剂有限公司〈P1900〉

3,5,6-三氯吡啶-2-醇 C03060251

3,5,6-Trichloro-2-pyridinol [6515-38-4]

【生产厂】[黑]鹤岗市清华紫光英力农化有限公司〈P1725〉

溴乙胺氢溴酸盐;2-溴乙胺氢溴酸盐 C03060301

2-Bromoethylamine hydrobromide [2576-47-8]

用作有机合成中间体、医药中间体等

【生产厂】[沪]上海南翔试剂有限公司(20 吨)〈P1754〉

2-硝基-1,4-双(2-羟乙氨基)苯 C03060451

Bis-1,4-(2-Hydroxyethylamino)-2-nitrobenzene [84041-77-0]

【生产厂】[苏]苏州市相城区青台精细化工有限公司〈P1905〉

绕丹宁 C03060591

Rhodanine [141-84-4]
用作有机合成试剂(如制取苯丙氨酸)及分析化学中测定银的试剂
【生产厂】[沪]上海旭升精细化工技术研究所〈P1773〉

N,N-二乙基十二酰胺;N,N-二乙基月桂酰胺 C03060701
N,N-Diethyllauramide [3352-87-2]
用作感光材料的中间体
【生产厂】[粤]广东西陇化工有限公司〈P2276〉

硫氰酸辛酯 C03060801
n-Octyl thiocyanate [19942-78-0]
【生产厂】[苏]盐城中亚医药化工有限公司(100吨)〈P1812〉

硫氰酸丁酯 C03060811
N-Butyl thiocyanate [628-83-1]
【生产厂】[苏]南京科邦医药化工有限公司〈P1786〉;盐城中亚医药化工有限公司(100吨)〈P1812〉

异硫氰酸乙酯 C03060821
Ethyl isothiocyanate [542-85-8]
【生产厂】[苏]南京科邦医药化工有限公司〈P1786〉

异硫氰酸烯丙酯 C03060841
Allyl isothiocyanate [57-06-7]
用于制备食品添加剂、医药、杀虫剂、杀菌剂等
【生产厂】[鲁]青岛加华化工有限公司〈P2038〉

硫氰酸丙酯 C03060844
Propyl thiocyanate
【生产厂】[苏]盐城中亚医药化工有限公司(100吨)〈P1812〉

异硫氰酸丙酯 C03060845
Propyl isothiocyanate [628-30-8]
【生产厂】[苏]南京科邦医药化工有限公司〈P1786〉

硫氰酸乙酯 C03060871
Ethyl thiocyanate;Thiocyanic acid ethyl ester [542-90-5]
【生产厂】[京]北京鲁玫信悦生物科技中心〈P1555〉;[苏]南京科邦医药化工有限公司〈P1786〉;盐城中亚医药化工有限公司(100吨)〈P1812〉

苯甲酰基异硫氰酸酯 C03060881
Benzoyl isothiocyanate [532-55-8]
用于合成农药、医药、染料等
【生产厂】[鲁]青岛加华化工有限公司〈P2038〉

2-苯乙基异硫氰酸酯;异硫氰酸-2-苯乙酯 C03060891
2-Phenylethyl isothiocyanate [2257-09-2]
【生产厂】[浙]台州市奥力特精细化工有限公司〈P1961〉

2-氨基芴 C03060901
2-Aminofluorene [153-78-6]
用作有机合成中间体
【生产厂】[辽]鞍山市惠丰化工有限责任公司〈P1695〉

1,8-二氮杂-9-芴酮;DFO C03060921
1,8-Diaza-9-fluorenone [54078-29-4]
用作荧光染料,广泛用于潜指纹检测,特别对纸质材料上的潜指纹有非常高的灵敏度
【生产厂】[苏]苏州工业园区亚科化学试剂有限公司〈P1900〉

9-芴酮 C03060931
9-Fluorenone [486-25-9]
用作有机合成中间体
【生产厂】[辽]鞍山市兴懋化工有限责任公司〈P1696〉;辽宁鞍山市贝达合成化工厂〈P1697〉;[沪]上海万凯化学有限公司〈P1768〉;[苏]常州市武进临川化工有限公司〈P1854〉;[浙]宁波市贝特化工新材料有限公司〈P1932〉

2,7-二羟基-9-芴酮 C03060941
2,7-Dihydroxy-9-fluorenone [42523-29-5]
【生产厂】[苏]常州市武进临川化工有限公司〈P1854〉

双酚芴 C03060951
Fluorene-9-bisphenol [3236-71-3]
用作有机合成中间体
【生产厂】[苏]常州市武进临川化工有限公司〈P1854〉;常熟亚美化工有限公司〈P1892〉;宿迁市永星药业有限公司〈P1805〉

9-芴乙酸 C03060961
9-Fluoreneacetic acid;Fluorene-9-acetic acid [6284-80-6]
【生产厂】[沪]上海万凯化学有限公司〈P1768〉;[苏]常州市武进临川化工有限公司〈P1854〉

9-芴甲酸 C03060971
9-Fluorenecarboxylic acid;9-Carboxyfluorene [1989-33-9]
用于有机合成和制备染料、树脂及杀虫剂的原料
【生产厂】[沪]上海万凯化学有限公司〈P1768〉

9-羟基芴-9-羧酸;9-羟基-9-芴甲酸 C03060981
9-Hydroxy-9-fluorenecarboxylic acid [467-69-6]
用于制药
【生产厂】[辽]鞍山市惠丰化工有限责任公司〈P1695〉;[苏]常州市武进鸣凰化学厂〈P1854〉;常州市武进临川化工有限公司〈P1854〉

9-羟基-9-芴甲酸甲酯 C03060993
Methyl 9-hydroxyfluorene-9-carboxylate [1216-44-0]
【生产厂】[苏]常州市武进鸣凰化学厂〈P1854〉

芴甲氧羰酰胺 C03060997
9-Fluorenylmethyl carbamate [84418-43-9]
用作氨基酸保护剂
【生产厂】[沪]吉尔生化(上海)有限公司〈P1726〉

9-芴甲基氯甲酸酯;氯甲酸-9-芴基甲酯;芴甲氧羰酰氯 C03060999
9-Fluorenylmethyl chloroformate;FMOC-Chloride;Fmoc-Cl [28920-43-6]
主要用于固相多肽合成

【生产厂】[沪]吉尔生化(上海)有限公司〈P1726〉;[苏]扬州宝盛生物化工有限公司〈P1817〉

4-氯-2-氟-5-硝基乙酰苯胺 C03061051
4-Chloro-2-fluoro-5-nitroacetanilide
用于制备高效、低毒、低残留农药和新型高效除草剂的中间体
【生产厂】[辽]大连瑞泽农药股份有限公司〈P1693〉

C

1,3-丙基磺酸内酯;1,3-丙烷磺内酯;1,3-丙磺酸内酯 C03061305
1,3-Propylsultone [1120-71-4]
用作医药中间体,也用于制革、油墨及增感染料合成
【生产厂】[苏]苏州工业园区亚科化学试剂有限公司〈P1900〉;[鲁]淄博星之联化工有限公司(80吨)〈P2074〉;山东瀛寰化工有限公司〈P2056〉;[鄂]武汉中德远东精细化工有限公司(150吨)〈P2236〉;湖北凌志化工科技实业有限公司〈P2242〉

1,5-二对羟苯基-1,4-戊二烯-3-酮 C03061401
1,5-Di(*p*-hydroxyphenyl)-1,4-pentadien-3-one [3654-49-7]
【生产厂】[鄂]湖北仙隆化工股份有限公司〈P2245〉

2-甲硫基苯并噻唑;2-甲硫基硫氮茚 C03061531
2-Methylthiobenzothiazole [615-22-5]
【生产厂】[冀]中国乐凯胶片集团公司〈P1649〉

5-溴-2-巯基苯并噻唑 C03061551
5-Bromo-2-mercaptobenzothiazole [71216-20-1]
【生产厂】[苏]南京科邦医药化工有限公司〈P1786〉

5-氯-2-巯基苯并噻唑 C03061591
5-Chloro-2-mercaptobenzothiazole [5331-91-9]
【生产厂】[冀]保定市乐凯化学有限公司〈P1645〉;中国乐凯胶片集团公司〈P1649〉;[苏]苏州市相城区青台精细化工有限公司〈P1905〉

2-甲基-4-甲氧基二苯胺;对苯氨基间甲基苯甲醚 C03061701
2-Methyl-4-methoxydiphenylamine [41317-15-1]
用作压敏染料、医药、橡胶、农药的重要中间体
【生产厂】[京]北京清华紫光英力化工技术有限责任公司〈P1557〉;[冀]沧州天一化工有限公司〈P1653〉;[鲁]寿光富康制药有限公司(1200吨)〈P2099〉;山东默锐化学有限公司〈P2096〉

4-联苯乙酮;4-乙酰基联苯;4-苯基苯乙酮 C03061851
4-Acetyldiphenyl;4-Phenylacetophenone [92-91-1]
用作医药中间体
【生产厂】[沪]上海邦成化工有限公司〈P1728〉;[苏]金坛市花山化工厂〈P1861〉;[浙]杭州国晨化工技术有限公司〈P1917〉;[皖]安徽省广德科苑化工有限公司〈P1986〉

对溴联苯乙酮;4-乙酰基对溴联苯;4′-(4-溴苯基)苯乙酮 C03061871
4-Bromo-4′-acetyldiphenyl
是鼠药溴敌龙的有效成分
【生产厂】[京]北京金奥利维科技发展有限公司〈P1551〉;北京马氏精细化学品有限公司〈P1555〉

α-氯代联苯乙酮;2-氯-4′-苯基苯乙酮;4-氯乙酰基联苯 C03061891
2-Chloro-4′-phenylacetophenone [635-84-7]
【生产厂】[苏]金坛市花山化工厂〈P1861〉

对氰基联苯;对苯基苯腈 C03061911
4-Cyanobiphenyl;Phenyl benzonitrile [28804-96-8]
【生产厂】[京]北京精益精化工有限公司〈P1553〉

对乙基苯腈;对氰基乙苯 C03061941
p-Ethylbenzonitrile;*p*-Cyanoethylbenzene [25309-65-3]
【生产厂】[苏]句容市顺风助剂厂〈P1843〉

酯化物;联苯二氯苄酯化物;4,4′-双(二乙氧磷酰甲基)联苯 C03061951
4,4′-Bis(diethoxyphosphonomethyl)diphenyl [17919-34-5]
用作有机合成中间体,用于合成荧光增白剂 CBS-X、CBS-127 等
【生产厂】[京]大庆开发区新世纪精细化工有限公司北京裕立化工有限公司〈P1567〉;北京奥得赛化学有限公司〈P1543〉;北京杨村化工有限公司〈P1564〉;北京瀑润化工产品有限责任公司〈P1557〉;[黑]大庆新世纪精细化工有限公司〈P1722〉;[苏]宝应县中宝云鹏化工有限公司〈P1813〉;[浙]杭州国晨化工技术有限公司〈P1917〉

4,4′-二(氯甲基)联苯 C03061961
4,4′-Bis(chloromethyl)biphenyl [1667-10-3]
是合成高档荧光增白剂、电子化学品的原料
【生产厂】[京]北京金奥利维科技发展有限公司〈P1551〉;[冀]河北星宇化工有限公司(100吨)〈P1623〉

4,4′-二甲氧基甲基联苯 C03061971
4,4′-Di(methoxymethyl)diphenyl
主要用于阻燃树脂的合成,尤其是液晶聚合物的合成
【生产厂】[京]北京杨村化工有限公司〈P1564〉;[冀]河北星宇化工有限公司(100吨)〈P1623〉

4,4′-双(二甲氧基膦酰甲基)联苯 C03061981
4,4′-Bis(dimethoxyphosphonomethyl)diphenyl
用作合成高档荧光增白剂的原料
【生产厂】[冀]河北星宇化工有限公司(100吨)〈P1623〉

间氯过氧化苯甲酸 C03062291
m-Chloroperoxybenzoic acid [937-14-4]
可用作氧化剂,漂白剂等
【生产厂】[津]天津瑞发化工科技发展有限公司〈P1577〉;[苏]江苏宜兴市第二化学试剂厂〈P1866〉;[湘]湘潭高新区林盛化学有限公司〈P2251〉

正己酰氯;己酰氯 C03062401
n-Caproyl chloride;*n*-Hexanoyl chloride [142-61-0]
用作有机合成的酰化剂
【生产厂】[冀]邯郸市林峰精细化工有限公司〈P1638〉;[浙]浙江省湖州沙龙化工有限公司〈P1947〉;[鲁]淄博镇荣工

贸有限公司〈P2076〉

异丁酰氯；氯化异丁酰；2-甲基丙酰氯 C03062411
Isobutyryl chloride；2-Methylpropanoyl chloride
[79-30-1]
用作有机合成中间体，是生产高效光引发剂PI-906、PI-907的原料
【生产厂】[浙]浙江省湖州沙龙化工有限公司〈P1947〉；[鲁]淄博镇荣工贸有限公司〈P2076〉；潍坊潍泰化工有限公司(300吨)〈P2106〉；[甘]甘肃省化工研究院(300吨)〈P2355〉
【使用厂】[苏]昆山三友医药辅料厂〈P1896〉

顺丁烯二酸二乙酯；失水苹果酸二乙酯；马来酸二乙酯 C03062651
Diethyl maleate [141-05-9]
用作农药中间体，用于制备有机磷农药马拉硫磷，也可用于生产香料
【生产厂】[京]北京冶建新技术公司精细化工厂〈P1564〉；[苏]南京东方石油化工厂〈P1783〉；常州夏青化工有限公司〈P1857〉；无锡市梁溪精细化工有限公司〈P1877〉；[陕]陕西宝鸡宝玉化工有限公司〈P2351〉

3-苯丙酸；氢化肉桂酸 C03062931
3-Phenylpropionic acid [501-52-0]
用作医药中间体，也用于有机合成
【生产厂】[沪]上海万凯化学有限公司〈P1768〉；[苏]江苏省句容市中山化工研究所〈P1842〉

2-苯丙酸；α-苯丙酸；2-苯基丙酸 C03062935
2-Phenylpropionic acid；DL-α-phenylpropionic acid
[492-37-5]
用作医药中间体
【生产厂】[冀]河北省化学工业研究院〈P1621〉

3,4-二甲氧基苯丙酸；3,4-二甲氧基氢化肉桂酸 C03062941
3-(3,4-Dimethoxyphenyl) propionic acid；3,4-Dimethoxyhydrocinnamic acid [2107-70-2]
用作医药中间体
【生产厂】[苏]南京科邦医药化工有限公司〈P1786〉；江苏飞翔化工(张家港)有限公司〈P1893〉；南通集海化工有限公司〈P1833〉

对羟基苯丙酸；3-(4-羟基苯基)丙酸 C03062951
p-Hydroxyphenylpropionic acid；3-(4-Hydroxyphenyl) propionic acid [501-97-3]
用作医药中间体
【生产厂】[京]北京金奥利维科技发展有限公司〈P1551〉；[辽]辽阳市众诺化学工业有限公司(60吨)〈P1711〉；[苏]江苏飞翔化工(张家港)有限公司〈P1893〉；江苏省姜堰市鑫鑫化工有限公司(80吨)〈P1822〉

2,2-二羟基苯丙酸 C03062961
2,2-Dihydroxyphenylpropionic acid
【生产厂】[京]北京达科思精细化工研究所〈P1545〉

3-(4-硝基苯基)丙酸 C03062975
3-(4-Nitrophenyl) propionic acid
用作医药中间体
【生产厂】[鲁]山东中科泰斗化学有限公司〈P2030〉

对甲氧基-β-苯丙酸；3-(4-甲氧基苯基)丙酸 C03062981
4-Methoxy-β-phenylpropionic acid [1929-29-9]
用作医药中间体
【生产厂】[苏]江苏飞翔化工(张家港)有限公司〈P1893〉

苯甲酰甲酸；苯乙酮酸 C03062995
Benzoylformic acid；Phenylglyoxylic acid [611-73-4]
【生产厂】[皖]安徽省广德科苑化工有限公司〈P1986〉

联苯正戊酮 C03063001
4-(2-Amylacyl) diphenyl；4-(2-Pentanone) diphenyl；4-(2-Valeryl) diphenyl
用作液晶中间体
【生产厂】[苏]金坛市花山化工厂〈P1861〉

正戊酰氯；戊酰氯 C03063101
n-Pentanoyl chloride；Valeryl chloride [638-29-9]
用作有机合成的酰化剂
【生产厂】[京]北京马氏精细化学品有限公司〈P1555〉；[冀]邯郸市林峰精细化工有限公司〈P1638〉；[沪]上海三微实业有限公司〈P1759〉；[浙]浙江省湖州沙龙化工有限公司〈P1947〉；浙江黄岩澄江精细化工厂〈P1964〉

2-甲基丁酰氯 C03063111
2-Methylbutyryl chloride [5856-79-1]
【生产厂】[冀]河北省化学工业研究院〈P1621〉

5-氯戊酰氯 C03063121
5-Chlorovaleryl chloride [1575-61-7]
【生产厂】[沪]上海万凯化学有限公司〈P1768〉

联苯基苯甲酮；4-苯甲酰基联苯；4-苯基二苯甲酮 C03063751
4-Benzoylbiphenyl；4-Phenylbenzophenone [2128-93-0]
用作医药中间体及光固化引发剂
【生产厂】[鄂]武汉怡兴化工有限公司〈P2235〉；湖北省化学研究院〈P2228〉；襄樊一诺精细化工有限公司〈P2238〉；湖北科兴医药化工股份有限公司〈P2237〉；襄樊明熙化工有限公司〈P2238〉

正庚基苯 C03063801
n-Heptylbenzene [1078-71-3]
【生产厂】[京]北京马氏精细化学品有限公司〈P1555〉

4-氯-3-氨磺酰基苯甲酰氯 C03064251
4-Chloro-3-sulfamoylbenzoyl chloride [70049-77-3]
【生产厂】[苏]苏州开元民生化学科技有限公司〈P1901〉

3-苯甲酰基苯甲酰氯 C03064271
3-Benzoylbenzoyl chloride [77301-47-4]
【生产厂】[苏]昆山化工医药原料有限公司〈P1895〉

苯庚酮；庚酰基苯 C03064401
Heptanophenone；1-Phenyl-1-heptanone [1671-75-6]
用于有机合成

C

【生产厂】[京]北京马氏精细化学品有限公司〈P1555〉

2,6-二甲基-4-庚酮;二异丁基甲酮 C03064551
2,6-Dimethyl-4-heptanone;Diisobutyl ketone [108-83-8]
用作有机合成中间体
【生产厂】[京]北京佳友盛新技术开发中心〈P1551〉;[辽]锦州经济技术开发区六陆实业股份有限公司化工分公司(1000 吨)〈P1701〉;[苏]宜兴市中港精细化工有限公司〈P1888〉

正庚酰氯;庚酰氯 C03064601
n-Heptanoyl chloride [2528-61-2]
用于有机合成
【生产厂】[京]北京马氏精细化学品有限公司〈P1555〉;[浙]浙江省湖州沙龙化工有限公司〈P1947〉

4-甲基苯磺酸乙酯;对甲苯磺酸乙酯 C03064701
Ethyl 4-toluenesulfonate [80-40-0]
用于有机合成,作乙基化试剂和感光材料中间体,也是乙酸纤维素的增韧剂
【生产厂】[浙]嘉兴市金利化工有限责任公司〈P1942〉

对甲苯磺酸氟乙酯 C03064751
Fluoroethyl *p*-toluenesulfonate
【生产厂】[浙]台州耀业医化有限公司〈P1962〉

乙基磷酰二氯;二氯磷酸乙酯 C03064851
Ethylphosphorodichloridate;Ethyl dichlorophosphate [1498-51-7]
【生产厂】[苏]江苏常余化工有限公司〈P1893〉

2,4,6-三羟基-3,5-二甲基苯乙酮 C03064951
2,4,6-Trihydroxy-3,5-dimethylacetophenone
【生产厂】[晋]山西省大同市阳高制药厂〈P1673〉

4-庚基苯甲酸 C03065101
4-Heptylbenzoic acid [38350-87-7]
【生产厂】[京]北京马氏精细化学品有限公司〈P1555〉

对己氧基苯甲酸 C03065131
4-*n*-Hexyloxybenzoic acid [1142-39-8]
【生产厂】[赣]江西犇牛医药化工有限公司〈P2015〉

间苯氧基苯甲酸;醚酸 C03065161
m-Phenoxybenzoic acid [3739-38-6]
用作农药及染料中间体
【生产厂】[浙]余姚化工厂有限责任公司(100 吨)〈P1935〉

4-氯水杨酸-5-磺酰胺 C03065171
4-Chlorosalicylic acid-5-sulfonamide
【生产厂】[苏]连云港中壹精细化工有限公司〈P1801〉

2-甲氧基-5-甲磺酰基苯甲酸甲酯 C03065185
Methyl 2-methoxy-5-methylsulfonylbenzoate
【生产厂】[苏]江苏天士力帝益药业有限公司〈P1803〉

3-氨基-2,4,6-三碘苯甲酸 C03065189
3-Amino-2,4,6-triiodobenzoic acid [3119-15-1]
【生产厂】[苏]泰兴盛铭精细化工有限公司〈P1825〉

2-甲氧基-5-乙磺酰基苯甲酸甲酯 C03065199
Methyl 2-methoxy-5-ethylsulfonylbenzoate
【生产厂】[苏]苏州园方化工有限公司〈P1907〉;江苏天士力帝益药业有限公司〈P1803〉

4,5-二氨基-1-(2-羟乙基)吡唑硫酸盐 C03065201
4,5-Diamino-1-(2-hydroxyethyl)pyrazole sulfate [155601-30-2]
【生产厂】[浙]嘉兴市步云染化厂〈P1941〉

5-氨基-1-羟乙基吡唑 C03065251
5-Amino-1-hydroxyethylpyrazole
用作医药中间体
【生产厂】[浙]嘉兴市步云染化厂〈P1941〉;浙江同丰医药化工有限公司〈P1969〉

邻硝基苯乙腈 C03065605
2-Nitrophenylacetonitrile [610-66-2]
用于制药
【生产厂】[豫]河南省镇平药用原料化工有限公司〈P2223〉

对硝基苯乙腈;对硝基苄基氰 C03065606
p-Nitrophenylacetonitrile [555-21-5]
用于有机合成
【生产厂】[京]北京达科思精细化工研究所〈P1545〉;[苏]江苏沭阳同盛科技有限公司〈P1804〉;[豫]河南省镇平药用原料化工有限公司(5 吨)〈P2223〉

5-氯戊腈 C03065613
5-Chlorovaleronitrile [6280-87-1]
【生产厂】[沪]上海华彩精细化工有限公司〈P1738〉

溴乙腈 C03065615
Bromoacetonitrile [590-17-0]
用于有机合成
【生产厂】[苏]南京布莱克精细化工有限公司〈P1782〉

L-氨基丙腈盐酸盐 C03065619
L-Aminopropionitrile hydrochloride [2544-13-0]
用于药物甲基多巴的合成
【生产厂】[浙]浙江野风药业有限公司〈P1956〉

氯乙腈 C03065621
Chloroacetonitrile [107-14-2]
用作医药中间体
【生产厂】[苏]仪征市鼎信化工有限公司(120 吨)〈P1820〉;江苏庙桥合成化工有限公司〈P1859〉;如东县升辉化工有限公司〈P1837〉;[浙]台州市海峰医化有限公司〈P1961〉;衢州市聚华特种试剂厂〈P1958〉;[鄂]湖北成宇制药有限公司(300 吨)〈P2245〉
【使用厂】[苏]昆山三友医药辅料厂〈P1896〉

二氯乙腈 C03065625
Dichloroacetonitrile;Dichloromethyl cyanide [3018-12-0]
用作医药、农药中间体
【生产厂】[苏]仪征市鼎信化工有限公司(80 吨)〈P1820〉;江苏庙桥合成化工有限公司〈P1859〉;[浙]台州市海峰医化

有限公司〈P1961〉；衢州市聚华特种试剂厂〈P1958〉；[鄂]湖北成宇制药有限公司(150 吨)〈P2245〉

三氯乙腈 C03065629
Trichloroacetonitrile；Trichloromethyl cyanide
[545-06-2]
用作增效剂、杀虫剂
【生产厂】[苏]仪征市鼎信化工有限公司(80 吨)〈P1820〉；南通施壮化工有限公司〈P1834〉；如东县升辉化工有限公司〈P1837〉；[浙]台州市海峰医化有限公司〈P1961〉；[鄂]湖北成宇制药有限公司(10 吨)〈P2245〉

4-氯正丁腈；4-氯丁腈 C03065631
4-Chlorobutyronitrile [628-20-6]
【生产厂】[京]北京金奥利维科技发展有限公司〈P1551〉；[苏]沭阳金凯化工厂〈P1804〉；通州市金科化工厂〈P1839〉

(*R*)-4-氯-3-羟基丁腈 C03065635
(*R*)-4-Chloro-3-hydroxybutyronitrile [84367-31-7]
【生产厂】[辽]沈阳东宇精细化工有限公司〈P1685〉；[沪]上海科利生物医药有限公司〈P1749〉；[浙]横店集团家园化工有限公司〈P1952〉

(*S*)-4-氯-3-羟基丁腈 C03065636
(*S*)-4-Chloro-3-hydroxybutyronitrile [127913-44-4]
【生产厂】[沪]上海科利生物医药有限公司〈P1749〉

3,4-二羟基丁腈 C03065639
3,4-Dihydroxybutyronitrile
【生产厂】[辽]沈阳东宇精细化工有限公司〈P1685〉

2,3-二溴丙腈 C03065641
2,3-Dibromopropionitrile [4554-16-9]
用作有机合成中间体
【生产厂】[冀]河北省大名县瑞恒化工有限责任公司〈P1640〉

苯甲酰腈；α-氧苯乙腈 C03065649
Benzoyl cyanide；α-Oxophenylacetonitrile [613-90-1]
用作有机中间体
【生产厂】[浙]富阳市成兴化工助剂有限公司〈P1915〉

2,3-二氯丙腈 C03065651
2,3-Dichloropropionitrile [2601-89-0]
用作医药、染料中间体
【生产厂】[苏]扬州天辰精细化工有限公司〈P1819〉

对羟基苯乙腈 C03065661
p-Hydroxybenzylcyanide [14191-95-8]
用作有机合成中间体，用作合成氨酰心安药物的中间体
【生产厂】[沪]上海华钛化学有限公司〈P1739〉；[苏]金坛市社头化工厂〈P1862〉；江苏沭阳同盛科技有限公司〈P1804〉；[皖]广德金邦化工有限公司〈P1986〉

对羟基苯腈；对羟基苯甲腈 C03065663
p-Hydroxybenzonitrile [767-00-0]
是重要的精细化工原料和中间体，广泛用于合成多种医药、香料、农药、液晶材料和缓蚀剂等
【生产厂】[辽]鞍山市兴懋化工有限责任公司〈P1696〉；[沪]上海邦成化工有限公司〈P1728〉；[浙]衢州市聚华特种试剂厂〈P1958〉；[鲁]济南瑞凯化工有限公司〈P2024〉；淄博德丰化工有限公司〈P2059〉；[鄂]武汉有机实业股份有限公司〈P2235〉

间羟基苯腈 C03065664
m-Hydroxybenzonitrile [873-62-1]
【生产厂】[鄂]武汉市银冠化工有限公司黄陂精细化工厂〈P2233〉

邻羟基苯腈；邻氰基苯酚；2-氰基苯酚 C03065665
2-Hydroxybenzonitrile；2-Cyanophenol [611-20-1]
用作医药中间体
【生产厂】[浙]衢州市聚华特种试剂厂〈P1958〉；[鲁]济南瑞凯化工有限公司〈P2024〉

邻甲基苯乙腈 C03065666
o-Methylphenylacetonitrile；*o*-Methylbenzyl cyanide
[22364-68-7]
【生产厂】[鄂]武汉有机实业股份有限公司〈P2235〉

对甲基苯乙腈 C03065667
4-Methylbenzyl cyanide；4-Methylphenylacetonitrile
[2947-61-7]
用作香料、染料及药品中间体
【生产厂】[苏]句容市顺风助剂厂〈P1843〉；[鄂]武汉有机实业股份有限公司〈P2235〉

环丙基腈；环丙腈 C03065671
Cyclopropylcyanide [5500-21-0]
【生产厂】[苏]通州市金科化工厂〈P1839〉；[鄂]湖北志诚化工科技有限公司〈P2243〉

二氨基马来腈；2,3-二氨基-2-丁烯二腈 C03065677
Diaminomaleonitrile；2,3-Diamino-2-butenedinitrile
[1187-42-4]
用作合成各种杂环化合物的起始原料，还可合成医药、农药、染料、颜料等中间体，还是聚酯用分散染料的原料
【生产厂】[沪]上海雅本化学有限公司〈P1773〉；[川]四川省天然气化工研究院〈P2319〉

亚甲氨基乙腈 C03065683
Methyleneaminoacetonitrile [109-82-0]
【生产厂】[皖]安徽省恒锐新技术开发有限责任公司〈P1972〉

2-亚甲基戊二腈；2,4-二氰基-1-丁烯 C03065685
2-Methylenepentanedinitrile；2,4-Dicyano-1-butene
[1572-52-7]
用作有机合成的中间体，是制药等精细化工产品的重要原料
【生产厂】[苏]江苏托球农化有限公司〈P1808〉；盐城市旭星化工有限公司〈P1812〉

3-羟基丙腈 C03065691

C

Hydracrylonitrile;3-Hydroxypropionitrile [109-78-4]
用作医药、有机合成中间体
【生产厂】[沪]上海邦成化工有限公司〈P1728〉

3-乙氧基丙腈 C03065692
3-Ethoxypropionitrile [14631-45-9]
【生产厂】[浙]杭州中香化学有限公司〈P1925〉;宁波市求是化工有限公司〈P1932〉

1-环己烯基乙腈 C03065695
1-Cyclohexenylacetonitrile [6975-71-9]
广泛用于除草剂、杀虫剂、杀菌剂和医药中间体等
【生产厂】[苏]太仓市运通化工厂〈P1909〉

乙氧基亚甲基丙二腈 C03065697
Ethoxymethylenemalononitrile [123-06-8]
【生产厂】[苏]句容市顺风助剂厂〈P1843〉;苏州市御窑精细化工有限公司〈P1906〉;江苏振方化工有限公司〈P1803〉

4-仲辛烷基苯酚 C03065801
4-*sec*-Octyl phenol [27985-70-2]
用作乳化剂的中间体
【生产厂】[苏]昆山市南方化工厂〈P1897〉

2-甲苯磺酰胺;邻甲苯磺酰胺 C03065901
o-Toluenesulfonamide [88-19-7]
用作糖精、医药中间体等
【生产厂】[浙]嘉兴辰龙化工有限责任公司〈P1941〉;嘉兴市金利化工有限责任公司〈P1942〉

甲磺酰甲胺 C03065908
Methylsulfonylmethylamine [1184-85-6]
用作医药、农药中间体
【生产厂】[苏]昆山市新镇振东化工厂〈P1898〉

邻/对甲苯磺酰胺;混合胺 C03065911
o/*p*-Toluenesulfonamide
用于有机合成,也用于制造染料、增塑剂、合成树脂、指甲油、荧光颜料和涂料等
【生产厂】[苏]苏州金忠化工有限公司〈P1901〉;[浙]嘉兴市金禾化工有限公司〈P1942〉;嘉兴市向阳化工厂〈P1942〉;嘉兴市金利化工有限责任公司〈P1942〉

***N*-甲基对甲苯磺酰胺** C03065921
N-Methyl-*p*-toluenesulfonamide [640-61-9]
用作聚酰胺树脂增塑剂及医药中间体
【生产厂】[苏]苏州金忠化工有限公司〈P1901〉;苏州诚和医药化学有限公司〈P1899〉;[浙]嘉兴辰龙化工有限责任公司〈P1941〉;嘉兴市金禾化工有限公司〈P1942〉;嘉兴市金利化工有限责任公司〈P1942〉

***N*,*N*-二甲基对甲苯磺酰胺** C03065925
N,*N*-Dimethyl-*p*-toluenesulfonamide
【生产厂】[苏]苏州诚和医药化学有限公司〈P1899〉;[浙]嘉兴市金利化工有限责任公司〈P1942〉

***N*-甲基-*N*-亚硝基对甲苯磺酰胺** C03065931
N-Methyl-*N*-nitroso-*p*-toluenesulfonamide [80-11-5]
可用于制重氮甲烷,其性质明显优于其他用来制备重氮甲烷的亚硝基化合物
【生产厂】[苏]苏州金忠化工有限公司〈P1901〉;苏州诚和医药化学有限公司〈P1899〉;[浙]嘉兴市金利化工有限责任公司〈P1942〉;宁波市求是化工有限公司〈P1932〉

邻甲氧羰基苯磺酰胺;邻甲酸甲酯苯磺酰胺 C03065951
o-Methoxycarbonylbenzenesulfonamide [57683-71-3]
用于合成磺酰脲类农药中间体
【生产厂】[辽]大连瑞泽农药股份有限公司〈P1693〉;[苏]江苏瑞邦农药厂〈P1860〉;[浙]金华市金龙化工有限公司〈P1953〉

双苯磺酰亚胺;BBI C03065971
Bisbenzenesulfonimide;*N*-(Phenylsulfonyl)benzenesulfonamide [2618-96-4]
用作电镀添加剂中间体,用于配制电镀镍光亮剂,具有较好的柔软及光亮作用
【生产厂】[鄂]武汉风帆化工有限公司(50吨)〈P2229〉

邻甲酸乙酯苯磺酰胺;邻乙氧羰基苯磺酰胺 C03065981
o-Ethoxycarbonylbenzenesulfonamide [2026-37-1]
用作合成磺酰脲类农药中间体
【生产厂】[辽]大连瑞泽农药股份有限公司〈P1693〉;[苏]江苏瑞邦农药厂〈P1860〉;[浙]金华市金龙化工有限公司〈P1953〉

***N*-氟代二苯磺酰亚胺** C03065991
N-Fluorodibenzenesulfonimide [133745-75-2]
【生产厂】[鄂]武汉市化学工业研究所有限责任公司〈P2232〉

3-氨基-2-羟基苯乙酮盐酸盐 C03066231
3-Amino-2-hydroxyacetophenone hydrochloride [90005-55-3]
【生产厂】[苏]昆山华旭精细化工有限公司〈P1895〉;[浙]浙江优联医药化工有限公司〈P1928〉

3-乙酰氨基苯乙酮;间乙酰氨基苯乙酮 C03066251
3-Acetaminoacetophenone [7463-31-2]
用作药物扎莱普隆中间体
【生产厂】[苏]苏州永拓医药科技有限公司〈P1907〉;[浙]浙江台州海翔医药化工有限公司〈P1968〉

2-乙酰基-4-丁酰氨基苯酚;5-丁酰氨基-2-羟基苯乙酮 C03066291
2-Acetyl-4-butyramidophenol [40188-45-2]
【生产厂】[浙]杭州泰鑫医药化工有限公司〈P1922〉

2-甲氧基-4-硝基苯胺;2-氨基-5-硝基苯甲醚 C03066305
2-Methoxy-4-nitroaniline [97-52-9]
【生产厂】[苏]南京力达宁化学有限公司〈P1786〉

2,5-二甲氧基-4-硝基苯胺 C03066311
2,5-Dimethoxy-4-nitroaniline [6313-37-7]
【生产厂】[冀]大名县名鼎化工有限责任公司〈P1638〉

5-甲氧基-*N*,*N*-二甲基色胺 C03066331
5-Methoxy-*N*,*N*-dimethyltryptamine [1019-45-0]
【生产厂】[浙]浙江物产崇一医药化工有限公司〈P1956〉

5-甲氧基-α-甲基色胺 C03066335
5-Methoxy-α-methyltryptamine [1137-04-8]
【生产厂】[浙]浙江物产崇一医药化工有限公司〈P1956〉

色胺;3-(2-氨基乙基)吲哚 C03066341
Tryptamine;3-(2-Aminoethyl) indole [61-54-1]
用作有机合成中间体
【生产厂】[辽]辽宁海德医药化工有限公司〈P1699〉

5-羟基色胺盐酸盐 C03066361
5-Hydroxytryptamine hydrochioride [153-98-0]
【生产厂】[浙]浙江物产崇一医药化工有限公司〈P1956〉

5-甲氧基色胺 C03066371
5-Methoxytryptamine [608-07-1]
用作有机合成中间体
【生产厂】[浙]浙江黄岩东升医药化工有限公司〈P1964〉;浙江物产崇一医药化工有限公司〈P1956〉;[鄂]黄冈市恒兴源化工有限责任公司〈P2244〉

5-甲氧基色胺盐酸盐 C03066379
5-Methoxytryptamine hydrochloride [66-83-1]
【生产厂】[浙]浙江物产崇一医药化工有限公司〈P1956〉;[鄂]罗田县恒兴源化工有限公司〈P2244〉

4-三氟甲氧基苯胺;对三氟甲氧基苯胺 C03066381
4-Trifluoromethoxyaniline [461-82-5]
用于合成含氟医药、农药中间体等
【生产厂】[京]北京东方德众科技发展有限公司〈P1546〉;[辽]阜新金特莱氟化学有限责任公司〈P1707〉;阜新三宝化工实业有限公司〈P1708〉;[黑]佳木斯市北星有机化工有限责任公司〈P1724〉;[沪]上海试四赫维化工有限公司〈P1764〉;[苏]丹阳市大泊化工厂〈P1840〉;泰兴市三川化工有限公司〈P1826〉;[浙]衢州市九洲化工有限公司〈P1958〉;衢州瑞源化工有限公司〈P1957〉;[鲁]山东武城康达化工有限公司(300吨)〈P2146〉;山东广恒化工有限公司〈P2052〉;济宁信东化工有限公司〈P2129〉

3-三氟甲氧基苯胺;间三氟甲氧基苯胺 C03066383
3-(Trifluoromethoxy) aniline [1535-73-5]
用作医药、农药中间体
【生产厂】[辽]阜新金特莱氟化学有限责任公司〈P1707〉;阜新三宝化工实业有限公司〈P1708〉;[鲁]济宁信东化工有限公司〈P2129〉

邻三氟甲氧基苯胺;2-三氟甲氧基苯胺 C03066385
2-(Trifluoromethoxy) aniline [1535-75-7]
【生产厂】[辽]阜新金特莱氟化学有限责任公司〈P1707〉;阜新三宝化工实业有限公司〈P1708〉;[沪]上海试四赫维化工有限公司〈P1764〉;[苏]丹阳市大泊化工厂〈P1840〉;泰兴市三川化工有限公司〈P1826〉;[浙]衢州市九洲化工有限公司〈P1958〉

2-硝基苯乙酮;邻硝基苯乙酮 C03066401
2-Nitroacetophenone [577-59-3]
用作感光材料的中间体
【生产厂】[京]北京奥得赛化学有限公司〈P1543〉;[苏]南京力达宁化学有限公司〈P1786〉;[鄂]武汉市化学工业研究所有限责任公司〈P2232〉

3-硝基苯乙酮;间硝基苯乙酮 C03066403
3-Nitroacetophenone [121-89-1]
用作有机合成原料,经还原可制间氨基苯乙酮,医药工业用于制肾上腺素药物等
【生产厂】[沪]上海康晟实业有限公司〈P1748〉;[苏]徐州瑞赛科技实业有限公司〈P1795〉;[浙]浙江台州海翔医药化工有限公司〈P1968〉;[豫]新郑市永兴工贸有限公司〈P2169〉;[粤]深圳欣福林精细化工有限公司〈P2273〉

3,5-二(三氟甲基)苯乙酮 C03066431
3,5-Di(trifluoromethyl) acetophenone [30071-93-3]
用作医药、农药中间体
【生产厂】[京]北京金奥利维科技发展有限公司〈P1551〉;北京宜龙通广科技有限公司〈P1565〉;北京北化新元科技发展有限公司〈P1544〉;[沪]上海杜拿克化工有限公司〈P1732〉;[浙]浙江圣达药业有限公司〈P1967〉;[赣]江西上饶现代化工有限公司〈P2015〉

间三氟甲基苯乙酮;3′-三氟甲基苯乙酮 C03066441
m-(Trifluoromethyl) acetophenone [349-76-8]
用作农药中间体
【生产厂】[京]北京普瑞东方化学技术有限公司〈P1556〉;北京金奥利维科技发展有限公司〈P1551〉;北京宜龙通广科技有限公司〈P1565〉;北京北化新元科技发展有限公司〈P1544〉;[辽]阜新三宝化工实业有限公司〈P1708〉;[赣]江西省励远化工科技实业公司〈P2009〉

邻三氟甲基苯乙酮 C03066443
o-(Trifluoromethyl) acetophenone [17408-14-9]
【生产厂】[京]北京嘉盛扬医药科技有限公司〈P1551〉;北京宜龙通广科技有限公司〈P1565〉;[辽]阜新三宝化工实业有限公司〈P1708〉

对三氟甲基苯乙酮;4-三氟甲基苯乙酮 C03066445
4-(Trifluoromethyl) acetophenone [709-63-7]
【生产厂】[京]北京普瑞东方化学技术有限公司〈P1556〉;北京金奥利维科技发展有限公司〈P1551〉;北京宜龙通广科技有限公司〈P1565〉;北京北化新元科技发展有限公司〈P1544〉;[沪]上海金赛医药化工有限公司〈P1744〉;[赣]江西上饶现代化工有限公司〈P2015〉;[鲁]菏泽睿鹰制药集团(70吨)〈P2158〉

4-甲砜基苯乙酮;对甲砜基苯乙酮 C03066451
4-Methylsulfonylacetophenone [10297-73-1]
【生产厂】[苏]苏州诚和医药化学有限公司〈P1899〉

α-溴间硝基苯乙酮;溴代间硝基苯乙酮 C03066461
α-Bromo-3-nitroacetophenone [2227-64-7]
用于农药、医药及化工中间体
【生产厂】[苏]徐州瑞赛科技实业有限公司〈P1795〉

α-溴代对硝基苯乙酮 C03066463

C

α-Bromo-4-nitroacetophenone [99-81-0]

用作有机合成原料和医药中间体等

【生产厂】[苏]徐州瑞赛科技实业有限公司〈P1795〉

4-甲硫基苯乙酮;对甲硫基苯乙酮 C03066471

4-Methylthioacetophenone [1778-09-2]

【生产厂】[苏]金坛市花山化工厂〈P1861〉

3-硝基苯甲酸;间硝基苯甲酸 C03066501

3-Nitrobenzoic acid [121-92-6]

用作感光材料及医药中间体

【生产厂】[沪]上海康晟实业有限公司〈P1748〉;[苏]仪征市鼎信化工有限公司(600 吨)〈P1820〉;[浙]杭州力禾颜料有限公司〈P1920〉;[鲁]蓬莱鸿源化工有限公司〈P2111〉;蓬莱市前卫化工有限公司〈P2112〉;[豫]安阳市华鹰精细化工有限责任公司〈P2209〉

间硝基苯甲酸钠 C03066551

3-Nitrobenzoic acid, sodium salt [827-95-2]

用作有机合成中间体

【生产厂】[苏]仪征市鼎信化工有限公司(200 吨)〈P1820〉;[鲁]蓬莱鸿源化工有限公司〈P2111〉;蓬莱市前卫化工有限公司〈P2112〉

辛酰氯;正辛酰氯 C03066601

n-Octanoyl chloride [111-64-8]

用作有机合成酰化剂

【生产厂】[沪]上海亿际化工有限公司〈P1775〉;[苏]常州市旭东化工有限公司〈P1856〉;[浙]浙江省湖州沙龙化工有限公司〈P1947〉

羟乙基磺酸钠 C03066901

Sodium hydroxyethylsulfonate [1562-00-1]

用作表面活性剂中间体、日化及医药中间体等

【生产厂】[苏]江苏飞翔化工(张家港)有限公司(1000 吨)〈P1893〉;[鄂]湖北永安集团(5000 吨)〈P2244〉

1-萘酚-2-甲酸;1,2 酸;1-羟基-2-萘甲酸 C03067001

1-Hydroxy-2-naphthoic acid [86-48-6]

用作成色剂、电池添加剂、染料中间体等

【生产厂】[冀]河北美化化工有限公司〈P1620〉;[沪]上海立诚化工有限公司(50 吨)〈P1750〉;[苏]江苏华昌(集团)有限公司〈P1893〉;[皖]安徽李氏化工有限公司〈P1985〉

1,2-二氨基萘-5,7-二磺酸 C03067041

1,2-Diaminonaphthalene-5,7-disulfonic acid [73692-57-6]

【生产厂】[浙]杭州创引化工科技有限公司〈P1916〉

***N*,*N*,*N*′,*N*′-四甲基-1,8-萘二胺** C03067061

N,*N*,*N*′,*N*′-Tetramethyl-1,8-Naphthalenediamine [20734-58-1]

【生产厂】[辽]鞍山市惠丰化工有限责任公司〈P1695〉

硫代氯甲酸-2-萘酯 C03067081

2-Naphthyl chlorothioformate [10506-37-3]

【生产厂】[鲁]菏泽睿鹰制药集团(70 吨)〈P2158〉

2-苯胺基-3-甲基-6-二乙氨基荧烷;ODB-1 C03067201

2-Anilino-3-methyl-6-diethylaminofluorane

【生产厂】[冀]沧州天一化工有限公司〈P1653〉

2-苯胺基-3-甲基-6-二丁氨基荧烷;ODB-2;热敏染料 ODB-2 C03067221

2-Anilino-3-methyl-6-dibutylaminofluorane

用于热敏复写纸及电话传真等多种级别的热敏纸

【生产厂】[冀]沧州天一化工有限公司〈P1653〉;[鲁]寿光富康制药有限公司(1000 吨)〈P2099〉

1-溴-6,6-二甲基-2-庚烯-4-炔 C03067351

1-Bromo-6,6-dimethyl-2-hepten-4-yne

【生产厂】[沪]上海立科药物化学有限公司〈P1750〉

1-氯-6,6-二甲基-2-庚烯-4-炔 C03067361

1-Chloro-6,6-dimethyl-2-hepten-4-yne

是烯丙胺类抗真菌药特比萘芬的中间体

【生产厂】[沪]上海立科药物化学有限公司〈P1750〉;[苏]常州联新化工有限公司〈P1848〉;[浙]杭州三禾化工科技有限公司〈P1922〉

α-溴丁酸;2-溴丁酸 C03067401

α-Bromobutyric acid; 2-Bromobutyric acid [80-58-0]

用作农药、医药、有机合成中间体

【生产厂】[苏]宜兴市芳桥东方化工厂〈P1884〉;[鲁]山东定陶县润鑫精细化工有限公司〈P2159〉

2,2-双(4-羟基苯基)-1,1-二氯乙烯 C03067591

2,2-Bis(4-hydroxyphenyl)-1,1-dichloroethylene [14868-03-2]

【生产厂】[鲁]青岛裕达精细化工有限公司(10 吨)〈P2046〉

皂素;皂苷;皂角苷 C03067801

Saponins [8047-15-2]

用作乳化剂、发泡剂及防腐剂,也是制造甾体激素药物的中间体

【生产厂】[津]天津市福兴达精细有机化工有限公司(50 吨)〈P1587〉;[苏]江苏日欣实业集团有限公司〈P1816〉;[鄂]竹山县天新医药化工有限责任公司(50 吨)〈P2239〉;湖北省丹江口开泰激素有限责任公司(100 吨)〈P2239〉;[川]成都超人植化开发有限公司〈P2310〉;四川省彭州市亨达生化有限公司(240 吨)〈P2319〉

【使用厂】[津]天津市药业有限公司〈P1610〉;[豫]河南利华制药有限公司〈P2210〉

3-氯三氟甲苯;间氯三氟甲苯 C03067901

3-Chlorotrifluoromethylbenzene [98-15-7]

用作农药、染料、医药及有机合成中间体

【生产厂】[辽]辽宁天合精细化工股份有限公司(200 吨)〈P1702〉;阜新金特莱氟化学有限责任公司〈P1707〉;[苏]丹阳市大泊化工厂〈P1840〉;江苏亨泰化工有限公司〈P1797〉;淮安永创化学有限公司〈P1801〉;[浙]浙江省东阳市康峰有机氟化工厂〈P1955〉;浙江省东阳市巍华化工有限公司〈P1955〉;[鲁]山东广恒化工有限公司〈P2052〉;青岛和兴精细化学有限公司(200 吨)〈P2036〉

2-氯三氟甲苯;邻氯三氟甲苯 C03067902

2-Chlorobenzotrifluoride [88-16-4]

用作合成含氟医药、农药、染料等的中间体

【生产厂】[辽]辽宁天合精细化工股份有限公司(200 吨)〈P1702〉;阜新恒辉化工有限公司〈P1707〉;阜新特种化学股份有限公司(100 吨)〈P1708〉;[苏]丹阳市大泊化工厂〈P1840〉;江苏亨泰化工有限公司〈P1797〉;淮安永创化学有限公司〈P1801〉;高邮市康乐精细化工厂〈P1813〉;[浙]浙江莹光化工有限公司〈P1956〉;浙江省东阳市康峰有机氟化工厂〈P1955〉;浙江省东阳市巍华化工有限公司〈P1955〉;[鲁]山东广恒化工有限公司〈P2052〉

4-氯三氟甲苯;对氯三氟甲苯 C03067903

4-Chlorobenzotrifluoride [98-56-6]

用作农药、医药、染料等中间体

【生产厂】[京]北京卡乐瑞化工有限公司〈P1553〉;[辽]辽宁天合精细化工股份有限公司(300 吨)〈P1702〉;阜新特种化学股份有限公司(200 吨)〈P1708〉;[黑]佳木斯市北星有机化工有限责任公司〈P1724〉;[苏]丹阳市大泊化工厂〈P1840〉;江苏亨泰化工有限公司〈P1797〉;淮安永创化学有限公司〈P1801〉;高邮市康乐精细化工厂〈P1813〉;[浙]浙江鹰鹏化工有限公司〈P1956〉;浙江莹光化工有限公司〈P1956〉;浙江省东阳市康峰有机氟化工厂(2000 吨)〈P1955〉;浙江省东阳市巍华化工有限公司〈P1955〉;[鲁]山东广恒化工有限公司〈P2052〉

3,4-二氯三氟甲苯 C03067911

3,4-Dichlorobenzotrifluoride [328-84-7]

用作农药除草剂、医药中间体

【生产厂】[辽]大连瑞泽农药股份有限公司〈P1693〉;辽宁天合精细化工股份有限公司(300 吨)〈P1702〉;阜新特种化学股份有限公司(500 吨)〈P1708〉;[黑]佳木斯市北星有机化工有限责任公司〈P1724〉;[沪]上海市农药研究所〈P1764〉;[苏]南京仁信化工有限公司〈P1788〉;丹阳市大泊化工厂〈P1840〉;江苏亨泰化工有限公司〈P1797〉;淮安永创化学有限公司〈P1801〉;高邮市康乐精细化工厂〈P1813〉;[浙]浙江鹰鹏化工有限公司〈P1956〉;浙江莹光化工有限公司〈P1956〉;浙江省东阳市康峰有机氟化工厂〈P1955〉;浙江省东阳市巍华化工有限公司〈P1955〉;[鲁]山东广恒化工有限公司〈P2052〉;济宁信东化工有限公司〈P2129〉

【使用厂】[黑]佳木斯市恺乐农药有限公司〈P1725〉;[沪]上海农药厂有限公司〈P1755〉;[闽]福建三农集团股份有限公司〈P1994〉;[鲁]德州恒东农药化工有限公司〈P2141〉

2,4-二氯三氟甲苯 C03067915

2,4-Dichlorobenzotrifluoride [320-60-5]

【生产厂】[苏]丹阳市大泊化工厂〈P1840〉;江苏亨泰化工有限公司〈P1797〉;淮安永创化学有限公司〈P1801〉;[浙]浙江省东阳市康峰有机氟化工厂〈P1955〉;浙江省东阳市巍华化工有限公司〈P1955〉;[鲁]山东广恒化工有限公司〈P2052〉

间三氟甲基氯苄 C03067921

m-Trifluoromethylbenzyl chloride [705-29-3]

用于有机合成

【生产厂】[京]北京宜龙通广科技有限公司〈P1565〉;[苏]丹阳市大泊化工厂〈P1840〉;[浙]浙江省东阳市康峰有机氟化工厂〈P1955〉;[鲁]青岛和兴精细化学有限公司(300 吨)〈P2036〉;[桂]广西平果氟化盐有限公司〈P2301〉

对三氟甲基氯苄;4-三氟甲基氯苄 C03067923

p-Trifluoromethylbenzyl chloride

【生产厂】[京]北京宜龙通广科技有限公司〈P1565〉

邻三氟甲基氯苄;2-三氟甲基苄基氯 C03067925

2-(Trifluoromethyl)benzyl chloride [21742-00-7]

【生产厂】[京]北京金奥利维科技发展有限公司〈P1551〉;北京宜龙通广科技有限公司〈P1565〉

3,5-双三氟甲基氯苄 C03067931

3,5-Bis(trifluoromethyl)benzyl chloride [75462-59-8]

【生产厂】[京]北京宜龙通广科技有限公司〈P1565〉;北京北化新元科技发展有限公司〈P1544〉;[赣]江西上饶现代化工有限公司〈P2015〉

7-氨基-4-甲基香豆素 C03068011

7-Amino-4-methylcoumarin;AMC [26093-31-2]

【生产厂】[沪]吉尔生化(上海)有限公司〈P1726〉

7-羟基-4-甲基香豆素 C03068031

7-Hydroxy-4-methylcoumarin [90-33-5]

用作医药中间体

【生产厂】[京]北京鲁玫信悦生物科技中心〈P1555〉

6,7-二羟基香豆素;七叶亭 C03068071

6,7-Dihydroxycoumarin;Esculetin [305-01-1]

用作药物中间体

【生产厂】[辽]沈阳东瑞科技有限公司〈P1685〉

3-氨基三氟甲苯;间氨基三氟甲苯;间三氟甲基苯胺 C03068101

3-Aminotrifluorotoluene;*m*-Trifluoromethylaniline [98-16-8]

主要用作医药、农药、染料中间体

【生产厂】[京]北京卡乐瑞化工有限公司〈P1553〉;[辽]辽宁天合精细化工股份有限公司(100 吨)〈P1702〉;阜新三宝化工实业有限公司〈P1708〉;[苏]南京仁信化工有限公司〈P1788〉;丹阳市大泊化工厂〈P1840〉;泰兴市三川化工有限公司〈P1826〉;江苏亨泰化工有限公司〈P1797〉;淮安永创化学有限公司〈P1801〉;泰兴市永佳化工有限公司〈P1827〉;高邮市康乐精细化工厂〈P1813〉;[浙]浙江莹光化工有限公司〈P1956〉;浙江省东阳市康峰有机氟化工厂(800 吨)〈P1955〉;浙江省东阳市巍华化工有限公司(200 吨)〈P1955〉;[鲁]济宁信东化工有限公司〈P2129〉;曲阜市天昊化工助剂有限公司(100 吨)〈P2130〉;[陕]陕西晶华科技有限公司〈P2346〉

对氨基三氟甲苯;4-氨基三氟甲苯 C03068111

4-Aminotrifluorotoluene [455-14-1]

用作医药、农药中间体

【生产厂】[津]天津中兴精细化工有限公司(300 吨)〈P1618〉;[辽]阜新三宝化工实业有限公司〈P1708〉;[苏]泰兴市三川化工有限公司〈P1826〉

邻氨基三氟甲苯;邻三氟甲基苯胺 C03068121

2-Aminotrifluorotoluene;2-Trifluoromethylaniline [88-17-5]

用作染料、医药、农药中间体

【生产厂】[津]天津中兴精细化工有限公司(300 吨)〈P1618〉;天津市[illegible]凯化工科技有限公司〈P1597〉;[辽]辽宁天合精细化工股份有限公司〈P1702〉;阜新三宝化工实业有限公司〈P1708〉;阜新特种化学股份有限公司

〈P1708〉;[沪]上海高伦现代农化股份有限公司〈P1734〉;[苏]丹阳市大泊化工厂〈P1840〉;泰兴市三川化工有限公司〈P1826〉;江苏亨泰化工有限公司〈P1797〉;淮安永创化学有限公司〈P1801〉;泰兴市永佳化工有限公司〈P1827〉;高邮市康乐精细化工厂〈P1813〉;[浙]绍兴贝斯美化工有限公司〈P1949〉;浙江省东阳市康峰有机氟化工厂〈P1955〉;浙江省东阳市巍华化工有限公司〈P1955〉;[鲁]山东广恒化工有限公司〈P2052〉;济宁信东化工有限公司〈P2129〉

C

间硝基三氟甲苯;3-硝基三氟甲苯　C03068131
m-Nitrotrifluorotoluene;3-Nitrobenzotrifluoride [98-46-4]
用作医药、农药、染料中间体
【生产厂】[苏]丹阳市大泊化工厂〈P1840〉;江苏亨泰化工有限公司〈P1797〉;[浙]浙江省东阳市康峰有机氟化工厂〈P1955〉;浙江省东阳市巍华化工有限公司〈P1955〉

4-氨基-2-三氟甲基苯腈;5-氨基-2-氰基三氟甲苯　C03068141
4-Amino-2-trifluoromethylbenzonitrile;5-Amino-2-cyanobenzotrifluoride [654-70-6]
用作药物比卡鲁胺中间体
【生产厂】[辽]阜新奥瑞凯精细化工有限公司〈P1707〉;[沪]上海生农生化制品有限公司〈P1762〉;上海金赛医药化工有限公司〈P1744〉;[苏]丹阳市大泊化工厂〈P1840〉;常州泰戈化工有限公司〈P1857〉;常州市剑湖东风化工有限公司〈P1852〉;[鄂]湖北志诚化工科技有限公司〈P2243〉

4-氨基-3-三氟甲基苯腈;2-氨基-5-氰基三氟甲苯　C03068145
4-Amino-3-trifluoromethylbenzonitrile; 2-Amino-5-cyanobenzotrifluoride [327-74-2]
【生产厂】[沪]上海金赛医药化工有限公司〈P1744〉

2-溴-5-三氟甲基苯腈　C03068161
2-Bromo-5-trifluoromethylbenzonitrile
【生产厂】[沪]上海威远精细氟科技发展有限公司〈P1769〉

2-溴-4-三氟甲基苯腈　C03068163
2-Bromo-4-trifluoromethylbenzonitrile
【生产厂】[沪]上海威远精细氟科技发展有限公司〈P1769〉

4-溴-2-三氟甲基苯腈　C03068165
4-Bromo-2-trifluoromethylbenzonitrile
【生产厂】[沪]上海威远精细氟科技发展有限公司〈P1769〉

4-溴-3-三氟甲基苯腈　C03068167
4-Bromo-3-trifluoromethylbenzonitrile
【生产厂】[沪]上海威远精细氟科技发展有限公司〈P1769〉

2-氟-4-三氟甲基苯腈;3-氟-4-氰基三氟甲苯　C03068181
2-Fluoro-4-(trifluoromethyl)benzonitrile [146070-34-0]
【生产厂】[辽]阜新奥瑞凯精细化工有限公司〈P1707〉;阜新三宝化工实业有限公司〈P1708〉

4-氟-3-三氟甲基苯腈　C03068183
4-Fluoro-3-(trifluoromethyl)benzonitrile [67515-59-7]
【生产厂】[辽]阜新三宝化工实业有限公司〈P1708〉

环己甲酰氯　C03068201
Cyclohexanecarbonyl chloride [2719-27-9]
用作有机合成原料,医药和农药等中间体
【生产厂】[苏]江都市大江化工厂〈P1813〉;[浙]杭州德立化工有限公司〈P1916〉;[鄂]潜江东立精细化工有限公司〈P2246〉;[陕]陕西宏庆医药化学有限公司〈P2346〉

环丁基甲酰氯　C03068231
Cyclobutanecarbonyl chloride [5006-22-4]
用作医药中间体
【生产厂】[浙]浙江黄岩精细化学品集团有限公司(3 吨)〈P1964〉;浙江精进药业有限公司〈P1965〉

β-氨基巴豆酸甲氧基乙酯　C03068351
Methoxylethyl β-aminobutenate
用作药物尼莫地平中间体
【生产厂】[豫]郑州瑞康制药有限公司(20 吨)〈P2172〉

β-氨基巴豆酸甲酯　C03068353
Methyl 3-aminocrotonate [14205-39-1]
用作医药中间体
【生产厂】[晋]芮城县顺昌化工有限公司〈P1679〉;[辽]沈阳岭森精细化工厂〈P1687〉

β-氨基巴豆酸乙酯;3-氨基巴豆酸乙酯　C03068354
Ethyl β-aminobutenate;Ethyl 3-aminocrotonate [7318-00-5]
【生产厂】[辽]辽宁海德医药化工有限公司〈P1699〉;[苏]宿迁市永星药业有限公司〈P1805〉

β-氨基巴豆酸异丙酯　C03068355
Isopropyl β-aminobutenate
用作有机合成中间体
【生产厂】[晋]芮城县顺昌化工有限公司〈P1679〉;[豫]郑州瑞康制药有限公司(20 吨)〈P2172〉

4-氟苯亚砜钠　C03068401
4-Fluorophenylsulfoxide sodium
用作有机合成中间体
【生产厂】[沪]上海海隼化工科技有限公司〈P1735〉

三甲基碘化砜;三甲基碘化亚砜　C03068411
Trimethylsulfoxonium iodide;TMSOI [1774-47-6]
用作医药中间体,主要用于合成氟康唑
【生产厂】[京]北京金源东和化学有限责任公司(100 吨)〈P1552〉;[沪]上海利科化学科技有限公司〈P1750〉;[鲁]山东绿生生化科技有限公司〈P2029〉

苯基乙烯基砜　C03068425
Phenyl vinyl sulfone [5535-48-8]
用作医药中间体
【生产厂】[苏]海峰化工科研有限公司〈P1797〉

烯丙基苯基砜　C03068429
Allyl phenyl sulfone
【生产厂】[浙]嘉兴市金利化工有限责任公司〈P1942〉

4-氯二苯砜　C03068431
4-Chlorophenyl phenyl sulfone [80-00-2]

用于特种工程材料
【生产厂】[苏]苏州寅生化工有限公司〈P1907〉

联(4-氯二苯砜);BCPSB C03068439
4,4′-Bis(4-chlorophenyl)sulfonyl-1,1′-biphenyl [22287-56-5]
用于合成新型聚合物
【生产厂】[苏]苏州寅生化工有限公司〈P1907〉

4-氯苯基甲基砜 C03068441
4-Chlorophenylmethylsulfone [98-57-7]
【生产厂】[浙]嘉兴市金利化工有限责任公司〈P1942〉

4,4′-二甲基二苯基亚砜 C03068451
4,4′-Dimethyldiphenylsulfoxide
【生产厂】[沪]上海万凯化学有限公司〈P1768〉

二苯基亚砜 C03068455
Diphenyl sulfoxide [945-51-7]
用作有机合成中间体,可合成砜类产品等
【生产厂】[苏]徐州瑞赛科技实业有限公司(10 吨)〈P1795〉

正丁基亚砜;二正丁基亚砜 C03068461
n-Butyl sulfoxide;Di-*n*-butyl sulfoxide [2168-93-6]
【生产厂】[鲁]山东滕州悟通香料有限责任公司〈P2078〉

三溴甲基苯砜 C03068471
Tribromomethyl phenyl sulfone [17025-47-7]
【生产厂】[苏]宜兴市中宇药化技术有限公司〈P1888〉;太仓市运通化工厂〈P1909〉

对溴苯甲砜 C03068483
p-Bromophenyl methyl sulfone [3466-32-8]
【生产厂】[浙]嘉兴市金利化工有限责任公司〈P1942〉

2-硝基-4-乙砜基氯苯 C03068493
2-Nitro-4-ethylsulfonylchlorobenzene
【生产厂】[苏]苏州诚和医药化学有限公司〈P1899〉

邻硝基对甲砜基氯苯;2-硝基-4-甲砜基氯苯 C03068495
2-Nitro-4-methylsulfonylchlorobenzene
【生产厂】[苏]苏州诚和医药化学有限公司〈P1899〉;[浙]嘉兴市金利化工有限责任公司〈P1942〉

对乙砜基氯苯 C03068497
p-Ethylsulfonylchlorobenzene
【生产厂】[苏]苏州诚和医药化学有限公司〈P1899〉

对甲砜基氯苯 C03068499
p-Methylsulfonylchlorobenzene
【生产厂】[苏]苏州诚和医药化学有限公司〈P1899〉

***S*-(+)-2,2-二甲基-1-乙酰氨基环丙烷** C03068601
S-(+)-2,2-Dimethyl-1-acetaminocyclopropane
用作手性合成化合物
【生产厂】[浙]横店集团家园化工有限公司〈P1952〉

***N*-乙烯基咔唑;**9-乙烯基咔唑 C03068801
N-Vinylcarbazole [1484-13-5]
是合成光导材料的单体
【生产厂】[沪]上海晨日化学有限公司〈P1730〉

1,2,3,4-四氢-4-氧代咔唑;1,2,3,4-四氢咔唑-4-酮 C03068831
1,2,3,4-Tetrahydrocarbazole-4-one
用作医药中间体
【生产厂】[苏]苏州市苏瑞医药化工有限公司〈P1905〉;[鲁]青岛裕达精细化工有限公司〈P2046〉

4-(2,3-环氧丙氧基)咔唑 C03068851
4-(2,3-Epoxypropoxy)carbazole [51997-51-4]
是合成抗高血压药卡维地洛和咔唑心安的中间体原料
【生产厂】[辽]沈阳福宁药业有限公司〈P1685〉;[苏]苏州市苏瑞医药化工有限公司〈P1905〉;[浙]杭州科本化工有限公司〈P1920〉;[鲁]山东曲阜弘利化工有限公司〈P2132〉

3-硝基-4-甲基苯磺酰氯;4-甲基-3-硝基苯磺酰氯 C03068901
4-Methyl-3-nitrobenzenesulfonyl chloride
【生产厂】[苏]苏州诚和医药化学有限公司〈P1899〉

2-甲基-5-硝基苯磺酰氯 C03068903
2-Methyl-5-nitrobenzenesulfonyl chloride
【生产厂】[苏]苏州诚和医药化学有限公司〈P1899〉

对乙酰基苯磺酰氯 C03068921
p-Acetylbenzenesulfonyl chloride
【生产厂】[苏]苏州诚和医药化学有限公司〈P1899〉

2,3-二甲基苯腈 C03069131
2,3-Dimethylbenzonitrile
【生产厂】[苏]句容市顺风助剂厂〈P1843〉

α-羟基-3-苯氧基苯乙腈 C03069141
α-Hydroxy-3-phenoxybenzeneacetonitrile [39515-47-4]
【生产厂】[皖]安徽省广德科苑化工有限公司〈P1986〉

α-乙酰基苯乙腈 C03069151
α-Acetylphenylacetonitrile [4468-48-8]
【生产厂】[京]北京维达化工有限公司(100 吨)〈P1563〉

4-羟基-3-甲氧基苯甲腈 C03069161
4-Hydroxy-3-methoxybenzonitrile [4421-08-3]
【生产厂】[津]天津瑞发化工科技发展有限公司〈P1577〉

4-羟基-3,5-二甲基苯腈;3,5-二甲基-4-羟基苯腈 C03069171
4-Hydroxy-3,5-Dimethylbenzonitrile [4198-90-7]
用作医药中间体
【生产厂】[苏]仪征市鼎信化工有限公司(8 吨)〈P1820〉;[皖]安徽省广德科苑化工有限公司〈P1986〉;[鲁]青岛裕达精细化工有限公司(10 吨)〈P2046〉

甲氧基乙腈 C03069181
Methoxyacetonitrile [1738-36-9]
【生产厂】[京]北京金奥利维科技发展有限公司〈P1551〉

C

对氨基苯乙腈;4-氨基苯乙腈 C03069195

4-Aminobenzyl cyanide;4-Aminophenylacetonitrile [3544-25-0]

【生产厂】[苏]江苏沭阳同盛科技有限公司〈P1804〉

2-氨基-6-硝基甲苯;2-甲基-3-硝基苯胺 C03069221

2-Amino-6-nitrotoluene;2-Methyl-3-nitroaniline [603-83-8]

【生产厂】[陕]陕西金阳化工有限公司〈P2346〉

2-羟基-6-硝基甲苯;2-甲基-3-硝基苯酚 C03069231

2-Hydroxy-6-nitrotoluene; 2-Methyl-3-nitrophenol; 3-Nitro-*o*-cresol [5460-31-1]

用于有机合成、医药和染料的合成

【生产厂】[沪]上海再启生物技术有限公司〈P1777〉;[苏]泰兴市对外贸易南京有限公司〈P1792〉;[陕]陕西金阳化工有限公司〈P2346〉

2-甲基-6-硝基苯胺;2-氨基-3-硝基甲苯 C03069241

2-Methyl-6-nitroaniline;2-Amino-3-nitrotoluene [570-24-1]

【生产厂】[苏]泰兴盛铭精细化工有限公司〈P1825〉;[鲁]山东宝洋化工集团公司〈P2051〉

2-甲基-5-硝基苯胺;5-硝基邻甲苯胺;2-氨基-4-硝基甲苯 C03069245

5-Nitro-2-toluidine;2-Amino-4-nitrotoluene [99-55-8]

用于有机合成

【生产厂】[京]北京金奥利维科技发展有限公司〈P1551〉;[苏]常州佳灵药业有限公司〈P1848〉

4-甲基-3-硝基苯胺;3-硝基-4-甲基苯胺;2-硝基-4-氨基甲苯 C03069251

4-Methyl-3-nitroaniline [119-32-4]

用作有机合成中间体

【生产厂】[苏]泰兴市对外贸易南京有限公司〈P1792〉;常州佳灵药业有限公司〈P1848〉;扬州天辰精细化工有限公司〈P1819〉;[浙]杭州力禾颜料有限公司〈P1920〉

2-甲基-4-硝基苯胺;2-氨基-5-硝基甲苯 C03069261

2-Methyl-4-nitroaniline;2-Amino-5-nitrotoluene [99-52-5]

主要用于棉、麻纤维织物的染色和印花显色,也用于涂料的生产

【生产厂】[苏]南京科邦医药化工有限公司〈P1786〉;泰兴盛铭精细化工有限公司〈P1825〉

***N*,*N*′-双(2,2,6,6-四甲基-4-哌啶基)-1,6-己二胺** C03069401

N,*N*′-Di(2,2,6,6-tetramethyl-4-piperidyl)-1,6-diaminohexane [61260-55-7]

用作高效受阻胺类光稳定性的中间体

【生产厂】[苏]德发(南通)生物化工有限公司〈P1829〉;中外合资德发(南通)生物化工有限公司〈P1839〉;南通市振兴精细化工有限公司〈P1835〉

曲酸;5-羟基-2-羟甲基-吡喃-4-酮 C03069451

Kojic acid;5-Hydroxy-2-(hydroxymethyl)-4H-pyran-4-one [501-30-4]

用于化妆品、食品添加剂、制药等

【生产厂】[京]北京金奥利维科技发展有限公司〈P1551〉;[鲁]山东中舜科技发展有限公司(200吨)〈P2056〉;[鄂]湖北襄西化学工业有限公司〈P2237〉;[川]成都拉克生物工程实业有限公司〈P2312〉;成都万和生物工程有限责任公司(20吨)〈P2316〉

2,3,5,6-四氟对苯二甲酰胺 C03069461

2,3,5,6-Tetrafluoroterephthalamide

【生产厂】[鲁]青岛双收农药化工有限公司〈P2043〉

对苯二甲醇 C03069901

1,4-Benzenedimethanol;*p*-Xylylene glycol [589-29-7]

用作有机合成中间体

【生产厂】[鲁]青岛化工研究院〈P2037〉;[鄂]武汉有机实业股份有限公司〈P2235〉

【使用厂】[新]新疆屯河聚酯有限责任公司〈P2367〉

化学肥料
D01000000 ~ D07002201

氮肥;氮素肥料 D01000000

Nitrogen fertilizer

以铵态氮或硝态氮形式被施入土壤中或喷洒在植物叶面上,供给植物主要营养元素之一氮

【生产厂】[津]天津市腾飞化工总厂(10 万吨)〈P1603〉;天津吉华化工有限公司(20 万吨)〈P1574〉;[浙]浙江丰登化工股份有限公司〈P1954〉;[闽]南靖县盛安化工有限公司(1 万吨)〈P2002〉;[鲁]济宁市恒立化工有限公司(8 万吨)〈P2128〉;枣庄市清泉化工有限公司(2 万吨)〈P2080〉;[豫]郑州沃原化工股份有限公司(7 万吨)〈P2174〉;新乡市永昌化工有限责任公司(12 万吨)〈P2207〉;河南博爱县源泰化电有限责任公司(4 万吨)〈P2193〉;濮阳县化肥厂(2 万吨)〈P2216〉;河南省孟津县化肥厂〈P2180〉;郑州市通力达化工有限公司(20 万吨)〈P2223〉;[新]新疆新化化肥有限责任公司(11 万吨)〈P2364〉

【使用厂】[苏]江苏双昌肥业有限公司〈P1808〉;[闽]福建省三联化工股份有限公司〈P1995〉;[滇]云南昆安磷化工有限公司〈P2340〉

合成氨;氨气 D01000101

Synthetic ammonia [7664-41-7]

用于制液氨、氨水、硝酸、铵盐和胺类等

【生产厂】[冀]石家庄双联化工集团(10 万吨)〈P1632〉;石家庄化肥集团有限责任公司(24 万吨)〈P1626〉;石家庄双联化工有限责任公司(12 万吨)〈P1633〉;晋州市化肥厂(5 万吨)〈P1625〉;河北冀中化工有限责任公司(4 万吨)〈P1620〉;河北省永年县化肥厂(12 万吨)〈P1640〉;邱县龙港化工有限公司(5 万吨)〈P1641〉;河北青县大地化工有限公司(12 万吨)〈P1654〉;唐山冀滦化肥有限公司(3 万吨)〈P1635〉;曲阳县田原化工有限公司(12 万吨)〈P1649〉;河北宣化化肥集团有限公司(11 万吨)〈P1650〉;[晋]文水县振兴化肥有限公司(4 万吨)〈P1677〉;五台县化肥厂(12 万吨)〈P1676〉;天镇县化肥厂(2 万吨)〈P1673〉;山西平陆丰喜肥业有限公司(4 万吨)〈P1679〉;山西舜都集团有限公司(8 万吨)〈P1680〉;天脊煤化工集团有限公司(30 万吨)〈P1674〉;山西兰花煤炭实业集团有限公司(16 万吨)〈P1675〉;[蒙]包头市雄狮化工有限责任公司(3 万吨)〈P1681〉;内蒙古乌拉山化肥有限责任公司(13 万吨)〈P1683〉;[黑]黑龙江北旺化工有限责任公司(6 万吨)〈P1724〉;黑龙江农垦博兴化工有限责任公司(10 万吨)〈P1724〉;[沪]上海吴泾化工有限公司(30 万吨)〈P1770〉;上海中远化工有限公司(4 万吨)〈P1779〉;[苏]江苏润丰生化有限公司(10 万吨)〈P1793〉;江苏恒盛化肥有限公司(30 万吨)〈P1792〉;淮安市奔盛化工有限公司(6 万吨)〈P1801〉;盐城市祥福化工有限公司(10 万吨)〈P1812〉;大丰市劲力化肥有限责任公司(7 万吨)〈P1805〉;姜堰市化肥有限责任公司(18 万吨)〈P1823〉;扬州高华化工有限公司(3 万吨)〈P1817〉;南通化肥厂有限公司(4 万吨)〈P1833〉;[浙]建德市新化化工有限责任公司(3 万吨)〈P1926〉;海宁市金潮实业总公司(4 万吨)〈P1939〉;浙江丰登化工股份有限公司(3 万吨)〈P1954〉;平阳县平氮化工有限公司〈P1936〉;[皖]安徽淮化集团有限公司(36 万吨)〈P1976〉;安徽省定远县化肥厂(8 万吨)〈P1982〉;安徽省阜南县化工总厂(10 万吨)〈P1983〉;安徽省六安市建来化工有限公司(10 万吨)〈P1985〉;安庆曙光化工(集团)有限公司(4 万吨)〈P1980〉;安徽华泰化学工业有限公司(4 万吨)〈P1987〉;[闽]福建海汇化工有限公司(4 万吨)〈P1997〉;南靖县盛安化工有限公司(2 万吨)〈P2002〉;福建省平和合成氨厂(2 万吨)〈P2001〉;福建省漳平化肥有限公司(3 万吨)〈P2006〉;福建宁化翠江化工有限公司(6 万吨)〈P1994〉;永安智胜化工有限公司(16 万吨)〈P1996〉;[赣]江西江氨化学工业有限公司(11 万吨)〈P2008〉;江西昌九生物化工股份有限公司(12 万吨)〈P2008〉;江西第二化肥厂(14 万吨)〈P2012〉;[鲁]济南化肥厂有限责任公司(8 万吨)〈P2022〉;章丘日月化工有限公司(20 万吨)〈P2031〉;山东聊城鲁西化工集团总公司平阴化肥厂(11 万吨)〈P2029〉;山东禹城中农润田化工有限公司(15 万吨)〈P2146〉;山东鲁北企业集团总公司(30 万吨)〈P2156〉;山东鲁西化工股份有限公司(70 万吨)〈P2153〉;山东省信祥化工有限公司(9 万吨)〈P2154〉;山东华鲁恒升集团有限公司(18 万吨)〈P2144〉;山东德齐龙化工集团有限公司(75 万吨)〈P2143〉;山东省宁津县永兴化工有限责任公司(15 万吨)〈P2145〉;山东联合化工股份有限公司(15 万吨)〈P2053〉;山东省利津县正和化工有限公司(2 万吨)〈P2086〉;山东省垦利县化肥厂(4 万吨)〈P2086〉;山东奥宝化工集团有限公司(6 万吨)〈P2094〉;山东恒大化工(集团)有限公司(11 万吨)〈P2123〉;烟台鑫海化肥工业有限公司〈P2120〉;烟台巨力化肥有限公司(13 万吨)〈P2117〉;山东瀚海化工肥料有限责任公司(8 万吨)〈P2113〉;青岛海湾集团有限公司(10 万吨)〈P2036〉;青岛碱业股份有限公司天柱化肥分公司(12 万吨)〈P2038〉;山东邦盛化工公司(15 万吨)〈P2135〉;莱芜东浩化工有限责任公司(6 万吨)〈P2140〉;泰安双丰化肥有限公司(6 万吨)〈P2138〉;山东飞达化工科技有限公司(10 万吨)〈P2135〉;山东阿斯德化工有限公司(18 万吨)〈P2135〉;济宁市恒立化工有限公司(12 万吨)〈P2128〉;山东金乡德华化工有限公司(7 万吨)〈P2131〉;兖矿峄山化工有限公司金乡尿素厂(7 万吨)〈P2133〉;平邑县丰源有限责任公司(3 万吨)〈P2148〉;山东施丰化工有限公司(5 万吨)〈P2151〉;兖矿峄山化工有限公司(33 万吨)〈P2133〉;菏泽泰龙化工有限公司(6 万吨)〈P2159〉;山东方明化工有限公司(2 万吨)〈P2160〉;山东省郓城县鲁发化工有限公司(5 万吨)〈P2161〉;山东红日阿康化工股份公司(15 万吨)〈P2149〉;山东恒通化工股份有限公司(20 万吨)〈P2149〉;山东鲁洲集团沂水化工有限公司(5 万吨)〈P2150〉;莒南县泰祥化肥有限公司(5 万吨)〈P2147〉;山东金沂蒙集团有限公司(3 万吨)〈P2149〉;日照市金秋化工有限公司(4 万吨)〈P2139〉;枣庄市清泉化工有限公司(4 万吨)〈P2080〉;山东省滕州瑞达化工有限公司(15 万吨)〈P2077〉;山东昊福集团有限公司(6 万吨)〈P2130〉;[豫]郑州水晶股份有限公司(4 万吨)〈P2174〉;新郑市韩春化工有限公司(4 万吨)〈P2169〉;河南中科化工有限责任公司(8 万吨)〈P2202〉;河南延化化工有限责任公司(20 万吨)〈P2202〉;原阳县鑫富化肥有限责任公司(3 万吨)〈P2208〉;辉县市昊利达化工有限公司(6 万吨)〈P2202〉;新乡市化肥厂有限责任公司(8 万吨)〈P2205〉;新乡市永昌化工有限责任公司(5 万吨)〈P2207〉;河南博爱县源泰化电有限责任公司(4 万吨)〈P2193〉;河南金山化工有限责任公司(3 万吨)〈P2193〉;河南省绿宇化电有限公司(8 万吨)〈P2194〉;河南省滑县永丰化肥有限责任公司(8 万吨)〈P2211〉;濮阳县化肥厂(2 万吨)〈P2216〉;河南省中原大化集团有限责任公司(30 万吨)〈P2213〉;长葛市鸿达化肥有限公司(3 万吨)〈P2217〉;漯河泰丰化工有限责任公司(12 万吨)〈P2220〉;河南颍青化工有限公司(12 万吨)〈P2220〉;平顶山飞行化工(集团)有限责任公司(18 万吨)〈P2191〉;汝州市闽力化工有限责任公司(4 万吨)

〈P2192〉;河南省孟津县化肥厂(10 万吨)〈P2180〉;河南商都集团有限责任公司(8 万吨)〈P2180〉;三门峡金茂化工有限公司(9 万吨)〈P2221〉;邓州市通力达化工有限公司(5 万吨)〈P2223〉;南阳德润化工有限责任公司(3 万吨)〈P2223〉;淅川县化肥厂(3 万吨)〈P2225〉;开封市尉氏县化工总厂(20 万吨)〈P2178〉;开封开化(集团)有限公司(11 万吨)〈P2176〉;开封市金杞化工有限公司(6 万吨)〈P2177〉;河南省商丘市丰源化肥有限公司(6 万吨)〈P2225〉;[鄂]京山华贝化工有限责任公司(6 万吨)〈P2242〉;湖北黄麦岭磷化工集团公司(7 万吨)〈P2242〉;湖北大田化工股份有限公司(10 万吨)〈P2239〉;湖北祥云(集团)化工股份有限公司〈P2244〉;湖北恒日化工股份有限公司(3 万吨)〈P2243〉;宜城市鑫富化肥有限责任公司(4 万吨)〈P2238〉;[湘]湖南智成化工有限公司(10 万吨)〈P2249〉;株洲市海达集团化工有限公司(8 万吨)〈P2250〉;株洲市酒埠江化工厂(2 万吨)〈P2250〉;湖南郴州化工集团有限公司(10 万吨)〈P2257〉;郴州桥氮化工有限责任公司(8 万吨)〈P2256〉;湖南省永州市化学工业集团公司(3 万吨)〈P2257〉;[粤]珠海欣宏电子化学材料有限公司〈P2275〉;[桂]柳州化工股份有限公司〈P2297〉;广西鹿寨化肥有限责任公司(6 万吨)〈P2297〉;[川]四川山山药业集团有限公司(5 万吨)〈P2332〉;四川宏益化工有限责任公司(3 万吨)〈P2318〉;成都玉龙化工有限公司(12 万吨)〈P2317〉;川化集团有限责任公司(56 万吨)〈P2317〉;成都玖源化工有限公司(9 万吨)〈P2312〉;德阳市南塔化工有限责任公司(3 万吨)〈P2324〉;四川美丰化工股份有限公司(64 万吨)〈P2327〉;达州市大竹玖源化工有限公司(6 万吨)〈P2335〉;四川宏泰生化有限公司(5 万吨)〈P2334〉;四川省兴乐化工股份有限公司〈P2332〉;泸州海天化工有限公司(3 万吨)〈P2323〉;四川天华股份有限公司(30 万吨)〈P2323〉;[滇]昆明化肥有限责任公司(6 万吨)〈P2339〉;云南东风化工有限公司(9 万吨)〈P2345〉;云南陆良龙海化工有限责任公司(8 万吨)〈P2343〉;云天化集团有限责任公司(30 吨)〈P2344〉;云南解化集团有限公司(25 万吨)〈P2345〉;云南华盛化工有限公司(8 万吨)〈P2344〉;[陕]陕西华山化工集团有限公司(20 万吨)〈P2352〉;陕西秦岭化肥总厂(24 万吨)〈P2351〉;陕西城化股份有限公司(8 万吨)〈P2353〉;陕西省延安硝铵厂(3 万吨)〈P2353〉;[甘]兰州远东化肥有限公司(8 万吨)〈P2356〉;[宁]中国石油天然气股份有限公司宁夏石化分公司(30 万吨)〈P2361〉;吴忠富荣化肥工业有限公司(4 万吨)〈P2362〉;[新]新疆新化化肥有限责任公司(21 万吨)〈P2364〉;中国石油天然气股份有限公司塔里木油田分公司〈P2366〉;阿克苏华锦化肥有限责任公司(30 万吨)〈P2366〉

【使用厂】[津]天津渤海化工有限责任公司天津碱厂〈P1570〉;天津市腾飞化工总厂〈P1603〉;[冀]河北沧州大化集团有限责任公司〈P1653〉;中国-阿拉伯化肥有限公司〈P1637〉;河北大田化工有限公司〈P1658〉;[晋]山西文通钾盐集团有限公司〈P1670〉;太原化工股份有限公司合成氨分公司〈P1671〉;[辽]大化集团大连化工股份有限公司〈P1690〉;沈阳市试剂三厂〈P1688〉;抚顺石油化工分公司腈纶化工厂〈P1698〉;沈阳化工研究院试验厂〈P1686〉;锦州经济技术开发区六陆实业股份有限公司〈P1701〉;[黑]黑龙江黑化集团有限公司〈P1722〉;[沪]上海华溢塑料助剂合作公司〈P1740〉;中国石化上海石油化工股份有限公司〈P1780〉;上海吴淞化肥厂〈P1770〉;中国石油化工股份有限公司上海高桥分公司〈P1780〉;宝山钢铁股份有限公司化工分公司〈P1726〉;[苏]南京化学工业有限公司化工厂〈P1785〉;南化集团有限公司氮肥厂〈P1782〉;江苏德邦化学工业集团有限公司〈P1797〉;江苏双昌肥业有限公司〈P1808〉;江苏双多化工有限公司〈P1808〉;江苏华昌(集团)有限公司〈P1893〉;江苏飞翔化工(张家港)有限公司〈P1893〉;南京金龙化工厂〈P1785〉;南京霞安化工有限公司〈P1790〉;[浙]浙江东阳化学工贸有限公司〈P1954〉;中国石化镇海炼油化工股份有限公司〈P1936〉;中澳合资温州澳珀化工有限公司〈P1939〉;[皖]安徽氯碱化工集团有限责任公司〈P1972〉;合肥四方集团公司〈P1973〉;合肥江淮化肥总厂〈P1972〉;黄山市龙胜化工有限公司〈P1981〉;安徽昊源化工集团有限公司〈P1983〉;[闽]福州耀隆化工集团公司〈P1990〉;福建石化集团三明化工有限责任公司〈P1995〉;福建省顺昌富宝腾达化工有限公司〈P2004〉;龙岩市港昌化工有限公司〈P2006〉;福建漳平金鑫硫酸化工有限公司〈P2006〉;[赣]江西贵溪化肥有限责任公司〈P2013〉;[鲁]济南鸿华集团总公司〈P2022〉;山东明水大化集团〈P2029〉;山东海化华龙硝铵有限公司〈P2095〉;潍坊振兴焦化有限公司〈P2107〉;邹平铭兴化工有限公司〈P2158〉;淄博广通化工有限责任公司〈P2060〉;曲阜市万达化工有限公司〈P2130〉;[豫]河南省卫辉市豫北化工有限公司〈P2201〉;济源市丰田肥业有限公司〈P2195〉;河南省安阳市益康制药厂〈P2211〉;河南中孚药业有限公司〈P2168〉;焦作市华联化工有限公司〈P2196〉;河南大江化工有限公司〈P2193〉;[鄂]湖北省枣阳化学工业总公司〈P2237〉;[粤]广州市金珠江化学有限公司〈P2265〉;[川]自贡鸿鹤化工集团有限责任公司〈P2321〉;四川泸天化股份有限公司〈P2323〉;四川金象化工股份有限公司〈P2333〉;四川广安恒立化工有限公司〈P2335〉;[陕]陕西兴化化学股份有限公司〈P2347〉;西北化工研究院〈P2350〉;[青]青海黎明化工有限责任公司〈P2359〉

氨水;氢氧化铵　D01000201

Ammonia hydrate;Ammonium hydroxide;Aqueous ammonia

[7664-41-7]

用于肥料,并用于医药

【生产厂】[津]天津市兴华化学试剂厂(600 吨)〈P1609〉;[冀]石家庄金石化肥有限责任公司〈P1627〉;河北沧州大化集团新星工贸有限责任公司〈P1653〉;河北青县大地化工有限公司(10 万吨)〈P1654〉;河北大田化工有限公司〈P1658〉;[沪]上海华彩精细化工有限公司〈P1738〉;上海吴泾化工有限公司〈P1770〉;[苏]张家港爱华化工有限公司〈P1911〉;南通恒兴电子材料有限公司〈P1833〉;[浙]杭州恒贸化工有限公司(1 万吨)〈P1918〉;海宁市金潮实业总公司〈P1939〉;衢州海顺医药化工有限公司〈P1957〉;[皖]安徽淮化集团有限公司〈P1976〉;铜陵市柯信化工有限责任公司(2 万吨)〈P1978〉;[鲁]山东省章丘市清源化工厂(4500 吨)〈P2030〉;山东聊城鲁西化工集团总公司平阴化肥厂〈P2029〉;济南华泰隆化工有限公司(2 万吨)〈P2022〉;淄博市金达氢氟酸厂〈P2068〉;淄博普圣经贸有限公司(800 吨)〈P2065〉;桓台县东化助剂厂〈P2048〉;潍坊瑞光化工有限公司〈P2103〉;山东奥宝化工集团有限公司(2 万吨)〈P2094〉;[豫]河南延化化工有限责任公司(8000 吨)〈P2202〉;许昌市物团化工有限公司〈P2219〉;[鄂]湖北双环科技股份有限公司(5000 吨)〈P2242〉;[陕]陕西兴化化学股份有限公司〈P2347〉

【使用厂】[京]北京化工厂〈P1549〉;[津]天津市风船化学试剂科技有限公司〈P1586〉;天津市大盈树脂塑料有限公司〈P1584〉;天津灯塔涂料有限公司〈P1571〉;天津东洋油墨有限公司〈P1571〉;天津吉华化工有限公司〈P1574〉;天津天安药业股份有限公司〈P1614〉;天津中新药业集团股份有限公司新新制药厂〈P1618〉;天津天成制药有限公司〈P1614〉;[冀]晋州市化肥厂〈P1625〉;中国昊华集团宣化有限公司〈P1650〉;邱县龙港化工有限公司〈P1641〉;河北雄威化工股份有限公司〈P1648〉;[蒙]通辽制药总厂〈P1682〉;[辽]沈阳丰收农药有限公司〈P1685〉;大连第一有机化工有限公司〈P1691〉;本溪怀特石油化工有限责任公司〈P1699〉;[吉]吉林市吉化北方炬醌工贸有限责任公司〈P1716〉;[黑]哈尔滨煤化工有限公司〈P1720〉;[沪]上海农药厂有限公司〈P1755〉;上海五洲药业股份有限公司〈P1770〉;上海祁南胶粘材料厂〈P1756〉;上海长江化工厂

〈P1729〉；上海南翔试剂有限公司〈P1754〉；上海汇龙化工有限公司〈P1741〉；上海华申树脂有限公司〈P1739〉；上海达峰化工合作公司〈P1730〉；上海福新化工有限公司〈P1733〉；［苏］南通宝叶化工有限公司〈P1832〉；南通大伦化工有限公司〈P1833〉；苏州精细化工有限公司〈P1901〉；苏州华源农用生物化学品有限公司〈P1901〉；吴江市东风化工有限公司〈P1910〉；江苏省连云港市东金化工有限公司〈P1798〉；南京扬子净水剂有限公司〈P1791〉；江苏省溧阳市制药厂〈P1861〉；姜堰市光明化工厂〈P1823〉；苏州丽兰化工有限公司〈P1902〉；［浙］杭州萧山飞翔化工有限公司〈P1923〉；平阳县平氮化工有限公司〈P1936〉；浙江震元制药有限公司〈P1952〉；东港工贸集团有限公司〈P1960〉；［皖］合肥江淮化肥总厂〈P1972〉；安徽省蚌埠市永艳染料化工有限公司〈P1975〉；马鞍山金星化工（集团）有限公司〈P1977〉；安徽昊源化工集团有限公司〈P1983〉；安徽华泰化学工业有限公司〈P1987〉；［闽］福建省厦鹭电化有限公司〈P2001〉；福建省胜达化工有限公司〈P1995〉；［赣］赣南果业赣州农药公司〈P2014〉；［鲁］青岛海湾集团有限公司〈P2036〉；山东大成农药股份有限公司〈P2051〉；山东富安集团农药有限公司〈P2052〉；淄博化学试剂厂有限公司〈P2062〉；山东海化华龙硝铵有限公司〈P2095〉；山东高密康丰农化有限公司〈P2094〉；山东华阳农药化工集团有限公司〈P2136〉；淄博市博山东方化工厂〈P2067〉；青岛碱业股份有限公司〈P2038〉；德州德药制药有限公司〈P2141〉；胶州市精细化工有限公司〈P2031〉；淄博开发区光明社会福利化工厂〈P2064〉；［豫］开封开化（集团）有限公司〈P2176〉；焦作鑫安科技股份有限公司〈P2197〉；河南省安阳茨迪化工有限责任公司〈P2211〉；郑州沃原化工股份有限公司〈P2174〉；洛阳市化学试剂厂〈P2184〉；洛阳市曙光化工厂〈P2186〉；开封化工三厂〈P2176〉；南阳普康药业有限公司〈P2224〉；［鄂］武汉青江化工股份有限公司〈P2231〉；湖北仙隆化工股份有限公司〈P2245〉；［湘］株洲选矿药剂厂〈P2250〉；湖南洞庭药业股份有限公司〈P2255〉；［粤］广州化学试剂厂〈P2261〉；广东省石油化工研究院〈P2259〉；［渝］中化重庆涪陵化工股份有限公司〈P2303〉；［川］四川川化集团成都望江化工厂〈P2318〉；成都天华科技股份有限公司〈P2315〉；［滇］云南华盛化工有限公司〈P2344〉

液氨　　D01000301

Liquid ammonia [7664-41-7]

用作化肥、冷冻剂、化工原料等

【生产厂】［京］中国石油化工股份有限公司北京燕山分公司〈P1568〉；［冀］石家庄金石化肥有限责任公司〈P1627〉；石家庄化肥集团有限责任公司（16 万吨）〈P1626〉；晋州市化肥厂（2 万吨）〈P1625〉；河北省永年县化肥厂（6000 吨）〈P1640〉；邱县龙港化工有限公司（3 万吨）〈P1641〉；河北青县大地化工有限公司（3 万吨）〈P1654〉；唐山冀滦化肥有限公司〈P1635〉；河北大田化工有限公司（1 万吨）〈P1658〉；中国昊华集团宣化有限公司〈P1650〉；［晋］山西省交城红星化工有限公司〈P1670〉；太原化工股份有限公司合成氨分公司〈P1671〉；山西介休光华化工有限公司（5000 吨）〈P1675〉；山西焦化股份有限公司〈P1678〉；天脊煤化工集团有限公司〈P1674〉；山西兰花科技创业股份有限公司〈P1675〉；［吉］吉林省通化化工股份有限公司〈P1718〉；［黑］大庆油田甲醇厂〈P1723〉；［沪］上海吴泾化工有限公司（33 万吨）〈P1770〉；宝山钢铁股份有限公司化工分公司（1 万吨）〈P1726〉；［苏］江苏三木集团公司〈P1865〉；江苏华昌（集团）有限公司〈P1893〉；江苏华昌化工股份有限公司〈P1893〉；江苏润丰生化有限公司（9 万吨）〈P1793〉；涟水丰禾化工有限公司〈P1803〉；东台市绿源化工有限公司（6000 吨）〈P1806〉；扬州高华化工有限公司（8000 吨）〈P1817〉；江苏飞亚化学工业有限责任公司（1000 吨）〈P1830〉；［浙］德清县新溪塑化有限公司〈P1945〉；海宁市金潮实业总公司〈P1939〉；浙江丰登化工股份有限公司〈P1954〉；浙江东阳化学工贸有限公司〈P1954〉；开化县青华化工有限公司〈P1957〉；平阳县平氮化工有限公司〈P1936〉；［皖］合肥四方集团公司〈P1973〉；安徽淮化集团有限公司〈P1976〉；安徽省阜南县化工总厂（3 万吨）〈P1983〉；安徽省宁国司尔特化肥有限公司（5 万吨）〈P1986〉；黄山市龙胜化工有限公司〈P1981〉；［闽］福建海汇化工有限公司〈P1997〉；龙岩市港昌化工有限公司（5 万吨）〈P2006〉；永定县众旺化工有限公司（3 万吨）〈P2007〉；福建省武平县德兴化工有限公司（2 万吨）〈P2006〉；福建石化集团三明化工有限责任公司〈P1995〉；［鲁］济南化肥厂有限责任公司（8 万吨）〈P2022〉；章丘日月化工有限公司（4 万吨）〈P2031〉；山东省信祥化工有限公司〈P2154〉；山东滨州天阳化工有限公司（2 万吨）〈P2155〉；山东奥宝化工集团有限公司（3 万吨）〈P2094〉；山东海化盛兴化工有限公司（12 万吨）〈P2095〉；青州市政通化工有限公司〈P2093〉；莱芜东浩化工有限责任公司（5000 吨）〈P2140〉；新泰市宏达化工有限公司（3600 吨）〈P2138〉；山东飞达化工科技有限公司（6 万吨）〈P2135〉；兖矿峄山化工有限公司金乡尿素厂（7 万吨）〈P2133〉；山东施丰化工有限公司〈P2151〉；莒南县泰祥化肥有限公司（4 万吨）〈P2147〉；兖矿鲁南化肥厂（22 万吨）〈P2080〉；山东昊福集团有限公司（2 万吨）〈P2130〉；［豫］新郑市韩春化工有限公司（5000 吨）〈P2169〉；河南延化化工有限责任公司〈P2202〉；新乡中新化工有限责任公司（7 万吨）〈P2208〉；河南博爱县源泰化电有限责任公司（2 万吨）〈P2193〉；河南沁阳市龙旺化工有限公司（5 万吨）〈P2193〉；河南省济源市恒利肥业有限公司〈P2193〉；河南濮阳市三安化工有限公司（7000 吨）〈P2212〉；长葛市鸿达化肥有限公司〈P2217〉；河南省孟津县化肥厂（2 万吨）〈P2180〉；洛阳骏马化工有限公司（8 万吨）〈P2182〉；方城县华丰化工有限责任公司〈P2223〉；河南省商丘市丰源化肥有限公司（2 万吨）〈P2225〉；［鄂］京山华贝化工有限责任公司（2 万吨）〈P2242〉；湖北双环科技股份有限公司（5 万吨）〈P2242〉；湖北省枣阳化学工业总公司〈P2237〉；［湘］茶陵县氮肥厂〈P2249〉；［桂］广西河池化工股份有限公司〈P2302〉；［川］成都市新都化工股份有限公司（8 万吨）〈P2314〉；德阳市南塔化工有限责任公司（9500 吨）〈P2324〉；四川川润化工有限责任公司〈P2326〉；四川金象化工股份有限公司〈P2333〉；［滇］云南云天化股份有限公司〈P2344〉；［陕］陕西兴化化学股份有限公司〈P2347〉

【使用厂】［京］北京化工厂〈P1549〉；北京健力药业有限公司〈P1551〉；北京市申达精细化工有限公司〈P1560〉；［津］天津市有机化工一厂〈P1611〉；天津华士化工有限公司〈P1573〉；天津市腾飞化工总厂〈P1603〉；天津天成制药有限公司〈P1614〉；［冀］河北邢台化学试剂有限责任公司〈P1642〉；沧州科润化工有限公司〈P1651〉；河北新兴化工有限责任公司〈P1648〉；黄骅市渤海化工（集团）公司〈P1656〉；河北诚信有限责任公司〈P1619〉；邯郸市赵都精细化工厂〈P1639〉；［晋］山西新联友化工有限公司〈P1675〉；山西省陵川化工总厂〈P1675〉；山西舜都集团有限公司〈P1680〉；山西侯马平阳制药厂〈P1678〉；［蒙］包头市雄狮化工有限责任公司〈P1681〉；［辽］沈阳市试剂三厂〈P1688〉；铁岭选矿药剂厂〈P1713〉；同联集团沈阳抗生素厂〈P1690〉；大洼县光明化工厂〈P1705〉；丹东市中和化工厂〈P1700〉；辽宁海城三洋化工厂〈P1697〉；［沪］上海南大化工厂〈P1754〉；上海农药厂有限公司〈P1755〉；松江佘山化工厂〈P1780〉；上海振兴化工二厂有限公司〈P1778〉；上海新大化工厂〈P1771〉；上海美兴化工有限公司〈P1753〉；［苏］南京化学工业有限公司化工厂〈P1785〉；苏州市永达精细化工有限公司〈P1906〉；南京台硝化工有限公司〈P1790〉；南通市东昌化工有限公司〈P1834〉；连云港立本农药化工有限公司〈P1798〉；江苏省赣榆县磷肥厂〈P1797〉；盐城凤阳化工有限公司〈P1809〉；江苏峰峰钨钼制品股份有限公司〈P1807〉；镇江江南化工有限公司

〈P1844〉;苏州精细化工有限公司〈P1901〉;中国石化南京化学工业有限公司连云港碱厂〈P1801〉;江苏飞翔化工(张家港)有限公司〈P1893〉;利民化工有限责任公司〈P1793〉;南通市通海化工公司〈P1835〉;南通光荣化工有限公司〈P1833〉;太仓市农药厂有限公司〈P1908〉;[浙]杭州萧山飞翔化工有限公司〈P1923〉;浙江建德建业有机化工有限公司〈P1928〉;建德市新化化工有限责任公司〈P1926〉;温州华华集团有限公司〈P1937〉;浙江台州清泉医药化工有限公司〈P1968〉;浙江九洲药业股份有限公司〈P1965〉;浙江普洛化学有限公司〈P1955〉;[皖]安庆曙光化工(集团)有限公司〈P1980〉;安徽六国化工股份有限公司〈P1978〉;安徽省六安市建来化工有限公司〈P1985〉;宣城森泰化工有限责任公司〈P1987〉;江苏德邦兴华化工股份有限公司淮南市分公司〈P1977〉;[闽]福州耀隆化工集团公司〈P1990〉;福建省漳平凯达氟制品有限公司〈P2006〉;福建省邵武市永飞化工有限公司〈P2004〉;福建省顺昌富宝实业有限公司〈P2004〉;漳州市龙文磷肥厂〈P2002〉;[赣]江西江氨化学工业有限公司〈P2008〉;江西第二化肥厂〈P2012〉;赣州钴钨有限责任公司〈P2014〉;江西制药有限责任公司〈P2009〉;[鲁]济南化工厂分厂〈P2022〉;青岛东方化工股份有限公司〈P2033〉;山东大成农药股份有限公司〈P2051〉;淄博元兴化工有限公司〈P2075〉;山东富安集团农药有限公司〈P2052〉;淄博化学试剂厂有限公司〈P2062〉;山东海化华龙硝铵有限公司〈P2095〉;诸城市良丰化学有限公司〈P2107〉;山东联盟化工集团有限公司〈P2096〉;山东瀚海化工肥料有限责任公司〈P2113〉;济宁市恒立化工有限公司〈P2128〉;山东联合化工股份有限公司〈P2053〉;山东省单县化工有限公司〈P2160〉;山东华鲁恒升集团有限公司〈P2144〉;淄博金马化工厂〈P2063〉;招远七六一有限责任公司〈P2120〉;山东鲁北企业集团总公司〈P2156〉;山东鲁光化工厂〈P2150〉;山东瑞星化工有限公司〈P2136〉;山东省章丘市清源化工厂〈P2030〉;山东省泰和水处理有限公司〈P2077〉;山东明瑞化工集团总公司〈P2136〉;山东东岳化工股份有限公司〈P2052〉;济南华泰隆化工有限公司〈P2022〉;山东省滕州瑞达化工有限公司〈P2077〉;滕州永兴化工有限责任公司〈P2080〉;山东省菏泽市化工有限公司〈P2160〉;山东蒙阴益丰企业集团总公司〈P2150〉;青州迈特科创材料有限公司〈P2091〉;[豫]平顶山飞行化工(集团)有限责任公司〈P2191〉;安阳化学工业集团有限责任公司〈P2208〉;濮阳市市区四方化工厂〈P2215〉;三门峡金茂化工有限公司〈P2221〉;辉县市昊利达化工有限公司〈P2202〉;原阳县鑫富化肥有限责任公司〈P2208〉;濮阳市春盛化工有限公司〈P2213〉;洛阳市化学试剂厂〈P2184〉;河南省中原大化集团有限责任公司〈P2213〉;开封化工三厂〈P2176〉;巩义市陇海化工厂〈P2163〉;巩义市三星陶瓷材料有限公司〈P2163〉;河南神马尼龙化工有限责任公司〈P2191〉;安阳染料厂〈P2208〉;[鄂]襄樊丽明化工有限公司〈P2238〉;湖北黄麦岭磷化工集团公司〈P2242〉;武汉福源化工有限公司〈P2229〉;湖北省潜江华润化肥有限公司〈P2245〉;湖北恒日化工股份有限公司〈P2243〉;[湘]长沙市化工研究所〈P2247〉;株洲市中天磷酸盐化工有限责任公司〈P2250〉;澧县金源化工有限责任公司〈P2255〉;湖南洞庭药业股份有限公司〈P2255〉;邵阳市大圳发达实业有限公司〈P2253〉;[粤]广州钛白粉厂〈P2267〉;广州化学试剂厂〈P2261〉;广州市番禺番氮化工有限公司〈P2263〉;[桂]南宁荷花味精有限公司〈P2296〉;柳州市跃进化工厂〈P2298〉;广西藤县金茂钛白有限公司〈P2300〉;[渝]重庆无机化学试剂厂〈P2307〉;双赢集团有限公司〈P2303〉;中化重庆涪陵化工股份有限公司〈P2303〉;[川]川化集团有限责任公司〈P2317〉;成都天华科技股份有限公司〈P2315〉;四川特种工程塑料厂〈P2321〉;广汉雅和化工有限公司〈P2324〉;[黔]贵州宏福实业开发有限总公司〈P2338〉;[滇]个旧市化肥厂〈P2345〉;云南三环化工股份有限公司〈P2341〉;[陕]陕西城化股份有限公司〈P2353〉;陕西华山化工集团有限公司〈P2352〉;[青]青海黎明化工有限责任公司〈P2359〉;青海金牛胶业集团有限公司〈P2359〉;[新]新疆新化化肥有限责任公司〈P2364〉

尿素;脲;碳酰胺;碳酰二胺 D01000401

Urea;Carbamide [57-13-6]

农业上用作氮肥,工业上用作饲料添加剂,用于制造炸药、稳定剂和脲醛树脂等

【生产厂】[津]天津市腾飞化工总厂(8 万吨)〈P1603〉;天津吉华化工有限公司(32 万吨)〈P1574〉;[冀]石家庄冀华化工纺织有限公司〈P1627〉;石家庄金石化肥有限责任公司〈P1627〉;石家庄化肥集团有限责任公司(1 万吨)〈P1626〉;邯郸冀南化工有限公司(12 万吨)〈P1638〉;河北沧州大化集团有限责任公司(52 万吨)〈P1653〉;曲阳县田原化工有限公司(10 万吨)〈P1649〉;中国昊华集团宣化有限公司〈P1650〉;河北宣化化肥集团有限公司(13 万吨)〈P1650〉;[晋]山西省交城县金兰化工有限公司〈P1677〉;五台县化肥厂(20 万吨)〈P1676〉;山西省大同市五台县化肥厂新荣分厂(10 万吨)〈P1673〉;山西丰喜肥业(集团)股份有限公司(55 万吨)〈P1679〉;山西舜都集团有限公司(13 万吨)〈P1680〉;天脊煤化工集团有限公司(45 万吨)〈P1674〉;山西兰花煤炭实业集团有限公司(86 万吨)〈P1675〉;山西晋丰煤化工有限责任公司(82 万吨)〈P1675〉;[蒙]内蒙古乌拉山化肥有限责任公司(10 万吨)〈P1683〉;[吉]吉林省通化化工股份有限公司(9 万吨)〈P1718〉;[黑]黑龙江北旺化工有限责任公司(8 万吨)〈P1724〉;黑龙江农垦博兴化工有限责任公司(16 万吨)〈P1724〉;黑龙江黑化集团有限公司(30 万吨)〈P1722〉;[沪]上海吴泾化工有限公司(16 万吨)〈P1770〉;[苏]江苏华昌化工股份有限公司〈P1893〉;江苏恒盛化肥有限公司(40 万吨)〈P1792〉;大丰市劲力化肥有限责任公司(12 万吨)〈P1805〉;江苏双多化工有限公司(6 万吨)〈P1808〉;姜堰市化肥有限责任公司(30 万吨)〈P1823〉;[浙]中国石化镇海炼油化工股份有限公司(60 万吨)〈P1936〉;[皖]合肥四方集团公司(13 万吨)〈P1973〉;安徽淮化集团有限公司(50 万吨)〈P1976〉;安徽省定远县化肥厂(10 万吨)〈P1982〉;安徽三星化工集团公司(22 万吨)〈P1983〉;安徽昊源化工集团有限公司〈P1983〉;安徽临泉化工股份有限公司(60 万吨)〈P1983〉;安徽省六安市建来化工有限公司(10 万吨)〈P1985〉;[闽]福建省顺昌富宝实业有限公司(13 万吨)〈P2004〉;福建石化集团三明化工有限责任公司(40 万吨)〈P1995〉;永安智胜化工有限公司(23 万吨)〈P1996〉;[赣]江西江氨化学工业有限公司(16 万吨)〈P2008〉;江西昌九生物化工股份有限公司(16 万吨)〈P2008〉;江西第二化肥厂(16 万吨)〈P2012〉;[鲁]山东明水大化集团(70 万吨)〈P2029〉;章丘日月化工有限公司(18 万吨)〈P2031〉;山东聊城鲁西化工集团总公司平阴化肥厂(17 万吨)〈P2029〉;山东禹城中农润田化工有限公司(24 万吨)〈P2146〉;山东鲁西化工股份有限公司(100 万吨)〈P2153〉;山东华鲁恒升化工股份有限公司(100 万吨)〈P2144〉;山东华鲁恒升集团有限公司(100 万吨)〈P2144〉;山东德齐龙化工集团有限公司(100 万吨)〈P2143〉;山东省宁津县永兴化工有限责任公司(30 万吨)〈P2145〉;山东海化盛兴化工有限公司(15 万吨)〈P2095〉;山东联盟化工集团有限公司(30 万吨)〈P2096〉;山东海化股份有限公司〈P2094〉;烟台巨力化肥有限公司(18 万吨)〈P2117〉;山东瀚海化工肥料有限责任公司(13 万吨)〈P2113〉;青岛碱业股份有限公司(16 万吨)〈P2038〉;青岛海湾集团有限公司(16 万吨)〈P2036〉;青岛碱业股份有限公司天柱化肥分公司(16 万吨)〈P2038〉;泰安双丰化肥有限公司(10 万吨)〈P2138〉;山东飞达化工科技有限公司(13 万吨)〈P2135〉;山东瑞星化工有限公司(60 万吨)〈P2136〉;山东阿斯德化工有限公司(30 万吨)〈P2135〉;济宁市恒立化工有限公司(15 万吨)〈P2128〉;山东金乡德华

化工有限公司(11 万吨)〈P2131〉;兖矿峄山化工有限公司金乡尿素厂(15 万吨)〈P2133〉;兖矿峄山化工有限公司(54 万吨)〈P2133〉;山东恒通化工股份有限公司(30 万吨)〈P2149〉;山东鲁洲集团沂水化工有限公司(6 万吨)〈P2150〉;山东省滕州瑞达化工有限公司(20 万吨)〈P2077〉;兖矿鲁南化肥厂(100 万吨)〈P2080〉;[豫]河南新乡延化集团〈P2202〉;河南延化化工有限责任公司(25 万吨)〈P2202〉;原阳县鑫富化肥有限责任公司(4 万吨)〈P2208〉;辉县市昊利达化工有限公司(12 万吨)〈P2202〉;新乡市化肥厂有限责任公司(12 万吨)〈P2205〉;河南心连心化工有限公司(25 万吨)〈P2202〉;河南省修武县大通物产有限公司(10 万吨)〈P2194〉;河南沁阳市龙旺化工有限公司(4 万吨)〈P2193〉;河南大江化工有限公司(10 万吨)〈P2193〉;河南省绿宇化电有限公司(13 万吨)〈P2194〉;安阳化学工业集团有限责任公司(40 万吨)〈P2208〉;河南省中原大化集团有限责任公司(52 万吨)〈P2213〉;漯河泰丰化工有限责任公司(10 万吨)〈P2220〉;河南颍青化工有限公司(15 万吨)〈P2220〉;驻马店中化肥业有限公司〈P2227〉;平顶山飞行化工(集团)有限责任公司(30 万吨)〈P2191〉;洛阳骏马化工有限公司(15 万吨)〈P2182〉;河南商都集团有限责任公司(11 万吨)〈P2180〉;三门峡金茂化工有限公司(10 万吨)〈P2221〉;河南灵化集团有限公司(10 万吨)〈P2221〉;邓州恒德化工有限责任公司(8 万吨)〈P2222〉;[鄂]武汉市合中化工制造有限公司〈P2232〉;武汉福源化工有限公司(6 万吨)〈P2229〉;湖北省潜江华润化肥有限公司(20 万吨)〈P2245〉;湖北大田化工股份有限公司(6 万吨)〈P2239〉;湖北省枣阳化学工业总公司(6 万吨)〈P2237〉;湖北宜化集团有限责任公司(80 万吨)〈P2241〉;[湘]湖南智成化工有限公司(15 万吨)〈P2249〉;株洲市海达集团化工有限公司(13 万吨)〈P2250〉;湖南郴州化工集团有限公司(10 万吨)〈P2257〉;郴州桥氮化工有限责任公司(10 万吨)〈P2256〉;[桂]柳州化工股份有限公司(18 万吨)〈P2297〉;广西河池化工股份有限公司(26 万吨)〈P2302〉;[渝]重庆江北化肥有限公司(6 万吨)〈P2305〉;中国核工业建峰化工总厂(52 万吨)〈P2303〉;[川]成都玉龙化工有限公司(15 万吨)〈P2317〉;成都玖源化工有限公司(9 万吨)〈P2312〉;四川美丰化工股份有限公司(150 万吨)〈P2327〉;四川金象化工股份有限公司(13 万吨)〈P2333〉;达州市大竹玖源化工有限公司(6 万吨)〈P2335〉;四川宏泰生化有限公司(4 万吨)〈P2334〉;四川天华股份有限公司(52 万吨)〈P2323〉;[滇]云南云天化股份有限公司(76 万吨)〈P2344〉;云南东风化工有限公司(9 万吨)〈P2345〉;泸西县伟洪吉宇化工有限责任公司(10 万吨)〈P2345〉;云天化集团有限责任公司(48 万吨)〈P2344〉;云南解化集团有限公司(15 万吨)〈P2345〉;云南华盛化工有限公司(10 万吨)〈P2344〉;[陕]陕西华山化工集团有限公司(30 万吨)〈P2352〉;陕西城化股份有限公司(11 万吨)〈P2353〉;[甘]兰州远东化肥有限公司(10 万吨)〈P2356〉;[宁]中国石油天然气股份有限公司宁夏石化分公司(130 万吨)〈P2361〉;[新]中国石油天然气股份有限公司乌鲁木齐石油化工总厂〈P2365〉;新疆新化化肥有限责任公司(22 万吨)〈P2364〉;中国石油天然气股份有限公司塔里木油田分公司〈P2366〉;阿克苏华锦化肥有限责任公司(52 万吨)〈P2366〉

【使用厂】[京]北京化工厂〈P1549〉;[津]天津市创新有机化工厂〈P1582〉;天津天成制药有限公司〈P1614〉;天津市长虹化工颜料厂〈P1581〉;天津市恒泽化工科技开发有限公司〈P1589〉;天津市福升肥料有限公司〈P1586〉;天津市宇博精细化工有限公司〈P1611〉;天津芦阳化肥股份有限公司〈P1576〉;[冀]河北辛集化工集团有限责任公司〈P1622〉;河北冀衡化学股份有限公司〈P1664〉;鹿泉市弘利精细化工厂〈P1625〉;石家庄市新华染料化工厂〈P1631〉;邢台铁牛染料化工有限公司〈P1644〉;美利达颜料工业有限公司〈P1669〉;[晋]山西省高平化工有限公司〈P1675〉;[辽]沈阳市试剂三厂〈P1688〉;[吉]吉林森林工业股份有限公司通化胶粘剂分公司〈P1718〉;吉林省舒兰合成药业股份有限公司〈P1716〉;[沪]上海华谊集团华原化工有限公司〈P1739〉;上海天坛助剂有限公司〈P1767〉;上海长征化工厂〈P1730〉;上海申星化工有限公司〈P1761〉;上海新华阻燃剂总厂〈P1772〉;上海吉安化工有限公司〈P1742〉;[苏]苏州市永达精细化工有限公司〈P1906〉;江宁县磷肥厂〈P1781〉;江苏省赣榆县磷肥厂〈P1797〉;泗洪县猿菱化工有限公司〈P1804〉;涟水磷肥厂〈P1803〉;建湖县建磷肥料化工有限公司〈P1807〉;阜宁县双叶化工有限公司〈P1806〉;大丰市天利肥料有限公司〈P1805〉;姜堰市双达利磷复肥有限公司〈P1824〉;扬州中宇化工肥业有限公司〈P1820〉;江苏美乐肥料有限公司〈P1821〉;海门市禾丰化肥有限公司〈P1830〉;镇江磷肥厂〈P1844〉;江苏华昌(集团)有限公司〈P1893〉;江苏威力磷复肥有限公司〈P1804〉;句容长宁生物化工有限公司〈P1843〉;南通市新源复合肥有限公司〈P1835〉;江苏省六合县磷肥厂〈P1781〉;东台市九转化工有限公司〈P1805〉;利君集团镇江制药有限责任公司〈P1843〉;常州药业股份有限公司〈P1858〉;常州市东方化工有限公司〈P1850〉;盐城市誉球化工有限公司〈P1812〉;通州市江石化工厂〈P1839〉;南京化学工业集团公司如东专用复合肥厂〈P1832〉;江苏阿波罗复合肥有限公司〈P1865〉;江苏省溧阳市制药厂〈P1861〉;盐城市东港药物化工发展有限公司〈P1811〉;江苏中东集团有限公司〈P1861〉;东台市奇康肥料有限公司〈P1806〉;南京霞安化工有限公司〈P1790〉;江阴市东港化肥有限公司〈P1868〉;宜兴市灵谷复合肥有限公司〈P1885〉;[浙]浙江迪耳药业有限公司〈P1954〉;[皖]合肥四方磷复肥有限责任公司〈P1973〉;安徽省宁国司尔特化肥有限公司〈P1986〉;安徽华星化工股份有限公司〈P1984〉;亳州市福利硝酸钾厂〈P1983〉;黄山市华尔特化肥有限公司〈P1981〉;[闽]福建省南平市榕昌化工有限公司〈P2003〉;福建省建瓯福农化工有限公司〈P2003〉;福建省龙岩龙化化工有限公司〈P2005〉;福建省双赢集团有限公司〈P2001〉;福建三明华茂化工有限公司〈P1994〉;福建石化集团三明化工有限责任公司综合厂〈P1996〉;福建三农集团股份有限公司〈P1994〉;龙岩市牛坑肥业有限公司〈P2007〉;沙县集辰复合肥有限公司〈P1996〉;三明市贝斯诺农业科技有限公司〈P1996〉;福建省龙岩市复合肥厂〈P2005〉;厦门市西田复合肥有限公司〈P1993〉;福建省沙县宏光化工有限公司〈P1995〉;[赣]南昌氯碱总厂〈P2010〉;江西联达化工有限公司〈P2009〉;江西电化精细化工有限责任公司〈P2010〉;江西赣北化工厂〈P2012〉;[鲁]济南化肥厂有限责任公司〈P2022〉;山东塑料试验厂〈P2030〉;山东临朐富源精细化工有限公司〈P2096〉;青岛天元化工股份有限公司〈P2044〉;山东新华制药股份有限公司〈P2055〉;枣庄市清泉化工有限公司〈P2080〉;诸城市良丰化学有限公司〈P2107〉;山东烟台凯联化工有限公司〈P2115〉;聊城市中联化工有限公司〈P2152〉;莒南县泰祥化肥有限公司〈P2147〉;莒南县达尔特化肥有限公司〈P2147〉;山东联合化工股份有限公司〈P2053〉;山东省郓城县鲁发化工有限公司〈P2161〉;山东省聊城市硫酸厂〈P2154〉;德州虹桥染料化工有限公司〈P2142〉;济南司普润化工产品有限公司〈P2025〉;菏泽泰龙化工有限公司〈P2159〉;山东广威消毒剂有限公司〈P2094〉;济南圣泉集团股份有限公司〈P2025〉;泰安市黎明化工有限责任公司〈P2138〉;山东省航天发泡剂总厂〈P2123〉;新汶矿业集团有限责任公司〈P2139〉;山东济宁齐天佳丽日化有限公司〈P2131〉;山东海化魁星化工有限公司〈P2135〉;蒙阴县新丰化工有限公司〈P2148〉;山东阿波罗集团有限公司〈P2027〉;山东省茌平县德玺生物肥料有限责任公司〈P2153〉;山东泉林嘉有机肥料有限责任公司〈P2153〉;济南华泰隆化工有限公司〈P2022〉;新泰市宏达化工有限公司〈P2138〉;滕州银丰化工有限公司〈P2080〉;山东临沂华丰化肥有限公司〈P2149〉;曲阜慧迪化工有限责任公司〈P2130〉;济宁市任城区福利精细化工厂〈P2128〉;莱西市

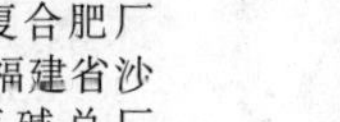

金山化工厂〈P2032〉;山东三孔集团曲阜宇丰复合肥有限公司〈P2132〉;青岛凯联精细化学有限公司〈P2039〉;山东蒙阴益丰企业集团总公司〈P2150〉;济南金信洋染料有限公司〈P2023〉;寿光市曙光助剂厂〈P2100〉;青州市汉诺威肥业有限公司〈P2092〉;淄博市张店齐鑫化工厂〈P2071〉;[豫]平顶山煤业集团开封东大化工有限公司〈P2179〉;开封开化(集团)有限公司〈P2176〉;开封开化(集团)有限公司磷肥厂〈P2177〉;永城化学工业公司〈P2226〉;郑州市第二化肥厂〈P2173〉;洛阳市汝化化工有限公司〈P2185〉;河南省孟津县磷肥厂〈P2180〉;郑州那威高肥业有限公司〈P2172〉;偃师市商城防腐材料有限公司〈P2189〉;焦作市华联化工有限公司〈P2196〉;夏邑县谷氨酸股份有限公司〈P2226〉;巩义市三星陶瓷材料有限公司〈P2163〉;三门峡思念缓释肥业有限公司〈P2222〉;河南濮阳市三安化工有限公司〈P2212〉;[鄂]武汉青江化工股份有限公司〈P2231〉;襄樊丽明化工有限公司〈P2238〉;湖北黄麦岭磷化工集团公司〈P2242〉;武汉绿茵化工有限公司〈P2231〉;武汉市天马解放化工有限公司〈P2233〉;[湘]湖南省永和磷肥厂〈P2248〉;株洲金源化工有限公司〈P2250〉;湖南省永州市化学工业集团公司〈P2257〉;湖南省海洋生物工程有限公司〈P2250〉;张家界化肥总厂〈P2255〉;[粤]广州化学试剂厂〈P2261〉;广州市番禺番氮化工有限公司〈P2263〉;韶关市化工厂〈P2277〉;汕头精细化工(集团)公司〈P2276〉;[桂]广西核工业桂兴实业公司〈P2301〉;南宁鸣昌专用肥料有限公司〈P2297〉;[渝]云阳县磷肥厂〈P2303〉;中化重庆涪陵化工股份有限公司〈P2303〉;[川]川化集团有限责任公司〈P2317〉;四川川化集团成都望江化工厂〈P2318〉;宜宾天原股份有限公司〈P2335〉;泸州市江阳化工厂〈P2323〉;四川博兴实业有限公司〈P2325〉;广汉雅和化工有限公司〈P2324〉;[黔]遵义县磷肥厂〈P2337〉;贵州省农业科学院肥料示范厂〈P2337〉;[滇]云南三环化工股份有限公司〈P2341〉;昆明劲勋化工有限公司〈P2339〉;[甘]甘肃白银虎豹化工有限公司〈P2357〉;天祝益田肥业有限责任公司〈P2357〉;[新]新疆乌拉泊化工厂〈P2364〉;新疆石河子正义农业科技有限公司〈P2367〉;新疆米泉市夏华化肥有限责任公司〈P2367〉

尿素(工业用) D01000403

Urea, industrial [57-13-6]

工业上用作饲料添加剂,用于制造炸药、稳定剂和脲醛树脂等

【生产厂】[晋]山西焦化股份有限公司〈P1678〉;[川]川化集团有限责任公司(83 万吨)〈P2317〉;[新]新疆新化化肥有限责任公司(11 万吨)〈P2364〉

过碳酰胺;过氧尿素 D01000411

Urea hydrogen peroxide

是洗涤行业中性洗涤剂的重要添加剂

【生产厂】[冀]深泽县三洁化工有限公司〈P1625〉;[苏]常熟市金城化工有限公司(1000 吨)〈P1890〉;[赣]江西省永泰化工有限公司〈P2011〉

缓释尿素 D01000491

Slow release urea

【生产厂】[冀]河北沧州大化集团有限责任公司〈P1653〉;[鄂]武汉绿茵化工有限公司〈P2231〉

含硫尿素 D01000501

Urea with sulphur

【生产厂】[鲁]山东谷丰源化肥有限公司〈P2153〉;[豫]郑州宝丰农化有限公司(8 万吨)〈P2169〉;安阳市绿宇农药化肥有限责任公司(8000 吨)〈P2209〉

亚异丁二脲 D01000601

Isobutylidene biurea; IBDU [6104-30-9]

具有缓慢释放氮素的性能,因而被广泛用于园艺、草坪等

【生产厂】[鄂]武汉绿茵化工有限公司〈P2231〉

氯化铵;农用氯化铵 D01000701

Ammonium chloride [12125-02-9]

用作农作物肥料,适用于水稻、小麦、棉花、麻类、蔬菜等作物

【生产厂】[津]天津渤海化工有限责任公司天津碱厂(40 万吨)〈P1570〉;[冀]石家庄金石化肥有限责任公司〈P1627〉;石家庄化肥集团有限责任公司(4 万吨)〈P1626〉;石家庄双联化工有限责任公司(30 万吨)〈P1633〉;石家庄冀龙复合肥厂〈P1627〉;[晋]山西省交城县金兰化工有限公司(5000 吨)〈P1677〉;山西丰喜肥业(集团)股份有限公司(15 万吨)〈P1679〉;[辽]沈阳文通化工有限公司(13 万吨)〈P1689〉;大化集团大连化工股份有限公司(50 万吨)〈P1690〉;[沪]文通集团〈P1780〉;[苏]江苏华昌(集团)有限公司(8 万吨)〈P1893〉;连云港中铭化工有限公司〈P1801〉;江苏德邦化学工业集团有限公司(14 万吨)〈P1797〉;连云港市锦屏化工厂(12 万吨)〈P1799〉;[皖]合肥四方集团公司(6 万吨)〈P1973〉;江苏德邦兴华化工股份有限公司淮南市分公司(22 万吨)〈P1977〉;[闽]福州耀隆化工集团公司(21 万吨)〈P1990〉;[鲁]山东联合化工股份有限公司(3 万吨)〈P2053〉;青岛三凯化工有限公司〈P2041〉;临沂恒润生物化工有限公司(2 万吨)〈P2147〉;[豫]郑州水晶股份有限公司(10 万吨)〈P2174〉;新乡中新化工有限责任公司(10 万吨)〈P2208〉;济源市丰田肥业有限公司〈P2195〉;河南金山化工有限责任公司(8 万吨)〈P2193〉;许昌东方化工有限公司〈P2218〉;许昌市物团化工有限公司〈P2219〉;[鄂]湖北楚源集团股份有限公司〈P2239〉;[湘]湖南智成化工有限公司(7 万吨)〈P2249〉;衡阳市裕华化工实业有限公司(3 万吨)〈P2253〉;[桂]柳州化工股份有限公司〈P2297〉;[川]成都玖源化工有限公司(10 万吨)〈P2312〉;成都市新都化工股份有限公司(40 万吨)〈P2314〉;四川省什邡市建业化工有限公司〈P2328〉;自贡鸿鹤化工集团有限责任公司(42 万吨)〈P2321〉;[滇]云南安宁化肥有限责任公司〈P2340〉

【使用厂】[津]天津市福升肥料有限公司〈P1586〉;[冀]承德新新钒钛化工有限公司〈P1650〉;[辽]大连瑞泽农药股份有限公司〈P1693〉;同联集团沈阳抗生素厂〈P1690〉;鞍山市新型水处理材料厂〈P1696〉;[沪]上海天坛助剂有限公司〈P1767〉;上海金联精细化工厂〈P1744〉;[苏]江苏省赣榆县磷肥厂〈P1797〉;涟水磷肥厂〈P1803〉;大丰市天利肥料有限公司〈P1805〉;姜堰市双达利磷复肥有限公司〈P1824〉;扬州中宇化工肥业有限公司〈P1820〉;江苏美乐肥料有限公司〈P1821〉;海门市禾丰化肥有限公司〈P1830〉;镇江磷肥厂〈P1844〉;南通市新源复合肥有限公司〈P1835〉;江苏省六合县磷肥厂〈P1781〉;江苏省江阴制药厂〈P1866〉;南京化学工业集团公司如东专用复合肥厂〈P1832〉;江苏阿波罗复合肥有限公司〈P1865〉;江苏飞翔化工(张家港)有限公司〈P1893〉;江苏中东集团有限公司〈P1861〉;宜兴市灵谷复合肥有限公司〈P1885〉;常熟市虞南复合肥有限公司〈P1891〉;江苏华昌化工股份有限公司〈P1893〉;[浙]浙江海正药业股份有限公司〈P1964〉;杭州福德化工有限公司〈P1917〉;东港工贸集团有限公司〈P1960〉;[皖]合肥四方磷复肥有限责任公司〈P1973〉;安徽省宁国司尔特化肥有限公司〈P1986〉;[闽]龙岩市牛坑肥业有限公司〈P2007〉;沙县集辰复合肥有限公司〈P1996〉;福建漳平金鑫硫酸化工有限公司〈P2006〉;厦门市西田复合肥有限公司〈P1993〉;[赣]江西赣北化工厂〈P2012〉;九江市专用复合肥厂〈P2013〉;[鲁]济南鲁联集

团试剂有限公司〈P2023〉;青州市化纤厂〈P2092〉;莒南县泰祥化肥有限公司〈P2147〉;德州虹桥染料化工有限公司〈P2142〉;山东省桓台县金龙化工有限公司〈P2054〉;山东广威消毒剂有限公司〈P2094〉;泰安市黎明化工有限责任公司〈P2138〉;山东省泰和水处理有限公司〈P2077〉;山东临沂华丰化肥有限公司〈P2149〉;山东三孔集团曲阜宇丰复合肥有限公司〈P2132〉;[豫]洛阳市汝化化工有限公司〈P2185〉;郑州那威高肥业有限公司〈P2172〉;安阳市安林生物化工有限责任公司〈P2208〉;洛阳市化学试剂厂〈P2184〉;新乡市金升化工有限公司〈P2205〉;[鄂]武汉青江化工股份有限公司〈P2231〉;湖北黄麦岭磷化工集团公司〈P2242〉;[湘]湖南省永州市化学工业集团公司〈P2257〉;湖南怀化双溪煤矿〈P2257〉;[粤]广州化学试剂厂〈P2261〉;[桂]桂林市红星化工有限责任公司〈P2299〉;广西核工业桂兴实业公司〈P2301〉;南宁鸣昌专用肥料有限公司〈P2297〉;[川]四川川化集团成都望江化工厂〈P2318〉;成都天华科技股份有限公司〈P2315〉;四川特种工程塑料厂〈P2321〉

硝酸铵;硝铵　　D01000801

Ammonium nitrate [6484-52-2]

主要用作肥料,适用于旱地作物

【生产厂】[冀]石家庄金石化肥有限责任公司〈P1627〉;石家庄化肥集团有限责任公司(15万吨)〈P1626〉;河北沧州大化集团有限责任公司〈P1653〉;[晋]太原化工股份有限公司合成氨分公司(31万吨)〈P1671〉;山西丰喜肥业(集团)股份有限公司〈P1679〉;天脊煤化工集团有限公司(20万吨)〈P1674〉;[蒙]内蒙古乌拉山化肥有限责任公司(15万吨)〈P1683〉;[辽]沈阳永兴化工有限公司〈P1690〉;[黑]黑龙江黑化集团有限公司(12万吨)〈P1722〉;[苏]南化集团有限公司氮肥厂(12万吨)〈P1782〉;[皖]安徽淮化集团有限公司(15万吨)〈P1976〉;[闽]福建省邵武化肥厂(16万吨)〈P2004〉;[豫]开封开化(集团)有限公司(10万吨)〈P2176〉;[桂]柳州化工股份有限公司(18万吨)〈P2297〉;[渝]重庆市富源化工有限责任公司(8万吨)〈P2306〉;[川]四川金象化工股份有限公司(8万吨)〈P2333〉;四川泸天化股份有限公司(11万吨)〈P2323〉;[滇]云南云天化股份有限公司〈P2344〉;云天化集团有限责任公司〈P2344〉;云南解化集团有限公司(36万吨)〈P2345〉;[陕]陕西兴化化学股份有限公司(30万吨)〈P2347〉;[新]新疆新化化肥有限责任公司(11万吨)〈P2364〉

【使用厂】[冀]中国昊华集团宣化有限公司〈P1650〉;中国-阿拉伯化肥有限公司〈P1637〉;[晋]山西文通钾盐集团有限公司〈P1670〉;[蒙]包头市雄狮化工有限责任公司〈P1681〉;[吉]吉林省众力化工有限公司〈P1716〉;[沪]上海化工高等专科学校实验工厂〈P1740〉;上海长征化工厂〈P1730〉;上海科创化工有限公司〈P1748〉;[苏]徐州汉高洗涤剂有限公司〈P1794〉;宜兴市阳生化工有限公司〈P1887〉;苏州第四制药厂有限公司〈P1899〉;[浙]建德市新化化工有限责任公司〈P1926〉;[皖]安徽盾安化工集团有限公司〈P1977〉;亳州市福利硝酸钾厂〈P1983〉;[鲁]招远七六一有限责任公司〈P2120〉;新汶矿业集团有限责任公司〈P2139〉;山东省邹平八四工厂〈P2156〉;山东圣世达化工有限责任公司〈P2055〉;曲阜市石门化工厂〈P2130〉;新时代(济南)民爆科技产业有限公司〈P2030〉;潍坊昌盛硝盐有限公司〈P2101〉;山东顺通集团〈P2086〉;[豫]开封开化(集团)有限公司磷肥厂〈P2177〉;三门峡化工厂〈P2221〉;安阳市安林生物化工有限责任公司〈P2208〉;三门峡思念缓释肥业有限公司〈P2222〉;[鄂]武汉醒狮化学品有限公司〈P2235〉;随州市府河化工有限责任公司〈P2245〉;[湘]邵阳三化有限责任公司〈P2253〉;[粤]广州化学试剂厂〈P2261〉;[川]川化集团有限责任公司〈P2317〉;成都天华科技股份有限公司〈P2315〉;泸州市江阳化工厂〈P2323〉;[滇]云南三环化工股份有限公司〈P2341〉;昆明红云化工生产有限公司〈P2339〉;昆明劲勋化工有限公司〈P2339〉;[陕]西北化工研究院〈P2350〉;陕西省汉阴县化工厂〈P2354〉;商洛秦威化工有限责任公司〈P2354〉

硫酸铵;硫铵;肥田粉　　D01000901

Ammonium sulfate [7783-20-2]

主要用作肥料,适用于各种土壤和作物

【生产厂】[冀]河北三洋化肥有限公司〈P1621〉;石家庄冀龙复合肥厂(20万吨)〈P1627〉;河北冀衡化学股份有限公司(2万吨)〈P1664〉;河北省孔祥化工集团有限公司(2万吨)〈P1640〉;[晋]大土河焦化有限责任公司〈P1677〉;临汾市同世达实业有限公司〈P1678〉;山西焦化股份有限公司〈P1678〉;[辽]抚顺石油化工分公司腈纶化工厂(6000吨)〈P1698〉;[吉]中国石油吉化集团公司(12万吨)〈P1717〉;[沪]宝山钢铁股份有限公司化工分公司(3万吨)〈P1726〉;[苏]上海梅山企业发展有限公司南京化工实业分公司〈P1792〉;溧阳市正大化工有限责任公司〈P1864〉;[皖]合肥四方集团公司(2万吨)〈P1973〉;[闽]福建省三明市三钢煤化工有限公司(1万吨)〈P1995〉;[鲁]济南钢铁集团总公司焦化厂(7000吨)〈P2021〉;山东金能煤炭气化有限公司(1万吨)〈P2144〉;山东兴达化工有限公司(1万吨)〈P2146〉;淄博镇荣工贸有限公司〈P2076〉;山东东佳集团公司〈P2052〉;莱芜钢铁股份有限公司焦化厂(4万吨)〈P2140〉;山东民生煤化工有限公司〈P2132〉;山东省菏泽市化工有限公司(6000吨)〈P2160〉;滕州市瑞得丰精细化工有限公司(2万吨)〈P2079〉;滕州银丰化工有限公司(3000吨)〈P2080〉;[豫]新乡安玻化工材料有限公司(1万吨)〈P2203〉;安阳钢铁股份有限公司焦化厂(500吨)〈P2208〉;河南天宏焦化(集团)有限责任公司(1万吨)〈P2191〉;[鄂]武汉市江润精细化工有限责任公司〈P2233〉;湖北楚源集团股份有限公司〈P2239〉;[湘]湖南永利化工股份有限公司(5万吨)〈P2249〉;岳阳市宝庆化工有限公司(10万吨)〈P2254〉;[桂]广西河池化工股份有限公司〈P2302〉;[渝]重庆紫光化工有限责任公司(6000吨)〈P2308〉;[滇]云南三环化工股份有限公司〈P2341〉;[甘]兰州中凯工贸有限责任公司〈P2356〉;酒泉钢铁(集团)有限责任公司〈P2357〉

【使用厂】[京]北京化工厂〈P1549〉;[津]天津市东方化工厂〈P1585〉;天津天安药业股份有限公司〈P1614〉;天津市福升肥料有限公司〈P1586〉;[冀]衡水衡湖化工有限责任公司〈P1667〉;河北张药股份有限公司〈P1650〉;[晋]山西文通钾盐集团有限公司〈P1670〉;[辽]沈阳市试剂三厂〈P1688〉;[黑]黑龙江黑化集团有限公司〈P1722〉;[沪]上海金赛医药化工有限公司〈P1744〉;上海长征化工厂〈P1730〉;[苏]江宁县磷肥厂〈P1781〉;江苏省赣榆县磷肥厂〈P1797〉;大丰市天利肥料有限公司〈P1805〉;姜堰市双达利磷复肥有限公司〈P1824〉;扬州中宇化工肥业有限公司〈P1820〉;江苏美乐肥料有限公司〈P1821〉;江苏省仪征市化工三厂〈P1816〉;海门市禾丰化肥有限公司〈P1830〉;镇江磷肥厂〈P1844〉;江苏省六合县磷肥厂〈P1781〉;苏州第四制药厂有限公司〈P1899〉;南京化学工业集团公司如东专用复合肥厂〈P1832〉;江苏阿波罗复合肥有限公司〈P1865〉;宜兴市灵谷复合肥有限公司〈P1885〉;[闽]龙岩市牛坑肥业有限公司〈P2007〉;三明市贝斯诺农业科技有限公司〈P1996〉;厦门市西田复合肥有限公司〈P1993〉;[赣]九江市专用复合肥厂〈P2013〉;[鲁]淄博化学试剂厂有限公司〈P2062〉;山东省聊城市硫酸厂〈P2154〉;淄博市周村区裕源助剂厂〈P2072〉;济南司普润化工产品有限公司〈P2025〉;青岛碱业股份有限公司〈P2038〉;山东省沂水隆大生物工程有限责任公司〈P2151〉;山东华仙集团总公司〈P2131〉;山东三孔集团曲阜宇丰复合肥有限公司〈P2132〉;山东蒙阴益丰企业集团总公司〈P2150〉;烟台同

达全元化肥有限公司〈P2119〉；潍坊巴罗斯农化有限公司〈P2101〉；［湘］湖南省永州市化学工业集团公司〈P2257〉；［粤］广州化学试剂厂〈P2261〉；广州市金珠江化学有限公司〈P2265〉；［桂］南宁鸣昌专用肥料有限公司〈P2297〉；［川］四川川化集团成都望江化工厂〈P2318〉；成都天华科技股份有限公司〈P2315〉；乐山三九长征药业股份有限公司〈P2332〉

碳酸氢铵；酸式碳酸铵；重碳酸铵；碳铵　D01001001

Ammonium acid carbonate; Ammonium bicarbonate; Ammonium hydrogen carbonate［1066-33-7］

用作氮肥，适用于各种土壤，可同时提供作物生长所需的铵态氮和二氧化碳，但含氮量低、易结块

【生产厂】［津］天津市腾飞化工总厂(7000 吨)〈P1603〉；天津吉华化工有限公司(4 万吨)〈P1574〉；［冀］石家庄焦化集团有限责任公司(10 万吨)〈P1627〉；河北新化股份有限公司(20 万吨)〈P1623〉；晋州市化肥厂(12 万吨)〈P1625〉；河北辛集化工集团有限责任公司〈P1622〉；河北冀中化工有限责任公司(8 万吨)〈P1620〉；河北省永年县化肥厂(22 万吨)〈P1640〉；邱县龙港化工有限公司(16 万吨)〈P1641〉；河北青县大地化工有限公司(20 万吨)〈P1654〉；唐山冀滦化肥有限公司(10 万吨)〈P1635〉；河北大田化工有限公司(3 万吨)〈P1658〉；河北凯跃化工集团有限公司〈P1658〉；曲阳县田原化工有限公司(5 万吨)〈P1649〉；中国昊华集团宣化有限公司〈P1650〉；河北宣化化肥集团有限公司(18 万吨)〈P1650〉；［晋］山西省交城红星化工有限公司〈P1670〉；山西榆社化工股份有限公司(18 万吨)〈P1676〉；山西介休光华化工有限公司(18 万吨)〈P1675〉；文水县振兴化肥有限公司〈P1677〉；天镇县化肥厂〈P1673〉；南风化工集团股份有限公司(15 万吨)〈P1678〉；山西丰喜肥业(集团)股份有限公司(10 万吨)〈P1679〉；山西平陆丰喜肥业有限公司(16 万吨)〈P1679〉；山西兰花科技创业股份有限公司〈P1675〉；山西兰花煤炭实业集团有限公司(34 万吨)〈P1675〉；［蒙］包头市雄狮化工有限责任公司(15 万吨)〈P1681〉；［辽］大化集团大连化工股份有限公司(2 万吨)〈P1690〉；［吉］吉林市吉化北方炬醌工贸有限责任公司(4 万吨)〈P1716〉；吉林省通化化工股份有限公司(2 万吨)〈P1718〉；［黑］黑龙江北旺化工有限责任公司〈P1724〉；黑龙江农垦博兴化工有限责任公司〈P1724〉；［沪］上海中远化工有限公司〈P1779〉；上海吴淞化肥厂(10 万吨)〈P1770〉；［苏］金湖县化肥厂〈P1803〉；江苏润丰生化有限公司(16 万吨)〈P1793〉；江苏恒盛化肥有限公司(25 万吨)〈P1792〉；连云港中铭化工有限公司〈P1801〉；淮安市奔盛化工有限公司(12 万吨)〈P1801〉；涟水丰禾化工有限公司(18 万吨)〈P1803〉；盐城市祥福化工有限公司(7 万吨)〈P1812〉；东台市绿源化工有限公司(18 万吨)〈P1806〉；江苏双多化工有限公司(10 万吨)〈P1808〉；扬州高华化工有限公司(10 万吨)〈P1817〉；南通化肥厂有限公司(12 万吨)〈P1833〉；［浙］建德市新化化工有限责任公司(7 万吨)〈P1926〉；海宁市金潮实业总公司(12 万吨)〈P1939〉；浙江丰登化工股份有限公司(1 万吨)〈P1954〉；浙江东阳化学工贸有限公司(7 万吨)〈P1954〉；开化县青华化工有限公司(6 万吨)〈P1957〉；平阳县平氮化工有限公司(8 万吨)〈P1936〉；［皖］合肥江淮化肥总厂(12 万吨)〈P1972〉；合肥四方集团公司(8 万吨)〈P1973〉；安徽省定远县化肥厂(12 万吨)〈P1982〉；安徽三星化工集团公司〈P1983〉；安徽昊源化工集团有限公司〈P1983〉；安徽省阜南县化工总厂(20 万吨)〈P1983〉；安徽临泉化工股份有限公司(20 万吨)〈P1983〉；安徽省六安市建来化工有限公司(8 万吨)〈P1985〉；安徽省宁国司尔特化肥有限公司(10 万吨)〈P1986〉；黄山市龙胜化工有限公司(10 万吨)〈P1981〉；安庆曙光化工(集团)有限公司(12 万吨)〈P1980〉；安徽华泰化学工业有限公司(7 万吨)〈P1987〉；［闽］福州耀隆化工集团公司(5 万吨)〈P1990〉；福州永昇化工有限公司(20 万吨)〈P1990〉；南平龙盛合成氨有限公司(12 万吨)〈P2005〉；福建海汇化工有限公司(16 万吨)〈P1997〉；福建省漳浦县扬绿化工有限公司(16 万吨)〈P2001〉；南靖县盛安化工有限公司(6 万吨)〈P2002〉；福建省平和合成氨厂(6 万吨)〈P2001〉；长泰县长庆合成化工有限公司(3 万吨)〈P2001〉；龙岩市港昌化工有限公司(12 万吨)〈P2006〉；永定县众旺化工有限公司(12 万吨)〈P2007〉；福建省上杭县明华化工有限公司〈P2006〉；福建省武平县德兴化工有限公司(9 万吨)〈P2006〉；福建省漳平化肥有限公司(12 万吨)〈P2006〉；福建宁化翠江化工有限公司(8 万吨)〈P1994〉；连城鸿泰化工有限公司(10 万吨)〈P2006〉；［鲁］济南化肥厂有限责任公司(24 万吨)〈P2022〉；山东明水大化集团(25 万吨)〈P2029〉；山东聊城鲁西化工集团总公司平阴化肥厂(6 万吨)〈P2029〉；山东禹城中农润田化工有限公司(2 万吨)〈P2146〉；山东省信祥化工有限公司(24 万吨)〈P2154〉；山东德齐龙化工集团有限公司(24 万吨)〈P2143〉；山东省宁津县永兴化工有限责任公司(32 万吨)〈P2145〉；山东滨州天阳化工有限公司(6 万吨)〈P2155〉；山东省利津县正和化工有限公司(5 万吨)〈P2086〉；山东海化华龙硝铵有限公司(10 万吨)〈P2095〉；山东奥宝化工集团有限公司(16 万吨)〈P2094〉；潍坊振兴焦化有限公司(6 万吨)〈P2107〉；潍坊海化远大精细化工有限公司〈P2102〉；山东恒大化工(集团)有限公司(25 万吨)〈P2123〉；烟台鑫海化肥工业有限公司(15 万吨)〈P2120〉；山东瀚海化工肥料有限责任公司(17 万吨)〈P2113〉；青岛碱业股份有限公司(8 万吨)〈P2038〉；青岛海湾集团有限公司(8 万吨)〈P2036〉；青岛碱业股份有限公司天柱化肥分公司(8 万吨)〈P2038〉；山东邦盛化工公司(6 万吨)〈P2135〉；莱芜东浩化工有限责任公司(24 万吨)〈P2140〉；泰安双丰化肥有限公司(15 万吨)〈P2138〉；新泰市宏达化工有限公司(10 万吨)〈P2138〉；山东飞达化工科技有限公司(10 万吨)〈P2135〉；山东瑞星化工有限公司(8 万吨)〈P2136〉；济宁市恒立化工有限公司(8 万吨)〈P2128〉；山东金乡德华化工有限公司(14 万吨)〈P2131〉；兖矿峄山化工有限公司金乡尿素厂(14 万吨)〈P2133〉；平邑县丰源有限责任公司(12 万吨)〈P2148〉；山东施丰化工有限公司(20 万吨)〈P2151〉；菏泽泰龙化工有限公司(26 万吨)〈P2159〉；山东方明化工有限公司(6 万吨)〈P2160〉；山东省郓城县鲁发化工有限公司(18 万吨)〈P2161〉；山东舜民肥业有限公司(20 万吨)〈P2151〉；山东鲁洲集团沂水化工有限公司(6 万吨)〈P2150〉；莒南县泰祥化肥有限公司(20 万吨)〈P2147〉；山东金沂蒙集团有限公司(11 万吨)〈P2149〉；日照市金秋化工有限公司(16 万吨)〈P2139〉；枣庄市清泉化工有限公司(12 万吨)〈P2080〉；山东省滕州瑞达化工有限公司(10 万吨)〈P2077〉；山东昊福集团有限公司(18 万吨)〈P2130〉；［豫］郑州宝丰农化有限公司(5 万吨)〈P2169〉；新郑市韩春化工有限公司(22 万吨)〈P2169〉；河南中科化工有限责任公司(32 万吨)〈P2202〉；河南省卫辉市豫北化工有限公司(8 万吨)〈P2201〉；河南新乡延化集团(30 万吨)〈P2202〉；河南延化化工有限责任公司(25 万吨)〈P2202〉；延津县化肥厂(30 万吨)〈P2208〉；辉县市昊利达化工有限公司(12 万吨)〈P2202〉；新乡市永昌化工有限责任公司(16 万吨)〈P2207〉；河南省修武县大通物产有限公司(10 万吨)〈P2194〉；河南博爱县源泰化电有限责任公司(14 万吨)〈P2193〉；河南沁阳市龙旺化工有限公司(8 万吨)〈P2193〉；河南省济源市恒利肥业有限公司(10 万吨)〈P2193〉；河南省滑县永丰化肥有限责任公司(32 万吨)〈P2211〉；濮阳县化肥厂(9 万吨)〈P2216〉；鹤壁市宝马化肥厂(12 万吨)〈P2199〉；禹州科邦化工有限公司(20 万吨)〈P2219〉；漯河泰丰化工有限责任公司(10 万吨)〈P2220〉；河南颍青化工有限公司(18 万吨)〈P2220〉；汝州市闽力化工有限责任公司(16 万吨)〈P2192〉；河南省孟津

县化肥厂(40 万吨)〈P2180〉;洛阳市汝化化工有限公司(16 万吨)〈P2185〉;三门峡金茂化工有限公司(8 万吨)〈P2221〉;方城县华丰化工有限责任公司(16 万吨)〈P2223〉;邓州恒德化工有限责任公司(18 万吨)〈P2222〉;邓州市通力达化工有限公司(20 万吨)〈P2223〉;南阳德润化工有限责任公司(11 万吨)〈P2223〉;淅川县化肥厂(10 万吨)〈P2225〉;开封市尉氏县化工总厂(26 万吨)〈P2178〉;开封开化(集团)有限公司(8 万吨)〈P2176〉;开封市金杞化工有限公司(5 万吨)〈P2177〉;河南省商丘市丰源化肥有限公司(18 万吨)〈P2225〉;[鄂]京山华贝化工有限责任公司(20 万吨)〈P2242〉;湖北省潜江华润化肥有限公司(10 万吨)〈P2245〉;湖北大田化工股份有限公司(20 万吨)〈P2239〉;湖北恒日化工股份有限公司(10 万吨)〈P2243〉;湖北省枣阳化学工业总公司(12 万吨)〈P2237〉;宜城市鑫富化肥有限责任公司(12 万吨)〈P2238〉;湖北宜化集团有限责任公司(60 万吨)〈P2241〉;[湘]株洲市海达集团化工有限公司(5 万吨)〈P2250〉;株洲市酒埠江化工厂(6 万吨)〈P2250〉;茶陵县氮肥厂(12 万吨)〈P2249〉;澧县金源化工有限责任公司(150 万吨)〈P2255〉;湖南郴州化工集团有限公司(12 万吨)〈P2257〉;郴州桥氮化工有限责任公司(12 万吨)〈P2256〉;湖南省永州市化学工业集团公司(10 万吨)〈P2257〉;[粤]广州市番禺番氮化工有限公司(5 万吨)〈P2263〉;[桂]广西玉林化肥厂(12 万吨)〈P2301〉;柳州化工股份有限公司〈P2297〉;[渝]中化重庆涪陵化工股份有限公司(5 万吨)〈P2303〉;重庆市富源化工有限责任公司(8 万吨)〈P2306〉;[川]四川宏益化工有限责任公司(8 万吨)〈P2318〉;成都玉龙化工有限公司(10 万吨)〈P2317〉;四川邛崃市化肥厂(15 万吨)〈P2319〉;德阳市南塔化工有限责任公司(6 万吨)〈P2324〉;四川省什邡蓥峰实业总公司(5 万吨)〈P2328〉;四川金象化工股份有限公司(3 万吨)〈P2333〉;达州市大竹玖源化工有限公司(12 万吨)〈P2335〉;四川宏泰生化有限公司(7 万吨)〈P2334〉;四川广安恒立化工有限公司(10 万吨)〈P2335〉;四川省兴乐化工股份有限公司(70 万吨)〈P2332〉;泸州海天化工有限公司(10 万吨)〈P2323〉;[滇]昆明化肥有限责任公司(10 万吨)〈P2339〉;云南东风化工有限公司(10 万吨)〈P2345〉;泸西县伟洪吉宇化工有限责任公司(6 万吨)〈P2345〉;云南陆良龙海化工有限责任公司(16 万吨)〈P2343〉;云南华盛化工有限公司(8 万吨)〈P2344〉;[陕]西北化工研究院(8 万吨)〈P2350〉;陕西兴化化学股份有限公司(4 万吨)〈P2347〉;陕西秦岭化肥总厂(100 万吨)〈P2351〉;陕西城化股份有限公司(8 万吨)〈P2353〉;陕西省延安硝铵厂(8 万吨)〈P2353〉

【使用厂】[津]天津市风船化学试剂科技有限公司〈P1586〉;天津化工研究设计院〈P1573〉;[晋]山西文通钾盐集团有限公司〈P1670〉;[辽]沈阳市试剂二厂〈P1688〉;沈阳永兴化工有限公司〈P1690〉;[沪]中外合资上海大宇生化有限公司〈P1780〉;[苏]江宁县磷肥厂〈P1781〉;建湖县建磷肥料化工有限公司〈P1807〉;扬州中宇化工肥业有限公司〈P1820〉;海门市禾丰化肥有限公司〈P1830〉;江苏阿波罗复合肥有限公司〈P1865〉;江苏省溧阳市制药厂〈P1861〉;宜兴市灵谷复合肥有限公司〈P1885〉;[闽]沙县集辰复合肥有限公司〈P1996〉;[鲁]济南鸿华集团总公司〈P2022〉;山东东佳集团公司〈P2052〉;兖矿鲁南化肥厂〈P2080〉;山东聊城阿华制药有限公司〈P2153〉;东营市博美特化工有限责任公司〈P2081〉;济南舜华化工有限公司〈P2025〉;[豫]河南佰利联化学股份有限公司〈P2193〉;三门峡化工厂〈P2221〉;济源市大洋化工有限公司〈P2194〉;[鄂]孝感市龙马催化剂有限责任公司〈P2243〉;湖北黄麦岭磷化工集团公司〈P2242〉;郧西县第三化工厂〈P2239〉;[湘]衡阳市化工研究所〈P2252〉;湖南洞庭药业股份有限公司〈P2255〉;湖南怀化双溪煤矿〈P2257〉;[粤]广州化学试剂厂〈P2261〉;韶关市化工厂〈P2277〉;[渝]重庆新华化工厂〈P2308〉;云阳县磷肥厂〈P2303〉;[川]自贡市张家坝化工建材厂〈P2322〉;[陕]宝鸡催化剂厂〈P2350〉;[新]新疆乌拉泊化工厂〈P2364〉

增效碳酸氢铵;长效碳酸氢铵;长碳 D01001003

Ammonium bicarbonate, long acting [1066-33-7]

用作农用物追肥

【生产厂】[冀]河北辛集化工集团有限责任公司〈P1622〉;[湘]茶陵县氮肥厂(8 万吨)〈P2249〉

碳化氨水 D01001201

Aqueous ammonia, carbonated

【生产厂】[沪]上海吴泾化工有限公司〈P1770〉

【使用厂】[鲁]山东海化魁星化工有限公司〈P2135〉

硝铵磷锌 D01001601

Ammonium nitrate-phosphorus-zinc

用于小麦、玉米、葵花、甜菜、高粱、烟草、果树、花卉、蔬菜等

【生产厂】[川]四川金象化工股份有限公司〈P2333〉

磷肥 D02000000

Phosphate fertilizer

是农作物及各类复合肥的原料

【生产厂】[冀]石家庄中吉化肥有限公司(10 万吨)〈P1634〉;[苏]镇江磷肥厂〈P1844〉;阜宁县双叶化工有限公司(6 万吨)〈P1806〉;建湖县建磷肥料化工有限公司〈P1807〉;海门市禾丰化肥有限公司〈P1830〉;[浙]嘉兴磷肥厂〈P1941〉;宁波市鄞州今明磷肥有限公司(3 万吨)〈P1932〉;[皖]合肥飞建化工有限责任公司(20 万吨)〈P1972〉;[鲁]山东省垦利县化肥厂(10 万吨)〈P2086〉;烟台鑫海化肥工业有限公司(4 万吨)〈P2120〉;[豫]郑州市中州硫酸厂(8 万吨)〈P2174〉;邓州市东城顺达磷肥厂(5000 吨)〈P2223〉;[粤]韶关市化工厂〈P2277〉;[桂]广西西江化工有限责任公司〈P2301〉;[新]新疆新化化肥有限责任公司〈P2364〉

【使用厂】[津]天津市福升肥料有限公司〈P1586〉;天津芦阳化肥股份有限公司〈P1576〉;[苏]江苏双昌肥业有限公司〈P1808〉;江苏中东集团有限公司〈P1861〉;江阴市东港化肥有限公司〈P1868〉;宜兴市灵谷复合肥有限公司〈P1885〉;[闽]福建省三联化工股份有限公司〈P1995〉;[赣]江西第二化肥厂〈P2012〉;[鲁]济南化肥厂有限责任公司〈P2022〉;莒南县达尔特化肥有限公司〈P2147〉;山东飞达化工科技有限公司〈P2135〉;山东临沂华丰化肥有限公司〈P2149〉;[豫]郑州市第二化肥厂〈P2173〉;[湘]张家界化肥总厂〈P2255〉;[桂]南宁鸣昌专用肥料有限公司〈P2297〉;[甘]天祝益田肥业有限责任公司〈P2357〉;[新]新疆乌拉泊化工厂〈P2364〉

钙镁磷肥;熔融钙镁磷肥 D02000201

Fused calcium-magnesium phosphate

是一种长效磷肥,适用于酸性土壤或中性土壤,供给植物磷、镁和硅、钙等元素

【生产厂】[苏]镇江磷肥厂(6 万吨)〈P1844〉;连云港市锦屏化工厂(10 万吨)〈P1799〉;江苏省东海磷肥厂(16 万吨)〈P1797〉;泗洪县猿菱化工有限公司(5 万吨)〈P1804〉;[赣]江西赣北化工厂(12 万吨)〈P2012〉;[豫]洛阳兴意磷肥有限责任公司(2 万吨)〈P2187〉;河南省孟津县磷肥厂(8 万吨)〈P2180〉;洛阳泰和实业总公司(21 万吨)〈P2187〉;[湘]张家界化肥总厂(3 万吨)〈P2255〉;[桂]广西玉林化肥厂(3 万吨)〈P2301〉;[黔]贵州富曼磷业有限公司(5 万吨)〈P2337〉;遵义县磷肥厂(3 万吨)〈P2337〉;[滇]云南磷化集团有限公司(6 万吨)〈P2341〉;云南省昆阳磷都钙镁磷肥厂(20 万吨)〈P2341〉;云南昆阳滇白化工有限公司(5 万吨)〈P2341〉;云南昆阳磷肥厂有限公司(10

万吨)〈P2341〉;云南磷化集团有限公司昆阳磷矿(6万吨)〈P2341〉;云南省滇东磷化工公司(10万吨)〈P2343〉

【使用厂】[黑]黑龙江黑化集团有限公司〈P1722〉;[苏]江宁县磷肥厂〈P1781〉;建湖县建磷肥料化工有限公司〈P1807〉;大丰市天利肥料有限公司〈P1805〉;姜堰市双达利磷复肥有限公司〈P1824〉;海门市禾丰化肥有限公司〈P1830〉;江苏省六合县磷肥厂〈P1781〉;南京化学工业集团公司如东专用复合肥厂〈P1832〉;江浦县磷肥厂〈P1781〉;[皖]亳州市福利硝酸钾厂〈P1983〉;[赣]江西第二化肥厂〈P2012〉;[鲁]山东烟台凯联化工有限公司〈P2115〉;泰安双丰化肥有限公司〈P2138〉;山东省聊城市硫酸厂〈P2154〉;[豫]开封开化(集团)有限公司〈P2176〉;三门峡金茂化工有限公司〈P2221〉;三门峡思念缓释肥业有限公司〈P2222〉;[鄂]湖北黄麦岭磷化工集团公司〈P2242〉;[桂]广西河池化工股份有限公司〈P2302〉;广西西江化工有限责任公司〈P2301〉

重过磷酸钙;三倍过磷酸钙;重钙　D02000301

Calcium triple superphosphate

用作经济作物、蔬菜、果树及观赏植物的基肥和追肥

【生产厂】[京]北京利国伟业超细粉体有限公司〈P1554〉;[鲁]淄博凤凰山冶金材料有限公司浩源钙厂〈P2060〉;[黔]贵州富曼磷业有限公司(2万吨)〈P2337〉;贵州宏福实业开发有限总公司(8万吨)〈P2338〉;[滇]云南三环化工股份有限公司(34万吨)〈P2341〉;云南磷肥工业有限公司(40万吨)〈P2341〉;云南昆阳磷肥厂有限公司(6万吨)〈P2341〉;云天化集团有限责任公司〈P2344〉

【使用厂】[沪]上海家具涂料厂〈P1742〉;[豫]开封开化(集团)有限公司磷肥厂〈P2177〉;三门峡市恒力合成原料厂〈P2222〉

过磷酸钙;普通过磷酸钙;普钙　D02000401

Calcium superphosphate [10031-30-8]

主要用作农作物的追肥、基肥或种肥施用

【生产厂】[津]天津市津南化肥实验有限公司(20万吨)〈P1594〉;天津市福升肥料有限公司(20万吨)〈P1586〉;唐山市第二化工厂(4万吨)〈P1569〉;天津市汉沽化肥厂(5万吨)〈P1588〉;天津芦阳化肥股份有限公司(15万吨)〈P1576〉;天津科富磷化有限公司(8万吨)〈P1575〉;[冀]河北冀衡磷肥股份有限公司(20万吨)〈P1664〉;[苏]江宁县磷肥厂〈P1781〉;江苏省六合县磷肥厂(2万吨)〈P1781〉;江浦县磷肥厂(5万吨)〈P1781〉;中农新肥科技股份有限公司(8万吨)〈P1889〉;江阴市东港化肥有限公司(5万吨)〈P1868〉;江苏恒盛化肥有限公司〈P1792〉;连云港新磷矿化有限责任公司(20万吨)〈P1800〉;江苏省赣榆县磷肥厂(10万吨)〈P1797〉;江苏龙腾化工有限公司(10万吨)〈P1797〉;涟水磷肥厂(10万吨)〈P1803〉;江苏双昌肥业有限公司(10万吨)〈P1808〉;大丰市天利肥料有限公司(3万吨)〈P1805〉;东台市九转化工有限公司(10万吨)〈P1805〉;阜宁县双叶化工有限公司(6万吨)〈P1806〉;建湖县建磷肥料化工有限公司(5万吨)〈P1807〉;姜堰市双达利磷复肥有限公司(3万吨)〈P1824〉;扬州中宇化工肥业有限公司〈P1820〉;江苏美乐肥料有限公司(5000吨)〈P1821〉;南通大伦化工有限公司(20万吨)〈P1833〉;海门市禾丰化肥有限公司(3万吨)〈P1830〉;启东市裕丰化肥有限公司(3万吨)〈P1837〉;江苏益农肥料有限公司(10万吨)〈P1832〉;[浙]嘉兴磷肥厂(5万吨)〈P1941〉;海盐北洋磷原物资有限公司(4486吨)〈P1940〉;海盐县永辉化工有限公司〈P1940〉;宁波市镇海磷肥厂〈P1933〉;[皖]合肥江淮化肥总厂(12万吨)〈P1972〉;合肥四方磷复肥有限责任公司(15万吨)〈P1973〉;安徽省肥东县太子山化工有限责任公司〈P1972〉;蒙城华昌化工有限公司(3000吨)〈P1983〉;宣城森泰化工有限责任公司(4万吨)〈P1987〉;铜陵市铜官山化工有限公司(50万吨)〈P1978〉;[闽]福州力业化工有限公司(5万吨)〈P1989〉;福建华瑞化工有限公司(5万吨)〈P2002〉;福建邵武榕丰化工有限公司(3万吨)〈P2003〉;厦门厦化实业有限公司(25万吨)〈P1993〉;漳州市龙文磷肥厂(10万吨)〈P2002〉;福建省双赢集团有限公司(10万吨)〈P2001〉;福建漳平金鑫硫酸化工有限公司(8万吨)〈P2006〉;福建省三联化工股份有限公司(10万吨)〈P1995〉;[鲁]山东鲁西化工股份有限公司(5万吨)〈P2153〉;山东省聊城市硫酸厂(5万吨)〈P2154〉;山东省胜利磷肥厂(5万吨)〈P2086〉;山东省垦利县化肥厂(10万吨)〈P2086〉;山东烟台凯联化工有限公司(2万吨)〈P2115〉;青岛东方化工股份有限公司(10万吨)〈P2033〉;泰安市黎明化工有限责任公司(4万吨)〈P2138〉;山东明瑞化工集团总公司(15万吨)〈P2136〉;莒南县达尔特化肥有限公司(10万吨)〈P2147〉;山东临沂华丰化肥有限公司(5万吨)〈P2149〉;[豫]郑州市中州硫酸厂(10万吨)〈P2174〉;河南信威磷化有限公司(6万吨)〈P2168〉;河南省焦作市广兴实业有限公司(15万吨)〈P2193〉;汤阴县豫星化工有限责任公司(6000吨)〈P2212〉;安阳市绿宇农药化肥有限责任公司(1万吨)〈P2209〉;河南省信阳庆舞肥料有限责任公司(15万吨)〈P2226〉;洛阳兴意磷肥有限责任公司(6万吨)〈P2187〉;河南省孟津县磷肥厂(5万吨)〈P2180〉;洛阳市汝化化工有限公司(10万吨)〈P2185〉;三门峡思念缓释肥业有限公司(10万吨)〈P2222〉;开封开化(集团)有限公司(13万吨)〈P2176〉;开封开化(集团)有限公司磷肥厂(10万吨)〈P2177〉;开封市化丰劳动服务中心(5万吨)〈P2177〉;永城化学工业公司(3万吨)〈P2226〉;[鄂]武汉青江化工股份有限公司(8万吨)〈P2231〉;湖北黄麦岭磷化工集团公司(18万吨)〈P2242〉;潜江远达化工有限公司〈P2246〉;湖北楚源集团股份有限公司〈P2239〉;大冶有色金属公司(14万吨)〈P2236〉;湖北富驰化工医药股份有限公司(25万吨)〈P2236〉;湖北祥云(集团)化工股份有限公司〈P2244〉;襄樊丽明化工有限公司(10万吨)〈P2238〉;保康庄园肥业有限责任公司(20万吨)〈P2237〉;湖北宜化集团有限责任公司(20万吨)〈P2241〉;[湘]湖南省永和磷肥厂(12万吨)〈P2248〉;湖南永利化工股份有限公司(36万吨)〈P2249〉;邵阳市海纳兴业化工有限公司(6万吨)〈P2253〉;郴州天成化工有限责任公司(20万吨)〈P2256〉;湖南郴州化工集团有限公司(20万吨)〈P2257〉;张家界化肥总厂(5000吨)〈P2255〉;[粤]韶关市化工厂(12万吨)〈P2277〉;廉江市化工有限责任公司(10万吨)〈P2293〉;广东云浮硫铁矿企业集团公司(5万吨)〈P2295〉;云浮市宝利硫酸有限责任公司(8万吨)〈P2295〉;台山市磷肥厂有限公司(12万吨)〈P2286〉;[桂]广西百合化工股份有限公司(6万吨)〈P2301〉;广西西江化工有限责任公司(30万吨)〈P2301〉;广西核工业桂兴实业公司(15万吨)〈P2301〉;[渝]云阳县磷肥厂(3万吨)〈P2303〉;中化重庆涪陵化工股份有限公司(10万吨)〈P2303〉;双赢集团有限公司(4万吨)〈P2303〉;[川]四川山山药业集团有限公司(10万吨)〈P2332〉;西昌锌业有限责任公司(2万吨)〈P2336〉;四川省什邡蓥峰实业总公司(15万吨)〈P2328〉;四川宏达化工股份有限公司(8万吨)〈P2326〉;绵阳启明星磷化工有限公司〈P2330〉;三台县启明星磷酸盐有限公司(5万吨)〈P2330〉;自贡市鸿兴化工工业公司〈P2322〉;[黔]贵州富曼磷业有限公司(20万吨)〈P2337〉;贵州省农业科学院肥料示范厂(1万吨)〈P2337〉;贵州宏福实业开发有限总公司(4万吨)〈P2338〉;六盘水市中联磷肥厂(2万吨)〈P2337〉;贵州省铜仁地区化肥厂(4万吨)〈P2338〉;贵州省湄潭县化肥厂(5万吨)〈P2337〉;贵州省习水县磷肥厂(1万吨)〈P2337〉;[滇]云南三环化工股份有限公司(10万吨)〈P2341〉;昆明红云化工生产有限公司(10万吨)〈P2339〉;云南安宁化肥有限责任公司(30万吨)〈P2340〉;云南昆安磷化工有限公司(5万吨)〈P2340〉;云南昆明安宁复合肥原料厂(8万吨)〈P2341〉;云南祥丰化肥股份有限公司

〈P2342〉;云南磷化集团有限公司(10 万吨)〈P2341〉;云南昆阳滇白化工有限公司(3 万吨)〈P2341〉;云南昆阳磷肥厂有限公司(20 万吨)〈P2341〉;云南上磷化工有限责任公司(5 万吨)〈P2341〉;云南禄丰勤攀磷化工有限公司(30 万吨)〈P2345〉;云南省滇东磷化工公司(5 万吨)〈P2343〉;云南陆良龙海化工有限责任公司(16 万吨)〈P2343〉;陆良县庄上化肥厂(3 万吨)〈P2342〉;云天化集团有限责任公司〈P2344〉;个旧市化肥厂(15 万吨)〈P2345〉;云南金星化工有限公司(12 万吨)〈P2345〉;[陕]西安龙华实业有限公司(12 万吨)〈P2349〉;陕西旬阳大地复肥有限公司(5 万吨)〈P2354〉;[甘]甘肃白银虎豹化工有限公司(18 万吨)〈P2357〉;甘肃锦世化工有限责任公司〈P2358〉;[青]青海黎明化工有限责任公司〈P2359〉;[新]乌鲁木齐西山复合肥厂(5000 吨)〈P2363〉;新疆新化化肥有限责任公司(3000 吨)〈P2364〉;新疆米泉市夏华化肥有限责任公司(3 万吨)〈P2367〉

【使用厂】[津]天津吉华化工有限公司〈P1574〉;[蒙]包头市雄狮化工有限责任公司〈P1681〉;[黑]黑龙江黑化集团有限公司〈P1722〉;[苏]江苏德邦化学工业集团有限公司〈P1797〉;泗洪县猿菱化工有限公司〈P1804〉;江苏华昌(集团)有限公司〈P1893〉;江苏威力磷复肥有限公司〈P1804〉;南通市新源复合肥有限公司〈P1835〉;南京化学工业集团公司如东专用复合肥厂〈P1832〉;东台市奇康肥料有限公司〈P1806〉;常熟市虞南复合肥有限公司〈P1891〉;江苏华昌化工股份有限公司〈P1893〉;[皖]亳州市福利硝酸钾厂〈P1983〉;[闽]沙县集辰复合肥有限公司〈P1996〉;[赣]江西赣北化工厂〈P2012〉;九江市专用复合肥厂〈P2013〉;[鲁]青岛海湾集团有限公司〈P2036〉;青岛碱业股份有限公司天柱化肥分公司〈P2038〉;滕州银丰化工有限公司〈P2080〉;山东蒙阴益丰企业集团总公司〈P2150〉;[鄂]湖北省枣阳化学工业总公司〈P2237〉;[湘]湖南省永州市化学工业集团公司〈P2257〉;[粤]广州市番禺番氮化工有限公司〈P2263〉;[黔]遵义县磷肥厂〈P2337〉;[滇]云南解化集团有限公司〈P2345〉;[新]新疆乌拉泊化工厂〈P2364〉

颗粒磷肥 D02000501

Phosphate fertilizer, granular

用于各种农作物作底肥

【生产厂】[晋]山西焦化股份有限公司〈P1678〉;[苏]江苏恒盛化肥有限公司〈P1792〉;连云港新磷矿化有限责任公司〈P1800〉;[皖]合肥四方磷复肥有限责任公司(3 万吨)〈P1973〉;蒙城华昌化工有限公司〈P1983〉;铜陵市铜官山化工有限公司(4 万吨)〈P1978〉;[豫]河南省孟津县磷肥厂(5 万吨)〈P2180〉;[甘]甘肃白银虎豹化工有限公司(12 万吨)〈P2357〉

骨粉 D02000901

Bone dust; Bone meal

用作肥料、饲料添加剂

【生产厂】[鲁]滕州市制胶化工厂(5000 吨)〈P2079〉;[豫]郑州瑞普生物工程有限公司(200 吨)〈P2172〉;[川]四川省广汉市西城生化实业有限责任公司(2000 吨)〈P2327〉

稀土磷肥 D02001001

Rare earth phosphate fertilizer

用于各种农作物、经济作物

【生产厂】[冀]河北冀衡磷肥股份有限公司(3 万吨)〈P1664〉;[粤]广东云浮硫铁矿企业集团公司〈P2295〉

磷酸氢钙(农用) D02001301

Calcium hydrogen phosphate, agricultural [7789-77-7]

适用于各种农作物

【生产厂】[川]四川省化工研究设计院〈P2319〉;四川川恒化工有限责任公司〈P2325〉;[滇]云南省澄江承坤磷化工厂〈P2343〉;[青]青海西部化肥有限责任公司〈P2359〉

磷硼二氢钾 D02001401

Potassium dihydrogen boronphosphorus

【生产厂】[皖]安徽省岳西撞钟化肥有限公司〈P1979〉

钾肥 D03000000

Potassium feritlizer

农用肥料

【生产厂】[冀]邢台绿洲农肥有限责任公司〈P1643〉;[豫]郑州宝丰农化有限公司(5 万吨)〈P2169〉;商丘市第一化肥厂(3 万吨)〈P2226〉;[青]格尔木盐化(集团)有限责任公司〈P2360〉;[新]乌鲁木齐市真播农业技术开发有限公司〈P2363〉

【使用厂】[苏]江苏双昌肥业有限公司〈P1808〉;江苏中东集团有限公司〈P1861〉;[闽]福建省三联化工股份有限公司〈P1995〉;[赣]江西第二化肥厂〈P2012〉;[鲁]济南化肥厂有限责任公司〈P2022〉;山东飞达化工科技有限公司〈P2135〉;[湘]张家界化肥总厂〈P2255〉;[滇]云南昆安磷化工有限公司〈P2340〉;[新]新疆乌拉泊化工厂〈P2364〉

氯化钾(农用) D03000201

Potassium chloride, agricultural [7447-40-7]

用作农作物肥料

【生产厂】[青]青海格尔木铁源钾镁有限公司〈P2360〉;青海盐湖钾肥股份有限公司(27 万吨)〈P2360〉

硫酸钾(农用);农用硫酸钾 D03000301

Potassium sulfate, agricultural [7778-80-5]

用作化学肥料,可使经济植物达到持续优质、高产,用于茶叶、蔬菜、水果等农作物

【生产厂】[津]天津天青化工有限公司(6 万吨)〈P1615〉;[冀]冀州市钾肥有限公司(2 万吨)〈P1669〉;[辽]沈阳文通化工有限公司(2500 吨)〈P1689〉;盘锦恒兴化工有限责任公司(2 万吨)〈P1706〉;[黑]大庆市兴农肥业有限公司(1 万吨)〈P1722〉;[苏]苏州精细化工有限公司(12 万吨)〈P1901〉;连云港市海州新元化工厂〈P1799〉;[鲁]山东聊城钾肥有限公司(6 万吨)〈P2153〉;青州市汉诺威肥业有限公司(1 万吨)〈P2092〉;山东海化股份有限公司硫酸钾厂(2 万吨)〈P2095〉;临沂丰禾化工有限责任公司〈P2147〉;莒南县达尔特化肥有限公司(6 万吨)〈P2147〉;[鄂]湖北楚源集团股份有限公司〈P2239〉;[湘]青上化工(株洲)有限公司(4 万吨)〈P2249〉;湖南省永州市化学工业集团公司(1 万吨)〈P2257〉;[滇]云南三环化工股份有限公司(2 万吨)〈P2341〉;[陕]陕西景盛硫酸钾肥有限公司(2 万吨)〈P2346〉;[新]新疆青松建材化工(集团)股份有限公司(1 万吨)〈P2366〉

生物钾肥 D03000501

Bio-potassium fertilizer

【生产厂】[冀]河北三洋化肥有限公司〈P1621〉

硝铵钾 D03000701

Potassium ammonium nitrate

【生产厂】[晋]太原化工股份有限公司合成氨分公司〈P1671〉

高钾喷施肥;高钾叶面肥 D03000801

Highly potassium spray fertilizer

用于作物叶面肥料

【生产厂】[鲁]潍坊德众化工有限公司〈P2101〉

五氯钾镁肥;钾镁肥 D03000901

Potassium-magnesium pentachloride

适用于水稻、玉米、甘蔗、花生、烟草、马铃薯、甜菜、水果、蔬菜、苜蓿等农作物

【生产厂】[津]天津市静海县兴安化工股份有限公司〈P1596〉;[辽]营口宏伟硫酸镁肥化工有限责任公司〈P1704〉

磷酸二氢钾(农用) D03001001

Potassium dihydrogen phosphate, agricultural [7778-77-0]

用于水稻、小麦、棉花、油菜、烟草、甘蔗、苹果等作物施肥

【生产厂】[鲁]济宁市丰田化工有限责任公司(2000吨)〈P2128〉;[湘]株洲市中天磷酸盐化工有限责任公司〈P2250〉;[川]四川省化工研究设计院〈P2319〉;成都市亿立农业科技开发有限公司〈P2315〉;四川省什邡市聚鑫泰化工有限公司(2000吨)〈P2328〉;四川什邡市易达化工有限公司〈P2329〉;绵阳市联创化工有限公司(2万吨)〈P2330〉

复混肥料 D04000000

Mixed and compound fertilizer

【生产厂】[鲁]山东绿丰肥料有限公司(10万吨)〈P2053〉;[桂]广西河池化工股份有限公司〈P2302〉

钙镁磷钾肥 D04000101

Calcium magnesium potassium phosphate

主要用作农作物基肥肥料

【生产厂】[苏]江苏省东海磷肥厂(10万吨)〈P1797〉;[鄂]宜昌中孚化工有限公司(10万吨)〈P2241〉

硝酸铵钙 D04000301

Ammonium calcium nitrate

是一种高效、环保的绿色肥料,广泛用于温室和大面积农田

【生产厂】[晋]山西省交城红星化工有限公司〈P1670〉;山西文通钾盐集团有限公司(1万吨)〈P1670〉;山西东兴化工有限公司(1万吨)〈P1670〉;太原市捷进化工有限公司〈P1671〉;山西磊鑫化工有限公司(2万吨)〈P1677〉;山西省交城县金兰化工有限公司〈P1677〉;山西省交城县三喜化工有限公司〈P1677〉;[辽]沈阳文通化工有限公司(1万吨)〈P1689〉;[沪]文通集团〈P1780〉;[川]四川金象化工股份有限公司〈P2333〉;[滇]云南解化集团有限公司〈P2345〉

硝酸铵磷 D04000351

Ammonium phosphor nitrate

是硝酸铵肥料的替代品

【生产厂】[晋]太原化工股份有限公司合成氨分公司〈P1671〉;太原市捷进化工有限公司〈P1671〉;山西省交城县金兰化工有限公司〈P1677〉;[川]四川金象化工股份有限公司〈P2333〉;[新]新疆新化化肥有限责任公司(9万吨)〈P2364〉

氮磷钾复合肥;多元素复合肥;NPK复合肥 D04000801

Nitrogen phosphorus potassium mixed fertilizer

用于小麦、玉米、花生、大豆等农作物和果树作底肥

【生产厂】[冀]中国-阿拉伯化肥有限公司(120万吨)〈P1637〉;[晋]山西省交城红星化工有限公司〈P1670〉;[苏]昆山丰迪复合肥有限公司(10万吨)〈P1895〉;[闽]龙岩市牛坑肥业有限公司(3000吨)〈P2007〉;永安智胜化工有限公司(30万吨)〈P1996〉;[鲁]山东鲁北企业集团总公司〈P2156〉;烟台同达全元化肥有限公司(1万吨)〈P2119〉;青岛东方化工股份有限公司(15万吨)〈P2033〉;新泰市磷肥有限公司(4000吨)〈P2138〉;山东金沂蒙集团有限公司(15万吨)〈P2149〉;[豫]济源市丰田肥业有限公司〈P2195〉;开封开化(集团)有限公司(5万吨)〈P2176〉;[鄂]湖北大峪口化工有限公司(50万吨)〈P2241〉;湖北双环科技股份有限公司(5万吨)〈P2242〉;[川]什邡泰来化工有限公司〈P2325〉;什邡圣地亚化工有限公司(5万吨)〈P2325〉;什邡市长江化工实业有限公司〈P2325〉;四川什邡鼎立磷化工有限公司(5万吨)〈P2329〉;三台县启明星磷酸盐有限公司(5万吨)〈P2330〉;[黔]贵州宏福实业开发有限总公司(20万吨)〈P2338〉;[滇]云南磷化集团有限公司(15万吨)〈P2341〉;云南陆良龙海化工有限责任公司(10万吨)〈P2343〉;[陕]陕西华山化工集团有限公司(5万吨)〈P2352〉;[新]新疆乌拉泊化工厂(1万吨)〈P2364〉

磷酸一铵;磷铵;磷酸二氢铵;MAP D04001201

Monoammonium phosphate; MAP [7722-76-1]

主要用于配制复混肥,也可直接施用于农田

【生产厂】[晋]山西省交城红星化工有限公司〈P1670〉;[苏]江苏恒盛化肥有限公司(10万吨)〈P1792〉;江苏龙腾化工有限公司(6万吨)〈P1797〉;江苏双昌肥业有限公司(10万吨)〈P1808〉;南通恒兴电子材料有限公司〈P1833〉;[皖]合肥江淮化肥总厂〈P1972〉;合肥四方磷复肥有限责任公司(8万吨)〈P1973〉;宣城森泰化工有限责任公司(4万吨)〈P1987〉;安徽省宁国司尔特化肥有限公司(15万吨)〈P1986〉;[闽]漳州市龙文磷肥厂(3万吨)〈P2002〉;[鲁]山东鲁北企业集团总公司(46万吨)〈P2156〉;烟台鑫海化肥工业有限公司(6万吨)〈P2120〉;青岛三凯化工有限公司〈P2041〉;青岛东方化工股份有限公司(6万吨)〈P2033〉;山东明瑞化工集团总公司(5万吨)〈P2136〉;山东红日阿康化工股份公司(10万吨)〈P2149〉;[豫]济源市丰田肥业有限公司(16万吨)〈P2195〉;焦作大学精细化工厂(5000吨)〈P2195〉;驻马店中化肥业有限公司(8万吨)〈P2227〉;河南灵化集团有限公司(10万吨)〈P2221〉;[鄂]湖北大峪口化工有限公司(15万吨)〈P2241〉;湖北黄麦岭磷化工集团公司(30万吨)〈P2242〉;湖北祥云(集团)化工股份有限公司(24万吨)〈P2244〉;襄樊丽明化工有限公司(6万吨)〈P2238〉;湖北宜化集团有限责任公司(40万吨)〈P2241〉;[粤]广东西陇化工有限公司〈P2276〉;[渝]中化重庆涪陵化工股份有限公司(24万吨)〈P2303〉;双赢集团有限公司(12万吨)〈P2303〉;[川]四川山山药业集团有限公司(21万吨)〈P2332〉;什邡泰来化工有限公司(1000吨)〈P2325〉;四川省化工研究设计院〈P2319〉;乐山市金光化工工业有限责任公司(1万吨)〈P2332〉;四川龙蟒集团(10万吨)〈P2327〉;四川绵竹汉旺黄磷有限责任公司〈P2327〉;四川川西兴达化工厂〈P2326〉;四川蓝剑化工(集团)有限责任公司(5万吨)〈P2326〉;四川省什邡金大化工有限公司(2万吨)〈P2328〉;四川省什邡蓥峰实业总公司(30万吨)〈P2328〉;四川什邡鸿源化工有限责任公司〈P2329〉;四川什邡盛佳磷化工有限公司〈P2329〉;四川宏达化工股份有限公司(6万吨)〈P2326〉;四川省什邡市龙翔化工有限公司〈P2328〉;四川省彭山先锋化工有限公司〈P2334〉;绵阳启明星磷化工有限公司(1万吨)〈P2330〉;四川花语精细化工有限公司〈P2321〉;[黔]贵州富曼磷业有限公司〈P2337〉;贵州宏福实业开发有限总公司(20万吨)〈P2338〉;[滇]云南三环化工股份有限公司(18万吨)〈P2341〉;云南祥丰化肥股份有限公司〈P2342〉;昆明化肥有限责任公司(4万吨)〈P2339〉;云南江磷集团股份有限公司(10万吨)〈P2343〉;个旧市化肥厂(6万吨)〈P2345〉;

［青］青海西部化肥有限责任公司〈P2359〉

【使用厂】［津］天津市福升肥料有限公司〈P1586〉；天津芦阳化肥股份有限公司〈P1576〉；［蒙］包头市雄狮化工有限责任公司〈P1681〉；［沪］上海长征化工厂〈P1730〉；［苏］阜宁县双叶化工有限公司〈P1806〉；兴化锁龙消防药剂有限公司〈P1828〉；南通市新源复合肥有限公司〈P1835〉；江苏省六合县磷肥厂〈P1781〉；南京化学工业集团公司如东专用复合肥厂〈P1832〉；江阴市东港化肥有限公司〈P1868〉；宜兴市灵谷复合肥有限公司〈P1885〉；江苏华昌化工股份有限公司〈P1893〉；［皖］合肥四方集团公司〈P1973〉；黄山市华尔特化肥有限公司〈P1981〉；［闽］福建省顺昌富宝实业有限公司〈P2004〉；三明金明农资有限公司〈P1996〉；福建省双赢集团有限公司〈P2001〉；福建石化集团三明化工有限责任公司综合厂〈P1996〉；龙岩市牛坑肥业有限公司〈P2007〉；沙县集辰复合肥有限公司〈P1996〉；三明市贝斯诺农业科技有限公司〈P1996〉；福建省龙岩市复合肥厂〈P2005〉；［鲁］莒南县泰祥化肥有限公司〈P2147〉；莱芜东浩化工有限责任公司〈P2140〉；山东省郓城县鲁发化工有限公司〈P2161〉；泰安市黎明化工有限责任公司〈P2138〉；青岛碱业股份有限公司〈P2038〉；蒙阴县新丰化工有限公司〈P2148〉；山东阿波罗集团有限公司〈P2027〉；山东泉林嘉有机肥料有限责任公司〈P2153〉；山东临沂华丰化肥有限公司〈P2149〉；山东三孔集团曲阜宇丰复合肥有限公司〈P2132〉；山东蒙阴益丰企业集团总公司〈P2150〉；［豫］平顶山飞行化工（集团）有限责任公司〈P2191〉；洛阳市汝化化工有限公司〈P2185〉；河南省孟津县磷肥厂〈P2180〉；郑州那威高肥业有限公司〈P2172〉；三门峡思念缓释肥业有限公司〈P2222〉；［鄂］武汉青江化工股份有限公司〈P2231〉；［桂］广西核工业桂兴实业公司〈P2301〉；南宁鸣昌专用肥料有限公司〈P2297〉；［川］广汉雅和化工有限公司〈P2324〉；［黔］遵义县磷肥厂〈P2337〉；［滇］昆明劲勋化工有限公司〈P2339〉；［甘］天祝益田肥业有限责任公司〈P2357〉；［新］新疆乌拉泊化工厂〈P2364〉；新疆米泉市夏华化肥有限责任公司〈P2367〉

磷酸二铵；磷酸氢二铵；DAP　　D04001301

Diammonium hydrogen phosphate ［7783-28-0］

是一种广泛适用于蔬菜、水果、水稻和小麦的高效肥料

【生产厂】［苏］江苏中农化肥有限公司〈P1798〉；［皖］合肥四方磷复肥有限责任公司（8 万吨）〈P1973〉；安徽六国化工股份有限公司（40 万吨）〈P1978〉；［赣］江西贵溪化肥有限责任公司〈P2013〉；［鲁］山东聊城钾肥有限公司〈P2153〉；山东鲁西化工股份有限公司（10 万吨）〈P2153〉；山东吉地尔集团有限公司（30 万吨）〈P2153〉；青岛东方化工股份有限公司（9 万吨）〈P2033〉；山东明瑞化工集团总公司（20 万吨）〈P2136〉；山东嘉吉化肥有限公司（20 万吨）〈P2131〉；山东丹化肥业有限公司〈P2149〉；临沂丰禾化工有限责任公司〈P2147〉；［鄂］湖北大峪口化工有限公司（36 万吨）〈P2241〉；湖北黄麦岭磷化工集团公司（18 万吨）〈P2242〉；［湘］株洲市中天磷酸盐化工有限责任公司〈P2250〉；［桂］广西鹿寨化肥有限责任公司（24 万吨）〈P2297〉；［渝］中化重庆涪陵化工股份有限公司（24 万吨）〈P2303〉；双赢集团有限公司〈P2303〉；［川］四川山山药业集团有限公司（6 万吨）〈P2332〉；四川省化工研究设计院〈P2319〉；乐山市金光化工工业有限责任公司（1 万吨）〈P2332〉；四川川恒化工有限责任公司〈P2325〉；四川省什邡市聚鑫泰化工有限公司（2000 吨）〈P2328〉；四川什邡鸿源化工有限责任公司〈P2329〉；四川什邡盛佳磷化工有限公司〈P2329〉；四川什邡市易达化工有限公司〈P2329〉；四川成洪磷化工有限责任公司〈P2332〉；绵阳启明星磷化工有限公司（1 万吨）〈P2330〉；［黔］贵州富曼磷业有限公司〈P2337〉；贵州宏福实业开发有限总公司（120 万吨）〈P2338〉；［滇］云南三环化工股份有限公司（60 万吨）〈P2341〉；云南三环中化嘉吉化肥有限公司（60 万吨）〈P2341〉；云南祥丰化肥股份有限公司（5 万吨）〈P2342〉；云天化集团有限责任公司〈P2344〉；［陕］陕西华山化工集团有限公司（14 万吨）〈P2352〉；［青］青海西部化肥有限责任公司〈P2359〉；［宁］山东鲁西化工集团宁夏化肥有限责任公司（3 万吨）〈P2361〉

【使用厂】［津］天津芦阳化肥股份有限公司〈P1576〉；［沪］上海旭森非卤消烟阻燃剂有限公司〈P1773〉；［苏］海门市禾丰化肥有限公司〈P1830〉；江苏华昌（集团）有限公司〈P1893〉；东台市奇康肥料有限公司〈P1806〉；江苏华昌化工股份有限公司〈P1893〉；［皖］亳州市福利硝酸钾厂〈P1983〉；［闽］永安智胜化工有限公司〈P1996〉；［鲁］青岛海湾集团有限公司〈P2036〉；青岛碱业股份有限公司天柱化肥分公司〈P2038〉；菏泽泰龙化工有限公司〈P2159〉；青岛碱业股份有限公司〈P2038〉；山东省茌平县德玺生物肥料有限责任公司〈P2153〉；山东华仙集团总公司〈P2131〉；山东三孔集团曲阜宇丰复合肥有限公司〈P2132〉；烟台同达全元化肥有限公司〈P2119〉；青州市汉诺威肥业有限公司〈P2092〉；［豫］开封开化（集团）有限公司磷肥厂〈P2177〉；永城化学工业公司〈P2226〉；［滇］昆明红云化工生产有限公司〈P2339〉；［新］新疆新化化肥有限责任公司〈P2364〉

高浓度磷复肥　　D04001551

Phosphate compound fertilizer, high concentration

【生产厂】［苏］江苏恒盛化肥有限公司（20 万吨）〈P1792〉

磷酸二氢钾铵　　D04001601

Ammonium potassium dihydrogen phosphate

【生产厂】［豫］三门峡化工厂（2000 吨）〈P2221〉

磷铵钾复合肥　　D04001691

Ammonium potassium phosphate compound fertilizer

适用于任何种类的土壤和作物对氮、磷、钾养分的需求，对缺磷严重的土壤和经济作物效果尤其显著

【生产厂】［赣］江西贵溪化肥有限责任公司〈P2013〉

氯化钾铵；氯化钾铵复合肥　　D04001801

Potassium ammonium chloride

用作水稻肥料

【生产厂】［川］德阳天元化工总厂〈P2324〉

花肥；花卉专用肥　　D04001901

Fertilizer for flower; Flower fertilizer

是花卉专用肥料，其性质稳定、肥效快，可提高花卉的抗寒抗旱、抗病虫害等能力

【生产厂】［津］天津市福升肥料有限公司（1 万吨）〈P1586〉；［粤］佛山市植宝化工有限公司〈P2289〉

氮磷钾三元复混肥　　D04002000

Nitrogen phosphorus potassium compound fertilizer

用作农作物肥料，广泛适用于各种植物

【生产厂】［冀］河北三洋化肥有限公司〈P1621〉；［苏］常熟市虞南复合肥有限公司（5 万吨）〈P1891〉；姜堰市双达利磷复肥有限公司（3 万吨）〈P1824〉；［豫］开封开化（集团）有限公司（4 万吨）〈P2176〉；［湘］湖南郴州化工集团有限公司〈P2257〉；［粤］韶关市化工厂（1 万吨）〈P2277〉；［新］新疆石河子正义农业科技有限公司（3 万吨）〈P2367〉

磁化肥；磁化复合肥　　D04002011

Magnetic fertilizer

能为农作物提供有效养分和微量元素，调节生物和土壤磁环境，刺激农作物生长发育
【生产厂】[豫]洛阳市四通新技术发展有限公司(4 万吨)〈P2186〉；[新]额敏县大地肥料有限责任公司(3 万吨)〈P2367〉

高浓度复合肥　D04002051
Compound fertilizer, high concentration
适合水稻、棉花、三麦、油菜、大豆、花生、蔬菜等农作物作基肥或追肥施用
【生产厂】[冀]河北冀衡磷肥股份有限公司(20 万吨)〈P1664〉；[苏]江苏益农肥料有限公司〈P1832〉；无锡一撒得富复合肥有限公司(20 万吨)〈P1883〉；[鲁]山东恒大化工(集团)有限公司(3 万吨)〈P2123〉；青岛碱业股份有限公司(20 万吨)〈P2038〉

硝酸磷肥；高效氮磷复合肥　D04002101
Nitrophosphate
是一种高效氮磷复合肥料
【生产厂】[晋]天脊煤化工集团有限公司(90 万吨)〈P1674〉；[蒙]内蒙古乌拉山化肥有限责任公司〈P1683〉

硝酸磷钾肥　D04002151
Phosphorus-Potassium nitrate fertilizer
【生产厂】[晋]天脊煤化工集团有限公司(6 万吨)〈P1674〉；[川]德阳天元化工总厂〈P2324〉

混配复合肥料；复混肥　D04002201
Mixed and compound fertilizer
广泛用于小麦、玉米、甜菜以及蔬菜作物，也可施用于果树，可作基肥或追肥
【生产厂】[京]北京市谷丰化工制品公司(6 万吨)〈P1559〉；[津]天津麦格理钾肥有限公司(1 万吨)〈P1576〉；天津市东兴全元肥料有限责任公司(4800 吨)〈P1586〉；天津市植物营养研究所(5 万吨)〈P1613〉；天津市津南化肥实验有限公司(100 万吨)〈P1594〉；天津市福升肥料有限公司(8 万吨)〈P1586〉；天津市腾龙化工有限公司〈P1603〉；天津渤海化工有限责任公司天津碱厂〈P1570〉；唐山市第二化工厂(3 万吨)〈P1569〉；天津市汉沽化肥厂(8 万吨)〈P1588〉；天津芦阳化肥股份有限公司(100 万吨)〈P1576〉；天津市三环全元化肥有限公司(1 万吨)〈P1601〉；天津科富磷化有限公司(10 万吨)〈P1575〉；天津吉华复合肥有限公司(20 万吨)〈P1574〉；[冀]石家庄化肥集团有限责任公司〈P1626〉；石家庄双联复合肥有限责任公司〈P1632〉；河北辛集化工集团有限责任公司〈P1622〉；邢台大正化工有限公司(5 万吨)〈P1643〉；邢台绿洲农肥有限责任公司〈P1643〉；香河碧禾肥料有限公司(5 万吨)〈P1662〉；[晋]太原市捷进化工有限公司〈P1671〉；南风化工集团股份有限公司〈P1678〉；[蒙]包头市雄狮化工有限责任公司(1 万吨)〈P1681〉；[黑]黑龙江北旺化工有限责任公司〈P1724〉；[沪]上海黄渡复合肥有限公司〈P1740〉；[苏]江宁县磷肥厂〈P1781〉；江苏省六合县磷肥厂(3 万吨)〈P1781〉；江浦县磷肥厂〈P1781〉；镇江磷肥厂(2 万吨)〈P1844〉；扬中江农化学肥料有限公司(7000 吨)〈P1843〉；江苏环太集团公司(23 万吨)〈P1841〉；句容奥莱特化肥有限公司〈P1842〉；宜兴市灵谷复合肥有限公司(3 万吨)〈P1885〉；江苏华昌(集团)有限公司(15 万吨)〈P1893〉；江苏恒盛化肥有限公司〈P1792〉；江苏德邦化学工业集团有限公司(5 万吨)〈P1797〉；连云港市天山化工厂〈P1800〉；江苏省赣榆县磷肥厂(7 万吨)〈P1797〉；东海县壮禾复合肥厂(10 万吨)〈P1797〉；江苏龙腾化工有限公司(20 万吨)〈P1797〉；涟水磷肥厂(2 万吨)〈P1803〉；江苏威力磷复肥有限公司(5 万吨)〈P1804〉；泗洪县猿菱化工有限公司(6 万吨)〈P1804〉；盐城配方肥料厂(2 万吨)〈P1810〉；江苏双昌肥业有限公司(10 万吨)〈P1808〉；大丰市天利肥料有限公司(2 万吨)〈P1805〉；东台市九转化工有限公司(3 万吨)〈P1805〉；东台市奇康肥料有限公司(5 万吨)〈P1806〉；东台市亚硕专用肥料厂(5 万吨)〈P1806〉；阜宁县双叶化工有限公司(10 万吨)〈P1806〉；建湖县建磷肥料化工有限公司(5000 吨)〈P1807〉；扬州中宇化工肥业有限公司〈P1820〉；江苏美乐肥料有限公司(1 万吨)〈P1821〉；南通市新源复合肥有限公司(3 万吨)〈P1835〉；海门市禾丰化肥有限公司(1 万吨)〈P1830〉；启东市裕丰化肥有限公司(2 万吨)〈P1837〉；通州市专用肥料厂〈P1839〉；南通远洋肥料有限公司〈P1836〉；南京化学工业集团公司如东专用复合肥厂(3 万吨)〈P1832〉；[浙]嘉兴磷肥厂〈P1941〉；海盐北洋磷原物资有限公司〈P1940〉；海盐县永辉化工有限公司〈P1940〉；浙江丰登化工股份有限公司〈P1954〉；[皖]合肥飞建化工有限责任公司(5 万吨)〈P1972〉；合肥江淮化肥总厂〈P1972〉；合肥四方集团公司(20 万吨)〈P1973〉；合肥四方磷复肥有限责任公司(15 万吨)〈P1973〉；蒙城华昌化工有限公司〈P1983〉；亳州市福利硝酸钾厂(5000 吨)〈P1983〉；铜陵市铜官山化工有限公司(7 万吨)〈P1978〉；黄山市华尔特化肥有限公司〈P1981〉；[闽]厦门厦化实业有限公司(8 万吨)〈P1993〉；厦门市西田复合肥有限公司(15 万吨)〈P1993〉；福建省双赢集团有限公司(6 万吨)〈P2001〉；福建省龙岩市复合肥厂〈P2005〉；福建省三联化工股份有限公司(5000 吨)〈P1995〉；三明市贝斯诺农业科技有限公司(5 万吨)〈P1996〉；沙县集辰复合肥有限公司(2 万吨)〈P1996〉；[赣]江西江氨化学工业有限公司(2 万吨)〈P2008〉；江西赣北化工厂(3 万吨)〈P2012〉；九江市专用复合肥厂(2 万吨)〈P2013〉；[鲁]济南司普润化工产品有限公司(3 万吨)〈P2025〉；济南化肥厂有限责任公司(2 万吨)〈P2022〉；济南市历城区利农全元肥料厂(150 吨)〈P2025〉；山东省聊城市硫酸厂(5 万吨)〈P2154〉；聊城泰林化工有限公司(10 万吨)〈P2152〉；山东华鲁恒升集团有限公司(10 万吨)〈P2144〉；淄博新万特农药有限公司(100 吨)〈P2074〉；青州市汉诺威肥业有限公司(3 万吨)〈P2092〉；山东联盟化工集团有限公司(10 万吨)〈P2096〉；山东烟台凯联化工有限公司(10 万吨)〈P2115〉；荣成市崂山化肥厂(300 吨)〈P2122〉；山东省农科院原子能研究所荣成市化工厂(800 吨)〈P2124〉；青岛海湾集团有限公司(20 万吨)〈P2036〉；青岛碱业股份有限公司天柱化肥分公司(10 万吨)〈P2038〉；泰安双丰化肥有限公司(5 万吨)〈P2138〉；山东海化魁星化工有限公司(20 万吨)〈P2135〉；威利丹化肥(济宁)有限公司〈P2133〉；山东华仙集团总公司(1800 吨)〈P2131〉；山东嘉吉化肥有限公司〈P2131〉；济宁贵和肥业有限公司〈P2127〉；兖矿峄山化工有限公司金乡尿素厂(8 万吨)〈P2133〉；山东三孔集团曲阜宇丰复合肥有限公司(8 万吨)〈P2132〉；兖矿峄山化工有限公司(3 万吨)〈P2133〉；山东红日阿康化工股份公司(100 万吨)〈P2149〉；山东蒙阴益丰企业集团总公司(2 万吨)〈P2150〉；临沭县丰收化肥厂(800 吨)〈P2147〉；山东临沂华丰化肥有限公司(40 万吨)〈P2149〉；山东中天生态肥业有限公司(10 万吨)〈P2151〉；日照市金秋化工有限公司(20 万吨)〈P2139〉；滕州银丰化工有限公司(2 万吨)〈P2080〉；[豫]河南力浮科技有限公司〈P2166〉；郑州水晶股份有限公司(6 万吨)〈P2174〉；郑州宝丰农化有限公司(12 万吨)〈P2169〉；安阳市绿宇农药化肥有限责任公司(8000 吨)〈P2209〉；河南省孟津县磷肥厂(3 万吨)〈P2180〉；开封市予丰劳动服务中心(2000 吨)〈P2178〉；永城化学工业公司(1 万吨)〈P2226〉；[鄂]湖北黄麦岭磷化工集团公司(10 万吨)〈P2242〉；湖北富驰化工医药股份有限公司(7 万吨)〈P2236〉；湖北省枣阳化学工业总公司(2 万吨)〈P2237〉；湖北宜化集团有限责任公司(30 万吨)〈P2241〉；[湘]湖南省永和磷肥厂(3 万吨)〈P2248〉；芷江磷化有限责任公司

〈P2257〉;郴州天成化工有限责任公司(5 万吨)〈P2256〉;[粤]广州市良田肥业有限公司〈P2265〉;韶关市化工厂(1 万吨)〈P2277〉;[桂]南宁鸣昌专用肥料有限公司(8 万吨)〈P2297〉;广西西江化工有限责任公司(5 万吨)〈P2301〉;广西核工业桂兴实业公司(3 万吨)〈P2301〉;[渝]重庆江北化肥有限公司〈P2305〉;[川]四川山山药业集团有限公司(10 万吨)〈P2332〉;四川邛崃市化肥厂(8 万吨)〈P2319〉;四川省什邡市聚鑫泰化工有限公司(5000 吨)〈P2328〉;四川省什邡蓥峰实业总公司(25 万吨)〈P2328〉;四川省汉源县元康实业有限责任公司〈P2336〉;四川宏泰生化有限公司〈P2334〉;自贡鸿鹤化工集团有限责任公司(5 万吨)〈P2321〉;[黔]贵州省农业科学院肥料示范厂(1 万吨)〈P2337〉;贵州省铜仁地区化肥厂(1 万吨)〈P2338〉;遵义县磷肥厂(3 万吨)〈P2337〉;贵州省湄潭县化肥厂(2 万吨)〈P2337〉;[滇]昆明劲勋化工有限公司(16 万吨)〈P2339〉;昆明红云化工生产有限公司(5 万吨)〈P2339〉;云南安宁化肥有限责任公司(10 万吨)〈P2340〉;云南昆明安宁复合肥原料厂(3 万吨)〈P2341〉;云南昆阳滇白化工有限公司〈P2341〉;云南上磷化工有限责任公司(2 万吨)〈P2341〉;云南解化集团有限公司(40 万吨)〈P2345〉;龙陵县化肥厂〈P2344〉;[陕]陕西旬阳大地复肥有限公司(3 万吨)〈P2354〉;[甘]甘肃白银虎豹化工有限公司(10 万吨)〈P2357〉;[新]新疆满疆红农资化肥科技有限公司(3476 吨)〈P2364〉;新疆天池专用化肥厂〈P2364〉;新疆乌拉泊化工厂(1 万吨)〈P2364〉;新疆新化化肥有限责任公司(7000 吨)〈P2364〉;昌吉市新业绿肥有限责任公司〈P2367〉;新疆米泉市夏华化肥有限责任公司(1 万吨)〈P2367〉;额敏县红四方复合肥有限责任公司〈P2367〉

硫酸钾复合肥 D04002204

Compound fertilizer of potassium sulfate

主要用于经济作物及大田作物

【生产厂】[津]天津市中天化肥有限公司(25 万吨)〈P1613〉;[冀]河北三洋化肥有限公司〈P1621〉;[苏]无锡市太平洋化肥有限公司〈P1879〉;宜兴申利化工有限公司〈P1883〉;江苏恒盛化肥有限公司(10 万吨)〈P1792〉;新港化肥有限公司〈P1794〉;江苏省赣榆县磷肥厂(20 万吨)〈P1797〉;江苏中农化肥有限公司〈P1798〉;江苏益农肥料有限公司〈P1832〉;[闽]龙岩市牛坑肥业有限公司(3000 吨)〈P2007〉;[赣]江西贵溪化肥有限责任公司〈P2013〉;[鲁]山东鲁西化工股份有限公司(100 万吨)〈P2153〉;山东聊城鲁西化工集团总公司第五化肥厂(3 万吨)〈P2153〉;潍坊三强集团复合肥厂〈P2104〉;莱州金兴化工有限责任公司〈P2109〉;青岛东方化工股份有限公司(32 万吨)〈P2033〉;莱芜东浩化工有限责任公司(4 万吨)〈P2140〉;山东丹化肥业有限公司〈P2149〉;蒙阴县新丰化工有限公司(6 万吨)〈P2148〉;山东蒙阴益丰企业集团总公司〈P2150〉;山东金沂蒙集团有限公司(8 万吨)〈P2149〉;[川]成都市新都化工股份有限公司〈P2314〉;德阳天元化工总厂〈P2324〉;四川省什邡蓥峰实业总公司(24 万吨)〈P2328〉;[陕]西安龙华实业有限公司〈P2349〉

三元含硫复合肥;硫基氮磷钾复合肥;硫基三元复合肥 D04002205

Nitrogen-Phosphorus-Potassium compound fertilizer with sulphur

广泛用于农作物和经济作物底肥施用

【生产厂】[鲁]山东聊城钾肥有限公司〈P2153〉;青州市庆大化工有限公司〈P2093〉;山东明瑞化工集团总公司(15 万吨)〈P2136〉;[豫]洛阳市汝化化工有限公司(15 万吨)〈P2185〉;[鄂]宜昌市欣龙化工新材料有限公司(15 万吨)〈P2241〉;[湘]湖南郴州化工集团有限公司(30 万吨)〈P2257〉;湖南绿洲化肥有限公司(10 万吨)〈P2257〉;郴州方舟化工有限责任公司(20 万吨)〈P2256〉

专用复合肥料 D04002401

Compound fertilizer, special purpose

分别适用于蔬菜、果树、甘蔗、橡胶等作物作基肥或早期追肥,为作物提供生长所需的氮磷钾及微量元素

【生产厂】[苏]赣榆县榆城肥料有限公司〈P1797〉;[新]乌鲁木齐西山复合肥厂(5000 吨)〈P2363〉

水稻专用复合肥料;水稻专用肥 D04002402

Compound fertilizer for rice

适用于水稻田施用

【生产厂】[冀]邢台绿洲农肥有限责任公司〈P1643〉;[桂]南宁鸣昌专用肥料有限公司〈P2297〉

烟草专用复合肥料 D04002403

Compound fertilizer for tobacco

是烟草专用肥料

【生产厂】[闽]三明金明农资有限公司(6 万吨)〈P1996〉;[豫]济源市丰田肥业有限公司(10 万吨)〈P2195〉;[湘]湖南郴州化工集团有限公司〈P2257〉

玉米专用肥;玉米肥 D04002406

Fertilizer for maize

适用于大田作物玉米

【生产厂】[冀]邢台绿洲农肥有限责任公司〈P1643〉;[鲁]山东三孔集团曲阜宇丰复合肥有限公司(8 万吨)〈P2132〉;[豫]驻马店中化肥业有限公司〈P2227〉;[陕]西安龙华实业有限公司〈P2349〉

大豆专用肥 D04002407

Fertilizer for bean

用于大豆底肥

【生产厂】[冀]邢台绿洲农肥有限责任公司〈P1643〉

棉花专用肥 D04002410

Fertilizer for cotton

用作棉花种植底肥

【生产厂】[新]新疆天骄生物工程有限公司〈P2364〉

蔬菜专用肥 D04002412

Special compound fertilizer for vegetable

可使农作物根系发达、茎杆粗壮、枝繁叶茂、结实率提高、糖分增加,能改善作物品质,提高作物产量等

【生产厂】[津]天津市福升肥料有限公司(1 万吨)〈P1586〉

氯基三元复合肥 D04002501

Three-nutrient compound fertilizer with chlorine

【生产厂】[赣]江西贵溪化肥有限责任公司〈P2013〉;[川]成都市新都化工股份有限公司〈P2314〉

硝基复合肥 D04002601

Nitro-compound fertilizer

【生产厂】[鲁]山东联合化工股份有限公司(11 万吨)〈P2053〉

复合肥 D04002701

Compound fertilizer

适用于各类农作物、蔬菜、果树等

【生产厂】[津]天津市津北化肥厂(1 万吨)〈P1592〉;天津市

凯达化肥厂(3 万吨)〈P1597〉;天津吉华化工有限公司(20 万吨)〈P1574〉;[冀]石家庄双联化工集团(20 万吨)〈P1632〉;河北三洋化肥有限公司〈P1621〉;石家庄双联化工有限责任公司(20 万吨)〈P1633〉;石家庄中吉化肥有限公司(5 万吨)〈P1634〉;石家庄冀龙复合肥厂〈P1627〉;河北西海集团有限公司〈P1666〉;邢台绿洲农肥有限责任公司〈P1643〉;邯郸冀南化工有限公司(30 万吨)〈P1638〉;[晋]山西丰喜肥业(集团)股份有限公司(30 万吨)〈P1679〉;[辽]大连瑞泽农药股份有限公司〈P1693〉;[黑]黑龙江黑化集团有限公司(1 万吨)〈P1722〉;[沪]上海长征化工厂(11 万吨)〈P1730〉;[苏]句容奥莱特化肥有限公司〈P1842〉;江苏中东集团有限公司(120 万吨)〈P1861〉;无锡市太平洋化肥有限公司〈P1879〉;中农新肥科技股份有限公司(25 万吨)〈P1889〉;宜兴申利化工有限公司(60 万吨)〈P1883〉;江阴市长青磷肥厂(4000 吨)〈P1868〉;江苏阿波罗复合肥有限公司(6 万吨)〈P1865〉;江阴市东港化肥有限公司(10 万吨)〈P1868〉;苏州嘉丰肥业有限责任公司〈P1901〉;苏州东洋化肥有限公司(30 万吨)〈P1899〉;太仓汇丰化学肥料有限公司〈P1908〉;江苏华昌化工股份有限公司(15 万吨)〈P1893〉;江苏润丰生化有限公司(5 万吨)〈P1793〉;新港化肥有限公司〈P1794〉;连云港新磷矿化有限责任公司(5 万吨)〈P1800〉;连云港丰泰肥料有限公司(5 万吨)〈P1798〉;江苏中农化肥有限公司〈P1798〉;赣榆县榆城肥料有限公司(5 万吨)〈P1797〉;东海县专用化肥厂〈P1796〉;江苏省东海磷肥厂(3 万吨)〈P1797〉;洪泽县三联复合肥有限责任公司〈P1801〉;南通远洋肥料有限公司(3 万吨)〈P1836〉;[皖]合肥四方磷复肥有限责任公司(10 万吨)〈P1973〉;安徽临泉化工股份有限公司(10 万吨)〈P1983〉;安徽省宁国司尔特化肥有限公司(100 万吨)〈P1986〉;[闽]福建省双赢集团有限公司(10 万吨)〈P2001〉;福建石化集团三明化工有限责任公司综合厂(6 万吨)〈P1996〉;福建宁化翠江化工有限公司〈P1994〉;[赣]景德镇市焦化煤气总厂〈P2010〉;赣州大丰肥料有限公司〈P2014〉;[鲁]山东洪磊生物化工有限公司〈P2144〉;山东尚沃化工有限公司(20 万吨)〈P2145〉;山东省信祥化工有限公司(8 万吨)〈P2154〉;山东谷丰源化肥有限公司〈P2153〉;山东吉地尔集团有限公司(50 万吨)〈P2153〉;山东省垦利县化肥厂(2 万吨)〈P2086〉;山东奥宝化工集团有限公司(30 万吨)〈P2094〉;山东联盟化工集团有限公司(18 万吨)〈P2096〉;潍坊昌大肥料有限公司(30 万吨)〈P2101〉;山东瀚海化工肥料有限责任公司(30 万吨)〈P2113〉;泰安市黎明化工有限责任公司(3 万吨)〈P2138〉;山东飞达化工科技有限公司(10 万吨)〈P2135〉;威利丹化肥(济宁)有限公司〈P2133〉;济宁市丰田化工有限责任公司 (6000 吨)〈P2128〉;山东嘉吉化肥有限公司〈P2131〉;济宁贵和肥业有限公司(50 万吨)〈P2127〉;梁山县阿姆斯生物肥料厂(200 吨)〈P2129〉;山东三孔集团曲阜宇丰复合肥有限公司(8 万吨)〈P2132〉;山东施丰化工有限公司(36 万吨)〈P2151〉;菏泽泰龙化工有限公司(7 万吨)〈P2159〉;山东丹化肥业有限公司(10 万吨)〈P2149〉;山东舜民肥业有限公司(30 万吨)〈P2151〉;临沂丰禾化工有限责任公司〈P2147〉;莒南县达尔特化肥有限公司(30 万吨)〈P2147〉;莒南县泰祥化肥有限公司(10 万吨)〈P2147〉;山东三方化工有限公司(60 万吨)〈P2150〉;临沂福尔斯特化肥有限公司(20 万吨)〈P2147〉;山东金大地生态工程股份有限公司(160 万吨)〈P2149〉;临沭县农友化肥厂(3000 吨)〈P2147〉;山东省滕州瑞达化工有限公司(5 万吨)〈P2077〉;[豫]郑州那威高肥业有限公司(30 万吨)〈P2172〉;郑州三大料化肥有限公司(5 万吨)〈P2172〉;郑州市第二化肥厂(8 万吨)〈P2173〉;河南心连心化工有限公司(10 万吨)〈P2202〉;河南省焦作市广兴实业有限公司(20 万吨)〈P2193〉;河南沁阳市龙旺化工有限公司(10 万吨)〈P2193〉;焦作市地丰肥业有限公司(10 万吨)〈P2195〉;安阳市绿宇农药化肥有限责任公司(1 万吨)〈P2209〉;驻马店中化肥业有限公司(50 万吨)〈P2227〉;河南省信阳庆舞肥料有限责任公司(20 万吨)〈P2226〉;平顶山飞行化工(集团)有限责任公司(10 万吨)〈P2191〉;叶县科丰磁性复合肥厂(1 万吨)〈P2192〉;洛阳泰和实业总公司(18 万吨)〈P2187〉;三门峡思念缓释肥业有限公司(10 万吨)〈P2222〉;三门峡金茂化工有限公司(5 万吨)〈P2221〉;开封开化(集团)有限公司磷肥厂(4 万吨)〈P2177〉;[鄂]武汉青江化工股份有限公司(2 万吨)〈P2231〉;湖北省潜江华润化肥有限公司(40 万吨)〈P2245〉;沙隆达集团公司〈P2240〉;湖北祥云(集团)化工股份有限公司〈P2244〉;保康庄园肥业有限责任公司(10 万吨)〈P2237〉;[湘]湖南郴州化工集团有限公司(5 万吨)〈P2257〉;张家界化肥总厂(1 万吨)〈P2255〉;[粤]廉江市化工有限责任公司(2 万吨)〈P2293〉;云浮市宝利硫酸有限责任公司(1 万吨)〈P2295〉;台山市磷肥厂有限公司(2 万吨)〈P2286〉;[桂]广西玉林远东复合肥厂(5 万吨)〈P2301〉;广西博庆食品有限公司(2 万吨)〈P2302〉;[渝]云阳县磷肥厂(1 万吨)〈P2303〉;中化重庆涪陵化工股份有限公司(30 万吨)〈P2303〉;中国核工业建峰化工总厂(2 万吨)〈P2303〉;[川]四川山山药业集团有限公司(5 万吨)〈P2332〉;成都玉龙化工有限公司(10 万吨)〈P2317〉;成都市新都化工股份有限公司(150 万吨)〈P2314〉;德阳天元化工总厂(15 万吨)〈P2324〉;四川省回龙化工实业有限公司(10 万吨)〈P2327〉;四川川恒化工有限责任公司〈P2325〉;四川省什邡农得利复合肥厂(20 万吨)〈P2328〉;泸州海天化工有限公司(2 万吨)〈P2323〉;[滇]云南云天化股份有限公司(15 万吨)〈P2344〉;云南云叶化肥股份有限公司(6 万吨)〈P2342〉;云南昆安磷化工有限公司(3 万吨)〈P2340〉;云南祥丰化肥股份有限公司〈P2342〉;云南磷肥工业有限公司(20 万吨)〈P2341〉;云天化集团有限责任公司(10 万吨)〈P2344〉;云南沃特威化工股份有限公司(20 万吨)〈P2345〉;[陕]陕西浩海实业有限公司〈P2346〉;[宁]中国石油天然气股份有限公司宁夏石化分公司(40 万吨)〈P2361〉;[新]中国石油天然气股份有限公司乌鲁木齐石油化工总厂〈P2365〉;新疆乌拉泊化工厂(1 万吨)〈P2364〉;昌吉市福祥复合肥厂〈P2367〉;新疆石河子正义农业科技有限公司〈P2367〉;新疆青松建材化工(集团)股份有限公司(2 万吨)〈P2366〉

多元液体复合肥;液肥 D04002702

Compound fertilizer, liquid

用于各种作物叶面喷洒

【生产厂】[京]北京雷力农用化学有限公司〈P1554〉;[鲁]济宁贵和肥业有限公司〈P2127〉;[鄂]湖北双环科技股份有限公司〈P2242〉

稀土复合肥 D04002704

Compound fertilizer, rare-earth

用作农作物的底肥和追肥

【生产厂】[苏]江苏省金桥盐业有限公司〈P1797〉;[鲁]山东省郓城县鲁发化工有限公司(3 万吨)〈P2161〉

复合氨基酸液肥 D04002711

Compound amino acid fertilizer, liquid

用作营养型叶面肥,适用于水稻、果蔬等

【生产厂】[闽]厦门好农友生物科技有限公司〈P1992〉;[鲁]潍坊市亚东化工有限公司〈P2105〉;[鄂]湖北禾得乐药肥有限公司(1000 吨)〈P2245〉

BB 肥;掺合肥 D04002721

Blue blend

农用肥料,适用于粮食、蔬菜、瓜果等

【生产厂】[冀]河北三洋化肥有限公司〈P1621〉;石家庄中吉化肥有限公司(5 万吨)〈P1634〉;邢台绿洲农肥有限责任

公司〈P1643〉;[苏]江苏环太集团公司〈P1841〉;无锡市太平洋化肥有限公司〈P1879〉;中农新肥科技股份有限公司〈P1889〉;江苏益农肥料有限公司(5万吨)〈P1832〉;[赣]江西丰农生物科技有限公司〈P2015〉;江西贵溪化肥有限责任公司〈P2013〉;[鲁]山东省茌平县德玺生物肥料有限责任公司(3万吨)〈P2153〉;莱州金兴化工有限责任公司〈P2109〉;山东三孔集团曲阜宇丰复合肥有限公司(8万吨)〈P2132〉;山东丹化肥业有限公司(20万吨)〈P2149〉;[粤]广州市良田肥业有限公司〈P2265〉;[渝]双赢集团有限公司〈P2303〉;[川]成都市新都化工股份有限公司〈P2314〉;德阳天元化工总厂〈P2324〉;[黔]贵州宏福实业开发有限总公司(30万吨)〈P2338〉;[甘]甘肃白银虎豹化工有限公司(5万吨)〈P2357〉;[宁]山东鲁西化工集团宁夏化肥有限责任公司(3万吨)〈P2361〉

复合氨基酸粉 D04002751

Compound amino acid, powder

可用于饲料、肥料和发酵工业

【生产厂】[浙]桐乡市康普达生物科技有限公司〈P1943〉;[鄂]武汉武大弘元股份有限公司〈P2234〉;武汉汉龙氨基酸有限责任公司〈P2230〉;[川]四川峨眉山荣高生化制品有限公司〈P2318〉

氨基酸复合肥 D04002791

Amino acid compound fertilizer

用于果树、蔬菜、花卉、瓜果、茶桑、经济油料、烟草、棉花、药材等施用

【生产厂】[新]昌吉市康丰农化厂〈P2367〉

尿基复合肥 D04002801

Urinary compound fertilizer

主要用作小麦、玉米、棉花、水稻等大田作物的底肥及追肥

【生产厂】[冀]邯郸市红彤有机化工有限公司(2万吨)〈P1638〉;[苏]江苏恒盛化肥有限公司(15万吨)〈P1792〉;东台市奇康肥料有限公司(8万吨)〈P1806〉;[皖]合肥四方集团公司〈P1973〉;[豫]辉县市昊利达化工有限公司(5万吨)〈P2202〉;河南省绿宇化电有限公司(10万吨)〈P2194〉;河南省中原大化集团有限责任公司(60万吨)〈P2213〉;[渝]重庆江北化肥有限公司〈P2305〉;[川]四川邛崃市化肥厂〈P2319〉

有机复合肥;有机复混肥 D04002901

Organic mixed fertilizer

用于蔬菜、果树、花卉、农作物施肥

【生产厂】[京]北京长城高效有机肥料有限公司(15万吨)〈P1544〉;[沪]上海黄渡复合肥有限公司〈P1740〉;[鲁]山东泉林嘉有机肥料有限责任公司(50万吨)〈P2153〉;[豫]洛阳科农康商贸有限公司(12万吨)〈P2182〉;[粤]廉江市化工有限责任公司〈P2293〉;中山市青葱有机复合肥厂〈P2283〉

硅钙磷肥 D04003101

Silicon calcium phosphorus fertilizer

用于水稻、小麦、甘蔗、玉米、棉花、烤烟等田间作物施用

【生产厂】[鲁]临沂丰禾化工有限责任公司〈P2147〉;[豫]三门峡化工厂(2万吨)〈P2221〉;[黔]贵州磷酸盐厂〈P2337〉;[滇]云南昆阳滇白化工有限公司〈P2341〉

硅钙肥 D04003201

Silicon-Calcium fertilizer

适用于沙质和酸性土壤,主要对水稻、小麦、花生、甘蔗、黄豆及块茎作物有显著的增产效果

【生产厂】[鲁]山东丹化肥业有限公司〈P2149〉;[陕]陕西宝嘉应用化学有限责任公司(5万吨)〈P2351〉

有机无机复混肥 D04003401

Organic-inorganic mixed fertilizer

【生产厂】[京]北京神农采禾生物科技有限公司〈P1558〉;[冀]邯郸市红彤有机化工有限公司(2万吨)〈P1638〉;[苏]无锡市太平洋化肥有限公司〈P1879〉;江苏威力磷复肥有限公司〈P1804〉;兴化市农乐肥料有限责任公司〈P1828〉;南通远洋肥料有限公司〈P1836〉;[闽]福建省龙岩市复合肥厂〈P2005〉;[鲁]山东阿波罗集团有限公司(2万吨)〈P2027〉;山东洪磊生物化工有限公司〈P2144〉;潍坊三强集团复合肥厂〈P2104〉;莱州金兴化工有限责任公司〈P2109〉;济宁贵和肥业有限公司〈P2127〉;山东丹化肥业有限公司(10万吨)〈P2149〉;山东阜丰集团公司(49万吨)〈P2149〉;[川]四川邛崃市化肥厂〈P2319〉;四川省回龙化工实业有限公司〈P2327〉

高效液肥 D04003601

Liquid fertilizer, highly active

对所有农作物发挥综合调节、改善品质、抗旱、抗病、增产作用

【生产厂】[陕]陕西咸阳农一清高效液肥厂(6000吨)〈P2347〉

果树专用肥 D04003701

Fertilizer for fruit tree

用于各种果树的底肥、追肥

【生产厂】[闽]龙岩市牛坑肥业有限公司(1000吨)〈P2007〉;[鲁]莒南县达尔特化肥有限公司(5000吨)〈P2147〉;[湘]湖南郴州化工集团有限公司〈P2257〉

花生专用肥 D04003801

Fertilizer for earthnut

【生产厂】[豫]驻马店中化肥业有限公司〈P2227〉

香蕉专用肥 D04003901

Fertilizer for banana

适用于香蕉、大蕉、粉蕉等用作基肥和追肥

【生产厂】[湘]湖南郴州化工集团有限公司〈P2257〉

缓释复合肥;控释复合肥 D04004201

Controlled release compound fertilizer

【生产厂】[冀]石家庄中吉化肥有限公司(6万吨)〈P1634〉;[湘]邵阳市海纳兴业化工有限公司(30万吨)〈P2253〉

微量元素肥料;微肥 D05000000

Fertilizer, micronutrients

用于叶面喷施,防止作物缺素病害,促进增产增收

【生产厂】[闽]漳州三炬生物科技有限公司〈P2002〉;[鲁]青州市良田化肥有限公司〈P2093〉;潍坊巴罗斯农化有限公司(100吨)〈P2101〉;泰安双丰化肥有限公司(2000吨)〈P2138〉;[豫]开封市金杞化工有限公司〈P2177〉

【使用厂】[津]天津市福升肥料有限公司〈P1586〉;[陕]陕西城化股份有限公司〈P2353〉

混合肥料 D05000401

Mixed fertilizer
【生产厂】[粤]佛山市植宝化工有限公司〈P2289〉

稀土微肥;硝酸稀土 D05000901
Rare earth micronutrients;Rare earth nitrate
用作植物生产调节剂
【生产厂】[豫]商丘市稀土微肥示范厂(1000吨)〈P2226〉;[甘]甘肃稀土集团有限责任公司〈P2357〉
【使用厂】[豫]河南省化工研究所〈P2167〉

D

硼肥 D05001001
Boric fertilizer
【生产厂】[京]北京雷力农用化学有限公司〈P1554〉;[辽]营口启和粉体工业有限公司〈P1704〉

镁硼肥 D05001101
Magnesium-Boron fertilizer
用作肥料
【生产厂】[辽]大石桥市兴鹏复合肥有限公司(3万吨)〈P1703〉

硅肥 D05001301
Silicon fertilizer
【生产厂】[豫]济源市丰田肥业有限公司〈P2195〉

农用硫镁肥;硫镁肥 D05001401
Sulfur magnesium fertilizer
用于补充土壤中作物所需的镁、硫两种中量养分元素,尤适用于水土流失严重的多雨地区的各类粮油和经济作物
【生产厂】[鲁]山东莱州虎头崖镇渤海农用肥原料厂(3万吨)〈P2114〉

叶面肥 D05001501
Foliar-fertilizer
用作农作物叶面喷施,促进生长增产
【生产厂】[鲁]山东四季旺农化有限公司〈P2099〉;青州市精源助剂有限公司〈P2092〉;潍坊巴罗斯农化有限公司(300吨)〈P2101〉;潍坊德众化工有限公司〈P2101〉;蓬莱奇宝肥业有限公司〈P2111〉;山东农丰化工有限公司(600吨)〈P2160〉;[豫]焦作市地丰肥业有限公司〈P2195〉;安阳市小康农药有限责任公司(1000吨)〈P2210〉;开封市农药化工研究所(300吨)〈P2178〉;[粤]佛山市植宝化工有限公司(500吨)〈P2289〉;[桂]广西北海喷施宝有限责任公司〈P2301〉;[川]成都市亿立农业科技开发有限公司〈P2315〉

高效叶面肥 D05001551
Foliar-fertilizer,high effeciency
【生产厂】[粤]佛山市植宝化工有限公司〈P2289〉

硼镁磷肥 D05001851
Boron-magnesium phosphate fertilizer
【生产厂】[辽]营口宏伟硫酸镁肥化工有限责任公司(1万吨)〈P1704〉

农用硫酸锌 D05001901
Zinc sulfate,agricultural [7446-20-0]
【生产厂】[蒙]赤峰宏通冶金化工公司(3000吨)〈P1682〉;[川]成都市亿立农业科技开发有限公司〈P2315〉

氨基酸锌 D05002301
Amino acid zinc
【生产厂】[浙]桐乡市康普达生物科技有限公司〈P1943〉;[皖]安徽省岳西撞钟化肥有限公司〈P1979〉;[川]成都市亿立农业科技开发有限公司〈P2315〉

硼酸二氢钾 D05002401
Potassium dihydrogen borate
【生产厂】[皖]安徽省岳西撞钟化肥有限公司〈P1979〉

复合硼锌肥 D05002501
Compound boric-zinc fertilizer
【生产厂】[皖]安徽省岳西撞钟化肥有限公司〈P1979〉

硼钼二氢钾 D05002601
Potassium dihydrogen boronmolybdenum
【生产厂】[皖]安徽省岳西撞钟化肥有限公司〈P1979〉

含氮硫钙肥 D05002701
Calcium sulfur fertilizer,containing nitrogen
【生产厂】[鲁]临沂丰禾化工有限责任公司〈P2147〉

黄腐殖酸(纯) D06000101
Fulvic acid,pure
用作肥料、植物生长刺激剂等
【生产厂】[鲁]济宁市丰田化工有限责任公司(700吨)〈P2128〉;[豫]巩义市当力黄腐酸科技开发有限公司(500吨)〈P2162〉

硝基腐殖酸 D06000301
Nitrohumic acid
用作肥料及土壤调酸剂
【生产厂】[津]天津休美特国际贸易有限公司(5000吨)〈P1616〉;[赣]江西省萍乡市乐乐腐植酸厂〈P2011〉;[鲁]青州市良田化肥有限公司(1万吨)〈P2093〉;[豫]巩义市当力黄腐酸科技开发有限公司(300吨)〈P2162〉;[新]新疆双龙腐植酸有限公司(3000吨)〈P2367〉

腐殖酸脲;腐脲 D06000601
Urea humate
【生产厂】[苏]通州市专用肥料厂(1万吨)〈P1839〉;[鲁]山东丹化肥业有限公司〈P2149〉

腐殖酸钠;胡敏酸钠;腐钠 D06000701
Humic acid,sodium salt [68131-04-4]
用作肥料、植物生长激素、饲料添加剂、润滑剂、钻井助剂等
【生产厂】[津]天津休美特国际贸易有限公司(6000吨)〈P1616〉;[晋]太原新康发展有限公司〈P1672〉;[蒙]乌海市公乌素宏利腐植酸厂(2万吨)〈P1681〉;[苏]江苏省新沂市经纬化工有限公司〈P1793〉;[赣]江西丰农生物科技有限公司〈P2015〉;江西省萍乡市乐乐腐植酸厂〈P2011〉;萍乡市天源化工厂(400吨)〈P2012〉;萍乡市潘塘腐植酸厂〈P2012〉;[鲁]青州市广汇化工厂(500吨)〈P2092〉;[豫]巩义市当力黄腐酸科技开发有限公司(300吨)〈P2162〉;[川]成都川峰化学工程有限责任公司(500吨)〈P2310〉;成都天然气化工总厂〈P2316〉;成都市新都区桂宏化工厂〈P2314〉;[滇]云南陆良龙海化工有限责任公司(5000吨)〈P2343〉;[甘]天祝益田肥业有限责任公司(2000吨)〈P2357〉;[新]新疆双龙腐植酸有限公司(1500吨)〈P2367〉

硝基腐殖酸镁 D06000801
Magnesium nitrohumate
【生产厂】[新]新疆双龙腐植酸有限公司〈P2367〉

腐殖酸铵 D06000901
Ammonium humate
农业上用于腐殖酸类肥料,工业上可作为陶瓷添加剂、钻井泥浆调整剂、铸造砂型黏结剂、煤球成型黏结剂等
【生产厂】[津]天津休美特国际贸易有限公司(8000 吨)〈P1616〉;[赣]江西省萍乡市乐乐腐植酸厂〈P2011〉
【使用厂】[甘]天祝益田肥业有限责任公司〈P2357〉

腐殖酸硼 D06000911
Boron humate
【生产厂】[新]新疆双龙腐植酸有限公司(1500 吨)〈P2367〉

腐殖酸镁 D06000921
Magnesium humate
主要用作土壤调节剂,用于果树、油脂作物和吸收短期的水稻、小麦等
【生产厂】[津]天津休美特国际贸易有限公司(7000 吨)〈P1616〉

腐殖酸磷肥 D06001001
Humate compound phosphate fertilizer
用作土壤改良剂、植物生长刺激剂、肥效增进剂和农产品品质改良剂
【生产厂】[冀]河北冀衡磷肥股份有限公司(3 万吨)〈P1664〉;[新]新疆双龙腐植酸有限公司〈P2367〉

腐殖酸氮磷钾复合肥 D06001101
NPK humate compound fertilizer
适用于各种农作物改土、抗逆、防衰增产效果显著
【生产厂】[甘]天祝益田肥业有限责任公司(1 万吨)〈P2357〉

小麦专用肥;小麦肥 D06001201
Fertilizer for wheat
用作小麦田肥料
【生产厂】[皖]安徽省岳西撞钟化肥有限公司〈P1979〉;[豫]商丘市第一化肥厂(1000 吨)〈P2226〉;[湘]湖南郴州化工集团有限公司〈P2257〉

腐殖酸复合肥;腐殖酸复混肥 D06001401
Humic acid compound fertilizer
对微肥有增效作用,能促进植物体内酶的活性,促进根系发育,增强植株对水、营养的吸收能力,增加叶绿素等
【生产厂】[赣]江西丰农生物科技有限公司〈P2015〉;江西钜洲生物科技有限公司〈P2016〉;[鲁]莱州金兴化工有限责任公司〈P2109〉;青州市良田化肥有限公司〈P2093〉;[甘]天祝益田肥业有限责任公司(1 万吨)〈P2357〉

腐殖酸液肥;腐殖酸冲施肥 D06001410
Humic acid fertilizer, liquid
【生产厂】[赣]江西丰农生物科技有限公司〈P2015〉;江西钜洲生物科技有限公司〈P2016〉;[甘]天祝益田肥业有限责任公司(2000 吨)〈P2357〉

茶叶专用肥 D06001701
Fertilizer for tea
【生产厂】[闽]世纪阳光(南平)生物工程有限公司(5400 吨)〈P2005〉

专用肥 D06002101
Fertilizer for special purpose
适用于各类蔬菜、瓜果、草坪、花卉等经济作物
【生产厂】[苏]江苏威力磷复肥有限公司〈P1804〉;江苏美乐肥料有限公司〈P1821〉;[鲁]济南太得肥总厂(400 吨)〈P2025〉;山东阿波罗集团有限公司(4000 吨)〈P2027〉;莱州金兴化工有限责任公司〈P2109〉;蓬莱奇宝肥业有限公司〈P2111〉;东明县黄河专用化肥厂(700 吨)〈P2158〉;山东蒙阴益丰企业集团总公司(1 万吨)〈P2150〉;[鄂]武汉绿茵化工有限公司〈P2231〉;[桂]广西贵糖(集团)股份有限公司〈P2301〉

氨基酸系列混肥 D06002251
Mixed fertilizer, amino acid series
用于果树、蔬菜、花卉、茶桑、经济油料、烟草、棉花、药材等作物
【生产厂】[闽]福建省漳平市振福化工有限公司〈P2006〉

冲施肥 D06002401
Water flush fertilizer
用作底肥、追肥
【生产厂】[冀]河北三洋化肥有限公司〈P1621〉;[鲁]山东阿波罗集团有限公司(5000 吨)〈P2027〉;济南化肥厂有限责任公司(1 万吨)〈P2022〉;山东省茌平县德玺生物肥料有限责任公司(2 万吨)〈P2153〉;潍坊三强集团复合肥厂〈P2104〉;山东四季旺农化有限公司〈P2099〉;青州市精源助剂有限公司〈P2092〉;青州市良田化肥有限公司〈P2093〉;青州市汉诺威肥业有限公司(4000 吨)〈P2092〉;潍坊巴罗斯农化有限公司(3000 吨)〈P2101〉;潍坊德众化工有限公司〈P2101〉;[豫]焦作市地丰肥业有限公司〈P2195〉;[川]德阳天元化工总厂〈P2324〉;四川省回龙化工实业有限公司〈P2327〉;四川省什邡市建业化工有限公司〈P2328〉;绵阳市联创化工有限公司(5 万吨)〈P2330〉

OA 活化有机肥 D06002701
OA Activating organic fertilizer
【生产厂】[苏]中农新肥科技股份有限公司(3 万吨)〈P1889〉

有机磷肥 D06002801
Organic phosphate fertilizer
【生产厂】[鄂]武汉青江化工股份有限公司(3 万吨)〈P2231〉

生态肥 D06003101
Ecological fertilizer
【生产厂】[冀]石家庄冀龙复合肥厂〈P1627〉

有机无机磷肥 D06003201
Organic-inorganic phosphate fertilizer
【生产厂】[豫]汤阴县豫星化工有限责任公司(2000 吨)〈P2212〉

活性有机肥 D06003301
Active organic fertilizer

【生产厂】[鲁]潍坊德众化工有限公司〈P2101〉

有机肥 D06003401

Organic fertilizer

【生产厂】[京]北京雷力农用化学有限公司〈P1554〉;[冀]邯郸市红彤有机化工有限公司(3万吨)〈P1638〉;[苏]江苏中农化肥有限公司〈P1798〉;[浙]杭州萧山汇仁复合有机肥料有限公司〈P1923〉;[鲁]山东阿波罗集团有限公司(100吨)〈P2027〉;山东四季旺农化有限公司〈P2099〉;青岛八福仙有机肥料有限公司(10万吨)〈P2032〉;济宁贵和肥业有限公司(20万吨)〈P2127〉;临沂丰禾化工有限责任公司〈P2147〉;[粤]广州市良田肥业有限公司〈P2265〉

复合微生物肥 D07000301

Compound microorganism fertilizer

用于蔬菜、果树、粮、棉、油、糖料作物等

【生产厂】[京]北京世纪阿姆斯生物技术有限公司〈P1558〉;[鲁]潍坊德众化工有限公司〈P2101〉;[豫]郑州强旺复合肥有限责任公司(5000吨)〈P2172〉;[粤]佛山市植宝化工有限公司〈P2289〉

液体微生物肥料 D07000401

Liquid microorganism fertilizer

对各类经济作物如水果、蔬菜、瓜类、花卉、水面植物、烟草、棉花等均有提高产量、使作物早熟的功效

【生产厂】[豫]洛阳科农康商贸有限公司(20万吨)〈P2182〉

生物有机肥 D07000501

Bio-mixed organic fertilizer

【生产厂】[京]北京神农采禾生物科技有限公司(5000吨)〈P1558〉;[辽]大连瑞泽农药股份有限公司〈P1693〉;[鲁]山东省茌平县德玺生物肥料有限责任公司(1万吨)〈P2153〉;潍坊德众化工有限公司〈P2101〉

高效生物菌肥;微生物肥料 D07000601

Microorganism fertilizer, high efficiency

是农业生产及各种经济作物用肥

【生产厂】[冀]邯郸市星火技术研究院〈P1639〉;[鲁]蒙阴县新丰化工有限公司(2万吨)〈P2148〉

微生物菌剂;生物菌剂 D07000651

Microorganism bacterium agent

【生产厂】[鲁]潍坊德众化工有限公司〈P2101〉;[豫]洛阳科农康商贸有限公司(12万吨)〈P2182〉

复合微生物菌剂 D07000901

Compound microorganism bacterium agent

【生产厂】[沪]上海真美科技发展有限公司〈P1777〉

酵素菌肥 D07001001

Ferment bacterial fertilizer

适用于西瓜、果树、草莓、茄子、番茄、大白菜、菠菜、黄瓜、小麦、玉米、烟草、棉花等作物

【生产厂】[津]天津市福升肥料有限公司(5000吨)〈P1586〉

海藻肥 D07001101

Seaweed fertilizer

用于蔬菜、瓜果、苗木、花卉等植物营养生长调节

【生产厂】[鲁]青岛金秋农业科技有限公司〈P2039〉;青岛明月海藻集团有限公司(500吨)〈P2040〉;青岛南洋海藻工业有限公司(500吨)〈P2041〉;青岛聚大洋海藻工业有限公司(2000吨)〈P2039〉

螯合微肥 D07001401

Chelating microorganism fertilizer

【生产厂】[鲁]山东谷丰源化肥有限公司〈P2153〉;潍坊德众化工有限公司〈P2101〉

微生物有机肥 D07001501

Microorganism organic fertilizer

【生产厂】[陕]陕西浩海实业有限公司(2万吨)〈P2346〉

生物肥 D07001701

Biological fertilizer

【生产厂】[津]天津市众康兽药厂〈P1614〉;[鲁]青州市良田化肥有限公司〈P2093〉;[川]四川宏泰生化有限公司(1万吨)〈P2334〉

生物磷钾肥 D07002201

Bio-potassium phosphate fertilizer

【生产厂】[京]北京世纪阿姆斯生物技术有限公司〈P1558〉;[鲁]山东省茌平县德玺生物肥料有限责任公司(1万吨)〈P2153〉

农药

E01000000 ~ E07003001

杀虫剂类 E01000000

Insecticide

广泛用于小麦、玉米、棉花、大豆、花生、水稻、茶树、果树、蔬菜等农作物的病虫害防治

【生产厂】[冀]石家庄市三农有限公司〈P1631〉;[闽]福建省闽侯东亚化工有限公司(300 吨)〈P1988〉;龙岩市龙门化工发展有限公司〈P2007〉;[鲁]济南海启明化工有限责任公司〈P2021〉;山东玉成生化农药有限公司〈P2099〉;烟台绿云生物化学有限公司〈P2118〉;曲阜市尔福农药厂(1000 吨)〈P2130〉;[豫]河南东方人农化有限责任公司(800 吨)〈P2165〉;河南农业大学康拓科贸公司(200 吨)〈P2166〉;原阳县第一农药厂(500 吨)〈P2208〉;禹州市百灵生物药业有限责任公司(200 吨)〈P2219〉

三氯杀虫酯;2,2,2-三氯-1-(3,4-二氯苯基)乙基醋酸酯;蚊蝇净 E01010101

Acetofenate

卫生用药,用于防治蝇、蚊、衣蛾等害虫

【生产厂】[粤]广东省中山凯达精细化工股份有限公司〈P2282〉

苦皮素乳油 E01010201

Celastrus angulatus E. C.

【生产厂】[豫]新乡市东风化工有限责任公司(1000 吨)〈P2204〉

苦皮素;苦皮藤素 E01010251

Celastrus angulatus

用于小麦、水稻等农作物,水果、蔬菜、烟草等经济作物及绿地、仓储领域的害虫防治

【生产厂】[豫]新乡市东风化工有限责任公司(100 吨)〈P2204〉;[滇]云南南宝植化有限责任公司〈P2343〉

苦皮素烟剂 E01010271

Celastrus angulatus fumigant

用于日光温室、大棚内的害虫防治

【生产厂】[豫]新乡市东风化工有限责任公司(100 吨)〈P2204〉

硫丹;赛丹;硕丹;安杀丹 E01011001

Endosulfan [115-29-7]

用于防治棉花、果树、大豆、蔬菜、茶及烟草等各种作物害虫

【生产厂】[苏]江苏皇马农化有限公司〈P1841〉;江苏徐州神农化工有限责任公司〈P1793〉;江苏安邦电化有限公司〈P1802〉

【使用厂】[鲁]山东东方农药科技实业公司〈P2028〉;山东京博农化有限公司〈P2155〉;威海市农药厂〈P2125〉

35%硫丹乳油 E01011021

Endosulfan E. C. (35%) [115-29-7]

用于防治棉花、果树、大豆、蔬菜、茶及烟草等各种作物害虫

【生产厂】[苏]张家港天亨化工有限公司〈P1914〉;江苏安邦电化有限公司〈P1802〉

林丹;灵丹;γ-1,2,3,4,5,6-六氯环己烷;六六六 E01011201

γ-BHC; Lindane [58-89-9]

用于防治水稻、小麦、大豆、玉米、蔬菜、果树、烟草、森林、粮仓等害虫

【生产厂】[豫]河南银田精细化工有限公司(500 吨)〈P2202〉

滴滴涕;2,2-双(对氯苯基)-1,1,1-三氯乙烷;DDT E01012001

2, 2-Bis (*p*-chlorophenyl)-1, 1, 1-trichloroethane; DDT; Zeidane; Dicophane; Chlorophenothane [50-29-3]

具有胃毒和触杀作用,属高残留农药品种,用于防治多种昆虫和卫生害虫

【生产厂】[津]天津渤海化工有限责任公司天津化工厂〈P1570〉

【使用厂】[鲁]山东大成农药股份有限公司〈P2051〉

哒螨灵;哒螨酮;牵牛星;速螨酮;2-特丁基-5-(4-特丁苄基)硫代-4-氯-3(2H)-哒嗪酮 E01012201

Pyridaben [96489-71-3]

为广谱、触杀性杀螨杀虫剂,用于棉花、柑橘、果树等经济作物上防治螨类害虫

【生产厂】[沪]上海泰禾(集团)有限公司〈P1767〉;[苏]南京第一农药厂〈P1783〉;南京红太阳集团(150 吨)〈P1784〉;南京博臣农化有限公司(600 吨)〈P1782〉;连云港立本农药化工有限公司〈P1798〉;江苏广丰农药有限公司〈P1807〉;江苏克胜集团股份有限公司(400 吨)〈P1808〉;[皖]安徽省化工研究院〈P1972〉;安徽金泰农药化工有限公司(300 吨)〈P1971〉;[鲁]山东省联合农药工业有限公司(500 吨)〈P2030〉;山东鲁抗生物农药有限责任公司〈P2145〉;[豫]河南永信生物农药股份有限公司〈P2194〉

【使用厂】[津]天津市前进农药厂〈P1600〉;[苏]南京祥宇农药有限公司〈P1790〉;盐城市龙冈农药厂〈P1811〉;江苏联合农用化学有限公司〈P1781〉;宜兴兴农化工制品有限公司〈P1888〉;扬州市苏灵农药化工有限公司〈P1819〉;江苏东宝农药化工有限公司〈P1815〉;[闽]福建省泉州德盛农药有限公司〈P1998〉;[鲁]山东富安集团农药有限公司〈P2052〉;山东胜邦鲁南农药有限公司〈P2150〉;邹平县绿大药业有限公司〈P2158〉;山东绿丰农药有限公司〈P2096〉;山东省济南天邦化工有限公司〈P2030〉;山东阳谷中石药业有限公司〈P2154〉;青岛东生药业有限公司〈P2034〉;山东省青岛奥迪斯生物科技有限公司〈P2047〉;山东神星农药有限公司〈P2097〉;山东省青岛海利尔药业有限公司〈P2047〉;山东省淄博市淄川黉阳农药有限公司〈P2054〉;日照市工业学校实验化工厂〈P2139〉;山东京博农化有限公司〈P2155〉;山东省青岛好利特生物农药有限公司〈P2048〉;招远三联化工厂〈P2121〉;山东省金农生物化工有限责任公司〈P2160〉;威海市农药厂〈P2125〉;青岛阳光农药厂(有限公司)〈P2045〉;山东迈英德化学有限公司〈P2029〉;山东九洲农药有限公司〈P2160〉;[豫]圣丰科技(河南)有限公司〈P2168〉;[粤]惠州市中迅化工有限公司〈P2278〉

哒螨灵可湿性粉剂；哒螨酮可湿性粉剂 E01012211

Pyridaben W. P.

用于棉花、柑橘、果树等经济作物防治螨类害虫

【生产厂】[晋]山西广大化工有限公司〈P1679〉；[吉]吉林通化农药化工股份有限公司〈P1718〉；[苏]南京第一农药厂〈P1783〉；连云港立本农药化工有限公司（100 吨）〈P1798〉；江苏克胜集团股份有限公司〈P1808〉；江苏百灵农化有限公司〈P1821〉；[闽]福建三农农化有限公司〈P2001〉；[鲁]山东东方农药科技实业公司〈P2028〉；淄博丰登农药化工有限公司〈P2059〉；山东邹平农药有限公司（1000 吨）〈P2157〉；邹平县绿大药业有限公司（300 吨）〈P2158〉；威海市农药厂〈P2125〉；山东省青岛奥迪斯生物科技有限公司〈P2047〉；山东省青岛海利尔药业有限公司〈P2047〉；山东省青岛好利特生物农药有限公司〈P2048〉；山东曹达化工有限公司〈P2159〉；山东九洲农药有限公司〈P2160〉；山东省麒麟农化有限公司（40 吨）〈P2160〉；[豫]河南省夏邑县华泰化工有限公司〈P2225〉；[鄂]武汉汉南同心化工有限公司〈P2230〉；[粤]惠州市中迅化工有限公司〈P2278〉

哒螨灵乳油 E01012231

Pyridaben E. C.

广泛用于果树、棉花、蔬菜（除茄子外）、茶树、观赏植物等害虫、害螨的防治

【生产厂】[津]天津京津农药厂（1500 吨）〈P1575〉；[苏]南京第一农药厂〈P1783〉；南京博臣农化有限公司（2200 吨）〈P1782〉；连云港立本农药化工有限公司〈P1798〉；江苏广丰农药有限公司〈P1807〉；盐城双宁农化有限公司〈P1812〉；江苏克胜集团股份有限公司〈P1808〉；扬州市苏灵农药化工有限公司〈P1819〉；江苏百灵农化有限公司〈P1821〉；[皖]安徽金泰农药化工有限公司〈P1971〉；[鲁]山东恒利达化学品公司〈P2028〉；山东省联合农药工业有限公司（500 吨）〈P2030〉；山东东方农药科技实业公司〈P2028〉；邹平县绿大药业有限公司（400 吨）〈P2158〉；青岛一农七星化学有限公司〈P2045〉；山东省青岛奥迪斯生物科技有限公司〈P2047〉；山东省麒麟农化有限公司（120 吨）〈P2160〉；[豫]河南省夏邑县华泰化工有限公司〈P2225〉；[鄂]武汉汉南同心化工有限公司〈P2230〉；沙隆达集团公司〈P2240〉

高渗哒螨灵乳油 E01012251

Pyridaben E. C., penetrating [96489-71-3]

【生产厂】[苏]南京博臣农化有限公司〈P1782〉；宜兴兴农化工制品有限公司〈P1888〉；[鲁]山东省济南天邦化工有限公司〈P2030〉；济南金地农药有限公司〈P2023〉；[豫]河南力克化工有限公司（20 吨）〈P2166〉

苯丁锡；克螨锡；托尔克；杀螨锡；双[三（2-甲基-2-苯基丙基）锡]氧化物 E01012401

Fenbutatin oxide; Fenbutatinoxyde; Vendex; Osadan; Torque; Bis[tri(2-methyl-2-phenylpropyl) tin] oxide [13356-08-6]

能有效和持续地防治植食性螨类，适用于苹果、柑橘、梨、葡萄、山楂、茶树、棉花、蔬菜、花卉等作物

【生产厂】[沪]上海泰禾（集团）有限公司〈P1767〉

【使用厂】[鲁]山东省青岛奥迪斯生物科技有限公司〈P2047〉

甲基毒死蜱；*O*，*O*-二甲基-*O*-3，5，6-三氯-2-吡啶基硫逐磷酸酯 E01012501

Chlorpyrifos-methyl; Chlorpyriphos-methyl [5598-13-0]

广谱性杀虫剂，通过触杀、胃毒和熏蒸均有效

【生产厂】[沪]上海泰禾（集团）有限公司〈P1767〉；[苏]江苏苏化集团有限公司〈P1894〉；[川]四川省化工研究设计院〈P2319〉

甲基毒死蜱乳油 E01012531

Chlorpyrifos-methyl E. C.

【生产厂】[苏]江苏苏化集团有限公司〈P1894〉

阿维菌素；齐螨素；杀虫素；白螨净；阿巴丁 E01013001

Abamectin; Avermectin [71751-41-2]

对线虫、昆虫和螨虫均有驱杀作用，用于治疗畜禽的线虫病、螨和寄生性昆虫病

【生产厂】[津]天津民波生物化学科技有限公司〈P1576〉；[冀]河北润田化工有限公司〈P1621〉；华北制药集团有限责任公司〈P1624〉；石家庄市大东生物化工有限公司〈P1628〉；河北威远生物化工股份有限公司（30 吨）〈P1622〉；河北威远生物药业有限公司（200 吨）〈P1622〉；石家庄曙光制药厂〈P1632〉；石家庄市龙汇精细化工有限责任公司〈P1630〉；华北制药集团爱诺有限公司（30 吨）〈P1624〉；[黑]大庆志飞生物化工有限公司〈P1723〉；[沪]上海泰禾（集团）有限公司〈P1767〉；上海康爱生物制品有限公司〈P1747〉；[苏]南京仁信化工有限公司〈P1788〉；江苏丰源生物化工有限公司（30 吨）〈P1807〉；[浙]浙江世佳科技有限公司〈P1947〉；升华集团控股有限公司〈P1946〉；普洛康裕股份有限公司〈P1953〉；[皖]安徽省化工研究院〈P1972〉；[赣]江西农大锐特化工科技有限公司（30 吨）〈P2009〉；[鲁]山东齐发药业有限公司（200 吨）〈P2029〉；山东东泰农化有限公司（500 吨）〈P2152〉；[豫]圣丰科技（河南）有限公司（300 吨）〈P2168〉；博爱惠丰生化农药有限公司（150 吨）〈P2192〉；南阳普康药业有限公司（200 吨）〈P2224〉；[粤]广东琪田农药化工有限公司〈P2295〉；奥星医药有限公司〈P2268〉；[宁]宁夏启元药业有限公司（100 吨）〈P2361〉

【使用厂】[黑]佳木斯兴宇生物技术开发有限公司〈P1725〉；黑龙江省哈尔滨利民农化技术有限公司〈P1721〉；[苏]江苏金浦北方氯碱化工有限公司〈P1793〉；南京祥宇农药有限公司〈P1790〉；南京博臣农化有限公司〈P1782〉；江苏克胜集团股份有限公司〈P1808〉；江苏太湖地区农科所苏州农药实验厂〈P1894〉；江苏龙灯化学有限公司〈P1894〉；江苏省苏科农化有限责任公司〈P1781〉；张家港天亨化工有限公司〈P1914〉；盐城市龙冈农药厂〈P1811〉；江苏腾龙生物药业有限公司〈P1808〉；沭阳县淮沭农药厂〈P1804〉；宜兴兴农化工制品有限公司〈P1888〉；江苏金凤凰农化有限公司〈P1859〉；江苏溧化化学有限公司〈P1859〉；扬州市苏灵农药化工有限公司〈P1819〉；高邮市运东农药化工有限公司〈P1813〉；江苏东宝农药化工有限公司〈P1815〉；如皋市农药化工厂〈P1838〉；南京第一农药厂〈P1783〉；盐城市龙跃农药有限公司〈P1811〉；[闽]福建省泉州德盛农药有限公司〈P1998〉；厦门市绿地康生物工程有限公司〈P1993〉；施多富生物科技集团〈P1990〉；[鲁]山东富安集团农药有限公司〈P2052〉；德州恒东农药化工有限公司〈P2141〉；山东华阳和乐农药有限公司〈P2144〉；邹平县绿大药业有限公司〈P2158〉；山东省济南天邦化工有限公司〈P2030〉；山东阳谷中石药业有限公司〈P2154〉；济南金地农药有限公司〈P2023〉；青岛东生药业有限公司〈P2034〉；山东省青岛奥迪斯生物科技有限公司〈P2047〉；山东神星农药有限公司〈P2097〉；山东省青岛海利尔药业有限公司〈P2047〉；山东省淄博市淄川黉阳农药有限公司〈P2054〉；

日照市工业学校实验化工厂〈P2139〉；济宁市通达化工厂〈P2128〉；山东滨农科技有限公司〈P2155〉；山东京博农化有限公司〈P2155〉；山东省青岛好利特生物农药有限公司〈P2048〉；山东省烟台科达化工有限公司〈P2115〉；山东寿光双星农药有限公司〈P2099〉；临朐县农药厂〈P2090〉；威海市农药厂〈P2125〉

高渗阿维菌素乳油 E01013011

Penetrating abamectin E. C.

农用杀虫、杀螨剂

【生产厂】[冀]河北威远生物化工股份有限公司〈P1622〉；[苏]江苏金浦北方氯碱化工有限公司〈P1793〉；连云港立本农药化工有限公司〈P1798〉；[皖]宿州市亨达农药有限公司〈P1984〉；[鲁]山东鲁抗生物农药有限责任公司〈P2145〉；山东华阳和乐农药有限公司〈P2144〉；山东京博农化有限公司(100吨)〈P2155〉

阿维菌素可湿性粉剂 E01013021

Abamectin W. P.

用于蔬菜、果树、棉花上多种害虫、害螨的防治，特效于小菜蛾、红蜘蛛、斑潜蝇、棉岭虫等

【生产厂】[津]天津市天环药业有限公司〈P1604〉；[晋]山西广大化工有限公司〈P1679〉；[苏]连云港立本农药化工有限公司〈P1798〉；[鲁]山东省青岛海利尔药业有限公司〈P2047〉；山东曹达化工有限公司〈P2159〉；[豫]圣丰科技(河南)有限公司(300吨)〈P2168〉

阿维菌素乳油；齐螨素乳油 E01013031

Abamectin, E. C. [71751-41-2]

用于蔬菜、果树、棉花上多种害虫、害螨的防治

【生产厂】[冀]河北威远生物化工股份有限公司〈P1622〉；石家庄市龙汇精细化工有限责任公司〈P1630〉；沧州科润化工有限公司〈P1651〉；[晋]山西广大化工有限公司〈P1679〉；[黑]佳木斯兴宇生物技术开发有限公司〈P1725〉；大庆志飞生物化工有限公司〈P1723〉；[苏]江苏龙灯化学有限公司〈P1894〉；连云港立本农药化工有限公司〈P1798〉；江苏广丰农药有限公司〈P1807〉；江苏丰源生物化工有限公司〈P1807〉；江苏克胜集团股份有限公司〈P1808〉；[皖]安徽金泰农药化工有限公司〈P1971〉；安徽省铜陵福成农药有限公司〈P1978〉；[闽]施多富生物科技集团(200吨)〈P1990〉；[鲁]山东省济南天邦化工有限公司〈P2030〉；山东鲁抗生物农药有限责任公司〈P2145〉；山东华阳和乐农药有限公司〈P2144〉；邹平县绿大药业有限公司(700吨)〈P2158〉；山东滨农科技有限公司〈P2155〉；潍坊天达植保有限公司(500吨)〈P2105〉；日照市工业学校实验化工厂〈P2139〉；威海市农药厂〈P2125〉；莱阳市星火农药有限公司〈P2108〉；山东省青岛奥迪斯生物科技有限公司〈P2047〉；山东省青岛海利尔药业有限公司〈P2047〉；青岛阳光农药厂(有限公司)〈P2045〉；山东白云农药有限公司〈P2135〉；山东曹达化工有限公司〈P2159〉；山东九洲农药有限公司〈P2160〉；[豫]河南力克化工有限公司(30吨)〈P2166〉；圣丰科技(河南)有限公司(200吨)〈P2168〉；河南省郑州富利达农药有限公司(50吨)〈P2167〉；博爱惠丰生化农药有限公司〈P2192〉；安阳市安林生物化工有限责任公司〈P2208〉；禹州市百灵生物药业有限责任公司(200吨)〈P2219〉；河南开封田威生物化学有限公司(100吨)〈P2176〉；河南省夏邑县华泰化工有限公司〈P2225〉；[鄂]武汉科诺生物农药有限公司〈P2231〉；湖北仙隆化工股份有限公司〈P2245〉；沙隆达集团公司〈P2240〉；[粤]惠州市中迅化工有限公司〈P2278〉

乙酰氨基阿维菌素 E01013041

Acetaminoabamectin

是一种高效、广谱、低残留的抗寄生虫药物，用于防治畜类(特别是产乳期)的寄生虫病

【生产厂】[津]天津民波生物化学科技有限公司〈P1576〉；[冀]石家庄市龙汇精细化工有限责任公司〈P1630〉；华北制药集团爱诺有限公司〈P1624〉；石家庄东方生物科技有限公司〈P1626〉；河北联立化工科技有限公司〈P1641〉；[黑]大庆志飞生物化工有限公司〈P1723〉

甲氨基阿维菌素 E01013071

Methylamino abamectin

【生产厂】[冀]河北润田化工有限公司〈P1621〉；河北威远生物药业有限公司(500吨)〈P1622〉

甲氨基阿维菌素苯甲酸盐；甲维盐 E01013081

Methylamino abamectin benzoate [155569-91-8]

广泛用于蔬菜、果树、棉花等农作物上的多种害虫的防治

【生产厂】[冀]河北威远生物化工股份有限公司(10吨)〈P1622〉；石家庄市龙汇精细化工有限责任公司〈P1630〉；华北制药集团爱诺有限公司〈P1624〉；石家庄东方生物科技有限公司〈P1626〉；河北联立化工科技有限公司(36吨)〈P1641〉；[黑]佳木斯兴宇生物技术开发有限公司〈P1725〉；大庆志飞生物化工有限公司〈P1723〉；[苏]盐城双宁农化有限公司〈P1812〉；[浙]浙江世佳科技有限公司〈P1947〉；[鲁]山东京博农化有限公司(50吨)〈P2155〉

【使用厂】[闽]施多富生物科技集团〈P1990〉；[鲁]山东神星农药有限公司〈P2097〉

甲氨基阿维菌素苯甲酸盐乳油 E01013091

Methylamino abamectin benzoate E. C.

【生产厂】[黑]佳木斯兴宇生物技术开发有限公司〈P1725〉；大庆志飞生物化工有限公司〈P1723〉；[苏]江苏克胜集团股份有限公司〈P1808〉；[鲁]山东省联合农药工业有限公司〈P2030〉；邹平县绿大药业有限公司(500吨)〈P2158〉；山东京博农化有限公司(20吨)〈P2155〉；山东滨农科技有限公司〈P2155〉；山东九洲农药有限公司〈P2160〉；山东省麒麟农化有限公司(30吨)〈P2160〉；[豫]博爱惠丰生化农药有限公司〈P2192〉；河南省周口山都丽化工有限公司〈P2227〉

炔螨特；2-(4-叔丁基苯氧基)环己基丙-2-炔基亚硫酸酯；克螨特 E01013201

Propargite; Comite [2312-35-8]

杀螨剂，可有效防治苹果树、棉花、黄瓜、葡萄、玉米、大豆、番茄和蔬菜上叶螨类害虫

【生产厂】[冀]河北润田化工有限公司〈P1621〉；河北世纪农药有限公司〈P1666〉；[辽]大连瑞泽农药股份有限公司〈P1693〉；[沪]上海市农药研究所〈P1764〉；上海泰禾(集团)有限公司〈P1767〉；[苏]镇江江南化工有限公司〈P1844〉；江苏丰山集团有限公司(1000吨)〈P1807〉；江苏克胜集团股份有限公司〈P1808〉；[浙]浙江化工科技集团有限公司〈P1927〉；[鲁]山东寿光双星农药有限公司〈P2099〉；山东省麒麟农化有限公司(2吨)〈P2160〉；[豫]南阳市福来石油化学有限公司(300吨)〈P2224〉；[鄂]湖北仙隆化工股份有限公司(800吨)〈P2245〉

【使用厂】[鲁]山东绿丰农药有限公司〈P2096〉；青岛东生药业有限公司〈P2034〉；山东省青岛奥迪斯生物科技有限公司〈P2047〉；山东省青岛海利尔药业有限公司〈P2047〉；山东省青岛好利特生物农药有限公司〈P2048〉；招远三联化工厂〈P2121〉；威海市农药厂〈P2125〉

炔螨特乳油；克螨特乳油 E01013211

Propargite E. C.

用于防治棉花、柑橘、苹果、蔬菜、茶、花卉等作物的害螨

【生产厂】[冀]河北世纪农药有限公司〈P1666〉；[晋]山西广大化工有限公司〈P1679〉；[辽]大连瑞泽农药股份有限公司(300 吨)〈P1693〉；[沪]上海威敌生化(南昌)有限公司〈P1769〉；[苏]南京第一农药厂〈P1783〉；南京博臣农化有限公司〈P1782〉；江苏瑞邦农药厂〈P1860〉；江苏嘉隆化工有限公司〈P1792〉；连云港立本农药化工有限公司〈P1798〉；江苏广丰农药有限公司〈P1807〉；江苏丰山集团有限公司(500 吨)〈P1807〉；盐城双宁农化有限公司〈P1812〉；江苏克胜集团股份有限公司〈P1808〉；[浙]浙江化工科技集团有限公司〈P1927〉；[鲁]淄博绿晶农药有限公司〈P2065〉；威海市农药厂〈P2125〉；招远三联化工厂(80 吨)〈P2121〉；青岛东生药业有限公司〈P2034〉；山东曹达化工有限公司〈P2159〉；[豫]博爱惠丰生化农药有限公司〈P2192〉；南阳市福来石油化学有限公司(200 吨)〈P2224〉

噻螨酮；尼索朗 E01013301

Hexythiazox；Thiazolidinecarboxamide [78587-05-0]

杀虫谱广，对嘲螨、全爪螨等具有高的杀螨活性

【生产厂】[苏]江苏克胜集团股份有限公司〈P1808〉；[浙]杭州达康化工有限公司〈P1916〉；杭州优泰克农化有限公司〈P1947〉

【使用厂】[苏]江苏龙灯化学有限公司〈P1894〉；[闽]福建省泉州德盛农药有限公司〈P1998〉

噻螨酮乳油 E01013321

Hexythiazox E. C. [78587-05-0]

【生产厂】[苏]江苏龙灯化学有限公司〈P1894〉；江苏克胜集团股份有限公司〈P1808〉

乙酰甲胺磷；*O*,*S*-二甲基乙酰基硫代磷酰胺酯 E01020200

Acephate；Orthene [30560-19-1]

对粮、油、果、菜作物的多种害虫如飞虱、叶蝉、稻纵卷叶螟、小菜蛾、蚜虫、棉红蜘蛛等有良好的防效

【生产厂】[冀]河北润田化工有限公司〈P1621〉；河北威远生物化工股份有限公司〈P1622〉；沧州科润化工有限公司〈P1651〉；[苏]南京仁信化工有限公司〈P1788〉；江苏苏化集团有限公司〈P1894〉；江苏徐州神农化工有限责任公司〈P1793〉；江苏省连云港市东金化工有限公司〈P1798〉；[皖]安徽省宁国市朝农化工有限责任公司〈P1986〉；[鲁]山东高密康丰农化有限公司(5000 吨)〈P2094〉；山东华阳科技股份有限公司〈P2135〉；菏泽源丰农药有限公司(200 吨)〈P2159〉；[川]四川省化工研究设计院〈P2319〉

【使用厂】[苏]无锡市锡南农药有限公司〈P1879〉；盐城双宁农化有限公司〈P1812〉；江苏东宝农药化工有限公司〈P1815〉；如皋市农药化工厂〈P1838〉；[鲁]威海市农药厂〈P2125〉

乙酰甲胺磷可溶性粉剂；杀虫灵可溶性粉剂；高灭磷可溶性粉剂 E01020202

Acephate soluble powder [30560-19-1]

广谱性有机磷杀虫剂，对稻、麦、棉、蔬菜等多种作物主要害虫有良好的防治效果

【生产厂】[苏]江苏龙灯化学有限公司〈P1894〉；[闽]福建三农农化有限公司(300 吨)〈P2001〉；[鄂]沙隆达集团公司〈P2240〉；[粤]惠州市中迅化工有限公司〈P2278〉

乙酰甲胺磷乳油；杀虫灵乳油 E01020205

Acephate E. C. [30560-19-1]

是广谱性有机磷杀虫剂，主要用于防治棉花棉铃虫、棉蚜等

【生产厂】[冀]河北威远生物化工股份有限公司〈P1622〉；沧州科润化工有限公司〈P1651〉；[沪]上海农药厂有限公司(1500 吨)〈P1755〉；[苏]武进农药厂〈P1864〉；江苏苏化集团有限公司〈P1894〉；扬州市苏灵农药化工有限公司〈P1819〉；[鲁]山东省济南天邦化工有限公司〈P2030〉；山东恒利达化学品公司〈P2028〉；山东滨农科技有限公司〈P2155〉；山东高密康丰农化有限公司(5000 吨)〈P2094〉；威海市农药厂〈P2125〉；[豫]河南力克化工有限公司(30 吨)〈P2166〉；河南省郑州富利达农药有限公司(30 吨)〈P2167〉；[湘]湖南湘大比德化工有限公司〈P2251〉

速杀硫磷乳油 E01020321

Heterophos E. C.

【生产厂】[豫]安阳市全丰农药化工有限责任公司(300 吨)〈P2209〉

二溴磷；*O*,*O*-二甲基-1,2-二溴-2,2-二氯代乙基磷酸酯 E01020700

Naled；Bromchlophos；Dibrom；BRP [300-76-5]

一种新型、高效、低毒、低残留的杀虫、杀螨剂

【生产厂】[冀]石家庄市绿丰化工有限公司〈P1630〉

二溴磷乳油(50%) E01020701

Naled E. C. (50%) [300-76-5]

属速效、触杀性和胃毒性杀虫剂和杀螨剂，用于防治将要采收的蔬菜、果树等作物的害虫

【生产厂】[冀]石家庄市绿丰化工有限公司〈P1630〉

双硫磷 E01020801

Temephos [3383-96-8]

用于公共卫生，防治摇蚊、蛾和毛蠓科幼虫，也能防治人体上的虱子，狗和猫身上的跳虱等

【生产厂】[苏]江苏徐州神农化工有限责任公司〈P1793〉；[浙]杭州优泰克农化有限公司〈P1947〉

马拉硫磷；马拉松；马拉赛昂；*O*,*O*-二甲基-*S*-[1,2-双(乙氧羰基)乙基]二硫代磷酸酯 E01020901

Malathion；Maldison；Malathon；Mercaptothion；Carbofos；Cythion [121-75-5]

属低毒非内吸性杀虫、杀螨剂，广泛用于农业和园艺，也可用作家庭卫生用药

【生产厂】[冀]河北世纪农药有限公司〈P1666〉；[辽]葫芦岛凌云集团农药化工有限公司〈P1702〉；[苏]江苏徐州神农化工有限责任公司〈P1793〉；[鲁]德州恒东农药化工有限公司(3000 吨)〈P2141〉；东方润博农化(山东)有限公司〈P2089〉；[粤]广州润土农药化工有限公司〈P2263〉

【使用厂】[津]天津市塘沽农药厂〈P1603〉；[苏]南京博臣农化有限公司〈P1782〉；盐城市龙冈农药厂〈P1811〉；江苏腾龙生物药业有限公司〈P1808〉；江苏灶星农化有限公司〈P1809〉；江苏金凤凰农化有限公司〈P1859〉；[赣]江西农大锐特化工科技有限公司〈P2009〉；[鲁]淄博市周村穗丰

农药化工有限公司〈P2072〉;山东省济南燕山三丰实业有限公司〈P2030〉;山东阳谷中石药业有限公司〈P2154〉;山东省青岛奥迪斯生物科技有限公司〈P2047〉;潍坊奥维特农药有限公司〈P2101〉;山东京蓬生物药业股份有限公司〈P2113〉;山东神星农药有限公司〈P2097〉;山东省青岛海利尔药业有限公司〈P2047〉;山东省淄博市淄川黉阳农药有限公司〈P2054〉;青岛农冠农药有限责任公司〈P2041〉;山东省联合农药工业有限公司〈P2030〉;山东省青岛好利特生物农药有限公司〈P2048〉;山东农丰化工有限公司〈P2160〉;威海市农药厂〈P2125〉;[豫]安阳市安林生物化工有限责任公司〈P2208〉;河南省商丘天神农药厂〈P2225〉;安阳市全丰农药化工有限责任公司〈P2209〉;[桂]桂林依柯诺农药有限公司〈P2299〉

马拉硫磷乳油;马拉松乳油 E01020907

Malathion E. C. [121-75-5]

属低毒非内吸性杀虫、杀螨剂,广泛用于农业和园艺,也可用作家庭卫生用药

【生产厂】[辽]葫芦岛凌云集团农药化工有限公司〈P1702〉;[鲁]德州恒东农药化工有限公司(500 吨)〈P2141〉;威海市农药厂〈P2125〉;山东省青岛海利尔药业有限公司〈P2047〉

久效磷;*O*,*O*-二甲基-*O*-(1-甲基-2-甲基甲酰)乙烯基磷酸酯 E01021700

Monocrotophos; Apadrin; Azodrin; Crotos; Nuvacron [919-44-8]

可用于棉花、水稻等农作物的杀虫

【生产厂】[冀]沧州科润化工有限公司〈P1651〉;[苏]张家港天亨化工有限公司〈P1914〉;[鲁]青岛一农七星化学有限公司(3800 吨)〈P2045〉

久效磷乳油(40%) E01021731

Monocrotophos E. C. (40%) [919-44-8]

是广谱、速效、内吸性有机磷杀虫剂,用于防治棉花、水稻、果树等作物的多种害虫

【生产厂】[苏]张家港天亨化工有限公司〈P1914〉;南通江山农药化工股份有限公司〈P1833〉;[鲁]山东高密康丰农化有限公司(1000 吨)〈P2094〉;[鄂]武汉汉南同心化工有限公司〈P2230〉

久效磷可溶性浓剂 E01021751

Monocrotophos dissoluble liquid

【生产厂】[冀]沧州科润化工有限公司〈P1651〉;[苏]张家港天亨化工有限公司〈P1914〉;南通江山农药化工股份有限公司〈P1833〉;[鲁]山东高密康丰农化有限公司〈P2094〉

水胺硫磷;*O*-甲基-*O*-(邻异丙氧基羰基苯基)硫代磷酰胺 E01021900

Isocarbophos [24353-61-5]

用作果树、棉花、水稻等作物的杀虫、杀螨剂

【生产厂】[鲁]青岛碱业股份有限公司(1600 吨)〈P2038〉;青岛海湾集团有限公司(2000 吨)〈P2036〉;青岛双收农药化工有限公司〈P2043〉;[鄂]湖北仙隆化工股份有限公司(5000 吨)〈P2245〉

【使用厂】[津]天津市农药研究所〈P1600〉;[苏]江苏粮满仓农化有限公司〈P1816〉;[鲁]山东胜邦鲁南农药有限公司〈P2150〉;山东阳谷中石药业有限公司〈P2154〉;济南东合化工有限公司〈P2021〉;青岛农冠农药有限责任公司〈P2041〉;山东省金农生物化工有限责任公司〈P2160〉;山东平阴农药厂〈P2029〉;山东九洲农药有限公司〈P2160〉;[豫]河南金田地农化有限公司〈P2165〉

水胺硫磷乳油 E01021902

Isocarbophos E. C.

属广谱性杀虫、杀螨剂,能防治棉花、水稻、果树、蔬菜和牧草的多种害虫

【生产厂】[冀]河北威远生物化工股份有限公司〈P1622〉;[鲁]青岛碱业股份有限公司(300 吨)〈P2038〉;青岛双收农药化工有限公司〈P2043〉

增效水胺硫磷乳油;沙洛宁 E01021903

Isocarbophos E. C., synergistic

用于防治果树、水稻、棉花等作物害虫

【生产厂】[冀]河北威远生物化工股份有限公司〈P1622〉;[鲁]山东省济南燕山三丰实业有限公司(200 吨)〈P2030〉;山东华阳和乐农药有限公司〈P2144〉;威海市农药厂〈P2125〉;青岛碱业股份有限公司(700 吨)〈P2038〉;青岛双收农药化工有限公司〈P2043〉

甲拌磷;*O*,*O*-二乙基-*S*-乙硫基甲基二硫代磷酸酯;伏螟 E01022200

Phorate; Thimet [298-02-2]

属内吸性杀虫杀螨剂,用于防治刺吸式口器和咀嚼式口器害虫

【生产厂】[津]天津农药股份有限公司(5000 吨)〈P1576〉;[冀]河北世纪农药有限公司(2000 吨)〈P1666〉;邢台市农药有限公司〈P1643〉;邯郸市凯米克化工有限责任公司〈P1638〉

【使用厂】[苏]铜山县化工厂〈P1794〉;宿迁市健谷农化有限公司〈P1804〉;江苏嘉隆化工有限公司〈P1792〉;徐州市临黄农药厂〈P1795〉;[鲁]淄博市周村穗丰农药化工有限公司〈P2072〉;邹平县绿大药业有限公司〈P2158〉;山东邹平农药有限公司〈P2157〉;山东省淄博市淄川黉阳农药有限公司〈P2054〉;济宁市通达化工厂〈P2128〉;青岛农冠农药有限责任公司〈P2041〉;威海市农药厂〈P2125〉;山东华阳科技股份有限公司〈P2135〉;青岛阳光农药厂(有限公司)〈P2045〉;山东泗水丰田农药有限公司〈P2133〉

55%甲拌磷乳油 E01022202

Phorate E. C. (55%) [298-02-2]

用于棉花拌种、浸种和土壤处理,能防治棉花早期蚜虫、红蜘蛛、蓟马等,并可兼治地老虎、蝼蛄、金针虫等害虫

【生产厂】[津]天津市迎新农药有限公司(100 吨)〈P1611〉;天津市华宇农药有限公司〈P1590〉;天津农药股份有限公司(5000 吨)〈P1576〉;[冀]河北世纪农药有限公司(2000 吨)〈P1666〉;[苏]江苏嘉隆化工有限公司〈P1792〉;[皖]安徽康达化工有限责任公司〈P1983〉

甲拌磷颗粒剂 E01022204

Phorate granule [298-02-2]

用于防治各种地下、地上害虫,适用于各种农作物、果树等

【生产厂】[黑]黑龙江企达农药开发有限公司〈P1725〉;[苏]江苏嘉隆化工有限公司〈P1792〉;徐州市临黄农药厂(2000 吨)〈P1795〉;宿迁市健谷农化有限公司(1 万吨)〈P1804〉;[皖]安徽康达化工有限责任公司〈P1983〉;[鲁]淄博市周村穗丰农药化工有限公司(1000 吨)〈P2072〉;济宁市通达化工厂(800 吨)〈P2128〉;[豫]河南周口市中科化工有限公司〈P2227〉

伏杀磷；伏杀硫磷；*O*,*O*-二乙基-*S*-(6-氯-2-氧代苯并噁唑啉-3-基甲基)二硫代磷酸酯 E01022401

Phosalone；Zolone；Benzofos [2310-17-0]

是非内吸性的有机磷杀虫、杀螨剂

【生产厂】[浙]浙江省台州市椒江天一化工厂(500 吨)〈P1966〉；浙江省龙游绿得农药化工有限公司〈P1959〉

甲胺磷；多灭灵；多灭磷；*O*,*S*-二甲基胺基硫代磷酸酯 E01022500

Methamidophos；*O*,*S*-Dimethyl-thiophosphamide [10265-92-6]

是胃毒、速效触杀、内吸性的有机磷杀虫剂，对粮、棉、果树等作物的多种害虫有良好的防治效果

【生产厂】[冀]河北威远生物化工股份有限公司〈P1622〉；[沪]上海农药厂有限公司(3500 吨)〈P1755〉；[苏]武进农药厂(4000 吨)〈P1864〉；江苏苏化集团有限公司(1 万吨)〈P1894〉；连云港立本农药化工有限公司〈P1798〉；江苏省连云港市东金化工有限公司(2500 吨)〈P1798〉；[皖]安徽省池州新赛德化工有限公司〈P1987〉；[赣]赣南果业赣州农药公司(1500 吨)〈P2014〉；[鲁]德州恒东农药化工有限公司(3000 吨)〈P2141〉；山东高密康丰农化有限公司(3000 吨)〈P2094〉；山东华阳农药化工集团有限公司(500 吨)〈P2136〉；菏泽源丰农药有限公司(400 吨)〈P2159〉；[豫]河南省长葛市农用生物药厂〈P2218〉；[鄂]湖北仙隆化工股份有限公司(2000 吨)〈P2245〉；[湘]湖南湘大比德化工有限公司〈P2251〉；湖南天宇农药化工集团股份有限公司(8000 吨)〈P2253〉

甲胺磷乳油；多灭灵乳油；多灭磷乳油；克螨隆；达马隆 E01022502

Methamidophos E. C. [10265-92-6]

有机磷杀虫剂，用于防治蚜虫、浮尘子、稻飞虱、稻蓟马、粘虫、稻纵卷叶螟、稻苞虫等害虫

【生产厂】[冀]河北威远生物化工股份有限公司〈P1622〉；[苏]武进农药厂〈P1864〉；江苏苏化集团有限公司(2 万吨)〈P1894〉；兴化市青松农药化工有限公司(1000 吨)〈P1828〉；[皖]安徽省池州新赛德化工有限公司〈P1987〉；[赣]赣南果业赣州农药公司(2000 吨)〈P2014〉；[鲁]山东高密康丰农化有限公司(3000 吨)〈P2094〉；山东华阳科技股份有限公司〈P2135〉；[豫]河南力克化工有限公司(30 吨)〈P2166〉；[鄂]武汉汉南同心化工有限公司〈P2230〉

甲基对硫磷；甲基一六〇五；甲基 1605 E01022800

Parathion-methyl；Methyl parathion；Metacide [298-00-0]

配制加工成各种制剂，可防治水稻、棉花、果树、茶叶、蔬菜等作物的多种害虫

【生产厂】[津]天津农药股份有限公司(1000 吨)〈P1576〉；[沪]上海泰禾(集团)有限公司〈P1767〉；[苏]武进农药厂〈P1864〉；江苏苏化集团有限公司(2400 吨)〈P1894〉；连云港立本农药化工有限公司(1000 吨)〈P1798〉；江苏省连云港市东金化工有限公司(3000 吨)〈P1798〉；[赣]赣南果业赣州农药公司(2000 吨)〈P2014〉；[鲁]山东高密康丰农化有限公司(1500 吨)〈P2094〉；山东华阳农药化工集团有限公司(2 万吨)〈P2136〉；[鄂]湖北仙隆化工股份有限公司(2000 吨)〈P2245〉

【使用厂】[苏]镇江农药厂有限公司〈P1844〉；[闽]福建福农生化有限公司〈P1988〉；福建省漳州市龙文农化有限公司〈P2001〉

甲基对硫磷乳油；甲基一六〇五乳油 E01022802

Parathion methyl E. C. [298-00-0]

有机磷杀虫剂，用于防治水稻、棉花、果树、茶叶、蔬菜等害虫

【生产厂】[津]天津农药股份有限公司(1000 吨)〈P1576〉；[苏]武进农药厂(2000 吨)〈P1864〉；江苏苏化集团有限公司(3200 吨)〈P1894〉；连云港立本农药化工有限公司(2000 吨)〈P1798〉；江苏省连云港市东金化工有限公司〈P1798〉；兴化市青松农药化工有限公司(500 吨)〈P1828〉；[闽]福建省漳州市龙文农化有限公司(450 吨)〈P2001〉；[赣]赣南果业赣州农药公司(2000 吨)〈P2014〉；[鲁]山东高密康丰农化有限公司〈P2094〉

甲基对硫磷粉剂；甲基一六〇五粉剂 E01022803

Parathion methyl granule [298-00-0]

用作有机磷杀虫剂，主要用于防治水稻二化螟、三化螟、兼治飞虱、叶蝉、蓟马、稻苞虫、稻纵卷叶螟等水稻害虫

【生产厂】[鲁]山东华阳科技股份有限公司〈P2135〉

乙硫磷；*O*,*O*,*O*′,*O*′-四乙基-*S*,*S*′-亚甲基双(二硫代磷酸酯) E01022901

Ethion；Cethion [563-12-2]

为非内吸性杀虫剂和杀螨剂，能有效防治棉花、水稻、玉米、果树、花卉等作物上的叶蝉、飞虱、蓟马等多种害虫

【生产厂】[浙]浙江化工科技集团有限公司〈P1927〉

乙硫磷乳油 E01022911

Ethion E. C.；Cethion E. C.

为非内吸性杀虫剂和杀螨剂，用于防治柑橘螨等

【生产厂】[浙]浙江化工科技集团有限公司〈P1927〉

一六〇五；1605；*O*,*O*-二乙基-*O*-(4-硝基苯基)硫代磷酸酯；对硫磷；乙基一六〇五；乙基对硫磷 E01023101

Parathion [56-38-2]

用于防治各种蚜虫、红蜘蛛等害虫

【生产厂】[津]天津农药股份有限公司(2000 吨)〈P1576〉；天津光辉集团有限公司(4000 吨)〈P1572〉；[冀]邢台市农药有限公司(3000 吨)〈P1643〉；[苏]连云港立本农药化工有限公司〈P1798〉

一六〇五乳油；乙基一六〇五乳油；对硫磷乳油 E01023102

Parathion, E. C. [56-38-2]

用于防治水稻、棉花、玉米等作物的害虫，也可用于防治果树、林木上多种咀嚼和刺吸口器害虫

【生产厂】[津]天津农药股份有限公司(2000 吨)〈P1576〉；[冀]邢台市农药有限公司〈P1643〉；[苏]连云港立本农药化工有限公司(1000 吨)〈P1798〉；[豫]河南力克化工有限公司(60 吨)〈P2166〉

灭线磷；*O*-乙基-*S*,*S*-二丙基二硫代磷酸酯；灭克磷；益收宝；丙线磷 E01023201

Ethoprophos; Mocap [13194-48-4]

用于农田、果园、菜地等多种作物防治各种植物线虫和水稻稻瘿蚊等害虫

【生产厂】[冀]河北世纪农药有限公司〈P1666〉;[苏]江苏徐州神农化工有限责任公司〈P1793〉;盐城市万达香料化工有限公司〈P1812〉;江苏丰山集团有限公司(300吨)〈P1807〉;[鲁]淄博市周村穗丰农药化工有限公司(1000吨)〈P2072〉

【使用厂】[鲁]山东寿光双星农药有限公司〈P2099〉

灭线磷颗粒剂;绿收宝 E01023251

Ethoprophos granules

用于防治水稻稻瘿纹

【生产厂】[冀]河北世纪农药有限公司〈P1666〉;[鲁]淄博市周村穗丰农药化工有限公司(2000吨)〈P2072〉;淄博绿晶农药有限公司〈P2065〉;山东寿光双星农药有限公司〈P2099〉;青岛东生药业有限公司〈P2034〉;济宁市通达化工厂(600吨)〈P2128〉

20%灭线磷乳油 E01023271

Ethoprophos E. C. (20%)

用于防治花生根结线虫、甘薯茎线虫病、水稻稻瘿蚊等病虫害

【生产厂】[苏]江苏丰山集团有限公司(1000吨)〈P1807〉

甲基异柳磷;*O*-(甲氧基-*N*-异丙基氨基硫代磷酰基)水杨酸异丙酯 E01023401

Isofenphos methyl

用于小麦、花生、大豆、玉米、甘蔗、甜菜、烟草和棉花等作物防治蛴螬、蝼蛄、金针虫等土壤害虫

【生产厂】[鲁]青岛海湾集团有限公司(1500吨)〈P2036〉;青岛双收农药化工有限公司〈P2043〉

【使用厂】[桂]广西国泰农药有限公司〈P2301〉

甲基异柳磷乳油;异柳磷-1号稳乳油 E01023431

Isofenphos methyl E. C.

属高效、广谱有机磷杀虫剂,用于防治地下及地面害虫,如蛴螬、蝼蛄、金针虫等

【生产厂】[冀]河北威远生物化工股份有限公司〈P1622〉;[鲁]青岛碱业股份有限公司(1000吨)〈P2038〉;青岛阳光农药厂(有限公司)〈P2045〉;青岛双收农药化工有限公司〈P2043〉;[鄂]湖北仙隆化工股份有限公司(3000吨)〈P2245〉

甲基异柳磷颗粒剂 E01023451

Isofenphos methyl granule

用于防治甘蔗等作物的地下害虫及地上某些害虫

【生产厂】[苏]徐州市临黄农药厂〈P1795〉;[皖]安徽康达化工有限责任公司〈P1983〉;[鲁]青岛碱业股份有限公司(1000吨)〈P2038〉;青岛双收农药化工有限公司〈P2043〉;[桂]广西国泰农药有限公司(1万吨)〈P2301〉

增效甲基异柳磷乳油 E01023471

Isofenphos methyl E. C., synergistic

用于花生蛴螬的防治

【生产厂】[鲁]青岛碱业股份有限公司〈P2038〉;青岛双收农药化工有限公司〈P2043〉

甲基硫环磷;2-(二甲氧基磷酰亚氨基)-1,3-二硫戊环 E01023501

Phosfolan-methyl

主要用于防治棉花的棉蚜虫、棉铃虫和防治甜菜的蒙古灰象蚁

【生产厂】[鲁]山东富安集团农药有限公司(500吨)〈P2052〉

甲基硫环磷乳油(35%) E01023502

Phosfolan-methyl E. C. (35%)

用于防治棉花蚜虫、红蜘蛛、甜菜象甲及地下害虫

【生产厂】[鲁]山东富安集团农药有限公司(1500吨)〈P2052〉

硫环磷乳油;乙基硫环磷乳油;棉安磷乳油 E01023801

Phosfolan E. C. [947-02-4]

可防治棉、麦、水稻、大豆、甜菜、果树、茶等作物的害虫,对蚜虫、红蜘蛛有良好防效,也可拌种防治地下害虫

【生产厂】[鲁]山东富安集团农药有限公司(1500吨)〈P2052〉

乐果;*O*,*O*-二甲基-*S*-甲基氨基甲酰甲基二硫代磷酸酯 E01024000

Dimethoate; Fosfamid; Cygon; Perfekthion; Roxion; Fostion MM [60-51-5]

属内吸性触杀杀虫、杀螨剂,能防治多种作物上的广谱害虫和螨类,对卫生害虫特别有效

【生产厂】[冀]河北新兴化工有限责任公司(9000吨)〈P1648〉;[沪]上海农药厂有限公司(1600吨)〈P1755〉;上海泰禾(集团)有限公司〈P1767〉;[苏]江苏苏化集团有限公司(500吨)〈P1894〉;江苏省连云港市东金化工有限公司〈P1798〉;江苏腾龙生物药业有限公司〈P1808〉;[皖]安徽省池州新赛德化工有限公司〈P1987〉;[粤]广州润土农药化工有限公司〈P2263〉

【使用厂】[苏]江苏省泗洪县农药厂〈P1804〉;扬州市苏灵农药化工有限公司〈P1819〉;江苏东宝农药化工有限公司〈P1815〉

乐果乳油(50%) E01024003

Dimethoate E. C. (50%) [60-51-5]

用于防治蚜虫、红蜘蛛、潜叶蝇等多种害虫.

【生产厂】[苏]江苏腾龙生物药业有限公司〈P1808〉

乐果乳油(40%) E01024004

Dimethoate E. C. (40%) [60-51-5]

用于防治蚜虫、红蜘蛛、叶跳虫等多种害虫

【生产厂】[苏]江苏苏化集团有限公司(3000吨)〈P1894〉;江苏龙灯化学有限公司〈P1894〉;江苏腾龙生物药业有限公司(1000吨)〈P1808〉;[皖]安徽省池州新赛德化工有限公司〈P1987〉

苯线磷;*O*-乙基-*O*-(3-甲基-4-甲硫基)苯基异丙基氨基磷酸酯 E01024101

Fenamiphos; phenamiphos [22224-92-6]

用于防治花生根结线虫

【生产厂】[苏]江苏徐州神农化工有限责任公司〈P1793〉

亚胺硫磷；*O*，*O*-二甲基-*S*-（邻苯二甲酰亚氨基甲基）二硫代磷酸酯；酞胺硫磷　E01025101

Phosmet；Phthalophos；*O*，*O*-Dimethyl-*S*-phthalic imido methyldithiophosphate［732-11-6］

属有机磷杀虫、杀螨剂，用于防治水稻三化螟、棉红铃虫、棉红蜘蛛以及卫生害虫和家畜寄生虫

【生产厂】［鄂］湖北仙隆化工股份有限公司（2500 吨）〈P2245〉

杀螟威；毒虫威；2-氯-1-（2，4-二氯苯基）乙烯基二乙基磷酸酯　E01025300

Chlorfenvinphos［470-90-6］

用于水稻、玉米、甘蔗、蔬菜、柑橘、茶树等及家畜的杀虫

【生产厂】［沪］上海美林康精细化工有限公司〈P1753〉；［浙］杭州优泰克农化有限公司〈P1947〉

杀螟硫磷；速灭松；诺毕速灭松　E01025500

Fenitrothion；Accothion；Cyfen；Folithion；Sumithion［122-14-5］

是兼有接触和内吸性的广谱、速效、残效期长的杀虫剂

【生产厂】［赣］赣南果业赣州农药公司（1000 吨）〈P2014〉

【使用厂】［黑］佳木斯市恺乐农药有限公司〈P1725〉；［苏］盐城市龙冈农药厂〈P1811〉；江苏腾龙生物药业有限公司〈P1808〉

杀螟硫磷乳油；杀螟松乳油　E01025501

Fenitrothion E. C.［122-14-5］

属触杀性杀虫剂，用于防治二化螟、红蜘蛛等害虫

【生产厂】［苏］江苏龙灯化学有限公司〈P1894〉；［赣］赣南果业赣州农药公司（2000 吨）〈P2014〉

辛硫磷；肟硫磷；倍腈松；*O*，*O*-二乙基-*O*-α-氰基亚苄基氨基硫逐磷酸酯　E01025600

Phoxim；Baythion；Volaton［14816-18-3］

属高效低毒有机磷杀虫剂，具有胃杀和触杀作用，主要用于防治地下害虫

【生产厂】［冀］邢台市农药有限公司（2000 吨）〈P1643〉；［辽］大连瑞泽农药股份有限公司〈P1693〉；［苏］南京第一农药厂〈P1783〉；南京红太阳集团（1000 吨）〈P1784〉；连云港立本农药化工有限公司〈P1798〉；江苏丰山集团有限公司（2000 吨）〈P1807〉；［鲁］山东大成农药股份有限公司〈P2051〉；淄博市周村穗丰农药化工有限公司〈P2072〉；济宁市通达化工厂（1000 吨）〈P2128〉；山东胜邦鲁南农药有限公司（1000 吨）〈P2150〉；［豫］河南永信生物农药股份有限公司（3000 吨）〈P2194〉；焦作市瑞宝丰生化农药有限公司（100 吨）〈P2196〉；［鄂］湖北仙隆化工股份有限公司（1000 吨）〈P2245〉；［粤］广州润土农药化工有限公司〈P2263〉

【使用厂】［津］天津市塘沽农药厂〈P1603〉；天津市农药研究所〈P1600〉；天津市前进农药厂〈P1600〉；［吉］吉林通化农药化工股份有限公司〈P1718〉；［沪］上海高伦现代农化股份有限公司〈P1734〉；［苏］镇江农药厂有限公司〈P1844〉；江苏省连云港市东金化工有限公司〈P1798〉；江苏百灵农化有限公司〈P1821〉；南京祥宇农药有限公司〈P1790〉；江阴龙灯化学有限公司〈P1867〉；溧阳市新球农药化工有限公司〈P1864〉；盐城双宁农化有限公司〈P1812〉；江苏龙灯化学有限公司〈P1894〉；江苏瑞邦农药厂〈P1860〉；江苏省苏科农化有限责任公司〈P1781〉；盐城市龙冈农药厂〈P1811〉；江苏腾龙生物药业有限公司〈P1808〉；江苏嘉隆化工有限公司〈P1792〉；江苏灶星农化有限公司〈P1809〉；江苏联合农用化学有限公司〈P1781〉；宜兴市利达农药厂〈P1885〉；宜兴兴农化工制品有限公司〈P1888〉；宜兴市益农化工厂〈P1887〉；江苏金凤凰农化有限公司〈P1859〉；扬州市苏灵农药化工有限公司〈P1819〉；高邮市运东农药化工有限公司〈P1813〉；江苏东宝农药化工有限公司〈P1815〉；如皋市农药化工厂〈P1838〉；海门市清华紫光英力化工有限公司〈P1830〉；盐城市龙跃农药有限公司〈P1811〉；［皖］安徽省铜陵福成农药有限公司〈P1978〉；［闽］厦门市绿地康生物工程有限公司〈P1993〉；［鲁］济宁圣城化工实验有限责任公司〈P2128〉；邹平县绿大药业有限公司〈P2158〉；山东邹平农药有限公司〈P2157〉；山东绿丰农药有限公司〈P2096〉；山东省济南天邦化工有限公司〈P2030〉；山东阳谷中石药业有限公司〈P2154〉；青岛东生药业有限公司〈P2034〉；山东省青岛奥迪斯生物科技有限公司〈P2047〉；山东京蓬生物药业股份有限公司〈P2113〉；济南东合化工有限公司〈P2021〉；山东神星农药有限公司〈P2097〉；山东省青岛海利尔药业有限公司〈P2047〉；山东省淄博市淄川黉阳农药有限公司〈P2054〉；日照市工业学校实验化工厂〈P2139〉；山东东方农药科技实业公司〈P2028〉；山东京博农化有限公司〈P2155〉；山东省青岛好利特生物农药有限公司〈P2048〉；山东省烟台科达化工有限公司〈P2115〉；山东东信生物农药有限公司〈P2152〉；山东寿光双星农药有限公司〈P2099〉；山东省金农生物化工有限责任公司〈P2160〉；威海市农药厂〈P2125〉；青岛阳光农药厂（有限公司）〈P2045〉；山东迈英德化学有限公司〈P2029〉；山东九洲农药有限公司〈P2160〉；山东泗水丰田农药有限公司〈P2133〉；［豫］河南省长葛市农用生物药厂〈P2218〉；开封市农药化工研究所〈P2178〉；安阳市安林生物化工有限责任公司〈P2208〉；安阳市全丰农药化工有限责任公司〈P2209〉；原阳县第一农药厂〈P2208〉

辛硫磷乳油；倍腈松乳油；肟硫磷乳油　E01025602

Phoxim E. C.［14816-18-3］

主要用于防治地下害虫，果树、蔬菜、桑、茶等害虫以及蚊蝇等卫生害虫和仓储害虫

【生产厂】［津］天津市前进农药厂（500 吨）〈P1600〉；天津市迎新农药有限公司（100 吨）〈P1611〉；天津市华宇农药有限公司〈P1590〉；天津市汇源化学品公司（50 吨）〈P1591〉；［冀］邢台市农药有限公司〈P1643〉；［苏］南京第一农药厂〈P1783〉；溧阳市新球农药化工有限公司（800 吨）〈P1864〉；徐州市临黄农药厂〈P1795〉；连云港立本农药化工有限公司（3000 吨）〈P1798〉；兴化市青松农药化工有限公司〈P1828〉；［鲁］山东东泰农化有限公司（100 吨）〈P2152〉；山东华阳和乐农药有限公司（1000 吨）〈P2144〉；山东大成农药股份有限公司〈P2051〉；淄博市周村穗丰农药化工有限公司（1000 吨）〈P2072〉；威海市农药厂〈P2125〉；青岛一农七星化学有限公司〈P2045〉；济宁市通达化工厂（100 吨）〈P2128〉；山东曹达化工有限公司〈P2159〉；山东胜邦鲁南农药有限公司（1 万吨）〈P2150〉；［豫］河南力克化工有限公司〈P2166〉；河南省郑州富利达农药有限公司（30 吨）〈P2167〉；河南永信生物农药股份有限公司（3000 吨）〈P2194〉；安阳市红旗药业有限公司（300 吨）〈P2209〉；豫浙鹏程化冶总公司（2000 吨）〈P2225〉

辛硫磷颗粒剂　E01025604

Phoxim granule［14816-18-3］

主要用于防治地下害虫，果树、蔬菜以及卫

生害虫和仓库害虫等

【生产厂】[冀]邢台市农药有限公司〈P1643〉;[黑]黑龙江企达农药开发有限公司〈P1725〉;[苏]江苏金凤凰农化有限公司〈P1859〉;徐州市临黄农药厂〈P1795〉;连云港立本农药化工有限公司〈P1798〉;扬州市苏灵农药化工有限公司〈P1819〉;[闽]厦门市绿地康生物工程有限公司(400 吨)〈P1993〉;[鲁]山东华阳和乐农药有限公司〈P2144〉;淄博丰登农药化工有限公司〈P2059〉;山东白云农药有限公司〈P2135〉;济宁市通达化工厂(1 万吨)〈P2128〉;山东泗水丰田农药有限公司(1000 吨)〈P2133〉;山东农丰化工有限公司(1500 吨)〈P2160〉;山东省麒麟农化有限公司(100 吨)〈P2160〉;山东胜邦鲁南农药有限公司(8000 吨)〈P2150〉;[豫]河南银田精细化工有限公司(500 吨)〈P2202〉;原阳县第一农药厂〈P2208〉;河南永信生物农药股份有限公司〈P2194〉;安阳市红旗药业有限公司(500 吨)〈P2209〉;河南省商丘天神农药厂(300 吨)〈P2225〉

辛硫磷可湿性粉剂 E01025631

Phoxim W. P.

是果树、蔬菜等作物杀虫剂

【生产厂】[豫]博爱惠丰生化农药有限公司(200 吨)〈P2192〉

20% 高渗辛硫磷乳油 E01025651

Penetrating phoxim E. C. (20%)

【生产厂】[苏]连云港立本农药化工有限公司〈P1798〉;扬州市苏灵农药化工有限公司〈P1819〉;[皖]安徽康达化工有限责任公司〈P1983〉;[鲁]山东东泰农化有限公司(80 吨)〈P2152〉;山东省青岛海利尔药业有限公司〈P2047〉;[豫]河南银田精细化工有限公司(300 吨)〈P2202〉;河南永信生物农药股份有限公司〈P2194〉;河南省商丘天神农药厂(200 吨)〈P2225〉

治螟磷;苏化二0三;*O*,*O*,*O*′,*O*′-四乙基二硫代焦磷酸酯 E01025900

Sulfotep [3689-24-5]

属非内吸性杀虫剂,主要用于防治水稻、棉花害虫等

【生产厂】[皖]安徽省池州新赛德化工有限公司〈P1987〉

治螟磷乳油(40%);苏化 203 乳油(40%);硫特普乳油(40%) E01025902

Sulfotep E. C. (40%) [3689-24-5]

属非内吸性杀虫剂,主要用于防治水稻、棉花害虫

【生产厂】[皖]安徽省池州新赛德化工有限公司〈P1987〉;[鲁]山东胜邦鲁南农药有限公司(2000 吨)〈P2150〉

哒嗪硫磷;达净松;杀虫净 E01026200

Pyridaphenthion [119-12-0]

用于防治水稻二化螟、三化螟、叶蝉、稻飞虱、棉红蜘蛛、花生蚜虫等害虫

【生产厂】[冀]邢台市农药有限公司(3000 吨)〈P1643〉;[皖]安徽省池州新赛德化工有限公司〈P1987〉

哒嗪硫磷乳油(20%);达净松乳(20%) E01026201

Pyridaphenthion E. C. (20%);Ofunack E. C. (20%) [119-12-0]

具有触杀、胃毒作用的杀虫剂,对粮油、蔬菜、果树、森林等植物的多种主要害虫均有良好防效

【生产厂】[皖]安徽省池州新赛德化工有限公司〈P1987〉

氧化乐果;氧乐果;*O*,*O*-二甲基-*S*-甲基氨基甲酰基甲基硫赶磷酸酯 E01026400

Omethoate;Folimat [1113-02-6]

属内吸性有机磷杀虫、杀螨剂,主要用于防治棉花、小麦、果树、蔬菜、高粱等作物的害虫

【生产厂】[苏]江苏腾龙生物药业有限公司〈P1808〉;[鲁]山东大成农药股份有限公司(4000 吨)〈P2051〉;青岛双收农药化工有限公司〈P2043〉;[豫]沙隆达郑州农药有限公司(2 万吨)〈P2168〉;[粤]广州润土农药化工有限公司〈P2263〉

【使用厂】[辽]大连瑞泽农药股份有限公司〈P1693〉;沈阳化工研究院试验厂〈P1686〉;[苏]连云港立本农药化工有限公司〈P1798〉;江苏联合农用化学有限公司〈P1781〉;沭阳县淮沭农药厂〈P1804〉;宜兴市利达农药厂〈P1885〉;宜兴兴农化工制品有限公司〈P1888〉;海门市清华紫光英力化工有限公司〈P1830〉;[鲁]菏泽源丰农药有限公司〈P2159〉;邹平县绿大药业有限公司〈P2158〉;山东绿丰农药有限公司〈P2096〉;山东阳谷中石药业有限公司〈P2154〉;山东省青州市农药厂〈P2098〉;威海市农药厂〈P2125〉;中化山东进出口集团海阳精细化工厂〈P2121〉;[豫]开封市农药化工研究所〈P2178〉

氧化乐果乳油;氧乐果乳油 E01026401

Omethoate E. C. [1113-02-6]

属内吸性有机磷杀虫剂、杀螨剂,主要用于防治棉花、小麦、果树、蔬菜、高粱等作物的害虫

【生产厂】[津]天津人农药业有限责任公司(100 吨)〈P1577〉;天津京津农药厂(3000 吨)〈P1575〉;[冀]河北新兴化工有限责任公司(8000 吨)〈P1648〉;[苏]江苏苏中农药化工厂(450 吨)〈P1822〉;海门市江乐农药化工有限责任公司(4500 吨)〈P1830〉;海门市清华紫光英力化工有限公司〈P1830〉;[鲁]山东大成农药股份有限公司〈P2051〉;淄博绿晶农药有限公司〈P2065〉;青岛碱业股份有限公司(200 吨)〈P2038〉;青岛双收农药化工有限公司〈P2043〉;[豫]河南力克化工有限公司〈P2166〉;沙隆达郑州农药有限公司〈P2168〉;[鄂]武汉汉南同心化工有限公司〈P2230〉

高渗氧乐果乳油;蚧毕丰乳油 E01026405

Omethoate E. C., penetrating [1113-02-6]

属高效、广谱性有机磷杀虫、杀螨剂,具有内吸、触杀、渗透和胃毒作用,可用于水稻、小麦、棉花和果树等作物

【生产厂】[冀]河北新兴化工有限责任公司〈P1648〉;[沪]上海威敌生化(南昌)有限公司〈P1769〉;[苏]宜兴兴农化工制品有限公司〈P1888〉;海门市清华紫光英力化工有限公司〈P1830〉;[皖]安徽康达化工有限责任公司〈P1983〉;[鲁]山东东泰农化有限公司(80 吨)〈P2152〉;山东阳谷中石药业有限公司(500 吨)〈P2154〉;山东省青岛海利尔药业有限公司〈P2047〉;青岛东生药业有限公司〈P2034〉;[豫]河南农业大学康拓科贸公司(200 吨)〈P2166〉;河南永信生物农药股份有限公司〈P2194〉;河南省商丘天神农药厂(300 吨)〈P2225〉

敌百虫;*O*,*O*-二甲基-(2,2,2-三氯-1-羟基乙基)膦酸酯 E01026600

Trichlorphon [52-68-6]

主要用于防治蔬菜、果树、茶、桑、棉花和粮食作物上的各种害虫，亦可作卫生用药和防治牲畜寄生虫

【生产厂】[津]天津市众康兽药厂〈P1614〉；[冀]河北新丰农药化工股份有限公司(5000吨)〈P1640〉；[沪]上海农药厂有限公司(5500吨)〈P1755〉；[苏]常州佳灵药业有限公司〈P1848〉；江苏托球农化有限公司〈P1808〉；盐城市龙跃农药有限公司〈P1811〉；江苏梅兰化工股份有限公司(5000吨)〈P1821〉；[闽]福建省东南电化股份有限公司(1900吨)〈P1988〉；[鲁]山东大成农药股份有限公司(3000吨)〈P2051〉；山东高密康丰农化有限公司〈P2094〉；[桂]南宁化工股份有限公司(8000吨)〈P2296〉；[甘]甘肃省盐锅峡化工总厂〈P2358〉

【使用厂】[苏]江苏安邦电化有限公司〈P1802〉；江苏嘉隆化工有限公司〈P1792〉；沭阳县淮沭农药厂〈P1804〉；南京第一农药厂〈P1783〉；[闽]福建福农生化有限公司〈P1988〉；[鲁]山东神星农药有限公司〈P2097〉；山东省青岛好利特生物农药有限公司〈P2048〉；山东华阳科技股份有限公司〈P2135〉

30%敌百虫乳油　E01026651

Trichlorphon E. C. (30%) [52-68-6]

【生产厂】[晋]运城精化农药有限公司〈P1680〉；[沪]上海威敌生化(南昌)有限公司〈P1769〉；[鲁]山东曹达化工有限公司〈P2159〉；[鄂]武汉汉南同心化工有限公司〈P2230〉；[粤]惠州市中迅化工有限公司〈P2278〉

三唑磷；*O*,*O*-二乙基-*O*-(1-苯基-1,2,4-三唑-3-基)硫代磷酸酯　E01026901

Triazophos; Triazofos [24017-47-8]

属广谱性杀虫、杀螨剂，兼有一定的杀线虫作用

【生产厂】[冀]邢台市农药有限公司〈P1643〉；[辽]葫芦岛凌云集团农药化工有限公司〈P1702〉；[沪]上海农药厂有限公司〈P1755〉；[苏]江苏徐州神农化工有限责任公司〈P1793〉；江都市宙龙集团公司(200吨)〈P1815〉；江苏粮满仓农化有限公司(260吨)〈P1816〉；[浙]浙江新农化工股份有限公司(3800吨)〈P1970〉；[皖]安徽省化工研究院〈P1972〉；安徽华星化工股份有限公司〈P1984〉；安徽省池州新赛德化工有限公司〈P1987〉；[闽]福建省建瓯福农化工有限公司(2500吨)〈P2003〉；[鲁]山东东泰农化有限公司(600吨)〈P2152〉；山东胜邦鲁南农药有限公司(1000吨)〈P2150〉；[鄂]湖北仙隆化工股份有限公司(3000吨)〈P2245〉；[湘]湖南天宇农药化工集团股份有限公司(8000吨)〈P2253〉；[粤]广州润土农药化工有限公司〈P2263〉

【使用厂】[苏]南京祥宇农药有限公司〈P1790〉；南京博臣农化有限公司〈P1782〉；江苏克胜集团股份有限公司〈P1808〉；溧阳市新球农药化工有限公司〈P1864〉；江苏省苏科农化有限责任公司〈P1781〉；张家港天亨化工有限公司〈P1914〉；盐城市龙冈农药厂〈P1811〉；江苏嘉隆化工有限公司〈P1792〉；沭阳县淮沭农药厂〈P1804〉；宜兴兴农化工制品有限公司〈P1888〉；江苏金凤凰农化有限公司〈P1859〉；扬州市苏灵农药化工有限公司〈P1819〉；江苏东宝农药化工有限公司〈P1815〉；如皋市农药化工厂〈P1838〉；[皖]安徽省铜陵福成农药有限公司〈P1978〉；[闽]福建省泉州德盛农药有限公司〈P1998〉；[赣]江西农大锐特化工科技有限公司〈P2009〉；[鲁]山东省济南天邦化工有限公司〈P2030〉；济南金地农药有限公司〈P2023〉；青岛东生药业有限公司〈P2034〉；山东省青岛海利尔药业有限公司〈P2047〉；山东省淄博市淄川黉阳农药有限公司〈P2054〉；日照市工业学校实验化工厂〈P2139〉；青岛农冠农药有限责任公司〈P2041〉；山东滨农科技有限公司〈P2155〉；山东京博农化有限公司〈P2155〉；山东东信生物农药有限公司〈P2152〉；山东寿光双星农药有限公司〈P2099〉；山东省金农生物化工有限责任公司〈P2160〉；山东华阳科技股份有限公司〈P2135〉

三唑磷乳油　E01026911

Triazophos E. C.

属广谱性杀虫、杀螨剂，兼有一定的杀线虫作用

【生产厂】[苏]溧阳市新球农药化工有限公司〈P1864〉；江苏生花农药有限公司〈P1865〉；连云港立本农药化工有限公司〈P1798〉；盐城双宁农化有限公司〈P1812〉；江苏克胜集团股份有限公司〈P1808〉；江苏东宝农药化工有限公司〈P1815〉；江都市宙龙集团公司(1000吨)〈P1815〉；江苏粮满仓农化有限公司〈P1816〉；兴化市青松农药化工有限公司〈P1828〉；海门市江乐农药化工有限责任公司〈P1830〉；[浙]浙江新农化工股份有限公司〈P1970〉；[皖]安徽金泰农药化工有限公司〈P1971〉；安徽华星化工股份有限公司〈P1984〉；安徽省池州新赛德化工有限公司〈P1987〉；[闽]福建省建瓯福农化工有限公司(1200吨)〈P2003〉；[鲁]山东华阳和乐农药有限公司〈P2144〉；青岛农冠农药有限责任公司(1000吨)〈P2041〉；山东省青岛好利特生物农药有限公司〈P2048〉；[豫]河南力克化工有限公司〈P2166〉；河南省郑州富利达农药有限公司(30吨)〈P2167〉；[鄂]武汉汉南同心化工有限公司〈P2230〉

高渗三唑磷乳油　E01026951

Triazophos E. C., penetrating

用于防治水稻二化螟、三化螟等螟虫，并对稻飞虱有抑制作用

【生产厂】[苏]江苏联合农用化学有限公司〈P1781〉；宜兴兴农化工制品有限公司〈P1888〉；[浙]浙江锐特化工科技有限公司〈P1928〉；[赣]江西农大锐特化工科技有限公司〈P2009〉；[鲁]山东东泰农化有限公司(100吨)〈P2152〉；山东绿丰农药有限公司〈P2096〉；山东省青岛海利尔药业有限公司〈P2047〉；[桂]广西金燕子农药有限公司〈P2301〉

嘧啶磷；*O*-2-二乙氨基-6-甲基嘧啶-4-基-*O*,*O*-二乙基硫逐磷酸酯；乙基嘧啶磷　E01027101

Pirimiphos-ethyl [23505-41-1]

为高效、广谱的有机磷杀虫剂，对水稻、果树、棉花、花卉、蔬菜等有良好的防虫效果

【生产厂】[湘]湖南天宇农药化工集团股份有限公司(5000吨)〈P2253〉

嘧啶磷乳油　E01027121

Pirimiphos-ethyl E. C.

【生产厂】[鲁]山东华阳和乐农药有限公司〈P2144〉

敌敌畏；2,2-二氯乙烯基二甲基磷酸酯　E01027500

Dichlorovos; DDVP; DDVF; Dichlorfos [62-73-7]

具有熏蒸、胃毒和触杀作用，对咀嚼口器害虫和刺吸口器害虫均有良好的防治效果

【生产厂】[津]天津农药股份有限公司(3000吨)〈P1576〉；天津市施普乐农药技术发展有限公司(100吨)〈P1602〉；[沪]上海农药厂有限公司〈P1755〉；[苏]张家港爱华化工有限公司〈P1911〉；[鲁]山东大成农药股份有限公司(1万吨)〈P2051〉；青岛一农七星化学有限公司(800吨)〈P2045〉；[豫]安阳市安林生物化工有限责任公司(1000

吨)〈P2208〉;河南省郾城县化工厂(200 吨)〈P2219〉;豫浙鹏程化冶总公司(5000 吨)〈P2225〉;[湘]湖南天宇农药化工集团股份有限公司(3000 吨)〈P2253〉;[粤]广州润土农药化工有限公司〈P2263〉

【使用厂】[苏]宜兴市利达农药厂〈P1885〉;宜兴兴农化工制品有限公司〈P1888〉;[皖]安徽省铜陵福成农药有限公司〈P1978〉;[鲁]山东省济南天邦化工有限公司〈P2030〉;青岛东生药业有限公司〈P2034〉;山东省青岛奥迪斯生物科技有限公司〈P2047〉;山东省青岛海利尔药业有限公司〈P2047〉;山东省青岛好利特生物农药有限公司〈P2048〉;山东省青州市农药厂〈P2098〉;山东平阴农药厂〈P2029〉;[豫]河南银田精细化工有限公司〈P2202〉;[甘]甘肃省盐锅峡化工总厂〈P2358〉

80% 敌敌畏乳油 E01027502

Dichlorovos E. C. (80%) [62-73-7]

可用作家庭和公共场所的熏蒸剂,也适用于防治棉花、果树、蔬菜、烟、茶、桑等作物上的多种害虫

【生产厂】[津]天津市前进农药厂(500 吨)〈P1600〉;天津市华宇农药有限公司〈P1590〉;天津农药股份有限公司(2500 吨)〈P1576〉;天津市汇源化学品公司(100 吨)〈P1591〉;[冀]河北新丰农药化工股份有限公司(1 万吨)〈P1640〉;[沪]上海农药厂有限公司(2400 吨)〈P1755〉;[苏]江苏嘉隆化工有限公司〈P1792〉;盐城市龙跃农药有限公司〈P1811〉;江苏梅兰化工股份有限公司(2000 吨)〈P1821〉;江苏苏中农药化工厂(500 吨)〈P1822〉;[闽]福建福农生化有限公司(2000 吨)〈P1988〉;[鲁]山东迈英德化学有限公司〈P2029〉;山东大成农药股份有限公司(2 万吨)〈P2051〉;山东高密康丰农化有限公司(5000 吨)〈P2094〉;青岛一农七星化学有限公司〈P2045〉;[豫]沙隆达郑州农药有限公司〈P2168〉;河南省郑州富利达农药有限公司(20 吨)〈P2167〉;安阳市安林生物化工有限责任公司〈P2208〉;河南省夏邑县华泰化工有限公司〈P2225〉;[鄂]武汉汉南同心化工有限公司〈P2230〉;[渝]重庆永川农药厂〈P2308〉;[甘]甘肃省盐锅峡化工总厂(3125 吨)〈P2358〉

50% 敌敌畏乳油 E01027503

Dichlorovos E. C. (50%) [62-73-7]

用作家庭和公共场所的熏蒸剂,也适用于防治棉花、果树、蔬菜、烟、茶、桑等作物上的多种害虫

【生产厂】[津]天津市迎新农药有限公司(400 吨)〈P1611〉;[苏]南通江山农药化工股份有限公司〈P1833〉;[鲁]山东胜邦绿野化学有限公司(1000 吨)〈P2029〉;山东大成农药股份有限公司〈P2051〉;[豫]安阳市安林生物化工有限责任公司〈P2208〉

敌敌畏烟剂 E01027504

Dichlorovos fumigant

用于防治森林害虫

【生产厂】[鲁]山东迈英德化学有限公司〈P2029〉;淄博绿晶农药有限公司〈P2065〉;[豫]河南金田地农化有限公司(500 吨)〈P2165〉;安阳市安林生物化工有限责任公司〈P2208〉

高渗敌敌畏乳油 E01027521

Dichlorovos E. C. ,penetrating

【生产厂】[津]天津市天庆化工有限公司〈P1605〉;[苏]江苏金凤凰农化有限公司〈P1859〉

倍硫磷;*O*,*O*-二甲基-*O*-4-甲硫基-间-甲苯基硫杂磷酸酯 E01027800

Fenthion;Mercaptophos;Baycid;Baytex;Extex [55-38-9]

一种兼有接触和内吸性的广谱、速效、残效期长的杀虫剂

【生产厂】[浙]浙江天宇药业有限公司(720 吨)〈P1969〉;[鲁]青岛碱业股份有限公司(150 吨)〈P2038〉;菏泽源丰农药有限公司(500 吨)〈P2159〉

倍硫磷乳油(50%);百治屠乳油(50%) E01027801

Fenthion E. C. (50%) [55-38-9]

主要用于防治大豆食心虫,棉花、果树、蔬菜和水稻害虫,也可防治卫生害虫

【生产厂】[浙]浙江天宇药业有限公司(840 吨)〈P1969〉;[鲁]青岛碱业股份有限公司(200 吨)〈P2038〉

喹硫磷;*O*,*O*-二乙基-*O*-喹喔啉-2-基硫代磷酸酯;爱卡士 E01028000

Quinalphos;Bayrusil;Ekalux [13593-03-8]

属有机磷杀虫、杀螨剂,具触杀和胃毒作用,杀虫谱广,有一定的杀卵作用

【生产厂】[川]四川省化工研究设计院〈P2319〉

【使用厂】[鲁]山东省青岛奥迪斯生物科技有限公司〈P2047〉;[豫]原阳县第一农药厂〈P2208〉

喹硫磷乳油(25%);爱卡士乳油(25%) E01028001

Quinalphos E. C. (25%) [13593-03-8]

为触杀、胃毒及渗透性的杀虫剂和杀螨剂,用于防治鳞翅目、红铃虫、棉铃虫、红蜘蛛及蔬菜上的菜青虫等

【生产厂】[沪]上海农药厂有限公司(150 吨)〈P1755〉;[苏]苏州华源农用生物化学品有限公司(600 吨)〈P1901〉;[鄂]武汉汉南同心化工有限公司〈P2230〉;[川]四川省化工研究设计院(20 吨)〈P2319〉

10% 高渗喹硫磷乳油 E01028021

Quinalphos E. C. ,penetrating (10%) [13593-03-8]

【生产厂】[鲁]山东恒利达化学品公司〈P2028〉

二嗪磷;二嗪农;地亚农 E01028501

Diazinon;Dimpylate;Basudin;Diazitol [333-41-5]

属非内吸性杀虫剂,对鳞翅目、同翅目等多种害虫均有较好的防治效果

【生产厂】[苏]江苏徐州神农化工有限责任公司〈P1793〉;[皖]安徽省池州新赛德化工有限公司〈P1987〉;[鲁]山东胜邦鲁南农药有限公司(300 吨)〈P2150〉

二嗪磷乳油;二嗪农乳油 E01028531

Diazinon E. C.

主要用于防治水稻、果树、葡萄、甘蔗、玉米、烟草和园艺植物上的食叶和刺吸式口器害虫

【生产厂】[苏]南京第一农药厂〈P1783〉;南通江山农药化工股份有限公司〈P1833〉;[皖]安徽省池州新赛德化工有限公司〈P1987〉;[鲁]山东华阳和乐农药有限公司〈P2144〉;山东泗水丰田农药有限公司〈P2133〉;山东胜邦鲁南农药

有限公司(1500吨)〈P2150〉

二嗪磷颗粒剂;二嗪农颗粒剂;地亚农颗粒剂 E01028551
Diazinon granule [333-41-5]
非内吸性杀虫剂,对鳞翅目、同翅目等多种害虫均有较好的防治效果
【生产厂】[苏]镇江农药厂有限公司〈P1844〉

噻虫啉 E01028601
Thiacloprid [111988-49-9]
【生产厂】[浙]杭州南博生化科技有限公司〈P1921〉;浙江奥马药业有限公司〈P1963〉

E

吡虫啉;1-(6-氯-3-吡啶基甲基)-*N*-硝基亚咪唑烷-2-基胺;灭虫精;咪蚜胺;蚜虱净;扑虱蚜 E01028801
Imidacloprid [138261-41-3]
用于防治刺吸式口器害虫
【生产厂】[津]天津人农药业有限责任公司(100吨)〈P1577〉;[冀]河北润田化工有限公司〈P1621〉;河北威远生物化工股份有限公司〈P1622〉;[沪]上海泰禾(集团)有限公司〈P1767〉;上海东风农药厂(100吨)〈P1732〉;[苏]南京市盼丰化工有限公司〈P1789〉;江苏省农药研究所有限公司(100吨)〈P1781〉;南京第一农药厂〈P1783〉;南京红太阳集团(400吨)〈P1784〉;江苏皇马农化有限公司(50吨)〈P1841〉;江苏瑞东农药有限公司〈P1860〉;江苏苏化集团有限公司〈P1894〉;苏州华源农用生物化学品有限公司(300吨)〈P1901〉;江苏徐州神农化工有限责任公司〈P1793〉;江苏省连云港市东金化工有限公司(300吨)〈P1798〉;江苏托球农化有限公司〈P1808〉;江苏广丰农药有限公司〈P1807〉;盐城利民农化有限公司〈P1810〉;江苏克胜集团股份有限公司(100吨)〈P1808〉;扬州先锋化工有限公司〈P1820〉;江苏东宝农药化工有限公司(600吨)〈P1815〉;姜堰市康鹏农化有限公司〈P1823〉;南通龙灯化工有限公司(100吨)〈P1834〉;如东县光荣合成化工厂〈P1837〉;[浙]浙江世佳科技有限公司〈P1947〉;[皖]安徽省化工研究院〈P1972〉;安徽金泰农药化工有限公司(800吨)〈P1971〉;安徽华星化工股份有限公司〈P1984〉;[鲁]山东鲁抗生物农药有限责任公司〈P2145〉;山东东泰农化有限公司(600吨)〈P2152〉;山东滨农科技有限公司〈P2155〉;威海市农药厂〈P2125〉;山东京蓬生物药业股份有限公司(100吨)〈P2113〉;山东省青岛海利尔药业有限公司〈P2047〉;山东省麒麟农化有限公司(5吨)〈P2160〉;[豫]沙隆达郑州农药有限公司(47吨)〈P2168〉;河南永信生物农药股份有限公司(100吨)〈P2194〉;[粤]广州润土农药化工有限公司〈P2263〉
【使用厂】[辽]大连瑞泽农药股份有限公司〈P1693〉;[吉]吉林通化农药化工股份有限公司〈P1718〉;[黑]黑龙江省哈尔滨利民农化技术有限公司〈P1721〉;[沪]上海威敌生化(南昌)有限公司〈P1769〉;上海高伦现代农化股份有限公司〈P1734〉;[苏]江苏金浦北方氯碱化工有限公司〈P1793〉;江苏省南通地旺农药化工有限公司〈P1831〉;镇江农药厂有限公司〈P1844〉;无锡市锡南农药有限公司〈P1879〉;南京祥宇农药有限公司〈P1790〉;江苏瑞禾化学有限公司〈P1781〉;南京博臣农化有限公司〈P1782〉;溧阳市新球农药化工有限公司〈P1864〉;苏州市宝带农药有限责任公司〈P1903〉;江苏太湖地区农科所苏州农药实验厂〈P1894〉;江苏龙灯化学有限公司〈P1894〉;江苏省苏科农化有限责任公司〈P1781〉;张家港天亨化工有限公司〈P1914〉;盐城市龙冈农药厂〈P1811〉;江苏嘉隆化工有限公司〈P1792〉;江苏灶星农化有限公司〈P1809〉;江苏联合农用化学有限公司〈P1781〉;沭阳县淮沭农药厂〈P1804〉;宜兴兴农化工制品有限公司〈P1888〉;江苏金凤凰农化有限公司〈P1859〉;江苏溧化化学有限公司〈P1859〉;江苏省昆山市鼎烽农药有限公司〈P1894〉;扬州市苏灵农药化工有限公司〈P1819〉;如皋市农药化工厂〈P1838〉;江苏省江阴市福达农化有限公司〈P1865〉;[浙]浙江新农化工股份有限公司〈P1970〉;[闽]厦门市绿地康生物工程有限公司〈P1993〉;[赣]江西农大锐特化工科技有限公司〈P2009〉;[鲁]山东富安集团农药有限公司〈P2052〉;青岛碱业股份有限公司〈P2038〉;山东省济南天邦化工有限公司〈P2030〉;青岛东生药业有限公司〈P2034〉;山东省青岛奥迪斯生物科技有限公司〈P2047〉;山东神星农药有限公司〈P2097〉;山东省淄博市淄川黉阳农药有限公司〈P2054〉;青岛农冠农药有限责任公司〈P2041〉;山东京博农化有限公司〈P2155〉;山东省烟台科达化工有限公司〈P2115〉;山东东信生物农药有限公司〈P2152〉;山东省金农生物化工有限责任公司〈P2160〉;临朐县农药厂〈P2090〉;东营胜利绿野农药化工有限公司〈P2081〉;山东玉成生化农药有限公司〈P2099〉;[豫]河南省长葛市农用生物药厂〈P2218〉;河南省周口山都丽化工有限公司〈P2227〉;[渝]重庆永川农药厂〈P2308〉

吡虫啉可湿性粉剂 E01028811
Imidacloprid W. P. [138261-41-3]
用于杀灭稻飞虱、蚜虫、二化螟、柿树黄小卷叶蛾、油菜蚜虫、甘蔗棉蚜虫等害虫
【生产厂】[冀]河北威远生物化工股份有限公司〈P1622〉;[辽]沈阳化工研究院试验厂〈P1686〉;[吉]吉林通化农药化工股份有限公司〈P1718〉;[沪]上海高伦现代农化股份有限公司〈P1734〉;上海东风农药厂〈P1732〉;[苏]江苏省农药研究所有限公司〈P1781〉;南京祥宇农药有限公司〈P1790〉;南京第一农药厂〈P1783〉;南京红太阳集团〈P1784〉;镇江农药厂有限公司〈P1844〉;江苏皇马农化有限公司〈P1841〉;江苏金凤凰农化有限公司〈P1859〉;江苏溧化化学有限公司〈P1859〉;溧阳市新球农药化工有限公司〈P1864〉;无锡市锡南农药有限公司(500吨)〈P1879〉;无锡瑞泽农药有限公司〈P1874〉;江苏苏化集团有限公司〈P1894〉;苏州华源农用生物化学品有限公司〈P1901〉;江苏龙灯化学有限公司〈P1894〉;江苏省昆山市鼎烽农药有限公司〈P1894〉;连云港立本农药化工有限公司〈P1798〉;江苏广丰农药有限公司〈P1807〉;盐城双宁农化有限公司〈P1812〉;江苏克胜集团股份有限公司〈P1808〉;扬州市苏灵农药化工有限公司〈P1819〉;江苏东宝农药化工有限公司〈P1815〉;江苏苏中农药化工厂〈P1822〉;姜堰市康鹏农化有限公司〈P1823〉;[皖]安徽金泰农药化工有限公司〈P1971〉;安徽省铜陵福成农药有限公司〈P1978〉;[闽]厦门市绿地康生物工程有限公司(10吨)〈P1993〉;福建三农农化有限公司〈P2001〉;[鲁]山东省济南天邦化工有限公司〈P2030〉;山东恒利达化学品公司〈P2028〉;山东东方农药科技实业公司〈P2028〉;山东东泰农化有限公司(100吨)〈P2152〉;山东东信生物农药有限公司(200吨)〈P2152〉;山东天成农药有限公司〈P2055〉;淄博丰登农药化工有限公司〈P2059〉;山东滨农科技有限公司〈P2155〉;东营胜利绿野农药化工有限公司(800吨)〈P2081〉;山东寿光双星农药有限公司〈P2099〉;山东京蓬生物药业股份有限公司(4000吨)〈P2113〉;山东省青岛奥迪斯生物科技有限公司〈P2047〉;山东省青岛海利尔药业有限公司〈P2047〉;山东省青岛好利特生物农药有限公司〈P2048〉;山东白云农药有限公司〈P2135〉;山东曹达化工有限公司〈P2159〉;山东九洲农药有限公司〈P2160〉;山东省麒麟农化有限公司(70吨)〈P2160〉;[豫]沙隆达郑州农药有限公司〈P2168〉;河南银田精细化工有限公司〈P2202〉;河南省夏邑县华泰化工有限公司〈P2225〉;[湘]湘潭市昭山农药

厂〈P2252〉；[粤]惠州市中迅化工有限公司〈P2278〉；[川]四川国光农化有限公司〈P2331〉

吡虫啉乳油；扑虱蚜乳油 E01028821

Imidacloprid E. C. [138261-41-3]

适用于防治水稻、棉花、小麦、蔬菜、果树、甘蔗、玉米、豆类、茶叶、烟草等作物的多种害虫

【生产厂】[冀]河北威远生物化工股份有限公司〈P1622〉；[苏]江苏省农药研究所有限公司〈P1781〉；南京第一农药厂〈P1783〉；南京红太阳集团〈P1784〉；苏州华源农用生物化学品有限公司〈P1901〉；盐城双宁农化有限公司〈P1812〉；江苏克胜集团股份有限公司〈P1808〉；[鲁]济南金地农药有限公司〈P2023〉；山东大成农药股份有限公司〈P2051〉；山东神星农药有限公司(260 吨)〈P2097〉；山东省青岛海利尔药业有限公司〈P2047〉；山东泗水丰田农药有限公司〈P2133〉；[豫]河南力克化工有限公司〈P2166〉

吡虫啉可溶性液剂 E01028831

Imidacloprid dissoluble liquid [138261-41-3]

主要用于防治稻飞虱、柑橘潜叶蛾等

【生产厂】[冀]河北威远生物化工股份有限公司〈P1622〉；[沪]上海东风农药厂〈P1732〉；[苏]江苏联合农用化学有限公司〈P1781〉；南京第一农药厂〈P1783〉；苏州华源农用生物化学品有限公司〈P1901〉；江苏龙灯化学有限公司〈P1894〉；江苏克胜集团股份有限公司〈P1808〉；[鲁]山东省青岛奥迪斯生物科技有限公司〈P2047〉；山东省青岛海利尔药业有限公司〈P2047〉

高渗吡虫啉可湿性粉剂；扫芽清 E01028851

Penetrating imidacloprid W. P.

是一种新型硝基亚胺类内吸性杀虫剂，具有触杀、胃毒、内吸多种作用

【生产厂】[苏]南京祥宇农药有限公司〈P1790〉；南京第一农药厂〈P1783〉；江苏金凤凰农化有限公司〈P1859〉；无锡市锡南农药有限公司〈P1879〉；江苏省江阴市福达农化有限公司〈P1865〉；无锡瑞泽农药有限公司〈P1874〉；江苏龙灯化学有限公司〈P1894〉；连云港立本农药化工有限公司〈P1798〉；江苏克胜集团股份有限公司〈P1808〉；[鲁]山东阳谷中石药业有限公司(200 吨)〈P2154〉；日照市工业学校实验化工厂(400 吨)〈P2139〉；东方润博农化(山东)有限公司〈P2089〉；山东绿丰农药有限公司〈P2096〉；山东农丰化工有限公司(800 吨)〈P2160〉；[豫]圣丰科技(河南)有限公司〈P2168〉；[鄂]武汉科诺生物农药有限公司〈P2231〉

高渗吡虫啉乳油 E01028861

Penetrating imidacloprid E. C.

属高效、广谱、内吸性杀虫剂，用于防治棉花蚜虫等刺吸式口器害虫

【生产厂】[津]天津市天环药业有限公司〈P1604〉；[冀]河北威远生物化工股份有限公司〈P1622〉；[晋]山西广大化工有限公司〈P1679〉；[苏]江苏联合农用化学有限公司〈P1781〉；江苏金浦北方氯碱化工有限公司〈P1793〉；连云港立本农药化工有限公司〈P1798〉；[皖]安徽省铜陵福成农药有限公司〈P1978〉；[鲁]山东省淄博市淄川黉阳农药有限公司(500 吨)〈P2054〉；山东富安集团农药有限公司(300 吨)〈P2052〉；淄博市周村穗丰农药化工有限公司(200 吨)〈P2072〉；山东京博农化有限公司(15 吨)〈P2155〉；威海市农药厂〈P2125〉；山东泗水丰田农药有限公司(2000 吨)〈P2133〉；[豫]河南力克化工有限公司〈P2166〉；博爱惠丰生化农药有限公司〈P2192〉；河南永信生物农药股份有限公司〈P2194〉；河南省周口山都丽化工有限公司〈P2227〉；河南省商丘天神农药厂(200 吨)〈P2225〉；河南省夏邑县华泰化工有限公司〈P2225〉；[鄂]沙隆达集团公司〈P2240〉；[粤]惠州市中迅化工有限公司〈P2278〉

吡虫啉悬浮剂 E01028871

Imidacloprid suspension

【生产厂】[苏]江苏龙灯化学有限公司〈P1894〉；江苏克胜集团股份有限公司〈P1808〉；[皖]安徽丰乐农化有限责任公司〈P1971〉

特丁硫磷；特丁磷 E01028901

Terbufos；Contraven；Counter [13071-79-9]

【生产厂】[津]天津农药股份有限公司(1000 吨)〈P1576〉；[冀]河北世纪农药有限公司(600 吨)〈P1666〉；邢台市农药有限公司〈P1643〉；邯郸市凯米克化工有限责任公司〈P1638〉

5% 特丁硫磷颗粒剂 E01028951

Terbufos granule (5%)

【生产厂】[津]天津市华宇农药有限公司〈P1590〉；天津农药股份有限公司(1000 吨)〈P1576〉；[冀]河北世纪农药有限公司(2000 吨)〈P1666〉；[苏]江苏嘉隆化工有限公司〈P1792〉；徐州市临黄农药厂〈P1795〉

丙溴磷；溴丙磷；*S*-正丙基-*O*-乙基-*O*-邻氯对溴苯基硫代磷酸酯 E01029401

Profenofos；Polycron [41198-08-7]

用于防治棉花、蔬菜、果树等作物的多种害虫，特别是对抗性棉铃虫的防治效果极佳

【生产厂】[津]天津农药股份有限公司(2000 吨)〈P1576〉；[苏]江苏生花农药有限公司(100 吨)〈P1865〉；张家港天亨化工有限公司〈P1914〉；[鲁]淄博市周村穗丰农药化工有限公司(200 吨)〈P2072〉；山东省烟台科达化工有限公司(200 吨)〈P2115〉；青岛一农七星化学有限公司(1000 吨)〈P2045〉；青岛双收农药化工有限公司〈P2043〉；济宁圣城化工实验有限责任公司(1500 吨)〈P2128〉；曲阜市助剂厂(500 吨)〈P2130〉

【使用厂】[苏]宜兴市益农化工厂〈P1887〉；扬州市苏灵农药化工有限公司〈P1819〉；江苏东宝农药化工有限公司〈P1815〉；如皋市农药化工厂〈P1838〉；江苏省江阴市福达农化有限公司〈P1865〉；盐城市龙跃农药有限公司〈P1811〉；[鲁]山东省济南天邦化工有限公司〈P2030〉；济南金地农药有限公司〈P2023〉；山东省青岛海利尔药业有限公司〈P2047〉；山东省金农生物化工有限责任公司〈P2160〉

丙溴磷乳油 E01029431

Profenofos E. C.；Polycron E. C. [41198-08-7]

属内吸性广谱杀虫剂，能防治棉花和蔬菜地的有害昆虫和螨类

【生产厂】[苏]江苏瑞邦农药厂〈P1860〉；江苏龙灯化学有限公司〈P1894〉；张家港天亨化工有限公司〈P1914〉；[鲁]山东滨农科技有限公司〈P2155〉；山东省烟台科达化工有限公司〈P2115〉；青岛一农七星化学有限公司〈P2045〉；山东省青岛奥迪斯生物科技有限公司〈P2047〉；青岛阳光农药厂(有限公司)〈P2045〉；青岛双收农药化工有限公司〈P2043〉；济宁圣城化工实验有限责任公司(500 吨)〈P2128〉；[粤]惠州市中迅化工有限公司〈P2278〉

杀虫畏；2-氯-1-(2,4,5-三氯苯基)乙烯基二甲基磷酸酯 E01029501

Tetrachlorvinphos [22248-79-9]

可用于防治鳞翅目和双翅目害虫，牛奶棚和家畜笼中的蝇，仓库、牧场和森林害虫，也可用来做防蛾剂

【生产厂】[沪]上海美林康精细化工有限公司〈P1753〉

蚜灭磷；O,O-二甲基-S-[2-(1-甲氨基甲酰乙硫基)乙基]硫赶磷酸酯 E01029601

Vamidothion [2275-23-2]

广谱性杀虫剂，用于防治各种蚜、螨、稻飞虱、叶蝉等，对苹果绵蚜有特效

【生产厂】[鲁]山东高密康丰农化有限公司(200 吨)〈P2094〉

蚜灭磷乳油；除虫雷 E01029631

Vamidothion E. C. [2275-23-2]

广谱性杀虫剂，对杀灭苹果绵蚜虫有特效

【生产厂】[鲁]山东高密康丰农化有限公司(200 吨)〈P2094〉

杀扑磷；速扑蚧；速扑杀；速蚧克 E01029701

Methidathion; Suprathion; Supracide [950-37-8]

用于防治柑橘、苹果等的介壳虫，也用于向日葵、核桃、桃树和大胡桃等

【生产厂】[苏]江苏托球农化有限公司〈P1808〉；[浙]浙江省龙游绿得农药化工有限公司〈P1959〉

【使用厂】[苏]宜兴兴农化工制品有限公司〈P1888〉；[闽]福建省闽侯东亚化工有限公司〈P1988〉；[鲁]青岛东生药业有限公司〈P2034〉；山东省青岛海利尔药业有限公司〈P2047〉；东方润博农化(山东)有限公司〈P2089〉；威海市农药厂〈P2125〉

40%杀扑磷乳油 E01029721

Methidathion E. C. (40%) [950-37-8]

是一种较理想的杀介壳虫药剂，可兼治螨类、粉虱、蚜虫，对梨术虱有特效

【生产厂】[津]天津市农药研究所(200 吨)〈P1600〉；[苏]盐城市龙跃农药有限公司〈P1811〉；江苏腾龙生物药业有限公司〈P1808〉；[浙]海盐博大精细化工有限公司〈P1940〉；[鲁]山东寿光双星农药有限公司〈P2099〉

异丙威；叶蝉散；灭扑威；异灭威；2-异丙基苯基-N-甲基氨基甲酸酯 E01030200

Isoprocarb; MIPC [2631-40-5]

用于水稻、某些果树和作物上防治稻飞虱、稻叶蝉等害虫，还可兼治蓟马、蚂蝗、厩蝇等

【生产厂】[赣]海利贵溪化工农药有限公司(550 吨)〈P2013〉；[鲁]山东华阳科技股份有限公司〈P2135〉；[粤]广州润土农药化工有限公司〈P2263〉；[桂]广西贺县精细化工厂〈P2300〉

【使用厂】[苏]江苏粮满仓农化有限公司〈P1816〉；镇江农药厂有限公司〈P1844〉；江苏龙灯化学有限公司〈P1894〉；江苏金凤凰农化有限公司〈P1859〉；[闽]福建省漳州市龙文农化有限公司〈P2001〉；[赣]江西农大锐特化工科技有限公司〈P2009〉；[桂]广西国泰农药有限公司〈P2301〉

异丙威乳油(20%)；叶蝉散乳油(20%)；灭扑威乳油(20%) E01030203

Isoprocarb E. C. (20%) [2631-40-5]

属触杀性杀虫剂，用于防治水稻叶蝉、飞虱类害虫

【生产厂】[沪]上海东风农药厂〈P1732〉；[苏]镇江农药厂有限公司(300 吨)〈P1844〉；[浙]浙江锐特化工科技有限公司〈P1928〉；浙江省龙游绿得农药化工有限公司〈P1959〉；[皖]安徽省池州新赛德化工有限公司〈P1987〉；[闽]福建省漳州市龙文农化有限公司(150 吨)〈P2001〉；[赣]江西中林农药化工有限公司〈P2016〉；海利贵溪化工农药有限公司〈P2013〉；[鲁]山东华阳科技股份有限公司〈P2135〉；[湘]湘潭市昭山农药厂〈P2252〉；[桂]广西国泰农药有限公司(1500 吨)〈P2301〉

异丙威粉剂；叶蝉散粉剂；灭扑威粉剂 E01030204

Isoprocarb powder [2631-40-5]

属触杀性杀虫剂，用于防治水稻叶蝉、飞虱类害虫

【生产厂】[苏]江苏嘉隆化工有限公司〈P1792〉；[赣]江西中林农药化工有限公司〈P2016〉；[湘]湘潭市昭山农药厂〈P2252〉

残杀威；2-(1-甲基乙氧基)苯基氨基甲酸甲酯 E01030301

Propoxur; Baygon; Blattanex; Sendran [114-26-1]

非内吸性杀虫剂，具有触杀作用

【生产厂】[苏]江苏徐州神农化工有限责任公司〈P1793〉

【使用厂】[豫]安阳市全丰农药化工有限责任公司〈P2209〉

仲丁威；扑杀威；2-仲丁基苯基-N-甲基氨基甲酸酯；丁苯威；巴沙 E01030800

Fenobucarb; Bassa; BPMC [22232-54-8]

对稻飞虱和黑尾叶蝉及稻蝽象触杀有速效

【生产厂】[沪]上海市农药研究所〈P1764〉；[赣]海利贵溪化工农药有限公司(550 吨)〈P2013〉；[鲁]山东华阳科技股份有限公司〈P2135〉；[粤]广州润土农药化工有限公司〈P2263〉

【使用厂】[鲁]济南金地农药有限公司〈P2023〉；山东博丰植保药业有限公司〈P2051〉；[豫]河南银田精细化工有限公司〈P2202〉；[湘]湖南天宇农药化工集团股份有限公司〈P2253〉

仲丁威乳油；丁苯威乳油；巴沙乳油；扑杀威乳油 E01030803

Fenobucarb E. C.; Bassa E. C.; Baycarb E. C.

用于防治稻飞虱、黑尾叶蝉、稻蝽象、棉蚜和棉铃虫等害虫

【生产厂】[赣]江西中林农药化工有限公司〈P2016〉；海利贵溪化工农药有限公司〈P2013〉；[鲁]山东华阳科技股份有限公司〈P2135〉

甲萘威；胺甲萘；(1-萘基)-N-甲基氨基甲酸酯；西维因 E01030901

Carbaryl [63-25-2]

用于防治稻飞虱、叶蝉、蓟马、豆蚜、大豆食心虫、棉铃虫及果树害虫、林业害虫等

【生产厂】[沪]上海市农药研究所〈P1764〉；[赣]海利贵溪化工农药有限公司(500 吨)〈P2013〉

【使用厂】[苏]徐州市华泰化工有限公司〈P1795〉；江苏嘉隆化工有限公司〈P1792〉；[鲁]威海市农药厂〈P2125〉

甲萘威可湿性粉剂；西维因可湿性粉剂 E01030904

Carbaryl W. P. [63-25-2]

用于防治稻飞虱、叶蝉、蓟马、棉铃虫和果树害虫、林业害虫、松毛虫等
【生产厂】[苏]南通利华农化有限公司〈P1834〉

丙硫克百威 E01031201
Benfuracarb [82560-54-1]
主要用于防治水稻、棉花、玉米、大豆、蔬菜及果树的多种刺吸口器和咀嚼口器害虫
【生产厂】[浙]浙江化工科技集团有限公司〈P1927〉

克百威;呋喃丹;大扶农;2,3-二氢-2,2-二甲基-7-苯并呋喃基-*N*-甲基氨基甲酸酯 E01031300
Carbofuran;Furadan;Curaterr;Yaltox [1563-66-2]
为广谱性杀虫剂,具有极强的内吸性,并兼触杀和胃毒作用,用于防治甘蔗、水稻、花生、棉花等多种害虫
【生产厂】[沪]上海泰禾(集团)有限公司〈P1767〉;[苏]江苏徐州神农化工有限责任公司〈P1793〉;江苏嘉隆化工有限公司〈P1792〉;[赣]海利贵溪化工农药有限公司〈P2013〉;[豫]沙隆达郑州农药有限公司〈P2168〉;豫浉鹏程化冶总公司(5000 吨)〈P2225〉;[川]四川省化工研究设计院〈P2319〉
【使用厂】[黑]佳木斯市恺乐农药有限公司〈P1725〉;[苏]铜山县化工厂〈P1794〉;徐州市临黄农药厂〈P1795〉;[皖]安徽丰乐农化有限责任公司〈P1971〉;[鲁]山东邹平农药有限公司〈P2157〉;山东博丰植保药业有限公司〈P2051〉;威海市农药厂〈P2125〉;山东华阳科技股份有限公司〈P2135〉;青岛阳光农药厂(有限公司)〈P2045〉;[豫]河南中州种子科技发展有限公司〈P2194〉;[桂]广西国泰农药有限公司〈P2301〉

克百威粉剂(3%);虫螨威粉剂(3%);卡巴呋喃粉剂(3%);呋喃丹粉剂(3%);大扶农粉剂(3%) E01031301
Carbofuran powder (3%) [1563-66-2]
用于防治棉花、水稻、玉米、花生、谷物、香蕉、咖啡、甜菜、烟草等作物的害虫
【生产厂】[闽]福建三农农化有限公司〈P2001〉

克百威颗粒剂;呋喃丹颗粒剂 E01031302
Carbofuran granular [1563-66-2]
为广谱杀虫、杀线虫剂,有触杀、胃毒、内吸作用
【生产厂】[冀]邢台市农药有限公司〈P1643〉;[苏]镇江农药厂有限公司(2 万吨)〈P1844〉;江苏嘉隆化工有限公司〈P1792〉;[鲁]青岛阳光农药厂(有限公司)〈P2045〉;山东华阳科技股份有限公司〈P2135〉;山东胜邦鲁南农药有限公司(2000 吨)〈P2150〉;[豫]安阳市红旗药业有限公司(500 吨)〈P2209〉;[桂]广西国泰农药有限公司(1 万吨)〈P2301〉

丁硫克百威;好安威;2,3-二氢-2,2-二甲基-7-苯并呋喃-*N*-(2-正丁氨基硫基)-*N*-甲基氨基甲酸酯 E01031401
Carbosulfan [55285-14-8]
用于果树、棉花、蔬菜、粮食及其他多种经济作物上的锈壁虱、蚜虫、蓟马、叶蝉等十多种害虫的防治
【生产厂】[冀]河北润田化工有限公司〈P1621〉;[沪]上海泰禾(集团)有限公司〈P1767〉;[苏]江苏徐州神农化工有限责任公司〈P1793〉;江苏嘉隆化工有限公司〈P1792〉;[浙]浙江化工科技集团有限公司〈P1927〉;[赣]海利贵溪化工农药有限公司〈P2013〉;[鲁]山东胜邦鲁南农药有限公司(200 吨)〈P2150〉
【使用厂】[鲁]青岛碱业股份有限公司〈P2038〉;山东省青岛奥迪斯生物科技有限公司〈P2047〉;山东省青岛海利尔药业有限公司〈P2047〉;威海市农药厂〈P2125〉;山东华阳科技股份有限公司〈P2135〉;[豫]河南省郑州富利达农药有限公司〈P2167〉;[桂]广西桂林集琦生化有限公司〈P2298〉

丁硫克百威乳油;好安威乳油 E01031402
Carbosulfan E. C. [55285-14-8]
属低毒杀虫剂,具有内吸性和广谱性
【生产厂】[冀]冀州市凯明农药有限责任公司〈P1669〉;[苏]江苏嘉隆化工有限公司〈P1792〉;[浙]浙江化工科技集团有限公司〈P1927〉;[鲁]山东省联合农药工业有限公司〈P2030〉;山东玉成生化农药有限公司〈P2099〉;山东华阳科技股份有限公司〈P2135〉;山东胜邦鲁南农药有限公司(900 吨)〈P2150〉;[豫]圣丰科技(河南)有限公司〈P2168〉

速灭威;间甲苯基甲基氨基甲酸酯 E01031500
Metolcarb;Metholcarb;MTMC [1129-41-5]
属高效、低毒、低残留杀虫剂,主要用于水稻、棉花、果树、蔬菜等农作物
【生产厂】[沪]上海市农药研究所〈P1764〉;[赣]海利贵溪化工农药有限公司〈P2013〉;[鲁]山东华阳科技股份有限公司〈P2135〉

速灭威可湿性粉剂(25%) E01031502
Metolcarb W. P. (25%) [1129-41-5]
主要用于防治水稻叶蝉、飞虱、蝽象及果树害虫
【生产厂】[沪]上海升联化工有限公司〈P1762〉;上海东风农药厂〈P1732〉;[湘]湘潭市昭山农药厂〈P2252〉

速灭威乳油(20%) E01031506
Metholcarb E. C. (20%) [1129-41-5]
【生产厂】[鲁]山东华阳科技股份有限公司〈P2135〉;[湘]湘潭市昭山农药厂〈P2252〉

噻嗪酮;扑虱灵;2-特丁基亚氨基-3-异丙基-5-苯基-3,4,5,6-四氢-2H-1,3,5-噻二嗪-4-酮;稻虱净 E01032201
Buprofenzin [69327-76-0]
可有效地防治水稻上的中蝉科和飞虱科,马铃薯上的叶蝉科,柑橘、棉花、蔬菜上的粉虱科等害虫
【生产厂】[沪]上海东风农药厂〈P1732〉;[苏]江苏省农药研究所有限公司〈P1781〉;镇江农药厂有限公司(500 吨)〈P1844〉;江苏华昌(集团)有限公司(450 吨)〈P1893〉;江苏安邦电化有限公司(700 吨)〈P1802〉;姜堰市康鹏农化有限公司〈P1823〉;江苏省南通地旺农药化工有限公司(300 吨)〈P1831〉;[浙]浙江省龙游绿得农药化工有限公司〈P1959〉;[皖]安徽省化工研究院〈P1972〉;[渝]重庆树荣化工有限公司〈P2307〉
【使用厂】[苏]宿迁市健谷农化有限公司〈P1804〉;江苏粮满仓农化有限公司〈P1816〉;南京祥宇农药有限公司

〈P1790〉;溧阳市新球农药化工有限公司〈P1864〉;江苏太湖地区农科所苏州农药实验厂〈P1894〉;江苏省苏科农化有限责任公司〈P1781〉;江苏灶星农化有限公司〈P1809〉;江苏联合农用化学有限公司〈P1781〉;宜兴兴农化工制品有限公司〈P1888〉;宜兴市益农化工厂〈P1887〉;江苏金凤凰农化有限公司〈P1859〉;扬州市苏灵农药化工有限公司〈P1819〉;江苏东宝农药化工有限公司〈P1815〉;[闽]福建省闽侯东亚化工有限公司〈P1988〉;[赣]江西农大锐特化工科技有限公司〈P2009〉;[鲁]山东省青岛奥迪斯生物科技有限公司〈P2047〉;山东省青岛海利尔药业有限公司〈P2047〉;山东省金农生物化工有限责任公司〈P2160〉;威海市农药厂〈P2125〉

噻嗪酮可湿性粉剂;稻虱净可湿性粉剂;扑虱灵可湿性粉剂 E01032202

Buprofenzin W. P. [69327-76-0]

可有效地防治水稻上的中蝉科和飞虱科,马铃薯上的叶蝉科,柑橘、棉花、蔬菜上的粉虱科等害虫

【生产厂】[沪]上海升联化工有限公司〈P1762〉;上海东风农药厂〈P1732〉;[苏]江苏金凤凰农化有限公司〈P1859〉;江苏省靖江市金囤农化有限公司〈P1822〉;江苏龙灯化学有限公司〈P1894〉;连云港市金囤农药有限公司〈P1825〉;宿迁市健谷农化有限公司〈P1804〉;江苏灶星农化有限公司(1500 吨)〈P1809〉;江都市宙龙集团公司〈P1815〉;江苏粮满仓农化有限公司〈P1816〉;泰兴市东风农药化工厂〈P1826〉;姜堰市康鹏农化有限公司〈P1823〉;兴化市青松农药化工有限公司(300 吨)〈P1828〉;江苏省南通地旺农药化工有限公司〈P1831〉;[浙]浙江省龙游绿得农药化工有限公司〈P1959〉;[皖]安徽省池州新赛德化工有限公司〈P1987〉;[鲁]淄博绿晶农药有限公司〈P2065〉;[豫]河南省夏邑县华泰化工有限公司〈P2225〉;[湘]湘潭市昭山农药厂〈P2252〉;[渝]重庆树荣化工有限公司〈P2307〉

苯氧威 E01032401

Fenoxycarb;Ethyl (2-(4-phenoxyphenoxy) ethyl) carbamate [72490-01-8]

用于防治十字花科蔬菜菜青虫

【生产厂】[苏]江苏徐州神农化工有限责任公司〈P1793〉

苯氧威乳油 E01032421

Fenoxycarb E. C.

用于防治柑橘树介壳虫、松树松毛虫等害虫

【生产厂】[豫]沙隆达郑州农药有限公司〈P2168〉

苯氧威可湿性粉剂 E01032441

Fenoxycarb W. P.

用于防治十字花科蔬菜菜青虫

【生产厂】[豫]沙隆达郑州农药有限公司〈P2168〉

涕灭威;铁灭克 E01032501

Aldicarb;Aldicarbe;Temik [116-06-3]

属内吸性杀虫剂,主要用于防治棉花害虫如棉蚜、棉红蜘蛛、棉蓟马、象鼻虫等,也可防治甜菜、麻类及花卉害虫

【生产厂】[苏]江苏省江阴市福达农化有限公司〈P1865〉;[鲁]山东华阳农药化工集团有限公司(2 万吨)〈P2136〉

灭多威;万灵;灭虫快;*S*-甲基-*N*-[(甲基氨基甲酰)-氧]硫代乙酰胺;乙肟威 E01032601

Methomyl;Lannate;Nudrin [16752-77-5]

是一种广谱、速效杀虫剂,对蚜虫、棉铃虫等多种害虫有效,可用于粮食、棉花、蔬菜、烟草、水果等作物

【生产厂】[沪]上海市农药研究所〈P1764〉;[苏]江阴龙灯化学有限公司(1000 吨)〈P1867〉;江苏徐州神农化工有限责任公司〈P1793〉;江苏绿丰生物药业有限公司〈P1808〉;盐城利民农化有限公司〈P1810〉;[皖]安徽省化工研究院〈P1972〉;[赣]海利贵溪化工农药有限公司〈P2013〉;[鲁]山东鲁抗生物农药有限责任公司〈P2145〉;济南市商河县合成化工厂(500 吨)〈P2025〉;山东泰安宜丰化工有限公司(200 吨)〈P2136〉;山东华阳农药化工集团有限公司(3000 吨)〈P2136〉;菏泽源丰农药有限公司(2000 吨)〈P2159〉;[豫]沙隆达郑州农药有限公司〈P2168〉;郑州市金鹏化工实业有限公司(500 吨)〈P2173〉;禹州科邦化工有限公司(50 吨)〈P2219〉;[粤]广州润土农药化工有限公司〈P2263〉

【使用厂】[苏]镇江农药厂有限公司〈P1844〉;无锡市锡南农药有限公司〈P1879〉;江苏腾龙生物药业有限公司〈P1808〉;南通龙灯化工有限公司〈P1834〉;江苏联合农用化学有限公司〈P1781〉;宜兴兴农化工制品有限公司〈P1888〉;扬州市苏灵农药化工有限公司〈P1819〉;[皖]安徽丰乐农化有限责任公司〈P1971〉;[鲁]济宁圣城化工实验有限责任公司〈P2128〉;德州恒东农药化工有限公司〈P2141〉;山东绿丰农药有限公司〈P2096〉;济南金地农药有限公司〈P2023〉;青岛东生药业有限公司〈P2034〉;山东省青岛奥迪斯生物科技有限公司〈P2047〉;山东神星农药有限公司〈P2097〉;山东省青岛海利尔药业有限公司〈P2047〉;山东省淄博市淄川黉阳农药有限公司〈P2054〉;山东省联合农药工业有限公司〈P2030〉;山东东方农药科技实业公司〈P2028〉;山东省烟台科达化工有限公司〈P2115〉;山东省金农生物化工有限责任公司〈P2160〉;临朐县农药厂〈P2090〉;威海市农药厂〈P2125〉;青岛阳光农药厂(有限公司)〈P2045〉;山东迈英德化学有限公司〈P2029〉;山东九洲农药有限公司〈P2160〉

灭多威乳油;万灵乳油 E01032602

Methomyl E. C. [16752-77-5]

是一种广谱、速效杀虫剂,对蚜虫、棉铃虫等多种害虫有效,可用于粮食、棉花、蔬菜、烟草、水果等作物

【生产厂】[沪]上海升联化工有限公司〈P1762〉;[苏]江阴龙灯化学有限公司〈P1867〉;无锡瑞泽农药有限公司〈P1874〉;江苏龙灯化学有限公司〈P1894〉;江苏克胜集团股份有限公司〈P1808〉;[鲁]山东恒利达化学品公司〈P2028〉;山东东方农药科技实业公司〈P2028〉;山东胜邦绿野化学有限公司(800 吨)〈P2029〉;山东省济南燕山三丰实业有限公司(100 吨)〈P2030〉;山东博丰植保药业有限公司(500 吨)〈P2051〉;青岛东生药业有限公司(300 吨)〈P2034〉;山东华阳科技股份有限公司〈P2135〉;济宁圣城化工实验有限责任公司(1500 吨)〈P2128〉;[豫]浚县绿宝农药厂(200 吨)〈P2200〉;禹州科邦化工有限公司〈P2219〉

高渗灭多威乳油 E01032611

Methomyl E. C. , penetrating

用于防治棉花、果树、水稻、烟草、粮食等作物上的多种害虫

【生产厂】[鲁]山东东方农药科技实业公司〈P2028〉;临朐县农药厂(1000 吨)〈P2090〉;山东省青岛海利尔药业有限公司〈P2047〉

灭多威水剂;灭多威可溶性液剂 E01032631

Methomyl aqueous solution [16752-77-5]

【生产厂】[苏]江阴龙灯化学有限公司〈P1867〉;江苏龙灯化学有限公司〈P1894〉;[鲁]山东华阳科技股份有限公司〈P2135〉

灭多威可溶性粉剂　E01032651

Methomyl S. P.

可用于粮食、棉花、蔬菜、烟草、水果等作物的害虫防治

【生产厂】[苏]江阴龙灯化学有限公司〈P1867〉;江苏龙灯化学有限公司〈P1894〉;[赣]海利贵溪化工农药有限公司〈P2013〉;[鲁]山东省青岛奥迪斯生物科技有限公司〈P2047〉;山东华阳科技股份有限公司〈P2135〉;[粤]惠州市中迅化工有限公司〈P2278〉

灭多威可湿性粉剂　E01032671

Methomyl W. P.

【生产厂】[苏]江苏联合农用化学有限公司〈P1781〉;[鲁]东方润博农化(山东)有限公司〈P2089〉;青岛东生药业有限公司〈P2034〉;山东九洲农药有限公司〈P2160〉;[豫]河南银田精细化工有限公司(300 吨)〈P2202〉;[鄂]武汉科诺生物农药有限公司〈P2231〉

硫双灭多威;拉维因;硫双威　E01032801

Thiodicarb; Larvin [59669-26-0]

广泛用于果树、棉花、蔬菜、粮食等各种植物的病虫害防治

【生产厂】[苏]南京市盼丰化工有限公司〈P1789〉;南通施壮化工有限公司〈P1834〉;[皖]安徽省化工研究院〈P1972〉;[鲁]山东博丰植保药业有限公司(200 吨)〈P2051〉

硫双灭多威可湿性粉剂　E01032851

Thiodicarb W. P.

【生产厂】[鲁]山东博丰植保药业有限公司(200 吨)〈P2051〉;山东省青岛海利尔药业有限公司〈P2047〉

氯菊酯;苄氯菊酯;3-苯氧基苄基-2,2-二甲基-3-(2,2-二氯乙烯基)-1-环丙烷羧酸酯;二氯苯醚菊酯　E01040101

Permethrin [52645-53-1]

为高效、低毒杀虫剂,用于防治棉花、水稻、蔬菜、果树、茶树等多种作物害虫,也能防治卫生及牲畜害虫

【生产厂】[津]天津龙灯化工有限公司(1000 吨)〈P1576〉;[沪]上海升联化工有限公司(500 吨)〈P1762〉;[苏]南京市盼丰化工有限公司〈P1789〉;江苏省农药研究所有限公司〈P1781〉;江苏苏化集团有限公司〈P1894〉

【使用厂】[闽]漳州永恒化妆品有限公司〈P2002〉

氟胺氰菊酯;马扑立克　E01040201

Fluvalinate [102851-06-9]

【生产厂】[苏]宜兴市康源生物化工有限公司〈P1885〉;[浙]浙江省台州市椒江天一化工厂〈P1966〉

三氟氯氰菊酯;功夫菊酯;氯氟氰菊酯　E01040601

Cyhalothrin [91465-08-6]

用于防治棉花、蔬菜、烟草等农作物上的害虫

【生产厂】[苏]南京市盼丰化工有限公司〈P1789〉;南京红太阳集团〈P1784〉;连云港市华通化学有限公司(300 吨)〈P1799〉;[鲁]山东鲁抗生物农药有限责任公司〈P2145〉;莱阳市星火农药有限公司〈P2108〉

【使用厂】[苏]连云港立本农药化工有限公司〈P1798〉

戊烯氰氯菊酯;中西灭蚊菊酯　E01040701

Pentmethrin

用于蚊香、喷雾剂、喷射剂等

【生产厂】[沪]上海中西药业股份有限公司(100 吨)〈P1779〉

除虫菊素水乳剂　E01040851

Pyrethrin aqueous emulsion

除用于农业生产外,还可用于家畜如猪、猫、狗、牛等动物体表及禽、畜养殖场所杀虫

【生产厂】[滇]云南南宝植化有限责任公司〈P2343〉

除虫菊素原药　E01040861

Pyrethrin Medicine

【生产厂】[滇]云南南宝植化有限责任公司〈P2343〉

溴氰菊酯乳油;敌杀死乳油　E01041301

Deltamethrin E. C. [52918-63-5]

属高效拟除虫菊酯杀虫剂,主要用于防治棉蚜、棉铃虫等多种作物害虫

【生产厂】[冀]邢台市农药有限公司〈P1643〉;[苏]南京第一农药厂〈P1783〉;南京红太阳集团〈P1784〉;镇江农药厂有限公司(300 吨)〈P1844〉;溧阳市新球农药化工有限公司〈P1864〉;宜兴兴农化工制品有限公司〈P1888〉;宜兴市利达农药厂〈P1885〉;江苏嘉隆化工有限公司〈P1792〉;江苏百灵农化有限公司〈P1821〉;南通龙灯化工有限公司〈P1834〉;如皋市农药化工厂〈P1838〉

溴氰菊酯;敌杀死　E01041302

Deltamethrin [52918-63-5]

属拟除虫菊酯杀虫剂,可有效防治棉花、烟草、果树、蔬菜等作物上的害虫

【生产厂】[辽]大连瑞泽农药股份有限公司(500 吨)〈P1693〉;[沪]上海永远化工有限公司〈P1775〉;[苏]南京荣诚化工有限公司〈P1788〉;南京第一农药厂〈P1783〉;南京红太阳集团(100 吨)〈P1784〉;江苏皇马农化有限公司〈P1841〉;南通龙灯化工有限公司〈P1834〉

【使用厂】[苏]镇江农药厂有限公司〈P1844〉;宜兴市利达农药厂〈P1885〉;宜兴市益农化工厂〈P1887〉;江苏东宝农药化工有限公司〈P1815〉;[鲁]山东阳谷中石药业有限公司〈P2154〉;[豫]河南省长葛市农用生物药厂〈P2218〉;[桂]桂林依柯诺农药有限公司〈P2299〉

增效溴氰菊酯乳油;敌扫光　E01041351

Synergistic deltamethrin E. C.

适用于十字花科蔬菜,防治对象为蚜虫

【生产厂】[苏]江苏联合农用化学有限公司〈P1781〉;宜兴兴农化工制品有限公司〈P1888〉;宜兴市益农化工厂(300 吨)〈P1887〉;高邮市运东农药化工有限公司〈P1813〉;[鲁]山东华阳和乐农药有限公司〈P2144〉;[豫]河南开封田威生物化学有限公司(80 吨)〈P2176〉

10%氯氰菊酯可湿性粉剂　E01041400

Cypermethrin W. P. (10%) [52315-07-8]

【生产厂】[闽]福建三农农化有限公司〈P2001〉

氯氰菊酯乳油　E01041401

Cypermethrin E. C. [52315-07-8]

属高效、广谱杀虫剂,用于防治鳞翅目、红铃

虫、棉铃虫、玉米螟、菜青虫、小菜蛾、卷叶虫及蚜虫等

【生产厂】[津]天津市前进农药厂(200吨)〈P1600〉;天津市迎新农药有限公司(100吨)〈P1611〉;天津市华宇农药有限公司〈P1590〉;天津市汇源化学品公司(50吨)〈P1591〉;[苏]江苏省农药研究所有限公司〈P1781〉;南京第一农药厂〈P1783〉;南京红太阳集团〈P1784〉;宜兴兴农化工制品有限公司〈P1888〉;宜兴市利达农药厂〈P1885〉;江苏省江阴市福达农化有限公司〈P1865〉;江苏苏化集团有限公司〈P1894〉;连云港立本农药化工有限公司〈P1798〉;扬州市苏灵农药化工有限公司〈P1819〉;江苏百灵农化有限公司〈P1821〉;[鲁]山东恒利达化学品公司〈P2028〉;山东省联合农药工业有限公司〈P2030〉;山东东方农药科技实业公司〈P2028〉;淄博绿晶农药有限公司〈P2065〉;山东省青岛奥迪斯生物科技有限公司〈P2047〉;山东白云农药有限公司〈P2135〉;山东华阳科技股份有限公司〈P2135〉;山东曹达化工有限公司〈P2159〉;[豫]许昌京豫农药厂(300吨)〈P2218〉;南阳市福来石油化学有限公司(100吨)〈P2224〉;开封市农药化工研究所(300吨)〈P2178〉;[粤]广东省中山凯达精细化工股份有限公司(150吨)〈P2282〉;[川]四川国光农化有限公司〈P2331〉

氯氰菊酯 E01041403

Cypermethrin [52315-07-8]

用于防治棉花、水稻、玉米、大豆等农作物及果树、蔬菜的害虫

【生产厂】[津]天津龙灯化工有限公司(200吨)〈P1576〉;[沪]上海中西药业股份有限公司(500吨)〈P1779〉;上海升联化工有限公司〈P1762〉;[苏]南京市盼丰化工有限公司〈P1789〉;江苏省农药研究所有限公司〈P1781〉;南京第一农药厂〈P1783〉;南京红太阳集团(800吨)〈P1784〉;江苏皇马农化有限公司(200吨)〈P1841〉;江苏苏化集团有限公司〈P1894〉;江苏徐州神农化工有限责任公司〈P1793〉;[皖]安徽省化工研究院〈P1972〉;[鲁]山东阳谷中石药业有限公司(200吨)〈P2154〉;[豫]开封市农药化工研究所(200吨)〈P2178〉;[粤]广州润土农药化工有限公司〈P2263〉;广东省中山凯达精细化工股份有限公司〈P2282〉

【使用厂】[辽]沈阳化工研究院试验厂〈P1686〉;[沪]上海威敌生化(南昌)有限公司〈P1769〉;[苏]江苏生花农药有限公司〈P1865〉;江苏龙灯化学有限公司〈P1894〉;江苏瑞邦农药厂〈P1860〉;扬州市苏灵农药化工有限公司〈P1819〉;江苏东宝农药化工有限公司〈P1815〉;江苏省江阴市福达农化有限公司〈P1865〉;[浙]浙江新农化工股份有限公司〈P1970〉;[皖]安徽省铜陵福成农药有限公司〈P1978〉;安徽丰乐农化有限责任公司〈P1971〉;[闽]福建省泉州德盛农药有限公司〈P1998〉;漳州永恒化妆品有限公司〈P2002〉;[鲁]菏泽源丰农药有限公司〈P2159〉;山东省青岛奥迪斯生物科技有限公司〈P2047〉;山东京博农化有限公司〈P2155〉;招远三联化工厂〈P2121〉;山东省金农生物化工有限责任公司〈P2160〉;威海市农药厂〈P2125〉;山东华阳科技股份有限公司〈P2135〉;山东平阴农药厂〈P2029〉;山东九洲农药有限公司〈P2160〉;[豫]安阳市安林生物化工有限责任公司〈P2208〉;原阳县第一农药厂〈P2208〉

氯氰菊酯悬浮剂 E01041404

Cypermethrin suspension

用于防治家庭、公共场所中的苍蝇、蚊子等卫生害虫

【生产厂】[豫]安阳市全丰农药化工有限责任公司(300吨)〈P2209〉

高效氯氰菊酯;快杀敌;高效安绿宝;高效顺反氯氰菊酯 E01041405

β-Cypermethrin [52315-07-8]

属高活性、广谱、低残留杀虫剂,具有触杀和胃毒作用,用于防治多种作物上的多种害虫

【生产厂】[津]天津市迎新农药有限公司(50吨)〈P1611〉;天津龙灯化工有限公司(150吨)〈P1576〉;[冀]河北威远生物化工股份有限公司〈P1622〉;[沪]上海市农药研究所〈P1764〉;上海永远化工有限公司〈P1775〉;[苏]南京市盼丰化工有限公司〈P1789〉;南京荣诚化工有限公司〈P1788〉;江苏省农药研究所有限公司〈P1781〉;南京红太阳集团〈P1784〉;南京仁信化工有限公司〈P1788〉;江苏皇马农化有限公司〈P1841〉;江苏溧化化学有限公司〈P1859〉;江苏天容集团股份有限公司〈P1861〉;江苏苏化集团有限公司〈P1894〉;江苏徐州神农化工有限责任公司〈P1793〉;[皖]安徽丰乐农化有限责任公司〈P1971〉;[鲁]山东阳谷中石药业有限公司(200吨)〈P2154〉;山东大成农药股份有限公司〈P2051〉;莱阳市星火农药有限公司〈P2108〉;山东华阳科技股份有限公司〈P2135〉

【使用厂】[津]天津市塘沽农药厂〈P1603〉;[沪]上海中西药业股份有限公司〈P1779〉;上海高伦现代农化股份有限公司〈P1734〉;[苏]江苏省连云港市东金化工有限公司〈P1798〉;南京祥宇农药有限公司〈P1790〉;南京博臣农化有限公司〈P1782〉;溧阳市新球农药化工有限公司〈P1864〉;盐城双宁农化有限公司〈P1812〉;江苏龙灯化学有限公司〈P1894〉;江苏瑞邦农药厂〈P1860〉;江苏省苏科农化有限责任公司〈P1781〉;江苏腾龙生物药业有限公司〈P1808〉;江苏联合农用化学有限公司〈P1781〉;沭阳县淮沭农药厂〈P1804〉;宜兴市利达农药厂〈P1885〉;宜兴兴农化工制品有限公司〈P1888〉;如皋市农药化工厂〈P1838〉;南京第一农药厂〈P1783〉;[鲁]山东富安集团农药有限公司〈P2052〉;淄博市周村穗丰农药化工有限公司〈P2072〉;德州恒东农药化工有限公司〈P2141〉;山东省济南燕山三丰实业有限公司〈P2030〉;邹平县绿大药业有限公司〈P2158〉;山东邹平农药有限公司〈P2157〉;青岛碱业股份有限公司〈P2038〉;山东绿丰农药有限公司〈P2096〉;济南金地农药有限公司〈P2023〉;青岛东生药业有限公司〈P2034〉;潍坊奥维特农药有限公司〈P2101〉;济南东合化工有限公司〈P2021〉;山东神星农药有限公司〈P2097〉;山东省青岛海利尔药业有限公司〈P2047〉;山东省淄博市淄川黉阳农药有限公司〈P2054〉;济宁市通达化工厂〈P2128〉;青岛农冠农药有限责任公司〈P2041〉;山东省联合农药工业有限公司〈P2030〉;山东省青岛好利特生物农药有限公司〈P2048〉;山东省烟台科达化工有限公司〈P2115〉;山东东信生物农药有限公司〈P2152〉;临朐县农药厂〈P2090〉;威海市农药厂〈P2125〉;山东迈英德化学有限公司〈P2029〉;山东九洲农药有限公司〈P2160〉;山东玉成生化农药有限公司〈P2099〉;[豫]安阳市全丰农药化工有限责任公司〈P2209〉;[湘]湖南天宇农药化工集团股份有限公司〈P2253〉

高效氯氰菊酯乳油 E01041407

β-Cypermethrin E. C. [52315-07-8]

属拟除虫菊酯类广谱性杀虫剂,具有强烈的触杀、胃毒和阻止摄食的特点

【生产厂】[津]天津市前进农药厂(500吨)〈P1600〉;天津市迎新农药有限公司(100吨)〈P1611〉;天津市华宇农药有限公司〈P1590〉;天津农药股份有限公司(1000吨)〈P1576〉;天津人农药业有限责任公司(100吨)〈P1577〉;天津京津农药厂(100吨)〈P1575〉;[冀]河北威远生物化

工股份有限公司〈P1622〉;华北制药集团爱诺有限公司〈P1624〉;邢台市农药有限公司〈P1643〉;邢台化工工贸总公司化工厂〈P1643〉;[晋]山西广大化工有限公司〈P1679〉;[黑]黑龙江省哈尔滨利民农化技术有限公司〈P1721〉;[沪]上海中西药业股份有限公司(1000吨)〈P1779〉;上海泰禾(集团)有限公司〈P1767〉;[苏]江苏省农药研究所有限公司〈P1781〉;江苏瑞禾化学有限公司〈P1781〉;南京祥宇农药有限公司〈P1790〉;南京第一农药厂〈P1783〉;南京博臣农化有限公司〈P1782〉;江苏金凤凰农化有限公司〈P1859〉;溧阳市新球农药化工有限公司〈P1864〉;宜兴兴农化工制品有限公司〈P1888〉;江苏省江阴市福达农化有限公司〈P1865〉;江苏龙灯化学有限公司〈P1894〉;江苏嘉隆化工有限公司〈P1792〉;连云港立本农药化工有限公司〈P1798〉;江苏广丰农药有限公司〈P1807〉;江苏克胜集团股份有限公司〈P1808〉;江苏东宝农药化工有限公司〈P1815〉;[皖]安徽丰乐农化有限责任公司〈P1971〉;安徽省化工研究院〈P1972〉;安徽金泰农药化工有限公司〈P1971〉;宿州市亨达农药有限公司〈P1984〉;安徽省铜陵福成农药有限公司〈P1978〉;[鲁]山东省济南天邦化工有限公司〈P2030〉;山东恒利达化学品公司〈P2028〉;山东省联合农药工业有限公司〈P2030〉;山东东信生物农药有限公司(1000吨)〈P2152〉;淄博绿晶农药有限公司〈P2065〉;邹平县绿大药业有限公司(100吨)〈P2158〉;山东省青岛海利尔药业有限公司〈P2047〉;山东省青岛好利特生物农药有限公司〈P2048〉;山东白云农药有限公司〈P2135〉;山东华阳科技股份有限公司〈P2135〉;山东曹达化工有限公司〈P2159〉;山东农丰化工有限公司(500吨)〈P2160〉;山东省麒麟农化有限公司(80吨)〈P2160〉;[豫]河南省郑州富利达农药有限公司(30吨)〈P2167〉;博爱惠丰生化农药有限公司〈P2192〉;河南永信生物农药股份有限公司〈P2194〉;许昌京豫农药厂(500吨)〈P2218〉;禹州科邦化工有限公司〈P2219〉;河南省周口山都丽化工有限公司〈P2227〉;南阳市福来石油化学有限公司〈P2224〉;河南省商丘天神农药厂〈P2225〉;河南省夏邑县华泰化工有限公司〈P2225〉;[鄂]沙隆达集团公司〈P2240〉

高效反式氯氰菊酯 E01041409

theta-Cypermethrin

加工成乳油或其他剂型用于杀灭蚊、蝇等卫生害虫和牲畜害虫以及蔬菜、茶树等多种农作物上的多种害虫

【生产厂】[苏]南京第一农药厂〈P1783〉;南京红太阳集团(300吨)〈P1784〉

高效氯氰菊酯可湿性粉剂 E01041431

β-Cypermethrin W. P.

【生产厂】[苏]南京第一农药厂〈P1783〉;南京红太阳集团〈P1784〉;[闽]福建三农农化有限公司〈P2001〉

高效氯氰菊酯水乳剂 E01041451

β-Cypermethrin aqueous emulsion

主要用于防治棉花、果树、蔬菜、烟、茶等作物害虫,对菜青虫有特效

【生产厂】[津]天津市迎新农药有限公司(100吨)〈P1611〉;[苏]江苏联合农用化学有限公司〈P1781〉;南京第一农药厂〈P1783〉;江苏龙灯化学有限公司〈P1894〉;江苏嘉隆化工有限公司〈P1792〉;江苏东宝农药化工有限公司〈P1815〉;[鲁]山东阳谷中石药业有限公司(300吨)〈P2154〉;山东大成农药股份有限公司〈P2051〉;威海市农药厂〈P2125〉;山东省青岛奥迪斯生物科技有限公司〈P2047〉;山东华阳科技股份有限公司〈P2135〉

27%高氯苯油;27%高效氯氰菊酯苯油 E01041471

β-Cypermethrin benzene (27%)

【生产厂】[津]天津市施普乐农药技术发展有限公司(500吨)〈P1602〉;[苏]南京市盼丰化工有限公司〈P1789〉;[皖]安徽丰乐农化有限责任公司〈P1971〉;[豫]许昌京豫农药厂(200吨)〈P2218〉

【使用厂】[鲁]山东阳谷中石药业有限公司〈P2154〉

胺菊酯 E01041601

Tetramethrin;Tetramethrine;Phthalthrin [7696-12-0]

属卫生用低毒杀虫剂,对蚊、蝇、蟑螂等卫生害虫击倒速度快

【生产厂】[苏]南京市盼丰化工有限公司〈P1789〉;常州康美化工有限公司(200吨)〈P1848〉;[粤]广东省中山凯达精细化工股份有限公司(100吨)〈P2282〉

【使用厂】[闽]福建省梦娇兰日用化学品有限公司〈P2001〉;福建高科日化有限公司〈P1997〉

右旋烯炔菊酯 E01041701

D-Empenthrin

用作卫生杀虫剂

【生产厂】[沪]上海市农药研究所〈P1764〉

氰戊菊酯;速灭菊酯;速灭杀丁;杀灭菊酯;敌虫菊酯;戊酸氰醚酯 E01041801

Fenvalerate [51630-58-1]

属广谱高效杀虫剂,用于防治棉花、蔬菜、果树、水稻、玉米、大豆、烟草等作物的害虫

【生产厂】[沪]上海中西药业股份有限公司〈P1779〉;上海农药厂有限公司(100吨)〈P1755〉;[苏]南京第一农药厂〈P1783〉;南京红太阳集团(300吨)〈P1784〉;江苏皇马农化有限公司(450吨)〈P1841〉;江苏瑞东农药有限公司〈P1860〉;金坛市振兴化工有限公司〈P1863〉;[鲁]山东省农药研究所(300吨)〈P2030〉;山东华阳科技股份有限公司〈P2135〉;兖州天成化工有限公司(1000吨)〈P2134〉;[豫]开封市豫农大化工有限公司(60吨)〈P2178〉;[粤]广州润土农药化工有限公司〈P2263〉;广东省中山凯达精细化工股份有限公司〈P2282〉;[桂]桂林依柯诺农药有限公司〈P2299〉;[渝]重庆川东化工(集团)有限公司(100吨)〈P2304〉

【使用厂】[津]天津市塘沽农药厂〈P1603〉;[辽]沈阳化工研究院试验厂〈P1686〉;[黑]佳木斯市恺乐农药有限公司〈P1725〉;[沪]上海高伦现代农化股份有限公司〈P1734〉;[苏]连云港立本农药化工有限公司〈P1798〉;江苏省泗洪县农药厂〈P1804〉;江苏百灵农化有限公司〈P1821〉;江苏省苏科农化有限责任公司〈P1781〉;宜兴市利达农药厂〈P1885〉;宜兴兴农化工制品有限公司〈P1888〉;江苏金凤凰农化有限公司〈P1859〉;高邮市运东农药化工有限公司〈P1813〉;江苏东宝农药化工有限公司〈P1815〉;如皋市农药化工厂〈P1838〉;[鲁]淄博市周村穗丰农药化工有限公司〈P2072〉;邹平县绿大药业有限公司〈P2158〉;青岛碱业股份有限公司〈P2038〉;青岛东生药业有限公司〈P2034〉;山东省青岛奥迪斯生物科技有限公司〈P2047〉;潍坊奥维特农药有限公司〈P2101〉;山东京蓬生物药业股份有限公司〈P2113〉;济南东合化工有限公司〈P2021〉;山东神星农药有限公司〈P2097〉;山东省青岛海利尔药业有限公司〈P2047〉;日照市工业学校实验化工厂〈P2139〉;济宁市通达化工厂〈P2128〉;青岛农冠农药有限责任公司〈P2041〉;山东东方农药科技实业公司〈P2028〉;山东京博农化有限公司〈P2155〉;山东农丰化工有限公司〈P2160〉;威海市农药厂〈P2125〉;青岛阳光农药厂(有限公司)〈P2045〉;山东

九洲农药有限公司〈P2160〉;中化山东进出口集团海阳精细化工厂〈P2121〉;[豫]开封市农药化工研究所〈P2178〉;安阳市安林生物化工有限责任公司〈P2208〉;安阳市全丰农药化工有限责任公司〈P2209〉

氰戊菊酯乳油;敌虫菊酯乳油 E01041802

Fenvalerate E. C. [51630-58-1]

广泛用于棉花、茶树、蔬菜、大豆等农作物及林牧业和卫生害虫的防治

【生产厂】[津]天津市天庆化工有限公司〈P1605〉;[苏]南京第一农药厂〈P1783〉;镇江农药厂有限公司(300 吨)〈P1844〉;江苏省常州市植物药品厂〈P1860〉;溧阳市新球农药化工有限公司〈P1864〉;宜兴兴农化工制品有限公司〈P1888〉;宜兴市利达农药厂〈P1885〉;连云港立本农药化工有限公司(200 吨)〈P1798〉;江苏腾龙生物药业有限公司〈P1808〉;扬州市苏灵农药化工有限公司〈P1819〉;江苏东宝农药化工有限公司〈P1815〉;江苏百灵农化有限公司(300 吨)〈P1821〉;如皋市农药化工厂〈P1838〉;江苏省南通地旺农药化工有限公司〈P1831〉;[皖]安徽金泰农药化工有限公司〈P1971〉;[闽]福建省漳州市龙文农化有限公司(50 吨)〈P2001〉;[鲁]山东省联合农药工业有限公司〈P2030〉;山东迈英德化学有限公司〈P2029〉;山东东泰农化有限公司(80 吨)〈P2152〉;山东寿光双星农药有限公司〈P2099〉;山东华阳科技股份有限公司〈P2135〉;[豫]开封市农药化工研究所(300 吨)〈P2178〉;[粤]广东省中山凯达精细化工股份有限公司(200 吨)〈P2282〉;[桂]桂林依柯诺农药有限公司〈P2299〉

增效氰戊菊酯乳油 E01041831

Fenvalerate E. C. , synergistic

能较好地防治蔬菜、柑橘、豆类、烟草、花卉等经济作物和林、牧环境卫生等多种害虫

【生产厂】[闽]福建省漳州市龙文农化有限公司(120 吨)〈P2001〉;[鲁]山东华阳和乐农药有限公司〈P2144〉

四溴菊酯 E01041901

Tralomethrin [66841-25-6]

【生产厂】[苏]南京红太阳集团(50 吨)〈P1784〉

四溴菊酯乳油 E01041951

Tralomethrin E. C.

【生产厂】[苏]南京红太阳集团〈P1784〉

溴氰菊酯可湿性粉剂(2.5%);敌杀死(2.5%) E01042003

Deltamethrin, W. P. (2.5%) [52918-63-5]

【生产厂】[苏]南京第一农药厂〈P1783〉;南京红太阳集团〈P1784〉

高效氰戊菊酯;顺式氰戊菊酯;双爱士;来福灵 E01042101

Esfenvalerate; Fenvalerate-U [66230-04-4]

为拟除虫菊酯杀虫剂,可有效防治棉花、果树、蔬菜等作物的害虫

【生产厂】[苏]江苏皇马农化有限公司〈P1841〉;[豫]开封市农药化工研究所〈P2178〉;[桂]桂林依柯诺农药有限公司〈P2299〉

顺式氯氰菊酯 E01042201

α-Cypermethrin [67375-30-8]

广泛用于防治棉花、果树、大豆、蔬菜等作物的鳞翅目、鞘翅目和双目害虫

【生产厂】[津]天津龙灯化工有限公司(100 吨)〈P1576〉;[沪]上海泰禾(集团)有限公司〈P1767〉;[苏]南京荣诚化工有限公司〈P1788〉;南京第一农药厂〈P1783〉;南京红太阳集团(500 吨)〈P1784〉;南京仁信化工有限公司〈P1788〉;江苏皇马农化有限公司〈P1841〉;[豫]安阳市全丰农药化工有限责任公司〈P2209〉

顺式氯氰菊酯乳油 E01042221

α-Cypermethrin E. C. [67375-30-8]

【生产厂】[苏]南京第一农药厂〈P1783〉;南京红太阳集团〈P1784〉;江苏皇马农化有限公司〈P1841〉

氟氯氰菊酯乳油 E01042301

Cyfluthrin E. C. [68359-37-5]

【生产厂】[苏]南京第一农药厂〈P1783〉;南京红太阳集团〈P1784〉

氟氯氰菊酯;百树得;百治菊酯 E01042311

Cyfluthrin [68359-37-5]

对多种鳞翅目幼虫有很好的杀灭效果,亦可有效地防治某些地下害虫,并对某些成虫有拒避作用

【生产厂】[苏]南京市盼丰化工有限公司〈P1789〉;[鲁]莱阳市星火农药有限公司〈P2108〉

高效氟氯氰菊酯 E01042401

β-Cyfluthrin [68359-37-5]

是一种合成的拟除虫菊酯类杀虫剂,具有触杀和胃毒作用,杀虫谱广,击倒迅速,持效期长

【生产厂】[皖]安徽华星化工股份有限公司〈P1984〉

高效氟氯氰菊酯乳油 E01042451

β-Cyfluthrin E. C.

用于防治梨树梨木虱等害虫

【生产厂】[浙]杭州宇龙化工有限公司〈P1925〉;[鲁]山东富安集团农药有限公司(300 吨)〈P2052〉;山东滨农科技有限公司〈P2155〉;[湘]湖南省海洋生物工程有限公司〈P2250〉

高效氯氟氰菊酯;天菊 E01042501

Lambda-cyhalothrin [91465-08-6]

是一种触杀、胃毒型拟除虫菊酯类杀虫剂,能有效防治棉花、大豆、果树、蔬菜、花生等作物上的多种害虫

【生产厂】[苏]南京荣诚化工有限公司〈P1788〉;南京第一农药厂〈P1783〉;南京红太阳集团〈P1784〉;江苏皇马农化有限公司〈P1841〉;江苏瑞东农药有限公司〈P1860〉;江苏省激素研究所有限公司〈P1860〉;江苏丰登农药有限公司(95 吨)〈P1858〉;江苏苏化集团有限公司〈P1894〉;[皖]安徽华星化工股份有限公司(95 吨)〈P1984〉;[鲁]德州恒东农药化工有限公司(150 吨)〈P2141〉;莱阳市星火农药有限公司〈P2108〉;[渝]重庆双丰农药有限公司〈P2307〉

【使用厂】[苏]江苏金凤凰农化有限公司〈P1859〉;[鲁]潍坊天达植保有限公司〈P2105〉;山东京博农化有限公司〈P2155〉;山东迈英德化学有限公司〈P2029〉

高效氯氟氰菊酯乳油 E01042551

Lambda-cyhalothrin E. C. [91465-08-6]

是一种高活性、安全、低残留的广谱杀虫剂,

具有触杀、胃毒及驱赶等防治及保护作用，能扑灭作物上大部分害虫

【生产厂】[晋]山西广大化工有限公司〈P1679〉；[苏]南京第一农药厂〈P1783〉；江苏金凤凰农化有限公司〈P1859〉；江苏省激素研究所有限公司〈P1860〉；江苏丰登农药有限公司〈P1858〉；宜兴兴农化工制品有限公司〈P1888〉；宜兴市利达农药厂〈P1885〉；江苏苏化集团有限公司〈P1894〉；如皋市农药化工厂〈P1838〉；[鲁]德州恒东农药化工有限公司(500吨)〈P2141〉；山东京博农化有限公司(200吨)〈P2155〉；潍坊天达植保有限公司(1000吨)〈P2105〉；山东省青岛奥迪斯生物科技有限公司〈P2047〉；[湘]湘潭市昭山农药厂〈P2252〉

高效氯氟氰菊酯可湿性粉剂 E01042591

Lambda-cyhalothrin W. P.

【生产厂】[苏]南京第一农药厂〈P1783〉；南京红太阳集团〈P1784〉

甲氰菊酯；2-氰基-3-苯氧基苄基-2，2，3，3-四甲基环丙烷酸酯 E01042601

Fenpropathrin；Meothrin；Danitol；Rody；Herald [39515-41-8]

广泛用于各种果树、棉花、蔬菜、茶叶等作物的虫螨防治

【生产厂】[辽]大连瑞泽农药股份有限公司〈P1693〉；[苏]南京第一农药厂〈P1783〉；南京红太阳集团(250吨)〈P1784〉；江苏皇马农化有限公司(300吨)〈P1841〉；[鲁]山东大成农药股份有限公司(200吨)〈P2051〉；[粤]广州润土农药化工有限公司〈P2263〉

【使用厂】[苏]溧阳市新球农药化工有限公司〈P1864〉；扬州市苏灵农药化工有限公司〈P1819〉；[闽]福建省泉州德盛农药有限公司〈P1998〉；[鲁]青岛碱业股份有限公司〈P2038〉；山东绿丰农药有限公司〈P2096〉；青岛东生药业有限公司〈P2034〉；山东省青岛奥迪斯生物科技有限公司〈P2047〉；山东省青岛海利尔药业有限公司〈P2047〉；山东省青岛好利特生物农药有限公司〈P2048〉；山东省烟台科达化工有限公司〈P2115〉；威海市农药厂〈P2125〉；山东平阴农药厂〈P2029〉

甲氰菊酯乳油；灭扫利；中西农家庆；农螨丹 E01042602

Fenpropathrin E. C. [39515-41-8]

广泛用于防治棉花、果树、柑橘、蔬菜等作物上的多种害虫

【生产厂】[津]天津人农药业有限责任公司(100吨)〈P1577〉；[晋]山西广大化工有限公司〈P1679〉；[辽]大连瑞泽农药股份有限公司(2500吨)〈P1693〉；[苏]南京祥宇农药有限公司〈P1790〉；南京第一农药厂〈P1783〉；南京红太阳集团〈P1784〉；镇江农药厂有限公司〈P1844〉；江苏金凤凰农化有限公司〈P1859〉；溧阳市新球农药化工有限公司〈P1864〉；宜兴兴农化工制品有限公司〈P1888〉；宜兴市利达农药厂〈P1885〉；[鲁]山东迈英德化学有限公司〈P2029〉；山东东泰农化有限公司(100吨)〈P2152〉；山东大成农药股份有限公司(1000吨)〈P2051〉；莱阳市星火农药有限公司〈P2108〉；山东华阳科技股份有限公司〈P2135〉；[豫]河南省安阳市化工实验厂(300吨)〈P2211〉

【使用厂】[鲁]山东阳谷中石药业有限公司〈P2154〉

高渗甲氰菊酯乳油 E01042651

Fenpropathrin E. C., penetrating

【生产厂】[苏]东台市农药化工厂〈P1806〉；[鲁]山东东泰农化有限公司(500吨)〈P2152〉；山东大成农药股份有限公司〈P2051〉

高效杀虫剂(气雾剂) E01043301

Insecticide, high efficiency, aerosol

用于制造家庭用无毒杀虫气雾剂

【生产厂】[津]天津市南洋兄弟化学有限公司(300吨)〈P1599〉；[闽]福建高科日化有限公司(5000吨)〈P1997〉；福建省金鹿日化股份有限公司(40000箱)〈P1998〉；泉州市华达精细化工有限公司〈P2000〉；[鲁]胜利油田集兴石化安装有限公司气雾剂厂(1000吨)〈P2087〉；[粤]广东省中山凯达精细化工股份有限公司〈P2282〉

氟氯苯菊酯 E01044301

Flumethrin [69770-45-2]

适用于禽畜体外寄生虫的防治，并有抑制成虫产卵和抑制孵化的活性，能用于多种蜱、虱和鸡羽螨等

【生产厂】[苏]南京市盼丰化工有限公司〈P1789〉；南京荣诚化工有限公司〈P1788〉

联苯菊酯 E01044401

Bifenthrin [82657-04-3]

既能杀虫又能杀螨，对棉花、蔬菜、果树、茶树等害虫有很好的防治效果

【生产厂】[冀]河北润田化工有限公司〈P1621〉；[苏]南京市盼丰化工有限公司〈P1789〉；南京第一农药厂〈P1783〉；南京红太阳集团〈P1784〉；江苏皇马农化有限公司(50吨)〈P1841〉；江苏瑞东农药有限公司〈P1860〉；连云港市华通化学有限公司〈P1799〉；[鲁]德州恒东农药化工有限公司(20吨)〈P2141〉；淄博绿晶农药有限公司〈P2065〉

富右旋反式炔丙菊酯 E01044671

rich-d-t-Prallethrin

【生产厂】[苏]南京红太阳集团〈P1784〉；[粤]广东省中山凯达精细化工股份有限公司〈P2282〉

右旋炔丙菊酯 E01044691

D-Prallethrin

【生产厂】[苏]常州康美化工有限公司〈P1848〉

【使用厂】[闽]福建省梦娇兰日用化学品有限公司〈P2001〉；福建高科日化有限公司〈P1997〉

丙烯菊酯；丙烯除虫菊酯；烯丙菊酯 E01044701

Allethrin；Pallethrin；Pynamin [584-79-2]

主要用于室内防除蚊蝇

【生产厂】[苏]南京荣诚化工有限公司〈P1788〉；常州康美化工有限公司(500吨)〈P1848〉

富右旋反式烯丙菊酯 E01044751

rich-d-t-Allethrin

适合用于制蚊香、电热驱蚊片和液体蚊香，亦常用于液体喷雾剂和气雾杀虫剂

【生产厂】[沪]上海市农药研究所〈P1764〉；[苏]南京红太阳集团(100吨)〈P1784〉；常州康美化工有限公司〈P1848〉；[粤]广东省中山凯达精细化工股份有限公司〈P2282〉

【使用厂】[闽]厦门群鹭香业有限公司〈P1992〉；漳州永恒化妆品有限公司〈P2002〉

Es-生物烯丙菊酯 E01044791

Es-Bioallethrin [84030-86-4]

具有强烈的触杀作用，击倒性能优于胺菊酯，主要用于家蝇、蚊虫等家庭害虫

【生产厂】[沪]上海市农药研究所〈P1764〉；[苏]南京仁信化工有限公司〈P1788〉；常州康美化工有限公司〈P1848〉；[粤]广东省中山凯达精细化工股份有限公司〈P2282〉

【使用厂】[闽]漳州永恒化妆品有限公司〈P2002〉

醚菊酯；2-(4-乙氧基苯基)-2-甲基丙基-3-苯氧基苄基醚 E01050101

Ethofenprox [80844-07-1]

内吸性杀虫剂，对鳞翅目、半翅目、鞘翅目、双翅目等多种害虫有高效

【生产厂】[京]北京清华紫光英力化工技术有限责任公司〈P1557〉；[黑]鹤岗市清华紫光英力农化有限公司〈P1725〉；[沪]上海市农药研究所〈P1764〉；[苏]南京市盼丰化工有限公司〈P1789〉；金坛市华盛化工助剂有限公司〈P1862〉；连云港市华通化学有限公司〈P1799〉

吡蚜酮；吡嗪酮 E01050201

Pymetrozine [123312-89-0]

用于防治大部分同翅目害虫，尤其是蚜虫科、粉虱科、叶蝉科及飞虱科害虫

【生产厂】[苏]江苏省农药研究所有限公司〈P1781〉；江苏徐州神农化工有限责任公司〈P1793〉；江苏安邦电化有限公司(50 吨)〈P1802〉；盐城利民农化有限公司〈P1810〉；南通施壮化工有限公司〈P1834〉；如东县升辉化工有限公司〈P1837〉

四聚乙醛；聚乙醛 E01050301

Tetracetaldehyde；Metacetaldehyde [108-62-3]

是杀灭软体动物，诸如蜗牛、蛞蝓的特效农药，也用作固体燃料

【生产厂】[沪]上海美林康精细化工有限公司〈P1753〉；[苏]海门兆丰化工有限公司(250 吨)〈P1830〉；江苏徐州神农化工有限责任公司〈P1793〉；徐州诺特化工有限公司(1200 吨)〈P1795〉；徐州瑞赛科技实业有限公司〈P1795〉；徐州市华泰化工有限公司〈P1795〉

【使用厂】[苏]江苏嘉隆化工有限公司〈P1792〉；[鲁]威海市农药厂〈P2125〉

四聚乙醛可湿性粉剂 E01050351

Tetracetaldehyde W. P.

适用于水田作物，主要针对福寿螺的防治灭杀

【生产厂】[苏]徐州瑞赛科技实业有限公司〈P1795〉；徐州市华泰化工有限公司〈P1795〉

杀螨剂 E01050400

Acaricide

【生产厂】[冀]石家庄市三农有限公司〈P1631〉；石家庄市绿丰化工有限公司(200 吨)〈P1630〉；[浙]浙江省龙游绿得农药化工有限公司〈P1959〉；[鲁]烟台绿云生物化学有限公司〈P2118〉；[豫]焦作市瑞宝丰生化农药有限公司(150 吨)〈P2196〉

三氯杀螨砜；涕滴恩；四氯杀螨砜 E01050500

Tetradifon [116-29-0]

用于防治山楂叶螨、苹果全瓜螨、柑橘全瓜螨和召叶螨等害虫

【生产厂】[沪]上海泰禾(集团)有限公司〈P1767〉；[鲁]山东高密康丰农化有限公司(200 吨)〈P2094〉

【使用厂】[鲁]山东富安集团农药有限公司〈P2052〉；青岛东生药业有限公司〈P2034〉；山东省青岛海利尔药业有限公司〈P2047〉；威海市农药厂〈P2125〉；[粤]惠州市中迅化工有限公司〈P2278〉

三氯杀螨砜乳油 E01050530

Tetradifon E. C. [116-29-0]

【生产厂】[鲁]山东高密康丰农化有限公司〈P2094〉

三氯杀螨醇；1,1-双(4-氯苯基)-2,2,2-三氯乙醇 E01050700

Dicofol；Kelthane [115-32-2]

广泛用于棉花、果树、茶叶等农作物防治红蜘蛛

【生产厂】[津]天津人农药业有限责任公司(2000 吨)〈P1577〉；[沪]上海泰禾(集团)有限公司〈P1767〉；[鲁]山东大成农药股份有限公司(1600 吨)〈P2051〉

【使用厂】[苏]江苏龙灯化学有限公司〈P1894〉；宜兴兴农化工制品有限公司〈P1888〉；[闽]福建省泉州德盛农药有限公司〈P1998〉；[鲁]山东绿丰农药有限公司〈P2096〉；山东阳谷中石药业有限公司〈P2154〉；青岛东生药业有限公司〈P2034〉；山东神星农药有限公司〈P2097〉；山东省淄博市淄川黉阳农药有限公司〈P2054〉；日照市工业学校实验化工厂〈P2139〉；山东省联合农药工业有限公司〈P2030〉；威海市农药厂〈P2125〉；青岛阳光农药厂(有限公司)〈P2045〉；山东迈英德化学有限公司〈P2029〉；山东九洲农药有限公司〈P2160〉；[豫]河南金田地农化有限公司〈P2165〉；河南省郑州富利达农药有限公司〈P2167〉

三氯杀螨醇乳油(20%)；开乐散乳油(20%)；螨净乳油(20%) E01050701

Dicofol E. C. (20%) [115-32-2]

非内吸性杀螨剂，用于防治多种作物的螨类

【生产厂】[津]天津人农药业有限责任公司(100 吨)〈P1577〉；[鲁]山东大成农药股份有限公司(8000 吨)〈P2051〉；山东省麒麟农化有限公司(50 吨)〈P2160〉；[豫]河南省郑州富利达农药有限公司(30 吨)〈P2167〉；河南省商丘天神农药厂〈P2225〉；[鄂]武汉汉南同心化工有限公司〈P2230〉

灭幼脲；灭幼脲 3 号；苏脲 1 号；1-(2-氯苯甲酰基)-3-(4-氯苯基)脲 E01050801

Chlorbenzuron

对鳞翅目幼虫有特效，可用于防治小麦、谷子、高粱、玉米、大豆上的粘虫、稻纵卷叶螟等害虫

【生产厂】[京]北京东方德众科技发展有限公司〈P1546〉；[吉]吉林通化农药化工股份有限公司(200 吨)〈P1718〉；[豫]安阳市安林生物化工有限责任公司(300 吨)〈P2208〉

【使用厂】[鲁]招远三联化工集团公司〈P2121〉；山东京博农化有限公司〈P2155〉；招远三联化工厂〈P2121〉；威海市农药厂〈P2125〉

灭幼脲悬浮剂；苏脲 1 号胶悬剂 E01050831

Chlorbenzuron suspensoid

是新型高效低毒杀虫剂

【生产厂】[吉]吉林通化农药化工股份有限公司〈P1718〉；[鲁]山东京博农化有限公司(30 吨)〈P2155〉；潍坊天达植保有限公司(1000 吨)〈P2105〉；山东寿光双星农药有限公司〈P2099〉；威海市农药厂〈P2125〉；[豫]安阳市安林生物化工有限责任公司(100 吨)〈P2208〉；河南省夏邑县华泰

化工有限公司〈P2225〉；[粤]惠州市中迅化工有限公司〈P2278〉

25%灭幼脲可湿性粉剂　E01050851

Chlorbenzuron W.P.（25%）

【生产厂】[粤]惠州市中迅化工有限公司〈P2278〉

伏蚁腙　E01050901

Hydramethylnon [67485-29-4]

主要用于防治农业和家庭的蚁科和蜚蠊科

【生产厂】[沪]上海生农生化制品有限公司〈P1762〉

杀虫单；2-二甲氨基-1-硫代磺酸钠基-3-硫代磺酸基丙烷　E01051000

Monosultap

用于防治水稻害虫，对水稻二化螟、三化螟、稻纵卷叶螟、稻蓟马等均有很好的防治作用

【生产厂】[苏]江苏省苏科农化有限责任公司〈P1781〉；江苏丰登农药有限公司〈P1858〉；江苏溧化化学有限公司〈P1859〉；江苏天容集团股份有限公司(2150吨)〈P1861〉；江苏东宝农药化工有限公司(800吨)〈P1815〉；[浙]海盐博大精细化工有限公司(900吨)〈P1940〉；[皖]安徽氯碱化工集团有限责任公司〈P1972〉；安徽华星化工股份有限公司〈P1984〉；安徽省宁国市朝农化工有限责任公司〈P1986〉；[鄂]湖北仙隆化工股份有限公司(2000吨)〈P2245〉；[粤]广州润土农药化工有限公司〈P2263〉；广东琪田农药化工有限公司〈P2295〉

【使用厂】[苏]东台市笑特生物化学有限公司〈P1806〉；江苏粮满仓农化有限公司〈P1816〉；江苏省南通地旺农药化工有限公司〈P1831〉；镇江农药厂有限公司〈P1844〉；江苏百灵农化有限公司〈P1821〉；南京祥宇农药有限公司〈P1790〉；江苏瑞禾化学有限公司〈P1781〉；溧阳市新球农药化工有限公司〈P1864〉；江苏太湖地区农科所苏州农药实验厂〈P1894〉；江苏腾龙生物药业有限公司〈P1808〉；江苏嘉隆化工有限公司〈P1792〉；沭阳县淮沭农药厂〈P1804〉；南通利华农化有限公司〈P1834〉；宜兴兴农化工制品有限公司〈P1888〉；宜兴市益农化工厂〈P1887〉；江苏金凤凰农化有限公司〈P1859〉；江苏省昆山市鼎烽农药有限公司〈P1894〉；扬州市苏灵农药化工有限公司〈P1819〉；如皋市农药化工厂〈P1838〉；江苏省江阴市福达农化有限公司〈P1865〉；[闽]福建浦城绿安生物农药有限公司〈P2003〉；[鲁]山东鲁抗生物农药有限责任公司〈P2145〉；山东富安集团农药有限公司〈P2052〉；青岛东生药业有限公司〈P2034〉；山东博丰植保药业有限公司〈P2051〉；山东省烟台科达化工有限公司〈P2115〉；威海市农药厂〈P2125〉；[渝]重庆永川农药厂〈P2308〉

杀虫单可湿性粉剂　E01051011

Monosultap W.P.

用于防治水稻害虫

【生产厂】[苏]江苏溧化化学有限公司〈P1859〉

杀虫单可溶性粉剂　E01051051

Monosultap S.P.

【生产厂】[苏]江苏溧化化学有限公司〈P1859〉；江苏天容集团股份有限公司〈P1861〉；溧阳市新球农药化工有限公司〈P1864〉；江苏安邦电化有限公司〈P1802〉；[浙]海盐博大精细化工有限公司〈P1940〉；[皖]安徽华星化工股份有限公司〈P1984〉

杀虫双；2-二甲氨基-1,3-双硫代硫酸钠基丙烷　E01051200

Bisultap

用于防治蔬菜、稻、麦、果树等作物的虫害

【生产厂】[浙]海盐博大精细化工有限公司〈P1940〉；[皖]安徽氯碱化工集团有限责任公司〈P1972〉；安徽华星化工股份有限公司〈P1984〉；[鄂]老河口荆洪化工有限责任公司〈P2237〉；[桂]广西贺县精细化工厂(400吨)〈P2300〉

【使用厂】[苏]江苏粮满仓农化有限公司〈P1816〉；江苏省泗洪县农药厂〈P1804〉；南京祥宇农药有限公司〈P1790〉；江苏省苏科农化有限责任公司〈P1781〉；徐州市临黄农药厂〈P1795〉；江苏东宝农药化工有限公司〈P1815〉

杀虫双颗粒剂　E01051203

Bisultap granular [7772-98-7]

新型杀虫剂，具有胃毒、内吸和触杀作用，可防治水稻三化螟、二化螟、稻纵卷叶螟、稻蓟马及蔬菜、果树害虫

【生产厂】[黑]黑龙江省哈尔滨市益农生化制品开发有限公司〈P1721〉；[皖]安徽华星化工股份有限公司〈P1984〉；[渝]重庆永川农药厂〈P2308〉；[川]成都宇辰农药有限责任公司〈P2317〉

杀虫双水剂　E01051204

Bisultap aqueous solution [7772-98-7]

具有内吸传导和强烈地触杀、胃毒作用，可防治水稻各种害虫及蔬菜、果树害虫

【生产厂】[苏]江苏丰登农药有限公司〈P1858〉；江苏溧化化学有限公司〈P1859〉；江苏安邦电化有限公司(1800吨)〈P1802〉；江苏广丰农药有限公司〈P1807〉；盐城市龙冈农药厂(2000吨)〈P1811〉；[浙]海盐博大精细化工有限公司〈P1940〉；[皖]安徽华星化工股份有限公司〈P1984〉；[闽]福建福农生化有限公司(1万吨)〈P1988〉；[赣]赣南果业赣州农药公司(1500吨)〈P2014〉；[鄂]老河口荆洪化工有限责任公司(5000吨)〈P2237〉；[粤]广东省中山凯达精细化工股份有限公司(8000吨)〈P2282〉

杀虫双可溶性粉剂　E01051231

Bisultap S.P.

【生产厂】[苏]江苏溧化化学有限公司〈P1859〉；[皖]安徽华星化工股份有限公司〈P1984〉

灭蝇胺；赛诺吗嗪；环丙氨嗪；蝇得净；*N*-环丙基-1,3,5-三嗪-2,4,6-三胺　E01051301

Cyromazine [66215-27-8]

主要用于防治潜叶蝇类害虫，对潜蝇有良好防效，也可用于防治苍蝇

【生产厂】[冀]华北制药集团爱诺有限公司〈P1624〉；河北安霖制药有限公司〈P1639〉；[辽]大连瑞泽农药股份有限公司(92吨)〈P1693〉；[苏]江苏省农药研究所有限公司〈P1781〉；南京法姆化学厂〈P1783〉；江苏省激素研究所有限公司〈P1860〉；[浙]东港工贸集团有限公司〈P1960〉；台州市奥力特精细化工有限公司〈P1961〉；台州市春泉医化有限公司〈P1961〉；浙江黄岩三力化工厂〈P1964〉；浙江台州海神制药有限公司〈P1968〉；[皖]安庆金泉药业有限公司〈P1979〉；[赣]九江中天药业有限公司〈P2013〉；[鲁]山东鲁西兽药股份有限公司(120吨)〈P2145〉；潍坊杜得利化学工业有限公司〈P2101〉；青岛裕达精细化工有限公司(20吨)〈P2046〉；[鄂]湖北信康实业有限公司〈P2228〉；[陕]西安绿达生物化工有限公司〈P2349〉

灭蝇胺可溶性浓剂　E01051351

Cyromazine dissoluble liquid [66215-27-8]
【生产厂】[辽]大连瑞泽农药股份有限公司〈P1693〉;[鲁]青岛裕达精细化工有限公司(30 吨)〈P2046〉;山东省青岛海利尔药业有限公司〈P2047〉

灭蝇胺可湿性粉剂　E01051371
Cyromazine W. P. [66215-27-8]
【生产厂】[冀]河北安霖制药有限公司〈P1639〉;[苏]江苏瑞邦农药厂〈P1860〉;江苏省激素研究所有限公司〈P1860〉;[鲁]山东神星农药有限公司(200 吨)〈P2097〉;青岛裕达精细化工有限公司(10 吨)〈P2046〉

E

杀虫脒　E01051500
Chlordimeform; Fundal; Spanone; Galecron [6164-98-3]
【生产厂】[豫]豫浙鹏程化冶总公司(1500 吨)〈P2225〉

杀螟丹;1,3-双-(氨基甲酰硫基)-2-(*N*,*N*-二甲胺基)丙烷盐酸盐;巴丹;克虫普　E01051601
Cartap; Padan; Cadan; Patap; Sanvex [15263-52-2]
用于防治水稻螟虫、稻纵卷叶螟、稻苞虫、稻潜叶蝇、稻杆蝇、蔬菜菜青虫、小菜蝶、梨小食心虫、柑橘潜叶蛾等
【生产厂】[苏]江苏溧化化学有限公司〈P1859〉;江苏天容集团股份有限公司(500 吨)〈P1861〉;江苏徐州神农化工有限责任公司〈P1793〉;[皖]安徽华星化工股份有限公司〈P1984〉
【使用厂】[苏]如皋市农药化工厂〈P1838〉

杀螟丹可溶性粉剂　E01051602
Cartap S. P. [15263-52-2]
【生产厂】[苏]江苏溧化化学有限公司〈P1859〉;江苏天容集团股份有限公司〈P1861〉

吡丙醚;蚊蝇醚　E01051701
Pyriproxyfen [95737-68-1]
用于防治公共卫生害虫
【生产厂】[沪]上海生农生化制品有限公司〈P1762〉;上海嘉辰化工有限公司〈P1742〉;[苏]连云港市华通化学有限公司〈P1799〉;南通施壮化工有限公司〈P1834〉;如东县升辉化工有限公司〈P1837〉;[浙]衢州市聚华特种试剂厂〈P1958〉

鱼藤酮乳油(7.5%)　E01051801
Rotenone E. C. (7.5%) [83-79-4]
选择性接触杀虫杀螨剂,可防治蚜虫、棉红蜘蛛、叶蜂等;用于水稻、蔬菜和果树
【生产厂】[冀]邯郸市凯米克化工有限责任公司〈P1638〉;[粤]丰顺汤西嘉兴福利化工厂(1500 吨)〈P2277〉

啶蜱脲;吡虫隆　E01052301
Fluazuron [86811-58-7]
属苯甲基脲类杀虫剂,用于防治玉米、棉花、森林、水果和大豆上的鞘翅目、双翅目、鳞翅目害虫,对天敌无害
【生产厂】[冀]河北联立化工科技有限公司〈P1641〉;[苏]常州佳灵药业有限公司〈P1848〉

杀螺胺乙醇胺盐;贝螺钉　E01052401
Clonitralid; Niclosamide; Mollutox [1420-04-8]
【生产厂】[苏]江苏徐州神农化工有限责任公司〈P1793〉;南通施壮化工有限公司〈P1834〉

杀螺胺乙醇胺盐可湿性粉剂　E01052431
Niclosamide W. P.
【生产厂】[苏]江苏广丰农药有限公司〈P1807〉;[川]四川省化工研究设计院〈P2319〉

杀螺胺　E01052451
Bayluscid; Dichlosale; Phenasal [50-65-7]
可用于防治福寿螺等
【生产厂】[川]四川省化工研究设计院〈P2319〉

杀螺胺可湿性粉剂　E01052471
Bayluscid W. P. [50-65-7]
【生产厂】[川]四川省化工研究设计院〈P2319〉

杀螺胺乳油　E01052491
Bayluscid E. C. [50-65-7]
【生产厂】[川]四川省化工研究设计院〈P2319〉

磷化铝　E01052801
Aluminium phosphide [20859-73-8]
杀虫剂,主要用于粮仓熏蒸
【生产厂】[冀]河北润田化工有限公司〈P1621〉;唐山鑫华农药有限公司〈P1637〉;[辽]沈阳丰收农药有限公司(2500 吨)〈P1685〉;[苏]南京仁信化工有限公司〈P1788〉;江苏双菱化工集团有限公司〈P1798〉;连云港市海棠化工厂〈P1799〉;[鲁]龙口市化工厂(1000 吨)〈P2111〉;山东济宁高新技术开发区永丰化工厂(2000 吨)〈P2131〉;济宁市益民化工厂(3000 吨)〈P2128〉;济宁圣城化工实验有限责任公司(2000 吨)〈P2128〉

单甲脒;*N*-(2,4-二甲苯基)-*N′*-甲基甲脒　E01052901
Semiamitraz
属高效、安全的杀螨剂,能有效地防治多种螨类,对抗性螨防效更好
【生产厂】[津]天津人农药业有限责任公司(500 吨)〈P1577〉

25%单甲脒盐酸盐水剂　E01052931
Semiamitraz hydrochloride aqueous (25%)
【生产厂】[津]天津市天环药业有限公司〈P1604〉;[鄂]武汉汉南同心化工有限公司〈P2230〉

啶虫脒;乙虫脒　E01053011
Acetamiprid [160430-64-8]
对半翅目、鳞翅目害虫有高效
【生产厂】[冀]河北润田化工有限公司〈P1621〉;河北威远生物化工股份有限公司(50 吨)〈P1622〉;[沪]上海泰禾(集团)有限公司〈P1767〉;上海东风农药厂(50 吨)〈P1732〉;[苏]南京市盼丰化工有限公司〈P1789〉;江苏省农药研究所有限公司〈P1781〉;南京第一农药厂〈P1783〉;南京红太阳集团〈P1784〉;南京仁信化工有限公司〈P1788〉;江苏皇马农化有限公司(100 吨)〈P1841〉;江苏苏化集团有限公司〈P1894〉;苏州华源农用生物化学品有限公司〈P1901〉;江苏徐州神农化工有限责任公司〈P1793〉;连云港立本农药化工有限公司〈P1798〉;江苏托球农化有限公司〈P1808〉;江苏广丰农药有限公司〈P1807〉;盐城利民农化有限公司〈P1810〉;江苏克胜集团股份有限公司(100 吨)〈P1808〉;扬州先锋化工有限公司〈P1820〉;姜堰市康鹏农化有限公司〈P1823〉;如东县光荣合成化工厂〈P1837〉;

［浙］浙江世佳科技有限公司〈P1947〉；［皖］安徽省化工研究院〈P1972〉；安徽金泰农药化工有限公司（600 吨）〈P1971〉；安徽华星化工股份有限公司（100 吨）〈P1984〉；［鲁］山东鲁抗生物农药有限责任公司〈P2145〉；山东东泰农化有限公司（500 吨）〈P2152〉；山东滨农科技有限公司〈P2155〉；东方润博农化（山东）有限公司〈P2089〉；山东省青岛海利尔药业有限公司〈P2047〉；［豫］沙隆达郑州农药有限公司（50 吨）〈P2168〉；河南永信生物农药股份有限公司（100 吨）〈P2194〉；［粤］广州润土农药化工有限公司〈P2263〉

【使用厂】［鲁］山东华阳和乐农药有限公司〈P2144〉；山东省青岛奥迪斯生物科技有限公司〈P2047〉；威海市农药厂〈P2125〉

啶虫脒乳油；吡虫清乳油 E01053021

Acetamiprid E. C.

主要用于防治各种蚜虫

【生产厂】［津］天津市前进农药厂（500 吨）〈P1600〉；天津市汇源化学品公司（50 吨）〈P1591〉；［冀］河北威远生物化工股份有限公司〈P1622〉；河北世纪农药有限公司〈P1666〉；沧州科润化工有限公司〈P1651〉；［晋］山西广大化工有限公司〈P1679〉；［沪］上海东风农药厂〈P1732〉；［苏］南京祥宇农药有限公司〈P1790〉；南京第一农药厂〈P1783〉；南京红太阳集团〈P1784〉；南京博臣农化有限公司〈P1782〉；无锡瑞泽农药有限公司〈P1874〉；江苏苏化集团有限公司〈P1894〉；江苏龙灯化学有限公司〈P1894〉；连云港立本农药化工有限公司〈P1798〉；江苏克胜集团股份有限公司〈P1808〉；姜堰市康鹏农化有限公司〈P1823〉；［皖］安徽金泰农药化工有限公司〈P1971〉；［鲁］山东省济南天邦化工有限公司〈P2030〉；山东恒利达化学品公司〈P2028〉；山东省联合农药工业有限公司〈P2030〉；山东东泰农化有限公司（300 吨）〈P2152〉；山东华阳和乐农药有限公司（800 吨）〈P2144〉；淄博丰登农药化工有限公司〈P2059〉；淄博绿晶农药有限公司〈P2065〉；山东邹平农药有限公司（800 吨）〈P2157〉；山东滨农科技有限公司〈P2155〉；潍坊天达植保有限公司〈P2105〉；东方润博农化（山东）有限公司〈P2089〉；山东寿光双星农药有限公司〈P2099〉；威海市农药厂〈P2125〉；山东省青岛海利尔药业有限公司〈P2047〉；山东省青岛好利特生物农药有限公司〈P2048〉；青岛东生药业有限公司〈P2034〉；山东农丰化工有限公司（300 吨）〈P2160〉；山东九洲农药有限公司〈P2160〉；山东省麒麟农化有限公司（80 吨）〈P2160〉；［豫］郑州郑氏化工产品有限公司〈P2175〉；河南力克化工有限公司〈P2166〉；沙隆达郑州农药有限公司〈P2168〉；河南省郑州富利达农药有限公司（50 吨）〈P2167〉；河南银田精细化工有限公司（200 吨）〈P2202〉；博爱惠丰生化农药有限公司〈P2192〉；安阳市红旗药业有限公司（300 吨）〈P2209〉；河南开封田威生物化学有限公司（50 吨）〈P2176〉；河南省商丘天神农药厂〈P2225〉；河南省夏邑县华泰化工有限公司〈P2225〉；［粤］惠州市中迅化工有限公司〈P2278〉

啶虫脒可溶性液剂 E01053031

Acetamiprid dissoluble liquid

用于十字花科蔬菜防治蚜虫等

【生产厂】［沪］上海东风农药厂〈P1732〉；［苏］南京第一农药厂〈P1783〉；南京红太阳集团〈P1784〉；江苏苏化集团有限公司〈P1894〉；江苏克胜集团股份有限公司〈P1808〉；［鲁］山东恒利达化学品公司〈P2028〉；山东省青岛海利尔药业有限公司〈P2047〉；山东省麒麟农化有限公司（100 吨）〈P2160〉

啶虫脒可湿性粉剂 E01053041

Acetamiprid W. P.

【生产厂】［苏］南京第一农药厂〈P1783〉；南京红太阳集团〈P1784〉；江苏金凤凰农化有限公司〈P1859〉；江苏省常州市植物药品厂〈P1860〉；江苏苏化集团有限公司〈P1894〉；连云港立本农药化工有限公司〈P1798〉；江苏广丰农药有限公司〈P1807〉；江苏克胜集团股份有限公司〈P1808〉；［鲁］山东省联合农药工业有限公司〈P2030〉；山东东泰农化有限公司（10 吨）〈P2152〉；淄博丰登农药化工有限公司〈P2059〉；淄博绿晶农药有限公司〈P2065〉；山东邹平农药有限公司（1000 吨）〈P2157〉；山东绿丰农药有限公司〈P2096〉；山东省青岛奥迪斯生物科技有限公司〈P2047〉；山东白云农药有限公司〈P2135〉；［豫］沙隆达郑州农药有限公司〈P2168〉；博爱惠丰生化农药有限公司〈P2192〉

丁醚脲；杀螨隆 E01053101

Diafenthiuron [80060-09-9]

用于防治柑橘树、苹果树的红蜘蛛，十字花科蔬菜的小菜蛾等害虫

【生产厂】［苏］南通施壮化工有限公司〈P1834〉；［皖］安徽省化工研究院〈P1972〉

杀虫磺 E01053301

Bensultap；Bancol [17606-31-4]

用于防治水稻二化螟、三化螟、小菜蛾、马铃薯象甲、葡萄缀穗蛾等鳞翅目和鞘翅目害虫

【生产厂】［苏］南京仁信化工有限公司〈P1788〉

双甲脒；双虫脒；虫螨光 E01053401

Amitraz；Mitac [33089-61-1]

广谱性杀螨剂，主要用于果树、棉花、蔬菜等作物防治螨类，还可用于牛、羊等牲畜防治蜱螨

【生产厂】［冀］河北新兴化工有限责任公司（500 吨）〈P1648〉；［沪］上海市农药研究所〈P1764〉；上海泰禾（集团）有限公司〈P1767〉；［苏］南京仁信化工有限公司〈P1788〉；江苏省常州华夏农药有限公司（25 吨）〈P1860〉；江苏百灵农化有限公司（300 吨）〈P1821〉；［浙］杭州优泰克农化有限公司〈P1947〉

双甲脒乳油；螨克乳油 E01053402

Amitraz E. C. [33089-61-1]

【生产厂】［津］天津人农药业有限责任公司（100 吨）〈P1577〉；［冀］河北新兴化工有限责任公司〈P1648〉；［苏］江苏省常州华夏农药有限公司〈P1860〉；江苏龙灯化学有限公司〈P1894〉；江苏百灵农化有限公司（300 吨）〈P1821〉；江苏省南通地旺农药化工有限公司〈P1831〉

胺丙畏；巴胺磷；烯虫磷；赛福丁；1-甲基-乙基(E)-3{[(乙胺基)甲氧基磷硫基]氧基}-2-丁烯酯 E01053611

Propetamphos；Safrotin；Blotic [31218-83-4]

具有触杀和胃毒作用，主要用于防治蟑螂、苍蝇和蚊子等害虫

【生产厂】［辽］沈阳市合成兽药厂（300 吨）〈P1688〉

唑螨酯 E01053701

Fenpyroximate [134098-61-6]

属高效、广谱苯氧基吡唑类杀螨剂，对多种害螨有强烈触杀作用，对幼螨活性最高，且持效期长

【生产厂】［苏］江苏徐州神农化工有限责任公司〈P1793〉；新沂市永诚化工有限公司〈P1794〉；［浙］杭州优泰克农化有限公司〈P1947〉

噻螨胺 E01053801
Cymiazole;Tifatol;Besuntol [61676-87-7]
【生产厂】[沪]上海市农药研究所〈P1764〉;上海生农生化制品有限公司〈P1762〉;[苏]南京科邦医药化工有限公司〈P1786〉

除虫脲;敌灭灵;1-(4-氯苯基)-3-(2,6-二氟苯甲酰基)脲 E01053901
Diflubenzuron [35367-38-5]
用于杀灭玉米、小麦上的粘虫
【生产厂】[京]北京东方德众科技发展有限公司〈P1546〉;[冀]河北润田化工有限公司〈P1621〉;河北威远生物化工股份有限公司〈P1622〉;石家庄市京东医药化工有限公司〈P1630〉;河北联立化工科技有限公司(50吨)〈P1641〉;[沪]上海生农生化制品有限公司〈P1762〉;[鲁]德州恒东农药化工有限公司(10吨)〈P2141〉;[豫]安阳市安林生物化工有限责任公司(100吨)〈P2208〉

除虫脲可湿性粉剂 E01053911
Diflubenzuron W.P.
【生产厂】[冀]河北威远生物化工股份有限公司〈P1622〉

除虫脲乳油 E01053931
Diflubenzuron E.C. [35367-38-5]
【生产厂】[冀]河北威远生物化工股份有限公司〈P1622〉;[鲁]德州恒东农药化工有限公司(5吨)〈P2141〉

除虫脲悬浮剂(20%);敌灭灵悬浮剂 E01053951
Diflubenzuron suspensoid (20%) [35367-38-5]
对鳞翅目害虫有特效,对鞘翅目、双翅目多种害虫也有效
【生产厂】[冀]河北威远生物化工股份有限公司〈P1622〉;[豫]安阳市安林生物化工有限责任公司(100吨)〈P2208〉

四螨嗪;3,6-双(2-氯苯基)-1,2,4,5-四嗪;螨死净 E01054101
Clofentezine [74115-24-5]
属高效、低毒广谱杀螨剂,用于防治苹果和其他果树树冠上的螨虫类
【生产厂】[冀]石家庄市绿丰化工有限公司〈P1630〉;[沪]上海泰禾(集团)有限公司〈P1767〉;[苏]南通宝叶化工有限公司(30吨)〈P1832〉;[鲁]山东华阳农药化工集团有限公司〈P2136〉
【使用厂】[苏]江苏克胜集团股份有限公司〈P1808〉;[鲁]山东华阳和乐农药有限公司〈P2144〉;山东省青岛海利尔药业有限公司〈P2047〉;威海市农药厂〈P2125〉;[豫]圣丰科技(河南)有限公司〈P2168〉

四螨嗪可湿性粉剂 E01054121
Clofentezine W.P.
对防治多种螨卵及幼虫都有很高的活性,具有对叶片的渗透传导性和持效期长等特点
【生产厂】[苏]南通宝叶化工有限公司〈P1832〉

四螨嗪悬浮剂 E01054141
Clofentezine suspension
【生产厂】[冀]石家庄市绿丰化工有限公司〈P1630〉;[苏]南通宝叶化工有限公司〈P1832〉;[鲁]山东华阳和乐农药有限公司〈P2144〉

苯磷硫胺 E01054201
Benfotiamine [22457-89-2]
【生产厂】[沪]上海三维制药有限公司〈P1760〉;上海赛恩斯医药化工有限公司〈P1759〉

伏虫隆;农梦特 E01054301
Teflubenzuron;Nomolt;Diaract [83121-18-0]
【生产厂】[浙]浙江省台州市椒江天一化工厂〈P1966〉

虫酰肼;米螨;*N*-叔丁基-*N*-(4-乙基苯甲酰基)-3,5-二甲基苯甲酰肼 E01054700
Tebufenozide;Confirm [112410-23-8]
是一种高效、低毒的昆虫生长调节剂型杀虫剂
【生产厂】[京]北京清华紫光英力化工技术有限责任公司〈P1557〉;[苏]南通施壮化工有限公司〈P1834〉;[闽]福建省三农碳酸钙有限责任公司钙品分公司〈P1995〉;[鲁]山东京博农化有限公司(10吨)〈P2155〉;山东玉成生化农药有限公司〈P2099〉;山东省青岛海利尔药业有限公司〈P2047〉
【使用厂】[鲁]潍坊天达植保有限公司〈P2105〉

虫酰肼悬浮剂 E01054751
Tebufenozide suspension [112410-23-8]
主要用于防治甘蓝、甜菜夜蛾等
【生产厂】[鲁]山东省联合农药工业有限公司〈P2030〉;山东京博农化有限公司(30吨)〈P2155〉;潍坊天达植保有限公司(1000吨)〈P2105〉;山东省青岛奥迪斯生物科技有限公司〈P2047〉;山东省青岛海利尔药业有限公司〈P2047〉;[粤]惠州市中迅化工有限公司〈P2278〉

虫酰肼可湿性粉剂 E01054791
Tebufenozide W.P.
【生产厂】[鲁]山东京博农化有限公司(30吨)〈P2155〉

甲基吡啶磷;加强蝇必净 E01054801
Azamethiphos [35575-96-3]
能有效杀灭苍蝇、蚂蚁、蟑螂等害虫
【生产厂】[冀]河北智通化工有限责任公司〈P1623〉;河北安霖制药有限公司〈P1639〉;[辽]大连化工研究设计院〈P1692〉;[浙]浙江台州海翔医药化工有限公司〈P1968〉;[鄂]湖北祥云(集团)化工股份有限公司〈P2244〉

甲基吡啶磷可湿性粉剂 E01054831
Azamethiphos W.P.
【生产厂】[冀]河北安霖制药有限公司〈P1639〉

甲基吡啶磷颗粒剂 E01054851
Azamethiphos granula
【生产厂】[冀]河北安霖制药有限公司〈P1639〉

特康唑 E01055201
Terconazole [67915-31-5]
【生产厂】[京]北京东方德众科技发展有限公司〈P1546〉;[苏]扬州腾达化工厂〈P1819〉

抗蚜威;2-二甲氨基-5,6-二甲基嘧啶-4-二甲基氨基甲酸酯;劈蚜雾 E01056001
Pirimicarb;Pirimor;Aphox;Piricarbe [23103-98-2]
是一种对蚜虫有特效的内吸性氨基甲酸酯类杀虫剂,具有触杀和熏蒸作用

【生产厂】[苏]江苏天容集团股份有限公司〈P1861〉;无锡瑞泽农药有限公司〈P1874〉;[浙]浙江省龙游绿得农药化工有限公司(200吨)〈P1959〉

【使用厂】[苏]江苏联合农用化学有限公司〈P1781〉;扬州市苏灵农药化工有限公司〈P1819〉

抗蚜威可湿性粉剂;劈蚜雾可湿性粉剂　E01056051

Pirimicarb W. P. [23103-98-2]

用于防治白菜、甘蓝、豆类、烟草、麻苗、油菜、花生、大豆、小麦、高粱等作物的蚜虫

【生产厂】[苏]无锡瑞泽农药有限公司〈P1874〉;江苏龙灯化学有限公司〈P1894〉;[鲁]山东邹平农药有限公司(200吨)〈P2157〉

高渗抗蚜威可湿性粉剂　E01056091

Pirimicarb W. P., penetrating

用于防治白菜、甘蓝、豆类、烟草、麻苗、油菜、花生、大豆、小麦、高粱等作物的蚜虫

【生产厂】[苏]无锡瑞泽农药有限公司〈P1874〉

抑食肼;1,2-二苯甲酰基-1-叔丁基肼;*N*-苯甲酰基-*N'*-特丁基苯甲酰肼　E01056101

1,2-Dibenzoyl-1-*tert*-butylhydrazine [112225-87-3]

用于防治稻纵卷叶螟、斜纹夜蛾等

【生产厂】[鲁]威海市农药厂〈P2125〉

抑食肼可湿性粉剂;虫死净　E01056151

1,2-Dibenzoyl-1-*tert*-butylhydrazine W. P. [112225-87-3]

用于蔬菜防治小菜蛾、甜菜夜蛾、菜青虫等害虫,水稻上防治粘虫、二化螟、三化螟等害虫

【生产厂】[苏]江苏生花农药有限公司〈P1865〉

唑蚜威;1-二甲胺基甲酰基-3-特丁基-5-羧乙氧甲硫基-1,2,4-三唑;灭蚜灵　E01056201

Ethyl(3-*tert*-butyl-1-dimethylcarbamoryl-1*H*-1,2,4-triazol-5-yl sulfur) acetate

【生产厂】[鲁]东营胜利绿野农药化工有限公司(300吨)〈P2081〉

噻虫嗪　E01056301

Thiamethoxam [153719-23-4]

【生产厂】[苏]江苏徐州神农化工有限责任公司〈P1793〉;[豫]郑州市金鹏化工实业有限公司(100吨)〈P2173〉

氟啶脲　E01056401

Chlorfluazuron [71422-67-8]

【生产厂】[沪]上海威敌生化(南昌)有限公司〈P1769〉;上海生农生化制品有限公司〈P1762〉;[鲁]山东东方农药科技实业公司〈P2028〉

氟啶脲乳油　E01056411

Chlorfluazuron E. C.

【生产厂】[苏]江苏克胜集团股份有限公司〈P1808〉;[鲁]山东东方农药科技实业公司〈P2028〉

螺灭杀;氯硝柳胺乙醇胺盐　E01056801

Snanilcide

【生产厂】[苏]吴江森亮化工有限公司〈P1910〉;[川]四川省化工研究设计院(500吨)〈P2319〉

烯唑醇;速保利;特谱唑;苄氯三唑醇　E01057101

Diniconazole; Spotless [83657-24-3]

属广谱杀菌剂,喷施于葡萄、谷物和水果上可防治白粉病和黑星病

【生产厂】[辽]沈阳丰收农药有限公司(1150吨)〈P1685〉;[苏]江苏华昌(集团)有限公司〈P1893〉;江苏托球农化有限公司〈P1808〉;盐城市龙跃农药有限公司〈P1811〉;盐城市瑞捷化工有限公司(30吨)〈P1812〉;江苏绿丰生物药业有限公司〈P1808〉;盐城利民农化有限公司〈P1810〉;[皖]安徽省化工研究院〈P1972〉;[豫]郑州市金鹏化工实业有限公司(100吨)〈P2173〉

【使用厂】[苏]江苏省农药研究所有限公司〈P1781〉;江苏龙灯化学有限公司〈P1894〉;江苏省苏科农化有限责任公司〈P1781〉;江苏联合农用化学有限公司〈P1781〉;[赣]江西农大锐特化工科技有限公司〈P2009〉;[鲁]山东省青岛奥迪斯生物科技有限公司〈P2047〉;山东寿光双星农药有限公司〈P2099〉;威海市农药厂〈P2125〉

烯唑醇乳油　E01057111

Diniconazole E. C.

【生产厂】[冀]河北威远生物化工股份有限公司〈P1622〉

12.5%烯唑醇可湿性粉剂　E01057131

Diniconazole W. P. (12.5%) [75736-33-3]

用于小麦的白粉病、黑穗病,水稻的纹枯病等病害的防治

【生产厂】[辽]沈阳丰收农药有限公司〈P1685〉;[苏]盐城市龙跃农药有限公司〈P1811〉;盐城利民农化有限公司〈P1810〉;[皖]安徽金泰农药化工有限公司〈P1971〉;宿州市亨达农药有限公司〈P1984〉;[川]四川国光农化有限公司〈P2331〉

烯禾啶;拿捕净　E01057601

Sethoxydime [74051-80-2]

用于阔叶作物防除禾本科杂草

【生产厂】[京]北京高盟化工有限公司〈P1548〉;[冀]沧州科润化工有限公司〈P1651〉;[辽]沈阳化工研究院试验厂〈P1686〉;大连瑞泽农药股份有限公司〈P1693〉;[鲁]山东先达化工有限公司〈P2157〉

【使用厂】[蒙]内蒙古宏裕科技股份有限公司〈P1683〉;[辽]大连松辽化工有限公司〈P1694〉;[黑]佳木斯市恺乐农药有限公司〈P1725〉;[苏]镇江农药厂有限公司〈P1844〉;[鲁]山东省青岛海利尔药业有限公司〈P2047〉

氟虫腈;氟普尼尔;非泼罗尼　E01057801

Fipronil; Regent [120068-37-3]

主要用在水稻、甘蔗、土豆等农作物上,动物保健方面主要用于杀灭猫和狗身上的跳蚤和虱等寄生虫

【生产厂】[沪]上海嘉辰化工有限公司〈P1742〉;[苏]江苏徐州神农化工有限责任公司〈P1793〉;涟水永安化工有限公司〈P1803〉;盐城市瑞捷化工有限公司(100吨)〈P1812〉;[浙]杭州南博生化科技有限公司〈P1921〉;浙江普洛化学有限公司〈P1955〉;[皖]安徽丰乐农化有限责任公司〈P1971〉;安徽华星化工股份有限公司〈P1984〉;[鲁]阿维

化学(山东)公司〈P2020〉

环嗪酮;林草净;威尔柏;3-环己基-6-二甲氨基-1-甲基-1,3,5-三嗪-2,4-二酮 E01058201
Hexazinone;Velpar [51235-04-2]
用于防除多种一年生和两年生杂草
【生产厂】[沪]上海泰禾(集团)有限公司〈P1767〉;[浙]杭州优泰克农化有限公司〈P1947〉

烯酰吗啉 E01058501
Dimethomorph [110488-70-5]
主要用来防治葡萄霜霉病和马铃薯晚疫病,通常与代森锰锌混用
【生产厂】[冀]河北冠龙农化有限公司〈P1663〉;[辽]沈阳丰收农药有限公司〈P1685〉;[沪]上海美林康精细化工有限公司〈P1753〉;[苏]盐城利民农化有限公司〈P1810〉;[皖]安徽丰乐农化有限责任公司(50吨)〈P1971〉;安徽省化工研究院〈P1972〉;[鲁]山东先达化工有限公司〈P2157〉;山东绿丰农药有限公司〈P2096〉;青岛碱业股份有限公司(100吨)〈P2038〉;青岛双收农药化工有限公司〈P2043〉;[川]宜宾北方川安化工有限公司〈P2335〉
【使用厂】[鲁]青岛东生药业有限公司〈P2034〉;山东省青岛奥迪斯生物科技有限公司〈P2047〉;山东省青岛好利特生物农药有限公司〈P2048〉

烯酰吗啉水分散粒剂 E01058531
Dimethomorph, water-dispersion granule
用于防治霜霉属、疫霉属病菌,对葡萄、马铃薯和番茄上的卵菌纲,尤其是霜霉科和疫霉属菌有杀菌效力
【生产厂】[冀]河北冠龙农化有限公司〈P1663〉;[鲁]山东寿光双星农药有限公司〈P2099〉

50%烯酰吗啉可湿性粉剂 E01058591
Dimethomorph W. P. (50%) [110488-70-5]
【生产厂】[冀]河北冠龙农化有限公司〈P1663〉;[皖]安徽丰乐农化有限责任公司〈P1971〉;[鲁]山东滨农科技有限公司〈P2155〉

溴虫腈;虫螨腈;4-溴-2-(4-氯苯基)-1-乙氧基甲基-5-三氟甲基吡咯-3-腈 E01058601
Chlorfenapyr [122453-73-0]
为新型吡咯类杀虫、杀螨剂,对多种害虫具有胃毒和触杀作用
【生产厂】[苏]江苏徐州神农化工有限责任公司〈P1793〉;[鲁]山东华阳农药化工集团有限公司(200吨)〈P2136〉

杀铃脲;氟幼灵;杀虫隆 E01059001
Triflumuron;Alystin;Trifluron [64628-44-0]
属苯甲酰脲类杀虫剂,能抑制多种森林害虫
【生产厂】[京]北京东方德众科技发展有限公司〈P1546〉;[冀]华北制药集团爱诺有限公司〈P1624〉;河北联立化工科技有限公司(20吨)〈P1641〉;[吉]吉林通化农药化工股份有限公司〈P1718〉;[苏]常州佳灵药业有限公司〈P1848〉;[浙]衢州海顺医药化工有限公司(20吨)〈P1957〉

杀铃脲悬浮剂 E01059021
Triflumuron suspension [64628-44-0]
能抑制多种森林害虫
【生产厂】[吉]吉林通化农药化工股份有限公司〈P1718〉

杀铃脲乳油 E01059031
Triflumuron E. C.
【生产厂】[吉]吉林通化农药化工股份有限公司〈P1718〉

氟铃脲;盖虫散;伏虫灵 E01059051
Hexaflumuron;Consult;Hexafluron [86479-06-3]
属苯甲酰脲类杀虫剂,通过抑制昆虫几丁质合成而杀死害虫
【生产厂】[京]北京东方德众科技发展有限公司〈P1546〉;[津]天津人农药业有限责任公司(100吨)〈P1577〉;[冀]河北威远生物化工股份有限公司〈P1622〉;河北联立化工科技有限公司〈P1641〉;[辽]大连瑞泽农药股份有限公司(50吨)〈P1693〉;[苏]江苏徐州神农化工有限责任公司〈P1793〉;[鲁]德州恒东农药化工有限公司(40吨)〈P2141〉;淄博绿晶农药有限公司〈P2065〉;山东玉成生化农药有限公司〈P2099〉;东方润博农化(山东)有限公司〈P2089〉;威海市农药厂〈P2125〉
【使用厂】[苏]盐城双宁农化有限公司〈P1812〉;江苏东宝农药化工有限公司〈P1815〉;[闽]施多富生物科技集团〈P1990〉;[鲁]山东省青岛海利尔药业有限公司〈P2047〉;青岛阳光农药厂(有限公司)〈P2045〉

氟铃脲乳油;果蔬保;伏虫灵乳油 E01059061
Hexaflumuron E. C. [86479-06-3]
可有效防治棉花、蔬菜、果树、林木等作物上的多种害虫
【生产厂】[冀]河北威远生物化工股份有限公司〈P1622〉;[晋]山西广大化工有限公司〈P1679〉;[辽]大连瑞泽农药股份有限公司〈P1693〉;[苏]连云港立本农药化工有限公司〈P1798〉;[鲁]山东东泰农化有限公司(30吨)〈P2152〉;德州恒东农药化工有限公司(200吨)〈P2141〉;山东邹平农药有限公司(1000吨)〈P2157〉;山东滨农科技有限公司〈P2155〉;山东寿光双星农药有限公司〈P2099〉;[豫]安阳市安林生物化工有限责任公司〈P2208〉;安阳市红旗药业有限公司(300吨)〈P2209〉;[粤]惠州市中迅化工有限公司〈P2278〉

三磷锡乳油;富事定乳油 E01059131
Triphosphorustin E. C.
是有机锡杀螨剂中的唯一乳油剂型,对成螨、幼螨、螨卵均有很强的杀灭作用
【生产厂】[沪]上海威敌生化(南昌)有限公司〈P1769〉;[鲁]招远三联化工厂(130吨)〈P2121〉;山东省青岛海利尔药业有限公司〈P2047〉;[豫]河南省周口山都丽化工有限公司〈P2227〉

胡椒基丁醚;3,4-亚甲二氧基-6-正丙基苄基正丁基二缩乙二醇醚 E01059201
Diperonyl butoxide [51-03-6]
用作杀虫增效剂
【生产厂】[粤]广东省中山凯达精细化工股份有限公司(100吨)〈P2282〉

呋线威 E01059301
Furathiocarb [65907-30-4]

【生产厂】[苏]江苏徐州神农化工有限责任公司〈P1793〉

烯虫酯;烯虫丙酯 E01059441

Methoprene;Pharorid [40596-69-8]

无公害新型农药,用于防治烟草仓储害虫粉螟和甲虫等

【生产厂】[津]天津市农药研究所(100 吨)〈P1600〉

24%速杀死乳油 E01059691

Sushasi E. C. (24%)

适用于水稻、果树、蔬菜、棉花、甘蔗、玉米、花卉等农作物及经济作物的虫害防治,且防治效果显著

【生产厂】[桂]广西化工研究院〈P2296〉;广西化工研究院-广西新晶科技有限公司〈P2296〉

烯啶虫胺 E01059901

Nitenpyram [120738-89-8]

广泛用于农业和园艺上防治蚜虫、叶蝉、蓟马、飞虱等害虫

【生产厂】[浙]杭州南博生化科技有限公司〈P1921〉

农用杀菌剂 E02000000

Fungicides, agricultural

广泛用于小麦、玉米、棉花、大豆、花生、水稻、茶树、果树、蔬菜等农作物的病虫害防治

【生产厂】[津]天津市捷康化学品有限公司(880 吨)〈P1591〉;[冀]石家庄曙光制药厂〈P1632〉;石家庄市三农有限公司〈P1631〉;[闽]龙岩市龙门化工发展有限公司〈P2007〉;[鲁]济南海启明化工有限责任公司〈P2021〉;山东省淄博市淄川黉阳农药有限公司(1000 吨)〈P2054〉;烟台绿云生物化学有限公司〈P2118〉;山东省宁阳县蚕用化工厂(100 吨)〈P2136〉;[豫]河南省大地农化有限责任公司(30 吨)〈P2166〉;河南东方人农化有限责任公司(500 吨)〈P2165〉;沙隆达郑州农药有限公司〈P2168〉

乙膦铝;三乙膦酸铝;疫霜灵;疫霉灵;霉菌灵;乙磷铝 E02010100

Fosetyl-aluminium; Aluminium triethylphosphonate [39148-24-8]

适用于防治果树、蔬菜、花卉、经济作物上由单轴霉属、霜霉属引起的病害

【生产厂】[津]天津人农药业有限责任公司(100 吨)〈P1577〉;天津市施普乐农药技术发展有限公司(500 吨)〈P1602〉;[苏]镇江江南化工有限公司(2000 吨)〈P1844〉;利民化工有限责任公司〈P1793〉;[浙]浙江世佳科技有限公司〈P1947〉;浙江嘉华化工有限公司〈P1954〉;[皖]安徽省化工研究院〈P1972〉;[鲁]山东大成农药股份有限公司(3000 吨)〈P2051〉

【使用厂】[鲁]山东富安集团农药有限公司〈P2052〉;山东绿丰农药有限公司〈P2096〉;青岛东生药业有限公司〈P2034〉;山东神星农药有限公司〈P2097〉;山东省青岛海利尔药业有限公司〈P2047〉;山东省淄博市淄川黉阳农药有限公司〈P2054〉;济宁市通达化工厂〈P2128〉;山东京博农化有限公司〈P2155〉;山东省烟台科达化工有限公司〈P2115〉;山东寿光双星农药有限公司〈P2099〉;威海市农药厂〈P2125〉;青岛阳光农药厂(有限公司)〈P2045〉

乙磷铝可湿性粉剂;三乙膦酸铝可湿性粉剂;疫霉灵可湿性粉剂 E02010102

Fosetyl-aluminium W. P.

属高效、低毒、广谱的内吸性有机磷杀菌剂,用于防治蔬菜、果树、花卉、经济作物的病害

【生产厂】[津]天津人农药业有限责任公司(100 吨)〈P1577〉;[沪]上海永远化工有限公司〈P1775〉;[浙]浙江嘉华化工有限公司〈P1954〉;[皖]安徽金泰农药化工有限公司〈P1971〉;[鲁]山东大成农药股份有限公司〈P2051〉;山东省青岛奥迪斯生物科技有限公司〈P2047〉;[川]四川国光农化有限公司〈P2331〉

醚菌酯;(E)-2-甲氧亚氨基-[2-(邻甲基苯氧基甲基)苯基]乙酸甲酯 E02010201

Kresoxim-methyl [143390-89-0]

【生产厂】[皖]安徽省化工研究院〈P1972〉;安徽华星化工股份有限公司〈P1984〉;[鲁]山东京博农化有限公司(2 吨)〈P2155〉

敌瘟磷可湿性粉剂;克瘟灵可湿性粉剂 E02010351

Difenphos W. P.

【生产厂】[鄂]武汉汉南同心化工有限公司〈P2230〉

毒死蜱;*O*,*O*-二乙基-*O*-(3,5,6-三氯-2-吡啶基)硫代磷酸酯;乐斯本;氯吡硫磷 E02010500

Chlorpyrifos [2921-88-2]

用于棉花、水稻、玉米、小麦及茶树等多种作物杀虫和杀螨

【生产厂】[辽]葫芦岛凌云集团农药化工有限公司〈P1702〉;[沪]上海升联化工有限公司〈P1762〉;[苏]南京盛启化工有限公司〈P1789〉;南京第一农药厂〈P1783〉;南京红太阳集团〈P1784〉;江苏天容集团股份有限公司〈P1861〉;江苏苏化集团有限公司〈P1894〉;连云港立本农药化工有限公司〈P1798〉;涟水永安化工有限公司〈P1803〉;江苏托球农化有限公司〈P1808〉;江苏广丰农药有限公司〈P1807〉;江苏克胜集团股份有限公司〈P1808〉;[浙]浙江新农化工股份有限公司(1000 吨)〈P1970〉;[皖]安徽丰乐农化有限责任公司〈P1971〉;安徽省化工研究院〈P1972〉;安徽华星化工股份有限公司〈P1984〉;安徽省池州新赛德化工有限公司〈P1987〉;[鲁]山东鲁抗生物农药有限责任公司〈P2145〉;山东天成农药有限公司(3000 吨)〈P2055〉;山东华阳农药化工集团有限公司(2000 吨)〈P2136〉;山东胜邦鲁南农药有限公司(1000 吨)〈P2150〉;[鄂]湖北仙隆化工股份有限公司〈P2245〉;[粤]广州润土农药化工有限公司〈P2263〉

【使用厂】[辽]沈阳化工研究院试验厂〈P1686〉;[黑]佳木斯兴宇生物技术开发有限公司〈P1725〉;[苏]江苏龙灯化学有限公司〈P1894〉;江苏瑞邦农药厂〈P1860〉;江苏嘉隆化工有限公司〈P1792〉;宜兴兴农化工制品有限公司〈P1888〉;扬州市苏灵农药化工有限公司〈P1819〉;高邮市运东农药化工有限公司〈P1813〉;江苏东宝农药化工有限公司〈P1815〉;江苏省激素研究所有限公司〈P1860〉;如皋市农药化工厂〈P1838〉;[闽]福建省泉州德盛农药有限公司〈P1998〉;福建省闽侯东亚化工有限公司〈P1988〉;施多富生物科技集团〈P1990〉;[鲁]邹平县绿大药业有限公司〈P2158〉;山东邹平农药有限公司〈P2157〉;山东省济南天邦化工有限公司〈P2030〉;青岛东生药业有限公司〈P2034〉;山东省青岛奥迪斯生物科技有限公司〈P2047〉;山东省青岛海利尔药业有限公司〈P2047〉;山东省淄博市淄川黉阳农药有限公司〈P2054〉;山东博丰植保药业有限公司〈P2051〉;山东京博农化有限公司〈P2155〉;招远三联化工厂〈P2121〉;威海市农药厂〈P2125〉;山东华阳科技股

份有限公司〈P2135〉;山东九洲农药有限公司〈P2160〉

毒死蜱乳油 E02010531

Chlorpyrifos, E. C.

用于果树、蔬菜、棉花、稻麦、茶叶、烟草等农作物害虫防治,也广泛用于蚊蝇、蟑螂、白蚁等家庭害虫的防治

【生产厂】[津]天津市华宇农药有限公司〈P1590〉;天津市汇源化学品公司(20吨)〈P1591〉;[晋]山西广大化工有限公司〈P1679〉;[沪]上海泰禾(集团)有限公司〈P1767〉;[苏]南京第一农药厂〈P1783〉;江苏金凤凰农化有限公司〈P1859〉;江苏瑞邦农药厂〈P1860〉;江苏天容集团股份有限公司〈P1861〉;宜兴兴农化工制品有限公司〈P1888〉;江苏苏化集团有限公司〈P1894〉;连云港立本农药化工有限公司〈P1798〉;盐城市龙跃农药有限公司〈P1811〉;江苏克胜集团股份有限公司〈P1808〉;[浙]浙江新农化工股份有限公司〈P1970〉;[皖]安徽丰乐农化有限责任公司〈P1971〉;安徽华星化工股份有限公司〈P1984〉;安徽省铜陵福成农药有限公司〈P1978〉;安徽省池州新赛德化工有限公司〈P1987〉;[闽]福建福农生化有限公司(100吨)〈P1988〉;[鲁]山东省联合农药工业有限公司〈P2030〉;山东邹平农药有限公司(300吨)〈P2157〉;山东滨农科技有限公司〈P2155〉;山东省青岛海利尔药业有限公司〈P2047〉;山东华阳科技股份有限公司〈P2135〉;济宁市通达化工厂〈P2128〉;山东胜邦鲁南农药有限公司(2000吨)〈P2150〉;[豫]河南力克化工有限公司〈P2166〉;河南省郑州富利达农药有限公司〈P2167〉;河南省夏邑县华泰化工有限公司〈P2225〉;[鄂]沙隆达集团公司〈P2240〉;[桂]广西金燕子农药有限公司〈P2301〉;[川]成都宇辰农药有限责任公司〈P2317〉

毒死蜱颗粒剂 E02010551

Chlorpyrifos granule

能有效长时间的控制地下害虫,防治效果显著优于敌百虫等常规药剂

【生产厂】[苏]江苏嘉隆化工有限公司〈P1792〉;[浙]浙江新农化工股份有限公司〈P1970〉;[鲁]邹平县绿大药业有限公司(80吨)〈P2158〉;山东寿光双星农药有限公司〈P2099〉;青岛阳光农药厂(有限公司)〈P2045〉;山东华阳科技股份有限公司〈P2135〉

异稻瘟净;*S*-苄基-*O*,*O*-二异丙基硫代磷酸酯 E02010600

Iprobenfos; Kitazin P [26087-47-8]

具有良好的内吸传导杀菌作用,对稻叶叶瘟病、穗颈瘟防治效果优良,可兼治稻飞虱

【生产厂】[沪]上海农药厂有限公司〈P1755〉;[浙]浙江嘉华化工有限公司〈P1954〉

【使用厂】[苏]江苏粮满仓农化有限公司〈P1816〉;江苏龙灯化学有限公司〈P1894〉;江苏嘉隆化工有限公司〈P1792〉;扬州市苏灵农药化工有限公司〈P1819〉;[湘]湖南天宇农药化工集团股份有限公司〈P2253〉

异稻瘟净乳油 E02010601

Iprobenfos E. C. [26087-47-8]

属内吸性杀菌剂,主要用于防治早晚稻穗颈瘟

【生产厂】[浙]浙江嘉华化工有限公司〈P1954〉

甲基立枯磷 E02010901

Tolcofos-methyl [57018-04-9]

主要用于防治土传病害,如立枯病、青枯病、黄枯病,适用于棉花、水稻、小麦等多种作物

【生产厂】[苏]江苏徐州神农化工有限责任公司〈P1793〉;新沂市永诚化工有限公司〈P1794〉;江苏省连云港市东金化工有限公司(500吨)〈P1798〉;[鲁]山东高密康丰农化有限公司(200吨)〈P2094〉

【使用厂】[皖]安徽丰乐农化有限责任公司〈P1971〉

20%甲基立枯磷乳油 E02010931

Tolclofos-methyl E. C. (20%)

适用于棉花、水稻、小麦等多种作物防治立枯病、青枯病、黄枯病等

【生产厂】[苏]江苏省连云港市东金化工有限公司〈P1798〉;[鲁]山东高密康丰农化有限公司(500吨)〈P2094〉

噻唑磷 E02011101

Fosthiazate [98886-44-3]

【生产厂】[苏]江苏徐州神农化工有限责任公司〈P1793〉

叶青双可湿性粉剂(20%);噻枯唑可湿性粉剂(20%);叶枯唑可湿性粉剂(20%) E02020103

Bismerthiazol W. P. (20%)

属高效、低毒、低残留杀菌剂,用于防治早、中、晚稻秧田和本田的白叶枯病

【生产厂】[皖]安徽省铜陵福成农药有限公司〈P1978〉;[鲁]山东省济南燕山三丰实业有限公司(130吨)〈P2030〉;[川]四川省化工研究设计院(240吨)〈P2319〉

嘧菌酯;(E)-[2-[6-(2-氰基苯氧基)嘧啶-4-基氧]苯基]-3-甲氧基丙烯酸甲酯 E02020201

Azoxystrobin [131860-33-8]

【生产厂】[苏]涟水永安化工有限公司〈P1803〉

氟环唑 E02020301

Epoxiconazole [135319-73-2]

【生产厂】[沪]上海永远化工有限公司〈P1775〉;上海生农生化制品有限公司〈P1762〉;[苏]盐城利民农化有限公司〈P1810〉;[浙]嘉兴市中科化学有限公司〈P1942〉;[皖]安徽省银山药业有限公司〈P1984〉

多菌灵;贝芬替;甲基-1*H*-2-苯并咪唑氨基甲酸酯 E02020500

Carbendazim; Carbendazol; Bavistin; Derosal; Delsene [10605-21-7]

用作麦类、瓜果等杀菌剂

【生产厂】[冀]河北润田化工有限公司〈P1621〉;[沪]上海市农药研究所〈P1764〉;上海永远化工有限公司〈P1775〉;上海泰禾(集团)有限公司〈P1767〉;[苏]南京仁信化工有限公司〈P1788〉;江苏省靖江市金囤农化有限公司(5000吨)〈P1822〉;苏州华源农用生物化学品有限公司(5000吨)〈P1901〉;太仓市农药厂有限公司〈P1908〉;连云港市金囤农药有限公司(2000吨)〈P1825〉;江苏苏中农药化工厂(1350吨)〈P1822〉;姜堰市康鹏农化有限公司〈P1823〉;[皖]安徽省化工研究院〈P1972〉;[赣]海利贵溪化工农药有限公司(500吨)〈P2013〉;[鲁]山东华阳农药化工集团有限公司(8000吨)〈P2136〉;[豫]沙隆达郑州农药有限公司〈P2168〉;[粤]广州润土农药化工有限公司〈P2263〉;[渝]重庆树荣化工有限公司〈P2307〉

【使用厂】[津]天津市塘沽农药厂〈P1603〉;[黑]佳木斯市恺

乐农药有限公司〈P1725〉；黑龙江省哈尔滨市益农生化制品开发有限公司〈P1721〉；［苏］铜山县化工厂〈P1794〉；连云港立本农药化工有限公司〈P1798〉；宿迁市健谷农化有限公司〈P1804〉；江苏粮满仓农化有限公司〈P1816〉；镇江农药厂有限公司〈P1844〉；无锡市锡南农药有限公司〈P1879〉；南京祥宇农药有限公司〈P1790〉；苏州市宝带农药有限责任公司〈P1903〉；江苏太湖地区农科所苏州农药实验厂〈P1894〉；江苏龙灯化学有限公司〈P1894〉；江苏省苏科农化有限责任公司〈P1781〉；江苏腾龙生物药业有限公司〈P1808〉；江苏嘉隆化工有限公司〈P1792〉；江苏灶星农化有限公司〈P1809〉；江苏联合农用化学有限公司〈P1781〉；新沂中凯农用化工有限公司〈P1794〉；宜兴市益农化工厂〈P1887〉；江苏金凤凰农化有限公司〈P1859〉；江苏省昆山市鼎烽农药有限公司〈P1894〉；扬州市苏灵农药化工有限公司〈P1819〉；江苏东宝农药化工有限公司〈P1815〉；如皋市农药化工厂〈P1838〉；江苏省江阴市福达农化有限公司〈P1865〉；盐城市龙跃农药有限公司〈P1811〉；［皖］安徽丰乐农化有限责任公司〈P1971〉；［闽］福建省漳州市龙文农化有限公司〈P2001〉；［鲁］山东富安集团农药有限公司〈P2052〉；淄博市周村穗丰农药化工有限公司〈P2072〉；济宁圣城化工实验有限责任公司〈P2128〉；山东邹平农药有限公司〈P2157〉；青岛碱业股份有限公司〈P2038〉；山东绿丰农药有限公司〈P2096〉；青岛东生药业有限公司〈P2034〉；潍坊奥维特农药有限公司〈P2101〉；山东京蓬生物药业股份有限公司〈P2113〉；山东神星农药有限公司〈P2097〉；山东省青岛海利尔药业有限公司〈P2047〉；山东省淄博市淄川黉阳农药有限公司〈P2054〉；淄博新万特农药有限公司〈P2074〉；山东京博农化有限公司〈P2155〉；山东省青岛好利特生物农药有限公司〈P2048〉；山东省烟台科达化工有限公司〈P2115〉；招远三联化工厂〈P2121〉；山东寿光双星农药有限公司〈P2099〉；山东省青州市农药厂〈P2098〉；临朐县农药厂〈P2090〉；威海市农药厂〈P2125〉；东营胜利绿野农药化工有限公司〈P2081〉；山东华阳科技股份有限公司〈P2135〉；青岛阳光农药厂(有限公司)〈P2045〉；山东九洲农药有限公司〈P2160〉；山东泗水丰田农药有限公司〈P2133〉；［豫］河南省长葛市农用生物药厂〈P2218〉；河南中州种子科技发展有限公司〈P2194〉；［粤］广州市金珠江化学有限公司〈P2265〉；［渝］重庆双丰农药有限公司〈P2307〉

多菌灵可湿性粉剂 E02020502

Carbendazim W. P. [10605-21-7]

用于防治三麦赤霉病、谷类黑穗病、棉花苗期病、油菜菌核病、水稻纹枯病、甘薯黑斑病等

【生产厂】［冀］河北冠龙农化有限公司〈P1663〉；邢台市农药有限公司〈P1643〉；［沪］上海升联化工有限公司〈P1762〉；［苏］镇江农药厂有限公司(2万吨)〈P1844〉；无锡市锡南农药有限公司〈P1879〉；江苏省江阴市福达农化有限公司〈P1865〉；江苏省靖江市金囤农化有限公司〈P1822〉；苏州华源农用生物化学品有限公司(1500吨)〈P1901〉；江苏龙灯化学有限公司〈P1894〉；江苏省昆山市鼎烽农药有限公司〈P1894〉；太仓市农药厂有限公司〈P1908〉；江苏嘉隆化工有限公司〈P1792〉；新沂中凯农用化工有限公司〈P1794〉；连云港市金囤农药有限公司〈P1825〉；江都市宙龙集团公司〈P1815〉；江苏粮满仓农化有限公司〈P1816〉；泰兴市东风农药化工厂〈P1826〉；姜堰市康鹏农化有限公司〈P1823〉；江苏百灵农化有限公司〈P1821〉；江苏省南通地旺农药化工有限公司〈P1831〉；［赣］海利贵溪化工农药有限公司〈P2013〉；［鲁］山东省淄博市淄川黉阳农药有限公司(500吨)〈P2054〉；淄博市周村穗丰农药化工有限公司(200吨)〈P2072〉；山东邹平农药有限公司(350吨)〈P2157〉；威海市农药厂〈P2125〉；莱阳市星火农药有限公司〈P2108〉；山东华阳科技股份有限公司〈P2135〉；山东泗水丰田农药有限公司(5000吨)〈P2133〉；山东胜邦鲁南农药有限公司(1200吨)〈P2150〉；［豫］河南力克化工有限公司〈P2166〉；河南省商丘天神农药厂〈P2225〉；河南省夏邑县华泰化工有限公司〈P2225〉；［川］四川国光农化有限公司〈P2331〉

多菌灵胶悬剂；多菌灵悬浮剂 E02020503

Carbendazim suspensoid [10605-21-7]

用于防治三麦赤霉病、谷类黑穗病、棉花苗期病、油菜菌核病、水稻纹枯病、甘薯黑斑病等

【生产厂】［苏］江苏省靖江市金囤农化有限公司〈P1822〉；苏州华源农用生物化学品有限公司(1000吨)〈P1901〉；江苏龙灯化学有限公司〈P1894〉；太仓市农药厂有限公司〈P1908〉；新沂中凯农用化工有限公司〈P1794〉；连云港市金囤农药有限公司〈P1825〉；［鲁］淄博新万特农药有限公司(1200吨)〈P2074〉；山东省淄博市淄川黉阳农药有限公司〈P2054〉；山东华阳科技股份有限公司〈P2135〉；山东泗水丰田农药有限公司〈P2133〉

超微多菌灵可湿性粉剂 E02020504

Carbendazim superfine, W. P. [10605-21-7]

用作杀菌剂

【生产厂】［鲁］山东泗水丰田农药有限公司〈P2133〉

复方多菌灵胶悬剂 E02020507

Carbendazim, mixed, suspension [10605-21-7]

用作麦类及瓜果蔬菜等杀菌剂

【生产厂】［鲁］山东京蓬生物药业股份有限公司(300吨)〈P2113〉；山东泗水丰田农药有限公司〈P2133〉

种衣剂 E02020600

Seed coating

用于农作物种子包衣处理

【生产厂】［鲁］山东华阳农药化工集团有限公司(1500吨)〈P2136〉；［豫］河南中州种子科技发展有限公司(2万吨)〈P2194〉

福·克悬浮种衣剂 E02020614

Thiram + Carbofuran, seed coating

用于玉米种子包衣，防病、治虫

【生产厂】［津］天津科润北方种衣剂有限公司〈P1575〉；［黑］黑龙江省哈尔滨市益农生化制品开发有限公司〈P1721〉；［苏］铜山县化工厂〈P1794〉；江苏嘉隆化工有限公司〈P1792〉；［皖］安徽丰乐农化有限责任公司〈P1971〉；［鲁］山东邹平农药有限公司(800吨)〈P2157〉；威海市农药厂〈P2125〉；青岛阳光农药厂(有限公司)〈P2045〉；山东华阳科技股份有限公司〈P2135〉；［豫］河南中州种子科技发展有限公司(1万吨)〈P2194〉

福·克·酮悬浮种衣剂；种衣剂(29号) E02020617

Thiram + Carbofuran + Triadimefon, seed coating

用于玉米、小麦种子包衣，防病、治虫

【生产厂】［鲁］山东华阳科技股份有限公司〈P2135〉；［豫］河南中州种子科技发展有限公司(1万吨)〈P2194〉

克·多种衣剂；多·克悬浮种衣剂 E02020641

Carbofuran + Carbendazim, seed coating

用于玉米种子包衣，以防治地下害虫，促进生长

【生产厂】[津]天津科润北方种衣剂有限公司〈P1575〉；[苏]铜山县化工厂〈P1794〉；江苏嘉隆化工有限公司〈P1792〉；[鲁]威海市农药厂〈P2125〉；山东华阳科技股份有限公司〈P2135〉；[豫]安阳市红旗药业有限公司(300 吨)〈P2209〉

多·福·克悬浮种衣剂 E02020651

Carbendazim + Thiram + Carbofuran, seed coating

用于防治大豆迎茬病、缺素症，综合防治大豆苗期病虫害，前期蓟马、蚜虫、大豆根腐病等

【生产厂】[津]天津科润北方种衣剂有限公司〈P1575〉；[黑]黑龙江省哈尔滨市益农生化制品开发有限公司〈P1721〉；佳木斯市恺乐农药有限公司(200 吨)〈P1725〉；[苏]铜山县化工厂〈P1794〉；江苏嘉隆化工有限公司〈P1792〉；[皖]安徽丰乐农化有限责任公司〈P1971〉；[鲁]山东华阳科技股份有限公司〈P2135〉

多·福悬浮种衣剂 E02020661

Carbendazim + Thiram, seed coating

用于防治小麦、大麦根腐病、黑穗病，棉花、瓜菜苗期病害

【生产厂】[津]天津科润北方种衣剂有限公司〈P1575〉；[苏]铜山县化工厂〈P1794〉；徐州市临黄农药厂〈P1795〉；[皖]安徽丰乐农化有限责任公司〈P1971〉

多·福·甲枯悬浮种衣剂 E02020665

Carbendazim + Thiram + Tolcofos-methyl, seed coating

用于防治小麦黑穗病、地下害虫、缺素症，有效防治油菜跳甲、根腐病等

【生产厂】[皖]安徽丰乐农化有限责任公司〈P1971〉

多·福·甲拌悬浮种衣剂 E02020671

Carbendazim + Thiram + Phorate, seed coating

【生产厂】[津]天津科润北方种衣剂有限公司〈P1575〉

多·甲拌悬浮种衣剂 E02020675

Carbendazim + Phorate, seed coating

【生产厂】[苏]铜山县化工厂〈P1794〉；江苏嘉隆化工有限公司〈P1792〉；[皖]安徽康达化工有限责任公司〈P1983〉；[鲁]山东邹平农药有限公司(1000 吨)〈P2157〉；山东华阳科技股份有限公司〈P2135〉

多·克·酮悬浮种衣剂 E02020681

Carbendazim + Carbofuran + Triadimefon, seed coating

【生产厂】[豫]河南中州种子科技发展有限公司(1 万吨)〈P2194〉

丙环唑；敌力脱；必扑尔；1-[2-(2,4-二氯苯基)-4-丙基-1,3-二氧戊环-2-基甲基]-1*H*-1,2,4-三唑 E02020701

Propiconazole [60207-90-1]

是具有保护和治疗作用的内吸性三唑类杀菌剂，可被根茎叶部吸收，并很快地在植物体内向上传导

【生产厂】[冀]河北润田化工有限公司〈P1621〉；河北世纪农药有限公司(95 吨)〈P1666〉；[沪]上海永远化工有限公司〈P1775〉；[苏]南京盛启化工有限公司〈P1789〉；镇江江南化工有限公司〈P1844〉；江苏瑞东农药有限公司〈P1860〉；江苏丰登农药有限公司(95 吨)〈P1858〉；太仓市农药厂有限公司〈P1908〉；江苏华昌(集团)有限公司〈P1893〉；盐城利民农化有限公司〈P1810〉；[浙]杭州优泰克农化有限公司〈P1947〉；浙江世佳科技有限公司〈P1947〉；[皖]安徽省化工研究院〈P1972〉；[鲁]山东鲁抗生物农药有限责任公司〈P2145〉；招远三联化工集团公司〈P2121〉；招远三联化工厂(90 吨)〈P2121〉；[陕]陕西大生化学科技有限公司〈P2346〉

丙环唑乳油 E02020731

Propiconazole E. C. [60207-90-1]

用于防治多种作物叶斑病、黑星病、炭疽病、锈病等病害

【生产厂】[冀]河北世纪农药有限公司〈P1666〉；[晋]山西广大化工有限公司〈P1679〉；[苏]江苏丰登农药有限公司〈P1858〉；太仓市农药厂有限公司〈P1908〉；盐城利民农化有限公司〈P1810〉；[皖]安徽丰乐农化有限责任公司〈P1971〉；[鲁]山东滨农科技有限公司〈P2155〉；山东寿光双星农药有限公司〈P2099〉；招远三联化工厂(150 吨)〈P2121〉；青岛裕达精细化工有限公司(20 吨)〈P2046〉；山东省青岛奥迪斯生物科技有限公司〈P2047〉；[粤]惠州市中迅化工有限公司〈P2278〉

萎锈灵；5,6-二氢-2-甲基-*N*-苯基-1,4-氧硫杂环己烯-3-甲酰胺 E02020901

Carboxin [5234-68-4]

丁烯酰胺类杀菌剂，对担子纲真菌具有较高内吸活性，主要用于防治作物锈病和黑穗病

【生产厂】[苏]新沂市永诚化工有限公司〈P1794〉；[浙]浙江省台州市椒江天一化工厂〈P1966〉；[陕]西安文远化学工业有限公司〈P2350〉

萎锈灵可湿性粉剂 E02020951

Carboxin W. P.

适用于作棉花、花生、蔬菜和甜菜的种子处理剂

【生产厂】[陕]西安文远化学工业有限公司〈P2350〉

三唑酮；粉锈宁；百理通；1-(4-氯苯氧基)-3,3-二甲基-1-(1,2,4-三唑-1-苯)-丁酮 E02021000

Triadimefon [43121-43-3]

是一种高效、低毒、低残留、广谱的内吸性杀菌剂，对麦类、蔬菜、果树等作物的锈病、白粉病有特殊防治效果

【生产厂】[沪]上海升联化工有限公司〈P1762〉；[苏]南京红太阳集团〈P1784〉；江苏华昌(集团)有限公司〈P1893〉；张家港天亨化工有限公司〈P1914〉；张家港保税区东方农化国贸有限公司〈P1911〉；江苏绿丰生物药业有限公司〈P1808〉；盐城利民农化有限公司〈P1810〉；江苏克胜集团股份有限公司(300 吨)〈P1808〉；江苏苏中农药化工厂(700 吨)〈P1822〉；[皖]安徽省化工研究院〈P1972〉；[鲁]山东鲁抗生物农药有限责任公司〈P2145〉；[豫]郑州市金鹏化工实业有限公司(600 吨)〈P2173〉；[粤]广州润土农药化工有限公司〈P2263〉；[川]四川省化工研究设计院(180 吨)〈P2319〉

【使用厂】[苏]宿迁市健谷农化有限公司〈P1804〉；江苏粮满仓农化有限公司〈P1816〉；镇江农药厂有限公司〈P1844〉；南京祥宇农药有限公司〈P1790〉；苏州市宝带农药有限责任公司〈P1903〉；江苏太湖地区农科所苏州农药实验厂〈P1894〉；江苏省苏科农化有限责任公司〈P1781〉；江苏腾龙生物药业有限公司〈P1808〉；江苏灶星农化有限公司〈P1809〉；江苏联合农用化学有限公司〈P1781〉；沭阳县淮

沭农药厂〈P1804〉;宜兴市益农化工厂〈P1887〉;江苏金凤凰农化有限公司〈P1859〉;扬州市苏灵农药化工有限公司〈P1819〉;江苏东宝农药化工有限公司〈P1815〉;[皖]安徽金泰农药化工有限公司〈P1971〉;[赣]江西农大锐特化工科技有限公司〈P2009〉;[鲁]山东富安集团农药有限公司〈P2052〉;淄博市周村穗丰农药化工有限公司〈P2072〉;山东邹平农药有限公司〈P2157〉;山东绿丰农药有限公司〈P2096〉;山东阳谷中石药业有限公司〈P2154〉;青岛东生药业有限公司〈P2034〉;山东神星农药有限公司〈P2097〉;山东省青岛海利尔药业有限公司〈P2047〉;山东省淄博市淄川黉阳农药有限公司〈P2054〉;山东省烟台科达化工有限公司〈P2115〉;山东寿光双星农药有限公司〈P2099〉;威海市农药厂〈P2125〉;山东华阳科技股份有限公司〈P2135〉;[豫]河南省大地农化有限责任公司〈P2166〉;河南省长葛市农用生物药厂〈P2218〉;开封市农药化工研究所〈P2178〉;河南省商丘天神农药厂〈P2225〉;河南中州种子科技发展有限公司〈P2194〉

三唑酮可湿性粉剂;粉锈宁可湿性粉剂 E02021001

Triadimefon W. P. [43121-43-3]

用于防治小麦锈病、白粉病,玉米、高粱的丝黑穗病、玉米园斑病等

【生产厂】[苏]镇江农药厂有限公司(500 吨)〈P1844〉;张家港天亨化工有限公司〈P1914〉;张家港保税区东方农化国贸有限公司〈P1911〉;盐城利民农化有限公司〈P1810〉;江苏灶星农化有限公司〈P1809〉;江苏克胜集团股份有限公司〈P1808〉;[鲁]山东省淄博市淄川黉阳农药有限公司〈P2054〉;山东邹平农药有限公司(600 吨)〈P2157〉;[豫]河南力克化工有限公司〈P2166〉;[粤]惠州市中迅化工有限公司〈P2278〉;[川]四川国光农化有限公司〈P2331〉

三唑酮乳油;粉锈宁乳油 E02021002

Triadimefon E. C. [43121-43-3]

用于防治小麦锈病、白粉病,玉米、高粱的丝黑穗病、玉米园斑病等

【生产厂】[苏]南京第一农药厂〈P1783〉;南京红太阳集团〈P1784〉;镇江农药厂有限公司(300 吨)〈P1844〉;江苏生花农药有限公司〈P1865〉;张家港大亨化工有限公司〈P1914〉;张家港保税区东方农化国贸有限公司〈P1911〉;盐城利民农化有限公司〈P1810〉;江苏克胜集团股份有限公司〈P1808〉;[鲁]山东大成农药股份有限公司〈P2051〉;山东省淄博市淄川黉阳农药有限公司(1000 吨)〈P2054〉;山东邹平农药有限公司(500 吨)〈P2157〉;中化山东进出口集团海阳精细化工厂(500 吨)〈P2121〉;[豫]河南力克化工有限公司〈P2166〉;河南省郑州富利达农药有限公司〈P2167〉;河南银田精细化工有限公司(300 吨)〈P2202〉;安阳市安林生物化工有限责任公司〈P2208〉;[川]成都宇辰农药有限责任公司〈P2317〉

三唑醇;1-(4-氯苯氧基)-1-(1*H*-1,2,4-三唑)-3,3-二甲基-2-丁醇 E02021101

Triadimenol [55219-65-3]

是一种内吸性广谱三唑类杀菌剂,能杀灭附于种子外部和内部的病菌

【生产厂】[冀]河北润田化工有限公司〈P1621〉;[沪]上海美林康精细化工有限公司〈P1753〉;[苏]江苏华昌(集团)有限公司〈P1893〉;江苏绿丰生物药业有限公司〈P1808〉;盐城利民农化有限公司〈P1810〉;[鲁]山东滨农科技有限公司〈P2155〉;[豫]郑州市金鹏化工实业有限公司(200 吨)〈P2173〉

腈菌唑;1-(4-氯苯基)-2-(1*H*-1,2,4-三唑-1-甲基)己腈 E02021110

Myclobutanil [88671-89-0]

对白粉病、锈病、黑星病、灰斑病、褐斑病、黑穗病等有很好防效

【生产厂】[冀]河北润田化工有限公司〈P1621〉;河北大田化工有限公司〈P1658〉;[辽]沈阳化工研究院试验厂(100 吨)〈P1686〉;[苏]镇江农药厂有限公司〈P1844〉;江苏生花农药有限公司〈P1865〉;海门市江乐农药化工有限责任公司〈P1830〉;[皖]安徽省化工研究院〈P1972〉;[鲁]山东省联合农药工业有限公司(50 吨)〈P2030〉;[豫]河南力克化工有限公司〈P2166〉;[鄂]湖北仙隆化工股份有限公司(400 吨)〈P2245〉

【使用厂】[苏]江苏瑞邦农药厂〈P1860〉;[鲁]青岛东生药业有限公司〈P2034〉;山东省青岛海利尔药业有限公司〈P2047〉;威海市农药厂〈P2125〉

腈菌唑乳油;叶斑宝 E02021191

Myclobutanil E. C.

杀菌剂,对子囊菌、担子菌所引起的各类病害,如白粉病、黑星病、锈病等均有特效

【生产厂】[冀]石家庄市捷尔生物化工有限公司〈P1630〉;[辽]沈阳化工研究院试验厂〈P1686〉;[苏]镇江农药厂有限公司〈P1844〉;江苏生花农药有限公司〈P1865〉;海门市江乐农药化工有限责任公司〈P1830〉;[皖]安徽金泰农药化工有限公司〈P1971〉;安徽省池州新赛德化工有限公司〈P1987〉;[鲁]山东省联合农药工业有限公司〈P2030〉;山东寿光双星农药有限公司〈P2099〉;[豫]河南开封田威生物化学有限公司〈P2176〉

棉隆;3,5-二甲基-1,3,5-噻二嗪烷-2-硫酮 E02021500

Dazomet; Basamid; Tiazon [533-74-4]

用作杀菌剂

【生产厂】[冀]河北世纪农药有限公司〈P1666〉;[苏]南通施壮化工有限公司〈P1834〉;如东县升辉化工有限公司〈P1837〉

稻瘟灵 E02021600

Isoprothiolane [50512-35-1]

属高效、低毒、低残留的有机硫杀菌剂,用于防治水稻稻颈瘟、稻叶瘟、稻苗瘟等

【生产厂】[苏]张家港保税区东方农化国贸有限公司〈P1911〉;[湘]湖南天宇农药化工集团股份有限公司(2000 吨)〈P2253〉;[川]四川省化工研究设计院〈P2319〉

稻瘟灵乳油 E02021602

Isoprothiolane E. C. [50512-35-1]

属内吸性杀菌剂,用于防治水稻稻颈瘟、稻叶瘟及小球菌核病等

【生产厂】[苏]溧阳市新球农药化工有限公司〈P1864〉;张家港保税区东方农化国贸有限公司〈P1911〉;[川]四川省化工研究设计院(150 吨)〈P2319〉

三环唑;克瘟唑;克瘟灵 E02021701

Tricycloazole; Beam; Bim; Blascide [41814-78-2]

用于防治水稻稻瘟病

【生产厂】[沪]上海东风农药厂(400 吨)〈P1732〉;[苏]江苏瑞东农药有限公司〈P1860〉;江苏丰登农药有限公司(500 吨)〈P1858〉;连云港市中成化工有限公司〈P1800〉;江都市宙龙集团公司〈P1815〉;江苏粮满仓农化有限公司(200

吨)〈P1816〉;江苏苏中农药化工厂(350吨)〈P1822〉;[浙]浙江莹光化工有限公司〈P1956〉;[粤]广州润土农药化工有限公司〈P2263〉;[渝]重庆树荣化工有限公司〈P2307〉;[川]四川省化工研究设计院(120吨)〈P2319〉

【使用厂】[黑]黑龙江省哈尔滨市益农生化制品开发有限公司〈P1721〉;[苏]镇江农药厂有限公司〈P1844〉;无锡市锡南农药有限公司〈P1879〉;江苏百灵农化有限公司〈P1821〉;南京祥宇农药有限公司〈P1790〉;江苏龙灯化学有限公司〈P1894〉;江苏嘉隆化工有限公司〈P1792〉;太仓市农药厂有限公司〈P1908〉;江苏金凤凰农化有限公司〈P1859〉;扬州市苏灵农药化工有限公司〈P1819〉;江苏东宝农药化工有限公司〈P1815〉;如皋市农药化工厂〈P1838〉;江苏省江阴市福达农化有限公司〈P1865〉;[鲁]山东神星农药有限公司〈P2097〉;[粤]广州市金珠江化学有限公司〈P2265〉

E

三环唑可湿性粉剂;克瘟唑可湿性粉剂 E02021702

Tricycloazole W. P. [41814-78-2]

用于防治水稻稻苗瘟、稻叶瘟、穗颈稻瘟等病虫害

【生产厂】[沪]上海升联化工有限公司〈P1762〉;上海东风农药厂〈P1732〉;[苏]镇江农药厂有限公司(500吨)〈P1844〉;江苏丰登农药有限公司〈P1858〉;江苏省昆山市鼎烽农药有限公司〈P1894〉;江苏灶星农化有限公司〈P1809〉;江都市宙龙集团公司〈P1815〉;江苏粮满仓农化有限公司〈P1816〉;姜堰市康鹏农化有限公司〈P1823〉;兴化市青松农药化工有限公司〈P1828〉;江苏省南通地旺农药化工有限公司〈P1831〉;[皖]安徽金泰农药化工有限公司〈P1971〉;[赣]江西农大锐特化工科技有限公司〈P2009〉;[豫]河南省夏邑县华泰化工有限公司〈P2225〉;[粤]惠州市中迅化工有限公司〈P2278〉;[渝]重庆树荣化工有限公司〈P2307〉;[川]成都宇辰农药有限责任公司〈P2317〉

三唑锡 E02021900

Azocyclotin [41083-11-8]

属触杀性杀螨剂,可杀灭幼螨、若螨、成螨和夏卵等螨虫

【生产厂】[苏]南京仁信化工有限公司〈P1788〉;[鲁]招远三联化工集团公司〈P2121〉;招远三联化工厂(80吨)〈P2121〉;[豫]河南省周口山都丽化工有限公司〈P2227〉

【使用厂】[鲁]山东省青岛海利尔药业有限公司〈P2047〉

三唑锡悬浮剂 E02021901

Azocyclotin suspensoid

用于防治螨害

【生产厂】[鲁]招远三联化工集团公司(400吨)〈P2121〉;招远三联化工厂(50吨)〈P2121〉;[豫]河南省周口山都丽化工有限公司〈P2227〉

三唑锡可湿性粉剂 E02021902

Azocyclotin W. P.

用于防治苹果、柑橘及经济作物的各种害螨

【生产厂】[晋]山西广大化工有限公司〈P1679〉;[苏]盐城双宁农化有限公司〈P1812〉;[鲁]山东东泰农化有限公司(90吨)〈P2152〉;山东寿光双星农药有限公司〈P2099〉;招远三联化工集团公司(400吨)〈P2121〉;招远三联化工厂(60吨)〈P2121〉;山东省青岛奥迪斯生物科技有限公司〈P2047〉;山东省青岛海利尔药业有限公司〈P2047〉;山东九洲农药有限公司〈P2160〉;[豫]河南省周口山都丽化工有限公司〈P2227〉;河南省夏邑县华泰化工有限公司〈P2225〉;[粤]惠州市中迅化工有限公司〈P2278〉

三唑锡乳油 E02021951

Azocyclotin E. C.

是高效、低毒、广谱有机杀螨剂,适宜于柑橘、苹果、梨、桃、葡萄、山楂、茶树、花卉等作物

【生产厂】[鲁]青岛阳光农药厂(有限公司)〈P2045〉

双苯三唑醇;1-联苯氧基-3,3-二甲基-1-(1*H*-1,2,4-三唑-1-基)-丁醇 E02022301

Bitertanol;Biloxazol;Baycor [55179-31-2]

用作广谱杀菌剂

【生产厂】[苏]南京仁信化工有限公司〈P1788〉;盐城利民农化有限公司〈P1810〉;[豫]郑州市金鹏化工实业有限公司(50吨)〈P2173〉

戊环唑 E02022401

Pentylcycloazole

【生产厂】[苏]扬州腾达化工厂〈P1819〉

8-羟基喹啉铜 E02022501

Copper 8-quinolinolate

用作杀菌剂

【生产厂】[苏]南京奥德赛化工有限公司〈P1782〉;[鲁]潍坊万源化工有限公司〈P2106〉;[豫]开封明阳化工有限责任公司〈P2177〉

戊唑醇;立克秀;1-(4-氯苯基)-4,4-二甲基-3(1*H*-1,2,4-三唑-1-基甲基)戊-3-醇 E02022601

Tebuconazole [107534-96-3]

三唑类杀菌剂,用于重要经济作物的种子处理或叶面喷洒的高效杀菌剂,可有效地防治禾谷类作物的多种锈病等

【生产厂】[冀]河北润田化工有限公司〈P1621〉;河北世纪农药有限公司〈P1666〉;[黑]鹤岗市清华紫光英力农化有限公司〈P1725〉;[沪]上海美林康精细化工有限公司〈P1753〉;上海生农生化制品有限公司〈P1762〉;[苏]江苏省农药研究所有限公司〈P1781〉;南京红太阳集团〈P1784〉;江苏丰登农药有限公司〈P1858〉;江苏华昌(集团)有限公司〈P1893〉;张家港天亨化工有限公司〈P1914〉;涟水永安化工有限公司〈P1803〉;江苏托球农化有限公司〈P1808〉;江苏广丰农药有限公司〈P1807〉;江苏绿丰生物药业有限公司〈P1808〉;盐城利民农化有限公司〈P1810〉;江苏克胜集团股份有限公司〈P1808〉;[浙]杭州优泰克农化有限公司〈P1947〉;[皖]安徽丰乐农化有限责任公司(50吨)〈P1971〉;安徽省化工研究院〈P1972〉;安徽省银山药业有限公司〈P1984〉;[鲁]山东滨农科技有限公司〈P2155〉;青岛裕达精细化工有限公司(10吨)〈P2046〉;山东华阳农药化工集团有限公司(100吨)〈P2136〉;[豫]郑州市金鹏化工实业有限公司(200吨)〈P2173〉;[陕]陕西大生化学科技有限公司〈P2346〉

戊唑醇可湿性粉剂 E02022631

Tebuconazole W. P.

【生产厂】[苏]盐城双宁农化有限公司〈P1812〉

戊唑醇乳油 E02022651

Tebuconazole E. C.

【生产厂】[苏]江苏丰登农药有限公司〈P1858〉

戊唑醇悬浮剂 E02022671

Tebuconazole suspension [107534-96-3]

【生产厂】[苏]铜山县化工厂〈P1794〉;盐城利民农化有限公司〈P1810〉;江苏克胜集团股份有限公司〈P1808〉;[鲁]山东滨农科技有限公司〈P2155〉

抑霉唑;1-[2-(2,4-二氯苯基)-2-(2-烯丙基)乙基]-1*H*-咪唑 E02022701

Imazalil [35554-44-0]

用于水果的新型杀菌剂、种子处理剂

【生产厂】[苏]扬州腾达化工厂(50吨)〈P1819〉;[陕]陕西大生化学科技有限公司〈P2346〉

戊菌唑 E02022801

Penconazole [66246-88-6]

用于防治白粉菌、黑星菌属及其他疾病的孢菌纲、子菌纲和半知菌类的致病菌等

【生产厂】[沪]上海美林康精细化工有限公司〈P1753〉;[苏]南京红太阳集团〈P1784〉;[浙]杭州宇龙化工有限公司〈P1925〉;浙江世佳科技有限公司〈P1947〉

戊菌唑乳油 E02022831

Penconazole E. C.

用于杀灭白粉菌科黑星菌属及其他致病的孢菌纲、担子菌纲和半知菌类的致病菌

【生产厂】[浙]杭州宇龙化工有限公司〈P1925〉

戊菌唑水乳剂 E02022851

Penconazole aqueous emulsion

用于杀灭白粉菌科黑星菌属及其他致病的孢菌纲、担子菌纲和半知菌类的致病菌

【生产厂】[浙]杭州宇龙化工有限公司〈P1925〉

己唑醇 E02022901

Hexaconazole [79983-71-4]

对真菌尤其是担子菌亚门和子囊菌亚门引起的病害有广谱性的保护和治疗作用

【生产厂】[苏]江苏省农药研究所有限公司〈P1781〉;江苏丰登农药有限公司(50吨)〈P1858〉;连云港立本农药化工有限公司(50吨)〈P1798〉;江苏托球农化有限公司〈P1808〉;江苏绿丰生物药业有限公司〈P1808〉;盐城利民农化有限公司〈P1810〉;江苏克胜集团股份有限公司(50吨)〈P1808〉;[浙]杭州宇龙化工有限公司〈P1925〉;杭州依田化工有限公司〈P1924〉;杭州优泰克农化有限公司〈P1947〉;[豫]郑州市金鹏化工实业有限公司(200吨)〈P2173〉

己唑醇乳油 E02022951

Hexaconazole E. C.

【生产厂】[苏]连云港立本农药化工有限公司〈P1798〉

氟菌唑 E02023101

Triflumizole [99387-89-0]

【生产厂】[沪]上海生农生化制品有限公司〈P1762〉;[苏]扬州腾达化工厂〈P1819〉

氟硅唑;福星;克菌星 E02023201

Flusilazole [85509-19-9]

用于防治黄瓜白粉病

【生产厂】[浙]杭州依田化工有限公司〈P1924〉;[豫]博爱惠丰生化农药有限公司〈P2192〉

氯苯嘧啶醇 E02023301

Fenarimol;Rubigan [60168-88-9]

【生产厂】[浙]杭州依田化工有限公司〈P1924〉

粉唑醇 E02023401

Flutriafol [76674-21-0]

为三唑类杀菌剂,是甾醇脱甲基化抑制剂,用于防治谷物白粉病

【生产厂】[苏]江苏丰登农药有限公司〈P1858〉;盐城市瑞捷化工有限公司(30吨)〈P1812〉;盐城利民农化有限公司〈P1810〉;[浙]杭州宇龙化工有限公司〈P1925〉;杭州优泰克农化有限公司〈P1947〉;浙江世佳科技有限公司〈P1947〉

环唑醇 E02023601

Cyproconazole [94361-06-5]

【生产厂】[苏]盐城利民农化有限公司〈P1810〉

五氯硝基苯粉剂;土粒散粉剂;掘地生粉剂 E02030102

Pentachloronitrobenzene powder;Quintozene powder [82-68-8]

用作拌种剂和土壤处理剂,用于防治棉花立枯病、炭疽病、小麦腥黑穗病、散黑穗病、蔬菜猝倒病、大蒜白腐病等

【生产厂】[川]四川国光农化有限公司〈P2331〉

五氯硝基苯 E02030103

Pentachloronitrobenzene [82-68-8]

为高效、低毒的土壤杀菌剂,用作拌种剂和土壤处理剂,用于防治棉花炭疽病等

【生产厂】[晋]山西省临汾有机化工厂〈P1678〉

【使用厂】[苏]新沂中凯农用化工有限公司〈P1794〉;[鲁]山东省青岛海利尔药业有限公司〈P2047〉

三苯基醋酸锡;三苯基乙酸锡 E02030201

Triphenyltin acetate [900-95-8]

用于防治水稻稻瘟病、稻曲病,甜菜的褐斑病等

【生产厂】[苏]江苏丰登农药有限公司(200吨)〈P1858〉;[鲁]招远市金恒化工有限公司〈P2121〉

三苯基乙酸锡可湿性粉剂 E02030231

Triphenyltin acetate W. P.

用于防治水稻稻瘟病、稻曲病,甜菜的褐斑病等

【生产厂】[鲁]招远市金恒化工有限公司〈P2121〉;[豫]圣丰科技(河南)有限公司〈P2168〉

三苯基氢氧化锡;毒菌锡 E02030251

Triphenyl stannic hydroxide [76-87-9]

为非内吸保护性杀菌剂,能有效防治对铜类杀菌剂敏感的一些菌类,可防治甜菜褐斑病,马铃薯晚疫病等

【生产厂】[苏]江苏丰登农药有限公司〈P1858〉;连云港市中成化工有限公司〈P1800〉;[鲁]招远市金恒化工有限公司〈P2121〉

三苯基氢氧化锡悬浮剂　E02030291

Triphenyl stannic hydroxide, suspension

为非内吸保护性杀菌剂，可防治甜菜褐斑病、马铃薯晚疫病、大豆黑点病等病害

【生产厂】[鲁]招远市金恒化工有限公司〈P2121〉

甲基硫菌灵；甲基托布津；1,2-双-(甲氧羰基-2-硫脲基)苯　E02030500

Thiophanate methyl [23564-05-8]

广谱性杀菌剂，广泛用于稻、棉、麦、油菜等多种作物多种病害防治

【生产厂】[沪]上海市农药研究所〈P1764〉；上海泰禾(集团)有限公司〈P1767〉；上海升联化工有限公司〈P1762〉；[苏]苏州华源农用生物化学品有限公司〈P1901〉；太仓市农药厂有限公司(500吨)〈P1908〉；[赣]海利贵溪化工农药有限公司(500吨)〈P2013〉；[鲁]山东华阳农药化工集团有限公司(3000吨)〈P2136〉；[粤]广州润土农药化工有限公司〈P2263〉

【使用厂】[津]天津市塘沽农药厂〈P1603〉；天津市农药研究所〈P1600〉；天津市迎新农药有限公司〈P1611〉；[冀]河北冠龙农化有限公司〈P1663〉；[苏]镇江农药厂有限公司〈P1844〉；无锡市锡南农药有限公司〈P1879〉；南京博臣农化有限公司〈P1782〉；江苏联合农用化学有限公司〈P1781〉；江苏省江阴市福达农化有限公司〈P1865〉；[闽]福建省泉州德盛农药有限公司〈P1998〉；[鲁]山东富安集团农药有限公司〈P2052〉；邹平县绿大药业有限公司〈P2158〉；山东神星农药有限公司〈P2097〉；山东省青岛海利尔药业有限公司〈P2047〉；山东省淄博市淄川黉阳农药有限公司〈P2054〉；山东寿光双星农药有限公司〈P2099〉；山东省青州市农药厂〈P2098〉；威海市农药厂〈P2125〉；东营胜利绿野农药化工有限公司〈P2081〉

甲基硫菌灵可湿性粉剂；甲基托布津可湿性粉剂　E02030531

Thiophanate methyl W. P. [23564-05-8]

是高效、低毒、内吸性杀菌剂，用于防治三麦赤霉病、棉花苗期病害、小麦锈病、果树病害等

【生产厂】[津]天津市农药研究所(300吨)〈P1600〉；[晋]山西广大化工有限公司〈P1679〉；[苏]镇江农药厂有限公司(500吨)〈P1844〉；无锡市锡南农药有限公司〈P1879〉；宜兴兴农化工制品有限公司〈P1888〉；江苏省江阴市福达农化有限公司〈P1865〉；江苏龙灯化学有限公司〈P1894〉；太仓市农药厂有限公司〈P1908〉；江苏嘉隆化工有限公司〈P1792〉；江苏克胜集团股份有限公司〈P1808〉；[皖]安徽省铜陵福成农药有限公司〈P1978〉；[赣]海利贵溪化工农药有限公司〈P2013〉；[鲁]山东省淄博市淄川黉阳农药有限公司(1000吨)〈P2054〉；山东邹平农药有限公司(150吨)〈P2157〉；威海市农药厂(5000吨)〈P2125〉；莱阳市星火农药有限公司〈P2108〉；山东省青岛奥迪斯生物科技有限公司〈P2047〉；山东省青岛海利尔药业有限公司〈P2047〉；山东华阳科技股份有限公司〈P2135〉；山东曹达化工有限公司〈P2159〉；[豫]河南省夏邑县华泰化工有限公司〈P2225〉；[川]四川国光农化有限公司〈P2331〉

甲基硫菌灵悬浮剂　E02030571

Thiophanate methyl suspension

【生产厂】[苏]江苏龙灯化学有限公司〈P1894〉

百菌清；四氯间苯二甲腈　E02031000

Chlorothalonil; Tetrachloro isophthalonitrile [1897-45-6]

属广谱、高效、低毒杀菌剂，用于农作物病害防治

【生产厂】[冀]河北润田化工有限公司〈P1621〉；[沪]上海泰禾(集团)有限公司(3000吨)〈P1767〉；上海升联化工有限公司〈P1762〉；[苏]南京仁信化工有限公司〈P1788〉；江苏省新沂市经纬化工有限公司〈P1793〉；江苏新河农用化工有限公司(3000吨)〈P1793〉；利民化工有限责任公司(1440吨)〈P1793〉；新沂利民化工有限公司〈P1794〉；[鲁]山东大成农药股份有限公司(1920吨)〈P2051〉；[豫]安阳市安林生物化工有限责任公司〈P2208〉；[滇]云南红云氯碱有限公司(960吨)〈P2340〉；云南天丰农药有限公司(1000吨)〈P2342〉

【使用厂】[苏]江苏龙灯化学有限公司〈P1894〉；[鲁]淄博市周村穗丰农药化工有限公司〈P2072〉；青岛东生药业有限公司〈P2034〉；山东神星农药有限公司〈P2097〉；山东省青岛海利尔药业有限公司〈P2047〉；山东省淄博市淄川黉阳农药有限公司〈P2054〉；济宁市通达化工厂〈P2128〉；[粤]惠州市中迅化工有限公司〈P2278〉

百菌清烟剂　E02031004

Chlorothalonil fumigant [1897-45-6]

用于防治黄瓜霜霉病

【生产厂】[冀]河北威远生物化工股份有限公司〈P1622〉；唐山鑫华农药有限公司〈P1637〉；[晋]运城精化农药有限公司〈P1680〉；[鲁]淄博市周村穗丰农药化工有限公司(100吨)〈P2072〉；淄博绿晶农药有限公司〈P2065〉；山东邹平农药有限公司(800吨)〈P2157〉；威海市农药厂〈P2125〉；[豫]河南金田地农化有限公司〈P2165〉；圣丰科技(河南)有限公司〈P2168〉；河南银田精细化工有限公司(300吨)〈P2202〉；安阳市安林生物化工有限责任公司(2000吨)〈P2208〉；安阳市小康农药有限责任公司(500吨)〈P2210〉；浚县绿宝农药厂〈P2200〉

百菌清胶悬剂；百菌清悬浮剂　E02031005

Chlorothalonil suspensoid [1897-45-6]

属高效、广谱、安全的农林用的杀菌剂，也可用作制革和其他工业的防霉剂

【生产厂】[苏]江苏新河农用化工有限公司〈P1793〉；利民化工有限责任公司〈P1793〉；[豫]圣丰科技(河南)有限公司〈P2168〉；安阳市安林生物化工有限责任公司〈P2208〉；[滇]云南天丰农药有限公司〈P2342〉

百菌清可湿性粉剂　E02031010

Chlorothalonil W. P.

属高效、广谱、安全的农林用杀菌剂

【生产厂】[冀]邢台市农药有限公司〈P1643〉；[苏]宜兴兴农化工制品有限公司〈P1888〉；江苏龙灯化学有限公司〈P1894〉；江苏新河农用化工有限公司〈P1793〉；利民化工有限责任公司〈P1793〉；[鲁]山东大成农药股份有限公司〈P2051〉；山东绿丰农药有限公司〈P2096〉；威海市农药厂〈P2125〉；山东省青岛奥迪斯生物科技有限公司〈P2047〉；山东华阳科技股份有限公司〈P2135〉；[粤]惠州市中迅化工有限公司〈P2278〉；[滇]云南天丰农药有限公司〈P2342〉

敌磺钠可湿性粉剂　E02031421

Fenaminosulf W. P.

用于防治水稻秧苗立枯病，棉花苗期红腐病、炭疽病等

【生产厂】[黑]黑龙江省科润生物科技有限公司〈P1721〉；黑龙江企达农药开发有限公司〈P1725〉；[豫]河南省夏邑县华泰化工有限公司〈P2225〉

三苯基氯化锡　E02031501

Triphenyltin chloride [639-58-7]

能防治甜菜褐斑病、马铃薯晚疫病、稻胡麻斑病,还能用作昆虫不育剂,抑制家蝇繁殖

【生产厂】[苏]江苏丰登农药有限公司〈P1858〉;[鲁]招远市金恒化工有限公司〈P2121〉;山东招远化工总厂(600吨)〈P2115〉;莱西市天时化工有限公司〈P2032〉

腐霉利;速克灵;N-(3,5-二氯苯基)-1,2-二甲基环丙烷-1,2-二羧基亚胺;二甲菌核利　E02031801

Procymidone;Sumilex [32809-16-8]

属保护地用蔬菜杀菌剂

【生产厂】[沪]上海升联化工有限公司(150吨)〈P1762〉;[苏]南通施壮化工有限公司〈P1834〉;如东县光荣合成化工厂〈P1837〉;[川]宜宾北方川安化工有限公司〈P2335〉

【使用厂】[鲁]山东神星农药有限公司〈P2097〉;山东农丰化工有限公司〈P2160〉

腐霉利烟剂　E02031851

Procymidone fumigant [32809-16-8]

用于防治保护地番茄灰霉病等病害

【生产厂】[晋]山西广大化工有限公司〈P1679〉;[鲁]山东迈英德化学有限公司〈P2029〉;山东邹平农药有限公司(400吨)〈P2157〉;[豫]河南银田精细化工有限公司〈P2202〉;安阳市安林生物化工有限责任公司(200吨)〈P2208〉;浚县绿宝农药厂〈P2200〉

噻唑锌;2-氨基-5-巯基-1,3,4-噻二唑锌　E02031901

Zinc thiazole;2-Amino-5-mercapto-1,3,4-thiadiazole zinc

【生产厂】[浙]浙江新农化工股份有限公司〈P1970〉

代森铵水溶液;代森铵水剂　E02040101

Amobam aqueous solution [3566-10-7]

用于防治水稻白叶枯病、黄瓜霜霉病、白粉病、甘薯黑斑病、棉花炭疽病及蔬菜、果树害虫

【生产厂】[津]天津人农药业有限责任公司(100吨)〈P1577〉;天津市兴果农药厂(300吨)〈P1609〉;天津市汇源化学品公司(50吨)〈P1591〉;[冀]河北双吉化工有限公司(1000吨)〈P1622〉;[辽]沈阳丰收农药有限公司〈P1685〉;[苏]利民化工有限责任公司〈P1793〉;[鲁]淄博兆凯化工有限公司〈P2076〉;山东富安集团农药有限公司(1000吨)〈P2052〉;莱阳市星火农药有限公司〈P2108〉;[豫]圣丰科技(河南)有限公司〈P2168〉

代森锌;亚乙基双(二硫代氨基甲酸锌)　E02040200

Zineb;Tiezene;Parzate [12122-67-7]

叶面用保护性杀菌剂,主要用于防治麦类、蔬菜、葡萄、果树和烟草等作物的多种真菌病害

【生产厂】[津]天津人农药业有限责任公司(100吨)〈P1577〉;[冀]河北双吉化工有限公司〈P1622〉;[辽]沈阳丰收农药有限公司(750吨)〈P1685〉;[苏]利民化工有限责任公司〈P1793〉;江苏克胜集团股份有限公司〈P1808〉;南通宝叶化工有限公司〈P1832〉;南通施壮化工有限公司〈P1834〉;[浙]浙江莹光化工有限公司〈P1956〉;[鲁]山东天成农药有限公司〈P2055〉

代森锌可湿性粉剂　E02040201

Zineb W. P. [12122-67-7]

属叶面保护性杀菌剂,主要用于防治麦类、蔬菜、葡萄、果树和烟草等作物的多种真菌病害

【生产厂】[津]天津市兴果农药厂(300吨)〈P1609〉;[冀]河北双吉化工有限公司〈P1622〉;[晋]山西广大化工有限公司〈P1679〉;[辽]沈阳丰收农药有限公司〈P1685〉;[苏]江苏龙灯化学有限公司〈P1894〉;利民化工有限责任公司〈P1793〉;南通宝叶化工有限公司〈P1832〉;[鲁]威海市农药厂〈P2125〉;山东省青岛海利尔药业有限公司〈P2047〉;青岛东生药业有限公司〈P2034〉;[豫]河南省夏邑县华泰化工有限公司〈P2225〉;[粤]惠州市中迅化工有限公司〈P2278〉;[川]四川国光农化有限公司〈P2331〉

代森锰锌　E02040301

Mancozeb;Penncozeb [8018-01-7]

为高效、低毒、广谱保护性杀菌剂,用于小麦、玉米、水果等作物的杀菌防病

【生产厂】[冀]河北润田化工有限公司〈P1621〉;河北双吉化工有限公司〈P1622〉;[辽]沈阳丰收农药有限公司〈P1685〉;[沪]上海泰禾(集团)有限公司〈P1767〉;[苏]利民化工有限责任公司(7000吨)〈P1793〉;新沂利民化工有限公司〈P1794〉;南通宝叶化工有限公司(640吨)〈P1832〉;[浙]浙江莹光化工有限公司〈P1956〉;[皖]安徽省化工研究院〈P1972〉;[鲁]山东天成农药有限公司(6000吨)〈P2055〉;[豫]浚县绿宝农药厂(100吨)〈P2200〉

【使用厂】[津]天津市塘沽农药厂〈P1603〉;[冀]河北威远生物化工股份有限公司〈P1622〉;[辽]沈阳化工研究院试验厂〈P1686〉;[沪]上海高伦现代农化股份有限公司〈P1734〉;[苏]镇江农药厂有限公司〈P1844〉;江苏省农药研究所有限公司〈P1781〉;江苏生花农药有限公司〈P1865〉;江苏太湖地区农科所苏州农药实验厂〈P1894〉;江苏龙灯化学有限公司〈P1894〉;江苏瑞邦农药厂〈P1860〉;江苏联合农用化学有限公司〈P1781〉;江苏省江阴市福达农化有限公司〈P1865〉;[皖]安徽丰乐农化有限责任公司〈P1971〉;[鲁]山东富安集团农药有限公司〈P2052〉;济宁圣城化工实验有限责任公司〈P2128〉;山东华阳和乐农药有限公司〈P2144〉;青岛碱业股份有限公司〈P2038〉;山东绿丰农药有限公司〈P2096〉;青岛东生药业有限公司〈P2034〉;山东省青岛奥迪斯生物科技有限公司〈P2047〉;山东神星农药有限公司〈P2097〉;山东省青岛海利尔药业有限公司〈P2047〉;山东省淄博市淄川黉阳农药有限公司〈P2054〉;济宁市通达化工厂〈P2128〉;山东京博农化有限公司〈P2155〉;山东省青岛好利特生物农药有限公司〈P2048〉;山东省烟台科达化工有限公司〈P2115〉;招远三联化工厂〈P2121〉;山东寿光双星农药有限公司〈P2099〉;威海市农药厂〈P2125〉;山东华阳科技股份有限公司〈P2135〉;青岛阳光农药厂(有限公司)〈P2045〉;山东九洲农药有限公司〈P2160〉;[渝]重庆双丰农药有限公司〈P2307〉

代森锰锌可湿性粉剂　E02040302

Mancozeb W. P. [8018-01-7]

属广谱性杀菌剂,用于防治农作物因真菌引起的各种病害

【生产厂】[津]天津市天环药业有限公司〈P1604〉;天津市兴果农药厂(200吨)〈P1609〉;天津市塘沽农药厂(200吨)〈P1603〉;[冀]河北双吉化工有限公司〈P1622〉;[晋]山西广大化工有限公司〈P1679〉;运城精化农药有限公司〈P1680〉;[辽]沈阳丰收农药有限公司〈P1685〉;[苏]江苏龙灯化学有限公司〈P1894〉;利民化工有限责任公司〈P1793〉;南通宝叶化工有限公司〈P1832〉;[鲁]山东富安

集团农药有限公司〈P2052〉；淄博绿晶农药有限公司〈P2065〉；东方润博农化(山东)有限公司〈P2089〉；威海市农药厂〈P2125〉；招远三联化工集团公司〈P2121〉；山东省青岛奥迪斯生物科技有限公司〈P2047〉；山东省青岛海利尔药业有限公司〈P2047〉；山东省青岛好利特生物农药有限公司〈P2048〉；[豫]浚县绿宝农药厂〈P2200〉；河南省夏邑县华泰化工有限公司〈P2225〉；[粤]惠州市中迅化工有限公司〈P2278〉；[桂]广西桂林集琦生化有限公司〈P2298〉；[川]四川国光农化有限公司〈P2331〉

霜脲氰；1-氰基-*N*-[(乙胺基)羰基]-2-(甲氧基亚氨基)乙酰胺　E02040311

Cymoxanil；Curzate [57966-95-7]

用于防治番茄、黄瓜等作物的霜霉病和晚疫病

【生产厂】[沪]上海泰禾(集团)有限公司〈P1767〉；上海升联化工有限公司〈P1762〉；[苏]利民化工有限责任公司(500吨)〈P1793〉；新沂利民化工有限公司〈P1794〉；南通宝叶化工有限公司〈P1832〉；南通施壮化工有限公司〈P1834〉；如东县升辉化工有限公司〈P1837〉；[陕]西安文远化学工业有限公司〈P2350〉

【使用厂】[冀]河北威远生物化工股份有限公司〈P1622〉；[鲁]山东华阳和乐农药有限公司〈P2144〉；山东绿丰农药有限公司〈P2096〉；山东省青岛海利尔药业有限公司〈P2047〉；山东省淄博市淄川黉阳农药有限公司〈P2054〉；山东京博农化有限公司〈P2155〉；山东寿光双星农药有限公司〈P2099〉；[粤]惠州市中迅化工有限公司〈P2278〉

霜脲氰可湿性粉剂　E02040351

Cymoxanil W. P.

具有局部内吸作用，对多种蔬菜和果树的霜霉病、晚疫病有特效

【生产厂】[陕]西安文远化学工业有限公司〈P2350〉

多硫化钙；石硫合剂　E02040411

Calcium polysulfides；Lime sulfur [1344-81-6]

用于防治农作物、果树的白粉病、锈病等病害，以及棉花红蜘蛛等

【生产厂】[津]天津市华宇农药有限公司〈P1590〉；天津市天环药业有限公司〈P1604〉；[冀]河北双吉化工有限公司(7000吨)〈P1622〉；[鲁]山东华阳和乐农药有限公司(1000吨)〈P2144〉；青岛农冠农药有限责任公司(1000吨)〈P2041〉

代森锰；亚乙基双(二硫代氨基甲酸锰)　E02040501

Maneb；Manganese ethylene-1,2-bis(dithiocarbamate) [12427-38-2]

主要用于防治果类、蔬菜等的多种真菌病害，是叶面保护性杀菌剂

【生产厂】[冀]河北双吉化工有限公司〈P1622〉；[鲁]山东天成农药有限公司〈P2055〉

福美甲胂；退菌特；双-(二甲基二硫代氨基甲酰硫基)甲基胂　E02040600

Urbacid；Tuzet；Monzet [2445-07-0]

用作保护性杀菌剂，可防治多种农作物真菌性病害

【生产厂】[冀]河北冠龙农化有限公司〈P1663〉

【使用厂】[津]天津市塘沽农药厂〈P1603〉；天津市兴果农药厂〈P1609〉；[鲁]青岛碱业股份有限公司〈P2038〉

福美甲胂可湿性粉剂(50%)；退菌特可湿性粉剂(50%)　E02040601

Urbacid W. P. (50%) [2445-07-0]

用作保护性杀菌剂，可防治多种农作物真菌性病害，适用于果树、蔬菜、苗圃及其他经济作物

【生产厂】[津]天津市农药研究所(500吨)〈P1600〉；天津市兴果农药厂(500吨)〈P1609〉；[冀]石家庄市绿丰化工有限公司〈P1630〉；河北冠龙农化有限公司〈P1663〉；[鲁]青岛双收农药化工有限公司〈P2043〉

硫黄胶悬剂；硫黄悬浮剂　E02040701

Sulphur suspensoid [7704-34-9]

用于防治麦类锈病、白粉病、稻瘟病，果树白粉、桃疮痂病及棉花、果树上的红蜘蛛等

【生产厂】[冀]河北双吉化工有限公司(8000吨)〈P1622〉；[鲁]淄博市周村穗丰农药化工有限公司(500吨)〈P2072〉；山东邹平农药有限公司(100吨)〈P2157〉；[粤]惠州市中迅化工有限公司〈P2278〉；[渝]重庆双丰农药有限公司〈P2307〉；[滇]云南天丰农药有限公司〈P2342〉

福美双；四甲基秋兰姆二硫化物　E02040800

Thiram；Arasan；Tersan；Pomarsol；Fernasan [137-26-8]

用于水稻、小麦、烟草、甜菜、葡萄等多种作物病虫害防治，可用于拌种、土壤处理

【生产厂】[津]天津市施普乐农药技术发展有限公司(800吨)〈P1602〉；天津市红森精细化工有限公司(5000吨)〈P1589〉；[冀]石家庄市绿丰化工有限公司(1000吨)〈P1630〉；河北冠龙农化有限公司〈P1663〉；[沪]上海长江化工厂(400吨)〈P1729〉；[苏]南通宝叶化工有限公司(300吨)〈P1832〉；[鲁]淄博华王化工有限公司(5000吨)〈P2062〉；青岛双收农药化工有限公司〈P2043〉

【使用厂】[津]天津市塘沽农药厂〈P1603〉；天津市农药研究所〈P1600〉；天津市兴果农药厂〈P1609〉；[黑]佳木斯市恺乐农药有限公司〈P1725〉；黑龙江省哈尔滨市益农生化制品开发有限公司〈P1721〉；[苏]铜山县化工厂〈P1794〉；江苏粮满仓农化有限公司〈P1816〉；镇江农药厂有限公司〈P1844〉；无锡市锡南农药有限公司〈P1879〉；南京博臣农化有限公司〈P1782〉；江苏省苏科农化有限责任公司〈P1781〉；江苏嘉隆化工有限公司〈P1792〉；江苏灶星农化有限公司〈P1809〉；江苏联合农用化学有限公司〈P1781〉；沭阳县淮沭农药厂〈P1804〉；宜兴市益农化工厂〈P1887〉；扬州市苏灵农药化工有限公司〈P1819〉；江苏省江阴市福达农化有限公司〈P1865〉；盐城市龙跃农药有限公司〈P1811〉；[皖]安徽丰乐农化有限责任公司〈P1971〉；安徽金泰农药化工有限公司〈P1971〉；[闽]福建省泉州德盛农药有限公司〈P1998〉；[鲁]山东富安集团农药有限公司〈P2052〉；济宁圣城化工实验有限责任公司〈P2128〉；山东省济南燕山三丰实业有限公司〈P2030〉；邹平县绿大药业有限公司〈P2158〉；山东邹平农药有限公司〈P2157〉；青岛碱业股份有限公司〈P2038〉；山东绿丰农药有限公司〈P2096〉；山东省济南天邦化工有限公司〈P2030〉；青岛东生药业有限公司〈P2034〉；山东省青岛奥迪斯生物科技有限公司〈P2047〉；山东神星农药有限公司〈P2097〉；山东省青岛海利尔药业有限公司〈P2047〉；山东省淄博市淄川黉阳农药有限公司〈P2054〉；山东省烟台科达化工有限公司〈P2115〉；山东寿光双星农药有限公司〈P2099〉；山东农丰化工有限公司〈P2160〉；威海市农药厂〈P2125〉；东营胜利绿野农药化工有限公司〈P2081〉；山东华阳科技股份有限公司〈P2135〉；青岛阳光农药厂(有限公司)〈P2045〉；山东九洲农药有限公司〈P2160〉；[豫]河南中州种子科技发展有限公司〈P2194〉

福美双可湿性粉剂　E02040802

Thiram W. P. [137-26-8]

主要用于处理种子和土壤,防治禾谷类白粉病、黑穗病及蔬菜病害

【生产厂】[津]天津市农药研究所(100 吨)〈P1600〉;天津市天环药业有限公司〈P1604〉;天津市兴果农药厂(500 吨)〈P1609〉;天津市塘沽农药厂(780 吨)〈P1603〉;天津市汇源化学品公司(100 吨)〈P1591〉;[冀]石家庄市绿丰化工有限公司〈P1630〉;河北冠龙农化有限公司〈P1663〉;[黑]佳木斯市恺乐农药有限公司(50 吨)〈P1725〉;[苏]南通宝叶化工有限公司〈P1832〉;[鲁]山东恒利达化学品公司〈P2028〉;山东东方农药科技实业公司〈P2028〉;山东东泰农化有限公司(50 吨)〈P2152〉;山东天成农药有限公司〈P2055〉;东方润博农化(山东)有限公司〈P2089〉;威海市农药厂〈P2125〉;青岛碱业股份有限公司(300 吨)〈P2038〉;山东省青岛海利尔药业有限公司〈P2047〉;青岛双收农药化工有限公司〈P2043〉;青岛东生药业有限公司〈P2034〉;山东曹达化工有限公司〈P2159〉;[桂]广西桂林集琦生化有限公司〈P2298〉;[渝]重庆双丰农药有限公司〈P2307〉;[川]四川国光农化有限公司〈P2331〉

福美锌　E02040901

Ziram;Zincmate [137-30-4]

用于防治苹果花腐病、黑点病、白粉病等

【生产厂】[津]天津市施普乐农药技术发展有限公司(180 吨)〈P1602〉;[冀]河北润田化工有限公司〈P1621〉;河北冠龙农化有限公司〈P1663〉;[苏]南通宝叶化工有限公司〈P1832〉;[鲁]淄博兆凯化工有限公司〈P2076〉;淄博华王化工有限公司〈P2062〉

【使用厂】[津]天津市塘沽农药厂〈P1603〉;[鲁]山东邹平农药有限公司〈P2157〉;青岛碱业股份有限公司〈P2038〉;山东绿丰农药有限公司〈P2096〉;山东省济南天邦化工有限公司〈P2030〉;青岛东生药业有限公司〈P2034〉;山东省青岛奥迪斯生物科技有限公司〈P2047〉;山东神星农药有限公司〈P2097〉;山东省青岛海利尔药业有限公司〈P2047〉;山东省淄博市淄川黉阳农药有限公司〈P2054〉;威海市农药厂〈P2125〉;山东九洲农药有限公司〈P2160〉

福美锌可湿性粉剂;蓝宁　E02040951

Ziram W. P.

用作果园的杀菌喷射剂

【生产厂】[苏]南通宝叶化工有限公司〈P1832〉;[鲁]山东恒利达化学品公司〈P2028〉;威海市农药厂〈P2125〉

恶霉灵;立枯灵;土菌消;5-甲基异噁唑-3-醇　E02041201

Hymexazol;Tachigaren [10004-44-1]

用作土壤杀菌剂、种子处理剂

【生产厂】[黑]黑龙江企达农药开发有限公司〈P1725〉;[鲁]潍坊天达植保有限公司(100 吨)〈P2105〉;山东天达生物制药股份有限公司〈P2099〉;威海市农药厂〈P2125〉

恶霉灵水剂　E02041251

Hymexazol aqueous solution

用作农药杀菌剂和植物生长调节剂,主要用于防治土传病

【生产厂】[鲁]潍坊天达植保有限公司(1000 吨)〈P2105〉;威海市农药厂〈P2125〉;[桂]广西桂林集琦生化有限公司〈P2298〉

克菌丹;*N*-(三氯甲硫基)环己-4-基-1,2-二甲酰亚胺　E02041301

Captane;Orthocide [133-06-2]

用作保护性杀菌剂,叶面喷施或拌种均可

【生产厂】[苏]南京仁信化工有限公司〈P1788〉

苯霜灵　E02041451

Benalaxyl;Farmoplant [71626-11-4]

属内吸性杀菌剂,用于防治葡萄霜霉病,马铃薯、草莓等疫霉病

【生产厂】[苏]南京仁信化工有限公司〈P1788〉

二硫氰基甲烷;扑生畏　E02041701

Methylene bis(thiocyanate) [6317-18-6]

制成乳油后用于稻、麦种子处理,可防治种传细菌、真菌和线虫病害,也是一种高效、广谱的杀菌灭藻剂

【生产厂】[晋]太原华鹰化工有限公司〈P1671〉;山西新联友化工有限公司〈P1675〉;[黑]黑龙江省哈尔滨市益农生化制品开发有限公司〈P1721〉;[苏]昆山市新镇振东化工厂〈P1898〉;[粤]广东省石油化工研究院〈P2259〉;广东兴宁市精细化工厂有限公司(3000 吨)〈P2277〉

氯溴异氰尿酸;杀菌王　E02041801

Chlorobromoisocyanurate

用于防治水稻白叶枯病、细条病等

【生产厂】[津]天津金康宝动物医药保健品有限公司(80 吨)〈P1574〉;[豫]河南银田精细化工有限公司〈P2202〉;[鄂]武汉科诺生物农药有限公司〈P2231〉;[湘]湖南省海洋生物工程有限公司〈P2250〉

丙森锌　E02041901

Propineb [12071-83-9]

一种残效期长的保护性杀菌剂,用于防治马铃薯和番茄的白粉病、早疫病、晚疫病等

【生产厂】[苏]利民化工有限责任公司〈P1793〉;南通宝叶化工有限公司〈P1832〉;南通施壮化工有限公司〈P1834〉;如东县升辉化工有限公司〈P1837〉;[鲁]山东天成农药有限公司〈P2055〉

【使用厂】[鲁]山东邹平农药有限公司〈P2157〉

丙森锌可湿性粉剂　E02041931

Propineb W. P.

用于防治果蔬类的霜霉病,早、晚疫病,叶斑病等

【生产厂】[苏]利民化工有限责任公司〈P1793〉;南通宝叶化工有限公司〈P1832〉

溴菌腈;2-溴-2-溴甲基戊二腈　E02050201

Bromothalonil

属高效、广谱杀菌剂,对细菌、真菌、藻类均具有广谱活性,可用于工业水处理、农用杀菌及环境卫生消毒等

【生产厂】[苏]盐城市龙跃农药有限公司(200 吨)〈P1811〉;盐城市旭星化工有限公司〈P1812〉;盐城利民农化有限公司〈P1810〉;[鲁]寿光申达化学工业有限公司(100 吨)〈P2100〉

【使用厂】[鲁]山东省青岛海利尔药业有限公司〈P2047〉

噁醚唑;苯醚甲环唑　E02050301

Difenoconazole;Dividend [119446-68-3]

属三唑类杀菌剂,具有内吸性,杀菌谱广,是

甾醇脱甲基化抑制剂

【生产厂】[沪]上海永远化工有限公司〈P1775〉;上海美林康精细化工有限公司〈P1753〉;上海生农生化制品有限公司〈P1762〉;[苏]江苏瑞东农药有限公司〈P1860〉;江苏丰登农药有限公司(100 吨)〈P1858〉;[浙]杭州宇龙化工有限公司〈P1925〉;杭州依田化工有限公司〈P1924〉;杭州优泰克农化有限公司〈P1947〉;浙江世佳科技有限公司〈P1947〉;[皖]安徽省化工研究院〈P1972〉;[鲁]山东寿光双星农药有限公司〈P2099〉

噁醚唑乳油;苯醚甲环唑乳油　E02050331

Difenoconazole E. C. [119446-68-3]

杀菌谱广,用于叶面处理或种子处理

【生产厂】[冀]石家庄市捷尔生物化工有限公司〈P1630〉;[浙]杭州宇龙化工有限公司〈P1925〉

氢氧化铜可湿性粉剂;瑞扑 2000　E02050401

Cupric hydroxide W. P.

是保护性杀菌剂,对真菌、细菌同时杀灭,广泛用于多种农作物防治病害

【生产厂】[鲁]日照市工业学校实验化工厂〈P2139〉;东方润博农化(山东)有限公司〈P2089〉

水杨菌胺;真菌灵　E02050701

Salicylfungi amide

【生产厂】[川]四川省化工研究设计院〈P2319〉

斯美地;威百亩水剂　E02051001

Metham-sodium

广效性的土壤熏蒸剂,有效杀死土壤中的各种病原菌、病虫、害虫及杂草种子

【生产厂】[鲁]山东鸿汇烟草用药有限公司(2000 吨)〈P2095〉

乙蒜素　E02051201

Ethylicin

用于防治棉花立枯病、苹果树褐斑病等

【生产厂】[豫]河南省大地农化有限责任公司(50 吨)〈P2166〉;郑州斯泰尔化工产品有限公司〈P2174〉

乙蒜素乳油　E02051221

Ethylicin E. C.

用于防治棉花立枯病、黄萎病等

【生产厂】[豫]河南省大地农化有限责任公司(30 吨)〈P2166〉

二甲基嘧菌胺;施佳乐　E02051501

Dynmethanil

用作防治灰霉病特效药

【生产厂】[津]天津市施普乐农药技术发展有限公司(300 吨)〈P1602〉

菌核净可湿性粉剂　E02051601

Dimetachlone, W. P.

适用于防治油菜菌核病、烟草赤腥病、水稻纹枯病等

【生产厂】[鲁]山东恒利达化学品公司〈P2028〉;[豫]河南省长葛市农用生物药厂(120 吨)〈P2218〉;[桂]广西桂林集琦生化有限公司〈P2298〉

菌核净;*N*-(3,5-二氯苯基)丁二酰亚胺　E02051651

Dimetachlone

用作蔬菜杀菌剂

【生产厂】[晋]运城精化农药有限公司〈P1680〉;[豫]浚县绿宝农药厂〈P2200〉

【使用厂】[苏]江苏省苏科农化有限责任公司〈P1781〉;[皖]安徽丰乐农化有限责任公司〈P1971〉;[鲁]山东省济南燕山三丰实业有限公司〈P2030〉;山东绿丰农药有限公司〈P2096〉;山东神星农药有限公司〈P2097〉;山东省烟台科达化工有限公司〈P2115〉;山东寿光双星农药有限公司〈P2099〉;威海市农药厂〈P2125〉

咪鲜胺　E02051701

Prochloraz [67747-09-5]

对子囊菌、半知菌引起的病害有特效

【生产厂】[苏]南京第一农药厂〈P1783〉;南京红太阳集团(200 吨)〈P1784〉;江苏丰登农药有限公司〈P1858〉

【使用厂】[苏]如皋市农药化工厂〈P1838〉;[鲁]山东省青岛海利尔药业有限公司〈P2047〉;威海市农药厂〈P2125〉;山东华阳科技股份有限公司〈P2135〉

25%咪鲜胺乳油;菌威　E02051731

Prochloraz E. C. (25%)

是一种新型咪唑类广谱杀菌剂,对水稻嗯苗病有特效,对稻瘟病也有很好的除治效果

【生产厂】[晋]山西广大化工有限公司〈P1679〉;[黑]黑龙江省哈尔滨利民农化技术有限公司〈P1721〉;黑龙江省哈尔滨市益农生化制品开发有限公司〈P1721〉;佳木斯黑龙农药化工股份有限公司〈P1724〉;[苏]南京第一农药厂〈P1783〉;宜兴兴农化工制品有限公司〈P1888〉;扬州市苏灵农药化工有限公司〈P1819〉;南通江山农药化工股份有限公司〈P1833〉;[鲁]山东省青岛奥迪斯生物科技有限公司〈P2047〉;山东华阳科技股份有限公司〈P2135〉;[粤]惠州市中迅化工有限公司〈P2278〉;[渝]重庆双丰农药有限公司〈P2307〉;[川]四川国光农化有限公司〈P2331〉

50%咪鲜胺锰盐可湿性粉剂　E02051771

Prochloraz-manganese W. P. (50%)

【生产厂】[苏]南京第一农药厂〈P1783〉;南京红太阳集团〈P1784〉;南通江山农药化工股份有限公司〈P1833〉

咪鲜胺锰盐　E02051791

Prochloraz-manganese

是咪唑类广谱性杀菌剂,以咪鲜胺-氯化锰复合物为有效成分,对子囊菌引起的多种作物病害有特效

【生产厂】[苏]南京第一农药厂〈P1783〉;南京红太阳集团〈P1784〉

络氨铜水剂;硫酸四氨络合铜水剂　E02052102

Cuaminosulfate aqueous solution

用于防治黄瓜角斑病、水稻稻曲病、番茄早疫病、苹果腐烂病、棉花铃疫病、葡萄霜霉病、柑橘溃疡病等

【生产厂】[鲁]日照市工业学校实验化工厂〈P2139〉;[豫]圣丰科技(河南)有限公司〈P2168〉;河南省夏邑县华泰化工有限公司〈P2225〉;[桂]广西化工研究院〈P2296〉;广西化工研究院-广西新晶科技有限公司〈P2296〉;桂林依柯诺农药有限公司〈P2299〉

福美胂;三-N-二甲基二硫代氨基甲酸胂 E02052200

Asomate

主要用于防治苹果树、梨树腐烂病、干腐病,小麦白粉病,黄瓜白粉病等

【生产厂】[冀]河北冠龙农化有限公司〈P1663〉;[鲁]青岛双收农药化工有限公司〈P2043〉

【使用厂】[津]天津市农药研究所〈P1600〉

福美胂可湿性粉剂(40%) E02052201

Asomate W. P. (40%)

属保护性杀菌剂,用于防治瓜果白粉病,葡萄白腐病、稻瘟病等

【生产厂】[津]天津市兴果农药厂(600 吨)〈P1609〉;天津市塘沽农药厂(500 吨)〈P1603〉;[冀]石家庄市绿丰化工有限公司〈P1630〉;河北冠龙农化有限公司〈P1663〉;[鲁]山东绿丰农药有限公司〈P2096〉;青岛碱业股份有限公司(300 吨)〈P2038〉;青岛双收农药化工有限公司〈P2043〉

琥胶肥酸铜悬浮剂(30%);DT 杀菌剂 E02052601

Copper (succinate + glutarate + adipate) suspensoid (30%)

用于防治农作物细菌性病害

【生产厂】[黑]黑龙江企达农药开发有限公司〈P1725〉

【使用厂】[鲁]山东省淄博市淄川黉阳农药有限公司〈P2054〉

甲霜灵;瑞毒霉;雷多米尔-锰锌;阿普隆 E02052801

Metalaxyl [57837-19-1]

属内吸性杀菌剂,用作烟草、橡胶树、葡萄、啤酒花、瓜果、蔬菜等杀菌剂

【生产厂】[冀]河北润田化工有限公司〈P1621〉;[黑]鹤岗市清华紫光英力农化有限公司〈P1725〉;[沪]上海泰禾(集团)有限公司〈P1767〉;[浙]杭州优泰克农化有限公司〈P1947〉;浙江世佳科技有限公司〈P1947〉;[皖]安徽省化工研究院〈P1972〉;郎溪县鸿盛化工有限公司〈P1987〉

【使用厂】[黑]黑龙江省科润生物科技有限公司〈P1721〉;[沪]上海高伦现代农化股份有限公司〈P1734〉;[苏]江苏龙灯化学有限公司〈P1894〉;沭阳县淮沭农药厂〈P1804〉;[鲁]山东省青岛奥迪斯生物科技有限公司〈P2047〉;山东省青岛海利尔药业有限公司〈P2047〉

菌毒清;二辛基二乙烯三胺甘胺酸盐酸盐;安索杀菌剂 E02055101

Dioctyl divinyltriamino glycine, hydrochloride

为广谱杀菌剂,用于防治果树、蔬菜及经济作物病害,还用于医疗卫生、食品卫生、公共卫生等方面的消毒

【生产厂】[冀]石家庄市捷尔生物化工有限公司〈P1630〉;[鲁]山东胜邦绿野化学有限公司(1000 吨)〈P2029〉

【使用厂】[鲁]山东神星农药有限公司〈P2097〉

5%菌毒清水剂;菌必净 E02055151

Junduqing aqueous solution (5%)

用于防治苹果树腐烂病和果锈病

【生产厂】[沪]上海九元石油化工有限公司〈P1745〉;[鲁]济南东合化工有限公司〈P2021〉;济南金地农药有限公司〈P2023〉;山东省青岛海利尔药业有限公司〈P2047〉;[豫]圣丰科技(河南)有限公司〈P2168〉;禹州科邦化工有限公司〈P2219〉

噻菌灵;涕必灵;硫苯唑;2-(噻唑-4-基)苯并咪唑;噻苯咪唑 E02055501

Thiabendazole; Mertect; Tecto; Storite [148-79-8]

广泛用于水果、蔬菜的防腐保鲜,纸张、皮革、油漆等的防腐防霉,人、畜肠道的驱虫剂等

【生产厂】[沪]上海宝达兽药制造有限公司〈P1728〉;[苏]江苏徐州神农化工有限责任公司〈P1793〉;徐州诺特化工有限公司〈P1795〉;江苏嘉隆化工有限公司〈P1792〉;[浙]浙江省天台三信化工有限公司〈P1967〉;[鲁]山东侨昌化学有限公司(1000 吨)〈P2156〉;[豫]安阳市红旗药业有限公司(300 吨)〈P2209〉;[粤]奥星医药有限公司〈P2268〉

噻菌灵悬浮剂 E02055541

Thiabendazole suspension

属内吸性杀菌剂

【生产厂】[苏]江苏嘉隆化工有限公司〈P1792〉

苯菌灵;1-正丁胺基甲酰-苯并咪唑-2-氨基甲酸甲酯 E02055701

Benomyl; Benlate [17804-35-2]

为内吸性杀菌剂,具有保护、铲除和治疗作用

【生产厂】[冀]河北润田化工有限公司〈P1621〉;[苏]南京仁信化工有限公司〈P1788〉;太仓市农药厂有限公司(600 吨)〈P1908〉;江苏安邦电化有限公司〈P1802〉

【使用厂】[鲁]山东省淄博市淄川黉阳农药有限公司〈P2054〉

苯菌灵可湿性粉剂 E02055721

Benlate W. P. [17804-35-2]

是具有保护及治疗作用的内吸性杀菌剂,对水果及蔬菜还具有保鲜作用

【生产厂】[苏]太仓市农药厂有限公司〈P1908〉;江苏安邦电化有限公司〈P1802〉

乙霉威;3,4-二乙氧苯基氨基甲酸异丙酯;万霉灵 E02055801

Diethofencarb

用于蔬菜、水果灰霉病的防治

【生产厂】[苏]南京仁信化工有限公司〈P1788〉;[鲁]山东省联合农药工业有限公司(150 吨)〈P2030〉;山东寿光双星农药有限公司(50 吨)〈P2099〉

【使用厂】[鲁]德州恒东农药化工有限公司〈P2141〉;山东绿丰农药有限公司〈P2096〉;青岛东生药业有限公司〈P2034〉;山东省青岛海利尔药业有限公司〈P2047〉;山东省淄博市淄川黉阳农药有限公司〈P2054〉;济宁市通达化工厂〈P2128〉;山东京博农化有限公司〈P2155〉

松脂酸铜 E02056101

Resin acid copper salt

用于防治葡萄、黄瓜霜霉病、细菌性角斑病等

【生产厂】[苏]宜兴兴农化工制品有限公司〈P1888〉

30%腐殖酸铜可湿性粉剂;菌必克 E02056401

Copper humic acid W. P. (30%)

属广谱保护型杀菌剂,对植物生长具有刺激作用和边保护边使植物变壮之功效

【生产厂】[豫]浚县绿宝农药厂(500 吨)〈P2200〉;[渝]重庆双丰农药有限公司〈P2307〉

E

E

腐殖酸铜水剂 E02056451

Copper humic acid, aqueous solusion

【生产厂】[甘]兰州铁道学院精细化工厂〈P2356〉

霜霉威;3-(二甲氨基)丙基氨基甲酸丙酯 E02056601

Propamocarb [24579-73-5]

是一种高效、广谱、安全的氨基甲酸酯类杀菌剂

【生产厂】[辽]大连瑞泽农药股份有限公司〈P1693〉;[鲁]山东省联合农药工业有限公司(300吨)〈P2030〉;淄博市周村穗丰农药化工有限公司(200吨)〈P2072〉;青岛一农七星化学有限公司〈P2045〉

【使用厂】[鲁]山东省青岛海利尔药业有限公司〈P2047〉

霜霉威水剂;疫霜净 E02056651

Propamocarb aqueous solution [25606-41-1]

主要用于防治蔬菜霜霉病、疫病等

【生产厂】[晋]山西广大化工有限公司〈P1679〉;[辽]大连瑞泽农药股份有限公司〈P1693〉;[鲁]山东省联合农药工业有限公司〈P2030〉;淄博市周村穗丰农药化工有限公司(1000吨)〈P2072〉;青岛一农七星化学有限公司〈P2045〉

二氯异氰尿酸钠可溶性粉剂 E02057301

Sodium dichloroisocyanurate, S. P.

用于禽舍、畜栏、农作物、水产、饮水等消毒杀菌

【生产厂】[晋]山西广大化工有限公司〈P1679〉;[鲁]山东绿丰农药有限公司〈P2096〉;威海市农药厂〈P2125〉;青岛东生药业有限公司〈P2034〉

嘧霉胺;4,6-二甲基-*N*-苯基-2-嘧啶胺 E02057601

Pyrimethanil; 4,6-Dimethyl-*N*-phenyl-2-pyrimidinamine [53112-28-0]

用于防治黄瓜、番茄、葡萄、草莓、豌豆、韭菜等作物灰霉病,果树黑星病、斑点落叶病等

【生产厂】[冀]河北冠龙农化有限公司〈P1663〉;[苏]江苏丰登农药有限公司〈P1858〉;江苏生花农药有限公司〈P1865〉;江苏省靖江市金囤农化有限公司〈P1822〉;利民化工有限责任公司〈P1793〉;连云港市金囤农药有限公司(300吨)〈P1825〉;[皖]安徽省化工研究院〈P1972〉;安徽省池州新赛德化工有限公司〈P1987〉;[鲁]济南海启明化工有限责任公司〈P2021〉;淄博绿晶农药有限公司〈P2065〉;山东京博农化有限公司(1吨)〈P2155〉;山东省烟台科达化工有限公司〈P2115〉

【使用厂】[鲁]山东寿光双星农药有限公司〈P2099〉;威海市农药厂〈P2125〉

嘧霉胺可湿性粉剂 E02057631

Pyrimethanil W. P.

用于防治草莓、葡萄、黄瓜、茄子、洋葱、大蒜、韭菜、菜豆、豌豆、烟叶等作物上的灰霉病等

【生产厂】[冀]河北冠龙农化有限公司〈P1663〉;[沪]上海威敌生化(南昌)有限公司〈P1769〉;[苏]江苏丰登农药有限公司〈P1858〉;江苏省靖江市金囤农化有限公司〈P1822〉;连云港市金囤农药有限公司〈P1825〉;[鲁]山东省青岛奥迪斯生物科技有限公司〈P2047〉;山东省青岛海利尔药业有限公司〈P2047〉

嘧霉胺悬浮剂 E02057651

Pyrimethanil suspension

用于防治葡萄、草莓、番茄、洋葱、菜豆、豌豆、黄瓜、茄子及观赏植物上的灰霉病

【生产厂】[晋]山西广大化工有限公司〈P1679〉;[苏]镇江农药厂有限公司〈P1844〉;江苏金凤凰农化有限公司〈P1859〉;江苏丰登农药有限公司〈P1858〉;江苏生花农药有限公司〈P1865〉;[皖]安徽省池州新赛德化工有限公司〈P1987〉;[鲁]淄博绿晶农药有限公司〈P2065〉;山东京博农化有限公司(40吨)〈P2155〉;山东高密康丰农化有限公司(400吨)〈P2094〉;山东寿光双星农药有限公司〈P2099〉;威海市农药厂〈P2125〉;山东省烟台科达化工有限公司〈P2115〉;[粤]惠州市中迅化工有限公司〈P2278〉

多果定;十二烷基胍醋酸盐 E02058401

Dodine; Doguadine; Dodecylguanidine acetate [2439-10-3]

属非内吸性保护性杀菌剂

【生产厂】[苏]江苏飞翔化工(张家港)有限公司〈P1893〉;如东县光荣合成化工厂〈P1837〉

威百亩;甲基二硫代氨基甲酸钠 E02058801

Metham sodium [137-42-8]

为具有熏蒸作用的土壤消毒剂,适于花生、棉花、大豆、马铃薯和瓜果等作物线虫的防治

【生产厂】[辽]沈阳丰收农药有限公司〈P1685〉;[苏]利民化工有限责任公司〈P1793〉;[豫]圣丰科技(河南)有限公司〈P2168〉;[湘]株洲福尔程化工有限公司〈P2250〉

啶斑肟 E02059101

Pyrifenox; Podigrol [88283-41-4]

【生产厂】[浙]杭州依田化工有限公司〈P1924〉

嘧啶核苷酸类抗菌素 E02059901

Pyrimidine nucleotide bacteriophage

属无公害生物杀菌剂,对霜霉属、疫霉属类病菌具有强烈的抑制作用,其优良的内吸性,能迅速杀灭病菌

【生产厂】[沪]上海威敌生化(南昌)有限公司〈P1769〉

除草剂 E03000000

Herbicide

【生产厂】[冀]石家庄市三农有限公司〈P1631〉;[闽]龙岩市龙门化工发展有限公司〈P2007〉;[鲁]济南海启明化工有限责任公司〈P2021〉;莒县化工厂(4000吨)〈P2139〉;[豫]河南东方人农化有限责任公司(600吨)〈P2165〉;河南农业大学康拓科贸公司(200吨)〈P2166〉;河南金田地农化有限公司〈P2165〉

五氯酚钠;1,2,3,4,5-五氯酚钠 E03000101

PCP-Na; Sodium pentachlorophenate [123333-54-0]

属非选择性接触型除草剂,收获前的脱叶剂、木材防腐剂,还可用于杀灭血吸虫的中间宿主钉螺,防治血吸虫病

【生产厂】[津]天津市耀德工商实业公司(1400吨)〈P1610〉;天津众邦化工有限公司(1500吨)〈P1618〉

恶草酮;农思它 E03000500

Oxadiazon; Ronstar [19666-30-9]

用于防除多种一年生单子叶和双子叶杂草,主要用于水田除草,对旱田的花生、棉花、甘

蔗等亦有效

【生产厂】[冀]河北润田化工有限公司〈P1621〉;邯郸市邯钢集团化学品有限公司〈P1638〉;河北新兴化工有限责任公司(500吨)〈P1648〉;[苏]江苏省靖江市金囤农化有限公司(50吨)〈P1822〉;江苏苏化集团有限公司〈P1894〉;苏州华源农用生物化学品有限公司〈P1901〉;张家港保税区东方农化国贸有限公司〈P1911〉;连云港市金囤农药有限公司(500吨)〈P1825〉;南通同济化工有限公司(1000吨)〈P1835〉;[浙]浙江省台州市椒江天一化工厂〈P1966〉;浙江省龙游绿得农药化工有限公司〈P1959〉;[鲁]聊城秋实化工有限公司(300吨)〈P2152〉;山东东泰农化有限公司(15吨)〈P2152〉

【使用厂】[苏]江苏省苏科农化有限责任公司〈P1781〉;江苏省激素研究所有限公司〈P1860〉;如皋市农药化工厂〈P1838〉;[皖]安徽丰乐农化有限责任公司〈P1971〉;[鲁]山东胜邦绿野化学有限公司〈P2029〉

恶草酮乳油;噁草灵;噁草散;农思它乳油 E03000501

Oxadiazon E. C. ;Ronstar E. C. [19666-30-9]

用于防除多种一年生单子叶和双子叶杂草,主要用于水田除草,对旱田的花生、棉花、甘蔗等亦有效

【生产厂】[冀]河北新兴化工有限责任公司〈P1648〉;[黑]佳木斯黑龙农药化工股份有限公司〈P1724〉;[苏]江苏省靖江市金囤农化有限公司〈P1822〉;江苏苏化集团有限公司〈P1894〉;连云港市金囤农药有限公司〈P1825〉

异恶草酮;2-(2-氯苄基)-4,4-二甲异噁唑-3-酮 E03000551

Clomazone;2-(2-Chlorobenzyl)-4,4-dimethyl-1,2-oxazolidin-3-one [81777-89-1]

主要用于防除大豆田阔叶杂草和禾本科杂草,也可用于木薯、玉米、油菜、甘蔗和烟草田等

【生产厂】[冀]河北润田化工有限公司〈P1621〉;邯郸市邯钢集团化学品有限公司〈P1638〉;[皖]安徽丰乐农化有限责任公司〈P1971〉;[鲁]淄博新农基农药化工有限公司〈P2074〉;山东侨昌化学有限公司(1500吨)〈P2156〉;山东青州日月化工有限公司〈P2097〉

特丁噻草隆;*N*-(5-特丁基-1,3,4-噻二唑-2-基)-*N*,*N'*-二甲基脲 E03000601

1-(5-*tert*-Butyl-1,3,4-thiadiazol-2-yl)-1,3-dimethylurea

用于在非种植地区防除各种植物的生长以及在甘蔗田中选择性防除杂草

【生产厂】[浙]浙江化工科技集团有限公司〈P1927〉

扑草净;2-甲硫基-4,6-二异丙胺基均三氮苯 E03000701

Prometryne;Caparol;Gesagard [7287-19-6]

属选择性除草剂,用于棉花、豆类田芽前、芽后除草

【生产厂】[鲁]山东润丰化工有限公司〈P2029〉;山东胜邦绿野化学有限公司(300吨)〈P2029〉;山东大成农药股份有限公司〈P2051〉;山东侨昌化学有限公司(900吨)〈P2156〉;山东滨农科技有限公司〈P2155〉

【使用厂】[苏]江苏粮满仓农化有限公司〈P1816〉;江苏省苏科农化有限责任公司〈P1781〉;江苏东宝农药化工有限公司〈P1815〉;[鲁]淄博市周村穗丰农药化工有限公司〈P2072〉;山东三农农药有限公司〈P2150〉;山东京蓬生物药业股份有限公司〈P2113〉;山东省淄博市淄川黉阳农药有限公司〈P2054〉

扑草净可湿性粉剂 E03000731

Prometryne W. P. [7287-19-6]

主要用于水稻、小麦、果园,对一年生杂草均有很好的防除效果

【生产厂】[鲁]山东胜邦绿野化学有限公司(1000吨)〈P2029〉

戊炔草胺;3,5-二氯-*N*-(1,1-二甲基丙炔基)苯甲酰胺 E03000801

Propyzamide [23950-58-5]

适用于小粒种子豆科作物、花生、大豆、马铃薯、莴苣和某些果园经济作物的杂草防除

【生产厂】[冀]河北润田化工有限公司〈P1621〉;河北中化滏恒股份有限公司〈P1641〉;[沪]上海康爱生物制品有限公司〈P1747〉;[苏]江苏托球农化有限公司〈P1808〉;江苏绿丰生物药业有限公司〈P1808〉;[豫]郑州市金鹏化工实业有限公司(200吨)〈P2173〉

草铵膦 E03000901

Glufosinate ammonium [77182-82-2]

用于果园、葡萄园、非耕地、马铃薯田等防治一年生和多年生双子叶及禾本科杂草

【生产厂】[苏]涟水永安化工有限公司〈P1803〉

草胺膦 E03000951

Phosphinothricin;Glufosinate [51276-47-2]

可用于果园、葡萄园、非耕地除草,也可用于马铃薯田

【生产厂】[苏]江苏皇马农化有限公司〈P1841〉

2甲4氯;2-甲基-4-氯苯氧乙酸 E03001000

MCPA;2,4-MCPA;Agritox;Agroxone;Phenoxylene [94-74-6]

能有效防除阔叶草和落草科,适用于水稻、麦子等作物

【生产厂】[苏]南京盛启化工有限公司〈P1789〉;宿迁市健谷农化有限公司(1500吨)〈P1804〉;盐城市万达香料化工有限公司〈P1812〉;[浙]海盐博大精细化工有限公司(400吨)〈P1940〉;[鲁]山东侨昌化学有限公司(2000吨)〈P2156〉

【使用厂】[鲁]山东京博农化有限公司〈P2155〉;[渝]重庆双丰农药有限公司〈P2307〉

2甲4氯钠盐;2-甲基-4-氯苯氧乙酸钠 E03001001

MCPA-Na [3653-48-3]

用于小粒谷物、水稻、豌豆、草坪和非耕作区,芽后防除一年生或多年生阔叶杂草

【生产厂】[黑]黑龙江省科润生物科技有限公司〈P1721〉;[苏]武进农药厂〈P1864〉;利民化工有限责任公司〈P1793〉;[浙]海盐博大精细化工有限公司〈P1940〉

2甲4氯钠水剂;2-甲基-4-氯苯氧乙酸钠水剂 E03001002

MCPA-Na aqueous solution [3653-48-3]

属激素型除草剂

【生产厂】[黑]佳木斯黑龙农药化工股份有限公司〈P1724〉;

[苏]宿迁市健谷农化有限公司(1000 吨)〈P1804〉;江苏升华集团第二农药厂(3000 吨)〈P1808〉;[浙]海盐博大精细化工有限公司(500 吨)〈P1940〉

2 甲 4 氯钠粉剂(56%) E03001003
MCPA-Na powder (56%) [3653-48-3]
用于防除水稻、麦类、玉米、高粱、甘蔗、亚麻等作物田中的莎草科及多种阔叶杂草
【生产厂】[浙]海盐博大精细化工有限公司〈P1940〉

2 甲 4 氯乳油 E03001031
4-Chloro-2-methylphenoxyacetic acid E. C.
【生产厂】[苏]常州永泰丰化工有限公司〈P1858〉

E

草除灵;阔草克 E03001101
Benazolin; Herbazolin [3813-05-6]
适用于敏感作物油菜田间的除草
【生产厂】[吉]中国石油吉化集团公司〈P1717〉;[苏]江苏省农药研究所有限公司〈P1781〉;南京仁信化工有限公司〈P1788〉;江苏苏化集团有限公司〈P1894〉;[皖]安徽省银山药业有限公司〈P1984〉;[川]四川省化工研究设计院〈P2319〉
【使用厂】[苏]江苏省常州市植物药品厂〈P1860〉;镇江农药厂有限公司〈P1844〉;江苏瑞邦农药厂〈P1860〉;江苏东宝农药化工有限公司〈P1815〉;江苏省激素研究所有限公司〈P1860〉;如皋市农药化工厂〈P1838〉;[皖]安徽丰乐农化有限责任公司〈P1971〉;[鲁]山东胜邦绿野化学有限公司〈P2029〉;[渝]重庆双丰农药有限公司〈P2307〉

草除灵悬浮剂 E03001131
Benazolin suspension [3813-05-6]
用于防除油菜田阔叶杂草
【生产厂】[苏]江苏苏化集团有限公司〈P1894〉

西玛津;2-氯-4,6-双(乙胺基)均三氮苯 E03001200
Simazine; Gesatop; Aquazine [122-34-9]
属选择性内吸传导型土壤处理除草剂,用于防除一年生阔叶杂草及禾本科杂草
【生产厂】[鲁]山东胜邦绿野化学有限公司(100 吨)〈P2029〉;山东滨农科技有限公司〈P2155〉

乙氧氟草醚;2-氯-1-(3-乙氧基-4-硝基苯氧基)-4-三氟甲苯 E03001301
Oxyfluorfen; Goal [42874-03-3]
用于水稻、大豆、玉米、棉花、蔬菜、葡萄、果树等作物田防除一年生阔叶杂草和禾本科、莎草科杂草
【生产厂】[冀]河北润田化工有限公司〈P1621〉;[沪]上海市农药研究所〈P1764〉;[苏]江苏天容集团股份有限公司〈P1861〉;[浙]杭州优泰克农化有限公司〈P1947〉;衢州市台朐投资经贸有限公司〈P1958〉;[鲁]山东侨昌化学有限公司(1500 吨)〈P2156〉
【使用厂】[苏]江苏龙灯化学有限公司〈P1894〉;江苏省苏科农化有限责任公司〈P1781〉;扬州市苏灵农药化工有限公司〈P1819〉;江苏东宝农药化工有限公司〈P1815〉;南京第一农药厂〈P1783〉

24%乙氧氟草醚乳油 E03001321
Oxyfluorfen E. C. (24%)
【生产厂】[苏]江苏省苏科农化有限责任公司〈P1781〉

西草净;2,4-双乙胺基-6-甲硫基-1,3,5-三氮苯 E03001400
Simetryne [1014-70-6]
属选择性内吸传导型除草剂,主要用于水稻,也可用于玉米、大豆、小麦、花生、棉花等
【生产厂】[鲁]山东侨昌化学有限公司(1000 吨)〈P2156〉;山东滨农科技有限公司〈P2155〉

西草净可湿性粉剂(25%) E03001401
Simetryne W. P. (25%) [1014-70-6]
用作芽前除草剂,用于防除一年生杂草
【生产厂】[辽]营口三征有机化工股份有限公司〈P1704〉

氰草津;2-氯-4-(1-氰基-1-甲基乙胺基)-6-乙胺基-1,3,5-三嗪;丙腈津;百行斯 E03001500
Cyanazine; Fortrol; Gramex [21725-46-2]
属选择性内吸传导型除草剂,适用于玉米、豌豆、蚕豆等作物田,防除多种禾本科杂草和阔叶杂草
【生产厂】[鲁]山东大成农药股份有限公司〈P2051〉;山东滨农科技有限公司〈P2155〉;[豫]沙隆达郑州农药有限公司〈P2168〉

氰草津悬浮剂 E03001531
Cyanazine suspension [21725-46-2]
适用于玉米、豌豆、蚕豆等作物田,防除多种禾本科杂草和阔叶杂草
【生产厂】[鲁]山东大成农药股份有限公司〈P2051〉;[豫]沙隆达郑州农药有限公司〈P2168〉

氰草津可湿性粉剂 E03001551
Cyanazine W. P. [21725-46-2]
【生产厂】[豫]沙隆达郑州农药有限公司〈P2168〉

杀草丹乳油(50%);稻草完乳油 E03001601
Bolero E. C. (50%) [28249-77-6]
主要用于水田防除杂草,如牛毛毡、稗草等
【生产厂】[苏]镇江农药厂有限公司(300 吨)〈P1844〉

杀草丹颗粒剂(10%);稻草完颗粒剂(10%) E03001602
Bolero granular (10%) [28249-77-6]
广谱性除草剂,用于防除水稻秧田、本田、直播田的稗草、牛毛草、三棱草等
【生产厂】[苏]镇江农药厂有限公司(2 万吨)〈P1844〉

阿特拉津;2-氯-4-乙胺基-6-异丙胺基均三氮苯;莠去津 E03001900
Atrazine; Gesaprim [1912-24-9]
是玉米、甘蔗、高粱等地的专用化学除草剂
【生产厂】[辽]营口三征有机化工股份有限公司(1840 吨)〈P1704〉;大连瑞泽农药股份有限公司〈P1693〉;[吉]中国石油吉化集团公司〈P1717〉;[黑]黑龙江省科润生物科技有限公司〈P1721〉;[沪]上海泰禾(集团)有限公司〈P1767〉;[苏]南京第一农药厂〈P1783〉;南京仁信化工有限公司〈P1788〉;无锡瑞泽农药有限公司(490 吨)〈P1874〉;[鲁]山东胜邦绿野化学有限公司(1200 吨)〈P2029〉;山东侨昌化学有限公司(2000 吨)〈P2156〉;山东

滨农科技有限公司〈P2155〉;东营胜利绿野农药化工有限公司(500 吨)〈P2081〉

【使用厂】[蒙]内蒙古宏裕科技股份有限公司〈P1683〉;[苏]江苏瑞禾化学有限公司〈P1781〉;沭阳县淮沭农药厂〈P1804〉;[皖]安徽丰乐农化有限责任公司〈P1971〉;[鲁]山东富安集团农药有限公司〈P2052〉;淄博市周村穗丰农药化工有限公司〈P2072〉;青岛碱业股份有限公司〈P2038〉;山东省济南天邦化工有限公司〈P2030〉;山东阳谷中石药业有限公司〈P2154〉;山东省青岛海利尔药业有限公司〈P2047〉;山东省淄博市淄川黉阳农药有限公司〈P2054〉;青岛农冠农药有限责任公司〈P2041〉;山东京博农化有限公司〈P2155〉;威海市农药厂〈P2125〉;山东泗水丰田农药有限公司〈P2133〉;[豫]博爱惠丰生化农药有限公司〈P2192〉

阿特拉津可湿性粉剂;莠去津可湿性粉剂　E03001901

Atrazine W. P. [1912-24-9]

属选择性除草剂,用于多种作物芽前及芽后除草

【生产厂】[苏]南京第一农药厂〈P1783〉;[豫]博爱惠丰生化农药有限公司〈P2192〉

阿特拉津胶悬剂;莠去津胶悬剂;莠去津悬浮剂　E03001902

Atrazine suspensoid [1912-24-9]

属选择性除草剂,其适用范围同阿特拉津可湿性粉剂

【生产厂】[辽]营口三征有机化工股份有限公司〈P1704〉;大连瑞泽农药股份有限公司〈P1693〉;[苏]南京第一农药厂〈P1783〉;无锡瑞泽农药有限公司〈P1874〉;[皖]安徽丰乐农化有限责任公司〈P1971〉;[鲁]山东胜邦绿野化学有限公司(2000 吨)〈P2029〉;山东阳谷中石药业有限公司(300 吨)〈P2154〉;山东京博农化有限公司(50 吨)〈P2155〉

氟草净;2-二氟甲硫基-4,6-双(异丙基氨基)-1,3,5-三嗪　E03002001

2-Difluoromethylthio-4,6-di(isopropylamino)-1,3,5-triazine

为苗前处理的选择性除草剂,能有效防除玉米、棉花、小麦、大豆等作物田中一年生双子叶杂草及部分禾本科杂草

【生产厂】[鲁]山东滨农科技有限公司〈P2155〉

【使用厂】[鲁]青岛农冠农药有限责任公司〈P2041〉

苯达松;灭草松　E03002201

Bentazone [25057-89-0]

适用于大豆、水稻、小麦及花生、草场、茶园、甘薯等,用于防除沙草和阔叶杂草

【生产厂】[沪]上海泰禾(集团)有限公司〈P1767〉;[苏]南京仁信化工有限公司〈P1788〉;江苏华昌(集团)有限公司〈P1893〉

【使用厂】[鲁]青岛碱业股份有限公司〈P2038〉;山东京博农化有限公司〈P2155〉

苯达松水剂;灭草松水剂;噻草平水剂;排草丹　E03002231

Bentazone aqueous [25057-89-0]

属选择性除草剂,主要用于防除水稻、玉米和谷类多年生深根性杂草

【生产厂】[黑]黑龙江省哈尔滨利民农化技术有限公司〈P1721〉;[苏]江都市宙龙集团公司〈P1815〉;江苏粮满仓农化有限公司〈P1816〉

草甘膦水剂(10%);10%草甘膦水剂;农达水剂(10%)　E03002301

Glyphosate aqueous solution (10%) [1071-83-6]

属非选择性、残效期短的芽后除草剂,用于防除多年生深根杂草,一年生和二年生的禾本科杂草、莎草和阔叶杂草

【生产厂】[沪]上海市沪江生化厂〈P1763〉;[苏]南京第一农药厂〈P1783〉;南京红太阳集团〈P1784〉;镇江江南化工有限公司(2500 吨)〈P1844〉;江苏金凤凰农化有限公司〈P1859〉;江阴市建业化工有限公司〈P1870〉;江苏省江阴市福达农化有限公司〈P1865〉;江苏苏化集团有限公司(3000 吨)〈P1894〉;太仓市农药厂有限公司(2000 吨)〈P1908〉;扬州市苏灵农药化工有限公司〈P1819〉;南通飞天化学实业有限公司〈P1833〉;南通江山农药化工股份有限公司〈P1833〉;南通利华农化有限公司〈P1834〉;[浙]杭州邦化化工有限公司〈P1915〉;浙江省龙游绿得农药化工有限公司〈P1959〉;[皖]安徽丰乐农化有限责任公司〈P1971〉;安徽华星化工股份有限公司〈P1984〉;安徽省铜陵福成农药有限公司〈P1978〉;[闽]福建省福鼎市绿丰化工有限公司(5000 吨)〈P2007〉;福建省漳州市龙文农化有限公司(1000 吨)〈P2001〉;福建三农集团股份有限公司(2 万吨)〈P1994〉;[鲁]山东胜邦绿野化学有限公司(1 万吨)〈P2029〉;济南金地农药有限公司〈P2023〉;[豫]安阳市安林生物化工有限责任公司(1000 吨)〈P2208〉;河南省夏邑县华泰化工有限公司〈P2225〉;[桂]广西化工研究院〈P2296〉;广西化工研究院-广西新晶科技有限公司〈P2296〉;[川]四川省乐山市福华农药科技有限公司〈P2333〉;[甘]张掖市大弓农化有限公司〈P2358〉

草甘膦;*N*-(膦羧甲基)甘氨酸;农达;镇草宁;膦甘酸　E03002302

Glyphosate; *N*-Phosphonomethyl-glycine [1071-83-6]

是一种非选择性、无残留灭生性除草剂,对多年生根杂草非常有效,广泛用于橡胶、桑、茶、果园及甘蔗地

【生产厂】[京]北京清华紫光英力化工技术有限责任公司〈P1557〉;[冀]河北润田化工有限公司〈P1621〉;[沪]上海泰禾(集团)有限公司〈P1767〉;上海升联化工有限公司(475 吨)〈P1762〉;上海市沪江生化厂(6000 吨)〈P1763〉;[苏]南京第一农药厂〈P1783〉;南京红太阳集团〈P1784〉;镇江江南化工有限公司(3 万吨)〈P1844〉;江苏银燕化工股份有限公司(5000 吨)〈P1866〉;太仓市农药厂有限公司(2000 吨)〈P1908〉;常熟市农药厂有限公司(1500 吨)〈P1890〉;江苏安邦电化有限公司〈P1802〉;扬州先锋化工有限公司〈P1820〉;南通飞天化学实业有限公司〈P1833〉;南通利华农化有限公司〈P1834〉;[浙]杭州邦化化工有限公司〈P1915〉;杭州金帆达化工有限公司(5000 吨)〈P1919〉;浙江省龙游绿得农药化工有限公司〈P1959〉;[皖]安徽丰乐农化有限责任公司〈P1971〉;安徽氯碱化工集团有限责任公司〈P1972〉;安徽海丰精细化工股份有限公司〈P1971〉;安徽华星化工股份有限公司〈P1984〉;[闽]福建三农集团股份有限公司(6000 吨)〈P1994〉;[鲁]山东胜邦绿野化学有限公司(5000 吨)〈P2029〉;山东侨昌化学有限公司(2000 吨)〈P2156〉;莱阳市星火农药有限公司〈P2108〉;[豫]安阳市安林生物化工有限责任公司(950 吨)〈P2208〉;[粤]广州润土农药化工有限公司〈P2263〉;广东琪田农药化工有限公司〈P2295〉;[川]四川省乐山市福华农药科技有限公司(1500 吨)〈P2333〉

【使用厂】[苏]南通江山农药化工股份有限公司〈P1833〉;江苏瑞邦农药厂〈P1860〉;江苏省激素研究所有限公司

E

〈P1860〉;[闽]福建省福鼎市绿丰化工有限公司〈P2007〉;福建省漳州市龙文农化有限公司〈P2001〉

41%草甘膦异丙胺盐水剂 E03002304

Glyphosate isopropyl amine salt aqueous solution(41%) [1071-83-6]

用于果园、茶园、桑园以及免耕地、路边杂草防除

【生产厂】[冀]保定中原绿农化工有限公司〈P1647〉;[黑]黑龙江省哈尔滨利民农化技术有限公司〈P1721〉;黑龙江省哈尔滨市益农生化制品开发有限公司〈P1721〉;[沪]上海高伦现代农化股份有限公司〈P1734〉;上海市沪江生化厂〈P1763〉;[苏]南京第一农药厂〈P1783〉;南京红太阳集团〈P1784〉;镇江江南化工有限公司〈P1844〉;江苏金凤凰农化有限公司〈P1859〉;宜兴兴农化工制品有限公司〈P1888〉;宜兴市益农化工厂〈P1887〉;江苏银燕化工股份有限公司〈P1866〉;江苏省江阴市福达农化有限公司〈P1865〉;江苏苏化集团有限公司〈P1894〉;江苏龙灯化学有限公司〈P1894〉;太仓市农药厂有限公司(2000吨)〈P1908〉;常熟市农药厂有限公司(1500吨)〈P1890〉;连云港立本农药化工有限公司〈P1798〉;南通江山农药化工股份有限公司〈P1833〉;南通利华农化有限公司〈P1834〉;[浙]杭州邦化化工有限公司〈P1915〉;杭州金帆达化工有限公司(2万吨)〈P1919〉;浙江省龙游绿得农药化工有限公司〈P1959〉;[皖]安徽丰乐农化有限责任公司〈P1971〉;安徽金泰农药化工有限公司〈P1971〉;[闽]福建省福鼎市绿丰化工有限公司(500吨)〈P2007〉;[鲁]山东胜邦绿野化学有限公司(5000吨)〈P2029〉;山东侨昌化学有限公司(1500吨)〈P2156〉;山东省青岛奥迪斯生物科技有限公司〈P2047〉;[豫]河南省夏邑县华泰化工有限公司〈P2225〉;[粤]广东琪田农药化工有限公司〈P2295〉;惠州市中迅化工有限公司〈P2278〉;[川]四川省乐山市福华农药科技有限公司〈P2333〉

草甘膦可溶性粉剂 E03002307

Glyphosate S. P. [1071-83-6]

主要用于果园、茶园、桑园等经济作物园中除草

【生产厂】[津]天津市天环药业有限公司〈P1604〉;[苏]南京第一农药厂〈P1783〉;南京红太阳集团〈P1784〉;镇江江南化工有限公司〈P1844〉;南通飞天化学实业有限公司〈P1833〉;[浙]杭州邦化化工有限公司〈P1915〉;[皖]安徽省银山药业有限公司〈P1984〉;安徽华星化工股份有限公司〈P1984〉;[闽]福建三农农化有限公司〈P2001〉;[豫]安阳市安林生物化工有限责任公司〈P2208〉;[鄂]武汉科诺生物农药有限公司〈P2231〉;[渝]重庆双丰农药有限公司〈P2307〉

草甘膦(10%铵盐水剂) E03002308

Glyphosate ammonium solution(10%) [1071-83-6]

属内吸传导型广谱灭生性除草剂,适用于果园、茶园、桑园及橡胶、林木除草

【生产厂】[苏]常熟市农药厂有限公司(1500吨)〈P1890〉

增效草甘膦 E03002309

Glyphosate, synergistic [1071-83-6]

【生产厂】[皖]安徽省铜陵福成农药有限公司〈P1978〉

62%草甘膦异丙胺盐水剂 E03002310

Glyphosate isopropyl amine salt aqueous solution(62%)

用于果园、桑园、茶园、橡胶园、森林防火道、铁路、高速公路旁以及免耕地等化学除草

【生产厂】[沪]上海市沪江生化厂〈P1763〉;[浙]杭州金帆达化工有限公司(2万吨)〈P1919〉

氟乐灵;茄科宁;2,6-二硝基-*N*,*N*-二丙基-4-三氟甲基苯胺;特富力;氟特力;氟利克 E03002401

Trifluralin; Treflan; Elancolan [1582-09-8]

属芽前除草剂,用于防除棉花、饲用豆类田一年生杂草

【生产厂】[苏]江苏腾龙生物药业有限公司〈P1808〉;江苏丰山集团有限公司〈P1807〉;[浙]浙江莹光化工有限公司〈P1956〉;浙江省东阳市康峰有机氟化工厂〈P1955〉;[鲁]山东侨昌化学有限公司(2500吨)〈P2156〉;山东滨农科技有限公司〈P2155〉;[青]青海省京科生物技术开发有限公司(1000吨)〈P2359〉

【使用厂】[黑]佳木斯市恺乐农药有限公司〈P1725〉

氟乐灵乳油 E03002402

Trifluralin E. C. [1582-09-8]

用作水果、棉花、大豆等多种作物的除草剂

【生产厂】[黑]佳木斯市恺乐农药有限公司(240吨)〈P1725〉;[苏]南京第一农药厂〈P1783〉;镇江农药厂有限公司(300吨)〈P1844〉;江苏丰山集团有限公司(1万吨)〈P1807〉;[皖]安徽金泰农药化工有限公司〈P1971〉;[甘]张掖市大弓农化有限公司〈P2358〉;[青]青海省京科生物技术开发有限公司(2000吨)〈P2359〉

二甲戊乐灵;二甲戊灵;*N*-(1-乙基丙基)-2,6-二硝基-3,4-二甲基苯胺 E03002451

Pendimethalin; Penoxalin [40487-42-1]

用于防除一年生禾本科和某些阔叶杂草

【生产厂】[冀]河北润田化工有限公司〈P1621〉;[辽]大连瑞泽农药股份有限公司〈P1693〉;[吉]中国石油吉化集团公司〈P1717〉;[沪]上海泰禾(集团)有限公司〈P1767〉;[苏]南京第一农药厂〈P1783〉;涟水永安化工有限公司〈P1803〉;[浙]浙江新农化工股份有限公司〈P1970〉;[鲁]山东胜邦绿野化学有限公司(700吨)〈P2029〉;山东东泰农化有限公司(500吨)〈P2152〉;山东滨农科技有限公司〈P2155〉;山东华阳科技股份有限公司(1500吨)〈P2135〉;山东华阳农药化工集团有限公司(1500吨)〈P2136〉

【使用厂】[苏]江苏龙灯化学有限公司〈P1894〉;江苏省昆山市鼎烽农药有限公司〈P1894〉;[皖]安徽丰乐农化有限责任公司〈P1971〉;[鲁]山东泗水丰田农药有限公司〈P2133〉

二甲戊乐灵乳油;二甲戊灵乳油 E03002471

Pendimethalin E. C.

用于防除一年生禾本科和某些阔叶杂草

【生产厂】[辽]大连瑞泽农药股份有限公司〈P1693〉;[黑]黑龙江省哈尔滨利民农化技术有限公司〈P1721〉;[苏]南京第一农药厂〈P1783〉;江苏金凤凰农化有限公司〈P1859〉;江苏龙灯化学有限公司〈P1894〉;连云港立本农药化工有限公司〈P1798〉;涟水永安化工有限公司〈P1803〉;[浙]浙江新农化工股份有限公司〈P1970〉;[鲁]山东胜邦绿野化学有限公司(1000吨)〈P2029〉;山东东泰农化有限公司(100吨)〈P2152〉;山东省青岛海利尔药业有限公司〈P2047〉;山东华阳科技股份有限公司〈P2135〉

除草醚;2,4-二氯苯基-4′-硝基苯基醚 E03002501

Nitrofen [1836-75-5]

属芽前或芽后早期使用的接触性除草剂，用于水稻或蔬菜田防除多种阔叶和窄叶杂草

【生产厂】[黑]佳木斯市北星有机化工有限责任公司〈P1724〉;[鄂]武汉汉南同心化工有限公司〈P2230〉

吡嘧磺隆;5-[3-(4,6-二甲氧基嘧啶-2-基)脲基磺酰基]-1-甲基吡唑-4-羧酸乙酯 E03002521

Pyrazosulfuron-ethyl [93697-74-6]

水田除草剂，可用于各种类型的稻田

【生产厂】[辽]沈阳丰收农药有限公司(300吨)〈P1685〉;[苏]江苏瑞东农药有限公司〈P1860〉;江苏天容集团股份有限公司〈P1861〉;连云港立本农药化工有限公司〈P1798〉;[浙]金华市金龙化工有限公司〈P1953〉;[鲁]龙口市龙海精细化工有限公司(200吨)〈P2111〉

吡嘧磺隆可湿性粉剂 E03002541

Pyrazosulfuron-ethyl W.P.

【生产厂】[辽]沈阳化工研究院试验厂(100吨)〈P1686〉;沈阳丰收农药有限公司〈P1685〉;[黑]黑龙江省哈尔滨利民农化技术有限公司〈P1721〉;[沪]上海杜邦农化有限公司〈P1732〉;[苏]江苏瑞禾化学有限公司〈P1781〉;江苏瑞邦农药厂〈P1860〉;连云港立本农药化工有限公司〈P1798〉

异噁草松 E03002601

Clomazone;Dimethazone [81777-89-1]

噁唑酮类除草剂，主要用于大豆田防除阔叶杂草和禾本科杂草

【生产厂】[冀]沧州科润化工有限公司〈P1651〉;[辽]沈阳化工研究院试验厂〈P1686〉;大连松辽化工有限公司〈P1694〉;[皖]安徽丰乐农化有限责任公司〈P1971〉;[鲁]德州恒东农药化工有限公司(400吨)〈P2141〉;山东先达化工有限公司〈P2157〉

【使用厂】[鲁]山东省青岛海利尔药业有限公司〈P2047〉

异噁草松乳油 E03002631

Clomazone E.C.

主要用于大豆田防除阔叶杂草和禾本科杂草，也可用于玉米、油菜、甘蔗等作物

【生产厂】[冀]沧州科润化工有限公司〈P1651〉;[辽]沈阳化工研究院试验厂〈P1686〉;大连松辽化工有限公司〈P1694〉;[黑]黑龙江省科润生物科技有限公司〈P1721〉;[皖]安徽丰乐农化有限责任公司〈P1971〉;[鲁]德州恒东农药化工有限公司(400吨)〈P2141〉

草除灵乙酯 E03002701

Benazolin-ethyl [25059-80-7]

用于冬油菜田除草，能有效地防除猪殃殃、繁缕、牛繁缕、雀舌草、大巢菜、荠菜、灰菜等多种一年生阔叶杂草

【生产厂】[皖]安徽华星化工股份有限公司〈P1984〉

敌草快;1,1′-亚乙基-2,2′-联吡啶二溴盐 E03002801

Diquat;Ortho diquat;Deiquat;Reward [231-36-7]

属传导性触杀灭生性除草剂，用于大田、果园、非耕地等收割前除草

【生产厂】[苏]南京第一农药厂〈P1783〉;南京红太阳集团〈P1784〉

20%敌草快水剂 E03002851

Diquat aqueous solution (20%)

【生产厂】[苏]南京第一农药厂〈P1783〉;南京红太阳集团〈P1784〉

毒莠定;氨氯吡啶酸;4-氨基-3,5,6-三氯吡啶-2-羧酸 E03002951

Picloram [1918-02-1]

【生产厂】[湘]湖南湘大比德化工有限公司〈P2251〉

醚苯磺隆 E03003000

Triasulfuron [82097-50-5]

用于小粒禾谷类作物如小麦、大麦等，可防除一年生阔叶杂草和某些禾本科杂草

【生产厂】[辽]沈阳丰收农药有限公司〈P1685〉;大连瑞泽农药股份有限公司〈P1693〉;[苏]南京红太阳集团〈P1784〉;江苏瑞邦农药厂〈P1860〉;江苏瑞东农药有限公司〈P1860〉;江苏省激素研究所有限公司〈P1860〉;兴化明威化工有限公司〈P1828〉;[浙]金华市金龙化工有限公司〈P1953〉

敌草隆;3-(3,4-二氯苯基)-1,1-二甲基脲 E03003201

Diuron;Dichlorfenidim;Karmex [330-54-1]

用于防除非耕地一般杂草，也用于棉田选择性除草

【生产厂】[京]北京清华紫光英力化工技术有限责任公司〈P1557〉;[辽]沈阳丰收农药有限公司〈P1685〉;[黑]鹤岗市清华紫光英力农化有限公司〈P1725〉;[沪]上海永远化工有限公司〈P1775〉;上海泰禾(集团)有限公司〈P1767〉;[苏]苏州华源农用生物化学品有限公司〈P1901〉;江苏徐州神农化工有限责任公司〈P1793〉

敌草隆可湿性粉剂 E03003231

Diuron W.P. [330-54-1]

用于防除非耕地一般杂草，也用于棉田选择性除草

【生产厂】[辽]沈阳丰收农药有限公司〈P1685〉

20%敌草隆悬浮剂 E03003251

Diuron suspension (20%)

【生产厂】[苏]江苏嘉隆化工有限公司〈P1792〉

敌稗;3,4-二氯丙酰替苯胺 E03003401

Propanil [709-98-8]

主要用于水稻田和旱稻田防除稗草、鸭舌草、野慈姑、马唐、千金子、藜、苋、铁苋菜、马齿苋、蓼等杂草

【生产厂】[京]北京清华紫光英力化工技术有限责任公司〈P1557〉;[辽]沈阳丰收农药有限公司〈P1685〉;[黑]鹤岗市清华紫光英力农化有限公司〈P1725〉;[沪]上海美林康精细化工有限公司〈P1753〉;[浙]上虞市卧龙化工有限公司(100吨)〈P1948〉

二氯吡啶酸;3,6-二氯吡啶-2-羧酸;毕克草 E03003551

Clopyralid;3,6-Dichloro-2-pyridinecarboxylic acid [1702-17-6]

用于防治油菜田的阔叶杂草

【生产厂】[沪]上海永远化工有限公司〈P1775〉;[湘]湖南湘

大比德化工有限公司〈P2251〉

2,4-D 胺；2,4-二氯苯氧乙酸二甲胺盐；2,4-滴二甲胺盐 E03003601

(2,4-Dichlorophenoxy) acetic acid dimethylamine salt；2,4-D, Dimethylamine salt [2008-39-1]

主要用于防除水稻及小麦田的双子叶杂草

【生产厂】[辽]大连松辽化工有限公司〈P1694〉；[苏]江苏生花农药有限公司〈P1865〉；常州永泰丰化工有限公司〈P1858〉；[鲁]山东侨昌化学有限公司(1000 吨)〈P2156〉

绿麦隆；*N*-(3-氯-4-甲基苯基)-*N'*,*N'*-二甲基脲 E03003801

Chlortoluron；Dicuran [15545-48-9]

属接触性除草剂，用于谷物田中防除禾本科杂草和多种阔叶杂草

【生产厂】[苏]江苏苏中农药化工厂(1000 吨)〈P1822〉

【使用厂】[苏]宿迁市健谷农化有限公司〈P1804〉；江苏瑞禾化学有限公司〈P1781〉

25% 绿麦隆可湿性粉剂 E03003851

Chlortoluron W. P. (25%) [15545-48-9]

属接触性除草剂，用于谷物田除草

【生产厂】[沪]上海升联化工有限公司〈P1762〉；[苏]宿迁市健谷农化有限公司(1000 吨)〈P1804〉；泰兴市东风农药化工厂〈P1826〉；南通利华农化有限公司〈P1834〉；江苏省南通地旺农药化工有限公司〈P1831〉；[鲁]山东泗水丰田农药有限公司(450 吨)〈P2133〉

异丙隆；3-对-异丙苯基-1,1-二甲基脲 E03003901

Isoproturon；Arelon；Graminon；Tolkan [34123-59-6]

用于小麦、大麦、棉花、玉米、大豆、豌豆、蚕豆、花生等作物地防除看麦娘、马唐、野燕麦、藜、早熟禾等杂草

【生产厂】[沪]上海永远化工有限公司〈P1775〉；[苏]苏州华源农用生物化学品有限公司(1000 吨)〈P1901〉；[鲁]山东泗水丰田农药有限公司〈P2133〉

【使用厂】[辽]大连瑞泽农药股份有限公司〈P1693〉；[苏]镇江农药厂有限公司〈P1844〉；江苏瑞禾化学有限公司〈P1781〉；苏州市宝带农药有限责任公司〈P1903〉；江苏省昆山市鼎烽农药有限公司〈P1894〉；江苏东宝农药化工有限公司〈P1815〉；[皖]安徽华星化工股份有限公司〈P1984〉

异丙隆可湿性粉剂 E03003903

Isoproturon W. P. [34123-59-6]

属选择性除草剂

【生产厂】[苏]江苏瑞禾化学有限公司〈P1781〉；无锡市锡南农药有限公司〈P1879〉；江苏省江阴市福达农化有限公司〈P1865〉；苏州华源农用生物化学品有限公司(1000 吨)〈P1901〉；苏州市宝带农药有限责任公司〈P1903〉；江苏省昆山市鼎烽农药有限公司〈P1894〉；江苏省南通金陵农化有限公司〈P1831〉；[鲁]山东泗水丰田农药有限公司〈P2133〉

解草唑；1-(2,4-二氯苯基)-5-三氯甲基-1,2,4-三唑-3-羧酸 E03004001

Fenchlorazole

【生产厂】[浙]杭州宇龙化工有限公司〈P1925〉；[皖]安徽华星化工股份有限公司〈P1984〉

特丁津 E03004201

Terbuthylazine [5915-41-3]

用于防除大多数杂草，芽前施用，也可选择性地防除柑橘、玉米和葡萄园杂草

【生产厂】[鲁]山东滨农科技有限公司〈P2155〉

烯草酮 E03004301

Clethodim [99129-21-2]

选择性除草剂，可防除一年生和多年生禾本科杂草

【生产厂】[京]北京高盟化工有限公司〈P1548〉；[冀]河北润田化工有限公司〈P1621〉；沧州科润化工有限公司〈P1651〉；[辽]大连瑞泽农药股份有限公司〈P1693〉；[苏]扬州先锋化工有限公司〈P1820〉；[鲁]山东鲁抗生物农药有限责任公司〈P2145〉；山东先达化工有限公司〈P2157〉

烯草酮乳油 E03004331

Clethodim E. C. [99129-21-2]

选择性除草剂，可防除一年生和多年生禾本科杂草

【生产厂】[冀]沧州科润化工有限公司〈P1651〉；[辽]沈阳化工研究院试验厂〈P1686〉；[黑]佳木斯市恺乐农药有限公司〈P1725〉

2,4-二氯苯氧乙酸正丁酯乳油；2,4-D 丁酯乳油；2,4-滴丁酯乳油 E03004401

Butyl 2,4-dichlorophenoxyacetate E. C. [94-80-4]

属内吸选择性除草剂，主要防除禾本科作物田中的阔叶杂草、异性莎草科及某些嗯性杂草

【生产厂】[辽]大连松辽化工有限公司(6000 吨)〈P1694〉；大连瑞泽农药股份有限公司〈P1693〉；[黑]黑龙江省哈尔滨利民农化技术有限公司〈P1721〉；佳木斯黑龙农药化工股份有限公司〈P1724〉；[苏]南京第一农药厂〈P1783〉；常州永泰丰化工有限公司〈P1858〉；[鲁]山东胜邦绿野化学有限公司(1000 吨)〈P2029〉；山东富安集团农药有限公司(1000 吨)〈P2052〉

2,4-D 异辛酯；2,4-二氯苯氧乙酸异辛酯 E03004451

Isooctyl 2,4-dichlorophenoxyacetate [25168-26-7]

【生产厂】[辽]大连松辽化工有限公司〈P1694〉；[苏]常州永泰丰化工有限公司〈P1858〉；扬州先锋化工有限公司〈P1820〉

2,4-D 异辛酯乳油；2,4-二氯苯氧乙酸异辛酯乳油 E03004461

2,4-D isooctyl ester E. C.

【生产厂】[苏]常州永泰丰化工有限公司〈P1858〉

禾草敌；*N*,*N*-六亚甲基硫赶氨基甲酸乙酯；禾大壮；希克尔；草达灭 E03004511

Molinate；Hydram [2212-67-1]

可防治萌发的阔叶及禾本科杂草

【生产厂】[津]天津市施普乐农药技术发展有限公司(500 吨)〈P1602〉

【使用厂】[苏]镇江农药厂有限公司〈P1844〉；[浙]永康市农用化学研究所〈P1954〉

燕麦畏；野麦畏 E03004701

Triallate [2303-17-5]

适用于小麦、青稞、油菜、豌豆、亚麻、甜菜、大豆等农作物田防除野燕麦

【生产厂】[沪]上海泰禾(集团)有限公司〈P1767〉

百草枯;克芜踪;1,1′-二甲基-4,4′-联吡啶翁盐 E03004801

Paraquat [4685-14-7]

属速效灭生性触杀型除草剂,广泛用于橡胶、香蕉、甘蔗、果园、农田等地除草

【生产厂】[京]北京清华紫光英力化工技术有限责任公司〈P1557〉;[津]天津市施普乐农药技术发展有限公司(600吨)〈P1602〉;[冀]河北润田化工有限公司〈P1621〉;河北威远生物化工股份有限公司〈P1622〉;保定通元精细化工有限公司〈P1647〉;[黑]鹤岗市清华紫光英力农化有限公司〈P1725〉;[沪]上海泰禾(集团)有限公司(238吨)〈P1767〉;[苏]南京第一农药厂〈P1783〉;南京红太阳集团(1500吨)〈P1784〉;[浙]杭州金帆达化工有限公司〈P1919〉;浙江世佳科技有限公司〈P1947〉;[皖]安徽金泰农药化工有限公司(500吨)〈P1971〉;宿州市亨达农药有限公司〈P1984〉;安徽省银山药业有限公司〈P1984〉;[鲁]山东东方农药科技实业公司〈P2028〉;山东省农药研究所(1000吨)〈P2030〉;山东侨昌化学有限公司(1000吨)〈P2156〉;山东绿丰农药有限公司〈P2096〉;[豫]沙隆达郑州农药有限公司〈P2168〉;[鄂]湖北仙隆化工股份有限公司(4000吨)〈P2245〉

百草枯水剂 E03004821

Paraquat aqueous solution [4685-14-7]

属速效灭生性触杀型除草剂,广泛用于橡胶、香蕉、甘蔗、果园、农田等地除草

【生产厂】[津]天津市华宇农药有限公司〈P1590〉;[冀]保定通元精细化工有限公司〈P1647〉;[晋]山西广大化工有限公司〈P1679〉;[黑]鹤岗市清华紫光英力农化有限公司〈P1725〉;[苏]南京第一农药厂〈P1783〉;南京红太阳集团〈P1784〉;宜兴兴农化工制品有限公司〈P1888〉;连云港立本农药化工有限公司〈P1798〉;[浙]杭州金帆达化工有限公司〈P1919〉,[皖]安徽丰乐农化有限责任公司〈P1971〉;安徽金泰农药化工有限公司〈P1971〉;[闽]福建省福鼎市绿丰化工有限公司(400吨)〈P2007〉;福建三农农化有限公司〈P2001〉;[鲁]山东省济南天邦化工有限公司〈P2030〉;山东胜邦绿野化学有限公司(900吨)〈P2029〉;山东鲁抗生物农药有限责任公司〈P2145〉;淄博绿晶农药有限公司〈P2065〉;莱阳市星火农药有限公司〈P2108〉;山东省青岛海利尔药业有限公司〈P2047〉;[豫]圣丰科技(河南)有限公司〈P2168〉;河南省郑州富利达农药有限公司〈P2167〉;河南省夏邑县华泰化工有限公司〈P2225〉;[鄂]沙隆达集团公司〈P2240〉

磺草灵;对氨基苯磺酰胺甲酸甲酯 E03004901

Asulam; Asulox [3337-71-1]

属选择性内吸性除草剂,是细胞生长抑制剂

【生产厂】[冀]河北润田化工有限公司〈P1621〉;[黑]鹤岗市清华紫光英力农化有限公司〈P1725〉;[沪]上海泰禾(集团)有限公司〈P1767〉;[苏]南京仁信化工有限公司〈P1788〉;江苏绿丰生物药业有限公司〈P1808〉;[豫]郑州市金鹏化工实业有限公司(200吨)〈P2173〉

仲丁灵;地乐胺;*N*-仲丁基-4-特丁基-2,6-二硝基苯胺 E03005001

Butralin; Dibutaline; Amexine; Tamex [33629-47-9]

属水旱两用化学除草剂

【生产厂】[苏]江苏金凤凰农化有限公司〈P1859〉;[鲁]山东华阳和乐农药有限公司〈P2144〉;山东滨农科技有限公司〈P2155〉;山东鸿汇烟草用药有限公司〈P2095〉;[甘]张掖市大弓农化有限公司〈P2358〉

仲丁灵乳油 E03005031

Butralin E. C.

用于抑制烟草腋芽生长

【生产厂】[苏]江苏金凤凰农化有限公司〈P1859〉;[鲁]山东华阳和乐农药有限公司〈P2144〉;山东鸿汇烟草用药有限公司〈P2095〉;[甘]张掖市大弓农化有限公司〈P2358〉

甲草胺;拉索;2-氯-2′,6′-二乙基-*N*-甲氧甲基乙酰替苯胺 E03005201

Alachlor; Lasso [15972-60-8]

用作芽前和芽后早期除草剂,可防除棉花、玉米、油菜、花生、大豆和甘蔗中一年生禾本科杂草和许多阔叶杂草

【生产厂】[苏]南京仁信化工有限公司〈P1788〉;[鲁]山东润丰化工有限公司〈P2029〉;山东胜邦绿野化学有限公司(500吨)〈P2029〉;山东侨昌化学有限公司(1500吨)〈P2156〉;山东滨农科技有限公司〈P2155〉;东营胜利绿野农药化工有限公司(1500吨)〈P2081〉

【使用厂】[鲁]威海市农药厂〈P2125〉

甲草胺乳油 E03005211

Alachlor E. C.

用作土壤封闭前芽前除草剂

【生产厂】[苏]南通江山农药化工股份有限公司〈P1833〉;[鲁]东营胜利绿野农药化工有限公司(500吨)〈P2081〉;威海市农药厂〈P2125〉

异丙草胺;2-氯-*N*-(异丙基甲基)-*N*-(2-乙基-6-甲基)苯基乙酰胺;乐丰宝 E03005231

Propisochlor

用于防治一年生禾本科杂草及部分阔叶杂草,主要用于玉米、大豆等作物

【生产厂】[蒙]内蒙古宏裕科技股份有限公司〈P1683〉;[辽]大连松辽化工有限公司〈P1694〉;大连瑞泽农药股份有限公司〈P1693〉;[苏]无锡瑞泽农药有限公司〈P1874〉;[鲁]山东胜邦绿野化学有限公司(500吨)〈P2029〉;山东大成农药股份有限公司〈P2051〉;山东侨昌化学有限公司(1500吨)〈P2156〉;山东滨农科技有限公司〈P2155〉;青岛双收农药化工有限公司〈P2043〉

【使用厂】[苏]江苏瑞禾化学有限公司〈P1781〉;江苏瑞邦农药厂〈P1860〉;沭阳县淮沭农药厂〈P1804〉;新沂中凯农用化工有限公司〈P1794〉;江苏金凤凰农化有限公司〈P1859〉;[鲁]山东富安集团农药有限公司〈P2052〉;淄博市周村穗丰农药化工有限公司〈P2072〉;青岛碱业股份有限公司〈P2038〉;山东省济南天邦化工有限公司〈P2030〉;山东阳谷中石药业有限公司〈P2154〉;山东省青岛海利尔药业有限公司〈P2047〉;山东省淄博市淄川黉阳农药有限公司〈P2054〉;青岛农冠农药有限责任公司〈P2041〉;山东京博农化有限公司〈P2155〉

异丙草胺乳油 E03005241

Propisochlor E. C.

用于防治一年生禾本科杂草及部分阔叶杂草,主要用于玉米、大豆等作物

【生产厂】[蒙]内蒙古宏裕科技股份有限公司〈P1683〉;[黑]

黑龙江省哈尔滨市益农生化制品开发有限公司〈P1721〉；[苏]江苏瑞邦农药厂〈P1860〉；无锡瑞泽农药有限公司〈P1874〉；新沂中凯农用化工有限公司〈P1794〉；[鲁]青岛碱业股份有限公司(250 吨)〈P2038〉；山东省青岛海利尔药业有限公司〈P2047〉；青岛双收农药化工有限公司〈P2043〉；山东三农农药有限公司〈P2150〉

异丙甲草胺 E03005251

Metolachlor；Dimethyl dimethachlor；Metetilachlor [51218-45-2]

适用于玉米、大豆、花生、棉花、高粱等旱田作物

【生产厂】[冀]河北世纪农药有限公司〈P1666〉；[苏]江苏苏化集团有限公司〈P1894〉；[鲁]山东侨昌化学有限公司(2000 吨)〈P2156〉；山东滨农科技有限公司〈P2155〉；[粤]广州润土农药化工有限公司〈P2263〉

【使用厂】[浙]永康市农用化学研究所〈P1954〉

异丙甲草胺乳油 E03005255

Metolachlor E. C.

用作选择性芽前土壤处理除草剂

【生产厂】[津]天津市华宇农药有限公司〈P1590〉；[黑]黑龙江省哈尔滨利民农化技术有限公司〈P1721〉；[苏]江苏苏化集团有限公司〈P1894〉；[豫]河南金田地农化有限公司〈P2165〉

丁草胺；灭草特；去草胺；2-氯-2′,6′-二乙基-*N*-(丁氧甲基)乙酰替苯胺 E03005301

Butachlor [23184-66-9]

是一种高效低毒芽前除草剂，主要用于防除旱地作物大多数一年生禾本科和部分双子叶杂草

【生产厂】[辽]大连瑞泽农药股份有限公司〈P1693〉；[苏]南京仁信化工有限公司〈P1788〉；无锡瑞泽农药有限公司(8000 吨)〈P1874〉；南通江山农药化工股份有限公司〈P1833〉；[鲁]山东胜邦绿野化学有限公司(700 吨)〈P2029〉；山东侨昌化学有限公司(2500 吨)〈P2156〉；山东滨农科技有限公司〈P2155〉；[粤]广州润土农药化工有限公司〈P2263〉

【使用厂】[苏]南通同济化工有限公司〈P1835〉；江苏省南通金陵农化有限公司〈P1831〉；镇江农药厂有限公司〈P1844〉；无锡市锡南农药有限公司〈P1879〉；江苏省连云港市东金化工有限公司〈P1798〉；江苏省靖江市金囤农化有限公司〈P1822〉；江苏省苏科农化有限责任公司〈P1781〉；江苏金凤凰农化有限公司〈P1859〉；江苏省激素研究所有限公司〈P1860〉；如皋市农药化工厂〈P1838〉；[皖]安徽丰乐农化有限责任公司〈P1971〉；[闽]福建三农农化有限公司〈P2001〉；[鲁]淄博市周村穗丰农药化工有限公司〈P2072〉；山东省济南天邦化工有限公司〈P2030〉；青岛农冠农药有限责任公司〈P2041〉

丁草胺乳油 E03005302

Butachlor E. C. [23184-66-9]

用于防除水稻田禾本科杂草及一年生阔叶杂草

【生产厂】[黑]黑龙江省科润生物科技有限公司〈P1721〉；黑龙江省哈尔滨利民农化技术有限公司〈P1721〉；黑龙江省哈尔滨市益农生化制品开发有限公司〈P1721〉；[苏]无锡瑞泽农药有限公司(8000 吨)〈P1874〉；江苏腾龙生物药业有限公司〈P1808〉；南通江山农药化工股份有限公司(1000 吨)〈P1833〉；江苏省南通金陵农化有限公司〈P1831〉；[鲁]山东胜邦绿野化学有限公司(1000 吨)〈P2029〉；山东省青岛海利尔药业有限公司〈P2047〉

丁草胺颗粒剂(5%) E03005306

Butachlor granular (5%) [23184-66-9]

用于防治水稻中的稗草、牛毛草、鸭舌草等杂草

【生产厂】[苏]镇江农药厂有限公司(2 万吨)〈P1844〉；江苏省昆山市鼎烽农药有限公司〈P1894〉；江苏嘉隆化工有限公司〈P1792〉；徐州市临黄农药厂〈P1795〉；[闽]福建三农农化有限公司(3000 吨)〈P2001〉

麦草畏；3,6-二氯-2-甲氧基苯甲酸；百草敌 E03005401

Dicamba；Banvel；Mediben [1918-00-9]

对小麦、玉米等作物中的一季生和多季生阔叶杂草有显著效果

【生产厂】[冀]河北润田化工有限公司〈P1621〉；河北思尔可化学有限责任公司〈P1666〉；[苏]江苏省激素研究所有限公司〈P1860〉；江苏生花农药有限公司〈P1865〉；[浙]升华集团控股有限公司〈P1946〉；[鲁]青岛亿明翔精细化工科技有限公司〈P2046〉

麦草畏水剂 E03005451

Dicamba aqueous solusion

【生产厂】[苏]江苏生花农药有限公司〈P1865〉

禾草灵；伊洛克桑 E03005501

Diclofop；Diclofop-methyl [51338-27-3]

属内吸性除草剂，通过根及叶被吸收，主要用于麦类、大豆、花生、油菜等作物田防治禾本科杂草

【生产厂】[苏]江苏华昌(集团)有限公司〈P1893〉；[浙]浙江省龙游绿得农药化工有限公司〈P1959〉

禾草灵乳油 E03005521

Diclofop E. C.

【生产厂】[浙]浙江省龙游绿得农药化工有限公司〈P1959〉

氟磺胺草醚水剂 E03005601

Fomesafen aqua [72178-02-0]

属高效豆田芽后除草剂，可有效防除一年生阔叶杂草

【生产厂】[冀]沧州科润化工有限公司〈P1651〉；[蒙]内蒙古宏裕科技股份有限公司〈P1683〉；[辽]大连松辽化工有限公司〈P1694〉；大连瑞泽农药股份有限公司〈P1693〉；[黑]黑龙江省哈尔滨利民农化技术有限公司〈P1721〉；佳木斯黑龙农药化工股份有限公司〈P1724〉；佳木斯市恺乐农药有限公司〈P1725〉；[苏]江苏苏化集团有限公司〈P1894〉；连云港立本农药化工有限公司〈P1798〉；[皖]安徽丰乐农化有限责任公司〈P1971〉；[鲁]青岛碱业股份有限公司(150 吨)〈P2038〉；山东省青岛海利尔药业有限公司〈P2047〉；青岛双收农药化工有限公司〈P2043〉

氟磺胺草醚；5-(2-氯-4-三氟甲基苯氧基)-*N*-甲磺酰-2-硝基苯甲酰胺 E03005621

Fomesafen [72178-02-0]

主要用于大豆田防除藜、苋、蓼、龙葵、大小蓟、鸭趾草、苍耳、尚麻、鬼针草等杂草

【生产厂】[冀]河北润田化工有限公司〈P1621〉；[辽]大连松

辽化工有限公司(300 吨)〈P1694〉;大连瑞泽农药股份有限公司(800 吨)〈P1693〉;[黑]佳木斯市恺乐农药有限公司〈P1725〉;鹤岗市清华紫光英力农化有限公司〈P1725〉;[沪]上海美林康精细化工有限公司〈P1753〉;[苏]江苏苏化集团有限公司〈P1894〉;连云港立本农药化工有限公司(162 吨)〈P1798〉;[浙]杭州优泰克农化有限公司〈P1947〉;[鲁]德州恒东农药化工有限公司(85 吨)〈P2141〉;淄博新农基农药化工有限公司(36 吨)〈P2074〉;山东侨昌化学有限公司(2000 吨)〈P2156〉;山东神星农药有限公司(300 吨)〈P2097〉;青岛海湾集团有限公司(150 吨)〈P2036〉

【使用厂】[蒙]内蒙古宏裕科技股份有限公司〈P1683〉;[皖]安徽丰乐农化有限责任公司〈P1971〉;[鲁]山东省青岛海利尔药业有限公司〈P2047〉

氟磺胺草醚乳油　E03005641

Fomesafen E. C.

【生产厂】[辽]大连瑞泽农药股份有限公司〈P1693〉;[苏]连云港立本农药化工有限公司〈P1798〉

敌草胺;*N*,*N*-二乙基-2-(1-萘氧基)丙酰胺　E03005701

Napropamide [15299-99-7]

可用于油菜、萝卜等蔬菜,西瓜、花生、棉花等作物田,防除马唐、牛筋草等禾本科杂草和阔叶杂草

【生产厂】[川]宜宾北方川安化工有限公司〈P2335〉

敌草胺乳油;旱清　E03005751

Napropamide E. C. [15299-99-7]

【生产厂】[苏]江苏金凤凰农化有限公司〈P1859〉

乙草胺;2-氯-2′-甲基-6′-乙基-*N*-(乙氧甲基)乙酰替苯胺;禾耐斯　E03005901

Acetochlor;Harness [34256-82-1]

属芽前除草剂,可防除一年生禾本科杂草和某些一年生阔叶杂草,适用于玉米、棉花、花生和大豆田除草

【生产厂】[津]天津市施普乐农药技术发展有限公司(1000 吨)〈P1602〉;[蒙]内蒙古宏裕科技股份有限公司〈P1683〉;[辽]大连松辽化工有限公司〈P1694〉;大连瑞泽农药股份有限公司(6500 吨)〈P1693〉;[吉]中国石油吉化集团公司〈P1717〉;[沪]上海泰禾(集团)有限公司〈P1767〉;[苏]南京仁信化工有限公司〈P1788〉;无锡瑞泽农药有限公司(8000 吨)〈P1874〉;连云港立本农药化工有限公司〈P1798〉;南通江山农药化工股份有限公司(1000 吨)〈P1833〉;[鲁]山东胜邦绿野化学有限公司(2000 吨)〈P2029〉;山东阳谷中石药业有限公司(2400 吨)〈P2154〉;山东大成农药股份有限公司〈P2051〉;山东侨昌化学有限公司(3000 吨)〈P2156〉;山东滨农科技有限公司〈P2155〉;东营胜利绿野农药化工有限公司(1500 吨)〈P2081〉;山东华阳科技股份有限公司(3000 吨)〈P2135〉;[豫]沙隆达郑州农药有限公司〈P2168〉;[粤]广州润土农药化工有限公司〈P2263〉

【使用厂】[黑]佳木斯黑龙农药化工股份有限公司〈P1724〉;黑龙江省哈尔滨市益农生化制品开发有限公司〈P1721〉;[苏]江苏粮满仓农化有限公司〈P1816〉;南通同济化工有限公司〈P1835〉;江苏省南通金陵农化有限公司〈P1831〉;江苏省靖江市金囤农化有限公司〈P1822〉;南京祥宇农药有限公司〈P1790〉;江苏瑞禾化学有限公司〈P1781〉;溧阳市新球农药化工有限公司〈P1864〉;苏州市宝带农药有限责任公司〈P1903〉;江苏瑞邦农药厂〈P1860〉;江苏省苏科农化有限责任公司〈P1781〉;江苏腾龙生物药业有限公司〈P1808〉;沭阳县淮沭农药厂〈P1804〉;江苏金凤凰农化有限公司〈P1859〉;扬州市苏灵农药化工有限公司〈P1819〉;江苏东宝农药化工有限公司〈P1815〉;江苏省激素研究所有限公司〈P1860〉;南京第一农药厂〈P1783〉;[皖]安徽华星化工股份有限公司〈P1984〉;安徽丰乐农化有限责任公司〈P1971〉;[鲁]淄博市周村穗丰农药化工有限公司〈P2072〉;山东三农农药有限公司〈P2150〉;山东京蓬生物药业股份有限公司〈P2113〉;山东省淄博市淄川黉阳农药有限公司〈P2054〉;青岛农冠农药有限责任公司〈P2041〉;威海市农药厂〈P2125〉;[豫]博爱惠丰生化农药有限公司〈P2192〉;[渝]重庆双丰农药有限公司〈P2307〉

乙草胺乳油　E03005921

Acetochlor E. C.

主要适用于大豆、玉米、花生、移栽油菜田、棉花、马铃薯等作物除草

【生产厂】[冀]沧州科润化工有限公司〈P1651〉;[蒙]内蒙古宏裕科技股份有限公司〈P1683〉;[辽]大连松辽化工有限公司〈P1694〉;大连瑞泽农药股份有限公司〈P1693〉;[黑]黑龙江省科润生物科技有限公司〈P1721〉;黑龙江省哈尔滨利民农化技术有限公司〈P1721〉;黑龙江省哈尔滨市益农生化制品开发有限公司〈P1721〉;[苏]江苏省苏科农化有限责任公司〈P1781〉;江苏金凤凰农化有限公司〈P1859〉;无锡瑞泽农药有限公司〈P1874〉;江苏嘉隆化工有限公司〈P1792〉;新沂中凯农用化工有限公司〈P1794〉;江苏腾龙生物药业有限公司(1000 吨)〈P1808〉;江苏克胜集团股份有限公司〈P1808〉;江都市宙龙集团公司〈P1815〉;江苏粮满仓农化有限公司〈P1816〉;南通江山农药化工股份有限公司〈P1833〉;[鲁]山东胜邦绿野化学有限公司(1 万吨)〈P2029〉;山东阳谷中石药业有限公司(2000 吨)〈P2154〉;东营胜利绿野农药化工有限公司(550 吨)〈P2081〉;山东省青岛海利尔药业有限公司〈P2047〉;山东白云农药有限公司〈P2135〉;山东华阳科技股份有限公司〈P2135〉;山东三农农药有限公司〈P2150〉;[豫]沙隆达郑州农药有限公司〈P2168〉;河南金田地农化有限公司〈P2165〉;安阳市红旗药业有限公司(200 吨)〈P2209〉;河南省夏邑县华泰化工有限公司〈P2225〉

乙草胺可湿性粉剂　E03005931

Acetochlor, W. P.

用于大田移栽稻田,可有效防除稗草、千金子、异型莎草、碎米莎草、牛毛草、鸭舌草、节节菜等杂草

【生产厂】[苏]江苏金凤凰农化有限公司〈P1859〉;无锡瑞泽农药有限公司〈P1874〉;江苏省昆山市鼎烽农药有限公司〈P1894〉;江苏腾龙生物药业有限公司〈P1808〉;扬州市苏灵农药化工有限公司〈P1819〉;江苏东宝农药化工有限公司〈P1815〉;[渝]重庆双丰农药有限公司〈P2307〉

乙草胺水乳剂　E03005951

Acetochlor aqueous emulsion

是旱田作物的选择性芽前除草剂,可用于玉米、花生、大豆、棉花、油菜及多种蔬菜田防除一年生禾本科杂草

【生产厂】[皖]宿州市亨达农药有限公司〈P1984〉;[鲁]山东胜邦绿野化学有限公司(200 吨)〈P2029〉;山东阳谷中石药业有限公司(300 吨)〈P2154〉

四氟丙酸钠;STFP　E03006001

Sodium tetrafluoropropionate

属低毒性除草剂,用于牧场、热带草原、橡胶

园、茶园、甘蔗田多年生禾本科杂草的防治

【生产厂】[浙]衢州市台胞投资经贸有限公司(200 吨)〈P1958〉

烟嘧磺隆;2-(4,6-二甲氧基-2-嘧啶基氨基甲酰氨基磺酰基)-*N*,*N*-二甲基烟酰胺　E03006101

Nicosulfuron [111991-09-4]

用于防除玉米田一年生单、双叶子杂草

【生产厂】[冀]河北润田化工有限公司〈P1621〉;[黑]佳木斯兴宇生物技术开发有限公司〈P1725〉;[沪]上海高伦现代农化股份有限公司〈P1734〉;上海市农药研究所〈P1764〉;[苏]江苏瑞东农药有限公司〈P1860〉;[浙]金华市金龙化工有限公司〈P1953〉;[皖]安徽丰乐农化有限责任公司〈P1971〉;[赣]江西日上化工有限公司〈P2017〉;[鲁]山东侨昌化学有限公司(100 吨)〈P2156〉;[豫]博爱惠丰生化农药有限公司〈P2192〉

吡氟草胺;吡氟酰草胺　E03006201

Diflufenican;Diflufenical [83164-33-4]

属于类胡萝卜素生物合成抑制剂,是广谱的选择性麦田除草剂

【生产厂】[沪]上海市农药研究所〈P1764〉;上海美林康精细化工有限公司〈P1753〉

氯磺隆;1-(2-氯苯基磺酰)-3-(4-甲氧基-6-甲基-1,3,5-三嗪-2-基)脲　E03006301

Chlorsulfuron;Glean;Telar [64902-72-3]

属麦田选择性、超高效除草剂,杀草谱广,对麦苗安全

【生产厂】[辽]沈阳丰收农药有限公司〈P1685〉;[苏]江苏瑞邦农药厂〈P1860〉;江苏瑞东农药有限公司〈P1860〉;江苏省激素研究所有限公司〈P1860〉;江苏溧化化学有限公司〈P1859〉;江苏天容集团股份有限公司〈P1861〉;[浙]金华市金龙化工有限公司〈P1953〉

【使用厂】[辽]大连瑞泽农药股份有限公司〈P1693〉;[苏]镇江农药厂有限公司〈P1844〉;江苏瑞禾化学有限公司〈P1781〉;苏州市宝带农药有限责任公司〈P1903〉;江苏省苏科农化有限责任公司〈P1781〉;江苏金凤凰农化有限公司〈P1859〉;江苏省昆山市鼎烽农药有限公司〈P1894〉

氯磺隆可湿性粉剂　E03006331

Chlorsulfuron W. P.

【生产厂】[辽]沈阳丰收农药有限公司〈P1685〉;[苏]江苏省激素研究所有限公司〈P1860〉;江苏溧化化学有限公司〈P1859〉

二氯丙烯胺;*N*,*N*-二烯丙基-2,2-二氯乙酰胺　E03006451

Dichlormid [37764-25-3]

用作乙草胺保护剂,它既可用于拌种,也可与除草剂混合喷雾进行土壤处理

【生产厂】[辽]大连瑞泽农药股份有限公司〈P1693〉;[浙]杭州浙大泛科化工有限公司〈P1925〉;[鲁]邹平铭兴化工有限公司(1000 吨)〈P2158〉

噁唑禾草灵;骠马;2-[4-(6-氯-2-苯并噁唑氧基)苯氧基]丙酸乙酯　E03006501

Fenoxaprop ethyl [66441-23-4]

用于防除大豆、棉花、甜菜等双子叶作物田一年生、多年生单子叶杂草

【生产厂】[苏]江苏天容集团股份有限公司〈P1861〉;[浙]杭州宇龙化工有限公司(20 吨)〈P1925〉;浙江省龙游绿得农药化工有限公司〈P1959〉;[皖]安徽丰乐农化有限责任公司(50 吨)〈P1971〉;安徽省银山药业有限公司〈P1984〉;安徽华星化工股份有限公司(30 吨)〈P1984〉;[鲁]山东滨农科技有限公司〈P2155〉

噁唑禾草灵乳油　E03006511

Fenoxaprop ethyl E. C.

用作芽后除草剂,防除甜菜、棉花、亚麻、花生、油菜、马铃薯、大豆和蔬菜田的一年生和多年生禾本科杂草

【生产厂】[苏]江苏瑞禾化学有限公司〈P1781〉;[浙]杭州宇龙化工有限公司〈P1925〉;浙江省龙游绿得农药化工有限公司〈P1959〉;[皖]安徽丰乐农化有限责任公司〈P1971〉;安徽华星化工股份有限公司〈P1984〉

噁唑禾草灵水乳剂　E03006551

Fenoxaprop ethyl aqueous emulsion

用于防除春小麦、野燕麦等一年生禾本科杂草

【生产厂】[苏]江苏省江阴市福达农化有限公司〈P1865〉;[浙]杭州宇龙化工有限公司〈P1925〉;[皖]安徽丰乐农化有限责任公司〈P1971〉;安徽华星化工股份有限公司〈P1984〉

氟胺磺隆　E03006701

Triflusulfur*on*-methyl [126535-15-7]

是高效安全苗后除草剂,能防除许多阔叶杂草和禾本科杂草

【生产厂】[苏]兴化明威化工有限公司〈P1828〉

胺苯磺隆;2-[(4-乙氧基-6-甲胺基-1,3,5-三嗪-2-基)氨基甲酰基氨基磺酰基]苯甲酸甲酯　E03006801

Ethametsulfuron;Muster;Ethametsulfur*on*-methyl [97780-06-8]

属磺酰脲类油菜田用除草剂

【生产厂】[辽]大连瑞泽农药股份有限公司〈P1693〉;[苏]江苏瑞邦农药厂〈P1860〉;江苏省激素研究所有限公司〈P1860〉;江苏天容集团股份有限公司〈P1861〉;[浙]金华市金龙化工有限公司〈P1953〉;[皖]安徽华星化工股份有限公司〈P1984〉

胺苯磺隆可湿性粉剂　E03006831

Ethametsulfuron W. P. [97780-06-8]

广谱型的油菜田专用除草剂,能防除油菜田阔叶杂草,同时对禾本科杂草也有明显抑制作用

【生产厂】[辽]沈阳化工研究院试验厂〈P1686〉;大连瑞泽农药股份有限公司〈P1693〉;[苏]江苏瑞禾化学有限公司〈P1781〉;南京祥宇农药有限公司〈P1790〉;江苏省激素研究所有限公司〈P1860〉;江苏溧化化学有限公司〈P1859〉;溧阳市新球农药化工有限公司〈P1864〉

甲磺隆;2-[3-(4-甲氧基-6-甲基-1,3,5-三嗪-2-基)脲基磺酰基]苯甲酸甲酯　E03006901

Methsulfur*on*-methyl [74223-64-6]

用于防治麦田中一年生及多年生阔叶杂草

【生产厂】[冀]河北润田化工有限公司〈P1621〉;[辽]沈阳丰收农药有限公司〈P1685〉;大连瑞泽农药股份有限公司〈P1693〉;[沪]上海杜邦农化有限公司(200吨)〈P1732〉;[苏]江苏瑞邦农药厂〈P1860〉;江苏瑞东农药有限公司〈P1860〉;江苏省激素研究所有限公司〈P1860〉;江苏溧化化学有限公司〈P1859〉;江苏天容集团股份有限公司〈P1861〉;[浙]金华市金龙化工有限公司〈P1953〉

【使用厂】[苏]江苏省苏科农化有限责任公司〈P1781〉

甲磺隆可湿性粉剂 E03006931

Methsulfuron-methyl W. P.

【生产厂】[辽]沈阳丰收农药有限公司〈P1685〉;[沪]上海杜邦农化有限公司〈P1732〉;[苏]江苏省激素研究所有限公司〈P1860〉;江苏溧化化学有限公司〈P1859〉

异菌脲;扑海因;1-异丙胺基甲酰基-3-(3,5-二氯苯基)乙内酰脲 E03007001

Iprodione; Rovral [36734-19-7]

属广谱保护性杀菌剂

【生产厂】[苏]连云港市金囤农药有限公司〈P1825〉

异菌脲可湿性粉剂 E03007021

Iprodione W. P. [36734-19-7]

【生产厂】[苏]连云港市金囤农药有限公司〈P1825〉;[粤]惠州市中迅化工有限公司〈P2278〉

伏草隆;氟草隆;1,1-二甲基-3-(3-三氟甲基苯基)脲 E03007101

Fluometuron [2164-17-2]

用于防除棉花、玉米、马铃薯、葱、甘蔗、果树等田中的杂草

【生产厂】[冀]河北省景县景美化学工业有限公司〈P1665〉

克草胺;2-乙基-*N*-(乙氧甲基)-*α*-氯代-*N*-乙酰苯胺 E03007201

Ethachlor

用于水稻插秧田防除牛毛草等稻田杂草

【生产厂】[辽]大连瑞泽农药股份有限公司〈P1693〉

苯磺隆;苯黄隆;阔叶净 E03007301

Tribenuron; Tribenuron-methyl; Express [101200-48-0]

属磺酰脲类选择性内吸传导型除草剂,适用于小麦、大麦、元麦田,防除一年生或多年生的阔叶杂草

【生产厂】[辽]大连瑞泽农药股份有限公司〈P1693〉;[沪]上海杜邦农化有限公司〈P1732〉;[苏]江苏金凤凰农化有限公司〈P1859〉;江苏瑞东农药有限公司〈P1860〉;江苏省激素研究所有限公司〈P1860〉;江苏溧化化学有限公司〈P1859〉;江苏天容集团股份有限公司〈P1861〉;连云港立本农药化工有限公司〈P1798〉;江苏腾龙生物药业有限公司〈P1808〉;扬州先锋化工有限公司〈P1820〉;南通施壮化工有限公司〈P1834〉;如东县升辉化工有限公司〈P1837〉;[浙]金华市金龙化工有限公司〈P1953〉;[皖]安徽丰乐农化有限责任公司(50吨)〈P1971〉;安徽华星化工股份有限公司〈P1984〉;[赣]江西日上化工有限公司〈P2017〉;[鲁]山东东泰农化有限公司(100吨)〈P2152〉;淄博新农基农药化工有限公司〈P2074〉;山东华阳农药化工集团有限公司(100吨)〈P2136〉

【使用厂】[苏]江苏东宝农药化工有限公司〈P1815〉;[鲁]山东胜邦绿野化学有限公司〈P2029〉;山东华阳科技股份有限公司〈P2135〉

苯磺隆可湿性粉剂 E03007351

Tribenuron W. P. [101200-48-0]

用作小麦田除草剂,能有效防治繁缕、荠菜、麦瓶草、猪殃殃、碎米荠、藜、苋等一年生阔叶杂草

【生产厂】[津]天津市华宇农药有限公司〈P1590〉;[冀]河北威远生物化工股份有限公司〈P1622〉;[辽]沈阳化工研究院试验厂〈P1686〉;[沪]上海高伦现代农化股份有限公司〈P1734〉;上海杜邦农化有限公司〈P1732〉;[苏]江苏省苏科农化有限责任公司〈P1781〉;南京祥宇农药有限公司〈P1790〉;江苏金凤凰农化有限公司〈P1859〉;江苏瑞邦农药厂〈P1860〉;江苏省常州市植物药品厂〈P1860〉;江苏省激素研究所有限公司〈P1860〉;江苏溧化化学有限公司〈P1859〉;溧阳市新球农药化工有限公司〈P1864〉;新沂中凯农用化工有限公司〈P1794〉;连云港立本农药化工有限公司〈P1798〉;江苏腾龙生物药业有限公司〈P1808〉;江苏克胜集团股份有限公司〈P1808〉;扬州市苏灵农药化工有限公司〈P1819〉;江苏东宝农药化工有限公司〈P1815〉;[浙]浙江省龙游绿得农药化工有限公司〈P1959〉;[皖]安徽丰乐农化有限责任公司〈P1971〉;安徽金泰农药化工有限公司〈P1971〉;安徽华星化工股份有限公司〈P1984〉;[赣]江西日上化工有限公司〈P2017〉;[鲁]山东胜邦绿野化学有限公司(300吨)〈P2029〉;山东东泰农化有限公司(130吨)〈P2152〉;山东京博农化有限公司(300吨)〈P2155〉;山东华阳科技股份有限公司〈P2135〉;[豫]河南农业大学康拓科贸公司〈P2166〉;河南力克化工有限公司〈P2166〉;沙隆达郑州农药有限公司〈P2168〉;河南银田精细化工有限公司〈P2202〉;河南永信生物农药股份有限公司〈P2194〉;河南省夏邑县华泰化工有限公司〈P2225〉;[鄂]武汉科诺生物农药有限公司〈P2231〉

苯磺隆水分散粒剂;苯磺隆干悬浮剂 E03007371

Tribenuron water-dispersion granule

【生产厂】[苏]江苏瑞禾化学有限公司〈P1781〉;南京祥宇农药有限公司〈P1790〉;江苏金凤凰农化有限公司〈P1859〉;江苏瑞邦农药厂〈P1860〉;江苏省激素研究所有限公司〈P1860〉;无锡瑞泽农药有限公司〈P1874〉;[赣]江西日上化工有限公司〈P2017〉;[鲁]山东华阳科技股份有限公司〈P2135〉

丙草胺;2-氯-2′,6′-二乙基-*N*-(2-丙氧基乙基)-*N*-乙酰苯胺 E03007401

Pretilachlor; Sofit [51218-49-6]

可防除稻田异型莎草、牛毛毡、鸭舌草、节节菜等杂草

【生产厂】[鲁]山东侨昌化学有限公司(3000吨)〈P2156〉;山东滨农科技有限公司〈P2155〉

【使用厂】[苏]江苏嘉隆化工有限公司〈P1792〉;无锡瑞泽农药有限公司〈P1874〉

丙草胺乳油 E03007431

Pretilachlor E. C. [51218-49-6]

【生产厂】[苏]无锡瑞泽农药有限公司〈P1874〉;东台市笑特生物化学有限公司〈P1806〉;江苏省南通金陵农化有限公司〈P1831〉

磺草酮;2-(2-氯-4-甲磺酰苯甲酰)-1,3-环己二酮 E03007501

Sulcotrione [99105-77-8]

用于防除玉米田一年生杂草

【生产厂】[皖]安徽华星化工股份有限公司(300吨)〈P1984〉

特丁净 E03007601

Terbutryn [886-50-0]

属内吸传导型除草剂，可用于芽前、芽后除草

【生产厂】[鲁]山东滨农科技有限公司〈P2155〉

咪唑乙烟酸 E03007701

Imazethapyr; Pursuit [81335-77-5]

选择性芽前及早期苗后大豆田除草剂，可有效防除苋、蓼、苘麻、龙葵、苍耳、狗尾草、马唐等禾本科杂草

【生产厂】[冀]河北润田化工有限公司〈P1621〉；河北省景县景美化学工业有限公司(60吨)〈P1665〉；[辽]沈阳化工研究院试验厂〈P1686〉；[沪]上海美林康精细化工有限公司〈P1753〉；[苏]盐城利民农化有限公司〈P1810〉；[鲁]淄博新农基农药化工有限公司(60吨)〈P2074〉；山东先达化工有限公司〈P2157〉；山东侨昌化学有限公司(2000吨)〈P2156〉

咪唑乙烟酸水剂；豆草特水剂；咪草烟水剂 E03007751

Imazethapyr aqueous solution [81335-77-5]

选择性芽前及早期苗后大豆田除草剂，可有效防除苋、蓼、苘麻、龙葵、苍耳、狗尾草、马唐等禾本科杂草

【生产厂】[冀]华北制药集团爱诺有限公司〈P1624〉；[辽]沈阳化工研究院试验厂(500吨)〈P1686〉；[黑]黑龙江省哈尔滨利民农化技术有限公司〈P1721〉；黑龙江省哈尔滨市益农生化制品开发有限公司〈P1721〉；佳木斯黑龙农药化工股份有限公司〈P1724〉；[苏]南京第一农药厂〈P1783〉；[鲁]山东胜邦绿野化学有限公司(100吨)〈P2029〉

氯嘧磺隆；豆磺隆；2-(4-氯-6-甲氧基嘧啶-2-基氨基甲酰氨基磺酰基)苯甲酸乙酯 E03007801

Chlorimuron; Chlorimuro*n*-ethyl [90982-32-4]

主要用作大豆田防除杂草

【生产厂】[冀]河北润田化工有限公司〈P1621〉；[辽]沈阳丰收农药有限公司〈P1685〉；大连瑞泽农药股份有限公司(100吨)〈P1693〉；[苏]江苏金凤凰农化有限公司〈P1859〉；江苏瑞东农药有限公司〈P1860〉；江苏省激素研究所有限公司〈P1860〉；江苏溧化化学有限公司〈P1859〉；江苏天容集团股份有限公司〈P1861〉；[浙]金华市金龙化工有限公司〈P1953〉

氯嘧磺隆可湿性粉剂 E03007851

Chlorimuron W. P. [90982-32-4]

是一种选择性芽前、芽后除草剂，主要用于大豆田防除阔叶杂草

【生产厂】[辽]沈阳化工研究院试验厂〈P1686〉；沈阳丰收农药有限公司〈P1685〉；大连瑞泽农药股份有限公司〈P1693〉；[苏]江苏金凤凰农化有限公司〈P1859〉；江苏瑞邦农药厂〈P1860〉；江苏省激素研究所有限公司〈P1860〉；江苏溧化化学有限公司〈P1859〉

苄磺隆；苄嘧磺隆；农得时；苄黄隆；威农 E03007901

Bensulfuro*n*-methyl [83055-99-6]

用于防治水稻秧田、直播田及移栽田中一年生和多年生阔叶杂草和莎草等

【生产厂】[辽]大连瑞泽农药股份有限公司〈P1693〉；[沪]上海杜邦农化有限公司〈P1732〉；[苏]南京仁信化工有限公司〈P1788〉；江苏金凤凰农化有限公司〈P1859〉；江苏瑞邦农药厂〈P1860〉；江苏瑞东农药有限公司〈P1860〉；江苏省激素研究所有限公司〈P1860〉；江苏天容集团股份有限公司〈P1861〉；[浙]金华市金龙化工有限公司〈P1953〉；[皖]安徽华星化工股份有限公司(48吨)〈P1984〉；[赣]江西日上化工有限公司〈P2017〉

【使用厂】[辽]大连松辽化工有限公司〈P1694〉；沈阳化工研究院试验厂〈P1686〉；[苏]江苏省南通金陵农化有限公司〈P1831〉；镇江农药厂有限公司〈P1844〉；无锡市锡南农药有限公司〈P1879〉；江苏省连云港市东金化工有限公司〈P1798〉；南京祥宇农药有限公司〈P1790〉；江苏瑞禾化学有限公司〈P1781〉；南京博臣农化有限公司〈P1782〉；溧阳市新球农药化工有限公司〈P1864〉；苏州市宝带农药有限责任公司〈P1903〉；江苏太湖地区农科所苏州农药实验厂〈P1894〉；江苏省苏科农化有限责任公司〈P1781〉；江苏嘉隆化工有限公司〈P1792〉；江苏灶星农化有限公司〈P1809〉；无锡瑞泽农药有限公司〈P1874〉；沭阳县淮沭农药厂〈P1804〉；新沂中凯农用化工有限公司〈P1794〉；宜兴市益农化工厂〈P1887〉；江苏省昆山市鼎烽农药有限公司〈P1894〉；扬州市苏灵农药化工有限公司〈P1819〉；江苏东宝农药化工有限公司〈P1815〉；南京第一农药厂〈P1783〉；[浙]永康市农用化学研究所〈P1954〉；[皖]安徽丰乐农化有限责任公司〈P1971〉；[鲁]山东胜邦绿野化学有限公司〈P2029〉；[渝]重庆双丰农药有限公司〈P2307〉

苄磺隆可湿性粉剂 E03007951

Bensulfuro*n*-methyl W. P. [83055-99-6]

用作水田除草剂

【生产厂】[晋]山西广大化工有限公司〈P1679〉；[辽]沈阳化工研究院试验厂〈P1686〉；[黑]黑龙江省哈尔滨利民农化技术有限公司〈P1721〉；黑龙江省哈尔滨市益农生化制品开发有限公司〈P1721〉；[沪]上海杜邦农化有限公司〈P1732〉；[苏]江苏瑞禾化学有限公司〈P1781〉；江苏金凤凰农化有限公司〈P1859〉；江苏省激素研究所有限公司〈P1860〉；苏州市宝带农药有限责任公司〈P1903〉；江苏省南通金陵农化有限公司〈P1831〉；[皖]安徽华星化工股份有限公司〈P1984〉

噻吩磺隆；噻磺隆；3-(4-甲氧基-6-甲基-1,3,5-三嗪-2-基氨基甲酰氨基磺酰基)噻吩-2-甲酸甲酯 E03008051

Thifensulfuro*n*-methyl; Thifensulfuron [79277-67-1]

属磺酰脲类除草剂，用于防除小麦田一年生及部分多年生阔叶杂草

【生产厂】[苏]南京第一农药厂〈P1783〉；南京红太阳集团(50吨)〈P1784〉；江苏金凤凰农化有限公司〈P1859〉；江苏瑞邦农药厂〈P1860〉；江苏瑞东农药有限公司〈P1860〉；江苏省激素研究所有限公司〈P1860〉；江苏天容集团股份有限公司〈P1861〉；江苏腾龙生物药业有限公司〈P1808〉；扬州先锋化工有限公司〈P1820〉；[浙]金华市金龙化工有限公司〈P1953〉；[皖]安徽丰乐农化有限责任公司〈P1971〉；[鲁]山东胜邦绿野化学有限公司(100吨)〈P2029〉；[豫]河南省周口山都丽化工有限公司〈P2227〉

噻磺隆可湿性粉剂 E03008071

Thifensulfuron W. P.

是一种内吸传导型苗后选择性除草剂

【生产厂】[黑]黑龙江省哈尔滨市益农生化制品开发有限公司〈P1721〉；[苏]南京祥宇农药有限公司〈P1790〉；南京第一农药厂〈P1783〉；南京红太阳集团〈P1784〉；江苏金凤凰农化有限公司〈P1859〉；江苏瑞邦农药厂〈P1860〉；江苏省激素研究所有限公司〈P1860〉；溧阳市新球农药化工有限

公司〈P1864〉;江苏腾龙生物药业有限公司〈P1808〉;[皖]安徽丰乐农化有限责任公司〈P1971〉;[豫]河南省周口山都丽化工有限公司〈P2227〉;河南省商丘天神农药厂〈P2225〉

噻吩磺隆干悬浮剂 E03008091

Thifensulfuron-methyl suspension [79277-67-1]

【生产厂】[苏]江苏瑞邦农药厂〈P1860〉;江苏省常州市植物药品厂〈P1860〉;江苏腾龙生物药业有限公司〈P1808〉;[皖]安徽丰乐农化有限责任公司〈P1971〉

精喹禾灵;2-[4-(6-氯-2-喹噁啉氧基)苯氧基]丙酸乙酯;禾草克;精禾草克 E03008110

Quizalofop-ethyl [100646-51-3]

旱田芽后除草剂,适用于大豆、花生、棉花、马铃薯、绿豆、西瓜、油菜等阔叶作物田防除禾本科杂草

【生产厂】[晋]山西广大化工有限公司〈P1679〉;[辽]大连松辽化工有限公司〈P1694〉;[苏]江苏瑞东农药有限公司〈P1860〉;江苏天容集团股份有限公司〈P1861〉;江苏苏化集团有限公司〈P1894〉;江苏丰山集团有限公司(50 吨)〈P1807〉;[皖]安徽丰乐农化有限责任公司〈P1971〉;安徽华星化工股份有限公司〈P1984〉;[鲁]山东胜邦绿野化学有限公司(100 吨)〈P2029〉;淄博新农基农药化工有限公司〈P2074〉;山东京博农化有限公司(20 吨)〈P2155〉;山东侨昌化学有限公司(2000 吨)〈P2156〉;山东高密康丰农化有限公司(100 吨)〈P2094〉;莱阳市星火农药有限公司〈P2108〉

【使用厂】[黑]佳木斯市恺乐农药有限公司〈P1725〉;[苏]江苏省常州市植物药品厂〈P1860〉;镇江农药厂有限公司〈P1844〉;江苏瑞邦农药厂〈P1860〉;江苏东宝农药化工有限公司〈P1815〉;江苏省激素研究所有限公司〈P1860〉;如皋市农药化工厂〈P1838〉;[鲁]山东京蓬生物药业股份有限公司〈P2113〉;山东神星农药有限公司〈P2097〉;山东省青岛海利尔药业有限公司〈P2047〉;青岛农冠农药有限责任公司〈P2041〉;[豫]河南省商丘天神农药厂〈P2225〉;河南省周口山都丽化工有限公司〈P2227〉;[渝]重庆双丰农药有限公司〈P2307〉

精喹禾灵乳油;精禾草克乳油 E03008121

Quizalofop-ethyl E. C.

广泛用于防除油菜、大豆、棉花、花生、芝麻、西瓜、白菜等阔叶作物田的禾本科杂草

【生产厂】[津]天津市华宇农药有限公司〈P1590〉;[冀]华北制药集团爱诺有限公司〈P1624〉;河北世纪农药有限公司〈P1666〉;沧州科润化工有限公司〈P1651〉;[辽]大连松辽化工有限公司〈P1694〉;[黑]黑龙江省哈尔滨利民农化技术有限公司〈P1721〉;黑龙江省哈尔滨市益农生化制品开发有限公司〈P1721〉;佳木斯黑龙农药化工股份有限公司〈P1724〉;佳木斯市恺乐农药有限公司〈P1725〉;[沪]上海高伦现代农化股份有限公司〈P1734〉;上海威敌生化(南昌)有限公司〈P1769〉;[苏]江苏瑞禾化学有限公司〈P1781〉;南京祥宇农药有限公司〈P1790〉;镇江农药厂有限公司〈P1844〉;江苏瑞邦农药厂〈P1860〉;江苏省激素研究所有限公司〈P1860〉;溧阳市新球农药化工有限公司〈P1864〉;江苏苏化集团有限公司〈P1894〉;江苏龙灯化学有限公司〈P1894〉;徐州市临黄农药厂〈P1795〉;连云港立本农药化工有限公司〈P1798〉;江苏丰山集团有限公司(1000 吨)〈P1807〉;扬州市苏灵农药化工有限公司〈P1819〉;江苏东宝农药化工有限公司〈P1815〉;南通江山农药化工股份有限公司〈P1833〉;[皖]安徽丰乐农化有限责任公司〈P1971〉;安徽华星化工股份有限公司〈P1984〉;[鲁]山东东方农药科技实业公司〈P2028〉;山东胜邦绿野化学有限公司(1000 吨)〈P2029〉;山东鲁抗生物农药有限责任公司〈P2145〉;山东东泰农化有限公司(110 吨)〈P2152〉;山东京博农化有限公司(120 吨)〈P2155〉;山东高密康丰农化有限公司〈P2094〉;山东京蓬生物药业股份有限公司(450 吨)〈P2113〉;山东省青岛奥迪斯生物科技有限公司〈P2047〉;青岛农冠农药有限责任公司(1000 吨)〈P2041〉;山东九洲农药有限公司〈P2160〉;山东省麒麟农化有限公司(100 吨)〈P2160〉;[豫]河南金田地农化有限公司〈P2165〉;河南省郑州富利达农药有限公司〈P2167〉;博爱惠丰生化农药有限公司(100 吨)〈P2192〉;安阳市红旗药业有限公司(300 吨)〈P2209〉;河南开封田威生物化学有限公司〈P2176〉;河南省夏邑县华泰化工有限公司〈P2225〉;[鄂]沙隆达集团公司〈P2240〉;[渝]重庆双丰农药有限公司〈P2307〉

E

嗪草酮;甲草嗪;赛克津;4-氨基-6-(1,1-二甲基乙基)-3-甲硫基-1,2,4-三嗪-5-四氢酮 E03008201

Metribuzin [21087-64-9]

可广泛应用于大豆、马铃薯、番茄、甘蔗、芦笋、菠萝等作物,防除阔叶杂草

【生产厂】[冀]河北润田化工有限公司〈P1621〉;河北新兴化工有限责任公司(1000 吨)〈P1648〉;[辽]大连瑞泽农药股份有限公司〈P1693〉;[苏]江苏华昌(集团)有限公司〈P1893〉;张家港保税区东方农化国贸有限公司〈P1911〉

【使用厂】[黑]佳木斯黑龙农药化工股份有限公司〈P1724〉;黑龙江省哈尔滨市益农生化制品开发有限公司〈P1721〉;[皖]安徽华星化工股份有限公司〈P1984〉;[鲁]山东胜邦绿野化学有限公司〈P2029〉

嗪草酮可湿性粉剂 E03008231

Metribuzin W. P.

【生产厂】[冀]河北新兴化工有限责任公司〈P1648〉;[辽]大连瑞泽农药股份有限公司〈P1693〉;[黑]黑龙江省哈尔滨利民农化技术有限公司〈P1721〉;[苏]无锡市锡南农药有限公司〈P1879〉;张家港保税区东方农化国贸有限公司〈P1911〉

苯嗪草酮 E03008251

Metamitrox [41394-05-2]

【生产厂】[黑]鹤岗市清华紫光英力农化有限公司〈P1725〉

三氟羧草醚;5-(2-氯-2,2,2-三氟对甲苯氧基)-2-硝基苯甲酸;杂草净;豆阔净水剂 E03008301

Acifluorfene [50594-66-6]

属接触性除草剂,用于苗后早期处理,可被杂草、茎、叶吸收,作用方式为触杀

【生产厂】[冀]河北润田化工有限公司〈P1621〉;[辽]大连松辽化工有限公司(300 吨)〈P1694〉;大连瑞泽农药股份有限公司〈P1693〉;[黑]佳木斯市恺乐农药有限公司〈P1725〉;[沪]上海美林康精细化工有限公司〈P1753〉;[苏]南京仁信化工有限公司〈P1788〉;[浙]杭州优泰克农化有限公司〈P1947〉;[皖]安徽省池州新赛德化工有限公司〈P1987〉;[鲁]青岛双收农药化工有限公司〈P2043〉

【使用厂】[鲁]青岛碱业股份有限公司〈P2038〉;[豫]河南省商丘天神农药厂〈P2225〉;河南省周口山都丽化工有限公司〈P2227〉

三氟羧草醚水剂 E03008321

Acifluorfene aqueous solution

【生产厂】[鲁]青岛碱业股份有限公司(300吨)〈P2038〉;青岛双收农药化工有限公司〈P2043〉

双草醚;农美利;2,6-双[(4,6-二甲氧基嘧啶-2-基)氧]苯甲酸钠 E03008401

Bispyribac sodium [125401-92-5]

用于防治水稻田稗草等禾本科杂草和阔叶杂草,可在秧田、直播田、小苗移栽田和抛秧田使用

【生产厂】[冀]河北润田化工有限公司〈P1621〉;[苏]南京仁信化工有限公司〈P1788〉;江苏省激素研究所有限公司〈P1860〉;兴化明威化工有限公司〈P1828〉;[浙]浙江世佳科技有限公司〈P1947〉;浙江新农化工股份有限公司〈P1970〉

莠灭净;*N*-2-乙氨基-*N*-4-异丙氨基-6-甲硫基-1,3,5-三嗪 E03008501

Ametryn [834-12-8]

用于防除香蕉、柑橘、咖啡、甘蔗、茶和非耕地中阔叶和禾本科杂草

【生产厂】[苏]南京仁信化工有限公司〈P1788〉;无锡瑞泽农药有限公司〈P1874〉;[鲁]山东润丰化工有限公司〈P2029〉;山东胜邦绿野化学有限公司(100吨)〈P2029〉;山东侨昌化学有限公司(2500吨)〈P2156〉;山东滨农科技有限公司〈P2155〉

莠灭净可湿性粉剂 E03008551

Ametryn W. P. [834-12-8]

【生产厂】[苏]无锡瑞泽农药有限公司〈P1874〉;[鲁]山东胜邦绿野化学有限公司(600吨)〈P2029〉

二氯喹啉酸;3,7-二氯喹啉-8-羧酸;杀稗王 E03008801

Quinclorac; Dichloroquinolinic acid [84087-01-4]

属激素型的喹啉羧酸类除草剂,适用于水稻移栽田或秧田直播田

【生产厂】[辽]大连瑞泽农药股份有限公司〈P1693〉;[沪]上海美林康精细化工有限公司〈P1753〉;上海农药厂有限公司(40吨)〈P1755〉;[苏]江苏瑞东农药有限公司〈P1860〉;江苏省激素研究所有限公司〈P1860〉;江苏天容集团股份有限公司〈P1861〉;新沂中凯农用化工有限公司〈P1794〉

【使用厂】[辽]沈阳化工研究院试验厂〈P1686〉;[苏]南京祥宇农药有限公司〈P1790〉;南京博臣农化有限公司〈P1782〉;江苏太湖地区农科所苏州农药实验厂〈P1894〉;江苏瑞邦农药厂〈P1860〉;江苏省苏科农化有限责任公司〈P1781〉;宜兴市益农化工厂〈P1887〉;江苏金凤凰农化有限公司〈P1859〉;扬州市苏灵农药化工有限公司〈P1819〉;江苏东宝农药化工有限公司〈P1815〉

二氯喹啉酸可湿性粉剂 E03008851

Quinclorac W. P.; Dichloroquinolinic acid W. P. [84087-01-4]

用于防治稗草、马唐、牛筋草、千金子、异型莎草、节节菜、苍耳、苘麻等多种禾本科、莎草科杂草及阔叶草等

【生产厂】[辽]沈阳化工研究院试验厂〈P1686〉;[黑]黑龙江省哈尔滨利民农化技术有限公司〈P1721〉;黑龙江省哈尔滨市益农生化制品开发有限公司〈P1721〉;[沪]上海高伦现代农化股份有限公司〈P1734〉;[苏]江苏瑞禾化学有限公司〈P1781〉;南京博臣农化有限公司〈P1782〉;江苏瑞邦农药厂〈P1860〉;江苏省激素研究所有限公司〈P1860〉;宜兴市益农化工厂〈P1887〉;新沂中凯农用化工有限公司〈P1794〉;江苏省南通金陵农化有限公司〈P1831〉

苯噻草胺;苯噻酰草胺;2-(1,3-苯并噻唑-2-基氧)-*N*-甲基乙酰替苯胺 E03008901

Mefenacet [73250-68-7]

主要用于移栽田、抛秧田,可有效防除禾本科杂草

【生产厂】[冀]河北润田化工有限公司〈P1621〉;[辽]大连瑞泽农药股份有限公司(200吨)〈P1693〉;[苏]无锡瑞泽农药有限公司〈P1874〉;江苏苏化集团有限公司〈P1894〉;[鲁]山东胜邦绿野化学有限公司(500吨)〈P2029〉

【使用厂】[苏]江苏省南通金陵农化有限公司〈P1831〉;镇江农药厂有限公司〈P1844〉;溧阳市新球农药化工有限公司〈P1864〉;江苏省苏科农化有限责任公司〈P1781〉;江苏灶星农化有限公司〈P1809〉;江苏金凤凰农化有限公司〈P1859〉;江苏省昆山市鼎烽农药有限公司〈P1894〉;江苏东宝农药化工有限公司〈P1815〉;江苏省激素研究所有限公司〈P1860〉;南京第一农药厂〈P1783〉

苯噻酰草胺可湿性粉剂 E03008911

Mefenacet W. P.

酰胺类除草剂,主要用于移栽稻田中,对移栽水稻有优异的选择性

【生产厂】[辽]大连瑞泽农药股份有限公司〈P1693〉;[苏]江苏瑞禾化学有限公司〈P1781〉;无锡瑞泽农药有限公司〈P1874〉;[鲁]山东胜邦绿野化学有限公司(500吨)〈P2029〉

辛酰溴苯腈;3,5-二溴-4-辛酰氧基苯腈;左丹 E03009001

Bromoxynil octanoate [86702-80-9]

适用于禾谷类作物,可防除一年生阔叶杂草

【生产厂】[苏]南京仁信化工有限公司〈P1788〉;无锡瑞泽农药有限公司〈P1874〉;[浙]浙江化工科技集团有限公司〈P1927〉;[鲁]山东胜邦绿野化学有限公司(100吨)〈P2029〉;潍坊新华海洋精细化工有限公司〈P2106〉;[豫]沙隆达郑州农药有限公司〈P2168〉

溴苯腈;3,5-二溴-4-羟基苯腈 E03009011

Bromoxynil; Brominal; Bronate [1689-84-5]

主要用在禾谷类、亚麻、大蒜、玉米、洋葱、高粱等地,用于芽后防除苗期阔叶杂草

【生产厂】[鲁]淄博亿腾化工有限公司〈P2075〉;潍坊新华海洋精细化工有限公司〈P2106〉

辛酰溴苯腈乳油 E03009031

Bromoxynil octanoate E. C. [86702-80-9]

可防除一年生阔叶杂草

【生产厂】[苏]江苏瑞邦农药厂〈P1860〉;[浙]浙江化工科技集团有限公司〈P1927〉;[豫]沙隆达郑州农药有限公司〈P2168〉

碘苯腈;3,5-二碘-4-羟基苯腈 E03009091

Ioxynil [1689-83-4]

可与其他农药混配使用

【生产厂】[苏]南京法姆化学厂〈P1783〉

吡氟禾草灵;稳杀得 E03009101

Fluazifop-butyl [79241-46-6]

用于防治一年生和多年生禾本科杂草

【生产厂】[黑]佳木斯黑龙农药化工股份有限公司〈P1724〉;鹤岗市清华紫光英力农化有限公司〈P1725〉;[苏]镇江农药厂有限公司(300吨)〈P1844〉;扬州先锋化工有限公司〈P1820〉;[鲁]山东滨农科技有限公司〈P2155〉

【使用厂】[黑]佳木斯市恺乐农药有限公司〈P1725〉

精吡氟禾草灵乳油;精稳杀得乳油 E03009131

Fluazifop-butyl E. C. [79241-46-6]

用于防治一年生和多年生禾本科杂草

【生产厂】[黑]黑龙江省哈尔滨利民农化技术有限公司〈P1721〉;佳木斯市恺乐农药有限公司(600吨)〈P1725〉

乳氟禾草灵 E03009201

Lactofen [83513-60-4]

属选择性苗后茎叶处理除草剂

【生产厂】[冀]河北润田化工有限公司〈P1621〉;[黑]佳木斯市恺乐农药有限公司〈P1725〉;[浙]杭州优泰克农化有限公司〈P1947〉;[鲁]淄博新农基农药化工有限公司〈P2074〉

乳氟禾草灵乳油 E03009231

Lactofen E. C.

【生产厂】[黑]佳木斯市恺乐农药有限公司〈P1725〉;[皖]安徽丰乐农化有限责任公司〈P1971〉;[鲁]山东先达化工有限公司〈P2157〉

玉米专用除草剂 E03009401

Herbicide for cornfield

【生产厂】[鲁]山东京蓬生物药业股份有限公司(1500吨)〈P2113〉;[豫]焦作市瑞宝丰生化农药有限公司(100吨)〈P2196〉

乙羧氟草醚;克草特 E03009601

Fluoroglycofen-ethyl [77501-90-7]

主要用于小麦、大麦、花生、大豆和稻田除草

【生产厂】[黑]佳木斯市恺乐农药有限公司〈P1725〉;[沪]上海美林康精细化工有限公司〈P1753〉;[苏]江苏省农药研究所有限公司〈P1781〉;江苏苏化集团有限公司〈P1894〉;[浙]杭州优泰克农化有限公司〈P1947〉;[皖]安徽省池州新赛德化工有限公司〈P1987〉;[鲁]淄博新农基农药化工有限公司〈P2074〉;山东神星农药有限公司(500吨)〈P2097〉;青岛碱业股份有限公司(80吨)〈P2038〉;青岛双收农药化工有限公司〈P2043〉;[川]四川省化工研究设计院〈P2319〉

乙羧氟草醚乳油 E03009651

Fluoroglycofen-ethyl E. C.

适用于夏大豆、花生、小麦、水稻等作物防治阔叶杂草及部分禾本科杂草

【生产厂】[蒙]内蒙古宏裕科技股份有限公司〈P1683〉;[黑]佳木斯市恺乐农药有限公司〈P1725〉;[苏]连云港立本农药化工有限公司〈P1798〉;江苏东宝农药化工有限公司〈P1815〉;[皖]安徽省池州新赛德化工有限公司〈P1987〉;[鲁]青岛碱业股份有限公司(300吨)〈P2038〉;山东省青岛海利尔药业有限公司〈P2047〉;青岛双收农药化工有限公司〈P2043〉

氟草烟;(4-氨基-3,5-二氯-6-氟-2-吡啶)氧基乙酸 E03009751

Fluroxypyr; (4-Amino-3,5-dichloro-6-fluoro-2-pyridinyl) oxyacetic acid

【生产厂】[冀]河北润田化工有限公司〈P1621〉;[湘]湖南湘大比德化工有限公司〈P2251〉

莎稗磷 E03009801

Anilofos; Aniloguard; Arozin [64249-01-0]

【生产厂】[沪]上海农药厂有限公司〈P1755〉;[鲁]山东滨农科技有限公司〈P2155〉

甲基苯噻隆 E03009901

Methabenzthiazuron

脲类除草剂,用于防除禾谷类、蚕豆、大蒜、豌豆田中的禾本科及阔叶杂草

【生产厂】[苏]苏州市宝带农药有限责任公司〈P1903〉

扑灭津;2-氯-4,6-二(异丙氨基)-1,3,5-三嗪 E03010001

Propazine [139-40-2]

除草剂,适用于谷子、玉米、高粱、甘蔗、芹菜、豌豆等作物

【生产厂】[津]天津市绿保农用化学科技开发有限公司(30吨)〈P1599〉;[鲁]山东东泰农化有限公司(200吨)〈P2152〉;山东滨农科技有限公司〈P2155〉

【使用厂】[鲁]山东胜邦绿野化学有限公司〈P2029〉

除草定;5-溴-3-仲丁基-6-甲基尿嘧啶 E03010301

Bromacil [314-40-9]

非选择性除草剂,用于防除一年生及多年生禾本科杂草

【生产厂】[京]北京清华紫光英力化工技术有限责任公司〈P1557〉;[黑]鹤岗市清华紫光英力农化有限公司〈P1725〉;[苏]江苏绿丰生物药业有限公司〈P1808〉;[陕]西安文远化学工业有限公司(500吨)〈P2350〉

嗪草酸甲酯 E03010451

Eluthiacet-methyl

用于防除玉米、大豆田一年生阔叶杂草

【生产厂】[辽]大连瑞泽农药股份有限公司〈P1693〉

环草定 E03010501

Lenacil; Hexilure [2164-08-1]

种植前混土或芽前处理,用于防除饲料萝卜、红萝卜和甜菜中杂草

【生产厂】[陕]西安文远化学工业有限公司〈P2350〉

嘧草硫醚 E03010601

Pyrithiobac-sodium [123343-16-8]

【生产厂】[苏]兴化明威化工有限公司〈P1828〉

磺酰磺隆 E03010801

Sulfosulfuron [141776-32-1]

【生产厂】[苏]金坛市社头化工厂〈P1862〉;兴化明威化工有限公司〈P1828〉;[浙]金华市金龙化工有限公司〈P1953〉

甲嘧磺隆 E03011101

Sulfometuron-methyl [74222-97-2]

用于防治非耕地的一年生和多年生禾本科杂草

【生产厂】[苏]江苏瑞邦农药厂〈P1860〉;江苏瑞东农药有限公司〈P1860〉;江苏省激素研究所有限公司〈P1860〉;江苏天容集团股份有限公司〈P1861〉;[浙]金华市金龙化工有限公司〈P1953〉

氟咯草酮　E03011701
Fluorochloridone [61213-25-0]

用于冬小麦、黑麦、棉花、马铃薯等作物苗前处理,防除阔叶杂草

【生产厂】[沪]上海泰禾(集团)有限公司〈P1767〉

灭草烟　E03011801
Imazapyr [81334-34-1]

是新型广谱除草剂,芽后施用对莎草科杂草、一年生和多年生单子叶杂草、阔叶杂草有卓越的除草活性

【生产厂】[沪]上海美林康精细化工有限公司〈P1753〉;上海生农生化制品有限公司〈P1762〉;[浙]杭州优泰克农化有限公司〈P1947〉;[鲁]山东先达化工有限公司〈P2157〉

咪唑喹啉酸;灭草喹　E03012101
Imazaquin; Imazaquin acid [81335-37-7]

用于防除春大豆一年生阔叶杂草

【生产厂】[沪]上海美林康精细化工有限公司〈P1753〉;[鲁]淄博新农基农药化工有限公司(36 吨)〈P2074〉;山东先达化工有限公司〈P2157〉

戊菌隆;1-(4-氯苄基)-1-环戊基-3-苯基脲　E03012301
Pencycuron [66063-05-6]

【生产厂】[苏]扬州宝盛生物化工有限公司〈P1817〉

利谷隆　E03012701
Linuron; Afalon [330-55-2]

属脲类除草剂,可用于大豆、玉米、棉花、胡萝卜、芹菜、小麦、花生、甘蔗、果树等作物

【生产厂】[冀]河北省景县景美化学工业有限公司(250 吨)〈P1665〉;[黑]鹤岗市清华紫光英力农化有限公司〈P1725〉

高效氟吡甲禾灵;2-[4-(3-氯-5-三氟甲基-2-吡啶氧基)苯氧基]丙酸甲酯　E03012801
Haloxyfop-methyl [72619-32-0]

用于防治大豆、棉花一年生禾本科杂草

【生产厂】[黑]佳木斯黑龙农药化工股份有限公司〈P1724〉;[皖]安徽丰乐农化有限责任公司〈P1971〉;[鲁]山东滨农科技有限公司〈P2155〉

高效氟吡甲禾灵乳油　E03012831
Haloxyfop-methyl E. C. [72619-32-0]

【生产厂】[皖]安徽丰乐农化有限责任公司〈P1971〉;[鲁]淄博绿晶农药有限公司〈P2065〉

氰氟草酯　E03013101
Cyhalofop-butyl [122008-85-9]

用作环境中非滞留性除草剂

【生产厂】[沪]上海泰禾(集团)有限公司〈P1767〉

甲氧咪草烟　E03013201
Imazamox [114311-32-9]

用于豆科作物防除禾本科杂草及阔叶杂草

【生产厂】[鲁]山东先达化工有限公司〈P2157〉

甲基咪草烟　E03013301
Imazapic [104098-48-8]

用于豆科作物防除禾本科杂草及阔叶杂草

【生产厂】[冀]河北省景县景美化学工业有限公司〈P1665〉;[鲁]山东先达化工有限公司〈P2157〉

炔草酯　E03013401
Chodinafop-propargyl [105512-06-9]

用于防除禾本科杂草

【生产厂】[浙]杭州宇龙化工有限公司〈P1925〉;浙江省台州市椒江天一化工厂〈P1966〉

乙烯利;2-氯乙基膦酸;乙烯磷　E04000102
Ethephon; Ethrel; 2-Chloroethylphosphoric acid [16672-87-0]

用作植物生长调节剂,能在植物的根、荚、叶、茎、花和果实等组织中放出乙烯,以调节植物的代谢、生长和发育

【生产厂】[京]北京清华紫光英力化工技术有限责任公司〈P1557〉;[苏]南京仁信化工有限公司〈P1788〉;苏州华源农用生物化学品有限公司〈P1901〉;常熟市农药厂有限公司(2000 吨)〈P1890〉;常熟市沪联助剂有限责任公司(300 吨)〈P1890〉;江苏安邦电化有限公司(3000 吨)〈P1802〉;[鲁]山东大成农药股份有限公司〈P2051〉;[豫]河南省安阳市化工实验厂(400 吨)〈P2211〉

40%乙烯利水剂　E04000131
Ethephon aqueous solution (40%) [16672-87-0]

属植物生长调节剂,用于橡胶、漆树、烟草、棉花、高粱、水果、蔬菜等作物

【生产厂】[苏]江苏龙灯化学有限公司〈P1894〉;常熟市农药厂有限公司(1800 吨)〈P1890〉;扬州市苏灵农药化工有限公司〈P1819〉;[鲁]山东大成农药股份有限公司〈P2051〉;[豫]河南省安阳市化工实验厂〈P2211〉;[渝]重庆双丰农药有限公司〈P2307〉;[川]四川国光农化有限公司〈P2331〉;四川省精细化工研究设计院〈P2321〉

2,4-二氯苯氧乙酸;2,4-D 酸;2,4-D　E04000201
2,4-Dichlorophenoxyacetic acid; 2,4-D; 2,4-D acid [94-75-7]

用作植物生长调节剂

【生产厂】[京]北京马氏精细化学品有限公司〈P1555〉;[冀]河北润田化工有限公司〈P1621〉;[黑]佳木斯黑龙农药化工股份有限公司〈P1724〉;[苏]南京红太阳集团〈P1784〉;沭阳县华泰化工厂〈P1804〉;扬州先锋化工有限公司〈P1820〉;[鲁]山东侨昌化学有限公司(2000 吨)〈P2156〉;[鄂]武汉瑞阳化工有限公司〈P2231〉;武汉汉南同心化工有限公司〈P2230〉

【使用厂】[辽]大连松辽化工有限公司〈P1694〉

2,4-二氯苯氧乙酸钠;2,4-滴钠;2,4-D 钠　E04000202
2,4-D-Sodium; Sodium 2,4-dichlorophenoxyacetate [2702-72-9]

高浓度可以除草,低浓度可以有效地防止落花落果,亦是水果,蔬菜的防腐保鲜佳品

【生产厂】[苏]常州永泰丰化工有限公司〈P1858〉;[鲁]山东

侨昌化学有限公司(3000 吨)〈P2156〉;[渝]重庆双丰农药有限公司〈P2307〉;重庆永川农药厂〈P2308〉;[川]四川国光农化有限公司〈P2331〉

2,4-二氯苯氧乙酸正丁酯;2,4-D 丁酯;2,4-滴丁酯 E04000204

2,4-D Butyl ester;Butyl 2,4-dichlorophenoxyacetate [94-80-4]

属选择性很强而有内吸传导作用的除草剂

【生产厂】[辽]大连松辽化工有限公司(3000 吨)〈P1694〉;[苏]江苏生花农药有限公司〈P1865〉;常州永泰丰化工有限公司〈P1858〉;连云港市中成化工有限公司〈P1800〉;扬州先锋化工有限公司〈P1820〉;[鲁]山东侨昌化学有限公司(2000 吨)〈P2156〉

【使用厂】[黑]黑龙江省哈尔滨市益农生化制品开发有限公司〈P1721〉;[鲁]山东富安集团农药有限公司〈P2052〉;山东胜邦绿野化学有限公司〈P2029〉;山东京蓬生物药业股份有限公司〈P2113〉

三十烷醇;蜂花醇 E04000301

Triacontanol [593-50-0]

用作植物生长调节剂,对水稻、麦类、棉花、大豆、玉米、高粱、甘蔗等均有较大幅度的增产效果

【生产厂】[浙]浙江湖州四丰天然蜡精炼厂〈P1947〉;[闽]厦门大学化工厂(2 吨)〈P1991〉;[豫]郑州斯泰尔化工产品有限公司〈P2174〉

【使用厂】[鲁]山东富安集团农药有限公司〈P2052〉;山东省淄博市淄川黉阳农药有限公司〈P2054〉

抗倒酯;4-环丙基甲酰基-3,5-二酮环已烷羧酸乙酯 E04000401

Trinexapac-ethyl [95266-40-3]

用作植物生长调节剂

【生产厂】[津]天津市百灵消毒剂有限责任公司〈P1579〉;[冀]武强县长虹化工有限公司〈P1669〉

氟节胺 E04000501

Flumetralin [62924-70-3]

用作植物生长调节剂,是烟草专用抑芽剂

【生产厂】[浙]浙江化工科技集团有限公司〈P1927〉

氟节胺乳油 E04000531

Flumetralin E. C. [62924-70-3]

【生产厂】[浙]浙江化工科技集团有限公司〈P1927〉

比久;*N*-二甲胺基琥珀酰胺;丁酰肼 E04000601

Daminozide [1596-84-5]

用作干果树生长的抑制剂,能抑制植物疯长

【生产厂】[冀]邢台市农药有限公司(200 吨)〈P1643〉;邢台化工工贸总公司化工厂〈P1643〉;[青]青海黎明化工有限责任公司〈P2359〉

复硝酚钠;5-硝基愈创木酚钠 E04000701

Sodium 5-nitroguaiacolate;Atonik [61233-85-6]

用于调节番茄、黄瓜等蔬菜的增产

【生产厂】[豫]郑州标典化工有限公司〈P2169〉;郑州斯泰尔化工产品有限公司〈P2174〉;郑州郑氏化工产品有限公司(1000 吨)〈P2175〉;郑州中大农化有限公司〈P2175〉;巩义市孝义镇化工厂〈P2164〉

复硝酚钠水剂 E04000741

Sodium nitrophenolate aqueous solution

用于调节番茄、黄瓜等蔬菜的增产

【生产厂】[皖]安徽康达化工有限责任公司〈P1983〉;[闽]旭化学工业(漳洲)有限公司(200 吨)〈P2002〉;[桂]广西桂林集琦生化有限公司〈P2298〉;[渝]重庆双丰农药有限公司〈P2307〉

对氯苯氧乙酸;防落素;促生灵;番茄灵;4-CPA E04000801

4-Chlorophenoxyacetic acid;4-CPA [122-88-3]

用作植物生长调节剂、落果防止剂、除草剂,可用于番茄疏花、桃树疏果

【生产厂】[苏]兴化明威化工有限公司〈P1828〉;[鄂]武汉市银冠化工有限公司黄陂精细化工厂〈P2233〉

赤霉素;九二零;赤霉酸;奇宝 E04001001

Gibberellic acid;Berelex;Activol;Gibberellin A3 [77-06-5]

用作植物生长调节剂,用于马铃薯、番茄、稻、麦、棉花、大豆、烟草、果树等,促进其生长、发芽、开花、结果

【生产厂】[沪]上海捷倍思基因技术有限公司〈P1744〉;上海市沪江生化厂(12 吨)〈P1763〉;[苏]南京仁信化工有限公司〈P1788〉;江苏丰源生物化工有限公司〈P1807〉;[鲁]山东鲁抗生物农药有限责任公司〈P2145〉

赤霉素乳油;九二零乳油;赤霉酸乳油 E04001002

Gibberellic acid E. C. [77-06-5]

用于马铃薯、番茄、稻、麦、棉花、大豆、烟草、果树等作物,促进其生长、发芽、开花结果

【生产厂】[苏]江苏丰源生物化工有限公司〈P1807〉;[豫]河南省安阳市化工实验厂〈P2211〉

赤霉素粉剂;九二零粉剂 E04001003

Gibberellic acid powder [77-06-5]

用于马铃薯、番茄、稻、麦、棉花、大豆、烟草、果树等作物,促进其生长、发芽、开花结果

【生产厂】[苏]江苏丰源生物化工有限公司(2 吨)〈P1807〉

吲哚-3-丁酸;氮茚基丁酸;IBA;3-吲哚丁酸 E04001301

3-Indolebutyric acid;Seradix;Rootone [133-32-4]

用作植物生长刺激素,促进植物主根生长,提高发芽率、成活率

【生产厂】[苏]南京仁信化工有限公司〈P1788〉;常州雪龙化工有限公司〈P1858〉;金坛市社头化工厂〈P1862〉;兴化明威化工有限公司〈P1828〉

吲哚-3-丙酸;氮茚基丙酸;3-吲哚丙酸 E04001401

3-Indolylpropionic acid [830-96-6]

用作植物生长刺激素

【生产厂】[苏]金坛市社头化工厂〈P1862〉

吲哚-3-乙酸;3-吲哚乙酸 E04001501

Indole-3-acetic acid;3-Indoleacetic acid [87-51-4]

用作植物生长调节剂,能促进细胞分裂、加

速根的形成，可增加座果，防止落果

【生产厂】[沪]上海捷倍思基因技术有限公司〈P1744〉；[苏]南京仁信化工有限公司〈P1788〉；金坛市社头化工厂〈P1862〉；兴化明威化工有限公司〈P1828〉

α-萘乙酸钠　E04001751

Sodium α-naphthylacetate [86-87-3]

属广谱型植物生长调节剂

【生产厂】[苏]江阴市龙达化工有限公司〈P1870〉；[豫]郑州标典化工有限公司〈P2169〉；郑州斯泰尔化工产品有限公司〈P2174〉；郑州郑氏化工产品有限公司(1000吨)〈P2175〉；郑州中大农化有限公司〈P2175〉

E

2-萘氧基乙酸　E04001901

2-Naphthoxyacetic acid; Berapal [120-23-0]

用作植物生长刺激素，用于提高菠萝、草莓、番茄的座果率和调节生长

【生产厂】[苏]金坛市社头化工厂〈P1862〉；兴化明威化工有限公司〈P1828〉

矮壮素；2-氯乙基三甲基氯化铵；稻麦立　E04002100

Chlormequat; Chlormequat chloride; Cycocel [999-81-5]

适用于棉花、小麦、水稻、烟草、茄果类、蔬菜果树等，抗倒伏，促进作物生长

【生产厂】[豫]安阳市全丰农药化工有限责任公司(1000吨)〈P2209〉；河南省安阳市化工实验厂(400吨)〈P2211〉；[陕]陕西渭南惠丰化学工业有限责任公司(1200吨)〈P2352〉；[青]青海黎明化工有限责任公司〈P2359〉

【使用厂】[鲁]山东京蓬生物药业股份有限公司〈P2113〉

矮壮素水剂(50%)　E04002101

Chlormequat aqueous solution (50%) [999-81-5]

用作植物生长调节剂，可使小麦、棉花、水稻抗倒伏，小麦抗盐碱，也可使马铃薯块茎增大

【生产厂】[豫]安阳市全丰农药化工有限责任公司(500吨)〈P2209〉；河南省安阳市化工实验厂〈P2211〉；[渝]重庆双丰农药有限公司〈P2307〉；[川]四川国光农化有限公司〈P2331〉

4-碘苯氧乙酸钠　E04002201

Sodium 4-iodophenoxyacetic acid

用作动、植物助长剂

【生产厂】[渝]重庆小泉化工厂(50吨)〈P2308〉

3-碘苯氧乙酸；增产灵2号　E04002301

Triiodophenoxyacetic acid

用作植物生长调节剂

【生产厂】[桂]梧州市联溢化工有限公司(50吨)〈P2300〉

甲哌鎓；缩节胺；甲哌啶；助壮素；1,1-二甲基哌啶嗡氯化物　E04002501

Mepiquat; Mepiquat chloride [24307-26-4]

用作植物生长调节剂，能增强叶绿素合成，抑制主茎和果枝伸长

【生产厂】[沪]上海市农药研究所〈P1764〉；[苏]常熟市农药厂有限公司〈P1890〉；南通施壮化工有限公司〈P1834〉；江苏省南通金陵农化有限公司(50吨)〈P1831〉；如东县升辉化工有限公司〈P1837〉；[豫]安阳市小康农药有限责任公司(500吨)〈P2210〉；河南省安阳市化工实验厂〈P2211〉；[川]四川国光农化有限公司〈P2331〉

【使用厂】[鲁]山东京蓬生物药业股份有限公司〈P2113〉

甲哌鎓水剂；缩节胺水剂；助壮素水剂　E04002551

Mepiquat-chloride aqueous solution [24307-26-4]

用作植物生长调节剂，能促进植物发育、提前开花、防止脱落、增加产量

【生产厂】[苏]江苏龙灯化学有限公司〈P1894〉；常熟市农药厂有限公司〈P1890〉；扬州市苏灵农药化工有限公司〈P1819〉；南通施壮化工有限公司〈P1834〉；[鲁]青岛一农七星化学有限公司〈P2045〉；山东省青岛海利尔药业有限公司〈P2047〉；青岛阳光农药厂(有限公司)〈P2045〉；山东农丰化工有限公司(400吨)〈P2160〉；山东九洲农药有限公司〈P2160〉；[豫]河南力克化工有限公司〈P2166〉；安阳市小康农药有限责任公司(300吨)〈P2210〉；[川]四川国光农化有限公司〈P2331〉

甲哌鎓可溶性粉剂　E04002591

Mepiquat-chloride S. P. [24307-26-4]

【生产厂】[鲁]山东九洲农药有限公司〈P2160〉；[川]四川国光农化有限公司〈P2331〉

对氯苯氧乙酸钠　E04003301

Sodium *p*-chlorophenoxyacetate [13730-98-8]

用作植物生长调节剂

【生产厂】[豫]郑州中大农化有限公司〈P2175〉；[渝]重庆双丰农药有限公司〈P2307〉；[陕]陕西宏庆医药化学有限公司〈P2346〉

多效唑　E04003601

Paclobutrazol [76738-62-0]

是新型、高效、低毒类植物生长调节剂，并兼具广谱的杀菌作用

【生产厂】[沪]上海市农药研究所〈P1764〉；上海升联化工有限公司(120吨)〈P1762〉；[苏]南京仁信化工有限公司〈P1788〉；江苏华昌(集团)有限公司〈P1893〉；张家港天亨化工有限公司〈P1914〉；张家港保税区东方农化国贸有限公司〈P1911〉；江苏托球农化有限公司〈P1808〉；盐城市瑞捷化工有限公司〈P1812〉；江苏广丰农药有限公司〈P1807〉；江苏绿丰生物药业有限公司〈P1808〉；盐城利民农化有限公司〈P1810〉；江苏克胜集团股份有限公司〈P1808〉；姜堰市康鹏农化有限公司〈P1823〉；如东县兴达精细化工厂〈P1837〉；[皖]安徽省化工研究院〈P1972〉；[赣]江西农大锐特化工科技有限公司〈P2009〉；[豫]河南力克化工有限公司〈P2166〉；郑州市金鹏化工实业有限公司(200吨)〈P2173〉；[渝]重庆树荣化工有限公司〈P2307〉；[川]四川省化工研究设计院(100吨)〈P2319〉

多效唑可湿性粉剂　E04003602

Paclobutrazol W. P.

具有延缓植物生长、降低纵向伸长、缩短节间、促进植物分蘖、提高产量等效果

【生产厂】[苏]江苏生花农药有限公司〈P1865〉；张家港天亨化工有限公司〈P1914〉；张家港保税区东方农化国贸有限公司〈P1911〉；盐城市龙跃农药有限公司〈P1811〉；江苏克胜集团股份有限公司〈P1808〉；[赣]江西农大锐特化工科技有限公司(1000吨)〈P2009〉；[鲁]山东邹平农药有限公司(300吨)〈P2157〉；[豫]河南力克化工有限公司〈P2166〉；[湘]湖南天宇农药化工集团股份有限公司(500

吨)〈P2253〉;[川]四川国光农化有限公司〈P2331〉

烯效唑 E04003701
Uniconazole;Sumagic [83657-22-1]
属三唑类广谱植物生长调节剂,是毒霉素合成抑制剂
【生产厂】[苏]南京仁信化工有限公司〈P1788〉;江苏华昌(集团)有限公司〈P1893〉;江苏广丰农药有限公司〈P1807〉;江苏绿丰生物药业有限公司〈P1808〉;盐城利民农化有限公司〈P1810〉;[赣]江西农大锐特化工科技有限公司〈P2009〉;[豫]郑州市金鹏化工实业有限公司(200吨)〈P2173〉;[川]四川省化工研究设计院〈P2319〉

烯效唑可湿性粉剂 E04003751
Sumiseven W. P. [25038-54-4]
【生产厂】[苏]江苏广丰农药有限公司〈P1807〉;盐城市龙冈农药厂〈P1811〉;[川]四川省化工研究设计院〈P2319〉;四川国光农化有限公司〈P2331〉

植物生长调节剂 E04004001
Plant growth regulator
用于作物叶面喷施,对作物起抗旱、增产作用,改良土壤,提高化肥利用率
【生产厂】[辽]大连松辽化工有限公司〈P1694〉;[豫]焦作市瑞宝丰生化农药有限公司(100吨)〈P2196〉;安阳市全丰农药化工有限责任公司(500吨)〈P2209〉;[粤]佛山市植宝化工有限公司〈P2289〉

芸苔素内酯;油菜素内酯;天丰素;八仙丰产素 E04004701
Brassinolide;Epibrassinolide
属广谱性高效植物生长调节剂,对各种经济作物均有明显增产作用,能有效调节植物各个生长环节
【生产厂】[鲁]山东京蓬生物药业股份有限公司(2000吨)〈P2113〉

丙酰芸苔素内酯 E04004751
Propionyl brassinolide
属广谱性高效植物生长调节剂
【生产厂】[沪]上海威敌生化(南昌)有限公司〈P1769〉

噻苯隆;脱叶灵;脱叶脲;脱落宝 E04005101
Thidiazuron [51707-55-2]
用作植物生长调节剂,适用于棉花等脱叶
【生产厂】[苏]江苏瑞东农药有限公司〈P1860〉;江苏省激素研究所有限公司〈P1860〉;兴化明威化工有限公司〈P1828〉;[浙]浙江九洲药业股份有限公司〈P1965〉;[豫]郑州中大农化有限公司〈P2175〉

50%噻苯隆可湿性粉剂 E04005151
Thidiazuron W. P. (50%) [51707-55-2]
【生产厂】[苏]江苏瑞邦农药厂〈P1860〉;江苏省激素研究所有限公司〈P1860〉;[川]四川国光农化有限公司〈P2331〉

氯吡脲;氯吡苯脲;*N*-(2-氯-4-吡啶基)-*N'*-苯基脲;调吡脲;KT-30 E04005401
Forchlorfenuron;*N*-(2-Chloro-4-pyridinyl)-*N'*-phenylurea;KT-30 [68157-60-8]
用作植物生长调节剂,具有细胞分裂素活性,能促进细胞分裂、分化、器官形成,蛋白质合成,提高光合作用等
【生产厂】[苏]江苏瑞邦农药厂〈P1860〉;金坛市社头化工厂〈P1862〉;兴化明威化工有限公司〈P1828〉;[皖]安徽省广德科苑化工有限公司〈P1986〉;[豫]郑州标典化工有限公司〈P2169〉;郑州中大农化有限公司〈P2175〉;[川]成都施特优化工有限公司〈P2314〉

6-苄氨基嘌呤;*N*-苄基腺苷;6-苄基腺嘌呤 E04005601
6-Benzoylaminopurine;*N*-Benzyladenine [1214-39-7]
属广谱性植物生长调节剂,可促进植物细胞生长,抑制植物叶绿素的降解,提高氨基酸的含量,延缓叶片衰老等
【生产厂】[苏]南京仁信化工有限公司〈P1788〉;江苏省句容市兴源化工厂〈P1842〉;金坛市社头化工厂〈P1862〉;江苏丰源生物化工有限公司〈P1807〉;兴化明威化工有限公司〈P1828〉;[浙]升华集团控股有限公司〈P1946〉;宁波大红鹰药业股份有限公司〈P1930〉;[皖]安徽省广德科苑化工有限公司〈P1986〉;[赣]江西恒辉医药化工有限公司〈P2017〉;[鄂]湖北益泰药业有限公司〈P2246〉

胺鲜酯 E04006101
Diethyl aminoethyl hexanoate
属植物生长调节剂,用于调节白菜的生长
【生产厂】[豫]郑州标典化工有限公司〈P2169〉;郑州郑氏化工产品有限公司(1000吨)〈P2175〉

溴敌隆;3-(4'-羟基-3-香豆素基)-3-苯基-1-对溴联苯基丙醇 E05000101
Bromadiolone [28772-56-7]
用于城乡、住宅、宾馆、饭店、仓库、野外等各种环境灭鼠
【生产厂】[津]天津市天庆化工有限公司(8吨)〈P1605〉;[沪]上海高伦现代农化股份有限公司〈P1734〉;上海市农药研究所(2吨)〈P1764〉;[苏]泗阳县鼠药厂(500千克)〈P1804〉

敌鼠钠;2,2-二苯基乙酰基-1,3-茚满二酮钠盐 E05000401
Diphacin;Sodium diphacinone
主要用于住宅、粮库、工厂、车、船、码头等地杀灭家鼠,也可用于旱田、水稻田、林区、草原杀野鼠
【生产厂】[辽]大连第一有机化工有限公司〈P1691〉;[豫]安阳市全丰农药化工有限责任公司〈P2209〉

敌鼠 E05000451
Diphacinone [82-66-6]
广泛用于城乡居民住宅、粮库、水旱田等处灭鼠,对人畜禽无害
【生产厂】[辽]大连第一有机化工有限公司〈P1691〉

磷化锌 E05000501
Zinc phosphide [1314-84-7]
用于杀灭家鼠、田鼠,也可用于熏杀仓库的害虫
【生产厂】[津]天津市化工学校化工厂(300吨)〈P1590〉;[鲁]龙口市化工厂(500吨)〈P2111〉;山东济宁高新技术

E

开发区永丰化工厂(900吨)〈P2131〉;济宁市益民化工厂〈P2128〉;济宁圣城化工实验有限责任公司(1000吨)〈P2128〉

氯鼠酮;鼠顿停;氯敌鼠 E05000901

Chlorophacinone;Liphadione [3691-35-8]

【生产厂】[皖]安徽省广德科苑化工有限公司〈P1986〉

溴鼠灵;大隆 E05001501

Brodifacoum [56073-10-0]

属高毒杀鼠剂,用于城市、乡村、住宅、宾馆、饭店、仓库、车、船及野外各种环境灭鼠

【生产厂】[津]天津市天庆化工有限公司(6吨)〈P1605〉;[沪]上海高伦现代农化股份有限公司〈P1734〉;[苏]泗阳县鼠药厂(300千克)〈P1804〉

E

20%吗啉胍·乙铜可湿性粉剂;病毒克星 E06000301

Moroxydine + Cupric acetate, W. P. (20%)

对因病毒感染引起的多种作物病害有明显的预防和治疗作用

【生产厂】[黑]黑龙江省哈尔滨市益农生化制品开发有限公司〈P1721〉;[苏]江苏联合农用化学有限公司〈P1781〉;宜兴兴农化工制品有限公司〈P1888〉;[鲁]山东省济南燕山三丰实业有限公司(90吨)〈P2030〉;山东鲁抗生物农药有限责任公司〈P2145〉;山东东泰农化有限公司(80吨)〈P2152〉;山东省淄博市淄川黉阳农药有限公司(500吨)〈P2054〉;淄博绿晶农药有限公司〈P2065〉;东方润博农化(山东)有限公司〈P2089〉;山东绿丰农药有限公司〈P2096〉;山东省青岛海利尔药业有限公司〈P2047〉;青岛阳光农药厂(有限公司)〈P2045〉;青岛东生药业有限公司〈P2034〉;[豫]河南省周口山都丽化工有限公司〈P2227〉;河南省夏邑县华泰化工有限公司〈P2225〉;[渝]重庆双丰农药有限公司〈P2307〉

盐酸吗啉胍·锌可溶性粉剂 E06000351

Moroxydine hydrochloride + Zinc sulfate, S. P.

用作复配杀菌剂

【生产厂】[鲁]山东神星农药有限公司(300吨)〈P2097〉

甲柳·克颗粒剂 E06000701

Isofenphos methyl + Carbofuran, granule

【生产厂】[桂]广西国泰农药有限公司(9000吨)〈P2301〉

甲柳·酮乳油 E06000721

Isofenphos methyl + Triadimefon, E. C.

【生产厂】[鲁]山东曹达化工有限公司〈P2159〉;[豫]河南农业大学康拓科贸公司〈P2166〉;沙隆达郑州农药有限公司〈P2168〉;河南省商丘天神农药厂〈P2225〉

甲柳·酮粉剂 E06000731

Isofenphos methyl + Triadimefon, powder

【生产厂】[豫]河南省长葛市农用生物药厂〈P2218〉

喹·氰乳油 E06001001

Quinalphos + Fenvalerate, E. C.

【生产厂】[鲁]山东省青岛奥迪斯生物科技有限公司〈P2047〉

喹·辛乳油 E06001021

Quinalphos + Phoxim, E. C.

【生产厂】[豫]原阳县第一农药厂〈P2208〉

菌毒·烷醇可湿性粉剂;毒一清 E06001301

Junduqing + Triacontanol, W. P.

用于防治番茄及其他作物病毒,并可兼治其他真菌病害

【生产厂】[鲁]山东富安集团农药有限公司(100吨)〈P2052〉

菌毒·吗啉胍水剂 E06001351

Junduqing + Moroxydine hydrochloride, aqueous solution

【生产厂】[粤]惠州市中迅化工有限公司〈P2278〉

20%敌·二·莠可湿性粉剂;蔗锄;蔗草必灭 E06001401

Diuron + MCPA-Na + Atrazine, W. P. (20%)

是一种新型、高效、广谱、持效期长的优良蔗田专用除草剂,用于果园除草也有良好的效果

【生产厂】[桂]广西化工研究院〈P2296〉;广西化工研究院-广西新晶科技有限公司〈P2296〉

乐·杀单可溶性粉剂;杀百虫 E06001651

Dimethoate + Monosultap, S. P.

专杀玉米、大豆、甘蔗、蔬菜抗性害虫

【生产厂】[苏]江苏腾龙生物药业有限公司〈P1808〉

多·抗·酮可湿性粉剂 E06001701

Carbendazim + Pirimicarb + Triadimefon, W. P.

用于防治小麦赤霉病

【生产厂】[苏]江苏联合农用化学有限公司〈P1781〉;扬州市苏灵农药化工有限公司〈P1819〉

多·霉威可湿性粉剂;万霉敌 E06001711

Carbendazim + Diethofencarb, W. P.

用于防治番茄灰霉病

【生产厂】[冀]河北威远生物化工股份有限公司〈P1622〉;河北冠龙农化有限公司〈P1663〉;[鲁]山东京博农化有限公司(70吨)〈P2155〉;东方润博农化(山东)有限公司〈P2089〉;山东绿丰农药有限公司〈P2096〉;山东寿光双星农药有限公司(500吨)〈P2099〉

霉威·霜脲乳油;霜霉克 E06001721

Diethofencarb + Cymoxanil, E. C.

用于黄瓜、葡萄等作物,对黄瓜苗期霜霉病、灰霉病、疫病、葡萄霜霉病防效很好

【生产厂】[鲁]德州恒东农药化工有限公司(200吨)〈P2141〉;山东省青岛海利尔药业有限公司〈P2047〉

多·乙铝可湿性粉剂;果病净 E06001731

Carbendazim + Fosetyl-aluminium, W. P.

用于防治苹果树轮纹病

【生产厂】[津]天津市前进农药厂(200吨)〈P1600〉;[皖]安徽康达化工有限责任公司〈P1983〉;[鲁]山东京博农化有限公司(15吨)〈P2155〉;山东寿光双星农药有限公司(300吨)〈P2099〉

多·福·霉威可湿性粉剂 E06001741

Carbendazim + Thiram + Diethofencarb, W. P.

对黄瓜灰霉病及茎腐病、甜菜褐斑病、油菜菌核病、葡萄灰霉病、苹果青霉病及梨黑星

病有良好的防治效果

【生产厂】[津]天津市兴果农药厂(700 吨)〈P1609〉;[鲁]山东恒利达化学品公司〈P2028〉;山东省青岛海利尔药业有限公司〈P2047〉;青岛东生药业有限公司〈P2034〉;[豫]河南省周口山都丽化工有限公司〈P2227〉

福·菌核可湿性粉剂;灰霉克星　E06001781

Thiram + Dimetachlone, W. P.

【生产厂】[皖]安徽丰乐农化有限责任公司〈P1971〉;[鲁]山东省济南燕山三丰实业有限公司(180 吨)〈P2030〉;山东神星农药有限公司(150 吨)〈P2097〉;威海市农药厂〈P2125〉;山东省烟台科达化工有限公司〈P2115〉

多·菌核可湿性粉剂　E06001791

Carbendazim + Dimetachlone, W. P.

用于防治菌核病

【生产厂】[苏]江苏省苏科农化有限责任公司〈P1781〉;镇江农药厂有限公司〈P1844〉;[鲁]山东绿丰农药有限公司〈P2096〉

多·烯唑可湿性粉剂　E06001941

Carbendazim + Diniconazole, W. P.

【生产厂】[苏]江苏省苏科农化有限责任公司〈P1781〉;江苏龙灯化学有限公司〈P1894〉;[鲁]山东寿光双星农药有限公司〈P2099〉;威海市农药厂〈P2125〉

40% 多·嘧霉可湿性粉剂　E06001951

Carbendazim + Pyrimethanil, W. P. (40%)

用于防治蔬菜、油菜等作物上的灰霉病、菌核病、叶霉病等

【生产厂】[鲁]山东寿光双星农药有限公司〈P2099〉

多·福可湿性粉剂;茵菌净可湿性粉剂　E06002011

Carbendazim + Thiram, W. P.

可有效地防治葡萄上的霜霉病、梨树黑星病和辣椒立枯病

【生产厂】[津]天津市迎新农药有限公司(100 吨)〈P1611〉;天津市华宇农药有限公司〈P1590〉;[冀]河北冠龙农化有限公司〈P1663〉;[黑]黑龙江企达农药开发有限公司〈P1725〉;[苏]江苏省苏科农化有限责任公司〈P1781〉;镇江农药厂有限公司(500 吨)〈P1844〉;无锡市锡南农药有限公司〈P1879〉;江苏省江阴市福达农化有限公司〈P1865〉;江苏嘉隆化工有限公司〈P1792〉;扬州市苏灵农药化工有限公司〈P1819〉;江都市宙龙集团公司〈P1815〉;江苏粮满仓农化有限公司〈P1816〉;[鲁]山东恒利达化学品公司〈P2028〉;山东省淄博市淄川黉阳农药有限公司(500 吨)〈P2054〉;山东天成农药有限公司〈P2055〉;淄博丰登农药化工有限公司〈P2059〉;淄博绿晶农药有限公司〈P2065〉;东营胜利绿野农药化工有限公司(200 吨)〈P2081〉;东方润博农化(山东)有限公司〈P2089〉;山东绿丰农药有限公司〈P2096〉;山东寿光双星农药有限公司(350 吨)〈P2099〉;威海市农药厂〈P2125〉;山东省烟台科达化工有限公司〈P2115〉;青岛碱业股份有限公司(200 吨)〈P2038〉;山东省青岛海利尔药业有限公司〈P2047〉;山东省青岛好利特生物农药有限公司〈P2048〉;青岛东生药业有限公司〈P2034〉;山东曹达化工有限公司〈P2159〉;山东省麒麟农化有限公司(20 吨)〈P2160〉;[渝]重庆双丰农药有限公司〈P2307〉

多·福胂悬浮剂　E06002031

Carbendazim + Asomate, suspension

【生产厂】[冀]石家庄市绿丰化工有限公司〈P1630〉

多·福·溴菌可湿性粉剂　E06002041

Carbendazim + Thiram + Bromothalonil, W. P.

【生产厂】[苏]盐城市龙跃农药有限公司〈P1811〉;盐城市旭星化工有限公司〈P1812〉;[鲁]山东省青岛海利尔药业有限公司〈P2047〉

多·福·酮可湿性粉剂;抗菌灵　E06002051

Carbendazim + Thiram + Triadimefon, W. P.

主要用于防治麦类赤霉病和白粉病

【生产厂】[苏]宜兴市益农化工厂〈P1887〉;盐城双宁农化有限公司〈P1812〉

多·福·酮悬浮种衣剂;种衣剂(21 号)　E06002059

Carbendazim + Thiram + Triadimefon, seed coating

用于棉花种子包衣、防病

【生产厂】[豫]河南中州种子科技发展有限公司(1 万吨)〈P2194〉

多·福·硫可湿性粉剂　E06002061

Carbendazim + Thiram + Sulfur, W. P.

是水稻稻瘟病的高效杀菌剂

【生产厂】[粤]惠州市中迅化工有限公司〈P2278〉

50% 多·福·锰锌可湿性粉剂　E06002081

Carbendazim + Thiram + Mancozeb, W. P. (50%)

对于子囊菌亚门、半知菌亚门、担子菌亚门病菌引起的多种病害均有良好的防治效果

【生产厂】[鲁]济宁圣城化工实验有限责任公司(1000 吨)〈P2128〉

敌·辛乳油;久威风乳油　E06002702

Trichlorphon + Phoxim, E. C.

可有效防治水稻的二化螟、三化螟、稻飞螟、稻纵卷叶螟、稻苞虫等多种水稻害虫

【生产厂】[沪]上海威敌生化(南昌)有限公司〈P1769〉;[鲁]山东东方农药科技实业公司〈P2028〉;威海市农药厂〈P2125〉;山东省青岛好利特生物农药有限公司〈P2048〉;山东白云农药有限公司〈P2135〉;山东曹达化工有限公司〈P2159〉

敌·乐乳油　E06002721

Trichlorphon + Dimethoate, E. C.

可以用于多种作物防治不同害虫,是防治稻纵卷叶螟、稻飞虱的优秀杀虫剂

【生产厂】[皖]安徽省池州新赛德化工有限公司〈P1987〉

敌·甲胺乳油　E06002751

Trichlorphon + Methamidophos, E. C.

主要用于防治棉花棉铃虫、蚜虫等

【生产厂】[豫]河南力克化工有限公司〈P2166〉

敌·毒乳油　E06002781

Trichlorphon + Chlorpyrifos, E. C.

【生产厂】[苏]南京第一农药厂〈P1783〉;南京红太阳集团〈P1784〉;[鲁]山东华阳科技股份有限公司〈P2135〉

敌·灭乳油　E06002791

E

Trichlorphon + Methomyl, E. C.
【生产厂】[豫]河南银田精细化工有限公司〈P2202〉

敌·马烟剂　E06003002
Trichlorphon + Malathion, fumigant
林用杀虫剂
【生产厂】[豫]安阳市安林生物化工有限责任公司(4500吨)〈P2208〉

敌·马乳油　E06003003
Trichlorphon + Malathion, E. C
具有强烈的胃毒、触杀、熏蒸作用,杀虫谱广,可防治大多数咀嚼式和刺吸式口器害虫
【生产厂】[辽]葫芦岛凌云集团农药化工有限公司〈P1702〉;[黑]黑龙江省科润生物科技有限公司〈P1721〉;[豫]安阳市安林生物化工有限责任公司(2000吨)〈P2208〉

70%丙森·多可湿性粉剂　E06003501
Propineb + Carbendazim, W. P. (70%)
用于防治苹果树斑点落叶病
【生产厂】[鲁]山东邹平农药有限公司(100吨)〈P2157〉

甲霜·锰锌可湿性粉剂　E06005101
Metalaxyl + Mancozeb, W. P.
一种高效、广谱、内吸性杀菌剂,主要用于防治各类作物霜霉病、疫病等
【生产厂】[冀]河北双吉化工有限公司〈P1622〉;[沪]上海高伦现代农化股份有限公司〈P1734〉;[苏]宜兴兴农化工制品有限公司〈P1888〉;江苏龙灯化学有限公司〈P1894〉;[鲁]山东省青岛奥迪斯生物科技有限公司〈P2047〉;[豫]河南力克化工有限公司〈P2166〉;河南省夏邑县华泰化工有限公司〈P2225〉;[桂]广西桂林集琦生化有限公司〈P2298〉;[渝]重庆永川农药厂〈P2308〉;[川]四川国光农化有限公司〈P2331〉

硫·锰锌可湿性粉剂　E06005111
Sulfur + Mancozeb, W. P.
【生产厂】[鲁]山东华阳和乐农药有限公司〈P2144〉;东方润博农化(山东)有限公司〈P2089〉;山东曹达化工有限公司〈P2159〉;[豫]河南省商丘天神农药厂〈P2225〉

百·锰锌可湿性粉剂　E06005121
Chlorothalonil + Mancozeb, W. P.
【生产厂】[苏]利民化工有限责任公司〈P1793〉;[鲁]青岛东生药业有限公司〈P2034〉;[粤]惠州市中迅化工有限公司〈P2278〉

酮·锰锌可湿性粉剂　E06005131
Triadimefon + Mancozeb, W. P.
用于防治梨树黑星病
【生产厂】[鲁]山东寿光双星农药有限公司(500吨)〈P2099〉;[川]四川国光农化有限公司〈P2331〉

锰锌·霜脲可湿性粉剂;克丹;克露　E06005151
Mancozeb + Cymoxanil, W. P.
用于防治黄瓜霜霉病
【生产厂】[津]天津市华宇农药有限公司〈P1590〉;天津市塘沽农药厂(100吨)〈P1603〉;天津市汇源化学品公司(100吨)〈P1591〉;[冀]河北威远生物化工股份有限公司〈P1622〉;河北双吉化工有限公司〈P1622〉;[晋]山西广大化工有限公司〈P1679〉;[苏]南通宝叶化工有限公司〈P1832〉;[闽]福建三农农化有限公司〈P2001〉;[鲁]山东鲁抗生物农药有限责任公司〈P2145〉;山东华阳和乐农药有限公司(600吨)〈P2144〉;山东省淄博市淄川黉阳农药有限公司〈P2054〉;淄博丰登农药化工有限公司〈P2059〉;淄博绿晶农药有限公司〈P2065〉;山东京博农化有限公司(20吨)〈P2155〉;山东绿丰农药有限公司〈P2096〉;山东华阳科技股份有限公司〈P2135〉;山东曹达化工有限公司〈P2159〉;[豫]河南永信生物农药股份有限公司〈P2194〉;河南省周口山都丽化工有限公司〈P2227〉;河南省夏邑县华泰化工有限公司〈P2225〉;[桂]广西桂林集琦生化有限公司〈P2298〉;[渝]重庆双丰农药有限公司〈P2307〉;[陕]西安文远化学工业有限公司〈P2350〉

锰锌·烯唑可湿性粉剂;黑星必克　E06005161
Mancozeb + Diniconazole, W. P.
杀菌剂,用于防治香蕉、小麦、梨等果树及作物的病虫害
【生产厂】[冀]河北威远生物化工股份有限公司〈P1622〉;河北世纪农药有限公司〈P1666〉;[苏]江苏联合农用化学有限公司〈P1781〉;江苏省农药研究所有限公司〈P1781〉;[皖]宿州市亨达农药有限公司〈P1984〉;[鲁]山东省青岛奥迪斯生物科技有限公司〈P2047〉

锰锌·烯酰可湿性粉剂　E06005171
Mancozeb + Dimethomorph, W. P.
用于防治霜霉病、疫病、灰霉病等病害
【生产厂】[辽]沈阳丰收农药有限公司〈P1685〉;[皖]安徽丰乐农化有限责任公司〈P1971〉;[鲁]淄博绿晶农药有限公司〈P2065〉;东方润博农化(山东)有限公司〈P2089〉;山东省青岛奥迪斯生物科技有限公司〈P2047〉;青岛双收农药化工有限公司〈P2043〉;山东省青岛好利特生物农药有限公司〈P2048〉;青岛东生药业有限公司〈P2034〉;[川]成都宇辰农药有限责任公司〈P2317〉

噁霜·锰锌可湿性粉剂　E06005191
Oxadixyl + Mancozeb, W. P.
【生产厂】[苏]江苏省江阴市福达农化有限公司〈P1865〉;[豫]河南省夏邑县华泰化工有限公司〈P2225〉

福·甲霜可湿性粉剂　E06005201
Thiram + Metalaxyl, W. P.
【生产厂】[黑]黑龙江省哈尔滨市益农生化制品开发有限公司〈P1721〉;黑龙江企达农药开发有限公司〈P1725〉;[苏]沭阳县淮沭农药厂〈P1804〉

甲霜·乙铝可湿性粉剂　E06005231
Metalaxyl + Fosetyl-aluminum, W. P.
【生产厂】[冀]华北制药集团爱诺有限公司〈P1624〉

甲霜·霜霉可湿性粉剂;宝克　E06005251
Metalaxyl + Propamocarb, W. P.
属内吸性兼保护性杀菌剂,对霜霉菌、疫霉菌、腐霉菌所引起的作物病害具有广谱性
【生产厂】[鲁]山东省青岛海利尔药业有限公司〈P2047〉

灵·福合剂;拌种双可湿性粉剂　E06005301
Amicarthiazol + Thiram, W. P.
【生产厂】[苏]南通江山农药化工股份有限公司〈P1833〉

呋·甲颗粒剂;克·甲颗粒剂　E06005551
Carbofuran + Phorate, granule
主要用于防治甘蔗多种害虫

【生产厂】[苏]徐州市临黄农药厂〈P1795〉

多·硫悬浮剂；灭病威 E06005601

Carbendazim + Sulfur, suspension

对稻瘟病、小麦赤霉病以及一般作物的真菌病均有良好的防治效果，兼治水稻飞虱、叶蝉及柑橘锈蜘蛛等害虫

【生产厂】[苏]江苏省靖江市金囤农化有限公司〈P1822〉；苏州华源农用生物化学品有限公司(3000吨)〈P1901〉；江苏省昆山市鼎烽农药有限公司〈P1894〉；连云港立本农药化工有限公司〈P1798〉；江都市宙龙集团公司〈P1815〉；江苏粮满仓农化有限公司〈P1816〉；[闽]福建省漳州市龙文农化有限公司(50吨)〈P2001〉；[鲁]山东东方农药科技实业公司〈P2028〉；山东省淄博市淄川黉阳农药有限公司(500吨)〈P2054〉；山东富安集团农药有限公司(300吨)〈P2052〉；山东邹平农药有限公司(600吨)〈P2157〉；潍坊奥维特农药有限公司〈P2101〉；山东省青州市农药厂〈P2098〉；威海市农药厂〈P2125〉；山东京蓬生物药业股份有限公司(200吨)〈P2113〉；山东省青岛海利尔药业有限公司〈P2047〉；青岛阳光农药厂(有限公司)〈P2045〉；青岛东生药业有限公司(800吨)〈P2034〉；山东华阳科技股份有限公司〈P2135〉；山东泗水丰田农药有限公司(300吨)〈P2133〉；[粤]广州市金珠江化学有限公司(1500吨)〈P2265〉；惠州市中迅化工有限公司〈P2278〉

多·硫可湿性粉剂；多霉净可湿性粉剂 E06005611

Carbendazim + Sulfur, W. P.

主要用于防治花生叶斑病等

【生产厂】[津]天津市塘沽农药厂(120吨)〈P1603〉；[苏]镇江农药厂有限公司〈P1844〉；无锡市锡南农药有限公司〈P1879〉；江苏省江阴市福达农化有限公司〈P1865〉；江苏省靖江市金囤农化有限公司〈P1822〉；扬州市苏灵农药化工有限公司〈P1819〉；[鲁]山东省淄博市淄川黉阳农药有限公司(1000吨)〈P2054〉；山东富安集团农药有限公司(300吨)〈P2052〉；淄博市周村穗丰农药化工有限公司(600吨)〈P2072〉；淄博绿晶农药有限公司〈P2065〉；山东邹平农药有限公司(700吨)〈P2157〉；临朐县农药厂(500吨)〈P2090〉；威海市农药厂〈P2125〉；山东省青岛好利特生物农药有限公司〈P2048〉；青岛东生药业有限公司(300吨)〈P2034〉；山东白云农药有限公司〈P2135〉；山东泗水丰田农药有限公司(200吨)〈P2133〉；山东曹达化工有限公司〈P2159〉；[豫]河南银田精细化工有限公司〈P2202〉；[渝]重庆双丰农药有限公司〈P2307〉

多·三环可湿性粉剂；稻瘟克星 E06005621

Carbendazim + Tricycloazole, W. P.

用于防治水稻稻瘟病

【生产厂】[苏]如皋市农药化工厂〈P1838〉

多·井·三环可湿性粉剂 E06005641

Carbendazim + Validamycin + Tricycloazole, W. P.

【生产厂】[黑]黑龙江省科润生物科技有限公司〈P1721〉；[苏]扬州市苏灵农药化工有限公司〈P1819〉

10%苯丁·哒乳油 E06005671

Fenbutatin oxide + Pyridaben, E. C. (10%)

【生产厂】[鲁]山东省青岛奥迪斯生物科技有限公司〈P2047〉；[豫]圣丰科技(河南)有限公司〈P2168〉；[粤]惠州市中迅化工有限公司〈P2278〉；[川]四川国光农化有限公司〈P2331〉

3%敌·克颗粒剂 E06005701

Trichlorphon + Carbofuran, granular (3%)

【生产厂】[粤]惠州市中迅化工有限公司〈P2278〉

50%绿·氯磺可湿性粉剂 E06005821

Chlortoluron + Chlorsulfuron, W. P. (50%)

用于防治部分阔叶杂草

【生产厂】[苏]江苏瑞禾化学有限公司〈P1781〉

21%增效马·氰乳油；灭杀毙乳油 E06006001

Fenvalerate + Malathion, E. C. (21%)

用于蔬菜、果树、棉花及农作物上的各种虫害防治

【生产厂】[津]天津市塘沽农药厂(50吨)〈P1603〉；[黑]黑龙江省科润生物科技有限公司〈P1721〉；黑龙江省哈尔滨市益农生化制品开发有限公司〈P1721〉；[苏]江苏天容集团股份有限公司〈P1861〉；张家港保税区东方农化国贸有限公司〈P1911〉；[鲁]淄博丰登农药化工有限公司〈P2059〉；潍坊奥维特农药有限公司(300吨)〈P2101〉；[豫]河南省郑州富利达农药有限公司〈P2167〉

氰·马乳油；菊马乳油；桃小灵乳油 E06006002

Fenvalerate + Malathion, E. C.

用于防治棉花、蔬菜、柑橘、苹果、茶叶、烟草、大豆等作物害虫

【生产厂】[辽]葫芦岛凌云集团农药化工有限公司〈P1702〉；[鲁]山东东方农药科技实业公司〈P2028〉；淄博市周村穗丰农药化工有限公司(500吨)〈P2072〉；淄博绿晶农药有限公司〈P2065〉；潍坊奥维特农药有限公司(200吨)〈P2101〉；山东京蓬生物药业股份有限公司(1万吨)〈P2113〉；山东省青岛海利尔药业有限公司〈P2047〉；青岛农冠农药有限责任公司(200吨)〈P2041〉；山东农丰化工有限公司(110吨)〈P2160〉；菏泽源丰农药有限公司(900吨)〈P2159〉；[豫]河南力克化工有限公司〈P2166〉；安阳市安林生物化工有限责任公司(2000吨)〈P2208〉；安阳市全丰农药化工有限责任公司(500吨)〈P2209〉；开封市豫农夫化工有限公司〈P2178〉；[桂]桂林依柯诺农药有限公司(600吨)〈P2299〉

19%氰·唑磷乳油 E06006021

Fenvalerate + Triazophos, E. C. (19%)

【生产厂】[鲁]日照市工业学校实验化工厂〈P2139〉；[豫]河南省郑州富利达农药有限公司〈P2167〉

20%硫丹·灭乳油 E06006101

Endosulfan + Methomyl, E. C. (20%)

用于防治钻心虫、食心虫等害虫

【生产厂】[苏]江苏天容集团股份有限公司〈P1861〉

硫丹·溴乳油 E06006121

Endosulfan + Deltamethrin, E. C.

【生产厂】[粤]惠州市中迅化工有限公司〈P2278〉

硫丹·氯乳油；茶保乳油 E06006141

Endosulfan + Cypermethrin, E. C.

新一代杀虫剂，是防治茶树害虫的理想用药

【生产厂】[沪]上海威敌生化(南昌)有限公司〈P1769〉

40%硫丹·辛乳油 E06006161

Endosulfan + Phoxim, E. C. (40%)

用作杀虫、杀螨剂，用于防治棉铃虫

【生产厂】[鲁]山东东方农药科技实业公司〈P2028〉；威海市农药厂〈P2125〉

25%氰·硫乳油；稼丰 E06006201
Fenvalerate + Endosulfan, E. C. (25%)
用于防治棉花、蔬菜、果树和经济作物上的多种害虫
【生产厂】[沪]上海升联化工有限公司〈P1762〉；[鲁]山东京博农化有限公司(15吨)〈P2155〉

乐·溴乳油 E06006631
Dimethoate + Deltamethrin, E. C.
用于防治蔬菜菜青虫、菜蚜等病害
【生产厂】[苏]江苏东宝农药化工有限公司〈P1815〉

E

氰·氧乐乳油；菊·氧乳油 E06006721
Fenvalerate + Omethoate, E. C
兼有触杀、胃毒、内吸三种杀虫作用，对食叶类害虫、蚜虫均有效
【生产厂】[辽]沈阳化工研究院试验厂(100吨)〈P1686〉；[皖]宿州市亨达农药有限公司〈P1984〉；安徽康达化工有限责任公司〈P1983〉；[鲁]邹平县绿大药业有限公司(100吨)〈P2158〉；威海市农药厂〈P2125〉；中化山东进出口集团海阳精细化工厂(1000吨)〈P2121〉；菏泽源丰农药有限公司(200吨)〈P2159〉；[豫]沙隆达郑州农药有限公司〈P2168〉；开封市农药化工研究所〈P2178〉；开封市豫农夫化工有限公司〈P2178〉

氯氰·水胺乳油 E06006811
Cypermethrin + Isocarbophos, E. C.
【生产厂】[鄂]湖北仙隆化工股份有限公司〈P2245〉

螨醇·噻螨乳油 E06006831
Dicofol + Hexythiazox, E. C.
【生产厂】[苏]江苏龙灯化学有限公司〈P1894〉；[闽]福建省泉州德盛农药有限公司〈P1998〉

30%螨醇·水胺乳油 E06006871
Dicofol + Isocarbophos, E. C. (30%)
用作杀螨剂，用于防治山楂叶螨
【生产厂】[豫]河南金田地农化有限公司〈P2165〉

对·辛·氯乳油；棉神1号 E06006903
Parathion + Phoxim + Cypermethrin E. C.
用于防治棉铃虫及大田作物上的多种害虫
【生产厂】[鲁]山东京蓬生物药业股份有限公司(9000吨)〈P2113〉

乐·氰乳油；蚜青灵乳油；多杀菊酯乳油 E06007703
Dimethoate + Fenvalerate, E. C.
有较强的触杀胃毒作用，中等毒性，主要用于防治蔬菜蚜虫、菜青虫等害虫
【生产厂】[苏]江苏天容集团股份有限公司〈P1861〉；江苏省泗洪县农药厂〈P1804〉；[豫]河南省商丘天神农药厂〈P2225〉；[川]成都宇辰农药有限责任公司〈P2317〉

丁·扑粉剂 E06008211
Butachlor + Prometryne, powder
【生产厂】[黑]黑龙江省科润生物科技有限公司〈P1721〉；黑龙江企达农药开发有限公司〈P1725〉

丁·扑可湿性粉剂 E06008215
Butachlor + Prometryne, W. P.
用于防治水稻秧田的一年生杂草
【生产厂】[黑]黑龙江省哈尔滨市益农生化制品开发有限公司〈P1721〉

丁·扑乳油 E06008221
Butachlor + Prometryne, E. C.
【生产厂】[黑]黑龙江省科润生物科技有限公司〈P1721〉

丁·西乳油 E06008231
Butachlor + Simetryne, E. C.
用于防治稻田中稗草、水绵、眼子菜、鸭舌草、牛毛毡等杂草
【生产厂】[辽]营口三征有机化工股份有限公司〈P1704〉

禾·西乳油 E06008281
Thiobencarb + Simetryn, E. C.
用于防治稻田杂草
【生产厂】[辽]营口三征有机化工股份有限公司〈P1704〉

苄·禾可湿性粉剂；禾阔净 E06008291
Thiobencarb + Bensulfuron-methyl, W. P.
【生产厂】[苏]江苏省苏科农化有限责任公司〈P1781〉；江苏省激素研究所有限公司〈P1860〉；江苏东宝农药化工有限公司〈P1815〉

辛·氯乳油；辛铃宝乳油；保棉灵乳油；氯·辛乳油 E06008311
Phoxim + Cypermethrin, E. C.
具有触杀和胃毒作用，对菜蚜、菜青虫、棉铃虫、棉蚜、苹果树害虫等具有优良的防治效果
【生产厂】[津]天津市华宇农药有限公司〈P1590〉；[苏]南京第一农药厂〈P1783〉；江苏瑞邦农药厂〈P1860〉；溧阳市新球农药化工有限公司〈P1864〉；江苏龙灯化学有限公司〈P1894〉；[皖]安徽康达化工有限责任公司〈P1983〉；安徽省铜陵福成农药有限公司〈P1978〉；[鲁]山东省金农生物化工有限责任公司(500吨)〈P2160〉；山东九洲农药有限公司〈P2160〉；[豫]安阳市安林生物化工有限责任公司(500吨)〈P2208〉；浚县绿宝农药厂〈P2200〉；许昌京豫农药厂〈P2218〉；禹州科邦化工有限公司〈P2219〉；河南省商丘天神农药厂〈P2225〉；[桂]桂林依柯诺农药有限公司〈P2299〉

辛·溴乳油 E06008331
Phoxim + Deltamethrin, E. C.
【生产厂】[鲁]山东阳谷中石药业有限公司(100吨)〈P2154〉；[豫]河南省长葛市农用生物药厂(30吨)〈P2218〉

敌畏·氧乐乳油；复果乳油；氧敌乳油 E06008401
Dichlorvos + Omethoate, E. C.
用于防治柑橘红蜘蛛、蚜虫、尺蠖、毛虫等，水稻稻飞虱、稻螟虫等
【生产厂】[津]天津市华宇农药有限公司〈P1590〉；[鲁]山东恒利达化学品公司〈P2028〉；山东省青州市农药厂〈P2098〉；[豫]沙隆达郑州农药有限公司〈P2168〉

氯·氧乐乳油　E06008431
Cypermethrin + Omethoate, E. C.
【生产厂】[豫]河南农业大学康拓科贸公司〈P2166〉

氧乐·高氯乳油；蚜立净　E06008451
Omethoate + β-Cypermethrin, E. C.
用于防治小麦蚜虫、麦叶蜂、吸浆虫、棉花棉铃虫、果树蚜虫、梨虱、食心虫等虫害
【生产厂】[苏]宜兴市利达农药厂〈P1885〉；[豫]河南周口市中科化工有限公司〈P2227〉

硫·三环悬浮剂；硫·三环胶悬剂；瘟特灵　E06008501
Sulfur + Tricyclazole, suspension
用于防治水稻稻瘟病效果显著，并能抑制纹枯病的发生和发展
【生产厂】[赣]江西中林农药化工有限公司〈P2016〉；[豫]河南省夏邑县华泰化工有限公司〈P2225〉；[粤]广州市金珠江化学有限公司(500吨)〈P2265〉；[滇]云南天丰农药有限公司〈P2342〉

硫·三环可湿性粉剂　E06008511
Sulfur + Tricyclazole, W. P.
有较强的内吸、传导作用，是目前防治水稻稻瘟病的理想制剂
【生产厂】[沪]上海东风农药厂〈P1732〉；[苏]镇江农药厂有限公司〈P1844〉；江苏金凤凰农化有限公司〈P1859〉；江苏丰登农药有限公司〈P1858〉；无锡市锡南农药有限公司(5000吨)〈P1879〉；江苏省江阴市福达农化有限公司〈P1865〉；扬州市苏灵农药化工有限公司〈P1819〉；江苏东宝农药化工有限公司〈P1815〉；江都市宙龙集团公司〈P1815〉；江苏粮满仓农化有限公司〈P1816〉；江苏苏中农药化工厂〈P1822〉；兴化市青松农药化工有限公司〈P1828〉；南通施壮化工有限公司〈P1834〉；[皖]安徽金泰农药化工有限公司〈P1971〉；安徽康达化工有限责任公司〈P1983〉；[渝]重庆树荣化工有限公司〈P2307〉

三环·杀单可湿性粉剂；稻丰丹　E06008551
Tricycloazole + Monosultap, W. P.
用于防治水稻二化螟、三化螟、大螟、纵卷叶螟、苗瘟病、叶瘟病、穗瘟病等病害
【生产厂】[苏]南京祥宇农药有限公司(500吨)〈P1790〉；沭阳县淮沭农药厂〈P1804〉；江苏东宝农药化工有限公司〈P1815〉；江苏百灵农化有限公司〈P1821〉；如皋市农药化工厂〈P1838〉；[豫]河南省长葛市农用生物药厂〈P2218〉

丁·噁乳油　E06008601
Butachlor + Oxadiazon, E. C.
用作水稻田除草剂
【生产厂】[苏]江苏省苏科农化有限责任公司〈P1781〉；江苏瑞禾化学有限公司〈P1781〉；江苏省激素研究所有限公司〈P1860〉；江苏省靖江市金囤农化有限公司〈P1822〉；连云港市金囤农药有限公司〈P1825〉；南通同济化工有限公司(1000吨)〈P1835〉；如皋市农药化工厂〈P1838〉；[皖]安徽丰乐农化有限责任公司〈P1971〉；[鲁]山东胜邦绿野化学有限公司(150吨)〈P2029〉；[豫]河南金田地农化有限公司〈P2165〉；圣丰科技(河南)有限公司〈P2168〉

乙·噁乳油；农草净；抑草宁　E06008651
Acetochlor + Oxadiazon, E. C.
是一种芽前除草剂，能有效地防除一年生禾本科杂草、阔叶杂草以及莎草类杂草
【生产厂】[苏]江苏省靖江市金囤农化有限公司〈P1822〉；连云港市金囤农药有限公司〈P1825〉；南通同济化工有限公司(1000吨)〈P1835〉；[鲁]山东胜邦绿野化学有限公司(200吨)〈P2029〉；山东胜邦鲁南农药有限公司(1000吨)〈P2150〉；[豫]河南省大地农化有限责任公司(100吨)〈P2166〉

辛·氰乳油；快杀灵乳油；百虫清；氰·辛乳油　E06009500
Phoxim + Fenvalerate, E. C.
用于防治棉花棉铃虫、蚜虫等多种抗性害虫
【生产厂】[冀]河北双吉化工有限公司〈P1622〉；[沪]上海高伦现代农化股份有限公司〈P1734〉；[苏]江苏省苏科农化有限责任公司〈P1781〉；南京第一农药厂〈P1783〉；南京红太阳集团〈P1784〉；江苏金凤凰农化有限公司〈P1859〉；宜兴兴农化工制品有限公司〈P1888〉；宜兴市利达农药厂〈P1885〉；连云港立本农药化工有限公司(200吨)〈P1798〉；江苏东宝农药化工有限公司〈P1815〉；江苏百灵农化有限公司(200吨)〈P1821〉；高邮市运东农药化工有限公司〈P1813〉；如皋市农药化工厂〈P1838〉；[皖]安徽丰乐农化有限责任公司〈P1971〉；安徽金泰农药化工有限公司〈P1971〉；安徽康达化工有限责任公司〈P1983〉；[鲁]济南东合化工有限公司〈P2021〉；山东东方农药科技实业公司〈P2028〉；山东东泰农化有限公司(150吨)〈P2152〉；淄博市周村穗丰农药化工有限公司(500吨)〈P2072〉；山东京蓬生物药业股份有限公司(2500吨)〈P2113〉；青岛阳光农药厂(有限公司)〈P2045〉；青岛东生药业有限公司〈P2034〉；济宁市通达化工厂(100吨)〈P2128〉；[豫]河南农业大学康拓科贸公司〈P2166〉；河南银田精细化工有限公司〈P2202〉；安阳市全丰农药化工有限责任公司(500吨)〈P2209〉；安阳市红旗药业有限公司〈P2209〉；河南省夏邑县华泰化工有限公司〈P2225〉；[渝]重庆永川农药厂〈P2308〉

45%辛·氧乐乳油　E06009521
Phoxim + Omethoate, E. C. (45%)
属高效、广谱性杀虫、杀螨剂，对害虫击倒力快，特别适于防治越冬的蚜虫、螨类、木虱和蚧类等
【生产厂】[苏]海门市清华紫光英力化工有限公司〈P1830〉

杀·噻·酮可湿性粉剂　E06009601
Monosultap + Buprofezin + Triadimefon, W. P.
用于防治水稻中后期病虫害
【生产厂】[苏]宿迁市健谷农化有限公司(300吨)〈P1804〉

29%哒·辛乳油　E06009941
Pyridaben + Phoxim, E. C. (29%)
【生产厂】[津]天津市前进农药厂(200吨)〈P1600〉；[苏]江苏联合农用化学有限公司〈P1781〉；南京第一农药厂〈P1783〉；[鲁]山东省青岛海利尔药业有限公司〈P2047〉

哒·螨醇乳油；螨霸乳油；立克螨乳油；螨特灵乳油　E06009951
Dicofol + Pyridaben, E. C.
可有效防治果树等各种作物上的害螨，并对粉虱、蚜虫、叶蝉和蓟马等主要农业害虫有良好的兼治作用
【生产厂】[津]天津市华宇农药有限公司〈P1590〉；天津市汇源化学品公司(50吨)〈P1591〉；[苏]宜兴兴农化工制品有

限公司〈P1888〉;[鲁]山东省联合农药工业有限公司〈P2030〉;山东东方农药科技实业公司〈P2028〉;山东迈英德化学有限公司〈P2029〉;山东阳谷中石药业有限公司(200吨)〈P2154〉;山东省淄博市淄川黉阳农药有限公司(300吨)〈P2054〉;淄博绿晶农药有限公司〈P2065〉;日照市工业学校实验化工厂(1000吨)〈P2139〉;山东绿丰农药有限公司〈P2096〉;山东神星农药有限公司(150吨)〈P2097〉;威海市农药厂〈P2125〉;青岛阳光农药厂(有限公司)〈P2045〉;青岛东生药业有限公司(150吨)〈P2034〉;菏泽源丰农药有限公司(600吨)〈P2159〉;山东九洲农药有限公司〈P2160〉;[豫]圣丰科技(河南)有限公司〈P2168〉;[粤]惠州市中迅化工有限公司〈P2278〉

E

哒·机油乳油　E06009971

Pyridaben + Petroleum oil, E. C.

【生产厂】[鲁]山东省济南天邦化工有限公司〈P2030〉;山东省青岛好利特生物农药有限公司〈P2048〉;青岛东生药业有限公司〈P2034〉;山东曹达化工有限公司〈P2159〉

哒·螨砜乳油;恰代康;锐特　E06009991

Pyridaben + Tetradifon, E. C.

属高效、广谱杀螨剂,用于防治柑橘红蜘蛛及其他作物害虫

【生产厂】[鲁]山东富安集团农药有限公司(300吨)〈P2052〉

哒·螨砜可湿性粉剂　E06009995

Pyridaben + Tetradifon, W. P.

【生产厂】[鲁]山东恒利达化学品公司〈P2028〉;威海市农药厂〈P2125〉;山东省青岛海利尔药业有限公司〈P2047〉;青岛东生药业有限公司〈P2034〉;[粤]惠州市中迅化工有限公司〈P2278〉

丁·苄可湿性粉剂;丁嘧合剂;丁苄合剂;水田一号;除草灵;稻草克　E06010001

Butachlor + Bensulfuron, W. P.

用于防除水稻移栽田、秧田、直播田、抛秧田等各类杂草

【生产厂】[冀]河北威远生物化工股份有限公司〈P1622〉;[苏]江苏瑞禾化学有限公司〈P1781〉;镇江农药厂有限公司(500吨)〈P1844〉;江苏金凤凰农化有限公司〈P1859〉;江苏省激素研究所有限公司〈P1860〉;无锡市锡南农药有限公司〈P1879〉;无锡瑞泽农药有限公司〈P1874〉;江苏省昆山市鼎烽农药有限公司(580吨)〈P1894〉;江苏省连云港市东金化工有限公司(500吨)〈P1798〉;江苏省南通金陵农化有限公司〈P1831〉;[鲁]山东胜邦绿野化学有限公司(200吨)〈P2029〉;[豫]沙隆达郑州农药有限公司〈P2168〉;河南省夏邑县华泰化工有限公司〈P2225〉;[鄂]武汉科诺生物农药有限公司〈P2231〉

苄·甲磺可湿性粉剂　E06010071

Bensulfuron-methyl + Methsulfuron-methyl, W. P.

【生产厂】[苏]江苏省激素研究所有限公司〈P1860〉

苄·异丙可湿性粉剂　E06010081

Bensulfuron-methyl + Isoproturon, W. P.

用作除草剂,可以防治硬草、网草、看麦娘、猪殃殃、巢菜、荠菜、稻槎菜等多种麦田杂草

【生产厂】[苏]苏州市宝带农药有限责任公司〈P1903〉

阿维·啶虫乳油　E06010421

Abamectin + Acetamiprid, E. C.

【生产厂】[鲁]山东省青岛奥迪斯生物科技有限公司〈P2047〉

阿维·丁硫乳油　E06010461

Abamectin + Carbosulfan, E. C.

【生产厂】[豫]河南省夏邑县华泰化工有限公司〈P2225〉

氟羧草·灭松水剂　E06010501

Acifluorfene + Bentazone, aqueous solution

【生产厂】[冀]华北制药集团爱诺有限公司〈P1624〉;[鲁]青岛碱业股份有限公司(200吨)〈P2038〉;青岛双收农药化工有限公司〈P2043〉

5%氟羧草·精喹禾乳油　E06010521

Acifluorfene + Quizalofop-ethyl, E. C. (5%)

用于大豆田防除一年生杂草

【生产厂】[豫]河南省周口山都丽化工有限公司〈P2227〉;河南省商丘天神农药厂〈P2225〉

萘乙·硝钠水剂　E06010601

Sodium α-naphthylacetate + Sodium nitrophenolate, aqueous solution

用作植物生长调节剂

【生产厂】[豫]河南力克化工有限公司〈P2166〉

氟吗·锰锌可湿性粉剂;灭克　E06010901

Flumorph + Mancozeb, W. P.

用于防治黄瓜、番茄、辣椒等的疫病、晚疫病、霜霉病等

【生产厂】[辽]沈阳化工研究院试验厂(100吨)〈P1686〉

25%丁硫·福悬浮种衣剂　E06011431

Carbosulfan + Thiram, seed coating (25%)

主要用于玉米和大豆作物中防治茎基腐病、黑穗病、地下害虫、根腐病等

【生产厂】[苏]江苏嘉隆化工有限公司〈P1792〉

30%丁硫·机油乳油　E06011461

Carbosulfan + Petroleum oil, E. C. (30%)

【生产厂】[鲁]威海市农药厂〈P2125〉

18%丁硫·螨醇乳油　E06011481

Carbosulfan + Dicofol, E. C. (18%)

【生产厂】[豫]河南省郑州富利达农药有限公司〈P2167〉

井·噻可湿性粉剂;虱纹灵可湿性粉剂　E06011501

Validamycin + Buprofezin, W. P.

用于防治水稻纹枯病、稻飞虱、叶蝉等病

【生产厂】[苏]江苏灶星农化有限公司〈P1809〉;江苏省南通地旺农药化工有限公司〈P1831〉

井·杀双水剂　E06011521

Validamycin + Bisultap, aqueous solusion

【生产厂】[苏]江苏省苏科农化有限责任公司〈P1781〉;南京祥宇农药有限公司〈P1790〉;徐州市临黄农药厂〈P1795〉;江苏东宝农药化工有限公司〈P1815〉;江都市宙龙集团公司〈P1815〉;江苏粮满仓农化有限公司〈P1816〉

4.5%井·铜水剂　E06011531

Validamycin + Copper sulfate, aqueous solusion

用于防治水稻纹枯病

【生产厂】[鲁]山东省淄博市淄川黉阳农药有限公司(500吨)〈P2054〉

20%井·三环可湿性粉剂 E06011571

Validamycin + Tricycloazole, W. P. (20%)

【生产厂】[苏]江苏省昆山市鼎烽农药有限公司〈P1894〉;太仓市农药厂有限公司〈P1908〉;江苏东宝农药化工有限公司〈P1815〉

氟铃·辛乳油;害伏灵;伏虫清 E06012321

Hexaflumuron + Phoxim, E. C.

用于棉花、蔬菜、果树等作物害虫的防治,对菜青虫、小菜蛾、抗性棉铃虫有特效

【生产厂】[苏]盐城双宁农化有限公司〈P1812〉;[鲁]德州恒东农药化工有限公司(200吨)〈P2141〉;淄博绿晶农药有限公司〈P2065〉;山东滨农科技有限公司〈P2155〉;威海市农药厂〈P2125〉;山东省青岛海利尔药业有限公司〈P2047〉;青岛阳光农药厂(有限公司)〈P2045〉;山东省青岛好利特生物农药有限公司〈P2048〉

氟铃·高氯乳油;恒东立保 E06012341

Hexaflumuron + β-Cypermethrin, E. C.

可有效地防治蔬菜上的菜青虫和小菜蛾

【生产厂】[鲁]德州恒东农药化工有限公司(400吨)〈P2141〉;山东省麒麟农化有限公司(40吨)〈P2160〉

噻磺·乙可湿性粉剂;旱草光 E06013121

Thifensulfuron-methyl + Acetochlor, W. P.

用作旱地除草剂

【生产厂】[苏]江苏瑞邦农药厂〈P1860〉;江苏腾龙生物药业有限公司〈P1808〉;[皖]安徽丰乐农化有限责任公司〈P1971〉;[豫]河南省周口山都丽化工有限公司〈P2227〉

42%二甲戊·莠悬浮剂 E06013301

Pendimethalin + Atrazine, suspension (42%)

【生产厂】[皖]安徽丰乐农化有限责任公司〈P1971〉;[鲁]山东东方农药科技实业公司〈P2028〉;山东泗水丰田农药有限公司(300吨)〈P2133〉

二甲戊·乙氧氟乳油 E06013321

Pendimethalin + Oxyfluorfen, E. C.

【生产厂】[苏]江苏龙灯化学有限公司〈P1894〉;[鲁]山东省青岛好利特生物农药有限公司〈P2048〉

40%二甲戊·乙乳油 E06013341

Pendimethalin + Acetochlor, E. C. (40%)

用于防治大蒜中的一年生杂草

【生产厂】[鲁]山东华阳科技股份有限公司〈P2135〉

35%二甲戊·扑乳油 E06013361

Pendimethalin + Prometryne, E. C. (35%)

用于防治大蒜、姜中的一年生杂草

【生产厂】[鲁]山东胜邦绿野化学有限公司(300吨)〈P2029〉

精喹禾·乙乳油 E06013501

Quizalofop-ethyl + Acetochlor, E. C.

【生产厂】[皖]安徽丰乐农化有限责任公司〈P1971〉;[鲁]青岛双收农药化工有限公司〈P2043〉

溴·敌乳油;敌畏·溴乳油;虫扫光 E06013721

Deltamethrin + Dichlorovos, E. C.

属广谱杀虫剂,适用于棉花、蔬菜、果树、麦类、玉米等作物

【生产厂】[苏]宜兴市利达农药厂〈P1885〉;[皖]安徽丰乐农化有限责任公司〈P1971〉;[湘]湖南省新晃县化学总厂〈P2257〉;[粤]惠州市中迅化工有限公司〈P2278〉

溴·马乳油;杀虫星 E06013741

Deltamethrin + Malathion, E. C.

用于防治棉花、蔬菜、柑橘、苹果、茶叶、烟草、大豆等作物害虫

【生产厂】[桂]桂林依柯诺农药有限公司(600吨)〈P2299〉

6%甲萘·四聚颗粒剂;6%威·醛颗粒剂 E06014701

Carbaryl + Tetracetaldehyde, granular (6%)

广泛用于大田作物的蜗牛、蛞蝓的防治

【生产厂】[苏]徐州诺特化工有限公司〈P1795〉;江苏嘉隆化工有限公司〈P1792〉;徐州市华泰化工有限公司〈P1795〉;[鲁]威海市农药厂〈P2125〉

18%咪鲜·杀螟可湿性粉剂 E06014921

Prochloraz + Cartap, W. P. (18%)

【生产厂】[苏]镇江农药厂有限公司〈P1844〉;如皋市农药化工厂〈P1838〉

12.5%烯禾啶·机油乳油;12.5%拿捕净·机油乳油 E06015101

Sethoxydime + Petroleum oil, E. C. (12.5%)

【生产厂】[冀]沧州科润化工有限公司〈P1651〉;[蒙]内蒙古宏裕科技股份有限公司〈P1683〉;[辽]沈阳化工研究院试验厂〈P1686〉;[黑]黑龙江省哈尔滨利民农化技术有限公司〈P1721〉;佳木斯市恺乐农药有限公司(2000吨)〈P1725〉;[鲁]山东省青岛海利尔药业有限公司〈P2047〉

73%机油·炔螨乳油 E06015321

Petroleum oil + Propargite, E. C. (73%)

【生产厂】[鲁]山东恒利达化学品公司〈P2028〉;山东天成农药有限公司〈P2055〉;东方润博农化(山东)有限公司〈P2089〉;山东绿丰农药有限公司〈P2096〉;山东省青岛奥迪斯生物科技有限公司〈P2047〉;山东省青岛海利尔药业有限公司〈P2047〉;山东省青岛好利特生物农药有限公司〈P2048〉;青岛东生药业有限公司〈P2034〉;山东省麒麟农化有限公司(3吨)〈P2160〉

40%机油·杀扑乳油 E06015361

Petroleum oil + Methidathion, E. C. (40%)

用于防治柑橘树中的矢尖蚧

【生产厂】[鲁]山东天成农药有限公司〈P2055〉;东方润博农化(山东)有限公司〈P2089〉;山东省青岛海利尔药业有限公司〈P2047〉;青岛东生药业有限公司〈P2034〉

琥·乙磷铝可湿性粉剂;DTM杀菌剂 E06016101

Copper (succinate + glutarate + adipate) + Fosetyl-aluminum, W. P.

对黄瓜细菌性角斑病、霜霉病、柑橘溃病有特效

【生产厂】[黑]黑龙江企达农药开发有限公司〈P1725〉

50%琥铜·福锌·乙铝可湿性粉剂 E06016151

Copper (succinate + glutarate + adipate) + Ziram + Fosetyl-aluminium, W. P. (50%)

用于防治辣椒根腐病

【生产厂】[鲁]山东省淄博市淄川黉阳农药有限公司(500吨)〈P2054〉

48%柴油·毒乳油 E06017701

Diesel oil + Chlorpyrifos, E. C. (48%)

用于防治棉花中的棉铃虫

【生产厂】[鲁]山东省济南天邦化工有限公司〈P2030〉;邹平县绿大药业有限公司(50吨)〈P2158〉;山东省青岛好利特生物农药有限公司〈P2048〉;山东省麒麟农化有限公司(8吨)〈P2160〉

E

35%柴油·氰乳油 E06017721

Diesel oil + Fenvalerate, E. C. (35%)

用于防治十字花科蔬菜中的菜青虫

【生产厂】[鲁]山东东方农药科技实业公司〈P2028〉

40%柴油·唑磷乳油 E06017741

Diesel oil + Triazophos, E. C. (40%)

用于防治水稻中的二化螟

【生产厂】[鲁]山东东泰农化有限公司(100吨)〈P2152〉;淄博绿晶农药有限公司〈P2065〉;山东省麒麟农化有限公司(10吨)〈P2160〉

80%柴油·敌畏乳油 E06017761

Diesel oil + Dichlorovos, E. C. (80%)

用于防治十字花科蔬菜中的蚜虫

【生产厂】[鲁]山东省济南天邦化工有限公司〈P2030〉;山东天成农药有限公司〈P2055〉

百·腐烟剂 E06020301

Chlorothalonil + Procymidone, fumigant

用于防治番茄等灰霉病

【生产厂】[晋]运城精化农药有限公司〈P1680〉;[鲁]山东迈英德化学有限公司〈P2029〉;淄博绿晶农药有限公司〈P2065〉;[豫]安阳市安林生物化工有限责任公司〈P2208〉;安阳市小康农药有限责任公司(300吨)〈P2210〉;浚县绿宝农药厂〈P2200〉

久·灭乳油;全杀净乳油;久灭威乳油 E06020501

Monocrotophos + Methomyl, E. C.

用于防治棉花棉铃虫、蚜虫等害虫

【生产厂】[沪]上海威敌生化(南昌)有限公司〈P1769〉

久·辛乳油;建农1号 E06020561

Monocrotophos + Phoxim, E. C.

是新型、高效、广谱杀虫剂,对抗性棉蛉虫、棉蚜虫等害虫有着较好的防效

【生产厂】[鄂]武汉科诺生物农药有限公司〈P2231〉

灭幼·哒螨可湿性粉剂;蛾螨净 E06020601

Chlorbenzuron + Pyridaben, W. P.

用于防治苹果、柑橘各类害螨及刺吸式口器害虫

【生产厂】[吉]吉林通化农药化工股份有限公司〈P1718〉;[鲁]招远三联化工集团公司(200吨)〈P2121〉;招远三联化工厂(10吨)〈P2121〉

酮·乙蒜乳油 E06020721

Triadimefon + Ethylicin, E. C.

【生产厂】[鲁]山东东方农药科技实业公司〈P2028〉;[豫]河南省大地农化有限责任公司(30吨)〈P2166〉;河南开封田威生物化学有限公司〈P2176〉

16%酮·乙蒜可湿性粉剂 E06020725

Triadimefon + Ethylicin, W. P. (16%)

【生产厂】[豫]河南省大地农化有限责任公司〈P2166〉

酮·辛乳油 E06020731

Triadimefon + Phoxim, E. C.

【生产厂】[豫]河南银田精细化工有限公司〈P2202〉;开封市农药化工研究所(300吨)〈P2178〉;河南省商丘天神农药厂〈P2225〉

酮·氧乐乳油 E06020741

Triadimefon + Omethoate, E. C.

【生产厂】[苏]沭阳县淮沭农药厂〈P1804〉;[皖]安徽康达化工有限责任公司〈P1983〉;[鲁]山东东方农药科技实业公司〈P2028〉;山东阳谷中石药业有限公司(150吨)〈P2154〉;威海市农药厂〈P2125〉;[豫]河南农业大学康拓科贸公司〈P2166〉;河南力克化工有限公司〈P2166〉;沙隆达郑州农药有限公司〈P2168〉;圣丰科技(河南)有限公司〈P2168〉;安阳市红旗药业有限公司〈P2209〉;河南省商丘天神农药厂〈P2225〉

酮·烯唑乳油 E06020761

Triadimefon + Diniconazole, E. C.

【生产厂】[冀]河北威远生物化工股份有限公司〈P1622〉

甲硫·烯唑可湿性粉剂 E06020781

Thiophanate methyl + Diniconazole, W. P.

【生产厂】[豫]浚县绿宝农药厂〈P2200〉

乙·莠悬乳剂 E06020801

Acetochlor + Atrazine, emulsion

用于防治夏玉米一年生杂草

【生产厂】[苏]江苏苏化集团有限公司〈P1894〉;[豫]博爱惠丰生化农药有限公司〈P2192〉

乙·莠可湿性粉剂;玉欣 E06020831

Acetochlor + Atrazine, W. P.

【生产厂】[苏]沭阳县淮沭农药厂〈P1804〉;[皖]安徽康达化工有限责任公司〈P1983〉;[鲁]威海市农药厂〈P2125〉;[豫]河南金田地农化有限公司〈P2165〉

滴丁·乙乳油 E06020871

2,4-D Butyl ester + Acetochlor, E. C.

【生产厂】[蒙]内蒙古宏裕科技股份有限公司〈P1683〉;[辽]大连瑞泽农药股份有限公司〈P1693〉;[黑]黑龙江省科润生物科技有限公司〈P1721〉;黑龙江省哈尔滨利民农化技术有限公司〈P1721〉;[鲁]山东京蓬生物药业股份有限公司(200吨)〈P2113〉;[豫]沙隆达郑州农药有限公司〈P2168〉

乙·异丙甲·莠悬乳剂;乙阿杜 E06020891

Acetochlor + Metolachlor + Atrazine, suspension

用于春、夏玉米田,能有效地防除玉米田一年生禾本科杂草和阔叶杂草,是玉米田优良的一次性专用除草剂

【生产厂】[鲁]淄博丰登农药化工有限公司〈P2059〉

二溴·高氯乳油　　E06021011

Bromchlophos + β-Cypermethrin, E. C.

【生产厂】[冀]石家庄市绿丰化工有限公司〈P1630〉

二溴·马乳油　　E06021041

Bromchlophos + Malathion, E. C.

【生产厂】[冀]石家庄市绿丰化工有限公司〈P1630〉

敌畏·高氯乳油　　E06021051

Dichlorovos + β-Cypermethrin, E. C.

主要用于防治棉花、果树、蔬菜等作物的多种害虫,也可用于防治卫生害虫

【生产厂】[冀]河北威远生物化工股份有限公司〈P1622〉;[鲁]山东曹达化工有限公司〈P2159〉

阿维·高氯氟氰乳油　　E06021061

Abamectin + Lambda-cyhalothrin, E. C.

【生产厂】[苏]南京第一农药厂〈P1783〉;江苏金凤凰农化有限公司〈P1859〉

阿维·敌畏乳油　　E06021071

Abamectin + Dichlorovos, E. C.

【生产厂】[津]天津市前进农药厂(300 吨)〈P1600〉;[冀]河北威远生物化工股份有限公司〈P1622〉;[鲁]山东省青岛海利尔药业有限公司〈P2047〉;山东省青岛好利特生物农药有限公司〈P2048〉;青岛东生药业有限公司〈P2034〉;[粤]惠州市中迅化工有限公司〈P2278〉

阿维·氯乳油　　E06021081

Abamectin + Cypermethrin, E. C.

用于防治小麦、棉花、蔬菜、果树、柑桔上的各种螨虫

【生产厂】[鲁]山东曹达化工有限公司〈P2159〉;[豫]河南周口市中科化工有限公司〈P2227〉

敌畏·马·辛乳油　　E06021091

Dichlorovos + Malathion + Phoxim, E. C.

【生产厂】[津]天津市天环药业有限公司(1000 吨)〈P1604〉

敌·乙酰甲乳油　　E06021121

Trichlorphon + Acephate, E. C.

主要用于防治水稻稻纵卷叶螟等害虫

【生产厂】[皖]安徽省宁国市朝农化工有限责任公司〈P1986〉

乙·嗪可湿性粉剂;百草克　　E06021201

Acetochlor + Metribuzin, W. P.

用于防除玉米、大豆田单、双子叶杂草

【生产厂】[津]天津市汇源化学品公司(50 吨)〈P1591〉;[冀]邢台市农药有限公司〈P1643〉;[皖]安徽华星化工股份有限公司〈P1984〉;[豫]河南省夏邑县华泰化工有限公司〈P2225〉

嗪·乙乳油　　E06021211

Metribuzin + Acetochlor, E. C.

【生产厂】[辽]大连瑞泽农药股份有限公司〈P1693〉

哒·四螨悬浮剂　　E06021301

Pyridaben + Clofentezine, suspension

用于果树、棉花、蔬菜、烟草、茶树、观赏植物的害螨防治

【生产厂】[苏]江苏克胜集团股份有限公司〈P1808〉;[鲁]山东东方农药科技实业公司〈P2028〉;山东华阳和乐农药有限公司〈P2144〉;威海市农药厂〈P2125〉;山东省青岛海利尔药业有限公司〈P2047〉;[豫]河南省夏邑县华泰化工有限公司〈P2225〉

哒·四螨可湿性粉剂　　E06021321

Pyridaben + Clofentezine, W. P.

【生产厂】[鲁]淄博绿晶农药有限公司〈P2065〉;山东省青岛海利尔药业有限公司〈P2047〉;[豫]圣丰科技(河南)有限公司〈P2168〉;[粤]惠州市中迅化工有限公司〈P2278〉

哒·唑锡可湿性粉剂　　E06021331

Pyridaben + Azocyclotin, W. P.

【生产厂】[鲁]山东省青岛海利尔药业有限公司〈P2047〉;山东曹达化工有限公司〈P2159〉

阿维·四螨可湿性粉剂;螨除尽　　E06021351

Abamectin + Clofentezine, W. P.

用作杀螨杀虫剂

【生产厂】[鲁]山东华阳和乐农药有限公司(1000 吨)〈P2144〉

40% 阿维·炔螨乳油　　E06021371

Abamectin + Propargite, E. C. (40%)

【生产厂】[鲁]山东省青岛奥迪斯生物科技有限公司〈P2047〉;山东省青岛海利尔药业有限公司〈P2047〉

苄·乙可湿性粉剂;稻草克星;田草亡;华星草克;田草净　　E06021401

Bensulfuron-methyl + Acetochlor, W. P.

用于防除水稻移栽田禾本科、阔叶科、莎草科等杂草

【生产厂】[苏]江苏省苏科农化有限责任公司〈P1781〉;江苏瑞禾化学有限公司〈P1781〉;南京祥宇农药有限公司〈P1790〉;江苏金凤凰农化有限公司〈P1859〉;江苏省激素研究所有限公司〈P1860〉;溧阳市新球农药化工有限公司〈P1864〉;无锡瑞泽农药有限公司〈P1874〉;苏州市宝带农药有限责任公司〈P1903〉;江苏东宝农药化工有限公司〈P1815〉;江苏省南通金陵农化有限公司〈P1831〉;[皖]安徽丰乐农化有限责任公司〈P1971〉;安徽华星化工股份有限公司〈P1984〉;[鲁]山东胜邦绿野化学有限公司(500 吨)〈P2029〉;[豫]河南金田地农化有限公司〈P2165〉;[渝]重庆双丰农药有限公司〈P2307〉;重庆永川农药厂〈P2308〉

43% 氯嘧·乙乳油;豆乙合剂　　E06021421

Chlorimuron + Acetochlor, E. C. (43%)

用作除草剂

【生产厂】[辽]大连瑞泽农药股份有限公司〈P1693〉;[黑]黑龙江省哈尔滨利民农化技术有限公司〈P1721〉;黑龙江省哈尔滨市益农生化制品开发有限公司〈P1721〉

氯磺·乙可湿性粉剂;麦草萎　　E06021425

Chlorsulfuron + Acetochlor, W. P.

【生产厂】[苏]江苏金凤凰农化有限公司〈P1859〉

乙·扑乳油;除单佳　　E06021431

Acetochlor + Prometryne, E. C.

用作花生、棉花、大豆等作物田的除草剂
【生产厂】[苏]江都市宙龙集团公司〈P1815〉;江苏粮满仓农化有限公司〈P1816〉;[鲁]淄博市周村穗丰农药化工有限公司(500吨)〈P2072〉;东营胜利绿野农药化工有限公司(500吨)〈P2081〉

扑·乙可湿性粉剂 E06021435
Prometryne + Acetochlor, W. P.
【生产厂】[苏]江苏省苏科农化有限责任公司〈P1781〉;江苏东宝农药化工有限公司〈P1815〉

扑·乙悬浮剂 E06021439
Prometryne + Acetochlor, suspension
是选择性芽前除草剂,用于防除一年生杂草
【生产厂】[鲁]山东胜邦绿野化学有限公司(400吨)〈P2029〉;山东大成农药股份有限公司〈P2051〉;山东省淄博市淄川黉阳农药有限公司(200吨)〈P2054〉;山东京博农化有限公司(80吨)〈P2155〉;山东京蓬生物药业股份有限公司(200吨)〈P2113〉;山东三农农药有限公司〈P2150〉

乙氧·乙草乳油;旱草清;乙·乙氧氟乳油 E06021461
Oxyfluorfen + Acetochlor, E. C.
用于防除花生、棉花、大豆、蔬菜等旱地作物一年生阔叶杂草、禾本科杂草
【生产厂】[苏]江苏省苏科农化有限责任公司〈P1781〉;南京第一农药厂〈P1783〉;南京红太阳集团〈P1784〉;扬州市苏灵农药化工有限公司〈P1819〉;江苏东宝农药化工有限公司〈P1815〉

乙·异噁松乳油 E06021477
Acetochlor + Clomazone, E. C.
【生产厂】[皖]安徽丰乐农化有限责任公司〈P1971〉

咪乙烟·异噁松乳油 E06021479
Imazethapyr + Clomazone, E. C.
【生产厂】[黑]黑龙江省哈尔滨利民农化技术有限公司〈P1721〉;[皖]安徽丰乐农化有限责任公司〈P1971〉

乙·阿乳油;除草威 E06021481
Acetochlor + Atrazine, E. C.
是玉米田专用除草剂
【生产厂】[豫]博爱惠丰生化农药有限公司(3000吨)〈P2192〉

草除·精喹乳油;草亏 E06021701
Benazolin + Quizalofop-ethyl, E. C.
为油菜田专用除草剂,对油菜田大多数杂草有优良防效
【生产厂】[沪]上海威敌生化(南昌)有限公司〈P1769〉;[苏]镇江农药厂有限公司〈P1844〉;江苏瑞邦农药厂〈P1860〉;江苏省常州市植物药品厂〈P1860〉;江苏省激素研究所有限公司〈P1860〉;江苏苏化集团有限公司〈P1894〉;江苏丰山集团有限公司〈P1807〉;江苏东宝农药化工有限公司〈P1815〉;如皋市农药化工厂〈P1838〉;[皖]安徽丰乐农化有限责任公司〈P1971〉;安徽华星化工股份有限公司〈P1984〉;安徽省池州新赛德化工有限公司〈P1987〉;[鲁]山东胜邦绿野化学有限公司(500吨)〈P2029〉;[豫]河南省周口山都丽化工有限公司〈P2227〉;[鄂]武汉科诺生物农药有限公司〈P2231〉;[渝]重庆双丰农药有限公司〈P2307〉;[川]四川省化工研究设计院〈P2319〉

氟磺胺·烯禾乳油 E06021711
Fomesafen + Sethoxydime, E. C.
【生产厂】[蒙]内蒙古宏裕科技股份有限公司〈P1683〉;[辽]大连松辽化工有限公司〈P1694〉;[鲁]山东省青岛海利尔药业有限公司〈P2047〉

氟磺胺·精喹乳油;龙魁乳油 E06021731
Fomesafen + Quizalofop-ethyl, E. C.
用于防除一年生禾本科杂草和一年生阔叶杂草
【生产厂】[黑]黑龙江省科润生物科技有限公司〈P1721〉;佳木斯市恺乐农药有限公司〈P1725〉

35%氟磺胺·精喹·异噁松乳油 E06021751
Fomesafen + Quizalofop-ethyl + Clomazone, E. C. (35%)
【生产厂】[辽]大连松辽化工有限公司〈P1694〉;[皖]安徽丰乐农化有限责任公司〈P1971〉;[鲁]山东省青岛海利尔药业有限公司〈P2047〉

高氯·水胺乳油;蚧霸 E06021801
β-Cypermethrin + Isocarbophos, E. C.
是专门针对抗性蚧壳虫而研制的特效杀蚧剂,适用于杀灭各种刺吸、咀嚼、钻蛀、潜道等害虫
【生产厂】[沪]上海威敌生化(南昌)有限公司〈P1769〉;[鲁]山东东方农药科技实业公司〈P2028〉;青岛碱业股份有限公司(200吨)〈P2038〉;山东曹达化工有限公司〈P2159〉

哒·水胺乳油;螨无敌 E06021831
Pyridaben + Isocarbophos, E. C.
用于防治果树等作物红蜘蛛
【生产厂】[苏]江苏丰山集团有限公司〈P1807〉;[鲁]山东东泰农化有限公司(100吨)〈P2152〉;山东阳谷中石药业有限公司(200吨)〈P2154〉;山东华阳科技股份有限公司〈P2135〉;山东省金农生物化工有限责任公司(500吨)〈P2160〉;山东胜邦鲁南农药有限公司(800吨)〈P2150〉;[豫]河南永信生物农药股份有限公司〈P2194〉;安阳市红旗药业有限公司〈P2209〉;[鄂]湖北仙隆化工股份有限公司〈P2245〉

氯·水胺乳油 E06021841
Cypermethrin + Isocarbophos, E. C.
用于防治棉铃虫、红白蜘蛛,水稻、果树食心虫等
【生产厂】[鲁]山东东方农药科技实业公司〈P2028〉;[豫]河南周口市中科化工有限公司〈P2227〉

哒·噻乳油 E06021891
Pyridaben + Buprofenzin, E. C.
对于果树蚧、螨并发时使用有特效
【生产厂】[苏]江苏克胜集团股份有限公司〈P1808〉

乙·苄·甲可湿性粉剂;苄·甲磺·乙可湿性粉剂;益农 E06021901
Acetochlor + Bensulfuron-methyl + Methsulfuron-methyl, W. P.
用于防除移栽田水稻中多种杂草
【生产厂】[苏]江苏省苏科农化有限责任公司〈P1781〉;江苏瑞禾化学有限公司〈P1781〉;江苏省激素研究所有限公司〈P1860〉;[皖]安徽省池州新赛德化工有限公司〈P1987〉

苯噻酰 · 苄 · 乙可湿性粉剂；田来夫 E06021951

Mefenacet + Bensulfuron-methyl + Acetochlor, W. P.

用于防除稻田的稗草、鸭舌草、矮慈菇、牛毛草、千金子、节节菜、莎草、水葱等稻田多种常见的禾本科杂草

【生产厂】[沪]上海威敌生化(南昌)有限公司〈P1769〉；[苏]无锡瑞泽农药有限公司〈P1874〉

吡 · 酮可湿性粉剂 E06022121

Imidacloprid + Triadimefon, W. P.

对小麦蚜虫、白粉病有较好的防治效果

【生产厂】[苏]江苏省苏科农化有限责任公司〈P1781〉；张家港天亨化工有限公司〈P1914〉；江苏灶星农化有限公司〈P1809〉；扬州市苏灵农药化工有限公司〈P1819〉

22%吡 · 毒乳油 E06022145

Imidacloprid + Chlorpyrifos, E. C. (22%)

【生产厂】[浙]浙江新农化工股份有限公司〈P1970〉；[鲁]山东省青岛奥迪斯生物科技有限公司〈P2047〉；[豫]河南省夏邑县华泰化工有限公司〈P2225〉

苯磺 · 异丙可湿性粉剂 E06022201

Tribenuron + Isoproturon, W. P.

【生产厂】[苏]江苏东宝农药化工有限公司〈P1815〉

苯磺 · 氯磺可湿性粉剂 E06022221

Tribenuron + Chlorsulfuron, W. P.

【生产厂】[苏]江苏金凤凰农化有限公司〈P1859〉

氯磺 · 异丙可湿性粉剂 E06022301

Chlorsulfuron + Isoproturon, W. P.

【生产厂】[苏]江苏瑞禾化学有限公司〈P1781〉；镇江农药厂有限公司〈P1844〉；苏州市宝带农药有限责任公司〈P1903〉；江苏省昆山市鼎烽农药有限公司〈P1894〉

氰 · 杀乳油 E06022501

Fenralerate + Cyanophos, E. C.

适用于蔬菜杀灭菜青虫、小叶蛾、蚜虫及其他鳞翅目幼虫

【生产厂】[黑]佳木斯市恺乐农药有限公司〈P1725〉

杀 · 氰乳油 E06022511

Fenitrothion + Fenvalerate, E. C.

【生产厂】[冀]沧州科润化工有限公司〈P1651〉

哒嗪 · 氰乳油 E06022521

Pyridaphenthion + Fenvalerate, E. C.

【生产厂】[皖]安徽省池州新赛德化工有限公司〈P1987〉

哒嗪 · 灭 · 氰乳油 E06022541

Pyridaphenthion + Methomyl + Fenvalerate, E. C.

是一种高效、广谱杀虫杀螨剂，可有效防治水稻二化螟、三化螟、稻瘿蚊和棉红铃虫等害虫

【生产厂】[皖]安徽省池州新赛德化工有限公司〈P1987〉

哒嗪 · 乙酰乳油 E06022561

Pyrdaphenthion + Acephate, E. C.

为新一代高效、广谱杀虫剂，可以用于多种作物防治不同害虫，是防治水稻螟虫、稻飞虱的优良杀虫剂

【生产厂】[皖]安徽省池州新赛德化工有限公司〈P1987〉

哒嗪 · 三唑乳油 E06022581

Pyrdaphenthion + Triazophos, E. C.

可有效防治水稻、棉花、蔬菜等作物上的多种害虫

【生产厂】[皖]安徽省池州新赛德化工有限公司〈P1987〉

25%丙 · 仲乳油 E06022601

Profenofos + Fenobucarb, E. C. (25%)

【生产厂】[鲁]济南金地农药有限公司〈P2023〉

杀铃 · 辛乳油 E06022611

Triflumuron + Phoxim, E. C.

是新型、高效、广谱杀虫剂

【生产厂】[吉]吉林通化农药化工股份有限公司〈P1718〉

丙 · 辛乳油；杀无敌 E06022631

Profenofos + Phoxim, E. C.

用于防治棉铃虫

【生产厂】[苏]宜兴市益农化工厂〈P1887〉；盐城市龙跃农药有限公司〈P1811〉；扬州市苏灵农药化工有限公司〈P1819〉；江苏东宝农药化工有限公司〈P1815〉；如皋市农药化工厂〈P1838〉；[鲁]山东省济南天邦化工有限公司〈P2030〉；山东鲁抗生物农药有限责任公司〈P2145〉；山东省烟台科达化工有限公司〈P2115〉；青岛一农七星化学有限公司〈P2045〉；济宁圣城化工实验有限责任公司(800吨)〈P2128〉；山东省金农生物化工有限责任公司(1000吨)〈P2160〉；[豫]圣丰科技(河南)有限公司〈P2168〉

辛 · 甲氰乳油；辛硫 · 甲氰乳油；战神；辛灭利 E06022641

Phoxim + Fenpropathrin, E. C.

主要用于防治棉花、果树等作物上的害虫

【生产厂】[鲁]山东阳谷中石药业有限公司(400吨)〈P2154〉；山东大成农药股份有限公司(300吨)〈P2051〉

啶虫 · 高氯可湿性粉剂 E06022661

Acetamiprid + β-Cypermethrin, W. P.

【生产厂】[豫]河南省郑州富利达农药有限公司〈P2167〉

啶虫 · 辛乳油 E06022671

Acetamiprid + Phoxim, E. C.

【生产厂】[冀]河北威远生物化工股份有限公司〈P1622〉

丙 · 灭乳油 E06022681

Profenofos + Methomyl, E. C.

【生产厂】[鲁]山东省青岛海利尔药业有限公司〈P2047〉；[豫]开封市豫农夫化工有限公司(200吨)〈P2178〉

丙 · 氯乳油；盖敌 E06022691

Profenofos + Cypermethrin, E. C.

具有触杀、胃毒和渗透作用，对棉花棉铃虫、柑橘潜叶蛾、十字花科蔬菜小菜蛾等多种害虫具有突出的防治效果

【生产厂】[苏]江苏生花农药有限公司〈P1865〉；江苏省江阴市福达农化有限公司〈P1865〉；[鲁]青岛一农七星化学有限公司〈P2045〉

甲·异稻乳油；病虫净乳油 E06022711

Methamidophos + Iprobenfos, E. C.

系高效杀虫、杀菌复配制剂

【生产厂】[湘]湖南天宇农药化工集团股份有限公司(2000吨)〈P2253〉

高氯·甲氨阿维乳油 E06022771

β-Cypermethrin + Methylamino abamectin benzoate, E. C.

【生产厂】[冀]河北威远生物化工股份有限公司〈P1622〉；[黑]佳木斯兴宇生物技术开发有限公司〈P1725〉

高氯·毒乳油 E06022781

β-Cypermethrin + Chlorpyrifos, E. C.

用于防治棉铃虫、夜蛾等病虫害

【生产厂】[冀]河北威远生物化工股份有限公司〈P1622〉；沧州科润化工有限公司〈P1651〉；[苏]南京第一农药厂〈P1783〉；江苏瑞邦农药厂〈P1860〉；江苏丰山集团有限公司〈P1807〉；如皋市农药化工厂〈P1838〉；[鲁]山东恒利达化学品公司〈P2028〉；青岛东生药业有限公司〈P2034〉；山东华阳科技股份有限公司〈P2135〉；山东九洲农药有限公司〈P2160〉

15%高氯·唑磷乳油；15%高氯·三唑乳油；世纪旋风 E06022791

β-Cypermethrin + Triazophos, E. C. (15%)

系高效、安全、广谱杀虫剂，可防治水稻、棉花、柑橘、蔬菜、茶叶、花卉上的害虫

【生产厂】[皖]安徽省池州新赛德化工有限公司〈P1987〉；[鲁]山东省青岛海利尔药业有限公司〈P2047〉；青岛东生药业有限公司〈P2034〉；[湘]湖南天宇农药化工集团股份有限公司(500吨)〈P2253〉

氧乐·甲氰乳油；金刚 E06022801

Omethoate + Fenpropathrin, E. C.

用于防治红蜘蛛等螨虫

【生产厂】[黑]黑龙江省科润生物科技有限公司〈P1721〉；[鲁]山东绿丰农药有限公司〈P2096〉

甲氰·辛乳油 E06022821

Fenpropathrin + Phoxim, E. C.

可有效防治多种作物的大多数害虫及螨类，对红蜘蛛、菜青虫防效优异

【生产厂】[苏]溧阳市新球农药化工有限公司〈P1864〉；扬州市苏灵农药化工有限公司〈P1819〉；[鲁]山东东方农药科技实业公司〈P2028〉；山东迈英德化学有限公司〈P2029〉；威海市农药厂〈P2125〉；山东省青岛海利尔药业有限公司〈P2047〉；山东省青岛好利特生物农药有限公司〈P2048〉；[桂]广西金燕子农药有限公司〈P2301〉

20%甲氰·唑磷乳油 E06022831

Fenpropathrin + Triazophos, E. C. (20%)

【生产厂】[闽]福建省泉州德盛农药有限公司〈P1998〉；[豫]河南省郑州富利达农药有限公司〈P2167〉

炔螨·水胺乳油 E06022871

Propargite + Isocarbophos, E. C.

【生产厂】[沪]上海威敌生化(南昌)有限公司〈P1769〉；[粤]惠州市中迅化工有限公司〈P2278〉

20%三环·异稻可湿性粉剂 E06022911

Tricyclazole + Iprobenfos, W. P. (20%)

用于防治水稻稻菌瘟、叶瘟等病害

【生产厂】[苏]江苏丰登农药有限公司〈P1858〉；江苏龙灯化学有限公司〈P1894〉；江苏嘉隆化工有限公司〈P1792〉；扬州市苏灵农药化工有限公司〈P1819〉；江都市宙龙集团公司〈P1815〉；江苏粮满仓农化有限公司〈P1816〉；[皖]安徽省池州新赛德化工有限公司〈P1987〉；[赣]江西中林农药化工有限公司〈P2016〉

噁霉·甲霜水剂 E06022981

Hymexazol + Metalaxyl, aqueous solution

【生产厂】[黑]黑龙江企达农药开发有限公司〈P1725〉；[豫]河南省夏邑县华泰化工有限公司〈P2225〉

高氯·马乳油；害虫光 E06023101

β-Cypermethrin + Malathion, E. C.

用于防治果树桃小食心虫等害虫

【生产厂】[晋]山西广大化工有限公司〈P1679〉；[苏]南京博臣农化有限公司〈P1782〉；[鲁]山东恒利达化学品公司〈P2028〉；山东省联合农药工业有限公司〈P2030〉；山东省济南燕山三丰实业有限公司(110吨)〈P2030〉；德州恒东农药化工有限公司(200吨)〈P2141〉；山东省淄博市淄川黉阳农药有限公司(500吨)〈P2054〉；山东富安集团农药有限公司(300吨)〈P2052〉；淄博丰登农药化工有限公司〈P2059〉；山东邹平农药有限公司(1000吨)〈P2157〉；山东省青岛好利特生物农药有限公司〈P2048〉；[豫]圣丰科技(河南)有限公司〈P2168〉；浚县绿宝农药厂〈P2200〉；许昌京豫农药厂〈P2218〉；南阳市福来石油化学有限公司〈P2224〉；河南省夏邑县华泰化工有限公司〈P2225〉

30%高氯·马·辛乳油 E06023121

β-Cypermethrin + Malathion + Phoxim, E. C. (30%)

主要用于防除棉铃虫

【生产厂】[鲁]山东阳谷中石药业有限公司(500吨)〈P2154〉

高氯·杀单可湿性粉剂 E06023181

β-Cypermethrin + Monosultap, W. P.

【生产厂】[苏]南京祥宇农药有限公司〈P1790〉

高氯·杀水乳剂；果蔬灵 E06023191

β-Cypermethrin + Monosultap, aqueous emulsion

用于防治苹果小卷叶蛾、绵蚜、犁毛虫、犁蚜、犁木虱、小菜蛾、菜青虫、美洲斑潜蝇等虫害

【生产厂】[鲁]山东富安集团农药有限公司(100吨)〈P2052〉

乙·氟净乳油 E06023201

Acetochlor + Focaojing, E. C.

适用于玉米、甘蔗、大豆、棉花等作物，能有效防除许多一年生单子叶、双子叶杂草

【生产厂】[鲁]青岛农冠农药有限责任公司〈P2041〉

甲硫·菌核可湿性粉剂；抑霉菌净 E06023331

Thiophanate-methyl + Dimetachlone, W. P.

用于防治番茄灰霉病

【生产厂】[鲁]山东神星农药有限公司(300吨)〈P2097〉

福·甲硫可湿性粉剂；甲托·双可湿性粉剂；托福灵 E06023341

Thiram + Thiophanate-methyl W. P.

用于防治果树轮纹病及多种作物其他真菌

病害

【生产厂】[津]天津市迎新农药有限公司(100 吨)〈P1611〉;天津市农药研究所(100 吨)〈P1600〉;天津市天环药业有限公司〈P1604〉;[冀]河北冠龙农化有限公司〈P1663〉;[苏]南京博臣农化有限公司〈P1782〉;镇江农药厂有限公司(500 吨)〈P1844〉;无锡市锡南农药有限公司〈P1879〉;[闽]福建省泉州德盛农药有限公司〈P1998〉;[鲁]山东恒利达化学品公司〈P2028〉;山东东方农药科技实业公司〈P2028〉;山东迈英德化学有限公司〈P2029〉;山东富安集团农药有限公司(300 吨)〈P2052〉;淄博绿晶农药有限公司〈P2065〉;邹平县绿大药业有限公司(80 吨)〈P2158〉;东营胜利绿野农药化工有限公司(300 吨)〈P2081〉;山东绿丰农药有限公司〈P2096〉;威海市农药厂〈P2125〉;山东省青岛海利尔药业有限公司〈P2047〉;山东白云农药有限公司〈P2135〉;山东华阳科技股份有限公司〈P2135〉;山东曹达化工有限公司〈P2159〉;山东省麒麟农化有限公司(10 吨)〈P2160〉;[粤]惠州市中迅化工有限公司〈P2278〉

福·甲硫·硫可湿性粉剂 E06023351

Thiram + Sulfur + Thiophanate-methyl, W. P.

用于防治辣椒炭疽病

【生产厂】[津]天津市塘沽农药厂(150 吨)〈P1603〉;[晋]运城精化农药有限公司〈P1680〉;[苏]江苏联合农用化学有限公司〈P1781〉;江苏省江阴市福达农化有限公司〈P1865〉;[鲁]山东省淄博市淄川黉阳农药有限公司(400 吨)〈P2054〉;山东神星农药有限公司(150 吨)〈P2097〉;[豫]浚县绿宝农药厂〈P2200〉

福·甲硫·硫悬浮剂 E06023355

Thiram + Thiophanate-methyl + Sulfur, suspension

用于防治果树轮纹病、炭疽病、白粉病,瓜类炭疽病、白粉病等

【生产厂】[豫]河南永信生物农药股份有限公司〈P2194〉

甲硫·锰锌悬浮剂;瓜宁 E06023371

Thiophanate-methyl + Mancozeb, suspension

用于防治苹果、西瓜炭疽病

【生产厂】[鲁]山东寿光双星农药有限公司(300 吨)〈P2099〉

甲硫·锰锌可湿性粉剂 E06023375

Thiophanate-methyl + Mancozeb, W. P.

【生产厂】[鲁]淄博绿晶农药有限公司〈P2065〉;[豫]浚县绿宝农药厂〈P2200〉

甲硫·霉威悬浮剂;亿家宝 E06023391

Thiophanate-methyl + Diethofencarb, suspension

用于防治黄瓜灰霉病

【生产厂】[鲁]山东寿光双星农药有限公司(200 吨)〈P2099〉

甲硫·霉威可湿性粉剂 E06023395

Thiophanate-methyl + Diethofencarb, W. P.

用于防治番茄叶霉病

【生产厂】[鲁]山东省淄博市淄川黉阳农药有限公司(1000 吨)〈P2054〉;[豫]河南省夏邑县华泰化工有限公司〈P2225〉

多·酮可湿性粉剂;禾桔灵可湿性粉剂;比杀灵可湿性粉剂 E06023411

Carbendazim + Triadimefon, W. P.

是一种高效、广谱、低毒杀菌剂,用于防治小麦赤霉病、纹枯病、黑穗病、白粉病等

【生产厂】[苏]江苏省苏科农化有限责任公司〈P1781〉;镇江农药厂有限公司(500 吨)〈P1844〉;江苏金凤凰农化有限公司〈P1859〉;江苏太湖地区农科所苏州农药实验厂〈P1894〉;苏州市宝带农药有限责任公司〈P1903〉;沭阳县淮沭农药厂〈P1804〉;江苏腾龙生物药业有限公司〈P1808〉;江苏灶星农化有限公司(2000 吨)〈P1809〉;扬州市苏灵农药化工有限公司〈P1819〉;江苏东宝农药化工有限公司〈P1815〉;江都市宙龙集团公司〈P1815〉;江苏粮满仓农化有限公司〈P1816〉;[鲁]山东曹达化工有限公司〈P2159〉

井·酮可湿性粉剂 E06023421

Validamycin + Triadimefon, W. P.

用于防治小麦纹枯病

【生产厂】[豫]河南农业大学康拓科贸公司〈P2166〉

井·酮悬浮剂 E06023425

Validamycin + Triadimefon, suspension

用于防治小麦纹枯病

【生产厂】[鲁]山东省淄博市淄川黉阳农药有限公司(600 吨)〈P2054〉

多·硫·酮可湿性粉剂 E06023431

Carbendazim + Triadimefon + Sulfur, W. P.

用于防治苹果树炭疽病

【生产厂】[苏]兴化市青松农药化工有限公司〈P1828〉;[鲁]山东省淄博市淄川黉阳农药有限公司(600 吨)〈P2054〉

吡·多·酮可湿性粉剂;麦绿宝 E06023441

Imidacloprid + Carbendazim + Triadimefon, W. P.

用于防治麦类赤霉病、白粉病、锈病、纹枯病、穗蚜、油菜菌核病、菜蚜等

【生产厂】[苏]江苏省苏科农化有限责任公司〈P1781〉;江苏联合农用化学有限公司〈P1781〉;南京祥宇农药有限公司(500 吨)〈P1790〉;苏州市宝带农药有限责任公司〈P1903〉;高邮市运东农药化工有限公司〈P1813〉;[豫]河南省长葛市农用生物药厂〈P2218〉

硫·酮可湿性粉剂;粉诺 E06023461

Sulfur + Triadimefon, W. P.

属高效、广谱、内吸性杀菌剂,用于防治小麦及其他作物白粉病

【生产厂】[鲁]山东东泰农化有限公司(200 吨)〈P2152〉;山东富安集团农药有限公司(300 吨)〈P2052〉;淄博绿晶农药有限公司〈P2065〉;山东绿丰农药有限公司〈P2096〉;山东省青岛海利尔药业有限公司〈P2047〉

硫·酮悬浮剂 E06023465

Sulfur + Triadimefon, suspension

用于防治小麦白粉病、锈病等

【生产厂】[鲁]山东省淄博市淄川黉阳农药有限公司(1000 吨)〈P2054〉;淄博市周村穗丰农药化工有限公司(150 吨)〈P2072〉;山东邹平农药有限公司(700 吨)〈P2157〉;威海市农药厂〈P2125〉;山东省烟台科达化工有限公司〈P2115〉;[滇]云南天丰农药有限公司〈P2342〉

吡·水胺乳油 E06023471

Imidacloprid + Isocarbophos, E. C.

【生产厂】[鄂]湖北仙隆化工股份有限公司〈P2245〉

乙酰甲·阿维乳油;农特乳油 E06023501

Acephate + Abamectin, E. C.

用于防治蔬菜、果树、粮、棉、茶、烟草等作物害虫及螨类

【生产厂】[苏]江苏东宝农药化工有限公司〈P1815〉

杀单·乙酰甲可溶性粉剂 E06023551

Monosultap + Acephate, S. P.

【生产厂】[苏]江苏丰登农药有限公司〈P1858〉

杀单·苏可湿性粉剂 E06023571

Monosultap + Bacillus thuringiensis, W. P.

用于防治水稻二化螟、三化螟、稻纵卷叶螟等害虫

【生产厂】[苏]江苏东宝农药化工有限公司〈P1815〉;[闽]福建浦城绿安生物农药有限公司(500吨)〈P2003〉;[鲁]山东鲁抗生物农药有限责任公司〈P2145〉;[豫]博爱惠丰生化农药有限公司〈P2192〉;[鄂]武汉科诺生物农药有限公司〈P2231〉

杀单·唑磷微乳剂 E06023591

Monosultap + Triazophos, tiny-emulsion

【生产厂】[苏]江苏省苏科农化有限责任公司〈P1781〉

乙酰甲·高氯乳油;农保乳油 E06023601

Acephate + β-Cypermethrin, E. C.

用于防治蔬菜、果树、粮、棉等作物害虫

【生产厂】[苏]盐城双宁农化有限公司〈P1812〉

氯·马乳油 E06023611

Cypermethrin + Malathion, E. C.

用于防治棉花棉铃虫

【生产厂】[桂]广西金燕子农药有限公司〈P2301〉

氯·灭微乳剂 E06023631

Cypermethrin + Methomyl, tiny-emulsion

【生产厂】[皖]安徽丰乐农化有限责任公司〈P1971〉;[豫]安阳市红旗药业有限公司〈P2209〉

烟碱·氯氰水乳剂 E06023651

Nicotine + Cypermethrin, aqueous emulsion

一种新型、高效、广谱的无公害杀虫剂,适用于蔬菜、大豆、玉米、果树、茶树、烟草、棉花等作物的虫害防治

【生产厂】[桂]广西化工研究院-广西新晶科技有限公司〈P2296〉

乐·氯乳油;蚜克星 E06023701

Dimethoate + Cypermethrin, E. C.

是一种高效、广谱、低毒的杀虫、杀卵剂,主要用于防治小麦、果树、蔬菜、水稻、大豆等作物上的多种虫害

【生产厂】[苏]扬州市苏灵农药化工有限公司〈P1819〉;江苏东宝农药化工有限公司〈P1815〉

氟氯氰·辛乳油 E06023931

Cyfluthrin + Phoxim, E. C.

【生产厂】[鲁]山东滨农科技有限公司〈P2155〉

高氯·辛乳油;高杀畏 E06023951

β-Cypermethrin + Phoxim, E. C.

用于棉花、果树、蔬菜和水稻等多种作物的害虫防治

【生产厂】[津]天津市前进农药厂(500吨)〈P1600〉;天津市塘沽农药厂(50吨)〈P1603〉;天津市汇源化学品公司(50吨)〈P1591〉;[冀]河北威远生物化工股份有限公司〈P1622〉;邢台化工工贸总公司化工厂〈P1643〉;[晋]山西广大化工有限公司〈P1679〉;[苏]江苏联合农用化学有限公司〈P1781〉;溧阳市新球农药化工有限公司〈P1864〉;江苏省连云港市东金化工有限公司〈P1798〉;江苏腾龙生物药业有限公司〈P1808〉;[鲁]山东省济南天邦化工有限公司〈P2030〉;济南东合化工有限公司〈P2021〉;山东大成农药股份有限公司〈P2051〉;山东省淄博市淄川黉阳农药有限公司(500吨)〈P2054〉;山东富安集团农药有限公司(300吨)〈P2052〉;淄博丰登农药化工有限公司〈P2059〉;淄博绿晶农药有限公司〈P2065〉;山东邹平农药有限公司(400吨)〈P2157〉;潍坊奥维特农药有限公司〈P2101〉;山东绿丰农药有限公司〈P2096〉;山东省烟台科达化工有限公司〈P2115〉;山东省青岛海利尔药业有限公司〈P2047〉;山东省青岛好利特生物农药有限公司〈P2048〉;山东曹达化工有限公司〈P2159〉;[豫]河南省郑州富利达农药有限公司〈P2167〉;原阳县第一农药厂(500吨)〈P2208〉

高氯氟氰·辛乳油 E06023971

Lambda-cyhalothrin + Phoxim, E. C.

【生产厂】[苏]南京第一农药厂〈P1783〉;连云港立本农药化工有限公司〈P1798〉;如皋市农药化工厂〈P1838〉;[鲁]山东迈英德化学有限公司〈P2029〉;山东京博农化有限公司(25吨)〈P2155〉;山东省青岛海利尔药业有限公司〈P2047〉;[豫]河南省郑州富利达农药有限公司〈P2167〉

福·腐可湿性粉剂;灰霉净;灰枯灵 E06024001

Thiram + Procymidone, W. P.

对由灰葡萄孢菌引起的灰霉病有特效,并兼治由核盘孢引起的菌核病、黄枝孢引起的叶霉病等

【生产厂】[冀]河北威远生物化工股份有限公司〈P1622〉;[鲁]山东恒利达化学品公司〈P2028〉;山东鲁抗生物农药有限责任公司〈P2145〉;青岛阳光农药厂(有限公司)〈P2045〉;山东曹达化工有限公司〈P2159〉;山东农丰化工有限公司(300吨)〈P2160〉;[豫]河南省长葛市农用生物药厂〈P2218〉

福·福甲胂·福锌可湿性粉剂 E06024021

Thiram + Urbacid + Ziram, W. P.

【生产厂】[津]天津市塘沽农药厂(800吨)〈P1603〉;[冀]石家庄市绿丰化工有限公司〈P1630〉;[鲁]青岛碱业股份有限公司(150吨)〈P2038〉

福·福锌可湿性粉剂;炭疽福美可湿性粉剂 E06024041

Thiram + Ziram, W. P.

适用于防治作物、瓜果、蔬菜和棉花苗期的病害,对苹果、桃、葡萄炭疽病、黑点病、梨黑星病等都有特效

【生产厂】[津]天津市农药研究所(100吨)〈P1600〉;天津市兴果农药厂(400吨)〈P1609〉;天津市塘沽农药厂(800吨)〈P1603〉;[冀]石家庄市绿丰化工有限公司〈P1630〉;河北冠龙农化有限公司〈P1663〉;[晋]山西广大化工有限公司〈P1679〉;[黑]黑龙江企达农药开发有限公司〈P1725〉;[鲁]山东省济南天邦化工有限公司〈P2030〉;淄博绿晶农药有限公司〈P2065〉;山东邹平农药有限公司(100吨)〈P2157〉;山东绿丰农药有限公司〈P2096〉;青岛碱业股份

有限公司(90吨)〈P2038〉;山东省青岛奥迪斯生物科技有限公司〈P2047〉;山东省青岛海利尔药业有限公司〈P2047〉;山东九洲农药有限公司〈P2160〉;[豫]河南省夏邑县华泰化工有限公司〈P2225〉

五氯·多可湿性粉剂;枯萎净;多·五可湿性粉剂 E06024101

Pentachloronitrobenzene + Carbendazim, W. P.

是瓜类枯萎病最佳治疗剂,主治瓜类枯萎病,兼治瓜类炭疽病

【生产厂】[苏]新沂中凯农用化工有限公司〈P1794〉;[鲁]山东省青岛海利尔药业有限公司〈P2047〉;[粤]惠州市中迅化工有限公司〈P2278〉;[桂]广西桂林集琦生化有限公司〈P2298〉

拌·福·五粉剂 E06024141

Amicarthiazol + Thiram + Pentachloronitrobenzene, powder

【生产厂】[豫]河南农业大学康拓科贸公司〈P2166〉

拌·福可湿性粉剂 E06024161

Amicarthiazol + Thiram, W. P.

【生产厂】[黑]佳木斯市恺乐农药有限公司〈P1725〉;[苏]江苏灶星农化有限公司〈P1809〉;[皖]安徽丰乐农化有限责任公司〈P1971〉;[川]四川国光农化有限公司〈P2331〉

拌·福悬浮种衣剂 E06024165

Amicarthiazol + Thiram, seed coating

主要用于防治立枯病

【生产厂】[苏]铜山县化工厂〈P1794〉

甲维盐·噻颗粒剂 E06024201

Methylaminoabamectin benzoate + Buprofenzin, granule

【生产厂】[黑]佳木斯兴宇生物技术开发有限公司〈P1725〉

吡·杀单可湿性粉剂;一杀光;快杀螟 E06024301

Imidacloprid + Monosultap, W. P.

用于防除水稻田螟虫、飞虱等主要害虫

【生产厂】[沪]上海东风农药厂〈P1732〉;[苏]江苏省苏科农化有限责任公司〈P1781〉;江苏瑞禾化学有限公司〈P1781〉;镇江农药厂有限公司〈P1844〉;江苏金凤凰农化有限公司〈P1859〉;江苏溧化化学有限公司〈P1859〉;溧阳市新球农药化工有限公司〈P1864〉;江苏省江阴市福达农化有限公司〈P1865〉;江苏苏化集团有限公司〈P1894〉;江苏省昆山市鼎烽农药有限公司〈P1894〉;江苏嘉隆化工有限公司〈P1792〉;沭阳县淮沭农药厂〈P1804〉;江苏克胜集团股份有限公司〈P1808〉;扬州市苏灵农药化工有限公司〈P1819〉;江苏省南通地旺农药化工有限公司〈P1831〉;[皖]安徽华星化工股份有限公司〈P1984〉;[鲁]淄博丰登农药化工有限公司〈P2059〉;青岛东生药业有限公司〈P2034〉;[豫]沙隆达郑州农药有限公司〈P2168〉;河南省夏邑县华泰化工有限公司〈P2225〉;[鄂]湖北仙隆化工股份有限公司〈P2245〉;[川]成都宇辰农药有限责任公司〈P2317〉

噻·杀单可湿性粉剂;噻·杀可湿性粉剂;虱螟丹;稻无虫;虱螟灵 E06024311

Buprofenzin + Monosultap, W. P.

用于防治水稻二化螟、三化螟、纵卷叶螟、大螟、稻苞虫、稻飞虱等害虫

【生产厂】[苏]南京祥宇农药有限公司(500吨)〈P1790〉;江苏金凤凰农化有限公司〈P1859〉;宜兴市益农化工厂〈P1887〉;东台市农药化工厂〈P1806〉;江苏灶星农化有限公司(500吨)〈P1809〉;扬州市苏灵农药化工有限公司〈P1819〉;兴化市青松农药化工有限公司〈P1828〉;南通施壮化工有限公司〈P1834〉;江苏省南通地旺农药化工有限公司〈P1831〉;[浙]海盐博大精细化工有限公司〈P1940〉;[皖]安徽丰乐农化有限责任公司〈P1971〉;安徽康达化工有限责任公司〈P1983〉;[豫]河南力克化工有限公司〈P2166〉;河南金田地农化有限公司〈P2165〉;[渝]重庆树荣化工有限公司〈P2307〉

噻·杀单悬浮剂 E06024315

Buprofenzin + Monosultap, suspension

【生产厂】[苏]江苏东宝农药化工有限公司〈P1815〉

井·噻·杀单可湿性粉剂 E06024321

Validamycin + Buprofenzin + Monosultap, W. P.

对水稻螟虫、稻飞虱、稻纹枯病有很好防效,对水稻病虫能起到一药兼治的作用

【生产厂】[苏]江苏省苏科农化有限责任公司〈P1781〉;江苏金凤凰农化有限公司〈P1859〉;江苏天容集团股份有限公司〈P1861〉;溧阳市新球农药化工有限公司〈P1864〉;宜兴市益农化工厂〈P1887〉;江苏太湖地区农科所苏州农药实验厂〈P1894〉;江苏东宝农药化工有限公司〈P1815〉;江都市宙龙集团公司〈P1815〉;江苏粮满仓农化有限公司〈P1816〉

杀·井可湿性粉剂;井·杀单可湿性粉剂 E06024325

Monosultap + Validamycin, W. P.

主要用于防治水稻二化螟、纹枯病等病虫害

【生产厂】[苏]宜兴市益农化工厂〈P1887〉;江苏嘉隆化工有限公司〈P1792〉;东台市笑特生物化学有限公司〈P1806〉;扬州市苏灵农药化工有限公司〈P1819〉;江苏东宝农药化工有限公司〈P1815〉;南通利华农化有限公司〈P1834〉;如皋市农药化工厂〈P1838〉

吡·井·杀单可湿性粉剂 E06024381

Imidacloprid + Validamycin + Monosultap, W. P.

用于有效防治水稻稻飞虱、二化螟、稻纵卷叶螟、纹枯病等病虫害

【生产厂】[冀]河北世纪农药有限公司〈P1666〉;[苏]江苏省苏科农化有限责任公司〈P1781〉;南京祥宇农药有限公司〈P1790〉;江苏丰登农药有限公司〈P1858〉;江苏溧化化学有限公司〈P1859〉;江苏天容集团股份有限公司〈P1861〉;宜兴兴农化工制品有限公司〈P1888〉;扬州市苏灵农药化工有限公司〈P1819〉;江苏东宝农药化工有限公司〈P1815〉;[渝]重庆永川农药厂〈P2308〉

克·杀单颗粒剂;绿丰丹 E06024391

Carbofuran + Monosultap, granula

用作复配杀虫剂

【生产厂】[鲁]山东博丰植保药业有限公司(500吨)〈P2051〉

灭·杀双可湿性粉剂;威敌 E06024401

Methomyl + Bisultap, W. P.

蔬菜用杀虫剂,用于防治美洲斑潜蝇、菜青虫等虫害

【生产厂】[沪]上海威敌生化(南昌)有限公司〈P1769〉

灭蝇·杀单可溶性粉剂;潜蝇宝 E06024411

Cyromazine + Monosultap, S. P.

是一种高选择性杀虫剂，对潜叶蝇有突出的防效，适用作物为瓜果、芥菜、番茄、茄子、豆类蔬菜及各种花卉

【生产厂】[鲁]山东省烟台科达化工有限公司〈P2115〉

阿维·灭幼可湿性粉剂 E06024471

Abamectin + Chlorbenzuron, W. P.

用于防治抗性害虫，如甜菜夜蛾、棉铃虫、小菜蛾、红蜘蛛等

【生产厂】[豫]安阳市全丰农药化工有限责任公司(500 吨)〈P2209〉

E

灭·杀单可溶性粉剂 E06024481

Methomyl + Monosultap, S. P.

【生产厂】[苏]扬州市苏灵农药化工有限公司〈P1819〉；[鲁]威海市农药厂〈P2125〉

高氯·灭乳油 E06024491

β-Cypermethrin + Methomyl, E. C.

用于防治棉花棉铃虫

【生产厂】[鲁]山东省联合农药工业有限公司〈P2030〉；山东迈英德化学有限公司〈P2029〉；济南金地农药有限公司〈P2023〉；山东省淄博市淄川黉阳农药有限公司(1000 吨)〈P2054〉；山东省烟台科达化工有限公司〈P2115〉；[豫]河南金田地农化有限公司〈P2165〉

苄·异丙甲可湿性粉剂；草特克；异甲·苄可湿性粉剂 E06024501

Metolachlor + Bensulfuron, W. P.

大田除草剂，可防除稗草、鸭舌草、眼子菜、节节菜、陌上菜、矮慈菇、牛毛毡等一年生及多年生杂草

【生产厂】[苏]江苏瑞禾化学有限公司〈P1781〉；沭阳县淮沭农药厂〈P1804〉；[渝]重庆双丰农药有限公司〈P2307〉

8%异丙·苄·甲细颗粒剂 E06024511

Metolachlor + Bensulfuron + Metsulfuron methyl, fine granule (8%)

用作水稻抛秧田、移栽田除草剂

【生产厂】[浙]永康市农用化学研究所(1000 吨)〈P1954〉

苄·草甘可湿性粉剂 E06024521

Bensulfuron-methyl + Glyphosate, W. P.

【生产厂】[苏]江苏瑞邦农药厂〈P1860〉；江苏省激素研究所有限公司〈P1860〉

苄·丙草可湿性粉剂；直播净 E06024531

Bensulfuron-methyl + Pretilachlor, W. P.

用于水稻直播田、秧田除草

【生产厂】[苏]无锡瑞泽农药有限公司〈P1874〉；江苏嘉隆化工有限公司〈P1792〉；[鲁]山东东泰农化有限公司(30 吨)〈P2152〉

苄·二甲戊可湿性粉剂 E06024541

Bensulfuron-methyl + Pendimethalin, W. P.

【生产厂】[苏]江苏省昆山市鼎烽农药有限公司〈P1894〉

苄·异丙草可湿性粉剂 E06024551

Bensulfuron-methyl + Propisochlor, W. P.

【生产厂】[辽]大连松辽化工有限公司〈P1694〉；[苏]江苏金凤凰农化有限公司〈P1859〉；江苏瑞邦农药厂〈P1860〉；无锡瑞泽农药有限公司〈P1874〉；新沂中凯农用化工有限公司〈P1794〉

异丙草·莠悬浮剂 E06024581

Propisochlor + Atrazine, suspension

用于防除夏玉米田中的一年生杂草

【生产厂】[蒙]内蒙古宏裕科技股份有限公司〈P1683〉；[苏]江苏瑞禾化学有限公司〈P1781〉；新沂中凯农用化工有限公司〈P1794〉；[鲁]山东省济南天邦化工有限公司〈P2030〉；山东胜邦绿野化学有限公司(3000 吨)〈P2029〉；山东鲁抗生物农药有限责任公司〈P2145〉；山东阳谷中石药业有限公司(600 吨)〈P2154〉；山东省淄博市淄川黉阳农药有限公司(300 吨)〈P2054〉；山东富安集团农药有限公司(1000 吨)〈P2052〉；淄博市周村穗丰农药化工有限公司(300 吨)〈P2072〉；山东京博农化有限公司(25 吨)〈P2155〉；青岛碱业股份有限公司(100 吨)〈P2038〉；山东省青岛海利尔药业有限公司〈P2047〉；青岛双收农药化工有限公司〈P2043〉；青岛农冠农药有限责任公司(2000 吨)〈P2041〉；山东白云农药有限公司〈P2135〉；山东省麒麟农化有限公司(70 吨)〈P2160〉；山东三农农药有限公司〈P2150〉；[豫]河南力克化工有限公司〈P2166〉；河南省周口山都丽化工有限公司〈P2227〉；河南省商丘天神农药厂〈P2225〉

异丙·嗪乳油 E06024591

Propisochlor + Metribuzin, E. C.

是新一代玉米田除草剂

【生产厂】[黑]黑龙江省哈尔滨市益农生化制品开发有限公司〈P1721〉

二氯·苄可湿性粉剂；苄·二氯可湿性粉剂 E06024601

Quinclorac + Bensulfuron-methyl, W. P.

用于防除水稻秧田、直播田的稗草、牛毛毡、异型莎草、水莎草、碎米莎草、泽泻等杂草

【生产厂】[辽]沈阳化工研究院试验厂(50 吨)〈P1686〉；[黑]黑龙江省哈尔滨利民农化技术有限公司〈P1721〉；黑龙江省哈尔滨市益农生化制品开发有限公司〈P1721〉；[苏]江苏省苏科农化有限责任公司〈P1781〉；江苏瑞禾化学有限公司〈P1781〉；南京祥宇农药有限公司〈P1790〉；南京博臣农化有限公司〈P1782〉；江苏金凤凰农化有限公司〈P1859〉；江苏瑞邦农药厂〈P1860〉；江苏省激素研究所有限公司〈P1860〉；宜兴市益农化工厂〈P1887〉；无锡瑞泽农药有限公司〈P1874〉；江苏太湖地区农科所苏州农药实验厂〈P1894〉；新沂中凯农用化工有限公司〈P1794〉；扬州市苏灵农药化工有限公司〈P1819〉；江苏东宝农药化工有限公司〈P1815〉；[皖]安徽省铜陵福成农药有限公司〈P1978〉；[豫]河南金田地农化有限公司〈P2165〉

噁唑灵·异丙隆可湿性粉剂；华星麦保 E06024701

Fenoxaprop-ethyl + Isoproturon, W. P.

用于防除冬春小麦田单、双子叶杂草

【生产厂】[皖]安徽华星化工股份有限公司〈P1984〉

20%毒·氟铃乳油 E06024801

Chlorpyrifos + Hexaflumuron, E. C. (20%)

【生产厂】[鲁]威海市农药厂〈P2125〉

40%毒·机油乳油 E06024821

Chlorpyrifos + Petroleum oil, E. C. (40%)
【生产厂】[鲁]山东省淄博市淄川黉阳农药有限公司(1000吨)〈P2054〉;威海市农药厂〈P2125〉;山东省青岛奥迪斯生物科技有限公司〈P2047〉;山东省青岛海利尔药业有限公司〈P2047〉;[豫]河南省夏邑县华泰化工有限公司〈P2225〉

毒·辛乳油;见虫净 E06024831
Chlorpyrifos + Phoxim, E. C.
用于防治棉花、蔬菜等棉铃虫、菜青虫、甜菜夜蛾、螟虫等害虫
【生产厂】[苏]江苏广丰农药有限公司〈P1807〉;扬州市苏灵农药化工有限公司〈P1819〉;[皖]安徽省铜陵福成农药有限公司〈P1978〉;[鲁]山东东方农药科技实业公司〈P2028〉;山东泰农化有限公司(50吨)〈P2152〉;山东省淄博市淄川黉阳农药有限公司〈P2054〉;山东邹平农药有限公司(300吨)〈P2157〉;山东神星农药有限公司〈P2097〉;山东泗水丰田农药有限公司〈P2133〉;山东胜邦鲁南农药有限公司(500吨)〈P2150〉;[豫]南阳市福来石油化学有限公司〈P2224〉

5%毒·辛颗粒剂 E06024835
Chlorpyrifos + Phoxim, granule(5%)
主要用于防治甘蔗中的蔗龟和蔗螟
【生产厂】[苏]江苏嘉隆化工有限公司〈P1792〉;[鲁]山东省淄博市淄川黉阳农药有限公司(500吨)〈P2054〉

25%毒·灭蝇可湿性粉剂 E06024841
Chlorpyrifos + Cyromazine, W. P. (25%)
【生产厂】[苏]江苏省激素研究所有限公司〈P1860〉

毒·氯乳油;虫除净 E06024871
Chlorpyrifos + Cypermethrin, E. C.
可用于防治棉花棉铃虫等多种害虫
【生产厂】[辽]沈阳化工研究院试验厂〈P1686〉;[苏]江苏苏化集团有限公司〈P1894〉;江苏龙灯化学有限公司〈P1894〉;江苏徐州神农化工有限责任公司〈P1793〉;[浙]浙江新农化工股份有限公司〈P1970〉;[皖]安徽金泰农药化工有限公司〈P1971〉;[闽]福建省泉州德盛农药有限公司(260吨)〈P1998〉;[鲁]山东京博农化有限公司(30吨)〈P2155〉;威海市农药厂〈P2125〉;招远三联化工厂(30吨)〈P2121〉;[豫]沙隆达郑州农药有限公司〈P2168〉;河南省郑州富利达农药有限公司〈P2167〉;河南省夏邑县华泰化工有限公司〈P2225〉;[鄂]武汉科诺生物农药有限公司〈P2231〉;[粤]惠州市中迅化工有限公司〈P2278〉;[桂]广西金燕子农药有限公司〈P2301〉

21%毒·苏可湿性粉剂 E06024881
Chlorpyrifos + Bacillus thuringiensis, W. P. (21%)
是一种广谱、高效的杀虫、杀螨剂,能有效防治粮棉作物及果树、蔬菜上的多种害虫
【生产厂】[鲁]山东鲁抗生物农药有限责任公司〈P2145〉

毒·仲乳油;倍死特 E06024891
Chlorpyrifos + Fenobucarb, E. C.
用作复配杀虫剂
【生产厂】[鲁]山东博丰植保药业有限公司(1000吨)〈P2051〉

28%多·井悬浮剂 E06025001
Carbendazim + Jingangmycin, suspension(28%)
用于防治小麦赤霉病
【生产厂】[苏]江苏省昆山市鼎烽农药有限公司〈P1894〉;太仓市农药厂有限公司〈P1908〉;[鲁]山东东方农药科技实业公司〈P2028〉;山东省淄博市淄川黉阳农药有限公司(1000吨)〈P2054〉;威海市农药厂〈P2125〉;山东省烟台科达化工有限公司〈P2115〉;山东泗水丰田农药有限公司(500吨)〈P2133〉;[豫]河南省夏邑县华泰化工有限公司〈P2225〉

多·井可湿性粉剂;铁菌 E06025051
Carbendazim + Validamycin W. P.
用于防治水稻稻瘟病
【生产厂】[鲁]山东省淄博市淄川黉阳农药有限公司(1000吨)〈P2054〉

80%多·福·锌可湿性粉剂;80%双生可湿性粉剂 E06025101
Carbendazim + Thiram + Ziram, W. P. (80%)
用于防治水稻噁苗病、小麦白粉病、黄瓜霜霉病、白粉病、番茄果疫病、灰霉病等病害
【生产厂】[鲁]山东恒利达化学品公司〈P2028〉;淄博绿晶农药有限公司〈P2065〉;山东省青岛海利尔药业有限公司〈P2047〉;青岛东生药业有限公司(200吨)〈P2034〉

20%多·福·三环可湿性粉剂 E06025121
Carbendazim + Thiram + Tricyclazole, W. P. (20%)
主要用于防治噁苗病
【生产厂】[黑]黑龙江省哈尔滨市益农生化制品开发有限公司〈P1721〉

58%多·福锌可湿性粉剂 E06025141
Carbendazim + Ziram, W. P. (58%)
主要用于防治苹果树中的炭疽病
【生产厂】[鲁]青岛东生药业有限公司〈P2034〉

辛·灭乳油 E06025201
Phoxim + Methomyl, E. C.
用于防治棉花、果树、水稻、烟草、粮食等作物上的多种害虫
【生产厂】[冀]河北世纪农药有限公司〈P1666〉;[苏]江苏联合农用化学有限公司〈P1781〉;江阴龙灯化学有限公司〈P1867〉;江苏腾龙生物药业有限公司〈P1808〉;[鲁]山东东方农药科技实业公司〈P2028〉;山东绿丰农药有限公司〈P2096〉;山东省青岛奥迪斯生物科技有限公司〈P2047〉;济宁圣城化工实验有限责任公司〈P2128〉;菏泽源丰农药有限公司(500吨)〈P2159〉;山东九洲农药有限公司〈P2160〉;[豫]河南力克化工有限公司〈P2166〉;沙隆达郑州农药有限公司〈P2168〉;河南周口市中科化工有限公司〈P2227〉;禹州科邦化工有限公司〈P2219〉;河南省商丘天神农药厂〈P2225〉

吡·辛乳油 E06025221
Imidacloprid + Phoxim, E. C.
对鳞翅目害虫的幼虫及刺吸式口器害虫都有较好的防治效果
【生产厂】[冀]河北威远生物化工股份有限公司〈P1622〉;邢台市农药有限公司〈P1643〉;[豫]河南省郑州富利达农药有限公司〈P2167〉

吡·苏可湿性粉剂 E06025251
Imidacloprid + Bacillus thuringiensis, W. P.

是一种广谱、高效生物杀虫剂，属胃毒型，对咀嚼式鳞翅目害虫有很好防治效果

【生产厂】[鲁]山东鲁抗生物农药有限责任公司〈P2145〉

20%吡·丁硫乳油 E06025261

Imidacloprid + Carbosulfan, E. C. (20%)

【生产厂】[鲁]青岛碱业股份有限公司(200吨)〈P2038〉；青岛双收农药化工有限公司〈P2043〉

20%吡·唑锡可湿性粉剂 E06025271

Imidacloprid + Azocyclotin, W. P. (20%)

是触杀作用较强的广谱性杀螨剂，可用于防除红蜘蛛

【生产厂】[鲁]招远三联化工厂(60吨)〈P2121〉；山东华阳科技股份有限公司〈P2135〉；[豫]河南省周口山都丽化工有限公司〈P2227〉

吡·噻可湿性粉剂；蚜虱灵 E06025291

Imidacloprid + Buprofenzin, W. P.

是一药多治的高效、低毒杀虫剂

【生产厂】[苏]江苏联合农用化学有限公司〈P1781〉；盐城双宁农化有限公司〈P1812〉；[赣]江西农大锐特化工科技有限公司〈P2009〉；[鲁]山东省青岛奥迪斯生物科技有限公司〈P2047〉；山东省青岛海利尔药业有限公司〈P2047〉

吡·甲氰乳油 E06025311

Imidacloprid + Fenpropathrin, E. C.

【生产厂】[苏]江苏徐州神农化工有限责任公司〈P1793〉

吡·灭幼可湿性粉剂 E06025321

Imidacloprid + Chlorbenzuron, W. P.

【生产厂】[吉]吉林通化农药化工股份有限公司〈P1718〉

吡·异可湿性粉剂 E06025331

Imidacloprid + Isoprocarb, W. P.

用于防治水稻稻飞虱等害虫

【生产厂】[苏]江苏龙灯化学有限公司〈P1894〉；江苏广丰农药有限公司〈P1807〉；[鲁]山东东泰农化有限公司(50吨)〈P2152〉；[豫]河南省夏邑县华泰化工有限公司〈P2225〉

吡·氧乐乳油 E06025341

Imidacloprid + Omethoate, E. C.

【生产厂】[苏]江苏联合农用化学有限公司〈P1781〉

吡·柴油乳油 E06025361

Imidacloprid + Diesel oil, E. C.

【生产厂】[鲁]山东东泰农化有限公司(80吨)〈P2152〉；山东富安集团农药有限公司(300吨)〈P2052〉；山东省青岛好利特生物农药有限公司〈P2048〉

吡·乙酰甲可湿性粉剂 E06025371

Imidacloprid + Acephate, W. P.

主要用于防治水稻稻纵卷叶螟等害虫

【生产厂】[苏]无锡市锡南农药有限公司〈P1879〉；如皋市农药化工厂〈P1838〉

吡·灭可湿性粉剂 E06025381

Imidacloprid + Methomyl, W. P.

【生产厂】[苏]江苏联合农用化学有限公司〈P1781〉；镇江农药厂有限公司〈P1844〉；无锡市锡南农药有限公司〈P1879〉；宜兴兴农化工制品有限公司〈P1888〉；[鲁]山东恒利达化学品公司〈P2028〉；威海市农药厂〈P2125〉；[豫]河南省夏邑县华泰化工有限公司〈P2225〉

吡·灭乳油 E06025391

Imidacloprid + Methomyl, E. C.

用于防治蚜虫

【生产厂】[黑]黑龙江省科润生物科技有限公司〈P1721〉；[鲁]山东省淄博市淄川黉阳农药有限公司(500吨)〈P2054〉；山东省烟台科达化工有限公司〈P2115〉；山东省金农生物化工有限责任公司(500吨)〈P2160〉；[粤]惠州市中迅化工有限公司〈P2278〉

灭·氰乳油 E06025401

Methomyl + Fenvalerate, E. C.

用于棉花、果树、蔬菜上多种害虫的防治

【生产厂】[鲁]山东东方农药科技实业公司〈P2028〉；青岛阳光农药厂(有限公司)〈P2045〉；[豫]开封市豫农夫化工有限公司〈P2178〉

15%灭·哒乳油；15%螨虫绝乳油 E06025461

Methomyl + Pyridaben, E. C. (15%)

是一种广谱性杀虫、杀螨剂，主要用于果树、红蜘蛛等的防治

【生产厂】[鲁]青岛东生药业有限公司(120吨)〈P2034〉

30%灭·氰·辛乳油 E06025481

Methomyl + Fenvalerate + Phoxim, E. C. (30%)

用于防除棉铃虫

【生产厂】[鲁]山东东方农药科技实业公司〈P2028〉

甲·辛乳油；棉铃宝 E06025501

Parathion-methyl + Phoxim, E. C.

主要用于防治抗性棉铃虫

【生产厂】[苏]镇江农药厂有限公司(300吨)〈P1844〉

28%百·霉威可湿性粉剂；灰霉威 E06025601

Chlorothalonil + Diethofencarb, W. P. (28%)

可有效防治番茄灰霉病

【生产厂】[晋]山西广大化工有限公司〈P1679〉；[鲁]山东东泰农化有限公司(80吨)〈P2152〉；山东省淄博市淄川黉阳农药有限公司(500吨)〈P2054〉；淄博绿晶农药有限公司〈P2065〉；山东省青岛海利尔药业有限公司〈P2047〉；济宁市通达化工厂(300吨)〈P2128〉；[豫]浚县绿宝农药厂〈P2200〉；[粤]惠州市中迅化工有限公司〈P2278〉；[滇]云南天丰农药有限公司〈P2342〉

百·甲霜可湿性粉剂 E06025635

Chlorothalonil + Metalaxyl, W. P.

【生产厂】[苏]江苏龙灯化学有限公司〈P1894〉

百·福可湿性粉剂 E06025641

Chlorothalonil + Thiram, W. P.

【生产厂】[鲁]山东曹达化工有限公司〈P2159〉

百·福·福锌可湿性粉剂；菌杀净 E06025651

Chlorothalonil + Thiram + Ziram, W. P.

用作复配杀菌剂

【生产厂】[鲁]山东省青岛海利尔药业有限公司〈P2047〉

百·嘧可湿性粉剂 E06025661

Chlorothalonil + Pyrimethanil, W. P.

具有保护和治疗双重功能,对多种作物灰霉病有优异的防效

【生产厂】[苏]江苏丰登农药有限公司〈P1858〉;[陕]西安文远化学工业有限公司〈P2350〉

百·盐酸吗啉胍水剂 E06025671

Chlorothalonil + Moroxydine hydrochloride, aqueous solution

用作复配杀菌剂

【生产厂】[鲁]山东神星农药有限公司(100 吨)〈P2097〉

18%百·霜脲悬浮剂;霜冠 E06025691

Chlorothalonil + Cymoxanil, suspension (18%)

用于防治黄瓜等蔬菜霜霉病

【生产厂】[粤]惠州市中迅化工有限公司〈P2278〉;[陕]西安文远化学工业有限公司〈P2350〉

百·霜脲可湿性粉剂 E06025695

Chlorothalonil + Cymoxanil, W. P.

【生产厂】[豫]浚县绿宝农药厂〈P2200〉

丁·莠悬乳剂 E06025701

Butachlor + Atrazine, suspension

用于防治玉米田子唐、稻草、牛筋草、狗尾草、苋菜、铁苋菜、苍耳、马齿苋、苘麻等一年生单双叶杂草

【生产厂】[冀]沧州科润化工有限公司〈P1651〉;[鲁]山东省济南天邦化工有限公司〈P2030〉;淄博市周村穗丰农药化工有限公司(300 吨)〈P2072〉;青岛农冠农药有限责任公司(5000 吨)〈P2041〉;山东白云农药有限公司〈P2135〉

异丙甲·莠悬浮剂 E06025751

Metolachlor + Atrazine, suspension

用于防除夏玉米田中的一年生杂草

【生产厂】[苏]江苏苏化集团有限公司〈P1894〉;[鲁]山东鲁抗生物农药有限责任公司〈P2145〉;淄博市周村穗丰农药化工有限公司(300 吨)〈P2072〉;[豫]博爱惠丰生化农药有限公司〈P2192〉;安阳市红旗药业有限公司(300 吨)〈P2209〉;河南省夏邑县华泰化工有限公司〈P2225〉

50%扑·莠悬浮剂 E06025791

Prometryne + Atrazine, suspension (50%)

是新一代玉米田除草剂

【生产厂】[苏]无锡瑞泽农药有限公司〈P1874〉

50%苯菌·福·锰锌可湿性粉剂;50%果病克星可湿性粉剂 E06025901

Benomyl + Thiram + Mancozeb, W. P. (50%)

用于防治苹果轮纹病

【生产厂】[鲁]山东省淄博市淄川黉阳农药有限公司(600 吨)〈P2054〉;山东曹达化工有限公司〈P2159〉

福·烯唑可湿性粉剂 E06025911

Thiram + Diniconazole, W. P.

具有广谱性和内吸活性,有预防和治疗作用,对多种作物的白粉病有特效

【生产厂】[陕]西安文远化学工业有限公司〈P2350〉

敌磺·福可湿性粉剂;地敌克 E06025931

Fenaminosulf + Thiram, W. P.

【生产厂】[苏]江苏省苏科农化有限责任公司〈P1781〉

福·锰锌可湿性粉剂;疫安康 E06025951

Thiram + Mancozeb, W. P.

用作农用复配杀菌剂

【生产厂】[鲁]淄博丰登农药化工有限公司〈P2059〉;青岛碱业股份有限公司(100 吨)〈P2038〉

27%敌磺·甲霜可湿性粉剂 E06025961

Fenaminosulf + Metalaxyl, W. P. (27%)

用于防治水稻苗床立枯病

【生产厂】[黑]黑龙江省科润生物科技有限公司〈P1721〉

萎·福可湿性粉剂 E06025971

Carboxin + Thiram, W. P.

可防治麦类散黑穗病、坚黑穗病、条纹病,对防治丝核菌很有效

【生产厂】[陕]西安文远化学工业有限公司〈P2350〉

甲拌·辛颗粒剂;根宝;辛拌磷颗粒剂 E06026001

Phorate + Phoxim, granule

用于防治农作物地下害虫

【生产厂】[鲁]山东省淄博市淄川黉阳农药有限公司(1000 吨)〈P2054〉;淄博市周村穗丰农药化工有限公司(1000 吨)〈P2072〉;邹平县绿大药业有限公司(100 吨)〈P2158〉;青岛阳光农药厂(有限公司)〈P2045〉;青岛农冠农药有限责任公司(1000 吨)〈P2041〉;济宁市通达化工厂(350 吨)〈P2128〉;山东泗水丰田农药有限公司(1500 吨)〈P2133〉

甲拌·克悬浮种衣剂 E06026051

Phorate + Carbofuran, seed coating

【生产厂】[津]天津科润北方种衣剂有限公司〈P1575〉;[苏]铜山县化工厂〈P1794〉;江苏嘉隆化工有限公司〈P1792〉;[鲁]威海市农药厂〈P2125〉;山东华阳科技股份有限公司〈P2135〉

克·酮·戊唑悬浮种衣剂 E06026091

Carbofuran + Triadimefon + Tebuconazole, seed coating

【生产厂】[黑]黑龙江省哈尔滨市益农生化制品开发有限公司〈P1721〉

柴油·哒乳油;金流星乳油 E06026101

Diesel oil + Pyridaben, E. C.

主要用于防治果树蜘蛛等

【生产厂】[苏]宜兴兴农化工制品有限公司〈P1888〉;连云港立本农药化工有限公司〈P1798〉;[皖]安徽康达化工有限责任公司〈P1983〉;[鲁]山东省济南天邦化工有限公司〈P2030〉;山东恒利达化学品公司〈P2028〉;山东东方农药科技实业公司〈P2028〉;山东东泰农化有限公司(100 吨)〈P2152〉;山东富安集团农药有限公司(300 吨)〈P2052〉;淄博绿晶农药有限公司〈P2065〉;山东邹平农药有限公司(100 吨)〈P2157〉;邹平县绿大药业有限公司(150 吨)〈P2158〉;山东京博农化有限公司(80 吨)〈P2155〉;威海市农药厂〈P2125〉;山东省青岛海利尔药业有限公司〈P2047〉;山东曹达化工有限公司〈P2159〉;山东九洲农药有限公司〈P2160〉;[豫]河南省郑州富利达农药有限公司〈P2167〉;河南周口市中科化工有限公司〈P2227〉;开封市豫农夫化工有限公司〈P2178〉;河南省夏邑县华泰化工有限公司〈P2225〉;[渝]重庆双丰农药有限公司〈P2307〉

柴油·辛乳油 E06026111

Diesel oil + Phoxim, E. C.

【生产厂】[苏]江苏广丰农药有限公司〈P1807〉;盐城市龙冈农药厂〈P1811〉;[鲁]山东省济南天邦化工有限公司〈P2030〉;山东恒利达化学品公司〈P2028〉;山东天成农药有限公司〈P2055〉;淄博丰登农药化工有限公司〈P2059〉;淄博绿晶农药有限公司〈P2065〉;日照市工业学校实验化工厂〈P2139〉;山东省青岛好利特生物农药有限公司〈P2048〉;山东省麒麟农化有限公司(150 吨)〈P2160〉

高氯·柴乳油 E06026131

β-Cypermethrin + Diesel oil, E. C.

用于防治棉花、蔬菜蚜虫及水稻各种害虫

【生产厂】[鲁]山东省济南天邦化工有限公司〈P2030〉;淄博市周村穗丰农药化工有限公司(200 吨)〈P2072〉

32% 柴油·氯乳油 E06026141

Diesel oil + Cypermethrin, E. C. (32%)

用于防治棉花蚜虫

【生产厂】[鲁]淄博丰登农药化工有限公司〈P2059〉

多·锰锌可湿性粉剂;黑星速克可湿性粉剂 E06026301

Carbendazim + Mancozeb, W. P.

主要用于防治梨树黑星病

【生产厂】[苏]镇江农药厂有限公司〈P1844〉;江苏太湖地区农科所苏州农药实验厂〈P1894〉;[鲁]山东恒利达化学品公司〈P2028〉;山东天成农药有限公司〈P2055〉;山东富安集团农药有限公司(300 吨)〈P2052〉;淄博绿晶农药有限公司〈P2065〉;威海市农药厂〈P2125〉;招远三联化工厂(30 吨)〈P2121〉;山东省青岛海利尔药业有限公司〈P2047〉;青岛阳光农药厂(有限公司)〈P2045〉;山东省青岛好利特生物农药有限公司〈P2048〉;青岛东生药业有限公司(200 吨)〈P2034〉;山东华阳科技股份有限公司〈P2135〉;山东九洲农药有限公司〈P2160〉;[豫]河南农业大学康拓科贸公司〈P2166〉;[渝]重庆双丰农药有限公司〈P2307〉;[川]四川国光农化有限公司〈P2331〉

锰锌·乙铝可湿性粉剂;轮斑净可湿性粉剂;疫霜·锰锌可湿性粉剂 E06026401

Mancozeb + Fosetyl-aluminium, W. P.

主要用于防治黄瓜霜霉病、苹果轮纹病等

【生产厂】[冀]河北世纪农药有限公司〈P1666〉;[苏]利民化工有限责任公司〈P1793〉;[鲁]山东东方农药科技实业公司〈P2028〉;山东天成农药有限公司〈P2055〉;山东富安集团农药有限公司(300 吨)〈P2052〉;淄博绿晶农药有限公司〈P2065〉;东方润博农化(山东)有限公司〈P2089〉;山东绿丰农药有限公司〈P2096〉;山东神星农药有限公司(300 吨)〈P2097〉;山东寿光双星农药有限公司(500 吨)〈P2099〉;威海市农药厂〈P2125〉;山东省烟台科达化工有限公司〈P2115〉;山东省青岛海利尔药业有限公司〈P2047〉;青岛阳光农药厂(有限公司)〈P2045〉;青岛东生药业有限公司(200 吨)〈P2034〉;济宁市通达化工厂(200 吨)〈P2128〉;[豫]河南农业大学康拓科贸公司〈P2166〉;河南开封田威生物化学有限公司〈P2176〉;[渝]重庆树荣化工有限公司〈P2307〉;[川]四川国光农化有限公司〈P2331〉

腈菌·锰锌可湿性粉剂 E06026451

Myclobutanil + Mancozeb, W. P.

用于果树、蔬菜及小麦等农作物,可防治梨黑星病,小麦、黄瓜白粉病及果树、蔬菜的炭疽病、早疫病等

【生产厂】[津]天津市华宇农药有限公司〈P1590〉;天津市兴果农药厂(400 吨)〈P1609〉;[苏]镇江农药厂有限公司〈P1844〉;江苏瑞邦农药厂〈P1860〉;江苏生花农药有限公司〈P1865〉;[皖]安徽华星化工股份有限公司〈P1984〉;[鲁]山东省青岛海利尔药业有限公司〈P2047〉;[豫]沙隆达郑州农药有限公司〈P2168〉;浚县绿宝农药厂〈P2200〉;河南省夏邑县华泰化工有限公司〈P2225〉

腈菌·咪鲜乳油 E06026471

Myclobutanil + Prochloraz, E. C.

可用来防治叶斑病

【生产厂】[鲁]威海市农药厂〈P2125〉;山东省青岛海利尔药业有限公司〈P2047〉

腈菌·酮乳油;麦菌敌 E06026491

Myclobutanil + Triadimefon, E. C.

【生产厂】[鲁]青岛东生药业有限公司〈P2034〉;山东九洲农药有限公司〈P2160〉;[粤]惠州市中迅化工有限公司〈P2278〉

敌畏·氯乳油;杀虫光乳剂 E06026501

Dichlorovos + Cypermethrin, E. C.

用于防治蔬菜蚜虫

【生产厂】[晋]山西广大化工有限公司〈P1679〉;[皖]安徽省铜陵福成农药有限公司〈P1978〉;[鲁]山东东方农药科技实业公司〈P2028〉;山东平阴农药厂〈P2029〉;淄博绿晶农药有限公司〈P2065〉;山东省青岛奥迪斯生物科技有限公司〈P2047〉;[豫]沙隆达郑州农药有限公司〈P2168〉;[粤]惠州市中迅化工有限公司〈P2278〉

20% 敌畏·仲乳油 E06026511

Dichlorovos + Fenobucarb, E. C. (20%)

可用来防治飞虱

【生产厂】[豫]河南银田精细化工有限公司〈P2202〉

敌畏·氰乳油 E06026521

Dichlorvos + Fenvalerate, E. C.

用于防治果树、蔬菜蚜虫、菜青虫等

【生产厂】[苏]张家港保税区东方农化国贸有限公司〈P1911〉

敌畏·辛乳油 E06026561

Dichlorovos + Phoxim, E. C.

【生产厂】[苏]东台市农药厂〈P1806〉;[豫]河南农业大学康拓科贸公司〈P2166〉

敌畏·毒乳油 E06026591

Dichlorovos + Chlorpyrifos, E. C.

【生产厂】[苏]宜兴兴农化工制品有限公司〈P1888〉;[鲁]山东省青岛海利尔药业有限公司〈P2047〉

马·辛乳油;扑虫净乳油;菜蝇净;辛·马乳油;百虫净 E06026701

Phoxim + Malathion, E. C.

主要用于防治蔬菜、瓜果的各种害虫

【生产厂】[苏]江苏金凤凰农化有限公司〈P1859〉;江苏灶星农化有限公司(500 吨)〈P1809〉;[豫]河南银田精细化工有限公司〈P2202〉;[粤]惠州市中迅化工有限公司〈P2278〉;[桂]广西金燕子农药有限公司〈P2301〉

马·灭乳油;普灵 E06026711

Malathion + Methomyl, E. C.

用于防治果树叶蛾、星毛虫、桃小食心虫、棉蚜、棉铃虫、菜青虫等害虫

【生产厂】[苏]江苏腾龙生物药业有限公司〈P1808〉;[鲁]德州恒东农药化工有限公司(200吨)〈P2141〉

马·唑磷乳油 E06026731

Malathion + Triazophos, E. C.

为低毒有机磷与高效活性增强剂的混配杀虫剂,具有触杀和胃毒作用,能防治多种水稻害虫

【生产厂】[赣]江西农大锐特化工科技有限公司〈P2009〉

35%马·酮乳油 E06026741

Malathion + Triadimefon, E. C. (35%)

用于防治白粉病

【生产厂】[豫]河南省商丘天神农药厂〈P2225〉

阿维·杀螟乳油 E06026811

Abamectin + Fenitrothion, E. C.

【生产厂】[苏]江苏腾龙生物药业有限公司〈P1808〉

阿维·杀单微乳剂;绿得福 E06026821

Abamectin + Monosultap, tiny-emulsion

对美洲斑潜蝇等害虫具有优良的防治效果

【生产厂】[冀]河北威远生物化工股份有限公司〈P1622〉;[浙]海盐博大精细化工有限公司〈P1940〉;[鲁]威海市农药厂〈P2125〉;山东省烟台科达化工有限公司〈P2115〉;[豫]河南省夏邑县华泰化工有限公司〈P2225〉

阿维·杀单可湿性粉剂 E06026825

Abamectin + Monosultap, W. P.

【生产厂】[苏]江苏溧化化学有限公司〈P1859〉;江苏天容集团股份有限公司〈P1861〉;[渝]重庆树荣化工有限公司〈P2307〉

阿维·氟铃乳油;维松令乳油 E06026841

Abamectin + Hexaflumuron, E. C.

用于防治松毛虫

【生产厂】[沪]上海威敌生化(南昌)有限公司〈P1769〉;[苏]江苏东宝农药化工有限公司〈P1815〉;[闽]施多富生物科技集团(100吨)〈P1990〉

阿维·高氯微乳剂;阿维·高氯乳油 E06026871

Abamectin + β-Cypermethrin, tiny-emulsion

属高效、广谱杀虫剂,用于防治黄瓜美洲斑潜蝇等害虫

【生产厂】[冀]河北威远生物化工股份有限公司〈P1622〉;邢台市农药有限公司〈P1643〉;[苏]江苏省苏科农化有限责任公司〈P1781〉;南京第一农药厂〈P1783〉;南京博臣农化有限公司〈P1782〉;宜兴兴农化工制品有限公司〈P1888〉;江苏龙灯化学有限公司〈P1894〉;沭阳县淮沭农药厂〈P1804〉;[浙]升华集团控股有限公司〈P1946〉;[皖]安徽丰乐农化有限责任公司〈P1971〉;安徽省铜陵福成农药有限公司〈P1978〉;[鲁]山东东方农药科技实业公司〈P2028〉;山东东泰农化有限公司(150吨)〈P2152〉;山东阳谷中石药业有限公司(400吨)〈P2154〉;山东富安集团农药有限公司(100吨)〈P2052〉;淄博丰登农药化工有限公司〈P2059〉;淄博绿晶农药有限公司〈P2065〉;东方润博农化(山东)有限公司〈P2089〉;山东神星农药有限公司(200吨)〈P2097〉;威海市农药厂〈P2125〉;山东省青岛海利尔药业有限公司〈P2047〉;山东华阳科技股份有限公司〈P2135〉;济宁市通达化工厂(200吨)〈P2128〉;山东省麒麟农化有限公司(50吨)〈P2160〉;[豫]河南力克化工有限公司〈P2166〉;圣丰科技(河南)有限公司〈P2168〉;河南省长葛市农用生物药厂〈P2218〉;禹州科邦化工有限公司〈P2219〉;[鄂]湖北仙隆化工股份有限公司〈P2245〉;[甘]兰州铁道学院精细化工厂〈P2356〉

阿维·高氯可湿性粉剂;胜迪 E06026875

Abamectin + β-Cypermethrin, W. P.

主要用于防治蔬菜的美洲斑潜蝇、菜青虫、小菜蛾等害虫

【生产厂】[鲁]淄博绿晶农药有限公司〈P2065〉;邹平县绿大药业有限公司(500吨)〈P2158〉;山东省青岛海利尔药业有限公司〈P2047〉;山东华阳科技股份有限公司〈P2135〉;山东省麒麟农化有限公司(50吨)〈P2160〉

阿维·溴氰乳油;阿秀乐 E06026881

Abamectin + Deltamethrin, E. C.

可用于防治蔬菜及作物上的美洲斑潜蝇

【生产厂】[鲁]德州恒东农药化工有限公司(200吨)〈P2141〉

阿维·毒乳油;屠虫达 E06026891

Abamectin + Chlorpyrifos, E. C.

是一种新型复配杀虫剂,胃杀作用,渗透力强,持效期长,可兼治地下害虫

【生产厂】[晋]山西广大化工有限公司〈P1679〉;[黑]佳木斯兴宇生物技术开发有限公司〈P1725〉;[苏]江苏东宝农药化工有限公司〈P1815〉;高邮市运东农药化工有限公司〈P1813〉;如皋市农药化工厂〈P1838〉;[闽]施多富生物科技集团(100吨)〈P1990〉;[鲁]山东省青岛海利尔药业有限公司〈P2047〉;[粤]惠州市中迅化工有限公司〈P2278〉;[桂]广西金燕子农药有限公司〈P2301〉

福·腈菌可湿性粉剂;菌科清 E06026951

Thiram + Myclobutanil, W. P.

用于防治梨、苹果、柑橘、葡萄等果树及蔬菜的白粉病

【生产厂】[冀]石家庄市捷尔生物化工有限公司〈P1630〉;[鲁]山东恒利达化学品公司〈P2028〉;威海市农药厂〈P2125〉;[桂]广西桂林集琦生化有限公司〈P2298〉

福·酮可湿性粉剂 E06026961

Thiram + Triadimefon, W. P.

【生产厂】[黑]黑龙江省科润生物科技有限公司〈P1721〉;[苏]镇江农药厂有限公司(500吨)〈P1844〉;[皖]安徽金泰农药化工有限公司〈P1971〉

45%禾草敌·苄磺隆细粒剂;农家富2号除草剂 E06027151

Molinate + Bensulfuron, granule (45%)

用作水稻直播田、秧田除草剂

【生产厂】[苏]镇江农药厂有限公司〈P1844〉;[浙]永康市农用化学研究所(500吨)〈P1954〉

苯噻酰·苄可湿性粉剂;赛龙 E06027191

Mefenacet + Bensalfaron-methyl, W. P.

对水稻稗子、千金子、鸭舌草有很好的防除

效果

【生产厂】［辽］大连瑞泽农药股份有限公司（100 吨）〈P1693〉；［黑］黑龙江省哈尔滨市益农生化制品开发有限公司〈P1721〉；［苏］江苏省苏科农化有限责任公司〈P1781〉；南京第一农药厂〈P1783〉；南京红太阳集团〈P1784〉；镇江农药厂有限公司〈P1844〉；江苏金凤凰农化有限公司〈P1859〉；江苏省激素研究所有限公司〈P1860〉；江苏丰登农药有限公司〈P1858〉；溧阳市新球农药化工有限公司〈P1864〉；无锡瑞泽农药有限公司〈P1874〉；江苏苏化集团有限公司〈P1894〉；江苏省昆山市鼎烽农药有限公司〈P1894〉；江苏灶星农化有限公司〈P1809〉；江苏克胜集团股份有限公司〈P1808〉；江苏东宝农药化工有限公司〈P1815〉；江苏省南通金陵农化有限公司〈P1831〉；［皖］安徽康达化工有限责任公司〈P1983〉；安徽省银山药业有限公司〈P1984〉；安徽华星化工股份有限公司〈P1984〉；安徽省池州新赛德化工有限公司〈P1987〉；［鲁］山东胜邦绿野化学有限公司（1000 吨）〈P2029〉；山东鲁抗生物农药有限责任公司〈P2145〉；［豫］沙隆达郑州农药有限公司〈P2168〉；安阳市红旗药业有限公司（200 吨）〈P2209〉；［粤］惠州市中迅化工有限公司〈P2278〉；［渝］重庆双丰农药有限公司〈P2307〉

马・杀乳油；卵虫净；扫虫净 E06027201

Malathion + Fenitrothion, E. C.

用于防治棉花棉铃虫，甘蓝、白菜菜青虫

【生产厂】［苏］江苏广丰农药有限公司〈P1807〉；盐城市龙冈农药厂（500 吨）〈P1811〉；［豫］原阳县第一农药厂（2000 吨）〈P2208〉

水胺・甲氰乳油（25%）；虫必畏 E06027401

Isocarbophos + Fenpropathrin, E. C. (25%)

用于防治柑橘红蜘蛛、蚧壳虫等

【生产厂】［鲁］山东平阴农药厂〈P2029〉；青岛碱业股份有限公司（200 吨）〈P2038〉

水胺・辛乳油；灭虱王乳油 E06027421

Isocarbophos + Phoxim, E. C.

用于防治棉蚜虫及棉铃虫

【生产厂】［鲁］济南东合化工有限公司〈P2021〉；［豫］原阳县第一农药厂〈P2208〉

水胺・唑磷乳油 E06027441

Isocarbophos + Triazophos, E. C.

【生产厂】［苏］江都市宙龙集团公司〈P1815〉；江苏粮满仓农化有限公司〈P1816〉

水胺・氰戊乳油；立虱 E06027461

Isocarbophos + Fenvalerate, E. C.

用于防治棉花棉铃虫、苹果树红蜘蛛、梨树梨木虱等害虫及害螨

【生产厂】［沪］上海威敌生化（南昌）有限公司〈P1769〉；［鲁］山东华阳和乐农药有限公司〈P2144〉；青岛碱业股份有限公司（300 吨）〈P2038〉；青岛农冠农药有限责任公司（200 吨）〈P2041〉；山东九洲农药有限公司〈P2160〉

辛・阿乳油；阿维・辛乳油 E06027501

Phoxim + Abamectin, E. C.

对柑橘、蔬菜、棉花、苹果、烟草、大豆、茶树等多种农作物的害虫有较好防治效果且延缓抗药性

【生产厂】［津］天津市华宇农药有限公司〈P1590〉；［冀］河北威远生物化工股份有限公司〈P1622〉；［苏］宜兴兴农化工制品有限公司〈P1888〉；［浙］升华集团控股有限公司〈P1946〉；［鲁］山东省青岛海利尔药业有限公司〈P2047〉；青岛东生药业有限公司〈P2034〉；［豫］河南永信生物农药股份有限公司〈P2194〉；［渝］重庆永川农药厂〈P2308〉

阿维・唑磷乳油 E06027511

Abametin + Triazophos, E. C.

属高效、广谱杀虫杀螨剂，广泛用于果树、水稻、蔬菜、棉花等害虫的防治

【生产厂】［苏］江苏省苏科农化有限责任公司〈P1781〉；张家港天亨化工有限公司〈P1914〉；沭阳县淮沭农药厂〈P1804〉；江苏广丰农药有限公司〈P1807〉；盐城市龙冈农药厂〈P1811〉；江苏丰山集团有限公司〈P1807〉；江苏克胜集团股份有限公司〈P1808〉；扬州市苏灵农药化工有限公司〈P1819〉；江苏东宝农药化工有限公司〈P1815〉；如皋市农药化工厂〈P1838〉；［皖］安徽省池州新赛德化工有限公司〈P1987〉；［鲁］山东省济南天邦化工有限公司〈P2030〉；济南金地农药有限公司〈P2023〉；山东京博农化有限公司（100 吨）〈P2155〉；山东滨农科技有限公司〈P2155〉；东方润博农化（山东）有限公司〈P2089〉；山东寿光双星农药有限公司〈P2099〉；山东省青岛海利尔药业有限公司〈P2047〉；［豫］河南省郑州富利达农药有限公司〈P2167〉；［粤］惠州市中迅化工有限公司〈P2278〉

吡・阿乳油；阿维・吡乳油 E06027521

Imidacloprid + Abamectin, E. C.

【生产厂】［苏］江苏省苏科农化有限责任公司〈P1781〉；江苏金浦北方氯碱化工有限公司〈P1793〉；江苏广丰农药有限公司〈P1807〉；盐城市龙冈农药厂〈P1811〉；江苏东宝农药化工有限公司〈P1815〉；［鲁］山东省青岛奥迪斯生物科技有限公司〈P2047〉；［鄂］湖北仙隆化工股份有限公司〈P2245〉

阿维・吡可湿性粉剂 E06027525

Imidacloprid + Abamectin, W. P.

【生产厂】［黑］黑龙江省哈尔滨利民农化技术有限公司〈P1721〉；［苏］江苏省苏科农化有限责任公司〈P1781〉；江苏太湖地区农科所苏州农药实验厂〈P1894〉；［鲁］山东省青岛奥迪斯生物科技有限公司〈P2047〉；［粤］惠州市中迅化工有限公司〈P2278〉

阿维・甲氰乳油 E06027545

Abamectin + Fenpropathrin, E. C.

【生产厂】［鲁］山东恒利达化学品公司〈P2028〉；山东省烟台科达化工有限公司〈P2115〉；山东省青岛奥迪斯生物科技有限公司〈P2047〉；山东省青岛好利特生物农药有限公司〈P2048〉；青岛东生药业有限公司〈P2034〉

甲氰・噻螨乳油；果好迈；塞螨宁乳油 E06027551

Fenpropathrin + Hexythiazox, E. C.

对果树上多类害螨包括成螨、幼螨、螨卵均有很强的杀灭作用，特别对其他药剂已产生抗性的害螨有良好防治作用

【生产厂】［沪］上海威敌生化（南昌）有限公司〈P1769〉

高渗阿维・柴油乳油；威康 E06027555

Penetrating abamectin + Diesel oil, E. C.

用于防治农作物病虫害

【生产厂】［冀］河北威远生物化工股份有限公司〈P1622〉；［鄂］湖北仙隆化工股份有限公司〈P2245〉

阿维·柴乳油;阿虫螨丁乳油 E06027559
Abamectin + Diesel oil, E. C.
用于防治小菜蛾和鳞翅目其他害虫以及果树红、白蜘蛛(山楂螨、全爪螨、二斑叶螨)等害虫
【生产厂】[津]天津市华宇农药有限公司〈P1590〉;[沪]上海威敌生化(南昌)有限公司〈P1769〉;[苏]盐城市龙跃农药有限公司〈P1811〉;江苏丰山集团有限公司〈P1807〉;[鲁]山东东泰农化有限公司(100吨)〈P2152〉;山东省淄博市淄川黉阳农药有限公司(1000吨)〈P2054〉;山东富安集团农药有限公司(300吨)〈P2052〉;淄博丰登农药化工有限公司〈P2059〉;淄博绿晶农药有限公司〈P2065〉;山东京博农化有限公司(60吨)〈P2155〉;潍坊天达植保有限公司(1200吨)〈P2105〉;山东省青岛好利特生物农药有限公司〈P2048〉;青岛东生药业有限公司〈P2034〉;山东曹达化工有限公司〈P2159〉;[豫]沙隆达郑州农药有限公司〈P2168〉;圣丰科技(河南)有限公司〈P2168〉;[粤]惠州市中迅化工有限公司〈P2278〉;[桂]广西桂林集琦生化有限公司〈P2298〉

高渗阿维·高氯乳油;潜蝇必杀 E06027561
Penetrating abamectin + β-Cypermethrin, E. C.
用于根治美洲斑潜蝇
【生产厂】[鲁]临朐县农药厂(500吨)〈P2090〉

高渗吡·高氯乳油;绿野保 E06027571
Penetrating imidacloprid + β-Cypermethrin, E. C.
用于防治苹果黄蚜病
【生产厂】[鲁]临朐县农药厂(500吨)〈P2090〉

吡·高氯乳油 E06027573
Imidacloprid + β-Cypermethrin, E. C.
属广谱、高效杀虫剂,具有胃毒、触杀作用,用于防治蚜虫、飞虱、叶蝉等害虫,效果显著
【生产厂】[沪]上海高伦现代农化股份有限公司〈P1734〉;[苏]宜兴兴农化工制品有限公司〈P1888〉;[鲁]山东省济南天邦化工有限公司〈P2030〉;山东玉成生化农药有限公司〈P2099〉;山东省青岛海利尔药业有限公司〈P2047〉;青岛农冠农药有限责任公司〈P2041〉

吡·高氯可湿性粉剂;定高 E06027575
Imidacloprid + β-Cypermethrin, W. P.
主要用于防治蔬菜上的蚜虫、粉虱、蚧壳虫等害虫
【生产厂】[鲁]淄博绿晶农药有限公司〈P2065〉;邹平县绿大药业有限公司(500吨)〈P2158〉

吡·氯乳油 E06027577
Imidacloprid + Cypermethrin, E. C.
【生产厂】[沪]上海威敌生化(南昌)有限公司〈P1769〉;[苏]江苏省农药研究所有限公司〈P1781〉;江苏龙灯化学有限公司〈P1894〉;[鲁]山东京博农化有限公司(100吨)〈P2155〉;东方润博农化(山东)有限公司〈P2089〉;[粤]惠州市中迅化工有限公司〈P2278〉

吡·氯可溶性液剂 E06027579
Imidacloprid + Cypermethrin, dissoluble liquid
是防治保护地蔬菜、果树上大多数害虫的有效药剂
【生产厂】[陕]西安文远化学工业有限公司〈P2350〉

阿维·苏可湿性粉剂;虫除尽 E06027581
Abamectin + Bacillus thuringiensis, W. P.
用于防治小菜蛾、甜菜夜蛾等害虫
【生产厂】[沪]上海威敌生化(南昌)有限公司〈P1769〉;[苏]江苏东宝农药化工有限公司〈P1815〉;[闽]厦门市绿地康生物工程有限公司(20吨)〈P1993〉;[鲁]山东鲁抗生物农药有限责任公司〈P2145〉;山东省青岛海利尔药业有限公司〈P2047〉;[豫]安阳市红旗药业有限公司〈P2209〉;[鄂]武汉科诺生物农药有限公司〈P2231〉;湖北仙隆化工股份有限公司〈P2245〉

阿维·哒乳油;爱诺螨清 E06027591
Abamectin + Pyridaben, E. C.
属复配杀虫剂,用于防治柑橘、棉花红蜘蛛等害虫
【生产厂】[冀]河北威远生物化工股份有限公司〈P1622〉;华北制药集团爱诺有限公司〈P1624〉;邢台化工工贸总公司化工厂〈P1643〉;[苏]南京祥宇农药有限公司〈P1790〉;江苏广丰农药有限公司〈P1807〉;盐城市龙冈农药厂〈P1811〉;扬州市苏灵农药化工有限公司〈P1819〉;江苏东宝农药化工有限公司〈P1815〉;[皖]安徽金泰农药化工有限公司〈P1971〉;安徽华星化工股份有限公司〈P1984〉;安徽省铜陵福成农药有限公司〈P1978〉;安徽省池州新赛德化工有限公司〈P1987〉;[闽]福建省泉州德盛农药有限公司〈P1998〉;[鲁]山东省青岛海利尔药业有限公司〈P2047〉;山东泗水丰田农药有限公司〈P2133〉;[豫]河南省夏邑县华泰化工有限公司〈P2225〉;[湘]湖南省新晃县化学总厂〈P2257〉

阿维·嗪磷乳油 E06027595
Abamectin + Diazinon, E. C.
用于防治鳞翅目害虫
【生产厂】[苏]江苏丰山集团有限公司〈P1807〉

阿维·哒可湿性粉剂 E06027599
Abamectin + Pyridaben, W. P.
【生产厂】[皖]安徽金泰农药化工有限公司〈P1971〉;[鲁]淄博绿晶农药有限公司〈P2065〉

辛·唑磷乳油 E06027601
Triazophos + Phoxim, E. C.
可广泛用于水稻、棉花、蔬菜等作物上防治多种害虫
【生产厂】[苏]南京祥宇农药有限公司〈P1790〉;江苏金凤凰农化有限公司〈P1859〉;溧阳市新球农药化工有限公司〈P1864〉;宜兴兴农化工制品有限公司〈P1888〉;[皖]安徽省铜陵福成农药有限公司〈P1978〉;安徽省池州新赛德化工有限公司〈P1987〉;[鲁]山东省淄博市淄川黉阳农药有限公司(500吨)〈P2054〉;淄博丰登农药化工有限公司〈P2059〉;青岛东生药业有限公司〈P2034〉;[豫]河南银田精细化工有限公司〈P2202〉;[桂]广西金燕子农药有限公司〈P2301〉

仲·唑磷乳油;三唑威乳油 E06027611
Fenobucarb + Triazophos, E. C.
用于防治稻飞虱、螟虫、稻蓟马、棉蚜、叶蝉、菜青虫、稻瘿蚊等害虫
【生产厂】[湘]湖南天宇农药化工集团股份有限公司(2000吨)〈P2253〉;[粤]惠州市中迅化工有限公司〈P2278〉

甲硫·硫可湿性粉剂;菌必治;甲·硫可湿性粉剂 E06027621

E

Thiophanate-methyl + Salfur, W. P.
属高效、低毒、广谱性内吸杀菌剂，内吸渗透性强，能有效地防治果树、麦类及棉花、蔬菜等作物病害
【生产厂】[赣]海利贵溪化工农药有限公司〈P2013〉

甲硫·硫悬浮剂 E06027625
Thiophanate-methyl + Salfur, suspension
可用于防治黄瓜炭疽病
【生产厂】[鲁]山东省青州市农药厂〈P2098〉

吡·唑磷乳油；无敌 E06027631
Imidacloprid + Triazophos, E. C.
属广谱、高效杀虫剂，适用于水稻、小麦、茶叶、大豆、果树等
【生产厂】[苏]江苏省苏科农化有限责任公司〈P1781〉；南京博臣农化有限公司〈P1782〉

敌·唑磷乳油；螟虫清 E06027641
Trichlorfon + Triazophos, E. C.
用于防治水稻螟虫，具有强烈的触杀和胃毒作用
【生产厂】[苏]江苏嘉隆化工有限公司〈P1792〉；沭阳县淮沭农药厂〈P1804〉；扬州市苏灵农药化工有限公司〈P1819〉；[皖]安徽省池州新赛德化工有限公司〈P1987〉

乐·唑磷乳油 E06027671
Dimethoate + Triazophos, E. C.
用于防治螟虫，也可防治鳞翅目其他害虫和各种蚜虫、螨虫等
【生产厂】[苏]江苏丰山集团有限公司〈P1807〉

40%杀扑·氧乐乳油；乐蚧松 E06027901
Methidathion + Omethoate, E. C. (40%)
是一种高效、广谱性有机磷杀虫剂，尤其对蚧壳虫有特效
【生产厂】[沪]上海威敌生化(南昌)有限公司〈P1769〉；[粤]惠州市中迅化工有限公司〈P2278〉

哒·氧乐乳油 E06027971
Pyridaben + Omethoate, E. C.
【生产厂】[冀]河北世纪农药有限公司〈P1666〉；[苏]连云港立本农药化工有限公司〈P1798〉；江苏克胜集团股份有限公司〈P1808〉；[豫]开封市豫农夫化工有限公司〈P2178〉

2甲钠·灭松水剂 E06028021
MCPA-Na + Bentazone, aqueous solusion
【生产厂】[鲁]山东京博农化有限公司(90吨)〈P2155〉

2甲·麦草水剂 E06028031
2,4-MCPA + Dicamba, aqueous solution
【生产厂】[豫]河南永信生物农药股份有限公司〈P2194〉

2甲钠·草甘可溶性粉剂；旱地净 E06028051
MCPA-Na + Glyphosate, soluble powder
主要用于柑橘园、苹果园、田埂、公路铁路沿线、排灌沟渠、飞机场、油库及工厂空地等一年及多年生杂草防治
【生产厂】[豫]河南金田地农化有限公司〈P2165〉

2甲·氯氟吡可湿性粉剂 E06028071
2,4-MCPA + Fluroxypyr-methyl, W. P.
【生产厂】[渝]重庆双丰农药有限公司〈P2307〉

噻·异可湿性粉剂；灭虱灵 E06028101
Buprofezin + Isoprocarb, W. P.
对稻飞虱和稻叶蝉具有击倒快、防效好、残效长的特点
【生产厂】[苏]江苏金凤凰农化有限公司〈P1859〉；江苏广丰农药有限公司〈P1807〉；江都市宙龙集团公司〈P1815〉；江苏粮满仓农化有限公司〈P1816〉；[皖]安徽省铜陵福成农药有限公司〈P1978〉；[湘]湘潭市昭山农药厂〈P2252〉；[粤]惠州市中迅化工有限公司〈P2278〉

噻·异乳油 E06028121
Buprofezin + Isoprocarb, E. C.
用于防治水稻飞虱等同翅目害虫
【生产厂】[赣]江西农大锐特化工科技有限公司〈P2009〉；[湘]湖南省海洋生物工程有限公司〈P2250〉；湘潭市昭山农药厂〈P2252〉

25%噻·仲乳油；25%速扑灵乳油 E06028131
Buprofenzin + Fenobucarb, E. C. (25%)
有触杀和胃毒作用，在水稻植株上有一定的内吸传导作用，对水稻飞虱的防治具有特效、速效，对飞虱天敌安全
【生产厂】[浙]海盐博大精细化工有限公司〈P1940〉

噻·氧乐乳油 E06028151
Buprofenzin + Omethoate, E. C.
【生产厂】[苏]宜兴兴农化工制品有限公司〈P1888〉

噻·唑磷乳油 E06028161
Buprofenzin + Triazophos, E. C.
【生产厂】[鲁]山东省金农生物化工有限责任公司(400吨)〈P2160〉

杀扑·毒乳油 E06028181
Methidathion + Chlorpyrifos, E. C.
用作果树杀虫剂
【生产厂】[闽]福建省闽侯东亚化工有限公司(300吨)〈P1988〉

噻·杀扑乳油；农蚧乐 E06028191
Buprofenzin + Methidathion, E. C.
是一种广谱的有机磷杀蚧、杀虫剂，可用于防治柑橘、苹果等果树褐园蚧、红蜡蚧、黑刺粉虱等害虫
【生产厂】[苏]宜兴兴农化工制品有限公司〈P1888〉；[闽]福建省闽侯东亚化工有限公司(300吨)〈P1988〉；[鲁]威海市农药厂〈P2125〉

滴丁·辛酰溴乳油 E06028201
2,4-D Butyl ester + Bromoxynil octanoate, E. C.
是一种高效触杀型的茎叶除草剂，不受土壤湿度限制，无土壤残留，不影响后茬轮作
【生产厂】[皖]安徽华星化工股份有限公司〈P1984〉；[鲁]山东胜邦绿野化学有限公司(600吨)〈P2029〉；[豫]沙隆达郑州农药有限公司〈P2168〉

60% 滴丁・嗪・乙乳油 E06028281

2,4-D Butyl ester + Metribuzin + Acetochlor, E. C. (60%)

主要用于防除春玉米和春大豆的一年生杂草

【生产厂】[黑]黑龙江省哈尔滨市益农生化制品开发有限公司〈P1721〉; [鲁]山东胜邦绿野化学有限公司(1000 吨)〈P2029〉

精噁禾・解草唑乳油 E06028301

Fenoxaprop-ethyl + Fenchlorazole, E. C.

属选择性、内吸传导型小麦田苗后茎叶除草剂,杀草谱广,对大多数一年生和多年生禾本科杂草有很好的防治效果

【生产厂】[皖]安徽华星化工股份有限公司〈P1984〉

精噁禾・解草唑水乳剂 E06028351

Fenoxaprop-ethyl + Fenchlorazole, aqueous emulsion

是内吸选择性苗后除草剂,用于小麦田防除禾本科杂草,具有杀草谱广,使用适期宽、杀草效果高等特点

【生产厂】[皖]安徽华星化工股份有限公司〈P1984〉

毒・唑磷乳油 E06028411

Chlorpyrifos + Triazophos, E. C.

可有效防治水稻二化螟、三化螟、稻水象甲、稻瘿蚊和棉红铃虫等害虫

【生产厂】[浙]浙江新农化工股份有限公司〈P1970〉; [皖]安徽省池州新赛德化工有限公司〈P1987〉; [闽]福建省建瓯福农化工有限公司〈P2003〉; [鲁]山东华阳科技股份有限公司〈P2135〉; [桂]广西金燕子农药有限公司〈P2301〉

氯・唑磷乳油 E06028451

Cypermethrin + Triazophos, E. C.

用于防治棉花棉铃虫

【生产厂】[鄂]沙隆达集团公司〈P2240〉; [粤]惠州市中迅化工有限公司〈P2278〉

丁硫・马乳油 E06028481

Carbosulfan + Malathion, E. C.

【生产厂】[鲁]山东省青岛奥迪斯生物科技有限公司〈P2047〉; 山东省青岛海利尔药业有限公司〈P2047〉

矮・甲哌水剂 E06028621

Chlormequat + Mepiquat, aqueous solution

【生产厂】[冀]河北新丰农药化工股份有限公司〈P1640〉; [鲁]山东京蓬生物药业股份有限公司〈P2113〉; [豫]博爱惠丰生化农药有限公司〈P2192〉

甲磺・氯磺可湿性粉剂 E06029041

Methsulfuro*n*-methyl + Chlorsulfuron, W. P.

【生产厂】[苏]江苏省苏科农化有限责任公司〈P1781〉; 江苏省激素研究所有限公司〈P1860〉; 江苏溧化化学有限公司〈P1859〉

苏・灭可湿性粉剂 E06029301

Bacillus thuringiensis + Methomyl, W. P.

用于防治甘蓝等十字花科蔬菜上的小菜蛾、菜青虫;蔬菜上的豆野螟、斜纹夜蛾、蚜虫等

【生产厂】[鄂]武汉科诺生物农药有限公司〈P2231〉

井冈霉素 E07000100

Validamycin; Jinggangmycin; Validamycin A [37248-47-8]

主治水稻、三麦纹枯病,玉米大斑病,蔬菜立枯病、白粉病,人参立枯病

【生产厂】[苏]江苏绿丰生物药业有限公司〈P1808〉; [鲁]济宁市通达化工厂(150 吨)〈P2128〉; [鄂]湖北友芝友生物科技有限公司〈P2228〉; [湘]湖南天宇农药化工集团股份有限公司〈P2253〉

【使用厂】[苏]东台市笑特生物化学有限公司〈P1806〉; 江苏粮满仓农化有限公司〈P1816〉; 江苏省南通地旺农药化工有限公司〈P1831〉; 南京祥宇农药有限公司〈P1790〉; 溧阳市新球农药化工有限公司〈P1864〉; 江苏太湖地区农科所苏州农药实验厂〈P1894〉; 江苏省苏科农化有限责任公司〈P1781〉; 江苏嘉隆化工有限公司〈P1792〉; 江苏灶星农化有限公司〈P1809〉; 太仓市农药厂有限公司〈P1908〉; 南通利华农化有限公司〈P1834〉; 徐州市临黄农药厂〈P1795〉; 宜兴兴农化工制品有限公司〈P1888〉; 宜兴市益农化工厂〈P1887〉; 江苏金凤凰农化有限公司〈P1859〉; 江苏溧化化学有限公司〈P1859〉; 江苏省昆山市鼎烽农药有限公司〈P1894〉; 扬州市苏灵农药化工有限公司〈P1819〉; 江苏东宝农药化工有限公司〈P1815〉; 如皋市农药化工厂〈P1838〉; [鲁]山东省淄博市淄川黉阳农药有限公司〈P2054〉; 山东省烟台科达化工有限公司〈P2115〉; 威海市农药厂〈P2125〉; 山东泗水丰田农药有限公司〈P2133〉; [渝]重庆永川农药厂〈P2308〉

井冈霉素水剂 E07000110

Validamycin aqueous solution

用于防治水稻纹枯病

【生产厂】[苏]江苏金凤凰农化有限公司〈P1859〉; 无锡市玉祁生物有限公司〈P1881〉; 江苏省国营昆山生物化学厂(2600 吨)〈P1894〉; 东台市笑特生物化学有限公司〈P1806〉; [豫]河南省夏邑县华泰化工有限公司〈P2225〉

井冈霉素粉剂 E07000111

Validamycin powder

用于防治水稻纹枯病

【生产厂】[苏]无锡市玉祁生物有限公司〈P1881〉; 东台市笑特生物化学有限公司〈P1806〉; [豫]河南省夏邑县华泰化工有限公司〈P2225〉; [鄂]武汉科诺生物农药有限公司〈P2231〉; [川]成都宇辰农药有限责任公司〈P2317〉

春雷霉素 E07000500

Kasugamycin [19408-46-9]

农用杀菌剂,对水稻上的稻瘟病有优异防效

【生产厂】[冀]华北制药华胜有限公司〈P1624〉

苏云金杆菌;7216 杀虫菌;BT 生物农药 E07000801

Bacillus thuringiensis [68038-71-1]

属微生物杀虫剂,可用于农业和林业,对鳞翅目害虫和松毛虫有良好的防治效果

【生产厂】[苏]南京仁信化工有限公司〈P1788〉; [闽]福建浦城绿安生物农药有限公司(500 吨)〈P2003〉; [鲁]山东省金农生物化工有限责任公司(1000 吨)〈P2160〉; [豫]博爱县化学农药厂(100 吨)〈P2192〉; [鄂]湖北友芝友生物科技有限公司〈P2228〉

【使用厂】[苏]江苏东宝农药化工有限公司〈P1815〉; [闽]厦门市绿地康生物工程有限公司〈P1993〉; [鲁]山东鲁抗生物农药有限责任公司〈P2145〉; 山东省青岛海利尔药业有限公司〈P2047〉

苏云金杆菌悬浮剂 E07000811

Bacillus thuringiensis suspension [68038-71-1]

为无公害生物杀虫剂，主要用于防治粮、棉、苹果等作物的鳞翅目害虫

【生产厂】[黑]佳木斯兴宇生物技术开发有限公司〈P1725〉；[鲁]山东鲁抗生物农药有限责任公司〈P2145〉；山东省青岛奥迪斯生物科技有限公司〈P2047〉；山东省青岛海利尔药业有限公司〈P2047〉；[鄂]武汉科诺生物农药有限公司〈P2231〉

苏云金杆菌可湿性粉剂；强敌-315 E07000851

Bacillus thuringiensis W.P.

用于防治甜菜夜蛾、小菜蛾等虫害

【生产厂】[沪]上海威敌生化(南昌)有限公司〈P1769〉；[苏]宜兴兴农化工制品有限公司〈P1888〉；[闽]福建浦城绿安生物农药有限公司(2000 吨)〈P2003〉；[鲁]山东省济南天邦化工有限公司〈P2030〉；山东恒利达化学品公司〈P2028〉；山东鲁抗生物农药有限责任公司〈P2145〉；山东东泰农化有限公司(70 吨)〈P2152〉；东方润博农化(山东)有限公司〈P2089〉；山东省青岛奥迪斯生物科技有限公司〈P2047〉；山东省青岛海利尔药业有限公司〈P2047〉；山东省青岛好利特生物农药有限公司〈P2048〉；青岛东生药业有限公司〈P2034〉；[豫]圣丰科技(河南)有限公司〈P2168〉；河南开封田威生物化学有限公司〈P2176〉

核苷类抗生素；农抗 120(水剂) E07001111

Antibiotics of nucleotide

对各种植物真菌性病害有显著防治效果

【生产厂】[苏]江苏金凤凰农化有限公司〈P1859〉；[鄂]武汉科诺生物农药有限公司〈P2231〉；[粤]广东琪田农药化工有限公司〈P2295〉

多抗霉素可湿性粉剂；农抗 4896 可湿性粉剂 E07001201

Polyoxin W.P. [1066-17-7]

农用抗生素、杀菌剂

【生产厂】[苏]南通丸宏农用化工有限公司〈P1835〉；[鲁]山东鲁抗生物农药有限责任公司〈P2145〉

多抗霉素 E07001251

Polyoxin; Piomycin [1066-17-7]

对小麦白粉病、黄瓜霜霉病、水稻纹枯病、苹果早期落叶病等多种真菌性病害具有良好的防治效果

【生产厂】[鲁]山东鲁抗生物农药有限责任公司〈P2145〉；[豫]圣丰科技(河南)有限公司〈P2168〉

浏阳霉素乳油 E07001402

Liuyangmycin, E.C.

用于防治农作物的各种螨类，还可兼治棉蚜、校桃蚜等，触杀性强，高效低毒

【生产厂】[鲁]嘉祥县华星生物化学有限公司(500 吨)〈P2129〉

赤霉素 A3(九二0)粉剂 E07001601

Gibberellins A3 powder [77-06-5]

能刺激果实生长，提高结实率，对水稻、棉花、蔬菜、瓜果、绿肥等有显著的增产效果

【生产厂】[苏]江苏丰源生物化工有限公司〈P1807〉；[浙]升华集团控股有限公司〈P1946〉

赤霉素结晶品 E07001602

Gibberellins crystal [77-06-5]

【生产厂】[鲁]山东鲁抗生物农药有限责任公司〈P2145〉

多杀菌素 E07002201

Spinosad

属生物源杀虫剂，可用于防治蔬菜、棉花上的小菜蛾、甜菜夜蛾及蓟马等害虫

【生产厂】[鲁]山东鲁抗生物农药有限责任公司〈P2145〉

松脂酸钠可溶性粉剂；融杀蚧螨粉剂 E07002501

Sodium resinate S.P.

果树专用杀虫剂

【生产厂】[豫]河南省夏邑县华泰化工有限公司〈P2225〉

马杜拉霉素；克球皇；马杜霉素铵；杜球 E07002801

Madubamycin ammonium

用于鸡球虫病的防治

【生产厂】[浙]升华集团控股有限公司〈P1946〉；[豫]濮阳泓天威药业有限公司(1 万吨)〈P2213〉

烟碱微乳剂 E07003001

Nicotine tiny-emulsion

纯生物杀虫剂，适用于果、茶、菜、水稻作物

【生产厂】[鲁]山东京蓬生物药业股份有限公司(2000 吨)〈P2113〉

高分子聚合物
F01000000 ~ F05501011

合成树脂;塑料树脂及共聚物 F01000000
Synthetic resin
性能优良,往往有独特的物理、化学和电性能,广泛用于制造塑料、合成纤维、涂料、黏合剂、绝缘材料等
【生产厂】[苏]常州市卫星塑料厂〈P1854〉;[鲁]中国石化集团青岛石油化工有限责任公司〈P2048〉;[豫]中国石化中原石油化工有限责任公司(15 万吨)〈P2216〉;中国石化集团公司中原石化公司〈P2216〉;[湘]中国石化长岭炼油化工有限责任公司〈P2254〉;[粤]南海松岗广利树脂化工厂〈P2292〉;广东粤港大地制漆有限公司〈P2291〉;佛山市高明同德化工有限公司〈P2287〉;江门市制漆厂有限公司(4 万吨)〈P2286〉;[新]中国石油天然气股份有限公司独山子石化分公司〈P2365〉
【使用厂】[沪]上海大邦化工防腐有限公司〈P1730〉;[闽]福建省龙岩市豪迪化工有限公司〈P2005〉;[赣]江西省励远化工科技实业公司〈P2009〉;[鲁]山东奔腾漆业有限公司〈P2130〉;[豫]郑州金岭化工有限公司〈P2171〉

低密度聚乙烯;高压聚乙烯;LDPE F01010101
LDPE;Polyethylene,low density [9002-88-4]
用于制作农用、食品及工业包装用薄膜,电线电缆包覆及涂层,合成纸张等
【生产厂】[沪]上海金菲石油化工有限公司〈P1744〉;[苏]中国石化扬子石油化工股份有限公司〈P1792〉;常州光明塑料有限公司〈P1847〉;苏州市众山塑料有限公司〈P1906〉;徐州市诗阳塑胶有限公司〈P1796〉;[浙]宁波华旭化学有限公司(1 万吨)〈P1931〉;[鲁]中国石油化工股份有限公司齐鲁石化股份公司(14 万吨)〈P2057〉;[粤]中海壳牌石油化工有限公司(25 万吨)〈P2278〉;[新]中国石油天然气股份有限公司独山子石化分公司(12 万吨)〈P2365〉
【使用厂】[京]北京化工大学精细化工厂〈P1550〉;[津]天津市光大冰峰化工有限公司〈P1587〉;[冀]河间华天橡塑有限公司〈P1655〉;[黑]黑化集团红岸塑料制品有限责任公司〈P1722〉;[沪]上海华溢塑料助剂合作公司〈P1740〉;中国石化上海石油化工股份有限公司〈P1780〉;[浙]杭州海峰塑料有限公司〈P1917〉;[皖]宿州市恒昌塑胶有限公司〈P1984〉;[鲁]文登市第二橡胶厂〈P2126〉;烟台镇泰滚塑厂〈P2120〉;青岛宏达塑胶总公司〈P2037〉;山东春潮色母料有限公司〈P2135〉;威海武岭爆破器材有限公司〈P2126〉;淄博三鹏化工有限责任公司〈P2066〉;北京化工大学乳山联营化工厂〈P2121〉;龙口市龙丹塑料有限公司〈P2111〉;[豫]鹤壁市化工四厂〈P2199〉

线型低密度聚乙烯树脂;线型聚乙烯;LLDPE F01010201
Linear low density polyethylene resin [9002-88-4]
用于制作滚塑制品
【生产厂】[苏]苏州市众山塑料有限公司〈P1906〉;[鲁]中国石油化工股份有限公司齐鲁石化股份公司(14 万吨)〈P2057〉;[豫]中国石化中原石油化工有限责任公司(20 万吨)〈P2216〉;中国石化集团公司中原石化公司〈P2216〉
【使用厂】[皖]宿州市恒昌塑胶有限公司〈P1984〉;[鲁]海阳市正丰塑料制品有限责任公司〈P2108〉;烟台佳信塑料化工有限公司〈P2117〉;青岛宏达塑胶总公司〈P2037〉;文登飞联塑料制品有限公司〈P2126〉

高密度聚乙烯;低压聚乙烯;HDPE F01011001
HDPE;Polyethylene,high density [9002-88-4]
用作吹塑、注塑、挤塑成型制品的原料
【生产厂】[京]北京东方石油化工有限公司助剂二厂〈P1546〉;[辽]辽阳石化公司烯烃厂(4 万吨)〈P1710〉;[沪]上海金菲石油化工有限公司〈P1744〉;[苏]中国石化扬子石油化工股份有限公司〈P1792〉;苏州市众山塑料有限公司〈P1906〉;徐州市诗阳塑胶有限公司〈P1796〉;[鲁]中国石油化工股份有限公司齐鲁石化股份公司〈P2057〉;[豫]中国石化中原石油化工有限责任公司(1 万吨)〈P2216〉;[川]成都正光科技股份有限公司〈P2317〉;[新]中国石油天然气股份有限公司独山子石化分公司(12 万吨)〈P2365〉
【使用厂】[冀]河北盛华化工有限公司〈P1650〉;[辽]丹东德成化工有限公司〈P1699〉;[苏]扬州科宇化工有限公司〈P1818〉;[皖]宿州市恒昌塑胶有限公司〈P1984〉;[鲁]青岛海晶化工集团有限公司〈P2035〉;海阳市正丰塑料制品有限责任公司〈P2108〉;烟台佳信塑料化工有限公司〈P2117〉;聊城佳恒化工有限公司〈P2152〉;潍坊亚东化工塑胶有限公司〈P2106〉;东营市恒益化工有限责任公司〈P2082〉;淄博市临淄同康塑料制品有限公司〈P2069〉;[豫]河南省濮阳市氯碱厂〈P2213〉

超高分子量聚乙烯;UHMWPE F01011101
Polyethylene,ultra-high molecular weight [9002-88-4]
用于代替钢材,还可用作特种薄膜、大型容器、大型导管、板材和烧结材料等
【生产厂】[京]北京东方石油化工有限公司助剂二厂(1 万吨)〈P1546〉;[苏]江苏文昌电子化工有限公司〈P1842〉;扬中市塑性材料厂〈P1843〉;[川]成都正光科技股份有限公司〈P2317〉

氯化聚乙烯;CPE F01011201
Polyethylene,chlorinated [63231-66-3]
用作聚氯乙烯、ABS 及其他聚烯烃的改性剂
【生产厂】[京]中国蓝星(集团)总公司〈P1568〉;[蒙]内蒙古兰太实业股份有限公司(1 万吨)〈P1681〉;阿拉善达康精细化工股份有限公司〈P1681〉;[辽]辽阳港隆化工有限公司〈P1709〉;丹东德成化工有限公司(2000 吨)〈P1699〉;[苏]太仓塑料助剂厂有限公司(1000 吨)〈P1909〉;东台市九转化工有限公司(1000 吨)〈P1805〉;扬州科宇化工有限公司(3000 吨)〈P1818〉;[浙]浙江省嵊州市恒通化建工贸有限公司(3000 吨)〈P1951〉;[皖]安徽郎溪县新科化工有限公司(6000 吨)〈P1985〉;黄山市润发化工(集团)有限公司〈P1981〉;[赣]江西星火化工厂〈P2012〉;[鲁]淄博张店丽龙化工厂〈P2076〉;淄博市临淄沣田化工有限公司〈P2068〉;淄博济维泽化工有限公司(2 万吨)〈P2063〉;东营市恒益化工有限责任公司(500 吨)〈P2082〉;东营旭业化工有限公司(1 万吨)〈P2083〉;亚星化学股份有限公司(7 万吨)〈P2107〉;潍坊鑫达化工有限公司(1 万吨)〈P2106〉;潍坊福桥化工有限公司(3000 吨)〈P2101〉;潍坊金山化工有限公司(5000 吨)〈P2103〉;山东临朐利尔杰塑化有限公司(4500 吨)〈P2096〉;山东省临朐县发达塑胶有限责任公司(5000 吨)〈P2097〉;潍坊高信化工科技有限公司(1 万吨)〈P2101〉;威海金泓化工集团有限公司(2 万

吨)〈P2124〉;山东省航天发泡剂总厂(1 万吨)〈P2123〉;青岛海晶化工集团有限公司(2 万吨)〈P2035〉;青岛海湾集团有限公司(2 万吨)〈P2036〉;青岛三凯化工有限公司(5 万吨)〈P2041〉;日照市三星化工有限公司(500 吨)〈P2139〉;[豫]巩义市华美颜料化工有限公司〈P2163〉;河南省濮阳市氯碱厂(1000 吨)〈P2213〉;濮阳县大丰化工有限公司〈P2216〉;洛阳市美乐染化有限公司(1000 吨)〈P2185〉;[粤]佛山市华昊化工有限公司电化厂(1500 吨)〈P2287〉;[甘]甘肃国翔化工实业有限责任公司(6000 吨)〈P2355〉

【使用厂】[沪]上海百盛橡胶制品有限公司〈P1728〉;[鲁]青州市化纤厂〈P2092〉;胜利油田大明新型建筑防水材料有限责任公司〈P2087〉;荣成市劳保福利橡塑厂〈P2122〉;[陕]西安鹰球橡塑有限公司〈P2350〉

氯化聚乙烯 135A;CPE135A;抗冲改性氯化聚乙烯　F01011211

Chlorinated polyethylene 135A

用于高抗冲塑料型材、电缆护套

【生产厂】[沪]上海华溢塑料助剂合作公司〈P1740〉;[鲁]淄博华星助剂有限公司〈P2062〉;淄博永嘉化工有限公司〈P2075〉

高氯化聚乙烯;HCPE　F01011231

Polyethylene, highchlorinated

可用于生产 UPVC 黏合剂、各种型材及管材的防漏剂、防腐防锈油漆、涂料等

【生产厂】[冀]河北省石家庄捷佳达化工有限公司〈P1621〉;[浙]杭州萧山前进化工有限公司(3000 吨)〈P1923〉;[鲁]潍坊金山化工有限公司(2000 吨)〈P2103〉;青州市诺森新型材料厂(2000 吨)〈P2093〉;山东临朐利尔杰塑化有限公司(300 吨)〈P2096〉;山东省临朐县发达塑胶有限责任公司(1000 吨)〈P2097〉;潍坊高信化工科技有限公司(5000 吨)〈P2101〉;[豫]濮阳市卡博特化工有限公司(2000 吨)〈P2214〉;濮阳市顺昌日用化工有限公司(500 吨)〈P2215〉;濮阳市诚惠化工有限公司〈P2213〉;濮阳县大丰化工有限公司(2000 吨)〈P2216〉;[鄂]武汉现代工业技术研究院〈P2234〉;[甘]甘肃国翔化工实业有限责任公司(1000 吨)〈P2355〉

【使用厂】[鲁]胜利油田海发环保化工有限责任公司〈P2087〉

乙烯-醋酸乙烯共聚物;EVA;VAE　F01011301

Ethylene-vinyl acetate copolymer; EVA [24937-78-8]

用作各种薄膜、发泡制品、热熔胶和聚合物改性剂

【生产厂】[鲁]济南田园塑胶助剂有限公司(600 吨)〈P2026〉

【使用厂】[沪]上海吉安化工有限公司〈P1742〉;[闽]泉州匹克鞋材有限公司〈P2000〉;[鲁]青岛宏达塑胶总公司〈P2037〉;山东久隆高分子材料有限公司〈P2028〉;[粤]广州市金珠江化学有限公司〈P2265〉

乙烯-醋酸乙烯共聚乳液;EVA 乳液;VAE 乳液　F01011302

Ethylene-vinyl acetate copolymer, emulsion [24937-78-8]

主要用于制备涂料、黏合剂

【生产厂】[京]北京东方石油化工有限公司有机化工厂(5 万吨)〈P1546〉;北京兴有化工有限责任公司(7000 吨)〈P1564〉;北京科林华工贸有限公司〈P1554〉;[沪]上海昭和高分子有限公司〈P1777〉;[桂]广西维尼纶集团有限责任公司〈P2302〉

【使用厂】[沪]上海汇丽集团有限公司〈P1741〉

乙烯-醋酸乙烯共聚树脂粉末;EVA 粉末　F01011303

Ethylene-vinyl acetate copolymer, powder [24937-78-8]

用于薄膜、注塑制品、热熔胶、电线电缆等生产

【生产厂】[京]北京东方石油化工有限公司有机化工厂(4 万吨)〈P1546〉

TPR 粒料　F01011311

TPR Granular

用于各类鞋用大底

【生产厂】[鲁]淄博飞亚达塑化有限公司〈P2059〉;[豫]巩义市强力塑料制品厂〈P2163〉

乙烯-醋酸乙烯-丙烯酸酯共聚乳液;VAE-A 乳液　F01011321

Ethylene-vinyl acetate-acrylate copolymer, emulsion

【生产厂】[粤]江门市新会长河化工(集团)实业有限公司〈P2285〉

聚醋酸乙烯酯;PVAc　F01011401

Polyvinyl acetate; PVAc [9003-20-7]

用作聚乙烯醇、醋酸乙烯-氯乙烯共聚物、醋酸乙烯-乙烯共聚物的原料,也用于制备涂料、黏合剂等

【生产厂】[苏]无锡锡成油脂化工有限公司(3000 吨)〈P1882〉;[粤]广州南方树脂有限公司〈P2263〉

【使用厂】[豫]河南中原防火材料有限公司〈P2168〉

聚乙烯蜡;低分子量聚乙烯;PE 蜡　F01011601

Polyethylene wax [9002-88-4]

用于塑料、电缆料、油墨加工助剂

【生产厂】[京]北京东方石油化工有限公司助剂二厂〈P1546〉;[津]天津市泰安化工有限公司(450 吨)〈P1602〉;[冀]河北省阜城县码头镇司庄蜡厂〈P1664〉;河北沧州金祥蜡业有限公司〈P1654〉;廊坊龙翼精细化工有限公司〈P1660〉;[辽]抚顺市通源科技开发研究所〈P1698〉;[沪]上海华溢塑料助剂合作公司(2000 吨)〈P1740〉;上海金山星星塑料有限公司(1500 吨)〈P1745〉;[苏]南京扬子石化精细化工有限责任公司〈P1791〉;常州可赛成功塑胶材料有限公司〈P1848〉;无锡市佳盛高新改性材料有限公司〈P1877〉;江阴市顾山东风合成化工有限公司(700 吨)〈P1869〉;常熟市杰扬塑料助剂厂〈P1890〉;[闽]福州冠通化工有限公司〈P1989〉;[鲁]济南田园塑胶助剂有限公司(80 吨)〈P2026〉;北京化工大学乳山联营化工厂(1000 吨)〈P2121〉;龙口市华瑞新材料科技有限公司〈P2111〉;青岛中塑经济发展有限公司〈P2047〉;山东鲁燕色母粒有限公司(1000 吨)〈P2136〉;[粤]东莞天傲化工有限公司〈P2281〉;[川]成都同力助剂有限公司〈P2316〉

微粉化聚乙烯蜡　F01011611

Polyethylene wax, fine powder

是高档油墨及水墨的加工助剂,可提高产品表面滑度、硬度,改善耐磨、耐刮损性,不需研磨

【生产厂】[津]天津阿托兹精细化工有限公司(2000 吨)〈P1570〉;[鲁]北京化工大学乳山联营化工厂(200 吨)〈P2121〉;龙口市华瑞新材料科技有限公司〈P2111〉;[粤]广州慧达精细化工有限公司〈P2261〉

氧化聚乙烯蜡 F01011631

Oxidized polyethylene wax

可作为PVC、聚烯烃等塑料的性能优良的新型润滑剂，亦可用于纺织柔软剂、车蜡、皮革等制品中

【生产厂】［苏］常熟市杰扬塑料助剂厂〈P1890〉；［闽］福州冠通化工有限公司〈P1989〉；［鲁］淄博市临淄齐泉工贸有限公司〈P2069〉；北京化工大学乳山联营化工厂（500吨）〈P2121〉；龙口市华瑞新材料科技有限公司〈P2111〉；青岛中塑经济发展有限公司〈P2047〉；山东鲁燕色母粒有限公司（800吨）〈P2136〉；［川］成都同力助剂有限公司〈P2316〉

【使用厂】［沪］上海华溢塑料助剂合作公司〈P1740〉；［鲁］青州金水盈化工有限公司〈P2091〉

EVA蜡；乙烯-醋酸乙烯共聚物蜡 F01011651

EVA Wax

在塑料加工中可以起到润滑、光亮、分散作用，还可以改善塑料制品的印刷性能，提高附着力

【生产厂】［苏］江阴市顾山东风合成化工有限公司〈P1869〉；［鲁］青岛中塑经济发展有限公司〈P2047〉；［川］成都同力助剂有限公司〈P2316〉

高密度聚乙烯微晶蜡 F01011671

High density polyethylene microcrystalline wax

【生产厂】［粤］广州慧达精细化工有限公司〈P2261〉

氧化聚乙烯 F01011701

Oxidated polyethylene [25322-68-3]

用作PVC润滑剂、色母粒添加剂、纺织柔软剂、颜料分散剂等

【生产厂】［京］北京化工大学精细化工厂（400吨）〈P1550〉；［沪］上海华溢塑料助剂合作公司（500吨）〈P1740〉；［苏］南京扬子石化精细化工有限责任公司〈P1791〉；江阴市顾山东风合成化工有限公司（100吨）〈P1869〉；［鲁］济南田园塑胶助剂有限公司（1000吨）〈P2026〉

【使用厂】［沪］上海天坛助剂有限公司〈P1767〉

聚醋酸乙烯乳液；PVAc乳液 F01011800

Polyvinyl acetate, emulsion [9003-20-7]

主要用作涂料、胶黏剂、纸张、口香糖基料和织物整理剂，也可用作聚乙烯醇和聚乙烯醇缩醛的原料

【生产厂】［京］北京东方石油化工有限公司有机化工厂（3000吨）〈P1546〉；北京大齐世宝建筑材料有限公司〈P1545〉；［津］天津市光大冰峰化工有限公司（3000吨）〈P1587〉；天津市银河化工厂（1200吨）〈P1611〉；天津市宁河县化工厂（800吨）〈P1599〉；［冀］邯郸市益福隆涂料有限公司〈P1639〉；［苏］丹阳市第三化工厂〈P1840〉；盐城百瑞特精化有限公司〈P1809〉；南通市联邦化工有限公司〈P1835〉；［浙］嘉兴市金利化工有限责任公司〈P1942〉；［闽］燕南精细化工有限公司〈P2002〉；永安市福维精细化工有限公司〈P1996〉；［赣］江西化纤化工有限责任公司（3000吨）〈P2010〉；［鲁］曲阜慧迪化工有限责任公司（2000吨）〈P2130〉；［黔］贵州水晶化工股份有限公司（3万吨）〈P2337〉

【使用厂】［沪］上海东和胶粘剂有限公司〈P1732〉；［粤］江门市制漆厂有限公司〈P2286〉

氯磺化聚乙烯；海伯隆 F01012001

Polyethylene, chlorosulfonated [68037-39-8]

用于电线电缆包层、设备防腐、汽车零部件制造等

【生产厂】［吉］吉化集团吉林市星云工贸有限公司〈P1715〉

【使用厂】［沪］上海汇丽集团有限公司〈P1741〉；［鲁］中国重型汽车集团济南商用车有限公司橡胶密封件厂〈P2031〉；［陕］西安北方惠安精细化工有限公司〈P2347〉；［甘］西北永新化工股份有限公司〈P2356〉

聚乙烯阻燃母粒 F01012201

Polyethylene master batch, flame retarding [9002-88-4]

用于制备各种阻燃制品

【生产厂】［辽］沈阳华昌锑业化工有限公司〈P1685〉

聚乙烯抗静电母料 F01012211

Polyethylene master batch, antistatic

可赋予聚乙烯制件、薄膜以优良的抗静电性能，满足应用中对聚乙烯制品的要求

【生产厂】［浙］杭州临安德昌化学有限公司〈P1920〉

抗静电母粒 F01012221

Master batch, antistatic

适用于各类抗静电塑料制品

【生产厂】［京］北京吉和色母料有限公司〈P1550〉；［辽］大连九如塑料有限公司〈P1692〉；［沪］上海林达塑胶化工有限公司〈P1752〉；［浙］杭州华塑色母有限公司〈P1918〉；上虞市佳华高分子材料有限公司〈P1948〉；［豫］三门峡市恒力合成原料厂（500吨）〈P2222〉

聚乙烯防雾滴防老化功能母料；双防母料 F01012231

Polyethylene master batch, anti-fog and anti-aging

能显著提高塑料大棚膜的防雾滴性能，具有透光率高、保温性能好等特点，是农用大棚膜和暖房薄膜理想的母料

【生产厂】［京］北京市化学工业研究院〈P1560〉；［沪］上海林达塑胶化工有限公司〈P1752〉；［鲁］淄博科飞助剂厂（500吨）〈P2064〉；淄博市临淄齐泉工贸有限公司〈P2069〉；［粤］佛山市城区天奇塑料助剂厂〈P2287〉

聚乙烯泡沫塑料；发泡聚乙烯；EPE F01012401

Polyethylene foam plastic [9002-88-4]

用于床垫、鞋垫、装饰物等的生产

【生产厂】［冀］石家庄啟宏橡塑制品有限公司〈P1628〉；河间市奥龙化工建材有限公司〈P1655〉；廊坊市华能新型建材有限公司〈P1661〉；［沪］上海旭森非卤消烟阻燃剂有限公司〈P1773〉；［浙］杭州海峰塑料有限公司（1500吨）〈P1917〉；浙江绍兴万利发橡塑有限公司〈P1951〉；宁波华旭化学有限公司〈P1931〉

黑色耐侯性高密度聚乙烯绝缘料 F01012601

HDPE Insulating material, black weather-resistant

广泛用于10KV及以下架空电缆或其他类似场合，最高工作温度80℃

【生产厂】［黑］大庆华科股份有限公司〈P1722〉；［鄂］天门阳光新材料技术发展有限公司〈P2246〉

接枝改性线性聚乙烯 F01012801

Graft modified linear polyethylene resin

用于改善某些无机高填充材料与高分子材料的相容性

【生产厂】[辽]沈阳四维高聚物塑胶有限公司〈P1689〉

屏蔽电缆料 F01012901

Shielding cable granular

【生产厂】[豫]新乡市双飞胶粘带有限公司(50 吨)〈P2206〉;[鄂]天门阳光新材料技术发展有限公司〈P2246〉

聚乙烯;PE;聚乙烯树脂 F01019901

Polyethylene [9002-88-4]

可加工制成薄膜、电线电缆护套、管材、各种中空制品、注塑制品、纤维等,广泛用于农业、包装、汽车等行业

【生产厂】[津]中国石油化工股份有限公司天津分公司(12 万吨)〈P1618〉;[辽]中国石油天然气股份有限公司辽阳石化分公司(7 万吨)〈P1712〉;盘锦乙烯工业公司(13 万吨)〈P1707〉;[沪]上海赛科石油化工有限责任公司(60 万吨)〈P1759〉;上海金菲石油化工有限公司(15 万吨)〈P1744〉;[苏]中国石化扬子石油化工股份有限公司〈P1792〉;[鲁]烟台镇泰滚塑厂(2000 吨)〈P2120〉;文登市茼山福利塑料厂(1500 吨)〈P2127〉;[豫]濮阳市帅星化工有限公司(800 吨)〈P2215〉;中国石化集团公司中原石化公司〈P2216〉;[粤]广州金发科技股份有限公司〈P2262〉;中海壳牌石油化工有限公司(80 万吨)〈P2278〉;[新]中国石油天然气股份有限公司独山子石化分公司(22 万吨)〈P2365〉

【使用厂】[津]天津大沽化工厂劳动服务公司〈P1571〉;天津市天塑科技集团有限公司第二塑料制品厂〈P1605〉;[冀]晋州市化肥厂〈P1625〉;邢台市四方塑料有限责任公司〈P1644〉;[晋]天脊集团塑料有限公司〈P1674〉;天脊煤化工集团有限公司〈P1674〉;[辽]丹东德成化工有限公司〈P1699〉;[黑]黑化集团红岸塑料制品有限责任公司〈P1722〉;[沪]上海新上化高分子材料有限公司〈P1772〉;上海方星包装材料有限公司〈P1733〉;上海华宝纤维制品有限公司〈P1738〉;[苏]江都市万和塑粉厂〈P1815〉;东台市九转化工有限公司〈P1805〉;江苏三角洲塑化集团有限公司〈P1894〉;无锡新开河储罐有限公司〈P1882〉;[浙]杭州华塑色母有限公司〈P1918〉;慈溪市伟伟塑料制品有限公司〈P1929〉;[闽]福建石化集团三明化工有限责任公司综合厂〈P1996〉;[鲁]亚星化学股份有限公司〈P2107〉;山东齐鲁华信实业有限公司防腐设备制造分公司〈P2053〉;东营胜邦塑胶有限公司〈P2081〉;威海金和洋塑料制品有限公司〈P2124〉;山东金潮新型建材有限公司〈P2113〉;青岛精盛达橡塑机械有限公司〈P2039〉;山东莱芜塑料制品股份有限公司〈P2141〉;青岛广濑塑料制品有限公司〈P2034〉;青岛宏达塑胶总公司〈P2037〉;华亚(东营)塑胶有限公司〈P2084〉;青岛文武港橡塑有限公司〈P2044〉;潍坊金山化工有限公司〈P2103〉;山东胜利股份有限公司〈P2030〉;山东齐鲁塑编集团股份有限公司〈P2054〉;[豫]三门峡市恒力合成原料厂〈P2222〉;洛阳隆升化工有限公司〈P2182〉;[鄂]京山华贝化工有限责任公司〈P2242〉;[粤]西博尔(中山)有限公司〈P2282〉;佛山市华昊化工有限公司电化厂〈P2287〉;[黔]遵义县磷肥厂〈P2337〉

聚氯乙烯树脂;PVC;PVC 树脂;聚氯乙烯 F01020116

Polyvinyl chloride resin [9002-86-2]

其制品用于轻工、建材、农业、日常生活、包装、电力等各领域

【生产厂】[京]中国蓝星(集团)总公司〈P1568〉;[津]天津大沽化工股份有限公司(15 万吨)〈P1571〉;天津渤海化工有限责任公司天津化工厂(10 万吨)〈P1570〉;[冀]河北新丰农药化工股份有限公司(4 万吨)〈P1640〉;邯郸市良晨树脂有限公司〈P1638〉;河北沧州化工实业集团有限公司(29 万吨)〈P1653〉;唐山氯碱有限责任公司〈P1635〉;河北宝硕股份有限公司〈P1647〉;河北盛华化工有限公司〈P1650〉;[晋]山西榆社化工股份有限公司(15 万吨)〈P1676〉;大同市塑料化工工业集团公司〈P1673〉;[蒙]内蒙古三联化工股份有限公司〈P1681〉;包头明天科技股份有限公司(2 万吨)〈P1681〉;内蒙古临海化工有限责任公司(6 万吨)〈P1683〉;[辽]锦化化工(集团)有限责任公司(13 万吨)〈P1703〉;锦化化工集团氯碱股份有限公司(5 万吨)〈P1703〉;[黑]哈尔滨华尔化工有限公司(3 万吨)〈P1720〉;牡丹江东北高新化工有限责任公司(2 万吨)〈P1723〉;黑龙江黑化集团有限公司〈P1722〉;[沪]上海威呈化工有限公司〈P1769〉;上海氯碱化工股份有限公司(30 万吨)〈P1752〉;[苏]江苏江东化工股份有限公司(14 万吨)〈P1859〉;常州化工厂〈P1847〉;江苏三木集团公司〈P1865〉;苏州华苏塑料有限公司〈P1900〉;江苏金浦北方氯碱化工有限公司(5 万吨)〈P1793〉;南通江山农药化工股份有限公司〈P1833〉;[皖]安徽氯碱化工集团有限责任公司〈P1972〉;[闽]福建省东南电化股份有限公司(11 万吨)〈P1988〉;福建省南平市榕昌化工有限公司(2 万吨)〈P2003〉;[赣]南昌氯碱总厂(1 万吨)〈P2010〉;江西电化高科有限责任公司(6 万吨)〈P2010〉;[鲁]山东德州石油化工总厂(4 万吨)〈P2143〉;中国石油化工股份有限公司齐鲁石化股份公司〈P2057〉;亚星化学股份有限公司(3 万吨)〈P2107〉;山东海化氯碱树脂有限公司(20 万吨)〈P2095〉;青岛海晶化工集团有限公司(10 万吨)〈P2035〉;青岛海湾集团有限公司(16 万吨)〈P2036〉;新汶矿业集团有限责任公司(10 万吨)〈P2139〉;济宁中银电化有限公司(5 万吨)〈P2129〉;山东恒通化工股份有限公司(10 万吨)〈P2149〉;[豫]郑州化工厂(1 万吨)〈P2171〉;新乡正华化工有限责任公司(2 万吨)〈P2207〉;昊华宇航化工有限责任公司(18 万吨)〈P2193〉;河南恒通化工有限公司(6 万吨)〈P2193〉;中国神马集团有限责任公司(8 万吨)〈P2192〉;河南神马氯碱化工股份有限责任公司(10 万吨)〈P2191〉;伊川县群星机电化轻有限公司(800 吨)〈P2190〉;[鄂]湖北宜化集团有限责任公司(5 万吨)〈P2241〉;宜昌山水投资有限公司(2 万吨)〈P2241〉;[桂]南宁化工股份有限公司(6 万吨)〈P2296〉;[川]成都华融化工有限公司(6 万吨)〈P2311〉;四川省金路树脂有限公司(8 万吨)〈P2327〉;宜宾天原股份有限公司(16 万吨)〈P2335〉;[滇]云南盐化股份有限公司〈P2342〉;云南红云氯碱有限公司(2 万吨)〈P2340〉;云天化集团有限责任公司〈P2344〉;[陕]陕西金泰氯碱化工有限公司〈P2353〉;陕西北元化工有限公司〈P2353〉;[甘]甘肃省盐锅峡化工总厂〈P2358〉;[青]青海谦信化工有限责任公司(1 万吨)〈P2359〉;[宁]宁夏金昱元化工集团有限公司(2 万吨)〈P2362〉;[新]新疆中泰化学股份有限公司(14 万吨)〈P2365〉

【使用厂】[津]天津市近代化学厂〈P1596〉;天津市合成材料工业研究所〈P1589〉;天津市第一塑料制品厂〈P1584〉;[冀]邯郸市亚东塑胶有限公司〈P1639〉;[黑]哈尔滨中大化学建材有限公司〈P1721〉;[沪]上海新上化高分子材料有限公司〈P1772〉;上海国成塑料有限公司〈P1735〉;上海达凯塑胶有限公司〈P1730〉;上海汇丽集团有限公司〈P1741〉;[苏]徐州华辰胶带有限公司〈P1795〉;扬州高华化工有限公司〈P1817〉;无锡二橡胶股份有限公司〈P1873〉;无锡市第五橡胶厂〈P1875〉;江苏三角洲塑化集团有限公司〈P1894〉;江苏银杉实业集团有限公司〈P1781〉;[闽]福州燕兰塑胶软管制品有限公司〈P1990〉;福建省宏明塑胶股份有限公司〈P1994〉;漳州市龙海集友塑料有限公司〈P2002〉;[赣]江西光华塑料厂〈P2008〉;江西赣北化工厂〈P2012〉;[鲁]济南化肥厂有限责任公司〈P2022〉;青岛橡六集团有限公司〈P2045〉;临沂市浩源塑业有限公司〈P2148〉;山东大明塑料型材有限公司〈P2084〉;山东华鲁恒升集团有限公司〈P2144〉;山东北方现代化学工业有限公司〈P2027〉;潍坊市大正塑胶有限公司〈P2104〉;青岛精盛达橡塑机械有限公司〈P2039〉;山东

莱芜塑料制品股份有限公司〈P2141〉;潍坊海特塑胶有限公司〈P2102〉;济南方信集团有限公司〈P2021〉;青岛宏达塑胶总公司〈P2037〉;华亚(东营)塑胶有限公司〈P2084〉;山东春潮色母料有限公司〈P2135〉;山东华塑建材有限公司〈P2028〉;潍坊亚东化工塑胶有限公司〈P2106〉;银河德普胶带有限公司〈P2134〉;山东水星橡塑集团有限公司〈P2146〉;潍坊金山化工有限公司〈P2103〉;荣成市劳保福利橡塑厂〈P2122〉;[豫]开封再生胶厂〈P2179〉;洛阳市输送带厂〈P2186〉;河南一通胶带有限公司〈P2181〉;[粤]深圳石化宝狮塑胶有限公司〈P2270〉;[川]泸州火炬化工厂〈P2323〉

聚氯乙烯树脂(微悬浮法) F01020120

Polyvinyl chloride resin, micro-suspension polymerization [9002-86-2]

用于制造人造革、壁纸、塑料地板、浸渍窗纱、浸渍手套、假肢、难燃运输带及无纺地毯等

【生产厂】[津]天津渤天化工有限责任公司(15 万吨)〈P1571〉;[苏]南通江山农药化工股份有限公司〈P1833〉;[鄂]武汉葛化集团有限公司(5 万吨)〈P2229〉;[川]宜宾天原股份有限公司(20 万吨)〈P2335〉;[新]新疆天业股份有限公司(6 万吨)〈P2367〉

聚氯乙烯糊树脂 F01020200

Polyvinyl chloride resin, paste [9002-86-2]

用于制备非发泡人造革底层、人造革及地板表面、帆布浸渍成型、中空成型制品及橡皮擦、瓶盖等

【生产厂】[京]中国蓝星(集团)总公司〈P1568〉;[津]天津渤天化工有限责任公司(5000 吨)〈P1571〉;[辽]沈阳化工股份有限公司(5 万吨)〈P1686〉;[苏]江苏三角洲塑化集团有限公司〈P1894〉;[鄂]武汉葛化集团有限公司(3 万吨)〈P2229〉;[陕]西安昌泰化工厂〈P2347〉

糊状聚氯乙烯树脂(EPVC 型) F01020201

Polyvinyl chloride resin, paste EPVC [9002-86-2]

用于生产人造革、地板革、蓄电池隔板、输送带、绝缘涂料、壁纸、窗纱、瓶盖滴塑、玩具等

【生产厂】[皖]安徽氯碱化工集团有限责任公司〈P1972〉

聚氯乙烯树脂 SG F01020300

Polyvinyl chloride resin SG [9002-86-2]

可用于生产各种高级绝缘材料、农用薄膜、人造革、塑料鞋、硬管、唱片、焊条等

【生产厂】[冀]河北盛华化工有限公司〈P1650〉;[鲁]青岛海晶化工集团有限公司〈P2035〉;[桂]广西柳州东风化工有限责任公司(1 万吨)〈P2297〉

聚氯乙烯树脂 SG-2 F01020302

Polyvinyl chloride resin SG-2 [9002-86-2]

用于制造电绝缘材料、软制品、薄膜、人造革表面膜等

【生产厂】[川]宜宾天原股份有限公司(4 万吨)〈P2335〉

聚氯乙烯树脂 SG-3 F01020303

Polyvinyl chloride resin SG-3 [9002-86-2]

用于电缆电线绝缘层、保护套、氯纶纤维、PVC 软制品等的生产原料

【生产厂】[川]宜宾天原股份有限公司(4 万吨)〈P2335〉

聚氯乙烯树脂 SG-4 F01020304

Polyvinyl chloride resin SG-4 [9002-86-2]

用于生产 PVC 薄膜、软管、鞋料等

【生产厂】[川]宜宾天原股份有限公司(4 万吨)〈P2335〉

聚氯乙烯树脂 SG-5 F01020305

Polyvinyl chloride resin SG-5 [9002-86-2]

用于生产 PVC 硬管、硬片、半硬片、薄膜、型材等

【生产厂】[川]宜宾天原股份有限公司(4 万吨)〈P2335〉

聚氯乙烯树脂 SG-6 F01020306

Polyvinyl chloride resin SG-6 [9002-86-2]

用于生产 PVC 唱片、透明片、硬板、焊条、纤维等主要原材料

【生产厂】[川]宜宾天原股份有限公司(4 万吨)〈P2335〉

聚氯乙烯树脂(食品级) F01021701

Polyvinyl chloride resin, food grade [9002-86-2]

主要用于生产食品包装材料

【生产厂】[沪]上海海宏化工有限公司〈P1735〉;[鲁]青岛海晶化工集团有限公司(16 万吨)〈P2035〉

氯化聚氯乙烯树脂;过氯乙烯树脂;CPVC F01022201

Polyvinyl chloride resin, chlorinated [9002-86-2]

用于生产油漆、纤维、黏合剂、绝缘材料等

【生产厂】[津]天津市汉沽区化工金属熔炼总厂(500 吨)〈P1588〉;天津市汉沽区天海化工有限公司(500 吨)〈P1588〉;[沪]上海氯碱化工股份有限公司〈P1752〉;[浙]杭州萧山前进化工有限公司〈P1923〉;[鲁]淄博市临淄沣田化工有限公司〈P2068〉;东营旭业化工有限公司(5000 吨)〈P2083〉;潍坊亚东化工塑胶有限公司(3000 吨)〈P2106〉;潍坊金山化工有限公司(3000 吨)〈P2103〉;山东省临朐县发达塑胶有限责任公司(3000 吨)〈P2097〉;潍坊高信化工科技有限公司(5000 吨)〈P2101〉;[川]宜宾天原股份有限公司〈P2335〉;[陕]陕西金泰氯碱化工有限公司〈P2353〉

【使用厂】[沪]上海造漆厂〈P1777〉;[鲁]济南泰山金鹏涂料有限公司〈P2025〉;山东梁山蓝天化工有限公司〈P2131〉;莱阳市亚力美涂料有限公司〈P2108〉;潍坊市亚东化工有限公司〈P2105〉;[豫]郑州双塔涂料有限公司〈P2174〉;[陕]西安利澳科技股份有限公司〈P2349〉

氯乙烯-醋酸乙烯共聚树脂;氯-醋共聚树脂;LCM F01022600

Vinyl chloride-vinyl acetate copolymer resin [9003-22-9]

用于制造唱片、高级铺地材料、玩具、抽丝、涂料等

【生产厂】[辽]沈阳化工股份有限公司〈P1686〉;[苏]南通江山农药化工股份有限公司〈P1833〉

氯化乙烯-醋酸乙烯共聚物;氯化 EVA F01022609

Chloridized vinyl-vinyl acetate copolymer [9003-22-9]

广泛应用于高级塑料复合油墨的生产中

【生产厂】[苏]常熟市向阳橡塑助剂有限公司〈P1891〉;[粤]

广州市金珠江化学有限公司(1000 吨)〈P2265〉;东莞市金成化工有限公司〈P2280〉;[甘]甘肃国翔化工实业有限责任公司(600 吨)〈P2355〉

氯乙烯-醋酸乙烯酯共聚乳液;氯-醋共聚乳液　F01022612
Vinyl chloride-vinyl acetate copolymer emulsion
[34149-92-3]
用于纸张涂布
【生产厂】[苏]南通江山农药化工股份有限公司〈P1833〉

氯乙烯-醋酸乙烯酯-马来酸酐共聚树脂;氯-醋-马三元共聚树脂　F01022801
Vinyl chloride-vinyl acetate-maleic anhydride terpolymer resin
用于生产黏结剂、油漆、防护漆等
【生产厂】[苏]南通江山农药化工股份有限公司〈P1833〉

氯醚树脂;氯乙烯-乙烯基异丁醚共聚物　F01023101
Epichlorohydrin resin
可用于制备钢结构漆、轻金属漆、甲板漆、船舶漆、集装箱漆、机械和汽车制造工程漆及建筑防火漆等
【生产厂】[浙]杭州赛乐化工有限公司〈P1922〉

氯偏乳液;氯乙烯-偏氯乙烯共聚物　F01023201
Vinyl chloride-vinylidene chloride copolymer
[9011-06-7]
用于制造纤维、薄膜、涂料等
【生产厂】[苏]南通江山农药化工股份有限公司〈P1833〉;南通瑞普埃尔化学工程有限公司(3000 吨)〈P1834〉;[甘]兰州中顺科工贸集团有限公司〈P2356〉
【使用厂】[鲁]济南槐荫化工总厂〈P2022〉

高聚合度聚氯乙烯树脂;P-2500 热塑弹性体聚氯乙烯树脂　F01023401
Polyvinyl chloride resin, high polymerization degree
用于制造各种高弹鞋粒料及成品、汽车及冰箱密封条、把手、高级电缆护套、医用手套等
【生产厂】[冀]河北盛华化工有限公司〈P1650〉;[辽]锦化化工(集团)有限责任公司〈P1703〉;[苏]南通江山农药化工股份有限公司〈P1833〉;[浙]杭州赛乐化工有限公司〈P1922〉

环保 PVC 塑胶粒　F01023501
PVC Plastic cement granule, environmental protection
用于生产玩具、电线电缆等制品
【生产厂】[苏]宜兴市惠兴塑胶有限公司(3000 吨)〈P1885〉;苏州华苏塑料有限公司〈P1900〉;[豫]洛阳市云鹰塑胶有限公司〈P2187〉;[粤]深圳市志海实业有限公司(2 吨)〈P2273〉

消光聚氯乙烯专用树脂　F01023601
Extinction polyvinyl chloride resin
主要用于生产绝缘电缆护套、电线、电话线、车辆手柄、汽车门窗密封条、高级运动鞋底、弹性包装材料等
【生产厂】[浙]杭州赛乐化工有限公司〈P1922〉

聚氯乙烯阻燃母粒　F01023701
Polyvinyl chloride flame retarding master batch
主要用于生产各类阻燃 PVC 电线、电缆,也可用于生产软质 PVC 阻燃制品
【生产厂】[沪]上海韶松催化剂厂〈P1760〉

聚丙烯(粉状)　F01030117
Polypropylene, powder [9003-07-0]
用于轻工部门生产增强聚丙烯制品
【生产厂】[吉]吉化集团吉林市锦江油化厂(2 万吨)〈P1715〉;[黑]大庆华科股份有限公司〈P1722〉;[鲁]淄博齐泰化工有限公司〈P2065〉;淄博胜宝化工有限公司(4000 吨)〈P2067〉;[湘]岳阳兴长石化股份有限公司(2 万吨)〈P2254〉;[新]新疆独山子天利高新技术股份有限公司(3 万吨)〈P2365〉

聚丙烯(阻燃);阻燃 PP　F01030118
Polypropylene, flame retarding [9003-07-0]
用于生产电器、电讯、灯饰、照明设备及电视机的阻燃零部件
【生产厂】[黑]大庆华科股份有限公司〈P1722〉;[浙]浙江化工科技集团有限公司精细化工厂〈P1927〉;[鲁]文登市燕锦高分子材料有限公司(500 吨)〈P2127〉;[粤]广州金发科技股份有限公司〈P2262〉;广州隽佳塑胶科技有限公司〈P2262〉;中山市新力工程塑料有限公司〈P2284〉

聚丙烯降温母粒　F01030120
Polypropylene cool master batch
用于降低聚丙烯纺丝和塑料制品生产中的加工温度,还可用于聚丙烯吹塑膜、编织袋、单丝、注塑制品的生产
【生产厂】[苏]常州市新府运色母料有限公司〈P1855〉;[鲁]潍坊中业化学有限公司〈P2107〉

改性聚丙烯;改性 PP　F01030123
Polypropylene, modified [9003-07-0]
用于电子、电器、仪表、家电、轻工、化工纺织、汽车机械等
【生产厂】[辽]沈阳四维高聚物塑胶有限公司〈P1689〉;[吉]中国石油吉化集团公司(1000 吨)〈P1717〉;[黑]牡丹江石油化工厂(8000 吨)〈P1723〉;[沪]上海金昌工程塑料有限公司(1 万吨)〈P1744〉;上海杰事杰新材料股份有限公司〈P1743〉;[苏]苏州虹利塑胶有限公司〈P1900〉;[浙]建德市荣盛塑业制造有限公司〈P1926〉;宁波杰事杰工程塑料有限公司(3000 吨)〈P1931〉;[鲁]山东东辰工程塑料有限公司(3000 吨)〈P2028〉;文登市燕锦高分子材料有限公司(2000 吨)〈P2127〉;[粤]广州市洋达工程塑料原料厂〈P2267〉

聚丙烯(抗静电);抗静电 PP　F01030127
Polypropylene, antistatic
适用于绝缘要求高的电器开关、电器零配件等的制造
【生产厂】[沪]上海杰事杰新材料股份有限公司〈P1743〉

增强聚丙烯;RPP;增强 PP　F01030135
Polypropylene, reinforced [9003-07-0]
用于汽车内外饰件、发动机风扇、机械配件、

纺织器材、电子电器零件等

【生产厂】[沪]上海杰事杰新材料股份有限公司〈P1743〉;[苏]南京化研阻燃材料有限公司〈P1785〉;[浙]宁波杰事杰工程塑料有限公司〈P1931〉

聚丙烯;PP;聚丙烯树脂 F01030136

Polypropylene [9003-07-0]

用于注塑成型、挤出成型、制成各种制品及多种纤维、窄带和薄膜等

【生产厂】[京]中国蓝星(集团)总公司〈P1568〉;[冀]石家庄炼油化工股份有限公司(4万吨)〈P1628〉;[辽]中国石油天然气股份有限公司辽阳石化分公司〈P1712〉;辽宁佳兴鸿泰石油化工有限公司〈P1703〉;中国石油天然气股份有限公司大连西太平洋有限公司(8万吨)〈P1695〉;中国石油天然气股份公司锦州石化分公司〈P1702〉;盘锦乙烯工业公司(4万吨)〈P1707〉;[黑]牡丹江石油化工厂(8000吨)〈P1723〉;黑龙江石油化工厂(2000吨)〈P1723〉;[沪]上海赛科石油化工有限责任公司(25万吨)〈P1759〉;[苏]中国石化金陵石化公司炼油厂〈P1792〉;南京金陵塑胶化工有限公司(12万吨)〈P1785〉;中国石化扬子石油化工股份有限公司〈P1792〉;苏州市众山塑料有限公司〈P1906〉;扬州石油化工厂(2万吨)〈P1818〉;[浙]镇海炼化工业贸易总公司〈P1936〉;中国石化镇海炼油化工股份有限公司〈P1936〉;[鲁]中国石油化工股份有限公司济南分公司(10万吨)〈P2031〉;山东恒源石油化工集团有限公司(1万吨)〈P2144〉;中国石油化工股份有限公司齐鲁石化股份公司〈P2057〉;山东富丰化工股份有限公司〈P2052〉;淄博市临淄恒立助剂有限公司(2万吨)〈P2068〉;山东正和集团股份有限公司(6万吨)〈P2087〉;山东华星石油化工集团有限公司(5万吨)〈P2085〉;山东垦利石化有限责任公司(10万吨)〈P2085〉;寿光市天健化工有限公司〈P2100〉;招远市石油化工厂有限公司(1万吨)〈P2121〉;龙口华东气体有限公司(5000吨)〈P2110〉;山东龙口石油化工厂(9000吨)〈P2114〉;中国石化集团青岛石油化工有限责任公司(5000吨)〈P2048〉;山东东明石化集团有限公司(5万吨)〈P2159〉;[豫]中国石化中原石油化工有限责任公司(7万吨)〈P2216〉;中国石化集团公司中原石化公司〈P2216〉;河南南乐天润化工有限公司(500吨)〈P2212〉;洛阳石化聚丙烯有限责任公司(20万吨)〈P2183〉;洛阳石油化工总厂宏达实业总公司宏力化工厂(2万吨)〈P2183〉;偃师万能达塑料有限公司(2000吨)〈P2189〉;河南油田南阳石蜡精细化工厂〈P2223〉;[湘]中国石化长岭炼油化工有限责任公司(2万吨)〈P2254〉;[粤]中海壳牌石油化工有限公司(24万吨)〈P2278〉;[陕]陕西延长石油(集团)有限责任公司延安炼油厂〈P2353〉;[甘]兰州汇丰石化有限公司(3000吨)〈P2355〉;[新]中国石油天然气股份有限公司独山子石化分公司(13万吨)〈P2365〉

【使用厂】[京]北京爱德泰普膜制品厂〈P1543〉;[津]天津大沽化工厂劳动服务公司〈P1571〉;[冀]晋州市化肥厂〈P1625〉;邢台市四方塑料有限责任公司〈P1644〉;[晋]天脊集团塑料有限公司〈P1674〉;天脊煤化工集团有限公司〈P1674〉;[黑]黑化集团红岸塑料制品有限责任公司〈P1722〉;[沪]上海华溢塑料助剂合作公司〈P1740〉;上海泉美包装材料有限公司〈P1758〉;上海石油化工泵有限公司〈P1762〉;上海方星包装材料有限公司〈P1733〉;上海金昌工程塑料有限公司〈P1744〉;上海华宝纤维制品有限公司〈P1738〉;[苏]江苏润丰生化有限公司〈P1793〉;南通星辰合成材料有限公司〈P1836〉;南京苏南化工塑料厂〈P1789〉;南京金陵奥普特高分子材料有限公司〈P1785〉;[浙]余姚正丰化纤有限公司〈P1935〉;宁波杰事杰工程塑料有限公司〈P1931〉;慈溪市伟伟塑料制品有限公司〈P1929〉;慈溪富盛化纤有限公司〈P1929〉;[闽]福建石化集团三明化工有限责任公司综合厂〈P1996〉;厦门佛大工业有限公司〈P1991〉;[鲁]滕州香池化工原料有限公司〈P2080〉;山东齐鲁华信实业有限公司防腐设备制造分公司〈P2053〉;威海金和洋塑料制品有限公司〈P2124〉;青岛精盛达橡塑机械有限公司〈P2039〉;潍坊华光塑胶有限公司〈P2102〉;青岛宏达塑胶总公司〈P2037〉;山东春潮色母料有限公司〈P2135〉;文登市燕锦高分子材料有限公司〈P2127〉;山东齐鲁塑编集团股份有限公司〈P2054〉;[豫]鹤壁市化工四厂〈P2199〉;郑州沃原化工股份有限公司〈P2174〉;河南中科化工有限责任公司〈P2202〉;洛阳市汝化化工有限公司〈P2185〉;河南省孟津县化肥厂〈P2180〉;洛阳隆升化工有限公司〈P2182〉;三门峡思念缓释肥业有限公司〈P2222〉;洛阳石化拉膜厂〈P2183〉;[鄂]京山华贝化工有限责任公司〈P2242〉;[湘]茶陵县氮肥厂〈P2249〉;邵阳三化有限责任公司〈P2253〉;[粤]广州市金珠江化学有限公司〈P2265〉;[黔]遵义县磷肥厂〈P2337〉;[陕]陕西华山化工集团有限公司〈P2352〉;[新]新疆乌拉泊化工厂〈P2364〉

聚丙烯(耐候);耐候PP F01030138

Polypropylene, anti-weathering [9003-07-0]

用于生产空调室外机罩壳、啤酒箱、高速公路遮光板等长期在户外使用的塑料部件

【生产厂】[沪]上海杰事杰新材料股份有限公司〈P1743〉;[粤]中山市新力工程塑料有限公司〈P2284〉

纤维级聚丙烯 F01030142

Polypropylene, fiber grade [9003-07-0]

主要用于各种长、短丙纶纤维的生产

【生产厂】[辽]辽阳石化公司烯烃厂(4万吨)〈P1710〉

聚丙烯(粒料) F01030143

Polypropylene, granular [9003-07-0]

用于生产聚丙烯编织袋、打包袋、注塑制品等

【生产厂】[吉]吉化集团吉林市锦江油化厂(4000吨)〈P1715〉;[新]新疆独山子天利高新技术股份有限公司〈P2365〉

玻璃纤维增强聚丙烯;FRPP F01030144

Polypropylene, glass fiber reinforced [9003-07-0]

用于电冰箱、空调、电视、机械等工业部门制造各种零部件

【生产厂】[黑]大庆华科股份有限公司〈P1722〉;[沪]上海杰事杰新材料股份有限公司〈P1743〉;[苏]江苏省扬中市通宇氟塑制品有限公司〈P1842〉;[鲁]文登市燕锦高分子材料有限公司(1500吨)〈P2127〉;[粤]江门江盈化工有限公司〈P2285〉

聚丙烯阻燃母粒 F01030145

Polypropylene master batch, flame retarding [9003-07-0]

用于聚丙烯纤维及塑料电器件的阻燃

【生产厂】[辽]沈阳华昌锑业化工有限公司〈P1685〉

聚丙烯透明母粒;PP透明母粒 F01030152

Polypropylene master batch, transparent

主要用于各类医用透明制品的生产

【生产厂】[辽]大连九如塑料有限公司〈P1692〉;[新]新疆独山子天利高新技术股份有限公司〈P2365〉

聚丙烯T30S F01030155

Polypropylene T30S

用于生产塑料编织袋

【生产厂】[鲁]临沂市意顺化工厂(2万吨)〈P2148〉;[豫]濮阳市帅星化工有限公司(500吨)〈P2215〉

透明聚丙烯;透明PP F01030159

Transparent polypropylene

用于生产一次性餐饮杯、汤勺、汽车水位箱等

【生产厂】[京]北京化工大学精细化工厂〈P1550〉;[鲁]中国石油化工股份有限公司齐鲁石化股份公司〈P2057〉;[粤]广州隽佳塑胶科技有限公司〈P2262〉

改性聚丙烯(汽车用) F01030161

Modified polypropylene for automobile [9003-07-0]

用于轿车的保险杠、仪表板、暖风机壳、防擦条、蓄电池壳、门内板等装饰件

【生产厂】[沪]上海杰事杰新材料股份有限公司〈P1743〉

聚丙烯透明增刚母料 F01030165

Polypropylene transparent and rigid master-batch

用于聚丙烯流延薄膜(CPP)和PP片材,可显著改良薄膜、片材硬挺性、阻隔性、透明性等性能

【生产厂】[沪]上海科塑高分子新材料有限公司〈P1749〉

聚丙烯增白母粒 F01030169

Polypropylene whitening master-batch

用于BOPP生产线生产珠光膜和白色膜

【生产厂】[鲁]淄博市临淄齐泉工贸有限公司〈P2069〉;昌乐康泰塑胶有限公司(100吨)〈P2088〉

聚丙烯(无规共聚);Ⅲ型聚丙烯;PPR F01030181

Polypropylene random copolymer

【生产厂】[鲁]中国石油化工股份有限公司齐鲁石化股份公司〈P2057〉;[川]成都添彩化工有限公司〈P2316〉

【使用厂】[沪]上海金浦塑料包装材料有限公司〈P1744〉;[鲁]华亚(东营)塑胶有限公司〈P2084〉

聚丙烯(抗冲改性) F01030191

Polypropylene, impact resistant modified

适用于生产汽车暖风机壳体、汽缸盖、仪表板、空调器外壳、散热器隔栅、汽车座椅靠背、家具、仪表外壳等

【生产厂】[鲁]中国石油化工股份有限公司齐鲁石化股份公司〈P2057〉;[粤]广州隽佳塑胶科技有限公司〈P2262〉

氯化聚丙烯;CPP F01030200

Chlorinated polypropylene [68442-33-1]

是双向拉伸聚丙烯薄膜、塑料油墨优良的黏合剂

【生产厂】[苏]常熟市向阳橡塑助剂有限公司(400吨)〈P1891〉;盐城市三华化工有限公司〈P1812〉;盐城凤阳化工有限公司(500吨)〈P1809〉;[粤]广州市金珠江化学有限公司(500吨)〈P2265〉;东莞市金成化工有限公司〈P2280〉

聚丙烯管材专用料 F01030301

Special for polypropylene pipe material

主要用于建筑物内冷热水输送系统

【生产厂】[黑]大庆华科股份有限公司〈P1722〉

纳米聚丙烯管材专用料 F01030401

Special for nanometer polypropylene pipe material [9003-07-0]

可用于给水、排水的冷、热水管管材及管件的制造,具有强度高、耐蠕变性好、耐湿热老化性能优良等特点

【生产厂】[川]成都正光科技股份有限公司〈P2317〉

聚丙烯高光母粒 F01030411

Polypropylene master batch, high gloss

适用于洗衣机盖板、电饭煲盖、化妆品瓶盖、煮水器等注塑制品以及各类文件夹、片材制品的制造

【生产厂】[黑]大庆华科股份有限公司〈P1722〉;[新]新疆独山子天利高新技术股份有限公司〈P2365〉

合成橡胶增韧低温高抗冲聚丙烯 F01030451

Polypropylene, low temperature, antibounce and synthetic rubber tenacity

用于车用蓄电池壳体料及其他适合在冬季户外使用的各种不同类型的塑料制品

【生产厂】[粤]广州隽佳塑胶科技有限公司〈P2262〉

聚丙烯涂覆料 F01030701

Polypropylene coating material

用于聚丙烯编织袋、编织布的涂覆

【生产厂】[湘]岳阳高新技术产业开发区三生化工有限公司〈P2254〉;[新]新疆独山子天利高新技术股份有限公司〈P2365〉

聚丙烯(高光泽改性);高光泽改性PP F01030951

Polypropylene, high gloss modified

用于制造家用电器、办公设备、仪器仪表、电器壳体及日用塑料制品等

【生产厂】[粤]广州隽佳塑胶科技有限公司〈P2262〉;中山市新力工程塑料有限公司〈P2284〉

马来酸酐接枝聚丙烯树脂 F01031001

Maleic anhydride graft polypropylene resin

用于玻纤增强塑料、矿物及木粉填充塑料、阻燃增强塑料及色母料等材料改善界面的相容性和亲合性

【生产厂】[辽]沈阳四维高聚物塑胶有限公司〈P1689〉;[黑]大庆华科股份有限公司〈P1722〉

聚丙烯蜡 F01031101

Polypropylene wax

用作涂料、塑料加工助剂

【生产厂】[辽]抚顺市通源科技开发研究所〈P1698〉;[沪]上海华溢塑料助剂合作公司(500吨)〈P1740〉;[苏]江阴市顾山东风合成化工有限公司〈P1869〉;[鲁]青岛中塑经济发展有限公司〈P2047〉;山东鲁燕色母粒有限公司(800吨)〈P2136〉;[川]成都同力助剂有限公司〈P2316〉

丙烯酸树脂 F01040101

Acrylic resin [9003-01-4]

用于配制皮革及某些高档商品的涂饰剂,制取丙烯酸树脂漆类等

【生产厂】[京]北京东方亚科力化工科技有限公司(1万吨)〈P1546〉;[津]天津市蓟县新洋化工厂(400吨)〈P1591〉;[冀]保定东大化工有限责任公司〈P1645〉;[辽]营口星火化工有限公司〈P1705〉;大化集团大连油漆厂(300吨)〈P1690〉;[沪]上海涂料有限公司〈P1768〉;上海新大化工厂(3000吨)〈P1771〉;[苏]光明化工科技发展有限公司〈P1858〉;无锡万博氟碳树脂有限公司〈P1882〉;江苏融泰化工有限公司〈P1865〉;[浙]杭州市一韦涂料化学有限公司〈P1922〉;嘉兴精化化工有限公司(8000吨)〈P1941〉;[鲁]淄博泰兴粉末涂料厂〈P2073〉;博山轻工化学厂〈P2048〉;招远三联交通涂料公司(1000吨)〈P2121〉;山东东明石化集团科耀化工有限公司(2万吨)〈P2159〉;山东东明石化集团有限公司(5000吨)〈P2159〉;[豫]郑州华新化工有限公司〈P2171〉;[粤]广东天银化工实业有限公司〈P2295〉;三力化工实业有限公司〈P2281〉;新达化工实业有限公司〈P2294〉;高明明海化学企业有限公司〈P2290〉;江门市制漆厂有限公司(200吨)〈P2286〉;江门江盈化工有限公司(1万吨)〈P2285〉

【使用厂】[沪]上海造漆厂〈P1777〉;[闽]泉州市信和涂料有限公司〈P2000〉;厦门彩圣涂料有限公司〈P1991〉;福建省泉州市佳友精化有限公司〈P1998〉;[鲁]烟台市福山区化工研究所有限公司〈P2118〉;青州兴庆助剂有限公司〈P2094〉;威海市玉威漆业有限公司〈P2126〉;新汶矿业集团有限责任公司〈P2139〉;莱阳市亚力美涂料有限公司〈P2108〉;青岛润泰制漆有限公司〈P2041〉;潍坊云飞化工有限公司〈P2107〉;山东省昌乐县华颖液体瓷厂〈P2097〉;青岛市崂山区晓望化工有限公司〈P2042〉;[粤]深圳天虹化工实业有限公司〈P2273〉;佛山市鲸鲨制漆科技有限公司〈P2288〉;[川]四川德阳奥林化工涂料有限公司〈P2326〉;[甘]西北永新化工股份有限公司〈P2356〉

丙烯酸树脂乳液;丙烯酸乳液 F01040102

Acrylic resin emulsion [9003-01-4]

可用作皮革涂饰剂中的成膜剂和黏合剂,也用于制聚丙烯酸树脂乳胶漆等

【生产厂】[京]北京中核研技术有限公司〈P1566〉;北京市通州互益化工厂(4万吨)〈P1560〉;[津]天津津立龙精细化工有限公司(1000吨)〈P1574〉;[冀]保定东大化工有限责任公司〈P1645〉;[辽]营口新力化工涂料有限公司〈P1705〉;[沪]上海皮革化工厂(5000吨)〈P1755〉;上海世傲印刷材料有限公司〈P1763〉;[苏]南京神柏远东化工有限公司(1000吨)〈P1788〉;江苏神洲化学工业有限公司〈P1808〉;南通市联邦化工有限公司〈P1835〉;[浙]杭州绿色助剂研究所〈P1921〉;嘉兴精化化工有限公司〈P1941〉;[鲁]东营市方圆实业有限责任公司〈P2081〉;青州贝特化工有限公司(5000吨)〈P2090〉;青州市金达化工有限公司(100吨)〈P2092〉;烟台市福山区化工研究所有限公司(1000吨)〈P2118〉;山东东明石化集团科耀化工有限公司(2500吨)〈P2159〉;[豫]郑州中吉精细化工有限公司〈P2175〉;[湘]湖南益阳旭日精细化工有限公司〈P2256〉;[粤]广州市东风化工实业有限公司〈P2263〉;巴德富实业有限公司〈P2286〉;[甘]甘肃省化工研究院(300吨)〈P2355〉

【使用厂】[津]天津天涂豪邦涂料有限公司〈P1615〉;[沪]上海大通高科技材料有限责任公司〈P1731〉;上海汇丽集团有限公司〈P1741〉;[闽]福建省龙岩市豪迪化工有限公司〈P2005〉;[鲁]济南槐荫化工总厂〈P2022〉;[粤]江门市制漆厂有限公司〈P2286〉

丙烯酸改性树脂 F01040111

Acrylic resin, modified [9003-01-4]

用于制造丙烯酸树脂漆类

【生产厂】[苏]光明化工科技发展有限公司〈P1858〉;[鲁]淄博兴鲁化工厂〈P2074〉;[粤]江门江盈化工有限公司〈P2285〉

【使用厂】[粤]深圳天虹化工实业有限公司〈P2273〉

自交联型纯丙乳液 F01040112

Self-cross linking acrylic emulsion

可以配制成结构胶泥、接触黏合剂、压敏黏合剂和密封腻子,特别适用于一些很难粘贴的表面

【生产厂】[京]北京东方亚科力化工科技有限公司〈P1546〉;[苏]镇江市意德精细化工有限公司〈P1846〉;无锡万博氟碳树脂有限公司〈P1882〉;苏州非金属矿工业设计研究院〈P1900〉;苏州志和无纺助剂有限公司〈P1907〉;[鲁]山东北方现代化学工业有限公司(4000吨)〈P2027〉

柔性丙烯酸乳液 F01040115

Acrylate emulsion, flexibility

可用于屋顶防水层、裂层填充材料,用于防止墙体产生细小裂纹

【生产厂】[苏]江苏日出化工有限公司〈P1821〉;[粤]广州番禺日出化工有限公司〈P2260〉

热塑性丙烯酸树脂 F01040117

Thermoplastic acrylic resin

广泛用于制造高档外墙漆及运动场地、浴池、彩瓦、户用木质、马路划线和运输车辆漆

【生产厂】[沪]上海爱力金涂料有限公司〈P1727〉;上海元邦涂料制造有限公司〈P1776〉;上海天保化工有限公司〈P1767〉;[苏]南京瑞泽精细化工有限公司〈P1788〉;光明化工科技发展有限公司〈P1858〉;吴江市合力树脂有限公司〈P1910〉;[浙]浙江金质丽化工有限公司〈P1928〉;[皖]安庆菱湖漆业有限公司〈P1979〉;[鲁]青州兴庆助剂有限公司〈P2094〉;山东东明石化集团科耀化工有限公司(2000吨)〈P2159〉;山东鲁南造漆厂〈P2150〉;[豫]安阳市铁西华北涂料厂(100吨)〈P2209〉;河南省安阳县崔家桥兴华化工厂(100吨)〈P2211〉;[粤]佛山市高明同德化工有限公司〈P2287〉

高固体丙烯酸树脂 F01040119

Acrylic resin, high solid

适用于制备汽车罩光漆、卷材漆、汽车轮毂漆等

【生产厂】[沪]上海珺璇工贸有限公司〈P1746〉;上海博立尔化工有限公司(2000吨)〈P1729〉

热固性丙烯酸树脂 F01040120

Thermoset acrylic resin

用于制造热固性汽车实色面漆、工业烤漆、制罐用白可丁及一般工业烤漆、罐头用底漆等

【生产厂】[辽]辽宁三环亚克力交通材料有限公司〈P1684〉;[沪]上海元邦涂料制造有限公司〈P1776〉;[苏]南京瑞泽精细化工有限公司〈P1788〉;[浙]浙江金质丽化工有限公司〈P1928〉;[皖]安庆菱湖漆业有限公司〈P1979〉;[鲁]山东东明石化集团科耀化工有限公司(2000吨)〈P2159〉;山东鲁南造漆厂〈P2150〉;[粤]佛山市高明同德化工有限公司〈P2287〉

【使用厂】[苏]丹阳市远中金属助剂有限公司〈P1841〉

纯丙乳液 F01040121

Acrylic latex

广泛适用于配制各种高质量外墙乳胶漆

【生产厂】[京]北京市通州互益化工厂(2000吨)〈P1560〉;

[冀]衡水新光化工有限责任公司〈P1668〉;[辽]营口星火化工有限公司〈P1705〉;[沪]上海长风化工厂〈P1729〉;[苏]南京维高化工有限公司〈P1790〉;南京沃特环保化工有限公司〈P1790〉;江苏日出化工有限公司〈P1821〉;江苏省海安紫石化工厂〈P1831〉;[浙]上虞市康特化工有限公司〈P1948〉;[鲁]山东聊城鲁工涂料助剂有限公司〈P2153〉;德州市金友实业有限公司(3000吨)〈P2142〉;淄博峰源化工有限公司(1000吨)〈P2059〉;山东圣光化工集团有限公司(2万吨)〈P2086〉;山东省东营市金友来工贸有限责任公司〈P2085〉;青州贝特化工有限公司〈P2090〉;青州市宝达化工有限公司(7000吨)〈P2091〉;青州市精源助剂有限公司〈P2092〉;青州兴庆助剂有限公司〈P2094〉;青岛兴国涂料化工有限公司〈P2045〉;新泰市双圆化工涂料有限公司(2000吨)〈P2138〉;日照市广大化工有限公司(2000吨)〈P2139〉;[豫]洛阳恒光化工有限公司(400吨)〈P2181〉;[鄂]京山县华贝有机化工有限责任公司〈P2242〉;[粤]广州番禺日出化工有限公司〈P2260〉;新达化工实业有限公司〈P2294〉;巴德富实业有限公司〈P2286〉;顺德美侨化工有限公司〈P2292〉

【使用厂】[闽]中亚涂料(石狮)有限公司〈P2001〉;[鲁]济南泰山金鹏涂料有限公司〈P2025〉;青岛华龙涂料有限公司〈P2037〉

F

弹性纯丙乳液 F01040125

Acrylic elastic emulsion

用于生产外墙建筑乳胶漆、单组分丙烯酸弹性防水涂料等

【生产厂】[苏]南京永丰化工有限责任公司〈P1791〉;苏州非金属矿工业设计研究院〈P1900〉;江苏日出化工有限公司〈P1821〉

改性丙烯酸乳液 F01040129

Acrylic emulsion, modified

用于配制高级内、外墙乳胶漆

【生产厂】[京]北京爱德泰普膜制品厂〈P1543〉;[苏]江苏日出化工有限公司〈P1821〉;[鲁]青州市宝达化工有限公司(200吨)〈P2091〉;[粤]巴德富实业有限公司〈P2286〉

特种丙烯酸树脂 F01040191

Special acrylic resin

主要用作ABS、聚苯乙烯、玻璃钢等表面涂饰用的涂料基料,也可做成凹板印刷用油墨

【生产厂】[沪]上海天保化工有限公司〈P1767〉

有机玻璃(工业级);聚甲基丙烯酸甲酯(工业级) F01040301

Polymethyl methacrylate, industrial grade [9003-21-8]

用于工业、仪器仪表、交通运输、医疗卫生、工艺美术、民用等

【生产厂】[皖]安庆市曙光军工有机玻璃有限责任公司(3000吨)〈P1980〉

羟基丙烯酸树脂 F01040502

Hydroxy-acrylic resin

用于高档PU漆、摩托车或汽车PU漆,高级烤漆、油墨或单组分自干漆、单组分自干塑料漆等

【生产厂】[沪]上海爱力金涂料有限公司〈P1727〉;上海元邦涂料制造有限公司〈P1776〉;上海天保化工有限公司〈P1767〉;[苏]光明化工科技发展有限公司〈P1858〉;江苏三木集团公司〈P1865〉;吴江市合力树脂有限公司〈P1910〉;[皖]安庆菱湖漆业有限公司〈P1979〉;[粤]佛山市鲸鲨制漆科技有限公司〈P2288〉;佛山市高明同德化工有限公司〈P2287〉

【使用厂】[苏]丹阳市银海镍铬化工有限公司〈P1841〉;丹阳市远中金属助剂有限公司〈P1841〉;[鲁]威海市玉威漆业有限公司〈P2126〉;青岛润泰制漆有限公司〈P2041〉

有机玻璃板管及棒 F01040801

Polymethyl methacrylate plate, pipe and rod

用于科研、教学、医疗、建筑等行业

【生产厂】[皖]天长市天广有机玻璃有限公司〈P1983〉

有机玻璃(圆棒);聚甲基丙烯酸甲酯(圆棒) F01040901

Polymethyl methacrylate, rod

用于工业及民用,用作绝缘材料、视镜、机器零件等

【生产厂】[辽]抚顺抚中有机玻璃厂〈P1697〉;[皖]天长市天祺有机玻璃厂〈P1983〉

有机玻璃管;聚甲基丙烯酸甲酯管 F01041001

Polymethyl methacrylate pipe

可用作窥管、流量计、各种透明管道装置及试验设备仪器等

【生产厂】[京]北京市有机玻璃制品厂〈P1561〉;[辽]抚顺抚中有机玻璃厂〈P1697〉;[皖]安徽省天长市南方有机玻璃厂〈P1982〉;天长市天祺有机玻璃厂〈P1983〉

甲基丙烯酸-苯乙烯共聚树脂 F01041251

Methacrylic acid-styrene copolymer

主要用作防火类涂料的树脂,也可用于其他丙烯酸酯涂料等

【生产厂】[苏]江苏融泰化工有限公司〈P1865〉

甲基丙烯酸甲酯-丁二烯-苯乙烯共聚物;MBS树脂;PVC抗冲改性剂MBS F01041300

Methyl methacrylate-butadiene-styrene terpolymer

主要用于硬质PVC薄膜、片材、粒料、板材等的抗冲改性,适用于透明和非透明制品

【生产厂】[沪]上海天坛助剂有限公司〈P1767〉;[鲁]淄博翔达化工有限公司〈P2074〉;沂源瑞丰高分子材料有限公司(5000吨)〈P2056〉;淄博世拓高分子材料有限公司〈P2067〉;万达集团股份有限公司(5万吨)〈P2088〉;威海金泓化工集团有限公司(2万吨)〈P2124〉;青岛三凯化工有限公司〈P2041〉

锤纹漆用快干型树脂 F01041301

Quickdrying resin for hammer finish

【生产厂】[皖]安庆菱湖漆业有限公司〈P1979〉;[豫]洛阳市吉利区高欣涂料厂(1000吨)〈P2184〉

水溶性氨基丙烯酸树脂 F01041402

Water-soluble amino-acrylic resin

用于制备摩托车漆、自行车漆、家用电器漆、金属闪光漆等

【生产厂】[苏]光明化工科技发展有限公司〈P1858〉;吴江市合力树脂有限公司〈P1910〉

水性环氧酯改性丙烯酸树脂 F01041801

Water-soluble epoxy ester modified acrylic resin

主要用于制备水性防锈漆

【生产厂】[京]北京金汇利应用化工制品有限公司〈P1552〉;[苏]南通利田化工有限公司〈P1834〉

聚丙烯酸酯浆料 F01042251

Polyacrylate paste

广泛用于各类纱线经纱上浆

【生产厂】[浙]嘉兴精化化工有限公司〈P1941〉;[赣]江西雨帆化工有限责任公司〈P2017〉;[鲁]山东志达化工有限公司(8000吨)〈P2078〉;枣庄市翔宇淀粉有限公司〈P2080〉

硅丙乳液 F01042401

Silicone acrylic emulsion

用于制造丙烯酸外墙涂料、工业用漆、高级建筑乳胶漆、木器漆等

【生产厂】[京]北京东方锐波化工厂〈P1546〉;北京市通州互益化工厂(1000吨)〈P1560〉;北京爱德泰普膜制品厂〈P1543〉;[冀]衡水新光化工有限责任公司〈P1668〉;[辽]营口星火化工有限公司〈P1705〉;[沪]上海长风化工厂〈P1729〉;[苏]南京维高化工有限公司〈P1790〉;南京沃特环保化工有限公司〈P1790〉;吴江市合力树脂有限公司〈P1910〉;江苏日出化工有限公司〈P1821〉;江苏省海安紫石化工厂〈P1831〉;[浙]浙江东阳化学工贸有限公司〈P1954〉;[鲁]山东聊城鲁工涂料助剂有限公司〈P2153〉;淄博峰源化工有限公司〈P2059〉;山东圣光化工集团有限公司(5000吨)〈P2086〉;青州贝特化工有限公司〈P2090〉;青州市宝达化工有限公司(8000吨)〈P2091〉;青州市精源助剂有限公司〈P2092〉;青州兴庆助剂有限公司〈P2094〉;青岛兴国涂料化工有限公司〈P2045〉;[粤]广州宏昌胶黏带厂〈P2260〉;广州番禺日出化工有限公司〈P2260〉;新达化工实业有限公司〈P2294〉;巴德富实业有限公司〈P2286〉

丙烯酸及酯类共聚乳液 F01042411

Acrylic acid and acrylate copolymer emulsion

适用于多种涂布方式,可用于制造各种BOPP胶带、铝箔胶带、自粘商标等

【生产厂】[苏]江阴市东风化工总厂有限公司(6000吨)〈P1868〉;[鲁]曲阜慧迪化工有限责任公司(3000吨)〈P2130〉

【使用厂】[京]北京市通州互益化工厂〈P1560〉;[鲁]山东东明石化集团科耀化工有限公司〈P2159〉;山东北方现代化学工业有限公司〈P2027〉;山东圣光化工集团有限公司〈P2086〉

硅丙树脂 F01042501

Silicone acrylic resin

用于内外墙饰面漆的制备

【生产厂】[京]北京东方锐波化工厂(200吨)〈P1546〉;[苏]吴江市合力树脂有限公司〈P1910〉

丙烯酸酯共聚物 F01042911

Acrylate polymer [9003-01-4]

用于改进聚氯乙烯的加工性能

【生产厂】[浙]温州天盛塑料助剂有限公司(2000吨)〈P1938〉;[豫]黎明化工研究院(50吨)〈P2181〉

【使用厂】[京]北京市通州互益化工厂〈P1560〉;[津]天津天涂豪邦涂料有限公司〈P1615〉;[沪]上海大祥化学工业有限公司〈P1731〉;[鲁]招远市石油化工厂有限公司〈P2121〉

丙烯酸-丙烯酸酯共聚物 F01042931

Acrylic acid-acrylate polymer

广泛用于油田水、锅炉用水及各种工业冷却水系统中作阻垢缓蚀剂和预膜剂

【生产厂】[辽]辽阳市富鑫化工有限公司〈P1710〉;铁岭远能化工有限公司〈P1713〉;鞍山市新型水处理材料厂〈P1696〉;[苏]常州中南化工有限公司〈P1858〉;[鲁]邹平县鲁津化工有限公司(400吨)〈P2158〉;济宁新格瑞水处理有限公司(100吨)〈P2129〉;[豫]河南电力益源化工有限责任公司〈P2221〉

塑料漆专用丙烯酸树脂 F01044051

Acrylic resin for plastic paint

塑料漆专用

【生产厂】[苏]吴江市合力树脂有限公司〈P1910〉

水性油墨用丙烯酸乳液 F01044085

Acrylate emulsion for water-based printing ink

是配制水性油墨及水性光油的专用乳液

【生产厂】[京]北京东联化工有限公司〈P1547〉;[鲁]济南章城油墨有限公司(3000吨)〈P2027〉;青州贝特化工有限公司〈P2090〉

水溶性丙烯酸树脂 F01044201

Acrylic resin, water-soluble

用于水性涂料、水性油墨、纸张涂布等

【生产厂】[京]红狮涂料国际有限公司〈P1567〉;[沪]上海世傲印刷材料有限公司(1500吨)〈P1763〉;[苏]光明化工科技发展有限公司〈P1858〉;江苏三木集团公司〈P1865〉;[浙]浙江省海宁海龙化学有限责任公司〈P1944〉;[鲁]枣庄市世纪新星化工有限责任公司(2500吨)〈P2080〉

醋酸乙烯-丙烯酸酯共聚乳液;醋丙乳液 F01044501

Vinyl acetate-acrylate copolymer, emulsion

用作铜版纸及其他某些纸加工的施胶料、乳胶漆基料

【生产厂】[京]北京科林华工贸有限公司〈P1554〉;[冀]衡水新光化工有限责任公司〈P1668〉;[苏]江苏日出化工有限公司〈P1821〉;江苏省海安紫石化工厂〈P1831〉;南通市联邦化工有限公司〈P1835〉;[鲁]日照市广大化工有限公司(3000吨)〈P2139〉;[鄂]武汉瑞阳化工有限公司〈P2231〉;[粤]广州番禺日出化工有限公司〈P2260〉;新达化工实业有限公司〈P2294〉;巴德富实业有限公司〈P2286〉

【使用厂】[粤]深圳天虹化工实业有限公司〈P2273〉

聚苯乙烯树脂;PS;聚苯乙烯 F01050101

Polystyrene resin; PS [9003-53-6]

主要用于制造音像制品和光盘磁盘盒、灯具和室内装饰件、高频电绝缘零件等

【生产厂】[辽]盘锦乙烯工业公司(3万吨)〈P1707〉;[沪]上海赛科石油化工有限责任公司(30万吨)〈P1759〉;[苏]扬子巴斯夫苯乙烯系列有限公司(17万吨)〈P1792〉;江苏莱顿宝富塑化有限公司(10万吨)〈P1865〉;江阴润华化工制品有限公司〈P1868〉;太仓市长海石油化工有限公司〈P1908〉;[闽]泉州市泉港海洋聚苯树脂有限公司(10万吨)〈P2000〉;[鲁]中国石油化工股份有限公司齐鲁石化股份公司(4万吨)〈P2057〉;淄博市临淄耀环化工有限公司〈P2070〉;[粤]广东高聚化学工业有限公司(2万吨)〈P2290〉

【使用厂】[沪]上海南联塑料制品有限公司〈P1754〉;[闽]南安市丰华橡塑制品有限公司〈P1999〉;[鲁]威海金和洋塑

F

料制品有限公司〈P2124〉；烟台万华合成革集团有限公司〈P2119〉；青岛广瀛塑料制品有限公司〈P2034〉

可发性聚苯乙烯；EPS　F01050201

Expandable polystyrene [9003-53-6]

用作建筑上保温及隔热材料和仪器、仪表的防振包装

【生产厂】[京]北京北泡塑料集团公司（2870 吨）〈P1544〉；[冀]高碑店市顺新化工有限公司（800 吨）〈P1647〉；[苏]扬子巴斯夫苯乙烯系列有限公司〈P1792〉；无锡兴达泡塑新材料有限公司（15 万吨）〈P1882〉；江阴润华化工制品有限公司（17 万吨）〈P1868〉；江阴新和桥化工有限公司（12 万吨）〈P1872〉；[鲁]蓬莱市广大树脂有限公司（3000 吨）〈P2112〉；[豫]郑州中凡防震包装材料股份有限公司〈P2175〉；偃师市白村泡沫包装厂（500 吨）〈P2188〉；[粤]广东高聚化学工业有限公司（6000 吨）〈P2290〉

【使用厂】[鲁]青岛精盛达橡塑机械有限公司〈P2039〉

F

高抗冲聚苯乙烯；橡胶改性的聚苯乙烯；HIPS　F01050301

Polystyrene, high impact resistant; Polystyrene, rubber modified

主要用于生产计算机、空调、冰箱、彩电的外壳等

【生产厂】[苏]扬子巴斯夫苯乙烯系列有限公司〈P1792〉；太仓市长海石油化工有限公司〈P1908〉；[粤]广东高聚化学工业有限公司（6000 吨）〈P2290〉

阻燃高抗冲聚苯乙烯　F01050302

Polystyrene, flame retarding and impact resistant [9003-53-6]

主要用作火车车辆部件、汽车零部件、船舶用塑料件、电讯电器零部件及建筑材料等

【生产厂】[粤]广州金发科技股份有限公司〈P2262〉

ABS 树脂；丙烯腈-丁二烯-苯乙烯三元共聚物；ABS　F01050401

Acrylonitrile-butadiene-styrene terpolymer [9003-56-9]

用作汽车工业材料、建筑材料、木材代用品，并用于制安全帽、旅行箱、用具壳体、泡沫塑料等

【生产厂】[苏]镇江国亨化学有限公司（4 万吨）〈P1844〉；[浙]宁波乐金甬兴化工有限公司（30 万吨）〈P1931〉

【使用厂】[沪]上海涤纶厂〈P1732〉；[苏]南京化研阻燃材料有限公司〈P1785〉；南通星辰合成材料有限公司〈P1836〉；[浙]宁波杰事杰工程塑料有限公司〈P1931〉；[鲁]青岛精盛达橡塑机械有限公司〈P2039〉；潍坊华光塑胶有限公司〈P2102〉；青岛宏达塑胶总公司〈P2037〉；文登市燕锦高分子材料有限公司〈P2127〉；东辰（集团）化工有限公司〈P2081〉；潍坊市亚东化工有限公司〈P2105〉

阻燃 ABS；丙烯腈-丁二烯-苯乙烯三元共聚物（阻燃）　F01050407

Acrylonitrile-butadiene-styrene terpolymer, flame retarding [9003-56-9]

用于制备仪表、电气、电器、机械等各种零件

【生产厂】[吉]中国石油吉化集团公司（1000 吨）〈P1717〉；[沪]上海涤纶厂（50 吨）〈P1732〉；[苏]南京化研阻燃材料有限公司〈P1785〉；南通星辰合成材料有限公司（4500 吨）〈P1836〉；[浙]浙江化工科技集团有限公司精细化工厂〈P1927〉；[鲁]文登市燕锦高分子材料有限公司（500 吨）〈P2127〉；[粤]广州金发科技股份有限公司〈P2262〉；深圳市现代宝实业有限公司〈P2273〉；中山市新力工程塑料有限公司〈P2284〉

高抗冲阻燃 ABS　F01050421

Impact resistant and flame retarding ABS

具有优异的抗冲击性能，更具有高光泽、硬度佳、耐药品性等特点，应用相当广泛

【生产厂】[苏]南京化研阻燃材料有限公司〈P1785〉

阻燃 ABS/HIPS　F01050451

ABS/HIPS, flame retarding

用于制造电脑配件、电视机、录音机、空调、电动工具配件等

【生产厂】[苏]苏州虹利塑胶有限公司〈P1900〉

ABS/PBT 合金　F01050491

ABS/PVC Alloy

【生产厂】[粤]广州金发科技股份有限公司〈P2262〉

耐高温 ABS　F01050501

ABS, high temperature resistant

用于制造汽车零配件、发热家电外壳、干发吹风筒、熨斗外壳、电动工具零件等

【生产厂】[苏]苏州虹利塑胶有限公司〈P1900〉；[粤]广州市洋达工程塑料原料厂〈P2267〉；深圳市现代宝实业有限公司〈P2273〉

丙烯腈-丙烯酸酯-苯乙烯三元共聚物；ASA　F01050601

Acrylonitrile-acrylate-styrene terpolymer

用于制造室外及有强光照射的结构件、器械部件，如汽车车身、农机部件、电表和电灯罩、道路标记等

【生产厂】[沪]上海杰事杰新材料股份有限公司〈P1743〉

苯乙烯-丙烯腈共聚物；AS；丙苯树脂；SAN　F01050701

Styrene-acrylonitrile copolymer [9003-54-7]

用于制造耐油机械零件、仪表壳、仪表盘、电池盒、拖拉机油箱、蓄电池外壳、包装容器、日用品等，并能抽单丝

【生产厂】[京]北京东方亚科力化工科技有限公司〈P1546〉；[苏]镇江国亨化学有限公司（6 万吨）〈P1844〉；[浙]宁波乐金甬兴化工有限公司（5000 吨）〈P1931〉

【使用厂】[津]天津津东颜料厂〈P1574〉；[苏]东台市九转化工有限公司〈P1805〉；[浙]宁波杰事杰工程塑料有限公司〈P1931〉；[鲁]威海金和洋塑料制品有限公司〈P2124〉

增强 ABS/AS　F01050751

ABS/AS, reinforced

用于制造空调风叶、电子机械配件等

【生产厂】[沪]上海杰事杰新材料股份有限公司〈P1743〉；[苏]苏州虹利塑胶有限公司〈P1900〉；[粤]中山市新力工程塑料有限公司〈P2284〉

丁苯透明抗冲树脂　F01050801

Butadiene-styrene transparence impact resistant resin

广泛用于食品包装、医疗用品、儿童玩具、办

公用品等
【生产厂】[鲁]淄博市临淄耀环化工有限公司〈P2070〉

苯丙乳液;苯乙烯丙烯酸共聚乳液;苯丙建筑罩光液 F01051001
Styrene-acrylic latex
用作高档内外墙涂料的树脂基料、苯丙建筑涂料配制用胶黏剂等
【生产厂】[京]北京科林华工贸有限公司〈P1554〉;北京东方锐波化工厂〈P1546〉;北京市通州互益化工厂(2万吨)〈P1560〉;北京东方亚科力化工科技有限公司〈P1546〉;北京美邦盛业涂料有限公司〈P1556〉;[津]天津市津北引河化工厂(200吨)〈P1592〉;天津市信爱商贸有限公司(100吨)〈P1609〉;[冀]石家庄双联化工有限责任公司〈P1633〉;河北省肃宁县华泰化工厂〈P1655〉;[辽]营口星火化工有限公司〈P1705〉;[沪]上海长风化工厂〈P1729〉;上海华谊丙烯酸有限公司〈P1739〉;[苏]南京维高化工有限公司〈P1790〉;南京沃特环保化工有限公司〈P1790〉;南京永丰化工有限责任公司〈P1791〉;光明化工科技发展有限公司〈P1858〉;吴江市合力树脂有限公司〈P1910〉;江苏日出化工有限公司〈P1821〉;江苏省海安紫石化工厂〈P1831〉;[浙]浙江东阳化学工贸有限公司〈P1954〉;[鲁]山东聊城鲁工涂料助剂有限公司〈P2153〉;德州市金友实业有限公司(3000吨)〈P2142〉;淄博峰源化工有限公司〈P2059〉;山东圣光化工集团有限公司(2万吨)〈P2086〉;山东省东营市金友来工贸有限责任公司〈P2085〉;青州贝特化工有限公司〈P2090〉;青州市宝达化工有限公司(3000吨)〈P2091〉;青州市精源助剂有限公司〈P2092〉;青州兴庆助剂有限公司〈P2094〉;烟台市福山云丽涂料厂(200吨)〈P2118〉;青岛兴国涂料化工有限公司〈P2045〉;新泰市双圆化工涂料有限公司(1000吨)〈P2138〉;日照市广大化工有限公司(2000吨)〈P2139〉;日照金马化工有限公司(1万吨)〈P2139〉;[豫]新乡市双飞胶粘带有限公司(500吨)〈P2206〉;河南宇蓝科技公司(500吨)〈P2194〉;洛阳恒光化工有限公司(400吨)〈P2181〉;[鄂]京山县华贝有机化工有限责任公司〈P2242〉;[粤]广州宏昌胶黏带厂〈P2260〉;广州番禺日出化工有限公司〈P2260〉;新达化工实业有限公司〈P2294〉;巴德富实业有限公司〈P2286〉;顺德美侨化工有限公司〈P2292〉
【使用厂】[沪]上海造漆厂〈P1777〉;上海市涂料研究所〈P1764〉;上海汇丽集团有限公司〈P1741〉;[闽]中亚涂料(石狮)有限公司〈P2001〉;[鲁]济南泰山金鹏涂料有限公司〈P2025〉;新汶矿业集团有限责任公司〈P2139〉;[粤]江门市制漆厂有限公司〈P2286〉;[桂]柳州市造漆厂〈P2298〉

自交联型苯丙乳液 F01051011
Self-cross linking styrene-acrylic latex
【生产厂】[京]北京东方亚科力化工科技有限公司〈P1546〉

改性苯丙乳液 F01051031
Styrene-acrylic emulsion, modified
适用于制备各种半光、无光内外墙乳胶漆,尤其适用于中、低档内外墙乳胶漆的配制
【生产厂】[苏]江苏日出化工有限公司〈P1821〉;[鲁]山东圣光化工集团有限公司(6000吨)〈P2086〉;青州贝特化工有限公司〈P2090〉;[粤]巴德富实业有限公司〈P2286〉

苯丙防水乳液 F01051051
Styrene-acrylic water-proof emulsion
【生产厂】[鲁]青州贝特化工有限公司〈P2090〉

有光苯丙乳液 F01051101
Styrene-acrylic emulsion, gloss
【生产厂】[鲁]日照市广大化工有限公司(1800吨)〈P2139〉

静电复印墨粉用共聚树脂 F01051111
Copolymer resins for electrostatic copier toner
【生产厂】[津]天津市合成材料工业研究所(1500吨)〈P1589〉

丙烯腈-氯化聚乙烯-苯乙烯三元共聚物;ACS树脂 F01051201
Acrylonitrile-chlorinate polyethylene-styrene terpolymer
用作硬PVC加工改性剂
【生产厂】[苏]东台市九转化工有限公司(500吨)〈P1805〉

溴化聚苯乙烯 F01052001
Polystyrene resin, bromide [88497-56-7]
适用于阻燃工程塑料PBT、PET及PA
【生产厂】[苏]苏州市华伦化工有限公司〈P1903〉;盐城利民农化有限公司〈P1810〉;[鲁]万达集团股份有限公司(1000吨)〈P2088〉

改性聚苯乙烯;改性PS F01052201
Polystyrene, modified
【生产厂】[粤]广州金发科技股份有限公司〈P2262〉

聚烯烃;聚烯烃树脂 F01055001
Polyolefine
用于制造薄膜、管材、板材、各种成型制品、电线电缆等
【生产厂】[鲁]中国石化集团青岛石油化工有限责任公司〈P2048〉;[豫]中国石化集团公司中原石化公司〈P2216〉;[新]中国石油天然气股份有限公司独山子石化分公司〈P2365〉
【使用厂】[沪]上海新上化高分子材料有限公司〈P1772〉

聚己内酰胺;聚己内酰胺切片;锦纶6;尼龙6;PA-6 F01060100
Nylon-6; Polycaprolactam [25038-54-4]
大量用于纺织工业制造纤维,广泛用于制造机械零部件、齿轮、外壳、耐油容器、电缆护套等
【生产厂】[冀]石家庄化工化纤有限公司〈P1626〉;[苏]宜兴市太湖尼龙厂〈P1886〉
【使用厂】[苏]南通星辰合成材料有限公司〈P1836〉;[皖]宿州市恒昌塑胶有限公司〈P1984〉;[鲁]烟台万华合成革集团有限公司〈P2119〉;文登市燕锦高分子材料有限公司〈P2127〉;[豫]开封化工三厂〈P2176〉

粉末尼龙 F01060101
Polycaprolactam, powder
用于制造磁性材料
【生产厂】[鲁]淄博广通化工有限责任公司(200吨)〈P2060〉

玻璃纤维增强尼龙-6;玻璃纤维增强聚酰胺-6 F01060201
Polycaprolactam, glass fiber reinforced [25038-54-4]
用于制作各种高负荷的机械零件、电子电器

用于制造各种高负荷的机械零件、电子电器开关和设备、建筑及结构材料，交通运输工具零件等

【生产厂】［吉］中国石油吉化集团公司（1000 吨）〈P1717〉；［鲁］文登市燕锦高分子材料有限公司（1500 吨）〈P2127〉

增强尼龙 6；增强 PA6　F01060202

Reinforced nylon 6 [25038-54-4]

用于制造汽车零件、电子电器及特别要求高强度耐高温的机械部件

【生产厂】［苏］宜兴市太湖尼龙厂〈P1886〉；苏州虹利塑胶有限公司（1 万吨）〈P1900〉；南通星辰合成材料有限公司〈P1836〉；［川］绵阳市世兴高分子材料科技有限公司〈P2330〉

阻燃尼龙 6　F01060211

Nylon 6, flame retarding

用于制造电器开关等

【生产厂】［粤］广州市洋达工程塑料原料厂〈P2267〉

增韧尼龙 6；增韧 PA6　F01060251

Toughening nylon-6

用于制造轴承保持架、扎带、管件、接插件等

【生产厂】［鲁］文登市燕锦高分子材料有限公司（2000 吨）〈P2127〉；［粤］深圳市现代宝实业有限公司〈P2273〉

增强阻燃尼龙 6　F01060291

Reinforced nylon-6, flame retarding

【生产厂】［粤］广州金发科技股份有限公司〈P2262〉

尼龙 66；PA-66　F01060301

Nylon-66; Polyhexamethylene adipamide; PA-66 [32131-17-2]

用于制造纤维、工程塑料、机械零部件、轮胎帘子布等

【生产厂】［苏］宜兴市太湖尼龙厂（300 吨）〈P1886〉；海安县尼龙厂（500 吨）〈P1829〉；［豫］河南神马尼龙化工有限责任公司（13 万吨）〈P2191〉

【使用厂】［豫］开封化工三厂〈P2176〉；［川］中蓝晨光化工研究院〈P2320〉

玻纤增强尼龙　F01060311

Glass fiber reinforced nylon

用于生产军工产品、汽车零部件、电动工具、纺织器材及其他机械、化工、轻工、电器零部件等

【生产厂】［苏］苏州虹利塑胶有限公司〈P1900〉

尼龙-610；聚癸二酰己二胺　F01060401

Nylon-610 [9008-66-6]

主要用于制造各种单丝

【生产厂】［沪］上海赛璐化工有限公司〈P1759〉；［苏］无锡市兴达尼龙有限公司〈P1880〉

增强尼龙 610　F01060411

Reinforced nylon-610; GFPA 610

【生产厂】［苏］宜兴市太湖尼龙厂〈P1886〉

尼龙 1010；聚癸二酰癸二胺；聚酰胺 1010　F01060501

Nylon-1010; Polydecamethylene sebacamide

用于制机械零件、管子、密封圈、油箱衬里、鬃丝等

【生产厂】［苏］无锡市兴达尼龙有限公司〈P1880〉；［皖］安徽氯碱化工集团有限责任公司〈P1972〉

【使用厂】［津］天津市大盈树脂塑料有限公司〈P1584〉；［豫］开封化工三厂〈P2176〉

玻璃纤维增强尼龙-1010；玻璃纤维增强聚酰胺-1010　F01060601

Nylon-1010, glass fiber reinforced

用于制造各种高负荷的机械零件、电子电器开关和设备、建筑及结构材料、交通运输工具零件等

【生产厂】［苏］宜兴市太湖尼龙厂〈P1886〉

共聚尼龙；共聚聚酰胺　F01060701

Polyamide multipolymer [63428-84-2]

主要用于制胶、涂料、密封垫圈等

【生产厂】［苏］宜兴市太湖尼龙厂〈P1886〉

单体浇铸尼龙；MC 尼龙；铸型尼龙　F01061001

Monomer moulding casting nylon

用于制造注射难成型的大型零部件，如辊轴、大型齿轮、轴承、导轨、涡轮、油箱等

【生产厂】［苏］江苏省扬中市通宇氟塑制品有限公司〈P1842〉；江苏文昌电子化工有限公司〈P1842〉

聚酰胺树脂；PA；尼龙树脂　F01061100

Polyamide resin

主要用于制造纤维和工程塑料

【生产厂】［津］天津市津宁三和化学有限公司（1000 吨）〈P1594〉；天津市延安化工厂（1000 吨）〈P1610〉；天津燕海化学有限公司（1000 吨）〈P1616〉；劳特（天津）化工有限公司（300 吨）〈P1569〉；［冀］石家庄炼油化工股份有限公司〈P1628〉；［沪］上海赛璐化工有限公司〈P1759〉；［苏］镇江市丹徒区长江化工厂〈P1845〉；常州市通达化工有限公司〈P1853〉；无锡光明化工厂有限公司〈P1873〉；［皖］安庆市鸿源化工有限责任公司（6000 吨）〈P1979〉；［赣］江西省宜春远大化工有限公司〈P2016〉；［鲁］山东东辰工程塑料有限公司（2000 吨）〈P2028〉；［湘］长沙市化工研究所〈P2247〉

【使用厂】［沪］上海开林造漆厂〈P1746〉；［鲁］莱阳市亚力美涂料有限公司〈P2108〉；［豫］黎明化工研究院〈P2181〉；三门峡油墨彩印有限公司〈P2222〉；［粤］江门市制漆厂有限公司〈P2286〉

聚酰胺树脂（低分子量，650 型）　F01061105

Polyamide resin, low molecular weight 650 [63428-84-2]

用作环氧树脂的固化剂和增韧剂，并用作电缆密封料

【生产厂】［津］天津市延安化工厂（500 吨）〈P1610〉；［赣］江西省赣西化工有限公司（1000 吨）〈P2016〉

【使用厂】［沪］上海市合成树脂研究所〈P1763〉

聚酰胺树脂（低分子量，651 型）　F01061106

Polyamide resin, low molecular weight 651 [63428-84-2]

用作环氧树脂的固化剂和增韧剂

【生产厂】［苏］张家港丰达制药有限公司（400 吨）〈P1911〉

苯溶型聚酰胺树脂　F01061110

Polyamide resin, benzene-soluble type

广泛用于环氧树脂固化剂、印刷油墨、表面涂料等

【生产厂】[津]天津津立龙精细化工有限公司(1000 吨)〈P1574〉;[苏]兴化市伟业植物油脂厂〈P1828〉;[闽]福建省沙县嘉利化工有限公司〈P1995〉;[鲁]广饶县福利树脂厂(3000 吨)〈P2083〉;枣庄市世纪新星化工有限责任公司(3000 吨)〈P2080〉

聚酰胺树脂(低分子量);低分子量聚酰胺树脂 F01061112

Polyamide resin, low molecular weight

用于制造阴极电泳漆或环氧涂料

【生产厂】[津]天津市津宁三和化学有限公司(1000 吨)〈P1594〉;天津市延安化工厂(1000 吨)〈P1610〉;天津燕海化学有限公司(500 吨)〈P1616〉;[闽]福建中德科技有限公司〈P1988〉

醇溶性聚酰胺树脂 F01061121

Polyamide resin, alcohol type

用于制造柔版、凹版印刷油墨

【生产厂】[津]天津津立龙精细化工有限公司(1000 吨)〈P1574〉;[闽]福建中德科技有限公司〈P1988〉;[鲁]广饶县福利树脂厂(2000 吨)〈P2083〉;枣庄市世纪新星化工有限责任公司(5000 吨)〈P2080〉

改性聚酰胺;改性尼龙 F01062301

Polyamide resin, modified

用于制造汽车配件、电动工具、家用电器等

【生产厂】[沪]上海林达塑胶化工有限公司〈P1752〉;[浙]宁波杰事杰工程塑料有限公司〈P1931〉;[鲁]山东东辰工程塑料有限公司(3000 吨)〈P2028〉;[粤]广州市洋达工程塑料原料厂〈P2267〉;[川]中蓝晨光化工研究院〈P2320〉

增韧增强尼龙-66 F01062411

Nylon-66, toughening and reinforced [32131-17-2]

用于电气、纺织机械等

【生产厂】[粤]广州市洋达工程塑料原料厂〈P2267〉

增强阻燃尼龙-66 F01062421

Reinforced nylon-66, flame retarding

用于制造中低压电器骨架、框架及汽车零配件等

【生产厂】[苏]海安县尼龙厂〈P1829〉;[粤]广州金发科技股份有限公司〈P2262〉;深圳市现代宝实业有限公司〈P2273〉;中山市新力工程塑料有限公司〈P2284〉;[川]中蓝晨光化工研究院〈P2320〉

玻璃纤维增强聚酰胺 66;玻纤增强尼龙 66 F01062601

Polyamide-66, glass fiber reinforced

用于生产纺织工具配件、汽车配件、齿轮、电器等

【生产厂】[苏]宜兴市太湖尼龙厂〈P1886〉;[川]中蓝晨光化工研究院(300 吨)〈P2320〉

尼龙 1212 F01062701

Nylon 1212

主要用于生产油管、软管、电线电缆覆层、光导纤维保护套、轴承支架、精密部件等

【生产厂】[鲁]山东东辰工程塑料有限公司(8000 吨)〈P2028〉;淄博广通化工有限责任公司(200 吨)〈P2060〉

尼龙 1212 盐;尼龙 1212 单体 F01062751

Nylon 1212 salt

主要用于制备聚酰胺工程塑料、长碳链尼龙及其制品、高档油漆涂料、尼龙 1212 型高档热熔胶等

【生产厂】[鲁]淄博广通化工有限责任公司(200 吨)〈P2060〉

高透明尼龙 F01062801

Nylon, high transparence

【生产厂】[粤]广州市洋达工程塑料原料厂〈P2267〉

尼龙-11 F01062901

Nylon-11 [25035-04-5]

特别适合制造各种软管、包装薄膜、电缆护套、耐磨损部件、军工宇航材料等

【生产厂】[晋]太原中联泽农化工有限公司(2000 吨)〈P1672〉

增强阻燃 PET F01070151

Poly(ethylene terephthalate), reinforced, flame retarding

用于制造汽车发动机罩壳、机械零部件等

【生产厂】[沪]上海涤纶厂〈P1732〉

改性聚酯;改性 PET F01070191

Modified polyester

主要用于制造电子、电气部件的连接器、线圈骨架、微电机部件、仪表支架、集成电路外壳等

【生产厂】[苏]张家港市华惠塑料助剂厂〈P1913〉;[川]中蓝晨光化工研究院〈P2320〉

玻璃纤维增强聚对苯二甲酸丁二醇酯;玻纤增强 PBT F01070201

Polybutylene terephthalate, glass fiber reinforced [26062-94-2]

用于制造仪表、电器、电视、机械等各种零部件

【生产厂】[沪]上海涤纶厂(1500 吨)〈P1732〉

玻璃纤维增强阻燃 PBT;玻璃纤维增强聚对苯二甲酸丁二醇酯(阻燃) F01070202

Polybutylene terephthalate, glass fiber reinforced, flame retarding

用于制造汽车、电子电器、商用机器、照明家电等的零部件

【生产厂】[沪]上海涤纶厂〈P1732〉;[鲁]文登市燕锦高分子材料有限公司(1500 吨)〈P2127〉;[粤]中山市新力工程塑料有限公司〈P2284〉

改性 PBT F01070251

PBT, modified

主要用于制造显像管插座、线圈骨架、继电器开关、汽车及电子接插件等各种电器制品

【生产厂】[苏]张家港市华惠塑料助剂厂〈P1913〉;[粤]广州金发科技股份有限公司〈P2262〉;广州市洋达工程塑料原

料厂〈P2267〉；[川]中蓝晨光化工研究院〈P2320〉；绵阳市世兴高分子材料科技有限公司〈P2330〉

聚甲醛(共聚)；共聚甲醛　F01070501
Polyformaldehyde, copolymer
用于汽车、电器、仪表、农机、日用制品和建筑材料等方面制造各种结构件
【生产厂】[滇]云南云天化股份有限公司〈P2344〉

聚甲醛；POM　F01070601
Polyoxymethylene; Polyformaldehyde; POM [9002-81-7]
用于汽车、电器、仪表、农机、日用制品和建筑材料等方面制造各种结构件
【生产厂】[京]中国蓝星(集团)总公司〈P1568〉；[滇]云南云天化股份有限公司(3 万吨)〈P2344〉；云天化集团有限责任公司(1 万吨)〈P2344〉
【使用厂】[津]天津市联瑞化工有限公司〈P1598〉

F

改性聚甲醛　F01070701
Polyformaldehyde, modified
【生产厂】[川]中蓝晨光化工研究院〈P2320〉

半消光聚酯切片　F01070951
Polyester pellet, semi-extinction
【生产厂】[浙]浙江振邦化纤有限公司〈P1936〉

聚对苯二甲酸丁二醇酯；PBT　F01071001
Polybutylene terephthalate; PBT [26062-94-2]
用于制造电视、电器、仪表、机械等工业用的各种零部件及制长丝、薄膜等
【生产厂】[京]中国蓝星(集团)总公司(6000 吨)〈P1568〉；[苏]张家港市华惠塑料助剂厂(1000 吨)〈P1913〉；南通星辰合成材料有限公司(5000 吨)〈P1836〉；[浙]余姚化工厂有限责任公司(3200 吨)〈P1935〉
【使用厂】[沪]上海涤纶厂〈P1732〉；[鲁]文登市燕锦高分子材料有限公司〈P2127〉

聚碳酸酯；2,2-双(4-羟基苯基)丙烷聚碳酸酯；PC　F01071201
Polycarbonate; 2,2-Bis(4-hydroxyphenyl) propyl polycarbonate [25037-45-0]
用于制衬衫、床上用品、餐桌布、工作服布等
【生产厂】[京]中国蓝星(集团)总公司〈P1568〉；[沪]上海申聚化工厂有限公司〈P1761〉；[浙]余姚市国荣塑料有限公司〈P1935〉；[皖]铜陵金泰化工实业有限责任公司(3000 吨)〈P1978〉；[粤]广州市洋达工程塑料原料厂〈P2267〉；[渝]重庆长风化工厂〈P2303〉
【使用厂】[京]拜耳光塑板材有限责任公司〈P1543〉；[闽]福州鲜信光电技术有限公司〈P1990〉；[川]中蓝晨光化工研究院〈P2320〉

玻纤增强聚碳酸酯；GRPC　F01071211
Polycarbonate, glass fiber reinforced
用于机械、电机、电动工具、电子、电器元件、家电、纺织器材、化工等领域
【生产厂】[沪]上海申聚化工厂有限公司〈P1761〉；[浙]余姚市国荣塑料有限公司〈P1935〉；[粤]中山市新力工程塑料有限公司〈P2284〉

聚碳酸酯(着色)　F01071212
Polycarbonate, colored [25037-45-0]
【生产厂】[沪]上海申聚化工厂有限公司〈P1761〉

透明聚碳酸酯　F01071301
Polycarbonate, transparence
【生产厂】[浙]余姚市国荣塑料有限公司〈P1935〉

聚醚多元醇　F01071500
Polyether polyols
用于制造聚氨酯泡沫塑料、胶黏剂和弹性体等
【生产厂】[京]中国蓝星(集团)总公司〈P1568〉；[津]天津大沽精细化工有限公司(10 万吨)〈P1571〉；[辽]沈阳金碧兰化工有限公司(4 万吨)〈P1686〉；[黑]佳木斯市北星有机化工有限责任公司〈P1724〉；[沪]上海高桥石油化工公司聚氨酯事业部(16 万吨)〈P1734〉；上海合达聚合物科技有限公司〈P1736〉；[苏]南京太化化工有限公司〈P1790〉；江苏钟山化工有限公司〈P1782〉；南京红宝丽股份有限公司(3000 吨)〈P1784〉；句容市宁武化工有限公司〈P1843〉；镇江市东昌石油化工厂〈P1845〉；常熟一统聚氨酯制品有限公司(4 万吨)〈P1892〉；江苏省海安石油化工厂〈P1831〉；[浙]绍兴市恒丰聚氨酯实业有限公司(6 万吨)〈P1949〉；浙江皇马化工集团有限公司〈P1950〉；浙江太平洋化学有限公司(5 万吨)〈P1936〉；[闽]福建省东南电化股份有限公司(5 万吨)〈P1988〉；[鲁]山东东大化学工业有限公司(6 万吨)〈P2052〉；烟台市福山聚氨酯材料厂(8000 吨)〈P2118〉；[鄂]荆州市隆华石油化工有限公司(5000 吨)〈P2240〉；[粤]广州市浦源八达化工有限公司〈P2265〉；东莞天傲化工有限公司〈P2281〉；[川]成都嘉茂化工实业有限公司〈P2311〉；[新]克拉玛依新科澳化工(集团)有限责任公司〈P2365〉
【使用厂】[京]北京茂华保温材料有限公司〈P1555〉；[津]天津市天汇聚氨酯有限责任公司〈P1604〉；天津市福荣聚氨酯塑料制品厂〈P1586〉；[冀]保定长城合成橡胶有限公司〈P1644〉；[沪]上海汇宇精细化工有限公司〈P1741〉；[闽]福清联昌化工有限公司〈P1989〉；[鲁]烟台华大化学工业有限公司〈P2117〉；烟台东聚防水保温工程有限公司〈P2116〉；济宁市化工研究所〈P2128〉；山东力华防水建材有限公司〈P2077〉；[豫]黎明化工研究院〈P2181〉；[粤]佛山市鲸鲨制漆科技有限公司〈P2288〉

聚合物多元醇；POP　F01071701
Polypolyols; POP
适用于制造汽车垫、靠背、家具、床垫等泡沫制品
【生产厂】[津]天津石油化工公司聚醚部(7 万吨)〈P1578〉；[辽]辽宁省葫芦岛市天原恒瑞化工有限责任公司〈P1703〉；[沪]上海高桥石油化工公司聚氨酯事业部〈P1734〉；[苏]江苏钟山化工有限公司〈P1782〉；句容市宁武化工有限公司〈P1843〉；常熟一统聚氨酯制品有限公司(5000 吨)〈P1892〉；张家港飞航实业有限公司〈P1911〉；江苏省江都市科苑化工有限公司〈P1816〉；扬州科宇化工有限公司(1000 吨)〈P1818〉；江苏绿源新材料有限公司〈P1830〉；[浙]绍兴市恒丰聚氨酯实业有限公司〈P1949〉；浙江皇马化工集团有限公司〈P1950〉；[鲁]淄博德信联邦化学工业有限公司〈P2059〉
【使用厂】[豫]黎明化工研究院〈P2181〉

聚醚多元醇 GEP-330N　F01071716
Polyether polylols GEP-330N
用于高弹性软质泡沫，用来制备汽车座垫、方向盘、扶手、座垫、家具、自行车鞍座、仪表盘等

【生产厂】[浙]浙江皇马化工集团有限公司〈P1950〉
【使用厂】[沪]上海市合成树脂研究所〈P1763〉

聚醚多元醇 ZS-4110 Ⅱ;聚醚 ZS-4110 Ⅱ F01071720

Polyether polyols ZS-4110 Ⅱ

家用电器隔热、冷藏隔热,建筑业、石油化工业的保温材料

【生产厂】[豫]黎明化工研究院(1000 吨)〈P2181〉

聚酯多元醇 F01071731

Polyester polyols

用于生产黏合剂以及弹性体

【生产厂】[京]北京茂华保温材料有限公司〈P1555〉;[冀]河北亚东化工集团有限公司(1 万吨)〈P1623〉;[辽]辽阳市星火聚氨酯有限公司〈P1711〉;[苏]句容市宁武化工有限公司(2 万吨)〈P1843〉;江苏德发树脂有限公司〈P1807〉;江都市第八化工有限公司(6000 吨)〈P1813〉;[浙]绍兴市恒丰聚氨酯实业有限公司〈P1949〉;[闽]福建省晋江市华福化工有限公司(6000 吨)〈P1998〉;[鲁]烟台华大化学工业有限公司(2 万吨)〈P2117〉;烟台华鑫聚氨酯有限公司(1200 吨)〈P2117〉;烟台万华合成革集团有限公司(6500 吨)〈P2119〉;山东招远市金涛合成材料有限公司〈P2115〉;烟台市福山聚氨酯材料厂(5000 吨)〈P2118〉;青岛新宇田化工有限公司(2 万吨)〈P2045〉;[豫]洛阳吉明化工有限公司(2000 吨)〈P2182〉;[粤]潮州市立信高分子材料有限公司(3000 吨)〈P2294〉;佛山市高明区华驰化工树脂有限公司(4000 吨)〈P2287〉;佛山市高明区业晟聚氨酯有限公司〈P2287〉
【使用厂】[闽]福州昆胜复合塑料有限公司〈P1989〉;福建莆田大隆化工实业有限公司〈P1997〉;[鲁]烟台市福山区化工研究所有限公司〈P2118〉

聚醚多元醇(软质块状泡沫);软泡聚醚多元醇 F01071737

Polyether polyols, soft schollen foam

主要用于制备软质聚氨酯泡沫塑料,如家具垫、床垫、吸音板、地毯底层、过滤器、包装材料等

【生产厂】[津]天津石油化工公司聚醚部(1000 吨)〈P1578〉;[冀]河北亚东化工集团有限公司(6000 吨)〈P1623〉;[辽]辽宁省葫芦岛市天原恒瑞化工有限责任公司〈P1703〉;[沪]中国石油化工股份有限公司上海高桥分公司〈P1780〉;上海高桥石油化工公司聚氨酯事业部〈P1734〉;[苏]南京太化化工有限公司〈P1790〉;江苏绿源新材料有限公司〈P1830〉;[鲁]淄博德信联邦化学工业有限公司〈P2059〉

聚醚多元醇(软质热模塑泡沫) F01071738

Polyether polyols, soft heat-molding foam

适用于制备软质聚氨酯泡沫塑料,如家具垫、床垫及吸音板、地毯底层、过滤器、包装材料等

【生产厂】[津]天津石油化工公司聚醚部(1 万吨)〈P1578〉;[苏]江苏钟山化工有限公司〈P1782〉

聚醚多元醇(高弹性软质泡沫);高回弹泡沫组合聚醚 F01071739

Polyether polyols, high-elastic soft foam

用于制防水涂料、黏合剂、弹性体、体育场铺装材料等

【生产厂】[津]天津石油化工公司聚醚部(5000 吨)〈P1578〉;[冀]河北亚东化工集团有限公司〈P1623〉;[苏]江苏钟山化工有限公司〈P1782〉;[鲁]淄博德信联邦化学工业有限公司〈P2059〉

聚醚多元醇(硬质板块发泡);硬泡聚醚多元醇 F01071740

Polyether polyols, rigid schollen foam

用作保温材料、电冰箱隔热材料等

【生产厂】[津]天津石油化工公司聚醚部(1500 吨)〈P1578〉;[冀]河北亚东化工集团有限公司(2 万吨)〈P1623〉;[辽]辽宁省葫芦岛市天原恒瑞化工有限责任公司〈P1703〉;[沪]中国石油化工股份有限公司上海高桥分公司〈P1780〉;上海高桥石油化工公司聚氨酯事业部〈P1734〉;[苏]南京太化化工有限公司〈P1790〉;江苏绿源新材料有限公司〈P1830〉;[浙]绍兴市海燕聚氨酯有限公司〈P1949〉;[鲁]淄博德信联邦化学工业有限公司〈P2059〉

聚醚多元醇(硬质夹心板材) F01071741

Polyether polyols, rigid sheet with filling

【生产厂】[津]天津石油化工公司聚醚部(2000 吨)〈P1578〉

聚醚多元醇(半硬质泡沫) F01071742

Polyether polyols, half-rigid foam

【生产厂】[津]天津石油化工公司聚醚部(5000 吨)〈P1578〉;[苏]南京太化化工有限公司〈P1790〉;江苏钟山化工有限公司〈P1782〉;镇江市东昌石油化工厂〈P1845〉

聚醚多元醇(喷涂用硬质) F01071743

Polyether polyols, rigid for spraying

主要应用于冷库、建筑物楼顶、简易活动房、防震棚、罐体的保温隔热

【生产厂】[津]天津石油化工公司聚醚部(1000 吨)〈P1578〉;[鲁]济南普恩聚氨酯有限公司〈P2024〉;济南正恒聚氨酯材料有限公司〈P2027〉

单体聚醚 F01071800

Polymonoether

【生产厂】[苏]南京红宝丽股份有限公司(5000 吨)〈P1784〉;[鲁]烟台正大聚氨酯化工有限公司〈P2120〉

聚酯切片(纤维级);纤维级聚酯切片 F01071901

Polyester granular, fibregrade

适用于生产涤纶长丝、短纤维等

【生产厂】[沪]中国石化上海石油化工股份有限公司〈P1780〉;[苏]中国石化仪征化纤股份有限公司〈P1821〉;[新]新疆屯河聚酯有限责任公司〈P2367〉
【使用厂】[沪]上海华源股份有限公司〈P1740〉

阻燃聚酯切片 F01071911

Polyester granular, flameretardant

【生产厂】[鲁]济南泰星精细化工有限公司〈P2026〉

大有光聚酯切片;超有光涤纶切片 F01071921

Polyester granular, ultra light

【生产厂】[新]新疆屯河聚酯有限责任公司(8000 吨)〈P2367〉

高黏度聚酯切片;高黏度涤纶切片 F01071931

Polyester granular, high viscosity

用于纺制各种高强力工业用 PET 纤维、制各种 PET 瓶、抽制造纸网用或拉链用 PET 单丝、制造高强力工程塑料等

【生产厂】[苏]扬州津扬化工有限公司(3000 吨)〈P1817〉;[闽]腾龙特种树脂(厦门)有限公司(4 万吨)〈P1991〉;[新]新疆屯河聚酯有限责任公司(1500 吨)〈P2367〉

聚酯切片(瓶级);瓶用 PET 树脂;瓶级聚酯切片 F01071991

Polyester granular for bottle

主要用于生产含气碳酸饮料、纯净水、矿泉水、果汁、茶饮料、食用油等液体包装用瓶

【生产厂】[苏]中国石化仪征化纤股份有限公司(17 万吨)〈P1821〉;江苏三房巷集团有限公司(70 万吨)〈P1865〉;[闽]腾龙特种树脂(厦门)有限公司(32 万吨)〈P1991〉;[新]新疆屯河聚酯有限责任公司〈P2367〉

F

阻燃聚醚 F01072001

Flameretardant polyether

用于制备管道、冰箱等使用的聚氨酯泡沫

【生产厂】[京]北京驰宇塑料添加剂福利厂〈P1545〉;[苏]镇江市东昌石油化工厂〈P1845〉;扬州市金峰树脂原料有限公司〈P1819〉

三羟甲基丙烷聚醚 F01072301

Trimethylolpropane polyether

用于合成润滑油

【生产厂】[浙]浙江皇马化工集团有限公司〈P1950〉

烯丙醇聚醚 F-6 F01072401

Allyl alcohol polyether F-6

用于硅油的接枝改性反应,增加硅油的亲水性

【生产厂】[浙]浙江皇马化工集团有限公司〈P1950〉

甲基封端辛醇无规聚醚 F01072501

Random octanol polyether capped with methyl

用于制化纤纺丝油剂组分、洗涤剂、纺织助剂、机械用高级润滑油、刹车液以及消泡剂等

【生产厂】[浙]浙江皇马化工集团有限公司〈P1950〉

聚对羟基苯甲酸苯酯;聚苯酯 F01072601

Poly(phenyl *p*-hydroxybenzoate)

用于加工耐高温无油润滑轴承、滑块、活塞环、耐热夹具、垫圈、填料、止推环等

【生产厂】[川]中昊晨光化工研究院〈P2321〉

甘油聚醚;聚氧丙基甘油醚;三羟基聚醚 F01072701

Glycerin polyether

用作消泡剂、抑泡剂、织物匀染剂

【生产厂】[津]天津石油化工公司聚醚部(6000 吨)〈P1578〉;[浙]浙江皇马化工集团有限公司〈P1950〉

蔗糖聚醚 F01072801

Sucrose polyether

用于合成硬质聚氨酯泡沫塑料

【生产厂】[苏]句容市宁武化工有限公司〈P1843〉

聚环氧乙烷;聚氧化乙烯;缩乙二醇醚;POE F01072901

Polyoxyethylene;Polyethylene oxide;POE [25322-68-3]

用作絮凝剂、流体减摩剂、纺织型浸润剂、助留助滤剂、黏结剂、增稠剂以及假牙固定剂等

【生产厂】[吉]长春市大地精细化工有限公司〈P1714〉;[沪]上海吉臣化工有限公司〈P1742〉;上海联胜化工有限公司(800 吨)〈P1751〉

聚酯树脂 F01073000

Polyester resin

广泛用于环氧/聚酯混合型涂料中,使其装饰性、施工性、贮存稳定性方面具有优良性能

【生产厂】[津]天津市塑料集团有限公司聚氨酯制品分公司(1000 吨)〈P1602〉;[浙]杭州中法化学有限公司(3 万吨)〈P1925〉;[皖]安徽省歙县宏大化工有限公司(1100 吨)〈P1980〉;黄山市润发化工(集团)有限公司〈P1981〉;黄山市善孚化工有限公司〈P1981〉;[鲁]济南树脂化工公司〈P2025〉;德州龙田化工有限公司(2 万吨)〈P2142〉;[豫]焦作电力集团奥星化工有限公司(800 吨)〈P2195〉;[粤]中山市新叶树脂制品有限公司〈P2284〉;江门江盈化工有限公司〈P2285〉

【使用厂】[沪]上海造漆厂〈P1777〉;上海燕美化工有限公司〈P1774〉;上海常江化学有限公司〈P1730〉;[苏]江都市万和塑粉厂〈P1815〉;[闽]厦门利恒股份有限公司〈P1992〉;漳州市万安实业有限公司〈P2002〉;[鲁]新汶矿业集团有限责任公司〈P2139〉;莱阳市亚力美涂料有限公司〈P2108〉;东营鲁能方大精细化学工业有限责任公司〈P2081〉;潍坊云飞化工有限公司〈P2107〉;胜利油田方圆实业集团有限公司防腐材料分公司〈P2087〉;烟台万华聚氨酯股份有限公司〈P2119〉;济宁市化工研究所〈P2128〉;[豫]黎明化工研究院〈P2181〉;[粤]江门市制漆厂有限公司〈P2286〉;佛山市鲸鲨制漆科技有限公司〈P2288〉

慢回弹聚醚 F01073301

Slow resilience polyether

用于聚氨酯慢回弹泡沫的制备

【生产厂】[辽]辽宁省葫芦岛市天原恒瑞化工有限责任公司〈P1703〉;[苏]江苏钟山化工有限公司〈P1782〉;江苏绿源新材料有限公司〈P1830〉

亲水性聚醚 F01073401

Hydrophilic polyether

用于水泥混凝土等建筑施工,具有较好的保湿增强功能

【生产厂】[苏]江苏钟山化工有限公司〈P1782〉

环戊烷组合聚醚;环戊烷聚氨酯硬泡组合聚醚 F01073501

Cyclopentane polyether

主要用于生产冰箱、冰柜的聚氨酯发泡绝热层

【生产厂】[苏]镇江市东昌石油化工厂〈P1845〉;[鲁]济南普恩聚氨酯有限公司〈P2024〉;济南正恒聚氨酯材料有限公司〈P2027〉;[豫]黎明化工研究院(1000 吨)〈P2181〉

聚氨酯硬泡组合聚醚 F01073551

Polyurethane rigid foam polyether, bicomponent

用于各种管道、贮罐、建筑物等保温保冷,也可用于隔音材料及漂浮材料

【生产厂】[黑]佳木斯市北星有机化工有限责任公司〈P1724〉;[苏]镇江市东昌石油化工厂〈P1845〉;[鲁]聊城佳恒化工有限公司(3000吨)〈P2152〉;[豫]黎明化工研究院(500吨)〈P2181〉

耐高温型组合聚醚 F01073601

High temperature resistant polyether,bicomponent

主要用于管道、容器内热介质物料的保温隔热

【生产厂】[苏]常州市伟英节能化工有限公司〈P1854〉;[鲁]济南普恩聚氨酯有限公司〈P2024〉;济南正恒聚氨酯材料有限公司〈P2027〉

聚己二酸-1,3-丁二醇酯 F01074001

Poly(1,3-butylene glycol adipate)

主要用于绝缘胶带、内涂层、电器绝缘材料、传送带、冰箱衬里以及内部装饰材料等作增塑剂

【生产厂】[津]天津市阿普瑞克化学有限公司〈P1578〉

聚癸二酸-1,3-丁二醇酯 F01074101

Poly(1,3-butylene glycol sebacate)

适用于高温、高湿等不良条件环境中要求耐久性苛刻的制品中作增塑剂

【生产厂】[津]天津市阿普瑞克化学有限公司〈P1578〉

聚乙烯醇缩丁醛树脂;PVB F01080201

Poly(vinyl butyral) resin [63148-65-2]

用于制安全玻璃、涂料,并用作黏合剂等

【生产厂】[津]天津市光大冰峰化工有限公司(2000吨)〈P1587〉;天津市北辰区汇达化工有限公司(1500吨)〈P1579〉;[辽]锦化化工(集团)有限责任公司(100吨)〈P1703〉;[湘]湖南省湘维有限公司(1000吨)〈P2257〉;[黔]贵州水晶化工股份有限公司(400吨)〈P2337〉

【使用厂】[沪]上海振华造漆厂〈P1778〉

聚乙烯醇缩甲乙醛 F01080301

Poly(vinyl formal-acetal) resin

主要用于与酚醛树脂配合制成漆包线漆

【生产厂】[黔]贵州水晶化工股份有限公司(20吨)〈P2337〉

醋酸纤维素 F01090101

Cellulose acetate [9004-35-7]

用于制药品的肠溶衣、醋酸纤维过滤膜等

【生产厂】[黑]中国石油林源炼油厂〈P1723〉

二醋酸纤维素;二乙酰纤维素 F01090201

Cellulose diacetate [9004-35-7]

用于制醋酸纤维塑料、醋酸纤维素过滤膜等

【生产厂】[苏]南通醋酸纤维有限公司〈P1832〉

三醋酸纤维素 F01090301

Cellulose triacetate [9012-09-3]

用于感光胶片片基

【生产厂】[浙]平湖市龙兴化工有限公司〈P1942〉

【使用厂】[苏]无锡阿尔梅新材料有限公司〈P1872〉

羟乙基纤维素;HEC F01090401

Hydroxyethyl cellulose [9004-62-0]

用作表面活性剂、乳胶增稠剂、胶体保护剂、石油开采压裂液及聚苯乙烯和聚氯乙烯分散剂等

【生产厂】[京]中国北方化学工业总公司〈P1568〉;[冀]石家庄市富强精细化工有限公司〈P1629〉;河北天伟化工有限公司〈P1655〉;[苏]常州市凯杰化工有限公司〈P1852〉;[浙]上虞市海申化工有限公司〈P1948〉;[鲁]山东赫达股份有限公司〈P2052〉;山东邹平宜中实业有限责任公司〈P2157〉;山东一滕集团化工有限公司(3000吨)〈P2137〉;山东瑞泰化工(集团)有限公司(2000吨)〈P2136〉;泰安瑞泰纤维素有限公司(800吨)〈P2137〉;[豫]濮阳市银泰工贸有限公司〈P2215〉;河南天盛化学工业有限公司(3000吨)〈P2213〉;[鄂]湖北祥泰纤维素有限公司(1000吨)〈P2242〉;湖北省黄冈市医药化工厂〈P2243〉;[粤]赫克力士化工(江门)有限公司〈P2284〉

醋酸丁酸纤维素 F01090500

Cellulose acetate butyrate [9004-36-8]

用于制作高透明度、耐候性好的塑料片基、薄膜和各种涂料的流平剂、成膜物质等

【生产厂】[鲁]淄博隆邦化工有限公司(1000吨)〈P2065〉

对叔丁基苯酚甲醛树脂;酚醛树脂(101型);酚醛树脂(2402型);2402酚醛树脂 F01100101

4-*tert*-Butyl phenol formaldehyde resin

用于制橡胶硫化剂、黏合剂、涂料等

【生产厂】[津]天津市汉沽区滨海福利化工厂〈P1588〉;天津市津海第二福利化工厂(1500吨)〈P1593〉;天津市静海县奇胜化工有限公司(300吨)〈P1596〉;[沪]上海南大化工厂(100吨)〈P1754〉;上海京海化工有限公司〈P1745〉;[苏]泰州市天成化工有限公司〈P1827〉;[闽]福建省宁化县利丰化工有限公司〈P1994〉;[粤]江门市润禾化工厂有限公司(3500吨)〈P2285〉

【使用厂】[苏]苏州特种化学品有限公司〈P1906〉

酚醛树脂(热塑性);线性酚醛树脂 F01100201

Phenolic resin,thermoplastic [9003-35-4]

用作酚醛压塑粉、防腐漆、黏合剂、电木制品等的原料

【生产厂】[辽]辽阳前进化工有限公司(1500吨)〈P1710〉;[鲁]济南圣泉海沃斯化工有限公司(5000吨)〈P2025〉;[豫]巩义市宏和结合剂厂(500吨)〈P2163〉

酚醛树脂(热固性) F01100202

Phenolic resin,thermoset [9003-35-4]

用作酚醛塑料原料,制黏合剂、防腐涂层等

【生产厂】[辽]辽阳前进化工有限公司(1500吨)〈P1710〉;[苏]无锡市洪华化工有限公司〈P1876〉;[豫]巩义市宏亚冶化有限公司(350吨)〈P2163〉;巩义市宏和结合剂厂(500吨)〈P2163〉;河南省伯马股份有限公司(800吨)〈P2201〉

酚醛树脂(热塑性高软化点) F01100204

Phenolic resin,thermoplastic,high softening point [9003-35-4]

应用于铸铁、球墨铸铁、铸钢,也可用于有色金属铸件的壳型芯用覆膜砂

【生产厂】[鲁]济南圣泉海沃斯化工有限公司(5000吨)〈P2025〉

酚醛树脂(203型) F01100210

F

Phenolic resin 203 [9003-35-4]
用于印刷工业
【生产厂】[津]天津市大盈树脂塑料有限公司(800 吨)〈P1584〉

酚醛树脂(213 型) F01100213
Phenolic resin 213 [9003-35-4]
用于建筑工业
【生产厂】[津]天津市大盈树脂塑料有限公司(500 吨)〈P1584〉;天津市津海第二福利化工厂(3 吨)〈P1593〉

酚醛树脂(214 型) F01100214
Phenolic resin 214 [9003-35-4]
用于增强塑料
【生产厂】[津]天津市大盈树脂塑料有限公司(1000 吨)〈P1584〉

F

酚醛树脂(216 型) F01100216
Phenolic resin 216 [9003-35-4]
用于木材加工
【生产厂】[津]天津市大盈树脂塑料有限公司(100 吨)〈P1584〉

酚醛树脂(217 型) F01100217
Phenolic resin 217 [9003-35-4]
用于铸造行业
【生产厂】[津]天津市大盈树脂塑料有限公司(500 吨)〈P1584〉;天津市津海第二福利化工厂(400 吨)〈P1593〉

酚醛树脂(264 型);苯酚甲醛树脂;醇溶性酚醛树脂 F01100222
Phenolic resin 264 [9003-35-4]
用于木材黏合
【生产厂】[渝]重庆光华化工有限公司(300 吨)〈P2304〉

酚醛树脂(2123 型);热塑性酚醛固体树脂 F01100230
Phenolic resin 2123 [9003-35-4]
用作电器壳体和日用胶木粉的原料,并用于砂轮、灯泡、竹木器的黏结
【生产厂】[津]天津市津海第二福利化工厂(3 吨)〈P1593〉;[沪]上海祁南胶粘材料厂(3000 吨)〈P1756〉;[苏]无锡市洪华化工有限公司〈P1876〉;苏州市黄桥酚醛树脂厂〈P1904〉;泰州市天成化工有限公司〈P1827〉;[浙]杭州顺祥工贸有限公司〈P1922〉;[豫]巩义市恒大结合剂厂(800 吨)〈P2162〉;巩义市宏和结合剂厂(500 吨)〈P2163〉

酚醛树脂(2124 型);砂轮树脂 F01100231
Phenolic resin 2124 [9003-35-4]
用于制电器绝缘漆、无线电元件、层压材料、玻璃钢、油漆等
【生产厂】[津]天津市津海第二福利化工厂(600 吨)〈P1593〉;[沪]上海祁南胶粘材料厂(200 吨)〈P1756〉;[苏]泰州市天成化工有限公司〈P1827〉;[浙]宁波安力绝缘材料有限公司〈P1929〉;[鲁]济南圣泉海沃斯化工有限公司(3000 吨)〈P2025〉;[豫]巩义市恒大结合剂厂(800 吨)〈P2162〉

酚醛树脂(2126 型) F01100232
Phenolic resin 2126 [9003-35-4]
用于制罐头涂料、耐腐蚀涂料,并用于建材工业
【生产厂】[沪]上海祁南胶粘材料厂(10 吨)〈P1756〉

酚醛树脂(2127 型);2127 砂轮树脂 F01100233
Phenolic resin 2127 [9003-35-4]
用于木竹制品、灯泡、砂轮等的粘接
【生产厂】[沪]上海祁南胶粘材料厂(1000 吨)〈P1756〉;[苏]苏州市黄桥酚醛树脂厂〈P1904〉;泰州市天成化工有限公司〈P1827〉;[浙]杭州顺祥工贸有限公司〈P1922〉

酚醛树脂(2130 型);防腐树脂 F01100234
Phenolic resin 2130 [9003-35-4]
用于制造防腐涂层及玻璃钢
【生产厂】[沪]上海祁南胶粘材料厂(500 吨)〈P1756〉;[苏]无锡光明化工厂有限公司〈P1873〉;江都市光华助剂厂〈P1814〉;泰州市天成化工有限公司〈P1827〉

酚醛树脂(3201 型) F01100235
Phenolic resin 3201 [9003-35-4]
用于制造绝缘涂料
【生产厂】[沪]上海祁南胶粘材料厂(20 吨)〈P1756〉

酚醛壳模树脂;壳模用酚醛树脂 F01100237
Phenolic resin for foundry [9003-35-4]
主要用作砂型黏合剂,用于制铸造模芯、模体
【生产厂】[冀]河北省化学工业研究院〈P1621〉

酚醛树脂;水溶性酚醛树脂 F01100244
Phenolic resin, water-soluble [9003-35-4]
用于制备涂料、胶黏剂、耐酸胶泥和酚醛塑料等
【生产厂】[京]红狮涂料国际有限公司〈P1567〉;[津]天津鑫荣树脂股份有限公司〈P1616〉;天津市奥邦树脂有限公司〈P1578〉;天津市北方树脂厂(1500 吨)〈P1580〉;天津市津海第二福利化工厂(2000 吨)〈P1593〉;[沪]上海涂料有限公司〈P1768〉;上海胜星树脂涂料有限公司〈P1762〉;上海富晨化工有限公司〈P1733〉;上海祁南胶粘材料厂(500 吨)〈P1756〉;上海双树塑料厂(8000 吨)〈P1765〉;[苏]无锡光明化工厂有限公司〈P1873〉;无锡新虹化工有限公司(2000 吨)〈P1882〉;无锡市洪华化工有限公司〈P1876〉;宜兴市威之信化工有限公司〈P1887〉;苏州市化工研究所有限公司(200 吨)〈P1904〉;江苏神洲化学工业有限公司〈P1808〉;东台市九转化工有限公司(300 吨)〈P1805〉;扬州市金峰树脂原料有限公司〈P1819〉;姜堰市环球化工厂(1000 吨)〈P1823〉;[浙]杭州宝塔油漆有限公司〈P1915〉;[闽]福建省建瓯福农化工有限公司〈P2003〉;[赣]萍乡市一帆造型材料厂(1000 吨)〈P2012〉;[鲁]山东北方现代化学工业有限公司(3000 吨)〈P2027〉;山东潜力化工有限公司〈P2029〉;济南圣泉海沃斯化工有限公司(4000 吨)〈P2025〉;济南圣泉集团股份有限公司(2 万吨)〈P2025〉;莱州市恒力达化工有限公司〈P2109〉;山东莱芜润达化工有限公司(2 万吨)〈P2141〉;兖州市向阳化工有限公司(3000 吨)〈P2134〉;[豫]郑州市兴威化工有限公司(2000 吨)〈P2173〉;巩义市恒大结合剂厂(1000 吨)〈P2162〉;巩义市教育化工助剂厂(500 吨)〈P2163〉;巩义市宏亚冶化有限公司(800 吨)〈P2163〉;巩义市通达化工厂(2000 吨)〈P2164〉;巩义市宏和结合剂厂(1500 吨)〈P2163〉;恒甫油漆助剂有限公司〈P2191〉;河南省偃师市化工三厂(1000 吨)〈P2180〉;[鄂]武汉力发化工有限责任公司〈P2231〉;湖北省松滋市南海化工有限公司〈P2239〉;[粤]广州南方树脂有限公司〈P2263〉;信宜松原化工有限公司〈P2293〉

【使用厂】[冀]深州市天翔化工有限公司〈P1669〉;[辽]沈阳船牌制漆有限公司〈P1685〉;[沪]上海开林造漆厂〈P1746〉;[苏]常州光辉化工有限公司〈P1847〉;[闽]福建莆田大隆化工实业有限公司〈P1997〉;[鲁]烟台纳美仕电子材料有限公司〈P2118〉;[豫]河南中原防火材料有限公司〈P2168〉;新乡市东风化工有限责任公司〈P2204〉;[粤]广州市东风化工实业有限公司〈P2263〉;[川]攀枝花荣鑫油漆有限责任公司〈P2322〉

酚醛树脂(872A 型) F01100248
Phenolic resin 872A
【生产厂】[豫]巩义市恒大结合剂厂(800 吨)〈P2162〉

酚醛树脂 703 F01100251
Phenolic resin 703
可用于制取绝缘板材、棒材及玻璃钢等
【生产厂】[沪]上海青浦飞浦树脂厂〈P1757〉;[浙]杭州顺祥工贸有限公司〈P1922〉

酚醛树脂(2183 型) F01100258
Phenolic resin 2183 [9003-35-4]
用于制刹车片
【生产厂】[沪]上海祁南胶粘材料厂(500 吨)〈P1756〉

酚醛树脂(SG-42 型) F01100260
Phenolic resin SG-42
用于砂轮行业
【生产厂】[豫]巩义市恒大结合剂厂〈P2162〉

酚醛树脂(SG-45 型) F01100271
Phenolic resin SG-45
用作制造滑板、高强度高炉衬砖等
【生产厂】[豫]巩义市恒大结合剂厂(800 吨)〈P2162〉

酚醛树脂(FFD-302) F01100281
Phenolie resin FFD-302 [9003-35-4]
主要用于耐火材料镁碳砖的制造,具有强度高、工艺性好等特点
【生产厂】[苏]宜兴市威之信化工有限公司〈P1887〉;[鲁]山东北方现代化学工业有限公司(3000 吨)〈P2027〉

酚醛树脂(FFD-381-P) F01100285
Phenolic resin FFD-381-P [9003-35-4]
主要用于制造快干涂料,也可用于制造覆膜砂,用于铸钢、铸铁的壳型(芯)铸造
【生产厂】[鲁]山东北方现代化学工业有限公司(1000 吨)〈P2027〉

酚醛树脂(FFD-384) F01100291
Phenolic resin FFD-384 [9003-35-4]
主要用于铸铝件的壳型(芯)铸造,具有溃散性好的特点
【生产厂】[鲁]山东北方现代化学工业有限公司(1000 吨)〈P2027〉

酚醛模塑料(SP1191) F01100301
Phenolic moulding plastics SP1191 [9003-35-4]
轿车专用塑料件
【生产厂】[沪]上海双树塑料厂(900 吨)〈P1765〉

酚醛模塑料(PF2A2-131) F01100404
Phenolic moulding plastics PF2A2-131 [9003-35-4]
用于制造低压电器、仪表等绝缘结构件
【生产厂】[沪]上海双树塑料厂(3000 吨)〈P1765〉;[赣]江西光华塑料厂(800 吨)〈P2008〉

酚醛模塑料(PF2A4-161) F01100409
Phenolic moulding plastics PF2A4-161 [9003-35-4]
用于制电器绝缘件、仪表外壳、大小空气开关、接触开关等
【生产厂】[津]天津市大盈树脂塑料有限公司(100 吨)〈P1584〉;[沪]上海双树塑料厂(9000 吨)〈P1765〉

酚醛模塑料 F01100416
Phenolic moulding plastics [9003-35-4]
适宜于用模塑成型方法制造日常生活用品及低压电器、仪表的绝缘结构件
【生产厂】[鲁]山东北方现代化学工业有限公司(200 吨)〈P2027〉

玻纤增强高温酚醛模塑料 F01101101
Phenolic moulding plastics, glass fiber reinforced, high temperature resistant
【生产厂】[皖]蚌埠市天宇耐高温树脂材料有限公司〈P1975〉

耐高温阻燃热固性酚醛树脂 F01101201
Thermoset phenolic resin, high temperature resistant and flame-retardant
可用于配制耐高温的黏合剂和涂料,用作新型耐烧蚀材料、C/C 材料、绝缘材料、复合材料、耐火材料等
【生产厂】[皖]蚌埠市天宇耐高温树脂材料有限公司〈P1975〉

高温高炭酚醛树脂 F01101301
Phenolic resin, high-temperature and high-carbon
用于各类摩阻材料上,能有效提高刹车片的高温摩擦因数,降低磨损率和热衰退
【生产厂】[皖]蚌埠市天宇耐高温树脂材料有限公司〈P1975〉

自硬型酚醛树脂 F01103501
Phenolic resin, self-hardening [9003-35-4]
常温下用对甲苯磺酸作固化剂可以自硬化,用乌洛托品作固化剂,也可做热芯盒树脂
【生产厂】[苏]宜兴市威之信化工有限公司〈P1887〉;[鲁]山东北方现代化学工业有限公司(1200 吨)〈P2027〉;山东潜力化工有限公司〈P2029〉

三聚氰胺改性酚醛树脂 F01103691
Phenolic resin, melamine modified [9003-35-4]
适用于制造低压电器、仪表绝缘件等
【生产厂】[沪]上海祁南胶粘材料厂〈P1756〉

松香改性酚醛树脂(210 型);硬树脂 F01103902
Phenolic resin, rosin modified 210 [9003-35-4]

F

用于制油墨、油漆、橡胶、绝缘材料等
【生产厂】[沪]上海南大化工厂(4000 吨)〈P1754〉;[赣]江西福达香料化工有限公司大森林树脂厂〈P2017〉;[豫]郑州华新化工有限公司〈P2171〉

松香改性酚醛树脂(2112 型) F01103904
Phenolic resin, rosin modified 2112 [9003-35-4]
用于油漆、油墨等工业
【生产厂】[沪]上海南大化工厂(3000 吨)〈P1754〉

松香改性酚醛树脂(2116 型) F01103905
Phenolic resin, rosin modified 2116 [9003-35-4]
用于油漆、油墨等工业
【生产厂】[冀]深州市天翔化工有限公司〈P1669〉;[沪]上海南大化工厂(3000 吨)〈P1754〉

松香改性酚醛树脂(2118 型) F01103906
Phenolic resin, rosin modified 2118 [9003-35-4]
用于油漆、油墨工业
【生产厂】[冀]深州市天翔化工有限公司〈P1669〉;[沪]上海南大化工厂(3000 吨)〈P1754〉;[赣]江西福达香料化工有限公司大森林树脂厂〈P2017〉

松香改性酚醛树脂 F01103908
Phenolic resin, rosin modified [9003-35-4]
用于制涂料、黏合剂、防腐剂等
【生产厂】[津]天津津立龙精细化工有限公司(1000 吨)〈P1574〉;天津瑞丽斯化工有限公司(3500 吨)〈P1577〉;天津市天宁树脂有限公司(6000 吨)〈P1604〉;[冀]深州市天翔化工有限公司〈P1669〉;[辽]大化集团大连油漆厂(600 吨)〈P1690〉;[沪]上海南大化工厂(3000 吨)〈P1754〉;上海新大化工厂(3000 吨)〈P1771〉;上海油墨泗联化工有限公司〈P1776〉;[苏]江都市合成树脂厂〈P1814〉;[闽]福建省宁化县利丰化工有限公司(1000 吨)〈P1994〉;[赣]江西瓯林化工有限责任公司(2 万吨)〈P2018〉;遂川县新海化工有限责任公司〈P2019〉;[鲁]济南章城油墨有限公司(1500 吨)〈P2027〉;[粤]广州科茂化工有限公司〈P2262〉;信宜松原化工有限公司〈P2293〉;德庆迪爱生合成树脂有限公司〈P2293〉;广东德庆基原合成树脂有限公司(2 万吨)〈P2294〉
【使用厂】[吉]长春泰欧亚涂料有限公司〈P1714〉;[鲁]山东奔腾漆业有限公司〈P2130〉;[粤]江门市制漆厂有限公司〈P2286〉

松香改性酚醛树脂(2210 型) F01103911
Phenolic resin, rosin modified 2210 [9003-35-4]
用于制酚醛化胶水、油漆、电工器材
【生产厂】[沪]上海南大化工厂(3000 吨)〈P1754〉

醇溶性松香改性酚醛树脂 F01103951
Alcohol-soluble phenolic resin, rosin modified
用于生产无毒油墨
【生产厂】[沪]上海南大化工厂〈P1754〉;[闽]福建省宁化县利丰化工有限公司〈P1994〉

PET 改性酚醛树脂 F01104011
Phenolic resin, PET modified [9003-35-4]
用于制造铸造钢绝热板,也可用于冶金铸模、电木粉、砂轮制造等
【生产厂】[辽]辽阳前进化工有限公司(1500 吨)〈P1710〉

改性酚醛树脂 F01104101
Modified phenolic resin [9003-35-4]
用于摩擦材料、模具及模压塑料作结合剂
【生产厂】[津]劳特(天津)化工有限公司(300 吨)〈P1569〉;[晋]山西省化工研究所〈P1670〉;[沪]上海祁南胶粘材料厂〈P1756〉;[闽]福建南平瀚森化工有限公司(8000 吨)〈P2003〉;[鲁]济南圣泉海沃斯化工有限公司(3000 吨)〈P2025〉;[豫]巩义市教育化工助剂厂(500 吨)〈P2163〉
【使用厂】[粤]佛山市鲸鲨制漆科技有限公司〈P2288〉

高强度酚醛树脂 F01104201
High strength phenolic resin
用于制铸钢、铸铁及较复杂铸件的壳型(芯)
【生产厂】[鲁]山东潜力化工有限公司〈P2029〉

二甲苯改性酚醛树脂;酚醛树脂(950 型) F01104301
Phenolic resin, dimethylbenzene modified [9003-35-4]
用于摩擦材料行业
【生产厂】[沪]上海祁南胶粘材料厂(1000 吨)〈P1756〉

对叔丁基酚醛树脂 F01104401
4-*tert*-Butylphenol formaldehyde resin
主要用于制备油墨、油漆、胶黏剂等
【生产厂】[冀]深州市天翔化工有限公司〈P1669〉;[赣]江西福达香料化工有限公司大森林树脂厂〈P2017〉

磺化酚醛树脂;磺甲基酚醛树脂;SMP F01104801
Sulfomethyl-phenolic resin [9003-35-4]
石油工业用作泥浆处理剂
【生产厂】[冀]任丘市宏达化工有限公司〈P1656〉;[鲁]青岛三力化工技术有限公司〈P2041〉;[豫]郑州豫华助剂有限公司〈P2175〉;[川]成都天然气化工总厂〈P2316〉;[新]新疆天山建材集团精细化工有限责任公司〈P2364〉

酚醛压塑粉;电木粉;胶木粉 F01105002
Phenolic moulding powder [9003-35-4]
用于制造瓶盖和钮扣,日用低压电器的绝缘结构件,低压电器的绝缘结构件及仪表壳,湿热地区使用的低压电器等
【生产厂】[苏]靖江市恒政增稠材料厂〈P1824〉;[闽]沙县宏盛塑料有限公司(5 万吨)〈P1996〉;[鲁]济南圣泉海沃斯化工有限公司(6000 吨)〈P2025〉

耐磨酚醛塑料粉 F01105003
Phenolic monlding powder, antiwear [9003-35-4]
【生产厂】[鲁]山东北方现代化学工业有限公司(1000 吨)〈P2027〉

酚醛塑料粉 F01105145
Phenolic plastic powder [9003-35-4]
【生产厂】[闽]福建省建瓯市立伟塑料有限公司(1 万吨)〈P2003〉;[赣]江西光华塑料厂〈P2008〉

分子筛用酚醛树脂 F01105401
Phenolic resin for molecular sieve
用于分子筛
【生产厂】[浙]杭州永欣精细化工有限公司(200 吨)〈P1924〉

覆膜砂用酚醛树脂 F01105501

Phenolic resin for coated sand

主要用于铸造行业制备壳型覆膜砂

【生产厂】[苏]苏州市黄桥酚醛树脂厂〈P1904〉;[鲁]山东潜力化工有限公司〈P2029〉;济南圣泉海沃斯化工有限公司(5000 吨)〈P2025〉;蓬莱市福鑫化工有限公司〈P2112〉

摩擦材料用酚醛树脂 F01105601

Phenolic resin for frictional material

主要用于生产汽车刹车片、火车闸瓦、砂轮等摩擦材料

【生产厂】[鲁]蓬莱市福鑫化工有限公司〈P2112〉

耐火材料用酚醛树脂 F01105701

Phenolic resin for fire-resistant material

主要用于铝镁碳砖、滑动板及塞头、塞棒等耐火材料

【生产厂】[皖]蚌埠市天宇耐高温树脂材料有限公司〈P1975〉;[鲁]济南圣泉海沃斯化工有限公司(6000 吨)〈P2025〉;青岛西盛源化工有限公司(2000 吨)〈P2044〉;[鄂]武汉力发化工有限责任公司〈P2231〉

砂轮用酚醛树脂 F01105901

Phenolic resin for grinding wheel

主要用于制造砂轮和磨块,具有粘接强度高、稳定性好的特点,也可用于制造快干涂料、绝缘板等

【生产厂】[沪]上海祁南胶粘材料厂〈P1756〉;[鲁]山东北方现代化学工业有限公司(1500 吨)〈P2027〉;山东潜力化工有限公司〈P2029〉

酚醛树脂泡沫塑料 F01107601

Phenolic foam plastic

用于室内供热、空调管道、热网中供热管道、各种化工管道、电力热力管线的保温

【生产厂】[京]北京京卫瑞源科技有限公司〈P1553〉;[冀]廊坊市华能新型建材有限公司〈P1661〉;[沪]上海高伦现代农化股份有限公司〈P1734〉;[苏]宜兴市腾明化工有限公司〈P1887〉;[鲁]济南圣泉海沃斯化工有限公司(8000 吨)〈P2025〉

酚醛层压布板 3025 F01108102

Phenolic laminated cloth plate 3025

用于制机械、电器、电器设备中作绝缘结构零件以及用于机械设备中作运转抗振部件

【生产厂】[苏]扬州亚邦绝缘材料有限公司〈P1820〉

酚醛玻璃纤维模塑料 F01108202

Phenolic glass fiber moulding plastics

用于耐湿、耐腐蚀制品的生产

【生产厂】[浙]宁波安力绝缘材料有限公司〈P1929〉;浙江瑞森化工有限公司(1 万吨)〈P1939〉

二甲苯甲醛树脂 F01108400

Xylene formaldehyde resin

【生产厂】[苏]苏州特种化学品有限公司(5500 吨)〈P1906〉

【使用厂】[苏]苏州 PPG 包装涂料有限公司〈P1898〉

邻/对甲苯磺酰胺甲醛树脂 F01108801

O/P-Toluenesulfonamide formaldehyde resin [25035-71-6]

用于纤维素树脂、乙烯类树脂成膜改性剂及黏合性能促进剂

【生产厂】[苏]苏州金忠化工有限公司〈P1901〉;[浙]嘉兴辰龙化工有限责任公司〈P1941〉;嘉兴市金利化工有限责任公司〈P1942〉

酚醛铸造树脂 F01109201

Phenolic casting resin [9003-35-4]

用于铸钢、铸铁件、铸铝件的壳型(芯)制造及耐火材料、砂轮的制造

【生产厂】[津]天津市大盈树脂塑料有限公司(3000 吨)〈P1584〉;[鄂]武汉力发化工有限责任公司〈P2231〉;潜江市申昌有机化工厂(1000 吨)〈P2246〉

碱性酚醛树脂 F01109251

Phenolic resin, basic

适用于生产球铁、曲轴、阀体、泵体等易产生缩松和热裂的铸件

【生产厂】[鲁]昌乐恒昌化工有限公司(2000 吨)〈P2088〉

热芯盒酚醛树脂 F01109401

Phenolic resin, hot wick case

【生产厂】[苏]宜兴市威之信化工有限公司〈P1887〉;[鲁]昌乐恒昌化工有限公司(1000 吨)〈P2088〉

桐油改性酚醛树脂 F01109501

Phenolic resin, tung oil modified [9003-35-4]

【生产厂】[沪]上海油墨泗联化工有限公司〈P1776〉

三聚氰胺甲醛树脂;蜜胺树脂 F01110101

Melamine-formaldehyde resin [68002-25-5]

用于配制氨基树脂漆

【生产厂】[津]天津市东光特种涂料有限公司(3000 吨)〈P1585〉;天津市纵横兴工贸有限公司化工试剂分公司〈P1614〉;天津市大盈树脂塑料有限公司(500 吨)〈P1584〉;[冀]河北恒瑞塑业有限责任公司〈P1639〉;[沪]上海涂料有限公司〈P1768〉;上海南大化工厂(1000 吨)〈P1754〉;上海新大化工厂(1500 吨)〈P1771〉;[苏]江苏三木集团公司〈P1865〉;苏州鸿程化工有限公司〈P1900〉;[鲁]山东海化魁星化工有限公司(3000 吨)〈P2135〉;[豫]郑州华新化工有限公司(500 吨)〈P2171〉;郑州双塔涂料有限公司(500 吨)〈P2174〉;[湘]湖南益阳旭日精细化工有限公司〈P2256〉

【使用厂】[沪]上海开林造漆厂〈P1746〉;[粤]佛山市鲸鲨制漆科技有限公司〈P2288〉;[甘]西北永新化工股份有限公司〈P2356〉

三聚氰胺甲醛模塑料;蜜胺模塑料 F01110106

Melamine-formaldehyde moulding materials [68002-25-5]

广泛用于各式餐具、容器、电气零件等成型品

【生产厂】[鲁]青岛三凯化工有限公司〈P2041〉

正丁醇改性三聚氰胺甲醛树脂;丁醇醚化三聚氰胺甲醛树脂 F01110421

Melamine-formaldehyde resin, *n*-butyl alcohol modified [68002-25-5]

用作氨基烘漆半成品

【生产厂】[京]北京三嗪兴达化学研究所〈P1557〉;[粤]佛山市鲸鲨制漆科技有限公司〈P2288〉

氨基树脂(572型);丁醚化三聚氰胺-苯代三聚氰胺共聚树脂 F01110503
Amino resin 572
用于砂纸、砂轮工业
【生产厂】[沪]上海南大化工厂(1500吨)〈P1754〉

氨基树脂(210型) F01110504
Amino resin 210
主要用于造漆,还用于生产油墨、橡胶、漆包线等
【生产厂】[桂]广西梧州松脂股份有限公司〈P2300〉

甲醚化氨基树脂 F01110701
Amino resin, etherified
用于制备氨基烤漆、水性防火涂料等
【生产厂】[沪]上海爱力金涂料有限公司〈P1727〉;[湘]湖南益阳旭日精细化工有限公司〈P2256〉

F

氨基树脂(582型) F01110901
Amino resin 582
用于制造醇酸氨基烘漆
【生产厂】[沪]上海爱力金涂料有限公司〈P1727〉;上海南大化工厂(1500吨)〈P1754〉

氨基树脂(590-3型) F01110904
Amino resin 590-3
用于涂料工业制氨基漆
【生产厂】[沪]上海南大化工厂(1500吨)〈P1754〉

氨基树脂(520型) F01110907
Amino resin 520
用于食品、涂料工业
【生产厂】[沪]上海南大化工厂(1500吨)〈P1754〉

氨基树脂(585型);异丁醇改性三聚氰胺甲醛树脂585 F01110908
Amino resin 585
用于制氨基烘烤面漆
【生产厂】[沪]上海南大化工厂(1500吨)〈P1754〉

氨基树脂(521型) F01110915
Amino resin 521
用于制锤纹漆等
【生产厂】[沪]上海南大化工厂〈P1754〉

氨基树脂 F01111101
Amino resin
除用于制作模塑料外,还用于制备装饰板、涂料、木材黏结剂、纤维处理剂及电绝缘材料等
【生产厂】[京]红狮涂料国际有限公司〈P1567〉;[苏]江苏融泰化工有限公司〈P1865〉;吴江市合力树脂有限公司〈P1910〉;[浙]台州市新华树脂有限公司(1500吨)〈P1962〉;[鲁]济南鸿华集团总公司〈P2022〉;泰安市亚特尔化工建材有限公司〈P2138〉;[粤]三力化工实业有限公司〈P2281〉;佛山市高明同德化工有限公司〈P2287〉;江门江盈化工有限公司〈P2285〉
【使用厂】[沪]上海振华造漆厂〈P1778〉;上海旭森非卤消烟阻燃剂有限公司〈P1773〉;[苏]常州光辉化工有限公司〈P1847〉;丹阳市远中金属助剂有限公司〈P1841〉;[闽]泉州市信和涂料有限公司〈P2000〉;[鲁]青岛润泰制漆有限公司〈P2041〉;梁山县第一油漆厂〈P2129〉;[豫]开封市汴梁漆业有限公司〈P2177〉;[粤]江门市制漆厂有限公司〈P2286〉;[川]四川德阳奥林化工涂料有限公司〈P2326〉

三聚氰胺甲醛模塑粉;蜜胺粉 F01111802
Melamine-formaldehyde moulding powder [68002-25-5]
用于制造耐电弧性的电工零件和各种开关、矿用电器等
【生产厂】[津]天津市至上化工厂(200吨)〈P1613〉;[冀]河北恒瑞塑业有限责任公司〈P1639〉

改性三聚氰胺甲醛树脂 F01111814
Melamine-formaldehyde resin, modified [68002-25-5]
用于铜板纸、白板纸的表面施胶和干湿增强剂
【生产厂】[津]天津鑫荣树脂股份有限公司〈P1616〉

甲醚化六羟基甲基三聚氰胺树脂(560型) F01111901
Hexahydroxy methyl melamine resin, etherified 560 [68002-25-5]
可作为高级涂料和高级油墨的主要原料,还可用于印刷上光、纺织业纯棉、化纤及其各种混纺物的后整理
【生产厂】[京]北京三嗪兴达化学研究所〈P1557〉;[津]天津市双利化工厂(500吨)〈P1602〉;[苏]扬州三得利化工有限公司〈P1818〉

六羟甲基三聚氰胺树脂;六羟树脂 F01111903
Hexahydroxy-methyl melamine resin [68002-25-5]
用于聚丙烯酸酯交联剂,布整理剂
【生产厂】[苏]苏州百氏高化工有限公司〈P1899〉;[浙]绍兴市应用化学研究所〈P1949〉;[鲁]龙口科达化工有限公司(1000吨)〈P2110〉

脲醛树脂;尿素甲醛树脂 F01112109
Urea formaldehyde resin [9011-05-6]
用于木材、胶合板、家具制造,农机具修理及其他竹木材料的黏结剂
【生产厂】[津]天津市东光特种涂料有限公司(2000吨)〈P1585〉;天津鑫荣树脂股份有限公司〈P1616〉;[冀]石家庄化肥集团有限责任公司(1000吨)〈P1626〉;[沪]上海申星化工有限公司(4万吨)〈P1761〉;上海吉安化工有限公司(3万吨)〈P1742〉;上海青浦飞浦树脂厂〈P1757〉;[苏]江苏神洲化学工业有限公司〈P1808〉;扬州市金峰树脂原料有限公司〈P1819〉;泰州市天成化工有限公司〈P1827〉;[鲁]曲阜慧迪化工有限责任公司(3000吨)〈P2130〉;[豫]郑州市兴威化工有限公司(3000吨)〈P2173〉
【使用厂】[浙]杭州宝塔油漆有限公司〈P1915〉;[鲁]淄博奥威粘合剂有限公司〈P2058〉

改性脲醛树脂(环保型) F01112701
Modified urea formaldehyde resin, environmental-protection type
用于生产木材、人造板用胶黏剂
【生产厂】[粤]汕头市三峰化工公司〈P2277〉

糠醇改性脲醛树脂 F01112801
Urea formaldehyde resin, furfuryl alcohol modified [9011-05-6]

用于铸造热芯盒型砂

【生产厂】[辽]辽阳鸿泰有机化工有限公司〈P1710〉

脲甲醛模塑粉；电玉粉；氨基塑料粉 F01113005

Urea formaldehyde moulding powder [9011-05-6]

用于制瓶盖和钮扣等日用品

【生产厂】[冀]河北恒瑞塑业有限责任公司〈P1639〉；[苏]苏州市石湖橡塑助剂厂(5000 吨)〈P1905〉；南通光远集团如皋红星化工有限公司(4500 吨)〈P1833〉；[闽]福建省沙县宏光化工有限公司(2 万吨)〈P1995〉

氨基模塑料 F01113100

Amino moulding plastic

适用于塑料日用电器制品、各式钮扣、机械配件及餐具等

【生产厂】[津]天津市至上化工厂(1000 吨)〈P1613〉；[沪]上海双树塑料厂(2000 吨)〈P1765〉

双酚 A 型环氧树脂(E-03 型)；环氧树脂(609 型)；双酚 A 二缩水甘油醚(E-03 型) F01120101

Bisphenol-A diglycidyl ether E-03; Bisphenol-A epoxy resin E-03 [1675-54-3]

用于涂料工业，制食品罐头涂料、农用喷雾器涂料、矽钢片及漆包线涂料等

【生产厂】[沪]上海树脂厂有限公司〈P1764〉

双酚 A 型环氧树脂(E12 型)；环氧树脂(604 型)；双酚 A 二缩水甘油醚(E12 型) F01120102

Bisphenol-A diglycidyl ether E12; Bisphenol-A epoxy resin E12 [1675-54-3]

用于配制防腐蚀涂料及绝缘漆，用作黏合剂、层压材料

【生产厂】[沪]上海树脂厂有限公司(2290 吨)〈P1764〉；[皖]安徽神剑新材料有限公司(2000 吨)〈P1973〉；安徽省歙县宏大化工有限公司(1900 吨)〈P1980〉；黄山市歙县银宇化工厂〈P1981〉；黄山市华美精细化工有限公司(900 吨)〈P1981〉；黄山市善孚化工有限公司〈P1981〉；[鲁]济南树脂化工公司〈P2025〉；淄博苗栗化工有限公司(200 吨)〈P2065〉；青州市奥星化工有限公司〈P2091〉；[豫]焦作电力集团奥星化工有限公司(1000 吨)〈P2195〉；[粤]广州市东风化工实业有限公司(400 吨)〈P2263〉；佛山市鲸鲨制漆科技有限公司(800 吨)〈P2288〉

【使用厂】[苏]常州光辉化工有限公司〈P1847〉

双酚 A 型环氧树脂(E20 型)；环氧树脂(601 型)；双酚 A 二缩水甘油醚(E20 型) F01120104

Bisphenol-A diglycidyl ether E20; Bisphenol-A epoxy resin E20 [1675-54-3]

用于配制防腐蚀涂料及绝缘漆、黏合剂、层压制品

【生产厂】[沪]上海树脂厂有限公司(2290 吨)〈P1764〉；[粤]佛山市鲸鲨制漆科技有限公司〈P2288〉

双酚 A 型环氧树脂(E35 型)；环氧树脂(637 型)；双酚 A 二缩水甘油醚(E35 型) F01120106

Bisphenol-A diglycidyl ether E35; Bisphenol-A epoxy resin E35 [1675-54-3]

用于层压制品、浇铸、密封、黏合剂、涂料等

【生产厂】[沪]上海树脂厂有限公司〈P1764〉

双酚 A 型环氧树脂(E39-D 型)；环氧树脂(E39-D 型)；双酚 A 二缩水甘油醚(E39-D 型) F01120107

Bisphenol-A diglycidyl ether E39-D; Bisphenol-A epoxy resin E39-D [1675-54-3]

用于电气工业大型浇铸、黏合、密封、层压等

【生产厂】[浙]浙江嘉兴富安化工有限公司〈P1943〉

双酚 A 型环氧树脂(E42 型)；环氧树脂(634 型)；双酚 A 二缩水甘油醚(E42 型) F01120108

Bisphenol-A diglycidyl ether E42; Bisphenol-A epoxy resin E42 [1675-54-3]

用于各种材料的黏合、密封、层压及浇铸等

【生产厂】[沪]上海树脂厂有限公司〈P1764〉；[鲁]济南树脂化工公司〈P2025〉；[粤]佛山市鲸鲨制漆科技有限公司〈P2288〉

双酚 A 型环氧树脂(E44 型)；环氧树脂(6101 型)；双酚 A 二缩水甘油醚(E44 型) F01120109

Bisphenol-A diglycidyl ether E44; Bisphenol-A epoxy resin E44 [1675-54-3]

用于各种材料的黏合，也用作密封材料、层压及浇铸材料、防腐涂料等

【生产厂】[冀]石家庄市有机化工厂(5 吨)〈P1632〉；[沪]上海树脂厂有限公司〈P1764〉；[鲁]济南树脂化工公司〈P2025〉；[豫]开化集团开封市树脂厂(1000 吨)〈P2179〉；[粤]广州市东风化工实业有限公司(1000 吨)〈P2263〉；佛山市鲸鲨制漆科技有限公司(800 吨)〈P2288〉

双酚 A 型环氧树脂(E51 型)；环氧树脂(618 型)；双酚 A 二缩水甘油醚(E51 型) F01120110

Bisphenol-A diglycidyl ether E51; Bisphenol-A epoxy resin E51 [1675-54-3]

用作高强度电绝缘材料、光弹性材料、光学仪器黏合剂等

【生产厂】[沪]上海树脂厂有限公司〈P1764〉；[苏]江阴天星保温材料有限公司〈P1872〉；[粤]佛山市鲸鲨制漆科技有限公司〈P2288〉

【使用厂】[津]天津市延安化工厂〈P1610〉

高分子环氧树脂(607 型)；双酚 A 环氧树脂(607 型) F01120112

Bisphenol-A epoxy resin 607; High molecular epoxy resin 607

用于食品罐涂料、矽钢片漆等

【生产厂】[沪]上海树脂厂有限公司〈P1764〉

双酚 A 型环氧树脂(621 型)；双酚 A 二缩水甘油醚(621 型) F01120113

Bisphenol A diglycidyl ether 621; Bisphenol-A epoxy resin 621 [1675-54-3]

用于涂料及食品工业

【生产厂】[沪]上海青浦飞浦树脂厂〈P1757〉

双酚 A 型环氧树脂;E 型环氧树脂 F01120116
Bisphenol-A diglycidyl ether;Bisphenol-A epoxy resin [1675-54-3]
用作黏合剂、防腐涂料,也可用于浇铸工艺
【生产厂】[辽]大连齐化化工有限公司(2 万吨)〈P1693〉;[沪]上海树脂厂有限公司〈P1764〉;[苏]常州市黄河化工设备有限公司〈P1851〉;溧阳市后周福利溶剂厂〈P1863〉;徐州云翔树脂有限公司(1000 吨)〈P1796〉;南通新广生化工有限公司〈P1836〉;[浙]嘉兴东方树脂厂〈P1941〉;[皖]黄山永佳安大创新中心有限公司〈P1981〉

双酚 A 型固体环氧树脂 F01120126
Bisphenol-A epoxy resin,solid [1675-54-3]
广泛用于制备各种涂料,如粉末涂料、溶剂型涂料、防腐涂料等
【生产厂】[苏]无锡迪爱生环氧有限公司〈P1872〉;无锡光明化工厂有限公司〈P1873〉

F

双酚 A 型液体环氧树脂 F01120131
Bisphenol-A epoxy resin,liquid
【生产厂】[苏]无锡迪爱生环氧有限公司〈P1872〉;无锡光明化工厂有限公司〈P1873〉

溶剂型环氧树脂 F01120451
Epoxy resin,solvent
【生产厂】[苏]无锡迪爱生环氧有限公司〈P1872〉

双酚 F 型环氧树脂 F01120501
Bisphenol-F epoxy resin
耐溶剂性、耐热老化性优越,被广泛用于无溶剂涂料、绝缘材料、建筑材料及粘接剂等行业
【生产厂】[苏]无锡迪爱生环氧有限公司〈P1872〉

无溶剂环氧自流平地面漆用树脂 F01121201
Resin for epoxy self-leveling floor paint,solvent free
【生产厂】[沪]上海通威实用技术研究所〈P1768〉

环氧抗静电自流平地面漆用树脂 F01121301
Resin for epoxy antistatic self-leveling floor paint
【生产厂】[沪]上海通威实用技术研究所〈P1768〉;[粤]广州市东风化工实业有限公司〈P2263〉

水溶性环氧树脂(溶剂型 681 型) F01121501
Water-soluble epoxy resin,solvent 681 [61788-97-4]
用作生产玻璃纤维的浸润剂
【生产厂】[苏]常州市武进运波化工有限公司(300 吨)〈P1855〉;宜兴市腾蛟化工材料有限公司〈P1887〉

水溶性环氧树脂(非溶剂型,682 型) F01121502
Water-soluble epoxy resin,*non*-solvent 682 [61788-97-4]
【生产厂】[苏]常州市武进运波化工有限公司〈P1855〉;宜兴市腾蛟化工材料有限公司〈P1887〉

水溶性环氧树脂 F01121511
Water soluble epoxy resin
适于作黏合剂、层压材料、浇注、浸渍及模具和涂料等
【生产厂】[津]天津燕海化学有限公司(1000 吨)〈P1616〉;[辽]营口星火化工有限公司〈P1705〉;[浙]嘉兴东方树脂厂〈P1941〉

环氧无溶剂浸渍树脂 F01121591
Epoxy dipping resin,solventliss
【生产厂】[苏]吴江市太湖涂料有限公司〈P1911〉

甲酚甲醛环氧树脂(JF-43 型) F01121701
Cresol-formaldehyde epoxy resin JF-43 [61788-97-4]
用于黏合、浇注、灌封等
【生产厂】[浙]嘉兴东方树脂厂〈P1941〉

邻甲酚醛环氧树脂 F01121731
O-Methyl phenolic epoxy resin
用作电子、电器原浸渍,包封材料,光导性材料,非金属材料的粘接绝缘、防腐等
【生产厂】[川]中昊晨光化工研究院(600 吨)〈P2321〉

有机硅改性环氧树脂 F01122251
Epoxy resin,silicone modified
【生产厂】[吉]磐石市大田化工助剂研究所〈P1717〉;吉林华丰有机硅有限公司〈P1715〉;[鄂]武汉现代工业技术研究院〈P2234〉

含溴环氧树脂(EX-20) F01122301
Epoxy resin,bromated EX-20 [61788-97-4]
用于建筑、航空、船舶用层压板、集成电路印刷板及黏合剂等
【生产厂】[浙]嘉兴东方树脂厂〈P1941〉

高光泽环氧型静电粉末 F01122402
Epoxy static powder, high glaze
【生产厂】[津]天津善群树脂有限公司〈P1578〉

溴化阻燃型环氧树脂;溴化环氧树脂 F01122551
Epoxy resin,bromated flame retarding [61788-97-4]
是一种新型、性能优异的添加型阻燃材料,广泛用于 PBT、PET、ABS、尼龙 66、热塑性聚氨酯等热塑性塑料
【生产厂】[苏]溧阳市后周福利溶剂厂〈P1863〉;无锡迪爱生环氧有限公司〈P1872〉;[鲁]济南泰星精细化工有限公司(400 吨)〈P2026〉;广饶海丰盐化有限公司(1000 吨)〈P2083〉;广饶县盐化工业集团总公司(1000 吨)〈P2084〉

环氧树脂;双酚-A 缩水甘油醚 F01122700
Epoxy resin [61788-97-4]
用于制防腐涂料、粉末涂料、油墨、黏合剂、绝缘材料等
【生产厂】[京]中国蓝星(集团)总公司〈P1568〉;[津]天津燕海化学有限公司(600 吨)〈P1616〉;天津市津东化工厂(500 吨)〈P1593〉;天津市储盛工业建筑装饰有限公司〈P1582〉;[冀]石家庄惠利电子材料有限公司〈P1627〉;廊坊市凯丰化工有限公司〈P1661〉;[辽]营口市群英化工有限公司〈P1705〉;[沪]上海涂料有限公司〈P1768〉;上海青浦飞浦树脂厂〈P1757〉;[苏]镇江李长荣综合石化工业有限公司〈P1844〉;常州市节能化工有限公司〈P1852〉;无锡

光明化工厂有限公司〈P1873〉；无锡新虹化工有限公司(2000吨)〈P1882〉；江苏三木集团公司(1万吨)〈P1865〉；吴江市合力树脂有限公司〈P1910〉；苏州特种化学品有限公司(3000吨)〈P1906〉；南通新广生化工有限公司(1200吨)〈P1836〉；[浙]杭州久固涂料有限公司〈P1920〉；浙江天松新材料股份有限公司〈P1928〉；台州市新华树脂有限公司(500吨)〈P1962〉；[皖]黄山市润发化工(集团)有限公司(6000吨)〈P1981〉；黄山市善孚化工有限公司(5000吨)〈P1981〉；[赣]江西设备防腐公司〈P2009〉；[鲁]济南华富达实业有限公司〈P2022〉；济南鸿华集团总公司(650吨)〈P2022〉；临淄华泰化工厂(2万吨)〈P2049〉；淄博华东玉华工贸有限责任公司(1500吨)〈P2061〉；青州荣华化工有限公司〈P2091〉；烟台康达化工有限公司(8000吨)〈P2117〉；烟台奥利福化工有限公司(500吨)〈P2116〉；山东肥城鲁泰(集团)有限公司(1000吨)〈P2135〉；[豫]郑州华新化工有限公司(500吨)〈P2171〉；洛阳市夏都树脂厂(2000吨)〈P2186〉；[鄂]武汉森茂精细化工有限公司(500吨)〈P2232〉；湖北省松滋市南海化工有限公司〈P2239〉；[粤]广州市东风化工实业有限公司〈P2263〉；佛山市鲸鲨制漆科技有限公司(800吨)〈P2288〉；顺德市凤华化工有限公司(698吨)〈P2292〉；[川]中昊晨光化工研究院(2000吨)〈P2321〉

【使用厂】[京]红狮涂料国际有限公司〈P1567〉；[津]天津灯塔涂料有限公司〈P1571〉；天津市延安化工厂分厂〈P1610〉；天津市新丽华色材有限责任公司〈P1608〉；天津中远关西涂料化工有限公司〈P1618〉；天津莱特赫斯涂料有限公司〈P1576〉；[冀]石家庄市有机化工厂〈P1632〉；[辽]沈阳船牌制漆有限公司〈P1685〉；[吉]长春泰欧亚涂料有限公司〈P1714〉；[沪]上海开林造漆厂〈P1746〉；上海振华造漆厂〈P1778〉；上海中科合臣股份有限公司〈P1779〉；上海燕美化工有限公司〈P1774〉；上海康达化工有限公司〈P1747〉；上海大邦化工防腐有限公司〈P1730〉；上海汇宇精细化工有限公司〈P1741〉；上海常江化学有限公司〈P1730〉；[苏]常州光辉化工有限公司〈P1847〉；徐州云翔树脂有限公司〈P1796〉；无锡市裕田高分子材料有限公司〈P1881〉；丹阳市远中金属助剂有限公司〈P1841〉；宜兴市腾蛟化工材料有限公司〈P1887〉；常州市武进运波化工有限公司〈P1855〉；无锡友联绝缘材料有限公司〈P1883〉；[浙]杭州中法化学有限公司〈P1925〉；[闽]福建省腾龙工业公司〈P2001〉；漳州市万安实业有限公司〈P2002〉；[鲁]烟台市德邦科技有限公司〈P2118〉；山东北方现代化学工业有限公司〈P2027〉；威海市瀚玉化纺有限公司〈P2125〉；莱阳市亚力美涂料有限公司〈P2108〉；东营鲁能方大精细化学工业有限责任公司〈P2081〉；潍坊云飞化工有限公司〈P2107〉；胜利油田方圆实业集团有限公司防腐材料分公司〈P2087〉；山东高威化工有限公司〈P2153〉；烟台纳美仕电子材料有限公司〈P2118〉；山东省昌乐县华颖液体瓷厂〈P2097〉；安丘市鲁星化学有限公司〈P2088〉；临淄同德防腐材料有限公司〈P2050〉；[豫]黎明化工研究院〈P2181〉；洛阳黎明化工科工贸总公司〈P2182〉；[湘]湘潭市至诚涂料有限公司〈P2252〉；[粤]江门市制漆厂有限公司〈P2286〉；广州秀珀化工有限公司〈P2268〉；广东省石油化工研究院〈P2259〉；[川]攀枝花荣鑫油漆有限责任公司〈P2322〉；[陕]西安利澳科技股份有限公司〈P2349〉；[甘]西北永新化工股份有限公司〈P2356〉

环氧树脂(AG-80型) F01123101

Epoxy resin AG-80 [61788-97-4]

用于耐热胶黏剂、碳纤维等复合材料用主体树脂

【生产厂】[沪]上海市合成树脂研究所〈P1763〉

环氧树脂(711型) F01123121

Epoxy resin 711 [61788-97-4]

用于制环氧涂料、环氧黏结剂

【生产厂】[津]天津燕海化学有限公司(300吨)〈P1616〉

【使用厂】[津]天津市延安化工厂〈P1610〉

酚醛环氧树脂(F-44型)；环氧树脂(644型) F01123301

Phenolic epoxy resin F-44 [61788-97-4]

用于耐热层压材料、黏合剂、耐热涂层、密封材料

【生产厂】[沪]上海树脂厂有限公司(2290吨)〈P1764〉

酚醛环氧树脂(F-46型)；环氧树脂(648型) F01123302

Phenolic epoxy resin F-46 [61788-97-4]

用于层压、黏合、密封、浇注等

【生产厂】[沪]上海树脂厂有限公司(2290吨)〈P1764〉

环氧聚酯混合树脂 F01123401

Epoxy-polyester mixed resin

【生产厂】[皖]安徽神剑新材料有限公司(5万吨)〈P1973〉

酚醛环氧树脂 F01124101

Phenolic epoxy resin [61788-97-4]

用于电子、电器方面制耐热、绝缘涂料

【生产厂】[苏]溧阳市后周福利溶剂厂〈P1863〉；溧阳市飞达电化设备厂〈P1863〉；苏州特种化学品有限公司(1000吨)〈P1906〉；[浙]嘉兴东方树脂厂〈P1941〉

酚醛环氧树脂(F-51型) F01124401

Phenolic epoxy resin F-51 [61788-97-4]

用于耐热层压材料、缠绕成型、黏合剂、耐热涂料等

【生产厂】[沪]上海树脂厂有限公司〈P1764〉

水性环氧树脂乳液 F01124701

Water-soluble epoxy resin emulsion

用作纸张表面上的防水增强剂，水基涂料黏结剂、基料等

【生产厂】[京]北京金汇利应用化工制品有限公司〈P1552〉；[辽]辽宁奥克化学集团有限公司〈P1709〉；[沪]上海绿嘉水性涂料有限公司〈P1752〉

环氧树脂绝缘浇注料 F01124801

Epoxy resin insulating pouring material

提高了环氧的抵抗开裂能力，同时也保持了环氧树脂优异的机械电气性能

【生产厂】[苏]无锡市裕田高分子材料有限公司(50吨)〈P1881〉

氢化双酚A型环氧树脂 F01124901

Hydrogenated bisphenol A epoxy resin

用于户外电气产品浇注

【生产厂】[鲁]烟台奥利福化工有限公司(300吨)〈P2116〉

彩色环氧树脂(861型) F01125001

Epoxy resin 861, colour

适用于灌封各类电气产品

F

【生产厂】[粤]佛山市鲸鲨制漆科技有限公司〈P2288〉

水性环氧树脂分散体 F01125201

Water-soluble epoxy resin dispersoid

主要用于制备防锈漆

【生产厂】[京]北京金汇利应用化工制品有限公司〈P1552〉

环氧滴浸树脂 F01125301

Epoxy dropping impregnation resin

【生产厂】[浙]嘉兴荣泰雷帕司绝缘材料有限公司〈P1941〉;余姚特种涂料厂〈P1935〉

环氧绝缘浸渍树脂;快固化环氧浸渍树脂 F01125351

Epoxy insulating dipping resin

用于电机、电器的绝缘

【生产厂】[浙]嘉兴荣泰雷帕司绝缘材料有限公司〈P1941〉;[川]中蓝晨光化工研究院〈P2320〉

环氧快固化连续沉浸树脂 F01125391

Epoxy quick-solidified continuous immersion resin

【生产厂】[浙]余姚特种涂料厂〈P1935〉

耐热冲击型环氧树脂 F01125401

Heat shock resistance epoxy resin

应用于电子电器、粘接、涂料、土木等领域

【生产厂】[苏]无锡迪爱生环氧有限公司〈P1872〉

醇酸树脂 F01130100

Alkyd resin [68459-31-4]

用于制造木器漆、汽车漆、卷材及印铁涂料等

【生产厂】[津]天津市东光特种涂料有限公司(1500 吨)〈P1585〉;天津瑞丽斯化工有限公司(500 吨)〈P1577〉;劳特(天津)化工有限公司(100 吨)〈P1569〉;天津市天宁树脂有限公司(2500 吨)〈P1604〉;天津市大邱庄津姿涂料有限公司(2500 吨)〈P1583〉;[冀]深州市天翔化工有限公司〈P1669〉;[沪]上海涂料有限公司〈P1768〉;上海爱力金涂料有限公司〈P1727〉;上海南大化工厂〈P1754〉;上海新大化工厂(6000 吨)〈P1771〉;[苏]南京瑞泽精细化工有限公司〈P1788〉;宜兴市华宝化工厂〈P1885〉;江苏三木集团公司〈P1865〉;江苏融泰化工有限公司〈P1865〉;吴江市合力树脂有限公司〈P1910〉;[浙]杭州宝塔油漆有限公司(1 万吨)〈P1915〉;台州市新华树脂有限公司(1000 吨)〈P1962〉;[鲁]济南爱特佳涂料有限公司(3000 吨)〈P2020〉;淄博泰兴粉末涂料厂〈P2073〉;诸城市新星油漆化工厂〈P2107〉;[豫]郑州市三环油漆厂(2000 吨)〈P2173〉;郑州华新化工有限公司〈P2171〉;河南省偃师市新星油漆厂(100 吨)〈P2181〉;[湘]湖南湘江涂料集团有限公司〈P2248〉;[粤]三力化工实业有限公司〈P2281〉;高明明海化学企业有限公司〈P2290〉;佛山市高明同德化工有限公司〈P2287〉;江门市制漆厂有限公司(3 万吨)〈P2286〉;江门江盈化工有限公司(3 万吨)〈P2285〉

【使用厂】[京]红狮涂料国际有限公司〈P1567〉;[津]天津市耀华红日油漆有限公司〈P1610〉;天津中远关西涂料化工有限公司〈P1618〉;[沪]上海造漆厂〈P1777〉;上海振华造漆厂〈P1778〉;[皖]马鞍山市康华化工有限公司〈P1977〉;[闽]福建省龙岩市豪迪化工有限公司〈P2005〉;[鲁]济南泰山金鹏涂料有限公司〈P2025〉;山东梁山蓝天化工有限公司〈P2131〉;山东奔腾漆业有限公司〈P2130〉;莱阳市亚力美涂料有限公司〈P2108〉;青岛润泰制漆有限公司〈P2041〉;潍坊云飞化工有限公司〈P2107〉;梁山县第一油漆厂〈P2129〉;[豫]河南庆安化工高科技股份有限公司〈P2166〉;新乡市东风化工有限责任公司〈P2204〉;[粤]东莞市石龙合众涂料厂〈P2280〉;佛山市鲸鲨制漆科技有限公司〈P2288〉;广东粤港大地制漆有限公司〈P2291〉;[甘]西北永新化工股份有限公司〈P2356〉

醇酸树脂(3139 型) F01130127

Alkyd resin 3139 [68459-31-4]

用于制硝基漆、过氯乙烯漆等

【生产厂】[川]成都市海鲨漆业有限责任公司〈P2314〉

醇酸树脂(364-3 型) F01130140

Alkyd resin 364-3 [68459-31-4]

用于生产醇酸底漆

【生产厂】[湘]湖南湘江涂料集团有限公司〈P2248〉

豆油改性醇酸树脂 F01130181

Alkyd resin, soya oil modified

用于醇酸树脂漆的合成

【生产厂】[沪]上海油墨泗联化工有限公司〈P1776〉;上海元邦涂料制造有限公司〈P1776〉

丙烯酸改性醇酸树脂 F01130182

Alkyd resin, acrylic modified

用于生产汽车漆、防腐漆、家具漆等

【生产厂】[苏]吴江市合力树脂有限公司〈P1910〉;[皖]安庆菱湖漆业有限公司〈P1979〉;[鲁]山东东明石化集团科耀化工有限公司(5000 吨)〈P2159〉;[粤]江门市制漆厂有限公司(1000 吨)〈P2286〉

苯乙烯改性醇酸树脂 F01130183

Alkyd resin, styrene modified

用于生产家电漆、塑料漆、木器漆、机械漆等

【生产厂】[皖]安庆菱湖漆业有限公司〈P1979〉;[鲁]山东东明石化集团科耀化工有限公司(5000 吨)〈P2159〉

脂肪酸改性短油醇酸树脂 F01130187

Short oil alkyd resin, fatty acid modified

特别适合制高光清漆

【生产厂】[沪]上海元邦涂料制造有限公司〈P1776〉;[粤]深圳市飞扬实业有限公司〈P2270〉

脂肪酸改性长油度醇酸树脂 F01130188

Long oil alkyd resin, fatty acid modified

【生产厂】[沪]上海元邦涂料制造有限公司〈P1776〉;[粤]深圳市飞扬实业有限公司〈P2270〉

椰子油脂肪酸改性短油度醇酸树脂 F01130190

Short oil alkyd resin, coconut oil fatty acid modified

特别适合制水晶清漆、硝基漆、高级哑光面漆、高档底漆等

【生产厂】[沪]上海元邦涂料制造有限公司〈P1776〉;[粤]深圳市飞扬实业有限公司〈P2270〉

TDI 改性醇酸树脂 F01130195

Alkyd resin, TDI modified

用于生产家具漆、地板漆、防腐漆等

【生产厂】[鲁]山东东明石化集团科耀化工有限公司(2000 吨)〈P2159〉

水性氨基醇酸树脂分散体 F01130201

Water-based amino-alkyd resin dispersoid

用于制造氨基醇酸烘漆

【生产厂】[京]北京金汇利应用化工制品有限公司〈P1552〉

氨基醇酸树脂乳液　F01130251

Amino-alkyd resin emulsion

【生产厂】[京]北京金汇利应用化工制品有限公司〈P1552〉

氨基醇酸快固化浸渍树脂　F01130291

Amino-alkyd quick-solidified impregnating resin

【生产厂】[浙]余姚特种涂料厂〈P1935〉

水性醇酸树脂乳液　F01130401

Water-soluble alkyd resin emulsion

【生产厂】[京]北京金汇利应用化工制品有限公司〈P1552〉;[冀]河北晨阳工贸集团有限公司〈P1647〉

短油度醇酸树脂　F01130501

Short oil alkyd resin

【生产厂】[沪]上海元邦涂料制造有限公司〈P1776〉;[皖]安庆菱湖漆业有限公司〈P1979〉;[鲁]山东东明石化集团科耀化工有限公司(5000 吨)〈P2159〉;[粤]佛山市鲸鲨制漆科技有限公司〈P2288〉

【使用厂】[闽]惠安德贤油漆化工厂〈P1999〉

中油度醇酸树脂　F01130601

Middle oil alkyd resin

【生产厂】[沪]上海元邦涂料制造有限公司〈P1776〉;[皖]安庆菱湖漆业有限公司〈P1979〉

【使用厂】[苏]常州市邦杰化工有限公司〈P1849〉

水性丙烯酸改性醇酸树脂分散体　F01130801

Water-based acrylic modified alkyd resin dispersoid

可用于制造各色高光氨基醇酸烘漆或自干磁漆

【生产厂】[京]北京金汇利应用化工制品有限公司〈P1552〉

醇酸有机硅树脂　F01131001

Alkyd organosilicon resin

【生产厂】[苏]吴江市合力树脂有限公司〈P1910〉

不饱和聚酯树脂　F01140100

Unsaturated polyester resin

主要用于制玻璃钢和涂料,也用于制胶泥和压塑粉等

【生产厂】[津]天津有机化学工业总公司(8 万吨)〈P1616〉;天津合材树脂有限公司(1 万吨)〈P1573〉;天津市不饱和聚酯树脂研究所(2000 吨)〈P1581〉;天津市合成材料厂分厂(500 吨)〈P1588〉;天津市巨星化工材料有限公司(500 吨)〈P1596〉;天津有机化学工业总公司合成材料厂(2 万吨)〈P1617〉;天津市奥邦树脂有限公司〈P1578〉;天津市大港鹏翰石油化工有限公司(1500 吨)〈P1582〉;天津市龙江精细化工有限公司(5000 吨)〈P1598〉;天津亚邦化学有限公司(1000 吨)〈P1616〉;天津市北方树脂厂(3000 吨)〈P1580〉;天津市津海第二福利化工厂(1200 吨)〈P1593〉;[冀]石家庄白龙化工股份有限公司(2 万吨)〈P1625〉;[晋]山西太明化工工业有限公司(2000 吨)〈P1676〉;[辽]铁岭市东博合成材料厂〈P1712〉;[沪]上海涂料有限公司〈P1768〉;上海市大场化工厂(2000 吨)〈P1763〉;[苏]常州天马集团有限公司(2 万吨)〈P1857〉;常州市通达化工有限公司〈P1853〉;常州市武进天龙化工有限公司(2 万吨)〈P1855〉;金隆化工集团有限公司〈P1861〉;金坛市聚源化工厂〈P1862〉;无锡光明化工厂有限公司〈P1873〉;[浙]上虞市卧龙化工有限公司(400 吨)〈P1948〉;温州市东方精细化工有限公司〈P1937〉;温州市天丰塑料助剂有限公司(2000 吨)〈P1938〉;浙江瑞森化工有限公司(5000 吨)〈P1939〉;[皖]安庆市有机化工有限责任公司(4000 吨)〈P1980〉;[闽]福建省泉州市华邦树脂有限公司〈P1998〉;泉州洛江三星涂料树脂有限公司(150 吨)〈P2000〉;泉州诺亚工贸有限公司现代树脂厂〈P2000〉;[赣]江西东川化工有限公司〈P2017〉;[鲁]新时代(济南)民爆科技产业有限公司(200 吨)〈P2030〉;济南华富达实业有限公司〈P2022〉;淄博市临淄环城玻璃钢制品有限公司(800 吨)〈P2068〉;临朐县宏达化工树脂有限公司(6000 吨)〈P2090〉;[豫]新郑市树脂厂(2 万吨)〈P2169〉;黎明化工研究院(150 吨)〈P2181〉;开封市通达化工厂(3000 吨)〈P2178〉;开封油脂化工厂(6000 吨)〈P2179〉;[粤]广东美涂士化工集团〈P2290〉;江门江盈化工有限公司〈P2285〉;[渝]重庆光华化工有限公司〈P2304〉;[川]成都天作化工实业股份有限公司(3000 吨)〈P2316〉;四川东方绝缘材料股份有限公司〈P2330〉;泸州万联化工有限公司(1 万吨)〈P2323〉

【使用厂】[津]天津有机化学工业总公司化工防腐设备厂〈P1617〉;[吉]吉林省众力化工有限公司〈P1716〉;[豫]洛阳市天泉玻璃钢有限公司〈P2186〉

F

不饱和聚酯树脂(191 型)　F01140103

Unsaturated polyester resin 191

用于糊制透明波形瓦、板及各种玻璃钢制品,并用于防腐及装饰涂层、浇铸件

【生产厂】[豫]新郑市宏达树脂厂(1000 吨)〈P2169〉

不饱和聚酯树脂(196 型)　F01140104

Unsaturated polyester resin 196

用于手糊成型玻璃钢结构件,也可用作表面涂层等

【生产厂】[津]天津有机化学工业总公司合成材料厂(1 万吨)〈P1617〉

不饱和聚酯树脂(306 型)　F01140108

Unsaturated polyester resin 306

用于制玻璃纤维增强的大型制件、结构制件、预成型制件、涂料、电器设备封固料等

【生产厂】[津]天津有机化学工业总公司合成材料厂(1 万吨)〈P1617〉

不饱和聚酯树脂(气干型)　F01140120

Unsaturated polyester resin, air dry type

用于 PE 高档家具漆、地板漆及人造大理石等

【生产厂】[粤]深圳市飞扬实业有限公司〈P2270〉;佛山市鲸鲨制漆科技有限公司〈P2288〉

不饱和聚酯树脂(透光);光稳定不饱和聚酯树脂　F01140133

Unsaturated polyester resin, light-transmit

用于制作透明采光玻璃钢,并用于建筑采光、农用温室、透光玻形瓦、太阳能工程

【生产厂】[辽]铁岭市东博合成材料厂〈P1712〉

不饱和聚酯树脂(耐腐型)　F01140211

Unsaturated polyester resin, anticorrosive

用于手糊或缠绕工艺

【生产厂】[津]天津合材树脂有限公司(5000 吨)〈P1573〉;天津市巨星化工材料有限公司(380 吨)〈P1596〉;天津市龙江精细化工有限公司(8000 吨)〈P1598〉;[苏]无锡光明化工厂有限公司〈P1873〉

不饱和聚酯树脂(浇铸型) F01140221

Unsaturated polyester resin, casting type

用于制造浇铸产品

【生产厂】[津]天津合材树脂有限公司(2000 吨)〈P1573〉;天津市巨星化工材料有限公司(500 吨)〈P1596〉;[苏]金隆化工集团有限公司〈P1861〉

不饱和聚酯树脂(高强型) F01140231

Unsaturated polyester resin, high strength

较通用树脂强度高,属间苯型、对苯型结构,具有较好耐热和中档防腐蚀性能

【生产厂】[津]天津市巨星化工材料有限公司(500 吨)〈P1596〉

不饱和聚酯树脂(食品类) F01140241

Unsaturated polyester resin, foods type

用于食品生产的容器,该树脂生产的玻璃钢经后处理可用于食品的贮存

【生产厂】[津]天津合材树脂有限公司(3000 吨)〈P1573〉;天津市巨星化工材料有限公司(500 吨)〈P1596〉;[辽]铁岭市东博合成材料厂〈P1712〉

不饱和聚酯树脂(缠绕类) F01140251

Unsaturated polyester resin, spiralled type

用于缠绕工艺

【生产厂】[津]天津合材树脂有限公司(2000 吨)〈P1573〉;天津市巨星化工材料有限公司(360 吨)〈P1596〉

不饱和聚酯树脂(喷射型) F01140261

Unsaturated polyester resin, jet type

用于喷射工艺

【生产厂】[津]天津市巨星化工材料有限公司(600 吨)〈P1596〉

不饱和聚酯树脂(装饰类) F01140271

Unsaturated polyester resin, decoration type

用于家具、仪器箱表面涂层

【生产厂】[津]天津市巨星化工材料有限公司(400 吨)〈P1596〉

不饱和聚酯树脂(原子灰类) F01140281

Unsaturated polyester resin, putty

用于原子灰的专用树脂,具有良好的气干性和打磨性,而且还具有优良的粘接性、耐热性、柔韧耐冲击性

【生产厂】[津]天津市巨星化工材料有限公司(100 吨)〈P1596〉;[粤]新达化工实业有限公司〈P2294〉;佛山市顺德区海明斯实业有限公司〈P2288〉

不饱和聚酯树脂(SR-1 型) F01140301

Unsaturated polyester resin SR-1

适用于配制多种玻璃纤维浸润剂

【生产厂】[辽]营口星火化工有限公司〈P1705〉

不饱和聚酯树脂(SG13 型) F01140302

Unsaturated polyester resin SG13

用于大理石浇铸/注射成型和 BMC 用

【生产厂】[津]天津有机化学工业总公司合成材料厂(1 万吨)〈P1617〉

不饱和聚酯树脂(拉挤用) F01140321

Unsaturated polyester resin for extrusion

适于拉挤各种棒材和型材

【生产厂】[津]天津市不饱和聚酯树脂研究所(1000 吨)〈P1581〉;[辽]铁岭市东博合成材料厂〈P1712〉;[鄂]荆州市博尔德化学有限公司〈P2240〉

阻燃性不饱和聚酯树脂;阻燃胶衣树脂 F01143605

Unsaturated polyester resin, flame retarding

适用于制造火车内部件、救生艇等有阻燃要求的产品

【生产厂】[津]天津合材树脂有限公司(1000 吨)〈P1573〉;天津市龙江精细化工有限公司(3000 吨)〈P1598〉;[苏]金隆化工集团有限公司〈P1861〉;[鲁]济南泰星精细化工有限公司〈P2026〉

自熄性不饱和聚酯树脂 F01143671

Unsaturated polyester resin, selfextinguishing

制品有自熄性,属透明自熄产品

【生产厂】[津]天津市巨星化工材料有限公司(240 吨)〈P1596〉

不饱和聚酯树脂(182 型);柔性不饱和聚酯树脂 F01144001

Unsaturated polyester resin 182

用于加入其他不饱和聚酯树脂中调节黏度,改进其韧性和加工性,并用于改进其他层压制品和浇铸聚酯的柔性

【生产厂】[粤]新达化工实业有限公司〈P2294〉

不饱和聚酯树脂(803 型);韧性不饱和聚酯树脂(803 型) F01144101

Unsaturated polyester resin 803

用于制造需要较大韧性的制品如交通工具,可用作表面胶凝层、灌注料、电器封固防裂料等

【生产厂】[粤]江门市润禾化工厂有限公司(3000 吨)〈P2285〉

板材树脂 F01144401

Resin for floor board

【生产厂】[辽]铁岭市东博合成材料厂〈P1712〉

胶衣树脂 F01144500

Gelcoat resin

适用于制造高要求的户外玻璃钢产品和玻璃钢模具等

【生产厂】[辽]铁岭市东博合成材料厂〈P1712〉;[苏]常州天马集团有限公司〈P1857〉;金隆化工集团有限公司〈P1861〉;[鲁]济南华富达实业有限公司〈P2022〉

不饱和聚酯树脂(1 型);胶衣树脂 1 号 F01144501

Gelcoat resin 1; Unsaturated polyester resin 1

用于各种聚酯玻璃钢的胶衣层

【生产厂】[津]天津市东丽区双桥化工厂(100吨)〈P1585〉

耐化学性不饱和聚酯树脂(323型);双酚A型不饱和聚酯树脂(323型) F01144801

Unsaturated polyester resin, bisphenol-A 323

用于耐腐蚀玻璃纤维增强塑料制件、耐温结构制件及地坪树脂

【生产厂】[沪]华东理工大学华昌聚合物有限公司(1000吨)〈P1726〉

耐化学性不饱和聚酯树脂(3301型);双酚-A型不饱和聚酯树脂(3301型) F01144802

Unsaturated polyester resin, bisphenol-A 3301

用于制耐蚀管道、贮槽、反应器等玻璃纤维增强塑料制品及设备衬里、耐温结构制件、防腐地面等

【生产厂】[鲁]新时代(济南)民爆科技产业有限公司(300吨)〈P2030〉

光敏树脂;感光性树脂;对苯型感光不饱和聚酯树脂 F01145001

Photosensitive resin

用于印刷工业感光制版

【生产厂】[辽]本溪市瑞事达化工有限公司〈P1699〉;[粤]深圳美科化工有限公司〈P2269〉

色浆树脂 F01145201

Resin for polyester colour paste

用于制备各种聚酯色浆

【生产厂】[沪]上海家具涂料厂〈P1742〉

聚酯色浆 F01145202

Polyester color paste

与不饱和聚酯相混后制备各种带颜色的玻璃钢制品

【生产厂】[津]天津市东丽区双桥化工厂(100吨)〈P1585〉

邻苯二甲酸二烯丙酯树脂;DAP树脂;DAP预聚体 F01145401

Polydiallyl *o*-phthalate resin [25053-15-0]

制作模塑料、玻璃纤维增强塑料,用于精密电子元件、电子表、电器元件、开关、插座及插头等

【生产厂】[粤]深圳市飞扬实业有限公司〈P2270〉

耐蚀二甲苯型不饱和聚酯树脂 F01145402

Unsaturated polyester resin, xylene type corrosionresistant

【生产厂】[沪]华东理工大学华昌聚合物有限公司〈P1726〉

邻苯型不饱和聚酯树脂 F01145711

Unsaturated polyester resin, *o*-phtha

用作食品树脂

【生产厂】[沪]华东理工大学华昌聚合物有限公司〈P1726〉

间苯二甲酸型不饱和聚酯 F01145751

m-Phthalic acid unsaturated polyester resin

用于制耐高温玻璃钢制品,挤拉成型抽油杆等,也用于制与食品接触的玻璃钢容器、管道等

【生产厂】[沪]华东理工大学华昌聚合物有限公司〈P1726〉;[鲁]山东招远市金涛合成材料有限公司〈P2115〉

二甲苯型不饱和聚酯树脂 F01146051

Unsaturated polyester resin, dimethylbenzene type

【生产厂】[赣]江西设备防腐公司〈P2009〉;[渝]重庆光华化工有限公司〈P2304〉

钮扣专用树脂 F01146201

Special resin for button

【生产厂】[津]天津市龙江精细化工有限公司(3400吨)〈P1598〉;[粤]江门江盈化工有限公司〈P2285〉

粉末涂料用纯聚酯树脂 F01146401

Polyester resin for powder coating

【生产厂】[苏]帝兴树脂(昆山)有限公司〈P1892〉;[浙]浙江天松新材料股份有限公司〈P1928〉;浙江玉石塑粉有限公司(3500吨)〈P1939〉

双组分聚酯水晶地板漆树脂 F01146501

Resin for bicomponent polyester crystal paint for floor

【生产厂】[沪]上海元邦涂料制造有限公司〈P1776〉

富马酸丙氧基双酚A聚酯 F01146701

Poly(propoxy bisphenol-A fumarate)

用于制胶黏剂和玻璃钢

【生产厂】[鲁]烟台恒鑫化工科技有限公司(3000吨)〈P2117〉

改性耐热不饱和聚酯树脂 F01146801

Modified heat-resistant unsaturated polyester resin

适用于B、F、H级军工、冶金、发电机、电动工具及耐冷媒电机、电器的真空和常压浸渍绝缘处理

【生产厂】[辽]铁岭市东博合成材料厂〈P1712〉;[苏]吴江市太湖涂料有限公司〈P1911〉

不饱和聚酯模塑料 F01146901

Unsaturated polyester moulding plastics

用于压制大件电器产品外壳、绝缘构件等

【生产厂】[京]北京福润达化工有限责任公司〈P1547〉

聚氨酯树脂;聚氨酯浆料;PU F01150100

Polyurethane resin; PU [9009-54-5]

可用于制造塑料制品、耐磨合成橡胶制品、合成纤维、硬质和软质泡沫塑料制品、胶黏剂和涂料等

【生产厂】[京]北京林氏精化新材料有限公司〈P1555〉;[津]天津市东光特种涂料有限公司(1500吨)〈P1585〉;天津市富东印刷材料厂(1000吨)〈P1587〉;[冀]廊坊市凯丰化工有限公司〈P1661〉;[沪]上海涂料有限公司〈P1768〉;上海南大化工厂(100吨)〈P1754〉;上海新大化工厂(150吨)〈P1771〉;上海合达聚合物科技有限公司〈P1736〉;上海汇宇精细化工有限公司(600吨)〈P1741〉;[苏]张家港金冠化工有限公司〈P1912〉;江苏德发树脂有限公司(10万吨)

F

〈P1807〉;[浙]嘉兴精化化工有限公司(600 吨)〈P1941〉;宁波赫革丽高分子科技有限公司〈P1930〉;华峰集团有限公司(6 万吨)〈P1936〉;[皖]黄山市润发化工(集团)有限公司〈P1981〉;[闽]福建省晋江市华福化工有限公司(2 万吨)〈P1998〉;福建兴宇树脂有限公司(2 万吨)〈P1999〉;福建大元化工有限公司(2 万吨)〈P1997〉;[鲁]济南华富达实业有限公司〈P2022〉;烟台华大化学工业有限公司(2 万吨)〈P2117〉;烟台万华合成革集团有限公司(5 万吨)〈P2119〉;烟台市福山区化工研究所有限公司(1000 吨)〈P2118〉;青岛新宇田化工有限公司〈P2045〉;[鄂]武汉现代工业技术研究院〈P2234〉;湖北省潜江华润化肥有限公司(1 万吨)〈P2245〉;[粤]广东粤港大地制漆有限公司〈P2291〉;中山市新叶树脂制品有限公司〈P2284〉;佛山市高明区华驰化工树脂有限公司〈P2287〉;江门市制漆厂有限公司(2 吨)〈P2286〉;江门江盈化工有限公司〈P2285〉;[陕]西安北方惠安精细化工有限公司〈P2347〉

【使用厂】[辽]大连巅峰橡胶制品有限公司〈P1691〉;[沪]上海常江化学有限公司〈P1730〉;[闽]福建省泉州市佳友精化有限公司〈P1998〉;福清市南宝树脂有限公司〈P1989〉;福建莆田大隆化工实业有限公司〈P1997〉;[鲁]山东北方现代化学工业有限公司〈P2027〉;威海市瀚玉化纺有限公司〈P2125〉;莱西市金山化工厂〈P2032〉;[豫]黎明化工研究院〈P2181〉;[粤]佛山市鲸鲨制漆科技有限公司〈P2288〉;[甘]西北永新化工股份有限公司〈P2356〉

水溶性聚氨酯树脂　F01150108

Polyurethane resin, water-soluble [9009-54-5]

用于毛、丝、棉及混纺织物、针织起毛织物、中长仿毛起绒织物等后整理

【生产厂】[沪]上海合达聚合物科技有限公司〈P1736〉;[苏]无锡市万力粘合材料有限公司〈P1879〉;昆山市精细化工研究所有限公司〈P1897〉;[浙]杭州国电水利电力工程有限公司大坝安全工程公司〈P1917〉;温州市寰宇高分子材料有限公司〈P1938〉;[皖]黄山永佳安大创新中心有限公司〈P1981〉;[鲁]奥德美(淄博)高分子材料有限公司(3600 吨)〈P2048〉;[鄂]武汉市天马解放化工有限公司〈P2233〉

聚氨酯鞋底原液　F01150301

Polyurethane sole raw liquor

用于生产各种聚氨酯鞋底

【生产厂】[京]北京茂华保温材料有限公司〈P1555〉;[苏]江苏德发树脂有限公司(1 万吨)〈P1807〉;[浙]温州市东方精细化工有限公司〈P1937〉;瑞安原野化工有限公司〈P1937〉;华峰集团有限公司(8 万吨)〈P1936〉;[闽]福建省晋江市华福化工有限公司(4000 吨)〈P1998〉;福建兴宇树脂有限公司(2 万吨)〈P1999〉;[鲁]烟台万华合成革集团有限公司〈P2119〉;青岛新宇田化工有限公司〈P2045〉;[豫]黎明化工研究院(500 吨)〈P2181〉;[粤]佛山市高明区业晟聚氨酯有限公司〈P2287〉

水性聚氨酯分散体　F01150401

Water-soluble polyurethane dispersoid

【生产厂】[鲁]青州贝特化工有限公司〈P2090〉;颐中(青岛)实业有限公司(1200 吨)〈P2048〉

水性双组分聚氨酯树脂　F01150502

Polyurethane resin, water-soluble bicomponent

用于中、高档装饰漆、家具漆的生产

【生产厂】[鲁]青州贝特化工有限公司〈P2090〉

软质聚醚型聚氨酯泡沫塑料　F01150601

Flexible polyether polyurethane foams

主要用于制家具、靠垫、床垫、服装、鞋帽衬里和包装材料等

【生产厂】[辽]抚顺佳化聚氨酯有限公司(1 万吨)〈P1698〉

硬质聚醚型聚氨酯泡沫塑料　F01150701

Rigid polyether polyurethane foams

主要用于冷库、球罐、管道等作绝热保温保冷材料,高层建筑、航空、汽车等作结构材料起保温隔音和轻量化作用

【生产厂】[辽]抚顺佳化聚氨酯有限公司(1000 吨)〈P1698〉;[豫]黎明化工研究院(500 吨)〈P2181〉

低密度聚氨酯高回弹泡沫组合料　F01150702

Polyurethane high resilience foam mixed component, low density

是生产飞机、火车、船舶和汽车座垫、靠背、头枕的原料

【生产厂】[京]北京茂华保温材料有限公司〈P1555〉;[苏]张家港飞航实业有限公司〈P1911〉;江苏省江都市科苑化工有限公司〈P1816〉

聚酯树脂(MGZ 系列)　F01150903

Polyester resin MGZ series

用于高档的家用电器、汽车等高档粉末涂料的原料

【生产厂】[粤]美佳(肇庆)化学有限公司(6000 吨)〈P2294〉

聚酯树脂 P5127　F01150915

Polyester resin P5127

【生产厂】[豫]焦作电力集团奥星化工有限公司(800 吨)〈P2195〉

有机硅改性聚酯树脂　F01150921

Polyester resin, organic silicone modified

用该树脂可与各种高温颜料及填料调配成不同用途的高温涂料、H 级绝缘漆等

【生产厂】[苏]常州市嘉诺有机硅有限公司〈P1852〉;武进芙蓉嘉诺磷化材料厂〈P1864〉;吴江市合力树脂有限公司〈P1910〉

聚酯树脂乳液　F01150931

Polyester resin emulsion

SMC、BMC、喷射等玻纤纱用浸润剂、粉末涂料用基料

【生产厂】[京]北京金汇利应用化工制品有限公司〈P1552〉

饱和聚酯树脂　F01151101

Saturated polyester resin

用作体育场塑胶跑道用聚氨酯的原料,用于木器漆、汽车漆、卷材及印铁涂料等

【生产厂】[沪]上海爱力金涂料有限公司〈P1727〉;上海新大化工厂〈P1771〉;上海元邦涂料制造有限公司〈P1776〉;[苏]常州市柏鹤涂料有限公司〈P1849〉;江苏三木集团公司〈P1865〉;[浙]杭州中法化学有限公司〈P1925〉;[皖]黄山永佳安大创新中心有限公司〈P1981〉;[鲁]烟台康达化工有限公司(8000 吨)〈P2117〉;山东东明石化集团科耀化工有限公司(2000 吨)〈P2159〉;[粤]广州南方树脂有限公司〈P2263〉;广东美涂士化工集团〈P2290〉;高明明海化学企业有限公司〈P2290〉;佛山市高明同德化工有限公司〈P2287〉;江门江盈化工有限公司〈P2285〉

【使用厂】[闽]惠安德贤油漆化工厂〈P1999〉;[湘]湘潭市至

诚涂料有限公司〈P2252〉

水性丙烯酸改性饱和聚酯树脂 F01151151

Water-based acrylic modified saturated polyester resin

用于制备水性印铁涂料

【生产厂】[京]北京金汇利应用化工制品有限公司〈P1552〉

聚氨酯自结皮泡沫组合料；自结皮组合聚醚 F01151301

Polyurethane self-skinningover foam mixed component

用于制造汽车方向盘、扶手、自行车座、摩托车座垫、办公用品和体育用品等

【生产厂】[京]北京茂华保温材料有限公司〈P1555〉；[苏]张家港飞航实业有限公司〈P1911〉

组合聚醚；双组分聚醚 F01151401

Polyether, bicomponent

用于冰箱、冰柜及冷冻设备聚氨酯发泡保温隔热层、管道保温及仿木型组合料等

【生产厂】[冀]河北亚东化工集团有限公司(1万吨)〈P1623〉；[苏]南京红宝丽股份有限公司(3万吨)〈P1784〉；江苏江东化工股份有限公司(1500吨)〈P1859〉；常州化工厂〈P1847〉；常州市节能化工有限公司〈P1852〉；江苏绿源新材料有限公司〈P1830〉；[浙]绍兴市海燕聚氨酯有限公司〈P1949〉；绍兴市恒丰聚氨酯实业有限公司(2万吨)〈P1949〉；[鲁]济南普恩聚氨酯有限公司〈P2024〉；济南正恒聚氨酯材料有限公司〈P2027〉；山东东大化学工业有限公司(5000吨)〈P2052〉；烟台正大聚氨酯化工有限公司〈P2120〉；烟台东聚防水保温工程有限公司(1000吨)〈P2116〉；[豫]新郑市树脂厂(5000吨)〈P2169〉；[鄂]武汉国利精细化工有限公司〈P2229〉

聚醚树脂 F01151601

Polyether resin

用作软、硬聚氨酯泡沫塑料、聚氨酯弹性体、聚氨酯黏合剂的主要原料，并可作消泡剂、润滑剂

【生产厂】[吉]辽源富洋化工有限责任公司〈P1718〉

【使用厂】[津]天津化工研究设计院〈P1573〉；天津市塑料集团有限公司聚氨酯制品分公司〈P1602〉；[冀]保定市聚氨酯厂〈P1645〉；[沪]上海彭浦橡胶制品总厂〈P1755〉；上海多纶化工有限公司〈P1732〉；[苏]扬州科宇化工有限公司〈P1818〉；南通星辰合成材料有限公司〈P1836〉；宜兴市腾星化工有限公司〈P1887〉；宜兴市创新精细化工有限公司〈P1883〉；[鲁]山东塑料试验厂〈P2030〉；山东新汉邦化工科技有限公司〈P2030〉；山东北方现代化学工业有限公司〈P2027〉；胜利油田大明新型建筑防水材料有限责任公司〈P2087〉；淄博凯美可工贸有限公司〈P2064〉；烟台万华聚氨酯股份有限公司〈P2119〉；烟台同化防水保温工程有限公司〈P2119〉；济南高新开发区大山科贸公司〈P2021〉；[豫]黎明化工研究院〈P2181〉；[粤]江门市制漆厂有限公司〈P2286〉；[川]中蓝晨光化工研究院〈P2320〉

聚醚醚酮；PEEK F01151606

Polyetheretherketone

新型工程塑料，耐热性极好，用于制造电线、电缆绝缘材料、飞机结构材料、飞机零部件等

【生产厂】[粤]广州市洋达工程塑料原料厂〈P2267〉

活性聚醚 F01151611

Actived polyethers

主要用于生产各种热固性树脂制品

【生产厂】[苏]句容市宁武化工有限公司〈P1843〉

水性环氧改性纳米聚氨酯乳液树脂 F01151701

Water-based neno polyurethane emulsion resin, epoxy modified

广泛应用于高档水性木器漆、地板漆、装饰漆、PVC罩光漆、防水涂料及防火涂料的生产

【生产厂】[鲁]山东圣光化工集团有限公司(2万吨)〈P2086〉

聚氨酯弹性体制品 F01151800

Polyurethane elastomer products

用作聚氨酯耐磨易损件、高压密封件、高硬度抗冲击制品

【生产厂】[津]天津津立龙精细化工有限公司(500吨)〈P1574〉；天津市双联聚氨酯海绵厂(100吨)〈P1602〉；[辽]辽宁矿冶聚氨酯实业有限公司〈P1684〉；[沪]上海胶带聚氨酯制品有限公司〈P1743〉；[苏]南京源宝化工有限公司〈P1791〉；苏州嘉美克聚氨酯制品有限公司〈P1901〉；江都东元聚氨酯制品厂〈P1813〉；[浙]建德市新业聚氨酯有限公司〈P1926〉；[豫]黎明化工研究院(300吨)〈P2181〉；[粤]广州市新立聚氨酯密封件厂〈P2266〉

聚氨酯泡沫塑料；海绵 F01151801

Polyurethane foam plastic

可用于汽车内饰件及其他工业品饰件

【生产厂】[京]北京茂华保温材料有限公司(1万吨)〈P1555〉；北京北泡塑料集团公司(3500吨)〈P1544〉；[冀]河北沧州东塑集团股份有限公司〈P1653〉；香河县建华泡沫厂(1吨)〈P1662〉；[晋]阳泉市泡沫塑料有限公司(5000吨)〈P1674〉；[辽]辽宁庆阳特种化工有限公司(3300吨)〈P1709〉；[沪]上海西洋海绵制品有限公司〈P1770〉；[苏]常州市中意橡塑制品有限公司〈P1857〉；太仓市良盛橡胶制品有限公司〈P1908〉；[鲁]青岛吉利化工有限公司〈P2038〉；[豫]郑州中凡防震包装材料股份有限公司〈P2175〉；新乡市鑫源化工实业有限公司(3万吨)〈P2206〉；黎明化工研究院(300吨)〈P2181〉；偃师市聚源化工厂(200吨)〈P2189〉；[粤]深圳市国志汇富高分子材料股份有限公司〈P2271〉；[渝]重庆长风化工厂庆风分厂〈P2304〉

聚氨酯硬质泡沫塑料；聚氨酯硬泡 F01151802

Polyurethane foam plastic, rigid

可用于石油化工管路、贮油油罐、石油气的保温隔热材料，还可作为防振包装和建筑物室内空调保温隔热材料

【生产厂】[京]北京茂华保温材料有限公司(5000吨)〈P1555〉；[津]天津市塑料集团有限公司聚氨酯制品分公司(100吨)〈P1602〉；[沪]上海杰德惠化学科技有限公司〈P1743〉；[苏]南京宁海聚氨酯有限公司〈P1787〉；常州市伟英节能化工有限公司〈P1854〉；宜兴市腾明化工有限公司〈P1887〉；[浙]绍兴市海燕聚氨酯有限公司〈P1949〉；[鲁]济南正恒聚氨酯材料有限公司〈P2027〉

软质聚氨酯泡沫塑料 F01151803

Polyurethane foam plastic, flexible

用于家具、床垫、靠垫、座垫、服装、鞋帽、衬里、包装等

【生产厂】[津]天津市塑料集团有限公司聚氨酯制品分公司(4000吨)〈P1602〉；天津市大邱庄泡沫塑料有限公司〈P1584〉；[冀]香河县希泉泡沫有限公司(1万吨)

〈P1662〉;保定长城合成橡胶有限公司(500 吨)〈P1644〉;[辽]辽宁庆阳特种化工有限公司〈P1709〉;[鲁]济南润原化工有限责任公司〈P2024〉;山东塑料试验厂(4000 吨)〈P2030〉

耐热型纳米聚氨酯弹性体 F01151851

Nanometre polyurethane elastomer, heat-resistant

具有极好的强度和耐磨、耐热、耐水解、耐老化性能,可用在普通聚氨酯产品难于适应的高温、高速等条件下

【生产厂】[粤]广州市新立聚氨酯密封件厂〈P2266〉;[甘]白银阳明银兴化工有限公司〈P2357〉

聚醚系列 F01151900

Polyether series

适用于软泡、硬泡、半硬泡、弹性体、冷热模塑体等聚氨酯产品

【生产厂】[京]中国蓝星(集团)总公司〈P1568〉;[津]天津市浩元精细化工有限公司(5000 吨)〈P1588〉;天津市金明化工有限公司(3000 吨)〈P1592〉;[辽]锦化化工(集团)有限责任公司(12 万吨)〈P1703〉;锦化化工集团氯碱股份有限公司(11 万吨)〈P1703〉;[黑]佳木斯市北星有机化工有限责任公司〈P1724〉;[苏]南京旭日精细化工有限公司(3000 吨)〈P1791〉;常州市武进南源合成化工厂〈P1855〉;江苏省海安石油化工厂〈P1831〉;[浙]杭州萧山三江精细化工有限公司〈P1924〉;浙江皇马化工集团有限公司〈P1950〉;[闽]福建湄洲湾氯碱工业有限公司(5 万吨)〈P1998〉;[鲁]济南国邦化工有限公司〈P2021〉;淄博巨丰乳化剂厂〈P2063〉;周村大成特种油品厂〈P2057〉;东营市金华石油助剂有限责任公司〈P2082〉;[粤]东莞天傲化工有限公司〈P2281〉

聚醚 403;四羟基聚氧化丙烯醚 F01151908

Polyether 403

生产建筑板材用的组合聚醚

【生产厂】[苏]南京红宝丽股份有限公司〈P1784〉

6305 聚醚多元醇;聚醚 6305 F01151909

Polyether polyols 6305

用于生产聚氨酯发泡及涂料

【生产厂】[苏]南京红宝丽股份有限公司(3000 吨)〈P1784〉

不饱和聚醚 F01152001

Unsaturated polyether

可作为聚氨酯匀泡剂、纺织助剂、油田破乳剂、乳化剂等的原料

【生产厂】[冀]河北亚东化工集团有限公司〈P1623〉;[苏]南京红宝丽股份有限公司(1000 吨)〈P1784〉

聚氨酯预聚体 F01153101

Polyurethane prepolymer

用于生产各类聚氨酯弹性体产品的中间体

【生产厂】[豫]黎明化工研究院(300 吨)〈P2181〉;洛阳吉明化工有限公司(500 吨)〈P2182〉

聚氨酯乳液 F01153151

Polyurethane emulsion

用于生产涂饰剂

【生产厂】[沪]上海皮革化工厂(5000 吨)〈P1755〉;[浙]杭州奔马化学制品有限公司〈P1916〉

低密度纤维增强聚氨酯 F01153201

Polyurethane, low density fiber reinforced

用于各种高强度结构部件制造,可替代金属件或木材

【生产厂】[豫]黎明化工研究院(500 吨)〈P2181〉

铸造用冷芯盒树脂 F01160801

Resin of cold wick case for casting

用于铸造工业自硬冷芯盒的黏合剂,适用铸钢件

【生产厂】[冀]河北省石家庄捷佳达化工有限公司〈P1621〉;[豫]郑州市兴威化工有限公司(2000 吨)〈P2173〉;[川]泸州北方化学工业有限公司〈P2322〉;中美合资迪邦(泸州)化工有限公司〈P2323〉

铸造用呋喃热芯盒树脂 F01160811

Furan resin for casting, hot wick case

用于铸铁及有色金属铸件、砂芯黏合的树脂

【生产厂】[豫]郑州市兴威化工有限公司〈P2173〉;[川]泸州北方化学工业有限公司〈P2322〉

糠醇树脂;呋喃树脂 F01161201

Furfuryl alcohol resin; Furan resin

广泛应用于铸钢、铸铁、球铁及高级合金和有色金属铸件的造型砂

【生产厂】[京]中国北方化学工业总公司〈P1568〉;[津]天津市合成材料厂双翼玻璃钢厂(200 吨)〈P1588〉;天津市奥邦树脂有限公司〈P1578〉;天津市北方树脂厂(2000 吨)〈P1580〉;天津市汉沽区天海化工有限公司(500 吨)〈P1588〉;[晋]山西省高平化工有限公司(1000 吨)〈P1675〉;[辽]辽阳鸿泰有机化工有限公司(1000 吨)〈P1710〉;[沪]上海富晨化工有限公司〈P1733〉;[苏]无锡光明化工厂有限公司〈P1873〉;宜兴市远东化工有限公司(1 万吨)〈P1888〉;宜兴市威之信化工有限公司〈P1887〉;宜兴市范道有机化工厂(3000 吨)〈P1884〉;常熟市杜威化工有限公司〈P1890〉;[浙]杭州顺祥工贸有限公司〈P1922〉;[鲁]山东北方现代化学工业有限公司(1000 吨)〈P2027〉;济南圣泉集团股份有限公司(1 万吨)〈P2025〉;淄博市张店齐鑫化工厂(500 吨)〈P2071〉;山东省桓台县社会福利有机化工厂(1000 吨)〈P2054〉;威海市万通化工有限公司(3000 吨)〈P2126〉;[豫]郑州翔宇铸造材料有限公司(1500 吨)〈P2175〉;河南汇隆化工有限公司(1100 吨)〈P2193〉;河南省焦作市华康化工有限公司(1500 吨)〈P2194〉;许昌七星化工有限公司(500 吨)〈P2218〉;河南省偃师市化工三厂(500 吨)〈P2180〉;偃师市商城树脂厂(300 吨)〈P2189〉;[渝]重庆光华化工有限公司〈P2304〉

【使用厂】[沪]华东理工大学华昌聚合物有限公司〈P1726〉

呋喃树脂(自硬型) F01161202

Furan resin, self-hardening

用于大型铸钢件、高合金钢铸件的生产

【生产厂】[冀]河北省定兴县福利化工厂(700 吨)〈P1648〉;[苏]苏州市兴业化工有限公司〈P1906〉;江都市光华助剂厂〈P1814〉;江都市双仙化工厂〈P1814〉;[鲁]济南圣泉集团股份有限公司(2 万吨)〈P2025〉;[豫]郑州市兴威化工有限公司〈P2173〉;[川]中美合资迪邦(泸州)化工有限公司〈P2323〉

铸造用呋喃树脂 F01161203

Furan resin for casting

适用于浇注各种类型的铸钢和铸铁件

【生产厂】[津]天津市北方树脂厂(4000 吨)〈P1580〉;[冀]河北呋喃化工经贸有限公司(3000 吨)〈P1619〉;河北省石家庄捷佳达化工有限公司〈P1621〉;邢台春蕾糠醇有限公司(5000 吨)〈P1642〉;泊头市天河化工有限公司(3000 吨)〈P1651〉;[辽]辽阳鸿泰有机化工有限公司〈P1710〉;[苏]宜兴市远东化工有限公司〈P1888〉;[鲁]山东潜力化工有限公司〈P2029〉;[豫]郑州市兴威化工有限公司〈P2173〉;[渝]重庆光华化工有限公司〈P2304〉

呋喃树脂(热芯盒) F01161401

Furan resin hot wick case

可用于铸钢及高要求的铸铁件生产

【生产厂】[苏]江都市光华助剂厂〈P1814〉;[川]中美合资迪邦(泸州)化工有限公司〈P2323〉

呋喃树脂(冷芯盒) F01161402

Furan resin cold wick case

铸造用黏结剂

【生产厂】[鲁]济南圣泉集团股份有限公司(1 万吨)〈P2025〉;昌乐恒昌化工有限公司(2000 吨)〈P2088〉

糠醇糠醛型呋喃树脂 F01161601

Furan resin, furfuryl alcohol and furfural

可用于环氧和聚酯树脂不能用的场合,特别是温度超过100℃的强碱用溶剂介质等情况

【生产厂】[沪]华东理工大学华昌聚合物有限公司(100 吨)〈P1726〉;[渝]重庆光华化工有限公司〈P2304〉

聚四氢呋喃;PTMEG F01161901

Polytetrahydrofuran [24979-97-3]

用于生产 TPU、CPU、PU 树脂、PU 浆料、聚氨酯弹性体等

【生产厂】[鲁]济南圣泉集团股份有限公司(5000 吨)〈P2025〉

环氧呋喃树脂 F01162101

Epoxy furan resin

【生产厂】[苏]无锡光明化工厂有限公司〈P1873〉;[渝]重庆光华化工有限公司〈P2304〉

聚四氟乙烯;PTFE;铁氟龙 F01170101

Polytetrafluoroethylene [9002-84-0]

可制成棒、板、管材、薄膜及各种异型制品,用于航天、化工、电子、机械、医药等领域

【生产厂】[苏]江苏省扬中市通宇氟塑制品有限公司〈P1842〉;[闽]福建省顺昌富宝腾达化工有限公司〈P2004〉;[鲁]济南三爱富氟化工有限责任公司(2000 吨)〈P2024〉;宁津县方圆氟塑料制品有限公司(500 吨)〈P2143〉;[粤]广州市兴胜杰有限公司〈P2267〉

【使用厂】[津]天津市第九塑料制品厂〈P1584〉;[沪]上海新上化高分子材料有限公司〈P1772〉;大金氟涂料(上海)有限公司〈P1726〉;上海华尔卡氟塑料制品有限公司〈P1738〉;[浙]嘉善县有机氟制品厂〈P1940〉;[豫]洛阳黎明化工科工贸总公司〈P2182〉;[鄂]武汉市工程塑料有限公司〈P2232〉

聚四氟乙烯树脂(悬浮) F01170201

Polytetrafluoroethylene resin, suspension [9002-84-0]

可制薄膜、管板棒、轴承、垫圈、阀门及化工管道、管件、设备容器衬里等,用于电器、化工、航空、机械等领域

【生产厂】[沪]上海氯碱化工股份有限公司〈P1752〉;[鲁]济南三爱富氟化工有限责任公司(2000 吨)〈P2024〉

【使用厂】[沪]上海市塑料研究所〈P1764〉;上海振兴防腐工程塑料有限公司〈P1778〉;[浙]嘉善县有机氟制品厂〈P1940〉;[豫]黎明化工研究院〈P2181〉

聚四氟乙烯树脂(分散) F01170401

Polytetrafluoroethylene resin, dispersion [9002-84-0]

可推压成型制成薄壁管、细棒材、异型棒材、电线电缆绝缘层、滚压成薄带作管道丝扣密封材料

【生产厂】[鲁]山东东岳化工股份有限公司〈P2052〉

【使用厂】[沪]上海市塑料研究所〈P1764〉;[浙]嘉善县有机氟制品厂〈P1940〉;慈溪市固达化工新材料厂〈P1929〉

聚四氟乙烯分散液(通用型) F01170403

Polytetrafluoroethylene, dispersion liquid, general [9002-84-0]

用于机械、电子、化工等工业,用于喷涂、浸渍等

【生产厂】[鲁]济南三爱富氟化工有限责任公司(100 吨)〈P2024〉

聚四氟乙烯浓缩分散液 F01170407

Polytetrafluoroethylene dispersion liquid, concentrated

应用于国防工业、橡胶工业和电子电器工业等部门

【生产厂】[苏]江苏梅兰化工股份有限公司〈P1821〉

超细聚四氟乙烯粉;聚四氟乙烯微粉 F01170451

Polytetrafluoroethylene powder, ultra-fine [9002-84-0]

可作为塑料、橡胶、涂料、油墨、润滑油、润滑脂等的添加剂

【生产厂】[鲁]山东东岳化工股份有限公司〈P2052〉;[豫]濮阳县大丰化工有限公司〈P2216〉

三氟氯乙烯-乙烯共聚物;ECTFE;氟树脂-30;F30 F01171001

Chlorotrifluoroethylene-ethylene copolymer

用于制造电子电器工业用耐高温电线电缆,高频电子设备传输线、安装线等

【生产厂】[粤]扬泰高温电线有限公司〈P2294〉

聚全氟乙丙烯树脂;氟塑料46;四氟乙烯-六氟丙烯共聚物;F46 树脂;FEP F01171307

Hexafluoropropene-tetrafluoroethylene copolymer [25067-11-2]

用于制作电子绝缘零件、电线绝缘层、化工用泵、阀的耐腐蚀衬里、轻纺工业滚筒抗粘套等

【生产厂】[浙]浙江星腾化工有限公司〈P1956〉;浙江巨化股份有限公司氟聚厂〈P1958〉;[鲁]济南奥凯氟塑料有限公司〈P2020〉;济南三爱富氟化工有限责任公司(5000 吨)〈P2024〉;[粤]扬泰高温电线有限公司〈P2294〉

【使用厂】[沪]上海市塑料研究所〈P1764〉;[苏]无锡市恒河化工防腐设备有限公司〈P1876〉

F

聚全氟乙丙烯乳液;氟塑料 46 乳液 F01172002
Poly(fluorinated ethylene-propylene) resin emulsion
用于喷涂、浸渍等
【生产厂】[苏]江苏梅兰化工股份有限公司〈P1821〉
【使用厂】[沪]上海振兴防腐工程塑料有限公司〈P1778〉

聚偏氟乙烯树脂;PVDF;聚偏二氟乙烯树脂 F01172201
Polyvinylidene fluoride resin;PVF2;PVDF [24937-79-9]
用于压制化工机械零件、密封材料、电绝缘及防腐涂层,制备离子交换膜、电容器薄膜等材料
【生产厂】[苏]常熟市新华化工有限公司〈P1891〉;江苏梅兰化工股份有限公司〈P1821〉;[浙]衢州瑞源化工有限公司〈P1957〉;[粤]扬泰高温电线有限公司〈P2294〉
【使用厂】[沪]上海市塑料研究所〈P1764〉

氟树脂 F01172700
Fluoro resin [9010-75-7]
用于涂层、流延薄膜、耐酸制品等方面,也可用于光导纤维中
【生产厂】[苏]无锡市摩晶氟碳涂料科技有限公司〈P1878〉
【使用厂】[粤]广州捷耐制漆有限公司〈P2261〉

硅树脂 F01180101
Silicone resin
用于制备医用压敏胶、药物透皮吸收剂、药物控缓释制剂、美容化妆品等
【生产厂】[吉]磐石市大田化工助剂研究所〈P1717〉;吉林华丰有机硅有限公司〈P1715〉;[浙]浙江华成有机硅材料有限公司〈P1927〉;[粤]广州天赐有机硅科技有限公司〈P2267〉;深圳市启元达精细化工有限公司〈P2272〉;深圳市安品有机硅材料有限公司〈P2270〉;佛山市华联有机硅有限公司(500 吨)〈P2287〉
【使用厂】[鲁]青岛华龙涂料有限公司〈P2037〉;烟台纳美仕电子材料有限公司〈P2118〉

含氟硅树脂 F01180301
Fluoro-silicone resin
适用于金属漆、高档工业漆、烤漆、塑料金属 PU 漆、双组分汽车修补漆等
【生产厂】[冀]河北硅谷化工有限公司〈P1639〉

有机硅树脂 F01180502
Organosilicon resin
作为电绝缘漆、涂料、模塑料、层压材料、脱模剂、防潮剂,在电子电器、航空、建筑等工业部门获得广泛应用
【生产厂】[辽]沈阳彩逸特种涂料制造有限公司〈P1684〉;[沪]上海树脂厂有限公司(1000 吨)〈P1764〉;[苏]常州天马集团有限公司〈P1857〉;常州市源恩合成材料有限公司〈P1856〉;常州市嘉诺有机硅有限公司〈P1852〉;武进芙蓉嘉诺磷化材料厂〈P1864〉;江苏三木集团公司〈P1865〉;吴江市合力树脂有限公司〈P1910〉;[鄂]武汉现代工业技术研究院〈P2234〉;[粤]广州市康明硅橡胶科技有限公司〈P2265〉;[川]中昊晨光化工研究院〈P2321〉
【使用厂】[苏]常州市邦杰化工有限公司〈P1849〉;扬州美涂士金陵特种涂料有限公司〈P1818〉;[浙]浙江化工科技集团有限公司精细化工厂〈P1927〉;浙江临安福盛涂料助剂有限公司〈P1928〉;[甘]西北永新化工股份有限公司〈P2356〉

有机硅树脂(1053 型) F01180531
Organosilicon resin 1053
用于制造 H 级耐热绝缘电机、电器线圈浸渍漆、半导体晶体管涂复料及耐高温漆等
【生产厂】[苏]常州市嘉诺有机硅有限公司〈P1852〉

超耐候不黄变改性有机硅树脂 F01180801
Modified silicone resin, weather-resistant and *non*-yellowing
【生产厂】[鄂]武汉现代工业技术研究院〈P2234〉

耐高温有机硅树脂 F01180802
Silicone resin, high temperature resistant
用作玻璃和云母等层压加工处理材料和胶黏剂、电子电器工业中绝缘材料、疏水和防湿处理材料等
【生产厂】[京]蓝星化工新材料股份有限公司〈P1567〉;[苏]常州市嘉诺有机硅有限公司〈P1852〉;[皖]蚌埠市新瑞有机硅有限公司〈P1976〉;蚌埠市金星有机硅材料厂〈P1975〉;[赣]江西星火化工厂〈P2012〉;[鲁]淄博贝林化工有限公司(200 吨)〈P2058〉;[粤]广州市兴胜杰有限公司〈P2267〉

有机硅环氧树脂 F01180901
Silicone epoxy resin
适用于高温高湿、海水或腐蚀环境下的器材保护涂装,H 级绝缘涂料,用于电机、变压器线圈的浸渍漆等
【生产厂】[苏]武进芙蓉嘉诺磷化材料厂〈P1864〉;吴江市合力树脂有限公司〈P1910〉

有机硅玻璃树脂 F01181000
Organosilicon glass resin
用于对物品表面的防水、防污、防腐、防老化处理
【生产厂】[吉]磐石市大田化工助剂研究所〈P1717〉

甲基硅树脂粉 F01181003
Methyl silicone resin, powder
【生产厂】[吉]吉林华丰有机硅有限公司〈P1715〉;[苏]张家港市国泰华荣化工新材料有限公司〈P1912〉

透明甲基硅树脂(SA*R*-5 型) F01181004
Methyl silicone resin, transparent SA*R*-5
用作显像管阳极帽防护涂料
【生产厂】[沪]上海树脂厂有限公司〈P1764〉

透明甲基硅树脂 F01181005
Methyl silicone resin, transparent
广泛用于电子电器元件的绝缘和有机玻璃、聚碳酸酯等透明材料和金属、陶瓷的表面保护涂层
【生产厂】[苏]江苏宝应化工助剂厂〈P1815〉;[皖]蚌埠市新瑞有机硅有限公司〈P1976〉;[赣]江西星火化工厂〈P2012〉

甲基透明树脂 F01181006
Methyl tansparent resin
【生产厂】[京]蓝星化工新材料股份有限公司〈P1567〉

甲基硅树脂 SAR-2 F01181007

Methyl silicone resin SAR-2

用于金属、工程塑料防护涂层

【生产厂】[沪]上海树脂厂有限公司〈P1764〉

甲基硅树脂 SAR-9 F01181008

Methyl silicone resin SAR-9

用于制造粉云母板粘接剂

【生产厂】[沪]上海树脂厂有限公司〈P1764〉

甲基苯基硅树脂 F01181101

Methyl phenyl silicone resin

用于制备H级线圈浸渍漆、耐高温漆、各种电器保护涂料等

【生产厂】[吉]磐石市大田化工助剂研究所〈P1717〉;吉林华丰有机硅有限公司〈P1715〉;[皖]蚌埠市新瑞有机硅有限公司〈P1976〉;[鄂]湖北枣阳四海化工有限公司(200吨)〈P2237〉

聚硅酸乙酯 F01181301

Polyethyl silicate

用于防腐涂料的改性,黏结剂、脱水剂、催化剂骨架、高纯超细二氧化硅的制造等

【生产厂】[浙]浙江宇仁新材料有限公司〈P1970〉

聚硅酸酯 F01182001

Polysilicate

【生产厂】[沪]上海树脂厂有限公司〈P1764〉

离子交换树脂 F01190000

Ion exchange resin

用于各类水处理、抗生素提炼、糖液脱色等

【生产厂】[冀]河间市奥龙化工建材有限公司(6000吨)〈P1655〉;[晋]山西玄中化工实业有限公司〈P1671〉;[沪]上海树脂厂有限公司(1万吨)〈P1764〉;上海罗门哈斯化工有限公司〈P1753〉;[浙]湖州东欣化工厂〈P1945〉;[皖]安徽省皖东化工厂(9000吨)〈P1982〉;[鲁]淄博市临淄天德精细化工研究所(1万吨)〈P2888〉;山东鲁抗医药集团有限公司(2万吨)〈P2132〉

【使用厂】[津]天津天成制药有限公司〈P1614〉

强酸性苯乙烯系阳离子交换树脂 F01190100

Cation exchange resin, strong acidic styrene

主要用于硬水软化、纯水及高纯水的制备,还可用作催化剂、脱水剂以及用于制糖、制药、分析中的层析等

【生产厂】[津]南开大学化工厂(2000吨)〈P1569〉;天津市申泰化学试剂有限公司〈P1601〉;[沪]上海华羚树脂有限公司〈P1738〉;上海树脂厂有限公司〈P1764〉;[苏]南通星辰合成材料有限公司(15吨)〈P1836〉;[皖]安徽三星树脂科技有限公司〈P1974〉;蚌埠市辽源新材料有限公司〈P1975〉;[鲁]山东鲁抗立科药物化学有限公司(1000吨)〈P2131〉;[豫]河南省鹤壁市电力树脂厂(1000吨)〈P2198〉

强酸性苯乙烯系阳离子交换树脂(001型) F01190101

Cation exchange resin, strong acidic styrene 001

用于制备纯水、软化水,分离稀土元素、药物提纯等

【生产厂】[皖]安徽蚌埠天星树脂有限公司〈P1974〉;安徽三星树脂科技有限公司〈P1974〉;蚌埠市辽源新材料有限公司〈P1975〉

强酸性苯乙烯系阳离子交换树脂(001×4型);734强酸性阳离子交换树脂 F01190105

Cation exchange resin, strong acidic styrene 001×4

用于水处理,制备纯水,在制药工业上用于提炼抗菌素

【生产厂】[沪]上海树脂厂有限公司〈P1764〉;上海汇脂树脂厂〈P1741〉;[苏]镇江市九天化工有限公司〈P1845〉;[皖]蚌埠市辽源新材料有限公司〈P1975〉

强酸性苯乙烯系阳离子交换树脂(001×7型);732强酸性阳离子交换树脂 F01190106

Cation exchange resin, strong acidic styrene 001×7

用于硬水软化、制备无离子水及超纯水、分离稀有金属、提取药物,并用作脱水剂、催化剂等

【生产厂】[京]北京东方锐波化工厂(2000吨)〈P1546〉;[津]南开大学化工厂(1800吨)〈P1569〉;天津市近代化学厂(4000吨)〈P1596〉;[冀]石家庄市有机化工厂(50吨)〈P1632〉;沧州宝恩化工有限公司〈P1651〉;河间市奥龙化工建材有限公司〈P1655〉;沧州市晶玉工业有限公司〈P1653〉;河北省廊坊市新时代化工建材有限公司〈P1659〉;廊坊津南树脂有限公司〈P1660〉;廊坊新南开化工有限公司〈P1662〉;[晋]太原树脂厂(1500吨)〈P1672〉;[辽]丹东明珠特种树脂有限公司(3500吨)〈P1700〉;[黑]黑龙江省金鹏树脂有限公司(3500吨)〈P1721〉;[沪]华东理工大学华昌聚合物有限公司〈P1726〉;上海树脂厂有限公司(4014吨)〈P1764〉;上海汇脂树脂厂〈P1741〉;[苏]镇江市九天化工有限公司〈P1845〉;丹阳市腾龙化工有限公司〈P1840〉;江苏苏青水处理工程集团有限公司(7000吨)〈P1866〉;江苏省临海化工厂有限公司(3000吨)〈P1808〉;江都市润扬化工有限公司(200吨)〈P1814〉;江都市双仙化工厂〈P1814〉;[浙]杭州汇华树脂有限公司〈P1919〉;[皖]安徽蚌埠天星树脂有限公司〈P1974〉;安徽三星树脂科技有限公司〈P1974〉;蚌埠市辽源新材料有限公司〈P1975〉;[鲁]津南大化工厂〈P2049〉;山东东大化学工业有限公司(7000吨)〈P2052〉;[豫]鹤壁市树脂有限公司(1400吨)〈P2200〉;鹤壁市特种树脂有限公司(500吨)〈P2200〉;鹤壁市巨星树脂有限公司〈P2199〉;鹤壁市天罡树脂化工有限公司〈P2200〉

强酸性苯乙烯系阳离子交换树脂(001×8型) F01190108

Cation exchange resin, strong acidic styrene 001×8

用于制备纯水、有机催化、分离提纯核苷酸等

【生产厂】[苏]镇江市九天化工有限公司〈P1845〉;[皖]安徽蚌埠天星树脂有限公司〈P1974〉

强酸性苯乙烯系阳离子交换树脂(001×10型) F01190109

Cation exchange resin, strong acidic styrene 001×10

用于电力工业水处理、电镀工业中回收铬

【生产厂】[沪]上海汇脂树脂厂〈P1741〉;[苏]镇江市九天化工有限公司〈P1845〉

F

强酸性苯乙烯系阳离子交换树脂(JK008 型) F01190117

Cation exchange resin, strong acidic styrene JK008

主要用于硬水软化、脱盐水、纯水和高纯水的制备,可与 001 ×7 通用

【生产厂】[苏]丹阳市腾龙化工有限公司〈P1840〉;[皖]安徽蚌埠天星树脂有限公司〈P1974〉;安徽省皖东化工厂〈P1982〉

大孔强酸性苯乙烯系阳离子交换树脂(742 型) F01190202

Cation exchange resin, macroreticular strong acidic styrene 742

用作有机反应的酸性催化剂

【生产厂】[沪]上海树脂厂有限公司(100 吨)〈P1764〉

大孔强酸性苯乙烯系阳离子交换树脂(D001 型);大孔强酸树脂(D72 型);大孔强酸树脂(DK10 型) F01190206

Cation exchange resin, macroreticular strong acidic styrene D001

用于纯水制备,柠檬酸等食品工业中除盐,氨基糖苷类抗生素和各种氨基酸的提取

【生产厂】[津]南开大学化工厂(500 吨)〈P1569〉;[冀]沧州宝恩化工有限公司〈P1651〉;[晋]太原树脂厂〈P1672〉;[黑]黑龙江省金鹏树脂有限公司〈P1721〉;[沪]上海树脂厂有限公司〈P1764〉;上海汇脂树脂厂〈P1741〉;[苏]镇江市九天化工有限公司〈P1845〉;丹阳市腾龙化工有限公司〈P1840〉;江苏省临海化工厂有限公司(500 吨)〈P1808〉;[浙]杭州汇华树脂有限公司〈P1919〉;[皖]安徽蚌埠天星树脂有限公司〈P1974〉;安徽三星树脂科技有限公司〈P1974〉;蚌埠市辽源新材料有限公司〈P1975〉;[豫]鹤壁市树脂有限公司(100 吨)〈P2200〉;鹤壁市巨星树脂有限公司〈P2199〉

大孔强酸性苯乙烯系阳离子交换树脂(D002 型) F01190208

Cation exchange resin, macroreticular strong acidic styrene D002

主要用于较高温度下有机合成反应的催化剂

【生产厂】[沪]上海汇脂树脂厂〈P1741〉;[苏]镇江市九天化工有限公司〈P1845〉

大孔强酸性苯乙烯系阳离子交换树脂(D61 型) F01190211

Cation exchange resin, macroreticular strong acidic styrene D61

用于食品工业提炼氨基酸、化工有机催化等

【生产厂】[津]南开大学化工厂(100 吨)〈P1569〉;[沪]上海汇脂树脂厂〈P1741〉

大孔强酸性苯乙烯系阳离子交换树脂 F01190218

Cation exchange resin, macroreticular strong acidic styrene family

用于代替硫酸作为催化剂,用于有机硅油类产品制备

【生产厂】[苏]南通星辰合成材料有限公司(30 吨)〈P1836〉;[鲁]山东东大化学工业有限公司(3500 吨)〈P2052〉;淄博昊孚合成树脂有限公司〈P2061〉;[豫]鹤壁市天罡树脂化工有限公司〈P2200〉

弱酸性丙烯酸系阳离子交换树脂(110 型) F01190301

Cation exchange resin, weak acidic acrylic acid 110

用于水处理、含镍废水处理、制药等

【生产厂】[冀]河间市奥龙化工建材有限公司〈P1655〉;[沪]华东理工大学华昌聚合物有限公司〈P1726〉;[皖]安徽蚌埠天星树脂有限公司(200 吨)〈P1974〉;安徽三星树脂科技有限公司〈P1974〉

724 弱酸性阳离子交换树脂 F01190304

Weak acidic cation exchange resin 724

广泛用于生化产品的分离、提纯

【生产厂】[沪]上海汇脂树脂厂〈P1741〉;[皖]安徽三星树脂科技有限公司〈P1974〉;蚌埠市辽源新材料有限公司〈P1975〉

弱酸性丙烯酸系阳离子交换树脂 F01190401

Cation exchange resin, weak acidic acrylic acid

主要用于链霉素及碱性抗生素的提取、脱色,有机碱的分离,纯水制备等

【生产厂】[津]天津市申泰化学试剂有限公司〈P1601〉;[沪]上海华羚树脂有限公司〈P1738〉;[鲁]山东鲁抗立科药物化学有限公司(800 吨)〈P2131〉

大孔弱酸性丙烯酸系阳离子交换树脂(D113 型) F01190404

Cation exchange resin, macroreticular weak acidic acrylic acid D113

用于工业水处理(脱碱、纯水制备),锌、镍金属回收,生化药分离等

【生产厂】[冀]沧州宝恩化工有限公司〈P1651〉;河间市奥龙化工建材有限公司〈P1655〉;河北省廊坊市新时代化工建材有限公司〈P1659〉;廊坊津南树脂有限公司〈P1660〉;廊坊新南开化工有限公司〈P1662〉;[晋]太原树脂厂〈P1672〉;[辽]丹东明珠特种树脂有限公司(500 吨)〈P1700〉;[黑]黑龙江省金鹏树脂有限公司〈P1721〉;[沪]上海树脂厂有限公司〈P1764〉;上海汇脂树脂厂〈P1741〉;[苏]镇江市九天化工有限公司〈P1845〉;丹阳市腾龙化工有限公司〈P1840〉;江苏苏青水处理工程集团有限公司(3500 吨)〈P1866〉;[浙]杭州汇华树脂有限公司〈P1919〉;[皖]安徽蚌埠天星树脂有限公司〈P1974〉;安徽三星树脂科技有限公司〈P1974〉;[鲁]津南大化工厂〈P2049〉;山东东大化学工业有限公司(1200 吨)〈P2052〉;淄博昊孚合成树脂有限公司〈P2061〉;[豫]鹤壁市树脂有限公司(100 吨)〈P2200〉;鹤壁市巨星树脂有限公司〈P2199〉

大孔弱酸性丙烯酸系阳离子交换树脂(D152 型) F01190406

Cation exchange resin, macroreticular weak acidic acrylic acid D152

用于水处理、制药、食品、制糖、三废处理等

【生产厂】[津]南开大学化工厂(200 吨)〈P1569〉;[皖]安徽蚌埠天星树脂有限公司(600 吨)〈P1974〉;安徽三星树脂科技有限公司〈P1974〉

大孔弱酸性丙烯酸系阳离子交换树脂(DK110 型) F01190407

Cation exchange resin, macroreticular weak acidic acrylic acid DK110

用于软化水、废水处理,从废水中回收镍、钴、铜、镉、锌等,从含氨、氰等废水中分离有

害物质

【生产厂】[皖]安徽蚌埠天星树脂有限公司〈P1974〉;安徽三星树脂科技有限公司〈P1974〉

CD180 大孔吸附树脂 F01190421

Macroreticular absorbing resin CD180

用于提取、分离丁胺卡那霉素等氨基糖苷类半合成抗生素

【生产厂】[皖]安徽蚌埠天星树脂有限公司〈P1974〉;安徽三星树脂科技有限公司〈P1974〉

弱酸性酚醛系阳离子交换树脂(122 型) F01190501

Cation exchange resin, weak acidic phenolic 122

用于提取维生素 B_{12}、味精及抗菌素脱色等

【生产厂】[皖]安徽蚌埠天星树脂有限公司(500 吨)〈P1974〉;安徽三星树脂科技有限公司〈P1974〉

阴离子交换树脂 F01190600

Anion exchange resin

用于纯水制备和稀有金属分离

【生产厂】[津]南开大学化工厂〈P1569〉

强碱性季铵Ⅰ型阴离子交换树脂(201 型);强碱苯乙烯型阴离子交换树脂 201 F01190601

Anion exchange resin, strong basic quaternary ammonium Ⅰ,201

用于制备纯水、分离稀土元素、提取维生素、催化等

【生产厂】[豫]河南省鹤壁市电力树脂厂(1000 吨)〈P2198〉

强碱性季铵Ⅰ型阴离子交换树脂(201×4 型);711 强碱性阴离子交换树脂 F01190603

Anion exchange resin, strong basic quaternary ammonium Ⅰ, 201×4

用于制备高纯水、提取放射性元素、提炼抗菌素、脱色等

【生产厂】[沪]上海汇脂树脂厂〈P1741〉;[苏]江苏省临海化工厂有限公司(100 吨)〈P1808〉;[皖]安徽蚌埠天星树脂有限公司〈P1974〉;安徽三星树脂科技有限公司〈P1974〉;[豫]鹤壁市树脂有限公司(50 吨)〈P2200〉;鹤壁市特种树脂有限公司(800 吨)〈P2200〉

强碱性季铵Ⅰ型阴离子交换树脂(201×7 型);717 强碱性阴离子交换树脂 F01190604

Anion exchange resin, strong basic quaternary ammonium Ⅰ, 201×7

用于软化水、制备高纯水、提炼放射性元素、提取海藻中碘、提炼抗菌素、工业废水处理等

【生产厂】[津]南开大学化工厂(300 吨)〈P1569〉;[冀]石家庄市有机化工厂(10 吨)〈P1632〉;廊坊津南树脂有限公司〈P1660〉;[苏]丹阳市腾龙化工有限公司〈P1840〉;江苏苏青水处理工程集团有限公司(1500 吨)〈P1866〉;江都市双仙化工厂〈P1814〉;[鲁]津南大化工厂〈P2049〉;[豫]鹤壁市树脂有限公司(300 吨)〈P2200〉;鹤壁市特种树脂有限公司(500 吨)〈P2200〉

强碱性季铵Ⅰ型阴离子交换树脂 F01190610

Anion exchange resin, strong basic quaternary ammonium Ⅰ

主要用于纯水制备、抗生素提取、精制、生化试剂提纯

【生产厂】[津]天津市申泰化学试剂有限公司〈P1601〉

强碱性苯乙烯系阴离子交换树脂(201×4) F01190613

Anion exchange resin, strong basic styrene 201×4

用于纯水制备、糖液及葡萄糖的精制、抗菌素类药物精制、催化剂等

【生产厂】[冀]河间市奥龙化工建材有限公司〈P1655〉;河北省廊坊市新时代化工建材有限公司〈P1659〉;[苏]镇江市九天化工有限公司〈P1845〉;[豫]鹤壁市巨星树脂有限公司〈P2199〉

强碱性苯乙烯系阴离子交换树脂 F01190615

Anion exchange resin, strong basic styrene

用于放射性元素提取、纯水制备、有用成分回收等

【生产厂】[沪]上海华羚树脂有限公司〈P1738〉;[皖]安徽三星树脂科技有限公司〈P1974〉;蚌埠市辽源新材料有限公司〈P1975〉;[鲁]山东鲁抗立科药物化学有限公司(1000 吨)〈P2131〉

强碱性苯乙烯系阴离子交换树脂(201×7 型) F01190616

Anion exchange resin, strong basic styrene 201×7

用于水处理中纯水、高纯水制备、废水处理等

【生产厂】[冀]沧州宝恩化工有限公司〈P1651〉;河间市奥龙化工建材有限公司〈P1655〉;沧州市晶玉工业有限公司〈P1653〉;河北省廊坊市新时代化工建材有限公司〈P1659〉;廊坊新南开化工有限公司〈P1662〉;[晋]太原树脂厂〈P1672〉;[黑]黑龙江省金鹏树脂有限公司(3000 吨)〈P1721〉;[沪]上海华羚树脂有限公司〈P1738〉;上海树脂厂有限公司(1000 吨)〈P1764〉;上海汇脂树脂厂〈P1741〉;[苏]镇江市九天化工有限公司〈P1845〉;江苏省临海化工厂有限公司(300 吨)〈P1808〉;[浙]杭州汇华树脂有限公司〈P1919〉;[皖]安徽蚌埠天星树脂有限公司〈P1974〉;安徽三星树脂科技有限公司〈P1974〉;[鲁]山东东大化学工业有限公司(2000 吨)〈P2052〉;[豫]鹤壁市巨星树脂有限公司〈P2199〉;鹤壁市天罡树脂化工有限公司〈P2200〉;[川]宜宾天原股份有限公司〈P2335〉

大孔强碱性季铵Ⅰ型阴离子交换树脂(D203 型) F01190702

Anion exchange resin, macroreticular strong basic quaternary ammonium Ⅰ, D203

用于电厂水处理

【生产厂】[晋]太原树脂厂〈P1672〉

大孔强碱性季铵Ⅰ型阴离子交换树脂(D201 型) F01190704

Anion exchange resin, macroreticular strong basic quaternary ammonium Ⅰ, D201

用于水处理、制备高纯水及制药、制糖、化工等工业部门脱色

【生产厂】[晋]太原树脂厂〈P1672〉;[沪]上海汇脂树脂厂〈P1741〉;[苏]丹阳市腾龙化工有限公司〈P1840〉;江苏省临海化工厂有限公司(300 吨)〈P1808〉;[豫]河南省鹤壁

F

市电力树脂厂(1000 吨)〈P2198〉；鹤壁市树脂有限公司(50 吨)〈P2200〉

大孔强碱性季铵Ⅰ型阴离子交换树脂(D241 型)　F01190707
Anion exchange resin, macroreticular strong basic quarternary ammonium Ⅰ, D241
用于筛取和分离肝素
【生产厂】[皖]蚌埠市辽源新材料有限公司〈P1975〉

大孔强碱性季铵Ⅰ型阴离子交换树脂(D261 型)　F01190709
Anion exchange resin, macroreticular strong basic quarternary ammonium Ⅰ, D261
用于电影洗印废水治理、化工有机催化去杂质等
【生产厂】[津]南开大学化工厂(4 吨)〈P1569〉

F

大孔强碱性季铵Ⅰ型阴离子交换树脂(D204 型)　F01190716
Anion exchange resin, macroreticular strong basic quarternary ammonium Ⅰ, D204
主要用于医药工业及肠粘膜中提取肝素钠等
【生产厂】[沪]上海汇脂树脂厂〈P1741〉；[皖]安徽三星树脂科技有限公司〈P1974〉；蚌埠市辽源新材料有限公司〈P1975〉

大孔强碱性苯乙烯系阴离子交换树脂(D296 型)　F01190721
Anion exchange resin, macroreticular strong basic styrene D296
主要用于高纯水的制备及用于凝结水净化装置，也用于废水处理、回收废金属
【生产厂】[津]南开大学化工厂(200 吨)〈P1569〉

大孔强碱性苯乙烯系阴离子交换树脂(D201 型)　F01190722
Anion exchange resin, macroreticular strong basic styrene D201
用于水处理中，双层床、复床、高速混床、凝结水水处理
【生产厂】[津]天津市海光化工有限公司〈P1587〉；[冀]沧州宝恩化工有限公司〈P1651〉；河间市奥龙化工建材有限公司〈P1655〉；河北省廊坊市新时代化工建材有限公司〈P1659〉；廊坊津南树脂有限公司〈P1660〉；[辽]丹东明珠特种树脂有限公司〈P1700〉；[沪]上海树脂厂有限公司〈P1764〉；[苏]镇江市九天化工有限公司〈P1845〉；[浙]杭州汇华树脂有限公司〈P1919〉；[皖]安徽蚌埠天星树脂有限公司〈P1974〉；安徽三星树脂科技有限公司〈P1974〉；[鲁]山东东大化学工业有限公司(1000 吨)〈P2052〉；淄博昊孚合成树脂有限公司〈P2061〉；[豫]鹤壁市巨星树脂有限公司〈P2199〉

D202 大孔强碱性苯乙烯系阴离子交换树脂　F01190725
Anion exchange resin, macroreticular strong basic styrene D202
用于纯水制备，尤其适用含盐量较高的水源等
【生产厂】[苏]镇江市九天化工有限公司〈P1845〉；[皖]蚌埠市辽源新材料有限公司〈P1975〉；[豫]鹤壁市巨星树脂有限公司〈P2199〉

凝胶强碱性苯乙烯系阴离子交换树脂　F01190730
Gel anion exchange resin, strong basic styrene
用于纯水制备、湿法冶金等
【生产厂】[沪]上海汇脂树脂厂〈P1741〉；[鲁]淄博昊孚合成树脂有限公司〈P2061〉

凝胶强酸性苯乙烯系阴离子交换树脂　F01190750
Gel anion exchange resin, strong acidic styrene
用于硬水软化、纯水制备、生化提取、药品脱盐精制等
【生产厂】[鲁]淄博昊孚合成树脂有限公司〈P2061〉

强碱性季铵Ⅱ型阴离子交换树脂(202 型)　F01190801
Anion exchange resin, strong basic quarternary ammonium Ⅱ, 202
用于电厂水处理
【生产厂】[沪]上海树脂厂有限公司〈P1764〉；[苏]镇江市九天化工有限公司〈P1845〉；江苏省临海化工厂有限公司(100 吨)〈P1808〉；[豫]鹤壁市巨星树脂有限公司〈P2199〉

强碱性季铵Ⅱ型阴离子交换树脂(204 型)　F01190802
Anion exchange resin, strong basic quarternary ammonium Ⅱ, 204
用于制备纯水、脱盐水、精制糖液
【生产厂】[京]北京亚太化工科技有限公司〈P1564〉

大孔强碱性季铵Ⅱ型阴离子交换树脂(D202 型)；763 强碱性阴离子交换树脂　F01190902
Anion exchange resin, macroreticular strong basic quarternary ammonium Ⅱ, D202
用于葡萄糖脱盐、脱色、精制，电厂水处理等
【生产厂】[晋]太原树脂厂〈P1672〉；[苏]江苏省临海化工厂有限公司(200 吨)〈P1808〉；[豫]鹤壁市树脂有限公司(30 吨)〈P2200〉

弱碱性苯乙烯系阴离子交换树脂　F01191001
Anion exchange resin, weak basic styrene
用于盐水脱盐、纯水制备、抗菌素提炼等
【生产厂】[津]天津市申泰化学试剂有限公司〈P1601〉；[鲁]山东鲁抗立科药物化学有限公司(500 吨)〈P2131〉

弱碱性苯乙烯系阴离子交换树脂(D301 ×6)　F01191003
Anion exchange resin, weak basic styrene D301 ×6
用于含铬废水处理，可直接回收纯度很高的铬酸
【生产厂】[鲁]山东东大化学工业有限公司(500 吨)〈P2052〉

大孔弱碱性苯乙烯系阴离子交换树脂　F01191100
Anion exchange resin, macroreticular weak basic styrene
用于水处理、含铬废水处理及金属和稀有元素提炼等

【生产厂】[辽]丹东明珠特种树脂有限公司〈P1700〉;[皖]蚌埠市辽源新材料有限公司〈P1975〉;[鲁]淄博昊孚合成树脂有限公司〈P2061〉

大孔弱碱性苯乙烯系阴离子交换树脂(709 型)　F01191102

Anion exchange resin, macroreticular weak basic styrene 709

用于含铬污水处理

【生产厂】[沪]上海树脂厂有限公司(1200 吨)〈P1764〉

大孔弱碱性苯乙烯系阴离子交换树脂(D301);710B 大孔弱碱性阴离子交换树脂　F01191104

Anion exchange resin, macroreticular weak basic styrene D301

主要用于高纯水制备,电镀含铬废水处理、糖液脱色等

【生产厂】[津]天津市海光化工有限公司〈P1587〉;南开大学化工厂(500 吨)〈P1569〉;[冀]沧州宝恩化工有限公司〈P1651〉;河间市奥龙化工建材有限公司〈P1655〉;河北省廊坊市新时代化工建材有限公司〈P1659〉;廊坊津南树脂有限公司〈P1660〉;廊坊新南开化工有限公司〈P1662〉;[晋]太原树脂厂〈P1672〉;[辽]丹东明珠特种树脂有限公司(500 吨)〈P1700〉;[黑]黑龙江省金鹏树脂有限公司〈P1721〉;[沪]上海树脂厂有限公司〈P1764〉;[苏]镇江市九天化工有限公司〈P1845〉;江苏苏青水处理工程集团有限公司(3500 吨)〈P1866〉;江苏省临海化工厂有限公司(300 吨)〈P1808〉;[浙]杭州汇华树脂有限公司〈P1919〉;[皖]安徽蚌埠天星树脂有限公司〈P1974〉;安徽三星树脂科技有限公司〈P1974〉;蚌埠市辽源新材料有限公司〈P1975〉;安徽省皖东化工厂〈P1982〉;[鲁]津南大化工厂〈P2049〉;[豫]鹤壁市树脂有限公司(500 吨)〈P2200〉;鹤壁市巨星树脂有限公司〈P2199〉;鹤壁市天罡树脂化工有限公司〈P2200〉

大孔弱碱性苯乙烯阴离子交换树脂(D303 型);D303 树脂　F01191113

Anion exchange resin, macroreticular weak basic styrene D303

用于精炼链霉素

【生产厂】[沪]上海华申树脂有限公司(150 吨)〈P1739〉

大孔弱碱性丙烯酸系阴离子交换树脂(D311 型);703 大孔弱碱阴离子交换树脂　F01191201

Anion exchange resin, macroreticular weak basic acrylic acid D311

用于处理苦咸水、糖液脱色精制、放射性废水处理

【生产厂】[沪]上海华羚树脂有限公司〈P1738〉;上海树脂厂有限公司(1200 吨)〈P1764〉;上海汇脂树脂厂〈P1741〉;[苏]镇江市九天化工有限公司〈P1845〉;[皖]安徽蚌埠天星树脂有限公司〈P1974〉;安徽三星树脂科技有限公司〈P1974〉;蚌埠市辽源新材料有限公司〈P1975〉

丙烯酸系强碱性阴离子交换树脂　F01191211

Strong basic anion exchange resin, acrylic acid

用于放射性污水处理及糖液脱色等

【生产厂】[沪]上海树脂厂有限公司〈P1764〉;[鲁]山东东大化学工业有限公司(1000 吨)〈P2052〉;淄博昊孚合成树脂有限公司〈P2061〉

大孔弱碱性丙烯酸系阴离子交换树脂　F01191291

Anion exchange resin, macroreticular weak basic acrylic acid

用于糖液脱色、药物脱色等

【生产厂】[冀]沧州宝恩化工有限公司〈P1651〉;[辽]丹东明珠特种树脂有限公司〈P1700〉;[鲁]淄博昊孚合成树脂有限公司〈P2061〉;[豫]鹤壁市巨星树脂有限公司〈P2199〉

弱碱性环氧系阴离子交换树脂　F01191301

Anion exchange resin, weak basic epoxy

用于提取抗菌素

【生产厂】[皖]蚌埠市辽源新材料有限公司〈P1975〉

330 弱碱性环氧系阴离子交换树脂　F01191303

Anion exchange resin, weak basic epoxy 330

主要用于水处理中除去氯离子、硫酸根等离子,酸精制中除去无机酸,提取有机酸和脱色等

【生产厂】[皖]安徽蚌埠天星树脂有限公司(1000 吨)〈P1974〉;安徽三星树脂科技有限公司〈P1974〉;蚌埠市辽源新材料有限公司〈P1975〉

弱碱性环氧系阴离子交换树脂(331 型);701 阴离子交换树脂　F01191311

Anion exchange resin, weak basic epoxy 331

用于纯水制备、药物提取、酸类回收及吸附铜、银离子等

【生产厂】[沪]上海树脂厂有限公司(1200 吨)〈P1764〉;[皖]蚌埠市辽源新材料有限公司〈P1975〉

螯合型胺羧基阳离子交换树脂(D751 型);苯乙烯系螯合型离子交换树脂(D751)　F01191401

Cation exchange resin, chelating amine-carboxyl-group D751

用于污水处理、回收废水中的金属

【生产厂】[沪]上海华羚树脂有限公司〈P1738〉;上海树脂厂有限公司(50 吨)〈P1764〉

大孔苯乙烯系螯合树脂(D403);D403 螯合树脂　F01191502

Macroreticular styrene chelating resin D403

用于制备高纯碱、精盐、食盐水,也可提炼二价金属

【生产厂】[沪]上海华申树脂有限公司(60 吨)〈P1739〉;上海汇脂树脂厂〈P1741〉;[苏]镇江市九天化工有限公司〈P1845〉

螯合树脂　F01191551

Chelating resin

用于二次盐水精制、高价金属离子吸附等

【生产厂】[沪]华东理工大学华昌聚合物有限公司〈P1726〉;[鲁]淄博昊孚合成树脂有限公司〈P2061〉;[豫]鹤壁市天罡树脂化工有限公司〈P2200〉

大孔吸附树脂 D312　F01191603

Macroreticular absorbing resin D312

用于头孢菌素、氯洁霉素等抗生素的吸附提取

【生产厂】[皖]安徽蚌埠天星树脂有限公司〈P1974〉;[鲁]山

东鲁抗立科药物化学有限公司(500 吨)〈P2131〉

吸附树脂 F01191611

Adsorbing resin

用于果汁脱色、酒降度去浊、提取肝素钠、废水处理等

【生产厂】[津]天津南开和成科技有限公司〈P1576〉;天津市申泰化学试剂有限公司〈P1601〉;[冀]河北省廊坊市新时代化工建材有限公司〈P1659〉;廊坊新南开化工有限公司〈P1662〉;[沪]华东理工大学华昌聚合物有限公司〈P1726〉;[豫]鹤壁市天罡树脂化工有限公司〈P2200〉

异相离子交换膜 F01192800

Heterogeneous ion-exchange membrane

应用在电渗析中分离各种不同离子,如海水淡化、脱盐浓缩、放射性元素回收提纯

【生产厂】[冀]邢台市巨星化工有限公司〈P1643〉

阳离子交换树脂 F01193401

Cation exchange resin

用于纯水制备、水质软化、有色金属分离

【生产厂】[鲁]山东鲁抗医药股份有限公司(2 万吨)〈P2132〉;山东鲁抗医药集团鲁原有限公司〈P2132〉

离子交换树脂中间体;白球 F01193500

Ion exchange resin medium

用于生产阴、阳离子交换树脂

【生产厂】[苏]丹阳市腾龙化工有限公司〈P1840〉

【使用厂】[沪]上海树脂厂有限公司〈P1764〉

氧化还原树脂;氧化还原树脂 Y12-06 F01193511

Oxidizing and reducing resin

用于除去水中的溶解氧

【生产厂】[苏]江都市润扬化工有限公司(200 吨)〈P1814〉

大孔吸附树脂 D1300 F01193601

Macroreticular absorbing resin D1300

用于抗心脑血管、抗肿瘤等药物及多种中药的提取

【生产厂】[皖]安徽三星树脂科技有限公司〈P1974〉

DM11 大孔吸附树脂 F01193631

Macroreticular absorbing resin DM11

主要用于头孢霉素、高纯水制备、电镀含铬废水处理、糖液脱色等

【生产厂】[皖]安徽三星树脂科技有限公司〈P1974〉

大孔吸附树脂 CAD-45 F01193651

Macroreticular absorbing resin CAD-45

用于维生素 B_{12} 及其他多种抗生素的吸附提取

【生产厂】[皖]安徽三星树脂科技有限公司〈P1974〉;[鲁]山东鲁抗立科药物化学有限公司(1000 吨)〈P2131〉

大孔吸附树脂 CAD-40 F01193671

Macroreticular absorbing resin CAD-40

用于吸附 VB12、头孢霉素及其他抗生素

【生产厂】[皖]蚌埠市辽源新材料有限公司〈P1975〉

D101 大孔吸附树脂 F01193701

Macroreticular absorbing resin D101

主要用于银杏黄酮、人参皂苷、三七皂苷、双花莲翘、茶多酚等天然药物的提取和精制

【生产厂】[津]天津市海光化工有限公司〈P1587〉;天津市北辰区汇达化工有限公司(2000 吨)〈P1579〉;[沪]上海汇脂树脂厂〈P1741〉;[皖]安徽蚌埠天星树脂有限公司〈P1974〉;安徽三星树脂科技有限公司〈P1974〉;蚌埠市辽源新材料有限公司〈P1975〉

大孔吸附树脂 F01193711

Macroreticular absorbing resin

用于头孢霉素、红霉素、小诺霉素、丁胺卡那霉素等抗生素,维生素 B_{12} 吸附、精制等

【生产厂】[津]南开大学化工厂(200 吨)〈P1569〉;[冀]沧州宝恩化工有限公司〈P1651〉;沧州远威化工有限公司〈P1653〉;[沪]上海华羚树脂有限公司〈P1738〉;[皖]安徽三星树脂科技有限公司〈P1974〉;蚌埠市辽源新材料有限公司〈P1975〉;[川]中蓝晨光化工研究院(30 吨)〈P2320〉

大孔吸附树脂 H103 F01193751

Macroreticular absorbing resin H103

主要用于废水中含苯、氯苯、苯胺、水杨酸等苯环结构的有机物吸附与回收

【生产厂】[皖]安徽三星树脂科技有限公司〈P1974〉

大孔吸附树脂 AB-8 F01193771

Macroreticular absorbing resin AB-8

用于抗心脑血管、抗肿瘤等药物及多种中药的提取

【生产厂】[津]天津市海光化工有限公司〈P1587〉;[皖]安徽三星树脂科技有限公司〈P1974〉;蚌埠市辽源新材料有限公司〈P1975〉

大孔吸附树脂 X-5 F01193791

Macroreticular absorbing resin X-5

用于抗生素、中草药提取,血浆分离净化等

【生产厂】[皖]安徽三星树脂科技有限公司〈P1974〉

苯乙烯系聚合白球 F01193801

Styrene polymerized white ball

【生产厂】[豫]鹤壁市树脂有限公司(450 吨)〈P2200〉

脱色专用树脂 F01194001

Decolor resin

用于发酵和食品工业的液体脱色,如味精中和液、淀粉糖液脱色等

【生产厂】[鲁]淄博市临淄东方红化工厂(2000 吨)〈P2068〉

氨基酸专用树脂 F01194101

Resin for amino acid

用于氨基酸提取,如谷氨酸、赖氨酸、谷氨酰胺等

【生产厂】[皖]安徽蚌埠天星树脂有限公司〈P1974〉;安徽省皖东化工厂〈P1982〉

聚丙二醇;PPG F01200121

Polypropanediol; Polypropylene glycol [25322-69-4]

用于消泡剂

【生产厂】[辽]辽宁奥克化学集团有限公司〈P1709〉;[沪]上海锦山化工有限公司〈P1745〉;[苏]江苏省海安石油化工厂〈P1831〉;海安县苏北化工有限公司〈P1829〉;[浙]浙江皇马化工集团有限公司〈P1950〉

失水苹果酸树脂(422 型);马来树脂 422;顺丁烯二酸酐甘油酯树脂 422 F01200201

Glyceride maleic anhydride resin 422;Maleic resin 422

用于生产清漆、浅色烘漆和喷漆以及油墨、纸品上光等

【生产厂】[闽]龙岩市三友化工有限公司(1000 吨)〈P2007〉;[赣]江西福达香料化工有限公司大森林树脂厂〈P2017〉

失水苹果酸树脂;马来树脂;顺丁烯二酸酐甘油酯树脂 F01200204

Glyceride maleic anhydride resin;Maleic resin

用于制造喷漆、烘漆、油墨等

【生产厂】[赣]江西福达香料化工有限公司大森林树脂厂〈P2017〉

顺丁烯二酸酐松香酯;422 醇酸树脂 F01200206

Maleic anhydride rosin ester

用于制造油漆、油墨、黏合剂等

【生产厂】[沪]上海南大化工厂(3000 吨)〈P1754〉;[粤]广东永大树脂涂料厂〈P2294〉

松香改性马来酸树脂;松香改性失水苹果酸树脂 F01200231

Maleic resin,rosin modified

用于制硝基漆、木器漆、金属漆、道路漆、印刷油墨、纸品上光液等

【生产厂】[闽]福建省宁化县利丰化工有限公司〈P1994〉;[赣]遂川县新海化工有限责任公司〈P2019〉;[鲁]济南章城油墨有限公司(3000 吨)〈P2027〉;[粤]德庆迪爱生合成树脂有限公司〈P2293〉

聚苯胺 F01200401

Polyaniline

【生产厂】[川]中国科学院成都有机化学有限公司〈P2320〉

失水苹果酸树脂(424 型);马来树脂 424;顺丁烯二酸酐季戊四醇酯树脂 424 F01200501

Maleic resin 424

用于制油漆、油墨,也用于制硝基喷漆、印铁清漆、各色烘漆等

【生产厂】[闽]龙岩市三友化工有限公司(1000 吨)〈P2007〉;[赣]江西福达香料化工有限公司大森林树脂厂〈P2017〉;[鲁]山东省诸城市腾霞油墨有限公司〈P2098〉

新型无毒带锈漆用树脂 F01200601

New type resin for innocuous paint with rust

【生产厂】[鄂]武汉现代工业技术研究院〈P2234〉

超白银粉漆专用树脂 F01200701

Resin for super white aluminium powder paint

【生产厂】[鲁]诸城市新星油漆化工厂〈P2107〉

道路标线涂料专用树脂 F01200751

Resin for traffic coating

专用于热熔道路标线涂料,作黏结剂

【生产厂】[浙]浙江天松新材料股份有限公司〈P1928〉;[闽]福建省宁化县利丰化工有限公司〈P1994〉;[赣]江西福达香料化工有限公司大森林树脂厂〈P2017〉

高档树脂 F01200911

High-grade resin

用于制造建筑涂料等

【生产厂】[津]天津哥雷德化工涂料厂(2000 吨)〈P1572〉

PS 版专用树脂;间甲酚树脂 F01200931

Resin for PS printing plate

PS 版专用

【生产厂】[辽]本溪市瑞事达化工有限公司〈P1699〉

涂料用树脂 F01201091

Resin for coating

专用于生产各种涂料

【生产厂】[津]天津亚邦化学有限公司(1000 吨)〈P1616〉;[沪]上海汇宇精细化工有限公司〈P1741〉

绝缘树脂 F01201101

Insulating resin

【生产厂】[沪]上海富晨化工有限公司〈P1733〉;[苏]江阴创易特种绝缘材料有限公司〈P1867〉;[浙]嘉兴东方树脂厂〈P1941〉

8411 沉浸绝缘树脂;无溶剂快固化沉浸绝缘树脂 F01201131

Immersion insulating resin 8411

用于电机、电器常规浸渍、真空浸渍和连续沉浸绝缘处理

【生产厂】[苏]江阴创易特种绝缘材料有限公司〈P1867〉;[浙]嘉兴东方树脂厂〈P1941〉

1145F 级无溶剂快干绝缘树脂 F01201161

Quickdrying insulating resin,solvent free 1145F

适用于连续沉浸机对各种 B、F 级电机电器线圈的浸渍

【生产厂】[苏]江阴创易特种绝缘材料有限公司〈P1867〉

α-蒎烯树脂 F01201201

Poly(α-pinene) resin

用于食品、印刷、塑料等工业部门作压敏胶、热熔胶、黏合剂、胶黏带等

【生产厂】[粤]信宜松原化工有限公司〈P2293〉

萜烯树脂 F01201202

Polyterpene resin

用于黏合剂、橡胶、油漆、油墨、热熔胶等

【生产厂】[沪]上海高特化工有限公司〈P1734〉;[赣]江西省吉水三达天然药用香料油厂〈P2018〉;赣州泰普化学有限公司(1 万吨)〈P2014〉;遂川县新海化工有限责任公司〈P2019〉;[鲁]青州市海光化工有限公司(300 吨)〈P2092〉;[粤]信宜松原化工有限公司(2000 吨)〈P2293〉

【使用厂】[鲁]潍坊市亚东化工有限公司〈P2105〉;[粤]广州

第十一橡胶厂〈P2260〉

β-蒎烯树脂 F01201211

Poly(β-pinene) resin

广泛用于胶黏剂、油漆、皮革、制药等行业

【生产厂】[粤]信宜松原化工有限公司〈P2293〉

萜烯酚醛树脂 F01201301

Polyterpene phenolic resin

适用作丁苯橡胶、天然橡胶、氯丁橡胶及再生胶的增黏剂,在油墨和油漆中也得到广泛的应用

【生产厂】[赣]遂川县新海化工有限责任公司〈P2019〉;[粤]信宜松原化工有限公司〈P2293〉

萜烯苯乙烯树脂 F01201351

Polyterpene-styrene resin

广泛应用于热熔胶、压敏胶、橡胶、卫生材料和外观要求严格的黏合剂等行业

【生产厂】[赣]遂川县新海化工有限责任公司〈P2019〉;[粤]信宜松原化工有限公司〈P2293〉

聚乙二醇 1000 F01201400

Polyethylene glycol 1000

在制药工业中用作栓剂、片剂的基料

【生产厂】[冀]邢台市蓝天精细化工有限公司〈P1643〉

聚乙二醇 400 F01201401

Polyethylene glycol 400 [25322-68-3]

用于软化剂、润滑剂等

【生产厂】[冀]邢台市蓝天精细化工有限公司〈P1643〉

聚乙二醇;PEG F01201402

Polyethylene glycol [25322-68-3]

用于化妆品、制药、化纤、橡胶、造纸、油漆、电镀、农药、金属加工及食品加工等行业

【生产厂】[京]北京市海淀会友精细化工厂〈P1559〉;北京金源恒泰精细化工有限公司〈P1552〉;北京化友工贸有限公司〈P1550〉;[津]天津市宝坻区港飞助剂有限公司〈P1579〉;天津市北仁化工助剂有限公司〈P1580〉;天津市精细化学制剂厂(850吨)〈P1596〉;天津天成制药有限公司(100吨)〈P1614〉;天津市东邦助剂有限公司(1000吨)〈P1585〉;天津市金明工业助剂有限公司(1000吨)〈P1592〉;天津市武清区福康化工厂(4000吨)〈P1606〉;天津市瑞德化工有限公司(100吨)〈P1601〉;[冀]石家庄市金鹏化工助剂有限公司〈P1630〉;邢台盛达助剂有限责任公司〈P1643〉;河北省邢台科王助剂有限公司〈P1642〉;邢台市合成化学厂〈P1643〉;邢台市助剂厂〈P1644〉;沧州鸿源农化有限公司〈P1651〉;[辽]辽宁奥克化学集团有限公司(300吨)〈P1709〉;辽宁科隆化工实业有限公司(150吨)〈P1709〉;辽阳奥克纳米材料有限公司〈P1709〉;[吉]吉林众鑫化工有限公司〈P1716〉;[黑]佳木斯市北星有机化工有限责任公司〈P1724〉;[沪]中国石油化工股份有限公司上海高桥分公司〈P1780〉;上海多纶化工有限公司〈P1732〉;上海锦山化工有限公司〈P1745〉;[苏]江苏钟山化工有限公司〈P1782〉;丹阳市延中助剂有限公司〈P1841〉;无锡恒享白炭黑有限责任公司〈P1873〉;江苏冠洋精细化工有限公司〈P1865〉;宜兴市博兴化工有限公司〈P1883〉;江苏凌飞化工有限公司(1500吨)〈P1865〉;宜兴市芳桥镇江南化工厂(1000吨)〈P1884〉;宜兴市芳霞化工有限公司〈P1884〉;江苏省宜兴市扶风第五化工厂〈P1866〉;江苏省太仓市归庄镇武兵化工厂〈P1894〉;海安县正达化工厂〈P1829〉;南通恒兴电子材料有限公司〈P1833〉;海安县苏北化工有限公司〈P1829〉;[浙]杭州萧山三江精细化工有限公司〈P1924〉;浙江皇马化工集团有限公司〈P1950〉;[鲁]淄博巨丰乳化剂厂〈P2063〉;青岛石喜精细化工有限公司〈P2042〉;[粤]广东西陇化工有限公司〈P2276〉;茂名市金昌发展公司星海化工厂〈P2293〉

【使用厂】[苏]宜兴市腾蛟化工材料有限公司〈P1887〉;[鲁]东辰(集团)化工有限公司〈P2081〉;[粤]广州化学试剂厂〈P2261〉

聚乙二醇(400)月桂酸酯 F01201403

Polyethylene glycol laurate 400 [141-20-8]

用作纺织工业中的柔软剂、抗静电剂,在金属加工业中用作脱油脂及冷却润滑的添加剂

【生产厂】[辽]辽宁科隆化工实业有限公司〈P1709〉;[浙]杭州萧山三江精细化工有限公司〈P1924〉;浙江皇马化工集团有限公司〈P1950〉;[鲁]青岛石喜精细化工有限公司〈P2042〉

聚乙二醇 600 F01201406

Polyethylene glycol 600 [25322-68-3]

用于化妆品、医药工业,木材工业作保湿剂等

【生产厂】[冀]邢台市蓝天精细化工有限公司〈P1643〉

聚乙二醇 1500 F01201407

Polyethylene glycol 1500 [25322-68-3]

用于医药、纺织、化妆品工业基质或润滑剂、柔软剂,在涂料和橡胶工业中作分散剂、促进剂

【生产厂】[冀]邢台市蓝天精细化工有限公司〈P1643〉

聚乙二醇 2000 F01201408

Polyethylene glycol 2000 [25322-68-3]

用作铸模剂、金属拉丝、冲压和成型的润滑剂、造纸工业润滑剂、切削液、研磨液冷却润滑、抛光剂等

【生产厂】[冀]邢台市蓝天精细化工有限公司〈P1643〉

聚乙二醇硬脂酸酯 F01201411

Polyethylene glycol stearate [9004-99-3]

用于化妆品、制药用乳化剂、皂基增稠剂、柔软剂、乳液稳定剂等

【生产厂】[辽]辽宁科隆化工实业有限公司〈P1709〉;[苏]海安县苏北化工有限公司〈P1829〉;[鲁]青岛石喜精细化工有限公司〈P2042〉

聚乙二醇(6000)双硬脂酸酯;增稠剂 638 F01201415

Polyethylene glycol 6000 distearate

主要应用于香波、浴露的增稠

【生产厂】[苏]宜兴市芳桥镇江南化工厂〈P1884〉;江苏省海安石油化工厂〈P1831〉

聚乙二醇(400)单油酸酯 F01201431

Polyethylene glycol 400 monooleate

在金属加工业中用于去油脱脂及冷却润滑添加剂等

【生产厂】[辽]辽宁科隆化工实业有限公司〈P1709〉

聚乙二醇(400)油酸双酯 F01201441
Polyethylene glycol 400 dioleate
【生产厂】[浙]杭州萧山三江精细化工有限公司〈P1924〉

EVOH树脂;乙烯-乙烯醇共聚物 F01201601
EVOH Resin
其包装袋适用于食品、生熟肉、蔬菜、医药、农药、化妆品、粮食储存等的包装,是阻隔性最好的塑料树脂
【生产厂】[苏]昆山市华亿塑料有限公司〈P1897〉

聚苯硫醚;聚次苯基硫醚;PPS F01201701
Poly(phenylene sulfide);PPS [25212-74-2]
用作工程塑料制造汽车零部件、机械制件等,也可用于防腐涂层、黏合剂、电器绝缘材料等
【生产厂】[鲁]山东齐鲁华信实业有限公司防腐设备制造分公司〈P2053〉;[川]成都乐天塑料有限公司(1000吨)〈P2312〉;中蓝晨光化工研究院〈P2320〉;四川特种工程塑料厂(150吨)〈P2321〉;自贡鸿鹤化工集团有限责任公司(120吨)〈P2321〉

改性聚苯硫醚 F01201751
Poly(phenylene sulfide),modified
【生产厂】[粤]广州金发科技股份有限公司〈P2262〉;[川]绵阳市世兴高分子材料科技有限公司〈P2330〉

聚2,6-二溴苯醚;聚氧化二溴苯 F01201851
Poly-2,6-dibromophenyl ether
主要用于PBT、PET、HIPS、ABS、PU、PPO等工程树脂中
【生产厂】[鲁]莱州市莱玉化工有限公司(400吨)〈P2109〉

高档汽车漆用树脂 F01202301
Resin for premium car paint
【生产厂】[皖]安庆菱湖漆业有限公司〈P1979〉

甘油松香树脂(138型);138松香甘油酯 F01202501
Glycerin rosin resin 138
用于油漆、油墨、黏合剂、食品添加剂等
【生产厂】[津]天津市创新有机化工厂(1200吨)〈P1582〉;[沪]上海南大化工厂(3000吨)〈P1754〉;[闽]龙岩市三友化工有限公司(1000吨)〈P2007〉;[粤]江门市润禾化工厂有限公司(2000吨)〈P2285〉

甘油松香树脂136 F01202502
Glycerin rosin resin 136
用于生产酚醛漆类
【生产厂】[沪]上海南大化工厂(3000吨)〈P1754〉;[闽]龙岩市三友化工有限公司〈P2007〉;[赣]江西福达香料化工有限公司大森林树脂厂〈P2017〉
【使用厂】[沪]上海造漆厂〈P1777〉

超级增黏树脂 F01202531
Tackifying resin,super
用于制备EVA热熔胶、热熔涂料等
【生产厂】[晋]山西省化工研究所〈P1670〉;[赣]遂川县新海化工有限责任公司〈P2019〉;[粤]广州科茂化工有限公司〈P2262〉

季戊四醇松香增黏树脂 F01202551
Pentaerythritol rosin tackifying resin
适用于EVA热熔胶、热熔涂料等
【生产厂】[苏]无锡锡成油脂化工有限公司〈P1882〉;[赣]遂川县新海化工有限责任公司〈P2019〉;[粤]广州科茂化工有限公司〈P2262〉

松香多元醇酯树脂 F01202571
Polyols rosin resin
用于制备黏合剂
【生产厂】[沪]上海南大化工厂〈P1754〉

424松香季戊四醇树脂 F01202671
Pentaerythritol rosin resin 424
用于制造醇酸漆
【生产厂】[沪]上海油墨泗联化工有限公司〈P1776〉

145松香季戊四醇树脂 F01202691
Pentaerythritol rosin resin 145
用于制黏合剂、油漆、油墨等
【生产厂】[沪]上海南大化工厂(3000吨)〈P1754〉;[赣]江西福达香料化工有限公司大森林树脂厂〈P2017〉

铸造用树脂 F01202702
Casting resin
适用于大型铸铁、小型铸钢件
【生产厂】[鄂]十堰市香亭实业发展有限公司(3000吨)〈P2239〉;[川]中美合资迪邦(泸州)化工有限公司〈P2323〉

超吸水树脂;高吸水树脂 F01202901
Ultra-water absorption resin
用于土壤改良、园林植树、蔬菜水果保鲜、卫生巾、堵漏剂、缓蚀剂等
【生产厂】[京]北京京卫瑞源科技有限公司〈P1553〉;[冀]任丘市宏达化工有限公司〈P1656〉;秦皇岛市金佳絮凝剂有限公司〈P1637〉;河北海明生态科技有限公司(1万吨)〈P1648〉;[沪]上海恒谊化工有限公司〈P1736〉;[苏]江苏省江都市科苑化工有限公司〈P1816〉;如皋市万利化工有限责任公司〈P1838〉;[浙]浙江东越化工有限公司〈P1927〉;[鲁]青岛三力化工技术有限公司〈P2041〉;青岛开达实业(集团)有限公司〈P2039〉;泰安市众乐高分子材料有限公司(3000吨)〈P2138〉;[川]中国科学院成都市成科精细化学品有限责任公司(300吨)〈P2320〉;成都顺达利聚合物有限公司〈P2315〉

超强吸水剂 F01202951
Water-absorbent agent,superstrength
【生产厂】[沪]上海樱琦干燥剂有限公司〈P1775〉;[苏]苏州志和无纺助剂有限公司〈P1907〉;[豫]郑州雪泉聚合材料有限公司(50吨)〈P2175〉

聚甘油脂肪酸酯 F01203001
Polyglyceryl fatty ester
用于农用聚氯乙烯无滴大棚膜
【生产厂】[浙]杭州金诚助剂有限公司〈P1919〉;[鲁]寿光市曙光助剂厂(500吨)〈P2100〉

低分子聚丁二烯(1,2-LPB) F01203101
Polybutadiene,low molecular 1,2-LPB [9003-17-2]
用于制备水溶性阳极电泳漆、黏合剂、热固性树脂以及用于橡胶和塑料改性
【生产厂】[京]北京燕山石油化工有限公司〈P1564〉

改性聚丁二烯 F01203151
Polybutadiene,modified
用作橡胶制品、热塑弹性体制品的相溶剂，环氧树脂增韧剂和无机材料的黏合剂
【生产厂】[京]北京燕山石油化工有限公司〈P1564〉

端羟基聚丁二烯 F01203191
Hydroxy-terminated polybutadiene;HTPB
用于生产浇注型弹性体，用作汽车和飞机轮胎的结构材料、建筑材料、鞋业材料、橡胶制品、涂料、胶黏剂等
【生产厂】[鲁]山东齐鲁乙烯化工股份有限公司(600 吨)〈P2054〉

F

己二酸丙二醇聚酯；聚己二酸丙二醇酯；聚己二酸-1,2-丙二醇酯 F01203201
Poly(1,2-propylene glycol adipate) [25101-03-5]
主要用于制作防腐聚氨酯涂料、黏合剂、聚氨酯橡胶轮胎等
【生产厂】[津]天津市阿普瑞克化学有限公司〈P1578〉；天津市通达化工有限公司(4000 吨)〈P1605〉

阻燃玻璃钢树脂；玻璃钢专用阻燃粉 F01203301
Glass fiber reinforced plastic,flame retardant
用于玻璃钢阻燃
【生产厂】[津]天津市北方树脂厂(800 吨)〈P1580〉

玻璃钢树脂 F01203391
Resin for glass fiber reinforced plastic
【生产厂】[闽]福建省泉州市华邦树脂有限公司〈P1998〉；[鄂]武汉现代工业技术研究院〈P2234〉

碳九芳烃石油树脂；碳九增黏树脂 F01203701
C_9 Aromatics petroleum resin
广泛用于橡胶、油墨、油漆行业
【生产厂】[辽]辽阳市宏伟区欣欣化工有限公司〈P1711〉；[黑]大庆华科股份有限公司〈P1722〉；[鲁]淄博环海佳业科工贸有限公司〈P2062〉；临淄利润化工厂〈P2049〉；临淄英中石油树脂厂〈P2050〉；青岛振利化工有限公司〈P2047〉；[豫]濮阳市瑞森石油树脂有限公司〈P2214〉；濮阳市新豫化工物资有限公司〈P2215〉；濮阳市中德石油树脂有限公司〈P2215〉

液体石油树脂 F01203751
Petroleum resin,liquid
【生产厂】[鲁]张店海丰化工厂〈P2057〉

碳五石油树脂；C_5 石油树脂 F01203801
C_5 Petroleum resin
用于生产油漆、胶黏剂、热熔路标涂料
【生产厂】[黑]大庆华科股份有限公司〈P1722〉；[沪]上海依田化工公司〈P1774〉；上海乐能化工有限公司(2500 吨)〈P1750〉；[鲁]山东富丰化工股份有限公司〈P2052〉；淄博鲁中化工厂〈P2065〉；临淄利润化工厂〈P2049〉；烟台市恒茂化工有限公司〈P2118〉；[豫]濮阳市瑞森石油树脂有限公司〈P2214〉；濮阳市新豫化工物资有限公司〈P2215〉；濮阳市中德石油树脂有限公司〈P2215〉

加氢石油树脂 F01203851
Hydrogenation petroleum resin
用于溶液型压敏胶、热熔压敏胶、热熔涂料，也用于聚烯烃和沥青改性剂
【生产厂】[苏]南京扬子伊士曼化工有限公司(2 万吨)〈P1791〉；[豫]濮阳市中德石油树脂有限公司〈P2215〉

通用浸渍树脂 F01203921
Universal dipping resin
【生产厂】[苏]吴江市太湖涂料有限公司〈P1911〉；[鲁]蓬莱市特种绝缘材料厂〈P2112〉

水性无机富锌漆用树脂 F01204001
Resin for water-based inorganic zinc rich paint
【生产厂】[鄂]武汉现代工业技术研究院〈P2234〉

醇溶性无机富锌漆用树脂 F01204051
Resin for alcohol-soluble inorganic zinc rich paint
【生产厂】[鄂]武汉现代工业技术研究院〈P2234〉

水溶性树脂 F01204201
Water-soluble resin
用于水性油墨、热固性装饰漆等
【生产厂】[京]北京市通州互益化工厂(5000 吨)〈P1560〉；[苏]宜兴市腾蛟化工材料有限公司〈P1887〉；[鲁]济南章城油墨有限公司(1000 吨)〈P2027〉

泊洛沙姆；聚氧乙烯聚氧丙烯共聚物 F01204351
Poloxamer;Poloxanlene;Poloxalene;POP/POE condensate [9003-11-6]
是非离子表面活性剂
【生产厂】[辽]沈阳药大集琦药业有限责任公司〈P1690〉；辽阳奥克纳米材料有限公司〈P1709〉；[苏]江苏省海安石油化工厂〈P1831〉

松香树脂 F01204401
Rosin resin
【生产厂】[沪]上海涂料有限公司〈P1768〉
【使用厂】[苏]常州光辉化工有限公司〈P1847〉

甘油松香树脂；松香甘油酯；酯胶 F01204410
Glycerin rosin resin
油墨用连接料
【生产厂】[冀]深州市天翔化工有限公司〈P1669〉；[沪]上海油墨泗联化工有限公司〈P1776〉；[苏]无锡锡成油脂化工有限公司(10 万吨)〈P1882〉；[闽]福建省宁化县利丰化工有限公司(5000 吨)〈P1994〉；福建省沙县嘉利化工有限公司〈P1995〉；[赣]遂川县新海化工有限责任公司〈P2019〉；[鲁]山东瑞泰化工(集团)有限公司(3000 吨)〈P2136〉；[桂]广西桂林化工厂(2 万吨)〈P2298〉；广西梧州松脂股份有限公司〈P2300〉；梧州荒川化学工业有限公司〈P2300〉
【使用厂】[沪]上海造漆厂〈P1777〉；[粤]佛山市鲸鲨制漆科技有限公司〈P2288〉

氢化松香甘油酯;FHE F01204491

Glycerin rosin ester, hydrogenated [65997-13-9]

用于各种胶黏剂的制造

【生产厂】[苏]无锡锡成油脂化工有限公司〈P1882〉

防雾滴母粒 F01204601

Anti-fog master granula

主要用于防雾滴 PE 农用大棚膜,也可用于聚乙烯包装膜

【生产厂】[浙]杭州华塑色母有限公司〈P1918〉

功能母粒;改性塑料母粒 F01204651

Functional master batch

用于提高制品的硬挺性、热缩性、热封性、透明度、阻隔性以及加工性能等

【生产厂】[辽]大连九如塑料有限公司〈P1692〉;[浙]杭州华塑色母有限公司〈P1918〉;[鲁]济南泰星精细化工有限公司〈P2026〉;淄博市临淄齐泉工贸有限公司〈P2069〉;青岛普瑞德化工有限公司〈P2041〉;[豫]洛阳市闽吉塑胶有限公司〈P2185〉;[粤]广州市千色塑料色母有限公司〈P2265〉;佛山市城区天奇塑料助剂厂〈P2287〉;佛山市德瑞新环保科技有限公司〈P2287〉;顺德顺达塑料化工有限公司(1 万吨)〈P2293〉;中山华发塑料色母有限公司〈P2282〉

增韧母粒 F01204691

Toughening master batch

【生产厂】[沪]上海林达塑胶化工有限公司〈P1752〉;[苏]南京化研阻燃材料有限公司〈P1785〉;[粤]佛山市德瑞新环保科技有限公司〈P2287〉

磁性粒料 F01204701

Magnetic granula

用于生产气动元件、微电机、彩电汇聚片

【生产厂】[京]北京市化学工业研究院(200 吨)〈P1560〉

聚芳醚腈 F01205101

Polyaryl ether nitrile

【生产厂】[苏]扬州天辰精细化工有限公司〈P1819〉

阻燃母粒 F01205211

Flame retardant master batch

适用于 ABS、PP、PE、PS 等树脂制品起阻燃作用

【生产厂】[京]北京吉和色母料有限公司〈P1550〉;[辽]沈阳华昌锑业化工有限公司〈P1685〉;[沪]上海林达塑胶化工有限公司〈P1752〉;[苏]南京化研阻燃材料有限公司〈P1785〉;[浙]杭州华塑色母有限公司〈P1918〉;[鲁]济南湘蒙阻燃材料有限公司〈P2026〉;济南市锦绣川化纤厂(500 吨)〈P2025〉;济南泰星精细化工有限公司(500 吨)〈P2026〉;潍坊强源化工有限公司(1500 吨)〈P2103〉;青岛普瑞德化工有限公司〈P2041〉;青岛米兰化工有限公司〈P2040〉;山东春潮色母料有限公司(5000 吨)〈P2135〉;[粤]加威塑化有限公司〈P2281〉

珠光母粒 F01205231

Pearlescent master batch

用于 PE、PP、HIPE、ABS、AS、PVC 注塑和吹塑

【生产厂】[浙]杭州华塑色母有限公司〈P1918〉;[鲁]青岛普瑞德化工有限公司〈P2041〉;山东鲁燕色母粒有限公司(500 吨)〈P2136〉;[豫]洛阳市闽吉塑胶有限公司〈P2185〉

香味母粒 F01205251

Aroma master batch

【生产厂】[豫]三门峡市恒力合成原料厂(500 吨)〈P2222〉

可光降解母粒 F01205261

Lightdegradation master batch

主要用于添加塑料制品中,可以加快塑料制品降解速度,从而达到降解塑料,减少白色污染的目的

【生产厂】[津]天津市天海塑料助剂有限公司〈P1604〉;[沪]上海林达塑胶化工有限公司〈P1752〉;[鲁]山东春潮色母料有限公司(3000 吨)〈P2135〉;[粤]加威塑化有限公司〈P2281〉

滑爽开口母粒 F01205281

Slippery and ringent master batch

用于 BOPP 和 CPP 薄膜,能提高表面滑爽性能和开口性能

【生产厂】[辽]大连九如塑料有限公司〈P1692〉;[苏]海门市众腾化工有限公司〈P1830〉;[浙]杭州华塑色母有限公司〈P1918〉

抗老化母粒 F01205291

Ageing resistance master batch

用于提高产品的耐候性能,避免塑料老化

【生产厂】[京]北京市化学工业研究院〈P1560〉;[辽]大连九如塑料有限公司〈P1692〉;[苏]常州市新府运色母料有限公司〈P1855〉;[豫]三门峡市恒力合成原料厂〈P2222〉

降解树脂 F01205401

Degradation resin

【生产厂】[粤]绿维集团有限公司〈P2269〉

阻燃粒料 F01205651

Flame retardant granule

【生产厂】[豫]伊川县金世纪塑料厂(1000 吨)〈P2190〉

M-80 树脂;聚 α-甲基苯乙烯树脂 F01205851

Resin M-80

是 PVC 优良的加工助剂,广泛应用于 PVC 各类制品中

【生产厂】[沪]上海华溢塑料助剂合作公司〈P1740〉;中国石油化工股份有限公司上海高桥分公司〈P1780〉;上海嘉定马门溶剂油厂〈P1742〉;[苏]无锡市佳盛高新改性材料有限公司〈P1877〉

光固化树脂 F01205891

Light solidified resin

【生产厂】[京]北京清华紫光英力化工技术有限责任公司〈P1557〉;[苏]江苏三木集团公司〈P1865〉;[鲁]烟台云开化工有限责任公司〈P2120〉;[粤]深圳鼎好光化科技有限公司〈P2269〉;[川]成都博深高技术材料开发有限公司〈P2309〉;[甘]天水华硕精细化工有限公司〈P2357〉

通用滴浸树脂 F01205921

Universal dropping impregnation resin

【生产厂】[浙]嘉兴荣泰雷帕司绝缘材料有限公司〈P1941〉

无溶剂浸渍树脂 F01205951

Dipping resin, solventliss

适用于大、中型高压电机真空压力整体浸渍和其他电机、电器绕组的浸渍绝缘处理

【生产厂】[苏]吴江市太湖涂料有限公司〈P1911〉

路标漆用树脂 F01206401

Resin for road sign paint

适用于普通路标漆、水泥路面路标漆、热熔涂料等

【生产厂】[鲁]山东东明石化集团科耀化工有限公司(5000吨)〈P2159〉

BC-01 建筑乳液 F01206501

Construction emulsion BC-01

用于制备各色半光、无光、厚质砂浆涂料、金属底漆和维护漆及彩色地面的涂层和罩面层等

【生产厂】[鲁]青州兴庆助剂有限公司〈P2094〉;[豫]偃师市兰天化工有限公司(1000吨)〈P2189〉

水性金属防锈漆乳液 F01206531

Water-based metal antirust paint emulsion

用于生产金属防锈漆

【生产厂】[鲁]青州市宝达化工有限公司(600吨)〈P2091〉

柔性水泥防水涂料乳液 F01206549

Suppleness cement water-proof paint emulsion

适用于作各种建筑防水涂料,裂层填充材料,屋面防水涂料及陶瓷面砖胶黏剂

【生产厂】[鲁]青州贝特化工有限公司〈P2090〉;[粤]江门市新会长河化工(集团)实业有限公司〈P2285〉

建筑乳液;建材乳液 F01206551

Emulsion for construction

用于建筑涂料的生产

【生产厂】[京]北京东联化工有限公司〈P1547〉;北京东方永宇高分子制品有限公司(1万吨)〈P1547〉;北京慕湖外加剂有限公司〈P1556〉;[冀]衡水新光化工有限责任公司(5700吨)〈P1668〉;[苏]苏州天意达化工有限公司〈P1906〉;[鲁]山东省东营市金友来工贸有限责任公司〈P2085〉;东营市方圆实业有限责任公司〈P2081〉;青州贝特化工有限公司〈P2090〉;青州兴庆助剂有限公司〈P2094〉;龙口市宇龙密封材料有限公司〈P2111〉;日照市广大化工有限公司(1800吨)〈P2139〉;[粤]广东天银化工实业有限公司〈P2295〉

水性建筑乳液 F01206561

Water-based construction emulsion

用于制备建筑用内外墙环保型涂料

【生产厂】[粤]安德士化工(中山)有限公司〈P2282〉

弹性涂料乳液 F01206571

Emulsion for elastic coating

可用于制备有光、半光、平光等各种内外墙用弹性乳胶涂料及胶黏剂等

【生产厂】[湘]湖南汇博化工科技有限公司〈P2254〉

弹性防水乳液 F01206575

Elastic waterproof emulsion

用于制备弹性防水涂料、弹性腻子、弹性乳胶漆、拉毛漆等

【生产厂】[鲁]青州贝特化工有限公司〈P2090〉

水泥胶乳 F01206585

Cement latex

用于水泥路面、水泥建筑物、构筑物,可提高其抗冲、耐应力性能

【生产厂】[鲁]山东齐鲁乙烯化工股份有限公司(40吨)〈P2054〉;淄博畅顺化工有限公司〈P2058〉;淄博翔达化工有限公司〈P2074〉

建筑涂料专用乳液 F01206591

Emulsion for construction coating

可用于配制高档的外墙乳胶涂料、防水涂料、真石漆、罩光漆、胶黏剂及水性底漆等

【生产厂】[苏]江苏三木集团公司〈P1865〉;[湘]湖南汇博化工科技有限公司〈P2254〉

纳米乳液 F01206621

Nano emulsion

【生产厂】[津]天津市晨光化工有限公司(1200吨)〈P1581〉;[鲁]东营市瑞丰化工厂〈P2082〉

抗碱乳液 F01206631

Basic resistant emulsion

主要用于制造内外墙抗碱底漆

【生产厂】[苏]江苏日出化工有限公司〈P1821〉;江苏省海安紫石化工厂〈P1831〉

印刷油墨专用树脂 F01206651

Special resin for prinrting ink

可用于轮转胶印油墨及其他各类油墨连接料的制作

【生产厂】[津]天津市港升化工有限公司(2000吨)〈P1587〉;[赣]江西福达香料化工有限公司大森林树脂厂〈P2017〉;江西金鹰油墨有限公司〈P2014〉;遂川县新海化工有限责任公司〈P2019〉;[豫]郑州华新化工有限公司〈P2171〉

氟碳树脂 F01206661

Fluoro-carbon resin

用于制备氟碳涂料

【生产厂】[苏]江苏康泰氟化工有限公司〈P1859〉;无锡万博氟碳树脂有限公司〈P1882〉;[浙]浙江金质丽化工有限公司〈P1928〉

烤漆用压克力树脂 F01206751

Acrylic resin for baking paint

【生产厂】[粤]广州南方树脂有限公司〈P2263〉

环保型水性木器漆用树脂 F01206801

Resin for water-soluble wood-ware paint, environmental-protection type

【生产厂】[沪]上海爱力金涂料有限公司〈P1727〉;[鲁]奥德美(淄博)高分子材料有限公司〈P2048〉

乙烯基酯树脂 F01207101

Vinyl ester resin

适用于制造各种耐腐蚀整体玻璃钢设备及其内衬,如贮罐、槽车、管道等

【生产厂】[沪]上海富晨化工有限公司〈P1733〉;华东理工大

F

学华昌聚合物有限公司〈P1726〉;上海昭和高分子有限公司〈P1777〉;[苏]常州天马集团有限公司〈P1857〉;无锡光明化工厂有限公司〈P1873〉;[赣]江西设备防腐公司〈P2009〉;[鲁]济南树脂化工公司〈P2025〉;[粤]广州市虹云高分子材料有限公司〈P2264〉;[渝]重庆光华化工有限公司〈P2304〉

乙烯基树脂　F01207151
Vinyl resin
主要用于制塑料、胶黏剂和合成橡胶等
【生产厂】[沪]华东理工大学华昌聚合物有限公司〈P1726〉;[鲁]淄博市临淄环城玻璃钢制品有限公司(300 吨)〈P2068〉;[甘]兰州瑞玛化机有限公司〈P2356〉

醇酮树脂　F01207301
Alcohol ketone resin
用于橡胶制品,是石油树脂、松香、古马隆树脂及橡胶软化油的优良替代品,广泛用于黑色 PVC 制品
【生产厂】[湘]岳阳昌德化工实业有限公司〈P2254〉

聚乙烯亚胺;PEI　F01207501
Polyethyleneimine
用作阳离子絮凝剂、工业废水处理剂
【生产厂】[鄂]武汉市强龙化工新材料有限责任公司〈P2233〉

高分子量聚乙烯亚胺　F01207551
Polyethyleneimine, high molecular weight
可用于生产环氧树脂的固化剂,可在造纸中作助留剂,在电镀行业中作分散剂
【生产厂】[鄂]武汉市强龙化工新材料有限责任公司〈P2233〉

叔碳酸乙烯酯-醋酸乙烯共聚乳液;叔醋乳液　F01207651
Vinyl tertcarbonate-vinyl acetate copolymer, emulsion
适于配制各种高级内墙建筑装饰涂料,亦可用于外墙装饰涂料
【生产厂】[京]北京东方石油化工有限公司有机化工厂〈P1546〉;北京科林华工贸有限公司〈P1554〉;北京爱德泰普膜制品厂〈P1543〉;[冀]衡水新光化工有限责任公司〈P1668〉;[苏]江苏日出化工有限公司〈P1821〉;南通市联邦化工有限公司〈P1835〉;[鲁]青州贝特化工有限公司〈P2090〉;青州市宝达化工有限公司(500 吨)〈P2091〉;日照市广大化工有限公司(1500 吨)〈P2139〉;[粤]广州番禺日出化工有限公司〈P2260〉;巴德富实业有限公司〈P2286〉

弹性树脂　F01207901
Elastic resin
用于棉、合成纤维等,具有耐久性的防皱及防缩效果
【生产厂】[浙]杭州余杭艾迪精细化工研究所〈P1925〉

耐高温树脂　F01208001
High temperature resistant resin
可配制不同用途的耐高温涂料,适用于配制排气管、燃气灶等专用涂料
【生产厂】[苏]武进芙蓉嘉诺磷化材料厂〈P1864〉;[皖]蚌埠市天宇耐高温树脂材料有限公司〈P1975〉;[鲁]蓬莱市特种绝缘材料厂〈P2112〉;[鄂]武汉现代工业技术研究院〈P2234〉

高温耐腐蚀树脂　F01208191
High-temperature anticorrosive resin
用于石油、化工、冶金、制药等行业
【生产厂】[甘]兰州瑞玛化机有限公司〈P2356〉

黏合树脂　F01208401
Bonding resin
用于复合膜、复合片材和复合管中间粘接层的热可塑性树脂
【生产厂】[鲁]青岛海佳助剂有限公司〈P2035〉

焦油树脂　F01208701
Tar resin
适用于油漆、油墨、橡胶助剂等
【生产厂】[鲁]山东齐隆化工股份有限公司〈P2053〉;青州红星化工有限公司(1000 吨)〈P2090〉

聚苯乙烯磺酸钠溶液　F01208801
Poly(sodium 4-styrenesulfonate) solution [25704-18-1]
用于反应性乳化剂、分散剂、凝絮剂等
【生产厂】[鲁]淄博星之联化工有限公司(1000 吨)〈P2074〉

合成橡胶　F02000000
Synthetic rubber
【生产厂】[沪]上海灵鹿橡胶制品有限公司〈P1752〉;[豫]巩义市强力塑料制品厂〈P2163〉;安阳市恒立化工有限责任公司(800 吨)〈P2208〉
【使用厂】[津]天津市橡胶制品七厂〈P1607〉;天津国际联合轮胎橡胶有限公司〈P1572〉;[辽]沈阳长桥胶带有限公司〈P1684〉;本溪市胶管厂〈P1699〉;[苏]东台市苏中胶带制品有限公司〈P1806〉;[赣]江西省励远化工科技实业公司〈P2009〉;[鲁]文登市三峰轮胎有限公司〈P2127〉;山东泰山轮胎有限公司〈P2136〉;荣成荣达橡胶制品有限公司〈P2122〉;青岛东方工业品制造有限公司〈P2033〉;山东成山集团有限公司〈P2123〉;潍坊鲁邑橡胶制品有限公司〈P2103〉;山东省三利轮胎制造有限公司〈P2160〉;荣成市劳保福利橡塑厂〈P2122〉;山东临朐万和橡胶制品有限公司〈P2096〉;[粤]广州市团结橡胶厂有限公司〈P2266〉;广州市宝力轮胎有限公司〈P2263〉

合成胶乳　F02001000
Synthetic rubber latex
用于生产静电植绒黏合剂
【生产厂】[鲁]淄博峰源化工有限公司〈P2059〉;[粤]汕头精细化工(集团)公司(1 万吨)〈P2276〉

丁苯橡胶;SBR;丁苯胶　F02010105
Styrene-butadiene rubber [9003-55-8]
主要用于制造轮胎、运输带、胶管、胶黏剂等
【生产厂】[苏]常熟市海虞橡胶有限公司〈P1890〉;[鲁]中国石油化工股份有限公司齐鲁石化股份公司(13 万吨)〈P2057〉
【使用厂】[津]天津市新华橡胶厂〈P1608〉;[冀]石家庄第一橡胶股份有限公司〈P1625〉;[苏]无锡市橡胶厂〈P1880〉;[浙]宁波橡胶有限公司〈P1933〉;宁波市鄞州虎啸合成化工厂〈P1932〉;[鲁]青岛橡六集团有限公司〈P2045〉;青岛振华工业集团有限公司〈P2046〉;曲阜市神力橡塑有限公司〈P2130〉;沂源瑞丰高分子材料有限公司〈P2056〉;青岛华海环保工业有限公司〈P2037〉;文登市第二橡胶厂

F

〈P2126〉；山东北方现代化学工业有限公司〈P2027〉；胜利油田大明新型建筑防水材料有限责任公司〈P2087〉；新汶矿业集团有限责任公司〈P2139〉；淄博爱科实业有限责任公司〈P2057〉；山东景阳岗软管总厂〈P2153〉；蓬莱市宏光橡胶制品厂〈P2112〉；青岛双星轮胎工业有限公司〈P2043〉；荣成市峰富橡胶有限责任公司〈P2122〉；荣成市劳保福利橡塑厂〈P2122〉；山东信义集团东营信义橡塑厂〈P2086〉；［豫］郑州中原应用技术研究开发有限公司〈P2176〉；［湘］湖南橡塑密封件厂〈P2256〉；［粤］广州第二橡胶厂〈P2260〉；［陕］西安鹰球橡塑有限公司〈P2350〉

溶聚丁苯橡胶；SSBR　F02010201

Styrene-butadiene rubber of solution polymerization; Solution styrene butadiene rubber

用于制备各种轮胎尤其是子午胎及胶管、海绵、电缆线、鞋类、彩色胶片等

【生产厂】［沪］中国石油化工股份有限公司上海高桥分公司〈P1780〉

丁苯胶乳　F02010700

Styrene-butadiene latex [9003-55-8]

用于制造海绵橡胶、浸渍纤维和织物，还可直接用作胶黏剂、涂料等

【生产厂】［沪］中国石油化工股份有限公司上海高桥分公司〈P1780〉；［鲁］淄博合力化工有限公司（2 万吨）〈P2061〉；淄博市临淄天德精细化工研究所〈P2888〉；山东齐鲁乙烯化工股份有限公司（5000 吨）〈P2054〉；淄博畅顺化工有限公司〈P2058〉；淄博市临淄耀环化工有限公司〈P2070〉；山东富斯特化工有限公司〈P2155〉；山东省微山县广源化工有限公司（5000 吨）〈P2132〉；［豫］偃师市新材磨料有限公司（1 万吨）〈P2189〉

【使用厂】［鲁］蓬莱市广大树脂有限公司〈P2112〉

丁苯吡胶乳　F02010801

Butadiene-styrene-2-vinylpyridine latex

用作织物或帘子布骨架材料与橡胶间不可缺少的黏合剂，广泛用于轮胎及运输带等橡胶制品工业

【生产厂】［冀］河北斌扬集团山海关万通助剂厂（5000 吨）〈P1637〉；秦皇岛万通精化有限公司〈P1637〉；［鲁］淄博张店东方化学股份有限公司（5000 吨）〈P2076〉

丁吡胶乳　F02010901

Butadiene-vinyl pyridine latex

广泛用于浸渍帘子布等

【生产厂】［鲁］淄博合力化工有限公司（2 万吨）〈P2061〉；［豫］偃师市新材磨料有限公司（6000 吨）〈P2189〉

羧基丁苯胶乳　F02011001

Carboxy styrene-butadiene latex

用于胶乳制品、海绵制品、高级纸张黏合剂、塑料改性剂等

【生产厂】［津］天津市津北引河化工厂（600 吨）〈P1592〉；天津市信爱商贸有限公司（500 吨）〈P1609〉；［沪］上海高桥巴斯夫分散体有限公司（110 吨）〈P1734〉；［苏］常州市灵达化学品有限公司〈P1852〉；［鲁］淄博翔达化工有限公司（2 万吨）〈P2074〉；山东青州诚信化工有限公司（1500 吨）〈P2096〉；日照市广大化工有限公司（1500 吨）〈P2139〉；日照金马化工有限公司（3 万吨）〈P2139〉

丁苯热塑橡胶；SBS；苯乙烯-丁二烯-苯乙烯嵌段共聚物　F02011101

Styrene-butadiene-styrene block copolymer; SBS

用于生产防水卷材、黏合剂、鞋底等

【生产厂】［鲁］济南高新开发区大山科贸公司〈P2021〉；青州市海光化工有限公司（150 吨）〈P2092〉

【使用厂】［闽］南安市丰华橡塑制品有限公司〈P1999〉；［鲁］山东北方现代化学工业有限公司〈P2027〉；济南长城炼油厂〈P2020〉；胜利油田大明新型建筑防水材料有限责任公司〈P2087〉；新汶矿业集团有限责任公司〈P2139〉；济南台岛化工有限公司〈P2025〉

高苯乙烯橡胶　F02011201

High styrene rubber

用于制作硬质鞋底、硬质海绵、碾米胶辊、地板砖等，还可用作天然橡胶、丁苯橡胶的补强剂

【生产厂】［鲁］山东舜天力塑胶有限公司〈P2055〉；淄博畅顺化工有限公司〈P2058〉；淄博市临淄耀环化工有限公司〈P2070〉；蓬莱市广大树脂有限公司（5000 吨）〈P2112〉

充油高苯乙烯橡胶　F02011251

High styrene rubber, oil-extended

除具有高苯乙烯橡胶的特点外，还具有良好的加工性能，加工时胶料易于各种配合剂混合

【生产厂】［鲁］淄博市临淄耀环化工有限公司〈P2070〉

沥青丁苯胶乳　F02011301

Styrene-butadiene asphalt latex

主要用于道路路面的铺设、防水工程、沥青防水卷材等

【生产厂】［鲁］山东齐鲁乙烯化工股份有限公司（5000 吨）〈P2054〉；淄博翔达化工有限公司〈P2074〉

顺丁橡胶；顺丁胶；顺式聚丁二烯橡胶；BR　F02020101

cis-1,4-Polybutadiene rubber [9003-17-2]

用于生产轮胎、胶管、胶带、胶鞋等橡胶制品

【生产厂】［辽］中国石油天然气股份公司锦州石化分公司〈P1702〉；［沪］中国石油化工股份有限公司上海高桥分公司（8 万吨）〈P1780〉；［鲁］中国石油化工股份有限公司齐鲁石化股份公司（4 万吨）〈P2057〉；［新］中国石油天然气股份有限公司独山子石化分公司（3 万吨）〈P2365〉

【使用厂】［津］天津市新华橡胶厂〈P1608〉；［冀］石家庄第一橡胶股份有限公司〈P1625〉；［苏］无锡市橡胶厂〈P1880〉；苏州吴中前进有机化工有限公司〈P1907〉；建湖县揽月橡胶制品有限公司〈P1807〉；［闽］福建省邵武市正兴武夷轮胎有限公司〈P2004〉；［鲁］青岛振华工业集团有限公司〈P2046〉；曲阜市神力橡塑有限公司〈P2130〉；青岛华海环保工业有限公司〈P2037〉；文登市第二橡胶厂〈P2126〉；济宁同利橡胶制品有限责任公司〈P2129〉；蓬莱市宏光橡胶制品厂〈P2112〉；青岛双星轮胎工业有限公司〈P2043〉；荣成市峰富橡胶有限责任公司〈P2122〉；山东临朐恒达化工建材厂〈P2096〉；［豫］鹤壁飞鹤股份有限公司〈P2199〉；［湘］株洲市湘江橡胶制品厂〈P2250〉；［粤］广州第二橡胶厂〈P2260〉；［陕］西安鹰球橡塑有限公司〈P2350〉

丁腈橡胶；丁腈胶；NBR　F02030106

Butadiene-acrylonitrile rubber

广泛用于制造各种耐油垫圈、垫片、胶管、飞机油箱、软包装、印染胶辊、电缆材料和胶黏剂等

【生产厂】[沪]上海宁成高分子材料有限公司〈P1755〉;上海林根化工原料有限公司〈P1752〉
【使用厂】[津]天津市新华橡胶厂〈P1608〉;[冀]石家庄第一橡胶股份有限公司〈P1625〉;高碑店市同创橡塑制品有限责任公司〈P1647〉;安国市橡塑制品有限公司〈P1644〉;[沪]上海百盛橡胶制品有限公司〈P1728〉;[苏]无锡市橡胶厂〈P1880〉;无锡二橡胶股份有限公司〈P1873〉;无锡市第五橡胶厂〈P1875〉;启东吕盛橡胶制品有限公司〈P1837〉;[浙]浙江台州海橡密封件有限公司〈P1968〉;[皖]安庆市特种橡塑制品有限责任公司〈P1980〉;[闽]福建关西化工有限公司〈P1988〉;[鲁]青岛橡六集团有限公司〈P2045〉;曲阜市神力橡塑有限公司〈P2130〉;山东北方现代化学工业有限公司〈P2027〉;新汶矿业集团有限责任公司〈P2139〉;淄博创大实业有限公司橡胶制品分公司〈P2058〉;蓬莱市宏光橡胶制品厂〈P2112〉;中国重型汽车集团济南商用车有限公司橡胶密封件厂〈P2031〉;银河德普胶带有限公司〈P2134〉;青岛茂林橡胶制品有限公司〈P2040〉;高密市华诚橡胶制品有限公司〈P2089〉;山东信义集团东营信义橡塑厂〈P2086〉;青岛柯丽亚(韩国)胶带有限公司〈P2039〉;[豫]郑州力威管道设备有限公司〈P2171〉;平顶山市矿益胶管制品有限责任公司〈P2192〉;[粤]广州市东风化工实业有限公司〈P2263〉;[陕]西安鹰球橡塑有限公司〈P2350〉;西安市精工橡胶制品有限公司〈P2349〉

丁腈橡胶(液体) F02030107

Butadiene-acrylonitrile rubber, liquid

可制成粘接橡胶、金属等的胶黏剂,耐酸、耐腐蚀涂料,还可用于环氧树脂的增韧剂等

【生产厂】[鲁]山东齐鲁乙烯化工股份有限公司(100 吨)〈P2054〉

粉末丁腈橡胶 F02030201

Powdered acrylonitrile-butadiene rubber

【生产厂】[苏]常州市灵达化学品有限公司〈P1852〉

丁腈胶乳 F02030501

Butadiene-acrylonitrile latex

用作胶黏剂和纸张、布、皮革的浸渍材料以及制橡胶线和胶乳模型制品等

【生产厂】[豫]偃师市新材磨料有限公司(2000 吨)〈P2189〉

丁腈混炼胶;耐油橡胶;丁腈橡胶混炼胶 F02030601

Butadiene-acrylonitrile rubber, compound mix

用于生产各种耐油、耐水等性能的模压制品

【生产厂】[沪]上海旭创高分子材料有限公司〈P1773〉
【使用厂】[鲁]莱州市橡塑厂〈P2110〉

羧基丁腈胶乳 F02030701

Carboxy butadiene-acrylonitrile latex

主要用于制耐油手套

【生产厂】[苏]南京盛东化工有限公司〈P1789〉;常州市灵达化学品有限公司〈P1852〉;[鲁]山东舜天力塑胶有限公司〈P2055〉;淄博畅顺化工有限公司〈P2058〉

氯丁橡胶;氯丁二烯橡胶;CR F02040100

Chloroprene rubber [9010-98-4]

用于制造运输带、胶管、印刷胶辊、电缆等橡胶制品,胶黏剂,防腐漆等

【生产厂】[京]中国蓝星(集团)总公司〈P1568〉;[沪]上海久聚高分子材料有限公司〈P1746〉;[苏]常熟市海虞橡胶有限公司〈P1890〉;[渝]重庆长寿化工有限责任公司(1 万吨)〈P2304〉
【使用厂】[苏]扬州合力橡胶制品有限公司〈P1817〉;无锡市橡胶厂〈P1880〉;[浙]浙江台州海橡密封件有限公司〈P1968〉;宁波市鄞州虎啸合成化工厂〈P1932〉;[闽]福清市南宝树脂有限公司〈P1989〉;[鲁]曲阜市神力橡塑有限公司〈P2130〉;山东新汉邦化工科技有限公司〈P2030〉;山东北方现代化学工业有限公司〈P2027〉;淄博爱科实业有限责任公司〈P2057〉;济南高新开发区大山科贸公司〈P2021〉;山东力华防水建材有限公司〈P2077〉;[豫]平顶山市矿益胶管制品有限责任公司〈P2192〉;[粤]广州市东风化工实业有限公司〈P2263〉;广东高聚化学工业有限公司〈P2290〉;广州市团结橡胶厂有限公司〈P2266〉

氯丁橡胶(LDJ-120 型) F02040102

Chloroprene rubber LDJ-120 [9010-98-4]

用于制造电缆、皮带输送机等

【生产厂】[渝]重庆长寿化工有限责任公司(7000 吨)〈P2304〉

氯丁橡胶(LDJ-230 型) F02040103

Chloroprene rubber LDJ-230 [9010-98-4]

用于制造电缆、胶管等

【生产厂】[渝]重庆长寿化工有限责任公司(1000 吨)〈P2304〉

氯丁橡胶(LDJ-240 型);CR244 型氯丁橡胶 F02040104

Chloroprene rubber LDJ-240 [9010-98-4]

用于配制黏合剂

【生产厂】[渝]重庆长寿化工有限责任公司(6000 吨)〈P2304〉

氯丁胶乳(LDR-401 型) F02040901

Chloroprene latex LDR-401 [9010-98-4]

用于浸渍薄膜制品

【生产厂】[渝]重庆长寿化工有限责任公司(1000 吨)〈P2304〉

氯丁胶乳(LDR-403 型) F02040902

Chloroprene latex LDR-403 [9010-98-4]

用于鞋帮粘接以及聚氯乙烯塑料地板粘接等

【生产厂】[渝]重庆长寿化工有限责任公司(200 吨)〈P2304〉

氯丁胶乳(LDR-503 型) F02040904

Chloroprene latex LDR-503 [9010-98-4]

用于制鞋用胶黏剂、地板黏合剂、纤维处理剂等

【生产厂】[渝]重庆长寿化工有限责任公司(100 吨)〈P2304〉

羧基氯丁胶乳(LSR-511 型) F02041101

Carboxy chloroprene latex LSR-511 [9010-98-4]

可作为纤维、纸张、防水涂料或涂层,并可作黏合剂

【生产厂】[渝]重庆长寿化工有限责任公司(200 吨)〈P2304〉

阳离子氯丁胶乳(LDR-501Y 型) F02041401

Chloroprene latex, cation LDR-501Y [9010-98-4]

用于沥青改性、水泥灰浆改性、地下工程、建

筑防水、纤维处理等

【生产厂】[渝]重庆长寿化工有限责任公司(2000 吨)〈P2304〉

聚硫橡胶 F02050101

Polysulfide rubber

可做建筑、土木、航空、航天、船舶、铁路、汽车等工业的密封剂,火箭固体燃料用黏合剂

【生产厂】[鲁]山东郓城爱科斯特化学有限公司(500 吨)〈P2161〉

【使用厂】[豫]郑州中原应用技术研究开发有限公司〈P2176〉

硅橡胶 F02060000

Silicone rubber

用于制造耐高温绝缘密封、医用材料、高压电缆、黏合剂、精密模具、隔离胶等

【生产厂】[京]中国蓝星(集团)总公司〈P1568〉;[辽]沈阳市硅胶厂〈P1688〉;[苏]江苏宏达化工新材料股份有限公司(2 万吨)〈P1841〉;溧阳市云锋化工有限公司〈P1864〉;溧阳市康达化工有限公司(150 吨)〈P1863〉;[闽]福建省泉州市华邦树脂有限公司〈P1998〉;福建省上杭鑫舟硅橡胶制品有限公司(30 吨)〈P2006〉;[鲁]莱州市宏科化工有限公司〈P2109〉;[粤]广州天赐有机硅科技有限公司〈P2267〉;广州得尔塔有机硅技术开发有限公司〈P2260〉;深圳市蛇口三力有机硅材料有限公司〈P2272〉;深圳市固加实业发展有限公司〈P2270〉;深圳市淳昌科技有限公司〈P2270〉;东莞三国有机硅材料厂〈P2279〉;佛山市华联有机硅有限公司〈P2287〉;广东彩艳股份有限公司〈P2284〉;[川]中蓝晨光化工研究院〈P2320〉;成都拓利化工实业有限公司〈P2316〉

【使用厂】[冀]高碑店市同创橡塑制品有限责任公司〈P1647〉;[沪]上海康达化工有限公司〈P1747〉;[浙]浙江台州海橡密封件有限公司〈P1968〉;温州市国工实业公司〈P1937〉;[闽]杰宏(厦门)电子有限公司〈P1990〉;[鲁]中国重型汽车集团济南商用车有限公司橡胶密封件厂〈P2031〉;[粤]深圳市深高科美硅胶制品有限公司〈P2272〉

双组分室温硫化硅橡胶 F02060101

Silicone rubber, bicomponent RTV

用于浇铸花纹精细的模具、变压器涂层、电子元件及组合体包封浸渍和涂刷织物

【生产厂】[吉]磐石市大田化工助剂研究所〈P1717〉;[川]中蓝晨光化工研究院〈P2320〉;成都拓利化工实业有限公司〈P2316〉

甲基乙烯基硅橡胶(110 型) F02060301

Silicone rubber, methyl-vinyl 110

用作绝缘、耐高温橡胶制品,也用作密封、防振、脱模材料

【生产厂】[吉]磐石市大田化工助剂研究所(1 万吨)〈P1717〉;[沪]上海树脂厂有限公司(60 吨)〈P1764〉;[苏]东爵精细化工(南京)有限公司〈P1781〉;无锡市全立化工有限公司〈P1878〉;江苏宝应化工助剂厂〈P1815〉;[浙]杭州吉驰达有机硅有限公司〈P1919〉;[皖]蚌埠市金星有机硅材料厂〈P1975〉;[粤]广州市康明硅橡胶科技有限公司〈P2265〉;[川]中蓝晨光化工研究院〈P2320〉

甲基乙烯基硅橡胶 F02060305

Silicone rubber, methyl-vinyl

用于制耐热橡胶制品,可制成平板、管材、密封垫圈、胶辊及泡沫制品等

【生产厂】[苏]镇江环太硅胶有限公司〈P1844〉;[皖]蚌埠市新瑞有机硅有限公司〈P1976〉

【使用厂】[浙]义乌市康成特种橡胶有限公司〈P1954〉;[川]中蓝晨光化工研究院〈P2320〉

甲基双苯基室温硫化硅橡胶(108 型) F02060401

Silicone rubber, methyl-diphenyl RTV 108

用于密封、粘接、制模、绝缘

【生产厂】[浙]杭州吉驰达有机硅有限公司〈P1919〉

甲基双苯基乙烯基硅橡胶 F02060451

Methyl diphenyl vinyl silicone rubber

【生产厂】[吉]磐石市大田化工助剂研究所〈P1717〉

甲基硅橡胶(101 型);101 高温胶 F02060601

Silicone rubber, methyl 101

用于制绝缘、耐高温橡胶制品及脱模剂

【生产厂】[沪]上海树脂厂有限公司(60 吨)〈P1764〉;[苏]无锡市全立化工有限公司〈P1878〉;江苏宝应化工助剂厂〈P1815〉

加成型硅橡胶 F02060701

Silicone rubber, addition type

用于电子元件的包封

【生产厂】[闽]漳州元皓化工有限公司〈P2002〉;[赣]江西星火化工厂〈P2012〉;[粤]东莞三国有机硅材料厂〈P2279〉

单组分室温硫化硅橡胶 F02060802

Silicone rubber, monocomponent RTV

专用于一般建筑工程的粘接、填缝

【生产厂】[苏]江阴天星保温材料有限公司〈P1872〉;[浙]浙江信越精细化工有限公司〈P1944〉;[皖]蚌埠市新瑞有机硅有限公司〈P1976〉;安徽立兴化工有限公司〈P1985〉;[闽]福建省闽清县华宇胶粘剂厂〈P1988〉;[粤]深圳市安品有机硅材料有限公司〈P2270〉;东莞三国有机硅材料厂〈P2279〉;佛山市高明高进科技应用材料厂〈P2287〉;[川]成都拓利化工实业有限公司〈P2316〉;中昊晨光化工研究院〈P2321〉

【使用厂】[豫]郑州中原应用技术研究开发有限公司〈P2176〉

特种硅橡胶 F02060901

Special silicone rubber

用于多种苛刻环境下,可用作各种部件(如汽车部件)等

【生产厂】[苏]江苏宏达化工新材料股份有限公司〈P1841〉;[闽]漳州元皓化工有限公司〈P2002〉

印花硅胶 F02060951

Printing silica gel

是一种通过丝网印刷,牢固地粘附于纺织品表面的特种硅胶,用于多种产品的防水、防滑、装饰等

【生产厂】[粤]深圳市淳昌科技有限公司〈P2270〉;东莞市良展有机硅材料厂〈P2280〉

氟硅橡胶 F02061001

Fluorosilicone rubber

适用于作各种耐高低温、耐油、耐化学药品的膜片、垫片、管子、密封圈等

【生产厂】[冀]河北硅谷化工有限公司〈P1639〉;[浙]浙江化工科技集团有限公司精细化工厂〈P1927〉

氟硅弹性体　F02061051

Fluoro-silicone elastomer

广泛用于宇航、交通运输、石油化工、医疗卫生等工业部门

【生产厂】[沪]上海富路达橡塑材料科技有限公司〈P1734〉

室温硫化甲基硅橡胶(107 型);107 室温硫化硅橡胶　F02061101

Silicone rubber, methyl RTV 107

用于电子工业各部门的密封、绝缘、防潮、防振、灌注材料,并可作黏合剂、隔离剂等

【生产厂】[京]蓝星化工新材料股份有限公司〈P1567〉;[吉]磐石市大田化工助剂研究所〈P1717〉;吉林华丰有机硅有限公司〈P1715〉;[沪]上海树脂厂有限公司(60 吨)〈P1764〉;上海康达化工有限公司(20 吨)〈P1747〉;[苏]常州市宏业有机硅有限公司〈P1851〉;无锡市全立化工有限公司〈P1878〉;[浙]杭州永欣精细化工有限公司〈P1924〉;杭州吉驰达有机硅有限公司〈P1919〉;[闽]厦门汉旭化工有限公司(30 吨)〈P1992〉;[赣]蓝星化工新材料股份有限公司江西星火有机硅厂〈P2013〉;[鲁]烟台创业高科技有限公司〈P2116〉;烟台宏泰达有限公司〈P2117〉;[鄂]湖北枣阳四海化工有限公司(200 吨)〈P2237〉;[粤]深圳市淳昌科技有限公司〈P2270〉;深圳市吉鹏硅氟材料有限公司〈P2271〉;佛山市阳光硅材料有限公司〈P2289〉

【使用厂】[浙]义乌市康成特种橡胶有限公司〈P1954〉

室温硫化硅橡胶(106 型);106 室温胶　F02061102

Silicone rubber, RTV 106

用作制模、密封、绝缘材料

【生产厂】[沪]上海树脂厂有限公司(60 吨)〈P1764〉;[苏]常州市科达永盛有机硅材料有限公司〈P1852〉;江都市江北有机硅化工有限公司〈P1814〉

【使用厂】[豫]郑州中原应用技术研究开发有限公司〈P2176〉

室温硫化甲基硅橡胶　F02061103

Silicone rubber, methyl RTV

用于电子工业部门的密封、绝缘、防潮、防振、灌注材料

【生产厂】[吉]磐石市大田化工助剂研究所〈P1717〉;[赣]江西星火化工厂〈P2012〉

耐高温硅橡胶　F02061201

High temperature resistant silicone rubber

用于制造各种耐高温密封圈、胶辊、杂件、密封胶条等

【生产厂】[苏]东爵精细化工(南京)有限公司〈P1781〉;[粤]深圳市淳昌科技有限公司〈P2270〉

有机硅凝胶　F02061400

Silicone resin, gel

用作电子元器件的灌封、粘接涂敷材料,起防潮、绝缘、防振的作用

【生产厂】[吉]吉林华丰有机硅有限公司〈P1715〉;[粤]广州市康明硅橡胶科技有限公司〈P2265〉;深圳市淳昌科技有限公司〈P2270〉;佛山市阳光硅材料有限公司〈P2289〉;[川]中蓝晨光化工研究院〈P2320〉;成都拓利化工实业有限公司〈P2316〉

阻燃硅橡胶料　F02061501

Silicone rubber, flame retardance

用于有阻燃要求的电气、电子元件的灌封,自燃性玻璃纤维导管的绝缘涂层等

【生产厂】[苏]东爵精细化工(南京)有限公司〈P1781〉

硅橡胶类电子灌封料　F02061601

Silicone rubber electron sealing material

用于 LED 背光板及室外显示屏、电力器件等众多领域的电子封装材料

【生产厂】[京]北京航通舟科技有限公司〈P1548〉;[粤]深圳市淳昌科技有限公司〈P2270〉;东莞三国有机硅材料厂〈P2279〉;[川]成都拓利化工实业有限公司〈P2316〉

硅胶条　F02061901

Silicone rubber piece

【生产厂】[冀]河北衡水华伟特种橡塑制品厂〈P1664〉;[沪]上海青浦莲盛宏伟特种橡塑制品厂〈P1757〉;[苏]滨海县广华橡胶制品有限公司〈P1805〉;[鲁]济南医用硅橡胶制品厂〈P2026〉;山东省菏泽市橡胶制品厂〈P2160〉;[粤]广州市固特橡胶制品有限公司〈P2264〉;深圳市臻晖电子有限公司〈P2273〉

高抗撕硅橡胶　F02062001

Silicone rubber, anti-seize

【生产厂】[苏]江苏宏达化工新材料股份有限公司〈P1841〉;[粤]佛山市华联有机硅有限公司〈P2287〉

导电硅橡胶　F02062100

Silicone rubber, electric

用于制造电子元器件、印刷电路板、集成电路等

【生产厂】[苏]江苏宏达化工新材料股份有限公司〈P1841〉;江苏日成橡胶有限公司〈P1860〉;[粤]广州市良兆企业有限公司〈P2265〉;佛山市华联有机硅有限公司(100 吨)〈P2287〉

高温硫化混炼硅橡胶　F02062101

Silicone rubber, high temperature-vulcanized mixing

【生产厂】[赣]江西星火化工厂〈P2012〉;[鲁]烟台创业高科技有限公司〈P2116〉;[川]中蓝晨光化工研究院(300 吨)〈P2320〉

甲基硅橡胶　F02062201

Silicone rubber, methyl

在橡胶、金属等浇注成型中用于脱模

【生产厂】[吉]磐石市大田化工助剂研究所〈P1717〉;[沪]上海树脂厂有限公司〈P1764〉;[浙]杭州吉驰达有机硅有限公司〈P1919〉;[皖]蚌埠市新瑞有机硅有限公司〈P1976〉

硅橡胶混炼胶　F02062301

Rubber mixings of silicone rubber

用于制备电子按键、耐热密封件、电缆等

【生产厂】[沪]上海旭创高分子材料有限公司〈P1773〉;[苏]江苏宏达化工新材料股份有限公司(2 万吨)〈P1841〉;镇江环太硅胶有限公司〈P1844〉;无锡市全立化工有限公司

F

〈P1878〉；[浙]宁波市鄞州珪普塑胶有限公司〈P1932〉；义乌市康成特种橡胶有限公司(150 吨)〈P1954〉；[闽]福建省上杭鑫舟硅橡胶制品有限公司(2100 吨)〈P2006〉；[鲁]莱州市宏科化工有限公司〈P2109〉；[粤]广州聚成兆业有机硅原料中心〈P2262〉；广州市康明硅橡胶科技有限公司〈P2265〉

甲基乙烯基硅橡胶混炼胶　F02062351

Rubber mixings of silicone rubber, methyl-vinyl

适用于制造按键，可用于电子电气、家用电器、化工冶金、汽车制造等

【生产厂】[川]成都森发橡塑有限公司〈P2313〉

电绝缘硅橡胶　F02062401

Insulated silicone rubber

是生产有机复合绝缘子、复合外套避雷器、穿墙套管等高压输电设备的专用硅混炼胶

【生产厂】[苏]东爵精细化工(南京)有限公司〈P1781〉；镇江环太硅胶有限公司〈P1844〉

液体硅橡胶　F02062501

Silicone rubber, liquid

用于个人保健品、电子产品的灌封

【生产厂】[京]北京科化新材料科技有限公司〈P1554〉；[粤]广州市康明硅橡胶科技有限公司〈P2265〉；深圳市安品有机硅材料有限公司〈P2270〉；深圳市淳昌科技有限公司〈P2270〉；佛山市阳光硅材料有限公司〈P2289〉；[川]中蓝晨光化工研究院〈P2320〉；成都拓利化工实业有限公司〈P2316〉

氟橡胶　F02070100

Fluororubber

适用于制造耐高温、耐油、耐化学品腐蚀的密封制品、胶带、胶管、胶布、隔膜、浸渍制品和防护用品等

【生产厂】[苏]江苏梅兰化工股份有限公司〈P1821〉；[浙]浙江巨化股份有限公司氟聚厂〈P1958〉

【使用厂】[冀]高碑店市同创橡塑制品有限责任公司〈P1647〉；[浙]浙江台州海橡密封件有限公司〈P1968〉；[鲁]淄博创大实业有限公司橡胶制品分公司〈P2058〉；中国重型汽车集团济南商用车有限公司橡胶密封件厂〈P2031〉；青岛茂林橡胶制品有限公司〈P2040〉；[陕]西安市精工橡胶制品有限公司〈P2349〉

氟橡胶-26　F02070201

Fluororubber 26

适用于制造耐高温、耐油、耐化学品腐蚀的密封制品、胶带、胶管、胶布、隔膜、浸渍制品和防护用品等

【生产厂】[苏]常熟市新华化工有限公司〈P1891〉

氟硅胶胶料　F02070501

Fluorosilicone latex material

【生产厂】[浙]浙江化工科技集团有限公司精细化工厂〈P1927〉

氟橡胶混炼胶　F02070601

Fluoroelastomer, vulcanized mixing; Fluoro rubber, vulcanized mixing

用于制造耐油、耐酸、耐高温的密封件

【生产厂】[沪]上海宁成高分子材料有限公司〈P1755〉；上海创奇特种橡胶制品有限公司〈P1730〉；上海旭创高分子材料有限公司〈P1773〉

乙丙橡胶；EPR　F02080101

Ethylene-propylene rubber [9010-79-1]

用于制各种垫圈、胶管、胶带等

【生产厂】[吉]吉化集团吉林市星云工贸有限公司〈P1715〉；[沪]上海宁成高分子材料有限公司〈P1755〉

三元乙丙橡胶；EPDM；三元乙丙胶　F02080103

Ethylene-propylene-diene mischpolymer

适用于耐热运输带、蒸汽胶管、减振垫和防水材料，还可制造汽车用的橡胶配件、建筑材料、阀门等工业制品

【生产厂】[冀]石家庄啟宏橡塑制品有限公司〈P1628〉；[沪]上海林根化工原料有限公司〈P1752〉；[苏]常熟市海虞橡胶有限公司〈P1890〉

【使用厂】[津]天津市新华橡胶厂〈P1608〉；[冀]高碑店市同创橡塑制品有限责任公司〈P1647〉；[苏]扬州合力橡胶制品有限公司〈P1817〉；无锡二橡胶股份有限公司〈P1873〉；启东吕盛橡胶制品有限公司〈P1837〉；南京金陵奥普特高分子材料有限公司〈P1785〉；[浙]温州市国工实业公司〈P1937〉；[闽]福州利菱橡塑有限公司〈P1989〉；[鲁]临朐县宏恩橡塑制品有限公司〈P2090〉；曲阜市神力橡塑有限公司〈P2130〉；济宁同利橡胶制品有限责任公司〈P2129〉；胜利油田大明新型建筑防水材料有限责任公司〈P2087〉；中国重型汽车集团济南商用车有限公司橡胶密封件厂〈P2031〉；高密密达橡塑制品有限公司〈P2089〉；山东水星橡塑集团有限公司〈P2146〉；山东力华防水建材有限公司〈P2077〉；[豫]郑州力威管道设备有限公司〈P2171〉；平顶山市矿益胶管制品有限责任公司〈P2192〉；[陕]西安鹰球橡塑有限公司〈P2350〉；西安市精工橡胶制品有限公司〈P2349〉

丙烯酸酯混炼胶　F02080251

Acrylate complete rubber mix

主要用作耐高温油封、减震部件、密封垫片和液压胶管水箱异型管等

【生产厂】[沪]上海旭创高分子材料有限公司〈P1773〉

异戊橡胶；聚异戊二烯橡胶；顺式-1,4-聚异戊二烯橡胶；异戊二烯橡胶；IR　F02080301

Polyisoprene rubber; IR

主要用于轮胎生产

【生产厂】[苏]常熟市海虞橡胶有限公司〈P1890〉；中国南通力王有限公司〈P1839〉

丙烯酸酯橡胶　F02080311

Acrylic rubber; Polyacrylate rubber

一种高温、耐油特种橡胶，主要用作汽车和机车等的高温耐油密封件、衬垫、油封和输油管等

【生产厂】[沪]上海宁成高分子材料有限公司〈P1755〉；[苏]江苏德发树脂有限公司〈P1807〉；[渝]中国核工业建峰化工总厂(300 吨)〈P2303〉；[川]遂宁青龙丙烯酸酯橡胶厂〈P2331〉

【使用厂】[浙]浙江台州海橡密封件有限公司〈P1968〉；[鲁]中国重型汽车集团济南商用车有限公司橡胶密封件厂〈P2031〉

丁基橡胶；丁基胶；异丁橡胶；IIR F02080321

Butyl rubber

用于制造各种轮胎的内胎、硫化用的水胎和胶囊，还用于制造电缆、防振垫片和垫板、医药瓶塞、蒸汽胶管等

【生产厂】［苏］常熟市海虞橡胶有限公司〈P1890〉

【使用厂】［津］天津市大津轮胎胶囊有限公司〈P1583〉；［沪］上海彭浦橡胶制品总厂〈P1755〉；［闽］福建省闽侯橡胶制品有限公司〈P1988〉；［鲁］胜利油田大明新型建筑防水材料有限责任公司〈P2087〉；淄博创大实业有限公司橡胶制品分公司〈P2058〉；［豫］郑州力威管道设备有限公司〈P2171〉

聚氨酯橡胶；聚氨酯弹性体 F02080400

Polyurethane elastomer [9009-54-5]

用于制造各种行走轮、胶辊、胶棒、胶板、密封元件等

【生产厂】［津］天津市塑料集团有限公司聚氨酯制品分公司(312 吨)〈P1602〉；天津市福荣聚氨酯塑料制品厂(200 吨)〈P1586〉；［冀］河北省景县华龙液压橡塑制品有限公司〈P1665〉；保定市聚氨酯厂(60 吨)〈P1645〉；［苏］江苏铜山县聚氨酯厂〈P1793〉；江都市第八化工有限公司(200 吨)〈P1813〉；［浙］宁波赫革丽高分子科技有限公司〈P1930〉；［闽］福州昆胜复合塑料有限公司(5000 吨)〈P1989〉；福清联昌化工有限公司(1600 吨)〈P1989〉

【使用厂】［冀］高碑店市同创橡塑制品有限责任公司〈P1647〉；［鲁］中国重型汽车集团济南商用车有限公司橡胶密封件厂〈P2031〉

热塑性氨基橡胶 F02080601

Thermoplastic amino rubber

【生产厂】［沪］上海林根化工原料有限公司〈P1752〉

聚氨酯混炼胶 F02080701

Polyurethane complete rubber mix

用于汽车、冶金、电子、纺织、机械等行业，其产品包括模压制品如密封件、减振器、胶辊、胶轮等

【生产厂】［沪］上海旭创高分子材料有限公司〈P1773〉

聚酯切片；涤纶切片；聚对苯二甲酸乙二醇酯树脂；PET F02080806

Poly(ethylene terephthalate), granular

用于纺制涤纶长丝、拉膜、制瓶等

【生产厂】［津］中国石油化工股份有限公司天津分公司(20 万吨)〈P1618〉；［辽］中国石油天然气股份有限公司辽阳石化分公司(30 万吨)〈P1712〉；［黑］黑龙江龙涤股份有限公司〈P1721〉；［沪］上海华源股份有限公司(12 万吨)〈P1740〉；上海涤纶厂(1000 吨)〈P1732〉；上海联吉合纤有限公司(25 万吨)〈P1751〉；［苏］仪征市格林曼化工有限公司〈P1820〉；中国石化仪征化纤股份有限公司〈P1821〉；常州华源雷迪斯聚合物有限公司〈P1847〉；苏州杜邦聚酯有限公司(8 万吨)〈P1899〉；吴江市新星特种聚酯切片厂(5 万吨)〈P1911〉；江苏金凤化纤(集团)股份有限公司(4 万吨)〈P1802〉；江苏金雪集团有限公司〈P1830〉；［浙］浙江恒逸集团有限公司(8 万吨)〈P1927〉；浙江华联三鑫石化有限公司〈P1950〉；［闽］腾龙特种树脂(厦门)有限公司(30 万吨)〈P1991〉；厦门利恒股份有限公司(3 万吨)〈P1992〉；［鲁］济南正昊化纤新材料有限公司(26 万吨)〈P2027〉；潍坊辛雁化工有限公司〈P2106〉；［豫］新郑市树脂厂(2000 吨)〈P2169〉；［粤］汕头海洋第一聚酯薄膜有限公司〈P2276〉；珠海裕华聚酯有限公司(30 吨)〈P2275〉；［川］四川省聚酯股份有限公司(8 万吨)〈P2321〉；［新］新疆屯河聚酯有限责任公司(6 万吨)〈P2367〉

【使用厂】［津］天津市化纤研究所〈P1590〉；［沪］上海新上化高分子材料有限公司〈P1772〉；［苏］连云港涤纶厂〈P1798〉；［赣］江西涤纶厂〈P2008〉；［豫］河南省方城县翔宇化纤有限公司〈P2223〉；新乡白鹭化纤集团有限责任公司〈P2203〉

聚酯热塑性弹性体；聚酯橡胶 F02081001

Thermoplastic polyester elastomers

可制造小型充气轮胎、高温耐腐输送带、高强耐低温液压胶管、可伸缩电话软线、长寿命密封圈、电缆护套等

【生产厂】［川］四川晨光科新塑胶有限责任公司(2000 吨)〈P2325〉

纳米级全硫化粉末橡胶 F02081101

Nanometer sulfurized powder rubber

用于热塑性树脂、热固性树脂的改性以及生产新型的全硫化热塑性弹性体

【生产厂】［京］中国石油化工股份有限公司北京化工研究院〈P1568〉

氯醇橡胶混炼胶 F02081351

Epichlorohydrin rubber complete rubber mix

【生产厂】［沪］上海旭创高分子材料有限公司〈P1773〉

模具胶 F02081601

Moulder gel

【生产厂】［辽］沈阳市硅胶厂〈P1688〉；［沪］上海回天化工新材料有限公司〈P1740〉

帘线浸渍用胶乳 F02081701

Latex for cord thread dipped

【生产厂】［豫］平顶山市神翔化工厂(2000 吨)〈P2192〉

热塑性动态硫化橡胶；TPV F02081801

Vulcanized rubber, thermoplastic dynamic

用于汽车部件、机械工具、电子电器、运动器械、电线电缆、汽车密封条、建筑密封、玻璃幕墙等高回弹性领域

【生产厂】［苏］张家港市美特高分子材料有限公司〈P1913〉；［川］四川晨光科新塑胶有限责任公司〈P2325〉

混炼胶 F02082001

Complete rubber mix

用于制造橡胶制品

【生产厂】［冀］河北华密橡胶有限公司(5000 吨)〈P1641〉；［辽］丹东德成化工有限公司〈P1699〉；［浙］杭州吉驰达有机硅有限公司〈P1919〉；［粤］深圳市固加实业发展有限公司〈P2270〉

【使用厂】［宁］宁夏银川胶带有限责任公司〈P2361〉

氯化橡胶 F02082101

Chlorinated rubber [9006-03-5]

大量用作防腐涂料和各种强力胶黏剂

【生产厂】［冀］河北星宇化工有限公司〈P1623〉；［沪］上海氯碱化工股份有限公司〈P1752〉；上海[illegible]US珺珑工贸有限公司(120 吨)〈P1746〉；上海南威化工有限公司〈P1754〉；［苏］宜兴市昌吉利化工有限公司(500 吨)〈P1883〉；江苏安邦

F

电化有限公司〈P1802〉；扬州市恒生化工有限公司〈P1818〉；[鲁]聊城市中联化工有限公司(600吨)〈P2152〉；[豫]濮阳市卡博特化工有限公司(1000吨)〈P2214〉；濮阳市顺昌日用化工有限公司(500吨)〈P2215〉；濮阳市诚惠化工有限公司〈P2213〉

【使用厂】[津]天津中远关西涂料化工有限公司〈P1618〉；[沪]华东理工大学华昌聚合物有限公司〈P1726〉；上海造漆厂〈P1777〉；上海开林造漆厂〈P1746〉；[鲁]济南泰山金鹏涂料有限公司〈P2025〉；莱阳市亚力美涂料有限公司〈P2108〉；招远三联交通涂料公司〈P2121〉；山东省昌乐县华颖液体瓷厂〈P2097〉；[豫]郑州双塔涂料有限公司〈P2174〉

涤纶纤维；聚酯纤维　F03010200

Polyester fiber

【生产厂】[苏]江苏文凤化纤集团公司〈P1832〉；[浙]海盐精诚化纤有限公司〈P1940〉；[鲁]烟台龙燕化纤制造有限公司(6000吨)〈P2117〉

【使用厂】[鲁]威海市瀚玉化纺有限公司〈P2125〉

涤纶短纤维；涤纶短纤；PSF　F03010201

Polyester staple fiber；PSF

用于生产涤棉、无纺布等

【生产厂】[津]天津市化纤研究所(3000吨)〈P1590〉；中国石油化工股份有限公司天津分公司(16万吨)〈P1618〉；[冀]石家庄盛烽合成纤维有限公司〈P1628〉；[辽]中国石油天然气股份有限公司辽阳石化分公司〈P1712〉；[黑]黑龙江龙涤股份有限公司(8万吨)〈P1721〉；[沪]中国石化上海石油化工股份有限公司〈P1780〉；上海联吉合纤有限公司(3万吨)〈P1751〉；[苏]中国石化仪征化纤股份有限公司(49万吨)〈P1821〉；宜兴市邦尔特化纤厂(2万吨)〈P1883〉；江苏三房巷集团有限公司(90万吨)〈P1865〉；江阴三强化纤原料有限公司〈P1868〉；张家港市兆丰化纤有限公司(5000吨)〈P1914〉；扬州市高海塑料化纤总厂(4万吨)〈P1818〉；江苏金雪集团有限公司〈P1830〉；[浙]临安青山化纤有限公司〈P1926〉；上虞弘强彩色涤纶有限公司(6500吨)〈P1947〉；浙江振邦化纤有限公司(2万吨)〈P1936〉；宁波大发化纤有限公司(12万吨)〈P1930〉；慈溪市天益化纤有限公司(5万吨)〈P1929〉；余姚正丰化纤有限公司(4000吨)〈P1935〉；[闽]厦门利恒股份有限公司(1万吨)〈P1992〉；[鲁]济南正昊化纤新材料有限公司(11万吨)〈P2027〉；济南市锦绣川化纤厂(300吨)〈P2025〉；济南泰星精细化工有限公司〈P2026〉；淄博万杰纤维有限公司(16万吨)〈P2074〉；青州市化纤厂〈P2092〉；[鄂]赤壁市新世纪化纤有限公司〈P2244〉；[川]四川省聚酯股份有限公司(2万吨)〈P2321〉

【使用厂】[闽]石狮特斯无纺布制衣有限公司〈P2000〉

涤纶长丝　F03010701

Polyester filament

用于机织、针织各种纺织品

【生产厂】[津]天津市化纤研究所(4000吨)〈P1590〉；[冀]石家庄化工化纤有限公司(7000吨)〈P1626〉；[黑]黑龙江龙涤股份有限公司(4万吨)〈P1721〉；[沪]上海华源股份有限公司(4万吨)〈P1740〉；中国石化上海石油化工股份有限公司〈P1780〉；[苏]中国石化仪征化纤股份有限公司〈P1821〉；无锡市恒昌合成纤维厂(2万吨)〈P1876〉；无锡信泰涤纶单丝有限公司〈P1882〉；无锡市新王化纤有限公司〈P1880〉；江苏新纺实业股份有限公司〈P1866〉；苏州杜邦聚酯有限公司〈P1899〉；连云港涤纶厂(1万吨)〈P1798〉；江苏金凤化纤(集团)股份有限公司(4万吨)〈P1802〉；[浙]浙江恒逸集团有限公司(58万吨)〈P1927〉；桐乡市凤鸣合纤有限公司〈P1943〉；[赣]江西涤纶厂(3万吨)〈P2008〉；[鲁]济南正昊化纤新材料有限公司(2万吨)〈P2027〉；济南泰星精细化工有限公司〈P2026〉；淄博万杰纤维有限公司(10万吨)〈P2074〉；烟台龙燕化纤制造有限公司(6000吨)〈P2117〉；[豫]安阳化学纤维工业股份有限公司(2690吨)〈P2208〉；河南银海化纤股份有限公司(3万吨)〈P2219〉；河南省方城县翔宇化纤有限公司(7000吨)〈P2223〉；[粤]广东彩艳股份有限公司〈P2284〉；[渝]重庆合成纤维厂〈P2305〉；[川]四川省聚酯股份有限公司〈P2321〉

【使用厂】[苏]姜堰市橡胶厂〈P1824〉；[鲁]山东海龙博莱特化纤有限责任公司〈P2095〉；[豫]洛阳市输送带厂〈P2186〉

涤纶工业丝　F03010703

Polyester industrial filament

用于制整芯带、轮胎帘子布、输送带帆布等

【生产厂】[苏]仪征市格林曼化工有限公司〈P1820〉；常熟积源祥化纤有限公司〈P1889〉；[豫]新乡白鹭化纤集团有限责任公司(5000吨)〈P2203〉；[鄂]湖北金环股份有限公司(2000吨)〈P2237〉

涤纶全拉伸丝；涤纶FDY；涤纶长丝FDY　F03010707

PET Full drawn yarn；Terylene FDY

广泛用于织造服装里料、面料以及装饰布

【生产厂】[津]中国石油化工股份有限公司天津分公司(9万吨)〈P1618〉；[苏]江苏金凤化纤(集团)股份有限公司〈P1802〉

涤纶阻燃丝　F03010751

Terylene flame retardant silk

【生产厂】[苏]无锡市新王化纤有限公司〈P1880〉

涤纶预取向丝；涤纶长丝POY；涤纶POY　F03011201

Polyester preoriented yarn；Polyester POY

【生产厂】[浙]杭州红山化纤有限公司(12万吨)〈P1918〉；海宁广源化纤有限公司〈P1939〉

涤纶低弹丝；涤纶牵伸变形丝；涤纶DTY　F03011401

Polyester low elastic filament；DTY

用于生产装饰面料、服装面料及里料

【生产厂】[沪]中国石化上海石油化工股份有限公司〈P1780〉；[苏]江苏金凤化纤(集团)股份有限公司〈P1802〉；[浙]杭州红山化纤有限公司(12万吨)〈P1918〉；海宁广源化纤有限公司〈P1939〉

涤纶帘子布　F03011701

Polyester tire cord fabric

【生产厂】[苏]江苏群发化工有限公司〈P1816〉；[鲁]山东海龙博莱特化纤有限责任公司(6000吨)〈P2095〉；[豫]神马实业股份有限公司(1000吨)〈P2192〉

涤纶片材；PET片材　F03012001

Polyester sheets

用于食品、饮料、药品、五金制品、电子元件、工艺品等包装

【生产厂】[京]北京博通塑料制品厂〈P1544〉

聚乙烯醇(17-88型)　F03020101

Polyvinyl alcohol 17-88；PVA 17-88 [9002-89-5]

用作经纱浆料、乳化稳定剂、再湿黏合剂、水溶性薄膜等

【生产厂】[京]北京东方石油化工有限公司有机化工厂(5000吨)〈P1546〉

聚乙烯醇(17-99型) F03020102

Polyvinyl alcohol 17-99;PVA 17-99 [9002-89-5]

用于维纶抽丝、浆料,作薄膜、纸、黏合剂、分散剂的原料

【生产厂】[冀]石家庄化工化纤有限公司(1万吨)〈P1626〉;[苏]宜兴市锦程化工有限公司〈P1885〉;[黔]贵州水晶化工股份有限公司(2万吨)〈P2337〉

聚乙烯醇;PVA F03020104

Polyvinyl alcohol;PVA [9002-89-5]

主要作维纶原料,亦可制薄膜、皮革黏合剂、纸加工剂、织物整理剂、107乳胶等

【生产厂】[京]北京益利精细化学品有限公司〈P1565〉;北京东方石油化工有限公司有机化工厂(3万吨)〈P1546〉;[辽]沈阳永兴化工有限公司〈P1690〉;[沪]上海威呈化工有限公司〈P1769〉;中国石化上海石油化工股份有限公司(3万吨)〈P1780〉;[闽]福建纺织化纤集团有限公司(3万吨)〈P1994〉;[赣]江西化纤化工有限责任公司(2万吨)〈P2010〉;[鲁]青州贝特化工有限公司〈P2090〉;山东省微山县化工厂(200吨)〈P2132〉;[湘]湖南省湘维有限公司(5万吨)〈P2257〉;[粤]广东西陇化工有限公司〈P2276〉;[桂]广西维尼纶集团有限责任公司〈P2302〉;[川]成都市兆江化工科技有限公司〈P2315〉;[黔]贵州水晶化工股份有限公司(2万吨)〈P2337〉;[滇]云南云维集团有限公司(2万吨)〈P2343〉

【使用厂】[津]天津市光大冰峰化工有限公司〈P1587〉;天津天涂豪邦涂料有限公司〈P1615〉;[晋]山西三维集团股份有限公司〈P1678〉;[辽]锦化化工(集团)有限责任公司〈P1703〉;[沪]上海振华造漆厂〈P1778〉;上海申星化工有限公司〈P1761〉;[苏]南京扬子复合材料有限公司〈P1791〉;[浙]江山金固特化工有限公司〈P1957〉;[皖]马鞍山市康华化工有限公司〈P1977〉;[闽]永安市福维精细化工有限公司〈P1996〉;[鲁]济南槐荫化工总厂〈P2022〉;济南泰山金鹏涂料有限公司〈P2025〉;山东临朐富源精细化工有限公司〈P2096〉;安丘市鲁安药业有限责任公司〈P2088〉;新汶矿业集团有限责任公司〈P2139〉;济南台岛化工有限公司〈P2025〉;东营市方圆实业有限责任公司〈P2081〉;青岛市崂山区晓望化工有限公司〈P2042〉;济南高新开发区大山科贸公司〈P2021〉;[豫]新郑市纺织助剂化工有限公司〈P2169〉;[粤]佛山市植宝化工有限公司〈P2289〉

聚乙烯醇薄膜 F03020201

Polyvinyl alcohol film

广泛用于工业、化学产品以及民用商品的内包装上

【生产厂】[粤]江门市宝德利环保材料有限公司〈P2285〉

维尼纶短纤维;聚乙烯醇缩甲醛短纤维 F03020501

Polyvinyl formal staple fiber

可纯纺,也可与多种纤维混纺加工成衣料、工业用帆布、绳索等

【生产厂】[沪]中国石化上海石油化工股份有限公司〈P1780〉;[湘]湖南省湘维有限公司〈P2257〉

维纶帘子布 F03020502

Vinylon tire cord

用于制造轿车、轻型卡车用半钢丝子午胎

【生产厂】[豫]河南省尉氏县久龙轮胎厂(100万平方米)〈P2176〉

【使用厂】[苏]无锡市橡胶厂〈P1880〉;[桂]昊华南方桂林轮胎厂〈P2299〉

高强高模聚乙烯醇纤维 F03020601

Polyvinyl alcohol fiber, high strength and high modulus

石棉代用品,用于建材、混凝土业、非石棉耐热摩擦材料、塑料橡胶的增强纤维等

【生产厂】[沪]中国石化上海石油化工股份有限公司〈P1780〉;[湘]湖南省湘维有限公司〈P2257〉

腈纶毛条 F03030201

Acrylic top;Polyacrylonitrile top

用作粗细毛线、毛衣、粗纺或精纺毛织品、人造毛皮、长毛绒、毛毯、地毯、保暖材料等

【生产厂】[沪]中国石化上海石油化工股份有限公司(1万吨)〈P1780〉;[浙]浙江金甬腈纶有限公司(2万吨)〈P1935〉

腈纶短纤维;腈纶短纤 F03030301

Acrylon staple fiber;Polyacrylonitrile staple fiber

广泛用来代替羊毛和棉花,既可以纯纺,也可以和其他纤维混纺,制成各种民用、军用、工业用的织品

【生产厂】[辽]抚顺石油化工分公司腈纶化工厂(5万吨)〈P1698〉;[吉]吉林化纤集团有限责任公司〈P1715〉;[沪]中国石化上海石油化工股份有限公司〈P1780〉;[浙]浙江金甬腈纶有限公司(5万吨)〈P1935〉

高收缩腈纶短纤维;高收缩聚内烯腈短纤维 F03030304

Polyacrylonitrile staple fiber, high shrink

【生产厂】[沪]中国石化上海石油化工股份有限公司〈P1780〉

聚丙烯腈纤维;腈纶;奥纶 F03030401

Polyacrylonitrile fiber;Nitrilon;Orlon

用于纯纺或与羊毛及其他化学纤维混纺制纺织、针织品

【生产厂】[冀]石家庄盛烽合成纤维有限公司〈P1628〉;河北省秦皇岛腈纶厂(4万吨)〈P1637〉;[辽]中国石油抚顺石油化工公司(5万吨)〈P1699〉

【使用厂】[浙]杭州麦克密封材料有限公司〈P1921〉;[赣]萍乡市潘塘腐植酸厂〈P2012〉

碳纤维 F03030520

Carbon fiber

广泛应用于国防、航天航空、建筑材料、汽车工业、机械电子、化工等行业

【生产厂】[苏]南通永通环保科技有限公司(8000吨)〈P1836〉;[甘]兰州中凯工贸有限责任公司〈P2356〉

腈纶长丝束 F03030601

Acrylon continuous tow

F

可制作毛毯、毛皮线织物，也可加工针织衫、内衣、袜子等针织物
【生产厂】［沪］中国石化上海石油化工股份有限公司〈P1780〉；［浙］浙江金甬腈纶有限公司(3 万吨)〈P1935〉

尼龙 6 切片；锦纶 6 切片　F03040101
Nylon-6 granula；Polyamide-6 granula [25038-54-4]
用于纺制长丝
【生产厂】［苏］常熟市锦纶切片有限公司(2 万吨)〈P1890〉；徐州飞达帘布有限责任公司(1 万吨)〈P1794〉；江苏群发化工有限公司〈P1816〉；［湘］湖南金帛化纤有限公司(4000 吨)〈P2255〉；［粤］广东新会美达锦纶股份有限公司(10 万吨)〈P2284〉

锦纶纤维　F03040200
Nylon fiber；Polyamide fiber
【生产厂】［渝］重庆合成纤维厂〈P2305〉

尼龙-6 纤维(单丝)；锦纶-6 纤维(单丝)　F03040202
Nylon-6 fiber，monofilament
用于织花边、袜子、头巾及其他民用品
【生产厂】［苏］无锡信泰涤纶单丝有限公司〈P1882〉；无锡市新王化纤有限公司〈P1880〉

尼龙 6 短纤维；锦纶 6 短纤维　F03040204
Nylon-6 staple fiber
与黏胶、羊毛、化纤混纺生产呢绒、毛线、毛毯等，异型丝可生产闪光毛线、人造毛皮等
【生产厂】［苏］江苏南黄海实业股份有限公司〈P1830〉

锦纶 6 丝束；聚酰胺 6 丝束　F03040220
Nylon-6 filament bundle
广泛用于静电植绒等
【生产厂】［苏］江苏南黄海实业股份有限公司〈P1830〉

锦纶 6 预取向长丝；锦纶 6-POY　F03040221
Nylon-6 partiall oriented yarn
用于纺织
【生产厂】［苏］江苏文凤化纤集团公司〈P1832〉；［浙］海宁广源化纤有限公司〈P1939〉；［湘］湖南金帛化纤有限公司〈P2255〉

尼龙-6 长丝；锦纶-6 长丝　F03040227
Nylon-6 filament
用于织布、织带和织鱼网，拼线等
【生产厂】［苏］海安县尼龙厂〈P1829〉；［湘］湖南金帛化纤有限公司(4500 吨)〈P2255〉；［粤］广东新会美达锦纶股份有限公司(7 万吨)〈P2284〉

尼龙-6 工业用丝；锦纶-6 工业用丝　F03040228
Nylon-6 industrial filament
用作骨架材料
【生产厂】［苏］南通凯立化纤有限公司〈P1834〉
【使用厂】［鲁］山东海龙博莱特化纤有限责任公司〈P2095〉

锦纶-6 弹力丝　F03040230
Nylon-6 elastic filament
用于织袜、高档面料等
【生产厂】［冀］石家庄化工化纤有限公司〈P1626〉；［鲁］青岛中达化纤有限公司〈P2047〉；［湘］湖南金帛化纤有限公司(4500 吨)〈P2255〉

锦纶全拉伸丝；锦纶 FDY　F03040301
Caprone full drawn yarn；Caprone FDY
【生产厂】［苏］江苏文凤化纤集团公司〈P1832〉；［浙］海宁广源化纤有限公司〈P1939〉

锦纶拉伸变形丝；锦纶 DTY 丝；尼龙拉伸变形丝　F03040401
Nylon draw textured yarn
【生产厂】［苏］江苏文凤化纤集团公司〈P1832〉；［浙］杭州萧山钱潮锦纶有限公司〈P1923〉

尼龙 610 盐；己二酸癸二胺盐　F03040501
Nylon-610 salt
用于生产尼龙 610 树脂以及共聚尼龙
【生产厂】［苏］无锡市兴达尼龙有限公司〈P1880〉

尼龙-6 帘子布；锦纶-6 帘子布　F03040801
Nylon-6 tire cord fabric
用作航空轮胎、汽车轮胎骨架材料
【生产厂】［苏］徐州飞达帘布有限责任公司(6000 吨)〈P1794〉
【使用厂】［京］北京首创轮胎有限责任公司〈P1561〉；［鲁］青岛黄海橡胶集团公司〈P2038〉；潍坊鲁邑橡胶制品有限公司〈P2103〉；荣成市峰富橡胶有限责任公司〈P2122〉

尼龙-6 浸胶帘子布；锦纶-6 浸胶帘子布　F03040802
Nylon-6 dipped tire cord fabric
用作航空轮胎、汽车轮胎骨架材料
【生产厂】［苏］徐州飞达帘布有限责任公司(6000 吨)〈P1794〉；江苏群发化工有限公司(2 万吨)〈P1816〉；江苏海阳化纤有限公司(4 万吨)〈P1821〉；［豫］神马实业股份有限公司(6 万吨)〈P2192〉；［鄂］湖北金环股份有限公司(6000 吨)〈P2237〉

尼龙 612 树脂；聚十二烷二酰己二胺树脂；聚酰胺 612 树脂　F03041001
Nylon 612；Polyhexamethylene dodecanamide resin；PA 612
主要用于制单丝、电缆包覆、各种高精密度机械零部件、工具架、弹药箱、线圈骨架等
【生产厂】［苏］无锡市兴达尼龙有限公司〈P1880〉

尼龙浸胶帆布；锦纶浸胶帆布　F03041201
Nylon dipped canvas
用作运输带骨架材料
【生产厂】［鲁］山东海龙博莱特化纤有限责任公司(8000 吨)〈P2095〉；［豫］中国神马集团有限责任公司(6 万吨)〈P2192〉

尼龙 66 盐；聚酰胺-66 盐；己二酸己二胺盐；锦纶 66 盐　F03041501
Nylon-66 salt [32131-17-2]
用作尼龙纤维原料
【生产厂】［豫］中国神马集团有限责任公司(6 万吨)〈P2192〉；河南神马尼龙化工有限责任公司(20 万吨)〈P2191〉
【使用厂】［辽］中国石油天然气股份有限公司辽阳石化分公

司〈P1712〉;[苏]宜兴市太湖尼龙厂〈P1886〉

锦纶 66 长丝;聚酰胺 66 长丝;尼龙 66 长丝 F03041502
Nylon-66 filament;Polyamide-66 filament
主要用于制起重绳索、运输带、过滤布、轮胎帘子布等
【生产厂】[苏]无锡市新王化纤有限公司〈P1880〉;海安县华联合成纤维厂(500 吨)〈P1829〉;海安县尼龙厂〈P1829〉;[豫]神马实业股份有限公司(5 万吨)〈P2192〉;中国神马集团有限责任公司(8 万吨)〈P2192〉
【使用厂】[豫]洛阳市输送带厂〈P2186〉

锦纶 66 短纤维 F03041503
Nylon-66 staple fiber
【生产厂】[浙]余姚正丰化纤有限公司(2000 吨)〈P1935〉

尼龙 66 切片;锦纶 66 切片 F03041511
Nylon 66,chip
可用于纺制高强工业丝,可用来制作绳索、过滤布、帘子布等
【生产厂】[豫]中国神马集团有限责任公司(8 万吨)〈P2192〉

尼龙帘子布;锦纶帘子布 F03041521
Nylon tire cord fabric
用于轮胎等橡胶制品领域
【生产厂】[鲁]山东海龙博莱特化纤有限责任公司(5000 吨)〈P2095〉;[豫]中国神马集团有限责任公司(6 万吨)〈P2192〉
【使用厂】[鲁]山东泰山轮胎有限公司〈P2136〉;[豫]中国神马集团橡胶轮胎有限责任公司〈P2192〉

锦纶 66 丝束;尼龙 66 丝束 F03041551
Nylon-66 filament bundle
广泛用于静电植绒等
【生产厂】[苏]江苏南黄海实业股份有限公司〈P1830〉

锦纶 66 弹力丝 F03041591
Nylon-66 elastic filament
是制无缝内衣、圆编、高档袜子、经编的理想材料
【生产厂】[鲁]青岛中达化纤有限公司〈P2047〉

尼龙 1010 单体;尼龙 1010 盐 F03041801
Nylon-1010 salt
用作尼龙 1010 纤维或共聚体的原料
【生产厂】[苏]无锡市兴达尼龙有限公司〈P1880〉
【使用厂】[豫]开封化工三厂〈P2176〉

丙纶;聚丙烯纤维 F03060101
Polypropylene fiber [9003-07-0]
用于制降落伞、渔网、滤布、绳索、工作服、衣料、绒毯、人造毛皮等
【生产厂】[冀]石家庄盛烽合成纤维有限公司〈P1628〉;[苏]金坛市化纤厂〈P1862〉;[浙]海盐精诚化纤有限公司〈P1940〉

丙纶 BCF;丙纶连续膨体长丝 F03060102
Polypropylene fiber BCF
用于制造地毯、装饰毯等
【生产厂】[苏]常州市灵达化学品有限公司〈P1852〉;[浙]海宁广源化纤有限公司〈P1939〉;[鲁]山东高密银鹰化纤有限公司〈P2094〉

丙纶短纤维;聚丙烯短纤维;丙纶短纤 F03060103
Polypropylene staple fiber
可用于棉纺、毛纺,制人造毛布、地毯、无纺布等
【生产厂】[冀]石家庄盛烽合成纤维有限公司〈P1628〉;[沪]中国石化上海石油化工股份有限公司〈P1780〉;[苏]扬州石油化工厂〈P1818〉;泰州市晨光合成纤维厂(2 万吨)〈P1827〉;[浙]余姚正丰化纤有限公司(1000 吨)〈P1935〉;[鲁]德州地区丙纶厂(4000 吨)〈P2141〉;淄博市博山彤望福利化纤有限公司〈P2068〉;青州市化纤厂〈P2092〉;山东大东方化纤塑料股份有限公司〈P2149〉

丙纶长丝;聚丙烯长纤维 F03060105
Polypropylene filament
用于织造被面、工业滤布、高级专用缆绳、织布、织带等
【生产厂】[冀]霸州市正奇化纤有限公司〈P1658〉;[苏]无锡信泰涤纶单丝有限公司〈P1882〉;无锡市新王化纤有限公司〈P1880〉;江苏通盛化纤集团有限公司〈P1831〉;[浙]浙江振邦化纤有限公司〈P1936〉;慈溪富盛化纤有限公司(2000 吨)〈P1929〉;[鲁]山东金羚毛纺有限公司丙纶厂〈P2155〉;[粤]广东彩艳股份有限公司〈P2284〉

烟用改性聚丙烯丝束 F03060110
Modified polypropylene tow for cigarette
用于制烟用滤嘴棒
【生产厂】[皖]安庆市燎原化工厂(3500 吨)〈P1980〉

丙纶 FDY;丙纶全拉伸丝 F03060111
Polypropylene full drawn yarn;Polypropylene FDY
用于纺织、编织
【生产厂】[豫]新乡市士友化纤有限责任公司(1500 吨)〈P2206〉

丙纶高强工业丝;丙纶高强丝 F03060112
Polypropylene high-intensity industrial filament
广泛用于制绳缆、光缆、安全网带、工业吊装带、工业缝纫线、土工布、工业过滤布、聚丙烯抗裂纤维、塑编袋等
【生产厂】[沪]上海大东方园化纤有限公司(3000 吨)〈P1731〉;[豫]河南省方城县翔宇化纤有限公司(500 吨)〈P2223〉

丙纶无纺布;丙纶非织造布 F03060501
PP Nonwoven fabric
用于生产医疗、卫生、工业及日用产品
【生产厂】[鄂]仙桃市三达实业有限公司〈P2246〉;[湘]湖南长进石油化工有限公司〈P2254〉

预处理短纤维 F03070301
Pretreatment staple fiber
主要应用于 V 带、密封件、工程轮胎、胶管等
【生产厂】[黑]富锦市橡胶有限责任公司〈P1724〉

芳纶 1313;聚间苯二甲酰间苯二胺纤维;彩芳斯 F03070401

Aramid fiber 1313;Polyisophthaloyl metaphenylene diamine fibre

主要用于防原子能辐射、高空高速飞行材料等方面,也可用于特殊要求的轮胎帘子线

【生产厂】[鲁]烟台氨纶股份有限公司(2800吨)〈P2116〉;[粤]广东彩艳股份有限公司〈P2284〉

黏胶纤维 F03070500

Viscose fibre

是纺织行业和无纺布行业的主要原料之一

【生产厂】[冀]唐山三友集团化纤有限公司〈P1636〉;[黑]中国石油林源炼油厂〈P1723〉;[苏]张家港市锦丰轧花剥绒有限责任公司〈P1913〉;[豫]新乡白鹭化纤集团有限责任公司(10万吨)〈P2203〉

黏胶短纤维 F03070501

Viscose staple fiber

用作纺织原料,可纯纺,也可与棉、麻、毛、丝及各种合纤交织混纺

【生产厂】[津]天津市人造纤维厂(8000吨)〈P1600〉;[冀]唐山三友集团化纤有限公司〈P1636〉;[吉]吉林化纤集团有限责任公司〈P1715〉;[沪]上海双鹿化学纤维有限公司〈P1765〉;[苏]江阴市化学纤维厂(5万吨)〈P1869〉;张家港市锦丰轧花剥绒有限责任公司(3万吨)〈P1913〉;[鲁]山东高密银鹰化纤有限公司(3万吨)〈P2094〉;[豫]新乡白鹭化纤集团有限责任公司(5万吨)〈P2203〉;安阳化学纤维工业股份有限公司(5500吨)〈P2208〉;[鄂]湖北金环股份有限公司(2万吨)〈P2237〉

黏胶长丝;黏胶人造丝 F03070502

Viscose filament

【生产厂】[冀]保定天鹅化纤集团有限公司(2万吨)〈P1646〉;[吉]吉林化纤集团有限责任公司〈P1715〉;[豫]新乡白鹭化纤集团有限责任公司(5万吨)〈P2203〉;[鄂]湖北金环股份有限公司(1万吨)〈P2237〉;[川]宜宾丝丽雅股份有限公司(6万吨)〈P2335〉

氨纶;聚氨基甲酸酯弹性纤维 F03070801

Urethane elastic fiber

广泛用于各种织造针织内衣、外衣、泳装、袜类、医用和消防产品等

【生产厂】[冀]保定天鹅化纤集团有限公司〈P1646〉;[苏]江苏南黄海实业股份有限公司〈P1830〉;[浙]华峰集团有限公司(6000吨)〈P1936〉;[鲁]烟台氨纶股份有限公司(2万吨)〈P2116〉;[豫]新乡白鹭化纤集团有限责任公司(6000吨)〈P2203〉

浆粕 F03070901

Sizy dregs

【生产厂】[吉]吉林化纤集团有限责任公司〈P1715〉;[鄂]湖北金环股份有限公司(5万吨)〈P2237〉

【使用厂】[豫]新乡白鹭化纤集团有限责任公司〈P2203〉;[粤]广州市金珠江化学有限公司〈P2265〉

导电纤维 F03071201

Conductive fiber

主要用于制作抗电地毯、缝线、防爆、防尘工作服、除尘器及电磁波屏蔽材料等

【生产厂】[沪]上海新纶纺织助剂有限公司〈P1772〉;[鲁]青岛亨通伟业特种织物科技有限公司〈P2036〉

无纺布;针刺非织造布 F03071501

Non-woven fabric

用于服装、鞋帽、卫生用品等

【生产厂】[闽]石狮特斯无纺布制衣有限公司(4500吨)〈P2000〉;[鲁]济南华泰隆化工有限公司(600万平方米)〈P2022〉;威海市瀚玉化纺有限公司〈P2125〉;[豫]南阳神龙塑胶集团有限公司(2200吨)〈P2224〉;[湘]湖南省湘维有限公司〈P2257〉

帘子布 F03071601

Tire cord fabric

做各种轻型轮胎、重型轮胎、工程轮胎骨架材料

【生产厂】[辽]辽宁鞍轮集团〈P1697〉;[豫]尉氏县中原橡胶有限公司(100万平方米)〈P2179〉

【使用厂】[津]天津国际联合轮胎橡胶有限公司〈P1572〉;[苏]建湖县揽月橡胶制品有限公司〈P1807〉;南京锦湖轮胎有限公司〈P1786〉;[闽]厦门正新海燕轮胎有限公司〈P1993〉;福建省邵武市正兴武夷轮胎有限公司〈P2004〉;福建佳通轮胎有限公司〈P1997〉;[鲁]文登市三峰轮胎有限公司〈P2127〉;三角集团有限公司〈P2123〉;文登市第二橡胶厂〈P2126〉;龙口兴隆轮胎有限公司〈P2111〉;[豫]郑州恒生实业有限公司〈P2170〉;郑州力威管道设备有限公司〈P2171〉;[粤]广州珠江轮胎有限公司〈P2268〉

塑料制品 F04010000

Plastic products

用于工业、农业、建筑、日用、包装工业等

【生产厂】[京]北京环绿地塑料制品厂〈P1550〉;北京华盾雪花塑料集团有限责任公司〈P1549〉;北京梨花塑料制品有限公司〈P1554〉;北京大千塑料制品厂(1500吨)〈P1546〉;北京绿源塑料联合公司〈P1555〉;[津]天津市三山塑料有限公司(500吨)〈P1601〉;天津中富容器有限公司(5400吨)〈P1617〉;天津旭华塑料制品有限公司(2000吨)〈P1616〉;[冀]晋州市化肥厂(500吨)〈P1625〉;河北省枣强县渤海金属容器件厂〈P1666〉;武强县宏远橡胶制品有限公司〈P1669〉;邱县龙港化工有限公司(1000吨)〈P1641〉;[沪]上海达凯塑胶有限公司(5000吨)〈P1730〉;上海华德塑料制品有限公司(3500吨)〈P1738〉;上海金鼎塑料制品有限公司〈P1744〉;上海南联塑料制品有限公司(1000吨)〈P1754〉;上海华尔卡氟塑料制品有限公司〈P1738〉;[苏]南京豪威橡塑有限责任公司〈P1784〉;南京英统塑胶实业有限公司〈P1791〉;南京浦口橡胶总厂〈P1788〉;常州鸿博塑业有限公司〈P1847〉;常州华光塑料制品有限公司(2500吨)〈P1847〉;无锡朴业橡塑有限公司〈P1874〉;江苏苏化集团有限公司〈P1894〉;苏州双荣橡塑有限公司〈P1906〉;苏州市盛隆橡塑制品有限公司〈P1904〉;张家港市银达塑料有限公司〈P1914〉;连云港世达塑胶有限公司(2万吨)〈P1799〉;[浙]宁波华发化工工贸实业有限公司〈P1930〉;宁波乐金甬兴化工有限公司〈P1931〉;宁波市汉塘工贸有限公司〈P1932〉;宁波乔士橡塑有限公司〈P1932〉;浙江省宁海县变流设备厂〈P1935〉;宁波博通塑业有限公司〈P1930〉;象山宏祥橡塑制品有限公司〈P1934〉;象山金泰塑胶有限公司〈P1935〉;象山华泰模塑电器有限公司〈P1935〉;[皖]桐城市国元塑业有限公司〈P1980〉;铜陵市金运橡胶塑料有限公司(170吨)〈P1978〉;黄山市歙县三利橡塑厂〈P1981〉;安庆市博盛橡塑有限公司〈P1979〉;[闽]厦门齐兴达塑料板材有限公司〈P1992〉;三明市美灵印刷有限公司〈P1996〉;[赣]江西光华塑料厂〈P2008〉;[鲁]济南白鹤塑料有限责任公司(8000吨)〈P2020〉;山东德州石油化工总厂(3000吨)〈P2143〉;东营市华安化工有限责任公司(2000吨)〈P2082〉;潍坊华光塑胶有限公司(2000吨)〈P2102〉;烟台市芝罘振兴聚氨酯材料厂〈P2119〉;山东招金膜天有限责任公司(2000吨)〈P2115〉;龙口旭光塑胶制品有限公司(5000吨)〈P2111〉;

青岛振华工业集团有限公司(4000 吨)〈P2046〉;青岛广濑塑料制品有限公司(2000 吨)〈P2034〉;济宁市天骄橡胶制品厂〈P2128〉;山东大东方化纤塑料股份有限公司〈P2149〉;[豫]郑州中原精工橡塑制品有限公司〈P2175〉;河南博爱县源泰化电有限责任公司〈P2193〉;河南恒通化工有限公司(1000 吨)〈P2193〉;河南省武陟县工程塑料厂(1500 吨)〈P2194〉;河南省滑县永丰化肥有限责任公司(750 吨)〈P2211〉;鹤壁市化工四厂〈P2199〉;河南省禹州市新达彩色塑料厂(1000 吨)〈P2218〉;河南神马氯碱化工股份有限责任公司(2000 吨)〈P2191〉;洛阳机车工厂区启明塑料制品厂(100 吨)〈P2182〉;河南省三门峡市塑料制品厂(1000 吨)〈P2221〉;开封市予丰劳动服务中心(3000 件)〈P2178〉;[粤]深圳市深金源塑料制品有限公司〈P2272〉;珠海市通晶塑胶制品有限公司〈P2275〉;广东高聚化学工业有限公司〈P2290〉;广东彩艳股份有限公司〈P2284〉;[川]成都塑料厂〈P2315〉;[新]新疆乌拉泊化工厂〈P2364〉

聚氯乙烯粒料;PVC 粒料 F04010015

Polyvinyl chloride granula [9002-86-2]

用作聚氯乙烯塑料制品的原料

【生产厂】[津]天津海力达尔塑胶有限公司(1000 吨)〈P1572〉;[沪]上海青浦荣赢塑胶制品有限公司(3600 吨)〈P1757〉;上海海宏化工有限公司〈P1735〉;[苏]常州市江飞塑料厂〈P1852〉;无锡市华克塑胶有限公司(2500 吨)〈P1876〉;爱普科精细化工(苏州)有限公司〈P1889〉;[鲁]淄博市临淄同康塑料制品有限公司〈P2069〉;淄博市临淄于官福利化工厂〈P2070〉;潍坊高信化工科技有限公司〈P2101〉;临沂市浩源塑业有限公司(1200 吨)〈P2148〉;[鄂]武汉宇辰塑料化工厂〈P2235〉;[川]宜宾天原股份有限公司〈P2335〉

聚氯乙烯门窗型材 F04010031

Polyvinyl chloride section materials for door-window

用于制造塑钢门窗

【生产厂】[津]天津渤海化工有限责任公司天津化工厂〈P1570〉;[苏]连云港世达塑胶有限公司(5000 吨)〈P1799〉;[鲁]济南方信集团有限公司(5000 吨)〈P2021〉;山东华塑建材有限公司(6000 吨)〈P2028〉;山东华鲁恒升集团有限公司(1 万吨)〈P2144〉;山东大明塑料型材有限公司(2 万吨)〈P2084〉;[豫]昊华宇航化工有限责任公司(5000 吨)〈P2193〉

改性 PVC 粒料 F04010041

Polyvinyl chloride granula, modified [9002-86-2]

【生产厂】[苏]宜兴市惠兴塑胶有限公司〈P1885〉;[粤]广州金发科技股份有限公司〈P2262〉

聚氯乙烯电缆料;PVC 电缆料 F04010060

Polyvinyl chloride granula for cable [9002-86-2]

用于电力、通信、船用电缆等各种电线、电缆的护层

【生产厂】[津]天津海力达尔塑胶有限公司(500 吨)〈P1572〉;[苏]江苏三木集团公司〈P1865〉;江苏三角洲塑化集团有限公司(2 万吨)〈P1894〉;扬州高华化工有限公司(2000 吨)〈P1817〉;如皋市中如化工有限公司(3000 吨)〈P1839〉;[浙]温州市塑料薄膜厂〈P1938〉;[鲁]山东春潮色母料有限公司(1000 吨)〈P2135〉;[豫]巩义市强力塑料制品厂(3000 吨)〈P2163〉;河南省巩义市强力塑料制品厂(1000 吨)〈P2167〉;洛阳红旗高分子材料有限公司(1000 吨)〈P2181〉;洛阳祥和电线电缆有限公司(1000 吨)〈P2187〉;伊川县大华塑料厂(1000 吨)〈P2189〉,伊川县高分子材料厂(1000 吨)〈P2189〉;伊川县华丰塑料化工厂(1000 吨)〈P2190〉;伊川县华强塑料厂(1000 吨)〈P2190〉;伊川县环宇化工厂(1000 吨)〈P2190〉;伊川县燎原塑料厂(1000 吨)〈P2190〉;伊川县奇强塑料厂(1000 吨)〈P2190〉;伊川县亚华塑料厂(1000 吨)〈P2190〉;伊川县誉丰橡塑制品厂(1000 吨)〈P2190〉;河南省华豫塑料有限公司(1500 吨)〈P2180〉;洛阳市伊川县恒泰塑料厂(1500 吨)〈P2186〉;洛阳市云鹰塑胶有限公司(1000 吨)〈P2187〉;伊川县宏鑫塑料厂(500 吨)〈P2190〉;伊川县华昌橡塑厂(800 吨)〈P2190〉;伊川县华盛塑料厂(500 吨)〈P2190〉;伊川县华威塑料有限公司(800 吨)〈P2190〉;伊川县汇英塑料厂(500 吨)〈P2190〉;伊川县金世纪塑料厂(1000 吨)〈P2190〉;伊川县瑞华橡塑制品厂(1000 吨)〈P2190〉;伊川县永鑫塑料有限公司(1000 吨)〈P2190〉

聚氯乙烯电缆料(护层级) F04010061

Polyvinyl chloride granula for cable, protective [9002-86-2]

用于橡皮和塑料绝缘的电缆护套及其他外层用的塑料

【生产厂】[津]天津市近代化学厂(8000 吨)〈P1596〉;[豫]河南省宜阳县华星塑料有限公司(1500 吨)〈P2181〉

聚氯乙烯电缆料(绝缘级) F04010063

Polyvinyl chloride granula for cable, insulating [9002-86-2]

用于通讯、信号及低压电缆和具有较高电性要求的绝缘电线

【生产厂】[津]天津市近代化学厂(8000 吨)〈P1596〉;[苏]江苏三角洲塑化集团有限公司〈P1894〉;[豫]巩义市强力塑料制品厂(1500 吨)〈P2163〉;河南省宜阳县华星塑料有限公司(200 吨)〈P2181〉

聚氯乙烯电缆料(阻燃护层) F04010073

Polyvinyl chloride granula for cable, resistance to flame protective layer [9002-86-2]

【生产厂】[苏]江苏三角洲塑化集团有限公司〈P1894〉;[豫]巩义市强力塑料制品厂(2000 吨)〈P2163〉;洛阳市云鹰塑胶有限公司〈P2187〉;伊川县群星机电化轻有限公司(800 吨)〈P2190〉

聚氯乙烯电缆料(低烟低卤阻燃护层级) F04010079

PVC Granula for cable, low smoke, low halogen, resistance to flame protective layer

用于生产轮船、地铁、航空、煤矿电线、电缆的护套的绝缘层

【生产厂】[豫]河南省宜阳县华星塑料有限公司(200 吨)〈P2181〉

软聚氯乙烯塑料(电线电缆用) F04010081

Polyvinyl chloride soft granula for wire and cable [9002-86-2]

用于电线、电缆绝缘和护套及其他外层用的塑料

【生产厂】[沪]上海新上化高分子材料有限公司(5000 吨)〈P1772〉

软聚氯乙烯粒料(电线电缆用,护套级);聚氯乙烯护套料 F04010082

Soft polyvinyl chloride granular for cable, protecting cover [9002-86-2]

F

【生产厂】[浙]温州市塑料薄膜厂〈P1938〉;[豫]伊川县金世纪塑料厂(1000 吨)〈P2190〉;河南省宜阳县华星塑料有限公司(300 吨)〈P2181〉

PVC-U 管件粒料;PVC-U 粒料 F04010094

PVC-U granula for pipe fitting [9002-86-2]

为注塑 PVC-U 管件的专用原料

【生产厂】[苏]无锡嘉弘塑料厂〈P1873〉;[鲁]山东春潮色母料有限公司(2000 吨)〈P2135〉

固体成膜高分子材料 F04010097

Solid film coated macromolecule material

【生产厂】[苏]吴江市太湖涂料有限公司〈P1911〉

铁氟龙网格输送带 F04010121

Polytetrafluoroethylene network conveyor belt

【生产厂】[沪]上海黛利复合材料有限公司〈P1731〉;上海胶带橡胶有限公司〈P1743〉;[苏]江苏泰兴市维维高分子材料有限公司〈P1822〉

聚丙烯打包带;PP 打包带 F04010131

Polypropylene packing band

代替钢带、纸带用于各种纸箱、全塑箱、钙塑包装箱的打包

【生产厂】[冀]邢台市四方塑料有限责任公司(300 吨)〈P1644〉;[苏]南京苏南化工塑料厂〈P1789〉;常州光明塑料有限公司(840 吨)〈P1847〉;[浙]宁波海雁带业有限公司〈P1930〉;[鲁]山东春潮色母料有限公司(2000 吨)〈P2135〉;[湘]邵阳三化有限责任公司〈P2253〉;[川]四川省广汉市新升塑胶实业有限公司(3700 吨)〈P2327〉

聚四氟乙烯生料带 F04010141

Polytetrafluoroethylene sealing tape

用于电器、电缆、电线的缠绕绝缘,各种腐蚀性介质的管道、阀门接头的丝扣密封等

【生产厂】[津]天津市北方有机氟材料科技有限公司(100 吨)〈P1580〉;[苏]南京氟源化工防腐设备厂〈P1783〉;江苏扬中市液压密封件厂有限公司〈P1842〉;扬中市塑性材料厂〈P1843〉;镇江春环密封件集团有限公司〈P1844〉;江苏省扬中市同中电光源有限公司〈P1842〉;无锡市祥健四氟制品有限公司〈P1880〉;江苏省如皋市万通防腐有限公司〈P1831〉;[浙]杭州三益密封件有限公司〈P1922〉;浙江国泰密封材料股份有限公司〈P1927〉;嘉兴市王店龙鑫氟塑料厂〈P1942〉;宁波亚东化工有限公司〈P1934〉;浙江东阳市四环防腐设备有限公司〈P1954〉;[鲁]济南奥凯氟塑料有限公司〈P2020〉;济南杰兴实业有限公司(15 吨)〈P2023〉;[豫]黎明化工研究院(30 吨)〈P2181〉;[粤]广东省四会市生料带厂〈P2294〉;[川]成都森发橡塑有限公司〈P2313〉

聚四氟乙烯膨体生料带 F04010142

Polytetrafluoroethylene sealing tape, expanded

主要用于螺纹口密封

【生产厂】[沪]上海振大氟塑有限公司〈P1777〉;[苏]扬中市塑性材料厂〈P1843〉;[浙]嘉善县有机氟制品厂〈P1940〉

聚四氟乙烯有油生料带 F04010143

Polytetrafluoroethylene sealing tape, with oil

主要用于螺纹口密封

【生产厂】[浙]嘉善县有机氟制品厂〈P1940〉

聚四氟乙烯导向带 F04010161

Polytetrafluoroethylene oriented tape

用于各种气缸活塞环、中低速轴承套等

【生产厂】[苏]江苏省扬中市通宇氟塑制品有限公司〈P1842〉;[鲁]济南奥凯氟塑料有限公司〈P2020〉;[豫]平顶山市湛河区新材料研究所〈P2192〉

聚四氟乙烯密封圈 F04010171

Polytetrafluoroethylene sealing washer

【生产厂】[冀]河北省大城县长城聚四氟制品厂〈P1659〉;[沪]上海氯碱实业氟塑料制品公司〈P1752〉;上海和昌特氟龙技术有限公司〈P1736〉;[苏]江苏省扬中市通宇氟塑制品有限公司〈P1842〉;扬中市新洋密封件有限公司〈P1843〉;无锡市祥健四氟制品有限公司〈P1880〉;[浙]杭州三益密封件有限公司〈P1922〉;嘉兴市王店龙鑫氟塑料厂〈P1942〉;宁波亚东化工有限公司〈P1934〉;[鲁]济南杰兴实业有限公司(500 吨)〈P2023〉;[豫]郑州工业大学化工总厂(700 平方米)〈P2170〉;[粤]广州泰升密封技术有限公司〈P2267〉;[川]中国民航广汉长空橡胶密封件厂〈P2330〉

膨体聚四氟乙烯密封带 F04010181

Polytetrafluoroethylene sealing tape, expanded

用作腐蚀介质输送系统法兰密封、阀门填料等

【生产厂】[沪]上海振兴防腐工程塑料有限公司〈P1778〉;[苏]江苏省扬中市通宇氟塑制品有限公司〈P1842〉;镇江春环密封件集团有限公司〈P1844〉;[浙]杭州麦克密封材料有限公司〈P1921〉;浙江国泰密封材料股份有限公司〈P1927〉;慈溪市固达化工新材料厂(6 吨)〈P1929〉;慈溪市恒立密封材料有限公司〈P1929〉;宁波安达防腐材料有限公司〈P1929〉;宁波宇联密封件有限公司〈P1934〉;中德合资慈溪博格曼密封材料有限公司〈P1936〉;宁波金杉密封机械有限公司〈P1931〉;[鲁]威海市氟塑集团公司(200 吨)〈P2125〉

阻燃聚氨酯海绵 F04010192

Polyurethane sponge, flame retardant

【生产厂】[津]天津市顺达压缩海棉有限公司〈P1602〉

聚氨酯海绵片材 F04010193

Polyurethane sponge sheet material

用于各种中小型动力设备

【生产厂】[津]天津市双联聚氨酯海绵厂(100 吨)〈P1602〉

聚氨酯棒材 F04010199

Polyurethane rod

【生产厂】[苏]江都东元聚氨酯制品厂〈P1813〉

聚乙烯农膜 F04010200

Polyethylene agricultural film

用于农作物栽培,使作物早熟,提早或延长供应季节

【生产厂】[辽]锦州彩练塑料集团有限责任公司〈P1701〉;[沪]大羽塑料薄膜有限公司〈P1726〉;[苏]常州光明塑料有限公司〈P1847〉;[浙]温州市塑料薄膜厂〈P1938〉;[鲁]淄博新宇集团有限公司〈P2074〉

农用薄膜;农膜 F04010210

Agricultural film

农业种植用

【生产厂】[京]北京华盾雪花塑料集团有限责任公司〈P1549〉;[冀]邢台市大梁庄塑料厂(80 吨)〈P1643〉;[黑]黑龙江省渤龙塑料有限责任公司〈P1724〉;[苏]徐州塑料一厂〈P1796〉;[鲁]山东寿光健元春有限公司(5000吨)〈P2098〉;[川]四川德阳旌裕塑胶有限公司〈P2326〉;[新]新疆天业股份有限公司〈P2367〉

单向拉伸聚乙烯薄膜 F04010213

Polyethylene film, one-way stretch

适用于电缆线、金拉线的制作和糖果、食品的扭结包装,可根据需要生产各种颜色薄膜

【生产厂】[黑]哈尔滨塑五有限公司〈P1721〉;[苏]常州光明塑料有限公司〈P1847〉

聚乙烯吹塑包装膜 F04010217

Polyethylene blow moulding packaging film

广泛应用于日用品、食品包装、农田覆盖、农作物保护等方面

【生产厂】[津]天津同发塑料制品有限公司(1000 吨)〈P1615〉;[浙]温州市塑料薄膜厂〈P1938〉;[新]新疆独山子天利高新技术股份有限公司〈P2365〉

多功能膜 F04010220

Multifunction film

【生产厂】[鲁]淄博市临淄新农塑料厂〈P2070〉;枣庄市富锦塑料有限公司(5000 吨)〈P2080〉

高密度聚乙烯薄膜;低压聚乙烯薄膜;HDPE 薄膜 F04010221

High density polyethylene film

【生产厂】[苏]常州光明塑料有限公司(1700 吨)〈P1847〉;[浙]温州市塑料薄膜厂〈P1938〉

地膜;农用地膜 F04010222

Ground film

用于地面覆盖栽培农作物、经济作物、蔬菜等,可提高地温、保墒、保水、保肥、改良土壤

【生产厂】[浙]温州市塑料薄膜厂〈P1938〉;[鲁]淄博市临淄新农塑料厂(2 万吨)〈P2070〉;青岛宏达塑胶总公司(2 万吨)〈P2037〉;山东大东方化纤塑料股份有限公司(8000吨)〈P2149〉;枣庄市富锦塑料有限公司(700 吨)〈P2080〉;[宁]吴忠宁燕塑料工业有限公司〈P2362〉;[新]中国石油天然气股份有限公司乌鲁木齐石油化工总厂〈P2365〉;新疆天业股份有限公司〈P2367〉

聚乙烯农用地膜;PE 农用地膜 F04010223

Polyethylene ground film for farm

用于农作物覆盖,有增温、保墒、缩短作物生长期、增产等功能

【生产厂】[冀]河北宝硕股份有限公司〈P1647〉;[晋]山西塑料总厂〈P1670〉;[苏]常州光明塑料有限公司〈P1847〉;[鲁]海阳市正丰塑料制品有限责任公司(6000 吨)〈P2108〉;青岛宏达塑胶总公司(1 万吨)〈P2037〉

除草地膜 F04010224

Weed-killing ground film

主要用于农作物覆盖,除有一般微膜作用外,还能对部分杂草有抑制和芽前除草的作用

【生产厂】[鲁]海阳市正丰塑料制品有限责任公司(2000 吨)〈P2108〉;枣庄市富锦塑料有限公司(300 吨)〈P2080〉

多功能大棚膜 F04010226

Multifunction shed film

广泛用于蔬菜、茶叶、水果等经济作物及水产养殖

【生产厂】[冀]石家庄化工化纤有限公司〈P1626〉;[苏]徐州塑料一厂〈P1796〉;[浙]温州市塑料薄膜厂〈P1938〉;[鲁]海阳市正丰塑料制品有限责任公司(6000 吨)〈P2108〉

聚乙烯捆包拉伸膜 F04010228

PE Stretch film

用于出口产品包装和产品送货包装

【生产厂】[沪]上海南联塑料制品有限公司〈P1754〉;[鲁]文登飞联塑料制品有限公司(1200 吨)〈P2126〉

包装膜 F04010229

Packaging film

主要用于牛奶、酱油、酒类、饮料、汤汁等液体物质的包装

【生产厂】[津]天津市仁义橡胶制品有限公司(600 吨)〈P1600〉;[冀]河北省雄县古城塑料制品有限公司〈P1648〉;[沪]大羽塑料薄膜有限公司〈P1726〉;[鲁]山东寿光健元春有限公司(1 万吨)〈P2098〉;[粤]源发塑胶制品厂〈P2281〉;[川]四川德阳旌裕塑胶有限公司〈P2326〉

塑料薄膜 F04010230

Plastic film

主要用作各类包装材料、农用薄膜、电绝缘材料、感光胶片基材等

【生产厂】[津]天津市天塑科技集团有限公司包装材料分公司(10 万吨)〈P1605〉;[冀]邢台市四方塑料有限责任公司(8000 吨)〈P1644〉;河北青县大地化工有限公司〈P1654〉;[晋]大同市塑料化工工业集团公司〈P1673〉;[辽]大连石油化工公司有机合成厂(1800 吨)〈P1693〉;[苏]连云港世达塑胶有限公司(1 万吨)〈P1799〉;扬州橡树实业有限公司〈P1820〉;[皖]安徽国风集团有限公司(6 万吨)〈P1971〉;安徽国风塑业股份有限公司〈P1971〉;宿州市恒昌塑胶有限公司〈P1984〉;[鲁]山东三塑集团有限公司(4 万吨)〈P2029〉;潍坊宏涛化工有限公司〈P2102〉;龙口市龙丹塑料有限公司(6000 吨)〈P2111〉;青岛华贵聚氨酯泡绵制品有限公司〈P2037〉;[豫]南阳神龙塑胶集团有限公司(8000 吨)〈P2224〉;[滇]云南塑料厂〈P2342〉

【使用厂】[冀]河北华夏实业有限公司〈P1648〉

高压聚乙烯薄膜 F04010231

Polyethylene film, low density

用作工农业产品、食品的包装材料,农作物育苗覆盖膜,渠道、水库防渗膜等

【生产厂】[黑]黑龙江省渤龙塑料有限责任公司〈P1724〉;[苏]常州光明塑料有限公司(1700 吨)〈P1847〉;[川]四川兴达塑料有限公司〈P2320〉

聚乙烯薄膜;PE 薄膜 F04010232

Polyethylene film

用作工农业产品、食品的包装材料,农作物育苗覆盖膜,渠道、水库防渗膜等

【生产厂】[津]天津市天塑科技集团有限公司第二塑料制品厂(3 万吨)〈P1605〉;[冀]邢台市四方塑料有限责任公司(4000 吨)〈P1644〉;唐山前进塑料制品有限公司〈P1636〉;[黑]哈尔滨塑五有限公司〈P1721〉;[沪]大羽塑料薄膜有

F

限公司〈P1726〉;上海力巨综研胶粘制品有限公司〈P1750〉;[苏]常州光明塑料有限公司(5640吨)〈P1847〉;江阴市东风化工总厂有限公司(3000吨)〈P1868〉;[浙]温州市塑料薄膜厂〈P1938〉;[皖]桐城市国元塑业有限公司〈P1980〉;[鲁]山东莱芜塑料制品股份有限公司(1300吨)〈P2141〉;[鄂]湖北华强科技有限责任公司〈P2240〉;[粤]广州市三达塑业包装有限公司(2万吨)〈P2266〉

聚乙烯薄膜内衬袋;薄膜袋 F04010234

Polyethylene film inner liner bag

用于编织袋的内衬,以防潮

【生产厂】[鲁]威海市百兴四氟制品有限公司〈P2125〉;[川]自贡市鸿兴化工工业公司〈P2322〉

防渗膜 F04010235

Anti-permeate film

用于渠道及水库的防渗

【生产厂】[鲁]枣庄市富锦塑料有限公司(450吨)〈P2080〉;[鄂]湖北永阳防水材料股份有限公司〈P2245〉

聚乙烯食品包装膜 F04010238

Polyethylene film, food packing

适于牛奶、饮料等液体包装

【生产厂】[辽]沈阳东瑞科技有限公司〈P1685〉;[沪]大羽塑料薄膜有限公司〈P1726〉;[鲁]青岛宏达塑胶总公司(1500吨)〈P2037〉

聚乙烯气垫膜 F04010239

Polyethylene air-cushion film

有防潮、耐腐蚀、缓冲、防振作用,广泛用于高档厨柜、高级玻璃制品及精密仪器等抗振性缓冲包装

【生产厂】[津]天津市天塑科技集团有限公司第二塑料制品厂(3000吨)〈P1605〉;[沪]大羽塑料薄膜有限公司〈P1726〉

聚乙烯热收缩膜;PE热收缩膜 F04010240

Polyethylene thermo-shrink film

广泛应用于食品、轻纺、医药、化工建材等产品的包装

【生产厂】[京]北京华盾雪花塑料集团有限责任公司〈P1549〉;[津]天津市第二十四塑料制品厂(5000吨)〈P1584〉;[冀]河北振州塑料包装有限责任公司〈P1649〉;[浙]杭州通达塑料薄膜包装厂〈P1923〉;[鲁]烟台广源塑料有限公司〈P2116〉;烟台市国昌塑料包装有限公司〈P2118〉;青岛宏达塑胶总公司(3000吨)〈P2037〉

双向拉伸聚丙烯薄膜;BOPP薄膜 F04010241

Bi-oriented polypropylene film

用于食品包装、印刷复合、胶黏带基材、香烟包装等

【生产厂】[京]北京爱德泰普膜制品厂〈P1543〉;[冀]河北宝硕股份有限公司〈P1647〉;河北华夏实业有限公司〈P1648〉;[辽]中国石油抚顺石油化工公司(3500吨)〈P1699〉;[沪]上海金浦塑料包装材料有限公司(3万吨)〈P1744〉;[苏]江苏中达新材料集团股份有限公司〈P1867〉;[皖]安徽国风塑业股份有限公司(4万吨)〈P1971〉;[豫]洛阳石化拉膜厂(8000吨)〈P2183〉;[粤]佛山塑料集团股份有限公司〈P2289〉;广东德冠双轴拉伸薄膜有限公司〈P2290〉

BOPP电容膜;电工膜 F04010243

BOPP Capacitance film

【生产厂】[津]天津市天塑科技集团有限公司包装材料分公司(4万吨)〈P1605〉

BOPP双向拉伸香烟膜 F04010244

Bi-oriented polypropylene film for cigarette

专门用于香烟的包装

【生产厂】[津]天津市天塑科技集团有限公司包装材料分公司(5万吨)〈P1605〉;[苏]江苏中达新材料集团股份有限公司〈P1867〉;[粤]壮丽印刷辅助材料有限公司〈P2295〉

BOPP双向拉伸印刷膜 F04010245

Bi-oriented polypropylene film for printing

专门用于普通软包装印刷和复合,可以进行单面或双面处理

【生产厂】[津]天津市天塑科技集团有限公司包装材料分公司(1万吨)〈P1605〉;[沪]上海金浦塑料包装材料有限公司〈P1744〉

BOPP双向拉伸珠光膜 F04010246

Bi-oriented polypropylene pearly lustre film

用于各种高档商品的包装

【生产厂】[津]天津市天塑科技集团有限公司包装材料分公司(1万吨)〈P1605〉;[沪]上海金浦塑料包装材料有限公司〈P1744〉

BOPP双向拉伸热封膜;塑封膜 F04010247

Bi-oriented polypropylene heat seal film

用于需要较宽热封温度或较低热封温度的包装

【生产厂】[津]天津市天塑科技集团有限公司包装材料分公司(1万吨)〈P1605〉;[沪]上海金浦塑料包装材料有限公司〈P1744〉

三层复合缠绕拉伸膜 F04010248

Threeply complex stretch spiralled film

【生产厂】[津]天津同发塑料制品有限公司(1000吨)〈P1615〉;[冀]东光县华泰塑料有限公司〈P1653〉;[鲁]山东春潮色母料有限公司(1500吨)〈P2135〉;[川]四川兴达塑料有限公司〈P2320〉

BOPP复合袋 F04010249

BOPP Complex bag

【生产厂】[沪]上海泉美包装材料有限公司(600吨)〈P1758〉

BOPP双向拉伸镀铝膜 F04010250

BOPP Aluminizer

【生产厂】[津]天津市天塑科技集团有限公司包装材料分公司(1万吨)〈P1605〉;[沪]上海金浦塑料包装材料有限公司〈P1744〉

聚丙烯薄膜;PP膜 F04010251

Polypropylene film

用于印刷、复合、包装等

【生产厂】[京]北京爱德泰普膜制品厂(5000吨)〈P1543〉;[苏]常州光明塑料有限公司(1630吨)〈P1847〉;[川]四川兴达塑料有限公司〈P2320〉

【使用厂】[鲁]淄博华瑞铝塑包装材料有限公司〈P2062〉

聚丙烯薄膜(阻燃级);阻燃 PP 膜 F04010252
Polypropylene film, flameretardant grade
用于各种电子、电器产品的绝缘
【生产厂】[苏]苏州华泰塑胶有限公司〈P1900〉

流延聚丙烯薄膜;CPP 薄膜 F04010254
Flow casting polypropylene film
广泛应用于食品、纺织品、医药用品等方面
【生产厂】[苏]常州光明塑料有限公司〈P1847〉;江苏中达新材料集团股份有限公司〈P1867〉;宿迁市彩塑包装有限公司〈P1804〉;[粤]佛山塑料集团股份有限公司〈P2289〉

PP 收缩膜 F04010256
PP Shrink film
【生产厂】[粤]深圳市中略塑胶包装有限公司〈P2273〉

PA/PE 共挤复合膜;尼龙复合膜 F04010258
PA/PE Co-extrusion compound film
用于密封、广告气球等
【生产厂】[苏]江苏彩华包装集团公司〈P1893〉

硬质聚氯乙烯透明膜 F04010261
Polyvinyl chloride film, rigid transparent
用于相册、集邮册覆盖膜,纺织品、服装、工艺品包装,真空成型用各种薄片、广告用膜等
【生产厂】[浙]浙江华泰塑胶股份有限公司〈P1939〉

聚氯乙烯压延薄膜;PVC 压延薄膜 F04010262
Polyvinyl chloride calendered film
用于工业产品包装,农业上覆盖育秧,日用方面用于皮包、钱包、书本封皮、雨衣、台布、壁纸、玩具等
【生产厂】[津]天津市第四塑料制品厂(1 万吨)〈P1584〉;[冀]邯郸市亚东塑胶有限公司(1 万吨)〈P1639〉;全民塑胶防腐材料有限公司〈P1662〉;[苏]常州市百兴塑胶制品有限公司〈P1849〉;扬州高华化工有限公司(3000 吨)〈P1817〉;[浙]浙江博泰塑胶有限公司(2 万吨)〈P1943〉;浙江华泰塑胶股份有限公司〈P1939〉;[粤]佛山塑料集团股份有限公司〈P2289〉

聚氯乙烯薄膜(吹塑) F04010263
Polyvinyl chloride film, blow moulding
工业上用于产品包装,农业上用于覆盖等
【生产厂】[闽]福建石化集团三明化工有限责任公司综合厂(460 吨)〈P1996〉

聚氯乙烯薄膜;PVC 薄膜 F04010264
Polyvinyl chloride film
用于工业和民用的防潮、防水,包装材料,农作物育种覆盖等
【生产厂】[津]天津市第二十四塑料制品厂(2000 吨)〈P1584〉;[冀]河北华夏实业有限公司〈P1648〉;[辽]锦州彩练塑料集团有限责任公司〈P1701〉;[沪]上海力巨综研胶粘制品有限公司〈P1750〉;[苏]通州市华明塑料有限公司(2 万吨)〈P1839〉;[浙]浙江华泰塑胶股份有限公司〈P1939〉;[鲁]济南方信集团有限公司(1 万吨)〈P2021〉;[豫]伊川县华威塑料有限公司(300 吨)〈P2190〉;伊川县群星机电化轻有限公司(500 吨)〈P2190〉

聚氯乙烯木纹膜 F04010265
Polyvinyl chloride film, wood film
【生产厂】[浙]浙江华泰塑胶股份有限公司〈P1939〉;[川]泸州火炬化工厂(4000 吨)〈P2323〉

高充填 PVC 合金防渗薄膜 F04010267
Polyvinyl chloride alloy antiseepage film, packing
用于渠道防渗衬垫、城市污水截流、水库基层及鱼塘防渗衬垫、砖瓦胚的晾干和防雨及防冻的覆盖等
【生产厂】[苏]南京古泉塑料厂〈P1783〉

软聚氯乙烯薄膜(包装用) F04010273
Polyvinyl chloride film, soft, package
适用于各类精制制品包装
【生产厂】[苏]宜兴市光辉包装材料有限公司〈P1884〉

软聚氯乙烯薄膜(农业用) F04010274
Polyvinyl chloride film, soft, agriculture
适用于农业温棚、育秧棚的覆盖
【生产厂】[辽]锦州彩练塑料集团有限责任公司〈P1701〉

聚氯乙烯电工胶带膜 F04010275
Polyvinyl chloride electrician adhesive tape film
【生产厂】[冀]中油嘉昱防腐技术有限公司〈P1663〉;[沪]上海正寰胶粘制品有限公司〈P1778〉

聚氯乙烯热收缩膜;PVC 热收缩膜 F04010278
Polyvinyl chloride thermo-shrink film
用于食品、酒类、电器、仪器仪表、电池、五金、家具、玩具、墙画及小百货包装膜
【生产厂】[冀]河北雄县宏洋热收缩膜厂(1500 吨)〈P1649〉;[苏]宜兴市光辉包装材料有限公司〈P1884〉;徐州塑料一厂〈P1796〉;宿迁市彩塑包装有限公司〈P1804〉;[浙]杭州通达塑料薄膜包装厂〈P1923〉;[鲁]烟台广源塑料有限公司〈P2116〉;[粤]深圳市中略塑胶包装有限公司〈P2273〉

塑料隔离膜 F04010279
Plastic separating film
【生产厂】[鲁]荣成兴隆化工有限责任公司(300 吨)〈P2123〉;青岛文武港橡塑有限公司(8000 吨)〈P2044〉

无毒软聚氯乙烯粒料 F04010281
Soft polyvinyl chloride grain, nonpoison [9002-86-2]
用于经挤出加工成输血导管、引流袋、引流导管和滴斗等以及其他医用配件和导管
【生产厂】[苏]扬州高华化工有限公司(5000 吨)〈P1817〉;[陕]西安昌泰化工厂〈P2347〉

导电塑料粒子 F04010288
Conductive plastic particle
电子工业中用作电磁波屏蔽材料,也用于各种电子仪器的外壳制造
【生产厂】[苏]苏州市双虎高分子材料公司〈P1905〉

聚乙烯醇缩丁醛薄膜;413 薄膜 F04010301
Polyvinyl butyral film
制成安全玻璃,用于汽车、舰艇的风窗玻璃及高层建筑的窗玻璃等
【生产厂】[黔]贵州水晶化工股份有限公司(100 吨)〈P2337〉

聚乙烯醇缩丁醛片材 F04010302

Polyvinyl butyral sheet

【生产厂】[黔]贵州水晶化工股份有限公司(100吨)〈P2337〉

涤纶薄膜;聚酯薄膜;PET 薄膜 F04010311

Polyester film

用于电工绝缘材料、录音、录像磁带基材、包装材料、制作金银线等

【生产厂】[沪]上海明安制塑科技有限公司〈P1754〉;[苏]仪化集团聚酯薄膜厂(2万吨)〈P1820〉;常州光明塑料有限公司〈P1847〉;苏州华泰塑胶有限公司〈P1900〉;宿迁市彩塑包装有限公司〈P1804〉;[鲁]潍坊辛雁化工有限公司〈P2106〉;青岛文武港橡塑有限公司〈P2044〉;[豫]乐凯集团第二胶片厂(5000吨)〈P2223〉;[粤]汕头海洋第一聚酯薄膜有限公司(3000吨)〈P2276〉

【使用厂】[苏]无锡阿尔梅新材料有限公司〈P1872〉

F

亚光聚酯薄膜 F04010314

Polyester flat film

【生产厂】[沪]上海明安制塑科技有限公司〈P1754〉

双向拉伸聚酯薄膜;BOPET 薄膜 F04010316

Bi-oriented polyester film

用于包装、电容器制造、录音录像片基磁带生产

【生产厂】[苏]常州光明塑料有限公司〈P1847〉;江苏中达新材料集团股份有限公司〈P1867〉;宿迁市彩塑包装有限公司〈P1804〉;[鲁]潍坊宏涛化工有限公司〈P2102〉;[粤]佛山塑料集团股份有限公司〈P2289〉

【使用厂】[鲁]淄博华瑞铝塑包装材料有限公司〈P2062〉

PET 收缩膜 F04010317

PET Shrink film

【生产厂】[粤]深圳市中略塑胶包装有限公司〈P2273〉

聚酯薄膜带 F04010320

Polyester film strip

适用于电机、电缆绝缘和电机线圈包绕脱模用

【生产厂】[冀]河北远洋绝缘材料厂〈P1649〉;[鲁]潍坊辛雁化工有限公司〈P2106〉

聚碳酸酯薄膜;PC 薄膜 F04010321

Polycarbonate film;PC Film

用于生产各类标牌、薄膜开关、广告等

【生产厂】[苏]苏州奥美光学材料有限公司〈P1899〉

聚碳酸酯薄膜(阻燃级);阻燃PC膜 F04010325

Polycarbonate film,flameretardant grade

用于各种电子产品的绝缘

【生产厂】[苏]苏州华泰塑胶有限公司〈P1900〉

聚四氟乙烯车削薄膜 F04010331

Polytetrafluoroethylene turning film

用于各种介质中工作的衬垫密封件和润滑材料,以及在各种频率下使用的电绝缘件

【生产厂】[沪]上海氯碱实业氟塑料制品公司〈P1752〉;[苏]江苏省扬中市通宇氟塑制品有限公司〈P1842〉;扬中市塑性材料厂〈P1843〉;江苏省扬中市同中电光源有限公司〈P1842〉

聚四氟乙烯薄膜 F04010336

Polytetrafluoroethylene film

主要用于电气工业,在航天、航空、电子、仪表、计算机等工业中用作电源和信号线的绝缘层、耐腐、耐磨材料

【生产厂】[津]天津市北方有机氟材料科技有限公司(150吨)〈P1580〉;[沪]上海市塑料研究所(50吨)〈P1764〉;上海伊川水塑料制品有限公司〈P1774〉;[苏]扬中市化工仪表管件厂〈P1843〉;扬中市塑性材料厂〈P1843〉;江苏省扬中市同中电光源有限公司〈P1842〉;无锡市祥健四氟制品有限公司〈P1880〉;江苏梅兰化工股份有限公司(1000吨)〈P1821〉;江苏泰兴市维维高分子材料有限公司〈P1822〉;[浙]嘉善县有机氟制品厂〈P1940〉;宁波亚东化工有限公司〈P1934〉;[鲁]济南奥凯氟塑料有限公司〈P2020〉;济南华鲁氟化学工业联合公司〈P2022〉;[鄂]武汉市工程塑料有限公司(50吨)〈P2232〉;[粤]广州市兴胜杰有限公司〈P2267〉;[川]成都森发橡塑有限公司〈P2313〉

聚全氟乙丙烯薄膜 F04010381

Poly(fluorinated ethylene-propylene) film;PEP film

用作防腐、防粘、透气、透光及电绝缘包扎材料

【生产厂】[沪]上海伊川水塑料制品有限公司〈P1774〉

复合膜 F04010392

Compound film

【生产厂】[沪]上海黛利复合材料有限公司〈P1731〉;上海市合成树脂研究所(20吨)〈P1763〉;[苏]江苏彩华包装集团公司〈P1893〉;[浙]温州市塑料薄膜厂〈P1938〉;[皖]桐城市国元塑业有限公司〈P1980〉;[川]四川德阳旌裕塑胶有限公司〈P2326〉

镀铝复合膜 F04010395

Aluminizing compound film

适用于医药、食品、种子、化妆品等行业高中档包装

【生产厂】[陕]西安方舟包装工业有限公司〈P2348〉

铝塑复合膜 F04010397

Aluminium-plastic compound film

适用于医药、食品、种子、化妆品等行业高中档包装

【生产厂】[陕]西安方舟包装工业有限公司〈P2348〉

纸塑复合膜 F04010399

Kraft-plastic compound film

适用于医药、食品、种子、化妆品等行业高中档包装

【生产厂】[陕]西安方舟包装工业有限公司〈P2348〉

聚酰亚胺薄膜;均苯聚酰亚胺薄膜 F04010401

Polyimide film

用于耐高低温、耐辐射、高绝缘材料

【生产厂】[苏]无锡阿尔梅新材料有限公司(50吨)〈P1872〉;扬州亚邦绝缘材料有限公司〈P1820〉;[鲁]万达集团股份有限公司(2000吨)〈P2088〉

聚酰亚胺(铝)薄膜 F04010411

Polyimide aluminium film

用于航空、电机、机械制造等工业部门的绝缘材料

【生产厂】[沪]上海市合成树脂研究所(10 吨)〈P1763〉

真空镀铝薄膜 F04010419

Vacuum aluminizing film

常用于食品(尤其是香味食品)或物品的复合包装

【生产厂】[粤]佛山塑料集团股份有限公司〈P2289〉

聚乙烯防水卷材;PE 防水卷材 F04010420

Polyethylene water-proof rolled materials

适用于工业与民用建筑的屋面的防水、地面防水、防潮隔气、室内墙地面防潮、卫生间防水等

【生产厂】[鲁]山东鑫达鲁鑫防水材料有限公司〈P2099〉;潍坊信托防水材料有限公司〈P2106〉

氯化聚乙烯防水卷材 F04010423

Chlorinated polyethylene water-proof rolled materials

用于屋面防水,地下室、水渠防渗

【生产厂】[京]北京市大禹王建设工程防水集团〈P1559〉;北京奥泰长城橡胶制品有限公司〈P1543〉;北京朗坤防水材料有限公司〈P1554〉;[沪]上海建筑防水材料(集团)公司〈P1743〉;[皖]安徽华亚实业股份有限公司〈P1971〉;[闽]福建省闽侯橡胶制品有限公司(10 万平方米)〈P1988〉;[鲁]胜利油田大明新型建筑防水材料有限责任公司(200 万平方米)〈P2087〉;荣成市劳保福利橡塑厂(200 吨)〈P2122〉;[鄂]湖北永阳防水材料股份有限公司〈P2245〉;[粤]广东建科防水防腐材料开发有限公司〈P2259〉;[陕]西安鹰球橡塑有限公司〈P2350〉

氯化聚乙烯-橡胶共混防水卷材 F04010427

Chlorinated polyethylene-rubber waterproof rolling material

可用于屋面、地下室、隧道、山洞、水库、水池、排灌渠道、地坪、浴室、厕所等的防水、防潮

【生产厂】[京]北京奥泰长城橡胶制品有限公司〈P1543〉;[津]天津市禹红建筑防水材料有限公司〈P1611〉;[冀]京东橡胶有限公司〈P1656〉;[沪]上海建筑防水材料(集团)公司〈P1743〉;[皖]安徽华亚实业股份有限公司〈P1971〉;[鲁]胜利油田大明新型建筑防水材料有限责任公司(200 万平方米)〈P2087〉;山东力华防水建材有限公司(280 万平方米)〈P2077〉

聚乙烯丙纶复合防水卷材 F04010428

Compound waterproof rolling material of PE and PP fiber

用于屋面防水、地下室防潮、水坝等防渗、保温层隔汽等

【生产厂】[京]北京立高防水企业集团〈P1554〉;北京世纪蓝箭防水材料有限公司〈P1558〉;北京东方华龙建筑材料有限公司〈P1546〉;北京朗坤防水材料有限公司〈P1554〉;北京中海防水建筑材料有限公司〈P1566〉;[黑]哈高科绥棱二塑有限公司〈P1725〉;[沪]上海侨茂建筑防水材料有限公司〈P1757〉;[苏]苏州华特防水材料有限公司〈P1900〉;[赣]江西玉龙防水材料厂〈P2009〉;[鲁]东营市华星防水材料厂〈P2082〉;山东鑫达鲁鑫防水材料有限公司〈P2099〉;潍坊市金隆防水材料有限公司〈P2104〉;山东省潍坊金宝防水材料有限公司〈P2098〉;山东省潍坊市正泰防水材料有限公司〈P2098〉;寿光市华泰防水材料有限公司〈P2100〉;潍坊市晨鸣新型防水材料有限公司〈P2104〉;潍坊市春美防水工程有限公司(200 万平方米)〈P2104〉;潍坊市宏源防水材料有限公司〈P2104〉;潍坊市华光防水材料有限公司〈P2104〉;潍坊市宇虹新型防水材料(集团)有限公司〈P2105〉;潍坊市泽源防水材料有限公司〈P2105〉;潍坊信托防水材料有限公司〈P2106〉;潍坊兴源防水材料有限公司〈P2106〉;青岛锦绣防水材料有限公司(400 万平方米)〈P2039〉;[川]四川蜀羊防水材料有限公司(500 万平方米)〈P2319〉

泡沫板材 F04010431

Foam sheet

用于沙发、鞋、地毯等

【生产厂】[鲁]莱州市众鑫包装有限公司〈P2110〉;青岛华贵聚氨酯泡绵制品有限公司(1400 吨)〈P2037〉;[豫]清丰县方圆泡塑制品有限公司(1000 吨)〈P2216〉;清丰县三鑫泡沫塑料厂(2000 吨)〈P2216〉;河南省偃师市第一塑料泡沫制品厂(500 吨)〈P2180〉

阻燃泡沫板 F04010433

Flameretardant foam sheet

【生产厂】[豫]河南省偃师市第一塑料泡沫制品厂(500 吨)〈P2180〉

聚苯乙烯保温板 F04010439

Polystyrene heat preservation plate

适用于钢筋混凝土屋面、压型钢板屋面、泊车屋面及内、外墙保温隔热等

【生产厂】[京]北京市昌平兴马保温材料有限公司〈P1558〉;[沪]上海汇英塑料制品有限公司〈P1741〉

塑料板片材 F04010440

Plastic plate and sheet materials

【生产厂】[津]天津市西青区盛兴发塑料制品有限公司(1 万套)〈P1607〉;[沪]上海永利工业制带有限公司〈P1775〉;上海达凯塑胶有限公司〈P1730〉;[苏]常州巨力塑料集团有限公司(2 万吨)〈P1848〉;[皖]安徽国风集团有限公司〈P1971〉;[闽]福建省宏明塑胶股份有限公司(5000 吨)〈P1994〉;[赣]江西光华塑料厂〈P2008〉;[粤]顺德市生力塑料制品有限公司〈P2292〉;广东高聚化学工业有限公司〈P2290〉;[川]成都塑料厂〈P2315〉

聚乙烯高发泡片材 F04010449

Polyethylene high foaming sheet material

【生产厂】[冀]沧州市晶玉工业有限公司〈P1653〉

聚乙烯高发泡管材 F04010450

Polyethylene high foaming pipe material

【生产厂】[冀]石家庄敨宏橡塑制品有限公司〈P1628〉

聚乙烯挤压板;低密度聚乙烯挤出板 F04010451

Polyethylene extruded sheet

可机械加工成电气绝缘零件、耐化学腐蚀衬垫、密封材料等

【生产厂】[鲁]宁津县华宏化工有限公司(2 万吨)〈P2143〉

聚乙烯泡沫塑料板材 F04010452

Polyethylene foam sheet

【生产厂】[冀]河北衡水恒基建工材料有限公司〈P1664〉;河北省衡水华鑫橡塑有限公司〈P1665〉;[浙]宁波华旭化学有限公司〈P1931〉

低密度聚乙烯高发泡板材 F04010460
Polyethylene high foamed sheet, low density
用于各种车辆的冷藏、保温、防振及灌体、管道保温等
【生产厂】[冀]河间华天橡塑有限公司〈P1655〉

辐射交联聚乙烯热收缩带 F04010465
Ray-crosslinked polyethylene thermo-shrink band
主要用于油田、化工、城建、海洋等埋地钢管的防腐补口
【生产厂】[冀]全民塑胶防腐材料有限公司〈P1662〉；中油嘉昱防腐技术有限公司〈P1663〉；[鲁]山东省滨州渤海塑料有限责任公司(20万平方米)〈P2156〉

无毒聚氯乙烯硬板片 F04010471
Polyvinyl chloride rigid sheet, non-toxic
用于药品包装、食品包装、工业包装以及二次拉伸、镀铝复合基材
【生产厂】[辽]锦州彩练塑料集团有限责任公司〈P1701〉

软聚氯乙烯板；聚氯乙烯软板 F04010481
Soft polyvinyl chloride sheet
用作一般耐腐蚀衬垫、密封材料等
【生产厂】[沪]上海济州塑料制品有限公司〈P1742〉；[赣]江西光华塑料厂(200吨)〈P2008〉

硬聚氯乙烯薄片 F04010491
Rigid polyvinyl chloride sheet
用于制造皂盒、文具盒、模型、电影布景、家具等
【生产厂】[津]天津市第一塑料制品厂(2万吨)〈P1584〉

吸塑制品 F04010493
Vacuum plastic suction products
用于工业包装、食品包装等
【生产厂】[京]北京大千塑料制品厂〈P1546〉；[沪]上海广盛塑胶有限公司〈P1735〉；[苏]常州鸿博塑业有限公司〈P1847〉

聚氯乙烯片材；PVC片材 F04010494
Polyvinyl chloride sheet
用于家具贴面、音箱贴面、吹塑膜等
【生产厂】[津]天津市第一塑料制品厂(2万吨)〈P1584〉；[苏]扬州凯尔化工有限公司〈P1817〉；[闽]厦门齐兴达塑料板材有限公司〈P1992〉；[粤]东莞中堂东方塑料胶片厂〈P2281〉

防火板 F04010495
Plastic sheet, fire-proof
用于楼堂馆所、住房等方面的装饰装修、隔断等
【生产厂】[沪]上海平海涂料有限公司〈P1755〉；[苏]扬中市华兴防火材料有限公司〈P1843〉；[豫]河南中原防火材料有限公司〈P2168〉；新乡锦锈防水材料股份有限公司〈P2203〉；[粤]广东高聚化学工业有限公司(300万张)〈P2290〉

聚氯乙烯硬板；硬聚氯乙烯板；PVC硬板 F04010501
Polyvinyl chloride rigid plate
用于广告牌、装饰板及门窗、商品柜玻璃代用品
【生产厂】[苏]南京古泉塑料厂〈P1783〉；江苏银杉实业集团有限公司(6万吨)〈P1781〉；[赣]江西光华塑料厂(800吨)〈P2008〉

聚氯乙烯压延片材；PVC压延片材 F04010502
Polyvinyl chloride rolled sheet
主要用于工业、农业、食品、医药等方面的包装生产
【生产厂】[沪]上海达凯塑胶有限公司〈P1730〉；[苏]扬州市高海塑料化纤总厂(2万吨)〈P1818〉

建筑排水用硬聚氯乙烯管材管件 F04010505
Rigid polyvinyl chloride pipes and fittings, for drainage in buildings
适用于建筑用排水管、电线套管、排风、排空用管及农业灌溉用管等
【生产厂】[津]天津市京南塑胶有限公司(100吨)〈P1596〉；[冀]河北沧州东塑集团股份有限公司〈P1653〉；[沪]上海奇澳塑胶有限公司〈P1756〉；[闽]漳州市龙海集友塑料有限公司〈P2002〉；[鲁]潍坊市大正塑胶有限公司(2000吨)〈P2104〉；[粤]深圳石化宝狮塑胶有限公司〈P2270〉；广东联塑科技集团〈P2290〉；[宁]吴忠宁燕塑料工业有限公司〈P2362〉

建筑用绝缘电工套管及管件 F04010507
Electric insulated sleeve and fitting for construction
广泛用于建筑物或构筑物内保护并保障电线或电缆布线
【生产厂】[津]天津市京南塑胶有限公司(100吨)〈P1596〉；[鲁]潍坊市大正塑胶有限公司(500吨)〈P2104〉

给水用硬聚氯乙烯管材；聚氯乙烯给水管 F04010509
Rigid polyvinyl chloride pipe for water supply
广泛应用于建筑物一般用途和饮用水的输送
【生产厂】[京]中国化学建材股份有限公司〈P1568〉；[辽]沈阳天华塑胶有限公司〈P1689〉；[沪]上海奇澳塑胶有限公司〈P1756〉；[苏]金坛市塑料厂〈P1862〉；无锡华通兴管道有限公司〈P1873〉；如皋市中如化工有限公司〈P1839〉；[闽]漳州市龙海集友塑料有限公司(2万吨)〈P2002〉；[鲁]济南方信集团有限公司(5000吨)〈P2021〉；[粤]深圳石化宝狮塑胶有限公司〈P2270〉；广东联塑科技集团〈P2290〉；[宁]吴忠宁燕塑料工业有限公司〈P2362〉；[新]新疆天业股份有限公司〈P2367〉

无毒透明硬聚氯乙烯粒料 F04010513
Rigid polyvinyl chloride granula, non-toxic transparent
[9002-86-2]
用于包装的垫收缩膜和包装用的中空吹塑制品
【生产厂】[苏]无锡嘉弘塑料厂〈P1873〉；宜兴市惠兴塑胶有限公司〈P1885〉

聚氯乙烯膜用粒料 F04010516
Polyvinyl chloride granular for film
适用于生产各种PVC收缩膜、食品扭结膜和

电池包装膜等

【生产厂】[苏]无锡嘉弘塑料厂〈P1873〉

聚氯乙烯低发泡板材 F04010521

Polyvinyl chloride sheet, low foam

用作建筑护墙板、家具、汽车和火车厢板、客轮厢板等

【生产厂】[闽]厦门齐兴达塑料板材有限公司〈P1992〉

聚氯乙烯塑料地板;半硬质塑料地板 F04010551

Polyvinyl chloride plastic floor

用于工业及民用房屋地面铺设

【生产厂】[京]中国化学建材股份有限公司〈P1568〉;[冀]沧州百利塑胶有限公司〈P1651〉;[皖]来安县亨通橡塑制品有限公司(30万平方米)〈P1982〉;[鲁]济南鲁泉奥凯防水材料有限公司〈P2023〉;[粤]深圳市图特美高分子材料有限公司〈P2272〉

改性聚丙烯板 F04010561

Polypropylene sheet, modified

用作耐腐蚀及化工结构材料、建筑材料等

【生产厂】[苏]南京古泉塑料厂〈P1783〉

聚丙烯板;聚丙烯板材;PP板 F04010562

Polypropylene sheet

广泛用于化工、建筑、包装、电子工业和医疗器械

【生产厂】[苏]南京古泉塑料厂〈P1783〉;太仓凤新化工设备有限公司〈P1908〉;太仓市三耐化工设备有限公司〈P1908〉;太仓市防腐塑料设备厂〈P1908〉;[闽]厦门齐兴达塑料板材有限公司〈P1992〉

聚苯乙烯/聚乙烯发泡片材;PS/PE发泡片材 F04010568

Polystyrene/polyethylene foamed sheet material

【生产厂】[粤]佛山塑料集团股份有限公司〈P2289〉

可发性聚苯乙烯包装材料 F04010570

Expandable polystyrene packaging material

适合各种电器家电产品仪器仪表包装,蔬菜保鲜箱等

【生产厂】[京]北京兴利化工厂〈P1564〉

聚苯乙烯板 F04010571

Polystyrene sheet

用于机械加工制成各种高频设备零部件

【生产厂】[沪]上海南联塑料制品有限公司〈P1754〉;[粤]广东高聚化学工业有限公司(2万吨)〈P2290〉

聚苯乙烯泡沫塑料板材;EPS泡沫塑料板材 F04010572

Polystyrene foam plastic sheet

广泛应用于建筑领域,作为保温隔热材料

【生产厂】[津]天津市静海县瑞年塑料泡沫制品厂(150吨)〈P1596〉;天津市瑞昌泡沫有限责任公司(10吨)〈P1601〉;[苏]无锡兴达泡塑新材料有限公司〈P1882〉;宜兴市腾明化工有限公司〈P1887〉;[鲁]莱州市众鑫包装有限公司〈P2110〉;烟台市国昌塑料包装有限公司〈P2118〉;[豫]新郑市泡沫材料公司(800吨)〈P2169〉;河南省偃师市首阳山义井塑料泡沫厂(10万立方米)〈P2180〉

彩色地板树脂 F04010576

Colour floor board resin

用于铺装地面

【生产厂】[粤]广州市东风化工实业有限公司〈P2263〉

双向拉伸聚苯乙烯片材;BOPS片材 F04010578

Bi-oriented polystyrene sheet material

是一种新型的包装材料,具有比重轻、强度高、刚性大、透明度好等特点,还有良好的温度适应性

【生产厂】[京]北京博通塑料制品厂〈P1544〉

聚四氟乙烯车削板 F04010591

Polytetrafluoroethylene turning sheet

用于制作密封件、减磨零件、各种频率下使用的绝缘零件

【生产厂】[沪]上海氯碱实业氟塑料制品公司〈P1752〉;上海振兴防腐工程塑料有限公司(20吨)〈P1778〉;上海振大氟塑有限公司〈P1777〉;上海华尔卡氟塑料制品有限公司(150吨)〈P1738〉;[苏]长江动力设备有限公司〈P1839〉;江苏省扬中市通宇氟塑制品有限公司〈P1842〉;镇江春环密封件集团有限公司〈P1844〉;江苏省扬中市同中电光源有限公司〈P1842〉;无锡市祥健四氟制品有限公司〈P1880〉;[浙]浙江国泰密封材料股份有限公司〈P1927〉;[鲁]淄博高氟特化工机械有限公司〈P2060〉;[鄂]武汉市工程塑料有限公司(50吨)〈P2232〉

聚四氟乙烯模压板 F04010593

Polytetrafluoroethylene moulded sheet

用于电子、电器、石油化工、机械、纺织、宇航、建筑、医学等部门作为防腐、绝缘用衬垫

【生产厂】[沪]上海氯碱实业氟塑料制品公司〈P1752〉;[苏]长江动力设备有限公司〈P1839〉;江苏省扬中市通宇氟塑制品有限公司〈P1842〉;无锡市祥健四氟制品有限公司〈P1880〉;[浙]浙江国泰密封材料股份有限公司〈P1927〉;嘉善县有机氟制品厂〈P1940〉

聚四氟乙烯多孔板 F04010594

Polytetrafluoroethylene porous sheet

用于耐温、耐腐蚀滤板

【生产厂】[苏]江苏省扬中市通宇氟塑制品有限公司〈P1842〉;[鲁]济南奥凯氟塑料有限公司〈P2020〉

聚四氟乙烯板材 F04010595

Polytetrafluoroethylene sheet

用于耐腐蚀衬里材料及密封衬里,支承滑块、导轨、电绝缘零件等

【生产厂】[津]天津市北方有机氟材料科技有限公司(200吨)〈P1580〉;[冀]河北省大城县长城聚四氟制品厂〈P1659〉;[沪]上海青浦莲盛宏伟特种橡塑制品厂〈P1757〉;上海市塑料研究所〈P1764〉;上海伊川水塑料制品有限公司〈P1774〉;上海振大氟塑有限公司〈P1777〉;[苏]江苏扬中市液压密封件厂有限公司〈P1842〉;扬中市塑性材料厂〈P1843〉;镇江春环密封件集团有限公司〈P1844〉;江苏省扬中市同中电光源有限公司〈P1842〉;无锡市祥健四氟制品有限公司〈P1880〉;[浙]浙江国泰密封材料股份有限公司〈P1927〉;嘉兴市王店龙鑫氟塑料厂〈P1942〉;浙江省嘉善县东方有机氟塑料厂〈P1944〉;宁波金杉密封机械有限公司〈P1931〉;[鲁]济南奥凯氟塑料有

F

限公司〈P2020〉;济南华鲁氟化学工业联合公司〈P2022〉;济南杰兴实业有限公司(300吨)〈P2023〉;淄博高氟特化工机械有限公司〈P2060〉;[粤]广州市兴胜杰有限公司〈P2267〉;[川]成都森发橡塑有限公司〈P2313〉

【使用厂】[苏]无锡市石化通用件厂〈P1879〉

聚四氟乙烯增强板 F04010601

Polytetrafluoroethylene reinforced sheet

用作耐磨材料

【生产厂】[鲁]济南奥凯氟塑料有限公司〈P2020〉

聚四氟乙烯补偿器 F04010621

Polytetrafluoroethylene compensater

主要用于防止管线热胀冷缩,调整管线路斜度和垂直位移

【生产厂】[冀]河北省华北橡胶制品有限公司-恒宇管业〈P1665〉;衡水光辉橡塑有限公司〈P1667〉;[沪]上海和昌特氟龙技术有限公司〈P1736〉;[苏]南京氟源化工防腐设备厂〈P1783〉;南京嘉禾防腐设备有限公司〈P1785〉;宜兴市凯达氟橡胶密封件有限公司〈P1885〉;靖江市奥化泵业制造有限公司〈P1824〉;[浙]温州市大陆机械有限公司〈P1937〉;[鲁]济南奥凯氟塑料有限公司〈P2020〉

聚氨酯胶板 F04010651

Polyurethane rubber sheet

用于耐腐、绝缘衬板、垫板等

【生产厂】[津]天津飞龙橡胶制品有限责任公司(100吨)〈P1572〉;[辽]沈阳东阳聚氨酯有限公司〈P1685〉;辽宁矿冶聚氨酯实业有限公司〈P1684〉;[苏]无锡圣丰减震器有限公司〈P1874〉;[皖]安徽中意胶带有限责任公司(1000吨)〈P1977〉;[鲁]淄博海特曼化工有限公司〈P2061〉;[鄂]湖北汉川科奥橡胶厂〈P2242〉

聚氨酯防滑板 F04010659

Polyurethane antiskid plate

用于防止因钻台打滑,工人站立不稳发生碰伤事故

【生产厂】[冀]河北省景县景渤石油机械有限公司〈P1665〉

改性聚酰亚胺层压板 F04010661

Modified polyimide laminated sheet

用作耐高温、耐辐射、耐腐工程塑料

【生产厂】[沪]上海市合成树脂研究所〈P1763〉

酚醛泡沫复合板 F04010695

Phenolic foam complex sheet

用于制造电子、医药、食品的净化厂房、商亭、轻体快装房屋等

【生产厂】[京]北京京卫瑞源科技有限公司〈P1553〉

聚四氟乙烯玻璃漆布 F04010721

Polytetrafluoroethylene coated glass cloth

用于防腐、防粘、绝缘的包扎

【生产厂】[沪]上海伊川水塑料制品有限公司〈P1774〉;[粤]广州市兴胜杰有限公司〈P2267〉

双向拉伸尼龙薄膜;BOPA 薄膜 F04010745

Bi-oriented nylon film

用于印刷、复合工艺

【生产厂】[冀]河北沧州东塑集团股份有限公司〈P1653〉;[粤]佛山塑料集团股份有限公司〈P2289〉

聚四氟乙烯密封垫 F04010761

Polytetrafluoroethylene sealing pad

【生产厂】[津]天津市北方有机氟材料科技有限公司(200吨)〈P1580〉;[鲁]济南三爱富氟化工有限责任公司(1200吨)〈P2024〉;淄博力诺密封材料有限公司〈P2064〉;[粤]广州市东山南方密封件有限公司〈P2263〉

聚四氟乙烯膜片,阀片 F04010762

Polytetrafluoroethylene diaphragm, valve plate

用作各种泵、阀里的膜片、化工用防腐视镜等

【生产厂】[沪]上海市塑料研究所〈P1764〉;上海德氟橡塑制品有限公司〈P1731〉;上海振兴防腐工程塑料有限公司(10吨)〈P1778〉

尼龙管材 F04010772

Nylon tubular products

【生产厂】[津]天津市东浩软管科技有限公司(10万米)〈P1585〉;[冀]衡水长兴矿山机械配件有限公司〈P1667〉;河北宏广橡塑金属制品有限公司〈P1664〉;[沪]上海久聚高分子材料有限公司〈P1746〉;[苏]靖江市恒政增稠材料厂〈P1824〉;[浙]余姚市大伟橡塑制品有限公司〈P1935〉;[鲁]德州金峰尼龙制品厂〈P2142〉

尼龙板 F04010781

Nylon board

【生产厂】[苏]无锡市祥健四氟制品有限公司〈P1880〉;[鲁]德州金峰尼龙制品厂〈P2142〉

土木工程编织布;土工布 F04010783

Civil engineering weaving-cloth

用于土建工程和水利建筑工程,起滤水、固基的作用

【生产厂】[苏]连云港市五塑包装有限公司〈P1800〉

土工格栅 F04010785

Earthwork grillage

广泛应用于高速公路、市政道路、铁路、飞机跑道等的路基增强,公路、铁路以及江河两岸的加筋土挡墙的加筋

【生产厂】[冀]河北衡水恒基建工材料有限公司〈P1664〉;[苏]常州巨力塑料集团有限公司〈P1848〉;[鲁]青岛顺德塑料机械有限公司〈P2044〉;泰安华塑建材有限公司(1000万平方米)〈P2137〉

聚氯乙烯复合土工膜 F04010788

PVC Compound earthwork film

用于水利、电力、交通工程中起隔离、防水、防渗、保护作用

【生产厂】[京]北京朗坤防水材料有限公司〈P1554〉;[鲁]济南鲁泉奥凯防水材料有限公司〈P2023〉

聚乙烯管;聚乙烯管材;PE 管材 F04010801

Polyethylene pipe

用作液体、气体、食用介质等的输送管道

【生产厂】[津]天津市仁义橡胶制品有限公司(300吨)〈P1600〉;[冀]沧州市明珠塑料股份有限公司〈P1653〉;河间华天橡塑有限公司〈P1655〉;大城县利华聚氨酯厂〈P1658〉;河北宝硕管材有限公司〈P1647〉;北京市清河塑料厂顺平县联营厂〈P1647〉;[沪]上海金冠化工有限公司

〈P1744〉;上海济州塑料制品有限公司〈P1742〉;[苏]江苏兴隆工程塑料管件厂〈P1842〉;镇江大洋星鑫工程管道有限公司〈P1844〉;耶普(苏州)塑技有限公司〈P1911〉;连云港世达塑胶有限公司(2万吨)〈P1799〉;江苏省泰州市绿色管材有限公司〈P1822〉;[浙]温州超维工程塑料有限公司〈P1937〉;[鲁]聊城佳恒化工有限公司(8000吨)〈P2152〉;山东阳谷恒泰实业有限公司(2万吨)〈P2154〉;临淄金赢塑料制品厂〈P2049〉;东营胜邦塑胶有限公司(3万吨)〈P2081〉;华亚(东营)塑胶有限公司(2万吨)〈P2084〉;文登市苘山福利塑料厂(3000吨)〈P2127〉;莱阳华润塑业有限公司(3000吨)〈P2108〉;山东金潮新型建材有限公司〈P2113〉;青岛海达制盐有限责任公司(3000吨)〈P2035〉;山东莱芜塑料制品股份有限公司(6000吨)〈P2141〉;[豫]河南众通塑胶管道有限公司(1000吨)〈P2168〉;[粤]广东联塑科技集团〈P2290〉;[滇]云南塑料厂(339吨)〈P2342〉

聚乙烯软管　F04010802

Polyethylene flexible hose

用于装卸搬运机械、矿山机械、油漆喷涂器具等系统输送各种油类、有机溶剂等

【生产厂】[津]天津市京南塑胶有限公司(100吨)〈P1596〉;[闽]厦门共隆塑胶有限公司〈P1991〉;[粤]西博尔(中山)有限公司(1840万支)〈P2282〉

燃气用聚乙烯管;PE燃气管　F04010815

Polyethylene pipe for fuel gas

用于燃气工程、市政配管工程、煤气工程等

【生产厂】[冀]沧州市明珠塑料股份有限公司〈P1653〉;北京市清河塑料厂顺平县联营厂〈P1647〉;[辽]沈阳久利化学建材股份有限公司〈P1687〉;[苏]无锡华通兴管道有限公司〈P1873〉;[浙]金洲集团有限公司〈P1946〉;[鲁]山东胜利股份有限公司〈P2030〉;青岛顺德塑料机械有限公司〈P2044〉;[粤]广东联塑科技集团〈P2290〉

聚乙烯钢塑防腐管道　F04010819

Polyethylene steel-plastic anti-corrosive pipe line

【生产厂】[鲁]济南杰兴实业有限公司(200吨)〈P2023〉;宁津县华宏化工有限公司(1万吨)〈P2143〉;淄博华瑞防腐设备有限公司〈P2062〉;[川]成都正光科技股份有限公司〈P2317〉

铝塑复合管　F04010825

Aluminium-plastic compound tube

用于各种生活用水、取暖等各种管道

【生产厂】[鲁]山东胜通集团股份有限公司(1000吨)〈P2085〉;[粤]广东联塑科技集团〈P2290〉

热缩套管　F04010831

Pyrocondensation cannula

用于通信、石油及天然气管道补口、长输管线及保温管接头等

【生产厂】[辽]沈阳天华塑胶有限公司〈P1689〉;[沪]上海沃强热缩材料有限公司〈P1770〉;上海德氟橡塑制品有限公司〈P1731〉;上海济州塑料制品有限公司〈P1742〉;[川]成都市双流川双热缩制品有限公司〈P2314〉

聚乙烯直埋管　F04010835

Polyethylene burying pipe

【生产厂】[京]北京市昌平兴马保温材料有限公司〈P1558〉;[津]天津市京南塑胶有限公司(100吨)〈P1596〉

交联聚乙烯管材;PEX管　F04010837

Cross-linked polyethylene pipes

用于加工热水管、地暖管及水管等

【生产厂】[辽]沈阳天华塑胶有限公司〈P1689〉;[苏]江阴市陆东塑胶制品有限公司〈P1870〉;江苏省泰州市绿色管材有限公司〈P1822〉;[鲁]潍坊市大正塑胶有限公司(400吨)〈P2104〉;[粤]广东联塑科技集团〈P2290〉

给水用聚乙烯管材;PE给水管　F04010839

Polyethylene pipes for water supply

用于生活用水、市政工程、大型自来水管道工程

【生产厂】[冀]沧州市明珠塑料股份有限公司〈P1653〉;[晋]山西塑料总厂〈P1670〉;[辽]沈阳久利化学建材股份有限公司〈P1687〉;沈阳天华塑胶有限公司〈P1689〉;[苏]无锡华通兴管道有限公司〈P1873〉;徐州塑料一厂〈P1796〉;[浙]金洲集团有限公司〈P1946〉;[鲁]山东金潮新型建材有限公司(5000吨)〈P2113〉

聚氯乙烯管材;PVC管材　F04010840

Polyvinyl chloride pipe material

用于化学工业输送某些腐蚀性流体

【生产厂】[津]天津市京南塑胶有限公司(100吨)〈P1596〉;[冀]河北宝硕股份有限公司〈P1647〉;河北宝硕管材有限公司〈P1647〉;[辽]沈阳久利化学建材股份有限公司(2万吨)〈P1687〉;沈阳天华塑胶有限公司〈P1689〉;[沪]上海国成塑料有限公司(1万吨)〈P1735〉;[苏]常州市河马塑胶有限公司〈P1851〉;[赣]南昌氯碱总厂(3000吨)〈P2010〉;[鲁]华亚(东营)塑胶有限公司(4万吨)〈P2084〉;潍坊海特塑胶有限公司(6000吨)〈P2102〉;威海金泓化工集团有限公司〈P2124〉;[豫]河南众通塑胶管道有限公司〈P2168〉;新乡县西大阳兴旺塑料厂(500吨)〈P2207〉;[粤]深圳石化宝狮塑胶有限公司〈P2270〉;[滇]云南塑料厂〈P2342〉

聚氯乙烯硬管;PVC硬管　F04010841

Polyvinyl chloride rigid pipe

用于化工液体、气体(包括腐蚀性液、气体)输送管道、输油管道、盐水管、自来水管、建筑用电线管等

【生产厂】[沪]上海汤臣塑胶实业有限公司〈P1767〉;上海济州塑料制品有限公司〈P1742〉;[苏]江阴市塑料制品二厂(3000吨)〈P1871〉;[赣]江西光华塑料厂(600吨)〈P2008〉;[鲁]山东莱芜塑料制品股份有限公司(30万米)〈P2141〉

聚氯乙烯软管;PVC软管　F04010842

Polyvinyl chloride flexible hose

用于装卸搬运机械、矿山机械、油漆喷涂器具等系统输送各种油类、有机溶剂等

【生产厂】[津]天津市仁义橡胶制品有限公司(500吨)〈P1600〉;[沪]上海樱宝塑胶软管有限公司〈P1775〉;[苏]扬州腾龙聚氨酯制品有限公司〈P1819〉;扬州凯尔化工有限公司〈P1817〉;[浙]浙江省天台沪天胶带有限公司〈P1967〉;浙江省天台县富华塑胶有限公司〈P1967〉;[粤]广东联塑科技集团〈P2290〉

纤维增强PVC软管　F04010843

Polyvinyl chloride flexible pipe, fibre reinforced

【生产厂】[冀]河北宏广橡塑金属制品有限公司〈P1664〉;[辽]沈阳银象橡胶制品有限责任公司〈P1690〉;[浙]浙江

省天台县富华塑胶有限公司〈P1967〉

聚氯乙烯螺旋管;聚合物增强热塑性材料排吸软管 F04010844

Polyvinyl chloride spiral pipe

用于各种潜水泵、离心泵吸排水或输送粉尘气体、液体、颗粒等物体

【生产厂】[浙]浙江省天台县富华塑胶有限公司〈P1967〉;[鲁]潍坊海特塑胶有限公司(2000吨)〈P2102〉

聚氯乙烯热伸缩套管 F04010845

Polyvinyl chloride heat-telescopic tube

用于制备电池、瓶套、包装材料等

【生产厂】[辽]沈阳天华塑胶有限公司〈P1689〉

F

聚氯乙烯电线电缆管;PVC电线电缆管 F04010846

Polyvinyl chloride wire and cable pipe

用于建筑、装璜等

【生产厂】[津]天津市京南塑胶有限公司(100吨)〈P1596〉;[沪]上海奇澳塑胶有限公司〈P1756〉;[鲁]文登市苘山福利塑料厂(2400吨)〈P2127〉;[粤]广东联塑科技集团〈P2290〉;[川]成都市多联塑胶实业公司〈P2314〉

阻燃聚氯乙烯管 F04010847

Polyvinyl chloride pipe, flame retardant

【生产厂】[津]天津市橡胶制品六厂(50万条)〈P1607〉

UPVC聚氯乙烯加筋管 F04010849

UPVC Reinforcement pipe

可代替水泥管用作地下排污水管

【生产厂】[沪]上海氯威塑料有限公司〈P1752〉;上海汤臣塑胶实业有限公司〈P1767〉;[苏]常州市河马塑胶有限公司〈P1851〉;无锡华通兴管道有限公司〈P1873〉;[粤]深圳石化宝狮塑胶有限公司〈P2270〉

钢丝增强PVC软管 F04010850

Polyvinyl chloride flexible pipe, steel wire reinforced

【生产厂】[浙]浙江省天台县富华塑胶有限公司〈P1967〉

聚乙烯绳;塑料绳 F04010851

Polyethylene rope

用于盐业、渔业、运输业等

【生产厂】[黑]哈尔滨塑五有限公司〈P1721〉;[鲁]泰安鲁普耐特塑料有限公司(1万吨)〈P2137〉;[新]中国石油天然气股份有限公司乌鲁木齐石油化工总厂〈P2365〉

PVC透明管 F04010865

PVC Transparent tube

【生产厂】[浙]浙江省天台县富华塑胶有限公司〈P1967〉;[鲁]青岛东海龙塑钢材料有限公司〈P2033〉

聚氯乙烯排风管 F04010869

Polyvinyl chloride exhaust duct

适合于民用建筑物内(卫生间、厨房等)的垂直集中排烟气系统

【生产厂】[津]天津市京南塑胶有限公司(100吨)〈P1596〉

尼龙软管 F04010881

Nylon flexible hose

用于装卸搬运机械、矿山机械、油漆喷涂器具等系统输送各种油类及有机溶剂等

【生产厂】[冀]河北管业有限公司〈P1663〉;衡水长兴矿山机械配件有限公司〈P1667〉;河北鑫昇橡塑金属制品有限公司〈P1667〉;[苏]无锡市祥健四氟制品有限公司〈P1880〉;泰州市长力树脂管有限公司〈P1827〉;[豫]河南省孟州市城关胶管厂〈P2194〉

高压尼龙编织软管 F04010883

High pressure nylon knitted flexible hose

用作汽车刹车及燃油管

【生产厂】[冀]河北省景县华北橡胶厂〈P1665〉;[苏]泰州市长力树脂管有限公司〈P1827〉;[鲁]中国重型汽车集团济南商用车有限公司橡胶密封件厂〈P2031〉

高压尼龙树脂管 F04010885

High pressure nylon resin hose

【生产厂】[冀]河北省华北橡胶制品有限公司-恒宇管业〈P1665〉;华夏高压软管有限公司〈P1669〉;高科·汉峰金属软管有限公司〈P1663〉;河北伯力特种橡胶有限公司〈P1663〉;河北宏广橡塑金属制品有限公司〈P1664〉;河北华橡管业(集团)有限公司〈P1664〉;河北省景县石油机械厂〈P1666〉;河北省景县鑫瑞金属软管厂〈P1666〉;河北鑫昇橡塑金属制品有限公司〈P1667〉;衡水科力通橡塑技术有限公司〈P1668〉;河北联众橡塑有限公司〈P1654〉;[苏]江苏省镇江市高压油管厂〈P1842〉;扬州腾龙聚氨酯制品有限公司〈P1819〉

尼龙气动螺旋管 F04010887

Nylon pressure brake spiral pipe

【生产厂】[冀]河北鑫昇橡塑金属制品有限公司〈P1667〉

热定型尼龙软管 F04010889

Heat-set nylon flexible hose

用于半挂汽车、集装箱专用汽车及其他机械设备的气制动

【生产厂】[苏]泰州市长力树脂管有限公司〈P1827〉

聚四氟乙烯波纹管 F04010891

Polytetrafluoroethylene corrugated pipe

广泛用于造纸、印染、化工和石油工业中

【生产厂】[苏]江苏省扬中市通宇氟塑制品有限公司〈P1842〉;[浙]温州市大陆机械有限公司〈P1937〉;[鲁]济南奥凯氟塑料有限公司〈P2020〉;淄博高氟特化工机械有限公司〈P2060〉

聚四氟乙烯推压管;聚四氟乙烯挤出管 F04010892

Polytetrafluoroethylene extruded pipe

用于制造低压流体的输送管道、导线绝缘零件

【生产厂】[苏]南京氟源化工防腐设备厂〈P1783〉;[鲁]淄博高氟特化工机械有限公司〈P2060〉;[粤]广州市兴胜杰有限公司〈P2267〉

【使用厂】[沪]上海振兴防腐工程塑料有限公司〈P1778〉

聚四氟乙烯热收缩管 F04010893

Polytetrafluoroethylene heat shrinkable pipe

用于耐温、耐腐的导线绝缘包扎、热电偶柔性保护、电缆压接管外部绝缘

【生产厂】[沪]上海市塑料研究所(1吨)〈P1764〉;上海伊川

水塑料制品有限公司〈P1774〉

聚四氟乙烯管材 F04010897

Polytetrafluoroethylene pipes

用于化工、机械、电子、电力、纺织、橡胶、食品、通信、医疗器材、石油等工业生产

【生产厂】[津]天津市北方有机氟材料科技有限公司(300吨)〈P1580〉;[冀]河北省华北橡胶制品有限公司-恒宇管业〈P1665〉;华夏高压软管有限公司〈P1669〉;[沪]上海市塑料研究所〈P1764〉;上海伊川水塑料制品有限公司〈P1774〉;上海新浦化工厂有限公司(20吨)〈P1772〉;上海氯碱实业氟塑料制品公司〈P1752〉;上海振兴防腐工程塑料有限公司(5000米)〈P1778〉;上海贵盈科技发展有限公司〈P1735〉;上海振大氟塑有限公司〈P1777〉;[苏]南京嘉禾防腐设备有限公司〈P1785〉;长江动力设备有限公司〈P1839〉;镇江春环密封件集团有限公司〈P1844〉;江苏省扬中市同中电光源有限公司〈P1842〉;无锡市祥健四氟制品有限公司〈P1880〉;无锡市苏穗氟塑料制品有限公司〈P1879〉;宜兴市凯达氟橡胶密封件有限公司〈P1885〉;靖江市奥化泵业制造有限公司〈P1824〉;滨海县广华橡胶制品有限公司〈P1805〉;[浙]浙江国泰密封材料股份有限公司〈P1927〉;嘉兴市王店龙鑫氟塑料厂〈P1942〉;嘉善县有机氟制品厂〈P1940〉;浙江省嘉善县东方有机氟塑料厂〈P1944〉;[鲁]济南奥凯氟塑料有限公司〈P2020〉;济南华鲁氟化学工业联合公司〈P2022〉;济南杰兴实业有限公司(200吨)〈P2023〉;淄博高氟特化工机械有限公司〈P2060〉;威海市百兴四氟制品有限公司(240吨)〈P2125〉;[豫]郑州工业大学化工总厂(5吨)〈P2170〉;[川]成都森发橡塑有限公司〈P2313〉

聚四氟乙烯绝缘引水管 F04010898

Polytetrafluoroethylene insulating water pipes

【生产厂】[苏]江都市胶带厂〈P1814〉

聚四氟乙烯填充管 F04010899

Polytetrafluoroethylene filler pipe

用于制活塞环、导向环、密封圈、填料等

【生产厂】[浙]浙江国泰密封材料股份有限公司〈P1927〉

不锈钢丝增强聚四氟乙烯软管 F04010951

Polytetrafluoroethylene flexible hose, stainless steel wire reinforced

用于输送汽、液的耐压管道软连接

【生产厂】[冀]河北伯力特种橡胶有限公司〈P1663〉;[鲁]济南奥凯氟塑料有限公司〈P2020〉

钢塑复合管 F04010953

Plastic-steel compound pipe

用于输送高温下的强腐蚀性气、液体

【生产厂】[冀]华夏高压软管有限公司〈P1669〉;河北省新兴铸管有限公司〈P1640〉;[沪]上海贵盈科技发展有限公司〈P1735〉;上海振大氟塑有限公司〈P1777〉;[苏]武进市特种工程塑料厂(100万件)〈P1864〉;无锡新开河储罐有限公司〈P1882〉;江苏省泰州市绿色管材有限公司〈P1822〉;[浙]金洲集团有限公司〈P1946〉;嘉善县有机氟制品厂〈P1940〉;[鲁]淄博恒福化工设备有限公司〈P2061〉

聚全氟乙丙烯管;FEP管 F04010961

Polyperfluoro ethylene-propylene pipe

用于输送腐蚀性介质,作金属管内衬、电绝缘套管等

【生产厂】[沪]上海青浦莲盛宏伟特种橡塑制品厂〈P1757〉;上海伊川水塑料制品有限公司〈P1774〉;[苏]无锡市祥健四氟制品有限公司〈P1880〉;无锡市苏穗氟塑料制品有限公司〈P1879〉;[鲁]济南华鲁氟化学工业联合公司〈P2022〉;[粤]扬泰高温电线有限公司〈P2294〉

聚全氟乙丙烯热收缩管;FEP热收缩管 F04010962

Polyperfluoro ethylene-propylene pipes, heat-shrinkable

用于耐高低温、耐磨、防粘包覆、电机转子绝缘

【生产厂】[沪]上海青浦莲盛宏伟特种橡塑制品厂〈P1757〉;上海伊川水塑料制品有限公司〈P1774〉

塑料棒管材 F04011000

Plastic stick and tubular products

【生产厂】[赣]江西光华塑料厂〈P2008〉;[豫]河南恒通化工有限公司(168万A米)〈P2193〉;[新]新疆天业股份有限公司(3万吨)〈P2367〉

聚四氟乙烯推压棒;聚四氟乙烯糊膏挤压棒 F04011001

Polytetrafluoroethylene, extruded rod

用于制造防腐衬垫、密封、减磨零件以及各种频率下的绝缘零件

【生产厂】[浙]嘉善县有机氟制品厂〈P1940〉;[粤]广州市兴胜杰有限公司〈P2267〉

聚四氟乙烯模压棒 F04011011

Polytetrafluoroethylene moulded rod

广泛用于电子电器、宇宙航空、石油化工、机械、纺织、建筑、食品等工业部门

【生产厂】[津]天津市北方有机氟材料科技有限公司(180吨)〈P1580〉;[沪]上海华尔卡氟塑料制品有限公司(100吨)〈P1738〉;[苏]江苏省扬中市通宇氟塑制品有限公司〈P1842〉

聚四氟乙烯填充棒 F04011012

Polytetrafluoroethylene filler rod

用于制衬垫及耐磨材料

【生产厂】[浙]浙江国泰密封材料股份有限公司〈P1927〉

尼龙棒(1010);聚酰胺棒1010 F04011031

Nylon-1010 plastic rod

用于机械加工各种轴承、密封件、垫圈、垫片、齿轮、滑轮等机械零件

【生产厂】[苏]江苏扬中市液压密封件厂有限公司〈P1842〉;无锡市祥健四氟制品有限公司〈P1880〉;靖江市恒政增稠材料厂〈P1824〉;[鲁]德州金峰尼龙制品厂〈P2142〉

多孔通信管;多孔管 F04011042

Porous communicating pipe

用作邮电通信器材

【生产厂】[苏]高邮市亚星塑料制品有限公司〈P1813〉;[豫]河南省辉县市橡胶厂(20万米)〈P2201〉

聚甲醛制品 F04011045

Polyformaldehyde products

【生产厂】[苏]扬中市红叶管阀密封件有限公司〈P1843〉;

F

[浙]杭州三益密封件有限公司〈P1922〉

聚碳酸酯棒;PC 棒 F04011051

Polycarbonate plastic rod

可代替铜或其他有色金属材料加工成各种机械、电器零件

【生产厂】[皖]安徽省天长市南方有机玻璃厂〈P1982〉

高压聚乙烯包装袋 F04011062

Polyethylene packaging bag, high-pressure

用于化肥、饲料、化工原料的包装

【生产厂】[鲁]胶南飞达塑料制品有限公司〈P2031〉

塑料真空包装袋 F04011064

Plastic vacuum packaging bag

【生产厂】[皖]宿州市恒昌塑胶有限公司〈P1984〉

F

PE 编织布 F04011066

PE Weaving-cloth

【生产厂】[津]天津大沽化工厂劳动服务公司塑料编织厂(2000 万平方米)〈P1571〉

聚乙烯薄膜黏结方底阀袋;重包装阀口袋 F04011067

Polyethylene film bag of valve

用于化肥及化工产品的包装

【生产厂】[鲁]青岛文武港橡塑有限公司〈P2044〉

聚乙烯塑料袋 F04011069

Polyethylene plastic bag

用于食品、药品、服装、塑料件、化工原料、日用品包装等

【生产厂】[鲁]青岛文武港橡塑有限公司(1600 吨)〈P2044〉;[粤]珠海金鸿塑料制品有限公司(1800 吨)〈P2274〉

塑料编织袋;塑料纺织袋 F04011071

Plastic braided bag

用于包装化肥、粮食、盐、砂、水泥等

【生产厂】[津]天津市顺发塑料制品厂(10 万条)〈P1602〉;天津市塘沽永利包装制品厂(180 万条)〈P1603〉;天津大沽化工厂劳动服务公司(2000 万条)〈P1571〉;天津豹鸣股份有限公司(500 万条)〈P1570〉;天津华今塑业有限公司〈P1573〉;[冀]石家庄市博大塑化有限公司〈P1628〉;石家庄市华南塑料有限公司〈P1629〉;河北富华塑料制品有限公司(300 万条)〈P1620〉;邱县龙港化工有限公司(500 万条)〈P1641〉;河北沧州大化集团新星工贸有限责任公司(1500 万条)〈P1653〉;河北青县大地化工有限公司(600 平方米)〈P1654〉;唐山前进塑料制品有限公司〈P1636〉;[晋]五台县化肥厂(450 万条)〈P1676〉;山西丰喜肥业(集团)股份有限公司(1000 万套)〈P1679〉;天脊集团塑料有限公司(3500 万条)〈P1674〉;天脊煤化工集团有限公司(3500 万条)〈P1674〉;[辽]大连石油化工公司有机合成厂〈P1693〉;锦西炼化渤海集团公司〈P1703〉;[吉]吉林省通化化工股份有限公司〈P1718〉;[黑]黑龙江省渤龙塑料有限责任公司〈P1724〉;黑龙江北旺化工有限责任公司〈P1724〉;黑化集团红岸塑料制品有限责任公司〈P1722〉;[沪]上海泉美包装材料有限公司(200 吨)〈P1758〉;上海亚都塑料有限公司〈P1774〉;[苏]南京苏南化工塑料厂〈P1789〉;南京利邦化工有限公司(500 万条)〈P1787〉;宜兴市威之信化工有限公司〈P1887〉;无锡市华日集装袋有限公司(90 万条)〈P1876〉;江苏润丰生化有限公司(400 万条)〈P1793〉;连云港市五塑包装有限公司〈P1800〉;大丰市劲力化肥有限责任公司〈P1805〉;[浙]宁波市鄞州宗华塑料皮件制品厂〈P1933〉;开化县青华化工有限公司〈P1957〉;苍南县中旺塑料厂〈P1936〉;浙江苍南县大丰塑业有限公司(5000 万条)〈P1939〉;[皖]淮南亿万达集团橡塑公司(600 万只)〈P1976〉;安徽昊源化工集团有限公司〈P1983〉;安庆市燎原化工厂(4000 万条)〈P1980〉;[闽]厦门佛大工业有限公司(7000 吨)〈P1991〉;福建石化集团三明化工有限责任公司综合厂(856 吨)〈P1996〉;[赣]江西赣北化工厂〈P2012〉;[鲁]济南白鹤塑料有限责任公司〈P2020〉;济南化肥厂有限责任公司(500 万条)〈P2022〉;临淄恒增化工厂〈P2049〉;山东齐鲁塑编集团股份有限公司(2 万吨)〈P2054〉;淄博胜宝化工有限公司〈P2067〉;潍坊华星塑料有限公司〈P2103〉;山东潍坊华诚改性塑料有限公司(300 万条)〈P2099〉;莱州永丰塑料有限公司(7000 吨)〈P2110〉;山东奥宝化工集团有限公司〈P2094〉;山东寿光健元春有限公司(10000 万条)〈P2098〉;寿光市天健化工有限公司〈P2100〉;烟台海湾塑料制品有限公司(3000 万条)〈P2116〉;菏泽泰龙化工有限公司(30 万条)〈P2159〉;临沂美都包装有限公司(1000 吨)〈P2147〉;山东省沂水华祥塑料建材有限公司〈P2151〉;枣庄市富锦塑料有限公司(6 万条)〈P2080〉;滕州香池化工原料有限公司(5000 吨)〈P2080〉;[豫]新郑市韩春化工有限公司(1 万条)〈P2169〉;河南中科化工有限责任公司(44 万条)〈P2202〉;河南新乡延化集团(3000 万条)〈P2202〉;河南延化化工有限责任公司(800 万条)〈P2202〉;河南省中原大化集团有限责任公司(2000 万条)〈P2213〉;鹤壁市化工四厂〈P2199〉;平顶山金盾化工有限责任公司(700 万条)〈P2191〉;河南省孟津县化肥厂(300 万套)〈P2180〉;洛阳市汝化化工有限公司(600 万条)〈P2185〉;洛阳泰和实业总公司(1800 吨)〈P2187〉;偃师市宝隆化工有限公司〈P2188〉;洛阳市强胜实业有限公司(10 万条)〈P2185〉;三门峡思念缓释肥业有限公司(500 万条)〈P2222〉;[鄂]京山华贝化工有限责任公司(2800 万套)〈P2242〉;湖北省潜江华润化肥有限公司(1000 万条)〈P2245〉;湖北富驰化工医药股份有限公司(450 万条)〈P2236〉;湖北省枣阳化学工业总公司〈P2237〉;宜城市鑫富化肥有限责任公司(500 万条)〈P2238〉;[湘]茶陵县氮肥厂(3000 吨)〈P2249〉;岳阳兴长石化股份有限公司〈P2254〉;中国石化长岭炼油化工有限责任公司〈P2254〉;湖南省永州市化学工业集团公司(400 万条)〈P2257〉;[粤]台山市磷肥厂有限公司(300 万平方米)〈P2286〉;[桂]广西河池化工股份有限公司〈P2302〉;[渝]中国核工业建峰化工总厂(3000 万条)〈P2303〉;[川]四川省什邡农得利复合肥厂(500 万平方米)〈P2328〉;四川宏达化工股份有限公司(900 万平方米)〈P2326〉;自贡市鸿兴化工工业公司〈P2322〉;[黔]遵义县磷肥厂(200 万条)〈P2337〉;[滇]云南上磷化工有限责任公司〈P2341〉;云南陆良龙海化工有限责任公司(2500 万条)〈P2343〉;[陕]陕西华山化工集团有限公司(1000 万平方米)〈P2352〉;[甘]兰州汇丰石化有限公司(100 万条)〈P2355〉;甘肃白银虎豹化工有限公司(1500 万条)〈P2357〉;甘肃锦世化工有限责任公司〈P2358〉;[青]青海省盐业股份有限公司(700 万条)〈P2359〉;[新]新疆满疆红农资化肥科技有限公司(720 万条)〈P2364〉;中国石油天然气股份有限公司乌鲁木齐石油化工总厂〈P2365〉;新疆乌拉泊化工厂(1300 吨)〈P2364〉;新疆独山子天利高新技术股份有限公司〈P2365〉

复合编织袋 F04011072

Compound braided bag

广泛用于塑料、饲料、建筑水泥、食品等粉状颗粒状产品的包装

【生产厂】[晋]天脊集团塑料有限公司(2600 万条)〈P1674〉;[沪]上海方星包装材料有限公司(1200 万条)〈P1733〉

塑料包装袋 F04011076

Plastic packaging bag

【生产厂】[津]天津市顺发塑料制品厂(100吨)〈P1602〉;天津福助工业有限公司(8000吨)〈P1572〉;[冀]河北振州塑料包装有限责任公司〈P1649〉;[苏]南京达成胶袋制品有限公司(400万只)〈P1783〉;常州华光塑料制品有限公司〈P1847〉;昆山加浦包装材料有限公司〈P1896〉;[浙]镇海炼化工业贸易总公司〈P1936〉;[皖]桐城市国元塑业有限公司〈P1980〉;[鲁]烟台天福包装有限公司〈P2119〉;山东金河实业有限公司(100吨)〈P2113〉;龙口市龙丹塑料有限公司〈P2111〉;山东春潮色母料有限公司(1万吨)〈P2135〉;[豫]河南久弘塑业有限公司(10万条)〈P2165〉;[粤]壮丽印刷辅助材料有限公司〈P2295〉;[川]四川美丰化工股份有限公司(2万吨)〈P2327〉;泸州海天化工有限公司(300万条)〈P2323〉;[滇]云南塑料厂〈P2342〉

柔性集装袋;集装袋 F04011079

Soft flexible container

用于装500~2000千克的大宗货物,如土产、食品、化工原料,土石等

【生产厂】[津]天津市塘沽永利包装制品厂(30万条)〈P1603〉;[冀]河北富华塑料制品有限公司(200万条)〈P1620〉;[黑]黑化集团红岸塑料制品有限责任公司〈P1722〉;[苏]无锡市华日集装袋有限公司〈P1876〉;连云港市五塑包装有限公司〈P1800〉;[鲁]莱州永丰塑料有限公司(500万条)〈P2110〉;山东寿光健元春有限公司(500万条)〈P2098〉;烟台海湾塑料制品有限公司(300万条)〈P2116〉;临沂美都包装有限公司(60万条)〈P2147〉;山东省沂水华祥塑料建材有限公司〈P2151〉

聚碳酸酯管材 F04011089

Polycarbonate pipe material

【生产厂】[皖]天长市天祺有机玻璃厂〈P1983〉

聚酰亚胺模压制品 F04011092

Polyimide moulding products

可作介电材料,如插头、插座、各种电器设备的骨架线架等,加适量四氟和石墨可作高速压缩机中用的无油润滑

【生产厂】[沪]上海振大氟塑有限公司〈P1777〉

玻璃纤维增强聚酰亚胺管材 F04011099

Glass fiber reinforced polyimide pipe

【生产厂】[赣]江西长江化工厂〈P2012〉

玻璃钢制品 F04011121

Fiberglass reinforced plastics products

【生产厂】[津]天津市合成材料厂双翼玻璃钢厂(200吨)〈P1588〉;天津市裕宝化工防腐设备厂(500套)〈P1612〉;[辽]大连玻璃钢总厂〈P1691〉;[沪]上海华尔杰机电设备制造有限公司〈P1738〉;[苏]南京兴亚玻璃钢有限公司〈P1791〉;金坛市塑料厂〈P1862〉;[鲁]淄博市临淄环城玻璃钢制品有限公司(1000吨)〈P2068〉;新汶矿业集团有限责任公司(1000吨)〈P2139〉;[豫]河南捷利增强塑料有限公司〈P2200〉;沁阳市沁龙化学防腐有限公司(1000台)〈P2198〉;洛阳市天泉玻璃钢有限公司(1000吨)〈P2186〉

玻璃钢型材;FRP型材 F04011132

Fiberglass-reinforced plastics section materials

广泛用于石油、化工、电力等行业

【生产厂】[苏]南京兴亚玻璃钢有限公司〈P1791〉;金坛市塑料厂〈P1862〉;[豫]河南捷利增强塑料有限公司〈P2200〉

玻璃钢板材;FRP板材 F04011135

Fiberglass-reinforced plastics sheet

广泛用于化工防腐的内衬、管道包扎、墙体内外装饰、大型厂房的遮阳、采光,太阳能收集器及温室、暖房等

【生产厂】[津]天津市万松玻璃钢板材有限公司(1000吨)〈P1606〉

玻璃钢管材;FRP管材 F04011137

Fibreglass-reinforced plastics pipe material

用于电气、汽车、化工、石油、航空、建筑、环保等行业

【生产厂】[豫]河南捷利增强塑料有限公司〈P2200〉

聚四氟乙烯填充制品 F04011141

Polytetrafluoroethylene filler products

可制造垫片、阀座、密封、轴承、滑块、活塞环等

【生产厂】[沪]上海市塑料研究所〈P1764〉;上海振兴防腐工程塑料有限公司〈P1778〉;[苏]镇江市新区大路橡胶制品厂〈P1846〉;扬中市塑性材料厂〈P1843〉;[浙]浙江国泰密封材料股份有限公司〈P1927〉;嘉善县有机氟制品厂〈P1940〉;[鲁]济南杰兴实业有限公司(80吨)〈P2023〉;[粤]广州市兴胜杰有限公司〈P2267〉;[川]成都森发橡塑有限公司〈P2313〉

塑料丝及编织制品 F04011160

Plastic wire and knitting products

【生产厂】[鲁]莱州市海源碱业有限责任公司(300万条)〈P2109〉;山东高密银鹰化纤有限公司〈P2094〉;[豫]河南博爱县源泰化电有限责任公司(300万条)〈P2193〉;河南恒通化工有限公司(160万条)〈P2193〉;郑州市通力达化工有限公司〈P2223〉;开封市予丰劳动服务中心〈P2178〉;[粤]佛山塑料集团股份有限公司〈P2289〉;[宁]宁夏兴平精细化工股份有限公司(40万条)〈P2361〉

酚醛玻璃钢;酚醛玻璃纤维增强塑料 F04011181

Phenolic glass fiber reinforced plastics

具有防腐、耐酸性能,用于工业、交通、农业等部门

【生产厂】[鲁]山东北方现代化学工业有限公司(500吨)〈P2027〉

酚醛玻璃钢泵、阀、管及管件 F04011185

Phenolic glass fiber reinforced plastics valve, pump, pipe and fittings

用于石油、化工、染料、医药、化肥、冶金、海水处理等防腐蚀设备中

【生产厂】[津]天津有机化学工业总公司化工防腐设备厂(100吨)〈P1617〉;天津市北方防腐器材厂(3000吨)〈P1580〉

塑料包装箱及容器 F04011220

Plastic packaging box and vessel

【生产厂】[京]北京国经太和塑料有限公司〈P1548〉;[津]天津市临港塑料包装技术有限公司(5万个)〈P1598〉;[苏]

吴江市青云塑料厂〈P1910〉;［鲁］山东塑料试验厂(2500吨)〈P2030〉

聚乙烯包装箱 F04011221

Polyethylene packaging box

代替木材和瓦楞纸作食品、轻纺、仪器仪表、农药、化工等产品的外包装材料

【生产厂】［津］天津市西青区盛兴发塑料制品有限公司(5万个)〈P1607〉

聚乙烯桶 F04011241

Polyethylene drum

用于化工产品和食品工业包装容器

【生产厂】［沪］上海和中塑料化工有限公司〈P1736〉;［苏］常州化工厂〈P1847〉

聚四氟乙烯垫片 F04011273

Polytetrafluoroethylene pad

适用于反应釜、汽轮发电机及各种异型罐、桶的密封

【生产厂】［沪］上海振大氟塑有限公司〈P1777〉;［苏］南京企鹏密封材料有限公司〈P1788〉;南京氟源化工防腐设备厂〈P1783〉;江苏省扬中市通宇氟塑制品有限公司〈P1842〉;镇江春环密封件集团有限公司〈P1844〉;江苏省扬中市同中电光源有限公司〈P1842〉;无锡市明珠石油化工备件厂〈P1878〉;无锡市石化配件厂〈P1879〉;无锡市石化通用件厂〈P1879〉;江苏省如皋市万通防腐有限公司〈P1831〉;［浙］慈溪市恒立密封材料有限公司〈P1929〉;宁波安达防腐材料有限公司〈P1929〉;宁波金杉密封机械有限公司〈P1931〉;温州市大陆机械有限公司〈P1937〉;［鲁］济南奥凯氟塑料有限公司〈P2020〉;［粤］广州市东山南方密封件有限公司〈P2263〉

增强聚四氟乙烯盘根 F04011277

Reinforced polytetrafluoroethylene wire rod

用于有防污要求,弱碱、强酸性流体的阀门和旋转泵上

【生产厂】［浙］杭州麦克密封材料有限公司〈P1921〉;宁波宇联密封件有限公司〈P1934〉;宁波金杉密封机械有限公司〈P1931〉

聚四氟乙烯编织盘根;四氟盘根 F04011278

Polytetrafluoroethylene wire rod

用作泵及阀门密封材料

【生产厂】［冀］河间市庆丰石棉化工有限公司〈P1656〉;河北亨达密封材料有限公司〈P1654〉;河北省大城县长城聚四氟制品厂〈P1659〉;［沪］上海振大氟塑有限公司〈P1777〉;［苏］南京企鹏密封材料有限公司〈P1788〉;长江动力设备有限公司〈P1839〉;江苏省扬中市通宇氟塑制品有限公司〈P1842〉;江苏扬中市液压密封件厂有限公司〈P1842〉;扬中市红叶管阀密封件有限公司〈P1843〉;扬中市化工仪表管件厂〈P1843〉;扬中市塑性材料厂〈P1843〉;镇江春环密封件集团有限公司〈P1844〉;无锡市祥健四氟制品有限公司〈P1880〉;无锡市锡西化机配件有限公司〈P1880〉;江苏省如皋市万通防腐有限公司〈P1831〉;［浙］杭州麦克密封材料有限公司〈P1921〉;浙江国泰密封材料股份有限公司〈P1927〉;慈溪市固达化工新材料厂(3吨)〈P1929〉;慈溪市恒立密封材料有限公司〈P1929〉;宁波安达防腐材料有限公司〈P1929〉;宁波宇联密封件有限公司〈P1934〉;宁波金杉密封机械有限公司〈P1931〉;浙江东阳市四环防腐设备有限公司〈P1954〉;［粤］广州市东山南方密封件有限公司〈P2263〉

聚四氟乙烯滑动支座 F04011279

Polytetrafluoroethylene sleek abutment

用于支撑高架管道,在热膨胀工况下,可相应移位

【生产厂】［辽］沈阳东北橡塑材料有限公司〈P1685〉;［苏］无锡市石化通用件厂(100吨)〈P1879〉;［鲁］济南奥凯氟塑料有限公司〈P2020〉

聚四氟乙烯制品 F04011281

Polytetrafluoroethylene products

主要用于生产管、棒、环、板、生料带,用于电子、原子能、航空、石油、机械、医药等部门

【生产厂】［津］天津市第九塑料制品厂(800吨)〈P1584〉;天津市北方有机氟材料科技有限公司(300吨)〈P1580〉;［吉］吉林龙山有机硅集团有限公司〈P1715〉;［沪］上海黛利复合材料有限公司〈P1731〉;上海振兴防腐工程塑料有限公司〈P1778〉;上海创奇特种橡胶制品有限公司〈P1730〉;［苏］江苏扬中市液压密封件厂有限公司〈P1842〉;扬中市化工仪表管件厂〈P1843〉;泰州市有机氟材料厂〈P1828〉;江苏省如皋市万通防腐有限公司〈P1831〉;［浙］杭州三益密封件有限公司〈P1922〉;慈溪氟化总厂〈P1929〉;宁波亚东化工有限公司〈P1934〉;［鲁］济南奥凯氟塑料有限公司〈P2020〉;济南杰兴实业有限公司(50吨)〈P2023〉;淄博市博山老龄胶塑制品厂〈P2067〉;威海市氟塑集团公司(150吨)〈P2125〉;［鄂］湖北艾克尔工程塑料有限公司〈P2228〉;武汉市工程塑料有限公司(400吨)〈P2232〉;［川］成都森发橡塑有限公司〈P2313〉;自贡机械密封件有限责任公司〈P2321〉;中昊晨光化工研究院〈P2321〉

聚四氟乙烯制品板 F04011282

Polytetrafluoroethylene sheet, products

用于机床导轨及有磨损部位

【生产厂】［沪］上海市塑料研究所〈P1764〉;［苏］扬中市化工仪表管件厂〈P1843〉;［豫］洛阳黎明化工科工贸总公司(15吨)〈P2182〉

聚四氟乙烯棒材 F04011283

Polytetrafluoroethylene rod

用于电绝缘零件、密封衬垫、防粘材料等

【生产厂】［津］天津市北方有机氟材料科技有限公司(500吨)〈P1580〉;［冀］河北省大城县长城聚四氟制品厂〈P1659〉;［沪］上海市塑料研究所〈P1764〉;上海伊川水塑料制品有限公司〈P1774〉;上海振大氟塑有限公司〈P1777〉;［苏］长江动力设备有限公司〈P1839〉;江苏省扬中市通宇氟塑制品有限公司〈P1842〉;扬中市塑性材料厂〈P1843〉;镇江春环密封件集团有限公司〈P1844〉;江苏省扬中市同中电光源有限公司〈P1842〉;无锡市祥健四氟制品有限公司〈P1880〉;无锡市苏穗氟塑料制品有限公司〈P1879〉;［浙］杭州三益密封件有限公司〈P1922〉;浙江国泰密封材料股份有限公司〈P1927〉;浙江省嘉善县东方有机氟塑料厂〈P1944〉;［鲁］济南奥凯氟塑料有限公司〈P2020〉;济南华鲁氟化学工业联合公司〈P2022〉;济南三爱富氟化工有限责任公司(800吨)〈P2024〉;济南杰兴实业有限公司(100吨)〈P2023〉;［豫］郑州工业大学化工总厂(5吨)〈P2170〉;［粤］广州市兴胜杰有限公司〈P2267〉;［川］成都森发橡塑有限公司〈P2313〉

聚四氟乙烯垫圈 F04011284

Polytetrafluoroethylene washer

用于各种管道法兰、设备法兰面的防腐密封

【生产厂】［沪］上海振大氟塑有限公司〈P1777〉;［苏］江苏省

扬中市通宇氟塑制品有限公司〈P1842〉;镇江春环密封件集团有限公司〈P1844〉;无锡市祥健四氟制品有限公司〈P1880〉;靖江市奥化泵业制造有限公司〈P1824〉;江苏省如皋市万通防腐有限公司〈P1831〉;[浙]余姚市大伟橡塑制品有限公司〈P1935〉;[豫]郑州工业大学化工总厂(5吨)〈P2170〉

聚四氟乙烯模压制品 F04011286

Polytetrafluoroethylene moulding products

【生产厂】[苏]宜兴市凯达氟橡胶密封件有限公司〈P1885〉;[浙]嘉善县有机氟制品厂〈P1940〉

聚四氟乙烯套筒 F04011287

Polytetrafluoroethylene sleeve

可以加工各种密封衬垫、绝缘件、无油润滑材料、轴承套等

【生产厂】[沪]上海华尔卡氟塑料制品有限公司(150吨)〈P1738〉;[鲁]济南奥凯氟塑料有限公司〈P2020〉

聚四氟乙烯设备内衬 F04011289

Polytetrafluoroethylene equipment liner

化工防腐设备内衬,能耐绝大部分腐蚀介质,耐高、低温,增加设备使用寿命

【生产厂】[沪]上海和昌特氟龙技术有限公司〈P1736〉;[苏]江苏省扬中市通宇氟塑制品有限公司〈P1842〉;[浙]温州市大陆机械有限公司〈P1937〉

聚苯乙烯泡沫塑料 F04011291

Polystyrene foam plastics

用于建筑物的隔音、冰机的隔热、精密仪器及易碎物品的包装等

【生产厂】[晋]阳泉市泡沫塑料有限公司〈P1674〉;[苏]无锡兴达泡塑新材料有限公司〈P1882〉;[豫]开封市中原泡沫塑料厂(500吨)〈P2178〉;[粤]广东高聚化学工业有限公司(500吨)〈P2290〉

聚苯乙烯制品 F04011292

Polystyrene products

用于建筑、包装、装璜、农村基础建设、保温隔热等

【生产厂】[粤]广东高聚化学工业有限公司(500吨)〈P2290〉

聚四氟乙烯填料 F04011299

Polytetrafluoroethylene padding

【生产厂】[苏]无锡市锡西化机配件有限公司〈P1880〉;[浙]慈溪市固达化工新材料厂(3吨)〈P1929〉;[豫]郑州工业大学化工总厂(5吨)〈P2170〉

聚氨酯保温材料 F04011300

Polyurethane heat preservation materials

用作建筑、车船、家电等的优良隔热、防振、吸音材料

【生产厂】[津]天津市福荣聚氨酯塑料制品厂(200吨)〈P1586〉;[沪]上海尔惠化学科技有限公司〈P1732〉;[苏]常州市汇东橡塑制品厂〈P1851〉;太仓市良盛橡胶制品有限公司〈P1908〉;[皖]安庆市博大化工有限公司〈P1979〉

保温型硬泡聚氨酯板材;聚氨酯保温板 F04011301

Polyurethane rigid foam sheet, heat preservation

用于屋面、墙体、地下室等防水保温

【生产厂】[京]北京茂华保温材料有限公司〈P1555〉;[闽]厦门冶建材料厂〈P1993〉;[鲁]济南普恩聚氨酯有限公司〈P2024〉;烟台同化防水保温工程有限公司(100万平方米)〈P2119〉;[豫]开封市顺河聚氨酯工业公司(300吨)〈P2178〉;[粤]广州拜尔精细化工有限公司〈P2260〉

聚氨酯-聚脲轿车侧护板 F04011321

Polyurethane-polyurea protecting sheet for passenger car

用于汽车外侧起保护、装饰作用

【生产厂】[豫]黎明化工研究院(3万套)〈P2181〉

聚氨酯衬胶管道 F04011331

Polyurethane pipe line with rubber

【生产厂】[辽]沈阳东阳聚氨酯有限公司〈P1685〉

聚氨酯直埋保温管 F04011341

Polyurethane heat-preservation pipe, direct burying

用于管道保温(热力管线)

【生产厂】[冀]大城县利华聚氨酯厂〈P1658〉;[黑]哈尔滨市永兴密封保温材料厂〈P1720〉;[沪]上海杰德惠化学科技有限公司〈P1743〉;[鲁]济南普恩聚氨酯有限公司〈P2024〉

聚氨酯弹性体软管 F04011345

Polyurethane elastomer flexible hose

【生产厂】[冀]河北管业有限公司〈P1663〉;河北省景县华北橡胶厂〈P1665〉;河北联众橡塑有限公司〈P1654〉;[苏]扬州腾龙聚氨酯制品有限公司〈P1819〉

增强聚氨酯弹性体软管 F04011347

Polyurethane elastomer flexible hose, steel wire reinforced

【生产厂】[冀]河北伯力特种橡胶有限公司〈P1663〉;河北宏广橡塑金属制品有限公司〈P1664〉;河北鑫昇橡塑金属制品有限公司〈P1667〉

聚氨酯管材 F04011349

Polyurethane pipe

【生产厂】[冀]河北宏广橡塑金属制品有限公司〈P1664〉;[苏]扬州腾龙聚氨酯制品有限公司〈P1819〉;[鲁]山东省宁津县鲁盾聚氨酯制品有限公司(30万米)〈P2145〉;桓台县果里保温防腐建材厂〈P2049〉

聚氨酯密封圈 F04011351

Polyurethane sealing washer

用于各种规格型号油箱的密封

【生产厂】[津]天津飞龙橡胶制品有限责任公司(1000万件)〈P1572〉;[辽]沈阳东阳聚氨酯有限公司〈P1685〉;[苏]常州市东青聚氨酯制品厂〈P1850〉;江都市鑫利橡塑制品厂〈P1815〉;[粤]广州市固特橡胶制品有限公司〈P2264〉

聚氨酯筛网 F04011352

Polyurethane screen

用于选煤、选矿、城市垃圾处理、采石、采油、钻井的泥浆回收、工业原料、材料的筛分,粮食加工等

【生产厂】[苏]姜堰市橡胶厂(2000平方米)〈P1824〉;[鲁]淄博海特曼化工有限公司〈P2061〉;淄博恒盛聚氨酯制品厂〈P2061〉

聚氨酯密封件 F04011353

Polyurethane sealing parts

用于密封

【生产厂】[冀]河北衡水华伟特种橡塑制品厂〈P1664〉;河北省景县鑫瑞金属软管厂〈P1666〉;河北鑫昇橡塑金属制品有限公司〈P1667〉;邢台市橡胶厂〈P1644〉;[苏]江苏扬中市液压密封件厂有限公司〈P1842〉;[浙]建德市新业聚氨酯有限公司〈P1926〉;永嘉县瓯北通达橡胶制品厂〈P1938〉;[鲁]山东省宁津县鲁盾聚氨酯制品有限公司〈P2145〉;淄博海特曼化工有限公司〈P2061〉;日照市金源橡胶有限公司(800 吨)〈P2139〉;[粤]广州市新立聚氨酯密封件厂〈P2266〉;广州迪盛橡胶密封件厂〈P2260〉;[川]成都华德密封工业有限公司〈P2311〉

聚氯乙烯异型材;PVC 异型材 F04011361

Polyvinyl chloride profiled material

用于制造各种型号门、窗等

【生产厂】[津]天津大沽化工塑料制造有限公司(2 万吨)〈P1571〉;[冀]河北宝硕股份有限公司〈P1647〉;[辽]沈阳久利化学建材股份有限公司〈P1687〉;沈阳市橡胶制品九厂〈P1689〉;[黑]哈尔滨中大化学建材有限公司(8 万吨)〈P1721〉;[鲁]胜利油田大明集团股份有限公司(8000 吨)〈P2087〉;[粤]广东联塑科技集团〈P2290〉

硬聚氯乙烯焊条 F04011381

Rigid polyvinyl chloride plastic welding rod

用于焊接硬聚氯乙烯制品

【生产厂】[闽]厦门齐兴达塑料板材有限公司〈P1992〉;[赣]江西光华塑料厂(100 吨)〈P2008〉

聚氯乙烯人造革;PVC 人造革 F04011391

Polyvinyl chloride leather

代替皮革用于制皮箱、汽车内饰、鞋帽、提包、沙发等

【生产厂】[苏]常州市百兴塑胶制品有限公司〈P1849〉;张家港市易华塑料有限公司〈P1914〉;[闽]隆台(厦门)塑胶工业有限公司〈P1991〉;[粤]广州宏焕塑胶工业有限公司〈P2260〉;东莞华美人造皮厂有限公司〈P2279〉;佛山塑料集团股份有限公司〈P2289〉

聚氯乙烯防水布 F04011392

Polyvinyl chloride waterproof cloth

用于制作各种雨衣、盖布、防水布

【生产厂】[鲁]山东科亿达雨布集团有限公司(8 万吨)〈P2114〉

日用塑料制品 F04011400

Daily use plastic products

【生产厂】[苏]南通华盛塑料制品有限公司〈P1833〉;[浙]宁波市鄞州区新新塑料模具厂〈P1933〉

聚氯乙烯软泡沫塑料制品 F04011401

Polyvinyl chloride flexible foam products

用作防振、隔音、保温、漂浮、坐垫等材料

【生产厂】[豫]郑州中凡防震包装材料股份有限公司〈P2175〉

PVC 塑料加工制品;聚氯乙烯制品 F04011402

Polyvinyl chloride plastic products

【生产厂】[苏]常州市江飞塑料厂〈P1852〉;[鲁]临沂市浩源塑业有限公司(1000 吨)〈P2148〉;[豫]新乡谢人实业有限公司(8000 吨)〈P2169〉

聚氯乙烯硬泡沫塑料板 F04011403

Polyvinyl chloride rigid foam plastic sheet

用于家具制作,厨房、卫生间、浴室装修,车船、飞机及建筑内装饰,路牌、广告牌制作等

【生产厂】[鲁]新汶矿业集团有限责任公司(3000 吨)〈P2139〉

塑料周转箱 F04011405

Plastic turnover box

用于酒类、蔬菜、果品、禽蛋等食品及工业品贮存、运输

【生产厂】[津]天津市临港塑料包装技术有限公司(40000 只)〈P1598〉;[苏]常州巨力塑料集团有限公司〈P1848〉;常州威康特塑料有限公司〈P1857〉;[鲁]淄博市临淄同康塑料制品有限公司(1500 吨)〈P2069〉;[川]成都塑料厂〈P2315〉

PVC-U 芯层发泡管材管件 F04011407

PVC-U Foaming tubular product and pipe fittings in core

广泛应用于建筑、农业、邮电、化工等行业

【生产厂】[冀]河北宝硕管材有限公司〈P1647〉;[辽]沈阳天华塑胶有限公司〈P1689〉;[沪]上海奇澳塑胶有限公司〈P1756〉;[苏]江苏群发化工有限公司(1 万吨)〈P1816〉

塑料门窗 F04011409

Plastic door and window

用于建筑、宾馆、医院、家庭的门窗,具有良好的保温、隔音效果

【生产厂】[鲁]济南维卡塑料门窗有限公司(3 万平方米)〈P2026〉;[豫]豫港合资隆丰塑料有限公司(3000 吨)〈P2179〉

塑料管;塑料管材 F04011410

Plastic pipe

用作上、下引水管

【生产厂】[京]北京绿源塑料联合公司〈P1555〉;[沪]上海贵盈科技发展有限公司〈P1735〉;[苏]耶普(苏州)塑技有限公司〈P1911〉;[皖]安徽国风塑业股份有限公司〈P1971〉;[闽]厦门共隆塑胶有限公司〈P1991〉;[赣]江西昌九生物化工股份有限公司(1 万吨)〈P2008〉;[鲁]淄博市临淄同康塑料制品有限公司(1000 吨)〈P2069〉;文登市苘山福利塑料厂(800 吨)〈P2127〉;青岛宏达塑胶总公司(3000 吨)〈P2037〉;青岛东海龙塑钢材料有限公司〈P2033〉;泰安华塑建材有限公司〈P2137〉;[粤]深圳市深金源塑料制品有限公司〈P2272〉

塑胶鞋底 F04011435

Plastic sole

制鞋

【生产厂】[闽]泉州匹克鞋材有限公司(500 吨)〈P2000〉;海盛(福建)鞋材有限公司〈P1999〉;南安市丰华橡塑制品有限公司(1000 吨)〈P1999〉

不饱和聚酯玻璃钢;不饱和聚酯玻璃纤维增强塑料 F04011451

Glass fiber reinforced unsaturated polyester

用于工业、交通、农业中防腐、耐酸设备

【生产厂】[浙]余姚市低塘中发橡胶厂〈P1935〉

有机玻璃制品 F04011481

Polymethyl methacrylate products

【生产厂】[京]北京市有机玻璃制品厂〈P1561〉;[苏]南京美文有机玻璃制品厂〈P1787〉;南京永丰化工有限责任公司〈P1791〉

有机玻璃板材;PMMA 板材 F04011482

PMMA Plate

用于灯具、灯罩、防风玻璃、仪器、仪表的透明透光配件、绝缘材料、房屋建筑的门窗隔板等

【生产厂】[京]北京市有机玻璃制品厂〈P1561〉;[辽]抚顺抚中有机玻璃厂(1000 吨)〈P1697〉;[苏]南京美文有机玻璃制品厂〈P1787〉;[皖]安徽省天长市南方有机玻璃厂〈P1982〉

聚乙烯电缆料 F04011511

Polyethylene cable granular [9002-88-4]

用于制备各种电缆外层护套

【生产厂】[黑]大庆华科股份有限公司〈P1722〉;[沪]上海金菲石油化工有限公司〈P1744〉;[苏]江苏三角洲塑化集团有限公司(5000 吨)〈P1894〉;[鲁]烟台佳信塑料化工有限公司(1200 吨)〈P2117〉;[豫]濮阳市义达塑料化工有限公司(1 万吨)〈P2215〉

辐照交联阻燃聚烯烃电缆料 F04011523

Irradiation crosslinking polyolefine insulating cable granula

用于生产电缆

【生产厂】[苏]江阴市顾山东风合成化工有限公司(3000 吨)〈P1869〉;江苏三角洲塑化集团有限公司〈P1894〉;[粤]扬泰高温电线有限公司〈P2294〉

硅烷交联聚乙烯绝缘电缆料;电力电缆用硅烷交联聚乙烯绝缘粒料 F04011525

Silane crosslinking PE insulating cable granula

用于生产电力电缆、架空电缆等

【生产厂】[黑]大庆华科股份有限公司〈P1722〉;[沪]上海新上化高分子材料有限公司(5000 吨)〈P1772〉;[苏]张家港市新型高分子材料厂〈P1914〉;[豫]濮阳市义达塑料化工有限公司(5000 吨)〈P2215〉

低烟无卤阻燃聚烯烃电缆料 F04011527

Polyolefine cable granula, low smoke, *non*-halogen, flame retardant

【生产厂】[沪]上海新上化高分子材料有限公司(2000 吨)〈P1772〉;上海久聚高分子材料有限公司〈P1746〉;[苏]江苏三角洲塑化集团有限公司〈P1894〉;[浙]杭州捷尔思阻燃化工有限公司〈P1919〉

聚氯乙烯管件;PVC 管件 F04011541

Polyvinyl chloride pipe parts

用于建筑用排污管,工业流体输送和电线导管等

【生产厂】[冀]北京市清河塑料厂顺平县联营厂〈P1647〉;[苏]江阴市陆东塑胶制品有限公司〈P1870〉;耶普(苏州)塑技有限公司〈P1911〉;[浙]浙江省天台县富华塑胶有限公司〈P1967〉

改性 PVC 弹性体输油管 F04011545

Modified polyvinyl chloride elastomer oil hose

用于耐酸、耐碱、耐油、抗臭氧工作环境的汽车、摩托车及其他输油软管配套

【生产厂】[川]四川省川环橡胶工业有限公司〈P2335〉

丙烯腈-丁二烯-苯乙烯板;ABS 板 F04011562

ABS Sheet; Acrylonitrile-butadiene-styrene sheet

广泛应用于机械、电气、纺织、汽车、船舶、飞机、日常用品、儿童玩具等

【生产厂】[皖]安徽国风塑业股份有限公司〈P1971〉;安徽振汉塑胶制品有限公司(1500 吨)〈P1986〉

玻璃纤维增强 ABS F04011564

Glass fiber reinforced ABS

用于汽车、家用电器、通信、建筑、航空航天等

【生产厂】[浙]宁波杰事杰工程塑料有限公司(3000 吨)〈P1931〉

丙烯腈-丁二烯-苯乙烯管;ABS 管 F04011565

Acrylonitrile-butadiene-styrene tube; ABS Tube

用于化工、石油、电子、制药、食品加工等领域

【生产厂】[沪]上海济州塑料制品有限公司〈P1742〉;[鲁]山东省禹城市兴达工程塑胶总厂(6000 吨)〈P2146〉

聚乙烯塑料瓶 F04011572

Polyethylene plastic bottle

【生产厂】[沪]上海和中塑料化工有限公司〈P1736〉;[陕]西安方舟包装工业有限公司〈P2348〉

聚丙烯制品 F04011580

Polypropylene products

【生产厂】[津]天津阳光塑料有限公司(200 万米)〈P1616〉;[冀]衡水长兴矿山机械配件有限公司〈P1667〉;[湘]中国石化长岭炼油化工有限责任公司〈P2254〉

聚丙烯管材 F04011581

Polypropylene tubular product

用作自来水、农田节水灌溉、喷灌、微喷等水利工程各种配件

【生产厂】[苏]镇江大洋星鑫工程管道有限公司〈P1844〉;江苏省泰州市绿色管材有限公司〈P1822〉;[浙]温州市大陆机械有限公司〈P1937〉;[鲁]山东金潮新型建材有限公司(2000 吨)〈P2113〉

通讯电缆绝缘料及护套料 F04011583

Insulating and protecting cover granular for communication cable

主要用于生产通信电缆

【生产厂】[苏]江苏三角洲塑化集团有限公司〈P1894〉;[豫]河南省宜阳县华星塑料有限公司(200 吨)〈P2181〉

FRPP 管材;玻璃纤维增强聚丙烯管材 F04011588

FRPP Tubes; Polypropylene tubes, glass fiber reinforced

用于化工厂、化纤厂、浆粕厂下水管道、输送管道等腐蚀性液体的输送

【生产厂】[苏]江苏省扬中市通宇氟塑制品有限公司〈P1842〉;扬中市红叶管阀密封件有限公司〈P1843〉;扬中市华兴防火材料有限公司〈P1843〉;江苏兴隆工程塑料管件厂〈P1842〉;镇江大洋星鑫工程管道有限公司〈P1844〉;[浙]温州市大陆机械有限公司〈P1937〉

塑料阀门 F04011589

Plastic valve

【生产厂】[津]天津三金塑胶制品有限公司(100 万件)〈P1578〉;[苏]无锡华通兴管道有限公司〈P1873〉

PP-R 管材管件;无规共聚聚丙烯管材管件　F04011591

PP-R Pipes and fittings

用于建筑用水、生活热冷水、集中供暖、低温辐射采暖、纯净水、化学品输送系统等

【生产厂】[津]天津炜卓塑胶工业有限公司(1000 吨)〈P1616〉;[冀]河北宝硕管材有限公司〈P1647〉;[沪]上海奇澳塑胶有限公司〈P1756〉;[苏]连云港世达塑胶有限公司(1 万吨)〈P1799〉;[浙]杭州新安江工业泵厂〈P1924〉;金洲集团有限公司〈P1946〉;温州超维工程塑料有限公司〈P1937〉;[闽]漳州市龙海集友塑料有限公司〈P2002〉;[鲁]华亚(东营)塑胶有限公司(1 万吨)〈P2084〉;山东金潮新型建材有限公司(1 万吨)〈P2113〉;青岛顺德塑料机械有限公司(1 万吨)〈P2044〉;[豫]开封市三环塑业有限公司(5000 吨)〈P2178〉;豫港合资隆丰塑料有限公司〈P2179〉;[川]成都正光科技股份有限公司〈P2317〉

聚丙烯合金管　F04011593

Polypropylene alloy pipe

【生产厂】[苏]江苏兴隆工程塑料管件厂〈P1842〉;镇江大洋星鑫工程管道有限公司〈P1844〉

超高分子量聚乙烯制品　F04011610

Polyethylene products, ultra-high-molecular weight

适用于电力、煤炭、矿山、市政、化工、海洋、铁路等行业

【生产厂】[沪]上海久聚高分子材料有限公司〈P1746〉

超高分子量聚乙烯板材　F04011611

Polyethylene plate, ultrahigh molecular weight

用于煤仓、矿仓、料仓、球磨机、混料机内衬板,轴套、齿轮等

【生产厂】[苏]江苏省扬中市通宇氟塑制品有限公司〈P1842〉;[豫]安阳市超高工业技术有限责任公司〈P2208〉

超高分子量聚乙烯管材　F04011614

Polyethylene pipe, ultrahigh molecular weight

广泛用于石油、天然气、化工、矿山、市政、通讯中

【生产厂】[鲁]宁津县华宏化工有限公司(1 万吨)〈P2143〉;淄博俱进化工有限公司〈P2063〉;[豫]安阳市超高工业技术有限责任公司〈P2208〉

聚氨酯浇注制品　F04011630

Polyurethane moulding products

用于制造滑板轮、溜冰轮、载重油封密封圈、PU 棒、PU 板、PU 预聚体、PU 机械零件等

【生产厂】[辽]沈阳东阳聚氨酯有限公司〈P1685〉;[苏]扬中市红叶管阀密封件有限公司〈P1843〉;苏州嘉美克聚氨酯制品有限公司〈P1901〉;姜堰市橡胶厂〈P1824〉;[鲁]山东省宁津县鲁盾聚氨酯制品有限公司〈P2145〉;淄博恒盛聚氨酯制品厂〈P2061〉

聚氨酯塑胶铺装制品　F04011631

Polyurethane plastic cement products

用于篮球、排球、网球场地、跑道等运动地面的铺装

【生产厂】[冀]保定市聚氨酯厂(15 万平方米)〈P1645〉;保定长城合成橡胶有限公司(4000 吨)〈P1644〉;[豫]濮阳佳城聚氨酯工程有限公司(2000 吨)〈P2213〉;[粤]广州经丰纬聚氨酯有限公司〈P2262〉

塑胶制品　F04011632

Plastic cement products

用于家电、电子、汽车等行业

【生产厂】[冀]河北红叶塑胶制造有限公司〈P1648〉;安国市橡塑制品有限公司〈P1644〉;[沪]上海青浦荣赢塑胶制品有限公司〈P1757〉;[苏]苏州英杰注塑有限公司(1000 万件)〈P1907〉;[皖]安徽国风集团有限公司〈P1971〉;安庆市博盛橡塑有限公司〈P1979〉;[闽]厦门市达诚塑胶有限公司〈P1992〉;厦门市麦华橡胶制品有限公司〈P1993〉;[粤]东莞荣盛颜料有限公司〈P2279〉;[川]四川美丰化工股份有限公司(6000 吨)〈P2327〉

聚氯乙烯塑胶手套;PVC 手套　F04011633

Polyvinyl chloride plastic cement glove

用于医疗卫生、食品加工、化工电子、油漆涂料、宾馆饭店等行业

【生产厂】[冀]石家庄鸿锐集团〈P1626〉;[鲁]山东莱芜塑料制品股份有限公司(500 万双)〈P2141〉

塑胶模具;塑料模具　F04011635

Plastic cement mould

【生产厂】[沪]上海金鼎塑料制品有限公司〈P1744〉;[苏]无锡朴业橡塑有限公司〈P1874〉;江苏省如皋市晨光橡胶制品有限公司〈P1831〉;[浙]宁波衡山模塑有限公司〈P1930〉;[闽]厦门共隆塑胶有限公司〈P1991〉;[鲁]山东齐鲁石化机械制造有限公司(400 套)〈P2054〉;[豫]河南省长葛市鸿玉塑料制品厂(1000 套)〈P2217〉;[粤]珠海市通晶塑胶制品有限公司〈P2275〉

塑胶跑道;塑胶地坪　F04011638

Plastic cement runway

用于体育场馆、跑道、网球场、羽毛球场等装饰

【生产厂】[津]天津市勃驰龙塑胶制造有限公司(500 吨)〈P1581〉;[冀]河北红叶塑胶制造有限公司〈P1648〉;[辽]大连巅峰橡胶制品有限公司〈P1691〉;大连实利德漆业有限公司〈P1693〉;[沪]上海大邦化工防腐有限公司〈P1730〉;上海康达化工有限公司〈P1747〉;上海汇宇精细化工有限公司〈P1741〉;[苏]南京宁海聚氨酯有限公司〈P1787〉;[鲁]青岛绿叶橡胶有限公司〈P2040〉;[豫]濮阳佳城聚氨酯工程有限公司(2000 吨)〈P2213〉;[粤]广州市涂升化工有限公司〈P2266〉;深圳市图特美高分子材料有限公司〈P2272〉

PVC 塑胶地砖　F04011639

PVC Plastic cement floor tile

【生产厂】[辽]大连实利德漆业有限公司〈P1693〉;[苏]张家港市易华塑料有限公司〈P1914〉

彩色塑胶运动场　F04011640

Colored plastic cement playground

用于儿童运动场、网球场、篮球场、活动室、健身室等

【生产厂】[沪]上海汇宇精细化工有限公司〈P1741〉;[鲁]青岛绿叶橡胶有限公司〈P2040〉;[桂]柳州荣荣橡胶再生利用有限公司〈P2297〉

MC 尼龙 6 制品　F04011641

MC Nylon-6 products

用于制造蜗轮、蜗杆、滑块等

【生产厂】[冀]河北省景县华龙液压橡塑制品有限公司〈P1665〉;[苏]扬中市塑性材料厂〈P1843〉;[鄂]武汉市工程塑料有限公司(60 吨)〈P2232〉

尼龙辊　F04011649

Nylon roller

用于胶版印刷、报业印刷、造纸机、皮革、印染机等行业

【生产厂】[冀]河北春风银星胶辊有限公司〈P1663〉;[辽]大连胶辊有限公司〈P1692〉;[苏]无锡市惠弛胶辊制造有限公司〈P1877〉;无锡市新华胶辊厂〈P1880〉;常熟市工业胶辊有限公司〈P1890〉

塑胶管　F04011661

Plastic cement pipe

【生产厂】[鲁]文登市苘山福利塑料厂(5 万套)〈P2127〉;[粤]广东联塑科技集团〈P2290〉

聚氯乙烯板材;PVC 板材　F04011681

Polyvinyl chloride plate

广泛应用于装饰装潢、工业设备、仪器仪表、车、船内饰、防腐、防酸等

【生产厂】[闽]厦门齐兴达塑料板材有限公司〈P1992〉;[鲁]济南方信集团有限公司(5000 吨)〈P2021〉;[川]中昊晨光化工研究院〈P2321〉

【使用厂】[鲁]山东山大华特科技股份有限公司环保分公司〈P2029〉

塑胶卷材地板　F04011691

Plastic cement reeling material floor

【生产厂】[辽]安舒装饰材料有限公司〈P1695〉

SMC/BMC 树脂　F04011750

SMC/BMC Resin

适用于汽车配件、桌椅、玻璃钢井盖等模压工艺制作

【生产厂】[辽]铁岭市东博合成材料厂〈P1712〉

片状模塑料 SMC　F04011751

Moulding plastic SMC, sheet

用于制造模压玻璃钢制品

【生产厂】[京]北京福润达化工有限责任公司〈P1547〉;[吉]吉林省众力化工有限公司(2000 吨)〈P1716〉

团状模塑料;BMC　F04011755

Bulk molding compound; BMC

应用于电器、汽车、雷达天线、建筑、座椅等方面

【生产厂】[沪]上海昭和高分子有限公司〈P1777〉

模压制品　F04011760

Moulded products

【生产厂】[沪]上海和昌特氟龙技术有限公司〈P1736〉;[浙]浙江东阳市四环防腐设备有限公司〈P1954〉;浙江瑞森化工有限公司(80 万套)〈P1939〉

SMC 模压绝缘板　F04011761

SMC Moulded insulating sheet

用作电器绝缘板、装饰板、隔板、磨擦块、润滑块、印染机械道轨垫板等

【生产厂】[京]北京福润达化工有限责任公司〈P1547〉

热塑性聚氨酯;TPU　F04011771

Thermoplastic polyurethane

用于制鞋、磁带、油墨、胶带等,也用于制汽车零部件、电缆护套等

【生产厂】[津]天津市大邱庄泡沫塑料有限公司〈P1584〉;[辽]沈阳四维高聚物塑胶有限公司〈P1689〉;辽阳市星火聚氨酯有限公司〈P1711〉;[浙]宁波伊尔密封件有限公司〈P1934〉;[鲁]烟台华鑫聚氨酯有限公司(600 吨)〈P2117〉;烟台万华聚氨酯股份有限公司(6000 吨)〈P2119〉;[豫]洛阳吉明化工有限公司(300 吨)〈P2182〉

【使用厂】[苏]姜堰市橡胶厂〈P1824〉

聚氨酯硬质泡沫塑料发泡用组合料;聚氨酯硬泡组合料　F04011801

Polyurethane rigid foam plastic mixed component for foaming [9009-54-5]

用于贮罐、管道、冷库、啤酒、发酵罐、保鲜桶的绝热保温保冷,房屋建筑绝热防水,也可用于预制聚氨酯板材

【生产厂】[津]天津市天汇聚氨酯有限责任公司(500 吨)〈P1604〉;[苏]南京宁海聚氨酯有限公司〈P1787〉;江阴市桐岐泗河化工厂〈P1871〉;张家港飞航实业有限公司〈P1911〉;江苏省江都市科苑化工有限公司〈P1816〉;[豫]黎明化工研究院(500 吨)〈P2181〉;开封市顺河聚氨酯工业公司(3000 吨)〈P2178〉

聚氨酯组合料　F04011891

Polyurethane mixed component

用于集中热力管道、冷库、船舶的保温防水,用于石油、医药、化工等行业

【生产厂】[津]天津市艾迪聚氨酯工业有限公司(1000 吨)〈P1578〉;[苏]张家港飞航实业有限公司〈P1911〉;扬州科宇化工有限公司〈P1818〉;[粤]广州拜尔精细化工有限公司〈P2260〉;广州市联景聚氨酯化学有限公司(2 万吨)〈P2265〉;佛山市高明区业晟聚氨酯有限公司〈P2287〉

输送机用托辊　F04011901

Carrying roller for converyor

矿用带式输送机托辊

【生产厂】[冀]河北衡水华伟特种橡塑制品厂〈P1664〉;[苏]镇江市新区大路橡胶制品厂〈P1846〉;苏州嘉美克聚氨酯制品有限公司〈P1901〉

微孔滤膜　F04012001

Microvoid filter film

用于制药、微电子、化学工业、食品工业、生物工程、环保等领域液体和空气过滤等

【生产厂】[浙]浙江海宁市郭店东亚过滤机械厂〈P1943〉;[鲁]山东招金膜天有限责任公司(2 万套)〈P2115〉

珠光薄膜　F04012051

Pearlylustre film

【生产厂】[沪]上海明安制塑科技有限公司〈P1754〉

聚氨酯合成革;PU 合成革　F04012301

Polyurethane synthetic leather

主要用于制鞋、箱包、沙发、汽车内饰等

【生产厂】[苏]宜兴市新光合成革有限公司〈P1887〉;[闽]隆台(厦门)塑胶工业有限公司〈P1991〉;[鲁]山东宝沣化工集团公司〈P2051〉;烟台万华合成革集团有限公司(1300 万平方米)〈P2119〉

泡沫塑料 F04012401

Foam plastic

用作填充物

【生产厂】[津]天津市伟业乳胶化工厂(1000 吨)〈P1606〉;天津市瑞昌泡沫有限责任公司(30 吨)〈P1601〉;[冀]河北省廊坊市香河县合和泡沫厂(1000 吨)〈P1659〉;[浙]宁波华发化工工贸实业有限公司〈P1930〉;[鲁]山东塑料试验厂(4000 吨)〈P2030〉;[豫]清丰县三鑫泡沫塑料厂〈P2216〉

F

硅芯管 F04014121

Silicon core tube

广泛应用于光电缆通信网络系统

【生产厂】[冀]北京市清河塑料厂顺平县联营厂〈P1647〉;[辽]沈阳天华塑胶有限公司〈P1689〉;[豫]河南众通塑胶管道有限公司〈P2168〉;[粤]广东联塑科技集团〈P2290〉

ABS/PVC 塑料合金 F04015301

ABS/PVC plastic alloy

【生产厂】[粤]广州金发科技股份有限公司〈P2262〉

高韧性 PP/EPDM 合金;PP/EPDM 合金 F04016001

High toughness PP/EPDM alloy

适用于汽车方向盘、轮罩,各类汽车保险杠的制造

【生产厂】[苏]南京金陵奥普特高分子材料有限公司(4000 吨)〈P1785〉

高发泡革 F04016451

Foaming leather

【生产厂】[粤]广州宏焕塑胶工业有限公司〈P2260〉

聚氨酯/聚氯乙烯仿真革;人造革 F04016601

Polyurethane/polyvinyl chloride imitation leather

用于服装、家具、装饰材料

【生产厂】[冀]沧州百利塑胶有限公司〈P1651〉;[鲁]烟台华大化学工业有限公司(2 万吨)〈P2117〉;临沭县金塑制革公司(600 万米)〈P2147〉

中密度纤维板 F04016721

Middling density fiberboard

【生产厂】[川]泸州火炬化工厂〈P2323〉

聚碳酸酯板;PC 板 F04016801

Polycarbonate plate

可用作采光天棚、农业温室、室内隔断、高速公路隔音、广告招牌等

【生产厂】[京]拜耳光塑板材有限责任公司〈P1543〉;[苏]常州巨力塑料集团公司〈P1848〉

聚碳酸酯中空板;PC 中空板 F04016851

Polycarbonate hollow slab

用于商业、工厂、体育场馆的采光天棚和遮阳雨棚,也用于农业温室、养殖业等

【生产厂】[苏]常州巨力塑料集团有限公司〈P1848〉

PC/ABS 合金板 F04016891

PC/ABS Alloy board

具有良好的吸塑成型、抗老化、抗冲击和阻燃性能,用于高档客车装饰门板

【生产厂】[苏]常州巨力塑料集团有限公司〈P1848〉

改性聚苯醚 F04016901

Polyphenyl ether, modified

易于加工成型,适用注塑大型壳体、仪表控制板、薄壁制品和高精度制品

【生产厂】[沪]上海市合成树脂研究所〈P1763〉;[粤]广州金发科技股份有限公司〈P2262〉;[川]绵阳市世兴高分子材料科技有限公司〈P2330〉

PAB 系列工程塑料 F04017001

Engineering plastics, PAB series

【生产厂】[浙]余姚化工厂有限责任公司〈P1935〉

PABB 类工程塑料 F04017051

Engineering plastics, PABB series

【生产厂】[浙]余姚化工厂有限责任公司〈P1935〉

氟塑料制品 F04017101

Fluoroplastic products

【生产厂】[粤]扬泰高温电线有限公司〈P2294〉

工程塑料;工程塑料制品 F04017200

Engineering plastic products

应用于汽车、电子、电器、机械、纺织、铁路等行业

【生产厂】[沪]上海林根化工原料有限公司〈P1752〉;上海杰事杰新材料股份有限公司(8000 吨)〈P1743〉;上海久聚高分子材料有限公司〈P1746〉;[浙]上虞市佳华高分子材料有限公司〈P1948〉;[鲁]济南田园塑胶助剂有限公司(900 吨)〈P2026〉;青岛洲际化工实业有限公司〈P2047〉;[粤]深圳市现代宝实业有限公司〈P2273〉;同鑫工程塑胶原料有限公司〈P2281〉;[渝]重庆长风化工厂庆风分厂〈P2304〉

【使用厂】[鲁]烟台佳信塑料化工有限公司〈P2117〉

PPS 系列工程塑料 F04017201

Engineering plastics, PPS series

广泛应用在电子、电器、机械、农业、汽车等行业

【生产厂】[京]北京市化学工业研究院〈P1560〉;[浙]余姚化工厂有限责任公司〈P1935〉

尼龙 6 系列工程塑料 F04017211

Engineering plastics, PA-6 series

广泛用于电子、电器接插件、机械零件、汽车、休闲运动器械的制造

【生产厂】[京]北京市化学工业研究院〈P1560〉;[苏]南京鸿瑞工程塑料有限公司〈P1784〉

尼龙 66 系列工程塑料 F04017221

Engineering plastics, PA66 series

广泛用于电子、电器、机械、汽车、运动器

械等领域
【生产厂】[京]北京市化学工业研究院〈P1560〉;[苏]南京鸿瑞工程塑料有限公司〈P1784〉;[浙]宁波敏特尼龙工业有限公司(8000吨)〈P1931〉;[川]绵阳市世兴高分子材料科技有限公司〈P2330〉

PBT系列工程塑料 F04017231
Engineering plastics, PBT series
广泛用于电子蓄电器、接插件、汽车零件、照明灯具等的制造
【生产厂】[京]北京市化学工业研究院〈P1560〉;[苏]南京鸿瑞工程塑料有限公司〈P1784〉

PET系列工程塑料 F04017241
Engineering plastics, PET series
广泛用于电子电器设备、汽车发动机附件等的制造
【生产厂】[京]北京市化学工业研究院〈P1560〉

染色改性工程塑料 F04017251
Engineering plastic of dyeing modification
是通讯、家电、计算机等高档产品外壳所用材料
【生产厂】[鲁]烟台佳信塑料化工有限公司(1200吨)〈P2117〉

PC系列工程塑料 F04017261
Engineering plastics, PC series
广泛用于家用电器、汽车配件、运动器材及电动机具等的制造
【生产厂】[京]拜耳光塑板材有限责任公司〈P1543〉;[苏]南京鸿瑞工程塑料有限公司〈P1784〉

阻燃工程塑料 F04017270
Engineering plastics, flame retardant
【生产厂】[鲁]济南田园塑胶助剂有限公司(900吨)〈P2026〉

ABS系列工程塑料 F04017281
Engineering plastics, ABS series
广泛用于仪表外壳、电器外壳、电动工具、空调叶片等的制造
【生产厂】[鲁]威海市氟塑集团公司(200吨)〈P2125〉

PP系列工程塑料 F04017291
Engineering plastics, PP series
【生产厂】[苏]南京鸿瑞工程塑料有限公司〈P1784〉;[浙]余姚化工厂有限责任公司〈P1935〉

改性工程塑料 F04017295
Engineering plastic, modified
【生产厂】[苏]南通星辰合成材料有限公司〈P1836〉;[鲁]济南田园塑胶助剂有限公司(700吨)〈P2026〉;[粤]广州隽佳塑胶科技有限公司〈P2262〉;同鑫工程塑胶原料有限公司〈P2281〉

EVA发泡系列 F04017401
EVA Foaming series
【生产厂】[冀]石家庄啟宏橡塑制品有限公司〈P1628〉;[苏]常州三和塑胶有限公司〈P1849〉

玻璃钢管道 F04017451
Glass fibre reinforced plastic pipe
【生产厂】[冀]冀州市中意复合材料有限公司〈P1669〉;河北兴海玻璃钢有限公司〈P1655〉;[苏]南京兴亚玻璃钢有限公司〈P1791〉;金坛晨煜玻璃钢有限公司〈P1861〉

导电发泡制品 F04017491
Electric foaming product
在具有发泡产品的重量轻、缓冲性好、易加工等特性外,还具有防静电的功能
【生产厂】[苏]常州三和塑胶有限公司〈P1849〉

聚氯乙烯玻璃钢复合管道;PVC/FRP复合管道 F04017501
Polyvinyl chloride-Glass fiber reinforced plastic compound tube
适用于石油、化工、有色冶炼煤气、制药、纺织、印染、造纸等行业腐蚀介质的液体、流体的输送
【生产厂】[津]天津有机化学工业总公司化工防腐设备厂(400吨)〈P1617〉;[鲁]山东胜通集团股份有限公司(1800吨)〈P2085〉

长寿无滴EVA膜 F04017611
EVA Longevous non-dropping film
用作蔬菜、瓜果等的大棚覆盖膜
【生产厂】[苏]徐州塑料一厂〈P1796〉;[鲁]淄博市临淄新农塑料厂〈P2070〉;青岛宏达塑胶总公司(300吨)〈P2037〉;[宁]吴忠宁燕塑料工业有限公司〈P2362〉

EVA片材 F04017651
EVA Sheet material
用于鞋的中底及鞋衬等
【生产厂】[沪]上海力巨综研胶粘制品有限公司〈P1750〉;[闽]泉州匹克鞋材有限公司(1800吨)〈P2000〉

塑钢门窗 F04018101
Plastic-steel door and window
用于制造建筑门窗
【生产厂】[辽]辽宁省盘锦橡塑机械厂〈P1706〉;[苏]江苏荣马实业有限公司(10万平方米)〈P1842〉;[闽]厦门鹭路塑料异型材有限公司〈P1992〉;[鲁]济南方信集团有限公司(80000万平方米)〈P2021〉;东营市谊海工贸有限责任公司〈P2083〉;[豫]开封市三环塑业有限公司(3000吨)〈P2178〉

阻燃塑料 F04018301
Flame retarding plastic
用于要求阻燃的电子电器、汽车仪表壳、灯座、内饰件、机械零件等制品
【生产厂】[鲁]济南泰星精细化工有限公司〈P2026〉;[粤]广州市合成材料研究院〈P2264〉

高级塑胶粉 F04018601
Plastic cement powder, high-grade
【生产厂】[闽]厦门市琪峰塑胶有限公司〈P1993〉

PVB膜片 F04018701
PVB film
广泛用于安全玻璃生产领域中
【生产厂】[冀]秦皇岛嘉华塑胶有限公司(2000吨)〈P1637〉

聚烯烃热收缩薄膜;POF 热收缩膜 F04018751
Polyolefine thermo-shrink film
用于饮料、医药、工具等外包装
【生产厂】[浙]杭州通达塑料薄膜包装厂〈P1923〉;浙江众成包装材料有限公司〈P1944〉;[粤]深圳市中略塑胶包装有限公司〈P2273〉;[川]四川兴达塑料有限公司〈P2320〉

双向拉伸聚丙烯消光膜;BOPP 消光膜 F04018851
Bi-oriented polypropylene extinction film
用于同纸张、纸板或 PE、CPP 等复合
【生产厂】[沪]上海金浦塑料包装材料有限公司〈P1744〉

PVC/NBR 橡塑发泡保温材料 F04018901
PVC/NBR Foam heat insulating material
用于建筑工程通风管道和水管系统,起到保温隔热作用
【生产厂】[冀]廊坊市华能新型建材有限公司〈P1661〉;[苏]南京铅锌银矿业有限责任公司〈P1788〉;[粤]深圳市国志汇富高分子材料股份有限公司〈P2271〉

PVC 填料 F04018951
PVC Padding
用作冷却塔芯材料
【生产厂】[苏]金坛市塑料厂〈P1862〉;[赣]江西省萍乡市城松环保填料有限公司〈P2011〉;[鲁]淄博张店丽龙化工厂〈P2076〉

热塑性弹性体;TPE F04019001
Thermoplastic elastomer
用于汽车、建筑、医疗器械、包装、电器和消费品等领域
【生产厂】[沪]上海林根化工原料有限公司〈P1752〉;上海方田弹性体有限公司(800 吨)〈P1733〉;[浙]余姚市低塘中发橡胶厂〈P1935〉;[鲁]济南田园塑胶助剂有限公司(200 吨)〈P2026〉

多层共挤片材 F04019101
Multilayer coextrusion sheet material
适用于制造饮料杯、雪糕杯、酸奶杯、包装盒等包装容器
【生产厂】[沪]上海广盛塑胶有限公司〈P1735〉

阻燃环氧灌封料 F04031100
Epoxy sealing material, flame resisting [61788-97-4]
广泛用于电子电器行业
【生产厂】[苏]江苏文昌电子化工有限公司〈P1842〉;无锡市裕田高分子材料有限公司(150 吨)〈P1881〉;无锡友联绝缘材料有限公司〈P1883〉;江阴天星保温材料有限公司〈P1872〉;[豫]黎明化工研究院(300 吨)〈P2181〉;[粤]广州市东风化工实业有限公司〈P2263〉;深圳市聚人成电子材料有限公司〈P2271〉

环氧灌封料 F04031101
Epoxy sealing material
用于各类彩色、黑白电视机一体化行输出变压器及分离式变压器,其他电器部件的灌封
【生产厂】[京]北京航通舟科技有限公司〈P1548〉;[津]天津善群树脂有限公司〈P1578〉;天津市津南区新桥绝缘材料有限公司(500 吨)〈P1594〉;[沪]上海回天化工新材料有限公司〈P1740〉;[苏]江阴天星保温材料有限公司〈P1872〉;[浙]嘉兴荣泰雷帕司绝缘材料有限公司〈P1941〉;[豫]黎明化工研究院(30 吨)〈P2181〉;[粤]深圳市景江化工有限公司〈P2271〉;[渝]重庆川江化学试剂厂〈P2304〉;[川]成都拓利化工实业有限公司〈P2316〉

阻燃绝缘灌封料;行输出变压器阻燃灌封料 F04031102
Insulating sealing material, flame resistance
用于各种电子线路灌封
【生产厂】[津]天津市津南区新桥绝缘材料有限公司(1000 吨)〈P1594〉;[豫]黎明化工研究院(200 吨)〈P2181〉;[川]中蓝晨光化工研究院〈P2320〉;成都拓利化工实业有限公司〈P2316〉

玻璃钢游艇 F04031501
Glass fiber reinforced plastic yacht
用于旅游业
【生产厂】[辽]大连玻璃钢总厂〈P1691〉;[苏]常州玻璃钢造船厂(600 条)〈P1846〉

玻璃钢格栅 F04031601
Glass fiber reinforced plastic grillage
【生产厂】[冀]冀州市中意复合材料有限公司〈P1669〉;[苏]南京兴亚玻璃钢有限公司〈P1791〉;[皖]天长市天广有机玻璃有限公司〈P1983〉

高耐溶剂树脂 F04032101
Solvent resistant resin
是一种优良的多功能填料,可用于封底补伤
【生产厂】[川]广汉恒亚化工助剂有限公司〈P2324〉

聚碳酸酯合金;改性聚碳酸酯 F04032301
Modified polycarbonate; Polycarbonate alloy
用于制造多种汽车仪表板、空调出风格栅、电动工具等
【生产厂】[沪]上海申聚化工厂有限公司〈P1761〉;[粤]广州金发科技股份有限公司〈P2262〉;广州市洋达工程塑料原料厂〈P2267〉;[川]中蓝晨光化工研究院(300 吨)〈P2320〉;绵阳市世兴高分子材料科技有限公司〈P2330〉

聚碳酸酯/ABS 工程塑料合金;PC/ABS 合金 F04032311
PC/ABS Alloy
用于制造家用电器外壳、电动工具外壳、汽车用塑件、电器器具用塑件等
【生产厂】[黑]大庆华科股份有限公司〈P1722〉;[沪]上海杰事杰新材料股份有限公司〈P1743〉;[粤]广州市洋达工程塑料原料厂〈P2267〉

改性 ABS F04032321
Modified ABS
用于汽车、家用电器、通信、建筑、航空航天等领域
【生产厂】[辽]沈阳四维高聚物塑胶有限公司〈P1689〉;[沪]上海杰事杰新材料股份有限公司〈P1743〉;[浙]杭州临安德昌化学有限公司〈P1920〉;宁波杰事杰工程塑料有限公司(2000 吨)〈P1931〉;[粤]广州市洋达工程塑料原料厂〈P2267〉;[川]中蓝晨光化工研究院〈P2320〉

PC/ABS 合金(阻燃) F04032341

PC/ABS Alloy, flameretardant

用于生产电器、电子产品

【生产厂】[粤]深圳市现代宝实业有限公司〈P2273〉;中山市新力工程塑料有限公司〈P2284〉

PC/PBT 合金;聚碳酸酯/聚对苯二甲酸丁二醇酯合金 F04032361

PC/PBT Alloy

【生产厂】[苏]南京鸿瑞工程塑料有限公司〈P1784〉;[粤]广州金发科技股份有限公司〈P2262〉;广州市洋达工程塑料原料厂〈P2267〉

PC/ABS 合金(改性) F04032381

PC/ABS Alloy, modified

【生产厂】[粤]广州金发科技股份有限公司〈P2262〉;广州市洋达工程塑料原料厂〈P2267〉

改性 PC/PU 合金;改性聚碳酸酯/聚氨酯合金 F04032391

PC/PU Alloy, modified

【生产厂】[粤]广州市洋达工程塑料原料厂〈P2267〉

环氧包封料 F04032501

Epoxy packing sealing material [61788-97-4]

用于电子元器件的包封

【生产厂】[京]北京科化新材料科技有限公司〈P1554〉;[苏]无锡市裕田高分子材料有限公司(50 吨)〈P1881〉;无锡友联绝缘材料有限公司〈P1883〉;[浙]浙江化工科技集团有限公司精细化工厂(100 吨)〈P1927〉;[粤]三化绝缘材料(东莞)有限公司〈P2278〉

有机硅灌封料 F04033001

Organosilicon sealing material

【生产厂】[京]北京航通舟科技有限公司〈P1548〉;[鄂]湖北枣阳四海化工有限公司〈P2237〉;[粤]深圳市永为有机硅胶厂〈P2273〉

乙烯基硅油 F04040201

Vinyl silicone oil

是生产各种涂料及改性硅油等产品的重要原料

【生产厂】[吉]磐石市大田化工助剂研究所〈P1717〉;[皖]蚌埠伊锐精细化工有限公司〈P1976〉;[赣]江西星火化工厂〈P2012〉;[粤]广州聚成兆业有机硅原料中心〈P2262〉

乙烯基氟硅油 F04040221

Vinyl fluorosilicone oil

【生产厂】[苏]苏州市华丰精细化工有限公司〈P1903〉

甲基乙烯基硅油 F04040251

Methyl vinyl silicone oil

用作液体硅橡胶原料

【生产厂】[苏]无锡市全立化工有限公司〈P1878〉;[赣]江西星火化工厂〈P2012〉

乙基硅油;聚二乙基硅氧烷 F04040401

Ethyl silicone oil

【生产厂】[鄂]武汉市化学工业研究所有限责任公司〈P2232〉

亲水性硅油 F04040501

Hydrophilic silicone oil

用作织物柔软剂,用于白色、浅色织物不变色

【生产厂】[苏]宜兴市高塍助剂厂有限公司〈P1884〉;江都市江北有机硅化工有限公司〈P1814〉;[浙]杭州包尔得有机硅有限公司〈P1915〉;嘉善县合力精细化工厂〈P1940〉

二甲基硅油(201 型);聚二甲基硅氧烷(201 型);201 甲基硅油 F04040601

Dimethyl silicone oil 201 [9006-65-9]

工业部门用作润滑油、防振油、绝缘油、消泡剂、脱模剂等

【生产厂】[津]天津市神悦科技发展有限公司(1000 吨)〈P1601〉;[沪]上海华羚树脂有限公司〈P1738〉;上海树脂厂有限公司(110 吨)〈P1764〉;[苏]常州市宏业有机硅有限公司〈P1851〉;常州市科达永盛有机硅材料有限公司〈P1852〉;江苏宝应化工助剂厂〈P1815〉;[浙]杭州吉驰达有机硅有限公司〈P1919〉;[皖]安徽省蚌埠市鑫盛精细化工有限责任公司〈P1975〉;蚌埠伊锐精细化工有限公司〈P1976〉;蚌埠市金星有机硅材料厂〈P1975〉;[闽]厦门汉旭化工有限公司(110 吨)〈P1992〉;[赣]江西星火化工厂〈P2012〉;[鲁]烟台创业高科技有限公司〈P2116〉;烟台宏泰达有限公司〈P2117〉;[鄂]湖北枣阳四海化工有限公司(380 吨)〈P2237〉;[粤]广州市康明硅橡胶科技有限公司〈P2265〉;增城市亿克有机硅有限公司(200 吨)〈P2268〉;深圳市淳昌科技有限公司〈P2270〉;深圳市吉鹏硅氟材料有限公司〈P2271〉;佛山市阳光硅材料有限公司〈P2289〉

【使用厂】[沪]上海天坛助剂有限公司〈P1767〉

二甲基硅油 F04040602

Dimethyl silicone oil [9006-65-9]

主要用作绝缘油、润滑油、防振油、阻尼油、脱膜剂等

【生产厂】[京]蓝星化工新材料股份有限公司〈P1567〉;[津]天津市南明工贸有限公司(1000 吨)〈P1599〉;[冀]石家庄海力精化有限责任公司〈P1626〉;[吉]磐石市大田化工助剂研究所〈P1717〉;[沪]上海昊化化工有限公司〈P1736〉;[苏]江苏得意有机硅有限公司〈P1802〉;常州市宏业有机硅有限公司〈P1851〉;江都药物助剂厂(3000 吨)〈P1815〉;江都市江北有机硅化工有限公司〈P1814〉;江苏省海安石油化工厂〈P1831〉;[鲁]济南国邦化工有限公司〈P2021〉;淄博市临淄天德精细化工研究所(3000 吨)〈P2888〉;莱州市宏科化工有限公司〈P2109〉;威海赛奥化工有限公司(200 吨)〈P2125〉;山东省莱阳经济技术开发区博丰化工厂〈P2114〉;青岛市平度山林染料化工有限公司〈P2042〉;[粤]广州市氟缘硅科技有限公司〈P2263〉;深圳市固加实业发展有限公司〈P2270〉;南海市利达有机硅有限公司〈P2291〉;[川]成都上元医药科技有限公司〈P2313〉

【使用厂】[粤]广州市合成材料研究院〈P2264〉

二甲基羟基硅油乳液;羟乳 F04040701

Dimethyl hydroxy silicone oil emulsion

广泛用于合成纤维、丝绸、棉等纤维及织物的后整理

【生产厂】[苏]江苏宝应化工助剂厂〈P1815〉;[皖]安徽省蚌埠市鑫盛精细化工有限责任公司〈P1975〉;蚌埠市金星有机硅材料厂〈P1975〉;[闽]厦门汉旭化工有限公司(60 吨)〈P1992〉

二甲基羟基硅油 F04040711

Dimethyl hydroxy silicone oil

用作硅橡胶结构控制剂,织物、纸张、皮革材料柔软、防粘处理剂

【生产厂】[吉]磐石市大田化工助剂研究所〈P1717〉

高黏度二甲基硅油　F04040771
Dimethyl silicone oil, high viscosity
【生产厂】[苏]张家港市国泰华荣化工新材料有限公司〈P1912〉;[粤]广州市氟缘硅科技有限公司〈P2263〉

聚钛酸丁酯　F04040901
Poly(tetrabutyl titanate)
可用作耐热漆的基料,具有比钛酸丁酯单体优良的成膜性能
【生产厂】[苏]扬州立达树脂有限公司〈P1818〉

甲基乙氧基硅油　F04041000
Methyl-ethyloxy silicone oil
【生产厂】[吉]磐石市大田化工助剂研究所〈P1717〉

自干型树脂　F04041001
Self-dry resin
可调配成各种系列的耐高温涂料、耐候涂料、H级有机硅绝缘漆,特别适用于不能烘烤的大型设备工作的涂装使用
【生产厂】[苏]武进芙蓉嘉诺磷化材料厂〈P1864〉

水溶性硅油;聚硅氧烷-聚氧烷基嵌段共聚物　F04041101
Silicone oil, water-soluble [63148-62-9]
主要用作聚氨酯泡沫匀泡剂、乳化剂等
【生产厂】[京]蓝星化工新材料股份有限公司〈P1567〉;[冀]石家庄市远达化工厂〈P1632〉;[吉]磐石市大田化工助剂研究所〈P1717〉;[苏]常州市灵达化学品有限公司〈P1852〉;无锡市全立化工有限公司〈P1878〉;[皖]安徽省蚌埠市鑫盛精细化工有限责任公司〈P1975〉;蚌埠市新瑞有机硅有限公司〈P1976〉;蚌埠伊锐精细化工有限公司〈P1976〉;[赣]江西星火化工厂〈P2012〉;[鲁]威海赛奥化工有限公司(200吨)〈P2125〉;山东省莱阳经济技术开发区博丰化工厂〈P2114〉;青岛市平度山林染料化工有限公司〈P2042〉;[豫]黎明化工研究院(50吨)〈P2181〉;[鄂]武汉天目科技发展有限责任公司〈P2233〉;[粤]广州市兴胜杰有限公司〈P2267〉;广州聚成兆业有机硅原料中心〈P2262〉;[川]成都今天化工有限公司〈P2311〉

甲基含氢硅油　F04041400
Methyl hydro-silicone oil
用作纺织、橡胶、皮革、纸张、建材的防水、防粘匀泡剂、链状交联物的交联剂
【生产厂】[京]蓝星化工新材料股份有限公司〈P1567〉;[吉]磐石市大田化工助剂研究所〈P1717〉;[皖]蚌埠市新瑞有机硅有限公司〈P1976〉;[赣]蓝星化工新材料股份有限公司江西星火有机硅厂〈P2013〉;[鄂]武汉天目科技发展有限责任公司〈P2233〉

甲基含氢硅油(202型)　F04041401
Methyl hydro-silicone oil 202
用作织物、纸张、皮革、金属、玻璃、木材的防水剂、防粘剂、防蚀剂
【生产厂】[沪]上海树脂厂有限公司〈P1764〉;[苏]江苏宝应化工助剂厂〈P1815〉;[皖]蚌埠伊锐精细化工有限公司〈P1976〉

甲基含氢硅油(821型)　F04041402
Methyl hydro-silicone oil 821
用作脱模剂、防水剂、防蚀剂等
【生产厂】[苏]江苏宝应化工助剂厂〈P1815〉

羟基封端聚甲基硅油　F04041501
Hydroxy end capping poly(methyl silicone oil)
用作硅橡胶结构控制剂,织物、纸张、皮革材料柔软、防粘处理剂等
【生产厂】[苏]无锡市全立化工有限公司〈P1878〉

甲氧基封端聚甲基硅油　F04041551
Methoxy end capping poly(methyl silicone oil)
用于生产甲氧基封端硅橡胶,有机物的接枝或改性,硅橡胶新型结构控制剂等
【生产厂】[苏]无锡市全立化工有限公司〈P1878〉

乙氧基封端聚甲基硅油　F04041591
Ethoxy end capping poly(methyl silicone oil)
用于生产乙氧基封端硅橡胶,有机物的接枝或改性,硅橡胶新型结构控制剂等
【生产厂】[苏]无锡市全立化工有限公司〈P1878〉

低含氢硅油　F04041602
Low-hydro silicone oil
用于织物、玻璃、陶瓷、皮革、纸张、金属、水泥等的防水处理
【生产厂】[皖]蚌埠市新瑞有机硅有限公司〈P1976〉;[粤]广州聚成兆业有机硅原料中心〈P2262〉

高含氢硅油　F04041603
High-hydro silicone oil
【生产厂】[鲁]莱州市宏科化工有限公司〈P2109〉

含氢硅油　F04041604
Hydrosilicone oil
是制取嵌段共聚物的原料
【生产厂】[苏]无锡市全立化工有限公司〈P1878〉;江都市江北有机硅化工有限公司〈P1814〉;[皖]蚌埠伊锐精细化工有限公司〈P1976〉;[鲁]青岛市平度山林染料化工有限公司〈P2042〉

甲基苯基硅油(250型)　F04041801
Methyl phenyl silicone oil 250
适用作高温液压油、高温热载体、耐热电绝缘油及玻璃纤维过滤布处理剂等
【生产厂】[苏]江苏宝应化工助剂厂〈P1815〉

甲基苯基硅油(255型)　F04041802
Methyl phenyl silicone oil 255
用作耐热载体、液压油、仪表油
【生产厂】[沪]上海树脂厂有限公司(120吨)〈P1764〉;[苏]江苏宝应化工助剂厂〈P1815〉;[粤]广州聚成兆业有机硅原料中心〈P2262〉

甲基苯基硅油　F04041803
Methyl phenyl silicone oil
【生产厂】[吉]磐石市大田化工助剂研究所〈P1717〉;[沪]上海华羚树脂有限公司〈P1738〉;[苏]张家港市国泰华荣化工新材料有限公司〈P1912〉;[粤]广州市氟缘硅科技有限公司〈P2263〉

甲基羟基硅油 F04042001
Methyl hydroxy silicone oil
用作补强填料防结构化控制剂
【生产厂】[沪]上海树脂厂有限公司(120吨)〈P1764〉;[浙]衢州蓝点工业有限公司〈P1957〉

有机硅乳液 F04042200
Organic silicone emulsion
用于织物的后整理中,使织物具有润滑性、柔软性、膨松感和丰满感
【生产厂】[吉]磐石市大田化工助剂研究所〈P1717〉;[沪]上海树脂厂有限公司(200吨)〈P1764〉;[浙]杭州永欣精细化工有限公司(400吨)〈P1924〉;杭州包尔得有机硅有限公司〈P1915〉;浙江信越精细化工有限公司〈P1944〉;宁波兴华化学有限公司〈P1934〉;[粤]深圳市淳昌科技有限公司〈P2270〉;佛山市华联有机硅有限公司〈P2287〉

聚醚改性硅油 F04042301
Silicone oil polyether modified
用作涂料流平剂、泡棉整泡剂、橡塑润滑剂和脱模剂
【生产厂】[浙]杭州包尔得有机硅有限公司(500吨)〈P1915〉;[粤]广州市氟缘硅科技有限公司〈P2263〉;广州聚成兆业有机硅原料中心〈P2262〉

环氧硅油;环氧改性硅油 F04042302
Epoxy silicone oil
纺织行业高档柔软剂和添加剂、化妆品添加剂、表面处理剂
【生产厂】[苏]射阳永双助剂有限公司〈P1809〉;[浙]杭州包尔得有机硅有限公司〈P1915〉;宁波经济技术开发区希科新材料有限公司〈P1931〉;[皖]蚌埠伊锐精细化工有限公司〈P1976〉

改性硅油 F04042311
Silicone oil, modified
用于提高有机硅油树脂的滑爽性、渗透性,防止反拨现象等
【生产厂】[粤]广州市氟缘硅科技有限公司〈P2263〉;深圳市启元达精细化工有限公司〈P2272〉

环氧聚醚硅油;环氧聚醚共改性硅油 F04042321
Silicone oil, epoxy and polyether modified
用于织物的防皱、柔软、防污、抗静电、防缩的后整理
【生产厂】[粤]广州市氟缘硅科技有限公司〈P2263〉

环氧氟硅油 F04042331
Epoxy fluorosilicone oil
【生产厂】[苏]苏州市华丰精细化工有限公司〈P1903〉

聚醚氨基硅油 F04042351
Polyether amino silicone oil
具有柔软、调理作用,可适用于毛发、织物的调理剂
【生产厂】[吉]磐石市大田化工助剂研究所〈P1717〉

聚醚硅油 F04042391
Polyether silicone oil
用于制作有机硅消泡剂的乳化剂、抗静电剂及添加处理其他材料等
【生产厂】[浙]杭州包尔得有机硅有限公司〈P1915〉

真石漆用乳液 F04042701
Emulsion for paint of imitating stone
主要用于仿真石面漆的制备
【生产厂】[鲁]山东圣光化工集团有限公司〈P2086〉

高光乳液 F04042801
High gloss emulsion
适用于制造有光、半光和平光高级涂料以及彩砂涂料等
【生产厂】[京]北京科林华工贸有限公司〈P1554〉;[苏]江苏日出化工有限公司〈P1821〉;[鲁]新泰市双圆化工涂料有限公司(1000吨)〈P2138〉

水性木器漆用乳液 F04042901
Emulsion for wood ware paint, water-based
【生产厂】[京]北京东联化工有限公司〈P1547〉;[苏]江苏日出化工有限公司〈P1821〉;[鲁]颐中(青岛)实业有限公司(1200吨)〈P2048〉;海之源集团青岛绿野仙踪化学品有限公司〈P2031〉;[粤]增城市云超化工有限公司〈P2268〉;广州番禺日出化工有限公司〈P2260〉

苯甲基硅油 F04043000
Phenylmethyl silicone oil
用于高温润滑、阻尼、脱模、护肤、柔软处理、做热载体等方面
【生产厂】[辽]营口星火化工有限公司〈P1705〉;[苏]无锡市全立化工有限公司〈P1878〉;[皖]蚌埠市新瑞有机硅有限公司〈P1976〉

苯基甲基硅油(250-30型) F04043001
Phenyl methyl silicone oil 250-30
用作电力电器浸渍剂
【生产厂】[沪]上海树脂厂有限公司(120吨)〈P1764〉;[苏]江苏宝应化工助剂厂〈P1815〉;[皖]安徽省蚌埠市鑫盛精细化工有限责任公司〈P1975〉

乳化硅油 F04043100
Emulsified silicone oil
用于多种化妆品配方,又能用于家具、皮衣、皮具、汽车等抛光上光
【生产厂】[沪]上海华羚树脂有限公司〈P1738〉;[苏]常州市宏业有机硅有限公司〈P1851〉;无锡市全立化工有限公司〈P1878〉;江苏宝应化工助剂厂〈P1815〉;[浙]杭州吉驰达有机硅有限公司〈P1919〉;宁波东方永宁化工科技有限公司〈P1930〉;[赣]江西星火化工厂〈P2012〉;[鲁]烟台宏泰达有限公司〈P2117〉;山东省莱阳经济技术开发区博丰化工厂〈P2114〉;青岛市平度山林染料化工有限公司〈P2042〉;[粤]华克化工有限公司〈P2268〉;广州市天赐高新材料科技有限公司(4000吨)〈P2266〉;广州聚成兆业有机硅原料中心〈P2262〉;[川]成都今天化工有限公司〈P2311〉

阳离子羟基乳液硅油(305型) F04043201
Cationic hydroxy silicone emulsion oil 305
用作织物柔软整理剂
【生产厂】[浙]杭州康臣有机硅有限公司〈P1920〉;杭州吉驰达有机硅有限公司〈P1919〉

甲基硅油　F04043501
Methyl silicone oil
用作高级润滑油、防振油、绝缘油、消泡剂、脱模剂、擦光剂和真空扩散泵油等
【生产厂】[辽]沈阳市硅胶厂〈P1688〉;[苏]无锡市全立化工有限公司〈P1878〉;江都市江北有机硅化工有限公司〈P1814〉;[浙]杭州康臣有机硅有限公司〈P1920〉;上虞市康特化工有限公司〈P1948〉;[皖]蚌埠市新瑞有机硅有限公司〈P1976〉;[川]成都今天化工有限公司〈P2311〉;中昊晨光化工研究院〈P2321〉
【使用厂】[粤]广州第十一橡胶厂〈P2260〉

氟硅油　F04043621
Fluoro silicone oil
用作工业润滑油基础油或液压油等工作基质
【生产厂】[冀]河北硅谷化工有限公司〈P1639〉;[沪]上海富路达橡塑材料科技有限公司〈P1734〉;[苏]苏州市华丰精细化工有限公司〈P1903〉;[浙]杭州包尔得有机硅有限公司〈P1915〉

硅油;有机硅油　F04043901
Silicone oil [63148-62-9]
用作高级润滑油、防振油、绝缘油、消泡剂、脱膜剂、擦光剂和真空扩散泵油等
【生产厂】[京]中国蓝星(集团)总公司〈P1568〉;[吉]磐石市大田化工助剂研究所〈P1717〉;[沪]上海赛博化工有限公司〈P1759〉;[苏]常州市宏业有机硅有限公司〈P1851〉;无锡市全立化工有限公司〈P1878〉;[浙]浙江华成有机硅材料有限公司〈P1927〉;宁波经济技术开发区希科新材料有限公司(1000 吨)〈P1931〉;[皖]蚌埠市金星有机硅材料厂〈P1975〉;黄山市强力化工有限公司〈P1981〉;[鲁]青岛中宝化工有限公司〈P2047〉;[鄂]武汉市华昌应用技术研究所〈P2232〉;武汉天目科技发展有限责任公司〈P2233〉;[粤]广州天赐有机硅科技有限公司〈P2267〉;广州市氟缘硅科技有限公司〈P2263〉;广州得尔塔有机硅技术开发有限公司〈P2260〉;深圳市固加实业发展有限公司〈P2270〉
【使用厂】[吉]通化双龙集团有限公司化工公司〈P1718〉;[沪]上海康达化工有限公司〈P1747〉;[苏]兴化锁龙消防药剂有限公司〈P1828〉;扬州江亚消防药剂有限公司〈P1817〉;[闽]厦门汉旭化工有限公司〈P1992〉;[鲁]山东塑料试验厂〈P2030〉;泰安市鑫泉精细化工制造有限公司〈P2138〉;淄博凯美可工贸有限公司〈P2064〉;荣成市日跃化工有限公司〈P2122〉;[豫]郑州中原应用技术研究开发有限公司〈P2176〉;[粤]佛山市植宝化工有限公司〈P2289〉

匀泡剂 L108;硬泡硅油　F04043911
Levelling foamer L108
用作硬质聚氨酯发泡助剂
【生产厂】[皖]蚌埠市新瑞有机硅有限公司〈P1976〉

聚氨酯软泡硅油　F04043921
Silicone oil for flexible polyurethane foam plastic
用于聚氨酯软质泡沫塑料(海绵)生产中作泡沫稳定剂
【生产厂】[沪]上海罗泾染料化工有限公司〈P1752〉;[浙]瑞安原野化工有限公司〈P1937〉

复合发用硅油　F04043931
Compound silicone oil for hair
用于洗发水、护发素、摩丝等美发护发制品的专用高档柔软整理剂、滑爽剂
【生产厂】[皖]蚌埠伊锐精细化工有限公司〈P1976〉

雾化硅油　F04043941
Atomization silicone oil
用于化纤纺丝中喷丝板的修整等
【生产厂】[浙]杭州包尔得有机硅有限公司〈P1915〉

挥发性硅油　F04043951
Silicone oil, volatile
适于制成质感滑爽、光亮、不油腻,护肤护发类膏霜,具有显著的护肤护发功效,具有优良的头发调理作用
【生产厂】[吉]磐石市大田化工助剂研究所〈P1717〉;[苏]张家港市国泰华荣化工新材料有限公司〈P1912〉;[皖]蚌埠伊锐精细化工有限公司〈P1976〉;[粤]广州聚成兆业有机硅原料中心〈P2262〉

透明硅油　F04043961
Transparent silicone oil
用于生产二合一洗发香波、护发素调理剂
【生产厂】[粤]广州市天赐高新材料科技有限公司(5000 吨)〈P2266〉

硅脂(293 型);293 脱模剂　F04044001
Silicone grease 293; Release agent 293
用于润滑、脱模、防水、阻尼等
【生产厂】[沪]上海树脂厂有限公司〈P1764〉

硅脂　F04044007
Silicone grease
用于电子、电器工业
【生产厂】[吉]磐石市大田化工助剂研究所〈P1717〉;[苏]常州市宏业有机硅有限公司〈P1851〉;无锡市高润杰化学有限公司〈P1875〉;[浙]杭州康臣有机硅有限公司〈P1920〉;[鲁]烟台创业高科技有限公司〈P2116〉;[粤]广州市氟缘硅科技有限公司〈P2263〉;[川]成都拓利化工实业有限公司〈P2316〉

导热硅脂　F04044009
Silicone grease, thermal conducting
用作电子器件的热传递介质,如大功率晶体管,二级管与基材接触的缝隙处传热
【生产厂】[粤]广州市氟缘硅科技有限公司〈P2263〉;广州市兴胜杰有限公司〈P2267〉;深圳市永为有机硅胶厂〈P2273〉;深圳市安品有机硅材料有限公司〈P2270〉;深圳市固加实业发展有限公司〈P2270〉;立大化工(佛山)有限公司〈P2291〉;[川]成都拓利化工实业有限公司〈P2316〉

绝缘硅脂　F04044010
Silicone grease, insulating
用于电绝缘、润滑、防潮、密封、保护性涂层以及脱模、防振、阻尼等场所
【生产厂】[粤]立大化工(佛山)有限公司〈P2291〉

真空硅脂　F04044012
Vacuum silicone grease
用作一般电器、电子产品的绝缘、润滑、防潮、密封、保护性涂层等
【生产厂】[粤]立大化工(佛山)有限公司〈P2291〉;[川]成都

拓利化工实业有限公司〈P2316〉

导电硅脂 F04044021

Silicone grease, electric

主要用作电子元器件的热传递介质,可提高工作效率

【生产厂】[粤]立大化工(佛山)有限公司〈P2291〉;[川]成都拓利化工实业有限公司〈P2316〉

润滑硅脂 F04044031

Lubricating silicone grease

广泛用于各类仪表电器、电子元件、电线电缆接头的绝缘、密封、耐高低温润滑、阻尼、防震等

【生产厂】[粤]广州市氟缘硅科技有限公司〈P2263〉;立大化工(佛山)有限公司〈P2291〉

超高真空扩散泵硅油;聚甲基苯基硅氧烷 F04044301

Silicone oil, ultra-high vacuum diffusion pump

广泛用于真空管制造、金属蒸发、真空冶炼、真空镀膜、电子电器、国防尖端工业和科学研究等领域

【生产厂】[沪]上海树脂厂有限公司(15 吨)〈P1764〉;[苏]江苏宝应化工助剂厂〈P1815〉;[皖]安徽省蚌埠市鑫盛精细化工有限责任公司〈P1975〉;蚌埠市新瑞有机硅有限公司〈P1976〉;[粤]广州市兴胜杰有限公司〈P2267〉;广州聚成兆业有机硅原料中心〈P2262〉

聚甲基三乙氧基硅烷;防水剂 3 号 F04044501

Polymethyl triethoxy silane

建筑防水剂、隔离防粘剂、脱模剂、甲基嵌段室温硫化硅橡胶

【生产厂】[津]天津市兴玉工贸有限公司〈P1609〉;[冀]河北硅谷化工有限公司〈P1639〉;[苏]江苏宝应化工助剂厂〈P1815〉;[皖]蚌埠市新瑞有机硅有限公司〈P1976〉

羟基硅油乳液 F04045501

Hydroxy silicone oil emulsion

用于棉、毛、麻、丝及合成纤维等织物的柔软整理

【生产厂】[浙]杭州康臣有机硅有限公司〈P1920〉;杭州萧山新发助剂厂〈P1924〉;[鲁]威海赛奥化工有限公司(300 吨)〈P2125〉;[粤]广州聚成兆业有机硅原料中心〈P2262〉;东莞市恒业助剂有限公司〈P2280〉

【使用厂】[闽]厦门汉旭化工有限公司〈P1992〉

羟基硅油 F04045701

Hydroxy silicone oil

作为硅橡胶的结构控制剂,简化硅橡胶加工工艺,提高加工性能,增加制品透明度

【生产厂】[苏]江都市江北有机硅化工有限公司〈P1814〉;如东振丰奕洋化工有限公司(150 吨)〈P1838〉;[浙]浙江上虞市珊瑚化工厂〈P1951〉;[皖]蚌埠市新瑞有机硅有限公司〈P1976〉;蚌埠伊锐精细化工有限公司〈P1976〉;[赣]江西星火化工厂〈P2012〉;[鲁]莱州市宏科化工有限公司〈P2109〉;青岛市平度山林染料化工有限公司〈P2042〉;[鄂]武汉天目科技发展有限责任公司〈P2233〉;[粤]广州市氟缘硅科技有限公司〈P2263〉;广州聚成兆业有机硅原料中心〈P2262〉;广州市康明硅橡胶科技有限公司〈P2265〉;深圳市蛇口三力有机硅材料有限公司〈P2272〉;深圳市吉鹏硅氟材料有限公司〈P2271〉;南海市利达有机硅有限公司〈P2291〉;[川]成都今天化工有限公司〈P2311〉;中昊晨光化工研究院(200 吨)〈P2321〉

室温硫化有机硅模具胶;模具硅橡胶 F04046001

Organosilicon moulder gel, RTV

用于文物、工艺品的复制及加工,皮革印花及高频工艺等

【生产厂】[浙]义乌市康成特种橡胶有限公司〈P1954〉;[皖]蚌埠市新瑞有机硅有限公司〈P1976〉;[鲁]济南市科华树脂应用技术开发中心〈P2025〉;威海赛奥化工有限公司(130 吨)〈P2125〉;[鄂]湖北枣阳四海化工有限公司〈P2237〉;[粤]深圳市联环有机硅材料有限公司〈P2271〉;深圳市淳昌科技有限公司〈P2270〉;东莞三国有机硅材料厂〈P2279〉;[川]中蓝晨光化工研究院〈P2320〉;成都拓利化工实业有限公司〈P2316〉;成都今天化工有限公司〈P2311〉

硬挺树脂 F04046111

Stiffening resin

用于纺织品防皱、硬挺处理

【生产厂】[苏]南通斯恩特精细化工有限公司〈P1835〉;[浙]浙江省上虞市杜浦化工厂〈P1951〉;[粤]东莞市德能化工有限公司〈P2279〉

亮光树脂 F04046121

Light resin

是胶印亮光油墨、胶印树脂油墨的主要连结料

【生产厂】[津]天津瑞丽斯化工有限公司(500 吨)〈P1577〉

树脂油 F04046131

Resin oil

是胶印树脂油墨的主体连接料

【生产厂】[冀]深州市天翔化工有限公司〈P1669〉;[沪]上海金环石油萘开发有限公司(1 万吨)〈P1744〉

再生塑料 F04046301

Reclaimed plastic

【生产厂】[冀]三河市三通橡塑制品厂〈P1662〉;[粤]江门市杜阮联发塑料厂〈P2285〉

防水防腐高分子材料 F04046401

Waterproof anticorrosive high molecular material

用于建筑、地下工程防水

【生产厂】[粤]广州金乐防水工程有限公司〈P2262〉

高活性聚异丁烯 F04046601

Polyisobutylene, high activity

用于生产润滑油无灰分散剂(即聚异丁烯丁二酰亚胺)以及汽油清净剂

【生产厂】[吉]中国石油吉化集团公司(3000 吨)〈P1717〉;吉化集团精细化学品有限公司〈P1715〉

卡波树脂 F04046801

Carfopol resin

是最有效的水溶性增稠剂、悬浮分散剂、乳化稳定剂

【生产厂】[京]北京昌化精细化工厂〈P1544〉

注塑制品　F05100100
Injection forming products

广泛应用于塑料周转箱、水果箱、沙滩椅、汽车、家电等行业

【生产厂】[京]北京大千塑料制品厂〈P1546〉;[津]天津联盈电子塑料制品有限公司(1 万吨)〈P1576〉;天津市西青区盛兴发塑料制品有限公司(3800 吨)〈P1607〉;[辽]锦州彩练塑料集团有限责任公司〈P1701〉;[苏]江阴市延利塑料制品有限公司〈P1871〉;[皖]安徽国风塑业股份有限公司〈P1971〉;[鲁]青岛东海龙塑钢材料有限公司〈P2033〉;[粤]珠海市通晶塑胶制品有限公司〈P2275〉

家用电器塑料配件　F05101003
Plastic fittings for home-use electrical appliance

【生产厂】[苏]常州巨力塑料集团有限公司〈P1848〉;常州威康特塑料有限公司〈P1857〉

塑料配件　F05101006
Plastic fittings

【生产厂】[津]绿点(天津)塑胶有限公司(4000 吨)〈P1569〉;[苏]无锡环宇金属软管有限公司〈P1873〉;[浙]象山宏祥橡塑制品有限公司〈P1934〉

汽车塑料配件　F05103002
Plastic automobile fittings

用于给各种汽车配套

【生产厂】[吉]吉林龙山有机硅集团有限公司〈P1715〉;[沪]上海华德塑料制品有限公司〈P1738〉;[苏]常州威康特塑料有限公司〈P1857〉;江阴市延利塑料制品有限公司〈P1871〉;南通海林汽车橡塑制品有限公司〈P1833〉;[浙]余姚市大伟橡塑制品有限公司〈P1935〉;余姚市舜尧橡胶制品有限公司〈P1935〉;宁波乔士橡塑有限公司〈P1932〉;象山宏祥橡塑制品有限公司〈P1934〉;象山华泰模塑电器有限公司〈P1935〉;浙江仙一橡胶密封件有限公司〈P1969〉;[鄂]湖北华强科技有限责任公司〈P2240〉;[粤]珠海市通晶塑胶制品有限公司〈P2275〉

空调器塑料件　F05103003
Plastic air conditioner fittings

为各种规格空调器的面柜和其他塑料部件

【生产厂】[浙]宁波衡山模塑有限公司〈P1930〉;[鲁]青岛东海龙塑钢材料有限公司〈P2033〉

各种管弹性体保护环　F05103010
Plastic ring for various pipes

用于保护油管、套管等的螺纹

【生产厂】[沪]上海汇增实业有限公司(200 万套)〈P1741〉

挤出塑料管材　F05200100
Extruding plastic pipe

【生产厂】[浙]余姚市舜尧橡胶制品有限公司〈P1935〉;[皖]安徽国风集团有限公司(4 万吨)〈P1971〉

塑料保温管　F05200101
Plastic thermos pipe

用于热力管网、输油管网等

【生产厂】[津]天津市汉沽永兴塑料保温制品厂(1200 吨)〈P1588〉;[苏]常州市汇东橡塑制品厂〈P1851〉;[鲁]山东省宁津县鲁盾聚氨酯制品有限公司〈P2145〉

给水和排水管　F05200102
Plastic water pipe

【生产厂】[冀]河北衡水恒基建工材料有限公司〈P1664〉;[鲁]山东胜利股份有限公司〈P2030〉;山东省禹城市兴达工程塑胶总厂(3000 吨)〈P2146〉;文登市商山福利塑料厂(2000 吨)〈P2127〉;[豫]新乡谢人实业有限公司(1 万吨)〈P2169〉

塑料电缆制品　F05200105
Plastic electric cable product

用于电力通讯、电缆制造、电缆塑料护套接续套管等

【生产厂】[豫]河南省辉县市橡胶厂(3 万套)〈P2201〉

塑料螺旋管　F05200111
Plastic spiral pipe

用于抽吸、排、灌水、输送等

【生产厂】[沪]上海奇澳塑胶有限公司〈P1756〉;[浙]浙江省天台县富华塑胶有限公司〈P1967〉;[豫]河南省孟州市城关胶管厂〈P2194〉

聚氯乙烯双壁波纹管　F05200121
PVC Corrugated pipe, double wall

用于电缆护套管、农田排管、排水管等

【生产厂】[冀]北京市清河塑料厂顺平县联营厂〈P1647〉;[苏]常州市河马塑胶有限公司〈P1851〉;[闽]漳州市龙海集友塑料有限公司〈P2002〉;[赣]江西赣北化工厂(3500 吨)〈P2012〉

聚乙烯双壁波纹管;PE 双壁波纹管　F05200131
PE Double wall corrugated pipe

用于市政工程建筑物的雨水管、地下排水管、给水管等

【生产厂】[津]天津市博通塑胶制品有限公司〈P1581〉;[晋]山西塑料总厂(1 万吨)〈P1670〉;[辽]沈阳久利化学建材股份有限公司〈P1687〉;沈阳天华塑胶有限公司〈P1689〉

塑料波纹管　F05200191
Plastic corrugated pipe

【生产厂】[冀]高碑店市峰业橡胶制品有限责任公司〈P1647〉;[沪]上海一华橡胶制品厂〈P1774〉;上海樱宝塑胶软管有限公司〈P1775〉;[苏]扬中市红叶管阀密封件有限公司〈P1843〉;启东市永兴橡胶制品有限公司〈P1837〉;[浙]象山华泰模塑电器有限公司〈P1935〉

塑料异型材;塑料型材　F05201000
Plastic extruding special-shape materials

【生产厂】[沪]上海澜涛塑胶有限公司〈P1749〉;[苏]宜兴市惠兴塑胶有限公司〈P1885〉;[闽]厦门鹭路塑料异型材有限公司(2000 吨)〈P1992〉;厦门万里橡塑制品有限公司〈P1993〉;[鲁]山东华塑建材有限公司(1 万吨)〈P2028〉;宁津县华宏化工有限公司(1 万吨)〈P2143〉;青岛宏达塑胶总公司(1 万吨)〈P2037〉;[豫]豫港合资隆丰塑料有限公司(3000 吨)〈P2179〉;[川]龙虎集团股份有限公司(3500 吨)〈P2317〉

挤出板材　F05202000
Extruding sheet

广泛应用于冰箱、冰柜、车、船内饰、建筑装饰等方面

【生产厂】[苏]常州巨力塑料集团有限公司〈P1848〉;[鲁]青

岛宏达塑胶总公司(700 吨)〈P2037〉

铝型复合塑料板;铝塑复合板　F05202004

Plastic aluminium complex sheet

用于建筑物外装饰、广告牌等

【生产厂】[沪]上海华源股份有限公司〈P1740〉;[鲁]山东乐化集团有限公司〈P2095〉

铝塑复合带　F05202011

Aluminum plastic compound tape

通讯电缆、光缆用屏障

【生产厂】[冀]河北远洋绝缘材料厂〈P1649〉;[苏]江苏泰兴市维维高分子材料有限公司〈P1822〉

吹塑薄膜　F05300100

Blow moulding film

聚乙烯吹塑薄膜适用于食品包装、工业包装及各种规格的内袋

【生产厂】[苏]连云港市五塑包装有限公司〈P1800〉;[宁]吴忠宁燕塑料工业有限公司〈P2362〉

塑料复合包装膜;复合塑料薄膜　F05300101

Plastic complex packing film

用于工业产品、药品及食品的包装

【生产厂】[皖]黄山永新股份有限公司〈P1981〉;[闽]厦门星光彩印包装有限公司〈P1993〉;[鲁]淄博华瑞铝塑包装材料有限公司(1800 吨)〈P2062〉;[粤]汕头精细化工(集团)公司〈P2276〉;[陕]西安方舟包装工业有限公司〈P2348〉

PVDC 阻隔薄膜　F05300102

PVDC Separating film

广泛用于各种食品、药品、纸制餐具以及对氧、水汽阻隔要求很高的精密仪器,车工材料等包装

【生产厂】[皖]黄山永新股份有限公司〈P1981〉

聚偏二氯乙烯涂布薄膜;PVDC 薄膜　F05300111

Polyvinylidene chloride coating film

常被应用于一些芳香及含油脂的食品包装,可大大延长这些食品的保鲜、保香时间

【生产厂】[粤]佛山塑料集团股份有限公司〈P2289〉

塑料桶　F05301001

Plastic barrel

用于盛装工业原料及生活用品

【生产厂】[津]天津市惠友塑料包装制品厂〈P1591〉;天津市临港塑料包装技术有限公司(4 万个)〈P1598〉;天津市大港区光大橡塑有限公司(500 吨)〈P1582〉;天津市汉沽区营城塑料厂(5 万个)〈P1588〉;[冀]唐山乐荣汽车塑料配件有限公司(15 万只)〈P1635〉;[黑]黑化集团红岸塑料制品有限责任公司〈P1722〉;[苏]常州包装容器厂〈P1846〉;吴江市青云塑料厂〈P1910〉;[浙]浙江省浦江县塑料总厂〈P1956〉;[鲁]济南裕兴化工总厂裕新化工厂(1 万个)〈P2027〉;山东阳谷恒泰实业有限公司(30 万只)〈P2154〉;山东庆云春草塑料制品有限公司〈P2145〉;山东省庆云华威塑料制品有限公司〈P2146〉;淄博市临淄同康塑料制品有限公司〈P2069〉;青岛海川化工有限公司(5000 只)〈P2035〉;[豫]郑州中原精工橡塑制品有限公司〈P2175〉;河南省洛阳市关林大洋塑料厂(500 吨)〈P2180〉;[湘]株洲容昌包装有限责任公司〈P2250〉;[粤]广州鸿英包装制品有限公司〈P2261〉

包装桶;塑料包装桶　F05301002

Packing barrel

用于农药、化工、建筑涂料、饲料助剂、食品等的产品包装

【生产厂】[冀]河北沧州大化集团新星工贸有限责任公司(22 万只)〈P1653〉;[苏]常州威康特塑料有限公司〈P1857〉;[鲁]临淄金赢塑料制品厂〈P2049〉;潍坊青田化工科技有限公司〈P2103〉;山东金河实业有限公司(40 万套)〈P2113〉;青岛中孚塑胶有限公司(1 万吨)〈P2047〉;青岛文武港橡塑有限公司〈P2044〉;山东梁山蓝天化工有限公司(350 万只)〈P2131〉;[豫]洛阳隆升化工有限公司(1000 吨)〈P2182〉

塑料点断袋,背心袋　F05301003

Plastic purchasing sack

用于购物等

【生产厂】[苏]常州华光塑料制品有限公司〈P1847〉;南通华盛塑料制品有限公司(7000 吨)〈P1833〉

纸塑复合袋　F05301051

Complex bag of kraft-plastics

广泛用于化工、建筑、农产品、食品等行业

【生产厂】[冀]石家庄市博大塑化有限公司〈P1628〉;[沪]上海泉美包装材料有限公司(600 吨)〈P1758〉;上海亚都塑料有限公司〈P1774〉;上海华宝纤维制品有限公司(5000 万条)〈P1738〉;[青]青海省盐业股份有限公司〈P2359〉

VCI 气化防锈防静电包装材料　F05303001

VCI Gasify antirust antistatic packaging material

经气化性防锈剂 VCI 特殊处理的高科技新产品,对金属制品具有强烈的保护作用

【生产厂】[晋]山西北方晋东化工有限公司〈P1673〉

中空纤维　F05500100

Macaroni fibre

【生产厂】[苏]中国石化仪征化纤股份有限公司〈P1821〉;江苏金雪集团有限公司〈P1830〉

中空容器　F05500101

Hollowed vessel

适用于农药、日用化工产品等容器包装

【生产厂】[冀]邢台市大梁庄塑料厂(700 个)〈P1643〉;[黑]黑龙江省渤龙塑料有限责任公司〈P1724〉;[浙]杭州萧山塑料总厂〈P1924〉;浙江省浦江县塑料总厂〈P1956〉;[鲁]山东省庆云华威塑料制品有限公司〈P2146〉

塑料包装容器　F05501011

Plastic packing vessel

广泛适用于化工、石油、医药、食品等行业的商品包装

【生产厂】[苏]江苏融泰化工有限公司〈P1865〉;[鲁]青岛广瀛塑料制品有限公司〈P2034〉

涂料及无机颜料
G01000000 ~ G04090991

G

油漆；涂料　G01000000

Coating；Paint

【生产厂】［京］北京市良乡永定铸造辅料厂（4000吨）〈P1560〉；［津］天津市津鸥涂料有限公司（2000吨）〈P1594〉；天津市振东涂料有限公司（3000吨）〈P1613〉；天津灯塔涂料有限公司（7万吨）〈P1571〉；天津市津北长明洗涤涂料加工厂（1500吨）〈P1592〉；天津哥雷德化工涂料厂（200吨）〈P1572〉；天津市北辰区华明涂料厂（800吨）〈P1579〉；天津市德实化工涂料有限公司（5000吨）〈P1584〉；天津市五洲涂料有限公司（3000吨）〈P1606〉；天津天钟化工有限公司（500吨）〈P1615〉；天津市北辰区恒源化工厂（1000吨）〈P1579〉；天津市塘沽区凌花涂料有限公司（1500吨）〈P1603〉；PPG涂料（天津）有限公司（1万吨）〈P1569〉；天津永富关西涂料化工有限公司（3000吨）〈P1616〉；天津中远关西涂料化工有限公司（6000吨）〈P1618〉；天津市天塔涂料有限公司（1000吨）〈P1605〉；天津市澳美化工涂料有限公司（2000吨）〈P1579〉；天津市五一天立油漆有限公司（1500吨）〈P1606〉；［冀］廊坊市燕美化工有限公司〈P1661〉；承德新新钒钛化工有限公司（5000吨）〈P1650〉；［沪］上海涂料有限公司〈P1768〉；上海元邦涂料制造有限公司（600吨）〈P1776〉；中涂化工（上海）有限公司（3万吨）〈P1780〉；［苏］南京天龙股份有限公司（42万吨）〈P1790〉；盐城美丽雅漆业有限公司（6000吨）〈P1810〉；［皖］安庆市鸿源化工有限责任公司〈P1979〉；［闽］福州澳丽美制漆有限公司〈P1989〉；福建东海漆业有限公司（1万吨）〈P1988〉；泉州浪花漆有限公司（2000吨）〈P2000〉；［鲁］济南宏业音像化工有限责任公司（5000吨）〈P2022〉；济南玛博伦环保涂料有限公司（500吨）〈P2024〉；山东泺源化工集团（3万吨）〈P2029〉；山东昌裕集团有限公司（10万吨）〈P2152〉；山东临清洪流化工总公司（3万吨）〈P2153〉；淄博乾胜化工有限公司〈P2066〉；山东营利丰化工新材料有限公司（2000吨）〈P2087〉；胜利油田方圆实业集团有限公司防腐材料分公司（2000吨）〈P2087〉；东营市方圆实业有限责任公司〈P2081〉；青州市恒威漆业有限公司（5000吨）〈P2092〉；威海市瀚玉化纺有限公司（800吨）〈P2125〉；青岛健泰化工有限公司（1000吨）〈P2038〉；青岛国海化工有限公司〈P2035〉；山东梁山蓝天化工有限公司（1万吨）〈P2131〉；梁山县第一油漆厂（1万吨）〈P2129〉；梁山县昌胜油漆厂（800吨）〈P2129〉；菏泽仕达化工有限公司（2000吨）〈P2159〉；［豫］郑州凯瑞涂料有限公司（3000吨）〈P2171〉；郑州市鸿凯化工有限公司（4000吨）〈P2173〉；郑州市三环油漆厂（800吨）〈P2173〉；郑州华新化工有限公司〈P2171〉；郑州好上好化工有限公司（5000吨）〈P2170〉；郑州华美油漆有限公司（3000吨）〈P2171〉；河南庆安化工高科技股份有限公司（5000吨）〈P2166〉；新乡市东风化工有限责任公司（5000吨）〈P2204〉；安阳市铁西华北涂料厂（300吨）〈P2209〉；河南省安阳市航天涂料化工有限责任公司（300吨）〈P2210〉；平顶山市海德化工有限公司（3000吨）〈P2191〉；洛阳万乐防腐涂料有限公司（100吨）〈P2187〉；河南省南阳市油漆化工厂（1万吨）〈P2223〉；南阳市东方化工厂（2800吨）〈P2224〉；邓州市佳利来涂料化工有限公司（1000吨）〈P2223〉；镇平县裕隆化工有限公司（2万吨）〈P2225〉；西峡县新兴化工厂（1000吨）〈P2225〉；开封市汴梁漆业有限公司（5800吨）〈P2177〉；河南万邦企业有限责任公司（3000吨）〈P2225〉；［鄂］武汉力诺双虎涂料有限公司（4万吨）〈P2231〉；［湘］长沙龙利化工有限公司〈P2247〉；［粤］广州百鸿化工有限公司（100吨）〈P2260〉；珠海市希友达油墨涂料有限公司〈P2275〉；东星化工实业有限公司（1万吨）〈P2287〉；广东粤港大地制漆有限公司〈P2291〉；中山裕北涂料有限公司〈P2284〉；广东彩艳股份有限公司〈P2284〉；［陕］西安利澳科技股份有限公司（3万吨）〈P2349〉；［新］新疆莫奈化工有限公司〈P2364〉

【使用厂】［鲁］山东齐鲁华信实业有限公司防腐设备制造分公司〈P2053〉

各类清漆　G01000200

Various varnish

广泛用于自行车、汽车、家具、电器、仪表等钢铁及铝合金表面的涂饰

【生产厂】［津］天津鎏虹科技发展有限公司〈P1576〉；［鲁］淄博杜高化工有限公司〈P2059〉；［粤］奥博涂料有限公司〈P2282〉；［宁］银川银湖化工有限公司〈P2361〉

油脂漆类　G01010000

Oil and fat paint

用于调制厚漆和室内外一般金属、木质物件及建筑物表面的涂刷，作保护、装饰用

【生产厂】［鲁］济南泰山金鹏涂料有限公司（100吨）〈P2025〉；［豫］郑州双塔涂料有限公司（500吨）〈P2174〉；［粤］新会汇通漆厂有限公司〈P2286〉；［陕］西安利澳科技股份有限公司〈P2349〉

清油　G01010101

Boiled oil

可作调厚漆和红丹防锈漆用，也可单独涂刷

【生产厂】［滇］昆明中华涂料有限责任公司〈P2340〉

罩光清漆　G01010901

Finishing varnish

适用于摩托车、电动车、电视机等的塑件各色面漆的罩光装饰和保护

【生产厂】［辽］丹东同达涂料有限公司〈P1701〉；［沪］上海亮迪涂料有限公司〈P1751〉；［苏］江苏科特涂饰有限公司〈P1842〉；［粤］新达化工实业有限公司〈P2294〉

双组分高硬度镜面清漆　G01010951

High hardness mirror surface varnish, bicomponent

汽车及室外各类机械车辆适用，亦可用于塑料制品

【生产厂】［粤］福田化学工业集团〈P2259〉

Y03-1 各色油性调合漆　G01012301

Various color oil ready mixed paint Y03-1

用于涂刷室内外金属、木质物件和建筑物的表面

【生产厂】［皖］安徽舒城群峰造漆有限责任公司〈P1985〉

腻子；油灰　G01013001

Putty

用于填补钢铁、木质物件表面的凹坑、针孔及裂纹处，也可用于固定门窗玻璃

【生产厂】［京］北京禾邦人科技有限公司〈P1548〉；北京市红

星广厦建筑涂料有限责任公司〈P1559〉；北京新华福兴工贸有限公司〈P1563〉；北京市通州利强涂料厂〈P1561〉；北京莱恩斯涂料有限公司〈P1554〉；北京佳悦创新涂料科技发展有限公司〈P1551〉；北京仕全兴涂料有限责任公司〈P1558〉；［津］天津市海滨涂料有限公司（1000 吨）〈P1587〉；［冀］石家庄金鱼涂料集团公司〈P1627〉；［辽］沈阳市欧丽亚涂料有限公司〈P1688〉；［沪］上海建好装饰材料有限公司〈P1743〉；上海吉安化工有限公司（2500 吨）〈P1742〉；上海汇丽集团有限公司〈P1741〉；上海式玛卡龙涂料有限公司〈P1764〉；上海华桓涂料有限公司〈P1738〉；［苏］无锡市摩晶氟碳涂料科技有限公司〈P1878〉；无锡市浩华氟涂料有限公司〈P1876〉；苏州百氏高涂料有限公司〈P1899〉；扬州亚菲涂料有限公司〈P1820〉；［浙］中外合资升华集团湖州升宝涂料有限公司〈P1947〉；宁波康曼丝涂料有限公司〈P1931〉；［赣］江西蒙莱特漆业有限公司〈P2015〉；［豫］河南省超前涂料有限责任公司（800 吨）〈P2166〉；［湘］湖南汇博化工科技有限公司〈P2254〉；［粤］广州金美联化工有限公司〈P2262〉；新达化工实业有限公司〈P2294〉；中山市青松制漆化工有限公司〈P2283〉；［川］成都奇龙化工有限公司〈P2313〉

Y53-31 红丹油性防锈漆；Y53-1 红丹油性防锈漆 G01013701

Red lead oil antirust paint Y53-31

用于室内外钢铁物面，作防锈打底用

【生产厂】［沪］上海开林造漆厂（1500 吨）〈P1746〉；［苏］常州圣安涂料有限公司〈P1849〉；［浙］浙江鱼童发达造漆有限公司〈P1970〉；［滇］昆明中华涂料有限责任公司〈P2340〉

Y53-32 红丹油性防锈漆；Y53-2 铁红油性防锈漆 G01013801

Red lead oil antirust paint Y53-32

主要用于室内外要求不高的钢铁结构的涂覆，作防锈打底用

【生产厂】［沪］上海开林造漆厂（1500 吨）〈P1746〉

油性全天候自洁漆 G01014901

All-weather self-cleansing paint, oil type

【生产厂】［浙］玉环密得邦化学有限公司〈P1963〉；［粤］深圳天虹化工实业有限公司〈P2273〉

天然树脂漆类 G01020000

Natural resin paint

用于室内外一般金属、木质物件和建筑物等的保护、装饰

【生产厂】［京］北京京齐漆业有限公司〈P1552〉；［辽］沈阳船牌制漆有限公司〈P1685〉；［豫］郑州双塔涂料有限公司（2000 吨）〈P2174〉；［鄂］武汉鹤龟涂料有限公司〈P2230〉；［粤］佛山市鲸鲨制漆科技有限公司（500 吨）〈P2288〉；［川］重庆三峡油漆股份有限公司成都油漆厂（700 吨）〈P2321〉；［陕］西安利澳科技股份有限公司〈P2349〉

纸箱防水涂料 G01020601

Waterproof coating for cardboard-box

广泛用于纸箱、纸制品拒水防潮，是传统纸箱、纸制品用拒水剂、拔水剂的替代产品

【生产厂】［鲁］龙口市华瑞新材料科技有限公司〈P2111〉

T01-1 酯胶清漆；清凡立水 G01021301

Ester gum varnish T01-1

用于涂覆家具、门窗，也可用作金属表面的罩光

【生产厂】［川］重庆三峡油漆股份有限公司成都油漆厂（2000 吨）〈P2321〉；攀枝花荣鑫油漆有限责任公司（200 吨）〈P2322〉；［滇］昆明中华涂料有限责任公司〈P2340〉

T03-1 红酯胶调合漆 G01021901

Red ester gum ready mixed paint T03-1

用于室内外一般金属、木质物件及建筑物表面的涂覆，作保护及装饰用

【生产厂】［滇］昆明中华涂料有限责任公司〈P2340〉

T03-1 各色酯胶调合漆 G01021902

Various color ester gum ready mixed paint T03-1

用于室内外一般金属、木质物件及建筑物表面的涂覆，作保护及装饰用

【生产厂】［川］攀枝花荣鑫油漆有限责任公司〈P2322〉

各色酯胶磁漆 G01022801

Various color ester gum enamel

用于室内金属、木材制品表面的涂装

【生产厂】［粤］广州市延安油漆集团股份有限公司〈P2267〉

T04-1 黄，绿酯胶磁漆；镜子漆 G01023701

Yellow, green ester gum enamel T04-1

用于室内金属、木材制品表面涂装

【生产厂】［沪］上海振华造漆厂〈P1778〉；［滇］昆明中华涂料有限责任公司〈P2340〉

各色酯胶调合漆 G01028701

Various color ester gum ready mixed paint

用于室内外一般金属、木质物件及建筑物表面的涂覆，作保护和装饰用

【生产厂】［津］天津市富利达化工厂（800 吨）〈P1587〉；［川］成都市海鲨漆业有限责任公司〈P2314〉；成都彩星科技实业有限公司〈P2309〉；［新］新疆红山涂料有限公司〈P2363〉

酚醛树脂漆类 G01030000

Phenolic resin paint

用于室内外一切木质和金属表面罩光及建筑、交通机械的涂饰

【生产厂】［京］红狮涂料国际有限公司（500 吨）〈P1567〉；［冀］邯郸市鑫马涂料股份合作公司〈P1639〉；［辽］沈阳船牌制漆有限公司〈P1685〉；大连璐琨化工涂料有限公司〈P1693〉；［吉］长春泰欧亚涂料有限公司（1300 吨）〈P1714〉；［苏］徐州造漆有限公司〈P1796〉；盐城美丽雅漆业有限公司〈P1810〉；［浙］杭州宝塔油漆有限公司（3000 吨）〈P1915〉；［皖］马鞍山市康华化工有限公司〈P1977〉；［闽］福建省百花化学股份有限公司（5000 吨）〈P2005〉；［鲁］山东梁山蓝天化工有限公司〈P2131〉；［豫］郑州双塔涂料有限公司（1000 吨）〈P2174〉；河南万邦企业有限责任公司（1000 吨）〈P2225〉；［鄂］武汉鹤龟涂料有限公司〈P2230〉；［粤］东莞市石龙合众涂料厂〈P2280〉；佛山市鲸鲨制漆科技有限公司（800 吨）〈P2288〉；东星化工实业有限公司〈P2287〉；江门市制漆厂有限公司（1 万吨）〈P2286〉；［川］成都彩星科技实业有限公司〈P2309〉；重庆三峡油漆股份有限公司成都油漆厂（700 吨）〈P2321〉；［陕］西安利澳科技股份有限公司〈P2349〉；西安北方惠安精细化工有限公司〈P2347〉；陕西宝塔山油漆股份有限公司〈P2352〉；陕西源源化工有限责任公司〈P2353〉

酚醛清漆 G01030100

Phenolic varnish

主要适用于竹器、木质家具和工艺品等的表面罩光

【生产厂】[沪]上海振华造漆厂〈P1778〉;[皖]安庆菱湖漆业有限公司〈P1979〉;[川]成都市海鲨漆业有限责任公司〈P2314〉;四川东方绝缘材料股份有限公司〈P2330〉

F01-1 酚醛清漆;水砂纸漆;405 酚醛清漆 G01030301

Phenolic varnish F01-1

用于涂饰木器表面

【生产厂】[苏]常州光辉化工有限公司(600 吨)〈P1847〉;[皖]马鞍山市康华化工有限公司〈P1977〉;[滇]昆明中华涂料有限责任公司〈P2340〉

F01-2 酚醛清漆 G01030401

Phenolic varnish F01-2

用于涂刷木器

【生产厂】[沪]上海振华造漆厂〈P1778〉

F01-14 酚醛清漆 G01030501

Phenolic varnish F01-14

主要用于涂饰木器,可显示木器的底色及花纹

【生产厂】[浙]杭州宝塔油漆有限公司〈P1915〉

各色酚醛调合漆;酚醛调合漆 G01030811

Various color phenolic ready-mixed paint;Phenolic ready-mixed paint

用于木制品、金属表面、墙壁的涂刷

【生产厂】[沪]上海振华造漆厂〈P1778〉;上海华邦涂料有限公司〈P1738〉;[苏]南京市溧水天龙化工有限公司〈P1789〉;淮安市造漆厂〈P1801〉;[皖]安庆菱湖漆业有限公司〈P1979〉;[粤]广州市延安油漆集团股份有限公司〈P2267〉

【使用厂】[皖]马鞍山市康华化工有限公司〈P1977〉

F03-1 各色酚醛调合漆;磁性调合漆 G01030901

Various color phenolic ready-mixed paint F03-1

用于涂刷室内外一般金属和木质物件

【生产厂】[沪]上海振华造漆厂(1000 吨)〈P1778〉;上海开林造漆厂(1500 吨)〈P1746〉;[苏]常州光辉化工有限公司〈P1847〉;常州市邦杰化工有限公司〈P1849〉;[浙]杭州宝塔油漆有限公司〈P1915〉;[皖]马鞍山市康华化工有限公司〈P1977〉

F04-1 各色酚醛磁漆 G01031201

Various color phenolic enamel F04-1

用于木器、家具、机器及仪表的表面涂装

【生产厂】[沪]上海振华造漆厂〈P1778〉;[苏]常州光辉化工有限公司〈P1847〉;[川]重庆三峡油漆股份有限公司成都油漆厂〈P2321〉;攀枝花荣鑫油漆有限责任公司〈P2322〉

F04-1 铝粉酚醛磁漆 G01031401

Aluminium powder phenolic enamel F04-1

用于木器、家具、机器、仪表和表面涂装

【生产厂】[沪]上海振华造漆厂(1000 吨)〈P1778〉;上海开林造漆厂〈P1746〉;[苏]常州光辉化工有限公司(1500 吨)〈P1847〉;[皖]马鞍山市康华化工有限公司〈P1977〉;[滇]昆明中华涂料有限责任公司〈P2340〉

F04-2 各色酚醛磁漆 G01031411

Various color phenolic enamel F04-2

【生产厂】[苏]常州市邦杰化工有限公司〈P1849〉

酚醛树脂漆底漆;酚醛底漆 G01032400

Phenolic resin primer

【生产厂】[沪]上海振华造漆厂〈P1778〉;[皖]安庆菱湖漆业有限公司〈P1979〉

F06-1 各色酚醛底漆 G01032501

Various color phenolic primer F06-1

用于钢铁和木质表面打底用

【生产厂】[沪]上海开林造漆厂〈P1746〉;[苏]常州光辉化工有限公司(550 吨)〈P1847〉

F06-1 黑,铁红酚醛底漆 G01032505

Black,iron oxide red phenolic primer F06-1

用于钢铁和木质表面打底用

【生产厂】[沪]上海振华造漆厂〈P1778〉;[浙]杭州宝塔油漆有限公司〈P1915〉

酚醛电泳漆 G01033101

Phenolic electrophoretic paint

用于弹壳、自行车、缝纫机零件表面涂装

【生产厂】[津]天津市津南油漆厂(1000 吨)〈P1594〉

水性电泳漆;电泳漆 G01033211

Water-soluble electrophoretic paint

主要用于汽车车身的底涂涂装,也可用于零部件、家用电器、五金制品等的底涂涂装或底面合一涂装

【生产厂】[辽]沈阳联邦涂料有限公司〈P1687〉;[皖]铜陵市陵阳化工有限责任公司〈P1978〉;[鲁]潍坊正本涂料有限公司〈P2107〉;[鄂]湖北枣阳四海化工有限公司〈P2237〉;[粤]佛山市鲸鲨制漆科技有限公司〈P2288〉;南海东联涂装有限公司〈P2291〉

F11-7 各色纯酚醛烘干电泳漆;F08-5 铁红电泳漆;铁红纯酚醛半光烘干电泳漆 G01033301

Various color virgin phenolic baking electrphoretic paint F11-7

用于涂装各种要求半光的金属部件

【生产厂】[鲁]莱阳市春帆漆业有限责任公司〈P2108〉

F14-31 红棕酚醛透明漆;F14-1 红棕酚醛透明漆;改良金漆 G01034101

Reddish brown phenolic transparent paint F14-31

适用于门窗、木箱、桌椅、家具用品、车厢等木制品的表面涂覆

【生产厂】[苏]常州光辉化工有限公司(300 吨)〈P1847〉;[川]攀枝花荣鑫油漆有限责任公司(200 吨)〈P2322〉

食品容器内壁无毒涂料 G01034501

Nontoxic coating for inne wall of food vessel

专用于食品容器内壁的涂装

【生产厂】[沪]上海开林造漆厂〈P1746〉;上海青浦飞浦树脂厂〈P1757〉;[苏]苏州 PPG 包装涂料有限公司(6000 吨)〈P1898〉;[浙]宁波柯力高分子材料有限公司〈P1931〉;浙

江鱼童发达造漆有限公司〈P1970〉

酚醛环氧罐头涂料 G01034511

Phenolic epoxy coating for food can

用于蔬菜、水果、肉类罐头内壁、啤酒瓶盖的涂饰及其他容器的涂饰

【生产厂】[苏]扬州美涂士金陵特种涂料有限公司〈P1818〉;[渝]重庆三峡油漆股份有限公司〈P2306〉

制罐用涂料;制罐漆 G01034601

Coating for making tin

用于金属罐的涂饰

【生产厂】[粤]深圳松辉化工有限公司〈P2273〉;江门东洋油墨有限公司〈P2285〉

F31-1 酚醛绝缘漆 G01035201

Phenolic insulating paint F31-1

一般可用于电器密封、装饰,涂刷硅钢片和低压使用件的外壳,也可作电器修理的涂层

【生产厂】[浙]杭州宝塔油漆有限公司〈P1915〉;[皖]马鞍山市康华化工有限公司〈P1977〉

酚醛甲板漆 G01036201

Phenolic deck paint

用于船舶甲板表面涂装

【生产厂】[辽]大连实利德漆业有限公司〈P1693〉

F50-31 各色酚醛耐酸漆;F50-1 各色酚醛耐酸漆 G01036901

Various color phenolic acid-resistant paint F50-31

主要用于化学工厂、化学处理车间(表面处理、电镀等)、化学品库房等建筑和内部作一般耐酸涂层

【生产厂】[沪]上海振华造漆厂〈P1778〉;[苏]常州光辉化工有限公司(200 吨)〈P1847〉;[皖]马鞍山市康华化工有限公司(10 吨)〈P1977〉;[滇]昆明中华涂料有限责任公司〈P2340〉

各色酚醛防锈漆;酚醛防锈漆 G01037101

Various color phenolic antirust paint

用于钢铁制件表面的涂覆,作防锈打底用

【生产厂】[宁]银川银湖化工有限公司〈P2361〉;[新]新疆红山涂料有限公司〈P2363〉

【使用厂】[皖]马鞍山市康华化工有限公司〈P1977〉

F53-31 红丹酚醛防锈漆;F53-1 红丹酚醛防锈漆 G01037501

Red lead phenolic antirust paint F53-31

适用于内河船底、水线船壳及上层建筑等大型户外构件的防锈底漆

【生产厂】[沪]上海开林造漆厂(600 吨)〈P1746〉;[苏]常州光辉化工有限公司(300 吨)〈P1847〉;常州市申达涂料有限公司〈P1853〉;常州圣安涂料有限公司〈P1849〉;无锡市云湖涂料有限公司〈P1881〉;宜兴市高塍日新化工厂〈P1884〉;[浙]杭州宝塔油漆有限公司〈P1915〉;[皖]安徽舒城群峰造漆有限责任公司〈P1985〉;马鞍山市康华化工有限公司〈P1977〉;[滇]昆明中华涂料有限责任公司〈P2340〉;[新]昌吉市诚信测绘有限公司化学建材分公司〈P2367〉

F53-32 灰色酚醛防锈漆;F53-2 灰色酚醛防锈漆 G01037601

Grey phenolic antirust paint F53-32

用于涂刷钢铁物件,作防锈打底用

【生产厂】[川]重庆三峡油漆股份有限公司成都油漆厂〈P2321〉;攀枝花荣鑫油漆有限责任公司(500 吨)〈P2322〉;[滇]昆明中华涂料有限责任公司〈P2340〉;[新]昌吉市诚信测绘有限公司化学建材分公司〈P2367〉

灰色酚醛防锈漆 G01037651

Grey phenolic antirust paint

适用于涂刷钢铁表面

【生产厂】[皖]安徽舒城群峰造漆有限责任公司〈P1985〉

铁红酚醛防锈漆 G01037701

Iron oxide red phenolic antirust paint

用作船底、水线、甲板、船壳及上层建筑等大型构件的防锈底漆

【生产厂】[京]北京慕湖外加剂有限公司〈P1556〉;[津]天津市外星化工涂料有限公司〈P1605〉;[沪]上海振华造漆厂〈P1778〉;[苏]常州光辉化工有限公司(1500 吨)〈P1847〉;宜兴市远东化工有限公司〈P1888〉;宜兴市高塍日新化工厂〈P1884〉;[浙]杭州宝塔油漆有限公司〈P1915〉;[皖]安徽舒城群峰造漆有限责任公司〈P1985〉;马鞍山市康华化工有限公司〈P1977〉;[川]成都市海鲨漆业有限责任公司〈P2314〉;攀枝花荣鑫油漆有限责任公司(500 吨)〈P2322〉;[滇]昆明中华涂料有限责任公司〈P2340〉;[新]昌吉市诚信测绘有限公司化学建材分公司〈P2367〉

F53-34 锌黄酚醛防锈漆;F53-4 锌黄酚醛防锈漆 G01037801

Zinc oxide yellow phenolic antirust paint F53-34

用于铝质金属器材表面的涂覆,作防锈用

【生产厂】[沪]上海开林造漆厂〈P1746〉;[苏]常州光辉化工有限公司〈P1847〉;无锡市云湖涂料有限公司〈P1881〉

F53-38 铝铁酚醛防锈漆;F53-8 铝粉铁红酚醛防锈漆;706 新防锈漆 G01038001

Aluminium iron phenolic antirust paint F53-38

用于船舶及其他金属结构件的涂装

【生产厂】[沪]上海开林造漆厂〈P1746〉;[苏]无锡市云湖涂料有限公司〈P1881〉

F60-31 浅色酚醛防火漆;F60-1 各色酚醛防火漆 G01038301

Pale phenolic fire-retardant paint F60-31

适用于要求防火的库房及船舶内舱木板的涂装

【生产厂】[苏]常州进华船舶造漆有限公司〈P1848〉;[渝]重庆三峡油漆股份有限公司〈P2306〉

铁红酚醛水泥地板漆 G01038501

Iron oxide red phenolic cement floor paint

专用于水泥地板的表面涂覆

【生产厂】[粤]福田化学工业集团〈P2259〉

F80-31 酚醛地板漆;F80-1 酚醛地板漆 G01038601

Phenolic floor paint F80-31

用于涂装木质地板或钢质甲板

【生产厂】[浙]杭州宝塔油漆有限公司〈P1915〉;[滇]昆明中华涂料有限责任公司〈P2340〉

各色酚醛地板漆　G01038605
Various color phenolic floor paint
【生产厂】[皖]安庆菱湖漆业有限公司〈P1979〉;[新]新疆红山涂料有限公司〈P2363〉

酚醛锅炉漆　G01038751
Phenolic boiler paint
【生产厂】[皖]安庆菱湖漆业有限公司〈P1979〉

酚醛烟囱漆　G01038851
Phenolic stack paint
【生产厂】[津]天津市外星化工涂料有限公司〈P1605〉;[皖]安庆菱湖漆业有限公司〈P1979〉

酚醛黑板漆　G01038951
Phenolic paint for blackboard
【生产厂】[皖]安庆菱湖漆业有限公司〈P1979〉

酚醛磁漆　G01039410
Phenolic enamel
【生产厂】[粤]广州市延安油漆集团股份有限公司〈P2267〉;佛山市南海华生化工厂〈P2288〉

酚醛面漆　G01039451
Phenolic top-coat
【生产厂】[苏]宜兴市高塍日新化工厂〈P1884〉

灰色酚醛镜子漆　G01039604
Grey phenolic paint for mirror
制镜用涂料
【生产厂】[鲁]山东梁山蓝天化工有限公司(1000吨)〈P2131〉

防腐性酚醛树脂型粉末涂料　G01039701
Anticorrosive phenolic resin powder coating
主要用于贮罐、管道等设备的防腐
【生产厂】[沪]上海伟灵涂料涂装厂〈P1769〉;[皖]芜湖四捍粉末涂料有限公司〈P1974〉

沥青漆类　G01040000
Asphalt paint;Bituminous paint
用于室内外钢铁结构的短中期防腐保护
【生产厂】[津]天津市津西明珠化工厂(1000吨)〈P1595〉;[冀]武邑灯塔防腐涂料有限责任公司〈P1669〉;邯郸市鑫马涂料股份合作公司〈P1639〉;[辽]沈阳船牌制漆有限公司〈P1685〉;[皖]马鞍山市康华化工有限公司〈P1977〉;[鲁]济南泰山金鹏涂料有限公司(100吨)〈P2025〉;山东奔腾漆业有限公司(1万吨)〈P2130〉;山东鲁南造漆厂〈P2150〉;[豫]郑州双塔涂料有限公司(600吨)〈P2174〉;新乡市东风化工有限责任公司(300吨)〈P2204〉;[鄂]武汉鹤龟涂料有限公司〈P2230〉;[渝]重庆三峡油漆股份有限公司〈P2306〉;重庆市三渝漆业有限公司〈P2307〉;[陕]西安利澳科技股份有限公司〈P2349〉;陕西源源化工有限责任公司〈P2353〉

沥青清漆　G01040101
Asphalt varnish
用于室内外防潮、防酸碱物件的表面涂覆
【生产厂】[鲁]青岛海建化学有限公司〈P2035〉;[新]新疆红山涂料有限公司〈P2363〉

L01-6 沥青清漆　G01040301
Asphalt varnish L01-6
用于各种容器与机械等内表面的涂覆,作防潮、防水、防腐之用
【生产厂】[鲁]山东梁山蓝天化工有限公司(1000吨)〈P2131〉;[滇]昆明中华涂料有限责任公司〈P2340〉

L01-13 沥青清漆　G01040501
Asphalt varnish L01-13
供不受阳光直接照射的金属及木材表面涂装用
【生产厂】[津]天津市津北油漆化工厂(200吨)〈P1592〉;[皖]马鞍山市康华化工有限公司〈P1977〉;[鲁]济南泰山金鹏涂料有限公司(100吨)〈P2025〉;[川]攀枝花荣鑫油漆有限责任公司(800吨)〈P2322〉

L01-17 煤焦沥青清漆;黑煤焦沥青漆　G01041411
Coal tar pitch varnish L01-17
适用于涂刷水下和地下的钢铁物件、煤舱、污水管以及木板与铁板夹层等
【生产厂】[苏]常州圣安涂料有限公司〈P1849〉;江阴市天泽制涂有限公司〈P1871〉

沥青底漆　G01042101
Asphalt primer
用于涂装金属表面
【生产厂】[苏]宜兴市高塍日新化工厂〈P1884〉

沥青船底防污漆　G01043601
Asphalt ship bottom antifouling paint
用于涂覆船底的表面,作防污用
【生产厂】[苏]宜兴市高塍日新化工厂〈P1884〉;[浙]浙江鱼童发达造漆有限公司〈P1970〉;[鲁]青岛海建化学有限公司〈P2035〉

铝粉沥青船底漆　G01044351
Aluminium asphalt ship bottom paint
【生产厂】[鲁]青岛海建化学有限公司〈P2035〉

沥青耐酸漆　G01044501
Asphalt acid-resistant paint
主要用于需要防止硫酸浸蚀的金属表面
【生产厂】[鲁]临淄孙娄特种涂料厂〈P2050〉

沥青防腐漆　G01044900
Asphalt anticorrosive paint
用于黑色金属机械表面的防潮、耐水,地下管道的防腐蚀等
【生产厂】[津]天津市德宝化工涂料工贸有限公司(400吨)〈P1584〉;[辽]沈阳彩逸特种涂料制造有限公司〈P1684〉;[苏]扬州美涂士金陵特种涂料有限公司(800吨)〈P1818〉;[新]新疆红山涂料有限公司〈P2363〉

L82-31 沥青锅炉漆;L82-1 沥青锅炉漆　G01045101
Asphalt boiler paint L82-31

主要用于蒸汽锅炉内部的涂装

【生产厂】[苏]常州光辉化工有限公司(200 吨)〈P1847〉;[滇]昆明中华涂料有限责任公司〈P2340〉

水乳型橡胶沥青防水涂料 G01045501

Asphalt rubber water-proof coating, water emulsion

广泛用于各种混凝土屋面防水、防渗,是一种新型屋面防水材料

【生产厂】[鲁]青岛锦绣防水材料有限公司〈P2039〉;[川]四川蜀羊防水材料有限公司(1000 吨)〈P2319〉

橡胶沥青防水涂料 G01045503

Asphalt rubber water-proof coating

用于建筑防水

【生产厂】[京]北京卡莱睿禹防水材料有限公司〈P1553〉

橡胶沥青防腐涂料 G01045551

Asphalt rubber anticorrosive coating

【生产厂】[苏]张家港市东昌涂料有限公司〈P1912〉

弹性涂料 G01045801

Elastic coating

主要用于电脑外壳、汽车内装、塑胶制品、运动器材、休闲用品、家电制品、光学机器等的涂装

【生产厂】[京]北京市红星广厦建筑涂料有限责任公司〈P1559〉;北京德辉新型建筑材料有限公司〈P1546〉;北京市通州利强涂料厂〈P1561〉;[津]天津市科文化工有限公司(1 万吨)〈P1598〉;天津市蓟县双燕涂料厂(1000 吨)〈P1591〉;[苏]丹阳冠鸿化工有限公司〈P1839〉;江苏科特涂饰有限公司〈P1842〉;常州市皇健涂料有限公司〈P1851〉;无锡诺赛利漆业有限公司〈P1874〉;南通万邦采涂料有限公司〈P1836〉;[浙]宁波市镇海泰欣涂料有限公司〈P1933〉;宁波志华化学有限公司〈P1934〉;东阳市惠泽化工涂料有限公司〈P1952〉;[皖]庐江县幸牛涂料有限公司〈P1985〉;[鲁]烟台市福山云丽涂料厂(500 吨)〈P2118〉;[豫]洛阳市廛河鹤牌特种涂料厂(1000 吨)〈P2183〉;商丘市博大化工有限公司〈P2226〉;[湘]湖南湘江涂料集团有限公司〈P2248〉;湖南汇博化工科技有限公司〈P2254〉;[粤]三羊建筑材料有限公司〈P2281〉;广东嘉宝莉化工有限公司〈P2284〉

氯丁胶乳沥青 G01046201

Polychloroprene latex asphalt paint

用于建筑防水涂料

【生产厂】[京]北京东盛创远科技发展有限公司〈P1547〉;北京新花工贸有限公司〈P1563〉;[渝]重庆长寿化工有限责任公司(1800 吨)〈P2304〉

防水防腐涂料 G01046501

Waterproof anticorrosive coating

用于化工设备、污水池、水冷器、海洋石油钻探设备、船舶等的防腐涂层

【生产厂】[京]北京卡利得技术发展有限责任公司〈P1553〉;北京市北上防水防腐涂料厂〈P1558〉;北京奥宇可鑫表面工程技术有限公司〈P1543〉;[津]天津市外星化工涂料有限公司〈P1605〉;[苏]无锡市奚妙工业涂料有限公司〈P1879〉;[浙]杭州逸峰化工涂料有限公司〈P1924〉;[鲁]青州市利达防水材料有限公司〈P2093〉

新型特种带锈防腐漆 G01046601

New-type special anticorrosive paint with rust

适用于一般及高级建筑物外墙涂饰

【生产厂】[豫]濮阳市恒美实业开发中心(400 吨)〈P2214〉;[甘]甘肃金环堵漏技术开发公司〈P2355〉

环氧煤沥青防腐涂料 G01046701

Epoxy coal tar pitch anticorrosive coating

用于各种输油、输水、输送天然气、化学介质及供热等地上、地下管道的内外壁防腐

【生产厂】[京]北京市东安科技发展有限责任公司〈P1559〉;[冀]河北鱼鹰涂料集团有限公司〈P1623〉;沧州市恒利化工有限公司〈P1652〉;任丘市华北石油华晨涂料化工有限公司〈P1656〉;河北立东化工有限公司〈P1658〉;廊坊市东化防腐工程有限公司〈P1661〉;廊坊新华特种涂料有限公司(300 吨)〈P1662〉;全民塑胶防腐材料有限公司〈P1662〉;[辽]丹东同达涂料有限公司〈P1701〉;[黑]哈尔滨市长河特种涂料厂〈P1720〉;[苏]常州市邦杰化工有限公司〈P1849〉;常州市鸿腾化工有限公司〈P1851〉;常州市武进虹灵化工厂〈P1854〉;无锡市奚妙工业涂料有限公司〈P1879〉;张家港市永泰防腐涂料有限公司〈P1914〉;扬州美涂士金陵特种涂料有限公司〈P1818〉;[浙]杭州华顺化工防腐有限公司〈P1918〉;[鲁]山东鲁南造漆厂〈P2150〉;[粤]中山森田化工有限公司〈P2282〉;[川]成都市海鲨漆业有限责任公司〈P2314〉;[陕]西安昌胜化工有限公司(1 吨)〈P2347〉;[宁]银川银湖化工有限公司〈P2361〉

厚浆型环氧煤沥青防腐涂料 G01046711

Epoxy coal tar pitch anticorrosive coating, thick paste

适用于港口工程、水利水电工程、油气田输油、气、水管道、煤气管道、机车车辆等钢筋混凝土结构的防腐

【生产厂】[津]天津市外星化工涂料有限公司〈P1605〉;[冀]石家庄金鱼涂料集团公司〈P1627〉;石家庄市金达特种涂料有限公司〈P1630〉;[苏]常州市凌龙涂料有限公司〈P1853〉;常州市申达涂料有限公司〈P1853〉;无锡光明化工厂有限公司〈P1873〉;[鲁]青岛宣威涂层材料有限公司〈P2045〉;[豫]濮阳市兴建防腐涂料有限公司(500 吨)〈P2215〉;[川]攀枝花荣鑫油漆有限责任公司〈P2322〉

冬用型环氧煤沥青防腐涂料 G01046731

Epoxy coal tar pitch anticorrosive coating for winter

【生产厂】[苏]张家港市东昌涂料有限公司〈P1912〉;张家港市飞宇化工有限公司〈P1912〉

醇酸树脂漆类 G01050000

Alkyd resin paint

适宜室内外金属、木材表面的涂覆及罩光以及作建筑表面装饰和保护涂层

【生产厂】[京]红狮涂料国际有限公司(500 吨)〈P1567〉;北京钰林化工有限公司〈P1565〉;[津]天津市东光特种涂料有限公司(1000 吨)〈P1585〉;天津市辰光化工涂料有限公司(50 吨)〈P1581〉;天津市国华化工涂料有限公司(2000 吨)〈P1587〉;天津市津海特种涂料装饰有限公司(2000 吨)〈P1593〉;天津市北辰区利华顺德化工有限公司(3500 吨)〈P1579〉;天津市朝晖化工有限公司(500 吨)〈P1581〉;天津市润胜化工有限公司(1000 吨)〈P1601〉;天津市顺利达化工涂料厂(3000 吨)〈P1602〉;天津市宏光伟业化工涂料有限公司(800 吨)〈P1589〉;天津市鑫塔化工厂(800 吨)〈P1608〉;天津市玉彬福造漆有限公司(800 吨)〈P1611〉;天津市同凯绝缘材料有限公司(1000 吨)〈P1605〉;[冀]武邑灯塔防腐涂料有限责任公司〈P1669〉;邯郸市鑫马涂料股份合作公司〈P1639〉;保定保立化工涂料有限公司

〈P1644〉；河北晨阳工贸集团有限公司〈P1647〉；［辽］沈阳船牌制漆有限公司〈P1685〉；沈阳金飞马制漆有限公司〈P1686〉；沈阳市龙凤化工厂〈P1688〉；铁岭洪泰涂料有限公司〈P1712〉；大连璐琨化工涂料有限公司〈P1693〉；大连国光溶剂厂〈P1691〉；锦州石化长虹公司（1000吨）〈P1702〉；［吉］长春泰欧亚涂料有限公司（700吨）〈P1714〉；［沪］上海海民造漆厂〈P1735〉；［苏］无锡市中竹漆业有限公司〈P1881〉；宜兴市鼎峰漆业有限公司〈P1884〉；徐州造漆有限公司〈P1796〉；［浙］杭州宝塔油漆有限公司（1万吨）〈P1915〉；［皖］安徽省宁国市仙塔漆业有限公司〈P1986〉；马鞍山市康华化工有限公司（3万吨）〈P1977〉；［闽］福建东海漆业有限公司〈P1988〉；福建省百花化学股份有限公司（9000吨）〈P2005〉；［鲁］济南泰山金鹏涂料有限公司（2000吨）〈P2025〉；山东临清洪流化工总公司（8000吨）〈P2153〉；潍坊环宇油漆工业有限公司〈P2103〉；潍坊金城化工油漆有限公司〈P2103〉；山东乐化集团有限公司〈P2095〉；莱阳市亚力美涂料有限公司（2000吨）〈P2108〉；山东梁山蓝天化工有限公司〈P2131〉；［豫］郑州双塔涂料有限公司（2万吨）〈P2174〉；郑州拓立造漆有限公司（1000吨）〈P2174〉；新乡市东风化工有限责任公司（600吨）〈P2204〉；平顶山市海德化工有限公司（2000吨）〈P2191〉；开封市汴梁漆业有限公司（3000吨）〈P2177〉；河南万邦企业有限责任公司（1000吨）〈P2225〉；［鄂］武汉鹤龟涂料有限公司〈P2230〉；［粤］东莞市竣成化工有限公司〈P2280〉；佛山市鲸鲨制漆科技有限公司（5000吨）〈P2288〉；佛山市南海华生化工厂〈P2288〉；东星化工实业有限公司〈P2287〉；南海市东方化工厂〈P2291〉；江门市制漆厂有限公司（2万吨）〈P2286〉；新会汇通漆厂有限公司〈P2286〉；［川］成都市海鲨漆业有限责任公司〈P2314〉；成都彩星科技实业有限公司〈P2309〉；重庆三峡油漆股份有限公司成都油漆厂（1300吨）〈P2321〉；［陕］西安利澳科技股份有限公司〈P2349〉；陕西宝塔山油漆股份有限公司（3万吨）〈P2352〉；陕西源源化工有限责任公司〈P2353〉

醇酸树脂涂料 G01050100

Alkyd resin coating

用于建筑和工业制品

【生产厂】［苏］常州市华星防腐材料有限公司〈P1851〉；常州市鸿腾化工有限公司〈P1851〉；江苏鑫源生化科技发展有限公司〈P1866〉；扬州美涂士金陵特种涂料有限公司〈P1818〉；［赣］江西省德畅集团〈P2015〉；［粤］中山森田化工有限公司〈P2282〉

醇酸水砂纸清漆 G01050401

Alkyd resin varnish for water sand paper

专供水砂纸粘砂用

【生产厂】［津］天津市大邱庄津姿涂料有限公司（1500吨）〈P1583〉；［沪］上海振华造漆厂〈P1778〉

醇酸清漆 G01050591

Alkyd resin varnish

用于金属、木材表面涂层的罩光，也可涂装家具和日常用品

【生产厂】［津］天津市东塔涂料有限公司（1000吨）〈P1586〉；天津市津辰化工有限公司（120吨）〈P1592〉；天津市盛德特种涂料有限公司（600吨）〈P1601〉；天津市德宝化工涂料工贸有限公司（300吨）〈P1584〉；天津市联宝涂料有限公司（100吨）〈P1598〉；天津市大邱庄津姿涂料有限公司（1000吨）〈P1583〉；［冀］石家庄金鱼涂料集团公司〈P1627〉；［辽］抚顺市顺前造漆厂〈P1698〉；［吉］长春泰欧亚涂料有限公司（280吨）〈P1714〉；［黑］大庆龙化新实业总公司雪龙涂料厂〈P1722〉；［沪］上海振华造漆厂〈P1778〉；［苏］苏州平平佳涂料化工有限公司〈P1902〉；扬州美涂士金陵特种涂料有限公司（1000吨）〈P1818〉；［浙］杭州宝塔油漆有限公司〈P1915〉；浙江鱼童发达造漆有限公司〈P1970〉；［皖］安庆菱湖漆业有限公司〈P1979〉；［豫］濮阳市恒美实业开发中心（200吨）〈P2214〉；［粤］广州市延安油漆集团股份有限公司〈P2267〉；［甘］西北永新化工股份有限公司〈P2356〉；［宁］银川银湖化工有限公司〈P2361〉；［新］新疆红山涂料有限公司〈P2363〉

C01-1 醇酸清漆 G01050601

Alkyd resin varnish C01-1

用于室内外金属、木材表面的涂覆，并可作醇酸磁漆罩光用

【生产厂】［津］天津市耀华红日油漆有限公司（5000吨）〈P1610〉；［苏］常州光辉化工有限公司（2000吨）〈P1847〉；常州市邦杰化工有限公司〈P1849〉；［皖］马鞍山市康华化工有限公司〈P1977〉；［鲁］济南泰山金鹏涂料有限公司（100吨）〈P2025〉；山东昌裕集团有限公司（1万吨）〈P2152〉；山东梁山蓝天化工有限公司（3000吨）〈P2131〉；［川］重庆三峡油漆股份有限公司成都油漆厂〈P2321〉；［滇］昆明中华涂料有限责任公司〈P2340〉；［新］昌吉市诚信测绘有限公司化学建材分公司〈P2367〉

C01-7 醇酸清漆 G01050801

Alkyd resin varnish C01-7

可用于各种涂有底漆、磁漆的金属材料及铝合金表面罩光

【生产厂】［津］天津市耀华红日油漆有限公司（100吨）〈P1610〉；［沪］上海振华造漆厂（1000吨）〈P1778〉；［川］攀枝花荣鑫油漆有限责任公司（300吨）〈P2322〉

高级木器清漆 G01051111

High-grade varnish for woodware

用于涂覆木器、家具、墙围板

【生产厂】［鲁］莱阳市亚力美涂料有限公司〈P2108〉；莱阳油漆厂有限公司〈P2108〉；莱阳市春帆漆业有限责任公司〈P2108〉；山东省莱阳市春帆漆业有限责任公司〈P2114〉；山东梁山万金化工有限公司（1000吨）〈P2131〉

醇酸绝缘漆 G01051401

Alkyd insulating paint

用于各种电器绝缘材料的涂装

【生产厂】［鲁］山东梁山蓝天化工有限公司（1000吨）〈P2131〉

各色醇酸调合漆；醇酸调合漆 G01051501

Various color alkyd ready mixed paint

用于金属、木制品表面的涂装

【生产厂】［京］北京居欢化工有限公司〈P1553〉；红狮涂料国际有限公司〈P1567〉；［津］天津市红桥区天海油漆厂（5000吨）〈P1589〉；天津市北辰区华明涂料厂（300吨）〈P1579〉；天津市东成化工有限公司（800吨）〈P1585〉；天津市东塔涂料有限公司（1000吨）〈P1586〉；天津市富利达化工厂（800吨）〈P1587〉；天津市华竹化工厂（600吨）〈P1590〉；天津市津北油漆化工厂（200吨）〈P1592〉；天津市津辰化工有限公司（150吨）〈P1592〉；天津市盛德特种涂料有限公司（300吨）〈P1601〉；天津市顺利达化工涂料厂（2200吨）〈P1602〉；天津市永明化工涂料厂（500吨）〈P1611〉；天津市联宝涂料有限公司（50吨）〈P1598〉；天津四海特种涂料有限公司（500吨）〈P1614〉；天津市大邱庄津姿涂料有限公司（800吨）〈P1583〉；［冀］河北鱼鹰涂料集团有限公司〈P1623〉；石家庄市鱼鹰油漆厂〈P1632〉；石家庄金鱼涂料集团公司〈P1627〉；［辽］沈阳金飞马制漆有限公司

〈P1686〉;大连璐琨化工涂料有限公司〈P1693〉;[黑]哈尔滨市长河特种涂料厂〈P1720〉;大庆龙化新实业总公司雪龙涂料厂〈P1722〉;[沪]上海振华造漆厂(1000吨)〈P1778〉;上海华邦涂料有限公司〈P1738〉;[苏]淮安市造漆厂〈P1801〉;扬州美涂士金陵特种涂料有限公司(1000吨)〈P1818〉;南通万邦采涂料有限公司〈P1836〉;[浙]杭州宝塔油漆有限公司〈P1915〉;杭州华顺化工防腐有限公司〈P1918〉;杭州萧山阳光涂料有限公司〈P1924〉;[闽]福建省腾龙工业公司(2000吨)〈P2001〉;福建省龙岩市豪迪化工有限公司(5000吨)〈P2005〉;[鲁]济南泰山金鹏涂料有限公司(2000吨)〈P2025〉;山东昌裕集团有限公司(2万吨)〈P2152〉;山东齐鲁漆业有限公司(10万吨)〈P2153〉;淄博贝林化工有限公司(3000吨)〈P2058〉;潍坊云飞化工有限公司(2万吨)〈P2107〉;莱阳市亚力美涂料有限公司〈P2108〉;莱阳市春帆漆业有限责任公司〈P2108〉;新汶矿业集团有限责任公司(1000吨)〈P2139〉;山东梁山蓝天化工有限公司(4300吨)〈P2131〉;梁山县第一油漆厂(2500吨)〈P2129〉;山东奔腾漆业有限公司(7300吨)〈P2130〉;[豫]郑州华美油漆有限公司〈P2171〉;郑州市中州油漆厂(2000吨)〈P2174〉;郑州市豫中油漆涂料有限公司(1000吨)〈P2174〉;平顶山市海德化工有限公司(3000吨)〈P2191〉;洛阳市圣君漆业制造厂(3000吨)〈P2186〉;郑州市达昌漆业有限公司(1500吨)〈P2222〉;镇平县裕隆化工有限公司(2万吨)〈P2225〉;平顶山市新华福利厂〈P2192〉;[渝]重庆市三渝漆业有限公司〈P2307〉;[川]成都市海鲨漆业有限责任公司〈P2314〉;[滇]昆明中华涂料有限责任公司〈P2340〉;[陕]陕西宝塔山油漆股份有限公司〈P2352〉;[宁]银川银湖化工有限公司〈P2361〉;[新]新疆红山涂料有限公司〈P2363〉

醇酸防腐面漆 G01051551

Alkyd anticorrosive top-coat

【生产厂】[沪]上海富晨化工有限公司〈P1733〉;[苏]常州市大使涂料有限公司〈P1850〉

C03-2 各色醇酸调合漆 G01051611

Various color alkyd ready mixed paint C03-2

用于室内外木质、金属、砖墙等建筑表面及车辆、家具等物件表面的涂装

【生产厂】[津]天津市耀华红日油漆有限公司(100吨)〈P1610〉

C03-1 各色醇酸调合漆 G01051621

Various color alkyd ready mixed paint C03-1

用于室内外一切木质、金属装饰及建筑、桥梁、车辆、农机、仪表、电工器材等的表面涂覆

【生产厂】[津]天津市德宝化工涂料工贸有限公司(200吨)〈P1584〉;[苏]常州光辉化工有限公司(200吨)〈P1847〉;常州市朝晖化工有限公司〈P1850〉;[豫]濮阳市恒美实业开发中心(1000吨)〈P2214〉;[新]昌吉市诚信测绘有限公司化学建材分公司〈P2367〉

C03-3 各色醇酸调合漆 G01051701

Various color alkyd ready mixed paint C03-3

用于室内外一般金属、木质物件及建筑物表面作保护性涂装

【生产厂】[浙]杭州宝塔油漆有限公司〈P1915〉;浙江鱼童发达造漆有限公司〈P1970〉;[皖]安庆菱湖漆业有限公司〈P1979〉;[豫]濮阳市兴建防腐涂料有限公司(800吨)〈P2215〉

C03-5 各色醇酸调合漆 G01051801

Various color alkyd ready mixed paint C03-5

用于室内外一般金属和木质物件的表面涂覆

【生产厂】[浙]杭州宝塔油漆有限公司〈P1915〉

各色无光醇酸调合漆 G01052101

Various color alkyd flat ready mixed paint

用于室内墙壁涂刷

【生产厂】[津]天津市耀华红日油漆有限公司(100吨)〈P1610〉

醇酸自干漆 G01052401

Alkyd air-dry paint

【生产厂】[粤]广州市国花油漆制造公司〈P2264〉

醇酸磁漆 G01052600

Alkyd enamel

主要适用于户外钢铁结构、木结构、混凝土设施等表面装饰

【生产厂】[京]红狮涂料国际有限公司〈P1567〉;[津]天津市红桥区天海油漆厂(3000吨)〈P1589〉;天津市北辰区华明涂料厂(200吨)〈P1579〉;天津市朝晖化工有限公司(300吨)〈P1581〉;天津市东塔涂料有限公司(1000吨)〈P1586〉;天津市盛德特种涂料有限公司(200吨)〈P1601〉;天津四海特种涂料有限公司(300吨)〈P1614〉;天津市大邱庄津姿涂料有限公司(900吨)〈P1583〉;[辽]沈阳市龙凤化工厂〈P1688〉;[吉]长春泰欧亚涂料有限公司(1800吨)〈P1714〉;中国石油吉化集团公司(1000吨)〈P1717〉;[黑]大庆龙化新实业总公司雪龙涂料厂〈P1722〉;[沪]上海英柯化工有限公司〈P1775〉;[苏]常州圣安涂料有限公司〈P1849〉;扬州美涂士金陵特种涂料有限公司(1000吨)〈P1818〉;[浙]余姚特种涂料厂〈P1935〉;[闽]福建省腾龙工业公司(3000吨)〈P2001〉;福建省龙岩市豪迪化工有限公司(5000吨)〈P2005〉;[鲁]山东博邦纳米材料有限公司〈P2051〉;潍坊环宇油漆工业有限公司(2万吨)〈P2103〉;山东奔腾漆业有限公司(1万吨)〈P2130〉;[豫]郑州华美油漆有限公司〈P2171〉;郑州市中州油漆厂(2000吨)〈P2174〉;[鄂]随州市文峰涂料有限责任公司〈P2245〉;[粤]广州市延安油漆集团股份有限公司〈P2267〉;[陕]陕西宝塔山油漆股份有限公司〈P2352〉

各色快干醇酸磁漆 G01052611

Various color quickdrying alkyd enamel

适用于涂覆一般的金属表面

【生产厂】[津]天津市津辰化工有限公司(100吨)〈P1592〉;天津市联宝涂料有限公司(80吨)〈P1598〉;[沪]上海振华造漆厂〈P1778〉;[苏]吴江市太湖涂料有限公司〈P1911〉;[鲁]山东鲁南造漆厂〈P2150〉;[川]攀枝花荣鑫油漆有限责任公司(800吨)〈P2322〉;[新]昌吉市诚信测绘有限公司化学建材分公司〈P2367〉

醇酸面漆 G01054000

Alkyd top-coat

用于一般大气环境下的桥梁、储罐等钢结构件表面的防腐涂装

【生产厂】[苏]常州市武进虹灵化工厂〈P1854〉;宜兴市远东化工有限公司〈P1888〉;宜兴市高塍日新化工厂〈P1884〉;扬州美涂士金陵特种涂料有限公司(1000吨)〈P1818〉;[浙]浙江鱼童发达造漆有限公司〈P1970〉

各色厚浆醇酸面漆 G01054051

Thick paste alkyd top-coat of all colors

【生产厂】[赣]江西省德畅集团〈P2015〉

C04-2 各色醇酸磁漆 G01054101
Various color alkyd enamel C04-2
用于金属及木制品表面的保护及装饰性涂覆
【生产厂】[津]天津市耀华红日油漆有限公司〈P1610〉;天津市德宝化工涂料工贸有限公司(100 吨)〈P1584〉;[辽]沈阳彩逸特种涂料制造有限公司〈P1684〉;沈阳联邦涂料有限公司〈P1687〉;[苏]常州市邦杰化工有限公司〈P1849〉;无锡市云湖涂料有限公司〈P1881〉;江阴市天泽制涂有限公司〈P1871〉;张家港市永泰防腐涂料有限公司〈P1914〉;[皖]马鞍山市康华化工有限公司〈P1977〉;安庆菱湖漆业有限公司〈P1979〉;[鲁]济南泰山金鹏涂料有限公司(500 吨)〈P2025〉;蓬莱市特种绝缘材料厂〈P2112〉;[豫]濮阳市恒美实业开发中心(500 吨)〈P2214〉;[川]重庆三峡油漆股份有限公司成都油漆厂〈P2321〉;攀枝花荣鑫油漆有限责任公司〈P2322〉;[滇]昆明中华涂料有限责任公司〈P2340〉;[新]昌吉市诚信测绘有限公司化学建材分公司〈P2367〉

G

C04-9 灰色云铁醇酸磁漆 G01054251
Grey micaceous iron oxide alkyd enamel C04-9
适用于涂覆钢铁桥梁、储罐及各种钢结构物的表面
【生产厂】[沪]上海振华造漆厂〈P1778〉;[苏]无锡市云湖涂料有限公司〈P1881〉

C04-10 各色醇酸磁漆;C04-50 深色醇酸磁漆 G01054301
Various color alkyd enamel C04-10
用于涂装木制车厢外表
【生产厂】[苏]无锡市云湖涂料有限公司〈P1881〉

C04-42 各色醇酸磁漆 G01054501
Various color alkyd enamel C04-42
供汽车、自行车、摩托车等漆膜表面标线用
【生产厂】[京]北京钰林化工有限公司〈P1565〉;[沪]上海振华造漆厂(1000 吨)〈P1778〉;[苏]常州光辉化工有限公司〈P1847〉;常州市申达涂料有限公司〈P1853〉;无锡市云湖涂料有限公司〈P1881〉;江阴市天泽制涂有限公司〈P1871〉;吴江市太湖涂料有限公司〈P1911〉;泰州市铁猫涂料有限公司〈P1828〉;[豫]濮阳市兴建防腐涂料有限公司(500 吨)〈P2215〉;[桂]柳州市造漆厂〈P2298〉;[滇]昆明中华涂料有限责任公司〈P2340〉

C04-48 各色醇酸磁漆 G01054601
Various color alkyd enamel C04-48
用于汽车、船舶、仪表、家具、房屋等室内外金属和木质制品表面涂装
【生产厂】[沪]上海开林造漆厂〈P1746〉

醇酸烘干磁漆 G01054801
Alkyd baking enamel
【生产厂】[苏]丹阳冠鸿化工有限公司〈P1839〉

C04-64 各色醇酸半光磁漆 G01055001
Various color alkyd semi-gloss enamel C04-64
可用于各种车辆内壁及金属、木器表面涂覆
【生产厂】[沪]上海振华造漆厂〈P1778〉;[苏]常州光辉化工有限公司〈P1847〉;[滇]昆明中华涂料有限责任公司〈P2340〉

各色醇酸半光磁漆 G01055101
Various color alkyd semi-gloss enamel
用于户外钢铁制品要求半光的保护涂层
【生产厂】[辽]大连实利德漆业有限公司〈P1693〉

C04-83 各色醇酸无光磁漆;C04-43 各色醇酸无光磁漆 G01055201
Various color alkyd flat enamel C04-83
用于车厢、船舱内壁及特种车辆、仪表的表面涂饰
【生产厂】[津]天津市大邱庄津姿涂料有限公司(500 吨)〈P1583〉;[沪]上海振华造漆厂〈P1778〉

C04-83 白色醇酸无光磁漆 G01055204
White alkyd flat enamel C04-83
用于车厢、船舱内壁及特种车辆、仪表的表面涂饰
【生产厂】[津]天津市津北油漆化工厂(200 吨)〈P1592〉;[沪]上海振华造漆厂〈P1778〉

各色醇酸无光磁漆 G01055301
Various color alkyd flat enamel
用于涂覆车厢、船舱、车辆内外及仪表
【生产厂】[冀]河北晨阳工贸集团有限公司〈P1647〉;[苏]常州光辉化工有限公司〈P1847〉

醇酸防腐涂料 G01055451
Alkyd anticorrosive coating
适用于室、内外一般金属和木材表面的涂装
【生产厂】[苏]常州市凯星涂料有限公司〈P1852〉;宜兴华宜化工有限公司〈P1883〉;张家港市华泰涂料有限公司〈P1913〉;张家港市东昌涂料有限公司〈P1912〉;[粤]广州市泰堡防火材料有限公司〈P2266〉

各色醇酸底漆;醇酸底漆 G01055601
Various color alkyd primer
用于金属表面的涂覆,作打底用
【生产厂】[津]天津市津辰化工有限公司(80 吨)〈P1592〉;天津市联宝涂料有限公司(90 吨)〈P1598〉;[辽]沈阳彩逸特种涂料制造有限公司〈P1684〉;大连实利德漆业有限公司〈P1693〉;[沪]上海英柯化工有限公司〈P1775〉;[皖]安庆菱湖漆业有限公司〈P1979〉;[川]攀枝花荣鑫油漆有限责任公司(800 吨)〈P2322〉;[滇]昆明中华涂料有限责任公司〈P2340〉;[新]昌吉市诚信测绘有限公司化学建材分公司〈P2367〉

自行车漆 G01055801
Paint for bicycle
专供自行车表面涂覆
【生产厂】[津]天津市宝利鑫涂料有限公司(500 吨)〈P1579〉;天津市泽涌科技发展有限公司(100 吨)〈P1612〉

C06-1 铁红醇酸底漆 G01055901
Iron oxide red alkyd primer C06-1
主要用于各类车辆的车身、车箱、机械设备等表面作底漆涂装
【生产厂】[津]天津市外星化工涂料有限公司〈P1605〉;天津市津北油漆化工厂(100 吨)〈P1592〉;天津市耀华红日油漆有限公司(100 吨)〈P1610〉;[辽]抚顺市顺前造漆厂〈P1698〉;[沪]上海振华造漆厂(1000 吨)〈P1778〉;上海开林造漆厂〈P1746〉;[苏]丹阳市银海镍铬化工有限公司

〈P1841〉;常州光辉化工有限公司(200 吨)〈P1847〉;常州圣安涂料有限公司〈P1849〉;无锡市云湖涂料有限公司〈P1881〉;泰州市铁猫涂料有限公司〈P1828〉;[浙]杭州宝塔油漆有限公司〈P1915〉;浙江杭州富阳晨华涂料厂〈P1927〉;[皖]马鞍山市康华化工有限公司〈P1977〉;[鲁]济南泰山金鹏涂料有限公司(100 吨)〈P2025〉;蓬莱市特种绝缘材料厂〈P2112〉;[桂]柳州市造漆厂〈P2298〉;[川]重庆三峡油漆股份有限公司成都油漆厂〈P2321〉;[新]昌吉市诚信测绘有限公司化学建材分公司〈P2367〉

铁红醇酸带锈底漆 G01056001

Iron oxide red alkyd primer with rust

适用于钢铁物件表面,作为底漆使用

【生产厂】[辽]沈阳彩逸特种涂料制造有限公司〈P1684〉;[浙]杭州萧山阳光涂料有限公司〈P1924〉

铁红醇酸防锈底漆 G01056051

Iron oxide red alkyd antirust primer

【生产厂】[沪]上海英柯化工有限公司〈P1775〉;[苏]宜兴市高塍日新化工厂〈P1884〉;江阴市汇克拓化工有限公司〈P1870〉;[浙]杭州萧山阳光涂料有限公司〈P1924〉;[桂]柳州市造漆厂〈P2298〉

C06-10 醇酸二道底漆 G01056101

Alkyd surfacer C06-10

用于打磨的腻子层上

【生产厂】[苏]常州圣安涂料有限公司〈P1849〉;[浙]杭州宝塔油漆有限公司〈P1915〉

铁红醇酸底漆 G01056200

Iron oxide red alkyd primer

用于黑色金属表面作打底防锈

【生产厂】[津]天津市德宝化工涂料工贸有限公司(120 吨)〈P1584〉;天津市大邱庄津姿涂料有限公司(600 吨)〈P1583〉;[冀]河北鱼鹰涂料集团有限公司〈P1623〉;[吉]长春泰欧亚涂料有限公司(500 吨)〈P1714〉;[黑]哈尔滨市长河特种涂料厂〈P1720〉;大庆龙化新实业总公司雪龙涂料厂〈P1722〉;[苏]常州市大使涂料有限公司〈P1850〉;宜兴市振华造漆厂〈P1888〉;[鲁]山东博邦纳米材料有限公司〈P2051〉;莱阳市春帆漆业有限责任公司〈P2108〉

醇酸防锈漆 G01056210

Alkyd antirust paint

用于机械设备、管道、钢铁结构等金属表面防锈防腐

【生产厂】[津]天津市耀华红日油漆有限公司(500 吨)〈P1610〉;[辽]大连实利德漆业有限公司〈P1693〉;[沪]上海开林造漆厂〈P1746〉;[豫]平顶山市新华福利厂(3000 吨)〈P2192〉;[粤]新达化工实业有限公司〈P2294〉;[渝]重庆市三渝漆业有限公司〈P2307〉

铁红醇酸防锈漆 G01056211

Iron oxide red alkyd antirust paint

广泛用于室内外一般金属、管道、水暖件表面,做防护层及装饰之用

【生产厂】[津]天津市津北油漆化工厂(100 吨)〈P1592〉;天津市永明化工涂料厂(50 吨)〈P1611〉;[苏]常州市朝晖化工有限公司〈P1850〉;常州市武进虹灵化工厂〈P1854〉;无锡市云湖涂料有限公司〈P1881〉;张家港市永泰防腐涂料有限公司〈P1914〉;[浙]杭州萧山阳光涂料有限公司〈P1924〉;[豫]濮阳市兴建防腐涂料有限公司(500 吨)〈P2215〉;濮阳市恒美实业开发中心(1000 吨)〈P2214〉;[新]昌吉市诚信测绘有限公司化学建材分公司〈P2367〉

红丹醇酸防锈漆 G01056221

Red lead alkyd antirust paint

广泛用于室内外一般金属、管道表面,做防护层及装饰之用

【生产厂】[津]天津市大邱庄津姿涂料有限公司(300 吨)〈P1583〉;[冀]河北鱼鹰涂料集团有限公司〈P1623〉;石家庄市鱼鹰油漆厂〈P1632〉;[黑]大庆龙化新实业总公司雪龙涂料厂〈P1722〉;[沪]上海振华造漆厂〈P1778〉;上海英柯化工有限公司〈P1775〉;上海开林造漆厂〈P1746〉;[苏]常州市武进虹灵化工厂〈P1854〉;大华涂料(中国)股份有限公司〈P1892〉;[浙]杭州萧山阳光涂料有限公司〈P1924〉;[宁]银川银湖化工有限公司〈P2361〉

灰色醇酸防锈漆 G01056231

Grey alkyd antirust paint

广泛用于室内外一般金属、管道、水暖件表面,做防护层及装饰之用

【生产厂】[津]天津市津北油漆化工厂(100 吨)〈P1592〉;[辽]沈阳格林涂料有限公司〈P1685〉;[新]昌吉市诚信测绘有限公司化学建材分公司〈P2367〉

C06-18 铁红醇酸带锈底漆 G01056601

Iron oxide red alkyd primer with rust C06-18

用于缝纫机表面的涂复,作打底用

【生产厂】[浙]杭州宝塔油漆有限公司〈P1915〉;[川]攀枝花荣鑫油漆有限责任公司〈P2322〉

各色醇酸二道底漆 G01056801

Various color alkyd surfacer

【生产厂】[皖]安庆菱湖漆业有限公司〈P1979〉

C06-36 各色醇酸烘干底漆;C06-16 各色醇酸底漆 G01056901

Various color alkyd baking primer C06-36

用于轻金属、缝纫机表面,作打底之用

【生产厂】[沪]上海振华造漆厂〈P1778〉

各色醇酸磁漆 G01056911

Various color alkyd enamel

广泛用于室内外一般金属、木质表面,做防护层及装饰之用

【生产厂】[辽]抚顺市顺前造漆厂〈P1698〉;大连实利德漆业有限公司〈P1693〉;丹东同达涂料有限公司〈P1701〉;[黑]哈尔滨市长河特种涂料厂〈P1720〉;[沪]上海振华造漆厂〈P1778〉;[苏]宜兴市振华造漆厂〈P1888〉;苏州平平佳涂料化工有限公司〈P1902〉;[浙]杭州萧山阳光涂料有限公司〈P1924〉;[鲁]山东昌裕集团有限公司(5000 吨)〈P2152〉;潍坊正本涂料有限公司〈P2107〉;潍坊云飞化工有限公司(500 吨)〈P2107〉;莱阳市春帆漆业有限责任公司〈P2108〉;山东梁山蓝天化工有限公司(100 吨)〈P2131〉;梁山县第一油漆厂(1500 吨)〈P2129〉;[豫]新乡市永华油漆化工厂〈P2207〉;[粤]广东中山市森彩机械涂装有限公司〈P2282〉;[新]新疆红山涂料有限公司〈P2363〉

C07-5 各色醇酸腻子 G01057101

Various color alkyd putty C07-5

用于填交通工具、机器、机床等金属及木制品表面的凹坑和缝隙

G

【生产厂】[苏]常州光辉化工有限公司(300吨)〈P1847〉;[鲁]济南泰山金鹏涂料有限公司(100吨)〈P2025〉;蓬莱市特种绝缘材料厂〈P2112〉;[渝]重庆三峡油漆股份有限公司〈P2306〉;[滇]昆明中华涂料有限责任公司〈P2340〉

C30-11 醇酸烘干绝缘漆;1154号醇酸烘干绝缘漆 G01057501

Alkyd baking insulating paint C30-11

主要用于电机、变压器绕组的浸渍,也可作覆盖漆用

【生产厂】[浙]杭州宝塔油漆有限公司〈P1915〉;[桂]柳州市造漆厂〈P2298〉;[渝]重庆三峡油漆股份有限公司〈P2306〉;[滇]昆明中华涂料有限责任公司〈P2340〉

1038 快干氨基醇酸绝缘漆;1038 绝缘漆 G01057511

Quickdrying amino-alkyd insulating paint 1038

用于电机、电器的绝缘涂饰

【生产厂】[苏]吴江市太湖涂料有限公司〈P1911〉

氨基醇酸快固化浸渍漆 G01057591

Amino-alkyd quick-solidified impregnating paint

【生产厂】[川]四川东方绝缘材料股份有限公司〈P2330〉

C32-39 各色醇酸抗弧磁漆;C32-9 浅色醇酸抗弧绝缘磁漆 G01057701

Various color alkyd anti-arc enamel C32-39

用于电机和电器绕组及各种绝缘零件的涂饰

【生产厂】[苏]吴江市太湖涂料有限公司〈P1911〉

C32-58 各色醇酸烘干抗弧漆;C32-8 各色醇酸抗弧烘漆 G01057901

Various color alkyd anti-arc baking paint C32-58

用于电机和电器绕组的涂覆

【生产厂】[苏]吴江市太湖涂料有限公司〈P1911〉

各色醇酸船舱漆 G01058301

Various color alkyd cabin paint

用于船舶的走廊、货舱、房间、餐厅等部位,不宜涂装在太阳直接照射的地方

【生产厂】[浙]浙江鱼童发达造漆有限公司〈P1970〉

醇酸船壳面漆 G01058651

Alkyd boat hull top-paint

【生产厂】[辽]大连实利德漆业有限公司〈P1693〉

醇酸船壳防污漆 G01058691

Alkyd boat hull antifouling paint

【生产厂】[鲁]烟台得蒙精细化工有限公司〈P2116〉

防锈漆 G01058711

Antirust paint

用于家居装饰、工程装饰

【生产厂】[辽]丹东同达涂料有限公司〈P1701〉;[黑]哈尔滨市长河特种涂料厂〈P1720〉;[沪]上海斯普莱得涂料有限公司〈P1765〉;[苏]常州市康宝油脂化工有限公司〈P1852〉;江阴市天泽制涂有限公司〈P1871〉;[浙]余姚特种涂料厂〈P1935〉;[鲁]潍坊环宇油漆工业有限公司〈P2103〉;[豫]西峡县三胜化工有限公司〈P2225〉;[川]成都彩星科技实业有限公司〈P2309〉;[陕]西安利澳科技股份有限公司〈P2349〉

C53-31 红丹醇酸防锈漆;C53-1 红丹醇酸防锈漆 G01058801

Red lead alkyd antirust paint C53-31

适用于刷涂大型钢铁结构表面,作防锈打底用

【生产厂】[津]天津市德宝化工涂料工贸有限公司(80吨)〈P1584〉;[沪]上海开林造漆厂〈P1746〉;[苏]常州市申达涂料有限公司〈P1853〉;常州圣安涂料有限公司〈P1849〉;无锡市云湖涂料有限公司〈P1881〉;张家港市永泰防腐涂料有限公司〈P1914〉;泰州市铁猫涂料有限公司〈P1828〉;南通万邦采涂料有限公司〈P1836〉;[浙]杭州华顺化工防腐有限公司〈P1918〉;浙江鱼童发达造漆有限公司〈P1970〉;[鲁]济南泰山金鹏涂料有限公司(100吨)〈P2025〉;[豫]濮阳市兴建防腐涂料有限公司(500吨)〈P2215〉;[川]攀枝花荣鑫油漆有限责任公司(800吨)〈P2322〉;[新]昌吉市诚信测绘有限公司化学建材分公司〈P2367〉

浅色醇酸防锈漆 G01058900

Pale alkyd antirust paint

【生产厂】[浙]杭州萧山阳光涂料有限公司〈P1924〉

C53-33 锌黄醇酸防锈漆;C53-3 锌黄醇酸防锈漆 G01058901

Zinc yellow alkyd antirust paint C53-33

用于铝合金和其他轻金属器材、物件等表面,作防锈及打底涂层

【生产厂】[苏]张家港市永泰防腐涂料有限公司〈P1914〉;[浙]浙江鱼童发达造漆有限公司〈P1970〉

C53-34 云铁醇酸防锈漆;C53-4 云铁醇酸防锈漆 G01059001

Micaceous iron oxide alkyd antirust paint C53-34

用于桥梁、钢铁结构的表面涂刷,作防锈打底用

【生产厂】[苏]常州市申达涂料有限公司〈P1853〉;常州圣安涂料有限公司〈P1849〉;无锡市云湖涂料有限公司〈P1881〉;张家港市永泰防腐涂料有限公司〈P1914〉;泰州市铁猫涂料有限公司〈P1828〉;[浙]杭州萧山阳光涂料有限公司〈P1924〉;[豫]濮阳市兴建防腐涂料有限公司(500吨)〈P2215〉;[桂]柳州市造漆厂〈P2298〉;[新]昌吉市诚信测绘有限公司化学建材分公司〈P2367〉

C53-36 铁红醇酸防锈漆 G01059011

Iron oxide red alkyd antirust paint C53-36

适用于钢铁结构物件防锈打底,也可用于钢铁表面涂覆

【生产厂】[苏]南通万邦采涂料有限公司〈P1836〉;[浙]杭州华顺化工防腐有限公司〈P1918〉;[鲁]济南泰山金鹏涂料有限公司(70吨)〈P2025〉;[桂]柳州市造漆厂〈P2298〉

C54-31 各色醇酸耐油漆 G01059104

Various color alkyd oil-resistant paint C54-31

用于机床内壁接触矿物油的部位作为防锈耐机油的涂层

【生产厂】[沪]上海开林造漆厂〈P1746〉;[浙]浙江鱼童发达造漆有限公司〈P1970〉

各色醇酸耐油漆 G01059111

Various color alkyd oil-resistant paint

【生产厂】[赣]南昌陶氏化工实业有限公司〈P2010〉

铝粉醇酸耐热漆 G01059201

Aluminium alkyd heat-resistant paint

适用于金属表面的耐热涂装和防护之用

【生产厂】[辽]沈阳彩逸特种涂料制造有限公司〈P1684〉；[渝]重庆三峡油漆股份有限公司〈P2306〉

C61-51 铝粉醇酸烘干耐热漆；C61-1·铝粉耐热醇酸磁漆 G01059401

Aluminium alkyd heat-resistant baking paint C61-51

用于金属表面作耐热及防腐蚀涂层烘干用

【生产厂】[苏]张家港市永泰防腐涂料有限公司〈P1914〉

醇酸防污漆 G01059801

Alkyd antifouling paint

【生产厂】[粤]新达化工实业有限公司〈P2294〉

醇酸氨基罩光清漆 G01059851

Alkyd amino finishing varnish

【生产厂】[苏]常州市武进晨光金属涂料有限公司〈P1854〉

灰色云铁醇酸面漆 G01059911

Grey micaceous iron oxide alkyd top-coat

【生产厂】[黑]大庆龙化新实业总公司雪龙涂料厂〈P1722〉

醇酸氨基中涂漆 G01059951

Amino-alkyd middle paint

【生产厂】[苏]常州市武进晨光金属涂料有限公司〈P1854〉

醇酸汽车专用漆 G01059981

Alkyd paint for automobile

用于各种农用车、拖拉机、三轮车、机器零件、户外钢铁、木质物件的保护和装饰

【生产厂】[冀]石家庄金鱼涂料集团公司〈P1627〉；[鲁]山东乐化集团有限公司(5000 吨)〈P2095〉；[粤]广州市延安油漆集团股份有限公司〈P2267〉

氨基醇酸汽车面漆 G01059991

Amino-alkyd top-coat for vehicle

用于汽车、农用车、轻工产品的表面涂装

【生产厂】[冀]石家庄金鱼涂料集团公司〈P1627〉

氨基树脂漆类 G01060000

Amino resin paint

用于汽车、轿车、电冰箱、洗衣机等高装饰性涂覆

【生产厂】[津]天津市辰光化工涂料有限公司(150 吨)〈P1581〉；天津市德实化工涂料有限公司(600 吨)〈P1584〉；天津市宏光伟业化工涂料有限公司(400 吨)〈P1589〉；天津市金利化工有限公司(2000 吨)〈P1592〉；天津四海特种涂料有限公司(100 吨)〈P1614〉；[冀]石家庄金鱼涂料集团公司〈P1627〉；邯郸市鑫马涂料股份合作公司〈P1639〉；保定保立化工涂料有限公司〈P1644〉；[辽]沈阳船牌制漆有限公司〈P1685〉；铁岭洪泰涂料有限公司〈P1712〉；大连璐琨化工涂料有限公司〈P1693〉；大连国光溶剂厂〈P1691〉；[吉]长春泰欧亚涂料有限公司(2000 吨)〈P1714〉；[苏]常州市华星防腐材料有限公司〈P1851〉；常州市康宝油脂化工有限公司〈P1852〉；无锡诺赛利漆业有限公司〈P1874〉；无锡市中竹漆业有限公司〈P1881〉；宜兴市鼎峰漆业有限公司〈P1884〉；扬州美涂士金陵特种涂料有限公司(1000 吨)〈P1818〉；[浙]杭州宝塔油漆有限公司(5000 吨)〈P1915〉；[皖]安徽省宁国市仙塔漆业有限公司〈P1986〉；马鞍山市康华化工有限公司〈P1977〉；[闽]福州金凤涂料有限公司〈P1989〉；泉州市信和涂料有限公司〈P2000〉；[鲁]济南泰山金鹏涂料有限公司(900 吨)〈P2025〉；山东齐鲁漆业有限公司(1 万吨)〈P2153〉；山东奔腾漆业有限公司(1 万吨)〈P2130〉；菏泽仕达化工有限公司(2000 吨)〈P2159〉；[豫]郑州双塔涂料有限公司(850 吨)〈P2174〉；郑州拓立造漆有限公司(1000 吨)〈P2174〉；新乡市东风化工有限责任公司(600 吨)〈P2204〉；开封市汴梁漆业有限公司(2000 吨)〈P2177〉；[鄂]武汉鹤龟涂料有限公司〈P2230〉；[粤]德一涂料股份有限公司〈P2268〉；佛山市鲸鲨制漆科技有限公司(1 万吨)〈P2288〉；东星化工实业有限公司〈P2287〉；新会汇通漆厂有限公司〈P2286〉；[渝]重庆市三渝漆业有限公司〈P2307〉；[川]成都彩星科技实业有限公司〈P2309〉；[陕]西安利澳科技股份有限公司〈P2349〉；陕西源源化工有限责任公司〈P2353〉

氨基烘干清漆 G01060201

Amino baking varnish

适用于金属表面涂过各色氨基烘漆的罩光

【生产厂】[津]天津市大邱庄津姿涂料有限公司(400 吨)〈P1583〉；[辽]沈阳船牌制漆有限公司〈P1685〉；[沪]上海振华造漆厂〈P1778〉；[苏]宜兴市振华造漆厂〈P1888〉；[皖]安庆菱湖漆业有限公司〈P1979〉；[豫]新郑市新光化工涂料有限公司(500 吨)〈P2169〉；[鄂]随州市文峰涂料有限责任公司〈P2245〉

高光氨基烘干清漆 G01060301

Amino baking varnish, full gloss

用于自行车涂装

【生产厂】[苏]丹阳市日月漆业有限公司〈P1840〉；丹阳市宏筑涂料厂〈P1840〉；丹阳市宏铸涂料有限公司〈P1840〉

335 氨基烘干清漆 G01060402

Amino baking varnish 335

【生产厂】[沪]上海振华造漆厂〈P1778〉

亮光氨基清烘漆 G01060551

Light amino baking varnish

【生产厂】[苏]苏州平平佳涂料化工有限公司〈P1902〉

A01-1 氨基烘干清漆 G01060701

Amino baking varnish A01-1

通用漆，可调配色漆作罩光用

【生产厂】[苏]常州光辉化工有限公司(200 吨)〈P1847〉；[浙]浙江杭州富阳晨华涂料厂〈P1927〉

A01-2 氨基烘干清漆 G01060801

Amino baking varnish A01-2

罩光漆，适用于涂在涂有底色漆的金属表面罩光之用

【生产厂】[津]天津市大邱庄津姿涂料有限公司(600 吨)〈P1583〉

A01-9 氨基烘干清漆 G01061201

Amino baking varnish A01-9

用于涂覆在涂有底漆、色漆的自行车、缝纫机等物件上作表面罩光之用

【生产厂】[沪]上海振华造漆厂〈P1778〉；[苏]江阴市汇克拓

G

化工有限公司〈P1870〉

氨基设备漆 G01061601

Amino equipment paint

【生产厂】[鲁]烟台得蒙精细化工有限公司〈P2116〉

氨基树脂烘漆 G01061700

Amino resin baking paint

【生产厂】[苏]扬州美涂士金陵特种涂料有限公司(1000 吨)〈P1818〉

快干氨基烘干磁漆 G01061701

Amino quickdrying baking enamel

用于轻工机械、家用电器、汽车、拖拉机、仪器、仪表涂装

【生产厂】[鲁]山东昌裕集团有限公司(5000 吨)〈P2152〉;山东泰山史宾莎涂料有限公司(600 吨)〈P2137〉;[新]昌吉市诚信测绘有限公司化学建材分公司〈P2367〉

氨基自干及烘干磁漆 G01061751

Amino self-drying and baking enamel

【生产厂】[新]新疆红山涂料有限公司〈P2363〉

各色氨基磁漆 G01061901

Various color amino enamel

主要用于自行车、仪器仪表等各种金属的表面涂装

【生产厂】[津]天津市外星化工涂料有限公司〈P1605〉

各色氨基烘干磁漆 G01061911

Various color amino baking enamel

用于各类轻工产品、机电、仪表、玩具等金属表面作装饰性保护作用

【生产厂】[津]天津市瑞宝绿色纳米涂料有限公司(4000 吨)〈P1601〉;天津市大邱庄津姿涂料有限公司(600 吨)〈P1583〉;[冀]河北鱼鹰涂料集团有限公司〈P1623〉;石家庄市鱼鹰油漆厂〈P1632〉;[辽]抚顺市顺前造漆厂〈P1698〉;大连实利德漆业有限公司〈P1693〉;[苏]宜兴市振华造漆厂〈P1888〉;苏州平平佳涂料化工有限公司〈P1902〉;[皖]安庆菱湖漆业有限公司〈P1979〉;[鲁]潍坊正本涂料有限公司〈P2107〉;潍坊云飞化工有限公司〈P2107〉;莱阳油漆厂有限公司〈P2108〉;莱阳市春帆漆业有限责任公司〈P2108〉;山东梁山万金化工有限公司(2000 吨)〈P2131〉;山东鲁南造漆厂〈P2150〉;[豫]郑州市中州油漆厂(2000 吨)〈P2174〉;新乡市永华油漆化工厂〈P2207〉;[湘]湖南湘江涂料集团有限公司〈P2248〉;[渝]重庆市三渝漆业有限公司〈P2307〉;[新]昌吉市诚信测绘有限公司化学建材分公司〈P2367〉

白色氨基烘干磁漆 G01062001

White amino baking enamel

用于热水瓶外壳的涂装

【生产厂】[沪]上海振华造漆厂〈P1778〉

A04-9 各色氨基烘干磁漆 G01062351

Various color amino baking enamel A04-9

主要用于自行车、缝纫机、仪器仪表、电风扇、热水瓶、玩具等各种金属表面,作装饰保护用

【生产厂】[苏]常州光辉化工有限公司(1000 吨)〈P1847〉;江阴市汇克拓化工有限公司〈P1870〉;[浙]浙江杭州富阳晨华涂料厂〈P1927〉;[鲁]蓬莱市特种绝缘材料厂〈P2112〉;[川]攀枝花荣鑫油漆有限责任公司〈P2322〉

A04-9 红氨基烘干磁漆 G01062401

Red amino baking enamel A04-9

主要用于自行车、缝纫机、仪器仪表、电风扇、热水瓶、玩具等各种金属表面,作装饰保护用

【生产厂】[滇]昆明中华涂料有限责任公司〈P2340〉

装饰漆;耐磨装饰漆 G01062721

Decorative paint

适用于室内外如家具、门窗、机器、管道和金属制品等

【生产厂】[京]北京京汉邦涂料有限公司〈P1552〉;北京华茂装饰涂料有限公司〈P1549〉;[津]首进(天津)涂料有限公司(600 吨)〈P1569〉;天津市红桥区天海油漆厂(1000 吨)〈P1589〉;天津市德实化工涂料有限公司(300 吨)〈P1584〉;[冀]河北鱼鹰涂料集团有限公司〈P1623〉;石家庄市鱼鹰油漆厂〈P1632〉;[辽]抚顺富美涂料有限公司〈P1698〉;鞍山威特隆化工有限公司〈P1696〉;[沪]上海圣丹化工涂料有限公司〈P1762〉;新欧宝化工(上海)有限公司(3 万吨)〈P1780〉;[浙]杭州宝塔油漆有限公司〈P1915〉;[闽]厦门联星化学工业有限公司〈P1992〉;[鲁]山东临清洪流化工总公司(1000 吨)〈P2153〉;[豫]金邦制漆(中国)有限公司(3000 吨)〈P2213〉;[粤]中外合资靓尔嘉化工有限公司〈P2293〉;威臣(中国)涂料有限公司〈P2286〉;[川]成都万盛化工漆业有限公司〈P2316〉;四川德阳奥林化工涂料有限公司〈P2326〉

氨基醇酸树脂涂料 G01062731

Amino-alkyd resin coating

主要用于要求装饰性能好的工业制品,如汽车、自行车、缝纫机、电风扇、医疗器械等

【生产厂】[浙]杭州立威化工涂料有限公司〈P1920〉

各色氨基烘干静电磁漆 G01063001

Various color amino baking electrostatic enamel

【生产厂】[皖]安庆菱湖漆业有限公司〈P1979〉

A04-60 各色氨基烘干半光磁漆 G01063301

Various color amino semi-gloss baking enamel A04-60

主要用于仪表设备要求半光的金属表面作装饰保护用

【生产厂】[津]天津市大邱庄津姿涂料有限公司(800 吨)〈P1583〉;[沪]上海振华造漆厂〈P1778〉;[苏]常州光辉化工有限公司〈P1847〉;[浙]浙江杭州富阳晨华涂料厂〈P1927〉

A04-60 深色氨基半光烘干磁漆;A05-10 各色氨基半光烘漆 G01063501

Dark amino semi-gloss baking enamel A04-60

主要涂于仪器、测量工具等各种金属表面,作保护用

【生产厂】[滇]昆明中华涂料有限责任公司〈P2340〉

各色氨基无光烘干磁漆 G01064101

Various color amino flat baking enamel

用于灯具、仪表、测量工具等各种金属制品的表面作装饰和保护用

【生产厂】[苏]常州光辉化工有限公司〈P1847〉

各色氨基亚光烘干磁漆 G01064201
Various color amino flat baking enamel

主要用于仪器仪表、电器设备、文体用品、钢家具等要求亚光金属表面的装饰和保护

【生产厂】[沪]上海振华造漆厂〈P1778〉

各色快干氨基烘漆 G01064321
Various color amino quickdrying baking paint

用于家用电器、轻工机械、五金杂件等制品的涂饰保护

【生产厂】[沪]上海开林造漆厂〈P1746〉;[苏]江阴市天泽制涂有限公司〈P1871〉;[豫]河南省偃师市新星油漆厂(150吨)〈P2181〉;[粤]广州市延安油漆集团股份有限公司〈P2267〉;江门市制漆厂有限公司(1万吨)〈P2286〉

低温快干氨基烘漆 G01065051
Low temperature quickdrying amino baking paint

用于工业机械、汽车、自行车、电机电器等金属表面的装饰和保护

【生产厂】[辽]丹东同达涂料有限公司〈P1701〉;[皖]安庆菱湖漆业有限公司〈P1979〉;[川]四川德阳奥林化工涂料有限公司〈P2326〉

氨基静电烘漆 G01065201
Amino electrostatic baking paint

用于轻工、五金零件等金属表面静电装置的喷涂罩光

【生产厂】[苏]吴江市太湖涂料有限公司〈P1911〉

氨基烘漆;氨基烤漆 G01065401
Amino baking paint

用于各类金属制品、汽车、机车、农业机械、电化制品、金属家具、一般工具等的涂覆

【生产厂】[津]天津市宝利鑫涂料有限公司(500吨)〈P1579〉;天津市振东涂料有限公司(600吨)〈P1613〉;[冀]霸州市辛章得利雅涂料厂〈P1657〉;[沪]上海南极涂料有限公司〈P1754〉;[苏]江苏科特涂饰有限公司〈P1842〉;丹阳市日月漆业有限公司〈P1840〉;常州市武进虹灵化工厂〈P1854〉;江苏加力高氟涂料工业有限责任公司〈P1808〉;[浙]杭州蓝迪化工有限公司〈P1920〉;[闽]福建泉州美家涂料制造有限公司(100吨)〈P1998〉;惠安德贤油漆化工厂(100吨)〈P1999〉;[鲁]淄博泰兴粉末涂料厂〈P2073〉;山东乐化集团有限公司〈P2095〉;烟台得蒙精细化工有限公司〈P2116〉;山东金河实业有限公司(300吨)〈P2113〉;[豫]安阳市铁西华北涂料厂(50吨)〈P2209〉;邓州市达昌漆业有限公司〈P2222〉;[粤]广州市延安油漆集团股份有限公司〈P2267〉;广州市国花油漆制造公司〈P2264〉;广州市南方制漆有限公司〈P2265〉;康富(深圳)化工涂料厂〈P2269〉;珠海市广鑫化工有限公司〈P2275〉;佛山市南海创伟化工环保科技有限公司〈P2288〉;南海市东方化工厂〈P2291〉

水性氨基烘漆 G01065451
Water-based amino baking paint

【生产厂】[鲁]莱阳市金易化工有限公司〈P2108〉;[鄂]武汉现代工业技术研究院〈P2234〉

各色氨基烘干底漆 G01065501
Various color amino baking primer

用于缝纫机、仪表等已涂有腻子层产品的中间层,也可用作湿热带产品的底涂层

【生产厂】[津]天津市瑞宝绿色纳米涂料有限公司(1000吨)〈P1601〉;[苏]丹阳市宏筑涂料厂〈P1840〉;丹阳市宏铸涂料有限公司〈P1840〉;[豫]新乡市永华油漆化工厂〈P2207〉;[粤]新达化工实业有限公司〈P2294〉

A06-2 各色氨基烘干底漆 G01065700
Various color amino baking primer A06-2

适用于缝纫机、自行车、电风扇、仪表等已涂有腻子层的中间涂层,也可作为湿热带产品的底涂层

【生产厂】[浙]浙江杭州富阳晨华涂料厂〈P1927〉

水性各色氨基烘干底面合一装饰漆 G01066451
Various color amino baking decorative paint of primer and top-coat, water-based

主要用于轻工产品、机电、仪表、交通工具等表面的面漆

【生产厂】[津]天津市瑞宝绿色纳米涂料有限公司(500吨)〈P1601〉

各色氨基烘干透明漆 G01066610
Various color amino transparent baking paint

用于自行车、热水瓶、钟表外壳、文教用品、纪念章等金属表面作装饰保护之用

【生产厂】[沪]上海振华造漆厂〈P1778〉

A14-51 各色氨基烘干透明漆 G01066700
Various color amino transparent baking paint A14-51

自行车、热水瓶外壳等金属表面的涂饰

【生产厂】[苏]常州光辉化工有限公司〈P1847〉;[浙]浙江杭州富阳晨华涂料厂〈P1927〉;[鲁]蓬莱市特种绝缘材料厂〈P2112〉;[川]成都彩星科技实业有限公司〈P2309〉

A14-52 红氨基烘干透明漆;A14-2 各色氨基透明烘漆 G01067101
Red amino transparent baking paint A14-52

用于涂饰证章及一般金属表面

【生产厂】[津]天津市大邱庄津姿涂料有限公司(600吨)〈P1583〉

高光氨基透明烘漆 G01067201
Amino transparent baking paint, full gloss

用于自行车、童车的涂装

【生产厂】[苏]丹阳市宏筑涂料厂〈P1840〉;丹阳市宏铸涂料有限公司〈P1840〉

各色氨基透明漆 G01067301
Various color amino transparent paint

【生产厂】[冀]廊坊市光耀油漆厂〈P1661〉

各色氨基烘干锤纹漆;氨基烘干锤纹漆 G01067400
Various color amino baking hammer paint

用于医疗器械、仪器、仪表及各种金属制品表面作装饰涂料

【生产厂】[津]天津市大邱庄津姿涂料有限公司(500吨)〈P1583〉;[苏]常州光辉化工有限公司〈P1847〉;江阴市汇

G

克拓化工有限公司〈P1870〉;苏州平平佳涂料化工有限公司〈P1902〉;[鲁]蓬莱市特种绝缘材料厂〈P2112〉;山东鲁南造漆厂〈P2150〉;[豫]新乡市永华油漆化工厂〈P2207〉

A16-51 各色氨基烘干锤纹漆 G01067800

Various color amino baking hammer paint A16-51

主要适用于各种医疗器械及仪器、仪表等各种金属制品表面作装饰保护涂层

【生产厂】[苏]常州光辉化工有限公司〈P1847〉;[浙]浙江杭州富阳晨华涂料厂〈P1927〉;[川]攀枝花荣鑫油漆有限责任公司〈P2322〉

各色氨基桔纹烘干磁漆 G01067911

Various color amino baking orange-peel enamal

【生产厂】[沪]上海振华造漆厂〈P1778〉

金属油罐抗静电防腐涂料;贮油罐专用涂料 G01068101

Antistatic anticorrosive coating for metal oil tank

用于装载原油、汽油、煤油、柴油、石脑油及苯类溶剂的贮罐内壁导静电、防腐蚀保护等

【生产厂】[京]红狮涂料国际有限公司〈P1567〉;[津]天津市外星化工涂料有限公司〈P1605〉;[冀]河北立东化工有限公司〈P1658〉;[苏]常州市大使涂料有限公司〈P1850〉;常州市申达涂料有限公司〈P1853〉;常州圣安涂料有限公司〈P1849〉;常州市凯星涂料有限公司〈P1852〉;无锡市云湖涂料有限公司〈P1881〉;宜兴市远东化工有限公司〈P1888〉;张家港市东昌涂料有限公司〈P1912〉;扬州美涂士金陵特种涂料有限公司〈P1818〉;[浙]临海市永固为华涂料有限公司〈P1960〉;[鄂]武汉现代工业技术研究院〈P2234〉;[粤]中山森田化工有限公司〈P2282〉;[桂]柳州市建华涂料厂〈P2298〉;[川]攀枝花荣鑫油漆有限责任公司〈P2322〉

油罐外壁防腐涂料 G01068151

Anticorrosive coating for ektexine of oil tank

【生产厂】[津]天津市外星化工涂料有限公司〈P1605〉

1032 三聚氰胺醇酸浸渍漆 G01068201

Melamine alkyd impregnating varnish 1032

用于浸渍电机、电器、绕组、线圈等

【生产厂】[鲁]蓬莱市特种绝缘材料厂〈P2112〉;[川]四川东方绝缘材料股份有限公司〈P2330〉

A30-11 氨基烘干绝缘漆;A30-11 氨基绝缘烘漆 G01068501

Amino baking insulating paint A30-11

用于浸渍电机、电器绕组等

【生产厂】[辽]大连实利德漆业有限公司〈P1693〉;[沪]上海开林造漆厂(300 吨)〈P1746〉;[苏]常州光辉化工有限公司(300 吨)〈P1847〉;吴江市合力树脂有限公司〈P1910〉;[浙]杭州宝塔油漆有限公司〈P1915〉

半导体漆;氨基烘干半导体漆 G01068701

Paint for semiconductor

用于高压电机、大电机的防电晕涂装和其他装置的防静电涂装

【生产厂】[沪]上海开林造漆厂〈P1746〉;[苏]吴江市太湖涂料有限公司〈P1911〉

快干氨基醇酸烘漆 G01068711

Quickdrying amino-alkyd baking paint

用于机电仪器仪表、玩具、工业机械等金属表面的装饰性保护

【生产厂】[津]天津市津南区新桥绝缘材料有限公司(1000 吨)〈P1594〉;[沪]上海开林造漆厂〈P1746〉;上海永宁化工有限公司〈P1775〉;[苏]徐州造漆有限公司〈P1796〉;[鲁]梁山县第一油漆厂(1000 吨)〈P2129〉;[粤]深圳市盟友化工有限公司〈P2272〉

各色氨基醇酸烘干磁漆 G01068791

Amino-alkyd baking enamel of all colors

适用于家用电器、仪器、仪表、机械、自行车、摩托车、汽车等物件的表面涂装

【生产厂】[京]北京金汇利应用化工制品有限公司〈P1552〉;[沪]上海振华造漆厂〈P1778〉;[苏]江苏丹阳市金龙涂料有限公司〈P1841〉;常州市武进晨光金属涂料有限公司〈P1854〉;[鲁]青岛润泰制漆有限公司〈P2041〉

各色氨基汽车漆 G01068801

Various color amino paint for car

【生产厂】[冀]廊坊市光耀油漆厂〈P1661〉;[鲁]烟台得蒙精细化工有限公司〈P2116〉

合金用漆 G01068901

Paint for alloy

用于金属合金的保护涂饰

【生产厂】[粤]东莞市中裕涂料有限公司〈P2280〉

金属漆 G01069001

Metallic paint

主要用于轿车、客车、摩托车、自行车的装饰和各种闪光涂层的修补

【生产厂】[京]北京靓的涂料有限公司〈P1553〉;北京关西涂料有限公司〈P1548〉;富思特制漆(北京)有限公司〈P1567〉;北京蓝通涂料有限公司〈P1554〉;北京莱恩斯涂料有限公司〈P1554〉;[辽]沈阳兴达涂料有限公司〈P1690〉;[沪]上海赛格涂料有限公司〈P1759〉;[浙]中外合资升华集团湖州升宝涂料有限公司〈P1947〉;宁波柯力高分子材料有限公司〈P1931〉;宁波市镇海泰欣涂料有限公司〈P1933〉;东阳市惠泽化工涂料有限公司〈P1952〉;[闽]桑川(泉州)制漆有限公司〈P2000〉;[鲁]山东临清洪流化工总公司(3000 吨)〈P2153〉;山东奔腾漆业有限公司(5000 吨)〈P2130〉;[粤]东莞市飞鸿涂料有限公司〈P2279〉;三羊建筑材料有限公司〈P2281〉;茂名日化涂料有限公司〈P2293〉;美联涂料有限公司〈P2291〉;南海市东方化工厂〈P2291〉;雄泰涂料有限公司〈P2286〉

水性金属漆 G01069031

Water-based metallic paint

【生产厂】[京]北京佳悦创新涂料科技发展有限公司〈P1551〉;[辽]沈阳市木氏涂料厂〈P1688〉;[沪]上海绿嘉水性涂料有限公司〈P1752〉;上海华桓涂料有限公司〈P1738〉;[豫]河南省德嘉丽科技开发公司〈P2167〉;[鄂]武汉现代工业技术研究院〈P2234〉;[粤]广东中山南天涂料有限公司〈P2282〉

金属烤漆 G01069051

Baking paint for metal

用于各类金属表面涂装,也可用于摩托车涂装、家用电器、五金等行业表面涂装

【生产厂】[浙]海盐华达油墨化学有限公司〈P1940〉;[闽]桑

川(泉州)制漆有限公司〈P2000〉;[粤]广州市南方制漆有限公司〈P2265〉;深圳松辉化工有限公司〈P2273〉;新会区司前绚丽涂料制品厂〈P2286〉

金属面漆 G01069071

Metallic top-coat

【生产厂】[鲁]东营市德邦高分子科技有限公司〈P2081〉;[粤]广东粤港大地制漆有限公司〈P2291〉

金属闪光漆 G01069100

Metallic flashing paint

工业类涂料,适用于机械设备、管道、车辆、塑料表面的涂装防腐装饰

【生产厂】[京]北京市燕鑫科技开发有限责任公司〈P1561〉;[冀]廊坊市光耀油漆厂〈P1661〉;[辽]沈阳联邦涂料有限公司〈P1687〉;[沪]上海雅达涂料有限公司〈P1773〉;上海南极涂料有限公司〈P1754〉;[苏]常州市凌龙涂料有限公司〈P1853〉;无锡诺赛利漆业有限公司〈P1874〉;[浙]海盐华达油墨化学有限公司〈P1940〉;[鲁]潍坊正本涂料有限公司〈P2107〉;威海兴邦化工涂料有限公司〈P2126〉;莱阳市春帆漆业有限责任公司〈P2108〉;山东省莱阳市春帆漆业有限责任公司〈P2114〉;[粤]广州市延安油漆集团股份有限公司〈P2267〉;维新制漆(深圳)有限公司〈P2274〉;[甘]西北永新化工股份有限公司〈P2356〉

各色氨基金属闪光漆 G01069111

Various color amino metallic flashing paint

【生产厂】[豫]新乡市永华油漆化工厂〈P2207〉

各色氨基闪光烘漆 G01069501

Various color amino flashing baking paint

用于涂饰自行车、缝纫机、轿车、电风扇、科学仪器等金属表面

【生产厂】[沪]上海振华造漆厂〈P1778〉;上海奉星涂料有限公司〈P1733〉;[苏]丹阳市宏铸涂料有限公司〈P1840〉;常州光辉化工有限公司〈P1847〉;常州市柏鹤涂料有限公司〈P1849〉;[浙]浙江杭州富阳晨华涂料厂〈P1927〉;[皖]安庆菱湖漆业有限公司〈P1979〉

氨基树脂涂料 G01069901

Amino resin coating

主要用于家电、自行车、仪器仪表和金属家具等的涂装

【生产厂】[苏]扬州美涂士金陵特种涂料有限公司〈P1818〉

硝基漆类 G01070000

Nitrocellulose lacquer

用于木器家具、机电产品、汽车、机床等的涂装

【生产厂】[京]北京钰林化工有限公司〈P1565〉;[津]首进(天津)涂料有限公司(200 吨)〈P1569〉;天津市辰光化工涂料有限公司(50 吨)〈P1581〉;天津市红桥区天海油漆厂(3000 吨)〈P1589〉;天津市津辰化工有限公司(100 吨)〈P1592〉;天津市裕北涂料有限公司(800 吨)〈P1612〉;天津市德宝化工涂料工贸有限公司(50 吨)〈P1584〉;天津市宏光伟业化工涂料有限公司(300 吨)〈P1589〉;天津市玉彬福造漆有限公司(500 吨)〈P1611〉;天津四海特种涂料有限公司(200 吨)〈P1614〉;[冀]邯郸市鑫马涂料股份合作公司(500 吨)〈P1639〉;保定保立化工涂料有限公司〈P1644〉;[辽]沈阳船牌制漆有限公司〈P1685〉;沈阳市木氏涂料厂〈P1688〉;沈阳美狮化工有限公司〈P1687〉;营口宝山化工有限公司〈P1703〉;大连璐琨化工涂料有限公司〈P1693〉;大连国光溶剂厂〈P1691〉;[沪]上海巨峰化工有限公司〈P1746〉;上海海民造漆厂〈P1735〉;上海德品漆业有限公司〈P1731〉;上海圣元涂料有限公司〈P1762〉;[苏]丹阳市日月漆业有限公司〈P1840〉;宜兴市太极化工实业公司〈P1887〉;无锡市中竹漆业有限公司〈P1881〉;宜兴市鼎峰漆业有限公司〈P1884〉;无锡市虎皇漆业有限公司〈P1876〉;淮安市造漆厂〈P1801〉;[浙]杭州宝塔油漆有限公司(1500 吨)〈P1915〉;杭州立威化工涂料有限公司〈P1920〉;[皖]安徽省宁国市仙塔漆业有限公司〈P1986〉;[闽]福州德贤化工有限公司〈P1989〉;福州金凤涂料有限公司〈P1989〉;泉州市信和涂料有限公司〈P2000〉;福建泉州美家涂料制造有限公司(200 吨)〈P1998〉;惠安德贤油漆化工厂(100 吨)〈P1999〉;[鲁]山东齐鲁漆业有限公司(2 万吨)〈P2153〉;淄博市周村前进化工厂〈P2071〉;潍坊正本涂料有限公司〈P2107〉;潍坊环宇油漆工业有限公司〈P2103〉;潍坊金城化工油漆有限公司〈P2103〉;山东乐化集团有限公司〈P2095〉;青岛安达涂料化学材料有限公司〈P2032〉;青岛亿泰涂料化工有限公司〈P2046〉;山东奔腾漆业有限公司(1 万吨)〈P2130〉;[豫]郑州双塔涂料有限公司(500 吨)〈P2174〉;[粤]广州金美联化工有限公司〈P2262〉;广州市延安油漆集团股份有限公司〈P2267〉;广州市坚红化工厂(1255 吨)〈P2264〉;德一涂料股份有限公司〈P2268〉;深圳市展辰达化工有限公司〈P2273〉;揭阳市豪得丽化工有限公司〈P2295〉;东莞市石龙合众涂料厂〈P2280〉;东莞昌盛化工有限公司〈P2278〉;东莞市台宝涂料厂〈P2280〉;佛山市鲸鲨制漆科技有限公司(500 吨)〈P2288〉;佛山市万正涂料有限公司〈P2289〉;佛山市南海华生化工厂〈P2288〉;东星化工实业有限公司〈P2287〉;佛山市杏头制漆厂〈P2289〉;佛山市顺德区派尔化工实业有限公司〈P2289〉;中山雅城化工涂料有限公司〈P2284〉;中山市泰莱涂料化工有限公司〈P2283〉;中山市普尔化工涂料有限公司〈P2283〉;中山市旭阳涂料有限公司〈P2284〉;江门市制漆厂有限公司(3000 吨)〈P2286〉;新会汇通漆厂有限公司〈P2286〉;新会区司前绚丽涂料制品厂〈P2286〉;[陕]西安利澳科技股份有限公司〈P2349〉;陕西源源化工有限责任公司〈P2353〉

硝基清漆 G01070101

Nitrocellulose varnish

用于木质零件、木器和金属表面的涂饰,也可作硝基外用磁漆罩光用

【生产厂】[津]天津市北星化工有限公司(1500 吨)〈P1580〉;天津市外星化工涂料有限公司〈P1605〉;天津市东塔涂料有限公司(1000 吨)〈P1586〉;天津市联宝涂料有限公司(70 吨)〈P1598〉;[辽]抚顺市顺前造漆厂〈P1698〉;[沪]上海家具涂料厂〈P1742〉;[苏]宜兴市华宝化工厂〈P1885〉;[鲁]山东陆邦涂料有限公司〈P2150〉;山东鲁南造漆厂〈P2150〉;[甘]西北永新化工股份有限公司〈P2356〉

硝基木器清漆 G01070102

Nitrocellulose varnish for wood ware

主要用于木制家具,还用于护墙板、缝纫机台板,钟壳等产品表面的涂饰

【生产厂】[沪]上海造漆厂〈P1777〉;[苏]常州市鸿腾化工有限公司〈P1851〉;常州市武进虹灵化工厂〈P1854〉;[粤]汕头大中三联制漆有限公司〈P2276〉

Q01-1 硝基清漆 G01070201

Nitrocellulose varnish Q01-1

用于木质零件、木器和金属表面的涂饰,也可用作硝基外用磁漆罩光用

【生产厂】[鲁]莱阳油漆厂有限公司〈P2108〉;蓬莱市特种绝

缘材料厂〈P2112〉;[滇]昆明中华涂料有限责任公司〈P2340〉

各类亚光清漆 G01070601

All manner of flat varnish

适用于制造浅色家具和高档家具

【生产厂】[京]红狮涂料国际有限公司〈P1567〉;[津]天津鎏虹科技发展有限公司〈P1576〉;[闽]泉州嘉豪涂料厂〈P1999〉;[粤]中山市巴德士化工有限公司〈P2282〉

自干漆 G01071351

Air-dry paint

可用于各类金属工件、木材、家具表面涂装

【生产厂】[浙]浙江杭州富阳晨华涂料厂〈P1927〉;东阳市惠泽化工涂料有限公司〈P1952〉;[闽]桑川(泉州)制漆有限公司〈P2000〉

硝基磁漆 G01071400

Nitrocellulose enamel

适用于家具、室内装修、木制件及塑料制品等的涂饰

【生产厂】[津]天津市津辰化工有限公司(100吨)〈P1592〉;天津市联宝涂料有限公司(50吨)〈P1598〉;[冀]河北鱼鹰涂料集团有限公司〈P1623〉;石家庄市鱼鹰油漆厂〈P1632〉;[辽]沈阳金飞马制漆有限公司〈P1686〉;[苏]苏州平平佳涂料化工有限公司〈P1902〉;[鲁]潍坊云飞化工有限公司(500吨)〈P2107〉;山东梁山万金化工有限公司(700吨)〈P2131〉;山东鲁南造漆厂〈P2150〉;[陕]陕西宝塔山油漆股份有限公司〈P2352〉

Q04-2 各色硝基外用磁漆;汽车喷漆 G01071604

Various color nitrocellulose exterior enamel Q04-2

主要用于各种车辆、机床、仪表、机器设备、工具、家具的保护装饰用涂料

【生产厂】[苏]常州光辉化工有限公司〈P1847〉;[鲁]山东昌裕集团有限公司(5000吨)〈P2152〉;蓬莱市特种绝缘材料厂〈P2112〉;[川]攀枝花荣鑫油漆有限责任公司〈P2322〉

汽车漆;汽车涂料 G01071608

Automobile paint

用作汽车底、面、中途层及修补、快干漆

【生产厂】[京]红狮涂料国际有限公司〈P1567〉;[津]天津市红桥区天海油漆厂(2000吨)〈P1589〉;天津四海特种涂料有限公司(80吨)〈P1614〉;[冀]石家庄金鱼涂料集团公司〈P1627〉;[辽]沈阳蓝丰涂料制造有限公司〈P1687〉;抚顺富美涂料有限公司〈P1698〉;大连喜立德建材有限公司〈P1694〉;丹东安邦涂料有限公司〈P1699〉;[沪]上海振华造漆厂〈P1778〉;上海东来科技有限公司〈P1732〉;上海全美汽车涂料有限公司〈P1758〉;[苏]南京红太阳集团〈P1784〉;江苏鸿业涂料科技产业有限公司〈P1859〉;常州圣安涂料有限公司〈P1849〉;常州市凯星涂料有限公司〈P1852〉;宜兴市振华造漆厂〈P1888〉;宜兴市鼎峰漆业有限公司〈P1884〉;[浙]海盐华达油墨化学有限公司〈P1940〉;余姚特种涂料厂〈P1935〉;临海市永固为华涂料有限公司(4000吨)〈P1960〉;博星化工涂料有限公司〈P1959〉;[鲁]山东临清洪流化工总公司〈P2153〉;威海市玉威漆业有限公司(150吨)〈P2126〉;威海兴邦化工涂料有限公司〈P2126〉;莱阳市春帆漆业有限责任公司〈P2108〉;格瑞特漆业(梁山)有限公司(4000吨)〈P2127〉;山东奔腾漆业有限公司(1000吨)〈P2130〉;[豫]洛阳市圣君漆业制造厂(3000吨)〈P2186〉;河南五一油漆集团〈P2176〉;商丘市博大化工有限公司〈P2226〉;[鄂]武汉力诺双虎涂料有限公司〈P2231〉;武汉市煜昌化工涂料有限公司〈P2233〉;邱氏(湖北)涂料有限公司〈P2246〉;十堰市香亭实业发展有限公司〈P2239〉;[湘]湖南汉寿县特种涂料厂〈P2255〉;[粤]广州捷耐制漆有限公司〈P2261〉;深圳市美丽华油墨涂料有限公司〈P2271〉;维新制漆(深圳)有限公司〈P2274〉;珠海市广鑫化工有限公司〈P2275〉;佛山市鲸鲨制漆科技有限公司〈P2288〉;南海市东方化工厂〈P2291〉;顺德明邦化工实业有限公司〈P2292〉;中山大桥化工有限公司〈P2282〉;中山市青松制漆化工有限公司〈P2283〉;江门市嘉孚化工油漆有限公司〈P2285〉;江门市制漆厂有限公司(2000吨)〈P2286〉;新会汇通漆厂有限公司〈P2286〉;广东雅图化工有限公司〈P2284〉;[陕]陕西宝塔山油漆股份有限公司〈P2352〉

Q04-2 各色硝基磁漆 G01073011

Various color nitrocellulose enamel Q04-2

主要用于机床、机器、设备和工具等表面的保护和装饰

【生产厂】[苏]江阴市汇克拓化工有限公司〈P1870〉

Q04-62 深色硝基半光磁漆;Q04-32 各色硝基半光磁漆 G01073301

Dark nitrocellulose semi-gloss enamel Q04-62

用于涂装航空仪表、仪表刻度盘、军用车辆等

【生产厂】[滇]昆明中华涂料有限责任公司〈P2340〉

彩色硝基漆 G01073701

Color nitrocellulose paint

广泛适用于各种机械、自行车、汽车、家具、电器、仪表等钢铁及铝合金表面的涂饰

【生产厂】[苏]宜兴市华宝化工厂〈P1885〉

高级皮革漆 G01073901

Paint for leather, high-quality

【生产厂】[粤]德一涂料股份有限公司〈P2268〉

硝基面漆 G01074351

Nitrocellulose top-coat

可用于金属、木材表面涂装

【生产厂】[京]北京展辰化工有限公司〈P1566〉;北京仕全兴涂料有限责任公司〈P1558〉;[津]首进(天津)涂料有限公司(500吨)〈P1569〉;[沪]上海华邦涂料有限公司〈P1738〉;上海德品漆业有限公司〈P1731〉;上海德品漆业有限公司〈P1731〉;[苏]无锡市英波化工有限公司〈P1881〉;[粤]东莞长胜涂料厂〈P2278〉;雄泰涂料有限公司〈P2286〉;[桂]柳州市造漆厂〈P2298〉

硝基底漆 G01074400

Nitrocellulose primer

广泛应用于各种木器及家具、金属表面的涂覆,作各种硝基漆的配套底漆

【生产厂】[京]北京展辰化工有限公司〈P1566〉;北京仕全兴涂料有限责任公司〈P1558〉;[津]首进(天津)涂料有限公司(400吨)〈P1569〉;天津市津辰化工有限公司(100吨)〈P1592〉;天津市联宝涂料有限公司(30吨)〈P1598〉;[冀]霸州市辛章得利雅涂料厂〈P1657〉;[沪]上海华邦涂料有限公司〈P1738〉;上海德品漆业有限公司〈P1731〉;[鲁]蓬莱市特种绝缘材料厂〈P2112〉

硝基透明底漆 G01074401

Nitrocellulose transparent primer
【生产厂】[粤]顺德居都邦涂料实业有限公司〈P2292〉

各色硝基防锈底漆　G01074431
Various color nitrocellulose antirust primer
用于铸件、车辆表面的涂覆,作各种硝基漆的配套底漆用
【生产厂】[苏]宜兴市华宝化工厂〈P1885〉;[粤]广东中山市森彩机械涂装有限公司〈P2282〉

Q06-4 深色硝基底漆　G01074601
Dark nitrocellulose primer Q06-4
用于铸件、车辆表面的涂覆,作各种硝基磁漆的配套底漆用
【生产厂】[滇]昆明中华涂料有限责任公司〈P2340〉

Q06-4 各色硝基底漆　G01074711
Various color nitrocellulose primer Q06-4
用于铸件、车辆表面的涂覆,作各种硝基磁漆的配套底漆用
【生产厂】[辽]抚顺市顺前造漆厂〈P1698〉;[鲁]蓬莱市特种绝缘材料厂〈P2112〉

Q06-5 灰色硝基二道底漆　G01074801
Grey nitrocellulose surfacer Q06-5
喷涂在已涂有 Q06-4 各色硝基底漆和 Q07-5 各色硝基腻子的金属表面上,供打磨平整用
【生产厂】[滇]昆明中华涂料有限责任公司〈P2340〉

NC 高级木器二道底漆　G01074851
High-grade nitrocellulose surfacer for wood-ware
主要用于出口木制品中涂底漆
【生产厂】[鲁]莱阳油漆厂有限公司〈P2108〉

硝基腻子　G01075301
Nitrocellulose putty
用于涂有底漆的金属和木质物件表面,作填平细孔、缝隙之用
【生产厂】[辽]营口市群英化工有限公司〈P1705〉;[川]成都奇龙化工有限公司〈P2313〉

各色硝基透明漆　G01075501
Various color nitrocellulose transparent paint
用于有色金属制品的罩光或仪器仪表的标志
【生产厂】[京]北京展辰化工有限公司〈P1566〉

各色裂纹漆　G01075911
Crack lacquer of all colors
【生产厂】[川]成都奇龙化工有限公司〈P2313〉

裂纹漆;裂纹涂料　G01076001
Crack lacquer
常用于仿古涂装中,增加装饰效果
【生产厂】[京]北京仕全兴涂料有限责任公司〈P1558〉;[辽]沈阳船牌制漆有限公司〈P1685〉;[沪]上海大光涂料制造有限公司〈P1731〉;上海德品漆业有限公司〈P1731〉;[苏]盐城万成化学有限公司〈P1812〉;[浙]宁波柯力高分子材料有限公司〈P1931〉;东阳市惠泽化工涂料有限公司〈P1952〉;[闽]福州金凤涂料有限公司〈P1989〉;桑川(泉州)制漆有限公司〈P2000〉;[粤]东莞市华连冠化工有限公司〈P2280〉;佛山市万正涂料有限公司〈P2289〉;南海赛特化学工业有限公司〈P2291〉;顺德居都邦涂料实业有限公司〈P2292〉;中山市泰莱涂料化工有限公司〈P2283〉

硝基亚光漆　G01077501
Nitrocellulose flat paint
用于家具、木器具等上光
【生产厂】[沪]上海家具涂料厂〈P1742〉;[鲁]淄博杜高化工有限公司〈P2059〉

木器漆;木器色漆　G01077601
Lacquer for wood-ware
用于各种木器制件的涂饰
【生产厂】[京]北京蓝通涂料有限公司〈P1554〉;[津]天津市振东涂料有限公司(400 吨)〈P1613〉;[冀]石家庄市欧康化工建材有限公司〈P1631〉;秦皇岛市多伦达化工有限责任公司〈P1637〉;[辽]沈阳美狮化工有限公司〈P1687〉;抚顺富美涂料有限公司〈P1698〉;大化集团大连油漆厂〈P1690〉;[沪]上海大光涂料制造有限公司〈P1731〉;上海建好装饰材料有限公司〈P1743〉;上海蓝宝涂料有限公司〈P1749〉;上海三银制漆有限公司〈P1760〉;新欧宝化工(上海)有限公司〈P1780〉;[苏]无锡市虎皇漆业有限公司〈P1876〉;大华涂料(中国)股份有限公司〈P1892〉;苏州百氏高涂料有限公司〈P1899〉;[浙]中外合资升华集团湖州升宝涂料有限公司〈P1947〉;[闽]福州德贤化工有限公司〈P1989〉;厦门草船涂料有限公司〈P1991〉;厦门联星化学工业有限公司〈P1992〉;泉州市三立漆有限公司〈P2000〉;福建省龙岩市豪迪化工有限公司(1000 吨)〈P2005〉;[鲁]青岛安达涂料化学材料有限公司〈P2032〉;[粤]广州市奥美特涂料厂有限公司〈P2263〉;深圳市哈隆实业有限公司〈P2271〉;深圳市盟友化工有限公司〈P2272〉;深圳松辉化工有限公司〈P2273〉;深圳市展辰达化工有限公司〈P2273〉;维新制漆(深圳)有限公司〈P2274〉;东莞市台宝涂料厂〈P2280〉;茂名日化涂料有限公司〈P2293〉;顺德澳贝化工有限公司〈P2292〉;顺德明邦化工实业有限公司〈P2292〉;嘉乐士化工企业有限公司〈P2291〉;中山市普尔化工涂料有限公司〈P2283〉;中山市旭阳涂料有限公司〈P2284〉;江门市制漆厂有限公司(1000 吨)〈P2286〉;广东嘉宝莉化工有限公司〈P2284〉;广东千色花化工有限公司〈P2284〉

纳米木器漆　G01077631
Nanometer lacquer for wood-ware
【生产厂】[粤]广州市星冠化工有限公司〈P2267〉

无黄变木器漆　G01077651
Lacquer for wood-ware, non-yellowing
【生产厂】[粤]佛山市顺德区派尔化工实业有限公司〈P2289〉

硝基木器漆　G01077751
Nitrocellulose lacquer for wood-ware
用作木器、家具等表面装饰保护涂料
【生产厂】[辽]大连振邦氟涂料股份有限公司〈P1695〉;[苏]常州市武进虹灵化工厂〈P1854〉;[浙]海盐华达油墨化学有限公司〈P1940〉;[鲁]青岛埃翡漆业有限公司〈P2032〉;[粤]新达化工实业有限公司〈P2294〉;南海市东方化工厂〈P2291〉;中外合资靓尔嘉化工有限公司〈P2293〉;江门市嘉孚化工油漆有限公司〈P2285〉

硝基自干黑板漆　G01077901
Nitrocellulose air-dry blackboard paint
【生产厂】[沪]上海佳裕涂料有限公司〈P1742〉

G

硝基丙烯酸绿板漆　G01077951
Nitrocellulose acrylic green-board paint
适用于纤维板、木板、宝丽板成型绿、黑板表面涂层
【生产厂】[沪]上海佳裕涂料有限公司〈P1742〉

各色硝基闪光漆　G01078001
Various color nitrocellulose flashing lacquer
用于高档装饰
【生产厂】[川]成都彩星科技实业有限公司〈P2309〉

硝基装饰漆；硝基装修漆　G01078101
Nitrocellulose decorating lacquer
适用于宾馆、别墅及室内各种档次木质地板表面的涂装
【生产厂】[冀]石家庄金鱼涂料集团公司〈P1627〉；[粤]百川涂料制造有限公司〈P2286〉

硝基漆片　G01078201
Nitrocellulose color chip
主要用于涂料、制革、印制玻璃纸等
【生产厂】[京]中国北方化学工业总公司〈P1568〉；[川]泸州北方化学工业有限公司〈P2322〉

各色硝基外用磁漆　G01079001
Various color nitrocellulose exterior enamel
广泛应用于各种木器及家具金属表面装饰
【生产厂】[津]天津市北辰区华明涂料厂(400吨)〈P1579〉；[辽]抚顺市顺前造漆厂〈P1698〉；[沪]上海造漆厂〈P1777〉；[苏]常州市鸿腾化工有限公司〈P1851〉；[粤]东莞市石龙合众涂料厂〈P2280〉；[渝]重庆市三渝漆业有限公司〈P2307〉

汽车专用修补漆　G01079101
Maintenance paint for car
用于各类车辆涂层表面修补
【生产厂】[苏]大华涂料(中国)股份有限公司〈P1892〉；[皖]安庆菱湖漆业有限公司〈P1979〉；[鲁]诸城市乐天化工有限公司〈P2107〉；潍坊云飞化工有限公司〈P2107〉；威海市望威油漆有限公司(15吨)〈P2126〉；威海兴邦化工涂料有限公司〈P2126〉；莱阳市春帆漆业有限责任公司〈P2108〉；[豫]郑州市金水东方石化厂(1000吨)〈P2173〉；[粤]惠州市双信达化工有限公司〈P2278〉；佛山市鲸鲨制漆科技有限公司〈P2288〉；佛山市大金宇涂料厂〈P2287〉；奥博涂料有限公司〈P2282〉；江门市四方精细化工有限公司〈P2285〉；[桂]柳州市鹏兴化工有限责任公司〈P2298〉

亮光硝基清漆　G01079301
Light nitrocellulose varnish
【生产厂】[粤]中山市巴德士化工有限公司〈P2282〉

木器家具漆；家具漆；家具涂料　G01079401
Paint for carpentry furniture
用于木器家具表面涂装
【生产厂】[京]红狮涂料国际有限公司〈P1567〉；[冀]香河县荣昌制漆厂(1000吨)〈P1662〉；[沪]上海汇丽集团有限公司〈P1741〉；上海三银制漆有限公司〈P1760〉；新欧宝化工(上海)有限公司〈P1780〉；[浙]浙江南方涂料工业有限公司〈P1955〉；[皖]安庆菱湖漆业有限公司〈P1979〉；[闽]莆田市三江化学工业有限公司〈P1997〉；[鲁]山东临清洪流化工总公司〈P2153〉；淄博市周村前进化工厂〈P2071〉；[豫]郑州市二七区彩润涂料厂(1000吨)〈P2173〉；河南五一油漆集团〈P2176〉；[鄂]邱氏(湖北)涂料有限公司〈P2246〉；[湘]湖南汉寿县特种涂料厂〈P2255〉；[粤]深圳市美丽华油墨涂料有限公司〈P2271〉；深圳市飞扬实业有限公司〈P2270〉；新达化工实业有限公司〈P2294〉；广东鸿昌化工(集团)有限公司〈P2290〉；顺德花王涂料有限公司〈P2292〉；顺德汇龙涂料实业有限公司〈P2292〉；中外合资靓尔嘉化工有限公司〈P2293〉；广东华润涂料有限公司〈P2290〉；顺德明邦化工实业有限公司〈P2292〉；佛山市顺德区明泰化工实业有限公司〈P2289〉；顺德澳科化工有限公司〈P2292〉；科斯化工有限公司〈P2291〉；佛山市顺德区龙江友邦涂料制造有限公司〈P2289〉；顺德鸿昌涂料实业有限公司〈P2292〉；佛山市顺德区百路得化工有限公司〈P2288〉；中山市青松制漆化工有限公司〈P2283〉；中山雅城化工涂料有限公司〈P2284〉；中山市泰莱涂料化工有限公司〈P2283〉；中山市普尔化工涂料有限公司〈P2283〉；广东千色花化工有限公司〈P2284〉；新会汇通漆厂有限公司〈P2286〉

各色高级家具手扫漆；手扫漆　G01079402
Various color brushing paint for high quality furniture
适用于木器制品、玩具、美术工艺装饰品以及室内装饰、装修
【生产厂】[冀]河北鱼鹰涂料集团有限公司〈P1623〉；石家庄市鱼鹰油漆厂〈P1632〉

纳米家具漆　G01079431
Nanometer furniture paint
【生产厂】[鄂]邱氏(湖北)涂料有限公司〈P2246〉；[粤]广州市星冠化工有限公司〈P2267〉

各色硝基无毒玩具漆　G01079501
Nonpoisonous nitrocellulose toy lacquer of all colors
专用于木质玩具罩面装饰
【生产厂】[沪]上海造漆厂(1000吨)〈P1777〉；[粤]东莞市宏辉化工有限公司〈P2280〉；广东嘉宝莉化工有限公司〈P2284〉

硝基家具漆　G01079601
Nitrocellulose lacquer for furniture
用于高档家具、乐器的表面装饰
【生产厂】[沪]上海永宁化工有限公司〈P1775〉；[鲁]济南爱特佳涂料有限公司(400吨)〈P2020〉

水白硝基漆　G01079801
Water white nitrocellulose paint
装饰用
【生产厂】[粤]汕头大中三联制漆有限公司〈P2276〉

水白硝基底漆　G01079851
Water white nitrocellulose primer
装饰用
【生产厂】[鲁]威海富成涂料有限公司(100吨)〈P2124〉

醇酸改性硝基漆　G01079901
Alkyd modified nitrocellulose paint
【生产厂】[鲁]青岛润泰制漆有限公司〈P2041〉

硝基纤维素喷漆；硝基喷漆　G01080101
Nitrocellulose spraying paint
适用于一般木器制品、工艺木制相框、纤维

板工艺制品
【生产厂】[津]天津市振东涂料有限公司(400 吨)〈P1613〉;[闽]泉州嘉豪涂料厂〈P1999〉;[鲁]山东梁山蓝天化工有限公司〈P2131〉

过氯乙烯漆类 G01090000

Perchlorovinyl paint;CPVC paint

用于各种车辆、机床、电工器材、医疗器械、农机、各种配件表面涂饰

【生产厂】[津]天津市外星化工涂料有限公司〈P1605〉;[辽]沈阳船牌制漆有限公司〈P1685〉;[鲁]莱阳市亚力美涂料有限公司(3000 吨)〈P2108〉;[豫]郑州双塔涂料有限公司(800 吨)〈P2174〉;[鄂]武汉鹤龟涂料有限公司〈P2230〉;[粤]佛山市杏头制漆厂〈P2289〉;[陕]西安利澳科技股份有限公司〈P2349〉

过氯乙烯清漆 G01090201

Perchlorovinyl varnish

供化工设备、管道表面防腐及木材表面防火、防腐、防霉用

【生产厂】[冀]河北鱼鹰涂料集团有限公司〈P1623〉;石家庄市鱼鹰油漆厂〈P1632〉;[鲁]济南泰山金鹏涂料有限公司(100 吨)〈P2025〉

不粘锅餐具漆 G01090801

Dishware paint for non-viscous pan

无毒无味,用于不粘锅表面的涂覆

【生产厂】[苏]常州市武进虹灵化工厂〈P1854〉;[浙]杭州金诺涂料有限公司〈P1919〉;[粤]珠海市希友达油墨涂料有限公司〈P2275〉

各色过氯乙烯外用磁漆 G01091101

Various color perchlorovinyl exterior enamel

用于各种车辆、机床、电工器材、医疗器械,农业机械和各种配件的表面涂覆,作保护装饰用

【生产厂】[苏]丹阳市银海镍铬化工有限公司〈P1841〉

各色过氯乙烯磁漆 G01091202

Various color perchlorovinyl enamel

适用于经特殊处理的金属、织物和木材作表面保护装饰

【生产厂】[黑]哈尔滨市长河特种涂料厂〈P1720〉;[浙]杭州宝塔油漆有限公司〈P1915〉

G04-9 各色过氯乙烯外用磁漆 G01091500

Various color perchlorovinyl exterior enamel G04-9

用于各种车辆、机床、电工器材、医疗器械、农业机械和各种配件的表面涂覆,作保护装饰之用

【生产厂】[辽]沈阳联邦涂料有限公司〈P1687〉;[沪]上海造漆厂〈P1777〉;[鲁]济南泰山金鹏涂料有限公司(200 吨)〈P2025〉

铁红过氯乙烯底漆 G01092601

Iron oxide red perchlorovinyl primer

用于机床铁板或铁板上打底用

【生产厂】[鲁]山东鲁南造漆厂〈P2150〉

G06-4 锌黄,铁红过氯乙烯底漆 G01092801

Zinc yellow,iron oxide red perchlorovinyl primer G06-4

用于车辆、机床及各种工业品的钢铁或木材表面打底

【生产厂】[沪]上海造漆厂(1000 吨)〈P1777〉;[苏]丹阳市银海镍铬化工有限公司〈P1841〉;[浙]杭州宝塔油漆有限公司〈P1915〉;[鲁]济南泰山金鹏涂料有限公司(200 吨)〈P2025〉;[滇]昆明中华涂料有限责任公司〈P2340〉

过氯乙烯腻子 G01093100

Perchlorovinyl putty

用于填平涂有醇酸底漆或过氯乙烯底漆的各种车辆、机床等钢铁或木质表面

【生产厂】[鲁]山东梁山蓝天化工有限公司(100 吨)〈P2131〉

G16-31 各色过氯乙烯锤纹漆 G01093601

Various color perchlorovinyl hammer paint G16-31

主要用于机床、机器、仪器仪表、日用器具等表面的涂覆

【生产厂】[沪]上海造漆厂(200 吨)〈P1777〉;[滇]昆明中华涂料有限责任公司〈P2340〉

绝缘磁漆 G01093801

Insulating enamel

适用于电器产品的表面涂覆

【生产厂】[沪]上海开林造漆厂〈P1746〉

过氯乙烯防腐清漆 G01094001

Perchlorovinyl anticorrosive varnish

用于各种耐腐蚀用设备表面,作防腐蚀用

【生产厂】[冀]河北鱼鹰涂料集团有限公司〈P1623〉;[陕]陕西宝塔山油漆股份有限公司〈P2352〉

G52-31 各色过氯乙烯防腐漆 G01094200

Various color perchlorovinyl anticorrosive paint G52-31

用于各种化工机械、管道、设备、建筑等金属或木材表面上,可防止酸、碱及其他化学药品的腐蚀

【生产厂】[沪]上海造漆厂〈P1777〉

过氯乙烯防腐涂料 G01094501

Perchlorovinyl anticorrosive coating

用于各种化工机械、管道、设备、建筑等金属或木材表面上,可防止酸、碱及其他化学药品的腐蚀

【生产厂】[辽]丹东同达涂料有限公司〈P1701〉;[沪]上海秀珀化工有限公司〈P1773〉;[苏]宜兴市振华造漆厂〈P1888〉;江苏鑫源生化科技发展有限公司〈P1866〉

各色丙烯酸过氯乙烯外用磁漆 G01095301

Various color acrylic perchlorovinyl exterior enamel

用于各种车辆、机床、农业机械、桥梁、大小金属设备、电器、医疗器械和各种配件的表面涂饰

【生产厂】[沪]上海造漆厂〈P1777〉;[苏]苏州平平佳涂料化工有限公司〈P1902〉;[渝]重庆三峡油漆股份有限公司〈P2306〉

膨胀型过氯乙烯防火涂料 G01095402

Perchlorovinyl fire-proof coating,intumescent

G

适用于建筑物内的木结构、橡塑电缆、铠装油纸绝缘电缆、胶合板、刨花板、密度板、塑料装饰板等易燃物的防火

【生产厂】[津]天津市万龙防火涂料厂(100吨)〈P1606〉

过氯乙烯防火涂料 G01095501

Perchlorovinyl fire-proof coating

用于室内木质材料防火

【生产厂】[苏]昆山防火材料厂〈P1895〉

防火涂料 G01095511

Fire-proof coating

可广泛用于建筑装饰物的内外墙涂刷,酒店、宾馆等幕墙的装饰及消防

【生产厂】[京]北京美涂三旗涂料有限责任公司(1300吨)〈P1556〉;北京茂源防火材料厂〈P1555〉;[津]天津合和涂料有限公司(800吨)〈P1573〉;天津市防火涂料厂〈P1586〉;天津市宏光伟业化工涂料有限公司(200吨)〈P1589〉;天津市蓟县双燕涂料厂(1000吨)〈P1591〉;[冀]石家庄金鱼涂料集团公司〈P1627〉;[辽]丹东安邦涂料有限公司〈P1699〉;盘锦奥马漆业有限公司〈P1706〉;盘锦新源精细化工有限公司〈P1706〉;[沪]上海中南建筑材料公司〈P1779〉;上海华生化工有限公司〈P1739〉;上海斯普莱得涂料有限公司〈P1765〉;[苏]常州市大使涂料有限公司〈P1850〉;常州市华星防腐材料有限公司〈P1851〉;常州圣安涂料有限公司〈P1849〉;常州市凯星涂料有限公司〈P1852〉;江苏鑫源生化科技发展有限公司〈P1866〉;无锡市南雅化工有限公司〈P1878〉;张家港市华泰涂料有限公司〈P1913〉;张家港市东昌涂料有限公司〈P1912〉;[浙]玉环密得邦化学有限公司〈P1963〉;[鲁]济南槐荫化工总厂(2000吨)〈P2022〉;山东乐化集团有限公司〈P2095〉;寿光市曙光助剂厂(500吨)〈P2100〉;青岛海建化学有限公司〈P2035〉;[鄂]湖北永阳防水材料股份有限公司〈P2245〉;[湘]湖南汉寿县特种涂料厂〈P2255〉;[粤]广州市泰堡防火材料有限公司〈P2266〉;中山森田化工有限公司〈P2282〉;[桂]柳州市建华涂料厂〈P2298〉;[川]成都金花消防器材有限公司〈P2311〉;[滇]昆明富遥工贸有限公司〈P2339〉;[陕]宝鸡市铁军化工防腐安装有限责任公司〈P2351〉;[新]新疆胜昆仑防护材料制造有限公司〈P2364〉

乙烯树脂漆类 G01100221

Vinyl resin paint

用作涂装钢铁结构底材

【生产厂】[冀]邯郸市鑫马涂料股份合作公司〈P1639〉;[苏]江苏鑫源生化科技发展有限公司〈P1866〉;[陕]陕西源源化工有限责任公司〈P2353〉

乙烯磷化底漆 G01100601

Vinyl phosphating primer

用于涂覆船舶、浮筒桥梁、仪表及其他各种金属结构和器材表面

【生产厂】[苏]泰州市铁猫涂料有限公司〈P1828〉;[鲁]蓬莱市特种绝缘材料厂〈P2112〉

磷化底漆 G01100603

Phosphating primer

【生产厂】[津]天津市外星化工涂料有限公司〈P1605〉;[冀]河北鱼鹰涂料集团有限公司〈P1623〉;石家庄市鱼鹰油漆厂〈P1632〉;[辽]沈阳格林涂料有限公司〈P1685〉;沈阳蓝丰涂料制造有限公司〈P1687〉;[黑]哈尔滨市长河特种涂料厂〈P1720〉;[沪]上海开林造漆厂〈P1746〉;[浙]浙江鱼童发达造漆有限公司〈P1970〉;[鲁]山东泰山史宾莎涂料有限公司(400吨)〈P2137〉;[粤]新达化工实业有限公司〈P2294〉;[川]成都彩星科技实业有限公司〈P2309〉

乳胶漆 G01100701

Latex paint

适用于建筑物的表面涂装

【生产厂】[京]北京禾邦人科技有限公司〈P1548〉;北京新华福兴工贸有限公司〈P1563〉;富思特制漆(北京)有限公司〈P1567〉;[津]天津合和涂料有限公司(400吨)〈P1573〉;天津市振东涂料有限公司(300吨)〈P1613〉;天津市德实化工涂料有限公司(1000吨)〈P1584〉;天津市武清区北方特种涂料厂(2000吨)〈P1606〉;[冀]邯郸市百立尔化工建材有限公司〈P1638〉;河北晨阳工贸集团有限公司(3000吨)〈P1647〉;[辽]沈阳船牌制漆有限公司〈P1685〉;沈阳美狮化工有限公司〈P1687〉;铁岭洪泰涂料有限公司〈P1712〉;营口宝山化工有限公司〈P1703〉;[沪]上海威德沃涂料有限公司〈P1769〉;上海建好装饰材料有限公司〈P1743〉;上海汇丽集团有限公司〈P1741〉;上海华邦涂料有限公司〈P1738〉;上海宏生色浆厂〈P1737〉;上海三银制漆有限公司〈P1760〉;[苏]南京红太阳集团〈P1784〉;常州市金恒涂料有限公司〈P1852〉;江苏泰春胶粘剂有限公司〈P1822〉;[浙]杭州盼达涂料有限公司(1500吨)〈P1921〉;杭州立威化工涂料有限公司〈P1920〉;宁波柯力高分子材料有限公司〈P1931〉;浙江东阳化学工贸有限公司〈P1954〉;[皖]芜湖市星光合成材料有限公司(2500吨)〈P1974〉;[闽]福州金日涂料有限公司〈P1989〉;福州金凤涂料有限公司〈P1989〉;中亚涂料(石狮)有限公司(300吨)〈P2001〉;福建省腾龙工业公司(1000吨)〈P2001〉;[鲁]潍坊金城化工油漆有限公司〈P2103〉;烟台市福山云丽涂料厂(205吨)〈P2118〉;青岛大洋涂料厂(5000吨)〈P2033〉;青岛国海化工有限公司〈P2035〉;新汶矿业集团有限责任公司(3000吨)〈P2139〉;[豫]郑州市胜亮涂料有限公司(800吨)〈P2173〉;河南省超前涂料有限责任公司(1500吨)〈P2166〉;郑州市候砦装饰防水防腐材料厂(1800吨)〈P2173〉;郑州嵩源涂料有限公司(1000吨)〈P2174〉;新乡锦锈防水材料股份有限公司(1000吨)〈P2203〉;汤阳县山河涂料厂(500吨)〈P2212〉;林州市大众涂料厂(600吨)〈P2211〉;上海海吉雅涂料有限公司濮阳分公司(5000吨)〈P2216〉;新美德化工有限公司(300吨)〈P2216〉;河南省南乐县金九涂料厂〈P2212〉;禹州市嵩峰涂料厂(1000吨)〈P2219〉;河南省栾川县三生化学研究所涂料厂(300吨)〈P2180〉;三门峡西站大营涂料厂(500吨)〈P2222〉;三门峡西振华涂料厂(500吨)〈P2222〉;陕县光明涂料厂(500吨)〈P2222〉;邓州市佳利来涂料化工有限公司(1000吨)〈P2223〉;尉氏县红太阳涂料厂(100吨)〈P2179〉;[粤]广州市延安油漆集团股份有限公司〈P2267〉;广州市坚红化工厂(2万吨)〈P2264〉;广州捷耐制漆有限公司〈P2261〉;广州市奥美特涂料厂有限公司〈P2263〉;潮阳市金南化工有限公司〈P2275〉;惠州市双信达化工有限公司〈P2278〉;深圳市昊雪新材料科技股份有限公司〈P2271〉;深圳市豪虹涂料有限公司〈P2271〉;深圳市盟友化工有限公司〈P2272〉;揭阳市豪得丽化工有限公司〈P2295〉;新达化工实业有限公司〈P2294〉;东星化工实业有限公司〈P2287〉;南海市东方化工厂〈P2291〉;顺德居都邦涂料实业有限公司〈P2292〉;中外合资靓尔嘉化工有限公司〈P2293〉;顺德明邦化工实业有限公司〈P2292〉;中山市特朗涂料化工有限公司〈P2283〉;中山雅城化工涂料有限公司〈P2284〉;[川]成都万盛化工漆业有限公司〈P2316〉;[滇]昆明富遥工贸有限公司〈P2339〉;[陕]陕西宝塔山油漆股份有限公司〈P2352〉;陕西源源化工有限责任公司〈P2353〉;[甘]西北永新化工股份有限公司〈P2356〉;[新]乌鲁木齐鑫彩虹涂料有限公司〈P2363〉

水性乳胶漆；水性内外墙乳胶漆 G01100731
Water-based latex paint
用于室内、外建筑物的装饰和保护
【生产厂】[辽]大连国光溶剂厂〈P1691〉；[沪]上海大光涂料制造有限公司〈P1731〉；[苏]昆山秩浦化学工业有限公司〈P1898〉；徐州市龙圣漆业有限公司〈P1796〉；[皖]庐江县幸生涂料有限公司〈P1985〉；黄山永佳安大创新中心有限公司〈P1981〉；[闽]福建省龙岩市豪迪化工有限公司(3000吨)〈P2005〉；[鲁]海之源集团青岛绿野仙踪化学品有限公司〈P2031〉；青岛金森达化工有限公司〈P2039〉；青岛宣威涂层材料有限公司〈P2045〉；青岛兴国涂料化工有限公司〈P2045〉；[粤]新达化工实业有限公司〈P2294〉；雄泰涂料有限公司〈P2286〉

高级乳胶漆 G01100751
Latex paint, high-grade
用于室内墙壁、天花板、走廊等部位的涂装
【生产厂】[京]北京星牌建材有限责任公司〈P1564〉；[苏]宜兴市华宝化工厂〈P1885〉；亨特莱涂料(无锡)有限公司〈P1864〉；无锡市中竹漆业有限公司〈P1881〉；[鲁]山东乐化集团有限公司〈P2095〉；山东奔腾漆业有限公司(1000吨)〈P2130〉；[粤]广州市坚红化工厂〈P2264〉；深圳市飞扬实业有限公司〈P2270〉；[桂]广西化工研究院〈P2296〉；广西化工研究院-广西新晶科技有限公司〈P2296〉

建筑乳胶涂料 G01101001
Latex coating for building
【生产厂】[苏]常州市凯星涂料有限公司〈P1852〉

建筑乳胶漆 G01101101
Latex paint for building
内外墙装饰用
【生产厂】[沪]上海德品漆业有限公司〈P1731〉；上海德品漆业有限公司〈P1731〉；[桂]广西飞马涂料有限公司〈P2301〉

乙烯长效防污漆 G01101201
Ethylene longacting antifouling paint
【生产厂】[鲁]烟台得蒙精细化工有限公司〈P2116〉

平光乳胶漆 G01101700
Flat latex paint
【生产厂】[粤]广州市三磊新材料有限公司〈P2266〉

丝光乳胶漆 G01101711
Silky latex paint
适用于室内外墙壁、天花板、隔板等
【生产厂】[京]北京高渡美涂料有限公司〈P1548〉；[苏]宜兴市华宝化工厂〈P1885〉；[粤]广州市三磊新材料有限公司〈P2266〉

有光乳胶漆 G01101731
Gloss latex paint
适用于室内外墙壁、天花板、隔板等
【生产厂】[辽]大连金川豹涂料装饰工程有限公司〈P1692〉；[粤]广州市三磊新材料有限公司〈P2266〉

耐晒外用乳胶漆；耐候乳胶漆 G01101801
Lightfast exterior latex paint
【生产厂】[粤]广州美威涂料有限公司〈P2262〉

内墙涂料 G01101900
Interior wall coating
用于建筑物内墙涂饰
【生产厂】[京]北京靓的涂料有限公司〈P1553〉；北京星牌建材有限责任公司〈P1564〉；北京市东安科技发展有限责任公司〈P1559〉；北京雪莲涂料厂〈P1564〉；北京市精易达包装设备材料有限公司〈P1560〉；北京莱恩斯涂料有限公司〈P1554〉；[津]天津鎏虹科技发展有限公司〈P1576〉；[冀]秦皇岛市多伦达化工有限责任公司〈P1637〉；[沪]上海汇丽集团有限公司(2万吨)〈P1741〉；[苏]南京市新亚涂料厂〈P1789〉；常州光辉化工有限公司〈P1847〉；苏州平平佳涂料化工有限公司〈P1902〉；苏州百氏高涂料有限公司〈P1899〉；[皖]安徽爱迪尔涂料有限责任公司〈P1971〉；[闽]福州金凤涂料有限公司〈P1989〉；厦门草船涂料有限公司〈P1991〉；泉州浪花漆有限公司〈P2000〉；[鲁]济南正恒聚氨酯材料有限公司〈P2027〉；济南黄河涂料厂(600吨)〈P2022〉；青岛派超环保漆业有限公司〈P2041〉；青岛安达涂料化学材料有限公司〈P2032〉；新汶矿业集团有限责任公司(1000吨)〈P2139〉；[豫]安阳市郊南漳涧永平涂料厂(200吨)〈P2209〉；洛阳大豫实业有限公司(3万吨)〈P2181〉；[湘]湖南湘江涂料集团有限公司〈P2248〉；湖南金大乘化轻集团有限公司(1万吨)〈P2257〉；[粤]顺德澳贝化工有限公司〈P2292〉；江门市嘉孚化工油漆有限公司〈P2285〉；威臣(中国)涂料有限公司〈P2286〉；[渝]重庆宏漆涂料有限公司〈P2305〉

内墙乳胶涂料 G01101903
Interior wall latex coating
适用于水泥砂浆、灰泥砂浆、水泥石棉板等表面，民用住宅及公用建筑物的内墙装饰
【生产厂】[苏]常州市邦杰化工有限公司〈P1849〉

水性内墙涂料 G01101931
Water-soluble coating for interior wall
适用于住宅、别墅、写字楼、医院、公寓、学校等建筑的内墙
【生产厂】[粤]广州市欧彩涂料化工有限公司〈P2265〉

生态型内墙涂料 G01101951
Ecotypic interior wall coating
用于建筑装饰
【生产厂】[沪]上海汇丽集团有限公司(100吨)〈P1741〉

耐擦洗内墙涂料 G01102051
Interior wall paint of scrub resistant
主要适用于经处理的室内天花板及墙面装修
【生产厂】[京]北京益利达建筑涂料厂〈P1565〉；京厦建筑涂料厂〈P1567〉；北京城燕佳涂料技术开发中心〈P1545〉；北京佳佳美涂料厂〈P1551〉；[苏]徐州市西关化工厂〈P1796〉；[鲁]潍坊东邦化工有限公司〈P2101〉

内墙抗菌涂料 G01102091
Antibacterial coating for interior wall
适用于家庭居室、食堂、食品厂、自来水厂、卫生间浴室、微机室、制药厂等墙面涂饰
【生产厂】[冀]石家庄市欧康化工建材有限公司〈P1631〉；[苏]扬州市通发装饰工程有限公司〈P1819〉

聚乙烯面漆 G01102151
Polyethylene top-coat
是各类家具、乐器等的理想涂料

【生产厂】[津]首进(天津)涂料有限公司(560 吨)〈P1569〉

防腐用聚乙烯粉末涂料 G01102181

Polyethylene powder coating for anticorrosion

用于石油及天然气管道、自来水管道、排污管道、防腐罐、防腐槽等的涂饰

【生产厂】[冀]廊坊开发区欧特涂料有限公司〈P1660〉;[皖]杜邦华佳化工有限公司〈P1980〉

聚乙烯粉末涂料 G01102191

Polyethylene powder coating

广泛用于自行车网篮、冰箱搁架、沙滩椅、鞋架、浴室用品等的涂装

【生产厂】[苏]常州市正光涂装粉末有限公司〈P1856〉;[皖]杜邦华佳化工有限公司〈P1980〉;[川]成都彩星科技实业有限公司〈P2309〉

防粘涂料 G01102301

Antisticking coating

防粘、耐磨,用于炊具、煤气灶等厨房用具及其他防粘耐磨场合

【生产厂】[浙]嘉兴荣泰雷帕司绝缘材料有限公司〈P1941〉

低温固化型粉末涂料 G01102901

Powder coating,low temperature solidification

适用于擦伤机械、汽车水箱、发动机、弹簧、线圈电器、仪器仪表、锡焊条接缝设备、铅镁材质、玻璃等的涂装

【生产厂】[京]北京圣联达金属粉末有限公司〈P1558〉;[津]天津兰月工贸有限公司〈P1576〉;[冀]廊坊开发区欧特涂料有限公司〈P1660〉;[沪]上海常江化学有限公司〈P1730〉;[苏]南京弘创涂料厂〈P1784〉;江阴福贝特橡塑涂料有限公司〈P1867〉

外墙涂料 G01103000

Exterior wall coating

用作建筑物外墙涂饰

【生产厂】[京]北京靓的涂料有限公司〈P1553〉;北京星牌建材有限责任公司〈P1564〉;北京市东安科技发展有限责任公司〈P1559〉;北京美涂三旗涂料有限公司(50 吨)〈P1556〉;北京市精易达包装设备材料有限公司〈P1560〉;北京莱恩斯涂料有限公司〈P1554〉;[津]天津市美居涂料有限公司(500 吨)〈P1599〉;天津鎏虹科技发展有限公司〈P1576〉;[冀]秦皇岛市多伦达化工有限责任公司〈P1637〉;[辽]大连振邦氟涂料股份有限公司〈P1695〉;[沪]上海大光涂料制造有限公司〈P1731〉;上海汇丽集团有限公司(1000 吨)〈P1741〉;上海奉星涂料有限公司〈P1733〉;新欧宝化工(上海)有限公司〈P1780〉;卡勒特纳米材料(上海)有限公司〈P1726〉;[苏]南京市新亚涂料厂〈P1789〉;苏州平平佳涂料化工有限公司〈P1902〉;苏州百氏高涂料有限公司〈P1899〉;徐州开达精细化工有限公司〈P1795〉;[皖]安徽爱迪尔涂料有限责任公司〈P1971〉;[闽]福州金凤涂料有限公司〈P1989〉;福建白莲花化工有限公司〈P2007〉;厦门草船涂料有限公司〈P1991〉;泉州浪花漆有限公司〈P2000〉;[鲁]济南正恒聚氨酯材料有限公司〈P2027〉;济南黄河涂料厂(300 吨)〈P2022〉;淄博博威涂料有限公司〈P2058〉;青岛派超环保漆业有限公司〈P2041〉;青岛安达涂料化学材料有限公司〈P2032〉;[豫]济源市西关涂料厂(500 吨)〈P2195〉;河南滑县县社涂料厂(300 吨)〈P2210〉;渑池县永兴涂料厂(300 吨)〈P2222〉;开封市三环塑业有限公司(2000 吨)〈P2178〉;[湘]湖南金大乘化轻集团有限公司(1 万吨)〈P2257〉;[粤]汕头大中三联制漆有限公司〈P2276〉;顺德澳贝化工有限公司〈P2292〉;江门市嘉孚化工油漆有限公司〈P2285〉;[川]五粮液集团精细化工有限公司〈P2335〉

108 外墙涂料;普通外墙涂料 G01103011

Exterior wall coating 108

建筑装饰用涂料

【生产厂】[津]天津市海滨涂料有限公司(500 吨)〈P1587〉;[豫]河南省滑县 934 涂料厂(300 吨)〈P2211〉;渑池县三保涂料厂(300 吨)〈P2222〉;渑池县永兴涂料厂(300 吨)〈P2222〉;商丘凯光涂料厂(800 吨)〈P2226〉

砂壁状外墙涂料 G01103051

Coating for exterior wall of grit type

适用于厂房、办公室、宾馆、商店等建筑物外墙的装饰

【生产厂】[沪]上海赛诺化工有限公司〈P1759〉;[粤]三羊建筑材料有限公司〈P2281〉

外墙厚浆涂料 G01103101

Thick paste coating for exterior wall

【生产厂】[苏]常州光辉化工有限公司〈P1847〉

亮光浆;罩光浆 G01103121

Finishing slurry

用于印刷品罩光

【生产厂】[津]天津瑞丽斯化工有限公司(500 吨)〈P1577〉;[沪]上海深日油墨有限公司〈P1761〉

苯丙涂料 G01103201

Styrene-acrylic coating

用于涂刷内外墙

【生产厂】[沪]上海斯泰安涂料有限公司〈P1765〉

水性外墙涂料 G01103401

Water-based exterior wall coating

适用于混凝土、水泥、砖墙等基层的外墙饰面

【生产厂】[京]北京益利达建筑涂料厂〈P1565〉;[皖]安徽爱迪尔涂料有限责任公司〈P1971〉;[粤]广州市欧彩涂料化工有限公司〈P2265〉;嘉乐士化工企业有限公司〈P2291〉

环保乳胶漆 G01103601

Latex paint,environmental-protection type

可直接涂于砂浆面、砖墙、木制门窗等表面,是建筑物内外墙装饰保护的理想材料

【生产厂】[冀]徐水县白玉化工涂料有限公司〈P1649〉;[沪]上海蓝宝涂料有限公司〈P1749〉;[皖]安庆菱湖漆业有限公司〈P1979〉;[鲁]山东陆邦涂料有限公司〈P2150〉;[豫]河南省德嘉丽科技开发公司〈P2167〉;河南五一油漆集团〈P2176〉;商丘凯光涂料厂(1000 吨)〈P2226〉;[粤]佛山市顺德区龙江友邦涂料制造有限公司〈P2289〉;中山市石鹰建筑涂料有限公司〈P2283〉;[川]攀枝花荣鑫油漆有限责任公司〈P2322〉

高级环保乳胶漆 G01103611

High-grade latex paint,environmental-protection type

用于宾馆、高档写字楼以及现代化居室水泥混凝土墙面的涂装

【生产厂】[苏]苏州立邦雅士利涂料有限公司〈P1901〉;[豫]安阳市郊区永固防水乳胶漆厂(300 吨)〈P2209〉;[粤]广

州市奥美特涂料厂有限公司〈P2263〉

环保型工程乳胶漆 G01103631

Engineering latex paint, environmental-protection type

【生产厂】[鄂]邱氏(湖北)涂料有限公司〈P2246〉;[粤]新达化工实业有限公司〈P2294〉

高弹环保防水乳胶漆 G01103651

Water-proof latex paint, high elasticity and environmental-protection type

适用于裂缝在 2mm 以内的建筑物内外墙的防水装饰,有效地遏制裂缝

【生产厂】[皖]安徽省振华工贸股份有限公司〈P1983〉;[粤]新发化工(广东)有限公司〈P2278〉;三羊建筑材料有限公司〈P2281〉

环保纳米乳胶漆 G01103671

Nanometer latex paint, environmental-protection type

【生产厂】[京]北京赛德丽科技开发有限公司〈P1557〉;[沪]上海华桓涂料有限公司〈P1738〉;[苏]泰兴市飞亚纳米涂料有限公司〈P1826〉;[鲁]莱阳市金易化工有限公司〈P2108〉;[豫]巩义市纳洁涂料厂(800 吨)〈P2163〉;三门峡市八四八化工厂〈P2222〉

耐磨地面涂料 G01103711

Antiwear coating for floor

用于室内地面装饰

【生产厂】[京]北京美涂三旗涂料有限责任公司〈P1556〉;[吉]吉林省利源涂装有限责任公司〈P1714〉

苯乙烯地坪涂料;塑料地板漆 G01103801

Styrene coating for terrace

用于需要防静电的工厂、仓库、办公室等水泥地面的涂装

【生产厂】[粤]广州秀珀化工有限公司(500 吨)〈P2268〉

各色聚丙烯塑料专用底漆 G01103901

Various color primer for polypropylene plastic

可用于无需特殊处理的 PP、改性 PP 塑料制品的直接底层打底,可与丙烯酸聚氨酯类双组分面漆配套使用

【生产厂】[苏]江苏科特涂饰有限公司〈P1842〉;常州市柏鹤涂料有限公司〈P1849〉;[浙]杭州蓝迪化工有限公司〈P1920〉;[粤]广州市南方制漆有限公司〈P2265〉

各色聚丙烯塑料专用漆;PP 专用漆 G01103951

Various color paint for polypropylene plastic

主要用于汽车、摩托车、家电和机电行业的 PP、改性 PP 塑料制品内装饰喷涂保护

【生产厂】[苏]江苏科特涂饰有限公司〈P1842〉;常州市柏鹤涂料有限公司〈P1849〉;无锡诺赛利漆业有限公司〈P1874〉;[浙]东阳市惠泽化工涂料有限公司〈P1952〉;[粤]深圳雅联化工实业有限公司〈P2273〉;东莞市华连冠化工有限公司〈P2280〉

苯丙地面涂料 G01104401

Stryrene-acrylic coating for floor

主要用于建筑物屋面的防水涂层

【生产厂】[津]天津市河西区天溶建筑涂料厂(300 吨)〈P1589〉

醇基涂料 G01104551

Alcoholic-group coating

【生产厂】[苏]宜兴市威之信化工有限公司〈P1887〉;[渝]重庆长江造型材料有限责任公司〈P2304〉;[川]中美合资迪邦(泸州)化工有限公司〈P2323〉

聚苯乙烯防腐涂料 G01104691

Polystyrene anticorrosive coating

适用于各种石油化工设备管道、钢质结构的外防腐蚀

【生产厂】[冀]任丘市华北石油华晨涂料化工有限公司〈P1656〉;[苏]常州市邦杰化工有限公司〈P1849〉

106 建筑涂料;普通内墙涂料 G01104701

Architectural coating 106

用于各类建筑物内、外墙面的装饰粉刷

【生产厂】[豫]三门峡西站大营涂料厂(500 吨)〈P2222〉;峡西八七涂料厂(500 吨)〈P2222〉;陕县光明涂料厂〈P2222〉;渑池县三保涂料厂(300 吨)〈P2222〉;渑池县永兴涂料厂(400 吨)〈P2222〉;商丘凯光涂料厂(1000 吨)〈P2226〉

106 内墙涂料;水溶剂内墙涂料 G01104711

Interior wall coating 106

适用于建筑物内部粉刷

【生产厂】[鲁]东营市方圆实业有限责任公司〈P2081〉

107 建筑涂料 G01104801

Architectural coating 107

用于各类建筑物内、外墙及地面的涂覆

【生产厂】[鲁]新汶矿业集团有限责任公司(200 吨)〈P2139〉

特白银粉漆 G01105301

Aluminium powder paint, super white

适用于各种防盗门窗、管道等的保护性涂装

【生产厂】[苏]苏州平平佳涂料化工有限公司〈P1902〉

乳胶涂料 G01107001

Latex coating

【生产厂】[苏]常州市朝晖化工有限公司〈P1850〉

纳米环保乳胶涂料 G01107051

Nanometer latex coating, environmental-protection type

【生产厂】[京]北京中科轻化化工技术研究所〈P1566〉;[赣]江西省德畅集团〈P2015〉;[鲁]龙口市华瑞新材料科技有限公司〈P2111〉

工程乳胶漆 G01107404

Engineering latex paint

适用于室内水泥、水泥砂浆、灰泥、水泥石棉板等表面涂饰

【生产厂】[闽]福建景士兰涂料有限公司〈P1988〉;[粤]新达化工实业有限公司〈P2294〉

各色防污漆;防污漆 G01107811

Antifouling paint of all colors

用于船底防污,包括自抛光防污

【生产厂】[鲁]青岛海建化学有限公司〈P2035〉;青岛亿泰涂料化工有限公司〈P2046〉;[鄂]武汉现代工业技术研究院〈P2234〉

彩色氯偏地面涂料 G01107951

Vinyl chloride-vinylidene chloride floor coating, color

用于地面装饰

【生产厂】[沪]上海中南建筑材料公司〈P1779〉

水性环保地板漆 G01108201

Water based floor paint, environmental-protection type

【生产厂】[沪]上海巨峰化工有限公司〈P1746〉;[苏]徐州市龙圣漆业有限公司〈P1796〉;[鲁]青岛金森达化工有限公司〈P2039〉

工业涂料;工业用漆 G01108302

Industrial coating

用于各种机械设备、各类金属构件的内外层防腐

【生产厂】[京]红狮涂料国际有限公司〈P1567〉;[津]天津市津南区迎新涂料厂(1000 吨)〈P1594〉;天津市泽涌科技发展有限公司(200 吨)〈P1612〉;[冀]石家庄金鱼涂料集团公司〈P1627〉;河北立东化工有限公司〈P1658〉;[辽]沈阳美狮化工有限公司〈P1687〉;抚顺富美涂料有限公司〈P1698〉;鞍山市德欣化工原料有限公司〈P1695〉;[沪]上海胜星树脂涂料有限公司〈P1762〉;上海坚纳斯特种涂料有限公司〈P1742〉;上海汇浩工业涂料有限公司(2000 吨)〈P1741〉;上海天达制漆有限公司〈P1767〉;上海东来科技有限公司〈P1732〉;[苏]常州市邦杰化工有限公司〈P1849〉;常州市金恒涂料有限公司〈P1852〉;万胜化工(昆山)有限公司〈P1909〉;[浙]宁波市飞轿造漆有限公司〈P1932〉;舟山造漆厂〈P1959〉;[闽]福州创源化工科技有限公司(1200 吨)〈P1989〉;[豫]邓州市达昌漆业有限公司(1000 吨)〈P2222〉;镇平县裕隆化工有限公司(2 万吨)〈P2225〉;河南五一油漆集团〈P2176〉;商丘市博大化工有限公司〈P2226〉;[鄂]武汉力诺双虎涂料有限公司〈P2231〉;[粤]广东粤港大地制漆有限公司〈P2291〉;广东华润涂料有限公司〈P2290〉;顺德明邦化工实业有限公司〈P2292〉;佛山市顺德区明泰化工实业有限公司〈P2289〉;顺德澳科化工有限公司〈P2292〉;中山大桥化工有限公司〈P2282〉;江门市制漆厂有限公司〈P2286〉;新会汇通漆厂有限公司〈P2286〉;广东雅图化工有限公司〈P2284〉

乙烯乳胶漆;乙烯乳胶水性漆 G01108401

Vinyl latex paint

主要用于建筑物的涂饰

【生产厂】[皖]马鞍山市康华化工有限公司〈P1977〉;[鲁]济南泰山金鹏涂料有限公司(100 吨)〈P2025〉

聚氟乙烯涂料;氟树脂涂料 G01108501

Polyvinyl fluoride coating

主要用于轮船、集装箱、化工设备、石油设备、建筑外墙等防腐及装饰

【生产厂】[沪]上海振兴防腐工程塑料有限公司(600 件)〈P1778〉;大金氟涂料(上海)有限公司〈P1726〉

高弹性外墙乳胶漆 G01108611

Latex paint for exterior wall, high elasticity

适用于水泥灰浆、砖石结构、石膏板、木结构等的涂装

【生产厂】[京]北京美邦盛业涂料有限公司〈P1556〉;[津]天津市海滨涂料有限公司(1000 吨)〈P1587〉;[辽]沈阳饰壁涂料厂〈P1689〉;沈阳蓝丰涂料制造有限公司〈P1687〉;[黑]大庆龙化新实业总公司雪龙涂料厂〈P1722〉;[沪]上海市涂料研究所〈P1764〉;上海威德沃涂料有限公司〈P1769〉;上海斯诺装饰材料有限公司〈P1765〉;卡勒特纳米材料(上海)有限公司〈P1726〉;[苏]扬州市通发装饰工程有限公司〈P1819〉;无锡市浩华氟涂料有限公司〈P1876〉;扬州亚菲涂料有限公司〈P1820〉;[浙]宁波康曼丝涂料有限公司〈P1931〉;博星化工涂料有限公司〈P1959〉;[鲁]东营市德邦高分子科技有限公司〈P2081〉;颐中(青岛)实业有限公司(1000 吨)〈P2048〉;[鄂]武汉力诺双虎涂料有限公司〈P2231〉;武汉铁神化工有限公司〈P2234〉;[粤]广州市三磊新材料有限公司〈P2266〉;广东美涂士化工集团〈P2290〉

油性外墙漆 G01108691

Exterior wall paint, oil type

用于高层、多层建筑、商业楼、别墅、厂房、校舍、民房等外墙涂刷

【生产厂】[沪]上海英柯化工有限公司〈P1775〉;[粤]嘉乐士化工企业有限公司〈P2291〉

内外墙涂料;建筑内外墙涂料 G01108701

Interior and exterior wall coating

广泛适用于家庭住宅、宾馆、餐厅、商场、影院、学校等建筑物内、外墙混凝土、砂灰、砖面及木材等表面涂刷

【生产厂】[京]北京安顺达装饰材料有限公司〈P1543〉;北京诺格涂料有限公司(3000 吨)〈P1556〉;北京居欢化工有限公司〈P1553〉;北京市红星广厦建筑涂料有限责任公司〈P1559〉;北京美涂三旗涂料有限责任公司〈P1556〉;红狮涂料国际有限公司〈P1567〉;北京慕湖外加剂有限公司〈P1556〉;[津]天津市万荣化工工业公司(1 万吨)〈P1606〉;天津市景润涂料厂(500 吨)〈P1596〉;天津市储盛工业建筑装饰有限公司〈P1582〉;天津市海滨涂料有限公司(1500 吨)〈P1587〉;天津市宏光伟业化工涂料有限公司(400 吨)〈P1589〉;天津市武清区北方特种涂料厂(2000 吨)〈P1606〉;[冀]石家庄金鱼涂料集团公司〈P1627〉;[辽]营口新力化工涂料有限公司〈P1705〉;锦州石化长虹公司(5000 吨)〈P1702〉;[沪]上海大通高科技材料有限责任公司(5000 吨)〈P1731〉;[苏]江苏丹阳市金龙涂料有限公司〈P1841〉;常州市康宝油脂化工有限公司〈P1852〉;徐州开达精细化工有限公司〈P1795〉;扬州美涂士金陵特种涂料有限公司〈P1818〉;[浙]临海市永固为华涂料有限公司〈P1960〉;[皖]黄山永佳安大创新中心有限公司〈P1981〉;[闽]燕南精细化工有限公司〈P2002〉;[鲁]烟台市福山云丽涂料厂(1500 吨)〈P2118〉;青岛埃翡漆业有限公司〈P2032〉;[豫]河南金固建筑防水工程有限公司〈P2165〉;河南省安阳市航天涂料化工有限责任公司(1000 吨)〈P2210〉;汤阳县山河涂料厂(500 吨)〈P2212〉;林州市大众涂料厂(500 吨)〈P2211〉;三门峡市八四八化工厂(2000 吨)〈P2222〉;河南省义马市鸿庆涂料厂(1000 吨)〈P2221〉;渑池城关涂料厂(500 吨)〈P2222〉;[粤]广州秀珀化工有限公司〈P2268〉;深圳市粤星雅实业有限公司〈P2273〉;维新制漆(深圳)有限公司〈P2274〉;美联涂料有限公司〈P2291〉;佛山市杏头制漆厂〈P2289〉;广东中山南天涂料有限公司〈P2282〉;[桂]柳州市建华涂料厂〈P2298〉;[陕]西安汉港化工有限公司〈P2348〉

各色内外墙无光漆 G01108751

Flat paint for interior and exterior wall of all colors

【生产厂】[鲁]淄博铭威特安全设备有限公司〈P2065〉;[粤]福田化学工业集团〈P2259〉

有光内外墙涂料 G01108791

Gloss coating for interior and exterior wall

适用于住宅小区及工业厂房等建筑的内外

墙装饰
【生产厂】[鲁]山东淄博仿瓷涂料厂〈P2056〉;[粤]福田化学工业集团〈P2259〉

水性多彩涂料 G01108831

Water-based color coating

【生产厂】[鲁]济南玛博伦环保涂料有限公司〈P2024〉;东营市方圆实业有限责任公司〈P2081〉

纳米防水耐污染内墙涂料 G01108851

Antipollution water-proof interior wall coating, nanometer

【生产厂】[京]北京纳美科技发展有限责任公司〈P1556〉;[浙]宁波康曼丝涂料有限公司〈P1931〉;[桂]广西启利新材料科技股份有限公司〈P2301〉

建筑涂料 G01109001

Architectural coating

用于建筑行业,各类建筑物内、外墙及地面的涂覆

【生产厂】[京]北京城荣防水材料有限公司〈P1545〉;北京富亚涂料有限公司〈P1547〉;北京禾邦人科技有限公司〈P1548〉;北京振利高新技术公司〈P1566〉;北京佳悦创新涂料科技发展有限公司〈P1551〉;北京市燕鑫科技开发有限责任公司〈P1561〉;[津]天津市贺新居建筑涂料有限公司(1000吨)〈P1589〉;天津市延安化工厂分厂(130吨)〈P1610〉;天津市科威实业公司(1000吨)〈P1597〉;[辽]大化集团大连油漆厂〈P1690〉;大连璐琨化工涂料有限公司〈P1693〉;[沪]上海坚纳斯特种涂料有限公司〈P1742〉;上海天达制漆有限公司〈P1767〉;上海式玛卡龙涂料有限公司〈P1764〉;[苏]南京红太阳集团〈P1784〉;常州市华星防腐材料有限公司〈P1851〉;常州市武进虹灵化工厂〈P1854〉;江苏鑫源生化科技发展有限公司〈P1866〉;宜兴市高塍日新化工厂(2000吨)〈P1884〉;宜兴华宜化工有限公司〈P1883〉;张家港市华泰涂料有限公司〈P1913〉;[浙]临海市永固为华涂料有限公司(1万吨)〈P1960〉;[鲁]济南槐荫化工总厂(3000吨)〈P2022〉;济南玛博伦环保涂料有限公司(6000吨)〈P2024〉;山东临清洪流化工总公司〈P2153〉;青岛市建筑材料工业总公司(150万吨)〈P2042〉;山东泰山史宾莎涂料有限公司(3000吨)〈P2137〉;[豫]郑州嵩源涂料有限公司(1000吨)〈P2174〉;[鄂]武汉力诺双虎涂料有限公司〈P2231〉;[湘]湖南湘江涂料集团有限公司(2000吨)〈P2248〉;湖南汉寿县特种涂料厂〈P2255〉;[粤]东莞昌盛化工有限公司〈P2278〉;广东粤港大地制漆有限公司(1万吨)〈P2291〉;佛山市顺德区明泰化工实业有限公司〈P2289〉;中山大桥化工有限公司〈P2282〉;江门市制漆厂有限公司〈P2286〉;广东雅图化工有限公司〈P2284〉

弹性乳胶漆 G01109101

Elastic latex paint

常用于涂饰需要抗裂保护的墙面,也可以用于有裂缝的墙面的维护与翻新重涂

【生产厂】[京]北京高渡美涂料有限公司〈P1548〉;[冀]石家庄市欧康化工建材有限公司〈P1631〉;[辽]沈阳兴达涂料有限公司〈P1690〉;[苏]苏州市金马涂料厂〈P1904〉;张家港市永泰防腐涂料有限公司〈P1914〉;[鲁]山东高威化工有限公司(8000吨)〈P2153〉;山东淄博仿瓷涂料厂〈P2056〉;烟台市海滨涂料厂〈P2118〉;莱阳市金易化工有限公司〈P2108〉;[粤]广州美威涂料有限公司〈P2262〉

外墙亚光弹性乳胶漆 G01109151

Flat elastic latex paint for exterior wall

适用于各类新旧建筑物外墙的装饰和保护

【生产厂】[闽]福建景士兰涂料有限公司〈P1988〉;[赣]江西蒙莱特漆业有限公司〈P2015〉

彩色仿瓷涂料 G01109300

Colored tile-like coating

用于各类地坪美观耐用涂装

【生产厂】[京]北京奥宇可鑫表面工程技术有限公司〈P1543〉

高性能液体瓷 G01109302

High performance liquid enamel

具有防火阻燃、耐酸碱、耐油、耐高温的作用

【生产厂】[鲁]山东省昌乐县华颖液体瓷厂(150吨)〈P2097〉

珠光涂料;珠光漆 G01109651

Pearlescent coating

【生产厂】[辽]沈阳蓝丰涂料制造有限公司〈P1687〉;[沪]上海家具涂料厂〈P1742〉;[苏]常州市武进晨光金属涂料有限公司〈P1854〉;[鲁]莱阳市春帆漆业有限责任公司〈P2108〉

丙烯酸树脂漆类 G01110000

Acrylic resin paint

金属制品、木制品、塑料制品、高档建筑、汽车、家用电器配套用漆

【生产厂】[津]天津市辰光化工涂料有限公司(100吨)〈P1581〉;天津市金利化工有限公司(2000吨)〈P1592〉;[冀]石家庄金鱼涂料集团公司(5300吨)〈P1627〉;邯郸市鑫马涂料股份合作公司〈P1639〉;保定保立化工涂料有限公司〈P1644〉;[辽]沈阳船牌制漆有限公司〈P1685〉;沈阳市木氏涂料厂〈P1688〉;大化集团大连油漆厂〈P1690〉;大连璐琨化工涂料有限公司〈P1693〉;[吉]长春泰欧亚涂料有限公司(120吨)〈P1714〉;[沪]上海市马陆丙烯酸涂料厂(500吨)〈P1763〉;[苏]常州市康宝油脂化工有限公司〈P1852〉;无锡诺赛利漆业有限公司〈P1874〉;[浙]杭州市一韦涂料化学有限公司〈P1922〉;[皖]安徽省宁国市仙塔漆业有限公司〈P1986〉;马鞍山市康华化工有限公司〈P1977〉;[闽]福建东海漆业有限公司〈P1988〉;[鲁]山东北方现代化学工业有限公司(7000吨)〈P2027〉;山东临清洪流化工总公司(5000吨)〈P2153〉;潍坊环宇油漆工业有限公司〈P2103〉;潍坊金城化工油漆有限公司〈P2103〉;山东乐化集团有限公司〈P2095〉;威海市金盛实业有限公司(5000吨)〈P2125〉;威海市玉威漆业有限公司(2000吨)〈P2126〉;莱阳市亚力美涂料有限公司(1000吨)〈P2108〉;山东梁山蓝天化工有限公司〈P2131〉;山东鲁南造漆厂〈P2150〉;[豫]郑州双塔涂料有限公司(500吨)〈P2174〉;郑州拓立造漆有限公司(500吨)〈P2174〉;新乡市永华油漆化工厂〈P2207〉;[鄂]武汉鹤龟涂料有限公司〈P2230〉;[粤]佛山市鲸鲨制漆科技有限公司(500吨)〈P2288〉;佛山市杏头制漆厂〈P2289〉;新会汇通漆厂有限公司〈P2286〉;新会区司前绚丽涂料制品厂〈P2286〉;[陕]西安利澳科技股份有限公司〈P2349〉;陕西源源化工有限责任公司〈P2353〉

丙烯酸树脂清漆 G01110100

Acrylic resin varnish

用于家用电器、五金制品的表面装饰和保护

【生产厂】[粤]东莞市竣成化工有限公司〈P2280〉;江门市制漆厂有限公司(1000吨)〈P2286〉

丙烯酸自干型清漆 G01110201

Acrylic air-dry varnish

用于各种车辆的涂覆

【生产厂】[沪]上海海民造漆厂〈P1735〉

丙烯酸系列内外墙涂料 G01110301

Acrylic series coating for interior and exterior wall

用于建筑内外墙装饰,耐污染、耐老化、抗腐蚀

【生产厂】[津]天津天涂豪邦涂料有限公司(1500吨)〈P1615〉;[沪]上海明光涂料厂〈P1754〉;[苏]徐州开达精细化工有限公司〈P1795〉;[鲁]山东淄博仿瓷涂料厂〈P2056〉;青岛大洋涂料厂(2万吨)〈P2033〉;新泰市双圆化工涂料有限公司(1500吨)〈P2138〉;[豫]汤阴县忠武建筑涂料有限公司(300吨)〈P2212〉;[陕]宝鸡市铁军化工防腐安装有限责任公司〈P2351〉

丙烯酸烘干清漆 G01110401

Acrylic baking varnish

主要用于精密仪器、铜管乐器、高级打火机等直接抛光金属的表面罩光

【生产厂】[苏]丹阳市宏筑涂料厂〈P1840〉;丹阳市宏铸涂料有限公司〈P1840〉;[浙]浙江杭州富阳晨华涂料厂〈P1927〉;[川]成都市海鲨漆业有限责任公司〈P2314〉

B01-1 丙烯酸清漆 G01110411

Acrylic varnish B01-1

主要用于聚氯乙烯薄膜作热压黏结剂

【生产厂】[苏]张家港市永泰防腐涂料有限公司〈P1914〉;[鲁]济南泰山金鹏涂料有限公司(10吨)〈P2025〉

丙烯酸快干清漆 G01110501

Acrylic quickdrying varnish

适用于金属、塑料、木器制品等表面罩光,特别是已涂过丙烯酸、氨基等色漆的物件表面的装饰保护

【生产厂】[苏]常州光辉化工有限公司〈P1847〉

丙烯酸氨基醇酸清烘漆 G01110701

Acrylic-amino-alkyd baking varnish

用作工业涂料

【生产厂】[鲁]蓬莱市特种绝缘材料厂〈P2112〉

丙烯酸清漆 G01110821

Acrylic varnish

用于经阳极化处理的铝合金及其他金属表面罩光

【生产厂】[津]天津市津南油漆厂(1000吨)〈P1594〉;[沪]上海市马陆丙烯酸涂料厂(500吨)〈P1763〉;[鲁]蓬莱市特种绝缘材料厂〈P2112〉;山东鲁南造漆厂〈P2150〉;[粤]广州市延安油漆集团股份有限公司〈P2267〉

丙烯酸紫外线保护清漆;荧光保护清漆 G01110921

Acrylic ultraviolet protective varnish

用于荧光漆的保护,尤其适合于户外暴晒,以维持荧光效果的高明视度

【生产厂】[粤]广州市三磊新材料有限公司〈P2266〉

丙烯酸硝基木器消光漆 G01110951

Acrylic nitrocellulose wood-ware deglossing paint

用于木制品、家具的涂饰

【生产厂】[沪]上海佳裕涂料有限公司〈P1742〉

丙烯酸硝基木器底漆 G01110971

Acrylic nitrocellulose wood-ware primer

主要用于封闭木材对油漆的吸渗,经喷涂一层底漆,不再需要砂磨就可直接喷涂面漆

【生产厂】[沪]上海佳裕涂料有限公司〈P1742〉

室温交联丙烯酸酯清漆 G01110991

Acrylic varnish, room temperature cross-linking

【生产厂】[鲁]海之源集团青岛绿野仙踪化学品有限公司〈P2031〉

丙烯酸醇酸清漆 G01111001

Acrylic alkyd varnish

用作工业及生活涂料

【生产厂】[冀]石家庄金鱼涂料集团公司〈P1627〉

丙烯酸烤漆 G01111661

Acrylic baking paint

主要用于轿车、客车、各类汽车专用面漆,也是自行车、摩托车、家用电器、仪器仪表等金属物件的面漆等

【生产厂】[沪]拿破仑漆业(上海)有限公司〈P1726〉;[浙]杭州蓝迪化工有限公司〈P1920〉;东阳市惠泽化工涂料有限公司〈P1952〉;[闽]蓝茵(厦门)化工有限公司〈P1991〉;[粤]广州市国花油漆制造公司〈P2264〉;珠海市广鑫化工有限公司〈P2275〉

聚酯改性丙烯酸烤漆 G01111691

Polyester modified acrylic baking paint

用于一般金属底材、电镀表面、汽车、摩托车等的涂饰,特别适用于镀件的罩光保护

【生产厂】[粤]深圳雅联化工实业有限公司〈P2273〉

丙烯酸磁漆;丙烯酸树脂磁漆 G01111701

Acrylic enamel

用于钢铁、铝、铜、合金、塑料、陶瓷、木器表面装饰

【生产厂】[鲁]潍坊云飞化工有限公司〈P2107〉;莱阳市亚力美涂料有限公司(500吨)〈P2108〉;青岛海建化学有限公司〈P2035〉;山东泰山史宾莎涂料有限公司(1000吨)〈P2137〉;山东鲁南造漆厂〈P2150〉

丙烯酸氯化橡胶磁漆 G01111721

Acrylic-chlorinated rubber enamel

用于钢铁烟囱外壁防腐、水泥建筑及冰箱修补

【生产厂】[京]红狮涂料国际有限公司〈P1567〉

丙烯酸橡胶防腐漆 G01111751

Acrylic rubber anticorrosive paint

【生产厂】[鲁]山东泰山史宾莎涂料有限公司(1500吨)〈P2137〉

各色丙烯酸氯化橡胶防腐漆 G01111791

Various color acrylic chlorinated rubber anticorrosive paint

【生产厂】[苏]宜兴市远东化工有限公司〈P1888〉;[浙]杭州萧山阳光涂料有限公司〈P1924〉

内外墙丙烯酸磁漆 G01111801

Acrylic enamel for interior and exterior wall

【生产厂】[粤]新达化工实业有限公司〈P2294〉

各色丙烯酸硝基磁漆 G01111911

Various color acrylic nitrocellulose enamel

用于各种机车、机床、机器及工具,有很好的保护、装饰作用,还可作为修补汽车、飞机的快干涂料

【生产厂】[鲁]蓬莱市特种绝缘材料厂〈P2112〉

B04-1 各色丙烯酸磁漆 G01113401

Various color acrylic enamel B04-1

用于航空机件涂装

【生产厂】[津]天津市外星化工涂料有限公司〈P1605〉;[苏]江阴市汇克拓化工有限公司〈P1870〉

各色丙烯酸氨基烘干磁漆 G01113451

Various color acrylic-amino baking enamel

适合家用电器、仪器、仪表、机械、自行车、摩托车、汽车等物件的表面涂装

【生产厂】[苏]江苏丹阳市金龙涂料有限公司〈P1841〉

各色丙烯酸磁漆 G01113461

Various color acrylic enamel

用于农业机械、纺织机械、重型机械、矿山机械、机床电极、水泵、变压器、桥梁建筑等涂覆

【生产厂】[津]天津市瑞宝绿色纳米涂料有限公司(500 吨)〈P1601〉;[黑]哈尔滨市长河特种涂料厂〈P1720〉;[沪]上海奉星涂料有限公司〈P1733〉;[苏]宜兴市振华造漆厂〈P1888〉;张家港市永泰防腐涂料有限公司〈P1914〉;[浙]海盐华达油墨化学有限公司〈P1940〉;[鲁]潍坊正本涂料有限公司〈P2107〉;山东梁山万金化工有限公司(3000 吨)〈P2131〉;[桂]柳州市造漆厂〈P2298〉;[川]成都彩星科技实业有限公司〈P2309〉;[新]昌吉市诚信测绘有限公司化学建材分公司〈P2367〉

各色丙烯酸氨基无光烘干磁漆 G01113471

Various color acrylic-amino flat baking enamel

用于各种轻工产品、机电、仪表、玩具、医疗器械等各种金属制品表面作装饰涂料

【生产厂】[津]天津市大邱庄津姿涂料有限公司(400 吨)〈P1583〉

丙烯酸烘干磁漆 G01113603

Acrylic baking enamel

适用于小型汽车、电冰箱、洗衣机等家用电器、高级仪表等可进行烘烤的金属件表面作装饰保护

【生产厂】[苏]常州光辉化工有限公司〈P1847〉;江阴市汇克拓化工有限公司〈P1870〉;[浙]浙江杭州富阳晨华涂料厂〈P1927〉;[鲁]山东梁山万金化工有限公司(1400 吨)〈P2131〉;[豫]新乡市永华油漆化工厂〈P2207〉;[川]成都市海鲨漆业有限责任公司〈P2314〉;成都彩星科技实业有限公司〈P2309〉

B04-11 各色丙烯酸磁漆 G01113801

Various color acrylic enamel B04-11

用于金属表面的涂覆

【生产厂】[沪]上海造漆厂(500 吨)〈P1777〉

藤器专用漆 G01113851

Paint for rattan

适用于藤器制品的涂装

【生产厂】[粤]惠州市双信达化工有限公司〈P2278〉;新会区司前绚丽涂料制品厂〈P2286〉

丙烯酸高光烘干磁漆 G01113902

Acrylic baking enamel, full gloss

主要用于自行车、摩托车、中巴车的涂装

【生产厂】[苏]丹阳市宏筑涂料厂〈P1840〉;丹阳市宏铸涂料有限公司〈P1840〉

丙烯酸快干磁漆 G01113903

Acrylic quickdrying enamel

适用于机床、仪器仪表、汽车、机械设备等金属件表面的装饰保护

【生产厂】[辽]丹东同达涂料有限公司〈P1701〉;[苏]常州光辉化工有限公司〈P1847〉

丙烯酸罩光油 G01113904

Acrylic finishing oil

适用于印铁制品的涂饰

【生产厂】[鲁]青岛市崂山区晓望化工有限公司(300 吨)〈P2042〉

丙烯酸氨基汽车面漆 G01113905

Acrylic amino top-coat for vehicle

用于轿车、面包车、卡车等的涂饰

【生产厂】[辽]丹东同达涂料有限公司〈P1701〉;[沪]上海新华阳燃剂总厂〈P1772〉

各色金属光泽汽车面漆 G01113911

Various color metal luster top-coat for car

用于轿车、面包车、摩托车、机电产品等的涂饰

【生产厂】[津]天津市红桥区天海油漆厂(2000 吨)〈P1589〉;[苏]江苏科特涂饰有限公司〈P1842〉;[桂]柳州市鹏兴化工有限责任公司〈P2298〉

高弹性复合丙烯酸乳液型外墙涂料 G01113961

Acrylic compound exterior wall coating, high elasticity, emulsion

适用于工业厂房、公用或民用建筑外墙装饰保护

【生产厂】[沪]上海斯泰安涂料有限公司〈P1765〉;[苏]常州市邦杰化工有限公司〈P1849〉

丙烯酸高光外墙涂料 G01113971

Acrylic exterior wall coating, full gloss

【生产厂】[苏]常州圣安涂料有限公司〈P1849〉

溶剂型丙烯酸外墙涂料 G01113981

Acrylic exterior wall coating, solvent type

适用于各种建筑物的混凝土、水泥砂浆、混合砂浆以及砖石表面的装饰和保护

【生产厂】[苏]常州市邦杰化工有限公司〈P1849〉;常州圣安涂料有限公司〈P1849〉;江阴市大阪涂料有限公司(1000 吨)〈P1868〉;张家港市永泰防腐涂料有限公司〈P1914〉;[闽]福建景士兰涂料有限公司〈P1988〉;[滇]昆明新人地制漆有限公司〈P2339〉;[甘]西北永新化工股份有限公司〈P2356〉;[新]昌吉市诚信测绘有限公司化学建材分公司〈P2367〉

G

溶剂型丙烯酸罩光漆 G01113985

Acrylic finishing paint, solvent type

【生产厂】[浙]浙江省海宁海龙化学有限责任公司〈P1944〉;[皖]安徽爱迪尔涂料有限责任公司〈P1971〉

丙烯酸汽车面漆 G01114101

Acrylic top-coat for vehicle

【生产厂】[京]北京钰林化工有限公司〈P1565〉;[辽]丹东同达涂料有限公司〈P1701〉

水溶性丙烯酸浸涂漆 G01114141

Water-soluble acrylic dipcoating paint

可用于汽车、农用车、家用电器、仪器仪表等零部件的涂装

【生产厂】[苏]江苏科特涂饰有限公司〈P1842〉;常州市凌龙涂料有限公司〈P1853〉;[浙]浙江省海宁海龙化学有限责任公司〈P1944〉

羟基丙烯酸树脂汽车罩光漆 G01114191

Hydroxy-acrylic resin car finishing paint

用于高级轿车、普通客车、摩托车的涂装

【生产厂】[苏]丹阳市远中金属助剂有限公司〈P1841〉;丹阳市宏筑涂料厂〈P1840〉;[鄂]武汉市煜昌化工涂料有限公司〈P2233〉

丙烯酸系列汽车漆 G01114251

Acrylic series paint for car

【生产厂】[津]天津市德实化工涂料有限公司(600吨)〈P1584〉;[苏]常州圣安涂料有限公司〈P1849〉;[皖]安庆菱湖漆业有限公司〈P1979〉;[鲁]烟台得蒙精细化工有限公司〈P2116〉;[粤]广州市延安油漆集团股份有限公司〈P2267〉

各色丙烯酸烘干闪光漆 G01114256

Various color acrylic baking flashing paint

主要用于各类汽车、摩托车、自行车、家用电器、机械设备等金属表面的涂装

【生产厂】[苏]常州光辉化工有限公司〈P1847〉;常州市柏鹤涂料有限公司〈P1849〉;[浙]浙江杭州富阳晨华涂料厂〈P1927〉;[川]四川德阳奥林化工涂料有限公司〈P2326〉

热固性丙烯酸聚酯罩光漆 G01114271

Thermosetting acrylic polyester finishing paint

广泛应用于自行车、摩托车、汽车和家用电器的表面涂装,也适用于各种金属、塑料及其他特殊材料

【生产厂】[苏]丹阳市远中金属助剂有限公司〈P1841〉;常州市威利杰涂料有限公司〈P1854〉

丙烯酸聚酯汽车漆 G01114401

Acrylic-polyester paint for car

用于汽车、摩托车、自行车、机械仪器、仪表、五金灯饰以及各类高档家用电器的涂饰

【生产厂】[粤]广州市延安油漆集团股份有限公司〈P2267〉;江门市四方精细化工有限公司〈P2285〉

丙烯酸聚酯清漆 G01114451

Acrylic-polyester varnish

【生产厂】[鲁]蓬莱市特种绝缘材料厂〈P2112〉;[鄂]随州市文峰涂料有限责任公司〈P2245〉

各色丙烯酸烘漆 G01114501

Various color acrylic baking paint

用于各种工业品、日用品的金属表面的涂装

【生产厂】[沪]上海造漆厂〈P1777〉;上海海民造漆厂〈P1735〉;上海佳裕涂料有限公司〈P1742〉;[苏]丹阳市日月漆业有限公司〈P1840〉;常州市武进虹灵化工厂〈P1854〉;苏州平平佳涂料化工有限公司〈P1902〉;[桂]柳州市造漆厂〈P2298〉;[渝]重庆永裕化工制剂有限公司〈P2308〉

热固性丙烯酸烘漆 G01114511

Thermosetting acrylic baking paint

用于自行车、摩托车、汽车和家用电器的表面涂装,适用于各种金属、塑料及其他特殊材料

【生产厂】[苏]丹阳市远中金属助剂有限公司〈P1841〉;常州市威利杰涂料有限公司〈P1854〉

各色丙烯酸环氧烘漆 G01114551

Various color acrylic epoxy baking paint

【生产厂】[沪]上海奉星涂料有限公司〈P1733〉

三合一多功能乳胶漆 G01114826

Multifunctional latex paint, three-*in*-one

【生产厂】[鲁]威海富成涂料有限公司(800吨)〈P2124〉

三合一弹性面漆 G01114829

Elastic top-coat, three-*in*-one

用于保护内外墙水泥墙面

【生产厂】[浙]温州罗浮塔涂料有限公司〈P1937〉

弹性墙面漆 G01114830

Elastic wall space paint

可涂于三合土、灰泥、混凝土、水泥石棉板等的表面,可用于内外墙的装修

【生产厂】[沪]上海祥美装潢材料有限公司〈P1771〉;[浙]宁波柯力高分子材料有限公司〈P1931〉;[粤]深圳天虹化工实业有限公司〈P2273〉;威臣(中国)涂料有限公司〈P2286〉;[甘]西北永新化工股份有限公司〈P2356〉

内墙亚光面漆;亚光面漆 G01114831

Flat top-coat paint for interior wall

用于户内墙面涂装

【生产厂】[沪]上海汇宇精细化工有限公司〈P1741〉;上海圣丹化工涂料有限公司〈P1762〉;上海蓝宝涂料有限公司〈P1749〉;[苏]南通邦和化工有限公司〈P1832〉;[浙]玉环密得邦化学有限公司〈P1963〉;[赣]江西蒙莱特漆业有限公司〈P2015〉;[粤]深圳礼尚亨涂料有限公司〈P2269〉;深圳天虹化工实业有限公司〈P2273〉;新达化工实业有限公司〈P2294〉;中山市巴德士化工有限公司〈P2282〉;[川]成都万盛化工漆业有限公司〈P2316〉;成都奇龙化工有限公司〈P2313〉

纳米外墙涂料 G01114843

Nanometre exterior wall coating

适用于宾馆、楼宇、学校、医院、别墅、民宅的室外装饰

【生产厂】[苏]常州圣安涂料有限公司〈P1849〉;[鲁]烟台市福山云丽涂料厂(1000吨)〈P2118〉

水性纳米外墙漆 G01114845

Water-based nanometre paint for exterior wall
【生产厂】[鲁]青岛兴国涂料化工有限公司〈P2045〉;[鄂]邱氏(湖北)涂料有限公司〈P2246〉

彩砂涂料 G01114851
Sand textured architectural coating
可调配成外观仿造天然石料的品种
【生产厂】[京]北京美涂三旗涂料有限责任公司〈P1556〉

各色丙烯酸氨基烘漆 G01115011
Various color acrylic-amino baking paint
适用于汽车、农机、仪器仪表、钢制家具、自行车等各种金属制品表面的保护和装饰
【生产厂】[沪]上海永宁化工有限公司〈P1775〉;[苏]丹阳冠鸿化工有限公司〈P1839〉;常州光辉化工有限公司〈P1847〉;张家港市永泰防腐涂料有限公司〈P1914〉;徐州造漆有限公司〈P1796〉;[浙]杭州立威化工涂料有限公司〈P1920〉;[闽]福建泉州美家涂料制造有限公司〈P1998〉;[鲁]蓬莱市特种绝缘材料厂〈P2112〉;青岛润泰制漆有限公司〈P2041〉;[粤]深圳市盟友化工有限公司〈P2272〉;新达化工实业有限公司〈P2294〉

环氧丙烯酸树脂底漆 G01115021
Acrylic-epoxy resin primer
广泛应用于自行车、摩托车、汽车和家用电器的表面涂装
【生产厂】[苏]江苏科特涂饰有限公司〈P1842〉;丹阳市远中金属助剂有限公司〈P1841〉;常州市威利杰涂料有限公司〈P1854〉

丙烯酸静电防锈清漆 G01115201
Acrylic static antirust varnish
【生产厂】[苏]吴江市太湖涂料有限公司〈P1911〉

丙烯酸地坪漆 G01115301
Acrylic coating for terrace
【生产厂】[京]北京虹霞正升涂料厂〈P1549〉;[粤]广州美威涂料有限公司〈P2262〉;新会区司前绚丽涂料制品厂〈P2286〉;[川]成都市海鲨漆业有限责任公司〈P2314〉

水性丙烯酸超长余辉发光涂料 G01115401
Water-based acrylic myriametre after glow luminous paint
水性涂料较适合于户内外标志涂料
【生产厂】[鲁]济南润邦科技有限责任公司〈P2024〉

灰色丙烯酸底漆 G01115641
Grey acrylic primer
用于填补车辆维修原漆和腻子打磨后留下的砂眼
【生产厂】[粤]福田化学工业集团〈P2259〉

各色丙烯酸改性防锈底漆 G01115659
Various color acrylic modified antirust primer
适用于各类机械设备表面、钢结构表面、有色金属的涂饰
【生产厂】[粤]广东中山市森彩机械涂装有限公司〈P2282〉

防锈乳液 G01115661
Antirust emulsion
用于制造各色半光、无光内外墙建筑涂料、彩砂涂料、金属乳胶底漆等,也可用于纺织、造纸、皮革等产品
【生产厂】[沪]上海长风化工厂〈P1729〉;[鲁]青州贝特化工有限公司〈P2090〉

苯丙内墙乳胶漆 G01115672
Stryrene-acrylic latex paint for interior wall
内、外墙建筑装饰用,是家庭、居室、办公室等理想的内墙装饰保护涂料
【生产厂】[沪]上海市涂料研究所〈P1764〉;[苏]常州光辉化工有限公司〈P1847〉;江苏加力高氟涂料工业有限责任公司〈P1808〉

地板涂料;地板漆 G01115681
Coating for floor
【生产厂】[沪]上海圣丹化工涂料有限公司〈P1762〉;上海三银制漆有限公司〈P1760〉;上海永宁化工有限公司〈P1775〉;新欧宝化工(上海)有限公司〈P1780〉;[闽]福州金凤涂料有限公司〈P1989〉;[粤]中华制漆(深圳)有限公司〈P2274〉;菲凡士(KETCH)化工有限公司〈P2281〉;顺德汇龙涂料实业有限公司〈P2292〉;中山市泰莱涂料化工有限公司〈P2283〉

各色丙烯酸水性腻子 G01115691
Various color acrylic water-based putty
【生产厂】[鲁]山东沾化东旺装饰有限公司〈P2157〉

内墙封闭底漆 G01115692
Close primer for interior wall
特别适合在内墙基层、腻子(表面)强度较差或有轻微起粉情况下用作内墙基层面的封闭加强剂
【生产厂】[沪]上海威德沃涂料有限公司〈P1769〉;[苏]张家港市永泰防腐涂料有限公司〈P1914〉;[浙]浙江南方涂料工业有限公司〈P1955〉;[鄂]武汉力诺双虎涂料有限公司〈P2231〉;武汉铁神化工有限公司〈P2234〉;[湘]湖南汇博化工科技有限公司〈P2254〉;[粤]广州美威涂料有限公司〈P2262〉;深圳市布里斯多涂料有限公司〈P2270〉

外墙封闭底漆 G01115693
Close primer for exterior wall
用于砖石、水泥砂浆表面抗碱渗透封闭
【生产厂】[辽]沈阳饰壁涂料厂〈P1689〉;[沪]上海华生化工有限公司〈P1739〉;上海赛诺化工有限公司〈P1759〉;[苏]张家港市永泰防腐涂料有限公司〈P1914〉;[浙]博星化工涂料有限公司〈P1959〉;浙江南方涂料工业有限公司〈P1955〉;[赣]江西蒙莱特漆业有限公司〈P2015〉;[鄂]武汉铁神化工有限公司〈P2234〉;[粤]深圳市布里斯多涂料有限公司〈P2270〉

抗碱封闭底漆 G01115694
Close primer, basic resistant
适用于硅树脂乳胶漆和粉刷料、高填料涂料、石灰乳胶涂料、内墙涂料、腻子以及水性外墙涂料打底漆
【生产厂】[京]北京益利达建筑涂料厂〈P1565〉;京厦建筑涂料厂〈P1567〉;北京莱恩斯涂料有限公司〈P1554〉;红狮涂料国际有限公司〈P1567〉;[冀]石家庄市欧康化工建材有限公司〈P1631〉;[辽]营口新力化工涂料有限公司〈P1705〉;大化集团大连油漆厂〈P1690〉;[沪]上海亮迪涂料有限公司〈P1751〉;上海德品漆业有限公司〈P1731〉;卡

G

勒特纳米材料(上海)有限公司〈P1726〉;[苏]无锡爱诺丝涂料有限公司〈P1872〉;无锡市中竹漆业有限公司〈P1881〉;苏州立邦雅士利涂料有限公司〈P1901〉;张家港市永泰防腐涂料有限公司〈P1914〉;南通邦和化工有限公司〈P1832〉;[浙]宁波康曼丝涂料有限公司〈P1931〉;玉环密得邦化学有限公司〈P1963〉;[皖]宣城东泰漆业有限公司〈P1987〉;[闽]莆田市三江化学工业有限公司〈P1997〉;[鲁]济南新佳涂料有限公司〈P2026〉;淄博峰源化工有限公司〈P2059〉;威海富成涂料有限公司(800 吨)〈P2124〉;颐中(青岛)实业有限公司(200 吨)〈P2048〉;[鄂]武汉力诺双虎涂料有限公司〈P2231〉;[粤]广州美威涂料有限公司〈P2262〉;广州市奥美特涂料厂有限公司〈P2263〉;广州市南方制漆有限公司〈P2265〉;汕头昌丰化工有限公司〈P2276〉;深圳市豪虹涂料有限公司〈P2271〉;美联涂料有限公司〈P2291〉;南海赛特化学工业有限公司〈P2291〉;威臣(中国)涂料有限公司〈P2286〉;[渝]重庆宏漆涂料有限公司〈P2305〉;[甘]西北永新化工股份有限公司〈P2356〉

G

丙烯酸乳胶批墙腻子 G01115696

Acrylic latex putty

广泛应用于石膏板、石棉板、木质板、TK 板、水泥砂浆墙面,特别适用于新旧建筑的内墙面的批嵌

【生产厂】[冀]徐水县白玉化工涂料有限公司〈P1649〉

各色丙烯酸底漆 G01115701

Various color acrylic primer

用作汽车、摩托车、塑料配件、家具、家用电器、电脑等塑料件外壳之底漆

【生产厂】[津]天津市河西区天溶建筑涂料厂(400 吨)〈P1589〉;[苏]江苏科特涂饰有限公司〈P1842〉;[豫]洛阳市吉利区高欣涂料厂(1500 吨)〈P2184〉

丙烯酸封闭底漆 G01115741

Acrylic close primer

适用于混凝土、水泥砂浆、水泥石棉板等基材表面作封闭材料

【生产厂】[苏]常州市邦杰化工有限公司〈P1849〉;[鲁]青岛华龙涂料有限公司(1000 吨)〈P2037〉;[粤]福田化学工业集团〈P2259〉;深圳天虹化工实业有限公司〈P2273〉

丙烯酸调白二道底漆 G01115761

Acrylic surfacer, corrected white

用作摩托车油漆

【生产厂】[粤]新达化工实业有限公司〈P2294〉

抗碱防霉丙烯酸酯底漆 G01115781

Basic resistant and moldproof acrylic ester primer

用于室内面的涂饰

【生产厂】[闽]福建景士兰涂料有限公司〈P1988〉

丙烯酸凹凸锤纹漆 G01115801

Acrylic sagging hammer paint

用于大型机床表面与小型机电等金属外观的装饰与保护

【生产厂】[苏]江阴市汇克拓化工有限公司〈P1870〉

各色丙烯酸锤纹漆 G01115811

Various color acrylic hammer finish

适宜于喷涂各种医疗器械、仪器、仪表、防盗门等各种金属制品表面做装饰涂料

【生产厂】[苏]无锡诺赛利漆业有限公司〈P1874〉;张家港市永泰防腐涂料有限公司〈P1914〉;徐州造漆有限公司〈P1796〉;南通万邦采涂料有限公司〈P1836〉;[鲁]博山轻工化学厂〈P2048〉;蓬莱市特种绝缘材料厂〈P2112〉;[豫]濮阳市恒美实业开发中心(500 吨)〈P2214〉

丙烯酸快干锤纹漆 G01115821

Acrylic quickdrying hammer finish

各种仪器、仪表、电器设备、医疗器械等各种金属制品表面的涂饰

【生产厂】[苏]江阴市汇克拓化工有限公司〈P1870〉;[浙]浙江杭州富阳晨华涂料厂〈P1927〉

丙烯酸桔纹漆 G01115911

Acrylic orange peel paint

主要用于各种高档机械设备、机电仪表、电控柜及其他金属结构、木结构的装饰及涂装

【生产厂】[苏]无锡市虎皇漆业有限公司〈P1876〉;江阴市汇克拓化工有限公司〈P1870〉;南通万邦采涂料有限公司〈P1836〉;[湘]湖南汉寿县特种涂料厂〈P2255〉;[粤]广东中山市森彩机械涂装有限公司〈P2282〉;[渝]重庆三峡油漆股份有限公司〈P2306〉

丙烯酸聚氨酯漆 G01116101

Acrylic polyurethane paint

用于铝、钢铁等金属和轻工产品的表面装饰

【生产厂】[京]北京关西涂料有限公司〈P1548〉;北京钰林化工有限公司〈P1565〉;[冀]石家庄金鱼涂料集团公司〈P1627〉;[辽]铁岭洪泰涂料有限公司〈P1712〉;大连实利德漆业有限公司〈P1693〉;[沪]上海斯普莱得涂料有限公司〈P1765〉;[苏]常州市武进晨光金属涂料有限公司〈P1854〉;常州圣安涂料有限公司〈P1849〉;常州市武进虹灵化工厂〈P1854〉;徐州造漆有限公司〈P1796〉;[浙]杭州市一韦涂料化学有限公司〈P1922〉;杭州蓝迪化工有限公司〈P1920〉;[闽]泉州市信和涂料有限公司〈P2000〉;[鲁]济南玛博伦环保涂料有限公司〈P2024〉;蓬莱市特种绝缘材料厂〈P2112〉;青岛宣威涂层材料有限公司〈P2045〉;[粤]珠海市广鑫化工有限公司〈P2275〉

各色聚氨酯丙烯酸闪光漆 G01116121

Various color polyurethane acrylic flashing paint

用作柴油机、拖拉机、自行车、钢折椅等金属产品表面的保护装饰性涂料

【生产厂】[川]成都彩星科技实业有限公司〈P2309〉

丙烯酸聚氨酯罩光清漆 G01116135

Acrylic polyurethane finishing varnish

用于轿车、机车、飞机、客车、面包车、微型车、摩托车的涂装及修补

【生产厂】[津]天津市外星化工涂料有限公司〈P1605〉;[苏]常州市武进晨光金属涂料有限公司〈P1854〉;[鲁]青岛宣威涂层材料有限公司〈P2045〉

各色聚氨酯丙烯酸锤纹漆 G01116141

Various color acrylic polyurethane hammer paint

用作柴油机、医疗器械、仪器仪表等金属表面理想的保护装饰涂料

【生产厂】[苏]常州光辉化工有限公司〈P1847〉;[浙]杭州华顺化工防腐有限公司〈P1918〉;[粤]广东中山市森彩机械涂装有限公司〈P2282〉

各色聚氨酯丙烯酸凹凸锤纹漆 G01116145

Various color polyurethane acrylic sagging hammer paint

主要用于各类机床、电器、仪器仪表、机电设备等金属件表面的装饰保护

【生产厂】[苏]常州光辉化工有限公司〈P1847〉;[鲁]莱阳油漆厂有限公司〈P2108〉

各色丙烯酸聚氨酯磁漆 G01116151

Various color acrylic polyurethane enamel

主要用于各类汽车、摩托车、自行车、家用电器、机械设备等金属表面的涂装

【生产厂】[京]红狮涂料国际有限公司〈P1567〉;北京钰林化工有限公司〈P1565〉;[辽]沈阳联邦涂料有限公司〈P1687〉;丹东同达涂料有限公司〈P1701〉;[苏]常州光辉化工有限公司〈P1847〉;[鲁]山东省昌乐县华颖液体瓷厂〈P2097〉;威海市玉威漆业有限公司(400吨)〈P2126〉;莱阳市亚力美涂料有限公司(3000吨)〈P2108〉;山东泰山史宾莎涂料有限公司(500吨)〈P2137〉;山东鲁南造漆厂〈P2150〉;[陕]西安昌胜化工有限公司〈P2347〉;陕西宝塔山油漆股份有限公司〈P2352〉;[甘]西北永新化工股份有限公司(30吨)〈P2356〉;[新]昌吉市诚信测绘有限公司化学建材分公司〈P2367〉

聚氨酯丙烯酸汽车面漆 G01116161

Polyurethane acrylic finish-coat paint for vehicle

用于汽车、自行车、冰箱等家电、金属制品表面涂装

【生产厂】[京]北京英达克工业涂料有限责任公司〈P1565〉;[津]天津市辰光化工涂料有限公司〈P1581〉;[辽]沈阳联邦涂料有限公司〈P1687〉;大连实利德漆业有限公司〈P1693〉;[苏]丹阳市宏铸涂料有限公司〈P1840〉;常州光辉化工有限公司〈P1847〉;常州市申达涂料有限公司〈P1853〉;江阴市天泽制涂有限公司〈P1871〉;江阴市汇克拓化工有限公司〈P1870〉;[闽]福建泉州美家涂料制造有限公司〈P1998〉;[鲁]青岛润泰制漆有限公司〈P2041〉;青岛宣威涂层材料有限公司〈P2045〉;[鄂]武汉市煜昌化工涂料有限公司〈P2233〉;武汉现代工业技术研究院〈P2234〉

聚氨酯丙烯酸修补漆 G01116165

Polyurethane acrylic maintenance paint

主要用于轿车涂装和轿车修补

【生产厂】[苏]常州市凌龙涂料有限公司〈P1853〉

聚氨酯丙烯酸中涂漆 G01116171

Polyurethane acrylic middle coating

用于汽车、机械、轻工制品作底漆

【生产厂】[京]红狮涂料国际有限公司〈P1567〉;[苏]常州市武进晨光金属涂料有限公司〈P1854〉;[皖]安庆菱湖漆业有限公司〈P1979〉

羟基丙烯酸聚氨酯珍珠面漆 G01116181

Hydroxy-acrylic polyurethane pearl top-coat

用于各种高级工业品的表面涂装,如轿车、汽车、客车、轮船、机械等

【生产厂】[鲁]山东临清洪流化工总公司〈P2153〉

丙烯酸聚氨酯防腐涂料 G01116191

Acrylic polyurethane anticorrosive coating

【生产厂】[沪]上海秀珀化工有限公司〈P1773〉;[苏]常州市凯星涂料有限公司〈P1852〉;张家港市东昌涂料有限公司〈P1912〉;[浙]杭州萧山阳光涂料有限公司〈P1924〉;临海市永固为华涂料有限公司〈P1960〉;[粤]深圳市明远氟涂料有限公司〈P2272〉

丙烯酸环氧树脂中涂漆 G01116301

Acrylic epoxy resin middle coating

广泛应用于自行车、摩托车、汽车和家用电器的表面涂装,适用于各种金属、塑料及其他特殊材料

【生产厂】[苏]丹阳市远中金属助剂有限公司〈P1841〉;常州市威利杰涂料有限公司〈P1854〉

丙烯酸快干中涂漆 G01116351

Acrylic quickdrying middle coating

【生产厂】[京]北京京汉邦涂料有限公司〈P1552〉;[冀]晋州市长宏化工有限责任公司〈P1625〉

聚氨酯丙烯酸双组分自干漆 G01116401

Polyurethane acrylic air-dry paint, bicomponent

用于摩托车、轿车表面作装饰保护用

【生产厂】[苏]丹阳市宏筑涂料厂〈P1840〉;丹阳市宏铸涂料有限公司〈P1840〉

夜光涂料;蓄光型发光涂料 G01116411

Luminescent coating

用于夜示标志、发光照牌、警示信号等的涂饰

【生产厂】[京]北京纳美科技发展有限责任公司〈P1556〉;[沪]上海卡德化工有限公司〈P1746〉;[苏]无锡诺赛利漆业有限公司〈P1874〉;[浙]浙江省海宁海龙化学有限责任公司〈P1944〉;瑞安市美达化工材料有限公司〈P1937〉;[豫]河南省滑县934涂料厂(500吨)〈P2211〉

丙烯酸自干漆 G01116451

Acrylic air-dry paint

用于汽车、摩托车、自行车、各种家用电器及各种ABS、AIPS塑料零件的表面涂饰

【生产厂】[沪]上海南极涂料有限公司〈P1754〉;[苏]江苏丹阳市金龙涂料有限公司〈P1841〉;[浙]杭州蓝迪化工有限公司〈P1920〉;[鲁]蓬莱市特种绝缘材料厂〈P2112〉;[粤]广州市南方制漆有限公司〈P2265〉

丙烯酸航空标志涂料;各色丙烯酸标志漆 G01116501

Acrylic aviation badge paint

【生产厂】[苏]常州市申达涂料有限公司〈P1853〉;[陕]西安昌胜化工有限公司〈P2347〉

丙烯酸聚氨酯马路划线漆 G01116601

Acrylic polyurethane traffic paint

【生产厂】[苏]常州圣安涂料有限公司〈P1849〉

丙烯酸路线漆 G01116651

Acrylic paint for road

用于柏油、水泥路面的标志涂划

【生产厂】[津]天津市外星化工涂料有限公司〈P1605〉;[晋]山西长达交通设施有限公司〈P1670〉;[沪]上海造漆厂(500吨)〈P1777〉;[苏]江苏加力高氟涂料工业有限责任公司〈P1808〉;[鲁]济南泰山金鹏涂料有限公司(100吨)〈P2025〉;烟台得蒙精细化工有限公司〈P2116〉;山东鲁南造漆厂〈P2150〉;[粤]新达化工实业有限公司〈P2294〉;[川]攀枝花荣鑫油漆有限责任公司〈P2322〉

丙烯酸氨基罩光漆 G01116701

Acrylic amino finishing paint

【生产厂】[冀]廊坊市光耀油漆厂〈P1661〉;[皖]安庆菱湖漆业有限公司〈P1979〉

丙烯酸氨基闪光漆 G01116711

Acrylic amino flashing paint

适用于涂装自行车、家用电器、灯具、玩具、精密仪器等

【生产厂】[苏]丹阳市宏铸涂料有限公司〈P1840〉;[皖]安庆菱湖漆业有限公司〈P1979〉

丙烯酸金属闪光漆 G01116721

Acrylic metal flashing paint

用作高中档汽车、轻工商品、家电产品等表面涂装

【生产厂】[京]北京钰林化工有限公司〈P1565〉;[苏]江苏科特涂饰有限公司〈P1842〉;常州市武进晨光金属涂料有限公司〈P1854〉;江阴市汇克拓化工有限公司〈P1870〉;南通万邦采涂料有限公司〈P1836〉;[皖]安庆菱湖漆业有限公司〈P1979〉;[粤]广东中山市森彩机械涂装有限公司〈P2282〉;[川]成都彩星科技实业有限公司〈P2309〉

外墙金属漆 G01116731

Metal paint for exterior wall

适用于混凝土、水泥板或各种幕墙板,经打磨处理后的外墙专用腻子表面

【生产厂】[苏]常州圣安涂料有限公司〈P1849〉;[赣]江西蒙莱特漆业有限公司〈P2015〉;[鲁]文登市慧隆化工有限公司(500 吨)〈P2127〉;[鄂]邱氏(湖北)涂料有限公司〈P2246〉

丙烯酸粉末涂料 G01116801

Acrylic powder coating

广泛用于家电、家具、金属设备、汽车和建筑材料的涂装

【生产厂】[京]北京圣联达金属粉末有限公司〈P1558〉;[津]天津兰月工贸有限公司〈P1576〉;[冀]廊坊开发区欧特涂料有限公司〈P1660〉;[皖]杜邦华佳化工有限公司〈P1980〉

丙烯酸防水涂料 G01116811

Acrylic waterproof coating

涂覆后形成具有高弹性、坚韧、无接缝、耐老化、耐候性优质的防涂膜,是理想的高档防水涂料

【生产厂】[京]北京立高防水企业集团(2200 吨)〈P1554〉;北京东盛创远科技发展有限公司〈P1547〉;北京金盾时代防水材料有限公司〈P1552〉;北京益利达建筑涂料厂〈P1565〉;北京中核研技术有限公司〈P1566〉;北京市大运防水材料厂〈P1559〉;北京朗坤防水材料有限公司〈P1554〉;北京建海中建防水材料有限公司〈P1551〉;北京佳丽美涂料有限责任公司〈P1551〉;北京新世纪金盾建筑防水工程有限责任公司〈P1563〉;北京占海防水装饰有限公司〈P1566〉;[冀]河北晨阳工贸集团有限公司〈P1647〉;[沪]上海古龙防水科技有限公司〈P1734〉;上海佳品涂料有限公司〈P1742〉;[苏]苏州非金属矿工业设计研究院〈P1900〉;张家港市东昌涂料有限公司〈P1912〉;[闽]惠安新型建材厂〈P1999〉;[赣]江西科源新材料科技有限公司〈P2008〉;[鲁]潍坊市宏源防水材料有限公司〈P2104〉;潍坊市泽源防水材料有限公司〈P2105〉;兴隆庄煤矿化工公司〈P2133〉;[豫]郑州市胜亮涂料有限公司(800 吨)〈P2173〉;[川]四川蜀羊防水材料有限公司(2000 吨)〈P2319〉

丙烯酸弹性防水涂料 G01116831

Acrylic elastic waterproof coating

用于屋面、卫生间、地下室、水池的防水防渗

【生产厂】[京]北京世纪蓝箭防水材料有限公司〈P1558〉;京厦建筑涂料厂〈P1567〉;北京世纪永峰防水材料有限公司〈P1558〉;北京中海防水建筑材料有限公司〈P1566〉;[苏]无锡市诺亚防水材料有限公司〈P1878〉;[浙]浙江南方涂料工业有限公司〈P1955〉;[闽]厦门冶建材料厂〈P1993〉;[赣]江西玉龙防水材料厂〈P2009〉;[鲁]烟台同化防水保温工程有限公司〈P2119〉;青岛大洋涂料厂(6000 吨)〈P2033〉;[粤]顺德合胜化工实业有限公司〈P2292〉

环保型丙烯酸防水涂膜 G01116851

Acrylic waterproof coating film, environmental-protection type

【生产厂】[京]北京新世纪金盾建筑防水工程有限责任公司〈P1563〉

丙烯酸建筑涂料 G01116901

Acrylic architectural coating

用于涂覆外墙表面

【生产厂】[甘]西北永新化工股份有限公司(30 吨)〈P2356〉

苯丙外墙乳胶漆 G01116911

Styrene-acrylic latex paint for exterior wall

主要用于室外各种水泥砂浆、混凝土砖墙等基材的装饰

【生产厂】[沪]上海市涂料研究所〈P1764〉;[苏]常州光辉化工有限公司〈P1847〉;南通邦和化工有限公司〈P1832〉

苯丙乳胶腻子;刮墙腻子 G01116921

Styrene-acrylic latex putty

适用于各种高级公寓、别墅、家庭装修的内外墙面的打底

【生产厂】[京]北京居欢化工有限公司〈P1553〉

苯丙乳胶漆 G01116922

Styrene-acrylic latex paint

建筑墙面涂料,作为彩面涂之基层

【生产厂】[浙]浙江省海宁海龙化学有限责任公司〈P1944〉;[豫]汤阴县忠武建筑涂料有限公司(300 吨)〈P2212〉;[桂]柳州市建华涂料厂〈P2298〉;[渝]重庆三峡油漆股份有限公司〈P2306〉

内外墙乳胶漆 G01116931

Latex paint for interior and exterior wall

建筑用涂料,用于室内外墙面涂装

【生产厂】[京]北京安顺达装饰材料有限公司〈P1543〉;北京大齐世宝建筑材料有限公司〈P1545〉;北京华茂装饰涂料有限公司〈P1549〉;[津]天津市科文化工有限公司(8000 吨)〈P1598〉;天津市海全华明涂料厂(2000 吨)〈P1588〉;天津市宁河县化工厂(500 吨)〈P1599〉;天津市蓟县双燕涂料厂(1000 吨)〈P1591〉;[冀]河北晨阳工贸集团有限公司〈P1647〉;[辽]沈阳市欧丽亚涂料有限公司〈P1688〉;营口三征有机化工股份有限公司〈P1704〉;[沪]上海涂料有限公司〈P1768〉;上海中南建筑材料公司〈P1779〉;上海飞虎建筑涂料有限公司〈P1733〉;上海家具涂料厂(1000 吨)〈P1742〉;上海佳品涂料有限公司〈P1742〉;[苏]光明化工

科技发展有限公司〈P1858〉;常州光辉化工有限公司〈P1847〉;宜兴市远东化工有限公司〈P1888〉;徐州开达精细化工有限公司〈P1795〉;扬州亚菲涂料有限公司〈P1820〉;江苏省海安紫石化工厂〈P1831〉;[浙]温州罗浮塔涂料有限公司〈P1937〉;[闽]泉州市三立漆有限公司〈P2000〉;[鲁]济南宏业音像化工有限责任公司(8000 吨)〈P2022〉;济南爱特佳涂料有限公司(1500 吨)〈P2020〉;山东北方现代化学工业有限公司(4000 吨)〈P2027〉;济南玛博伦环保涂料有限公司〈P2024〉;胜利油田大明新型建筑防水材料有限责任公司(1 万吨)〈P2087〉;潍坊环宇油漆工业有限公司〈P2103〉;莱阳市金易化工有限公司〈P2108〉;莱阳市明玉涂料公司〈P2108〉;莱阳市亚力美涂料有限公司〈P2108〉;青岛兴国涂料化工有限公司〈P2045〉;泰安市亚特尔化工建材有限公司〈P2138〉;[豫]郑州市邙山区王砦涂料厂(800 吨)〈P2173〉;郑州嵩源涂料有限公司(3000 吨)〈P2174〉;新郑佳丝丽涂料有限公司(1800 吨)〈P2169〉;新郑市新光化工涂料有限公司(1200 吨)〈P2169〉;滑县桥南老四防水涂料厂(500 吨)〈P2211〉;林州市蓝天涂料厂(500 吨)〈P2211〉;林州市蓝星涂料厂(500 吨)〈P2211〉;林州市水晶涂料厂(500 吨)〈P2212〉;洛阳市吉利区金巷府涂料厂(1000 吨)〈P2184〉;洛阳月阳工贸有限公司(1500 吨)〈P2188〉;洛阳市圣君漆业制造厂(2000 吨)〈P2186〉;偃师市关庄涂料厂(800 吨)〈P2188〉;[鄂]武汉力诺双虎涂料有限公司〈P2231〉;[粤]广州市坚红化工厂〈P2264〉;广州秀珀化工有限公司(2000 吨)〈P2268〉;深圳市飞扬实业有限公司〈P2270〉;深圳市展辰达化工有限公司〈P2273〉;佛山市西方化工有限公司〈P2289〉;顺德汇龙涂料实业有限公司〈P2292〉;顺德鸿昌涂料实业有限公司〈P2292〉;中山市普尔化工涂料有限公司〈P2283〉;江门市制漆厂有限公司(2000 吨)〈P2286〉;广东嘉宝莉化工有限公司〈P2284〉;[桂]柳州市造漆厂(200 吨)〈P2298〉;[渝]重庆三峡油漆股份有限公司〈P2306〉;[川]成都彩星科技实业有限公司〈P2309〉;成都万盛化工漆业有限公司〈P2316〉;[陕]西安奥达油墨有限责任公司〈P2347〉;[新]新疆赛普森纳米科技有限公司〈P2364〉;昌吉市鸿发科技开发有限公司〈P2367〉

亚光内外墙乳胶漆 G01116941

Flat latex paint for interior and exterior wall

适用于厂房、校舍、民房的室外、新旧水泥墙、围墙或砖墙的涂刷

【生产厂】[沪]上海威德沃涂料有限公司〈P1769〉;[浙]博星化工涂料有限公司〈P1959〉

浮雕漆;浮雕涂料 G01116961

Relievo paint

适用于公共场所、高级住宅的室内外涂装

【生产厂】[京]北京赛德丽科技开发有限公司〈P1557〉;北京益利达建筑涂料厂〈P1565〉;京厦建筑涂料厂〈P1567〉;北京新华福兴工贸有限公司〈P1563〉;北京市通州利强涂料厂〈P1561〉;北京佳丽美涂料有限责任公司〈P1551〉;北京佳悦涂料有限责任公司〈P1551〉;北京城燕佳涂料技术开发中心〈P1545〉;[辽]沈阳饰壁涂料厂〈P1689〉;[苏]常州光辉化工有限公司〈P1847〉;常州圣安涂料有限公司〈P1849〉;苏州立邦雅士利涂料有限公司〈P1901〉;扬州亚菲涂料有限公司〈P1820〉;南通万邦采涂料有限公司〈P1836〉;[浙]宁波市镇海泰欣涂料有限公司〈P1933〉;浙江南方涂料工业有限公司〈P1955〉;温州罗浮塔涂料有限公司〈P1937〉;[皖]安徽爱迪尔涂料有限责任公司〈P1971〉;[鲁]文登市慧隆化工有限公司(1000 吨)〈P2127〉;莱阳市金易化工有限公司〈P2108〉;[豫]巩义市纳洁涂料厂(800 吨)〈P2163〉;[粤]广州市延安油漆集团股份有限公司〈P2267〉;深圳大虹化工实业有限公司〈P2273〉;茂名日化涂料有限公司〈P2293〉;新达化工实业有限公司〈P2294〉;美联涂料有限公司〈P2291〉;南海赛特化学工业有限公司〈P2291〉;佛山市顺德区派尔化工实业有限公司〈P2289〉;广东中山南天涂料有限公司〈P2282〉;中山市特朗涂料化工有限公司〈P2283〉;威臣(中国)涂料有限公司〈P2286〉

喷涂浮雕漆 G01116965

Spraying relievo paint

【生产厂】[皖]安徽省振华工贸股份有限公司〈P1983〉;[鲁]威海富成涂料有限公司(500 吨)〈P2124〉

彩色屋面防水隔热涂料 G01116971

Colored waterproof heat insulating coating for roof covering

用于屋面防水、隔热降温,还可用作黑色防水层的保护层,也可作外墙隔热、防潮、装饰之用

【生产厂】[闽]惠安新型建材厂〈P1999〉;[豫]汤阴县忠武建筑涂料有限公司(300 吨)〈P2212〉

隔热防水漆 G01116991

Heat insulating and waterproof paint

用于锌瓦、钢构厂房、楼房楼顶、外墙和石油化工储罐等

【生产厂】[粤]新发化工(广东)有限公司〈P2278〉;广东星恒高效涂料开发有限公司〈P2293〉

热固性丙烯酸涂料 G01117001

Thermosetting acrylic coating

用于汽车、摩托车、电脑外壳、精密机械等

【生产厂】[浙]浙江省海宁海龙化学有限责任公司〈P1944〉

热塑性丙烯酸涂料 G01117051

Thermoplastic acrylic coating

主要应用于各种塑胶表面,提供丰富多彩的装饰效果,及提高塑胶外壳的功能与保护性

【生产厂】[冀]石家庄金鱼涂料集团公司〈P1627〉;[粤]康富(深圳)化工涂料厂〈P2269〉

丙烯酸复层花样涂料 G01117091

Acrylic pattern coating, composite bed

【生产厂】[鲁]青岛大洋涂料厂(1200 吨)〈P2033〉

丙烯酸无毒塑胶漆 G01117421

Acrylic nontoxic paint for plastic cement

适用于各类 PS 及 ABS 制品

【生产厂】[沪]上海永宁化工有限公司〈P1775〉;[闽]厦门彩圣涂料有限公司(1000 吨)〈P1991〉;惠安德贤油漆化工厂(50 吨)〈P1999〉

丙烯酸涂料 G01117431

Acrylic coating

用于汽车、钢卷材料、仪器仪表、家用电器、印铁制罐、瓶盖等的涂装

【生产厂】[京]北京市中建建友防水施工有限公司〈P1561〉;[沪]上海开林造漆厂〈P1746〉;[苏]南京宁海聚氨酯有限公司〈P1787〉;常州市鸿腾化工有限公司〈P1851〉;江苏鑫源生化科技发展有限公司〈P1866〉;[鲁]寿光市曙光助剂厂〈P2100〉;[豫]新郑市后屯涂料厂(1000 吨)〈P2169〉;河南省安阳县崔家桥兴华化工厂(300 吨)〈P2211〉;河南省栾川县三生化学研究所涂料厂(300 吨)〈P2180〉;三门峡

西站大营涂料厂(500 吨)〈P2222〉;峡西八七涂料厂(400 吨)〈P2222〉;[粤]深圳市豪虹涂料有限公司〈P2271〉;[川]成都博深高技术材料开发有限公司〈P2309〉

各色水性无毒玩具漆;玩具漆 G01117441

Various color nontoxic water-borne toy paint

用于玩具的涂饰

【生产厂】[沪]上海巨峰化工有限公司〈P1746〉;[闽]福州德贤化工有限公司〈P1989〉;[粤]中华制漆(深圳)有限公司〈P2274〉;珠海市广鑫化工有限公司〈P2275〉;东莞昌盛化工有限公司〈P2278〉;东莞市宏辉化工有限公司〈P2280〉;广东省宝月化工总厂〈P2290〉;南海市东方化工厂〈P2291〉

超级亚光漆 G01117491

Super flat paint

可用于家庭装饰板、房门等的涂饰

【生产厂】[鲁]颐中(青岛)实业有限公司(600 吨)〈P2048〉

真石漆;天然真石漆 G01117501

Wall paint instead of rock material

替代大理石及高档外墙瓷砖,用于墙面的装饰与保护

【生产厂】[京]北京赛德丽科技开发有限公司〈P1557〉;北京益利达建筑涂料厂〈P1565〉;北京新华福兴工贸有限公司〈P1563〉;富思特制漆(北京)有限公司〈P1567〉;北京高渡美涂料有限公司〈P1548〉;北京雪莲涂料厂〈P1564〉;北京市东小口振辉涂料厂〈P1559〉;北京市通州利强涂料厂〈P1561〉;北京金依德化工有限公司〈P1552〉;北京莱恩斯涂料有限公司〈P1554〉;北京美邦盛业涂料有限公司〈P1556〉;北京虹霞正升涂料厂〈P1549〉;北京佳悦涂料有限责任公司〈P1551〉;北京市燕鑫科技开发有限责任公司〈P1561〉;北京城燕佳涂料技术开发中心〈P1545〉;[津]天津市科文化工有限公司(4000 吨)〈P1598〉;天津市美居涂料有限公司(200 吨)〈P1599〉;天津市蓟县双燕涂料厂(1000 吨)〈P1591〉;[冀]河北晨阳工贸集团有限公司〈P1647〉;[辽]沈阳饰壁涂料厂〈P1689〉;沈阳船牌制漆有限公司〈P1685〉;沈阳蓝丰涂料制造有限公司〈P1687〉;营口新力化工涂料有限公司〈P1705〉;大连金川豹涂料装饰工程有限公司〈P1692〉;盘锦禹王防水建材集团〈P1707〉;[沪]上海华生化工有限公司〈P1739〉;上海大光涂料制造有限公司〈P1731〉;上海英柯化工有限公司〈P1775〉;上海雅达涂料有限公司〈P1773〉;上海汇丽集团有限公司〈P1741〉;上海佳品涂料有限公司〈P1742〉;上海赛格涂料有限公司〈P1759〉;上海赛诺化工有限公司〈P1759〉;卡勒特纳米材料(上海)有限公司〈P1726〉;[苏]常州光辉化工有限公司〈P1847〉;常州市邦杰化工有限公司〈P1849〉;常州市金恒涂料有限公司〈P1852〉;常州圣安涂料有限公司〈P1849〉;常州市皇健涂料有限公司〈P1851〉;无锡爱诺丝涂料有限公司〈P1872〉;无锡市浩华氟涂料有限公司〈P1876〉;苏州市金马涂料厂〈P1904〉;南通万邦采涂料有限公司〈P1836〉;南通邦和化工有限公司〈P1832〉;[浙]杭州逸峰化工涂料有限公司〈P1924〉;杭州盼达涂料有限公司(2000 吨)〈P1921〉;中外合资升华集团湖州升宝涂料有限公司〈P1947〉;浙江省海宁海龙化学有限责任公司〈P1944〉;宁波康曼丝涂料有限公司〈P1931〉;宁波柯力高分子材料有限公司〈P1931〉;宁波市镇海泰欣涂料有限公司〈P1933〉;浙江东阳化学工贸有限公司〈P1954〉;浙江南方涂料工业有限公司〈P1955〉;温州罗浮塔涂料有限公司〈P1937〉;[皖]安徽爱迪尔涂料有限责任公司〈P1971〉;[赣]江西蒙莱特漆业有限公司〈P2015〉;[鲁]济南宏业音像化工有限责任公司(450 吨)〈P2022〉;济南新佳涂料有限公司〈P2026〉;济南玛博伦环保涂料有限公司〈P2024〉;山东高威化工有限公司(5000 吨)〈P2153〉;山东淄博仿瓷涂料厂〈P2056〉;淄博峰源化工有限公司〈P2059〉;东营市方圆实业有限责任公司〈P2081〉;文登市慧隆化工有限公司(200 吨)〈P2127〉;莱阳市金易化工有限公司〈P2108〉;青岛大洋涂料厂(1000 吨)〈P2033〉;青岛华龙涂料有限公司(1000 吨)〈P2037〉;青岛兴国涂料化工有限公司〈P2045〉;青岛亿泰涂料化工有限公司〈P2046〉;山东陆邦涂料有限公司〈P2150〉;山东鲁南造漆厂〈P2150〉;[豫]河南省德嘉丽科技开发公司(1200 吨)〈P2167〉;河南省超前涂料有限责任公司(1000 吨)〈P2166〉;金邦制漆(中国)有限公司(1500 吨)〈P2213〉;[粤]深圳市哈隆实业有限公司〈P2271〉;深圳天虹化工实业有限公司〈P2273〉;新达化工实业有限公司〈P2294〉;南海赛特化学工业有限公司〈P2291〉;佛山市顺德区派尔化工实业有限公司〈P2289〉;广东中山南天涂料有限公司〈P2282〉;中山市环美涂料企业公司〈P2283〉;中山市石鹰建筑涂料有限公司〈P2283〉;中山市特朗涂料化工有限公司〈P2283〉;威臣(中国)涂料有限公司〈P2286〉;[桂]广西启利新材料科技股份有限公司〈P2301〉;[滇]昆明富遥工贸有限公司〈P2339〉;[新]昌吉市鸿发科技开发有限公司〈P2367〉

纳米真石漆 G01117521

Nanometre wall paint instead of rock material

【生产厂】[沪]上海华桓涂料有限公司〈P1738〉

真石漆罩面漆 G01117531

Finishcoat paint of wall paint instead of rock material

【生产厂】[苏]扬州亚菲涂料有限公司〈P1820〉;[鲁]青岛华龙涂料有限公司〈P2037〉;[粤]威臣(中国)涂料有限公司〈P2286〉

超耐候真石漆 G01117551

Weather-resistant wall paint instead of rock material

【生产厂】[沪]上海赛格涂料有限公司〈P1759〉

彩色石漆 G01117571

Colour rock paint

适用于美术馆、音乐厅、各类门面等极具艺术性的建筑物外墙

【生产厂】[京]北京星牌建材有限责任公司〈P1564〉;北京禾邦人科技有限公司〈P1548〉;[辽]大连金川豹涂料装饰工程有限公司〈P1692〉;盘锦奥马漆业有限公司〈P1706〉;[浙]杭州逸峰化工涂料有限公司〈P1924〉;[粤]美联涂料有限公司〈P2291〉;[桂]广西启利新材料科技股份有限公司〈P2301〉

真石漆底漆 G01117591

Primer of wall paint instead of rock material

【生产厂】[鲁]青岛华龙涂料有限公司〈P2037〉

丙烯酸外墙罩面漆 G01117601

Acrylic finishcoat paint for exterior wall

主要用于高层建筑墙体、浴池、池壁、卫生间墙壁及混凝土表面的涂饰

【生产厂】[京]北京益利达建筑涂料厂〈P1565〉;[沪]上海华生化工有限公司〈P1739〉;[苏]南通邦和化工有限公司〈P1832〉;[浙]博星化工涂料有限公司〈P1959〉;[闽]莆田市三江化学工业有限公司〈P1997〉;[鲁]青州兴庆助剂有限公司〈P2094〉

硅丙面漆 G01117605

Silicon-acrylic finishcoat paint

【生产厂】[闽]莆田市三江化学工业有限公司〈P1997〉

丙烯酸类面漆 G01117611

Acrylic series top-coat

是电机、电器、仪器、仪表及其他产品表面保护与装饰的理想材料,用于桥梁、高速公路、集装箱等保护与装饰

【生产厂】[京]北京英达克工业涂料有限责任公司〈P1565〉;[冀]石家庄市金达特种涂料有限公司〈P1630〉;[苏]常州市朝晖化工有限公司〈P1850〉;常州圣安涂料有限公司〈P1849〉;无锡市云湖涂料有限公司〈P1881〉;万胜化工(昆山)有限公司〈P1909〉;扬州亚菲涂料有限公司〈P1820〉;泰州市铁猫涂料有限公司〈P1828〉;[浙]浙江鱼童发达造漆有限公司〈P1970〉;[鲁]青岛海建化学有限公司〈P2035〉;[粤]广州市国花油漆制造公司〈P2264〉;广州市三磊新材料有限公司〈P2266〉;广东中山市森彩机械涂装有限公司〈P2282〉;[川]攀枝花荣鑫油漆有限责任公司〈P2322〉

丙烯酸快干型面漆 G01117641

Acrylic quickdrying top-coat

【生产厂】[豫]新乡市永华油漆化工厂〈P2207〉

各色丙烯酸砂面漆 G01117661

Various color acrylic sand surface paint

主要用于ABS塑料表面的装饰和保护,也可用于金属表面的面漆涂装和保护

【生产厂】[苏]常州市柏鹤涂料有限公司〈P1849〉

高耐候性硅丙户外漆 G01117681

Weather-resistant silicon-acrylic outdoors paint

用于混凝土、钢结构等建筑外墙表面装饰与防护

【生产厂】[沪]上海秀珀化工有限公司〈P1773〉;[苏]常州圣安涂料有限公司〈P1849〉;[湘]湖南汇博化工科技有限公司〈P2254〉;湖南省白银新材料有限公司〈P2254〉

超耐候丙烯酸溶剂型外墙涂料 G01117691

Weather-resistant acrylic coating for exterior wall, solvent

适用于多层、高层住宅、高级公共建筑外墙面装饰

【生产厂】[京]北京柯特华宇防腐技术有限公司〈P1553〉;[苏]常州光辉化工有限公司〈P1847〉;[浙]临海市永固为华涂料有限公司(6000吨)〈P1960〉;玉环密得邦化学有限公司〈P1963〉;[鲁]济南新佳涂料有限公司〈P2026〉;[粤]广州市涂升化工有限公司〈P2266〉

丙烯酸色漆 G01117701

Acrylic color paint

主要用于ABS、PS、HIPS塑料表面的装饰和保护

【生产厂】[粤]广州市延安油漆集团股份有限公司〈P2267〉

丙烯酸迷彩伪装涂料 G01117751

Acrylic color camouflage coating

适用于陆地上的车辆、武器装备、国防工程等军事目标的迷彩伪装

【生产厂】[京]北京顺义潮东涂料厂〈P1562〉;[苏]丹阳市银海镍铬化工有限公司〈P1841〉

纯丙烯酸水性涂料;纯丙涂料 G01117801

Pure acrylic water-based coating

适用于各类建筑的混凝土面、水泥沙浆面和各种砖石结构的内、外墙的装饰与保护

【生产厂】[沪]上海斯泰安涂料有限公司〈P1765〉;[粤]深圳市明远氟涂料有限公司〈P2272〉

各色丙烯酸改性醇酸磁漆 G01117901

Various color acrylic modified alkyd enamel

是机电产品涂装换代的中高档装饰防护漆

【生产厂】[鲁]蓬莱市特种绝缘材料厂〈P2112〉;[川]攀枝花荣鑫油漆有限责任公司〈P2322〉;四川德阳奥林化工涂料有限公司〈P2326〉

水性丙烯酸烘漆 G01118001

Water-based acrylic baking paint

用于汽车、农用车、家用电器、仪器仪表等零部件的涂装

【生产厂】[浙]杭州市一韦涂料化学有限公司〈P1922〉

丙烯酸带锈底漆;水性带锈底漆 G01118011

Iron oxide red acrylic primer with rust

可直接涂覆于已锈或未锈的金属表面或水泥基面,能与各种防腐面漆配套使用

【生产厂】[苏]万胜化工(昆山)有限公司〈P1909〉;[浙]杭州宝塔油漆有限公司〈P1915〉;[豫]河南省栾川县三生化学研究所涂料厂(200吨)〈P2180〉;[陕]宝鸡市铁军化工防腐安装有限责任公司〈P2351〉

水性铁红丙烯酸底漆 G01118031

Water-based iron oxide red acrylic primer

主要用于室外金属结构表面,起防锈作用

【生产厂】[津]天津市瑞宝绿色纳米涂料有限公司(500吨)〈P1601〉;[鲁]山东高威化工有限公司(5000吨)〈P2153〉

黑色水性丙烯酸烘漆 G01118071

Black water-based acrylic baking paint

【生产厂】[苏]吴江市太湖涂料有限公司〈P1911〉

高级丙烯酸静电烘干面漆 G01118091

Acrylic static baking top-coat, high-grade

适用于汽车、拖拉机、摩托车、自行车和机电设备、轻工家电等产品高装饰性涂装

【生产厂】[川]四川德阳奥林化工涂料有限公司〈P2326〉

低温固化丙烯酸树脂烘漆 G01118101

Acrylic resin baking paint, low-temperature setting

广泛应用于自行车、摩托车、汽车和家用电器的表面涂装,适用于各种金属、塑料及其他特殊材料

【生产厂】[苏]常州市威利杰涂料有限公司〈P1854〉

常温固化丙烯酸涂料 G01118111

Acrylic coating, normal temperature setting

【生产厂】[闽]福州德贤化工有限公司〈P1989〉

丙烯酸亚光烘干清漆 G01118131

Acrylic flat baking varnish

用作需显示亚光的轻工家电、仪表仪器产品表面涂饰

【生产厂】[浙]浙江杭州富阳晨华涂料厂〈P1927〉

丙烯酸高光清漆 G01118191

Acrylic high gloss varnish

用于自行车、摩托车的涂装

【生产厂】[苏]丹阳市宏筑涂料厂〈P1840〉

丙烯酸电泳漆 G01118201

Acrylic electrophoretic paint

用于灯具、家具、日用五金工艺品、钟表、精密仪器及铝合金型材的装饰和防腐

【生产厂】[苏]常州市凌龙涂料有限公司〈P1853〉

丙烯酸防腐涂料 G01118301

Acrylic anticorrosive coating

适用于海洋、化工大气环境的钢结构防腐蚀以及车辆表面涂饰

【生产厂】[黑]大庆龙化新实业总公司雪龙涂料厂〈P1722〉；[沪]上海秀珀化工有限公司〈P1773〉；[苏]宜兴华宜化工有限公司〈P1883〉；张家港市华泰涂料有限公司〈P1913〉；扬州美涂士金陵特种涂料有限公司〈P1818〉；[鲁]临淄金冠防腐化工厂〈P2049〉；青岛宣威涂层材料有限公司〈P2045〉；[鄂]武汉铁神化工有限公司〈P2234〉；[粤]广州市泰堡防火材料有限公司〈P2266〉；中山森田化工有限公司〈P2282〉

木器亚光漆；丙烯酸亚光漆 G01118311

Flat paint for wood-ware

木器表面装饰

【生产厂】[京]红狮涂料国际有限公司〈P1567〉；[辽]沈阳彩逸特种涂料制造有限公司〈P1684〉；[沪]乐意涂料(上海)有限公司(3000吨)〈P1726〉；[苏]常州市武进虹灵化工厂〈P1854〉；[粤]汕头大中三联制漆有限公司〈P2276〉

丙烯酸快干防腐漆 G01118331

Acrylic quickdrying anticorrosive paint

【生产厂】[浙]杭州萧山阳光涂料有限公司〈P1924〉

水性木器亮光漆 G01118351

Water-soluble light paint for wood-ware

【生产厂】[京]红狮涂料国际有限公司〈P1567〉；[鲁]青岛金森达化工有限公司〈P2039〉

水性丙烯酸罩光涂料 G01118391

Acrylic finishing coating, water-soluble

【生产厂】[浙]博星化工涂料有限公司〈P1959〉

丙烯酸乳胶漆 G01118401

Acrylic latex paint

用于建筑墙面的装饰、保护

【生产厂】[苏]淮安市造漆厂〈P1801〉；[浙]浙江省海宁海龙化学有限责任公司〈P1944〉；[鲁]济南泰山金鹏涂料有限公司(100吨)〈P2025〉；济南高新开发区大山科贸公司(300吨)〈P2021〉；威海富成涂料有限公司(500吨)〈P2124〉；青岛市崂山区晓望化工有限公司〈P2042〉；[豫]汤阴县忠武建筑涂料有限公司(500吨)〈P2212〉

丙烯酸平光漆 G01118402

Acrylic plain glass paint

【生产厂】[苏]常州圣安涂料有限公司〈P1849〉

丙烯酸皱纹漆 G01118403

Acrylic wrinkle paint

【生产厂】[粤]广东中山市森彩机械涂装有限公司〈P2282〉

丙烯酸室外乳胶漆 G01118404

Acrylic outdoor latex paint

适用于室内外水泥建筑物、灰泥、木器、石棉板等各种基层

【生产厂】[京]北京高渡美涂料有限公司〈P1548〉；[辽]沈阳兴达涂料有限公司〈P1690〉；[湘]湖南湘江涂料集团有限公司〈P2248〉

丙烯酸室内乳胶漆 G01118405

Acrylic latex paint in doors

广泛用于室内墙壁、天花板等表面的装饰，适用于水泥墙面、水泥纤维板、石膏板等

【生产厂】[京]北京高渡美涂料有限公司〈P1548〉；[辽]沈阳兴达涂料有限公司〈P1690〉

丙烯酸有光面漆 G01118411

Acrylic glossiness top-coat

【生产厂】[津]天津市河西区天溶建筑涂料厂(230吨)〈P1589〉；[鲁]青岛华龙涂料有限公司〈P2037〉

纯丙高光乳胶漆 G01118471

Pure acrylic high gloss latex paint

【生产厂】[京]北京雪莲涂料厂〈P1564〉；[鲁]青岛华龙涂料有限公司〈P2037〉

纯丙亚光乳胶漆 G01118491

Pure acrylic flat latex paint

【生产厂】[鲁]青岛华龙涂料有限公司〈P2037〉

硅丙内外墙涂料 G01118501

Silicon-acrylic coating for interior and exterior wall

用于各类建筑物内部、外部涂装

【生产厂】[冀]邯郸市百立尔化工建材有限公司〈P1638〉；[苏]无锡市浩华氟涂料有限公司〈P1876〉；[鲁]山东淄博仿瓷涂料厂〈P2056〉；[粤]深圳市明远氟涂料有限公司〈P2272〉

有机硅丙烯酸复合涂料 G01118521

Silicon-acrylic compound coating

适用于高级宾馆、高层住宅、办公楼、车间、高架立交桥、高速公路、水塔等建筑物外装饰和保护

【生产厂】[苏]无锡爱诺丝涂料有限公司〈P1872〉

弹性硅丙涂料 G01118531

Silicon-acrylic elastic coating

【生产厂】[沪]上海雅达涂料有限公司〈P1773〉；[桂]广西启利新材料科技股份有限公司〈P2301〉

硅丙水性罩光漆 G01118541

Silicon-acrylic water-soluble finishing paint

用于外墙罩面

【生产厂】[辽]沈阳蓝丰涂料制造有限公司〈P1687〉；[浙]博星化工涂料有限公司〈P1959〉；[鲁]东营市德邦高分子科技有限公司〈P2081〉；[豫]汤阴县忠武建筑涂料有限公司〈P2212〉

硅丙外墙乳胶漆 G01118551
Silicon-acrylic latex paint for exterior wall
用于豪华商业楼外墙面、高级别墅外墙面、历史性建筑涂装
【生产厂】[京]北京益利达建筑涂料厂〈P1565〉;北京虹霞正升涂料厂〈P1549〉;北京佳悦涂料有限责任公司〈P1551〉;[沪]上海威德沃涂料有限公司〈P1769〉;[苏]无锡市浩华氟涂料有限公司〈P1876〉;江苏加力高氟涂料工业有限责任公司〈P1808〉;[浙]浙江省海宁海龙化学有限责任公司〈P1944〉;博星化工涂料有限公司〈P1959〉;[豫]汤阴县忠武建筑涂料有限公司〈P2212〉;[桂]柳州市建华涂料厂〈P2298〉

纳米改性硅丙外墙漆 G01118561
Silicon-acrylic paint for exterior wall, nanometre modified
【生产厂】[沪]上海斯诺装饰材料有限公司〈P1765〉

硅丙弹性系列外墙乳胶漆 G01118571
Silicon-acrylic elastic latex paint for exterior wall
【生产厂】[鄂]宜昌市葛洲坝合成材料厂〈P2241〉

硅丙外墙涂料 G01118581
Silicon-acrylic exterior wall coating
适用于住宅、宾馆、剧场、商场、高层建筑等外墙装饰保护
【生产厂】[沪]上海汇丽集团有限公司(1000 吨)〈P1741〉;[苏]无锡爱诺丝涂料有限公司〈P1872〉;[闽]福建景士兰涂料有限公司〈P1988〉;[湘]湖南汇博化工科技有限公司〈P2254〉;[粤]深圳市哈隆实业有限公司〈P2271〉;深圳天虹化工实业有限公司〈P2273〉

高级硅丙外墙中涂漆 G01118583
High-grade silicon-acrylic exterior wall middle coating
【生产厂】[湘]湖南汇博化工科技有限公司〈P2254〉

高级硅丙外墙漆 G01118585
High-grade silicon acrylic exterior wall paint
适用于高级住宅、公用建筑、工业厂房等的外墙装饰
【生产厂】[苏]南通邦和化工有限公司〈P1832〉;[湘]湖南汇博化工科技有限公司〈P2254〉

高级硅丙内墙漆 G01118587
High-grade silicon-acrylic interior wall paint
适用于高级住宅、宾馆、会所等的室内装饰
【生产厂】[湘]湖南汇博化工科技有限公司〈P2254〉

硅丙系列防腐涂料 G01118591
Silicon-acrylic anticorrosive coating, series
【生产厂】[苏]张家港市东昌涂料有限公司〈P1912〉;张家港市飞宇化工有限公司〈P1912〉

丙烯酸桔纹磁漆 G01118601
Acrylic orange-peel enamel
【生产厂】[京]北京钰林化工有限公司〈P1565〉

各色丙烯酸无光磁漆 G01118701
Various color acrylic flat enamel
【生产厂】[冀]河北鱼鹰涂料集团有限公司〈P1623〉

各色丙烯酸半光磁漆 G01118801
Various color acrylic semi-gloss enamel
【生产厂】[津]天津市河西区天溶建筑涂料厂(300 吨)〈P1589〉

高性能工程机械漆;机械漆 G01118911
High performance paint for engineering machine
用于耐盐雾性强、耐酸碱、耐候工程机械的涂装
【生产厂】[沪]上海大通高科技材料有限责任公司〈P1731〉;[苏]常州光辉化工有限公司〈P1847〉;江阴市汇克拓化工有限公司〈P1870〉;张家港市永泰防腐涂料有限公司(3000 吨)〈P1914〉;[浙]海盐华达油墨化学有限公司〈P1940〉;[鲁]山东省昌乐县华颖液体瓷厂(200 吨)〈P2097〉;莱阳市春帆漆业有限责任公司〈P2108〉;烟台得蒙精细化工有限公司〈P2116〉;山东梁山万金化工有限公司(900 吨)〈P2131〉;[粤]广州捷耐制漆有限公司〈P2261〉;东莞市飞鸿涂料有限公司〈P2279〉;佛山市鲸鲨制漆科技有限公司〈P2288〉;广东华润涂料有限公司〈P2290〉

丙烯酸工程机械磁漆 G01119001
Acrylic enamel for engineering machine
用于各种机床设备、高档机械产品的涂装
【生产厂】[京]红狮涂料国际有限公司〈P1567〉;[辽]沈阳联邦涂料有限公司〈P1687〉;[苏]徐州造漆有限公司〈P1796〉;[鲁]威海市玉威漆业有限公司(600 吨)〈P2126〉;威海兴邦化工涂料有限公司〈P2126〉;[渝]重庆三峡油漆股份有限公司〈P2306〉;[川]成都彩星科技实业有限公司〈P2309〉;四川德阳奥林化工涂料有限公司〈P2326〉

工程机械专用底漆 G01119005
Primer for engineering machine
可用作装载机、挖掘机、推土机、起重机、吊车、载重汽车、码头机械、采煤等工程机械钢铁结构件的防锈防腐
【生产厂】[苏]常州光辉化工有限公司〈P1847〉;江阴市汇克拓化工有限公司〈P1870〉

水性快干底漆 G01119011
Water-based quickdrying primer
【生产厂】[冀]河北晨阳工贸集团有限公司〈P1647〉

三防快干底漆 G01119091
Three proofings quickdrying primer
适用于海岛、沿海地区及湿热带气候的金属材料的表面打底
【生产厂】[苏]丹阳市银海镍铬化工有限公司〈P1841〉

丙烯酸内墙乳胶漆;内墙乳胶漆 G01119101
Acrylic latex paint for interior wall
广泛用于宾馆、写字楼、展览中心、影剧院、别墅及家庭住宅的内墙装饰与保护
【生产厂】[京]北京赛德丽科技开发有限公司〈P1557〉;北京蓝通涂料有限公司〈P1554〉;北京京齐漆业有限公司〈P1552〉;北京市通州利强涂料厂〈P1561〉;北京金依德化工有限公司〈P1552〉;红狮涂料国际有限公司〈P1567〉;北京佳丽美涂料有限责任公司〈P1551〉;北京城燕佳涂料技术开发中心〈P1545〉;[津]天津市河西区天溶建筑涂料厂(300 吨)〈P1589〉;天津天涂豪邦涂料有限公司(1 万吨)〈P1615〉;[冀]石家庄市欧康化工建材有限公司〈P1631〉;[辽]沈阳金飞马制漆有限公司〈P1686〉;辽阳东宝力化学

G

建材有限公司〈P1709〉；鞍山威特隆化工有限公司〈P1696〉；营口新力化工涂料有限公司〈P1705〉；大连靓奇化工产品有限公司〈P1692〉；盘锦奥马漆业有限公司〈P1706〉；[黑]大庆龙化新实业总公司雪龙涂料厂〈P1722〉；[沪]上海欣丽化工涂料有限公司〈P1771〉；上海威德沃涂料有限公司〈P1769〉；上海造漆厂(500吨)〈P1777〉；上海英柯化工有限公司〈P1775〉；上海雅达涂料有限公司〈P1773〉；上海汇丽集团有限公司〈P1741〉；上海华邦涂料有限公司〈P1738〉；上海圣丹化工涂料有限公司〈P1762〉；乐意涂料(上海)有限公司(7000吨)〈P1726〉；上海市华义欣建材厂〈P1763〉；卡勒特纳米材料(上海)有限公司〈P1726〉；[苏]常州光辉化工有限公司〈P1847〉；常州圣安涂料有限公司〈P1849〉；常州市皇健涂料有限公司〈P1851〉；宜兴市太极化工实业公司〈P1887〉；宜兴市高塍日新化工厂〈P1884〉；万胜化工(昆山)有限公司〈P1909〉；徐州开达精细化工有限公司〈P1795〉；[浙]杭州麦林环保船用漆有限公司〈P1921〉；杭州逸峰化工涂料有限公司〈P1924〉；杭州华顺化工防腐有限公司〈P1918〉；中外合资升华集团湖州升宝涂料有限公司〈P1947〉；浙江省海宁海龙化学有限责任公司〈P1944〉；宁波市镇海泰欣涂料有限公司〈P1933〉；浙江南方涂料工业有限公司〈P1955〉；[皖]宣城东泰漆业有限公司〈P1987〉；安庆菱湖漆业有限公司〈P1979〉；[闽]中亚涂料(石狮)有限公司(500吨)〈P2001〉；[赣]南昌陶氏化工实业有限公司〈P2010〉；[鲁]济南新佳涂料有限公司〈P2026〉；济南槐荫化工总厂(1500吨)〈P2022〉；济南美壁丽实业有限公司(700吨)〈P2024〉；济南黄河涂料厂(200吨)〈P2022〉；聊城佳恒化工有限公司(5000吨)〈P2152〉；德州市金友实业有限公司(2500吨)〈P2142〉；山东淄博仿瓷涂料厂〈P2056〉；文登市慧隆化工有限公司(1500吨)〈P2127〉；招远市石油化工厂有限公司(3000吨)〈P2121〉；青岛江鑫化学建材有限公司〈P2038〉；青岛华龙涂料有限公司〈P2037〉；[豫]河南阳光涂料有限公司(1000吨)〈P2168〉；郑州三一涂料有限公司(1000吨)〈P2172〉；[鄂]武汉力诺双虎涂料有限公司〈P2231〉；武汉市煜昌化工涂料有限公司〈P2233〉；武汉铁神化工有限公司〈P2234〉；[湘]湖南湘江涂料集团有限公司〈P2248〉；[粤]广州金美联化工有限公司〈P2262〉；深圳市明远氟涂料有限公司〈P2272〉；深圳市广田环保涂料有限公司〈P2271〉；深圳天虹化工实业有限公司〈P2273〉；南海赛特化学工业有限公司〈P2291〉；百川涂料制造有限公司〈P2286〉；中山市青松制漆化工有限公司〈P2283〉；中山市巴德士化工有限公司〈P2282〉；[渝]重庆宏漆涂料有限公司〈P2305〉；重庆百信实业有限公司〈P2303〉；[川]五粮液集团精细化工有限公司〈P2335〉；[滇]昆明中华涂料有限责任公司〈P2340〉；昆明新大地制漆有限公司〈P2339〉

丙烯酸外墙乳胶漆；外墙乳胶漆 G01119104

Acrylic latex paint for exterior wall

适用于体育馆、桥梁、宾馆、学校、别墅等建筑物的外墙装饰与保护

【生产厂】[京]北京益利达建筑涂料厂〈P1565〉；北京蓝通涂料有限公司〈P1554〉；北京市通州利强涂料厂〈P1561〉；北京美邦盛业涂料有限公司〈P1556〉；北京佳丽美涂料有限责任公司〈P1551〉；北京虹霞正升涂料厂〈P1549〉；北京城燕佳涂料技术开发中心〈P1545〉；[津]天津市河西区天溶建筑涂料厂(200吨)〈P1589〉；天津天涂豪邦涂料有限公司(1万吨)〈P1615〉；[冀]石家庄市欧康化工建材有限公司〈P1631〉；邯郸市鑫马涂料股份合作公司〈P1639〉；[辽]沈阳饰壁涂料厂〈P1689〉；辽阳东宝力化学建材有限公司〈P1709〉；鞍山威特隆化工有限公司〈P1696〉；营口新力化工涂料有限公司〈P1705〉；大连靓奇化工产品有限公司〈P1692〉；盘锦奥马漆业有限公司〈P1706〉；[黑]佳木斯市哈北星涂料厂(300吨)〈P1725〉；大庆龙化新实业总公司雪龙涂料厂〈P1722〉；[沪]上海欣丽化工涂料有限公司〈P1771〉；上海威德沃涂料有限公司〈P1769〉；上海巨峰化工有限公司〈P1746〉；上海华生化工有限公司〈P1739〉；上海英柯化工有限公司〈P1775〉；上海祥美装潢材料有限公司〈P1771〉；上海圣丹化工涂料有限公司〈P1762〉；乐意涂料(上海)有限公司(6000吨)〈P1726〉；上海市华义欣建材厂〈P1763〉；[苏]常州光辉化工有限公司〈P1847〉；常州圣安涂料有限公司〈P1849〉；无锡市中竹漆业有限公司〈P1881〉；苏州市金马涂料厂〈P1904〉；张家港市永泰防腐涂料有限公司〈P1914〉；江苏加力高氟涂料工业有限责任公司〈P1808〉；扬州亚菲涂料有限公司〈P1820〉；[浙]杭州华顺化工防腐有限公司〈P1918〉；杭州立威化工涂料有限公司〈P1920〉；中外合资升华集团湖州升宝涂料有限公司〈P1947〉；宁波市镇海泰欣涂料有限公司〈P1933〉；博星化工涂料有限公司〈P1959〉；[皖]宣城东泰漆业有限公司〈P1987〉；安庆菱湖漆业有限公司〈P1979〉；[闽]中亚涂料(石狮)有限公司(500吨)〈P2001〉；[赣]南昌陶氏化工实业有限公司〈P2010〉；[鲁]济南美壁丽实业有限公司(800吨)〈P2024〉；济南黄河涂料厂(200吨)〈P2022〉；德州市金友实业有限公司(2000吨)〈P2142〉；山东淄博仿瓷涂料厂〈P2056〉；威海天霸防水材料有限公司(1000吨)〈P2126〉；招远市石油化工厂有限公司(3000吨)〈P2121〉；青岛兴国涂料化工有限公司〈P2045〉；[豫]河南阳光涂料有限公司(1000吨)〈P2168〉；郑州三一涂料有限公司(800吨)〈P2172〉；[鄂]武汉力诺双虎涂料有限公司〈P2231〉；武汉铁神化工有限公司〈P2234〉；[粤]广州金美联化工有限公司〈P2262〉；百川涂料制造有限公司〈P2286〉；中山市青松制漆化工有限公司〈P2283〉；[桂]柳州市造漆厂〈P2298〉；[渝]重庆宏漆涂料有限公司〈P2305〉；[滇]昆明中华涂料有限责任公司〈P2340〉；昆明新大地制漆有限公司〈P2339〉

丙烯酸外墙涂料 G01119121

Acrylic exterior wall coating

适用于各种建筑物外墙的装饰装修，适用于砂浆水泥墙面、石膏板、木材、砖石等各种墙面

【生产厂】[京]京厦建筑涂料厂〈P1567〉；北京雪莲涂料厂〈P1564〉；[沪]上海涂料有限公司〈P1768〉；上海明光涂料厂〈P1754〉；[苏]常州市申达涂料有限公司〈P1853〉；徐州开达精细化工有限公司〈P1795〉；扬州美涂士金陵特种涂料有限公司〈P1818〉；南通邦和化工有限公司〈P1832〉；[皖]安徽省振华工贸股份有限公司〈P1983〉；[鲁]聊城佳恒化工有限公司(5000吨)〈P2152〉；山东博邦纳米材料有限公司〈P2051〉；山东淄博仿瓷涂料厂〈P2056〉；文登市慧隆化工有限公司(800吨)〈P2127〉；青岛江鑫化学建材有限公司〈P2038〉；青岛宣威涂层材料有限公司〈P2045〉；新汶矿业集团有限责任公司(1000吨)〈P2139〉；山东陆邦涂料有限公司〈P2150〉；[豫]金邦制漆(中国)有限公司(1000吨)〈P2213〉；漯河市洁光涂料厂(2000吨)〈P2220〉；河南澳得斯涂料有限公司(1000吨)〈P2180〉；商丘凯光涂料厂〈P2226〉；[湘]湖南汇博化工科技有限公司〈P2254〉；[桂]柳州市建华涂料厂〈P2298〉；[陕]宝鸡市铁军化工防腐安装有限责任公司〈P2351〉

外墙弹性纳米乳胶漆 G01119131

Elastic latex paint for exterior wall, nanometre

用于宾馆、楼宇、学校、医院、民宅及其他公用建筑的室外装饰，适用新的或旧的经过处理的混凝土、砂浆等

【生产厂】[京]北京赛德丽科技开发有限公司〈P1557〉；[沪]上海华桓涂料有限公司〈P1738〉；[苏]泰兴市飞亚纳米涂料有限公司〈P1826〉；[粤]广东高科力新材料有限公司〈P2259〉

弹性纳米内墙乳胶漆 G01119141

Elastic nanometre latex paint for interior wall

用于宾馆、楼宇、医院、别墅、民宅的室内装饰，混凝土、砂浆、石膏板、木板等基层均适用

【生产厂】[沪]卡勒特纳米材料(上海)有限公司〈P1726〉；[粤]广东高科力新材料有限公司〈P2259〉

纳米丙烯酸外墙乳胶漆 G01119151

Acrylic nanometre latex paint for exterior wall

用于宾馆、楼宇、学校、医院、别墅、民宅的室外装饰，混凝土、砂浆、砖石砌体等基层均适用

【生产厂】[京]北京虹霞正升涂料厂〈P1549〉

纳米改性纯丙外墙漆；纳米改性荷叶漆 G01119161

Acrylic nanometre modified paint for exterior wall

具有杰出的防水、防尘特性、高度憎水性和耐污染性

【生产厂】[粤]南海赛特化学工业有限公司〈P2291〉

丙烯酸弹性防水外墙乳胶漆 G01119191

Acrylic elastic waterproof latex paint for exterior wall

适用于高级宾馆、写字楼、商厦等高档建筑物外墙的装饰保护

【生产厂】[京]北京金依德化工有限公司〈P1552〉；北京虹霞正升涂料厂〈P1549〉；[津]天津盛得卡芙涂料有限公司(1万吨)〈P1578〉；[冀]徐水县白玉化工涂料有限公司〈P1649〉；[沪]上海华生化工有限公司〈P1739〉；上海大光涂料制造有限公司〈P1731〉；上海造漆厂〈P1777〉；[苏]常州光辉化工有限公司〈P1847〉；[鄂]武汉铁神化工有限公司〈P2234〉；[滇]昆明新大地制漆有限公司〈P2339〉

高级环保内墙漆 G01119201

High-grade paint for interior wall, environmental-protection type

用作家居、会所内墙的高级装修材料

【生产厂】[苏]扬州市通发装饰工程有限公司〈P1819〉；南通万邦采涂料有限公司〈P1836〉；[浙]宁波康曼丝涂料有限公司〈P1931〉；[赣]江西蒙莱特漆业有限公司〈P2015〉；[鲁]潍坊东邦化工有限公司〈P2101〉；[湘]湖南汇博化工科技有限公司〈P2254〉；[粤]嘉乐士化工企业有限公司〈P2291〉

高级环保外墙漆 G01119301

High-grade paint for exterior wall, environmental-protection type

适用于所有建筑物外墙

【生产厂】[沪]上海华生化工有限公司〈P1739〉；[苏]南通万邦采涂料有限公司〈P1836〉；[闽]福州金日涂料有限公司〈P1989〉；[鲁]淄博铭威特安全设备有限公司〈P2065〉；[粤]新发化工(广东)有限公司〈P2278〉；南海赛特化学工业有限公司〈P2291〉

环保型外墙乳胶漆 G01119305

Latex paint for exterior wall, environmental-protection type

适用于宾馆、写字楼等建筑物的混凝土、砖石、水泥石棉板等外墙面的涂装

【生产厂】[辽]沈阳船牌制漆有限公司〈P1685〉；[苏]苏州立邦雅士利涂料有限公司〈P1901〉；[浙]玉环密得邦化学有限公司〈P1963〉；[鲁]济南元通化工有限公司〈P2027〉；[粤]新达化工实业有限公司〈P2294〉；广东美涂士化工集团〈P2290〉

环保型内外墙乳胶漆 G01119307

Latex paint for interior and exterior wall, environmental-protection type

可直接涂于水泥墙砖、石膏板、三合板等表面

【生产厂】[苏]宜兴华宜化工有限公司〈P1883〉；苏州立邦雅士利涂料有限公司〈P1901〉；[鲁]济南玛博伦环保涂料有限公司〈P2024〉；兴隆庄煤矿化工公司〈P2133〉；[粤]广州市星冠化工有限公司〈P2267〉；佛山市顺德区派尔化工实业有限公司〈P2289〉；中山市泰莱涂料化工有限公司〈P2283〉

环保内墙乳胶漆 G01119309

Latex paint for interior wall, environmental-protection type

适合于混凝土、水泥石棉板等内墙面的涂装，用于砖石建筑物及宾馆、饭店、卫生要求较高的厂房内墙的涂装

【生产厂】[冀]邯郸市鑫马涂料股份合作公司〈P1639〉；[辽]沈阳船牌制漆有限公司〈P1685〉；[沪]上海华生化工有限公司〈P1739〉；[苏]无锡市浩华氟涂料有限公司〈P1876〉；苏州立邦雅士利涂料有限公司〈P1901〉；苏州市金马涂料厂〈P1904〉；[鲁]济南元通化工有限公司〈P2027〉；[豫]汤阴县忠武建筑涂料有限公司(500吨)〈P2212〉；河南澳得斯涂料有限公司〈P2180〉；[鄂]武汉力诺双虎涂料有限公司〈P2231〉；邱氏(湖北)涂料有限公司〈P2246〉；[粤]深圳天虹化工实业有限公司〈P2273〉；南海赛特化学工业有限公司〈P2291〉；广东美涂士化工集团〈P2290〉

苯丙外墙涂料 G01119321

Styrene-acrylic coating for exterior wall

适用于混凝土、水泥砂浆、砖墙等基层的建筑外饰面

【生产厂】[京]北京益利达建筑涂料厂〈P1565〉

外墙半光乳胶漆 G01119391

Exterior wall semi-gloss latex paint

适用于室外墙壁、天花板、隔板等的涂刷

【生产厂】[京]京厦建筑涂料厂〈P1567〉；[辽]沈阳饰壁涂料厂〈P1689〉；[浙]温州罗浮塔涂料有限公司〈P1937〉；[赣]江西蒙莱特漆业有限公司〈P2015〉；[鲁]济南新佳涂料有限公司〈P2026〉；淄博铭威特安全设备有限公司〈P2065〉；东营市德邦高分子科技有限公司〈P2081〉；[粤]广州市三磊新材料有限公司〈P2266〉；新达化工实业有限公司〈P2294〉

外墙平光乳胶漆 G01119392

Exterior wall flat-gloss latex paint

适用于室外墙壁、天花板、隔板等的涂刷

【生产厂】[京]北京市东小口振辉涂料厂〈P1559〉；北京大齐世宝建筑材料有限公司〈P1545〉；[粤]广州市三磊新材料有限公司〈P2266〉

内墙平光乳胶漆 G01119393

Interior wall flat-gloss latex paint

适用于室内墙壁、天花板、隔板等的涂刷

【生产厂】[苏]徐州市西关化工厂〈P1796〉；南通邦和化工有限公司〈P1832〉；[鲁]山东金元昌盛实业有限公司(300吨)〈P2028〉；[粤]广州市三磊新材料有限公司〈P2266〉；[新]新疆红山涂料有限公司〈P2363〉

内墙高光乳胶漆 G01119394

Latex paint for interior wall, high gloss

G

【生产厂】[辽]沈阳饰壁涂料厂〈P1689〉

高级丝光内墙乳胶漆 G01119395

Silking latex paint for interior wall, high-grade

具有优良的耐擦洗性和耐污性,适用于高档住宅、公共娱乐场所等的内墙装饰

【生产厂】[京]京厦建筑涂料厂〈P1567〉;[苏]常州光辉化工有限公司〈P1847〉;徐州市西关化工厂〈P1796〉;南通邦和化工有限公司〈P1832〉;[浙]博星化工涂料有限公司〈P1959〉;[皖]安徽爱迪尔涂料有限责任公司〈P1971〉;[闽]莆田市三江化学工业有限公司〈P1997〉;[赣]江西蒙莱特漆业有限公司〈P2015〉;[鲁]威海富成涂料有限公司(100吨)〈P2124〉;[湘]湖南汇博化工科技有限公司〈P2254〉;[粤]汕头昌丰化工有限公司〈P2276〉;[滇]昆明新大地制漆有限公司〈P2339〉;[陕]西安奥达油墨有限责任公司〈P2347〉;[新]新疆红山涂料有限公司〈P2363〉

高级内墙乳胶漆 G01119397

High-grade interior wall latex paint

广泛用于宾馆、写字楼、展览中心、影剧院、别墅及家庭住宅的内墙装饰与保护

【生产厂】[京]红狮涂料国际有限公司〈P1567〉;北京佳悦创新涂料科技发展有限公司〈P1551〉;[辽]沈阳蓝丰涂料制造有限公司〈P1687〉;大连金川豹涂料装饰工程有限公司〈P1692〉;[黑]大庆龙化新实业总公司雪龙涂料厂〈P1722〉;[沪]上海亮迪涂料有限公司〈P1751〉;上海巨峰化工有限公司〈P1746〉;上海祥美装潢材料有限公司〈P1771〉;[苏]常州市申达涂料有限公司〈P1853〉;无锡爱诺丝涂料有限公司〈P1872〉;[湘]湖南汇博化工科技有限公司〈P2254〉;[粤]广州美威涂料有限公司〈P2262〉;[新]新疆红山涂料有限公司〈P2363〉

内墙半光乳胶漆 G01119398

Interior wall semi-gloss latex paint

【生产厂】[闽]莆田市三江化学工业有限公司〈P1997〉;[新]新疆红山涂料有限公司〈P2363〉

亚光型内墙乳胶漆 G01119399

Flat latex paint for interior wall

室内经济型装饰用漆,适用于各种室内天花、三合土、水泥、砖墙及木材表面

【生产厂】[京]北京雪莲涂料厂〈P1564〉;北京佳佳美涂料厂〈P1551〉;[苏]常州光辉化工有限公司〈P1847〉;[浙]博星化工涂料有限公司〈P1959〉;玉环密得邦化学有限公司〈P1963〉;[皖]安徽爱迪尔涂料有限责任公司〈P1971〉;[鲁]威海富成涂料有限公司(200吨)〈P2124〉;[粤]汕头昌丰化工有限公司〈P2276〉;[滇]昆明新大地制漆有限公司〈P2339〉;[新]新疆红山涂料有限公司〈P2363〉

丝光型墙面漆 G01119401

Silking wall paint

【生产厂】[京]北京美邦盛业涂料有限公司〈P1556〉;[湘]湖南省白银新材料有限公司〈P2254〉;[粤]新达化工实业有限公司〈P2294〉

标志涂料 G01119501

Sign coating

【生产厂】[苏]无锡市云湖涂料有限公司〈P1881〉

丙烯酸彩瓦漆 G01119601

Acrylic encaustic tile paint

【生产厂】[沪]上海造漆厂(1000吨)〈P1777〉;[鲁]淄博泰兴粉末涂料厂〈P2073〉;[粤]广州市涂升化工有限公司〈P2266〉

高级丝光外墙乳胶漆 G01119705

Silking latex paint for exterior wall, high-grade

是室内外混凝土、墙壁等砖石结构表面保护及装饰漆

【生产厂】[京]北京益利达建筑涂料厂〈P1565〉;北京虹霞正升涂料厂〈P1549〉;[沪]上海斯诺装饰材料有限公司〈P1765〉;[粤]汕头昌丰化工有限公司〈P2276〉

高光型外墙乳胶漆 G01119721

Latex paint for exterior wall, high gloss

适用于高层建筑外墙装饰及复层面涂等

【生产厂】[京]北京虹霞正升涂料厂〈P1549〉;北京佳佳美涂料厂〈P1551〉;[沪]上海威德沃涂料有限公司〈P1769〉;[浙]温州罗浮塔涂料有限公司〈P1937〉;[粤]新达化工实业有限公司〈P2294〉

有光外墙乳胶漆 G01119741

Gloss latex paint for exterior wall

用作建筑物外墙最理想的装潢保护涂料

【生产厂】[苏]常州市大使涂料有限公司〈P1850〉;[鲁]颐中(青岛)实业有限公司(300吨)〈P2048〉

丙烯酸工程塑料漆 G01119805

Acrylic paint for engineering plastic

适用于ABS、HIPS、AS、PS和PVC等工程塑料基材的涂装

【生产厂】[川]四川德阳奥林化工涂料有限公司〈P2326〉

高级丙烯酸防污涂料 G01119821

High-grade acrylic antifouling coating

主要用于船底等水下设施表面防止海洋生物附着

【生产厂】[辽]沈阳格林涂料有限公司〈P1685〉

丙烯酸防霉涂料 G01119831

Acrylic antimildew coating

用于啤酒厂、食品厂、酿造厂的发酵池、发酵罐、菌种贮罐外壁、车间、仓库内外墙面等处,防止霉菌生长

【生产厂】[沪]上海亮迪涂料有限公司〈P1751〉

高级丙烯酸三防漆 G01119851

Acrylic three proofings paint, high-grade

用于工程机械、机电设备、精密仪器仪表、高级轿车、旅行车、摩托车、机车等的涂饰

【生产厂】[津]天津市外星化工涂料有限公司〈P1605〉;[苏]丹阳市银海镍铬化工有限公司〈P1841〉;[川]四川德阳奥林化工涂料有限公司〈P2326〉

特种丙烯酸金属漆 G01119891

Special acrylic paint for metal

广泛用于各类特种金属底材,如铝合金、铜合金、不锈钢、镀铜、镀铬、镀锌、镀金、镀银以及五金灯饰等

【生产厂】[粤]江门市四方精细化工有限公司〈P2285〉

高温烘烤型汽车漆 G01119901

High temperature firing paint for automobile

可适用于工厂汽车在线涂装、社会车辆修补以及各种机车装修喷涂使用

【生产厂】[鄂]武汉市煜昌化工涂料有限公司〈P2233〉;[桂]柳州市鹏兴化工有限责任公司〈P2298〉

低温烘烤型汽车漆 G01119904

Low temperature firing paint for automobile

用于汽车、轿车、飞机外壁涂饰、修补,不能烘烤的大型车辆的涂装,摩托车塑料件和金属件的涂装等

【生产厂】[粤]福田化学工业集团〈P2259〉;[桂]柳州市鹏兴化工有限责任公司〈P2298〉

丙烯酸塑料漆 G01119911

Acrylic paint for plastic

适用于ABS、PS、HIPS、AS和PVC等工程塑料基材的涂装

【生产厂】[沪]上海造漆厂(500吨)〈P1777〉;[苏]江苏科特涂饰有限公司〈P1842〉;丹阳市宏筑涂料厂〈P1840〉;丹阳市宏铸涂料有限公司〈P1840〉;[浙]杭州市一韦涂料化学有限公司〈P1922〉;[闽]蓝茵(厦门)化工有限公司〈P1991〉;[鲁]青岛润泰制漆有限公司〈P2041〉;[粤]东莞市竣成化工有限公司〈P2280〉;江门市四方精细化工有限公司〈P2285〉

塑胶漆;塑胶涂料 G01119912

Plastic cement paint

作为高级塑胶面漆,用于各种高级塑料产品,如电脑、传真机等的外壳

【生产厂】[津]天津市宝利鑫涂料有限公司(500吨)〈P1579〉;[辽]丹东同达涂料有限公司〈P1701〉;[沪]拿破仑漆业(上海)有限公司〈P1726〉;上海赛诺化工有限公司〈P1759〉;[苏]丹阳冠鸿化工有限公司〈P1839〉;江阴市大阪涂料有限公司〈P1868〉;[浙]杭州立威化工涂料有限公司〈P1920〉;宁波柯力高分子材料有限公司〈P1931〉;[闽]福州德贤化工有限公司〈P1989〉;桑川(泉州)制漆有限公司〈P2000〉;泉州嘉豪涂料厂〈P1999〉;[鲁]山东乐化集团有限公司〈P2095〉;[粤]惠州市华阳化工有限公司〈P2278〉;深圳雅联化工实业有限公司〈P2273〉;广州市三磊新材料有限公司〈P2266〉;深圳市盟友化工有限公司〈P2272〉;深圳松辉化工有限公司〈P2273〉;东莞市飞鸿涂料有限公司〈P2279〉;东莞市中裕涂料有限公司〈P2280〉;广东省宝月化工总厂〈P2290〉;顺德居都邦涂料实业有限公司〈P2292〉;中山市泰莱涂料化工有限公司〈P2283〉;江门市四方精细化工有限公司〈P2285〉

丙烯酸荧光漆 G01119913

Acrylic fluorescent paint

用于生命救助设备和某些危险警告标志或障碍物的涂饰

【生产厂】[粤]广州市三磊新材料有限公司〈P2266〉

丙烯酸修补漆 G01119915

Acrylic maintenance paint

用于汽车、摩托车、自行车、家用电器及各种机械产品的表面涂装,亦可用作中高档汽车、机械产品的修补

【生产厂】[苏]常州市凌龙涂料有限公司〈P1853〉;[粤]广州市三磊新材料有限公司〈P2266〉

热塑性丙烯酸塑料漆 G01119919

Thermoplastic acrylic paint for plastic

用于汽车、摩托车、电视机、收录放机、仪器、仪表、儿童玩具及各种ABS、HIPS塑料零部件的表面涂饰

【生产厂】[苏]丹阳市远中金属助剂有限公司〈P1841〉;常州市威利杰涂料有限公司〈P1854〉

丙烯酸水性水泥漆 G01119941

Acrylic water-soluble cement paint

适用于一般及高级建筑内外墙涂饰

【生产厂】[粤]新达化工实业有限公司〈P2294〉

各色丙烯酸水泥地板漆 G01119949

Various color acrylic cement floor paint

【生产厂】[粤]广州市涂升化工有限公司〈P2266〉;深圳天虹化工实业有限公司〈P2273〉;[新]昌吉市诚信测绘有限公司化学建材分公司〈P2367〉

摩托车漆;摩托车涂料 G01119950

Motorcycle paint

用于各种摩托车配套涂装

【生产厂】[苏]宜兴市鼎峰漆业有限公司〈P1884〉;徐州造漆有限公司〈P1796〉;[浙]海盐华达油墨化学有限公司〈P1940〉;博星化工涂料有限公司〈P1959〉;[粤]广州市延安油漆集团股份有限公司〈P2267〉;中山大桥化工有限公司〈P2282〉;江门市制漆厂有限公司(2000吨)〈P2286〉;江门市四方精细化工有限公司〈P2285〉;广东雅图化工有限公司〈P2284〉

硅丙外用水泥涂料 G01119961

Silicon-acrylic exterior cement coating

用于各类建筑物外墙的装饰与保护

【生产厂】[沪]上海斯泰安涂料有限公司〈P1765〉;[粤]深圳市明远氟涂料有限公司〈P2272〉

聚酯树脂漆类;聚酯漆 G01120000

Polyester resin paint

用于家具、木器的涂饰

【生产厂】[津]天津市红桥区天海油漆厂(2000吨)〈P1589〉;天津市德实化工涂料有限公司(200吨)〈P1584〉;天津市裕北涂料有限公司(1500吨)〈P1612〉;[冀]石家庄金鱼涂料集团公司〈P1627〉;邯郸市鑫马涂料股份合作公司〈P1639〉;保定保立化工涂料有限公司〈P1644〉;[辽]沈阳金飞马制漆有限公司〈P1686〉;沈阳美狮化工有限公司〈P1687〉;铁岭洪泰涂料有限公司〈P1712〉;大连国光溶剂厂〈P1691〉;[苏]南京红太阳集团〈P1784〉;常州市鸿腾化工有限公司〈P1851〉;宜兴市茂达化工有限公司〈P1886〉;宜兴市鼎峰漆业有限公司〈P1884〉;万胜化工(昆山)有限公司〈P1909〉;淮安市造漆厂〈P1801〉;扬州美涂士金陵特种涂料有限公司(500吨)〈P1818〉;[浙]宁波市飞轿造漆有限公司〈P1932〉;[皖]安徽爱迪尔涂料有限责任公司〈P1971〉;安徽省宁国市仙塔漆业有限公司〈P1986〉;马鞍山市康华化工有限公司〈P1977〉;[闽]福州金凤涂料有限公司〈P1989〉;福建东海漆业有限公司〈P1988〉;桑川(泉州)制漆有限公司〈P2000〉;惠安德贤油漆化工厂(100吨)〈P1999〉;福建省腾龙工业公司(1000吨)〈P2001〉;[鲁]济南泰山金鹏涂料有限公司(100吨)〈P2025〉;淄博天锦工贸有限公司〈P2073〉;潍坊环宇油漆工业有限公司(4000吨)〈P2103〉;潍坊金城化工油漆有限公司〈P2103〉;烟台市

福山区化工研究所有限公司(200 吨)〈P2118〉;青岛安达涂料化学材料有限公司〈P2032〉;青岛埃翡漆业有限公司〈P2032〉;山东梁山万金化工有限公司(300 吨)〈P2131〉;菏泽仕达化工有限公司(2000 吨)〈P2159〉;[豫]郑州双塔涂料有限公司(50 吨)〈P2174〉;河南省金凤化工有限公司(1200 吨)〈P2167〉;洛阳市圣君漆业制造厂(2000 吨)〈P2186〉;[粤]广州金美联化工有限公司〈P2262〉;广州市延安油漆集团股份有限公司〈P2267〉;广州市欧彩涂料化工有限公司〈P2265〉;揭阳市豪得丽化工有限公司〈P2295〉;东莞市石龙合众涂料厂〈P2280〉;东莞昌盛化工有限公司〈P2278〉;佛山市鲸鲨制漆科技有限公司(500 吨)〈P2288〉;南海赛特化学工业有限公司〈P2291〉;广东粤港大地制漆有限公司(2500 吨)〈P2291〉;顺德汇龙涂料实业有限公司〈P2292〉;广东华润涂料有限公司〈P2290〉;中山市普尔化工涂料有限公司〈P2283〉;江门市嘉孚化工油漆有限公司〈P2285〉;威臣(中国)涂料有限公司〈P2286〉;[川]重庆三峡油漆股份有限公司成都油漆厂〈P2321〉;广汉市林木一制漆有限责任公司〈P2324〉;[陕]西安利澳科技股份有限公司〈P2349〉

G

聚酯清漆 G01120101

Polyester varnish

【生产厂】[辽]大连振邦氟涂料股份有限公司〈P1695〉;[苏]江苏丹阳市金龙涂料有限公司〈P1841〉;[鲁]山东鲁南造漆厂〈P2150〉;[粤]广州市延安油漆集团股份有限公司〈P2267〉;江门市制漆厂有限公司(1000 吨)〈P2286〉

聚酯亚光清漆 G01120251

Polyester flat varnish

适用于普通档次聚酯家具面涂

【生产厂】[沪]上海家具涂料厂(1500 吨)〈P1742〉;[闽]泉州嘉豪涂料厂〈P1999〉;[甘]西北永新化工股份有限公司〈P2356〉

铁红聚酯绝缘漆 G01120701

Iron oxide red polyester insulating paint

【生产厂】[苏]吴江市太湖涂料有限公司〈P1911〉

白底漆 G01120801

White primer

【生产厂】[粤]中山市青松制漆化工有限公司〈P2283〉;中山市巴德士化工有限公司〈P2282〉

聚酯木器漆 G01121001

Polyester paint for wood-ware

用于木器家具等木制品的装饰

【生产厂】[冀]石家庄金鱼涂料集团公司〈P1627〉;[辽]沈阳船牌制漆有限公司〈P1685〉;大连振邦氟涂料股份有限公司〈P1695〉;大连华日漆业有限公司〈P1692〉;[沪]上海圣元涂料有限公司〈P1762〉;[苏]宜兴市太极化工实业公司〈P1887〉;[浙]杭州逸峰化工涂料有限公司〈P1924〉;海盐华达油墨化学有限公司〈P1940〉;[鲁]山东鲁南造漆厂〈P2150〉;[粤]新达化工实业有限公司〈P2294〉;南海市东方化工厂〈P2291〉;爱普诗涂料(中国)有限公司〈P2282〉;[滇]昆明中华涂料有限责任公司(1000 吨)〈P2340〉

聚酯水晶地板漆;聚酯水晶漆 G01121101

Polyester crystal paint for floor

适用于各类木制品的装饰保护

【生产厂】[津]天津市东塔涂料有限公司(100 吨)〈P1586〉;[苏]苏州立邦雅士利涂料有限公司〈P1901〉;[鲁]济南玛博伦环保涂料有限公司〈P2024〉

聚酯地板漆 G01121151

Polyester floor paint

适用于各种木质、竹质地板涂饰

【生产厂】[鲁]山东陆邦涂料有限公司〈P2150〉;[粤]百川涂料制造有限公司〈P2286〉;中山市旭阳涂料有限公司〈P2284〉;[甘]西北永新化工股份有限公司〈P2356〉

聚酯家具漆 G01121201

Polyester furniture paint

适用于各类高档木制家具的涂装

【生产厂】[粤]佛山市顺德区派尔化工实业有限公司〈P2289〉;顺德居都邦涂料实业有限公司〈P2292〉

聚酯漆包线漆 G01121751

Polyester wire coating enamel

适合于聚酯漆包圆铜线用

【生产厂】[川]四川东方绝缘材料股份有限公司〈P2330〉

聚酯亚胺漆包线漆 G01121802

Polyester-imine wire coating enamel

【生产厂】[苏]宜兴市茂达化工有限公司〈P1886〉

改性聚酯漆包线漆 G01121811

Modified polyester wire coating enamel

适用于立式机或卧式机,涂制各种截面的扁铜线

【生产厂】[川]四川东方绝缘材料股份有限公司〈P2330〉

各色聚酯绝缘磁漆 G01122101

Various color polyester insulating enamel

【生产厂】[苏]吴江市太湖涂料有限公司〈P1911〉

不饱和聚酯漆 G01122201

Unsaturated polyester paint

用作涂料,也可浇铸成不同类型的玻璃钢和建筑上的瓦楞板等材料

【生产厂】[浙]余姚特种涂料厂〈P1935〉;[鲁]蓬莱市特种绝缘材料厂〈P2112〉;[粤]广州金美联化工有限公司〈P2262〉;深圳市飞扬实业有限公司〈P2270〉;德一涂料股份有限公司〈P2268〉;佛山市万正涂料有限公司〈P2289〉;中山市旭阳涂料有限公司〈P2284〉;新会汇通漆厂有限公司〈P2286〉

聚酯背漆 G01122301

Polyester back paint

用于大型预涂卷材生产流水线

【生产厂】[鄂]湖北枣阳四海化工有限公司〈P2237〉

聚酯绝缘烘漆 G01122401

Polyester insulating baking paint

用于电机、电器散嵌绕组绝缘处理

【生产厂】[苏]吴江市太湖涂料有限公司〈P1911〉

聚酯快干绝缘漆 G01122451

Polyester quickdrying insulating paint

【生产厂】[苏]吴江市太湖涂料有限公司〈P1911〉

聚酯三防绝缘漆 G01122491

Polyester three proofings insulating paint

【生产厂】[苏]吴江市太湖涂料有限公司〈P1911〉

粉末涂料;粉体涂料 G01122500

Powder coating

广泛用于家用电器、钢制家具、建筑五金及金属制品的高档装饰和保护

【生产厂】[京]北京安顺达装饰材料有限公司〈P1543〉;北京圣联达金属粉末有限公司(2万吨)〈P1558〉;[津]天津市津南粉末涂料厂(600吨)〈P1594〉;天津市兰源五彩涂料厂〈P1598〉;天津市东成化工有限公司(4000吨)〈P1585〉;[冀]石家庄金鱼涂料集团公司〈P1627〉;廊坊市新立粉末涂料有限公司(2万吨)〈P1661〉;廊坊开发区欧特涂料有限公司〈P1660〉;霸州市辛章得利雅涂料厂〈P1657〉;[黑]佳木斯市万象实业有限公司〈P1725〉;[沪]上海久聚高分子材料有限公司〈P1746〉;[苏]江阴福贝特橡塑涂料有限公司〈P1867〉;富士化研(昆山)有限公司〈P1893〉;扬州市金晨化工有限公司〈P1819〉;[浙]杭州中法化学有限公司(2000吨)〈P1925〉;杭州顺祥工贸有限公司〈P1922〉;杭州金鹰塑粉有限公司(800吨)〈P1919〉;[皖]黄山市宝华塑粉彩涂有限公司〈P1980〉;[闽]漳州市万安实业有限公司(1万吨)〈P2002〉;[鲁]淄博泰兴粉末涂料厂(100吨)〈P2073〉;东营鲁能方大精细化学工业有限责任公司(1600吨)〈P2081〉;潍坊正本涂料有限公司〈P2107〉;[豫]偃师市关庄涂料厂(800吨)〈P2188〉;[鄂]武汉春和工贸有限责任公司〈P2229〉;[粤]广州市聚合星化工有限公司〈P2265〉;惠州市华阳化工有限公司〈P2278〉;深圳松辉化工有限公司〈P2273〉;新立胜装饰材料(深圳)有限公司〈P2274〉;茂名日化涂料有限公司〈P2293〉;佛山市鲸鲨制漆科技有限公司〈P2288〉;广东南海新华粉末涂料厂五金喷涂厂〈P2290〉;中山大桥化工有限公司〈P2282〉;广东彩艳股份有限公司(5000吨)〈P2284〉;新会区司前绚丽涂料制品厂〈P2286〉;[川]四川宸宇涂装工程有限公司〈P2318〉

各色聚酯环氧型粉末涂料 G01122501

Various color polyester-epoxy powder coating

用于家用电器、厨房用具、铁质家具、各种办公设备、隔板等室内装饰材料的表面涂装

【生产厂】[京]北京圣联达金属粉末有限公司〈P1558〉;[津]天津盛达粉末涂料有限公司〈P1578〉;天津兰月工贸有限公司〈P1576〉;[冀]廊坊市嘉明化工有限公司〈P1661〉;丰丽粉末涂料有限公司(500吨)〈P1658〉;[黑]牡丹江双兴化工有限公司〈P1724〉;[沪]上海燕美化工有限公司(1200吨)〈P1774〉;[苏]南京弘创涂料厂〈P1784〉;南京广博粉末涂料有限公司〈P1783〉;常州华明涂装粉末有限公司〈P1847〉;无锡市曼德粉末涂料有限公司〈P1877〉;大华涂料(中国)股份有限公司〈P1892〉;扬州市金晨化工有限公司〈P1819〉;[浙]慈溪市彩得隆喷涂材料有限公司〈P1929〉;[皖]黄山市宝华塑粉彩涂有限公司〈P1980〉;[闽]福州三和泰涂装有限公司〈P1990〉;[鲁]胜利油田方圆实业集团有限公司防腐材料分公司(500吨)〈P2087〉;烟台市福山东华化工厂(500吨)〈P2118〉;[湘]湖南湘江涂料集团有限公司〈P2248〉;湘潭市至诚涂料有限公司〈P2252〉;[粤]江门市制漆厂有限公司(1000吨)〈P2286〉;[川]成都彩星科技实业有限公司〈P2309〉

环氧聚酯混合型粉末涂料 G01122502

Epoxy polyester powder coating, mixed type

用于办公家具、家电、仪器仪表、汽车部件、钢瓶、铝型材门窗、公路护栏、铁路及其他户外设施的涂饰

【生产厂】[京]北京市大地盛业粉末涂料厂〈P1558〉;[冀]廊坊开发区欧特涂料有限公司〈P1660〉;[沪]上海常江化学有限公司〈P1730〉;[苏]江苏华光粉末有限公司〈P1859〉;常州市正光涂装粉末有限公司〈P1856〉;江阴福贝特橡塑涂料有限公司〈P1867〉;江都市宝祥塑料粉末有限公司〈P1813〉;江都市万和塑粉厂〈P1815〉;江都市柏立涂装粉末有限公司〈P1813〉;江都市华阳富山塑粉厂〈P1814〉;江都市天和化工有限公司〈P1815〉;江苏省高邮市长松化工厂〈P1816〉;[浙]杭州中法化学有限公司〈P1925〉;浙江华彩化工有限公司〈P1947〉;[皖]芜湖四捍粉末涂料有限公司〈P1974〉;[鲁]莱阳市亚力美涂料有限公司(5000吨)〈P2108〉;[粤]佛山市大荣塑料粉末厂〈P2287〉;佛山市顺德区蓝天实业有限公司〈P2289〉;中山市小榄镇威斯敦塑料粉末厂〈P2283〉;[甘]西北永新化工股份有限公司(30吨)〈P2356〉

热固性聚酯改性环氧粉末涂料 G01122503

Thermosetting polyester modified epoxy powder coating

用于家用电器、金属家具、仪器仪表、交通车辆、建筑支撑架、机电设备等的涂饰

【生产厂】[豫]焦作市金虹塑粉厂〈P2196〉;濮阳市恒美实业开发中心(400吨)〈P2214〉;[川]成都飞亚粉末涂料涂装实业有限公司〈P2310〉

各色环氧聚酯型美术系列热固性粉末涂料 G01122509

Various color polyester epoxy thermosetting powder coating, art series

用于仪器仪表、金属家具、铸造产品、医疗器械、机械设备、健身器材、家用电器、防盗门窗等的涂饰

【生产厂】[沪]上海燕美化工有限公司(1200吨)〈P1774〉;上海伟灵涂料涂装厂〈P1769〉;[湘]湖南湘江涂料集团有限公司〈P2248〉;湘潭市至诚涂料有限公司〈P2252〉

耐高温强防腐粉末涂料 G01122511

Powder coating of high temperature resistant and strong anticorrosive

用于船舶、石油、化工、城建、煤气管道、医药、冶金、印染、食品、纺织、机械等领域

【生产厂】[京]北京圣联达金属粉末有限公司〈P1558〉;[冀]廊坊开发区欧特涂料有限公司〈P1660〉;[沪]上海常江化学有限公司〈P1730〉;[苏]江阴福贝特橡塑涂料有限公司〈P1867〉;扬州美涂士金陵特种涂料有限公司〈P1818〉;[湘]湘潭市至诚涂料有限公司〈P2252〉;[粤]佛山市大荣塑料粉末厂〈P2287〉

半光型环氧聚酯粉末涂料 G01122525

Semi-gloss epoxy-polyester powder coating

主要用于室内金属制品的涂覆,特别适合于铝质天花板的涂覆

【生产厂】[苏]无锡市曼德粉末涂料有限公司〈P1877〉

无光型环氧聚酯粉末涂料 G01122527

Flat epoxy-polyester powder coating

主要用于室内外金属制品的涂覆,特别适合于铝质天花板的涂覆

【生产厂】[苏]无锡市曼德粉末涂料有限公司〈P1877〉

聚酯/TGIC 型粉末涂料 G01122531

Polyester/TGIC powder coating

【生产厂】[苏]江阴福贝特橡塑涂料有限公司〈P1867〉;[皖]杜邦华佳化工有限公司〈P1980〉

聚酯环氧防腐涂料 G01122551

Polyester-epoxy anticorrosive coating

【生产厂】[苏]扬州美涂士金陵特种涂料有限公司〈P1818〉;[鲁]淄博天锦工贸有限公司〈P2073〉

丙烯酸改性聚酯防腐涂料 G01122591

Polyester anticorrosive coating, acrylic acid modified

【生产厂】[苏]扬州美涂士金陵特种涂料有限公司〈P1818〉

聚酯装修漆;聚酯装饰漆 G01122651

Polyester decorating paint

适用于家庭、宾馆、商厦的装修,高级家具、工艺木制品罩光等

【生产厂】[沪]上海巨峰化工有限公司〈P1746〉;[苏]苏州立邦雅士利涂料有限公司〈P1901〉;[浙]临海市永固为华涂料有限公司(6000吨)〈P1960〉;[鲁]山东奔腾漆业有限公司(2万吨)〈P2130〉;[粤]中外合资靓尔嘉化工有限公司〈P2293〉;百川涂料制造有限公司〈P2286〉;[陕]陕西宝塔山油漆股份有限公司〈P2352〉

G

聚酯面漆 G01122701

Polyester top-coat

用作卷材涂料

【生产厂】[京]北京仕全兴涂料有限责任公司〈P1558〉;[津]天津市德邦化工有限公司(3000吨)〈P1584〉;[苏]无锡市英波化工有限公司〈P1881〉;[鲁]山东梁山万金化工有限公司(100吨)〈P2131〉;[鄂]湖北枣阳四海化工有限公司〈P2237〉

聚酯亚光面漆 G01122711

Polyester flat top-coat paint

【生产厂】[鲁]莱阳油漆厂有限公司〈P2108〉

聚酯透明亮光面漆 G01122731

Polyester transparence light top-coat

【生产厂】[沪]上海华邦涂料有限公司〈P1738〉;[粤]深圳礼尚亨涂料有限公司〈P2269〉

双组分聚酯各色闪光漆 G01122751

Polyester flashing paint, bicomponent

主要用于各类汽车、摩托车、自行车、家用电器、机械设备等金属表面的涂装

【生产厂】[鲁]格瑞特漆业(梁山)有限公司〈P2127〉

聚酯氟碳面漆 G01122791

Polyester fluoro-carbon top-coat

【生产厂】[京]北京关西涂料有限公司〈P1548〉

热固性粉末涂料 G01122800

Thermosetting powder coating

主要用于金属表面涂装,适用于家电、汽车等防腐、装饰

【生产厂】[津]天津市金泽涂料有限公司(2000吨)〈P1592〉;天津市鑫金龙粉末涂料有限公司(500吨)〈P1608〉;天津市农工商宏达总公司粉末涂料涂装厂(300吨)〈P1600〉;[冀]黄骅市瑞晨防腐材料有限公司〈P1656〉;[辽]沈阳三氏化工涂料有限公司〈P1687〉;[沪]上海燕美化工有限公司〈P1774〉;[苏]常州市正光涂装粉末有限公司(1500吨)〈P1856〉;[浙]杭州金鹰塑粉有限公司〈P1919〉;天台昌明化学制品有限公司(1000吨)〈P1962〉;浙江省天台塑粉总厂(1500吨)〈P1967〉;永康市天彩化工材料有限公司(2000吨)〈P1954〉;浙江玉石塑粉有限公司(5000吨)〈P1939〉;[闽]福州三和泰涂装有限公司〈P1990〉;[鲁]淄博天锦工贸有限公司〈P2073〉;[粤]佛山市顺德区蓝天实业有限公司〈P2289〉;[川]成都飞亚粉末涂料涂装实业有限公司〈P2310〉;成都佳福化工有限公司〈P2311〉;[陕]陕西富化化工有限责任公司〈P2352〉

热固型纯聚酯粉末涂料 G01122801

Thermosetting virgin polyester powder coating

广泛用于空调、洗衣机、电力设备、电器、电梯、汽车、厨具等

【生产厂】[苏]江苏华光粉末有限公司〈P1859〉;江阴福贝特橡塑涂料有限公司〈P1867〉;江都市万和塑粉厂(500吨)〈P1815〉;[鲁]莱阳市亚力美涂料有限公司(3000吨)〈P2108〉;[豫]焦作市金虹塑粉厂〈P2196〉;濮阳市恒美实业开发中心(300吨)〈P2214〉;[湘]湖南湘江涂料集团有限公司〈P2248〉;[粤]广东华润涂料有限公司(3万吨)〈P2290〉;[川]成都飞亚粉末涂料涂装实业有限公司〈P2310〉;成都佳福化工有限公司〈P2311〉

水性聚酯涂料 G01122811

Water-based polyester coating

用于电冰箱蒸发器、压缩机、汽车车架、家用电器等需要浸涂的金属物件

【生产厂】[苏]盐城美丽雅漆业有限公司〈P1810〉;扬州美涂士金陵特种涂料有限公司〈P1818〉;[桂]柳州市造漆厂〈P2298〉

聚酯粉末涂料 G01122851

Polyester powder coating

适用于室外各处工件的涂装,如空调器外壳、公园用具、农用机械等

【生产厂】[京]北京新威化工有限公司〈P1563〉;北京圣联达金属粉末有限公司〈P1558〉;北京市大地盛业粉末涂料厂〈P1558〉;[津]天津盛达粉末涂料有限公司〈P1578〉;天津兰月工贸有限公司〈P1576〉;[冀]廊坊市嘉明化工有限公司〈P1661〉;丰丽粉末涂料有限公司(1000吨)〈P1658〉;[辽]沈阳三氏化工涂料有限公司〈P1687〉;[黑]牡丹江双兴化工有限公司〈P1724〉;[沪]上海伟灵涂料涂装厂〈P1769〉;上海常江化学有限公司〈P1730〉;[苏]南京弘创涂料厂〈P1784〉;南京广博粉末涂料有限公司〈P1783〉;常州华明涂装粉末有限公司〈P1847〉;常州市正光涂装粉末有限公司〈P1856〉;大华涂料(中国)股份有限公司〈P1892〉;江都市宝祥塑料粉末有限公司〈P1813〉;江都市柏立涂装粉末有限公司〈P1813〉;江都市华阳富山塑粉厂〈P1814〉;江都市天和化工有限公司〈P1815〉;江苏省高邮市长松化工厂〈P1816〉;[浙]杭州中法化学有限公司(700吨)〈P1925〉;杭州金鹰塑粉有限公司〈P1919〉;浙江华彩化工有限公司〈P1947〉;慈溪市彩得隆喷涂材料有限公司〈P1929〉;[皖]黄山市宝华塑粉彩涂有限公司〈P1980〉;杜邦华佳化工有限公司(2000吨)〈P1980〉;[闽]福州三和泰涂装有限公司〈P1990〉;[鲁]莱阳油漆厂有限公司〈P2108〉;[湘]湖南湘江涂料集团有限公司〈P2248〉;湘潭市至诚涂料有限公司〈P2252〉;[粤]东莞世华化工有限公司(500吨)〈P2279〉;佛山市大荣塑料粉末厂〈P2287〉;南海东联涂装有限公司(500吨)〈P2291〉;佛山市顺德区蓝天实业有限公司(200吨)〈P2289〉;中山市小榄镇威斯敦塑料粉末厂〈P2283〉;中山大桥化工有限公司(400吨)〈P2282〉;[川]成都彩星科技实业有限公司〈P2309〉

各色纯聚酯型美术系列粉末涂料 G01122871

Various color virgin polyester powder coating, art series

用于金属护栏、空调器、铝型材门窗等的涂饰

【生产厂】[湘]湖南湘江涂料集团有限公司〈P2248〉;湘潭市至诚涂料有限公司〈P2252〉

纯聚酯耐候性粉末涂料 G01122891

Virgin polyester powder coating, weather-resistant

主要用于空调机、公园用具、灯柱、户外家具、制革机、农用机械等的涂装

【生产厂】[苏]扬州市金晨化工有限公司〈P1819〉;[皖]杜邦华佳化工有限公司〈P1980〉;[鲁]烟台市福山东华化工厂〈P2118〉;[粤]佛山市大荣塑料粉末厂〈P2287〉

透明型耐户外气候聚酯粉末涂料 G01122896

Transparent polyester powder coating, weather-resistant

主要用于汽车、摩托车铝合金轮毂的涂覆,灯饰及电镀件罩光涂覆,也可用于其他金属工件罩光

【生产厂】[冀]廊坊开发区欧特涂料有限公司〈P1660〉

聚酯腻子 G01122901

Polyester putty

是现代制品工业(如机床、汽车修补等)主要使用的腻子

【生产厂】[津]天津市德邦化工有限公司(5000 吨)〈P1584〉;[滇]昆明中华涂料有限责任公司(500 吨)〈P2340〉

不饱和聚酯树脂腻子;原子灰 G01123001

Unsaturated polyester resin putty

用于汽车、船舶、仪器、机床和高级家具等涂漆前的填补与修饰

【生产厂】[冀]晋州市长宏化工有限责任公司〈P1625〉;[辽]抚顺哥俩好集团有限公司〈P1698〉;[闽]泉州洛江三星涂料树脂有限公司(50 吨)〈P2000〉;[豫]郑州市金水东方石化厂(1000 吨)〈P2173〉;商丘市博大化工有限公司〈P2226〉;[粤]广州市延安油漆集团股份有限公司〈P2267〉;新达化工实业有限公司〈P2294〉;佛山市大金宇涂料厂〈P2287〉;顺德花王涂料有限公司〈P2292〉;顺德明邦化工实业有限公司〈P2292〉;佛山市顺德区海明斯实业有限公司〈P2288〉;广东中山市森彩机械涂装有限公司〈P2282〉;广东千色花化工有限公司〈P2284〉;[川]重庆三峡油漆股份有限公司成都油漆厂〈P2321〉

聚酯氨基烤漆;聚酯氨基烘漆 G01123101

Polyester-amino baking enamel

主要用于中高档客车、轿车、中巴、货车、摩托车、自行车等表面涂装,也可用于家电、各种机械的表面涂装

【生产厂】[沪]上海振华造漆厂〈P1778〉;[苏]常州市凌龙涂料有限公司〈P1853〉;[浙]杭州立威化工涂料有限公司〈P1920〉;[闽]福建泉州美家涂料制造有限公司〈P1998〉

无苯聚酯漆;健康聚酯漆 G01123201

Polyester resin paint, benzene free

广泛用于家庭木器装饰

【生产厂】[苏]苏州立邦雅士利涂料有限公司〈P1901〉;万胜化工(昆山)有限公司〈P1909〉;扬州亚菲涂料有限公司〈P1820〉;[粤]广州市星冠化工有限公司〈P2267〉;佛山市顺德区龙江友邦涂料制造有限公司〈P2289〉;中山市泰莱涂料化工有限公司〈P2283〉

SM-01 聚酯型中涂层漆 G01123301

Polyester under coat paint SM-01

用于汽车底、面漆之间的一层涂料

【生产厂】[滇]昆明中华涂料有限责任公司(500 吨)〈P2340〉

反光道路标线涂料 G01123601

Lightreflecting traffic coating

主要用于铁路、公路等各类交通运输安全设施标志、道路标线与机动车牌照上

【生产厂】[辽]沈阳蓝丰涂料制造有限公司〈P1687〉;[鲁]招远三联交通涂料公司(2000 吨)〈P2121〉;[粤]深圳市布里斯多涂料有限公司〈P2270〉

热熔道路标志漆;热熔反光道路标线涂料 G01123611

Mark paint for road, hot-melting

用于道路上,起标志作用

【生产厂】[冀]阿童木(廊坊)涂料有限公司(2000 吨)〈P1657〉;[辽]盘锦奥马漆业有限公司〈P1706〉;[苏]常州圣安涂料有限公司〈P1849〉;南通亚伦化工有限公司〈P1836〉;[鲁]招远三联交通涂料公司(1000 吨)〈P2121〉;[豫]河南省新乡六通实业有限公司(3000 吨)〈P2201〉;[粤]新达化工实业有限公司〈P2294〉;[新]昌吉市诚信测绘有限公司化学建材分公司〈P2367〉

常温道路标志漆;道路标线漆;马路标线漆 G01123612

Mark paint for road, normal temperature

适用于各种马路的划线和路标

【生产厂】[京]富思特制漆(北京)有限公司〈P1567〉;北京市精易达包装设备材料有限公司〈P1560〉;[津]天津市宏光伟业化工涂料有限公司(300 吨)〈P1589〉;[冀]石家庄金鱼涂料集团公司〈P1627〉;[晋]山西长达交通设施有限公司〈P1670〉;[辽]沈阳美狮化工有限公司〈P1687〉;盘锦奥马漆业有限公司〈P1706〉;[苏]张家港市永泰防腐涂料有限公司〈P1914〉;徐州造漆有限公司〈P1796〉;江都市应用化学有限公司〈P1815〉;南通邦和化工有限公司〈P1832〉;[闽]桑川(泉州)制漆有限公司〈P2000〉;[鲁]博山轻工化学厂〈P2048〉;山东东明石化集团科耀化工有限公司(1000 吨)〈P2159〉;山东陆邦涂料有限公司〈P2150〉;[豫]郑州三一涂料有限公司(1000 吨)〈P2172〉;濮阳市兴建防腐涂料有限公司(500 吨)〈P2215〉;濮阳市恒美实业开发中心(500 吨)〈P2214〉;平顶山市海德化工有限公司(3000 吨)〈P2191〉;邓州市达昌漆业有限公司〈P2222〉;[粤]广州市延安油漆集团股份有限公司〈P2267〉;福田化学工业集团〈P2259〉;深圳市广田环保涂料有限公司〈P2271〉;南海市东方化工厂〈P2291〉;[渝]重庆三峡油漆股份有限公司〈P2306〉;[陕]西安奥达油墨有限责任公司〈P2347〉

水性道路标线漆;水性道路标志漆 G01123651

Water-based road mark paint

用作工厂、交通道路标线专用漆

【生产厂】[冀]阿童木(廊坊)涂料有限公司(2000 吨)〈P1657〉;[晋]山西长达交通设施有限公司〈P1670〉;[苏]徐州市龙圣漆业有限公司〈P1796〉;[新]昌吉市诚信测绘有限公司化学建材分公司〈P2367〉

特种冷涂路标漆 G01123661

Special cool-coating marking paint

【生产厂】[渝]重庆三峡油漆股份有限公司〈P2306〉

G

道路标线涂料 G01123681
Traffic coating

【生产厂】[冀]廊坊维德兴业化工有限公司〈P1662〉;[辽]辽宁三环亚克力交通材料有限公司(600吨)〈P1684〉;[苏]扬州美涂士金陵特种涂料有限公司〈P1818〉;南通亚伦化工有限公司〈P1836〉;[粤]深圳天虹化工实业有限公司〈P2273〉;[陕]西安昌胜化工有限公司〈P2347〉;[新]昌吉市诚信测绘有限公司化学建材分公司〈P2367〉

双组分聚酯漆 G01123701
Polyester paint, bicomponent

【生产厂】[津]天津市德邦化工有限公司(2000吨)〈P1584〉;[闽]福建省龙岩市豪迪化工有限公司(3000吨)〈P2005〉

改性聚酯漆 G01123801
Polyester paint, modified

适用于立式机或卧式机

【生产厂】[苏]宜兴市茂达化工有限公司〈P1886〉;[鲁]山东金河实业有限公司(100吨)〈P2113〉

G

耐黄变聚酯漆 G01123831
Polyester paint, yellow-resistant

用于高档家具的涂饰

【生产厂】[津]天津市德邦化工有限公司(500吨)〈P1584〉;[皖]宣城东泰漆业有限公司〈P1987〉;[鲁]威海富成涂料有限公司(10吨)〈P2124〉

耐黄变水晶聚酯漆 G01123871
Polyester crystal paint, yellow-resistant

【生产厂】[鲁]威海富成涂料有限公司(30吨)〈P2124〉

高级聚酯漆系列 G01123891
Polyester paint, high-quality

五金玩具、自行车、摩托车等专用漆

【生产厂】[冀]霸州市辛章得利雅涂料厂〈P1657〉;[沪]上海家具涂料厂〈P1742〉;[苏]南京市溧水天龙化工有限公司〈P1789〉;无锡诺赛利漆业有限公司〈P1874〉;苏州立邦雅士利涂料有限公司〈P1901〉;[皖]安庆菱湖漆业有限公司〈P1979〉;[鲁]淄博市周村前进化工厂〈P2071〉;[豫]郑州市捷士化工有限公司(1000吨)〈P2173〉;[粤]深圳市广田环保涂料有限公司〈P2271〉;深圳市展辰达化工有限公司〈P2273〉;揭阳市豪得丽化工有限公司〈P2295〉

各色聚酯卷钢面漆 G01124101
Various color polyester scroll-steel top-coat

涂布于卷材钢板、铝板表面起保护和装饰之用

【生产厂】[苏]常州市凌龙涂料有限公司〈P1853〉;江苏海霸化工有限公司〈P1859〉

彩色卷钢涂料 G01124151
Colour scroll-steel coating

用于卷材、镀锌板的涂层

【生产厂】[冀]保定保立化工涂料有限公司〈P1644〉;[辽]沈阳联邦涂料有限公司〈P1687〉;抚顺富美涂料有限公司〈P1698〉;[苏]常州圣安涂料有限公司〈P1849〉;常州市柏鹤涂料有限公司〈P1849〉;[浙]杭州华顺化工防腐有限公司〈P1918〉;台州市华润制漆有限公司〈P1961〉

聚酯低温快干烤漆 G01124201
Polyester low temperature quickdrying baking finish

用于汽车、摩托车、洗衣机、电冰箱、各种农用器具、仪器、仪表等金属表面的涂装

【生产厂】[豫]平顶山市海德化工有限公司(3000吨)〈P2191〉

聚酯烤漆 G01124251
Polyester baking finish

用于汽车、摩托车、家电制品及其他金属制品等

【生产厂】[苏]昆山市美丽华油墨涂料有限公司〈P1897〉;[粤]深圳雅联化工实业有限公司〈P2273〉;珠海市广鑫化工有限公司〈P2275〉

PU高级聚酯漆 G01124351
PU Polyester paint, high-quality

适用于夹板、木皮、实木、贴纸等各种木材涂装

【生产厂】[闽]福州德贤化工有限公司〈P1989〉;[粤]中山市旭阳涂料有限公司〈P2284〉

PU聚酯底漆 G01124391
PU Polyester primer

适用于各类木器家具的底涂

【生产厂】[苏]无锡市英波化工有限公司〈P1881〉

聚酯王 G01124401
Polyester paint

【生产厂】[苏]亨特莱涂料(无锡)有限公司〈P1864〉;[粤]福田化学工业集团〈P2259〉

聚酯高光漆 G01124551
Polyester high gloss paint

【生产厂】[鲁]山东金河实业有限公司(500吨)〈P2113〉

聚酯透明底漆 G01124701
Polyester transparent primer

用作民用装饰涂料

【生产厂】[津]天津市德邦化工有限公司(2000吨)〈P1584〉;[苏]南京瑞泽精细化工有限公司〈P1788〉;常州光辉化工有限公司〈P1847〉;[闽]泉州嘉豪涂料厂〈P1999〉;[鲁]莱阳油漆厂有限公司〈P2108〉;山东省莱阳市春帆漆业有限责任公司〈P2114〉;[粤]深圳礼尚亨涂料有限公司〈P2269〉;东莞长胜涂料厂〈P2278〉

高固分聚酯透明底漆 G01124751
High solid polyester transparent primer

【生产厂】[苏]宜兴市华宝化工厂〈P1885〉;[闽]泉州嘉豪涂料厂〈P1999〉

高固体高光泽聚酯树脂罩光漆 G01124801
Polyester resin finishing paint, full gloss, high solid

用于汽车、摩托车、电视机、收录放机、仪器、仪表、儿童玩具及各种ABS、HIPS、塑料零部件的表面涂饰

【生产厂】[苏]丹阳市远中金属助剂有限公司〈P1841〉

各色聚酯底漆 G01124901
Various color polyester primer

用于高档家具、木制品、水泥制品等毛糙表面毛孔的封闭

【生产厂】[京]北京仕全兴涂料有限责任公司〈P1558〉;[辽]营口宝山化工有限公司〈P1703〉;[苏]常州光辉化工有限公司〈P1847〉;[鲁]山东金河实业有限公司(100吨)〈P2113〉;[鄂]湖北枣阳四海化工有限公司〈P2237〉;[粤]深圳礼尚亨涂料有限公司〈P2269〉;东莞长胜涂料厂〈P2278〉;东莞市宏辉化工有限公司〈P2280〉

聚酯氨基中涂漆 G01125001

Polyester-amino middle coating

【生产厂】[京]红狮涂料国际有限公司〈P1567〉;[苏]常州市武进晨光金属涂料有限公司〈P1854〉

聚酯氨基罩光清漆 G01125101

Polyester-amino finishing varnish

【生产厂】[冀]廊坊市光耀油漆厂〈P1661〉;[苏]常州市武进晨光金属涂料有限公司〈P1854〉

环氧树脂漆类 G01130000

Epoxy resin paint

用于化工设备防腐、卫生间、医院手术室、食品车间、各种木器家具等

【生产厂】[津]天津市东光特种涂料有限公司(500吨)〈P1585〉;[冀]石家庄金鱼涂料集团公司〈P1627〉;武邑灯塔防腐涂料有限责任公司〈P1669〉;邯郸市鑫马涂料股份合作公司〈P1639〉;保定保立化工涂料有限公司〈P1644〉;[辽]沈阳船牌制漆有限公司〈P1685〉;铁岭洪泰涂料有限公司〈P1712〉;鞍山市特种树脂厂〈P1696〉;大连璐璟化工涂料有限公司〈P1693〉;[吉]长春泰欧亚涂料有限公司(800吨)〈P1714〉;[苏]常州市康宝油脂化工有限公司〈P1852〉;无锡诺赛利漆业有限公司〈P1874〉;无锡市云湖涂料有限公司〈P1881〉;江苏鑫源生化科技发展有限公司〈P1866〉;徐州造漆有限公司〈P1796〉;盐城万成化学有限公司〈P1812〉;泰州市铁猫涂料有限公司〈P1828〉;[浙]宁波柯力高分子材料有限公司〈P1931〉;[皖]安徽省宁国市仙塔漆业有限公司〈P1986〉;马鞍山市康华化工有限公司〈P1977〉;[闽]福建东海漆业有限公司〈P1988〉;福建省腾龙工业公司(500吨)〈P2001〉;[赣]江西省德畅集团〈P2015〉;[鲁]山东淄博仿瓷涂料厂〈P2056〉;潍坊正本涂料有限公司〈P2107〉;潍坊环宇油漆工业有限公司〈P2103〉;山东乐化集团有限公司〈P2095〉;莱阳市亚力美涂料有限公司(1000吨)〈P2108〉;格瑞特漆业(梁山)有限公司(600吨)〈P2127〉;山东梁山蓝天化工有限公司〈P2131〉;[豫]郑州市二七特种化工厂(800吨)〈P2173〉;郑州拓立造漆有限公司(800吨)〈P2174〉;[鄂]武汉鹤龟涂料有限公司〈P2230〉;[粤]广州市延安油漆集团股份有限公司〈P2267〉;广州秀珀化工有限公司(1500吨)〈P2268〉;佛山市鲸鲨制漆科技有限公司(1000吨)〈P2288〉;新会汇通漆厂有限公司〈P2286〉;[川]重庆三峡油漆股份有限公司成都油漆厂(500吨)〈P2321〉;[陕]西安利澳科技股份有限公司〈P2349〉;陕西源源化工有限责任公司〈P2353〉

环氧清漆 G01130101

Epoxy varnish

适用于钢铁、水泥、铝镁等金属的表面涂覆

【生产厂】[冀]石家庄市金达特种涂料有限公司〈P1630〉;[鲁]山东梁山万金化工有限公司(60吨)〈P2131〉;[粤]广州市东风化工实业有限公司〈P2263〉

环氧沥青清漆 G01130351

Epoxy-asphalt varnish

可用于自来水、石油输送、工矿企业冷却水等地下管道、水下设施的涂装保护,也可用作混凝土表面的涂装

【生产厂】[苏]常州光辉化工有限公司〈P1847〉

双组分环氧酚醛防腐清漆 G01130451

Epoxy phenolic anticorrosive varnish, bicomponent

【生产厂】[苏]张家港市永泰防腐涂料有限公司〈P1914〉

各色环氧树脂磁漆 G01130800

Various color epoxy resin enamal

适用于大型化工设备、贮槽、管道内外壁涂装及混凝土表面的涂装

【生产厂】[鄂]武汉现代工业技术研究院〈P2234〉;[粤]广州市东风化工实业有限公司〈P2263〉;中山森田化工有限公司〈P2282〉;[陕]陕西宝塔山油漆股份有限公司〈P2352〉

各色环氧磁漆 G01131001

Various color epoxy enamel

【生产厂】[辽]沈阳彩逸特种涂料制造有限公司〈P1684〉;[黑]哈尔滨市长河特种涂料厂〈P1720〉;大庆龙化新实业总公司雪龙涂料厂〈P1722〉;[鲁]蓬莱市特种绝缘材料厂〈P2112〉;[桂]柳州市造漆厂〈P2298〉

饮水容器内壁环氧磁漆 G01131003

Epoxy enamel for inne wall of drinking water tank

用于金属、混凝土容器内壁如船舶饮水舱、水箱、水塔、给水管道、啤酒贮罐内壁等

【生产厂】[京]红狮涂料国际有限公司〈P1567〉;[辽]沈阳蓝丰涂料制造有限公司(1500吨)〈P1687〉

环氧耐热磁漆 G01131301

Epoxy heat-resistant enamel

用于石油化工设备、原油贮罐、污水管道等设备的内防腐

【生产厂】[冀]任丘市华北石油华晨涂料化工有限公司〈P1656〉

H04-2 各色环氧硝基磁漆 G01131401

Various color epoxy nitrocellulose enamel H04-2

主要用于已涂有环氧底漆的金属制品表面,作防大气腐蚀之用

【生产厂】[冀]河北鱼鹰涂料集团有限公司〈P1623〉;石家庄市鱼鹰油漆厂〈P1632〉

环氧铁红防锈漆 G01131505

Epoxy iron oxide red antirust paint

适用于各种钢板、钢材预处理流水线作为车间保养底漆

【生产厂】[京]北京金汇利应用化工制品有限公司〈P1552〉;[辽]沈阳格林涂料有限公司〈P1685〉;[苏]常州圣安涂料有限公司〈P1849〉;常州市武进虹灵化工厂〈P1854〉;泰州市铁猫涂料有限公司〈P1828〉;[浙]杭州华顺化工防腐有限公司〈P1918〉;杭州萧山阳光涂料有限公司〈P1924〉;[湘]湖南湘江涂料集团有限公司〈P2248〉;[粤]广州市国花油漆制造公司〈P2264〉;[川]四川德阳奥林化工涂料有限公司〈P2326〉;[陕]西安昌胜化工有限公司〈P2347〉

环氧背漆;卷材环氧背漆 G01131911

Epoxy back paint

用于大型预涂卷材生产流水线,也可用于建筑交通、家用电器、家具及集装箱加工等

【生产厂】[苏]江苏海霸化工有限公司〈P1859〉;[鄂]湖北枣阳四海化工有限公司〈P2237〉

环氧型粉末涂料 G01132411

Epoxy powder coating

适用于对耐腐蚀性、电绝缘性和柔韧性有较高要求的金属制品的涂装

【生产厂】[京]北京新威化工有限公司〈P1563〉;北京圣联达金属粉末有限公司〈P1558〉;北京市大地盛业粉末涂料厂〈P1558〉;[津]天津燕海化学有限公司(800吨)〈P1616〉;天津盛达粉末涂料有限公司〈P1578〉;天津兰月工贸有限公司〈P1576〉;天津莱特赫斯涂料有限公司(2000吨)〈P1576〉;[冀]廊坊市嘉明化工有限公司〈P1661〉;廊坊开发区欧特涂料有限公司〈P1660〉;[辽]沈阳三氏化工涂料有限公司〈P1687〉;[黑]牡丹江双兴化工有限公司〈P1724〉;[沪]上海伟灵涂料涂装厂〈P1769〉;上海常江化学有限公司〈P1730〉;[苏]南京弘创涂料厂〈P1784〉;南京广博粉末涂料有限公司〈P1783〉;江苏华光粉末有限公司〈P1859〉;常州市正光涂装粉末有限公司〈P1856〉;江阴福贝特橡塑涂料有限公司〈P1867〉;大华涂料(中国)股份有限公司〈P1892〉;江都市宝祥塑料粉末有限公司〈P1813〉;江都市柏立涂装粉末有限公司〈P1813〉;江都市天和化工有限公司〈P1815〉;江苏省高邮市长松化工厂〈P1816〉;[浙]杭州中法化学有限公司(2000吨)〈P1925〉;浙江华彩化工有限公司〈P1947〉;慈溪市彩得隆喷涂材料有限公司〈P1929〉;[皖]芜湖四捍粉末涂料有限公司〈P1974〉;黄山市宝华塑粉彩涂有限公司〈P1980〉;杜邦华佳化工有限公司(5000吨)〈P1980〉;[闽]福州三和泰涂装有限公司〈P1990〉;[鲁]胜利油田方圆实业集团有限公司防腐材料分公司(500吨)〈P2087〉;莱阳油漆厂有限公司〈P2108〉;[粤]东莞世华化工有限公司(4000吨)〈P2279〉;佛山市大荣塑料粉末厂〈P2287〉;南海东联涂装有限公司(1000吨)〈P2291〉;佛山市顺德区蓝天实业有限公司(5000吨)〈P2289〉;中山市小榄镇威斯敦塑料粉末厂〈P2283〉;中山大桥化工有限公司(1600吨)〈P2282〉;[川]成都彩星科技实业有限公司〈P2309〉

热固型纯环氧粉末涂料 G01132421

Thermosetting virgin epoxy powder coating

用于石油管道防腐和厨炊具、仪器仪表外壳、陈列架、机电设备、汽车零部件及铜、铝制品的表面涂装

【生产厂】[苏]江都市万和塑粉厂(500吨)〈P1815〉;江都市华阳富山塑粉厂〈P1814〉;扬州市金晨化工有限公司〈P1819〉;[浙]杭州金鹰塑粉有限公司〈P1919〉;[豫]焦作市金虹塑粉厂〈P2196〉;濮阳市恒美实业开发中心(300吨)〈P2214〉;[川]成都飞亚粉末涂料涂装实业有限公司〈P2310〉;成都佳福化工有限公司〈P2311〉

无光型热固性环氧粉末涂料 G01132424

Thermosetting epoxy flat powder coating

用于金属箱、金属家具、健身器材、电子仪器仪表、家用电器的金属壳体等的涂饰

【生产厂】[豫]焦作市金虹塑粉厂〈P2196〉;[湘]湖南湘江涂料集团有限公司〈P2248〉;湘潭市至诚涂料有限公司〈P2252〉

美术花纹型热固性粉末涂料;美术型粉末涂料 G01132425

Thermosetting powder coating, art pattern

广泛用于各种高档金属制品的涂装

【生产厂】[京]北京市大地盛业粉末涂料厂〈P1558〉;[津]天津盛达粉末涂料有限公司〈P1578〉;天津兰月工贸有限公司〈P1576〉;[冀]廊坊市嘉明化工有限公司〈P1661〉;[沪]上海常江化学有限公司〈P1730〉;[苏]江阴福贝特橡塑涂料有限公司〈P1867〉;江都市宝祥塑料粉末有限公司〈P1813〉;江都市柏立涂装粉末有限公司〈P1813〉;江都市华阳富山塑粉厂〈P1814〉;[浙]浙江华彩化工有限公司〈P1947〉;[皖]黄山市宝华塑粉彩涂有限公司〈P1980〉;[闽]福州三和泰涂装有限公司〈P1990〉;[豫]焦作市金虹塑粉厂〈P2196〉;[粤]佛山市大荣塑料粉末厂〈P2287〉;佛山市顺德区蓝天实业有限公司〈P2289〉;[川]成都飞亚粉末涂料涂装实业有限公司〈P2310〉;成都佳福化工有限公司〈P2311〉

环氧云铁涂料 G01132501

Micaceous iron epoxy coating

用于恶劣环境下使用的钢结构表面做中间涂层,提高涂层的防腐性能,延长涂装间隔

【生产厂】[辽]丹东同达涂料有限公司〈P1701〉

H06-2 铁红,锌黄环氧酯底漆 G01132601

Iron oxide red, zinc yellow epoxy ester primer H06-2

适用于涂覆沿海地区及湿热带气候的金属材料

【生产厂】[苏]常州光辉化工有限公司(1000吨)〈P1847〉;江阴市天泽制涂有限公司〈P1871〉;张家港市永泰防腐涂料有限公司〈P1914〉;[浙]杭州宝塔油漆有限公司〈P1915〉;[滇]昆明中华涂料有限责任公司〈P2340〉

各色环氧酯底漆 G01132651

Various color epoxy ester primer

作为环氧漆或聚氨酯漆体系的通用底漆,用于轻微至严重腐蚀性环境中的钢铁和其他金属表面,作为喷砂底漆等

【生产厂】[辽]大连实利德漆业有限公司〈P1693〉;[鲁]山东泰山史宾莎涂料有限公司(200吨)〈P2137〉;山东梁山万金化工有限公司(500吨)〈P2131〉;[粤]江门市四方精细化工有限公司〈P2285〉;[渝]重庆百信实业有限公司〈P2303〉;[川]成都彩星科技实业有限公司〈P2309〉;[新]新疆红山涂料有限公司〈P2363〉

环氧富锌防锈底漆 G01132653

Epoxy zinc rich antirust primer

用于港口机械、石油开采和矿井设备、化工防腐、船舶水线以上船壳和甲板、钢铁桥梁、埋地管道、煤气管外壁等

【生产厂】[黑]大庆龙化新实业总公司雪龙涂料厂〈P1722〉;[沪]上海新华阻燃剂总厂〈P1772〉;上海开林造漆厂〈P1746〉;[苏]常州光辉化工有限公司〈P1847〉;常州市武进虹灵化工厂〈P1854〉;江阴市汇克拓化工有限公司〈P1870〉;靖江恒丰化工有限公司〈P1824〉;[浙]杭州萧山阳光涂料有限公司〈P1924〉;[湘]湖南湘江涂料集团有限公司〈P2248〉;[粤]广州市国花油漆制造公司〈P2264〉;新会区司前绚丽涂料制品厂〈P2286〉

铁红环氧酯底漆 G01132654

Iron oxide red epoxy ester primer

适用于桥梁码头、铁塔等大型钢结构作表面保养底漆

【生产厂】[津]天津市瑞宝绿色纳米涂料有限公司(200吨)〈P1601〉;天津市外星化工涂料有限公司〈P1605〉;[苏]常州圣安涂料有限公司〈P1849〉;无锡市云湖涂料有限公司

〈P1881〉;吴江市太湖涂料有限公司〈P1911〉;[浙]浙江杭州富阳晨华涂料厂〈P1927〉;浙江鱼童发达造漆有限公司〈P1970〉;[鲁]莱阳市春帆漆业有限责任公司〈P2108〉;山东鲁南造漆厂〈P2150〉

灰环氧酯底漆　G01132658

Grey epoxy ester primer

用于金属材料表面打底涂覆

【生产厂】[鲁]蓬莱市特种绝缘材料厂〈P2112〉

环氧磷酸锌防锈底漆　G01132691

Epoxy-zinc phosphate antirust primer

用于各种车辆及机电行业防锈底涂

【生产厂】[津]天津市外星化工涂料有限公司〈P1605〉;[冀]石家庄市金达特种涂料有限公司〈P1630〉;[沪]上海开林造漆厂〈P1746〉;[苏]扬州亚菲涂料有限公司〈P1820〉

H06-4 环氧富锌底漆　G01132701

Epoxy zinc rich primer H06-4

可作为汽车底盘、水下金属装备和盛水容器的优异底漆

【生产厂】[沪]上海开林造漆厂(800 吨)〈P1746〉;[苏]吴江市太湖涂料有限公司〈P1911〉;张家港市永泰防腐涂料有限公司〈P1914〉;[豫]濮阳市兴建防腐涂料有限公司(300 吨)〈P2215〉;[鄂]武汉现代工业技术研究院〈P2234〉

H06-1 环氧富锌底漆　G01132731

Epoxy zinc rich primer H06-1

适用于钢板抛光或喷砂后的保养底漆,也可适用于镀锌表面的防腐蚀底漆

【生产厂】[苏]常州圣安涂料有限公司〈P1849〉;江阴市天泽制涂有限公司〈P1871〉;[浙]杭州华顺化工防腐有限公司〈P1918〉

环氧富锌底漆　G01132751

Epoxy zinc rich primer

主要用于桥梁、储罐、海上平台等金属构件的防腐保护

【生产厂】[京]北京英达克工业涂料有限责任公司〈P1565〉;[津]天津市外星化工涂料有限公司〈P1605〉;[冀]石家庄市鱼鹰油漆厂〈P1632〉;任丘市华北石油华晨涂料化工有限公司〈P1656〉;[辽]沈阳格林涂料有限公司〈P1685〉;沈阳蓝丰涂料制造有限公司〈P1687〉;丹东同达涂料有限公司〈P1701〉;[黑]哈尔滨市长河特种涂料厂〈P1720〉;[沪]上海英柯化工有限公司〈P1775〉;[苏]常州市邦杰化工有限公司〈P1849〉;常州市朝晖化工有限公司〈P1850〉;无锡市云湖涂料有限公司〈P1881〉;宜兴市远东化工有限公司〈P1888〉;靖江恒丰化工有限公司〈P1824〉;张家港市东昌涂料有限公司〈P1912〉;张家港市飞宇化工有限公司〈P1912〉;[赣]江西恒大高新技术实业有限公司〈P2008〉;[鲁]青岛宣威涂层材料有限公司〈P2045〉;[粤]广州市延安油漆集团股份有限公司〈P2267〉;广州市东风化工实业有限公司〈P2263〉;广州捷耐制漆有限公司〈P2261〉;[川]成都市海鲨漆业有限责任公司〈P2314〉;攀枝花荣鑫油漆有限责任公司(100 吨)〈P2322〉;[陕]西安昌胜化工有限公司(300 千克)〈P2347〉;陕西宝塔山油漆股份有限公司〈P2352〉

氨基环氧醇酸底漆　G01132801

Amino-epoxy-alkyd primer

【生产厂】[冀]廊坊市光耀油漆厂〈P1661〉

环氧带锈底漆　G01132931

Epoxy primer with rust

【生产厂】[黑]哈尔滨市长河特种涂料厂〈P1720〉;[苏]常州市武进虹灵化工厂〈P1854〉

稳定型环氧带锈防锈底漆　G01132971

Epoxy antirust primer with rust, stable type

适用于未经除锈的钢铁表面,尤其适用于油罐、造船等大型施工场所

【生产厂】[津]天津市外星化工涂料有限公司〈P1605〉;[苏]常州市凌龙涂料有限公司〈P1853〉;[浙]杭州华顺化工防腐有限公司〈P1918〉

云铁环氧酯带锈底漆　G01132991

Micaceous iron epoxy ester primer with rust

用于金属表面打底

【生产厂】[苏]丹阳市银海镍铬化工有限公司〈P1841〉

环氧过渡底漆　G01133101

Epoxy transition primer

【生产厂】[鲁]山东泰山史宾莎涂料有限公司(200 吨)〈P2137〉

环氧车间底漆　G01133151

Epoxy workshop primer

作为车间底漆,用于储存和建造期间喷砂清洗钢板和其他结构钢铁的保护;作为中间漆,用于硅酸锌或金属喷涂

【生产厂】[湘]湖南湘江涂料集团有限公司〈P2248〉;[粤]广州市三磊新材料有限公司〈P2266〉

环氧富锌车间底漆　G01133191

Epoxy zinc shop primer

适用于钢材抛丸或喷砂后作保养底漆

【生产厂】[辽]沈阳格林涂料有限公司〈P1685〉;[沪]上海开林造漆厂〈P1746〉;[苏]常州市邦杰化工有限公司〈P1849〉

环氧三防绝缘漆　G01133201

Epoxy three proofings insulating paint

【生产厂】[苏]吴江市太湖涂料有限公司〈P1911〉;[浙]浙江鱼童发达造漆有限公司〈P1970〉

环氧云铁防锈漆　G01133300

Micaceous iron epoxy ester antirust paint

可作高性能防锈底漆的中间漆

【生产厂】[沪]上海开林造漆厂〈P1746〉;[苏]常州圣安涂料有限公司〈P1849〉;常州市武进虹灵化工厂〈P1854〉;徐州市龙圣漆业有限公司〈P1796〉;[浙]杭州华顺化工防腐有限公司〈P1918〉;杭州萧山阳光涂料有限公司〈P1924〉;浙江鱼童发达造漆有限公司〈P1970〉;[湘]湖南湘江涂料集团有限公司〈P2248〉;[粤]广州市国花油漆制造公司〈P2264〉;广州市东风化工实业有限公司〈P2263〉;[桂]柳州市造漆厂〈P2298〉;[川]成都彩星科技实业有限公司〈P2309〉

环氧云铁防锈中涂漆　G01133301

Micaceous iron epoxy ester antirust middle coating

可作为环氧富锌底漆、无机锌底漆等高性能

防锈漆的中间层漆
【生产厂】[京]北京英达克工业涂料有限责任公司〈P1565〉；[津]天津市辰光化工涂料有限公司〈P1581〉；天津市外星化工涂料有限公司〈P1605〉；[黑]大庆龙化新实业总公司雪龙涂料厂〈P1722〉；[苏]常州市邦杰化工有限公司〈P1849〉；张家港市东昌涂料有限公司〈P1912〉；张家港市飞宇化工有限公司〈P1912〉；扬州亚菲涂料有限公司〈P1820〉；泰州市铁猫涂料有限公司〈P1828〉；[湘]湖南湘江涂料集团有限公司〈P2248〉；[陕]西安昌胜化工有限公司〈P2347〉

环氧云铁底漆 G01133311
Micaceous iron epoxy primer
用于金属表面打底
【生产厂】[京]北京英达克工业涂料有限责任公司〈P1565〉；[黑]哈尔滨市长河特种涂料厂〈P1720〉；[沪]华东理工大学华昌聚合物有限公司〈P1726〉；[苏]吴江市太湖涂料有限公司〈P1911〉；[鄂]武汉现代工业技术研究院〈P2234〉

阳极电泳涂料 G01133421
Anode electrophoretic coating
用于汽车、农用车的底涂装
【生产厂】[鲁]山东省莱阳市春帆漆业有限责任公司(1000吨)〈P2114〉

阳极电泳漆 G01133431
Anode electrophoretic paint
用于汽车、摩托车、自行车、五金杂件的电泳涂装
【生产厂】[苏]南京瑞泽精细化工有限公司〈P1788〉；[皖]安庆菱湖漆业有限公司〈P1979〉；[鲁]山东省莱阳市春帆漆业有限责任公司〈P2114〉；[粤]佛山市南海长城精细化工有限公司〈P2288〉；江门市制漆厂有限公司(100吨)〈P2286〉

环氧树脂阴极电泳漆 G01133441
Epoxy resin cathode electrophoretic paint
用于汽车工业
【生产厂】[京]红狮涂料国际有限公司〈P1567〉

水性铁黑环氧酯底面合一防腐漆 G01133501
Iron oxide black epoxy anticorrosive paint of primer and top-coat
主要用于金属结构表面，起防护装饰作用
【生产厂】[津]天津市瑞宝绿色纳米涂料有限公司(200吨)〈P1601〉

卷钢环氧底漆 G01133551
Scroll-steel epoxy primer
【生产厂】[沪]华东理工大学华昌聚合物有限公司〈P1726〉；[苏]江苏海霸化工有限公司〈P1859〉；[鄂]湖北枣阳四海化工有限公司〈P2237〉

环氧弹性腻子 G01133601
Epoxy elastic putty
【生产厂】[沪]上海开林造漆厂〈P1746〉

H07-5 各色环氧酯腻子；H07-5 自干型环氧腻子 G01133701
Various color epoxy ester putty H07-5
供各种预先涂有底漆的金属表面填平
【生产厂】[苏]常州光辉化工有限公司(300吨)〈P1847〉；[鲁]蓬莱市特种绝缘材料厂〈P2112〉

各色环氧导电漆 G01134101
Various color epoxy conductive paint
【生产厂】[沪]上海汇宇精细化工有限公司〈P1741〉

环氧黑板漆 G01134211
Epoxy paint for blackboard
【生产厂】[沪]上海佳裕涂料有限公司〈P1742〉；[渝]重庆三峡油漆股份有限公司〈P2306〉；[陕]西安昌胜化工有限公司〈P2347〉

环氧面漆 G01134221
Epoxy top-coat
适用于室内外较恶劣的化工大气腐蚀环境下的钢架结构、机械设备及浸水部位的防腐涂装等
【生产厂】[冀]石家庄市鱼鹰油漆厂〈P1632〉；[辽]大连喜立德建材有限公司〈P1694〉；[沪]上海通威实用技术研究所〈P1768〉；上海希培德建筑材料有限公司〈P1770〉；上海兴新防水防腐装饰有限公司〈P1773〉；上海新华阻燃剂总厂〈P1772〉；上海汇宇精细化工有限公司〈P1741〉；上海开林造漆厂〈P1746〉；[苏]宜兴市高塍日新化工厂〈P1884〉；吴江市太湖涂料有限公司〈P1911〉；[鲁]山东泰山史宾莎涂料有限公司(300吨)〈P2137〉；[粤]深圳市景江化工有限公司〈P2271〉

环氧厚浆型面漆 G01134225
Epoxy thick paste top-coat
对在恶劣环境下的钢铁起到保护作用，可作为水或油的储罐或贮槽的内壁涂料
【生产厂】[苏]张家港市飞宇化工有限公司〈P1912〉

自流平环氧地板漆 G01134231
Epoxy self-leveling floor paint
要求高度清洁、美观的微电子、食品、制药、超市等场所的地坪涂装
【生产厂】[沪]上海大光涂料制造有限公司〈P1731〉；[鲁]山东高威化工有限公司(3000吨)〈P2153〉；[豫]郑州三一涂料有限公司(1000吨)〈P2172〉；[粤]广州市涂升化工有限公司〈P2266〉；东莞市台宝涂料厂〈P2280〉

溶剂型环氧地板漆 G01134235
Epoxy floor paint, solvent type
【生产厂】[豫]郑州三一涂料有限公司(1000吨)〈P2172〉

薄涂型环氧地坪涂料 G01134239
Epoxy thin coating of terrace
用于仓库、车间等需要防尘、防渗的地面涂装
【生产厂】[沪]上海卡德化工有限公司〈P1746〉；上海市涂料研究所〈P1764〉；[苏]张家港市东昌涂料有限公司〈P1912〉

环氧地坪涂料；环氧地坪漆 G01134241
Epoxy coating of terrace
用于食品工厂、GMP 药厂、化工厂等抗酸碱、防蚀、耐磨、无尘、无菌等高级地坪的涂装
【生产厂】[京]北京高渡美涂料有限公司〈P1548〉；北京市东小口振辉涂料厂〈P1559〉；北京德辉新型建筑材料有限公司〈P1546〉；[津]天津市津南区新桥绝缘材料有限公司

(1000吨)〈P1594〉;天津市外星化工涂料有限公司〈P1605〉;天津盛霖化工有限公司〈P1578〉;[冀]石家庄惠利电子材料有限公司〈P1627〉;[辽]大连华日漆业有限公司〈P1692〉;大连靓奇化工产品有限公司〈P1692〉;[沪]上海卡德化工有限公司〈P1746〉;上海希培德建筑材料有限公司〈P1770〉;上海大邦化工防腐有限公司(500吨)〈P1730〉;上海展宇涂料有限公司〈P1777〉;上海巨峰化工有限公司〈P1746〉;上海斯诺装饰材料有限公司〈P1765〉;上海英柯化工有限公司〈P1775〉;上海秀珀化工有限公司〈P1773〉;上海华邦涂料有限公司〈P1738〉;上海佳品涂料有限公司〈P1742〉;上海赛诺化工有限公司〈P1759〉;新欧宝化工(上海)有限公司〈P1780〉;[苏]常州圣安涂料有限公司〈P1849〉;无锡奥科涂装工程有限公司〈P1872〉;宜兴华宜化工有限公司〈P1883〉;无锡市虎皇漆业有限公司〈P1876〉;万胜化工(昆山)有限公司〈P1909〉;张家港市永泰防腐涂料有限公司〈P1914〉;张家港市飞宇化工有限公司〈P1912〉;[浙]杭州宝塔油漆有限公司〈P1915〉;杭州逸峰化工涂料有限公司〈P1924〉;博星化工涂料有限公司〈P1959〉;温州罗浮塔涂料有限公司〈P1937〉;[闽]莆田市三江化学工业有限公司〈P1997〉;[鲁]济南玛博伦环保涂料有限公司〈P2024〉;德士力(东营)化工有限公司(3000吨)〈P2081〉;威海富成涂料有限公司(1200吨)〈P2124〉;青岛亿泰涂料化工有限公司〈P2046〉;山东鲁南造漆厂〈P2150〉;[豫]濮阳市兴建防腐涂料有限公司(500吨)〈P2215〉;[鄂]武汉森茂精细化工有限公司(500吨)〈P2232〉;[粤]广州名丰建材有限公司(1500吨)〈P2262〉;广州美威涂料有限公司〈P2262〉;广州市聚合星化工有限公司〈P2265〉;广州秀珀化工有限公司〈P2268〉;汕头大中三联制漆有限公司〈P2276〉;深圳市景江化工有限公司〈P2271〉;深圳市盟友化工有限公司〈P2272〉;深圳市粤星雅实业有限公司〈P2273〉;珠海保税区领科化工有限公司〈P2274〉;三化绝缘材料(东莞)有限公司〈P2278〉;东莞晋丰装饰材料厂〈P2279〉;[川]成都彩星科技实业有限公司〈P2309〉;[甘]西北永新化工股份有限公司〈P2356〉;[新]昌吉市诚信测绘有限公司化学建材分公司〈P2367〉

厚膜型环氧地坪涂料 G01134245

Heavy film epoxy terrace coating

适用于各种行业的生产车间地坪及宾馆、体育馆、车站、仓库等需装饰的大厅地坪

【生产厂】[沪]上海亮迪涂料有限公司〈P1751〉;[苏]常州市邦杰化工有限公司〈P1849〉;[浙]浙江鱼童发达造漆有限公司〈P1970〉

水性环氧地坪涂料 G01134249

Water-based epoxy terrace coating

适用于潮湿或易返潮地面、各种工业车间、地下室、仓库、停车场地面等的涂装

【生产厂】[沪]上海市涂料研究所〈P1764〉;上海亮迪涂料有限公司〈P1751〉;上海斯诺装饰材料有限公司〈P1765〉;上海绿嘉水性涂料有限公司〈P1752〉;[粤]广州市涂升化工有限公司〈P2266〉;佛山市鲸鲨制漆科技有限公司〈P2288〉

环氧水泥封闭底漆 G01134251

Epoxy cement close primer

适用于水泥地坪涂料的封底

【生产厂】[粤]东莞市石龙合众涂料厂〈P2280〉

环氧封闭底漆 G01134261

Epoxy close primer

适合住宅、酒店、学校、办公楼等建筑物外墙的新建及维修工程,可广泛用于混凝土、水泥、砖墙等多种结构表面

【生产厂】[京]北京英达克工业涂料有限责任公司〈P1565〉;北京京汉邦涂料有限公司〈P1552〉;北京美邦盛业涂料有限公司〈P1556〉;[沪]上海开林造漆厂〈P1746〉;[苏]无锡市摩晶氟碳涂料科技有限公司〈P1878〉;[浙]浙江南方涂料工业有限公司〈P1955〉;[鲁]青岛宣威涂层材料有限公司〈P2045〉;[豫]濮阳市兴建防腐涂料有限公司(300吨)〈P2215〉;[粤]深圳天虹化工实业有限公司〈P2273〉;[滇]昆明新大地制漆有限公司〈P2339〉

环氧地坪封闭底漆 G01134265

Epoxy terrace close primer

作为工业厂房、家庭居室、运动场地等地坪的封闭底漆

【生产厂】[黑]哈尔滨市长河特种涂料厂〈P1720〉;[沪]上海大光涂料制造有限公司〈P1731〉;[苏]常州光辉化工有限公司〈P1847〉;江阴天星保温材料有限公司〈P1872〉;[豫]郑州三一涂料有限公司(1000吨)〈P2172〉

环氧抗静电地坪漆 G01134271

Epoxy antistatic floor paint

用于电子、芯片、火药等危险品工厂的车间、仓库地面的涂装

【生产厂】[津]天津市辰光化工涂料有限公司〈P1581〉;[冀]河北晨阳工贸集团有限公司〈P1647〉;[沪]上海卡德化工有限公司〈P1746〉;上海秀珀化工有限公司〈P1773〉;上海赛诺化工有限公司〈P1759〉;[苏]常州市朝晖化工有限公司〈P1850〉;无锡市浩华氟涂料有限公司〈P1876〉;[浙]宁波康曼丝涂料有限公司〈P1931〉;[鲁]青岛宣威涂层材料有限公司〈P2045〉;[粤]中山森田化工有限公司〈P2282〉

各色环氧聚氨酯水泥地板漆 G01134281

Various color epoxy polyurethane cement floor paint

【生产厂】[粤]广州市涂升化工有限公司〈P2266〉;深圳市景江化工有限公司〈P2271〉

环氧混凝土封闭漆 G01134299

Epoxy concrete close paint

用于色漆施工前饱和清理过的混凝土表面

【生产厂】[京]北京英达克工业涂料有限责任公司〈P1565〉;[沪]上海开林造漆厂〈P1746〉;[粤]广州市三磊新材料有限公司〈P2266〉

各色无溶剂环氧地坪漆 G01134301

Various solvent-free epoxy paint of terrace

广泛用于工业和商业混凝土地面,提供混凝土以光洁亮丽和易于清洗的表面

【生产厂】[京]北京京汉邦涂料有限公司〈P1552〉;[苏]宜兴市远东化工有限公司〈P1888〉

水性环氧丙烯酸浸涂漆 G01134331

Water-soluble epoxy acrylic dipcoating paint

主要用于汽车、农用车、家用电器、仪表仪器的涂装,不仅作为底漆,还可作为底面合一涂装

【生产厂】[苏]常州市凌龙涂料有限公司〈P1853〉;[渝]重庆三峡油漆股份有限公司〈P2306〉

各色环氧聚酯水性浸涂漆 G01134351

Epoxy-polyester water-based dipcoating paint of all colors

用于汽车、拖拉机、轻工、机械等部件的涂装

【生产厂】[津]天津市新丽华色材有限责任公司(1000 吨)〈P1608〉;[苏]常州市凌龙涂料有限公司〈P1853〉

环氧快固化浸渍漆 G01134371

Epoxy quick-solidified impregnating paint

【生产厂】[浙]余姚特种涂料厂〈P1935〉

自流平环氧地坪涂料 G01134611

Epoxy self-leveling terrace coating

用于制药、电子、精密仪器厂的车间、地面和研究室、图书馆、医院、超市等地坪的涂装

【生产厂】[京]北京京汉邦涂料有限公司〈P1552〉;北京益利达建筑涂料厂〈P1565〉;北京佳丽美涂料有限责任公司〈P1551〉;[津]天津善群树脂有限公司〈P1578〉;德福装饰工程有限公司〈P1569〉;[辽]沈阳蓝丰涂料制造有限公司〈P1687〉;[黑]哈尔滨市长河特种涂料厂〈P1720〉;[沪]上海希培德建筑材料有限公司〈P1770〉;上海市涂料研究所〈P1764〉;上海富晨化工有限公司〈P1733〉;华东理工大学华昌聚合物有限公司〈P1726〉;上海秀珀化工有限公司〈P1773〉;上海佳品涂料有限公司〈P1742〉;[苏]常州圣安涂料有限公司〈P1849〉;无锡市浩华氟涂料有限公司〈P1876〉;张家港市东昌涂料有限公司〈P1912〉;[浙]杭州华顺化工防腐有限公司〈P1918〉;临海市永固为华涂料有限公司〈P1960〉;[赣]江西设备防腐公司〈P2009〉;[鲁]德士力(东营)化工有限公司(2500 吨)〈P2081〉;[粤]深圳市粤星雅实业有限公司〈P2273〉;佛山市鲸鲨制漆科技有限公司〈P2288〉;中山森田化工有限公司〈P2282〉;[渝]重庆百信实业有限公司〈P2303〉;[陕]宝鸡市铁军化工防腐安装有限责任公司〈P2351〉

阴极电泳涂料 G01134721

Cathode electrophoretic coating

广泛应用于五金行业如拉头、镜架、纽扣等表面的涂覆

【生产厂】[苏]常州市凌龙涂料有限公司〈P1853〉

厚膜阴极电泳涂料 G01134731

Thick film cathode electrophoretic coating

用于各种汽车的底漆涂装,也适用于一些金属部件的涂装

【生产厂】[苏]常州市凌龙涂料有限公司〈P1853〉

双组分中厚膜阴极电泳漆 G01134751

Thick film cathode electrophoretic paint, bicomponent

【生产厂】[皖]安徽省池州新赛德化工有限公司〈P1987〉

电泳涂料 G01134791

Electrophoretic coating

用于中高档客车、轿车、中巴、货车、摩托车、自行车、家电、各种机械产品等表面涂装

【生产厂】[浙]杭州科望特种油墨有限公司〈P1920〉;[粤]东莞市中裕涂料有限公司〈P2280〉

H11-51 各色环氧酯烘干电泳漆; H08-1 各色环氧酯烘干电泳漆 G01134801

Various color epoxy ester baking electrophoretric paint H11-51

适用于钢铁、铝及铝镁合金表面的涂覆

【生产厂】[鲁]莱阳市春帆漆业有限责任公司〈P2108〉;[滇]昆明中华涂料有限责任公司〈P2340〉

阴极电泳漆 G01134901

Cathode electrophoretic paint

广泛用于汽车、家用电器、轻工产品、机械产品以及各类钢件的耐蚀底涂装

【生产厂】[津]天津市津南区新桥绝缘材料有限公司(2000 吨)〈P1594〉;天津市邦益化工涂料有限公司(1000 吨)〈P1579〉;[沪]上海顺佳化学助剂有限公司〈P1765〉;[苏]泰州市天成化工有限公司〈P1827〉;[皖]安徽省池州新赛德化工有限公司〈P1987〉;[鲁]莱阳市春帆漆业有限责任公司〈P2108〉;山东省莱阳市春帆漆业有限责任公司〈P2114〉

H11-96 阴极电泳漆 G01135191

Cathode electrophoretic paint H11-96

用于汽车、自行车、拖拉机、家用电器、军工等领域作耐腐蚀底漆

【生产厂】[津]天津市新丽华色材有限责任公司(600 吨)〈P1608〉;[滇]昆明中华涂料有限责任公司(1000 吨)〈P2340〉

紫外光固化涂料;紫外光固化油; UV 固化涂料 G01135221

UV-Cured coating

用于地板、家具表面涂装(生产线)

【生产厂】[京]红狮涂料国际有限公司〈P1567〉;[沪]上海天达制漆有限公司〈P1767〉;[苏]丹阳冠鸿化工有限公司〈P1839〉;江阴市宇维高分子化工有限公司〈P1871〉;[皖]杜邦华佳化工有限公司〈P1980〉;[闽]福州德贤化工有限公司〈P1989〉;[鲁]威海市瀚玉化纺有限公司(800 吨)〈P2125〉;[豫]商丘市博大化工有限公司〈P2226〉;[粤]广州市虹云高分子材料有限公司〈P2264〉;深圳鼎好光化科技有限公司〈P2269〉;德一涂料股份有限公司〈P2268〉;广东华润涂料有限公司(500 吨)〈P2290〉

紫外光固化罩光清漆 G01135261

UV-Cured finishing varnish

适用于摩托车油箱和塑料件的表面罩光

【生产厂】[粤]广州市延安油漆集团股份有限公司〈P2267〉

光固化涂料 G01135301

Light curing coating

适用于塑料件、高密度木地板、中密度台板的涂饰

【生产厂】[辽]沈阳彩逸特种涂料制造有限公司〈P1684〉;大连华日漆业有限公司〈P1692〉;[沪]上海家具涂料厂〈P1742〉;上海奉星涂料有限公司〈P1733〉;[苏]常州市威利杰涂料有限公司〈P1854〉;[鲁]山东省昌乐县华颖液体瓷厂〈P2097〉;[粤]深圳松辉化工有限公司〈P2273〉;[川]成都博深高技术材料开发有限公司〈P2309〉

酸固化油漆 G01135391

Acid curing paint

【生产厂】[苏]无锡市英波化工有限公司〈P1881〉;[粤]佛山市万正涂料有限公司〈P2289〉

环氧酚醛树脂涂料 G01135401

Epoxy-phenolic resin coating

【生产厂】[沪]上海青浦飞浦树脂厂〈P1757〉;[苏]江阴市兴国食品包装涂料有限公司(100 吨)〈P1871〉

塑料漆 G01135511

Paint for plastic

适用于ABS、聚苯乙烯、聚氯乙烯、聚丙烯等塑料制品作表面涂饰

【生产厂】[冀]石家庄金鱼涂料集团公司〈P1627〉;[浙]浙江杭州富阳晨华涂料厂〈P1927〉;海盐华达油墨化学有限公司〈P1940〉;[闽]厦门联星化学工业有限公司〈P1992〉;[鲁]诸城市乐天化工有限公司(800吨)〈P2107〉;青岛宣威涂层材料有限公司〈P2045〉;[豫]新乡市永华油漆化工厂〈P2207〉;[鄂]武汉市煜昌化工涂料有限公司〈P2233〉;[粤]深圳市豪虹涂料有限公司〈P2271〉;德一涂料股份有限公司〈P2268〉;珠海市广鑫化工有限公司〈P2275〉;江门市嘉孚化工油漆有限公司〈P2285〉;[陕]西安近代化学研究所化工油漆厂〈P2348〉

高渗透封固底漆;封固底漆 G01135591

Seal up primer, high osmotic

用于室内及室外砖墙、混凝土、水泥批灰、水泥及石灰墙面涂刷

【生产厂】[京]北京高渡美涂料有限公司〈P1548〉;[辽]丹东同达涂料有限公司〈P1701〉;[沪]上海明光涂料厂〈P1754〉;上海华桓涂料有限公司〈P1738〉;[苏]苏州百氏高涂料有限公司〈P1899〉;扬州亚菲涂料有限公司〈P1820〉;[浙]浙江省海宁海龙化学有限责任公司〈P1944〉;[赣]江西蒙莱特漆业有限公司〈P2015〉

绝缘环氧涂料 G01136101

Epoxy insulating coating

【生产厂】[苏]吴江市太湖涂料有限公司〈P1911〉;[浙]嘉兴荣泰雷帕司绝缘材料有限公司〈P1941〉

环氧地面涂料 G01136311

Epoxy floor coating

用于工业和民用建筑地面中防尘、耐酸碱、有机溶剂、各种油类腐蚀及需要防漏、防渗和有装饰美观要求等项目中

【生产厂】[津]天津可喜化工有限公司(600吨)〈P1575〉;[辽]沈阳兴达涂料有限公司〈P1690〉;[沪]上海通威实用技术研究所〈P1768〉;上海希培德建筑材料有限公司〈P1770〉

环氧耐磨防滑地面涂料 G01136331

Epoxy antiwear antislip floor coating

广泛使用于长期潮湿环境的水泥或水磨石地面

【生产厂】[吉]吉林省利源涂装有限责任公司〈P1714〉;[沪]上海开林造漆厂〈P1746〉;[苏]无锡市奚妙工业涂料有限公司〈P1879〉;[鲁]山东高威化工有限公司(1000吨)〈P2153〉;[粤]广州捷耐制漆有限公司〈P2261〉

环氧防静电地面漆 G01136351

Epoxy antistatic floor paint

【生产厂】[沪]上海通威实用技术研究所〈P1768〉

环氧酯绝缘漆 G01136411

Epoxy ester insulating paint

【生产厂】[苏]吴江市太湖涂料有限公司〈P1911〉

H31-54 各色环氧酯烘干绝缘漆 G01136501

Various color epoxy ester baking insulating paint H31-54

适用于东南亚或湿热带地区之电器、电机、机械设备以及精密仪表、部件表面覆盖之用

【生产厂】[苏]吴江市太湖涂料有限公司〈P1911〉

环氧无溶剂自流平漆 G01136601

Epoxy self-leveling paint, solvent free

应用于化学、制药、电子工业洁净地坪,大型超市、仓库的地坪

【生产厂】[津]天津市科威实业公司(1000吨)〈P1597〉;[辽]大连喜立德建材有限公司〈P1694〉;[沪]上海卡德化工有限公司〈P1746〉;华东理工大学华昌聚合物有限公司〈P1726〉;上海汇浩工业涂料有限公司〈P1741〉;上海汇宇精细化工有限公司〈P1741〉;上海赛诺化工有限公司〈P1759〉;[苏]江阴天星保温材料有限公司〈P1872〉;扬州亚菲涂料有限公司〈P1820〉;[豫]濮阳市兴建防腐涂料有限公司(300吨)〈P2215〉;[粤]深圳市景江化工有限公司〈P2271〉;[甘]西北永新化工股份有限公司〈P2356〉

环氧沥青漆类 G01136800

Epoxy-asphalt paint

【生产厂】[津]天津市外星化工涂料有限公司〈P1605〉;[黑]大庆龙化新实业总公司雪龙涂料厂〈P1722〉

环氧抗污涂料 G01136801

Epoxy antifouling coating

【生产厂】[赣]江西设备防腐公司〈P2009〉

珠光型热固性粉体涂料 G01137021

Pearlescent thermosetting powder coating

【生产厂】[苏]南京弘创涂料厂〈P1784〉

环氧沥青管道底漆 G01137031

Epoxy-asphalt primer for pipeline

【生产厂】[沪]上海开林造漆厂〈P1746〉;[浙]浙江鱼童发达造漆有限公司〈P1970〉

环氧树脂类化工管道防腐漆 G01137091

Epoxy resin rotproof paint for chemical pipage

【生产厂】[鲁]烟台得蒙精细化工有限公司〈P2116〉

环氧甲板防滑漆 G01137211

Epoxy antislip deck paint

是船舶头及其他海洋设施的人行甲板用漆

【生产厂】[鄂]武汉现代工业技术研究院〈P2234〉

环氧树脂类船舶涂料 G01137351

Epoxy resin shipping coating

【生产厂】[鲁]烟台得蒙精细化工有限公司〈P2116〉

环氧树脂类防腐涂料 G01137401

Epoxy anticorrosive coating

适用于各类炼油厂、化工厂污水处理设备、钢结构及管网的防腐

【生产厂】[冀]任丘市华北石油华晨涂料化工有限公司〈P1656〉;廊坊新华特种涂料有限公司(100吨)〈P1662〉;[黑]哈尔滨市长河特种涂料厂〈P1720〉;[苏]常州市大使涂料有限公司〈P1850〉;常州市华星防腐材料有限公司〈P1851〉;常州市鸿腾化工有限公司〈P1851〉;常州市凯星涂料有限公司〈P1852〉;万胜化工(昆山)有限公司〈P1909〉;张家港市华泰涂料有限公司〈P1913〉;扬州美涂士金陵特种涂料有限公司〈P1818〉;[浙]杭州华顺化工防腐有限公司〈P1918〉;[粤]深圳市明远氟涂料有限公司〈P2272〉;深圳市景江化工有限公司〈P2271〉;[陕]西安昌胜化工有限公司〈P2347〉

环氧系列重防腐涂料 G01137405

Epoxy heavy anticorrosive coating

适用于港口工程、水利水电工程、油气田输送管道、煤气管道、机车车辆等结构和钢筋混凝土结构的防腐

【生产厂】[京]优龙(北京)重防腐涂料有限公司〈P1568〉;[冀]全民塑胶防腐材料有限公司〈P1662〉;[苏]张家港市飞宇化工有限公司〈P1912〉;[鄂]武汉现代工业技术研究院〈P2234〉

各色环氧厚浆型防腐涂料 G01137409

Various color epoxy thick paste anticorrosive coating

【生产厂】[苏]常州市邦杰化工有限公司〈P1849〉;[鄂]武汉现代工业技术研究院〈P2234〉;[川]攀枝花荣鑫油漆有限责任公司〈P2322〉

耐热防腐涂料 G01137411

Heat-resistant anticorrosive coating

广泛用于石油、化工、桥梁、电力、冶金等行业

【生产厂】[冀]任丘市华北石油华晨涂料化工有限公司〈P1656〉;[沪]上海大通高科技材料有限责任公司〈P1731〉;[苏]常州圣安涂料有限公司〈P1849〉;[鲁]青岛海建化学有限公司〈P2035〉;[豫]洛阳万乐防腐涂料有限公司(200 吨)〈P2187〉

环氧防腐漆 G01137412

Epoxy anticorrosive paint

适用于金属、轻金属表面防腐涂装

【生产厂】[津]天津市延安化工厂分厂(400 吨)〈P1610〉;天津市金利化工有限公司(2000 吨)〈P1592〉;[冀]武邑灯塔防腐涂料有限责任公司〈P1669〉;[辽]大连国光溶剂厂〈P1691〉;[吉]中国石油吉化集团公司(500 吨)〈P1717〉;[苏]常州光辉化工有限公司〈P1847〉;扬州美涂士金陵特种涂料有限公司(400 吨)〈P1818〉;[鲁]临淄金冠防腐化工厂〈P2049〉;[豫]濮阳市恒美实业开发中心(200 吨)〈P2214〉;[鄂]武汉铁神化工有限公司〈P2234〉;[粤]广州市泰堡防火材料有限公司〈P2266〉

环氧型耐油防静电涂料 G01137413

Epoxy oilproof anti-static coating

用于石油产品容器、槽车、输汽管道内外壁防腐防静电涂装,也适用于炼油厂、油轮、海洋钻井平台等

【生产厂】[冀]任丘市华北石油华晨涂料化工有限公司〈P1656〉;[苏]常州圣安涂料有限公司〈P1849〉;[陕]西安航天化学动力厂〈P2348〉

新型环氧涂料 G01137414

Epoxy coating, new type

适用于大中型化工设备、机电产品等的防腐蚀涂装

【生产厂】[津]天津市振东涂料有限公司(300 吨)〈P1613〉

集装箱涂料 G01137416

Container coating

用于集装箱的保护

【生产厂】[沪]上海开林造漆厂〈P1746〉;[粤]广州市三磊新材料有限公司〈P2266〉

耐海水腐蚀底漆 G01137421

Primer of anticorrosion of seawater

【生产厂】[苏]丹阳市银海镍铬化工有限公司〈P1841〉

环氧抗静电防腐涂料 G01137441

Epoxy antistatic anticorrosive coating

【生产厂】[浙]杭州华顺化工防腐有限公司〈P1918〉;[赣]江西设备防腐公司〈P2009〉;[陕]西安昌胜化工有限公司〈P2347〉

环氧导静电防腐漆 G01137451

Epoxy electrical conductive anticorrosive paint

适用于石油及各种成品油贮罐、输油管道、船舶及送油槽车罐内、外壁的导静电防腐保护

【生产厂】[冀]石家庄金鱼涂料集团公司〈P1627〉;[鲁]山东泰山史宾莎涂料有限公司(100 吨)〈P2137〉

常温固化水基环氧防腐涂料 G01137471

Waterbase epoxy anticorrosive coating, normal temperature setting

适用各种金属设备及构件的防腐涂装,涂层的防腐效果好,具有良好的装饰性

【生产厂】[京]北京佳丽美涂料有限责任公司〈P1551〉

环氧砂浆长效防腐涂料 G01137491

Epoxy slurry longacting anticorrosive coating

【生产厂】[沪]上海大邦化工防腐有限公司〈P1730〉;上海汇宇精细化工有限公司〈P1741〉;[豫]濮阳市兴建防腐涂料有限公司〈P2215〉;[渝]重庆百信实业有限公司〈P2303〉

铁红环氧底漆 G01137501

Iron oxide red epoxy primer

专供防腐涂层打底用

【生产厂】[冀]石家庄市鱼鹰油漆厂〈P1632〉;[黑]大庆龙化新实业总公司雪龙涂料厂〈P1722〉;[沪]上海南极涂料有限公司〈P1754〉;上海奉星涂料有限公司〈P1733〉;[苏]宜兴市高塍日新化工厂〈P1884〉;[豫]濮阳市兴建防腐涂料有限公司〈P2215〉

环氧铁红车间底漆 G01137551

Epoxy iron oxide red workshop primer

用作工业防腐涂料

【生产厂】[沪]上海开林造漆厂〈P1746〉;[苏]常州圣安涂料有限公司〈P1849〉;[浙]浙江鱼童发达造漆有限公司〈P1970〉;[湘]湖南湘江涂料集团有限公司〈P2248〉

环氧沥青防腐漆 G01137710

Epoxy-asphalt anticorrosive paint

广泛用于油气田的输油、输气管道,炼油厂、化工厂、污水处理厂设备和管道的防腐

【生产厂】[冀]石家庄市金达特种涂料有限公司〈P1630〉;[苏]常州圣安涂料有限公司〈P1849〉;无锡光明化工厂有限公司〈P1873〉;[桂]柳州市造漆厂〈P2298〉;[陕]陕西宝塔山油漆股份有限公司〈P2352〉

环氧带锈防锈防腐涂料 G01138001

Epoxy anticorrosive antirust coating with rust

适用于各种钢铁罐体、锅炉及管道、石油化工管、护栏、路标、高速公路带等

【生产厂】[冀]沧州市恒利化工有限公司〈P1652〉;保定市正

泰科技有限公司〈P1646〉;[辽]丹东同达涂料有限公司〈P1701〉;[苏]无锡光明化工厂有限公司〈P1873〉;宜兴华宜化工有限公司〈P1883〉;[豫]濮阳市兴建防腐涂料有限公司〈P2215〉;[鄂]武汉现代工业技术研究院〈P2234〉;[粤]新达化工实业有限公司〈P2294〉;[川]成都市海鲨漆业有限责任公司〈P2314〉

环氧富锌防锈防腐涂料 G01138051

Epoxy zinc rich antirust and anticorrosive coating

【生产厂】[苏]无锡市奚妙工业涂料有限公司〈P1879〉;宜兴市振华造漆厂〈P1888〉

各色环氧防腐面漆 G01138161

Various color epoxy anticorrosive top-coat

适用于钢结构表面作防腐面漆,木材及水泥制品、船舶机床、电器等表面作防护和装饰性面漆

【生产厂】[冀]河北鱼鹰涂料集团有限公司〈P1623〉;[沪]上海富晨化工有限公司〈P1733〉;[苏]常州市邦杰化工有限公司〈P1849〉;张家港市永泰防腐涂料有限公司〈P1914〉;[浙]杭州萧山阳光涂料有限公司〈P1924〉;[鲁]山东省昌乐县华颖液体瓷厂〈P2097〉;[豫]濮阳市兴建防腐涂料有限公司〈P2215〉

各色环氧防腐蚀烘干底漆 G01138171

Epoxy anticorrosive baking primer of all colors

【生产厂】[粤]广州市国花油漆制造公司〈P2264〉;新达化工实业有限公司〈P2294〉;[川]四川德阳奥林化工涂料有限公司〈P2326〉

环氧防腐底漆 G01138191

Epoxy anticorrosive primer

适用于钢结构表面的防腐和保护性涂装

【生产厂】[冀]晋州市长宏化工有限责任公司〈P1625〉;中油嘉昱防腐技术有限公司〈P1663〉;[豫]濮阳市兴建防腐涂料有限公司〈P2215〉;[粤]深圳市景江化工有限公司〈P2271〉

环氧酯防锈漆 G01138201

Epoxy ester antirust paint

用于大型设备、桥梁、船壳、工矿车辆的打底

【生产厂】[辽]沈阳格林涂料有限公司〈P1685〉;大连实利德漆业有限公司〈P1693〉;[沪]上海开林造漆厂〈P1746〉;[苏]常州市武进虹灵化工厂〈P1854〉;张家港市飞宇化工有限公司〈P1912〉;[鲁]山东齐鲁漆业有限公司(2 万吨)〈P2153〉

环氧烘干防锈底漆 G01138251

Epoxy baking antirust primer

【生产厂】[苏]宜兴市振华造漆厂〈P1888〉;[粤]中山森田化工有限公司〈P2282〉

846 环氧沥青厚浆防锈漆 G01138401

Epoxy-asphalt antirust paint, thick paste 846

可用于船底、压载水舱、码头钢桩、海上石油钻井平台、矿井钢铁支架、管道等作防腐蚀涂料之用

【生产厂】[沪]上海开林造漆厂(250 吨)〈P1746〉;[苏]常州光辉化工有限公司〈P1847〉;[浙]浙江鱼童发达造漆有限公司〈P1970〉

H53-31 红丹环氧酯防锈漆;H53-1 红丹环氧防锈漆 G01138501

Red lead epoxy ester antirust paint H53-31

用于防锈要求较高的桥梁、船壳、工矿车辆的打底

【生产厂】[沪]上海开林造漆厂〈P1746〉;[苏]南通万邦采涂料有限公司〈P1836〉;[陕]西安昌胜化工有限公司〈P2347〉

环氧红丹防锈底漆 G01138601

Red lead epoxy antirust primer

适用于车辆、机床、机器设备、钢结构桥梁、屋架、化工防腐设备等金属物表面的涂装及保护

【生产厂】[冀]石家庄金鱼涂料集团公司〈P1627〉;[苏]常州光辉化工有限公司〈P1847〉;[鲁]威海市玉威漆业有限公司(600 吨)〈P2126〉

H53-8 环氧红丹防锈漆 G01138701

Red lead epoxy antirust paint H53-8

用于油罐贮槽内壁打底

【生产厂】[苏]常州市申达涂料有限公司〈P1853〉;常州圣安涂料有限公司〈P1849〉

环氧红丹防锈漆 G01138751

Red lead epoxy antirust paint

用于经抛丸或喷砂后的钢材保养底漆、防锈底漆或中间涂层,增加封闭性和防腐性

【生产厂】[津]天津市外星化工涂料有限公司〈P1605〉;[辽]沈阳彩逸特种涂料制造有限公司〈P1684〉;[黑]哈尔滨市长河特种涂料厂〈P1720〉;[苏]宜兴市高塍日新化工厂〈P1884〉;张家港市永泰防腐涂料有限公司〈P1914〉;[浙]杭州萧山阳光涂料有限公司〈P1924〉;[豫]濮阳市兴建防腐涂料有限公司〈P2215〉

环氧沥青耐油漆 G01139191

Epoxy-asphalt oil proof paint

可用于船用燃料油舱、主机底座、压载水舱等作防腐蚀涂料之用

【生产厂】[沪]上海开林造漆厂〈P1746〉;[苏]常州光辉化工有限公司〈P1847〉;[鲁]烟台得蒙精细化工有限公司〈P2116〉

铝粉环氧沥青耐油底漆 G01139201

Aluminium powder epoxy-asphalt anti-oil primer

可用于船用燃料油舱、压载水舱、主机底座等作防腐蚀涂料之用

【生产厂】[辽]沈阳彩逸特种涂料制造有限公司〈P1684〉;[沪]上海开林造漆厂(30 吨)〈P1746〉;[苏]常州光辉化工有限公司〈P1847〉

煤焦油环氧漆 G01139251

Coal tar epoxy paint

用于严重腐蚀性环境中钢铁和混凝土的长期保护,如船底、原油燃油储罐、压载水箱等浸泡表面

【生产厂】[鲁]山东泰山史宾莎涂料有限公司(80 吨)〈P2137〉;[粤]广州市三磊新材料有限公司〈P2266〉

各色环氧漆;环氧有色漆 G01139291

Various color epoxy paint
【生产厂】[沪]上海奉星涂料有限公司〈P1733〉

改性环氧涂料 G01139301
Modified epoxy coating
用作食品容器内壁底涂料，可以盛装高酸、高硫食品
【生产厂】[沪]上海青浦飞浦树脂厂〈P1757〉；[浙]杭州国电水利电力工程有限公司大坝安全工程公司〈P1917〉

水性环氧树脂涂料 G01139501
Water-based epoxy resin coating
【生产厂】[辽]大连喜立德建材有限公司〈P1694〉；[沪]上海汇宇精细化工有限公司〈P1741〉；[粤]深圳市景江化工有限公司〈P2271〉

耐磨涂料；耐磨漆 G01139601
Antiwear coating
用于化工、盐矿、制药等行业有腐蚀的地面
【生产厂】[京]北京奥宇可鑫表面工程技术有限公司〈P1543〉；[赣]江西设备防腐公司〈P2009〉

瓷釉涂料；仿瓷涂料 G01139701
Porcelain-like coating
主要用于浴缸涂刷、铸铁搪瓷浴缸的翻新及其他卫生设施的装饰，还可对浴室、高级宾馆表面作仿瓷装饰
【生产厂】[京]北京益利达建筑涂料厂〈P1565〉；[冀]邯郸市益福隆涂料有限公司〈P1639〉；[辽]大连金川豹涂料装饰工程有限公司〈P1692〉；[苏]无锡爱诺丝涂料有限公司〈P1872〉；无锡市浩华氟涂料有限公司〈P1876〉；徐州开达精细化工有限公司〈P1795〉；[浙]博星化工涂料有限公司〈P1959〉；[鲁]山东淄博仿瓷涂料厂〈P2056〉；东营市方圆实业有限责任公司〈P2081〉；新汶矿业集团有限责任公司(600吨)〈P2139〉；[豫]郑州白玉涂料厂(1000吨)〈P2169〉；郑州市胜亮涂料有限公司(1000吨)〈P2173〉；巩义市纳洁涂料厂(800吨)〈P2163〉；新乡市卫滨钟声建筑涂料厂(150吨)〈P2206〉；济源市西关涂料厂(300吨)〈P2195〉；汤阴县山河涂料厂(300吨)〈P2212〉；河南省滑县934涂料厂(600吨)〈P2211〉；滑县桥南老四防水涂料厂(800吨)〈P2211〉；红旗渠环保涂料厂(500吨)〈P2211〉；林州市蓝星涂料厂(600吨)〈P2211〉；林州市阳光涂料厂(500吨)〈P2212〉；河南省南乐县金九涂料厂〈P2212〉；禹州市嵩峰涂料厂(800吨)〈P2219〉；漯河市洁光涂料厂(2000吨)〈P2220〉；三门峡市红旗涂料厂(500吨)〈P2222〉；三门峡西站大营涂料厂(800吨)〈P2222〉；峡西八七涂料厂(500吨)〈P2222〉；陕县光明涂料厂(1000吨)〈P2222〉；河南省义马市鸿庆涂料厂(500吨)〈P2221〉；渑池县永兴涂料厂(450吨)〈P2222〉；商丘凯光涂料厂〈P2226〉；[粤]潮阳市金南化工有限公司〈P2275〉；新发化工(广东)有限公司〈P2278〉

环氧玻璃鳞片漆 G01139711
Epoxy glass-flake paint
适用于海上平台等海洋工程设施、输油管道、水电站大型压力钢管、码头钢桩、桥梁等作重防腐蚀涂料之用
【生产厂】[苏]常州市申达涂料有限公司〈P1853〉；常州市邦杰化工有限公司〈P1849〉；常州圣安涂料有限公司〈P1849〉；常州市武进虹灵化工厂〈P1854〉；张家港市永泰防腐涂料有限公司〈P1914〉；[浙]余姚特种涂料厂〈P1935〉；浙江鱼童发达造漆有限公司〈P1970〉；[陕]西安昌胜化工有限公司〈P2347〉

鳞片重防腐涂料 G01139715
Flake heavy anticorrosive coating
用于石油、化工、冶金、电力、矿山、建筑安装工程、水下工程、管道、海上钻井平台、船舶、污水处理等行业
【生产厂】[沪]华东理工大学华昌聚合物有限公司〈P1726〉；[苏]扬州美涂士金陵特种涂料有限公司〈P1818〉；[豫]濮阳市恒美实业开发中心(200吨)〈P2214〉

888仿瓷涂料 G01139721
Porcelain-like coating 888
适用于混凝土墙面、水泥砂浆墙面等平整的建筑内饰墙面
【生产厂】[豫]郑州市邙山区王砦涂料厂(1000吨)〈P2173〉；汤阴县忠武建筑涂料有限公司〈P2212〉；河南澳得斯涂料有限公司(1000吨)〈P2180〉；三门峡市保质涂料厂(300吨)〈P2222〉

水性底漆 G01139731
Water-based primer
适用于建筑物内、外墙涂料装饰的第一道涂刷，用于各种钢铁表面的防锈处理
【生产厂】[京]北京金汇利应用化工制品有限公司〈P1552〉；[苏]苏州百氏高涂料有限公司〈P1899〉；[皖]安徽爱迪尔涂料有限责任公司〈P1971〉；[鲁]莱阳市金易化工有限公司〈P2108〉；海之源集团青岛绿野仙踪化学品有限公司〈P2031〉；青岛金森达化工有限公司〈P2039〉

水性封碱底漆 G01139791
Water-based alkali-close primer
用于混凝土或水泥沙浆表面底漆
【生产厂】[苏]扬州市通发装饰工程有限公司〈P1819〉；苏州百氏高涂料有限公司〈P1899〉；[皖]庐江县幸生涂料有限公司〈P1985〉

双组分环氧底漆 G01139801
Epoxy primer, bicomponent
【生产厂】[京]北京关西涂料有限公司〈P1548〉；[冀]晋州市长宏化工有限责任公司〈P1625〉

环氧锌黄底漆 G01139901
Epoxy zinc yellow primer
【生产厂】[津]天津市外星化工涂料有限公司〈P1605〉；[冀]石家庄市金达特种涂料有限公司〈P1630〉；[粤]广州市国花油漆制造公司〈P2264〉

耐高温防腐涂料 G01139913
Anticorrosive coating, high temperature resistant
广泛用于钢铁制品及设备管道、烟囱、烟道、高温炉、烘箱、热风炉、石油裂解等装置
【生产厂】[京]北京双棱高温防腐材料研究所〈P1562〉；北京奥宇可鑫表面工程技术有限公司〈P1543〉；[冀]石家庄市金达特种涂料有限公司〈P1630〉；任丘市华北石油华晨涂料化工有限公司〈P1656〉；[沪]上海汇丽集团有限公司〈P1741〉；[苏]常州市申达涂料有限公司〈P1853〉；常州市华星防腐材料有限公司〈P1851〉；常州圣安涂料有限公司〈P1849〉；常州市凯星涂料有限公司〈P1852〉；无锡市虎皇漆业有限公司〈P1876〉；江阴市天泽制涂有限公司〈P1871〉；靖江恒丰化工有限公司〈P1824〉；张家港市东昌

涂料有限公司〈P1912〉;张家港市飞宇化工有限公司〈P1912〉;扬州美涂士金陵特种涂料有限公司〈P1818〉;[浙]杭州华顺化工防腐有限公司〈P1918〉;余姚特种涂料厂〈P1935〉;[鲁]烟台华特聚氨酯有限公司〈P2117〉;青岛宣威涂层材料有限公司〈P2045〉;[川]攀枝花荣鑫油漆有限责任公司〈P2322〉

浸渍绝缘漆 G01139914

Impregnating insulating paint

适用于沉浸、滴浸、滚浸、连续沉浸、真空浸烘等绝缘工艺

【生产厂】[沪]上海开林造漆厂〈P1746〉;[苏]江阴创易特种绝缘材料有限公司〈P1867〉;[浙]嘉兴市福来特化工有限公司(3500吨)〈P1941〉;[鄂]湖北省化学研究院〈P2228〉;[粤]三化绝缘材料(东莞)有限公司〈P2278〉;江门(鹤山市)共和润源化工厂〈P2285〉

无溶剂浸渍漆 G01139941

Impregnating paint, solventliss

用于机电产品、线圈绕组的浸渍或滴浸绝缘处理

【生产厂】[沪]上海开林造漆厂〈P1746〉;[苏]吴江市太湖涂料有限公司〈P1911〉;[鲁]蓬莱市特种绝缘材料厂〈P2112〉

环氧酯锌黄防锈漆 G01139981

Epoxy ester zinc yellow antirust paint

【生产厂】[苏]常州圣安涂料有限公司〈P1849〉

聚氨酯漆类 G01140000

Polyurethane paint

用于木器制品、家具、机械设备、化工管路作装饰、保护、防腐涂层

【生产厂】[津]天津市东光特种涂料有限公司(500吨)〈P1585〉;天津市北星化工有限公司(1000吨)〈P1580〉;天津市宝坻区北方化工厂(2000吨)〈P1579〉;[冀]石家庄金鱼涂料集团公司〈P1627〉;武邑灯塔防腐涂料有限责任公司〈P1669〉;邯郸市鑫马涂料股份合作公司(500吨)〈P1639〉;保定保立化工涂料有限公司〈P1644〉;[辽]沈阳兴达涂料有限公司〈P1690〉;沈阳船牌制漆有限公司〈P1685〉;大连实利德漆业有限公司〈P1693〉;大连璐琨化工涂料有限公司〈P1693〉;大连靓奇化工产品有限公司〈P1692〉;[吉]长春泰欧亚涂料有限公司(500吨)〈P1714〉;[沪]上海奉星涂料有限公司〈P1733〉;上海圣元涂料有限公司〈P1762〉;[苏]丹阳市日月漆业有限公司〈P1840〉;无锡诺赛利漆业有限公司〈P1874〉;宜兴市茂达化工有限公司〈P1886〉;无锡市中竹漆业有限公司〈P1881〉;宜兴市鼎峰漆业有限公司〈P1884〉;淮安市造漆厂〈P1801〉;盐城万成化学有限公司〈P1812〉;泰州市铁猫涂料有限公司〈P1828〉;[浙]杭州立威化工涂料有限公司〈P1920〉;宁波柯力高分子材料有限公司〈P1931〉;东阳市惠泽化工涂料有限公司〈P1952〉;[皖]安徽省宁国市仙塔漆业有限公司〈P1986〉;马鞍山市康华化工有限公司〈P1977〉;[闽]福建东海漆业有限公司〈P1988〉;福建泉州美家涂料制造有限公司(300吨)〈P1998〉;福建省百花化学股份有限公司(5000吨)〈P2005〉;[鲁]山东齐鲁漆业有限公司(2万吨)〈P2153〉;淄博杜高化工有限公司〈P2059〉;潍坊金城化工油漆有限公司〈P2103〉;山东乐化集团有限公司〈P2095〉;威海市玉威漆业有限公司(1000吨)〈P2126〉;莱阳市亚力美涂料有限公司(500吨)〈P2108〉;青岛润泰制漆有限公司〈P2041〉;格瑞特漆业(梁山)有限公司(600吨)〈P2127〉;山东梁山蓝天化工有限公司(300吨)〈P2131〉;山东奔腾漆业有限公司(1000吨)〈P2130〉;[豫]郑州双塔涂料有限公司〈P2174〉;河南庆安化工高科技股份有限公司(2000吨)〈P2166〉;[鄂]武汉铁神化工有限公司〈P2234〉;[粤]广州捷耐制漆有限公司〈P2261〉;惠州市华阳化工有限公司〈P2278〉;深圳雅联化工实业有限公司〈P2273〉;德一涂料股份有限公司〈P2268〉;深圳松辉化工有限公司〈P2273〉;佛山市鲸鲨制漆科技有限公司(500吨)〈P2288〉;佛山市万正涂料有限公司〈P2289〉;东星化工实业有限公司〈P2287〉;顺德鸿昌涂料实业有限公司〈P2292〉;江门市制漆厂有限公司(3000吨)〈P2286〉;新会汇通漆厂有限公司〈P2286〉;江门市四方精细化工有限公司〈P2285〉;[渝]重庆三峡油漆股份有限公司〈P2306〉;[川]广汉市林木一制漆有限责任公司〈P2324〉;[陕]西安利澳科技股份有限公司〈P2349〉;西安北方惠安精细化工有限公司(2000吨)〈P2347〉;陕西源源化工有限责任公司〈P2353〉

单组分聚氨酯清漆 G01140100

Polyurethane varnish, monocomponent

用于竹、木器具制品、地板上光

【生产厂】[津]天津市新丽华色材有限责任公司(800吨)〈P1608〉;[沪]上海家具涂料厂(500吨)〈P1742〉

聚氨酯色漆 G01140201

Polyurethane color paint

用于中高档木制家具、工业制品表面涂装

【生产厂】[沪]上海家具涂料厂(1000吨)〈P1742〉;上海华邦涂料有限公司〈P1738〉;[苏]宜兴市华宝化工厂〈P1885〉;[闽]桑川(泉州)制漆有限公司〈P2000〉

聚氨酯装修漆;聚氨酯装饰漆 G01140301

Polyurethane decorating paint

主要用于家庭装修、建筑装饰等

【生产厂】[辽]营口宝山化工有限公司〈P1703〉;[陕]陕西宝塔山油漆股份有限公司〈P2352〉

聚氨酯外墙漆 G01140361

Polyurethane paint for exterior wall

【生产厂】[沪]上海市涂料研究所〈P1764〉;上海巨峰化工有限公司〈P1746〉;上海雅达涂料有限公司〈P1773〉;[闽]莆田市三江化学工业有限公司〈P1997〉;[粤]广州美威涂料有限公司〈P2262〉;中山市特朗涂料化工有限公司〈P2283〉;[滇]昆明新大地制漆有限公司〈P2339〉

水性聚氨酯漆 G01140391

Polyurethane paint, water-based

主要应用于室内装修、木器制品、竹器、藤器以及地板等的保护和装饰

【生产厂】[粤]东莞市飞鸿涂料有限公司〈P2279〉

聚氨酯清漆;PU清漆 G01140401

Polyurethane varnish

用于木制家具及金属的表面罩光

【生产厂】[京]红狮涂料国际有限公司〈P1567〉;[津]天津市大邱庄津姿涂料有限公司(300吨)〈P1583〉;[沪]上海造漆厂〈P1777〉;上海华邦涂料有限公司〈P1738〉;[苏]宜兴市华宝化工厂〈P1885〉;张家港市永泰防腐涂料有限公司〈P1914〉;[鲁]济南泰山金鹏涂料有限公司(50吨)〈P2025〉;威海富成涂料有限公司(300吨)〈P2124〉;莱阳市亚力美涂料有限公司(1000吨)〈P2108〉;山东梁山蓝天化工有限公司(1000吨)〈P2131〉;山东梁山万金化工有限公司(200吨)〈P2131〉;菏泽仕达化工有限公司(2000吨)〈P2159〉;[粤]广州金美联化工有限公司〈P2262〉;汕头大

G

中三联制漆有限公司〈P2276〉;广东美涂士化工集团〈P2290〉;[桂]柳州市造漆厂〈P2298〉;[川]攀枝花荣鑫油漆有限责任公司〈P2322〉;[滇]昆明中华涂料有限责任公司〈P2340〉;[新]昌吉市诚信测绘有限公司化学建材分公司〈P2367〉

亚光型聚氨酯清漆;PU 哑光清漆 G01140412

Polyurethane flat varnish

适用于各种木制品、贴纸、贴皮家具及室内嵌木板材表面的涂饰

【生产厂】[京]北京展辰化工有限公司〈P1566〉;北京仕全兴涂料有限责任公司〈P1558〉;[川]成都彩星科技实业有限公司〈P2309〉

亮光型聚氨酯清漆;PU 亮光清漆 G01140413

Polyurethane light varnish

用于各类木器家具及木质装修的涂装

【生产厂】[京]北京展辰化工有限公司〈P1566〉;北京仕全兴涂料有限责任公司〈P1558〉;[赣]江西蒙莱特漆业有限公司〈P2015〉

聚氨酯清漆 685 号 G01140601

Polyurethane varnish No. 685

用于各种家具的表面涂覆

【生产厂】[沪]上海家具涂料厂(4000 吨)〈P1742〉;[豫]新郑市新光化工涂料有限公司(500 吨)〈P2169〉;[川]广汉市林木一制漆有限责任公司〈P2324〉

各色聚氨酯汽车中涂漆 G01140701

Various color polyurethane car middle coating

主要用于轿车、轻型车的中间涂层涂装

【生产厂】[冀]晋州市长宏化工有限责任公司〈P1625〉;[川]成都彩星科技实业有限公司〈P2309〉;四川德阳奥林化工涂料有限公司〈P2326〉

聚氨酯中涂底漆 G01140751

Polyurethane middle coating primer

适用于实木、贴木皮和贴纸家具,是透明面漆、透明有色面漆最理想的中涂用漆

【生产厂】[津]首进(天津)涂料有限公司(300 吨)〈P1569〉;[黑]大庆龙化新实业总公司雪龙涂料厂〈P1722〉

聚氨酯耐磨清漆 G01140901

Polyurethane wearable varnish

【生产厂】[苏]宜兴市振华造漆厂〈P1888〉;[鲁]青岛宣威涂层材料有限公司〈P2045〉;[甘]西北永新化工股份有限公司〈P2356〉

聚氨酯导电漆 G01141051

Polyurethane conductive paint

应用于航空航天、微电子、石油化工、火炸药、计算机房、仪表仪器、原子能、玻璃钢等消除静电危害的部门

【生产厂】[浙]浙江鱼童发达造漆有限公司〈P1970〉;[陕]西安航天化学动力厂〈P2348〉

S01-3 聚氨酯清漆 G01141301

Polyurethane varnish S01-3

用于金属、木器家具、纺织用木梭、线轴芯等的保护,适用于湿热带气候的制品

【生产厂】[津]天津市大邱庄津姿涂料有限公司(400 吨)〈P1583〉;[皖]马鞍山市康华化工有限公司〈P1977〉;[甘]西北永新化工股份有限公司〈P2356〉

环保木器装饰漆 G01141302

Decorative paint for wood-ware, environmental-protection type

适用于室内木器家具及天花板、门窗、墙裙等木质表面,亦可作为高质量、高环保要求的内外墙涂料

【生产厂】[沪]上海德品漆业有限公司〈P1731〉;[鲁]青岛派超环保漆业有限公司〈P2041〉;[豫]郑州三一涂料有限公司(1500 吨)〈P2172〉;[陕]陕西宝塔山油漆股份有限公司〈P2352〉

双组分聚氨酯清漆 G01141891

Polyurethane varnish, dicomponent

用于木器、藤器、办公家具、家庭护墙板、地板等高级涂饰,也可用于金属保护

【生产厂】[浙]浙江杭州富阳晨华涂料厂〈P1927〉;[豫]郑州市捷士化工有限公司(1000 吨)〈P2173〉

聚氨酯磁漆 G01141900

Polyurethane enamel

主要用于机械设备、机床、电器仪表、家具等表面的涂饰

【生产厂】[苏]吴江市太湖涂料有限公司〈P1911〉;[浙]杭州宝塔油漆有限公司〈P1915〉;[鲁]莱阳市金易化工有限公司〈P2108〉;莱阳市亚力美涂料有限公司(1000 吨)〈P2108〉

聚氨酯半光磁漆 G01141911

Polyurethane semi-gloss enamel

【生产厂】[冀]河北鱼鹰涂料集团有限公司〈P1623〉;石家庄市鱼鹰油漆厂〈P1632〉;[沪]上海造漆厂(500 吨)〈P1777〉

各色聚氨酯速干磁漆 G01141951

Various color polyurethane quickdrying enamel

主要用作各类机床、电器、仪器仪表、机电设备等金属件表面的装饰保护

【生产厂】[苏]常州光辉化工有限公司〈P1847〉

各色聚氨酯速干锤纹漆 G01141991

Various color polyurethane quickdrying hammer paint

主要用作各类机床、电器、仪器仪表、机电设备等金属件表面的装饰保护

【生产厂】[苏]常州光辉化工有限公司〈P1847〉;[鲁]格瑞特漆业(梁山)有限公司(500 吨)〈P2127〉

各色聚氨酯磁漆 G01142211

Various color polyurethane enamel

用于金属保护、木器装饰及防潮的电绝缘、木船外壳保护等,也可用作混凝土、金属材料防腐蚀涂层

【生产厂】[辽]抚顺市顺前造漆厂〈P1698〉;大连实利德漆业有限公司〈P1693〉;[沪]上海奉星涂料有限公司〈P1733〉;[苏]宜兴市振华造漆厂〈P1888〉;[鲁]山东昌裕集团有限公司(5000 吨)〈P2152〉;潍坊正本涂料有限公司〈P2107〉;山东梁山万金化工有限公司(1300 吨)〈P2131〉;[滇]昆明中华涂料有限责任公司(1000 吨)〈P2340〉

聚氨酯瓷漆 G01142401
Polyurethane lacker
用于大型电器表面涂料,各种金属及复合材料制品涂装
【生产厂】[京]北京高渡美涂料有限公司〈P1548〉

S04-1 各色聚氨酯磁漆 G01142500
Various color polyurethane enamel S04-1
可涂于竹、木、塑、金属制品及砖混建筑物表面,常用作家具装璜涂料
【生产厂】[苏]张家港市永泰防腐涂料有限公司〈P1914〉

双组分各色聚氨酯磁漆 G01142507
Various color polyurethane enamel, bicomponent
【生产厂】[沪]上海造漆厂(500 吨)〈P1777〉;[浙]浙江杭州富阳晨华涂料厂〈P1927〉

聚氨酯木器磁漆 G01142811
Polyurethane enamel for wood-ware
【生产厂】[鲁]烟台得蒙精细化工有限公司〈P2116〉;[甘]西北永新化工股份有限公司(200 吨)〈P2356〉

铁红聚氨酯底漆 G01142901
Iron oxide red polyurethane primer
主要用于尿素造粒塔内壁,也可用于混凝土、金属表面的防腐蚀涂层
【生产厂】[黑]大庆龙化新实业总公司雪龙涂料厂〈P1722〉;[苏]常州圣安涂料有限公司〈P1849〉;吴江市太湖涂料有限公司〈P1911〉

各色聚氨酯底漆 G01143201
Various color polyurethane primer
用作耐油及防化学腐蚀的涂层
【生产厂】[京]北京展辰化工有限公司〈P1566〉;北京仕全兴涂料有限责任公司〈P1558〉;[辽]大连实利德漆业有限公司〈P1693〉;[沪]上海造漆厂〈P1777〉;上海德品漆业有限公司〈P1731〉;[浙]杭州宝塔油漆有限公司〈P1915〉;[鲁]山东省临朐县强力化建有限公司〈P2097〉;[豫]郑州三一涂料有限公司〈P2172〉;[粤]广州经丰纬聚氨酯有限公司〈P2262〉;德一涂料股份有限公司〈P2268〉

聚氨酯防潮底漆 G01143251
Polyurethane moistureproof primer
适用于盐水池、贮水池及潮湿表面的保护
【生产厂】[粤]中山市环美涂料企业公司〈P2283〉

PU 透明底漆 G01143291
PU Transparent primer
适用于护墙板、天花板、门窗及木器表面的涂饰
【生产厂】[京]北京展辰化工有限公司〈P1566〉;[赣]江西蒙莱特漆业有限公司〈P2015〉;[粤]深圳礼尚亨涂料有限公司〈P2269〉;广东美涂士化工集团〈P2290〉;雄泰涂料有限公司〈P2286〉

木器用装饰漆 G01143301
Decorative paint for wood-ware
用于涂装木器表面
【生产厂】[鲁]山东陆邦涂料有限公司〈P2150〉

聚氨酯木器清漆 G01143402
Polyurethane varnish for wood-ware
作为清漆,用于木器、纤维板等
【生产厂】[皖]黄山永佳安大创新中心有限公司〈P1981〉;[渝]重庆三峡油漆股份有限公司〈P2306〉

高级聚氨酯快干漆 G01143501
Polyurethane quickdrying paint, high-quality
【生产厂】[粤]广东嘉宝莉化工有限公司〈P2284〉;[渝]重庆三峡油漆股份有限公司〈P2306〉

重防腐漆;重防腐涂料 G01143801
Heavy anticorrosive paint
用于金属材料的表面防腐保护
【生产厂】[京]优龙(北京)重防腐涂料有限公司〈P1568〉;[津]天津市宏光伟业化工涂料有限公司(60 吨)〈P1589〉;[冀]石家庄金鱼涂料集团公司〈P1627〉;[辽]沈阳蓝丰涂料制造有限公司〈P1687〉;沈阳联邦涂料有限公司〈P1687〉;大化集团大连油漆厂〈P1690〉;大连华日漆业有限公司〈P1692〉;丹东安邦涂料有限公司〈P1699〉;[黑]哈尔滨市长河特种涂料厂〈P1720〉;[沪]上海涂料有限公司〈P1768〉;上海坚纳斯特种涂料有限公司〈P1742〉;上海赛诺化工有限公司〈P1759〉;[苏]常州进华船舶造漆有限公司〈P1848〉;江阴市大阪涂料有限公司〈P1868〉;[浙]舟山造漆厂〈P1959〉;[鲁]烟台华特聚氨酯有限公司〈P2117〉;烟台市海滨涂料厂〈P2118〉;海洋化工研究院(5000 吨)〈P2031〉;格瑞特漆业(梁山)有限公司(1000 吨)〈P2127〉;[豫]郑州好上好化工有限公司(1000 吨)〈P2170〉;洛阳市吉利区金巷府涂料厂(1000 吨)〈P2184〉;[陕]西安昌胜化工有限公司〈P2347〉

乙烯基酯重防腐涂料 G01143891
Vinyl ester heavy anticorrosive coating
【生产厂】[粤]深圳市景江化工有限公司〈P2271〉

高温导热防腐涂料 G01143900
Anticorrosive coating, high-temperature and heat conduction
【生产厂】[京]北京奥宇可鑫表面工程技术有限公司〈P1543〉

聚氨酯透明面漆 G01143901
Polyurethane transparent top-coat
【生产厂】[京]北京展辰化工有限公司〈P1566〉;[粤]百川涂料制造有限公司〈P2286〉

聚氨酯防潮面漆 G01143911
Polyurethane moistureproof top-coat
用于盐水池、贮水池及潮湿表面(各种矿山、地下工程、电厂冷却塔、码头、港口等)保护
【生产厂】[苏]宜兴市远东化工有限公司〈P1888〉

聚氨酯厚浆型面漆 G01143921
Polyurethane thick paste top-coat
可用于各类钢结构表面作防腐蚀涂料,较聚氨酯耐油漆具有更优异的耐化学腐蚀性
【生产厂】[苏]常州光辉化工有限公司〈P1847〉

PU 有色亚光面漆 G01143931
PU Flat top-coat, color
【生产厂】[苏]无锡市英波化工有限公司〈P1881〉;[粤]深圳礼尚亨涂料有限公司〈P2269〉;百川涂料制造有限公司〈P2286〉

PU 透明亮光面漆　G01143951

PU Transparent light top-coat

【生产厂】[沪]上海德品漆业有限公司〈P1731〉;[粤]深圳礼尚亨涂料有限公司〈P2269〉;东莞长胜涂料厂〈P2278〉;雄泰涂料有限公司〈P2286〉;[川]成都奇龙化工有限公司〈P2313〉

PU 高硬度抗刮伤亚光面漆　G01143991

PU Scratch-resistant flat top-coat, high hardness

【生产厂】[粤]深圳市飞扬实业有限公司〈P2270〉

聚氨酯云铁防锈漆　G01144111

Polyurethane micaceous iron antirust paint

【生产厂】[苏]无锡市云湖涂料有限公司〈P1881〉

聚氨酯铁红防锈漆　G01144141

Polyurethane iron oxide red antirust paint

【生产厂】[冀]石家庄市鱼鹰油漆厂〈P1632〉;[苏]常州市申达涂料有限公司〈P1853〉;无锡市云湖涂料有限公司〈P1881〉;宜兴市远东化工有限公司〈P1888〉

聚氨酯富锌底漆　G01144151

Polyurethane zinc rich primer

【生产厂】[苏]无锡市奚妙工业涂料有限公司〈P1879〉

聚氨酯铝粉耐热防锈底漆　G01144191

Polyurethane aluminium powder heat-resistant antirust primer

【生产厂】[鲁]青岛海建化学有限公司〈P2035〉

聚氨酯耐油底漆　G01144251

Polyurethane oil proof primer

可用作大型车辆、火车车厢、机车车头、船舶的油舱、油罐、贮槽以及航空汽油、航空煤油等油罐内部的涂装

【生产厂】[沪]上海造漆厂〈P1777〉;[苏]常州光辉化工有限公司〈P1847〉

聚氨酯耐油面漆　G01144291

Polyurethane oil proof top-coat

可用于大型车辆、火车车厢、机车车头、船舶的油舱、油罐、贮槽以及航空汽油、航空煤油等油罐内部的涂装

【生产厂】[沪]上海奉星涂料有限公司〈P1733〉;[苏]常州光辉化工有限公司〈P1847〉;常州圣安涂料有限公司〈P1849〉;张家港市永泰防腐涂料有限公司〈P1914〉;[粤]中山森田化工有限公司〈P2282〉

聚氨酯防腐涂料　G01144501

Polyurethane anticorrosive coating

适用于室内、外的钢架结构以及机械设备的防腐涂装

【生产厂】[辽]沈阳格林涂料有限公司〈P1685〉;[黑]哈尔滨市长河特种涂料厂〈P1720〉;[苏]常州市申达涂料有限公司〈P1853〉;常州市凯星涂料有限公司〈P1852〉;无锡市奚妙工业涂料有限公司〈P1879〉;无锡市云湖涂料有限公司〈P1881〉;宜兴华宜化工有限公司〈P1883〉;张家港市华泰涂料有限公司〈P1913〉;扬州美涂士金陵特种涂料有限公司〈P1818〉;泰州市铁猫涂料有限公司〈P1828〉;[浙]余姚特种涂料厂〈P1935〉;[鲁]临淄金冠防腐化工厂〈P2049〉;山东招远市金涛合成材料有限公司〈P2115〉;[鄂]武汉现代工业技术研究院〈P2234〉;[粤]广州市泰堡防火材料有限公司〈P2266〉;[陕]陕西宝塔山油漆股份有限公司〈P2352〉

聚氨酯耐热防腐涂料　G01144551

Polyurethane heat-resistant anticorrosive coating

适用于蒸汽管道、化工管道等热网管道及使用温度在 160℃条件下的钢结构防腐

【生产厂】[苏]常州圣安涂料有限公司〈P1849〉;宜兴市远东化工有限公司〈P1888〉;泰州市铁猫涂料有限公司〈P1828〉

聚氨酯导静电耐油防腐涂料　G01144591

Polyurethane static-conduction and oilproof anticorrosive coating

用于 800℃左右原油及石油产品贮罐内防腐

【生产厂】[冀]石家庄金鱼涂料集团公司〈P1627〉;任丘市华北石油华晨涂料化工有限公司〈P1656〉;[沪]上海大通高科技材料有限责任公司〈P1731〉;[苏]常州市朝晖化工有限公司〈P1850〉

聚氨酯涂料;PU 涂料　G01144601

Polyurethane coating

主要用于汽车及其他工业产品的涂装

【生产厂】[津]天津市振东涂料有限公司(300 吨)〈P1613〉;[沪]上海开林造漆厂〈P1746〉;[苏]常州市凌龙涂料有限公司〈P1853〉;常州市华星防腐材料有限公司〈P1851〉;无锡市云湖涂料有限公司〈P1881〉;亨特莱涂料(无锡)有限公司〈P1864〉;江苏鑫源生化科技发展有限公司〈P1866〉;[浙]宁波赫革丽高分子科技有限公司〈P1930〉;[闽]厦门彩圣涂料有限公司(800 吨)〈P1991〉;[鲁]山东力华防水建材有限公司(5000 吨)〈P2077〉;[豫]河南省金凤化工有限公司(1500 吨)〈P2167〉;黎明化工研究院(5 吨)〈P2181〉;[粤]深圳市豪虹涂料有限公司〈P2271〉;康富(深圳)化工涂料厂〈P2269〉

聚氨酯内外墙涂料　G01144651

Polyurethane coating for interior and exterior wall

【生产厂】[皖]安庆市博大化工有限公司〈P1979〉

聚氨酯粉末涂料　G01144701

Polyurethane powder coating

适用于有耐候要求的家用电器、沙滩桌椅、建筑材料、汽车部件、机械配件等的涂装

【生产厂】[京]北京圣联达金属粉末有限公司〈P1558〉;[黑]牡丹江双兴化工有限公司〈P1724〉;[沪]上海伟灵涂料涂装厂〈P1769〉;上海常江化学有限公司〈P1730〉;[苏]南京广博粉末涂料有限公司〈P1783〉;常州华明涂装粉末有限公司〈P1847〉;常州市正光涂装粉末有限公司〈P1856〉;江阴福贝特橡塑涂料有限公司〈P1867〉;扬州市金晨化工有限公司〈P1819〉;[浙]杭州中法化学有限公司〈P1925〉;杭州金鹰塑粉有限公司〈P1919〉;浙江华彩化工有限公司〈P1947〉;[皖]黄山市宝华塑粉彩涂有限公司〈P1980〉;[粤]佛山市大荣塑料粉末厂〈P2287〉

聚氨酯耐磨涂料　G01145001

Polyurethane wearable coating

【生产厂】[沪]华东理工大学华昌聚合物有限公司〈P1726〉;上海汇丽集团有限公司(200 吨)〈P1741〉

聚氨酯亚光磁漆　G01145201

Polyurethane flat enamel

【生产厂】[浙]杭州宝塔油漆有限公司〈P1915〉

各色聚氨酯家具漆　G01145411

Various color polyurethane paint for furniture

【生产厂】[京]北京展辰化工有限公司〈P1566〉;[辽]营口宝山化工有限公司〈P1703〉;[沪]上海永宁化工有限公司〈P1775〉

聚氨酯汽车漆;PU 汽车漆 G01145501

Polyurethane paint for car

各种复合用胶黏剂、汽车内饰及各种汽车用漆

【生产厂】[冀]石家庄金鱼涂料集团公司〈P1627〉;晋州市长宏化工有限责任公司〈P1625〉;[皖]安庆菱湖漆业有限公司〈P1979〉;[鲁]烟台得蒙精细化工有限公司〈P2116〉;烟台市福山区化工研究所有限公司(120 吨)〈P2118〉;[渝]重庆三峡油漆股份有限公司〈P2306〉

聚氨酯汽车底漆 G01145551

Polyurethane primer for car

【生产厂】[冀]晋州市长宏化工有限责任公司〈P1625〉

聚氨酯面漆 G01145601

Polyurethane top-coat

适用于各类高级办公用品、家具、乐器、木地板等木器涂装

【生产厂】[京]北京仕全兴涂料有限责任公司〈P1558〉;[冀]河北鱼鹰涂料集团有限公司〈P1623〉;[黑]大庆龙化新实业总公司雪龙涂料厂〈P1722〉;[沪]上海新华阻燃剂总厂〈P1772〉;上海大光涂料制造有限公司〈P1731〉;上海南极涂料有限公司〈P1754〉;上海德品漆业有限公司〈P1731〉;上海德品漆业有限公司〈P1731〉;[苏]常州市朝晖化工有限公司〈P1850〉;江阴市天泽制涂有限公司〈P1871〉;[浙]浙江鱼童发达造漆有限公司〈P1970〉;[鲁]山东省临朐县强力化建有限公司〈P2097〉;青岛海建化学有限公司〈P2035〉;[粤]广州经丰纬聚氨酯有限公司〈P2262〉;广州市南方制漆有限公司〈P2265〉;德一涂料股份有限公司〈P2268〉

聚氨酯云铁厚浆型底漆 G01145801

Polyurethane micaceous iron thick paste primer

可用作船舶的油舱、油罐、贮槽以及航空汽油、航空煤油等油罐内部涂装的配套底漆

【生产厂】[苏]常州光辉化工有限公司〈P1847〉

聚氨酯云铁中间漆 G01145851

Polyurethane micaceous iron middle coating

【生产厂】[苏]常州圣安涂料有限公司〈P1849〉

聚氨酯类烘漆 G01146001

Polyurethane baking paint

适用于高档家具、居室、木制品、藤制品、塑料制品、金属制品及美术工艺品等表面装饰和保护以及电器的防潮

【生产厂】[川]成都彩星科技实业有限公司〈P2309〉

聚氨酯漆包线漆 G01146031

Polyurethane wire enamel

具有拉伸无盐水针孔、直焊性能好的优点,适用于立式机或卧式机

【生产厂】[苏]常州海华化工有限公司(1 万吨)〈P1847〉;[川]四川东方绝缘材料股份有限公司〈P2330〉

各色聚氨酯环氧防腐漆 G01146301

Various color polyurethane epoxy anticorrosive paint

涂装于化工厂的设备、金属构件、墙壁及沙浆水泥表面防腐蚀

【生产厂】[津]天津市外星化工涂料有限公司〈P1605〉;[沪]上海汇宇精细化工有限公司〈P1741〉;[苏]常州市申达涂料有限公司〈P1853〉;常州圣安涂料有限公司〈P1849〉;宜兴市远东化工有限公司〈P1888〉;万胜化工(昆山)有限公司〈P1909〉;[浙]杭州萧山阳光涂料有限公司〈P1924〉;[川]成都彩星科技实业有限公司〈P2309〉

环氧改性聚氨酯重防腐涂料 G01146401

Polyurethane anticorrosive coating, epoxy modified

【生产厂】[辽]丹东同达涂料有限公司〈P1701〉

各色双组分聚氨酯地板漆 G01146501

Various color polyurethane floor paint, bicomponent

该漆具有优良的耐磨损、耐湿、防霉等性能,用于高级宾馆、家庭、公共场所的木板、水泥地面及墙壁的涂饰

【生产厂】[京]北京卡利得技术发展有限责任公司〈P1553〉;[渝]重庆百信实业有限公司〈P2303〉

各色聚氨酯地板漆 G01146511

Various color polyurethane floor paint

用于水泥或木地板涂饰

【生产厂】[豫]郑州三一涂料有限公司〈P2172〉;[粤]雄泰涂料有限公司〈P2286〉

各色聚氨酯地坪漆 G01146601

Various color polyurethane paint for terrace

适用于一般工厂、仓库、停车场、会议室、学校教室、医院等受压要求不高的场所的地坪装饰保护

【生产厂】[京]红狮涂料国际有限公司〈P1567〉;[辽]丹东同达涂料有限公司〈P1701〉;[沪]上海市涂料研究所〈P1764〉;上海华邦涂料有限公司〈P1738〉;[苏]常州光辉化工有限公司〈P1847〉;张家港市永泰防腐涂料有限公司〈P1914〉;[浙]杭州宝塔油漆有限公司〈P1915〉;[鲁]青岛宣威涂层材料有限公司〈P2045〉;[粤]广州美威涂料有限公司〈P2262〉;[新]昌吉市诚信测绘有限公司化学建材分公司〈P2367〉

单组分水晶地板漆 G01146611

Crystal paint for floor, monocomponent

用作地板漆

【生产厂】[鲁]山东高威化工有限公司(5000 吨)〈P2153〉;[粤]新达化工实业有限公司〈P2294〉

双组分聚氨酯漆 G01146621

Polyurethane paint, bicomponent

广泛应用于自行车、摩托车、汽车和家用电器的表面涂装,适用于各种金属、塑料及其他特殊材料

【生产厂】[沪]上海造漆厂〈P1777〉;[苏]江苏丹阳市金龙涂料有限公司〈P1841〉;丹阳市远中金属助剂有限公司〈P1841〉;[鲁]威海兴邦化工涂料有限公司〈P2126〉;[粤]广州市国花油漆制造公司〈P2264〉;广州市南方制漆有限公司〈P2265〉

聚氨酯丙烯酸桔纹漆 G01146631

Polyurethane acrylic orange peel paint

可用于已底涂的各种金属制件、木材及水泥的表面涂装

【生产厂】[辽]大连实利德漆业有限公司〈P1693〉;[苏]江阴市汇克拓化工有限公司〈P1870〉

聚氨酯自流平地坪涂料 G01146651

Polyurethane self-leveling coating for terrace

【生产厂】[苏]常州市大使涂料有限公司〈P1850〉;[浙]临海市永固为华涂料有限公司〈P1960〉;[豫]郑州三一涂料有限公司〈P2172〉

双组分聚氨酯耐磨涂料 G01146691

Polyurethane wearable coating, bicomponent

【生产厂】[闽]莆田市三江化学工业有限公司〈P1997〉

PU 透明亮光地板漆 G01146701

Polyurethane transparent light floor paint

【生产厂】[粤]深圳礼尚亨涂料有限公司〈P2269〉

PU 透明亚光地板漆 G01146731

Polyurethane transparent flat floor paint

【生产厂】[粤]深圳礼尚亨涂料有限公司〈P2269〉;东莞长胜涂料厂〈P2278〉;雄泰涂料有限公司〈P2286〉

聚氨酯仿瓷涂料 G01147001

Polyurethane porcelain-like coating

用于工业和民用食堂、卫生间、宾馆、饭店等装修

【生产厂】[辽]鞍山威特隆化工有限公司〈P1696〉

聚氨酯防水涂料 G01147201

Polyurethane water-proof coating

用于屋面、卫生间、地下室、水利工程等防水用

【生产厂】[京]北京立高防水企业集团〈P1554〉;北京远大洪雨防水材料有限责任公司〈P1566〉;北京中建海平防水材料有限公司〈P1566〉;北京市大禹王建设工程防水集团〈P1559〉;北京东盛创远科技发展有限公司〈P1547〉;北京世纪洪雨防水材料有限责任公司〈P1558〉;北京洪雨防水建筑装饰工程公司〈P1549〉;北京金盾时代防水材料有限公司〈P1552〉;北京世纪蓝箭防水材料有限公司〈P1558〉;北京神州洪雨防水材料有限责任公司〈P1558〉;北京世纪永峰防水材料有限公司〈P1558〉;北京市中建建友防水施工有限公司〈P1561〉;北京朗坤防水材料有限公司〈P1554〉;北京建海中建防水材料有限公司〈P1551〉;北京新花工贸有限公司〈P1563〉;北京中海防水建筑材料有限公司〈P1566〉;北京东方红防水建材集团〈P1546〉;北京市京奥克建筑防水材料厂〈P1560〉;北京天方元现代化工建材有限公司〈P1562〉;北京新世纪金盾建筑防水工程有限责任公司〈P1563〉;北京占海防水装饰有限公司〈P1566〉;[津]天津天大天海科技发展有限公司(500 吨)〈P1614〉;天津可喜化工有限公司(1000 吨)〈P1575〉;[冀]廊坊新华特种涂料有限公司(100 吨)〈P1662〉;保定市聚氨酯厂(400 吨)〈P1645〉;保定市长江聚氨酯有限公司〈P1645〉;[辽]沈阳化工学院聚氨酯科技开发公司〈P1686〉;大连市建筑防水材料厂〈P1693〉;[沪]上海秀珀化工有限公司〈P1773〉;[苏]徐州开达精细化工有限公司〈P1795〉;[闽]惠安新型建材厂〈P1999〉;惠安县厦日防水材料有限公司〈P1999〉;[鲁]济南正恒聚氨酯材料有限公司〈P2027〉;胜利油田大明新型建筑防水材料有限责任公司(5000 吨)〈P2087〉;山东鑫达鲁鑫防水材料有限公司〈P2099〉;潍坊市晨鸣新型防水材料有限公司〈P2104〉;潍坊市宏源防水材料有限公司〈P2104〉;潍坊市华光防水材料有限公司〈P2104〉;潍坊市泽源防水材料有限公司〈P2105〉;青岛锦绣防水材料有限公司(600 吨)〈P2039〉;[豫]河南金固建筑防水工程有限公司〈P2165〉;新乡锦锈防水材料股份有限公司(3000 吨)〈P2203〉;安阳市郊区永固防水乳胶漆厂(500 吨)〈P2209〉;三门峡市八四八化工厂(1500 吨)〈P2222〉;[鄂]湖北永阳防水材料股份有限公司〈P2245〉;[粤]广州经丰纬聚氨酯有限公司〈P2262〉;深圳市景江化工有限公司〈P2271〉;顺德合胜化工实业有限公司〈P2292〉;[川]四川蜀羊防水材料有限公司(2000 吨)〈P2319〉

彩色聚氨酯防水涂料 G01147211

Coloured polyurethane water-proof coating

用于地下室、卫生间、游泳池、隧道、屋面等防水补漏

【生产厂】[京]北京新花工贸有限公司〈P1563〉;[津]天津市天大华盛化工材料有限公司(4000 吨)〈P1603〉;[沪]上海汇宇精细化工有限公司(1200 吨)〈P1741〉;[苏]宜兴华宜化工有限公司〈P1883〉;[鲁]济南鲁泉奥凯防水材料有限公司〈P2023〉;潍坊市宏源防水材料有限公司〈P2104〉;潍坊市泽源防水材料有限公司〈P2105〉;潍坊兴源防水材料有限公司〈P2106〉;青岛锦绣防水材料有限公司〈P2039〉;[豫]濮阳佳城聚氨酯工程有限公司(2000 吨)〈P2213〉;[粤]顺德合胜化工实业有限公司〈P2292〉

聚氨酯防水涂膜 G01147221

Polyurethane water-proof coating film

适合任何复杂多变的基层面防水

【生产厂】[京]北京金盾时代防水材料有限公司〈P1552〉;北京世纪永峰防水材料有限公司〈P1558〉;[鲁]山东新汉邦化工科技有限公司(1000 吨)〈P2030〉

环保型聚氨酯防水涂料 G01147231

Polyurethane water-proof coating, environmental-protection type

【生产厂】[京]北京卡莱睿禹防水材料有限公司〈P1553〉;[鲁]青州市利达防水材料有限公司〈P2093〉

聚氨酯防水防腐涂料 G01147241

Polyurethane water-proof and anticorrosive coating

【生产厂】[苏]无锡市奚妙工业涂料有限公司〈P1879〉;[川]攀枝花荣鑫油漆有限责任公司〈P2322〉

聚氨酯厚质弹性防水涂料 G01147251

Polyurethane thick elastic water-proof coating

【生产厂】[苏]宜兴华宜化工有限公司〈P1883〉

焦油聚氨酯防水涂料 G01147271

Tar polyurethane water-proof coating

用于层面、地下建筑、游泳池、厨房、卫生间、伸缩缝等防水补漏

【生产厂】[粤]顺德合胜化工实业有限公司〈P2292〉

非焦油聚氨酯防水涂料 G01147281

Polyurethane water-proof coating, non-tar

适用于建筑物屋面、地下室、厕浴间、沟池的防水,也能有效地用于防水卷材接缝缝隙处、收头和特殊部位密封处

【生产厂】[京]北京新世纪京喜防水材料有限责任公司〈P1563〉;北京世纪星防水工程有限公司〈P1558〉;北京市

中建建友防水施工有限公司〈P1561〉;北京新花工贸有限公司〈P1563〉;北京中海防水建筑材料有限公司〈P1566〉;北京天方元现代化工建材有限公司〈P1562〉;[苏]苏州非金属矿工业设计研究院〈P1900〉;[闽]福建惠安华南新型防水材料厂〈P1998〉;[赣]江西玉龙防水材料厂〈P2009〉;[鲁]诸城市鑫达建材有限责任公司〈P2107〉;山东省潍坊市正泰防水材料有限公司〈P2098〉;[鄂]武汉现代工业技术研究院〈P2234〉;[粤]顺德合胜化工实业有限公司〈P2292〉;[川]四川蜀羊防水材料有限公司〈P2319〉

沥青基聚氨酯防水涂料 G01147291

Polyurethane water-proof coating, asphalt base

【生产厂】[京]北京市海马建筑防水(集团)有限公司〈P1559〉;[沪]上海建筑防水材料(集团)公司〈P1743〉;上海汇丽集团有限公司〈P1741〉;[赣]江西玉龙防水材料厂〈P2009〉

聚氨酯罩光漆 G01147331

Polyurethane finish paint

【生产厂】[苏]常州市邦杰化工有限公司〈P1849〉;[粤]广州美威涂料有限公司〈P2262〉;广州市南方制漆有限公司〈P2265〉

聚氨酯轿车修补漆 G01147400

Polyurethane maintenance paint for car

【生产厂】[渝]重庆三峡油漆股份有限公司〈P2306〉

各色聚氨酯立体锤纹漆;聚氨酯凹凸型锤纹漆 G01147702

Polyurethane stereoscopic hammer paint of all colors

主要用作各类机床、电器、仪器仪表、机电设备等金属件表面的装饰保护

【生产厂】[沪]上海造漆厂(500 吨)〈P1777〉;上海南极涂料有限公司〈P1754〉;[苏]常州光辉化工有限公司〈P1847〉;江阴市汇克拓化工有限公司〈P1870〉;吴江市太湖涂料有限公司〈P1911〉;张家港市永泰防腐涂料有限公司〈P1914〉;[鲁]烟台得蒙精细化工有限公司〈P2116〉;[川]成都彩星科技实业有限公司〈P2309〉;[滇]昆明中华涂料有限责任公司(1000 吨)〈P2340〉

高光型热固性聚氨酯粉末涂料 G01147801

High gloss thermosetting polyurethane powder coating

【生产厂】[苏]江苏华光粉末有限公司〈P1859〉

PU 耐黄变清漆 G01147811

PU Anti-yellow stain varnish

适合护墙板、天花板、门、窗及木器表面装饰

【生产厂】[京]北京仕全兴涂料有限责任公司〈P1558〉

耐变黄亚光清面漆 G01147821

Anti-yellow stain flat varnish

适合护墙板、天花板、门、窗及木器家具表面装饰

【生产厂】[苏]无锡市中竹漆业有限公司〈P1881〉;苏州平平佳涂料化工有限公司〈P1902〉;[闽]泉州嘉豪涂料厂〈P1999〉;[粤]顺德居都邦涂料实业有限公司〈P2292〉

耐黄变白面漆 G01147861

Anti-yellow stain white top-coat

适用于高档家具面涂或高级涂装

【生产厂】[闽]莆田市三江化学工业有限公司〈P1997〉;泉州嘉豪涂料厂〈P1999〉

耐黄变清面漆 G01147871

Anti-yellow stain top-coat

【生产厂】[粤]南海赛特化学工业有限公司〈P2291〉

PU 不变黄及耐变黄系列透明底漆 G01147881

PU Anti-yellow stain transparent primer

【生产厂】[粤]深圳礼尚亨涂料有限公司〈P2269〉

高级 PU 耐黄变面漆 G01147891

PU Anti-yellow stain top-coat, high-quality

【生产厂】[粤]深圳礼尚亨涂料有限公司〈P2269〉

聚氨酯跑道涂料;塑胶跑道涂料 G01147901

Polyurethane coating for runing track surface

用于运动场所如田径场跑道、游乐场铺面、人行通道等涂装

【生产厂】[津]天津善群树脂有限公司〈P1578〉;[苏]常州圣安涂料有限公司〈P1849〉;[粤]广州经丰纬聚氨酯有限公司〈P2262〉

聚氨酯运动场涂料 G01147911

Polyurethane coating for sports ground

用于网球场、篮球场、排球场、羽毛球场等运动场地及游乐场铺面、人行通道等涂装

【生产厂】[苏]常州光辉化工有限公司〈P1847〉

互穿网络防腐涂料 G01148001

Interpenetrating networks anticorrosive coating

广泛用于城市自来水、污水处理、燃气等市政工程,发电厂、化工厂的机械设备等

【生产厂】[辽]丹东同达涂料有限公司〈P1701〉;[苏]张家港市华泰涂料有限公司〈P1913〉;张家港市永泰防腐涂料有限公司(3000 吨)〈P1914〉;张家港市东昌涂料有限公司〈P1912〉;张家港市飞宇化工有限公司〈P1912〉;[川]攀枝花荣鑫油漆有限责任公司〈P2322〉;[甘]兰州中顺科工贸集团有限公司〈P2356〉

PU 系列喷漆;聚氨酯喷漆 G01148101

PU Spraying paint

【生产厂】[京]北京市昌平兴马保温材料有限公司〈P1558〉;[粤]广州许氏三彩塑胶颜料厂〈P2268〉

各色聚氨酯静电磁漆 G01148501

Various color polyurethane static enamel

【生产厂】[苏]吴江市太湖涂料有限公司〈P1911〉

聚氨酯金属漆 G01148601

Polyurethane metallic paint

适用于各种建筑物内、外墙表面的豪华装饰

【生产厂】[京]北京市东小口振辉涂料厂〈P1559〉;[浙]博星化工涂料有限公司〈P1959〉;浙江南方涂料工业有限公司〈P1955〉;[粤]广东美涂士化工集团〈P2290〉

卷钢聚氨酯底漆 G01148701

Scroll-steel polyurethane primer

【生产厂】[苏]江苏海霸化工有限公司〈P1859〉

有机硅自干绝缘漆 G01150201

Organosilicon air-dry insulating paint

【生产厂】[苏]常州市嘉诺有机硅有限公司〈P1852〉;武进芙蓉嘉诺磷化材料厂〈P1864〉;吴江市太湖涂料有限公司〈P1911〉

有机硅绝缘漆　G01150301

Silicone insulating paint

用于玻璃丝包线和玻璃布及要求耐高温的电动机、发动机、变压器等的涂饰

【生产厂】[辽]沈阳彩逸特种涂料制造有限公司〈P1684〉;鞍山市特种树脂厂〈P1696〉;[沪]上海树脂厂有限公司〈P1764〉;[苏]吴江市太湖涂料有限公司〈P1911〉

硅钢片漆　G01151201

Silicon steel paint

【生产厂】[浙]嘉兴荣泰雷帕司绝缘材料有限公司〈P1941〉;[鲁]蓬莱市特种绝缘材料厂〈P2112〉

绝缘粉末涂料　G01151331

Insulating powder coating

【生产厂】[冀]廊坊开发区欧特涂料有限公司〈P1660〉;[鲁]烟台纳美仕电子材料有限公司(1200 吨)〈P2118〉

电气与电子绝缘漆　G01151351

Insulating paint of electric and electron

用于电容器、电位器和电阻器产品的绝缘涂装

【生产厂】[沪]上海开林造漆厂〈P1746〉

锶黄,铁红有机硅耐热自干底漆　G01151501

Strontium yellow, iron oxide red silicone heat-resistant air-dry primer

用于高温的钢材、铝合金的打底、防锈、防腐

【生产厂】[辽]沈阳格林涂料有限公司〈P1685〉;[川]成都彩星科技实业有限公司〈P2309〉

有机硅耐热漆　G01151601

Silicone heat-resistant paint

用于涂覆高温设备的零部件,如发动机外壳、烟囱、排气管、热交换器、烘箱、火炉、暖气管等

【生产厂】[辽]鞍山市特种树脂厂〈P1696〉;[黑]哈尔滨市长河特种涂料厂〈P1720〉;[浙]浙江鱼童发达造漆有限公司〈P1970〉;[鲁]临淄金冠防腐化工厂〈P2049〉;山东泰山史宾莎涂料有限公司(150 吨)〈P2137〉;山东鲁南造漆厂(2000 吨)〈P2150〉;[桂]柳州市造漆厂〈P2298〉;[川]成都市海鲨漆业有限责任公司〈P2314〉

静电粉末涂料　G01151701

Static powder coating

【生产厂】[津]天津市大港静电粉末涂料厂(300 吨)〈P1582〉;[沪]上海乐华粉末涂料有限公司〈P1750〉;[豫]偃师市展望涂料化工有限公司(2000 吨)〈P2189〉;[渝]重庆川江化学试剂厂〈P2304〉

抗静电型粉末涂料　G01151751

Antistatic powder coating

主要用于抗静电和消除静电,如用于医院手术室、计算机房、精密仪器等的涂装

【生产厂】[京]北京圣联达金属粉末有限公司〈P1558〉;[冀]廊坊开发区欧特涂料有限公司〈P1660〉;[沪]上海常江化学有限公司〈P1730〉;[苏]江阴福贝特橡塑涂料有限公司〈P1867〉

特种防腐铝粉漆　G01151801

Special aluminium powder rotproof paint

用于船舶、交通护栏、石油、化工、冶金、电力、矿山、建筑安装工程、水下工程等

【生产厂】[豫]濮阳市恒美实业开发中心(200 吨)〈P2214〉

有机硅阻燃导热绝缘涂料　G01151901

Silicone insulating coating, antiflaming and heat conduction

【生产厂】[冀]河北硅谷化工有限公司〈P1639〉

导热硅树脂漆　G01151951

Silicone resin paint, heat conduction

【生产厂】[粤]深圳市启元达精细化工有限公司〈P2272〉

铝粉有机硅耐热烘漆　G01152201

Aluminium powder silicone heat-resistant baking paint

主要用于涂覆高温设备的钢铁零件,如发动机外壳、烟囱、排气管、烘箱、火炉、暖气管道等

【生产厂】[冀]河北鱼鹰涂料集团有限公司〈P1623〉;石家庄市鱼鹰油漆厂〈P1632〉;[辽]沈阳彩逸特种涂料制造有限公司〈P1684〉;沈阳格林涂料有限公司〈P1685〉;鞍山市特种树脂厂〈P1696〉;[苏]常州光辉化工有限公司〈P1847〉;[桂]柳州市建华涂料厂〈P2298〉;[渝]重庆三峡油漆股份有限公司〈P2306〉;[川]成都彩星科技实业有限公司〈P2309〉

室温固化氟碳涂料　G01152901

Fluoro-carbon coating, room temperature solidify

适用于建筑外墙、屋顶及各种建材表面的耐久性装饰保护

【生产厂】[沪]上海斯普莱得涂料有限公司〈P1765〉;[粤]深圳市明远氟涂料有限公司〈P2272〉;[陕]陕西宝塔山油漆股份有限公司〈P2352〉

氟碳漆;氟碳涂料　G01153001

Fluoro-carbon paint

用于建筑内、外墙以及旧瓷砖墙面的翻新,并且在高速公路、铁路、涵洞、堤坝等工程广泛应用

【生产厂】[京]北京诺格涂料有限公司〈P1556〉;北京禾邦人科技有限公司〈P1548〉;北京佳丽美涂料有限责任公司〈P1551〉;北京市燕鑫科技开发有限责任公司〈P1561〉;[津]天津市红桥区天海油漆厂(100 吨)〈P1589〉;天津市外星化工涂料有限公司〈P1605〉;[冀]河北省藁城市瑞星化工有限责任公司(300 吨)〈P1621〉;河北晨阳工贸集团有限公司〈P1647〉;[辽]沈阳船牌制漆有限公司〈P1685〉;沈阳市木氏涂料厂〈P1688〉;营口新力化工涂料有限公司〈P1705〉;大连振邦氟涂料股份有限公司〈P1695〉;大连靓奇化工产品有限公司〈P1692〉;[沪]上海涂料有限公司〈P1768〉;上海衡峰氟碳材料有限公司(2000 吨)〈P1736〉;上海斯诺装饰材料有限公司〈P1765〉;上海建好装饰材料有限公司〈P1743〉;上海雅达涂料有限公司〈P1773〉;上海赛格涂料有限公司〈P1759〉;上海赛诺化工有限公司〈P1759〉;上海开林造漆厂〈P1746〉;上海东来科技有限公司〈P1732〉;卡勒特纳米材料(上海)有限公司〈P1726〉;[苏]常州光辉化工有限公司〈P1847〉;无锡市摩晶氟碳涂料科技有限公司〈P1878〉;无锡市浩华氟涂料有限公司

〈P1876〉;万胜化工(昆山)有限公司〈P1909〉;江苏加力高氟涂料工业有限责任公司〈P1808〉;扬州亚菲涂料有限公司〈P1820〉;[浙]浙江省海宁海龙化学有限责任公司〈P1944〉;[皖]安庆菱湖漆业有限公司〈P1979〉;[闽]莆田市三江化学工业有限公司〈P1997〉;[赣]江西设备防腐公司〈P2009〉;[鲁]济南华富达实业有限公司〈P2022〉;山东北方现代化学工业有限公司(1400吨)〈P2027〉;济南玛博伦环保涂料有限公司〈P2024〉;山东临清洪流化工总公司(1500吨)〈P2153〉;东营市德邦高分子科技有限公司〈P2081〉;潍坊正本涂料有限公司〈P2107〉;烟台市海滨涂料厂〈P2118〉;莱阳市金易化工有限公司〈P2108〉;青岛海建化学有限公司〈P2035〉;青岛宣威涂层材料有限公司〈P2045〉;新泰市双圆化工涂料有限公司(300吨)〈P2138〉;山东梁山万金化工有限公司(1800吨)〈P2131〉;[豫]河南省德嘉丽科技开发公司〈P2167〉;[湘]湖南湘江涂料集团有限公司〈P2248〉;湖南汉寿县特种涂料厂〈P2255〉;[粤]广州美威涂料有限公司〈P2262〉;广州捷耐制漆有限公司〈P2261〉;深圳市明远氟涂料有限公司〈P2272〉;深圳市豪虹涂料有限公司〈P2271〉;深圳市启元达精细化工有限公司〈P2272〉;深圳市广田环保涂料有限公司〈P2271〉;美联涂料有限公司〈P2291〉;佛山市西方化工有限公司〈P2289〉;南海赛特化学工业有限公司〈P2291〉;广东美涂士化工集团〈P2290〉;嘉乐士化工企业有限公司〈P2291〉;广东中山南天涂料有限公司〈P2282〉;中山市特朗涂料化工有限公司〈P2283〉;[渝]重庆宏漆涂料有限公司〈P2305〉;[川]成都彩星科技实业有限公司〈P2309〉;[陕]西安航天化学动力厂〈P2348〉;西安利澳科技股份有限公司〈P2349〉;陕西源源化工有限责任公司〈P2353〉

超耐候氟碳涂料 G01153011

Fluoro-carbon coating, weather-resistant

可用于金属、各类高档建筑物等表面装饰保护,也可用于化工设备、仪器的防腐保护

【生产厂】[苏]常州光辉化工有限公司〈P1847〉;[浙]杭州逸峰化工涂料有限公司〈P1924〉;浙江化工科技集团有限公司〈P1927〉;博星化工涂料有限公司〈P1959〉;[鲁]新泰市双圆化工涂料有限公司(500吨)〈P2138〉;[湘]湖南汇博化工科技有限公司〈P2254〉;[粤]广州市泰堡防火材料有限公司〈P2266〉

氟碳重防腐涂料 G01153031

Fluoro-carbon heavy anticorrosive coating

广泛应用于轮船、飞机的表层防护以及桥梁、油罐、钢铁设施等的重防腐

【生产厂】[京]北京城燕佳涂料技术开发中心〈P1545〉;[冀]石家庄金鱼涂料集团公司〈P1627〉;[沪]上海秀珀化工有限公司〈P1773〉;[鲁]青岛宣威涂层材料有限公司〈P2045〉;[鄂]武汉铁神化工有限公司〈P2234〉;[湘]湖南湘江涂料集团有限公司〈P2248〉;[粤]深圳市明远氟涂料有限公司〈P2272〉;深圳市盟友化工有限公司〈P2272〉;南海赛特化学工业有限公司〈P2291〉;[渝]重庆百信实业有限公司〈P2303〉

氟碳树脂封固底漆 G01153051

Fluoro-carbon resin seal up primer

【生产厂】[沪]上海斯诺装饰材料有限公司〈P1765〉;卡勒特纳米材料(上海)有限公司〈P1726〉;[粤]南海赛特化学工业有限公司〈P2291〉

溶剂型氟碳金属外墙漆 G01153071

Fluoro-carbon metal exterior wall paint, solvent type

适用于各种高档住宅、宾馆会所、公共建筑等外墙装饰

【生产厂】[京]北京市东小口振辉涂料厂〈P1559〉;[湘]湖南汇博化工科技有限公司〈P2254〉;[渝]重庆宏漆涂料有限公司〈P2305〉

水性纳米氟碳漆 G01153081

Water-based nanometre fluoro-carbon paint

用于新旧灰浆、混凝土样面、砖石结构、石棉板等的涂装

【生产厂】[辽]沈阳市木氏涂料厂〈P1688〉;大连振邦氟涂料股份有限公司〈P1695〉;[豫]河南阳光涂料有限公司(800吨)〈P2168〉

高级氟碳外墙装饰漆 G01153091

High-grade fluoro-carbon decorative paint for exterior wall

适用于各种建筑物外墙、屋顶及各种建材的耐久性装饰保护涂层

【生产厂】[冀]河北晨阳工贸集团有限公司〈P1647〉;[辽]大连振邦氟涂料股份有限公司〈P1695〉;[沪]上海巨峰化工有限公司〈P1746〉;[苏]常州圣安涂料有限公司〈P1849〉;[浙]杭州麦林环保船用漆有限公司〈P1921〉;[闽]莆田市三江化学工业有限公司〈P1997〉;[粤]广州美威涂料有限公司〈P2262〉;深圳市盟友化工有限公司〈P2272〉;[渝]重庆宏漆涂料有限公司〈P2305〉

有机硅耐高温漆 G01153101

Silicone paint, high temperature resistant

用于涂覆某些高温合金部件

【生产厂】[津]天津市辰光化工涂料有限公司〈P1581〉;天津市外星化工涂料有限公司〈P1605〉;[沪]上海开林造漆厂〈P1746〉;[鲁]淄博铭威特安全设备有限公司〈P2065〉;淄博泰兴粉末涂料厂〈P2073〉;烟台得蒙精细化工有限公司〈P2116〉;[豫]濮阳市兴建防腐涂料有限公司〈P2215〉;[鄂]武汉鹤龟涂料有限公司〈P2230〉;武汉现代工业技术研究院〈P2234〉;湖北枣阳四海化工有限公司〈P2237〉;[粤]广州捷耐制漆有限公司〈P2261〉

有机硅耐高温防腐涂料 G01153201

Silicone rotproof coating, high temperature resistant

适用于各种高温设备的内外部涂装,如发动机、锅炉、排气管、烘箱、烟囱等

【生产厂】[冀]河北鱼鹰涂料集团有限公司〈P1623〉;石家庄市鱼鹰油漆厂〈P1632〉;[苏]常州市宏业有机硅有限公司〈P1851〉;常州市邦杰化工有限公司〈P1849〉;常州市朝晖化工有限公司〈P1850〉;常州圣安涂料有限公司〈P1849〉;万胜化工(昆山)有限公司〈P1909〉;张家港市华泰涂料有限公司〈P1913〉;张家港市永泰防腐涂料有限公司〈P1914〉;[鲁]山东乐化集团有限公司〈P2095〉;青岛宣威涂层材料有限公司〈P2045〉;[川]攀枝花荣鑫油漆有限责任公司〈P2322〉

有机硅耐高温防腐面漆 G01153251

Silicone rotproof top-coat, high temperature resistant

可作钢烟囱耐高温标志涂料,也可用于烟道、烘道、排气管等

【生产厂】[冀]石家庄市鱼鹰油漆厂〈P1632〉;[苏]常州市邦杰化工有限公司〈P1849〉

常温固化有机硅耐高温防腐涂料 G01153291

Normal temperature solidified silicone rotproof coating, high temperature resistant

适用于电气、冶金、石油、化工、医药等行业户内外高温钢铁的保护

【生产厂】[苏]常州市凌龙涂料有限公司〈P1853〉

高耐候氟涂料 G01153301

Weather-resistant fluoro coating

主要用于水泥砂浆的外墙装饰

【生产厂】[苏]扬州美涂士金陵特种涂料有限公司〈P1818〉

耐高温涂料;耐热涂料 G01153611

High temperature resistant coating

特别适用于高温、高频和要求绝缘、低吸潮性场合

【生产厂】[京]优龙（北京）重防腐涂料有限公司〈P1568〉;[沪]上海瓷龙化工有限公司〈P1730〉;[苏]常州市武进虹灵化工厂〈P1854〉;江苏鑫源生化科技发展有限公司〈P1866〉;靖江恒丰化工有限公司〈P1824〉;[浙]浙江化工科技集团有限公司〈P1927〉;台州市华润制漆有限公司〈P1961〉;[赣]江西设备防腐公司〈P2009〉;江西恒大高新技术实业有限公司〈P2008〉;[豫]洛阳市吉利区金巷府涂料厂(1000吨)〈P2184〉;洛阳市重科防腐工程有限公司(800吨)〈P2187〉;[湘]湖南汉寿县特种涂料厂〈P2255〉;[粤]中山森田化工有限公司〈P2282〉;[川]成都拓利化工实业有限公司〈P2316〉

特种除锈防锈漆 G01153701

Special rust-removing and anti-rust paint

用于机械、车辆、船舶、桥梁、管道、锅炉、铁门铁窗、大型钢铁厂房等的涂装

【生产厂】[豫]郑州金岭化工有限公司(300吨)〈P2171〉;濮阳市恒美实业开发中心(300吨)〈P2214〉

云母氧化铁底漆 G01153901

Micaceous iron oxide primer

【生产厂】[鲁]山东泰山史宾莎涂料有限公司(150吨)〈P2137〉

有机硅防水涂料 G01154001

Silicone waterproof coating

广泛用于新旧建筑屋面、地下室、游泳池、浴洗室、卫生间,也可兼作有水蒸汽房间的内壁防水材料

【生产厂】[苏]苏州非金属矿工业设计研究院〈P1900〉;[浙]博星化工涂料有限公司〈P1959〉;[鲁]青州市利达防水材料有限公司(1500吨)〈P2093〉;青州市威凯建材厂〈P2093〉;青州市东方建筑防水材料厂(5万吨)〈P2091〉;[鄂]武汉现代工业技术研究院〈P2234〉;[粤]佛山市华联有机硅有限公司〈P2287〉

有机硅餐具漆 G01154101

Silicone dishware paint

【生产厂】[辽]鞍山市特种树脂厂〈P1696〉

有机硅外墙漆 G01154201

Silicone paint for exterior wall

用作外墙装饰及保护,拒水透气,具有优良的耐污性和耐久性

【生产厂】[沪]上海斯诺装饰材料有限公司〈P1765〉;[粤]南海赛特化学工业有限公司〈P2291〉

有机硅腻子;有机硅耐热腻子 G01154501

Silicone putty

用于耐温400℃之钢铁设备上填补凹处,以获得均匀表面,具有良好的耐热性及打磨性

【生产厂】[辽]沈阳彩逸特种涂料制造有限公司〈P1684〉

氟硅涂料 G01154601

Fluori*n*-silicon coating

【生产厂】[沪]上海斯诺装饰材料有限公司〈P1765〉;上海雅达涂料有限公司〈P1773〉;[粤]深圳市明远氟涂料有限公司〈P2272〉

氟硅树脂重防腐涂料 G01154651

Fluori*n*-silicon resin heavy anticorrosive coating

【生产厂】[黑]哈尔滨市长河特种涂料厂〈P1720〉

有机硅树脂漆类 G01155000

Silicone resin paint

【生产厂】[辽]沈阳彩逸特种涂料制造有限公司〈P1684〉;大连璐琨化工涂料有限公司〈P1693〉;[鲁]潍坊正本涂料有限公司〈P2107〉;山东梁山万金化工有限公司(80吨)〈P2131〉;[陕]陕西源源化工有限责任公司〈P2353〉

橡胶漆类 G01160000

Rubber paint

用于石油、化工、轻工、建筑、管道、电厂等工程设施的防腐蚀

【生产厂】[吉]长春泰欧亚涂料有限公司(2700吨)〈P1714〉;[苏]江苏鑫源生化科技发展有限公司〈P1866〉;[浙]杭州蓝迪化工有限公司〈P1920〉;[鲁]济南泰山金鹏涂料有限公司(50吨)〈P2025〉;[豫]郑州双塔涂料有限公司(300吨)〈P2174〉;[粤]东莞市华连冠化工有限公司〈P2280〉;江门市四方精细化工有限公司〈P2285〉;[滇]昆明中华涂料有限责任公司(500吨)〈P2340〉;[陕]西安利澳科技股份有限公司〈P2349〉;陕西源源化工有限责任公司〈P2353〉

氯化橡胶涂料 G01160101

Chlorinated rubber coating

【生产厂】[冀]廊坊市东化防腐工程有限公司〈P1661〉;[黑]大庆龙化新实业总公司雪龙涂料厂〈P1722〉;[沪]上海富晨化工有限公司〈P1733〉;[苏]常州市鸿腾化工有限公司〈P1851〉;扬州美涂士金陵特种涂料有限公司〈P1818〉;[浙]浙江鱼童发达造漆有限公司〈P1970〉;[赣]江西省德畅集团〈P2015〉;[鲁]山东泰山史宾莎涂料有限公司(300吨)〈P2137〉;[鄂]武汉鹤龟涂料有限公司〈P2230〉;[陕]陕西宝塔山油漆股份有限公司〈P2352〉

氯化橡胶漆类 G01160151

Chlorinated rubber paint

适用于涂装船舶、钢结构材料等

【生产厂】[津]天津市津南油漆厂(1000吨)〈P1594〉;天津市外星化工涂料有限公司〈P1605〉;[辽]沈阳船牌制漆有限公司〈P1685〉;铁岭洪泰涂料有限公司〈P1712〉;大连璐琨化工涂料有限公司〈P1693〉;[苏]泰州市铁猫涂料有限公司〈P1828〉;[鲁]潍坊正本涂料有限公司〈P2107〉;山东鲁南造漆厂〈P2150〉;[粤]广州市延安油漆集团股份有限公司〈P2267〉;中山森田化工有限公司〈P2282〉;广东雅图化工有限公司〈P2284〉

氯化橡胶磁漆 G01160201

Chlorinated rubber enamel

用于涂饰耐潮湿、要求较高或经常干湿交替

的金属表面
【生产厂】[渝]重庆三峡油漆股份有限公司〈P2306〉;[川]成都彩星科技实业有限公司〈P2309〉

各色氯化橡胶面漆(原浆型) G01160203
Various color chlorinated rubber top-coat,original liquid
用于涂饰耐潮湿、要求较高或经常干湿交替的金属表面
【生产厂】[辽]沈阳格林涂料有限公司〈P1685〉;[苏]吴江市太湖涂料有限公司〈P1911〉;扬州美涂士金陵特种涂料有限公司(1100 吨)〈P1818〉;[浙]浙江鱼童发达造漆有限公司〈P1970〉

氯化橡胶面漆 G01160401
Chlorinated rubber top-coat
广泛应用于桥梁、储罐及一般海洋条件或工厂用钢结构的表面防腐保护
【生产厂】[冀]河北鱼鹰涂料集团有限公司〈P1623〉;石家庄市鱼鹰油漆厂〈P1632〉;[辽]大连实利德漆业有限公司〈P1693〉;丹东同达涂料有限公司〈P1701〉;[沪]上海新华阻燃剂总厂〈P1772〉;上海英柯化工有限公司〈P1775〉;[苏]常州市朝晖化工有限公司〈P1850〉;常州圣安涂料有限公司〈P1849〉;常州市武进虹灵化工厂〈P1854〉;无锡市云湖涂料有限公司〈P1881〉;[浙]余姚特种涂料厂〈P1935〉;[鲁]山东金河实业有限公司(300 吨)〈P2113〉;青岛宣威涂层材料有限公司〈P2045〉

氯化橡胶铝粉底漆 G01160551
Aluminium powder chlorinated rubber primer
【生产厂】[鲁]青岛海建化学有限公司〈P2035〉

氯化橡胶底漆 G01160603
Chlorinated rubber primer
【生产厂】[冀]石家庄市金达特种涂料有限公司〈P1630〉;[皖]安庆菱湖漆业有限公司〈P1979〉;[鲁]山东鲁南造漆厂〈P2150〉

各色氯化橡胶水线漆 G01161011
Chlorinated rubber boot-topping paint of all colors
用于船舶水线部位、航标、码头潮差区等作面漆
【生产厂】[浙]浙江鱼童发达造漆有限公司〈P1970〉;[鲁]青岛海建化学有限公司〈P2035〉;[鄂]武汉现代工业技术研究院〈P2234〉

氯化橡胶甲板漆 G01161301
Chlorinated rubber deck paint
【生产厂】[辽]大连实利德漆业有限公司〈P1693〉;[鲁]青岛海建化学有限公司〈P2035〉;[鄂]武汉现代工业技术研究院〈P2234〉

新型特种船舶甲板漆 G01161391
New-type special boat deck paint
适用于船舶甲板和海上钻井平台甲板的防护涂装
【生产厂】[豫]濮阳市恒美实业开发中心(200 吨)〈P2214〉

氯化橡胶船壳面漆 G01161491
Chlorinated rubber boat hull top-coat
【生产厂】[辽]大连实利德漆业有限公司〈P1693〉;[鲁]烟台得蒙精细化工有限公司〈P2116〉;青岛宣威涂层材料有限公司〈P2045〉

新型特种船舶船壳漆 G01161501
New-type special boat hull paint
适用于船舶水线以上的船壳部位及上层建筑、桅杆等的保护与装饰
【生产厂】[豫]濮阳市恒美实业开发中心(400 吨)〈P2214〉

新型特种船舶水线漆 G01161591
New-type special boat boot-topping paint
适用于船舶轻重载水线之间部位作防腐装饰用,也可用作钢闸门等各种水陆钢铁结构表面保护和装饰之用
【生产厂】[豫]濮阳市恒美实业开发中心(200 吨)〈P2214〉

氯化橡胶沥青船底漆 G01161751
Chlorinated rubber asphalt ship bottom paint
钢铁船只水线以下中间隔离用漆
【生产厂】[鲁]青岛海建化学有限公司〈P2035〉

氯磺化聚乙烯防腐漆 G01162001
Chlorosulfonated polyethylene anticorrosive paint
用于涂刷帐蓬和各种防雨用帆布,此种涂料耐臭气、防老化、耐热、耐酸碱
【生产厂】[津]天津市外星化工涂料有限公司〈P1605〉;[冀]河北鱼鹰涂料集团有限公司〈P1623〉;石家庄市鱼鹰油漆厂〈P1632〉;石家庄金鱼涂料集团公司〈P1627〉;石家庄市金达特种涂料有限公司〈P1630〉;武邑灯塔防腐涂料有限责任公司〈P1669〉;[辽]沈阳彩逸特种涂料制造有限公司〈P1684〉;[吉]中国石油吉化集团公司(500 吨)〈P1717〉;[黑]哈尔滨市长河特种涂料厂〈P1720〉;[苏]常州市邦杰化工有限公司〈P1849〉;无锡市云湖涂料有限公司〈P1881〉;江阴市天泽制涂有限公司〈P1871〉;张家港市永泰防腐涂料有限公司〈P1914〉;[浙]余姚特种涂料厂〈P1935〉;[鲁]山东博邦纳米材料有限公司〈P2051〉;青岛宣威涂层材料有限公司〈P2045〉;山东鲁南造漆厂〈P2150〉;[豫]郑州市二七特种化工厂(400 吨)〈P2173〉;[桂]柳州市建华涂料厂〈P2298〉;[陕]陕西宝塔山油漆股份有限公司〈P2352〉

氯磺化聚乙烯长效防霉涂料 G01162051
Chlorosulfonated polyethylene longacting moldproof coating
【生产厂】[沪]上海汇丽集团有限公司〈P1741〉

氯磺化聚乙烯防腐底漆 G01162101
Chlorosulfonated polyethylene anticorrosive primer
可广泛用作金属表面防锈底漆,也可用作混凝土表面涂装底漆
【生产厂】[冀]河北鱼鹰涂料集团有限公司〈P1623〉;石家庄市鱼鹰油漆厂〈P1632〉;[苏]常州市邦杰化工有限公司〈P1849〉;常州市武进虹灵化工厂〈P1854〉;无锡市云湖涂料有限公司〈P1881〉;张家港市永泰防腐涂料有限公司〈P1914〉;[鲁]山东鲁南造漆厂〈P2150〉

铝粉氯化橡胶防锈漆 G01162201
Aluminium powder chlorinated rubber antirust paint
用于船舶防锈涂层
【生产厂】[沪]上海开林造漆厂(150 吨)〈P1746〉;[苏]常州市大使涂料有限公司〈P1850〉;常州圣安涂料有限公司〈P1849〉;[浙]杭州萧山阳光涂料有限公司〈P1924〉

高氯化聚乙烯防腐底漆 G01162601

High chlorinated polyethylene anticorrosive primer

用作金属涂装防腐底漆，也可用作水泥表面涂装底漆

【生产厂】[津]首进(天津)涂料有限公司(180吨)〈P1569〉；[冀]中油嘉昱防腐技术有限公司〈P1663〉；[豫]濮阳市兴建防腐涂料有限公司〈P2215〉

高氯化聚乙烯磁漆　G01162651

High chlorinated polyethylene enamel

【生产厂】[苏]常州圣安涂料有限公司〈P1849〉；宜兴市远东化工有限公司〈P1888〉；宜兴市高塍日新化工厂〈P1884〉；江阴市天泽制涂有限公司〈P1871〉；[浙]余姚特种涂料厂〈P1935〉

高氯化聚乙烯防腐面漆　G01162701

High chlorinated polyethylene anticorrosive top-coat

用于冶金、建筑、能源等行业的化工管道、支架厂房等钢结构设备和设施

【生产厂】[津]天津市外星化工涂料有限公司〈P1605〉；[辽]铁岭洪泰涂料有限公司〈P1712〉；[沪]上海富晨化工有限公司〈P1733〉；[苏]常州市朝晖化工有限公司〈P1850〉；常州市武进虹灵化工厂〈P1854〉；无锡市云湖涂料有限公司〈P1881〉；宜兴市远东化工有限公司〈P1888〉；宜兴市高塍日新化工厂〈P1884〉；徐州造漆有限公司〈P1796〉；[鲁]山东博邦纳米材料有限公司〈P2051〉；烟台得蒙精细化工有限公司〈P2116〉；山东金河实业有限公司(100吨)〈P2113〉；青岛宣威涂层材料有限公司〈P2045〉；[豫]濮阳市兴建防腐涂料有限公司〈P2215〉；[川]成都彩星科技实业有限公司〈P2309〉；攀枝花荣鑫油漆有限责任公司〈P2322〉；[陕]陕西宝塔山油漆股份有限公司〈P2352〉

高氯化聚乙烯船舶漆　G01162751

High chlorinated polyethylene paint for shipping

【生产厂】[苏]宜兴市高塍日新化工厂〈P1884〉；[鲁]烟台得蒙精细化工有限公司〈P2116〉；青岛宣威涂层材料有限公司〈P2045〉

各色氯化橡胶马路划线漆　G01162800

Various color chlorinated rubber traffic paint

用于道路、水泥表面划线标饰

【生产厂】[冀]河北鱼鹰涂料集团有限公司〈P1623〉；石家庄市鱼鹰油漆厂〈P1632〉；[苏]常州圣安涂料有限公司〈P1849〉；无锡市云湖涂料有限公司〈P1881〉；扬州美涂士金陵特种涂料有限公司〈P1818〉；南通亚伦化工有限公司〈P1836〉；[鲁]潍坊环宇油漆工业有限公司〈P2103〉；[新]昌吉市诚信测绘有限公司化学建材分公司〈P2367〉

特种公路划线漆　G01162901

Special traffic paint

专用于道路标志

【生产厂】[辽]丹东同达涂料有限公司〈P1701〉；[鲁]烟台市海滨涂料厂〈P2118〉

氯化橡胶航空标志漆　G01163001

Chlorinated rubber aviation badge paint

用于高空建筑物及钢制、混凝土制烟囱作航空标志漆，也可用于船壳及其他上层建筑的防护和装饰之用

【生产厂】[苏]常州市申达涂料有限公司〈P1853〉；常州市邦杰化工有限公司〈P1849〉；无锡市云湖涂料有限公司〈P1881〉

氯磺化聚乙烯高空结构标志涂料　G01163051

Chlorosulfonated polyethylene high altitude structure sign coating

【生产厂】[苏]常州市申达涂料有限公司〈P1853〉；[浙]余姚特种涂料厂〈P1935〉；[川]攀枝花荣鑫油漆有限责任公司〈P2322〉

氯化橡胶外墙涂料　G01163251

Chlorinated rubber coating for exterior wall

【生产厂】[苏]张家港市永泰防腐涂料有限公司〈P1914〉

防水涂料　G01163300

Waterproof coating

用于屋面及卫生设施防水防渗

【生产厂】[京]北京市红星广厦建筑涂料有限责任公司〈P1559〉；北京市燕鑫科技开发有限责任公司〈P1561〉；[津]天津市津北建筑防水涂料厂(300吨)〈P1592〉；天津市禹红建筑防水材料有限公司〈P1611〉；天津市中诺化工研究所(200吨)〈P1613〉；[辽]沈阳蓝丰涂料制造有限公司〈P1687〉；盘锦奥马漆业有限公司〈P1706〉；盘锦新源精细化工有限公司〈P1706〉；[沪]上海建筑防水材料(集团)公司〈P1743〉；上海大光涂料制造有限公司〈P1731〉；上海汇丽集团有限公司〈P1741〉；[苏]无锡市诺亚防水材料有限公司〈P1878〉；江苏鑫源生化科技发展有限公司〈P1866〉；无锡市南雅化工有限公司〈P1878〉；常进化工(苏州)有限公司〈P1889〉；[闽]福州金凤涂料有限公司〈P1989〉；[鲁]莱阳市金易化工有限公司〈P2108〉；烟台同化防水保温工程有限公司〈P2119〉；青岛市润邦化工建材有限公司〈P2043〉；青岛亿泰涂料化工有限公司〈P2046〉；[豫]郑州市候砦装饰防水防腐材料厂(1500吨)〈P2173〉；巩义市纳洁涂料厂〈P2163〉；林州市蓝天涂料厂(500吨)〈P2211〉；洛阳市吉利区金巷府涂料厂(1000吨)〈P2184〉；[鄂]湖北永阳防水材料股份有限公司〈P2245〉；[湘]湖南汉寿县特种涂料厂〈P2255〉；[粤]广州铠克液体表面防护材料有限公司〈P2262〉；广东俊瑞防水工程有限公司〈P2259〉；潮阳市金南化工有限公司〈P2275〉；深圳市明远氟涂料有限公司〈P2272〉；广东星恒高效涂料开发有限公司〈P2293〉；中山市环美涂料企业公司〈P2283〉；[桂]柳州市建华涂料厂〈P2298〉；[渝]重庆宏漆涂料有限公司〈P2305〉；[陕]宝鸡市铁军化工防腐安装有限责任公司〈P2351〉；[新]新疆新通集团公司新型建材化工厂〈P2364〉

屋面防水涂料　G01163311

Waterproof coating for roof covering

适用于各种混凝土结构的屋面、楼面工程的防水、防潮

【生产厂】[津]天津市河西区天溶建筑涂料厂(200吨)〈P1589〉；[沪]上海中南建筑材料公司〈P1779〉

水性防水涂料　G01163351

Water-based waterproof coating

【生产厂】[浙]乐清市今升有机化工有限公司(300吨)〈P1936〉；[鲁]潍坊信托防水材料有限公司〈P2106〉

SBS改性沥青防水涂料　G01163451

Asphaltum waterproof coating, SBS modified

用于卫生间、浴室、厨房及游泳池、污水池、地铁、深井、混凝土内外墙等防渗

【生产厂】[京]北京东盛创远科技发展有限公司〈P1547〉；北京世纪永峰防水材料有限公司〈P1558〉；北京市中建建友防水施工有限公司〈P1561〉；北京新花工贸有限公司〈P1563〉；北京市京奥克建筑防水材料厂〈P1560〉；[辽]大

连市建筑防水材料厂〈P1693〉;[浙]杭州富阳新型建筑防水材料厂〈P1917〉;[赣]江西玉龙防水材料厂〈P2009〉;[豫]河南金固建筑防水工程有限公司〈P2165〉

氯丁橡胶沥青防水涂料 G01163501

Chloroprene rubber asphaltum waterproof coating

用于建筑物屋面及其他防水工程

【生产厂】[京]北京世纪蓝箭防水材料有限公司〈P1558〉;北京朗坤防水材料有限公司〈P1554〉;北京中海防水建筑材料有限公司〈P1566〉;北京东方红防水建材集团〈P1546〉;[赣]江西玉龙防水材料厂〈P2009〉;[鲁]山东新汉邦化工科技有限公司(2000吨)〈P2030〉

高分子防水涂料;聚合物防水涂料 G01163602

Polymer waterproof coating

用于地下室、厕浴间、水池、各式建筑物新旧屋面等的涂装与防护

【生产厂】[京]北京市大禹王建设工程防水集团〈P1559〉;北京世纪蓝箭防水材料有限公司〈P1558〉;北京朗坤防水材料有限公司〈P1554〉;[鲁]聊城佳恒化工有限公司(7500吨)〈P2152〉;诸城市鑫达建材有限责任公司〈P2107〉;曲阜慧迪化工有限责任公司(4000吨)〈P2130〉;[豫]河南金固建筑防水工程有限公司〈P2165〉;[鄂]武汉美利信新型建材有限责任公司〈P2231〉;[粤]广州金乐防水工程有限公司〈P2262〉

氯丁胶防水涂料 G01163604

Chloroprene rubber waterproof coating

【生产厂】[京]北京市中建建友防水施工有限公司〈P1561〉

氯化氯丁橡胶涂料 G01163801

Chorinated chloroprene rubber coating

用于桥梁、船舶、矿井的防腐蚀

【生产厂】[沪]上海大邦化工防腐有限公司(1000吨)〈P1730〉

氯化橡胶厚浆型面漆 G01163901

Chlorinated rubber top-coat,thick paste

适用于船舶水线、船壳、上层建筑以及电厂、钢铁厂、码头钢结构、化工厂、桥梁、集装箱、水工钢闸门等的涂装

【生产厂】[沪]上海英柯化工有限公司〈P1775〉;[苏]常州市邦杰化工有限公司〈P1849〉;常州圣安涂料有限公司〈P1849〉;无锡市云湖涂料有限公司〈P1881〉;吴江市太湖涂料有限公司〈P1911〉;[浙]余姚特种涂料厂〈P1935〉

氯磺化聚乙烯涂料 G01164001

Chlorosulfonated polyethylene coating

用于建筑、化工和军工等工业

【生产厂】[黑]大庆龙化新实业总公司雪龙涂料厂〈P1722〉;[苏]常州市鸿腾化工有限公司〈P1851〉;[赣]江西省德畅集团〈P2015〉

氯磺化聚乙烯防腐涂料 G01164011

Chlorosulfonated polyethylene anticorrosive coating

广泛应用于石油、化工、电力、港口等行业的建筑物表面作防腐保护层

【生产厂】[冀]武邑灯塔防腐涂料有限责任公司〈P1669〉;邢台市橡胶厂〈P1644〉;[沪]上海汇丽集团有限公司(500吨)〈P1741〉;[苏]常州市大使涂料有限公司〈P1850〉;常州市朝晖化工有限公司〈P1850〉;常州市华星防腐材料有限公司〈P1851〉;常州圣安涂料有限公司〈P1849〉;常州市凯星涂料有限公司〈P1852〉;无锡市奚妙工业涂料有限公司〈P1879〉;无锡市云湖涂料有限公司〈P1881〉;张家港市华泰涂料有限公司〈P1913〉;张家港市飞宇化工有限公司〈P1912〉;扬州美涂士金陵特种涂料有限公司〈P1818〉;[浙]杭州华顺化工防腐有限公司〈P1918〉;[鲁]淄博泰兴粉末涂料厂〈P2073〉;[陕]西安昌胜化工有限公司〈P2347〉;[甘]西北永新化工股份有限公司(100吨)〈P2356〉

改性氯磺化聚乙烯防腐涂料 G01164021

Modified chlorosulfonated polyethylene anticorrosive coating

适用于各类化工建筑、化工设备、外壁钢结构及厂房钢结构、管网的防腐

【生产厂】[苏]常州市凌龙涂料有限公司(1000吨)〈P1853〉;万胜化工(昆山)有限公司〈P1909〉;[川]成都市海鲨漆业有限责任公司〈P2314〉

高氯化聚乙烯防腐涂料 G01164041

High chlorinated polyethylene anticorrosive coating

用于化工设备、管道、海洋设备、船舶、储罐等的防腐蚀

【生产厂】[冀]石家庄金鱼涂料集团公司〈P1627〉;武邑灯塔防腐涂料有限责任公司〈P1669〉;任丘市华北石油华晨涂料化工有限公司〈P1656〉;[辽]沈阳彩逸特种涂料制造有限公司〈P1684〉;[沪]上海汇浩工业涂料有限公司〈P1741〉;[苏]常州市大使涂料有限公司〈P1850〉;常州市华星防腐材料有限公司〈P1851〉;常州市凯星涂料有限公司〈P1852〉;万胜化工(昆山)有限公司〈P1909〉;张家港市飞宇化工有限公司〈P1912〉;扬州美涂士金陵特种涂料有限公司〈P1818〉;[浙]杭州华顺化工防腐有限公司〈P1918〉;临海市永固为华涂料有限公司〈P1960〉;[鲁]临淄孙娄特种涂料厂〈P2050〉;胜利油田海发环保化工有限责任公司(1000吨)〈P2087〉;莱阳市亚力美涂料有限公司〈P2108〉;[豫]郑州市二七特种化工厂(500吨)〈P2173〉;[桂]柳州市建华涂料厂〈P2298〉

氯磺化聚乙烯抗裂涂料 G01164051

Chlorosulfonated polyethylene anti-cracking coating

【生产厂】[苏]常州圣安涂料有限公司〈P1849〉;江阴市天泽制涂有限公司〈P1871〉

高氯化聚乙烯铁红防锈漆 G01164071

Highchlorinated polyethylene iron oxide red antirust paint

【生产厂】[苏]常州圣安涂料有限公司〈P1849〉;无锡市云湖涂料有限公司〈P1881〉;[鲁]山东鲁南造漆厂〈P2150〉

氯磺化聚乙烯铁红防锈漆 G01164075

Chlorosulfonated polyethylene iron oxide red antirust paint

【生产厂】[苏]宜兴市远东化工有限公司〈P1888〉;泰州市铁猫涂料有限公司〈P1828〉;[鲁]山东博邦纳米材料有限公司〈P2051〉

氯磺化聚乙烯云铁防锈漆 G01164081

Chlorosulfonated polyethylene micaceous iron oxide antirust paint

【生产厂】[苏]常州圣安涂料有限公司〈P1849〉;宜兴市远东化工有限公司〈P1888〉;泰州市铁猫涂料有限公司〈P1828〉

高氯化聚乙烯云铁防锈漆 G01164091

High chlorinated polyethylene micaceous iron oxide antirust paint

【生产厂】[苏]常州圣安涂料有限公司〈P1849〉

各色氯化橡胶防腐面漆 G01164191

Various color chlorinated rubber anticorrosive top-coat

【生产厂】[浙]杭州萧山阳光涂料有限公司〈P1924〉;[渝]重庆三峡油漆股份有限公司〈P2306〉

防水专用腻子粉;防水腻子 G01164201

Waterproof putty powder

主要用于内、外墙装饰

【生产厂】[冀]徐水县白玉化工涂料有限公司〈P1649〉;[苏]常州圣安涂料有限公司〈P1849〉;[豫]河南省惠康实业总公司(1000吨)〈P2167〉

腻子粉 G01164251

Putty powder

广泛适用于住宅、宾馆、商用楼等各种建筑的墙体底层处理

【生产厂】[京]北京科林华工贸有限公司〈P1554〉;北京友合攀宝科技发展有限公司〈P1565〉;北京金依德化工有限公司〈P1552〉;北京美邦盛业涂料有限公司〈P1556〉;北京佳悦涂料有限责任公司〈P1551〉;[冀]河北茂源化工有限公司〈P1620〉;[皖]庐江县幸生涂料有限公司〈P1985〉;[闽]中亚涂料(石狮)有限公司(1000吨)〈P2001〉;[赣]南昌陶氏化工实业有限公司〈P2010〉;[鲁]青州市威凯建材厂〈P2093〉;[豫]洛阳三星化工有限公司(200吨)〈P2183〉

821腻子粉 G01164271

Putty powder 821

【生产厂】[京]北京雪莲涂料厂〈P1564〉;[辽]沈阳饰壁涂料厂〈P1689〉;[豫]林州市阳光涂料厂(300吨)〈P2212〉

高级内墙水性腻子 G01164291

Water-based putty for interior wall, high-grade

用于水泥砂浆、混凝土表面的批刮

【生产厂】[苏]常州光辉化工有限公司〈P1847〉;[豫]河南省惠康实业总公司(1000吨)〈P2167〉

卷材涂料 G01164301

Coil coating

适用于薄铝板、薄钢板、马口铁(印铁)等手工辊涂涂装和卷材的自动辊涂涂装

【生产厂】[辽]铁岭洪泰涂料有限公司〈P1712〉;[沪]上海涂料有限公司〈P1768〉;上海振华造漆厂〈P1778〉;拿破仑漆业(上海)有限公司〈P1726〉;[苏]江苏鸿业涂料科技产业有限公司〈P1859〉;靖江恒丰化工有限公司〈P1824〉;张家港市双林油墨厂〈P1914〉;[鲁]山东梁山万金化工有限公司(100吨)〈P2131〉

弹性防水涂料 G01164401

Elastic water-proof coating

【生产厂】[京]北京星牌建材有限责任公司〈P1564〉;北京城燕佳涂料技术开发中心〈P1545〉;[赣]江西玉龙防水材料厂〈P2009〉;[鲁]烟台华特聚氨酯有限公司〈P2117〉;[豫]滑县桥南老四防水涂料厂(600吨)〈P2211〉;金邦制漆(中国)有限公司〈P2213〉;三门峡市八四八化工厂(1000吨)〈P2222〉;[粤]茂名日化涂料有限公司〈P2293〉

高氯化聚乙烯中涂漆 G01164601

High chlorinated polyethylene middle coating

【生产厂】[苏]常州市邦杰化工有限公司〈P1849〉;无锡市云湖涂料有限公司〈P1881〉;宜兴市远东化工有限公司〈P1888〉;[豫]濮阳市兴建防腐涂料有限公司〈P2215〉

丁基腻子;丁基防水密封腻子 G01164801

Butyl putty

适用于内外墙拼缝、刚性屋面伸缩缝、彩钢板和轻型复合板建筑、管道与楼面接触缝、门窗框与墙接缝等

【生产厂】[苏]苏州非金属矿工业设计研究院〈P1900〉;[豫]郑州中原应用技术研究开发有限公司(60吨)〈P2176〉

氯化橡胶防锈漆 G01164900

Chlorinated rubber antirust paint

【生产厂】[黑]哈尔滨市长河特种涂料厂〈P1720〉;[苏]扬州美涂士金陵特种涂料有限公司(1200吨)〈P1818〉;[浙]杭州萧山阳光涂料有限公司〈P1924〉

氯化橡胶防腐漆 G01164901

Chlorinated rubber anticorrosive paint

用于钢铁制品的防锈、防腐

【生产厂】[京]北京市东安科技发展有限责任公司〈P1559〉;[冀]武邑灯塔防腐涂料有限责任公司〈P1669〉;[鲁]胜利油田海发环保化工有限责任公司(1000吨)〈P2087〉;山东乐化集团有限公司〈P2095〉;[鄂]武汉铁神化工有限公司〈P2234〉;[桂]柳州市建华涂料厂〈P2298〉;[陕]西安昌胜化工有限公司〈P2347〉

氯化橡胶沥青防锈漆 G01164902

Chlorinated rubber asphalt antirust paint

船底、船舶压载水舱、钢质闸门、电厂冷却水管道及地下管道等作防腐蚀之用

【生产厂】[津]天津市富利达化工厂(150吨)〈P1587〉;[苏]常州圣安涂料有限公司〈P1849〉;扬州美涂士金陵特种涂料有限公司(600吨)〈P1818〉

氯化橡胶防腐涂料 G01164911

Chlorinated rubber anticorrosive coating

广泛用于化工厂房、公用或民用建筑外墙面的防腐及装饰

【生产厂】[沪]上海秀珀化工有限公司〈P1773〉;上海汇浩工业涂料有限公司〈P1741〉;[苏]常州市华星防腐材料有限公司〈P1851〉;常州市凯星涂料有限公司〈P1852〉;万胜化工(昆山)有限公司〈P1909〉;张家港市华泰涂料有限公司〈P1913〉;张家港市永泰防腐涂料有限公司〈P1914〉;扬州美涂士金陵特种涂料有限公司〈P1818〉;[浙]杭州华顺化工防腐有限公司〈P1918〉;[粤]广州市泰堡防火材料有限公司〈P2266〉;[陕]西安昌胜化工有限公司〈P2347〉

氯化橡胶厚浆型防腐涂料 G01164921

Chlorinated rubber anticorrosive coating, thick paste

用于船舶、水闸、水中钢结构建筑、地下管道以及其他钢铁结构的防腐蚀需要厚膜保护的地方

【生产厂】[苏]张家港市永泰防腐涂料有限公司〈P1914〉;张家港市飞宇化工有限公司〈P1912〉

氯化橡胶快干防腐漆 G01164931

Chlorinated rubber quickdrying anticorrosive paint

【生产厂】[川]四川德阳奥林化工涂料有限公司〈P2326〉

氯化橡胶云铁防锈漆 G01164951

Chlorinated rubber micaceous iron oxide antirust paint

适用于码头、海上钢铁结构的飞溅区、化工设备外壁、钢结构平台专廊及其他钢铁结构的防腐

【生产厂】[苏]常州市邦杰化工有限公司〈P1849〉;常州圣安涂料有限公司〈P1849〉;无锡市云湖涂料有限公司〈P1881〉;[浙]杭州萧山阳光涂料有限公司〈P1924〉;[鄂]武汉现代工业技术研究院〈P2234〉

氯化橡胶玻璃鳞片涂料 G01165001

Chlorinated rubber glass-flake coating

适用于宾馆、住宅的内外墙面,作水泥、石棉板、纸筋石灰、纤维板、玻璃钢不同材料的基层物

【生产厂】[沪]上海汇浩工业涂料有限公司〈P1741〉;[苏]常州圣安涂料有限公司〈P1849〉;[浙]余姚特种涂料厂〈P1935〉;[川]攀枝花荣鑫油漆有限责任公司〈P2322〉

各色氯化橡胶无光防火漆 G01165101

Various color chlorinated rubber flat fire-proof paint

适用于船舶内舱及建筑物隔板等涂装

【生产厂】[辽]沈阳格林涂料有限公司〈P1685〉;[鲁]山东鲁南造漆厂〈P2150〉;[陕]西安昌胜化工有限公司〈P2347〉;[甘]西北永新化工股份有限公司〈P2356〉

橡塑网络涂料 G01165201

Rubber-plastic network coating

【生产厂】[苏]张家港市飞宇化工有限公司〈P1912〉

硅橡胶防水涂料 G01165301

Silicone rubber waterproof coating

用于地下室、卫生间、屋面、贮水池等建筑物的防水及防渗漏修补

【生产厂】[京]北京德辉新型建筑材料有限公司〈P1546〉;[沪]上海汇丽集团有限公司〈P1741〉;[闽]厦门冶建材料厂〈P1993〉;惠安新型建材厂〈P1999〉;[粤]顺德合胜化工实业有限公司〈P2292〉

高氯化聚乙烯厚浆型防锈漆 G01165501

High chlorinated polyethylene antirust paint, thick paste

适用于化工大气、工业大气及酸、碱、盐类腐蚀的各种钢结构或混凝土表面防蚀

【生产厂】[苏]常州市申达涂料有限公司〈P1853〉;宜兴市远东化工有限公司〈P1888〉;[鲁]山东博邦纳米材料有限公司〈P2051〉;[豫]濮阳市兴建防腐涂料有限公司〈P2215〉

铁红氯化橡胶厚膜型防锈漆 G01165701

Iron oxide red chlorinated rubber antirust paint, heavy film

【生产厂】[苏]常州市大使涂料有限公司〈P1850〉;常州市邦杰化工有限公司〈P1849〉;常州圣安涂料有限公司〈P1849〉;无锡市云湖涂料有限公司〈P1881〉;吴江市太湖涂料有限公司〈P1911〉;[浙]杭州萧山阳光涂料有限公司〈P1924〉;[鲁]青岛海建化学有限公司〈P2035〉;山东鲁南造漆厂〈P2150〉

氯磺化聚乙烯冷却塔防潮涂料 G01165801

Chlorosulfonated polyethylene moistureproof coating for cooling tower

【生产厂】[苏]常州市申达涂料有限公司〈P1853〉;常州圣安涂料有限公司〈P1849〉;常州市武进虹灵化工厂〈P1854〉;张家港市永泰防腐涂料有限公司〈P1914〉

氯醚重防腐涂料 G01166001

Chlorhydrin rubber heavy anticorrosive coating

【生产厂】[辽]丹东同达涂料有限公司〈P1701〉;[沪]上海秀珀化工有限公司〈P1773〉;[苏]常州市邦杰化工有限公司〈P1849〉

氯化橡胶磷酸锌底漆 G01166101

Chlorinated rubber zinc phosphate primer

【生产厂】[鲁]青岛海建化学有限公司〈P2035〉

钢木结构的防水涂料 G01170111

Waterproof coating for steel or wood structure

【生产厂】[京]北京慕湖外加剂有限公司〈P1556〉

强力防水涂料 G01170115

Waterproof coating, strong

可用于地面和地下建筑的防潮防渗,粘接木地板、水泥板、石棉瓦、玻璃钢、花岗岩、釉面砖以及陶瓷制品等

【生产厂】[粤]广东建科防水防腐材料开发有限公司〈P2259〉

铁红防锈底漆 G01170129

Iron oxide red primer, antirust

用于钢铁表面

【生产厂】[冀]河北鱼鹰涂料集团有限公司〈P1623〉;石家庄市鱼鹰油漆厂〈P1632〉;[沪]上海开林造漆厂〈P1746〉;[湘]湖南湘江涂料集团有限公司〈P2248〉;[粤]广州市南方制漆有限公司〈P2265〉

水性磷酸锌防锈底漆 G01170131

Water-soluble zinc phosphate antirust primer

适用于新、旧钢或铁表面防锈

【生产厂】[苏]徐州市龙圣漆业有限公司〈P1796〉;[鲁]山东泰山史宾莎涂料有限公司〈P2137〉

环保磷酸锌金属底漆 G01170139

Zinc phosphate metal primer, environmental-protection

【生产厂】[鲁]莱阳市金易化工有限公司〈P2108〉

高级防水补漏涂料 G01170141

Waterproof plugging coating, high-grade

【生产厂】[沪]上海古龙防水科技有限公司〈P1734〉;[粤]广东星恒高效涂料开发有限公司〈P2293〉

高级外墙透明防水涂料 G01170149

High-grade transparent and waterproof coating for exterior wall

【生产厂】[鲁]青岛江鑫化学建材有限公司〈P2038〉

PVC 防水涂料;聚氯乙烯防水涂料 G01170151

PVC Waterproof coating

【生产厂】[京]北京市大运防水材料厂〈P1559〉;[赣]江西玉龙防水材料厂〈P2009〉

纳米高弹防水涂料 G01170155

Waterproof nanometre coating, high elasticity

【生产厂】[鲁]潍坊市华光防水材料有限公司〈P2104〉;[豫]安阳市郊区永固防水乳胶漆厂(500 吨)〈P2209〉

多功能弹性防水中层漆 G01170159

Multi-functional elastic water-proof middle coating

具有对紫外线的抗性，有着永久性的韧性，用于抵抗墙体开裂，阻挡水和二氧化碳的侵入

【生产厂】[沪]上海蓝宝涂料有限公司〈P1749〉

JS复合防水涂料 G01170161

Compound waterproof coating JS

广泛用于屋面、外墙、厨房、卫生间、水池、地下室及其他建筑物的防水、防潮、防渗漏

【生产厂】[京]北京立高防水企业集团〈P1554〉；北京远大洪雨防水材料有限责任公司〈P1566〉；北京中建海平防水材料有限公司〈P1566〉；北京东盛创远科技发展有限公司〈P1547〉；北京洪雨防水建筑装饰工程公司〈P1549〉；北京世纪蓝箭防水材料有限公司〈P1558〉；北京市海马建筑防水(集团)有限公司〈P1559〉；北京神州洪雨防水材料有限责任公司〈P1558〉；北京世纪星防水工程有限公司〈P1558〉；北京世纪永峰防水材料有限公司〈P1558〉；北京市中建建友防水施工有限公司〈P1561〉；北京朗坤防水材料有限公司〈P1554〉；北京建海中建防水材料有限公司〈P1551〉；北京久申防水材料有限公司〈P1553〉；北京中海防水建筑材料有限公司〈P1566〉；北京东方红防水建材集团〈P1546〉；北京新世纪金盾建筑防水工程有限责任公司〈P1563〉；北京占海防水装饰有限公司〈P1566〉；[津]天津天大天海科技发展有限公司(500吨)〈P1614〉；[沪]上海侨茂建筑防水材料有限公司〈P1757〉；[苏]南京永丰化工有限责任公司〈P1791〉；苏州非金属矿工业设计研究院〈P1900〉；扬州亚菲涂料有限公司〈P1820〉；[浙]杭州富阳新型建筑防水材料厂〈P1917〉；[赣]江西玉龙防水材料厂〈P2009〉；[鲁]胜利油田大明新型建筑防水材料有限责任公司(5000吨)〈P2087〉；山东鑫达鲁鑫防水材料有限公司〈P2099〉；诸城市鑫达建材有限责任公司〈P2107〉；山东省潍坊市正泰防水材料有限公司〈P2098〉；潍坊市晨鸣新型防水材料有限公司〈P2104〉；潍坊市春美防水工程有限公司(1000吨)〈P2104〉；潍坊市宏源防水材料有限公司〈P2104〉；青岛锦绣防水材料有限公司〈P2039〉；[豫]河南金固建筑防水工程有限公司〈P2165〉；[鄂]湖北永阳防水材料股份有限公司〈P2245〉；[粤]顺德合胜化工实业有限公司〈P2292〉；[川]四川蜀羊防水材料有限公司(2000吨)〈P2319〉

复合防水涂料 G01170163

Compound waterproof coating

适用于屋面、卫生间、地下室、水池、桥梁等的涂饰

【生产厂】[京]北京市大运防水材料厂〈P1559〉；[沪]上海汇丽集团有限公司〈P1741〉；[苏]常州圣安涂料有限公司〈P1849〉；[闽]惠安县厦日防水材料有限公司〈P1999〉；[鄂]武汉美利信新型建材有限责任公司〈P2231〉

复合弹性防水涂料 G01170165

Compound elastic waterproof coating

【生产厂】[苏]常州圣安涂料有限公司〈P1849〉

抗老化高弹性彩色防水涂料；彩色防水涂料 G01170171

Color waterproof coating, ageing resistance and high elasticity

【生产厂】[京]北京中核研技术有限公司〈P1566〉；[沪]上海侨茂建筑防水材料有限公司〈P1757〉；[鲁]诸城市鑫达建材有限责任公司〈P2107〉；潍坊市春美防水工程有限公司(1200吨)〈P2104〉

高弹聚合物防水涂料；高弹防水涂料 G01170173

Polymer waterproof coating, high elasticity

用于屋顶、浴池、卫生间等防水

【生产厂】[鲁]山东鲁岳化工有限公司(200吨)〈P2136〉；[豫]安阳市郊区永固防水乳胶漆厂(250吨)〈P2209〉

高聚物改性沥青防水涂料 G01170174

High polymer modified asphalt waterproof coating

广泛用于建筑屋顶、地下室、贮藏室、仓库等的防水、防潮、接缝等

【生产厂】[赣]江西玉龙防水材料厂〈P2009〉；[鲁]济南正恒聚氨酯材料有限公司〈P2027〉

聚合物改性水泥基弹性防水涂料 G01170175

Concrete-based elastic waterproof coating, polymer modified

用于地下室、卫生间、屋面、隧洞、水池等的防水防渗

【生产厂】[京]北京中核研技术有限公司〈P1566〉；[冀]保定市长江聚氨酯有限公司〈P1645〉；[沪]上海明固防水防腐工程有限公司〈P1754〉；[苏]无锡市诺亚防水材料有限公司〈P1878〉；[闽]厦门冶建材料厂〈P1993〉；惠安新型建材厂〈P1999〉；[豫]郑州市候砦装饰防水防腐材料厂(1500吨)〈P2173〉；[粤]深圳市景江化工有限公司〈P2271〉

水泥基渗透结晶型防水涂料 G01170176

Concrete-based waterproof coating, infiltration crystal type

用于新旧混凝土结构建筑的地下室、厨卫间、桥梁、涵洞的防水

【生产厂】[京]北京立高防水企业集团〈P1554〉；北京中核研技术有限公司〈P1566〉；北京中海防水建筑材料有限公司〈P1566〉；北京占海防水装饰有限公司〈P1566〉；[豫]河南金固建筑防水工程有限公司(1500吨)〈P2165〉；[鄂]武汉美利信新型建材有限责任公司〈P2231〉

环保型大桥防水涂料 G01170195

Bridge water-proof coating, environmental-protection type

【生产厂】[京]北京市大禹王建设工程防水集团〈P1559〉；北京世纪永峰防水材料有限公司〈P1558〉；北京新花工贸有限公司〈P1563〉；[苏]江苏文昌电子化工有限公司〈P1842〉；[鲁]青岛市润邦化工建材有限公司〈P2043〉；[豫]三门峡市八四八化工厂(3000吨)〈P2222〉

无机抗菌防霉涂料 G01170371

Inorganic antibacterial and antifungus coating

用于医院、别墅、写字楼、电视台、酒店等的内墙涂饰

【生产厂】[浙]宁波康曼丝涂料有限公司〈P1931〉

防静电涂料；抗静电涂料 G01170401

Antistatic coating

主要用于需要导电化处理的天井、墙面、壁纸、床面、仪表类的玻璃、电视机及其他家电等

【生产厂】[辽]沈阳蓝丰涂料制造有限公司〈P1687〉；大连喜立德建材有限公司〈P1694〉；[沪]上海富晨化工有限公司〈P1733〉；上海汇浩工业涂料有限公司〈P1741〉；上海汇宇精细化工有限公司〈P1741〉；[苏]常州市武进虹灵化工厂〈P1854〉；[湘]湖南汉寿县特种涂料厂〈P2255〉；[粤]广州市南方制漆有限公司〈P2265〉；深圳市高展实业有限公司〈P2270〉；[川]成都彩星科技实业有限公司〈P2309〉；[滇]昆明富遥工贸有限公司〈P2339〉；[陕]西安航天化学动力厂〈P2348〉；西安昌胜化工有限公司〈P2347〉；[甘]西北永

新化工股份有限公司〈P2356〉

抗石击涂料 G01170451
Anti-rubble knocking coating
用于喷涂或刮涂在汽车车底、车身裙边、挡泥板、发动机盖等部位
【生产厂】[苏]南京六联化工有限责任公司〈P1787〉

水性底面合一漆 G01170501
Water-based paint of primer and top-coat
【生产厂】[京]北京金汇利应用化工制品有限公司〈P1552〉；[鲁]莱阳市金易化工有限公司〈P2108〉

三合一型豪华墙漆王 G01170511
Wall paint, triad, high-grade, three-*in*-one
【生产厂】[湘]湖南省白银新材料有限公司〈P2254〉

内墙工程乳胶漆 G01170521
Interior wall engineering latex paint
适用于一般民宅、办公楼、商业及工业厂房内墙装饰
【生产厂】[鲁]颐中(青岛)实业有限公司(800吨)〈P2048〉

外墙工程乳胶漆 G01170525
Exterior wall engineering latex paint
用于砖石、混凝土和砂浆外墙的工程涂装
【生产厂】[鲁]颐中(青岛)实业有限公司(1000吨)〈P2048〉

弹性内墙乳胶漆 G01170541
Elastic latex paint for interior wall
室内装修用漆，特别用作防裂纹、防霉、防藻、防水等特殊用途漆
【生产厂】[鲁]颐中(青岛)实业有限公司(1000吨)〈P2048〉；[桂]柳州市造漆厂〈P2298〉

五合一弹性多功能乳胶漆 G01170551
Elastic multifunctional latex paint, five-*in*-one
用于保护内外墙水泥表面的优质漆
【生产厂】[沪]上海威德沃涂料有限公司〈P1769〉；上海斯诺装饰材料有限公司〈P1765〉；新欧宝化工(上海)有限公司〈P1780〉；[苏]南通邦和化工有限公司〈P1832〉；[浙]浙江省海宁海龙化学有限责任公司〈P1944〉；[闽]莆田市三江化学工业有限公司〈P1997〉

高级外墙乳胶漆 G01170571
High-grade exterior wall latex paint
适用于体育馆、桥梁、宾馆、学校、别墅等建筑物的外墙装饰与保护
【生产厂】[京]北京佳悦创新涂料科技发展有限公司〈P1551〉；北京佳悦涂料有限责任公司〈P1551〉；[辽]大连金川豹涂料装饰工程有限公司〈P1692〉；[黑]大庆龙化新实业总公司雪龙涂料厂〈P1722〉；[苏]南京市溧水天龙化工有限公司〈P1789〉；常州市大使涂料有限公司〈P1850〉；常州市申达涂料有限公司〈P1853〉；无锡爱诺丝涂料有限公司〈P1872〉；万胜化工(昆山)有限公司〈P1909〉；南通万邦采涂料有限公司〈P1836〉；[闽]桑川(泉州)制漆有限公司〈P2000〉；[鲁]潍坊东邦化工有限公司〈P2101〉；威海富成涂料有限公司(3000吨)〈P2124〉；[粤]深圳市广田环保涂料有限公司〈P2271〉；[渝]重庆宏漆涂料有限公司〈P2305〉

亚光外墙乳胶漆 G01170581
Flat latex paint for exterior wall
适用于室内外混凝土及墙壁表面涂层
【生产厂】[沪]上海威德沃涂料有限公司〈P1769〉；[苏]宜兴市高塍日新化工厂〈P1884〉；[闽]莆田市三江化学工业有限公司〈P1997〉；[赣]江西蒙莱特漆业有限公司〈P2015〉；[鲁]淄博铭威特安全设备有限公司〈P2065〉；[粤]汕头昌丰化工有限公司〈P2276〉

多功能外墙乳胶漆 G01170591
Multifunctional latex paint for exterior wall
【生产厂】[京]北京蓝通涂料有限公司〈P1554〉

电视机用有机膜涂料；彩色显像管用有机膜涂料 G01170601
Organic film coating for TV set
适用于电视机显像管表面的涂覆
【生产厂】[冀]河北东华化工总公司〈P1619〉

镀锌铁专用底漆 G01170721
Primer for zincification or plating iron
【生产厂】[粤]广州市延安油漆集团股份有限公司〈P2267〉

电镀封闭罩光清漆 G01170731
Sealing finishing varnish for electroplating
【生产厂】[渝]重庆永裕化工制剂有限公司〈P2308〉

抗静电重防腐涂料 G01170801
Antistatic heavy rotproof coating
【生产厂】[苏]张家港市永泰防腐涂料有限公司〈P1914〉；[鄂]武汉铁神化工有限公司〈P2234〉

埋地管道重防腐涂料；地下管道专用涂料 G01170831
Rotproof coating for underground pipeline
主要用于输油、气、水等的架空、地下管道的内外壁防腐
【生产厂】[苏]常州市邦杰化工有限公司〈P1849〉；常州市凯星涂料有限公司〈P1852〉；苏州市第四橡胶有限公司〈P1903〉

输送管防腐涂料；管道防腐涂料 G01170851
Rotproof coating for pipage
适用于地下管道、油管、自来水、煤气管等管线外壁防腐蚀用，也可作为凉水塔、污水池等化工设备做防腐涂层
【生产厂】[苏]张家港市东昌涂料有限公司〈P1912〉；[豫]濮阳市兴建防腐涂料有限公司〈P2215〉；[川]攀枝花荣鑫油漆有限责任公司〈P2322〉；[陕]西安昌胜化工有限公司〈P2347〉

聚丙烯管道防腐底漆 G01170871
Polypropylene pipage rotproof primer
【生产厂】[苏]常州圣安涂料有限公司〈P1849〉；[浙]余姚特种涂料厂〈P1935〉

聚丙烯管道防腐面漆 G01170891
Polypropylene pipage rotproof top coat
【生产厂】[苏]常州市大使涂料有限公司〈P1850〉；常州市武进虹灵化工厂〈P1854〉；张家港市飞宇化工有限公司

〈P1912〉;[浙]余姚特种涂料厂〈P1935〉;[川]攀枝花荣鑫油漆有限责任公司〈P2322〉

耐高温防腐蚀绝缘涂料 G01170951

Anticorrosive and insulated coating, high temperature resistant

用于化工、钢铁、冶炼、石化、热电站的设备、设施、管道、阀门、烟囱、热泵、钢模内外壁等的涂装

【生产厂】[冀]河北霸州市津港工贸有限公司〈P1658〉

耐酸碱耐高温防腐涂料 G01170991

Anticorrosive coating, acidresistant and alkaliresistant, high temperature resistant

用于石油、化工、化肥行业反应罐、冷凝设备、生产管道及冶金、矿山、发电等企业设备的常温和高温重防腐保护

【生产厂】[京]北京双棱高温防腐材料研究所〈P1562〉;[川]成都拓利化工实业有限公司〈P2316〉

钢结构防腐涂料;工程防腐涂料 G01171101

Anticorrosive coating for steel structure

广泛适用于船舶、各种钢构件防腐工程以及港口、桥梁的防腐蚀涂装

【生产厂】[津]天津市金利化工有限公司(2000 吨)〈P1592〉;[浙]杭州蓝迪化工有限公司〈P1920〉;[粤]深圳市豪虹涂料有限公司〈P2271〉;[川]成都拓利化工实业有限公司〈P2316〉

船舶防腐漆;船舶漆 G01171201

Rotproof paint for shipping

防止海水、海洋大气、船舶栽物对船体的侵蚀

【生产厂】[京]北京市精易达包装设备材料有限公司〈P1560〉;[津]天津市东光特种涂料有限公司(3000 吨)〈P1585〉;天津市外星化工涂料有限公司〈P1605〉;[辽]铁岭洪泰涂料有限公司〈P1712〉;大连璐琨化工涂料有限公司〈P1693〉;[沪]上海胜星树脂涂料有限公司〈P1762〉;上海开林造漆厂〈P1746〉;[苏]常州进华船舶造漆有限公司〈P1848〉;[浙]杭州麦林环保船用漆有限公司〈P1921〉;舟山造漆厂〈P1959〉;[鲁]山东临清洪流化工总公司〈P2153〉;山东乐化集团有限公司〈P2095〉;烟台市海滨涂料厂〈P2118〉;莱阳市亚力美涂料有限公司〈P2108〉;格瑞特漆业(梁山)有限公司〈P2127〉;[鄂]武汉鹤龟涂料有限公司〈P2230〉;[粤]佛山市西方化工有限公司〈P2289〉;[陕]陕西宝塔山油漆股份有限公司〈P2352〉

船舶防污涂料;船舶防污漆 G01171251

Antipollution coating for shipping

【生产厂】[鲁]海洋化工研究院(7000 吨)〈P2031〉

船用防腐防污涂料 G01171271

Antipollution and anticorrosive coating for shipping

【生产厂】[苏]常州市大使涂料有限公司〈P1850〉

船舶涂料 G01171301

Coating for shipping

用于船舶工业修造业,各种钢构件防腐工程以及港口、桥梁的防腐蚀

【生产厂】[辽]大连振邦氟涂料股份有限公司〈P1695〉;[沪]上海涂料有限公司〈P1768〉;[苏]常州市凯星涂料有限公司〈P1852〉;[浙]临海市永固为华涂料有限公司(3000 吨)〈P1960〉;[皖]安庆菱湖漆业有限公司〈P1979〉;[豫]洛阳市重科防腐工程有限公司(800 吨)〈P2187〉;[湘]湖南汉寿县特种涂料厂〈P2255〉;[粤]广州铠克液体表面防护材料有限公司〈P2262〉

玻璃鳞片重防腐涂料 G01171431

Glass-flake heavy anticorrosive paint

适用于装有腐蚀介质的贮罐内壁

【生产厂】[京]北京双棱高温防腐材料研究所〈P1562〉;[冀]河北立东化工有限公司〈P1658〉;廊坊市东化防腐工程有限公司〈P1661〉;[黑]哈尔滨市长河特种涂料厂〈P1720〉;[苏]常州市凌龙涂料有限公司〈P1853〉;[赣]江西恒大高新技术实业有限公司〈P2008〉;[豫]濮阳市兴建防腐涂料有限公司〈P2215〉

玻璃涂料;玻璃漆 G01171451

Glass coating

能改善和提高玻璃制品的各种性能

【生产厂】[辽]丹东同达涂料有限公司〈P1701〉;[苏]无锡诺赛利漆业有限公司〈P1874〉;盐城万成化学有限公司〈P1812〉;[浙]浙江杭州富阳晨华涂料厂〈P1927〉;浙江省海宁海龙化学有限责任公司〈P1944〉;[鲁]青岛派超环保漆业有限公司〈P2041〉;[粤]广州市延安油漆集团股份有限公司〈P2267〉;深圳市盟友化工有限公司〈P2272〉;东莞市宏辉化工有限公司〈P2280〉;佛山市万正涂料有限公司〈P2289〉;爱普诗涂料(中国)有限公司〈P2282〉;中山市泰莱涂料化工有限公司〈P2283〉;雄泰涂料有限公司〈P2286〉

不变黄玻璃漆 G01171471

Anti-yellow stain glass paint

【生产厂】[鲁]威海富成涂料有限公司(80 吨)〈P2124〉

玻璃钢漆 G01171491

Paint for glass fiber reinforced plastic

【生产厂】[豫]红旗渠环保涂料厂(600 吨)〈P2211〉

透明漆 G01171501

Transparent paint

【生产厂】[浙]余姚特种涂料厂〈P1935〉;[粤]佛山市三求化工有限公司〈P2288〉

罩光漆 G01171601

Finishing paint

适用于砂浆、厚浆、真石漆等涂料的表面罩光,特别适用于水泥彩瓦的表面罩光保护

【生产厂】[京]北京益利达建筑涂料厂〈P1565〉;[浙]中外合资升华集团湖州升宝涂料有限公司〈P1947〉;玉环密得邦化学有限公司〈P1963〉;[粤]江门市四方精细化工有限公司〈P2285〉

水性罩光漆 G01171611

Water-soluble finishing paint

适用于砂浆、厚浆、真石漆等涂料的表面罩光

【生产厂】[京]北京金汇利应用化工制品有限公司〈P1552〉;[沪]上海华生化工有限公司〈P1739〉;[苏]常州光辉化工有限公司〈P1847〉;[皖]安徽爱迪尔涂料有限责任公司〈P1971〉

高温罩光清漆 G01171691

High temperature finishing varnish

【生产厂】[粤]维新制漆(深圳)有限公司〈P2274〉

绝缘漆 G01171701

Insulating paint

用于各种石油化工设施、工业设备、电线电缆、漆包线、半导体电讯器材、无线电设备等需绝缘防腐防锈的涂装

【生产厂】[津]天津市玉彬福造漆有限公司(100 吨)〈P1611〉;[冀]石家庄金鱼涂料集团公司〈P1627〉;[辽]沈阳蓝丰涂料制造有限公司〈P1687〉;[沪]上海涂料有限公司〈P1768〉;[苏]常州市武进虹灵化工厂〈P1854〉;[豫]新乡海伦颜料有限公司(1800 吨)〈P2203〉;[粤]广州市延安油漆集团股份有限公司〈P2267〉;佛山市鲸鲨制漆科技有限公司〈P2288〉;佛山市南海华生化工厂〈P2288〉

防霉防潮绝缘涂料 G01171711

Coating of moldproof, moistureproof and insulating

用于电器元件上的防霉防潮和绝缘

【生产厂】[浙]玉环密得邦化学有限公司〈P1963〉

沉浸绝缘漆 G01171731

Immersion insulating paint

用于漆缸普通沉浸,大多数也适用于真空浸烘设备,工艺周期较长

【生产厂】[浙]嘉兴荣泰雷帕司绝缘材料有限公司〈P1941〉

快干,连续沉浸绝缘漆 G01171741

Quickdrying, continuous immersion insulating paint

用于周转快的小漆缸沉浸或连续浸渍,适用于小型工件浸渍

【生产厂】[浙]嘉兴荣泰雷帕司绝缘材料有限公司〈P1941〉

闪光漆 G01171801

Flashing lacquer

能使做出来的家具更加五彩缤纷

【生产厂】[京]北京仕全兴涂料有限责任公司〈P1558〉;[冀]晋州市长宏化工有限责任公司〈P1625〉;[沪]上海振华造漆厂〈P1778〉;[闽]福建泉州美家涂料制造有限公司〈P1998〉;[豫]郑州华美油漆有限公司〈P2171〉;郑州市捷士化工有限公司(1500 吨)〈P2173〉;河南省偃师市新星油漆厂(150 吨)〈P2181〉;[粤]顺德居都邦涂料实业有限公司〈P2292〉;江门市四方精细化工有限公司〈P2285〉

高级闪光雨线涂料 G01171851

High-grade flashing rain-line coating

【生产厂】[冀]阿童木(廊坊)涂料有限公司(1000 吨)〈P1657〉

锤纹漆 G01171901

Hammer finish

主要适用于涂饰高级金属精密仪器、摄影机、放映机、录音机、电视机、医疗器械等

【生产厂】[辽]沈阳船牌制漆有限公司〈P1685〉;沈阳蓝丰涂料制造有限公司〈P1687〉;丹东同达涂料有限公司〈P1701〉;[苏]无锡市虎皇漆业有限公司〈P1876〉;[闽]桑川(泉州)制漆有限公司〈P2000〉;[鲁]淄博贝林化工有限公司(200 吨)〈P2058〉;淄博泰兴粉末涂料厂〈P2073〉;潍坊正本涂料有限公司〈P2107〉;潍坊环宇油漆工业有限公司〈P2103〉;山东乐化集团有限公司〈P2095〉;烟台市海滨涂料厂〈P2118〉;威海市玉威漆业有限公司(70 吨)〈P2126〉;山东泰山史宾莎涂料有限公司(200 吨)〈P2137〉;[豫]郑州华美油漆有限公司〈P2171〉;[鄂]随州市文峰涂料有限责任公司〈P2245〉;[湘]湖南汉寿县特种涂料厂〈P2255〉;[粤]深圳市哈隆实业有限公司〈P2271〉;东莞市飞鸿涂料有限公司〈P2279〉;东莞市石龙合众涂料厂〈P2280〉;新达化工实业有限公司〈P2294〉;佛山市南海华生化工厂〈P2288〉;南海市东方化工厂〈P2291〉;广东粤港大地制漆有限公司〈P2291〉;顺德明邦化工实业有限公司〈P2292〉;[渝]重庆市三渝漆业有限公司〈P2307〉

新型特种防腐锤纹漆 G01171951

Special rotproof hammer finish, new type

用于化工、机械、仪器及仪表等金属制件表面防护与装饰

【生产厂】[豫]濮阳市恒美实业开发中心(300 吨)〈P2214〉

双组分立体锤纹漆 G01171971

Stereoscopic hammer finish, bicomponent

应用于工程机械、仪器仪表、电机电器、门窗、金属文件柜等的表面涂装

【生产厂】[辽]丹东同达涂料有限公司〈P1701〉

自干锤纹漆 G01171991

Self-dry hammer paint

适用于各类机床、医疗器械、仪器仪表、家用电器或大型不宜烘烤的机电产品表面装饰防护

【生产厂】[浙]杭州蓝迪化工有限公司〈P1920〉;[鲁]山东梁山万金化工有限公司〈P2131〉;[川]四川德阳奥林化工涂料有限公司〈P2326〉

美术漆;美术涂料 G01172001

Art paint

【生产厂】[京]北京靓的涂料有限公司〈P1553〉;[苏]南京红太阳集团〈P1784〉;[浙]东阳市惠泽化工涂料有限公司〈P1952〉;[鲁]潍坊正本涂料有限公司〈P2107〉;[湘]湖南汉寿县特种涂料厂〈P2255〉;[粤]中山市普尔化工涂料有限公司〈P2283〉

特级丝绸乳胶漆;丝绸漆;丝绸锻面乳胶漆 G01172011

Latex paint of silk, superfine

适用于现代高级的室内装修

【生产厂】[黑]大庆龙化新实业总公司雪龙涂料厂〈P1722〉;[沪]上海汇丽集团有限公司〈P1741〉;[鲁]山东高威化工有限公司(8000 吨)〈P2153〉;山东淄博仿瓷涂料厂〈P2056〉;淄博峰源化工有限公司〈P2059〉;[豫]河南省德嘉丽科技开发公司(1500 吨)〈P2167〉

金丝彩缎涂料 G01172021

Coating of spun gold color damask

【生产厂】[苏]徐州市西关化工厂〈P1796〉;[皖]安徽省振华工贸股份有限公司〈P1983〉;[豫]河南省德嘉丽科技开发公司(1000 吨)〈P2167〉;[粤]深圳市布里斯多涂料有限公司〈P2270〉

水彩花纹涂料;丝纹条纹涂料 G01172031

Watercolour streaky coating

【生产厂】[苏]徐州开达精细化工有限公司〈P1795〉;[粤]广州市三磊新材料有限公司〈P2266〉

彩绘漆 G01172051

Paint for coloured drawing or pattern

适用于陶瓷工艺品的涂饰

【生产厂】[苏]大华涂料(中国)股份有限公司〈P1892〉;[闽]

厦门联星化学工业有限公司〈P1992〉；惠安德贤油漆化工厂〈P1999〉

广告涂料；广告色漆 G01172061

Coating for advertisement

【生产厂】[冀]石家庄神彩美术颜料厂〈P1628〉；[豫]汤阴县忠武建筑涂料有限公司(300吨)〈P2212〉

水性光油 G01172100

Water-based polishing oil

用于高光亮度、耐磨性好的纸品上光

【生产厂】[京]北京艾瑞斯水墨有限公司〈P1543〉；[沪]上海科瑞印刷材料有限公司〈P1749〉；上海世傲印刷材料有限公司(1500吨)〈P1763〉；[闽]福建洪洋集团有限公司〈P1996〉；[鲁]山东华诚高科胶粘剂有限公司〈P2095〉；山东青州华诚化工有限公司〈P2096〉；龙口市方元油墨有限公司(800吨)〈P2111〉；[粤]深圳鼎好光化科技有限公司〈P2269〉；深圳市宝安周益化工实业有限公司〈P2270〉；中山市东菱合成树脂厂〈P2283〉

G

镜面镀膜快干保护漆 G01172331

Quickdrying protecting paint for mirror surface filming

适用于玻璃镜面镀银或镀铝层的表面保护

【生产厂】[苏]常州市柏鹤涂料有限公司〈P1849〉

镜背涂料 G01172351

Coating for rear of mirror

【生产厂】[苏]常州市柏鹤涂料有限公司〈P1849〉；[浙]浙江省海宁海龙化学有限责任公司〈P1944〉

FVC 涂料 G01172371

FVC Coating

【生产厂】[苏]常州市华星防腐材料有限公司〈P1851〉

自干型保护涂料 G01172501

Protective coating, air-dry type

【生产厂】[陕]陕西省宝鸡市陈仓区秦渭化工厂〈P2351〉

防护涂料 G01172531

Protective coating

【生产厂】[京]北京京汉邦涂料有限公司〈P1552〉；[粤]广东雅图化工有限公司〈P2284〉

金属涂料 G01172551

Coating for metal

【生产厂】[粤]佛山市大金宇涂料厂〈P2287〉；广东鸿昌化工(集团)有限公司〈P2290〉；顺德花王涂料有限公司〈P2292〉；中山市博海精细化工有限公司〈P2283〉

水性防腐漆 G01172601

Water-based anticorrosive paint

【生产厂】[津]天津市宏光伟业化工涂料有限公司(200吨)〈P1589〉

防腐底漆 G01172631

Anticorrosive primer

【生产厂】[鲁]山东泰山史宾莎涂料有限公司〈P2137〉；[粤]广州市南方制漆有限公司〈P2265〉

水晶耐磨地板漆 G01172701

Wearable crystal paint for floor

适用于各种地板、木器、家具、护墙板、装饰材料等的罩光

【生产厂】[沪]上海家具涂料厂〈P1742〉；上海明光涂料厂〈P1754〉；[苏]苏州平平佳涂料化工有限公司〈P1902〉；[鲁]威海富成涂料有限公司(5吨)〈P2124〉；[粤]中外合资靓尔嘉化工有限公司〈P2293〉

耐磨地板漆 G01172751

Wearable paint for floor

【生产厂】[粤]深圳市飞扬实业有限公司〈P2270〉

高温防腐漆；耐高温漆；耐热漆 G01172801

High temperature anticorrosive paint

适用于锅炉、排气管、烟囱、烘箱等高温设备的钢铁表面作耐热漆用

【生产厂】[冀]石家庄金鱼涂料集团公司〈P1627〉；石家庄市金达特种涂料有限公司〈P1630〉；[辽]沈阳彩逸特种涂料制造有限公司〈P1684〉；[沪]上海赛诺化工有限公司〈P1759〉；上海开林造漆厂〈P1746〉；[苏]常州进华船舶造漆有限公司〈P1848〉；徐州造漆有限公司〈P1796〉；[浙]海盐华达油墨化学有限公司〈P1940〉；慈溪市彩得隆喷涂材料有限公司〈P1929〉；[鲁]淄博贝林化工有限公司(500吨)〈P2058〉；青岛兴国涂料化工有限公司〈P2045〉；[豫]洛阳市吉利区高欣涂料厂(500吨)〈P2184〉；[粤]广州市延安油漆集团股份有限公司〈P2267〉；广州市南方制漆有限公司〈P2265〉；江门市四方精细化工有限公司〈P2285〉

户外高光防腐漆 G01172851

High gloss anticorrosive paint, outdoors

适用于金属部件、船舶、建筑及各种室内外用品表面涂装，亦用于各种化工设备及管道保护涂装

【生产厂】[豫]濮阳市恒美实业开发中心(200吨)〈P2214〉

新型特种防腐清漆 G01172891

New-type special anticorrosive varnish

广泛用于石油化工、船舶、冶金、电力、矿山、建筑、水下工程、热力煤气、机械制造业等

【生产厂】[豫]濮阳市恒美实业开发中心(200吨)〈P2214〉

热熔型涂料 G01172901

Hot melt coating

专供马路标志用

【生产厂】[冀]阿童木(廊坊)涂料有限公司(1000吨)〈P1657〉；[晋]山西长达交通设施有限公司〈P1670〉

加热型涂料 G01172991

Hot type coating

【生产厂】[冀]阿童木(廊坊)涂料有限公司(2000吨)〈P1657〉

高级砂胶涂料 G01173051

High-grade mastic coating

【生产厂】[粤]福田化学工业集团〈P2259〉

水性浸涂漆 G01173151

Water-soluble dipcoating paint

是金属制品的装饰用漆

【生产厂】[京]北京金汇利应用化工制品有限公司〈P1552〉；[苏]南京瑞泽精细化工有限公司〈P1788〉；[皖]安徽省池州新赛德化工有限公司〈P1987〉；[鲁]潍坊正本涂料有限公司〈P2107〉；莱阳市亚力美涂料有限公司〈P2108〉；山东

省莱阳市春帆漆业有限责任公司〈P2114〉

皱纹漆 G01173201

Wrinkle paint

【生产厂】[苏]无锡诺赛利漆业有限公司〈P1874〉;[闽]福州金凤涂料有限公司〈P1989〉;[桂]柳州市造漆厂〈P2298〉

聚酰亚胺漆 G01173301

Polyimide paint

适用于H、C级漆包线漆,亦可用作薄膜漆和漆布漆

【生产厂】[沪]上海市合成树脂研究所〈P1763〉

聚酰亚胺浸渍漆 G01173351

Polyimide impregnating paint

【生产厂】[苏]吴江市太湖涂料有限公司〈P1911〉

丝面漆 G01173481

Silk top-coat

用于室内的灰泥、水泥、砖石、木材、纤维板等表面,做装饰性面漆

【生产厂】[苏]无锡爱诺丝涂料有限公司〈P1872〉

瓦面漆;彩瓦漆 G01173485

Tiling top-coat

用于水泥、混凝土瓦片保护、装饰

【生产厂】[辽]营口新力化工涂料有限公司〈P1705〉;[沪]上海涂料有限公司〈P1768〉;[苏]徐州造漆有限公司〈P1796〉;[浙]博星化工涂料有限公司〈P1959〉;[鲁]青岛大洋涂料厂(2000吨)〈P2033〉;青岛江鑫化学建材有限公司〈P2038〉;[鄂]武汉现代工业技术研究院〈P2234〉

罩光涂料 G01173541

Finishing coating

作无光涂层的罩光剂,或原涂层的再保护涂料,以提高原涂层的性能

【生产厂】[苏]南通邦和化工有限公司〈P1832〉

荧光涂料;荧光漆 G01173551

Fluorescent coating

适用于广告字牌、安全标志、高速公路护栏、舞厅装璜、渔具等需要鲜艳明亮色彩的表面涂饰

【生产厂】[苏]无锡诺赛利漆业有限公司〈P1874〉;江都市应用化学有限公司〈P1815〉;[闽]桑川(泉州)制漆有限公司〈P2000〉;[粤]广州市延安油漆集团股份有限公司〈P2267〉

荧光型粉末涂料 G01173553

Fluorescent powder coating

用于健身、休闲、运动器材,消防器材,马路标牌等的涂饰

【生产厂】[沪]上海常江化学有限公司〈P1730〉;[苏]江阴福贝特橡塑涂料有限公司〈P1867〉

变色粉末涂料 G01173559

Powder coating, change color

采用纳米级高分子液晶材料制成,通过对光线的吸收与反射来改变颜色

【生产厂】[粤]惠州市华阳光学技术有限公司〈P2278〉

高光耐候漆 G01173575

High gloss weather-resistant paint

适用于室内外之水泥建筑物、灰泥、石棉板及木器等基层,最适宜用作复层喷瓷的高级面漆

【生产厂】[辽]沈阳兴达涂料有限公司〈P1690〉

自发光涂料 G01173581

Selfluminescent coating

用于建筑、消防、交通、军建设施、工业、民用产品等

【生产厂】[辽]大连路明科技集团有限公司〈P1693〉;[豫]洛阳市廛河鹤牌特种涂料厂(1000吨)〈P2183〉;[粤]广州捷耐制漆有限公司〈P2261〉

亚光涂料;高级亚光涂料 G01173591

Flat coating

适用于各种建筑物外墙的装饰装修,适用于砂浆水泥墙面、石膏板、木材、砖石等各种墙面

【生产厂】[京]北京奥宇可鑫表面工程技术有限公司〈P1543〉;[鲁]青岛大洋涂料厂(1500吨)〈P2033〉;青岛江鑫化学建材有限公司〈P2038〉

火车漆;机车漆 G01173601

Paint for train

【生产厂】[冀]石家庄金鱼涂料集团公司〈P1627〉;[粤]广州市南方制漆有限公司〈P2265〉

电梯专用漆 G01173661

Elevator paint

专用于电梯的涂装

【生产厂】[沪]上海振华造漆厂〈P1778〉

涉水设备内壁涂料;饮用水容器内壁涂料 G01173711

Coating for inner wall of drinking water equipment

用于船舶饮水舱、蒸馏水舱、水箱、输水管道内壁、食品容器内壁,作保护和防腐蚀涂料之用

【生产厂】[沪]上海大通高科技材料有限责任公司〈P1731〉;[浙]杭州华顺化工防腐有限公司〈P1918〉;[陕]陕西宝塔山油漆股份有限公司〈P2352〉

有色透明面漆 G01173801

Color transparent top-coat

适用于要求透明、能见木纹的家具的装修,如实木家具、贴木纹板的贴纸家具

【生产厂】[川]成都万盛化工漆业有限公司〈P2316〉

各色亮光面漆 G01173851

Light top-coat of all colors

适用于高档亮光家具(实木或贴纸家具)面涂

【生产厂】[沪]上海华邦涂料有限公司〈P1738〉;[苏]无锡市英波化工有限公司〈P1881〉;[闽]泉州嘉豪涂料厂〈P1999〉;[鲁]山东陆邦涂料有限公司〈P2150〉;[粤]深圳礼尚亨涂料有限公司〈P2269〉;[川]成都万盛化工漆业有限公司〈P2316〉;成都奇龙化工有限公司〈P2313〉

内墙面漆 G01173871

Top-coat for interior wall

【生产厂】[沪]新欧宝化工(上海)有限公司〈P1780〉;[粤]深圳市布里斯多涂料有限公司〈P2270〉;顺德花王涂料有限公司〈P2292〉

外墙面漆 G01173875

Top-coat for exterior wall

适用于普通住宅、别墅、工业建筑等的外墙装饰

【生产厂】[沪]上海华生化工有限公司〈P1739〉;[豫]开封市三环塑业有限公司(6000 吨)〈P2178〉;[湘]湖南汇博化工科技有限公司〈P2254〉;[粤]深圳市布里斯多涂料有限公司〈P2270〉

高级内墙水性漆 G01173879

Water-based paint for interior wall, high-grade

适用于各种具有附着力的室内墙面及顶面

【生产厂】[鲁]青岛兴国涂料化工有限公司〈P2045〉;[湘]湖南省汉寿县涂料化学有限公司〈P2255〉

G

各种清面漆 G01173891

Various top-coat paint

用于家具涂装、家庭装饰、工矿企事业建筑群的美化

【生产厂】[辽]大化集团大连油漆厂〈P1690〉;[苏]苏州平平佳涂料化工有限公司〈P1902〉;[浙]杭州逸峰化工涂料有限公司〈P1924〉;[赣]江西蒙莱特漆业有限公司〈P2015〉;[渝]重庆百信实业有限公司〈P2303〉

各色防霉乳胶漆 G01173901

Antimildew latex paint of all colors

用于医院、食品厂、制药厂、化妆品厂等建筑内墙杀菌抗霉、室内卫生净化及装饰

【生产厂】[京]北京高渡美涂料有限公司〈P1548〉;[辽]营口新力化工涂料有限公司〈P1705〉;[沪]上海大邦化工防腐有限公司〈P1730〉;上海华生化工有限公司〈P1739〉;上海赛诺化工有限公司〈P1759〉;[粤]广州市坚红化工厂〈P2264〉

防静电乳胶漆 G01173911

Antistatic latex paint

广泛用于电子、微电子、通讯、计算机、精密仪器等一切需防静电行业的生产车间

【生产厂】[冀]保定市正泰科技有限公司〈P1646〉;[沪]上海汇浩工业涂料有限公司〈P1741〉

防霉内墙乳胶漆 G01173951

Antimildew latex paint for interior wall

适用于中等或严重易生霉的环境,可用于发酵车间、医院、地下室以及普通工业区建筑的内装饰

【生产厂】[沪]上海祥美装潢材料有限公司〈P1771〉;[皖]安徽爱迪尔涂料有限责任公司〈P1971〉;[赣]江西蒙莱特漆业有限公司〈P2015〉;[鲁]淄博铭威特安全设备有限公司〈P2065〉;淄博博威涂料有限公司〈P2058〉;[粤]深圳天虹化工实业有限公司〈P2273〉

纳米复合抗菌乳胶漆 G01173961

Nanometre compound antibacterial latex paint

【生产厂】[京]北京纳美化工有限公司〈P1556〉;北京市永顺亮邦涂料厂〈P1561〉;[苏]泰兴市飞亚纳米涂料有限公司〈P1826〉

纳米墙面漆 G01173971

Wall nanometer paint

用于各类建筑物外墙的保护与装饰,可在水泥沙浆、砖石结构、轻质楼板、石膏板等基面上施工

【生产厂】[豫]河南澳得斯涂料有限公司(1000 吨)〈P2180〉;[粤]广州市星冠化工有限公司〈P2267〉

纳米复合路桥乳胶漆 G01173991

Nanometre compound road and bridge latex paint

适用于各种桥梁、涵洞的立柱、墙面、高速公路护桥、公路的各种水泥隔离墩、立交桥护离墩板等的保护装饰

【生产厂】[京]北京市永顺亮邦涂料厂〈P1561〉;[苏]泰兴市飞亚纳米涂料有限公司〈P1826〉

水性无机硅酸锌涂料 G01174101

Water-soluble inorganic zinc silicate coating

适用于石化、电力、冶金、机械等行业设备、管道及罐的常温和高温重防腐保护

【生产厂】[辽]沈阳格林涂料有限公司〈P1685〉;[黑]哈尔滨市长河特种涂料厂〈P1720〉;[苏]扬州美涂士金陵特种涂料有限公司〈P1818〉

防锈金属漆 G01174121

Antirust paint for metal

可广泛用于各种钢铁制品的除锈、磷化、防锈底漆

【生产厂】[沪]上海光耀特种涂料有限公司〈P1735〉;[鄂]邱氏(湖北)涂料有限公司〈P2246〉

带锈涂料 G01174141

Coating with rust

【生产厂】[冀]河北晨阳工贸集团有限公司〈P1647〉;[苏]常州市华星防腐材料有限公司〈P1851〉;扬州美涂士金陵特种涂料有限公司〈P1818〉

防锈涂料 G01174151

Antirust coating

可为所有金属部件提供永久性防腐保护

【生产厂】[京]北京柯特华宇防腐技术有限公司〈P1553〉;[辽]沈阳格林涂料有限公司〈P1685〉;[沪]上海青浦飞浦树脂厂〈P1757〉;[粤]中山市孙大化工科技有限公司〈P2283〉

彩色底漆 G01174165

Colour primer

【生产厂】[粤]奥博涂料有限公司〈P2282〉;[川]成都万盛化工漆业有限公司〈P2316〉

油性底漆 G01174181

Oil primer

适合起粉的墙面及户外的建筑做封底漆

【生产厂】[苏]大华涂料(中国)股份有限公司〈P1892〉;[粤]汕头昌丰化工有限公司〈P2276〉

陶瓷涂料;陶瓷工艺漆 G01174251

Coating for porcelain

【生产厂】[冀]廊坊市东化防腐工程有限公司〈P1661〉;[桂]广西飞马涂料有限公司〈P2301〉

特殊工艺漆 G01174261

Especial technics paint

【生产厂】[闽]福州德贤化工有限公司〈P1989〉

高光冷瓷涂料 G01174271

High gloss cold-porcelain coating

可用于室内外墙面,木器、金属、陶瓷、塑胶等物体的表面

【生产厂】[京]北京华茂装饰涂料有限公司〈P1549〉

防瓷涂料 G01174291

Anti-porcelain coating

【生产厂】[豫]河南滑县县社涂料厂(600 吨)〈P2210〉;渑池县三保涂料厂(150 吨)〈P2222〉

各色塑料涂料;塑料涂料 G01174401

Various color coating for plastic

用于轿车塑料件、家电塑料件的涂饰

【生产厂】[沪]上海天达制漆有限公司〈P1767〉;[苏]常州市鸿腾化工有限公司〈P1851〉;张家港市双林油墨厂〈P1914〉;[赣]江西永友化工助剂有限公司〈P2019〉;[鲁]山东梁山万金化工有限公司(50 吨)〈P2131〉;[豫]河南省安阳县崔家桥兴华化工厂(200 吨)〈P2211〉

ABS 塑料专用漆 G01174421

Paint for ABS plastic

ABS 塑料专用,用于彩电、汽车、玩具等的涂饰

【生产厂】[苏]江苏科特涂饰有限公司〈P1842〉;盐城万成化学有限公司〈P1812〉;[粤]广州市延安油漆集团股份有限公司〈P2267〉;东莞市台宝涂料厂〈P2280〉;[川]成都市海鲨漆业有限责任公司〈P2314〉;成都彩星科技实业有限公司〈P2309〉

塑料自干漆 G01174441

Air-dry paint for plastic

用于音箱、电视机等家电外壳的涂装

【生产厂】[浙]海盐华达油墨化学有限公司〈P1940〉;[粤]广州市南方制漆有限公司〈P2265〉

塑料专用 UV 固化闪光涂料 G01174481

UV-Cured flashing coating for plastic

【生产厂】[沪]上海奉星涂料有限公司〈P1733〉;[苏]江阴市宇维高分子化工有限公司〈P1871〉

立邦漆 G01174551

Nippon paint

【生产厂】[沪]立邦涂料(中国)有限公司〈P1726〉

闪光粉末涂料 G01174571

Flashing powder coating

【生产厂】[苏]无锡市曼德粉末涂料有限公司〈P1877〉;[皖]黄山市宝华塑粉彩涂有限公司〈P1980〉

功能型粉末涂料 G01174591

Function powder coating

适用于需掩盖材质缺陷并装饰之用品及特殊专用性能物品之涂装

【生产厂】[皖]黄山市宝华塑粉彩涂有限公司〈P1980〉

金属型粉末涂料 G01174601

Powder coating for metal

广泛用于各种高档金属制品的涂装

【生产厂】[津]天津盛达粉末涂料有限公司〈P1578〉;[沪]上海常江化学有限公司〈P1730〉;[苏]南京弘创涂料厂〈P1784〉;江阴福贝特橡塑涂料有限公司〈P1867〉;[皖]黄山市宝华塑粉彩涂有限公司〈P1980〉;[粤]佛山市大荣塑料粉末厂〈P2287〉

金属防腐涂料 G01174605

Rotproof coating for metal

用于金属件的防腐

【生产厂】[苏]江苏加力高氟涂料工业有限责任公司〈P1808〉;[鲁]山东北方现代化学工业有限公司(1200 吨)〈P2027〉;[豫]郑州三一涂料有限公司〈P2172〉

热喷涂封闭底漆 G01174631

Hot spraying close primer

用于金属喷涂层(铝、锌及其合金)封闭防护层

【生产厂】[豫]濮阳市兴建防腐涂料有限公司〈P2215〉

防渗涂料 G01174649

Antiseepage coating

【生产厂】[苏]常州圣安涂料有限公司〈P1849〉;[粤]茂名日化涂料有限公司〈P2293〉

速干金漆 G01174651

Quickdrying ningpo varnish

【生产厂】[鲁]莱西市金山化工厂(1200 吨)〈P2032〉

黄金漆 G01174661

Gold paint

用于广告字牌、装潢工程、寺庙、酒店、舞厅、卡拉 OK 厅、玩具装饰等需要明亮黄金色彩的装饰中

【生产厂】[浙]瑞安市美达化工材料有限公司〈P1937〉

速干银漆 G01174671

Quickdrying silver paint

用于涂刷各种器具,防止其生锈,并起到装饰作用

【生产厂】[鲁]山东省昌乐县华颖液体瓷厂(500 吨)〈P2097〉;山东乐化集团有限公司(1000 吨)〈P2095〉;莱西市金山化工厂(1200 吨)〈P2032〉

无毒硬胶漆;硬胶喷漆 G01174681

Nontoxic rigid latex paint

用于 ABS、PS、HIPS 等普通制品自干喷涂

【生产厂】[浙]东阳市惠泽化工涂料有限公司〈P1952〉;[粤]深圳雅联化工实业有限公司〈P2273〉;东莞市华连冠化工有限公司〈P2280〉

PVC 软胶漆 G01174691

PVC Soft latex paint

用于 PVC 或 ABS 制品喷涂

【生产厂】[浙]东阳市惠泽化工涂料有限公司〈P1952〉;[粤]东莞市华连冠化工有限公司〈P2280〉

UV 罩光涂料;UV 漆 G01174701

UV Finishing coating

用于纸张、竹木地板、塑料、金属等的涂覆

【生产厂】[沪]拿破仑漆业(上海)有限公司〈P1726〉;[苏]常州雪龙化工有限公司〈P1858〉;富士化研(昆山)有限公司〈P1893〉;[粤]惠州市华阳化工有限公司〈P2278〉;深圳市明远氟涂料有限公司〈P2272〉;深圳市盟友化工有限公司〈P2272〉

高温远红外涂料 G01174731

High temperature far-infrared coating

用作以煤、油、汽、电为能源的热处理炉及锅炉、油炉、电炉的内涂

【生产厂】[鲁]淄博市新材料研究所〈P2071〉

G

压克力烤漆 G01174751

Acrylic baking varnish

通常喷涂于金属或塑料制品之表面

【生产厂】[粤]德一涂料股份有限公司〈P2268〉;新达化工实业有限公司〈P2294〉

工业用烤漆/喷漆 G01174771

Baking paint/spraying paint for industry

【生产厂】[闽]福建泉州美家涂料制造有限公司〈P1998〉;[粤]东莞昌盛化工有限公司〈P2278〉

双组分烤漆 G01174781

Bicomponent baking paint

【生产厂】[粤]奥博涂料有限公司〈P2282〉

防锈防腐装饰漆 G01174801

Antirust and antiseptic decorative paint

各种金属、有色金属、木器等材质表面的防腐和装饰用漆

【生产厂】[京]北京市燕鑫科技开发有限责任公司〈P1561〉

装修漆 G01174931

Decorating paint

【生产厂】[鲁]淄博市周村前进化工厂〈P2071〉;[粤]深圳市展辰达化工有限公司〈P2273〉;佛山市杏头制漆厂〈P2289〉;广东鸿昌化工(集团)有限公司〈P2290〉;顺德花王涂料有限公司〈P2292〉;顺德汇龙涂料实业有限公司〈P2292〉;顺德居都邦涂料实业有限公司〈P2292〉;中外合资靓尔嘉化工有限公司〈P2293〉;广东华润涂料有限公司〈P2290〉;佛山市顺德区明泰化工实业有限公司〈P2289〉;顺德澳科化工有限公司〈P2292〉;科斯化工有限公司〈P2291〉;顺德鸿昌涂料实业有限公司〈P2292〉;中山市青松制漆化工有限公司〈P2283〉;中山雅城化工涂料有限公司〈P2284〉;中山市泰莱涂料化工有限公司〈P2283〉;[川]五粮液集团精细化工有限公司〈P2335〉

耐黄变装修漆 G01174941

Anti-yellow stain decorating paint

【生产厂】[闽]福建景士兰涂料有限公司〈P1988〉;[鲁]淄博杜高化工有限公司〈P2059〉;[粤]佛山市顺德区派尔化工实业有限公司〈P2289〉

灯饰漆 G01174991

Decorative paint for lamp

用于各种灯的涂饰

【生产厂】[辽]沈阳彩逸特种涂料制造有限公司〈P1684〉

防霉装饰漆;防霉漆 G01175101

Decorative paint, moldproof

既可作为绝缘保护层,又可防止机械损伤和大气中酸盐雾、润滑油、化学物品等的侵蚀

【生产厂】[京]北京星牌建材有限责任公司〈P1564〉;[津]天津市科文化工有限公司(2400 吨)〈P1598〉;[沪]上海佳品涂料有限公司〈P1742〉;[豫]金邦制漆(中国)有限公司(1500 吨)〈P2213〉

防霉防潮涂饰剂 G01175111

Moldproof andmoistureproof coating agent

用于长期有效杀灭和抑制多种侵蚀木质材料、纤维或其他易腐性材料的真菌、藻类和酵母菌的繁殖

【生产厂】[浙]玉环密得邦化学有限公司〈P1963〉

超级防霉外墙漆 G01175131

Super moldproof paint for exterior wall

【生产厂】[沪]上海蓝宝涂料有限公司〈P1749〉;[桂]柳州市造漆厂〈P2298〉

特级防霉亚光漆 G01175161

Superfine moldproof flat paint

适合住宅、酒店、学校、办公楼等内墙、天花板、石膏板及木间隔之装饰使用

【生产厂】[沪]上海蓝宝涂料有限公司〈P1749〉

水性高光清漆 G01175191

Waterbase varnish, high gloss

适用于木器、板材、竹藤器及家庭装修

【生产厂】[辽]沈阳兴达涂料有限公司〈P1690〉;[苏]徐州市龙圣漆业有限公司〈P1796〉

仿石涂料 G01175251

Stone-like coating

适用于室内、外墙面的装饰,可应用在水泥砂浆、石膏板、木板等各种基层

【生产厂】[京]北京市红星广厦建筑涂料有限责任公司〈P1559〉;[辽]沈阳兴达涂料有限公司〈P1690〉;[苏]苏州市金马涂料厂〈P1904〉

摩托车 UV 罩光涂料 G01175301

UV Finishing coating for motorcycle

用于摩托车金属件和塑料件的罩光

【生产厂】[苏]江阴市宇维高分子化工有限公司〈P1871〉

水性无机富锌底漆 G01175311

Water-soluble inorganic zinc rich primer

适用于机车车辆、桥梁、铁塔、钢闸门等钢结构表面的防腐

【生产厂】[京]北京英达克工业涂料有限责任公司〈P1565〉;[冀]石家庄市金达特种涂料有限公司〈P1630〉;[鲁]青岛宣威涂层材料有限公司〈P2045〉;[鄂]武汉现代工业技术研究院〈P2234〉;[湘]湖南湘江涂料集团有限公司〈P2248〉

无机富锌防腐漆　G01175331
Inorganic zinc rich anticorrosive paint
广泛用于船舶、桥梁、储罐、海洋设施、交通运输机械、电力系统及工程机械等钢结构表面防腐涂装
【生产厂】[津]天津化工研究设计院(500 吨)〈P1573〉;[鄂]武汉鹤龟涂料有限公司〈P2230〉;武汉铁神化工有限公司〈P2234〉

无机富锌底漆　G01175351
Inorganic zinc rich primer
适用于经抛丸或喷砂后的钢材作保养底漆
【生产厂】[苏]常州市大使涂料有限公司〈P1850〉;常州市申达涂料有限公司〈P1853〉;常州圣安涂料有限公司〈P1849〉;扬州亚菲涂料有限公司〈P1820〉;泰州市铁猫涂料有限公司〈P1828〉;[湘]湖南湘江涂料集团有限公司〈P2248〉

反光涂料;反光漆　G01175405
Lightreflecting coating
适用于汽车牌放大号、公路隔离栏、水泥防撞墩、交通设施、公路标志、广告牌、路标等的涂饰
【生产厂】[冀]河北晨阳工贸集团有限公司〈P1647〉;[苏]江都市应用化学有限公司〈P1815〉;[浙]瑞安市美达化工材料有限公司〈P1937〉

反光隔热涂料　G01175421
Light reflecting and thermal insulation coating
【生产厂】[京]北京纳美科技发展有限责任公司〈P1556〉;[沪]上海建筑防水材料(集团)公司〈P1743〉

反射隔热漆　G01175431
Reflection and heat insulation paint
【生产厂】[苏]江都市应用化学有限公司〈P1815〉;[鲁]济南元通化工有限公司〈P2027〉

电子线路板保护涂料　G01175491
Protective coating for circuit plate
【生产厂】[粤]深圳鼎好光化科技有限公司〈P2269〉

水泥漆　G01175501
Cement paint
用于建筑墙体、室内地面的涂刷
【生产厂】[津]天津市河西区天溶建筑涂料厂(200 吨)〈P1589〉;[苏]苏州立邦雅士利涂料有限公司〈P1901〉;徐州市龙圣漆业有限公司〈P1796〉;南通邦和化工有限公司〈P1832〉;[闽]福州金日涂料有限公司〈P1989〉;福建白莲花化工有限公司〈P2007〉;[赣]江西蒙莱特漆业有限公司〈P2015〉;[鲁]东营市方圆实业有限责任公司〈P2081〉;[豫]河南省超前涂料有限责任公司(1000 吨)〈P2166〉;[粤]深圳天虹化工实业有限公司〈P2273〉;[新]昌吉市鸿发科技开发有限公司〈P2367〉

水性水泥漆　G01175521
Cement paint, water-soluble
用于内外墙装饰
【生产厂】[鲁]济南新佳涂料有限公司〈P2026〉

内外墙水泥漆　G01175551
Cement paint for interior and exterior wall
【生产厂】[苏]常州市皇健涂料有限公司〈P1851〉;江苏加力高氟涂料工业有限责任公司〈P1808〉;[鲁]东营市方圆实业有限责任公司〈P2081〉;[豫]金邦制漆(中国)有限公司(3000 吨)〈P2213〉

水泥漆抗碱封闭底漆　G01175591
Cement close primer, basic resistant
具有抗碱、防水、防渗的作用
【生产厂】[粤]新达化工实业有限公司〈P2294〉;广东中山市森彩机械涂装有限公司〈P2282〉

水晶家具漆　G01175651
Crystal paint for furniture
【生产厂】[鲁]青岛宣威涂层材料有限公司〈P2045〉

家具底漆　G01175701
Primer for furniture
用于板式家具、板式贴深色纸家具、实木家具、各种深色的竹木制品等
【生产厂】[苏]苏州市化工研究所有限公司(200 吨)〈P1904〉;[川]成都奇龙化工有限公司〈P2313〉

无机硅酸锌底漆　G01175801
Inorganic zinc silicate primer
作为预涂底漆用于已喷处理的钢材,钢板临时性保护,也可用作无机面漆的通用防锈底漆、耐热漆
【生产厂】[津]天津市外星化工涂料有限公司〈P1605〉;[冀]河北鱼鹰涂料集团有限公司〈P1623〉;石家庄市鱼鹰油漆厂〈P1632〉;[辽]沈阳格林涂料有限公司〈P1685〉;[沪]上海开林造漆厂〈P1746〉;[苏]常州市邦杰化工有限公司〈P1849〉;常州圣安涂料有限公司〈P1849〉;扬州美涂士金陵特种涂料有限公司〈P1818〉;[浙]浙江鱼童发达造漆有限公司〈P1970〉;[鲁]山东鲁南造漆厂〈P2150〉

有机硅耐热底漆　G01175811
Organic silicon heat-resistant primer
用于长期在400℃以下工作的加热炉、烟囱、排气管、热管道等高温装置的热保护
【生产厂】[辽]沈阳彩逸特种涂料制造有限公司〈P1684〉

车间底漆;保养底漆　G01175851
Workshop primer
在船舶、大型钢铁结构等建造过程中,为防止已除锈的钢板再度生锈而立即在除锈流水线上施涂的一种底漆
【生产厂】[苏]靖江恒丰化工有限公司〈P1824〉;扬州美涂士金陵特种涂料有限公司〈P1818〉;[浙]余姚特种涂料厂〈P1935〉;[粤]广州市三磊新材料有限公司〈P2266〉

特种涂料　G01175901
Special coating
广泛应用于冶金、石化、建筑、电力、航空航天、船舶等工业
【生产厂】[京]北京京汉邦涂料有限公司〈P1552〉;[津]天津市津东意丽化工厂(1500 吨)〈P1593〉;[辽]抚顺富美涂料有限公司〈P1698〉;丹东安邦涂料有限公司〈P1699〉;[沪]上海九元石油化工有限公司〈P1745〉;[苏]常州市华星防腐材料有限公司〈P1851〉;常州市凯星涂料有限公司〈P1852〉;无锡诺赛利漆业有限公司〈P1874〉;[浙]浙江化

工科技集团有限公司〈P1927〉；海盐华达油墨化学有限公司〈P1940〉；临海市永固为华涂料有限公司（2000 吨）〈P1960〉；浙江省义乌市强哥水钻材料有限公司〈P1956〉；［皖］安庆菱湖漆业有限公司〈P1979〉；［赣］江西恒大高新技术实业有限公司〈P2008〉；［鲁］聊城齐鲁特种涂料有限公司(2 万吨)〈P2152〉；潍坊云飞化工有限公司（500 吨）〈P2107〉；海洋化工研究院（500 吨）〈P2031〉；［豫］洛阳市廛河鹤牌特种涂料厂(1000 吨)〈P2183〉；［鄂］武汉力诺双虎涂料有限公司〈P2231〉；［粤］深圳雅联化工实业有限公司〈P2273〉；维新制漆（深圳）有限公司〈P2274〉；广东中山南天涂料有限公司〈P2282〉；［川］成都今天化工有限公司〈P2311〉

特种工业涂料 G01175911

Special industrial coating

【生产厂】［苏］江阴市大阪涂料有限公司〈P1868〉

环保型水性纳米涂料 G01175921

Water-based nanometre coating, environmental-protection type

【生产厂】［鲁］淄博奥威粘合剂有限公司(100 吨)〈P2058〉

示温涂料 G01175931

Coating of showing temperature

【生产厂】［辽］沈阳彩逸特种涂料制造有限公司〈P1684〉；鞍山市特种树脂厂〈P1696〉

各色水性工业漆 G01175941

Various color water-based industrial paint

用于耐酸碱、耐盐雾、耐水等环境的涂饰

【生产厂】［苏］徐州市龙圣漆业有限公司〈P1796〉；［湘］湖南省汉寿县涂料化学有限公司〈P2255〉

保养性涂料 G01175951

Maintenance coating

【生产厂】［粤］中华制漆（深圳）有限公司〈P2274〉

水性高级内外墙涂料 G01175961

Water-based interior and exterior wall coating, high-grade

【生产厂】［鲁］潍坊正本涂料有限公司〈P2107〉

纳米涂料 G01175971

Nanometre coating

广泛应用于多高层外墙面、砖石面、木制品等表面的涂装

【生产厂】［京］北京禾邦人科技有限公司〈P1548〉；北京蓝通涂料有限公司〈P1554〉；［浙］临海市永固为华涂料有限公司(5000 吨)〈P1960〉；［赣］江西设备防腐公司〈P2009〉；［豫］河南省滑县 934 涂料厂(500 吨)〈P2211〉；洛阳市廛河鹤牌特种涂料厂〈P2183〉；［川］四川爱伦科技有限公司〈P2317〉

纳米复合材料外墙涂料；纳米复合涂料 G01175985

Compound nanometre coating for exterior wall

适用于高级公寓、公寓写字楼、豪华别墅、花园小区及大型桥梁、隧道、电厂、街区改造等墙体涂装

【生产厂】［粤］深圳天虹化工实业有限公司〈P2273〉

纳米生态涂料 G01175991

Nanometer entironment coating

【生产厂】［苏］扬州美涂士金陵特种涂料有限公司〈P1818〉

纳米抗菌涂料 G01175995

Nanometre antibacterial coating

【生产厂】［京］北京纳美科技发展有限责任公司〈P1556〉

耐黄变罩面漆 G01176251

Anti-yellow stain finishcoat paint

【生产厂】［沪］上海赛格涂料有限公司〈P1759〉

罩面清漆 G01176291

Finishing varnish

汽车及其他室内外机械车辆罩光用

【生产厂】［苏］江苏加力高氟涂料工业有限责任公司〈P1808〉；［浙］浙江南方涂料工业有限公司〈P1955〉；［粤］福田化学工业集团〈P2259〉

水溶性涂料；水性涂料 G01176301

Water-soluble coating

【生产厂】［京］北京天强涂料公司〈P1562〉；［津］天津市海山化工科技开发有限公司（500 吨）〈P1588〉；天津市联有化工涂料有限公司(400 吨)〈P1598〉；［辽］沈阳市木氏涂料厂〈P1688〉；［沪］上海胜星树脂涂料有限公司〈P1762〉；上海天达制漆有限公司〈P1767〉；［苏］江苏鸿业涂料科技产业有限公司〈P1859〉；常州市鸿腾化工有限公司〈P1851〉；苏州立邦雅士利涂料有限公司〈P1901〉；［浙］台州市华润制漆有限公司〈P1961〉；［闽］福州金凤涂料有限公司〈P1989〉；［豫］洛阳市杏园甲兴化工厂（100 吨）〈P2186〉；［鄂］武汉力诺双虎涂料有限公司〈P2231〉；邱氏（湖北）涂料有限公司〈P2246〉；［湘］湖南省汉寿县涂料化学有限公司(1 万吨)〈P2255〉；［粤］潮阳市金南化工有限公司〈P2275〉；东莞市台宝涂料厂〈P2280〉；顺德汇龙涂料实业有限公司（180 吨）〈P2292〉；新会汇通漆厂有限公司〈P2286〉

水基涂料；水基漆 G01176311

Waterbase coating

【生产厂】［苏］苏州市兴业化工有限公司〈P1906〉；［川］中美合资迪邦（泸州）化工有限公司〈P2323〉

溶剂型涂料；溶剂漆 G01176321

Coating, solvent type

【生产厂】［京］北京佳悦创新涂料科技发展有限公司〈P1551〉；［苏］富士化研（昆山）有限公司〈P1893〉

油性涂料 G01176331

Oily coating

【生产厂】［沪］上海久聚高分子材料有限公司〈P1746〉；［苏］苏州立邦雅士利涂料有限公司〈P1901〉；［粤］广东嘉宝莉化工有限公司〈P2284〉

透明底漆 G01176351

Transparent primer

用于家具涂装、家庭装饰、工矿企事业建筑群的美化

【生产厂】［沪］上海亮迪涂料有限公司〈P1751〉；上海华邦涂料有限公司〈P1738〉；上海圣丹化工涂料有限公司〈P1762〉；［鲁］山东陆邦涂料有限公司〈P2150〉；［豫］郑州市捷士化工有限公司(1500 吨)〈P2173〉；［川］成都万盛化工漆业有限公司〈P2316〉

环保水性透明底漆 G01176371

Water-based transparent primer, environmental-protection type

适用于木质品表面的底层涂刷,如家具、木质门窗等

【生产厂】[苏]苏州百氏高涂料有限公司〈P1899〉

水性环保型弹性涂料 G01176401

Water-based elastic coating, environmental-protection type

【生产厂】[鲁]济南玛博伦环保涂料有限公司〈P2024〉

高级外墙耐沾污涂料 G01176431

High-grade antipollution coating for exterior wall

适用于各种建筑物外墙的装饰装修,适用于砂浆水泥墙面、石膏板、木材、砖石等各种墙面

【生产厂】[鲁]青岛江鑫化学建材有限公司〈P2038〉;[滇]昆明新大地制漆有限公司〈P2339〉

外墙晴雨漆 G01176451

Anti-sunshine and anti-raining coating for exterior wall

适用于外墙平面装饰

【生产厂】[苏]扬州市通发装饰工程有限公司〈P1819〉;[浙]玉环密得邦化学有限公司〈P1963〉;[粤]深圳天虹化工实业有限公司〈P2273〉;新达化工实业有限公司〈P2294〉;威臣(中国)涂料有限公司〈P2286〉

新型长效防污闪涂料 G01176471

New type antifouling coating, longacting

应用于环境污染严重地区绝缘子的抗污闪

【生产厂】[冀]河北硅谷化工有限公司〈P1639〉;[川]成都拓利化工实业有限公司〈P2316〉

外墙防污、防水、防风化涂料 G01176491

Coating of anti-fouling, water-proof and airslake-proof for exterior wall

【生产厂】[湘]湖南省白银新材料有限公司〈P2254〉

超级防污渍内墙漆 G01176531

Super antipollution interior wall paint

适合于住宅、学校、幼儿园等的内墙装饰

【生产厂】[湘]湖南汇博化工科技有限公司〈P2254〉

墙面高效防污瓷漆 G01176601

High efficiency antifouling enamel for wall

【生产厂】[粤]广东星恒高效涂料开发有限公司〈P2293〉

外墙高效瓷漆 G01176611

High efficiency exterior wall enamel

【生产厂】[粤]广东星恒高效涂料开发有限公司〈P2293〉

无毒防霉墙面漆 G01176631

Innoxious moldproof wall paint

适合各种建筑物如酒店、学校、商品房、工厂等的外墙涂饰

【生产厂】[苏]扬州亚菲涂料有限公司〈P1820〉;[浙]杭州华顺化工防腐有限公司〈P1918〉;[粤]深圳市粤星雅实业有限公司〈P2273〉

环保型建筑涂料;环保型墙面漆 G01176651

Architectural coating, environmental-protection type

用于楼房、居室的内外装饰

【生产厂】[京]北京友合攀宝科技发展有限公司〈P1565〉;[津]天津中油渤星工程科技股份有限公司(4万吨)〈P1618〉;[辽]大连华日漆业有限公司〈P1692〉;[沪]上海圣元涂料有限公司〈P1762〉;[鲁]山东临清洪流化工总公司(5000吨)〈P2153〉;[粤]广州市延安油漆集团股份有限公司〈P2267〉;杜力顿涂料有限公司〈P2276〉;汕头大中三联制漆有限公司〈P2276〉;中外合资靓尔嘉化工有限公司〈P2293〉;广东千色花化工有限公司〈P2284〉

负离子涂料 G01176691

Negative ion coating

用于内坪粉刷,可清除甲醛、苯、氨、细菌、异味等,净化空气质量

【生产厂】[鲁]烟台市福山云丽涂料厂(1000吨)〈P2118〉;[粤]汕头大中三联制漆有限公司〈P2276〉

封底涂料 G01176701

Sealing coating

【生产厂】[冀]河北鱼鹰涂料集团有限公司〈P1623〉;[沪]上海侨茂建筑防水材料有限公司〈P1757〉

封底乳液;封闭乳液 G01176711

Sealing emulsion

能对墙体毛细孔进行有效封闭,防止墙泛碱霜破坏涂层,对已粉化的老墙还有很好的补强作用

【生产厂】[京]北京爱德泰普膜制品厂〈P1543〉;[沪]上海长风化工厂〈P1729〉;[苏]江苏日出化工有限公司〈P1821〉;江苏省海安紫石化工厂〈P1831〉;[鲁]青州贝特化工有限公司〈P2090〉;[粤]广州番禺日出化工有限公司〈P2260〉

高级封底乳胶漆 G01176731

Sealing latex paint, high-quality

【生产厂】[冀]河北晨阳工贸集团有限公司〈P1647〉;[苏]苏州市金马涂料厂〈P1904〉

内外墙防霉抗碱封固底漆 G01176751

Seal up primer of basic resistant and moldproof for interior and exterior wall

【生产厂】[辽]沈阳蓝丰涂料制造有限公司〈P1687〉;[沪]上海佳品涂料有限公司〈P1742〉;上海蓝宝涂料有限公司〈P1749〉;上海赛诺化工有限公司〈P1759〉;[苏]无锡市浩华氟涂料有限公司〈P1876〉;[闽]桑川(泉州)制漆有限公司〈P2000〉;[粤]新发化工(广东)有限公司〈P2278〉;顺德居都邦涂料实业有限公司〈P2292〉;[滇]昆明富遥工贸有限公司〈P2339〉

强黏结抗碱底漆 G01176761

Viscous primer, basic resistant

【生产厂】[粤]深圳天虹化工实业有限公司〈P2273〉

水性抗碱底漆 G01176771

Water-soluble primer, basic resistant

适合室内、室外之新建墙面,各种腻子及石膏板等使用,可作抗碱及加强附着力之用

【生产厂】[京]北京赛德丽科技开发有限公司〈P1557〉;[浙]浙江省海宁海龙化学有限责任公司〈P1944〉;[湘]湖南金大乘化轻集团有限公司〈P2257〉;[粤]深圳市飞扬实业有限公司〈P2270〉;[桂]柳州市造漆厂〈P2298〉

水性金属底漆 G01176775

Water-based metal primer

适用于金属表面的装饰与防护

【生产厂】[京]北京金汇利应用化工制品有限公司〈P1552〉

内墙抗碱底漆　G01176781

Basic resistant primer for interior wall

【生产厂】[粤]广州美威涂料有限公司〈P2262〉;[渝]重庆百信实业有限公司〈P2303〉

外墙抗碱底漆　G01176785

Basic resistant primer for exterior wall

用于室外建筑物表面的涂饰

【生产厂】[沪]上海斯诺装饰材料有限公司〈P1765〉;[苏]常州圣安涂料有限公司〈P1849〉;[闽]福建景士兰涂料有限公司〈P1988〉;[湘]湖南汇博化工科技有限公司〈P2254〉

油性外墙封固底漆　G01176795

Oily close primer for exterior wall

用作室内外新旧墙面各种腻子、石青板、水泥、混凝土表面高渗透性的底漆

【生产厂】[浙]浙江南方涂料工业有限公司〈P1955〉

荷叶外墙漆　G01176797

Lotus leaf exterior wall paint

【生产厂】[京]北京赛德丽科技开发有限公司〈P1557〉;京厦建筑涂料厂〈P1567〉;[鲁]东营市德邦高分子科技有限公司〈P2081〉;文登市慧隆化工有限公司(300 吨)〈P2127〉

溶剂型外墙漆　G01176799

Exterior wall paint, solvent type

适用于各种高档住宅、公共建筑、工业厂房等外墙装饰

【生产厂】[京]北京佳悦涂料有限责任公司〈P1551〉;[沪]上海大光涂料制造有限公司〈P1731〉;[皖]安徽爱迪尔涂料有限责任公司〈P1971〉;[鲁]山东高威化工有限公司(3000 吨)〈P2153〉;青岛兴国涂料化工有限公司〈P2045〉;[湘]湖南汇博化工科技有限公司〈P2254〉;[桂]柳州市造漆厂〈P2298〉

水溶性罩面漆　G01176800

Water-soluble top-paint

可涂刷在各种水性涂料基层的表面

【生产厂】[京]北京美邦盛业涂料有限公司〈P1556〉;[沪]上海斯诺装饰材料有限公司〈P1765〉;上海英柯化工有限公司〈P1775〉;[闽]福州金凤涂料有限公司〈P1989〉

罩面涂料　G01176801

Top-coating

【生产厂】[京]北京莱恩斯涂料有限公司〈P1554〉;[沪]上海赛诺化工有限公司〈P1759〉

渔具漆　G01176802

Paint for fishing gear

【生产厂】[鲁]威海市华威渔具公司渔竿涂料厂(50 吨)〈P2125〉;威海市望岛渔具专用配套总厂(6000 吨)〈P2126〉

饰面型防火涂料　G01176803

Fireproof coating, facing type

用于工业和民用建筑的木结构构件、易燃板材和烟道、风道等的防火保护

【生产厂】[京]北京新亚防火防水涂料有限公司〈P1563〉;北京城建天宁消防有限责任公司〈P1545〉;北京市东安科技发展有限责任公司〈P1559〉;北京天安普宁消防材料厂〈P1562〉;北京华成防火涂料有限公司〈P1549〉;北京茂源防火材料厂〈P1555〉;[津]天津市万龙防火涂料厂(400 吨)〈P1606〉;[辽]沈阳市银盾防火涂料厂〈P1689〉;[沪]上海汇丽集团有限公司〈P1741〉;[苏]常州圣安涂料有限公司〈P1849〉;昆山防火材料厂〈P1895〉;[浙]浙江化工科技集团有限公司精细化工厂〈P1927〉;博星化工涂料有限公司〈P1959〉;[鲁]山东圣光化工集团有限公司(8000 吨)〈P2086〉;[粤]深圳市昊雪新材料科技股份有限公司〈P2271〉;[渝]重庆宏漆涂料有限公司〈P2305〉

透明防火涂料　G01176821

Transparent fireproof coating

用于木结构的防火保护

【生产厂】[苏]常州圣安涂料有限公司〈P1849〉

耐火涂料　G01176831

Fire-resistant coating

【生产厂】[川]攀枝花荣鑫油漆有限责任公司〈P2322〉

富锌涂料　G01176901

Zinc rich coating

【生产厂】[苏]扬州美涂士金陵特种涂料有限公司〈P1818〉

磷酸盐富锌涂料　G01176991

Zinc rich coating of phosphate

【生产厂】[苏]扬州美涂士金陵特种涂料有限公司〈P1818〉

膨胀装饰型防火涂料　G01177001

Decorative intumescent fireproof coating

用于建筑物内装饰及防火

【生产厂】[京]北京茂源防火材料厂〈P1555〉;[辽]丹东同达涂料有限公司〈P1701〉;[沪]上海开林造漆厂〈P1746〉;[苏]宜兴市远东化工有限公司〈P1888〉;[豫]河南中原防火材料有限公司(40 吨)〈P2168〉;漯河市华意防火材料有限公司(2000 吨)〈P2220〉;[粤]广州白云山雷威工业公司化工厂〈P2259〉;[滇]昆明中华涂料有限责任公司〈P2340〉

无机膨胀防火涂料　G01177051

Inorganic intumescent fireproof coating

【生产厂】[津]天津市防火涂料厂〈P1586〉;[川]攀枝花荣鑫油漆有限责任公司〈P2322〉

水性面漆　G01177071

Water-based top-coat

适用于金属表面的装饰与防护

【生产厂】[京]北京金汇利应用化工制品有限公司〈P1552〉;[鲁]青岛兴国涂料化工有限公司〈P2045〉

多用型膨胀防火涂料　G01177101

Intumescent fireproof coating, multiuse

【生产厂】[苏]扬州美涂士金陵特种涂料有限公司(1000 吨)〈P1818〉;[豫]河南中原防火材料有限公司(50 吨)〈P2168〉

水溶性膨胀型防火涂料　G01177103

Water-soluble intumescent fireproof coating

【生产厂】[辽]沈阳市银盾防火涂料厂〈P1689〉;[苏]苏州市金马涂料厂〈P1904〉;[豫]郑州三一涂料有限公司

〈P2172〉；［甘］西北永新化工股份有限公司〈P2356〉

防火漆 G01177105

Fireproof paint

用于各类建筑物的可燃性装修材料和围护结构、家具等的防火与隔热及装饰

【生产厂】［京］北京市东安科技发展有限责任公司〈P1559〉；北京天安普宁消防材料厂〈P1562〉；北京华成防火涂料有限公司〈P1549〉；［津］天津合和涂料有限公司(600 吨)〈P1573〉；［苏］南通邦和化工有限公司〈P1832〉；［鲁］山东鲁南造漆厂(1500 吨)〈P2150〉

膨胀型乳胶防火涂料 G01177107

Intumescent latex fireproof coating

【生产厂】［粤］广州白云山雷威工业公司化工厂〈P2259〉

隔热涂料；耐烧蚀涂料 G01177109

Thermal insulation coating

用于金属表面的隔热、防腐、耐烧蚀，主要起高温防护作用

【生产厂】［吉］白山市科学技术研究所〈P1718〉；［苏］靖江恒丰化工有限公司〈P1824〉；［粤］新发化工(广东)有限公司〈P2278〉；［川］攀枝花荣鑫油漆有限责任公司〈P2322〉

钢结构隔热防火涂料 G01177111

Heat insulation fireproof coating for steel structure

用于高层建筑、电厂、石油化工、库房、厂矿等各类建筑中的室内钢结构防火保护

【生产厂】［京］北京城建天宁消防有限责任公司〈P1545〉；北京茂源防火材料厂〈P1555〉；［晋］太原帅利达防火材料有限公司〈P1672〉；［苏］扬中市华兴防火材料有限公司〈P1843〉；常州市凌龙涂料有限公司〈P1853〉；常州市申达涂料有限公司〈P1853〉；昆山防火材料厂〈P1895〉；［鲁］山东圣光化工集团有限公司(1 万吨)〈P2086〉；［豫］新乡市奥威斯科技发展有限公司(2000 吨)〈P2204〉；［川］攀枝花荣鑫油漆有限责任公司〈P2322〉；［甘］西北永新化工股份有限公司〈P2356〉

薄型钢结构防火涂料 G01177131

Fireproof coating for thin steel structure

用于大型工字钢、角钢、球型网架等各种承力钢结构的防火保护层

【生产厂】［京］北京新亚防火防水涂料有限公司〈P1563〉；北京市东安科技发展有限责任公司〈P1559〉；北京天安普宁消防材料厂〈P1562〉；北京茂源防火材料厂〈P1555〉；北京中天恒安消防材料有限公司〈P1566〉；［津］天津市万龙防火涂料厂(100 吨)〈P1606〉；［辽］盘锦新源精细化工有限公司〈P1706〉；［苏］昆山防火材料厂〈P1895〉；［浙］博星化工涂料有限公司〈P1959〉；［豫］漯河市华意防火材料有限公司(1500 吨)〈P2220〉

超薄型钢结构防火涂料 G01177135

Fireproof coating for ultrathin steel structure

适用于建筑物及构筑物的承重钢构件的防火和保护

【生产厂】［京］北京新亚防火防水涂料有限公司〈P1563〉；北京中天恒安消防材料有限公司〈P1566〉；［辽］沈阳市银盾防火涂料厂〈P1689〉；沈阳蓝丰涂料制造有限公司〈P1687〉；盘锦新源精细化工有限公司〈P1706〉；［沪］上海新华阻燃剂总厂(6000 吨)〈P1772〉；上海大通高科技材料有限责任公司〈P1731〉；上海平海涂料有限公司〈P1755〉；［苏］光明化工科技发展有限公司〈P1858〉；常州市武进虹灵化工厂〈P1854〉；昆山防火材料厂〈P1895〉；［浙］浙江化工科技集团有限公司精细化工厂〈P1927〉；［鲁］淄博铭威特安全设备有限公司〈P2065〉；［粤］广州白云山雷威工业公司化工厂〈P2259〉；深圳市昊雪新材料科技股份有限公司〈P2271〉；［渝］重庆宏漆涂料有限公司〈P2305〉

厚涂型钢结构防火涂料 G01177141

Fireproof coating for thick steel structure

适用于较高耐火技术的钢结构防火保护

【生产厂】［京］北京新亚防火防水涂料有限公司〈P1563〉；北京中天恒安消防材料有限公司〈P1566〉；［苏］昆山防火材料厂〈P1895〉

膨胀型钢结构防火涂料 G01177151

Intumescent fireproof coating for steel structure

适用于较高装饰要求的场所使用

【生产厂】［京］北京城建天宁消防有限责任公司〈P1545〉；富思特制漆(北京)有限公司〈P1567〉；北京茂源防火材料厂〈P1555〉；北京佳丽美涂料有限责任公司〈P1551〉；［辽］沈阳市银盾防火涂料厂〈P1689〉；［苏］常州市大使涂料有限公司〈P1850〉；常州市申达涂料有限公司〈P1853〉；常州市朝晖化工有限公司〈P1850〉；常州圣安涂料有限公司〈P1849〉；宜兴市远东化工有限公司〈P1888〉；［鄂］武汉铁神化工有限公司〈P2234〉；［粤］广州白云山雷威工业公司化工厂〈P2259〉；［川］攀枝花荣鑫油漆有限责任公司〈P2322〉

木结构防火涂料 G01177161

Fireproof coating for wood structure

适合于涂刷在木结构、纤维板、胶合板、密度板等表面

【生产厂】［沪］上海新华阻燃剂总厂〈P1772〉

膨胀型电缆防火涂料 G01177171

Intumescent fireproof coating for cable

适用于各种型号和电压等级的电缆防火保护

【生产厂】［晋］太原帅利达防火材料有限公司〈P1672〉；［苏］常州圣安涂料有限公司〈P1849〉；［豫］沁阳市华鑫防腐有限公司〈P2198〉

隧道防火涂料 G01177181

Fire-proof coating for tunnel

专门针对隧道墙壁和拱顶在火灾中免受烧损而设计的专用防火涂料

【生产厂】［京］北京新亚防火防水涂料有限公司〈P1563〉；［沪］上海新华阻燃剂总厂〈P1772〉；［苏］常州圣安涂料有限公司〈P1849〉；昆山防火材料厂〈P1895〉；［鄂］武汉现代工业技术研究院〈P2234〉；［渝］重庆三峡油漆股份有限公司〈P2306〉

超薄膨胀型防火防腐涂料 G01177199

Intumescent fireproof anticorrosive coating, ultrathin

【生产厂】［苏］常州圣安涂料有限公司〈P1849〉

高级汽车漆 G01177301

High-grade car paint

用于高、中档汽车表面涂装

【生产厂】［鲁］烟台市福山区化工研究所有限公司(300 吨)〈P2118〉；山东奔腾漆业有限公司(1000 吨)〈P2130〉；［粤］中华制漆(深圳)有限公司〈P2274〉

高装饰汽车面漆；汽车面漆　G01177302
Decorative top-coat for car
适用于农用车、轻卡、微型车涂装
【生产厂】［沪］上海造漆厂（500 吨）〈P1777〉；［苏］常州市凌龙涂料有限公司〈P1853〉；常州市柏鹤涂料有限公司〈P1849〉；［鲁］诸城市乐天化工有限公司（3000 吨）〈P2107〉

汽车配件用漆　G01177303
Paint for xyloid parts of car
【生产厂】［津］天津市新丽华色材有限责任公司（600 吨）〈P1608〉；［苏］常州市柏鹤涂料有限公司〈P1849〉

汽车底漆　G01177309
Primer for car
用于汽车、农用车、拖拉机、摩托车及机械设备的防锈
【生产厂】［鲁］诸城市乐天化工有限公司（2000 吨）〈P2107〉

车辆涂料　G01177351
Vehicle coating
用于汽车、摩托车、火车、拖拉机等各种车辆的底盘、外壳、车架等部位的涂装和修补
【生产厂】［苏］张家港市双林油墨厂〈P1914〉

耐候保色漆　G01177391
Weather-resistant color-keep paint
适用于长期暴露在大气中的建筑物如钢桥梁、钢闸门、各种管道金属装潢等
【生产厂】［苏］张家港市飞宇化工有限公司〈P1912〉

无毒无溶剂防腐涂料　G01177405
Nontoxic anticorrosive coating, solvent free
主要用于地下各种管道、码头、水闸门等设施的防腐蚀
【生产厂】［辽］鞍山威特隆化工有限公司〈P1696〉；［鄂］武汉现代工业技术研究院〈P2234〉

无毒饮水舱防腐涂料；饮水设备涂料　G01177410
Nontoxic anticorrosive coating for drinking water tank
【生产厂】［冀］石家庄市金达特种涂料有限公司〈P1630〉；廊坊新华特种涂料有限公司（160 吨）〈P1662〉；［沪］上海开林造漆厂〈P1746〉；［苏］常州圣安涂料有限公司〈P1849〉；常州市武进虹灵化工厂〈P1854〉；万胜化工（昆山）有限公司〈P1909〉；张家港市飞宇化工有限公司〈P1912〉；［豫］濮阳市兴建防腐涂料有限公司〈P2215〉

各色外墙耐洗墙面漆　G01177411
Various color wall-face paint for exterior wall, washwear
【生产厂】［浙］温州罗浮塔涂料有限公司〈P1937〉

高级墙面漆　G01177425
High-grade wall space paint
是家庭、居室、办公室等理想的内墙装饰保护涂料
【生产厂】［沪］上海韩彩实业有限公司〈P1735〉；上海秀珀化工有限公司〈P1773〉；新欧宝化工（上海）有限公司〈P1780〉；［豫］安阳市郊南漳涧永平涂料厂（200 吨）〈P2209〉

油性面漆　G01177427
Oil top-coat
【生产厂】［鲁］济南新佳涂料有限公司〈P2026〉

水性墙面漆　G01177429
Water-soluble wall space paint
适用于建筑物内墙及天花板装饰
【生产厂】［粤］深圳天虹化工实业有限公司〈P2273〉；爱普诗涂料（中国）有限公司〈P2282〉

特种除锈防锈底漆　G01177431
Special derusting antirust primer
【生产厂】［川］四川德阳奥林化工涂料有限公司〈P2326〉

防锈带锈漆；防锈带锈涂料　G01177441
Antirust paint with rust
主要用于各种已发生锈蚀，但锈层在 80μm 以下的各种钢铁构件的表面，做表面锈蚀处理之用
【生产厂】［辽］沈阳蓝丰涂料制造有限公司〈P1687〉；［苏］常州圣安涂料有限公司〈P1849〉

水性带锈防锈漆　G01177451
Water-based antirust paint with rust
应用于石油、化工、机械、桥梁、船舶、车辆制造、市政、输运管道和建筑等
【生产厂】［苏］徐州市龙圣漆业有限公司〈P1796〉

水性防锈漆　G01177461
Antirust primer, water-soluble
广泛用于轻钢结构厂房、船舶、汽车底盘、大小型机械等
【生产厂】［沪］上海巨峰化工有限公司〈P1746〉；上海斯诺装饰材料有限公司〈P1765〉；［鲁］青岛兴国涂料化工有限公司〈P2045〉；［豫］河南省南乐县金九涂料厂〈P2212〉；［桂］广西化工研究院〈P2296〉

水性防锈底漆　G01177465
Water-soluble antirust paint
【生产厂】［沪］上海路丰助剂有限公司〈P1752〉；上海斯诺装饰材料有限公司〈P1765〉；［鲁］东营市德邦高分子科技有限公司〈P2081〉；潍坊正本涂料有限公司〈P2107〉；［川］成都齐达科技开发公司〈P2313〉

带锈防锈底漆　G01177471
Antirust primer with rust
用于钢铁结构防腐涂装底漆
【生产厂】［苏］南京六联化工有限责任公司〈P1787〉

双组分底漆　G01177481
Primer, bicomponent
【生产厂】［粤］广州市国花油漆制造公司〈P2264〉

特种快干带锈防锈漆　G01177491
Special quickdrying antirust paint with rust
【生产厂】［川］四川德阳奥林化工涂料有限公司〈P2326〉

耐油导静电涂料　G01177541
Oilproof and static-conduction coating
广泛用作大型油箱、船舶油舱、石油制品贮

G

罐、储油容器、输油管道及其他与油介质接触的工件防腐保护

【生产厂】[冀]任丘市华北石油华晨涂料化工有限公司〈P1656〉;[黑]哈尔滨市长河特种涂料厂〈P1720〉;[豫]濮阳市兴建防腐涂料有限公司〈P2215〉

导电涂料 G01177551

Electric conduction coating

用于非受力部分的电路修补、电子线路的引出及扫描电镜样品的粘接

【生产厂】[冀]廊坊新华特种涂料有限公司(50 吨)〈P1662〉;[辽]沈阳蓝丰涂料制造有限公司〈P1687〉;[沪]上海市合成树脂研究所〈P1763〉;大金氟涂料(上海)有限公司〈P1726〉;[苏]南京弘创涂料厂〈P1784〉;无锡诺赛利漆业有限公司〈P1874〉;苏州普强导电涂料有限公司(100 吨)〈P1902〉;[鲁]青岛希尤精细石墨化工有限公司〈P2045〉;[湘]湖南汉寿县特种涂料厂〈P2255〉;[粤]广州市南方制漆有限公司〈P2265〉;佛山市顺德区百路得化工有限公司〈P2288〉;[陕]西安航天化学动力厂〈P2348〉

光盘涂料 G01177591

Coating for compact disc

用于光盘表面涂饰

【生产厂】[川]成都博深高技术材料开发有限公司〈P2309〉

水晶漆 G01177611

Crystal paint

用于木地板、木质墙面、天花、家具、藤器、乐器、工艺品等表面涂装

【生产厂】[沪]上海明光涂料厂〈P1754〉;[浙]杭州宝塔油漆有限公司〈P1915〉;[鲁]山东梁山万金化工有限公司(1000 吨)〈P2131〉;[豫]三门峡西振华涂料厂(500 吨)〈P2222〉;渑池县三保涂料厂(50 吨)〈P2222〉;渑池县永兴涂料厂(300 吨)〈P2222〉;[粤]广州市延安油漆集团股份有限公司〈P2267〉;[渝]重庆百信实业有限公司〈P2303〉

自动喷漆 G01177631

Self-motion spraying paint

【生产厂】[粤]广州市延安油漆集团股份有限公司〈P2267〉;福田化学工业集团〈P2259〉;东莞市石龙合众涂料厂〈P2280〉

静电喷漆 G01177641

Static spraying paint

【生产厂】[粤]南海东联涂装有限公司〈P2291〉;[川]四川德阳奥林化工涂料有限公司〈P2326〉

各种磁漆 G01177647

Various enamel

用于金属制品、木器家具、门窗及民用建筑的装饰

【生产厂】[津]天津市润胜化工有限公司(800 吨)〈P1601〉;[苏]江阴市汇克拓化工有限公司〈P1870〉;苏州平平佳涂料化工有限公司〈P1902〉;[鲁]山东泰山史宾莎涂料有限公司(400 吨)〈P2137〉;[豫]平顶山市海德化工有限公司(2500 吨)〈P2191〉;邓州市达昌漆业有限公司〈P2222〉;镇平县裕隆化工有限公司(2 万吨)〈P2225〉;[宁]银川银湖化工有限公司〈P2361〉

耐黄变透明底漆 G01177651

Anti-yellow stain crystal transparent primer

用作电器工业涂料

【生产厂】[闽]泉州嘉豪涂料厂〈P1999〉;[粤]顺德居都邦涂料实业有限公司〈P2292〉;[渝]重庆百信实业有限公司〈P2303〉

有色透明封闭底漆;透明封固底漆 G01177661

Transparent close primer, color

用于室内装修及各种家具底漆材封闭填孔

【生产厂】[沪]上海欣丽化工涂料有限公司〈P1771〉;上海赛格涂料有限公司〈P1759〉;[鲁]威海富成涂料有限公司(8 吨)〈P2124〉;[粤]新达化工实业有限公司〈P2294〉

封闭乳胶底漆 G01177671

Close latex primer

【生产厂】[皖]黄山永佳安大创新中心有限公司〈P1981〉

高级水性封闭底漆 G01177681

High-grade water-soluble close primer

适用于各种内外墙涂料施涂前对基底的抗碱封底

【生产厂】[沪]上海明光涂料厂〈P1754〉;[鲁]山东高威化工有限公司〈P2153〉;[粤]新达化工实业有限公司〈P2294〉;[滇]昆明新大地制漆有限公司〈P2339〉

耐黄变封闭底漆 G01177691

Close primer, anti-yellow stain

【生产厂】[闽]莆田市三江化学工业有限公司〈P1997〉;[粤]顺德居都邦涂料实业有限公司〈P2292〉

热塑性聚乙烯粉末涂料 G01177701

Thermoplastic polyethylene powder coating

用于高速公路隔离栅、铁路隔离栅、市政工程及园林绿化工程护栏

【生产厂】[冀]廊坊市富泉塑粉有限公司(1000 吨)〈P1661〉;[苏]江都市万和塑粉厂(600 吨)〈P1815〉;[浙]浙江天松新材料股份有限公司〈P1928〉

风干型金属装饰磁漆 G01177931

Metal decorative enamel, air-dry type

【生产厂】[粤]新达化工实业有限公司〈P2294〉;佛山市南海华生化工厂〈P2288〉

自干型金属漆 G01177951

Air-dry paint for metal

用于镀锌板、铝板、马口铁制品的表面喷涂

【生产厂】[粤]顺德居都邦涂料实业有限公司〈P2292〉

金属保护漆 G01177991

Metal protection paint

【生产厂】[沪]上海光耀特种涂料有限公司〈P1735〉

锌灰云铁桥梁漆 G01178031

Zinc grey micaceous iron paint for bridge

用于户外钢铁结构表面涂装

【生产厂】[苏]常州光辉化工有限公司〈P1847〉

桥梁专用漆;桥梁专用涂料 G01178051

Paint for bridge

用于汽车、仪器仪表、大型机械设备等装饰保护要求相当高的钢铁结构表面,特别是钢

G

铁桥梁表面作面漆之用

【生产厂】[冀]河北硅谷化工有限公司〈P1639〉;[苏]常州光辉化工有限公司〈P1847〉

热塑性粉末涂料 G01178101

Thermoplastic powder coating

广泛用于高速公路、铁路、机场、城市道路和园林的隔离栅栏的表面装饰

【生产厂】[冀]黄骅市瑞晨防腐材料有限公司〈P1656〉;[辽]本溪市瑞事达化工有限公司〈P1699〉;[沪]上海银辉涂料厂〈P1775〉;[浙]杭州中法化学有限公司〈P1925〉;[豫]焦作市金虹塑粉厂〈P2196〉;[鄂]武汉春和工贸有限责任公司〈P2229〉

超薄型粉末涂料 G01178111

Powder coating, ultrathin

用于金属家具、仪器仪表、各类钢瓶、超市货架、卫星天线、天花板等的涂饰

【生产厂】[冀]廊坊开发区欧特涂料有限公司〈P1660〉;[沪]上海常江化学有限公司〈P1730〉;[苏]南京弘创涂料厂〈P1784〉;南京广博粉末涂料有限公司〈P1783〉;江阴福贝特橡塑涂料有限公司〈P1867〉;[湘]湘潭市至诚涂料有限公司〈P2252〉

透气粉末涂料 G01178121

Powder coating, ventilate

【生产厂】[津]天津盛达粉末涂料有限公司〈P1578〉;[苏]江阴福贝特橡塑涂料有限公司〈P1867〉;[皖]黄山市宝华塑粉彩涂有限公司〈P1980〉

功能涂料;功能漆 G01178131

Function coating

常用在特殊要求下的涂装

【生产厂】[京]北京禾邦人科技有限公司〈P1548〉;北京美涂三旗涂料有限责任公司〈P1556〉;[津]天津市科文化工有限公司(2000 吨)〈P1598〉;[苏]江苏华光粉末有限公司〈P1859〉;[粤]德一涂料股份有限公司〈P2268〉

壁纸涂料 G01178151

Wall paper coating

适用于混凝土墙、膏灰墙、木板及纤维板等多种基材及外墙装饰

【生产厂】[鲁]聊城佳恒化工有限公司(2000 吨)〈P2152〉;[豫]河南省德嘉丽科技开发公司〈P2167〉

热转印粉末涂料 G01178161

Heat transfer powder coating

【生产厂】[冀]廊坊开发区欧特涂料有限公司〈P1660〉;[皖]杜邦华佳化工有限公司〈P1980〉;[川]成都彩星科技实业有限公司〈P2309〉

除菌内墙漆 G01178171

Degerming interior wall paint

特别适合用作酒店、医院、学校及食品行业的内墙装饰

【生产厂】[鲁]青岛兴国涂料化工有限公司〈P2045〉;[湘]湖南汇博化工科技有限公司〈P2254〉

超级防水雨刷漆 G01178201

Waterproof paint for brush, super

【生产厂】[鲁]潍坊东邦化工有限公司〈P2101〉;[豫]安阳市郊区永固防水乳胶漆厂(300 吨)〈P2209〉

高温中涂漆 G01178231

High temperature middle coating

【生产厂】[粤]维新制漆(深圳)有限公司〈P2274〉

单组分汽车色漆 G01178281

Monocomponent color paint for automobile

汽车维修专用,亦可用于各类机械车辆

【生产厂】[粤]福田化学工业集团〈P2259〉

铸造涂料 G01178301

Casting coating

适用于各种大中型铸铁件及球墨铸铁件,树脂砂、水玻璃砂、油砂均可使用

【生产厂】[冀]河北呋喃化工经贸有限公司〈P1619〉;泊头市天河化工有限公司(1000 吨)〈P1651〉;[苏]宜兴市远东化工有限公司〈P1888〉;宜兴市范道有机化工厂(1000 吨)〈P1884〉;[鲁]济南圣泉集团股份有限公司(5000 吨)〈P2025〉;威海市万通化工有限公司(1000 吨)〈P2126〉;[渝]重庆长江造型材料有限责任公司〈P2304〉;[川]中美合资迪邦(泸州)化工有限公司〈P2323〉

地坪涂料;地坪漆 G01178351

Coating of terrace

广泛用于汽车、航天、电子、食品、医药、电力、化工等工业地坪的涂饰

【生产厂】[京]富思特制漆(北京)有限公司〈P1567〉;北京市通州利强涂料厂〈P1561〉;[冀]石家庄金鱼涂料集团公司〈P1627〉;[辽]沈阳美狮化工有限公司〈P1687〉;大化集团大连油漆厂〈P1690〉;[沪]上海卡德化工有限公司〈P1746〉;上海涂料有限公司〈P1768〉;上海兴新防水防腐装饰有限公司〈P1773〉;上海坚纳斯特种涂料有限公司〈P1742〉;上海建好装饰材料有限公司〈P1743〉;上海赛格涂料有限公司〈P1759〉;上海式玛卡龙涂料有限公司〈P1764〉;[苏]常州市凯星涂料有限公司〈P1852〉;常进化工(苏州)有限公司〈P1889〉;徐州开达精细化工有限公司〈P1795〉;扬州美涂士金陵特种涂料有限公司〈P1818〉;[闽]桑川(泉州)制漆有限公司〈P2000〉;[鲁]德士力(东营)化工有限公司(5000 吨)〈P2081〉;[鄂]湖北永阳防水材料股份有限公司〈P2245〉;[湘]湖南汉寿县特种涂料厂〈P2255〉;[粤]广州铠克液体表面防护材料有限公司〈P2262〉;深圳市豪虹涂料有限公司〈P2271〉;康富(深圳)化工涂料厂〈P2269〉;维新制漆(深圳)有限公司〈P2274〉;东莞市石龙合众涂料厂〈P2280〉;嘉乐士化工企业有限公司〈P2291〉;江门市四方精细化工有限公司〈P2285〉;广东雅图化工有限公司〈P2284〉

工业地坪涂料 G01178355

Industrial terrace coating

适用于汽车制造厂、化工厂、食品厂、机械厂、电子器件厂、制药厂、丝绸厂车间、仓库及办公楼等场所的涂饰

【生产厂】[京]北京京汉邦涂料有限公司〈P1552〉;[辽]沈阳蓝丰涂料制造有限公司〈P1687〉;鞍山威特隆化工有限公司〈P1696〉;[苏]常州市申达涂料有限公司〈P1853〉;常州市武进虹灵化工厂〈P1854〉;无锡市南雅化工有限公司〈P1878〉;江阴市大阪涂料有限公司〈P1868〉;江阴市天泽制涂有限公司〈P1871〉;[浙]杭州国电水利电力工程有限公司大坝安全工程公司〈P1917〉;[鲁]青岛埃翡漆业有限公司〈P2032〉;[粤]广州市泰堡防火材料有限公司〈P2266〉;雄泰涂料有限公司〈P2286〉;[渝]重庆三峡油漆

股份有限公司〈P2306〉

重防腐地坪涂料 G01178359

Heavy anticorrosive terrace coating

用于化工、食品、电子等受化学介质腐蚀的混凝土地面的涂装

【生产厂】[京]北京京汉邦涂料有限公司〈P1552〉;[冀]石家庄市金达特种涂料有限公司〈P1630〉;[粤]佛山市鲸鲨制漆科技有限公司〈P2288〉

砂浆地坪涂料 G01178361

Slurry coating of terrace

【生产厂】[京]北京京汉邦涂料有限公司〈P1552〉;[辽]沈阳蓝丰涂料制造有限公司〈P1687〉;[沪]上海卡德化工有限公司〈P1746〉;上海大光涂料制造有限公司〈P1731〉;[浙]临海市永固为华涂料有限公司(3000吨)〈P1960〉;[鲁]德士力(东营)化工有限公司(2000吨)〈P2081〉

各色 FVC 重防腐涂料 G01178365

Various color FVC heavy anticorrosive coating

【生产厂】[浙]临海市永固为华涂料有限公司〈P1960〉

工业地坪涂料底漆 G01178369

Primer for industrial terrace coating

【生产厂】[辽]鞍山威特隆化工有限公司〈P1696〉;[苏]常州光辉化工有限公司〈P1847〉

防静电地坪涂料 G01178371

Antistatic coating of terrace

适用于防静电要求较高的如放置精密仪器的场所、电子仪表车间、计算机房、实验室、手术室等

【生产厂】[辽]沈阳蓝丰涂料制造有限公司〈P1687〉;[苏]常州光辉化工有限公司〈P1847〉;[浙]浙江南方涂料工业有限公司〈P1955〉;[鲁]德士力(东营)化工有限公司(2000吨)〈P2081〉;[粤]佛山市鲸鲨制漆科技有限公司〈P2288〉

硬质地坪涂料;液体大理石;大理石漆 G01178381

Coating of terrace, rigid

【生产厂】[辽]沈阳美狮化工有限公司〈P1687〉;[浙]东阳市惠泽化工涂料有限公司〈P1952〉;[粤]广州铠克液体表面防护材料有限公司〈P2262〉

耐磨地坪涂料 G01178391

Antiwear coating for terrace

主要应用于厂区道路、车间地面、球场、家庭地面、机场及大型码头等水泥地面

【生产厂】[沪]上海雅达涂料有限公司〈P1773〉;上海汇浩工业涂料有限公司〈P1741〉;上海华邦涂料有限公司〈P1738〉;[苏]常州光辉化工有限公司〈P1847〉;常州圣安涂料有限公司〈P1849〉;宜兴市远东化工有限公司〈P1888〉;江阴市天泽制涂有限公司〈P1871〉;[浙]杭州国电水利电力工程有限公司大坝安全工程公司〈P1917〉;[鲁]德士力(东营)化工有限公司(1500吨)〈P2081〉

防腐涂料 G01178401

Anticorrosive coating

广泛适用于石油、化工、电力、船舶、桥梁等行业的钢结构,贮罐、酸碱池、管道机械设备的防腐保护和装饰涂层

【生产厂】[京]北京东盛创远科技发展有限公司〈P1547〉;北京柯特华宇防腐技术有限公司〈P1553〉;北京卡利得技术发展有限责任公司〈P1553〉;北京奥宇可鑫表面工程技术有限公司〈P1543〉;[津]天津中油渤星工程科技股份有限公司(4万吨)〈P1618〉;[冀]石家庄市金达特种涂料有限公司〈P1630〉;任丘市华北石油华晨涂料化工有限公司〈P1656〉;河北立东化工有限公司〈P1658〉;[辽]大化集团大连油漆厂〈P1690〉;大连喜立德建材有限公司〈P1694〉;盘锦奥马漆业有限公司〈P1706〉;盘锦新源精细化工有限公司〈P1706〉;[沪]华东理工大学华昌聚合物有限公司〈P1726〉;上海大通高科技材料有限责任公司〈P1731〉;上海式玛卡龙涂料有限公司〈P1764〉;[苏]南京市溧水天龙化工有限公司〈P1789〉;南京红太阳集团〈P1784〉;宜兴市高塍日新化工厂〈P1884〉;无锡市南雅化工有限公司〈P1878〉;张家港市永泰防腐涂料有限公司〈P1914〉;张家港市飞宇化工有限公司〈P1912〉;徐州市泉山区建材化工厂(1200吨)〈P1796〉;如皋市化工防腐有限公司(1000吨)〈P1838〉;[浙]杭州国电水利电力工程有限公司大坝安全工程公司〈P1917〉;临海市永固为华涂料有限公司(2000吨)〈P1960〉;[皖]安庆菱湖漆业有限公司〈P1979〉;[闽]厦门彩圣涂料有限公司(2000吨)〈P1991〉;[鲁]山东淄川新华防腐涂料厂〈P2056〉;临淄同德防腐材料有限公司(2000吨)〈P2050〉;胜利油田方圆实业集团有限公司防腐材料分公司(1000吨)〈P2087〉;潍坊正本涂料有限公司〈P2107〉;烟台华特聚氨酯有限公司〈P2117〉;烟台奥利福化工有限公司〈P2116〉;[豫]郑州市二七特种化工厂(400吨)〈P2173〉;郑州市候砦装饰防水防腐材料厂〈P2173〉;焦作市韩信粘合剂有限公司(50吨)〈P2196〉;平顶山市海德化工有限公司(3000吨)〈P2191〉;洛阳市重科防腐工程有限公司(800吨)〈P2187〉;洛阳万乐防腐涂料有限公司(500吨)〈P2187〉;邓州市达昌漆业有限公司〈P2222〉;[鄂]武汉力诺双虎涂料有限公司〈P2231〉;武汉现代工业技术研究院〈P2234〉;[湘]湖南汉寿县特种涂料厂〈P2255〉;[粤]南海市东方化工厂〈P2291〉;[川]成都拓利化工实业有限公司〈P2316〉;[陕]宝鸡市铁军化工防腐安装有限责任公司〈P2351〉;[宁]银川银湖化工有限公司〈P2361〉;[新]乌鲁木齐昆锂工贸有限责任公司(10吨)〈P2363〉

可剥性防腐涂料 G01178403

Strippable anticorrosive coating

【生产厂】[津]天津市外星化工涂料有限公司〈P1605〉

抗菌型粉末涂料 G01178407

Antibacterial powder coating

用于家用电器、钢制家具、厨房用品、医疗设施、办公用品和户外娱乐设施等的涂装

【生产厂】[京]北京圣联达金属粉末有限公司〈P1558〉;[冀]廊坊开发区欧特涂料有限公司〈P1660〉;[沪]上海常江化学有限公司〈P1730〉;[苏]江阴福贝特橡塑涂料有限公司〈P1867〉;[浙]浙江华彩化工有限公司〈P1947〉;[皖]杜邦华佳化工有限公司〈P1980〉;[川]成都彩星科技实业有限公司〈P2309〉

重防腐粉末涂料 G01178411

Heavy anticorrosive powder coating

【生产厂】[冀]廊坊市嘉明化工有限公司〈P1661〉;廊坊开发区欧特涂料有限公司〈P1660〉;[苏]常州市正光涂装粉末有限公司〈P1856〉;[浙]浙江华彩化工有限公司〈P1947〉;[皖]杜邦华佳化工有限公司〈P1980〉;[鄂]武汉现代工业技术研究院〈P2234〉;[川]成都佳福化工有限公司〈P2311〉

高聚物合金重防腐涂料 G01178415

Heavy anticorrosive coating for high polymer alloy
【生产厂】[鄂]武汉铁神化工有限公司〈P2234〉

防腐耐磨涂料 G01178421

Anticorrosive wearable coating
【生产厂】[鲁]烟台华特聚氨酯有限公司〈P2117〉

特种防腐涂料 G01178431

Special anticorrosive coating
用于石油、化工、冶金、船舶防腐及墙面涂装
【生产厂】[津]天津市中海科技实业总公司(600 吨)〈P1613〉;天津市外星化工涂料有限公司〈P1605〉;[辽]大连璐琨化工涂料有限公司〈P1693〉;[苏]常州市华星防腐材料有限公司〈P1851〉;扬州美涂士金陵特种涂料有限公司(3000 吨)〈P1818〉;[赣]江西恒大高新技术实业有限公司〈P2008〉;[粤]广州市延安油漆集团股份有限公司〈P2267〉;中山森田化工有限公司〈P2282〉;广东雅图化工有限公司〈P2284〉;[川]攀枝花荣鑫油漆有限责任公司〈P2322〉;[陕]西安昌胜化工有限公司〈P2347〉

G

水性防腐涂料 G01178441

Water-based anticorrosive coating
【生产厂】[冀]石家庄市金达特种涂料有限公司〈P1630〉;[苏]徐州市龙圣漆业有限公司〈P1796〉;[鲁]海洋化工研究院(3000 吨)〈P2031〉;[粤]广东建科防水防腐材料开发有限公司〈P2259〉

防霉涂料 G01178451

Moldproof coating
用于卫生、食品、居室墙面防腐防霉
【生产厂】[京]北京卡利得技术发展有限责任公司〈P1553〉;[冀]石家庄市金达特种涂料有限公司〈P1630〉;[苏]南通邦和化工有限公司〈P1832〉;[豫]郑州嵩源涂料有限公司〈P2174〉

水性防霉涂料 G01178453

Water-based moldproof coating
【生产厂】[京]北京佳丽美涂料有限责任公司〈P1551〉;[沪]上海中南建筑材料公司〈P1779〉

特种防霉涂料 G01178455

Special antimildew coating
可广泛应用于食品、饮料、酒类、制药的加工车间、仓储、浴室等防霉施工
【生产厂】[苏]常州光辉化工有限公司〈P1847〉

防水防霉涂料 G01178459

Waterproof and moldproof coating
适用于建筑物的混凝土坪、底板、地下隧道、地下室、沉井、管道、卫生间、浴室、厨房、花坛、水池等的涂饰
【生产厂】[浙]博星化工涂料有限公司〈P1959〉

耐酸防腐涂料 G01178461

Anticorrosive acid-resistant coating
【生产厂】[苏]常州市大使涂料有限公司〈P1850〉;常州圣安涂料有限公司〈P1849〉;张家港市东昌涂料有限公司〈P1912〉;[浙]临海市永固为华涂料有限公司(1 万吨)〈P1960〉

耐酸碱重防腐涂料 G01178465

Heavy anticorrosive coating, acidresistant and alkaliresistant
【生产厂】[京]优龙(北京)重防腐涂料有限公司〈P1568〉;[辽]鞍山威特隆化工有限公司〈P1696〉;[豫]濮阳市兴建防腐涂料有限公司〈P2215〉;[川]成都拓利化工实业有限公司〈P2316〉

氰凝防水防腐涂料 G01178481

Cyanide condensation waterproof and anticorrosive coating
广泛用于混凝土和钢结构表面的防腐、防水保护
【生产厂】[津]天津市天大华盛化工材料有限公司(2000 吨)〈P1603〉;[苏]常州市申达涂料有限公司〈P1853〉;常州市邦杰化工有限公司〈P1849〉;常州市朝晖化工有限公司〈P1850〉;常州市华星防腐材料有限公司〈P1851〉;常州圣安涂料有限公司〈P1849〉;常州市武进虹灵化工厂〈P1854〉;无锡市云湖涂料有限公司〈P1881〉;宜兴华宜化工有限公司〈P1883〉;张家港市飞宇化工有限公司〈P1912〉;[川]攀枝花荣鑫油漆有限责任公司〈P2322〉

耐油防腐涂料 G01178491

Anticorrosive coating, oilproof
适用于油类槽车、炼油系统的油罐表面、输油管线等,做防腐涂层
【生产厂】[黑]哈尔滨市长河特种涂料厂〈P1720〉;[沪]上海大通高科技材料有限责任公司(1100 吨)〈P1731〉

仿古建筑专用涂料 G01178505

Coating for archaizing build
适用基材(水泥、木材、金属)仿古建筑防腐、防护、装饰
【生产厂】[闽]桑川(泉州)制漆有限公司〈P2000〉

高弹性外墙装饰涂料 G01178511

Decorative coating for exterior wall, high elasticity
适用于水泥沙浆潮湿基层、砖面、加气混凝土面及木板面的涂饰
【生产厂】[京]北京新华福兴工贸有限公司〈P1563〉;[沪]上海汇丽集团有限公司(1000 吨)〈P1741〉

高级外墙弹性涂料 G01178525

High-grade elastic coating for exterior wall
应用于新建或需维修的建筑物,如商务大楼、宾馆、名牌楼盘等大型建筑的涂装
【生产厂】[苏]常州圣安涂料有限公司〈P1849〉;无锡爱诺丝涂料有限公司〈P1872〉;徐州开达精细化工有限公司〈P1795〉;[闽]福建景士兰涂料有限公司〈P1988〉;莆田市三江化学工业有限公司〈P1997〉;[赣]江西蒙莱特漆业有限公司〈P2015〉;[粤]广州美威涂料有限公司〈P2262〉;深圳市明远氟涂料有限公司〈P2272〉;深圳天虹化工实业有限公司〈P2273〉

外墙厚质弹性中层漆 G01178529

Elastic thick middle coating for exterior wall
适用于住宅、酒店、办公楼、学校等大型建筑物的新建工程及开裂严重的旧墙面的涂装
【生产厂】[京]北京纳美科技发展有限责任公司〈P1556〉;[赣]江西蒙莱特漆业有限公司〈P2015〉

高级凹凸状建筑装饰涂料;凹凸墙面漆 G01178531

Decorative coating for high-grade concavoconvex build
【生产厂】[京]北京美涂三旗涂料有限责任公司〈P1556〉

煤气柜专用防腐涂料 G01178541
Anticorrosive coating for gas tank
用于煤气柜,防止一氧化碳气体的浸蚀
【生产厂】[苏]常州市邦杰化工有限公司〈P1849〉;常州圣安涂料有限公司〈P1849〉;常州市凯星涂料有限公司〈P1852〉;无锡市云湖涂料有限公司〈P1881〉;江阴市天泽制涂有限公司〈P1871〉;张家港市东昌涂料有限公司〈P1912〉;扬州美涂士金陵特种涂料有限公司〈P1818〉

装饰涂料 G01178561
Decorative coating
适用于建筑内外墙以及地面的装璜,家具木制品的表面装饰
【生产厂】[京]北京美涂三旗涂料有限责任公司〈P1556〉;红狮涂料国际有限公司〈P1567〉;[冀]石家庄市金达特种涂料有限公司〈P1630〉;[鲁]山东营利丰化工新材料有限公司(1000 吨)〈P2087〉;[粤]中华制漆(深圳)有限公司〈P2274〉;深圳市展辰达化工有限公司〈P2273〉;三羊建筑材料有限公司〈P2281〉;[陕]宝鸡市铁军化工防腐安装有限责任公司〈P2351〉

内外墙装饰涂料 G01178565
Decorative coating for interior and exterior wall
【生产厂】[粤]新会汇通漆厂有限公司〈P2286〉

冷却塔专用涂料;冷却塔防腐涂料 G01178571
Coating for cooling tower
专用于冷却塔的防潮防腐涂饰
【生产厂】[黑]哈尔滨市长河特种涂料厂〈P1720〉;[苏]常州市凯星涂料有限公司〈P1852〉;无锡市奚妙工业涂料有限公司〈P1879〉;张家港市东昌涂料有限公司〈P1912〉;徐州市龙圣漆业有限公司〈P1796〉

水性汽车水箱专用漆 G01178581
Water-soluble paint for motor's water box
【生产厂】[京]北京金汇利应用化工制品有限公司〈P1552〉

水性汽车底盘专用漆 G01178585
Water-based car underpan paint
专用于各种高级轿车底盘,无化学溶剂污染
【生产厂】[苏]徐州市龙圣漆业有限公司〈P1796〉

汽车灯罩罩光面漆 G01178587
Car lamp cover finishing top-coat
是 PC 塑料基材汽车灯罩理想的保护材料
【生产厂】[苏]江阴市宇维高分子化工有限公司〈P1871〉

水性减振器专用漆 G01178595
Water-based paint for damper
【生产厂】[京]北京金汇利应用化工制品有限公司〈P1552〉

水性油箱专用漆 G01178599
Water-based paint for oil box
【生产厂】[京]北京金汇利应用化工制品有限公司〈P1552〉

复合硅酸盐保温涂料 G01178601
Compound silicate heat preservation coating
用于各种需要保温隔热的容器、锅炉、管道等
【生产厂】[京]北京东方华龙建筑材料有限公司〈P1546〉;[冀]沧州市恒利化工有限公司〈P1652〉;[赣]九江华雄化工有限公司〈P2013〉;[鲁]泰安市亚特尔化工建材有限公司〈P2138〉

浮雕复层涂料 G01178691
Relievo multi-layer coating
【生产厂】[京]北京雪莲涂料厂〈P1564〉;[辽]沈阳蓝丰涂料制造有限公司〈P1687〉

木器底漆 G01178801
Primer for wood-ware
适用于涂覆木材表面作打底,与硝基漆配套使用
【生产厂】[辽]丹东同达涂料有限公司〈P1701〉;[沪]上海凯密特尔化学品有限公司〈P1747〉;上海华邦涂料有限公司〈P1738〉

环保水性木器底漆 G01178805
Water-soluble primer for wood-ware, environmental-protection
适用于室内木器家具及天花板、门窗、墙裙等木质表面
【生产厂】[京]北京纳美科技发展有限责任公司〈P1556〉;[冀]河北晨阳工贸集团有限公司〈P1647〉;[鲁]东营市德邦高分子科技有限公司〈P2081〉;[粤]杜力顿涂料有限公司〈P2276〉

水性木器漆 G01178809
Water-based paint for wood ware
用于室内、外木器制品的装饰
【生产厂】[京]北京靓的涂料有限公司〈P1553〉;北京禾邦人科技有限公司〈P1548〉;北京纳美科技发展有限责任公司〈P1556〉;北京佳悦涂料有限责任公司〈P1551〉;[津]天津市裕北涂料有限公司(250 吨)〈P1612〉;[冀]石家庄金鱼涂料集团公司〈P1627〉;[沪]上海巨峰化工有限公司〈P1746〉;上海德品漆业有限公司〈P1731〉;新欧宝化工(上海)有限公司〈P1780〉;[苏]南京沃特环保化工有限公司〈P1790〉;[皖]黄山永佳安大创新中心有限公司〈P1981〉;[闽]厦门草船涂料有限公司〈P1991〉;[鲁]济南玛博伦环保涂料有限公司〈P2024〉;东营市德邦高分子科技有限公司〈P2081〉;威海富成涂料有限公司(50 吨)〈P2124〉;青岛埃翡漆业有限公司〈P2032〉;青岛兴国涂料化工有限公司〈P2045〉;山东陆邦涂料有限公司〈P2150〉;[湘]湖南湘江涂料集团有限公司〈P2248〉;湖南省汉寿县涂料化学有限公司〈P2255〉;[粤]深圳市昊雪新材料科技股份有限公司〈P2271〉;南海赛特化学工业有限公司〈P2291〉;顺德花王涂料有限公司〈P2292〉;顺德汇龙涂料实业有限公司〈P2292〉;佛山市顺德区龙江友邦涂料制造有限公司〈P2289〉;爱普诗涂料(中国)有限公司〈P2282〉;中山市巴德士化工有限公司〈P2282〉;广东嘉宝莉化工有限公司〈P2284〉;[川]五粮液集团精细化工有限公司〈P2335〉;[甘]西北永新化工股份有限公司〈P2356〉

环保水性木器装修清漆 G01178810
Water-based wood-ware decorating paint, environmental-protection type
适用于室内装修、木质品的涂刷,如木质门窗、家具、楼梯扶手、护墙板等
【生产厂】[津]天津市德宝隆化工涂料技术有限公司(1000 吨)〈P1584〉;[鲁]青岛金森达化工有限公司〈P2039〉;[粤]中山市青松制漆化工有限公司〈P2283〉

防静电地板漆　G01178811
Antistatic floor paint
用于电子、信息产业、精密仪器、易爆环境等需要防止静电荷的工厂、办公室、实验室的墙面、地面涂装
【生产厂】[粤]广州市涂升化工有限公司〈P2266〉

无苯抗黄变木器漆　G01178831
Anti-yellow stain wood-ware lacquer, without benzene
【生产厂】[粤]杜力顿涂料有限公司〈P2276〉

耐黄变地板漆　G01178851
Anti-yellow stain floor paint
【生产厂】[粤]顺德居都邦涂料实业有限公司〈P2292〉

高级水泥地板漆　G01178871
High-grade cement floor paint
【生产厂】[沪]上海大光涂料制造有限公司〈P1731〉;[鲁]东营市方圆实业有限责任公司〈P2081〉;[粤]广州市延安油漆集团股份有限公司〈P2267〉

高级亮光地板漆　G01178881
High-grade light floor paint
【生产厂】[沪]上海振华造漆厂〈P1778〉;上海华邦涂料有限公司〈P1738〉

PVC 密封涂料;聚氯乙烯密封涂料　G01179011
PVC Sealed coating
用于汽车底盘、挡泥板部分的防石击腐蚀,点焊接缝间隙的密封
【生产厂】[粤]顺德市凤华化工有限公司〈P2292〉

快干腻子;速干腻子　G01179111
Quickdrying putty
【生产厂】[津]天津市万荣化工工业公司(1000 吨)〈P1606〉;[皖]安庆菱湖漆业有限公司〈P1979〉

透明腻子　G01179115
Transparent putty
用于质地疏松,表面有浅坑之木器、板材等表面的封底及填平
【生产厂】[京]红狮涂料国际有限公司〈P1567〉;[沪]上海明光涂料厂〈P1754〉;[苏]无锡市中竹漆业有限公司〈P1881〉;苏州平平佳涂料化工有限公司〈P1902〉;[闽]桑川(泉州)制漆有限公司〈P2000〉;泉州嘉豪涂料厂〈P1999〉;[鲁]淄博杜高化工有限公司〈P2059〉;周村华丰树脂厂〈P2057〉;淄博市周村前进化工厂〈P2071〉;威海富成涂料有限公司(3 吨)〈P2124〉;海之源集团青岛绿野仙踪化学品有限公司〈P2031〉;山东陆邦涂料有限公司〈P2150〉;[豫]郑州市捷士化工有限公司(1500 吨)〈P2173〉;[粤]广州市奥美特涂料厂有限公司〈P2263〉;顺德居都邦涂料实业有限公司〈P2292〉;顺德鸿昌涂料实业有限公司〈P2292〉;威臣(中国)涂料有限公司〈P2286〉;[川]成都万盛化工漆业有限公司〈P2316〉

抗裂弹性腻子;弹性腻子　G01179121
Antichecking elastic putty
用于修补裂缝及伸缩性较大的地方
【生产厂】[京]北京益利达建筑涂料厂〈P1565〉;北京佳悦涂料有限责任公司〈P1551〉;北京市航天兴华装饰材料有限公司〈P1559〉;北京佳佳美涂料厂〈P1551〉;[冀]河北衡水恒基建工材料有限公司〈P1664〉;[辽]沈阳兴达涂料有限公司〈P1690〉;[沪]上海蓝宝涂料有限公司〈P1749〉;[皖]安徽爱迪尔涂料有限责任公司〈P1971〉;[鲁]山东高威化工有限公司(1000 吨)〈P2153〉;青岛兴国涂料化工有限公司〈P2045〉;[豫]河南阳光涂料有限公司〈P2168〉;河南省惠康实业总公司〈P2167〉;[粤]广东天银化工实业有限公司(4000 吨)〈P2295〉;深圳天虹化工实业有限公司〈P2273〉;[滇]昆明富遥工贸有限公司〈P2339〉;昆明新大地制漆有限公司〈P2339〉

耐水腻子　G01179131
Waterproof putty
适合于各种基层内墙的批刮找平
【生产厂】[京]北京益利达建筑涂料厂〈P1565〉;京厦建筑涂料厂〈P1567〉;北京雪莲涂料厂〈P1564〉;北京京齐漆业有限公司〈P1552〉;北京佳丽美涂料有限责任公司〈P1551〉;北京市航天兴华装饰材料有限公司〈P1559〉;北京佳佳美涂料厂〈P1551〉;[冀]文安县旭日化工厂〈P1662〉;[苏]南通万邦采涂料有限公司〈P1836〉;[豫]新美德化工有限公司(200 吨)〈P2216〉

防火腻子;阻燃腻子　G01179135
Fireproof putty
【生产厂】[京]北京新亚防火防水涂料有限公司〈P1563〉

玻璃腻子　G01179141
Putty for glass
用于木门窗、钢门窗、天棚、坐底灰等
【生产厂】[黑]大庆市让胡路区明星化工厂〈P1722〉

木器腻子;木用腻子　G01179145
Carpentry putty
【生产厂】[京]北京纳美科技发展有限责任公司〈P1556〉;[沪]上海大光涂料制造有限公司〈P1731〉;上海汇丽集团有限公司〈P1741〉;[鲁]东营市德邦高分子科技有限公司〈P2081〉

水性环保腻子　G01179151
Water-based putty, environmental-protection type
适用于门窗、家具、木地板及一切木质品表面的刮涂
【生产厂】[辽]营口新力化工涂料有限公司〈P1705〉;[沪]上海巨峰化工有限公司〈P1746〉;[苏]苏州立邦雅士利涂料有限公司〈P1901〉;[皖]安徽爱迪尔涂料有限责任公司〈P1971〉

环保腻子粉　G01179155
Putty powder, environmental-protection type
【生产厂】[闽]福建白莲花化工有限公司〈P2007〉;[鲁]淄博峰源化工有限公司〈P2059〉;[鄂]邱氏(湖北)涂料有限公司〈P2246〉

外墙抗裂腻子　G01179181
Anti-cracking putty for exterior wall
用于内外墙新旧水泥质、石膏质、木质等表面的平整处理
【生产厂】[豫]河南省惠康实业总公司(1000 吨)〈P2167〉

外墙专用腻子;外墙腻子　G01179185
Putty for exterior wall
可弥盖水泥细裂缝,可用作外墙批嵌腻子,

以及马赛克、墙面砖的旧墙面翻新

【生产厂】[京]北京市航天兴华装饰材料有限公司〈P1559〉;[冀]文安县旭日化工厂〈P1662〉;[沪]上海飞虎建筑涂料有限公司〈P1733〉;上海斯普莱得涂料有限公司〈P1765〉;卡勒特纳米材料(上海)有限公司〈P1726〉;[苏]无锡市摩晶氟碳涂料科技有限公司〈P1878〉;江阴市大阪涂料有限公司〈P1868〉;扬州亚菲涂料有限公司〈P1820〉;南通邦和化工有限公司〈P1832〉;[浙]温州罗浮塔涂料有限公司〈P1937〉;[湘]湖南省白银新材料有限公司〈P2254〉;[滇]昆明新大地制漆有限公司〈P2339〉

内外墙腻子 G01179195

Interior and exterior wall putty

适合各种室内外墙面批刮腻子

【生产厂】[京]北京星牌建材有限责任公司〈P1564〉;[辽]盘锦奥马漆业有限公司〈P1706〉;[沪]上海斯诺装饰材料有限公司〈P1765〉;上海赛诺化工有限公司〈P1759〉;[苏]扬州市通发装饰工程有限公司〈P1819〉;[闽]泉州市三立漆有限公司〈P2000〉;[鲁]淄博铭威特安全设备有限公司〈P2065〉;淄博博威涂料有限公司〈P2058〉;[豫]郑州嵩源涂料有限公司〈P2174〉;偃师市关庄涂料厂(1000 吨)〈P2188〉;[粤]新发化工(广东)有限公司〈P2278〉;南海赛特化学工业有限公司〈P2291〉;[川]四川省金江化工有限公司〈P2319〉

阴离子电沉积涂料;聚丁二烯阳极电泳漆 G01179321

Anion-electrodeposit coating

用于汽车、自行车、拖拉机、家用电器、轻工、军工作耐腐蚀底漆

【生产厂】[津]天津市津南油漆厂(1000 吨)〈P1594〉;[苏]南京瑞泽精细化工有限公司〈P1788〉;常州市凌龙涂料有限公司(1000 吨)〈P1853〉;[鲁]山东省莱阳市春帆漆业有限责任公司〈P2114〉

电镀涂料 G01179401

Strippable protective coating for electroplate

【生产厂】[苏]无锡诺赛利漆业有限公司〈P1874〉;[闽]桑川(泉州)制漆有限公司〈P2000〉;[粤]东莞市宏辉化工有限公司〈P2280〉

真空电镀用底面漆 G01179411

Primer and top-coat for vacuum plating

适用于真空电镀面

【生产厂】[粤]深圳雅联化工实业有限公司〈P2273〉;东莞昌盛化工有限公司〈P2278〉;东莞市华连冠化工有限公司〈P2280〉

砂面涂料 G01179431

Sand surface coating

【生产厂】[粤]佛山市万正涂料有限公司〈P2289〉

绒面涂料 G01179435

Knap surface coating

适用于各类高档家用电器、电子游戏机、光学仪器、精密机械等

【生产厂】[浙]浙江鱼童发达造漆有限公司〈P1970〉;[粤]江门市四方精细化工有限公司〈P2285〉

绒毛漆 G01179439

Fluff paint

用于塑料、五金、电视机、笔杆、工艺相框等

【生产厂】[辽]沈阳饰壁涂料厂〈P1689〉;[浙]玉环密得邦化学有限公司〈P1963〉;东阳市惠泽化工涂料有限公司〈P1952〉;温州罗浮塔涂料有限公司〈P1937〉;[粤]深圳天虹化工实业有限公司〈P2273〉;茂名日化涂料有限公司〈P2293〉

砂磨漆 G01179471

Sand grind paint

【生产厂】[粤]顺德居都邦涂料实业有限公司〈P2292〉

超级外墙保护漆 G01179481

Super protective paint for exterior wall

适合新建及旧建筑物维修

【生产厂】[沪]上海斯诺装饰材料有限公司〈P1765〉;[浙]浙江南方涂料工业有限公司〈P1955〉

碎石漆;天然碎石漆 G01179489

Natural detritus paint

【生产厂】[京]北京华茂装饰涂料有限公司〈P1549〉;[新]昌吉市鸿发科技开发有限公司〈P2367〉

外墙漆王 G01179491

Paint for exterior wall

【生产厂】[京]北京赛德丽科技开发有限公司〈P1557〉;[豫]河南省德嘉丽科技开发公司(1000 吨)〈P2167〉

高耐候性外墙涂料 G01179495

Weather-resistant coating for exterior wall

适用于各种高档住宅、工厂、学校、中高档高层建筑等墙面的户外装饰

【生产厂】[黑]大庆龙化新实业总公司雪龙涂料厂〈P1722〉;[沪]上海赛格涂料有限公司〈P1759〉;上海赛诺化工有限公司〈P1759〉;[苏]无锡爱诺丝涂料有限公司〈P1872〉;无锡市浩华氟涂料有限公司〈P1876〉;[浙]宁波康曼丝涂料有限公司〈P1931〉;玉环密得邦化学有限公司〈P1963〉

木器涂料 G01179501

Coating for woodware

用于家具

【生产厂】[津]天津市科威实业公司(900 吨)〈P1597〉;[沪]上海涂料有限公司〈P1768〉;上海天达制漆有限公司〈P1767〉;上海赛诺化工有限公司〈P1759〉;[鄂]武汉力诺双虎涂料有限公司〈P2231〉;[粤]广州百鸿化工有限公司〈P2260〉;中华制漆(深圳)有限公司〈P2274〉;德一涂料股份有限公司〈P2268〉;东莞市中裕涂料有限公司〈P2280〉;佛山市万正涂料有限公司〈P2289〉;广东粤港大地制漆有限公司〈P2291〉

卷材底漆 G01179511

Coil primer

用作冷轧卷板、镀锌卷板、铝卷板等基材的预涂底漆

【生产厂】[苏]常州市凌龙涂料有限公司〈P1853〉

瓷器专用漆 G01179551

Paint for porcelain

【生产厂】[沪]上海亮迪涂料有限公司〈P1751〉;[浙]宁波柯力高分子材料有限公司〈P1931〉

变压器底面专用漆 G01179561

Paint for underside of transformer

【生产厂】[京]北京市精易达包装设备材料有限公司〈P1560〉;[津]天津市东光特种涂料有限公司(2000 吨)〈P1585〉;[冀]石家庄金鱼涂料集团公司〈P1627〉;[苏]无锡友联绝缘材料有限公司〈P1883〉;[浙]嘉兴荣泰雷帕司绝缘材料有限公司〈P1941〉;[川]成都彩星科技实业有限公司〈P2309〉

瓷砖美化涂料 G01179591

Ceramic tile coating

【生产厂】[豫]郑州三一涂料有限公司〈P2172〉;[粤]广州铠克液体表面防护材料有限公司〈P2262〉

航标涂料 G01179631

Navigation mark coating

广泛适用于烟囱、高温管道、热交换器、高温炉、排气管等设备的标志、装饰和防腐蚀

【生产厂】[冀]石家庄金鱼涂料集团公司〈P1627〉;[苏]无锡市奚妙工业涂料有限公司〈P1879〉

各种机壳漆 G01179651

Various paint for engine casing

用于 ABS、HIPS、PS 塑胶机壳制品喷涂

【生产厂】[浙]海盐华达油墨化学有限公司〈P1940〉;[粤]东莞市宏辉化工有限公司〈P2280〉

HCPE 特种带锈防锈防腐漆 G01179801

HCPE Antirust and anticorrosive paint with rust, special type

用于不用除锈、防腐(耐酸碱盐)等环境恶劣的化工、石油、机械、管道等行业的设备涂装

【生产厂】[苏]宜兴市高塍日新化工厂〈P1884〉;扬州美涂士金陵特种涂料有限公司〈P1818〉;[赣]江西恒大高新技术实业有限公司〈P2008〉;[鄂]武汉铁神化工有限公司〈P2234〉;[桂]柳州市建华涂料厂〈P2298〉

特种防腐防锈涂料 G01179831

Anticorrosive and antirust coating, special type

【生产厂】[京]北京美涂三旗涂料有限责任公司〈P1556〉

防虫涂料 G01179931

Mothproof coating

【生产厂】[浙]玉环密得邦化学有限公司〈P1963〉

封墙乳胶漆 G01179951

Latex paint, close wall

【生产厂】[苏]常州光辉化工有限公司〈P1847〉

封墙底漆 G01179971

Close wall primer

广泛适用于各类内外墙面的封底

【生产厂】[辽]沈阳金飞马制漆有限公司〈P1686〉;[沪]上海飞虎建筑涂料有限公司〈P1733〉;[苏]常州市大使涂料有限公司〈P1850〉;常州市金恒涂料有限公司〈P1852〉;[浙]中外合资升华集团湖州升宝涂料有限公司〈P1947〉;[鲁]山东高威化工有限公司(1000 吨)〈P2153〉

水性封墙底漆 G01179981

Water-based close wall primer

适用于作砖石、建筑物室内外高碱性表面的封底漆

【生产厂】[京]北京蓝通涂料有限公司〈P1554〉;[鲁]文登市慧隆化工有限公司(300 吨)〈P2127〉

高级内墙底漆 G01179991

High-grade interior wall primer

适用于室内湿度高、通风差的墙体表面,如浴室天花板、电梯间地下室等

【生产厂】[沪]上海华生化工有限公司〈P1739〉

油漆辅助材料类 G01180000

Auxiliary material for paint

【生产厂】[吉]长春泰欧亚涂料有限公司(800 吨)〈P1714〉;[浙]杭州宝塔油漆有限公司(1000 吨)〈P1915〉;[鲁]济南泰山金鹏涂料有限公司(500 吨)〈P2025〉;山东梁山蓝天化工有限公司(1000 吨)〈P2131〉;[豫]郑州双塔涂料有限公司(800 吨)〈P2174〉;河南庆安化工高科技股份有限公司(1500 吨)〈P2166〉;[粤]佛山市鲸鲨制漆科技有限公司(1500 吨)〈P2288〉;[陕]西安利澳科技股份有限公司(1500 吨)〈P2349〉

涂料助剂 G01180100

Auxiliaries for coating

用于涂料配制

【生产厂】[京]北京东联化工有限公司〈P1547〉;[津]天津市泽涌科技发展有限公司(200 吨)〈P1612〉;[冀]保定东大化工有限责任公司〈P1645〉;[沪]上海涂料有限公司〈P1768〉;上海久聚高分子材料有限公司〈P1746〉;[苏]昆山市中星染料化工有限公司〈P1898〉;[浙]浙江奥仕化学有限公司〈P1958〉;[皖]六安市捷通达化工有限责任公司(500 吨)〈P1985〉;[鲁]青州市精源助剂有限公司〈P2092〉;[豫]巩义市昌华辅料厂〈P2162〉;新乡三星油漆助剂厂(100 吨)〈P2204〉;安阳市铁西华北涂料厂(100 吨)〈P2209〉;[粤]广东天银化工实业有限公司〈P2295〉

涂料杀菌防腐剂 G01180201

Germicide anticorrosive agent for coating

适用于各种水性涂料、高分子聚合物乳液、水性黏合剂、水性颜料色浆、造纸纸浆等的防腐杀菌

【生产厂】[京]北京麦尔化工科技有限公司〈P1555〉;北京市高丽工贸有限责任公司〈P1559〉;[冀]河北省保定市阳光精细化工有限公司〈P1648〉;[辽]大连百傲化学有限公司(30 吨)〈P1690〉;[沪]上海长风化工厂〈P1729〉;上海未来企业有限公司〈P1770〉;[鲁]山东寿光昌达化工有限公司〈P2098〉;[粤]广东迪美生物技术有限公司〈P2259〉

水性涂料防霉剂 G01180291

Mildew-retarding agent for water-soluble coating

【生产厂】[辽]大连星原精细化工有限公司〈P1694〉;[粤]广东天辰生物技术有限公司〈P2259〉

过氯乙烯漆稀释剂 G01180401

Perchlorovinyl paint thinner

用于稀释过氯乙烯漆腻子、磁漆和清漆等

【生产厂】[苏]丹阳市银海镍铬化工有限公司〈P1841〉;[鲁]济南泰山金鹏涂料有限公司(100 吨)〈P2025〉;[豫]南阳市宛城区银河化工涂料厂(1000 吨)〈P2224〉;[滇]昆明中华涂料有限责任公司〈P2340〉

松香水 G01180602

Mineral spirits

用于调合、稀释油漆

【生产厂】[苏]江阴市陆桥中心校办溶剂厂〈P1870〉;[豫]南阳市宛城区银河化工涂料厂(1000吨)〈P2224〉;[粤]广州市得威廉化工有限公司〈P2263〉;新会汇通漆厂有限公司〈P2286〉

油漆稀释剂 G01180701

Paint thinner

用于稀释油基、天然、酚醛类漆

【生产厂】[京]北京市通州永乐长城化工有限公司(100吨)〈P1561〉;北京仕全兴涂料有限责任公司〈P1558〉;[津]天津市云振工贸有限公司(2000吨)〈P1612〉;天津哥雷德化工涂料厂(500吨)〈P1572〉;[冀]石家庄金鱼涂料集团公司〈P1627〉;武邑灯塔防腐涂料有限责任公司〈P1669〉;[辽]大连璐琨化工涂料有限公司〈P1693〉;大连国光溶剂厂〈P1691〉;大连靓奇化工产品有限公司〈P1692〉;[沪]上海斯诺装饰材料有限公司〈P1765〉;上海建平化工有限公司〈P1743〉;[苏]江阴市陆桥有机化工厂(5000吨)〈P1870〉;吴江市太湖涂料有限公司〈P1911〉;徐州造漆有限公司〈P1796〉;扬州美涂士金陵特种涂料有限公司〈P1818〉;[浙]杭州市一韦涂料化学有限公司〈P1922〉;台州市华润制漆有限公司〈P1961〉;[闽]莆田市三江化学工业有限公司〈P1997〉;[鲁]山东齐鲁漆业有限公司(5000吨)〈P2153〉;淄博市临淄东方红化工厂(5000吨)〈P2068〉;临淄乐达化工有限公司(200吨)〈P2049〉;桓台县渔洋洗涤剂化工厂〈P2049〉;威海兴邦化工涂料有限公司〈P2126〉;烟台得蒙精细化工有限公司〈P2116〉;[豫]郑州市三环油漆厂(3000吨)〈P2173〉;郑州市卧龙化工有限公司〈P2173〉;河南省金凤化工有限公司〈P2167〉;焦作市韩信粘合剂有限公司(500吨)〈P2196〉;河南省偃师市化工三厂(300吨)〈P2180〉;偃师市凤仪化工厂(500吨)〈P2188〉;偃师市鹏飞化工厂(500吨)〈P2189〉;南阳市东方化工厂(1500吨)〈P2224〉;[鄂]武汉市煜昌化工涂料有限公司〈P2233〉;[粤]广州市延安油漆集团股份有限公司〈P2267〉;广州市奥美特涂料厂有限公司〈P2263〉;美联涂料有限公司〈P2291〉;东星化工实业有限公司〈P2287〉;中山市青松制漆化工有限公司〈P2283〉;中山市普尔化工涂料有限公司〈P2283〉;江门市四方精细化工有限公司〈P2285〉;[渝]重庆宏漆涂料有限公司〈P2305〉;重庆百信实业有限公司〈P2303〉;[川]成都彩星科技实业有限公司〈P2309〉;[陕]西安昌胜化工有限公司〈P2347〉

涂料专用消泡剂 G01180801

Defoamer for coating

专门用于各类涂料、乳胶漆、乳化型黏合剂中的消泡

【生产厂】[津]天津市兴玉工贸有限公司〈P1609〉;[沪]上海立奇化工助剂有限公司〈P1750〉;上海长风化工厂(1000吨)〈P1729〉;上海忠诚精细化工有限公司〈P1779〉;[苏]镇江市天龙化工有限公司〈P1846〉;[浙]杭州包尔得有机硅有限公司〈P1915〉;浙江临安福盛涂料助剂有限公司(5吨)〈P1928〉;[鲁]山东聊城鲁工涂料助剂有限公司〈P2153〉;龙口市华瑞新材料科技有限公司〈P2111〉;[鄂]湖北枣阳四海化工有限公司〈P2237〉;[粤]广东省石油化工研究院〈P2259〉

乳胶漆用消泡剂 G01180851

Defoamer for latex paint

适用苯丙、乙丙、纯丙水性乳胶漆消泡且对漆膜无不良影响、用量小

【生产厂】[沪]上海立奇化工助剂有限公司〈P1750〉;[苏]江苏赛欧信越消泡剂有限公司〈P1803〉;[粤]广州市氟缘硅科技有限公司〈P2263〉

水性消泡剂 G01180891

Water-based defoamer

用于水性涂料、水性油墨以及胶乳黏合剂体系的消泡

【生产厂】[津]天津市兴玉工贸有限公司〈P1609〉;[沪]上海恒谊化工有限公司〈P1736〉;[苏]南通市联邦化工有限公司〈P1835〉;[浙]杭州天丽化工厂〈P1922〉;浙江建德顺发化工助剂有限公司〈P1928〉;[粤]深圳市吉鹏硅氟材料有限公司〈P2271〉

分散剂(涂料专用);涂料分散剂 G01180901

Dispersing agent for coating

在装饰涂料中起到很好的分散效果

【生产厂】[辽]营口市康如化工有限公司〈P1705〉;[苏]扬州立达树脂有限公司〈P1818〉;南通市联邦化工有限公司〈P1835〉;[浙]杭州瑞阳化工有限公司〈P1921〉;浙江临安福盛涂料助剂有限公司(100吨)〈P1928〉;[豫]郑州华新化工有限公司〈P2171〉;[粤]增城市云超化工有限公司〈P2268〉

乳胶涂料分散剂 G01180911

Latex paint dispersant agent

【生产厂】[苏]扬州立达树脂有限公司〈P1818〉;[鲁]新泰市双圆化工涂料有限公司(100吨)〈P2138〉

溶剂型涂料专用分散剂 G01180921

Dispersant agent for solvent coating

用于溶剂型涂料的分散

【生产厂】[苏]扬州立达树脂有限公司〈P1818〉

高效抗水分散剂 G01180931

Water-resistant and dispersing agent, high-efficiency

广泛用于建筑涂料、各种水性工业漆和颜料浓缩浆等

【生产厂】[京]北京富特斯化工科技有限公司〈P1547〉;北京麦尔化工科技有限公司〈P1555〉

高效分散剂;强力分散剂 G01180935

Dispersing agent, high-efficiency

【生产厂】[京]北京富特斯化工科技有限公司〈P1547〉;[苏]泰兴市涂料助剂化工厂〈P1826〉;[闽]福清楷祥纺织助剂有限公司〈P1988〉

超分散剂 G01180941

Superdispersant

对钛白粉、石英粉、重钙粉、纳米氧化物粉具有优异的分散稳定作用

【生产厂】[沪]上海格伦化学有限公司〈P1734〉;上海三正高分子材料有限公司(1000吨)〈P1760〉;上海雅鹰油墨有限公司〈P1774〉;[苏]常州市亚邦亚宇助剂有限公司〈P1856〉;[豫]郑州市中岳涂料助剂有限公司(800吨)〈P2174〉

水性色浆分散剂 G01180951

Water colour paste dispersant agent

适用于水性涂料、黏合剂及无溶剂的颜料色浆

【生产厂】[沪]上海锦山化工有限公司〈P1745〉;[苏]昆山市世名科技开发有限公司〈P1898〉;扬州立达树脂有限公司〈P1818〉

新型高效环保漆墨分散稳定剂　G01180971
New high-efficient environmental protection dispersible stabiliser of paint and ink
用作水性油漆、油墨的优良分散剂、稳定剂、防沉剂
【生产厂】[皖]安徽省天长市绿色化工助剂有限公司〈P1982〉

水性涂料分散剂　G01180981
Dispersing agent for water-based coating
广泛应用于水性涂料中
【生产厂】[京]北京麦尔化工科技有限公司〈P1555〉；[辽]营口市康如化工有限公司〈P1705〉；[沪]上海忠诚精细化工有限公司〈P1779〉；[皖]安徽省天长市绿色化工助剂有限公司〈P1982〉；安徽泰昌化工有限公司〈P1982〉；[鲁]山东聊城鲁工涂料助剂有限公司〈P2153〉

多功能涂料分散剂　G01180991
Multifunctional coating dispersant agent
【生产厂】[苏]扬州立达树脂有限公司〈P1818〉

G

酚醛漆稀释剂　G01181101
Thinner for phenolic paint
用于稀释酚醛漆类
【生产厂】[浙]浙江鱼童发达造漆有限公司〈P1970〉

粉末涂料平滑除气剂　G01181211
Slipping and degassing agent for powder coating
用于改进粉末涂料平整光滑度
【生产厂】[浙]天台昌明化学制品有限公司(100 吨)〈P1962〉；[皖]六安市捷通达化工有限责任公司〈P1985〉

粉体涂料增硬剂　G01181221
Powder coating hardener
用作粉末涂料成型加工中的润滑涂膜剂、节化剂，广泛用于绝缘涂料中
【生产厂】[粤]新会新式化工厂〈P2286〉

粉末锤纹剂　G01181231
Powder hammer agent
用作油漆溶剂
【生产厂】[苏]泰兴市涂料助剂化工厂〈P1826〉；[鄂]湖北来斯化工新材料有限公司〈P2228〉

粉末砂纹剂　G01181251
Powder sand ripples agent
用于粉末涂料而产生出细砂纹状外观
【生产厂】[浙]奉化南海药化集团有限公司〈P1929〉；天台昌明化学制品有限公司(200 吨)〈P1962〉；[皖]六安市捷通达化工有限责任公司〈P1985〉；[鄂]湖北来斯化工新材料有限公司〈P2228〉

粉末皱纹剂　G01181271
Powder furrowing agent
【生产厂】[浙]奉化南海药化集团有限公司〈P1929〉；[鄂]湖北来斯化工新材料有限公司〈P2228〉

氯化橡胶漆稀释剂　G01181301
Chlorinated rubber paint thinner
专供橡胶底盘漆稀释之用
【生产厂】[苏]江阴市陆桥有机化工厂(4000 吨)〈P1870〉

101 氯化橡胶漆稀释剂　G01181401
Chlorinated rubber paint thinner 101
用作橡胶漆稀释剂
【生产厂】[浙]浙江鱼童发达造漆有限公司〈P1970〉

硝基漆稀释剂；香蕉水；信那水；天那水　G01181501
Nitrocellulose lacquer thinner
用于稀释硝基漆
【生产厂】[津]天津市北星化工有限公司(1500 吨)〈P1580〉；[苏]江阴市陆桥中心校办溶剂厂〈P1870〉；苏州平平佳涂料化工有限公司〈P1902〉；江苏省江都市天林化工有限公司〈P1816〉；[鲁]淄博杜高化工有限公司〈P2059〉；周村鲁岳化工有限公司〈P2057〉；淄博市周村前进化工厂〈P2071〉；[豫]河南省巩义市南石化工厂〈P2167〉；南阳市宛城区银河化工涂料厂(1000 吨)〈P2224〉；[粤]广州市坚红化工厂(1549 吨)〈P2264〉；广州市得威廉化工有限公司〈P2263〉；东莞市誉峰化工有限公司〈P2280〉；东莞市石龙合众涂料厂〈P2280〉；中山市东菱合成树脂厂〈P2283〉；新会汇通漆厂有限公司〈P2286〉；[渝]重庆市三渝漆业有限公司〈P2307〉

无苯香蕉水；无苯信那水　G01181502
Lacquer thinner, benzene free
用于造漆、人造革工业
【生产厂】[辽]营口市群英化工有限公司〈P1705〉

无苯稀释剂　G01181601
Thinner, benzene free
【生产厂】[辽]沈阳格林涂料有限公司〈P1685〉；[闽]莆田市三江化学工业有限公司〈P1997〉；[粤]广东嘉宝莉化工有限公司〈P2284〉

静电稀释剂　G01181651
Electrostatic thinner for paint
用作硝基清漆、磁漆、底漆等的稀释剂
【生产厂】[浙]杭州蓝迪化工有限公司〈P1920〉

立体锤纹助剂　G01181691
Tridimensional hammer auxiliaries
【生产厂】[沪]上海锦山化工有限公司〈P1745〉；[豫]郑州市中岳涂料助剂有限公司(1000 吨)〈P2174〉

X-1 硝基漆稀释剂；甲级信那水　G01182101
Nitrocellulose lacquer thinner X-1
主要作硝基清漆、磁漆、底漆稀释用，也可用来稀释各种热塑型丙烯酸漆
【生产厂】[鲁]济南泰山金鹏涂料有限公司(100 吨)〈P2025〉；山东梁山蓝天化工有限公司(1000 吨)〈P2131〉；[川]成都市海鲨漆业有限责任公司〈P2314〉；[滇]昆明中华涂料有限责任公司〈P2340〉

氨基漆稀释剂；香蕉水　G01182400
Amino paint thinner
氨基树脂漆稀释用
【生产厂】[苏]江阴市陆桥有机化工厂(3000 吨)〈P1870〉；苏州平平佳涂料化工有限公司〈P1902〉；[鲁]潍坊环宇油漆工业有限公司〈P2103〉；山东金河实业有限公司(70 吨)〈P2113〉；[豫]河南省巩义市南石化工厂〈P2167〉；[渝]重

庆市三渝漆业有限公司〈P2307〉

X-4 氨基漆稀释剂 G01182401

Amino paint thinner X-4

主要供各种氨基漆稀释用，也用来稀释短油度醇酸漆及环氧酯类漆

【生产厂】[沪]上海振华造漆厂〈P1778〉；[鲁]济南泰山金鹏涂料有限公司(100 吨)〈P2025〉；[滇]昆明中华涂料有限责任公司〈P2340〉

醇酸漆稀释剂 G01182600

Alkyd paint thinner

适用于各种醇酸漆的稀释

【生产厂】[苏]苏州平平佳涂料化工有限公司〈P1902〉；[浙]浙江鱼童发达造漆有限公司〈P1970〉；[豫]河南省巩义市南石化工厂〈P2167〉

X-6 醇酸漆稀释剂 G01182601

Alkyd paint thinner X-6

用于各种长、中油度醇酸磁漆、清漆及底漆的稀释，也可供酯胶漆、酚醛漆稀释用

【生产厂】[沪]上海振华造漆厂〈P1778〉；[鲁]济南泰山金鹏涂料有限公司(100 吨)〈P2025〉；山东梁山蓝天化工有限公司(1000 吨)〈P2131〉；[滇]昆明中华涂料有限责任公司〈P2340〉

环氧漆稀释剂 G01182700

Epoxy paint thinner

用作环氧树脂漆的稀释剂

【生产厂】[辽]营口市群英化工有限公司〈P1705〉；[沪]上海振华造漆厂〈P1778〉；[苏]苏州平平佳涂料化工有限公司〈P1902〉；[浙]浙江鱼童发达造漆有限公司〈P1970〉；[粤]广州市东风化工实业有限公司〈P2263〉；[渝]重庆宏漆涂料有限公司〈P2305〉

X-7 环氧漆稀释剂 G01182701

Epoxy paint thinner X-7

用于环氧漆的稀释

【生产厂】[鲁]济南泰山金鹏涂料有限公司(100 吨)〈P2025〉；[滇]昆明中华涂料有限责任公司〈P2340〉

环氧活性稀释剂 501 型；环氧丙烷丁基醚 G01182711

Epoxy paint active thinner 501

环氧树脂活性稀释剂，有增韧作用，还可作为聚氯乙烯的稳定剂和增塑剂

【生产厂】[沪]上海树脂厂有限公司(180 吨)〈P1764〉；[苏]无锡光明化工厂有限公司〈P1873〉；南通新广生化工有限公司(40 吨)〈P1836〉；[粤]广州市荟普新材料有限公司〈P2264〉；佛山市鲸鲨制漆科技有限公司〈P2288〉

环氧树脂稀释剂 G01182791

Epoxy resin thinner

用于环氧树脂的稀释

【生产厂】[苏]溧阳市后周福利溶剂厂〈P1863〉

聚氨酯漆稀释剂 G01183000

Polyurethane paint thinner

【生产厂】[浙]浙江杭州富阳晨华涂料厂〈P1927〉；[赣]江西蒙莱特漆业有限公司〈P2015〉；[鲁]山东金河实业有限公司(70 吨)〈P2113〉；[粤]佛山市大金宇涂料厂〈P2287〉；雄泰涂料有限公司〈P2286〉

丙烯酸漆稀释剂 G01183201

Acrylic paint thinner

用于稀释丙烯酸漆

【生产厂】[浙]浙江杭州富阳晨华涂料厂〈P1927〉；浙江鱼童发达造漆有限公司〈P1970〉

聚酯漆稀释剂 G01183261

Polyester paint thinner

【生产厂】[沪]上海振华造漆厂〈P1778〉；[鲁]淄博市周村前进化工厂〈P2071〉；[豫]河南省巩义市南石化工厂〈P2167〉

纳米抗菌浆料 G01183441

Nanometre antibacterial sizing agent

【生产厂】[皖]安徽科纳新材料有限公司〈P1983〉

绝缘漆稀释剂 G01183501

Insulating paint thinner

【生产厂】[苏]吴江市太湖涂料有限公司〈P1911〉

塑料印刷用系列稀释剂 G01183851

Series of thinner for plastic printing

【生产厂】[粤]佛山市大宇银星化工有限公司〈P2287〉

快干剂；快干溶剂 G01183931

Quickdrying agent

适用于各种浅色溶剂型涂料

【生产厂】[鲁]淄博市临淄金利油墨厂〈P2069〉

慢干剂；慢干溶剂 G01183951

Slowdrying agent

【生产厂】[滇]昆明森慧油墨工贸有限公司〈P2339〉

沥青漆稀释剂 G01183981

Asphalt paint thinner

【生产厂】[浙]浙江鱼童发达造漆有限公司〈P1970〉

涂料润滑剂 G01184001

Coating lubricant

【生产厂】[鲁]山东聊城鲁工涂料助剂有限公司〈P2153〉

漆雾凝聚剂 G01184051

Coagulant for paint fog

用于凝聚各种溶剂型油漆，水溶型清漆

【生产厂】[沪]上海妙克化学科技有限公司〈P1753〉；上海振华科工贸有限公司〈P1778〉；[苏]南京六联化工有限责任公司〈P1787〉；南京中联信化工有限公司〈P1791〉；苏州申茂精细化工有限公司〈P1902〉；苏州昂邦化工有限公司〈P1898〉；[闽]福州三和泰涂装有限公司〈P1990〉；[鲁]潍坊正本涂料有限公司〈P2107〉

消光剂 G01184101

Delustrant

主要用于涂料、油墨中，使涂层表面形成漫反射，从而获得吸光效果

【生产厂】[京]北京新威化工有限公司〈P1563〉；[晋]山西天一纳米材料科技有限公司〈P1676〉；[苏]镇江市意德精细化工有限公司〈P1846〉；[浙]宁波志华化学有限公司

〈P1934〉；[皖]六安市捷通达化工有限责任公司〈P1985〉；黄山歙县德邦化工有限公司〈P1981〉；[湘]长沙蜂巢颜料化工有限公司〈P2247〉；[粤]深圳启灵科技实业有限公司〈P2270〉

【使用厂】[沪]上海常江化学有限公司〈P1730〉；[粤]深圳天虹化工实业有限公司〈P2273〉

油墨消光粉　G01184131

Printing ink extinct powder

适用于除光固化油墨以外的其他油墨种类

【生产厂】[晋]山西天一纳米材料科技有限公司〈P1676〉；[苏]昆山市中星染料化工有限公司〈P1898〉

粉末涂料消光固化剂　G01184151

Extinction and curing agent for powder coating

适用于环氧及环氧/聚酯混合粉末涂料的消光、固化

【生产厂】[浙]奉化南海药化集团有限公司〈P1929〉；天台昌明化学制品有限公司(500 吨)〈P1962〉；[皖]安徽省歙县宏大化工有限公司(120 吨)〈P1980〉；黄山市德平化工有限公司(200 吨)〈P1981〉；[粤]新会新式化工厂〈P2286〉

粉末涂料无光固化剂　G01184191

Flat curing agent for powder coating

可作为环氧、聚酯混合型粉末的固化剂

【生产厂】[皖]黄山市润发化工(集团)有限公司〈P1981〉；黄山市华美精细化工有限公司〈P1981〉

脱漆剂；除漆清洗剂　G01184200

Paint remover

用于清除油基漆、醇酸漆及硝基漆的旧漆膜

【生产厂】[京]北京奥宇可鑫表面工程技术有限公司〈P1543〉；[津]天津兰月工贸有限公司〈P1576〉；天津市兰源五彩涂料厂〈P1598〉；[冀]石家庄金鱼涂料集团公司〈P1627〉；沧州市大恒磷化有限公司〈P1652〉；[辽]营口天元实业精细化工有限公司〈P1705〉；华阳恩赛有限公司〈P1695〉；[吉]吉化集团吉林市星云工贸有限公司〈P1715〉；[沪]上海洁安精细化工有限公司〈P1744〉；上海妙克化学科技有限公司〈P1753〉；上海振华科工贸有限公司〈P1778〉；[苏]南京摩尔精细化工厂〈P1787〉；丹阳市聚酯树脂总厂〈P1840〉；吴县市德大化工厂〈P1911〉；苏州平平佳涂料化工有限公司〈P1902〉；苏州昂邦化工有限公司〈P1898〉；[浙]浙江杭州富阳晨华涂料厂〈P1927〉；建德市大康助剂厂〈P1926〉；[闽]厦门市豪尔化工有限公司〈P1992〉；[赣]江西省宜春市瑞思博化工有限公司〈P2016〉；[鲁]章丘市三行化工有限公司(100 吨)〈P2031〉；潍坊正本涂料有限公司〈P2107〉；莱州市化工三厂(100 吨)〈P2109〉；乳山市银河化工机电厂有限公司(3000 吨)〈P2123〉；[豫]郑州市卧龙化工有限公司〈P2173〉；郑州博路化工科技有限公司(1000 吨)〈P2169〉；中国人民解放军第六四五六工厂(100 吨)〈P2225〉；[鄂]武汉铁神化工有限公司〈P2234〉；[粤]广州市延安油漆集团股份有限公司〈P2267〉；珠海市裕洲精细化工有限公司〈P2275〉；[桂]柳州市造漆厂〈P2298〉；[川]成都彩星科技实业有限公司〈P2309〉；四川鸿鹤精细化工股份有限公司〈P2321〉；自贡鸿鹤化工集团有限责任公司〈P2321〉；[陕]宝鸡市铁军化工防腐安装有限责任公司〈P2351〉

塑料用脱漆剂；去漆剂　G01184201

Paint remover for plastic

用于塑料旧油漆膜的脱漆

【生产厂】[苏]苏州昂邦化工有限公司〈P1898〉；张家港市庆安化工厂〈P1913〉

建筑用内外墙界面剂　G01184301

Agent for dividing line of interior and exterior wall

适用于新建工程、维修改建工程及各种不易抹灰的墙体材料

【生产厂】[京]北京京齐漆业有限公司〈P1552〉；北京市方兴化学建材有限公司〈P1559〉；[冀]辛集市华强保温节能建材厂〈P1634〉；[沪]上海佳品涂料有限公司〈P1742〉；[赣]江西科源新材料科技有限公司〈P2008〉；[鲁]淄博永超化工有限公司〈P2075〉；曲阜慧迪化工有限责任公司(1500 吨)〈P2130〉

混凝土界面处理剂　G01184351

Treating agent for concrete interface

主要用于混凝土基层抹灰的界面处理，也可用于大型砌砖等表面处理

【生产厂】[京]北京益利达建筑涂料厂〈P1565〉；北京双棱高温防腐材料研究所〈P1562〉；北京雪莲涂料厂〈P1564〉；北京德辉新型建筑材料有限公司〈P1546〉；北京城燕佳涂料技术开发中心〈P1545〉；[晋]万荣县荣河康达化工厂〈P1680〉；[沪]上海宝山万宇建筑外加剂厂〈P1728〉；[苏]南京永丰化工有限责任公司(200 吨)〈P1791〉；[闽]厦门冶建材料厂〈P1993〉；[鲁]青州市同盛建材有限公司〈P2093〉；[豫]河南省惠康实业总公司〈P2167〉；[粤]深圳市迈地砼外加剂有限公司〈P2271〉

聚氨酯流变剂　G01184401

Polyurethane rheological agent

【生产厂】[京]北京富特斯化工科技有限公司〈P1547〉

水性涂料触变剂　G01184471

Thixotropic agent for water-based coating

广泛用于各类水性涂料中，特别适用于触变指数要求较高的真石漆、水性清底漆等

【生产厂】[京]北京麦尔化工科技有限公司〈P1555〉；[苏]常州市亚邦亚宇助剂有限公司〈P1856〉

缔合型碱溶胀增稠剂　G01184591

Thickening agent, association, alkali swelling

特别适用于各种乳胶漆、黏合剂等水性体系

【生产厂】[京]北京富特斯化工科技有限公司〈P1547〉；北京麦尔化工科技有限公司〈P1555〉；[苏]南通市联邦化工有限公司〈P1835〉；[鲁]山东聊城鲁工涂料助剂有限公司〈P2153〉；淄博峰源化工有限公司〈P2059〉；青州贝特化工有限公司〈P2090〉；[粤]广州番禺日出化工有限公司〈P2260〉

硝基漆防潮剂 F-1　G01184701

Nitrocellulose lacquer moistureproof agent F-1

与硝基漆稀释剂配合使用在相对湿度较高的气候条件下施工，可防止硝基漆漆膜发白

【生产厂】[苏]苏州平平佳涂料化工有限公司〈P1902〉；[滇]昆明中华涂料有限责任公司〈P2340〉

环烷酸铁；萘酸铁　G01185001

Iron naphthenate

用作涂料催干剂及重质燃料的助燃剂

【生产厂】[京]北京朝福化工实验厂〈P1544〉；[辽]沈阳市应用技术实验厂(2000 吨)〈P1689〉；[鲁]山东省淄博市淄川鲁峰精细化工厂〈P2055〉；[新]新疆独山子天利高新技术

股份有限公司〈P2365〉

环烷酸钙；萘酸钙 G01185100

Calcium naphthenate

用作织物防水剂和油漆催干剂、胶黏剂等，也用于制造色淀

【生产厂】[津]天津市北辰区振乾化工厂(1000吨)〈P1580〉；天津市津鸽化工有限公司(1500吨)〈P1593〉；[冀]石家庄市佳彩化工有限责任公司〈P1629〉；[辽]沈阳市应用技术实验厂(2000吨)〈P1689〉；大连第一有机化工有限公司(80吨)〈P1691〉；[浙]浙江省仙居县福利无机化工厂〈P1967〉；[赣]九江华雄化工有限公司〈P2013〉；[鲁]山东省淄博市淄川鲁峰精细化工厂(200吨)〈P2055〉；[新]新疆独山子天利高新技术股份有限公司〈P2365〉

【使用厂】[苏]江苏昌和化学有限公司〈P1841〉

环烷酸钴；萘酸钴 G01185400

Cobalt naphthenate

用作漆膜催干剂、轮胎黏合剂、固化树脂、柴油添加剂等

【生产厂】[京]北京朝福化工实验厂〈P1544〉；[津]天津市北辰区振乾化工厂(1000吨)〈P1580〉；[冀]石家庄市佳彩化工有限责任公司〈P1629〉；[辽]沈阳市应用技术实验厂(2000吨)〈P1689〉；澳特钴镍制品(大连)有限公司〈P1690〉；大连第一有机化工有限公司(200吨)〈P1691〉；朝阳市征和化工有限公司〈P1713〉；[沪]上海长风化工厂(1000吨)〈P1729〉；[苏]镇江迈特化工新材料有限责任公司〈P1844〉；常州市戚墅堰开源化工有限公司〈P1853〉；常州雪龙化工有限公司〈P1858〉；宜兴市卡欧化工有限公司〈P1885〉；[浙]浙江省仙居县福利无机化工厂〈P1967〉；[赣]九江华雄化工有限公司〈P2013〉；[鲁]山东省淄博市淄川鲁峰精细化工厂(200吨)〈P2055〉；淄博照新化工有限公司〈P2076〉；山东东佳集团公司〈P2052〉；[豫]沁阳市天益化工有限公司(800吨)〈P2198〉；[鄂]荆州市博尔德化学有限公司〈P2240〉；[新]新疆独山子天利高新技术股份有限公司〈P2365〉

【使用厂】[鲁]淄博张店君臣化工厂〈P2076〉

环烷酸铅；萘酸铅；石油酸铅 G01186601

Lead naphthenate

用作清漆的催干剂、扩散剂、木材防腐剂和杀虫剂，也用于配制润滑剂

【生产厂】[津]天津市北辰区振乾化工厂(1000吨)〈P1580〉；天津市津鸽化工有限公司(1500吨)〈P1593〉；[冀]石家庄市佳彩化工有限责任公司〈P1629〉；[辽]沈阳市应用技术实验厂(2000吨)〈P1689〉；大连第一有机化工有限公司(150吨)〈P1691〉；[苏]常州市戚墅堰开源化工有限公司〈P1853〉；[浙]浙江省仙居县福利无机化工厂〈P1967〉；[鲁]山东省淄博市淄川鲁峰精细化工厂(200吨)〈P2055〉

环烷酸锌 G01187011

Zinc naphthenate

主要用作金属制品防锈缓蚀剂，油漆、印刷油墨和树脂的催干剂、润湿剂、杀虫剂、防霉剂，木材防腐剂等

【生产厂】[津]天津市北辰区振乾化工厂(1000吨)〈P1580〉；天津市津鸽化工有限公司(1500吨)〈P1593〉；[冀]石家庄市佳彩化工有限责任公司〈P1629〉；辛集市天阳助剂有限公司〈P1634〉；[辽]沈阳市应用技术实验厂(2000吨)〈P1689〉；[苏]常州市戚墅堰开源化工有限公司〈P1853〉；常州雪龙化工有限公司〈P1858〉；[浙]浙江省仙居县福利无机化工厂〈P1967〉；[鲁]山东省淄博市淄川鲁峰精细化工厂(200吨)〈P2055〉

环烷酸锰；萘酸锰 G01187401

Manganese naphthenate

主要用作油漆催干剂、木材防腐剂、织物防水剂、杀虫剂和杀菌剂等

【生产厂】[京]北京朝福化工实验厂〈P1544〉；[津]天津市北辰区振乾化工厂(800吨)〈P1580〉；[冀]石家庄市佳彩化工有限责任公司〈P1629〉；[辽]沈阳市应用技术实验厂(2000吨)〈P1689〉；大连第一有机化工有限公司(90吨)〈P1691〉；[苏]常州市戚墅堰开源化工有限公司〈P1853〉；常州雪龙化工有限公司〈P1858〉；[浙]浙江省仙居县福利无机化工厂〈P1967〉；[赣]九江华雄化工有限公司〈P2013〉；[鲁]山东省淄博市淄川鲁峰精细化工厂(200吨)〈P2055〉；[新]新疆独山子天利高新技术股份有限公司〈P2365〉

环烷酸镍 G01187701

Nickel naphthenate

用作顺丁橡胶的催化剂组分之一

【生产厂】[京]北京朝福化工实验厂〈P1544〉；[沪]上海长风化工厂(2000吨)〈P1729〉；[苏]常州市戚墅堰开源化工有限公司〈P1853〉；[浙]浙江省仙居县福利无机化工厂〈P1967〉；[赣]九江华雄化工有限公司〈P2013〉；[鲁]山东省淄博市淄川鲁峰精细化工厂(50吨)〈P2055〉；[新]新疆独山子天利高新技术股份有限公司〈P2365〉

环烷酸镁 G01187901

Magnesium naphthenate

用于内燃机油和燃料油的清净分散剂

【生产厂】[辽]沈阳市应用技术实验厂(2000吨)〈P1689〉；[沪]上海长风化工厂(1000吨)〈P1729〉；[新]新疆独山子天利高新技术股份有限公司〈P2365〉

环烷酸锆 G01188031

Zirconium naphthenate

用作陶瓷制品的珐琅、釉药，润滑剂，涂料的抗粉化剂、水分消除剂等

【生产厂】[辽]沈阳市应用技术实验厂(2000吨)〈P1689〉

催干剂 G01188301

Drying agent

用于油漆催干

【生产厂】[京]北京正恒化工有限公司〈P1566〉；[津]天津市涂料包装器材厂助剂分厂(1000吨)〈P1605〉；[辽]沈阳市应用技术实验厂(2000吨)〈P1689〉；[沪]上海长风化工厂〈P1729〉；[粤]增城市福和顺发塑料助剂公司〈P2268〉；奥博涂料有限公司〈P2282〉；[甘]甘肃省化工研究院(200吨)〈P2355〉

【使用厂】[京]红狮涂料国际有限公司〈P1567〉；[津]天津市耀华红日油漆有限公司〈P1610〉；[沪]上海振华造漆厂〈P1778〉；[苏]常州市邦杰化工有限公司〈P1849〉；[闽]福建省龙岩市豪迪化工有限公司〈P2005〉；福建省腾龙工业公司〈P2001〉；[鲁]山东梁山蓝天化工有限公司〈P2131〉；潍坊云飞化工有限公司〈P2107〉；山东鲁南造漆厂〈P2150〉；[豫]新乡市东风化工有限责任公司〈P2204〉；[粤]江门市制漆厂有限公司〈P2286〉

高效复合催干剂 G01188351

Complex drying agent, high efficiency

用作涂料催干剂

【生产厂】[津]天津市涂料包装器材厂助剂分厂(1000吨)

G

〈P1605〉;[辽]沈阳市应用技术实验厂(2000 吨)〈P1689〉;[湘]湖南湘江涂料集团有限公司〈P2248〉

涂料催干剂 LC802;环烷酸稀土 G01188401

Coating drying agent LC802

用于油漆催干

【生产厂】[津]天津市北辰区振乾化工厂(750 吨)〈P1580〉;[冀]石家庄市佳彩化工有限责任公司〈P1629〉;[辽]沈阳市应用技术实验厂(2000 吨)〈P1689〉;[苏]常州雪龙化工有限公司〈P1858〉;[浙]浙江省仙居县福利无机化工厂〈P1967〉;[鲁]山东省淄博市淄川鲁峰精细化工厂(200 吨)〈P2055〉;[豫]河南庆安化工高科技股份有限公司(3000 吨)〈P2166〉

代钴稀土催干剂 G01188481

Rare earth drier for replacing cobalt

适用于醇酸漆、酚醛漆等有色漆中,取代传统的钴、锰、锌、钙催干剂

【生产厂】[湘]湖南湘江涂料集团有限公司〈P2248〉

异辛酸稀土催干剂 G01188492

Rare earth isocaprylate drier

用作油漆催干剂

【生产厂】[冀]石家庄市万福化工有限公司〈P1631〉;石家庄市佳彩化工有限责任公司〈P1629〉;[辽]沈阳市应用技术实验厂(2000 吨)〈P1689〉;[苏]常州雪龙化工有限公司〈P1858〉;[鲁]山东省淄博市淄川鲁峰精细化工厂〈P2055〉;[湘]湖南湘江涂料集团有限公司〈P2248〉

环烷酸盐催干剂 G01188494

Naphthenate drier

用作油漆催干剂

【生产厂】[津]天津市涂料包装器材厂助剂分厂(3000 吨)〈P1605〉;[鲁]淄博照新化工有限公司(2000 吨)〈P2076〉

油漆催干剂 G01188511

Paint drier

【生产厂】[冀]石家庄市万福化工有限公司(600 吨)〈P1631〉;[粤]潮阳市金南化工有限公司〈P2275〉

聚酯漆用固化剂 G01189001

Curing agent for polyester paint

用作聚酯类涂料通用固化剂

【生产厂】[鲁]博兴县华鑫助剂厂〈P2155〉

油漆固化剂 G01189101

Curing agent for paint

【生产厂】[京]北京钰林化工有限公司〈P1565〉;[冀]香河县荣昌制漆厂(500 吨)〈P1662〉;霸州市辛章得利雅涂料厂〈P1657〉;[沪]上海斯诺装饰材料有限公司〈P1765〉;上海德品漆业有限公司〈P1731〉;上海德品漆业有限公司〈P1731〉;[浙]浙江杭州富阳晨华涂料厂〈P1927〉;[鲁]淄博杜高化工有限公司〈P2059〉;淄博泰兴粉末涂料厂〈P2073〉;淄博市周村前进化工厂〈P2071〉;青州市恒威漆业有限公司(500 吨)〈P2092〉;山东省临朐县强力化建有限公司〈P2097〉;[豫]郑州市捷士化工有限公司(1000 吨)〈P2173〉;[鄂]武汉市煜昌化工涂料有限公司〈P2233〉;[粤]广州市奥美特涂料厂有限公司〈P2263〉;中山市青松制漆化工有限公司〈P2283〉;中山市普尔化工涂料有限公司〈P2283〉;[渝]重庆百信实业有限公司〈P2303〉;[陕]西安昌胜化工有限公司〈P2347〉

【使用厂】[津]天津市延安化工厂分厂〈P1610〉;天津燕海化学有限公司〈P1616〉;天津市科威实业公司〈P1597〉;[沪]上海市涂料研究所〈P1764〉;[苏]常州市邦杰化工有限公司〈P1849〉;[浙]杭州中法化学有限公司〈P1925〉;[鲁]威海市玉威漆业有限公司〈P2126〉;胜利油田大明新型建筑防水材料有限责任公司〈P2087〉;莱阳市亚力美涂料有限公司〈P2108〉;潍坊云飞化工有限公司〈P2107〉;胜利油田方圆实业集团有限公司防腐材料分公司〈P2087〉;山东省昌乐县华颖液体瓷厂〈P2097〉;[川]攀枝花荣鑫油漆有限责任公司〈P2322〉;[陕]西安利澳科技股份有限公司〈P2349〉

低温快速固化剂 G01189111

Curing agent, quick low temperature

作为高活性环氧粉末涂料的固化剂,可实现140℃/10 ~ 15min 或 200℃/3 ~ 5min 快速固化

【生产厂】[津]天津市津宁三和化学有限公司(1500 吨)〈P1594〉;[浙]宁波志华化学有限公司〈P1934〉;[皖]六安市捷通达化工有限责任公司〈P1985〉;安徽省歙县宏大化工有限公司(200 吨)〈P1980〉;黄山市德平化工有限公司〈P1981〉;黄山市润发化工(集团)有限公司〈P1981〉;黄山市华美精细化工有限公司(30 吨)〈P1981〉

环保固化剂 G01189131

Curing agent, environmental-protection type

【生产厂】[粤]广东嘉宝莉化工有限公司〈P2284〉

耐黄变固化剂 G01189151

Anti-yellow stain curing agent

【生产厂】[赣]江西蒙莱特漆业有限公司〈P2015〉

H-1 环氧漆固化剂 G01189251

Curing agent for epoxy paint H-1

供环氧磁漆或清漆作固化剂之用,与胺固化环氧漆配套使用

【生产厂】[滇]昆明中华涂料有限责任公司〈P2340〉

涂料用膨润土;有机膨润土流变助剂 G01189302

Bentonite for coating

广泛用于各类溶剂型油漆、油墨、密封胶、化妆品等

【生产厂】[浙]浙江丰虹粘土化工有限公司〈P1946〉;[皖]安徽省明光市曼迪矿业科技有限公司〈P1982〉

塑印油墨防冻液;防冻树脂 G01189431

Plastic printing ink antifreezing fluid

用于塑料印刷油墨的防冻

【生产厂】[鲁]枣庄市世纪新星化工有限责任公司(2000 吨)〈P2080〉

油漆油墨防结皮剂 G01189451

Anti-skinning agent for paint and printing ink

适用于各种有结皮作用的油脂涂料及油墨

【生产厂】[沪]上海三正高分子材料有限公司(200 吨)〈P1760〉;[豫]巩义市昌华辅料厂〈P2162〉

油墨附着力增强剂;油墨硬化剂 G01189471

Printing ink adhesive force intensifier

用于增强油墨附着力

【生产厂】[沪]上海三正高分子材料有限公司(100 吨)〈P1760〉

油漆防沉剂;防沉剂　G01189501
Anti-settle agent for paint

主要用于油漆、油墨、涂料等增稠剂和防沉剂

【生产厂】[苏]泰兴市涂料助剂化工厂(70 吨)〈P1826〉;[浙]浙江临安福盛涂料助剂有限公司〈P1928〉

【使用厂】[沪]上海振华造漆厂〈P1778〉

防沉分散剂　G01189511
Anti-settle dispersing agent

用于无机颜料、氧化铁系颜料、铬黄系颜料、铬绿、钛白粉等粉料

【生产厂】[苏]常州市亚邦亚宇助剂有限公司〈P1856〉;[豫]郑州市中岳涂料助剂有限公司(1000 吨)〈P2174〉

防流挂剂　G01189531
Sag-proof agent

【生产厂】[豫]郑州华新化工有限公司〈P2171〉

干膜防霉剂;漆膜防霉剂　G01189551
Mildew-retarding agent for paint dry film

适用于内外墙乳胶漆的防菌、防藻,不含有机溶剂,适用于环保型乳胶漆的生产

【生产厂】[京]北京麦尔化工科技有限公司〈P1555〉;北京天擎化工有限责任公司〈P1562〉;[辽]大连星原精细化工有限公司〈P1694〉

漆膜抗藻剂　G01189571
Anti-algae agent for paint-film

【生产厂】[京]北京天擎化工有限责任公司〈P1562〉

钢化涂料保色剂　G01189591
Color protective agent for steel coating

【生产厂】[豫]河南省栾川县三生化学研究所涂料厂(200 吨)〈P2180〉

液体流平剂　G01189601
Leveling agent of liquid

用于改进涂料的流平和均涂性能

【生产厂】[京]北京新威化工有限公司〈P1563〉;[苏]吴江市太湖涂料有限公司〈P1911〉;[浙]奉化南海药化集团有限公司〈P1929〉;宁波志华化学有限公司〈P1934〉;天台昌明化学制品有限公司(200 吨)〈P1962〉;[皖]黄山市华美精细化工有限公司〈P1981〉;[粤]新会新式化工厂〈P2286〉

有机硅流平剂　G01189651
Organosilicon leveling agent

广泛用于溶剂型及非溶剂型涂料体系中

【生产厂】[沪]上海锦山化工有限公司(200 吨)〈P1745〉;[浙]杭州包尔得有机硅有限公司〈P1915〉

环烷酸铜;萘酸铜　G01189701
Copper naphthenate

用作油漆、油墨的催干剂,马路彩砖的增强增光剂

【生产厂】[辽]沈阳市应用技术实验厂(2000 吨)〈P1689〉;[沪]上海长风化工厂(2000 吨)〈P1729〉;[苏]常州雪龙化工有限公司〈P1858〉;[浙]浙江省仙居县福利无机化工厂〈P1967〉

【使用厂】[辽]铁岭市东博合成材料厂〈P1712〉

油墨流平剂　G01189801
Leveling agent for printing ink

【生产厂】[苏]江苏得意有机硅有限公司〈P1802〉;[粤]高明明海化学企业有限公司〈P2290〉

固体流平剂　G01189901
Leveling agent of solid

应用于粉末涂料中可以改进涂料的流平和均涂性能,适用于各种粉末涂料

【生产厂】[浙]杭州中法化学有限公司〈P1925〉;奉化南海药化集团有限公司〈P1929〉;天台昌明化学制品有限公司(200 吨)〈P1962〉;[皖]黄山市华美精细化工有限公司〈P1981〉

粉末涂料用固化剂　G01189921
Curing agent for powder coating

粉末涂料专用固化剂

【生产厂】[冀]廊坊市宏泰化工有限公司(1000 吨)〈P1661〉;[浙]奉化南海药化集团有限公司〈P1929〉;[皖]六安市捷通达化工有限责任公司〈P1985〉;黄山歙县德邦化工有限公司〈P1981〉;[鲁]烟台康达化工有限公司〈P2117〉

粉末涂料流平剂　G01189941
Leveling agent for powder coating

用作粉末涂料、聚丙烯酸类漆、聚氨酯漆等流平光亮剂

【生产厂】[沪]上海长风化工厂(1000 吨)〈P1729〉;[苏]镇江市天龙化工有限公司〈P1846〉;[浙]浙江临安福盛涂料助剂有限公司(10 吨)〈P1928〉;宁波志华化学有限公司〈P1934〉;[皖]安徽神剑新材料有限公司(1000 吨)〈P1973〉;黄山市润发化工(集团)有限公司〈P1981〉;黄山歙县德邦化工有限公司〈P1981〉;[鲁]烟台康达化工有限公司〈P2117〉;[豫]郑州市中岳涂料助剂有限公司(2000 吨)〈P2174〉;郑州华新化工有限公司〈P2171〉

【使用厂】[甘]西北永新化工股份有限公司〈P2356〉

环氧型粉末涂料流平剂　G01189942
Leveling agent for epoxy powder coating

主要用于环氧树脂粉末涂料,也可用于聚酯环氧混合型粉末涂料

【生产厂】[浙]宁波志华化学有限公司〈P1934〉

纯聚酯粉末涂料流平剂　G01189943
Leveling agent for polyester powder coating

是以纯聚酯为载体的粉末涂料流动控制剂,专门用于纯聚酯型粉末涂料

【生产厂】[浙]宁波志华化学有限公司〈P1934〉

混合型粉末涂料流平剂　G01189944
Leveling agent for mixed powder coating

专门用于聚酯环氧混合型粉末涂料,能调节粉末涂料表面张力

【生产厂】[浙]宁波志华化学有限公司〈P1934〉

水性涂料用流平剂　G01189945
Leveling agent for water-based coating

【生产厂】[苏]扬州立达树脂有限公司〈P1818〉;[鲁]山东聊城鲁工涂料助剂有限公司〈P2153〉

水性涂料增稠剂　G01189951
Thickening agent for water-based coating
可用于各类水性涂料及油墨
【生产厂】[京]北京麦尔化工科技有限公司〈P1555〉;[辽]营口星火化工有限公司〈P1705〉;[沪]上海长风化工厂(500吨)〈P1729〉;[苏]扬州立达树脂有限公司〈P1818〉;[鲁]山东聊城鲁工涂料助剂有限公司〈P2153〉;青州贝特化工有限公司〈P2090〉

乳胶漆增稠剂　G01189961
Latex paint thickening agent
【生产厂】[京]北京爱德泰普膜制品厂〈P1543〉;北京东方亚科力化工科技有限公司〈P1546〉;[苏]扬州立达树脂有限公司〈P1818〉;南通市联邦化工有限公司〈P1835〉;[鲁]新泰市双圆化工涂料有限公司(100吨)〈P2138〉

粉末涂料用增光剂　G01189971
Lustre-enhancing agent for powder coating
【生产厂】[京]北京新威化工有限公司〈P1563〉;[浙]宁波志华化学有限公司〈P1934〉;[皖]黄山市华美精细化工有限公司〈P1981〉;[鲁]烟台康达化工有限公司〈P2117〉;[粤]新会新式化工厂〈P2286〉

粉末涂料用固化促进剂　G01189975
Curing promoter for powder coating
用于改进固化效果
【生产厂】[皖]六安市捷通达化工有限责任公司〈P1985〉

涂料荧光剂;夜光粉　G01189981
Coating fluorescent agent
用于塑料行业、表盘印刷、电子、各种标识、防灾器具、家电、照明、汽车、钓具用品等
【生产厂】[辽]大连根本化学有限公司〈P1691〉

油墨　G02000100
Printing ink
用于印刷
【生产厂】[京]北京市通州实大油墨有限公司(3000吨)〈P1561〉;北京三友伟业橡胶化工有限责任公司〈P1557〉;[津]天津市普瑞德油墨厂(5000吨)〈P1600〉;天津市天深油墨实业公司(1200吨)〈P1605〉;天津市天昊油墨有限公司(1500吨)〈P1604〉;天津天女化工集团股份有限公司(3万吨)〈P1615〉;天津云兴油墨有限公司(1800吨)〈P1617〉;天津市恩捷特工贸有限公司(800吨)〈P1586〉;[晋]八一油墨有限公司(2000吨)〈P1678〉;[吉]长春七星新材料厂〈P1714〉;[苏]无锡市奥特印花油墨厂〈P1875〉;[浙]海盐华达油墨化学有限公司〈P1940〉;[皖]六安市同源油墨厂〈P1985〉;[闽]东北理光(福州)印刷设备有限公司(247780支)〈P1988〉;福清市新美光涂料有限公司(1000吨)〈P1989〉;[鲁]济南巨升实业有限公司(500吨)〈P2023〉;济南市油墨厂(3000吨)〈P2025〉;临淄钰丰油墨厂(3000吨)〈P2050〉;昌乐县天成化工厂(350吨)〈P2088〉;[豫]河南省安阳市航天涂料化工有限责任公司(200吨)〈P2210〉;河南神鸿达印刷材料有限公司(3000吨)〈P2180〉;三门峡油墨彩印有限公司(200吨)〈P2222〉;[粤]广州崇钰化工材料有限公司〈P2260〉;广州百鸿化工有限公司(1000吨)〈P2260〉;深圳松辉化工有限公司〈P2273〉;广东鸿昌化工(集团)有限公司〈P2290〉;中山市美嘉印刷器材有限公司〈P2283〉;中山市博海精细化工有限公司(1000吨)〈P2283〉;中益油墨涂料有限公司〈P2284〉;江门东洋油墨有限公司〈P2285〉;广东彩艳股份有限公司〈P2284〉;[川]成都市新津托展油墨有限公司(800吨)〈P2315〉;[陕]西安奥达油墨有限责任公司〈P2347〉
【使用厂】[闽]福建省建瓯市立伟塑料有限公司〈P2003〉

水性凹印油墨　G02000101
Water-based gravure printing ink
适用于凹版轮转印刷机、印刷画版画、册及非食用性包装纸
【生产厂】[津]天津市武清区津武特种油墨厂(500吨)〈P1606〉;[苏]富士化研(昆山)有限公司〈P1893〉;[鲁]济南章城油墨有限公司(1000吨)〈P2027〉;淄博市临淄金利油墨厂〈P2069〉;莱州市日通油墨化工厂(1600吨)〈P2110〉

醇溶性凹印油墨　G02000131
Alcohol-soluble gravure printing ink
用于纸张凹印
【生产厂】[鲁]莱州市日通油墨化工厂(3000吨)〈P2110〉;[川]成都市新津托展油墨有限公司〈P2315〉

水性凹印版柔性版油墨　G02000151
Water-based gravure flexible printing ink
广泛用于牛皮纸、铜版纸、白版纸、瓦楞纸、不干胶纸、纸箱、纸品包装袋、书刊杂志等的印刷
【生产厂】[鲁]淄博市临淄金利油墨厂〈P2069〉;山东省诸城市腾霞油墨有限公司〈P2098〉;潍坊恒联油墨有限公司〈P2102〉

水性柔版油墨　G02000171
Water-based flexible printing ink
可广泛用于各种瓦楞纸及纸袋印刷
【生产厂】[津]天津市天惠精细化工厂(600吨)〈P1604〉;[沪]上海科瑞印刷材料有限公司〈P1749〉;[苏]富士化研(昆山)有限公司〈P1893〉;[鲁]临淄永红油墨厂(80吨)〈P2050〉;青州市意高发水墨有限公司〈P2093〉;[粤]江门东洋油墨有限公司〈P2285〉;[川]成都市新津托展油墨有限公司〈P2315〉

窄幅柔版水性油墨　G02000181
Water-based flexible printing ink, narrow breadth
适用于烟包、酒标及其他细小包装盒的印刷
【生产厂】[沪]上海科瑞印刷材料有限公司〈P1749〉

凹印塑料油墨;凹版塑料油墨　G02000201
Gravure printing ink for plastic
适用于凹版轮转印刷机,印刷聚乙烯、聚丙烯、聚酯薄膜及玻璃纸等
【生产厂】[津]天津市津南华鑫油墨厂(100吨)〈P1594〉;[沪]上海DIC油墨有限公司〈P1727〉;[苏]张家港市双林油墨厂〈P1914〉;[鲁]山东省诸城市腾霞油墨有限公司〈P2098〉;蓬莱市振兴油墨有限公司〈P2113〉;[豫]河南省偃师市中州油墨一厂(500吨)〈P2181〉;偃师市展望涂料化工有限公司(500吨)〈P2189〉;三门峡油墨彩印有限公司(500吨)〈P2222〉;[粤]汕头经济特区新大成包装材料有限公司〈P2276〉;中山市博海精细化工有限公司〈P2283〉

PVC收缩膜凹印油墨　G02000251
PVC shrink film gravure printing ink
广泛用于PE、PP瓶罐,玻璃、饮料瓶等收缩膜商标

【生产厂】[鲁]蓬莱市振兴油墨有限公司〈P2113〉;[粤]东莞市英科水墨有限公司〈P2280〉;[川]成都市新津托展油墨有限公司〈P2315〉

包装油墨 G02000351
Packaging printing ink
【生产厂】[津]天津东洋油墨有限公司〈P1571〉;[苏]苏州比特丽油墨涂料有限公司〈P1899〉

凹版印刷油墨 G02000401
Gravure printing ink
用于玻璃纸印刷及药品、食品软包装锡箔印刷
【生产厂】[冀]河北省冀州市月季油墨有限公司〈P1665〉;[苏]苏州比特丽油墨涂料有限公司〈P1899〉;[粤]广东省中山市新辉化学制品有限公司〈P2282〉;[滇]昆明森慧油墨工贸有限公司〈P2339〉
【使用厂】[沪]上海汇丽集团有限公司〈P1741〉

印刷油墨 G02000501
Printing ink
主要用于玻璃纸等食品包装物的印刷
【生产厂】[津]天津东洋油墨有限公司〈P1571〉;天津安光油墨厂(800 吨)〈P1570〉;[晋]太原高氏劳瑞油墨化学有限公司〈P1671〉;[苏]常州市舜溪化工厂〈P1853〉;徐州市中侨油墨化工有限公司〈P1796〉;[粤]广东德美精细化工股份有限公司〈P2290〉

纸凹印油墨 G02000601
Paper gravure printing ink
适用于铜版纸、卡纸、金银卡纸、水松纸、复合纸、镀铝纸的凹版印刷
【生产厂】[津]天津东洋油墨有限公司〈P1571〉;[沪]上海南洋油墨有限公司〈P1755〉;[苏]江阴市恒畅油墨有限公司〈P1869〉;[皖]黄山市新力油墨化工厂〈P1981〉;[粤]汕头经济特区新大成包装材料有限公司〈P2276〉;珠海市希友达油墨涂料有限公司〈P2275〉;中山市美嘉印刷器材有限公司〈P2283〉;[川]成都市新津托展油墨有限公司〈P2315〉;[滇]昆明森慧油墨工贸有限公司〈P2339〉;[陕]西安奥达油墨有限责任公司〈P2347〉

胶印合成纸油墨 G02000631
Offset printing ink of synthetic paper
【生产厂】[津]天津东洋油墨有限公司〈P1571〉;[沪]上海牡丹油墨有限公司〈P1754〉

移印油墨 G02000701
Transfer printing ink
用于通用塑胶制品
【生产厂】[苏]富士化研(昆山)有限公司〈P1893〉;[闽]厦门市豪尔化工有限公司〈P1992〉;[粤]深圳雅联化工实业有限公司〈P2273〉;东莞市华连冠化工有限公司〈P2280〉

彩色印刷油墨 G02000901
Colored printing ink
用于塑料包装印刷商标和图案
【生产厂】[津]天津东洋油墨有限公司〈P1571〉

标牌专用油墨;标记油墨 G02001091
Printing ink of nameplate
【生产厂】[粤]广信丝印材料有限公司〈P2259〉;深圳市容大电子材料有限公司〈P2272〉

树脂油墨 G02001101
Resin ink
【生产厂】[津]天津市天惠精细化工厂(800 吨)〈P1604〉;天津瑞丽斯化工有限公司(1 万吨)〈P1577〉;天津市天宁树脂有限公司(2000 吨)〈P1604〉

水性丙烯酸树脂印刷油墨 G02001111
Water-based acrylic resin pinting ink
【生产厂】[鲁]青岛市崂山区晓望化工有限公司(200 吨)〈P2042〉;[粤]南海粤明油墨化工有限公司〈P2292〉

树脂铅印油墨 G02001151
Resin letterpress printing ink
适用于平台机、圆盘机、鲁林机等各种凸版印刷机
【生产厂】[赣]江西金鹰油墨有限公司〈P2014〉;[鲁]龙口市方元油墨有限公司(500 吨)〈P2111〉

树脂胶版油墨;树脂胶印油墨 G02001191
Resin hectograph printing ink
适于在单色或多色胶印机上印刷胶版纸和中低档铜版纸等
【生产厂】[津]天津东洋油墨有限公司〈P1571〉;天津市星海油墨有限公司(400 吨)〈P1609〉;天津市津庆油墨有限公司(300 吨)〈P1594〉;[冀]河北省冀州市月季油墨有限公司〈P1665〉;深圳市天翔化工有限公司〈P1669〉;[晋]八一油墨有限公司〈P1678〉;[沪]上海深日油墨有限公司〈P1761〉;上海牡丹油墨有限公司〈P1754〉;[苏]苏州科斯伍德油墨有限公司〈P1901〉;[浙]海盐华达油墨化学有限公司〈P1940〉;[赣]江西金鹰油墨有限公司〈P2014〉;[鲁]龙口市方元油墨有限公司(300 吨)〈P2111〉;[鄂]湖北省荆州油墨厂〈P2239〉;[粤]南海粤明油墨化工有限公司〈P2292〉

凸版轮转油墨 G02001201
Anastatic cyclical printing ink
【生产厂】[沪]上海牡丹油墨有限公司〈P1754〉

轮转凹版(铜版)油墨 G02001211
Cyclical gravure printing ink
【生产厂】[粤]中山市美嘉印刷器材有限公司〈P2283〉

轮转油墨 G02001251
Cyclical printing ink
【生产厂】[沪]上海牡丹油墨有限公司〈P1754〉;[赣]江西金鹰油墨有限公司〈P2014〉;[鄂]湖北省荆州油墨厂〈P2239〉

柔性凸版油墨 G02001271
Anastatic flexible printing ink
【生产厂】[鲁]淄博市临淄金利油墨厂〈P2069〉

水性凸版油墨;水基凸版油墨 G02001291
Anastatic printing ink, water-soluble
【生产厂】[津]天津市津南华鑫油墨厂(100 吨)〈P1594〉

铅印彩色墨;铅印油墨 G02001401
Colored letterpress printing ink
用于纸张印刷

G

【生产厂】[津]天津市星海油墨有限公司(500 吨)〈P1609〉;天津市津庆油墨有限公司〈P1594〉;[鄂]湖北省荆州油墨厂〈P2239〉

金银油墨;金银墨 G02001411

Gold and silver printing ink

【生产厂】[京]北京艾瑞斯水墨有限公司〈P1543〉;[津]天津东洋油墨有限公司〈P1571〉;[冀]深州市天翔化工有限公司〈P1669〉;[沪]上海牡丹油墨有限公司〈P1754〉;[粤]宝华实业中国有限公司〈P2278〉

印刷银墨 G02001412

Printing silver ink

【生产厂】[沪]上海雅鹰油墨有限公司〈P1774〉

塑料薄膜铅印油墨 G02001451

Plastic film letterpress printing ink

【生产厂】[沪]上海牡丹油墨有限公司〈P1754〉

纸箱印刷油墨 G02001551

Printing ink for carton

用于各种橡胶凸版印刷机印刷瓦楞纸箱、牛皮纸袋、灰板纸等

【生产厂】[粤]广州市海珠区沙溪油墨厂〈P2264〉;南海粤明油墨化工有限公司〈P2292〉

凸版水性纸箱油墨 G02001571

Anastatic pinting ink for carton, water-based

【生产厂】[鲁]蓬莱市振兴油墨有限公司〈P2113〉

塑料编织袋油墨 G02001601

Printing ink for plastic weaving bag

用于印刷普通塑料编织袋

【生产厂】[冀]深州市天翔化工有限公司〈P1669〉;[鲁]临淄永红油墨厂(100 吨)〈P2050〉;潍坊恒联油墨有限公司〈P2102〉;[川]成都市新津托展油墨有限公司〈P2315〉;[陕]西安奥达油墨有限责任公司〈P2347〉

醇溶性编织袋表印油墨 G02001611

Alcohol-soluble table printing ink for plastic weaving bag

广泛用于高档塑编袋、涂膜袋、玻璃纸、聚丙烯薄膜、聚酯薄膜的印刷

【生产厂】[鲁]潍坊恒联油墨有限公司〈P2102〉;[川]成都市新津托展油墨有限公司〈P2315〉

凸版编织袋油墨 G02001631

Anastatic printing ink for plastic weaving bag

【生产厂】[鲁]蓬莱市振兴油墨有限公司〈P2113〉

塑料印刷油墨;塑料油墨 G02001701

Printing ink for plastic

用于 BOPP 复合膜、各种塑编袋和塑料制品等的印刷

【生产厂】[津]天津东洋油墨有限公司〈P1571〉;[苏]苏州比特丽油墨涂料有限公司〈P1899〉;[赣]江西永友化工助剂有限公司〈P2019〉;江西金鹰油墨有限公司〈P2014〉;[豫]郑州市宝德利涂料有限公司〈P2172〉;洛阳瑰宝印刷材料有限公司(300 吨)〈P2181〉;偃师市展望涂料化工有限公司(500 吨)〈P2189〉;[粤]江门东洋油墨有限公司〈P2285〉

柔版塑料油墨 G02001707

Flexible printing ink for plastic

【生产厂】[鲁]淄博市临淄金利油墨厂〈P2069〉

醇溶柔版塑料油墨 G02001709

Alcohol-soluble flexible printing ink for plastic

【生产厂】[冀]石家庄市恒日化工有限公司〈P1629〉

柔性凸版塑料印刷油墨 G02001711

Flexible letterpress printing ink for plastic

主要适用于各类塑编袋(外涂膜专用)制袋流水线印刷专用

【生产厂】[鲁]潍坊恒联油墨有限公司〈P2102〉

轮转柔版(胶版)油墨 G02001731

Cyclical flexible printing ink

适用于各种卷桶纸轮转胶印机上进行单色、双色或四色套版印刷,主要印刷各类报纸、期刊、杂志、连环画等

【生产厂】[晋]太原高氏劳瑞油墨化学有限公司〈P1671〉;[沪]上海 DIC 油墨有限公司〈P1727〉;[苏]苏州科斯伍德油墨有限公司〈P1901〉

塑料凹版表印油墨 G02001741

Gravure table printing ink for plastic

广泛用于经电火花冲击的 PE、PP 薄膜的表面印刷,也可用于聚酯、玻璃纸的印刷

【生产厂】[冀]石家庄市恒日化工有限公司〈P1629〉;[苏]江阴市恒畅油墨有限公司〈P1869〉;[皖]安徽华亿油墨有限公司〈P1979〉;黄山市新力油墨化工厂〈P1981〉;[鲁]临淄永红油墨厂(80 吨)〈P2050〉;蓬莱市振兴油墨有限公司〈P2113〉;[粤]东莞市英科水墨有限公司〈P2280〉;[川]成都市新津托展油墨有限公司〈P2315〉

醇溶凹版塑料表印油墨 G02001745

Alcohol-soluble gravure surface printing ink for plastic

【生产厂】[苏]江阴市恒畅油墨有限公司〈P1869〉;[皖]黄山市新力油墨化工厂〈P1981〉;[鲁]莱州市日通油墨化工厂(1600 吨)〈P2110〉

凹版表印透明塑料薄膜油墨 G02001751

Gravure table printing ink for transparent plastic film

用于 OPP、CPP、AL、PT、PE 等塑料印刷

【生产厂】[苏]张家港市双林油墨厂〈P1914〉;[鲁]山东省诸城市腾霞油墨有限公司〈P2098〉;[川]成都市新津托展油墨有限公司〈P2315〉

凹版复合塑料薄膜油墨 G02001759

Gravure printing ink for compound plastic film

【生产厂】[苏]张家港市双林油墨厂〈P1914〉;[皖]黄山市新力油墨化工厂〈P1981〉;[鲁]山东省诸城市腾霞油墨有限公司〈P2098〉;[豫]河南省南街村(集团)油墨厂(1000 吨)〈P2219〉;[川]成都市新津托展油墨有限公司〈P2315〉

透明塑料油墨 G02001765

Printing ink for transparent plastic

【生产厂】[冀]石家庄市恒日化工有限公司〈P1629〉;[鲁]蓬莱市振兴油墨有限公司〈P2113〉

耐碱塑料薄膜油墨 G02001771

Printing ink for plastic film, alkaliproof

【生产厂】[川]成都市新津托展油墨有限公司〈P2315〉

耐酸塑料薄膜油墨 G02001781

Printing ink for plastic film, acidproof

【生产厂】[川]成都市新津托展油墨有限公司〈P2315〉

耐水塑料薄膜油墨 G02001791

Printing ink for plastic film, waterproof

【生产厂】[川]成都市新津托展油墨有限公司〈P2315〉

发泡油墨 G02001795

Foaming printing ink

【生产厂】[浙]美尔诺油墨化工有限公司〈P1953〉;[粤]深圳市美丽华油墨涂料有限公司〈P2271〉

抗水防冻油墨 G02001797

Printing ink, water-resistant and antifreezing

用于奶膜、速冻食品印刷

【生产厂】[鲁]山东省诸城市腾霞油墨有限公司〈P2098〉

抗水塑料油墨 G02001799

Printing ink for plastic, water-resistant

【生产厂】[鲁]蓬莱市振兴油墨有限公司〈P2113〉

表印油墨 G02001801

Table printing ink

适用于 PP、PE 薄膜及玻璃纸的印刷

【生产厂】[鲁]青州市海源化工有限公司(100 吨)〈P2092〉;[粤]江门东洋油墨有限公司〈P2285〉

塑料表印油墨 G02001831

Plastic table printing ink

适合用于各种薄膜的表面印刷,可用于各种没有复合加工要求的包装

【生产厂】[苏]江阴市恒畅油墨有限公司〈P1869〉;[粤]珠海市彩龙塑胶油墨制品有限公司〈P2275〉

醇溶性柔性凸版表印油墨 G02001891

Alcohol-soluble flexible rotary table printing ink

适用于轮转卷筒纸印刷及各类轮转柔性凸版印刷机作自低到高速的印刷

【生产厂】[川]成都市新津托展油墨有限公司〈P2315〉

热转印油墨 G02001921

Heat transfer printing ink

【生产厂】[苏]无锡市奥特印花油墨厂〈P1875〉

胶印轮转油墨 G02001951

Offset cyclical printing ink

适用于 2 万转/小时的卷筒双色双面、四色双面胶印轮转机或对滚式双面胶印机印刷报刊、杂志、书籍等

【生产厂】[津]天津东洋油墨有限公司〈P1571〉;天津市星海油墨有限公司(500 吨)〈P1609〉;天津市津庆油墨有限公司〈P1594〉;[冀]河北省冀州市月季油墨有限公司〈P1665〉;深州市天翔化工有限公司〈P1669〉;[晋]八一油墨有限公司〈P1678〉;[沪]上海深日油墨有限公司〈P1761〉;[赣]江西金鹰油墨有限公司〈P2014〉;[鲁]龙口市方元油墨有限公司(100 吨)〈P2111〉

热固型轮转平版胶印油墨 G02001991

Thermosetting cyclical lithographic offset printing ink

【生产厂】[沪]上海雅鹰油墨有限公司〈P1774〉

光固化油墨 G02002101

Photo-cured printing ink

适用于单张胶印纸,金、银卡纸等高档产品的印刷

【生产厂】[沪]上海宝银电子材料有限公司〈P1728〉;[粤]佛山市三求化工有限公司〈P2288〉;中益油墨涂料有限公司〈P2284〉

铝箔印刷油墨 G02002201

Aluminium foil printing ink

用于食品包装、药品片剂、酒标签包装印刷

【生产厂】[沪]上海南洋油墨有限公司〈P1755〉;上海 DIC 油墨有限公司〈P1727〉;[苏]江阴市恒畅油墨有限公司〈P1869〉;[豫]郑州市宝德利涂料有限公司(600 吨)〈P2172〉;[粤]东莞市英科水墨有限公司〈P2280〉;南海粤明油墨化工有限公司〈P2292〉

丝网印刷油墨;丝印油墨 G02002301

Silk-screen printing ink

用于各类丝网印刷机作各类基材如塑料、金属、棉布、纸品等的印刷

【生产厂】[津]天津市津南华鑫油墨厂(100 吨)〈P1594〉;[苏]无锡金桥精细油墨有限公司〈P1874〉;苏州比特丽油墨涂料有限公司〈P1899〉;富士化研(昆山)有限公司〈P1893〉;[闽]厦门市豪尔化工有限公司〈P1992〉;[赣]江西金鹰油墨有限公司〈P2014〉;[粤]名博防伪技术有限公司〈P2268〉;深圳市美丽华油墨涂料有限公司〈P2271〉;东莞兆吉橡胶材料有限公司(100 吨)〈P2281〉;宝华实业中国有限公司〈P2278〉;东莞市台宝涂料厂〈P2280〉;中山市美嘉印刷器材有限公司〈P2283〉;中山市博海精细化工有限公司〈P2283〉;中益油墨涂料有限公司〈P2284〉;江门东洋油墨有限公司(300 吨)〈P2285〉

塑料丝印油墨 G02002361

Plastic silk-screen printing ink

【生产厂】[沪]上海牡丹油墨有限公司〈P1754〉;[苏]无锡金桥精细油墨有限公司〈P1874〉

金属油墨 G02002400

Metal printing ink

主要用于牙膏管、药膏管、鞋油管、美术颜料、日化产品等铝管打底滚涂印刷

【生产厂】[沪]上海南洋油墨有限公司〈P1755〉;上海牡丹油墨有限公司〈P1754〉;上海 DIC 油墨有限公司〈P1727〉;[粤]深圳市容大电子材料有限公司〈P2272〉

铝铁印刷油墨 G02002401

Aluminium iron printing ink

用于罩光或不罩光的各种规格的铝和铁容器的印刷

【生产厂】[粤]江门东洋油墨有限公司〈P2285〉

胶印金属油墨 G02002451

Offset metal printing ink

【生产厂】[津]天津市星海油墨有限公司(800 吨)〈P1609〉

胶印亮光油墨 G02002501

Offset gloss printing ink

主要用于牙膏管、药膏管、鞋油管、美术颜

料、日化产品等铝管打底滚涂印刷

【生产厂】[津]天津市星海油墨有限公司(400 吨)〈P1609〉;[赣]江西金鹰油墨有限公司〈P2014〉;[鲁]龙口市方元油墨有限公司(400 吨)〈P2111〉;[粤]南海粤明油墨化工有限公司〈P2292〉

胶印亮光快干油墨 G02002521

Offset gloss quickdrying printing ink

用于全裁或对开胶版印刷机进行单色或多色套版印刷

【生产厂】[津]天津东洋油墨有限公司〈P1571〉;天津市澳良油墨制造有限公司(80 吨)〈P1578〉;[冀]河北省冀州市月季油墨有限公司〈P1665〉;深州市天翔化工有限公司〈P1669〉;[晋]八一油墨有限公司〈P1678〉;[沪]上海深日油墨有限公司〈P1761〉;上海牡丹油墨有限公司〈P1754〉;[鲁]龙口市方元油墨有限公司(600 吨)〈P2111〉

胶印亮光快干四色油墨 G02002541

Offset light quickdrying four-color printing ink

用于印刷高档杂志、画报,适于铜版纸印刷

【生产厂】[京]北京市通州实大油墨有限公司〈P1561〉;[津]天津市天惠精细化工厂(3000 吨)〈P1604〉;天津市星海油墨有限公司(200 吨)〈P1609〉;天津市津庆油墨有限公司〈P1594〉;[冀]深州市天翔化工有限公司〈P1669〉;[晋]八一油墨有限公司〈P1678〉;[沪]上海深日油墨有限公司〈P1761〉;[苏]苏州科斯伍德油墨有限公司〈P1901〉;[浙]海盐华达油墨化学有限公司〈P1940〉;[粤]南海粤明油墨化工有限公司〈P2292〉

高档亮光四色油墨 G02002561

Top grade light four-color printing ink

【生产厂】[粤]南海粤明油墨化工有限公司〈P2292〉

高档耐晒耐磨四色油墨 G02002571

Top grade four-color printing ink,lightfast and wearable

【生产厂】[粤]南海粤明油墨化工有限公司〈P2292〉

软管油墨 G02002601

Soft tube printing ink

【生产厂】[沪]上海牡丹油墨有限公司〈P1754〉;[苏]常州市戴溪油墨有限公司〈P1850〉;[粤]深圳市美丽华油墨涂料有限公司〈P2271〉

平版胶印油墨 G02002701

Lithographic offset printing ink

适用于一般单张供纸的平版胶印机印刷

【生产厂】[沪]上海深日油墨有限公司〈P1761〉;上海 DIC 油墨有限公司〈P1727〉;[粤]中山市美嘉印刷器材有限公司〈P2283〉

各种胶印油墨;高中档胶印油墨 G02002731

Various offset printing ink

【生产厂】[津]天津东洋油墨有限公司〈P1571〉;[晋]太原高氏劳瑞油墨化学有限公司〈P1671〉;[苏]富士化研(昆山)有限公司〈P1893〉;[浙]海盐华达油墨化学有限公司〈P1940〉;[鲁]龙口市方元油墨有限公司(1000 吨)〈P2111〉;[粤]美联兴(深圳)油墨有限公司〈P2269〉

高级胶印四色版油墨 G02002741

High-grade offset printing ink,four-color

【生产厂】[沪]上海南洋油墨有限公司〈P1755〉;[粤]南海粤明油墨化工有限公司〈P2292〉

胶印耐磨擦油墨 G02002761

Offset abrasion proof printing ink

【生产厂】[津]天津东洋油墨有限公司〈P1571〉

快干印铁耐蒸油墨;印铁油墨 G02002801

Printing iron evaporating-resistant quickdrying ink

用于印刷马口铁皮制品

【生产厂】[沪]上海牡丹油墨有限公司〈P1754〉;[苏]苏州科斯伍德油墨有限公司〈P1901〉;[赣]江西金鹰油墨有限公司〈P2014〉;[粤]广州市延安油漆集团股份有限公司〈P2267〉;[桂]柳州市造漆厂〈P2298〉

水性印刷油墨;水性油墨 G02002901

Printing ink,water-based

用于印制各种水泥袋及包装袋等

【生产厂】[京]北京东方亚科力化工科技有限公司〈P1546〉;北京艾瑞斯水墨有限公司〈P1543〉;[津]天津东洋油墨有限公司〈P1571〉;[冀]石家庄市恒日化工有限公司〈P1629〉;河北省冀州市月季油墨有限公司〈P1665〉;[沪]上海科瑞印刷材料有限公司(700 吨)〈P1749〉;上海世傲印刷材料有限公司(1000 吨)〈P1763〉;[苏]苏州市保丰油墨厂(300 吨)〈P1903〉;[鲁]济南章城油墨有限公司(2000 吨)〈P2027〉;临淄永红油墨厂(250 吨)〈P2050〉;[粤]珠海市彩龙塑胶油墨制品有限公司〈P2275〉;东莞市英科水墨有限公司〈P2280〉

渗透型水性墨 G02002911

Water-based printing ink,infiltration type

用于纸张、纸箱、装饰纸等

【生产厂】[津]天津市染化八厂加工二分厂(500 吨)〈P1600〉

遮盖型水性墨 G02002921

Water-based printing ink,covering type

用于纸张、纸箱等

【生产厂】[津]天津市染化八厂加工二分厂(100 吨)〈P1600〉

环保型水性油墨 G02002931

Water-based printing ink,environmental-protection type

【生产厂】[冀]大城西杜橡胶制品厂〈P1658〉;[鲁]龙口市方元油墨有限公司(1800 吨)〈P2111〉;[粤]广州市三磊新材料有限公司〈P2266〉

水性苯胺印刷油墨 G02002951

Printing ink,water-based aniline

适用于橡皮凸版轮转印刷机(即苯胺机)刷瓦楞纸箱、牛皮纸袋、纤维纸板等纸类制品

【生产厂】[粤]东莞市英科水墨有限公司〈P2280〉

快干亮光油墨 G02002971

Quickdrying light printing ink

适用于单张纸的各类胶印机在铜版纸、白板纸、涂料纸、卡纸等各类印刷基材上印刷画册、画报、商标等

【生产厂】[沪]上海牡丹油墨有限公司〈P1754〉;上海雅鹰油墨有限公司〈P1774〉

快固亮光油墨 G02002981

Quick-solidified light printing ink

【生产厂】[赣]江西金鹰油墨有限公司〈P2014〉

水性亮光油墨 G02002991

Water-soluble light printing ink
【生产厂】[冀]石家庄市恒日化工有限公司〈P1629〉

调墨油 G02003001
Oil of abrasive ink
用于调整油墨黏度、调节干燥性能、清洗印刷设备
【生产厂】[沪]上海深日油墨有限公司〈P1761〉;[苏]苏州科斯伍德油墨有限公司〈P1901〉;[豫]黎明化工研究院(200吨)〈P2181〉

调金油 G02003051
Oil of abrasive gold ink
主要适用白板纸涂色、印金
【生产厂】[鲁]莱州市日通油墨化工厂(3000吨)〈P2110〉;[滇]昆明森慧油墨工贸有限公司〈P2339〉

射光蓝浆油墨 G02003101
Pigment radiant blue size ink
用于油墨行业
【生产厂】[津]天津天女化工集团股份有限公司(6000吨)〈P1615〉

珠光油墨 G02003151
Pearlescent printing ink
【生产厂】[津]天津东洋油墨有限公司〈P1571〉;[粤]名博防伪技术有限公司〈P2268〉;[滇]昆明森慧油墨工贸有限公司〈P2339〉

荧光油墨 G02003171
Fluorescent printing ink
【生产厂】[沪]上海DIC油墨有限公司〈P1727〉

塑料复合油墨 G02003301
Plastic compound printing ink
适用于复合编织袋包装印刷、普通食品复合包装印刷、挂历印刷
【生产厂】[冀]石家庄市恒日化工有限公司〈P1629〉;[鲁]蓬莱市振兴油墨有限公司〈P2113〉;[豫]河南省偃师市金风油墨厂(500吨)〈P2180〉;[粤]东莞市英科水墨有限公司〈P2280〉

醇溶塑料复合油墨 G02003331
Alcohol-soluble plastic compound printing ink
【生产厂】[冀]石家庄市恒日化工有限公司〈P1629〉;[皖]黄山市新力油墨化工厂〈P1981〉

PET复合塑料油墨 G02003351
PET Compound plastic printing ink
适用于PET、PE等塑料的凹版印刷
【生产厂】[鲁]山东省诸城市腾霞油墨有限公司〈P2098〉

无苯复合塑料油墨 G02003371
Plastic compound printing ink, benzene free
【生产厂】[津]天津东洋油墨有限公司〈P1571〉;[粤]江门东洋油墨有限公司〈P2285〉

复合油墨 G02003391
Compound printing ink
【生产厂】[粤]江门东洋油墨有限公司〈P2285〉

广告油墨 G02003501
Advertising printing ink
【生产厂】[苏]无锡金桥精细油墨有限公司〈P1874〉;[粤]中益油墨涂料有限公司〈P2284〉

夜光油墨 G02003601
Night-gloss printing ink
【生产厂】[粤]名博防伪技术有限公司〈P2268〉

感光线路油墨 G02003751
Sensitive circuitry printing ink
【生产厂】[粤]广州崇钰化工材料有限公司〈P2260〉;广信丝印材料有限公司〈P2259〉;佛山市三求化工有限公司〈P2288〉

防腐油墨 G02003831
Anticorrosive printing ink
用于丝网漏印及制作线路板油墨,可防止腐蚀
【生产厂】[粤]广东省石油化工研究院〈P2259〉

耐酸碱抗蚀刻油墨 G02003851
Anticorrosive printing ink, acidproof and alkaliproof
【生产厂】[粤]广信丝印材料有限公司〈P2259〉;深圳市容大电子材料有限公司〈P2272〉;佛山市三求化工有限公司〈P2288〉

印刷电路板油墨 G02003901
Printing ink for electric printing plate
【生产厂】[浙]杭州科望特种油墨有限公司〈P1920〉;[粤]广东省石油化工研究院(60吨)〈P2259〉

导电碳油墨 G02003931
Electric carbon printing ink
【生产厂】[粤]广信丝印材料有限公司〈P2259〉;深圳市容大电子材料有限公司〈P2272〉

电线电缆油墨 G02003951
Printing ink for electrical wire and cable
【生产厂】[沪]上海信达精细技术实业公司〈P1772〉

防静电油墨 G02003971
Antistatic printing ink
【生产厂】[粤]深圳市容大电子材料有限公司〈P2272〉

特种油墨 G02004001
Special printing ink
【生产厂】[津]天津市星海油墨有限公司(300吨)〈P1609〉;[沪]上海万城防伪油墨有限公司〈P1768〉;[苏]无锡红宝特种染料油墨有限公司〈P1873〉

UV系列油墨;紫外线油墨 G02004101
UV Printing ink, series
【生产厂】[沪]上海牡丹油墨有限公司〈P1754〉;[苏]无锡金桥精细油墨有限公司〈P1874〉;苏州科斯伍德油墨有限公司〈P1901〉;苏州比特丽油墨涂料有限公司〈P1899〉;富士化研(昆山)有限公司〈P1893〉;昆山市美丽华油墨涂料有限公司〈P1897〉;[浙]杭州科望特种油墨有限公司〈P1920〉;[鲁]威海市瀚王化纺有限公司(800吨)〈P2125〉;[粤]深圳鼎好光化科技有限公司〈P2269〉;深圳市美丽华油墨涂料有限公司〈P2271〉;中山市博海精细化工有限公司〈P2283〉

UV 丝印油墨　G02004111

UV Silk-screen printing ink

【生产厂】［沪］上海万城防伪油墨有限公司〈P1768〉；［苏］富士化研（昆山）有限公司〈P1893〉；［浙］杭州科望特种油墨有限公司〈P1920〉；［粤］深圳市美丽华油墨涂料有限公司〈P2271〉

UV 胶印油墨　G02004131

UV Hectograph printing ink

适用于平版胶印、轮转胶印和活版印刷等，能适合各种纸类、塑料类、金属类、票券类等产品印刷

【生产厂】［苏］富士化研（昆山）有限公司〈P1893〉；［浙］杭州科望特种油墨有限公司〈P1920〉；美尔诺油墨化工有限公司〈P1953〉；［粤］珠海市希友达油墨涂料有限公司〈P2275〉

UV 凹印油墨　G02004151

UV Gravure printing ink

【生产厂】［冀］石家庄市恒日化工有限公司〈P1629〉；［苏］富士化研（昆山）有限公司〈P1893〉；［浙］杭州科望特种油墨有限公司〈P1920〉；［粤］深圳市美丽华油墨涂料有限公司〈P2271〉

UV 柔版油墨　G02004171

UV Flexible printing ink

用于柔性版印刷的紫外线固化油墨，可广泛用于牛奶包装盒、烟盒等的印刷

【生产厂】［苏］富士化研（昆山）有限公司〈P1893〉

UV 固化涂装油墨　G02004191

UV Solidify dressing printing ink

适用于 PE、PP、ABS 塑料化妆品容器、洗涤用品以及 PE、PP、PS 等塑料软管、软瓶、标牌等产品涂装

【生产厂】［粤］珠海市希友达油墨涂料有限公司〈P2275〉

喷涂油墨　G02004201

Spraying printing ink

用于橡胶、聚氨酯等材质

【生产厂】［苏］苏州比特丽油墨涂料有限公司〈P1899〉；［粤］广州市康明硅橡胶科技有限公司〈P2265〉；深圳市美丽华油墨涂料有限公司〈P2271〉；东莞市英科水墨有限公司〈P2280〉；中益油墨涂料有限公司〈P2284〉

PVC 喷涂亮光油墨　G02004231

PVC Spraying light printing ink

【生产厂】［鲁］山东省诸城市腾霞油墨有限公司〈P2098〉

滚涂油墨　G02004291

Roller coating printing ink

【生产厂】［沪］上海南洋油墨有限公司〈P1755〉

PP 油墨　G02004401

PP Printing ink

适用于聚丙烯片材、薄膜及制品

【生产厂】［苏］苏州比特丽油墨涂料有限公司〈P1899〉；［浙］美尔诺油墨化工有限公司〈P1953〉

PU 油墨；聚氨酯油墨　G02004411

Polyurethane printing ink

【生产厂】［陕］西安奥达油墨有限责任公司〈P2347〉

PVC 油墨　G02004421

PVC Printing ink

适用于聚氯乙烯薄膜及制品等

【生产厂】［苏］昆山市美丽华油墨涂料有限公司〈P1897〉；［浙］美尔诺油墨化工有限公司〈P1953〉；［粤］珠海市希友达油墨涂料有限公司〈P2275〉

PVC 表印油墨　G02004431

PVC Table printing ink

适用于凹版轮转机印刷，主要用于 PVC 地板里面印刷

【生产厂】［苏］江阴市恒畅油墨有限公司〈P1869〉；［粤］珠海市希友达油墨涂料有限公司〈P2275〉

PU 干湿法合成皮革油墨　G02004461

Printing ink for PU synthetic leather

【生产厂】［粤］高明明海化学企业有限公司〈P2290〉

水可洗油墨　G02004601

Washable printing ink

用于各种包装纸、纸盒、纸箱、纸袋等的印刷

【生产厂】［津］天津市武清区津武特种油墨厂（100 吨）〈P1606〉；［鲁］济南章城油墨有限公司（400 吨）〈P2027〉；淄博市临淄金利油墨厂〈P2069〉；潍坊恒联油墨有限公司〈P2102〉

升华油墨　G02004651

Sublimation printing ink

【生产厂】［闽］厦门市豪尔化工有限公司〈P1992〉

冰花油墨　G02004691

Ice crystal printing ink

【生产厂】［苏］无锡金桥精细油墨有限公司〈P1874〉；苏州比特丽油墨涂料有限公司〈P1899〉；［浙］美尔诺油墨化工有限公司〈P1953〉；［粤］深圳市美丽华油墨涂料有限公司〈P2271〉

打字油墨　G02004701

Typewrite printing ink

【生产厂】［鄂］湖北省荆州油墨厂〈P2239〉；［粤］佛山市三求化工有限公司〈P2288〉

热固型文字油墨　G02004731

Thermosetting letter printing ink

【生产厂】［浙］杭州科望特种油墨有限公司〈P1920〉；［粤］深圳市容大电子材料有限公司〈P2272〉

尼龙油墨　G02005051

Nylon printing ink

【生产厂】［苏］昆山市美丽华油墨涂料有限公司〈P1897〉；［浙］美尔诺油墨化工有限公司〈P1953〉；［闽］桑川（泉州）制漆有限公司〈P2000〉

耐高温油墨　G02005101

Printing ink, high temperature resistant

【生产厂】［浙］海盐华达油墨化学有限公司〈P1940〉；兰溪市江南包装机械厂〈P1953〉

塑胶油墨 G02005401

Plastic cement printing ink

适用于ABS、AS、PC及聚氯乙烯片、管、板材等塑料制品

【生产厂】[苏]昆山市美丽华油墨涂料有限公司〈P1897〉

光固化阻焊油墨 G02005501

Anti-flux printing ink, photo-solidified

【生产厂】[粤]广信丝印材料有限公司〈P2259〉;深圳市容大电子材料有限公司〈P2272〉;佛山市三求化工有限公司〈P2288〉

热固阻焊油墨 G02005551

Anti-flux printing ink, thermosetting

【生产厂】[浙]浙江化工科技集团有限公司〈P1927〉;[粤]广信丝印材料有限公司〈P2259〉;深圳市容大电子材料有限公司〈P2272〉

防伪油墨;特种防伪印刷油墨 G02005601

Anti-forging printing ink

【生产厂】[津]天津东洋油墨有限公司〈P1571〉;[沪]上海万城防伪油墨有限公司〈P1768〉;[苏]吴县市紫龙防伪油墨厂〈P1911〉;[粤]名博防伪技术有限公司〈P2268〉

金银卡油墨 G02005661

Printing ink for golden or silver card

【生产厂】[苏]昆山市美丽华油墨涂料有限公司〈P1897〉;[粤]深圳市美丽华油墨涂料有限公司〈P2271〉

抗电镀油墨 G02005701

Anti-plating printing ink

【生产厂】[粤]广信丝印材料有限公司〈P2259〉;深圳市容大电子材料有限公司〈P2272〉;佛山市三求化工有限公司〈P2288〉

塑料里印油墨 G02005801

Plastic inner printing ink

适用于各种塑料的里面印刷

【生产厂】[鲁]青州市海源化工有限公司(100吨)〈P2092〉;[粤]江门东洋油墨有限公司〈P2285〉

塑料复合凹版里印油墨 G02005851

Plastic compound gravure inner printing ink

适用于复合编织袋包装印刷、普通食品复合包装印刷、挂历印刷

【生产厂】[冀]石家庄市恒日化工有限公司〈P1629〉;[苏]江阴市恒畅油墨有限公司〈P1869〉;[皖]黄山市新力油墨化工厂〈P1981〉;[粤]中山市美嘉印刷器材有限公司〈P2283〉;[川]成都市新津托展油墨有限公司〈P2315〉

塑料薄膜凹版里印油墨 G02005871

Gravure inner printing ink for plastic film

【生产厂】[苏]江阴市恒畅油墨有限公司〈P1869〉;张家港市双林油墨厂〈P1914〉;[川]成都市新津托展油墨有限公司〈P2315〉;[陕]西安奥达油墨有限责任公司〈P2347〉

磨砂油墨 G02005901

Frosted finish printing ink

适用在金银卡纸上

【生产厂】[粤]美联兴(深圳)油墨有限公司〈P2269〉;深圳市美丽华油墨涂料有限公司〈P2271〉

耐蒸煮油墨 G02006051

Printing ink, boiling resistant

【生产厂】[冀]石家庄市恒日化工有限公司〈P1629〉;[鲁]蓬莱市振兴油墨有限公司〈P2113〉

耐蒸煮里印复合油墨 G02006081

Compound inner printing ink, boiling resistant

用于蒸煮油性和快餐食品及药品包装袋的印刷

【生产厂】[闽]厦门市豪尔化工有限公司〈P1992〉

耐蒸煮复合塑料油墨 G02006085

Compound plastic printing ink, boiling resistant

适用于多种经处理的塑料薄膜的印刷,可用于多种复合及作高温蒸煮

【生产厂】[鲁]山东省诸城市腾霞油墨有限公司〈P2098〉;[粤]江门东洋油墨有限公司〈P2285〉

鞋用油墨 G02006101

Printing ink for shoes

【生产厂】[闽]桑川(泉州)制漆有限公司〈P2000〉;[粤]深圳市美丽华油墨涂料有限公司〈P2271〉

机印油墨 G02006301

Printing ink of machine

适用于软塑PVC皮革及PVC人造革机印(涂)改色、上色及PU人造革、真皮革机印(涂)改色、上色等

【生产厂】[苏]苏州比特丽油墨涂料有限公司〈P1899〉;[粤]深圳市美丽华油墨涂料有限公司〈P2271〉

橡胶制品油墨 G02006551

Printing ink for rubber products

用于橡胶胶带、鞋底等制品

【生产厂】[沪]上海信达精细技术实业公司〈P1772〉

玻璃油墨 G02006601

Glass printing ink

广泛用于汽车玻璃、建筑玻璃、家具玻璃等

【生产厂】[浙]杭州越尔佳化工有限公司〈P1925〉

反光(发光)油墨 G02006991

Lightreflecting(light) printing ink

【生产厂】[苏]江都市应用化学有限公司〈P1815〉

刮开油墨 G02007301

Shaving printing ink

【生产厂】[苏]无锡金桥精细油墨有限公司〈P1874〉;[粤]壮丽印刷辅助材料有限公司〈P2295〉

装饰油墨 G02007401

Decorative printing ink

用于装饰及防火纸印刷

【生产厂】[京]北京艾瑞斯水墨有限公司〈P1543〉

溶剂型油墨 G02007501

Solvent type printing ink

适用于PVC、PC、合成纸、尼龙布、PC薄膜、PMMA、PS等的印刷

【生产厂】[苏]苏州比特丽油墨涂料有限公司〈P1899〉;[粤]

G

珠海市彩龙塑胶油墨制品有限公司〈P2275〉

镜面油墨 G02007601
Mirror surface printing ink
【生产厂】[粤]宝华实业中国有限公司〈P2278〉

变色油墨 G02007701
Change color printing ink
【生产厂】[粤]广州崇钰化工材料有限公司〈P2260〉;惠州市华阳光学技术有限公司〈P2278〉

水性胶浆印花油墨 G02007901
Water-based adhesive cement printing ink
适用于尼龙布、牛仔布、印花打帮浆等
【生产厂】[苏]苏州比特丽油墨涂料有限公司〈P1899〉;昆山市美丽华油墨涂料有限公司〈P1897〉

油墨稀释剂 G02010101
Thinner for printing ink
用于油墨稀释
【生产厂】[辽]营口市群英化工有限公司〈P1705〉;[沪]上海深日油墨有限公司〈P1761〉;[鲁]淄博市天岘利化工有限公司(1800吨)〈P2071〉

油墨减粘剂 G02010301
Viscosity reductant for printing ink
【生产厂】[沪]上海深日油墨有限公司〈P1761〉

油墨印刷助剂;油墨助剂 G02050101
Ink printing auxiliary
【生产厂】[津]天津市华日化工有限公司(5000吨)〈P1590〉;天津东洋油墨有限公司〈P1571〉;天津市天宁树脂有限公司(2500吨)〈P1604〉;[晋]太原高氏劳瑞油墨化学有限公司〈P1671〉;八一油墨有限公司〈P1678〉;[沪]上海深日油墨有限公司〈P1761〉;上海涂料有限公司〈P1768〉;上海牡丹油墨有限公司〈P1754〉;[苏]苏州科斯伍德油墨有限公司〈P1901〉;富士化研(昆山)有限公司〈P1893〉;[赣]江西金鹰油墨有限公司〈P2014〉;[鲁]龙口市方元油墨有限公司(70吨)〈P2111〉

水性油墨型消泡剂 G02050301
Defoamer for water-based printing ink
专门用于水性油墨消泡和其他油相型液体起泡的消除
【生产厂】[津]天津市兴玉工贸有限公司〈P1609〉;[鄂]湖北枣阳四海化工有限公司〈P2237〉;[粤]深圳市吉鹏硅氟材料有限公司〈P2271〉

油墨杀菌防霉剂 G02050501
Antiseptic antifungus agent for printing ink
用于油墨加工处理
【生产厂】[沪]上海长风化工厂〈P1729〉

铝油 G02050701
Aluminium oil
是胶印树脂油墨的主要连结料
【生产厂】[冀]深州市天翔化工有限公司〈P1669〉

上光蜡 G03000101
Polishing wax
用于自行车、摩托车、家具的上光及保护漆膜
【生产厂】[冀]河北省邢台市绿园日用品厂〈P1642〉;河北沧州金祥蜡业有限公司〈P1654〉;河北东光果园天然蜂蜡有限公司〈P1654〉;[沪]上海庄臣有限公司〈P1779〉

汽车上光蜡 G03000102
Polishing wax for car;Varnishing wax for automobile
用于汽车保护上光
【生产厂】[京]北京保时洁精细化工有限公司〈P1544〉;[冀]河北省邢台市绿园日用品厂〈P1642〉;[辽]抚顺市通源科技开发研究所〈P1698〉

罩光油 G03000111
Polishing oil for print
用于表面印刷油墨的罩光保护,具有牢度好、耐磨、高光泽、耐热、抗腐蚀性能,对塑料、铝箔、纸张均适用
【生产厂】[粤]美联涂料有限公司〈P2291〉

UV 塑胶上光油 G03000131
UV Plastic cement polishing oil
【生产厂】[粤]深圳市美丽华油墨涂料有限公司〈P2271〉;[川]成都拓利化工实业有限公司〈P2316〉

锌铝浆 G03000201
Zinc-Aluminium paste
【生产厂】[吉]吉林省磐石市多彩涂料有限责任公司(150吨)〈P1715〉

石墨铝浆 G03000401
Graphite aluminium paste
用于桥梁、钢铁构件防腐
【生产厂】[吉]吉林省磐石市多彩涂料有限责任公司(30吨)〈P1715〉

铝银浆;铝粉浆;闪光浆;银浆 G03000501
Aluminium paste
广泛用于塑胶漆、五金家电漆、摩托车漆、自行车漆等
【生产厂】[津]天津市源友恒化工厂(500吨)〈P1612〉;[辽]营口恒大实业有限公司(300吨)〈P1704〉;[沪]上海市合成树脂研究所〈P1763〉;上海山井铝业发展有限公司〈P1760〉;[苏]丹阳市光阳铝银粉厂〈P1840〉;常州市金阳洋铝银粉有限公司〈P1852〉;江阴市精益化工机械有限公司〈P1870〉;[鲁]济南金属颜料总厂(2000吨)〈P2023〉;济南雅思达化工技术发展有限公司〈P2026〉;章丘市金属颜料有限公司(1200吨)〈P2031〉;山东省东营市银桥金属颜料厂(700吨)〈P2085〉
【使用厂】[津]天津灯塔涂料有限公司〈P1571〉;[沪]上海振华造漆厂〈P1778〉;[苏]常州市邦杰化工有限公司〈P1849〉;[皖]马鞍山市康华化工有限公司〈P1977〉;[闽]福建省腾龙工业公司〈P2001〉;[鲁]威海市玉威漆业有限公司〈P2126〉

非浮型铝银浆;非浮型银粉浆 G03000601
Aluminium paste, nonleafing
用于造漆、化工、装潢及防腐
【生产厂】[冀]石家庄市佳彩化工有限责任公司〈P1629〉;[辽]营口恒大实业有限公司〈P1704〉;[吉]吉林省磐石市多彩涂料有限责任公司(100吨)〈P1715〉;[苏]丹阳市光阳铝银粉厂〈P1840〉;常州市金阳洋铝银粉有限公司〈P1852〉;[鲁]济南雅思达化工技术发展有限公司

〈P2026〉;章丘市金属颜料有限公司〈P2031〉

漂浮型银粉浆;漂浮型铝银浆;银粉浆 G03000701
Aluminium paste, leafing
用于造漆、装潢及防腐
【生产厂】[津]天津市新标金属颜料厂(100吨)〈P1608〉;[冀]石家庄市佳彩化工有限责任公司〈P1629〉;[辽]营口恒大实业有限公司〈P1704〉;[吉]吉林省磐石市多彩涂料有限责任公司(100吨)〈P1715〉;[苏]丹阳市光阳铝银粉厂〈P1840〉;无锡市锡州金属粉厂〈P1880〉;[鲁]济南雅思达化工技术发展有限公司〈P2026〉;章丘市金属颜料有限公司〈P2031〉
【使用厂】[皖]马鞍山市康华化工有限公司〈P1977〉

磁性涂料 G03000902
Magnetical coating
【生产厂】[川]成都彩星科技实业有限公司〈P2309〉

铝粉漆;银粉漆 G03000931
Aluminium powder paint
广泛用于钢铁结构、油罐外壁、化工设备表面、煤气柜外壁的防护涂层
【生产厂】[辽]沈阳金飞马制漆有限公司〈P1686〉;[苏]徐州市龙圣漆业有限公司〈P1796〉;盐城万成化学有限公司〈P1812〉;[赣]江西恒大高新技术实业有限公司〈P2008〉;[鲁]淄博贝林化工有限公司(2000吨)〈P2058〉;[渝]重庆百信实业有限公司〈P2303〉;[陕]西安利澳科技股份有限公司〈P2349〉

铝粉磁漆 G03000951
Aluminium powder enamel
主要用于铁器表面装饰
【生产厂】[闽]福建省腾龙工业公司(1000吨)〈P2001〉

各类导电银浆 G03001351
Various electric aluminium paste
【生产厂】[沪]上海宝银电子材料有限公司〈P1728〉

复合铝浆 G03001701
Aluminium paste, compound
用于油漆、装潢工业
【生产厂】[吉]吉林省磐石市多彩涂料有限责任公司〈P1715〉

水性钢板涂料 G03001911
Water-soluble steel plate coating
【生产厂】[粤]东莞市中裕涂料有限公司〈P2280〉

钢塑涂料 G03002211
Coating for steel-plastic
【生产厂】[辽]沈阳市木氏涂料厂〈P1688〉;[鲁]济南宏业音像化工有限责任公司(200吨)〈P2022〉

保温涂料 G03002401
Heat preservation coating
用于炉窑、锅炉、管道等保温
【生产厂】[京]北京慕湖外加剂有限公司〈P1556〉;北京佰世佳防水涂料有限公司〈P1544〉;[豫]河南省德嘉丽科技开发公司〈P2167〉

印铁涂料 G03002421
Printing coating for iron
用于化工罐、杂罐的桶身涂装
【生产厂】[沪]上海南洋油墨有限公司〈P1755〉;上海青浦飞浦树脂厂〈P1757〉;[苏]常州市凌龙涂料有限公司〈P1853〉;无锡市鸿翔印铁涂料厂(500吨)〈P1876〉;[鲁]山东梁山蓝天化工有限公司(2000吨)〈P2131〉;[粤]东莞市中裕涂料有限公司〈P2280〉;广东粤港大地制漆有限公司〈P2291〉;[陕]西安昌泰化工厂〈P2347〉

印铁罩光油 G03002431
Printing iron finishing oil
可用于各种印铁制罐、铅笔盒、易拉罐及各种食品包装罐的外壁罩光,也可用于四旋瓶盖、防盗瓶盖等
【生产厂】[苏]常州市凌龙涂料有限公司〈P1853〉;[粤]佛山市大金宇涂料厂〈P2287〉;江门东洋油墨有限公司〈P2285〉;[桂]柳州市造漆厂〈P2298〉;[川]成都市新津托展油墨有限公司〈P2315〉

镀铝膜专用涂料 G03002451
Coating for aluminizer
【生产厂】[闽]福建洪洋集团有限公司〈P1996〉;莆田市三江化学工业有限公司〈P1997〉

印花涂料 G03002491
Printing coating
【生产厂】[沪]上海油墨泗联化工有限公司(4000吨)〈P1776〉;[苏]江苏鑫源生化科技发展有限公司〈P1866〉

家电涂料 G03002601
Coating for household appliances
家庭用电器涂料
【生产厂】[粤]中山大桥化工有限公司〈P2282〉

钢化涂料 G03002701
Steel coating
适用于水泥砂浆、混合砂浆、灰泥砂浆基层等
【生产厂】[冀]邯郸市百立尔化工建材有限公司〈P1638〉;[沪]上海市浦东新区姜源新型墙面钢化涂料厂〈P1764〉;[鲁]济南黄河涂料厂(70吨)〈P2022〉;山东淄博仿瓷涂料厂〈P2056〉;[豫]河南省惠康实业总公司(1500吨)〈P2167〉;汤阳县山河涂料厂(300吨)〈P2212〉;汤阴县忠武建筑涂料有限公司(500吨)〈P2212〉;河南滑县县社涂料厂(800吨)〈P2210〉;河南省滑县934涂料厂(500吨)〈P2211〉;滑县桥南老四防水涂料厂(500吨)〈P2211〉;禹州市嵩峰涂料厂(1000吨)〈P2219〉;漯河市洁光涂料厂〈P2220〉;洛阳月阳工贸有限公司(1200吨)〈P2188〉;洛阳市正天化工有限公司(1250吨)〈P2187〉;三门峡市保质涂料厂(500吨)〈P2222〉;陕县光明涂料厂(1000吨)〈P2222〉;尉氏县红太阳涂料厂(100吨)〈P2179〉;尉氏县一品涂料厂(100吨)〈P2179〉;商丘凯光涂料厂〈P2226〉;[湘]湖南金大乘化轻集团有限公司〈P2257〉;[粤]广东星恒高效涂料开发有限公司〈P2293〉

陶瓷色料 G03002901
Ceramic stains
用于日用陶瓷色釉、卫生洁具、墙地砖等装饰
【生产厂】[闽]福建永大陶瓷材料有限公司〈P2004〉;[鲁]淄博赛德克陶瓷颜料有限公司(700吨)〈P2066〉;[湘]湖南金环颜料有限公司〈P2250〉;[粤]广东省潮州市丰业实业有限公司(3500吨)〈P2295〉

G

电子制品涂料　G03003101
Coating of electron products
用于陶瓷滤波器、陷波器、鉴频器、混合集成电路、网络电阻包封等
【生产厂】[鲁]烟台纳美仕电子材料有限公司(600吨)〈P2118〉;[粤]中华制漆(深圳)有限公司〈P2274〉

五金漆;五金焗漆;五金喷漆　G03003201
Hardware paint
【生产厂】[粤]东莞市飞鸿涂料有限公司〈P2279〉;东莞市台宝涂料厂〈P2280〉;东莞市宏辉化工有限公司〈P2280〉;江门市四方精细化工有限公司〈P2285〉

珍珠漆;珍珠复合漆　G03003301
Genuine pearl paint
适用于民用住宅中高层建筑的外装饰
【生产厂】[苏]无锡爱诺丝涂料有限公司〈P1872〉;[粤]广州市延安油漆集团股份有限公司〈P2267〉;江门市四方精细化工有限公司〈P2285〉

G

白玉涂料　G03003351
White jade coating
【生产厂】[豫]河南省德嘉丽科技开发公司(800吨)〈P2167〉

刚玉涂料　G03003391
Corundum coating
【生产厂】[鲁]聊城佳恒化工有限公司(800吨)〈P2152〉

仿橡胶漆　G03003401
Rubber-like paint
【生产厂】[粤]广州市延安油漆集团股份有限公司〈P2267〉

工艺品涂料　G03003501
Coating for artware
【生产厂】[浙]临海市永固为华涂料有限公司(3000吨)〈P1960〉;[粤]广州百鸿化工有限公司〈P2260〉;深圳雅联化工实业有限公司〈P2273〉

质感涂料;厚质涂料　G03003701
Texture coating
可用于内、外墙体的装饰、保护
【生产厂】[浙]杭州逸峰化工涂料有限公司〈P1924〉;宁波康曼丝涂料有限公司〈P1931〉;[豫]河南省德嘉丽科技开发公司〈P2167〉;[粤]三羊建筑材料有限公司〈P2281〉;美联涂料有限公司〈P2291〉;嘉乐士化工企业有限公司〈P2291〉

凡立水　G03003801
Varnish
适用于一般木器、竹器及小五金零件表面涂装,亦可调配铝色快干漆
【生产厂】[粤]深圳市东方亮化学材料有限公司〈P2270〉;江门江盈化工有限公司〈P2285〉;江门(鹤山市)共和润源化工厂〈P2285〉

不粘油涂料　G03004101
Oil *non*-viscous coating
用于电饭锅、铁板烧、煎锅、脱排油烟机、煤气灶等现代厨房器具及家电类产品
【生产厂】[浙]浙江化工科技集团有限公司〈P1927〉;慈溪市彩得隆喷涂材料有限公司〈P1929〉;[粤]佛山市顺德区百路得化工有限公司〈P2288〉

水纹漆　G03004501
Watermark paint
用作特殊效果漆,在施工过程中利用控制水流速度经过冲刷而呈现千变万化之纹状图案
【生产厂】[浙]东阳市惠泽化工涂料有限公司〈P1952〉

防红外伪装涂料　G03004651
Anti-infrared ray camouflage coating
【生产厂】[京]北京奥宇可鑫表面工程技术有限公司〈P1543〉

防紫外光伪装涂料　G03004691
Anti-ultraviolet light camouflage coating
用于塑料及其他室外建筑物
【生产厂】[京]北京奥宇可鑫表面工程技术有限公司〈P1543〉;[冀]邯郸市百立尔化工建材有限公司〈P1638〉

钻石漆　G03005001
Diamond paint
【生产厂】[浙]杭州逸峰化工涂料有限公司〈P1924〉

拉锁涂料　G03005201
Zipper coating
【生产厂】[吉]吉林省石油化工设计研究院〈P1714〉

皮辊涂料　G03005301
Belt roller coating
适用于解决高温高湿条件下以及免处理皮辊走熟期绕花问题的新型超细粉末涂料,是棉纺化纤行业皮辊处理的涂料
【生产厂】[苏]无锡市洪华化工有限公司〈P1876〉;[浙]余姚特种涂料厂〈P1935〉

高性能电磁屏蔽涂料　G03005401
High performance electromagnetic shielding coating
适用于需要电磁屏蔽的产品上,如手机、电脑、数码产品、微波通信、电子医疗设备、仪器仪表、家电等
【生产厂】[苏]丹阳冠鸿化工有限公司〈P1839〉;常州市柏鹤涂料有限公司〈P1849〉;[鲁]青岛宜威涂层材料有限公司〈P2045〉;[湘]湖南汉寿县特种涂料厂〈P2255〉

无机颜料　G04000000
Inorganic pigment
用于油墨、油漆、涂料印花色浆、胶印漆、溶剂墨、汽车漆等
【生产厂】[津]天津裕华经济贸易总公司化工厂(500吨)〈P1617〉;天津市大港华明化工厂(1500吨)〈P1582〉;[沪]上海碧泉化工有限公司〈P1729〉;上海博呈化工有限公司〈P1729〉;[苏]昆山市中星染料化工有限公司〈P1898〉;[浙]杭州丰彩颜料染料化工有限公司〈P1917〉;杭州福德化工有限公司〈P1917〉;[闽]福建泉州铭锴化工颜料有限公司〈P1998〉;[鲁]诸城市新星油漆化工厂〈P2107〉;[湘]湘潭市冠宇化工实业有限公司〈P2251〉;湖南立发颜料化工有限公司〈P2250〉;湖南信诺颜料科技有限公司〈P2251〉;[粤]东莞市彩虹塑胶颜料有限公司〈P2279〉
【使用厂】[浙]浙江化工科技集团有限公司精细化工厂〈P1927〉;[鲁]威海金和洋塑料制品有限公司〈P2124〉

氧化铁颜料　G04010100

Iron oxide pigment

用于油漆、塑料、陶瓷、油墨等

【生产厂】[津]天津市西青区杨柳青鑫川铁粉厂(1200 吨)〈P1607〉;[冀]衡水友谊化工有限责任公司〈P1669〉;[沪]上海凯丽氧化铁有限公司〈P1747〉;[苏]常熟铁红厂〈P1892〉;[湘]湖南三环颜料有限公司〈P2248〉

云母氧化铁红 G04010101

Micaceous iron oxide red

用于制作防锈漆

【生产厂】[皖]安徽省繁昌县顺发颜料厂〈P1973〉;铜陵市环球矿业有限责任公司〈P1978〉;[闽]冶金部二勘局三队龙岩矿业技术公司(1500 吨)〈P2007〉

云母铁系列颜料 G04010150

Micaceous iron pigment, series

【生产厂】[浙]温州华克珠光颜料有限公司〈P1937〉

氧化铁红;铁红粉;铁丹 G04010201

Iron oxide red

用于油漆、橡胶、塑料、建筑等的着色

【生产厂】[京]北京麦尔化工科技有限公司〈P1555〉;[津]天津市西青区金宏展彩色铁粉厂(300 吨)〈P1607〉;天津市杨柳青福利化工厂(300 吨)〈P1610〉;天津灯塔颜料有限责任公司(350 吨)〈P1571〉;[冀]石家庄市灯塔化工厂(2000 吨)〈P1629〉;石家庄神彩美术颜料厂〈P1628〉;石家庄市佳彩化工有限责任公司〈P1629〉;河北省霸州市锦华实业有限公司〈P1659〉;[沪]上海环球氧化铁颜料有限公司〈P1740〉;上海一品国际颜料有限公司(1 万吨)〈P1774〉;[苏]常熟铁红厂(7200 吨)〈P1892〉;扬州联合安邦颜料有限公司(1 万吨)〈P1818〉;泰兴市化工冶炼有限公司(7000 吨)〈P1826〉;启东市鹤城氧化铁有限公司〈P1837〉;[浙]杭州信凯化工有限公司〈P1924〉;浙江海宁萧湘化工有限公司(3 万吨)〈P1927〉;富阳市昌源化工厂(2000 吨)〈P1915〉;浙江富阳金灵斯特林化工有限公司〈P1927〉;[皖]安徽省繁昌县顺发颜料厂〈P1973〉;安徽广德莱德圣颜料有限公司〈P1985〉;铜陵市铜官山化工有限公司〈P1978〉;安徽省池州新赛德化工有限公司〈P1987〉;[鲁]淄博市淄川氧化铁红厂〈P2073〉;山东博山腾升集团坤林化工厂(5000 吨)〈P2051〉;诸城市新星油漆化工厂〈P2107〉;青岛三凯化工有限公司〈P2041〉;[豫]河南省荥阳市氧化铁厂(1000 吨)〈P2167〉;郑州新达化工有限公司(3000 吨)〈P2175〉;河南格利特化工有限公司(5500 吨)〈P2217〉;新乡铁军颜料有限公司(6000 吨)〈P2207〉;新乡三星染化有限公司(2 万吨)〈P2204〉;焦作市恒昌化工颜料厂(5000 吨)〈P2196〉;河南省温县克岭化工有限公司(3000 吨)〈P2194〉;临颍县化工有限公司(2500 吨)〈P2220〉;河南省栾川县三生化学研究所涂料厂(500 吨)〈P2180〉;[鄂]武汉凯兴颜料有限公司(4000 吨)〈P2231〉;湖北楚源集团股份有限公司〈P2239〉;襄樊东方氧化铁颜料有限公司(2000 吨)〈P2238〉;[湘]湖南三环颜料有限公司(2 万吨)〈P2248〉;祁阳欣荣冶炼化工有限责任公司(1500 吨)〈P2257〉;[粤]广东云浮硫铁矿企业集团公司(1 万吨)〈P2295〉;[桂]广西平桂飞碟股份有限公司(3000 吨)〈P2300〉;柳州市跃进化工厂〈P2298〉;[川]成都蜀都纳米材料科技发展有限公司〈P2315〉;成都新都蜀益化工有限公司〈P2316〉;[滇]云南大互通工贸有限公司〈P2340〉;[陕]宝鸡海宝颜料有限公司(1000 吨)〈P2351〉

【使用厂】[津]天津市耀华红日油漆有限公司〈P1610〉;[吉]长春泰欧亚涂料有限公司〈P1714〉;[沪]上海造漆厂〈P1777〉;上海振华造漆厂〈P1778〉;[闽]厦门大学化工厂〈P1991〉

纳米级超细氧化铁红 G04010203

Iron oxide red, nanometer superfine

广泛应用于功能陶瓷、颜料、磁性和磁记录介质材料等

【生产厂】[冀]河北茂源化工有限公司(1 吨)〈P1620〉;[鲁]烟台凯大环保科技有限公司(1000 吨)〈P2117〉

氧化铁黄;三氧化二铁水合物;铁黄 G04011201

Iron oxide yellow

主要用于涂料、水泥制件、建筑表面、塑料、橡胶的着色

【生产厂】[京]北京麦尔化工科技有限公司〈P1555〉;[津]天津市西青区金宏展彩色铁粉厂(1000 吨)〈P1607〉;天津市杨柳青福利化工厂(700 吨)〈P1610〉;[冀]石家庄神彩美术颜料厂〈P1628〉;石家庄市佳彩化工有限责任公司〈P1629〉;河北省霸州市锦华实业有限公司〈P1659〉;[沪]上海环球氧化铁颜料有限公司(2000 吨)〈P1740〉;上海一品国际颜料有限公司(3000 吨)〈P1774〉;[苏]常熟铁红厂(8400 吨)〈P1892〉;泰兴市化工冶炼有限公司〈P1826〉;启东市鹤城氧化铁有限公司〈P1837〉;[浙]杭州信凯化工有限公司〈P1924〉;浙江海宁萧湘化工有限公司〈P1927〉;浙江富阳金灵斯特林化工有限公司〈P1927〉;[皖]安徽芜湖华颜化工颜料有限公司(3000 吨)〈P1973〉;安徽省繁昌县顺发颜料厂〈P1973〉;安徽广德莱德圣颜料有限公司〈P1985〉;铜陵市铜官山化工有限公司〈P1978〉;安徽省池州新赛德化工有限公司〈P1987〉;[鲁]山东博山腾升集团坤林化工厂(2000 吨)〈P2051〉;[豫]郑州新达化工有限公司(5200 吨)〈P2175〉;河南格利特化工有限公司(5000 吨)〈P2217〉;新乡铁军颜料有限公司(9000 吨)〈P2207〉;新乡三星染化有限公司(2000 吨)〈P2204〉;焦作市恒昌化工颜料厂(3000 吨)〈P2196〉;[湘]湖南三环颜料有限公司(7000 吨)〈P2248〉;祁阳欣荣冶炼化工有限责任公司〈P2257〉;[桂]柳州市跃进化工厂(2500 吨)〈P2298〉;[川]成都新都蜀益化工有限公司〈P2316〉;[滇]云南大互通工贸有限公司〈P2340〉;[陕]宝鸡海宝颜料有限公司(1 万吨)〈P2351〉

【使用厂】[闽]厦门大学化工厂〈P1991〉

氧化铁黄 313 G04011501

Iron oxide yellow 313

用于涂料、油漆、橡胶、建筑材料、造纸等的着色

【生产厂】[冀]石家庄市灯塔化工厂〈P1629〉;衡水友谊化工有限责任公司〈P1669〉;[豫]河南省荥阳市氧化铁厂(1000 吨)〈P2167〉

透明氧化铁黄 G04011701

Iron oxide yellow, transparent

广泛应用于高档汽车涂料、木器涂料、建筑涂料及油墨、塑料、橡胶等的着色

【生产厂】[浙]富阳市昌源化工厂〈P1915〉

哈巴粉;氧化铁棕 G04011801

Iron oxide brown

用于油漆、油墨、塑料、鞋粉等制品的着色

【生产厂】[冀]石家庄神彩美术颜料厂〈P1628〉;石家庄市佳彩化工有限责任公司〈P1629〉;[沪]上海环球氧化铁颜料有限公司〈P1740〉;上海一品国际颜料有限公司(500 吨)〈P1774〉;[苏]常熟铁红厂〈P1892〉;[浙]浙江海宁萧湘化工有限公司〈P1927〉;[皖]安徽广德莱德圣颜料有限公司〈P1985〉;[鲁]山东博山腾升集团坤林化工厂(1000 吨)〈P2051〉;[湘]湖南三环颜料有限公司(100 吨)〈P2248〉;

［桂］柳州市跃进化工厂(500 吨)〈P2298〉

透明氧化铁棕 G04011901

Transparent iron oxide brown

广泛应用于高档汽车涂料、木器涂料、建筑涂料及油墨、塑料、橡胶等的着色

【生产厂】［浙］富阳市昌源化工厂〈P1915〉

铁酞绿;5605 铁绿;酞铁绿 G04012111

Ferro phthalocyanine green

用作建材、油漆、塑料着色剂

【生产厂】［冀］石家庄神彩美术颜料厂〈P1628〉;［陕］宝鸡海宝颜料有限公司(700 吨)〈P2351〉

氧化铁黑;四氧化三铁;铁黑;磁性氧化铁 G04012201

Iron oxide black

用于颜料和擦光剂等,用于涂料、塑料和建筑物表面着色

【生产厂】［津］天津市西青区金宏展彩色铁粉厂(1200 吨)〈P1607〉;天津市杨柳青福利化工厂(200 吨)〈P1610〉;［冀］石家庄神彩美术颜料厂〈P1628〉;石家庄市佳彩化工有限责任公司〈P1629〉;［沪］上海碧泉化工有限公司〈P1729〉;上海环球氧化铁颜料有限公司(3500 吨)〈P1740〉;上海一品国际颜料有限公司(2500 吨)〈P1774〉;［苏］常熟铁红厂(4000 吨)〈P1892〉;常熟市中新化工厂有限公司(4000 吨)〈P1892〉;启东市鹤城氧化铁有限公司〈P1837〉;［浙］浙江海宁萧湘化工有限公司〈P1927〉;［皖］安徽广德莱德圣颜料有限公司〈P1985〉;铜陵市铜官山化工有限公司(1 万吨)〈P1978〉;安徽省池州新赛德化工有限公司〈P1987〉;［闽］冶金部二勘局三队龙岩矿业技术公司〈P2007〉;［鲁］山东博山腾升集团坤林化工厂(1000 吨)〈P2051〉;［豫］河南省荥阳市氧化铁厂(1000 吨)〈P2167〉;河南格利特化工有限公司(1000 吨)〈P2217〉;新乡三星染化有限公司(1500 吨)〈P2204〉;［湘］湖南三环颜料有限公司(3000 吨)〈P2248〉;祁阳欣荣冶炼化工有限责任公司〈P2257〉;［桂］广西百合化工股份有限公司(1 万吨)〈P2301〉;柳州市跃进化工厂(3500 吨)〈P2298〉;［滇］云南大互通工贸有限公司〈P2340〉;［陕］宝鸡海宝颜料有限公司〈P2351〉

【使用厂】［冀］河北省永年县化肥厂〈P1640〉

云母氧化铁灰 G04012601

Micaceous iron oxide gray

用于制作防锈漆

【生产厂】［皖］安徽省繁昌县顺发颜料厂〈P1973〉;铜陵市环球矿业有限责任公司〈P1978〉

氧化铁绿 G04013001

Iron oxide green

用于染料、油漆、水泥制品、涂料的着色

【生产厂】［津］天津市西青区金宏展彩色铁粉厂(860 吨)〈P1607〉;天津市杨柳青福利化工厂(200 吨)〈P1610〉;天津市长虹化工颜料厂(100 吨)〈P1581〉;［冀］石家庄市灯塔化工厂〈P1629〉;石家庄神彩美术颜料厂〈P1628〉;石家庄市佳彩化工有限责任公司〈P1629〉;衡水友谊化工有限责任公司〈P1669〉;［苏］常熟铁红厂(500 吨)〈P1892〉;泰兴市化工冶炼有限公司〈P1826〉;［浙］杭州信凯化工有限公司〈P1924〉;［皖］安徽广德莱德圣颜料有限公司〈P1985〉;安徽省池州新赛德化工有限公司〈P1987〉;［鲁］山东博山腾升集团坤林化工厂(800 吨)〈P2051〉;［豫］河南省荥阳市氧化铁厂(1000 吨)〈P2167〉;［桂］柳州市跃进化工厂(300 吨)〈P2298〉

铅铬绿 G04013101

Chrome green

【生产厂】［津］天津灯塔颜料有限责任公司(700 吨)〈P1571〉

透明氧化铁红 G04013301

Transparent iron oxide red

广泛应用于高档汽车涂料、木器涂料、建筑涂料及油墨、塑料、橡胶等

【生产厂】［浙］富阳市昌源化工厂〈P1915〉

珠光颜料 G04013501

Pearlescent pigment

可广泛用于汽车面漆、摩托车面漆、自行车漆、家用电器、建筑装璜材料、办公体育用品等

【生产厂】［冀］河北欧克精细化工股份有限公司(2 万吨)〈P1659〉;［沪］上海珠尔纳高新粉体材料有限公司〈P1779〉;［苏］江阴启邦珠光材料有限公司〈P1868〉;江阴宏盛珠光云母材料有限公司〈P1867〉;［浙］杭州金田珠光颜料有限公司〈P1919〉;温州泰珠集团有限公司〈P1938〉;温州华克珠光颜料有限公司〈P1937〉;［粤］汕头市龙华珠光颜料有限公司〈P2277〉;东莞市彩虹塑胶颜料有限公司〈P2279〉;四会市维诺珠光颜料有限公司〈P2294〉

云母钛珠光颜料;珠光粉 G04013502

Mica titanium pearlescent pigment

一种优良的珠光颜料,具有较高的折射率和耐候性,可应用于涂料、塑料、印染等方面

【生产厂】［沪］上海南翔试剂有限公司(6 吨)〈P1754〉;［鲁］枣庄天元精细化工有限公司(500 吨)〈P2080〉;［鄂］黄石市安博珠光颜料有限公司〈P2236〉;［粤］汕头市龙华珠光颜料有限公司(600 吨)〈P2277〉

金色珠光颜料 G04013511

Gold pearlescent pigment

【生产厂】［浙］温州华克珠光颜料有限公司〈P1937〉;［粤］汕头市龙华珠光颜料有限公司〈P2277〉;四会市维诺珠光颜料有限公司〈P2294〉

银白色珠光颜料 G04013521

Silvery white pearlescent pigment

【生产厂】［浙］温州华克珠光颜料有限公司〈P1937〉;［粤］汕头市龙华珠光颜料有限公司〈P2277〉;四会市维诺珠光颜料有限公司〈P2294〉

氧化铁蓝 G04013601

Iron oxide blue

【生产厂】［浙］浙江海宁萧湘化工有限公司〈P1927〉;［皖］安徽广德莱德圣颜料有限公司〈P1985〉

氧化铁紫 G04013801

Iron oxide violet

药用糖衣着色剂

【生产厂】［皖］安徽广德莱德圣颜料有限公司〈P1985〉

无机黄 G04014101

Inorganic Yellow

涂料,色浆

【生产厂】［京］北京麦尔化工科技有限公司〈P1555〉;［津］天

津市西青区金宏展彩色铁粉厂(1800吨)〈P1607〉

中铬黄;铅铬黄;中黄 G04020101

Middle chrome yellow

用于油漆、油墨、塑料、橡胶等行业

【生产厂】[京]北京京灿颜料有限公司〈P1552〉;[津]天津灯塔颜料有限责任公司(550吨)〈P1571〉;天津市永生化工厂(500吨)〈P1611〉;[冀]石家庄冀华化工纺织有限公司〈P1627〉;石家庄市灯塔化工厂(1200吨)〈P1629〉;石家庄神彩美术颜料厂〈P1628〉;石家庄市佳彩化工有限责任公司〈P1629〉;石家庄市迅达化工有限责任公司(3000吨)〈P1632〉;河北省故城县彩虹精细化工有限公司〈P1664〉;[晋]山西省交城县富丽化工有限公司(500吨)〈P1677〉;[沪]上海骏马化工有限公司〈P1746〉;[浙]杭州福德化工有限公司(200吨)〈P1917〉;杭州萧山前进化工有限公司〈P1923〉;常山县永合颜料有限公司〈P1957〉;[鲁]济南市油墨厂(600吨)〈P2025〉;临朐县中亮颜料有限公司〈P2090〉;招远市国泰化工厂〈P2121〉;蓬莱市新达化工有限公司〈P2112〉;蓬莱新光颜料化工有限公司〈P2113〉;青岛凯阳化工有限公司(5000吨)〈P2039〉;青岛弘中元化学有限公司(1200吨)〈P2036〉;山东阳光颜料有限公司〈P2133〉;[豫]郑州华新化工有限公司〈P2171〉;[湘]湖南三环颜料有限公司〈P2248〉;湖南宁乡县铬黄厂〈P2248〉;湖南省星月颜料有限责任公司〈P2253〉;[滇]云南杨林化工厂〈P2342〉;[甘]甘肃锦世化工有限责任公司〈P2358〉

【使用厂】[津]天津市耀华红日油漆有限公司〈P1610〉;[鲁]济南泰山金鹏涂料有限公司〈P2025〉

耐高温中铬黄;耐热中铬黄 G04020151

Middle chrome yellow, heat-resistant

广泛用于制造涂料、油漆、油墨、油彩颜料,还用于文教用品、橡胶、塑料制品的着色

【生产厂】[鲁]蓬莱新光颜料化工有限公司〈P2113〉

103 中铬黄;中铬黄 103 G04020201

Middlc chrome yellow 103

用于油漆、油墨、塑料及橡胶等行业

【生产厂】[沪]上海涂料有限公司〈P1768〉;[皖]广德创新颜料有限公司〈P1986〉

浅铬黄;浅黄 G04020501

Pale chrome yellow

主要用于涂料、油漆、塑料增塑剂、橡胶、文教用品等

【生产厂】[冀]石家庄市灯塔化工厂〈P1629〉;石家庄市佳彩化工有限责任公司〈P1629〉;石家庄市迅达化工有限责任公司(3000吨)〈P1632〉;[浙]杭州萧山前进化工有限公司〈P1923〉;常山县永合颜料有限公司〈P1957〉;[鲁]济南市油墨厂〈P2025〉;临朐县中亮颜料有限公司〈P2090〉;招远市国泰化工厂〈P2121〉;蓬莱市新达化工有限公司〈P2112〉;蓬莱新光颜料化工有限公司〈P2113〉;青岛凯阳化工有限公司(1000吨)〈P2039〉;山东阳光颜料有限公司〈P2133〉;[豫]洛阳市杏园甲兴化工厂(100吨)〈P2186〉;[湘]湖南宁乡县铬黄厂〈P2248〉

柠檬黄;柠檬铬黄 G04020701

Lemon yellow

用于涂料、油墨、塑料等行业及文教用品的着色

【生产厂】[津]天津市恒泽化工科技开发有限公司(120吨)〈P1589〉;天津市盛辉化工新技术有限公司(400吨)〈P1602〉;[冀]石家庄市灯塔化工厂(1500吨)〈P1629〉;石家庄神彩美术颜料厂〈P1628〉;石家庄市佳彩化工有限责任公司〈P1629〉;石家庄市迅达化工有限责任公司(1000吨)〈P1632〉;[沪]上海莱博油墨颜料有限公司〈P1749〉;[浙]杭州丰彩颜料染料化工有限公司〈P1917〉;杭州红妍颜料化工有限公司〈P1918〉;杭州萧山前进化工有限公司〈P1923〉;常山县永合颜料有限公司〈P1957〉;[皖]广德创新颜料有限公司〈P1986〉;[鲁]济南市油墨厂(650吨)〈P2025〉;临朐县中亮颜料有限公司〈P2090〉;招远市国泰化工厂〈P2121〉;蓬莱市新达化工有限公司〈P2112〉;蓬莱新光颜料化工有限公司〈P2113〉;山东阳光颜料有限公司〈P2133〉;[豫]郑州华新化工有限公司〈P2171〉;洛阳市杏园甲兴化工厂(100吨)〈P2186〉;[鄂]武汉神舟化工有限公司〈P2232〉;[湘]湖南三环颜料有限公司〈P2248〉;湖南宁乡县铬黄厂〈P2248〉;[滇]云南杨林化工厂(1500吨)〈P2342〉

【使用厂】[津]天津市染料工业研究所〈P1600〉

镉柠檬黄 G04020791

Cadmium lemon yellow

【生产厂】[冀]河北省故城县彩虹精细化工有限公司〈P1664〉

橘铬黄;橘黄 G04021101

Orange chrome yellow

主要用于涂料、塑料、油墨、合成树脂、陶瓷的坯体着色、平面着色

【生产厂】[冀]石家庄市佳彩化工有限责任公司〈P1629〉;[沪]上海铬黄颜料厂(130吨)〈P1734〉;[浙]杭州红妍颜料化工有限公司〈P1918〉;杭州福德化工有限公司(20吨)〈P1917〉;杭州萧山前进化工有限公司〈P1923〉;常山县永合颜料有限公司〈P1957〉;[皖]广德创新颜料有限公司〈P1986〉;[鲁]临朐县中亮颜料有限公司〈P2090〉;蓬莱新光颜料化工有限公司〈P2113〉;青岛凯阳化工有限公司(1000吨)〈P2039〉;山东阳光颜料有限公司〈P2133〉;[湘]湖南三环颜料有限公司(50吨)〈P2248〉;湖南宁乡县铬黄厂〈P2248〉;[粤]佛山市中冠陶瓷釉料公司〈P2289〉;佛山市合尔达陶瓷化工原料有限公司〈P2287〉;[川]四川省安县银河建化集团有限公司〈P2331〉

深铬黄;深黄 G04021301

Dark chrome yellow

用于油漆、油墨等行业

【生产厂】[京]北京麦尔化工科技有限公司〈P1555〉;[冀]石家庄市佳彩化工有限责任公司〈P1629〉;石家庄市迅达化工有限责任公司(500吨)〈P1632〉;[浙]杭州红妍颜料化工有限公司〈P1918〉;杭州萧山前进化工有限公司〈P1923〉;常山县永合颜料有限公司〈P1957〉;[鲁]济南市油墨厂(600吨)〈P2025〉;临朐县中亮颜料有限公司〈P2090〉;招远市国泰化工厂〈P2121〉;蓬莱市新达化工有限公司〈P2112〉;蓬莱新光颜料化工有限公司〈P2113〉;青岛凯阳化工有限公司(1000吨)〈P2039〉;山东阳光颜料有限公司〈P2133〉

铬酸铅;铬黄 G04021501

Lead chromate

用于油漆、油墨、塑料、橡胶等行业

【生产厂】[津]天津市长虹化工颜料厂(500吨)〈P1581〉;天津市吉发颜料有限公司(200吨)〈P1591〉;[冀]石家庄市豪盛化工有限责任公司(500吨)〈P1629〉;衡水友谊化工有限责任公司〈P1669〉;[沪]上海涂料有限公司〈P1768〉;[皖]广德创新颜料有限公司〈P1986〉;[鲁]蓬莱新光颜料化工有限公司(2000吨)〈P2113〉;[豫]新乡海伦颜料有限公司(4000吨)〈P2203〉;洛阳市杏园甲兴化工厂〈P2186〉;

［湘］湖南宁乡县铬黄厂(1200 吨)〈P2248〉;［粤］潮州市粤东化学工业公司〈P2295〉
【使用厂】［豫］郑州双塔涂料有限公司〈P2174〉

801 柠檬锶铬黄　G04021801
Lemon strontium chrome yellow 801

在涂料工业方面用作防锈底漆的颜料

【生产厂】［冀］石家庄市佳彩化工有限责任公司〈P1629〉;［沪］上海铬黄颜料厂(40 吨)〈P1734〉

钛铬棕　G04022101
Chrome titanium brown

【生产厂】［湘］湖南湘潭华莹精化有限公司〈P2251〉;湖南省湘潭市海通颜料有限责任公司〈P2251〉

锌铬黄;锌黄　G04022201
Zinc chrome yellow

主要用于油漆、油墨、橡胶、塑料和美术颜料等

【生产厂】［冀］石家庄市佳彩化工有限责任公司〈P1629〉;石家庄市豪盛化工有限责任公司(200 吨)〈P1629〉;［沪］上海骏马化工有限公司〈P1746〉;［浙］杭州丰彩颜料染料化工有限公司〈P1917〉;［鲁］蓬莱新光颜料化工有限公司〈P2113〉;青岛凯阳化工有限公司(2000 吨)〈P2039〉;山东阳光颜料有限公司〈P2133〉

钴蓝　G04022501
Cobalt blue

【生产厂】［沪］上海天光化工厂〈P1767〉;［粤］佛山市中冠陶瓷釉料公司〈P2289〉

铬黑　G04022701
Chrome black

广泛用于陶瓷的坯体与釉面着色,还用于水泥混凝土的浸渍着色

【生产厂】［川］四川省安县银河建化集团有限公司〈P2331〉;［甘］甘肃锦世化工有限责任公司〈P2358〉

钼铬红;钼铬橙;钼橙;钼红　G04030101
Molybdate red

用于油漆、油墨、塑料等行业

【生产厂】［津］天津灯塔颜料有限责任公司(600 吨)〈P1571〉;［冀］石家庄市灯塔化工厂〈P1629〉;石家庄市佳彩化工有限责任公司〈P1629〉;［沪］上海铬黄颜料厂(450 吨)〈P1734〉;上海骏马化工有限公司〈P1746〉;［浙］杭州丰彩颜料染料化工有限公司〈P1917〉;杭州百汇化工有限公司〈P1915〉;杭州萧山前进化工有限公司〈P1923〉;［鲁］济南市油墨厂〈P2025〉;临朐县中亮颜料有限公司〈P2090〉;蓬莱新光颜料化工有限公司〈P2113〉;青岛凯阳化工有限公司(2000 吨)〈P2039〉;山东阳光颜料有限公司〈P2133〉;［豫］新乡海伦颜料有限公司(500 吨)〈P2203〉;洛阳市杏园甲兴化工厂〈P2186〉

钼铬红 107　G04030201
Molybdate Red 107

用于油漆、油墨、塑料等行业

【生产厂】［沪］上海铬黄颜料厂(500 吨)〈P1734〉;［浙］杭州红妍颜料化工有限公司〈P1918〉;杭州百汇化工有限公司〈P1915〉;杭州福德化工有限公司(30 吨)〈P1917〉;常山县永合颜料有限公司〈P1957〉;［皖］广德创新颜料有限公司〈P1986〉;［鲁］蓬莱新光颜料化工有限公司〈P2113〉;［豫］郑州博涛颜料有限公司(800 吨)〈P2169〉

耐晒钼铬红　G04030301
Pigment Fast Molybdate Chrome Red

【生产厂】［浙］杭州萧山前进化工有限公司〈P1923〉;［鲁］蓬莱新光颜料化工有限公司〈P2113〉

耐光钼铬红　G04030401
Light resistant molybdate chrome red

适用于油漆、油墨、塑料、文教用品等的着色

【生产厂】［浙］杭州百汇化工有限公司〈P1915〉

钼铬红 207　G04030501
Molybdate red 207

【生产厂】［沪］上海铬黄颜料厂(100 吨)〈P1734〉;［浙］杭州福德化工有限公司(200 吨)〈P1917〉;［鲁］蓬莱新光颜料化工有限公司〈P2113〉

喷涂钼粉　G04040501
Spraying molybdenum powder

用作钼及钼合金制品原料

【生产厂】［皖］安庆市月铜冶金化工有限责任公司〈P1980〉

立德粉;锌钡白　G04040601
Lithopone

用于油漆、油墨、橡胶等的着色

【生产厂】［京］北京安顺达装饰材料有限公司〈P1543〉;［冀］河北省景县鑫源橡胶化工有限公司〈P1666〉;［沪］上海威呈化工有限公司〈P1769〉;上海跃江钛白化工制品有限公司〈P1776〉;上海文君化工有限公司〈P1770〉;［苏］宜兴市广汇助剂化工有限公司〈P1885〉;［鲁］青岛三凯化工有限公司〈P2041〉;青岛白玉化工有限公司(3 万吨)〈P2032〉;［豫］郑州强强锌业有限公司(2 万吨)〈P2172〉;洛阳市正天化工有限公司(1 万吨)〈P2187〉;［鄂］郧西县第三化工厂(2 万吨)〈P2239〉;［湘］长沙蜂巢颜料化工有限公司(3 万吨)〈P2247〉;湖南三环颜料有限公司〈P2248〉;衡阳市重晶石矿(2000 吨)〈P2253〉;衡阳美仑颜料化工有限公司(2 万吨)〈P2252〉;［粤］广州华立-萨其宾化工有限公司(5 万吨)〈P2261〉;潮州市粤东化学工业公司(5000 吨)〈P2295〉;［桂］柳州锌品股份有限公司(4 万吨)〈P2298〉;［黔］贵州省黄平县天泉化工有限公司〈P2338〉
【使用厂】［津］天津市万荣化工工业公司〈P1606〉;［苏］盐城美丽雅漆业有限公司〈P1810〉;［皖］马鞍山市康华化工有限公司〈P1977〉;［闽］福建省龙岩市豪迪化工有限公司〈P2005〉;［鲁］济南泰山金鹏涂料有限公司〈P2025〉;山东梁山蓝天化工有限公司〈P2131〉;潍坊环宇油漆工业有限公司〈P2103〉;［豫］郑州双塔涂料有限公司〈P2174〉

耐晒白　G04041801
Light fast white

用于涂料、塑料、橡胶、油墨等工业

【生产厂】［粤］广州华立-萨其宾化工有限公司(3000 吨)〈P2261〉

群青;云青;洋蓝;佛青;石头青　G04050101
Ultramarine

用于油漆、油墨、塑料、橡胶等行业及文教用具的着色

【生产厂】［津］天津市天星助剂颜料厂(1500 吨)〈P1605〉;天津市金星化工厂(3000 吨)〈P1592〉;天津鑫隆集团有限公司(800 吨)〈P1616〉;［鲁］龙口华东气体有限公司(3000 吨)〈P2110〉;山东双龙化工有限公司(1 万吨)〈P2115〉;［豫］洛阳市建发石化有限公司(2500 吨)〈P2184〉;偃师市三业化工厂(460 吨)〈P2189〉;偃师市兰天化工有限公司

(400 吨)〈P2189〉;偃师市天雷助剂厂(2000 吨)〈P2189〉

群青 462 号 G04050301

Ultramarine No. 462

用于油漆、油墨、橡胶及文教用品等行业

【生产厂】[豫]偃师市万通化工厂(1000 吨)〈P2189〉;[湘]湖南三环颜料有限公司〈P2248〉

华蓝;普鲁士蓝;密罗里蓝;铁蓝 G04060101

Iron blue; Prussian blue

用于油漆、油墨、塑料等行业及文教用品的着色

【生产厂】[津]天津市津西美华化工厂〈P1595〉;天津灯塔颜料有限责任公司(1000 吨)〈P1571〉;天津市永生化工厂(500 吨)〈P1611〉;[冀]石家庄市灯塔化工厂〈P1629〉;石家庄市万福化工有限公司(1000 吨)〈P1631〉;石家庄神彩美术颜料厂〈P1628〉;石家庄市佳彩化工有限责任公司〈P1629〉;[浙]杭州红妍颜料化工有限公司〈P1918〉;杭州福德化工有限公司(500 吨)〈P1917〉;杭州萧山前进化工有限公司〈P1923〉;[皖]广德创新颜料有限公司〈P1986〉;[鲁]蓬莱新光颜料化工有限公司(2000 吨)〈P2113〉;[豫]新乡三星染化有限公司(350 吨)〈P2204〉

【使用厂】[鲁]济南泰山金鹏涂料有限公司〈P2025〉

钛白粉(纳米级);二氧化钛(纳米级);纳米二氧化钛 G04070101

Titanium dioxide, nanometre

广泛应用于功能陶瓷、催化剂、化妆品和光敏材料等

【生产厂】[冀]河北茂源化工有限公司(1000 吨)〈P1620〉;河北雄威化工股份有限公司〈P1648〉;[沪]上海汇精亚纳米新材料有限公司〈P1741〉;[苏]南京海泰纳米材料有限公司〈P1784〉;[浙]杭州万景新材料有限公司〈P1923〉;[皖]安徽科纳新材料有限公司(100 吨)〈P1983〉;[鲁]济南裕兴化工总厂(100 吨)〈P2027〉;龙口市华瑞新材料科技有限公司〈P2111〉;[鄂]武汉天力纳米光触媒材料有限公司〈P2233〉

钛白粉(陶瓷用) G04070401

Titanium dioxide for ceramics

主要用于彩色地砖、玻璃砖、瓷板、光屏玻璃、玻璃纤维、餐具、卫生洁具,陶瓷工艺品等

【生产厂】[浙]宁波新福钛白粉有限公司〈P1933〉;[鲁]嘉祥蒂澳钛白粉厂(700 吨)〈P2129〉;[粤]广州钛白粉厂〈P2267〉;[桂]广西岑溪恒信钛白有限公司〈P2300〉;广西藤县雅照钛白有限公司〈P2300〉;[渝]重庆新华化工厂〈P2308〉

钛白粉;二氧化钛;钛白 G04070601

Titanium dioxide [13463-67-7]

用于油漆、油墨、塑料、橡胶、造纸、化纤等行业

【生产厂】[京]中国蓝星(集团)总公司〈P1568〉;北京友合攀宝科技发展有限公司〈P1565〉;[津]天津市明洋化工有限公司(50 吨)〈P1599〉;[冀]河北智通化工有限责任公司(1000 吨)〈P1623〉;河北省景县鑫源橡胶化工有限公司〈P1666〉;河北省永年县化肥厂(2000 吨)〈P1640〉;[辽]锦州市朋大钛白粉制造有限公司(2 万吨)〈P1702〉;[沪]上海威呈化工有限公司〈P1769〉;上海一环化工有限公司(1 万吨)〈P1774〉;上海江沪钛白化工制品有限公司(5 万吨)〈P1743〉;上海高纳粉体技术有限公司〈P1734〉;上海焦化有限公司钛白粉分公司(7000 吨)〈P1743〉;上海泰禾(集团)有限公司〈P1767〉;上海文君化工有限公司(10 吨)〈P1770〉;上海南陵化工产品有限公司〈P1754〉;上海亮江钛白化工制品有限公司〈P1751〉;上海四极钛业有限责任公司(2 万吨)〈P1766〉;[苏]南京市化学工业总公司精细化工厂〈P1789〉;镇江泛华化工有限公司〈P1844〉;常州市长江钛白粉厂(1 万吨)〈P1850〉;无锡市锡宝钛业有限公司(2 万吨)〈P1879〉;[浙]宁波新福钛白粉有限公司(1 万吨)〈P1933〉;[皖]马鞍山金星化工(集团)有限公司(6000 吨)〈P1977〉;[赣]江西添光化工有限责任公司(2 万吨)〈P2017〉;[鲁]无棣海星煤化工有限责任公司(5 万吨)〈P2157〉;山东鲁北企业集团总公司(10 万吨)〈P2156〉;山东东佳集团公司〈P2052〉;青州贝特化工有限公司〈P2090〉;青岛三凯化工有限公司〈P2041〉;嘉祥蒂澳钛白粉厂(1000 吨)〈P2129〉;[豫]巩义市华美颜料化工有限公司〈P2163〉;河南佰利联化学股份有限公司(5 万吨)〈P2193〉;河南省济源科汇材料有限公司〈P2193〉;许昌市物团化工有限公司〈P2219〉;漯河市兴茂钛业有限公司(3 万吨)〈P2220〉;栾川众鑫化工有限公司(3500 吨)〈P2181〉;河南省偃师市伟通化工有限公司〈P2180〉;偃师市第五化工厂(1000 吨)〈P2188〉;[鄂]武汉方圆钛白粉有限公司(5000 吨)〈P2229〉;武汉市合中化工制造有限公司〈P2232〉;襄樊丽明化工有限公司(1 万吨)〈P2238〉;[湘]湖南信诺颜料科技有限公司〈P2251〉;湖南永利化工股份有限公司(3 万吨)〈P2249〉;衡阳天友化工有限公司(2 万吨)〈P2253〉;[粤]广州钛白粉厂(1 万吨)〈P2267〉;韶关市化工厂(8000 吨)〈P2277〉;潮州市粤东化学工业公司(2 万吨)〈P2295〉;湛港宏富实业有限公司〈P2293〉;[桂]广西百合化工股份有限公司(1 万吨)〈P2301〉;广西大华化工厂(1 万吨)〈P2301〉;广西桂林市来生滑石制品有限责任公司〈P2298〉;苍梧顺风钛白粉有限责任公司(1 万吨)〈P2300〉;广西藤县金茂钛白有限公司〈P2300〉;[渝]攀钢集团重庆钛业股份有限公司(4 万吨)〈P2303〉;重庆新华化工厂〈P2308〉;[川]攀枝花钢铁有限责任公司钛业公司(2 万吨)〈P2322〉;四川龙蟒集团〈P2327〉;[滇]云南大互通工贸有限公司(3 万吨)〈P2340〉

【使用厂】[津]天津市风船化学试剂科技有限公司〈P1586〉;天津市海滨涂料有限公司〈P1587〉;天津市科威实业公司〈P1597〉;[冀]河北雄威化工股份有限公司〈P1648〉;[吉]长春泰欧亚涂料有限公司〈P1714〉;[沪]上海家具涂料厂〈P1742〉;乐意涂料(上海)有限公司〈P1726〉;上海市涂料研究所〈P1764〉;上海汇丽集团有限公司〈P1741〉;上海新华阻燃剂总厂〈P1772〉;上海常江化学有限公司〈P1730〉;[苏]无锡二橡胶股份有限公司〈P1873〉;江都市万和塑粉厂〈P1815〉;盐城美丽雅漆业有限公司〈P1810〉;[皖]马鞍山市康华化工有限公司〈P1977〉;[闽]福建省龙岩市豪迪化工有限公司〈P2005〉;福建省泉州市佳友精化有限公司〈P1998〉;泉州洛江三星涂料树脂有限公司〈P2000〉;福建景士兰涂料有限公司〈P1988〉;中亚涂料(石狮)有限公司〈P2001〉;[鲁]济南泰山金鹏涂料有限公司〈P2025〉;山东华鲁恒升集团有限公司〈P2144〉;山东东明石化集团科耀化工有限公司〈P2159〉;胜利油田大明新型建筑防水材料有限责任公司〈P2087〉;济南玛博伦环保涂料有限公司〈P2024〉;招远市石油化工厂有限公司〈P2121〉;新汶矿业集团有限责任公司〈P2139〉;淄博铭威特安全设备有限公司〈P2065〉;潍坊环宇油漆工业有限公司〈P2103〉;蓬莱市北海印花色浆厂〈P2112〉;山东省昌乐县华颖液体瓷厂〈P2097〉;济南高新开发区大山科贸公司〈P2021〉;临淄同德防腐材料有限公司〈P2050〉;[豫]郑州双塔涂料有限公司〈P2174〉;河南中原防火材料有限公司〈P2168〉;[湘]湖南三环颜料有限公司〈P2248〉;[粤]广州化学试剂厂〈P2261〉;[桂]柳州市造漆厂〈P2298〉

钛白粉(搪瓷用) G04070602

Titanium dioxide for porcelain enamel

G

主要用于搪瓷、陶瓷等制品

【生产厂】[沪]上海焦化有限公司钛白粉分公司(4000 吨)〈P1743〉;[皖]马鞍山金星化工(集团)有限公司(3000 吨)〈P1977〉;[鲁]嘉祥蒂澳钛白粉厂(800 吨)〈P2129〉;[鄂]武汉青江化工股份有限公司(5000 吨)〈P2231〉;[粤]广州钛白粉厂〈P2267〉;[桂]广西岑溪恒信钛白有限公司〈P2300〉;广西藤县金茂钛白有限公司(3000 吨)〈P2300〉;广西藤县雅照钛白有限公司(2500 吨)〈P2300〉;梧州佳源实业有限公司(8000 吨)〈P2300〉;[渝]重庆新华化工厂〈P2308〉

钛白粉(锐钛型);锐钛型钛白粉　G04070605

Titanium dioxide, anatase

用于室内涂料、各种塑料、陶瓷、造纸、橡胶、皮革、化妆品、牙膏、印刷油墨等

【生产厂】[沪]上海跃江钛白化工制品有限公司〈P1776〉;上海南陵化工产品有限公司〈P1754〉;上海亮江钛白化工制品有限公司〈P1751〉;[鲁]济南裕兴化工总厂(1 万吨)〈P2027〉;山东宝泮化工集团公司〈P2051〉;山东东佳集团公司(3 万吨)〈P2052〉;嘉祥蒂澳钛白粉厂(700 吨)〈P2129〉;枣庄天元精细化工有限公司(8000 吨)〈P2080〉;[湘]湖南永利化工股份有限公司(1 万吨)〈P2249〉;[粤]广州钛白粉厂〈P2267〉;[桂]广西平桂飞碟股份有限公司(2 万吨)〈P2300〉;苍梧顺风钛白粉有限责任公司〈P2300〉;广西岑溪恒信钛白有限公司(2000 吨)〈P2300〉;广西藤县金茂钛白有限公司(7000 吨)〈P2300〉;梧州佳源实业有限公司(1 万吨)〈P2300〉;[渝]攀钢集团重庆钛业股份有限公司(2 万吨)〈P2303〉;重庆新华化工厂〈P2308〉;[川]四川永禄科技开发有限责任公司〈P2322〉;[甘]中核华原钛白股份有限公司〈P2358〉

钛白粉(金红石型);金红石型钛白粉　G04070606

Titanium dioxide, rutile

用于工业高档油漆、颜料、橡胶、塑料、造纸行业等

【生产厂】[辽]攀钢集团锦州钛业有限公司(2 万吨)〈P1702〉;[沪]上海跃江钛白化工制品有限公司〈P1776〉;上海南陵化工产品有限公司〈P1754〉;上海亮江钛白化工制品有限公司〈P1751〉;上海四极钛业有限责任公司〈P1766〉;[鲁]山东东佳集团公司(2 万吨)〈P2052〉;[湘]湖南永利化工股份有限公司(1 万吨)〈P2249〉;[桂]柳州冶炼厂〈P2298〉;[渝]攀钢集团重庆钛业股份有限公司〈P2303〉;重庆新华化工厂〈P2308〉;[川]四川永禄科技开发有限责任公司〈P2322〉;[甘]中核华原钛白股份有限公司〈P2358〉

【使用厂】[鲁]青岛华龙涂料有限公司〈P2037〉;[粤]深圳天虹化工实业有限公司〈P2273〉

钛黄粉　G04070801

Titanium yellow powder

用于建筑涂料

【生产厂】[湘]湖南省湘潭市海通颜料有限责任公司〈P2251〉

复合钛白颜料　G04071801

White titanium pigment, compound

用于涂料、塑料、造纸、油墨、橡胶等利用钛白粉物理性能的领域,起到改善应用产品性能和降低成本的作用

【生产厂】[京]北京天之岩健康科技有限公司〈P1562〉;[冀]石家庄市佳彩化工有限责任公司〈P1629〉;[苏]溧阳市茶亭硅石矿〈P1863〉

赛钛白粉　G04072001

Imitating titanium white powder

水分散性的白色颜料新品种,在苯丙或丙烯酸乳胶漆中可部分取代钛白粉,用于内外墙乳胶漆、电泳漆、造纸等

【生产厂】[豫]洛阳市荣源化工有限公司(3000 吨)〈P2185〉

氧化铬绿;三氧化二铬;中铬绿　G04080401

Chromium oxide green [1308-38-9]

用作冶炼金属铬、碳化铬、制抛光膏和油漆颜料,也用作搪瓷、玻璃、陶瓷的着色剂和有机合成的催化剂

【生产厂】[津]天津市安吉瑞化工有限公司〈P1578〉;天津市明洋化工有限公司(60 吨)〈P1599〉;天津灯塔颜料有限责任公司(400 吨)〈P1571〉;天津市北辰区兴发化工厂(3000 吨)〈P1580〉;天津市北辰区致远化工厂(3000 吨)〈P1580〉;天津市富强化工厂〈P1587〉;天津市吉发颜料有限公司(500 吨)〈P1591〉;津川化工有限公司(1 吨)〈P1569〉;天津市津生工贸有限公司(2000 吨)〈P1595〉;天津市民强化工厂(500 吨)〈P1599〉;[冀]石家庄冀华化工纺织有限公司〈P1627〉;石家庄市灯塔化工厂〈P1629〉;河北智通化工有限责任公司(4500 吨)〈P1623〉;河北铬盐化工有限公司(1 万吨)〈P1620〉;石家庄冀荣化工有限公司(6000 吨)〈P1627〉;石家庄市冀峰桥化工有限公司(1500 吨)〈P1629〉;河北省藁城市瑞星化工有限责任公司(3000 吨)〈P1621〉;衡水友谊化工有限责任公司〈P1669〉;河北大田化工有限公司(300 吨)〈P1658〉;[蒙]内蒙古黄河铬盐股份有限责任公司(600 吨)〈P1683〉;[辽]沈阳金益耐火材料有限公司〈P1687〉;[沪]上海天光化工厂〈P1767〉;上海博呈化工有限公司〈P1729〉;[苏]耀辉化工有限公司〈P1883〉;江阴市天鹏玻搪颜料化工厂〈P1871〉;[浙]慈溪市飞兰有色金属有限公司〈P1929〉;宁波雁门化工有限公司〈P1934〉;[鲁]青岛三凯化工有限公司〈P2041〉;[豫]巩义市神都耐材有限公司〈P2164〉;河南滑县远航化工有限责任公司(1200 吨)〈P2210〉;洛阳津青工贸有限公司(1000 吨)〈P2182〉;洛阳峥洁科工贸有限公司(2000 吨)〈P2188〉;[鄂]黄石振华化工有限公司〈P2236〉;[湘]湖南三环颜料有限公司〈P2248〉;湖南湘潭华莹精化有限公司〈P2251〉;湖南金环颜料有限公司〈P2250〉;[粤]广州市人民化工厂(2000 吨)〈P2265〉;潮州市粤东化学工业公司〈P2295〉;[川]四川省安县银河建化集团有限公司(5000 吨)〈P2331〉;[甘]甘肃锦世化工有限责任公司〈P2358〉;甘肃祁源化工有限公司(1500 吨)〈P2357〉;[青]青海铬盐高新科技股份有限公司〈P2359〉;[新]新疆联达集团(实业)股份有限公司〈P2365〉

【使用厂】[津]天津市风船化学试剂科技有限公司〈P1586〉;[辽]沈阳市试剂三厂〈P1688〉;[鲁]淄博赛德克陶瓷颜料有限公司〈P2066〉;[粤]广州化学试剂厂〈P2261〉

地坪绿　G04080501

Terrace green

用于油漆、地坪涂料、建筑材料着色

【生产厂】[冀]衡水友谊化工有限责任公司〈P1669〉

彩坪绿　G04080601

Color terrace green

用于油漆、地坪涂料、建筑材料着色

【生产厂】[冀]衡水友谊化工有限责任公司〈P1669〉

桃红　G04080901

Peach red

用于各种马赛克、釉面砖及搪瓷器等
【生产厂】[沪]上海天光化工厂〈P1767〉

铜金粉 G04081001
Copper gold powder
广泛应用于喷涂、装饰装璜、印刷、塑料等
【生产厂】[苏]无锡市锡州金属粉厂〈P1880〉;苏州晟鑫化工有限公司〈P1902〉

搪瓷颜料 G04081101
Pigment for porcelain enamel
适用于玻璃、搪瓷、陶瓷、塑料、油漆、高级油墨、高级美术颜料、永久性色标和远红外材料等
【生产厂】[沪]上海天光化工厂〈P1767〉;[苏]张家港民丰化工有限公司〈P1912〉

塑料棕 G04081201
Plastic brown
用于塑料制品的着色
【生产厂】[津]天津市西青区金宏展彩色铁粉厂(800 吨)〈P1607〉;天津市西青区杨柳青鑫川铁粉厂(1000 吨)〈P1607〉;天津市涂料包装器材厂助剂分厂(1000 吨)〈P1605〉

硒硫化镉;镉红;CB 色素 G04081401
Cadmium red
用作耐光漆、耐高温漆的着色颜料,还可用于油墨、塑料的着色
【生产厂】[冀]河北省故城县彩虹精细化工有限公司〈P1664〉;[沪]上海天光化工厂〈P1767〉;上海博呈化工有限公司〈P1729〉;[湘]湖南湘潭华莹精化有限公司〈P2251〉;湖南省湘潭市海通颜料有限责任公司〈P2251〉;湘潭县三虎颜料厂(50 吨)〈P2252〉

镨黄 G04081501
Praseodymium yellow
用于陶瓷着色
【生产厂】[粤]佛山市中冠陶瓷釉料公司〈P2289〉;佛山市合尔达陶瓷化工原料有限公司〈P2287〉

红丹;四氧化三铅;铅丹 G04081601
Red lead
用于蓄电池、玻璃、陶器、搪瓷、防锈漆等产品
【生产厂】[津]天津市天星助剂颜料厂(1500 吨)〈P1605〉;[冀]石家庄市佳彩化工有限责任公司〈P1629〉;石家庄市迅达化工有限责任公司(1500 吨)〈P1632〉;河北省衡水桃城化工助剂有限公司〈P1665〉;[苏]太仓市红丹厂〈P1908〉;江苏天鹏化工集团张家港市氧化铅厂(6000 吨)〈P1894〉;[鲁]临朐华隆科技开发有限公司(2000 吨)〈P2089〉;临朐县中亮颜料有限公司〈P2090〉;青岛凯阳化工有限公司〈P2039〉;青岛三凯化工有限公司〈P2041〉;青岛弘中元化学有限公司(2 万吨)〈P2036〉;[豫]河南省新乡扬远化工有限责任公司〈P2201〉;长葛市锦秀化工有限公司(2000 吨)〈P2217〉;临颍县化工有限公司(2500 吨)〈P2220〉;洛阳金岛化工有限公司(1 万吨)〈P2182〉;[湘]衡阳市五化实业有限责任公司(2000 吨)〈P2252〉;湖南省星月颜料有限责任公司〈P2253〉;[粤]佛山市鲸鲨制漆科技有限公司(8000 吨)〈P2288〉;[桂]广西全州县天星化工厂(2000 吨)〈P2299〉
【使用厂】[沪]上海开林造漆厂〈P1746〉;[苏]常州光辉化工有限公司〈P1847〉;[皖]马鞍山市康华化工有限公司〈P1977〉

硫化镉;镉黄 G04081901
Cadmium yellow;Cadmium sulfide [1306-23-6]
用于搪瓷、玻璃、陶瓷、塑料、油漆着色
【生产厂】[冀]河北省故城县彩虹精细化工有限公司〈P1664〉;[沪]上海天光化工厂〈P1767〉;上海博呈化工有限公司〈P1729〉;[湘]湖南省湘潭市海通颜料有限责任公司〈P2251〉;湘潭县三虎颜料厂(100 吨)〈P2252〉

美术绿 G04082101
Pigment green
用于油漆、油墨、塑料
【生产厂】[冀]石家庄神彩美术颜料厂〈P1628〉

复合铁钛粉 G04082201
Iron-titanium compound powder
是运用超(微)细技术研制开发的一种高性能、环保型的漆用防锈颜料
【生产厂】[冀]石家庄市佳彩化工有限责任公司〈P1629〉

防锈颜料 G04082301
Antirust pigment
主要用作油漆防锈颜料,也可以用作磁性材料寿命延长剂及其他场合的防锈剂
【生产厂】[沪]上海涂料有限公司〈P1768〉;上海铬黄颜料厂〈P1734〉
【使用厂】[津]天津市延安化工厂分厂〈P1610〉;天津市耀华红日油漆有限公司〈P1610〉;[苏]丹阳市银海镍铬化工有限公司〈P1841〉;[浙]杭州萧山阳光涂料有限公司〈P1924〉

耐光大红 G04082311
Light resistant scarlet
用于油漆
【生产厂】[浙]杭州百汇化工有限公司〈P1915〉;[鲁]蓬莱市新达化工有限公司〈P2112〉

荧光颜料 G04082601
Fluorescent pigment
用于印染涂料色浆、建筑涂料、油漆、油墨
【生产厂】[辽]大连根本化学有限公司(50 吨)〈P1691〉;[苏]昆山市中星染料化工有限公司〈P1898〉;[浙]瑞博化工有限公司〈P1934〉;[皖]黄山市德平化工有限公司〈P1981〉;[鲁]山东阳光颜料有限公司(300 吨)〈P2133〉;[粤]东莞市彩虹塑胶颜料有限公司〈P2279〉

发光颜料;蓄光颜料 G04082691
Luminous pigment
可用来制作油漆、油墨、标牌、表盘等发光制品
【生产厂】[辽]大连路明科技集团有限公司(500 吨)〈P1693〉
【使用厂】[粤]广州捷耐制漆有限公司〈P2261〉

孔雀绿 G04082801
Malachite green [569-64-2]
用于玻璃制品及搪瓷行业
【生产厂】[沪]上海天光化工厂〈P1767〉;[湘]湖南湘潭华莹

G

精化有限公司〈P2251〉;[粤]佛山市中冠陶瓷釉料公司〈P2289〉

黑色素 G04083001

Pigment black

适用玻璃、搪瓷、塑料、油漆、油墨、涂料、永久性色标和红外材料等

【生产厂】[沪]上海博呈化工有限公司〈P1729〉;[湘]湖南湘潭华莹精化有限公司〈P2251〉

陶瓷颜料 G04083201

Ceramic pigment

用于日用陶瓷色釉、卫生洁具、墙地砖等装饰

【生产厂】[苏]耀辉化工有限公司〈P1883〉;江阴市天鹏玻搪颜料化工厂〈P1871〉;[闽]福建永大陶瓷材料有限公司(2400 吨)〈P2004〉;[湘]湖南三环颜料有限公司(4000 吨)〈P2248〉;湖南省醴陵市南方陶瓷颜料厂〈P2249〉

高地板黄 G04083601

High floor yellow

用于木器制品、塑料加工

【生产厂】[津]天津市西青区杨柳青鑫川铁粉厂(500 吨)〈P1607〉;[冀]石家庄神彩美术颜料厂〈P1628〉

玻璃彩绘颜料 G04083901

Coloured drawing or pattern pigment of glass

【生产厂】[沪]上海天光化工厂〈P1767〉;[苏]江阴市天鹏玻搪颜料化工厂〈P1871〉;[鲁]淄博赛德克陶瓷颜料有限公司〈P2066〉;[粤]广东粤港大地制漆有限公司〈P2291〉

变色颜料 G04084051

Change color pigment

能和油墨、涂料常规方法混合涂覆到各种基材上,如塑料、木材、金属、纸张、陶瓷、玻璃等

【生产厂】[粤]惠州市华阳光学技术有限公司〈P2278〉

新型油漆大红;油漆大红 G04084201

Paint scarlet, new type

主要用于氨基烘漆、醇酸树脂等中高档大红油漆中,亦可作为美术颜料、打字用油墨的颜料

【生产厂】[豫]洛阳市杏园甲兴化工厂〈P2186〉

涂料黄 G04084401

Coating yellow

用于油漆、木器及建筑业

【生产厂】[津]天津市涂料包装器材厂助剂分厂(1000 吨)〈P1605〉;[冀]石家庄神彩美术颜料厂〈P1628〉

镉橙 G04084601

Cadmium orange

主要用于 PE、PP、ABS、PS 等的着色

【生产厂】[湘]湖南省湘潭市海通颜料有限责任公司〈P2251〉

木器着色剂 G04090101

Colorant for carpentry

用于中高档木器家具、仪表木壳和乐器等打底着色

【生产厂】[沪]上海斯泰安涂料有限公司〈P1765〉;[粤]汕头大中三联制漆有限公司〈P2276〉

水性色浆;色浆 G04090701

Water-based colour paste

水性涂料着色

【生产厂】[津]天津裕华经济贸易总公司化工厂(500 吨)〈P1617〉;天津市染化八厂加工二分厂(200 吨)〈P1600〉;天津市兰源五彩涂料厂〈P1598〉;[冀]石家庄神彩美术颜料厂〈P1628〉;[辽]沈阳蓝丰涂料制造有限公司〈P1687〉;[沪]上海亮迪涂料有限公司〈P1751〉;[苏]常州天马集团有限公司〈P1857〉;常州光辉化工有限公司〈P1847〉;昆山市世名科技开发有限公司〈P1898〉;[浙]浙江化工科技集团有限公司精细化工厂〈P1927〉;东阳市惠泽化工涂料有限公司〈P1952〉;[鲁]东营市德邦高分子科技有限公司〈P2081〉;青州贝特化工有限公司〈P2090〉;威海江源精细化工有限公司(600 吨)〈P2124〉;[豫]安阳市铁西华北涂料厂(100 吨)〈P2209〉;[粤]广州许氏三彩塑胶颜料厂〈P2268〉;中山市普尔化工涂料有限公司〈P2283〉

【使用厂】[闽]厦门长天塑化有限公司〈P1991〉

环保涂料色浆 G04090731

Coating size, environmental protection type

【生产厂】[沪]上海牡丹油墨有限公司〈P1754〉;上海宏生色浆厂(100 吨)〈P1737〉

PU 色浆 G04090791

Polyurethane color paste

用于人造革

【生产厂】[粤]广州许氏三彩塑胶颜料厂(2000 吨)〈P2268〉

玻璃钢色膏 G04090931

Fiberglass reinforced plastics color cream

【生产厂】[粤]东莞艺城化工颜料有限公司〈P2281〉

硅橡胶色膏 G04090991

Silicone rubber color cream

用于硅胶着色

【生产厂】[粤]东莞市良展有机硅材料厂〈P2280〉;东莞艺城化工颜料有限公司〈P2281〉

染料及有机颜料

H01010000 ~ H06005001

硫化染料 H01010000

Sulphur dyes

用于纤维素纤维的染色、黏胶纤维等的纺前着色

【生产厂】[津]天津徽河化工染料有限公司〈P1615〉;天津格润化工有限公司〈P1572〉;[冀]石家庄市中汇化工有限公司〈P1632〉;[沪]上海韩雄染料化工有限公司〈P1735〉;[苏]江都市海龙化工助剂有限公司〈P1814〉;[浙]平湖市宏伟化工有限公司(1 万吨)〈P1942〉;[鲁]淄博金鲁染料化工有限公司〈P2063〉

硫化嫩黄 G;硫化淡黄 G;C. I. 硫化黄 9 H01010101

Sulphur Brilliant Yellow G;C. I. Sulphur Yellow 9

用于棉及维/棉混纺织物的染色

【生产厂】[冀]石家庄市远达化工厂〈P1632〉;[苏]江苏省泰兴玺鑫化工有限公司〈P1822〉;[皖]安徽省蚌埠市永艳染料化工有限公司〈P1975〉

硫化淡黄 GC;硫化黄 GC;C. I. 硫化黄 2;硫化深黄 2G;硫化黄 GCD H01010201

Sulphur Yellow GC;C. I. Sulphur Yellow 2

用于棉及维/棉混纺织物的染色

【生产厂】[冀]石家庄市远达化工厂〈P1632〉;[苏]江苏省泰兴玺鑫化工有限公司〈P1822〉;[皖]安徽省蚌埠市永艳染料化工有限公司〈P1975〉;[豫]平顶山市染料化工厂(500 吨)〈P2192〉

硫化淡黄 GR;C. I. 硫化黄 2 H01010209

Sulphur Light Yellow GR;C. I. Sulphur Yellow 2

用于棉纤维的染色

【生产厂】[苏]江苏省泰兴玺鑫化工有限公司〈P1822〉

硫化蓝 CV;硫化宝蓝 CV;C. I. 硫化蓝 15;硫化蓝 3G;硫化宝蓝 7G H01010501

Sulphur Blue CV;C. I. Sulphur Blue 15

主要用于棉、麻纺织品的染色

【生产厂】[冀]石家庄市远达化工厂〈P1632〉;沧州胜康化工有限公司〈P1652〉;[苏]江苏省泰兴玺鑫化工有限公司〈P1822〉;[皖]安徽省蚌埠市永艳染料化工有限公司(200 吨)〈P1975〉;[豫]新乡市新辉染化厂(800 吨)〈P2206〉;平顶山市染料化工厂(500 吨)〈P2192〉

硫化蓝 BN H01010511

Sulphur Blue BN;C. I. Sulphur Blue 7

【生产厂】[冀]石家庄市远达化工厂〈P1632〉;[苏]江苏省泰兴玺鑫化工有限公司〈P1822〉

硫化蓝 2BN H01010531

Sulphur Blue 2BN;C. I. Sulphur Blue 7

【生产厂】[苏]江苏省泰兴玺鑫化工有限公司〈P1822〉

硫化蓝 BRN;青红光硫化蓝 BRN;硫化湖蓝;硫化深蓝 3RB;C. I. 硫化蓝 7;508 硫化蓝 BR H01010901

Sulphur Blue BRN;C. I. Sulphur Blue 7

主要用于棉及维/棉混纺织物的染色

【生产厂】[苏]江苏省泰兴玺鑫化工有限公司〈P1822〉;[皖]安徽省蚌埠市永艳染料化工有限公司(300 吨)〈P1975〉

硫化新蓝 BBF;C. I. 硫化蓝 13 H01011101

Sulphur New Blue BBF;C. I. Sulphur Blue 13

主要用于棉及维/棉混纺织物的染色

【生产厂】[冀]石家庄市远达化工厂〈P1632〉;[苏]江苏省泰兴玺鑫化工有限公司〈P1822〉

硫化深蓝 3R;硫化深蓝 B;C. I. 硫化蓝 5 H01011401

Sulphur Dark Blue 3R;C. I. Sulphur Blue 5

用于棉和维/棉混纺织物的染色

【生产厂】[冀]石家庄市远达化工厂〈P1632〉;沧州胜康化工有限公司〈P1652〉;[苏]淮阴市染料化工厂(500 吨)〈P1802〉;[豫]新乡市新辉染化厂(800 吨)〈P2206〉

硫化艳绿 GB;硫化艳绿 G;C. I. 硫化绿 3 H01011501

Sulphur Brilliant Green GB;C. I. Sulphur Green 3

主要用于棉及维/棉混纺织物的染色

【生产厂】[津]天津市西青区阳光染料化工厂(150 吨)〈P1607〉;[苏]江苏省泰兴玺鑫化工有限公司〈P1822〉

硫化草绿 H01011601

Sulphur Grass Green

主要用于棉织物的染色

【生产厂】[豫]新乡市新辉染化厂(500 吨)〈P2206〉;平顶山市染料化工厂(500 吨)〈P2192〉

硫化草绿 715 H01011602

Sulphur Grass Green 715

用于棉及其混纺织物的染色

【生产厂】[苏]江苏省泰兴玺鑫化工有限公司〈P1822〉

硫化亮绿;硫化亮绿 BBL;硫化艳绿 F3G H01011801

Sulphur Brilliant Green;C. I. Sulphur Green 14

用于棉和胶黏织物的染色

【生产厂】[津]天津市西青区阳光染料化工厂(400 吨)〈P1607〉;[苏]淮阴市染料化工厂(100 吨)〈P1802〉;江苏省泰兴玺鑫化工有限公司〈P1822〉

硫化墨绿 H01011901

Sulphur Dark Green

主要用于棉织物的染色

【生产厂】[冀]沧州胜康化工有限公司〈P1652〉;[苏]江苏省泰兴玺鑫化工有限公司〈P1822〉;[豫]平顶山市染料化工厂(500 吨)〈P2192〉

硫化黄棕 5G;硫化红棕 GDR;C. I. 硫化棕 10;硫化黄棕 3GR;硫化黄棕 5GD H01012101

H

Sulphur Yellow Brown 5G;C. I. Sulphur Brown 10

用于棉和维/棉混纺织物的染色

【生产厂】[冀]石家庄市远达化工厂〈P1632〉;[豫]平顶山市染料化工厂(500 吨)〈P2192〉

硫化黄棕 6G;硫化黄棕 R;C. I. 硫化橙 1 H01012201

Sulphur Yellow Brown 6G;C. I. Sulphur Orange 1

主要用于棉纤维织物的染色,还可染维/棉混纺织物,有时也用于皮革染色

【生产厂】[豫]平顶山市染料化工厂(500 吨)〈P2192〉

硫化红棕 B3R;硫化红酱 3B;C. I. 硫化红 6 H01012401

Sulphur Red Brown B3R;C. I. Sulphur Red 6

用于棉和维/棉混纺织物的染色

【生产厂】[冀]石家庄市远达化工厂〈P1632〉;沧州胜康化工有限公司〈P1652〉;[皖]安徽省蚌埠市永艳染料化工有限公司〈P1975〉

硫化红 GGF;硫化红 LGF;C. I. 硫化红 14 H01012421

Sulphur Red GGF;C. I. Sulphur Red 14

用于棉纤维的染色

【生产厂】[冀]沧州临港基尔达染料有限公司〈P1652〉;[辽]辽阳联港染料化工有限公司〈P1710〉;[苏]江苏省泰兴玺鑫化工有限公司〈P1822〉;[皖]安徽省蚌埠市永艳染料化工有限公司〈P1975〉

硫化红 RB H01012461

Sulphur Red RB;C. I. Sulphur Red 14

【生产厂】[冀]石家庄市远达化工厂〈P1632〉

硫化红棕 MCB H01012481

Sulphur Red Brown MCB;C. I. Sulphur Red 3

【生产厂】[冀]石家庄市远达化工厂〈P1632〉

硫化深棕 GN;硫化黑棕 GD;C. I. 硫化棕 4 H01012601

Sulphur Dark Brown GN;C. I. Sulphur Brown 4

用于棉及维/棉混纺织物的染色

【生产厂】[苏]江苏省泰兴玺鑫化工有限公司〈P1822〉

硫化深棕 GRN H01012621

Sulphur Dark Brown GRN;C. I. Sulphur Brown 4

【生产厂】[苏]江苏省泰兴玺鑫化工有限公司〈P1822〉

硫化黑;硫化青;硫化元;煮青;硫化青膏;煮黑 H01012801

Sulphur Black;C. I. Sulphur Black 1

用于棉和维/棉混纺织物的染色

【生产厂】[津]天津市染料厂分厂(3 万吨)〈P1600〉;[晋]山西临汾染化(集团)有限责任公司〈P1678〉;[辽]大连染料化工有限公司(1 万吨)〈P1693〉;[苏]淮阴市染料化工厂(1500 吨)〈P1802〉;[浙]浙江上虞市珊瑚化工厂〈P1951〉;[豫]新乡市新辉染化厂(2000 吨)〈P2206〉;安阳染料厂(1000 吨)〈P2208〉;安阳市谦和染料化工有限责任公司(1000 吨)〈P2209〉

【使用厂】[豫]平顶山市染料化工厂〈P2192〉

双倍硫化黑 H01012802

Double Sulphur Black;C. I. Sulphur Black 1

用于棉、麻印染

【生产厂】[晋]山西临汾染化(集团)有限责任公司〈P1678〉;芮城县虹桥药用中间体有限公司〈P1678〉;[苏]淮阴市染料化工厂(1000 吨)〈P1802〉;[豫]安阳市谦和染料化工有限责任公司(1500 吨)〈P2209〉

硫化黑 2 号 H01012851

Sulphur Black 2

【生产厂】[晋]山西临汾染化(集团)有限责任公司〈P1678〉

硫化黑 B;硫化黑 BN;硫化黑 BRN;硫化黑 B2RN;硫化黑 RN;硫化黑 3B;硫化黑 BR H01012901

Sulphur Black B;C. I. Sulphur Black 1

用于棉和维/棉混纺织物的染色

【生产厂】[津]天津中兴精细化工有限公司〈P1618〉;[晋]芮城县虹桥药用中间体有限公司〈P1678〉;[辽]大连染料化工有限公司(7400 吨)〈P1693〉;[皖]安徽省蚌埠市永艳染料化工有限公司(1500 吨)〈P1975〉;[豫]安阳市谦和染料化工有限责任公司(1500 吨)〈P2209〉

水溶性硫化黑;C. I. 可溶性硫化黑 1 H01013701

Solubilised Sulphur Black;C. I. Solubilised Sulphur Black 1

用于棉织物染色,还可直接用于黏胶原浆着色

【生产厂】[津]天津市染料厂分厂(3000 吨)〈P1600〉;[晋]山西临汾染化(集团)有限责任公司〈P1678〉

水溶性硫化黑 B H01013702

Solubilised Sulphur Black B

用于棉麻织物及黏胶、散纤维或毛涤的染色

【生产厂】[豫]安阳市谦和染料化工有限责任公司(1500 吨)〈P2209〉

硫化蓝 H01014601

Sulphur Blue

主要用于棉、黏胶纤维的染色

【生产厂】[皖]安徽省蚌埠市永艳染料化工有限公司(200 吨)〈P1975〉

硫化黄棕 H01014701

Sulphur Yellow Brown

主要用于棉麻织物印染着色

【生产厂】[苏]江苏省泰兴玺鑫化工有限公司〈P1822〉;[皖]安徽省蚌埠市永艳染料化工有限公司〈P1975〉;[豫]新乡市新辉染化厂(1000 吨)〈P2206〉

【使用厂】[豫]平顶山市染料化工厂〈P2192〉

硫化红棕 H01014801

Sulphur Red Brown

主要用于棉麻织物印染着色

【生产厂】[苏]江苏省泰兴玺鑫化工有限公司〈P1822〉;[皖]安徽省蚌埠市永艳染料化工有限公司〈P1975〉;[豫]新乡市新辉染化厂(1000 吨)〈P2206〉

直接染料 H01020000

Direct Dyes

主要用于棉、麻、黏胶、人造棉、人造丝、蚕

丝、混纺织物、纤维素纤维染色和印花

【生产厂】[京]北京染料厂〈P1557〉;[津]天津市染料化学公司(1万吨)〈P1600〉;天津微河化工染料有限公司〈P1615〉;天津格润化工有限公司〈P1572〉;天津市德爱化工新技术有限公司〈P1584〉;天津市大港区华浦化工厂(800吨)〈P1582〉;天津市大港染料厂(800吨)〈P1583〉;天津市大港宏利染料化工厂(300吨)〈P1582〉;天津市大港染化厂(8000吨)〈P1583〉;天津市大港染化一厂(300吨)〈P1583〉;天津兴隆化工厂〈P1616〉;天津市津南区振华化工厂(200吨)〈P1594〉;天津市胜达化工厂〈P1601〉;天津市聚发祥化工有限公司(1000吨)〈P1596〉;天津市津盛染料化工厂(1000吨)〈P1595〉;天津市津西兴达化工厂(1500吨)〈P1595〉;天津市津鑫福利化工厂(230吨)〈P1595〉;天津市鹏辉化工厂(3000吨)〈P1600〉;[冀]石家庄市中汇化工有限公司〈P1632〉;石家庄市灯塔化工厂〈P1629〉;河北永泰化工有限公司〈P1623〉;石家庄旭泰化工有限公司〈P1633〉;保定恒润化工有限公司〈P1645〉;[沪]上海染料有限公司〈P1758〉;[苏]无锡先进化药化工有限公司〈P1882〉;[鲁]临邑县德平染化厂(70吨)〈P2143〉;山东陵县阳光涂料助剂厂〈P2144〉;[豫]偃师市奥达化工厂(300吨)〈P2188〉

直接黄 GR;直接黄 GGR;直接草黄;C. I. 直接黄 24 H01020202

Direct Yellow GR;C. I. Direct Yellow 24

主要用于纸张及黏胶织物的染色

【生产厂】[冀]保定市满城县保满联营化工厂〈P1646〉;[豫]洛阳市海盛化工有限公司(800吨)〈P2184〉

直接黄 R;C. I. 直接黄 11 H01020301

Direct Yellow R;C. I. Direct Yellow 11

用于纸张及棉丝织物的染色

【生产厂】[津]天津市海帆化工染料有限公司〈P1587〉;天津市津西西琉城染料化工厂〈P1595〉;天津市旭升化工厂(400吨)〈P1609〉;[冀]沧州瑞东化工有限责任公司〈P1652〉;河北省东光县宏浩染料化工有限公司(600吨)〈P1655〉;霸州市胜芳镇东升福利染化厂〈P1657〉;保定市满城荣泰染料化工有限公司〈P1646〉;保定市满城县保满联营化工厂〈P1646〉

直接黄 L-5R;直接耐晒黄 RL;C. I. 直接黄 83 H01020312

Direct Yellow L-5R;C. I. Direct Yellow 83

用于毛纺织物染色

【生产厂】[冀]霸州市胜芳镇东升福利染化厂〈P1657〉

直接冻黄 G;直接冻黄 GX;C. I. 直接黄 12 H01020401

Chrysophenine G;C. I. Direct Yellow 12

用于棉、麻、黏胶等织物的染色,并可用于皮革、纸浆的染色,在弱酸性浴中可染丝和羊毛

【生产厂】[津]天津微河化工染料有限公司〈P1615〉;天津市海帆化工染料有限公司〈P1587〉;天津中津化工有限公司〈P1617〉;天津市津西西琉城染料化工厂〈P1595〉;天津市永合染化厂(1000吨)〈P1611〉;天津市大邱庄宏达化工有限公司(1500吨)〈P1583〉;[冀]石家庄冀华化工纺织有限公司〈P1627〉;河北省邢台市华普化工有限公司〈P1642〉;河北省东光县宏浩染料化工有限公司(600吨)〈P1655〉;泊头市天河化工有限公司(600吨)〈P1651〉;霸州市胜芳镇东升福利染化厂(1000吨)〈P1657〉;[鲁]临邑黄河化工有限公司(2万吨)〈P2143〉;德州信达化工有限公司(200吨)〈P2142〉;山东省乐陵市华虹染化有限公司(300吨)〈P2145〉;[豫]洛阳市海盛化工有限公司(500吨)〈P2184〉;偃师市诚意皮革化工厂〈P2188〉;偃师太学染化有限公司(300吨)〈P2189〉

直接橙 S;直接金黄;直接金黄 S;直接橙 BS;C. I. 直接橙 26 H01020501

Direct Orange S;C. I. Direct Orange 26

用于棉、麻、黏胶等织物的染色,还可用于蚕丝、锦纶、纸浆的染色

【生产厂】[津]天津微河化工染料有限公司〈P1615〉;天津市海帆化工染料有限公司〈P1587〉;天津市津南华利化工厂(600吨)〈P1594〉;天津天顺化工染料有限公司(100吨)〈P1615〉;天津市津西西琉城染料化工厂〈P1595〉;[冀]石家庄大海染料化工有限公司〈P1625〉;石家庄富强染料有限公司〈P1626〉;河北西海集团有限公司〈P1666〉;河北省邢台市华普化工有限公司〈P1642〉;邢台铁牛染料化工有限公司(300吨)〈P1644〉;沧州临港基尔达染料有限公司〈P1652〉;霸州市胜芳镇东升福利染化厂〈P1657〉;保定市满城县保满联营化工厂〈P1646〉;[鲁]济南金信洋染料有限公司(130吨)〈P2023〉;临邑黄河化工有限公司(8500吨)〈P2143〉;德州福鑫化工有限公司(200吨)〈P2141〉;德州佳兴化工有限公司〈P2142〉;德州信达化工有限公司(110吨)〈P2142〉;山东陵县阳光涂料助剂厂〈P2144〉;山东省乐陵市华虹染化有限公司(160吨)〈P2145〉;[豫]洛阳市曙光福利染化厂(500吨)〈P2186〉

直接桃红 5B;直接桃红 12B;C. I. 直接红 31;直接桃红 H01020601

Direct Pink 5B;C. I. Direct Red 31

主要用于各种棉、麻、丝纺织品的染色

【生产厂】[津]天津中津化工有限公司〈P1617〉;天津市津西西琉城染料化工厂〈P1595〉;天津市津西北方化工厂(650吨)〈P1595〉;[冀]石家庄冀华化工纺织有限公司〈P1627〉;沧州临港基尔达染料有限公司〈P1652〉;天津市吉帝化工厂(800吨)〈P1657〉;霸州市胜芳镇东升福利染化厂〈P1657〉;保定市满城荣泰染料化工有限公司〈P1646〉;保定市满城县保满联营化工厂〈P1646〉;[鲁]济南金信洋染料有限公司〈P2023〉;临邑黄河化工有限公司(6000吨)〈P2143〉;德州虹桥染料化工有限公司(180吨)〈P2142〉;德州信达化工有限公司(80吨)〈P2142〉;山东陵县阳光涂料助剂厂〈P2144〉;陵县东方染料厂(800吨)〈P2143〉;山东省乐陵市华虹染化有限公司(700吨)〈P2145〉;青岛市平度山林染料化工有限公司〈P2042〉;[豫]洛阳市曙光福利染化厂(500吨)〈P2186〉;洛阳瑞丰工业有限公司(81吨)〈P2183〉

直接耐酸大红 4BS;直接耐酸朱红 4BS;直接红 B;C. I. 直接红 23 H01020701

Direct Scarlet 4BS;C. I. Direct Red 23

主要用于棉和黏胶等纤维素纤维织物的染色

【生产厂】[津]天津微河化工染料有限公司〈P1615〉;天津市海帆化工染料有限公司〈P1587〉;天津市津南华利化工厂(100吨)〈P1594〉;天津天顺化工染料有限公司(200吨)〈P1615〉;天津中津化工有限公司〈P1617〉;天津市津西西琉城染料化工厂〈P1595〉;天津市旭升化工厂(200吨)〈P1609〉;[冀]石家庄冀华化工纺织有限公司〈P1627〉;石家庄大海染料化工有限公司〈P1625〉;石家庄富强染料有限公司〈P1626〉;河北西海集团有限公司〈P1666〉;衡水华邦化工有限公司〈P1667〉;河北省邢台市华普化工有限公司〈P1642〉;邢台铁牛染料化工有限公司(70吨)〈P1644〉;沧州临港基尔达染料有限公司〈P1652〉;天津市吉帝化工厂(400吨)〈P1657〉;河北省东光县宏浩染料化工有限公司(300吨)〈P1655〉;霸州市胜芳镇东升福利染化厂

〈P1657〉;保定市满城荣泰染料化工有限公司〈P1646〉;保定市满城县保满联营化工厂〈P1646〉;[鲁]济南金信洋染料有限公司(120吨)〈P2023〉;临邑黄河化工有限公司(6000吨)〈P2143〉;德州福鑫化工有限公司(300吨)〈P2141〉;德州虹桥染料化工有限公司(100吨)〈P2142〉;德州佳兴化工有限公司〈P2142〉;德州信达化工有限公司(2000吨)〈P2142〉;山东陵县阳光涂料助剂厂〈P2144〉;陵县东方染料厂(430吨)〈P2143〉;山东省乐陵市华虹染化有限公司(400吨)〈P2145〉;青岛市平度山林染料化工有限公司〈P2042〉;[豫]洛阳市曙光福利染化厂(400吨)〈P2186〉;洛阳瑞丰工业有限公司(81吨)〈P2183〉;洛阳市海盛化工有限公司(500吨)〈P2184〉;偃师市奥达化工厂(300吨)〈P2188〉

直接红 D-BL;C.I.直接红83 H01020811

Direct Red D-BL

用于混纺织物的染色

【生产厂】[津]天津天顺化工染料有限公司(50吨)〈P1615〉

直接大红 4B;直接朱红;刚果红;C.I.直接红28;直接煮红 H01020901

Direct Scarlet 4B;C.I.Direct Red 28

主要用于棉、麻、丝等纺织和纸制品的染色,也可用作指示剂

【生产厂】[冀]河北省邢台市华普化工有限公司〈P1642〉;保定市满城荣泰染料化工有限公司〈P1646〉

直接红 239 H01020921

Direct Red 239

【生产厂】[冀]保定市满城县保满联营化工厂〈P1646〉;[鲁]山东陵县阳光涂料助剂厂〈P2144〉

直接大红 4BE;C.I.直接红2 H01020930

Direct Scarlet 4BE;C.I.Direct Red 2

主要用于纤维素纤维的染色与印花

【生产厂】[津]天津中津化工有限公司〈P1617〉;天津市津西西琉城染料化工厂〈P1595〉;天津市旭升化工厂(200吨)〈P1609〉;[冀]石家庄富强染料有限公司〈P1626〉;河北西海集团有限公司〈P1666〉;沧州临港基尔达染料有限公司〈P1652〉;保定市满城荣泰染料化工有限公司〈P1646〉;保定市满城县保满联营化工厂〈P1646〉;[豫]洛阳市富通化工有限公司(1000吨)〈P2183〉;偃师市诚意皮革化工厂〈P2188〉

直接枣红 B;直接枣红;C.I.直接红13;直接枣红GB H01021201

Direct Bordeaux B;C.I.Direct Red 13

主要用于棉、黏胶织物的染色,也可用于蚕丝、锦纶纺织品的染色

【生产厂】[津]天津市津西西琉城染料化工厂〈P1595〉;[冀]石家庄富强染料有限公司〈P1626〉;河北西海集团有限公司〈P1666〉;保定市满城县保满联营化工厂〈P1646〉;[豫]洛阳市海盛化工有限公司(500吨)〈P2184〉

直接枣红 NGB;直接红酱NGB H01021401

Direct Bordeaux NGB

用于棉、黏胶及蚕丝等织物的染色

【生产厂】[苏]昆山市华泰染料化工有限公司〈P1897〉;[豫]偃师市诚意皮革化工厂〈P2188〉

直接耐酸枣红;耐酸枣红;直接耐酸红酱;C.I.直接红23 H01021601

Direct Fast Bordeaux;C.I.Direct Red 23

主要用于棉、麻、黏胶等织物的染色,尤其适用于棉针织品染色,也可用于蚕丝、锦纶等织物的染色

【生产厂】[鲁]临邑黄河化工有限公司(3000吨)〈P2143〉;德州信达化工有限公司(80吨)〈P2142〉

直接紫 N;直接青莲N;C.I.直接紫1 H01021801

Direct Violet N;C.I.Direct Violet 1

用于棉、黏胶等纤维的染色

【生产厂】[津]天津市津西西琉城染料化工厂〈P1595〉;[豫]洛阳市海盛化工有限公司(500吨)〈P2184〉;偃师市诚意皮革化工厂〈P2188〉

直接紫 B;C.I.直接紫9 H01021951

Direct Violet B;C.I.Direct Violet 9

【生产厂】[津]天津天顺化工染料有限公司(50吨)〈P1615〉;[冀]霸州市胜芳镇东升福利染化厂〈P1657〉

直接紫 R;直接青莲R;直接青莲(红光);C.I.直接紫12 H01022001

Direct Violet R;C.I.Direct Violet 12

主要用于棉、黏胶等织物的染色,也可用于蚕丝、纸张的染色

【生产厂】[津]天津市津西西琉城染料化工厂〈P1595〉;[豫]洛阳市海盛化工有限公司(300吨)〈P2184〉

直接混纺紫 D-5BL H01022051

Direct Blending Violet D-5BL

适用于混纺织物的染色

【生产厂】[苏]昆山市华泰染料化工有限公司〈P1897〉

直接湖蓝 5B;C.I.直接蓝15 H01022311

Direct Turquoise Blue 5B;C.I.Direct Blue 15

用于棉、麻、丝、锦纶、黏胶等纤维的染色,也可用于皮革、纸浆的着色

【生产厂】[津]天津市海帆化工染料有限公司〈P1587〉;天津市绿洲化工有限公司(1000吨)〈P1599〉;天津市津西西琉城染料化工厂〈P1595〉;天津市津西华瑞福利化工厂(1000吨)〈P1595〉;天津市聚发祥化工有限公司(500吨)〈P1596〉;[冀]河北省邢台市华普化工有限公司〈P1642〉;邢台铁牛染料化工有限公司(300吨)〈P1644〉;沧州临港基尔达染料有限公司〈P1652〉;[鲁]德州信达化工有限公司(60吨)〈P2142〉;[豫]洛阳瑞丰工业有限公司(80吨)〈P2183〉;偃师市诚意皮革化工厂〈P2188〉

直接蓝 2B;直接靛蓝2B;直接蓝2R;直接青蓝2B;C.I.直接蓝6 H01022601

Direct Blue 2B;C.I.Direct Blue 6

主要用于棉、黏胶、蚕丝等织物的染色,也可用于纸浆、生物的染色

【生产厂】[津]天津市津西西琉城染料化工厂〈P1595〉;天津市旭升化工厂(100吨)〈P1609〉;[冀]河北省邢台市华普化工有限公司〈P1642〉

直接混纺蓝 D-RGL;C.I.直接蓝70 H01022602

Direct Blending Blue D-RGL;C.I.Direct Blue 70

用于涤/棉、涤/黏混纺纤维和织物的一浴法染色

【生产厂】[苏]昆山市华泰染料化工有限公司〈P1897〉

直接混纺蓝 D-3GL H01022603

Direct Blending Blue D-3GL

用于涤/棉、涤/黏混纺纤维和织物的一浴法染色

【生产厂】[苏]昆山市华泰染料化工有限公司〈P1897〉

直接混纺翠蓝 D-BGL H01022611

Direct Blending Turquoise Blue D-BGL

适用于涤/黏、涤/棉混纺织物的一浴法染色

【生产厂】[苏]昆山市华泰染料化工有限公司〈P1897〉

直接蓝 4G H01022651

Direct Blue 4G;C. I. Direct Blue 78

【生产厂】[冀]保定市满城县保满联营化工厂〈P1646〉

直接铜盐蓝 2R;C. I. 直接蓝 151;直接铜蓝 KM;直接铜蓝 BB;直接藏青 B;直接深蓝 C-3R H01022801

Direct Copper Blue 2R;C. I. Direct Blue 151

用于棉、麻、丝、锦纶、黏胶等纤维的染色,也可用于皮革、纸浆的着色

【生产厂】[津]天津市绿洲化工有限公司(600 吨)〈P1599〉;天津市津西西琉城染料化工厂〈P1595〉;天津市津西华瑞福利化工厂(600 吨)〈P1595〉;天津市聚发祥化工有限公司(400 吨)〈P1596〉;[冀]石家庄冀华化工纺织有限公司〈P1627〉;河北省邢台市华普化工有限公司〈P1642〉;沧州临港基尔达染料有限公司〈P1652〉;[鲁]山东省乐陵市华虹染化有限公司(200 吨)〈P2145〉

直接混纺藏青 D-R;C. I. 直接蓝 297 H01022802

Direct Blending Navy Blue D-R;C. I. Direct Blue 297

用于涤/黏胶、涤/棉混纺织物一步一浴法染色工艺,也可用于棉、黏丝、毛等纤维的染色和印花

【生产厂】[晋]山西临汾染化(集团)有限责任公司〈P1678〉;[苏]昆山市华泰染料化工有限公司〈P1897〉

直接蓝 199 H01022811

Direct Blue 199;C. I. Direct Blue 199

【生产厂】[津]天津天顺化工染料有限公司(100 吨)〈P1615〉;[冀]保定市满城县保满联营化工厂〈P1646〉

直接蓝 297;直接深蓝 D-R H01022821

Direct Dark Blue D-R;C. I. Direct Blue 297

【生产厂】[津]天津天顺化工染料有限公司(10 吨)〈P1615〉

直接深蓝 L;直接铜蓝;直接铜蓝 W H01022901

Direct Dark Blue L

用于棉、麻、黏胶、丝等织物的染色

【生产厂】[冀]天津市吉帝化工厂(400 吨)〈P1657〉

直接绿 B;直接墨绿 B;直接煮绿;C. I. 直接绿 6 H01023001

Direct Green B;C. I. Direct Green 6

用于棉、麻、黏胶、锦纶等织物的染色,还可用于纸浆、肥皂的着色以及制造色淀颜料

【生产厂】[冀]河北省邢台市华普化工有限公司〈P1642〉;[豫]偃师市奥达化工厂(300 吨)〈P2188〉

直接墨绿 NB;直接深绿 NB H01023401

Direct Dark Green NB;C. I. Direct Green 89

用于棉、黏胶、丝绸等织物的染色

【生产厂】[苏]昆山市华泰染料化工有限公司〈P1897〉

直接墨绿 2BNB;C. I. 直接绿 85 H01023411

Direct Dark Green 2BNB;C. I. Direct Green 85

用于皮革、丝绸等染色

【生产厂】[津]天津市津西西琉城染料化工厂〈P1595〉

直接绿 DB H01023451

Direct Green DB;C. I. Direct Green 89

【生产厂】[冀]保定市满城荣泰染料化工有限公司〈P1646〉

直接黄棕 MD H01023611

Direct Yellow Brown MD

【生产厂】[津]天津市津西西琉城染料化工厂〈P1595〉;天津市聚发祥化工有限公司(500 吨)〈P1596〉;天津市旭升化工厂(100 吨)〈P1609〉

直接黄棕 D3G;直接金驼 D3G;C. I. 直接棕 1;直接金驼;直接黄棕 D3GE H01023701

Direct Yellow Brown D3G;C. I. Direct Brown 1

主要用于棉、黏胶等织物的染色,也可用于蚕丝、纸浆、皮革的着色

【生产厂】[津]天津市津西西琉城染料化工厂〈P1595〉

直接黄棕 3BR H01023791

Direct Yellow Brown 3BR

主要用于棉、黏胶等纤维素纤维织物的染色

【生产厂】[津]天津市津西西琉城染料化工厂〈P1595〉

直接黄棕 ND3G H01023801

Direct Yellow Brown ND3G

用于棉、黏胶、人造丝、蚕丝等织物的染色

【生产厂】[苏]昆山市华泰染料化工有限公司〈P1897〉;[豫]洛阳市曙光福利染化厂(450 吨)〈P2186〉

直接混纺棕 D-RS H01023902

Direct Blending Brown D-RS

用于涤/棉、涤/黏混纺织物一浴法染色

【生产厂】[苏]昆山市华泰染料化工有限公司〈P1897〉

直接红棕 RN H01024001

Direct Red Brown RN

主要用于棉、麻、黏胶等织物的染色

【生产厂】[津]天津市海帆化工染料有限公司〈P1587〉;天津市津西西琉城染料化工厂〈P1595〉;天津市聚发祥化工有限公司(100 吨)〈P1596〉;天津市旭升化工厂(100 吨)〈P1609〉;[冀]霸州市胜芳镇东升福利染化厂〈P1657〉;[鲁]临邑黄河化工有限公司(3000 吨)〈P2143〉;[豫]洛阳市曙光福利染化厂(400 吨)〈P2186〉

直接栗子棕 H01024002

Direct Chestnut Brown

【生产厂】[津]天津市津西西琉城染料化工厂〈P1595〉

直接红棕 LGN　H01024051

Direct Red Brown LGN

主要用于棉、黏胶等纤维素纤维织物染色，尤适用于棉针织品的染色

【生产厂】[冀]沧州临港基尔达染料有限公司〈P1652〉

直接深棕 M；直接红棕 M；直接深棕 ME；C. I. 直接棕 2　H01024101

Direct Dark Brown M；C. I. Direct Brown 2

主要用于棉、麻、黏胶等织物的染色，也可用于蚕丝、锦纶、纸浆、皮革的染色

【生产厂】[冀]河北省邢台市华普化工有限公司〈P1642〉；邢台铁牛染料化工有限公司(300 吨)〈P1644〉；天津市吉帝化工厂〈P1657〉；[豫]洛阳市曙光福利染化厂(550 吨)〈P2186〉；洛阳瑞丰工业有限公司(81 吨)〈P2183〉

直接深棕 MM；C. I. 直接棕 2　H01024201

Direct Dark Brown MM；C. I. Direct Brown 2

用于棉、黏胶、人造丝、真丝等织物的染色

【生产厂】[津]天津市海帆化工染料有限公司〈P1587〉；天津市津西西琉城染料化工厂〈P1595〉；天津市聚发祥化工有限公司(100 吨)〈P1596〉；[冀]霸州市胜芳镇东升福利染化厂〈P1657〉；[鲁]临邑黄河化工有限公司(3000 吨)〈P2143〉

直接深棕 NM　H01024302

Direct Dark Brown NM

用于棉、人造丝、真丝、黏胶等织物的染色

【生产厂】[苏]昆山市华泰染料化工有限公司〈P1897〉；[豫]洛阳市曙光福利染化厂(550 吨)〈P2186〉；偃师市诚意皮革化工厂〈P2188〉

直接灰 D；C. I. 直接黑 17；直接灰 6BR　H01024401

Direct Grey D；Direct Grey 6BR；C. I. Direct Black 17

主要用于棉、麻、黏胶等织物的染色

【生产厂】[津]天津中津化工有限公司〈P1617〉；天津市津西西琉城染料化工厂〈P1595〉；天津市聚发祥化工有限公司(200 吨)〈P1596〉；[冀]霸州市胜芳镇东升福利染化厂〈P1657〉；[豫]洛阳瑞丰工业有限公司(96 吨)〈P2183〉

直接黑 BNN；直接黑 TBRN；C. I. 直接黑 154　H01024601

Direct Black BNN；C. I. Direct Black 154

用于棉、人造丝、丝绸的染色和印花以及皮革的着色

【生产厂】[苏]江苏省泰兴玺鑫化工有限公司〈P1822〉；[豫]洛阳市曙光福利染化厂(550 吨)〈P2186〉；偃师市诚意皮革化工厂〈P2188〉

直接黑 SB　H01024701

Direct Black SB

主要用于棉、黏胶等纤维素纤维织物的染色

【生产厂】[辽]丹东深兰化工有限公司〈P1700〉

直接黑 ANBN　H01024751

Direct Black ANBN

主要用于棉、黏胶等纤维素纤维织物的染色

【生产厂】[豫]洛阳市曙光福利染化厂(550 吨)〈P2186〉

直接黑 FF；C. I. 直接黑 9　H01024801

Direct Black FF；C. I. Direct Black 9

用于棉、黏胶等织物的染色

【生产厂】[津]天津市海帆化工染料有限公司〈P1587〉

直接黑 BN；直接青光元；直接元；直接元青；直接黑 BX；直接黑 EX；直接黑 38　H01024802

Direct Black BN；C. I. Direct Black 38

主要用于棉、黏胶、丝绸、麻的染色与印花

【生产厂】[津]天津微河化工染料有限公司〈P1615〉；天津市海帆化工染料有限公司〈P1587〉；天津中津化工有限公司〈P1617〉；天津市津西西琉城染料化工厂〈P1595〉；[冀]石家庄冀华化工纺织有限公司〈P1627〉；石家庄大海染料化工有限公司〈P1625〉；河北西海集团有限公司〈P1666〉；河北省邢台市华普化工有限公司〈P1642〉；沧州临港基尔达染料有限公司〈P1652〉；天津市吉帝化工厂〈P1657〉；河北省东光县宏浩染料化工有限公司〈P1655〉；保定市满城县保满联营化工厂〈P1646〉；[鲁]陵县汇源化工有限公司(80 吨)〈P2143〉；[豫]洛阳市曙光福利染化厂(500 吨)〈P2186〉

直接黑 ET　H01024803

Direct Black ET

主要用于棉、麻、半毛织品、黏胶皮革、纸张、墨水、特别丝绸等品种的染色

【生产厂】[冀]河北省邢台市华普化工有限公司〈P1642〉

直接黑 PS；C. I. 直接黑 168；直接黑 GB　H01024805

Direct Black PS；C. I. Direct Black 168

用于染皮革、丝等

【生产厂】[辽]丹东市化工研究所有限责任公司〈P1700〉；[鲁]山东陵县阳光涂料助剂厂〈P2144〉；[豫]洛阳市曙光福利染化厂(500 吨)〈P2186〉

直接耐晒嫩黄 5GL；直接耐晒嫩黄 5G；C. I. 直接黄 27　H01025001

Direct Fast Brilliant Yellow 5GL；C. I. Direct Yellow 27

用于棉、麻、黏胶等织物的染色，也可用于蚕丝、羊毛、锦纶、皮革、纸浆的染色

【生产厂】[津]天津市海帆化工染料有限公司〈P1587〉；天津市长城友兴化工有限公司(80 吨)〈P1581〉；天津市津西西琉城染料化工厂〈P1595〉；天津市旭升化工厂(300 吨)〈P1609〉；[冀]石家庄冀华化工纺织有限公司〈P1627〉；河北省东光县宏浩染料化工有限公司(100 吨)〈P1655〉；[鲁]山东阳光颜料有限公司(100 吨)〈P2133〉；[豫]开封染料化工厂(15 吨)〈P2177〉

直接耐晒黄 RS；直接耐晒嫩黄 FR；C. I. 直接黄 50　H01025101

Direct Fast Yellow RS；C. I. Direct Yellow 50

主要用于棉织物的染色

【生产厂】[津]天津市津西西琉城染料化工厂〈P1595〉；天津市旭升化工厂(200 吨)〈P1609〉；[鲁]德州信达化工有限公司(150 吨)〈P2142〉

直接耐晒橙 GGL；直接耐晒橘黄 2GL；C. I. 直接橙 39　H01025201

Direct Fast Orange GGL；C. I. Direct Orange 39

主要用于黏胶和黏胶丝织物的染色和印花
【生产厂】[冀]保定市满城县保满联营化工厂〈P1646〉;[晋]山西临汾染化(集团)有限责任公司〈P1678〉;[苏]昆山市华泰染料化工有限公司〈P1897〉

直接耐晒橙 7GL H01025211
Direct Fast Orange 7GL; C. I. Direct Orange 46
【生产厂】[冀]保定市满城县保满联营化工厂〈P1646〉

直接耐晒翠蓝 GL;锡利翠蓝 GL;直接耐晒宝石蓝;直接翠蓝 L-G;C. I. 直接蓝 86 H01025401
Direct Fast Turquoise Blue GL; C. I. Direct Blue 86
主要用于棉、黏胶纤维的染色,也用于蚕丝、皮革、纸浆的着色
【生产厂】[津]天津微河化工染料有限公司〈P1615〉;天津市海帆化工染料有限公司〈P1587〉;天津市津西西琉城染料化工厂〈P1595〉;天津市杨柳青福利化工厂(200 吨)〈P1610〉;[冀]石家庄冀华化工纺织有限公司〈P1627〉;石家庄市井陉微河化工厂〈P1630〉;石家庄大海染料化工有限公司〈P1625〉;石家庄富强染料有限公司〈P1626〉;衡水华邦化工有限公司〈P1667〉;河北省邢台市华普化工有限公司〈P1642〉;河北省东光县宏浩染料化工有限公司〈P1655〉;[鲁]济南金信洋染料有限公司(160 吨)〈P2023〉;临邑黄河化工有限公司(1500 吨)〈P2143〉;德州福鑫化工有限公司(100 吨)〈P2141〉;德州虹桥染料化工有限公司(400 吨)〈P2142〉;德州佳兴化工有限公司〈P2142〉;德州信达化工有限公司(200 吨)〈P2142〉;山东陵县阳光涂料助剂厂〈P2144〉;山东省乐陵市华虹染化有限公司(450 吨)〈P2145〉;青岛市平度山林染料化工有限公司〈P2042〉

直接翠蓝 GL H01025402
Direct Turquoise Blue GL
主要用于丝、棉纺织品的印染
【生产厂】[冀]石家庄市井陉微河化工厂〈P1630〉

直接耐晒翠蓝 GB H01025431
Direct Fast Turquoise Blue GB
【生产厂】[冀]霸州市胜芳镇东升福利染化厂〈P1657〉

直接耐晒蓝 H01025500
Direct Fast Blue
【生产厂】[津]天津市西青区金宏展彩色铁粉厂(800 吨)〈P1607〉;[冀]保定市满城县保满联营化工厂〈P1646〉

直接耐晒蓝 B2RL;直接耐晒蓝 B2R;C. I. 直接蓝 71 H01025501
Direct Fast Blue B2RL; C. I. Direct Blue 71
主要用于棉、麻、黏胶等织物的染色,也可用于蚕丝、锦纶、皮革、纸浆等的染色
【生产厂】[津]天津市津西西琉城染料化工厂〈P1595〉;[冀]衡水华邦化工有限公司〈P1667〉;霸州市胜芳镇东升福利染化厂〈P1657〉;[苏]昆山市华泰染料化工有限公司〈P1897〉;[鲁]山东陵县阳光涂料助剂厂〈P2144〉;山东省乐陵市华虹染化有限公司(300 吨)〈P2145〉

直接耐晒蓝 BRL H01025551
Direct Fast Blue BRL; C. I. Direct Blue 201
【生产厂】[鲁]山东陵县阳光涂料助剂厂〈P2144〉

直接耐晒蓝 RGL;直接耐晒蓝 FG;C. I. 直接蓝 70 H01025601
Direct Fast Blue RGL; C. I. Direct Blue 70
用于棉、麻、黏胶、蚕丝等织物的染色
【生产厂】[苏]昆山市华泰染料化工有限公司〈P1897〉;[鲁]临邑黄河化工有限公司(2000 吨)〈P2143〉

直接耐晒蓝 FRL;C. I. 直接蓝 72 H01025701
Direct Fast Blue FRL; C. I. Direct Blue 72
用于棉、黏胶、丝绸等织物的染色
【生产厂】[津]天津市大港区华浦化工厂(100 吨)〈P1582〉

直接耐晒棕 BRS;直接耐晒棕 PRS;C. I. 直接棕 95 H01025801
Direct Fast Brown BRS; C. I. Direct Brown 95
主要用于棉织物的染色
【生产厂】[冀]保定市满城荣泰染料化工有限公司〈P1646〉;[鲁]山东陵县阳光涂料助剂厂〈P2144〉

直接耐晒棕 S-BR H01025851
Direct Fast Brown S-BR
【生产厂】[苏]昆山市华泰染料化工有限公司〈P1897〉

直接耐晒灰 LBN;C. I. 直接黑 56 H01026501
Direct Fast Grey LBN; C. I. Direct Black 56
主要用于棉、麻、黏胶等织物的染色,也可用于蚕丝、皮革和纸浆的染色
【生产厂】[津]天津市海帆化工染料有限公司〈P1587〉;天津市津西西琉城染料化工厂〈P1595〉

直接耐晒黑 G;直接耐晒黑 L-3BG;直接耐晒黑;C. I. 直接黑 19 H01026601
Direct Fast Black G; C. I. Direct Black 19
主要用于棉、黏胶纤维的染色,也可用于皮革、蚕丝、纸张等的染色
【生产厂】[津]天津市海帆化工染料有限公司〈P1587〉;天津中津化工有限公司〈P1617〉;天津市津西西琉城染料化工厂〈P1595〉;天津市永合染化厂(800 吨)〈P1611〉;[冀]石家庄冀华化工纺织有限公司〈P1627〉;河北西海集团有限公司〈P1666〉;河北省邢台市华普化工有限公司〈P1642〉;邢台铁牛染料化工有限公司(200 吨)〈P1644〉;天津市吉帝化工厂〈P1657〉;河北省东光县宏浩染料化工有限公司〈P1655〉;霸州市胜芳镇东升福利染化厂(1100 吨)〈P1657〉;[晋]山西临汾染化(集团)有限责任公司〈P1678〉;[沪]上海建北有机化工有限公司〈P1742〉;[浙]杭州福德化工有限公司〈P1917〉;杭州萧山飞翔化工有限公司(500 吨)〈P1923〉;[鲁]临邑黄河化工有限公司(2000 吨)〈P2143〉;山东省乐陵市华虹染化有限公司(1000 吨)〈P2145〉;青岛市平度山林染料化工有限公司〈P2042〉;[豫]洛阳市曙光福利染化厂(450 吨)〈P2186〉

直接耐晒黑 GF;C. I. 直接黑 22;直接元灰 AB;直接黑 L-2BG H01026701
Direct Fast Black GF; C. I. Direct Black 22
用于棉、黏胶等织物的染色
【生产厂】[津]天津市海帆化工染料有限公司〈P1587〉;[冀]石家庄大海染料化工有限公司〈P1625〉;石家庄富强染料有限公司〈P1626〉;河北西海集团有限公司〈P1666〉;河北省邢台市华普化工有限公司〈P1642〉;天津市吉帝化工厂〈P1657〉;霸州市胜芳镇东升福利染化厂〈P1657〉;[苏]昆

山市华泰染料化工有限公司〈P1897〉;[豫]洛阳市曙光福利染化厂(450 吨)〈P2186〉;偃师市诚意皮革化工厂〈P2188〉

直接耐晒黑 FF　H01026801
Direct Fast Black FF;C. I. Direct Black 9
用于棉、黏胶等织物的染色
【生产厂】[冀]天津市吉帝化工厂〈P1657〉

直接耐晒黑 VSF;C. I. 直接黑 22　H01026851
Direct Fast Black VSF;C. I. Direct Black 22
用于棉、黏胶等织物的染色
【生产厂】[冀]石家庄富强染料有限公司〈P1626〉;保定市满城荣泰染料化工有限公司〈P1646〉;[苏]昆山市华泰染料化工有限公司〈P1897〉

直接耐晒绿 BLL　H01026901
Direct Fast Green BLL;C. I. Direct Green 26
【生产厂】[津]天津市津西西琉城染料化工厂〈P1595〉

直接艳黄 6GF;C. I. 直接黄 157　H01027001
Direct Brilliant Yellow 6GF;C. I. Direct Yellow 157
主要用于纸张染色及纯棉、丝绸织物的增艳调色
【生产厂】[津]天津市长城友兴化工有限公司(100 吨)〈P1581〉;[辽]鞍山市兴懋化工有限责任公司〈P1696〉

直接绿 BE;C. I. 直接绿 1　H01027302
Direct Green BE;C. I. Direct Green 1
【生产厂】[津]天津微河化工染料有限公司〈P1615〉;天津市津西西琉城染料化工厂〈P1595〉;[冀]石家庄富强染料有限公司〈P1626〉;河北省邢台市华普化工有限公司〈P1642〉;秦皇岛秦燕化工有限公司〈P1637〉;保定市满城县保满联营化工厂〈P1646〉;[豫]洛阳市曙光福利染化厂(400 吨)〈P2186〉

直接耐晒黄 RR　H01027801
Direct Fast Yellow RR
用于棉及纤维的染色
【生产厂】[豫]开封染料化工厂(10 吨)〈P2177〉

直接耐晒艳黄 6G　H01027831
Direct Fast Brilliant Yellow 6G
【生产厂】[冀]霸州市胜芳镇东升福利染化厂〈P1657〉

直接耐晒黄 PG　H01027851
Direct Fast Yellow PG
【生产厂】[冀]保定市满城荣泰染料化工有限公司〈P1646〉

直接耐晒黄 G;C. I. 直接黄 49　H01027891
Direct Fast Yellow G;C. I. Direct Yellow 49
适用于棉或黏胶纤维的染色,还可用于皮革和纸张的着色
【生产厂】[冀]沧州临港基尔达染料有限公司〈P1652〉;保定市满城县保满联营化工厂〈P1646〉

直接耐晒红 F3B;沙拉艳红 BA;直接耐晒红 BA;C. I. 直接红 80　H01028201
Direct Fast Red F3B;C. I. Direct Red 80
较多用于黏胶织物的染色,少量用于印花
【生产厂】[浙]宁波市鄞州兴华化工厂〈P1933〉

直接耐晒红 4B　H01028211
Direct Fast Red 4B
【生产厂】[津]天津市津西西琉城染料化工厂〈P1595〉;[冀]保定市满城县保满联营化工厂〈P1646〉;[苏]昆山市华泰染料化工有限公司〈P1897〉

直接耐晒红 F2G;C. I. 直接红 224　H01028261
Direct Fast Red F2G;C. I. Direct Red 224
【生产厂】[冀]保定市满城荣泰染料化工有限公司〈P1646〉

直接黑 OB;80 号黑　H01028502
Direct Black OB;C. I. Direct Black 80
用于棉、麻的染色
【生产厂】[苏]昆山市华泰染料化工有限公司〈P1897〉

酸性染料　H01030000
Acid Dyes
是一类用途广泛的染料,主要用于散毛、呢绒、毛条、毛线、蚕丝、锦纶、皮革、纸张、金属等着色
【生产厂】[津]天津市染料化学公司(8000 吨)〈P1600〉;天津微河化工染料有限公司〈P1615〉;天津市英禧工贸有限公司〈P1611〉;天津市染料化学第八厂(500 吨)〈P1600〉;天津市染料化学第二厂(1000 吨)〈P1600〉;天津格润化工有限公司〈P1572〉;天津市大港区华浦化工厂(500 吨)〈P1582〉;天津市大港染料厂(1000 吨)〈P1583〉;天津市大港宏利染料化工厂(300 吨)〈P1582〉;天津市大港染化一厂(200 吨)〈P1583〉;天津兴隆化工厂〈P1616〉;天津市宝双化工有限公司(400 吨)〈P1579〉;天津市津南区振华化工厂(100 吨)〈P1594〉;天津市胜达化工厂〈P1601〉;天津市津西北方化工厂(400 吨)〈P1595〉;天津市聚发祥化工有限公司(300 吨)〈P1596〉;天津三环化学有限公司(5000 吨)〈P1577〉;天津市津西兴达化工厂(300 吨)〈P1595〉;天津市津鑫福利化工厂(180 吨)〈P1595〉;天津市鹏辉化工厂(3000 吨)〈P1600〉;[冀]石家庄市中汇化工有限公司〈P1632〉;河北永泰化工有限公司〈P1623〉;石家庄旭泰化工有限公司〈P1633〉;保定恒润化工有限公司〈P1645〉;保定市顺达染化厂〈P1646〉;[辽]丹东深兰化工有限公司〈P1700〉;[苏]无锡先进化药化工有限公司〈P1882〉;泰兴市兴汉染料化工有限公司〈P1826〉;[浙]上虞市光明化工厂〈P1948〉;[鲁]临邑县德平染化厂(200 吨)〈P2143〉;淄博金鲁染料化工有限公司〈P2063〉;[豫]开封染料化工厂(300 吨)〈P2177〉;[粤]汕头市盛腾助剂有限公司〈P2277〉
【使用厂】[沪]上海韩雄染料化工有限公司〈P1735〉

酸性嫩黄 G;酸性淡黄 G;C. I. 酸性黄 11　H01030101
Acid Light Yellow G;C. I. Acid Yellow 11
主要用于羊毛、蚕丝、锦纶织物的染色,并可在毛织物上直接印花
【生产厂】[津]天津市英禧工贸有限公司〈P1611〉;天津市海帆化工染料有限公司〈P1587〉;天津市津西西琉城染料化工厂〈P1595〉;天津市大邱庄宏达化工有限公司(700 吨)〈P1583〉;[冀]沧州瑞东化工有限责任公司〈P1652〉;霸州市胜芳镇东升福利染化厂〈P1657〉;[苏]常熟市染料化工厂(300 吨)〈P1890〉;连云港双蝶染料化工有限公司〈P1800〉;[浙]上虞市南华化工厂〈P1948〉

酸性嫩黄 2G;酸性艳黄 2G;酸性嫩黄 2GS;酸性淡黄 2C;酸性嫩黄 GG;C. I. 酸性黄 17　H01030201

Acid Light Yellow 2G; C. I. Acid Yellow 17

主要用于毛、丝、锦纶织物的染色,并能在毛、丝织物上直接印花,还可用于皮革、纸张和电化铝的着色

【生产厂】[津]天津市英禧工贸有限公司〈P1611〉;天津市海帆化工染料有限公司〈P1587〉;天津市亚中染料有限公司(100吨)〈P1610〉;天津市津西西琉城染料化工厂〈P1595〉;[冀]沧州临港基尔达染料有限公司〈P1652〉;霸州市胜芳镇东升福利染化厂〈P1657〉;[苏]常熟市染料化工厂(100吨)〈P1890〉;[浙]上虞市南华化工厂〈P1948〉;金华恒利康化工有限公司〈P1953〉;金华双宏化工有限公司〈P1953〉

酸性金黄 G;酸性皂黄;酸性金黄2G;C. I. 酸性黄 36 H01030401

Acid Golden Yellow G; C. I. Acid Yellow 36

主要用于肥皂的着色和毛、丝、皮革、纸张等的染色

【生产厂】[津]天津微河化工染料有限公司〈P1615〉;天津市英禧工贸有限公司〈P1611〉;天津市海帆化工染料有限公司〈P1587〉;天津市津南华利化工厂(400吨)〈P1594〉;天津中津化工有限公司〈P1617〉;天津市津西西琉城染料化工厂〈P1595〉;天津市大邱庄宏达化工有限公司(800吨)〈P1583〉;[冀]沧州临港基尔达染料有限公司(200吨)〈P1652〉;霸州市胜芳镇东升福利染化厂〈P1657〉;保定市满城荣泰染料化工有限公司〈P1646〉;保定市满城县保满联营化工厂〈P1646〉;[苏]连云港双蝶染料化工有限公司〈P1800〉;[豫]偃师市诚意皮革化工厂〈P2188〉

酸性橙 G;C. I. 酸性橙 10 H01030501

Acid Orange G; C. I. Acid Orange 10

主要用于蚕丝、毛织品的染色和印花

【生产厂】[浙]金华恒利康化工有限公司〈P1953〉;金华双宏化工有限公司〈P1953〉

酸性橙 X H01030521

Acid Orange X; C. I. Acid Orange 10

【生产厂】[鲁]山东陵县阳光涂料助剂厂〈P2144〉

酸性橙Ⅱ;酸性金黄Ⅱ;酸性艳橙GR;C. I. 酸性橙 7 H01030601

Acid Orange Ⅱ; C. I. Acid Orange 7

主要用于毛、丝及锦纶织品染色和印花,也可用于皮革、纸张的着色

【生产厂】[津]天津市海帆化工染料有限公司〈P1587〉;天津市亚中染料有限公司(100吨)〈P1610〉;天津中津化工有限公司〈P1617〉;天津市津西西琉城染料化工厂〈P1595〉;[冀]石家庄市灯塔化工厂〈P1629〉;石家庄市新华染料化工厂(120吨)〈P1631〉;石家庄大海染料化工有限公司〈P1625〉;石家庄富强染料有限公司〈P1626〉;石家庄市麟鑫化工有限公司〈P1630〉;河北西海集团有限公司〈P1666〉;河北省邢台市华普化工有限公司〈P1642〉;邢台铁牛染料化工有限公司(380吨)〈P1644〉;沧州临港基尔达染料有限公司〈P1652〉;天津市吉帝化工厂〈P1657〉;沧州瑞东化工有限责任公司〈P1652〉;霸州市胜芳镇东升福利染化厂〈P1657〉;保定市满城荣泰染料化工有限公司〈P1646〉;保定市满城县保满联营化工厂〈P1646〉;[沪]上海建北有机化工有限公司〈P1742〉;[苏]常熟市染料化工厂(50吨)〈P1890〉;连云港双蝶染料化工有限公司〈P1800〉;江苏省高邮市化工厂〈P1816〉;[浙]杭州安隆达化工有限公司〈P1915〉;杭州萧山飞翔化工有限公司(200吨)〈P1923〉;[鲁]山东省乐陵市华虹染化有限公司(600吨)〈P2145〉;青岛市平度山林染料化工有限公司〈P2042〉;[豫]洛阳市曙光福利染化厂(500吨)〈P2186〉

【使用厂】[豫]洛阳瑞丰工业有限公司〈P2183〉

弱酸性橙 3G H01030611

Weak Acid Orange 3G; C. I. Acid Orange 156

【生产厂】[浙]杭州安隆达化工有限公司〈P1915〉;金华双宏化工有限公司〈P1953〉

弱酸性橙 2R;C. I. 酸性橙 33 H01030691

Weak Acid Orange 2R; C. I. Acid Orange 33

主要用于羊毛、丝绸和锦纶织物的印花与染色,也可用于皮革的染色

【生产厂】[冀]保定市满城荣泰染料化工有限公司〈P1646〉

酸性红 3B;酸性桃红 3B;酸性红 6B H01030701

Acid Pink 3B; C. I. Acid Red 35

主要用于羊毛、蚕丝织物的染色和印花

【生产厂】[苏]常熟市染料化工厂(50吨)〈P1890〉;江苏省高邮市化工厂〈P1816〉

酸性红 3BN;C. I. 酸性红 131 H01030721

Acid Red 3BN; C. I. Acid Red 131

【生产厂】[津]天津中兴精细化工有限公司〈P1618〉;[浙]杭州安隆达化工有限公司〈P1915〉

弱酸性桃红 BS;卡普蓝桃红 BS;弱酸性桃红 B H01030801

Weak Acid Pink BS; C. I. Acid Red 138

主要用于真丝、榨蚕丝、锦纶及毛织物的染色

【生产厂】[辽]丹东深兰化工有限公司〈P1700〉;[浙]杭州安隆达化工有限公司〈P1915〉;金华恒利康化工有限公司〈P1953〉

酸性红 G;酸性大红 G;C. I. 酸性红 1 H01030901

Acid Scarlet G; C. I. Acid Red 1

主要用于毛织物的染色及毛、丝、锦纶织物的印花,也可用于制造色淀、墨水及化妆品、纸张、肥皂、木材等着色

【生产厂】[津]天津市英禧工贸有限公司〈P1611〉;天津市亚中染料有限公司(100吨)〈P1610〉;天津市津西西琉城染料化工厂〈P1595〉;天津市大邱庄宏达化工有限公司(600吨)〈P1583〉;[冀]沧州临港基尔达染料有限公司〈P1652〉;[苏]常熟市染料化工厂(100吨)〈P1890〉;连云港双蝶染料化工有限公司〈P1800〉;江苏省高邮市化工厂〈P1816〉;[浙]金华双宏化工有限公司〈P1953〉

酸性红 FRL;C. I. 酸性红 337 H01030905

Acid Red FRL; C. I. Acid Red 337

【生产厂】[苏]常熟市染料化工厂〈P1890〉

酸性红 M;C. I. 酸性红 142 H01030951

Acid Red M; C. I. Acid Red 142

【生产厂】[鲁]山东陵县阳光涂料助剂厂〈P2144〉

酸性红 NY H01030991

Acid Red NY; C. I. Acid Red 444

【生产厂】[鲁]山东陵县阳光涂料助剂厂〈P2144〉

H

酸性大红 GR；酸性朱红；酸性大红105；酸性大红GB；C.I.酸性红73 H01031001

Acid Scarlet GR；C.I. Acid Red 73

主要用于羊毛、丝织物及纸张、皮革的染色，还可用于塑料、电化铝、水泥的着色

【生产厂】[津]天津市英禧工贸有限公司〈P1611〉；天津市海帆化工染料有限公司〈P1587〉；天津市津西西琉城染料化工厂〈P1595〉；天津市大邱庄宏达化工有限公司(1000吨)〈P1583〉；[冀]沧州临港基尔达染料有限公司(150吨)〈P1652〉；[苏]连云港双蝶染料化工有限公司〈P1800〉；江苏省高邮市化工厂〈P1816〉；[浙]金华双宏化工有限公司〈P1953〉；[鲁]青岛市平度山林染料化工有限公司〈P2042〉；山东济宁运河染料化工厂(200吨)〈P2131〉；[豫]偃师市诚意皮革化工厂〈P2188〉

酸性大红 RS；酸性红RS H01031101

Acid Scarlet RS；C.I. Acid Red 114

用于丝及毛织物的染色

【生产厂】[苏]常熟市染料化工厂〈P1890〉；[浙]上虞市南华化工厂〈P1948〉；金华双宏化工有限公司〈P1953〉；[鲁]山东陵县阳光涂料助剂厂〈P2144〉

H

酸性大红 3R；酸性大红121；C.I.酸性红18 H01031201

Acid Scarlet 3R；C.I. Acid Red 18

主要用于丝、毛、锦纶织物的染色，也可用于皮革、纸张、麻、草的染色

【生产厂】[津]天津市英禧工贸有限公司〈P1611〉；天津市亚中染料有限公司(100吨)〈P1610〉；天津中津化工有限公司〈P1617〉；天津市津西西琉城染料化工厂〈P1595〉；天津市聚发祥化工有限公司(300吨)〈P1596〉；天津市永合染化厂(800吨)〈P1611〉；天津市大邱庄宏达化工有限公司(950吨)〈P1583〉；[冀]石家庄大海染料化工有限公司〈P1625〉；石家庄富强染料有限公司〈P1626〉；河北省邢台市华普化工有限公司〈P1642〉；邢台铁牛染料化工有限公司(400吨)〈P1644〉；沧州临港基尔达染料有限公司〈P1652〉；天津市吉帝化工厂(300吨)〈P1657〉；保定市满城县保满联营化工厂〈P1646〉；[苏]常熟市染料化工厂(100吨)〈P1890〉；连云港双蝶染料化工有限公司〈P1800〉；江苏省高邮市化工厂〈P1816〉；[鲁]山东陵县阳光涂料助剂厂〈P2144〉；青岛市平度山林染料化工有限公司〈P2042〉

酸性红 A；C.I.酸性红88 H01031301

Acid Red A；C.I. Acid Red 88

主要用于毛、蚕丝、锦纶织物染色以及毛、丝织物的直接印花

【生产厂】[冀]邢台铁牛染料化工有限公司(400吨)〈P1644〉；沧州临港基尔达染料有限公司〈P1652〉；保定市满城县保满联营化工厂〈P1646〉；[苏]常熟市染料化工厂〈P1890〉；连云港双蝶染料化工有限公司〈P1800〉；江苏省高邮市化工厂〈P1816〉；[浙]上虞市南华化工厂〈P1948〉；[鲁]山东陵县阳光涂料助剂厂〈P2144〉；青岛市平度山林染料化工有限公司〈P2042〉

酸性红 PE；C.I.酸性红9 H01031351

Acid Red PE；C.I. Acid Red 9

【生产厂】[苏]江苏省高邮市化工厂〈P1816〉

酸性红 B；酸性紫红B；酸性枣红；酸性红4B；C.I.酸性红14 H01031401

Acid Red B；C.I. Acid Red 14

主要用于毛、丝、锦纶织物的染色和印花，还可用于制造色淀、墨水及皮革、纸张

【生产厂】[津]天津市英禧工贸有限公司〈P1611〉；天津市海帆化工染料有限公司〈P1587〉；天津市亚中染料有限公司(100吨)〈P1610〉；天津市津西西琉城染料化工厂〈P1595〉；天津市大邱庄宏达化工有限公司(850吨)〈P1583〉；[冀]河北省邢台市华普化工有限公司〈P1642〉；沧州临港基尔达染料有限公司(300吨)〈P1652〉；霸州市胜芳镇东升福利染化厂〈P1657〉；保定市满城荣泰染料化工有限公司〈P1646〉；保定市满城县保满联营化工厂〈P1646〉；[苏]常熟市染料化工厂(100吨)〈P1890〉；江苏省高邮市化工厂〈P1816〉；[浙]杭州安隆达化工有限公司〈P1915〉；[鲁]山东陵县阳光涂料助剂厂〈P2144〉；青岛市平度山林染料化工有限公司〈P2042〉；[豫]偃师市诚意皮革化工厂〈P2188〉

酸性红 2B；C.I.酸性红361 H01031404

Acid Red 2B；C.I. Acid Red 361

【生产厂】[浙]上虞市南华化工厂〈P1948〉；金华双宏化工有限公司〈P1953〉

酸性玫瑰红 B；柴林红B；磺化罗丹明B；酸性桃红B；C.I.酸性红52 H01031501

Acid Rhodamine B；C.I. Acid Red 52

主要用于丝绸、尼龙、毛纺等织物染色，可染单色也可以拼色

【生产厂】[津]天津市染料化学第二厂(500吨)〈P1600〉；[辽]丹东市精细化工厂〈P1700〉；丹东市化工研究所有限责任公司〈P1700〉；[苏]常熟市染料化工厂〈P1890〉；[浙]杭州安隆达化工有限公司〈P1915〉；上虞市南华化工厂〈P1948〉

酸性玫瑰红 3B H01031511

Acid Rhodamine 3B；C.I. Acid Violet 12

【生产厂】[冀]保定市满城荣泰染料化工有限公司〈P1646〉

酸性红 F-2R H01031571

Acid Red F-2R；C.I. Acid Red 151

【生产厂】[鲁]山东陵县阳光涂料助剂厂〈P2144〉

酸性品红 6B；C.I.酸性紫7 H01031601

Acid Fuchsine 6B；C.I. Acid Violet 7

主要用于羊毛、蚕丝织物以及皮革、纸张的染色，也可用于肥皂、木材和化妆品的着色

【生产厂】[津]天津市亚中染料有限公司(100吨)〈P1610〉；天津市津西西琉城染料化工厂〈P1595〉；天津市大邱庄宏达化工有限公司(500吨)〈P1583〉；[冀]沧州临港基尔达染料有限公司(150吨)〈P1652〉；[苏]常熟市染料化工厂(80吨)〈P1890〉；江苏省高邮市化工厂〈P1816〉

酸性湖蓝 A；A字湖蓝；C.I.酸性蓝7 H01031801

Acid Turquoise Blue A；C.I. Acid Blue 7

主要用于毛、丝、锦纶织物的染色及毛、丝织物的印花，还可用于纸张、化妆品、肥皂、皮革等的着色

【生产厂】[津]天津微河化工染料有限公司〈P1615〉；天津市英禧工贸有限公司〈P1611〉；天津市海帆化工染料有限公司〈P1587〉；天津市染料化学第二厂(500吨)〈P1600〉；天津中津化工有限公司〈P1617〉；天津中兴精细化工有限公

司(600 吨)〈P1618〉;天津市津西西琉城染料化工厂〈P1595〉;天津市聚发祥化工有限公司(500 吨)〈P1596〉;[冀]沧州临港基尔达染料有限公司〈P1652〉;天津市吉帝化工厂〈P1657〉;[辽]丹东深兰化工有限公司(100 吨)〈P1700〉;[浙]金华恒利康化工有限公司〈P1953〉;[豫]偃师市诚意皮革化工厂〈P2188〉;开封染料化工厂(50 吨)〈P2177〉

酸性湖蓝 V;V 字湖蓝;C. I. 酸性蓝 1 H01031901
Acid Turquoise Blue V;C. I. Acid Blue 1
主要用于染毛、丝,还可用于皮革、纸张、食品的着色和用来制造色淀
【生产厂】[津]天津市英禧工贸有限公司〈P1611〉;[冀]沧州临港基尔达染料有限公司〈P1652〉

弱酸性艳蓝 5GM;酸性艳蓝 5GM;柴林艳蓝 5GM;C. I. 酸性蓝 142 H01032001
Weak Acid Brilliant Blue 5GM;C. I. Acid Blue 142
主要用于真丝绸及尼龙织物的染色
【生产厂】[辽]丹东深兰化工有限公司〈P1700〉;[浙]金华恒利康化工有限公司〈P1953〉

酸性艳蓝 6B H01032005
Acid Brilliant Blue 6B;C. I. Acid Blue 83
用于羊毛、蚕丝、锦纶等织物的染色,也可用于皮革、羽毛等染色
【生产厂】[浙]杭州安隆达化工有限公司〈P1915〉;金华恒利康化工有限公司〈P1953〉;金华双宏化工有限公司〈P1953〉;[鲁]山东陵县阳光涂料助剂厂〈P2144〉;山东双龙化工有限公司(200 吨)〈P2115〉

酸性艳蓝 RL;C. I. 酸性蓝 260 H01032009
Acid Brilliant Blue RL;C. I. Acid Blue 260
用于丝绸印染
【生产厂】[浙]金华恒利康化工有限公司〈P1953〉

酸性海蓝 GGR;酸性藏青 GGR H01032011
Acid Navy Blue GGR;C. I. Acid Blue 10
用于毛、蚕丝和锦纶的染色
【生产厂】[津]天津市亚中染料有限公司(100 吨)〈P1610〉;天津市津西西琉城染料化工厂〈P1595〉;[辽]丹东市精细化工厂〈P1700〉;丹东深兰化工有限公司〈P1700〉;[浙]鄞县兴华化工厂〈P1935〉

酸性墨水蓝 G;酸性品蓝 G;酸性墨水蓝 H01032051
Acid Ink Blue G;C. I. Acid Blue 93
主要用于制造纯蓝墨水和蓝黑墨水,又可制造色淀
【生产厂】[津]天津市英禧工贸有限公司〈P1611〉;天津市津西西琉城染料化工厂〈P1595〉;天津市胜利化工厂(640 吨)〈P1601〉;[苏]吴江市汇丰化工厂〈P1910〉

酸性蓝 EA;酸性蓝 FG;酸性湖蓝 SP;酸性翠蓝 AE;酸性蓝 9 H01032101
Acid Blue EA;C. I. Acid Blue 9
适用于丝绸、羊毛、锦纶的染色与印花
【生产厂】[津]天津市英禧工贸有限公司〈P1611〉

酸性蓝 2R;酸性蓝 47 号 H01032111
Acid Blue 2R;C. I. Acid Blue 47
【生产厂】[苏]苏州市东吴染料有限公司〈P1903〉

酸性蓝 BRLL;C. I. 酸性蓝 324 H01032121
Acid Blue BRLL;C. I. Acid Blue 324
主要用于羊毛、锦纶、丝绸的染色和印花
【生产厂】[辽]丹东深兰化工有限公司〈P1700〉;[浙]杭州安隆达化工有限公司〈P1915〉

酸性蓝 B;C. I. 酸性蓝 45 H01032131
Acid Blue B;C. I. Acid Blue 45
可用于羊毛、蚕丝及羊毛混纺的染色
【生产厂】[鲁]山东双桥化工有限公司(120 吨)〈P2157〉

酸性蓝 2B;C. I. 酸性蓝 45 H01032151
Acid Blue 2B;C. I. Acid Blue 45
【生产厂】[浙]杭州安隆达化工有限公司〈P1915〉

弱酸性蓝 AS;酸性蒽醌蓝;酸性蒽醌艳蓝;酸性蒽醌蓝 A;C. I. 酸性蓝 25;1-氨基-4-苯胺基蒽醌-2-磺酸 H01032201
Acid Anthraquinone Blue;C. I. Acid Blue 25
主要用于丝绸、羊毛、尼龙的染色
【生产厂】[冀]霸州市胜芳镇东升福利染化厂〈P1657〉;[苏]常熟市染料化工厂〈P1890〉

酸性绿 P-3B;弱酸绿 GS;酸性媒介绿 GS;C. I. 酸性绿 25 H01032301
Acid Green P-3B;C. I. Acid Green 25
主要用于丝、毛、锦纶及其混纺织物的染色
【生产厂】[辽]丹东市精细化工厂〈P1700〉;丹东深兰化工有限公司〈P1700〉;[苏]常熟市染料化工厂〈P1890〉;[浙]宁波市鄞州兴华化工厂〈P1933〉

弱酸性艳绿 3GM H01032302
Weak Acid Brilliant Green 3GM
用于羊毛、蚕丝织物的染色,还可用于皮革染色
【生产厂】[辽]丹东市精细化工厂〈P1700〉;丹东深兰化工有限公司〈P1700〉

卡普仑绿 5G;弱酸性绿 5GS;C. I. 酸性绿 28 H01032303
Weak Acid Green 5GS;Carbolan Green 5G
用于真丝绸、锦纶、毛织物的染色和印花
【生产厂】[辽]丹东市精细化工厂〈P1700〉;[浙]金华双宏化工有限公司〈P1953〉

酸性绿 20;酸性绿 A;C. I. 酸性绿 20 H01032311
Acid Green 20;C. I. Acid Green 20
主要用于羊毛、丝绸的染色
【生产厂】[冀]保定市满城荣泰染料化工有限公司〈P1646〉;[鲁]山东陵县阳光涂料助剂厂〈P2144〉

弱酸性绿 GS;卡普纶绿 GS;C. I. 酸性绿 27 H01032321

H

Weak Acid Green GS；C. I. Acid Green 27

主要用于毛纺织品、丝绸的染色

【生产厂】[辽]丹东深兰化工有限公司〈P1700〉；[浙]杭州安隆达化工有限公司〈P1915〉；上虞市南华化工厂〈P1948〉；金华恒利康化工有限公司〈P1953〉；金华双宏化工有限公司〈P1953〉

弱酸艳绿 G　H01032371

Weak Acid Brilliant Green G；C. I. Acid Green 27

主要用于真丝染色，也可用于羊毛和锦纶的染色

【生产厂】[浙]宁波市鄞州兴华化工厂〈P1933〉

弱酸艳绿 5G　H01032381

Weak Acid Brilliant Green 5G；C. I. Acid Green 28

主要用于真丝绸、锦纶、毛织物和柞蚕丝的染色和印花

【生产厂】[辽]丹东深兰化工有限公司〈P1700〉；[浙]宁波市鄞州兴华化工厂〈P1933〉

弱酸艳绿 6G　H01032391

Weak Acid Brilliant Green 6G；C. I. Acid Green 41

可用于羊毛、蚕丝及羊毛混纺织物的染色，可在羊毛或蚕丝织物上直接印花

【生产厂】[浙]宁波市鄞州兴华化工厂〈P1933〉

酸性绿 BS；羊毛绿 BS；羊毛绿 S；C. I. 酸性绿 50　H01032401

Acid Green BS

主要用于毛、丝的染色和印花，也可用于木材、纸张、食品、生物、皮革的着色

【生产厂】[津]天津中津化工有限公司〈P1617〉；[浙]宁波市鄞州兴华化工厂〈P1933〉；鄞县兴华化工厂〈P1935〉

酸性绿 VS；酸性绿 B；酸性绿 V；C. I. 酸性绿 16　H01032403

Acid Green VS；C. I. Acid Green 16

用于丝、毛纺织品的染色及酸性藏青 GGR 生产用

【生产厂】[冀]保定市满城县保满联营化工厂〈P1646〉；[辽]丹东深兰化工有限公司〈P1700〉；[苏]常熟市染料化工厂〈P1890〉；[浙]杭州安隆达化工有限公司〈P1915〉；金华双宏化工有限公司〈P1953〉

酸性果绿　H01032551

Acid Fruit Green

【生产厂】[津]天津市英禧工贸有限公司〈P1611〉；天津市津西西琉城染料化工厂〈P1595〉

酸性黑 ATT；酸性毛元 ATT　H01032601

Acid Black ATT

主要用于羊毛、蚕丝、锦纶及其混纺织物的染色

【生产厂】[津]天津市英禧工贸有限公司〈P1611〉；天津市海帆化工染料有限公司〈P1587〉；天津市亚中染料有限公司(100 吨)〈P1610〉；天津中津化工有限公司〈P1617〉；天津市津西西琉城染料化工厂〈P1595〉；天津市大邱庄宏达化工有限公司(885 吨)〈P1583〉；[冀]石家庄市新华染料化工厂(120 吨)〈P1631〉；石家庄大海染料化工有限公司〈P1625〉；石家庄富强染料有限公司〈P1626〉；石家庄市麟鑫化工有限公司〈P1630〉；河北西海集团有限公司〈P1666〉；河北省邢台市华普化工有限公司〈P1642〉；沧州临港基尔达染料有限公司〈P1652〉；天津市吉帝化工厂(500 吨)〈P1657〉；霸州市胜芳镇东升福利染化厂〈P1657〉；保定市满城县保满联营化工厂〈P1646〉；[吉]吉化集团吉林市松江化工厂〈P1715〉；[沪]上海建北有机化工有限公司〈P1742〉；[苏]连云港双蝶染料化工有限公司〈P1800〉；江苏省泰兴玺鑫化工有限公司〈P1822〉；[浙]杭州萧山飞翔化工有限公司(300 吨)〈P1923〉；金华双宏化工有限公司〈P1953〉；[鲁]山东陵县阳光涂料助剂厂〈P2144〉；山东省乐陵市华虹染化有限公司(1500 吨)〈P2145〉；青岛市平度山林染料化工有限公司〈P2042〉；[豫]偃师市诚意皮革化工厂〈P2188〉

酸性黑 NT；C. I. 酸性黑 94　H01032651

Acid Black NT；C. I. Acid Black 94

可用于羊毛、蚕丝的染色或印花

【生产厂】[冀]石家庄大海染料化工有限公司〈P1625〉；石家庄富强染料有限公司〈P1626〉；河北省邢台市华普化工有限公司〈P1642〉；[浙]杭州百汇化工有限公司〈P1915〉；金华恒利康化工有限公司〈P1953〉；[豫]洛阳市曙光福利染化厂(400 吨)〈P2186〉

酸性黑 10B；酸性蓝黑 10B；酸性青光蓝 10B；C. I. 酸性黑 1　H01032701

Acid Black 10B；C. I. Acid Black 1

主要用于羊毛、蚕丝、锦纶及其混纺织物的染色和印花，也可用于拼色

【生产厂】[津]天津微河化工染料有限公司〈P1615〉；天津市英禧工贸有限公司〈P1611〉；天津市海帆化工染料有限公司〈P1587〉；天津市亚中染料有限公司(100 吨)〈P1610〉；天津中津化工有限公司〈P1617〉；天津市津西西琉城染料化工厂〈P1595〉；天津市大邱庄宏达化工有限公司(885 吨)〈P1583〉；[冀]石家庄市灯塔化工厂〈P1629〉；石家庄大海染料化工有限公司〈P1625〉；石家庄富强染料有限公司〈P1626〉；石家庄市麟鑫化工有限公司〈P1630〉；河北西海集团有限公司〈P1666〉；河北省邢台市华普化工有限公司〈P1642〉；邢台铁牛染料化工有限公司(350 吨)〈P1644〉；沧州临港基尔达染料有限公司(150 吨)〈P1652〉；天津市吉帝化工厂〈P1657〉；霸州市胜芳镇东升福利染化厂〈P1657〉；保定市满城县保满联营化工厂〈P1646〉；[吉]吉化集团吉林市松江化工厂〈P1715〉；[沪]上海建北有机化工有限公司〈P1742〉；[苏]连云港双蝶染料化工有限公司〈P1800〉；[浙]杭州安隆达化工有限公司〈P1915〉；杭州萧山飞翔化工有限公司(500 吨)〈P1923〉；[鲁]山东陵县阳光涂料助剂厂〈P2144〉；青岛市平度山林染料化工有限公司〈P2042〉；[豫]洛阳市曙光福利染化厂(450 吨)〈P2186〉

【使用厂】[冀]石家庄市新华染料化工厂〈P1631〉；[鲁]山东省乐陵市华虹染化有限公司〈P2145〉；[豫]洛阳瑞丰工业有限公司〈P2183〉

酸性黑 BNG　H01032751

Acid Black BNG

【生产厂】[冀]保定市满城荣泰染料化工有限公司〈P1646〉；保定市满城县保满联营化工厂〈P1646〉

酸性黑 8GB；酸性蓝黑 8GB　H01032791

Acid Black 8GB

主要用于丝毛纺织品的染色及锦纶、混纺织物的染色和印花，与酸性橙Ⅱ拼制成酸性黑 ATT，可制造墨水

【生产厂】[鲁]山东省乐陵市华虹染化有限公司(1300吨)〈P2145〉

酸性粒子元;酸性粒子元 NBL;酸性皮元 NBL;C. I. 酸性黑 2 H01032801

Acid Nigrosine;C. I. Acid Black 2

主要用于皮革、丝绸及毛织品的染色,也可制成色淀用于色纸和印刷

【生产厂】[苏]常熟市染料化工厂〈P1890〉;[鲁]德州虹桥染料化工有限公司(200吨)〈P2142〉

弱酸嫩黄 G;弱酸黄 G;弱酸性黄 GN;普拉黄 GN;C. I. 酸性黄 117 H01032901

Weak Acid Light Yellow G;C. I. Acid Yellow 117

主要用于锦纶、真丝、羊毛织物染色和印花,还可用于毛/黏混纺织物、皮革的染色

【生产厂】[津]天津市亚中染料有限公司(100吨)〈P1610〉;[辽]丹东市精细化工厂(100吨)〈P1700〉;丹东深兰化工有限公司(200吨)〈P1700〉;[苏]常熟市染料化工厂(50吨)〈P1890〉;连云港双蝶染料化工有限公司〈P1800〉;江苏省高邮市化工厂〈P1816〉;[浙]金华恒利康化工有限公司〈P1953〉;[鲁]山东陵县阳光涂料助剂厂〈P2144〉;青岛双桃精细化工(集团)有限公司〈P2043〉

酸性黄 5GN H01033071

Acid Yellow 5GN;C. I. Acid Yellow 110

【生产厂】[冀]保定市满城荣泰染料化工有限公司〈P1646〉;[辽]丹东市精细化工厂〈P1700〉

弱酸黄 3G H01033101

Weak Acid Yellow 3G

用于锦纶、真丝、羊毛织物的染色

【生产厂】[浙]金华双宏化工有限公司〈P1953〉

弱酸黄 3GS;C. I. 酸性黄 72 H01033121

Weak Acid Yellow 3GS;C. I. Acid Yellow 72

主要用于真丝、柞蚕丝绸、毛线及尼龙绸的染色

【生产厂】[浙]金华恒利康化工有限公司〈P1953〉

弱酸橙 GS;C. I. 酸性橙 33 H01033201

Weak Acid Orange GS;C. I. Acid Orange 33

用于锦纶、真丝、羊毛织物的染色和印花

【生产厂】[冀]保定市满城县保满联营化工厂〈P1646〉;[浙]金华恒利康化工有限公司〈P1953〉

酸性橙 AGT;酸性橙 C-R H01033211

Acid Orange AGT;C. I. Acid Orange 116

用于羊毛、丝绸染色

【生产厂】[辽]丹东深兰化工有限公司〈P1700〉;[浙]金华双宏化工有限公司〈P1953〉

弱酸性橙 ALG;C. I. 酸性橙 156 H01033331

Weak Acid Orange ALG;C. I. Acid Orange 156

用于锦纶、真丝、羊毛织物的染色和印花

【生产厂】[辽]丹东深兰化工有限公司〈P1700〉

弱酸艳红 B;普拉艳红 B;酸性艳红 P-5B;C. I. 酸性红 249 H01033401

Weak Acid Brilliant Red B;C. I. Acid Red 249

用于真丝、尼龙、毛纺织物的染色

【生产厂】[津]天津市亚中染料有限公司(100吨)〈P1610〉;天津中兴精细化工有限公司(300吨)〈P1618〉;[辽]丹东市精细化工厂(50吨)〈P1700〉;丹东深兰化工有限公司(150吨)〈P1700〉;丹东市化工研究所有限责任公司〈P1700〉;[苏]常熟市染料化工厂〈P1890〉;连云港双蝶染料化工有限公司〈P1800〉;江苏省高邮市化工厂(250吨)〈P1816〉;[浙]杭州安隆达化工有限公司〈P1915〉;宁波市鄞州兴华化工厂〈P1933〉;[鲁]青岛双桃精细化工(集团)有限公司〈P2043〉

弱酸红 A;酸性曙红 A;墨水红 A;酸性墨水曙红;C. I. 酸性红 87 H01033701

Weak Acid Red A;C. I. Acid Red 87

主要用于制做红墨水和红铅笔,也可用于羊毛的染色

【生产厂】[津]天津市胜利化工厂(300吨)〈P1601〉

弱酸红 GN;C. I. 酸性红 122 H01033801

Weak Acid Red GN;C. I. Acid Red 122

用于锦纶、真丝、羊毛织物的染色和印花

【生产厂】[浙]上虞市南华化工厂〈P1948〉;金华双宏化工有限公司〈P1953〉

弱酸红 GRS;弱酸大红 GRS H01033901

Weak Acid Red GRS

用于锦纶、真丝、羊毛织物的染色和印花

【生产厂】[津]天津市亚中染料有限公司(100吨)〈P1610〉;[浙]金华双宏化工有限公司〈P1953〉

弱酸性紫红 BB;酸性红 P-6B;C. I. 酸性红 154 H01034101

Weak Acid Violet Red BB;C. I. Acid Red 154

主要用于锦纶、真丝、羊毛织物的染色

【生产厂】[浙]金华双宏化工有限公司〈P1953〉

弱酸酱红 5BL;弱酸性红玉 N-5BL;酸性深红 P-8R;尼龙山红玉 N-5BL;C. I. 酸性红 299 H01034111

Weak Acid Bordeaux 5BL;C. I. Acid Red 299

用于羊毛、蚕丝、锦纶织物的染色与印花

【生产厂】[辽]丹东深兰化工有限公司〈P1700〉;[苏]常熟市染料化工厂〈P1890〉

弱酸艳蓝 RAW;酸性蓝 RAW;普拉艳蓝 RAW;酸性蓝 P-3R;弱酸性艳蓝 RAWL;酸性艳蓝 P-3R;C. I. 酸性蓝 80 H01034301

Weak Acid Brilliant Blue RAW;C. I. Acid Blue 80

用于毛、丝、锦纶及其混纺织物的染色

【生产厂】[辽]丹东市精细化工厂〈P1700〉;丹东深兰化工有限公司(80吨)〈P1700〉;[苏]常熟市染料化工厂〈P1890〉;[浙]上虞市南华化工厂〈P1948〉;宁波市鄞州兴华化工厂〈P1933〉;金华双宏化工有限公司〈P1953〉

酸性蓝 BGA;酸性藏青 BGA;酸性深蓝 BGA H01034302

Acid Blue BGA

用于毛纺织品的染色

【生产厂】[苏]苏州市东吴染料有限公司〈P1903〉;[浙]鄞县兴华化工厂〈P1935〉

酸性蓝 BS;卡普仑蓝 BS　H01034303
Acid Blue BS;C.I.Acid Blue 138
用于丝绸印染,也可用于羊毛和锦纶的染色
【生产厂】[苏]苏州市东吴染料有限公司〈P1903〉

酸性蓝 2GL;酸性蒽醌蓝 AGG;酸性蓝 E-2GL;弱酸性蓝 2G;C.I.酸性蓝 40　H01034304
Acid Blue 2GL;C.I.Acid Blue 40
用于染丝绸、羊毛等
【生产厂】[浙]杭州安隆达化工有限公司〈P1915〉;杭州福德化工有限公司(30 吨)〈P1917〉;金华双宏化工有限公司〈P1953〉

弱酸性艳蓝 P-RL;酸性艳蓝 P-R;酸性蓝 129　H01034305
Weak Acid Brilliant Blue P-RL;C.I.Acid Blue 129
主要用于羊毛、丝绸和锦纶纤维的染色
【生产厂】[辽]丹东深兰化工有限公司〈P1700〉;[浙]上虞市南华化工厂〈P1948〉;金华双宏化工有限公司〈P1953〉;[鲁]山东陵县阳光涂料助剂厂〈P2144〉

酸性蓝 2AL　H01034307
Acid Blue 2AL;C.I.Acid Blue 25
用于羊毛、丝绸染色
【生产厂】[鲁]山东陵县阳光涂料助剂厂〈P2144〉

酸性蓝 HRL;C.I.酸性蓝 182　H01034308
Acid Blue HRL;C.I.Acid Blue 182
用于羊毛、蚕丝、锦纶及其混纺织物的染色
【生产厂】[苏]连云港双蝶染料化工有限公司〈P1800〉;江苏省高邮市化工厂〈P1816〉

酸性蓝 BR;C.I.酸性蓝 41　H01034309
Acid Blue BR;C.I.Acid Blue 41
用于羊毛、蚕丝、锦纶及其混纺织物的染色
【生产厂】[苏]连云港双蝶染料化工有限公司〈P1800〉

弱酸蓝 2BR;弱酸蓝 BRN;C.I.酸性蓝 62;弱酸性蓝 2BR;弱酸艳蓝 R　H01034501
Weak Acid Blue 2BR;C.I.Acid Blue 62
主要用于羊毛、锦纶、丝绸等织物的染色
【生产厂】[浙]金华恒利康化工有限公司〈P1953〉

弱酸藏蓝 R;酸性藏蓝 R　H01034601
Weak Acid Navy Blue R;C.I.Acid Blue 92
主要用于羊毛、锦纶和丝织物的染色
【生产厂】[冀]沧州临港基尔达染料有限公司〈P1652〉

弱酸性深蓝 GR;酸性藏青 GR;弱酸藏青 GR;酸性深蓝 P-B;C.I.酸性蓝 120　H01034701
Weak Acid Cyanine GR;C.I.Acid Blue 120
主要用于羊毛、锦纶和丝织物的染色
【生产厂】[苏]常熟市染料化工厂(50 吨)〈P1890〉;连云港双蝶染料化工有限公司〈P1800〉;江苏省高邮市化工厂〈P1816〉

弱酸深蓝 5R;弱酸性藏青 5R;酸性深蓝 5R;C.I.酸性蓝 113　H01034801
Weak Acid Cyanine 5R;C.I.Acid Blue 113
主要用于羊毛、锦纶和丝织物的染色
【生产厂】[冀]霸州市胜芳镇东升福利染化厂〈P1657〉;保定市满城荣泰染料化工有限公司〈P1646〉;[苏]常熟市染料化工厂(700 吨)〈P1890〉;连云港双蝶染料化工有限公司〈P1800〉;江苏省高邮市化工厂〈P1816〉;[浙]杭州安隆达化工有限公司〈P1915〉;杭州百汇化工有限公司〈P1915〉

弱酸性深蓝 R;酸性藏青 R;酸性藏青 2K;弱酸藏青 R;C.I.酸性蓝 92　H01034831
Weak Acid Deep Blue R;C.I.Acid Blue 92
用于羊毛、蚕丝、黏胶纤维的着色
【生产厂】[苏]常熟市染料化工厂(100 吨)〈P1890〉

弱酸棕 RL;尼龙棕 RL;C.I.酸性棕 25　H01034901
Weak Acid Brown RL;C.I.Acid Brown 25
用于锦纶、羊毛的染色和锦纶、丝绸织物的印花,也可用于真丝的染色和印花
【生产厂】[浙]金华双宏化工有限公司〈P1953〉

弱酸性红棕 V;C.I.酸性红 119　H01034931
Weak Acid Red Brown V;C.I.Acid Red 119
主要用于皮革染色
【生产厂】[苏]常熟市染料化工厂〈P1890〉;[鲁]山东陵县阳光涂料助剂厂〈P2144〉

弱酸性黑 BR;酸性黑 3B;酸性黑 B;弱酸黑 BR;酸性黑 P-7BR;C.I.酸性黑 24　H01035001
Weak Acid Black BR;C.I.Acid Black 24
主要用于毛及毛/黏混纺织物的染色
【生产厂】[苏]常熟市染料化工厂(250 吨)〈P1890〉;连云港双蝶染料化工有限公司〈P1800〉;江苏省高邮市化工厂(700 吨)〈P1816〉;[浙]杭州百汇化工有限公司〈P1915〉;金华恒利康化工有限公司〈P1953〉

弱酸黑 3G;C.I.酸性黑 210　H01035211
Weak Acid Black 3G;C.I.Acid Black 210
用于羊毛、丝绸、棉、黏胶的染色,尤适于皮革染色
【生产厂】[浙]金华双宏化工有限公司〈P1953〉;[鲁]山东陵县阳光涂料助剂厂〈P2144〉

弱酸黑 NB-G;C.I.酸性黑 234　H01035231
Weak Acid Black NB-G
主要用于羊毛、丝绸、棉、黏胶的染色,也可用于皮革的染色
【生产厂】[冀]秦皇岛秦燕化工有限公司〈P1637〉;[浙]杭州百汇化工有限公司〈P1915〉;[鲁]山东陵县阳光涂料助剂厂〈P2144〉;[豫]偃师市诚意皮革化工厂〈P2188〉

酸性媒介深黄 GG;酸性媒介黄 H;酸性媒介深黄 2G;C.I.媒介黄 10　H01035301

Acid Chrome Yellow GG;C. I. Mordant Yellow 10

主要用于毛条、毛线和毛织物的染色,特别适用于毛线和地毯的染色,也可用于蚕丝、锦纶、皮革、毛皮的染色

【生产厂】[津]天津市英禧工贸有限公司〈P1611〉;[冀]霸州市胜芳镇东升福利染化厂〈P1657〉;[苏]吴江市汇丰化工厂〈P1910〉

酸性媒介黄 M H01035321

Acid Chrome Yellow M;C. I. Mordant Yellow 3

用于染棉、毛、丝及锦纶织物

【生产厂】[苏]连云港双蝶染料化工有限公司〈P1800〉;江苏省高邮市化工厂〈P1816〉

酸性媒介橙 G;酸性铬橙 G;酸性媒染橘黄 GR;C. I. 媒介橙 6 H01035401

Acid Mordant Orange G;C. I. Mordant Orange 6

用于毛条、毛线和其他毛织物的染色,也可用于锦纶、皮革和毛皮的染色

【生产厂】[津]天津市津西西琉城染料化工厂〈P1595〉

酸性媒介桃红 3BM;C. I. 媒介红 15 H01035601

Acid Chrome Pink 3BM;C. I. Mordant Red 15

主要用于地毯的染色,也可用于毛条、毛线和其他毛织物的染色

【生产厂】[津]天津市英禧工贸有限公司〈P1611〉;天津市染料化学第二厂(200 吨)〈P1600〉;天津中兴精细化工有限公司〈P1618〉;[苏]吴江市汇丰化工厂〈P1910〉

酸性媒介红 B;媒介红;C. I. 媒介红 11 H01035701

Acid Chrome Red B;C. I. Mordant Red 11

主要用于毛织物的染色

【生产厂】[苏]连云港双蝶染料化工有限公司〈P1800〉

酸性媒介红 *S*-80;C. I. 媒介红 3 H01035702

Acid Chrome Red *S*-80;C. I. Mordant Red 3

常用于粗纺、精纺、地毯、毛毯中均作拼色使用

【生产厂】[津]天津市英禧工贸有限公司〈P1611〉;[苏]吴江市汇丰化工厂〈P1910〉

酸性媒介红 PE H01035731

Acid Dordant Red PE

主要用于毛织物的染色

【生产厂】[苏]连云港双蝶染料化工有限公司〈P1800〉

酸性媒介漂蓝 B;酸性媒介宝蓝 B;酸性媒介蓝 B H01035801

Acid Chrome Pure Blue B;C. I. Mordant Blue 1

主要用于毛条、毛线和其他毛织物的染色,特别适用于地毯的染色

【生产厂】[津]天津市英禧工贸有限公司〈P1611〉;天津中兴精细化工有限公司〈P1618〉;[冀]黄骅市渤海化工(集团)公司〈P1656〉;[苏]吴江市汇丰化工厂〈P1910〉;连云港双蝶染料化工有限公司〈P1800〉;江苏省高邮市化工厂〈P1816〉

酸性媒介藏青 RRN;媒介蓝 A3R H01036001

Acid Mordant Navy Blue RRN

主要用于毛条及针织绒和绒线的染色

【生产厂】[津]天津市英禧工贸有限公司〈P1611〉;[辽]丹东市精细化工厂〈P1700〉;丹东深兰化工有限公司〈P1700〉;[苏]吴江市汇丰化工厂〈P1910〉;连云港双蝶染料化工有限公司〈P1800〉;江苏省高邮市化工厂〈P1816〉

酸性媒介藏青 RRL;媒介蓝 A3R H01036011

Acid Mordant Navy Blue RRL;C. I. Mordant Blue 9

用于毛、麻织品的染色

【生产厂】[苏]连云港双蝶染料化工有限公司〈P1800〉;江苏省高邮市化工厂〈P1816〉

酸性媒介棕 RH;酸性媒染棕;C. I. 媒介棕 33 H01036201

Acid Chrome Brown RH;C. I. Mordant Brown 33

主要用于毛条、毛线和各种毛织物的染色,特别适用于地毯的染色

【生产厂】[津]天津市英禧工贸有限公司〈P1611〉;天津市海帆化工染料有限公司〈P1587〉;天津市津西西琉城染料化工厂〈P1595〉;[冀]霸州市胜芳镇东升福利染化厂〈P1657〉;[苏]吴江市汇丰化工厂〈P1910〉;连云港双蝶染料化工有限公司〈P1800〉;江苏省高邮市化工厂〈P1816〉

H

酸性媒介灰 BS;酸性媒染蓝黑 B;媒介灰 B;媒介灰 BS;C. I. 媒介黑 13 H01036301

Acid Chrome Grey BS;C. I. Mordant Black 13

主要用于毛条、毛线和其他毛织物的染色,特别适宜于地毯的染色

【生产厂】[辽]丹东深兰化工有限公司(60 吨)〈P1700〉;[苏]吴江市汇丰化工厂〈P1910〉

酸性媒介黑 PV H01036402

Acid Mordant Black PV;C. I. Mordant Black 9

用于羊毛、丝绸的染色

【生产厂】[辽]丹东深兰化工有限公司(150 吨)〈P1700〉;[苏]吴江市汇丰化工厂〈P1910〉;[浙]杭州安隆达化工有限公司〈P1915〉;鄞县兴华化工厂〈P1935〉

酸性媒介黑 T;铬黑 T;酸性媒介黑 2B;C. I. 媒介黑 11 H01036601

Acid Chrome Black T;C. I. Mordant Black 11

用于毛条、毛线和各种毛织物的染色,也可用于锦纶的染色

【生产厂】[津]天津市英禧工贸有限公司〈P1611〉;天津三环化学有限公司(200 吨)〈P1577〉;[冀]霸州市胜芳镇东升福利染化厂〈P1657〉;[辽]丹东市化工研究所有限责任公司〈P1700〉;[苏]常州市常宇化工有限公司〈P1850〉;吴江市汇丰化工厂〈P1910〉;连云港双蝶染料化工有限公司〈P1800〉;江苏省高邮市化工厂〈P1816〉;[浙]上虞市南华化工厂〈P1948〉;金华双宏化工有限公司〈P1953〉

酸性络合桃红 B;派拉丁桃红 B;C. I. 酸性红 186 H01036901

Acid Complex Pink B;C. I. Acid Red 186

用于毛织物的染色

【生产厂】[辽]丹东市精细化工厂〈P1700〉

酸性络合黑 WAN;派拉丁黑 WAN;C. I. 酸性黑 52 H01037601

Acid Complex Black WAN; C. I. Acid Black 52
用于毛织物的染色
【生产厂】[浙]杭州安隆达化工有限公司〈P1915〉

弱酸大红 FG；锦纶大红 FG；C. I. 酸性红 374 H01037801
Weak Acid Scarlet FG; C. I. Acid Red 374
用于锦纶、羊毛和蚕丝的染色
【生产厂】[苏]常熟市染料化工厂〈P1890〉；[浙]杭州安隆达化工有限公司〈P1915〉；金华恒利康化工有限公司〈P1953〉；金华双宏化工有限公司〈P1953〉

酸性黄 6G；弱酸黄 6G；C. I. 酸性黄 44 H01038201
Acid Yellow 6G; C. I. Acid Yellow 44
用于真丝、尼龙、羊毛纤维染色，也可用于真丝织物直接印花
【生产厂】[浙]杭州安隆达化工有限公司〈P1915〉

酸性黄 PL；酸性黄 P-L H01038206
Acid Yellow PL; C. I. Acid Yellow 61
用于羊毛、丝绸染色
【生产厂】[辽]丹东市化工研究所有限责任公司〈P1700〉；[浙]杭州安隆达化工有限公司〈P1915〉

酸性黄 RXL；C. I. 酸性黄 67 H01038207
Acid Yellow RXL
用于羊毛、丝绸染色
【生产厂】[浙]金华双宏化工有限公司〈P1953〉

酸性黄 2GL；C. I. 酸性黄 59 H01038211
Acid Yellow 2GL; C. I. Acid Yellow 59
用于羊毛、蚕丝、锦纶的染色和直接印花，也用于皮革着色
【生产厂】[浙]杭州安隆达化工有限公司〈P1915〉；金华双宏化工有限公司〈P1953〉

弱酸艳红 3B；C. I. 酸性红 172 H01038301
Weak Acid Brilliant Red 3B
用于羊毛、真丝和锦纶等织物的染色及印花，可以单色或拼色，还可以拔染，也是彩色胶片的着色料
【生产厂】[浙]杭州萧山飞翔化工有限公司(50 吨)〈P1923〉

弱酸艳红 10B；普拉艳红 10B；C. I. 酸性紫 54 H01038501
Weak Acid Brilliant Red 10B; C. I. Acid Violet 54
广泛用于羊毛、蚕丝、混纺品、锦纶的染色，可在羊毛、蚕丝或锦纶织物上直接印花
【生产厂】[辽]丹东市精细化工厂〈P1700〉；丹东深兰化工有限公司(60 吨)〈P1700〉；[苏]连云港双蝶染料化工有限公司〈P1800〉；江苏省高邮市化工厂(100 吨)〈P1816〉；[鲁]青岛双桃精细化工(集团)有限公司〈P2043〉

酸性朱红 MOO H01038601
Acid Vermilion MOO
【生产厂】[苏]常熟市染料化工厂〈P1890〉；[鲁]青岛市平度山林染料化工有限公司〈P2042〉

弱酸大红 F-3GL；酸性大红 F-3GL；C. I. 酸性红 111 H01038901
Weak Acid Scarlet F-3GL; C. I. Acid Red 111
可用于羊毛、锦纶及羊毛混纺织物的染色，也可用于皮革的着色
【生产厂】[辽]丹东深兰化工有限公司〈P1700〉；[浙]杭州安隆达化工有限公司〈P1915〉；金华双宏化工有限公司〈P1953〉

酸性红 BG；C. I. 酸性红 37 H01038904
Acid Red BG; C. I. Acid Red 37
用于羊毛、蚕丝、锦纶的染色
【生产厂】[津]天津市英禧工贸有限公司〈P1611〉；[苏]江苏省高邮市化工厂〈P1816〉

酸性紫 2R；C. I. 酸性紫 1 H01039511
Acid Violet 2R; C. I. Acid Violet 1
用于羊毛染色
【生产厂】[津]天津市津西西琉城染料化工厂〈P1595〉；[浙]鄞县兴华化工厂〈P1935〉

弱酸性紫 *N*-FBL；酸性紫 48；酸性艳紫 FBL H01039521
Weak Acid Violet *N*-FBL; C. I. Acid Violet 48
适用于丝绸、羊毛、锦纶的染色与印花
【生产厂】[浙]上虞市南华化工厂〈P1948〉

酸性紫 3B H01039541
Acid Violet 3B; C. I. Acid Violet 43
用于羊毛、蚕丝、锦纶及其织物的染色和印花，也适用于皮革染色
【生产厂】[浙]杭州安隆达化工有限公司〈P1915〉；宁波市鄞州兴华化工厂〈P1933〉

中性枣红 D-BN；中性枣红 M-B；C. I. 酸性紫 90 H01039590
Neutral Bordeaux D-BN; C. I. Acid Violet 90
用于羊毛、蚕丝、锦纶等织物的染色和印花
【生产厂】[苏]常熟市染料化工厂〈P1890〉

酸性棕 NT；C. I. 酸性棕 165 H01039607
Acid Brown NT; C. I. Acid Brown 165
用于羊毛织物、皮革等染色
【生产厂】[冀]保定市满城荣泰染料化工有限公司〈P1646〉；[鲁]山东陵县阳光涂料助剂厂〈P2144〉；[豫]洛阳市曙光福利染化厂(500 吨)〈P2186〉

酸性棕 O；C. I. 酸性棕 98 H01039608
Acid Brown O; C. I. Acid Brown 98
用于染羊毛、蚕丝织物、锦纶及皮革、纸张的着色
【生产厂】[鲁]山东陵县阳光涂料助剂厂〈P2144〉；[豫]洛阳市曙光福利染化厂(300 吨)〈P2186〉

酸性棕 B H01039621
Acid Brown B; C. I. Acid Brown 75
【生产厂】[冀]保定市满城县保满联营化工厂〈P1646〉；[鲁]山东陵县阳光涂料助剂厂〈P2144〉

酸性棕 S-R;C.I. 酸性棕 283 H01039631
Acid Brown SR
【生产厂】[浙]杭州安隆达化工有限公司〈P1915〉;[鲁]山东陵县阳光涂料助剂厂〈P2144〉

酸性棕 SG;C.I. 酸性棕 349 H01039641
Acid Brown SG;C.I. Acid Brown 349
皮革用染料
【生产厂】[浙]金华双宏化工有限公司〈P1953〉;[鲁]山东陵县阳光涂料助剂厂〈P2144〉

酸性棕 EDR;C.I. 酸性棕 75 H01039691
Acid Brown EDR;C.I. Acid Brown 75
【生产厂】[冀]保定市满城荣泰染料化工有限公司〈P1646〉;[豫]洛阳市曙光福利染化厂(400 吨)〈P2186〉

碱性染料 H01040000
Basic Dyestuff
主要用于文教用品、纸张的着色及制造色淀
【生产厂】[津]天津市染料化学公司(5000 吨)〈P1600〉;天津微河化工染料有限公司〈P1615〉;天津市宝双化工有限公司(100 吨)〈P1579〉;天津市津西北方化工厂(500 吨)〈P1595〉;天津市津西兴达化工厂(500 吨)〈P1595〉;[冀]石家庄市中汇化工有限公司〈P1632〉;河北永泰化工有限公司〈P1623〉;石家庄旭泰化工有限公司〈P1633〉;天津市吉帝化工厂(500 吨)〈P1657〉;[浙]杭州近江化工染料有限公司〈P1919〉;[鲁]潍坊浩鑫精细化工有限公司〈P2102〉

碱性嫩黄 O;盐基淡黄 O;盐基槐黄;C.I. 碱性黄 2 H01040101
Basic Flavine O;C.I. Basic Yellow 2
主要用于醋纤、棉织品的染色,还用于纸张、皮革、油漆等的着色
【生产厂】[津]天津市英禧工贸有限公司〈P1611〉;天津市津南化工二厂(6000 吨)〈P1594〉;天津中津化工有限公司(1500 吨)〈P1617〉;天津市津西西琉城染料化工厂〈P1595〉;[冀]石家庄市新华染料化工厂(120 吨)〈P1631〉;沧州临港基尔达染料有限公司〈P1652〉;天津市吉帝化工厂〈P1657〉;沧州瑞东化工有限责任公司〈P1652〉;保定市满城县保满联营化工厂〈P1646〉;[苏]扬州康宏化工有限公司〈P1817〉;[鲁]临邑黄河化工有限公司(2000 吨)〈P2143〉;德州虹桥染料化工有限公司(150 吨)〈P2142〉;山东济宁运河染料化工厂(200 吨)〈P2131〉

碱性橙;盐基金黄;盐基杏黄;C.I. 碱性橙 2 H01040201
Chrysoidine Crystals;C.I. Basic Orange 2
用于棉、腈纶、皮革、纸张、蚕丝、羽毛及木、竹制品的染色
【生产厂】[津]天津微河化工染料有限公司〈P1615〉;天津市津南华利化工厂(500 吨)〈P1594〉;[冀]石家庄市新华染料化工厂(120 吨)〈P1631〉;河北瑞鑫化工有限公司〈P1664〉;衡水华邦化工有限公司〈P1667〉;邢台铁牛染料化工有限公司(100 吨)〈P1644〉;沧州临港基尔达染料有限公司〈P1652〉;天津市吉帝化工厂〈P1657〉;沧州瑞东化工有限责任公司〈P1652〉;[苏]苏州市东吴染料有限公司〈P1903〉;扬州康宏化工有限公司〈P1817〉

碱性橙块 H01040211
Basic Orange Piece
【生产厂】[津]天津微河化工染料有限公司〈P1615〉;天津市英禧工贸有限公司〈P1611〉;天津市津西西琉城染料化工厂〈P1595〉;[冀]天津市吉帝化工厂〈P1657〉

碱性玫瑰精 B;盐基玫瑰精 B;C.I. 碱性紫 10 H01040301
Basic Rhodamine B;C.I. Basic Violet 10
本品用于纸张、腈纶、丝绸、皮革、羽毛染色,并可用于食品和某些金属分析试剂
【生产厂】[京]北京化工厂〈P1549〉;[津]天津市英禧工贸有限公司〈P1611〉;天津华士化工有限公司(2000 吨)〈P1573〉;天津中津化工有限公司〈P1617〉;天津中兴精细化工有限公司〈P1618〉;天津市津西西琉城染料化工厂〈P1595〉;天津市胜利化工厂(450 吨)〈P1601〉;[冀]石家庄市新华染料化工厂(150 吨)〈P1631〉;河北星宇化工有限公司(150 吨)〈P1623〉;衡水华邦化工有限公司〈P1667〉;沧州天一化工有限公司沧县分公司〈P1653〉;黄骅市渤海化工(集团)公司〈P1656〉;天津市吉帝化工厂(1500 吨)〈P1657〉;沧州瑞东化工有限责任公司〈P1652〉;东光县兴业化工厂〈P1653〉;[鲁]临邑黄河化工有限公司(1500 吨)〈P2143〉;德州福鑫化工有限公司(150 吨)〈P2141〉;德州虹桥染料化工有限公司(1 万吨)〈P2142〉;德州佳兴化工有限公司〈P2142〉;青岛市平度山林染料化工有限公司〈P2042〉
【使用厂】[津]天津东洋油墨有限公司〈P1571〉;[沪]上海泗联实业总公司〈P1766〉

碱性品红;盐基品红;C.I. 碱性紫 14 H01040401
Basic Magenta;C.I. Basic Violet 14 [632-99-5]
主要用于棉、腈纶、蚕丝、皮革等的染色,也可用于纸张、羽毛、麦杆、木等的着色,还可用于制造色淀
【生产厂】[津]天津中津化工有限公司〈P1617〉;天津市津西西琉城染料化工厂〈P1595〉;天津三环化学有限公司(500 吨)〈P1577〉;[冀]天津市吉帝化工厂〈P1657〉;沧州瑞东化工有限责任公司〈P1652〉;[沪]上海科丰化学试剂有限公司〈P1749〉

碱性紫 5BN;盐基品紫;甲基紫 5BO;碱性紫 6BN;碱性艳紫 3B;C.I. 碱性紫 3;盐基青莲 2B H01040801
Basic Violet 5BN;Methyl Violet 5BO;C.I. Basic Violet 3
主要用于制造墨水、复写纸、龙胆紫等,也可用于棉、腈纶、蚕丝、纸张、皮革、草制品的染色,还可制造色淀
【生产厂】[津]天津市英禧工贸有限公司〈P1611〉;天津中津化工有限公司〈P1617〉;天津中兴精细化工有限公司〈P1618〉;天津市津西西琉城染料化工厂〈P1595〉;天津三环化学有限公司(800 吨)〈P1577〉;[冀]河北星宇化工有限公司(150 吨)〈P1623〉;武邑县国兴化工有限责任公司〈P1669〉;天津市吉帝化工厂〈P1657〉;沧州瑞东化工有限责任公司〈P1652〉;[辽]丹东市精细化工厂〈P1700〉;[苏]苏州林通染料化工有限公司〈P1902〉;扬州康宏化工有限公司〈P1817〉;[鲁]德州虹桥染料化工有限公司(240 吨)〈P2142〉;青岛双桃精细化工(集团)有限公司(600 吨)〈P2043〉;青岛市平度山林染料化工有限公司〈P2042〉;[鄂]武汉怡兴化工有限公司〈P2235〉
【使用厂】[津]天津市中天化工工贸有限公司〈P1613〉;[浙]杭州红妍颜料化工有限公司〈P1918〉

碱性湖蓝 BB;盐基湖蓝 BB;亚甲基天蓝;C.I. 碱性蓝 9 H01040901

Methylene Blue BB; C. I. Basic Blue 9

主要用于棉、腈纶、麻、蚕丝、纸张染色，也用于竹木的着色和用来制造墨水、色淀，还可用于生物细菌的染色

【生产厂】[津]天津市津西西琉城染料化工厂〈P1595〉；天津三环化学有限公司(500 吨)〈P1577〉；[冀]天津市吉帝化工厂〈P1657〉；沧州瑞东化工有限责任公司〈P1652〉；[鲁]青岛市平度山林染料化工有限公司〈P2042〉

碱性艳蓝 B；盐基品蓝 B；C. I. 碱性蓝 26　H01041001

Basic Brilliant Blue B; C. I. Basic Blue 26

主要用于纸张的染色，也可用于棉、腈纶、麻、蚕丝、竹、木等的染色和制造色淀

【生产厂】[冀]河北武强县必特化工有限公司〈P1666〉；天津市吉帝化工厂〈P1657〉；[苏]苏州林通染料化工有限公司〈P1902〉；[鲁]潍坊浩鑫精细化工有限公司〈P2102〉

碱性艳蓝 BO；盐基品蓝 BO；C. I. 碱性蓝 7　H01041101

Basic Brilliant Blue BO; C. I. Basic Blue 7 [2390-60-5]

主要用于圆珠笔油、打字蜡纸、复写纸及一般纸张的着色，也可用于竹、木着色和用来制造色淀

【生产厂】[津]天津市英禧工贸有限公司〈P1611〉；天津市津西西琉城染料化工厂〈P1595〉；[冀]河北武强县必特化工有限公司(150 吨)〈P1666〉；武邑县国兴化工有限责任公司〈P1669〉；天津市吉帝化工厂〈P1657〉；沧州瑞东化工有限责任公司〈P1652〉；保定市满城县保满联营化工厂〈P1646〉；[苏]苏州林通染料化工有限公司(2000 吨)〈P1902〉；[鲁]潍坊浩鑫精细化工有限公司〈P2102〉

【使用厂】[津]天津市中天化工工贸有限公司〈P1613〉

碱性艳蓝 R；盐基品蓝 R；C. I. 碱性蓝 11　H01041201

Basic Brilliant Blue R; C. I. Basic Blue 11

主要用于棉布的印花

【生产厂】[苏]苏州林通染料化工有限公司〈P1902〉；[鲁]潍坊浩鑫精细化工有限公司〈P2102〉

碱性艳绿；盐基艳绿；盐基金砂绿；C. I. 碱性绿 1　H01041301

Basic Brilliant Green; C. I. Basic Green 1

主要用于棉、蚕丝、腈纶、麻的染色，也可用于纸张的染色和制造色淀

【生产厂】[苏]扬州康宏化工有限公司〈P1817〉

碱性艳绿 4B；C. I. 碱性绿 4　H01041302

Basic Brilliant Green 4B; C. I. Basic Green 4

主要用于丝绸、腈纶及纸张的染色

【生产厂】[冀]天津市吉帝化工厂〈P1657〉；沧州瑞东化工有限责任公司〈P1652〉；保定市满城县保满联营化工厂〈P1646〉

碱性品绿；盐基品绿　H01041351

Basic Green

用于腈纶、蚕丝、羊毛、二酐纤、单宁媒染棉纤维的染色及制造色淀、溶剂染料

【生产厂】[津]天津微河化工染料有限公司〈P1615〉；天津市英禧工贸有限公司〈P1611〉；天津中津化工有限公司〈P1617〉；天津市津西西琉城染料化工厂〈P1595〉；[冀]石家庄市新华染料化工厂(120 吨)〈P1631〉；石家庄大海染料化工有限公司〈P1625〉；河北瑞鑫化工有限公司〈P1664〉；武邑县国兴化工有限责任公司(1200 吨)〈P1669〉；衡水华邦化工有限公司〈P1667〉；邢台铁牛染料化工有限公司(800 吨)〈P1644〉；黄骅市渤海化工(集团)公司〈P1656〉；天津市吉帝化工厂〈P1657〉；沧州瑞东化工有限责任公司〈P1652〉；东光县兴业化工厂(1200 吨)〈P1653〉；河北省东光县宏浩染料化工有限公司〈P1655〉；[苏]扬州康宏化工有限公司〈P1817〉；[鲁]临邑黄河化工有限公司(2500 吨)〈P2143〉；德州福鑫化工有限公司(150 吨)〈P2141〉；德州晋平化工厂(200 吨)〈P2142〉；德州佳兴化工有限公司〈P2142〉；青岛市平度山林染料化工有限公司〈P2042〉

碱性果绿　H01041391

Basic Fruit Green

【生产厂】[津]天津市津西西琉城染料化工厂〈P1595〉

碱性棕；盐基棕 G；C. I. 碱性棕 1　H01041501

Basic Brown; C. I. Basic Brown 1

主要用于棉、腈纶、黏胶、皮革、纸张和草木制品的染色，也可用来制造色淀

【生产厂】[冀]天津市吉帝化工厂〈P1657〉

碱性棕 G　H01041511

Basic Brown G; C. I. Basic Brown 1

用于棉、腈纶、黏胶、皮革、纸张、木制品的着色，也用于制造油漆色淀

【生产厂】[津]天津市英禧工贸有限公司〈P1611〉；天津市海帆化工染料有限公司〈P1587〉；天津中津化工有限公司〈P1617〉；天津市津西西琉城染料化工厂〈P1595〉；天津市旭升化工厂(200 吨)〈P1609〉；[冀]石家庄市新华染料化工厂(120 吨)〈P1631〉；石家庄大海染料化工有限公司〈P1625〉；沧州临港基尔达染料有限公司〈P1652〉；天津市吉帝化工厂〈P1657〉；沧州瑞东化工有限责任公司〈P1652〉；霸州市胜芳镇东升福利染化厂〈P1657〉；保定市满城县保满联营化工厂〈P1646〉；[苏]扬州康宏化工有限公司〈P1817〉；[鲁]临邑黄河化工有限公司(1000 吨)〈P2143〉

碱性棕 RC　H01041521

Basic Brown RC; C. I. Basic Brown 4

【生产厂】[冀]霸州市胜芳镇东升福利染化厂〈P1657〉

碱性品蓝　H01041601

Basic Blue; C. I. Basic Blue 26

用于棉、麻纤维的染色

【生产厂】[津]天津市英禧工贸有限公司〈P1611〉；天津中津化工有限公司〈P1617〉；天津市津西西琉城染料化工厂〈P1595〉；[冀]石家庄市新华染料化工厂(120 吨)〈P1631〉；沧州临港基尔达染料有限公司〈P1652〉；天津市吉帝化工厂(600 吨)〈P1657〉；[鲁]临邑黄河化工有限公司(2000 吨)〈P2143〉；青岛市平度山林染料化工有限公司〈P2042〉

碱性桃红；盐基粉红；碱性粉红；碱性桃红 T；C. I. 碱性红 2　H01041801

Basic Pink; C. I. Basic Red 2

用于造纸、油漆、腈纶、木制品染色

【生产厂】[津]天津市津西西琉城染料化工厂〈P1595〉；[冀]

石家庄市新华染料化工厂(120 吨)〈P1631〉;天津市吉帝化工厂(600 吨)〈P1657〉
【使用厂】[津]天津东洋油墨有限公司〈P1571〉

碱性红 6GDN;碱性玫瑰精 6GDN;C.I.碱性红 1 H01042001
Basic Red 6GDN;C.I.Basic Red 1
与磷钨钼酸作用生成色淀用于制造高级油墨的颜料,也可用于腈纶、毛、丝的染色
【生产厂】[津]天津市大邱庄宏达化工有限公司(570 吨)〈P1583〉;[冀]河北星宇化工有限公司(300 吨)〈P1623〉;[豫]安阳市第九染料化工厂(40 吨)〈P2208〉
【使用厂】[津]天津东洋油墨有限公司〈P1571〉

碱性红 1:1 H01042011
Basic Red 1:1
用于制造高级油墨的颜料
【生产厂】[冀]河北星宇化工有限公司(300 吨)〈P1623〉;[豫]安阳市第九染料化工厂(80 吨)〈P2208〉

碱性黑 H01042501
Basic Black
用于纸张、腈纶的着色,也用于制造油漆色淀、油墨等
【生产厂】[津]天津市津西西琉城染料化工厂〈P1595〉;[冀]石家庄市新华染料化工厂(120 吨)〈P1631〉

冰染染料 H01050000
Ice Dye
广泛用于棉织物的印花和染色
【生产厂】[津]天津华士化工有限公司(2000 吨)〈P1573〉;[沪]上海染料有限公司〈P1758〉

色酚系列 H01050100
Naphthol series
染料色基,用于生产染料及棉、黏胶纤维的染色和印花打底,制造快色素染料和有机染料
【生产厂】[苏]常熟华益化工有限公司(3000 吨)〈P1889〉;[浙]杭州力禾颜料有限公司〈P1920〉

色酚 AS;纳夫妥 AS;2-羟基-3-萘甲酰苯胺;C.I.冰染偶合组分 2 H01050101
Naphthol AS;C.I.Azoic Coupling Component 2 [92-77-3]
主要用于生产有机颜料及用于棉纤维,黏胶纤维和部分合成纤维的染色、印花
【生产厂】[津]天津市振东化工总厂三厂(100 吨)〈P1613〉;天津华士化工有限公司(800 吨)〈P1573〉;[冀]深州市天翔化工有限公司〈P1669〉;河北省大名县瑞恒化工有限责任公司〈P1640〉;鸡泽县中龙助剂有限公司(240 吨)〈P1641〉;黄骅市渤海化工(集团)公司〈P1656〉;[吉]吉林市裕嘉色酚化工有限公司(3500 吨)〈P1716〉;[沪]上海浦东亚美化工厂(350 吨)〈P1756〉;[苏]常州市武进前黄新园化工有限公司〈P1855〉;苏州晟鑫化工有限公司(1500 吨)〈P1902〉;苏州林通染料化工有限公司〈P1902〉;[鲁]山东阳光颜料有限公司(1000 吨)〈P2133〉
【使用厂】[津]天津市大港华明化工厂〈P1582〉;天津市中天化工工贸有限公司〈P1613〉;[沪]上海泗联实业总公司〈P1766〉;[浙]上虞市东海化工有限公司〈P1947〉;[鲁]德州市宇虹化工有限公司〈P2142〉;[粤]广州市合成材料研究院〈P2264〉

色酚 AS-BO;纳夫妥 AS-BO H01050201
Naphthol AS-BO;C.I.Azoic Coupling Component 4
主要用于棉织物的印染打底剂,并用于快色素及有机颜料的中间体
【生产厂】[津]天津华士化工有限公司(500 吨)〈P1573〉;[冀]石家庄冀华化工纺织有限公司〈P1627〉;黄骅市渤海化工(集团)公司〈P1656〉;[吉]吉化集团吉林市松江化工厂〈P1715〉;[苏]常州市武进前黄新园化工有限公司〈P1855〉

色酚 AS-BS;纳夫妥 AS-BS;2-羟基-*N*-(3-硝基苯基)-3-萘甲酰胺 H01050301
Naphthol AS-BS;C.I.Azoic Coupling Component 17 [135-65-9]
主要用于棉织物的印染打底剂,并用于制造快色素
【生产厂】[冀]石家庄冀华化工纺织有限公司〈P1627〉;黄骅市渤海化工(集团)公司〈P1656〉;[吉]吉林市裕嘉色酚化工有限公司〈P1716〉;[苏]常州市武进前黄新园化工有限公司〈P1855〉;苏州林通染料化工有限公司〈P1902〉;[鲁]山东阳光颜料有限公司(600 吨)〈P2133〉
【使用厂】[沪]上海泗联实业总公司〈P1766〉;[鲁]德州市宇虹化工有限公司〈P2142〉

色酚 AS-D;纳夫妥 AS-D;2-羟基-*N*-(2-甲基苯基)-3-萘甲酰胺 H01050401
Naphthol AS-D;C.I.Azoic Coupling Component 18 [135-61-5]
主要用于生产不溶性偶氮染料及用于棉纤维、黏胶纤维和部分合成纤维染色印花
【生产厂】[津]天津华士化工有限公司(400 吨)〈P1573〉;[冀]石家庄冀华化工纺织有限公司〈P1627〉;鸡泽县中龙助剂有限公司(200 吨)〈P1641〉;黄骅市渤海化工(集团)公司〈P1656〉;[吉]吉化集团吉林市松江化工厂〈P1715〉;吉林市裕嘉色酚化工有限公司〈P1716〉;[沪]上海浦东亚美化工厂〈P1756〉;[苏]常州市武进前黄新园化工有限公司〈P1855〉;苏州晟鑫化工有限公司〈P1902〉;苏州林通染料化工有限公司〈P1902〉;[鲁]山东阳光颜料有限公司(150 吨)〈P2133〉
【使用厂】[冀]安平县冠达颜料工业有限公司〈P1663〉

色酚 AS-E;纳夫妥 AS-E;C.I.冰染偶合组分 10;2-羟基-*N*-(4-氯苯基)-3-萘甲酰胺 H01050501
Naphthol AS-E;C.I.Azoic Coupling Component 10 [92-78-4]
用作棉纤维染色和印花的打底剂,也可用作色淀颜料的中间体
【生产厂】[冀]石家庄冀华化工纺织有限公司〈P1627〉;[苏]常州市武进前黄新园化工有限公司〈P1855〉;苏州晟鑫化工有限公司〈P1902〉;[鲁]山东阳光颜料有限公司(80 吨)〈P2133〉
【使用厂】[津]天津东洋油墨有限公司〈P1571〉;[沪]上海泗联实业总公司〈P1766〉;[鲁]德州市宇虹化工有限公司〈P2142〉

色酚 AS-G;纳夫妥 AS-G;C.I.冰染偶合组分 5;双乙酰乙酰-3,3′-二甲基联苯胺 H01050601

Naphthol AS-G;C. I. Azoic Coupling Component 5
[91-96-3]

主要用于棉纱线、棉织物、人造棉、浴巾、黏胶纤维、丝绸和醋酸纤维的染色和印花,也可用于制造快色素黄等

【生产厂】[冀]石家庄冀华化工纺织有限公司〈P1627〉;沧州科润化工有限公司〈P1651〉;[苏]上海颐贤化工有限公司〈P1839〉

色酚 AS-OL;纳夫妥 AS-OL H01050701

Naphthol AS-OL

主要用于生产不溶性染料及用于棉纤维和黏胶纤维染色

【生产厂】[冀]石家庄冀华化工纺织有限公司〈P1627〉;鸡泽县中龙助剂有限公司(200 吨)〈P1641〉;黄骅市渤海化工(集团)公司〈P1656〉;[吉]吉化集团吉林市松江化工厂〈P1715〉;吉林市裕嘉色酚化工有限公司〈P1716〉;[苏]常州市武进前黄新园化工有限公司〈P1855〉;苏州晟鑫化工有限公司〈P1902〉

色酚 AS-PH;纳夫妥 AS-PH;C. I. 冰染偶合组分 14 H01050801

Naphthol AS-PH;C. I. Azoic Coupling Component 14

主要用于棉织物的印染打底剂

【生产厂】[冀]石家庄冀华化工纺织有限公司〈P1627〉;黄骅市渤海化工(集团)公司〈P1656〉;[沪]上海浦东亚美化工厂(50 吨)〈P1756〉;[苏]常州市武进前黄新园化工有限公司〈P1855〉;苏州晟鑫化工有限公司〈P1902〉;苏州林通染料化工有限公司〈P1902〉

色酚 AS-RL;纳夫妥 AS-RL;C. I. 冰染偶氮组分 11 H01050901

Naphthol AS-RL;C. I. Azoic Coupling Component 11

主要用作棉织物染色和印花的打底剂,也可用作快色素的中间体

【生产厂】[冀]石家庄冀华化工纺织有限公司〈P1627〉

色酚 AS-SG;C. I. 冰染偶氮组分 13 H01051001

Naphthol AS-SG;C. I. Azoic Coupling Component 13

主要用作棉纤维染色和印花的打底剂

【生产厂】[冀]石家庄冀华化工纺织有限公司〈P1627〉

色酚 AS-SW;纳夫妥 AS-SW;C. I. 冰染偶合组分 7 H01051101

Naphthol AS-SW;C. I. Azoic Coupling Component 7

主要用作棉纤维染色和印花的打底剂

【生产厂】[冀]石家庄冀华化工纺织有限公司〈P1627〉;[吉]吉化集团吉林市松江化工厂〈P1715〉

色酚 AS-VL;纳夫妥 AS-VL;C. I. 冰染偶合组分 30 H01051201

Naphthol AS-VL;C. I. Azioc Coupling Component 30

主要用作棉纤维染色和印花的打底剂

【生产厂】[冀]石家庄冀华化工纺织有限公司〈P1627〉

色酚 AS-LC;C. I. 冰染偶合组分 23 H01051210

Naphthol AS-LC;C. I. Azoic Coupling Component 23

主要用于棉织物、黏胶纤维、丝绸、锦纶及涤纶的染色,并可用作宜用黄色基 GC、橙色基 GC 显色

【生产厂】[冀]石家庄冀华化工纺织有限公司〈P1627〉;大名县名鼎化工有限责任公司〈P1638〉;[苏]常州市武进前黄新园化工有限公司〈P1855〉

色酚 AS-IRG;C. I. 冰染偶合组分 44;4-氯-2,5-二甲氧基乙酰乙酰苯胺 H01051310

Naphthol AS-IRG;C. I. Azoic Coupling Component 44

用于合成颜料黄 83 和冰染染料

【生产厂】[冀]大名县名鼎化工有限责任公司〈P1638〉;沧州科润化工有限公司〈P1651〉;[苏]常州市武进前黄新园化工有限公司〈P1855〉;[鲁]胶州市精细化工有限公司(500 吨)〈P2031〉

黄色基 GC;黄贝司;显色基黄 GC;C. I. 冰染重氮组分 44 H01051401

Fast Yellow Base GC;C. I. Azoic Diazo Component 44

主要用作棉织物染色和印花的显色剂,也可用作染料和农药的中间体

【生产厂】[浙]杭州力禾颜料有限公司〈P1920〉

大红色基 G;大红贝司;旗红贝司;旗红色基 G;显色基艳红 2G;C. I. 冰染重氮组分 12 H01051503

Fast Scarlet Base G;C. I. Azoic Diazo Component 12

作为冰染染料显色基用作棉织物的染色和印花,还可作为有机颜料和染料的中间体

【生产厂】[冀]石家庄冀华化工纺织有限公司〈P1627〉;鸡泽县中龙助剂有限公司(200 吨)〈P1641〉;[鲁]青岛双桃精细化工(集团)有限公司(900 吨)〈P2043〉;[鄂]仙桃市先峰化工有限公司〈P2246〉

【使用厂】[津]天津市染料化学第八厂〈P1600〉;天津东洋油墨有限公司〈P1571〉;天津市中天化工工贸有限公司〈P1613〉;[沪]上海泗联实业总公司〈P1766〉;[鲁]山东阳光颜料有限公司〈P2133〉;德州市宇虹化工有限公司〈P2142〉

显色基艳红 RB;大红色基 RC;C. I. 冰染重氮组分 13(C. I. 37595) H01051504

Brilliant Red Developing Base RB;Fast Scarlet Base RC;C. I. Azoic Diazo Component 13

用作棉、黏胶织物染色和印花的显色剂,也作染料中间体

【生产厂】[晋]山西临汾染化(集团)有限责任公司〈P1678〉;[沪]上海浦东亚美化工厂(60 吨)〈P1756〉;[苏]镇江市天龙化工有限公司〈P1846〉

【使用厂】[沪]上海泗联实业总公司〈P1766〉;[鲁]山东阳光颜料有限公司〈P2133〉

红色基 B;5-硝基-2-氨基苯甲醚;C. I. 冰染重氮组分 5;显色基艳红 4B H01051505

Brilliant Red Developing Base 4B;Fast Red Base B;C. I. Azoic Diazo Component 5 [97-52-9]

主要用于棉纤维织物的染色和印花显色,也用于制造快色素、枣红、金黄、黑等有机颜料

【生产厂】[冀]石家庄冀华化工纺织有限公司〈P1627〉;河北省衡水桃城化工助剂有限公司〈P1665〉;[沪]上海浦东亚美化工厂(500 吨)〈P1756〉;[苏]镇江市天龙化工有限公司〈P1846〉;[浙]杭州力禾颜料有限公司〈P1920〉;温州美

尔诺化工有限公司〈P1937〉
【使用厂】[沪]上海泗联实业总公司〈P1766〉

还原金橙 G;C. I. 还原橙 9 H01051510
Vat Brilliant Orange G;C. I. Vat Orange 9
用于棉织物的染色
【生产厂】[沪]上海华元实业总公司〈P1740〉;[苏]金隆化工集团有限公司〈P1861〉;徐州开达精细化工有限公司(100 吨)〈P1795〉

大红色基 LG H01051701
Fast Scarlet Base LG
【生产厂】[浙]浙江科盛染料化工有限公司(10 吨)〈P1965〉

红色基 GL H01052201
Fast Red Base GL;C. I. Azoic Diazo Component 8
用作棉、黏胶织物染色和印花的显色剂,也可用于合成有机颜料
【生产厂】[冀]石家庄冀华化工纺织有限公司〈P1627〉;河北省衡水桃城化工助剂有限公司〈P1665〉;[苏]镇江市天龙化工有限公司〈P1846〉
【使用厂】[冀]安平县冠达颜料工业有限公司〈P1663〉;[沪]上海泗联实业总公司〈P1766〉;[浙]上虞市东海化工有限公司〈P1947〉;[鲁]山东阳光颜料有限公司〈P2133〉;德州市宇虹化工有限公司〈P2142〉

红色基 KB;红贝司 KB;C. I. 冰染重氮组分 32 H01052401
Fast Red Base KB;C. I. Azoic Diazo Component 32
主要用作棉织物染色和印花的显色剂
【生产厂】[浙]杭州力禾颜料有限公司〈P1920〉

显色基红 2B;红色基 RC;C. I. 冰染重氮组分 10 H01052402
Red Developing Base 2B
【生产厂】[冀]石家庄冀华化工纺织有限公司〈P1627〉

红色基 KD;红贝司 KD H01052403
Fast Red Base KD
主要用于棉织物的染色和印花,也是有机颜料的中间体
【生产厂】[浙]杭州力禾颜料有限公司〈P1920〉;[皖]安徽李氏化工有限公司〈P1985〉
【使用厂】[沪]上海泗联实业总公司〈P1766〉;[鲁]山东阳光颜料有限公司〈P2133〉

显色基深红 4B;枣红色基 GBC;C. I. 冰染重氮组分 4 H01052502
Dark Red Developing Base 4B
主要用于棉、黏胶、锦纶和丝织物的染色与印花
【生产厂】[冀]石家庄冀华化工纺织有限公司〈P1627〉;石家庄富强染料有限公司〈P1626〉;[苏]上海颐贤化工有限公司〈P1839〉
【使用厂】[浙]杭州红妍颜料化工有限公司〈P1918〉

显色基深红 4RB;枣红色基 GP;C. I. 冰染重氮组分 1 H01052503
Dark Red Developing Base 4RB
用于棉织物的印花及染色
【生产厂】[冀]石家庄冀华化工纺织有限公司〈P1627〉;河北省衡水桃城化工助剂有限公司〈P1665〉;[沪]上海浦东亚美化工厂(500 吨)〈P1756〉;[苏]镇江市天龙化工有限公司〈P1846〉

蓝色盐 VB;凡拉明 B 蓝盐;安安蓝色盐;C. I. 冰染重氮组分 35 H01053301
Fast Blue Salt VB;C. I. Azoic Diazo Component 35
主要用于棉织物染色和印花的显色剂
【生产厂】[鲁]昌邑东泽化工有限责任公司〈P2088〉

蓝色盐 VRT;凡拉明蓝盐 RT;C. I. 冰染重氮组分 22;显色盐蓝 5R;4-氨基二苯胺重氮盐 H01053401
Fast Blue Salt VRT;C. I. Azoic Diazo Component 22
主要用于晒图纸,也用于棉织物的染色和印花
【生产厂】[鲁]德州福鑫化工有限公司(180 吨)〈P2141〉;昌邑东泽化工有限责任公司〈P2088〉

色酚 AS-CA;C. I. 冰染偶合组分 34 H01054601
Naphthol AS-CA;C. I. Azoic coupling component 34
用于棉、黏胶、锦纶等纤维的染色,用作有机颜料中间体、冰染染料色酚
【生产厂】[冀]石家庄冀华化工纺织有限公司〈P1627〉

还原染料 H01060000
Vat Dyes
广泛用于棉、黏胶和麻等纺织品的染色和印花
【生产厂】[京]北京染料厂〈P1557〉;[津]天津徽河化工染料有限公司〈P1615〉;[沪]上海涂料有限公司〈P1768〉;上海染料有限公司〈P1758〉;[苏]江苏亚邦化工集团有限公司〈P1861〉;徐州开达精细化工有限公司(2650 吨)〈P1795〉;[皖]铜陵儒德化工有限责任公司〈P1978〉;[鲁]淄博金鲁染料化工有限公司〈P2063〉

还原黄 GCN;亚士林黄;还原嫩黄 GCN;C. I. 还原黄 2 H01060101
Vat Yellow GCN;C. I. Vat Yellow 2
用于棉、丝织品的拼色和印花,也可用于黏胶、涤/棉和维/棉的染色
【生产厂】[沪]上海华元实业总公司〈P1740〉;[粤]广州市裕典化工有限公司〈P2267〉

还原黄 5RC;还原黄 G;C. I. 还原黄 1 H01060402
Vat Yellow 5RC;C. I. Vat Yellow 1
可用于棉布的卷染和悬浮体轧染,也可对棉纱浸染
【生产厂】[冀]石家庄冀华化工纺织有限公司〈P1627〉;[沪]上海华元实业总公司〈P1740〉;[苏]江苏亚邦化工集团有限公司〈P1861〉;金隆化工集团有限公司〈P1861〉;[粤]广州市裕典化工有限公司〈P2267〉

还原艳橙 3RK;还原艳橙 RK;C. I. 还原橙 3 H01060601
Vat Brilliant Orange 3RK;C. I. Vat Orange 3
用于棉织物的染色和印花,并可以作为还原

灰 BG 的中间体

【生产厂】[沪]上海华元实业总公司〈P1740〉

还原艳橙 GR;C. I. 还原橙 7 H01060602

Vat Brilliant Orange GR;C. I. Vat Orange 7

用于棉织品的深色印花

【生产厂】[苏]金隆化工集团有限公司〈P1861〉

还原橙 2RT H01060651

Vat Orange 2RT

【生产厂】[沪]上海华元实业总公司〈P1740〉

还原桃红 R;硫靛玫瑰红;士林桃红 R;C. I. 还原红 1 H01060701

Vat Pink R;C. I. Vat Red 1

主要用于棉织物的染色和印花,还可作为颜料,用于塑料的着色

【生产厂】[晋]山西临汾染化(集团)有限责任公司〈P1678〉;[沪]上海华元实业总公司〈P1740〉

还原大红 R;C. I. 还原红 29 H01060801

Vat Scarlet R;C. I. Vat Red 29

主要用于棉和维棉织物的染色

【生产厂】[津]天津市环宇染料化工厂(100 吨)〈P1591〉;[冀]石家庄冀华化工纺织有限公司〈P1627〉;[辽]辽阳联港染料化工有限公司〈P1710〉;[沪]上海华元实业总公司〈P1740〉;[粤]广州市裕典化工有限公司〈P2267〉

还原艳紫 RR;士林青莲 RR;还原紫 2R H01060901

Vat Brilliant Violet RR;C. I. Vat Violet 1

主要用于棉织物的染色和印花,还可以加工成颜料,用于塑料的着色

【生产厂】[冀]石家庄冀华化工纺织有限公司〈P1627〉;[吉]吉化集团吉林市松江化工厂〈P1715〉;[沪]上海华元实业总公司〈P1740〉;[苏]金隆化工集团有限公司〈P1861〉;徐州开达精细化工有限公司(150 吨)〈P1795〉

还原蓝 BC;士林漂蓝 BCS;还原天蓝(漂蓝)BC;C. I 还原蓝 6 H01061001

Vat Blue BC;C. I. Vat Blue 6

用于棉、黏胶、维尼纶等织物的染色和印花

【生产厂】[吉]吉化集团吉林市松江化工厂〈P1715〉;[沪]上海华元实业总公司〈P1740〉;[苏]金隆化工集团有限公司(180 吨)〈P1861〉;江阴市马镇有机化工有限公司〈P1870〉;[浙]杭州萧山飞翔化工有限公司(100 吨)〈P1923〉;[皖]安徽亚邦化工有限公司(100 吨)〈P1978〉;[粤]广州市裕典化工有限公司〈P2267〉

还原蓝 GCDN;还原天蓝 GCDN;C. I. 还原蓝 14 H01061101

Vat Blue GCDN;C. I. Vat Blue 14

主要用于棉织物的染色,也可直接印花

【生产厂】[吉]吉化集团吉林市松江化工厂〈P1715〉

还原蓝 RD;C. I. 还原蓝 4 H01061201

Vat Blue RD;C. I. Vat Blue 4

用于棉织物的染色

【生产厂】[苏]无锡大洋化工有限责任公司〈P1872〉;兴达化工有限公司〈P1883〉;[皖]安徽省星河化学有限责任公司〈P1978〉;安徽亚邦化工有限公司(200 吨)〈P1978〉

还原蓝 RSN;士林蓝 RSN;阴丹士林蓝 RSN;C. I. 还原蓝 4 H01061301

Vat Blue RSN;C. I. Vat Blue 4

用于棉纤维的染色,也可用于棉布的直接印花,还可加工成颜料

【生产厂】[冀]石家庄冀华化工纺织有限公司〈P1627〉;[沪]上海华元实业总公司〈P1740〉;[浙]杭州福德化工有限公司〈P1917〉;杭州萧山飞翔化工有限公司(200 吨)〈P1923〉;[粤]广州市裕典化工有限公司〈P2267〉

还原深蓝 BO;士林深蓝 BO;紫蒽酮;还原深蓝 BOA;C. I. 还原蓝 20 H01061401

Vat Dark Blue BO;C. I. Vat Blue 20

主要用于棉织物的染色和印花

【生产厂】[津]天津市染料化学第九厂(400 吨)〈P1600〉;[吉]吉化集团吉林市松江化工厂〈P1715〉;[沪]上海华元实业总公司〈P1740〉;[苏]金隆化工集团有限公司〈P1861〉;徐州开达精细化工有限公司(300 吨)〈P1795〉;[皖]安徽亚邦化工有限公司(200 吨)〈P1978〉;[粤]广州市裕典化工有限公司〈P2267〉

【使用厂】[浙]杭州萧山飞翔化工有限公司〈P1923〉

还原深蓝 VB;士林深蓝 VB H01061801

Vat Dark Blue VB

主要用于棉和涤/棉织物的染色

【生产厂】[冀]石家庄冀华化工纺织有限公司〈P1627〉;[沪]上海华元实业总公司〈P1740〉;[苏]徐州开达精细化工有限公司(300 吨)〈P1795〉;[浙]杭州萧山飞翔化工有限公司(300 吨)〈P1923〉;[粤]广州市裕典化工有限公司〈P2267〉

还原艳绿 FFB;C. I. 还原绿 1 H01062401

Vat Brilliant Green FFB;C. I. Vat Green 1

主要用于棉织物的染色和印花,也可用于涤/棉的染色和塑料的着色

【生产厂】[冀]石家庄冀华化工纺织有限公司〈P1627〉;[沪]上海华元实业总公司〈P1740〉;[苏]金隆化工集团有限公司(120 吨)〈P1861〉;[粤]广州市裕典化工有限公司〈P2267〉

还原草绿 GN H01062601

Vat Grass Green GN

主要用于棉织物的染色

【生产厂】[沪]上海华元实业总公司〈P1740〉

还原橄榄绿 B;士林橄榄绿 B;还原橄榄绿 2B;C. I. 还原绿 3 H01062801

Vat Olive Green B;C. I. Vat Green 3

主要用于棉织物的染色和印花,也可用于维/棉混纺织物的染色

【生产厂】[沪]上海华元实业总公司〈P1740〉;[苏]金隆化工集团有限公司〈P1861〉;徐州开达精细化工有限公司(450 吨)〈P1795〉;[粤]广州市裕典化工有限公司〈P2267〉

【使用厂】[浙]杭州萧山飞翔化工有限公司〈P1923〉

还原橄榄 R;士林橄榄 R;还原橄榄绿 R;C. I. 还原黑 27 H01062901

Vat Olive Green R;C. I. Vat Black 27

用于纤维素纤维的染色
【生产厂】[粤]广州市裕典化工有限公司〈P2267〉

还原橄榄 T;士林橄榄 T;还原橄榄绿 T;C.I.还原黑 25 H01063001
Vat Olive Green T;C.I.Vat Black 25
用于棉纤维的染色
【生产厂】[沪]上海华元实业总公司〈P1740〉;[苏]徐州开达精细化工有限公司(1150 吨)〈P1795〉;[粤]广州市裕典化工有限公司〈P2267〉

还原咔叽 2G;还原草绿 2GR;还原橄榄绿 5G;C.I.还原绿 8 H01063101
Vat Khaki 2G;C.I.Vat Green 8
用于棉纤维及涤/棉混纺织物的染色
【生产厂】[冀]石家庄冀华化工纺织有限公司〈P1627〉;[沪]上海华元实业总公司〈P1740〉

还原棕系列 H01063300
Vat Brown Series
【生产厂】[津]天津市环宇染料化工厂(300 吨)〈P1591〉;[粤]广州市裕典化工有限公司〈P2267〉

还原棕 LG H01063401
Vat Brown LG;C.I.Vat Brown 23
【生产厂】[沪]上海华元实业总公司〈P1740〉

还原棕 BR;还原深棕 BR;士林棕 BR;C.I.还原棕 1 H01063501
Vat Brown BR;C.I.Vat Brown 1
用于棉、麻、黏胶等织物的染色
【生产厂】[津]天津市益江化工染料有限公司(800 吨)〈P1611〉;[冀]石家庄冀华化工纺织有限公司〈P1627〉;[沪]上海华元实业总公司〈P1740〉;[苏]金隆化工集团有限公司〈P1861〉

还原棕 G;士林棕 G H01063701
Vat Brown G;C.I.Vat Brown 68
主要用于棉织物的染色
【生产厂】[津]天津市益江化工染料有限公司(100 吨)〈P1611〉

还原棕 GG;士林棕 GG H01063801
Vat Brown GG;C.I.Vat Brown 72
主要用于棉织物的染色
【生产厂】[津]天津市益江化工染料有限公司(100 吨)〈P1611〉

还原灰 BG;士林灰 BG;C.I.还原黑 29 H01064501
Vat Grey BG;C.I.Vat Black 29
主要用于棉织物的染色和印花
【生产厂】[津]天津市益江化工染料有限公司(200 吨)〈P1611〉;[冀]石家庄冀华化工纺织有限公司〈P1627〉;[沪]上海华元实业总公司〈P1740〉;[粤]广州市裕典化工有限公司〈P2267〉

还原灰 M;士林灰 M;C.I.还原黑 8 H01064701
Vat Grey M;C.I.Vat Black 8
主要用于棉织物及维/棉、涤/棉混纺织物的染色
【生产厂】[冀]石家庄冀华化工纺织有限公司〈P1627〉;[沪]上海华元实业总公司〈P1740〉;[苏]金隆化工集团有限公司〈P1861〉;徐州开达精细化工有限公司〈P1795〉

还原黑 BB;士林黑 BB H01065101
Vat Black BB
主要用于棉纤维的染色
【生产厂】[津]天津市染料化学第九厂(800 吨)〈P1600〉

还原黑 DB H01065201
Vat Black DB
【生产厂】[粤]广州市裕典化工有限公司〈P2267〉

还原灰 3B H01065401
Vat Grey 3B;C.I.Vat Black 16
用于棉纤维等的染色
【生产厂】[苏]徐州开达精细化工有限公司(50 吨)〈P1795〉

还原直接黑 RB;C.I.还原黑 9 H01065601
Vat Direct Black RB;C.I.Vat Black 9
主要用于棉织物、涤/棉、维/棉混纺织物的染色,尤其在维/棉上可得到均一灰色
【生产厂】[沪]上海华元实业总公司〈P1740〉;[苏]金隆化工集团有限公司〈P1861〉;[粤]广州市裕典化工有限公司〈P2267〉

还原直接黑 DB;C.I.还原黑 38 H01065631
Vat Direct Black DB;C.I.Vat Black 38
【生产厂】[沪]上海华元实业总公司〈P1740〉

可溶性还原蓝 IBC;溶蒽素蓝 IBC;C.I.可溶性还原蓝 6 H01065801
Solubilised Vat Blue IBC;C.I.Solubilised Vat Blue 6
主要用于棉织物的染色和印花
【生产厂】[苏]常熟市新腾化工有限公司〈P1891〉

可溶性还原绿 IB;还原绿 S-3B;溶蒽素绿 IB;C.I.可溶性还原绿 1 H01066001
Solubilised Vat Green IB;C.I.Solubilised Vat Green 1
用于棉、丝、毛、麻及部分黏胶织物的染色
【生产厂】[吉]吉化集团吉林市松江化工厂〈P1715〉

还原绿 MW H01066011
Vat Green MW;C.I.Vat Green 13
【生产厂】[沪]上海华元实业总公司〈P1740〉

可溶性还原桃红 IR;还原桃红 S-3B;溶靛素桃红 IR;C.I.可溶性还原红 1 H01066301
Solubilised Vat Pink IR;C.I.Solubilised Vat Red 1
用于棉、涤棉混纺等纺织品的染色和印花
【生产厂】[吉]吉化集团吉林市松江化工厂〈P1715〉;[鲁]山东阳光颜料有限公司(20 吨)〈P2133〉

还原艳红 RB;C.I.还原红 32 H01066701
Vat Brilliant Red RB;C.I.Vat Red 32
【生产厂】[沪]上海华元实业总公司〈P1740〉

还原红 F3B；C.I. 还原红 31 H01066801
Vat Red F3B；C.I. Vat Red 31
【生产厂】［苏］南通集海化工有限公司(80 吨)〈P1833〉

还原红 6B；C.I. 还原红 13 H01066803
Vat Red 6B；C.I. Vat Red 13
用于棉、涤/棉混纺织物的印花和染色
【生产厂】［苏］镇江市海通化工有限公司〈P1845〉

还原军工蓝 CDO2 H01067001
Vat Military Blue CD02
用于军工迷彩织物的染色等
【生产厂】［苏］徐州开达精细化工有限公司(15 吨)〈P1795〉

还原大红 GG H01067301
Vat Scarlet GG
主要用于棉纺织品、塑料的染色和着色
【生产厂】［沪］上海华元实业总公司〈P1740〉

活性染料 H01070000
Reactive Dyes
主要用于全棉纺织品的染色、印花
【生产厂】［津］天津市德凯化工有限公司(5000 吨)〈P1584〉；天津市大港区华浦化工厂(300 吨)〈P1582〉；天津市大港宏利染料化工厂(120 吨)〈P1582〉；天津市新美染料化工有限公司(6000 吨)〈P1608〉；［冀］河北永泰化工有限公司〈P1623〉；石家庄旭泰化工有限公司〈P1633〉；保定恒润化工有限公司〈P1645〉；［沪］上海染料有限公司〈P1758〉；上海桃浦染料公司(3000 吨)〈P1767〉；上海万得化工有限公司(2 万吨)〈P1768〉；［苏］无锡先进化药化工有限公司〈P1882〉；［豫］安阳市景晟染化厂(500 吨)〈P2209〉；［粤］汕头市盛腾助剂有限公司〈P2277〉

K 型系列活性染料 H01070010
Reactive Dyes，K type
适用于轧染和印花
【生产厂】［津］天津市新美染料化工有限公司(600 吨)〈P1608〉；［苏］江苏省泰兴锦港化工有限公司〈P1822〉；姜堰市东风染料化工厂〈P1823〉

M 型系列活性染料 H01070020
Reactive Dyes，M type
【生产厂】［津］天津市新美染料化工有限公司(700 吨)〈P1608〉；［苏］江苏省泰兴锦港化工有限公司〈P1822〉；姜堰市东风染料化工厂〈P1823〉

KE 型系列活性染料 H01070030
Reactive Dyes，KE type
适用于高温染色和固色，在涤棉混纺织物的染色方面，可与分散染料相配合进行一浴二步法染色
【生产厂】［津］天津市新美染料化工有限公司(1900 吨)〈P1608〉；［苏］江苏省泰兴锦港化工有限公司〈P1822〉；姜堰市东风染料化工厂〈P1823〉

KD 型系列活性染料 H01070050
Reactive Dyes，KD type
用于高温染色和固色，在涤棉混纺织物的染色方面，可与分散染料相配合进行一浴二步法染色
【生产厂】［津］天津市新美染料化工有限公司(3400 吨)〈P1608〉；［苏］江苏省泰兴锦港化工有限公司〈P1822〉

B 型系列活性染料 H01070060
Reactive Dyes，B type
适用于中、深色棉、麻、黏、丝等织物的竭染和连续轧染染色
【生产厂】［津］天津市大港区天成化工厂(1 万吨)〈P1583〉；［苏］江苏省泰兴锦港化工有限公司〈P1822〉

BEX 型活性染料 H01070095
Reactive Dyes，BEX type
【生产厂】［津］天津市新美染料化工有限公司(800 吨)〈P1608〉

活性嫩黄 X-6G；活性黄 6GS；反应嫩黄 X-3GL；C.I. 活性黄 1 H01070201
Reactive Brilliant Yellow X-6G；C.I. Reactive Yellow 1
用于棉、黏胶、丝绸等织物的染色
【生产厂】［津］天津市西青区阳光染料化工厂(180 吨)〈P1607〉；［苏］姜堰市东风染料化工厂〈P1823〉

活性嫩黄 K-4G；活性艳黄 K-G；反应艳黄 K-G；C.I. 反应黄 18 H01070401
Reactive Brilliant Yellow K-4G；C.I. Reactive Yellow 18
用于棉、麻、黏胶、丝等织物的印花
【生产厂】［津］天津市西青区阳光染料化工厂(400 吨)〈P1607〉；［沪］上海浦东化中染化有限公司〈P1755〉

活性嫩黄 K-6G H01070501
Reactive Brilliant Yellow K-6G；C.I. Reactive Yellow 2
用于棉和黏胶纤维的染色
【生产厂】［冀］石家庄冀华化工纺织有限公司〈P1627〉；［沪］上海浦东化中染化有限公司〈P1755〉；上海永庆染料有限公司〈P1775〉；［浙］上虞亿得化工有限公司〈P1949〉

活性嫩黄 KN-G；C.I. 活性黄 14 H01070701
Reactive Brilliant Yellow KN-G；C.I. Reactive Yellow 14
用于棉、麻、丝等纤维的染色和印花
【生产厂】［浙］浙江舜龙化工有限公司〈P1951〉

活性嫩黄 KE-3G；C.I. 活性黄 81；活性嫩黄 KM-3G H01071001
Reactive Brilliant Yellow KE-3G；C.I. Reactive Yellow 81
主要用于纤维素纤维的浸染，也可印花
【生产厂】［沪］上海永庆染料有限公司〈P1775〉

活性嫩黄 M-4GL H01071121
Reactive Brilliant Yellow M-4GL；Reactive Yellow 160
【生产厂】［浙］浙江舜龙化工有限公司〈P1951〉

活性嫩黄 B-4GLN H01071221
Reactive Brilliant Yellow B-4GLN
适用于中、深色棉、麻、黏、丝等物的竭染色，特别适用于连续轧染染色
【生产厂】［苏］昆山市华泰染料化工有限公司〈P1897〉

活性嫩黄 B-6GLN H01071231
Reactive Brilliant Yellow B-6GLN
【生产厂】［苏］昆山市华泰染料化工有限公司〈P1897〉

活性黄 X-RG H01071301
Reactive Yellow X-RG
用于棉、黏胶、丝绸等织物的染色
【生产厂】[冀]石家庄冀华化工纺织有限公司〈P1627〉;[沪]上海浦东化中染化有限公司〈P1755〉;上海永庆染料有限公司〈P1775〉

活性黄 X-R;活性黄 X-RN;反应金黄 X-2GLC;C. I. 活性黄 4 H01071401
Reactive Yellow X-R;C. I. Reactive Yellow 4
用于棉、黏胶、丝绸等织物的染色
【生产厂】[津]天津市西青区阳光染料化工厂(210 吨)〈P1607〉;[冀]石家庄冀华化工纺织有限公司〈P1627〉

活性黄 K-RN;活性黄 KM-RN;C. I. 活性黄 3 H01071601
Reactive Yellow K-RN;C. I. Reactive Yellow 3
用于棉、黏胶、丝等织物的染色和印花
【生产厂】[冀]石家庄冀华化工纺织有限公司〈P1627〉;[沪]上海浦东化中染化有限公司〈P1755〉;上海永庆染料有限公司〈P1775〉;[浙]上虞亿得化工有限公司〈P1949〉

活性黄 KD-3G H01071701
Reactive Yellow KD-3G;C. I. Reactive Yellow 81
用于棉、麻、黏胶等纤维的染色
【生产厂】[沪]上海永庆染料有限公司〈P1775〉;[苏]泰兴市泰霞染料有限公司〈P1826〉

活性金黄 KM-G;活性黄 M-5R;反应金黄 M-2GL H01071901
Reactive Golden Yellow KM-G
用于棉、麻、黏胶等纤维的染色和印花
【生产厂】[沪]上海浦东化中染化有限公司〈P1755〉;上海永庆染料有限公司〈P1775〉;[浙]浙江舜龙化工有限公司〈P1951〉

活性黄 M-3RE;C. I. 活性黄 145 H01071902
Reactive Yellow M-3RE;C. I. Reactive Yellow 145
用于棉布染色和印花
【生产厂】[冀]石家庄冀华化工纺织有限公司〈P1627〉;河北西海集团有限公司〈P1666〉;[沪]上海浦东化中染化有限公司〈P1755〉;上海永庆染料有限公司〈P1775〉;[浙]浙江舜龙化工有限公司〈P1951〉;[粤]广州市裕典化工有限公司〈P2267〉

活性黄 KE-4R;C. I. 活性黄 84 H01071921
Reactive Yellow KE-4R;C. I. Reactive Yellow 84
用于棉、麻、丝的染色与印花
【生产厂】[冀]石家庄冀华化工纺织有限公司〈P1627〉;[沪]上海永庆染料有限公司〈P1775〉

活性黄 3RS H01071931
Reactive Yellow 3RS;C. I. Reactive Yellow 176
用于羊毛、蚕丝织物,皮革的着色
【生产厂】[沪]上海永庆染料有限公司〈P1775〉

活性黄 B-4RFN H01071981
Reactive Yellow B-4RFN
【生产厂】[苏]昆山市华泰染料化工有限公司〈P1897〉

活性黄 P-6GS H01072141
Reactive Yellow P-6GS
【生产厂】[沪]上海永庆染料有限公司〈P1775〉

活性艳橙 X-GN H01072401
Reactive Brilliant Orange X-GN;C. I. Reactive Orange 1
用于棉、麻、蚕丝、黏胶等织物的染色
【生产厂】[津]天津市西青区阳光染料化工厂(750 吨)〈P1607〉;天津市永合染化厂(500 吨)〈P1611〉;[冀]石家庄冀华化工纺织有限公司〈P1627〉;[沪]上海浦东化中染化有限公司〈P1755〉;上海永庆染料有限公司〈P1775〉

活性艳红 EF-5B H01072501
Reactive Brilliant Red EF-5B
【生产厂】[苏]姜堰市东风染料化工厂〈P1823〉

活性艳橙 M-2R H01072651
Reactive Brilliant Orange M-2R;C. I. Reactive Orange 122
【生产厂】[浙]浙江舜龙化工有限公司〈P1951〉

活性艳橙 K-GN;C. I. 活性橙 5 H01072701
Reactive Brilliant Orange K-GN;C. I. Reactive Orange 5
用于棉、麻、黏胶等织物的染色和印花
【生产厂】[津]天津市永合染化厂(500 吨)〈P1611〉;[沪]上海浦东化中染化有限公司〈P1755〉;上海永庆染料有限公司〈P1775〉;[浙]上虞亿得化工有限公司〈P1949〉

活性艳橙 K-R H01072801
Reactive Brilliant Orange K-R
用于棉、黏胶、丝等织物的染色和印花
【生产厂】[沪]上海浦东化中染化有限公司〈P1755〉;上海永庆染料有限公司〈P1775〉

活性艳橙 K-7R H01072901
Reactive Brilliant Orange K-7R
用于棉、黏胶等织物的印花
【生产厂】[沪]上海永庆染料有限公司〈P1775〉

活性橙 KN-5R;活性艳橙 KN-5R H01073021
Reactive Orange KN-5R;C. I. Reactive Orange 16
用于棉、毛、丝的染色与印花
【生产厂】[沪]上海永庆染料有限公司〈P1775〉;[浙]浙江舜龙化工有限公司〈P1951〉

活性橙 KN-2G H01073031
Reactive Orange KN-2G;C. I. Reactive Orange 72
【生产厂】[浙]浙江舜龙化工有限公司〈P1951〉

活性橙 KN-GR H01073051
Reactive Orange KN-GR;C. I. Reactive Orange 82
【生产厂】[冀]河北西海集团有限公司〈P1666〉;[浙]浙江舜龙化工有限公司〈P1951〉

活性橙 KE-2G H01073105
Reactive Orange KE-2G
用于棉、麻、丝的染色与印花
【生产厂】[苏]姜堰市东风染料化工厂〈P1823〉

活性橙 KE-R;C. I. 活性橙 84 H01073108
Reactive Orange KE-R;C. I. Reactive Orange 84
【生产厂】[冀]保定市满城县保满联营化工厂〈P1646〉

活性橙 B-2RLN H01073291
Reactive Orange B-2RLN
【生产厂】[苏]昆山市华泰染料化工有限公司〈P1897〉

活性艳红 X-3B;反应艳红 X-3B;C. I. 活性红 2 H01073501
Reactive Brilliant Red X-3B;C. I. Reactive Red 2
用于棉、丝、毛和人造丝等织物的染色
【生产厂】[津]天津市津西西琉城染料化工厂〈P1595〉;天津市西青区阳光染料化工厂(100 吨)〈P1607〉;天津市永合染化厂(400 吨)〈P1611〉;[冀]石家庄冀华化工纺织有限公司〈P1627〉;[吉]吉化集团吉林市松江化工厂〈P1715〉;[沪]上海浦东化中染化有限公司〈P1755〉;上海永庆染料有限公司〈P1775〉;[苏]泰兴市泰霞染料有限公司〈P1826〉;[浙]杭州萧山飞翔化工有限公司(300 吨)〈P1923〉;[鲁]山东济宁运河染料化工厂(200 吨)〈P2131〉;[豫]开封染料化工厂〈P2177〉

活性艳红 X-7B;C. I. 活性红 88 H01073601
Reactive Brilliant Red X-7B;C. I. Reactive Red 88
用于棉、麻、黏胶、丝等织物的染色和印花
【生产厂】[冀]石家庄冀华化工纺织有限公司〈P1627〉

活性艳红 K-3B H01073901
Reactive Brilliant Red K-3B
用于棉、黏胶、丝、毛等织物的染色和印花
【生产厂】[沪]上海永庆染料有限公司〈P1775〉

反应艳红 K-4BC;活性艳红 K-2BP;C. I. 活性红 24 H01074101
Reactive Brilliant Red K-4BC;C. I. Reactive Red 24
用于棉、麻、黏胶等织物的印花
【生产厂】[冀]石家庄冀华化工纺织有限公司〈P1627〉;[沪]上海浦东化中染化有限公司〈P1755〉;上海永庆染料有限公司〈P1775〉;[浙]上虞亿得化工有限公司〈P1949〉;[豫]偃师市诚意皮革化工厂〈P2188〉

活性艳红 K-2G;反应艳红 K-BC;C. I. 活性红 15 H01074103
Reactive Brilliant Red K-2G;C. I. Reactive Red 15
可用于棉或黏胶纤维的浸染、卷染和轧染,也可用于羊毛织物印花
【生产厂】[沪]上海浦东化中染化有限公司〈P1755〉;上海永庆染料有限公司〈P1775〉

活性红 P-BN H01074291
Reactive Red P-BN
【生产厂】[沪]上海永庆染料有限公司〈P1775〉

活性艳红 KE-3B H01074511
Reactive Brilliant Red KE-3B;C. I. Reactive Red 120
主要用于棉布和黏胶纤维的染色和直接印花,并适于涤/棉、涤/黏混纺织物的染色
【生产厂】[津]天津市西青区阳光染料化工厂(100 吨)〈P1607〉;[冀]石家庄冀华化工纺织有限公司〈P1627〉;[沪]上海浦东化中染化有限公司〈P1755〉;上海永庆染料有限公司〈P1775〉

活性艳红 KE-7B;C. I. 活性红 141 H01074521
Reactive Brilliant Red KE-7B;C. I. Reactive Red 141
主要用于棉、麻、黏胶等纤维及涤/棉、涤/黏混纺织物的染色
【生产厂】[津]天津市西青区阳光染料化工厂(170 吨)〈P1607〉;[沪]上海浦东化中染化有限公司〈P1755〉;上海永庆染料有限公司〈P1775〉

活性艳红 M-3BE;C. I. 活性红 195 H01074711
Reactive Brilliant Red M-3BE;C. I. Reactive Red 195
用于棉布染色及印花
【生产厂】[冀]河北西海集团有限公司〈P1666〉;[沪]上海浦东化中染化有限公司〈P1755〉;上海永庆染料有限公司〈P1775〉;[浙]浙江舜龙化工有限公司〈P1951〉

活性艳红 M-2BE H01074721
Reactive Brilliant Red M-2BE;C. I. Reactive Red 194
主要用于棉或黏胶纤维的染色
【生产厂】[浙]浙江舜龙化工有限公司〈P1951〉

活性艳红 M-8B;活性艳红 KM-8B;反应艳红 M-8B H01074801
Reactive Brilliant Red M-8B;C. I. Reactive Red 11
用于棉、麻、黏胶等纤维的染色和印花
【生产厂】[冀]石家庄冀华化工纺织有限公司〈P1627〉;[沪]上海浦东化中染化有限公司〈P1755〉;上海永庆染料有限公司〈P1775〉;[浙]浙江舜龙化工有限公司〈P1951〉

活性艳红 M-6BF H01074891
Reactive Brilliant Red M-6BF;C. I. Reactive Red 250
【生产厂】[浙]浙江舜龙化工有限公司〈P1951〉

活性红 KN-5B;C. I. 活性红 23 H01075101
Reactive Red KN-5B;C. I. Reactive Red 23
用于棉、麻、黏胶等织物的染色和印花
【生产厂】[浙]浙江舜龙化工有限公司〈P1951〉

活性红 KD-8B;反应红 KD-6B H01075103
Reactive Red KD-8B
用于棉或黏胶纤维的染色,适于浸染和卷染
【生产厂】[沪]上海永庆染料有限公司〈P1775〉

活性红 KN-RB H01075111
Reactive Red KN-RB;C. I. Reactive Red 198
【生产厂】[浙]浙江舜龙化工有限公司〈P1951〉

活性红 3BS H01075201
Reactive Red 3BS;C. I. Reactive Red 195
用于毛纺织物的着色
【生产厂】[沪]上海永庆染料有限公司〈P1775〉

活性艳紫 KN-4R;C. I. 活性紫 5 H01075801
Reactive Brilliant Violet KN-4R;C. I. Reactive Violet 5
用于棉、麻、丝等织物的染色和印花
【生产厂】[浙]浙江舜龙化工有限公司〈P1951〉

活性红紫 M-R H01075902
Reactive Red Violet M-R
用于棉、麻、丝织品的染色与印花

【生产厂】[浙]浙江舜龙化工有限公司〈P1951〉

活性紫 K-3R;活性艳紫 K-3R;活性青莲 X-2R;C. I. 活性紫 2　H01076101
Reactive Violet K-3R; C. I. Reactive Violet 2
用于棉、麻、黏胶、丝等织物的印花
【生产厂】[津]天津市西青区阳光染料化工厂(200 吨)〈P1607〉;[冀]石家庄冀华化工纺织有限公司〈P1627〉;[沪]上海浦东化中染化有限公司〈P1755〉;上海永庆染料有限公司〈P1775〉;[浙]上虞亿得化工有限公司〈P1949〉

活性红紫 X-2R;活性青莲 2R;活性紫 2R;C. I. 活性紫 8　H01076301
Reactive Red Violet X-2R; C. I. Reactive Violet 8
用于棉、麻、黏胶、丝等织物的染色和印花
【生产厂】[津]天津市西青区阳光染料化工厂(430 吨)〈P1607〉;[冀]石家庄冀华化工纺织有限公司〈P1627〉;[沪]上海浦东化中染化有限公司〈P1755〉;上海永庆染料有限公司〈P1775〉;[苏]昆山市华泰染料化工有限公司〈P1897〉

活性艳蓝 X-BR;活性艳蓝 XARL;C. I. 活性蓝 4　H01076501
Reactive Brilliant Blue X-BR; C. I. Reactive Blue 4
用于棉、丝、黏胶等织物的染色和印花
【生产厂】[津]天津市西青区阳光染料化工厂(220 吨)〈P1607〉;[冀]石家庄冀华化工纺织有限公司〈P1627〉;[沪]上海浦东化中染化有限公司〈P1755〉;上海永庆染料有限公司〈P1775〉;[苏]昆山市华泰染料化工有限公司〈P1897〉

活性艳蓝 K-3R;C. I. 活性蓝 74　H01076601
Reactive Brilliant Blue K-3R; C. I. Reactive Blue 74
用于棉和黏胶织物的轧染和印花
【生产厂】[沪]上海浦东化中染化有限公司〈P1755〉;上海永庆染料有限公司〈P1775〉

活性深蓝 K-R;活性蓝 13　H01076602
Reactive Deep Blue K-R; C. I. Reactive Blue 13
用于棉或黏胶纤维的染色
【生产厂】[沪]上海浦东化中染化有限公司〈P1755〉;上海永庆染料有限公司〈P1775〉;[苏]姜堰市东风染料化工厂〈P1823〉;[浙]上虞亿得化工有限公司〈P1949〉

活性艳蓝 K-GR;C. I. 活性蓝 5　H01076701
Reactive Brilliant Blue K-GR; C. I. Reactive Blue 5
用于棉、麻、黏胶等织物的印花
【生产厂】[沪]上海浦东化中染化有限公司〈P1755〉;上海永庆染料有限公司〈P1775〉;[浙]上虞亿得化工有限公司〈P1949〉

活性艳蓝 K-GRS　H01076801
Reactive Brilliant Blue K-GRS; C. I. Reactive Blue 5
用于棉、麻、黏胶等织物的印花
【生产厂】[苏]昆山市华泰染料化工有限公司〈P1897〉

活性艳蓝 KN-R;C. I. 活性蓝 19　H01077001
Reactive Brilliant Blue KN-R; C. I. Reactive Blue 19
用于棉、麻、黏胶等纤维的染色和印花
【生产厂】[冀]石家庄冀华化工纺织有限公司〈P1627〉;[沪]上海永庆染料有限公司〈P1775〉;[苏]姜堰市东风染料化工厂〈P1823〉;[浙]上虞颜料厂〈P1948〉;浙江舜龙化工有限公司〈P1951〉;[粤]广州市裕典化工有限公司〈P2267〉

活性艳蓝 KE-R;C. I. 活性蓝 171　H01077011
Reactive Brilliant Blue KE-R; C. I. Reactive Blue 171
【生产厂】[沪]上海浦东化中染化有限公司〈P1755〉;上海永庆染料有限公司〈P1775〉

活性艳蓝 KE-GN;活性蓝 KE-GN　H01077031
Reactive Brilliant Blue KE-GN; C. I. Reactive Blue 198
【生产厂】[苏]姜堰市东风染料化工厂〈P1823〉

活性艳蓝 M-BR;C. I. 活性蓝 211　H01077101
Reactive Brilliant Blue M-BR
用于棉、麻、黏胶等纤维的染色和印花
【生产厂】[沪]上海永庆染料有限公司〈P1775〉

活性艳蓝 P-3R　H01077251
Reactive Brilliant Blue P-3R
【生产厂】[沪]上海永庆染料有限公司〈P1775〉

活性翠蓝 K-GL;C. I. 活性蓝 14　H01077301
Reactive Turquoise Blue K-GL; C. I. Reactive Blue 14
主要用于棉和丝等织物的印花,不适用于黏胶纤维
【生产厂】[冀]石家庄冀华化工纺织有限公司〈P1627〉;沧州胜康化工有限公司〈P1652〉;[沪]上海浦东化中染化有限公司〈P1755〉;上海永庆染料有限公司〈P1775〉;[浙]上虞亿得化工有限公司〈P1949〉

活性翠蓝 B-BGFN　H01077371
Reactive Turquoise Blue B-BGFN
【生产厂】[苏]昆山市华泰染料化工有限公司〈P1897〉

活性翠蓝 KN-G;C. I. 活性蓝 21　H01077501
Reactive Turquoise Blue KN-G; C. I. Reactive Blue 21
用于棉、黏胶、毛、丝等纤维的染色和印花
【生产厂】[津]天津市染料化学第八厂(200 吨)〈P1600〉;[冀]石家庄冀华化工纺织有限公司〈P1627〉;沧州胜康化工有限公司〈P1652〉;[沪]上海永庆染料有限公司〈P1775〉;[浙]浙江舜龙化工有限公司〈P1951〉

活性翠蓝 M-GB　H01077701
Reactive Turquoise Blue M-GB; C. I. Reactive Blue 231
用于棉、黏胶等织物的染色和印花
【生产厂】[浙]浙江舜龙化工有限公司〈P1951〉

活性蓝 M-BRF　H01078151
Reactive Blue M-BRF; C. I. Reactive Blue 221
【生产厂】[浙]浙江舜龙化工有限公司〈P1951〉

活性深蓝 M-2GE;C. I. 活性蓝 194　H01078403
Reactive Dark Blue M-2GE; C. I. Reactive Blue 194
【生产厂】[沪]上海浦东化中染化有限公司〈P1755〉;上海永庆染料有限公司〈P1775〉;[浙]浙江舜龙化工有限公司〈P1951〉

活性深蓝 M-BF　H01078451
Reactive Dark Blue M-BF; C. I. Reactive Blue 222
【生产厂】[浙]浙江舜龙化工有限公司〈P1951〉

H

活性深蓝 M-R H01078501
Reactive Dark Blue M-R
用于棉、麻、黏胶等织物的印花
【生产厂】[浙]浙江舜龙化工有限公司〈P1951〉

活性深蓝 B-2GLN H01078551
Reactive Dark Blue B-2GLN
【生产厂】[苏]昆山市华泰染料化工有限公司〈P1897〉

活性深蓝 YQ-2GLN H01078561
Reactive Deep Blue YQ-2GLN
【生产厂】[沪]上海永庆染料有限公司〈P1775〉

活性墨绿 KE-4BD;C.I.活性绿 19 H01078603
Reactive Black Green KE-4BD;C.I. Reactive Green 19
用于棉、麻织物的染色
【生产厂】[津]天津市西青区阳光染料化工厂(600 吨)〈P1607〉;[沪]上海浦东化中染化有限公司〈P1755〉;上海永庆染料有限公司〈P1775〉;[苏]姜堰市东风染料化工厂〈P1823〉

反应橙 K-2RL;活性黄棕 K-GR H01078701
Reactive Yellow Brown K-GR;C.I. Reactive Brown 2
用于棉、麻、黏胶、丝等织物的印花
【生产厂】[津]天津市西青区阳光染料化工厂(500 吨)〈P1607〉;[冀]石家庄冀华化工纺织有限公司〈P1627〉;[沪]上海浦东化中染化有限公司〈P1755〉;上海永庆染料有限公司〈P1775〉;[苏]姜堰市东风染料化工厂〈P1823〉;[浙]上虞亿得化工有限公司〈P1949〉

活性红棕 K-B3R;C.I.活性棕 9 H01078801
Reactive Red Brown K-B3R;C.I. Reactive Brown 9
用于棉、黏胶等织物的染色
【生产厂】[冀]石家庄冀华化工纺织有限公司〈P1627〉;[沪]上海浦东化中染化有限公司〈P1755〉;上海永庆染料有限公司〈P1775〉

活性灰 K-B4RP H01079001
Reactive Grey K-B4RP
用于棉、麻、黏胶等织物的印花
【生产厂】[沪]上海永庆染料有限公司〈P1775〉

活性黑 K-BR;C.I.活性黑 8 H01079501
Reactive Black K-BR;C.I. Reactive Black 8
用于棉、麻、黏胶等织物印花
【生产厂】[冀]石家庄冀华化工纺织有限公司〈P1627〉;[沪]上海浦东化中染化有限公司〈P1755〉;上海永庆染料有限公司〈P1775〉;[浙]上虞亿得化工有限公司〈P1949〉

活性黑 KN-B;C.I.活性黑 5 H01079601
Reactive Black KN-B;C.I. Reactive Black 5
用于棉、黏胶等纤维的染色和印花
【生产厂】[津]天津市染料化学第八厂(2000 吨)〈P1600〉;天津市西青区阳光染料化工厂(230 吨)〈P1607〉;天津三环化学有限公司(1000 吨)〈P1577〉;[冀]石家庄冀华化工纺织有限公司〈P1627〉;河北西海集团有限公司(1500 吨)〈P1666〉;[沪]上海永庆染料有限公司〈P1775〉;[苏]姜堰市东风染料化工厂〈P1823〉;[浙]浙江舜龙化工有限公司〈P1951〉;[豫]安阳染料厂(2000 吨)〈P2208〉;[粤]广州市裕典化工有限公司〈P2267〉

活性黑 KN-G2RC H01079603
Reactive Black KN-G2RC
可用于棉和黏胶纤维的染色
【生产厂】[冀]河北西海集团有限公司(1000 吨)〈P1666〉;[沪]上海永庆染料有限公司〈P1775〉;[浙]浙江舜龙化工有限公司〈P1951〉

活性黑 KN-BN H01079611
Reactive Black KN-BN
可用于棉和黏胶纤维的染色
【生产厂】[津]天津市恒泽化工科技开发有限公司(180 吨)〈P1589〉

活性黑 KN-BR H01079631
Reactive Black KN-BR;C.I. Active Black 5
【生产厂】[冀]河北西海集团有限公司〈P1666〉

分散染料 H01080000
Disperse Dyes
主要用于涤纶及其混纺织物的染色和印花,广泛用于醋酸纤维的印染
【生产厂】[京]北京染料厂〈P1557〉;[津]天津微河化工染料有限公司〈P1615〉;天津市环宇染料化工厂(1000 吨)〈P1591〉;[沪]上海染料有限公司〈P1758〉;[苏]常州市临江化工有限公司〈P1852〉;无锡先进化药化工有限公司〈P1882〉;苏州合成化工有限公司(5000 吨)〈P1900〉;[浙]杭州百汇化工有限公司〈P1915〉;浙江万丰化工有限公司(5000 吨)〈P1951〉;浙江上虞市珊瑚化工厂〈P1951〉;宁波华杰化工有限公司(1500 吨)〈P1931〉;浙江山峪染料化工有限公司(1 万吨)〈P1966〉;[皖]铜陵儒德化工有限责任公司〈P1978〉;[鲁]淄博金鲁染料化工有限公司〈P2063〉;蓬莱市华茂精细化工有限公司(4000 吨)〈P2112〉;[粤]汕头市盛腾助剂有限公司〈P2277〉

分散嫩黄 6GSL;C.I.分散黄 114 H01080381
Disperse Brilliant Yellow 6GSL;C.I. Disperse Yellow 114
用于涤/棉混纺织物的染色
【生产厂】[浙]浙江山峪染料化工有限公司〈P1966〉

分散黄 3G;分散黄 S-3G;分散黄 SE-3GL;分散黄 3GL;C.I.分散黄 64 H01080511
Disperse Yellow 3G
用于涤纶纤维和织物的染色
【生产厂】[苏]无锡大洋化工有限责任公司〈P1872〉;[鲁]青岛双桃精细化工(集团)有限公司(100 吨)〈P2043〉

分散黄 M-3RL H01080521
Disperse Yellow M-3RL
用于涤纶及混纺织物的染色
【生产厂】[粤]广州市裕典化工有限公司〈P2267〉

分散黄 5GR H01080531
Disperse Yellow 5GR
【生产厂】[浙]浙江山峪染料化工有限公司〈P1966〉

分散黄 RGFL;分散黄 E-RGFL;分散金黄 E-3RL;托拉西金黄 R;C.I.分散黄 23 H01080601
Disperse Yellow RGFL;C.I. Disperse Yellow 23

主要用于涤纶及其混纺织物的染色,也可用于醋纤和锦纶纤维的染色、并可用于转移印花

【生产厂】[津]天津市染料化学第九厂(400 吨)〈P1600〉;[苏]泰兴市兴汉染料化工有限公司〈P1826〉;[浙]杭州福德化工有限公司〈P1917〉;杭州萧山飞翔化工有限公司(800 吨)〈P1923〉;[鲁]青岛双桃精细化工(集团)有限公司(500 吨)〈P2043〉

分散黄 E-3G;分散黄 3GE;分散黄 S-2G;C. I. 分散黄 54;分散黄 SE-3GE H01080711

Disperse Yellow E-3G;C. I. Disperse Yellow 54

用于涤纶纤维及织物的染色

【生产厂】[苏]无锡大洋化工有限责任公司〈P1872〉;[鲁]青岛双桃精细化工(集团)有限公司(200 吨)〈P2043〉

分散黄 SE-G;分散黄 E-G;分散黄 G;C. I. 分散黄 3 H01080901

Disperse Yellow G;C. I. Disperse Yellow 3

用于涤纶及其混纺织物的染色

【生产厂】[晋]山西临汾染化(集团)有限责任公司〈P1678〉

分散黄 SE-4G H01080931

Disperse Yellow SE-4G;C. I. Disperse Yellow 211

【生产厂】[浙]宁波华杰化工有限公司〈P1931〉

分散金黄 SE-3R H01081001

Disperse Golden Yellow SE-3R

用于涤纶等织物染色

【生产厂】[浙]宁波华杰化工有限公司〈P1931〉

分散黄 SE-5R;C. I. 分散黄 104 H01081005

Disperse Yellow SE-5R;C. I. Disperse Yellow 104

替代分散金黄 E-3RL,用于涤纶及其混纺织物染色

【生产厂】[鲁]青岛双桃精细化工(集团)有限公司〈P2043〉

分散黄 HG;分散黄 GS;分散黄 S-G;C. I. 分散黄 79 H01081101

Disperse Yellow HG;C. I. Disperse Yellow 79

主要用于涤纶及其混纺织物的染色,也可用于醋纤、锦纶的染色,并适宜印花

【生产厂】[津]天津市染料化学第九厂(800 吨)〈P1600〉;[浙]浙江山峪染料化工有限公司〈P1966〉

分散阳离子黄 SD-5GL H01081201

Disperse Cationic Yellow SD-5GL

主要用于腈纶及其混纺织物的染色,也用于改性涤纶及纸张的染色

【生产厂】[沪]上海庆成染料化工有限公司〈P1758〉;上海罗泾染料化工有限公司〈P1752〉;[苏]苏州市东吴染料有限公司〈P1903〉

分散阳离子黄 SD-3RL H01081211

Disperse Cationic Yellow SD-3RL

主要用于腈纶及其混纺织物的染色,也用于改性涤纶及纸张的染色

【生产厂】[苏]苏州市东吴染料有限公司〈P1903〉

分散阳离子黄 SD-GRL H01081221

Disperse Cationic Yellow SD-GRL

主要用于腈纶及其混纺织物的染色,也用于改性涤纶及纸张的染色

【生产厂】[苏]苏州市东吴染料有限公司〈P1903〉

分散阳离子黄 SD-7GL H01081231

Disperse Cation Yellow SD-7GL

【生产厂】[苏]苏州市东吴染料有限公司〈P1903〉

分散阳离子黄 SD-10GFF H01081251

Disperse Cation Yellow SD-10GFF

【生产厂】[苏]苏州市东吴染料有限公司〈P1903〉

分散黄 S-3GL H01081301

Disperse Yellow S-3GL

用于涤纶及混纺织物的染色,也用于醋酸纤维、锦纶的染色

【生产厂】[鲁]青岛双桃精细化工(集团)有限公司(200 吨)〈P2043〉

分散黄 8GFF;分散荧光黄 GL;分散荧光黄 8GFF;C. I. 分散黄 82 H01081510

Disperse Yellow 8GFF;C. I. Disperse Yellow 82

用于腈纶及其混纺织物品的染色,也用于纸张着色

【生产厂】[津]天津市津西西琉城染料化工厂〈P1595〉;[冀]石家庄冀华化工纺织有限公司〈P1627〉;[沪]上海市金山区漕泾化工厂(10 吨)〈P1763〉;[浙]浙江科盛染料化工有限公司(500 吨)〈P1965〉

分散荧光橙 2GFL H01081702

Disperse Fluorescent Orange 2GFL

【生产厂】[津]天津市津西西琉城染料化工厂〈P1595〉;[冀]石家庄冀华化工纺织有限公司〈P1627〉;[浙]浙江科盛染料化工有限公司(30 吨)〈P1965〉

分散橙 F3R;分散橙 E-RL;分散橙 GL;C. I. 分散橙 25 H01081711

Disperse Orange F3R;C. I. Disperse Orange 25

用于涤纶纤维的染色

【生产厂】[浙]杭州百汇化工有限公司〈P1915〉

分散橙 R;C. I. 分散橙 47 H01081721

Disperse Orange R;C. I. Disperse Orange 47

可用于多种塑料及纤维纺前着色

【生产厂】[辽]鞍山市惠丰化工有限责任公司〈P1695〉

分散橙 3RL H01081751

Disperse Orange 3RL;C. I. Disperse Orange 89

【生产厂】[浙]杭州百汇化工有限公司〈P1915〉

分散橙 3RFL;C. I. 分散橙 89 H01081791

Disperse Orange 3RFL;C. I. Disperse Orange 89

【生产厂】[浙]杭州百汇化工有限公司〈P1915〉

分散橙 GR;C. I. 分散橙 23 H01082151

Disperse Orange GR;C. I. Disperse Orange 23

用于涤纶织物的染色和印花

【生产厂】[浙]杭州百汇化工有限公司〈P1915〉

分散橙 HGL;分散橙 SG H01082201
Disperse Orange HGL
主要用于涤纶及涤/棉纺织品的印花和染色
【生产厂】[浙]浙江山峪染料化工有限公司〈P1966〉

分散橙 S-2RFL;分散橙 S-2RL;分散橙 S-RL;分散橙 S;C. I. 分散橙 30 H01082301
Disperse Orange S-2RFL;C. I. Disperse Orange 30
用于涤纶及混纺织物的染色,也用于醋酸纤维和锦纶染色
【生产厂】[浙]杭州百汇化工有限公司〈P1915〉;[鲁]青岛双桃精细化工(集团)有限公司(100 吨)〈P2043〉

分散橙 3GL;C. I. 分散橙 29 H01082311
Disperse Orange 3GL
主要用于涤纶及其混纺织物的染色和印花,也用于醋酸纤维的印染
【生产厂】[浙]杭州百汇化工有限公司〈P1915〉

分散橙 S-4RL;分散黄棕 S-2RFL;C. I. 分散橙 30 H01082312
Disperse Orange S-4RL;C. I. Disperse Orange 30
可用于涤纶、混纺、醋纤织物的染色,也可用于纯涤纶和涤/棉布的直接印花
【生产厂】[沪]上海康晟实业有限公司〈P1748〉;[苏]泰兴市兴汉染料化工有限公司〈P1826〉;[鲁]青岛双桃精细化工(集团)有限公司(450 吨)〈P2043〉

分散大红 SE-R;分散大红 2GFL;分散大红 RR H01082802
Disperse Scarlet SE-R;C. I. Disperse Red 50
主要用于涤纶及混纺织物染色及印花
【生产厂】[鲁]青岛双桃精细化工(集团)有限公司〈P2043〉

分散大红 S-GFL;分散大红 S-BWFL;分散大红 BWFL;分散大红 HBGL;分散大红 HBWF1;C. I. 分散红 74;分散大红 G H01082803
Disperse Scarlet S-GFL;C. I. Disperse Red 74
主要用于涤纶及混纺织物的染色及印花,也可用于醋酸纤维和三醋酸纤维的染色
【生产厂】[津]天津市津西西琉城染料化工厂〈P1595〉;[冀]石家庄冀华化工纺织有限公司〈P1627〉;[苏]泰兴市兴汉染料化工有限公司〈P1826〉;[粤]广州市裕典化工有限公司〈P2267〉

分散艳红 B-S;分散红 152 H01082811
Disperse Brilliant Red B-S
用于涤纶纤维的染色
【生产厂】[粤]广州市裕典化工有限公司〈P2267〉

分散大红 S-3GFL;分散大红 3GFL;分散大红 H5GL;C. I. 分散红 54;分散大红 S-3GL H01083101
Disperse Scarlet S-3GFL;C. I. Disperse Red 54
用于涤纶、维纶及涤纶混纺织物的染色和印花
【生产厂】[冀]石家庄冀华化工纺织有限公司〈P1627〉;[苏]泰兴市兴汉染料化工有限公司〈P1826〉;[鲁]青岛双桃精细化工(集团)有限公司(250 吨)〈P2043〉

分散大红 B;C. I. 分散红 1 H01083301
Disperse Scarlet B;C. I. Disperse Red 1
用于涤纶及混纺织物的染色
【生产厂】[晋]山西临汾染化(集团)有限责任公司〈P1678〉

分散红;硫硒化镉;镉紫红;镉橘红 H01083400
Disperse Red
用于塑料、油漆着色剂
【生产厂】[沪]上海天光化工厂〈P1767〉;上海富洋化工有限公司〈P1734〉

分散红 E-4B;分散红 3B;分散红 FB;C. I. 分散红 60;1-氨基-2-苯氧基-4-羟基蒽醌 H01083401
Disperse Red E-4B;C. I. Disperse Red 60
主要用于涤纶及其混纺织物的染色,也可用于醋纤和锦纶的染色,纯染料可用于塑料着色,还可用于转移印花
【生产厂】[冀]石家庄冀华化工纺织有限公司〈P1627〉;[苏]吴江森亮化工有限公司(1500 吨)〈P1910〉;泰兴市兴汉染料化工有限公司〈P1826〉;[浙]杭州百汇化工有限公司〈P1915〉;[鲁]青岛双桃精细化工(集团)有限公司(300 吨)〈P2043〉

分散红 FB;C. I. 分散红 60 H01083402
Disperse Red FB;C. I. Disperse Red 60
用于涤纶及其混纺织物的染色和印花
【生产厂】[苏]吴江森亮化工有限公司(1500 吨)〈P1910〉;[皖]安徽省星河化学有限责任公司〈P1978〉;安徽亚邦化工有限公司(1000 吨)〈P1978〉;[鲁]青岛双桃精细化工(集团)有限公司(250 吨)〈P2043〉

分散红 F3BS;分散红 343 H01083404
Disperse Red F3BS;C. I. Disperse Red 343
适用于聚酯纤维的染色,特别适于超细纤维染色
【生产厂】[浙]宁波华杰化工有限公司〈P1931〉

分散荧光红 2GL;分散荧光红 G;C. I. 分散红 277 H01083407
Disperse Fluorescent Red 2GL;C. I. Disperse Red 277
用于涤纶和混纺织物的染色和印花
【生产厂】[津]天津市津西西琉城染料化工厂〈P1595〉;[冀]石家庄冀华化工纺织有限公司〈P1627〉;[浙]浙江科盛染料化工有限公司(500 吨)〈P1965〉

分散红 SE-B H01083415
Disperse Red SE-B
【生产厂】[沪]上海市金山区漕泾化工厂(50 吨)〈P1763〉

分散红 X-3B;C. I. 分散红 11 H01083571
Disperse Red X-3B;C. I. Disperse Red 11
用于涤纶染色
【生产厂】[沪]上海康晟实业有限公司〈P1748〉;上海富洋化工有限公司〈P1734〉

分散红 GG;C. I. 分散红 17 H01083581

Disperse Red GG;C.I. Disperse Red 17
【生产厂】[浙]杭州百汇化工有限公司〈P1915〉

分散红 H-GLN;分散桃红 R3L;C.I. 分散红 86 H01083601
Disperse Red H-GLN;C.I. Disperse Red 86
用于涤纶纤维的染色
【生产厂】[浙]宁波华杰化工有限公司〈P1931〉

分散荧光桃红 R H01083602
Disperse Fluorescent Pink R
【生产厂】[津]天津市津西西琉城染料化工厂〈P1595〉

分散荧光桃红 BG H01083611
Disperse Fluorescent Pink BG;C.I. Disperse Pink 362
【生产厂】[浙]浙江科盛染料化工有限公司(100 吨)〈P1965〉

分散荧光桃红 FBS H01083619
Disperse Fluorescent Pink FBS
【生产厂】[浙]浙江科盛染料化工有限公司〈P1965〉

分散大红 G-S;分散大红 GR;分散红 153 H01083621
Disperse Scarlet G-S;C.I. Disperse Red 153
用于涤纶、醋酸纤维及锦纶的染色
【生产厂】[浙]杭州百汇化工有限公司〈P1915〉;浙江山峪染料化工有限公司〈P1966〉;[鲁]青岛双桃精细化工(集团)有限公司〈P2043〉;[粤]广州市裕典化工有限公司〈P2267〉

分散红 BEL;C.I. 分散红 92 H01083631
Disperse Red BEL
用于涤纶的染色和印花
【生产厂】[沪]上海康晟实业有限公司〈P1748〉

分散红 S-R H01083641
Disperse Red S-R;C.I. Disperse Red 74
用于涤纶及混纺织物的染色
【生产厂】[浙]杭州百汇化工有限公司〈P1915〉;[鲁]青岛双桃精细化工(集团)有限公司(450 吨)〈P2043〉

分散大红 BRE;C.I. 分散红 135 H01083681
Disperse Scarlet BRE;C.I. Disperse Red 135
用于涤纶的染色
【生产厂】[浙]杭州百汇化工有限公司〈P1915〉

分散红玉 SE-GFL;分散红玉 M-GFL;分散红玉 GFL;C.I. 分散红 73 H01083701
Disperse Rubine SE-GFL;C.I. Disperse Red 73
用于涤纶及其混纺织物的印染
【生产厂】[冀]石家庄冀华化工纺织有限公司〈P1627〉;黄骅市渤海化工(集团)公司〈P1656〉;[浙]杭州百汇化工有限公司〈P1915〉;[鲁]山东双桥化工有限公司〈P2157〉;青岛双桃精细化工(集团)有限公司〈P2043〉;[粤]广州市裕典化工有限公司〈P2267〉

分散红玉 S-2GFL;分散红玉 H-2GFL;分散红玉 2GFL;分散红玉 PB;分散红 S-5BL;分散红 S-5GL;C.I. 分散红 167 H01083801
Disperse Rubine S-2GFL;C.I. Disperse Red 167
主要用于涤纶及其混纺织物的染色,纯染色可用于塑料着色
【生产厂】[津]天津市津西西琉城染料化工厂〈P1595〉;[冀]石家庄冀华化工纺织有限公司〈P1627〉;[苏]泰兴市兴汉染料化工有限公司〈P1826〉;[浙]杭州百汇化工有限公司〈P1915〉;[鲁]青岛双桃精细化工(集团)有限公司(200 吨)〈P2043〉;[粤]广州市裕典化工有限公司〈P2267〉

分散红 2B H01083831
Disperse Red 2B;C.I. Disperse Red 13
【生产厂】[浙]浙江山峪染料化工有限公司〈P1966〉

分散阳离子桃红 SD-FG H01083861
Disperse Cationic Pink SD-FG
主要用于腈纶及其混纺织物的染色,也用于改性涤纶及纸张的染色
【生产厂】[苏]苏州市东吴染料有限公司〈P1903〉

分散阳离子艳红 SD-5GN H01083871
Disperse Cationic Brilliant Red SD-5GN
【生产厂】[苏]苏州市东吴染料有限公司〈P1903〉

分散紫 H-FRL;C.I. 分散紫 31 H01084201
Disperse Violet H-FRL;C.I. Disperse Violet 31
主要用于涤纶及其混纺织物的染色,还可用于塑料的着色和作增白剂的调节色光使用
【生产厂】[苏]泰兴市兴汉染料化工有限公司〈P1826〉;[浙]杭州百汇化工有限公司〈P1915〉;[皖]安徽省星河化学有限责任公司〈P1978〉;[粤]广州市裕典化工有限公司〈P2267〉

分散紫 2R;C.I. 分散紫 1 H01084261
Disperse Violet 2R;C.I. Disperse Violet 1
用于涤纶的染色
【生产厂】[沪]上海富洋化工有限公司〈P1734〉;[浙]杭州百汇化工有限公司〈P1915〉

分散紫 RL H01084271
Disperse Violet RL;C.I. Disperse Violet 28
用于涤纶、二醋纤、三醋纤、锦纶等织物的染色或印花
【生产厂】[浙]杭州百汇化工有限公司〈P1915〉

分散紫 S-3RL;C.I. 分散紫 63 H01084281
Disperse Violet S-3RL;C.I. Disperse Violet 63
主要用于涤/棉混纺织物的拼色
【生产厂】[浙]杭州百汇化工有限公司〈P1915〉;宁波华杰化工有限公司〈P1931〉

分散紫 S-4RL H01084285
Disperse Violet S-4RL;C.I. Disperse Violet 77
【生产厂】[浙]宁波华杰化工有限公司〈P1931〉

分散蓝 CR-E;C.I. 分散蓝 366;分散蓝 SCR H01084321
Disperse Blue CR-E;C.I. Disperse Blue 366
适于涤纶高温高压染色,也适于涤纶印花
【生产厂】[浙]宁波华杰化工有限公司〈P1931〉

H

分散翠蓝 H-GL;分散翠蓝 S-GL;分散翠蓝 GL;C. I. 分散蓝 60 H01084401
Disperse Turquoise Blue H-GL;C. I. Disperse Blue 60
用于涤纶及其混纺织物的染色和印花
【生产厂】[津]天津市津西西琉城染料化工厂〈P1595〉;[冀]石家庄冀华化工纺织有限公司〈P1627〉;[沪]上海富洋化工有限公司(1200 吨)〈P1734〉;[苏]无锡大洋化工有限责任公司〈P1872〉;泰兴市兴汉染料化工有限公司〈P1826〉;[鲁]青岛双桃精细化工(集团)有限公司〈P2043〉

分散蓝 H01084500
Disperse Blue
用于涤纶及其混纺织物的普通染色和快速染色
【生产厂】[津]天津市盛达化工厂(1600 吨)〈P1601〉;[皖]安徽省星河化学有限责任公司〈P1978〉;[鲁]招远市秦金化工有限公司(900 吨)〈P2121〉

分散蓝 2BLN;分散蓝 E-2BLN;分散艳蓝 E-4R;C. I. 分散蓝 56 H01084501
Disperse Blue 2BLN;C. I. Disperse Blue 56
主要用于涤纶及其混纺织物的染色
【生产厂】[津]天津市津西西琉城染料化工厂〈P1595〉;[苏]泰兴市兴汉染料化工有限公司〈P1826〉;[鲁]青岛双桃精细化工(集团)有限公司(900 吨)〈P2043〉

分散蓝 2BRL H01084511
Disperse Blue 2BRL
主要用于涤纶及其混纺织物的染色
【生产厂】[粤]广州市裕典化工有限公司〈P2267〉

分散蓝 SE-2R;分散蓝 M-2R;分散蓝 M-2RL;C. I. 分散蓝 183 H01084601
Disperse Blue SE-2R;C. I. Disperse Blue 183
用于涤纶纤维的染色
【生产厂】[浙]宁波华杰化工有限公司〈P1931〉

分散蓝 S-BBL;分散蓝 BBLS;分散蓝 HBBLS;C. I. 分散蓝 165 H01084701
Disperse Blue S-BBL;C. I. Disperse Blue 165
用于涤纶纤维的染色
【生产厂】[沪]上海康晟实业有限公司〈P1748〉;[浙]宁波华杰化工有限公司〈P1931〉

分散蓝 S-BGL;C. I. 分散蓝 73 H01084711
Disperse Blue S-BGL;C. I. Disperse Blue 73
用于涤纶及其混纺织物的染色
【生产厂】[苏]南通海迪化工有限公司(80 吨)〈P1833〉

分散蓝 BBLSN H01084721
Disperse Blue BBLSN;C. I. Disperse Blue 165:2
【生产厂】[浙]宁波华杰化工有限公司〈P1931〉

分散蓝 BGLS;分散蓝 165:1 H01084751
Disperse Blue BGLS;C. I. Disperse Blue 165:1
【生产厂】[浙]宁波华杰化工有限公司〈P1931〉

分散蓝 BBLR H01084761
Disperse Blue BBLR;C. I. Disperse Blue 165:3
【生产厂】[浙]宁波华杰化工有限公司〈P1931〉

分散蓝 S-3G H01084801
Disperse Blue S-3G
用于涤纶及其混纺织物的染色
【生产厂】[浙]宁波华杰化工有限公司〈P1931〉

分散深蓝 S-2GL H01084851
Disperse Navy Blue S-2GL
【生产厂】[浙]杭州百汇化工有限公司〈P1915〉

分散蓝 F2GS;分散蓝 367 H01084911
Disperse Blue F2GS;C. I. Disperse Blue 367
用于涤纶纤维的染色
【生产厂】[浙]宁波华杰化工有限公司〈P1931〉

分散阳离子蓝 SD-GSL H01085071
Disperse Cationic Blue SD-GSL
适用于腈纶及其混纺织物的染色,也用于改性涤纶及纸张的染色
【生产厂】[沪]上海庆成染料化工有限公司〈P1758〉;[苏]苏州市东吴染料有限公司〈P1903〉

分散蓝 BF-SL;C. I. 分散蓝 77 H01085191
Disperse Blue BF-SL;C. I. Disperse Blue 77
主要用于合成纤维染色
【生产厂】[鲁]山东双桥化工有限公司〈P2157〉;招远市宏达化工有限公司(60 吨)〈P2121〉

分散深蓝 HGL;分散深蓝 S-GL;分散藏青 S-2GL;分散海军蓝 SGL;C. I. 分散蓝 79 H01085201
Disperse Navy Blue HGL;C. I. Disperse Blue 79
主要用于涤纶及其混纺织物的染色
【生产厂】[冀]石家庄冀华化工纺织有限公司〈P1627〉;[苏]泰兴市兴汉染料化工有限公司〈P1826〉;[粤]广州市裕典化工有限公司〈P2267〉
【使用厂】[鲁]青岛双桃精细化工(集团)有限公司〈P2043〉

分散深蓝 S-3BG;C. I. 分散蓝 79 H01085205
Disperse Navy Blue S-3BG;C. I. Disperse Blue 79
用于涤纶及其混纺织物的染色
【生产厂】[浙]杭州百汇化工有限公司〈P1915〉;[鲁]青岛双桃精细化工(集团)有限公司〈P2043〉

分散草绿 E-BGL H01085401
Disperse Grass Green E-BGL
用于涤纶纤维的染色
【生产厂】[鲁]青岛双桃精细化工(集团)有限公司(100 吨)〈P2043〉

分散草绿 S-2GL H01085701
Disperse Grass Green S-2GL
用于涤纶及其混纺织物的染色,也可用于醋酸纤维的染色
【生产厂】[鲁]青岛双桃精细化工(集团)有限公司(100 吨)〈P2043〉

分散荧光绿 5G H01085811
Disperse Fluorescent Green 5G
用于醋酸纤维的染色

【生产厂】[津]天津市津西西琉城染料化工厂〈P1595〉;[冀]石家庄冀华化工纺织有限公司〈P1627〉;[浙]浙江科盛染料化工有限公司(10吨)〈P1965〉

分散绿 C-6B;C.I.分散绿9 H01085821
Disperse Green C-6B;C.I.Disperse Green 9
用于涤纶纤维染色和拔染印花
【生产厂】[津]天津市盛达化工厂(1000吨)〈P1601〉

分散黄棕 S-3RL;分散棕 S-3RL;分散棕76 H01086202
Disperse Yellow Brown S-3RL;C.I.Disperse Brown 76
用于涤纶及其混纺织物的染色、印花、主要用于拼色
【生产厂】[浙]杭州百汇化工有限公司〈P1915〉

分散深棕 2BL H01086301
Disperse Dark Brown 2BL
用于涤纶的染色
【生产厂】[苏]泰兴市兴汉染料化工有限公司〈P1826〉

分散棕 S-2BR H01086404
Disperse Brown S-2BR
用于涤纶及其混纺织物的染色
【生产厂】[辽]大连染料化工有限公司(300吨)〈P1693〉;[鲁]青岛双桃精细化工(集团)有限公司〈P2043〉

分散棕 S-3R;分散棕3G;C.I.分散棕1 H01086406
Disperse Brown S-3R;C.I.Disperse Brown 1
用于涤纶及其混纺织物的染色和印花
【生产厂】[浙]杭州百汇化工有限公司〈P1915〉

分散棕 S-RL H01086411
Disperse Brown S-RL
【生产厂】[浙]宁波华杰化工有限公司〈P1931〉

分散棕 S-GR H01086431
Disperse Brown S-GR
【生产厂】[浙]宁波华杰化工有限公司〈P1931〉

分散黄棕 H-2RL H01086551
Disperse Yellow Brown H-2RL;C.I.Disperse Orange 30
适用涤纶及其混纺织物的染色
【生产厂】[粤]广州市裕典化工有限公司〈P2267〉

分散深棕 P-NR H01087301
Disperse Dark Brown P-NR
用于涤纶及其混纺织物的染色
【生产厂】[浙]杭州百汇化工有限公司〈P1915〉

分散灰 BL;分散灰 H-BL H01087501
Disperse Grey BL
用于涤纶、醋纤、锦纶纤维的染色
【生产厂】[鲁]青岛双桃精细化工(集团)有限公司(100吨)〈P2043〉

分散灰 S-BL H01087801
Disperse Grey S-BL
用于涤纶纤维的染色
【生产厂】[浙]宁波华杰化工有限公司〈P1931〉

分散灰 N;分散灰 S-BN;分散灰 3BR H01088301
Disperse Grey N
用于涤纶及其混纺织物的染色和印花
【生产厂】[苏]泰兴市兴汉染料化工有限公司〈P1826〉;[鲁]青岛双桃精细化工(集团)有限公司(300吨)〈P2043〉

分散黑 EX-SF H01088621
Disperse Black EX-SF
主要用于涤纶及其混纺织物的染色印花
【生产厂】[苏]泰兴市兴汉染料化工有限公司〈P1826〉;[粤]广州市裕典化工有限公司〈P2267〉

分散黑 EXN-SF H01088631
Disperse Black EX*N*-SF
主要用于涤纶纤维染色
【生产厂】[晋]山西临汾染化(集团)有限责任公司〈P1678〉

分散黑 H-2BL H01089103
Disperse Black H-2BL
适用于涤纶及其混纺织物的染色
【生产厂】[鲁]青岛双桃精细化工(集团)有限公司〈P2043〉

分散黑 S-2BL H01089105
Disperse Black S-2BL
用于涤纶及其混纺织物的染色
【生产厂】[冀]石家庄冀华化工纺织有限公司〈P1627〉;[辽]大连染料化工有限公司(500吨)〈P1693〉;[苏]泰兴市兴汉染料化工有限公司〈P1826〉;[浙]宁波华杰化工有限公司〈P1931〉;[鲁]青岛双桃精细化工(集团)有限公司(500吨)〈P2043〉

分散黑 S-3BL H01089302
Disperse Black S-3BL
用于涤纶纤维及其混纺织物的染色
【生产厂】[冀]石家庄冀华化工纺织有限公司〈P1627〉;[苏]泰兴市兴汉染料化工有限公司〈P1826〉;[浙]杭州百汇化工有限公司〈P1915〉;[鲁]青岛双桃精细化工(集团)有限公司(500吨)〈P2043〉

分散阳离子黑 SD-RL H01089841
Disperse Cationic Black SD-RL
【生产厂】[苏]苏州市东吴染料有限公司〈P1903〉

分散荧光橘黄 GF H01089903
Disperse Fluorescent Orange GF
【生产厂】[冀]石家庄冀华化工纺织有限公司〈P1627〉

分散荧光黄Ⅱ;C.I.分散黄71 H01089911
Disperse Fluorescent Yellow Ⅱ;C.I.Disperse Yellow 71
用于涤纶及其混纺织物的染色和印花
【生产厂】[浙]浙江科盛染料化工有限公司(30吨)〈P1965〉

分散荧光黄 10GN H01089951
Disperse Fluorescent Yellow 10GN
【生产厂】[浙]浙江科盛染料化工有限公司〈P1965〉

阳离子染料 H01090000
Cationic Dyestuff

H

主要用于腈纶纤维及其混纺织物的染色

【生产厂】[沪]上海染料有限公司〈P1758〉;上海华彩精细化工有限公司〈P1738〉;上海庆成染料化工有限公司〈P1758〉;上海罗泾染料化工有限公司〈P1752〉;[苏]苏州市东吴染料有限公司(5000 吨)〈P1903〉;如皋市兴武化工有限公司〈P1838〉;[浙]杭州近江化工染料有限公司(6000 吨)〈P1919〉;[鲁]淄博金鲁染料化工有限公司〈P2063〉;[豫]开封染料化工厂(100 吨)〈P2177〉;[粤]汕头市盛腾助剂有限公司〈P2277〉

阳离子嫩黄 7GL;阳离子荧光黄 4GL;C. I. 碱性黄 24 H01090101

Cationic Brilliant Yellow 7GL;C. I. Basic Yellow 24

用于腈纶及其混纺织物的染色

【生产厂】[沪]上海市金山区漕泾化工厂(80 吨)〈P1763〉

阳离子黄 X-5GL;C. I. 碱性黄 51 H01090401

Cationic Yellow X-5GL;C. I. Basic Yellow 51

用于腈纶及混纺织物的染色

【生产厂】[沪]上海市金山区漕泾化工厂(10 吨)〈P1763〉;[苏]苏州市东吴染料有限公司〈P1903〉

阳离子黄 XL-5GL H01090421

Cationic Yellow XL-5GL;C. I. Basic Yellow 51

【生产厂】[苏]苏州市东吴染料有限公司〈P1903〉

阳离子黄 4GN H01090431

Cationic Yellow 4GN;C. I. Basic Yellow 90

【生产厂】[苏]苏州市东吴染料有限公司〈P1903〉

阳离子黄 X-GRL;C. I. 碱性黄 29 H01090451

Cationic Yellow X-GRL;C. I. Basic Yellow 29

【生产厂】[苏]苏州市东吴染料有限公司〈P1903〉

阳离子黄 X-8GL;阳离子黄 X-6G;C. I. 碱性黄 13 H01090501

Cationic Yellow X-8GL;C. I. Basic Yellow 13

用于腈纶及混纺织物的染色

【生产厂】[沪]上海罗泾染料化工有限公司〈P1752〉;上海市金山区漕泾化工厂(80 吨)〈P1763〉;[苏]苏州市东吴染料有限公司〈P1903〉;[豫]开封染料化工厂(150 吨)〈P2177〉

阳离子黄 X-2RL H01090502

Cationic Yellow X-2RL;C. I. Basic Yellow 19

主要用于腈纶织物直接印花

【生产厂】[沪]上海罗泾染料化工有限公司〈P1752〉;上海市金山区漕泾化工厂(10 吨)〈P1763〉

阳离子黄 M-RL H01090503

Cationic Yellow M-RL;C. I. Basic Yellow 62

主要用于腈纶及其混纺织物的染色,也用于改性涤纶及纸张的染色

【生产厂】[沪]上海罗泾染料化工有限公司〈P1752〉;[苏]苏州市东吴染料有限公司〈P1903〉

阳离子拔染黄 D-2RL H01090521

Cationic Discharge Yellow D-2RL

用于腈纶或改性涤纶的可拔白染色

【生产厂】[沪]上海罗泾染料化工有限公司〈P1752〉;[苏]苏州市东吴染料有限公司〈P1903〉

阳离子黄 P-6G;碱性黄 96 H01090581

Cationic Yellow P-6G;C. I. Basic Yellow 96

可用于纸张染色

【生产厂】[冀]保定市满城县保满联营化工厂〈P1646〉

阳离子艳黄 10GFF;荧光黄 10GFF;阳离子黄 10GFF;C. I. 碱性黄 40 H01090701

Cationic Brilliant Yellow 10GFF;C. I. Basic Yellow 40

主要用于腈纶及其混纺织物的染色

【生产厂】[沪]上海市金山区漕泾化工厂(10 吨)〈P1763〉;[苏]苏州市东吴染料有限公司〈P1903〉;如皋市兴武化工有限公司〈P1838〉;[豫]开封染料化工厂(20 吨)〈P2177〉

阳离子金黄 X-GL;C. I. 碱性黄 28 H01090801

Cationic Golden Yellow X-GL;C. I. Basic Yellow 28

用于腈纶及其纺织物的染色和印花

【生产厂】[冀]河北省东光县宏浩染料化工有限公司〈P1655〉;[沪]上海市金山区漕泾化工厂(180 吨)〈P1763〉;[苏]苏州市东吴染料有限公司〈P1903〉;扬州康宏化工有限公司〈P1817〉;[豫]开封染料化工厂(100 吨)〈P2177〉

阳离子桃红 FG;阳离子桃红 X-FG;C. I. 碱性红 13 H01090901

Cationic Pink FG;C. I. Basic Red 13

主要用于染腈纶散纤维、纤维条、腈纶绒线和针织布

【生产厂】[沪]上海市金山区漕泾化工厂(40 吨)〈P1763〉;[苏]扬州康宏化工有限公司〈P1817〉;[豫]开封染料化工厂(200 吨)〈P2177〉

阳离子桃红 B H01090905

Cationic Pink B;C. I. Basic Red 27

可用于染腈纶针织物和绒线

【生产厂】[苏]苏州市东吴染料有限公司〈P1903〉

阳离子艳红 5GN;阳离子艳红 X-5GN;C. I. 碱性红 14 H01091001

Cationic Brilliant Red 5GN;C. I. Basic Red 14

主要用于腈纶散纤维、纤维条、腈纶绒线的染色

【生产厂】[沪]上海市金山区漕泾化工厂(20 吨)〈P1763〉;[苏]苏州市东吴染料有限公司〈P1903〉;扬州康宏化工有限公司〈P1817〉;[豫]开封染料化工厂(100 吨)〈P2177〉

阳离子红 H01091100

Cationic Red

【生产厂】[冀]衡水华邦化工有限公司(60 吨)〈P1667〉

阳离子红 2GL;碱性红 2GL;碱性红 29 H01091201

Cationic Red 2GL;C. I. Basic Red 29

主要用于染腈纶散纤维、纤维条和腈纶绒线

【生产厂】[沪]上海市金山区漕泾化工厂(60 吨)〈P1763〉;[苏]苏州市东吴染料有限公司〈P1903〉

阳离子红 X-GRL;阳离子艳红 X-3BL;C. I. 碱性红 46 H01091301

Cationic Red X-GRL;C. I. Basic Red 46

主要用于染腈纶散纤维、纤维条和腈纶绒线

【生产厂】[沪]上海罗泾染料化工有限公司〈P1752〉;上海市金山区漕泾化工厂(200吨)〈P1763〉;[苏]苏州市东吴染料有限公司〈P1903〉;扬州康宏化工有限公司〈P1817〉;[豫]开封染料化工厂(80吨)〈P2177〉

阳离子红 X-GTL;阳离子红 GTL H01091303

Cationic Red X-GTL;C. I. Basic Red 18

主要用于腈纶的拼色染色,还可染二醋酯纤维和酸改性涤纶纤维

【生产厂】[沪]上海市金山区漕泾化工厂(20吨)〈P1763〉

阳离子红 3R;阳离子红紫 3R H01091401

Cationic Red 3R

主要用于染腈纶散纤维、纤维条和腈纶绒线的染色

【生产厂】[沪]上海罗泾染料化工有限公司〈P1752〉;上海市金山区漕泾化工厂(10吨)〈P1763〉

阳离子红 M-RL;碱性红 51# H01091403

Cationic Red M-RL;C. I. Basic Red 51

主要用于腈纶及其混纺织物的染色,也用于改性涤纶及纸张的染色

【生产厂】[沪]上海罗泾染料化工有限公司〈P1752〉;[苏]苏州市东吴染料有限公司〈P1903〉

阳离子拔染红 D-TL H01091491

Cationic Discharge Red D-TL

【生产厂】[苏]苏州市东吴染料有限公司〈P1903〉

阳离子紫 3BL;阳离子艳紫 6BL;C. I. 碱性紫 53 H01091501

Cationic Violet 3BL;C. I. Basic Violet 53

用于腈纶的染色

【生产厂】[苏]苏州市东吴染料有限公司〈P1903〉

阳离子艳紫 X-5BLH H01091521

Cationic Brilliant Violet X-5BLH

【生产厂】[苏]苏州市东吴染料有限公司〈P1903〉

阳离子翠蓝 GB;阳离子翠蓝 X-GB;阳离子翠蓝 X-G;C. I. 碱性蓝 3 H01091601

Cationic Turquoise Blue GB;C. I. Basic Blue 3

用于腈纶及其混纺织物的染色和印花

【生产厂】[沪]上海罗泾染料化工有限公司〈P1752〉;上海市金山区漕泾化工厂(100吨)〈P1763〉;[苏]苏州市东吴染料有限公司〈P1903〉;扬州康宏化工有限公司〈P1817〉

阳离子艳蓝 RL;阳离子艳蓝 2RL;C. I. 碱性蓝 54 H01091701

Cationic Brilliant Blue RL;C. I. Basic Blue 54

用于腈纶散纤维、纤维条和腈纶绒线染色

【生产厂】[沪]上海市金山区漕泾化工厂(40吨)〈P1763〉;[苏]苏州市东吴染料有限公司〈P1903〉;扬州康宏化工有限公司〈P1817〉;[豫]开封染料化工厂(60吨)〈P2177〉

阳离子艳蓝 X-2RL;阳离子蓝 X-GRRL;C. I. 碱性蓝 41 H01091801

Cationic Brilliant Blue X-2RL;C. I. Basic Blue 41

主要用于腈纶、二醋纤和酸改性涤纶织物的直接印花

【生产厂】[沪]上海罗泾染料化工有限公司〈P1752〉;上海市金山区漕泾化工厂(500吨)〈P1763〉;[苏]扬州康宏化工有限公司〈P1817〉;[豫]开封染料化工厂(80吨)〈P2177〉

阳离子蓝 X-GRL H01091802

Cationic Blue X-GRL;C. I. Basic Blue 41

主要用于腈纶及其混纺织物的染色和印花

【生产厂】[沪]上海市金山区漕泾化工厂(50吨)〈P1763〉;[苏]苏州市东吴染料有限公司〈P1903〉

阳离子蓝 X-BL;阳离子艳蓝 X-3BL H01091804

Cationic Blue X-BL

主要用于腈纶及其混纺织物的染色

【生产厂】[苏]如皋市兴武化工有限公司〈P1838〉

阳离子拔染蓝 D-2BL H01091891

Cationic Discharge Blue D-2BL

【生产厂】[沪]上海罗泾染料化工有限公司〈P1752〉;[苏]苏州市东吴染料有限公司〈P1903〉

阳离子黑 RL;阳离子黑 X-RL;阳离子黑 X-NM H01091901

Cationic Black RL;Cationic Black X-RL

用于腈纶及其混纺织物的染色

【生产厂】[沪]上海罗泾染料化工有限公司〈P1752〉;上海市金山区漕泾化工厂(20吨)〈P1763〉;[苏]苏州市东吴染料有限公司〈P1903〉

阳离子黑 L H01091902

Cationic Black L

主要用于腈纶及其混纺织物的染色

【生产厂】[沪]上海庆成染料化工有限公司〈P1758〉

阳离子拔染黑 D-HO H01091991

Cationic Discharge Black D-HO

【生产厂】[苏]苏州市东吴染料有限公司〈P1903〉

阳离子藏青 SD-BRL H01092111

Cationic Navy Blue SD-BRL

【生产厂】[苏]苏州市东吴染料有限公司〈P1903〉

阳离子藏青 X-BRL;阳离子藏青 X-BR H01092121

Cationic Navy Blue X-BRL

主要用于腈纶、二醋纤和酸改性涤纶织物的直接印花

【生产厂】[沪]上海庆成染料化工有限公司〈P1758〉

阳离子蓝 M-RL H01092202

Cationic Blue M-RL;C. I. Basic Blue 52

主要用于腈纶及其混纺织物的染色,也用于改性涤纶及纸张的染色

【生产厂】[沪]上海罗泾染料化工有限公司〈P1752〉;[苏]苏州市东吴染料有限公司〈P1903〉

阳离子黑 X-2RL H01092301

Cationic Black X-2RL

主要用于腈纶及其混纺织物的染色

【生产厂】[沪]上海市金山区漕泾化工厂(30 吨)〈P1763〉;[苏]苏州市东吴染料有限公司〈P1903〉

阳离子黑 XL-O H01092331
Cationic Black XL-O
主要用于腈纶织物的染色
【生产厂】[苏]苏州市东吴染料有限公司〈P1903〉

阳离子拔染黑 D-WRL H01092351
Cationic Dischargeable Black D-WRL
【生产厂】[苏]苏州市东吴染料有限公司〈P1903〉

阳离子橙 GL H01092421
Cationic Orange GL;C. I. Basic Orange 21
【生产厂】[苏]苏州市东吴染料有限公司〈P1903〉

阳离子拔染橙 D-BRL H01092481
Cationic Discharge Orange D-BRL
【生产厂】[苏]苏州市东吴染料有限公司〈P1903〉

阳离子红 L-GTLN H01092901
Cationic Red L-GTLN;C. I. Basic Red 18:1
主要用于腈纶织物的染色
【生产厂】[苏]苏州市东吴染料有限公司〈P1903〉

阳离子红 L-GTLP H01092911
Cationic Red L-GTLP;C. I. Basic Red 54
主要用于腈纶织物的染色
【生产厂】[苏]苏州市东吴染料有限公司〈P1903〉

阳离子红 L-3R H01092921
Cationic Red L-3R
主要用于腈纶织物的染色
【生产厂】[苏]苏州市东吴染料有限公司〈P1903〉

分散阳离子红 SD-GRL H01093401
Disperse Cationic Red SD-GRL
主要用于腈纶及其混纺织物的染色,也用于改性涤纶及纸张的染色
【生产厂】[沪]上海庆成染料化工有限公司〈P1758〉;上海罗泾染料化工有限公司〈P1752〉;[苏]苏州市东吴染料有限公司〈P1903〉

分散阳离子红 SD-GTL H01093431
Disperse Cationic Red SD-GTL
【生产厂】[苏]苏州市东吴染料有限公司〈P1903〉

分散阳离子红 SD-2GL H01093451
Disperse Cationic Red SD-2GL
【生产厂】[苏]苏州市东吴染料有限公司〈P1903〉

分散阳离子翠蓝 SD-GB H01093501
Disperse Cationic Turquoise Blue SD-GB
适用于腈纶及其混纺织物的染色
【生产厂】[沪]上海庆成染料化工有限公司〈P1758〉;[苏]苏州市东吴染料有限公司〈P1903〉

分散阳离子蓝 SD-BL H01093551
Disperse Cationic Blue SD-BL
主要用于腈纶及其混纺织物的染色,也用于改性涤纶及纸张的染色
【生产厂】[苏]苏州市东吴染料有限公司〈P1903〉

分散阳离子蓝 SD-RL H01093561
Disperse Cationic Blue SD-RL
主要用于腈纶及其混纺织物的染色,也用于改性涤纶及纸张的染色
【生产厂】[苏]苏州市东吴染料有限公司〈P1903〉

液状阳离子金黄 XL-GL H01093701
Cationic Golden Yellow XL-GL,liquid
主要用于腈纶及其混纺织物的染色
【生产厂】[苏]苏州市东吴染料有限公司〈P1903〉

阳离子红 XL-GRL H01093801
Cationic Red XL-GRL;C. I. Basic Red 46
适用于腈纶及其混纺织物的染色
【生产厂】[苏]苏州市东吴染料有限公司〈P1903〉

阳离子红 XL-FBL H01093851
Cationic Red XL-FBL
【生产厂】[苏]苏州市东吴染料有限公司〈P1903〉

阳离子蓝 XL-BL H01093901
Cationic Blue XL-BL
主要用于腈纶及其混纺织物的染色
【生产厂】[苏]苏州市东吴染料有限公司〈P1903〉

分散阳离子橙 SD-G H01094101
Disperse Cationic Orange SD-G;C. I. Basic Orange 21
主要用于腈纶及其混纺织物的染色,也用于改性涤纶及纸张的染色
【生产厂】[苏]苏州市东吴染料有限公司〈P1903〉

分散阳离子深棕 SD-3RL H01094301
Disperse Cationic Dark Brown SD-3RL
主要用于腈纶及其混纺织物的染色,也用于改性涤纶及纸张的染色
【生产厂】[沪]上海庆成染料化工有限公司〈P1758〉;[苏]苏州市东吴染料有限公司〈P1903〉

分散阳离子黑 SD-O H01094501
Disperse Cationic Black SD-O
主要用于腈纶及其混纺织物的染色,也用于改性涤纶及纸张的染色
【生产厂】[苏]苏州市东吴染料有限公司〈P1903〉

分散阳离子黑 SD-MG H01094551
Disperse Cationic Black SD-MG
主要用于腈纶及其混纺织物的染色,也用于改性涤纶及纸张的染色
【生产厂】[苏]苏州市东吴染料有限公司〈P1903〉

中性染料 H01100000
Neutral Dyestuff
主要用于维纶、锦纶、羊毛、蚕丝、皮革的染色
【生产厂】[浙]上虞市光明化工厂〈P1948〉;[粤]汕头市盛腾助剂有限公司〈P2277〉

中性深黄 GL；中性黄 FGL；C. I. 酸性黄 128 H01100101
Neutral Dark Yellow GL；C. I. Acid Yellow 128
用于羊毛、蚕丝、柞蚕丝、锦纶、维纶及维/棉混纺织物的染色
【生产厂】［浙］杭州新晨颜料有限公司〈P1924〉；海宁市长安化工厂〈P1939〉；［鲁］青岛双桃精细化工（集团）有限公司（300 吨）〈P2043〉

中性深黄 GRL；中性黄 GRL；C. I. 酸性黄 116 H01100201
Neutral Dark Yellow GRL；C. I. Acid Yellow 116
用于羊毛、蚕丝、柞蚕丝、锦纶、维纶及维/棉混纺织物的染色
【生产厂】［鲁］青岛双桃精细化工（集团）有限公司（150 吨）〈P2043〉

中性橙 RL；C. I. 酸性橙 88 H01100301
Neutral Orange RL；C. I. Acid Orange 88
用于羊毛、蚕丝、柞蚕丝、锦纶、维纶及维/棉、毛/黏胶等混纺织物的染色
【生产厂】［辽］丹东市精细化工厂〈P1700〉；［鲁］青岛双桃精细化工（集团）有限公司（200 吨）〈P2043〉

酸性橙 3RL；弱酸性橙 RXL H01100331
Acid Orange 3RL；C. I. Acid Orange 67
【生产厂】［辽］丹东市化工研究所有限责任公司〈P1700〉

中性枣红 GRL；C. I. 酸性红 213 H01100501
Neutral Bordeaux GRL；C. I. Acid Red 213
用于羊毛、蚕丝、锦纶、维纶及其混纺织物的染色及蚕丝织物的印花
【生产厂】［浙］海宁市长安化工厂〈P1939〉；［鲁］青岛双桃精细化工（集团）有限公司（200 吨）〈P2043〉

中性蓝 BNL；C. I. 酸性蓝 168 H01100701
Neutral Blue BNL；C. I. Acid Blue 168
用于羊毛、蚕丝、柞蚕丝、锦纶、维纶等织物的染色
【生产厂】［鲁］青岛双桃精细化工（集团）有限公司（150 吨）〈P2043〉

中性蓝 2BNL H01100711
Neutral Blue 2BNL
用于蛋白质纤维的染色
【生产厂】［鲁］青岛双桃精细化工（集团）有限公司〈P2043〉

中性深蓝 2BL；中性深蓝 BL；中性深蓝 TRL；C. I. 酸性蓝 193 H01100801
Neutral Dark Blue 2BL；C. I. Acid Blue 193
用于羊毛、蚕丝、柞蚕丝、锦纶、维纶及维/棉、毛/黏胶等混纺织物的染色
【生产厂】［苏］常熟市染料化工厂〈P1890〉；［浙］金华双宏化工有限公司〈P1953〉

中性棕 RL；C. I. 酸性棕 28 H01101002
Neutral Brown RL；C. I. Acid Brown 28
用于羊毛、涤纶及其混纺织物的染色、印花
【生产厂】［鲁］青岛双桃精细化工（集团）有限公司（300 吨）〈P2043〉

中性深棕 BRL；中性棕 VRL；C. I. 酸性棕 21 H01101101
Neutral Dark Brown BRL；C. I. Acid Brown 21
用于羊毛、蚕丝、柞蚕丝、维纶及维/棉、毛/黏胶等混纺织物的染色
【生产厂】［鲁］青岛双桃精细化工（集团）有限公司（100 吨）〈P2043〉

弱酸性棕 R；弱酸性棕 14 H01101105
Weak Acid Brown R；C. I. Acid Brown 14
用于羊毛织物和锦纶织物的染色
【生产厂】［鲁］山东陵县阳光涂料助剂厂〈P2144〉

弱酸深棕 LMN H01101131
Weak Acid Dark Brown LMN
【生产厂】［冀］秦皇岛秦燕化工有限公司〈P1637〉

中性灰 2BL；C. I. 酸性黑 60 H01101201
Neutral Grey 2BL；C. I. Acid Black 60
用于羊毛、蚕丝、柞蚕丝、锦纶、维纶及维/棉、毛/黏胶等混纺织物的染色
【生产厂】［辽］丹东市精细化工厂〈P1700〉；［浙］杭州安隆达化工有限公司〈P1915〉；上虞市南华化工厂〈P1948〉；海宁市长安化工厂〈P1939〉；［鲁］青岛双桃精细化工（集团）有限公司（200 吨）〈P2043〉

中性黑 BL；酸性黑 NM-5BRL；C. I. 酸性黑 168 H01101301
Neutral Black BL；C. I. Acid Black 168
用于羊毛、蚕丝、柞蚕丝、锦纶、维纶及维/棉、毛/黏胶等混纺织物的染色
【生产厂】［冀］保定市满城县保满联营化工厂〈P1646〉；［辽］丹东市精细化工厂（50 吨）〈P1700〉；［浙］上虞市南华化工厂〈P1948〉；海宁市长安化工厂〈P1939〉；［鲁］青岛双桃精细化工（集团）有限公司（500 吨）〈P2043〉

中性黑 D-SL H01101431
Neutral Black D-SL；C. I. Acid Black 172
【生产厂】［浙］杭州百汇化工有限公司〈P1915〉

中性黑 2S-RL；中性黑 D-BL；中性黑 S-RL；中性黑 S-BL；C. I. 酸性黑 172 H01101451
Neutral Black 2S-RL；C. I. Acid Black 172
可用于羊毛、锦纶、蚕丝及羊毛混纺织物的染色
【生产厂】［津］天津三环化学有限公司（500 吨）〈P1577〉；［冀］保定市满城县保满联营化工厂〈P1646〉；［浙］金华恒利康化工有限公司〈P1953〉；［豫］洛阳市曙光福利染化厂（400 吨）〈P2186〉

中性黑 S-2R H01101481
Neutral Black S-2R
用于蛋白质纤维的染色
【生产厂】［鲁］青岛双桃精细化工（集团）有限公司〈P2043〉

中性黑 BGL；C. I. 酸性黑 107 H01101501

H

Neutral Black BGL;C. I. Acid Black 107

用于蚕丝、羊毛、柞蚕丝、锦纶、维纶及维/棉、毛/黏胶等混纺织物的染色

【生产厂】[冀]保定市满城县保满联营化工厂〈P1646〉;[苏]常熟市染料化工厂〈P1890〉;[浙]金华双宏化工有限公司〈P1953〉;[鲁]青岛双桃精细化工(集团)有限公司〈P2043〉

中性黑 M-SRL;C. I. 酸性黑 194 H01101651

Neutral Black M-SRL;C. I. Acid Black 194

可用于羊毛、锦纶、蚕丝以及混纺织物的染色

【生产厂】[津]天津三环化学有限公司(700 吨)〈P1577〉;[冀]保定市满城县保满联营化工厂〈P1646〉;[浙]杭州百汇化工有限公司〈P1915〉

中性艳黄 S-5GL;中性亮黄 S-5GL;C. I. 酸性黄 158:1 H01101701

Neutral Brilliant Yellow S-5GL

主要用于羊毛、锦纶及其混纺织物的染色

【生产厂】[鲁]青岛双桃精细化工(集团)有限公司(100 吨)〈P2043〉

中性艳黄 3GL;C. I. 酸性黄 127 H01101702

Neutral Brilliant Yellow 3GL;C. I. Acid Yellow 127

用于羊毛、丝、绵纶、皮革的染色,以及棉纶织物的直接印花和拔染

【生产厂】[辽]丹东市精细化工厂〈P1700〉

中性绿 GK H01101801

Neutral Green GK

用于羊毛、蚕丝、锦纶、混纺品等染色,特别适用于中性一浴法,染色、上色更均匀

【生产厂】[浙]宁波市鄞州兴华化工厂〈P1933〉

中性艳蓝 S-5GL H01101905

Neutral Brilliant Blue S-5GL

【生产厂】[鲁]青岛双桃精细化工(集团)有限公司(100 吨)〈P2043〉

中性红 S-BRL;C. I. 酸性红 362 H01102001

Neutral Red S-BRL;C. I. Acid Red 362

主要用于羊毛、锦纶及其纺织物的染色及印花

【生产厂】[鲁]青岛双桃精细化工(集团)有限公司(20 吨)〈P2043〉

中性黄 GS H01103151

Neutral Yellow GS

【生产厂】[辽]丹东深兰化工有限公司〈P1700〉

酞菁素艳蓝 IF3G;呋酞亮蓝 IF3G;呋酞菁蓝 IF3G H01110701

Ingrain Brilliant Blue IF3G;C. I. Ingrain Blue 2:2

用于棉织物的染色和印花,还可与快色素、冰染染料同印

【生产厂】[津]天津市海帆化工染料有限公司〈P1587〉

透明红 GS;溶剂红 GS;油溶红 GS H01111501

Transparent Red GS;C. I. Solvent Red 111

用于聚氯乙烯及醋酸纤维的染色

【生产厂】[苏]江苏亚邦化工集团有限公司〈P1861〉

皮革染料 H02000100

Leather Dyes

用于各种皮革的表面着色

【生产厂】[津]天津市胜达化工厂〈P1601〉;[冀]石家庄市中汇化工有限公司〈P1632〉;石家庄旭泰化工有限公司〈P1633〉;河北省邢台市华普化工有限公司〈P1642〉;河北省肃宁县华泰化工厂〈P1655〉;保定市顺达染化厂〈P1646〉;[辽]丹东深兰化工有限公司〈P1700〉;[沪]上海韩雄染料化工有限公司(1500 吨)〈P1735〉;[浙]上虞市光明化工厂〈P1948〉;[鲁]山东陵县阳光涂料助剂厂〈P2144〉;[豫]偃师市科承化工有限公司(500 吨)〈P2189〉;偃师市诚意皮革化工厂〈P2188〉

皮革喷涂黄 GL H02000101

Leather Spray Yellow GL;C. I. Acid Yellow 118

用于猪、牛、羊皮等天然皮革的喷涂或帘幕涂饰,特别适用于苯胺革的喷涂

【生产厂】[鲁]青岛双桃精细化工(集团)有限公司〈P2043〉

皮革黑 H02000110

Leather Black

【生产厂】[沪]上海建北有机化工有限公司〈P1742〉;[豫]洛阳市曙光福利染化厂(1500 吨)〈P2186〉;洛阳市海盛化工有限公司〈P2184〉

皮革黑 DMX H02000111

Leather Spray Black DMX

【生产厂】[津]天津市津西西琉城染料化工厂〈P1595〉;[豫]洛阳市乐友化工厂(2000 吨)〈P2184〉

皮革黑 ATS H02000112

Leather Spray Black ATS

【生产厂】[豫]偃师市诚意皮革化工厂〈P2188〉

酸性皮革黑 H02000114

Acid Leather Spray Black

【生产厂】[津]天津市津西西琉城染料化工厂〈P1595〉;[冀]沧州临港基尔达染料有限公司〈P1652〉

皮革黑 NB-T H02000118

Leather Spray Black NB-T

用于皮革染色

【生产厂】[辽]丹东深兰化工有限公司〈P1700〉;[苏]江苏省泰兴玺鑫化工有限公司〈P1822〉

皮革黑 2GB H02000120

Leather Spray Black 2GB

【生产厂】[豫]偃师市科承化工有限公司(3000 吨)〈P2189〉

皮革黄 G H02000122

Leather Spray Yellow G

用于皮革染色

【生产厂】[辽]丹东深兰化工有限公司〈P1700〉

皮革黄 GL H02000126

Leather Yellow GL

【生产厂】[辽]丹东深兰化工有限公司〈P1700〉

皮革黄 GRA H02000128

Leather Spray Yellow GRA

【生产厂】[豫]偃师市科承化工有限公司〈P2189〉

皮革绿 B H02000139

Leather Spray Green B

【生产厂】[辽]丹东深兰化工有限公司〈P1700〉

皮革红 B H02000151

Leather Spray Red B

主要用于皮革及棉织物的染色

【生产厂】[辽]丹东深兰化工有限公司〈P1700〉

皮革红 GRS H02000155

Leather Spray Red GRS

【生产厂】[豫]偃师市科承化工有限公司〈P2189〉

皮革天蓝 A H02000191

Leather Spray Blue A

【生产厂】[辽]丹东深兰化工有限公司〈P1700〉

皮革喷涂橙 2RL H02000201

Leather Spray Orange 2RL;C. I. Acid Orange 89

用于猪、牛、羊皮等天然革的喷涂或帘幕涂饰,特别适用于苯胺革的喷涂

【生产厂】[鲁]青岛双桃精细化工(集团)有限公司〈P2043〉

皮革喷涂红 GL H02000301

Leather Spray Red GL;C. I. Acid Red 226

用于猪、牛、羊皮等天然革的喷涂或帘幕涂饰,特别适用于苯胺革的喷涂

【生产厂】[鲁]青岛双桃精细化工(集团)有限公司〈P2043〉

皮革喷涂蓝 RL H02000401

Leather Spray Blue RL

用于猪、牛、羊皮等天然皮革的喷涂或帘幕涂饰,特别适用于苯胺革的喷涂

【生产厂】[鲁]青岛双桃精细化工(集团)有限公司〈P2043〉

皮革喷涂棕 RG H02000501

Leather Spray Brown RG;C. I. Acid Brown 50

用于猪、牛、羊皮等天然革的喷涂或帘幕涂饰,特别适用于苯胺革的喷涂

【生产厂】[鲁]青岛双桃精细化工(集团)有限公司〈P2043〉

皮革喷涂黑 RL H02000601

Leather Spray Black RL;C. I. Acid Black 63

用于猪、牛、羊皮等天然革的喷涂或帘幕涂饰,特别适用于苯胺革的喷涂

【生产厂】[鲁]青岛双桃精细化工(集团)有限公司(30 吨)〈P2043〉

毛皮棕 NZ;乌尔丝棕 NZ H02000701

Fur Brown NZ

主要用于毛皮染色

【生产厂】[苏]宜兴市高塍日新化工厂〈P1884〉

毛皮棕 P;乌尔丝 P;毛皮棕 P 盐;乌尔斯 P H02000801

Fur Brown P;C. I. Oxidation Base 6:1

主要用于毛皮染色,也可作硫化染料及医药中间体

【生产厂】[苏]宜兴市高塍日新化工厂〈P1884〉

毛皮黑 DB;乌尔丝黑 DB H02000901

Fur Black DB

主要用于毛皮染色

【生产厂】[苏]宜兴市高塍日新化工厂〈P1884〉

毛皮黑 D;乌尔丝黑 D H02001001

Fur Black D;C. I. Oxidation Base 10

主要用于毛皮染色,还可与其他染料共同拼染,常作媒染剂

【生产厂】[苏]宜兴市高塍日新化工厂〈P1884〉

酸性毛皮黑 DBN H02001111

Acid Fur Black DBN

【生产厂】[津]天津市津西西琉城染料化工厂〈P1595〉

皮革黑 NT H02001201

Leather Spray Black NT

【生产厂】[豫]洛阳市曙光福利染化厂(300 吨)〈P2186〉

皮革黑 E-NB H02001221

Leather Black E-NB

【生产厂】[辽]丹东深兰化工有限公司〈P1700〉

皮革黑 SB H02001321

Leather Black SB

【生产厂】[辽]丹东深兰化工有限公司〈P1700〉

皮革黑 G H02001401

Leather Spray Black G

【生产厂】[辽]丹东深兰化工有限公司〈P1700〉;[浙]上虞市南华化工厂〈P1948〉

皮革黑 RN H02001551

Leather Spray Black RN

【生产厂】[辽]丹东深兰化工有限公司〈P1700〉

皮革黑 MT H02001601

Leather Spray Black MT

【生产厂】[辽]丹东深兰化工有限公司〈P1700〉

皮革黑 1 H02001701

Leather Spray Black 1

主要用于猪、羊、牛服装革、手套革、沙发革、鞋面革染色

【生产厂】[晋]山西临汾染化(集团)有限责任公司〈P1678〉

皮革黑 3 H02001751

Leather Spray Black 3

主要用于猪、羊、牛服装革、手套革、沙发革、鞋面革染色

【生产厂】[晋]山西临汾染化(集团)有限责任公司〈P1678〉

皮革深棕 2RB H02002191

H

Leather Spray Dark Brown 2RB
【生产厂】[豫]偃师市科承化工有限公司〈P2189〉

皮革棕 RN H02002221
Leather Brown RN
【生产厂】[辽]丹东深兰化工有限公司〈P1700〉

皮革棕 2S H02002241
Leather Brown 2S
【生产厂】[辽]丹东深兰化工有限公司〈P1700〉

皮革棕 2R H02002261
Leather Brown 2R
【生产厂】[辽]丹东深兰化工有限公司〈P1700〉

皮革红棕 D H02002421
Leather Red Brown D
【生产厂】[辽]丹东深兰化工有限公司〈P1700〉

皮革红棕 GR H02002441
Leather Red Brown GR
【生产厂】[辽]丹东深兰化工有限公司〈P1700〉

皮革大红 GR H02002501
Leather Spray Scarlet GR
【生产厂】[辽]丹东深兰化工有限公司〈P1700〉

皮革大红 GB H02002511
Leather Spray Scarlet GB
【生产厂】[辽]丹东深兰化工有限公司〈P1700〉

皮革大红 GS H02002521
Leathr Fast Red GS
【生产厂】[辽]丹东深兰化工有限公司〈P1700〉

皮革枣红 B H02002611
Leather Bordeaux B
【生产厂】[辽]丹东深兰化工有限公司〈P1700〉

皮革黄 MR H02003101
Leather Yellow MR
【生产厂】[辽]丹东深兰化工有限公司〈P1700〉

皮革藏青 GGR H02003201
Leather Navy Blue GGR
【生产厂】[辽]丹东深兰化工有限公司〈P1700〉

皮革蓝 RAW H02003301
Leather Blue RAW
【生产厂】[辽]丹东深兰化工有限公司〈P1700〉

荧光涂料色浆 H03000100
Fluorescent Coating Size
【生产厂】[鲁]东营市方圆实业有限责任公司〈P2081〉

荧光涂料色浆桃红 G H03000601
Fluorescent Coating Size Pink G
用于纺织品、塑料的印花及油漆、油墨的着色
【生产厂】[鲁]蓬莱市北海印花色浆厂(40 吨)〈P2112〉

荧光涂料色浆桃红 B H03000701
Fluorescent Coating Size Pink B
用于棉布、的确良、针织品、毛巾、塑料的印花及广告、油漆、油墨的着色
【生产厂】[鲁]山东阳光颜料有限公司(50 吨)〈P2133〉

荧光涂料色浆青莲 H03001001
Fluorescent Coating Size Pale Purple
用于纺织品、塑料的印花及油漆、油墨的着色
【生产厂】[冀]石家庄冀华化工纺织有限公司〈P1627〉

荧光涂料色浆宝蓝 H03001101
Fluorescent Coating Size Sapphire Blue
用于纺织品、塑料的印花及油漆、油墨的着色
【生产厂】[鲁]山东阳光颜料有限公司(20 吨)〈P2133〉;[湘]湖南三环颜料有限公司(50 吨)〈P2248〉

涂料印花色浆 H03001400
Coating Printing Size
用于布匹、纸张、皮革、人造革的印花
【生产厂】[津]天津市染料化学第八厂(1000 吨)〈P1600〉;天津市津军化工厂(600 吨)〈P1593〉;天津市盛益化工有限公司(500 吨)〈P1602〉;[冀]石家庄神彩美术颜料厂〈P1628〉;[沪]上海牡丹油墨有限公司〈P1754〉;上海桃浦染料公司〈P1767〉;上海世傲印刷材料有限公司(1000 吨)〈P1763〉;上海天坛助剂有限公司〈P1767〉;[苏]常州北美化学集团有限公司(1500 吨)〈P1846〉;宜兴市星石纺织助剂有限公司〈P1887〉;丽王化工(南通)有限公司〈P1832〉;[鲁]山东阳光颜料有限公司(300 吨)〈P2133〉;[豫]河南科来福工贸有限公司(1000 吨)〈P2166〉;安阳市铁西华北涂料厂(80 吨)〈P2209〉

涂料印花色浆白 FCOW;色浆白 FCOW H03001411
Coating Printing Size White FCOW
用于涂料印花
【生产厂】[鲁]蓬莱市北海印花色浆厂(100 吨)〈P2112〉

涂料印花色浆嫩黄 FG;嫩黄 FG 色浆 H03001501
Coating Printing Size Light Yellow FG
用于棉、麻、蚕丝、黏胶纤维、合成纤维以及混纺织物的印花
【生产厂】[鲁]蓬莱市北海印花色浆厂(80 吨)〈P2112〉

涂料印花色浆嫩黄 F7G H03001601
Coating Printing Size Light Yellow F7G
用于棉、麻、蚕丝、黏胶纤维、合成纤维以及混纺织物的印花
【生产厂】[鲁]蓬莱市北海印花色浆厂(50 吨)〈P2112〉

染色涂料色浆 H03001801
Dyeing Coating Size
【生产厂】[津]天津市泽涌科技发展有限公司(300 吨)〈P1612〉;[沪]上海牡丹油墨有限公司〈P1754〉

涂料印花色浆金黄 FGR H03002101
Coating Printing Size Golden Yellow FGR
用于棉、麻、蚕丝、黏胶纤维、合成纤维以及混纺织物的印花
【生产厂】[鲁]蓬莱市北海印花色浆厂(60 吨)〈P2112〉

涂料印花色浆橙 FGR H03002201

Coating Printing Size Orange FGR

用于棉、麻、蚕丝、黏胶纤维、合成纤维以及混纺织物的印花

【生产厂】[鲁]蓬莱市北海印花色浆厂(40吨)〈P2112〉

涂料印花色浆大红 FFG H03002401

Coating Printing Size Scarlet FFG

用于棉、麻、蚕丝、黏胶纤维、合成纤维以及混纺织物的印花

【生产厂】[津]天津市东丽区津军化工助剂厂(30吨)〈P1585〉;[冀]石家庄冀华化工纺织有限公司〈P1627〉;[鲁]蓬莱市北海印花色浆厂(60吨)〈P2112〉

涂料印花色浆蓝青莲 FFR;色浆蓝青莲 FFR H03002701

Coating Printing Size Bluish Pale Purple FFR

用于棉、麻、蚕丝、黏胶纤维、合成纤维以及混纺织物的印花

【生产厂】[鲁]蓬莱市北海印花色浆厂(60吨)〈P2112〉

涂料印花色浆蓝 FFG H03002901

Coating Printing Size Blue FFG

用于棉、麻、蚕丝、黏胶纤维、合成纤维以及混纺织物的印花

【生产厂】[冀]石家庄冀华化工纺织有限公司〈P1627〉;[鲁]蓬莱市北海印花色浆厂(50吨)〈P2112〉

涂料印花色浆艳绿 FB;色浆艳绿 FB H03003101

Coating Printing Size Brilliant Green FB

用于棉、麻、蚕丝、黏胶纤维、合成纤维以及混纺织物的印花

【生产厂】[冀]石家庄冀华化工纺织有限公司〈P1627〉;[鲁]蓬莱市北海印花色浆厂(40吨)〈P2112〉

涂料印花色浆黑 FBRK H03003601

Coating Printing Size Black FBRK

用于棉、麻、蚕丝、黏胶纤维、合成纤维以及混纺织物的印花

【生产厂】[冀]石家庄冀华化工纺织有限公司〈P1627〉

涂料印花色浆桃红 F3R;色浆桃红 F3R H03003701

Coating Printing Size Pink F3R

用于涂料印花

【生产厂】[冀]石家庄冀华化工纺织有限公司〈P1627〉;[鲁]蓬莱市北海印花色浆厂(50吨)〈P2112〉

光盘专用染料 H04002601

Dye for CD

用于有金属反射层的 DVD-R 光盘

【生产厂】[豫]河南省道纯化工技术有限公司(150千克)〈P2166〉

有机颜料 H05000000

Organic Pigment

主要用于油墨、油漆、塑料、涂料的着色

【生产厂】[京]北京染料厂(5000吨)〈P1557〉;[津]天津裕华经济贸易总公司化工厂(1000吨)〈P1617〉;天津市金盛和颜料化工有限公司(2000吨)〈P1592〉;天津津东颜料厂(200吨)〈P1574〉;天津东洋油墨有限公司〈P1571〉;天津市宝坻县利达化工有限公司(600吨)〈P1579〉;天津市蓟县新华化工厂(5000吨)〈P1591〉;[沪]上海染料有限公司〈P1758〉;上海油墨泗联化工有限公司(1万吨)〈P1776〉;[苏]昆山市中星染料化工有限公司〈P1898〉;南通海迪化工有限公司〈P1833〉;[浙]杭州丰彩颜料染料化工有限公司〈P1917〉;杭州红妍颜料化工有限公司(7000吨)〈P1918〉;杭州福德化工有限公司〈P1917〉;杭州新晨颜料有限公司(8000吨)〈P1924〉;嘉兴科隆化工有限公司(3000吨)〈P1941〉;[豫]新乡市博迪颜料有限公司(2000吨)〈P2204〉;开封染料化工厂(500吨)〈P2177〉;[粤]东莞市彩虹塑胶颜料有限公司〈P2279〉

【使用厂】[鲁]威海金和洋塑料制品有限公司〈P2124〉

耐晒桃红色原 H05010301

Pigment Fast Pink Toner; C. I. Pigment Red 81

用于油墨、塑料、涂料印花浆及文教用品的着色

【生产厂】[津]天津市东丽区福利油墨厂(20吨)〈P1585〉;天津东洋油墨有限公司(30吨)〈P1571〉;[冀]天津市吉帝化工厂〈P1657〉;[苏]吴江山湖颜料有限公司〈P1910〉;[浙]杭州诚实化工有限公司〈P1916〉;杭州福德化工有限公司(20吨)〈P1917〉;杭州萧山前进化工有限公司〈P1923〉;常山县永合颜料有限公司〈P1957〉;温州鑫雅精细化工有限公司〈P1938〉;[甘]甘谷翔达化工有限公司〈P2357〉

耐晒淡红色淀 H05010401

Pigment Fast Light Red Lake; C. I. Pigment Red 81

用于油墨及文教用品的着色

【生产厂】[冀]天津市吉帝化工厂〈P1657〉;[浙]杭州福德化工有限公司(10吨)〈P1917〉;杭州萧山前进化工有限公司〈P1923〉

耐晒桃红色原 B H05010501

Pigment Fast Pink Toner B

用于油墨、文教用品的着色

【生产厂】[浙]杭州新晨颜料有限公司〈P1924〉

耐晒桃红色淀;C. I. 颜料红 81 H05010601

Pigment Fast Pink Lake; C. I. Pigment Red 81

用于油墨、文教用品的着色

【生产厂】[津]天津市东丽区福利油墨厂(20吨)〈P1585〉;天津东洋油墨有限公司(34吨)〈P1571〉;[冀]天津市吉帝化工厂〈P1657〉;[苏]吴江山湖颜料有限公司〈P1910〉;[浙]杭州福德化工有限公司(5吨)〈P1917〉;杭州萧山前进化工有限公司〈P1923〉;常山县永合颜料有限公司〈P1957〉

耐晒玫瑰红色原 H05010801

Pigment Fast Rose Red Toner; C. I. Pigment Violet 1

用于油墨及文教用品的着色

【生产厂】[津]天津市东丽区福利油墨厂(40吨)〈P1585〉;天津东洋油墨有限公司(12吨)〈P1571〉;[浙]杭州福德化工有限公司(20吨)〈P1917〉;[甘]甘谷翔达化工有限公司〈P2357〉

耐晒玫瑰红色淀;C. I. 颜料紫 1 H05010901

Pigment Fast Rose Red Lake

用于油墨、文教用品的着色

【生产厂】[津]天津市程林颜料化工厂(15吨)〈P1582〉;天津市中天化工工贸有限公司(2000吨)〈P1613〉;[冀]天津市

H

吉帝化工厂〈P1657〉;［浙］杭州福德化工有限公司(20 吨)〈P1917〉;杭州萧山前进化工有限公司〈P1923〉

耐晒玫瑰色淀 B　H05010951

Pigment Fast Rose Red Lake B;C. I. Pigment. Red 173 (45170:2)

用于油墨、橡胶与塑料制品、文教用品的着色

【生产厂】［苏］吴江山湖颜料有限公司〈P1910〉

耐晒玫瑰色原;C. I. 颜料紫 1　H05011001

Pigment Fast Rose Toner;C. I. Pigment Violet 1

用于油墨、文教用品的着色

【生产厂】［冀］天津市吉帝化工厂〈P1657〉;［苏］吴江山湖颜料有限公司〈P1910〉;［浙］杭州力禾颜料有限公司〈P1920〉;杭州新晨颜料有限公司〈P1924〉;杭州萧山前进化工有限公司〈P1923〉;上虞市东海化工有限公司〈P1947〉

耐晒青莲色原 R;耐晒射光青莲;C. I. 颜料紫 3　H05011401

Pigment Fast Pale Purple Toner R;C. I. Pigment Violet 3

用于油漆、油墨、涂料、文教用品的着色

【生产厂】［津］天津市中天化工工贸有限公司(200 吨)〈P1613〉;［冀］天津市吉帝化工厂〈P1657〉;［苏］吴江山湖颜料有限公司〈P1910〉;盐城市科蓝颜料化工有限公司〈P1811〉;南通市争妍颜料化工有限公司〈P1835〉;［浙］杭州红妍颜料化工有限公司(600 吨)〈P1918〉;杭州福德化工有限公司〈P1917〉;杭州新晨颜料有限公司〈P1924〉;杭州萧山前进化工有限公司〈P1923〉;［甘］甘谷翔达化工有限公司〈P2357〉

耐晒青莲色淀;C. I. 颜料紫 3　H05011601

Pigment Fast Pale Purple Lake;C. I. Pigment Blue 3 [1325-82-2]

用于油墨、文教用品的着色

【生产厂】［冀］天津市吉帝化工厂〈P1657〉;［苏］吴江山湖颜料有限公司〈P1910〉;［浙］杭州信凯化工有限公司〈P1924〉;杭州福德化工有限公司〈P1917〉;杭州新晨颜料有限公司〈P1924〉;杭州萧山前进化工有限公司〈P1923〉;上虞市东海化工有限公司〈P1947〉

耐晒青莲色淀 3502;青莲色淀 3502　H05011611

Light Fast Violet Lake 3502

主要用于文教用品和油墨的着色

【生产厂】［津］天津市中天化工工贸有限公司(300 吨)〈P1613〉

6250-SH 耐晒青莲色源　H05011701

Pigment Fast Pale Purple Toner 6250-SH

用于各种塑料等产品的着色

【生产厂】［甘］甘谷翔达化工有限公司〈P2357〉

耐晒湖蓝色淀;C. I. 颜料蓝 17:1　H05011901

Pigment Fast Paint Greenish Blue Lake;C. I. Pigment Blue 17:1 [67340-41-4]

用于油墨及喷漆的着色

【生产厂】［浙］杭州萧山前进化工有限公司〈P1923〉;上虞市东海化工有限公司〈P1947〉

4231 耐晒油漆湖蓝　H05011951

Pigment Fast Paint Turquoise Blue (4231);C. I. Pigment Blue 17(4231)

【生产厂】［浙］杭州福德化工有限公司〈P1917〉

耐晒孔雀蓝色淀;260 孔雀蓝;C. I. 颜料蓝 17　H05012001

Pigment Fast Peacock Blue Lake;C. I. Pigment Blue 17

用于油墨及文教用品的着色

【生产厂】［浙］杭州福德化工有限公司〈P1917〉;杭州萧山前进化工有限公司〈P1923〉;上虞市东海化工有限公司〈P1947〉

耐晒品蓝色原 R;C. I. 颜料蓝 10　H05012301

Pigment Fast Reddish Blue Toner R;C. I. Pigment Blue 10

用于油墨、文教用品的着色

【生产厂】［冀］天津市吉帝化工厂〈P1657〉;［浙］杭州红妍颜料化工有限公司〈P1918〉;杭州力禾颜料有限公司〈P1920〉

耐晒品蓝色原 2R　H05012351

Pigment Fast Reddish Blue Toner 2R

【生产厂】［苏］吴江山湖颜料有限公司〈P1910〉

耐晒品蓝色原 BR;耐晒品蓝色原 BO;C. I. 颜料蓝 1　H05012501

Pigment Fast Reddish Blue Toner BR

用于油墨、文教用品和室内涂料的着色

【生产厂】［冀］天津市吉帝化工厂〈P1657〉;［苏］吴江山湖颜料有限公司〈P1910〉;［浙］杭州新晨颜料有限公司〈P1924〉;杭州萧山前进化工有限公司〈P1923〉;［甘］甘谷翔达化工有限公司〈P2357〉

耐晒品蓝色淀　H05012600

Pigment Fast Reddish Blue Lake

主要用于油墨和文教用品的着色

【生产厂】［津］天津市中天化工工贸有限公司(200 吨)〈P1613〉;［浙］上虞市东海化工有限公司〈P1947〉

耐晒品蓝色淀 BO;耐晒品蓝色淀 BOC　H05012601

Pigment Fast Reddish Blue Lake BO

用于油墨及文教用品的着色

【生产厂】［冀］天津市吉帝化工厂〈P1657〉;［苏］吴江山湖颜料有限公司〈P1910〉;［浙］杭州红妍颜料化工有限公司〈P1918〉;杭州力禾颜料有限公司〈P1920〉;杭州福德化工有限公司〈P1917〉;杭州萧山前进化工有限公司〈P1923〉;［甘］甘谷翔达化工有限公司〈P2357〉

耐晒翠绿色淀　H05012901

Pigment Fast Jade Green Lake;C. I. Pigment Green 4

用于油墨、橡胶和文教用品的着色

【生产厂】［浙］杭州萧山前进化工有限公司〈P1923〉;上虞市东海化工有限公司〈P1947〉

耐晒品绿色淀　H05013101

Pigment Fast Malachite Green Lake;C. I. Pigment Green 4

用于油墨及文教用品的着色

【生产厂】［冀］天津市吉帝化工厂〈P1657〉;［浙］杭州萧山前进化工有限公司〈P1923〉

塑料着色剂　H05013610

Plastic Colouring Agent

专用于塑料门窗的着色及保护

【生产厂】[浙]海宁市现代化工有限公司〈P1940〉;[川]成都添彩化工有限公司〈P2316〉

蓝色基 BB;C.I.冰染重氮组分20 H05014001

Pigment Blue Base BB

用于棉及其混纺织物的染色和印花

【生产厂】[冀]大名县名鼎化工有限责任公司〈P1638〉

酞菁红(γ型);喹吖啶酮红;酞菁红(蓝光) H05020111

Pigment Phthalocyanine Red;C.I.Pigment Red 122 [γ-type]

用于塑料、油漆、油墨、橡胶及合成纤维原液着色

【生产厂】[浙]杭州力禾颜料有限公司〈P1920〉

酞菁蓝;铜酞菁 H05020301

Pigment Phthalocyanine Blue;C.I.Pigment Blue 15

用于油漆、油墨、塑料及橡胶等的着色

【生产厂】[津]天津东洋油墨有限公司(100吨)〈P1571〉;天津灯塔颜料有限责任公司(700吨)〈P1571〉;[冀]美利达颜料工业有限公司〈P1669〉;黄骅市华茂化工有限公司〈P1656〉;廊坊格瑞泰化工有限公司〈P1660〉;[苏]常州市东方化工有限公司(500吨)〈P1850〉;盐城市科蓝颜料化工有限公司〈P1811〉;盐城市誉球化工有限公司〈P1812〉;盐城市新兴颜料化工有限公司〈P1812〉;通州市江石化工厂(500吨)〈P1839〉;上海颐贤化工有限公司〈P1839〉;如东县振新化工有限公司(3000吨)〈P1837〉;[鲁]济南金信洋染料有限公司(2000吨)〈P2023〉;德州虹桥染料化工有限公司(350吨)〈P2142〉;淄博福颜化工集团有限公司(3000吨)〈P2060〉;[豫]新乡海伦颜料有限公司(600吨)〈P2203〉;[粤]汕头精细化工(集团)公司(2000吨)〈P2276〉

【使用厂】[津]天津市染料化学第八厂〈P1600〉;[冀]河北省武强县启龙化工有限公司〈P1666〉;安平县冠达颜料工业有限公司〈P1663〉;[沪]上海一品国际颜料有限公司〈P1774〉;上海泗联实业总公司〈P1766〉;[苏]淮阴市染料化工厂〈P1802〉;[皖]安徽合雅精细化工有限公司〈P1971〉;[鲁]山东省乐陵市华虹染化有限公司〈P2145〉;[湘]湖南三环颜料有限公司〈P2248〉;[陕]宝鸡海宝颜料有限公司〈P2351〉

酞菁蓝 BGSF H05020601

Phthalocyanine Blue BGSF

【生产厂】[浙]杭州力禾颜料有限公司〈P1920〉

酞菁蓝 FGX H05020701

Pigment Phthalocyanine Blue FGX

用于制造孔雀蓝色油墨,用于醇酸漆等的着色,也用于塑料制品、文教用品等的着色

【生产厂】[苏]如东县振新化工有限公司〈P1837〉

酞菁蓝 BGS;C.I.颜料蓝15:3 H05020801

Pigment Phthalocyanine Blue BGS;C.I.Pigment Blue 15:3

用于油墨、油漆、塑料、橡胶、涂料色浆及合成纤维原浆着色

【生产厂】[津]天津市成虹染料化工有限公司(300吨)〈P1582〉;天津市染料化学第八厂(200吨)〈P1600〉;天津市中天化工工贸有限公司(1500吨)〈P1613〉;天津市长虹化工颜料厂(280吨)〈P1581〉;天津市宝坻县利达化工有限公司(300吨)〈P1579〉;[冀]石家庄市佳彩化工有限责任公司〈P1629〉;美利达颜料工业有限公司(1500吨)〈P1669〉;深圳市天翔化工有限公司〈P1669〉;黄骅市渤海化工(集团)公司〈P1656〉;黄骅市华茂化工有限公司〈P1656〉;[苏]常州北美化学集团有限公司〈P1846〉;盐城市科蓝颜料化工有限公司〈P1811〉;盐城市誉球化工有限公司〈P1812〉;盐城市新兴颜料化工有限公司〈P1812〉;南通市争妍颜料化工有限公司〈P1835〉;丽王化工(南通)有限公司〈P1832〉;如东县振新化工有限公司(1000吨)〈P1837〉;[浙]杭州丰彩颜料染料化工有限公司〈P1917〉;杭州力禾颜料有限公司〈P1920〉;杭州诚实化工有限公司〈P1916〉;浙江省华宝集团(舜宝颜料)化工有限公司〈P1951〉;上虞市东海化工有限公司(300吨)〈P1947〉;[皖]安庆和兴化工有限责任公司〈P1979〉;[鲁]德州市宇虹化工有限公司(150吨)〈P2142〉;德州虹桥染料化工有限公司(200吨)〈P2142〉;蓬莱新光颜料化工有限公司〈P2113〉;[豫]郑州博涛颜料有限公司(800吨)〈P2169〉;新乡市博迪颜料有限公司(800吨)〈P2204〉;濮阳宏业化工有限公司(500吨)〈P2213〉;[湘]湖南三环颜料有限公司〈P2248〉;[甘]甘谷翔达化工有限公司〈P2357〉

酞菁蓝 BG;颜料蓝15:4 H05020811

Phthalocyanine Blue BG

【生产厂】[苏]盐城市誉球化工有限公司〈P1812〉;东台市宏峰化工有限公司〈P1805〉

酞菁蓝 BGS-W H05020851

Phthalocyanine Blue BGS-W

【生产厂】[鲁]蓬莱新光颜料化工有限公司〈P2113〉

铝酞菁 H05020901

Aluminium Pigment Phthalocyanine

用于制造环保型酞菁颜料,主要应用于油墨、油漆、塑料,亦可用作有机导体、光电导体

【生产厂】[冀]美利达颜料工业有限公司〈P1669〉

酞菁蓝 BN;颜料蓝15:2;酞菁蓝BNF H05021001

Pigment Phthalocyanine Blue BN;Pigment Blue 15:2

用于各类溶剂型油漆、塑料油墨、凹版印刷油墨、快印油墨

【生产厂】[冀]美利达颜料工业有限公司〈P1669〉;[苏]盐城市誉球化工有限公司〈P1812〉;盐城市新兴颜料化工有限公司〈P1812〉

酞菁蓝 BS;酞菁蓝BS(稳定α型);C.I.颜料蓝15:1 H05021101

Pigment Phthalocyanine Blue BS;C.I.Pigment Blue 15:1(Stable α-type)

用于油漆、喷漆、油墨、塑料、橡胶的着色

【生产厂】[津]天津市成虹染料化工有限公司(300吨)〈P1582〉;[冀]美利达颜料工业有限公司〈P1669〉;[苏]江苏亚邦化工集团有限公司〈P1861〉;盐城市科蓝颜料化工有限公司〈P1811〉;盐城市誉球化工有限公司〈P1812〉;盐城市新兴颜料化工有限公司〈P1812〉;东台市宏峰化工有限公司〈P1805〉;如东县振新化工有限公司〈P1837〉;[浙]杭州力禾颜料有限公司〈P1920〉;浙江省华宝集团(舜宝颜料)化工有限公司〈P1951〉;上虞市东海化工有限公司〈P1947〉;[鲁]蓬莱新光颜料化工有限公司〈P2113〉;[豫]郑州博涛颜料有限公司(800吨)〈P2169〉

酞菁蓝 B;酞菁蓝BX(不稳定α型);4352酞菁蓝B;C.I.颜料蓝15 H05021201

H

Pigment Phthalocyanine Blue BX(Unstable α-type);C. I. Pigment Blue 15

用于油漆、油墨、塑料、橡胶、文教用品的着色和涂料印花

【生产厂】[津]天津市成虹染料化工有限公司(300吨)〈P1582〉;[冀]黄骅市华茂化工有限公司〈P1656〉;[沪]上海康晟实业有限公司〈P1748〉;上海泗联实业总公司〈P1766〉;[苏]常州北美化学集团有限公司〈P1846〉;江苏亚邦化工集团有限公司〈P1861〉;常熟市颜料化工厂有限公司〈P1891〉;盐城市科蓝颜料化工有限公司〈P1811〉;盐城市誉球化工有限公司〈P1812〉;盐城市新兴颜料化工有限公司〈P1812〉;东台市宏峰化工有限公司(600吨)〈P1805〉;南通市争妍颜料化工有限公司〈P1835〉;丽王化工(南通)有限公司〈P1832〉;如东县振新化工有限公司〈P1837〉;[浙]杭州丰彩颜料染料化工有限公司〈P1917〉;杭州红妍颜料化工有限公司〈P1918〉;杭州力禾颜料有限公司〈P1920〉;杭州萧山前进化工有限公司〈P1923〉;上虞市东海化工有限公司〈P1947〉;常山县永合颜料有限公司〈P1957〉;[鲁]德州市宇虹化工有限公司(100吨)〈P2142〉;蓬莱新光颜料化工有限公司〈P2113〉;[豫]郑州博涛颜料有限公司(600吨)〈P2169〉;新乡市博迪颜料有限公司(80吨)〈P2204〉;濮阳宏业化工有限公司(300吨)〈P2213〉;[甘]甘谷翔达化工有限公司〈P2357〉

【使用厂】[鲁]蓬莱市北海印花色浆厂〈P2112〉

酞菁蓝 BRX;C. I. 颜料蓝 15 H05021251

Pigment Phthalocyanine Blue BRX;C. I. Pigment Blue 15

非稳定α-型红光蓝,着色力强,可用于乳胶及水性涂料

【生产厂】[冀]美利达颜料工业有限公司〈P1669〉

酞菁蓝 BSX H05021391

Pigment Phthalocyanine Blue BSX;C. I. Pigment Blue 15∶1

用于塑料、橡胶、涂料等

【生产厂】[苏]如东县振新化工有限公司〈P1837〉

酞菁绿 G H05021401

Pigment Phthalocyanine Green G

用于油漆、油墨、塑料与橡胶制品、文教用品等的着色

【生产厂】[冀]石家庄市灯塔化工厂〈P1629〉;石家庄市佳彩化工有限责任公司〈P1629〉;安平县冠达颜料工业有限公司(500吨)〈P1663〉;黄骅市渤海化工(集团)公司〈P1656〉;黄骅市华茂化工有限公司〈P1656〉;[蒙]内蒙古兰太实业股份有限公司〈P1681〉;阿拉善达康精细化工股份有限公司〈P1681〉;[沪]上海泗联实业总公司〈P1766〉;[苏]常州市东方化工有限公司(500吨)〈P1850〉;江苏亚邦化工集团有限公司〈P1861〉;常熟市颜料化工厂有限公司〈P1891〉;盐城市科蓝颜料化工有限公司〈P1811〉;盐城市誉球化工有限公司〈P1812〉;盐城市新兴颜料化工有限公司〈P1812〉;东台市宏峰化工有限公司〈P1805〉;如东县振新化工有限公司(500吨)〈P1837〉;[浙]杭州红妍颜料化工有限公司〈P1918〉;杭州力禾颜料有限公司〈P1920〉;浙江省华宝集团(舜宝颜料)化工有限公司〈P1951〉;上虞市东海化工有限公司〈P1947〉;常山县永合颜料有限公司〈P1957〉;[皖]安徽合雅精细化工有限公司(1000吨)〈P1971〉;[鲁]德州市宇虹化工有限公司(80吨)〈P2142〉;德州福鑫化工有限公司(200吨)〈P2141〉;德州虹桥染料化工有限公司(200吨)〈P2142〉;德州佳兴化工有限公司〈P2142〉;蓬莱新光颜料化工有限公司〈P2113〉;[豫]郑州博涛颜料有限公司(600吨)〈P2169〉;新乡市博迪颜料有限公司(150吨)〈P2204〉;濮阳宏业化工有限公司(300吨)〈P2213〉

【使用厂】[鲁]蓬莱市北海印花色浆厂〈P2112〉

酞菁蓝 M-100 H05021441

Pigment Phthalocyanine Blue M-100

用于冷固型油墨

【生产厂】[冀]美利达颜料工业有限公司〈P1669〉

酞菁蓝 M-1000H H05021461

Pigment Phthalocyanine Blue M-1000H

用于高速印刷油墨

【生产厂】[冀]美利达颜料工业有限公司〈P1669〉

酞菁绿 GB H05021481

Pigment Phthalocyanine Green GB

【生产厂】[苏]常熟市颜料化工厂有限公司〈P1891〉

酞菁蓝 BGNCF H05021561

Pigment Phthalocyanine Blue BGNCF

用于聚酰胺即连接料的塑料表印墨

【生产厂】[冀]美利达颜料工业有限公司〈P1669〉;[苏]盐城市科蓝颜料化工有限公司〈P1811〉

酞菁蓝 NCF H05021581

Pigment Phthalocyanine Blue NCF

主要用于油墨、涂料、橡胶制品和各种塑料的着色

【生产厂】[鲁]蓬莱新光颜料化工有限公司〈P2113〉

酞菁蓝 GNS H05021601

Pigment Phthalocyanine Blue GNS

【生产厂】[甘]甘谷翔达化工有限公司〈P2357〉

永固黄 S3G;C. I. 颜料黄 154 H05030201

Pigment Fast Yellow S3G;C. I. Pigment Yellow 154

用于高档外墙涂料、轿车原漆和修复漆、塑料、油墨、橡胶等

【生产厂】[辽]鞍山市惠丰化工有限责任公司〈P1695〉;[鲁]胶州市精细化工有限公司〈P2031〉

永固黄 S4G;C. I. 颜料黄 151 H05030301

Pigment Fast Yellow S4G;C. I. Pigment Yellow 151

用于高档外墙涂料、轿车原漆和修复漆、塑料、油墨、橡胶等

【生产厂】[鲁]胶州市精细化工有限公司〈P2031〉

汉沙黄 G;耐晒黄 G;C. I. 颜料黄 1 H05030501

Pigment Hansa Yellow G;C. I. Pigment Yellow 1

主要用于油墨和涂料印花浆,也可用于塑料和涂料的着色

【生产厂】[京]北京麦尔化工科技有限公司〈P1555〉;[津]天津市染料化学第八厂(100吨)〈P1600〉;天津市中天化工工贸有限公司〈P1613〉;天津市静东化工有限公司(200吨)〈P1596〉;[冀]石家庄市佳彩化工有限责任公司〈P1629〉;安平县冠达颜料工业有限公司(500吨)〈P1663〉;[沪]上海莱博油墨颜料有限公司〈P1749〉;上海泗联实业总公司〈P1766〉;[苏]常州北美化学集团有限公司〈P1846〉;常熟市颜料化工厂有限公司〈P1891〉;丽王化工(南通)有限公司〈P1832〉;[浙]杭州丰彩颜料染料化工有限公司〈P1917〉;杭州力禾颜料有限公司〈P1920〉;杭州诚实化工有限公司〈P1916〉;浙江省华宝集团(舜宝颜料)

化工有限公司〈P1951〉;上虞市东海化工有限公司(200吨)〈P1947〉;常山县永合颜料有限公司〈P1957〉;温州鑫雅精细化工有限公司〈P1938〉;[鲁]德州市宇虹化工有限公司(50吨)〈P2142〉;蓬莱市新达化工有限公司〈P2112〉;蓬莱新光颜料化工有限公司〈P2113〉;山东阳光颜料有限公司(100吨)〈P2133〉;[豫]郑州博涛颜料有限公司(600吨)〈P2169〉

耐晒黄 GR;永固黄 GR H05030503

Pigment Fast Yellow GR;C.I. Pigment Yellow 16

主要用于油墨、塑料和橡胶的着色

【生产厂】[津]天津市中天化工工贸有限公司〈P1613〉;[冀]石家庄冀华化工纺织有限公司〈P1627〉;[沪]上海泗联实业总公司〈P1766〉;[苏]常州北美化学集团有限公司〈P1846〉;常熟市颜料化工厂有限公司〈P1891〉;丽王化工(南通)有限公司〈P1832〉;[浙]杭州百汇化工有限公司〈P1915〉;杭州力禾颜料有限公司〈P1920〉;杭州诚实化工有限公司〈P1916〉;浙江省华宝集团(舜宝颜料)化工有限公司〈P1951〉;常山县永合颜料有限公司〈P1957〉;[鲁]德州市宇虹化工有限公司(60吨)〈P2142〉;蓬莱市新达化工有限公司〈P2112〉;蓬莱新光颜料化工有限公司〈P2113〉

耐晒黄 3G;C.I.颜料黄 6 H05030601

Pigment Fast Yellow 3G;C.I. Pigment Yellow 6

用于油墨、油漆、涂料印花浆、塑料的着色

【生产厂】[浙]杭州萧山前进化工有限公司(200吨)〈P1923〉;浙江省华宝集团(舜宝颜料)化工有限公司〈P1951〉;[豫]郑州博涛颜料有限公司(800吨)〈P2169〉

耐晒黄 S3G;永固黄 5GX;汉沙艳黄 5GX;永固艳黄 H2R H05030611

Fast Yellow S3G;Fast Brilliant Yellow H2R;C.I. Pigment Yellow 74

用于油漆、油墨、塑料与橡胶制品、文教用品、涂料印花等的着色

【生产厂】[沪]上海莱博油墨颜料有限公司〈P1749〉;[苏]常熟市颜料化工厂有限公司〈P1891〉;丽王化工(南通)有限公司〈P1832〉;[浙]杭州丰彩颜料染料化工有限公司〈P1917〉;杭州力禾颜料有限公司〈P1920〉;杭州诚实化工有限公司〈P1916〉;杭州新晨颜料有限公司〈P1924〉;[鲁]德州市宇虹化工有限公司(15吨)〈P2142〉;蓬莱新光颜料化工有限公司〈P2113〉

耐晒黄 RX;永固黄 RX H05030651

Fast Yellow RX

【生产厂】[苏]常熟市颜料化工厂有限公司〈P1891〉;[鲁]蓬莱新光颜料化工有限公司〈P2113〉

汉沙黄 10G;耐晒黄 10G;C.I.颜料黄 3 H05030701

Pigment Hansa Yellow 10G;C.I. Pigment Yellow 3

用于油墨、油漆、涂料印花浆、塑料、文教用品等的着色

【生产厂】[津]天津市程林颜料化工厂(15吨)〈P1582〉;天津市染料化学第八厂(100吨)〈P1600〉;天津市振东化工总厂三厂(20吨)〈P1613〉;天津东洋油墨有限公司(10吨)〈P1571〉;天津市静东化工有限公司(50吨)〈P1596〉;[冀]安平县冠达颜料工业有限公司(500吨)〈P1663〉;[沪]上海莱博油墨颜料有限公司〈P1749〉;上海泗联实业总公司〈P1766〉;[苏]常熟市颜料化工厂有限公司〈P1891〉;丽王化工(南通)有限公司〈P1832〉;[浙]杭州丰彩颜料染料化工有限公司〈P1917〉;杭州红妍颜料化工有限公司〈P1918〉;杭州力禾颜料有限公司〈P1920〉;杭州诚实化工有限公司〈P1916〉;杭州新晨颜料有限公司〈P1924〉;杭州萧山前进化工有限公司(300吨)〈P1923〉;浙江省华宝集团(舜宝颜料)化工有限公司〈P1951〉;上虞市东海化工有限公司(100吨)〈P1947〉;[鲁]德州市宇虹化工有限公司(50吨)〈P2142〉;蓬莱市新达化工有限公司〈P2112〉;蓬莱新光颜料化工有限公司〈P2113〉;山东阳光颜料有限公司(400吨)〈P2133〉;[豫]郑州博涛颜料有限公司〈P2169〉

耐晒嫩黄 10GC H05030851

Pigment Fast Light Yellow 10GC;C.I. Pigment Yellow 98

用于胶印墨、涂料印花色浆等的着色

【生产厂】[沪]上海泗联实业总公司〈P1766〉

永固黄 GX H05030891

Permanent Yellow GX

【生产厂】[苏]丽王化工(南通)有限公司〈P1832〉

耐晒黄 GG H05030901

Pigment Fast Yellow GG

适用油墨及文教用品

【生产厂】[津]天津市染料化学第八厂(100吨)〈P1600〉;天津东洋油墨有限公司(6吨)〈P1571〉;[浙]浙江省华宝集团(舜宝颜料)化工有限公司〈P1951〉

H

永固黄 G;C.I.颜料黄 14;永固黄 GS;永固黄 2GS H05030902

Pigment Permanent Yellow G;C.I. Pigment Yellow 14

主要用于塑料和橡胶制品的着色,也适用于聚氨酯合成革、高档油墨和涂料的着色

【生产厂】[冀]石家庄冀华化工纺织有限公司〈P1627〉;石家庄市佳彩化工有限责任公司〈P1629〉;[沪]上海莱博油墨颜料有限公司〈P1749〉;上海泗联实业总公司〈P1766〉;[苏]常州北美化学集团有限公司〈P1846〉;吴江市汇丰化工厂〈P1910〉;常熟市颜料化工厂有限公司〈P1891〉;丽王化工(南通)有限公司〈P1832〉;[浙]杭州红妍颜料化工有限公司〈P1918〉;杭州力禾颜料有限公司〈P1920〉;杭州诚实化工有限公司〈P1916〉;上虞市东海化工有限公司(300吨)〈P1947〉;温州鑫雅精细化工有限公司〈P1938〉;[鲁]德州市宇虹化工有限公司(30吨)〈P2142〉;蓬莱市新达化工有限公司〈P2112〉;蓬莱新光颜料化工有限公司〈P2113〉;[豫]郑州博涛颜料有限公司〈P2169〉

永固黄 GG;1124 永固黄 GG H05030911

Permanent Yellow GG;C.I. Pigment Yellow 17

主要用于高级透明油墨、玻璃纤维和塑料制品的着色

【生产厂】[冀]石家庄冀华化工纺织有限公司〈P1627〉;[沪]上海莱博油墨颜料有限公司〈P1749〉;[苏]常熟市颜料化工厂有限公司〈P1891〉;丽王化工(南通)有限公司〈P1832〉;[浙]杭州力禾颜料有限公司〈P1920〉;杭州诚实化工有限公司〈P1916〉;杭州新晨颜料有限公司〈P1924〉;上虞市东海化工有限公司(100吨)〈P1947〉;温州鑫雅精细化工有限公司〈P1938〉;[豫]郑州博涛颜料有限公司〈P2169〉;[甘]甘谷翔达化工有限公司〈P2357〉

永固黄 GT H05030931

Pigment Permanent Yellow GT

【生产厂】[苏]常熟市颜料化工厂有限公司〈P1891〉

永固黄 HRT H05030961

Pigment Permanent Yellow HRT;C. I. Pigment Yellow 83
【生产厂】[浙]杭州力禾颜料有限公司〈P1920〉

永固黄 H4G;C. I. 颜料黄 151 H05030981

Pigment Permanent Yellow H4G
用于油墨和涂料的着色
【生产厂】[浙]杭州力禾颜料有限公司〈P1920〉;杭州新晨颜料有限公司〈P1924〉

永固黄 H3G H05030985

Pigment Permanent Yellow H3G
【生产厂】[浙]杭州力禾颜料有限公司〈P1920〉

永固黄 3G H05031021

Pigment Permanent Yellow 3G; C. I. Pigment Yellow 126 (21101)
主要用于油漆、油墨、塑料与橡胶制品、文教用品及涂料印花的着色
【生产厂】[浙]杭州诚实化工有限公司〈P1916〉

永固黄 GRC H05031041

Pigment Yellow GRC
【生产厂】[苏]常熟市颜料化工厂有限公司〈P1891〉

永固黄 GRX H05031051

Pigment Yellow GRX;C. I. Pigment Yellow 176
【生产厂】[浙]杭州力禾颜料有限公司〈P1920〉

永固黄 2R H05031071

Pigment Permanent Yellow 2R
【生产厂】[浙]杭州力禾颜料有限公司〈P1920〉

颜料黄 HG;C. I. 颜料黄 180 H05031151

Pigment Yellow HG;C. I. Pigment Yellow 180
主要用于油漆、油墨、塑料、橡胶着色以及合成纤维的原浆着色
【生产厂】[辽]鞍山市惠丰化工有限责任公司〈P1695〉;[浙]杭州信凯化工有限公司〈P1924〉

颜料艳黄 HGR H05031171

Pigment Brilliant Yellow HGR;C. I. Pigment Yellow 191
主要用于塑料与橡胶制品的着色
【生产厂】[浙]杭州力禾颜料有限公司〈P1920〉;杭州诚实化工有限公司〈P1916〉;杭州新晨颜料有限公司〈P1924〉

颜料黄 K-5G H05031181

Pigment Yellow K-5G
【生产厂】[浙]杭州力禾颜料有限公司〈P1920〉

颜料黄 FRN H05031191

Pigment Yellow FRN;C. I. Pigment Yellow 170
主要用于油漆、油墨、塑料与橡胶制品、文教用品等的着色
【生产厂】[浙]杭州诚实化工有限公司〈P1916〉

永固黄 RN H05031201

Pigment Permanent Yellow RN;C. I. Pigment Yellow 65
用于油墨、涂料印花浆、乳胶、绘画颜料、文教用品等的着色
【生产厂】[苏]常熟市颜料化工厂有限公司〈P1891〉;丽王化工(南通)有限公司〈P1832〉;[浙]杭州力禾颜料有限公司〈P1920〉;杭州诚实化工有限公司〈P1916〉;浙江省华宝集团(舜宝颜料)化工有限公司〈P1951〉;[鲁]蓬莱新光颜料化工有限公司〈P2113〉

永固黄 5GF H05031291

Pigment Permanent Yellow 5GF;C. I. Pigment Yellow 14
主要用于油墨的着色
【生产厂】[浙]杭州新晨颜料有限公司〈P1924〉

联苯胺黄 HR;永固黄 HR H05031301

Permanent Yellow HR;C. I. Pigment Yellow 83
主要用于油墨、塑料制品和涂料的着色
【生产厂】[沪]上海莱博油墨颜料有限公司〈P1749〉;上海泗联实业总公司〈P1766〉;[苏]常州市东方化工有限公司〈P1850〉;常熟市颜料化工厂有限公司〈P1891〉;丽王化工(南通)有限公司〈P1832〉;[浙]杭州力禾颜料有限公司〈P1920〉;杭州诚实化工有限公司〈P1916〉;杭州福德化工有限公司〈P1917〉;杭州新晨颜料有限公司〈P1924〉;上虞市东海化工有限公司(50 吨)〈P1947〉;温州鑫雅精细化工有限公司〈P1938〉;[鲁]蓬莱新光颜料化工有限公司〈P2113〉

联苯胺黄 G;联苯胺黄;颜料永固黄;C. I. 颜料黄 12 H05031401

Pigment Benzidine Yellow G;C. I. Pigment Yellow 12
用于油墨、油漆、橡胶、塑料、涂料印花浆、文教用品的着色
【生产厂】[津]天津市程林颜料化工厂(15 吨)〈P1582〉;天津市染料化学第八厂(100 吨)〈P1600〉;天津市振东化工总厂三厂(50 吨)〈P1613〉;天津市中天化工工贸有限公司(500 吨)〈P1613〉;天津东洋油墨有限公司(11 吨)〈P1571〉;[冀]石家庄市佳彩化工有限责任公司〈P1629〉;安平县冠达颜料工业有限公司(500 吨)〈P1663〉;黄骅市渤海化工(集团)公司〈P1656〉;[沪]上海莱博油墨颜料有限公司〈P1749〉;上海泗联实业总公司〈P1766〉;[苏]常州北美化学集团有限公司(250 吨)〈P1846〉;吴江市汇丰化工厂〈P1910〉;常熟市颜料化工厂有限公司〈P1891〉;东台市宏峰化工有限公司〈P1805〉;[浙]杭州红妍颜料化工有限公司(500 吨)〈P1918〉;杭州百汇化工有限公司〈P1915〉;杭州力禾颜料有限公司〈P1920〉;杭州新晨颜料有限公司〈P1924〉;杭州萧山前进化工有限公司(300 吨)〈P1923〉;浙江省华宝集团(舜宝颜料)化工有限公司〈P1951〉;上虞市东海化工有限公司(350 吨)〈P1947〉;常山县永合颜料有限公司〈P1957〉;温州鑫雅精细化工有限公司〈P1938〉;[鲁]德州市宇虹化工有限公司(100 吨)〈P2142〉;蓬莱市新达化工有限公司〈P2112〉;蓬莱新光颜料化工有限公司〈P2113〉;山东泰山染料股份有限公司(100 吨)〈P2137〉;山东阳光颜料有限公司(1000 吨)〈P2133〉;[豫]郑州博涛颜料有限公司〈P2169〉;[甘]甘谷翔达化工有限公司〈P2357〉
【使用厂】[鲁]蓬莱市北海印花色浆厂〈P2112〉

联苯胺黄 GG H05031402

Pigment Benzidine Yellow GG
【生产厂】[鲁]蓬莱新光颜料化工有限公司〈P2113〉

联苯胺黄 GT;C. I. 颜料黄 12 H05031403

Pigment Benzidine Yellow GT
【生产厂】[苏]常熟市颜料化工厂有限公司〈P1891〉;[浙]杭州力禾颜料有限公司〈P1920〉

透明联苯胺黄 G H05031404

Transparent Benzidine Yellow G

【生产厂】[浙]上虞市东海化工有限公司(150 吨)〈P1947〉;[鲁]蓬莱新光颜料化工有限公司〈P2113〉

联苯胺黄 1138;3,3′-二氯联苯胺、双乙酰苯胺偶合体 H05031405

Benzidine Yellow 1138

用于油墨、涂料、涂料印花及橡胶和塑料制品的着色

【生产厂】[苏]常州北美化学集团有限公司〈P1846〉;[甘]甘谷翔达化工有限公司〈P2357〉

联苯胺黄 GW H05031441

Pigment Benzidine Yellow GW;C. I. Pigment Yellow 12

【生产厂】[浙]杭州新晨颜料有限公司〈P1924〉

联苯胺黄 AT-1 H05031491

Benzidine Yellow AT-1

用于胶印油墨、溶剂墨等的着色

【生产厂】[沪]上海泗联实业总公司〈P1766〉

联苯胺黄 H10G;永固黄 H10G H05031501

Pigment Benzidine Yellow H10G;C. I. Pigment Yellow 81

主要用于油墨、塑料的着色

【生产厂】[津]天津东洋油墨有限公司(15 吨)〈P1571〉

联苯胺黄 10G H05031551

Benzidine Yellow 10G

主要用于工业涂料、塑料和油墨的着色

【生产厂】[沪]上海莱博油墨颜料有限公司〈P1749〉;上海泗联实业总公司〈P1766〉;[浙]杭州力禾颜料有限公司〈P1920〉;杭州诚实化工有限公司〈P1916〉;杭州新晨颜料有限公司〈P1924〉;[鲁]蓬莱新光颜料化工有限公司〈P2113〉

联苯胺黄 GS H05031571

Benzidine Yellow GS;C. I. Pigment Yellow 12

【生产厂】[鲁]蓬莱新光颜料化工有限公司〈P2113〉

联苯胺黄 RS H05031591

Benzidine Yellow RS;C. I. Pigment Yellow 12

【生产厂】[鲁]蓬莱新光颜料化工有限公司〈P2113〉

有机柠檬黄;代柠檬铬黄 H05031601

Pigment Organic Lemon Yellow

用于塑料、油漆、油墨、食品等的着色

【生产厂】[冀]石家庄冀华化工纺织有限公司〈P1627〉;石家庄市佳彩化工有限责任公司〈P1629〉;[浙]杭州福德化工有限公司(70 吨)〈P1917〉;杭州萧山前进化工有限公司(500 吨)〈P1923〉;[皖]广德创新颜料有限公司〈P1986〉;[鲁]蓬莱新光颜料化工有限公司〈P2113〉

有机中黄 H05031701

Pigment Organic Medium Yellow

用于油墨的着色

【生产厂】[冀]石家庄冀华化工纺织有限公司〈P1627〉;石家庄市佳彩化工有限责任公司〈P1629〉;[浙]杭州萧山前进化工有限公司(500 吨)〈P1923〉;[皖]广德创新颜料有限公司〈P1986〉;[鲁]蓬莱新光颜料化工有限公司〈P2113〉

联苯胺橙 R H05031801

Benzidine Orange R;C. I. Pigment Orange 16

用于油漆、油墨、塑料、橡胶、文教用品等的着色

【生产厂】[浙]杭州诚实化工有限公司〈P1916〉;温州鑫雅精细化工有限公司〈P1938〉

永固橘黄 G;永固橙 G;永固橙黄 G;C. I. 颜料橙 13 H05031901

Pigment Permanent Orange G;C. I. Pigment Orange 13

[3520-72-7]

用于油墨、塑料、橡胶、涂料印花浆及文教用品的着色

【生产厂】[津]天津市程林颜料化工厂(15 吨)〈P1582〉;天津市染料化学第八厂(100 吨)〈P1600〉;天津市振东化工总厂三厂(50 吨)〈P1613〉;天津市中天化工工贸有限公司(300 吨)〈P1613〉;天津东洋油墨有限公司(15 吨)〈P1571〉;天津市静东化工有限公司(100 吨)〈P1596〉;[沪]上海泗联实业总公司〈P1766〉;[苏]常州北美化学集团有限公司〈P1846〉;常熟市颜料化工厂有限公司〈P1891〉;丽王化工(南通)有限公司〈P1832〉;[浙]杭州丰彩颜料染料化工有限公司〈P1917〉;杭州力禾颜料有限公司〈P1920〉;杭州诚实化工有限公司〈P1916〉;杭州新晨颜料有限公司〈P1924〉;杭州萧山前进化工有限公司(200 吨)〈P1923〉;上虞市东海化工有限公司(280 吨)〈P1947〉;常山县永合颜料有限公司〈P1957〉;温州鑫雅精细化工有限公司〈P1938〉;[鲁]德州市宇虹化工有限公司(100 吨)〈P2142〉;蓬莱市新达化工有限公司〈P2112〉;蓬莱新光颜料化工有限公司〈P2113〉;山东阳光颜料有限公司(100 吨)〈P2133〉;[豫]郑州博涛颜料有限公司〈P2169〉;[甘]甘谷翔达化工有限公司〈P2357〉

联苯胺黄 GR;1126 永固黄 GR H05032001

Benzidine Yellow GR;C. I. Pigment Yellow 13

主要用于油墨、涂料、塑料和橡胶的着色

【生产厂】[沪]上海莱博油墨颜料有限公司〈P1749〉;[浙]杭州力禾颜料有限公司〈P1920〉;上虞市东海化工有限公司〈P1947〉;温州鑫雅精细化工有限公司〈P1938〉;[鲁]蓬莱新光颜料化工有限公司〈P2113〉;[豫]郑州博涛颜料有限公司〈P2169〉

联苯胺黄 GRL H05032051

Benzidine Yellow GRL

【生产厂】[浙]温州鑫雅精细化工有限公司〈P1938〉

永固橙 RN;C. I. 颜料橙 5 H05032201

Pigment Permanent Orange RN;C. I. Pigment Orange 5

用于油漆、喷漆、油墨、文教用品的着色

【生产厂】[苏]常熟市颜料化工厂有限公司〈P1891〉;丽王化工(南通)有限公司〈P1832〉;[浙]杭州力禾颜料有限公司〈P1920〉;杭州诚实化工有限公司〈P1916〉;杭州福德化工有限公司〈P1917〉;温州鑫雅精细化工有限公司〈P1938〉

永固橙 GC;永固橙 GTR H05032211

Permanent Orange GC;C. I. Pigment Orange 24

用于涂料、油墨和涂料印花

【生产厂】[鲁]山东阳光颜料有限公司(20 吨)〈P2133〉

永固橙 RL;颜料橙 34#;永固橙 F2G H05032371

Pigment Permanent Orange RL;C. I. Pigment Orange 34

H

用于胶印墨、塑料、橡胶、溶剂墨、涂料印花色浆等

【生产厂】[苏]常熟市颜料化工厂有限公司〈P1891〉;丽王化工(南通)有限公司〈P1832〉;[浙]杭州丰彩颜料染料化工有限公司〈P1917〉;杭州力禾颜料有限公司〈P1920〉;杭州诚实化工有限公司〈P1916〉;杭州新晨颜料有限公司〈P1924〉;[鲁]德州市宇虹化工有限公司(10 吨)〈P2142〉;蓬莱新光颜料化工有限公司〈P2113〉

永固红 F5RK;C. I. 颜料红 170 H05032400

Pigment Permanent Red F5RK;C. I. Pigment Red 170

主要用于油漆、油墨、涂料、印花色浆、文教用品的着色

【生产厂】[苏]常州市东方化工有限公司〈P1850〉;丽王化工(南通)有限公司〈P1832〉;[浙]杭州诚实化工有限公司〈P1916〉;杭州福德化工有限公司〈P1917〉;杭州新晨颜料有限公司〈P1924〉;浙江省华宝集团(舜宝颜料)化工有限公司〈P1951〉;[鲁]蓬莱新光颜料化工有限公司〈P2113〉

耐晒艳红 BBC;耐晒红 2B;永固红 F5R;永固红 2BP;3134 永固红 2BC H05032401

Pigment Fast Brilliant Red BBC;C. I. Pigment Red 48:2

用于油墨、油漆、塑料、橡胶的着色

【生产厂】[冀]石家庄冀华化工纺织有限公司〈P1627〉;石家庄市佳彩化工有限责任公司〈P1629〉;[沪]上海泗联实业总公司〈P1766〉;[苏]常熟市颜料化工厂有限公司〈P1891〉;丽王化工(南通)有限公司〈P1832〉;[浙]杭州百汇化工有限公司〈P1915〉;杭州力禾颜料有限公司〈P1920〉;杭州诚实化工有限公司〈P1916〉;杭州福德化工有限公司〈P1917〉;杭州萧山前进化工有限公司(100 吨)〈P1923〉;上虞市东海化工有限公司(150 吨)〈P1947〉;常山县永合颜料有限公司〈P1957〉;温州鑫雅精细化工有限公司〈P1938〉;[鲁]德州市宇虹化工有限公司(8 吨)〈P2142〉;蓬莱市新达化工有限公司〈P2112〉;蓬莱新光颜料化工有限公司〈P2113〉;[豫]郑州博涛颜料有限公司〈P2169〉;[甘]甘谷翔达化工有限公司〈P2357〉

永固红 FGR H05032461

Pigment Permanent Red FGR;C. I. Pigment Red 112

用于胶印墨、溶剂墨、水性墨、印花涂料色浆等

【生产厂】[苏]常州市东方化工有限公司〈P1850〉;常熟市颜料化工厂有限公司〈P1891〉;南通市争妍颜料化工有限公司〈P1835〉;丽王化工(南通)有限公司〈P1832〉;[浙]杭州诚实化工有限公司〈P1916〉

永固红 A3B;颜料红 3BL;C. I. 颜料红 177 H05032501

Permanent Red A3B;C. I. Pigment Red 177

广泛用于高级油漆、油墨、塑料、合成纤维等方面的着色

【生产厂】[辽]辽阳联港染料化工有限公司〈P1710〉;[苏]南通市争妍颜料化工有限公司〈P1835〉

耐晒大红 BBN;耐晒大红 2B;C. I. 颜料红 48:1 H05032701

Pigment Fast Scarlet BBN;C. I. Pigment Red 48:1

用于油墨、油漆、塑料、橡胶的着色

【生产厂】[津]天津市成虹染料化工有限公司(300 吨)〈P1582〉;天津市中天化工工贸有限公司(1000 吨)〈P1613〉;天津东洋油墨有限公司(9 吨)〈P1571〉;[冀]石家庄冀华化工纺织有限公司〈P1627〉;石家庄市佳彩化工有限责任公司〈P1629〉;安平县冠达颜料工业有限公司(300 吨)〈P1663〉;深圳市天翔化工有限公司〈P1669〉;[沪]上海泗联实业总公司〈P1766〉;[苏]常熟市颜料化工厂有限公司〈P1891〉;盐城市科蓝颜料化工有限公司〈P1811〉;丽王化工(南通)有限公司〈P1832〉;[浙]杭州百汇化工有限公司〈P1915〉;杭州力禾颜料有限公司〈P1920〉;杭州诚实化工有限公司〈P1916〉;杭州福德化工有限公司(50 吨)〈P1917〉;杭州新晨颜料有限公司〈P1924〉;杭州萧山前进化工有限公司(100 吨)〈P1923〉;上虞市东海化工有限公司(200 吨)〈P1947〉;常山县永合颜料有限公司〈P1957〉;温州鑫雅精细化工有限公司〈P1938〉;[鲁]德州市宇虹化工有限公司(20 吨)〈P2142〉;蓬莱市新达化工有限公司〈P2112〉;蓬莱新光颜料化工有限公司〈P2113〉;[豫]郑州博涛颜料有限公司〈P2169〉;[甘]甘谷翔达化工有限公司〈P2357〉

耐晒大红 BBS;C. I. 颜料红 48:3;永固红 2BSP H05032702

Pigment Fast Scarlet BBS;C. I. Pigment Red 48:3

[15782-05-5]

用于塑料、涂料、油墨、橡胶和文教用品的着色

【生产厂】[苏]常熟市颜料化工厂有限公司〈P1891〉;丽王化工(南通)有限公司〈P1832〉;[浙]杭州百汇化工有限公司〈P1915〉;杭州诚实化工有限公司〈P1916〉;杭州萧山前进化工有限公司〈P1923〉;上虞市东海化工有限公司〈P1947〉;常山县永合颜料有限公司〈P1957〉;[鲁]蓬莱市新达化工有限公司〈P2112〉;蓬莱新光颜料化工有限公司〈P2113〉;[豫]郑州博涛颜料有限公司〈P2169〉

3117 耐晒亮红 N;颜料亮红 N3117 H05032731

Pigment Fast Scarlet Red N (3117)

主要用于油漆、油墨、塑料与橡胶制品、文教用品等的着色

【生产厂】[苏]常熟市颜料化工厂有限公司〈P1891〉;东台市宏峰化工有限公司〈P1805〉;丽王化工(南通)有限公司〈P1832〉;[浙]杭州红妍颜料化工有限公司〈P1918〉;杭州力禾颜料有限公司〈P1920〉;杭州诚实化工有限公司〈P1916〉;上虞市东海化工有限公司(50 吨)〈P1947〉;常山县永合颜料有限公司〈P1957〉;[鲁]德州市宇虹化工有限公司(40 吨)〈P2142〉;蓬莱市新达化工有限公司〈P2112〉;[豫]郑州博涛颜料有限公司〈P2169〉

耐晒大红 2BP H05032749

Pigment Fast Scarlet 2BP;C. I. Pigment Red 48:2

用于塑料、橡胶的着色

【生产厂】[苏]吴江山湖颜料有限公司〈P1910〉;[浙]杭州新晨颜料有限公司〈P1924〉;[鲁]德州市宇虹化工有限公司(30 吨)〈P2142〉

1501 耐晒大红 H05032751

Pigment Fast Scarlet 1501

用于油墨、橡胶、塑料等的着色

【生产厂】[冀]深圳市天翔化工有限公司〈P1669〉

耐晒亮红 NC H05032771

Pigment Fast Brilliant Red NC

【生产厂】[苏]丽王化工(南通)有限公司〈P1832〉

耐晒亮红 GY H05032775
Pigment Fast Brilliant Red GY;C.I. Pigment Red 22
主要用于油墨、文教用品、涂料印花的着色
【生产厂】[浙]杭州百汇化工有限公司〈P1915〉

耐晒大红 WI H05032781
Pigment Fast Scarlet WI;C.I. Pigment Red 48:1
【生产厂】[浙]杭州新晨颜料有限公司〈P1924〉

耐晒深红 BBM;永固红 2BL;C.I. 颜料红 48:4 H05032801
Pigment Fast Dark Red BBM;C.I. Pigment Red 48:4
用于油墨、油漆、塑料的着色
【生产厂】[津]天津市东丽区福利油墨厂(20吨)〈P1585〉;天津东洋油墨有限公司(20吨)〈P1571〉;[冀]石家庄市佳彩化工有限责任公司〈P1629〉;[沪]上海泗联实业总公司〈P1766〉;[苏]丽王化工(南通)有限公司〈P1832〉;[浙]杭州百汇化工有限公司〈P1915〉;杭州诚实化工有限公司〈P1916〉;杭州萧山前进化工有限公司〈P1923〉;浙江省华宝集团(舜宝颜料)化工有限公司〈P1951〉;上虞市东海化工有限公司(20吨)〈P1947〉;常山县永合颜料有限公司〈P1957〉;[鲁]蓬莱市新达化工有限公司〈P2112〉;[豫]郑州博涛颜料有限公司〈P2169〉

耐晒桃红 FBB H05032831
Pigment Fast Light Pink FBB
【生产厂】[鲁]蓬莱新光颜料化工有限公司〈P2113〉

耐晒大红 2R H05032841
Pigment Fast Scarlet 2R;C.I. Pigment Red 21
用于油漆、油墨、文教用品等的着色
【生产厂】[浙]杭州诚实化工有限公司〈P1916〉;[豫]郑州博涛颜料有限公司〈P2169〉

坚固大红 G;颜料亮红 H05032901
Pigment Fast Scarlet G;C.I. Pigment Red 22
用于油墨、油漆、塑料、涂料印花浆、乳胶、文教用品的着色
【生产厂】[津]天津市程林颜料化工厂(15吨)〈P1582〉;天津市染料化学第八厂(100吨)〈P1600〉;天津市振东化工总厂三厂(100吨)〈P1613〉;天津市中天化工工贸有限公司(300吨)〈P1613〉;[冀]石家庄冀华化工纺织有限公司〈P1627〉;[苏]吴江山湖颜料有限公司〈P1910〉;[浙]杭州萧山前进化工有限公司(100吨)〈P1923〉;[鲁]德州市宇虹化工有限公司(100吨)〈P2142〉;蓬莱新光颜料化工有限公司〈P2113〉;山东阳光颜料有限公司(500吨)〈P2133〉
【使用厂】[津]天津市东丽区津军化工助剂厂〈P1585〉;[鲁]蓬莱市北海印花色浆厂〈P2112〉

坚固桃红 H05032991
Pigment Permanent Peach Red;C.I. Pigment Red 245
用于油漆、油墨、塑料与橡胶制品、文教用品等的着色
【生产厂】[浙]杭州诚实化工有限公司〈P1916〉

银朱 R;3106 颜料银朱 R;3001 颜料银朱 R;红朱;C.I. 颜料红 4 H05033001
Pigment Vermilion R;C.I. Pigment Red 4
用于油漆、油墨、文教用品的着色
【生产厂】[津]天津市西青区金宏展彩色铁粉厂(900吨)〈P1607〉;[豫]郑州博涛颜料有限公司〈P2169〉

橡胶大红 LC H05033101
Rubber Scarlet LC;C.I. Pigment Red 53:1
主要用于橡胶、塑料及文教用品的着色
【生产厂】[津]天津市染料化学第八厂(100吨)〈P1600〉;天津东洋油墨有限公司(15吨)〈P1571〉;[冀]石家庄市佳彩化工有限责任公司〈P1629〉;[苏]常州北美化学集团有限公司(50吨)〈P1846〉;[鲁]蓬莱新光颜料化工有限公司〈P2113〉;[豫]郑州博涛颜料有限公司〈P2169〉
【使用厂】[豫]安阳市第二橡胶厂〈P2208〉

橡胶大红 LCB;5304 橡胶大红 LCB H05033102
Rubber Scarlet LCB
用于橡胶制品和自行车内胎的着色,也用于文教用品和塑料制品的着色
【生产厂】[冀]深圳市天翔化工有限公司〈P1669〉

橡胶大红 LG;3105 橡胶大红 LG;5008 橡胶大红 LG;C.I. 颜料红 58:1 H05033201
Rubber Scarlet LG;C.I. Pigment Red 58:1
用于橡胶、油墨、塑料、文教用品的着色
【生产厂】[津]天津市中天化工工贸有限公司(700吨)〈P1613〉;[浙]杭州萧山前进化工有限公司〈P1923〉;上虞市东海化工有限公司(50吨)〈P1947〉;[鲁]蓬莱新光颜料化工有限公司〈P2113〉

大红粉;808 大红粉;3132 大红粉;苯基偶氮-2-羟基-3-萘甲酰苯胺 H05033301
Pigment Scarlet Powder
用于油墨、油漆、皮革、橡胶、塑料、乳胶、建材、文教用品的着色
【生产厂】[津]天津市成虹染料化工有限公司(500吨)〈P1582〉;天津市中天化工工贸有限公司(1200吨)〈P1613〉;天津市长虹化工颜料厂(100吨)〈P1581〉;[冀]石家庄市佳彩化工有限责任公司〈P1629〉;深圳市天翔化工有限公司〈P1669〉;[晋]山西省交城县富丽化工有限公司(50吨)〈P1677〉;[沪]上海泗联实业总公司〈P1766〉;[苏]常州北美化学集团有限公司(150吨)〈P1846〉;南通市争妍颜料化工有限公司〈P1835〉;[浙]杭州百汇化工有限公司〈P1915〉;杭州力禾颜料有限公司〈P1920〉;浙江省华宝集团(舜宝颜料)化工有限公司〈P1951〉;上虞市东海化工有限公司(200吨)〈P1947〉;[鲁]德州市宇虹化工有限公司(100吨)〈P2142〉;蓬莱新光颜料化工有限公司〈P2113〉;青岛市平度山林染料化工有限公司〈P2042〉;山东阳光颜料有限公司(90吨)〈P2133〉;[豫]郑州博涛颜料有限公司〈P2169〉;新乡市博迪颜料有限公司(200吨)〈P2204〉;[湘]长沙蜂巢颜料化工有限公司(30吨)〈P2247〉;[甘]甘谷翔达化工有限公司〈P2357〉
【使用厂】[鲁]济南泰山金鹏涂料有限公司〈P2025〉

大红粉 2R H05033351
Pigment Scarlet Powder 2R
主要用于油漆、油墨、塑料制品、橡胶制品、文教用品、涂料印花等的着色
【生产厂】[苏]丽王化工(南通)有限公司〈P1832〉;[浙]杭州萧山前进化工有限公司(200吨)〈P1923〉

220 大红粉 H05033391
Pigment Scarlet Powder 220
【生产厂】[豫]郑州博涛颜料有限公司〈P2169〉

金光红;统一金光红;301 金光红　H05033601
Pigment Golden Red
用于油墨及文教用品的着色
【生产厂】[津]天津东洋油墨有限公司〈P1571〉;[冀]深州市天翔化工有限公司〈P1669〉;[苏]常州北美化学集团有限公司(800 吨)〈P1846〉;常熟市颜料化工厂有限公司〈P1891〉;[浙]杭州萧山前进化工有限公司〈P1923〉;上虞市东海化工有限公司(80 吨)〈P1947〉;[鲁]蓬莱新光颜料化工有限公司〈P2113〉;山东阳光颜料有限公司(20 吨)〈P2133〉;[豫]郑州博涛颜料有限公司〈P2169〉;[甘]甘谷翔达化工有限公司〈P2357〉

金光红 C;1306 金光红 C　H05033701
Pigment Golden Red C;C.I. Pigment Red 53:1
用于油墨、橡胶、塑料、文教用品等的着色
【生产厂】[津]天津市成虹染料化工有限公司(500 吨)〈P1582〉;天津市东丽区福利油墨厂(200 吨)〈P1585〉;天津市中天化工工贸有限公司(1000 吨)〈P1613〉;天津市长虹化工颜料厂(200 吨)〈P1581〉;[冀]石家庄市佳彩化工有限责任公司〈P1629〉;安平县冠达颜料工业有限公司〈P1663〉;深州市天翔化工有限公司〈P1669〉;[沪]上海泗联实业总公司〈P1766〉;[苏]丽王化工(南通)有限公司〈P1832〉;[浙]杭州力禾颜料有限公司〈P1920〉;杭州诚实化工有限公司〈P1916〉;杭州新晨颜料有限公司〈P1924〉;杭州萧山前进化工有限公司〈P1923〉;上虞市东海化工有限公司(120 吨)〈P1947〉;常山县永合颜料有限公司〈P1957〉;温州鑫雅精细化工有限公司〈P1938〉;[鲁]德州市宇虹化工有限公司(30 吨)〈P2142〉;蓬莱市新达化工有限公司〈P2112〉;蓬莱新光颜料化工有限公司〈P2113〉;山东阳光颜料有限公司(200 吨)〈P2133〉;[豫]郑州博涛颜料有限公司〈P2169〉

金光红 C-W　H05033711
Pigment Golden Red C-W
用于水性墨
【生产厂】[鲁]蓬莱新光颜料化工有限公司〈P2113〉

金光红 CN　H05033751
Pigment Golden Red CN
【生产厂】[苏]常熟市颜料化工厂有限公司〈P1891〉;[豫]郑州博涛颜料有限公司〈P2169〉

永固桃红 FB;坚固洋红 FB;C.I. 颜料红 5　H05034001
Pigment Permanent Pink FB;C.I. Pigment Red 5
用于油漆、油墨、喷漆、橡胶、乳胶及文教用品的着色
【生产厂】[苏]常州北美化学集团有限公司〈P1846〉;丽王化工(南通)有限公司〈P1832〉

坚固洋红 S4C;C.I. 颜料红 185　H05034151
Pigment Permanent Pink S4C;C.I. Pigment Red 185
用于轿车原漆和修复漆,塑料、油墨、橡胶等的着色
【生产厂】[鲁]胶州市精细化工有限公司〈P2031〉

永固红 F4R;C.I. 颜料红 8　H05034201
Pigment Permanent Red F4R;C.I. Pigment Red 8
[6410-30-6]
主要用于油墨、油漆、文教用品及化妆品的着色
【生产厂】[津]天津市东丽区福利油墨厂(30 吨)〈P1585〉;天津东洋油墨有限公司(30 吨)〈P1571〉;[沪]上海泗联实业总公司〈P1766〉;[苏]常熟市颜料化工厂有限公司〈P1891〉;东台市宏峰化工有限公司〈P1805〉;丽王化工(南通)有限公司〈P1832〉;[浙]杭州百汇化工有限公司〈P1915〉;杭州力禾颜料有限公司〈P1920〉;杭州诚实化工有限公司〈P1916〉;杭州萧山前进化工有限公司(200 吨)〈P1923〉;浙江省华宝集团(舜宝颜料)化工有限公司〈P1951〉;[鲁]德州市宇虹化工有限公司(100 吨)〈P2142〉;蓬莱市新达化工有限公司〈P2112〉;蓬莱新光颜料化工有限公司〈P2113〉;山东阳光颜料有限公司(300 吨)〈P2133〉;[豫]郑州博涛颜料有限公司〈P2169〉

3149 永固红 F4RT　H05034204
3149 Permanent Red F4RT;C.I. Pigment Red 8
用于油漆、油墨、涂料、印花色浆、文教用品等的着色
【生产厂】[沪]上海泗联实业总公司〈P1766〉

永固红 F2R;黄光大红粉;C.I. 颜料红 2　H05034207
Pigment Permanent Red F2R
用于油墨、橡胶、油漆、文教用品等的着色
【生产厂】[苏]常州北美化学集团有限公司〈P1846〉;丽王化工(南通)有限公司〈P1832〉;[浙]杭州百汇化工有限公司〈P1915〉;杭州力禾颜料有限公司〈P1920〉;杭州诚实化工有限公司〈P1916〉;杭州萧山前进化工有限公司〈P1923〉;常山县永合颜料有限公司〈P1957〉;[鲁]蓬莱市新达化工有限公司〈P2112〉

颜料艳红 6B;立索尔宝红 F6B;1307 艳红 6B;立索尔宝红 A6B;永固红 6B　H05034208
Pigment Brilliant Red 6B
主要用于油墨、橡胶及塑料制品、文教用品、涂料印花等的着色
【生产厂】[津]天津市成虹染料化工有限公司(500 吨)〈P1582〉;天津市中天化工工贸有限公司(300 吨)〈P1613〉;[冀]深州市天翔化工有限公司〈P1669〉;[苏]常州北美化学集团有限公司(150 吨)〈P1846〉;丽王化工(南通)有限公司〈P1832〉;[浙]杭州诚实化工有限公司〈P1916〉;杭州萧山前进化工有限公司〈P1923〉;上虞市东海化工有限公司(150 吨)〈P1947〉;[鲁]蓬莱市新达化工有限公司〈P2112〉;蓬莱新光颜料化工有限公司〈P2113〉;[豫]郑州博涛颜料有限公司〈P2169〉

永固红 FBB;C.I. 颜料红 146;永固桃红 FBB　H05034209
Pigment Permanent Red FBB;C.I. Pigment Red 146
主要用于油漆、油墨、塑料、涂料、印花色浆的着色
【生产厂】[津]天津市成虹染料化工有限公司(500 吨)〈P1582〉;[苏]常州市东方化工有限公司〈P1850〉;吴江山湖颜料有限公司〈P1910〉;常熟市颜料化工厂有限公司〈P1891〉;丽王化工(南通)有限公司〈P1832〉;[浙]杭州丰彩颜料染料化工有限公司〈P1917〉;杭州力禾颜料有限公司〈P1920〉;杭州诚实化工有限公司〈P1916〉;[鲁]蓬莱新光颜料化工有限公司〈P2113〉

永固红 RB　H05034212
Pigment Permanent Red RB

H

用于涂料染色及印花，也可用于油墨、塑料、橡胶和文教用品的着色

【生产厂】［鲁］山东阳光颜料有限公司（100 吨）〈P2133〉

1307 艳红 6BW H05034231

Pigment Brilliant Red 6BW 1307

用于水性包装墨

【生产厂】［鲁］蓬莱新光颜料化工有限公司〈P2113〉

永固枣红 F2R；永固枣红 FRR；C. I. 颜料红 12 H05034301

Pigment Permanent Bordeaux F2R；C. I. Pigment Red 12

用于油墨、涂料印花浆、绘画颜料、文教用品的着色

【生产厂】［苏］丽王化工（南通）有限公司〈P1832〉

永固紫红 ER H05034351

Permanent Violet Red ER

【生产厂】［苏］常熟市颜料化工厂有限公司〈P1891〉

颜料红 5R；C. I. 颜料红 170 H05034431

Pigment Red 5R；C. I. Pigment Red 170

【生产厂】［苏］南通市争妍颜料化工有限公司〈P1835〉；［浙］杭州信凯化工有限公司〈P1924〉

颜料红 GL；C. I. 颜料红 170 H05034451

Pigment Red GL；C. I. Pigment Red 170

【生产厂】［苏］南通市争妍颜料化工有限公司〈P1835〉

颜料红 S-403；C. I. 颜料红 170:1 H05034471

Pigment Red S-403；C. I. Pigment Red 170:1

【生产厂】［苏］南通市争妍颜料化工有限公司〈P1835〉

坚固深红 BSG H05034601

Pigment Permanent Dark Red BSG

用于油墨、涂料印花浆、乳胶、文教用品的着色

【生产厂】［津］天津市振东化工总厂三厂（80 吨）〈P1613〉

坚固深红 H05034611

Pigment Permanent Dark Red

用于油漆、油墨、塑料、涂料印花浆、文教用品的着色

【生产厂】［津］天津市程林颜料化工厂〈P1582〉；天津市振东化工总厂三厂（30 吨）〈P1613〉；［鲁］德州市宇虹化工有限公司（50 吨）〈P2142〉

坚固红青莲 BF；橡胶枣红 BF；坚固红 VBR H05034621

Rubber Bordeaux BF；C. I. Pigment Red 31

用于橡胶制品、油墨、涂料的着色

【生产厂】［苏］吴江山湖颜料有限公司〈P1910〉；常熟市颜料化工厂有限公司〈P1891〉；丽王化工（南通）有限公司〈P1832〉；［浙］杭州诚实化工有限公司〈P1916〉；杭州新晨颜料有限公司〈P1924〉；［鲁］德州市宇虹化工有限公司（20 吨）〈P2142〉；山东阳光颜料有限公司（200 吨）〈P2133〉

立索尔大红 R；立索尔大红；C. I. 颜料红 49:1 H05034701

Pigment Lithol Scarlet R；C. I. Pigment Red 49:1

主要用于油墨、橡胶、文教用品的着色

【生产厂】［津］天津市成虹染料化工有限公司（1000 吨）〈P1582〉；天津市东丽区福利油墨厂（30 吨）〈P1585〉；天津市中天化工工贸有限公司〈P1613〉；天津市静东化工有限公司（50 吨）〈P1596〉；［冀］石家庄冀华化工纺织有限公司〈P1627〉；石家庄市佳彩化工有限责任公司〈P1629〉；深州市天翔化工有限公司〈P1669〉；［沪］上海泗联实业总公司〈P1766〉；［苏］常州北美化学集团有限公司（300 吨）〈P1846〉；东台市宏峰化工有限公司〈P1805〉；丽王化工（南通）有限公司〈P1832〉；［浙］杭州丰彩颜料染料化工有限公司〈P1917〉；杭州力禾颜料有限公司〈P1920〉；杭州诚实化工有限公司〈P1916〉；杭州萧山前进化工有限公司〈P1923〉；浙江省华宝集团（舜宝颜料）化工有限公司〈P1951〉；上虞市东海化工有限公司（200 吨）〈P1947〉；常山县永合颜料有限公司〈P1957〉；温州鑫雅精细化工有限公司〈P1938〉；［鲁］德州市宇虹化工有限公司（40 吨）〈P2142〉；德州虹桥染料化工有限公司（100 吨）〈P2142〉；蓬莱市新达化工有限公司〈P2112〉；蓬莱新光颜料化工有限公司〈P2113〉；山东阳光颜料有限公司（300 吨）〈P2133〉；［豫］郑州博涛颜料有限公司〈P2169〉；河南省偃师市伟通化工有限公司（500 吨）〈P2180〉；［甘］甘谷翔达化工有限公司〈P2357〉

立索尔大红 W H05034711

Pigment Lithol Scarlet W

用于水性墨

【生产厂】［浙］杭州新晨颜料有限公司〈P1924〉

立索尔大红 RB H05034731

Pigment Lithol Scarlet RB；C. I. Pigment Red 49:1

主要用于油漆、油墨、橡胶与塑料制品、文教用品、涂料印花的着色

【生产厂】［苏］丽王化工（南通）有限公司〈P1832〉；［浙］杭州百汇化工有限公司〈P1915〉；杭州力禾颜料有限公司〈P1920〉；杭州诚实化工有限公司〈P1916〉；常山县永合颜料有限公司〈P1957〉

立索尔宝红 H05034800

Pigment Lithol Rubine

用于油漆、橡胶、塑料、电线电缆、日用化工等制品的着色剂

【生产厂】［津］天津市东丽区福利油墨厂（30 吨）〈P1585〉；天津东洋油墨有限公司〈P1571〉；［冀］深州市天翔化工有限公司〈P1669〉；［浙］温州鑫雅精细化工有限公司〈P1938〉

立索尔宝红 BK；罗宾红；立索尔宝红 7B；C. I. 颜料红 57:1 H05034801

Pigment Lithol Rubine BK；C. I. Pigment Red 57:1

用于油墨、橡胶、塑料、人造革制品等

【生产厂】［津］天津市成虹染料化工有限公司（300 吨）〈P1582〉；天津市中天化工工贸有限公司（500 吨）〈P1613〉；［冀］深州市天翔化工有限公司〈P1669〉；［苏］常州北美化学集团有限公司（600 吨）〈P1846〉；南通市争妍颜料化工有限公司〈P1835〉；丽王化工（南通）有限公司〈P1832〉；［浙］杭州红妍颜料化工有限公司（200 吨）〈P1918〉；杭州诚实化工有限公司〈P1916〉；杭州福德化工有限公司（20 吨）〈P1917〉；杭州萧山前进化工有限公司〈P1923〉；上虞市东海化工有限公司（140 吨）〈P1947〉；常山县永合颜料有限公司〈P1957〉；［鲁］德州市宇虹化工有限公司（50 吨）〈P2142〉；蓬莱市新达化工有限公司〈P2112〉；蓬莱新光颜料化工有限公司〈P2113〉；［豫］郑州

博涛颜料有限公司〈P2169〉

立索尔宝红 8B H05034831

Pigment Lithol Rubine 8B

广泛用于油墨、油漆、橡胶和印花涂料等行业

【生产厂】[苏]丽王化工(南通)有限公司〈P1832〉;[浙]浙江省华宝集团(舜宝颜料)化工有限公司〈P1951〉

立索尔宝红 6B H05034851

Pigment Lithol Rubine 6B

广泛应用于油墨、油漆、橡胶和印花涂料等行业

【生产厂】[苏]常熟市颜料化工厂有限公司〈P1891〉;[浙]温州鑫雅精细化工有限公司〈P1938〉;[鲁]德州市宇虹化工有限公司(40 吨)〈P2142〉

立索尔宝红 4B H05034861

Pigment Lithol Rubine 4B

主要用于油漆、油墨、塑料与橡胶制品、文教用品等的着色

【生产厂】[苏]东台市宏峰化工有限公司〈P1805〉;丽王化工(南通)有限公司〈P1832〉;[浙]杭州诚实化工有限公司〈P1916〉;[鲁]蓬莱市新达化工有限公司〈P2112〉

立索尔深红;C. I. 颜料红 49:2 H05035101

Pigment Lithol Dark Red;C. I. Pigment Red 49:2

用于油墨、印铁油墨、皮革、文教用品的着色

【生产厂】[浙]杭州新晨颜料有限公司〈P1924〉;杭州萧山前进化工有限公司〈P1923〉;[鲁]蓬莱市新达化工有限公司〈P2112〉

立索尔深红 CT H05035111

Pigment Lithol Dark Red CT;C. I. Pigment Red 49:2

主要用于油漆、油墨、橡胶与塑料制品、文教用品、涂料印花的着色

【生产厂】[浙]杭州百汇化工有限公司〈P1915〉

立索尔紫红 2R;C. I. 颜料红 63:1 H05035201

Pigment Lithol Purplish Red 2R;C. I. Pigment Red 63:1

用于油漆、橡胶、人造革、涂料印花浆及文教用品的着色

【生产厂】[冀]石家庄市佳彩化工有限责任公司〈P1629〉;[苏]南通市争妍颜料化工有限公司〈P1835〉;[浙]杭州红妍颜料化工有限公司〈P1918〉;杭州诚实化工有限公司〈P1916〉;杭州福德化工有限公司(20 吨)〈P1917〉;杭州萧山前进化工有限公司〈P1923〉;常山县永合颜料有限公司〈P1957〉;[鲁]蓬莱新光颜料化工有限公司〈P2113〉

甲苯胺红;甲苯胺红 RN;C. I. 颜料红 3 H05035301

Pigment Toluidine Red;C. I. Pigment Red 3

用于油墨、油漆、文教用品的着色

【生产厂】[津]天津市染料化学第八厂(200 吨)〈P1600〉;[冀]石家庄冀华化工纺织有限公司〈P1627〉;石家庄市佳彩化工有限责任公司〈P1629〉;安平县冠达颜料工业有限公司(240 吨)〈P1663〉;[苏]常州北美化学集团有限公司〈P1846〉;常熟市颜料化工厂有限公司〈P1891〉;南通市争妍颜料化工有限公司〈P1835〉;丽王化工(南通)有限公司〈P1832〉;[浙]杭州力禾颜料有限公司〈P1920〉;杭州诚实化工有限公司〈P1916〉;杭州萧山前进化工有限公司(100 吨)〈P1923〉;浙江省华宝集团(舜宝颜料)化工有限公司〈P1951〉;上虞市东海化工有限公司(50 吨)〈P1947〉;常山县永合颜料有限公司〈P1957〉;[鲁]蓬莱市新达化工有限公司〈P2112〉;蓬莱新光颜料化工有限公司〈P2113〉;[豫]郑州博涛颜料有限公司〈P2169〉

【使用厂】[鲁]济南泰山金鹏涂料有限公司〈P2025〉

甲苯胺红 RS H05035321

Pigment Toluidine Red RS;C. I. Pigment Red 3

用于塑料、橡胶制品、文教用品、涂料印花等的着色

【生产厂】[浙]杭州百汇化工有限公司〈P1915〉

甲苯胺紫红;C. I. 颜料红 13 H05035401

Pigment Toluidine Maroon;C. I. Pigment Red 13

用于油漆、橡胶、人造革、涂料浆、文教用品的着色

【生产厂】[津]天津市染料化学第八厂(200 吨)〈P1600〉;[冀]石家庄市佳彩化工有限责任公司〈P1629〉;安平县冠达颜料工业有限公司(300 吨)〈P1663〉;[苏]南通市争妍颜料化工有限公司〈P1835〉;[浙]杭州丰彩颜料染料化工有限公司〈P1917〉;杭州力禾颜料有限公司〈P1920〉;杭州诚实化工有限公司〈P1916〉;杭州萧山前进化工有限公司〈P1923〉;[鲁]蓬莱市新达化工有限公司〈P2112〉

甲苯胺紫红 F2R-B H05035421

Pigment Toluidine Maroon F2R-B;C. I. Pigment Red 13

主要用于油墨的着色

【生产厂】[冀]石家庄冀华化工纺织有限公司〈P1627〉;[浙]杭州百汇化工有限公司〈P1915〉

颜料紫 19 H05035531

Pigment Violet 19

广泛用于塑料、涂料和油墨的着色

【生产厂】[苏]吴江山湖颜料有限公司〈P1910〉;[浙]杭州信凯化工有限公司〈P1924〉;温州金源化工有限公司〈P1937〉

颜料紫 29 H05035571

Pigment Violet 29;C. I. Pigment Purple 29

用于金属漆、涤纶原液的着色

【生产厂】[辽]辽阳联港染料化工有限公司〈P1710〉

永固紫 RL;C. I. 颜料紫 23 H05035602

Pigment Permanent Violet RL;C. I. Pigment Violet 23

主要用于涂料、油墨、橡胶和塑料的着色,也用于合成纤维的原液着色

【生产厂】[沪]上海泗联实业总公司〈P1766〉;[苏]常州市东方化工有限公司〈P1850〉;昆山市华泰染料化工有限公司〈P1897〉;常熟市颜料化工厂有限公司〈P1891〉;东台市宏峰化工有限公司〈P1805〉;东台市新锦泰化工有限公司(800 吨)〈P1806〉;南通市争妍颜料化工有限公司〈P1835〉;南通海迪化工有限公司(150 吨)〈P1833〉;[浙]杭州红妍颜料化工有限公司〈P1918〉;杭州力禾颜料有限公司〈P1920〉;杭州诚实化工有限公司〈P1916〉;[皖]安徽合雅精细化工有限公司(100 吨)〈P1971〉

洋红 6BST;P. R. 57:1 H05035651

Carmine 6BST

用于胶印墨、溶剂墨、塑料、橡胶、文教用品等的着色

【生产厂】[沪]上海泗联实业总公司〈P1766〉

颜料红 B;C.I.颜料红 149 H05036801
Pigment Red B;C.I.Pigment Red 149
主要用于塑料和涂料的着色,也用于合成纤维的原液着色
【生产厂】[辽]辽阳联港染料化工有限公司〈P1710〉;[浙]杭州诚实化工有限公司〈P1916〉

坚牢红 S2B;C.I.颜料红 208 H05037001
Permanent Red S2B;C.I.Pigment Red 208
轿车原漆和修复漆、塑料、油墨、橡胶等
【生产厂】[鲁]胶州市精细化工有限公司〈P2031〉

油溶黄 BL;油溶黄 301;C.I.溶剂黄 21 H05040111
Solvent Yellow BL;C.I.Solvent Yellow 21
用于各种塑料着色,也用于油漆、油墨及其他用品着色
【生产厂】[冀]河北武强县必特化工有限公司〈P1666〉;[苏]南通市争妍颜料化工有限公司〈P1835〉;[鲁]潍坊浩鑫精细化工有限公司〈P2102〉

溶剂黄 43 H05040181
Solvent Yellow 43
用于树脂、醋酸纤维、锦纶、尼龙、塑料、涂料及印刷油墨的着色
【生产厂】[辽]鞍山市惠丰化工有限责任公司〈P1695〉

油溶黄 R H05040191
Oil-soluble Yellow R;C.I.Solvent Yellow 14
可用于多种树脂着色
【生产厂】[苏]常州市东方化工有限公司〈P1850〉

溶剂黄 R;油溶黄 302 H05040195
Solvent Yellow R;C.I.Solvent Yellow 82
【生产厂】[苏]彩之源化学有限公司〈P1889〉

油溶黄 3G H05040201
Oil-soluble Yellow 3G
用于各种油脂及有机玻璃的着色
【生产厂】[苏]常州市东方化工有限公司〈P1850〉

油溶黄 2G H05040205
Oil-soluble Yellow 2G;C.I.Solvent Yellow 56
【生产厂】[苏]常州市东方化工有限公司〈P1850〉

透明黄 HLR H05040221
Transparent Yellow HLR;C.I.Solvent Yellow 114
可用于多种树脂纤维纺前着色
【生产厂】[辽]鞍山市惠丰化工有限责任公司〈P1695〉

溶剂黄 10G;C.I.溶剂黄 160 H05040241
Solvent Yellow 10G;C.I.Solvent Yellow 160
可用于多种树脂及纤维纺前着色
【生产厂】[辽]鞍山市惠丰化工有限责任公司〈P1695〉

溶剂黄 10GN;C.I.溶剂黄 160:1 H05040245
Solvent Yellow 10GN;C.I.Solvent Yellow 160:1
可用于多种塑料及纤维纺前着色
【生产厂】[辽]鞍山市惠丰化工有限责任公司〈P1695〉

透明黄 PS H05040261
Transparent Yellow PS;C.I.Solvent Yellow 33
【生产厂】[苏]彩之源化学有限公司〈P1889〉

透明黄 5R;油溶黄 56 H05040281
Transparent Yellow 5R;C.I.Solvent Yellow 56
【生产厂】[鲁]潍坊浩鑫精细化工有限公司〈P2102〉

油溶红;C.I.溶剂红 24;烛红;油红 H05040301
Oil-soluble Red;C.I.Solvent Red 24
用于各种油脂、透明漆、地板蜡及有机玻璃的着色
【生产厂】[浙]杭州红妍颜料化工有限公司(450 吨)〈P1918〉;[豫]郑州博涛颜料有限公司〈P2169〉

油溶红 G;C.I.溶剂红 1 H05040304
Oil-soluble Red G
【生产厂】[苏]常州北美化学集团有限公司〈P1846〉

溶剂红 BL H05040305
Solvent Red BL;Solvent Red 132
用于油漆及涂料等的着色
【生产厂】[苏]南通市争妍颜料化工有限公司〈P1835〉

溶剂红 KL;油溶红 KL;溶剂红 RL;油溶红 102 H05040306
Solvent Red KL;C.I.Solvent Red 122
适用于高档油漆、涂料等的着色
【生产厂】[冀]河北武强县必特化工有限公司〈P1666〉;[苏]彩之源化学有限公司〈P1889〉;南通市争妍颜料化工有限公司〈P1835〉

溶剂红 49;C.I.溶剂红 49 H05040315
Solvent Red 49;C.I.Solvent Red 49
【生产厂】[冀]天津市吉帝化工厂〈P1657〉

溶剂红 109;油溶红 109 H05040319
Solvent Red 109;C.I.Solvent Red 109
【生产厂】[冀]天津市吉帝化工厂〈P1657〉;[鲁]潍坊浩鑫精细化工有限公司〈P2102〉

荧光红 HFG;C.I.溶剂红 149 H05040321
Fluorescent Red HFG;C.I.Solvent Red 149
广泛用于各种热塑性塑料着色,如聚苯乙烯、硬质聚氯乙烯等
【生产厂】[辽]鞍山市惠丰化工有限责任公司〈P1695〉

溶剂红 335B;C.I.溶剂红 122 H05040335
Solvent Red 335B;C.I.Solvent Red 122
【生产厂】[苏]南通市争妍颜料化工有限公司〈P1835〉;[鲁]潍坊浩鑫精细化工有限公司〈P2102〉

溶剂红 FB H05040345
Solvent Red FB;C.I.Solvent Red 218
【生产厂】[冀]天津市吉帝化工厂〈P1657〉

油溶橙 Y;溶剂橙 3 H05040351
Oil Orange Y;C.I.Solvent Orange 3

H

【生产厂】[冀]天津市吉帝化工厂〈P1657〉

溶剂橙 2A;C. I. 溶剂橙 62 H05040353
Solvent Orange 2A;C. I. Solvent Orange 62
【生产厂】[苏]南通市争妍颜料化工有限公司〈P1835〉;[鲁]潍坊浩鑫精细化工有限公司〈P2102〉

溶剂橙 4A;C. I. 溶剂橙 54 H05040354
Solvent Orange 4A;C. I. Solvent Orange 54
【生产厂】[苏]南通市争妍颜料化工有限公司〈P1835〉

溶剂橙 5A;C. I. 溶剂橙 45 H05040355
Solvent Orange 5A;C. I. Solvent Orange 45
【生产厂】[苏]南通市争妍颜料化工有限公司〈P1835〉;[鲁]潍坊浩鑫精细化工有限公司〈P2102〉

溶剂橙 6A;C. I. 溶剂橙 56 H05040356
Solvent Orange 6A;C. I. Solvent Orange 56
【生产厂】[苏]南通市争妍颜料化工有限公司〈P1835〉

油溶绿 3 H05040401
Oil-soluble Green 3
应用于日用塑料、有机玻璃、PVC 包装材料、工业油脂、油墨墨水、有色母粒的着色
【生产厂】[沪]上海康晟实业有限公司〈P1748〉;[鲁]潍坊浩鑫精细化工有限公司〈P2102〉

溶剂绿 7;透明绿 B;C. I. 溶剂绿 7 H05040421
Solvent Green 7;C. I. Solvent Green 7
主要用于油漆、塑料制品等的着色
【生产厂】[辽]鞍山市惠丰化工有限责任公司〈P1695〉

溶剂绿 GH H05040431
Solvent Green GH
【生产厂】[苏]南通市争妍颜料化工有限公司〈P1835〉

溶剂绿 HR H05040441
Solvent Green HR
【生产厂】[苏]南通市争妍颜料化工有限公司〈P1835〉

溶剂绿 6G;C. I. 溶剂绿 28 H05040451
Solvent Green 6G;C. I. Solvent Green 28
主要用于油漆、塑料制品等的着色
【生产厂】[辽]鞍山市惠丰化工有限责任公司〈P1695〉;[沪]上海康晟实业有限公司〈P1748〉

油溶青莲;C. I. 溶剂紫 9;油溶紫 6BN H05040501
Oil Soluble Pale Purple;C. I. Solvent Violet 9
用于复写纸、圆珠笔油及油溶染料
【生产厂】[鄂]武汉新景化工有限责任公司(500 吨)〈P2234〉;武汉怡兴化工有限公司〈P2235〉

红青莲 H05040511
Red Violet
用于油漆、油墨、塑料、涂料印花浆、文教用品的着色
【生产厂】[津]天津市程林颜料化工厂(15 吨)〈P1582〉

溶剂紫;溶剂紫 8 H05040521
Solvent Violet;C. I. Solvent Violet 8
【生产厂】[鄂]武汉怡兴化工有限公司〈P2235〉

溶剂紫 48 H05040541
Solvent Violet 48
【生产厂】[辽]鞍山市惠丰化工有限责任公司〈P1695〉

溶剂紫 1 H05040561
Solvent Violet 1;C. I. Solvent Violet 1
【生产厂】[冀]天津市吉帝化工厂〈P1657〉

苯胺蓝;醇溶蓝 H05040701
Aniline Blue
用于制造射光蓝 AG 和酸性墨水蓝
【生产厂】[豫]开封染料化工厂(250 吨)〈P2177〉
【使用厂】[津]天津市胜利化工厂〈P1601〉

溶剂蓝 4 H05040751
Solvent Blue 4;C. I. Solvent Blue 4
【生产厂】[冀]天津市吉帝化工厂〈P1657〉

溶剂蓝 RR H05040771
Solvent Blue RR;C. I. Solvent Blue 97
可用于多种树脂、塑料及纤维染色
【生产厂】[辽]鞍山市惠丰化工有限责任公司〈P1695〉

溶剂蓝 HL;溶剂蓝 GL;C. I. 溶剂蓝 70 H05040781
Solvent Blue HL;C. I. Solvent Blue 70
【生产厂】[苏]南通市争妍颜料化工有限公司〈P1835〉;[鲁]潍坊浩鑫精细化工有限公司〈P2102〉

油溶苯胺黑;油溶黑;油黑;尼格罗辛;C.I. 溶剂黑 7 H05040801
Oil-soluble Aniline Black;C. I. Solvent Black 7
用于塑料、橡胶、胶木、油墨、喷漆、复写纸及皮鞋油等的着色
【生产厂】[鲁]德州福鑫化工有限公司(1000 吨)〈P2141〉;德州虹桥染料化工有限公司(300 吨)〈P2142〉;德州佳兴化工有限公司〈P2142〉;烟台市牟平区经协化工厂(1500 吨)〈P2119〉;青岛双桃精细化工(集团)有限公司(500 吨)〈P2043〉

醇溶黑;醇黑;醇溶苯胺黑 H05040802
Spirit-Soluble Aniline Black;Spirit-Soluble Black
用于塑料、胶木粉、电木粉、皮鞋油和油墨的着色
【生产厂】[鲁]德州福鑫化工有限公司(800 吨)〈P2141〉;德州虹桥染料化工有限公司(500 吨)〈P2142〉;德州佳兴化工有限公司〈P2142〉;青岛双桃精细化工(集团)有限公司(1300 吨)〈P2043〉

溶剂黑 B-10;溶剂黑 27;油溶黑 401 H05040851
Solvent Black 27;C. I. Solvent Black 27
【生产厂】[冀]河北武强县必特化工有限公司〈P1666〉;天津市吉帝化工厂〈P1657〉;[苏]南通市争妍颜料化工有限公司〈P1835〉

油溶黑 29 H05040861
C. I. Solvent Black 29

主要用于皮革染色剂、木材染色剂、金属及塑料用着色剂、文具油墨、印刷油墨、照相凹板油墨等

【生产厂】[冀]河北武强县必特化工有限公司〈P1666〉

溶剂黑 B;C. I. 溶剂黑 34;溶剂黑 BR H05040871

Solvent Black B;C. I. Solvent Black 34

【生产厂】[苏]南通市争妍颜料化工有限公司〈P1835〉;[浙]杭州丰彩颜料染料化工有限公司〈P1917〉

醇溶耐晒黄 GR;C. I. 溶剂黄 19 H05041001

Spirit-Soluble Fast Yellow GR;C. I. Solvent Yellow 19

用于透明漆、烘漆、赛璐珞、塑料制品、有机玻璃的着色

【生产厂】[冀]天津市吉帝化工厂〈P1657〉;[苏]南通市争妍颜料化工有限公司〈P1835〉;[浙]杭州丰彩颜料染料化工有限公司〈P1917〉

醇溶耐晒火红 B H05041301

Spirit-Soluble Fast Flame Red B

用于透明喷漆、烘漆、铝箔、赛璐珞、化妆品等的着色

【生产厂】[苏]南通市争妍颜料化工有限公司〈P1835〉

耐晒绿 H05041551

Fast Green

广泛用于建筑材料、油漆、塑料等的着色

【生产厂】[津]天津市西青区金宏展彩色铁粉厂(1000 吨)〈P1607〉;[湘]湖南三环颜料有限公司〈P2248〉

预分散颜料 H05042501

Pre-disperse Pigment

【生产厂】[苏]常州市新府运色母料有限公司〈P1855〉;昆山市中星染料化工有限公司〈P1898〉;[皖]安徽合雅精细化工有限公司(100 吨)〈P1971〉

【使用厂】[鲁]山东春潮色母料有限公司〈P2135〉

耐晒砂绿 H05043301

Pigment Fast Sand Green

用作涂料、墙粉的着色

【生产厂】[冀]石家庄神彩美术颜料厂〈P1628〉

射光蓝浆 AG;射光蓝;射光蓝浆 AG-R;C. I. 颜料蓝 61:1 H05043901

Pigment Radiant Blue Size AG;C. I. Pigment Blue 61:1

用于高级油墨拼色

【生产厂】[鲁]蓬莱新光颜料化工有限公司〈P2113〉;[豫]开封染料化工厂(200 吨)〈P2177〉

颜料绿 B H05044000

Pigment Green B;C. I. Pigment Green 8

用于胶布、塑料杂品、人造大理石及塑料制品和涂料的着色

【生产厂】[冀]深州市天翔化工有限公司〈P1669〉;[鲁]蓬莱新光颜料化工有限公司〈P2113〉

颜料蓝 GR;C. I. 颜料蓝 60 H05044151

Pigment Blue GR;C. I. Pigment Blue 60

可代替酞菁蓝与永固紫 RL 配制红光蓝色油漆

【生产厂】[苏]无锡大洋化工有限责任公司〈P1872〉;南通市争妍颜料化工有限公司〈P1835〉;[浙]杭州信凯化工有限公司〈P1924〉;杭州诚实化工有限公司〈P1916〉

颜料红 179 H05044201

Pigment Red 179;C. I. Pigment Red 179

用于工业建筑、汽车涂料、印刷油墨、聚氯乙烯塑料等着色

【生产厂】[辽]辽阳联港染料化工有限公司〈P1710〉;鞍山市惠丰化工有限责任公司〈P1695〉

颜料红 122;2,9-二甲基喹吖啶酮 H05044211

C. I. Pigment Red 122 [16043-40-6]

可用于油墨、油漆、高档塑料树脂、涂料印花、软质塑胶制品等的着色

【生产厂】[辽]鞍山市惠丰化工有限责任公司〈P1695〉;[苏]南通鹏陈化工有限公司〈P1834〉;[浙]杭州信凯化工有限公司〈P1924〉;温州金源化工有限公司〈P1937〉

颜料大红 R;C. I. 颜料红 123 H05044231

Pigment Scarlet R;C. I. Pigment Red 123

用于乙烯和聚乙烯塑料、醋酸纤维原浆着色、织物印染、乙烯和丙烯酸漆等

【生产厂】[辽]辽阳联港染料化工有限公司〈P1710〉;鞍山市惠丰化工有限责任公司〈P1695〉;[苏]常熟市颜料化工厂有限公司〈P1891〉;盐城市科蓝颜料化工有限公司〈P1811〉

颜料红 190 H05044291

Pigment Red 190;C. I. Pigment Red 190

用作高级外部工业涂料,是轿车用颜料品种之一,也可用于塑料、绘画颜料和凹版印刷油墨

【生产厂】[辽]辽阳联港染料化工有限公司〈P1710〉

色母粒 H05044301

Master-batches

用于丙纶纤维及高低压聚乙烯、聚丙烯薄膜或其他制品的着色

【生产厂】[冀]雄县亿海龙纸塑有限公司〈P1649〉;[辽]大连九如塑料有限公司〈P1692〉;[沪]上海林达塑胶化工有限公司〈P1752〉;上海宏伟塑胶有限公司(2000 吨)〈P1737〉;[苏]常州市新府运色母料有限公司〈P1855〉;江阴市胜赛色母料有限公司〈P1871〉;扬州市虹光化工有限公司(400 吨)〈P1818〉;[浙]慈溪市伟伟塑料制品有限公司〈P1929〉;[闽]厦门鹭意彩色母粒有限公司(1500 吨)〈P1992〉;[鲁]德州市双兴实业有限公司(30 吨)〈P2142〉;淄博鑫诺新材料有限公司〈P2074〉;淄博市博山彤望福利化纤有限公司〈P2068〉;青岛普瑞德化工有限公司〈P2041〉;山东春潮色母料有限公司(5000 吨)〈P2135〉;山东鲁燕色母粒有限公司(500 吨)〈P2136〉;[豫]三门峡市恒力合成原料厂(400 吨)〈P2222〉;[粤]广州市千色塑料色母有限公司〈P2265〉;广州市波斯塑胶颜料有限公司〈P2263〉;东莞荣盛颜料有限公司(10 吨)〈P2279〉;中山华发塑料色母有限公司〈P2282〉;广东彩艳股份有限公司(7000 吨)〈P2284〉;广东省阳西县华强色母厂〈P2293〉;[川]成都添彩化工有限公司〈P2316〉

靛蓝;C. I. 还原蓝 1 H05044501

Indigo;C. I. Vat Blue 1 [482-89-3]

H

主要用于棉纱、棉布、羊毛或丝绸的染色

【生产厂】[京]北京染料厂(1 万吨)〈P1557〉;[津]天津格润化工有限公司(4000 吨)〈P1572〉;[冀]衡水美亚染化有限公司(800 吨)〈P1668〉;[蒙]内蒙古兰太实业股份有限公司〈P1681〉;阿拉善达康精细化工股份有限公司〈P1681〉;[浙]浙江山峪染料化工有限公司(8000 吨)〈P1966〉

坚固玫瑰红;坚固玫瑰红 VR H05046101

Pigment Permanent Rose Red; C. I. Pigment Red 23 (12355)

用于油漆、油墨、塑料、涂料印花浆、文教用品的着色

【生产厂】[津]天津市程林颜料化工厂(15 吨)〈P1582〉;[苏]吴江山湖颜料有限公司〈P1910〉;常熟市颜料化工厂有限公司〈P1891〉;丽王化工(南通)有限公司〈P1832〉;[浙]杭州诚实化工有限公司〈P1916〉;杭州新晨颜料有限公司〈P1924〉;浙江省华宝集团(舜宝颜料)化工有限公司〈P1951〉;[鲁]德州市宇虹化工有限公司(40 吨)〈P2142〉;山东阳光颜料有限公司(300 吨)〈P2133〉

红砖 H05046111

Pigment Red

用于油漆、涂料、广告绘画以及文教用品等的着色

【生产厂】[津]天津市振兴机电化工福利加工厂(1200 吨)〈P1613〉;[冀]石家庄神彩美术颜料厂〈P1628〉

美术颜料 H05046501

Art pigment

【生产厂】[冀]河北青竹颜料有限公司〈P1664〉

溶剂橙 GR H05047031

Solvent Orange GR; C. I. Solvent Orange 54

【生产厂】[苏]彩之源化学有限公司〈P1889〉

荧光黄 YJP-1;荧光黄 8G;C. I. 溶剂黄 5 H06000803

Fluorescent Yellow YJP-1; C. I. Solvent Yellow 5

主要用于聚烯烃、ABS、PC、PS、PET、有机玻璃等塑料制品的着色,也可用于涤纶纤维的原浆着色

【生产厂】[辽]鞍山市惠丰化工有限责任公司〈P1695〉;[苏]彩之源化学有限公司〈P1889〉

荧光桃红 G H06000909

Fluorescent Pink G

用于涂料、涂料印花、油漆、油墨、塑料制品、文教用品、建材等的着色

【生产厂】[鲁]德州市宇虹化工有限公司(100 吨)〈P2142〉

荧光桃红 B H06000910

Fluorescent Pink B

用于涂料、涂料印花、油漆、油墨、塑料制品、文教用品等的着色

【生产厂】[鲁]德州市宇虹化工有限公司(100 吨)〈P2142〉

荧光红 5B;荧光红 YJR-1 H06000913

Fluorescent Red 5B; C. I. Vat Red 41

主要用于各种塑料制品、有机玻璃等聚合材料的着色,也可用于涤纶纤维的原浆着色

【生产厂】[辽]鞍山市惠丰化工有限责任公司〈P1695〉;[苏]彩之源化学有限公司〈P1889〉

荧光橘红 GG H06000915

Fluorescent Tangerine GG; C. I. Solvent Orange 63

广泛用于聚甲基丙烯酸甲酯、聚苯乙烯、普通聚苯乙烯和聚酯树脂着色

【生产厂】[浙]浙江科盛染料化工有限公司(20 吨)〈P1965〉

荧光红 BK H06000917

Fluorescent Red BK; C. I. Solvent Red 196

可用于多种树脂及纤维着色

【生产厂】[辽]鞍山市惠丰化工有限责任公司〈P1695〉;[浙]浙江科盛染料化工有限公司〈P1965〉

荧光红 GK;溶剂红 GK H06000918

Fluorescent Red GK; C. I. Solvent Red 197

可用于多种树脂和纤维着色

【生产厂】[辽]鞍山市惠丰化工有限责任公司〈P1695〉;[浙]浙江科盛染料化工有限公司〈P1965〉

荧光橙 GG;C. I. 溶剂橙 63 H06000951

Fluorescent Orange GG; C. I. Solvent Orange 63

【生产厂】[苏]彩之源化学有限公司〈P1889〉

荧光红 H5B;透明红 H5B H06000965

Fluorescent Red H5B; C. I. Solvent Red 52

可用于多种树脂及纤维着色

【生产厂】[辽]鞍山市惠丰化工有限责任公司〈P1695〉

荧光橙 B;C. I. 溶剂橙 90 H06000981

Fluorescent Orange B; C. I. Solvent Orange 90

可用于多种塑料及纤维纺前着色

【生产厂】[辽]鞍山市惠丰化工有限责任公司〈P1695〉

透明玫瑰红 H06001101

Transparent Rose Red

用于胶印墨、文教用品、溶剂墨等的着色

【生产厂】[沪]上海泗联实业总公司〈P1766〉

透明红 HRR H06001215

Transparent Red HRR; C. I. Solvent Red 23

可用于多种树脂着色

【生产厂】[苏]彩之源化学有限公司〈P1889〉

透明红 FB H06001225

Transparent Red FB; C. I. Solvent Red 146

可用于多种树脂及纤维着色

【生产厂】[辽]鞍山市惠丰化工有限责任公司〈P1695〉

透明红 EG;油溶红 135;透明塑料红 301;油溶红 EG H06001231

Transparent Red EG; C. I. Solvent Red 135

用于包装、装饰、油漆、油墨以及涤纶、尼龙等的着色

【生产厂】[辽]鞍山市惠丰化工有限责任公司〈P1695〉;[沪]上海康晟实业有限公司〈P1748〉;[苏]常州市东方化工有限公司〈P1850〉;彩之源化学有限公司〈P1889〉;[鲁]潍坊浩鑫精细化工有限公司〈P2102〉

透明红 BR H06001249

Transparent Red BR; C. I. Solvent Red 24
【生产厂】[苏]彩之源化学有限公司〈P1889〉

透明红 GB; C. I. 溶剂红 8; 油溶红 101 H06001261
Transparent Red GB; C. I. Solvent Red 8
应用于木器、皮革的着色,制造透明光亮漆以及油墨、涂料、印刷上的着色
【生产厂】[冀]河北武强县必特化工有限公司〈P1666〉; [鲁]潍坊浩鑫精细化工有限公司〈P2102〉

透明红 E2G; 溶剂红 179 H06001281
Transparent Red E2G; C. I. Solvent Red 179
可用于塑料、多种树脂及纤维纺前着色
【生产厂】[辽]鞍山市惠丰化工有限责任公司〈P1695〉

透明桃红 H06001299
Transparent Peachblow
用于胶印墨、文教用品、溶剂墨等
【生产厂】[沪]上海泗联实业总公司〈P1766〉

雕白锌; 德可林 H06001301
Zinc Formaldehyde Sulfoxylate [24887-06-7]
印染助剂,主要用于天然丝织物、台板拔染印花用拔染剂
【生产厂】[沪]上海众祥经贸有限公司(120 吨)〈P1779〉

晒图盐 BG; 对二乙氨基氯化重氮苯氯化锌复盐 H06001601
Blue Print Salt BG
用于感光重氮纸
【生产厂】[苏]如东县通园精细化工厂(20 吨)〈P1837〉; [鄂]武汉瑞阳化工有限公司〈P2231〉

晒图盐 BGM; 对二甲氨基氯化重氮苯氯化锌复盐 H06001602
Blue Print Salt BGM
在干法晒图纸中,作中速感光剂用
【生产厂】[苏]如东县通园精细化工厂(50 吨)〈P1837〉; [鄂]武汉瑞阳化工有限公司〈P2231〉

晒图盐 BGT; 对-*N*-乙基-*N*-羟乙基氯化重氮苯氯化锌复盐 H06001603
Blue Print Salt BGT
用于干湿法晒图纸(感光片)中用作中速感光剂
【生产厂】[苏]如东县通园精细化工厂(20 吨)〈P1837〉; [鄂]武汉瑞阳化工有限公司〈P2231〉

透明橙 3G; 油溶橙 60; 油溶橙 201; 油溶橙 3G H06001701
Transparent Orange 3G; C. I. Solvent Orange 60 [61969-47-9]
用于包装、装饰、制笔、电讯、玩具、油漆、油墨以及涤纶、尼龙等的着色
【生产厂】[冀]河北武强县必特化工有限公司〈P1666〉; [辽]鞍山市惠丰化工有限责任公司〈P1695〉; [苏]彩之源化学有限公司〈P1889〉; [鲁]潍坊浩鑫精细化工有限公司〈P2102〉

透明橙 G; 溶剂橙 86 H06001721
Transparent Orange G; C. I. Solvent Orange 86
【生产厂】[苏]彩之源化学有限公司〈P1889〉

油溶橙 202 H06001751
Oil Orange 202; C. I. Solvent Orange 62
应用于木器、皮革的着色,制造透明光亮漆以及油墨、涂料、印刷上的着色
【生产厂】[冀]河北武强县必特化工有限公司〈P1666〉

透明黄 3G; 溶剂透明黄 3G; 透明塑料黄 101; 油溶黄 93 H06001811
Transparent Yellow 3G; C. I. Solvent Yellow 93
主要用于涤纶纤维的原浆着色,也可用于制造涤纶用色母粒
【生产厂】[辽]鞍山市惠丰化工有限责任公司〈P1695〉; [苏]彩之源化学有限公司〈P1889〉

透明黄 G; 油溶黄 114; 油溶黄 G H06001821
Transparent Yellow G; C. I. Solvent Yellow 114
适用于 PET 的着色
【生产厂】[苏]无锡大洋化工有限责任公司〈P1872〉

透明黄 3GL; 溶剂黄 16 H06001851
Transparent Yellow 3GL; C. I. Solvent Yellow 16
【生产厂】[鲁]潍坊浩鑫精细化工有限公司〈P2102〉

透明黄 2G H06001861
Transparent Yellow 2G; C. I. Solvent Yellow 2
主要用于涤纶纤维的原浆着色
【生产厂】[沪]上海泗联实业总公司〈P1766〉; [苏]彩之源化学有限公司〈P1889〉; [浙]杭州萧山前进化工有限公司(100 吨)〈P1923〉

透明蓝 5R; 油溶蓝 122 H06001911
Transparent Blue 5R; C. I. Solvent Blue 122
应用于包装、装饰、油漆、油墨以及涤纶、化纤、尼龙等
【生产厂】[苏]无锡大洋化工有限责任公司〈P1872〉

油溶蓝 2B; 油溶蓝 104; 透明蓝 2B H06001921
Transparent Blue 2B; C. I. Solvent Blue 104
用于包装、装饰、油漆、油墨以及涤纶、尼龙等的着色
【生产厂】[辽]鞍山市惠丰化工有限责任公司〈P1695〉; [浙]杭州安隆达化工有限公司〈P1915〉

透明蓝 AP; 油溶蓝 AP H06001931
Transparent Blue AP; C. I. Solvent Blue 36
可用于多种塑胶、聚酯的着色
【生产厂】[苏]兴达化工有限公司〈P1883〉

透明蓝 RP; 油溶蓝 RP; C. I. 溶剂蓝 35 H06001941
Transparent Blue RP
可用于多种塑胶、聚酯及纤维纺前着色
【生产厂】[苏]常州北美化学集团有限公司〈P1846〉; 常州市东方化工有限公司〈P1850〉; 兴达化工有限公司〈P1883〉; [鲁]潍坊浩鑫精细化工有限公司〈P2102〉

透明蓝 GP;C.I.溶剂蓝 78 H06001945
Transparent Blue GP;C.I. Solvent Blue 78
主要用于各种塑料、树脂和涤纶的原浆着色
【生产厂】[辽]鞍山市惠丰化工有限责任公司〈P1695〉;[苏]兴达化工有限公司〈P1883〉

油溶蓝 B H06001975
Oil Blue B;C.I. Solvent Blue 4
【生产厂】[苏]苏州林通染料化工有限公司〈P1902〉

透明紫 B;油溶紫 13;油溶紫 B H06002011
Transparent Violet B;C.I. Solvent Violet 13
主要用于涤纶纤维的原浆着色,也可用于制备涤纶用色母粒
【生产厂】[辽]鞍山市惠丰化工有限责任公司〈P1695〉;[苏]兴达化工有限公司〈P1883〉;彩之源化学有限公司〈P1889〉;[鲁]潍坊浩鑫精细化工有限公司〈P2102〉

透明紫 3R;油溶紫 36 H06002021
Transparent Violet 3R; C.I. Solvent Violet 36
用于包装、装饰、油漆、油墨以及涤纶、尼龙等的着色
【生产厂】[苏]彩之源化学有限公司〈P1889〉

透明紫 RR H06002025
Transparent Violet RR;C.I. Solvent Violet 31
可用于多种塑胶、聚酯着色
【生产厂】[辽]鞍山市惠丰化工有限责任公司〈P1695〉

透明紫 R H06002031
Transparent Violet R;C.I. Disperse Violet 26
可用于多种塑料、聚酯着色
【生产厂】[苏]常州市东方化工有限公司〈P1850〉

透明紫 RL;溶剂紫 59 H06002051
Transparent Violet RL;C.I. Solvent Violet 59
【生产厂】[沪]上海康晟实业有限公司〈P1748〉

油溶紫 5BN;油溶紫 301 H06002071
Oil Violet 5BN;C.I. Solvent Violet 8
主要用于油品着色,也可用于塑料、各种树脂等着色
【生产厂】[苏]苏州林通染料化工有限公司〈P1902〉

结晶紫 H06002095
Grystal Violet;C.I. Basic Viole 3
【生产厂】[苏]苏州林通染料化工有限公司〈P1902〉;[鲁]潍坊浩鑫精细化工有限公司〈P2102〉

日光荧光颜料;塑料用日光荧光颜料 H06002211
Daylight Fluorescent Pigments
用于 PVC、PE、PP、PS 塑料制品的着色
【生产厂】[苏]常州市武进运波化工有限公司〈P1855〉

日光荧光印花涂料;荧光涂料印花色浆 H06002215
Daylight Fluorescent Printing Coating
用于纺织的印花
【生产厂】[浙]瑞安市美达化工材料有限公司〈P1937〉

透明黑 BG;溶剂黑 34 H06002531
Transparent Black BG;C.I. Solvent Black 34
【生产厂】[鲁]潍坊浩鑫精细化工有限公司〈P2102〉

结晶紫内酯 H06002601
Crystal Violet Lactone [1552-42-7]
是生产压敏材料的重要功能性染料
【生产厂】[湘]株洲市亚帝实业有限公司〈P2250〉

金属络合染料 H06003601
Metal Complex Dyestuff
适用于自行车、摩托车用漆及其他特殊用途的染色
【生产厂】[冀]河北永泰化工有限公司〈P1623〉;[沪]上海韩雄染料化工有限公司〈P1735〉;[苏]明辉化工(无锡)有限公司〈P1872〉;苏州晟鑫化工有限公司〈P1902〉;彩之源化学有限公司〈P1889〉;昆山市中星染料化工有限公司〈P1898〉;[浙]温州美尔诺化工有限公司〈P1937〉;[鲁]潍坊浩鑫精细化工有限公司〈P2102〉

油溶性染料 H06004451
Oil-soluble Dyestuff
用于塑料、涤纶母粒着色及石油制品的着色
【生产厂】[苏]苏州晟鑫化工有限公司〈P1902〉;[浙]杭州红妍颜料化工有限公司〈P1918〉;温州美尔诺化工有限公司〈P1937〉

溶剂染料 H06004491
Solvent Dyestuff
用于醇类、油脂类及石蜡的着色
【生产厂】[津]天津市德爱化工新技术有限公司〈P1584〉;[冀]天津市吉帝化工厂(1000 吨)〈P1657〉;[辽]鞍山市惠丰化工有限责任公司(200 吨)〈P1695〉;[苏]江苏亚邦化工集团有限公司〈P1861〉;[浙]杭州丰彩颜料染料化工有限公司〈P1917〉;宁波市鄞州兴华化工厂〈P1933〉;[皖]铜陵儒德化工有限责任公司〈P1978〉;[鲁]潍坊浩鑫精细化工有限公司〈P2102〉

印铁宝红 H06004501
Printing Iron Rubine
用于胶印墨、油漆、塑料、涂料印花色浆等的着色
【生产厂】[沪]上海泗联实业总公司〈P1766〉

液体品绿 H06004901
Liquid green
用作木材染色剂
【生产厂】[津]天津微河化工染料有限公司〈P1615〉;[冀]东光县兴业化工厂(1000 吨)〈P1653〉

无盐喷墨染料 H06005001
Saltless spraying dyestuff
用于配制各种水溶性喷墨墨水
【生产厂】[津]天津赛菲化学科技发展有限公司〈P1577〉

信息用化学品
I01010901 ~ I07060506

三醋酸纤维素酯片基 I01010901
Cellulose triacetate film base
用于制作各种胶片的支持体
【生产厂】[苏]无锡阿尔梅新材料有限公司(300 万平方米)〈P1872〉

医用 X-光胶片;医用胶片 I03000101
Medical X-ray film
适用于医院 α 线投照与激发蓝紫光的增感屏匹配使用
【生产厂】[津]天津远大感光材料公司(300 万盒)〈P1617〉

工业射线胶片 I03000501
Industrial ray film
用于受压容器的探伤
【生产厂】[津]天津远大感光材料公司(100 万盒)〈P1617〉

黑白胶卷 I04010301
Black-white roll film
用于照相
【生产厂】[津]天津远大感光材料公司(300 万个)〈P1617〉;[冀]中国乐凯胶片集团公司〈P1649〉

PS 版 I05040301
PS Printing plate
用于印刷制版
【生产厂】[豫]乐凯集团第二胶片厂(3200 万平方米)〈P2223〉;[川]四川炬光印刷器材有限公司〈P2318〉

Y2-600 Ⅱ 型特硬性正色印刷制版软片 I05040401
Special hard orthochromatic printed circuit board film Y2-600 Ⅱ
适用于印刷、印染、电子等行业暗室加网照相及加网拷贝
【生产厂】[豫]乐凯集团第二胶片厂(200 万平方米)〈P2223〉

红外激光照排胶片(780nm) I05040510
Infra-red laser phototypesetting film 780nm
印刷行业专用胶片
【生产厂】[津]天津远大感光材料公司(80 万平方米)〈P1617〉

水溶性光致抗蚀干膜 I05060401
Photoresist dry film, water-soluble
主要用于印制电路板制造,制作印制抗蚀图形、抗电镀图形和掩蔽孔图形
【生产厂】[苏]无锡阿尔梅新材料有限公司(50 万平方米)〈P1872〉

***N*,*N*-二乙基-2,4-苯二胺硫酸盐**;彩色显影剂-1;CD-1;TSS I06000302
N,*N*-Diethyl-2,4-phenylene diamine sulfate;Color developer-1
用于水溶性彩色片显影
【生产厂】[苏]南通星辰合成材料有限公司〈P1836〉

显影剂 I06000310
Developer
适用加工软片、电子分色软片、激光照排软片、明室拷贝软片
【生产厂】[豫]河南省道纯化工技术有限公司〈P2166〉;[川]成都科隆摄影材料有限公司〈P2312〉

X 光胶片显影剂(粉) I06000801
Developer for X-ray film, powder
用于 X 光胶片显影
【生产厂】[川]成都科隆摄影材料有限公司〈P2312〉

X 光胶片定影剂(粉) I06000901
Fixer for X-ray film (powder)
用于 X 光胶片定影
【生产厂】[豫]河南省道纯化工技术有限公司〈P2166〉;[川]成都科隆摄影材料有限公司〈P2312〉

色粉;墨粉 I06001201
Toner
用于静电复印机
【生产厂】[川]成都添彩化工有限公司〈P2316〉
【使用厂】[津]天津市染化八厂加工二分厂〈P1600〉;[沪]上海长风化工厂〈P1729〉

1-苯基-3-吡唑烷酮;菲尼酮 I06001401
1-Phenyl-3-pyrazolidone;Phenidone A [92-43-3]
用作照相显影剂
【生产厂】[沪]上海立诚化工有限公司(25 吨)〈P1750〉;[苏]苏州吴中前进有机化工有限公司(180 吨)〈P1907〉;如皋市恒祥化工有限责任公司(50 吨)〈P1838〉

1-苯基-4-甲基-3-吡唑烷酮;菲尼酮 B I06001451
1-Phenyl-4-methyl-3-pyrazolidone;Phenidone B [2654-57-1]
用作照相显影剂、医药中间体
【生产厂】[沪]上海科帆化工科技有限公司〈P1748〉;上海立诚化工有限公司〈P1750〉;[苏]镇江市天龙化工有限公司〈P1846〉

菲尼酮 S I06001471
Phenidone S
【生产厂】[沪]上海立诚化工有限公司〈P1750〉

菲尼酮 D;Phenidone D;4,4-二甲基菲尼酮 I06001491
4,4-Dimethyl-1-phenyl-3-pyrazolidone [2654-58-2]
【生产厂】[沪]上海三爱思试剂有限公司〈P1759〉

PS 版护版胶 I06001501
Cover sheet adhesive for PS printing plate
【生产厂】[豫]河南省道纯化工技术有限公司〈P2166〉

I

PS 版专用感光胶 I06001601
photosensitive adhesive for PS printing plate
【生产厂】[苏]苏州瑞红电子化学品有限公司〈P1902〉;[粤]深圳美科化工有限公司〈P2269〉

彩色冲洗套药(粉剂) I06002110
Color processing kit, powder agent
【生产厂】[冀]中国乐凯胶片集团公司〈P1649〉

卤化银彩色冲洗套液 I06002121
Silver halide color processing kit
用于卤化银感光材料冲印放大加工
【生产厂】[津]天津市风船化学试剂科技有限公司彩色套液厂(400 吨)〈P1586〉

彩色显影剂(CD-2 型);4-(*N*,*N*-二乙基)-2-甲基苯二胺盐酸盐 I06002201
Color developer CD-2; 4-(*N*, *N*-Diethyl)-2-methyl-*p*-phenylenediamine monohydrochloride [2051-79-8]
用作彩色照相显影剂
【生产厂】[冀]保定天祥化工有限公司〈P1646〉;[苏]无锡市汇友化工有限公司〈P1876〉;南通星辰合成材料有限公司(200 吨)〈P1836〉;如东县通园精细化工厂(100 吨)〈P1837〉

彩色显影剂(CD-3 型);3-甲基-4-氨基-*N*-乙基-*N*-(2-甲磺酰胺)乙基苯胺倍半硫酸盐一水化合物 I06002301
Color developer CD-3
用作彩色显影剂
【生产厂】[冀]保定市乐凯化学有限公司〈P1645〉;保定天祥化工有限公司〈P1646〉;[苏]无锡市汇友化工有限公司〈P1876〉
【使用厂】[川]成都科隆摄影材料有限公司〈P2312〉

彩色显影剂(CD-4 型);4-(*N*-乙基-*N*-羟乙基)-2-甲基苯二胺单水硫酸盐 I06002401
Color developer CD-4; 4-(*N*-Ethyl-*N*-2-hydroxyethyl)-2-methylphenylenediamine sulfate [25646-77-9]
电影、照相部门用作油溶性彩色胶片的高温快速显影剂
【生产厂】[冀]保定市乐凯化学有限公司〈P1645〉;保定天祥化工有限公司〈P1646〉;[苏]无锡市汇友化工有限公司〈P1876〉;南通星辰合成材料有限公司(80 吨)〈P1836〉;如东县通园精细化工厂(30 吨)〈P1837〉
【使用厂】[川]成都科隆摄影材料有限公司〈P2312〉

碘化锂 I06003401
Lithium iodide [10377-51-2]
用于照相业、制药工业
【生产厂】[川]自贡市金典化工有限公司〈P2322〉

阳图 PS 版显影粉 I06003801
Positive PS printing plate developer, powder
用于各种水溶性重氮及叠氮树脂型 PS 版的手工及机器显影
【生产厂】[京]北京昌化精细化工厂〈P1544〉;[豫]河南省道纯化工技术有限公司〈P2166〉

显定影套药 I06004201
Develop and fixation kit
用于医用 X 射线胶片冲洗
【生产厂】[津]天津市聚合化工厂(100 吨)〈P1597〉

PS 版感光液 I06004501
PS printing plate sensitive liquid
【生产厂】[京]北京化学试剂研究所(50 吨)〈P1550〉;[苏]泰兴市东方实业公司(1000 吨)〈P1826〉

2.1.5 磺酰氯;2-重氮-1-萘酚-5-磺酰氯;2-重氮-1,2-二氢-1-氧代-5-萘磺酰氯 I06004510
2-Diazo-1-naphthol-5-sulfonyl chloride [3770-97-6]
印刷用 PS 的光敏剂
【生产厂】[辽]辽宁华海蓝帆化工科技有限公司(120 吨)〈P1684〉;辽宁五环化工有限公司(36 吨)〈P1698〉;本溪市瑞事达化工有限公司〈P1699〉

2.1.5 磺酸钠;6-重氮-5,6-二氢-5-氧-1-萘磺酸钠;1,2-萘醌-2-重氮-5-磺酸钠 I06004517
Sodium 6-diazido-5,6-dihydro-5-oxo-1-naphthalenesulfonate [2657-00-3]
是生产 2.1.5 磺酰氯的中间原料
【生产厂】[辽]辽宁五环化工有限公司(100 吨)〈P1698〉;本溪市瑞事达化工有限公司〈P1699〉;[沪]上海旭升精细化工技术研究所〈P1773〉

2.1.4 磺酰氯;2-重氮-1-萘酚-4-磺酰氯;3-重氮-4-氧-3,4-二氢-1-萘磺酰氯 I06004551
2-Diazo-1-naphthol-4-sulfonyl chloride [36451-09-9]
用于半导体、液晶显示器和 PS 版感光剂等
【生产厂】[辽]辽宁华海蓝帆化工科技有限公司(120 吨)〈P1684〉;本溪市瑞事达化工有限公司〈P1699〉

1-重氮-2,5-二丁氧基-4-吗啉基苯氯化锌盐;重氮盐 FB I06004901
2,5-Dibutoxy-4-morpholinylbenzene diazonium zinc chloride
用于制造高速和超高速、干法或湿法两用蓝线晒图纸
【生产厂】[苏]江阴市月城利达化工厂〈P1872〉;[鄂]武汉瑞阳化工有限公司〈P2231〉

1-重氮-2,5-二乙氧基-4-吗啉苯氯化锌复盐;重氮盐 FE I06004951
1-Diazo-2,5-diethoxy-4-morpholinebenzene zinc chloride
用于高速和超高速、干法或湿法两用蓝线晒图纸
【生产厂】[苏]江阴市月城利达化工厂〈P1872〉;[鄂]武汉瑞阳化工有限公司〈P2231〉

重氮盐 DH;3-甲基-4-吡咯烷基氯化重氮苯 + 1/2 氯化锌复盐单水合物 I06004991
3-Methyl-4-(*N*-pyrrolidinyl) benzenediazonium chloride + 1/2 Zinc chloride monohydrate

主要用于生产高速干法蓝线纸和中速干法黑线纸
【生产厂】[鄂]武汉瑞阳化工有限公司〈P2231〉

二乙二醇丁醚醋酸酯；丁基二甘醇乙酸酯 I06005001
Diethylene glycol butylether acetate [124-17-4]
用作感光化学品等
【生产厂】[沪]上海三爱思试剂有限公司〈P1759〉；上海沪试化工有限公司〈P1737〉

***N*-(吗啉基)丙基-2-羟基-3-萘甲酰胺；ONPM** I06005401
N-(Morpholinyl) propyl-2-hydroxy-3-naphthalyl formamine
用于高速和超高速、干法或湿法两用蓝线晒图纸，也用于拼制黑线晒图纸
【生产厂】[鄂]武汉瑞阳化工有限公司〈P2231〉

季戊四醇三丙烯酸酯；PETA I06005402
Pentaerythritol triacrylate [3524-68-3]
用于感光膜
【生产厂】[鲁]烟台云开化工有限责任公司〈P2120〉

聚苯乙烯顺丁烯二酸酐树脂 I06005403
Polystyrene maleic anhydride resin [9011-13-6]
用于感光膜
【生产厂】[冀]保定天祥化工有限公司〈P1646〉

新戊二醇二丙烯酸酯；NPGDA I06005404
Neopentylene glycol diacrylate
作为活性稀释剂用于辐射固化涂料、油墨、胶黏剂及感光性树脂印刷版材
【生产厂】[京]北京东方亚科力化工科技有限公司〈P1546〉；[津]天津市天骄化工有限公司(500 吨)〈P1604〉；[苏]南通利田化工有限公司〈P1834〉

丙氧基化新戊二醇二丙烯酸酯 I06005405
Propoxylate neopentylene glycol diacrylate
可作为活性稀释剂用于 UV、EB 辐射聚合中
【生产厂】[津]天津市天骄化工有限公司(1000 吨)〈P1604〉；[苏]南通利田化工有限公司〈P1834〉

一缩二乙二醇二丙烯酸酯 I06005408
Diethylene glycol diacrylate
用于辐射固化体系中的活性稀释剂和交联剂，亦可作为树脂交联剂，塑料、橡胶改性剂
【生产厂】[京]北京东方亚科力化工科技有限公司〈P1546〉

二缩三乙二醇双丙烯酸酯；TEGDA I06005410
Triethylene glycol diacrylate
用于感光膜
【生产厂】[京]北京东方亚科力化工科技有限公司〈P1546〉

邻苯二甲酸二甘醇二丙烯酸酯 I06005412
Phthalate diglycol diacrylate
用于光固化油墨、涂料、感光树脂版等
【生产厂】[京]北京东方亚科力化工科技有限公司〈P1546〉；[津]天津市天骄化工有限公司(500 吨)〈P1604〉

二缩三丙二醇双丙烯酸酯 I06005421
Tripropylene glycol diacrylate；TPGDA [42978-66-5]
作为活性稀释剂用于 UV 及 EB 的辐射交联中
【生产厂】[苏]南通利田化工有限公司〈P1834〉

黄成色剂 I06005611
Yellow Coupler
用于涂胶片、相纸等
【生产厂】[冀]保定天祥化工有限公司〈P1646〉

1-苯基-5-巯基四氮唑 I06005701
1-Phenyl-5-mercaptotetrazole；1-Phenyl-1*H*-tetrazole-5-thiol [86-93-1]
用作感光材料的稳定剂、医药中间体
【生产厂】[辽]沈阳沈潘精细化工有限公司〈P1687〉；[沪]上海神强实业有限公司〈P1761〉；上海科帆化工科技有限公司〈P1748〉；[苏]泰兴盛铭精细化工有限公司〈P1825〉；[浙]浙江普康化工有限公司〈P1959〉

乙吗硝；2,5-二乙氧基-4-吗啉基硝基苯 I06005801
2,5-Diethoxy-4-morpholinylnitrobenzene
用于感光材料
【生产厂】[苏]江阴市月城利达化工厂〈P1872〉

丁吗硝；2,5-二丁氧基-4-吗啉基硝基苯 I06005901
2,5-Dibutoxy-4-morpholinylnitrobenzene
用于感光材料
【生产厂】[苏]江阴市月城利达化工厂〈P1872〉；[鄂]武汉瑞阳化工有限公司〈P2231〉

录像磁带 I07020101
Video tape
用于录像
【生产厂】[闽]福州明江科技有限公司(6000 万盒)〈P1990〉

磁粉；γ-三氧化二铁磁粉 I07060101
Magnetic powder
用于涂制各种录音带、录像带、计测带、仪器专用带以及磁鼓、磁盘等贮存元件
【生产厂】[苏]无锡佳腾磁性粉有限公司(1200 吨)〈P1873〉

可录光盘 I07060401
CD-R
信息类记录媒体，可录光盘，适用于图书馆、信息类记录等
【生产厂】[闽]福州鲜信光电技术有限公司〈P1990〉；福建嘉达光电有限公司(2900 万片)〈P2001〉

钕铁硼 I07060506
Neodymium-Iron-Boron
用于核磁共振成像仪、电机、磁选机、仪器仪表、扬声器、磁疗设备等
【生产厂】[苏]溧阳市金马磁材有限公司〈P1863〉；[鲁]山东中舜科技发展有限公司(300 吨)〈P2056〉；[粤]广东云浮硫铁矿企业集团公司〈P2295〉

I

化学试剂
J01010011 ~ J01411001

三氧化二砷；亚砷酸酐 J01010011

Arsenic trioxide；Arsenous acid anhydride；Arsenous oxide ［1327-53-3］

用作普通基准试剂和防腐剂，也用于亚砷酸盐的制造

【生产厂】［京］北京化工厂〈P1549〉；［辽］沈阳化学试剂厂〈P1686〉

四氯化硅 J01010091

Silicon tetrachloride ［10026-04-7］

用于制备有机硅化合物及战争用烟幕

【生产厂】［京］北京双环伟业试剂有限公司〈P1561〉

硒 J01010101

Selenium ［7782-49-2］

用作定氮催化剂、普通分析试剂

【生产厂】［辽］沈阳化学试剂厂〈P1686〉；［沪］上海美兴化工有限公司（10 吨）〈P1753〉

二氧化硒；亚硒酸酐 J01010131

Selenium dioxide ［7446-08-4］

用作植物碱之特殊试剂，还可用于沉淀锆、铪和制备硒化合物

【生产厂】［京］北京化工厂〈P1549〉；［沪］上海美兴化工有限公司（20 吨）〈P1753〉；上海科创化工有限公司〈P1748〉

四氯化硒 J01010132

Selenium tetrachloride ［10026-03-6］

【生产厂】［京］北京化工厂〈P1549〉

硫，升华；硫黄 J01010171

Sulfur，sublimed ［7704-34-9］

高纯硫供半导体工业用，其他用途同沉降硫

【生产厂】［津］天津市天河化学试剂厂〈P1604〉；天津市申泰化学试剂有限公司〈P1601〉；［辽］沈阳化学试剂厂〈P1686〉；［粤］广州化学试剂厂（6 吨）〈P2261〉

碘 J01010231

Iodine ［7553-56-2］

用于配制当量溶剂、测定碘价、标定硫代硫酸钠溶液浓度，溶液可作消毒剂，照相制版中用于碘剂和减薄液配制

【生产厂】［京］北京化工厂〈P1549〉；［津］天津市申泰化学试剂有限公司〈P1601〉；［冀］邯郸市林峰精细化工有限公司〈P1638〉；［辽］沈阳化学试剂厂〈P1686〉；［沪］上海试四赫维化工有限公司〈P1764〉；上海科创化工有限公司〈P1748〉；［苏］徐州试剂厂〈P1796〉；［浙］浙江海川化学品有限公司〈P1963〉；［赣］江西洪都生物化学有限公司〈P2008〉；［粤］广州化学试剂厂（1 吨）〈P2261〉；广东西陇化工有限公司〈P2276〉

五氧化二碘 J01010251

Iodine pentoxide

在气体分析中用以测定一氧化碳

【生产厂】［津］天津市申泰化学试剂有限公司〈P1601〉；［浙］浙江海川化学品有限公司〈P1963〉；温州市化学试剂有限公司〈P1938〉

一氯化碘；氯化碘 J01010261

Iodine monochloride ［7790-99-0］

用于碘值测定，有机合成，并可用作强氧化剂

【生产厂】［津］天津市申泰化学试剂有限公司〈P1601〉；［浙］浙江海川化学品有限公司〈P1963〉；兰溪市屹达化工试剂有限公司〈P1953〉；温州市化学试剂有限公司〈P1938〉

三氯化碘 J01010271

Iodine trichloride ［865-44-1］

用于油脂碘价的测定，并可用作消毒剂、氧化剂

【生产厂】［津］天津市申泰化学试剂有限公司〈P1601〉；［浙］浙江海川化学品有限公司〈P1963〉；兰溪市屹达化工试剂有限公司〈P1953〉；温州市化学试剂有限公司〈P1938〉

三氟化硼乙醚溶液 J01010291

Boron trifluoride etherate ［109-63-7］

用作普通分析试剂，还可用作有机合成中烃化、缩合反应等的催化剂

【生产厂】［苏］宜兴市南方化工助剂厂〈P1886〉；［鲁］青州市鑫隆化工有限公司（1000 吨）〈P2093〉

氧化硼；三氧化二硼；硼酐 J01010301

Boric anhydride；Boric oxide；Boron trioxide ［1303-86-2］

用作半导体硅的掺杂源和硅酸盐分解时的助熔剂，还可用于硼的制造

【生产厂】［京］北京市通广精细化工公司〈P1560〉；［川］成都天华科技股份有限公司〈P2315〉

三氯化硼；氯化硼 J01010311

Boron chloride；Boron trichloride ［10294-34-5］

用作半导体硅的掺杂源，有机合成催化剂，还可用于高纯硼和有机硼化合物的制取

【生产厂】［辽］大连光明特种气体有限公司〈P1691〉；大连保税区科利德化工科技开发有限公司〈P1690〉；［黑］哈尔滨试剂化工厂〈P1720〉；［粤］珠海欣宏电子化学材料有限公司〈P2275〉

三溴化硼；溴化硼 J01010321

Boron bromide；Boron tribromide ［10294-33-4］

用作半导体硅的掺杂源，还可用于高纯硼和有机硼化合物的制取

【生产厂】［京］北京高环科贸有限公司（2 吨）〈P1548〉

溴；溴素 J01010331

Bromine ［7726-95-6］

用作普通分析试剂、氧化剂、乙烯和重碳氢化合物的吸收剂及有机合成的溴化剂

【生产厂】［京］北京化工厂〈P1549〉；［津］天津市申泰化学试剂有限公司〈P1601〉；［辽］沈阳化学试剂厂〈P1686〉；［粤］

J

广州化学试剂厂(6 吨)〈P2261〉

溴,水溶液 J01010341

Bromine, water solution [7726-95-6]

用作普通分析试剂和氧化剂

【生产厂】[津]天津市天河化学试剂厂〈P1604〉;天津市申泰化学试剂有限公司〈P1601〉;[辽]沈阳化学试剂厂〈P1686〉;[沪]上海科丰化学试剂有限公司〈P1749〉

四溴化碳 J01010371

Carbon tetrabromide [558-13-4]

【生产厂】[沪]上海科帆化工科技有限公司〈P1748〉

石墨,粉状 J01010391

Graphite powder [7782-42-5]

用作光谱试剂、模型上光剂和减磨剂等

【生产厂】[辽]沈阳化学试剂厂〈P1686〉

四氟化碳 J01010411

Carbon tetrafluoride [75-73-0]

用于各种集成电路的等离子刻蚀工艺,也用作激光气体及制冷剂

【生产厂】[辽]大连光明特种气体有限公司〈P1691〉;[川]中核红华特种气体股份有限公司(50 吨)〈P2320〉

二硫化碳 J01010421

Carbon disulfide [75-15-0]

用作溶剂、保存剂、杀虫剂及色谱分析试剂,也用于四氯化碳的制造

【生产厂】[津]天津市津科精细化工研究所〈P1593〉;[沪]上海试四赫维化工有限公司〈P1764〉;[川]成都天华科技股份有限公司(20 吨)〈P2315〉

四氯化碳;四氯甲烷 J01010431

Carbon tetrachloride; Tetrachloromethane [56-23-5]

用作清洗剂、溶剂、萃取剂、杀虫剂、灭火剂、分析试剂等

【生产厂】[京]北京化工厂〈P1549〉;[津]天津市津科精细化工研究所〈P1593〉;天津市天河化学试剂厂〈P1604〉;天津市申泰化学试剂有限公司〈P1601〉;天津市兴联化工厂〈P1609〉;天津市天达净化材料精细化工厂〈P1603〉;[冀]石家庄市有机化工厂(10 吨)〈P1632〉;邯郸市林峰精细化工有限公司〈P1638〉;[辽]沈阳新兴试剂厂〈P1689〉;沈阳化学试剂厂〈P1686〉;[沪]上海试一化学试剂有限公司〈P1764〉;上海长江化工厂(200 吨)〈P1729〉;[苏]苏州市振兴化工厂〈P1906〉;徐州试剂厂(10 吨)〈P1796〉;[鲁]淄博化学试剂厂有限公司(40 吨)〈P2062〉;[豫]河南省化工研究所(10 吨)〈P2167〉;[粤]广州化学试剂厂(8 吨)〈P2261〉

二氧化碲 J01010451

Tellurium dioxide [7446-07-3]

用作电子元件材料及防腐剂,还用于菌苗中的细菌检验

【生产厂】[沪]上海新高化学试剂有限公司〈P1771〉

赤磷 J01010501

Phosphorus, red [7723-14-0]

在半导体工业中作扩散源,在有机分析中碘氢酸进行还原反应时使用,并用于有机合成

【生产厂】[辽]沈阳化学试剂厂〈P1686〉;[粤]广州化学试剂厂(2 吨)〈P2261〉

五氧化二磷;磷酸酐 J01010521

Phosphorus pentoxide [1314-56-3]

用作半导体硅的掺杂源、脱水干燥剂、有机合成缩合剂及表面活性剂,也用于高纯磷酸的制备

【生产厂】[京]北京亚太龙兴化工有限公司〈P1564〉;北京化工厂〈P1549〉;[辽]沈阳化学试剂厂〈P1686〉;[沪]上海华彭实业有限公司〈P1739〉;[粤]广州化学试剂厂(6 吨)〈P2261〉

过氧化氢;双氧水 J01010581

Hydrogen peroxide [7722-84-1]

用作分析试剂、氧化剂及漂白剂

【生产厂】[京]北京双环伟业试剂有限公司〈P1561〉;北京化工厂〈P1549〉;[津]天津市风船化学试剂科技有限公司高纯试剂分厂(500 吨)〈P1586〉;天津市申泰化学试剂有限公司〈P1601〉;[辽]沈阳化学试剂厂〈P1686〉;[沪]上海试一化学试剂有限公司〈P1764〉;[苏]镇江市化剂厂〈P1845〉;丹阳埤城化工厂〈P1839〉;宜兴市双发化工有限公司〈P1886〉;江苏宜兴市第二化学试剂厂〈P1866〉;苏州瑞红电子化学品有限公司〈P1902〉;苏州市振兴化工厂〈P1906〉;昆山市申才化工有限公司〈P1897〉;[浙]兰溪市申业精细化工厂〈P1953〉;兰溪市屹达化工试剂有限公司〈P1953〉;[豫]洛阳市化学试剂厂(50 吨)〈P2184〉;[粤]广州化学试剂厂(60 吨)〈P2261〉;珠海欣宏电子化学材料有限公司〈P2275〉

钠 J01020011

Sodium [7440-23-5]

用作分析试剂、合成橡胶催化剂、石油脱硫剂

【生产厂】[津]天津市凯通化学试剂有限公司〈P1597〉;[沪]上海沪试化工有限公司(8 吨)〈P1737〉;[鲁]淄博市临淄天德精细化工研究所〈P2888〉;青岛世纪星化学试剂有限公司〈P2042〉

钠石灰;碱石灰;苏打石灰 J01020021

Soda lime [8006-28-8]

用作分析试剂及二氧化碳吸收剂

【生产厂】[辽]沈阳化学试剂厂〈P1686〉;[苏]镇江市化剂厂〈P1845〉;[浙]兰溪市屹达化工试剂有限公司〈P1953〉;[粤]台山市众城化工有限公司〈P2286〉

乙酸钠;醋酸钠 J01020031

Sodium acetate [127-09-3]

用作普通分析试剂、媒染剂、缓冲剂,还可用于染料合成及影片冲洗

【生产厂】[京]北京市高丽工贸有限责任公司〈P1559〉;北京双环伟业试剂有限公司〈P1561〉;北京化工厂〈P1549〉;[津]天津市天河化学试剂厂〈P1604〉;天津市申泰化学试剂有限公司〈P1601〉;[辽]沈阳化学试剂厂〈P1686〉;[沪]上海试四赫维化工有限公司〈P1764〉;[苏]江苏宜兴市第二化学试剂厂〈P1866〉;[浙]兰溪市屹达化工试剂有限公司〈P1953〉;温州市化学试剂有限公司〈P1938〉;[皖]安徽省宿州化学试剂有限公司(60 吨)〈P1984〉;[赣]江西洪都生物化学有限公司〈P2008〉;[鲁]莱阳双双化工有限公司(10 吨)〈P2108〉;济宁市化工研究所试剂厂(3 吨)〈P2128〉;[粤]广州化学试剂厂(20 吨)〈P2261〉;台山市众城化工有限公司〈P2286〉;[渝]重庆川江化学试剂厂〈P2304〉;[川]成都天华科技股份有限公司(100 吨)

〈P2315〉；成都东金化学试剂有限公司〈P2310〉；成都金山化学试剂有限公司〈P2311〉

乙酸钠，无水；醋酸钠，无水 J01020041

Sodium acetate, anhydrous [127-09-3]

用作媒染剂和缓冲剂，也用于染料和制药工业

【生产厂】[京]北京亚太龙兴化工有限公司〈P1564〉；北京双环伟业试剂有限公司〈P1561〉；[津]天津新技术产业园区科茂化学试剂有限公司（1000 吨）〈P1616〉；[辽]沈阳化学试剂厂〈P1686〉；沈阳市新东试剂厂〈P1689〉；[沪]上海试四赫维化工有限公司〈P1764〉；[浙]温州市化学试剂有限公司〈P1938〉；[鲁]莱阳双双化工有限公司〈P2108〉；[川]成都天华科技股份有限公司（100 吨）〈P2315〉

碘乙酸钠；碘醋酸钠 J01020081

Sodium iodoacetate [305-53-3]

用于制药工业

【生产厂】[浙]浙江海川化学品有限公司〈P1963〉

乙二胺四乙酸二钠；EDTA 二钠 J01020091

Ethylene diamine tetraacetic acid, disodium salt [6381-92-6]

用于氧羧络合剂，还用于制药工业

【生产厂】[京]北京高环科贸有限公司（10 吨）〈P1548〉；北京化工厂〈P1549〉；[津]天津市天河化学试剂厂〈P1604〉；天津市兴联化工厂〈P1609〉；[辽]沈阳新兴试剂厂〈P1689〉；沈阳化学试剂厂〈P1686〉；[沪]上海南翔试剂有限公司〈P1754〉；上海科创化工有限公司〈P1748〉；[苏]苏州市振兴化工厂〈P1906〉；[浙]兰溪市屹达化工试剂有限公司〈P1953〉；[鲁]莱阳双双化工有限公司（2 吨）〈P2108〉；[豫]开封化学试剂总厂〈P2176〉；[湘]长沙市有机试剂厂（40 吨）〈P2247〉；[粤]广州化学试剂厂（10 吨）〈P2261〉；[渝]重庆川江化学试剂厂〈P2304〉；[川]成都天华科技股份有限公司〈P2315〉

乙醇钠 J01020121

Sodium ethoxide; Sodium ethylate [141-52-6]

用于有机合成

【生产厂】[鲁]淄博市临淄天德精细化工研究所〈P2888〉；青岛世纪星化学试剂有限公司〈P2042〉

丁二酸钠；琥珀酸钠 J01020191

Sodium succinate [6106-21-4]

用作医药中间体

【生产厂】[京]北京化工厂〈P1549〉；[鲁]青岛世纪星化学试剂有限公司〈P2042〉；[川]成都天华科技股份有限公司〈P2315〉

巴比妥钠；二乙基巴比土酸钠 J01020201

Barbitone, sodium salt; Sodium barbital [144-02-5]

用作色谱分析试剂，也用于医药、塑料及有机合成等工业

【生产厂】[津]天津市天河化学试剂厂〈P1604〉；天津市凯通化学试剂有限公司〈P1597〉；[辽]沈阳化学试剂厂〈P1686〉；[沪]上海沪试化工有限公司〈P1737〉；[鲁]淄博化学试剂厂有限公司（1 吨）〈P2062〉；青岛世纪星化学试剂有限公司〈P2042〉；[川]成都天华科技股份有限公司〈P2315〉

水杨酸钠；邻羟基苯甲酸钠 J01020241

Sodium salicylate [54-21-7]

用于微量分析测定二氧化铀及有机合成，还用作防腐剂等

【生产厂】[津]天津市天河化学试剂厂〈P1604〉；[辽]沈阳化学试剂厂〈P1686〉；[鲁]青岛世纪星化学试剂有限公司〈P2042〉；[粤]广州化学试剂厂（3 吨）〈P2261〉；[川]成都天华科技股份有限公司〈P2315〉

磺基水杨酸钠 J01020251

Sodium sulfosalicylate

用作分析试剂

【生产厂】[京]北京化工厂〈P1549〉；[湘]湖南省湘中地质实验研究所〈P2258〉；湖南省娄底化工总厂试剂分厂〈P2257〉；[粤]广州化学试剂厂（6 吨）〈P2261〉

丙酸钠 J01020261

Sodium propionate [137-40-6]

用作杀菌剂、防霉剂

【生产厂】[京]北京化工厂〈P1549〉；[沪]上海三爱思试剂有限公司〈P1759〉

甲酸钠；蚁酸钠 J01020281

Sodium formate [141-53-7]

用作测定磷砷的试剂、消毒剂和媒染剂

【生产厂】[京]北京市房山益华化工厂〈P1559〉；[辽]沈阳化学试剂厂〈P1686〉；[鲁]淄博市临淄天德精细化工研究所〈P2888〉；青岛世纪星化学试剂有限公司〈P2042〉；[川]成都天华科技股份有限公司〈P2315〉

甲醇钠 J01020301

Sodium methoxide; Sodium methylate [124-41-4]

用作有机合成的缩合剂

【生产厂】[鲁]淄博市临淄天德精细化工研究所〈P2888〉；青岛世纪星化学试剂有限公司〈P2042〉

四苯硼钠 J01020311

Sodium tetraphenylboron [143-66-8]

用于钾、钠和几种含氮有机化合物的测定

【生产厂】[津]天津市凯通化学试剂有限公司〈P1597〉；[沪]上海沪试化工有限公司（200 千克）〈P1737〉；[鲁]淄博市临淄天德精细化工研究所〈P2888〉

玫瑰红酸钠；玫棕酸钠 J01020341

Rhodizonic acid, disodium salt; Sodium rhodizonate [523-21-7]

用作测定钡、铅、锶、硫酸盐等的灵敏试剂

【生产厂】[津]天津市凯通化学试剂有限公司〈P1597〉；[辽]沈阳市试剂三厂〈P1688〉；[湘]湖南省娄底化工总厂试剂分厂〈P2257〉

苯甲酸钠；安息香酸钠 J01020351

Sodium benzoate [532-32-1]

用于医药工业和植物遗传研究，也用作染料中间体、杀菌剂和防腐剂

【生产厂】[京]北京化工厂〈P1549〉；[津]天津市天河化学试剂厂〈P1604〉；[辽]沈阳化学试剂厂〈P1686〉；[沪]上海光铧科技有限公司〈P1735〉；上海振欣试剂厂〈P1778〉；上海科创化工有限公司〈P1748〉；[鲁]青岛世纪星化学试剂有限公司〈P2042〉；[川]成都天华科技股份有限公司〈P2315〉

偏钒酸钠 J01020461
Sodium metavanadate [13718-26-8]
用作分析试剂和媒染剂
【生产厂】[沪]上海美兴化工有限公司〈P1753〉;上海沪试化工有限公司〈P1737〉;[川]成都天华科技股份有限公司〈P2315〉

乳酸钠 J01020471
Sodium lactate [867-56-1]
用于医药的制造,也用作酪蛋白增韧剂和吸水剂
【生产厂】[津]天津市凯通化学试剂有限公司〈P1597〉;[沪]上海沪试化工有限公司〈P1737〉;[鲁]青岛世纪星化学试剂有限公司〈P2042〉

油酸钠;十八碳烯-9-酸钠 J01020491
Sodium oleate [143-19-1]
用作阴离子型表面活性剂和织物防水剂
【生产厂】[辽]丹东市化学试剂厂(50吨)〈P1700〉;[沪]上海科丰化学试剂有限公司〈P1749〉

草酸钠;乙二酸钠 J01020501
Sodium oxalate [62-76-0]
用作标定高锰酸钾溶液的基标试剂和织物、鞣革整理剂等
【生产厂】[津]天津市天河化学试剂厂〈P1604〉;天津市凯通化学试剂有限公司〈P1597〉;[辽]沈阳新兴试剂厂〈P1689〉;沈阳化学试剂厂〈P1686〉;沈阳市北丰化学试剂厂〈P1688〉;[沪]上海美兴化工有限公司(30吨)〈P1753〉;[鲁]青岛世纪星化学试剂有限公司〈P2042〉;[粤]广州化学试剂厂(6吨)〈P2261〉;[川]成都天华科技股份有限公司〈P2315〉;成都金山化学试剂有限公司〈P2311〉

柠檬酸钠;枸橼酸钠;柠檬酸三钠 J01020521
Sodium citrate [6132-04-3]
用作色谱分析试剂和细菌培养基的制备,还用于制药工业
【生产厂】[京]北京亚太龙兴化工有限公司〈P1564〉;北京双环伟业试剂有限公司〈P1561〉;北京化工厂〈P1549〉;[津]天津市天河化学试剂厂〈P1604〉;[辽]沈阳化学试剂厂〈P1686〉;沈阳市北丰化学试剂厂〈P1688〉;[沪]上海新高化学试剂有限公司〈P1771〉;上海试一化学试剂有限公司〈P1764〉;上海新宝精细化工厂〈P1771〉;上海科创化工有限公司〈P1748〉;[鲁]淄博化学试剂厂有限公司(40吨)〈P2062〉;莱阳双双化工有限公司(5吨)〈P2108〉;青岛世纪星化学试剂有限公司〈P2042〉;[粤]广州化学试剂厂(6吨)〈P2261〉;台山市众城化工有限公司〈P2286〉;[川]成都天华科技股份有限公司〈P2315〉;成都东金化学试剂有限公司〈P2310〉

钨酸钠 J01020541
Sodium tungstate [13472-45-2]
用作分析试剂、生物碱沉淀剂、织物的防水剂,还用作制取金属钨及其他化合物的原料
【生产厂】[京]北京化工厂〈P1549〉;[津]天津市化学试剂四厂凯达化工厂(100吨)〈P1590〉;天津市凯通化学试剂有限公司〈P1597〉;[辽]沈阳化学试剂厂〈P1686〉;[沪]上海新高化学试剂有限公司〈P1771〉;[鲁]青岛世纪星化学试剂有限公司〈P2042〉

氟化钠 J01020561
Sodium fluoride [7681-49-4]
在微量分析中测定钪、光电比色中测定磷及钢铁分析试剂、掩蔽剂、防腐剂
【生产厂】[京]北京双环伟业试剂有限公司〈P1561〉;北京化工厂〈P1549〉;[津]天津市纵横兴工贸有限公司化工试剂分公司〈P1614〉;天津市天河化学试剂厂〈P1604〉;天津市兴联化工厂〈P1609〉;天津市凯通化学试剂有限公司〈P1597〉;[辽]沈阳化学试剂厂〈P1686〉;[沪]上海三爱思试剂有限公司〈P1759〉;上海科帆化工科技有限公司〈P1748〉;[苏]南通市通试试剂有限公司〈P1835〉;如皋市金陵试剂厂〈P1838〉;[浙]浙江三鹰化学试剂有限公司〈P1955〉;[鲁]莱阳双双化工有限公司(2吨)〈P2108〉;青岛世纪星化学试剂有限公司〈P2042〉;[豫]洛阳市化学试剂厂(50吨)〈P2184〉;[粤]广州化学试剂厂(6吨)〈P2261〉;[渝]重庆川江化学试剂厂〈P2304〉;[川]成都天华科技股份有限公司〈P2315〉;成都五环高新化学试剂厂有限公司〈P2316〉;成都金山化学试剂有限公司〈P2311〉

氟氢化钠 J01020571
Sodium bifluoride;Sodium hydrogen difluoride [1333-83-1]
用作防腐剂、助熔剂、雕刻玻璃的腐蚀剂和动物标本保护剂
【生产厂】[京]北京兴瑞达化工厂〈P1564〉;[沪]上海科帆化工科技有限公司〈P1748〉;[苏]南通市通试试剂有限公司〈P1835〉

氢氧化钠;苛性钠;烧碱 J01020581
Sodium hydroxide [1310-73-2]
用作分析试剂、皂化剂、少量二氧化碳和水的吸收剂,还用于钠盐制造
【生产厂】[京]北京益利精细化学品有限公司〈P1565〉;北京亚太龙兴化工有限公司〈P1564〉;北京双环伟业试剂有限公司〈P1561〉;北京化工厂〈P1549〉;[津]天津市大陆化工试剂厂(1000吨)〈P1583〉;天津市风船化学试剂科技有限公司试剂厂(300吨)〈P1586〉;天津市兴联化工厂〈P1609〉;[冀]石家庄新宇三阳实业有限公司〈P1633〉;[辽]沈阳化学试剂厂〈P1686〉;沈阳市试剂二厂(600吨)〈P1688〉;[黑]哈尔滨试剂化工厂〈P1720〉;黑龙江黑化集团有限公司〈P1722〉;[沪]上海试四赫维化工有限公司〈P1764〉;上海南翔试剂有限公司〈P1754〉;上海科创化工有限公司〈P1748〉;上海伊瑞化工有限公司〈P1774〉;[苏]镇江市化剂厂〈P1845〉;宜兴市广汇助剂化工有限公司〈P1885〉;苏州市振兴化工厂〈P1906〉;苏州市瑞腾化工有限公司〈P1904〉;昆山市申才化工有限公司〈P1897〉;昆山市博尔日化工有限公司〈P1896〉;昆山晶科微电子材料有限公司〈P1896〉;江苏省太仓市归庄镇武兵化工厂〈P1894〉;东台市利达化学试剂有限公司〈P1806〉;[浙]兰溪市申业精细化工厂〈P1953〉;兰溪市屹达化工试剂有限公司〈P1953〉;[鲁]淄博化学试剂厂有限公司(120吨)〈P2062〉;莱阳双双化工有限公司(50吨)〈P2108〉;青岛世纪星化学试剂有限公司〈P2042〉;[豫]河南省化工研究所(20吨)〈P2167〉;洛阳大学化学试剂厂(100吨)〈P2181〉;洛阳市化学试剂厂(80吨)〈P2184〉;偃师乳酸有限公司(300吨)〈P2188〉;[粤]台山市众城化工有限公司〈P2286〉;[渝]重庆川江化学试剂厂〈P2304〉;重庆无机化学试剂厂(200吨)〈P2307〉;[川]成都天华科技股份有限公司(200吨)〈P2315〉

重铬酸钠;红矾钠 J01020601
Sodium dichromate [7789-12-0]

J

用作分析试剂、氧化剂、防腐剂,还用于有机合成

【生产厂】[京]北京亚太龙兴化工有限公司〈P1564〉;北京化工厂〈P1549〉;[津]天津市天河化学试剂厂〈P1604〉;[辽]沈阳化学试剂厂〈P1686〉;[沪]上海金联精细化工厂(10吨)〈P1744〉;[苏]苏州市振兴化工厂〈P1906〉;[粤]广州化学试剂厂(2吨)〈P2261〉;[川]成都天华科技股份有限公司〈P2315〉

亚砷酸钠;偏亚砷酸钠 J01020641

Sodium arsenite [7784-46-5]

用作普通分析试剂、杀虫剂及防腐剂,也用于碘的微量分析

【生产厂】[辽]沈阳化学试剂厂〈P1686〉

钼酸钠 J01020661

Sodium molybdate [7631-95-0]

用作分析试剂,用于生物碱测定、染料和制药工业

【生产厂】[京]北京双环伟业试剂有限公司〈P1561〉;北京化工厂〈P1549〉;[津]天津市风船化学试剂科技有限公司(20吨)〈P1586〉;天津市纵横兴工贸有限公司化工试剂分公司〈P1614〉;天津市化学试剂四厂凯达化工厂(100吨)〈P1590〉;[辽]沈阳化学试剂厂〈P1686〉;[沪]上海华谊集团华原化工有限公司〈P1739〉,[苏]东台市利达化学试剂有限公司〈P1806〉;[皖]合肥工业大学化学试剂厂〈P1972〉;[鲁]青岛世纪星化学试剂有限公司〈P2042〉

J

磷钼酸钠 J01020671

Sodium phosphomolybdate [1313-30-0]

用作分析试剂,也用于神经显微检查

【生产厂】[津]天津市化学试剂四厂凯达化工厂(100吨)〈P1590〉

亚硝基铁氰化钠;亚硝酰铁氰化钠;硝普酸钠 J01020691

Sodium nitroprusside [13755-38-9]

用作检定醛、丙酮、二氧化硫、锌、碱金属、硫化物等的试剂

【生产厂】[京]北京化工厂〈P1549〉

铋酸钠 J01020711

Sodium bismuthate [12232-99-4]

用作分析试剂、氧化剂,还用于制药工业

【生产厂】[沪]上海恒信化学试剂有限公司〈P1736〉;上海新宝精细化工厂〈P1771〉

过氧化钠 J01020721

Sodium peroxide [1313-60-6]

用作普通分析试剂及氧化剂

【生产厂】[鲁]青岛世纪星化学试剂有限公司〈P2042〉

酒石酸钠 J01020741

Sodium tartrate;Tartaric acid, disodium salt [6106-24-7]

用作分析试剂及生化试剂

【生产厂】[京]北京化工厂〈P1549〉;[辽]沈阳化学试剂厂〈P1686〉;[鲁]青岛世纪星化学试剂有限公司〈P2042〉;[粤]广州化学试剂厂(6吨)〈P2261〉;[川]成都天华科技股份有限公司〈P2315〉

酒石酸钾钠;罗谢尔盐 J01020761

Sodium potassium tartrate [304-59-6]

用于费林溶液、斑氏溶液的配制

【生产厂】[辽]沈阳化学试剂厂〈P1686〉;[沪]上海美兴化工有限公司(50吨)〈P1753〉;[皖]安徽省宿州化学试剂有限公司(160吨)〈P1984〉;[粤]广州化学试剂厂(3吨)〈P2261〉;[川]成都天华科技股份有限公司〈P2315〉;成都东金化学试剂有限公司〈P2310〉

硅酸钠;偏硅酸钠 J01020791

Sodium silicate [1344-09-8]

用作分析试剂、织物防火剂和黏合剂

【生产厂】[京]北京亚太龙兴化工有限公司〈P1564〉;[津]天津市天河化学试剂厂〈P1604〉;[辽]沈阳化学试剂厂〈P1686〉;沈阳市北丰化学试剂厂〈P1688〉;[沪]上海试四赫维化工有限公司〈P1764〉;[苏]宜兴市锦程化工有限公司〈P1885〉;宜兴市双发化工有限公司〈P1886〉;[浙]兰溪市屹达化工试剂有限公司〈P1953〉;[鲁]青岛世纪星化学试剂有限公司〈P2042〉;[粤]广州化学试剂厂(30吨)〈P2261〉;[川]成都天华科技股份有限公司〈P2315〉;成都金山化学试剂有限公司〈P2311〉

氟硅酸钠 J01020801

Sodium fluorosilicate [16893-85-9]

用作分析试剂、防腐剂、杀菌剂,也用于搪瓷工业

【生产厂】[辽]沈阳化学试剂厂〈P1686〉;[苏]宜兴市双发化工有限公司〈P1886〉;南通市通试试剂有限公司〈P1835〉;[浙]浙江莹光化工有限公司〈P1956〉;[鲁]青岛世纪星化学试剂有限公司〈P2042〉;[粤]广州化学试剂厂(6吨)〈P2261〉;[川]成都天华科技股份有限公司〈P2315〉

硒酸钠 J01020811

Sodium selenate [10102-23-5]

用作分析试剂及园艺杀虫剂

【生产厂】[沪]上海新宝精细化工厂〈P1771〉

硒酸钠,无水 J01020821

Sodium selenate, anhydrous [13410-01-0]

用作分析试剂

【生产厂】[沪]上海美兴化工有限公司〈P1753〉

亚硒酸钠 J01020831

Sodium selenite, pentahydrate [26970-82-1]

用作检验生物碱、种子发芽的试剂,还用于红色玻璃、釉彩的配剂

【生产厂】[京]北京化工厂〈P1549〉;[沪]上海美兴化工有限公司(50吨)〈P1753〉;上海振欣试剂厂〈P1778〉;上海科创化工有限公司〈P1748〉;上海伊瑞化工有限公司〈P1774〉;[粤]广州化学试剂厂(1吨)〈P2261〉

亚硒酸钠,无水 J01020841

Sodium selenite, anhydrous [10102-18-8]

用于生物碱的检验和红色玻璃、釉彩的配制

【生产厂】[京]北京化工厂〈P1549〉

亚硒酸氢钠;重亚硒酸钠 J01020851

Sodium hydrogen selenite [7782-82-3]

用作普通分析试剂,还用于细菌培养基的制备

【生产厂】[京]北京化工厂〈P1549〉;[沪]上海美兴化工有限公司(80吨)〈P1753〉

铝酸钠 J01020861

Sodium aluminate [1302-42-7]

用作分析试剂、媒染剂,也可用于制造沸石和乳白色玻璃

【生产厂】[沪]上海恒信化学试剂有限公司〈P1736〉;[鲁]山东陵县懿津化工有限公司(1000吨)〈P2144〉

铬酸钠 J01020901

Sodium chromate [10034-82-9]

用作分析试剂、防锈剂、媒染剂和鞣革剂,也用于有机合成

【生产厂】[京]北京双环伟业试剂有限公司〈P1561〉;北京化工厂〈P1549〉;[津]天津市天河化学试剂厂〈P1604〉;[辽]沈阳化学试剂厂〈P1686〉;沈阳市新东试剂厂〈P1689〉;[鲁]青岛世纪星化学试剂有限公司〈P2042〉;[川]成都天华科技股份有限公司〈P2315〉

D-葡萄糖酸钠 J01020921

Sodium D-gluconate [527-07-1]

用于制药工业

【生产厂】[京]北京化工厂〈P1549〉;[辽]沈阳化学试剂厂〈P1686〉

硝酸钠 J01020941

Sodium nitrate [7631-99-4]

用作分析试剂、氧化剂,也用于生产硝酸、炸药和焰火

【生产厂】[京]北京化工厂〈P1549〉;[津]天津市兴联化工厂〈P1609〉;[辽]沈阳化学试剂厂〈P1686〉;沈阳市北丰化学试剂厂〈P1688〉;[黑]哈尔滨试剂化工厂〈P1720〉;[沪]上海新宝精细化工厂〈P1771〉;上海振欣试剂厂〈P1778〉;上海科创化工有限公司(30吨)〈P1748〉;[苏]昆山晶科微电子材料有限公司〈P1896〉;[粤]广州化学试剂厂(24吨)〈P2261〉;[渝]重庆川江化学试剂厂〈P2304〉;重庆福斯达化工有限公司〈P2304〉;[川]成都天华科技股份有限公司(120吨)〈P2315〉;成都金山化学试剂有限公司〈P2311〉

亚硝酸钠 J01020951

Sodium nitrite [7632-00-0]

用作普通分析试剂、氧化剂和重氮化试剂,还用于亚硝酸盐和亚硝基化合物的合成

【生产厂】[京]北京亚太龙兴化工有限公司〈P1564〉;北京双环伟业试剂有限公司〈P1561〉;北京化工厂〈P1549〉;[津]天津市天河化学试剂厂〈P1604〉;天津市天达净化材料精细化工厂〈P1603〉;[辽]沈阳化学试剂厂〈P1686〉;[沪]上海新宝精细化工厂〈P1771〉;上海振欣试剂厂〈P1778〉;上海科创化工有限公司(100吨)〈P1748〉;[苏]徐州试剂厂(15吨)〈P1796〉;[浙]兰溪市申业精细化工厂〈P1953〉;兰溪市屹达化工试剂有限公司〈P1953〉;[豫]焦作鑫安科技股份有限公司(100吨)〈P2197〉;焦作市维联精细化工有限公司(100吨)〈P2196〉;[粤]广州化学试剂厂(30吨)〈P2261〉;[渝]重庆川江化学试剂厂〈P2304〉;[川]成都天华科技股份有限公司(100吨)〈P2315〉;成都东金化学试剂有限公司〈P2310〉

硫化钠 J01020971

Sodium sulfide [1313-82-2]

用作分析试剂及皮革脱毛剂

【生产厂】[津]天津市兴联化工厂〈P1609〉;天津市凯通化学试剂有限公司〈P1597〉;[辽]沈阳化学试剂厂〈P1686〉;沈阳市新东试剂厂〈P1689〉;[苏]常州市武进东湖化工原料有限公司〈P1854〉;[浙]兰溪市申业精细化工厂〈P1953〉;兰溪市屹达化工试剂有限公司〈P1953〉;[鲁]青岛世纪星化学试剂有限公司〈P2042〉;[粤]广州化学试剂厂(30吨)〈P2261〉;[渝]重庆川江化学试剂厂〈P2304〉;[川]成都天华科技股份有限公司(300吨)〈P2315〉;成都金山化学试剂有限公司〈P2311〉

硫酸钠;十水硫酸钠 J01020991

Sodium sulfate [7757-82-6]

用作分析试剂和媒染剂

【生产厂】[京]北京双环伟业试剂有限公司〈P1561〉;北京化工厂〈P1549〉;[辽]沈阳化学试剂厂〈P1686〉;[沪]上海新宝精细化工厂〈P1771〉;[川]成都天华科技股份有限公司〈P2315〉

硫酸钠(无水) J01021001

Sodium sulfate, anhydrous [7757-82-6]

用作分析试剂和脱水剂

【生产厂】[京]北京亚太龙兴化工有限公司〈P1564〉;北京市通广精细化工公司〈P1560〉;北京双环伟业试剂有限公司〈P1561〉;北京化工厂〈P1549〉;[津]天津市天河化学试剂厂〈P1604〉;天津市天达净化材料精细化工厂〈P1603〉;天津市金达化学试剂有限公司〈P1592〉;[辽]沈阳化学试剂厂〈P1686〉;[黑]哈尔滨试剂化工厂〈P1720〉;[沪]上海试四赫维化工有限公司〈P1764〉;上海伊瑞化工有限公司〈P1774〉;[苏]江苏宜兴市第二化学试剂厂〈P1866〉;苏州市振兴化工厂〈P1906〉;[浙]兰溪市申业精细化工厂〈P1953〉;兰溪市屹达化工试剂有限公司〈P1953〉;[鲁]莱阳双双化工有限公司(10吨)〈P2108〉;[豫]焦作市维联精细化工有限公司(100吨)〈P2196〉;[粤]台山市众城化工有限公司〈P2286〉;[渝]重庆川江化学试剂厂〈P2304〉

十二烷基硫酸钠 J01021021

Sodium dodecyl sulfate [151-21-3]

用作阴离子型表面活化剂、乳化剂及发泡剂

【生产厂】[京]北京化工厂〈P1549〉;[辽]沈阳化学试剂厂〈P1686〉;[苏]苏州市振兴化工厂〈P1906〉

亚硫酸钠 J01021051

Sodium sulphite [7757-83-7]

用于碲和铌的微量分析测定和显影液的配制,还用作还原剂

【生产厂】[京]北京化工厂〈P1549〉;[辽]沈阳化学试剂厂〈P1686〉;[沪]上海试四赫维化工有限公司〈P1764〉;[浙]兰溪市屹达化工试剂有限公司〈P1953〉;[粤]广州化学试剂厂(6吨)〈P2261〉;[川]成都天华科技股份有限公司〈P2315〉

亚硫酸钠(无水);硫养粉 J01021061

Sodium sulphite, anhydrous [7757-83-7]

用作普通分析试剂和光敏电阻材料

【生产厂】[京]北京亚太龙兴化工有限公司〈P1564〉;北京化工厂〈P1549〉;[津]天津市天河化学试剂厂〈P1604〉;天津市天达净化材料精细化工厂〈P1603〉;[辽]沈阳化学试剂厂〈P1686〉;[黑]哈尔滨试剂化工厂〈P1720〉;[沪]上海新宝精细化工厂〈P1771〉;上海振欣试剂厂〈P1778〉;[苏]宜兴市双发化工有限公司〈P1886〉;苏州市振兴化工厂〈P1906〉;[浙]兰溪市申业精细化工厂〈P1953〉;温州市化学试剂有限公司〈P1938〉;[豫]焦作鑫安科技股份有限公

J

司(100 吨)〈P2197〉;焦作市维联精细化工有限公司(90 吨)〈P2196〉;[粤]广州化学试剂厂(10 吨)〈P2261〉;台山市众城化工有限公司〈P2286〉;[渝]重庆川江化学试剂厂〈P2304〉

过硫酸钠;过二硫酸钠　J01021071
Sodium persulfate [7775-27-1]
用作氧化剂、漂白剂和电池去极剂
【生产厂】[京]北京化工厂〈P1549〉;[辽]沈阳化学试剂厂〈P1686〉;[沪]爱建德固赛(上海)引发剂有限公司(5000 吨)〈P1726〉;[苏]苏州市振兴化工厂〈P1906〉;昆山晶科微电子材料有限公司〈P1896〉;[鲁]青岛世纪星化学试剂有限公司〈P2042〉

连二亚硫酸钠;低亚硫酸钠;保险粉　J01021081
Sodium dithionite [7775-14-6]
在分析上用作氧气吸收剂,还用作染料中间体和漂白剂
【生产厂】[津]天津市纵横兴工贸有限公司化工试剂分公司〈P1614〉;天津市兴联化工厂〈P1609〉;天津市天达净化材料精细化工厂〈P1603〉;[辽]沈阳化学试剂厂〈P1686〉;[沪]上海华谊集团上硫化工有限公司〈P1739〉

偏重亚硫酸钠;焦性亚硫酸钠　J01021111
Sodium metabisulfite [7681-57-4]
用作色谱分析试剂、防腐剂和还原剂,用于染料和制药工业
【生产厂】[津]天津市天河化学试剂厂〈P1604〉;天津市天达净化材料精细化工厂〈P1603〉;天津市金达化学试剂有限公司〈P1592〉;[辽]沈阳化学试剂厂〈P1686〉;[沪]上海试四赫维化工有限公司〈P1764〉;上海南威化工有限公司〈P1754〉;[浙]温州市化学试剂有限公司〈P1938〉

硫代硫酸钠;大苏打　J01021121
Sodium thiosulfate [10102-17-7]
用作分析试剂、媒染剂和定影剂
【生产厂】[京]北京化工厂〈P1549〉;[辽]沈阳新兴试剂厂〈P1689〉;沈阳化学试剂厂〈P1686〉;[黑]哈尔滨试剂化工厂〈P1720〉;[苏]江苏宜兴市第二化学试剂厂〈P1866〉;昆山晶科微电子材料有限公司〈P1896〉;[浙]兰溪市屹达化工试剂有限公司〈P1953〉;[豫]焦作鑫安科技股份有限公司(100 吨)〈P2197〉;[粤]广州化学试剂厂(10 吨)〈P2261〉;台山市众城化工有限公司〈P2286〉;[川]成都天华科技股份有限公司〈P2315〉;成都东金化学试剂有限公司〈P2310〉

硫代硫酸钠(无水)　J01021131
Sodium thiosulfate, anhydrous [10102-17-7]
用作分析试剂、还原剂,也用于照相业
【生产厂】[苏]苏州市振兴化工厂〈P1906〉

焦硫酸钠　J01021151
Sodium pyrosulphate [7681-38-1]
用作分析试剂和熔融剂
【生产厂】[京]北京化工厂〈P1549〉;[鲁]青岛世纪星化学试剂有限公司〈P2042〉;[粤]广州化学试剂厂(6 吨)〈P2261〉

硫酸氢钠;酸性硫酸钠　J01021161
Sodium hydrogen sulphate [7681-38-1]
用于分析试剂和助熔剂
【生产厂】[京]北京化工厂〈P1549〉;[沪]上海新宝精细化工厂〈P1771〉;[鲁]青岛世纪星化学试剂有限公司〈P2042〉;[粤]广州化学试剂厂(12 吨)〈P2261〉

亚硫酸氢钠;酸式亚硫酸钠;重亚硫酸钠　J01021171
Sodium bisulfite [7631-90-5]
在分析中用作还原剂,还用作漂白剂和细菌抑制剂
【生产厂】[京]北京亚太龙兴化工有限公司〈P1564〉;[津]天津市天河化学试剂厂〈P1604〉;天津市天达净化材料精细化工厂〈P1603〉;天津市金达化学试剂有限公司〈P1592〉;[辽]沈阳化学试剂厂〈P1686〉;[沪]上海试四赫维化工有限公司〈P1764〉;[苏]江苏宜兴市第二化学试剂厂〈P1866〉;[浙]温州市化学试剂有限公司〈P1938〉;[鲁]淄博化学试剂厂有限公司(30 吨)〈P2062〉;淄博市临淄天德精细化工研究所〈P2888〉;莱阳双双化工有限公司(10 吨)〈P2108〉

焦锑酸钠　J01021181
Sodium pyroantimonate [12507-68-5]
用作分析试剂
【生产厂】[沪]上海试四赫维化工有限公司〈P1764〉

氰化钠　J01021191
Sodium cyanide [143-33-9]
在分析上用作掩蔽剂,在冶炼、电镀工业中用作络合剂,还用于昆虫激素的研究
【生产厂】[辽]沈阳化学试剂厂〈P1686〉;[粤]广州化学试剂厂(6 吨)〈P2261〉

硫氰酸钠;硫氰化钠　J01021211
Sodium thiocyanate [540-72-7]
用作分析试剂
【生产厂】[京]北京双环伟业试剂有限公司〈P1561〉;北京化工厂〈P1549〉;[辽]沈阳化学试剂厂〈P1686〉;[浙]温州市化学试剂有限公司〈P1938〉;[鲁]青岛世纪星化学试剂有限公司〈P2042〉;[粤]广州化学试剂厂(6 吨)〈P2261〉;[川]成都天华科技股份有限公司(20 吨)〈P2315〉

氯化钠　J01021221
Sodium chloride [7647-14-5]
用作分析试剂,还用于生物培养基的制备
【生产厂】[京]北京益利精细化学品有限公司〈P1565〉;北京市通广精细化工公司〈P1560〉;北京化工厂〈P1549〉;[津]天津市天河化学试剂厂〈P1604〉;天津市凯通化学试剂有限公司〈P1597〉;天津市天达净化材料精细化工厂〈P1603〉;[辽]沈阳新兴试剂厂〈P1689〉;沈阳化学试剂厂〈P1686〉;沈阳市北丰化学试剂厂〈P1688〉;沈阳市试剂二厂〈P1688〉;[沪]上海试四赫维化工有限公司〈P1764〉;[苏]宜兴市卫星化工有限公司〈P1887〉;江苏宜兴市第二化学试剂厂〈P1866〉;苏州市振兴化工厂〈P1906〉;常熟市辛庄吉祥助剂有限公司〈P1891〉;徐州试剂厂(20 吨)〈P1796〉;[浙]兰溪市申业精细化工厂〈P1953〉;兰溪市屹达化工试剂有限公司〈P1953〉;[赣]江西洪都生物化学有限公司〈P2008〉;[鲁]莱阳双双化工有限公司(50 吨)〈P2108〉;[豫]焦作鑫安科技股份有限公司(100 吨)〈P2197〉;[粤]广州化学试剂厂(6 吨)〈P2261〉;台山市众城化工有限公司〈P2286〉;[渝]重庆川江化学试剂厂〈P2304〉;[川]成都天华科技股份有限公司〈P2315〉;成都东金化学试剂有限公司〈P2310〉;成都金山化学试剂有限公司〈P2311〉;四川特种工程塑料厂(1000 吨)〈P2321〉

氯酸钠 J01021261

Sodium chlorate [7775-09-9]

用于电子、仪表、冶金工业,还用作氧化剂

【生产厂】[辽]沈阳化学试剂厂〈P1686〉;[鲁]青岛世纪星化学试剂有限公司〈P2042〉;[粤]广州化学试剂厂(6吨)〈P2261〉

次氯酸钠;安替福民 J01021291

Sodium hypochlorite [7681-52-9]

用于医药工业,还用作漂白剂

【生产厂】[京]北京化工厂〈P1549〉;[津]天津市天河化学试剂厂〈P1604〉;天津市兴联化工厂〈P1609〉;[辽]沈阳化学试剂厂〈P1686〉;[鲁]青岛世纪星化学试剂有限公司〈P2042〉;[豫]开封市永安化工厂(2000吨)〈P2178〉;[渝]重庆川江化学试剂厂〈P2304〉

次氯酸钠,溶液 J01021301

Sodium hypochlorite, solution [7681-52-9]

用于医药、造纸工业

【生产厂】[渝]重庆无机化学试剂厂(200吨)〈P2307〉

高氯酸钠;过氯酸钠 J01021311

Sodium perchlorate [7601-89-0]

用作分析试剂、氧化剂

【生产厂】[沪]上海恒信化学试剂有限公司〈P1736〉

碘化钠 J01021321

Sodium iodide [7681-82-5]

用作分析试剂和碘的助溶剂,也用于制药工业

【生产厂】[京]北京双环伟业试剂有限公司〈P1561〉;北京化工厂〈P1549〉;[津]天津市天河化学试剂厂〈P1604〉;天津市凯通化学试剂有限公司〈P1597〉;[浙]浙江海川化学品有限公司〈P1963〉;[鲁]淄博市临淄天德精细化工研究所〈P2888〉;青岛世纪星化学试剂有限公司〈P2042〉;[渝]重庆联华化工厂〈P2305〉

碘化钠,无水 J01021331

Sodium iodide, anhydrous [7681-82-5]

用作分析试剂和制备单晶的原料

【生产厂】[粤]广州化学试剂厂(3吨)〈P2261〉

碘酸钠 J01021341

Sodium iodate [7681-55-2]

用作分析试剂和氧化剂,还用于制药工业

【生产厂】[京]北京化工厂〈P1549〉;[浙]浙江海川化学品有限公司〈P1963〉;温州市化学试剂有限公司〈P1938〉;[鲁]青岛世纪星化学试剂有限公司〈P2042〉;[粤]广州化学试剂厂(2吨)〈P2261〉

高碘酸钠 J01021361

Sodium periodate [7790-28-5]

用作普通分析试剂及色谱分析试剂

【生产厂】[京]北京化工厂〈P1549〉;[津]天津市天河化学试剂厂〈P1604〉;[冀]唐山市丰南区宝齐试剂有限公司〈P1636〉;[浙]浙江海川化学品有限公司〈P1963〉;温州市化学试剂有限公司〈P1938〉;[鲁]青岛世纪星化学试剂有限公司〈P2042〉;[粤]广州化学试剂厂(2吨)〈P2261〉;[渝]重庆联华化工厂〈P2305〉

四硼酸钠;硼砂;硼酸钠 J01021371

Borax; Disodium tetraborate [1303-96-4]

用作色谱分析试剂、缓冲剂、防腐剂和金属助熔剂

【生产厂】[京]北京化工厂〈P1549〉;[津]天津市天河化学试剂厂〈P1604〉;[辽]沈阳新兴试剂厂〈P1689〉;沈阳化学试剂厂〈P1686〉;沈阳市北丰化学试剂厂〈P1688〉;[苏]苏州市振兴化工厂〈P1906〉;[鲁]莱阳双双化工有限公司〈P2108〉;[粤]广州化学试剂厂(8吨)〈P2261〉;台山市众城化工有限公司〈P2286〉;[渝]重庆川江化学试剂厂〈P2304〉;[川]成都天华科技股份有限公司〈P2315〉;成都东金化学试剂有限公司〈P2310〉;四川特种工程塑料厂(300吨)〈P2321〉

四硼酸钠(无水);无水硼砂 J01021381

Disodium tetraborate, anhydrous [1330-43-4]

用作分析试剂,也用于硼砂球试验

【生产厂】[京]北京化工厂〈P1549〉

过硼酸钠;高硼酸钠 J01021391

Sodium perborate [7632-04-4]

用作分析试剂和氧化剂,还用于防腐、脱臭、电镀、漂白和杀菌等

【生产厂】[津]天津市天河化学试剂厂〈P1604〉;[辽]沈阳化学试剂厂〈P1686〉;[鲁]青岛世纪星化学试剂有限公司〈P2042〉

氟硼酸钠 J01021401

Sodium fluoroborate [13755-29-8]

用作分析试剂

【生产厂】[津]天津市兴联化工厂〈P1609〉;[辽]沈阳化学试剂厂〈P1686〉;[沪]上海科帆化工科技有限公司〈P1748〉;[苏]南通市通试试剂有限公司〈P1835〉;[鲁]淄博市临淄天德精细化工研究所〈P2888〉;青岛世纪星化学试剂有限公司〈P2042〉;[粤]广州化学试剂厂(3吨)〈P2261〉;[川]成都五环高新化学试剂厂有限公司〈P2316〉

偏硼酸钠 J01021411

Sodium metaborate [15293-77-3]

用作分析试剂、防腐剂

【生产厂】[京]北京化工厂〈P1549〉

锡酸钠 J01021421

Sodium stannate [12209-98-2]

用作织物防火剂和陶瓷工业的媒染剂

【生产厂】[京]北京双环伟业试剂有限公司〈P1561〉;[辽]沈阳化学试剂厂〈P1686〉;[沪]上海南翔试剂有限公司〈P1754〉;上海新宝精细化工厂〈P1771〉;[鲁]青岛世纪星化学试剂有限公司〈P2042〉

溴化钠;钠溴 J01021431

Sodium bromide [7647-15-6]

用作分析试剂,也用于无机和有机化合物的合成及制药工业

【生产厂】[京]北京化工厂〈P1549〉;[沪]上海试四赫维化工有限公司〈P1764〉;[鲁]青岛世纪星化学试剂有限公司〈P2042〉;[粤]广州化学试剂厂(3吨)〈P2261〉

溴酸钠 J01021441

Sodium bromate [7789-38-0]

用于容量分析,也可用作氧化剂

【生产厂】[京]北京化工厂〈P1549〉;[沪]上海恒信化学试剂

有限公司〈P1736〉

碳酸钠；纯碱　J01021461

Sodium carbonate [497-19-8]

用作分析试剂，也用于制药工业和照相制版

【生产厂】[京]北京亚太龙兴化工有限公司〈P1564〉；北京双环伟业试剂有限公司〈P1561〉；北京化工厂〈P1549〉；[津]天津市兴联化工厂〈P1609〉；[辽]沈阳化学试剂厂〈P1686〉；[沪]上海中远化工有限公司〈P1779〉；[苏]昆山晶科微电子材料有限公司〈P1896〉；[粤]广州化学试剂厂(6 吨)〈P2261〉；[川]成都天华科技股份有限公司〈P2315〉

碳酸钠(一水)　J01021471

Sodium carbonate, monohydrate [5968-11-6]

用作分析试剂和基本化工原料

【生产厂】[津]天津市天达净化材料精细化工厂〈P1603〉

碳酸氢钠；小苏打　J01021501

Sodium hydrogen carbonate [144-55-8]

用作分析试剂，还用于无机合成和制药工业

【生产厂】[京]北京化工厂〈P1549〉；[津]天津市天河化学试剂厂〈P1604〉；天津市天达净化材料精细化工厂〈P1603〉；[辽]沈阳化学试剂厂〈P1686〉；[苏]宜兴市锦程化工有限公司〈P1885〉；江苏宜兴市第二化学试剂厂〈P1866〉；[粤]广州化学试剂厂(6 吨)〈P2261〉

靛蓝二磺酸钠；靛胭脂　J01021591

Indigo-5,5′-disulphonic acid, disodium salt [860-22-0]

用于氧化剂还原指示剂及生物染色剂，也用于肾功能的测定

【生产厂】[津]天津市凯通化学试剂有限公司〈P1597〉；[湘]湖南省娄底化工总厂试剂分厂〈P2257〉

二苯胺磺酸钠；4-二苯胺磺酸钠　J01021611

Diphenylamine sulphonic acid, sodium salt; Sodium diphenylamine sulphonate [6152-67-6]

用作普通分析试剂、氧化还原指示剂和尿素合成中的脱硫剂

【生产厂】[辽]沈阳化学试剂厂〈P1686〉；[湘]湖南省湘中地质实验研究所〈P2258〉；湖南省娄底化工总厂试剂分厂〈P2257〉

十二烷基苯磺酸钠　J01021621

Sodium dodecyl benzene sulfonate [25155-30-0]

用作阴离子型表面活性剂

【生产厂】[辽]沈阳化学试剂厂〈P1686〉；[沪]上海伊瑞化工有限公司〈P1774〉

1,5-萘二磺酸钠　J01021731

Sodium 1,5-naphthalene disulfonate [1655-29-4]

用于合成染料工业

【生产厂】[沪]上海三爱思试剂有限公司〈P1759〉；上海科丰化学试剂有限公司〈P1749〉

磷酸三钠；磷酸钠　J01021811

Trisodium phosphate [10101-89-0]

用作分析试剂、软水剂及金属清洗剂

【生产厂】[京]北京亚太龙兴化工有限公司〈P1564〉；北京化工厂〈P1549〉；[津]天津市纵横兴工贸有限公司化工试剂分公司〈P1614〉；天津市天河化学试剂厂〈P1604〉；[辽]沈阳化学试剂厂〈P1686〉；沈阳市北丰化学试剂厂〈P1688〉；[黑]哈尔滨试剂化工厂〈P1720〉；[沪]上海新宝精细化工厂〈P1771〉；上海振欣试剂厂〈P1778〉；上海科创化工有限公司(20 吨)〈P1748〉；[苏]宜兴市双发化工有限公司〈P1886〉；江苏宜兴市第二化学试剂厂〈P1866〉；苏州市振兴化工厂〈P1906〉；昆山晶科微电子材料有限公司〈P1896〉；[浙]兰溪市屹达化工试剂有限公司〈P1953〉；[赣]江西洪都生物化学有限公司〈P2008〉；[鲁]莱阳双双化工有限公司(2 吨)〈P2108〉；青岛世纪星化学试剂有限公司〈P2042〉；[豫]焦作鑫安科技股份有限公司(100 吨)〈P2197〉；[粤]广州化学试剂厂(12 吨)〈P2261〉；[渝]重庆川江化学试剂厂〈P2304〉；[川]成都天华科技股份有限公司〈P2315〉；成都东金化学试剂有限公司〈P2310〉；成都金山化学试剂有限公司〈P2311〉

三聚磷酸钠；多聚磷酸钠　J01021831

Sodium tripolyphosphate [7758-29-4]

用作软水剂，还用于糖果工业等

【生产厂】[津]天津市天河化学试剂厂〈P1604〉；[辽]沈阳化学试剂厂〈P1686〉；[沪]上海科创化工有限公司〈P1748〉；[苏]宜兴市双发化工有限公司〈P1886〉

六偏磷酸钠　J01021841

Sodium hexametaphosphate [10124-56-8]

用作普通分析试剂、软水剂，还用于照相洗印和印染

【生产厂】[津]天津市天河化学试剂厂〈P1604〉；天津市天达净化材料精细化工厂〈P1603〉；[辽]沈阳化学试剂厂〈P1686〉；[沪]上海科创化工有限公司〈P1748〉；[粤]台山市众城化工有限公司〈P2286〉

次磷酸钠；次亚磷酸钠　J01021871

Sodium hypophosphite [10039-56-2]

用作分析试剂，也用于临床检验

【生产厂】[京]北京双环伟业试剂有限公司〈P1561〉；北京化工厂〈P1549〉；[津]天津市天河化学试剂厂〈P1604〉；天津市天达净化材料精细化工厂〈P1603〉；[辽]沈阳化学试剂厂〈P1686〉；[沪]上海恒信化学试剂有限公司〈P1736〉；上海南翔试剂有限公司〈P1754〉；[苏]江苏省太仓市归庄镇武兵化工厂〈P1894〉；[渝]重庆川江化学试剂厂〈P2304〉

焦磷酸钠　J01021921

Sodium pyrophosphate [13472-36-1]

用作分析试剂、软水剂、分散剂及乳化剂

【生产厂】[京]北京化工厂〈P1549〉；[津]天津市天河化学试剂厂〈P1604〉；[辽]沈阳化学试剂厂〈P1686〉；沈阳市北丰化学试剂厂〈P1688〉；[沪]上海恒信化学试剂有限公司〈P1736〉；上海科创化工有限公司〈P1748〉；[鲁]莱阳双双化工有限公司(2 吨)〈P2108〉；青岛世纪星化学试剂有限公司〈P2042〉；[粤]广州化学试剂厂(6 吨)〈P2261〉

磷酸二氢钠；磷酸一钠　J01021941

Sodium dihydrogen phosphate dihydrate [13472-35-0]

用作分析试剂、缓冲剂和软水剂，也用于细菌培养等

【生产厂】[京]北京亚太龙兴化工有限公司〈P1564〉；北京双环伟业试剂有限公司〈P1561〉；北京化工厂〈P1549〉；[津]天津市纵横兴工贸有限公司化工试剂分公司〈P1614〉；天津市天河化学试剂厂〈P1604〉；[辽]沈阳化学试剂厂〈P1686〉；沈阳市新东试剂厂〈P1689〉；沈阳市北丰化学试剂厂〈P1688〉；[沪]上海新宝精细化工厂〈P1771〉；[苏]宜兴市双发化工有限公司〈P1886〉；江苏宜兴市第二化学试

剂厂〈P1866〉;[浙]兰溪市屹达化工试剂有限公司〈P1953〉;[赣]江西洪都生物化学有限公司〈P2008〉;[鲁]莱阳双双化工有限公司(2吨)〈P2108〉;[粤]广州化学试剂厂(12吨)〈P2261〉;[渝]重庆川江化学试剂厂〈P2304〉;重庆福斯达化工有限公司〈P2304〉;[川]成都天华科技股份有限公司〈P2315〉;成都东金化学试剂有限公司〈P2310〉

磷酸二氢钠(无水) J01021951

Sodium dihydrogen phosphate, anhydrous [7558-80-7]

用作分析试剂、缓冲剂和软水剂

【生产厂】[京]北京双环伟业试剂有限公司〈P1561〉;北京化工厂〈P1549〉;[津]天津市纵横兴工贸有限公司化工试剂分公司〈P1614〉

磷酸氢二钠;磷酸二钠 J01021971

Disodium hydrogen phosphate [7558-79-4]

用作分析试剂和 pH 基准试剂

【生产厂】[京]北京亚太龙兴化工有限公司〈P1564〉;北京市通广精细化工公司〈P1560〉;北京双环伟业试剂有限公司〈P1561〉;北京化工厂〈P1549〉;[津]天津市纵横兴工贸有限公司化工试剂分公司〈P1614〉;天津市天河化学试剂厂〈P1604〉;[辽]沈阳化学试剂厂〈P1686〉;沈阳市新东试剂厂〈P1689〉;沈阳市北丰化学试剂厂〈P1688〉;[沪]上海新宝精细化工厂〈P1771〉;上海科创化工有限公司〈P1748〉;[苏]宜兴市双发化工有限公司〈P1886〉;江苏宜兴市第二化学试剂厂〈P1866〉;[浙]兰溪市屹达化工试剂有限公司〈P1953〉;[赣]江西洪都生物化学有限公司〈P2008〉;[鲁]莱阳双双化工有限公司(2吨)〈P2108〉;[粤]广州化学试剂厂(12吨)〈P2261〉;台山市众城化工有限公司〈P2286〉;[渝]重庆川江化学试剂厂〈P2304〉;重庆福斯达化工有限公司〈P2304〉;[川]成都天华科技股份有限公司〈P2315〉;成都东金化学试剂有限公司〈P2310〉

磷酸氢二钠,无水;磷酸二钠,无水 J01021981

Disodium hydrogen phosphate, anhydrous [7558-79-4]

用作分析试剂、缓冲剂、软水剂和印染业防火剂,还用于织物增重等

【生产厂】[津]天津市纵横兴工贸有限公司化工试剂分公司〈P1614〉;[辽]沈阳新兴试剂厂〈P1689〉

焦磷酸钠(无水) J01029131

Sodium pyrophosphate, anhydrous [13472-36-1]

用作分析试剂、软水剂、除锈剂、分散剂和乳化剂

【生产厂】[辽]沈阳化学试剂厂〈P1686〉

乙酸钙;醋酸钙 J01030021

Calcium acetate [62-54-4]

用作分析试剂,也用于乙酸盐的合成

【生产厂】[京]北京亚太龙兴化工有限公司〈P1564〉;[辽]沈阳化学试剂厂〈P1686〉;沈阳市试剂二厂(100吨)〈P1688〉;[沪]上海美兴化工有限公司(250吨)〈P1753〉;松江佘山化工厂〈P1780〉;上海新宝精细化工厂〈P1771〉;[浙]温州市化学试剂有限公司〈P1938〉;[豫]郑州派尼化学试剂厂〈P2172〉;[粤]台山市众城化工有限公司〈P2286〉

丙酸钙,无水;初油酸钙 J01030071

Calcium propionate, anhydrous [4075-81-4]

用作分析试剂

【生产厂】[沪]上海三爱思试剂有限公司〈P1759〉

甲酸钙;蚁酸钙 J01030091

Calcium formate [544-17-2]

用于皮革的鞣制

【生产厂】[沪]上海科创化工有限公司(300吨)〈P1748〉;上海伊瑞化工有限公司〈P1774〉

D-泛酸钙 J01030101

Calcium D-pantothenate [63409-48-3]

为乙族维生素的组分之一,还用作培养基

【生产厂】[京]北京化工厂〈P1549〉

草酸钙;乙二酸钙 J01030131

Calcium oxalate [5794-28-5]

用作分析试剂,分离稀有金属时用作载体,还用于草酸盐的制备

【生产厂】[沪]上海美兴化工有限公司〈P1753〉

氟化钙 J01030151

Calcium fluoride [7789-75-5]

用作冶金助熔剂、脱水和脱氢催化剂,亦用于电子、仪表工业

【生产厂】[京]北京化工厂〈P1549〉;[辽]沈阳化学试剂厂〈P1686〉;[沪]上海三爱思试剂有限公司〈P1759〉;上海科帆化工科技有限公司〈P1748〉;[苏]南通市通试试剂有限公司〈P1835〉;如皋市金陵试剂厂〈P1838〉;[粤]广州化学试剂厂(2吨)〈P2261〉

氢氧化钙;熟石灰 J01030171

Calcium hydroxide [1305-62-0]

用作分析试剂、二氧化碳吸收剂,也用于有机合成

【生产厂】[京]北京亚太龙兴化工有限公司〈P1564〉;[津]天津市兴联化工厂〈P1609〉;天津市天达净化材料精细化工厂〈P1603〉;[辽]沈阳化学试剂厂〈P1686〉;[沪]上海南威化工有限公司〈P1754〉;[苏]宜兴市锦程化工有限公司〈P1885〉;宜兴市双发化工有限公司〈P1886〉;宜兴市卫星化工有限公司〈P1887〉;[豫]郑州派尼化学试剂厂〈P2172〉

氧化钙;生石灰 J01030201

Calcium oxide [1305-78-8]

用作分析试剂、制造荧光粉的助熔剂

【生产厂】[京]北京亚太龙兴化工有限公司〈P1564〉;[辽]沈阳化学试剂厂〈P1686〉;[苏]宜兴市锦程化工有限公司〈P1885〉;宜兴市双发化工有限公司〈P1886〉;[豫]郑州派尼化学试剂厂〈P2172〉

过氧化钙 J01030211

Calcium peroxide [1305-79-9]

用作分析试剂,医药上用作杀菌、防腐剂等

【生产厂】[辽]沈阳市北丰化学试剂厂〈P1688〉;[沪]上海科丰化学试剂有限公司〈P1749〉

铬酸钙 J01030241

Calcium chromate [14307-33-6]

用作分析试剂、氧化剂,也用于颜料工业

【生产厂】[辽]沈阳市新东试剂厂〈P1689〉

硝酸钙 J01030271

Calcium nitrate [10124-37-5]

用作分析试剂及焰火用材料

【生产厂】[京]北京亚太龙兴化工有限公司〈P1564〉;北京化工厂〈P1549〉;[辽]沈阳市北丰化学试剂厂〈P1688〉;[沪]上海新宝精细化工厂〈P1771〉;上海振欣试剂厂〈P1778〉;上海科创化工有限公司〈P1748〉;[豫]郑州派尼化学试剂厂〈P2172〉

硫化钙 J01030281

Calcium sulfide [20548-54-3]

用作分析试剂及荧光粉的基质,也用于制药工业

【生产厂】[沪]上海试四赫维化工有限公司〈P1764〉

硫酸钙;石膏;二水硫酸钙 J01030291

Calcium sulfate;Calcium sulfate dihydrate [10101-41-4]

用作水泥阻滞剂

【生产厂】[京]北京亚太龙兴化工有限公司〈P1564〉;北京化工厂〈P1549〉;[津]天津市东丽区泰兰德化学试剂厂(100吨)〈P1585〉;[辽]沈阳化学试剂厂〈P1686〉;沈阳市北丰化学试剂厂〈P1688〉;[沪]松江佘山化工厂〈P1780〉;[豫]郑州派尼化学试剂厂〈P2172〉;[粤]台山市众城化工有限公司〈P2286〉

亚硫酸钙 J01030311

Calcium sulfite [10257-55-3]

用作分析试剂,还用于纺织、造纸和制糖工业等

【生产厂】[辽]沈阳市北丰化学试剂厂〈P1688〉;[沪]上海试四赫维化工有限公司〈P1764〉;[浙]温州市化学试剂有限公司〈P1938〉

氯化钙(无水) J01030331

Calcium chloride,anhydrous [10043-52-4]

用作分析试剂及干燥剂

【生产厂】[京]北京亚太龙兴化工有限公司〈P1564〉;北京化工厂〈P1549〉;[津]天津市丰华莹商贸有限公司(100吨)〈P1586〉;天津市塘沽区南开福利化工厂(2000吨)〈P1603〉;[沪]上海美兴化工有限公司(100吨)〈P1753〉;[苏]镇江市化剂厂〈P1845〉;宜兴市双发化工有限公司〈P1886〉;江苏宜兴市第二化学试剂厂〈P1866〉;宜兴市广汇助剂化工有限公司〈P1885〉;昆山晶科微电子材料有限公司〈P1896〉;[浙]兰溪市屹达化工试剂有限公司〈P1953〉;[粤]台山市众城化工有限公司〈P2286〉;[渝]重庆无机化学试剂厂〈P2307〉;[川]成都化工研究设计院〈P2311〉

氯化钙(六水) J01030341

Calcium chloride,hexahydrate [7774-34-7]

【生产厂】[京]北京化工厂〈P1549〉;[津]天津市天达净化材料精细化工厂〈P1603〉;[辽]沈阳化学试剂厂〈P1686〉;[苏]宜兴市双发化工有限公司〈P1886〉

次氯酸钙 J01030361

Calcium hypochlorite [7778-54-3]

用作分析试剂、漂白剂、脱毛剂和氧化剂

【生产厂】[京]北京化工厂〈P1549〉;[沪]上海试四赫维化工有限公司〈P1764〉

碘酸钙 J01030381

Calcium iodate [7789-80-2]

用作分析试剂

【生产厂】[京]北京化工厂〈P1549〉;[沪]上海科创化工有限公司(50吨)〈P1748〉;上海伊瑞化工有限公司〈P1774〉;[浙]温州市化学试剂有限公司〈P1938〉

溴化钙 J01030401

Calcium bromide [7789-41-5]

用作分析试剂,也用于照相、制药工业

【生产厂】[京]北京益利精细化学品有限公司〈P1565〉

碳化钙 J01030411

Calcium carbide [75-20-7]

用作教学试剂

【生产厂】[豫]郑州派尼化学试剂厂〈P2172〉

碳酸钙 J01030421

Calcium carbonate [471-34-1]

用作分析试剂、基准试剂、硅单晶切片胶和厚膜电容材料

【生产厂】[京]北京益利精细化学品有限公司〈P1565〉;北京亚太龙兴化工有限公司〈P1564〉;北京双环伟业试剂有限公司〈P1561〉;北京化工厂〈P1549〉;[津]天津市兴联化工厂〈P1609〉;天津市天达净化材料精细化工厂〈P1603〉;[辽]沈阳新兴试剂厂〈P1689〉;沈阳化学试剂厂〈P1686〉;沈阳市北丰化学试剂厂〈P1688〉;沈阳市试剂二厂(100吨)〈P1688〉;[黑]哈尔滨试剂化工厂〈P1720〉;[沪]松江佘山化工厂〈P1780〉;上海振欣试剂厂〈P1778〉;[苏]宜兴市锦程化工有限公司〈P1885〉;宜兴市双发化工有限公司〈P1886〉;[鲁]淄博市临淄天德精细化工研究所〈P2888〉;[豫]郑州派尼化学试剂厂〈P2172〉;[粤]台山市众城化工有限公司〈P2286〉

磷酸钙;磷酸三钙 J01030431

Calcium phosphate;Tricalcium phosphate [7758-87-4]

用作媒染剂,也用于陶瓷、玻璃、涂料等的着色

【生产厂】[京]北京化工厂〈P1549〉;[沪]上海试四赫维化工有限公司〈P1764〉;[粤]台山市众城化工有限公司〈P2286〉;[川]成都东金化学试剂有限公司〈P2310〉

次磷酸钙;次磷酸二氢钙;次亚磷酸钙 J01030461

Calcium hypophosphite [7789-79-9]

用作分析试剂,也用于制药工业

【生产厂】[沪]上海南翔试剂有限公司(2吨)〈P1754〉

磷酸氢钙 J01030501

Calcium hydrogen phosphate [7789-77-7]

用作分析试剂和塑料固定剂

【生产厂】[京]北京亚太龙兴化工有限公司〈P1564〉;[沪]上海试四赫维化工有限公司〈P1764〉

乙酸钡;醋酸钡 J01040011

Barium acetate [543-80-6]

用作分析试剂和媒染剂,也用于制药工业

【生产厂】[京]北京亚太龙兴化工有限公司〈P1564〉;北京化工厂〈P1549〉;[津]天津市天河化学试剂厂〈P1604〉;[辽]沈阳化学试剂厂〈P1686〉;沈阳市北丰化学试剂厂〈P1688〉;[沪]上海化工高等专科学校实验工厂(50吨)〈P1740〉

氢氧化钡;氢氧化钡(八水) J01040061

Barium hydroxide, octahydrate [17194-00-2]

用作分析试剂,也用于分离沉淀硫酸根和制造钡盐

【生产厂】[京]北京亚太龙兴化工有限公司〈P1564〉;北京双环伟业试剂有限公司〈P1561〉;北京化工厂〈P1549〉;[津]天津市天河化学试剂厂〈P1604〉;天津市兴联化工厂〈P1609〉;[辽]沈阳化学试剂厂〈P1686〉;沈阳市北丰化学试剂厂〈P1688〉;[黑]哈尔滨试剂化工厂〈P1720〉;[沪]上海化工高等专科学校实验工厂(20 吨)〈P1740〉;[鲁]莱阳双双化工有限公司〈P2108〉;[粤]台山市众城化工有限公司〈P2286〉

氧化钡,无水 J01040111

Barium oxide, anhydrous [1304-28-5]

用作干燥剂,也用于光学玻璃的配料及电子、仪表、冶金工业

【生产厂】[黑]哈尔滨试剂化工厂〈P1720〉

过氧化钡;二氧化钡 J01040121

Barium peroxide [1304-29-6]

用于钡盐或过氧化氢的制备,也用作氧化剂、漂白剂和媒染剂等

【生产厂】[京]北京亚太龙兴化工有限公司〈P1564〉;[辽]沈阳市北丰化学试剂厂〈P1688〉;[黑]哈尔滨试剂化工厂〈P1720〉

铬酸钡 J01040161

Barium chromate [10294-40-3]

用作测定硫酸盐、硒酸盐的试剂

【生产厂】[京]北京双环伟业试剂有限公司〈P1561〉;北京化工厂〈P1549〉;[津]天津市天河化学试剂厂〈P1604〉;[辽]沈阳化学试剂厂〈P1686〉;沈阳市新东试剂厂〈P1689〉;[川]成都天华科技股份有限公司〈P2315〉

硬脂酸钡;十八酸钡 J01040171

Barium stearate [6865-35-6]

用作防水剂、润滑剂和轴承填衬料

【生产厂】[辽]沈阳化学试剂厂〈P1686〉

硝酸钡 J01040181

Barium nitrate [10022-31-8]

用作分析试剂和氧化剂,还用于制造钡盐

【生产厂】[京]北京双环伟业试剂有限公司〈P1561〉;北京化工厂〈P1549〉;[津]天津市福晨化学试剂厂(500 吨)〈P1586〉;[辽]沈阳化学试剂厂〈P1686〉;沈阳市北丰化学试剂厂〈P1688〉;[黑]哈尔滨试剂化工厂〈P1720〉;[沪]上海化工高等专科学校实验工厂(50 吨)〈P1740〉;上海新宝精细化工厂〈P1771〉;上海振欣试剂厂〈P1778〉;上海科创化工有限公司(20 吨)〈P1748〉;[川]成都天华科技股份有限公司〈P2315〉

硫酸钡 J01040211

Barium sulfate [7727-43-7]

用作分析试剂,也用于制药工业

【生产厂】[京]北京益利精细化学品有限公司〈P1565〉;北京亚太龙兴化工有限公司〈P1564〉;北京化工厂〈P1549〉;[津]天津市兴联化工厂〈P1609〉;[辽]沈阳化学试剂厂〈P1686〉;[沪]上海新宝精细化工厂〈P1771〉;上海振欣试剂厂〈P1778〉;[豫]郑州派尼化学试剂厂〈P2172〉;[粤]台山市众城化工有限公司〈P2286〉

氯化钡 J01040241

Barium chloride [10326-27-9]

用作分析试剂和软水剂,也用于钡盐的制造

【生产厂】[京]北京益利精细化学品有限公司〈P1565〉;北京双环伟业试剂有限公司〈P1561〉;北京化工厂〈P1549〉;[津]天津市兴联化工厂〈P1609〉;[辽]沈阳化学试剂厂〈P1686〉;[沪]上海化工高等专科学校实验工厂(50 吨)〈P1740〉;[豫]郑州派尼化学试剂厂〈P2172〉;[粤]广州化学试剂厂(3 吨)〈P2261〉;台山市众城化工有限公司〈P2286〉;[川]成都天华科技股份有限公司〈P2315〉

碘化钡 J01040291

Barium iodide [13718-00-8]

用于碘化物的制备

【生产厂】[浙]浙江海川化学品有限公司〈P1963〉

溴化钡 J01040311

Barium bromide [7791-28-8]

用作分析试剂,也用以制备溴化物

【生产厂】[京]北京化工厂〈P1549〉;[鄂]武汉市合中化工制造有限公司〈P2232〉

碳酸钡 J01040331

Barium carbonate [513-77-9]

用于焰火、信号弹的配制,也用于陶瓷涂料和光学玻璃的辅料

【生产厂】[京]北京益利精细化学品有限公司〈P1565〉;北京亚太龙兴化工有限公司〈P1564〉;北京双环伟业试剂有限公司〈P1561〉;北京化工厂〈P1549〉;[津]天津市天河化学试剂厂〈P1604〉;[辽]沈阳市北丰化学试剂厂〈P1688〉;沈阳市试剂二厂(350 吨)〈P1688〉;[沪]上海化工高等专科学校实验工厂(300 吨)〈P1740〉;上海振欣试剂厂〈P1778〉;上海科创化工有限公司(10 吨)〈P1748〉;[湘]长沙市有机试剂厂〈P2247〉;[粤]台山市众城化工有限公司〈P2286〉

乙酸钾;醋酸钾 J01050031

Potassium acetate [127-08-2]

常用作分析试剂,也用于制药工业及透明玻璃的配料

【生产厂】[京]北京亚太龙兴化工有限公司〈P1564〉;北京化工厂〈P1549〉;[辽]沈阳化学试剂厂〈P1686〉;[沪]上海美兴化工有限公司(300 吨)〈P1753〉;[浙]温州市化学试剂有限公司〈P1938〉;[赣]江西洪都生物化学有限公司〈P2008〉;[鲁]青岛世纪星化学试剂有限公司〈P2042〉;[豫]郑州派尼化学试剂厂〈P2172〉;[粤]广州化学试剂厂(6 吨)〈P2261〉;[川]成都东金化学试剂有限公司〈P2310〉

邻苯二甲酸氢钾;酞酸氢钾 J01050101

Potassium hydrogen phthalate [877-24-7]

用作分析试剂和缓冲剂

【生产厂】[京]北京化工厂〈P1549〉;[辽]沈阳新兴试剂厂〈P1689〉;沈阳化学试剂厂〈P1686〉;[沪]上海光铧科技有限公司〈P1735〉;[鲁]青岛世纪星化学试剂有限公司〈P2042〉;[粤]广州化学试剂厂(3 吨)〈P2261〉

油酸钾;十八碳烯酸钾 J01050131

Potassium oleate [143-18-0]

用作乳化剂和清洗剂

【生产厂】[京]北京化工厂〈P1549〉;[豫]郑州派尼化学试剂厂〈P2172〉

草酸钾；乙二酸钾 J01050141

Potassium oxalate [6487-48-5]

用作分析试剂，也用于防止血液的凝固、制药工业和影片洗印

【生产厂】[京]北京化工厂〈P1549〉；[津]天津市天河化学试剂厂〈P1604〉；天津市凯通化学试剂有限公司〈P1597〉；[辽]沈阳化学试剂厂〈P1686〉；[鲁]青岛世纪星化学试剂有限公司〈P2042〉；[豫]郑州派尼化学试剂厂〈P2172〉；[湘]长沙市有机试剂厂〈P2247〉

四草酸钾；四乙二酸钾；草酸三氢钾 J01050151

Potassium tetraoxalate; Potassium trihydrogen dioxalate [6100-20-5]

用作分析试剂，也用于缓冲溶液的配制

【生产厂】[京]北京化工厂〈P1549〉；[沪]上海大峰草酸有限公司〈P1731〉

柠檬酸钾；枸橼酸钾 J01050181

Tripotassium citrate [866-84-2]

常用作分析试剂，也用于制药工业

【生产厂】[京]北京化工厂〈P1549〉；[辽]沈阳化学试剂厂〈P1686〉；[沪]上海新高化学试剂有限公司〈P1771〉；[苏]苏州市振兴化工厂〈P1906〉；[粤]广州化学试剂厂〈P2261〉

柠檬酸二氢钾；枸橼酸二氢钾 J01050191

Potassium dihydrogen citrate [866-83-1]

用作分析试剂，也用于制药工业

【生产厂】[京]北京化工厂〈P1549〉；[鲁]青岛世纪星化学试剂有限公司〈P2042〉

氟钛酸钾；氟化钛钾 J01050211

Potassium fluorotitanate; Potassium titanium fluoride [16919-27-0]

用作分析试剂，也用于钛酸和金属钛的制造

【生产厂】[京]北京兴瑞达化工厂〈P1564〉；[辽]沈阳化学试剂厂〈P1686〉；[苏]南通市通试试剂有限公司〈P1835〉

氟化钾，无水 J01050261

Potassium fluoride, anhydrous [7789-23-3]

用作络合滴定隐蔽剂和食物防腐剂，也用于玻璃的雕刻

【生产厂】[京]北京化工厂〈P1549〉；[苏]镇江市化剂厂〈P1845〉；南通市通试试剂有限公司〈P1835〉；[浙]浙江莹光化工有限公司〈P1956〉；[粤]广州化学试剂厂(6吨)〈P2261〉

氟化氢钾；酸性氟化钾 J01050271

Potassium bifluoride; Potassium hydrogen difluoride [7789-29-9]

用作掩蔽剂和冶金助熔剂，也用于氟的制造

【生产厂】[京]北京化工厂〈P1549〉；[沪]上海科帆化工科技有限公司〈P1748〉；[苏]南通市通试试剂有限公司(1500吨)〈P1835〉；[浙]浙江莹光化工有限公司〈P1956〉

氢氧化钾；苛性钾 J01050281

Potassium hydroxide [1310-58-3]

用作分析试剂、皂化试剂、二氧化碳和水分的吸收剂，也用于制药工业

【生产厂】[京]北京益利精细化学品有限公司〈P1565〉；北京亚太龙兴化工有限公司〈P1564〉；北京市通广精细化工公司〈P1560〉；北京化工厂〈P1549〉；[津]天津市大陆化工试剂厂(1000吨)〈P1583〉；天津市风船化学试剂科技有限公司试剂厂(600吨)〈P1586〉；天津市风船化学试剂科技有限公司试剂二厂(100吨)〈P1586〉；天津市兴联化工厂〈P1609〉；天津市天达净化材料精细化工厂〈P1603〉；[辽]沈阳化学试剂厂〈P1686〉；沈阳市新东试剂厂〈P1689〉；[沪]上海南翔试剂有限公司〈P1754〉；上海科创化工有限公司〈P1748〉；上海伊瑞化工有限公司〈P1774〉；[苏]宜兴市广汇助剂化工有限公司〈P1885〉；苏州市振兴化工厂〈P1906〉；苏州市瑞腾化工有限公司〈P1904〉；昆山晶科微电子材料有限公司〈P1896〉；江苏省太仓市归庄镇武兵化工厂〈P1894〉；徐州试剂厂(20吨)〈P1796〉；东台市利达化学试剂有限公司〈P1806〉；[浙]兰溪市屹达化工试剂有限公司〈P1953〉；[赣]江西洪都生物化学有限公司〈P2008〉；[豫]河南省化工研究所(20吨)〈P2167〉；洛阳大学化学试剂厂(200吨)〈P2181〉；[粤]广州化学试剂厂(120吨)〈P2261〉；台山市众城化工有限公司〈P2286〉；[渝]重庆川江化学试剂厂〈P2304〉

重铬酸钾；红矾钾 J01050301

Potassium dichromate [7778-50-9]

用作基准试剂、氧化还原滴定剂、色谱分析试剂和氧化剂，也用于有机合成

【生产厂】[京]北京亚太龙兴化工有限公司〈P1564〉；北京市通广精细化工公司〈P1560〉；北京化工厂〈P1549〉；[津]天津市天河化学试剂厂〈P1604〉；天津市兴联化工厂〈P1609〉；[冀]石家庄市有机化工厂(15吨)〈P1632〉；[辽]沈阳新兴试剂厂〈P1689〉；沈阳化学试剂厂〈P1686〉；沈阳市新东试剂厂〈P1689〉；[苏]苏州市振兴化工厂〈P1906〉；[赣]江西洪都生物化学有限公司〈P2008〉；[豫]焦作鑫安科技股份有限公司(50吨)〈P2197〉；[粤]广州化学试剂厂(6吨)〈P2261〉；[渝]重庆福斯达化工有限公司〈P2304〉；[川]成都天华科技股份有限公司〈P2315〉

铁氰化钾；赤血盐 J01050351

Potassium ferricyanide; Potassium hexacyanoferrate (Ⅲ) [13746-66-2]

用作测定锌的试剂，也用于无机络合物的合成、影片洗印

【生产厂】[京]北京亚太龙兴化工有限公司〈P1564〉；北京化工厂〈P1549〉；[辽]沈阳化学试剂厂〈P1686〉；[粤]广州化学试剂厂(6吨)〈P2261〉；[渝]重庆川江化学试剂厂〈P2304〉；重庆福斯达化工有限公司〈P2304〉；[川]成都天华科技股份有限公司〈P2315〉

亚铁氰化钾；黄血盐 J01050361

Potassium ferrocyanide [14459-95-1]

用作分析试剂、色谱试剂和显影剂

【生产厂】[京]北京市通广精细化工公司〈P1560〉；北京化工厂〈P1549〉；[辽]沈阳化学试剂厂〈P1686〉；[苏]南通市通试试剂有限公司〈P1835〉；[皖]安徽省宿州化学试剂有限公司(100吨)〈P1984〉；[鲁]青岛世纪星化学试剂有限公司〈P2042〉；[粤]广州化学试剂厂(6吨)〈P2261〉；[渝]重庆联华化工厂〈P2305〉；重庆福斯达化工有限公司〈P2304〉

氯铂酸钾；氯化铂钾 J01050381

Potassium chloroplatinate; Potassium hexachloroplatinate [16921-30-5]

用作分析试剂和催化剂

【生产厂】[京]北京化工厂〈P1549〉；[辽]沈阳化学试剂厂〈P1686〉；沈阳展宇科技开发有限公司〈P1690〉；[沪]上海新高化学试剂有限公司〈P1771〉；上海华彭实业有限公司

〈P1739〉;[鲁]济南铂源化学有限公司〈P2020〉;[豫]三门峡化工研究院〈P2221〉

氯亚铂酸钾;氯亚铂化钾 J01050391

Potassium chloroplatinite;Potassium platinous chloride [10025-99-7]

用作分析试剂

【生产厂】[辽]沈阳展宇科技开发有限公司〈P1690〉;[鲁]济南铂源化学有限公司〈P2020〉

酒石酸钾 J01050401

Potassium tartrate [868-14-4]

常用作分析试剂,用于制药工业和微生物培养基的制备

【生产厂】[京]北京化工厂〈P1549〉;[冀]怀来长城生物化学工程有限公司〈P1650〉;[沪]上海美兴化工有限公司〈P1753〉

酒石酸氢钾;重酒石酸钾 J01050411

Potassium bitartrate;Potassium hydrogen tartrate [868-14-4]

用作分析试剂及缓蚀剂

【生产厂】[京]北京化工厂〈P1549〉;[湘]长沙市有机试剂厂〈P2247〉;[川]成都天华科技股份有限公司〈P2315〉

酒石酸锑钾 J01050421

Potassium antimony tartrate [16039-64-8]

用作分析试剂、织物和皮革的媒染剂和杀虫剂,也用于制药工业

【生产厂】[京]北京化工厂〈P1549〉;[辽]沈阳化学试剂厂〈P1686〉;沈阳市新东试剂厂〈P1689〉;[沪]上海试四赫维化工有限公司〈P1764〉;上海美兴化工有限公司〈P1753〉

氟硅酸钾;氟硅化钾 J01050481

Potassium fluorosilicate;Potassium silicofluoride [16871-90-2]

用作分析试剂和杀虫剂,也用于铝的冶炼、不透明玻璃的制造及瓷釉的配制

【生产厂】[京]北京化工厂〈P1549〉;[苏]宜兴市双发化工有限公司〈P1886〉;南通市通试试剂有限公司〈P1835〉;[浙]浙江莹光化工有限公司〈P1956〉;[鲁]青岛世纪星化学试剂有限公司〈P2042〉;[粤]广州化学试剂厂(6 吨)〈P2261〉

亚硒酸钾 J01050501

Potassium selenite [10431-47-7]

用作分析试剂

【生产厂】[京]北京化工厂〈P1549〉;[豫]郑州派尼化学试剂厂〈P2172〉

铬酸钾,无水 J01050511

Potassium chromate, anhydrous [7789-00-6]

用作分析试剂、氧化剂、媒染剂和金属防锈剂

【生产厂】[京]北京化工厂〈P1549〉;[粤]广州化学试剂厂(3 吨)〈P2261〉

硝酸钾 J01050541

Potassium nitrate [7757-79-1]

用作分析试剂和氧化剂,也用于钾盐的合成和配制炸药

【生产厂】[京]北京市通广精细化工公司〈P1560〉;北京化工厂〈P1549〉;[津]天津市天河化学试剂厂〈P1604〉;天津市兴联化工厂〈P1609〉;天津市凯通化学试剂有限公司〈P1597〉;天津市天达净化材料精细化工厂〈P1603〉;[辽]沈阳化学试剂厂〈P1686〉;[黑]哈尔滨试剂化工厂〈P1720〉;[沪]上海化工高等专科学校实验工厂(100 吨)〈P1740〉;上海新宝精细化工厂〈P1771〉;上海振欣试剂厂〈P1778〉;上海科创化工有限公司(20 吨)〈P1748〉;[浙]兰溪市屹达化工试剂有限公司〈P1953〉;[赣]江西洪都生物化学有限公司〈P2008〉;[鲁]青岛世纪星化学试剂有限公司〈P2042〉;[豫]郑州派尼化学试剂厂〈P2172〉;开封化学试剂总厂(5 吨)〈P2176〉;[粤]广州化学试剂厂(6 吨)〈P2261〉;[川]成都天华科技股份有限公司(100 吨)〈P2315〉

亚硝酸钾 J01050551

Potassium nitrite [7758-09-0]

用作分析试剂,也用于有机合成和钢铁的分析

【生产厂】[晋]山西省交城县金兰化工有限公司〈P1677〉;[沪]上海新宝精细化工厂〈P1771〉;[川]成都天华科技股份有限公司(100 吨)〈P2315〉;成都东金化学试剂有限公司〈P2310〉

硫酸钾 J01050581

Potassium sulfate [7778-80-5]

用作分析试剂(如氮的测定),也用于钾盐的合成和制药工业

【生产厂】[京]北京亚太龙兴化工有限公司〈P1564〉;北京化工厂〈P1549〉;[津]天津市天河化学试剂厂〈P1604〉;天津市凯通化学试剂有限公司〈P1597〉;[辽]沈阳化学试剂厂〈P1686〉;沈阳市北丰化学试剂厂〈P1688〉;[沪]上海新宝精细化工厂〈P1771〉;上海振欣试剂厂(200 吨)〈P1778〉;上海科创化工有限公司(200 吨)〈P1748〉;上海伊瑞化工有限公司〈P1774〉;[苏]江苏宜兴市第二化学试剂厂〈P1866〉;[浙]兰溪市申业精细化工厂〈P1953〉;兰溪市屹达化工试剂有限公司〈P1953〉;[鲁]莱阳双双化工有限公司〈P2108〉;青岛世纪星化学试剂有限公司〈P2042〉;[豫]郑州派尼化学试剂厂〈P2172〉;[粤]广州化学试剂厂(12 吨)〈P2261〉;[川]成都天华科技股份有限公司〈P2315〉

J

亚硫酸钾 J01050591

Potassium sulphite [10117-38-1]

用作一般试剂,也用于照相业

【生产厂】[辽]沈阳化学试剂厂〈P1686〉;[沪]上海试四赫维化工有限公司〈P1764〉

过硫酸钾;高硫酸钾;过二硫酸钾 J01050601

Potassium persulfate [7727-21-1]

用作分析试剂、氧化剂和塑料引发剂,也用于影片的洗印

【生产厂】[京]北京化工厂〈P1549〉;[津]天津市天釜化工有限公司(100 吨)〈P1604〉;天津市兴联化工厂〈P1609〉;[辽]沈阳化学试剂厂〈P1686〉;[沪]上海振欣试剂厂〈P1778〉;[粤]广州化学试剂厂(12 吨)〈P2261〉

偏重亚硫酸钾;焦亚硫酸钾 J01050611

Potassium metabisulfite [16731-55-8]

用作色谱分析试剂、显影剂、还原剂和细菌抑制剂

【生产厂】[冀]怀来长城生物化学工程有限公司〈P1650〉;[辽]沈阳化学试剂厂〈P1686〉;[沪]上海试四赫维化工有限公司〈P1764〉;[浙]温州市化学试剂有限公司〈P1938〉;

［鲁］青岛世纪星化学试剂有限公司〈P2042〉

焦硫酸钾 J01050631

Potassium pyrosulphate［7790-62-7］

化学分析上用作酸性溶剂，钢铁分析用作电解金属的夹杂剂

【生产厂】［京］北京化工厂〈P1549〉；［辽］沈阳化学试剂厂〈P1686〉；［粤］广州化学试剂厂(6吨)〈P2261〉；［川］成都天华科技股份有限公司〈P2315〉

硫酸氢钾 J01050641

Potassium hydrogen sulfate［7646-93-7］

用作分析试剂、防腐剂，分析硅时用作熔剂

【生产厂】［京］北京化工厂〈P1549〉；［辽］沈阳化学试剂厂〈P1686〉；［沪］上海振欣试剂厂〈P1778〉；上海科创化工有限公司〈P1748〉；上海伊瑞化工有限公司〈P1774〉

亚硫酸氢钾 J01050651

Potassium hydrogen sulphite［7773-03-7］

常用作分析试剂和还原剂，也用于制药工业

【生产厂】［辽］沈阳化学试剂厂〈P1686〉；［沪］上海试四赫维化工有限公司〈P1764〉；［浙］温州市化学试剂有限公司〈P1938〉

硫酸铝钾；明矾 J01050661

Potassium alum；Potassium aluminium sulfate［7784-24-9］

用作色谱分析试剂，也用于细菌的染色

【生产厂】［京］北京亚太龙兴化工有限公司〈P1564〉；北京市通广精细化工公司〈P1560〉；北京化工厂〈P1549〉；［辽］沈阳化学试剂厂〈P1686〉；［黑］哈尔滨试剂化工厂〈P1720〉；［沪］上海试四赫维化工有限公司〈P1764〉；［鲁］莱阳双双化工有限公司〈P2108〉；［粤］广州化学试剂厂（12吨）〈P2261〉

硫酸铬钾；铬矾 J01050671

Potassium chromium sulfate［7788-99-0］

用作分析试剂，也用于照相制版

【生产厂】［京］北京化工厂〈P1549〉；［津］天津市天河化学试剂厂〈P1604〉；［辽］沈阳化学试剂厂〈P1686〉

氟锆酸钾；氟化锆钾；锆氟酸钾 J01050691

Potassium fluorozirconate；Potassium zirconium-fluoride［16923-95-8］

用作催化剂和焊接剂，也用于光学玻璃、金属锆的制造

【生产厂】［辽］沈阳化学试剂厂〈P1686〉；［沪］上海科帆化工科技有限公司〈P1748〉；［苏］南通市通试试剂有限公司〈P1835〉；［浙］浙江莹光化工有限公司〈P1956〉；［鲁］青岛世纪星化学试剂有限公司〈P2042〉

焦锑酸钾；酸性焦锑酸钾 J01050711

Potassium pyroantimonate［12208-13-8］

用作分析试剂

【生产厂】［辽］沈阳华昌锑业化工有限公司〈P1685〉；［沪］上海宸锋锑业有限公司〈P1730〉；上海试四赫维化工有限公司〈P1764〉

氰化亚金钾；氰亚金酸钾 J01050751

Potassium aurocyanide；Potassium dicyanoaurate［13967-50-5］

用作分析试剂，也用于制药工业和电镀业

【生产厂】［沪］上海振欣试剂厂〈P1778〉；［皖］安徽青阳铜鑫化工厂〈P1987〉；［豫］三门峡化工研究院〈P2221〉

氰化银钾 J01050761

Potassium cyanoargenate；Potassium silver cyanide［506-61-6］

用于镀银等

【生产厂】［京］北京化工厂〈P1549〉；［皖］安徽青阳铜鑫化工厂〈P1987〉；［豫］三门峡化工研究院〈P2221〉

硫氰酸钾；硫氰化钾 J01050791

Potassium sulphocyanide；Potassium thiocyanate［333-20-0］

用作分析试剂和制冷剂，也用于制药工业、染料工业、芥子油制造和照相业

【生产厂】［辽］沈阳化学试剂厂〈P1686〉；［苏］东台市利达化学试剂有限公司〈P1806〉；［浙］温州市化学试剂有限公司〈P1938〉；［川］成都天华科技股份有限公司〈P2315〉

氯化钾 J01050811

Potassium chloride［7447-40-7］

用作分析试剂、基准试剂、色谱分析试剂及缓冲剂

【生产厂】［京］北京亚太龙兴化工有限公司〈P1564〉；北京市通广精细化工公司〈P1560〉；北京化工厂〈P1549〉；［津］天津市天河化学试剂厂〈P1604〉；天津市凯通化学试剂有限公司〈P1597〉；天津市天达净化材料精细化工厂〈P1603〉；［辽］沈阳新兴试剂厂〈P1689〉；沈阳化学试剂厂〈P1686〉；沈阳市北丰化学试剂厂〈P1688〉；［黑］哈尔滨试剂化工厂〈P1720〉；［沪］上海振欣试剂厂〈P1778〉；上海科创化工有限公司(20吨)〈P1748〉；上海伊瑞化工有限公司〈P1774〉；［苏］江苏宜兴市第二化学试剂厂〈P1866〉；徐州试剂厂〈P1796〉；［浙］兰溪市申业精细化工厂〈P1953〉；兰溪市屹达化工试剂有限公司〈P1953〉；［皖］安徽省宿州化学试剂有限公司(92吨)〈P1984〉；［赣］江西洪都生物化学有限公司〈P2008〉；［鲁］青岛世纪星化学试剂有限公司〈P2042〉；［豫］郑州派尼化学试剂厂〈P2172〉；［湘］长沙市有机试剂厂〈P2247〉；［粤］广州化学试剂厂（12吨）〈P2261〉；［川］成都天华科技股份有限公司〈P2315〉；成都东金化学试剂有限公司〈P2310〉；四川特种工程塑料厂〈P2321〉

氯酸钾 J01050861

Potassium chlorate［3811-04-9］

用作分析试剂、氧化剂、制氧和炸药的原料，用于制药工业

【生产厂】［京］北京化工厂〈P1549〉；［津］天津市凯通化学试剂有限公司〈P1597〉；［辽］沈阳化学试剂厂〈P1686〉；［鲁］青岛世纪星化学试剂有限公司〈P2042〉；［豫］郑州派尼化学试剂厂〈P2172〉；［粤］广州化学试剂厂（12吨）〈P2261〉；［川］成都天华科技股份有限公司〈P2315〉

高氯酸钾；过氯酸钾 J01050871

Potassium perchlorate［7778-74-7］

用作分析试剂和氧化剂

【生产厂】［辽］沈阳化学试剂厂〈P1686〉；［川］成都天华科技股份有限公司〈P2315〉

碘化钾 J01050891

Potassium iodide［7681-11-0］

常用作分析试剂，也用于照相用感光乳化剂

J

的配制、制药工业

【生产厂】[京]北京市通广精细化工公司〈P1560〉;北京化工厂〈P1549〉;[津]天津市兴联化工厂〈P1609〉;天津市凯通化学试剂有限公司〈P1597〉;天津市天达净化材料精细化工厂〈P1603〉;[辽]沈阳新兴试剂厂〈P1689〉;沈阳化学试剂厂〈P1686〉;[沪]上海南翔试剂有限公司〈P1754〉;上海振欣试剂厂〈P1778〉;上海科创化工有限公司〈P1748〉;上海伊瑞化工有限公司〈P1774〉;[苏]苏州市振兴化工厂〈P1906〉;东台市利达化学试剂有限公司〈P1806〉;[浙]浙江海川化学品有限公司〈P1963〉;浙江三鹰化学试剂有限公司〈P1955〉;[赣]江西洪都生物化学有限公司〈P2008〉;[鲁]青岛世纪星化学试剂有限公司〈P2042〉;[豫]河南省化工研究所(1吨)〈P2167〉;郑州派尼化学试剂厂〈P2172〉;[粤]广州化学试剂厂(3吨)〈P2261〉;[川]成都天华科技股份有限公司〈P2315〉;四川特种工程塑料厂(10吨)〈P2321〉

碘化铋钾;碘化铋合四碘化钾 J01050911

Bismuth potassium iodide

用作分析试剂

【生产厂】[沪]上海新宝精细化工厂〈P1771〉;上海振欣试剂厂〈P1778〉;[浙]浙江海川化学品有限公司〈P1963〉

碘酸钾 J01050921

Potassium iodate [7758-05-6]

用作分析试剂、氧化剂和氧化还原滴定剂

【生产厂】[京]北京化工厂〈P1549〉;[津]天津市天河化学试剂厂〈P1604〉;[辽]沈阳新兴试剂厂〈P1689〉;沈阳化学试剂厂〈P1686〉;[沪]上海科创化工有限公司〈P1748〉;上海伊瑞化工有限公司〈P1774〉;[浙]浙江海川化学品有限公司〈P1963〉;温州市化学试剂有限公司〈P1938〉;[鲁]青岛世纪星化学试剂有限公司〈P2042〉;[豫]郑州派尼化学试剂厂〈P2172〉;[渝]重庆联华化工厂〈P2305〉;[川]四川特种工程塑料厂〈P2321〉

高碘酸钾;过碘酸钾 J01050941

Potassium periodate [7790-21-8]

用作分析试剂和氧化剂

【生产厂】[京]北京化工厂〈P1549〉;[津]天津市天河化学试剂厂〈P1604〉;[辽]沈阳化学试剂厂〈P1686〉;[沪]上海伊瑞化工有限公司〈P1774〉;[浙]浙江海川化学品有限公司〈P1963〉;温州市化学试剂有限公司〈P1938〉;[粤]广州化学试剂厂(1吨)〈P2261〉

四硼酸钾;硼酸钾 J01050961

Dipotassium tetraborate;Potassium borate [12007-40-8]

用作消毒剂

【生产厂】[京]北京化工厂〈P1549〉;[苏]南通市通试试剂有限公司〈P1835〉;[浙]浙江莹光化工有限公司〈P1956〉

氟硼酸钾;硼氟化钾 J01050971

Potassium borofluoride;Potassium fluoroborate [14075-53-7]

用作分析试剂和助熔剂,也用于三氟化硼的制造、铝和镁铸造用模料、电化工程和化学试验

【生产厂】[京]北京兴瑞达化工厂〈P1564〉;北京化工厂〈P1549〉;[津]天津市兴联化工厂〈P1609〉;[辽]沈阳化学试剂厂〈P1686〉;[沪]上海科帆化工科技有限公司〈P1748〉;[苏]南通市通试试剂有限公司〈P1835〉;[鲁]青岛世纪星化学试剂有限公司〈P2042〉;[粤]广州化学试剂厂〈P2261〉

高锰酸钾;过锰酸钾 J01050991

Potassium permanganate [7722-64-7]

用作分析试剂、氧化还原滴定剂、色谱分析试剂、氧化剂和杀虫剂,也用于有机合成

【生产厂】[京]北京益利精细化学品有限公司〈P1565〉;北京市通广精细化工公司〈P1560〉;北京化工厂〈P1549〉;[津]天津市兴联化工厂〈P1609〉;天津市天达净化材料精细化工厂〈P1603〉;[冀]石家庄市有机化工厂(15吨)〈P1632〉;[辽]沈阳新兴试剂厂〈P1689〉;沈阳化学试剂厂〈P1686〉;[沪]上海美兴化工有限公司(80吨)〈P1753〉;[苏]镇江市化剂厂〈P1845〉;苏州市振兴化工厂〈P1906〉;昆山晶科微电子材料有限公司〈P1896〉;东台市利达化学试剂有限公司〈P1806〉;[赣]江西洪都生物化学有限公司〈P2008〉;[粤]广州化学试剂厂(10吨)〈P2261〉;[川]成都天华科技股份有限公司〈P2315〉

溴化钾 J01051011

Potassium bromide [7758-02-3]

用作分析试剂和显影剂,也用于制药工业

【生产厂】[京]北京化工厂〈P1549〉;[津]天津市凯通化学试剂有限公司〈P1597〉;天津市天达净化材料精细化工厂〈P1603〉;[辽]沈阳市新东试剂厂〈P1689〉;[苏]苏州市振兴化工厂〈P1906〉;[鲁]青岛世纪星化学试剂有限公司〈P2042〉;[豫]焦作鑫安科技股份有限公司(50吨)〈P2197〉;[粤]广州化学试剂厂(3吨)〈P2261〉

溴酸钾 J01051041

Potassium bromate [7758-01-2]

容量分析中作氧化剂

【生产厂】[京]北京化工厂〈P1549〉;[津]天津市凯通化学试剂有限公司〈P1597〉;天津市天达净化材料精细化工厂〈P1603〉;[辽]沈阳新兴试剂厂〈P1689〉;[鲁]潍坊强源化工有限公司(1500吨)〈P2103〉;青岛世纪星化学试剂有限公司〈P2042〉;[豫]郑州派尼化学试剂厂〈P2172〉;[粤]广州化学试剂厂(3吨)〈P2261〉

碳酸钾 J01051061

Potassium carbonate [584-08-7]

用作分析试剂、助熔剂,也用于各种钾盐的制备

【生产厂】[京]北京化工厂〈P1549〉;[沪]上海美兴化工有限公司(100吨)〈P1753〉;[苏]镇江市化剂厂〈P1845〉;[鲁]青岛世纪星化学试剂有限公司〈P2042〉;[粤]广州化学试剂厂(3吨)〈P2261〉;[川]成都天华科技股份有限公司〈P2315〉

碳酸钾(无水) J01051071

Potassium carbonate, anhydrous [584-08-7]

用于分析试剂、基准试剂及熔融硅酸盐和不溶性硫酸盐的助熔剂

【生产厂】[京]北京化工厂〈P1549〉;[津]天津市天达净化材料精细化工厂〈P1603〉;[辽]沈阳化学试剂厂〈P1686〉;[苏]苏州市振兴化工厂〈P1906〉;[浙]浙江莹光化工有限公司〈P1956〉;[赣]江西洪都生物化学有限公司〈P2008〉;[鲁]青岛世纪星化学试剂有限公司〈P2042〉;[粤]广州化学试剂厂(3吨)〈P2261〉

碳酸氢钾 J01051091

Potassium bicarbonate;Potassium hydrogen carbonate [298-14-6]

常用作分析试剂

【生产厂】[京]北京化工厂〈P1549〉;[津]天津市天河化学试剂厂〈P1604〉;[辽]沈阳化学试剂厂〈P1686〉;[豫]郑州派尼化学试剂厂〈P2172〉;[粤]广州化学试剂厂(6吨)〈P2261〉

亚碲酸钾 J01051101

Potassium tellurite [7790-58-1]

用于血浆或疫苗中病理性细菌的试验

【生产厂】[沪]上海新宝精细化工厂〈P1771〉;上海振欣试剂厂〈P1778〉

磷酸钾(三水);磷酸三钾,三水;三水合磷酸钾 J01051151

Potassium phosphate, tribasic; Tripotassium phosphate, trihydrate [7778-53-2]

用作分析试剂、缓冲剂和软水剂,也用于液体肥皂的制造等

【生产厂】[鲁]青岛世纪星化学试剂有限公司〈P2042〉;[粤]广州化学试剂厂(3吨)〈P2261〉;[川]成都东金化学试剂有限公司〈P2310〉

焦磷酸钾;焦磷酸四钾 J01051181

Potassium pyrophosphate; Tetrapotassium pyrophosphate [7320-34-5]

用作分析试剂、双氧水稳定剂和肥皂的填料

【生产厂】[辽]沈阳化学试剂厂〈P1686〉;沈阳市北丰化学试剂厂〈P1688〉

磷酸二氢钾 J01051191

Potassium dihydrogen phosphate; Potassium phosphate, monobasic [7778-77-0]

用作色谱分析试剂及缓冲剂,也用于医药的合成

【生产厂】[京]北京益利精细化学品有限公司〈P1565〉;北京亚太龙兴化工有限公司〈P1564〉;北京市通广精细化工公司〈P1560〉;北京化工厂〈P1549〉;[津]天津市天河化学试剂厂〈P1604〉;[辽]沈阳新兴试剂厂〈P1689〉;沈阳化学试剂厂〈P1686〉;沈阳市北丰化学试剂厂〈P1688〉;[黑]哈尔滨试剂化工厂〈P1720〉;[沪]上海新宝精细化工厂〈P1771〉;上海振欣试剂厂〈P1778〉;上海科创化工有限公司〈P1748〉;上海伊瑞化工有限公司〈P1774〉;[苏]宜兴市双发化工有限公司〈P1886〉;江苏宜兴市第二化学试剂厂〈P1866〉;[赣]江西洪都生物化学有限公司〈P2008〉;[鲁]莱阳双双化工有限公司〈P2108〉;青岛世纪星化学试剂有限公司〈P2042〉;[粤]广州化学试剂厂(12吨)〈P2261〉;台山市众城化工有限公司〈P2286〉;[渝]重庆福斯达化工有限公司〈P2304〉;[川]成都东金化学试剂有限公司〈P2310〉

磷酸氢二钾 J01051201

Dipotassium hydrogen phosphate; Potassium phosphate, dibasic [7758-11-4]

常用作分析试剂和缓冲剂,也用于制药工业

【生产厂】[京]北京益利精细化学品有限公司〈P1565〉;北京亚太龙兴化工有限公司〈P1564〉;北京化工厂〈P1549〉;[津]天津市天河化学试剂厂〈P1604〉;[辽]沈阳化学试剂厂〈P1686〉;沈阳市北丰化学试剂厂〈P1688〉;[黑]哈尔滨试剂化工厂〈P1720〉;[沪]上海新宝精细化工厂〈P1771〉;[苏]宜兴市双发化工有限公司〈P1886〉;江苏宜兴市第二化学试剂厂〈P1866〉;[赣]江西洪都生物化学有限公司〈P2008〉;[鲁]青岛世纪星化学试剂有限公司〈P2042〉;[粤]广州化学试剂厂(12吨)〈P2261〉;台山市众城化工有限公司〈P2286〉;[渝]重庆福斯达化工有限公司〈P2304〉;[川]成都东金化学试剂有限公司〈P2310〉

乙酸钴;醋酸钴;乙酸亚钴 J01060011

Cobaltous acetate [71-48-7]

用作分析试剂、催化剂、油漆催干剂,也用于陶瓷釉的配料

【生产厂】[津]天津市兴联化工厂〈P1609〉;[沪]上海伊瑞化工有限公司〈P1774〉;上海一心试剂厂〈P1774〉;[苏]泰州市天成化工有限公司〈P1827〉;[湘]湖南省湘中地质实验研究所〈P2258〉;[粤]广州化学试剂厂(5吨)〈P2261〉

草酸钴;草酸亚钴 J01060031

Cobaltous oxalate [5965-38-8]

用于指示剂和催化剂的制备

【生产厂】[沪]上海一心试剂厂〈P1774〉

一氧化钴;氧化亚钴;氧化钴 J01060051

Cobaltous oxide [1307-96-6]

用作分析试剂、催化剂,也用于钴盐和有色玻璃的制造

【生产厂】[沪]上海伊瑞化工有限公司〈P1774〉;[苏]泰州市天成化工有限公司〈P1827〉;[豫]郑州派尼化学试剂厂〈P2172〉

三氧化二钴;氧化高钴;黑色氧化钴 J01060061

Cobaltic oxide; Cobalt sesquioxide [1308-04-9]

用作分析试剂、氧化剂和催化剂,也用于制取钴和不含镍的钴盐

【生产厂】[京]北京化工厂〈P1549〉;[沪]上海恒信化学试剂有限公司〈P1736〉;上海勤翔化工有限公司〈P1757〉

四氧化三钴 J01060071

Cobaltic-cobaltous oxide; Cobaltosic oxide; Tricobalt tetroxide [1308-06-1]

用作高纯分析试剂、氧化钴及钴盐的制备

【生产厂】[京]北京化工厂〈P1549〉

萘酸钴;环烷酸钴 J01060081

Cobaltous naphthenate [61789-51-3]

用作一般试剂,也用于油漆的紫色颜料

【生产厂】[苏]泰州市天成化工有限公司〈P1827〉

氨基磺酸钴 J01060085

Cobalt sulfamate [14017-41-5]

【生产厂】[沪]上海光铧科技有限公司〈P1735〉;上海一心试剂厂〈P1774〉

硝酸钴;硝酸亚钴 J01060091

Cobaltous nitrate [10026-22-9]

用作分析试剂,也用于钴色素和催化剂的制造

【生产厂】[京]北京化工厂〈P1549〉;[津]天津市兴联化工厂〈P1609〉;[辽]沈阳化学试剂厂〈P1686〉;[沪]上海恒信化学试剂有限公司〈P1736〉;上海新宝精细化工厂〈P1771〉;上海科创化工有限公司〈P1748〉;上海一心试剂厂〈P1774〉;[苏]江苏宜兴市第二化学试剂厂〈P1866〉;泰州市天成化工有限公司〈P1827〉;[粤]广州化学试剂厂(1吨)〈P2261〉

J

硫酸钴;硫酸亚钴 J01060101

Cobaltous sulfate [10026-24-1]

用作分析试剂及玻璃着色剂

【生产厂】[京]北京化工厂〈P1549〉;[津]天津市兴联化工厂〈P1609〉;[沪]上海恒信化学试剂有限公司〈P1736〉;上海新宝精细化工厂〈P1771〉;上海科创化工有限公司〈P1748〉;上海伊瑞化工有限公司〈P1774〉;上海一心试剂厂〈P1774〉;[苏]江苏宜兴市第二化学试剂厂〈P1866〉;泰州市天成化工有限公司〈P1827〉;[粤]广州化学试剂厂(1吨)〈P2261〉

氯化钴;氯化亚钴 J01060121

Cobaltous chloride [7646-79-9]

用作分析试剂及氨吸收剂

【生产厂】[京]北京化工厂〈P1549〉;[津]天津市兴联化工厂〈P1609〉;天津市大港区来忠化工厂(700吨)〈P1583〉;[辽]沈阳化学试剂厂〈P1686〉;[沪]上海恒信化学试剂有限公司〈P1736〉;上海科创化工有限公司〈P1748〉;上海伊瑞化工有限公司〈P1774〉;上海一心试剂厂〈P1774〉;[苏]江苏宜兴市第二化学试剂厂〈P1866〉;泰州市天成化工有限公司〈P1827〉

碘化钴;碘化亚钴 J01060141

Cobaltous iodide [15238-00-3]

用作一般试剂、催化剂

【生产厂】[浙]浙江海川化学品有限公司〈P1963〉

碳酸钴;碳酸亚钴 J01060171

Cobaltous carbonate [513-79-1]

用于钴盐制造和玻璃、瓷器的着色

【生产厂】[沪]上海恒信化学试剂有限公司〈P1736〉;上海一心试剂厂〈P1774〉

碳酸钴,碱式;碳酸亚钴,碱式 J01060181

Cobaltous carbonate, basic; Cobaltous carbonate hydroxide [513-79-1]

用作一般试剂,也用于钴盐制造和瓷器的着色

【生产厂】[京]北京化工厂〈P1549〉

铁粉;还原铁,粉状 J01060191

Iron powder [7439-89-6]

用作还原剂,还用于铁盐制造和电子工业

【生产厂】[津]天津市兴联化工厂〈P1609〉;天津市天达净化材料精细化工厂〈P1603〉;[辽]沈阳化学试剂厂〈P1686〉;[豫]郑州派尼化学试剂厂〈P2172〉;[陕]陕西兴化化学股份有限公司(20吨)〈P2347〉

乙酰丙酮铁;三乙酰丙铜铁 J01060221

Ferric acetyl-acetonade; Iron (Ⅲ) acetylacetonate [14024-18-1]

用作催化剂、促进剂

【生产厂】[京]北京益利精细化学品有限公司〈P1565〉;北京化工厂〈P1549〉;[沪]上海索诚化学有限公司〈P1766〉

二茂铁;二环茂二烯铁 J01060231

Ferrocene [102-54-5]

用作催化剂和汽油抗爆添加剂

【生产厂】[辽]沈阳化学试剂厂〈P1686〉;[豫]郑州派尼化学试剂厂〈P2172〉

草酸亚铁;乙二酸亚铁 J01060261

Ferrous oxalate [6047-25-2]

用作分析试剂及显影剂、也用于制药工业

【生产厂】[京]北京市房山益华化工厂〈P1559〉;[辽]沈阳市北丰化学试剂厂〈P1688〉

柠檬酸铁;枸橼酸铁 J01060271

Ferric citrate [6043-74-9]

用于医药工业及柠檬铵的制备

【生产厂】[鲁]莱阳双双化工有限公司〈P2108〉;[豫]郑州派尼化学试剂厂〈P2172〉

三氧化二铁;氧化铁;红色氧化铁 J01060291

Ferric oxide; Ferric sesquioxide [1309-37-1]

用作分析试剂、催化剂和抛光剂,也用于颜料的配料

【生产厂】[京]北京市房山益华化工厂〈P1559〉;[津]天津市风船化学试剂科技有限公司试剂二厂(50吨)〈P1586〉;天津市兴联化工厂〈P1609〉;[沪]上海振欣试剂厂〈P1778〉;[豫]郑州派尼化学试剂厂〈P2172〉;[川]成都天华科技股份有限公司〈P2315〉

四氧化三铁;黑色氧化铁;磁性氧化铁 J01060301

Iron oxide; Ferroferric oxide [1317-61-9]

用作分析试剂,也用于制药工业、颜料配制和电子工业

【生产厂】[京]北京市房山益华化工厂〈P1559〉;[辽]沈阳化学试剂厂〈P1686〉;[豫]郑州派尼化学试剂厂〈P2172〉

硫化亚铁 J01060331

Ferrous sulfide [1317-37-9]

用作分析试剂

【生产厂】[津]天津市兴联化工厂〈P1609〉;[辽]沈阳市北丰化学试剂厂〈P1688〉;[沪]上海金赛医药化工有限公司〈P1744〉;上海美兴化工有限公司(20吨)〈P1753〉;[豫]郑州派尼化学试剂厂〈P2172〉

硫酸铁;硫酸高铁 J01060341

Ferric sulfate [10028-22-5]

用作分析试剂、净水剂、铁催化剂及媒染剂

【生产厂】[沪]上海振欣试剂厂〈P1778〉;[豫]郑州派尼化学试剂厂〈P2172〉;[粤]台山市众城化工有限公司〈P2286〉;[川]成都天华科技股份有限公司(50吨)〈P2315〉

硫酸亚铁;绿矾 J01060351

Ferrous sulfate [7782-63-0]

用作分析试剂及制铁氧体原料

【生产厂】[京]北京市房山益华化工厂〈P1559〉;北京化工厂〈P1549〉;[津]天津市天河化学试剂厂〈P1604〉;天津市兴联化工厂〈P1609〉;[辽]沈阳化学试剂厂〈P1686〉;沈阳市新东试剂厂〈P1689〉;沈阳市北丰化学试剂厂〈P1688〉;[沪]上海振欣试剂厂〈P1778〉;[苏]江苏宜兴市第二化学试剂厂〈P1866〉;昆山晶科微电子材料有限公司〈P1896〉;[浙]兰溪市申业精细化工厂〈P1953〉;兰溪市屹达化工试剂有限公司〈P1953〉;[鲁]莱阳双双化工有限公司〈P2108〉;[豫]郑州派尼化学试剂厂〈P2172〉;[粤]台山市众城化工有限公司〈P2286〉;[川]成都天华科技股份有限公司(50吨)〈P2315〉

三氯化铁;氯化铁;氯化高铁 J01060361

Ferric chloride [7705-08-0]

用作分析试剂及电子器件腐蚀剂

【生产厂】[津]天津市兴联化工厂〈P1609〉;[辽]沈阳化学试剂厂〈P1686〉;[苏]宜兴市双发化工有限公司〈P1886〉;[鲁]青岛世纪星化学试剂有限公司〈P2042〉;[豫]郑州派尼化学试剂厂〈P2172〉;[粤]台山市众城化工有限公司〈P2286〉

氯化亚铁;二氯化铁 J01060391

Ferrous chloride [7758-94-3]

用作分析试剂、媒染剂,也用于冶金工业

【生产厂】[京]北京市房山益华化工厂〈P1559〉;北京化工厂〈P1549〉;[辽]沈阳化学试剂厂〈P1686〉;[豫]郑州派尼化学试剂厂〈P2172〉;[粤]台山市众城化工有限公司〈P2286〉

镍,粉状 J01060461

Nickel metal, powder [7440-02-0]

用作加氢催化剂,也用于镍盐制造

【生产厂】[辽]沈阳化学试剂厂〈P1686〉;[豫]郑州派尼化学试剂厂〈P2172〉

乙酸镍 J01060471

Nickel acetate [6018-89-9]

用作织物媒染剂

【生产厂】[京]北京化工厂〈P1549〉

草酸镍;乙二酸镍 J01060511

Nickel oxalate dihydrate [6018-94-6]

用作催化剂

【生产厂】[沪]上海一心试剂厂〈P1774〉

氟化镍 J01060521

Nickel fluoride [10028-18-9]

用作催化剂

【生产厂】[沪]上海科帆化工科技有限公司〈P1748〉;[苏]南通市通试试剂有限公司〈P1835〉

氧化镍,黑色;三氧化二镍 J01060541

Nickel oxide, black [1313-99-1]

用作电子元件材料、蓄电池材料,也用于还原镍的制备

【生产厂】[京]北京化工厂〈P1549〉;[沪]上海恒信化学试剂有限公司〈P1736〉;上海勤翔化工有限公司〈P1757〉;上海勤工无机盐有限公司(5吨)〈P1757〉;[粤]广州化学试剂厂(3吨)〈P2261〉

氧化亚镍;氧化镍 J01060551

Nickel monoxide [1313-99-1]

用作电子元件材料、催化剂、搪瓷涂料和蓄电池材料

【生产厂】[京]北京化工厂〈P1549〉;[津]天津市兴联化工厂〈P1609〉

硫酸镍;硫酸亚镍 J01060571

Nickel sulfate [10101-98-1]

用作加氢催化剂、媒染剂、分析试剂

【生产厂】[京]北京化工厂〈P1549〉;[津]天津市兴联化工厂〈P1609〉;[辽]沈阳化学试剂厂〈P1686〉;[吉]磐石长城精细化工有限公司〈P1716〉;[沪]上海恒信化学试剂有限公司〈P1736〉;上海勤工无机盐有限公司(19吨)〈P1757〉;上海新宝精细化工厂〈P1771〉;上海振欣试剂厂〈P1778〉;上海科创化工有限公司〈P1748〉;上海一心试剂厂〈P1774〉;[苏]宜兴市双发化工有限公司〈P1886〉;江苏宜兴市第二化学试剂厂〈P1866〉;[浙]浙江黄岩精细化学品集团有限公司(300吨)〈P1964〉;[豫]郑州派尼化学试剂厂〈P2172〉;[粤]广州化学试剂厂(6吨)〈P2261〉;[川]成都天华科技股份有限公司〈P2315〉

溴化镍;溴化亚镍 J01060611

Nickel bromide [13462-88-9]

用于制药工业

【生产厂】[京]北京双环伟业试剂有限公司〈P1561〉

碳酸镍,碱性 J01060621

Nickel carbonate, basic [39380-74-0]

用作催化剂,也用于镍盐的制造

【生产厂】[京]北京化工厂〈P1549〉;[津]天津市兴联化工厂〈P1609〉;[沪]上海恒信化学试剂有限公司〈P1736〉;上海伊瑞化工有限公司〈P1774〉;[粤]广州化学试剂厂(3吨)〈P2261〉

氨基磺酸镍 J01060631

Nickel sulfamate [13770-89-3]

用于电子工业

【生产厂】[沪]上海恒信化学试剂有限公司〈P1736〉;上海一心试剂厂〈P1774〉

铅粉;铅,粉状 J01070011

Lead, powder [7439-92-1]

用作高纯分析试剂、还原剂

【生产厂】[沪]上海试四赫维化工有限公司〈P1764〉

铅粒;铅,粒状 J01070021

Lead, granular [7439-92-1]

用作分析试剂、还原剂

【生产厂】[辽]沈阳化学试剂厂〈P1686〉;沈阳市新东试剂厂〈P1689〉

乙酸铅;醋酸铅 J01070031

Lead acetate [6080-56-4]

用作分析试剂,也用于生物染色、有机合成及制药工业

【生产厂】[京]北京双环伟业试剂有限公司〈P1561〉;北京化工厂〈P1549〉;[津]天津市天河化学试剂厂〈P1604〉;[辽]沈阳化学试剂厂〈P1686〉;沈阳市新东试剂厂〈P1689〉;沈阳市北丰化学试剂厂〈P1688〉;[沪]上海试四赫维化工有限公司〈P1764〉;[浙]温州市化学试剂有限公司〈P1938〉;[粤]广州化学试剂厂(6吨)〈P2261〉

乙酸铅,碱式;盐基性醋酸铅 J01070041

Lead acetate, basic [1335-32-6]

用作分析试剂,也用于制药工业

【生产厂】[津]天津市天河化学试剂厂〈P1604〉;[沪]上海试四赫维化工有限公司〈P1764〉;[粤]广州化学试剂厂(5吨)〈P2261〉

二乙酰丙酮铅;乙酰丙酮铅 J01070081

Lead diacetylacetonate

用作促进剂

【生产厂】[京]北京益利精细化学品有限公司〈P1565〉

氢氧化铅　J01070121
Lead hydroxide [19783-14-3]
用于铅盐制备
【生产厂】[沪]上海试四赫维化工有限公司〈P1764〉

一氧化铅;黄铅;黄色氧化铅　J01070151
Lead monoxide;Lead oxide, yellow [1317-36-8]
用作分析试剂、硅酸盐的助熔剂,也用于氨基酸的沉淀
【生产厂】[京]北京益利精细化学品有限公司〈P1565〉;[辽]沈阳化学试剂厂〈P1686〉

二氧化铅;过氧化铅;棕色氧化铅　J01070161
Lead dioxide;Lead oxide, brown [1309-60-0]
用作有机元素分析试剂、色谱分析试剂、氧化剂
【生产厂】[津]天津市兴联化工厂〈P1609〉;[辽]沈阳市新东试剂厂〈P1689〉;沈阳市北丰化学试剂厂〈P1688〉

四氧化三铅;红色氧化铅;红铅　J01070181
Lead oxide, red;Lead tetraoxide [1314-41-6]
用作分析试剂、油漆颜料及玻璃的原料
【生产厂】[京]北京益利精细化学品有限公司〈P1565〉;[辽]沈阳化学试剂厂〈P1686〉

铬酸铅;铬黄　J01070191
Chrome yellow;Lead chromate [7758-97-6]
用作分析试剂和油漆的颜料
【生产厂】[津]天津市天河化学试剂厂〈P1604〉;[辽]沈阳化学试剂厂〈P1686〉

硝酸铅　J01070211
Lead nitrate [10099-74-8]
用作分析试剂、氧化剂和照相增感剂,也用于制版等
【生产厂】[京]北京双环伟业试剂有限公司〈P1561〉;[津]天津市天河化学试剂厂〈P1604〉;[辽]沈阳市北丰化学试剂厂〈P1688〉;[沪]上海试四赫维化工有限公司〈P1764〉;上海新宝精细化工厂〈P1771〉;[粤]广州化学试剂厂(2吨)〈P2261〉

硫酸铅　J01070231
Lead sulfate [7446-14-2]
用作分析试剂及催化剂
【生产厂】[辽]沈阳化学试剂厂〈P1686〉;[沪]上海试四赫维化工有限公司〈P1764〉;上海新宝精细化工厂〈P1771〉

氯化铅;二氯化铅　J01070271
Lead chloride [7758-95-4]
用作基准试剂、分析试剂和助焊剂
【生产厂】[沪]上海试四赫维化工有限公司〈P1764〉

碘化铅;二碘化铅　J01070291
Lead iodide [10101-63-0]
用于制药工业
【生产厂】[京]北京马氏精细化学品有限公司〈P1555〉;[沪]上海试四赫维化工有限公司〈P1764〉;[浙]浙江海川化学品有限公司〈P1963〉

碘酸铅　J01070301
Lead iodate [25659-31-8]
用于焰火的配制
【生产厂】[浙]浙江海川化学品有限公司〈P1963〉

硼酸铅;偏硼酸铅　J01070311
Lead borate [14720-53-7]
用作分析试剂、涂料干燥剂,也用于铅玻璃和防水漆的制造
【生产厂】[沪]上海试四赫维化工有限公司〈P1764〉

碳酸铅　J01070331
Lead carbonate [598-63-0]
用作分析试剂,也用于油漆、颜料配制等
【生产厂】[津]天津市天河化学试剂厂〈P1604〉;[沪]上海试四赫维化工有限公司〈P1764〉

碳酸铅,碱式　J01070341
Lead carbonate, basic;Lead subcarbonate [1319-46-6]
用作分析试剂,也用于油漆、颜料配制
【生产厂】[津]天津市天河化学试剂厂〈P1604〉;[沪]上海试四赫维化工有限公司〈P1764〉;[粤]广州化学试剂厂(6吨)〈P2261〉

锡,粒状　J01070411
Tin, granular [7440-31-5]
用于测定砷、磷酸盐的试剂,也用于有机合成
【生产厂】[京]北京化工厂〈P1549〉;[津]天津市兴联化工厂〈P1609〉;[辽]沈阳化学试剂厂〈P1686〉;[沪]上海试四赫维化工有限公司〈P1764〉;上海科创化工有限公司〈P1748〉

二丁基二月桂酸锡;二丁基二(十二酸)锡　J01070451
Dibutyltin dilaurate [77-58-7]
【生产厂】[沪]上海新高化学试剂有限公司〈P1771〉;上海南翔试剂有限公司〈P1754〉;[鲁]淄博市临淄天德精细化工研究所〈P2888〉

草酸亚锡;乙二酸亚锡　J01070471
Stannous oxalate;Tin oxalate [814-94-8]
用作织物印染剂和煤的气化催化剂
【生产厂】[沪]上海试四赫维化工有限公司〈P1764〉

二氧化锡;氧化锡　J01070491
Stannic oxide;Tin dioxide [18282-10-5]
用作催化剂、媒染剂、分析试剂,也用于涂料的配制和电子工业等
【生产厂】[京]北京化工厂〈P1549〉;[沪]上海建平化工有限公司(10吨)〈P1743〉;[粤]台山市众城化工有限公司〈P2286〉

氧化亚锡;一氧化锡　J01070501
Stannous oxide;Tin monoxide [21651-19-4]
用作还原剂,也用于亚锡盐的制备
【生产厂】[沪]上海试四赫维化工有限公司〈P1764〉

酒石酸亚锡　J01070511
Stannous tartrate;Tin tartrate [815-85-0]
用于制药工业,也用作媒染剂、还原剂、防腐剂
【生产厂】[粤]广州化学试剂厂(3吨)〈P2261〉

硫酸亚锡 J01070531

Stannous sulfate; Tin sulfate [7488-55-3]

用作织物的媒染剂，也用于镀锡

【生产厂】[辽]沈阳化学试剂厂〈P1686〉；[沪]上海试四赫维化工有限公司〈P1764〉；[浙]浙江黄岩精细化学品集团有限公司(1500吨)〈P1964〉；兰溪市屹达化工试剂有限公司〈P1953〉；[滇]云南锡业股份有限公司(300吨)〈P2342〉

氯化锡，结晶；四氯化锡，结晶；氯化高锡 J01070541

Stannic chloride, crystal; Tin tetrachloride, crystal [10026-06-9]

用作分析试剂和媒染剂

【生产厂】[京]北京化工厂〈P1549〉；[苏]如皋市金陵试剂厂〈P1838〉；[粤]广州化学试剂厂(6吨)〈P2261〉

四氯化锡，无水；氯化锡，无水 J01070561

Stannic chloride, anhydrous; Tin tetrachloride, anhydrous [7646-78-8]

用作分析试剂和媒染剂，也用于有机合成

【生产厂】[京]北京化工厂〈P1549〉；[苏]如皋市金陵试剂厂〈P1838〉；[粤]广州化学试剂厂(6吨)〈P2261〉

氯化亚锡；二氯化锡 J01070571

Stannous chloride; Tin dichloride [10025-69-1]

用于银、铅、砷、钼等的比色测定，也用作还原剂、媒染剂

【生产厂】[京]北京化工厂〈P1549〉；[津]天津市兴联化工厂〈P1609〉；[辽]沈阳化学试剂厂〈P1686〉；[沪]上海试四赫维化工有限公司〈P1764〉；[苏]苏州市振兴化工厂〈P1906〉；泰州市天成化工有限公司〈P1827〉；[赣]江西洪都生物化学有限公司〈P2008〉；[鲁]淄博化学试剂厂有限公司(6吨)〈P2062〉；[粤]广州化学试剂厂(6吨)〈P2261〉；台山市众城化工有限公司〈P2286〉

氯化亚锡，无水；二氯化锡，无水 J01070581

Stannous chloride, anhydrous; Tin dichloride, anhydrous [7772-99-8]

用于银、砷、钼等的测定，也用作媒染剂、还原剂

【生产厂】[沪]上海试四赫维化工有限公司〈P1764〉

碘化锡；四碘化锡 J01070591

Stannic iodide; Tin tetraiodide [7790-47-8]

用作分析试剂，也用于有机合成

【生产厂】[浙]浙江海川化学品有限公司〈P1963〉

氟硼酸亚锡 J01070621

Stannous fluoroborate [13814-97-6]

用于电镀业

【生产厂】[沪]上海试四赫维化工有限公司〈P1764〉；[苏]昆山晶科微电子材料有限公司〈P1896〉

氟硼酸铅 J01070631

Lead fluoborate [13814-96-5]

用于电镀业

【生产厂】[沪]上海试四赫维化工有限公司〈P1764〉；[苏]昆山晶科微电子材料有限公司〈P1896〉

乙酸铵；醋酸铵 J01080011

Ammonium acetate [631-61-8]

用作分析试剂、色层分析试剂和缓冲剂

【生产厂】[京]北京益利精细化学品有限公司〈P1565〉；北京亚太龙兴化工有限公司〈P1564〉；北京市通广精细化工公司〈P1560〉；北京双环伟业试剂有限公司〈P1561〉；北京化工厂〈P1549〉；[津]天津市天河化学试剂厂〈P1604〉；天津市凯通化学试剂有限公司〈P1597〉；天津市天达净化材料精细化工厂〈P1603〉；天津市武清区陈嘴乡渔坝口化工厂(200吨)〈P1606〉；[辽]沈阳化学试剂厂〈P1686〉；沈阳市北丰化学试剂厂〈P1688〉；[沪]上海试四赫维化工有限公司〈P1764〉；上海美兴化工有限公司(200吨)〈P1753〉；上海新宝精细化工厂〈P1771〉；[浙]温州市化学试剂有限公司〈P1938〉；[鲁]淄博市新材料研究所〈P2071〉；淄博化学试剂厂有限公司(30吨)〈P2062〉；[豫]郑州派尼化学试剂厂〈P2172〉；[粤]广州化学试剂厂(24吨)〈P2261〉；台山市众城化工有限公司〈P2286〉

丁二酸铵；琥珀酸铵 J01080031

Ammonium succinate [2226-88-2]

用作分析试剂，也用于有机合成、制药工业

【生产厂】[苏]南通江海高纯化学品有限公司〈P1833〉

甲酸铵 J01080051

Ammonium formate [540-69-2]

用作分析试剂，也用于有机合成

【生产厂】[京]北京市房山益华化工厂〈P1559〉；北京化工厂〈P1549〉；[沪]上海新高化学试剂有限公司〈P1771〉；[苏]南通江海高纯化学品有限公司〈P1833〉；[豫]郑州派尼化学试剂厂〈P2172〉；[粤]广州化学试剂厂(6吨)〈P2261〉

苯甲酸铵；安息香酸铵 J01080071

Ammonium benzoate [1863-63-4]

用作分析试剂及防腐剂

【生产厂】[京]北京化工厂〈P1549〉；[苏]南通江海高纯化学品有限公司〈P1833〉；[粤]广州化学试剂厂(6吨)〈P2261〉

偏钒酸铵 J01080081

Ammonium metavanadate [7803-55-6]

用作色层分析试剂、催化剂及媒染剂

【生产厂】[京]北京化工厂〈P1549〉；[辽]沈阳新兴试剂厂〈P1689〉；[沪]上海三爱思试剂有限公司〈P1759〉；上海科帆化工科技有限公司〈P1748〉；上海美兴化工有限公司(50吨)〈P1753〉；上海振欣试剂厂〈P1778〉；上海科创化工有限公司〈P1748〉；上海沪试化工有限公司〈P1737〉；[粤]广州化学试剂厂(1吨)〈P2261〉

草酸铵；乙二酸铵 J01080111

Ammonium oxalate [1113-38-8]

用作分析试剂

【生产厂】[京]北京益利精细化学品有限公司〈P1565〉；北京亚太龙兴化工有限公司〈P1564〉；北京双环伟业试剂有限公司〈P1561〉；北京化工厂〈P1549〉；[津]天津市天河化学试剂厂〈P1604〉；天津市凯通化学试剂有限公司〈P1597〉；天津市天达净化材料精细化工厂〈P1603〉；[辽]沈阳新兴试剂厂〈P1689〉；沈阳化学试剂厂〈P1686〉；沈阳市新东试剂厂〈P1689〉；沈阳市北丰化学试剂厂〈P1688〉；[沪]上海试四赫维化工有限公司〈P1764〉；上海美兴化工有限公司(30吨)〈P1753〉；上海振欣试剂厂〈P1778〉；[浙]诸暨市化工研究所〈P1952〉；[豫]郑州派尼化学试剂厂〈P2172〉；[湘]长沙市有机试剂厂〈P2247〉；[粤]广州化学试剂厂(6吨)〈P2261〉；[川]成都天华科技股份有限公司〈P2315〉

草酸高铁铵 J01080121

Ammonium ferric oxalate [14221-47-7]

用于电镀业

【生产厂】[辽]沈阳化学试剂厂〈P1686〉;沈阳市北丰化学试剂厂〈P1688〉

柠檬酸三铵;柠檬酸铵 J01080131

Triammonium citrate [7632-50-0]

用于测定肥料中的磷酸盐,也用作络合试剂

【生产厂】[京]北京益利精细化学品有限公司〈P1565〉;北京亚太龙兴化工有限公司〈P1564〉;北京市通广精细化工公司〈P1560〉;北京双环伟业试剂有限公司〈P1561〉;北京化工厂〈P1549〉;[津]天津市天河化学试剂厂〈P1604〉;[辽]沈阳化学试剂厂〈P1686〉;沈阳市北丰化学试剂厂〈P1688〉;[沪]上海新高化学试剂有限公司〈P1771〉;上海试一化学试剂有限公司〈P1764〉;[苏]苏州市振兴化工厂〈P1906〉;东台市利达化学试剂有限公司〈P1806〉;[鲁]淄博化学试剂厂有限公司(30吨)〈P2062〉;[豫]郑州派尼化学试剂厂〈P2172〉

柠檬酸氢铵;柠檬酸氢二铵 J01080151

Ammonium citrate dibasic [3012-65-5]

用作分析试剂和缓冲剂

【生产厂】[津]天津市天河化学试剂厂〈P1604〉;[辽]沈阳化学试剂厂〈P1686〉;[沪]上海新高化学试剂有限公司〈P1771〉;上海科帆化工科技有限公司〈P1748〉;[粤]广州化学试剂厂(6吨)〈P2261〉

柠檬酸铋铵;枸橼酸铋铵 J01080181

Ammonium bismuth citrate [31886-41-6]

用于制药工业

【生产厂】[沪]上海新宝精细化工厂〈P1771〉;上海振欣试剂厂〈P1778〉;上海科创化工有限公司〈P1748〉

钨酸铵;仲钨酸铵 J01080201

Ammonium paratungstate;Ammonium tungstate

用于磷钨酸铵和其他钨化合物制造

【生产厂】[苏]姜堰市光明化工厂〈P1823〉

氟化铵 J01080231

Ammonium fluoride [12125-01-8]

用作分析试剂、防腐剂和掩蔽剂

【生产厂】[京]北京益利精细化学品有限公司〈P1565〉;北京双环伟业试剂有限公司〈P1561〉;北京兴瑞达化工厂〈P1564〉;北京化工厂〈P1549〉;[津]天津市天河化学试剂厂〈P1604〉;天津市兴联化工厂〈P1609〉;天津市凯通化学试剂有限公司〈P1597〉;[沪]上海科帆化工科技有限公司〈P1748〉;[苏]宜兴市双发化工有限公司〈P1886〉;苏州市振兴化工厂〈P1906〉;昆山晶科微电子材料有限公司〈P1896〉;南通市通试试剂有限公司〈P1835〉;如皋市金陵试剂厂〈P1838〉;[浙]浙江三鹰化学试剂有限公司〈P1955〉;[鲁]济南化工厂分厂(300吨)〈P2022〉;[豫]郑州派尼化学试剂厂〈P2172〉;[粤]广州化学试剂厂(6吨)〈P2261〉;[渝]重庆川江化学试剂厂〈P2304〉;[川]成都天华科技股份有限公司(50吨)〈P2315〉;成都五环高新化学试剂厂有限公司〈P2316〉

氟化氢铵 J01080241

Ammonium hydrogen difluoride [1341-49-7]

用作分析试剂和细菌抑制剂

【生产厂】[京]北京益利精细化学品有限公司〈P1565〉;北京兴瑞达化工厂〈P1564〉;北京化工厂〈P1549〉;[津]天津市天河化学试剂厂〈P1604〉;天津市兴联化工厂〈P1609〉;[辽]沈阳化学试剂厂〈P1686〉;[沪]上海科帆化工科技有限公司〈P1748〉;[苏]宜兴市双发化工有限公司〈P1886〉;南通市通试试剂有限公司〈P1835〉;如皋市金陵试剂厂〈P1838〉;[浙]浙江三鹰化学试剂有限公司〈P1955〉;[鲁]济南化工厂分厂(60吨)〈P2022〉;莱阳双双化工有限公司〈P2108〉;[豫]洛阳市化学试剂厂(50吨)〈P2184〉;[粤]广州化学试剂厂〈P2261〉;[川]成都天华科技股份有限公司〈P2315〉

氢氧化铵;氨水 J01080251

Ammonia solution;Ammonium hydroxide [1336-21-6]

用作分析试剂,铝盐合成和弱碱性溶剂

【生产厂】[京]北京益利精细化学品有限公司〈P1565〉;北京亚太龙兴化工有限公司〈P1564〉;北京市房山益华化工厂〈P1559〉;北京化工厂〈P1549〉;[津]天津市天釜化工有限公司(100吨)〈P1604〉;天津市兴联化工厂〈P1609〉;[冀]河北省冀州市东风福利化工有限公司〈P1665〉;固安县清远化工厂〈P1658〉;廊坊市固安县紫洋化工厂〈P1661〉;[辽]沈阳化学试剂厂〈P1686〉;沈阳市新东试剂厂〈P1689〉;[黑]哈尔滨试剂化工厂〈P1720〉;[沪]上海光铧科技有限公司〈P1735〉;上海振兴化工二厂有限公司〈P1778〉;[苏]南京台硝化工有限公司〈P1790〉;江苏宜兴市第二化学试剂厂〈P1866〉;宜兴市广汇助剂化工有限公司〈P1885〉;苏州市振兴化工厂〈P1906〉;苏州市瑞腾化工有限公司〈P1904〉;昆山市博尔日化工有限公司〈P1896〉;昆山晶科微电子材料有限公司〈P1896〉;江苏省沛县东方化工厂〈P1793〉;南通江海高纯化学品有限公司〈P1833〉;[浙]兰溪市申业精细化工厂〈P1953〉;兰溪市屹达化工试剂有限公司〈P1953〉;浙江永进化工有限公司〈P1956〉;[赣]江西洪都生物化学有限公司〈P2008〉;[鲁]淄博化学试剂厂有限公司(150吨)〈P2062〉;莱阳双双化工有限公司(400吨)〈P2108〉;青岛世纪星化学试剂有限公司〈P2042〉;山东省泰和水处理有限公司(300吨)〈P2077〉;[豫]洛阳大学化学试剂厂(600吨)〈P2181〉;洛阳市化学试剂厂(120吨)〈P2184〉;开封晋开化工有限公司试剂厂〈P2176〉;[鄂]武汉市合中化工制造有限公司〈P2232〉;京山华贝化工有限责任公司(1万吨)〈P2242〉;[湘]衡阳市化学试剂厂〈P2252〉;[粤]广州化学试剂厂(120吨)〈P2261〉;珠海欣宏电子化学材料有限公司〈P2275〉;[渝]重庆无机化学试剂厂(150吨)〈P2307〉;[川]成都天华科技股份有限公司(100吨)〈P2315〉;四川特种工程塑料厂(50吨)〈P2321〉;[甘]甘肃稀土集团有限责任公司〈P2357〉

重铬酸铵;红矾铵 J01080261

Ammonium dichromate [7789-09-5]

用作分析试剂、媒染剂,也用于香料的合成

【生产厂】[京]北京益利精细化学品有限公司〈P1565〉;北京亚太龙兴化工有限公司〈P1564〉;北京双环伟业试剂有限公司〈P1561〉;北京化工厂〈P1549〉;[津]天津市天河化学试剂厂〈P1604〉;[辽]沈阳化学试剂厂〈P1686〉;沈阳市新东试剂厂〈P1689〉;[苏]宜兴市双发化工有限公司〈P1886〉;苏州市振兴化工厂〈P1906〉;[粤]广州化学试剂厂(6吨)〈P2261〉;[川]成都天华科技股份有限公司〈P2315〉

钼酸铵 J01080291

Ammonium molybdate [13106-76-8]

用作分析试剂,也用于陶器釉彩的配制

【生产厂】[京]北京益利精细化学品有限公司〈P1565〉;北京双环伟业试剂有限公司〈P1561〉;北京兴瑞达化工厂〈P1564〉;北京化工厂〈P1549〉;[津]天津市风船化学试剂

科技有限公司〈P1586〉；［辽］沈阳化学试剂厂〈P1686〉；［苏］江苏峰峰钨钼制品股份有限公司（2500吨）〈P1807〉；姜堰市光明化工厂（400吨）〈P1823〉；［皖］安庆市月铜冶金化工有限责任公司〈P1980〉；［豫］郑州派尼化学试剂厂〈P2172〉；洛阳市化学试剂厂（10吨）〈P2184〉；［粤］广州化学试剂厂（6吨）〈P2261〉

磷钼酸铵　J01080301

Ammonium phosphomolybdate［54723-94-3］

用作分析试剂和测定生物碱的试剂，也适用于微量分析锡

【生产厂】［津］天津市风船化学试剂科技有限公司〈P1586〉

氯铂酸铵　J01080321

Ammonium chloroplatinate［16919-58-7］

用作分析试剂，也用于铂海绵的制造

【生产厂】［京］北京化工厂〈P1549〉；［沪］上海新高化学试剂有限公司〈P1771〉

酒石酸铵　J01080341

Ammonium tartrate［14307-43-8］

用作分析试剂，也用于制药工业

【生产厂】［京］北京化工厂〈P1549〉；［粤］广州化学试剂厂（6吨）〈P2261〉；［川］成都天华科技股份有限公司〈P2315〉

酒石酸氢铵　J01080351

Ammonium hydrogen tartrate［3095-65-6］

用作分析试剂和发酵粉

【生产厂】［川］成都天华科技股份有限公司〈P2315〉

氟硅酸铵　J01080361

Ammonium fluorosilicate［16919-19-0］

用作分析试剂，也用于防腐剂的制备

【生产厂】［苏］南通市通试试剂有限公司〈P1835〉

氟铝酸铵　J01080371

Ammonium fluoroaluminate［7784-19-2］

用作助熔剂

【生产厂】［苏］南通市通试试剂有限公司〈P1835〉

铬酸铵　J01080381

Ammonium chromate［7788-98-9］

用作分析试剂、氧化剂和媒染剂

【生产厂】［粤］广州化学试剂厂（3吨）〈P2261〉

硝酸铵　J01080401

Ammonium nitrate［6484-52-2］

用作色层分析试剂、制冷剂、氧化氮吸收剂和氧化剂

【生产厂】［京］北京益利精细化学品有限公司〈P1565〉；北京化工厂〈P1549〉；［津］天津市凯通化学试剂有限公司〈P1597〉；［辽］沈阳化学试剂厂〈P1686〉；沈阳市北丰化学试剂厂〈P1688〉；［沪］上海试四赫维化工有限公司〈P1764〉；上海新宝精细化工厂〈P1771〉；上海振欣试剂厂〈P1778〉；上海科创化工有限公司（15吨）〈P1748〉；［豫］郑州派尼化学试剂厂〈P2172〉；开封晋开化工有限公司试剂厂〈P2176〉；［粤］广州化学试剂厂（6吨）〈P2261〉；［川］成都天华科技股份有限公司〈P2315〉

硝酸铈铵　J01080421

Ammonium ceric nitrate［16774-21-3］

用作分析试剂，微量分析银和氧化剂

【生产厂】［京］北京市通广精细化工公司〈P1560〉；北京化工厂〈P1549〉；［蒙］内蒙古和发稀土科技开发股份有限公司〈P1681〉；［鲁］山东鱼台清达精细化工厂（100吨）〈P2133〉；［甘］甘肃稀土集团有限责任公司〈P2357〉

硫化铵，溶液　J01080431

Ammonium sulfide, solution［12135-76-1］

用作色谱分析试剂

【生产厂】［沪］上海新宝精细化工厂〈P1771〉；［苏］南通威尔特化工试剂有限公司〈P1836〉；［豫］郑州派尼化学试剂厂〈P2172〉

硫酸铵　J01080451

Ammonium sulfate［7783-20-2］

用作分析试剂，也用于沉淀蛋白

【生产厂】［京］北京益利精细化学品有限公司〈P1565〉；北京亚太龙兴化工有限公司〈P1564〉；北京市通广精细化工公司〈P1560〉；北京双环伟业试剂有限公司〈P1561〉；北京化工厂〈P1549〉；［津］天津市天河化学试剂厂〈P1604〉；天津市凯通化学试剂有限公司〈P1597〉；天津市天达净化材料精细化工厂〈P1603〉；［辽］沈阳化学试剂厂〈P1686〉；［黑］哈尔滨试剂化工厂〈P1720〉；［沪］上海试四赫维化工有限公司〈P1764〉；上海金赛医药化工有限公司〈P1744〉；上海新宝精细化工厂〈P1771〉；上海振欣试剂厂〈P1778〉；上海伊瑞化工有限公司〈P1774〉；［浙］兰溪市屹达化工试剂有限公司〈P1953〉；［鲁］莱阳双双化工有限公司〈P2108〉；［豫］郑州派尼化学试剂厂〈P2172〉；［粤］广州化学试剂厂（24吨）〈P2261〉；台山市众城化工有限公司〈P2286〉；［渝］重庆川江化学试剂厂〈P2304〉；［川］成都天华科技股份有限公司〈P2315〉

亚硫酸铵　J01080461

Ammonium sulfite［10196-04-0］

用作还原剂

【生产厂】［京］北京化工厂〈P1549〉

过硫酸铵；过二硫酸铵　J01080491

Ammonium persulfate［7727-54-0］

用作分析试剂、照相定影剂和还原剂

【生产厂】［京］北京益利精细化学品有限公司〈P1565〉；北京亚太龙兴化工有限公司〈P1564〉；北京市高丽工贸有限责任公司〈P1559〉；北京化工厂〈P1549〉；［津］天津市天达净化材料精细化工厂〈P1603〉；［辽］沈阳化学试剂厂〈P1686〉；［苏］昆山晶科微电子材料有限公司〈P1896〉；［豫］郑州派尼化学试剂厂〈P2172〉；［粤］广州化学试剂厂（30吨）〈P2261〉；［川］成都天华科技股份有限公司〈P2315〉

硫酸铁铵；硫酸高铁铵　J01080541

Ammonium ferric sulfate［7783-85-9］

用作分析试剂，测定卤素时用作指示剂

【生产厂】［京］北京化工厂〈P1549〉；［沪］上海试四赫维化工有限公司〈P1764〉；上海新宝精细化工厂〈P1771〉；［鲁］淄博化学试剂厂有限公司（20吨）〈P2062〉；［粤］广州化学试剂厂（3吨）〈P2261〉；台山市众城化工有限公司〈P2286〉

硫酸亚铁铵；亚铁铵矾　J01080551

Ammonium ferrous sulfate［10045-89-3］

用于标定高锰酸钾和重铬酸钾之标准液

【生产厂】［京］北京市通广精细化工公司〈P1560〉；北京双环

伟业试剂有限公司〈P1561〉；北京化工厂〈P1549〉；[津]天津市天河化学试剂厂〈P1604〉；天津市兴联化工厂〈P1609〉；天津市天达净化材料精细化工厂〈P1603〉；[辽]沈阳化学试剂厂〈P1686〉；沈阳市北丰化学试剂厂〈P1688〉；[黑]哈尔滨试剂化工厂〈P1720〉；[沪]上海试四赫维化工有限公司〈P1764〉；[鲁]淄博化学试剂厂有限公司(40 吨)〈P2062〉；[粤]广州化学试剂厂(2 吨)〈P2261〉；台山市众城化工有限公司〈P2286〉

硫酸铈铵 J01080561

Ammonium ceric sulfate [13840-04-5]

用作分析试剂、氧化剂

【生产厂】[京]北京市通广精细化工公司〈P1560〉；北京化工厂〈P1549〉；[甘]甘肃稀土集团有限责任公司〈P2357〉

硫酸铝铵；铵明矾 J01080571

Ammonium aluminium sulfate

用作分析试剂、媒染剂和软水剂

【生产厂】[京]北京双环伟业试剂有限公司〈P1561〉；北京化工厂〈P1549〉；[辽]沈阳化学试剂厂〈P1686〉；[粤]广州化学试剂厂(6 吨)〈P2261〉

硫酸镍铵 J01080601

Ammonium nickel sulfate [15699-18-0]

用作分析试剂

【生产厂】[京]北京化工厂〈P1549〉；[沪]上海恒信化学试剂有限公司〈P1736〉；[粤]广州化学试剂厂〈P2261〉

硫氰酸铵；硫氰化铵 J01080631

Ammonium sulfocyanide; Ammonium thiocyanate [1762-95-4]

用作分析试剂，也用于抗菌素的分离

【生产厂】[京]北京益利精细化学品有限公司〈P1565〉；北京双环伟业试剂有限公司〈P1561〉；北京化工厂〈P1549〉；[津]天津市天达净化材料精细化工厂〈P1603〉；[辽]沈阳化学试剂厂〈P1686〉；[浙]温州市化学试剂有限公司〈P1938〉；[豫]郑州派尼化学试剂厂〈P2172〉；[粤]广州化学试剂厂(12 吨)〈P2261〉；[川]成都天华科技股份有限公司(300 吨)〈P2315〉

氯化铵 J01080661

Ammonium chloride [12125-02-9]

用作分析试剂，也用于合纤黏度的检验

【生产厂】[京]北京益利精细化学品有限公司〈P1565〉；北京亚太龙兴化工有限公司〈P1564〉；北京双环伟业试剂有限公司〈P1561〉；北京化工厂〈P1549〉；[津]天津市天河化学试剂厂〈P1604〉；天津市兴联化工厂〈P1609〉；天津市凯通化学试剂有限公司〈P1597〉；天津市天达净化材料精细化工厂〈P1603〉；[辽]沈阳化学试剂厂〈P1686〉；沈阳市北丰化学试剂厂〈P1688〉；[黑]哈尔滨试剂化工厂〈P1720〉；[沪]上海三爱思试剂有限公司〈P1759〉；上海新宝精细化工厂〈P1771〉；上海振欣试剂厂〈P1778〉；上海伊瑞化工有限公司〈P1774〉；[苏]江苏宜兴市第二化学试剂厂〈P1866〉；苏州市振兴化工厂〈P1906〉；昆山晶科微电子材料有限公司〈P1896〉；[浙]兰溪市申业精细化工厂〈P1953〉；兰溪市屹达化工试剂有限公司〈P1953〉；[鲁]莱阳双双化工有限公司〈P2108〉；[豫]郑州派尼化学试剂厂〈P2172〉；焦作鑫安科技股份有限公司(100 吨)〈P2197〉；洛阳市化学试剂厂(50 吨)〈P2184〉；[粤]广州化学试剂厂(30 吨)〈P2261〉；台山市众城化工有限公司〈P2286〉；[渝]重庆川江化学试剂厂〈P2304〉；[川]成都天华科技股份有限公司〈P2315〉；成都东金化学试剂有限公司〈P2310〉；四川特种工程塑料厂〈P2321〉

碘化铵 J01080831

Ammonium iodide [12027-06-4]

用作分析试剂，也用于碘化物的合成

【生产厂】[沪]上海三爱思试剂有限公司〈P1759〉；上海科创化工有限公司〈P1748〉；[浙]浙江海川化学品有限公司〈P1963〉；[豫]郑州派尼化学试剂厂〈P2172〉；[粤]广州化学试剂厂(3 吨)〈P2261〉；[渝]重庆联华化工厂〈P2305〉

五硼酸铵 J01080851

Ammonium pentaborate [12007-89-5]

用作分析试剂

【生产厂】[京]北京化工厂〈P1549〉；[苏]南通江海高纯化学品有限公司〈P1833〉

氟硼酸铵；氟化硼铵 J01080861

Ammonium fluoroborate [13826-83-0]

用作分析试剂、杀虫剂

【生产厂】[沪]上海科帆化工科技有限公司〈P1748〉；[苏]南通市通试试剂有限公司〈P1835〉；[粤]广州化学试剂厂(3 吨)〈P2261〉

溴化铵 J01080881

Ammonium bromide [12124-97-9]

用作分析试剂，也用于制药工业

【生产厂】[京]北京化工厂〈P1549〉；[沪]上海新宝精细化工厂〈P1771〉；上海振欣试剂厂〈P1778〉；[豫]郑州派尼化学试剂厂〈P2172〉；[粤]广州化学试剂厂(3 吨)〈P2261〉

十六烷基三甲基溴化铵；鲸蜡基三甲基溴化铵 J01080951

Hexadecyl trimethyl ammonium bromide [57-09-0]

用作肠内葡萄糖吸收抑制剂、表面活性剂

【生产厂】[京]北京马氏精细化学品有限公司〈P1555〉；北京化工厂〈P1549〉；[沪]上海试一化学试剂有限公司〈P1764〉；[鲁]济宁市化工研究所试剂厂(2 吨)〈P2128〉；[湘]湖南省湘中地质实验研究所〈P2258〉

碳酸铵 J01081031

Ammonium carbonate [506-87-6]

用作分析试剂

【生产厂】[京]北京益利精细化学品有限公司〈P1565〉；北京亚太龙兴化工有限公司〈P1564〉；北京市房山益华化工厂〈P1559〉；北京兴瑞达化工厂〈P1564〉；北京化工厂〈P1549〉；[辽]沈阳化学试剂厂〈P1686〉；[沪]上海试四赫维化工有限公司〈P1764〉；[鲁]淄博化学试剂厂有限公司(5 吨)〈P2062〉；[豫]郑州派尼化学试剂厂〈P2172〉；[川]成都天华科技股份有限公司〈P2315〉

碳酸氢铵；重碳酸铵 J01081041

Ammonium hydrogen carbonate [1066-33-7]

用作分析试剂，也用于合成铵盐和织物脱脂

【生产厂】[京]北京亚太龙兴化工有限公司〈P1564〉；北京化工厂〈P1549〉；[津]天津市天河化学试剂厂〈P1604〉；[辽]沈阳化学试剂厂〈P1686〉；[沪]上海试四赫维化工有限公司〈P1764〉；[豫]郑州派尼化学试剂厂〈P2172〉；[粤]广州化学试剂厂(6 吨)〈P2261〉

氨基磺酸铵 J01081051

Ammonium sulfamate [7773-06-0]

用作分析试剂、除草剂及织物防水剂

【生产厂】[京]北京化工厂〈P1549〉；[津]天津市凯通化学试

剂有限公司〈P1597〉；[沪]上海恒信化学试剂有限公司〈P1736〉；上海光铧科技有限公司〈P1735〉

磷酸铵；磷酸三铵 J01081071

Triammonium phosphate [10361-65-6]

用作分析试剂

【生产厂】[京]北京双环伟业试剂有限公司〈P1561〉；北京化工厂〈P1549〉；[辽]沈阳市北丰化学试剂厂〈P1688〉；[豫]郑州派尼化学试剂厂〈P2172〉；[粤]广州化学试剂厂(6吨)〈P2261〉；[川]成都天华科技股份有限公司〈P2315〉

次亚磷酸铵；次磷酸铵 J01081081

Ammonium hypophosphite [7803-65-8]

用作分析试剂，也用于制药工业

【生产厂】[沪]上海恒信化学试剂有限公司〈P1736〉；[苏]江苏省沛县东方化工厂〈P1793〉；南通江海高纯化学品有限公司〈P1833〉

磷酸二氢铵 J01081091

Ammonium dihydrogen phosphate [7722-76-1]

用作分析试剂、缓冲剂

【生产厂】[京]北京益利精细化学品有限公司〈P1565〉；北京亚太龙兴化工有限公司〈P1564〉；北京化工厂〈P1549〉；[津]天津市天河化学试剂厂〈P1604〉；[辽]沈阳化学试剂厂〈P1686〉；沈阳市新东试剂厂〈P1689〉；沈阳市北丰化学试剂厂〈P1688〉；[沪]上海恒信化学试剂有限公司〈P1736〉；[苏]宜兴市双发化工有限公司〈P1886〉；南通江海高纯化学品有限公司〈P1833〉；[粤]广州化学试剂厂(6吨)〈P2261〉；[川]成都天华科技股份有限公司〈P2315〉；成都东金化学试剂有限公司〈P2310〉

磷酸氢二铵 J01081101

Diammonium hydrogen phosphate [7783-28-0]

用作分析试剂、缓冲剂

【生产厂】[京]北京益利精细化学品有限公司〈P1565〉；北京亚太龙兴化工有限公司〈P1564〉；北京双环伟业试剂有限公司〈P1561〉；北京化工厂〈P1549〉；[津]天津市天河化学试剂厂〈P1604〉；[辽]沈阳化学试剂厂〈P1686〉；沈阳市北丰化学试剂厂〈P1688〉；[沪]上海恒信化学试剂有限公司〈P1736〉；[苏]宜兴市双发化工有限公司〈P1886〉；[粤]广州化学试剂厂(12吨)〈P2261〉；[川]成都东金化学试剂有限公司〈P2310〉

氯化金；氯金酸 J01090031

Chloroauric acid; Gold chloride [16961-25-4]

用于铷、铯的微量分析和生物碱测定

【生产厂】[京]北京化工厂〈P1549〉；[辽]沈阳展宇科技开发有限公司〈P1690〉；[沪]上海新高化学试剂有限公司〈P1771〉；上海嘉辰化工有限公司〈P1742〉；[苏]苏州工业园区亚科化学试剂有限公司〈P1900〉；[豫]三门峡化工研究院〈P2221〉；[川]成都金山化学试剂有限公司〈P2311〉

铜，片状 J01090041

Copper, sheet [7440-50-8]

用作普通试剂、催化剂及还原剂

【生产厂】[辽]沈阳化学试剂厂〈P1686〉；[粤]广州化学试剂厂〈P2261〉

乙酸铜；醋酸铜 J01090091

Cupric acetate [142-71-2]

用作色层分析试剂

【生产厂】[京]北京亚太龙兴化工有限公司〈P1564〉；北京双环伟业试剂有限公司〈P1561〉；北京化工厂〈P1549〉；[津]天津市兴联化工厂〈P1609〉；[辽]沈阳化学试剂厂〈P1686〉；沈阳市北丰化学试剂厂〈P1688〉；[沪]上海试四赫维化工有限公司〈P1764〉；上海振欣试剂厂〈P1778〉；上海科创化工有限公司(20吨)〈P1748〉；上海伊瑞化工有限公司〈P1774〉；[浙]温州市化学试剂有限公司〈P1938〉；[鲁]青岛世纪星化学试剂有限公司〈P2042〉；[豫]郑州派尼化学试剂厂〈P2172〉；[粤]广州化学试剂厂(2吨)〈P2261〉

乙酸铜，无水；无水醋酸铜 J01090101

Cupric acetate, anhydrous [142-71-2]

用作分析试剂

【生产厂】[沪]上海振欣试剂厂〈P1778〉

乙酰丙酮铜 J01090131

Cupric acetylacetonate [13395-16-9]

用作分析试剂

【生产厂】[京]北京益利精细化学品有限公司〈P1565〉；[冀]黄骅市津骅饲料添加剂有限公司〈P1656〉

草酸铜；乙二酸铜 J01090171

Cupric oxalate [5893-66-3]

用作分析试剂

【生产厂】[沪]上海伊瑞化工有限公司〈P1774〉

柠檬酸铜；枸橼酸铜 J01090181

Cupric citrate [866-82-0]

用作分析试剂及防腐剂

【生产厂】[沪]上海新宝精细化工厂〈P1771〉；上海振欣试剂厂〈P1778〉

氢氧化铜 J01090201

Cupric hydroxide [20427-59-2]

用作分析试剂、媒染剂

【生产厂】[辽]沈阳市北丰化学试剂厂〈P1688〉；[沪]上海振欣试剂厂〈P1778〉；[粤]广州化学试剂厂(8吨)〈P2261〉

氧化铜，线状 J01090231

Cupric oxide, wire [1317-38-0]

用作分析试剂、氧化剂、催化剂和石油脱硫剂

【生产厂】[京]北京化工厂〈P1549〉

氧化铜，粉状 J01090241

Cupric oxide, powder [1317-38-0]

用作分析试剂(定氮用)、氧化剂、催化剂

【生产厂】[津]天津市兴联化工厂〈P1609〉；[豫]郑州派尼化学试剂厂〈P2172〉；[粤]广州化学试剂厂(2吨)〈P2261〉

氧化亚铜 J01090261

Cuprous oxide [1317-39-1]

用作分析试剂、杀菌剂

【生产厂】[京]北京化工厂〈P1549〉；[沪]上海振欣试剂厂〈P1778〉；[粤]广州化学试剂厂(10吨)〈P2261〉

酒石酸铜 J01090271

Cupric tartrate [815-82-7]

用于电镀业

【生产厂】[沪]上海新宝精细化工厂〈P1771〉；上海振欣试剂厂〈P1778〉；上海科创化工有限公司〈P1748〉

硝酸铜 J01090311
Cupric nitrate [10031-43-3]
用作分析试剂及氧化剂
【生产厂】[京]北京亚太龙兴化工有限公司〈P1564〉;北京双环伟业试剂有限公司〈P1561〉;北京化工厂〈P1549〉;[津]天津市兴联化工厂〈P1609〉;[辽]沈阳化学试剂厂〈P1686〉;[沪]上海试四赫维化工有限公司〈P1764〉;上海新宝精细化工厂〈P1771〉;上海振欣试剂厂〈P1778〉;上海科创化工有限公司(10 吨)〈P1748〉;[豫]郑州派尼化学试剂厂〈P2172〉;[粤]广州化学试剂厂(6 吨)〈P2261〉;[川]成都天华科技股份有限公司〈P2315〉

硫化铜 J01090321
Cupric sulfide [7758-98-7]
用作分析试剂
【生产厂】[沪]上海振欣试剂厂〈P1778〉

硫酸铜;蓝矾 J01090331
Cupric sulfate [7758-99-8]
用作分析试剂、媒染剂和防腐剂
【生产厂】[京]北京亚太龙兴化工有限公司〈P1564〉;北京市通广精细化工公司〈P1560〉;北京双环伟业试剂有限公司〈P1561〉;北京化工厂〈P1549〉;[津]天津市兴联化工厂〈P1609〉;[辽]沈阳化学试剂厂〈P1686〉;沈阳市北丰化学试剂厂〈P1688〉;[沪]上海新宝精细化工厂〈P1771〉;上海振欣试剂厂〈P1778〉;上海科创化工有限公司(100 吨)〈P1748〉;[苏]宜兴市双发化工有限公司〈P1886〉;江苏宜兴市第二化学试剂厂〈P1866〉;苏州市振兴化工厂〈P1906〉;昆山晶科微电子材料有限公司〈P1896〉;东台市利达化学试剂有限公司〈P1806〉;[浙]兰溪市屹达化工试剂有限公司〈P1953〉;温州市化学试剂有限公司〈P1938〉;[鲁]青岛世纪星化学试剂有限公司〈P2042〉;[豫]郑州派尼化学试剂厂〈P2172〉;洛阳市化学试剂厂(50 吨)〈P2184〉;[粤]广州化学试剂厂(20 吨)〈P2261〉;台山市众城化工有限公司〈P2286〉;[川]成都天华科技股份有限公司〈P2315〉

硫酸铜,无水 J01090341
Cupric sulfate, anhydrous [7758-98-7]
用作分析试剂、脱水剂和气体干燥剂
【生产厂】[京]北京双环伟业试剂有限公司〈P1561〉;[津]天津市兴联化工厂〈P1609〉;[沪]上海振欣试剂厂〈P1778〉;上海科创化工有限公司〈P1748〉

氰化亚铜 J01090351
Cuprous cyanide [544-92-3]
用作催化剂
【生产厂】[辽]沈阳化学试剂厂〈P1686〉;[粤]广州化学试剂厂(3 吨)〈P2261〉

氯化铜;二氯化铜 J01090361
Cupric chloride [10125-13-0]
用作分析试剂、催化剂及杀虫剂
【生产厂】[京]北京双环伟业试剂有限公司〈P1561〉;北京市房山益华化工厂〈P1559〉;北京化工厂〈P1549〉;[辽]沈阳市新东试剂厂〈P1689〉;[沪]上海试四赫维化工有限公司〈P1764〉;上海振欣试剂厂〈P1778〉;上海科创化工有限公司(5 吨)〈P1748〉;上海伊瑞化工有限公司〈P1774〉;[豫]郑州派尼化学试剂厂〈P2172〉;[粤]广州化学试剂厂(6 吨)〈P2261〉;台山市众城化工有限公司〈P2286〉

氯化铜,无水;二氯化铜,无水 J01090371
Cupric chloride, anhydrous [7447-39-4]
用作氧化剂、催化剂、媒染剂
【生产厂】[沪]上海振欣试剂厂〈P1778〉

氯化亚铜;一氯化铜 J01090381
Cuprous chloride [7758-89-6]
用作分析试剂、催化剂、杀菌剂
【生产厂】[京]北京益利精细化学品有限公司〈P1565〉;北京双环伟业试剂有限公司〈P1561〉;北京化工厂〈P1549〉;[津]天津市兴联化工厂〈P1609〉;[辽]沈阳化学试剂厂〈P1686〉;[沪]上海新宝精细化工厂〈P1771〉;上海振欣试剂厂(100 吨)〈P1778〉;上海科创化工有限公司(10 吨)〈P1748〉;上海伊瑞化工有限公司〈P1774〉;[鲁]淄博市临淄天德精细化工研究所〈P2888〉;[豫]郑州派尼化学试剂厂〈P2172〉;[粤]广州化学试剂厂(3 吨)〈P2261〉;台山市众城化工有限公司〈P2286〉

碘化亚铜 J01090391
Cuprous iodide [7681-65-4]
用作分析试剂
【生产厂】[京]北京化工厂〈P1549〉;[沪]上海新宝精细化工厂〈P1771〉;上海振欣试剂厂〈P1778〉;上海科创化工有限公司〈P1748〉;上海伊瑞化工有限公司〈P1774〉;[浙]浙江海川化学品有限公司〈P1963〉

溴化铜;二溴化铜 J01090411
Cupric bromide [7789-45-9]
用作分析试剂、催化剂
【生产厂】[京]北京双环伟业试剂有限公司〈P1561〉;北京化工厂〈P1549〉;[沪]上海新宝精细化工厂〈P1771〉;上海振欣试剂厂〈P1778〉;上海科创化工有限公司〈P1748〉;上海伊瑞化工有限公司〈P1774〉;[豫]郑州派尼化学试剂厂〈P2172〉

溴化亚铜;一溴化铜 J01090421
Cuprous bromide [7787-70-4]
用作分析试剂、催化剂
【生产厂】[沪]上海新宝精细化工厂〈P1771〉;上海振欣试剂厂〈P1778〉;上海科创化工有限公司〈P1748〉;上海伊瑞化工有限公司〈P1774〉

碳酸铜,碱式;盐基性碳酸铜 J01090431
Cupric carbonate, basic [12069-69-1]
用作分析试剂及杀虫剂
【生产厂】[京]北京双环伟业试剂有限公司〈P1561〉;北京化工厂〈P1549〉;[津]天津市兴联化工厂〈P1609〉;[辽]沈阳化学试剂厂〈P1686〉;沈阳市北丰化学试剂厂〈P1688〉;[沪]上海振欣试剂厂〈P1778〉;上海科创化工有限公司(20 吨)〈P1748〉;上海伊瑞化工有限公司〈P1774〉;[粤]广州化学试剂厂(6 吨)〈P2261〉

银,粉状 J01090461
Silver, powder [7440-22-4]
用于有机化合物元素分析
【生产厂】[京]北京化工厂〈P1549〉;[豫]三门峡化工研究院〈P2221〉

乙酸银;醋酸银 J01090471
Silver acetate [563-63-3]
用作分析试剂,也用于制药工业

J

【生产厂】[京]北京化工厂〈P1549〉

二乙基二硫代氨基甲酸银；砷试剂　J01090481

Silver diethyldithiocarbamate [1470-61-7]

用作测砷试剂

【生产厂】[京]北京马氏精细化学品有限公司〈P1555〉；北京化工厂〈P1549〉；[辽]沈阳市试剂三厂〈P1688〉；[沪]上海三爱思试剂有限公司〈P1759〉；[湘]湖南省湘中地质实验研究所〈P2258〉

偏钒酸银　J01090491

Silver metavanadate [13497-94-4]

用作分析钢铁试剂、吸收剂

【生产厂】[京]北京化工厂〈P1549〉

氧化银　J01090521

Silver oxide [20667-12-3]

用作氧化剂、分析试剂和防腐剂

【生产厂】[京]北京化工厂〈P1549〉；[辽]沈阳化学试剂厂〈P1686〉；沈阳展宇科技开发有限公司〈P1690〉；[赣]江西银鑫有色金属有限公司(10吨)〈P2019〉

硝酸银　J01090541

Silver nitrate [7761-88-8]

用作分析试剂

【生产厂】[京]北京益利精细化学品有限公司〈P1565〉；北京双环伟业试剂有限公司〈P1561〉；北京化工厂〈P1549〉；[辽]沈阳化学试剂厂〈P1686〉；沈阳展宇科技开发有限公司〈P1690〉；[沪]上海化学试剂有限公司上海试剂一厂〈P1740〉；上海新宝精细化工厂〈P1771〉；[豫]三门峡化工研究院〈P2221〉；[川]成都天华科技股份有限公司〈P2315〉

硫化银　J01090571

Silver sulfide [21548-73-2]

用作分析试剂

【生产厂】[京]北京化工厂〈P1549〉

硫酸银　J01090581

Silver sulfate [10294-26-5]

用于亚硝酸盐、钒酸盐、氟的比色测定

【生产厂】[京]北京化工厂〈P1549〉；[冀]黄骅市津骅饲料添加剂有限公司〈P1656〉；[辽]沈阳化学试剂厂〈P1686〉

氰化银　J01090591

Silver cyanide [506-64-9]

用作分析试剂

【生产厂】[豫]三门峡化工研究院〈P2221〉

氯化银　J01090601

Silver chloride [7783-90-6]

用作分析试剂

【生产厂】[京]北京化工厂〈P1549〉；[冀]黄骅市津骅饲料添加剂有限公司〈P1656〉；[辽]沈阳化学试剂厂〈P1686〉；[豫]三门峡化工研究院〈P2221〉

碘化银　J01090611

Silver iodide [7783-96-2]

用作分析试剂

【生产厂】[京]北京化工厂〈P1549〉；[浙]浙江海川化学品有限公司〈P1963〉

溴化银　J01090631

Silver bromide [7785-23-1]

用作分析试剂

【生产厂】[京]北京化工厂〈P1549〉

碳酸银　J01090651

Silver carbonate [534-16-7]

用作分析试剂

【生产厂】[京]北京化工厂〈P1549〉

铝粉　J01100031

Aluminium powder [7429-90-5]

用作还原剂及脱氧剂

【生产厂】[辽]沈阳化学试剂厂〈P1686〉

醋酸铝；乙酸铝　J01100075

Aluminium acetate [139-12-8]

【生产厂】[津]天津市兴联化工厂〈P1609〉；[浙]温州市化学试剂有限公司〈P1938〉

氢氧化铝　J01100121

Aluminium hydroxide [21645-51-2]

用作媒染剂、分析试剂

【生产厂】[京]北京化工厂〈P1549〉；[津]天津市天河化学试剂厂〈P1604〉；[辽]沈阳化学试剂厂〈P1686〉；[沪]上海金赛医药化工有限公司〈P1744〉；上海美兴化工有限公司(60吨)〈P1753〉；[苏]南通威尔特化工试剂有限公司〈P1836〉；[鲁]山东陵县懿津化工有限公司(500吨)〈P2144〉；淄博化学试剂厂有限公司(30吨)〈P2062〉；[粤]台山市众城化工有限公司〈P2286〉

氧化铝　J01100131

Aluminium oxide [1344-28-1]

用作分析试剂、催化剂

【生产厂】[京]北京益利精细化学品有限公司〈P1565〉；北京化工厂〈P1549〉；[津]天津市天河化学试剂厂〈P1604〉；天津市兴联化工厂〈P1609〉；[辽]沈阳化学试剂厂〈P1686〉；[鲁]淄博化学试剂厂有限公司(10吨)〈P2062〉；[粤]广州化学试剂厂(6吨)〈P2261〉；台山市众城化工有限公司〈P2286〉

硅酸铝　J01100191

Aluminium silicate [1327-36-2]

用作颜料的填料，也用于油墨的配制

【生产厂】[辽]沈阳化学试剂厂〈P1686〉

硬脂酸铝；三硬脂酸铝　J01100211

Aluminium tristearate [637-12-7]

用作防水剂、塑料助剂和润滑剂

【生产厂】[津]天津市天河化学试剂厂〈P1604〉；[辽]沈阳化学试剂厂〈P1686〉

硝酸铝　J01100231

Aluminium nitrate [7784-27-2]

用作分析试剂、氧化剂和媒染剂

【生产厂】[京]北京兴瑞达化工厂〈P1564〉；北京化工厂〈P1549〉；[津]天津市天河化学试剂厂〈P1604〉；天津市兴联化工厂〈P1609〉；[沪]上海瑞鸿化工有限公司〈P1759〉；上海试四赫维化工有限公司〈P1764〉；上海新宝精细化工厂〈P1771〉；上海振欣试剂厂〈P1778〉；上海科创化工有限公司(20吨)〈P1748〉；上海伊瑞化工有限公司〈P1774〉；

J

[粤]广州化学试剂厂(6 吨)〈P2261〉;台山市众城化工有限公司〈P2286〉;[川]成都天华科技股份有限公司(50 吨)〈P2315〉

硫酸铝 J01100251

Aluminium sulfate [17927-65-0]

用作分析试剂、媒染剂和油脂色剂

【生产厂】[京]北京益利精细化学品有限公司〈P1565〉;北京亚太龙兴化工有限公司〈P1564〉;[津]天津市天河化学试剂厂〈P1604〉;[辽]沈阳化学试剂厂〈P1686〉;[沪]上海美兴化工有限公司(210 吨)〈P1753〉;上海新宝精细化工厂〈P1771〉;[苏]昆山晶科微电子材料有限公司〈P1896〉;[粤]广州化学试剂厂(6 吨)〈P2261〉;台山市众城化工有限公司〈P2286〉

氯化铝;三氯化铝 J01100261

Aluminium chloride

用作分析试剂、防腐剂、媒染剂

【生产厂】[京]北京化工厂〈P1549〉;[津]天津市天达净化材料精细化工厂〈P1603〉;[辽]沈阳化学试剂厂〈P1686〉;[沪]上海美兴化工有限公司(30 吨)〈P1753〉;[粤]台山市众城化工有限公司〈P2286〉

氯化铝,无水;无水三氯化铝 J01100271

Aluminium chloride, anhydrous [16603-84-2]

用作分析试剂、强脱水剂、催化剂

【生产厂】[沪]上海美兴化工有限公司(80 吨)〈P1753〉;[粤]广州化学试剂厂(6 吨)〈P2261〉

碳酸铝,碱式 J01100301

Aluminium carbonate, basic [12656-43-8]

用作分析试剂

【生产厂】[津]天津市兴联化工厂〈P1609〉

磷酸铝 J01100311

Aluminium phosphate [7784-30-7]

用作化学试剂、助熔剂

【生产厂】[沪]上海美兴化工有限公司(10 吨)〈P1753〉;[苏]南通市通试试剂有限公司〈P1835〉

偏磷酸铝 J01100321

Aluminium metaphosphate [32823-06-6]

用于光学玻璃的配制

【生产厂】[沪]上海美兴化工有限公司〈P1753〉

汞;水银 J01110011

Mercury [7439-97-6]

用于汞盐和汞齐的制造及有机合成,也用作还原剂

【生产厂】[京]北京化工厂〈P1549〉;[辽]沈阳化学试剂厂〈P1686〉;[沪]上海试四赫维化工有限公司〈P1764〉;[粤]广州化学试剂厂(6 吨)〈P2261〉

乙酸汞;醋酸汞 J01110021

Mercuric acetate [1600-27-7]

用作分析试剂,也用于有机合成

【生产厂】[京]北京双环伟业试剂有限公司〈P1561〉;[粤]广州化学试剂厂(3 吨)〈P2261〉

氧化汞,红色;一氧化汞,红色 J01110041

Mercuric oxide, red [21908-53-2]

用于制药工业,也用作防腐剂

【生产厂】[冀]河北邢台化学试剂有限责任公司(500 千克)〈P1642〉;[粤]广州化学试剂厂(3 吨)〈P2261〉

氧化汞,黄色;一氧化汞,黄色;黄降汞 J01110051

Mercuric oxide, yellow [21908-53-2]

用作分析试剂和防腐剂

【生产厂】[粤]广州化学试剂厂(3 吨)〈P2261〉

硝酸汞;硝酸高汞 J01110071

Mercuric nitrate [7783-34-8]

用于卤化物和氰化物测定、米隆试剂配制及制药工业

【生产厂】[辽]沈阳化学试剂厂〈P1686〉;[沪]上海试四赫维化工有限公司〈P1764〉;[粤]广州化学试剂厂(3 吨)〈P2261〉

硝酸亚汞 J01110081

Mercurous nitrate [10415-75-5]

用作分析试剂及氧化剂

【生产厂】[粤]广州化学试剂厂(3 吨)〈P2261〉

硫酸汞;硫酸高汞 J01110111

Mercuric sulfate [7783-35-9]

定氮时用作催化剂,也用于制药工业

【生产厂】[粤]广州化学试剂厂(3 吨)〈P2261〉

氯化汞;二氯化汞;氯化高汞;升汞 J01110151

Mercuric chloride [7487-94-7]

用作分析试剂、有机合成催化剂、防腐剂和消毒剂

【生产厂】[京]北京化工厂〈P1549〉;[冀]河北邢台化学试剂有限责任公司(500 千克)〈P1642〉;[辽]沈阳化学试剂厂〈P1686〉;[沪]上海试四赫维化工有限公司〈P1764〉;[苏]徐州试剂厂〈P1796〉;[粤]广州化学试剂厂(10 吨)〈P2261〉

氯化亚汞;甘汞;一氯化汞 J01110161

Mercurous chloride [10112-91-1]

用作防腐剂及分析试剂,也用于制药工业

【生产厂】[粤]广州化学试剂厂(6 吨)〈P2261〉

碘化汞,红色;二碘化汞;碘化高汞 J01110181

Mercuric iodide [7774-29-0]

用作分析试剂

【生产厂】[粤]广州化学试剂厂(3 吨)〈P2261〉

溴化汞;二溴化汞;溴化高汞 J01110201

Mercuric bromide [7789-47-1]

用作分析试剂

【生产厂】[京]北京双环伟业试剂有限公司〈P1561〉;[粤]广州化学试剂厂(3 吨)〈P2261〉

锌,粒状 J01110261

Zinc, granular [7440-66-6]

用作分析试剂、制取氢和合金的还原剂及有机合成还原剂

J

【生产厂】[京]北京化工厂〈P1549〉;[津]天津市兴联化工厂〈P1609〉;[辽]沈阳化学试剂厂〈P1686〉;沈阳市新东试剂厂〈P1689〉

乙酸锌;醋酸锌　J01110271
Zinc acetate [5970-45-6]
用作分析试剂、色谱分析试剂和媒染剂
【生产厂】[京]北京亚太龙兴化工有限公司〈P1564〉;北京化工厂〈P1549〉;[津]天津市天河化学试剂厂〈P1604〉;[冀]石家庄市有机化工厂(5吨)〈P1632〉;[辽]沈阳化学试剂厂〈P1686〉;[沪]上海美兴化工有限公司(200吨)〈P1753〉;上海新宝精细化工厂〈P1771〉;上海振欣试剂厂〈P1778〉;上海伊瑞化工有限公司〈P1774〉;[鲁]莱阳双双化工有限公司〈P2108〉;[豫]郑州派尼化学试剂厂〈P2172〉;[粤]广州化学试剂厂(6吨)〈P2261〉

辛酸锌　J01110311
Zinc caprylate;Zinc octanoate [557-09-5]
用作杀菌剂、油漆催干剂,也用于制药工业
【生产厂】[京]北京化工厂〈P1549〉

氟化锌;氟化锌(四水)　J01110351
Zinc fluoride, tetrahydrate [73640-07-0]
用作分析试剂及木料浸渍剂
【生产厂】[京]北京化工厂〈P1549〉;[苏]如皋市金陵试剂厂〈P1838〉

氟化锌,无水　J01110361
Zinc fluoride, anhydrous [7783-49-5]
用作分析试剂及木料浸渍剂
【生产厂】[苏]南通市通试试剂有限公司〈P1835〉

氢氧化锌　J01110371
Zinc hydroxide [20427-58-1]
用作分析试剂,也用于橡胶制造及制药工业
【生产厂】[辽]沈阳化学试剂厂〈P1686〉

氧化锌;锌氧粉;锌白　J01110381
Zinc oxide [1314-13-2]
用作分析试剂、基准试剂、荧光剂和光敏材料的基质
【生产厂】[京]北京亚太龙兴化工有限公司〈P1564〉;北京化工厂〈P1549〉;[津]天津市天河化学试剂厂〈P1604〉;天津市兴联化工厂〈P1609〉;[辽]沈阳新兴试剂厂〈P1689〉;沈阳化学试剂厂〈P1686〉;[沪]上海振欣试剂厂〈P1778〉;[粤]广州化学试剂厂(30吨)〈P2261〉;[川]成都天华科技股份有限公司〈P2315〉

硬脂酸锌;十八酸锌　J01110411
Zinc stearate [557-05-1]
用于制药工业、固化油和润滑剂的配制,也用作油漆干燥剂
【生产厂】[津]天津市天河化学试剂厂〈P1604〉;[辽]沈阳化学试剂厂〈P1686〉

硝酸锌　J01110421
Zinc nitrate [10196-18-6]
用作分析试剂,也用于制药工业
【生产厂】[京]北京化工厂〈P1549〉;[津]天津市天河化学试剂厂〈P1604〉;[辽]沈阳化学试剂厂〈P1686〉;沈阳市新东试剂厂〈P1689〉;[沪]上海美兴化工有限公司(50吨)〈P1753〉;上海新宝精细化工厂〈P1771〉;上海振欣试剂厂〈P1778〉;上海伊瑞化工有限公司〈P1774〉;[粤]广州化学试剂厂(6吨)〈P2261〉

硫酸锌　J01110461
Zinc sulfate [7446-20-0]
用作分析试剂、媒染剂和荧光粉的基质
【生产厂】[京]北京化工厂〈P1549〉;[津]天津市天河化学试剂厂〈P1604〉;天津市兴联化工厂〈P1609〉;[辽]沈阳化学试剂厂〈P1686〉;沈阳市新东试剂厂〈P1689〉;[沪]上海美兴化工有限公司(60吨)〈P1753〉;上海振欣试剂厂〈P1778〉;上海伊瑞化工有限公司〈P1774〉;[鲁]青岛世纪星化学试剂有限公司〈P2042〉;[粤]广州化学试剂厂(6吨)〈P2261〉;台山市众城化工有限公司〈P2286〉;[川]成都天华科技股份有限公司〈P2315〉

氯化锌　J01110491
Zinc chloride [7646-85-7]
用作分析试剂、石油净化剂和有机合成脱水剂
【生产厂】[京]北京亚太龙兴化工有限公司〈P1564〉;北京化工厂〈P1549〉;[津]天津市兴联化工厂〈P1609〉;[辽]沈阳化学试剂厂〈P1686〉;[沪]上海新宝精细化工厂〈P1771〉;上海振欣试剂厂〈P1778〉;上海伊瑞化工有限公司〈P1774〉;[粤]广州化学试剂厂(3吨)〈P2261〉;台山市众城化工有限公司〈P2286〉;[渝]重庆无机化学试剂厂〈P2307〉;[川]成都天华科技股份有限公司〈P2315〉

碘化锌　J01110501
Zinc iodide [10139-47-6]
用作分析亚硝酸盐、游离氯和其他氧化剂的试剂
【生产厂】[浙]浙江海川化学品有限公司〈P1963〉

碘酸锌　J01110511
Zinc iodate [7790-37-6]
用作分析试剂,也用于制药工业
【生产厂】[浙]浙江海川化学品有限公司〈P1963〉

硼酸锌　J01110531
Zinc borate [1332-07-6]
用于医药和防火织物,也用作陶瓷焊剂和霉菌抑制剂
【生产厂】[黑]哈尔滨试剂化工厂〈P1720〉

氟硼酸锌　J01110541
Zinc fluoroborate [13826-88-5]
用于杀虫剂的制备
【生产厂】[沪]上海科帆化工科技有限公司〈P1748〉;[苏]南通市通试试剂有限公司〈P1835〉

溴化锌　J01110551
Zinc bromide [7699-45-8]
用于制药工业和照相业
【生产厂】[京]北京化工厂〈P1549〉;[沪]上海新宝精细化工厂〈P1771〉

碳酸锌,碱式　J01110571
Zinc carbonate, basic;Zinc carbonate hydroxide;Zinc subcarbonate [5970-47-8]
用作分析试剂,也用于制药工业

【生产厂】[京]北京化工厂〈P1549〉;[粤]广州化学试剂厂(6吨)〈P2261〉

磷酸二氢锌 J01110611
Zinc dihydrogen phosphate [13598-37-3]
用作分析试剂、防腐剂
【生产厂】[沪]上海嘉辰化工有限公司〈P1742〉

乙酸镉;醋酸镉 J01110631
Cadmium acetate [5743-04-4]
用作分析试剂
【生产厂】[粤]广州化学试剂厂(1吨)〈P2261〉

草酸镉 J01110671
Cadmium oxalate [814-88-0]
用作分析试剂
【生产厂】[粤]广州化学试剂厂(3吨)〈P2261〉

氟化镉 J01110681
Cadmium fluoride [7790-79-6]
用于阴极射线管的制造
【生产厂】[苏]南通市通试试剂有限公司〈P1835〉

氧化镉 J01110701
Cadmium oxide [1306-19-0]
用作催化剂,也用于高纯镉盐的制备
【生产厂】[粤]广州化学试剂厂(3吨)〈P2261〉

硝酸镉 J01110731
Cadmium nitrate [10325-94-7]
用作测定锌和亚铁氰化物的试剂,也用于其他镉盐及催化剂的制备
【生产厂】[粤]广州化学试剂厂(3吨)〈P2261〉;[渝]重庆福斯达化工有限公司〈P2304〉

硫化镉 J01110741
Cadmium sulfide [1306-23-6]
用作半导体材料、发光材料
【生产厂】[京]北京化工厂〈P1549〉

硫酸镉 J01110751
Cadmium sulfate [7790-84-3]
用作测定硫代氢和反丁烯二酸等的试剂
【生产厂】[京]北京化工厂〈P1549〉;[辽]沈阳化学试剂厂〈P1686〉;[沪]上海新高化学试剂有限公司〈P1771〉;[粤]广州化学试剂厂(6吨)〈P2261〉

氰化镉 J01110761
Cadmium cyanide [542-83-6]
用于电镀工业
【生产厂】[京]北京双环伟业试剂有限公司〈P1561〉

碘化镉 J01110781
Cadmium iodide [7790-80-9]
用作测定生物碱、亚硝酸盐等的试剂,也用于制药工业
【生产厂】[京]北京双环伟业试剂有限公司〈P1561〉;[浙]浙江海川化学品有限公司〈P1963〉

氟化铯 J01120011
Cesium fluoride [13400-13-0]
用作分析试剂,也用于光学晶体的制造
【生产厂】[京]北京化工厂〈P1549〉;[苏]南通市通试试剂有限公司〈P1835〉;[赣]新余市东鹏化工有限责任公司〈P2012〉

硫酸铯 J01120051
Cesium sulfate [10294-54-9]
用作分析试剂
【生产厂】[赣]新余市赣锋锂业有限公司〈P2012〉;新余市东鹏化工有限责任公司〈P2012〉

氯化铯 J01120061
Cesium chloride [7647-17-8]
用作分析试剂
【生产厂】[京]北京化工厂〈P1549〉;[赣]新余市东鹏化工有限责任公司〈P2012〉

碘化铯 J01120071
Cesium iodide [7789-17-5]
用于制药工业,也用作分析试剂
【生产厂】[京]北京化工厂〈P1549〉;[赣]新余市东鹏化工有限责任公司〈P2012〉

碳酸铯 J01120091
Cesium carbonate [534-17-8]
用作分析试剂
【生产厂】[赣]新余市赣锋锂业有限公司〈P2012〉;新余市东鹏化工有限责任公司〈P2012〉

碳酸铷 J01120101
Rubidium carbonate [584-09-8]
用作分析试剂,也用于合成其他铷盐
【生产厂】[赣]新余市赣锋锂业有限公司〈P2012〉;新余市东鹏化工有限责任公司〈P2012〉

乙酸锂;醋酸锂 J01120111
Lithium acetate [6108-17-4]
用于饱和与不饱和脂肪酸的分离,制药工业用以制备利尿剂
【生产厂】[京]北京化工厂〈P1549〉;[沪]上海振欣试剂厂〈P1778〉;[粤]广州化学试剂厂(6吨)〈P2261〉

氟化锂 J01120191
Lithium fluoride [7789-24-4]
用作干燥剂和助熔剂,也用于光学玻璃的制造
【生产厂】[京]北京化工厂〈P1549〉;[津]天津市风船化学试剂科技有限公司〈P1586〉;[沪]上海科帆化工科技有限公司〈P1748〉;[苏]南通市通试试剂有限公司〈P1835〉;如皋市金陵试剂厂〈P1838〉

氢化锂 J01120201
Lithium hydride [7580-67-8]
用作干燥剂、氢气发生剂和有机合成还原剂
【生产厂】[津]天津市风船化学试剂科技有限公司〈P1586〉

氢化铝锂;四氢化铝锂 J01120211
Lithium aluminium hydride [16853-85-3]
用作测定羰基的试剂、还原剂,也用于氢化

物、硅烷、硼烷等的制备
【生产厂】[京]北京化工厂〈P1549〉;[津]天津市风船化学试剂科技有限公司〈P1586〉

氢氧化锂 J01120221
Lithium hydroxide [1310-66-3]
用作分析试剂、照相显影剂,也用于锂的制造
【生产厂】[京]北京化工厂〈P1549〉;[津]天津市风船化学试剂科技有限公司〈P1586〉;天津市天河化学试剂厂〈P1604〉;天津市兴联化工厂〈P1609〉;[辽]沈阳化学试剂厂〈P1686〉;[沪]上海恒信化学试剂有限公司〈P1736〉;[粤]广州化学试剂厂(6吨)〈P2261〉

硅酸锂;偏硅酸锂 J01120241
Lithium metasilicate;Lithium silicate [10102-24-6]
用于热电偶的校准
【生产厂】[沪]上海振欣试剂厂〈P1778〉

铬酸锂 J01120271
Lithium chromate [7789-01-7]
纺织工业中用作冷冻剂
【生产厂】[津]天津市风船化学试剂科技有限公司〈P1586〉

硬脂酸锂;十八酸锂 J01120291
Lithium stearate [4485-12-5]
用作高温润滑剂和稳定剂
【生产厂】[津]天津市风船化学试剂科技有限公司〈P1586〉

J

硝酸锂 J01120301
Lithium nitrate [7790-69-4]
用作分析试剂、溶解降温剂,也用于荧光体的制造
【生产厂】[京]北京化工厂〈P1549〉;[津]天津市风船化学试剂科技有限公司〈P1586〉;[沪]上海振欣试剂厂〈P1778〉;[渝]重庆福斯达化工有限公司〈P2304〉

硫酸锂 J01120311
Lithium sulfate [10377-48-7]
用作分析试剂,也用于制药工业
【生产厂】[京]北京化工厂〈P1549〉;[津]天津市风船化学试剂科技有限公司〈P1586〉;[沪]上海振欣试剂厂〈P1778〉;[豫]郑州派尼化学试剂厂〈P2172〉;[粤]广州化学试剂厂(6吨)〈P2261〉

氯化锂(无水) J01120331
Lithium chloride, anhydrous [7447-41-8]
用作分析试剂、热交换载体,也用于制药工业
【生产厂】[京]北京化工厂〈P1549〉;[津]天津市风船化学试剂科技有限公司〈P1586〉

高氯酸锂 J01120341
Lithium perchlorate [13453-78-6]
用于火箭喷气燃料的制造
【生产厂】[津]天津市风船化学试剂科技有限公司〈P1586〉;[沪]上海恒信化学试剂有限公司〈P1736〉;[赣]新余市东鹏化工有限责任公司〈P2012〉

高氯酸锂,无水;过氯酸锂,无水 J01120351
Lithium perchlorate, anhydrous [7791-03-9]
用作氧化剂
【生产厂】[津]天津市风船化学试剂科技有限公司〈P1586〉

碘化锂 J01120361
Lithium iodide [10377-51-2]
用于制药工业和照相业
【生产厂】[浙]浙江海川化学品有限公司〈P1963〉

碘酸锂 J01120371
Lithium iodate [13765-03-2]
用作分析试剂、催化剂
【生产厂】[浙]浙江海川化学品有限公司〈P1963〉

偏硼酸锂,无水 J01120411
Lithium metaborate, anhydrous [13453-69-5]
用于制药工业
【生产厂】[京]北京化工厂〈P1549〉

溴化锂 J01120421
Lithium bromide [7550-35-8]
用于制药工业、照相业
【生产厂】[京]北京化工厂〈P1549〉;[津]天津市风船化学试剂科技有限公司〈P1586〉;[沪]上海恒信化学试剂有限公司〈P1736〉;上海振欣试剂厂〈P1778〉

乙酸锶;醋酸锶 J01130011
Strontium acetate [543-94-2]
用作化学试剂
【生产厂】[京]北京化工厂〈P1549〉;[辽]沈阳市北丰化学试剂厂〈P1688〉;[沪]上海振欣试剂厂〈P1778〉

氢氧化锶 J01130041
Strontium hydroxide [1311-10-0]
用于锶盐的制备
【生产厂】[辽]沈阳市北丰化学试剂厂〈P1688〉;[沪]上海振欣试剂厂〈P1778〉;上海伊瑞化工有限公司〈P1774〉

镁粉 J01130181
Magnesium powder [7439-95-4]
用作还原剂,也用于制造闪光粉
【生产厂】[豫]郑州派尼化学试剂厂〈P2172〉

乙酸镁;醋酸镁 J01130201
Magnesium acetate [16674-78-5]
用于印染,也用作分析试剂
【生产厂】[京]北京化工厂〈P1549〉;[津]天津市天达净化材料精细化工厂〈P1603〉;[辽]沈阳市北丰化学试剂厂〈P1688〉;丹东市化学试剂厂〈P1700〉;[沪]上海美兴化工有限公司〈P1753〉;上海新宝精细化工厂〈P1771〉;上海振欣试剂厂〈P1778〉;[浙]温州市化学试剂有限公司〈P1938〉;[粤]广州化学试剂厂(6吨)〈P2261〉

乙二胺四乙酸二钠镁盐 J01130215
Ethylenediamine tetracetic acid, disodium magnesium salt
【生产厂】[冀]黄骅市津骅饲料添加剂有限公司〈P1656〉;[湘]湖南省湘中地质实验研究所〈P2258〉

氟化镁;二氟化镁 J01130251
Magnesium fluoride [7783-40-6]
用于光学玻璃和陶瓷工业及电子工业
【生产厂】[京]北京兴瑞达化工厂〈P1564〉;北京化工厂

〈P1549〉;[沪]上海科帆化工科技有限公司〈P1748〉;[苏]南通市通试试剂有限公司〈P1835〉;如皋市金陵试剂厂〈P1838〉;[浙]浙江莹光化工有限公司〈P1956〉;[粤]广州化学试剂厂(3 吨)〈P2261〉

氢氧化镁 J01130261

Magnesium hydroxide [1309-42-8]

用作分析试剂,也用于制药工业

【生产厂】[京]北京化工厂〈P1549〉;[沪]上海试四赫维化工有限公司〈P1764〉;[苏]南通市通试试剂有限公司〈P1835〉

氧化镁 J01130271

Magnesium oxide [1309-48-4]

用作分析试剂,也用于制药工业、橡胶工业和油脂工业等

【生产厂】[京]北京化工厂〈P1549〉;[津]天津市北联精细化学品开发有限公司〈P1580〉;天津市兴联化工厂〈P1609〉;天津市天达净化材料精细化工厂〈P1603〉;[辽]沈阳新兴试剂厂〈P1689〉;沈阳化学试剂厂〈P1686〉;沈阳市北丰化学试剂厂〈P1688〉;[沪]上海振欣试剂厂〈P1778〉;上海伊瑞化工有限公司〈P1774〉;[苏]无锡市泽辉化工有限公司(200 吨)〈P1881〉;[鲁]山东寿光昌达化工有限公司〈P2098〉;[豫]郑州派尼化学试剂厂〈P2172〉;河南兴发镁业有限责任公司〈P2191〉

氟硅酸镁 J01130311

Magnesium fluorosilicate [12449-55-7]

用作防水剂和防蛀剂

【生产厂】[沪]上海三爱思试剂有限公司〈P1759〉;[苏]南通市通试试剂有限公司〈P1835〉;如皋市金陵试剂厂〈P1838〉

硝酸镁 J01130351

Magnesium nitrate [10377-60-3]

用作小麦的灰化剂及催化剂

【生产厂】[京]北京亚太龙兴化工有限公司〈P1564〉;北京化工厂〈P1549〉;[辽]沈阳市北丰化学试剂厂〈P1688〉;丹东市化学试剂厂〈P1700〉;[沪]上海试四赫维化工有限公司〈P1764〉;上海新宝精细化工厂〈P1771〉;上海振欣试剂厂〈P1778〉;上海科创化工有限公司〈P1748〉;上海伊瑞化工有限公司〈P1774〉

硫酸镁 J01130361

Magnesium sulfate [10034-99-8]

用作分析试剂及媒染剂

【生产厂】[京]北京亚太龙兴化工有限公司〈P1564〉;北京市通广精细化工公司〈P1560〉;北京化工厂〈P1549〉;[津]天津市天达净化材料精细化工厂〈P1603〉;[辽]沈阳化学试剂厂〈P1686〉;沈阳市北丰化学试剂厂〈P1688〉;[沪]上海试四赫维化工有限公司〈P1764〉;上海美兴化工有限公司(30 吨)〈P1753〉;上海新宝精细化工厂〈P1771〉;上海振欣试剂厂〈P1778〉;上海伊瑞化工有限公司〈P1774〉;[苏]连云港市化学试剂厂(6 万吨)〈P1799〉;[浙]湖州市菱湖新望化学有限公司〈P1946〉;兰溪市屹达化工试剂有限公司〈P1953〉;[赣]江西洪都生物化学有限公司〈P2008〉;[豫]郑州派尼化学试剂厂〈P2172〉;开封市永安化工厂(2000 吨)〈P2178〉;[粤]广州化学试剂厂(6 吨)〈P2261〉;[川]成都天华科技股份有限公司〈P2315〉

硫酸镁(无水) J01130371

Magnesium sulfate, anhydrous [7487-88-9]

用作分析试剂,也用于制药工业及印染工业

【生产厂】[沪]上海试四赫维化工有限公司〈P1764〉;[粤]广州化学试剂厂(6 吨)〈P2261〉

氯化镁 J01130381

Magnesium chloride [7791-18-6]

用作分析试剂,也用于制药工业等

【生产厂】[京]北京亚太龙兴化工有限公司〈P1564〉;北京化工厂〈P1549〉;[津]天津市天达净化材料精细化工厂〈P1603〉;[辽]沈阳化学试剂厂〈P1686〉;[沪]上海振欣试剂厂〈P1778〉;上海科创化工有限公司(25 吨)〈P1748〉;上海伊瑞化工有限公司〈P1774〉;[苏]徐州试剂厂〈P1796〉;南通市通试试剂有限公司〈P1835〉;[豫]郑州派尼化学试剂厂〈P2172〉;[粤]广州化学试剂厂(6 吨)〈P2261〉

碳酸镁,无水 J01130471

Magnesium carbonate, anhydrous [546-93-0]

用于医药、橡胶工业

【生产厂】[京]北京化工厂〈P1549〉

碳酸镁,碱式 J01130481

Magnesium carbonate, basic [56378-72-4]

用作橡胶填充剂,也用于制药工业等

【生产厂】[京]北京兴瑞达化工厂〈P1564〉;[津]天津市天达净化材料精细化工厂〈P1603〉;[辽]沈阳化学试剂厂〈P1686〉

磷酸氢镁 J01130521

Magnesium hydrogen phosphate; Magnesium phosphate dibasic [7782-75-4]

用作牙科研磨剂

【生产厂】[沪]上海振欣试剂厂〈P1778〉

氧化钇;三氧化二钇 J01140071

Yttrium oxide [1314-36-9]

用作荧光粉、磁性材料的添加材料

【生产厂】[京]北京化工厂〈P1549〉

五氧化二钒 J01140101

Vanadium pentoxide [1314-62-1]

用作分析试剂、催化剂、玻璃用紫外线阻止剂和显影剂

【生产厂】[京]北京化工厂〈P1549〉;[辽]沈阳化学试剂厂〈P1686〉;[沪]上海三爱思试剂有限公司〈P1759〉;上海美兴化工有限公司(20 吨)〈P1753〉;上海科创化工有限公司〈P1748〉;[粤]广州化学试剂厂(1 吨)〈P2261〉

四氯化钒 J01140111

Vanadium tetrachloride [7632-51-1]

用于制备三氯化钒和二氯化钒

【生产厂】[川]攀枝花市鑫裕化工厂〈P2322〉

氯化钕 J01140131

Neodymium chloride [10024-93-8]

用作化学试剂

【生产厂】[鲁]淄博福春化工有限公司〈P2060〉;[甘]甘肃稀土集团有限责任公司〈P2357〉

二氧化钛;钛白 J01140141

Titanium dioxide [1317-80-2]

用作分析试剂,也用于高纯钛盐的制备及医

药工业

【生产厂】[京]北京化工厂〈P1549〉;[津]天津市兴联化工厂〈P1609〉;[辽]沈阳化学试剂厂〈P1686〉;[沪]上海振欣试剂厂〈P1778〉;[粤]广州化学试剂厂(10吨)〈P2261〉

硫酸钛 J01140151

Titanium sulfate [13693-11-3]

用作媒染剂,也用于制药工业

【生产厂】[京]北京化工厂〈P1549〉

三氯化钛,溶液 J01140181

Titanium trichloride, solution [7705-07-9]

用作偶氮染料分析的滴定液和强还原剂

【生产厂】[京]北京化工厂〈P1549〉;[沪]上海美兴化工有限公司(300吨)〈P1753〉

四氯化钛;氯化钛 J01140191

Titanium tetrachloride [7550-45-0]

用作分析试剂及制备三氯化钛和金属钛的原料及发烟剂

【生产厂】[冀]石家庄市有机化工厂(1吨)〈P1632〉;[沪]上海美兴化工有限公司(150吨)〈P1753〉

三氧化钨 J01140211

Tungsten trioxide [1314-35-8]

用作分析试剂,也用于金属钨、钨盐的制备

【生产厂】[沪]上海新高化学试剂有限公司〈P1771〉

二硝酸钯;硝酸亚钯 J01140231

Palladium dinitrate [10102-05-3]

用作分析试剂和氧化剂,也用于氯和碘的分离

【生产厂】[辽]沈阳展宇科技开发有限公司〈P1690〉

二氯化钯;氯化亚钯 J01140241

Palladium dichloride [7647-10-1]

用作分析试剂

【生产厂】[粤]广州化学试剂厂(1吨)〈P2261〉

二氯二氨络钯 J01140251

Dichlorodiaminopalladium [13782-33-7]

用于测定一氧化碳和电镀钯等

【生产厂】[豫]三门峡化工研究院〈P2221〉

二氯四氨钯 J01140255

Dichlorotetraaminopalladium

用作贵金属电镀试剂及添加剂

【生产厂】[豫]三门峡化工研究院〈P2221〉

钼,粉状;钼粉 J01140281

Molybdenum, powder [7439-98-7]

用于磷钼酸盐及钼化合物的制备

【生产厂】[京]北京双环伟业试剂有限公司〈P1561〉;[辽]沈阳化学试剂厂〈P1686〉;[苏]姜堰市光明化工厂〈P1823〉

三氧化钼;无水钼酸酐 J01140291

Molybdenum trioxide; Molybdic anhydride [1313-27-5]

用作五氧化二磷、三氧化二砷、双氧水、酚和醇类的还原剂,也用于钼盐、钼合金的制造

【生产厂】[京]北京双环伟业试剂有限公司〈P1561〉

二硫化钼 J01140301

Molybdenum disulphide [1317-33-5]

用于钼化合物的制备,也用作氢化反应催化剂

【生产厂】[京]北京双环伟业试剂有限公司〈P1561〉;[辽]沈阳化学试剂厂〈P1686〉;[皖]合肥工业大学化学试剂厂〈P1972〉

铂黑 J01140321

Platinum black [7440-06-4]

用作催化剂、氧化剂和气体吸收剂

【生产厂】[沪]上海新高化学试剂有限公司〈P1771〉

氧化铂;二氧化铂 J01140331

Platinic oxide; Platinum dioxide [12137-21-2]

用作氢化催化剂

【生产厂】[辽]沈阳展宇科技开发有限公司〈P1690〉;[沪]上海新高化学试剂有限公司〈P1771〉;[鲁]济南铂源化学有限公司〈P2020〉;[湘]湖南省郴州市湘晨高科实业有限公司〈P2257〉

亚硝基二氨铂;二亚硝基二氨铂 J01140341

Platinum diaminodinitrite [14286-02-3]

用于电镀工业

【生产厂】[辽]沈阳展宇科技开发有限公司〈P1690〉;[沪]上海新高化学试剂有限公司〈P1771〉

氯化铂;四氯化铂 J01140351

Platinic chloride; Platinum tetrachloride [13454-96-1]

在容量分析中,用以测定钾、铯、钌、铵、铊、生物碱等,也用作催化剂

【生产厂】[辽]沈阳展宇科技开发有限公司〈P1690〉

硝酸亚铈;硝酸铈 J01140401

Cerous nitrate

用作分析试剂及催化剂

【生产厂】[京]北京化工厂〈P1549〉;[沪]上海美兴化工有限公司(20吨)〈P1753〉

硫酸铈;硫酸高铈 J01140421

Ceric sulfate [10450-59-6]

用作分析试剂及显色剂,也用于苯胺黑的制造

【生产厂】[京]北京亚太龙兴化工有限公司〈P1564〉;北京化工厂〈P1549〉

乙酸亚铊 J01140461

Thallous acetate [563-68-8]

用于比重液的配制

【生产厂】[京]北京化工厂〈P1549〉

铋 J01140561

Bismuth [7440-69-9]

用作原子反应堆的冷却剂,用于高纯铋化合物的制备

【生产厂】[粤]广东西陇化工有限公司〈P2276〉

铋,粒状 J01140571

Bismuth, granular [7440-69-9]

用作分析试剂、原子反应堆的冷却剂,也用于高纯铋化合物的制备

【生产厂】[京]北京双环伟业试剂有限公司〈P1561〉;[辽]沈阳化学试剂厂〈P1686〉;沈阳市新东试剂厂〈P1689〉;[沪]上海光铧科技有限公司〈P1735〉;上海科创化工有限公司〈P1748〉;上海伊瑞化工有限公司〈P1774〉

氢氧化铋 J01140591

Bismuth hydroxide [10361-43-0]

用于铋盐制造

【生产厂】[浙]温州市化学试剂有限公司〈P1938〉

硝酸铋 J01140611

Bismuth nitrate [46140-16-3]

用作分析试剂

【生产厂】[京]北京化工厂〈P1549〉;[沪]上海恒信化学试剂有限公司〈P1736〉;上海新宝精细化工厂〈P1771〉;上海科创化工有限公司〈P1748〉;上海伊瑞化工有限公司〈P1774〉;[浙]温州市化学试剂有限公司〈P1938〉;[粤]台山市众城化工有限公司〈P2286〉

次硝酸铋;碱式硝酸铋;硝酸氧铋 J01140621

Bismuth nitrate, basic; Bismuth oxynitrate; Bismuth subnitrate [10361-46-3]

用作色谱分析试剂、临床检验中用以化验糖和生物碱,也用于制药工业

【生产厂】[京]北京化工厂〈P1549〉;[辽]沈阳化学试剂厂〈P1686〉;[沪]上海恒信化学试剂有限公司〈P1736〉;上海新宝精细化工厂〈P1771〉;上海科创化工有限公司〈P1748〉;上海伊瑞化工有限公司〈P1774〉;[浙]温州市化学试剂有限公司〈P1938〉;[粤]台山市众城化工有限公司〈P2286〉

硫酸铋 J01140631

Bismuth sulfate [7787-68-0]

用作分析试剂,也用于制药工业

【生产厂】[沪]上海新宝精细化工厂〈P1771〉

氯化铋;三氯化铋 J01140651

Bismuth chloride; Bismuth trichloride [7787-60-2]

用作分析试剂及催化剂,也用于铋盐制取

【生产厂】[京]北京双环伟业试剂有限公司〈P1561〉;[沪]上海恒信化学试剂有限公司〈P1736〉;上海科创化工有限公司〈P1748〉;上海伊瑞化工有限公司〈P1774〉

碘化铋 J01140661

Bismuth iodide [7787-64-6]

用作分析试剂,也用于生物碱或其他碱类的检验

【生产厂】[浙]浙江海川化学品有限公司〈P1963〉

次碳酸铋;碱式碳酸铋 J01140691

Bismuth subcarbonate [5892-10-4]

用作分析试剂,也用于铋盐制造,在制药工业用作收敛剂

【生产厂】[京]北京化工厂〈P1549〉;[沪]上海科创化工有限公司〈P1748〉;[粤]台山市众城化工有限公司〈P2286〉

氧化铍 J01140701

Beryllium oxide [1304-56-9]

用作分析试剂、电子工业固体集成线路中的衬里材料及单晶炉的耐火材料

【生产厂】[京]北京化工厂〈P1549〉

硫酸铍 J01140711

Beryllium sulfate [7787-56-6]

用作分析试剂,也用于其他铍盐的制造

【生产厂】[京]北京化工厂〈P1549〉

硫酸铟 J01140781

Indium sulfate [13464-82-9]

用于镀铟液的配制

【生产厂】[沪]上海宁溶化工有限公司〈P1755〉

乙酸铬;醋酸铬 J01140811

Chromic acetate [1066-30-4]

用作媒染剂、催化剂

【生产厂】[津]天津市兴联化工厂〈P1609〉;[辽]沈阳市北丰化学试剂厂〈P1688〉

乙酰丙酮铬;三乙酰丙酮铬 J01140831

Chromic acetylacetonate [21679-31-2]

用作降爆剂

【生产厂】[京]北京益利精细化学品有限公司〈P1565〉;[冀]黄骅市津骅饲料添加剂有限公司〈P1656〉

氟化铬;三氟化铬 J01140851

Chromic fluoride [123333-98-2]

用作防蛀剂、氟化剂,也用于毛织品的印染

【生产厂】[苏]南通市通试试剂有限公司〈P1835〉

三氧化铬;铬酐 J01140871

Chromium trioxide [1333-82-0]

用作分析试剂和强氧化剂,也用于铬酸盐的制造

【生产厂】[京]北京益利精细化学品有限公司〈P1565〉;[津]天津市天河化学试剂厂〈P1604〉;[辽]沈阳化学试剂厂〈P1686〉;沈阳市新东试剂厂〈P1689〉;[沪]上海金联精细化工厂(40吨)〈P1744〉;[粤]广州化学试剂厂(6吨)〈P2261〉;[川]成都天华科技股份有限公司〈P2315〉

三氧化二铬;氧化铬 J01140881

Chromium sesquioxide; Chromic oxide [1308-38-9]

用作催化剂、分析试剂

【生产厂】[京]北京双环伟业试剂有限公司〈P1561〉;[津]天津市风船化学试剂科技有限公司试剂二厂(40吨)〈P1586〉;天津市天河化学试剂厂〈P1604〉;天津市兴联化工厂〈P1609〉;[辽]沈阳化学试剂厂〈P1686〉;[沪]上海振欣试剂厂〈P1778〉;[粤]广州化学试剂厂(6吨)〈P2261〉

硝酸铬 J01140891

Chromic nitrate [7789-02-8]

用作分析试剂和媒染剂,也用于无机盐的合成

【生产厂】[京]北京双环伟业试剂有限公司〈P1561〉;[沪]上海新宝精细化工厂〈P1771〉

硫酸铬 J01140901

Chromic sulfate [10101-53-8]

用作分析试剂和媒染剂
【生产厂】[沪]上海新宝精细化工厂〈P1771〉;[粤]广州化学试剂厂(6吨)〈P2261〉

氯化铬;三氯化铬　J01140931
Chromic chloride [10060-12-5]
【生产厂】[京]北京双环伟业试剂有限公司〈P1561〉;[津]天津市天河化学试剂厂〈P1604〉;天津市兴联化工厂〈P1609〉;[辽]沈阳市北丰化学试剂厂〈P1688〉;[沪]上海一心试剂厂〈P1774〉;[鲁]淄博福春化工有限公司〈P2060〉;[渝]重庆福斯达化工有限公司〈P2304〉

磷酸铬　J01140961
Chromic phosphate [7789-04-0]
用于染料、陶瓷工业
【生产厂】[浙]德清县天宝化工厂〈P1945〉

氢氧化锆　J01140991
Zirconium hydroxide [14475-63-9]
用作分析试剂,也用于锆化合物的制取和颜料的配制
【生产厂】[苏]兴化市松鹤化学试剂厂(100吨)〈P1828〉

二氧化锆　J01141001
Zirconium dioxide;Zirconium anhydride;Zirconium oxide [1314-23-4]
用作高纯试剂及红外线光谱带的光源,也用于高纯锆盐的制备
【生产厂】[京]北京化工厂〈P1549〉;[津]天津市天河化学试剂厂〈P1604〉;[辽]沈阳化学试剂厂〈P1686〉

硝酸氧锆;硝酸锆酰　J01141041
Zirconium oxynitrate;Zirconyl nitrate [13826-66-9]
用作测定钾和氟化物的试剂,也用于发光剂和耐火材料的制备
【生产厂】[京]北京化工厂〈P1549〉;[鲁]淄博市荣瑞达粉体材料厂〈P2071〉

硫酸锆　J01141051
Zirconium sulfate [14644-61-2]
用作催化剂
【生产厂】[京]北京化工厂〈P1549〉

锑,粉状　J01141101
Antimony, powder [7440-36-0]
用作高纯试剂和半导体的原材料
【生产厂】[沪]上海试四赫维化工有限公司〈P1764〉

三氟化锑;氟化亚锑　J01141121
Antimonous fluoride;Antimony trifluoride [7783-56-4]
用作分析试剂和棉织物的媒染剂
【生产厂】[苏]如皋市金陵试剂厂〈P1838〉

三氧化二锑;锑白　J01141131
Antimonous oxide;Antimony trioxide;Antimony white [1309-64-4]
用作高纯试剂、媒染剂及防光剂,也用于颜料及酒石酸锑钾的制备
【生产厂】[京]北京化工厂〈P1549〉;[津]天津市兴联化工厂〈P1609〉;[辽]沈阳化学试剂厂〈P1686〉;沈阳市新东试剂厂〈P1689〉;[沪]上海试四赫维化工有限公司〈P1764〉;[粤]广州化学试剂厂(6吨)〈P2261〉

五氧化二锑　J01141141
Antimony pentaoxide [1314-60-9]
用于制药工业和锑化合物的制造
【生产厂】[沪]上海试四赫维化工有限公司〈P1764〉

氧氯化锑;氧氯化亚锑　J01141151
Antimony oxychloride [7791-08-4]
用于制药工业和锑盐的制造
【生产厂】[辽]沈阳华昌锑业化工有限公司〈P1685〉

五硫化二锑;五硫化锑　J01141171
Antimony pentasulfide [1315-04-4]
用于颜料的配制,也用作橡胶硫化剂
【生产厂】[沪]上海试四赫维化工有限公司〈P1764〉

三氯化锑;氯化亚锑　J01141181
Antimonous chloride;Antimony trichloride [10025-91-9]
用作分析试剂、催化剂,也用于有机合成
【生产厂】[沪]上海试四赫维化工有限公司〈P1764〉;[粤]广州化学试剂厂(1吨)〈P2261〉

五氯化锑　J01141201
Antimony pentachloride [7647-18-9]
用作高纯分析试剂、催化剂,也用于高纯锑的制备
【生产厂】[沪]上海试四赫维化工有限公司〈P1764〉

乙酸锰;醋酸锰;乙酸亚锰　J01141251
Manganous acetate [638-38-0]
用作分析试剂
【生产厂】[京]北京化工厂(100吨)〈P1549〉;[辽]沈阳市北丰化学试剂厂〈P1688〉;[沪]上海试四赫维化工有限公司〈P1764〉;上海美兴化工有限公司(300吨)〈P1753〉;上海球龙化工有限公司〈P1758〉;[苏]泰州市天成化工有限公司〈P1827〉;[渝]重庆川江化学试剂厂〈P2304〉

二氧化锰　J01141281
Manganese dioxide [1313-13-9]
用于锰盐制备,也用作氧化剂、除锈剂
【生产厂】[京]北京市高丽工贸有限责任公司〈P1559〉;北京化工厂〈P1549〉;[津]天津市天河化学试剂厂〈P1604〉;天津市兴联化工厂〈P1609〉;天津市天达净化材料精细化工厂〈P1603〉;[辽]沈阳化学试剂厂〈P1686〉;沈阳市新东试剂厂〈P1689〉;[沪]上海美兴化工有限公司(50吨)〈P1753〉;[皖]安徽省青阳县银兴化工原料有限责任公司〈P1987〉;[鲁]青岛世纪星化学试剂有限公司〈P2042〉;[渝]重庆川江化学试剂厂〈P2304〉;[川]成都天华科技股份有限公司〈P2315〉

硝酸锰;硝酸亚锰　J01141321
Manganous nitrate [17141-63-8]
用作微量分析测定银的试剂,也用于稀土元素的分离和陶瓷工业
【生产厂】[京]北京化工厂〈P1549〉;[沪]上海建平化工有限公司(10吨)〈P1743〉;上海振欣试剂厂〈P1778〉

硫酸锰;硫酸亚锰　J01141361

Manganous sulphate [10034-96-5]

用作微量分析试剂、媒染剂和油漆干燥剂

【生产厂】[京]北京化工厂〈P1549〉;[津]天津市兴联化工厂〈P1609〉;天津市天达净化材料精细化工厂〈P1603〉;[沪]上海美兴化工有限公司(100 吨)〈P1753〉;上海新宝精细化工厂〈P1771〉;[渝]重庆川江化学试剂厂〈P2304〉

氯化锰;氯化亚锰 J01141381

Manganous chloride [13446-34-9]

用作微量分析试剂和催化剂

【生产厂】[京]北京化工厂〈P1549〉;[津]天津市天河化学试剂厂〈P1604〉;天津市兴联化工厂〈P1609〉;[辽]沈阳化学试剂厂〈P1686〉;[沪]上海试四赫维化工有限公司〈P1764〉;上海美兴化工有限公司(180 吨)〈P1753〉

碳酸锰;碳酸亚锰 J01141431

Manganous carbonate [598-62-9]

用于锰盐的制备,也用作电讯器材元件的材料

【生产厂】[京]北京化工厂〈P1549〉;[津]天津市风船化学试剂科技有限公司试剂二厂(20 吨)〈P1586〉;天津市兴联化工厂〈P1609〉;[沪]上海科创化工有限公司(10 吨)〈P1748〉;[渝]重庆川江化学试剂厂〈P2304〉

硝酸镝 J01141511

Dysprosium nitrate [10143-38-1]

用作分析试剂

【生产厂】[鲁]山东鱼台清达精细化工厂(80 吨)〈P2133〉

硝酸镧 J01141551

Lanthanum nitrate [10277-43-7]

用作防腐剂

【生产厂】[京]北京化工厂〈P1549〉

硫酸镧 J01141561

Lanthanum sulfate [10099-60-2]

用作防腐剂

【生产厂】[京]北京化工厂〈P1549〉

吡啶;氮杂苯 J01150011

Pyridine [110-86-1]

用作有机溶剂、分析试剂,也用于有机合成工业、色层分析等

【生产厂】[京]北京化工厂〈P1549〉;[津]天津市津科精细化工研究所〈P1593〉;天津市天河化学试剂厂〈P1604〉;[冀]石家庄市有机化工厂(5 吨)〈P1632〉;邯郸市林峰精细化工有限公司〈P1638〉;[辽]沈阳化学试剂厂〈P1686〉;[沪]上海试一化学试剂有限公司〈P1764〉;上海三爱思试剂有限公司〈P1759〉;[苏]苏州市振兴化工厂〈P1906〉;[豫]河南省化工研究所(10 吨)〈P2167〉;[粤]广州化学试剂厂(3 吨)〈P2261〉

溴化十四烷吡啶;溴代肉豆蔻基吡啶 J01150131

Tetradecylpyridine bromide [1155-74-4]

用作防腐剂、表面活性剂

【生产厂】[京]北京马氏精细化学品有限公司〈P1555〉;北京化工厂〈P1549〉

2-甲基吡啶;2-哌可啉 J01150141

2-Methylpyridine;2-Picoline [109-06-8]

用作溶剂和色层分析试剂,也用于有机合成工业

【生产厂】[沪]上海科丰化学试剂有限公司〈P1749〉

4-甲基吡啶;4-哌可啉 J01150161

4-Methylpyridine;4-Picoline [108-89-4]

用作溶剂,也用于树脂合成和染料制造

【生产厂】[冀]邯郸市林峰精细化工有限公司〈P1638〉;[沪]上海科丰化学试剂有限公司〈P1749〉

2,2′-联吡啶 J01150311

2,2′-Bipyridine;2,2′-Bipyridyl [366-18-7]

用作氧化还原指示剂和分析试剂

【生产厂】[沪]上海新高化学试剂有限公司〈P1771〉;上海华彭实业有限公司〈P1739〉;上海科丰化学试剂有限公司〈P1749〉

4,4′-联吡啶 J01150321

4,4′-Bipyridine;4,4′-Bipyridyl [553-26-4]

用于有机合成

【生产厂】[沪]上海华彭实业有限公司〈P1739〉;上海科丰化学试剂有限公司〈P1749〉

六氢吡啶;哌啶 J01150351

Hexahydropyridine;Piperidine [110-89-4]

用作分析试剂

【生产厂】[京]北京化工厂〈P1549〉;[津]天津市津科精细化工研究所〈P1593〉;天津市东丽区泰兰德化学试剂厂(100 吨)〈P1585〉;天津市天河化学试剂厂〈P1604〉

苯 J01160011

Benzene [71-43-2]

用作分光纯溶剂及测定折光率时用作标准样品,也用作精密光学仪器、电子工业等的溶剂和清洗剂

【生产厂】[京]北京昊科尔化工有限公司〈P1548〉;北京化工厂〈P1549〉;[津]天津市凯通化学试剂有限公司〈P1597〉;[冀]邯郸市林峰精细化工有限公司〈P1638〉;[辽]沈阳化学试剂厂〈P1686〉;[沪]上海试一化学试剂有限公司〈P1764〉;上海科丰化学试剂有限公司〈P1749〉;[浙]兰溪市屹达化工试剂有限公司〈P1953〉;[豫]河南省化工研究所(20 吨)〈P2167〉;郑州派尼化学试剂厂〈P2172〉;开封市通盛化工厂(1000 吨)〈P2178〉;[粤]广州化学试剂厂(6 吨)〈P2261〉;[川]成都天华科技股份有限公司〈P2315〉

乙基苯;苯乙烷 J01160021

Ethyl benzene;Phenylethane [100-41-4]

用作色谱标准物质和溶剂,也用于有机合成

【生产厂】[沪]上海试一化学试剂有限公司〈P1764〉;上海科丰化学试剂有限公司〈P1749〉

对二乙基苯 J01160041

p-Diethylenebenzene [105-05-5]

用作溶剂,也用于有机合成

【生产厂】[京]北京佳友盛新技术开发中心〈P1551〉

甲苯 J01160151

Methylbenzene;Toluene;Toluol [108-88-3]

用作色谱分析标准物质和分析试剂

【生产厂】[京]北京化工厂〈P1549〉;[津]天津市凯通化学试剂有限公司〈P1597〉;[冀]邯郸市林峰精细化工有限公司〈P1638〉;[辽]沈阳新兴试剂厂〈P1689〉;沈阳化学试剂厂〈P1686〉;[苏]苏州市振兴化工厂〈P1906〉;上海试剂四厂昆山分厂〈P1898〉;昆山晶科微电子材料有限公司〈P1896〉;[浙]兰溪市屹达化工试剂有限公司〈P1953〉;[豫]河南省化工研究所(15吨)〈P2167〉;郑州派尼化学试剂厂〈P2172〉;开封化学试剂总厂〈P2176〉;[粤]广州化学试剂厂(50吨)〈P2261〉;[川]成都天华科技股份有限公司〈P2315〉

二甲苯,异构体混合物 J01160161

Xylene,mixed isomers;Xylol,mixed isomers [1330-20-7]

用作清洗剂

【生产厂】[豫]开封化学试剂总厂〈P2176〉;[粤]广州化学试剂厂(20吨)〈P2261〉

对二甲苯;1,4-二甲苯 J01160171

1,4-Dimethylbenzene;*p*-Xylene [106-42-3]

用作色谱分析标准物质和溶剂,也用于有机合成

【生产厂】[京]北京化工厂〈P1549〉

间二甲苯;1,3-二甲苯 J01160191

1,3-Dimethylbenzene;*m*-Xylene [108-38-3]

用作分析试剂和精密光学仪器的溶剂和清洗剂,也用于有机合成

【生产厂】[沪]上海科丰化学试剂有限公司〈P1749〉

3,5-二羟基甲苯;5-甲基间苯二酚;苔黑酚 J01160321

3,5-Dihydroxy toluene;5-Methyl resorcinol;Orcinol [504-15-4]

用作分析试剂

【生产厂】[沪]上海科丰化学试剂有限公司〈P1749〉

对氯甲苯;4-氯甲苯 J01160361

4-Chlorotoluene [106-43-4]

用作染料中间体和溶剂,也用于有机合成

【生产厂】[京]北京化工厂〈P1549〉

对溴甲苯;4-溴甲苯 J01160451

p-Bromotoluene [106-38-7]

用于有机合成

【生产厂】[沪]上海科丰化学试剂有限公司〈P1749〉

偶氮苯 J01160571

Azobenzene [103-33-3]

用于联苯染料的制造,也用作橡胶促进剂

【生产厂】[沪]上海三爱思试剂有限公司〈P1759〉

硝基苯 J01160761

Nitrobenzene [98-95-3]

用作分析试剂气相色谱固定液及弗瑞德-克来福特反应用溶剂

【生产厂】[京]北京化工厂〈P1549〉;[津]天津市津科精细化工研究所〈P1593〉;[辽]沈阳化学试剂厂〈P1686〉;[豫]郑州派尼化学试剂厂〈P2172〉;[粤]广州化学试剂厂(3吨)〈P2261〉

氯苯 J01160851

Chlorobenzene [108-90-7]

用作分析试剂和有机溶剂,也用于有机合成

【生产厂】[京]北京化工厂〈P1549〉;[津]天津市津科精细化工研究所〈P1593〉;[辽]沈阳化学试剂厂〈P1686〉;[粤]广州化学试剂厂(3吨)〈P2261〉

对二氯苯 J01160861

1,4-Dichlorobenzene;*p*-Dichlorobenzene [96384-17-7]

用作有机分析试剂、溶剂和杀虫剂、防蛀剂

【生产厂】[京]北京化工厂〈P1549〉;[津]天津市津科精细化工研究所〈P1593〉

2,4-二硝基氯苯;1-氯-2,4-二硝基苯 J01160931

2,4-Dinitrochlorobenzene [97-00-7]

用作分析试剂,也用于有机合成和染料的制造

【生产厂】[沪]上海捷倍思基因技术有限公司〈P1744〉;上海科丰化学试剂有限公司〈P1749〉

乙胺,无水 J01170011

Aminoethane,anhydrous; Ethylamine, anhydrous [75-04-7]

用于有机合成,也用作染料中间体、稳定剂和乳化剂

【生产厂】[京]北京化工厂〈P1549〉;[沪]上海三爱思试剂有限公司〈P1759〉

二乙胺 J01170071

Diethylamine [109-89-7]

用作分析试剂和防腐剂,也用于有机合成及染料的制造

【生产厂】[京]北京化工厂〈P1549〉;[豫]郑州派尼化学试剂厂〈P2172〉;[川]成都市科龙化工试剂厂〈P2314〉

二乙胺,盐酸盐;盐酸二乙胺 J01170081

Diethylamine hydrochloride [660-68-4]

用于有机合成

【生产厂】[京]北京化工厂〈P1549〉;[沪]上海索诚化学有限公司〈P1766〉;上海科帆化工科技有限公司〈P1748〉;[苏]南通市通试试剂有限公司〈P1835〉

三乙胺 J01170101

Triethylamine [121-44-8]

用于第四胺类化合物的制备及催化剂的合成,也用作溶剂、橡胶硫化促进剂、渗透剂和防水剂

【生产厂】[京]北京化工厂〈P1549〉;[津]天津市天河化学试剂厂〈P1604〉;[辽]沈阳化学试剂厂〈P1686〉;[苏]南通江海高纯化学品有限公司〈P1833〉;[豫]郑州派尼化学试剂厂〈P2172〉

三乙胺,盐酸盐 J01170111

Triethylamine,hydrochloride [554-68-7]

用于有机合成和第四胺类化合物的制备

【生产厂】[沪]上海三爱思试剂有限公司〈P1759〉;上海科帆化工科技有限公司〈P1748〉;[苏]南通市通试试剂有限公司〈P1835〉

乙二胺;二氨基乙烷 J01170151
Ethylene diamine [107-15-3]
用作分析试剂、环氧树脂固化剂,也用于有机合成及制药工业
【生产厂】[京]北京化工厂〈P1549〉;[津]天津市凯通化学试剂有限公司〈P1597〉;[冀]石家庄市有机化工厂(10 吨)〈P1632〉;[辽]沈阳化学试剂厂〈P1686〉;[浙]兰溪市屹达化工试剂有限公司〈P1953〉;[豫]郑州派尼化学试剂厂〈P2172〉;开封化学试剂总厂(20 吨)〈P2176〉;[渝]重庆川江化学试剂厂〈P2304〉;[川]成都市科龙化工试剂厂〈P2314〉

乙二胺,盐酸盐;盐酸乙二胺 J01170171
Ethylene diamine dihydrochloride [333-18-6]
用作分析试剂和固化剂,也用于染料合成
【生产厂】[沪]上海科帆化工科技有限公司〈P1748〉;上海南翔试剂有限公司(10 吨)〈P1754〉;[苏]昆山三友医药辅料厂(24 吨)〈P1896〉;[粤]广州化学试剂厂(3 吨)〈P2261〉

乙酰胺;醋酰胺 J01170271
Acetamide [60-35-5]
用作分析试剂、溶剂和增塑剂等
【生产厂】[京]北京化工厂〈P1549〉;[津]天津市凯通化学试剂有限公司〈P1597〉;[辽]沈阳化学试剂厂〈P1686〉;[沪]上海试四赫维化工有限公司〈P1764〉;[豫]郑州派尼化学试剂厂〈P2172〉;[川]成都市科龙化工试剂厂〈P2314〉

***N*-乙基乙酰胺**;乙酰乙胺 J01170281
Acetyl ethylamine;*N*-Ethyl acetamide [625-50-3]
用于有机合成,也用作韧化剂、表面活性剂和溶剂
【生产厂】[京]北京化工厂〈P1549〉

***N*-甲基甲酰胺**;乙酰基甲胺 J01170291
Acetyl methylamine;*N*-Methylacetamide [123-39-7]
用于制药工业
【生产厂】[苏]南通江海高纯化学品有限公司〈P1833〉

***N*,*N*-二甲基乙酰胺**;乙酰二甲胺 J01170301
Acetyldimethylamine;*N*,*N*-Dimethylacetamide [127-19-5]
用于有机合成,也用作溶剂、催化剂和去漆剂
【生产厂】[京]北京化工厂〈P1549〉;[辽]沈阳化学试剂厂〈P1686〉;[沪]上海南翔试剂有限公司〈P1754〉;[川]成都市科龙化工试剂厂〈P2314〉

硫代乙酰胺 J01170321
Thioacetamide [62-55-5]
用作分析试剂
【生产厂】[京]北京化工厂〈P1549〉

氯乙酰胺;2-氯代乙酰胺 J01170331
Chloroacetamide [79-07-2]
用于有机合成
【生产厂】[京]北京化工厂〈P1549〉;[沪]上海科丰化学试剂有限公司〈P1749〉

碘代乙酰胺 J01170351
Iodoacetamide [144-48-9]
用于有机合成
【生产厂】[浙]浙江海川化学品有限公司〈P1963〉

乙醇胺;2-氨基乙醇;2-羟基乙胺 J01170361
Ethanolamine;*β*-Aminoethyl alcohol [141-43-5]
用作气相色谱固定液和溶剂
【生产厂】[京]北京化工厂〈P1549〉;[津]天津市凯通化学试剂有限公司〈P1597〉;[辽]沈阳化学试剂厂〈P1686〉;[豫]郑州派尼化学试剂厂〈P2172〉;[粤]广州化学试剂厂(6 吨)〈P2261〉;[川]成都市科龙化工试剂厂〈P2314〉

二乙醇胺;2,2′-二乙醇胺 J01170391
Diethanolamine; 2, 2′-Dihydroxydiethylamine; 2, 2′-Aminodiethanol [111-42-2]
用作分析试剂、气相色谱固定液、软化剂及润滑剂,也用于有机合成
【生产厂】[京]北京化工厂〈P1549〉;[津]天津市凯通化学试剂有限公司〈P1597〉;[辽]沈阳化学试剂厂〈P1686〉;[沪]上海三爱思试剂有限公司〈P1759〉;[豫]郑州派尼化学试剂厂〈P2172〉;[川]成都市科龙化工试剂厂〈P2314〉

丁胺 J01170461
1-Aminobutane;*n*-Butylamine [109-73-9]
用作分析试剂、乳化剂和染料中间体,也用于制药工业及杀虫剂的合成
【生产厂】[京]北京化工厂〈P1549〉;[豫]郑州派尼化学试剂厂〈P2172〉

二丁胺 J01170471
Di-*n*-butylamine [111-92-2]
用于有机合成,也用作橡胶硫化促进剂和抗腐蚀剂
【生产厂】[京]北京化工厂〈P1549〉;[豫]郑州派尼化学试剂厂〈P2172〉;[川]成都市科龙化工试剂厂〈P2314〉

三丁胺 J01170491
Tri-*n*-Butylamine [102-82-9]
用作萃取剂和溶剂
【生产厂】[津]天津市津科精细化工研究所〈P1593〉;[豫]郑州派尼化学试剂厂〈P2172〉

异丁胺 J01170511
Isobutylamine [78-81-9]
用于有机合成和杀虫剂的合成
【生产厂】[京]北京化工厂〈P1549〉

1,6-己二胺;六次甲基二胺;二氨基己烷 J01170571
1,6-Diaminohexane;1,6-Hexamethylenediamine [124-09-4]
用于有机合成和高分子化合物的聚合
【生产厂】[京]北京化工厂〈P1549〉;[豫]郑州派尼化学试剂厂〈P2172〉;[粤]广州化学试剂厂(3 吨)〈P2261〉

丙胺 J01170691
n-Propylamine [107-10-8]
用作溶剂,也用于有机合成
【生产厂】[沪]上海科丰化学试剂有限公司〈P1749〉

二异丙胺 J01170761
Diisopropylamine [108-18-9]
用于有机合成,也用作溶剂
【生产厂】[辽]沈阳化学试剂厂〈P1686〉;[豫]郑州派尼化学试剂厂〈P2172〉

J

丙烯酰胺 J01170821
Acrylamide; Acrylicamide [79-06-1]
用于酸相对分子质量的测定
【生产厂】[苏]苏州工业园区亚科化学试剂有限公司〈P1900〉

甲胺 J01170931
Methylamine [74-89-5]
用作溶剂和制冷剂
【生产厂】[京]北京化工厂〈P1549〉;[豫]郑州派尼化学试剂厂〈P2172〉

甲胺,盐酸盐 J01170941
Methylamine, hydrochloride [593-51-1]
用作分析试剂,也用于有机合成
【生产厂】[京]北京化工厂〈P1549〉;[沪]上海科帆化工科技有限公司〈P1748〉

二甲胺 J01170961
Dimethylamine [124-40-3]
用作分析试剂
【生产厂】[京]北京化工厂〈P1549〉;[豫]郑州派尼化学试剂厂〈P2172〉

二甲胺,盐酸盐 J01170981
Dimethylamine, hydrochloride [506-59-2]
乙酰化分析时用作催化剂,也用于有机合成和二甲胺水溶液的制备
【生产厂】[京]北京化工厂〈P1549〉;[沪]上海科帆化工科技有限公司〈P1748〉;[苏]南通市通试试剂有限公司〈P1835〉

甲酰胺 J01171051
Formamide [75-12-7]
用作分析试剂、溶剂和软化剂,也用于有机合成
【生产厂】[京]北京化工厂〈P1549〉;[辽]沈阳化学试剂厂〈P1686〉;[沪]上海南翔试剂有限公司〈P1754〉;[豫]郑州派尼化学试剂厂〈P2172〉

***N*,*N*-二甲基甲酰胺**;*N*-甲酰二甲胺 J01171071
N,*N*-Dimethylformamide; *N*-Formyldimethylamine [68-12-2]
用作分析试剂和乙烯树脂、乙炔的溶剂
【生产厂】[京]北京化工厂〈P1549〉;[津]天津市津科精细化工研究所〈P1593〉;天津市天河化学试剂厂〈P1604〉;[冀]邯郸市林峰精细化工有限公司〈P1638〉;[辽]沈阳化学试剂厂〈P1686〉;[苏]苏州市振兴化工厂〈P1906〉;南通江海高纯化学品有限公司〈P1833〉;[浙]兰溪市屹达化工试剂有限公司〈P1953〉

***N*,*N*-二甲基苄胺**;*N*-苄基二甲胺 J01171111
N-Benzyldimethylamine; *N*,*N*-Dimethylbenzylamine [103-83-3]
用于有机合成
【生产厂】[沪]上海科帆化工科技有限公司〈P1748〉;上海光铧科技有限公司〈P1735〉;上海南翔试剂有限公司〈P1754〉;上海科丰化学试剂有限公司〈P1749〉

二环己胺,亚硝酸盐 J01171211
Dicyclohexylamine nitrite [3129-91-7]
用作气相缓蚀剂
【生产厂】[京]北京化工厂〈P1549〉;[沪]上海科丰化学试剂有限公司〈P1749〉

苯胺;氨基苯 J01171231
Aminobenzene; Aniline [62-53-3]
用作分析试剂
【生产厂】[京]北京化工厂〈P1549〉;[津]天津市凯通化学试剂有限公司〈P1597〉;[苏]宜兴市双发化工有限公司〈P1886〉;[豫]郑州派尼化学试剂厂〈P2172〉;[渝]重庆川江化学试剂厂〈P2304〉

苯胺,盐酸盐;盐酸苯胺 J01171261
Aniline, hydrochloride [142-04-1]
用作检定糠醛和比色测定氧化物的试剂,也用于有机合成
【生产厂】[京]北京化工厂〈P1549〉;[粤]广州化学试剂厂(3吨)〈P2261〉

***N*,*N*-二甲基苯胺** J01171511
N,*N*-Dimethylaniline; N, *N*-Dimethylphenylamine [121-69-7]
用作分析试剂
【生产厂】[京]北京化工厂〈P1549〉;[粤]广州化学试剂厂(3吨)〈P2261〉

间硝基苯胺;3-硝基苯胺 J01171841
3-Nitroaniline [99-09-2]
用于有机合成及松木颜色的检验,也用作染料中间体
【生产厂】[京]北京化工厂〈P1549〉;[沪]上海科丰化学试剂有限公司〈P1749〉;[湘]湖南省娄底化工总厂试剂分厂〈P2257〉

对氯苯胺;对氨基氯苯 J01171921
4-Aminochlorobenzene; 4-Chloroaniline [106-47-8]
用作染料中间体
【生产厂】[京]北京化工厂〈P1549〉;[沪]上海科丰化学试剂有限公司〈P1749〉

二苯胺;*N*-苯基苯胺 J01172071
Diphenylamine [122-39-4]
用作分析试剂、氧化还原指示剂和液体干燥剂,也用于有机染料的合成
【生产厂】[京]北京化工厂〈P1549〉;[津]天津市风船化学试剂科技有限公司(10吨)〈P1586〉;天津市凯通化学试剂有限公司〈P1597〉;[豫]郑州派尼化学试剂厂〈P2172〉;[湘]湖南省湘中地质实验研究所〈P2258〉

对甲苯磺酰胺 J01172361
4-Toluenesulfonamide [70-55-3]
用作增塑剂,也用于有机物、树脂和糖精的合成
【生产厂】[辽]沈阳化学试剂厂〈P1686〉;[沪]松江佘山化工厂(10吨)〈P1780〉;[粤]广州化学试剂厂(3吨)〈P2261〉

1-萘胺;α-萘胺 J01172451
1-Naphthylamine [134-32-7]
用作分析试剂、荧光指示剂及气相色谱固定液,也用于有机合成

【生产厂】[津]天津市凯通化学试剂有限公司〈P1597〉;[豫]郑州派尼化学试剂厂〈P2172〉

羟胺,盐酸盐;盐酸羟胺;盐酸胲 J01172541
Hydroxylamine, hydrochloride [5470-11-1]
用作分析试剂及还原剂,也用于有机合成及彩色影片的洗印
【生产厂】[京]北京市通广精细化工公司〈P1560〉;北京化工厂〈P1549〉;[津]天津市凯通化学试剂有限公司〈P1597〉;[辽]沈阳化学试剂厂〈P1686〉;[沪]上海试四赫维化工有限公司〈P1764〉;上海沪试化工有限公司〈P1737〉;[鲁]莱阳双双化工有限公司〈P2108〉;[湘]湖南省湘中地质实验研究所〈P2258〉;湖南省娄底化工总厂试剂分厂〈P2257〉;[粤]广州化学试剂厂(3 吨)〈P2261〉

羟胺,硫酸盐;硫酸羟胺;硫酸胲 J01172551
Hydroxylamine, sulfate [10039-54-0]
用作分析试剂、还原剂,也用于有机合成
【生产厂】[京]北京化工厂〈P1549〉;[津]天津市凯通化学试剂有限公司〈P1597〉;[沪]上海试四赫维化工有限公司〈P1764〉;[粤]广州化学试剂厂(3 吨)〈P2261〉

三聚氰胺;蜜胺 J01172571
Melamine [108-78-1]
用作有机元素分析试剂
【生产厂】[京]北京化工厂〈P1549〉;[沪]上海科丰化学试剂有限公司〈P1749〉

二氰二胺;氰胍;双氰胺 J01172581
Dicyandiamide [461-58-5]
用于有机合成和树脂合成,也用作硫化促进剂及硬化剂
【生产厂】[京]北京化工厂〈P1549〉;[豫]郑州派尼化学试剂厂〈P2172〉;[川]成都市科龙化工试剂厂〈P2314〉

氯胺 T;氯亚明 T;对甲苯磺酰氯胺钠 J01172591
Chloramine (T); *N*-Chloro-4-toluenesulfonamide, sodium salt [127-65-1]
制药工业用以制备灭菌剂,磺胺类药物的测定、指示剂
【生产厂】[津]天津市凯通化学试剂有限公司〈P1597〉;[沪]上海建平化工有限公司(30 吨)〈P1743〉;松江佘山化工厂(20 吨)〈P1780〉;[豫]郑州派尼化学试剂厂〈P2172〉;[湘]湖南省湘中地质实验研究所〈P2258〉

二乙烯三胺;二亚乙基三胺 J01172641
2,2′-Diaminodiethylamine; Diethylenetriamine [111-40-0]
用作制备氨羧络合试剂、气体净化剂和树脂固化剂
【生产厂】[京]北京化工厂〈P1549〉;[津]天津市津科精细化工研究所〈P1593〉;天津市天河化学试剂厂〈P1604〉;[粤]广州化学试剂厂(6 吨)〈P2261〉

三亚乙基四胺;三乙烯四胺 J01172651
Triethylene-tetramine [112-24-3]
用作络合试剂、碱性气体脱水剂、染料中间体、树脂的溶剂和橡胶促进剂
【生产厂】[京]北京化工厂〈P1549〉;[辽]沈阳化学试剂厂〈P1686〉

六次甲基四胺;乌洛托品 J01172661
Hexamethylenetetraamine; Hexamine; Urotropine [100-97-0]
用作分析试剂及硫化促进剂
【生产厂】[京]北京化工厂〈P1549〉;[津]天津市天达净化材料精细化工厂〈P1603〉;[辽]沈阳化学试剂厂〈P1686〉;[浙]兰溪市屹达化工试剂有限公司〈P1953〉;[粤]广州化学试剂厂(6 吨)〈P2261〉

正丁胺溴氢酸盐 J01173011
n-Butylamine hydrobromide
【生产厂】[沪]上海科帆化工科技有限公司〈P1748〉;上海南翔试剂有限公司〈P1754〉

顺丁烯二酸酐;马来酐 J01180051
Maleic anhydride [108-31-6]
用于有机合成,也用作合成纤维中间体
【生产厂】[京]北京化工厂〈P1549〉;[辽]沈阳化学试剂厂〈P1686〉;沈阳市新东试剂厂〈P1689〉;[沪]上海科帆化工科技有限公司〈P1748〉;[苏]苏州市振兴化工厂〈P1906〉;[粤]广州化学试剂厂(3 吨)〈P2261〉

邻苯二甲酸酐;苯酐;酞酐 J01180121
Phthalic anhydride [85-44-9]
用作分析试剂,也用于有机合成
【生产厂】[京]北京化工厂〈P1549〉;[辽]沈阳化学试剂厂〈P1686〉;[鲁]淄博市临淄天德精细化工研究所〈P2888〉;[粤]广州化学试剂厂(3 吨)〈P2261〉

J

1,2-二氯乙烷;二氯化乙烯 J01190051
1,2-Dichloroethane; Ethylene chloride [107-06-2]
用作有机溶剂和油脂的萃取剂,也用于有机合成
【生产厂】[京]北京化工厂〈P1549〉;[津]天津市津科精细化工研究所〈P1593〉;天津市凯通化学试剂有限公司〈P1597〉;[辽]沈阳化学试剂厂〈P1686〉;[沪]上海诚心化工有限公司〈P1730〉;上海试一化学试剂有限公司〈P1764〉;上海科创化工有限公司〈P1748〉;[苏]无锡市东风化工厂(50 吨)〈P1875〉;[粤]广州化学试剂厂(12 吨)〈P2261〉

1,1,2-三氯乙烷 J01190061
1,1,2-Trichloroethane [79-00-5]
用于有机合成,也用作醋酸纤维和橡胶的溶剂
【生产厂】[辽]沈阳化学试剂厂〈P1686〉;[苏]昆山晶科微电子材料有限公司〈P1896〉

1,1,1-三氯乙烷 J01190062
1,1,1-Trichloroethane [71-55-6]
【生产厂】[京]北京化工厂〈P1549〉;[津]天津市津科精细化工研究所〈P1593〉

碘乙烷 J01190121
Ethyliodide; Iodoethane [75-03-6]
用作分析试剂,也用于有机合成

【生产厂】[浙]浙江海川化学品有限公司〈P1963〉；温州市化学试剂有限公司〈P1938〉

溴乙烷 J01190141

Bromoethane；Ethyl bromide [74-96-4]

用作分析试剂

【生产厂】[京]北京化工厂〈P1549〉；[津]天津市凯通化学试剂有限公司〈P1597〉；[沪]上海诚心化工有限公司〈P1730〉

氯代异丁烷；1-氯-2-甲基丙烷 J01190341

1-Chloroisobutane；1-Chloro-2-methylpropane；Isobutyl chloride [513-36-0]

用作溶剂，也用于有机合成

【生产厂】[沪]上海恒信化学试剂有限公司(100吨)〈P1736〉；上海科丰化学试剂有限公司〈P1749〉

碘代丁烷；丁基碘 J01190381

n-Butyl iodide；1-Iodobutane [542-69-8]

用作溶剂

【生产厂】[京]北京化工厂〈P1549〉；[苏]响水县科伟精细化工有限公司(76吨)〈P1809〉；[浙]浙江海川化学品有限公司〈P1963〉

溴代异丁烷；1-溴-2-甲基丙烷 J01190421

1-Bromo-2-methylpropane；Isobutyl bromide [78-77-3]

用作溶剂，也用于有机合成

【生产厂】[沪]上海诚心化工有限公司〈P1730〉；上海科丰化学试剂有限公司〈P1749〉

己烷 J01190471

n-Hexane [110-54-3]

用作分析试剂和溶剂

【生产厂】[京]北京亚太龙兴化工有限公司〈P1564〉；北京佳友盛新技术开发中心〈P1551〉；北京昊科尔化工有限公司〈P1548〉；北京化工厂〈P1549〉；[津]天津市津科精细化工研究所〈P1593〉；[冀]邯郸市林峰精细化工有限公司〈P1638〉；[辽]沈阳化学试剂厂〈P1686〉；[沪]上海诚心化工有限公司〈P1730〉；上海试一化学试剂有限公司〈P1764〉；上海豪申化学试剂有限公司〈P1736〉；[苏]苏州市振兴化工厂〈P1906〉；昆山晶科微电子材料有限公司〈P1896〉；[豫]郑州派尼化学试剂厂〈P2172〉

环氧氯丙烷；1-氯-2,3-环氧丙烷 J01190561

Epichlorohydrin；Epoxy-3-chloropropane；3-Chloro-1,2-epoxypropane [106-89-8]

用作有机溶剂

【生产厂】[京]北京化工厂〈P1549〉；[津]天津市津科精细化工研究所〈P1593〉；[辽]沈阳化学试剂厂〈P1686〉；[沪]上海诚心化工有限公司〈P1730〉；[鲁]淄博市临淄天德精细化工研究所〈P2888〉

氯代异丙烷；2-氯代丙烷 J01190611

1-Chloro-2-methylethane；Isopropylchloride [75-29-6]

用于有机合成

【生产厂】[津]天津市津科精细化工研究所〈P1593〉；[沪]上海科丰化学试剂有限公司〈P1749〉

碘代丙烷 J01190661

1-Iodopropane；*n*-Propyl iodide [107-08-4]

用作溶剂，也用于有机合成

【生产厂】[沪]上海科丰化学试剂有限公司〈P1749〉；[苏]太仓市鑫鹄化工有限公司〈P1909〉；[浙]浙江海川化学品有限公司〈P1963〉

碘代戊烷 J01190791

n-Amyliodide；1-Iodopentane [628-17-1]

用作溶剂，也用于有机合成

【生产厂】[京]北京化工厂〈P1549〉；[浙]浙江海川化学品有限公司〈P1963〉

对，对′-二氨基二苯基甲烷；4,4′-二氨基二苯基甲烷 J01190861

4,4′-Diaminodiphenylmethane [101-77-9]

用作分析试剂，也用于有机合成

【生产厂】[京]北京化工厂〈P1549〉；[沪]上海科帆化工科技有限公司〈P1748〉

二氯甲烷 J01190921

Dichloromethane；Methylenechloride [75-09-2]

用作溶剂，也用于有机合成

【生产厂】[京]北京化工厂〈P1549〉；[津]天津市津科精细化工研究所〈P1593〉；天津市天河化学试剂厂〈P1604〉；天津市津宇精细化工有限公司(50吨)〈P1595〉；天津市凯通化学试剂有限公司〈P1597〉；[冀]邯郸市林峰精细化工有限公司〈P1638〉；[辽]沈阳化学试剂厂〈P1686〉；[沪]上海诚心化工有限公司〈P1730〉；上海试一化学试剂有限公司〈P1764〉；上海三爱思试剂有限公司〈P1759〉；上海科丰化学试剂有限公司〈P1749〉；[苏]苏州市振兴化工厂〈P1906〉；昆山晶科微电子材料有限公司〈P1896〉；[浙]兰溪市屹达化工试剂有限公司〈P1953〉；[豫]河南省化工研究所(15吨)〈P2167〉；[粤]广州化学试剂厂(6吨)〈P2261〉；[川]成都天华科技股份有限公司〈P2315〉

三氯甲烷；氯仿 J01190931

Chloroform；Trichloromethane [67-66-3]

用作溶剂、洗涤剂和各种带色化合物的提取剂

【生产厂】[京]北京亚太龙兴化工有限公司〈P1564〉；北京化工厂〈P1549〉；[津]天津市天釜化工有限公司(100吨)〈P1604〉；天津市天河化学试剂厂〈P1604〉；天津市津宇精细化工有限公司(100吨)〈P1595〉；天津市凯通化学试剂有限公司〈P1597〉；[冀]石家庄市有机化工厂(20吨)〈P1632〉；邯郸市林峰精细化工有限公司〈P1638〉；[辽]沈阳化学试剂厂〈P1686〉；[沪]上海试一化学试剂有限公司〈P1764〉；上海豪申化学试剂有限公司〈P1736〉；[苏]无锡市东风化工厂(50吨)〈P1875〉；苏州市振兴化工厂〈P1906〉；昆山晶科微电子材料有限公司〈P1896〉；[浙]兰溪市屹达化工试剂有限公司〈P1953〉；[粤]广州化学试剂厂(100吨)〈P2261〉；[川]成都天华科技股份有限公司〈P2315〉

碘甲烷；甲基碘 J01190951

Iodomethane；Methyl iodide [74-88-4]

用作分析试剂，也用于制药工业

【生产厂】[浙]浙江海川化学品有限公司〈P1963〉；温州市化学试剂有限公司〈P1938〉

二碘甲烷 J01190961

Diiodomethane；Methylene iodide [75-11-6]

用作分析试剂，也用于有机合成

【生产厂】[苏]太仓市鑫鹄化工有限公司〈P1909〉；[浙]杭州

浙大泛科化工有限公司〈P1925〉；浙江海川化学品有限公司〈P1963〉

三碘甲烷；碘仿 J01190971

Iodoform；Triiodomethane [75-47-8]

用作防腐剂

【生产厂】[沪]上海科丰化学试剂有限公司〈P1749〉；[浙]浙江海川化学品有限公司〈P1963〉

三溴甲烷；溴仿 J01190991

Bromoform；Tribromomethane [75-25-2]

用作分析试剂及测定分子量时的溶剂

【生产厂】[沪]上海科丰化学试剂有限公司〈P1749〉；[粤]广州化学试剂厂(3 吨)〈P2261〉

2,2,4-三甲基戊烷；异辛烷 J01191021

2,2,4-Trimethylpentane；Isooctane [540-84-1]

用作分析试剂及溶剂

【生产厂】[京]北京佳友盛新技术开发中心〈P1551〉；[津]天津市津科精细化工研究所〈P1593〉；[冀]邯郸市林峰精细化工有限公司〈P1638〉；[辽]沈阳化学试剂厂〈P1686〉；[沪]上海诚心化工有限公司〈P1730〉；[豫]郑州派尼化学试剂厂〈P2172〉

环己烷 J01191051

Cyclohexane [110-82-7]

用作溶剂，也用于有机合成

【生产厂】[京]北京化工厂〈P1549〉；[津]天津市津科精细化工研究所〈P1593〉；天津市凯通化学试剂有限公司〈P1597〉；[冀]邯郸市林峰精细化工有限公司〈P1638〉；[辽]沈阳化学试剂厂〈P1686〉；[沪]上海诚心化工有限公司〈P1730〉；上海豪申化学试剂有限公司〈P1736〉；[苏]苏州市振兴化工厂〈P1906〉；[浙]兰溪市屹达化工试剂有限公司〈P1953〉；[豫]郑州派尼化学试剂厂〈P2172〉；[粤]广州化学试剂厂(3 吨)〈P2261〉

甲基环己烷；六氢化甲苯 J01191071

Methylcyclohexane [108-87-2]

用作溶剂及分析试剂

【生产厂】[京]北京佳友盛新技术开发中心〈P1551〉；[津]天津市津科精细化工研究所〈P1593〉

庚烷 J01191171

n-Heptane [142-82-5]

用作分析试剂及溶剂

【生产厂】[京]北京佳友盛新技术开发中心〈P1551〉；北京昊科尔化工有限公司〈P1548〉；[津]天津市津科精细化工研究所〈P1593〉；天津市天河化学试剂厂〈P1604〉；[辽]沈阳化学试剂厂〈P1686〉；[沪]上海诚心化工有限公司〈P1730〉；上海试一化学试剂有限公司〈P1764〉；上海豪申化学试剂有限公司〈P1736〉；[苏]苏州市振兴化工厂〈P1906〉；昆山晶科微电子材料有限公司〈P1896〉；[浙]兰溪市屹达化工试剂有限公司〈P1953〉；[豫]郑州派尼化学试剂厂〈P2172〉

溴代庚烷 J01191191

1-Bromoheptane；*n*-Heptyl bromide [629-04-9]

用作溶剂，也用于有机合成

【生产厂】[沪]上海诚心化工有限公司〈P1730〉；上海科丰化学试剂有限公司〈P1749〉

溴代癸烷 J01191201

1-Bromodecane；*n*-Decyl bromide [112-29-8]

用于有机合成

【生产厂】[沪]上海诚心化工有限公司〈P1730〉；上海科丰化学试剂有限公司〈P1749〉

三氯乙烯 J01200011

Trichloro ethylene [79-01-6]

用作不燃性溶剂和分析试剂

【生产厂】[京]北京化工厂〈P1549〉；[津]天津市津科精细化工研究所〈P1593〉；天津市天河化学试剂厂〈P1604〉；天津市凯通化学试剂有限公司〈P1597〉；[辽]沈阳化学试剂厂〈P1686〉；[苏]苏州市振兴化工厂〈P1906〉；昆山晶科微电子材料有限公司〈P1896〉；[粤]广州化学试剂厂(3 吨)〈P2261〉

3-氯丙烯 J01200111

Allyl chloride；3-Chloropropylene [107-05-1]

用于有机合成及制药工业

【生产厂】[津]天津市津科精细化工研究所〈P1593〉

3-溴丙烯 J01200141

3-Bromopropylene；allyl bromide [557-93-7]

用于有机合成

【生产厂】[沪]上海科丰化学试剂有限公司〈P1749〉

双戊烯 J01200161

Dipentene [138-86-3]

用作溶剂，也用于香料合成和农药生产

【生产厂】[浙]温州市化学试剂有限公司〈P1938〉

苯乙烯；乙烯苯；苏合香烯 J01200231

Styrene [100-42-5]

用于有机合成和树脂的合成

【生产厂】[京]北京化工厂〈P1549〉；[津]天津市凯通化学试剂有限公司〈P1597〉；[辽]沈阳化学试剂厂〈P1686〉；[粤]广州化学试剂厂(6 吨)〈P2261〉

苯酚；石炭酸 J01210011

Phenol [108-95-2]

用作分析试剂

【生产厂】[京]北京昊科尔化工有限公司〈P1548〉；北京化工厂〈P1549〉；[津]天津市津科精细化工研究所〈P1593〉；天津市天河化学试剂厂〈P1604〉；天津市凯通化学试剂有限公司〈P1597〉；[冀]石家庄市有机化工厂(10 吨)〈P1632〉；[辽]沈阳化学试剂厂〈P1686〉；[苏]苏州市振兴化工厂〈P1906〉；[浙]兰溪市屹达化工试剂有限公司〈P1953〉；[豫]郑州派尼化学试剂厂〈P2172〉；安阳市光明化工有限责任公司(1000 吨)〈P2208〉；[粤]广州化学试剂厂(6 吨)〈P2261〉；台山市众城化工有限公司〈P2286〉

2,4,6-三叔丁基苯酚 J01210051

2,4,6-Tri(*tert*-butyl)phenol [732-26-3]

用作天然橡胶防老剂和合成橡胶低效稳定剂

【生产厂】[京]北京化工厂〈P1549〉

甲苯酚混合物；甲酚 J01210091

Cresol mixed isomers [95-48-7]

用于有机合成，也作消毒剂和防腐剂

【生产厂】[辽]沈阳化学试剂厂〈P1686〉；[沪]上海科丰化学试剂有限公司〈P1749〉

J

对甲苯酚;对甲酚 J01210111

4-Cresol [106-44-5]

用于有机合成

【生产厂】[京]北京化工厂〈P1549〉;[辽]沈阳化学试剂厂〈P1686〉

邻甲酚 J01210131

2-Cresol [95-48-7]

用作分析试剂,也用于有机合成

【生产厂】[津]天津市津科精细化工研究所〈P1593〉;[辽]沈阳化学试剂厂〈P1686〉;[豫]郑州派尼化学试剂厂〈P2172〉;[粤]广州化学试剂厂(3吨)〈P2261〉

间甲酚 J01210151

3-Cresol [108-39-4]

用作分析试剂和有机合成中间体

【生产厂】[京]北京化工厂〈P1549〉;[辽]沈阳化学试剂厂〈P1686〉

对硫代甲酚;对甲苯硫酚 J01210161

p-Mercapto-toluene;*p*-Thiocresol [106-45-6]

用于有机合成

【生产厂】[京]北京益利精细化学品有限公司〈P1565〉

2,4,6-三(二甲氨基甲基)苯酚 J01210271

2,4,6-Tri(dimethylaminomethyl)phenol [90-72-2]

用作防老剂,也用于染料制备

【生产厂】[沪]上海三爱思试剂有限公司〈P1759〉

J

邻甲氧基苯酚;愈创木酚 J01210291

Guaiacol;*o*-Methoxyphenol [90-05-1]

用于染料的合成,也用作分析试剂

【生产厂】[沪]松江佘山化工厂〈P1780〉

4-乙基愈创木酚 J01210301

4-Ethyl guaiacol [2785-89-9]

用作食品添加剂及香体

【生产厂】[鲁]山东滕州悟通香料有限责任公司(2吨)〈P2078〉

麝香草酚;百里酚;5-甲基-2-异丙基酚 J01210331

5-Methyl-2-isopropylphenol;Thymol [89-83-8]

用作分析试剂及防腐剂

【生产厂】[津]天津市凯通化学试剂有限公司〈P1597〉;[辽]沈阳市试剂三厂〈P1688〉;[粤]广州化学试剂厂〈P2261〉

对氨基苯酚;对羟基苯胺 J01210341

4-Aminophenol [123-30-8]

用作分析试剂

【生产厂】[粤]广州化学试剂厂(3吨)〈P2261〉

对氨基苯酚,硫酸盐;硫酸对氨基酚 J01210361

4-Aminophenol, sulfate [63084-98-0]

用于有机合成

【生产厂】[鲁]淄博化学试剂厂有限公司(10吨)〈P2062〉

邻氨基苯酚;邻羟基苯胺 J01210371

2-Aminophenol [95-55-6]

用作分析试剂及重氮染料和硫化染料的中间体

【生产厂】[京]北京化工厂〈P1549〉;[沪]上海三爱思试剂有限公司〈P1759〉

间氨基苯酚;间羟基苯胺 J01210391

3-Aminophenol [591-27-5]

用于有机合成

【生产厂】[京]北京化工厂〈P1549〉;[津]天津市凯通化学试剂有限公司〈P1597〉;[沪]上海三爱思试剂有限公司〈P1759〉

1-萘酚 J01210451

1-Naphthol [90-15-3]

用作分析试剂,也用于有机合成

【生产厂】[津]天津市凯通化学试剂有限公司〈P1597〉;[粤]广州化学试剂厂(3吨)〈P2261〉

2-萘酚 J01210461

2-Naphthol [135-19-3]

用作分析试剂、乙烯、一氧化碳吸收剂及荧光指示剂

【生产厂】[京]北京化工厂〈P1549〉;[辽]沈阳化学试剂厂〈P1686〉;[粤]广州化学试剂厂(3吨)〈P2261〉

对硝基苯酚;4-硝基苯酚 J01210531

4-Nitrophenol [100-02-7]

用作酸碱指示剂和分析试剂,也用于有机合成

【生产厂】[京]北京化工厂〈P1549〉;[津]天津市凯通化学试剂有限公司〈P1597〉;[辽]沈阳市试剂三厂〈P1688〉;[沪]上海三爱思试剂有限公司〈P1759〉;[苏]江苏海门兴虹化工有限公司〈P1830〉;[湘]湖南省湘中地质实验研究所〈P2258〉;湖南省娄底化工总厂试剂分厂〈P2257〉

邻硝基苯酚;2-硝基苯酚 J01210541

2-Nitrophenol [88-75-5]

用作分析试剂,也用于有机合成

【生产厂】[京]北京化工厂〈P1549〉

间硝基苯酚;3-硝基苯酚 J01210551

3-Nitrophenol [554-84-7]

用作分析试剂,也用于有机合成

【生产厂】[京]北京化工厂〈P1549〉;[沪]上海三爱思试剂有限公司〈P1759〉

2,4,6-三硝基苯酚;苦味酸 J01210621

Picric acid;2,4,6-Trinitrophenol [88-89-1]

用作分析试剂

【生产厂】[粤]台山市众城化工有限公司〈P2286〉

对氯苯酚 J01210631

4-Chlorophenol [106-48-9]

用于显微镜分析

【生产厂】[粤]广州化学试剂厂(2吨)〈P2261〉

对苯二酚;氢醌 J01210731

Hydroquinone;Quinol [123-31-9]

用作分析试剂,铜、金的还原剂和显影剂

【生产厂】[津]天津市天河化学试剂厂〈P1604〉;天津市凯通化学试剂有限公司〈P1597〉;[冀]石家庄市有机化工厂(5

吨)〈P1632〉;[辽]沈阳化学试剂厂〈P1686〉;[豫]郑州派尼化学试剂厂〈P2172〉;[粤]广州化学试剂厂(6吨)〈P2261〉

邻苯二酚;焦性儿茶酚 J01210761

Catechol;Pyrocatechol [120-80-9]

用作分析试剂

【生产厂】[京]北京化工厂〈P1549〉;[沪]上海三爱思试剂有限公司〈P1759〉

对叔丁基邻苯二酚;对叔丁基儿茶酚 J01210771

p-tert-Butyl catechol [98-29-3]

用作聚合抑制剂及抗氧化剂

【生产厂】[京]北京化工厂〈P1549〉

间苯二酚;雷锁酚 J01210791

Resorcinol [108-46-3]

用作分析试剂

【生产厂】[京]北京化工厂〈P1549〉;[津]天津市北联精细化学品开发有限公司〈P1580〉;天津市凯通化学试剂有限公司〈P1597〉;[辽]沈阳化学试剂厂〈P1686〉;[沪]上海三爱思试剂有限公司〈P1759〉;[粤]广州化学试剂厂(1吨)〈P2261〉

甲酚红 J01210841

Cresol red;*o*-Cresolsulfonphthalein [1733-12-6]

【生产厂】[京]北京精益精化工有限公司〈P1553〉;北京化工厂〈P1549〉;[津]天津市凯通化学试剂有限公司〈P1597〉;[辽]沈阳市试剂三厂〈P1688〉;[粤]广州化学试剂厂(300吨)〈P2261〉

乙腈;氰代甲烷;甲基腈 J01220011

Acetonitrile [75-05-8]

用作色谱分析标准物质、溶剂及气相色谱固定液

【生产厂】[京]北京亚太龙兴化工有限公司〈P1564〉;北京化工厂〈P1549〉;[津]天津市津科精细化工研究所〈P1593〉;天津市天河化学试剂厂〈P1604〉;[冀]邯郸市林峰精细化工有限公司〈P1638〉;[辽]沈阳新兴试剂厂〈P1689〉;沈阳化学试剂厂〈P1686〉;[沪]上海试一化学试剂有限公司〈P1764〉;上海豪申化学试剂有限公司〈P1736〉;上海振欣试剂厂〈P1778〉;[浙]浙江三鹰化学试剂有限公司〈P1955〉

2-羟基异丁腈;丙酮氰醇;氰丙醇 J01220041

Acetone cyanohydrin;2-Hydroxy isobutyronitrile [75-86-5]

用于有机合成、农药制备

【生产厂】[沪]上海试四赫维化工有限公司〈P1764〉

偶氮二异丁腈 J01220051

2,2′-Azo-bis-isobutyronitrile [78-67-1]

用作高分子聚合物的引发剂

【生产厂】[京]北京化工厂〈P1549〉;[辽]沈阳化学试剂厂〈P1686〉

3-甲氧基丙腈 J01220091

3-Methoxypropionitrile [110-67-8]

用于有机合成,也用作塑料聚合物的良好溶剂

【生产厂】[浙]宁波市求是化工有限公司〈P1932〉

β-二甲氨基丙腈 J01220101

β-Dimethylaminopropionitrile [1738-25-6]

用于固氮酶细胞分析中蛋白质、酶、核酸分子量的圆盘电泳法的测定

【生产厂】[京]北京市大兴兴福精细化学研究所〈P1558〉;北京马氏精细化学品有限公司〈P1555〉;[沪]上海三爱思试剂有限公司〈P1759〉

丙烯腈 J01220181

Acrylonitrile [107-13-1]

用作色谱分析标准物质,也用于橡胶、塑料、有机合成及杀虫剂的制造

【生产厂】[京]北京化工厂〈P1549〉;[沪]上海三爱思试剂有限公司〈P1759〉;[粤]广州化学试剂厂(3吨)〈P2261〉

苯乙腈;氰化苄 J01220211

Benzyl cyanide;Phenylacetonitrile [140-29-4]

用作气相色谱固定液,也用于气体烃和卤代烃类的分离及有机合成

【生产厂】[津]天津市津科精细化工研究所〈P1593〉

邻氯亚苄基丙二腈 J01220271

o-Chlorobenzalmalononitrile [2698-41-1]

【生产厂】[沪]上海三爱思试剂有限公司〈P1759〉;上海科帆化工科技有限公司〈P1748〉

2-丁酮;丁酮;甲基乙基甲酮 J01230021

2-Butanone;Methyl ethyl ketone [78-93-3]

用作测定镉、铜和汞的试剂、色谱分析标准物质和半导体光刻用溶剂

【生产厂】[京]北京化工厂〈P1549〉;[津]天津市津科精细化工研究所〈P1593〉;天津市天河化学试剂厂〈P1604〉;天津市凯通化学试剂有限公司〈P1597〉;[冀]邯郸市林峰精细化工有限公司〈P1638〉;[辽]沈阳化学试剂厂〈P1686〉;[沪]上海试一化学试剂有限公司〈P1764〉;上海建原化工有限公司〈P1743〉;上海南翔试剂有限公司〈P1754〉;[苏]苏州市振兴化工厂〈P1906〉;昆山晶科微电子材料有限公司〈P1896〉;[浙]兰溪市屹达化工试剂有限公司〈P1953〉;[鲁]淄博市临淄天德精细化工研究所〈P2888〉;[豫]郑州派尼化学试剂厂〈P2172〉;[粤]广州化学试剂厂(20吨)〈P2261〉;[川]成都市科龙化工试剂厂〈P2314〉

2,3-丁二酮;双乙酰 J01230061

2,3-Butanedione;Diacetyl [431-03-8]

用于有机合成,食品工业中用作牛酪、咖啡、蜂蜜等的香料

【生产厂】[京]北京化工厂〈P1549〉;[川]成都市科龙化工试剂厂〈P2314〉

2-己酮;甲基丁基甲酮 J01230071

2-Hexanone;Methyl-*n*-butyl ketone [591-78-6]

用作溶剂,也用于有机合成

【生产厂】[川]成都市科龙化工试剂厂〈P2314〉

5-壬酮;二丁基甲酮 J01230091

Dibutyl ketone;5-Nonanone [502-56-7]

用作溶剂,也用于有机合成

【生产厂】[苏]宜兴市中港精细化工有限公司〈P1888〉;[鲁]

山东武城康达化工有限公司(200吨)〈P2146〉

丙酮 J01230101

Acetone; Dimethyl ketone [67-64-1]

用作分析试剂和溶剂

【生产厂】[京]北京益利精细化学品有限公司(87吨)〈P1565〉;北京亚太龙兴化工有限公司〈P1564〉;北京昊科尔化工有限公司〈P1548〉;北京化工厂〈P1549〉;[津]天津市津科精细化工研究所〈P1593〉;天津市天釜化工有限公司(100吨)〈P1604〉;天津市天河化学试剂厂〈P1604〉;天津市兴联化工厂〈P1609〉;天津市凯通化学试剂有限公司〈P1597〉;[冀]石家庄市有机化工厂(25吨)〈P1632〉;邯郸市林峰精细化工有限公司〈P1638〉;[辽]沈阳化学试剂厂〈P1686〉;[沪]上海试一化学试剂有限公司〈P1764〉;上海豪申化学试剂有限公司〈P1736〉;上海南翔试剂有限公司〈P1754〉;[苏]无锡市东风化工厂(50吨)〈P1875〉;宜兴市广汇助剂化工有限公司〈P1885〉;苏州瑞红电子化学品有限公司〈P1902〉;苏州市振兴化工厂〈P1906〉;上海试剂四厂昆山分厂〈P1898〉;昆山晶科微电子材料有限公司〈P1896〉;徐州试剂厂(15吨)〈P1796〉;南通江海高纯化学品有限公司〈P1833〉;[浙]兰溪市申业精细化工厂〈P1953〉;兰溪市屹达化工试剂有限公司〈P1953〉;[豫]河南省化工研究所(20吨)〈P2167〉;郑州派尼化学试剂厂〈P2172〉;洛阳市化学试剂厂(50吨)〈P2184〉;开封化学试剂总厂(50吨)〈P2176〉;[粤]广州化学试剂厂(120吨)〈P2261〉;珠海欣宏电子化学材料有限公司〈P2275〉;台山市众城化工有限公司〈P2286〉

乙酰丙酮;间戊二酮 J01230121

Acetylacetone; 2,4-Pentanedione [123-54-6]

用作分析试剂及钨、钼中铝的萃取剂

【生产厂】[津]天津市津科精细化工研究所〈P1593〉;天津市凯通化学试剂有限公司〈P1597〉;[辽]沈阳化学试剂厂〈P1686〉;[粤]广州化学试剂厂(3吨)〈P2261〉;[川]成都市科龙化工试剂厂〈P2314〉

异丙烯基丙酮;异亚丙基丙酮;4-甲基-3-戊烯-2-乙酮 J01230141

Methyl isobutenyl ketone; Isopropylidene acetone; 4-Methyl-4-penten-2-one [141-79-7]

用作溶剂及色谱分析参比物

【生产厂】[津]天津市津科精细化工研究所〈P1593〉

2-戊酮;甲基丙基甲酮 J01230191

Methyl propyl ketone; 2-Pentanone [107-87-9]

用作溶剂和萃取剂

【生产厂】[川]成都市科龙化工试剂厂〈P2314〉

3-戊酮;二乙基甲酮 J01230201

Diethyl ketone; 3-Pentanone [96-22-0]

用作溶剂,也用于制药工业

【生产厂】[川]成都市科龙化工试剂厂〈P2314〉

4-甲基-2-戊酮;甲基异丁基甲酮 J01230211

Methyl isobutyl ketone; 4-Methyl-2-pentanone [108-10-1]

用作色谱分析标准物质、溶剂及萃取剂

【生产厂】[京]北京化工厂〈P1549〉;[津]天津市津科精细化工研究所〈P1593〉;[苏]苏州瑞红电子化学品有限公司〈P1902〉;昆山晶科微电子材料有限公司〈P1896〉

2-吡咯烷酮;丁内酰胺 J01230275

2-Pyrrolidone; Butyrolactam [616-45-5]

【生产厂】[川]成都市科龙化工试剂厂〈P2314〉

1-苯基-3-甲基-5-吡唑酮 J01230281

1-Phenyl-3-methyl-5-pyrazolone [89-25-8]

用作测定钴、铜、铁、镍、银和维生素 B_{12} 的试剂,也用于染料合成

【生产厂】[沪]上海科丰化学试剂有限公司〈P1749〉;[浙]杭州力禾颜料有限公司〈P1920〉

1-苯基-3-吡唑烷酮;菲尼酮 J01230321

Phenidone; 1-Phenyl-3-pyrazolidinone [92-43-3]

用作照相显影剂

【生产厂】[京]北京化工厂〈P1549〉;[沪]上海科帆化工科技有限公司〈P1748〉

过氧化环己酮 J01230381

Cyclohexanone peroxide [78-18-2]

在橡胶和塑料合成中作交联剂和引发剂

【生产厂】[京]北京化工厂〈P1549〉;[粤]广州化学试剂厂(3吨)〈P2261〉

苯乙酮;乙酰苯 J01230411

Acetophenone; Hypnone [98-86-2]

用作溶剂、萃取剂,也用于制药工业

【生产厂】[津]天津市津科精细化工研究所〈P1593〉;[辽]沈阳化学试剂厂〈P1686〉

对甲氧基苯乙酮;4-乙酰茴香醚 J01230431

4-Acetylanisole; 4-Methoxyacetophenone [100-06-1]

用于香料合成

【生产厂】[沪]上海科丰化学试剂有限公司〈P1749〉

对氨基苯乙酮 J01230441

4-Aminoacetophenone [99-92-3]

用作测定钯的灵敏试剂及测定维生素 B_1 的试剂

【生产厂】[沪]上海科丰化学试剂有限公司〈P1749〉

2-庚酮;甲基戊基甲酮 J01230601

2-Heptanone [110-43-0]

用于有机合成

【生产厂】[津]天津市津科精细化工研究所〈P1593〉

3-庚酮;乙基丁基甲酮 J01230611

3-Heptanone [106-35-4]

用作硝化纤维素的溶剂,也用于有机合成

【生产厂】[川]成都市科龙化工试剂厂〈P2314〉

蒽酮 J01230651

Anthranone; Anthrone [90-44-8]

用作测定碳氢化合物的试剂及色谱分析试剂,也用于有机合成

【生产厂】[豫]郑州派尼化学试剂厂〈P2172〉

苯并戊三酮;水合茚三酮 J01230691

Ninhydrin; Triketohydindene hydrate [485-47-2]

用作测定蛋白质、氨基酸和蛋白胨的试剂及色谱分析试剂

【生产厂】[沪]上海索诚化学有限公司〈P1766〉;上海沪试化工有限公司〈P1737〉;[粤]广州化学试剂厂(2 吨)〈P2261〉

乙酸乙酯;醋酸乙酯 J01240011
Ethyl acetate [141-78-6]
用作分析试剂、色谱分析标准物质及溶剂
【生产厂】[京]北京亚太龙兴化工有限公司〈P1564〉;北京化工厂〈P1549〉;[津]天津市天河化学试剂厂〈P1604〉;天津市凯通化学试剂有限公司〈P1597〉;[冀]石家庄市有机化工厂(10 吨)〈P1632〉;邯郸市林峰精细化工有限公司〈P1638〉;[辽]沈阳化学试剂厂〈P1686〉;[沪]上海试剂五厂(60 吨)〈P1764〉;上海试一化学试剂有限公司〈P1764〉;上海豪申化学试剂有限公司〈P1736〉;[苏]苏州市振兴化工厂〈P1906〉;昆山晶科微电子材料有限公司〈P1896〉;[浙]兰溪市屹达化工试剂有限公司〈P1953〉;[鲁]淄博化学试剂厂有限公司(30 吨)〈P2062〉;[豫]河南省化工研究所(18 吨)〈P2167〉;郑州派尼化学试剂厂〈P2172〉;[川]成都天华科技股份有限公司〈P2315〉

乙酰乙酸乙酯;乙酰醋酸乙酯 J01240021
Ethyl acetoacetate [141-97-9]
用作气相色谱固定液、分析试剂及测定高铁的络合指示剂
【生产厂】[京]北京化工厂〈P1549〉;[粤]广州化学试剂厂(3 吨)〈P2261〉

氯乙酸乙酯;一氯醋酸乙酯 J01240051
Ethyl chloroacetate [105-39-5]
用作溶剂, 也用于有机合成
【生产厂】[京]北京化工厂〈P1549〉

溴乙酸乙酯 J01240081
Ethyl bromoacetate [105-36-2]
用于有机合成
【生产厂】[沪]上海科丰化学试剂有限公司〈P1749〉

乙酸正丁酯;醋酸正丁酯;乙酸丁酯 J01240091
n-Butyl acetate [123-86-4]
用作分析试剂、色谱分析标准物质及溶剂
【生产厂】[京]北京化工厂〈P1549〉;[津]天津市天河化学试剂厂〈P1604〉;[冀]邯郸市林峰精细化工有限公司〈P1638〉;[辽]沈阳化学试剂厂〈P1686〉;[沪]上海试一化学试剂有限公司〈P1764〉;[苏]苏州瑞红电子化学品有限公司〈P1902〉;苏州市振兴化工厂〈P1906〉;上海试剂四厂昆山分厂〈P1898〉;昆山晶科微电子材料有限公司〈P1896〉;[浙]兰溪市屹达化工试剂有限公司〈P1953〉;[鲁]淄博化学试剂厂有限公司(20 吨)〈P2062〉;[豫]河南省化工研究所(18 吨)〈P2167〉;郑州派尼化学试剂厂〈P2172〉;开封化学试剂总厂(10 吨)〈P2176〉;[川]成都天华科技股份有限公司〈P2315〉

乙酸正戊酯 J01240171
Amyl acetate [628-63-7]
用作溶剂
【生产厂】[京]北京化工厂〈P1549〉;[辽]沈阳化学试剂厂〈P1686〉

乙酸异戊酯 J01240181
Isoamyl acetate [123-92-2]
用作色谱分析标准物质,萃取剂及溶剂
【生产厂】[京]北京化工厂〈P1549〉;[辽]沈阳化学试剂厂〈P1686〉;[沪]上海三爱思试剂有限公司〈P1759〉;[粤]广州化学试剂厂(3 吨)〈P2261〉

乙酸甲酯 J01240191
Methyl acetate [79-20-9]
用作色谱分析标准物质和溶剂,也用于由碱金属氯化物中分离氯化锂及香料的合成
【生产厂】[京]北京马氏精细化学品有限公司〈P1555〉;北京化工厂〈P1549〉;[豫]郑州派尼化学试剂厂〈P2172〉

溴乙酸甲酯 J01240231
Methyl bromoacetate [96-32-2]
用于有机合成
【生产厂】[沪]上海科丰化学试剂有限公司〈P1749〉

乙二醇乙醚乙酸酯;2-乙氧基乙酸乙酯 J01240271
Ethylene glycol monoethyl ether acetate; Ethyl 2-ethoxyacetate [111-15-9]
用作溶剂
【生产厂】[苏]昆山晶科微电子材料有限公司〈P1896〉

乙酸苯乙酯;醋酸苯乙酯 J01240311
Phenylethyl acetate [103-45-7]
用作溶剂,也用于有机合成
【生产厂】[沪]上海三爱思试剂有限公司〈P1759〉

乙酸乙烯酯;醋酸乙烯酯 J01240351
Vinyl acetate [108-05-4]
用于树脂纤维合成,也用作油类降凝增稠剂的中间体和黏合剂
【生产厂】[京]北京化工厂〈P1549〉;[辽]沈阳化学试剂厂〈P1686〉;[粤]广州化学试剂厂(3 吨)〈P2261〉

γ-丁内酯;1,4-丁内酯 J01240441
γ-Butyrolactone [96-48-0]
用作气相色谱固定液、合成丁酸、丁二酸等中间体及溶剂
【生产厂】[苏]兴化市同新化工有限公司〈P1828〉

丁酸乙酯 J01240451
Ethyl *n*-butyrate [105-54-4]
用作色谱分析标准物质及溶剂,也用于香料工业
【生产厂】[京]北京化工厂〈P1549〉

异丁酸乙酯 J01240461
Ethyl *iso*-butyrate [97-62-1]
用作溶剂,也用于有机合成
【生产厂】[沪]上海科丰化学试剂有限公司〈P1749〉

丁酸丁酯 J01240471
n-Butyl *n*-butyrate [109-21-7]
用作色谱分析标准物质及溶剂,也用于有机合成
【生产厂】[沪]上海科丰化学试剂有限公司〈P1749〉

丁二酸二乙酯;琥珀酸二乙酯 J01240581
Diethyl succinate [123-25-1]

J

用作气相色谱固定液，也用于塑料工业
【生产厂】［沪］上海科丰化学试剂有限公司〈P1749〉

丁二酸二甲酯；琥珀酸二甲酯 J01240611
Dimethyl succinate ［106-65-0］
用于香料合成及制药工业
【生产厂】［豫］河南省尉氏县香料厂（50 吨）〈P2176〉

己酸甲酯 J01240711
Methyl caproate；Methyl hexanoate ［106-70-7］
用于有机合成、食品工业，也用作气相色谱参比物及溶剂
【生产厂】［津］天津市津科精细化工研究所〈P1593〉

己二酸二丁酯 J01240751
Dibutyl adipate ［105-99-7］
用作溶剂，也用于有机合成
【生产厂】［辽］沈阳化学试剂厂〈P1686〉；［沪］上海科丰化学试剂有限公司〈P1749〉

月桂酸乙酯；十二酸乙酯 J01240851
Ethyl dodecanoate；Ethyl laurate ［106-33-2］
用作气相色谱固定液、香精，也用于有机合成
【生产厂】［沪］上海科丰化学试剂有限公司〈P1749〉；［鲁］蓬莱市红卫化工厂〈P2112〉

水杨酸乙酯；柳酸乙酯；邻羟基苯甲酸乙酯 J01240891
Ethyl salicylate ［118-61-6］
用作硝基纤维素的溶剂，也用于香料及有机合成
【生产厂】［沪］上海三爱思试剂有限公司〈P1759〉

水杨酸甲酯；邻羟基苯甲酸甲酯；冬青油 J01240931
Methyl salicylate ［119-36-8］
用于香料配制，也用作溶剂、防腐剂及消毒剂
【生产厂】［京］北京化工厂〈P1549〉

水杨酸苯酯；邻羟基苯甲酸苯酯 J01240941
Phenyl salicylate ［118-55-8］
用作防腐剂，也用于制药、有机合成工业
【生产厂】［沪］上海三爱思试剂有限公司〈P1759〉；上海科丰化学试剂有限公司〈P1749〉

2-溴丙酸乙酯 J01240991
Ethyl 2-bromopropionate ［535-11-5］
用作溶剂，也用于有机合成
【生产厂】［沪］上海科丰化学试剂有限公司〈P1749〉

丙酸异戊酯 J01241021
Isoamyl propionate ［105-68-0］
用作溶剂及萃取剂
【生产厂】［津］天津市津科精细化工研究所〈P1593〉

丙酸正戊酯；丙酸戊酯 J01241025
n-Pentyl propionate ［624-54-4］
【生产厂】［津］天津市津科精细化工研究所〈P1593〉

丙酸甲酯 J01241031
Methyl propionate ［554-12-1］
用作色谱分析标准物质及溶剂
【生产厂】［津］天津市津科精细化工研究所〈P1593〉；［辽］沈阳化学试剂厂〈P1686〉

丙酸丁酯 J01241051
Butyl propionate；*n*-Butyl propionate ［590-01-2］
【生产厂】［辽］沈阳化学试剂厂〈P1686〉

甲基丙烯酸乙酯 J01241081
Ethyl methacrylate ［97-63-2］
用于有机合成及有机玻璃的配制，也用作溶剂
【生产厂】［京］北京化工厂〈P1549〉；［川］成都天华科技股份有限公司〈P2315〉

甲基丙烯酸丁酯 J01241101
Butyl methacrylate；Butyl-methylacrylate ［97-88-1］
用于塑料及有机物的合成
【生产厂】［京］北京化工厂〈P1549〉

丙烯酸甲酯 J01241131
Methyl acrylate ［96-33-3］
用于树脂合成、塑料涂料的配制及皮革、纺织品和纸张的加工等，也用作黏合剂
【生产厂】［京］北京化工厂〈P1549〉

戊二酸二乙酯 J01241241
Diethyl glutarate；Diethyl pentanedioate ［818-38-2］
用于有机合成，也用作溶剂
【生产厂】［京］北京化工厂〈P1549〉

甲酸乙酯；蚁酸乙酯 J01241251
Ethyl formate ［109-94-4］
用作色谱分析标准物质、溶剂及杀菌剂，也用于香精的配制、丙酮代用品
【生产厂】［京］北京化工厂〈P1549〉；［津］天津市津科精细化工研究所〈P1593〉；［苏］泰州市天成化工有限公司〈P1827〉

氨基甲酸乙酯 J01241281
Ethyl carbamate ［51-79-6］
用于有机合成及生化研究
【生产厂】［京］北京化工厂〈P1549〉

甲酸丁酯；蚁酸丁酯 J01241301
Butyl formate ［592-84-7］
用作色谱分析标准物质及溶剂，也用于香料制造及有机合成
【生产厂】［沪］上海科丰化学试剂有限公司〈P1749〉

氯甲酸异丁酯 J01241321
Isobutyl chlorocarbonate；Isobutyl chloroformate ［543-27-1］
用于有机合成
【生产厂】［京］北京马氏精细化学品有限公司〈P1555〉

甲酸甲酯；蚁酸甲酯 J01241361

Methyl formate [107-31-3]

用作色谱分析标准物质及乙酸纤维的溶剂，也用于有机合成

【生产厂】[京]北京化工厂〈P1549〉；[津]天津市津科精细化工研究所〈P1593〉；[沪]上海试一化学试剂有限公司〈P1764〉；[豫]郑州派尼化学试剂厂〈P2172〉

肉桂酸乙酯；桂皮酸乙酯 J01241421

Ethyl cinnamate [103-36-6]

用于香料工业

【生产厂】[沪]上海科丰化学试剂有限公司〈P1749〉；[浙]温州市化学试剂有限公司〈P1938〉

辛酸乙酯；亚羊脂酸乙酯 J01241461

Ethyl caprylate; Ethyl octanoate [106-32-1]

用于香料制备

【生产厂】[京]北京化工厂〈P1549〉；[津]天津市津科精细化工研究所〈P1593〉

苯乙酸乙酯 J01241511

Ethyl phenylacetate [101-97-3]

用作溶剂及香料辅助剂，也用于有机合成

【生产厂】[京]北京化工厂〈P1549〉；[沪]上海科丰化学试剂有限公司〈P1749〉

苯甲酸乙酯；安息香酸乙酯 J01241521

Ethyl benzoate [93-89-0]

用作溶剂及香料辅助剂，也用于有机合成

【生产厂】[京]北京化工厂〈P1549〉；[津]天津市津科精细化工研究所〈P1593〉；[沪]上海三爱思试剂有限公司〈P1759〉；[粤]广州化学试剂厂(3 吨)〈P2261〉

苯甲酸甲酯；安息香酸甲酯 J01241641

Methyl benzoate [93-58-3]

显微分析中用作溶剂，也用作纤维素的溶剂

【生产厂】[京]北京化工厂〈P1549〉；[津]天津市津科精细化工研究所〈P1593〉；[辽]沈阳化学试剂厂〈P1686〉；[沪]上海三爱思试剂有限公司〈P1759〉

苯甲酸苄酯；安息香酸苄酯 J01241731

Benzyl benzoate [120-51-4]

用作溶剂及定香剂，也用于香料调制

【生产厂】[京]北京化工厂〈P1549〉；[沪]上海三爱思试剂有限公司〈P1759〉；上海科帆化工科技有限公司〈P1748〉；上海光铧科技有限公司〈P1735〉；上海科丰化学试剂有限公司〈P1749〉

苯甲酸苯酯；安息香酸苯酯 J01241741

Phenyl benzoate [93-99-2]

用于羟基化二苯酮的合成

【生产厂】[沪]上海科丰化学试剂有限公司〈P1749〉

邻苯二甲酸二乙酯；邻酞酸二乙酯；辟瘟脑酸二乙酯 J01241761

Diethyl phthalate [84-66-2]

用作分析试剂、气相色谱固定液、纤维素和酯类的溶剂、增塑剂及润滑剂

【生产厂】[京]北京化工厂〈P1549〉；[津]天津市凯通化学试剂有限公司〈P1597〉；[辽]沈阳化学试剂厂〈P1686〉

邻苯二甲酸二丁酯；邻酞酸二丁酯 J01241771

Dibutyl phthalate [84-74-2]

用作气相色谱固定液、溶剂及增塑剂

【生产厂】[京]北京益利精细化学品有限公司〈P1565〉；[冀]石家庄市有机化工厂(10 吨)〈P1632〉；[辽]沈阳化学试剂厂〈P1686〉；[苏]苏州市振兴化工厂〈P1906〉；[浙]兰溪市屹达化工试剂有限公司〈P1953〉；[豫]开封化学试剂总厂(15 吨)〈P2176〉

邻苯二甲酸二辛酯；邻酞酸二辛酯 J01241851

Dioctyl phthalate [117-81-7]

用作气相色谱固定剂、增塑剂

【生产厂】[京]北京化工厂〈P1549〉；[冀]石家庄市有机化工厂(2 吨)〈P1632〉；[辽]沈阳化学试剂厂〈P1686〉

邻苯二甲酸二异辛酯；邻酞酸二异辛酯 J01241861

Diisooctyl phthalate [27554-26-3]

用作气相色谱固定液、韧化剂、溶剂及增塑剂

【生产厂】[京]北京化工厂〈P1549〉；[辽]沈阳化学试剂厂〈P1686〉

邻苯二甲酸二烯丙酯；邻酞酸二烯丙酯 J01241911

Diallyl phthalate [131-17-9]

用作增塑剂

【生产厂】[京]北京化工厂〈P1549〉

乳酸乙酯；羟基丙酸乙酯 J01241941

Ethyl lactate [687-47-8]

用作硝化纤维和乙酸纤维的溶剂，也用于香料工业

【生产厂】[津]天津市津科精细化工研究所〈P1593〉；[沪]上海三爱思试剂有限公司〈P1759〉；[豫]郑州派尼化学试剂厂〈P2172〉

乳酸甲酯；α-羟基丙酸甲酯 J01241945

Methyl lactate [547-64-8]

【生产厂】[沪]上海三爱思试剂有限公司〈P1759〉

乳酸丁酯；羟基丙酸丁酯 J01241951

Butyl lactate [138-22-7]

用作溶剂，也用于油漆和油墨的配制等

【生产厂】[沪]上海三爱思试剂有限公司〈P1759〉

庚酸乙酯 J01241961

Ethyl heptanoate; Ethyl oenanthate [106-30-9]

用于有机合成及香料配制

【生产厂】[津]天津市津科精细化工研究所〈P1593〉

油酸乙酯；9-十八烯酸乙酯 J01242001

Ethyl oleate [111-62-6]

用作气相色谱固定液、溶剂、润滑剂及树脂的韧化剂

【生产厂】[京]北京化工厂〈P1549〉

钛酸丁酯；钛酸四丁酯 J01242141

Tetrabutyl titanate [5593-70-4]

用于酯的交换反应

J

【生产厂】[京]北京化工厂〈P1549〉;[辽]沈阳化学试剂厂〈P1686〉;[沪]上海索诚化学有限公司〈P1766〉;上海三爱思试剂有限公司〈P1759〉;上海美兴化工有限公司(80吨)〈P1753〉;上海科丰化学试剂有限公司〈P1749〉;[鲁]淄博市临淄天德精细化工研究所〈P2888〉

癸二酸二丁酯;皮脂酸二丁酯 J01242231
Dibutyl sebacate [109-43-3]
用作气相色谱固定液、增塑剂及橡胶的软化剂,也用于香料配制、有机合成
【生产厂】[津]天津市津科精细化工研究所〈P1593〉;[辽]沈阳化学试剂厂〈P1686〉

硫酸二甲酯 J01242571
Dimethyl sulfate [77-78-1]
用作测定煤焦油类的试剂,在有机合成中用作甲基取代剂,还可用作芳香族烃的溶剂
【生产厂】[沪]上海金赛医药化工有限公司〈P1744〉;[粤]广州化学试剂厂(1吨)〈P2261〉

硼酸三乙酯;硼酸乙酯 J01242651
Triethyl borate;Ethyl borate [150-46-9]
用于半导体元件的制备、其他有机硼化物的合成,也用作高纯度的原料及增塑剂及焊接助熔剂
【生产厂】[京]北京化工厂〈P1549〉

碳酸二乙酯 J01242691
Diethyl carbonate [105-58-8]
用作溶剂,也用于有机合成
【生产厂】[沪]上海科丰化学试剂有限公司〈P1749〉

碳酸丙烯酯 J01242711
Propylene carbonate [108-32-7]
用作气相色谱固定液及溶剂,也用于高分子聚合物的合成
【生产厂】[京]北京化工厂〈P1549〉;[津]天津市津科精细化工研究所〈P1593〉

对甲苯磺酸甲酯 J01242751
Methyl-*p*-toluene sulfonate [80-48-8]
用作制备甲基化原料
【生产厂】[沪]上海科丰化学试剂有限公司〈P1749〉

磷酸三乙酯;TEP J01242811
Triethyl phosphate [78-40-0]
用作高沸点的溶剂及增塑剂,也用于杀虫剂的制备及防水化合物的配制
【生产厂】[京]北京化工厂〈P1549〉;[辽]沈阳化学试剂厂〈P1686〉

磷酸三丁酯 J01242841
Tributyl phosphate [126-73-8]
用作气相色谱固定液、硝化纤维和乙基纤维素的溶剂、增塑剂、稀土金属分离用试剂及有机合成中间体
【生产厂】[京]北京化工厂〈P1549〉;[辽]沈阳化学试剂厂〈P1686〉;[苏]苏州市振兴化工厂〈P1906〉;[赣]江西洪都生物化学有限公司〈P2008〉;[粤]广州化学试剂厂(6吨)〈P2261〉

亚磷酸二异辛酯 J01242891
Diisooctyl phosphite
用作阻燃剂
【生产厂】[沪]上海科丰化学试剂有限公司〈P1749〉

磷酸三苯酯 J01242911
Triphenyl phosphate [115-86-6]
用作气相色谱固定液、纤维素和塑料的增塑剂及赛璐珞中的樟脑不燃性取代物
【生产厂】[京]北京化工厂〈P1549〉;[辽]沈阳化学试剂厂〈P1686〉;[沪]上海南威化工有限公司〈P1754〉

亚磷酸三苯酯 J01242921
Triphenyl phosphite [101-02-0]
用作螯合剂、塑料制品防老剂及合成醇酸树脂和聚酯树脂的原料
【生产厂】[辽]沈阳化学试剂厂〈P1686〉;[苏]宜兴市南方化工助剂厂〈P1886〉

磷酸三甲酚酯 J01242941
Tricresyl phosphate [1330-78-5]
用作分析试剂、硝化纤维的溶剂及增塑剂
【生产厂】[辽]沈阳化学试剂厂〈P1686〉

过氧化苯甲酰;过氧化二苯甲酰 J01250041
Benzoyl peroxide;Dibenzoyl peroxide [94-36-0]
用作分析试剂、氧化剂、漂白剂及塑料聚合引发剂
【生产厂】[京]北京化工厂〈P1549〉

硫酸钒酰;硫酸氧钒 J01250101
Vanadyl sulfate [27774-13-6]
用作织物的媒染剂、催化剂及还原剂
【生产厂】[京]北京化工厂〈P1549〉;[沪]上海科创化工有限公司〈P1748〉

二氯乙酰氯 J01250121
Dichloroacetyl chloride [79-36-7]
用作有机合成中间体
【生产厂】[沪]上海科丰化学试剂有限公司〈P1749〉

己酰氯 J01250151
Caproyl chloride;Hexanoyl chloride [142-61-0]
用于有机合成
【生产厂】[沪]松江佘山化工厂〈P1780〉

肉桂酰氯;3-苯基-2-丙烯酰氯 J01250211
Cinnamoyl chloride [102-92-1]
用于微量水的测定,也用作有机合成中间体
【生产厂】[沪]上海新高化学试剂有限公司〈P1771〉;[浙]温州市化学试剂有限公司〈P1938〉

苯甲酰氯;氯化苯甲酰 J01250241
Benzoyl chloride [98-88-4]
用作分析试剂,也用于香料、有机合成
【生产厂】[京]北京化工厂〈P1549〉;[辽]沈阳化学试剂厂

〈P1686〉;[苏]泰州市天成化工有限公司〈P1827〉

对氯苯甲酰氯;氯化对氯苯甲酰 J01250281
4-Chlorobenzoyl chloride [122-01-0]
用作有机合成中间体,也用于制药工业
【生产厂】[沪]上海科丰化学试剂有限公司〈P1749〉

邻氯苯甲酰氯;氯化邻氯苯甲酰 J01250291
2-Chlorobenzoyl chloride [609-65-4]
用作有机合成中间体
【生产厂】[沪]上海科丰化学试剂有限公司〈P1749〉

甲基磺酰氯;甲烷磺酰氯 J01250351
Mesyl chloride;Methanesulfonyl chloride [124-63-0]
用于染料、医药、农药等行业
【生产厂】[京]北京化工厂〈P1549〉

苯磺酰氯;氯化苯磺酰 J01250361
Benzenesulfonyl chloride [98-09-9]
用以鉴定各种胺,也用于有机合成
【生产厂】[京]北京化工厂〈P1549〉;[辽]沈阳化学试剂厂〈P1686〉;[苏]泰州市天成化工有限公司〈P1827〉;[粤]广州化学试剂厂(3 吨)〈P2261〉

对甲苯磺酰氯;甲苯-4-磺酰氯 J01250371
4-Toluenesulfonyl chloride;Tosylchloride [98-59-9]
用作分析试剂,也用于有机合成、染料制备及激素合成中分子重排反应
【生产厂】[沪]松江佘山化工厂(20 吨)〈P1780〉;[苏]泰州市天成化工有限公司〈P1827〉;[粤]广州化学试剂厂(3 吨)〈P2261〉

乙酸,36%;醋酸,36% J01260011
Acetic acid (36%) [64-19-7]
用作分析试剂、溶剂及浸洗剂
【生产厂】[京]北京化工厂〈P1549〉;[冀]石家庄市有机化工厂(10 吨)〈P1632〉;[辽]沈阳化学试剂厂〈P1686〉;[黑]哈尔滨试剂化工厂〈P1720〉;[沪]松江佘山化工厂〈P1780〉;[浙]兰溪市屹达化工试剂有限公司〈P1953〉;[鲁]淄博化学试剂厂有限公司(50 吨)〈P2062〉;莱阳双双化工有限公司(80 吨)〈P2108〉;[豫]郑州派尼化学试剂厂〈P2172〉;[粤]广州化学试剂厂(6 吨)〈P2261〉;珠海欣宏电子化学材料有限公司〈P2275〉;[川]成都天华科技股份有限公司(50 吨)〈P2315〉;成都金山化学试剂有限公司〈P2311〉;成都市科龙化工试剂厂〈P2314〉

乙酸,无水;冰醋酸;冰乙酸 J01260021
Acetic acid,glacial [64-19-7]
常用作分析试剂、通用溶剂和非水滴定溶剂及色层分析试剂,也用于有机合成
【生产厂】[京]北京市通广精细化工公司〈P1560〉;北京化工厂〈P1549〉;[津]天津市津科精细化工研究所〈P1593〉;天津市天河化学试剂厂〈P1604〉;天津市天达净化材料精细化工厂〈P1603〉;[冀]石家庄市有机化工厂(20 吨)〈P1632〉;石家庄新宇三阳实业有限公司〈P1633〉;[辽]沈阳化学试剂厂〈P1686〉;[黑]哈尔滨试剂化工厂〈P1720〉;[沪]上海试一化学试剂有限公司〈P1764〉;[苏]南京台硝化工有限公司(500 吨)〈P1790〉;苏州瑞红电子化学品有限公司〈P1902〉;苏州市振兴化工厂〈P1906〉;昆山市申才化工有限公司〈P1897〉;上海试剂四厂昆山分厂〈P1898〉;昆山晶科微电子材料有限公司〈P1896〉;东台市利达化学试剂有限公司〈P1806〉;[浙]兰溪市屹达化工试剂有限公司〈P1953〉;[鲁]淄博化学试剂厂有限公司(60 吨)〈P2062〉;莱阳双双化工有限公司(50 吨)〈P2108〉;[豫]河南省化工研究所(25 吨)〈P2167〉;郑州派尼化学试剂厂〈P2172〉;开封化学试剂总厂(200 吨)〈P2176〉;开封晋开化工有限公司试剂厂〈P2176〉;[粤]广州化学试剂厂(6 吨)〈P2261〉;[川]成都天华科技股份有限公司〈P2315〉;成都金山化学试剂有限公司〈P2311〉

三氟乙酸 J01260101
Trifluoroacetic acid [76-05-1]
用于有机合成
【生产厂】[津]天津市津科精细化工研究所〈P1593〉;[冀]邯郸市林峰精细化工有限公司〈P1638〉;[沪]上海试一化学试剂有限公司〈P1764〉;[苏]泰州市天成化工有限公司〈P1827〉

三氯乙酸 J01260271
Trichloroacetic acid [76-03-9]
用作化学试剂、蛋白质沉淀及色谱分析试剂
【生产厂】[辽]沈阳化学试剂厂〈P1686〉;[苏]泰州市天成化工有限公司〈P1827〉;如皋市金陵试剂厂(18 吨)〈P1838〉;[鲁]淄博市临淄天德精细化工研究所〈P2888〉;[粤]广州化学试剂厂(6 吨)〈P2261〉

碘乙酸 J01260281
Iodoacetic acid [64-69-7]
用于有机合成、染料工业,也用于植物资源的研究
【生产厂】[浙]浙江海川化学品有限公司〈P1963〉

溴乙酸 J01260291
Bromoacetic acid [79-08-3]
用于有机合成
【生产厂】[沪]上海科丰化学试剂有限公司〈P1749〉

次氮基三乙酸;氨三乙酸 J01260331
Nitrilotriacetic acid [139-13-9]
用作络合试剂,也用于无氰电镀
【生产厂】[京]北京化工厂〈P1549〉;[辽]沈阳化学试剂厂〈P1686〉;[沪]上海光铧科技有限公司〈P1735〉;[苏]泰州市天成化工有限公司〈P1827〉;[川]成都金山化学试剂有限公司〈P2311〉

乙二胺四乙酸;EDTA J01260341
EDTA;Ethylenediamine tetracetic acid [60-00-4]
常用络合剂试剂,也用作洗涤剂、血液抗凝剂等
【生产厂】[京]北京益利精细化学品有限公司〈P1565〉;北京化工厂〈P1549〉;[津]天津市天达净化材料精细化工厂〈P1603〉;[辽]沈阳化学试剂厂〈P1686〉;[鲁]淄博市临淄天德精细化工研究所〈P2888〉;莱阳双双化工有限公司(10 吨)〈P2108〉;[湘]长沙市有机试剂厂(30 吨)〈P2247〉;[粤]广州化学试剂厂(3 吨)〈P2261〉;[川]成都金山化学试剂有限公司〈P2311〉;成都市科龙化工试剂厂〈P2314〉

乙二醇双(氨乙基醚)四乙酸;乙二醇二乙醚二胺四乙酸 J01260351
EGAT;Ethylene glycol-bis(aminethylether) tetraacetic acid [67-42-5]
用作测定钙、镁的络合剂

J

【生产厂】[苏]苏州工业园区亚科化学试剂有限公司〈P1900〉;[川]成都市科龙化工试剂厂〈P2314〉

二乙基三胺五乙酸 J01260361
Diethylene triamine pentaacetic acid;DTPA [67-43-6]
用作络合剂
【生产厂】[京]北京马氏精细化学品有限公司〈P1555〉

乙醇酸;羟基乙酸;甘醇酸 J01260371
Glycolic acid [79-14-1]
用于有机合成
【生产厂】[沪]上海恒信化学试剂有限公司〈P1736〉

乙醛酸;甲醛甲酸 J01260401
Glyoxalic acid [298-12-4]
用于有机合成,也用作分析试剂
【生产厂】[川]成都市科龙化工试剂厂〈P2314〉

十四酸;肉豆蔻酸 J01260451
Myristic acid;Tetradecanoic acid [544-63-8]
用作化学试剂,也用于香料及有机物的合成
【生产厂】[京]北京化工厂〈P1549〉

丁酸 J01260471
n-Butyric acid [107-92-6]
用以测定脂肪溶解作用的临界温度及表面张力,以电解法测定铜时,用以消除铁的影响,也用作萃取剂、脱钙剂
【生产厂】[辽]沈阳化学试剂厂〈P1686〉;[黑]哈尔滨试剂化工厂〈P1720〉

2-乙基丁酸;二乙基乙酸 J01260481
2-Ethylbutyric acid [88-09-5]
用于酯类制造,也用作染料中间体
【生产厂】[津]天津市津科精细化工研究所〈P1593〉;[川]成都市科龙化工试剂厂〈P2314〉

2-溴丁酸 J01260501
2-Bromobutyric acid [80-58-0]
用于有机合成,也用作呈色剂中间体
【生产厂】[沪]上海科丰化学试剂有限公司〈P1749〉

2,3-二溴丁二酸 J01260511
2,3-Dibromosuccinic acid [526-78-3]
【生产厂】[沪]上海科帆化工科技有限公司〈P1748〉;上海南翔试剂有限公司〈P1754〉

丁二酸;琥珀酸 J01260541
Succinic acid [110-15-6]
用作化学试剂及色谱分析试剂,也用于缓冲液的配制
【生产厂】[京]北京化工厂〈P1549〉;[津]天津市津科精细化工研究所〈P1593〉;[辽]沈阳化学试剂厂〈P1686〉;[苏]南通江海高纯化学品有限公司〈P1833〉;[粤]广州化学试剂厂(1吨)〈P2261〉;[川]成都市科龙化工试剂厂〈P2314〉

苯基丁二酸;苯基琥珀酸 J01260561
Phenylsuccinic acid [635-51-8]
用作分析试剂
【生产厂】[京]北京奥得赛化学有限公司〈P1543〉

丁烯二酸,顺式;失水苹果酸;马来酸 J01260591
Maleic acid [110-16-7]
用于制药、树脂合成,也用作油和油脂的防腐剂
【生产厂】[京]北京化工厂〈P1549〉;[辽]沈阳化学试剂厂〈P1686〉;[沪]上海索诚化学有限公司〈P1766〉;上海三爱思试剂有限公司〈P1759〉;[苏]南通江海高纯化学品有限公司〈P1833〉;[鲁]淄博市临淄天德精细化工研究所〈P2888〉;[粤]广州化学试剂厂(3吨)〈P2261〉

山梨酸;清凉茶酸 J01260621
Sorbic acid [110-44-1]
用于杀虫剂配制及合成橡胶工业,也用作食品保存剂
【生产厂】[鲁]淄博市临淄天德精细化工研究所〈P2888〉

己二酸;肥酸 J01260651
Adipic acid;Hexane dioic acid [124-04-9]
用作化学试剂,也用于塑料及有机合成
【生产厂】[京]北京化工厂〈P1549〉;[辽]沈阳化学试剂厂〈P1686〉;[沪]上海南翔试剂有限公司〈P1754〉;[苏]南通江海高纯化学品有限公司〈P1833〉

DL-天冬酸;DL-氨基丁二酸 J01260671
DL-Aspartic acid [617-45-8]
用作生化试剂、有机合成中间体及金属络合剂
【生产厂】[沪]上海三爱思试剂有限公司〈P1759〉

壬二酸;杜鹃花酸 J01260701
Azelaic acid [123-99-9]
用作试剂,也用于有机合成
【生产厂】[苏]南通江海高纯化学品有限公司〈P1833〉

单宁酸;鞣酸 J01260721
Tannic acid [1401-55-4]
用作分析试剂,也用于医药工业
【生产厂】[辽]沈阳化学试剂厂〈P1686〉;[浙]温州市化学试剂有限公司〈P1938〉;[豫]郑州派尼化学试剂厂〈P2172〉

二乙基巴比土酸;二乙基丙二酰脲;巴比妥 J01260751
Barbitone;Diethylbarbituric acid [57-44-3]
用作色谱分析试剂及过氧化氢稳定剂
【生产厂】[津]天津市天河化学试剂厂〈P1604〉;[沪]上海三爱思试剂有限公司〈P1759〉;上海沪试化工有限公司〈P1737〉;[鲁]淄博化学试剂厂有限公司(10吨)〈P2062〉

2-羟基苯甲酸;邻羟基苯甲酸;水杨酸 J01260771
2-Hydroxybenzoic acid;Salicylic acid [69-72-7]
用作络合指示剂及防腐剂
【生产厂】[京]北京化工厂〈P1549〉;[津]天津市天河化学试剂厂〈P1604〉;天津市天达净化材料精细化工厂〈P1603〉;[冀]石家庄市有机化工厂(10吨)〈P1632〉;[辽]沈阳化学试剂厂〈P1686〉;[黑]哈尔滨试剂化工厂〈P1720〉;[沪]上海南翔试剂有限公司〈P1754〉;[鲁]淄博市临淄天德精细化工研究所〈P2888〉;莱阳双双化工有限公司(5吨)〈P2108〉;[豫]郑州派尼化学试剂厂〈P2172〉;洛阳昊华化

学试剂有限公司〈P2181〉;[粤]广州化学试剂厂(6 吨)〈P2261〉;[川]成都金山化学试剂有限公司〈P2311〉

乙酰水杨酸;阿司匹林;ASA　J01260781
Acetylsalicylic acid [50-78-2]
用于制药及有机合成
【生产厂】[川]成都市科龙化工试剂厂〈P2314〉

5-溴水杨酸;5-溴-2-羟基苯甲酸　J01260821
5-Bromosalicylic acid [89-55-4]
用于有机合成
【生产厂】[沪]上海科丰化学试剂有限公司〈P1749〉

磺基水杨酸;硫柳酸　J01260831
Sulfosalicylic acid [5965-83-3]
用作生化试剂、分析试剂及络合指示剂
【生产厂】[京]北京益利精细化学品有限公司〈P1565〉;北京化工厂〈P1549〉;[津]天津市天达净化材料精细化工厂〈P1603〉;[辽]沈阳化学试剂厂〈P1686〉;[沪]上海沪试化工有限公司〈P1737〉;[鲁]莱阳双双化工有限公司〈P2108〉;[豫]开封市永安化工厂(1500 吨)〈P2178〉;[湘]湖南省湘中地质实验研究所〈P2258〉;湖南省娄底化工总厂试剂分厂〈P2257〉;[粤]广州化学试剂厂(12 吨)〈P2261〉;[川]成都金山化学试剂有限公司〈P2311〉

甘氨酸;氨基乙酸　J01260851
Aminoacetic acid;Glycine;Glycocoll [56-40-6]
用于制药工业、生化试验及有机合成
【生产厂】[京]北京化工厂〈P1549〉;[津]天津市天达净化材料精细化工厂〈P1603〉;[辽]沈阳化学试剂厂〈P1686〉;[沪]上海南翔试剂有限公司〈P1754〉;[粤]广州化学试剂厂(3 吨)〈P2261〉

丙酸　J01260891
Propionic acid [79-09-4]
用作有机试剂、酯化剂及增塑剂,也用于食品香料的配制
【生产厂】[京]北京化工厂〈P1549〉;[辽]沈阳化学试剂厂〈P1686〉;[黑]哈尔滨试剂化工厂〈P1720〉;[豫]郑州派尼化学试剂厂〈P2172〉

2-氯丙酸　J01260921
2-Chloropropionic acid [598-78-7]
用于有机合成
【生产厂】[京]北京化工厂〈P1549〉

2-溴丙酸　J01260941
2-Bromopropionic acid [598-72-1]
用于有机合成
【生产厂】[京]北京化工厂〈P1549〉;[沪]上海科丰化学试剂有限公司〈P1749〉

3-溴丙酸　J01260951
3-Bromopropionic acid [590-92-1]
用于有机合成
【生产厂】[沪]上海科丰化学试剂有限公司〈P1749〉

丙二酸;胡萝卜酸　J01260971
Malonic acid [141-82-2]
用作络合剂,也用于巴比土盐的制备等
【生产厂】[津]天津市天达净化材料精细化工厂〈P1603〉;[沪]上海三爱思试剂有限公司〈P1759〉

α-甲基丙烯酸　J01261011
α-Methylacrylic acid [79-41-4]
用作有机试剂
【生产厂】[京]北京化工厂〈P1549〉;[辽]沈阳化学试剂厂〈P1686〉

叶酸;喋酰谷氨酸;维生素 M;维生素 BC　J01261071
Folic acid;Vitamin BC [59-30-3]
用作生化试剂,也用于制药工业等
【生产厂】[沪]上海捷倍思基因技术有限公司〈P1744〉

甲酸;蚁酸　J01261081
Formic acid [64-18-6]
用作化学试剂
【生产厂】[京]北京化工厂〈P1549〉;[津]天津市凯通化学试剂有限公司〈P1597〉;[辽]沈阳化学试剂厂〈P1686〉;[黑]哈尔滨试剂化工厂〈P1720〉;[苏]苏州市振兴化工厂〈P1906〉;昆山晶科微电子材料有限公司〈P1896〉;[浙]兰溪市屹达化工试剂有限公司〈P1953〉;[鲁]莱阳双双化工有限公司(10 吨)〈P2108〉;[豫]郑州派尼化学试剂厂〈P2172〉;[粤]广州化学试剂厂(6 吨)〈P2261〉;[川]成都天华科技股份有限公司〈P2315〉;成都金山化学试剂有限公司〈P2311〉

甲酸,无水;蚁酸,无水　J01261091
Formic acid,anhydrous [64-18-6]
用作还原剂、缓冲剂,也用于农药制备
【生产厂】[津]天津市津科精细化工研究所〈P1593〉;[黑]哈尔滨试剂化工厂〈P1720〉

吡啶-3-甲酸;烟酸　J01261101
Nicotinic acid;Pyridine-3-carboxylic acid [59-67-6]
用作生化试剂
【生产厂】[豫]郑州派尼化学试剂厂〈P2172〉

吡啶-4-甲酸;异烟酸　J01261111
Isonicotinic acid;4-Pyridinecarboxylic acid [55-22-1]
用作生化试剂,也用于有机合成
【生产厂】[辽]沈阳化学试剂厂〈P1686〉

肉桂酸;桂皮酸;3-苯基丙烯酸;皮酸　J01261161
Cinnamic acid [621-82-9]
用作化学试剂,也用于香料及医药的合成
【生产厂】[浙]兰溪市屹达化工试剂有限公司〈P1953〉;温州市化学试剂有限公司〈P1938〉

抗坏血酸;维生素 C　J01261241
Ascorbic acid;Vitamin C [50-81-7]
用作化学试剂及色谱分析试剂
【生产厂】[京]北京化工厂〈P1549〉;[津]天津市天河化学试剂厂〈P1604〉;[冀]石家庄市有机化工厂(1 吨)〈P1632〉;[辽]沈阳化学试剂厂〈P1686〉;沈阳市新东试剂厂〈P1689〉;[黑]哈尔滨试剂化工厂〈P1720〉;[鲁]淄博化学试剂厂有限公司(15 吨)〈P2062〉;淄博市临淄天德精细化工研究所〈P2888〉;[粤]广州化学试剂厂(1 吨)〈P2261〉;[川]成都金山化学试剂有限公司〈P2311〉

辛酸　J01261261
Caprylic acid; *n*-Octanoic acid [124-07-2]
用于有机合成及制药工业
【生产厂】[津]天津市津科精细化工研究所〈P1593〉;[辽]沈阳化学试剂厂〈P1686〉

异辛酸　J01261271
Isocaprylic acid [25103-52-0]
用于有机合成及制药工业
【生产厂】[辽]沈阳化学试剂厂〈P1686〉

没食子酸;五倍子酸　J01261291
Gallic acid [149-91-7]
用作化学试剂
【生产厂】[辽]沈阳化学试剂厂〈P1686〉;[浙]温州市化学试剂有限公司〈P1938〉

焦性没食子酸;焦倍酚;1,2,3-三羟基苯　J01261301
Pyrogallic acid; Pyrogallol [87-66-1]
用作分析试剂、还原剂及显影剂
【生产厂】[辽]沈阳化学试剂厂〈P1686〉;[浙]温州市化学试剂有限公司〈P1938〉;[鄂]湖北山山林产化工有限公司〈P2240〉;[粤]广东省丰顺洲骏化工有限公司〈P2277〉

尿酸　J01261311
Uric acid [69-93-2]
用作分析试剂,也用于有机合成
【生产厂】[沪]上海试一化学试剂有限公司〈P1764〉

苦杏仁酸;苯羟乙酸;扁桃酸　J01261321
Amygdalic acid; Mandelic acid [90-64-2]
用作化学试剂,也用于有机合成
【生产厂】[沪]上海科丰化学试剂有限公司〈P1749〉;[粤]广州化学试剂厂(6吨)〈P2261〉

苯乙酸　J01261351
Phenylacetic acid [103-82-2]
用于香料、制药工业,也用作植物生长激素
【生产厂】[津]天津市津科精细化工研究所〈P1593〉

2,4-二氯苯氧乙酸　J01261411
2,4-Dichlorophenoxyacetic acid [94-75-7]
用作有机分析标样、除莠剂及植物生长激素
【生产厂】[京]北京化工厂〈P1549〉;[沪]上海捷倍思基因技术有限公司〈P1744〉;[川]成都市科龙化工试剂厂〈P2314〉

苯甲酸;安息香酸　J01261431
Benzoic acid [65-85-0]
用作化学试剂及防腐剂
【生产厂】[京]北京化工厂〈P1549〉;[津]天津市天河化学试剂厂〈P1604〉;天津市天达净化材料精细化工厂〈P1603〉;[辽]沈阳新兴试剂厂〈P1689〉;沈阳化学试剂厂〈P1686〉;[沪]上海光铧科技有限公司〈P1735〉;[苏]南通江海高纯化学品有限公司〈P1833〉;[鲁]莱阳双双化工有限公司(10吨)〈P2108〉;[豫]郑州派尼化学试剂厂〈P2172〉;[粤]广州化学试剂厂(6吨)〈P2261〉;[川]成都金山化学试剂有限公司〈P2311〉

对甲氧基苯甲酸;对茴香酸　J01261491
4-Anisic acid; 4-Methoxybenzoic acid [100-09-4]
用于香料及制药工业,也用作防腐剂
【生产厂】[京]北京化工厂〈P1549〉

对氨基苯甲酸　J01261521
4-Aminobenzoic acid [150-13-0]
用作分析试剂、防晒剂,也用于制药及染料工业
【生产厂】[京]北京化工厂〈P1549〉

邻氨基苯甲酸;氨茴酸　J01261531
2-Aminobenzoic acid; Anthranilic acid [118-92-3]
用作络合试剂及实验试剂
【生产厂】[沪]上海科丰化学试剂有限公司〈P1749〉;[湘]湖南省娄底化工总厂试剂分厂〈P2257〉

***N*-苯基邻氨基苯甲酸**;钒试剂　J01261551
N-Phenyl-*o*-anthanilic acid [91-40-7]
用作分析试剂及氧化还原指示剂
【生产厂】[湘]湖南省湘中地质实验研究所〈P2258〉

对羟基苯甲酸;对苯酚甲酸;对羟基安息香酸　J01261611
4-Hydroxybenzoic acid [99-96-7]
用于染料、有机及防霉剂的合成
【生产厂】[京]北京化工厂〈P1549〉

2,4-二羟基苯甲酸;间苯二酚甲酸;树脂酚甲酸　J01261631
2,4-Dihydroxybenzoic acid; *β*-Resor-cylic acid [89-86-1]
用作染料中间体、医药及试剂
【生产厂】[沪]上海三爱思试剂有限公司〈P1759〉

3,5-二羟基苯甲酸;*α*-雷锁辛甲酸　J01261661
3,5-Dihydroxybenzoic acid; *α*-Resor-cylic acid [99-10-5]
用于有机合成
【生产厂】[沪]上海科丰化学试剂有限公司〈P1749〉

对硝基苯甲酸　J01261671
4-Nitrobenzoic acid [62-23-7]
用作化学试剂
【生产厂】[苏]江苏海门兴虹化工有限公司〈P1830〉;南通江海高纯化学品有限公司〈P1833〉

邻硝基苯甲酸　J01261681
2-Nitrobenzoic acid [552-16-9]
用于有机合成
【生产厂】[沪]上海科丰化学试剂有限公司〈P1749〉

邻氯苯甲酸　J01261731
o-Chlorobenzoic acid [118-91-2]
用作染料中间体及胶水、油漆的防腐剂,也用于制造杀菌剂和医药等
【生产厂】[沪]上海科丰化学试剂有限公司〈P1749〉

间氯苯甲酸　J01261741

m-Chlorobenzoic acid [535-80-8]

用于有机合成,也用作染料中间体

【生产厂】[沪]上海三爱思试剂有限公司〈P1759〉

对碘苯甲酸 J01261771

4-Iodobenzoic acid [619-58-9]

用于有机合成

【生产厂】[浙]浙江海川化学品有限公司〈P1963〉

间碘苯甲酸 J01261781

3-Iodobenzoic acid [618-51-9]

用作分析试剂,也用于有机合成

【生产厂】[浙]浙江海川化学品有限公司〈P1963〉

对苯二甲酸;对酞酸 J01261861

p-Phthalic acid [100-21-0]

用作色谱分析试剂

【生产厂】[京]北京化工厂〈P1549〉

邻苯二甲酸;邻酞酸 J01261871

o-Phthalic acid [88-99-3]

用作化学试剂及色谱分析试剂

【生产厂】[京]北京化工厂〈P1549〉;[辽]沈阳化学试剂厂〈P1686〉;[沪]上海试一化学试剂有限公司〈P1764〉;上海三爱思试剂有限公司〈P1759〉;[苏]南通江海高纯化学品有限公司〈P1833〉;[粤]广州化学试剂厂(1吨)〈P2261〉

DL-苹果酸;DL-羟基丁二酸 J01261961

DL-Hydroxysuccinic acid;DL-Malic acid [617-48-1]

用作生化试剂及实验试剂

【生产厂】[京]北京化工厂〈P1549〉;[沪]上海新高化学试剂有限公司〈P1771〉;上海恒信化学试剂有限公司〈P1736〉;[粤]广州化学试剂厂(2吨)〈P2261〉

乳酸;α-羟基丙酸 J01261981

Lactic acid [50-21-5]

用作实验试剂、食用香料、防腐剂、增塑剂及黏合剂,也用于制药工业

【生产厂】[津]天津市凯通化学试剂有限公司〈P1597〉;[辽]沈阳化学试剂厂〈P1686〉;[黑]哈尔滨试剂化工厂〈P1720〉;[沪]上海沪试化工有限公司〈P1737〉;[鲁]淄博市临淄天德精细化工研究所〈P2888〉;莱阳双双化工有限公司(2吨)〈P2108〉;[豫]郑州派尼化学试剂厂〈P2172〉

变色酸;1,8-二羟基萘-3,6-二磺酸 J01261991

Chromotropic acid [5808-22-0]

用作实验试剂及染料中间体

【生产厂】[辽]沈阳化学试剂厂〈P1686〉;[沪]上海三爱思试剂有限公司〈P1759〉

油酸;十八碳烯-9-酸 J01262031

Oleic acid [112-80-1]

用作分析试剂、溶剂、润滑剂及浮选剂,也用于食糖加工业

【生产厂】[京]北京化工厂〈P1549〉;[辽]沈阳化学试剂厂〈P1686〉;[黑]哈尔滨试剂化工厂〈P1720〉;[苏]苏州市振兴化工厂〈P1906〉;昆山晶科微电子材料有限公司〈P1896〉;[鲁]莱阳双双化工有限公司〈P2108〉;[豫]郑州派尼化学试剂厂〈P2172〉

草酸;乙二酸 J01262041

Oxalic acid [144-62-7]

用作实验试剂、色谱分析试剂、染料中间体及标准物质

【生产厂】[京]北京亚太龙兴化工有限公司〈P1564〉;北京双环伟业试剂有限公司〈P1561〉;北京市房山益华化工厂〈P1559〉;北京化工厂〈P1549〉;[津]天津市天河化学试剂厂〈P1604〉;天津市兴联化工厂〈P1609〉;天津市凯通化学试剂有限公司〈P1597〉;天津市天达净化材料精细化工厂〈P1603〉;[辽]沈阳新兴试剂厂〈P1689〉;沈阳化学试剂厂〈P1686〉;沈阳市北丰化学试剂厂〈P1688〉;[沪]上海达峰化工合作公司〈P1730〉;上海试四赫维化工有限公司〈P1764〉;上海跃新化工厂〈P1777〉;上海美兴化工有限公司(200吨)〈P1753〉;[苏]苏州市振兴化工厂〈P1906〉;[浙]兰溪市屹达化工试剂有限公司〈P1953〉;[鲁]莱阳双双化工有限公司(20吨)〈P2108〉;[豫]郑州派尼化学试剂厂〈P2172〉;洛阳昊华化学试剂有限公司〈P2181〉;[湘]长沙市有机试剂厂〈P2247〉;[粤]广州化学试剂厂(6吨)〈P2261〉;[川]成都天华科技股份有限公司〈P2315〉;成都金山化学试剂有限公司〈P2311〉;[甘]甘肃稀土集团有限责任公司〈P2357〉

柠嗪酸;2,6-二羟基异烟酸 J01262071

Citrazinic acid [99-11-6]

用于有机合成及制药工业

【生产厂】[京]北京化工厂〈P1549〉

柠檬酸;枸橼酸 J01262081

Citric acid [77-92-9]

用作实验试剂、色谱分析试剂及生化试剂,也用于缓冲液的配制

【生产厂】[京]北京益利精细化学品有限公司〈P1565〉;北京双环伟业试剂有限公司〈P1561〉;北京化工厂〈P1549〉;[津]天津市津科精细化工研究所〈P1593〉;天津市天河化学试剂厂〈P1604〉;天津市天达净化材料精细化工厂〈P1603〉;[辽]沈阳化学试剂厂〈P1686〉;[黑]哈尔滨试剂化工厂〈P1720〉;[苏]苏州市振兴化工厂〈P1906〉;昆山晶科微电子材料有限公司〈P1896〉;南通江海高纯化学品有限公司〈P1833〉;[浙]兰溪市屹达化工试剂有限公司〈P1953〉;[鲁]淄博化学试剂厂有限公司(40吨)〈P2062〉;莱阳双双化工有限公司(10吨)〈P2108〉;[豫]洛阳昊华化学试剂有限公司〈P2181〉;[粤]广州化学试剂厂(12吨)〈P2261〉;[川]成都天华科技股份有限公司〈P2315〉;成都金山化学试剂有限公司〈P2311〉

柠檬酸,无水;枸橼酸,无水 J01262091

Citric acid, anhydrous [77-92-9]

用作分析试剂

【生产厂】[京]北京化工厂〈P1549〉

钨酸 J01262101

Tungstic acid [7783-03-1]

纺织工业用媒染剂,也用于钨、钨丝的制备

【生产厂】[辽]沈阳化学试剂厂〈P1686〉;[沪]上海恒信化学试剂有限公司〈P1736〉;[粤]深圳市腾龙源实业有限公司〈P2272〉

磷钨酸 J01262121

Phosphotungstic acid [12501-23-4]

用作生化试剂及色谱分析试剂

【生产厂】[京]北京化工厂〈P1549〉;[沪]上海邦成化工有限公司〈P1728〉;[苏]如皋市恒祥化工有限责任公司

〈P1838〉；[湘]湖南省湘中地质实验研究所〈P2258〉

氢氟酸 J01262131

Hydrofluoric acid [7664-39-3]

用作分析试剂，也用于高纯氟化物的制备

【生产厂】[京]北京益利精细化学品有限公司〈P1565〉；北京市通广精细化工公司〈P1560〉；北京兴瑞达化工厂〈P1564〉；北京化工厂〈P1549〉；[津]天津市天河化学试剂厂〈P1604〉；天津市兴联化工厂〈P1609〉；[辽]沈阳化学试剂厂〈P1686〉；[沪]上海三爱思试剂有限公司〈P1759〉；[苏]南京台硝化工有限公司(500吨)〈P1790〉；宜兴市双发化工有限公司〈P1886〉；昆山市申才化工有限公司〈P1897〉；昆山晶科微电子材料有限公司〈P1896〉；东台市利达化学试剂有限公司〈P1806〉；[浙]兰溪市屹达化工试剂有限公司〈P1953〉；浙江三鹰化学试剂有限公司〈P1955〉；浙江三美化工有限公司〈P1955〉；[鲁]莱阳双双化工有限公司(10吨)〈P2108〉；[豫]洛阳大学化学试剂厂(1000吨)〈P2181〉；洛阳市化学试剂厂(100吨)〈P2184〉；洛阳昊华化学试剂有限公司〈P2181〉；[粤]广州化学试剂厂(60吨)〈P2261〉；珠海欣宏电子化学材料有限公司〈P2275〉；[川]成都天华科技股份有限公司(50吨)〈P2315〉；成都五环高新化学试剂厂有限公司〈P2316〉；成都金山化学试剂有限公司〈P2311〉；四川特种工程塑料厂〈P2321〉

癸二酸；皮脂酸 J01262171

Decanedioic acid; Sebacic acid [111-20-6]

用作分析试剂等

【生产厂】[沪]上海三爱思试剂有限公司〈P1759〉；上海南翔试剂有限公司〈P1754〉；[苏]南通江海高纯化学品有限公司〈P1833〉

盐酸 J01262181

Hydrochloric acid [7647-01-0]

用作分析试剂及腐蚀剂，也用于氯化物制取

【生产厂】[京]北京益利精细化学品有限公司〈P1565〉；北京市通广精细化工公司〈P1560〉；北京化工厂〈P1549〉；[冀]固安县清远化工厂〈P1658〉；廊坊市固安县紫洋化工厂〈P1661〉；保定化学试剂厂(140吨)〈P1645〉；[辽]沈阳新兴试剂厂〈P1689〉；沈阳化学试剂厂〈P1686〉；沈阳市新东试剂厂〈P1689〉；[黑]哈尔滨试剂化工厂〈P1720〉；[沪]上海跃新化工厂〈P1777〉；上海金赛医药化工有限公司〈P1744〉；上海振兴化工二厂有限公司(800吨)〈P1778〉；[苏]宜兴市广汇助剂化工有限公司〈P1885〉；苏州瑞红电子化学品有限公司〈P1902〉；苏州市振兴化工厂〈P1906〉；苏州市瑞腾化工有限公司〈P1904〉；昆山市申才化工有限公司〈P1897〉；上海试剂四厂昆山分厂〈P1898〉；昆山晶科微电子材料有限公司〈P1896〉；东台市利达化学试剂有限公司〈P1806〉；南通威尔特化工试剂有限公司〈P1836〉；[浙]兰溪市申业精细化工厂〈P1953〉；兰溪市屹达化工试剂有限公司〈P1953〉；浙江永进化工有限公司〈P1956〉；[赣]江西洪都生物化学有限公司〈P2008〉；[鲁]淄博市临淄天德精细化工研究所〈P2888〉；莱阳双双化工有限公司(500吨)〈P2108〉；青岛世纪星化学试剂有限公司〈P2042〉；[豫]河南省化工研究所(30吨)〈P2167〉；郑州派尼化学试剂厂〈P2172〉；洛阳大学化学试剂厂(500吨)〈P2181〉；洛阳市化学试剂厂(300吨)〈P2184〉；洛阳昊华化学试剂有限公司〈P2181〉；开封晋开化工有限公司试剂厂〈P2176〉；开封市永安化工厂〈P2178〉；[湘]衡阳市化学试剂厂〈P2252〉；[粤]广州化学试剂厂(120吨)〈P2261〉；广东西陇化工有限公司(75吨)〈P2276〉；深圳市腾龙源实业有限公司〈P2272〉；[渝]重庆无机化学试剂厂(300吨)〈P2307〉；[川]成都天华科技股份有限公司(150吨)〈P2315〉；成都金山化学试剂有限公司〈P2311〉

钼酸 J01262211

Molybdic acid [7782-91-4]

用作分析试剂，也用于电子工业

【生产厂】[京]北京双环伟业试剂有限公司〈P1561〉；[沪]上海华谊集团华原化工有限公司〈P1739〉；[豫]郑州派尼化学试剂厂〈P2172〉；[粤]深圳市腾龙源实业有限公司〈P2272〉

磷钼酸 J01262221

Phosphomolybdic acid [51429-74-4]

用作分析试剂

【生产厂】[京]北京化工厂〈P1549〉；[苏]丹阳市恒安化工有限公司〈P1840〉；苏州市化工研究所有限公司〈P1904〉；泰州永博生化制品有限公司〈P1828〉

氯铂酸 J01262231

Chloroplatinic acid [16941-12-1]

用作化学试剂及催化剂，也用于生物碱的沉淀

【生产厂】[京]北京化工厂〈P1549〉；[辽]沈阳化学试剂厂〈P1686〉；沈阳展宇科技开发有限公司〈P1690〉；[沪]上海新高化学试剂有限公司〈P1771〉；上海华彭实业有限公司〈P1739〉；[豫]三门峡化工研究院〈P2221〉；[川]成都天华科技股份有限公司〈P2315〉

D-酒石酸；右旋葡萄酸 J01262241

D-Tartaric acid [147-71-7]

用作色谱分析试剂及掩蔽剂

【生产厂】[京]北京化工厂〈P1549〉

L-酒石酸；左旋葡萄酸 J01262261

L-Tartaric acid [87-69-4]

用作生化试剂、掩蔽剂及啤酒发泡剂，也用于鞣革工业

【生产厂】[京]北京化工厂〈P1549〉

1-萘乙酸 J01262271

1-Naphthylacetic acid [86-87-3]

用作植物生长激素，也用于有机合成

【生产厂】[辽]沈阳化学试剂厂〈P1686〉

硅酸 J01262321

Silicic acid [7699-41-4]

用作分析试剂

【生产厂】[京]北京益利精细化学品有限公司〈P1565〉；[津]天津市兴联化工厂〈P1609〉；[鲁]青岛市基亿达硅胶试剂厂(50吨)〈P2042〉；[粤]深圳市腾龙源实业有限公司〈P2272〉

氟硅酸 J01262331

Hexafluorosilic acid [16961-83-4]

用作分析试剂，也用于硅酸盐的合成

【生产厂】[津]天津市兴联化工厂〈P1609〉；[苏]如皋市金陵试剂厂〈P1838〉；[粤]广州化学试剂厂(6吨)〈P2261〉

硒酸 J01262341

Selenic acid [7783-08-6]

用作分析试剂，也用于硒盐制备

【生产厂】[京]北京化工厂〈P1549〉;[沪]上海美兴化工有限公司〈P1753〉;上海新宝精细化工厂〈P1771〉

亚硒酸 J01262351

Selenious acid [7783-00-8]

用作化学试剂及还原剂

【生产厂】[辽]沈阳化学试剂厂〈P1686〉;[沪]上海美兴化工有限公司(30吨)〈P1753〉;上海振欣试剂厂〈P1778〉;上海科创化工有限公司〈P1748〉;上海伊瑞化工有限公司〈P1774〉;[粤]广州化学试剂厂(2吨)〈P2261〉

硬脂酸;十八酸 J01262391

Stearic acid [57-11-4]

用于水硬度测定,也用作酸化的活化剂及扩散剂

【生产厂】[津]天津市天达净化材料精细化工厂〈P1603〉;[冀]石家庄市有机化工厂(5吨)〈P1632〉;[辽]沈阳化学试剂厂〈P1686〉;[黑]哈尔滨试剂化工厂〈P1720〉;[鲁]莱阳双双化工有限公司〈P2108〉;[豫]郑州派尼化学试剂厂〈P2172〉;[粤]广州化学试剂厂(1吨)〈P2261〉

硝酸 J01262401

Nitric acid [7697-37-2]

常用作分析试剂,也用于有机合成及染料制造

【生产厂】[京]北京益利精细化学品有限公司〈P1565〉;北京市通广精细化工公司〈P1560〉;北京化工厂〈P1549〉;[津]天津市凯通化学试剂有限公司〈P1597〉;[冀]固安县清远化工厂〈P1658〉;廊坊市固安县紫洋化工厂〈P1661〉;保定化学试剂厂〈P1645〉;[辽]沈阳新兴试剂厂〈P1689〉;沈阳化学试剂厂〈P1686〉;沈阳市新东试剂厂〈P1689〉;[黑]哈尔滨试剂化工厂〈P1720〉;[沪]上海试四赫维化工有限公司〈P1764〉;上海振兴化工二厂有限公司〈P1778〉;[苏]南京台硝化工有限公司(500吨)〈P1790〉;江苏宜兴市第二化学试剂厂〈P1866〉;苏州瑞红电子化学品有限公司〈P1902〉;苏州市振兴化工厂〈P1906〉;苏州市瑞腾化工有限公司〈P1904〉;上海试剂四厂昆山分厂〈P1898〉;昆山晶科微电子材料有限公司〈P1896〉;徐州试剂厂(85吨)〈P1796〉;南通威尔特化工试剂有限公司〈P1836〉;[浙]兰溪市申业精细化工厂〈P1953〉;兰溪市屹达化工试剂有限公司〈P1953〉;浙江永进化工有限公司〈P1956〉;[赣]江西洪都生物化学有限公司〈P2008〉;[鲁]莱阳双双化工有限公司(500吨)〈P2108〉;青岛世纪星化学试剂有限公司〈P2042〉;[豫]郑州派尼化学试剂厂〈P2172〉;洛阳大学化学试剂厂(200吨)〈P2181〉;洛阳市化学试剂厂(400吨)〈P2184〉;洛阳昊华化学试剂有限公司〈P2181〉;开封晋开化工有限公司试剂厂〈P2176〉;[湘]衡阳市化学试剂厂〈P2252〉;[粤]深圳市腾龙源实业有限公司〈P2272〉;珠海欣宏电子化学材料有限公司〈P2275〉;[渝]重庆无机化学试剂厂(200吨)〈P2307〉;[川]成都天华科技股份有限公司(50吨)〈P2315〉;成都金山化学试剂有限公司〈P2311〉

发烟硝酸 J01262411

Nitric acid, fuming [7697-37-2]

用作氧化剂,也用于硝基化合物及炸药制造

【生产厂】[沪]上海试四赫维化工有限公司〈P1764〉;[川]成都金山化学试剂有限公司〈P2311〉

硫酸 J01262421

Sulfuric acid [7664-93-9]

常用作分析试剂、脱水剂及磺化剂

【生产厂】[京]北京益利精细化学品有限公司〈P1565〉;北京市通广精细化工公司〈P1560〉;北京化工厂〈P1549〉;[津]天津市凯通化学试剂有限公司〈P1597〉;[冀]固安县清远化工厂〈P1658〉;廊坊市固安县紫洋化工厂〈P1661〉;保定化学试剂厂〈P1645〉;[辽]沈阳化学试剂厂〈P1686〉;沈阳市新东试剂厂〈P1689〉;[黑]哈尔滨试剂化工厂〈P1720〉;[沪]上海金赛医药化工有限公司〈P1744〉;上海振兴化工二厂有限公司〈P1778〉;[苏]南京台硝化工有限公司(200吨)〈P1790〉;江苏宜兴市第二化学试剂厂〈P1866〉;宜兴市广汇助剂化工有限公司〈P1885〉;苏州瑞红电子化学品有限公司〈P1902〉;苏州市振兴化工厂〈P1906〉;苏州市瑞腾化工有限公司〈P1904〉;昆山市申才化工有限公司〈P1897〉;上海试剂四厂昆山分厂〈P1898〉;昆山晶科微电子材料有限公司〈P1896〉;东台市利达化学试剂有限公司〈P1806〉;[浙]兰溪市申业精细化工厂〈P1953〉;兰溪市屹达化工试剂有限公司〈P1953〉;浙江永进化工有限公司〈P1956〉;[赣]江西洪都生物化学有限公司〈P2008〉;南昌氯碱总厂(3000吨)〈P2010〉;[鲁]淄博化学试剂厂有限公司(300吨)〈P2062〉;淄博市临淄天德精细化工研究所〈P2888〉;莱阳双双化工有限公司(500吨)〈P2108〉;青岛西盛源化工有限公司(500吨)〈P2044〉;青岛世纪星化学试剂有限公司〈P2042〉;[豫]郑州派尼化学试剂厂〈P2172〉;焦作市维联精细化工有限公司(120吨)〈P2196〉;洛阳大学化学试剂厂(100吨)〈P2181〉;洛阳市化学试剂厂(300吨)〈P2184〉;洛阳昊华化学试剂有限公司〈P2181〉;开封晋开化工有限公司试剂厂〈P2176〉;[鄂]武汉青江化工股份有限公司(500吨)〈P2231〉;[湘]衡阳市化学试剂厂〈P2252〉;[粤]广东西陇化工有限公司(60吨)〈P2276〉;深圳市腾龙源实业有限公司〈P2272〉;珠海欣宏电子化学材料有限公司〈P2275〉;[渝]重庆无机化学试剂厂〈P2307〉;[川]成都天华科技股份有限公司(200吨)〈P2315〉;成都金山化学试剂有限公司〈P2311〉

亚硫酸 J01262461

Sulfurous acid [7782-99-2]

用作分析试剂、防腐剂、漂白剂及还原剂

【生产厂】[京]北京化工厂〈P1549〉;[冀]怀来长城生物化学工程有限公司〈P1650〉;[辽]沈阳化学试剂厂〈P1686〉;[沪]上海试四赫维化工有限公司〈P1764〉

高氯酸;过氯酸 J01262511

Perchloric acid [7601-90-3]

用作钢铁分析试剂、氧化剂,也用于高氯酸盐的制备

【生产厂】[京]北京益利精细化学品有限公司〈P1565〉;[津]天津市东方化工厂(150吨)〈P1585〉;[辽]沈阳化学试剂厂〈P1686〉;[沪]上海华谊集团华原化工有限公司〈P1739〉;[苏]东台市利达化学试剂有限公司〈P1806〉;[鲁]莱阳双双化工有限公司〈P2108〉;[川]成都天华科技股份有限公司〈P2315〉;成都金山化学试剂有限公司〈P2311〉

碘酸 J01262541

Iodic acid [7782-68-5]

用作分析试剂,也用于制药及有机合成

【生产厂】[浙]浙江海川化学品有限公司〈P1963〉;温州市化学试剂有限公司〈P1938〉;[鲁]淄博万康医药化工有限公司〈P2074〉;[粤]深圳市腾龙源实业有限公司〈P2272〉;[川]自贡市金典化工有限公司(10吨)〈P2322〉

氢碘酸 J01262551

Hydroiodic acid [10034-85-2]

用作分析试剂,也用于碘化物的制备

【生产厂】[京]北京化工厂〈P1549〉;[津]天津市天河化学试

剂厂〈P1604〉;[沪]上海科丰化学试剂有限公司〈P1749〉;[浙]浙江三鹰化学试剂有限公司〈P1955〉;[粤]广州化学试剂厂(3吨)〈P2261〉;[渝]重庆联华化工厂〈P2305〉

高碘酸　J01262561

Periodic acid [10450-60-9]

用作色层分析试剂

【生产厂】[浙]浙江海川化学品有限公司〈P1963〉;温州市化学试剂有限公司〈P1938〉;[粤]广州化学试剂厂(1吨)〈P2261〉

硼酸　J01262571

Boric acid [10043-35-3]

用作色谱分析试剂,也用于缓冲剂的配制

【生产厂】[京]北京益利精细化学品有限公司〈P1565〉;北京市通广精细化工公司〈P1560〉;北京化工厂〈P1549〉;[津]天津市天河化学试剂厂〈P1604〉;天津市兴联化工厂〈P1609〉;天津市凯通化学试剂有限公司〈P1597〉;天津市天达净化材料精细化工厂〈P1603〉;[辽]沈阳新兴试剂厂〈P1689〉;沈阳化学试剂厂〈P1686〉;沈阳市北丰化学试剂厂〈P1688〉;[黑]哈尔滨试剂化工厂〈P1720〉;[沪]上海伊瑞化工有限公司〈P1774〉;[苏]苏州市振兴化工厂〈P1906〉;昆山晶科微电子材料有限公司〈P1896〉;徐州试剂厂〈P1796〉;南通江海高纯化学品有限公司〈P1833〉;[鲁]莱阳双双化工有限公司(20吨)〈P2108〉;[豫]郑州派尼化学试剂厂〈P2172〉;洛阳昊华化学试剂有限公司〈P2181〉;[湘]长沙市有机试剂厂〈P2247〉;[粤]广州化学试剂厂(15吨)〈P2261〉;深圳市腾龙源实业有限公司〈P2272〉;[川]成都天华科技股份有限公司〈P2315〉;成都东金化学试剂有限公司〈P2310〉;成都金山化学试剂有限公司〈P2311〉;四川特种工程塑料厂(400吨)〈P2321〉

氟硼酸　J01262601

Fluoroboric acid [16872-11-0]

用作重氮盐类的稳定剂,也用于电解工业等

【生产厂】[津]天津市天河化学试剂厂〈P1604〉;天津市兴联化工厂〈P1609〉;[辽]沈阳化学试剂厂〈P1686〉;[沪]上海科帆化工科技有限公司〈P1748〉;[苏]昆山晶科微电子材料有限公司〈P1896〉;如皋市金陵试剂厂〈P1838〉;[粤]广州化学试剂厂(6吨)〈P2261〉;[川]成都天华科技股份有限公司〈P2315〉

氢溴酸　J01262621

Hydrobromic acid [10035-10-6]

用于高纯度的提炼及溴化物的合成,也用作分析试剂

【生产厂】[京]北京益利精细化学品有限公司〈P1565〉;北京化工厂〈P1549〉;[津]天津市天达净化材料精细化工厂〈P1603〉;[苏]昆山晶科微电子材料有限公司〈P1896〉;[浙]浙江三鹰化学试剂有限公司〈P1955〉;[鲁]莱阳双双化工有限公司〈P2108〉;[粤]广州化学试剂厂(2吨)〈P2261〉;[川]成都金山化学试剂有限公司〈P2311〉

亚碲酸　J01262641

Tellurous acid [10049-23-7]

用于生物的研究

【生产厂】[京]北京化工厂〈P1549〉

DL-缬氨酸;DL-2-氨基异戊酸　J01262661

DL-Valine [516-06-3]

用作生化试剂等

【生产厂】[京]北京化工厂〈P1549〉;[沪]上海沪丰生物科技有限公司〈P1737〉

氨基磺酸　J01262701

Sulfamic acid [5329-14-6]

用于防莠剂的制备、织物的防火及有机合成

【生产厂】[津]天津市天达净化材料精细化工厂〈P1603〉;[辽]沈阳化学试剂厂〈P1686〉;[沪]上海恒信化学试剂有限公司〈P1736〉;上海华谊集团上硫化工有限公司〈P1739〉;上海光铧科技有限公司〈P1735〉;[苏]昆山晶科微电子材料有限公司〈P1896〉;[湘]湖南省湘中地质实验研究所〈P2258〉;[粤]广州化学试剂厂(3吨)〈P2261〉;[川]成都金山化学试剂有限公司〈P2311〉

1,2,4-氨基萘酚磺酸;1,2,4 酸　J01262721

1,2,4-Aminonaphtholsulfonic acid [116-63-2]

用作分析试剂及还原剂,也用于有机合成

【生产厂】[京]北京化工厂〈P1549〉;[沪]上海三爱思试剂有限公司〈P1759〉

苯磺酸　J01262771

Benzenesulfonic acid [98-11-3]

用作实验试剂、催化剂,也用于有机合成及苯酚制造

【生产厂】[沪]上海沪试化工有限公司〈P1737〉

对甲苯磺酸　J01262791

p-Toluenesulfonic acid;PTSA;Toluene-4-sulfonic acid [104-15-4]

用作化学试剂,也用于染料、有机合成

【生产厂】[京]北京化工厂〈P1549〉;[辽]沈阳化学试剂厂〈P1686〉;[沪]松江佘山化工厂〈P1780〉;[湘]湖南省娄底化工总厂试剂分厂〈P2257〉;[粤]广州化学试剂厂(3吨)〈P2261〉

对氨基苯磺酸　J01262811

4-Aminobenzene sulfonic acid;Sulfanilic acid [121-57-3]

用作基准试剂、实验试剂及色谱分析试剂

【生产厂】[京]北京化工厂〈P1549〉;[鲁]淄博市临淄天德精细化工研究所〈P2888〉

对氨基苯磺酸,无水　J01262821

4-Aminobenzene sulfonic acid,anhydrous;Sulfanilic acid,anhydrous [121-57-3]

用于有机合成,也用作色层分析试剂等

【生产厂】[辽]沈阳新兴试剂厂〈P1689〉;沈阳化学试剂厂〈P1686〉;[湘]湖南省湘中地质实验研究所〈P2258〉;[粤]广州化学试剂厂(1吨)〈P2261〉

对甲苯亚磺酸　J01262861

4-Toluene sulfinic acid

用作灌浆材料固化剂

【生产厂】[沪]松江佘山化工厂〈P1780〉

2-萘磺酸　J01262871

2-Naphthalenesulfonic acid [120-18-3]

用作生化试剂及实验试剂

【生产厂】[沪]上海万安化工科技研究所〈P1768〉

1,5-萘二磺酸　J01262881

1,5-Naphthalenedisulfonic acid [81-04-9]

用于染料合成

【生产厂】[沪]上海科丰化学试剂有限公司〈P1749〉；[粤]广州化学试剂厂(3吨)〈P2261〉

磷酸　J01262901

Phosphoric acid [7664-38-2]

常用作分析试剂

【生产厂】[京]北京益利精细化学品有限公司〈P1565〉；北京市通广精细化工公司〈P1560〉；北京化工厂〈P1549〉；[津]天津市兴联化工厂〈P1609〉；天津市凯通化学试剂有限公司〈P1597〉；[辽]沈阳新兴试剂厂〈P1689〉；沈阳化学试剂厂〈P1686〉；[苏]苏州瑞红电子化学品有限公司〈P1902〉；苏州市振兴化工厂〈P1906〉；昆山市申才化工有限公司〈P1897〉；昆山晶科微电子材料有限公司〈P1896〉；徐州试剂厂(50吨)〈P1796〉；东台市利达化学试剂有限公司〈P1806〉；南通江海高纯化学品有限公司〈P1833〉；南通威尔特化工试剂有限公司〈P1836〉；[浙]兰溪市屹达化工试剂有限公司〈P1953〉；[赣]江西洪都生物化学有限公司〈P2008〉；[鲁]莱阳双双化工有限公司(50吨)〈P2108〉；[豫]郑州派尼化学试剂厂〈P2172〉；洛阳昊华化学试剂有限公司〈P2181〉；开封晋开化工有限公司试剂厂〈P2176〉；[湘]衡阳市化学试剂厂〈P2252〉；[粤]广州化学试剂厂(70吨)〈P2261〉；[川]成都天华科技股份有限公司(100吨)〈P2315〉；成都金山化学试剂有限公司〈P2311〉

亚磷酸　J01262921

Phosphorous acid [13598-36-2]

用作化学试剂

【生产厂】[辽]沈阳化学试剂厂〈P1686〉

次磷酸　J01262931

Hypophosphorous acid [6303-21-5]

用作测定砷、碲和分离钽、铌等的试剂和强氧化剂，也用于医药工业

【生产厂】[京]北京化工厂〈P1549〉

丙烯酸　J01263301

Acrylic acid；Propenoic acid [79-10-7]

【生产厂】[津]天津市津科精细化工研究所〈P1593〉；[辽]沈阳化学试剂厂〈P1686〉；[鲁]莱阳双双化工有限公司〈P2108〉

乙醇(95%)；酒精(95%)　J01270021

Ethanol(95%)；Ethyl alcohol(95%) [64-17-5]

常用作分析试剂，也用于制药工业

【生产厂】[京]北京化工厂〈P1549〉；[津]天津市兴联化工厂〈P1609〉；天津市天达净化材料精细化工厂〈P1603〉；[冀]石家庄市有机化工厂(40吨)〈P1632〉；邯郸市林峰精细化工有限公司〈P1638〉；[辽]沈阳新兴试剂厂〈P1689〉；[沪]上海三爱思试剂有限公司〈P1759〉；[苏]苏州市振兴化工厂〈P1906〉；上海试剂四厂昆山分厂〈P1898〉；[浙]兰溪市屹达化工试剂有限公司〈P1953〉；[赣]江西洪都生物化学有限公司〈P2008〉；[鲁]淄博化学试剂厂有限公司(60吨)〈P2062〉；[豫]洛阳市化学试剂厂(80吨)〈P2184〉；[粤]台山市众城化工有限公司〈P2286〉；[川]成都天华科技股份有限公司(100吨)〈P2315〉

乙醇(无水)；无水酒精　J01270031

Ethanol absolute；Ethyl alcohol, absolute [64-17-5]

常用作分析试剂，也用于制药工业

【生产厂】[京]北京化工厂〈P1549〉；[津]天津市津科精细化工研究所〈P1593〉；天津市天河化学试剂厂〈P1604〉；天津市兴联化工厂〈P1609〉；[冀]石家庄市有机化工厂(40吨)〈P1632〉；邯郸市林峰精细化工有限公司〈P1638〉；保定化学试剂厂〈P1645〉；[辽]沈阳化学试剂厂〈P1686〉；[沪]上海试一化学试剂有限公司〈P1764〉；上海南翔试剂有限公司〈P1754〉；[苏]无锡市东风化工厂(100吨)〈P1875〉；江苏宜兴市第二化学试剂厂〈P1866〉；宜兴市广汇助剂化工有限公司〈P1885〉；苏州市振兴化工厂〈P1906〉；苏州市瑞腾化工有限公司〈P1904〉；昆山晶科微电子材料有限公司〈P1896〉；南通江海高纯化学品有限公司〈P1833〉；[浙]兰溪市申业精细化工厂〈P1953〉；兰溪市屹达化工试剂有限公司〈P1953〉；[鲁]淄博化学试剂厂有限公司(50吨)〈P2062〉；[豫]河南省化工研究所(20吨)〈P2167〉；郑州派尼化学试剂厂〈P2172〉；开封化学试剂总厂(400吨)〈P2176〉；开封晋开化工有限公司试剂厂〈P2176〉；[川]成都天华科技股份有限公司(200吨)〈P2315〉

2-二乙氨基乙醇；N,N-二乙基乙醇胺　J01270061

2-Diethylamino ethanol；*N*,*N*-Diethyl-ethanolamine [100-37-8]

用于有机合成及制药工业，也用作酸性媒质乳化剂

【生产厂】[沪]上海三爱思试剂有限公司〈P1759〉

2-二甲氨基乙醇；N,N-二甲基乙醇胺　J01270071

2-Dimethylaminoethanol；*N*,*N*-Dimethylethanolamine [108-01-0]

用作染料中间体、织物的助染剂及防腐剂，也用于制药工业

【生产厂】[沪]上海三爱思试剂有限公司〈P1759〉；上海南翔试剂有限公司(60吨)〈P1754〉

2-氯乙醇　J01270091

2-Chloroethanol [107-07-3]

用作溶剂、杀虫剂及甘蔗催芽剂等，也用于农药和染料合成

【生产厂】[辽]沈阳化学试剂厂〈P1686〉；[沪]上海三爱思试剂有限公司〈P1759〉；[豫]郑州派尼化学试剂厂〈P2172〉

巯基乙醇；硫代乙二醇　J01270101

Mercaptoethanol；Thioglycol [60-24-2]

用作增塑剂及杀虫剂，也用于染料的制造

【生产厂】[沪]上海试四赫维化工有限公司〈P1764〉

乙醛缩二乙醇；1,1-二乙氧基乙烷　J01270121

Acetaldehyde diethyl acetal；1,1-Diethoxyethane [105-57-7]

用作溶剂，也用于制药工业

【生产厂】[津]天津市津科精细化工研究所〈P1593〉；[沪]上海科丰化学试剂有限公司〈P1749〉；[豫]河南省尉氏县香料厂(200吨)〈P2176〉

乙二醇；甘醇　J01270141

Ethylene glycol；Glycol [107-21-1]

用作分析试剂、色谱分析试剂及电容介质

【生产厂】[京]北京昊科尔化工有限公司〈P1548〉；北京化工厂〈P1549〉；[津]天津市天河化学试剂厂〈P1604〉；天津市凯通化学试剂有限公司〈P1597〉；天津市天达净化材料精细化工厂〈P1603〉；[冀]石家庄市有机化工厂(3吨)〈P1632〉；邯郸市林峰精细化工有限公司〈P1638〉；[辽]沈

J

阳化学试剂厂〈P1686〉;[沪]上海三爱思试剂有限公司〈P1759〉;[苏]苏州市振兴化工厂〈P1906〉;昆山晶科微电子材料有限公司〈P1896〉;南通江海高纯化学品有限公司〈P1833〉;[赣]江西洪都生物化学有限公司〈P2008〉;[鲁]莱阳双双化工有限公司(10 吨)〈P2108〉;[豫]郑州派尼化学试剂厂〈P2172〉;[粤]广州化学试剂厂(6 吨)〈P2261〉;[川]成都天华科技股份有限公司〈P2315〉

二缩三乙二醇;三甘醇;二乙醚乙二醇　J01270171

Triethylene glycol;Triglycol [112-27-6]

用作气相色谱固定液及硝化纤维素、各种树脂的溶剂,也用于有机合成

【生产厂】[辽]沈阳化学试剂厂〈P1686〉;[苏]宜兴市双发化工有限公司〈P1886〉;[鲁]淄博市临淄天德精细化工研究所〈P2888〉

聚乙二醇　J01270181

Polyethylene glycol [25322-68-3]

用作分析试剂,也用于制药工业

【生产厂】[京]北京化工厂〈P1549〉;[津]天津市北联精细化学品开发有限公司〈P1580〉;天津市津宇精细化工有限公司(50 吨)〈P1595〉;[粤]广州化学试剂厂(1 吨)〈P2261〉

聚乙烯醇　J01270281

Polyvinyl glycol [9002-89-5]

用于测定钢铁中砷试剂,也用于织物、纸张上浆及制药工业

【生产厂】[京]北京化工厂〈P1549〉;[津]天津市天河化学试剂厂〈P1604〉;[辽]沈阳化学试剂厂〈P1686〉;[苏]南通江海高纯化学品有限公司〈P1833〉

十二醇;月桂醇　J01270311

Dodecanol;Lauryl alcohol [112-53-8]

用作润湿剂及香料的原料

【生产厂】[辽]沈阳化学试剂厂〈P1686〉

十二硫醇　J01270321

n-Dodecanethiol;Lauryl mercaptan [112-55-0]

用于橡胶、塑料及制药工业

【生产厂】[沪]上海南翔试剂有限公司〈P1754〉

十六醇;鲸蜡醇　J01270341

n-Cetyl alcohol;Hexadecanol [36653-82-4]

用作分析试剂、乳化剂及色谱固定液,也用于合成香料及药品

【生产厂】[京]北京化工厂〈P1549〉;[辽]沈阳化学试剂厂〈P1686〉;[鲁]淄博市临淄天德精细化工研究所〈P2888〉

丁醇　J01270361

n-Butanol;*n*-Butyl alcohol [71-36-3]

用作色谱分析试剂,也用于有机合成等

【生产厂】[京]北京化工厂〈P1549〉;[津]天津市凯通化学试剂有限公司〈P1597〉;天津市天达净化材料精细化工厂〈P1603〉;[冀]石家庄市有机化工厂(10 吨)〈P1632〉;邯郸市林峰精细化工有限公司〈P1638〉;[辽]沈阳新兴试剂厂〈P1689〉;沈阳化学试剂厂〈P1686〉;[沪]上海试一化学试剂有限公司〈P1764〉;[苏]苏州市振兴化工厂〈P1906〉;[浙]兰溪市屹达化工试剂有限公司〈P1953〉;[赣]江西洪都生物化学有限公司〈P2008〉;[鲁]淄博化学试剂厂有限公司(30 吨)〈P2062〉;莱阳双双化工有限公司(10 吨)〈P2108〉;[豫]河南省化工研究所(20 吨)〈P2167〉;郑州派尼化学试剂厂〈P2172〉;安阳市光明化工有限责任公司〈P2208〉;开封化学试剂总厂(10 吨)〈P2176〉;[粤]广州化学试剂厂(6 吨)〈P2261〉

异丁醇;2-甲基-1-丙醇　J01270381

Isobutanol;2-Methyl-1-propanol [78-83-1]

用作分析试剂、色谱分析试剂、溶剂及萃取剂

【生产厂】[津]天津市凯通化学试剂有限公司〈P1597〉;[辽]沈阳化学试剂厂〈P1686〉;[沪]上海试一化学试剂有限公司〈P1764〉;[苏]苏州市振兴化工厂〈P1906〉;[豫]郑州派尼化学试剂厂〈P2172〉;安阳市光明化工有限责任公司(800 吨)〈P2208〉

叔丁醇;三甲基甲醇　J01270391

tert-Butanol [75-65-0]

用作测定分子量的溶剂及色谱分析试剂

【生产厂】[津]天津市天达净化材料精细化工厂〈P1603〉;[辽]沈阳化学试剂厂〈P1686〉;[鲁]淄博市临淄天德精细化工研究所〈P2888〉;[豫]郑州派尼化学试剂厂〈P2172〉

三氯叔丁醇;三氯特丁醇　J01270411

β,β,β-Trichloro-*tert*-butanol

用作防腐剂及增塑剂

【生产厂】[沪]松江佘山化工厂〈P1780〉

1,3-丁二醇;1,3-二羟基丁烷　J01270441

1,3-Butanediol [107-88-0]

用作软润剂,也用于有机合成

【生产厂】[京]北京化工厂〈P1549〉;[沪]上海里德化工有限公司〈P1750〉

1,4-丁二醇;1,4-二羟基丁烷　J01270451

1,4-Butanediol [110-63-4]

用作色谱分析试剂,也用于有机合成

【生产厂】[津]天津市津科精细化工研究所〈P1593〉;[豫]郑州派尼化学试剂厂〈P2172〉

2-丁炔-1,4-丁二醇;1,4-二羟基-2-丁炔;1,4-丁炔二醇　J01270461

2-Butyne-1,4-diol [110-65-6]

用作有机合成中间体及仪表电镀用的材料

【生产厂】[辽]沈阳化学试剂厂〈P1686〉

丁硫醇　J01270471

n-Butanethiol;*n*-Butyl mercaptan [109-79-5]

用于合成橡胶工业

【生产厂】[京]北京马氏精细化学品有限公司〈P1555〉

D-山梨醇;清凉茶醇　J01270491

D-Sorbitol [50-70-4]

用作生化试剂、稠化剂及硬化剂,也用于树脂和塑料合成

【生产厂】[辽]沈阳化学试剂厂〈P1686〉

水杨醇;邻羟基苄醇　J01270671

2-Hydroxybenzyl alcohol;Saligenol [90-01-7]

用于制药工业

【生产厂】[京]北京化工厂〈P1549〉

甘露醇;木蜜醇　J01270681
D-Mannit;Mannitol [69-65-8]
用作分析试剂,也用于树脂和药品的合成
【生产厂】[京]北京化工厂〈P1549〉;[津]天津市津科精细化工研究所〈P1593〉;[辽]沈阳化学试剂厂〈P1686〉;[沪]上海沪丰生物科技有限公司〈P1737〉;[苏]南通江海高纯化学品有限公司〈P1833〉;[鲁]淄博市临淄天德精细化工研究所〈P2888〉

丙醇　J01270691
Propanol;*n*-Propanol;*n*-Propyl alcohol [71-23-8]
用作色谱分析试剂、溶剂及清洗剂
【生产厂】[京]北京化工厂〈P1549〉;[津]天津市凯通化学试剂有限公司〈P1597〉;[辽]沈阳新兴试剂厂〈P1689〉;[沪]上海试一化学试剂有限公司〈P1764〉;[鲁]淄博市临淄天德精细化工研究所(3000吨)〈P2888〉;[豫]郑州派尼化学试剂厂〈P2172〉

异丙醇　J01270701
Dimethyl carbinol;Isopropanol [67-63-0]
用作实验用化学试剂及色谱分析试剂
【生产厂】[京]北京化工厂〈P1549〉;[津]天津市天河化学试剂厂〈P1604〉;天津市天达净化材料精细化工厂〈P1603〉;[冀]石家庄市有机化工厂(5吨)〈P1632〉;邯郸市林峰精细化工有限公司〈P1638〉;[辽]沈阳市新东试剂厂〈P1689〉;[沪]上海试一化学试剂有限公司〈P1764〉;上海豪申化学试剂有限公司〈P1736〉;[苏]苏州瑞红电子化学品有限公司〈P1902〉;苏州市振兴化工厂〈P1906〉;苏州市瑞腾化工有限公司〈P1904〉;上海试剂四厂昆山分厂〈P1898〉;昆山晶科微电子材料有限公司〈P1896〉;[赣]江西洪都生物化学有限公司〈P2008〉;[鲁]莱阳双双化工有限公司(5吨)〈P2108〉;[豫]郑州派尼化学试剂厂〈P2172〉;安阳市光明化工有限责任公司(800吨)〈P2208〉;[粤]广州化学试剂厂(24吨)〈P2261〉;珠海欣宏电子化学材料有限公司〈P2275〉

3-氨基-1-丙醇　J01270711
3-Amino-1-propanol [156-87-6]
用于有机合成
【生产厂】[沪]上海科丰化学试剂有限公司〈P1749〉

1,2-丙二醇;甲基乙二醇　J01270781
Methyl glycol;1,2-Propanediol [57-55-6]
用作气相色谱固定液、溶剂、抗冻剂、增塑剂及脱水剂
【生产厂】[京]北京化工厂〈P1549〉;[津]天津市凯通化学试剂有限公司〈P1597〉;天津市天达净化材料精细化工厂〈P1603〉;[辽]沈阳化学试剂厂〈P1686〉;[沪]上海光铧科技有限公司〈P1735〉;[赣]江西洪都生物化学有限公司〈P2008〉;[豫]郑州派尼化学试剂厂〈P2172〉

一缩二丙二醇;二(2-羟丙基)醚　J01270831
Dipropylene glycol [110-98-5]
用作硝酸纤维溶剂及有机合成中间体
【生产厂】[沪]上海科丰化学试剂有限公司〈P1749〉

丙三醇;甘油　J01270841
Glycerine;Glycerol;Trihydroxypropane [56-81-5]
用作溶剂、润滑剂、化妆品、医药及抗冻剂,也用于有机合成
【生产厂】[京]北京化工厂〈P1549〉;[津]天津市津科精细化工研究所〈P1593〉;天津市东丽区泰兰德化学试剂厂(100吨)〈P1585〉;天津市天河化学试剂厂〈P1604〉;天津市兴联化工厂〈P1609〉;天津市凯通化学试剂有限公司〈P1597〉;[冀]保定化学试剂厂〈P1645〉;[辽]沈阳化学试剂厂〈P1686〉;[苏]苏州市振兴化工厂〈P1906〉;东台市利达化学试剂有限公司〈P1806〉;南通江海高纯化学品有限公司〈P1833〉;[浙]兰溪市屹达化工试剂有限公司〈P1953〉;[鲁]莱阳双双化工有限公司(20吨)〈P2108〉;[豫]河南省化工研究所(18吨)〈P2167〉;郑州派尼化学试剂厂〈P2172〉;开封化学试剂总厂(20吨)〈P2176〉;[湘]长沙市有机试剂厂(60吨)〈P2247〉;[川]成都天华科技股份有限公司(20吨)〈P2315〉

二丙酮醇;4-羟基-4-甲基-2-戊酮;甲基戊酮醇　J01270861
Diacetone alcohol [123-42-2]
用作染料的原料及树脂的溶液
【生产厂】[京]北京化工厂〈P1549〉

戊醇　J01270871
n-Amyl alcohol;1-Pentanol [71-41-0]
用作色谱标准试剂及分析试剂,也用于有机合成
【生产厂】[京]北京化工厂〈P1549〉;[豫]郑州派尼化学试剂厂〈P2172〉

异戊醇;3-甲基-1-丁醇　J01270901
Isopentanol;3-Methyl-1-butanol [123-51-3]
用作色谱分析试剂及萃取剂,也用于制药工业等
【生产厂】[辽]沈阳化学试剂厂〈P1686〉;[沪]上海科丰化学试剂有限公司〈P1749〉;[鲁]莱阳双双化工有限公司〈P2108〉;[豫]郑州派尼化学试剂厂〈P2172〉

4-甲基-2-戊醇;异丁基甲基甲醇　J01270971
Isobutylmethylcarbinol;4-Methyl-2-pentanol [108-11-2]
用作溶剂
【生产厂】[沪]上海建北有机化工有限公司〈P1742〉

季戊四醇;四羟甲基甲醇;五赤藓醇　J01271001
Pentaerythritol [115-77-5]
用作气相色谱试剂及杀虫剂
【生产厂】[沪]上海科丰化学试剂有限公司〈P1749〉

甲醇　J01271021
Methanol;Methyl alcohol [67-56-1]
用作分析试剂及色谱分析试剂,也用于有机合成
【生产厂】[京]北京亚太龙兴化工有限公司〈P1564〉;北京市通广精细化工公司〈P1560〉;北京化工厂〈P1549〉;[津]天津市津科精细化工研究所〈P1593〉;天津市凯通化学试剂有限公司〈P1597〉;天津市天达净化材料精细化工厂〈P1603〉;[冀]石家庄市有机化工厂(30吨)〈P1632〉;邯郸市林峰精细化工有限公司〈P1638〉;保定化学试剂厂〈P1645〉;[辽]沈阳新兴试剂厂〈P1689〉;沈阳化学试剂厂〈P1686〉;[沪]上海试一化学试剂有限公司〈P1764〉;上海豪申化学试剂有限公司〈P1736〉;上海振欣试剂厂〈P1778〉,[苏]丹阳埤城化工厂〈P1839〉;苏州瑞红电子化学品有限公司〈P1902〉;苏州市振兴化工厂〈P1906〉;昆山晶科微电子材料有限公司〈P1896〉;东台市利达化学试剂有限公司〈P1806〉;[浙]兰溪市屹达化工试剂有限公司

〈P1953〉;浙江三鹰化学试剂有限公司〈P1955〉;[赣]江西洪都生物化学有限公司〈P2008〉;[鲁]济南鲁康化学工业有限公司(20吨)〈P2023〉;淄博化学试剂厂有限公司(20吨)〈P2062〉;莱阳双双化工有限公司(50吨)〈P2108〉;[豫]郑州派尼化学试剂厂〈P2172〉;安阳市光明化工有限责任公司〈P2208〉;开封化学试剂总厂(20吨)〈P2176〉;开封晋开化工有限公司试剂厂〈P2176〉;[粤]广州化学试剂厂(40吨)〈P2261〉;[川]成都天华科技股份有限公司(20吨)〈P2315〉

甲醇(无水) J01271031

Methanol, anhydrous [67-56-1]

用于硫酸钙和硫酸镁的分离,溴化锶和溴化钡的分离,测定硼的试剂

【生产厂】[津]天津市凯通化学试剂有限公司〈P1597〉;[冀]石家庄市有机化工厂(25吨)〈P1632〉;邯郸市林峰精细化工有限公司〈P1638〉;[辽]沈阳化学试剂厂〈P1686〉;[沪]上海试一化学试剂有限公司〈P1764〉;[鲁]淄博市临淄天德精细化工研究所(2000吨)〈P2888〉;[豫]郑州派尼化学试剂厂〈P2172〉

辛醇 J01271071

Capryl alcohol; *n*-Octanol [111-87-5]

用于香料的制备,也用作溶剂及防沫剂等

【生产厂】[京]北京化工厂〈P1549〉;[津]天津市天达净化材料精细化工厂〈P1603〉;[辽]沈阳化学试剂厂〈P1686〉;[苏]苏州市振兴化工厂〈P1906〉;东台市利达化学试剂有限公司〈P1806〉;[赣]江西洪都生物化学有限公司〈P2008〉;[鲁]淄博市临淄天德精细化工研究所〈P2888〉;莱阳双双化工有限公司〈P2108〉

仲辛醇;2-羟基辛烷;另辛醇 J01271081

2-Octanol; *sec*-Octanol [123-96-6]

用于香料制备,也用作防沫剂

【生产厂】[辽]沈阳化学试剂厂〈P1686〉;[鲁]淄博市临淄天德精细化工研究所〈P2888〉

异辛醇;2-乙基己醇 J01271091

2-Ethyl-1-hexanol; Isooctyl alcohol [26952-21-6]

用作溶剂和防腐剂

【生产厂】[津]天津市天达净化材料精细化工厂〈P1603〉;[辽]沈阳化学试剂厂〈P1686〉

环己醇;六氢苯酚 J01271101

Cyclohexanol; Hexahydrophenol [108-94-1]

用作有机溶剂

【生产厂】[京]北京化工厂〈P1549〉

环己六醇;肌醇 J01271121

1,2,3,4,5,6-Cyclohexanehexol; Inositol; Meso-inositol [87-89-8]

用作生化试剂,也用于制药及有机合成

【生产厂】[沪]上海沪丰生物科技有限公司〈P1737〉

苯甲醇;苄醇 J01271191

Benzalcohol; Benzyl alcohol [100-51-6]

用作色谱分析试剂,也用于有机合成

【生产厂】[京]北京化工厂〈P1549〉;[津]天津市津科精细化工研究所〈P1593〉;天津市天河化学试剂厂〈P1604〉;[辽]沈阳化学试剂厂〈P1686〉;[沪]上海光铧科技有限公司〈P1735〉;[苏]南通江海高纯化学品有限公司〈P1833〉;[鲁]淄博市临淄天德精细化工研究所〈P2888〉;莱阳双双化工有限公司(5吨)〈P2108〉;[粤]广州化学试剂厂(6吨)〈P2261〉

松油醇;萜品醇 J01271231

Terpineol; Terpilenol [10482-56-1]

用于制药工业,也用作香料、溶剂及油墨等

【生产厂】[津]天津市天达净化材料精细化工厂〈P1603〉;[鲁]淄博市临淄天德精细化工研究所〈P2888〉

庚醇 J01271251

1-Heptanol; *n*-Heptyl alcohol [111-70-6]

用作溶剂,也用于香料制备及有机合成

【生产厂】[鲁]淄博市临淄天德精细化工研究所〈P2888〉

胆固醇;胆脂醇 J01271321

Cholesterol [57-88-5]

用作生化试剂及乳化剂等

【生产厂】[京]北京化工厂〈P1549〉;[沪]上海朗瑞精细化学品有限公司〈P1749〉;[闽]英科新创(厦门)科技有限公司〈P1994〉

烯丙醇 J01271361

Allyl alcohol [107-18-6]

用作测定汞的试剂,在显微镜分析中用作固定剂,也用于树脂、塑料合成等

【生产厂】[京]北京佳友盛新技术开发中心〈P1551〉;北京化工厂〈P1549〉;[赣]江西洪都生物化学有限公司〈P2008〉

三聚乙醛 J01280041

Paraldehyde [123-63-7]

用作测定分子量的溶剂,也用于医药及有机合成

【生产厂】[沪]上海威方精细化工有限公司〈P1769〉

丁醛;酪醛 J01280091

n-Butanal; *n*-Butyraldehyde [123-72-8]

用作测定臭氧的试剂、橡胶促进剂及胶合剂,也用于树脂合成

【生产厂】[京]北京化工厂〈P1549〉

巴豆醛;反式丁烯-2-醛 J01280111

Crotonaldehyde; *trans*-2-Butenal [123-73-9]

用作色谱分析标准物质、橡胶促进剂、抗氧剂及杀虫剂,也用于有机合成

【生产厂】[沪]上海三爱思试剂有限公司〈P1759〉;上海科丰化学试剂有限公司〈P1749〉

水杨醛;邻羟基苯甲醛 J01280121

Salicylaldehyde [90-02-8]

用作分析试剂,也用于有机合成

【生产厂】[津]天津市津科精细化工研究所〈P1593〉;[粤]广州化学试剂厂(3吨)〈P2261〉

丙醛 J01280131

Propanal; Propionaldehyde [123-38-6]

用作色谱分析试剂、防腐清毒剂、橡胶促进剂及防老剂,也用于塑料制备

【生产厂】[京]北京化工厂〈P1549〉

戊二醛,溶液 J01280161

Glutaraldehyde,solution [111-30-8]

用作显微镜检验的固定剂

【生产厂】[京]北京化工厂〈P1549〉;[津]天津市津宇精细化工有限公司(50吨)〈P1595〉;[辽]沈阳化学试剂厂〈P1686〉;[豫]郑州派尼化学试剂厂〈P2172〉

甲醛(溶液);福尔马林 J01280171

Formaldehyde solution;Formalin [50-00-0]

用作色谱分析、杀菌消毒剂,也用于酚醛树脂制备及生物标本浸制

【生产厂】[京]北京化工厂〈P1549〉;[冀]石家庄市有机化工厂(50吨)〈P1632〉;[苏]丹阳埤城化工厂〈P1839〉;宜兴市广汇助剂化工有限公司〈P1885〉;徐州试剂厂〈P1796〉;[鲁]济南鲁康化学工业有限公司(100吨)〈P2023〉;[豫]开封化学试剂总厂(200吨)〈P2176〉;[粤]广州化学试剂厂(30吨)〈P2261〉;[川]成都天华科技股份有限公司(50吨)〈P2315〉

呋喃甲醛;糠醛 J01280181

Furfural [98-01-1]

用作分析试剂

【生产厂】[津]天津市津科精细化工研究所〈P1593〉;[豫]郑州派尼化学试剂厂〈P2172〉;[粤]广州化学试剂厂(6吨)〈P2261〉

多聚甲醛;聚合甲醛 J01280201

Paraformaldehyde [30525-89-4]

用于制药工业,也用作灭菌剂

【生产厂】[津]天津市凯通化学试剂有限公司〈P1597〉;[苏]宜兴市双发化工有限公司〈P1886〉

苯甲醛;安息香醛 J01280251

Benzaldehyde [100-52-7]

用作测定臭氧、酚、生物碱和位于羧基旁的亚甲基试剂

【生产厂】[京]北京化工厂〈P1549〉;[津]天津市凯通化学试剂有限公司〈P1597〉;[豫]郑州派尼化学试剂厂〈P2172〉;[粤]广州化学试剂厂(2吨)〈P2261〉

对羟基苯甲醛 J01280361

4-Hydroxybenzaldehyde [123-08-0]

用于医药及有机合成

【生产厂】[京]北京化工厂〈P1549〉;[沪]上海科丰化学试剂有限公司〈P1749〉

乙醚 J01290011

Ethyl ether [60-29-7]

用作分析试剂、色谱分析试剂及溶剂

【生产厂】[京]北京亚太龙兴化工有限公司〈P1564〉;北京昊科尔化工有限公司〈P1548〉;[津]天津市天河化学试剂厂〈P1604〉;天津市兴联化工厂〈P1609〉;天津市凯通化学试剂有限公司〈P1597〉;[冀]邯郸市林峰精细化工有限公司〈P1638〉;[辽]沈阳新兴试剂厂〈P1689〉;沈阳化学试剂厂〈P1686〉;[苏]苏州市振兴化工厂〈P1906〉;昆山晶科微电子材料有限公司〈P1896〉;东台市利达化学试剂有限公司〈P1806〉;[浙]兰溪市屹达化工试剂有限公司〈P1953〉;[豫]郑州派尼化学试剂厂〈P2172〉;[川]成都天华科技股份有限公司(20吨)〈P2315〉

乙醚(无水) J01290021

Ethyl ether,anhydrous [60-29-7]

常用作分析试剂、溶剂及萃取剂,也用于有机合成

【生产厂】[津]天津市天河化学试剂厂〈P1604〉;天津市天梅化工厂(1000吨)〈P1604〉;[辽]沈阳化学试剂厂〈P1686〉;[豫]郑州派尼化学试剂厂〈P2172〉

乙二醇一乙醚;乙氧基乙醇 J01290031

Ethylene glycol monoethyl ether [110-80-5]

用作溶剂、皮革着色剂及乳化液稳定剂等

【生产厂】[京]北京化工厂〈P1549〉;[津]天津市北联精细化学品开发有限公司〈P1580〉;[辽]沈阳化学试剂厂〈P1686〉;[粤]广州化学试剂厂(3吨)〈P2261〉;[川]成都市科龙化工试剂厂〈P2314〉

乙二醇一丁醚;丁氧基乙醇 J01290121

Ethylene glycol monobutyl ether [111-76-2]

用作测定铁和钼的试剂及溶剂,也用于分离硝酸盐中的钙和锶

【生产厂】[京]北京化工厂〈P1549〉;[津]天津市天河化学试剂厂〈P1604〉;天津市凯通化学试剂有限公司〈P1597〉;[辽]沈阳化学试剂厂〈P1686〉;[苏]苏州瑞红电子化学品有限公司〈P1902〉;[川]成都市科龙化工试剂厂〈P2314〉

二丁醚;丁醚;正丁醚 J01290181

Dibutyl ether [142-96-1]

用作测定铋的试剂、溶剂及萃取剂

【生产厂】[京]北京佳友盛新技术开发中心〈P1551〉;[鲁]淄博市临淄鑫勇石化添加剂厂(5000吨)〈P2070〉;[豫]郑州派尼化学试剂厂〈P2172〉;[川]成都市科龙化工试剂厂〈P2314〉

异丙醚 J01290251

Isopropyl ether [108-20-3]

用作色谱分析标准物质、溶剂及萃取剂,也用于有机合成

【生产厂】[沪]上海试一化学试剂有限公司〈P1764〉;[豫]郑州派尼化学试剂厂〈P2172〉

石油醚 J01290271

Petroleum ether [8032-32-4]

用作色谱分析溶剂及有机溶剂

【生产厂】[京]北京亚太龙兴化工有限公司〈P1564〉;北京昊科尔化工有限公司〈P1548〉;北京化工厂〈P1549〉;[津]天津市兴联化工厂〈P1609〉;[辽]沈阳化学试剂厂〈P1686〉;[苏]江苏宜兴市第二化学试剂厂〈P1866〉;[鲁]莱阳双双化工有限公司〈P2108〉;[粤]广州化学试剂厂(16吨)〈P2261〉

石油醚,30~60℃ J01290281

Petroleum ether,30~60 centigrade [8032-32-4]

用作有机溶剂及色谱分析溶剂

【生产厂】[津]天津市津科精细化工研究所〈P1593〉;天津市凯通化学试剂有限公司〈P1597〉;[豫]郑州派尼化学试剂厂〈P2172〉

石油醚,60~90℃ J01290291

Petroleum ether,60~90 centigrade [8032-32-4]

用作有机溶剂及色谱分析溶剂

【生产厂】[津]天津市津科精细化工研究所〈P1593〉;[辽]沈阳新兴试剂厂〈P1689〉;沈阳化学试剂厂〈P1686〉;[沪]上

J

海三爱思试剂有限公司〈P1759〉

异戊醚 J01290311

Isoamyl ether; Isopentylether [544-01-4]

用作溶剂

【生产厂】[苏]宜兴市中港精细化工有限公司〈P1888〉

乙二醇一甲醚；甲氧基乙醇 J01290331

Ethylene glycol monomethyl ether [109-86-4]

用作测定铁、硫酸盐和二硫化碳的试剂及溶剂

【生产厂】[京]北京化工厂〈P1549〉；[苏]南通江海高纯化学品有限公司〈P1833〉

乙二醇二甲醚；1,2-二甲氧基乙烷 J01290371

Ethylene glycol dimethyl ether [110-71-4]

用作溶剂

【生产厂】[川]成都市科龙化工试剂厂〈P2314〉

二乙二醇二甲醚；双(2-甲氧基乙基)醚 J01290381

Diethylene glycol dimethyl ether; Diglyme [111-96-6]

用作溶剂，也用于制药工业

【生产厂】[沪]上海三爱思试剂有限公司〈P1759〉

乙二醇苯醚；2-苯氧基乙醇；苯基溶纤剂 J01290431

Ethylene glycol monophenyl ether; 2-Phenoxyethanol [122-99-6]

用作气相色谱固定液

【生产厂】[辽]沈阳化学试剂厂〈P1686〉；[沪]上海科帆化工科技有限公司〈P1748〉

二苯醚；苯醚 J01290461

Diphenyl ether; Diphenyl oxide; Phenyl ether [101-84-8]

用作传热介质，也用于有机合成

【生产厂】[京]北京化工厂〈P1549〉；[沪]上海科丰化学试剂有限公司〈P1749〉；[川]成都市科龙化工试剂厂〈P2314〉

苯乙醚 J01290531

Ethoxybenzene; Ethyl phenyl ether; Phenetole [103-73-1]

用于药物制备及有机合成

【生产厂】[沪]上海科丰化学试剂有限公司〈P1749〉

苯甲醚；茴香醚；甲氧基苯 J01290561

Anisole; Methyl phenyl ether [100-66-3]

用作分析试剂、溶剂，也用于香料及肠内杀虫剂制备

【生产厂】[津]天津市津科精细化工研究所〈P1593〉；[沪]上海光铧科技有限公司〈P1735〉

对氨基苯甲醚；对茴香胺；对甲氧基苯胺 J01290571

4-Aminoanisole; 4-Anisidine; 4-Methoxyaniline [104-94-9]

用作测定高铁的络合指示剂，也用于有机合成

【生产厂】[沪]上海科丰化学试剂有限公司〈P1749〉

邻氨基苯甲醚；邻茴香胺；邻甲氧基苯胺 J01290581

2-Aminoanisole; 2-Anisidine; 2-Methoxyaniline [90-04-0]

用作测定汞的络合指示剂，偶氮染料中间体及杀菌剂

【生产厂】[沪]上海科丰化学试剂有限公司〈P1749〉

2,4-二硝基苯甲醚 J01290671

2,4-Dinitroanisole [119-27-7]

医药上用以杀虫卵

【生产厂】[沪]上海科丰化学试剂有限公司〈P1749〉

对碘苯甲醚；对碘茴香醚 J01290701

4-Iodoanisole [696-62-8]

用于有机合成

【生产厂】[浙]浙江海川化学品有限公司〈P1963〉

对溴苯甲醚；对溴茴香醚 J01290711

4-Bromoanisole [104-92-7]

用作溶剂，也用于有机合成

【生产厂】[沪]上海科丰化学试剂有限公司〈P1749〉

二乙硫醚；乙硫醚 J01290791

Diethyl sulfide [352-93-2]

用于金、银的电镀及有机合成

【生产厂】[川]成都市科龙化工试剂厂〈P2314〉

顺丁烯二酰肼；失水苹果酸酰肼；马来酰肼 J01300021

cis-Butenedioic hydrazide; Maleic hydrazide [123-33-1]

用作植物生长抑制剂

【生产厂】[沪]上海三爱思试剂有限公司〈P1759〉

水合肼；水合联氨 J01300041

Hydrazine, hydrate [7803-57-8]

用作还原剂及溶剂

【生产厂】[京]北京市房山益华化工厂〈P1559〉；北京化工厂〈P1549〉；[津]天津市天河化学试剂厂〈P1604〉；天津市兴联化工厂〈P1609〉；[辽]沈阳化学试剂厂〈P1686〉；[沪]上海三爱思试剂有限公司〈P1759〉；[粤]广州化学试剂厂(20吨)〈P2261〉

盐酸肼；肼，盐酸盐；盐酸联氨 J01300061

Hydrazine, chloride; Hydrazine, hydrochloride [2644-70-4]

用作还原剂，也用于有机合成

【生产厂】[京]北京市通广精细化工公司〈P1560〉；北京化工厂〈P1549〉；[辽]沈阳化学试剂厂〈P1686〉；[沪]上海试四赫维化工有限公司〈P1764〉；[湘]湖南省湘中地质实验研究所〈P2258〉；湖南省娄底化工总厂试剂分厂〈P2257〉

双盐酸肼；肼双盐酸盐 J01300065

Hydrazine dihydrochloride [5341-61-7]

【生产厂】[沪]上海科帆化工科技有限公司〈P1748〉；[鲁]潍坊万源化工有限公司〈P2106〉

硫酸肼；硫酸联氨；肼，硫酸盐 J01300071

Hydrazine sulfate [10034-93-2]

用作分析试剂及还原剂，也用于稀有金属的提纯

【生产厂】[京]北京市通广精细化工公司〈P1560〉;北京化工厂〈P1549〉;[辽]沈阳化学试剂厂〈P1686〉;[沪]上海试四赫维化工有限公司〈P1764〉;[湘]湖南省湘中地质实验研究所〈P2258〉

苯肼 J01300121

Phenylhydrazine [100-63-0]

用作分析试剂及色谱分析试剂

【生产厂】[沪]上海三爱思试剂有限公司〈P1759〉

苯肼,硫酸盐 J01300141

Phenylhydrazine, sulfate [52033-74-6]

用作有机试剂

【生产厂】[沪]上海三爱思试剂有限公司〈P1759〉;[粤]广州化学试剂厂(1吨)〈P2261〉

乙酰苯肼 J01300151

Acetylphenylhydrazine [114-83-0]

【生产厂】[京]北京精益精化工有限公司〈P1553〉;[沪]上海索诚化学有限公司〈P1766〉;上海科帆化工科技有限公司〈P1748〉

对硝基苯肼 J01300161

4-Nitrophenyl hydrazine [100-16-3]

用作检验醛、酮类的试剂

【生产厂】[京]北京精益精化工有限公司〈P1553〉

2,4-二硝基苯肼 J01300171

2,4-Dinitrophenylhydrazine [119-26-6]

用作检验醛、酮的试剂及色谱分析试剂

【生产厂】[沪]上海三爱思试剂有限公司〈P1759〉

二苯基甲酰肼;二苯氨基脲;二苯卡巴肼 J01300221

1,5-Diphenyl carbazide [140-22-7]

用作分析试剂、氧化还原指示剂、吸附指示剂、络合指示剂及色谱分析试剂

【生产厂】[京]北京化工厂〈P1549〉;[沪]上海嘉辰化工有限公司〈P1742〉

脲;尿素 J01300331

Carbamide; Urea [57-13-6]

用于分离氮的氧化物和亚硝酸及色层分析,也用作生物培养剂

【生产厂】[京]北京市房山益华化工厂〈P1559〉;北京马氏精细化学品有限公司〈P1555〉;[辽]沈阳化学试剂厂〈P1686〉;[苏]江苏宜兴市第二化学试剂厂〈P1866〉;苏州市振兴化工厂〈P1906〉;[湘]长沙市有机试剂厂〈P2247〉;[粤]广州化学试剂厂(6吨)〈P2261〉;[川]成都东金化学试剂有限公司〈P2310〉

硫代氨基脲;氨基硫脲 J01300391

Thiosemicarbazide; Thiocarbamoylhydrazine [79-19-6]

用作分析试剂

【生产厂】[沪]上海南翔试剂有限公司(6吨)〈P1754〉;[湘]湖南省湘中地质实验研究所〈P2258〉;湖南省娄底化工总厂试剂分厂〈P2257〉

硫脲;硫代尿素 J01300421

Thiourea [62-56-6]

用作分析试剂、络合指示剂及色层分析试剂

【生产厂】[京]北京市通广精细化工公司〈P1560〉;北京化工厂〈P1549〉;[辽]沈阳化学试剂厂〈P1686〉;[苏]苏州市振兴化工厂〈P1906〉;昆山晶科微电子材料有限公司〈P1896〉;[湘]长沙市有机试剂厂〈P2247〉;[粤]广州化学试剂厂(6吨)〈P2261〉

二苯基硫脲;*N*,*N'*-对称二苯基硫脲 J01300471

Diphenyl thiourea; *N*,*N'*-*sym*-Diphenyl thiourea [102-08-9]

用作测定锇和钌的试剂、硫浆促进剂,也用于染料工业

【生产厂】[沪]上海科丰化学试剂有限公司〈P1749〉

烯丙基硫脲 J01300491

Allyl thiourea [109-57-9]

用作无氰镀铜添加剂、防腐剂,也用于有机合成

【生产厂】[京]北京马氏精细化学品有限公司〈P1555〉

缩二脲;氨基甲酰脲 J01300501

Biurea [108-19-0]

用作分析试剂

【生产厂】[津]天津市凯通化学试剂有限公司〈P1597〉;[湘]湖南省湘中地质实验研究所〈P2258〉

对苯醌二肟 J01310081

p-Benzoquinone dioxime [105-11-3]

用作测定镍的试剂及橡胶硫化剂

【生产厂】[京]北京化工厂〈P1549〉;[沪]上海三爱思试剂有限公司〈P1759〉;上海建平化工有限公司(5吨)〈P1743〉

二甲基乙二肟;丁二酮肟;联乙酰二肟 J01310091

Diacetyldioxime; Dimethyl glyoxime [95-45-4]

用作分析试剂及氧化还原指示剂和色谱分析试剂

【生产厂】[京]北京化工厂〈P1549〉;[沪]上海三爱思试剂有限公司〈P1759〉;上海沪试化工有限公司(2吨)〈P1737〉

二乙基砜 J01310141

Diethyl sulfone; Ethyl sulfone [597-35-3]

用作有机合成中间体

【生产厂】[沪]上海三爱思试剂有限公司〈P1759〉

二甲基亚砜 J01310171

Dimethyl sulfoxide; Methyl sulfoxide [67-68-5]

用作分析试剂及气相色谱固定液,也用作紫外光谱分析时的溶剂

【生产厂】[京]北京化工厂〈P1549〉;[津]天津市天河化学试剂厂〈P1604〉;[辽]沈阳化学试剂厂〈P1686〉;[沪]上海华谊集团上硫化工有限公司〈P1739〉;[苏]宜兴市锦程化工有限公司〈P1885〉;东台市利达化学试剂有限公司〈P1806〉;[粤]广州化学试剂厂(12吨)〈P2261〉

环丁砜;噻吩烷砜 J01310191

Sulfolane; Thiophane sulfone [126-33-0]

用作气相色谱固定液及分析试剂,也用于有机合成

【生产厂】[津]天津市津科精细化工研究所〈P1593〉;[沪]上

J

海科丰化学试剂有限公司〈P1749〉

4,4′-二氨基二苯砜;4,4′-二氨基联苯砜 J01310221
4,4′-Diaminodiphenyl sulfone [80-08-0]
用作气相色谱固定液、有机合成中间体及环氧树脂固化剂
【生产厂】[沪]上海万安化工科技研究所〈P1768〉;上海三爱思试剂有限公司〈P1759〉

氯化苄;苄基氯;α-氯甲苯 J01320051
Benzyl chloride;α-Chlorotoluene [100-44-7]
用于有机合成
【生产厂】[京]北京化工厂〈P1549〉;[津]天津市津科精细化工研究所〈P1593〉

对硝基氯化苄 J01320061
4-Nitrobenzyl chloride [100-14-1]
用于有机合成
【生产厂】[沪]上海科丰化学试剂有限公司〈P1749〉

对硝基溴化苄 J01320081
4-Nitrobenzyl bromide [100-11-8]
用作有机分析试剂及染料中间体
【生产厂】[沪]上海科丰化学试剂有限公司〈P1749〉

二氢化茚;茚满 J01320131
Hydrindene;Indane [496-11-7]
用于有机合成
【生产厂】[辽]辽宁鞍山市贝达合成化工厂〈P1697〉

萘 J01320141
Naphthalene [91-20-3]
用作溶剂及分析试剂,也用于有机合成
【生产厂】[京]北京化工厂〈P1549〉;[沪]上海科丰化学试剂有限公司〈P1749〉

1-氯代萘;α-氯萘 J01320191
1-Chloronaphthalene [90-13-1]
用作油脂溶剂
【生产厂】[沪]上海科丰化学试剂有限公司〈P1749〉

1-溴代萘;α-溴萘 J01320211
1-Bromonaphthalene [90-11-9]
用于折光率的测定、染料及有机化合物的合成,也用作干燥物的传热介质
【生产厂】[京]北京化工厂〈P1549〉;[沪]上海华彭实业有限公司〈P1739〉;上海科丰化学试剂有限公司〈P1749〉

2-溴代萘;β-溴萘 J01320221
2-Bromonaphthalene [580-13-2]
用于染料的制备
【生产厂】[沪]上海华彭实业有限公司〈P1739〉

四氢萘;萘满 J01320231
1,2,3,4-Tetrahydronaphthalene;Tetralin [119-64-2]
用作溶剂及色谱分析试剂
【生产厂】[京]北京化工厂〈P1549〉

1-氨基蒽醌 J01320361
1-Aminoanthraquinone [82-45-1]
用作分析试剂,也用于有机合成
【生产厂】[沪]上海科丰化学试剂有限公司〈P1749〉

1,4-二氧六环;二氧六环;1,4-二噁烷 J01330041
1,4-Dioxane [123-91-1]
用作色谱分析试剂及乙酸纤维及其衍生物的溶剂
【生产厂】[京]北京化工厂〈P1549〉;[津]天津市津科精细化工研究所〈P1593〉;天津市天河化学试剂厂〈P1604〉;[冀]邯郸市林峰精细化工有限公司〈P1638〉;[辽]沈阳新兴试剂厂〈P1689〉;[沪]上海南翔试剂有限公司〈P1754〉

吲哚;氮杂茚;苯并吡咯 J01330061
Benzazole; Indole [120-72-9]
用作测定亚硝酸盐的试剂,也用于香料及医药的制造
【生产厂】[津]天津市津科精细化工研究所〈P1593〉

吡咯 J01330081
Azole;Pyrrole [109-97-7]
用作色谱分析标准物质,也用于有机合成及制药工业
【生产厂】[津]天津市津科精细化工研究所〈P1593〉

苯并三氮唑;1,2,3-苯并三唑;连三氮茚;苯并三氮杂茂 J01330091
1,2,3-Benzotriazole [95-14-7]
用作分析试剂及照相防雾剂,也用于有机合成
【生产厂】[京]北京化工厂〈P1549〉;[辽]沈阳化学试剂厂〈P1686〉;[沪]上海三爱思试剂有限公司〈P1759〉;上海科帆化工科技有限公司〈P1748〉;上海光铧科技有限公司〈P1735〉;[粤]广州化学试剂厂(1 吨)〈P2261〉;广东西陇化工有限公司〈P2276〉

5-甲基苯并三唑 J01330101
5-Methylbenzotriazole [136-85-6]
用作铜的防锈剂
【生产厂】[沪]上海科帆化工科技有限公司〈P1748〉

红四唑;2,3,5-三苯基氯化四唑;四氮唑红 J01330121
Red tetrazolium;2,3,5-Triphenyl tetrazolium chloride [298-96-4]
用作分析试剂和色谱分析试剂
【生产厂】[京]北京马氏精细化学品有限公司〈P1555〉;[沪]上海三爱思试剂有限公司〈P1759〉;上海沪试化工有限公司〈P1737〉

咪唑 J01330161
Glyoxaline;Imidazole [288-32-4]
用作分析试剂,也用于有机合成
【生产厂】[冀]邯郸市林峰精细化工有限公司〈P1638〉

2-乙基-4-甲基咪唑;EMI-2,4 J01330191
2-Ethyl-4-methylimidazole [931-36-2]

用作环氧树脂的固化剂,也用于电子工业
【生产厂】[沪]上海三爱思试剂有限公司〈P1759〉

2-乙酰基噻唑 J01330301
2-Acetylthiazole [24295-03-2]
用作食品香料
【生产厂】[鲁]山东滕州悟通香料有限责任公司(2吨)〈P2078〉

4,5-二甲基噻唑 J01330331
4,5-Dimethylthiazole [3581-91-7]
用作食品添加剂
【生产厂】[鲁]山东滕州悟通香料有限责任公司(2吨)〈P2078〉

2-溴代噻唑 J01330361
2-Bromothiazole [3034-53-5]
用作制2-乙酰基噻唑的中间体
【生产厂】[鲁]山东滕州悟通香料有限责任公司(1吨)〈P2078〉

苯并噻唑;1,3-硫氮杂茚 J01330371
Benzothiazole [95-16-9]
用作照相材料,也用于有机合成及农业植物资源的研究
【生产厂】[沪]上海三爱思试剂有限公司〈P1759〉

2-甲基苯并噻唑;2-甲基苯并硫唑 J01330381
2-Methylbenzothiazole [120-75-2]
用作检定铋和锑的试剂
【生产厂】[冀]保定市乐凯化学有限公司〈P1645〉;[沪]上海三爱思试剂有限公司〈P1759〉

2-巯基苯并噻唑;2-巯基-1,3-硫氮茚 J01330411
2-Benzothiazolethiol;2-Mercaptobenzothiazole [149-30-4]
用作检定金、铋、镉、钴、汞、镍、铅、铊和锌的灵敏试剂及橡胶促进剂
【生产厂】[沪]上海三爱思试剂有限公司〈P1759〉

吗啡啉;吗啉 J01330451
Morpholine [110-91-8]
用作分析试剂及树脂、蜡类、酪朊、虫胶及多种染料的溶剂
【生产厂】[沪]上海三爱思试剂有限公司〈P1759〉;上海南翔试剂有限公司〈P1754〉

***N*-甲基吗啡啉**;4-甲基吗啡啉 J01330481
N-Methyl morpholine [109-02-4]
用于有机合成及制药工业,也用作气相色谱固定液
【生产厂】[沪]上海三爱思试剂有限公司〈P1759〉;上海科帆化工科技有限公司〈P1748〉;上海南翔试剂有限公司(10吨)〈P1754〉

喹啉;苯并吡啶 J01330511
Quinoline [91-22-5]
用作分析试剂、溶剂,也用于钒酸盐及砷酸盐的分离
【生产厂】[沪]上海三爱思试剂有限公司〈P1759〉;上海科丰化学试剂有限公司〈P1749〉

四氢呋喃;氧杂环戊烷 J01330721
Tetrahydrofuran;Tetramethylene oxide [109-99-9]
用作色谱分析试剂、有机溶剂及尼龙66中间体
【生产厂】[京]北京亚太龙兴化工有限公司〈P1564〉;北京化工厂〈P1549〉;[津]天津市津科精细化工研究所〈P1593〉;[冀]邯郸市林峰精细化工有限公司〈P1638〉;[辽]沈阳化学试剂厂〈P1686〉;[沪]上海试一化学试剂有限公司〈P1764〉;上海豪申化学试剂有限公司〈P1736〉

2-甲基吡嗪;2-甲基对二氮杂苯 J01330741
2-Methylpyrazine [109-08-0]
用于染料及制药工业,也用作食品香料添加剂
【生产厂】[鲁]山东滕州悟通香料有限责任公司(50吨)〈P2078〉;[豫]新乡市巨晶化工有限责任公司(100吨)〈P2205〉

α-乳糖;乳糖 J01350011
α-Lactose;Milk sugar [5989-81-1]
用作分析试剂、色谱分析试剂,也用于生物培养基的制备
【生产厂】[津]天津市天达净化材料精细化工厂〈P1603〉;[辽]沈阳化学试剂厂〈P1686〉;[沪]上海沪丰生物科技有限公司〈P1737〉;[粤]广州化学试剂厂(5吨)〈P2261〉;[川]成都宏博实业有限公司〈P2310〉

明胶;白明胶;动物胶 J01370021
Gelatin [9000-70-8]
用作比浊或比色测定中的保护胶体,也用于照相制版、培养基的制备
【生产厂】[京]北京化工厂〈P1549〉;[津]天津市兴联化工厂〈P1609〉;天津市天达净化材料精细化工厂〈P1603〉;[冀]石家庄市有机化工厂(1吨)〈P1632〉;[辽]沈阳化学试剂厂〈P1686〉;[沪]上海南翔试剂有限公司〈P1754〉;[苏]海安县申宇明胶有限公司(1000吨)〈P1829〉

阿拉伯树胶;树胶粉 J01370031
Gum acacia;Gum arabic [9000-01-5]
用作生化试剂、胶体稳定剂、乳化剂和胶黏剂
【生产厂】[津]天津市天达净化材料精细化工厂〈P1603〉;[辽]沈阳化学试剂厂〈P1686〉;[沪]上海光铧科技有限公司〈P1735〉;[粤]广州化学试剂厂〈P2261〉

硅胶;硅凝胶;原色硅胶 J01370041
Silica gel [112926-00-8]
用作气相色谱试剂、薄层色谱试剂及催化剂,也用于气体干燥、气体吸收、液体脱水等
【生产厂】[津]天津市兴联化工厂〈P1609〉;[辽]沈阳化学试剂厂〈P1686〉;[鲁]青岛市基亿达硅胶试剂厂(30吨)〈P2042〉;[粤]广州化学试剂厂(36吨)〈P2261〉

硅胶,变色 J01370061
Silica gel, selfindicating [112926-00-8]
用作干燥剂及催化剂
【生产厂】[津]天津市天达净化材料精细化工厂〈P1603〉;

[辽]沈阳化学试剂厂〈P1686〉;[苏]镇江市化剂厂〈P1845〉;[浙]兰溪市屹达化工试剂有限公司〈P1953〉;[粤]广州化学试剂厂(36吨)〈P2261〉

香豆素;邻氧萘酮 J01380081
1,2-Benzopyrone;Coumarin [91-64-5]
用于香精和香皂的制造
【生产厂】[京]北京化工厂〈P1549〉;[辽]沈阳市试剂三厂〈P1688〉

山梨醇酐油酸酯;司本80 J01390041
Sorbitan monooleate;Span 80 [1338-43-8]
用作气相色谱固定液,也用作乳化剂
【生产厂】[津]天津市天河化学试剂厂〈P1604〉;天津市兴联化工厂〈P1609〉

聚氧乙烯山梨醇酐油酸酯;吐温80 J01390081
Polyoxyethylene sorbitan monooleate;Tween 80 [9005-65-6]
用作气相色谱固定液,用于醇、酮、酯类的分离及脂肪酸和烃类的分离
【生产厂】[津]天津市天河化学试剂厂〈P1604〉;天津市兴联化工厂〈P1609〉;[辽]沈阳化学试剂厂〈P1686〉;[粤]广州化学试剂厂(12吨)〈P2261〉

松节油 J01410251
Turpentine oil [8006-64-2]
用作制造松香醇、龙脑、樟脑的原料及油漆和其他工业的溶剂
【生产厂】[冀]石家庄市有机化工厂(2吨)〈P1632〉;[辽]沈阳化学试剂厂〈P1686〉;[沪]上海华谊集团华原化工有限公司〈P1739〉;[苏]苏州市振兴化工厂〈P1906〉

蓖麻油 J01410271
Castor oil;Ricinus oil [8001-79-4]
用于土耳其红油、肥皂、塑料、润滑油等的制造
【生产厂】[京]北京化工厂〈P1549〉;[冀]石家庄市有机化工厂(1吨)〈P1632〉;[辽]沈阳化学试剂厂〈P1686〉;[沪]上海光铧科技有限公司〈P1735〉;上海沪试化工有限公司〈P1737〉;[苏]苏州市振兴化工厂〈P1906〉

可溶性淀粉 J01410331
Starch, soluble [9005-25-8]
用于麦芽糖转化为淀粉酶能力的测定、碘量滴定法用作指示剂,也用作色谱分析试剂及乳化剂
【生产厂】[京]北京亚太龙兴化工有限公司〈P1564〉;[冀]石家庄市有机化工厂(5吨)〈P1632〉;[辽]沈阳化学试剂厂〈P1686〉;沈阳市北丰化学试剂厂〈P1688〉;[粤]台山市众城化工有限公司〈P2286〉

石蜡,液体;液体凡士林 J01410391
Paraffin liquid;Petrolatum liquid [8002-74-2]
用作分析试剂,也用于制药工业
【生产厂】[京]北京化工厂〈P1549〉;[津]天津市天河化学试剂厂〈P1604〉;[辽]沈阳化学试剂厂〈P1686〉;[川]成都天华科技股份有限公司〈P2315〉

糊精 J01410411
Dextrin [9004-53-9]
用于制药工业、保护胶及悬浮剂
【生产厂】[辽]沈阳化学试剂厂〈P1686〉;[粤]台山市众城化工有限公司〈P2286〉

三苯基膦 J01410451
Triphenyl phosphine [603-35-0]
测定羟基时用作稀释剂
【生产厂】[沪]上海豪申化学试剂有限公司〈P1736〉

三辛基氧化膦 J01410461
Trioctylphosphine oxide;Tri-*n*-octylphosphine Oxide [78-50-2]
用作萃取剂及溶剂
【生产厂】[沪]上海科帆化工科技有限公司〈P1748〉

卡尔费休试剂 J01410501
Karl Fischer reagent
用作分析试剂
【生产厂】[冀]邯郸市林峰精细化工有限公司〈P1638〉;[浙]兰溪市屹达化工试剂有限公司〈P1953〉;[豫]河南省化工研究所(10吨)〈P2167〉;[粤]广州化学试剂厂(1吨)〈P2261〉

镍试剂 J01411001
Nickel reagent
【生产厂】[辽]沈阳市试剂三厂〈P1688〉;[湘]湖南省湘中地质实验研究所〈P2258〉

食品和饲料添加剂
K01000000 ~ K02034001

食品添加剂 K01000000
Food additive
用于改善食品的品质和色、香、味以及满足加工工艺和防腐的需要
【生产厂】[津]天津瑞丰精细化学品有限公司(100吨)〈P1577〉;[沪]上海华宝孔雀香精香料有限公司〈P1738〉;[鲁]临邑县精细化工厂(500吨)〈P2143〉;济宁市化工研究所(600吨)〈P2128〉;山东银丰化工集团股份有限公司(4000吨)〈P2140〉;[豫]开封化工三厂〈P2176〉;平顶山煤业集团开封东大化工有限公司(4万吨)〈P2179〉;[粤]普宁市惠翔海藻工业有限公司(1000吨)〈P2295〉

山梨酸;2,4-己二烯酸 K01020101
2,4-Hexadienoic acid;Sorbic acid [110-44-1]
广泛用于食品、饮料、酱菜、烟草、医药、化妆品、农产品等行业
【生产厂】[冀]河北智通化工有限责任公司(2800吨)〈P1623〉;[辽]沈阳化学试剂厂〈P1686〉;[沪]上海信博森化工有限公司〈P1772〉;[苏]无锡市大新食品添加剂厂〈P1875〉;连云港中铭化工有限公司〈P1801〉;盐城美昌化工有限公司(8000吨)〈P1810〉;如皋市长江食品有限公司(1万吨)〈P1838〉;[浙]浙江保圣配料有限公司〈P1950〉;宁波王龙集团有限公司(2万吨)〈P1933〉;[鲁]山东金能煤炭气化有限公司(5000吨)〈P2144〉;山东瑞普生化有限公司(1万吨)〈P2145〉;临沂先锋科技有限公司(1万吨)〈P2148〉
【使用厂】[桂]桂林市红星化工有限责任公司〈P2299〉

对羟基苯甲酸乙酯;尼泊金乙酯 K01020401
Ethyl *p*-hydroxybenzoate [120-47-8]
用作食品防腐剂,也用于制药、皮革等行业
【生产厂】[沪]上海邦成化工有限公司〈P1728〉;[苏]苏州市中发医药化工有限公司〈P1906〉;苏州园方化工有限公司〈P1907〉;[浙]杭州金鹤来食品添加剂有限公司〈P1919〉;宁波志华化学有限公司〈P1934〉;[皖]安徽郎溪县新科化工有限公司〈P1985〉;[豫]临颍县颍华技术开发有限公司(50吨)〈P2220〉;[粤]广州市品尼高食品添加剂有限公司〈P2265〉;深圳市鹏基生物有限公司〈P2272〉

对羟基苯甲酸甲酯;对羟基安息香甲酯;尼泊金甲酯 K01020402
Methyl *p*-hydroxybenzoate;Nipagin M [99-76-3]
用作食品、化妆品及医药防霉剂
【生产厂】[沪]上海威呈化工有限公司〈P1769〉;上海邦成化工有限公司〈P1728〉;[苏]苏州市中发医药化工有限公司〈P1906〉;苏州园方化工有限公司〈P1907〉;扬州康宏化工有限公司〈P1817〉;[浙]宁波志华化学有限公司〈P1934〉;[皖]安徽郎溪县新科化工有限公司〈P1985〉;[豫]临颍县颍华技术开发有限公司(50吨)〈P2220〉;[粤]深圳市鹏基生物有限公司〈P2272〉

对羟基苯甲酸丙酯;尼泊金丙酯;对羟基安息香酸丙酯 K01020403
Propyl *p*-hydroxybenzoate;Nipasol [94-13-3]
在药剂、化妆品中作抑菌防腐剂
【生产厂】[沪]上海邦成化工有限公司〈P1728〉;[苏]苏州市中发医药化工有限公司〈P1906〉;苏州园方化工有限公司〈P1907〉;[浙]杭州金鹤来食品添加剂有限公司〈P1919〉;宁波志华化学有限公司〈P1934〉;[皖]安徽郎溪县新科化工有限公司〈P1985〉;[豫]临颍县颍华技术开发有限公司(50吨)〈P2220〉;[粤]深圳市鹏基生物有限公司〈P2272〉

对羟基苯甲酸丁酯;尼泊金丁酯 K01020404
n-Butyl *p*-hydroxybenzoate;Butyl paraben [94-26-8]
用于药品、化妆品及食品的抑菌和防腐
【生产厂】[沪]上海威呈化工有限公司〈P1769〉;上海邦成化工有限公司〈P1728〉;[苏]江苏仪征天宁化工股份有限公司〈P1816〉;苏州市中发医药化工有限公司〈P1906〉;[浙]杭州金鹤来食品添加剂有限公司〈P1919〉;宁波志华化学有限公司〈P1934〉;[皖]安徽郎溪县新科化工有限公司〈P1985〉;[粤]广州市品尼高食品添加剂有限公司〈P2265〉;深圳市鹏基生物有限公司〈P2272〉

对羟基苯甲酸乙酯钠;尼泊金乙酯钠 K01020451
Ethyl 4-hydroxybenzoate,sodium salt
广泛用于医药、食品、纺织工业的防腐以及其他领域如化妆品、饲料、日用工业品的防腐
【生产厂】[浙]杭州金鹤来食品添加剂有限公司〈P1919〉

对羟基苯甲酸丙酯钠;尼泊金丙酯钠 K01020453
Sodium propyl *p*-hydroxybenzoate [35285-69-9]
广泛用于医药、食品、纺织工业的防腐以及其他领域如化妆品、饲料、日用工业品的防腐
【生产厂】[浙]杭州金鹤来食品添加剂有限公司〈P1919〉

对羟基苯甲酸丁酯钠;尼泊金丁酯钠 K01020454
Sodium butyl *p*-hydroxybenzoate
广泛用于医药、食品、纺织工业的防腐以及其他领域如化妆品、饲料、日用工业品的防腐
【生产厂】[浙]杭州金鹤来食品添加剂有限公司〈P1919〉

苯甲酸钙 K01020501
Calcium benzoate [2090-05-3]
用于汽水、果汁、酱油、醋等
【生产厂】[鲁]山东滕州东信精细化工厂(1000吨)〈P2078〉;[鄂]武汉有机实业股份有限公司〈P2235〉

苯甲酸钠;安息香酸钠;苯甲酸钠(食品级) K01020601
Sodium benzoate [532-32-1]
主要用作食品防腐剂,也用于制药物、染料等
【生产厂】[津]天津市东大化工有限公司(2万吨)〈P1585〉;天津市津宝凯通福利化工厂(1200吨)〈P1592〉;[冀]河北智通化工有限责任公司〈P1623〉;衡水新光化工有限责任公司〈P1668〉;[辽]本溪黑马化工实业有限公司(1万吨)〈P1699〉;[沪]上海威呈化工有限公司〈P1769〉;上海燎原利平日用化工有限公司(3000吨)〈P1751〉;上海华美助剂厂精细化工分厂(500吨)〈P1739〉;[苏]南京纵横生物科

K

技有限公司(3 万吨)〈P1791〉;镇江市前进化工有限公司(300 吨)〈P1845〉;连云港中铭化工有限公司〈P1801〉;江苏大华药业有限公司〈P1802〉;姜堰市扬子化工厂(300 吨)〈P1824〉;[鲁]山东宝洋化工集团公司〈P2051〉;博山化学厂(有限公司)〈P2048〉;青岛三凯化工有限公司〈P2041〉;青岛三泰化工有限公司〈P2042〉;青岛康原药业有限公司(3000 吨)〈P2039〉;胶南恒源化工有限公司(10 万吨)〈P2031〉;山东滕州东信精细化工厂(4000 吨)〈P2078〉;滕州市腾龙化工有限责任公司(1 万吨)〈P2079〉;山东省滕州市滕宝化工有限责任公司(2000 吨)〈P2078〉;滕州市奥龙化工有限公司(3000 吨)〈P2079〉;[豫]郑州海昆食品添加剂有限公司〈P2170〉;[鄂]武汉有机新康化工有限公司(3 万吨)〈P2235〉;武汉有机实业股份有限公司(3 万吨)〈P2235〉;[粤]广东西陇化工有限公司〈P2276〉;[川]成都宏博实业有限公司〈P2310〉

【使用厂】[鲁]潍坊市亚东化工有限公司〈P2105〉

轻质碳酸钙(食品级) K01020701

Calcium carbonate, light, food grade [471-34-1]

在食品加工中作疏松剂、发酵剂和营养钙质补充剂

【生产厂】[苏]常州碳酸钙有限公司〈P1857〉;连云港瑞丰化工有限公司〈P1799〉;如皋市中如化工有限公司〈P1839〉;[浙]浙江建德建业有机化工有限公司〈P1928〉;[鲁]淄博东高化工有限公司(4 万吨)〈P2059〉;淄博海诺化工有限公司〈P2061〉;蓬莱市海洋生物有限公司(5000 吨)〈P2112〉;[豫]郑州瑞普生物工程有限公司(200 吨)〈P2172〉;[桂]桂林市旺山化工有限责任公司(1 万吨)〈P2299〉

山梨酸钾;2,4-己二烯酸钾 K01021101

Potassium sorbate; Potassium 2,4-hexadienate [24634-61-5]

在食品工业中作防腐剂、防霉剂

【生产厂】[冀]河北智通化工有限责任公司〈P1623〉;衡水新光化工有限责任公司〈P1668〉;唐山三鼎化工有限公司(150 吨)〈P1636〉;[沪]上海信博森化工有限公司〈P1772〉;[苏]无锡市大新食品添加剂厂〈P1875〉;连云港中铭化工有限公司〈P1801〉;盐城美昌化工有限公司(5000 吨)〈P1810〉;如皋市长江食品有限公司(1 万吨)〈P1838〉;如皋市江北添加剂有限公司〈P1838〉;[浙]浙江保圣配料有限公司〈P1950〉;宁波王龙集团有限公司(1 万吨)〈P1933〉;[鲁]山东金能煤炭气化有限公司(3000 吨)〈P2144〉;山东瑞普生化有限公司(1 万吨)〈P2145〉;临沂先锋科技有限公司(1 万吨)〈P2148〉;山东滕州东信精细化工厂(1000 吨)〈P2078〉;滕州市奥龙化工有限公司(1800 吨)〈P2079〉;[豫]郑州元丰食品添加剂有限责任公司〈P2175〉;郑州海昆食品添加剂有限公司〈P2170〉;[粤]广州市品尼高食品添加剂有限公司〈P2265〉;佛山市华昊化工有限公司电化厂〈P2287〉

【使用厂】[桂]桂林市红星化工有限责任公司〈P2299〉

山梨酸钙 K01021151

Calcium sorbate [7492-55-9]

用作防腐剂、防霉剂等

【生产厂】[苏]如皋市长江食品有限公司(300 吨)〈P1838〉;如皋市江北添加剂有限公司〈P1838〉

脱氢醋酸钠;脱氢乙酸钠 K01021211

Sodium dehydroacetate [4418-26-2]

用作食品添加剂、防腐剂、杀菌剂

【生产厂】[沪]上海新浦化工厂有限公司(30 吨)〈P1772〉;上海崇明生化制品厂有限公司(150 吨)〈P1730〉;[鲁]青岛大伟食品添加剂有限公司〈P2033〉;[粤]广州市品尼高食品添加剂有限公司〈P2265〉

邻苯基苯酚钠;SOPP K01021401

Sodium *o*-phenylphenate [132-27-4]

用作蔬菜、水果类的防腐剂

【生产厂】[苏]江苏华派集团〈P1807〉;盐城市华佳化工有限公司〈P1811〉

食用色素 K01030000

Food pigment; Food colorant

用于食品、饮料、药品等

【生产厂】[津]天津金狮天然食品添加剂有限公司(100 吨)〈P1574〉;天津市盛辉化工新技术有限公司(300 吨)〈P1602〉;[冀]石家庄市麟鑫化工有限公司〈P1630〉;[沪]上海染料有限公司〈P1758〉;[浙]杭州林峰食品添加剂有限公司〈P1920〉

叶绿素铜钠;绿菲林 K01030101

Copper sodium chlorophyllate [11006-34-1]

用作食品着色剂和医药原料,医疗上具有促进胃肠溃疡面的愈合等功能

【生产厂】[冀]河北食品添加剂有限公司〈P1622〉;[赣]华康天然色素厂〈P2013〉;江西省吉安市林源香料公司〈P2018〉;[鲁]山东广通宝医药有限公司(30 吨)〈P2094〉

叶绿素铜;油溶性叶绿素 K01030111

Copper chlorophyllate

主要用于日用化工、医药、食品工业等

【生产厂】[鲁]山东广通宝医药有限公司〈P2094〉

食用日落黄;食用桔黄 K01030201

Food Sunset Yellow; C. I. Food Yellow 3 (15985)

用作食品着色剂、药品及化妆品着色剂

【生产厂】[津]天津市染料工业研究所(50 吨)〈P1600〉;天津市兴华福利化工厂(200 吨)〈P1609〉;天津市盛辉化工新技术有限公司(200 吨)〈P1602〉

食用苋菜红 K01030301

Food Amaranth Red; C. I. Food Red 9 (16185)

用作食品着色剂、药品及化妆品着色剂

【生产厂】[津]天津市染料工业研究所(50 吨)〈P1600〉;天津市兴华福利化工厂(100 吨)〈P1609〉;天津市盛辉化工新技术有限公司(300 吨)〈P1602〉

食用亮蓝 K01030401

Food Brilliant Blue; C. I. Food Blue 2

用作食品着色剂、药品及化妆品着色剂

【生产厂】[津]天津市恒泽化工科技开发有限公司(140 吨)〈P1589〉;天津市染料工业研究所(40 吨)〈P1600〉;天津市盛辉化工新技术有限公司(200 吨)〈P1602〉;[浙]温州金源化工有限公司〈P1937〉

食用柠檬黄 K01030501

Edible Lemon Yellow; C. I. Food Yellow 4 [1934-21-0]

用作食品、饮料、药品、饲料及化妆品着色剂

【生产厂】[津]天津市染料工业研究所(120 吨)〈P1600〉;天津市兴华福利化工厂(100 吨)〈P1609〉

食用胭脂红 K01030601

Food Carmine; C. I. Food Red 7 [2611-82-7]

用作食品着色剂、药品及化妆品等着色剂
【生产厂】[津]天津市染料工业研究所(50 吨)〈P1600〉;天津市兴华福利化工厂(200 吨)〈P1609〉;天津市盛辉化工新技术有限公司(100 吨)〈P1602〉

紫胶色素;虫胶色素 K01030801
Lac food pigment
用作食品着色剂
【生产厂】[滇]云南瑞宝天然色素有限公司〈P2341〉

焦糖色素;酱色 K01030901
Burnt sugar coloring matter;Caramel
用作酿造酱油、酒、食品、烟草等的着色剂
【生产厂】[粤]广州市伟香单体香料有限公司〈P2266〉;[桂]桂林市红星化工有限责任公司(2000 吨)〈P2299〉;[渝]中美合资重庆天府可乐渝龙食品饮料有限公司(5000 吨)〈P2303〉

糊状叶绿素 K01031001
Chlorophyll,paste [479-61-8]
可用作肥皂、脂肪、油蜡、食品、化妆品和医药用的无毒着色剂
【生产厂】[赣]江西省南方药物油厂〈P2019〉;江西省吉水三达天然药用香料油厂〈P2018〉;[鲁]山东广通宝医药有限公司(300 吨)〈P2094〉

栀子黄色素 K01031301
Gardenia yellow pigment [1934-20-9]
用作糕点、冰淇淋、食品等的着色剂,也可用于医药、化妆品等的着色
【生产厂】[冀]河北金源天然色素有限公司〈P1641〉;[赣]华康天然色素厂(6 吨)〈P2013〉;[豫]漯河市中大天然食品添加剂有限公司(1000 吨)〈P2220〉;[鄂]襄樊市共同化学有限公司〈P2238〉;[滇]云南瑞宝天然色素有限公司〈P2341〉

栀子红 K01031311
Gardenia red pigment
用于各类食品、饮料等的着色,还可用于制药、化妆品行业
【生产厂】[鄂]襄樊市共同化学有限公司〈P2238〉

栀子绿 K01031321
Gardenia green pigment
用于各类食品、饮料等的着色,还可用与制药、化妆品行业
【生产厂】[鄂]襄樊市共同化学有限公司〈P2238〉

栀子蓝色素 K01031331
Gardenia blue pigment
适用于糖果、饮料、糕点等食品的着色,也可作为医药、化妆品及其他卫生产品的着色
【生产厂】[鄂]襄樊市共同化学有限公司〈P2238〉

栀子黑 K01031341
Gardenia black pigment
用于各类食品、饮料等的着色,还可用于制药、化妆品行业
【生产厂】[鄂]襄樊市共同化学有限公司〈P2238〉

食用合成染料果绿 K01031401
Edible synthetic dye fruit green
用于食品、饮料、医药、化妆品、饲料的着色
【生产厂】[津]天津市染料工业研究所(10 吨)〈P1600〉;天津市兴华福利化工厂(20 吨)〈P1609〉;天津市盛辉化工新技术有限公司(200 吨)〈P1602〉

食用合成染料牛奶巧克力棕;巧克力棕 K01031501
Edible synthetic dye milk chocolate brown
用于食品、药品、化妆品着色
【生产厂】[津]天津市染料工业研究所(10 吨)〈P1600〉;天津市兴华福利化工厂(20 吨)〈P1609〉;天津市盛辉化工新技术有限公司(100 吨)〈P1602〉

食用合成染料葡萄紫 K01031701
Edible synthetic dye grape violet
用于食品、饮料、医药、化妆品、饲料的着色
【生产厂】[津]天津市染料工业研究所(10 吨)〈P1600〉;天津市兴华福利化工厂(50 吨)〈P1609〉;天津市盛辉化工新技术有限公司(150 吨)〈P1602〉

辣椒红色素 K01031801
Paprika red pigment
适用于饮料、冰淇淋、人造奶油、肉制品等食品加工,还可用在化妆品、医药的上彩着色
【生产厂】[冀]河北食品添加剂有限公司〈P1622〉;河北金源天然色素有限公司〈P1641〉;河北晨光天然色素有限公司(500 吨)〈P1639〉;河北瑞德天然色素有限公司〈P1640〉;河北省曲周县辣椒红色素厂〈P1640〉;河北天旭天然色素有限公司〈P1640〉;河北省鸡泽县福利杉缘有限责任公司〈P1640〉;[鲁]青岛红星化工集团有限责任公司(160 吨)〈P2036〉;青岛红星化工集团天然色素有限公司(160 吨)〈P2036〉;青岛赛特香料有限公司(400 吨)〈P2041〉;[豫]漯河市中大天然食品添加剂有限公司(1000 吨)〈P2220〉;[川]四川德阳恒升生物科技有限公司〈P2326〉

红曲红色素 K01031901
Red dyes,distillery yeast;Mnascus red pigment
用作食品添加剂
【生产厂】[冀]河北金源天然色素有限公司〈P1641〉;[赣]华康天然色素厂(10 吨)〈P2013〉

姜黄色素 K01032001
Curcumin [458-37-7]
广泛用于食品、菜肴、糕点、糖果、饮料罐头以及化妆品、医药的着色
【生产厂】[冀]河北食品添加剂有限公司〈P1622〉;河北瑞德天然色素有限公司〈P1640〉;河北省曲周县辣椒红色素厂〈P1640〉;河北天旭天然色素有限公司〈P1640〉;河北省鸡泽县福利杉缘有限责任公司〈P1640〉;[豫]漯河市中大天然食品添加剂有限公司(1000 吨)〈P2220〉

可可色素 K01032101
Cacao pigment
用于食品、药品、化妆品着色
【生产厂】[赣]华康天然色素厂(30 吨)〈P2013〉

萝卜红色素 K01032201
Radish red
食品着色剂,可用于食品、饮料、糖果、肉类、

医药工业的着色
【生产厂】[滇]云南瑞宝天然色素有限公司〈P2341〉

紫苏红色素 K01032211
Perilla Colour
用于饮料、果冻、果酱和腌制品等的着色
【生产厂】[鲁]青岛红星化工集团有限责任公司(20吨)〈P2036〉;青岛红星化工集团天然色素有限公司(20吨)〈P2036〉;[滇]云南瑞宝天然色素有限公司〈P2341〉

甘蓝红色素 K01032221
Wild cabbage red pigment
用于糖果、饮料、配制酒、果冻、化妆品等着色
【生产厂】[滇]云南瑞宝天然色素有限公司〈P2341〉

紫甘蓝色素 K01032251
Violet cabbage pigment
用于饮料、糖果、罐头、乳制品的着色
【生产厂】[赣]华康天然色素厂〈P2013〉;[鲁]青岛红星化工集团天然色素有限公司(15吨)〈P2036〉;[滇]云南瑞宝天然色素有限公司〈P2341〉

花青素;矢车菊苷元;花色素 K01032301
Cyanidin [528-58-5]
可作为食品色素、化妆品原料等
【生产厂】[鲁]蓬莱市海洋生物有限公司(2吨)〈P2112〉;[川]成都川大华西康达药物研究所(1吨)〈P2310〉

红花黄色素 K01032401
Safflower yellow
广泛用于汽水、糖果、糕点、冰淇淋、罐头等的着色
【生产厂】[豫]漯河市中大天然食品添加剂有限公司(1000吨)〈P2220〉;[滇]云南瑞宝天然色素有限公司〈P2341〉

玉米黄色素 K01032451
Maize pigment
可用于人造奶油、糖果、糕点等方面的食品着色
【生产厂】[冀]河北金源天然色素有限公司〈P1641〉

番茄红素 K01032501
Lycopene [502-65-8]
用于食品、药品、化妆品着色
【生产厂】[冀]华北制药股份有限公司〈P1624〉;华北制药集团有限责任公司〈P1624〉;石家庄市大东生物化工有限公司〈P1628〉;栾城县恒和工贸有限公司〈P1625〉;[沪]上海朗瑞精细化学品有限公司〈P1749〉;[浙]杭州德立化工有限公司〈P1916〉

诱惑红;食用红17 K01032601
Fancy red; Allura red; C. I. Food Red 17
用于食品、药品、化妆品中作着色剂
【生产厂】[津]天津市盛辉化工新技术有限公司(100吨)〈P1602〉

食用亮黑 K01032701
Food Brilliant Black
用于食品、饮料、医药、化妆品、饲料等
【生产厂】[津]天津市染料工业研究所(10吨)〈P1600〉;天津市盛辉化工新技术有限公司(100吨)〈P1602〉

叶黄素;胡萝卜醇 K01032901
Xanthin
可用于食品着色,也可添加于禽饲料中,使禽蛋蛋黄增进黄色
【生产厂】[冀]石家庄市大东生物化工有限公司〈P1628〉;河北晨光天然色素有限公司〈P1639〉;河北省曲周县辣椒红色素厂〈P1640〉;河北天旭天然色素有限公司〈P1640〉;河北省鸡泽县福利杉缘有限责任公司〈P1640〉;[沪]上海朗瑞精细化学品有限公司〈P1749〉;[鲁]青岛红星化工集团天然色素有限公司(30吨)〈P2036〉;[豫]漯河市中大天然食品添加剂有限公司(1000吨)〈P2220〉;[川]成都福润德实业有限公司〈P2310〉

嫩叶绿色素 K01034001
Light green pigment
【生产厂】[津]天津市盛辉化工新技术有限公司(140吨)〈P1602〉;[赣]华康天然色素厂〈P2013〉

食品漂白剂 K01034301
Foodstuff bleacher
可添加于多种食品中,起漂白之功效,可增强食品风味
【生产厂】[鲁]临朐华隆科技开发有限公司(500吨)〈P2089〉;[粤]广州市品尼高食品添加剂有限公司〈P2265〉;东莞市广益食品添加剂实业有限公司〈P2279〉

虎皮灵;乙氧基喹啉 K01040201
6-Ethoxy-2,2,4-trimethylquinoline [91-53-2]
用作食品保鲜剂,是防止苹果虎皮病的特效药剂、抗氧化剂、防腐剂
【生产厂】[沪]上海福达精细化工有限公司(3000吨)〈P1733〉;[苏]南通利田化工有限公司(2000吨)〈P1834〉;[鲁]山东鲁西兽药股份有限公司(200吨)〈P2145〉;山东临朐山旺化工有限责任公司〈P2096〉;[鄂]襄樊一诺精细化工有限公司〈P2238〉;[桂]广西南宁市新城化工厂〈P2296〉

保鲜剂;食用保鲜剂 K01040300
Antistaling agent
用于月饼、蛋糕、花生、果仁、红枣、香菇、干制鱼肉制品、茶叶、中草药材等的保鲜
【生产厂】[津]天津化工研究设计院(50吨)〈P1573〉;[冀]石家庄市欧康化工建材有限公司〈P1631〉;[沪]上海月季日用干燥剂厂〈P1776〉;[苏]徐州科隆磷酸盐有限公司〈P1795〉;南通大江化学有限公司〈P1832〉;[浙]杭州绿源精细化工有限公司〈P1921〉;[闽]厦门绿源泰食品添加剂有限公司〈P1992〉;[鲁]临朐华隆科技开发有限公司〈P2089〉;[粤]广州市品尼高食品添加剂有限公司〈P2265〉;广州泰成生化科技有限公司〈P2267〉;东莞市广益食品添加剂实业有限公司〈P2279〉;[桂]桂林市红星化工有限责任公司〈P2299〉;[渝]重庆澳丰食品添加剂有限公司〈P2303〉

核苷酸 K01040401
Nucleotide
用作增鲜剂、调味剂,可用于家庭、餐饮业等
【生产厂】[沪]上海秋之友生物科技有限公司〈P1758〉;[鲁]山东凯盛生物化工有限公司〈P2053〉;[川]成都景田生物药业有限公司〈P2312〉

K

呈味核苷酸二钠 K01040491

Disodium nucleotide

作为增鲜剂调味料，可用于家庭、餐饮业食物烹调、方便食品及其汤料、酱油以及各种小吃、酱料等方面

【生产厂】[苏]海门市通联化工有限责任公司〈P1830〉

邻羟基联苯；2-苯基苯酚；邻苯基苯酚 K01040601

o-Hydroxydiphenyl [90-43-7]

用于水果、蔬菜防腐保鲜

【生产厂】[苏]南京力达宁化学有限公司〈P1786〉；常州市常宇化工有限公司〈P1850〉；海门兆丰化工有限公司（500吨）〈P1830〉；江苏华派集团〈P1807〉；盐城市华佳化工有限公司〈P1811〉；[鲁]山东省东营远大化工有限公司（600吨）〈P2085〉；[湘]湘潭高新区科旺化工有限公司（800吨）〈P2251〉

***N*,*N*,*N*-三（聚氧丙烯聚氧乙烯）胺**；消沫剂 K01050101

N,*N*,*N*-Tri(polyoxypropylene polyoxyethylene) amine

用于制药、味精等发酵过程消泡

【生产厂】[苏]江苏赛欧信越消泡剂有限公司〈P1803〉；常州化工厂〈P1847〉

羧甲基纤维素钠（食品级） K01051001

Sodium carboxy methyl cellulose, food grade [9004-32-4]

在医药、日化、食品行业中广泛用作增稠剂、悬浮剂、黏结剂、保护胶体等

【生产厂】[冀]石家庄维诺伟业生物制品有限公司〈P1633〉；[苏]宜兴市通达化学有限公司（650吨）〈P1887〉；无锡市金帆化工有限公司〈P1877〉；苏州依俐法化工有限公司（2000吨）〈P1907〉；[鲁]济南华阳食品添加剂有限公司〈P2022〉；山东赫达股份有限公司〈P2052〉；鱼台奥伦特原野化工有限公司（1000吨）〈P2134〉；[豫]偃师市福兴纤维素厂（6000吨）〈P2188〉；[粤]广州市金珠江化学有限公司（1000吨）〈P2265〉；[渝]重庆澳丰食品添加剂有限公司〈P2303〉

发酵用消泡剂；食用消泡剂 K01051101

Antifoaming agent for ferment

用于抗菌素制药、味精、酵母、柠檬酸等发酵过程的消泡

【生产厂】[冀]河北爱德威医药化工有限公司〈P1619〉；[沪]上海立奇化工助剂有限公司〈P1750〉；[苏]江苏得意有机硅有限公司〈P1802〉；江苏赛欧信越消泡剂有限公司〈P1803〉；[鲁]龙口市华瑞新材料科技有限公司〈P2111〉；[粤]广东省石油化工研究院（200吨）〈P2259〉；[桂]桂林市红星化工有限责任公司〈P2299〉

有机硅消泡剂（食品用） K01051201

Organic silicon defoamer for foodstuff

广泛应用于食品、制药、乳制品、饮料、糖业、酱醋酿造等多种行业

【生产厂】[苏]江苏赛欧信越消泡剂有限公司〈P1803〉；[鲁]烟台创业高科技有限公司〈P2116〉

食用消泡剂 K01051301

Edible defoamer

用于豆制品等加工过程中的消泡

【生产厂】[津]天津市兴玉工贸有限公司〈P1609〉；[辽]辽阳奥克纳米材料有限公司〈P1709〉；[沪]上海新舜夏生物科技有限公司〈P1772〉；[浙]浙江天益食品添加剂有限公司〈P1944〉；[鲁]临朐县万利助剂厂〈P2090〉；[鄂]湖北枣阳四海化工有限公司〈P2237〉；[粤]广州市氟缘硅科技有限公司〈P2263〉

发酵粉；泡打粉 K01060201

Fermentation powder

用作食品膨胀剂

【生产厂】[鲁]淄博大众食用化工有限公司（1000吨）〈P2059〉；[桂]桂林市红星化工有限责任公司（2万吨）〈P2299〉

食用小苏打；碳酸氢钠（食用） K01060301

Sodium bicarbonate, edible [144-55-8]

用作食品工业的发酵剂，汽水和冷饮中二氧化碳的发生剂

【生产厂】[冀]河北智通化工有限责任公司〈P1623〉；[蒙]内蒙古鄂托克旗双信化工有限责任公司（5万吨）〈P1683〉；内蒙古远兴天然碱股份有限公司（32万吨）〈P1683〉；[鲁]潍坊海化远大精细化工有限公司〈P2102〉；青岛碱业股份有限公司（5万吨）〈P2038〉；[湘]衡阳市裕华化工实业有限公司（10万吨）〈P2253〉

食用纯碱；碳酸钠（食用） K01060401

Sodium carbonate, edible [497-19-8]

用作食品工业发酵剂

【生产厂】[苏]中国石化南京化学工业有限公司连云港碱厂〈P1801〉；[鲁]青岛碱业股份有限公司（60万吨）〈P2038〉；[粤]广东西陇化工有限公司〈P2276〉

酵母粉 K01060601

Yeast, powder

用作食品膨胀剂，也可作为医药井冈霉素培养基

【生产厂】[京]北京奥博星生物技术责任有限公司〈P1543〉；[鄂]武汉康博生物技术有限责任公司〈P2231〉；[粤]江门甘蔗化工厂（集团）股份有限公司〈P2285〉

【使用厂】[浙]浙江震元制药有限公司〈P1952〉；[闽]浦城正大生化有限公司〈P2005〉；[鲁]山东福瑞达生物化工有限公司〈P2028〉

酵母抽提物 K01060676

Extract of yeast

用作生产抗菌霉素的原料

【生产厂】[冀]石家庄市大东生物化工有限公司〈P1628〉；[浙]浙江浙北药业有限公司〈P1947〉

碳酸氢铵（食品级）；食用碳酸氢铵 K01060701

Ammonium bicarbonate, food grade [1066-33-7]

用作食品发酵剂、膨胀剂

【生产厂】[冀]河北智通化工有限责任公司〈P1623〉；河北辛集化工集团有限责任公司〈P1622〉；河北省永清县顺达汇通化工厂（8000吨）〈P1659〉；[鲁]山东海化华龙硝铵有限公司（3万吨）〈P2095〉；潍坊振兴焦化有限公司（3万吨）〈P2107〉；山东方明化工有限公司（1万吨）〈P2160〉

碳酸钾（食品级） K01060801

Potassium carbonate, food grade [584-08-7]

主要用于食品中作膨松剂
【生产厂】[冀]河北省眺山化工厂〈P1648〉;[辽]沈阳文通化工有限公司〈P1689〉;[川]成都化工股份有限公司(1万吨)〈P2311〉

食品乳化剂 K01070101

Food emulgent

用作食品添加剂,提高柔软性、延缓老化时间
【生产厂】[辽]辽阳奥克纳米材料有限公司〈P1709〉;[豫]河南兴泰科技实业有限公司〈P2168〉

复合乳化稳定剂 K01070201

Compound emulsification stabilizer

是豆奶专用的食品添加剂,有降低表面张力、乳化、稳定、调节黏度、防止蛋白质凝聚变性等作用
【生产厂】[沪]上海威垦化工有限公司〈P1769〉;[渝]重庆澳丰食品添加剂有限公司〈P2303〉

单乳酸月桂酸甘油酯 K01070301

Glyceryl monolaurate lactate

用于各种食品中作乳化剂,如香精香料、饮料、奶类制品等
【生产厂】[浙]杭州金诚助剂有限公司〈P1919〉

聚甘油单月桂酸酯 K01070401

Polyglycerol monolaurate

用作食品乳化剂
【生产厂】[浙]杭州金诚助剂有限公司〈P1919〉

聚甘油乳酸酯 K01070501

Polyglycerol lactate

用作食品乳化剂
【生产厂】[浙]杭州金诚助剂有限公司〈P1919〉

聚甘油辛癸酸酯 K01070601

Polyglycerol caprylate/caprate

用作食品乳化剂、防腐剂、比重调节剂等
【生产厂】[浙]杭州金诚助剂有限公司〈P1919〉

食用明胶 K01080101

Edible gelatin [9000-70-8]

用作食品品质改良剂
【生产厂】[冀]衡水市绿岛明胶有限公司〈P1668〉;河北省阜城县码头镇司庄蜡厂〈P1664〉;衡水成大明胶有限公司〈P1667〉;沧州市学洋明胶有限公司〈P1653〉;沧州东方蜂蜡胶业有限公司(80吨)〈P1651〉;河北沧州金祥蜡业有限公司〈P1654〉;[鲁]青州市康力特化工有限公司(400吨)〈P2092〉;[豫]漯河市五龙明胶有限公司(2000吨)〈P2220〉;[青]青海明胶股份有限公司〈P2359〉

食用酒精;食用乙醇;乙醇(发酵法) K01080201

Edible ethanol [64-17-5]

用作制饮料酒,用于食品工业
【生产厂】[津]天津泰达酒业有限公司(6万吨)〈P1614〉;[冀]唐山市冀东溶剂有限公司(3万吨)〈P1636〉;唐山明春玉米生物工程有限公司〈P1636〉;[苏]太仓新太酒精有限公司(2万吨)〈P1909〉;江苏省太仓市康达化工厂〈P1894〉;[鲁]龙口市振龙酒精有限公司(5万吨)〈P2111〉;山东金沂蒙集团有限公司(3万吨)〈P2149〉;[粤]江门甘蔗化工厂(集团)股份有限公司〈P2285〉;[桂]广西贵糖(集团)股份有限公司(1万吨)〈P2301〉
【使用厂】[赣]江西樟树冠京香料有限公司〈P2016〉;[鲁]淄博市临淄东方红化工厂〈P2068〉;[豫]南阳天冠生物化工有限责任公司〈P2225〉

磷酸氢二钠(食用级) K01080401

Disodium hydrogen phosphate, edible [7558-79-4]

用作食品品质改良剂
【生产厂】[苏]天富(中国)食品添加剂有限公司〈P1793〉;江苏徐州嘉信达化工有限公司〈P1793〉;连云港瑞丰化工有限公司〈P1799〉;江苏德邦化学工业集团有限公司〈P1797〉;[粤]广东西陇化工有限公司〈P2276〉;[川]四川省什邡市聚鑫泰化工有限公司(500吨)〈P2328〉;四川成洪磷化工有限责任公司〈P2332〉;三台县启明星磷酸盐有限公司〈P2330〉

面粉强筋剂 K01080603

Fibre-strengthening for flour

用于提高面筋强度
【生产厂】[粤]广东省石油化工研究院(100吨)〈P2259〉

面包改良剂 K01080801

Improver for bread

用于面包的改良品质,与酵母同用可使面包膨大、增白、防霉、保鲜
【生产厂】[桂]桂林市红星化工有限责任公司〈P2299〉

面粉改良剂;稀释过氧化苯甲酰 K01080851

Flour improver

用于提高酵母与面团协调性,改善馒头组织结构,增进发酵风味,延缓淀粉老化
【生产厂】[冀]河北食品添加剂有限公司〈P1622〉;[苏]徐州海成食品添加剂有限公司〈P1794〉;[闽]厦门绿源泰食品添加剂有限公司〈P1992〉;[鲁]山东莱芜美星化工有限公司(250吨)〈P2141〉;[豫]郑州元丰食品添加剂有限责任公司〈P2175〉;河南兴泰科技实业有限公司(500吨)〈P2168〉;郑州超达食品化学有限公司(500吨)〈P2170〉;[桂]桂林市红星化工有限责任公司〈P2299〉

三偏磷酸钠 K01081001

Sodium trimetaphosphate; Metaphosphoric acid, trisodium salt [7785-84-4]

用作淀粉改良剂,食品工业用于面粉、糕点制品等
【生产厂】[苏]徐州市志丰化工有限公司〈P1796〉;徐州科隆磷酸盐有限公司〈P1795〉;连云港瑞丰化工有限公司〈P1799〉;[豫]新乡市华幸化工有限责任公司〈P2205〉;[鄂]武汉莱恩科技有限公司〈P2231〉;[川]成都化工研究设计院〈P2311〉;四川成洪磷化工有限责任公司〈P2332〉

肉食品改良剂 K01081201

Meat ware modifier

可以使肉制品保油、保水、抗氧化,防腐和强化营养
【生产厂】[鲁]烟台通世化工有限公司(1200吨)〈P2119〉;[豫]河南兴泰科技实业有限公司(500吨)〈P2168〉

水解动物蛋白;酶解胶原蛋白 K01090201

Hydrolyzed animal protein

用作食品、饮料、保健品中营养强化剂

【生产厂】[沪]上海炽林明胶有限公司〈P1730〉;上海双凤骨明胶有限公司〈P1765〉;[苏]江苏日欣实业集团有限公司〈P1816〉;[鲁]烟台东诚生化有限公司〈P2116〉

L-赖氨酸盐酸盐;L-盐酸赖氨酸 K01090302

L-Lysine, hydrochloride [657-27-2]

用作医药原料及食品、饲料添加剂

【生产厂】[京]北京奥博星生物技术责任有限公司〈P1543〉;[冀]石家庄维诺伟业生物制品有限公司〈P1633〉;石家庄市新泽兴化工有限公司〈P1631〉;石家庄市海天精细化工有限公司〈P1629〉;石家庄市石兴氨基酸有限公司〈P1631〉;晋州冀荣氨基酸有限公司(500 吨)〈P1625〉;河北省冀州市华阳化工有限责任公司〈P1665〉;[沪]上海斐雅科技发展有限公司〈P1733〉;上海协和氨基酸有限公司(600 吨)〈P1771〉;[苏]无锡奔牛生物科技有限公司(500 吨)〈P1872〉;张家港市三兴生化试剂厂〈P1913〉;[浙]桐乡市康普达生物科技有限公司〈P1943〉;宁波海德氨基酸工业有限公司〈P1930〉;宁波科瑞生物工程有限公司〈P1931〉;宁波海硕生物科技有限公司〈P1930〉;[鲁]潍坊三希化工有限公司〈P2104〉;[豫]郑州厚泽木食品技术有限公司〈P2170〉;[鄂]武汉麦可贝斯生物科技有限公司〈P2231〉;武汉武大弘元股份有限公司〈P2234〉;宜昌三峡制药有限公司〈P2241〉;湖北八峰药化股份有限公司〈P2245〉;[川]四川峨眉山荣高生化制品有限公司〈P2318〉;四川川化味之素有限公司〈P2318〉;四川同晟氨基酸有限公司(100 吨)〈P2329〉

D-赖氨酸 K01090304

D-Lysine

【生产厂】[晋]太原世乐药业有限公司〈P1671〉

D-赖氨酸盐酸盐 K01090305

D-Lysine hydrochloride [7274-88-6]

【生产厂】[沪]上海求德生物化工有限公司〈P1758〉;[皖]安徽省恒锐新技术开发有限责任公司〈P1972〉

L-赖氨酸-L-天冬氨酸盐 K01090351

L-Lysine-L-aspartic acid

主要用于食品方面作营养强化剂

【生产厂】[苏]无锡四周氨基酸有限公司〈P1881〉;[鄂]武汉麦可贝斯生物科技有限公司〈P2231〉

L-赖氨酸-L-谷氨酸盐 K01090371

L-Lysine-L-glutamic acid

主要用于奶粉中作增鲜剂,也用于儿童保健品、营养滋补剂等

【生产厂】[鄂]武汉麦可贝斯生物科技有限公司〈P2231〉

β-胡萝卜素 K01090501

β-Carotene; Carotin; Provitamin A [7235-40-7]

主要应用于食品、保健品和药品

【生产厂】[京]北京三鸣生物工程有限公司〈P1557〉;[冀]华北制药股份有限公司〈P1624〉;华北制药集团有限责任公司〈P1624〉;河北食品添加剂有限公司〈P1622〉;[沪]上海朗瑞精细化学品有限公司〈P1749〉;上海康文医药中间体有限公司〈P1748〉;上海里德化工有限公司〈P1750〉;[苏]南京仁信化工有限公司〈P1788〉;[浙]杭州德立化工有限公司〈P1916〉;[鄂]武汉星辰现代生物工程有限公司〈P2234〉;[渝]重庆圣华曦药业有限公司〈P2306〉

结晶果糖 K01090601

Crystalline fructose

用作食物、营养剂和防腐剂等

【生产厂】[桂]南宁市化工研究设计院〈P2297〉

胍基丙酸 K01090701

3-Guanidinopropanoate [353-09-3]

用作食品、饮料、饲料添加剂,营养强化剂,化妆品用表面活性剂和医药原料等

【生产厂】[津]天津天成制药有限公司(400 吨)〈P1614〉;[沪]上海浩洲化工有限公司〈P1736〉;[苏]常熟市金城化工有限公司〈P1890〉;[鄂]荆州市沙隆达维迅化工有限公司〈P2240〉

食用磷酸;磷酸(食品级) K01100201

Phosphoric acid, food grade [7664-38-2]

在食品工业中作为酸味剂、酵母营养剂等

【生产厂】[苏]无锡杰瑞化学有限公司〈P1874〉;江苏徐州嘉信达化工有限公司〈P1793〉;[豫]新乡市华幸化工有限责任公司〈P2205〉;[鄂]武汉醒狮化学品有限公司(1000 吨)〈P2235〉;襄樊高隆磷化工有限责任公司(5000 吨)〈P2238〉;[湘]湖南省中方县宏旺化工有限公司(3 万吨)〈P2257〉;[川]四川省什邡市聚鑫泰化工有限公司(2000 吨)〈P2328〉;四川什邡鼎立磷化工有限公司(5000 吨)〈P2329〉;四川成洪磷化工有限责任公司(2 万吨)〈P2332〉;三台县启明星磷酸盐有限公司(2 万吨)〈P2330〉;[黔]贵阳富捷化工有限公司〈P2337〉;贵州宏福实业开发有限总公司〈P2338〉;[滇]云南昆阳磷肥厂有限公司(2000 吨)〈P2341〉;云南澄江县磷化工华业有限责任公司(3 万吨)〈P2343〉;云南江磷集团股份有限公司(3000 吨)〈P2343〉

【使用厂】[鲁]烟台通世化工有限公司〈P2119〉

柠檬酸;枸橼酸;2-羟基丙烷-1,2,3-三羧酸;无水柠檬酸 K01100301

Citric acid; Citric acid anhydrous [77-92-9]

主要用作食品的酸味剂,也用于制备医药清凉剂、洗涤剂用添加剂等

【生产厂】[津]天津市天福精细化工有限公司(300 吨)〈P1604〉;[冀]石家庄冀华化工纺织有限公司〈P1627〉;河北智通化工有限责任公司〈P1623〉;河北省冀州市华阳化工有限责任公司〈P1665〉;唐山市冀东制药厂(1 万吨)〈P1636〉;滦南九州生物化工有限公司(700 吨)〈P1635〉;[沪]上海威呈化工有限公司〈P1769〉;上海华源股份有限公司〈P1740〉;上海邦成化工有限公司〈P1728〉;[苏]无锡四周氨基酸有限公司〈P1881〉;江苏省沛县东方化工厂〈P1793〉;连云港中铭化工有限公司〈P1801〉;南通市飞宇精细化学品有限公司(2000 吨)〈P1835〉;南通恒兴电子材料有限公司〈P1833〉;[鲁]山东宝沣化工集团公司〈P2051〉;博山化学厂(有限公司)〈P2048〉;青岛三凯化工有限公司〈P2041〉;青岛扶桑精制加工有限公司(2 万吨)〈P2034〉;莱芜泰禾生化有限公司(5000 吨)〈P2141〉;新泰泰山生化有限公司(3000 吨)〈P2139〉;临沂宏仕德化工有限公司(4 万吨)〈P2147〉;莒县银丰柠檬有限公司(3000 吨)〈P2139〉;山东银丰化工集团股份有限公司(3000 吨)〈P2140〉;日照金禾生化集团有限公司(1 万吨)〈P2139〉;[豫]新乡市华幸化工有限责任公司〈P2205〉;夏邑县谷氨酸股份有限公司(800 吨)〈P2226〉;[鄂]黄石兴华生化有限公司〈P2236〉;[湘]湖南华日制药有限公司〈P2248〉;湖南银海石化集团有限公司(5000 吨)〈P2249〉;湖南洞庭柠檬酸化学有限公司(3000 吨)〈P2254〉;[桂]广西岑溪凤凰柠檬酸有限公司(3000 吨)〈P2300〉;[滇]云南燃二化工有限公司〈P2345〉;[新]新疆天业股份有限公司〈P2367〉

【使用厂】[津]天津市硫酸厂〈P1598〉;天津天成制药有限公司〈P1614〉;[辽]沈阳市试剂三厂〈P1688〉;丹东医创药业

K

有限责任公司〈P1701〉;[沪]中外合资上海大宇生化有限公司〈P1780〉;[苏]苏州益良药业有限公司〈P1907〉;常熟市医药原料厂〈P1891〉;江都市华都食品添加剂有限公司〈P1814〉;[鲁]淄博化学试剂厂有限公司〈P2062〉;山东联盟化工集团有限公司〈P2096〉;莱州金兴化工有限责任公司〈P2109〉;济宁市安康制药有限公司〈P2128〉;诸城翔龙化学品有限公司〈P2107〉;莱州市化工三厂〈P2109〉;济宁市化工研究所〈P2128〉;[鄂]武汉青江化工股份有限公司〈P2231〉;[湘]衡阳市化工研究所〈P2252〉;[粤]广州化学试剂厂〈P2261〉;广东西陇化工有限公司〈P2276〉;[川]成都天华科技股份有限公司〈P2315〉;乐山三九长征药业股份有限公司〈P2332〉;[滇]云南师范大学化工厂〈P2341〉

柠檬酸(一水);一水柠檬酸 K01100312

Citric acid monohydrate [5949-29-1]

主要用作食品的酸味剂,也用于制备医药清凉剂、洗涤剂用添加剂等

【生产厂】[冀]河北省冀州市华阳化工有限责任公司〈P1665〉;[晋]山西汾河制药厂(1万吨)〈P1678〉;[沪]上海华源股份有限公司〈P1740〉;[苏]江苏大华药业有限公司〈P1802〉;[鲁]山东泰山海泽生物工程有限公司(7000吨)〈P2136〉;新泰泰山生化有限公司(7000吨)〈P2139〉;莒县银丰柠檬有限公司(10万吨)〈P2139〉;日照金禾生化集团有限公司(3万吨)〈P2139〉;[鄂]黄石兴华生化有限公司〈P2236〉;[湘]湖南银海石化集团有限公司(2万吨)〈P2249〉;[桂]广西岑溪凤凰柠檬酸有限公司(1000吨)〈P2300〉

柠檬酸钾;枸橼酸钾 K01100501

Potassium citrate [866-84-2]

用于食品、医药等行业,作缓冲剂、螯合剂、调味剂、稳定剂、抗氧化剂、乳化盐等

【生产厂】[京]北京市燕京制药厂〈P1561〉;[冀]河北省冀州市华阳化工有限责任公司〈P1665〉;[沪]上海邦成化工有限公司〈P1728〉;[苏]连云港中铭化工有限公司〈P1801〉;连云港瑞丰化工有限公司〈P1799〉;江苏德邦化学工业集团有限公司〈P1797〉;连云港格兰特化工食品添加剂有限公司(1000吨)〈P1798〉;连云港泰达精细化工有限公司〈P1800〉;江都市华都食品添加剂有限公司(200吨)〈P1814〉;南通市飞宇精细化学品有限公司〈P1835〉;[鲁]莱芜泰禾生化有限公司(2000吨)〈P2141〉;日照金禾生化集团有限公司(3万吨)〈P2139〉;[鄂]黄石兴华生化有限公司〈P2236〉;[湘]湖南华日制药有限公司〈P2248〉;湖南银海石化集团有限公司(1000吨)〈P2249〉;湖南洞庭柠檬酸化学有限公司〈P2254〉;[粤]广东西陇化工有限公司〈P2276〉

柠檬酸铵 K01100531

Triammonium citrate [7632-50-0]

【生产厂】[苏]江苏省沛县东方化工厂〈P1793〉;南通恒兴电子材料有限公司〈P1833〉;[湘]湖南银海石化集团有限公司〈P2249〉;湖南洞庭柠檬酸化学有限公司(200吨)〈P2254〉;[粤]广东南海奇瑞德助剂厂〈P2290〉

柠檬酸铁 K01100541

Ferric citrate [6043-74-9]

【生产厂】[沪]上海沪试化工有限公司〈P1737〉;[苏]南通市飞宇精细化学品有限公司〈P1835〉;[豫]郑州瑞普生物工程有限公司(150吨)〈P2172〉

柠檬酸氢二铵 K01100545

Ammonium citrate dibasic [3012-65-5]

【生产厂】[苏]南通市飞宇精细化学品有限公司〈P1835〉;[湘]长沙埃索凯化工有限公司〈P2247〉

丙酸钙 K01100601

Calcium propionate [4075-81-4]

用作食品防腐、防霉剂,对霉菌、酵母菌及细菌等具有广泛的抑制作用

【生产厂】[辽]本溪黑马化工实业有限公司(500吨)〈P1699〉;[沪]上海申夏生物化工有限公司〈P1761〉;上海新浦化工厂有限公司〈P1772〉;上海华美助剂厂精细化工分厂(1500吨)〈P1739〉;[苏]连云港格兰特化工食品添加剂有限公司(1000吨)〈P1798〉;江苏新星食品添加剂有限公司〈P1822〉;姜堰市荣昌食品添加剂有限公司〈P1823〉;[鲁]潍坊海化三江化工有限公司〈P2102〉;青岛三泰化工有限公司〈P2042〉;山东滕州东信精细化工厂(2000吨)〈P2078〉;山东省滕州市滕宝化工有限责任公司(300吨)〈P2078〉;滕州市奥龙化工有限公司(1600吨)〈P2079〉;[渝]重庆市化工研究院(200吨)〈P2307〉;重庆市渝北区川沙化工厂〈P2307〉

丙酸钠 K01100701

Sodium propionate [137-40-6]

用作防腐剂,用于糕点、杨梅等防霉

【生产厂】[京]北京马氏精细化学品有限公司〈P1555〉;[沪]上海申夏生物化工有限公司〈P1761〉;上海新浦化工厂有限公司〈P1772〉;上海华美助剂厂精细化工分厂(500吨)〈P1739〉;[苏]连云港格兰特化工食品添加剂有限公司(1000吨)〈P1798〉;[鲁]青岛三泰化工有限公司〈P2042〉;山东滕州东信精细化工厂(2000吨)〈P2078〉;山东省滕州市滕宝化工有限责任公司(100吨)〈P2078〉

木糖醇;戊五醇 K01110101

Xylitol [87-99-0]

用作食品甘味剂

【生产厂】[京]北京健力药业有限公司(800吨)〈P1551〉;[冀]石家庄维诺伟业生物制品有限公司〈P1633〉;河北智通化工有限责任公司(3000吨)〈P1623〉;石家庄市新泽兴化工有限公司〈P1631〉;河北圣雪葡萄糖有限责任公司(3000吨)〈P1622〉;石家庄市海天精细化工有限公司〈P1629〉;石家庄市石兴氨基酸有限公司〈P1631〉;河北省冀州市华阳化工有限责任公司〈P1665〉;乐亭县奥翔木糖醇有限公司(3000吨)〈P1635〉;河北宝硕股份有限公司糖醇分公司〈P1647〉;河北宝硕股份有限公司(2000吨)〈P1647〉;[沪]上海邦成化工有限公司〈P1728〉;[浙]浙江华康药业有限公司(2万吨)〈P1927〉;宁波海德氨基酸工业有限公司〈P1930〉;[鲁]山东福田药业有限公司(2万吨)〈P2144〉;山东振兴化工有限公司〈P2099〉;潍坊三希化工有限公司〈P2104〉;[豫]郑州海昆食品添加剂有限公司〈P2170〉;汤阴融鑫有限责任公司〈P2212〉;汤阴县豫鑫有限责任公司(2万吨)〈P2212〉;濮阳市鹏程化工有限公司(5000吨)〈P2214〉

【使用厂】[苏]溧阳竹溪活性碳有限公司〈P1864〉

甜菊糖;蛇菊苷;甜菊糖苷 K01110201

Stevioside [57817-89-7]

用作食品甘味剂,特别适合于高血压、糖尿病、肥胖症、心脏病、龋齿等

【生产厂】[辽]大连天山实业有限公司〈P1694〉;[苏]江苏健佳药业有限公司〈P1808〉;东台市康宁植物素有限公司〈P1806〉;[鲁]山东华仙集团总公司(1000吨)〈P2131〉;[豫]郑州海昆食品添加剂有限公司〈P2170〉;[川]成都宏博实业有限公司〈P2310〉;什邡市龙康植物原料厂〈P2325〉

糖精钠；邻苯甲酰磺酰亚胺钠；可溶性糖精钠 K01110301
Sodium saccharin hydrate；Saccharin soluble hydrate [82385-42-0]
用作食品甘味剂及诊断用药
【生产厂】［津］天津市鑫卫化工有限责任公司(5000吨)〈P1609〉；天津长捷化工有限公司(500吨)〈P1571〉；［沪］上海福新化工有限公司(3500吨)〈P1733〉；［苏］苏州精细化工有限公司(8000吨)〈P1901〉；连云港中铭化工有限公司〈P1801〉；［豫］平煤集团开封兴化精细化工厂(5000吨)〈P2179〉；开封化工三厂(4万吨)〈P2176〉
【使用厂】［辽］大连瑞泽农药股份有限公司〈P1693〉；［吉］辽源市百康药业有限责任公司〈P1717〉；［鲁］山东方明药业股份有限公司〈P2160〉

糖精(不溶性)；邻磺酰苯酰亚胺(糖精) K01110302
Saccharin insoluble [81-07-2]
主要用于生产农药中间体及生产糖精钠
【生产厂】［津］天津北方食品有限公司(8000吨)〈P1570〉；［苏］苏州精细化工有限公司(2000吨)〈P1901〉；［豫］平煤集团开封兴化精细化工厂(8000吨)〈P2179〉

穗洪糖；复合甜味剂 K01110311
Acesulfame-k；Blended sweetener of acesulfame-kwith aspartame
用于饮料、食品、保健品等
【生产厂】［冀］衡水新光化工有限责任公司〈P1668〉

糖精钙 K01110351
Calcium saccharin
主要用于调味
【生产厂】［沪］上海福新化工有限公司〈P1733〉；［苏］苏州精细化工有限公司〈P1901〉

葡萄糖酸铜 K01110501
Copper gluconate [527-09-3]
用作食品添加剂、医药原料
【生产厂】［辽］辽阳市康佳精细化工厂〈P1711〉；辽阳富强食品化工有限公司(30吨)〈P1709〉；［浙］桐乡市康普达生物科技有限公司〈P1943〉；浙江天益食品添加剂有限公司〈P1944〉；浙江省仙居县欣宏医药化工有限公司〈P1967〉

高效复合酸化剂；复合酸味剂 K01110601
High efficiency compound acidifier
用于食品及饮料的调酸及保鲜
【生产厂】［浙］杭州汇能生物技术有限公司〈P1919〉；［鲁］济宁市化工研究所(200吨)〈P2128〉；［桂］桂林市奥康化工技术有限公司〈P2299〉

安赛蜜；6-甲基-1,2,3-氧噁嗪-4-(3H)-酮-2,2-二氧钾盐 K01110701
Acesulfame-K [33665-90-6]
可用于食品、医药等方面作甜味剂
【生产厂】［京］北京原野食品化工有限公司〈P1566〉；北京维多化工有限责任公司〈P1563〉；［冀］石家庄市海天精细化工有限公司〈P1629〉；［苏］徐州万和化学工业有限公司〈P1796〉；海门市通联化工有限责任公司(200吨)〈P1830〉；［皖］皖东金瑞化工有限公司(2000吨)〈P1983〉；［鲁］滕州市奥龙化工有限公司〈P2079〉；［豫］辉县市宏泰化工有限公司(1200吨)〈P2202〉

木糖；D-木糖 K01110801
Xylose [41247-05-6]
主要用于制取木糖醇，在食品加工、制药工业也有广泛应用
【生产厂】［京］北京健力药业有限公司〈P1551〉；［冀］石家庄维诺伟业生物制品有限公司〈P1633〉；河北智通化工有限责任公司(3000吨)〈P1623〉；石家庄市新泽兴化工有限公司〈P1631〉；石家庄市石兴氨基酸有限公司〈P1631〉；河北省冀州市华阳化工有限责任公司〈P1665〉；河北中化滏恒股份有限公司(500吨)〈P1641〉；永清天成木糖有限公司(2500吨)〈P1662〉；河北宝硕股份有限公司糖醇分公司〈P1647〉；［浙］浙江华康药业有限公司〈P1927〉；宁波海德氨基酸工业有限公司〈P1930〉；［鲁］山东福田药业有限公司(1万吨)〈P2144〉；山东高密同利化工有限公司(2000吨)〈P2094〉；山东振兴化工有限公司〈P2099〉；潍坊三希化工有限公司〈P2104〉；［豫］辉县市宏泰化工有限公司(5000吨)〈P2202〉；河南省焦作市华康化工有限公司(2000吨)〈P2194〉；汤阴融鑫有限责任公司(5000吨)〈P2212〉；汤阴县豫鑫有限责任公司〈P2212〉；濮阳市鹏程化工有限公司(4000吨)〈P2214〉；濮阳市鹏鑫化工有限公司(1000吨)〈P2214〉
【使用厂】［苏］溧阳竹溪活性碳有限公司〈P1864〉

A-K糖；6-甲基-2,2′-二氧代-1,2,3-氧硫氮杂-4-环已烯酮，钾盐 K01111001
Acesulfaml-K
食品甜味剂
【生产厂】［苏］张家港浩波化学品有限公司(450吨)〈P1912〉

天冬氨酰苯丙氨酸甲酯；阿斯巴甜 K01111101
Aspartame；L-Aspartyl-L-phenylalanine methyl ester [22839-47-0]
用作食品添加剂，是高甜度营养甜味剂
【生产厂】［京］北京维多化工有限责任公司〈P1563〉；［冀］石家庄市海天精细化工有限公司〈P1629〉；石家庄市石兴氨基酸有限公司〈P1631〉；［苏］江苏亚邦化工集团有限公司〈P1861〉；江苏杰成生物工程有限公司〈P1865〉；徐州万和化学工业有限公司〈P1796〉；连云港中铭化工有限公司〈P1801〉；海门市通联化工有限责任公司(400吨)〈P1830〉；［豫］郑州海昆食品添加剂有限公司〈P2170〉；［鄂］武汉市合中化工制造有限公司〈P2232〉；［川］成都宏博实业有限公司〈P2310〉

甜味剂 K01111201
Sweetening agent
用于各式食品、饮料
【生产厂】［冀］石家庄市新泽兴化工有限公司〈P1631〉；［甘］甘肃金汉伯生物制品有限责任公司〈P2358〉

三氯蔗糖；TGS K01111401
Sucralose [56038-13-2]
用作食品甜味剂，营养增补剂，必需氨基酸之一
【生产厂】［冀］河北省化学工业研究院(300吨)〈P1621〉；河北食品添加剂有限公司〈P1622〉；石家庄市石兴氨基酸有限公司〈P1631〉；［苏］金湖申凯化学有限公司〈P1803〉；江阴南极星生物制品有限公司〈P1868〉；常熟欣润染料有限公司〈P1892〉；徐州万和化学工业有限公司〈P1796〉；江苏省姜堰市鑫鑫化工有限公司〈P1822〉；南通远东生物化工有限公司(40吨)〈P1836〉；［浙］杭州维华生物技术有限公司〈P1923〉；浙江优联医药化工有限公司〈P1928〉；湖州市菱湖新望化学有限公司〈P1946〉；嘉兴市中科化学有限公

司〈P1942〉;[鲁]阿维化学(山东)公司〈P2020〉;淄博海洲化工有限公司〈P2061〉;[豫]平舆县馨星生化有限公司〈P2227〉

DL-谷氨酸　K01120251

DL-Glutamic acid [617-65-2]

主要用作食品鲜味料,也用作生化试剂和发酵用原料,也是氨基酸类药

【生产厂】[冀]石家庄市石兴氨基酸有限公司〈P1631〉;[沪]上海三维制药有限公司〈P1760〉;[苏]无锡四周氨基酸有限公司〈P1881〉;[鄂]武汉武大弘元股份有限公司〈P2234〉;武汉汉龙氨基酸有限责任公司〈P2230〉;[川]四川同晟氨基酸有限公司〈P2329〉;四川绵竹市鹏发生化有限责任公司〈P2327〉;罗江晨明生物制品有限公司〈P2324〉

谷氨酸钠;味精;α-氨基戊二酸一钠　K01120301

Monosodium glutamate [32221-81-1]

用作食品调味剂

【生产厂】[津]天津红玫瑰食品有限公司(4 万吨)〈P1573〉;[冀]石家庄维诺伟业生物制品有限公司〈P1633〉;[浙]宁波科瑞生物工程有限公司〈P1931〉;[鲁]山东省信祥化工有限公司(10 万吨)〈P2154〉;山东菱花集团公司(12 万吨)〈P2131〉;山东阜丰集团公司(8 万吨)〈P2149〉;[桂]南宁荷花味精有限公司(1 万吨)〈P2296〉

【使用厂】[苏]南京白敬宇制药有限责任公司〈P1782〉

L-焦谷氨酸　K01120401

L-Pyroglutamic acid [98-79-3]

用于食品、医药、化妆品等行业

【生产厂】[沪]上海斐雅科技发展有限公司〈P1733〉;[苏]苏州园方化工有限公司〈P1907〉;[鄂]武汉阿米诺科技有限公司〈P2228〉;[渝]重庆市劲康生物技术有限公司〈P2307〉;[川]四川峨眉山荣高生化制品有限公司〈P2318〉;成都景田生物药业有限公司(300 吨)〈P2312〉;四川同晟氨基酸有限公司(100 吨)〈P2329〉;四川绵竹市鹏发生化有限责任公司(36 吨)〈P2327〉;罗江晨明生物制品有限公司〈P2324〉

D-焦谷氨酸　K01120411

D-Pyroglutamic acid [4042-36-8]

【生产厂】[沪]上海求德生物化工有限公司〈P1758〉;[川]四川同晟氨基酸有限公司〈P2329〉

DL-焦谷氨酸　K01120421

DL-Pyroglutamic acid [149-87-1]

主要用作生化试剂

【生产厂】[川]四川峨眉山荣高生化制品有限公司〈P2318〉;四川同晟氨基酸有限公司〈P2329〉;四川绵竹市鹏发生化有限责任公司〈P2327〉

甜蜜素;环已基氨基磺酸钠　K01120901

Beet molasses; Molasses [68476-78-8]

用作食品加工的甜味剂,药品、化妆品、饲料的添加剂等

【生产厂】[沪]上海威垦化工有限公司〈P1769〉;[苏]昆山互利食品添加剂有限公司〈P1895〉;连云港中铭化工有限公司〈P1801〉;[鲁]潍坊振兴焦化有限公司(3500 吨)〈P2107〉

L-亮氨酸;L-白氨酸　K01121101

L-Leucine [61-90-5]

用作医药原料及食品添加剂

【生产厂】[冀]石家庄维诺伟业生物制品有限公司〈P1633〉;石家庄市环城氨基酸厂(60 吨)〈P1629〉;石家庄市新泽兴化工有限公司〈P1631〉;石家庄市海天精细化工有限公司〈P1629〉;石家庄市石兴氨基酸有限公司〈P1631〉;晋州冀荣氨基酸有限公司(100 万吨)〈P1625〉;河北省冀州市华阳化工有限责任公司〈P1665〉;[沪]上海斐雅科技发展有限公司〈P1733〉;[苏]无锡四周氨基酸有限公司〈P1881〉;江苏华昌(集团)有限公司〈P1893〉;张家港市菊花氨基酸有限公司〈P1913〉;[浙]富阳市东辰生物工程有限公司(50 吨)〈P1915〉;桐乡市康普达生物科技有限公司〈P1943〉;宁波海德氨基酸工业有限公司〈P1930〉;宁波市镇海步云生化厂〈P1933〉;宁波科瑞生物工程有限公司〈P1931〉;宁波海硕生物科技有限公司〈P1930〉;[鲁]山东振兴化工有限公司〈P2099〉;[豫]郑州厚泽木食品技术有限公司〈P2170〉;[鄂]武汉阿米诺科技有限公司〈P2228〉;武汉麦可贝斯生物科技有限公司〈P2231〉;武汉武大弘元股份有限公司〈P2234〉;武汉汉龙氨基酸有限责任公司〈P2230〉;武汉百友氨基酸有限公司〈P2229〉;湖北省潜江市四维氨基酸有限公司〈P2245〉;湖北新生源生物工程股份有限公司〈P2240〉;宜昌三峡制药有限公司〈P2241〉;湖北八峰药化股份有限公司〈P2245〉;[川]四川峨眉山荣高生化制品有限公司(60 吨)〈P2318〉;四川同晟氨基酸有限公司〈P2329〉;四川绵竹市鹏发生化有限责任公司(50 吨)〈P2327〉;四川正华药业有限公司〈P2330〉;罗江晨明生物制品有限公司〈P2324〉;四川省用九生化制品有限公司〈P2334〉

D-亮氨酸;D-白氨酸　K01121111

D-Leucine [328-38-1]

【生产厂】[冀]石家庄市石兴氨基酸有限公司〈P1631〉;[晋]太原世乐药业有限公司〈P1671〉;[沪]上海求德生物化工有限公司〈P1758〉;[皖]安徽省恒锐新技术开发有限责任公司〈P1972〉

DL-亮氨酸;DL-白氨酸　K01121151

DL-Leucine [328-39-2]

医药上用作营养剂,也用于生物化学研究等

【生产厂】[京]北京奥博星生物技术责任有限公司〈P1543〉;[沪]上海求德生物化工有限公司〈P1758〉;[浙]宁波海德氨基酸工业有限公司〈P1930〉;[川]四川同晟氨基酸有限公司〈P2329〉;四川绵竹市鹏发生化有限责任公司〈P2327〉

L-异亮氨酸　K01121301

L-(+)-Isoleucine [73-32-5]

用作氨基酸注射液、复合氨基酸输液、食品添加剂

【生产厂】[津]天津天安药业股份有限公司〈P1614〉;[冀]石家庄维诺伟业生物制品有限公司〈P1633〉;石家庄市环城氨基酸厂〈P1629〉;石家庄市新泽兴化工有限公司〈P1631〉;石家庄市石兴氨基酸有限公司〈P1631〉;晋州冀荣氨基酸有限公司(50 吨)〈P1625〉;河北省冀州市华阳化工有限责任公司〈P1665〉;[沪]上海斐雅科技发展有限公司〈P1733〉;[苏]无锡四周氨基酸有限公司〈P1881〉;江苏华昌(集团)有限公司〈P1893〉;江苏亚太氨基酸有限公司(50 吨)〈P1895〉;张家港市菊花氨基酸有限公司〈P1913〉;[浙]富阳市东辰生物工程有限公司(80 吨)〈P1915〉;桐乡市康普达生物科技有限公司〈P1943〉;宁波海德氨基酸工业有限公司〈P1930〉;宁波科瑞生物工程有限公司〈P1931〉;[豫]郑州厚泽木食品技术有限公司〈P2170〉;[鄂]武汉阿米诺科技有限公司〈P2228〉;武汉武大弘元股份有限公司〈P2234〉;武汉汉龙氨基酸有限责任公司〈P2230〉;湖北八峰药化股份有限公司〈P2245〉;[川]成都

龙泰生化实业有限公司〈P2313〉

D-异亮氨酸　K01121311

D-Isoleucine [319-78-8]

【生产厂】[沪]上海求德生物化工有限公司〈P1758〉

L-精氨酸;2-氨基-5-胍基戊酸　K01121401

L-Arginine [74-79-3]

用作医药原料及食品添加剂

【生产厂】[京]北京奥博星生物技术责任有限公司〈P1543〉;[津]天津天安药业股份有限公司〈P1614〉;[冀]石家庄维诺伟业生物制品有限公司〈P1633〉;石家庄市环城氨基酸厂〈P1629〉;石家庄市新泽兴化工有限公司〈P1631〉;石家庄市石兴氨基酸有限公司〈P1631〉;晋州冀荣氨基酸有限公司(50 吨)〈P1625〉;河北省冀州市华阳化工有限责任公司〈P1665〉;[沪]上海斐雅科技发展有限公司〈P1733〉;上海迪赛诺公司〈P1731〉;上海求德生物化工有限公司〈P1758〉;上海协和氨基酸有限公司(600 吨)〈P1771〉;[苏]金湖申凯化学有限公司〈P1803〉;无锡四周氨基酸有限公司〈P1881〉;[浙]桐乡市康普达生物科技有限公司〈P1943〉;宁波海德氨基酸工业有限公司〈P1930〉;宁波科瑞生物工程有限公司〈P1931〉;宁波海硕生物科技有限公司〈P1930〉;[豫]郑州厚泽木食品技术有限公司〈P2170〉;[鄂]武汉阿米诺科技有限公司〈P2228〉;武汉麦可贝斯生物科技有限公司〈P2231〉;武汉武大弘元股份有限公司〈P2234〉;武汉汉龙氨基酸有限责任公司〈P2230〉;湖北省潜江市四维氨基酸有限公司〈P2245〉;湖北新生源生物工程股份有限公司〈P2240〉;湖北八峰药化股份有限公司〈P2245〉;[川]成都景田生物药业有限公司〈P2312〉;四川绵竹市鹏发生化有限责任公司(60 吨)〈P2327〉;罗江晨明生物制品有限公司〈P2324〉;四川省用九生化制品有限公司〈P2334〉

【使用厂】[津]天津天成制药有限公司〈P1614〉

L-精氨酸盐酸盐　K01121402

L-Arginine monohydrochloride [1119-34-2]

用作医药原料及食品添加剂

【生产厂】[京]北京奥博星生物技术责任有限公司〈P1543〉;[津]天津天安药业股份有限公司〈P1614〉;[冀]石家庄维诺伟业生物制品有限公司〈P1633〉;石家庄市环城氨基酸厂(30 吨)〈P1629〉;石家庄市新泽兴化工有限公司〈P1631〉;石家庄市石兴氨基酸有限公司〈P1631〉;河北省冀州市华阳化工有限责任公司〈P1665〉;[沪]上海斐雅科技发展有限公司〈P1733〉;上海求德生物化工有限公司〈P1758〉;上海协和氨基酸有限公司(600 吨)〈P1771〉;[苏]张家港市三兴生化试剂厂〈P1913〉;[浙]宁波立华制药有限公司〈P1931〉;宁波海德氨基酸工业有限公司〈P1930〉;宁波科瑞生物工程有限公司〈P1931〉;宁波海硕生物科技有限公司〈P1930〉;[鄂]武汉阿米诺科技有限公司〈P2228〉;武汉麦可贝斯生物科技有限公司〈P2231〉;武汉武大弘元股份有限公司〈P2234〉;武汉汉龙氨基酸有限责任公司〈P2230〉;湖北省潜江市四维氨基酸有限公司〈P2245〉;湖北新生源生物工程股份有限公司〈P2240〉;[川]四川峨眉山荣高生化制品有限公司〈P2318〉;四川绵竹市鹏发生化有限责任公司〈P2327〉;罗江晨明生物制品有限公司〈P2324〉;四川省用九生化制品有限公司〈P2334〉

L-精氨酸醋酸盐　K01121411

L-Arginine acetate [71173-62-1]

【生产厂】[冀]晋州冀荣氨基酸有限公司(100 吨)〈P1625〉;[鄂]武汉武大弘元股份有限公司〈P2234〉

DL-精氨酸　K01121421

DL-Arginine [7200-25-1]

【生产厂】[京]北京奥博星生物技术责任有限公司〈P1543〉;[晋]山西汾河制药厂〈P1678〉;[沪]上海求德生物化工有限公司〈P1758〉

DL-精氨酸盐酸盐　K01121429

DL-Arginine hydrochloride [32042-43-6]

【生产厂】[冀]石家庄市石兴氨基酸有限公司〈P1631〉;[沪]上海求德生物化工有限公司〈P1758〉;[皖]安徽省恒锐新技术开发有限责任公司〈P1972〉;[川]四川同晟氨基酸有限公司〈P2329〉

D-精氨酸　K01121431

D-Arginine [157-06-2]

【生产厂】[冀]石家庄市石兴氨基酸有限公司〈P1631〉;[晋]太原世乐药业有限公司〈P1671〉;[沪]上海求德生物化工有限公司〈P1758〉;[皖]安徽省恒锐新技术开发有限责任公司〈P1972〉

D-精氨酸盐酸盐　K01121435

D-Arginine hydrochloride [627-75-8]

【生产厂】[皖]安徽省恒锐新技术开发有限责任公司〈P1972〉

L-精氨酸-α-酮戊二酸盐　K01121451

L-Arginine-α-ketoglutarate [16856-18-1]

用于增强体质

【生产厂】[津]天津天成制药有限公司(300 吨)〈P1614〉;[辽]开原亨泰精细化工厂〈P1712〉;[沪]上海汉飞生化科技有限公司〈P1735〉;上海依福瑞实业有限公司〈P1774〉;[浙]浙江省上虞市精益生物化工有限公司〈P1951〉

L-精氨酸-L-谷氨酸盐　K01121471

L-Arginine-L-glutamic acid [4320-30-3]

用作氨基酸营养食品添加物,用于治疗失眠、记忆力衰退和疲劳等症

【生产厂】[辽]开原亨泰精细化工厂〈P1712〉;[鄂]武汉麦可贝斯生物科技有限公司〈P2231〉

麦芽糖醇　K01121501

Maltitol [585-88-6]

作为甜味剂添加无糖糖果,有良好的保湿性能,用于食品调整和保持水分

【生产厂】[冀]河北宝硕股份有限公司糖醇分公司〈P1647〉;[浙]浙江华康药业有限公司(1 万吨)〈P1927〉;[皖]安徽海丰精细化工股份有限公司〈P1971〉;[鲁]山东百龙创园生物科技有限公司(6000 吨)〈P2143〉;山东福田药业有限公司(1 万吨)〈P2144〉

异麦芽酮糖醇;益寿糖;帕拉金糖醇;异麦芽糖醇　K01121551

Isomalt;Isomaltitol;Plaltinitol [64519-82-0]

功能性食用糖醇,已成为许多低热值食品与药品中广泛应用的重要原料

【生产厂】[沪]上海健源碳水化合物有限公司〈P1743〉;[鲁]山东福田药业有限公司(5000 吨)〈P2144〉;[桂]南宁市化工研究设计院〈P2297〉;广西南宁化学制药有限责任公司〈P2296〉

丙酸四氢糠酯　K01121601

Tetrahydrofurfuryl propionate [637-65-0]

【生产厂】[鲁]滕州吉田香料有限公司〈P2078〉

3-甲硫基丙酸甲酯 K01121701

Methyl 3-methylthiopropionate

用作食用香精

【生产厂】[鲁]山东滕州悟通香料有限责任公司(1吨)〈P2078〉

乙酸糠酯 K01121801

Furfuryl acetate [623-17-6]

用作食用香料

【生产厂】[鲁]山东滕州悟通香料有限责任公司(1吨)〈P2078〉;滕州吉田香料有限公司〈P2078〉;[粤]广州市伟香单体香料有限公司〈P2266〉

乙酸四氢糠酯 K01121851

Tetrahydrofurfuryl acetate [637-64-9]

【生产厂】[鲁]滕州吉田香料有限公司〈P2078〉

苦味剂 SA K01121901

Bitter SA

用于啤酒、药酒、咖啡制品及风味食品

【生产厂】[浙]浙江迪耳化工有限公司〈P1954〉

L-茶氨酸 K01122101

L-Theanine;N5-Ethyl-L-glutamine [3081-61-6]

用作食品添加剂

【生产厂】[苏]南京莱尔生物化工有限公司〈P1786〉;无锡四周氨基酸有限公司〈P1881〉

苦精 K01122201

Denatonium benzoate [3734-33-6]

用作调味剂

【生产厂】[浙]浙江迪耳化工有限公司〈P1954〉;浙江迪耳药业有限公司〈P1954〉

苦精-S;糖精苄铵酰胺 K01122301

Denatonium saccharide [90823-38-4]

在日用品和工业品中用作苦味剂

【生产厂】[浙]浙江迪耳化工有限公司〈P1954〉;浙江迪耳药业有限公司〈P1954〉

食用抗氧剂;食品抗氧剂;饲料抗氧剂 K01130101

Antioxidant,edible

用作食品生产加工中的抗氧添加剂,以及要求较高的医用橡胶、食品级塑料、化妆品等

【生产厂】[冀]廊坊丰得润化工有限公司〈P1660〉;[苏]南通利田化工有限公司〈P1834〉;[粤]广东省石油化工研究院(400吨)〈P2259〉

没食子酸丙酯;倍酸丙酯;3,4,5-三羟基苯甲酸丙酯 K01130201

Propyl gallate [121-79-9]

用作食品抗氧化剂

【生产厂】[黑]哈尔滨康文生化科技有限公司〈P1720〉;[沪]上海康晟实业有限公司〈P1748〉;上海康文医药中间体有限公司〈P1748〉;[苏]无锡康晟精细化工有限公司〈P1874〉;姜堰市荣昌食品添加剂有限公司〈P1823〉;[浙]衢州市聚华特种试剂厂〈P1958〉;[鄂]竹山县天新医药化工有限责任公司(50吨)〈P2239〉;湖北山山林产化工有限公司〈P2240〉;[湘]湖南省张家界市贸源化工有限公司(150吨)〈P2255〉;[粤]珠海市金山化工有限公司(100吨)〈P2275〉;[黔]六盘水神驰生物科技有限公司〈P2337〉

没食子酸乙酯;3,4,5-三羟基苯甲酸乙酯 K01130211

Ethyl gallate [831-61-8]

用于油脂的抗氧化剂、食品添加剂及某些药品的中间体

【生产厂】[沪]上海康晟实业有限公司〈P1748〉;[苏]无锡康晟精细化工有限公司〈P1874〉;[浙]衢州市聚华特种试剂厂〈P1958〉;[湘]湖南省张家界市贸源化工有限公司(100吨)〈P2255〉;[粤]珠海市金山化工有限公司(100吨)〈P2275〉

没食子酸甲酯;3,4,5-三羟基苯甲酸甲酯 K01130231

Methyl gallate;Methyl 3,4,5-trihydroxybenzoate [99-24-1]

用作联苯双酚和其他药物的中间体

【生产厂】[沪]上海康晟实业有限公司〈P1748〉;上海康文医药中间体有限公司〈P1748〉;[苏]无锡康晟精细化工有限公司(200吨)〈P1874〉;[浙]衢州市聚华特种试剂厂〈P1958〉;[粤]珠海市金山化工有限公司(100吨)〈P2275〉

没食子酸辛酯;3,4,5-三羟基苯甲酸辛酯 K01130271

Octyl gallate;Octyl 3,4,5-trihydroxybenzoate [1034-01-1]

【生产厂】[黑]哈尔滨康文生化科技有限公司〈P1720〉;[沪]上海康晟实业有限公司〈P1748〉;上海康文医药中间体有限公司〈P1748〉;[苏]无锡康晟精细化工有限公司〈P1874〉;[鄂]湖北山山林产化工有限公司〈P2240〉;[湘]湖南省张家界市贸源化工有限公司(150吨)〈P2255〉

没食子酸十二酯;3,4,5-三羟基苯甲酸十二酯;没食子酸月桂酯 K01130281

Dodecyl gallate;Dodecyl 3,4,5-trihydroxybenzoate [1166-52-5]

用作食品添加剂

【生产厂】[沪]上海立诚化工有限公司(20吨)〈P1750〉;[苏]无锡康晟精细化工有限公司〈P1874〉;[湘]湖南省张家界市贸源化工有限公司(50吨)〈P2255〉

没食子酸十八酯;3,4,5-三羟基苯甲酸十八酯 K01130291

Octadecyl gallate;Octadecyl 3,4,5-trihydroxybenzoate [10361-12-3]

【生产厂】[苏]无锡康晟精细化工有限公司〈P1874〉;[湘]湖南省张家界市贸源化工有限公司(50吨)〈P2255〉

D-异抗坏血酸钠;赤藻糖酸钠;异维生素C钠 K01130401

D-Sodium isoascorbiate;Sodium erythorbate [7378-23-6]

用作食品抗氧化剂、防腐助色剂

【生产厂】[冀]河北智通化工有限责任公司(3000吨)〈P1623〉;[苏]江苏华昌(集团)有限公司〈P1893〉;连云港元升实业有限公司〈P1800〉;[赣]德兴市百勤异VC钠有限公司〈P2014〉;[豫]郑州拓洋实业有限公司(2万吨)〈P2174〉

D-异抗坏血酸;赤藻糖酸;异维生素C;D-2,3,5,6-四羟基-2-己烯酸-γ-内酯 K01130451
D-Isoascorbic acid;Isovitamin C [89-65-6]

用作食品抗氧化剂,具有保鲜、保质的作用

【生产厂】[苏]江苏华昌(集团)有限公司〈P1893〉;[赣]德兴市百勤异VC钠有限公司〈P2014〉;[豫]郑州拓洋实业有限公司(1万吨)〈P2174〉

茶多酚 K01130601
Tea polyphenols

用作食品天然抗氧化剂、心血管病药

【生产厂】[沪]上海邦成化工有限公司〈P1728〉;[苏]无锡市梁溪精细化工有限公司〈P1877〉;[浙]杭州沁源天然植物科技有限公司(500吨)〈P1921〉;浙江省金华因达制药厂〈P1956〉;[闽]福州日冕科技开发有限公司〈P1990〉;福建省松溪生物化工厂(80吨)〈P2004〉;[赣]江西绿源生物工程有限公司〈P2016〉;[鄂]湖北省化学研究院〈P2228〉;湖北山山林产化工有限公司(50吨)〈P2240〉;来凤恒发医药化工集团公司〈P2245〉;[琼]海南群力药业有限公司〈P2302〉;[川]成都中仁生物化学有限公司〈P2317〉

茶黄素 K01130651
Theaflavins

【生产厂】[琼]海南群力药业有限公司〈P2302〉

芝麻酚;3,4-亚甲基二氧苯酚 K01130801
Sesamol;3,4-Methylenedioxyphenol [533-31-3]

用作抗氧剂、医药中间体及化妆品添加剂

【生产厂】[沪]上海桑迪精细化工研究所〈P1760〉;[苏]苏州敬业医药化工有限公司〈P1901〉;海门兆丰化工有限公司(40吨)〈P1830〉;[豫]河南昊海实业有限公司〈P2165〉

天然酚羧酸 K01130901
Natural phenol carboxylic acid

用作食品、日用化妆品、医药行业中的抗氧化剂及细菌、病毒的抑制剂

【生产厂】[川]成都川峰化学工程有限责任公司〈P2310〉

丁二酸二乙酯;琥珀酸二乙酯 K01140101
Diethyl succinate [123-25-1]

用作食品加香剂、溶剂、有机合成中间体、气相色谱固定液

【生产厂】[京]北京冶建新技术公司精细化工厂〈P1564〉;[冀]沧州华光化工有限公司(500吨)〈P1651〉;河北华戈化学集团〈P1654〉;廊坊三威化工有限公司〈P1660〉;[苏]常州夏青化工有限公司〈P1857〉;[鲁]潍坊海龙化工有限公司〈P2102〉;山东滕州悟通香料有限责任公司(5吨)〈P2078〉;[豫]河南联科药业有限公司〈P2221〉;河南省尉氏县香料厂(10吨)〈P2176〉;[陕]陕西宝鸡宝玉化工有限公司〈P2351〉

丁酸乙酯 K01140201
Ethyl butyrate [105-54-4]

广泛用于各种食品、饮料、酒类与烟草香精中

【生产厂】[津]天津市津东宏远香料厂(200吨)〈P1593〉;[沪]上海邦成化工有限公司〈P1728〉;上海申宝香精香料有限公司〈P1760〉;上海凯路化工有限公司〈P1747〉;上海闵南化工厂〈P1753〉;上海浦杰香料有限公司〈P1756〉;上海茂昌化学制品有限公司〈P1753〉;[苏]盐城鸿泰生物工程有限公司〈P1810〉;[豫]尉氏县宋塔香料厂〈P2179〉;河南省康源香料有限公司〈P2176〉;河南省尉氏县香料厂(150吨)〈P2176〉;[粤]广州市伟香单体香料有限公司〈P2266〉

丙酸乙酯 K01140301
Ethyl propionate [105-37-3]

用作食品加香剂,还可用作天然和合成树脂的溶剂

【生产厂】[津]天津市津东宏远香料厂(100吨)〈P1593〉;[沪]上海申宝香精香料有限公司〈P1760〉;上海凯路化工有限公司〈P1747〉;上海浦杰香料有限公司〈P1756〉;上海茂昌化学制品有限公司〈P1753〉;上海华盛香料厂〈P1739〉;[苏]常州市科丰化工有限公司〈P1852〉;宜兴市永加化工有限公司〈P1888〉;宜兴市凯欣化工有限公司(200吨)〈P1885〉;盐城鸿泰生物工程有限公司〈P1810〉;[粤]广州市伟香单体香料有限公司〈P2266〉

【使用厂】[沪]上海中西药业股份有限公司〈P1779〉

戊酸乙酯 K01140401
Ethyl valerate [539-82-2]

用作食品加香剂,用于化妆品、食用香精、人造果子酱、医药等

【生产厂】[津]天津市津东宏远香料厂(100吨)〈P1593〉;[沪]上海丰达香料有限公司〈P1733〉;上海浦杰香料有限公司〈P1756〉;[豫]河南省尉氏县香料厂(30吨)〈P2176〉

己酸乙酯 K01140501
Ethyl caproate [123-66-0]

主要用于有机合成,配制食品用香精,用于烟草及酒类调香等

【生产厂】[津]天津市津东宏远香料厂(100吨)〈P1593〉;[沪]上海丰达香料有限公司〈P1733〉;上海申宝香精香料有限公司〈P1760〉;上海闵南化工厂〈P1753〉;上海浦杰香料有限公司〈P1756〉;上海茂昌化学制品有限公司〈P1753〉;上海华盛香料厂〈P1739〉;[苏]盐城鸿泰生物工程有限公司〈P1810〉;[豫]尉氏县宋塔香料厂〈P2179〉;濮阳市冠宇化工有限公司(1500吨)〈P2213〉;河南省康源香料有限公司〈P2176〉;河南省尉氏县香料厂(1000吨)〈P2176〉;[粤]广州市伟香单体香料有限公司〈P2266〉

辛酸乙酯 K01140601
Ethyl caprylate [106-32-1]

用作食品加香剂

【生产厂】[沪]上海浦杰香料有限公司〈P1756〉;[苏]盐城鸿泰生物工程有限公司〈P1810〉;[豫]河南省尉氏县香料厂(50吨)〈P2176〉;[粤]广州市伟香单体香料有限公司〈P2266〉

乳酸乙酯;羟基丙酸乙酯 K01140801
Ethyl lactate [687-47-8]

用作食品加香剂、酒类调味剂、医药中间体

【生产厂】[沪]上海邦成化工有限公司〈P1728〉;上海闵南化工厂〈P1753〉;上海浦杰香料有限公司〈P1756〉;[苏]盐城鸿泰生物工程有限公司〈P1810〉;[赣]江西武藏野生物化工有限公司〈P2009〉;[鲁]青岛东海源生化科技有限公司〈P2034〉;[豫]郑州天润乳酸有限公司(800吨)〈P2174〉;尉氏县宋塔香料厂〈P2179〉;河南省康源香料有限公司〈P2176〉;河南省尉氏县香料厂(1000吨)〈P2176〉;[鄂]湖北孝感亚风乳酸集团公司(1000吨)〈P2242〉;湖北省广水市民族化工有限公司〈P2245〉;[湘]湖南省安化乳酸厂〈P2256〉;[粤]广州市伟香单体香料有限公司〈P2266〉;[滇]杨林工业开发区汕滇药业有限公司〈P2340〉

K

乳酸薄荷酯　K01140811
Menthyl lactate

是长效无味的清凉剂,用于薄荷香精的调配

【生产厂】[沪]上海浦杰香料有限公司〈P1756〉;[粤]广州鸿雨精细化工有限公司〈P2261〉;[渝]重庆市吉顺化工有限公司〈P2307〉

庚酸乙酯　K01140901
Ethyl heptylate [106-30-9]

用作食品加香剂

【生产厂】[沪]上海丰达香料有限公司〈P1733〉;上海凯路化工有限公司〈P1747〉;上海浦杰香料有限公司〈P1756〉;上海茂昌化学制品有限公司〈P1753〉;上海华盛香料厂〈P1739〉;[苏]盐城鸿泰生物工程有限公司〈P1810〉;[豫]河南省尉氏县香料厂(50 吨)〈P2176〉;[鄂]武汉市合中化工制造有限公司〈P2232〉;[粤]广州市伟香单体香料有限公司〈P2266〉

乙酸薄荷酯　K01140951
Menthyl acetate [89-48-5]

用作合成香料

【生产厂】[沪]上海凯路化工有限公司〈P1747〉;上海浦杰香料有限公司〈P1756〉;[苏]昆山市鹿都香料厂〈P1897〉;南通薄荷厂有限公司〈P1832〉;[粤]广州市伟香单体香料有限公司〈P2266〉

食用香精　K01141001
Edible essence

用作食品加香剂

【生产厂】[津]天津唐朝食品工业有限公司(700 吨)〈P1614〉;天津百花香精香料有限公司(1500 吨)〈P1570〉;天津市康宏园香精香料有限公司(300 吨)〈P1597〉;[沪]上海华宝孔雀香精香料有限公司(8000 吨)〈P1738〉;上海爱普香料有限公司〈P1727〉;上海龙尼精细化工有限公司〈P1752〉;上海泰斯麦香精香料有限公司〈P1767〉;上海百润香精香料有限公司〈P1728〉;上海贝乐香精有限公司〈P1729〉;[苏]天宁香料(江苏)有限公司〈P1843〉;昆山市曼氏香精有限公司〈P1897〉;昆山市富丽香料有限公司〈P1896〉;泰兴市三华食品添加剂厂〈P1826〉;江苏新星食品添加剂有限公司〈P1822〉;[浙]杭州大好家食品添加剂有限公司〈P1916〉;杭州华仁香料有限公司〈P1918〉;盛华香料(杭州)有限公司〈P1926〉;[闽]厦门绿源泰食品添加剂有限公司〈P1992〉;[赣]江西百汇生物科技有限公司〈P2015〉;[粤]广州百花香料股份有限公司〈P2260〉;广州市伟香单体香料有限公司〈P2266〉;广州优宝工业有限公司〈P2268〉

烟草香精;烟用香精　K01141011
Cigarette essence

适用于烤烟型、混合型卷烟加料、加香

【生产厂】[津]天津百花香精香料有限公司(1500 吨)〈P1570〉;[沪]上海华宝孔雀香精香料有限公司(6000 吨)〈P1738〉;上海爱普香料有限公司〈P1727〉;上海百润香精香料有限公司〈P1728〉;[豫]河南青峰实业有限公司〈P2166〉;[粤]广州百花香料股份有限公司〈P2260〉;广东省肇庆香料厂有限公司(1000 吨)〈P2294〉;[滇]云南省玉溪市香料厂(1500 吨)〈P2344〉

磷脂　K01141201
Phospholipid

用作食品起酥剂

【生产厂】[鲁]山东泰安市泰山生化原料厂(100 吨)〈P2136〉

大豆磷脂　K01141202
Soy bean phospholipid

用于化工、轻工行业

【生产厂】[辽]铁岭北亚药用油有限公司〈P1712〉;[苏]江苏同泰药业有限公司〈P1832〉

【使用厂】[鲁]济南华泰科技发展有限公司〈P2022〉

大豆卵磷脂　K01141203
Soybean lecithin

用作保健食品原料、乳化剂、品质改良剂

【生产厂】[黑]哈尔滨康文生化科技有限公司〈P1720〉;[浙]杭州迪康生物技术有限公司〈P1916〉;[鲁]青岛三凯化工有限公司(2000 吨)〈P2041〉;[豫]河南省沁阳市正大化工有限公司(500 吨)〈P2194〉

卵磷脂　K01141204
Lecithin [8002-43-5]

可以有效改善和预防动脉硬化、高血压、心脏病和脑中风,同时可以增强细胞活力,调节神经系统

【生产厂】[京]北京华清美恒天然产物技术开发有限公司〈P1549〉;[苏]江苏奥奇海洋生物工程有限公司〈P1858〉;[鲁]济南华泰科技发展有限公司(5 吨)〈P2022〉

脑磷脂　K01141251
Cephalin

可用作抗氧剂,用于食品、保健食品和药品中

【生产厂】[京]北京华清美恒天然产物技术开发有限公司〈P1549〉

蔗糖脂肪酸酯　K01141301
Sucrose fatty acid ester

用作乳化剂、面粉改良剂、保鲜剂

【生产厂】[沪]上海龙尼精细化工有限公司〈P1752〉;[浙]杭州金诚助剂有限公司〈P1919〉;杭州金鹤来食品添加剂有限公司〈P1919〉;浙江迪耳化工有限公司〈P1954〉;浙江迪耳药业有限公司〈P1954〉;[桂]柳州大拿食品添加剂有限公司〈P2297〉

蔗糖硬脂酸酯;蔗糖酯 S　K01141311
Sucrose stearate ester

用作食品添加剂、药用辅料、乳化分散剂等

【生产厂】[沪]上海武马食品科技有限公司〈P1770〉;[浙]浙江迪耳化工有限公司〈P1954〉

蔗糖八乙酸酯;蔗糖八醋酸酯　K01141321
Sucrose octaacetate [126-14-7]

用作酒精变化剂、苦味剂等

【生产厂】[浙]浙江迪耳化工有限公司〈P1954〉;浙江迪耳药业有限公司〈P1954〉

乙酸异丁酸蔗糖酯;二乙酸六异丁酸蔗糖酯　K01141391
Sucrose diacetate hexaisobutyrate; SAIB; Sucrose acetate isobutyrate [126-13-6]

用作食品添加剂,主要用于配制乳化香精,也可用作电影胶片、油漆、油墨等方面的增塑剂

【生产厂】[浙]建德市六合精细化工有限公司〈P1926〉

左旋香芹酮;留兰香油;2,3-二甲基-5-异丙烯基-环己酮-1 K01141601

L-Carvone;2,3-Dimethyl-5-isopropylidene-cyclohexanone [6485-40-1]

用于食品如口香糖等的香味添加剂,是橡皮糖调和香料的主要原料,也用于医药以及牙膏等的调和香料

【生产厂】[沪]上海泰禾(集团)有限公司〈P1767〉;上海万香集团〈P1769〉;[苏]昆山市鹿都香料厂〈P1897〉;南通薄荷厂有限公司〈P1832〉;[浙]浙江黄岩中兴香精香料有限公司〈P1965〉;[赣]江西省吉水县华宝天然药用油厂〈P2018〉;江西省吉水县华源香料油厂〈P2018〉;江西省吉水县康神天然药用油提炼厂〈P2018〉;江西省吉水三达天然药用香料油厂〈P2018〉

右旋香芹酮 K01141611

D-Carvone; 2-Methyl-5-(1-methylethenyl)-2-cyclohexene-1-one [2244-16-8]

用作合成香料

【生产厂】[沪]上海万香集团〈P1769〉;[苏]南通薄荷厂有限公司〈P1832〉

大豆油 K01141701

Soybean oil [8001-22-7]

主要供食用,也用于制造硬化油、肥皂、甘油和油漆等

【生产厂】[辽]铁岭北亚药用油有限公司〈P1712〉;[皖]宿州市华润化工有限责任公司〈P1984〉;[赣]江西省吉水县华宝天然药用油厂〈P2018〉;江西省吉水县康神天然药用油提炼厂〈P2018〉;江西省吉水县水南威霸香料公司〈P2018〉

【使用厂】[沪]上海同心化学助剂厂〈P1768〉;[闽]福建泉州市中原隆化工有限公司〈P1998〉;福建省漳州市芗城元光塑料助剂厂〈P2001〉;[鲁]山东临朐县天成助剂厂〈P2096〉;[豫]开封油脂化工厂〈P2179〉

4-羟基-2,5-二甲基-3(2*H*)呋喃酮;菠萝酮;呋喃扭尔 K01141801

4-Hydroxy-2,5-dimethyl-3(2*H*)-furfuran ketone

用于食品、饮料、日用化工

【生产厂】[辽]大连金菊香料有限公司(50吨)〈P1692〉

菊苣酮;单甲基呋喃酮;4-羟基-5-甲基-3(2*H*)呋喃酮 K01141805

4-Hydroxy-5-methyl-3(2*H*)-furfuran ketone;Chicory furanone

是甜味香精的重要原料及良好的增香剂

【生产厂】[辽]大连金菊香料有限公司(20吨)〈P1692〉

4-羟基-2(5)乙基-5(2)甲基-3(2*H*)呋喃酮;酱油酮 K01141811

4-Hydroxy-2(5)-ethyl-5(2)methyl-3(2*H*)-furfuran ketone

用作调和香精的重要原料及良好的增香剂

【生产厂】[辽]大连金菊香料有限公司(50吨)〈P1692〉

呋喃酮甲醚;4-甲氧基-2,5-二甲基-3(2*H*)-呋喃酮 K01141821

Furfuran ketone methyl ether;4-Methoxy-2,5-dimethyl-3(2*H*)-furfuran ketone

用于调配香精

【生产厂】[辽]大连金菊香料有限公司(10吨)〈P1692〉

呋喃酮乙酸酯;4-乙酰氧基-2,5-二甲基-3(2*H*)-呋喃酮 K01141841

4-Acetoxy-2,5-dimethyl-3(2*H*)-furfuran ketone

具有浓郁的鲜甜果和奶焦香气,是重要的水果香精原料

【生产厂】[辽]大连金菊香料有限公司(20吨)〈P1692〉

菠萝酯 K01141851

Pineapple ester

用作食品添加剂

【生产厂】[津]天津市华玉香料香精有限公司(20吨)〈P1590〉;[苏]昆山市鹿都香料厂〈P1897〉

呋喃酮丁酸酯;4-丁酰氧基-2,5-二甲基-3(2*H*)-呋喃酮 K01141861

4-Butyryloxy-2,5-dimethyl-3(2*H*)-furfuran ketone;Fraision butyrata

具有浓郁的甜水果和甜奶油香气,是重要的水果香精原料

【生产厂】[辽]大连金菊香料有限公司(10吨)〈P1692〉

菠萝乙酯 K01141871

Pineapple ethyl ester

用作食品添加剂

【生产厂】[沪]上海浦杰香料有限公司〈P1756〉;[苏]昆山市鹿都香料厂〈P1897〉

菠萝甲酯 K01141881

Pineapple methyl ester

【生产厂】[沪]上海浦杰香料有限公司〈P1756〉;[浙]浙江黄岩中兴香精香料有限公司〈P1965〉

2-壬烯酸甲酯 K01141901

Methyl 2-nonenoate

用于配制日化、皂用及食用香精

【生产厂】[沪]上海申宝香精香料有限公司〈P1760〉

二糠基二硫;2,2′-(二硫二亚甲基)-二呋喃 K01142001

Difurfuryldisulfide [4437-20-1]

用作食用香精

【生产厂】[鲁]山东滕州悟通香料有限责任公司(1吨)〈P2078〉;滕州市香源化工有限责任公司〈P2079〉;滕州吉田香料有限公司〈P2078〉

二糠基硫醚;2,2′-(硫二亚甲基)-二呋喃 K01142101

Difurfuryl sulfide [13678-67-6]

用作食用香精

【生产厂】[鲁]山东滕州悟通香料有限责任公司(1吨)〈P2078〉;滕州市香源化工有限责任公司〈P2079〉;滕州吉田香料有限公司〈P2078〉

糠基甲基硫醚 K01142111

Furfurylmethylsulfide [1438-91-1]

用作日用香精

【生产厂】[鲁]山东滕州悟通香料有限责任公司(5吨)〈P2078〉;滕州市香源化工有限责任公司〈P2079〉;滕州吉田香料有限公司〈P2078〉

糠基硫醇;糠硫醇;咖啡醛 K01142201
Furfuryl mercaptan [98-02-2]
用于咖啡、巧克力、烟草等
【生产厂】[鲁]山东滕州悟通香料有限责任公司(40吨)〈P2078〉;滕州市香源化工有限责任公司〈P2079〉;滕州吉田香料有限公司〈P2078〉

糠基异丙基硫醚 K01142301
Furfuryl isopropyl sulfide [1883-78-9]
用作食用香精
【生产厂】[鲁]山东滕州悟通香料有限责任公司〈P2078〉;滕州吉田香料有限公司〈P2078〉

异丙基糠基醚 K01142351
Isopropyl furfuryl ether
【生产厂】[鲁]山东滕州悟通香料有限责任公司〈P2078〉

3-甲硫基丙酸乙酯 K01142401
Ethyl 3-methylthiopropionate
用作食用香精
【生产厂】[鲁]山东滕州悟通香料有限责任公司(1吨)〈P2078〉

硫代丙酸糠酯 K01142411
Furfuryl thiopropionate [59020-85-8]
用作食用香精
【生产厂】[鲁]山东滕州悟通香料有限责任公司(1吨)〈P2078〉;滕州吉田香料有限公司〈P2078〉

硫代丁酸糠酯 K01142415
Furfuryl thiobutyrate
【生产厂】[鲁]山东滕州悟通香料有限责任公司〈P2078〉

硫代甲酸糠酯 K01142421
Furfuryl thioformate
用作食用香精
【生产厂】[鲁]山东滕州悟通香料有限责任公司(1吨)〈P2078〉;滕州市香源化工有限责任公司〈P2079〉

硫代糠酸甲酯 K01142431
Methyl thiofuroate [13679-61-3]
用作食用香精
【生产厂】[鲁]山东滕州悟通香料有限责任公司(1吨)〈P2078〉;滕州吉田香料有限公司〈P2078〉

硫代乙酸糠酯 K01142441
Furfuryl thioacetate [13678-68-7]
用作食用香精
【生产厂】[鲁]山东滕州悟通香料有限责任公司(1吨)〈P2078〉;滕州市香源化工有限责任公司〈P2079〉;滕州吉田香料有限公司〈P2078〉

硫代乙酸乙酯 K01142451
Ethyl thioacetate [59094-77-8]
用作食用香精
【生产厂】[鲁]山东滕州悟通香料有限责任公司(1吨)〈P2078〉;滕州吉田香料有限公司〈P2078〉

硫代乙酸甲酯 K01142453
Methyl thioacetate
【生产厂】[鲁]山东滕州悟通香料有限责任公司〈P2078〉

硫代乙酸苄酯 K01142457
Benzyl thioacetate
【生产厂】[鲁]山东滕州悟通香料有限责任公司〈P2078〉

硫代乙酸-2-苯基乙酯 K01142459
2-Phenylethyl thioacetate
【生产厂】[鲁]山东滕州悟通香料有限责任公司〈P2078〉

硫代丙酸乙酯 K01142463
Ethyl thiopropionate
【生产厂】[鲁]山东滕州悟通香料有限责任公司〈P2078〉

硫代丙酸苄酯 K01142467
Benzyl thiopropionate
【生产厂】[鲁]山东滕州悟通香料有限责任公司〈P2078〉

2-糠硫基-3(5/6)-甲基吡嗪 K01142501
2-Furfurylthio-3(5/6)-methyl pyrazine
用作食用香精,用于咖啡、芝麻等
【生产厂】[鲁]山东滕州悟通香料有限责任公司(5吨)〈P2078〉;滕州市香源化工有限责任公司〈P2079〉;滕州吉田香料有限公司〈P2078〉

2-糠硫基吡嗪 K01142511
2-Furfurylthiopyrazine
用作日用、食用香精
【生产厂】[鲁]滕州吉田香料有限公司〈P2078〉

2-甲基-3(5/6)-糠硫基吡嗪 K01142521
2-Methyl-3(5/6)-furfurylmercaptopyrazine
【生产厂】[鲁]滕州吉田香料有限公司〈P2078〉

2-甲氧基噻唑 K01142601
2-Methoxythiazole
用作食用香精
【生产厂】[鲁]山东滕州悟通香料有限责任公司(1吨)〈P2078〉;滕州吉田香料有限公司〈P2078〉

2-甲硫基噻唑 K01142611
2-Methylthiothiazole
用作食用香精
【生产厂】[鲁]山东滕州悟通香料有限责任公司(1吨)〈P2078〉;滕州吉田香料有限公司〈P2078〉

2-糠硫基噻唑 K01142621
2-Furfurylthiothiazole
用作食用香精
【生产厂】[鲁]山东滕州悟通香料有限责任公司(1吨)〈P2078〉;滕州吉田香料有限公司〈P2078〉

2-乙氧基噻唑 K01142631
2-Ethoxythiazole [15679-19-3]
用作食用香精
【生产厂】[鲁]山东滕州悟通香料有限责任公司(1吨)〈P2078〉;滕州吉田香料有限公司〈P2078〉

3-甲硫基丙醇 K01142701
3-Methylthiopropanol [505-10-2]

用作食用香精

【生产厂】[鲁]山东滕州悟通香料有限责任公司〈P2078〉;滕州市香源化工有限责任公司〈P2079〉;滕州吉田香料有限公司〈P2078〉

3-甲硫基丙醛 K01142801

3-Methylthiopropylaldehyde

用作食用香精

【生产厂】[鲁]山东滕州悟通香料有限责任公司(1吨)〈P2078〉;滕州市香源化工有限责任公司〈P2079〉;滕州吉田香料有限公司〈P2078〉

丁酰乳酸丁酯 K01142901

Butyl butyryllactate [7492-70-8]

用于食用香精的调配,具有柔和奶油香气

【生产厂】[沪]上海申宝香精香料有限公司〈P1760〉;上海浦杰香料有限公司〈P1756〉;[粤]广州市伟香单体香料有限公司〈P2266〉

香料 K01143001

Spicery

【生产厂】[津]天津市第一香料厂(500吨)〈P1584〉;天津市宜坤精细化工科技开发有限公司〈P1610〉;[沪]上海爱普香料有限公司〈P1727〉;[粤]广州百花香料股份有限公司(5000吨)〈P2260〉

【使用厂】[沪]上海庄臣有限公司〈P1779〉

甲基(2-甲基-3-呋喃基)二硫 K01143101

Methyl(2-methyl-3-furanyl) disulfide

用作香料

【生产厂】[鲁]山东滕州悟通香料有限责任公司〈P2078〉;滕州市香源化工有限责任公司〈P2079〉

双(2-甲基-3-呋喃基)二硫;双二硫 K01143121

Bis(2-methyl-3-furyl)disulfide [28588-75-2]

用作香料

【生产厂】[鲁]山东滕州悟通香料有限责任公司〈P2078〉;滕州市香源化工有限责任公司〈P2079〉

女贞醛 K01143201

Ligustral [68039-49-6]

用于香精调香

【生产厂】[沪]上海茂昌化学制品有限公司〈P1753〉

三硬脂酸甘油酯;硬脂酸三甘油酯 K01150101

Tristearin [555-43-1]

用作家用化妆品及食品添加剂

【生产厂】[赣]江西省赫埔化工有限公司〈P2012〉

食用石膏粉 K01150201

Calcium sulfate hemihydrate [10034-76-1]

用作豆制品凝固剂

【生产厂】[豫]三门峡湖滨区赵家后石膏粉厂(500吨)〈P2221〉

三聚甘油单硬脂酸酯;TGMS K01150301

Tripolyglycerol monostearate

用于各种食品、化妆品作乳化剂、分散剂、起泡剂、消泡剂和稳定剂

【生产厂】[苏]宜兴市通达化学有限公司〈P1887〉;[浙]浙江迪耳化工有限公司〈P1954〉

单双硬脂酸甘油酯;单双甘油酯 K01150391

Glycerol monostearate/distearate

用于食品、医药、化妆品等行业,作乳化剂、稳定剂、消泡剂、增稠剂

【生产厂】[浙]杭州金诚助剂有限公司〈P1919〉

乳酸钙 K01150401

Calcium lactate [814-80-2]

用作食品添加剂、儿童营养食品的强化剂,医疗上用于补充钙质

【生产厂】[冀]石家庄市天成食品添加剂厂〈P1631〉;石家庄维平功能食品科技有限公司〈P1633〉;石家庄维诺伟业生物制品有限公司〈P1633〉;石家庄市新泽兴化工有限公司〈P1631〉;河北省冀州市华阳化工有限责任公司〈P1665〉;欣德威兽药有限公司〈P1657〉;东方兽药有限公司〈P1653〉;[沪]上海申夏生物化工有限公司〈P1761〉;上海新浦化工厂有限公司〈P1772〉;上海朗瑞精细化学品有限公司〈P1749〉;上海华美助剂厂精细化工分厂(30吨)〈P1739〉;[苏]盐城鸿泰生物工程有限公司〈P1810〉;江苏新星食品添加剂有限公司〈P1822〉;姜堰市荣昌食品添加剂有限公司〈P1823〉;[浙]桐乡市康普达生物科技有限公司〈P1943〉;[赣]江西武藏野生物化工有限公司〈P2009〉;[鲁]蓬莱市海洋生物有限公司(2000吨)〈P2112〉;青岛三泰化工有限公司〈P2042〉;[豫]郑州瑞普生物工程有限公司(150吨)〈P2172〉;郑州天润乳酸有限公司〈P2174〉;偃师乳酸有限公司(1200吨)〈P2188〉;豫西药业股份有限责任公司(200吨)〈P2222〉;[鄂]湖北孝感亚风乳酸集团公司(2000吨)〈P2242〉;湖北省广水市民族化工有限公司〈P2245〉

三水乳酸钙 K01150431

Calcium lactate,trihydrate

【生产厂】[沪]上海朗瑞精细化学品有限公司〈P1749〉

五水乳酸钙 K01150451

Calcium lactate,pentahydrate [5743-47-5]

【生产厂】[沪]上海朗瑞精细化学品有限公司〈P1749〉

食用枧水;碳酸钾钠 K01150501

Edible aqueous potash [584-08-7]

用作食品添加剂

【生产厂】[粤]广州市人民化工厂(4000吨)〈P2265〉;东莞市广益食品添加剂实业有限公司〈P2279〉

酶制剂 K01150701

Enzyme agent

用作食品和饲料添加剂

【生产厂】[浙]海宁市金潮实业总公司(8000吨)〈P1939〉;[鲁]济宁市化工研究所(500吨)〈P2128〉;山东省沂水隆大生物工程有限责任公司〈P2151〉;[湘]湖南省津市鸿鹰祥生物工程有限公司(10万吨)〈P2255〉;[宁]宁夏夏盛实业集团有限公司〈P2361〉

【使用厂】[京]北京金鱼科技股份有限公司〈P1552〉;[鲁]临邑县精细化工厂〈P2143〉

木聚糖酶 K01150731

Xylan enzyme

主要用于面粉改良,用作面包粉改良剂及馒头粉改良剂

K

【生产厂】[苏]张家港市金源生物化工有限公司〈P1913〉;泰兴市一鸣精细化工有限公司〈P1827〉

过氧化氢酶;接触酶 K01150751

Catalase [9001-05-2]

可用于食品的防腐、牛奶的杀菌脱糖等

【生产厂】[苏]常州市东南开发区兴阳生物助剂有限公司〈P1850〉;张家港市金源生物化工有限公司〈P1913〉

α-乙酰乳酸脱羧酶;ALDC K01150771

α-Acetolactate decarboxylase

用于印染、食品、酿造、医药、造纸、制革、洗涤、啤酒等行业

【生产厂】[冀]邢台市万达化工有限公司〈P1644〉;邢台市新欣翔宇生物工程有限公司〈P1644〉;保定市满城金星化工有限公司〈P1646〉

聚葡萄糖;可溶性膳食纤维 K01150801

Polydextrose

用作食品添加剂中的增稠剂、填充剂、配方剂,是制造低热量、低脂肪、低胆固醇、低钠健康食品的重要原料

【生产厂】[冀]华北制药华盈有限公司〈P1624〉;[豫]焦作市新元生物化工食品有限公司〈P2197〉;孟州市泰利杰有限责任公司(8000 吨)〈P2197〉

葡萄糖酸-δ-内酯 K01150901

Glucopyrone [90-80-2]

用作蛋白质凝固剂、酸味剂、膨松剂、保鲜剂及化妆品、牙膏生产

【生产厂】[浙]浙江天益食品添加剂有限公司〈P1944〉;浙江省仙居县欣宏医药化工有限公司〈P1967〉;[鲁]泰安市黎明化工有限责任公司(50 吨)〈P2138〉;[鄂]湖北省化学研究院(300 吨)〈P2228〉

【使用厂】[桂]桂林市红星化工有限责任公司〈P2299〉

除苦剂 K01151001

Bitterness remover

用于去除酒类苦杂味,使之清爽可口,醇和绵柔

【生产厂】[苏]盐城鸿泰生物工程有限公司〈P1810〉

乳品稳定剂 K01151101

Milk product stabilizer

【生产厂】[浙]浙江迪耳化工有限公司〈P1954〉;[鲁]安丘市雄鹰纤维素有限责任公司(2000 吨)〈P2088〉

烟酸铬 K01151201

Chromium nicotinate

广泛用于食品保健和饲料添加剂中

【生产厂】[冀]黄骅市津骅饲料添加剂有限公司〈P1656〉;[浙]杭州海尔希畜牧科技有限公司〈P1917〉;桐乡市康普达生物科技有限公司〈P1943〉

黄原胶;汉生胶 K01151301

Xanthan gum;Xanthan [11138-66-2]

用作食品添加剂,也用于油田钻井

【生产厂】[冀]河北智通化工有限责任公司(8000 吨)〈P1623〉;河北鑫合生物化工有限公司〈P1642〉;河北省冀州市华阳化工有限责任公司〈P1665〉;[沪]上海立奇化工助剂有限公司〈P1750〉;[苏]江苏神华药业有限公司(1000 吨)〈P1803〉;[鲁]斯比凯可(山东)生物制品有限公司(6000 吨)〈P2140〉;山东阜丰集团公司(8000 吨)〈P2149〉;[豫]沁阳市生物化学厂(1000 吨)〈P2198〉;南阳天冠生物化工有限责任公司(2000 吨)〈P2225〉

牛磺酸钙 K01151601

Taurine calcium

【生产厂】[苏]江阴南极星生物制品有限公司〈P1868〉;江阴市三益化工有限公司〈P1870〉

牛磺酸镁 K01151651

Taurine magnesium

【生产厂】[苏]江阴南极星生物制品有限公司〈P1868〉;江阴市三益化工有限公司〈P1870〉

石蜡(食品用) K01151701

Paraffin,food grade [8002-74-2]

适用于食品口香糖、泡泡糖和药物正金油等组分以及热载体、脱模、压片、打光等直接接触食品和药物的用蜡

【生产厂】[京]中国石油化工股份有限公司北京燕山分公司〈P1568〉;[沪]中国石油化工股份有限公司上海高桥分公司〈P1780〉;上海炼油厂〈P1751〉;[皖]合肥三友化工厂〈P1973〉

乳酸锌 K01151801

Zinc lactate [16039-53-5]

用于补锌食品、营养口服液、儿童补锌片剂及冲剂的生产

【生产厂】[冀]石家庄市天成食品添加剂厂〈P1631〉;石家庄维平功能食品科技有限公司〈P1633〉;石家庄维诺伟业生物制品有限公司〈P1633〉;石家庄市新泽兴化工有限公司〈P1631〉;河北省冀州市华阳化工有限责任公司〈P1665〉;[沪]上海申夏生物化工有限公司〈P1761〉;上海华美助剂厂精细化工分厂〈P1739〉;[浙]桐乡市康普达生物科技有限公司〈P1943〉;[赣]江西武藏野生物化工有限公司〈P2009〉;[豫]郑州瑞普生物工程有限公司(150 吨)〈P2172〉;郑州天润乳酸有限公司〈P2174〉;偃师乳酸有限公司(500 吨)〈P2188〉;[鄂]湖北孝感亚风乳酸集团公司〈P2242〉;湖北省广水市民族化工有限公司〈P2245〉;[湘]湖南省安化乳酸厂〈P2256〉;常宁市湘江化工厂〈P2252〉

乳酸钾 K01151821

Potassium lactate [996-31-6]

作为抗氧化剂及增效剂,广泛应用于食品等行业

【生产厂】[沪]上海申夏生物化工有限公司〈P1761〉;上海华美助剂厂精细化工分厂〈P1739〉;[赣]江西武藏野生物化工有限公司〈P2009〉;[鲁]青岛大伟食品添加剂有限公司〈P2033〉;[豫]郑州瑞普生物工程有限公司(150 吨)〈P2172〉;郑州天润乳酸有限公司〈P2174〉

乳酸镁 K01151841

Magnesium lactate

用作食品添加剂,广泛用于食品、饮料、奶制品、面粉、营养液和制药等

【生产厂】[沪]上海申夏生物化工有限公司〈P1761〉;上海威方精细化工有限公司〈P1769〉;[浙]桐乡市康普达生物科技有限公司〈P1943〉;[赣]江西武藏野生物化工有限公司〈P2009〉;[豫]郑州瑞普生物工程有限公司(100 吨)

〈P2172〉;郑州天润乳酸有限公司〈P2174〉

乳酸铵 K01151861

Ammonium lactate [515-98-0]

用作饲料添加剂

【生产厂】[沪]上海申夏生物化工有限公司〈P1761〉

乳酸锰 K01151881

Manganous lactate

【生产厂】[湘]常宁市湘江化工厂〈P2252〉

乳酸亚铁 K01151901

Ferrous lactate

广泛应用于食品、饮料、乳制品、食盐、营养液、药品等

【生产厂】[冀]石家庄市天成食品添加剂厂〈P1631〉;石家庄维平功能食品科技有限公司〈P1633〉;石家庄维诺伟业生物制品有限公司〈P1633〉;石家庄市新泽兴化工有限公司〈P1631〉;河北省冀州市华阳化工有限责任公司〈P1665〉;[吉]吉林通化林海制药厂〈P1718〉;[沪]上海申夏生物化工有限公司〈P1761〉;上海邦成化工有限公司〈P1728〉;[浙]诸暨丰盈化工有限公司〈P1952〉;桐乡市康普达生物科技有限公司〈P1943〉;[赣]江西武藏野生物化工有限公司〈P2009〉;[豫]郑州瑞普生物工程有限公司(150 吨)〈P2172〉;郑州天润乳酸有限公司〈P2174〉;偃师乳酸有限公司(100 吨)〈P2188〉;[鄂]湖北孝感亚风乳酸集团公司〈P2242〉;湖北省广水市民族化工有限公司〈P2245〉;[湘]湖南省安化乳酸厂〈P2256〉

壳聚糖盐酸盐 K01152001

Chitosan hydrochloride

可用于亲水型药物、食品保健、医药敷药及载体等

【生产厂】[浙]浙江永跃海洋生物有限公司〈P1959〉;[鲁]山东莱州市海力生物制品有限公司〈P2114〉

壳聚糖乳酸盐 K01152031

Chitosan lactate

用于食品、药品、化妆品添加剂,医药敷料载体等

【生产厂】[鲁]山东莱州市海力生物制品有限公司〈P2114〉

壳聚糖醋酸盐;甲壳胺醋酸盐 K01152051

Chitosan acetate

【生产厂】[鲁]山东莱州市海力生物制品有限公司〈P2114〉

壳聚糖谷氨酸盐;甲壳胺谷氨酸盐 K01152071

Chitosan glutamate

【生产厂】[鲁]山东莱州市海力生物制品有限公司〈P2114〉

焦磷酸二氢二钠;酸式焦磷酸钠 K01152101

Disoduim dihydrogen pyrophosphate [7758-16-9]

用作快速发酵剂、水分保持剂、品质改良剂,用于面包、饼干等焙烤食品及肉类、水产品等

【生产厂】[辽]锦化化工(集团)有限责任公司〈P1703〉;[苏]徐州市志丰化工有限公司〈P1796〉;天富(中国)食品添加剂有限公司〈P1793〉;江苏徐州嘉信达化工有限公司〈P1793〉;徐州海成食品添加剂有限公司〈P1794〉;连云港瑞丰化工有限公司〈P1799〉;江苏德邦化学工业集团有限公司〈P1797〉;[豫]新乡市华幸化工有限责任公司〈P2205〉;[川]成都化工研究设计院〈P2311〉;成都好来化工有限公司〈P2310〉;什邡泰来化工有限公司〈P2325〉;成都市星辰磷酸盐厂〈P2315〉;什邡圣地亚化工有限公司(3000 吨)〈P2325〉;什邡市长丰化工有限公司〈P2325〉;四川川恒化工有限责任公司〈P2325〉;四川蓝剑化工(集团)有限责任公司〈P2326〉;四川省什邡市新兴化工有限公司〈P2328〉;四川成洪磷化工有限责任公司〈P2332〉;绵阳启明星磷化工有限公司(6000 吨)〈P2330〉;三台县启明星磷酸盐有限公司(5000 吨)〈P2330〉;[滇]云南贝克吉利尼天创磷酸盐有限公司〈P2340〉

酸式磷酸铝钠 K01152131

Soduim aluminium hydrogen phosphate

在油炸面品和烘烤食品中作发烤膨松剂

【生产厂】[苏]徐州科隆磷酸盐有限公司〈P1795〉;[川]四川川恒化工有限责任公司〈P2325〉

焦磷酸亚铁 K01152151

Ferrous pyrophosphate

在食品工业中用作营养增补剂

【生产厂】[川]四川成洪磷化工有限责任公司〈P2332〉

多聚磷酸钠 K01152251

Sodium polyphosphate [68915-31-1]

在肉制品、奶制品中作品质改良剂,可作含氟牙膏的磨擦剂

【生产厂】[沪]上海科创化工有限公司〈P1748〉;[豫]新乡市华幸化工有限责任公司〈P2205〉;[川]成都化工研究设计院〈P2311〉;四川川恒化工有限责任公司〈P2325〉;四川成洪磷化工有限责任公司〈P2332〉

磷酸二氢钙(食用级);磷酸一钙(食用级) K01152301

Calcium dihydrogen phosphate, food grade [7758-23-8]

用作食品的膨松剂与钙强化剂、酒的调味剂、发酵促进剂等

【生产厂】[冀]河北省冀州市华阳化工有限责任公司〈P1665〉;[沪]上海彩凤饲料磷钙有限公司〈P1729〉;[苏]连云港瑞丰化工有限公司〈P1799〉;江苏德邦化学工业集团有限公司〈P1797〉;连云港格兰特化工食品添加剂有限公司(1000 吨)〈P1798〉;[桂]柳州大拿食品添加剂有限公司〈P2297〉;[川]绵竹新清华化工有限责任公司〈P2324〉;四川龙蟒集团(5 万吨)〈P2327〉;什邡市鸿升化工有限公司〈P2325〉;四川川恒化工有限责任公司〈P2325〉;四川蓝剑化工(集团)有限责任公司〈P2326〉;四川坤华磷化工有限公司〈P2326〉;四川绵阳神龙饲料有限公司(3 万吨)〈P2331〉

壳聚糖;几丁聚糖;脱乙酰几丁质;聚氨基葡糖;甲壳胺 K01152401

Chitosan; Deacetylated chitin; Poly-D-glucosamine [9012-76-4]

在食品工业中是一种天然、无毒的保鲜剂、絮凝剂,且可吸附水中镉、汞、铜等重金属离子

【生产厂】[冀]华北制药股份有限公司〈P1624〉;华北制药集团有限责任公司〈P1624〉;[苏]康顺生物工程有限公司〈P1793〉;淮安市中天生物工程有限公司〈P1801〉;江苏日欣实业集团有限公司〈P1816〉;高邮市明增生物制品厂〈P1813〉;扬州市久盛化工有限公司〈P1819〉;江苏九寿堂生物制品有限公司〈P1821〉;[浙]浙江永跃海洋生物有限公司(600 吨)〈P1959〉;舟山市普陀新兴医药化工厂

K

〈P1959〉；台州东升医药化工有限公司（100吨）〈P1960〉；台州复大海洋生物实业有限公司〈P1960〉；台州市丰润生物化学有限公司〈P1961〉；［鲁］济南海得贝海洋生物工程有限公司（150吨）〈P2021〉；东辰（集团）化工有限公司（400吨）〈P2081〉；山东东辰生物工程股份有限公司（500吨）〈P2084〉；山东莱州市海力生物制品有限公司〈P2114〉；莱州市甲壳粉厂（80吨）〈P2109〉；潍坊科海甲壳素有限公司〈P2103〉；青岛汇智生物工程公司〈P2038〉；青岛利中甲壳质公司（100吨）〈P2040〉；青岛海普生物技术有限公司（300吨）〈P2035〉；［鄂］枣阳市残联福利生物化工厂（5吨）〈P2238〉

羧甲基壳聚糖；羧甲基甲壳胺　K01152451

Carboxymethyl chitosan

用作高级化妆品添加剂、重金属螯合剂、药物缓释剂、植物生长剂等

【生产厂】［浙］浙江永跃海洋生物有限公司〈P1959〉；台州复大海洋生物实业有限公司〈P1960〉；［鲁］山东莱州市海力生物制品有限公司〈P2114〉；青岛汇智生物工程公司〈P2038〉；青岛利中甲壳质公司〈P2040〉；青岛盛洋化工有限公司（300吨）〈P2042〉

羧化壳聚糖；水溶性壳聚糖；羧化壳聚糖钠盐　K01152491

Carboxylation chitosan

用于化妆品、食品、饮料工业

【生产厂】［浙］台州市丰润生物化学有限公司〈P1961〉

羧甲基淀粉钠（食品级）　K01152501

Sodium carboxymethyl starch，food grade

在食品中大量用作增稠剂和稳定剂

【生产厂】［冀］河北天伟化工有限公司〈P1655〉；［豫］河南省新乡市顺达实业有限公司（500吨）〈P2201〉；［粤］广州市金珠江化学有限公司（300吨）〈P2265〉

卡拉胶（食品级）　K01152601

Gum kala，food grade

用作食品添加剂，用于软糖、果冻、饮料等，也可用于日用化妆品

【生产厂】［沪］上海北连食品有限公司〈P1729〉；［闽］泉州市泉港化工厂（60吨）〈P2000〉；［鲁］青岛聚大洋海藻工业有限公司（600吨）〈P2039〉；滕州市通达海藻工程技术有限责任公司〈P2079〉；［粤］普宁市惠翔海藻工业有限公司（1720吨）〈P2295〉；［黔］六盘水神驰生物科技有限公司〈P2337〉

L-天门冬氨酸；L-天冬氨酸　K01152701

L-Asparagic acid；L-Aspartic acid［56-84-8］

用于合成甜味剂，医药上用于治疗心脏病，用作肝功能促进剂、氨解毒剂、疲劳消除剂和氨基酸输液成分等

【生产厂】［京］北京奥博星生物技术责任有限公司〈P1543〉；［津］天津天安药业股份有限公司〈P1614〉；［冀］石家庄维诺伟业生物制品有限公司〈P1633〉；石家庄市新泽兴化工有限公司〈P1631〉；石家庄市海天精细化工有限公司〈P1629〉；石家庄市石兴氨基酸有限公司〈P1631〉；河北省冀州市华阳化工有限责任公司〈P1665〉；［晋］太原市侨友化工有限公司〈P1671〉；山西太明化工工业有限公司（2000吨）〈P1676〉；［沪］上海斐雅科技发展有限公司〈P1733〉；上海协和氨基酸有限公司（600吨）〈P1771〉；［苏］南京盟伦化学品有限公司（5000吨）〈P1787〉；南京利邦化工有限公司（2000吨）〈P1787〉；无锡四周氨基酸有限公司〈P1881〉；江苏杰成生物工程有限公司（8000吨）〈P1865〉；江苏菊花味精集团公司（1000吨）〈P1894〉；张家港市菊花氨基酸有限公司〈P1913〉；［浙］通宝生物工程有限公司（2500吨）〈P1946〉；桐乡市康普达生物科技有限公司〈P1943〉；宁波海德氨基酸工业有限公司〈P1930〉；［皖］淮北新兴实业有限责任公司〈P1977〉；淮北原野生物工程有限公司（3000吨）〈P1978〉；［鲁］淄博张店鑫沣生物化工厂（1200吨）〈P2076〉；淄博凯瑞化工厂〈P2064〉；山东齐隆化工股份有限公司〈P2053〉；烟台恒源生物工程有限公司〈P2117〉；邹城市富阳生物化工有限公司（3600吨）〈P2134〉；［豫］郑州厚泽木食品技术有限公司〈P2170〉；［鄂］武汉麦可贝斯生物科技有限公司〈P2231〉；武汉武大弘元股份有限公司〈P2234〉；武汉汉龙氨基酸有限责任公司〈P2230〉；湖北八峰药化股份有限公司（1000吨）〈P2245〉

D-天门冬氨酸；D-天冬氨酸　K01152705

D-Aspartic acid［1783-96-6］

用于合成药品

【生产厂】［冀］石家庄市石兴氨基酸有限公司〈P1631〉；［沪］上海求德生物化工有限公司〈P1758〉；［苏］无锡四周氨基酸有限公司〈P1881〉；江苏菊花味精集团公司（200吨）〈P1894〉；张家港市菊花氨基酸有限公司〈P1913〉；［皖］安徽省恒锐新技术开发有限责任公司〈P1972〉

DL-天门冬氨酸；DL-天冬氨酸　K01152710

DL-Aspartic acid；DL-Aminosuccinic acid［617-45-8］

用于氨基酸输液、合成药，可用于肝病及心脏病的治疗，也用于化妆品

【生产厂】［京］北京奥博星生物技术责任有限公司〈P1543〉；［冀］石家庄市石兴氨基酸有限公司〈P1631〉；河北大田化工有限公司（150吨）〈P1658〉；［苏］无锡四周氨基酸有限公司〈P1881〉；宜兴市康源生物化工有限公司〈P1885〉；江苏杰成生物工程有限公司〈P1865〉；江苏菊花味精集团公司（200吨）〈P1894〉；张家港市菊花氨基酸有限公司〈P1913〉；［皖］淮北原野生物工程有限公司〈P1978〉

DL-天门冬氨酸镁；混旋天门冬氨酸镁；天冬氨酸镁　K01152720

Magnesium DL-aspartate

用于食品和饲料添加剂、医药保健品

【生产厂】［鄂］武汉阿米诺科技有限公司〈P2228〉

L-天门冬氨酸镁　K01152725

Magnesium L-aspartate

用作保鲜剂原料、药品原料、饲料添加剂

【生产厂】［冀］石家庄维诺伟业生物制品有限公司〈P1633〉；石家庄市环城氨基酸厂〈P1629〉；石家庄市新泽兴化工有限公司〈P1631〉；［沪］上海斐雅科技发展有限公司〈P1733〉；［皖］淮北新兴实业有限责任公司〈P1977〉；淮北原野生物工程有限公司〈P1978〉；［鲁］淄博张店鑫沣生物化工厂〈P2076〉；淄博凯瑞化工厂〈P2064〉；烟台恒源生物工程有限公司〈P2117〉

L-天门冬氨酸钙；L-天冬氨酸钙　K01152741

Calcium L-aspartate

是一种氨基酸螯合钙，用作钙营养强化剂、药品原料等

【生产厂】［冀］石家庄维诺伟业生物制品有限公司〈P1633〉；石家庄市环城氨基酸厂〈P1629〉；石家庄市新泽兴化工有限公司〈P1631〉；［沪］上海斐雅科技发展有限公司

〈P1733〉；[皖]淮北新兴实业有限责任公司〈P1977〉；淮北原野生物工程有限公司〈P1978〉；[鲁]淄博张店鑫沣生物化工厂〈P2076〉；淄博凯瑞化工厂〈P2064〉；烟台恒源生物工程有限公司〈P2117〉

DL-天冬氨酸钙 K01152745

Calcium DL-aspartate

【生产厂】[鄂]武汉阿米诺科技有限公司〈P2228〉

DL-天门冬氨酸钾 K01152751

Potassium DL-aspartate

【生产厂】[鄂]武汉阿米诺科技有限公司〈P2228〉

L-天门冬氨酸钾 K01152753

Potassium L-aspartate

是一种医药中间体，可用作食品添加剂和生物化学研究制剂

【生产厂】[冀]石家庄维诺伟业生物制品有限公司〈P1633〉；石家庄市环城氨基酸厂〈P1629〉；[沪]上海斐雅科技发展有限公司〈P1733〉；[苏]金湖申凯化学有限公司〈P1803〉；[皖]淮北新兴实业有限责任公司〈P1977〉；淮北原野生物工程有限公司〈P1978〉；[鲁]淄博张店鑫沣生物化工厂〈P2076〉；烟台恒源生物工程有限公司〈P2117〉

天冬氨酸钠 K01152761

Sodium aspartate

【生产厂】[鄂]武汉阿米诺科技有限公司〈P2228〉

L-天冬氨酸钠；L-天门冬氨酸钠 K01152763

Sodium L-aspartate [5598-53-8]

广泛用于食品行业的保鲜剂、防腐剂，可代替味精

【生产厂】[冀]石家庄维诺伟业生物制品有限公司〈P1633〉；石家庄市环城氨基酸厂〈P1629〉；石家庄市新泽兴化工有限公司〈P1631〉；[沪]上海斐雅科技发展有限公司〈P1733〉；[苏]无锡四周氨基酸有限公司〈P1881〉；江苏杰成生物工程有限公司〈P1865〉；[皖]淮北新兴实业有限责任公司〈P1977〉；淮北原野生物工程有限公司〈P1978〉；[鲁]淄博张店鑫沣生物化工厂〈P2076〉；烟台恒源生物工程有限公司〈P2117〉

L-天门冬氨酸锌 K01152771

Zinc L-aspartate

是新一代微量元素添加剂，可作为食品添加剂及医药中间体

【生产厂】[冀]石家庄市新泽兴化工有限公司〈P1631〉；[皖]淮北新兴实业有限责任公司〈P1977〉；淮北原野生物工程有限公司〈P1978〉；[鲁]淄博张店鑫沣生物化工厂〈P2076〉；烟台恒源生物工程有限公司〈P2117〉；[鄂]武汉阿米诺科技有限公司〈P2228〉

海藻粉 K01152801

Seaweed powder

用于水产动物饲料和禽畜动物饲料

【生产厂】[鲁]青岛南洋海藻工业有限公司(200 吨)〈P2041〉；青岛鹰飞化工有限公司〈P2046〉

复合磷酸盐 K01152901

Compound phosphate

用于水分保持、酸度调节、乳化剂、稳定剂和螯合剂等

【生产厂】[京]北京市高丽工贸有限责任公司〈P1559〉；[沪]上海联合食品添加剂有限公司〈P1751〉；[苏]徐州市志丰化工有限公司〈P1796〉；徐州科隆磷酸盐有限公司〈P1795〉；徐州海成食品添加剂有限公司〈P1794〉；连云港瑞丰化工有限公司〈P1799〉；[鄂]武汉市合中化工制造有限公司〈P2232〉；[川]四川成洪磷化工有限责任公司〈P2332〉

几丁质；聚乙酰氨基葡萄糖；甲壳质；壳多糖；甲壳素 K01153001

Chitin [1398-61-4]

用于制可溶性甲壳质和氨基葡萄糖，可作化妆品和功能性食品的添加剂，可制备照相感光乳剂等

【生产厂】[苏]康顺生物工程有限公司〈P1793〉；江苏日欣实业集团有限公司〈P1816〉；扬州市久盛化工有限公司(1000 吨)〈P1819〉；[浙]浙江永跃海洋生物有限公司(800 吨)〈P1959〉；舟山市普陀新兴医药化工厂〈P1959〉；台州复大海洋生物实业有限公司〈P1960〉；台州市丰润生物化学有限公司〈P1961〉；[鲁]山东莱州市海力生物制品有限公司〈P2114〉；潍坊科海甲壳素有限公司(150 吨)〈P2103〉；烟台合普生物制品有限公司〈P2116〉；威海市明美涤化工有限责任公司(300 吨)〈P2125〉；荣成鲁阳化工有限公司(500 吨)〈P2122〉；青岛汇智生物工程公司〈P2038〉；青岛海汇生物工程有限公司〈P2035〉；青岛海化化工有限责任公司(4500 吨)〈P2035〉；青岛利中甲壳质公司(300 吨)〈P2040〉；青岛盛洋化工有限公司(300 吨)〈P2042〉；青岛海普生物技术有限公司(360 吨)〈P2035〉；[鄂]枣阳市残联福利生物化工厂(10 吨)〈P2238〉

【使用厂】[鲁]山东东辰生物工程股份有限公司〈P2084〉；鱼台奥伦特原野化工有限公司〈P2134〉；山东阿波罗集团有限公司〈P2027〉

羧甲基甲壳质 K01153051

Carboxymethyl chitin

【生产厂】[鲁]山东莱州市海力生物制品有限公司〈P2114〉；青岛汇智生物工程公司〈P2038〉

苹果酸钙 K01153111

Calcium malate [17482-42-7]

食品工业中用作钙质强化剂

【生产厂】[沪]上海申夏生物化工有限公司〈P1761〉；[苏]南通市飞宇精细化学品有限公司〈P1835〉；[浙]桐乡市康普达生物科技有限公司〈P1943〉；[豫]郑州瑞普生物工程有限公司(150 吨)〈P2172〉

苹果酸钾 K01153121

Potassium malate

【生产厂】[沪]上海申夏生物化工有限公司〈P1761〉；[浙]桐乡市康普达生物科技有限公司〈P1943〉；[豫]郑州瑞普生物工程有限公司(150 吨)〈P2172〉

苹果酸锌 K01153131

Zinc malate

【生产厂】[浙]桐乡市康普达生物科技有限公司〈P1943〉；[豫]郑州瑞普生物工程有限公司(150 吨)〈P2172〉

苹果酸钠 K01153141

Sodium malate [676-46-0]

用作缓冲剂、调味剂、代盐剂

【生产厂】[冀]石家庄维诺伟业生物制品有限公司〈P1633〉；[沪]上海申夏生物化工有限公司〈P1761〉；[鲁]青岛扶桑

精制加工有限公司(5000 吨)〈P2034〉

维生素 AD 钙 K01153201
Vitamine AD calcium
【生产厂】[冀]石家庄市天成食品添加剂厂〈P1631〉

维生素 E 醋酸酯;乙酸酯维生素 E K01153301
Vitamin E acetate [7695-91-2]
用作药品、营养品、化妆品添加剂
【生产厂】[皖]芜湖华海生物工程有限公司〈P1974〉;[鄂]武汉远城科技发展有限公司〈P2235〉

牛磺酸乙酯 K01153401
Taurine ethyl ester
【生产厂】[苏]江阴南极星生物制品有限公司〈P1868〉;江阴市三益化工有限公司〈P1870〉

面粉增白剂 K01153501
Flour-blearching agent
用于小麦粉的氧化漂白,提高感观品质
【生产厂】[闽]厦门绿源泰食品添加剂有限公司〈P1992〉;[粤]广东省石油化工研究院(300 吨)〈P2259〉

三肌酸马来酸 K01153601
Tricreatine maleate
用作营养食品添加剂
【生产厂】[津]天津天成制药有限公司(100 吨)〈P1614〉

血红素铁多肽 K01153701
Haemachrome iron polypeptide
用作营养增补剂(铁质强化剂),广泛用于乳制品、干乳制品、调味品、面粉、饮料、医药等行业
【生产厂】[苏]徐州海成食品添加剂有限公司〈P1794〉

氯化血红素;卟啉铁 K01153791
Hematin chloride
【生产厂】[沪]上海建平化工有限公司〈P1743〉;[苏]徐州海成食品添加剂有限公司〈P1794〉

乙酰化交联淀粉;PAC 淀粉 K01153891
Acetylate cross-link starch
用作食品增稠剂、赋型剂
【生产厂】[粤]佛山市华昊华丰淀粉有限公司(200 吨)〈P2287〉

食品加工助剂 K01153911
Foods processing auxiliary
主要用于食品抗粘剂、增稠剂、香精和香料吸附干燥剂、澄清助滤剂等
【生产厂】[津]天津市张大科技发展有限公司(5000 吨)〈P1612〉

胶姆糖软化剂;单辛癸酸甘油酯 K01154001
Emollient for chewing gums
用于乳化型饮料、奶制品、冷饮、豆奶等
【生产厂】[沪]上海千为油脂科技有限公司〈P1757〉

甘氨酸螯合锌 K01154201
Chelate zinc glycinate
【生产厂】[京]北京麦威药业有限公司〈P1555〉;[鄂]湖北新生源生物工程股份有限公司〈P2240〉

甘氨酸螯合铁;甘氨酸铁络合物 K01154211
Chelate iron glycine
用作饲料添加剂
【生产厂】[鲁]化学工业(全国)饲料添加剂工程技术中心山东科技公司(100 吨)〈P2020〉

甘氨酸螯合镁 K01154231
Chelate magnesium glycinate
【生产厂】[京]北京麦威药业有限公司〈P1555〉;[浙]桐乡市康普达生物科技有限公司〈P1943〉

甘氨酸螯合钙 K01154251
Chelate calcium glycinate
【生产厂】[京]北京麦威药业有限公司〈P1555〉

甘氨酸钙 K01154271
Calcium glycinate [35947-07-0]
用作新型补钙剂,比其他补钙剂更易被人体吸收
【生产厂】[冀]河北新东华氨基酸有限公司〈P1623〉;河北东华化工总公司〈P1619〉;河北东华化工集团(80 吨)〈P1619〉;[鲁]潍坊祥维斯化学品有限公司(1000 吨)〈P2106〉

甘氨酸镁 K01154281
Magnesium glycinate
用作食品和饲料添加剂
【生产厂】[冀]河北新东华氨基酸有限公司〈P1623〉;[鲁]潍坊祥维斯化学品有限公司(1 万吨)〈P2106〉

甘氨酸钠;氨基乙酸钠 K01154291
Sodium glycinate [6000-44-8]
用于有机产品的合成,工业洗涤剂中间体以及生化研究
【生产厂】[京]北京清华紫光英力化工技术有限责任公司〈P1557〉;[冀]保定市满城东方化工有限公司〈P1646〉

甘草霜 K01154301
Glycyrhiza frost
用作食品、烟草添加剂
【生产厂】[陕]西安妙香园药业有限公司〈P2349〉;西安天行健天然生物制品有限公司〈P2350〉

异甘草素 K01154351
Isoliquiritigenin [961-29-5]
用作化妆品助剂、食品添加剂等
【生产厂】[陕]陕西旭煌植物科技发展有限公司〈P2347〉

瓜尔胶粉(食品级) K01154501
Guar gum powder, food grade
主要用作食品品质改良剂、增稠剂
【生产厂】[冀]秦皇岛市金佳絮凝剂有限公司〈P1637〉;[苏]京昆油田化学科技开发公司〈P1895〉;南通万邦科技精细化工有限公司〈P1836〉;[鲁]广饶县金岭公司化工厂(2000 吨)〈P2083〉;东营市信德化工有限责任公司(400 吨)〈P2083〉

干酪素(食用);酪蛋白(食用) K01154601

Casein,edible

广泛用于各类保健食品中,如咖啡伴侣、果汁等

【生产厂】[甘]临夏州华安生物制品有限公司〈P2356〉;兰州同健生物科技股份有限公司(1500吨)〈P2356〉

胍基乙酸;乙酸胍 K01154701

Guanidineacetic acid [352-97-6]

用作食品添加剂、有机合成中间体

【生产厂】[沪]上海浩洲化工有限公司〈P1736〉;[苏]靖江市三益化工有限公司〈P1825〉;常熟市金城化工有限公司〈P1890〉

植酸钠;肌醇六磷酸钠 K01154801

Sodium phytate

用于食品、化妆品、香皂、罐头添加剂

【生产厂】[沪]上海邦成化工有限公司〈P1728〉;[鄂]当阳市三鑫生物工程有限责任公司〈P2240〉;[川]成都东方企业公司〈P2310〉

吡啶甲酸铬 K01154951

Chromium picolinate

用作医药保健品、食品添加剂

【生产厂】[冀]石家庄维平功能食品科技有限公司〈P1633〉;黄骅市津骅饲料添加剂有限公司〈P1656〉;[浙]德清县天宝化工厂〈P1945〉;[鲁]潍坊祥维斯化学品有限公司(10吨)〈P2106〉;[豫]新乡市瑞特精细化工有限公司〈P2169〉;河南省大明实业有限公司〈P2166〉

吡啶甲酸铜 K01154991

Cupric picolinate

【生产厂】[苏]昆山市远洋化工有限公司〈P1898〉

多聚磷酸钾 K01155101

Potassium polyphosphate [7790-53-6]

【生产厂】[川]四川川恒化工有限责任公司〈P2325〉;四川成洪磷化工有限责任公司〈P2332〉

偏磷酸钾 K01155201

Potassium metaphosphate [7990-53-6]

在食品工业中作水产调味的组织改进剂、金属螯合剂、脂肪乳化剂、保湿剂、水的软化剂、蛋白质沉淀剂等

【生产厂】[苏]徐州科隆磷酸盐有限公司〈P1795〉;连云港瑞丰化工有限公司〈P1799〉;[川]四川成洪磷化工有限责任公司〈P2332〉

肌酸乙酯盐酸盐 K01155301

Creatine ethyl ester hydrochloride

用作营养食品添加剂

【生产厂】[津]天津天成制药有限公司(100吨)〈P1614〉;[浙]上虞市卧龙化工有限公司〈P1948〉

肌酸乙酯 K01155351

Creatine ethyl ester

【生产厂】[浙]上虞市卧龙化工有限公司〈P1948〉;[鲁]东营市恒星化工有限责任公司(60吨)〈P2082〉

肌酸-DL-酒石酸;肌酸-2,3-二羟基丁二酸 K01155401

Creatine-DL-tartrate

用作营养食品添加剂

【生产厂】[津]天津天成制药有限公司(100吨)〈P1614〉

三肌酸HMB盐;三肌酸-β-羟基-β-甲基丁酸盐 K01155501

Tricreatine-β-hydroxy-β-methylbutyrate

主要用作食品添加剂

【生产厂】[津]天津天成制药有限公司(200吨)〈P1614〉;[苏]靖江市三益化工有限公司〈P1825〉

乙二胺二氢碘 K01155601

Ethylenediamine dihydroiodide [5700-49-2]

用于食品、饲料、医药中补充碘

【生产厂】[鄂]武汉神舟化工有限公司〈P2232〉

L-天门冬氨酸锰 K01155701

Manganese L-aspartate

用作食品和饲料添加剂、医药中间体

【生产厂】[皖]淮北新兴实业有限责任公司〈P1977〉;[鲁]烟台恒源生物工程有限公司〈P2117〉

L-天门冬氨酸铁 K01155721

Iron L-aspartate

【生产厂】[冀]石家庄市新泽兴化工有限公司〈P1631〉

L-天门冬氨酸铜 K01155741

Cupric L-aspartate

是新一代微量元素添加剂,可用作食品添加剂及医药中间体

【生产厂】[皖]淮北原野生物工程有限公司〈P1978〉

L-苏糖酸钙 K01155801

Calcium L-threonate

用作医药保健品、食品添加剂

【生产厂】[津]天津巨能药业有限公司(500吨)〈P1575〉;[苏]江苏江山制药有限公司〈P1821〉

L-苏糖酸亚铁 K01155851

Ferrous L-threonate

用于制药

【生产厂】[津]天津巨能药业有限公司(10吨)〈P1575〉

二氧化硅食品添加剂 K01156101

Silicon dioxide food additive

主要用作药品、食品及饲料的抗结块剂、增稠剂、稳定剂及载体,香精和香料的吸附干燥剂

【生产厂】[京]北京航天赛德粉体材料技术有限公司〈P1548〉;[闽]福建省沙县金沙白炭黑制造有限公司〈P1995〉;[粤]广东西陇化工有限公司〈P2276〉

二氧化硫清除剂 K01156201

Sulfur dioxide scavenger

能强劲地清除食品中有效二氧化硫残留量,从而提高食品的质量

【生产厂】[粤]广州市品尼高食品添加剂有限公司〈P2265〉

喹烯酮 K02010301

K

Quinocetone

用作抗菌、抗腹泻、促生长新型畜禽饲料添加剂

【生产厂】[苏]苏州市奥盛精细化工有限公司〈P1902〉

亚硒酸锌　K02010401

Zinc selenite [13597-46-1]

【生产厂】[津]黄骅市津骅添加剂有限公司〈P1569〉;[冀]黄骅市津骅饲料添加剂有限公司〈P1656〉

维生素 AD3 粉　K02010711

Vitamin AD3 powder

能参与钙、磷吸收及代谢作用,促进生产发育,提高产蛋率、育成率

【生产厂】[津]天津市金牧兽药厂(50 吨)〈P1592〉;[冀]河北荣发生物科技有限公司〈P1654〉

维生素 E 粉　K02010801

Vitamin E powder

用作医药原料及饲料添加剂

【生产厂】[冀]河北省冀州市华阳化工有限责任公司〈P1665〉;[苏]江苏宜兴市第二化学试剂厂〈P1866〉;[浙]浙江黄岩生物工程有限公司〈P1965〉;[皖]芜湖华海生物工程有限公司〈P1974〉;[鄂]武汉远城科技发展有限公司〈P2235〉;[渝]西南合成制药股份有限公司〈P2303〉;[川]成都天然气化工总厂〈P2316〉

加硒维生素 E 粉;亚硒酸钠 E 粉　K02010911

Vitamin E powder with selenium

用于防治因维生素 E 和硒缺乏引起的畜禽肌肉营养不良性疾病和家畜不孕症等

【生产厂】[津]天津市兽药二厂(1600 吨)〈P1602〉;[冀]河北荣发生物科技有限公司〈P1654〉;[渝]重庆联华化工厂〈P2305〉

磷酸氢钙(食用级)　K02011300

Calcium hydrogen phosphate, edible [7757-93-9]

用作家禽的辅助饲料,能促使饲料消化,同时还可治疗牲畜的佝偻病、软骨病、贫血症等

【生产厂】[冀]河北星宇化工有限公司(5000 吨)〈P1623〉;河北省冀州市华阳化工有限责任公司〈P1665〉;秦皇岛骊骅淀粉股份有限公司(1000 吨)〈P1637〉;[晋]阳泉精诚化工有限公司〈P1674〉;[沪]上海彩凤饲料磷钙有限公司〈P1729〉;[苏]江苏澄星磷化工股份有限公司〈P1865〉;江苏徐州嘉信达化工有限公司〈P1793〉;连云港新磷矿化有限责任公司(4 万吨)〈P1800〉;江苏双菱化工集团有限公司〈P1798〉;连云港市锦屏化工厂(1 万吨)〈P1799〉;涟水磷肥厂(2 万吨)〈P1803〉;[鲁]烟台市牟平区经协化工厂(2 万吨)〈P2119〉;泰安市黎明化工有限责任公司(1000 吨)〈P2138〉;[豫]焦作市新元生物化工食品有限公司〈P2197〉;[粤]廉江市化工有限责任公司(5000 吨)〈P2293〉;[桂]广西核工业桂兴实业公司(1 万吨)〈P2301〉;柳州大拿食品添加剂有限公司〈P2297〉;[川]什邡泰来化工有限公司〈P2325〉;什邡市鸿升化工有限公司〈P2325〉;四川川恒化工有限责任公司〈P2325〉;四川省什邡市聚鑫泰化工有限公司(3000 吨)〈P2328〉;四川宏达化工股份有限公司(6 万吨)〈P2326〉;四川友信化工有限责任公司〈P2330〉;四川坤华磷化工有限公司〈P2326〉;绵阳启明星磷化工有限公司〈P2330〉;四川绵阳神龙饲料有限公司(6 万吨)〈P2331〉;四川省自贡市大亿实业有限公司〈P2321〉;[黔]贵州宏福实业开发有限总公司(5 万吨)〈P2338〉;[滇]云南安宁化肥有限责任公司〈P2340〉;云南澄江县德安磷化工有限责任公司(4000 吨)〈P2343〉;云南省澄江承坤磷化工厂(8000 吨)〈P2343〉;云南马龙化建股份有限公司(3000 吨)〈P2343〉;云南金星化工有限公司〈P2345〉;[青]青海西部化肥有限责任公司〈P2359〉

蛋氨酸锌　K02011901

Zinc methionine

用作营养性添加剂,可用于食品、饲料、医药等行业

【生产厂】[鲁]潍坊祥维斯化学品有限公司(1000 吨)〈P2106〉;[鄂]武汉神舟化工有限公司〈P2232〉;[桂]广西五星化工有限公司〈P2296〉

蛋氨酸络合铜　K02012001

Copper methionine complex

用作营养性添加剂,可用于食品、医药、饲料等行业

【生产厂】[鄂]武汉神舟化工有限公司〈P2232〉

喹乙醇;N-羟乙基-3-甲基-2-喹啉酰胺-1,4-二氧化物　K02012101

Quinethanol; Olaquindox [23696-28-8]

为抗菌药,用于促进畜禽生长

【生产厂】[京]北京丽水化工有限责任公司(30 吨)〈P1554〉;[津]天津市新新药业公司上辛口分厂(2500 吨)〈P1608〉;[浙]嘉善嘉生药业有限公司(400 吨)〈P1940〉

柠檬酸二氢胆碱;胆碱柠檬酸氢盐　K02012401

Choline citrate dibasic

是一种高效的营养增补剂及祛脂剂,广泛地应用于药品、保健品以及食品营养添加

【生产厂】[浙]杭州萧山楼塔饲料添加剂厂〈P1923〉

氯化胆碱;氯化-2-羟乙基三甲胺　K02012501

Choline chloride [67-48-1]

用于治疗脂肪肝和肝硬化,也用作饲料添加剂,能刺激卵巢多产蛋、产仔及禽畜、鱼类等增重

【生产厂】[京]北京朝福化工实验厂〈P1544〉;[津]天津市金牧兽药厂(150 吨)〈P1592〉;天津市新星兽药厂〈P1608〉;天津市渤海兽药有限公司(7000 吨)〈P1581〉;天津市兽药二厂(1 万吨)〈P1602〉;[冀]沧州市光大兽药有限公司(2 万吨)〈P1652〉;沧州市瑞丰牧业有限公司(2 万吨)〈P1653〉;沧州市大洋兽药有限公司(2 万吨)〈P1652〉;沧州市环球饲料添加剂有限公司(4 万吨)〈P1652〉;河北康达利药业有限公司(2 万吨)〈P1654〉;河北荣发生物科技有限公司〈P1654〉;河北省沧州市亚东兽药有限公司(5000 吨)〈P1654〉;欣德威兽药有限公司〈P1657〉;沧州大正兽药有限公司(4 万吨)〈P1651〉;东方兽药有限公司〈P1653〉;河北省沧州市中捷兽药有限公司〈P1655〉;[辽]鞍山山丰化工有限公司(1 万吨)〈P1695〉;[吉]四平市中信氯化胆碱有限公司(3 万吨)〈P1717〉;吉林省亿达生物工程有限公司(6000 吨)〈P1717〉;[沪]上海优迪医药有限公司〈P1775〉;上海三爱思试剂有限公司〈P1759〉;[苏]南京仁信化工有限公司〈P1788〉;[浙]杭州市银湖化工有限公司〈P1922〉;浙江优联医药化工有限公司〈P1928〉;杭州萧山楼塔饲料添加剂厂(2 万吨)〈P1923〉;桐乡市康普达生物科技有限公司〈P1943〉;[鲁]济南华菱药业有限公司(2 万吨)〈P2022〉;山东奥克特化工有限公司(9 万吨)〈P2152〉;山东淄博淄川新兴化工厂〈P2056〉;山东碧隆巨佳胆碱有限公司(4 万吨)〈P2155〉;山东恩贝集团有限公司(10 万

吨)〈P2155〉;潍坊国桥化工有限公司(2 万吨)〈P2101〉;山东临朐山旺化工有限责任公司(1000 吨)〈P2096〉;青岛三凯化工有限公司〈P2041〉;济宁宁丰化工有限公司(1 万吨)〈P2128〉;山东华仙集团总公司(4000 吨)〈P2131〉;山东济宁胆碱厂(5 万吨)〈P2131〉;滕州永兴化工有限责任公司(2 万吨)〈P2080〉;[豫]濮阳市宝利来化工有限公司(500 吨)〈P2213〉;濮阳市春盛化工有限公司(2000 吨)〈P2213〉;[渝]重庆市渝北区川沙化工厂〈P2307〉;[青]青海黎明化工有限责任公司〈P2359〉

硒代蛋氨酸 K02013001
Selenomethionine [1464-42-2]
用作医药保健品中间体、饲料添加剂
【生产厂】[浙]杭州康德权科技有限公司〈P1920〉

氨基酸微量元素螯合盐 K02013200
Amino acid microelement chelates
用作营养性微量元素饲料添加剂
【生产厂】[鲁]化学工业(全国)饲料添加剂工程技术中心山东科技公司(200 吨)〈P2020〉;[川]成都景田生物药业有限公司〈P2312〉

复合氨基酸螯合铁 K02013211
Compound amino acid chelate iron
用作营养性微量元素添加剂
【生产厂】[浙]桐乡市康普达生物科技有限公司〈P1943〉;[鄂]湖北新生源生物工程股份有限公司〈P2240〉

复合氨基酸螯合铜 K02013231
Compound amino acid chelate copper
【生产厂】[浙]桐乡市康普达生物科技有限公司〈P1943〉;[鄂]湖北新生源生物工程股份有限公司〈P2240〉

复合氨基酸螯合锰 K02013251
Compound amino acid chelate manganese
【生产厂】[浙]桐乡市康普达生物科技有限公司〈P1943〉;[鄂]湖北新生源生物工程股份有限公司〈P2240〉

抗坏血酸多聚磷酸酯;高稳定性维生素 C;维生素 C 多聚磷酸酯 K02013301
Polyphosphate ascorbic acid
有极强的抗氧化性,其稳定性比普通 Vc 高 20~40 倍,为水产饵料中理想的 Vc 添加剂
【生产厂】[津]天津市兽药二厂(3100 吨)〈P1602〉;[浙]杭州汇能生物技术有限公司〈P1919〉;[豫]河南省大明实业有限公司〈P2166〉;[川]成都化工研究设计院〈P2311〉

葡糖淀粉酶;葡糖糖化酶;糖化酶;耐高温 α-淀粉酶 K02020301
Glucoamylase
广泛用于淀粉、酒精、啤酒、味精、酿造、纺织退浆等工业
【生产厂】[津]天津伊科拜尔生物添加剂有限公司〈P1616〉;[冀]邢台市万达化工有限公司〈P1644〉;邢台市新欣翔宇生物工程有限公司〈P1644〉;[苏]江苏杰成生物工程有限公司(1000 吨)〈P1865〉;江苏华昌(集团)有限公司〈P1893〉;张家港市金源生物化工有限公司〈P1913〉;[鲁]淄博国澳生物技术有限公司〈P2060〉;山东海化魁星化工有限公司(3000 吨)〈P2135〉;山东省沂水隆大生物工程有限责任公司(4000 吨)〈P2151〉;[豫]河南仰韶生化工程有限公司(1600 吨)〈P2221〉
【使用厂】[湘]湖南省安化乳酸厂〈P2256〉

高活力糖化酶;高活力葡萄糖淀粉酶 K02020351
Glucoamylase, high-livingness
广泛用于生产白酒、黄酒、酒精、啤酒、乳酸钙作糖化剂,用于以葡萄糖作发酵培养基的各种抗生素等
【生产厂】[苏]江苏杰成生物工程有限公司〈P1865〉;[鲁]淄博国澳生物技术有限公司〈P2060〉;[豫]河南仰韶生化工程有限公司(3000 吨)〈P2221〉

L-天门冬氨酸螯合镁 K02030201
Chelate magnesium L-aspartate
用作新型饲料添加剂,能明显改善牲畜、家禽的肉质,亦可用于食品添加剂、医药保健品等
【生产厂】[皖]淮北新兴实业有限责任公司〈P1977〉;[鲁]烟台恒源生物工程有限公司〈P2117〉

饲料添加剂 K02030301
Feed additives; Feed supplement
用于牲畜喂养
【生产厂】[京]北京桑普生物化学技术有限公司〈P1557〉;[津]天津市新星兽药厂(1000 吨)〈P1608〉;[浙]杭州汇能生物技术有限公司〈P1919〉;[皖]安徽安特集团〈P1983〉;安徽省明光市曼迪矿业科技有限公司〈P1982〉;[鲁]山东临朐山旺化工有限责任公司(100 吨)〈P2096〉;济宁市化工研究所试剂厂(6000 吨)〈P2128〉;[桂]广西北海喷施宝有限责任公司〈P2301〉

盐酸甜菜碱;三甲铵乙内酯 K02030401
Betaine hydrochloride [590-46-5]
用作食品、饲料添加剂,医药级用于胃肠功能调节剂
【生产厂】[津]天津天成制药有限公司(400 吨)〈P1614〉;天津市兽药二厂(2000 吨)〈P1602〉;[冀]沧州市环球饲料添加剂有限公司〈P1652〉;[苏]南通远大生物科技发展有限公司〈P1836〉;[浙]浙江优联医药化工有限公司〈P1928〉;杭州海尔希畜牧科技有限公司〈P1917〉;[鲁]济南大正伟业科贸有限公司〈P2021〉;潍坊祥维斯化学品有限公司(1 万吨)〈P2106〉;[粤]深圳市鹏基生物有限公司〈P2272〉;[桂]广西南宁市新城化工厂〈P2296〉

甜菜碱 K02030411
Betaine; Trimethylammonioacetate [107-43-7]
用作饲料添加剂,用于促进动物生长、提高抗病能力
【生产厂】[津]天津市西青区大业助剂厂(100 吨)〈P1607〉;天津市新新药业公司上辛口分厂(100 吨)〈P1608〉;天津天成制药有限公司(300 吨)〈P1614〉;[冀]石家庄市栾城县华英工贸有限责任公司〈P1630〉;河北省文安县天成精细化工厂〈P1659〉;保定加合精细化工有限公司〈P1645〉;[苏]南通远大生物科技发展有限公司〈P1836〉;南通利田化工有限公司〈P1834〉;[浙]浙江优联医药化工有限公司〈P1928〉;杭州海尔希畜牧科技有限公司〈P1917〉;衢州市聚华特种试剂厂〈P1958〉;[鲁]山东大华广济生化工程有限公司〈P2028〉;济南大正伟业科贸有限公司〈P2021〉;[粤]深圳市鹏基生物有限公司〈P2272〉

复合甜菜碱 K02030421

Compound betaine

用作饲料添加剂

【生产厂】[津]天津市兽药二厂(800 吨)〈P1602〉

柠檬酸甜菜碱 K02030491

Betaine citrate

用作保健品、食品添加剂、饲料添加剂

【生产厂】[鲁]潍坊祥维斯化学品有限公司(1000 吨)〈P2106〉

植酸酶;肌醇六磷酸酶 K02030601

Phytase

是一种新型绿色饲用酶制剂

【生产厂】[冀]邢台市新欣翔宇生物工程有限公司〈P1644〉;[苏]张家港市金源生物化工有限公司〈P1913〉;[鲁]阿维化学(山东)公司〈P2020〉;烟台合普生物制品有限公司〈P2116〉

牲血素;右旋糖酐铁 K02030701

Iron dextran;Dextriferron

适用于猪和其他牲畜预防和治疗缺铁性贫血,促进生长和发育

【生产厂】[津]天津怀仁制药有限公司(40 吨)〈P1574〉;[鲁]山东金洋药业有限公司(100 吨)〈P2053〉;[桂]广西化工研究院(100 吨)〈P2296〉;广西化工研究院-广西新晶科技有限公司〈P2296〉;广西皇马药业有限责任公司〈P2296〉;[川]四川科伦药业股份有限公司〈P2318〉

饲料金霉素粉剂;氯四环素 K02030801

Feed aureomycin powder

用作饲料添加剂、动物用药,对绝大部分革兰阳性细菌、革兰阴性细菌、立克次氏体、支原体等感染有疗效

【生产厂】[晋]大同云康制药厂〈P1673〉;[闽]浦城正大生化有限公司(1 万吨)〈P2005〉

抗氧喹 K02030901

Ethoxyquin [91-53-2]

用作饲料添加剂

【生产厂】[津]天津市兽药二厂(800 吨)〈P1602〉

3,5-二硝基邻甲苯甲酰胺;球痢灵;二硝托胺 K02031101

Dinitolmide;Zoalene;3,5-Dinitro-*o*-toluamide [148-01-6]

用于饲料中能促进鸡的生长

【生产厂】[浙]舟山市强弘精细化工有限公司〈P1959〉;[鲁]阿维化学(山东)公司〈P2020〉;山东新发药业有限责任公司(600 吨)〈P2086〉

富马酸二甲酯;霉克星 1 号;防霉保鲜剂 K02031301

Dimethyl fumarate [624-49-7]

广泛用于食品、粮食、饲料、烟草、皮革和衣物等防腐防霉及保鲜

【生产厂】[津]天津市源翔化工股份合作公司〈P1612〉;[冀]河北华戈化学集团〈P1654〉;[苏]南京东方石油化工厂〈P1783〉;苏州合成化工有限公司〈P1900〉;[豫]开封市通达化工厂(3000 吨)〈P2178〉;开封油脂化工厂(500 吨)〈P2179〉;[陕]交大瑞森渭南化学工业有限责任公司〈P2352〉;陕西渭南惠丰化学工业有限责任公司(1200 吨)〈P2352〉

富马酸单甲酯 K02031351

Monomethyl fumarate

用作饲料防霉剂

【生产厂】[鲁]山东奥克特化工有限公司(1000 吨)〈P2152〉;[鄂]武汉神舟化工有限公司〈P2232〉;[陕]陕西渭南惠丰化学工业有限责任公司〈P2352〉

脲酶抑制剂 K02031501

Urease inhibitor

用作牛、羊饲料添加剂

【生产厂】[鲁]山东鲁西兽药股份有限公司(200 吨)〈P2145〉

磷酸钙;磷酸三钙 K02031801

Calcium phosphate [7758-87-4]

在食品工业中用作抗结块剂、营养增补剂、增香剂、缓冲剂、pH 值调节剂,亦可作家禽饲料添加剂、制酸剂

【生产厂】[冀]河北省冀州市华阳化工有限责任公司〈P1665〉;[辽]锦化化工(集团)有限责任公司〈P1703〉;[沪]上海彩凤饲料磷钙有限公司〈P1729〉;[苏]江苏澄星磷化工股份有限公司〈P1865〉;连云港中铭化工有限公司〈P1801〉;连云港瑞丰化工有限公司〈P1799〉;江苏德邦化学工业集团有限公司〈P1797〉;连云港格兰特化工食品添加剂有限公司(1000 吨)〈P1798〉;连云港市九盛化工厂〈P1799〉;连云港泰达精细化工有限公司〈P1800〉;连云港市新浦源鑫化工厂(300 吨)〈P1800〉;泰兴金缘精细化工有限公司〈P1825〉;[鲁]临邑县精细化工厂(600 吨)〈P2143〉;诸城市浩天药业有限公司(1 万吨)〈P2107〉;[豫]郑州元丰食品添加剂有限责任公司〈P2175〉;焦作市新元生物化工食品有限公司〈P2197〉;[粤]广东西陇化工有限公司〈P2276〉;[桂]柳州大拿食品添加剂有限公司〈P2297〉;[川]成都好来化工有限公司〈P2310〉;四川川润化工有限责任公司〈P2326〉;什邡市长江化工实业有限公司〈P2325〉;四川蓝剑化工(集团)有限责任公司〈P2326〉;四川省什邡市新兴化工有限公司〈P2328〉;四川什邡鼎立磷化工有限公司(5000 吨)〈P2329〉;四川友信化工有限责任公司〈P2330〉;四川什邡市川鸿磷化工有限公司〈P2331〉;[黔]贵州富曼磷业有限公司〈P2337〉

碘酸钙 K02031901

Calcium iodate [7789-80-2]

用作饲料和食品添加剂,也用于制药

【生产厂】[津]黄骅市津骅添加剂有限公司〈P1569〉;[冀]黄骅市津骅饲料添加剂有限公司〈P1656〉;[鲁]淄博万康医药化工有限公司〈P2074〉;[桂]广西五星化工有限公司(1000 吨)〈P2296〉;[渝]重庆联华化工厂〈P2305〉;[川]自贡市金典化工有限公司(30 吨)〈P2322〉

饲料蛋白粉 K02032601

Feed protein powder;Feed protein whipping agent

用作高级蛋白饲料,是饲料添加组分

【生产厂】[鲁]山东瑞星化工有限公司(5000 吨)〈P2136〉;[川]罗江晨明生物制品有限公司(3000 吨)〈P2324〉

蛋白胨 K02032651

Peptone

用于食品、饲料等

【生产厂】[京]北京奥博星生物技术责任有限公司〈P1543〉;[豫]开封市中邦生物制品有限公司〈P2178〉;[鄂]武穴市

国邦生物工程有限公司〈P2244〉;[黔]贵州新华高蛋白饲料有限公司(500 吨)〈P2338〉
【使用厂】[闽]福建浦城绿安生物农药有限公司〈P2003〉;[鲁]山东东辰生物工程股份有限公司〈P2084〉;山东福瑞达生物化工有限公司〈P2028〉;烟台只楚药业有限公司〈P2120〉

氧化锌(食用级) K02032701

Zinc oxide, edible [1314-13-2]

适用于在饲料加工中作锌的补充剂

【生产厂】[津]天津市兽药二厂(600 吨)〈P1602〉;[浙]诸暨市化工研究所〈P1952〉;[湘]长沙市金湘饲料添加剂厂〈P2247〉;湖南中成化工有限公司〈P2249〉;常宁市湘江化工厂〈P2252〉;[桂]柳州锌品股份有限公司〈P2298〉;柳州有色冶炼股份有限公司〈P2298〉

甲酸钙 K02032901

Calcium formate [544-17-2]

用作饲料添加剂,适用于各类动物,具有酸化、防霉、抗菌等功效

【生产厂】[京]北京马氏精细化学品有限公司〈P1555〉;[冀]河北天伟化工有限公司〈P1655〉;[苏]南京南元化工有限公司(3000 吨)〈P1787〉;[浙]湖州长盛化工有限公司〈P1945〉;[鲁]淄博市淄川福利化工原料厂(800 吨)〈P2072〉;山东兴辉化工有限公司〈P2055〉;山东博丰植保药业有限公司〈P2051〉;山东宝源化工有限公司〈P2051〉;潍坊海化三江化工有限公司〈P2102〉;青岛三凯化工有限公司〈P2041〉;肥城阿斯德化工有限公司(1 万吨)〈P2134〉;山东阿斯德化工有限公司(1 万吨)〈P2135〉;临沂亿鑫化工有限公司(2000 吨)〈P2148〉;临沂金亿化工有限公司(1000 吨)〈P2147〉;[渝]重庆市化工研究院〈P2307〉;重庆川东化工(集团)有限公司〈P2304〉

维生素 C 磷酸酯镁 K02033101

Vitamin C magnesium phosphate [113170-55-1]

用作饲料添加剂

【生产厂】[辽]沈阳东瑞科技有限公司〈P1685〉;[沪]上海优迪医药有限公司〈P1775〉;上海泰顿化工有限公司〈P1766〉;上海奥利实业有限公司〈P1727〉;上海三维制药有限公司〈P1760〉;[苏]靖江市恒通生物工程有限公司〈P1824〉;上海三维制药公司太仓岳王药物原料厂〈P1898〉;[豫]新乡弘辰科技有限公司〈P2203〉

维生素 C 磷酸酯钠;L-抗坏血酸-2-磷酸酯钠盐 K02033131

L-Ascorbic acid-2-phosphate sodium [66170-10-3]

【生产厂】[京]北京贝丽莱斯生物化学有限公司〈P1544〉;[苏]靖江市恒通生物工程有限公司〈P1824〉

二氢吡啶;2,6-二甲基-1,4-二氢-3,5-吡啶二羧酸二乙酯 K02033201

Dihydropyridine [1149-23-1]

是一种新颖的多功能饲料添加剂,能显著促进家畜、家禽、鱼、虾、牛羊等动物的生长,改善生产与繁殖性能

【生产厂】[晋]长治市强大药业有限公司〈P1674〉;[浙]嘉善嘉生药业有限公司〈P1940〉;[鲁]山东绿生生化科技有限公司〈P2029〉;山东奥克特化工有限公司(1000 吨)〈P2152〉;[豫]河南省大明实业有限公司〈P2166〉;[陕]西安博捷医药化工技术有限公司〈P2347〉

磷酸脲 K02033401

Urea phosphate [4861-19-2]

用作牛、羊、马反刍动物饲料添加物,还可作阻燃剂、金属表面处理剂、清洗剂等

【生产厂】[豫]焦作市新元生物化工食品有限公司〈P2197〉;[川]什邡泰来化工有限公司〈P2325〉;什邡安达化工有限公司〈P2324〉;什邡市长江化工实业有限公司〈P2325〉;什邡市鸿升化工有限公司〈P2325〉;四川川恒化工有限责任公司〈P2325〉;四川蓝剑化工(集团)有限责任公司〈P2326〉;四川省什邡金大化工有限公司〈P2328〉;四川省什邡市聚鑫泰化工有限公司(1000 吨)〈P2328〉;四川坤华磷化工有限公司〈P2326〉;四川成洪磷化工有限责任公司〈P2332〉;绵阳启明星磷化工有限公司(5000 吨)〈P2330〉;四川什邡市川鸿磷化工有限公司〈P2331〉;三台县启明星磷酸盐有限公司(5000 吨)〈P2330〉

大豆素;黄豆苷元;大豆黄酮;4′,7-二羟基异黄酮;大豆苷元 K02033501

Daidzein; 4′,7-Dihydroxyisoflavone [486-66-8]

能促进畜禽和鱼虾等动物的生长,对冠心病有辅助治疗作用

【生产厂】[冀]华北制药股份有限公司〈P1624〉;华北制药集团有限责任公司〈P1624〉;石家庄工大生物制品有限公司〈P1626〉;中国昊华集团宣化有限公司〈P1650〉;[辽]沈阳福宁药业有限公司〈P1685〉;[沪]上海中康伟业生物科技有限公司〈P1778〉;[川]成都川大华西康达药物研究所(1 吨)〈P2310〉;四川什邡盛佳磷化工有限公司〈P2329〉;[陕]陕西慧科植物开发有限公司〈P2346〉;西安天行健天然生物制品有限公司〈P2350〉

大蒜素油 K02033511

Allicin oil

用作饲料添加剂

【生产厂】[鲁]邹平铭兴化工有限公司〈P2158〉

杆菌肽锌 K02033601

Bacitracin zinc [1405-89-6]

用作饲料添加剂

【生产厂】[津]天津市新星兽药厂(8000 吨)〈P1608〉;[冀]深州同德药业有限公司(6 吨)〈P1669〉

气雾型饲料防霉剂;气克霉 K02033801

Mildew retarding agent for feed, aerosol

新一代气化型饲料防腐剂,能达到更有效地抑、杀霉菌的效果

【生产厂】[苏]南通利田化工有限公司〈P1834〉;[桂]桂林市奥康化工技术有限公司〈P2299〉

混旋肉碱;DL-肉毒碱 K02033901

DL-Carnitine

【生产厂】[鄂]湖北省黄冈市医药化工厂〈P2243〉;黄冈市恒兴源化工有限责任公司〈P2244〉

S,*S*-二甲基-*β*-丙酸噻亭;DMPT;硫代甜菜碱 K02034001

S,*S*-Dimethyl-*β* propionic acid thetine

用作水产饲料诱食剂

【生产厂】[浙]杭州康德权科技有限公司〈P1920〉;[鲁]山东绿生生化科技有限公司〈P2029〉

合成药品

L01100101 ~ L24999951

青霉素 G 钾;苄青霉素钾;青霉素钾盐;青霉素钾　L01100101

Benzylpenicillin, potassium salt; Penicillin G, potassium salt; Penicillin, potassium salt [113-98-4]

属高效低毒的抗生素

【生产厂】[冀]华北制药股份有限公司〈P1624〉;华北制药集团有限责任公司〈P1624〉;河北中润制药有限公司〈P1624〉;石家庄制药集团有限公司〈P1634〉;石药集团中诺药业(石家庄)有限公司〈P1634〉;河北张药股份有限公司(100 吨)〈P1650〉;[晋]山西威奇达药业有限公司〈P1673〉;[黑]哈药集团制药总厂(1000 吨)〈P1721〉;[赣]江西江中药业股份有限公司(200 吨)〈P2008〉;[豫]河南新乡华星药厂(2 万吨)〈P2202〉;许昌市华原药业有限公司(30 吨)〈P2219〉;[鄂]黄石华诚制药有限公司〈P2236〉

【使用厂】[粤]珠海保税区丽珠合成制药有限公司〈P2274〉

青霉素 G 钠;苄青霉素钠;青霉素钠盐;青霉素钠;6-苯乙酰胺基青霉烷酸钠　L01100201

Benzylpenicillin, sodium salt; Penicillin G, sodium salt; Penicillin, sodium salt [69-57-8]

为抗生素类药,主要用于链球菌、肺炎球菌、脑膜炎球菌感染等

【生产厂】[冀]华北制药股份有限公司〈P1624〉;华北制药集团有限责任公司〈P1624〉;河北中润制药有限公司〈P1624〉;石家庄制药集团有限公司〈P1634〉;石药集团中诺药业(石家庄)有限公司〈P1634〉;河北张药股份有限公司(300 吨)〈P1650〉;[晋]山西威奇达药业有限公司〈P1673〉;[黑]哈药集团制药总厂(700 吨)〈P1721〉;[赣]江西江中药业股份有限公司〈P2008〉;[鲁]山东鲁抗医药股份有限公司〈P2132〉;山东鲁抗医药集团有限公司〈P2132〉;菏泽睿鹰制药集团(200 吨)〈P2158〉;[豫]河南新乡华星药厂(600 吨)〈P2202〉;[鄂]黄石华诚制药有限公司〈P2236〉

青霉素 G 钾工业粉;苄基青霉素钾工业粉　L01100202

Penicillin G, potassium salt, industrial powder

为抗生素类药的中间体

【生产厂】[冀]华北制药集团有限责任公司〈P1624〉;华北制药集团动物保健品有限责任公司〈P1624〉;唐山市冀东制药厂〈P1636〉;[豫]河南新乡华星药厂(1 万吨)〈P2202〉

青霉素 V 钾　L01100251

Penicillin V potassium

用作抗生素

【生产厂】[冀]华北制药股份有限公司〈P1624〉;华北制药集团有限责任公司〈P1624〉;[晋]山西威奇达药业有限公司〈P1673〉

三重霉素　L01100351

Triple penicillin

【生产厂】[冀]石药集团中诺药业(石家庄)有限公司〈P1634〉

硫酸小诺霉素;小诺米星;沙加霉素;相模霉素　L01100401

Micronomicin sulfate [66803-19-8]

属抗生素类药

【生产厂】[辽]朝阳富祥药业有限公司〈P1713〉;[苏]无锡山禾集团第一制药有限公司〈P1874〉;[赣]江西制药有限责任公司(50 吨)〈P2009〉

克拉维酸钾;棒酸　L01100501

Potassium clavulanate [61177-45-5]

属β-内酰胺酶抑制剂

【生产厂】[晋]山西威奇达药业有限公司〈P1673〉;[赣]江西制药有限责任公司(3 吨)〈P2009〉;[粤]珠海联邦制药股份有限公司〈P2274〉

苯唑青霉素钠;新青霉素Ⅱ;苯唑西林钠;苯唑青霉素　L01100601

Oxacillin sodium [1173-88-2]

对耐青霉素的金葡菌有杀菌作用

【生产厂】[苏]苏州二叶制药有限公司(72 吨)〈P1899〉;[鲁]山东瑞阳制药有限公司(30 吨)〈P2054〉;[渝]西南合成制药股份有限公司(60 吨)〈P2303〉

地喹氯铵;克菌定　L01100701

Dequalinium chloride [522-51-0]

广谱抗菌药,用于急性咽喉炎、口腔消毒等

【生产厂】[浙]杭州三禾化工科技有限公司〈P1922〉;[粤]广州市汉普医药有限公司〈P2264〉

氯唑西林钠;邻氯青霉素钠　L01100801

Cloxacillin sodium [642-78-4]

用作抗感染药

【生产厂】[冀]华北制药集团有限责任公司〈P1624〉;石药集团中诺药业(石家庄)有限公司〈P1634〉;[晋]山西威奇达药业有限公司〈P1673〉;[浙]浙江黄岩澄江精细化工厂〈P1964〉;[渝]西南合成制药股份有限公司〈P2303〉

磺苄西林钠;磺苄青霉素钠　L01100851

Sulbenicillin sodium [28002-18-8]

【生产厂】[湘]湖南华诚制药有限公司〈P2253〉;[渝]重庆福安药业有限公司〈P2304〉

邻氯苄星青霉素;邻氯青霉素/苄星青霉素　L01100891

Cloxacillin + Benzathine benzylpenicillin

【生产厂】[冀]石药集团中诺药业(石家庄)有限公司〈P1634〉

氨苄青霉素;安比西林;氨苄西林　L01100901

Ampicillin; Cilleral; Principen [69-53-4]

用于治疗敏感的肠球菌、痢疾杆菌、伤寒杆菌、大肠杆菌、李斯特菌、产气杆菌、流感杆菌和奇异变形杆菌等

【生产厂】[冀]河北中润制药有限公司〈P1624〉;石家庄制药

集团有限公司〈P1634〉;华北制药集团先泰药业有限公司〈P1624〉;[鲁]山东鲁抗医药集团有限公司〈P2132〉;[鄂]黄石华诚制药有限公司〈P2236〉;[粤]珠海联邦制药股份有限公司〈P2274〉;珠海保税区丽珠合成制药有限公司(550吨)〈P2274〉;珠海联邦制药厂有限公司原料厂〈P2274〉

【使用厂】[苏]苏州益良药业有限公司〈P1907〉

氨苄西林钠;氨苄青霉素钠 L01100903

Ampicillin sodium [69-52-3]

属半合成的广谱青霉素,主要用于革兰阳性球菌、大肠杆菌、变形杆菌、沙门菌、痢疾杆菌等的治疗

【生产厂】[冀]华北制药股份有限公司〈P1624〉;华北制药集团有限责任公司〈P1624〉;河北中润制药有限公司〈P1624〉;华北制药集团动物保健品有限责任公司〈P1624〉;石家庄制药集团有限公司〈P1634〉;石药集团中诺药业(石家庄)有限公司〈P1634〉;华北制药集团先泰药业有限公司〈P1624〉;[晋]山西同振药业有限公司〈P1673〉;山西威奇达药业有限公司〈P1673〉;[黑]哈药集团制药总厂〈P1721〉;[沪]上海捷倍思基因技术有限公司〈P1744〉;[赣]江西江中药业股份有限公司(100吨)〈P2008〉;[鲁]山东瑞阳制药有限公司(8吨)〈P2054〉;山东鲁抗医药集团鲁原有限公司〈P2132〉;山东鲁抗医药集团有限公司〈P2132〉;[豫]郑州福源化工有限公司(3吨)〈P2170〉;河南安阳康星制药有限公司(500吨)〈P2210〉;[粤]珠海联邦制药厂有限公司原料厂〈P2274〉;[渝]西南合成制药股份有限公司〈P2303〉

氨苄青霉素三水酸;氨苄西林三水酸 L01100951

Ampicillin trihydrate; Aminobenzylpenicillin trihydrate [7177-48-2]

用作抗生素类药

【生产厂】[冀]华北制药集团有限责任公司〈P1624〉;石药集团中诺药业(石家庄)有限公司〈P1634〉;[粤]珠海联邦制药厂有限公司原料厂〈P2274〉

酒石酸吉他霉素 L01101011

Tartaric kitasamycin [37280-56-1]

属抗生素类药,用于治疗上呼吸道感染、肺炎、淋病、急性乳腺炎、百日咳、扁桃体炎、败血症等

【生产厂】[鲁]山东瑞阳制药有限公司(15吨)〈P2054〉;[豫]河南省大明实业有限公司〈P2166〉;河南省保利平原药业有限责任公司(10吨)〈P2211〉

阿莫西林钠;羟氨苄青霉素钠 L01101021

Amoxicillin sodium

【生产厂】[冀]石药集团中诺药业(石家庄)有限公司〈P1634〉;[晋]山西威奇达药业有限公司〈P1673〉;[黑]哈药集团制药总厂〈P1721〉;[粤]珠海联邦制药股份有限公司〈P2274〉;珠海联邦制药厂有限公司原料厂〈P2274〉

阿莫西林;羟氨苄青霉素 L01101101

Amoxicillin [61336-70-7]

属半合成广谱青霉素,抗菌谱、作用及应用均与氨苄西林相同

【生产厂】[冀]河北中润制药有限公司〈P1624〉;华北制药集团动物保健品有限责任公司〈P1624〉;石家庄制药集团有限公司〈P1634〉;华北制药集团先泰药业有限公司〈P1624〉;[晋]日升昌(太原)药业有限公司〈P1670〉;太原市恒丰强生物技术发展有限公司〈P1671〉;[浙]浙江海正药业股份有限公司〈P1964〉;[鲁]山东瑞阳制药有限公司(15吨)〈P2054〉;山东鲁抗医药集团鲁原有限公司〈P2132〉;山东鲁抗医药集团有限公司〈P2132〉;[豫]郑州华伦生物技术有限公司〈P2171〉;[粤]珠海联邦制药股份有限公司〈P2274〉;珠海保税区丽珠合成制药有限公司(550吨)〈P2274〉;珠海联邦制药厂有限公司原料厂〈P2274〉

羟氨苄青霉素三水酸;阿莫西林三水酸;阿莫西林 L01101151

Amoxycillin; D-(-)-α-amino-p-hydroxybenzyl penicillin trihydrate [26787-78-0]

【生产厂】[冀]石药集团中诺药业(石家庄)有限公司〈P1634〉;[黑]哈药集团制药总厂〈P1721〉;[粤]珠海联邦制药厂有限公司原料厂〈P2274〉

利福昔明 L01101201

Rifaximine [80621-81-4]

适用于革兰阳性菌及阴性菌,需氧及厌氧细菌所致急慢性肠道感染,腹泻综合症,肠道菌群改变所致腹泻等

【生产厂】[冀]河北欣港药业有限公司〈P1623〉;[苏]常州市华人化工有限公司〈P1851〉;[浙]台州南峰药业有限公司〈P1961〉;[赣]江西金峰原料药有限公司〈P2018〉;[川]成都宇洋高科技术发展有限公司〈P2317〉

呋布西林钠 L01101251

Furbucillin sodium

【生产厂】[沪]上海先导化学有限公司〈P1770〉;[苏]江苏汉斯通药业有限公司〈P1893〉

呋苄西林钠;呋脲苄青霉素钠 L01101351

Furbenicillin sodium

用作抗感染药

【生产厂】[苏]苏州二叶制药有限公司〈P1899〉

哌拉西林;氧哌嗪青霉素 L01101401

Piperacillin [61477-96-1]

具有广谱抗菌作用,对革兰阳性和阴性菌均有良好的抗菌活性

【生产厂】[浙]浙江海正药业股份有限公司〈P1964〉;[鲁]山东瑞阳制药有限公司(40吨)〈P2054〉;菏泽睿鹰制药集团(200吨)〈P2158〉

哌拉西林钠 L01101451

Piperacillin sodium [59703-84-3]

为半合成抗生素,具有广谱抗菌作用,对革兰阳性和阴性菌均有良好的抗菌活性

【生产厂】[冀]华北制药集团有限责任公司〈P1624〉;[晋]山西威奇达药业有限公司〈P1673〉;[赣]景德镇市富祥药业有限公司〈P2010〉;[鲁]山东齐鲁制药有限公司〈P2029〉;[粤]珠海联邦制药股份有限公司〈P2274〉;珠海联邦制药厂有限公司原料厂〈P2274〉

哌拉西林酸 L01101491

Piperacillin acid

【生产厂】[赣]景德镇市富祥药业有限公司〈P2010〉;[粤]珠海联邦制药股份有限公司〈P2274〉;珠海联邦制药厂有限公司原料厂〈P2274〉

硫酸西梭霉素;硫酸西索米星 L01101501
Sisomicin sulfate [53179-09-2]
适用于治疗由革兰阴性菌、葡萄球菌和其他敏感菌所致的呼吸系统、泌尿生殖系统感染等病症
【生产厂】[浙]浙江震元制药有限公司〈P1952〉;[闽]福州福兴医药有限公司〈P1989〉

苄星青霉素;长效青霉素;长效西林;比西林 L01101601
Benzathine benzylpenicillin [1538-09-6]
适用于对青霉素敏感细菌所致的轻度或中度感染疾病,如肺炎、猩红热、扁桃体炎、中耳炎、淋病等
【生产厂】[冀]石药集团中诺药业(石家庄)有限公司〈P1634〉

纳他霉素 L01101651
Natamycin [7681-93-8]
【生产厂】[津]天津伊科拜尔生物添加剂有限公司〈P1616〉;[粤]奥星医药有限公司〈P2268〉

美西林;氮卓脒青霉素 L01101701
Mecillinam;Amdinocillin [32887-01-7]
主要用于治疗由革兰阴性菌引起的尿路感染及伤寒等疾病
【生产厂】[浙]嘉善嘉生药业有限公司〈P1940〉

美洛西林钠;美洛西林;磺唑氨苄青霉素;硫苯咪唑青霉素 L01101801
Mezlocillin;Mezlocillin sodium [51481-65-3]
半合成广谱青霉素,对绿脓杆菌、变形杆菌、大肠杆菌等作用较强
【生产厂】[晋]山西威奇达药业有限公司〈P1673〉;[沪]上海先导化学有限公司〈P1770〉;[苏]苏州二叶制药有限公司〈P1899〉;江苏汉斯通药业有限公司〈P1893〉;[浙]浙江华邦医药化工有限公司(60吨)〈P1964〉;[赣]江西泰欣诺实业有限公司〈P2009〉;[鲁]山东瑞阳制药有限公司(30吨)〈P2054〉;菏泽睿鹰制药集团(200吨)〈P2158〉;[豫]南阳科生生物化工有限公司〈P2224〉;[渝]重庆福安药业有限公司〈P2304〉

阿洛西林;苯咪唑青霉素 L01101851
Azlocillin [37091-65-9]
为半合成广谱抗霉素,对绿脓杆菌、厌氧杆菌、大肠杆菌等有抗菌活性
【生产厂】[浙]浙江华邦医药化工有限公司(50吨)〈P1964〉;[赣]江西泰欣诺实业有限公司〈P2009〉;[鲁]淄博天堂山化工有限公司〈P2073〉;[豫]南阳科生生物化工有限公司〈P2224〉;[渝]重庆福安药业有限公司〈P2304〉

阿洛西林钠 L01101855
Azlocillin sodium [37091-65-9]
为抗生素类药
【生产厂】[晋]山西威奇达药业有限公司〈P1673〉;[沪]上海先导化学有限公司〈P1770〉;[苏]苏州二叶制药有限公司〈P1899〉;江苏汉斯通药业有限公司〈P1893〉;[浙]浙江金华康恩贝生物制药有限公司(7吨)〈P1955〉;[渝]重庆福安药业有限公司〈P2304〉

普鲁卡因青霉素;普鲁卡因青霉素G;普鲁卡因苄青霉素 L01101901
Procaine benzylpenicillin;Procaine penicillin (G) [54-35-3]
与青霉素G相同,用于不太严重的感染,还用于链球菌性肺炎、脑膜炎和梅毒等
【生产厂】[冀]石药集团中诺药业(石家庄)有限公司〈P1634〉;河北华日药业有限公司〈P1620〉;[赣]江西江中药业股份有限公司(270吨)〈P2008〉

头孢噻吩钠;先锋霉素1;头孢金素;头孢霉素1;噻孢霉素;头孢一号;西保力新 L01102001
Cefalothin,sodium salt;Cefalotin,sodium salt;Cephalothin [58-71-9]
广谱繁殖期杀菌型抗生素,对青霉素酶稳定,抗革兰阳性菌作用很强
【生产厂】[沪]上海捷倍思基因技术有限公司〈P1744〉;[苏]苏州中联化学制药有限公司〈P1908〉;[鲁]齐鲁安替制药有限公司〈P2027〉

头孢噻肟钠 L01102010
Cefotaxime sodium;Claforan [64485-93-4]
主要用于治疗敏感菌所致呼吸系统、泌尿系统、肠道及胆道、皮肤及软组织、烧伤和骨关节感染等病症
【生产厂】[冀]石药集团中诺药业(石家庄)有限公司〈P1634〉;[晋]山西威奇达药业有限公司〈P1673〉;[黑]哈尔滨博利尔药业有限公司〈P1720〉;哈药集团制药总厂(50吨)〈P1721〉;[沪]上海优迪医药有限公司〈P1775〉;[苏]苏州东瑞制药有限公司〈P1899〉;苏州万庆药业有限公司〈P1907〉;[浙]浙江海正药业股份有限公司〈P1964〉;[鲁]山东齐鲁制药有限公司〈P2029〉;齐鲁安替制药有限公司〈P2027〉;山东瑞阳制药有限公司(7吨)〈P2054〉;[豫]南阳科生生物化工有限公司(100吨)〈P2224〉;[粤]广州白云山制药股份有限公司(20吨)〈P2259〉;珠海联邦制药股份有限公司〈P2274〉;珠海联邦制药厂有限公司原料厂〈P2274〉;[渝]西南合成制药股份有限公司〈P2303〉;[川]乐山三九长征药业股份有限公司(25吨)〈P2332〉;[陕]陕西西安瑞科制药有限责任公司〈P2347〉

头孢噻肟酸 L01102030
Cefotaxime acid [63527-52-6]
【生产厂】[苏]苏州东瑞制药有限公司〈P1899〉;苏州万庆药业有限公司〈P1907〉;[鲁]山东金城医药化工有限公司〈P2053〉;[豫]南阳科生生物化工有限公司〈P2224〉;[粤]珠海联邦制药股份有限公司〈P2274〉;珠海联邦制药厂有限公司原料厂〈P2274〉

头孢噻呋 L01102040
Ceftiofur [80370-57-6]
动物专用抗生素类药,用于革兰阳性菌、阴性菌、霉形体感染等
【生产厂】[豫]洛阳惠中兽药有限公司〈P2182〉

盐酸头孢噻呋 L01102049
Ceftiofur hydrochloride [103980-44-5]
为动物专用的第三代头孢菌素,主要用于治疗敏感菌所致的猪、牛、马、犬及一日龄雏鸡感染性疾病

【生产厂】[沪]上海立科药物化学有限公司〈P1750〉;[苏]苏州市奥盛精细化工有限公司〈P1902〉;[浙]台州市开创化工有限公司〈P1961〉;台州市中荣化工有限公司〈P1962〉;[鲁]济南永扬药业有限公司〈P2027〉;[豫]郑州华伦生物技术有限公司〈P2171〉

头孢吡肟　L01102051

Cefepime [88040-23-7]

【生产厂】[京]北京云迪同创医药科技有限公司〈P1566〉;北京丰德医药科技有限公司〈P1547〉;北京迈劲医药科技有限公司〈P1555〉;[冀]石家庄柏奇化工有限公司〈P1625〉;固安县恩康医药化工原料有限公司〈P1658〉;[苏]苏州东瑞制药有限公司〈P1899〉;[皖]安徽丰原集团〈P1974〉;[赣]江西畅成药业有限公司〈P2015〉;[鲁]菏泽睿鹰制药集团(80 吨)〈P2158〉;[粤]深圳信立泰药业有限公司〈P2273〉

头孢吡肟盐酸盐;盐酸头孢吡肟　L01102061

Cefepime dihydrochloride [107648-80-6]

用于治疗多种细菌感染包括重症感染

【生产厂】[浙]浙江震元制药有限公司〈P1952〉;浙江广科化工有限公司〈P1950〉;浙江黄岩东升医药化工有限公司(1 吨)〈P1964〉;[赣]江西宇能医药化工有限公司〈P2019〉;[鲁]济南永扬药业有限公司〈P2027〉;济南一通锦泓科技有限公司〈P2026〉;山东久隆精细化工有限公司(3 吨)〈P2028〉;[豫]南阳科生生物化工有限公司〈P2224〉;[粤]丽珠医药集团股份有限公司〈P2274〉;[川]四川抗菌素工业研究所化学制药事业部〈P2318〉

头孢吡肟硫酸盐　L01102071

Cefepime sulfate

用于生产头孢吡肟盐酸盐

【生产厂】[冀]河北九派实业集团有限公司(24 吨)〈P1620〉;[鲁]济南一通锦泓科技有限公司〈P2026〉

头孢唑肟;头孢去甲噻肟　L01102081

Ceftizoxime [68401-81-0]

主要用于治疗呼吸系统、泌尿系统、骨关节等感染

【生产厂】[冀]河北九派实业集团有限公司(24 吨)〈P1620〉;[鲁]菏泽睿鹰制药集团(90 吨)〈P2158〉

头孢甲肟　L01102091

Cefmenoxime [65085-01-0]

对革兰阳性菌和阴性菌均有作用

【生产厂】[苏]苏州中联化学制药有限公司〈P1908〉;[浙]临海市金桥化工有限公司〈P1960〉

头孢甲肟盐酸盐　L01102099

Cefmenoxime hydrochloride [75739-58-8]

对革兰阴性菌具有强抗菌作用

【生产厂】[浙]临海市金桥化工有限公司〈P1960〉

头孢氨苄;苯甘头孢霉素;头孢立新;先锋霉素Ⅳ;头孢菌素Ⅳ　L01102101

Cephalexin [15686-71-2]

为治疗呼吸道感染的选用药物

【生产厂】[晋]山西威奇达药业有限公司〈P1673〉;[沪]上海优迪医药有限公司〈P1775〉;[浙]浙江昂利康制药有限公司〈P1950〉;浙江海正药业股份有限公司〈P1964〉;[鲁]山东鲁抗医药股份有限公司〈P2132〉;[粤]广州白云山制药股份有限公司〈P2259〉;佛山市南海北沙制药有限公司〈P2288〉

头孢匹胺钠　L01102131

Cefpiramide sodium [74849-93-7]

用于治疗呼吸道感染(包括慢性呼吸系统疾病的继发感染)、腹内感染、妇产科感染、口腔科感染等病症

【生产厂】[鲁]齐鲁安替制药有限公司〈P2027〉

头孢匹胺　L01102151

Cefpiramide [70797-11-4]

【生产厂】[沪]上海先导化学有限公司〈P1770〉;[苏]江苏汉斯通药业有限公司〈P1893〉;[鲁]淄博顺景精细化工有限公司〈P2073〉;[豫]南阳科生生物化工有限公司〈P2224〉

头孢泊肟　L01102171

Cefpodoxime [80210-62-4]

【生产厂】[晋]芮城县虹桥药用中间体有限公司〈P1678〉;芮城县亚宝药用中间体有限公司〈P1679〉

头孢唑啉钠;先锋霉素Ⅴ;头孢菌素Ⅴ;头孢五号;唑啉头孢菌素　L01102201

Cefamedin; Cefamezin; Cefazolin, sodium salt; Cephazolin, sodium salt [25953-19-9]

为半合成广谱头孢菌素,抗菌机理、抗菌谱、适应性均与头孢噻吩相似

【生产厂】[冀]河北中润制药有限公司〈P1624〉;石家庄制药集团有限公司〈P1634〉;石药集团中诺药业(石家庄)有限公司〈P1634〉;[黑]哈药集团制药总厂(200 吨)〈P1721〉;[浙]浙江海正药业股份有限公司〈P1964〉;[鲁]山东齐鲁制药有限公司〈P2029〉;齐鲁安替制药有限公司〈P2027〉;山东鲁抗医药集团鲁原有限公司〈P2132〉;山东鲁抗医药集团有限公司〈P2132〉;[豫]开封豫港制药有限公司(20 吨)〈P2179〉;[粤]广州白云山制药股份有限公司〈P2259〉;广东立国制药有限公司〈P2277〉;珠海联邦制药厂有限公司原料厂〈P2274〉

头孢唑兰　L01102251

Cefozopran [113359-04-9]

【生产厂】[京]北京云迪同创医药科技有限公司〈P1566〉;北京迈劲医药科技有限公司〈P1555〉

头孢拉定;头孢瑞丁;先锋霉素Ⅵ;头孢菌素Ⅵ;头孢环己烯;头孢雷定　L01102301

Cefradine; Cephradine [38821-53-3]

为半合成广谱头孢菌素,抗菌谱、用途均与头孢氨苄相似

【生产厂】[黑]哈药集团制药总厂(180 吨)〈P1721〉;[沪]上海优迪医药有限公司〈P1775〉;上海五洲药业股份有限公司(70 吨)〈P1770〉;[浙]浙江浙邦制药有限公司(800 吨)〈P1952〉;浙江昂利康制药有限公司〈P1950〉;台州市奥力特精细化工有限公司〈P1961〉;浙江海正药业股份有限公司〈P1964〉;浙江普洛化学有限公司〈P1955〉;[鲁]山东鲁抗医药集团有限公司〈P2132〉;[豫]郑州福源化工有限公司(2 吨)〈P2170〉;[粤]广州白云山制药股份有限公司(50 吨)〈P2259〉;珠海联邦制药股份有限公司〈P2274〉;珠海联邦制药厂有限公司原料厂〈P2274〉;佛山市南海北沙制药

有限公司〈P2288〉;[陕]陕西西安瑞科制药有限责任公司〈P2347〉

头孢孟多酯钠;头孢孟多;头孢孟多钠;头孢羟唑;羟苄四唑头孢菌素 L01102401
Cefamandole nafate;Mandol [34444-01-4]
为抗生素类药
【生产厂】[苏]苏州万庆药业有限公司〈P1907〉;[鲁]济南一通锦泓科技有限公司〈P2026〉;菏泽睿鹰制药集团(30吨)〈P2158〉

头孢他美酯 L01102431
Cefetamet pivoxil
用作抗生素类药
【生产厂】[辽]辽阳市众诺化学工业有限公司(60吨)〈P1711〉;[浙]普洛康裕股份有限公司〈P1953〉;[鲁]济南乐康信药业有限公司〈P2023〉

盐酸头孢他美酯 L01102451
Cefetametpivoxil hydrochloride [65052-63-3]
【生产厂】[辽]东北制药总厂〈P1684〉;[浙]浙江震元制药有限公司〈P1952〉;普洛康裕股份有限公司〈P1953〉;[粤]珠海联邦制药股份有限公司〈P2274〉;珠海联邦制药厂有限公司原料厂〈P2274〉

头孢哌酮;头孢哌酮钠;先锋必;先锋必素;羟哌唑头孢菌素;先锋哌唑酮 L01102501
Cefobid;Cefoperazone;Cefoperazone,sodium salt;CPZ [62893-19-0]
为半合成广谱抗生素,抗菌谱与头孢噻肟相似
【生产厂】[京]北京东方德众科技发展有限公司〈P1546〉;[冀]华北制药集团有限责任公司〈P1624〉;石家庄制药集团有限公司〈P1634〉;[晋]山西威奇达药业有限公司〈P1673〉;[苏]苏州东瑞制药有限公司(6吨)〈P1899〉;[浙]浙江海正药业股份有限公司〈P1964〉;[鲁]山东齐鲁制药有限公司〈P2029〉;齐鲁安替制药有限公司〈P2027〉;山东瑞阳制药有限公司(5吨)〈P2054〉;菏泽睿鹰制药集团(45吨)〈P2158〉;[粤]广州白云山制药股份有限公司〈P2259〉;广东立国制药有限公司〈P2277〉;珠海联邦制药股份有限公司〈P2274〉;丽珠医药集团股份有限公司〈P2274〉;珠海联邦制药厂有限公司原料厂〈P2274〉

头孢哌酮钠/舒巴坦钠 L01102521
Cefoperazone sodium/sullbactam sodium
用于治疗由敏感菌引起的泌尿系统感染、呼吸系统感染、腹膜炎、胆囊炎、菌血症、骨和关节感染等症
【生产厂】[苏]苏州东瑞制药有限公司〈P1899〉;[鲁]山东齐鲁制药有限公司〈P2029〉;齐鲁安替制药有限公司〈P2027〉;[粤]珠海联邦制药股份有限公司〈P2274〉

头孢哌酮酸 L01102531
Cefoperazone acid [62893-20-3]
用作头孢类原料药及中间体
【生产厂】[粤]广东立国制药有限公司〈P2277〉;珠海联邦制药股份有限公司〈P2274〉;珠海联邦制药厂有限公司原料厂〈P2274〉

头孢替呋钠盐;头孢噻呋钠 L01102551
Ceftiofur sodium [104010-37-9]
属抗生素类药,用于治疗猪细菌性呼吸道感染
【生产厂】[沪]上海立科药物化学有限公司〈P1750〉;[苏]苏州市奥盛精细化工有限公司〈P1902〉;[浙]杭州凯胜生物技术有限公司(500千克)〈P1920〉;台州市开创化工有限公司〈P1961〉;台州市中荣化工有限公司〈P1962〉;浙江普洛化学有限公司〈P1955〉;[豫]郑州华伦生物技术有限公司〈P2171〉;[川]四川抗菌素工业研究所化学制药事业部〈P2318〉

头孢替呋盐酸盐 L01102571
Ceftiofur hydrochloride
兽用抗生素
【生产厂】[浙]杭州凯胜生物技术有限公司(500千克)〈P1920〉;浙江普洛化学有限公司〈P1955〉

头孢羟氨苄;羟氨苄头孢菌素 L01102601
Cefadroxil [66592-87-8]
用于葡萄球菌、链球菌、肺炎球菌、大肠杆菌等引起的泌尿系统、呼吸道、皮肤、五官及胃肠道感染等的治疗
【生产厂】[冀]石家庄欧意药业有限公司〈P1628〉;石家庄制药集团有限公司〈P1634〉;[晋]山西威奇达药业有限公司〈P1673〉;[浙]浙江海正药业股份有限公司〈P1964〉;[粤]佛山市南海北沙制药有限公司〈P2288〉

头孢匹罗 L01102621
Cefpirome [84957-29-9]
【生产厂】[苏]苏州中联化学制药有限公司〈P1908〉;[浙]浙江黄岩东升医药化工有限公司〈P1964〉;[鲁]济南诚汇双达化工有限公司〈P2020〉

硫酸头孢匹罗 L01102631
Cefpirome sulfate [98753-19-6]
【生产厂】[晋]山西威奇达药业有限公司〈P1673〉;[沪]上海立科药物化学有限公司〈P1750〉;上海先导化学有限公司〈P1770〉;[苏]江阴南极星生物制品有限公司〈P1868〉;江阴市三益化工有限公司〈P1870〉;江苏汉斯通药业有限公司〈P1893〉;[浙]浙江震元制药有限公司〈P1952〉;浙江海正药业股份有限公司〈P1964〉;[鲁]济南永扬药业有限公司〈P2027〉;济南一通锦泓科技有限公司〈P2026〉;[粤]汕头金石制药总厂〈P2276〉;丽珠医药集团股份有限公司〈P2274〉

头孢克罗;头孢氯氨苄;希克劳 L01102651
Cefaclor;Ceclor [70356-03-5]
属头孢类抗菌素药,主要用于泌尿道感染和呼吸道感染等
【生产厂】[苏]苏州中联化学制药有限公司〈P1908〉;苏州万庆药业有限公司〈P1907〉;[浙]浙江浙邦制药有限公司(100吨)〈P1952〉;浙江天台药业有限公司(100吨)〈P1968〉

头孢尼西 L01102691
Cefonicid [61270-58-4]
【生产厂】[苏]江阴南极星生物制品有限公司〈P1868〉;江阴市三益化工有限公司〈P1870〉;[豫]平舆县馨星生化有限公司〈P2227〉;[粤]深圳信立泰药业有限公司〈P2273〉

头孢尼西钠 L01102699

Cefonicid sodium [61270-78-8]
第二代头孢菌素,适用于治疗革兰阳性和部分革兰阴性菌感染
【生产厂】[赣]江西宇能医药化工有限公司〈P2019〉

头孢地嗪钠;头孢地嗪 L01102751
Cefodizime sodium;Cefodizime [69739-16-8]
【生产厂】[沪]上海立科药物化学有限公司〈P1750〉;[鲁]济南永扬药业有限公司〈P2027〉;[粤]汕头金石制药总厂〈P2276〉;丽珠医药集团股份有限公司〈P2274〉

头孢克肟;氨噻肟烯头孢菌素;世伏素 L01102801
Cefixime;Suprax [79350-37-1]
为头孢类抗菌素
【生产厂】[京]北京云迪同创医药科技有限公司〈P1566〉;[冀]石家庄制药集团有限公司〈P1634〉;固安县恩康医药化工原料有限公司〈P1658〉;[沪]上海立科药物化学有限公司〈P1750〉;[苏]苏州东瑞制药有限公司〈P1899〉;苏州万庆药业有限公司〈P1907〉;[浙]浙江海正药业股份有限公司〈P1964〉;浙江普洛化学有限公司〈P1955〉;[鲁]齐鲁安替制药有限公司〈P2027〉;菏泽睿鹰制药集团(80吨)〈P2158〉

头孢呋辛;呋肟头孢菌素;头孢呋肟;西力欣 L01102851
Cefuroxime;Zinacef [55268-75-2]
属广谱半合成头孢菌素
【生产厂】[冀]河北柏奇医药化工有限公司〈P1619〉;石家庄柏奇化工有限公司〈P1625〉;[苏]苏州万庆药业有限公司〈P1907〉;[浙]浙江黄岩东升医药化工有限公司(10吨)〈P1964〉;浙江普洛化学有限公司〈P1955〉;[鲁]菏泽睿鹰制药集团(100吨)〈P2158〉;[粤]广东立国制药有限公司〈P2277〉;深圳信立泰药业有限公司〈P2273〉;丽珠医药集团股份有限公司〈P2274〉

头孢呋辛钠 L01102871
Cefuroxime sodium [56238-63-2]
属抗菌素类药
【生产厂】[京]北京东方德众科技发展有限公司〈P1546〉;[苏]苏州东瑞制药有限公司〈P1899〉;苏州万庆药业有限公司〈P1907〉;[浙]浙江黄岩东升医药化工有限公司(10吨)〈P1964〉;浙江普洛化学有限公司〈P1955〉;[鲁]齐鲁安替制药有限公司〈P2027〉;[粤]汕头金石制药总厂〈P2276〉;广东立国制药有限公司〈P2277〉;丽珠医药集团股份有限公司〈P2274〉;珠海保税区丽珠合成制药有限公司〈P2274〉

头孢呋辛酯 L01102891
Cefuroxime axetil;Cefuroxime 1-acetoxyethyl ester [64544-07-6]
【生产厂】[京]北京东方德众科技发展有限公司〈P1546〉;[沪]上海中康伟业生物科技有限公司〈P1778〉;[苏]苏州万庆药业有限公司〈P1907〉;[浙]浙江黄岩东升医药化工有限公司(10吨)〈P1964〉;浙江普洛化学有限公司〈P1955〉;[粤]广东立国制药有限公司〈P2277〉;珠海联邦制药股份有限公司〈P2274〉;珠海联邦制药厂有限公司原料厂〈P2274〉

硫酸链霉素;链霉素 L01102901
Streptomycin;Streptomycin sulfate [3810-74-0]
用于结核、布氏及非溶血性链球杆菌所致感染性心内膜炎、鼠疫与免热病、流感杆菌和革兰阴性杆菌感染的治疗
【生产厂】[冀]华北制药集团有限责任公司〈P1624〉;华北制药集团动物保健品有限责任公司〈P1624〉;河北圣雪大成制药有限责任公司〈P1622〉;华北制药集团爱诺有限公司〈P1624〉;[鲁]山东鲁抗生物农药有限责任公司〈P2145〉;山东鲁抗医药股份有限公司〈P2132〉;山东鲁抗医药集团有限公司〈P2132〉;[豫]许昌市华原药业有限公司(20吨)〈P2219〉;[川]乐山三九长征药业股份有限公司(500吨)〈P2332〉

头孢丙烯;头孢罗齐 L01102951
Cefprozil [92665-29-7]
第二代头孢菌素类抗生素,具广谱抗菌作用
【生产厂】[苏]苏州万庆药业有限公司〈P1907〉;[鲁]齐鲁安替制药有限公司〈P2027〉;[渝]重庆福安药业有限公司〈P2304〉

硫酸双氢霉素;双氢链霉素;硫酸双氢链霉素 L01103001
Dihydrostreptomycin sulfate [128-46-1]
属抗生素类药,主要用于固紫染色阴性杆菌感染,也可用于结核杆菌感染
【生产厂】[冀]华北制药华胜有限公司〈P1624〉;[川]乐山三九长征药业股份有限公司〈P2332〉

盐酸米诺环素 L01103051
Minocycillin hydrochloride
【生产厂】[冀]华北制药股份有限公司〈P1624〉;华北制药集团有限责任公司〈P1624〉

盐酸表阿霉素 L01103101
Epirubicin hydrochloride [56390-09-1]
属抗生素类药,主要用于急、慢性白血病、恶性淋巴瘤等病症的治疗
【生产厂】[京]北京迈劲医药科技有限公司〈P1555〉;[粤]奥星医药有限公司〈P2268〉

硫酸卡那霉素;单硫酸卡那霉素;卡那霉素;卡那辛 L01103201
Kanamycin;Kanamycin,monosulfate;Kanamycin sulfate [25389-94-0]
用于治疗食道炎、胃窦炎、细菌性痢疾及消化道感染
【生产厂】[京]北京东升制药厂〈P1547〉;[辽]本溪制药有限责任公司〈P1699〉;[沪]上海捷倍思基因技术有限公司〈P1744〉;[浙]浙江省仙居县腾洲化工厂〈P1967〉;[闽]福州福兴医药有限公司〈P1989〉;[川]四川方向药业有限责任公司〈P2318〉

卡那霉素碱 L01103211
Kanamycin base
用作生产硫酸阿米卡星、单硫酸卡那霉素和双硫酸卡那霉素的中间体
【生产厂】[辽]本溪制药有限责任公司〈P1699〉;[闽]福州福兴医药有限公司〈P1989〉

卡那霉素 B L01103251
Kanamycin B [4696-76-8]
为抗生素类药,也是生产硫酸地贝卡星和硫

酸阿贝卡星的中间体
【生产厂】[闽]福州福兴医药有限公司(240 吨)〈P1989〉

头孢他啶;头孢噻甲羧肟　L01103301
Ceftazidime;Fortum;Ceptaz [72558-82-8]
半合成的广谱头孢菌素,主要用于敏感菌所致呼吸系统、泌尿系统、软组织系统感染等
【生产厂】[冀]华北制药集团有限责任公司〈P1624〉;[晋]山西威奇达药业有限公司〈P1673〉;[黑]哈药集团制药总厂〈P1721〉;[苏]苏州东瑞制药有限公司〈P1899〉;苏州万庆药业有限公司〈P1907〉;[浙]浙江海正药业股份有限公司〈P1964〉;[鲁]山东齐鲁制药有限公司〈P2029〉;齐鲁安替制药有限公司〈P2027〉;菏泽睿鹰制药集团(200 吨)〈P2158〉;[粤]广州白云山制药股份有限公司〈P2259〉;广东立国制药有限公司〈P2277〉;珠海联邦制药股份有限公司〈P2274〉;丽珠医药集团股份有限公司〈P2274〉;珠海联邦制药厂有限公司原料厂〈P2274〉

头孢他啶盐酸盐　L01103351
Ceftazidime hydrochloride
用作抗感染药
【生产厂】[冀]河北九派实业集团有限公司(30 吨)〈P1620〉;[苏]苏州中联化学制药有限公司〈P1908〉;[鲁]山东久隆精细化工有限公司〈P2028〉;山东金城医药化工有限公司〈P2053〉;[豫]南阳科生生物化工有限公司(10 吨)〈P2224〉

丁胺卡那霉素;阿米卡星　L01103401
Amikacin [37517-28-5]
用于治疗各种尿路感染、败血症、皮肤软组织感染、骨与关节感染、肺炎及各种下呼吸道感染
【生产厂】[川]四川方向药业有限责任公司(10 吨)〈P2318〉

硫酸阿米卡星;硫酸丁胺卡那霉素　L01103411
Amikacin sulfate [39831-55-5]
抗感染药,用于治疗敏感菌所致尿路感染、败血症、皮肤感染、骨与关节感染、肺炎及下呼吸道感染等
【生产厂】[苏]苏州第六制药厂〈P1899〉;[浙]浙江金华康恩贝生物制药有限公司(70 吨)〈P1955〉;[闽]福州福兴医药有限公司〈P1989〉;[鲁]山东齐鲁制药有限公司〈P2029〉;[豫]河南省大明实业有限公司〈P2166〉;新乡市宇辉药业有限公司(100 吨)〈P2207〉

硫酸庆大霉素;庆大霉素;硫酸艮他霉素;正泰霉素　L01103501
Gentamycin;Gentamycin sulfate [1403-66-3]
用于治疗败血症、尿路感染、葡萄球菌感染、心内膜炎及其他疾病
【生产厂】[冀]华北制药集团动物保健品有限责任公司〈P1624〉;华北制药集团华栾有限公司〈P1624〉;河北巨龙药业有限公司〈P1641〉;[晋]山西同振药业有限公司〈P1673〉;山西威奇达药业有限公司〈P1673〉;山西侯马平阳制药厂(16 吨)〈P1678〉;[辽]朝阳富祥药业有限公司〈P1713〉;[沪]上海优迪医药有限公司〈P1775〉;[赣]江西制药有限责任公司(50 吨)〈P2009〉;[鲁]烟台只楚药业有限公司(200 吨)〈P2120〉;山东大陆药业有限公司〈P2149〉;[豫]新乡市宇辉药业有限公司(200 吨)〈P2207〉;焦作市博爱药业有限公司(150 吨)〈P2195〉;安阳路德药业有限责任公司(100 吨)〈P2208〉;南阳普康集团衡濆制药有限责任公司(400 吨)〈P2224〉;南阳普康药业有限公司(300 吨)〈P2224〉;开封制药(集团)有限公司〈P2179〉;河南前锋药业科技有限公司(45 吨)〈P2176〉

盐酸庆大霉素　L01103591
Gentamycin hydrochloride
用作抗生素类药
【生产厂】[晋]大同云康制药厂〈P1673〉

妥布霉素;硫酸妥布霉素;托布霉素;妥布拉霉素　L01103601
Tobramycin [32986-56-4]
类似庆大霉素的广谱抗生素,对革兰阴性杆菌活性高
【生产厂】[浙]浙江海正药业股份有限公司(2 吨)〈P1964〉;[闽]福州福兴医药有限公司〈P1989〉;[粤]丽珠集团新北江制药股份有限公司〈P2294〉

硫酸新霉素　L01103701
Neomycin sulfate [1405-10-3]
为广谱抗生素,对金葡菌、白喉杆菌和炭疽杆菌作用好
【生产厂】[沪]上海中康伟业生物科技有限公司(10 吨)〈P1778〉;上海捷倍思基因技术有限公司〈P1744〉;[苏]南通海星制药有限公司(62 吨)〈P1833〉;[鄂]宜昌三峡制药有限公司〈P2241〉;[川]乐山三九长征药业股份有限公司(300 吨)〈P2332〉

硫酸安普霉素　L01103801
Apramycin sulfate
用于治疗仔猪痢疾病
【生产厂】[浙]杭州凯胜生物技术有限公司〈P1920〉;[鲁]山东齐发药业有限公司(700 吨)〈P2029〉;[豫]濮阳泓天威药业有限公司(40 吨)〈P2213〉

硫酸核糖霉素;核糖霉素;威斯塔霉素;维生霉素;奇霉素;大观霉素　L01103901
Ribostamycin;Ribostamycin sulfate;Spectinomycin;Vistamycin [53797-35-6]
用于敏感菌所致的支气管炎、肺炎、胸膜炎、淋巴结炎、胆囊炎、疖肿、骨髓炎、尿路感染等的治疗
【生产厂】[冀]华北制药集团有限责任公司〈P1624〉;华北制药集团爱诺有限公司〈P1624〉;[浙]浙江金华康恩贝生物制药有限公司〈P1955〉;[闽]福州福兴医药有限公司〈P1989〉

盐酸大观霉素;奇放素菌素盐酸盐;淋必治　L01104001
Spectinomycin hydrochloride
主要用于治疗由淋球菌引起的尿道炎、宫颈炎、直肠炎及急性淋病等病症
【生产厂】[浙]浙江金华康恩贝生物制药有限公司〈P1955〉;[鲁]山东鲁抗医药股份有限公司〈P2132〉;山东鲁抗医药集团鲁原有限公司〈P2132〉

氯霉素;左霉素;左旋霉素;D-苏-1-对硝基苯基-2-二氯乙酰氨基-1,3-丙二醇　L01104101

L

Chloramphenicol;Chloromycetin;Chloromycin [56-75-7]

用于治疗由伤寒杆菌、痢疾杆菌、大肠杆菌、流感杆菌、布氏杆菌、肺炎球菌等引起的感染

【生产厂】[辽]东北制药总厂(500吨)〈P1684〉;[苏]南京白敬宇制药有限责任公司〈P1782〉;南京瑞尔医药有限公司〈P1788〉;南京仁信化工有限公司〈P1788〉;张家港丰达制药有限公司(50吨)〈P1911〉;江都市华兴医药化工制品有限公司(220吨)〈P1814〉;江都市宙龙集团公司〈P1815〉;[浙]仙居安德特医药化工厂〈P1962〉;浙江省仙居县晨阳化工厂〈P1967〉;浙江省仙居县康博化工厂〈P1967〉;浙江仙居康牧医药原料化工厂〈P1969〉;浙江台州市金田医药化工有限公司〈P1968〉;横店集团家园化工有限公司(960吨)〈P1952〉;[赣]江西金峰原料药有限公司〈P2018〉;[鲁]山东龙口市第二制药厂(300吨)〈P2114〉;[鄂]武汉武药制药有限公司〈P2234〉;武汉远大制药集团有限公司〈P2235〉;[渝]西南合成制药股份有限公司(300吨)〈P2303〉

氯霉素棕榈酸酯;无味氯霉素;软脂酸氯霉素;棕榈酸氯霉素 L01104201

Chloramphenicol palmitate;Chloromycetin palmitate [530-43-8]

【生产厂】[苏]江都市华兴医药化工制品有限公司〈P1814〉;[鄂]武汉武药制药有限公司〈P2234〉

甲砜霉素;硫霉素;甲砜氯霉素 L01104301

Thiamphenicol [15318-45-3]

主要用于治疗呼吸、泌尿、肝胆、伤寒等肠道外科、妇产科和五官科感染等症,特别对中轻度感染作用尤其明显

【生产厂】[津]天津中津药业股份有限公司(60吨)〈P1617〉;[苏]苏州市鑫隆化工有限公司〈P1905〉;江苏华昌(集团)有限公司〈P1893〉;张家港市恒盛药用化学有限公司〈P1912〉;[浙]浙江省仙居县康博化工厂〈P1967〉;浙江仙居康牧医药原料化工厂〈P1969〉;浙江台州海翔医药化工有限公司(150吨)〈P1968〉;浙江台州市金田医药化工有限公司〈P1968〉;浙江润康药业有限公司(500吨)〈P1966〉;[赣]吉安市通海医药化工有限公司〈P2017〉;吉安市海洲医药化工有限公司〈P2017〉;[鲁]山东久隆精细化工有限公司〈P2028〉

甲砜霉素甘氨酸酯盐酸盐 L01104311

Thiamphenicol aminoacetate ester hydrochloride

【生产厂】[苏]江苏华昌(集团)有限公司〈P1893〉;扬州宝盛生物化工有限公司〈P1817〉;[浙]浙江台州海翔医药化工有限公司〈P1968〉;浙江润康药业有限公司(10吨)〈P1966〉

甲砜霉素棕榈酸酯 L01104351

Thiamphenicol palmitate

属抗生素类药

【生产厂】[浙]浙江台州海翔医药化工有限公司〈P1968〉

氟洛芬;氟苯尼考;氟甲砜霉素 L01104371

Florfenicol [76639-94-6]

兽用抗菌药,用于敏感细菌所致的猪、鸡及鱼的细菌性疾病,尤其对呼吸系统感染和肠道感染疗效显著

【生产厂】[晋]太原市恒丰强生物技术发展有限公司(50吨)〈P1671〉;[沪]上海优迪医药有限公司〈P1775〉;[苏]苏州市鑫隆化工有限公司〈P1905〉;江苏华昌(集团)有限公司〈P1893〉;张家港市恒盛药用化学有限公司〈P1912〉;[浙]浙江台州海翔医药化工有限公司(15吨)〈P1968〉;浙江润康药业有限公司(210吨)〈P1966〉;浙江普洛化学有限公司〈P1955〉;[赣]吉安市通海医药化工有限公司〈P2017〉;吉安市海洲医药化工有限公司〈P2017〉;[鲁]山东齐鲁制药有限公司〈P2029〉;[豫]郑州华伦生物技术有限公司〈P2171〉;新乡市瑞特精细化工有限公司〈P2169〉;河南省大明实业有限公司〈P2166〉;[鄂]武穴市龙翔药业有限公司〈P2244〉

磷霉素钠 L01104401

Fosfomycin sodium [23155-02-4]

对绿脓杆菌、变形杆菌、大肠杆菌、沙雷菌和葡萄球菌等有很好疗效

【生产厂】[辽]东北制药总厂(250吨)〈P1684〉;[沪]上海五洲药业股份有限公司〈P1770〉;[浙]杭州凯胜生物技术有限公司(10吨)〈P1920〉

磷霉素钙 L01104411

Fosfomycin calcium [26016-98-8]

用于治疗痢疾和伤寒等症

【生产厂】[晋]山西大统精细化工有限公司〈P1673〉;[辽]东北制药总厂(40吨)〈P1684〉;[浙]杭州凯胜生物技术有限公司(10吨)〈P1920〉

磷霉素 L01104450

Fosfomycin [26016-99-9]

用于治疗由金黄色葡萄球菌、大肠杆菌、变形杆菌及痢疾杆菌等导致的感染

【生产厂】[晋]山西大统精细化工有限公司〈P1673〉

磷霉素缓血酸铵;磷霉素氨丁三醇 L01104491

Fosfomycin trometamol

用作抗生素类药

【生产厂】[晋]山西同振药业有限公司〈P1673〉;[辽]东北制药总厂〈P1684〉;[粤]佛山市南海北沙制药有限公司〈P2288〉

四环素;四环素碱 L01104501

Tetracycline;Tetramycin [60-54-8]

【生产厂】[冀]华北制药天星有限公司(200吨)〈P1651〉;[晋]山西汾河制药厂〈P1678〉;山西北方制药厂〈P1679〉;[鲁]山东瑞阳制药有限公司(10吨)〈P2054〉;[豫]河南省保利平原药业有限责任公司(100吨)〈P2211〉;[宁]宁夏启元药业有限公司(3000吨)〈P2361〉

盐酸四环素 L01104601

Tetracycline hydrochloride [64-75-5]

属广谱抗生素

【生产厂】[京]北京北卫药业有限责任公司〈P1544〉;[冀]华北制药天星有限公司(1000吨)〈P1651〉;[晋]山西北方制药厂〈P1679〉;[鲁]山东瑞阳制药有限公司(3吨)〈P2054〉;[宁]宁夏启元药业有限公司(4000吨)〈P2361〉

硫酸粘菌素;硫酸粘菌素E;硫酸抗敌素;多粘菌素E L01104701

Polymyxin E sulfate;Colimycin;Polymyxin E

主要用于敏感菌感染,如败血症、急性肠炎、尿路感染等

【生产厂】[鲁]山东鲁抗动植物生物药品事业部(300吨)〈P2131〉;[粤]丽珠集团新北江制药股份有限公司〈P2294〉

硫酸依替米星 L01104801

Etimicin sulfate

用作抗生素类药

【生产厂】[苏]无锡山禾集团第一制药有限公司〈P1874〉

盐酸金霉素;盐酸氯四环素 L01104901

Aureomycin hydrochloride;Chlortetracycline hydrochloride [64-72-2]

属广谱抗生素,对革兰阳性和阴性菌均有抗菌作用

【生产厂】[闽]浦城正大生化有限公司(500吨)〈P2005〉;[鲁]山东齐发药业有限公司(3000吨)〈P2029〉

盐酸去甲基金霉素;盐酸地美环素 L01104951

Demeclocycline hydrochloride [64-73-3]

【生产厂】[冀]华北制药股份有限公司〈P1624〉;华北制药集团有限责任公司〈P1624〉

土霉素;土霉素碱;地霉素;氧四环素 L01105001

Oxytetracycline;Terramycin [79-57-2]

属广谱抗菌素

【生产厂】[津]天津市金牧兽药厂(120吨)〈P1592〉;[冀]华北制药股份有限公司〈P1624〉;华北制药集团有限责任公司〈P1624〉;河北省高营企业集团公司(8000吨)〈P1621〉;华北制药集团动物保健品有限责任公司〈P1624〉;河北圣雪大成制药有限责任公司〈P1622〉;[晋]山西同振药业有限公司〈P1673〉;大同星火药业有限责任公司(350吨)〈P1673〉;山西威奇达药业有限公司〈P1673〉;大同同星抗生素有限责任公司(4000吨)〈P1673〉;大同云康制药厂〈P1673〉;山西汾河制药厂〈P1678〉;山西长治制药厂〈P1674〉;[蒙]赤峰制药集团有限责任公司〈P1682〉;赤峰市元宝山制药厂〈P1682〉;[鲁]山东金洋药业有限公司(1500吨)〈P2053〉;山东瑞阳制药有限公司(20吨)〈P2054〉;[豫]河南省安阳市第一制药厂(50吨)〈P2210〉;河南省九州药业有限责任公司(720吨)〈P2211〉;河南华利药业有限责任公司(400吨)〈P2191〉;[川]乐山三九长征药业股份有限公司(900吨)〈P2332〉

【使用厂】[沪]上海五洲药业股份有限公司〈P1770〉;[苏]常州药业股份有限公司〈P1858〉;扬州威斯曼雅本制药有限公司〈P1820〉

盐酸土霉素;盐酸地霉素;盐酸氧四环素 L01105101

Oxytetracycline hydrochloride;Terramycin hydrochloride [2058-46-0]

属广谱抗菌素,其抗菌谱、抗菌原理与四环素基本相同

【生产厂】[冀]河北圣雪大成制药有限责任公司〈P1622〉;[晋]长治市强大药业有限公司〈P1674〉;[蒙]赤峰制药集团有限责任公司(120吨)〈P1682〉;[苏]吴江市普强医药化工有限公司〈P1910〉;盐城苏海制药有限公司〈P1812〉;[赣]江西国药有限责任公司(500吨)〈P2008〉;[鲁]山东金洋药业有限公司(600吨)〈P2053〉;[豫]郑州路路德化学制品有限公司〈P2171〉;郑州华伦生物技术有限公司〈P2171〉;河南省九州药业有限责任公司(600吨)〈P2211〉;[川]乐山三九长征药业股份有限公司(250吨)〈P2332〉

盐酸美他环素;甲烯土霉素盐酸盐;甲烯氧四环素;盐酸甲烯土霉素 L01105301

Metacycline hydrochloride [3963-45-9]

属抗生素类药,用于胃肠感染、尿路感染、呼吸道感染等

【生产厂】[冀]河北久鹏制药有限公司〈P1640〉;[苏]常州药业股份有限公司〈P1858〉;常州制药厂有限公司〈P1858〉;昆山化工医药原料有限公司〈P1895〉;昆山化工医药原料有限公司〈P1895〉;盐城苏海制药有限公司(50吨)〈P1812〉;扬州威斯曼雅本制药有限公司〈P1820〉

合霉素;消旋氯霉素 L01105401

Synthomycin;Sintomycin;DL-Chloramphenicol [56-75-7]

抗菌谱、作用及用途均与氯霉素相同

【生产厂】[浙]横店集团家园化工有限公司〈P1952〉

盐酸多西环素;盐酸强力霉素;盐酸脱氧土霉素 L01105501

Doxycycline hydrochloride [10592-13-9]

为抗生素药,用于革兰阳性球菌和阴性杆菌引起的感染

【生产厂】[冀]河北久鹏制药有限公司〈P1640〉;[沪]上海雅本化学有限公司〈P1773〉;上海五洲药业股份有限公司(200吨)〈P1770〉;[苏]常州药业股份有限公司〈P1858〉;常州制药厂有限公司〈P1858〉;昆山化工医药原料有限公司〈P1895〉;昆山化工医药原料有限公司〈P1895〉;盐城苏海制药有限公司(260吨)〈P1812〉;扬州威斯曼雅本制药有限公司(70吨)〈P1820〉

盐霉素 L01105531

Salinomycin [53003-10-4]

为抗球虫剂,用于鸡球虫病和促进畜禽生长

【生产厂】[沪]上海康爱生物制品有限公司〈P1747〉;[浙]升华集团控股有限公司〈P1946〉;[鲁]山东鲁抗动植物生物药品事业部(3000吨)〈P2131〉;[豫]濮阳泓天威药业有限公司(50吨)〈P2213〉;[粤]丽珠集团新北江制药股份有限公司〈P2294〉

盐霉素钠 L01105541

Salinomycin sodium

【生产厂】[闽]浦城正大生化有限公司(1500吨)〈P2005〉;[鲁]山东鲁抗动植物生物药品事业部(200吨)〈P2131〉

强力霉素;多西环素;脱氧土霉素 L01105551

Doxycycline;Vibramycin [564-25-0]

用作抗生素类药

【生产厂】[沪]上海优迪医药有限公司〈P1775〉;上海捷倍思基因技术有限公司〈P1744〉;[苏]常州药业股份有限公司〈P1858〉;吴江市普强医药化工有限公司〈P1910〉;盐城苏海制药有限公司(100吨)〈P1812〉;[浙]浙江仙居康牧医药原料化工厂〈P1969〉;[豫]开封制药(集团)有限公司(800吨)〈P2179〉

强力霉素一水物;多西环素一水物 L01105561

Doxycycline monohydrate [17086-28-1]

为抗感染药物

【生产厂】[苏]昆山化工医药原料有限公司〈P1895〉;昆山化工医药原料有限公司〈P1895〉;扬州威斯曼雅本制药有限公司〈P1820〉

强力霉素氢化物 L01105581

Doxycycline SSa [369-95-9]

【生产厂】[苏]昆山化工医药原料有限公司〈P1895〉;昆山化

工医药原料有限公司〈P1895〉

红霉素;红霉素碱 L01105601

Erythromycin [114-07-8]

属抑菌型抗生素,抗菌谱与青菌素相似

【生产厂】[晋]山西汾河制药厂〈P1678〉;[辽]大连美罗大药厂〈P1693〉;[苏]利君集团镇江制药有限责任公司(180吨)〈P1843〉;[豫]安阳九州药业有限责任公司(100吨)〈P2208〉;[鄂]武汉市合中化工制造有限公司〈P2232〉;[粤]台山市化学制药有限公司(100吨)〈P2286〉;[川]四川山山药业集团有限公司〈P2332〉;四川山山内江制药厂(260吨)〈P2332〉;[宁]宁夏启元药业有限公司(2000吨)〈P2361〉

克拉红霉素;克拉霉素;甲基红霉素;克拉仙 L01105611

Clarithromycin;Klacid;6-Methoxyerythromycin [81103-11-9]

属大环内酯类抗生素,用于治疗上、下呼吸道感染,皮下软组织感染等

【生产厂】[辽]朝阳富祥药业有限公司〈P1713〉;[沪]上海现代制药股份有限公司〈P1771〉;上海昊化化工有限公司〈P1736〉;[苏]南京仁信化工有限公司〈P1788〉;镇江新宇化工有限责任公司〈P1846〉;江都市华兴医药化工制品有限公司〈P1814〉;[浙]杭州维华生物技术有限公司〈P1923〉;浙江广科化工有限公司〈P1950〉;台州市中荣化工有限公司〈P1962〉;浙江黄岩生物工程有限公司(10吨)〈P1965〉;浙江黄岩博泰化工有限公司〈P1964〉;浙江黄岩澄江精细化工厂〈P1964〉;金华立信医药化工有限公司〈P1953〉;浙江耐司康药业有限公司〈P1955〉;浙江华义医药有限公司〈P1954〉;[鲁]山东新华制药股份有限公司〈P2055〉;山东中亚制药有限公司〈P2161〉;[粤]佛山市南海北沙制药有限公司〈P2288〉

乳糖酸红霉素;乳糖醛酸红霉素;红霉素乳糖酸盐 L01105701

Erythromycin lactobionate [3847-29-8]

用于治疗鼻窦炎、中耳炎、败血症、猩红热及其他由肺炎双球菌引起的炎症

【生产厂】[辽]大连美罗大药厂〈P1693〉

无味红霉素;依托红霉素;红霉素丙酸酯十二烷基硫酸盐;红霉素月桂酸酯 L01105801

Erythromycin estolate [3521-62-8]

用于耐青霉素的金葡菌感染及对青霉素过敏的金葡菌感染

【生产厂】[苏]利君集团镇江制药有限责任公司(25吨)〈P1843〉;[豫]安阳九州药业有限责任公司(80吨)〈P2208〉;[粤]台山市化学制药有限公司(80吨)〈P2286〉

红霉素肟 L01105851

Erythromycin oxime [13127-18-9]

属抗生素类药

【生产厂】[辽]辽阳市众诺化学工业有限公司(60吨)〈P1711〉;[浙]浙江广科化工有限公司〈P1950〉;浙江金立源药业有限公司〈P1951〉;浙江黄岩博泰化工有限公司〈P1964〉;浙江华义医药有限公司〈P1954〉

麦迪霉素;麦地霉素;麦白霉素 L01105901

Medemycin;Midecamycin;Mydecamycin [2058-46-0]

主要对于革兰阳性菌和脑膜炎球菌、淋病球菌等革兰阴性菌具有抗菌活性

【生产厂】[辽]朝阳富祥药业有限公司〈P1713〉;[鲁]烟台只楚药业有限公司(60吨)〈P2120〉;山东鲁抗医药集团有限公司〈P2132〉;[豫]洛阳伊龙药业有限公司(50吨)〈P2187〉;南阳普康集团衡淯制药有限责任公司(300吨)〈P2224〉

盐酸麦迪霉素 L01105991

Medemycin hydrochloride

【生产厂】[豫]南阳普康集团衡淯制药有限责任公司〈P2224〉

柱晶白霉素;吉他霉素 L01106001

Leucomycin [8025-81-8]

主要用于百日咳、肺炎、支气管炎、扁桃体炎、中耳炎、淋病、淋病性尿路炎等病症的治疗

【生产厂】[浙]普洛康裕股份有限公司(30吨)〈P1953〉

乙酰螺旋霉素 L01106101

Acetylspiramycin

其抗菌谱、抗菌机理及适应症均与红霉素相似

【生产厂】[辽]丹东通江制药有限公司〈P1701〉;朝阳富祥药业有限公司(100吨)〈P1713〉;[苏]苏州二叶制药有限公司〈P1899〉;[鲁]山东健康药业有限公司(50吨)〈P2028〉;山东鲁抗医药股份有限公司〈P2132〉;山东鲁抗医药集团鲁原有限公司〈P2132〉;[豫]商丘市明清制药有限责任公司〈P2226〉

己二酸螺旋霉素 L01106151

Spiramycin adipate

属抗生素类药

【生产厂】[粤]奥星医药有限公司〈P2268〉

螺旋霉素碱 L01106191

Spiramycin base

【生产厂】[豫]开封市开抗药业有限公司(150吨)〈P2177〉;[粤]奥星医药有限公司〈P2268〉

盐酸林可霉素;林可霉素;洁霉素;盐酸洁霉素 L01106201

Lincomycin;Lincomycin hydrochloride [7179-49-9]

与红霉素相似,对革兰阳性菌有强大的抗菌作用

【生产厂】[冀]华北制药集团动物保健品有限责任公司〈P1624〉;华北制药集团华栾有限公司〈P1624〉;[沪]上海优迪医药有限公司〈P1775〉;上海捷倍思基因技术有限公司〈P1744〉;[苏]苏州第四制药厂有限公司(100吨)〈P1899〉;[赣]江西国药有限责任公司〈P2008〉;[鲁]山东鲁抗医药集团有限公司〈P2132〉;[豫]新乡市宇辉药业有限公司(100吨)〈P2207〉;南阳普康集团衡淯制药有限责任公司(600吨)〈P2224〉;南阳普康药业有限公司(2300吨)〈P2224〉;南阳普康集团育衡制药有限公司〈P2224〉;[鄂]湖北制药有限公司(200吨)〈P2237〉

盐酸克林霉素;盐酸氯洁霉素;氯林可霉素;氯林肯霉素;林大霉素;克林霉素,盐酸盐 L01106301

L

Clindamycin hydrochloride [21462-39-5]

为林可霉素衍生物，对金葡菌、肺炎球菌的杀菌活性比林可霉素强很多倍

【生产厂】[苏]苏州第四制药厂有限公司(30吨)〈P1899〉；苏州天马医药集团〈P1906〉；[浙]浙江天台药业有限公司(100吨)〈P1968〉；台州东升医药化工有限公司(100吨)〈P1960〉；浙江台州海翔医药化工有限公司(60吨)〈P1968〉；浙江台州市金田医药化工有限公司〈P1968〉；浙江椒江制药厂〈P1965〉；[豫]新乡市宇辉药业有限公司(150吨)〈P2207〉；南阳普康药业有限公司(300吨)〈P2224〉；[鄂]湖北制药有限公司(50吨)〈P2237〉；宜昌人福药业有限责任公司〈P2241〉；[渝]重庆凯林制药有限公司〈P2305〉；[川]成都景田生物药业有限公司〈P2312〉

克林霉素磷酸酯；氯洁霉素磷酸酯 L01106311

Clindamycine phosphate [24729-96-2]

属抗生素类药

【生产厂】[沪]上海广裕精细化工有限公司〈P1735〉；[苏]苏州第四制药厂有限公司〈P1899〉；苏州天马医药集团〈P1906〉；[浙]杭州凯胜生物技术有限公司〈P1920〉；浙江天台药业有限公司(100吨)〈P1968〉；浙江台州海翔医药化工有限公司〈P1968〉；浙江台州市金田医药化工有限公司〈P1968〉；横店集团家园化工有限公司〈P1952〉；[鲁]山东新华制药股份有限公司〈P2055〉；[豫]平舆县馨星生化有限公司〈P2227〉；南阳普康药业有限公司(50吨)〈P2224〉；[渝]重庆凯林制药有限公司〈P2305〉

盐酸克林霉素棕榈酸酯 L01106351

Clindamycinpalmitate hydrochloride [25507-04-4]

用于治疗革兰阳性菌、厌氧菌引起的各种感染性疾病

【生产厂】[浙]浙江天台药业有限公司〈P1968〉；浙江台州海翔医药化工有限公司〈P1968〉；[鲁]山东平原县恒源化工有限公司(80吨)〈P2145〉；[琼]海南海神同洲制药有限公司〈P2302〉；[渝]重庆凯林制药有限公司〈P2305〉；西南合成制药股份有限公司〈P2303〉

利福平；甲哌力复霉素 L01106401

Rifampicin; Rifampin [13292-46-1]

属广谱抗生素，对分歧杆菌和革兰阳性、阴性菌均有强的杀菌作用

【生产厂】[冀]河北欣港药业有限公司〈P1623〉；河北省邢台市人民制药厂(100吨)〈P1642〉；[辽]同联集团沈阳抗生素厂〈P1690〉；[沪]上海捷倍思基因技术有限公司〈P1744〉；上海五洲药业股份有限公司〈P1770〉；[苏]江苏华泰抗生素有限公司〈P1821〉；[浙]台州市中荣化工有限公司〈P1962〉；浙江台州市金田医药化工有限公司〈P1968〉；[豫]郑州民众制药有限公司(150吨)〈P2172〉

利福定；异丁哌力复霉素；异丁基哌嗪利福霉素 L01106501

Rifandin [13292-46-1]

具有广谱抗菌作用，对革兰阳性球菌、结核杆菌有良好的抗菌活性，抗菌谱与利福平相同

【生产厂】[冀]河北欣港药业有限公司〈P1623〉；[沪]上海优迪医药有限公司〈P1775〉

利福喷丁；环戊去甲利福平；环戊基哌嗪利福霉素 L01106601

Rifapentine [61379-65-5]

为半合成长效利福霉素衍生物，其抗菌机理、作用、用途与利福平相同

【生产厂】[冀]河北欣港药业有限公司〈P1623〉；[苏]无锡山禾集团第一制药有限公司(4吨)〈P1874〉；[川]四川明欣药业有限责任公司〈P2319〉；乐山三九长征药业股份有限公司(15吨)〈P2332〉

双氯西林钠 L01106801

Dicloxacillin sodium [13412-64-1]

属内酰胺类抗生素

【生产厂】[浙]浙江黄岩澄江精细化工厂〈P1964〉

利福布汀 L01106901

Rifabutin [72559-06-9]

主要用于治疗分歧杆菌的肺部感染，对利福平耐药的结核杆菌菌株有效

【生产厂】[冀]河北欣港药业有限公司〈P1623〉；[川]成都宇洋高科技术发展有限公司〈P2317〉；成都上元医药科技有限公司〈P2313〉

盐酸万古霉素；万古霉素 L01107101

Vancomycin hydrochloride [1404-93-9]

抗菌谱窄，主要对革兰阳性菌有效

【生产厂】[冀]华北制药华胜有限公司〈P1624〉；[沪]上海捷倍思基因技术有限公司〈P1744〉；[浙]浙江浙北药业有限公司〈P1947〉；浙江海正药业股份有限公司〈P1964〉；[闽]福州福兴医药有限公司〈P1989〉

头孢替安盐酸盐 L01107291

Cefotiam hydrochloride [66309-69-1]

【生产厂】[冀]河北美化化工有限公司〈P1620〉；[苏]江苏九寿堂生物制品有限公司〈P1821〉

替卡西林 L01107301

Ticarcillin; Timentin [4697-14-7]

【生产厂】[沪]上海立科药物化学有限公司〈P1750〉；[浙]临海市金桥化工有限公司〈P1960〉

替卡西林钠 L01107351

Ticarcillin disodium [4697-14-7]

【生产厂】[沪]上海泰顿化工有限公司〈P1766〉；[鲁]济南永扬药业有限公司〈P2027〉；[渝]重庆福安药业有限公司〈P2304〉

柔红霉素；正定霉素；红比霉素；红卫霉素；柔毛霉素；红保霉素 L01107401

Daunoblastin; Daunomycin; Daunorubicin; Zhengdingmycin [20830-81-3]

属抗肿瘤药

【生产厂】[京]北京云迪同创医药科技有限公司〈P1566〉；北京迈劲医药科技有限公司〈P1555〉；[浙]浙江海正药业股份有限公司〈P1964〉

硫酸巴龙霉素 L01107751

Paromomycin sulfate [1263-89-4]

是氨基糖苷类抗生素，可用于治疗细菌性痢疾及其他肠胃细菌感染，是治疗阿米巴痢疾特效药

【生产厂】[苏]无锡山禾集团第一制药有限公司〈P1874〉

乳酸司帕沙星 L01107851

Sparfloxacin lactate

【生产厂】[苏]苏州东瑞制药有限公司〈P1899〉

硫酸粘杆菌素 L01107901

Colistin sulfate [1264-72-8]

属抗生素类药,用于治疗革兰阴性杆菌引起的肠道疾病,并有一定促生长作用

【生产厂】[津]天津市新星兽药厂(8000 吨)〈P1608〉;[浙]升华集团控股有限公司〈P1946〉;[闽]福州福兴医药有限公司〈P1989〉;[鲁]山东鲁抗动植物生物药品事业部(300 吨)〈P2131〉;[粤]丽珠集团新北江制药股份有限公司〈P2294〉

利福霉素 S 钠 L01108001

Rifamycin *S*-Na;Rifamycin S Sodium

用于合成利福平

【生产厂】[冀]河北欣港药业有限公司〈P1623〉;[辽]同联集团沈阳抗生素厂(150 吨)〈P1690〉;[苏]江苏华泰抗生素有限公司〈P1821〉;[豫]郑州民众制药有限公司(300 吨)〈P2172〉;漯河南街村药业集团制药有限公司(200 吨)〈P2220〉;开封市开抗药业有限公司(150 吨)〈P2177〉

【使用厂】[浙]浙江江北药业有限公司〈P1965〉;[川]乐山三九长征药业股份有限公司〈P2332〉

利福霉素 SV;力复霉素;力复霉素 SV;利福霉素 SV 钠 L01108101

Rifamycin SV;Rifamycin SV Sodium [13292-46-1]

属广谱抗生素,且能进入细胞内,属全效杀菌药,杀菌力强

【生产厂】[冀]河北欣港药业有限公司(300 吨)〈P1623〉;[豫]郑州民众制药有限公司(20 吨)〈P2172〉

雷帕霉素 L01108201

Rapamycin;Sirolimus;Antibiotic AY 22989 [53123-88-9]

用作免疫抑制剂

【生产厂】[浙]杭州华东普洛医药科技有限公司〈P1918〉

金霉素钙;氯四环素钙 L01108301

Chlortetracycline,calcium salt

属抗生素类药

【生产厂】[鲁]山东齐发药业有限公司(2500 吨)〈P2029〉

地红霉素 L01108401

Dirithromycin [62013-04-1]

属大环内酯类半合成抗生素

【生产厂】[京]北京双鹤药业股份有限公司〈P1561〉;[晋]山西晋新双鹤药业有限责任公司〈P1679〉;[苏]苏州市龙盛精细化工厂〈P1904〉;[浙]仙居县绿叶医药原料厂〈P1963〉;浙江金华康恩贝生物制药有限公司(5 吨)〈P1955〉;[鲁]济南铂源化学有限公司〈P2020〉;[湘]湖南九典制药有限公司(100 吨)〈P2248〉

硬脂酸红霉素 L01108501

Erythromycin stearate [643-22-1]

属抗生素类药,用于对青霉素耐药的葡萄球菌感染

【生产厂】[辽]大连美罗大药厂〈P1693〉;[苏]利君集团镇江制药有限责任公司〈P1843〉;镇江新宇化工有限责任公司〈P1846〉;[粤]台山市化学制药有限公司〈P2286〉

红霉素琥珀酸乙酯;琥乙红霉素 L01108601

Erythromycin ethylsuccinate [1264-62-6]

属抗生素类药,主要用于对青霉素耐药的葡萄球菌感染

【生产厂】[京]北京北卫药业有限责任公司〈P1544〉;[冀]石家庄市康达制药厂〈P1630〉;[沪]上海广裕精细化工有限公司〈P1735〉;[苏]利君集团镇江制药有限责任公司(50 吨)〈P1843〉;[浙]台州市大众化工有限公司(15 吨)〈P1961〉;浙江奥托康制药集团〈P1954〉;横店集团家园化工有限公司(80 吨)〈P1952〉;[鄂]湖北美尔雅(集团)美升药业有限公司〈P2236〉;[粤]台山市化学制药有限公司〈P2286〉

吗啉噁酮;利奈唑 L01108801

Linezolid [165800-03-3]

是全合成的噁唑烷酮类抗生素

【生产厂】[沪]上海巨龙药物研究开发有限公司〈P1746〉;[苏]常州伊思特化工有限公司〈P1858〉;[浙]浙江圣达药业有限公司〈P1967〉;东港工贸集团有限公司〈P1960〉

硫氰酸红霉素;高力霉素 L01108901

Erythromycin thiocyanate

主要用于治疗对青霉素耐药的葡萄球菌、链球菌等引起的感染

【生产厂】[浙]仙居安德特医药化工厂〈P1962〉;浙江省仙居县康博化工厂〈P1967〉;浙江省仙居县腾洲化工厂〈P1967〉;浙江仙居县四达医药化工厂〈P1969〉;[赣]吉安市通海医药化工有限公司〈P2017〉;吉安市海洲医药化工有限公司〈P2017〉;[豫]新乡市宇辉药业有限公司(100 吨)〈P2207〉;河南新乡华星药厂(600 吨)〈P2202〉;安阳九州药业有限责任公司(260 吨)〈P2208〉;洛阳伊龙药业有限公司(100 吨)〈P2187〉;南阳普康集团衡淯制药有限责任公司(350 吨)〈P2224〉;上海现代哈森(商丘)药业有限公司(76 吨)〈P2226〉;[粤]台山市化学制药有限公司〈P2286〉;[川]四川山山药业集团有限公司〈P2332〉;四川山山内江制药厂〈P2332〉;[宁]宁夏启元药业有限公司(3 万吨)〈P2361〉

碳酸红霉素 L01108951

Erythromycin carbonate

【生产厂】[京]北京双鹤药业股份有限公司〈P1561〉;[晋]山西晋新双鹤药业有限责任公司〈P1679〉

罗红霉素 L01109001

Roxithromycin [80214-83-1]

为新一代大环内酯类抗生素

【生产厂】[津]天津太平洋医药科技集团〈P1614〉;天津太平洋化学制药有限公司〈P1614〉;[辽]辽阳市众诺化学工业有限公司〈P1711〉;大连美罗大药厂〈P1693〉;[沪]上海现代制药股份有限公司〈P1771〉;上海现代浦东药厂有限公司〈P1771〉;上海捷倍思基因技术有限公司〈P1744〉;[浙]浙江震元制药有限公司(100 吨)〈P1952〉;浙江广科化工有限公司〈P1950〉;浙江金立源药业有限公司〈P1951〉;浙江省天台三信化工有限公司〈P1967〉;仙居安德特医药化工厂〈P1962〉;浙江省仙居县晨阳化工厂〈P1967〉;浙江省仙居县腾洲化工厂〈P1967〉;浙江仙居县四达医药化工厂〈P1969〉;金华立信医药化工有限公司〈P1953〉;浙江耐司康药业有限公司〈P1955〉;[鲁]山东中亚制药有限公司〈P2161〉;[豫]河南省大明实业有限公司〈P2166〉;郑州福源化工有限公司(3 吨)〈P2170〉;上海现代哈森(商丘)药

L

业有限公司〈P2226〉;[粤]佛山市南海北沙制药有限公司〈P2288〉;[桂]桂林南药股份有限公司〈P2299〉

硫酸奈替米星;硫酸乙基西梭霉素　L01109101
Netilmicin sulfate [56391-57-2]
适用于治疗由敏感革兰阴性杆菌所致的严重感染
【生产厂】[苏]南京仁信化工有限公司〈P1788〉;[闽]福州福兴医药有限公司〈P1989〉

盐酸萘替芬　L01109151
Naftifine hydrochloride [65473-14-5]
用作抗生素药
【生产厂】[苏]常州市华人化工有限公司〈P1851〉;[鲁]山东齐河银飞达化工有限公司(100 吨)〈P2145〉;[渝]重庆华邦制药股份有限公司〈P2305〉

头孢硫脒;先锋霉素 18 号　L01109201
Cefathiamidine
主要用于治疗由敏感菌所致肝胆感染、泌尿系统感染、呼吸系统感染、败血症、心内膜炎和脑膜炎等病症
【生产厂】[苏]苏州万庆药业有限公司〈P1907〉;江苏汉斯通药业有限公司〈P1893〉;[鲁]济南乐康信药业有限公司〈P2023〉;[粤]广州白云山制药股份有限公司〈P2259〉

头孢米诺钠　L01109251
Cefminox sodium [92636-39-0]
属头孢菌类抗生素
【生产厂】[苏]苏州中联化学制药有限公司〈P1908〉;[赣]江西畅成药业有限公司〈P2015〉

舒巴坦钠　L01109301
Sulbactam sodium [69388-84-7]
为β-内酰胺酶抑制药
【生产厂】[晋]长治市强大药业有限公司〈P1674〉;[黑]哈药集团制药总厂〈P1721〉;[苏]苏州东瑞制药有限公司〈P1899〉;响水华旭药业有限公司〈P1809〉;[浙]台州市奥力特精细化工有限公司〈P1961〉;浙江海正药业股份有限公司〈P1964〉;[赣]景德镇市富祥药业有限公司〈P2010〉;[鲁]山东瑞阳制药有限公司(12 吨)〈P2054〉;[豫]郑州华伦生物技术有限公司〈P2171〉;河南省大明实业有限公司〈P2166〉;[粤]珠海联邦制药股份有限公司〈P2274〉;珠海联邦制药厂有限公司原料厂〈P2274〉

舒巴坦;青霉烷砜;亚砜青霉素　L01109311
Sulbactam [68373-14-8]
属β-内酰胺酶抑制剂
【生产厂】[浙]浙江尖峰海洲制药有限公司(2 吨)〈P1965〉;台州市奥力特精细化工有限公司〈P1961〉;浙江黄岩澄江精细化工厂〈P1964〉

舒巴坦酸　L01109351
Sulbactam acid [68373-14-8]
用于合成舒巴坦钠
【生产厂】[苏]响水华旭药业有限公司〈P1809〉;[浙]浙江华邦医药化工有限公司(500 吨)〈P1964〉;浙江省仙居县南门医药原料化工厂〈P1967〉;普洛康裕股份有限公司〈P1953〉;[赣]景德镇市富祥药业有限公司〈P2010〉;[鲁]菏泽睿鹰制药集团(150 吨)〈P2158〉;[粤]珠海联邦制药股份有限公司〈P2274〉;珠海联邦制药厂有限公司原料厂〈P2274〉

碘甲基舒巴坦　L01109371
Iodomethyl sulbactam
【生产厂】[苏]响水华旭药业有限公司〈P1809〉;[赣]景德镇市富祥药业有限公司〈P2010〉

舒巴坦匹酯　L01109391
Sulbactam pivoxyl [69388-79-0]
是β-内酰胺酶抑制剂
【生产厂】[苏]响水华旭药业有限公司〈P1809〉;[浙]台州市奥力特精细化工有限公司〈P1961〉;[赣]景德镇市富祥药业有限公司〈P2010〉;[粤]珠海联邦制药股份有限公司〈P2274〉;珠海联邦制药厂有限公司原料厂〈P2274〉;[川]四川抗菌素工业研究所化学制药事业部〈P2318〉

盐酸特比萘酚;特比萘酚　L01109401
Terbinafine;Terbinafine hydrochloride [78628-80-5]
对于由真菌引起的脚气、灰指甲、体癣、股癣、花斑癣等有显著的疗效
【生产厂】[冀]保定步长天浩制药有限公司〈P1644〉;[黑]哈药集团生物工程有限公司〈P1721〉;[沪]上海立科药物化学有限公司〈P1750〉;[浙]台州市海峰医化有限公司〈P1961〉;浙江九洲药业股份有限公司〈P1965〉;[赣]吉安市通海医药化工有限公司〈P2017〉;吉安市海洲医药化工有限公司〈P2017〉;[鲁]济南永扬药业有限公司〈P2027〉;济南铂源化学有限公司〈P2020〉;济南大正伟业科贸有限公司〈P2021〉;山东中科泰斗化学有限公司〈P2030〉;山东齐河银飞达化工有限公司(100 吨)〈P2145〉;[川]成都科恩医药化工实业有限公司(3 吨)〈P2312〉

司氟沙星;司帕沙星　L01109501
Sparfloxacin;Spara [111542-93-9]
【生产厂】[晋]大同天丰药业有限责任公司(5 吨)〈P1673〉;[浙]浙江海正药业股份有限公司〈P1964〉;[豫]郑州路路德化学制品有限公司〈P2171〉;河南康泰制药集团公司河南省精细化工厂(200 吨)〈P2166〉;[川]成都倍特药业有限公司〈P2309〉

氟罗沙星;多氟哌酸;多氟沙星　L01109511
Fleroxacin;Megalocin [79660-72-3]
属广谱抗菌药
【生产厂】[浙]台州市奥力特精细化工有限公司〈P1961〉;台州耀业医化有限公司〈P1962〉;浙江耐司康药业有限公司〈P1955〉;[豫]平舆县馨星生化有限公司〈P2227〉

格替沙星;加替沙星;盖替沙星　L01109531
Gatifloxacin [160738-57-8]
为第三代氟喹诺酮抗菌药,是氧氟沙星、环丙沙星、左旋氧氟沙星的更新替代产品
【生产厂】[京]北京精益精化工有限公司〈P1553〉;[吉]柳河修正制药有限公司〈P1718〉;[苏]常州市华人化工有限公司〈P1851〉;[浙]杭州维华生物技术有限公司〈P1923〉;浙江浙邦制药有限公司〈P1952〉;浙江物产崇一医药化工有限公司〈P1956〉;[皖]宣城精方医药化工有限公司(150 吨)〈P1987〉;[豫]郑州路路德化学制品有限公司〈P2171〉

甲磺酸加替沙星　L01109551
Gatifloxacin mesylate
用作抗菌药

L

【生产厂】[豫]河南省大明实业有限公司〈P2166〉;河南康泰制药集团公司(300 吨)〈P2166〉;河南康泰制药集团公司河南省精细化工厂(200 吨)〈P2166〉

乳酸加替沙星 L01109581

Gatifloxacin lactate

用于治疗急性细菌性呼吸道和泌尿道感染

【生产厂】[浙]浙江浙邦制药有限公司(150 吨)〈P1952〉

阿奇霉素;阿泽红霉素 L01109611

Azithromycin [83905-01-5]

为抗生素类药,用于敏感细菌引起的各种感染,如呼吸系统感染、皮肤软组织感染

【生产厂】[京]北京东方德众科技发展有限公司〈P1546〉;[冀]石家庄欧意药业有限公司〈P1628〉;河北久鹏制药有限公司〈P1640〉;[晋]长治市强大药业有限公司〈P1674〉;[沪]上海现代制药股份有限公司〈P1771〉;上海优迪医药有限公司〈P1775〉;上海现代浦东药厂有限公司(50 吨)〈P1771〉;上海广裕精细化工有限公司〈P1735〉;[苏]南京仁信化工有限公司〈P1788〉;[浙]浙江省天台三信化工有限公司〈P1967〉;金华立信医药化工有限公司〈P1953〉;浙江耐司康药业有限公司〈P1955〉;浙江奥托康制药集团〈P1954〉;浙江华义医药有限公司〈P1954〉;[赣]江西金峰原料药有限公司〈P2018〉;吉安市通海医药化工有限公司〈P2017〉;吉安市海洲医药化工有限公司〈P2017〉;[鲁]山东中亚制药有限公司〈P2161〉;[豫]郑州华伦生物技术有限公司〈P2171〉;河南省龙泉集团药业有限公司(100 吨)〈P2201〉;[粤]佛山市南海北沙制药有限公司〈P2288〉;[川]成都科恩医药化工实业有限公司〈P2312〉;四川明欣药业有限责任公司〈P2319〉

乳糖酸阿奇霉素 L01109651

Azithromycin lactobionate

用作抗生素类药

【生产厂】[鲁]山东中亚制药有限公司〈P2161〉

丁苯羟酸 L01109701

4-Butoxy-*N*-hydroxybenzene acetamide

【生产厂】[沪]上海美林康精细化工有限公司〈P1753〉;[苏]扬州宝盛生物化工有限公司〈P1817〉

氯羟吡啶;3,5-二氯-2,6-二甲基-4-羟基吡啶;氯吡醇;氯吡多;二氯二甲吡啶酚;康乐安 L01109801

Clopidol;3,5-Dichloro-2,6-dimethyl-4-pyridinol [2971-90-6]

在国内是使用最广泛的抗球虫药之一,对各种鸡球虫均有效,通常混在动物饲料中连续用药

【生产厂】[浙]嘉善嘉生药业有限公司(600 吨)〈P1940〉

舒他西林 L01109901

Sultamicillin [76497-13-7]

属抗感染类药

【生产厂】[豫]河南省大明实业有限公司〈P2166〉

舒他西林碱 L01109931

Sultancillin alkali

属抗感染类药

【生产厂】[苏]响水华旭药业有限公司〈P1809〉;[赣]景德镇市富祥药业有限公司〈P2010〉

甲苯磺酸舒他西林 L01109951

Sultamicillin tosylate [83105-70-8]

为抗感染药,用于慢性支气管炎急性化脓和其他肺部疾病、儿童患者的流感杆菌感染、急性扁桃体炎等

【生产厂】[苏]响水华旭药业有限公司〈P1809〉;[浙]浙江昂利康制药有限公司〈P1950〉;台州市奥力特精细化工有限公司〈P1961〉;横店集团家园化工有限公司〈P1952〉;[赣]景德镇市富祥药业有限公司〈P2010〉;[渝]西南合成制药股份有限公司〈P2303〉

结晶磺胺;SN;氨基磺胺;氨基苯磺酰胺;磺酰胺 L01150101

Sulphanilamide crystals [63-74-1]

用于合成其他磺胺药的中间体,偶用于创伤消毒杀菌

【生产厂】[苏]苏州市吴赣化工有限责任公司〈P1905〉;江都市苏康化工有限公司(150 吨)〈P1815〉;[浙]宁波大红鹰药业股份有限公司〈P1930〉;衢州海顺医药化工有限公司(1200 吨)〈P1957〉;[渝]重庆长寿化工有限责任公司〈P2304〉

苯甲酰磺胺 L01150151

Sulfabenzamide [127-71-9]

【生产厂】[苏]江都市苏康化工有限公司(100 吨)〈P1815〉

磺胺噻唑;ST;2-(对氨基苯磺酰胺基)噻唑 L01150201

ST;Sulfathiazole [72-14-0]

属磺胺类药物,用于肺炎球菌、脑膜炎双球菌、淋球菌和溶血性链球菌的感染

【生产厂】[沪]上海三维制药有限公司(400 吨)〈P1760〉;[苏]苏州市吴赣化工有限责任公司〈P1905〉;江都市苏康化工有限公司(200 吨)〈P1815〉;[浙]衢州海顺医药化工有限公司(300 吨)〈P1957〉

磺胺噻唑钠;ST-Na L01150251

Sulfathiazole sodium [144-74-1]

属磺胺类药,用于治疗敏感菌感染

【生产厂】[沪]上海三维制药有限公司〈P1760〉;[苏]苏州市吴赣化工有限责任公司〈P1905〉;江都市苏康化工有限公司(100 吨)〈P1815〉;[浙]衢州海顺医药化工有限公司(200 吨)〈P1957〉

磺胺氯哒嗪钠 L01150301

Sulfachlorpyridazine sodium

用作禽畜消炎抗菌药,主要用于鸡大肠杆菌、葡萄球菌感染,白冠病、鸡霍及伤寒病等传染病

【生产厂】[冀]河北安霖制药有限公司〈P1639〉;邯郸市赵都精细化工厂(100 吨)〈P1639〉;河北省大名县瑞恒化工有限责任公司〈P1640〉;[沪]上海宝山振宗生物工程厂(170 吨)〈P1728〉;[苏]江阴南极星生物制品有限公司〈P1868〉;吴江市普强医药化工有限公司〈P1910〉;[浙]宁波远欧精细化工有限公司〈P1934〉

磺胺嘧啶;磺胺哒嗪;磺胺嘧啶钠;地亚净;SD-Na L01150401

SD;Sulfadiazine;Sulfadiazine sodium salt;Sulfapyrimidine [68-35-9]

磺胺类药，用于治疗由溶血性链球菌、肺炎球菌、脑膜炎球菌、淋病双球菌、大肠杆菌所致的感染

【生产厂】［晋］太原市恒丰强生物技术发展有限公司〈P1671〉；［辽］东北制药总厂（500吨）〈P1684〉；［沪］上海三维制药有限公司（140吨）〈P1760〉；［苏］吴江市普强医药化工有限公司〈P1910〉；苏州市吴赣化工有限责任公司〈P1905〉；［鄂］宜昌人福药业有限责任公司〈P2241〉；［粤］佛山市南海北沙制药有限公司〈P2288〉；［渝］西南合成制药股份有限公司（1000吨）〈P2303〉

磺胺嘧啶锌　L01150501

Sulfadiazine zinc salt

磺胺类药，有抑菌与收剑作用

【生产厂】［豫］河南省新谊药业股份有限公司（5吨）〈P2202〉；［川］四川时代药业集团有限公司〈P2319〉

磺胺吡啶　L01150601

Sulfapyridine［144-83-2］

【生产厂】［苏］苏州市海鑫医药化工有限公司〈P1903〉；太仓制药厂〈P1909〉

磺胺二甲嘧啶；2-（对氨基苯磺酰胺基）-4，6-二甲基嘧啶；SM2；磺胺间二甲嘧啶　L01150701

Sulfadimethylpyrimidine；Sulfadimidine；SM2［57-68-1］

对溶血性链球菌、肺炎球菌及脑膜炎等细菌有抑制作用

【生产厂】［京］北京双鹤药业股份有限公司〈P1561〉；［晋］山西晋新双鹤药业有限责任公司〈P1679〉；［苏］吴江市普强医药化工有限公司〈P1910〉；苏州市吴赣化工有限责任公司〈P1905〉；［浙］浙江新赛科药业有限公司（720吨）〈P1952〉；衢州海顺医药化工有限公司（500吨）〈P1957〉；［豫］偃师市宝隆化工有限公司（100吨）〈P2188〉；［鄂］武汉市合中化工制造有限公司〈P2232〉；［粤］佛山市南海北沙制药有限公司〈P2288〉

磺胺异噁唑；磺胺二甲异噁唑；净尿磺；菌得清；SIM　L01150801

Sulfafurazole；Sulfisoxazole［127-69-5］

用于尿路感染流行性脊髓膜炎、菌痢、慢性胆囊炎、慢性前列腺炎、化脓性扁桃体炎等

【生产厂】［苏］江都市苏康化工有限公司（150吨）〈P1815〉

磺胺二甲嘧啶钠；SM2-Na　L01150901

Sulfadimidine，sodium salt

磺胺类药，用于溶血性链球菌、肺炎球菌和脑膜炎球菌等感染

【生产厂】［沪］上海三维制药有限公司〈P1760〉；［苏］吴江市普强医药化工有限公司〈P1910〉；苏州市吴赣化工有限责任公司〈P1905〉；［浙］衢州海顺医药化工有限公司（500吨）〈P1957〉；［粤］佛山市南海北沙制药有限公司〈P2288〉；［渝］西南合成制药股份有限公司〈P2303〉

醋酸磺胺米隆；甲磺灭脓　L01151001

Mafenide acetate［13009-99-9］

磺胺类药，局部用于绿脓杆菌或其他细菌感染的烧伤创面的治疗

【生产厂】［辽］沈阳福宁药业有限公司〈P1685〉；［苏］苏州市苏瑞医药化工有限公司〈P1905〉

磺胺喹噁啉　L01151101

Sulfaquinoxaline［59-40-5］

为禽畜用磺胺药，是治疗禽、兔球虫病特效药

【生产厂】［沪］上海三维制药有限公司〈P1760〉；［苏］吴江市普强医药化工有限公司〈P1910〉；苏州市吴赣化工有限责任公司〈P1905〉；［浙］温州康泰药物原料有限公司〈P1937〉；［豫］河南省大明实业有限公司〈P2166〉；［鄂］武汉市合中化工制造有限公司〈P2232〉

磺胺喹噁啉钠　L01151151

Sulfaquinoxaline sodium［967-80-6］

磺胺类药，用于治疗禽球虫病

【生产厂】［沪］上海三维制药有限公司〈P1760〉；［苏］吴江市普强医药化工有限公司〈P1910〉；苏州市吴赣化工有限责任公司〈P1905〉；［浙］温州康泰药物原料有限公司〈P1937〉；［鲁］青州市奥星化工有限公司〈P2091〉；［豫］河南省大明实业有限公司〈P2166〉

磺胺甲噁唑；磺胺甲基异噁唑；新诺明；新明磺；3-对氨基苯磺酰胺基-5-甲基噁唑　L01153001

SMZ；Sulfamethoxazole［723-46-6］

磺胺类药，主要用于治疗急慢性尿路感染，也可用于脑膜炎的预防及流感杆菌所致的急性中耳炎等

【生产厂】［京］北京双鹤药业股份有限公司〈P1561〉；［晋］大同江龙药业有限公司〈P1672〉；山西晋新双鹤药业有限责任公司〈P1679〉；［苏］吴江市普强医药化工有限公司〈P1910〉；［浙］浙江金华康恩贝生物制药有限公司（160吨）〈P1955〉；［鲁］寿光富康制药有限公司（2000吨）〈P2099〉；［豫］河南中孚药业有限公司（100吨）〈P2168〉；河南巩义市银海天大化工有限公司（600吨）〈P2165〉；河南省新谊药业股份有限公司（10吨）〈P2202〉；［粤］广州市汉普医药有限公司〈P2264〉；佛山市南海北沙制药有限公司〈P2288〉；［渝］西南合成制药股份有限公司（380吨）〈P2303〉

磺胺甲基异噁唑钠；新诺明钠　L01153051

Sulfamethoxazole sodium；SMZ-Na

【生产厂】［苏］吴江市普强医药化工有限公司〈P1910〉；［鲁］济南欣邦药业有限公司（60吨）〈P2026〉

磺胺林；吡嗪磺胺；长效磺胺B；磺胺甲氧吡嗪；2-（对氨基苯磺酰氨基）-3-甲氧基吡嗪　L01153201

Sulfalene；Sulfamethoxypyrazine；Sulfametopyrazine［152-47-6］

用于呼吸、泌尿系统和肠道感染，对慢性气管炎、恶性症及麻风病等均有效

【生产厂】［沪］上海三维制药有限公司〈P1760〉；上海宝山振宗生物工程厂（150吨）〈P1728〉；［苏］昆山市石浦化工三厂〈P1897〉；上海三维制药公司太仓岳王药物原料厂〈P1898〉

吡嗪酰胺　L01153211

Pyrazinamid；Tebrazid；Pyrazine carboxylamide［98-96-4］

为抗结核病药

【生产厂】［冀］河北安霖制药有限公司〈P1639〉；［沪］上海五洲药业股份有限公司（250吨）〈P1770〉；［苏］江苏省江阴制药厂（200吨）〈P1866〉

长效磺胺钠;磺胺甲氧哒嗪钠;SMP-Na L01153291
Sulfamethoxypyridazine sodium
为抗感染药
【生产厂】[沪]上海宝山振宗生物工程厂〈P1728〉

磺胺邻二甲氧嘧啶;周效磺胺;磺胺多辛;磺胺-5,6-二甲氧嘧啶 L01153401
Sulfadimoxine;Sulfadoxine;Sulfamethoxine [2447-57-6]
超长效类磺胺药物,用于治疗脑膜炎、尿路感染等
【生产厂】[沪]上海三维制药有限公司〈P1760〉;[苏]常熟金柏医化制品有限公司(金申医化合资公司)(180吨)〈P1889〉;张家港爱华化工有限公司〈P1911〉;江苏省常熟市南湖实业化工厂(480吨)〈P1894〉;张家港市东昌化工有限公司〈P1912〉

磺胺间二甲氧嘧啶 L01153451
Sulfadimethoxypyrimidine [155-91-9]
用作抗菌药
【生产厂】[沪]上海三维制药有限公司〈P1760〉;[苏]张家港爱华化工有限公司〈P1911〉;[浙]浙江九洲药业股份有限公司〈P1965〉

磺胺间二甲氧嘧啶钠 L01153491
Sulfadimethoxypyrimidine sodium
【生产厂】[沪]上海三维制药有限公司〈P1760〉;[苏]张家港爱华化工有限公司〈P1911〉;[皖]蚌埠八一药业有限公司〈P1975〉

磺胺-6-甲氧嘧啶;制菌磺;DS-36;SMM;磺胺间甲氧嘧啶 L01153501
DS-36;SMM;Sulfamonomethoxine [1220-83-3]
磺胺类药,用于溶血性链球菌、肺炎球菌及脑膜炎球菌等感染
【生产厂】[晋]长治市强大药业有限公司〈P1674〉;[沪]上海三维制药有限公司〈P1760〉;[苏]吴江市普强医药化工有限公司〈P1910〉;[浙]浙江九洲药业股份有限公司〈P1965〉;[豫]河南省大明实业有限公司〈P2166〉;河南中孚药业有限公司(80吨)〈P2168〉;南阳天华制药有限公司〈P2225〉

磺胺嘧啶银盐 L01153511
Sulfadiazine, siliver salt
用于治疗烧伤创面的感染
【生产厂】[辽]东北制药总厂(5吨)〈P1684〉;沈阳福宁药业有限公司〈P1685〉;[苏]苏州市苏瑞医药化工有限公司〈P1905〉;[湘]湖南尔康制药有限公司〈P2248〉;[川]四川时代药业集团有限公司〈P2319〉

磺胺间甲氧嘧啶钠 L01153521
Sulfamonomethoxine sodium
磺胺类药,主要用于敏感菌感染,亦用于猪弓形虫和鸡住白细胞虫等感染
【生产厂】[浙]浙江九洲药业股份有限公司〈P1965〉;[豫]郑州华伦生物技术有限公司〈P2171〉;河南省大明实业有限公司〈P2166〉;河南中孚药业有限公司(80吨)〈P2168〉;南阳天华制药有限公司〈P2225〉

磺胺对甲氧嘧啶钠 L01153551
Sulfamethoxydiazine sodium
磺胺类药,主要用于治疗敏感菌感染
【生产厂】[苏]苏州市吴赣化工有限责任公司〈P1905〉

磺胺胍;磺胺胍;对氨基苯磺酰胍;氨苯磺酰胍;克痢定;匡乃定 L01154001
Sulfaguanidine;SG [57-67-0]
用于肠道抗菌感染,如细菌性痢疾肠炎,还可用于肠道手术前预防感染
【生产厂】[吉]吉林省博大制药有限责任公司〈P1717〉;[苏]吴江市普强医药化工有限公司〈P1910〉;苏州市吴赣化工有限责任公司〈P1905〉;[浙]衢州海顺医药化工有限公司(1000吨)〈P1957〉;[豫]偃师市宝隆化工有限公司(100吨)〈P2188〉;[渝]西南合成制药股份有限公司(1200吨)〈P2303〉
【使用厂】[辽]东北制药总厂〈P1684〉

酞磺胺噻唑;羧苯甲酰磺胺噻唑;PST L01154101
Phthalylsulfathiazole [85-73-4]
磺胺类药,用于细菌性痢疾、细菌性溃疡性肠炎,亦可用于肠道手术后预防感染
【生产厂】[沪]上海三维制药有限公司〈P1760〉;[苏]江都市苏康化工有限公司(120吨)〈P1815〉

柳氮磺胺吡啶;水杨酸偶氮磺胺吡啶;磺胺偶氮吡啶;SASP;柳氮吡啶 L01154301
Salazosulfapyridine;Salicylazosulfa pyridine;Sulfasalazine [599-79-1]
肠道磺胺药,与结缔组织有特殊的亲和力,系目前治疗慢性溃疡结膜炎较好的药物
【生产厂】[沪]上海三维制药有限公司(28吨)〈P1760〉;[苏]昆山市新镇振东化工厂〈P1898〉;苏州市海鑫医药化工有限公司〈P1903〉;太仓制药厂〈P1909〉;[浙]台州市知青化工有限公司〈P1962〉;浙江九洲药业股份有限公司(60吨)〈P1965〉

磺胺醋酰钠;磺胺乙酰钠 L01155001
Sulfacetamide sodium [127-56-0]
主要用于治疗结膜炎、砂眼及其他眼部感染等病症
【生产厂】[沪]上海三维制药有限公司〈P1760〉;[苏]苏州市吴赣化工有限责任公司〈P1905〉;张家港爱华化工有限公司〈P1911〉;[鄂]武汉市合中化工制造有限公司〈P2232〉

甲氧苄啶;甲氧苄氨嘧啶;甲氧苄嘧啶;增效磺胺;三甲氧苄氨嘧啶;TMP L01156001
Trimethoprim;TMP [738-70-5]
抗菌增效药,单独用于呼吸道感染、泌尿道感染、肠道感染等病症
【生产厂】[京]北京双鹤药业股份有限公司〈P1561〉;[晋]大同江龙药业有限公司〈P1672〉;山西晋新双鹤药业有限责任公司〈P1679〉;[苏]吴江市普强医药化工有限公司〈P1910〉;江都市星海化工有限公司(80吨)〈P1815〉;[浙]宁波大红鹰药业股份有限公司〈P1930〉;[鲁]阿维化学(山东)公司〈P2020〉;山东瑞普生化有限公司(600吨)〈P2145〉;山东新华制药股份有限公司〈P2055〉;寿光富康制药有限公司(1800吨)〈P2099〉;[豫]河南省大明实业有

L

限公司〈P2166〉；偃师市宝隆化工有限公司（100 吨）〈P2188〉；[粤]广州市汉普医药有限公司〈P2264〉；佛山市南海北沙制药有限公司〈P2288〉；[渝]西南合成制药股份有限公司（300 吨）〈P2303〉

乳酸甲氧苄啶；乳酸 TMP；乳酸甲氧苄氨嘧啶　L01156011
Trimethoprim lactate
为抗菌增效药
【生产厂】[晋]日升昌（太原）药业有限公司〈P1670〉；太原市恒丰强生物技术发展有限公司〈P1671〉；长治市强大药业有限公司〈P1674〉；[苏]吴江市普强医药化工有限公司〈P1910〉；[豫]郑州华伦生物技术有限公司〈P2171〉；河南省大明实业有限公司〈P2166〉

磺胺对甲氧嘧啶；消炎磺；SMD；磺胺-5-甲氧嘧啶　L01156101
Sulfameter；Sulfametoxydiazine [651-06-9]
对革兰阳性和阴性菌如化脓性链球菌、沙门氏菌和肺炎杆菌等均有良好的抗菌作用
【生产厂】[京]北京双鹤药业股份有限公司〈P1561〉；[晋]山西晋新双鹤药业有限责任公司〈P1679〉；[沪]上海泰顿化工有限公司〈P1766〉；上海三维制药有限公司〈P1760〉；[苏]吴江市普强医药化工有限公司〈P1910〉；上海三维制药公司太仓岳王药物原料厂〈P1898〉

二甲氧苄氨嘧啶；2,4-二氨基-5-(3,4-二甲氧基苄基)嘧啶；敌菌净　L01156201
Diaveridine [5355-16-8]
有抗菌作用，对磺胺类药物和抗生素有明显的增效作用
【生产厂】[苏]吴江市普强医药化工有限公司〈P1910〉；[浙]嘉善嘉生药业有限公司（20 吨）〈P1940〉；[豫]河南省大明实业有限公司〈P2166〉

硝呋醛；呋喃西林；呋喃新；呋喃星；硝基呋喃腙　L01200101
Furacilin；Furacin；Nitrofural；Nitrofurazone [59-87-0]
硝基呋喃类抗菌药，主要用于家禽、家畜及水产鱼类的防病、抗菌
【生产厂】[沪]上海宝达兽药制造有限公司〈P1728〉；[鲁]济南金达药化有限公司（50 吨）〈P2023〉；山东方兴科技开发有限公司（240 吨）〈P2155〉；[鄂]武汉久安药业有限公司〈P2230〉

呋喃唑酮；痢特灵　L01200201
Furanzolidone [67-45-8]
抗感染类药，用于肠道内抗感染
【生产厂】[津]天津市新新药业公司上辛口分厂（300 吨）〈P1608〉；[苏]徐州市第五制药厂〈P1795〉；[鲁]济南金达药化有限公司（40 吨）〈P2023〉；[豫]河南巩义市银海天大化工有限公司（500 吨）〈P2165〉；林州市光华药业有限公司（300 吨）〈P2211〉；[鄂]湖北安达成药业有限公司〈P2243〉

呋喃妥因；呋喃坦啶；硝呋妥因；硝基呋喃妥因　L01200301
Nitrofurantoin [67-20-9]
是优良的抗菌药，抗菌谱较广，适用于泌尿道感染，如肾盂肾炎、肾盂炎及膀胱炎等
【生产厂】[津]天津市新新药业公司上辛口分厂〈P1608〉；[苏]利君集团镇江制药有限责任公司（120 吨）〈P1843〉；[鲁]济南金达药化有限公司（100 吨）〈P2023〉；山东方兴科技开发有限公司（240 吨）〈P2155〉

硝呋烯腙　L01200401
Nitrovin [804-36-4]
【生产厂】[沪]上海品新科贸有限公司〈P1755〉；[苏]南京法姆化学厂（20 吨）〈P1783〉

痢菌净；3-甲基-2-乙酰基-*N*-1,4-二氧喹噁啉；乙酰甲喹　L01200501
Mequindox；3-Methyl-2-acetyl-*N*-1,4-dioxyquioxaline
抗菌药，用于治疗细菌性肠炎和痢疾等病症
【生产厂】[京]北京丽水化工有限责任公司（50 吨）〈P1554〉；[浙]嘉善嘉生药业有限公司（80 吨）〈P1940〉；[豫]许昌市华原药业有限公司（50 吨）〈P2219〉；南阳市理邦实业有限公司（100 吨）〈P2224〉

异烟肼；雷米封；异烟酰肼　L01250301
Isoniazid；Rimifon [54-85-3]
抗结核药，用于各种结核病
【生产厂】[津]天津市华顺药业有限公司〈P1590〉；[晋]临汾宝珠制药有限公司〈P1677〉；[沪]上海优迪医药有限公司〈P1775〉；[浙]浙江新赛科药业有限公司（240 吨）〈P1952〉

帕司烟肼；百生肼　L01250501
Pasiniazide [2066-89-9]
用作抗结核和麻风病药
【生产厂】[辽]丹东锦江制药厂〈P1700〉；[粤]广州白云山制药股份有限公司〈P2259〉；[渝]重庆华邦制药股份有限公司〈P2305〉

盐酸乙胺丁醇；乙胺丁醇　L01251201
Ethambutol；Ethambutol hydrochloride [74-55-5]
用作抗结核病药
【生产厂】[晋]大同江龙药业有限公司〈P1672〉；[沪]上海五洲药业股份有限公司〈P1770〉；[鄂]武汉武药制药有限公司〈P2234〉；武汉远大制药集团有限公司〈P2235〉；[渝]西南合成制药股份有限公司〈P2303〉

硫酸卷曲霉素　L01251451
Capreomycin sulfate；Capromycin sulfate [1405-37-4]
对多种革兰阳性菌和革兰阴性菌都有效，尤其对分歧杆菌治疗显著
【生产厂】[冀]华北制药华胜有限公司〈P1624〉；华北制药集团爱诺有限公司〈P1624〉；[辽]丹东锦江制药厂〈P1700〉；[浙]浙江海正药业股份有限公司〈P1964〉；[桂]南宁中科药业有限责任公司（3 万吨）〈P2297〉

盐酸卷曲霉素　L01251491
Capreomycin hydrochloride
【生产厂】[冀]华北制药集团有限责任公司〈P1624〉

4,4′-二氨基苯砜；DDS；氨苯砜；对氨基双苯砜　L01300101
4,4′-Sulfonylbisbenzenamine；Diaminodiphenylsulfone；Dapsone [80-08-0]
为治疗麻风病的首选药物，也可与其他抑制麻风病药联合应用
【生产厂】[浙]嘉善嘉生药业有限公司〈P1940〉

恩康唑 L01350301
Enilconazole [35554-44-0]
【生产厂】[苏]扬州腾达化工厂〈P1819〉

噻康唑 L01350401
Tioconazole [65899-73-2]
为咪唑类广谱抗真菌药
【生产厂】[苏]苏州永拓医药科技有限公司〈P1907〉;扬州腾达化工厂〈P1819〉

氟康唑 L01350501
Fluconazole [86386-73-4]
属第三代咪唑类抗真菌类药物
【生产厂】[京]北京诺德恒信化工技术有限公司〈P1556〉;[沪]上海中康伟业生物科技有限公司(1吨)〈P1778〉;上海三维制药有限公司〈P1760〉;[苏]苏州天马医药集团〈P1906〉;徐州恩华药业集团有限责任公司〈P1794〉;[粤]佛山市南海北沙制药有限公司〈P2288〉

克霉唑;抗真菌1号;三苯氯甲咪唑;氯苯甲咪唑;杀癣净 L01350601
Clotrimazole;Tritylimidazol [23593-75-1]
抗霉菌药,用于治疗表皮及深部霉菌感染等
【生产厂】[晋]芮城县顺昌化工有限公司〈P1679〉;[沪]上海三维制药有限公司〈P1760〉;[苏]江苏省句容市兴源化工厂〈P1842〉;江苏省金坛市制药厂〈P1860〉;[鲁]济南乐康信药业有限公司〈P2023〉;山东博山制药有限公司(30吨)〈P2051〉;[粤]广州市汉普医药有限公司〈P2264〉

灰黄霉素 L01350701
Griseofulvin [126-07-8]
对各种皮肤癣菌有抑制作用,对生长旺盛的真菌有效
【生产厂】[蒙]赤峰制药集团有限责任公司(110吨)〈P1682〉;[鲁]山东瑞阳制药有限公司(4吨)〈P2054〉;[鄂]武汉市合中化工制造有限公司〈P2232〉

酮康唑 L01350801
Ketoconazole [65277-42-1]
为抗真菌药,用于治疗脚气和头皮屑过多等病症
【生产厂】[京]北京诺德恒信化工技术有限公司〈P1556〉;[苏]南京白敬宇制药有限责任公司〈P1782〉;金坛市城东化工原料有限公司〈P1861〉;徐州恩华药业集团有限责任公司〈P1794〉;[浙]浙江台州市金田医药化工有限公司〈P1968〉;浙江东亚医药化工有限公司(60吨)〈P1963〉;[川]成都地奥制药集团有限公司〈P2310〉

硝酸咪康唑;咪康唑;美康唑;霉可唑;密康唑;双氯苯咪唑;达克宁 L01350901
Miconazole;Miconazole nitrate [22832-87-7]
为广谱抗霉菌药,治疗深部真菌感染
【生产厂】[沪]上海三维制药有限公司〈P1760〉;上海晨日化学有限公司〈P1730〉;[苏]金坛市城东化工原料有限公司〈P1861〉;徐州恩华药业集团有限责任公司(10吨)〈P1794〉;扬州腾达化工厂(200吨)〈P1819〉;[浙]浙江圣达药业有限公司〈P1967〉;[粤]广州市汉普医药有限公司〈P2264〉

氟胞嘧啶;5-氟胞嘧啶 L01351001
Flucytosine;5-Fluorocytosine;Flurocytosine [2022-85-7]
用于治疗隐球菌和念珠菌等所致的真菌感染,如真菌败血症、心内膜炎、脑膜炎及肺部和泌尿道感染
【生产厂】[沪]上海三维制药有限公司〈P1760〉;[苏]常州市剑湖东风化工有限公司〈P1852〉;江苏如东县丰利医药化工厂〈P1831〉;[鲁]济南隆盛有限责任公司〈P2023〉

益康唑;硝酸益康唑;氯苯咪唑;双氯甲氧苯咪唑 L01351201
Econazole;Econazole nitrate [27220-47-9]
主要用其霜剂治疗皮肤及阴道念球菌感染、皮肤癣菌病、发癣等
【生产厂】[吉]三九集团长春三顺药业有限公司(10吨)〈P1714〉;[沪]上海晨日化学有限公司〈P1730〉;[苏]金坛市城东化工原料有限公司〈P1861〉;徐州恩华药业集团有限责任公司〈P1794〉;扬州腾达化工厂(100吨)〈P1819〉;[粤]广州鸿雨精细化工有限公司〈P2261〉;广州市汉普医药有限公司〈P2264〉

伊曲康唑;依他康唑;斯皮仁诺 L01351301
Itraconazole;Sporanox [84625-61-6]
唑类广谱抗真菌药,用于深部真菌所引起的系统感染,也可用于念珠菌病和曲菌病
【生产厂】[京]北京迈劲医药科技有限公司〈P1555〉;[津]天津力生制药股份有限公司(100吨)〈P1576〉;[沪]上海康鸣高科技有限公司(10吨)〈P1748〉;[鲁]寿光富康制药有限公司(5吨)〈P2099〉;[渝]重庆福安药业有限公司〈P2304〉;重庆华邦制药股份有限公司〈P2305〉

硫康唑;硝酸硫康唑 L01351401
Sulconazole [61318-90-9]
属广谱咪唑类抗真菌药
【生产厂】[苏]扬州腾达化工厂〈P1819〉

活力康唑;伏立康唑 L01351501
Voriconazole [137234-62-9]
抗真菌药物
【生产厂】[京]北京云迪同创医药科技有限公司〈P1566〉;北京联本医药化学技术有限公司〈P1554〉;北京丰德医药科技有限公司〈P1547〉;北京迈劲医药科技有限公司〈P1555〉;[辽]阜新博达维医药科技有限公司〈P1707〉;[沪]上海法茵克化学科技有限公司〈P1732〉;[苏]苏州市苏瑞医药化工有限公司〈P1905〉;[粤]益飞医药化工有限公司〈P2274〉;[川]德阳华康药业有限公司〈P2324〉

硝酸异康唑 L01351601
Isoconazole nitrate [24168-96-5]
属广谱抗真菌药
【生产厂】[苏]金坛市城东化工原料有限公司〈P1861〉

硝酸舍他康唑 L01351751
Sertaconazole nitrate [99592-32-2]
用作抗真菌药
【生产厂】[琼]海南海神同洲制药有限公司〈P2302〉

环吡司胺;环吡酮胺;环已吡酮氨乙醇 L01353001
Ciclopirox olamine [41621-49-2]
用作抗感染药

L

【生产厂】[苏]常州市华人化工有限公司〈P1851〉;[豫]河南省许昌华仁制药有限公司(200 吨)〈P2218〉

硝酸奥昔康唑 L01353201

Oxiconazole nitrate [64211-46-7]

为新一代咪唑类抗真菌药

【生产厂】[苏]徐州市爱克医药科技有限公司〈P1795〉;扬州腾达化工厂(20 吨)〈P1819〉;[陕]西安博捷医药化工技术有限公司〈P2347〉

奥昔康唑 L01353251

Oxiconazole [64211-45-6]

用作咪唑类抗真菌药

【生产厂】[苏]扬州腾达化工厂〈P1819〉

齐多夫定;3′-叠氮-3′-脱氧胸苷 L01400101

Zidovudine [30516-87-1]

用作抗艾滋病和抗病毒药

【生产厂】[京]北京东方德众科技发展有限公司〈P1546〉;[冀]固安县恩康医药化工原料有限公司〈P1658〉;[辽]东北制药总厂〈P1684〉;[沪]上海现代制药股份有限公司〈P1771〉;上海迪赛诺公司〈P1731〉;[浙]杭州科本化工有限公司〈P1920〉;浙江车头制药有限公司〈P1963〉;浙江海正药业股份有限公司〈P1964〉;[皖]安徽贝克药业有限公司〈P1971〉

吗啉胍;吗啉双胍;吗啉咪胍;盐酸吗啉胍;盐酸吗啉双胍;病毒灵 L01400201

Moroxydine; Moroxydine, hydrochloride [3731-59-7]

主要用于防治流行性感冒、流行性腮腺炎、病毒性支气管炎、水痘、疱疹、流行性红眼病等

【生产厂】[津]天津市渤海兽药有限公司(100 吨)〈P1581〉;[冀]河北省邢台市人民制药厂(500 吨)〈P1642〉;[晋]大同卫华制药厂〈P1673〉;[辽]大连市旅顺合成制药厂〈P1694〉;[吉]柳河修正制药有限公司〈P1718〉;吉林省博大制药有限责任公司(800 吨)〈P1717〉;辽源市百康药业有限责任公司〈P1717〉;[皖]淮南佳盟药业有限公司〈P1976〉;[豫]许昌市华原药业有限公司(50 吨)〈P2219〉;[湘]湖南华诚制药有限公司〈P2253〉

【使用厂】[苏]江苏联合农用化学有限公司〈P1781〉;宜兴兴农化工制品有限公司〈P1888〉;[鲁]山东省济南燕山三丰实业有限公司〈P2030〉;山东绿丰农药有限公司〈P2096〉;青岛东生药业有限公司〈P2034〉;山东神星农药有限公司〈P2097〉;山东省青岛海利尔药业有限公司〈P2047〉;青岛阳光农药厂(有限公司)〈P2045〉

司他夫定 L01400301

Stavudine; D4T [3056-17-5]

用作抗病毒药物

【生产厂】[冀]固安县恩康医药化工原料有限公司〈P1658〉;[辽]东北制药总厂〈P1684〉;[沪]上海秋之友生物科技有限公司〈P1758〉;上海迪赛诺公司〈P1731〉;[苏]苏州工业园区赛康德万马化工有限公司〈P1900〉;[浙]杭州科本化工有限公司〈P1920〉;浙江浙北药业有限公司〈P1947〉;浙江车头制药有限公司〈P1963〉;普洛康裕股份有限公司〈P1953〉;[皖]安徽贝克药业有限公司〈P1971〉;[鄂]武汉五景药业有限公司〈P2234〉

利巴韦林;病毒唑;三氮唑核苷;1-β-D-呋喃核糖-1,2,4-三氮唑-3-羟酰胺 L01400601

Ribavirin [36791-04-5]

为广谱核苷类抗病毒药物

【生产厂】[京]北京双鹤药业股份有限公司〈P1561〉;[津]天津太平洋化学制药有限公司〈P1614〉;[晋]日升昌(太原)药业有限公司〈P1670〉;山西晋新双鹤药业有限责任公司〈P1679〉;[辽]大连市旅顺合成制药厂〈P1694〉;[吉]吉林柳河友康药业有限公司〈P1718〉;[沪]上海宝山振宗生物工程厂〈P1728〉;[苏]无锡市第七制药有限公司〈P1875〉;[浙]杭州德立化工有限公司〈P1916〉;[鲁]济南明鑫制药有限公司(150 吨)〈P2024〉;[豫]河南省大明实业有限公司〈P2166〉;新乡市宇辉药业有限公司(150 吨)〈P2207〉;新乡制药股份有限公司(180 吨)〈P2208〉;[鄂]湖北天义药业有限公司(20 吨)〈P2245〉;湖北益泰药业有限公司(50 吨)〈P2246〉

聚肌苷酸 L01400751

Polyinosinic acid

用于治疗病毒性肝炎、带状疱疹、单纯疱疹性角膜炎、疱疹性口腔炎、流行性出血热等疾病

【生产厂】[粤]江门甘蔗化工厂(集团)股份有限公司〈P2285〉;开平牵牛生化制药有限公司〈P2286〉

聚胞苷酸 L01400791

Polycytidylic acid

与聚肌苷酸配对成聚肌胞,用于治疗病毒性肝炎、带状疱疹、单纯疱疹性角膜炎,疱疹性口腔炎、流行性出血热等

【生产厂】[鲁]济南维尔康生化制药有限公司〈P2026〉;[粤]江门甘蔗化工厂(集团)股份有限公司〈P2285〉;开平牵牛生化制药有限公司〈P2286〉

阿昔洛韦;无环鸟苷;无环鸟嘌呤;无环鸟嘌呤核苷;开链鸟嘌呤核苷;羟乙氧甲鸟嘌呤 L01400801

Acecloguanosine; Aciclovir; Acyclovir [59277-89-3]

抗病毒药,用于疱疹病毒性疾病

【生产厂】[京]北京东方德众科技发展有限公司〈P1546〉;北京双鹤药业股份有限公司〈P1561〉;[津]天津太平洋化学制药有限公司〈P1614〉;[晋]山西晋新双鹤药业有限责任公司〈P1679〉;[沪]上海雅本化学有限公司〈P1773〉;[苏]无锡市凯利药业有限公司〈P1877〉;苏州天马医药集团〈P1906〉;[浙]浙江浙北药业有限公司〈P1947〉;浙江车头制药有限公司(30 吨)〈P1963〉;浙江家园药业原料厂〈P1954〉;浙江物产崇一医药化工有限公司〈P1956〉;[皖]安徽贝克药业有限公司〈P1971〉;[豫]郑州福源化工有限公司(2 吨)〈P2170〉;新乡市宇辉药业有限公司(150 吨)〈P2207〉;新乡制药股份有限公司(25 吨)〈P2208〉;[鄂]湖北天义药业有限公司(30 吨)〈P2245〉;湖北益泰药业有限公司(50 吨)〈P2246〉;湖北保乐制药有限公司〈P2245〉;[渝]重庆青阳药业有限公司〈P2306〉;[川]成都景田生物药业有限公司〈P2312〉;[陕]陕西大生化学科技有限公司〈P2346〉

穿琥宁;14-脱羟-11,12-二脱氢穿心莲内酯-3,19-二琥珀酸半酯单钾盐 L01400901

Potassium dehydroandrographolide succinate

用于治疗病毒性肺炎、病毒性上呼吸道感染等症

【生产厂】[川]成都天台山制药有限公司〈P2316〉;四川绵竹

永龙生物制品有限公司(10 吨)〈P2327〉;广汉市科伦植物化工有限公司〈P2324〉;四川广汉市天府实业有限公司〈P2326〉;四川广汉市维康植化有限公司〈P2326〉;四川省什邡市华康药物原料厂〈P2328〉;四川省什邡市康源药品原料有限公司〈P2328〉;四川省玉鑫药业有限公司〈P2328〉;什邡市龙康植物原料厂〈P2325〉;四川文龙药业有限公司〈P2335〉

奥塞米韦;奥司他韦 L01401001

Oseltamivir [59803-98-4]

用作抗病毒药

【生产厂】[浙]杭州科本化工有限公司〈P1920〉;浙江台州海翔医药化工有限公司〈P1968〉

磷酸奥司他韦 L01401051

Oseltamivir phosphate [204255-11-8]

【生产厂】[浙]杭州海特医药化工有限公司〈P1918〉

更昔洛韦;丙氧鸟苷 L01401201

Ganciclovir;GVC [82410-32-0]

抗病毒药,用于治疗因免疫能力低下引起的巨细胞病毒(CMV)感染

【生产厂】[京]北京东方德众科技发展有限公司〈P1546〉;[冀]华北制药股份有限公司〈P1624〉;[苏]靖江市化工总厂〈P1824〉;[浙]杭州三禾化工科技有限公司〈P1922〉;浙江浙北药业有限公司〈P1947〉;浙江车头制药有限公司〈P1963〉;浙江丽晶化学有限公司〈P1965〉;浙江家园药业原料厂〈P1954〉;浙江物产崇一医药化工有限公司〈P1956〉;[皖]安徽贝克药业有限公司〈P1971〉;[鄂]武汉武药制药有限公司〈P2234〉;湖北天义药业有限公司(2 吨)〈P2245〉;湖北益泰药业有限公司(2 吨)〈P2246〉;湖北保乐制药有限公司〈P2245〉;湖北葛店人福药业有限责任公司〈P2242〉;[粤]广州市汉普医药有限公司〈P2264〉;[渝]重庆圣华曦药业有限公司〈P2306〉

三乙酰更昔洛韦 L01401291

Triacetylganciclovir [74-97-5]

【生产厂】[鄂]湖北保乐制药有限公司〈P2245〉

盐酸万乃洛韦 L01401301

Valaciclovir hydrochloride [124832-27-5]

用于抗病毒、抗肝炎等

【生产厂】[鄂]湖北天义药业有限公司〈P2245〉;[渝]重庆福安药业有限公司〈P2304〉;[川]四川抗菌素工业研究所化学制药事业部〈P2318〉;成都景田生物药业有限公司〈P2312〉

万乃洛韦 L01401351

Valaciclovir [124832-26-4]

用作抗病毒药

【生产厂】[浙]浙江丽晶化学有限公司〈P1965〉;浙江家园药业原料厂〈P1954〉;横店集团家园化工有限公司〈P1952〉

泛昔洛韦;法昔洛韦 L01401401

Famciclovir [104227-87-4]

抗病毒药,用于治疗带状疱疹和生殖器疱

【生产厂】[浙]浙江浙北药业有限公司〈P1947〉;浙江车头制药有限公司〈P1963〉;浙江家园药业原料厂〈P1954〉;浙江物产崇一医药化工有限公司〈P1956〉;[鄂]湖北天义药业有限公司〈P2245〉;湖北益泰药业有限公司〈P2246〉;[渝]重庆福安药业有限公司〈P2304〉;重庆圣华曦药业有限公司〈P2306〉;[川]四川抗菌素工业研究所化学制药事业部〈P2318〉;四川明欣药业有限责任公司〈P2319〉

盐酸伐昔洛韦 L01401451

Valaciclovir hydrochloride [124832-27-5]

用作抗病毒药

【生产厂】[浙]浙江车头制药有限公司〈P1963〉;[鄂]湖北天义药业有限公司(5 吨)〈P2245〉;[粤]珠海三鑫精细化工有限公司〈P2275〉;[川]四川明欣药业有限责任公司〈P2319〉

奈维拉平 L01401501

Nevirapine;Viramune [129618-40-2]

用作抗病毒药,用于治疗爱滋病

【生产厂】[冀]固安县恩康医药化工原料有限公司〈P1658〉;[沪]上海现代制药股份有限公司〈P1771〉;上海凯峰化工有限公司〈P1747〉;上海迪赛诺公司〈P1731〉;[浙]浙江华海药业股份有限公司〈P1964〉;浙江车头制药有限公司〈P1963〉;东港工贸集团有限公司〈P1960〉;浙江华纳药业有限公司〈P1950〉;[皖]安徽贝克药业有限公司〈P1971〉

盐酸金刚烷胺 L01401601

Adamantanamine hydrochloride;Amantadine hydrochloride [665-66-7]

用作抗病毒药

【生产厂】[辽]东北制药总厂(100 吨)〈P1684〉;[苏]南京仁信化工有限公司〈P1788〉;[浙]浙江迪耳药业有限公司(150 吨)〈P1954〉;普洛康裕股份有限公司(210 吨)〈P1953〉;[豫]河南省大明实业有限公司〈P2166〉;新乡市宇辉药业有限公司(100 吨)〈P2207〉

盐酸金刚乙胺 L01401651

Rimantadine hydrochloride [1501-84-4]

抗病毒药,用于A型流感病毒株引起的感染

【生产厂】[辽]东北制药总厂〈P1684〉;[苏]南京仁信化工有限公司〈P1788〉;[浙]杭州龙生化工有限公司〈P1921〉;普洛康裕股份有限公司〈P1953〉;[豫]河南东泰制药有限公司(300 吨)〈P2210〉

金刚烷胺硫酸盐 L01401691

Adamantanamine sulfate

用作抗病毒药

【生产厂】[辽]东北制药总厂〈P1684〉

2′,3′-双脱氧胞苷;双脱氧胞嘧啶核苷;DDC L01401701

2′,3′-Dideoxycytidine;Dideoxycytidine;DDC [7481-89-2]

抗病毒药,用于抗癌、抗艾滋病毒

【生产厂】[京]北京赛璐珈科技有限公司〈P1557〉;[沪]上海迪赛诺公司〈P1731〉

喷昔洛韦 L01401901

Penciclovir [39809-25-1]

抗病毒药,用于治疗唇疱疹及生殖器疱疹

【生产厂】[浙]浙江车头制药有限公司〈P1963〉;浙江家园药业原料厂〈P1954〉;[鄂]湖北天义药业有限公司〈P2245〉;[渝]重庆福安药业有限公司〈P2304〉;重庆圣华曦药业有限公司〈P2306〉;重庆华邦制药股份有限公司〈P2305〉;[川]四川抗菌素工业研究所化学制药事业部〈P2318〉

膦甲酸钠;膦甲酸三钠;羟基膦酸三钠 L01402101

L

Foscarnet sodium; Trisodium carboxyphosphate [63585-09-1]

用作抗病毒药

【生产厂】[苏]常州市新力医药化工有限公司〈P1855〉;[浙]临海市金桥化工有限公司〈P1960〉;[赣]江西金峰原料药有限公司〈P2018〉;[鲁]济南诚汇双达化工有限公司(2吨)〈P2020〉;山东久隆精细化工有限公司〈P2028〉

茚地那维;硫酸茚地那维 L01402201

Indinavir; Indinavir sulfate [157810-81-6]

用作抗病毒药

【生产厂】[沪]上海迪赛诺公司〈P1731〉;[皖]安徽贝克药业有限公司〈P1971〉

依发韦仑 L01402301

Efavirenz [154598-52-4]

用作抗病毒药

【生产厂】[沪]上海迪赛诺公司〈P1731〉;[浙]杭州科本化工有限公司〈P1920〉

奈非那韦 L01402401

Nelfinavir [159989-65-8]

用作抗病毒药

【生产厂】[沪]上海迪赛诺公司〈P1731〉

利托那韦 L01402501

Ritonavir [155213-67-5]

用作抗病毒药

【生产厂】[沪]上海迪赛诺公司〈P1731〉

阿德福韦 L01402701

Adefovir; PMEA [106941-25-7]

用作抗病毒药

【生产厂】[京]北京云迪同创医药科技有限公司〈P1566〉;北京丰德医药科技有限公司〈P1547〉;[苏]苏州市苏瑞医药化工有限公司〈P1905〉;[浙]杭州科本化工有限公司〈P1920〉;[皖]安徽贝克药业有限公司〈P1971〉;[粤]益飞医药化工有限公司〈P2274〉;深圳信立泰药业有限公司〈P2273〉

阿德福韦酯 L01402751

Adefovir dipivoxil [142340-99-6]

具有广谱抗病毒活性,可用于慢性乙肝的治疗

【生产厂】[京]北京迈劲医药科技有限公司〈P1555〉;[津]天津天士力集团有限公司〈P1615〉;[辽]沈阳福宁药业有限公司〈P1685〉;[沪]上海信合化工有限公司〈P1772〉;[苏]江苏亚邦化工集团有限公司〈P1861〉;[浙]浙江车头制药有限公司〈P1963〉;[皖]安徽贝克药业有限公司〈P1971〉;[赣]江西泰欣诺实业有限公司〈P2009〉;[豫]郑州路路德化学制品有限公司〈P2171〉;[川]成都宇洋高科技术发展有限公司〈P2317〉;成都上元医药科技有限公司〈P2313〉

阿巴卡维 L01402801

Abacavir [136470-78-5]

用作抗病毒药

【生产厂】[浙]杭州科本化工有限公司〈P1920〉

茚曲他滨;恩曲他滨 L01402901

Emtricitabine [143491-57-0]

用作抗病毒药

【生产厂】[浙]杭州科本化工有限公司〈P1920〉;杭州德立化工有限公司〈P1916〉;[鲁]山东中科泰斗化学有限公司〈P2030〉

泰诺福韦 L01403001

Tenofovir [147127-20-6]

用作抗病毒药

【生产厂】[浙]杭州科本化工有限公司〈P1920〉

地昔洛韦 L01403101

Diaciclovir

用于治疗疱疹病毒和巨细胞病毒感染症

【生产厂】[浙]浙江家园药业原料厂〈P1954〉

美罗培南;美诺配南 L01990101

Meropenem [96036-03-2]

为抗感染类药

【生产厂】[津]天津天士力集团有限公司〈P1615〉;[浙]浙江司太立制药有限公司〈P1968〉;东港工贸集团有限公司〈P1960〉;台州市奥力特精细化工有限公司〈P1961〉;浙江海正药业股份有限公司〈P1964〉;浙江台州海翔医药化工有限公司〈P1968〉;浙江黄岩博泰化工有限公司〈P1964〉;浙江耐司康药业有限公司〈P1955〉

硫酸氢黄连素;硫酸氢小檗碱 L01990201

Berberine bisulfate

抗菌药,对痢疾杆菌、葡萄球菌及链球菌等均有抑制作用

【生产厂】[川]四川省新繁生物化学厂(20吨)〈P2319〉;四川省彭州市西郊植物提制厂〈P2319〉;四川协力制药有限公司〈P2320〉;四川省什邡市鸿运生物化工有限公司〈P2328〉;四川省什邡市康源药品原料有限公司〈P2328〉;四川什邡普康生化有限公司〈P2329〉;四川世坤植化有限公司〈P2329〉;什邡市龙康植物原料厂〈P2325〉;四川什邡市健福植物原料有限公司〈P2329〉

硫酸黄连素 L01990251

Berberine sulfate [316-41-6]

抗菌药,用于治疗由痢疾杆菌引起的肠道感染

【生产厂】[辽]东北制药总厂〈P1684〉;[川]四川省新繁生物化学厂(20吨)〈P2319〉;四川省彭州市西郊植物提制厂〈P2319〉;四川省什邡市鸿运生物化工有限公司〈P2328〉;四川省什邡市康源药品原料有限公司〈P2328〉;四川省什邡市胜仁植物有限责任公司〈P2328〉;四川什邡瑞邦植物有限公司〈P2329〉;四川世坤植化有限公司〈P2329〉;四川什邡鸿鸣原料药有限公司〈P2329〉;四川什邡市宏升植物原料有限公司〈P2329〉

盐酸小檗碱;盐酸黄连素 L01990301

Berberine hydrochloride [633-65-8]

抗菌药,用于治疗由痢疾杆菌引起的肠道感染

【生产厂】[辽]东北制药总厂〈P1684〉;[苏]江苏省金坛市制药厂〈P1860〉;[闽]福州日冕科技开发有限公司〈P1990〉;[豫]河南中孚药业有限公司〈P2168〉;豫西药业股份有限责任公司(100吨)〈P2222〉;[川]成都欧康植化科技有限公司〈P2313〉;成都川大华西康达药物研究所(10吨)〈P2310〉;成都华康生物工程有限公司〈P2311〉;四川省新繁生物化学厂(100吨)〈P2319〉;成都市蒲江蜀西植物生化有限公司〈P2314〉;成都超人植化开发有限公司

L

〈P2310〉；四川省彭州市西郊植物提制厂(120 吨)〈P2319〉；四川协力制药有限公司〈P2320〉；四川亚宝光泰药业有限公司(300 吨)〈P2320〉；四川广汉市天府实业有限公司〈P2326〉；四川广汉市维康植化有限公司〈P2326〉；四川省什邡市鸿运生物化工有限公司〈P2328〉；四川省什邡市华康药物原料厂〈P2328〉；四川省什邡市康源药品原料有限公司〈P2328〉；四川省什邡市胜仁植物有限责任公司〈P2328〉；四川省玉鑫药业有限公司〈P2328〉；四川什邡普康生化有限公司〈P2329〉；四川什邡瑞邦植物有限公司〈P2329〉；四川世坤植化有限公司〈P2329〉；四川同泰植物化工有限公司〈P2330〉；什邡市龙康植物原料厂〈P2325〉；四川什邡鸿鸣原料药有限公司〈P2329〉；四川什邡市宏升植物原料有限公司〈P2329〉；四川什邡市健福植物原料有限公司〈P2329〉；什邡市川西兴泰工贸有限公司〈P2325〉；绵阳高新区东方源生物科技有限公司〈P2330〉；[滇]云南省玉溪望子隆生物制药有限公司〈P2344〉；云南广福药业有限公司〈P2344〉；[陕]陕西旭煌植物科技发展有限公司〈P2347〉；西安惠丰生化集团股份有限公司〈P2348〉

鞣酸小檗碱 L01990351

Tannic acid berberine

抗菌药，用于治疗由痢疾杆菌引起的肠道感染

【生产厂】[鲁]济南金达药化有限公司〈P2023〉

小檗碱；黄连素 L01990401

Berberine [141433-60-5]

用于治疗肠道感染的植物抗菌素

【生产厂】[赣]江西省吉水中南天然香料油厂〈P2019〉；[川]四川省彭州市西郊植物提制厂(50 吨)〈P2319〉；四川广汉博盛生化制品有限责任公司〈P2326〉；[滇]云南云科药业有限公司〈P2342〉；云南南宝植化有限责任公司〈P2343〉

无味黄连素；鞣酸黄连素 L01990451

Berberine tannate

用作抗微生物药

【生产厂】[豫]豫西药业股份有限责任公司〈P2222〉

比沙可啶；4,4′-(2-吡啶甲撑基)-二苯酚醋酸酯 L01990501

Bisacodyl; Dulcolax; 4,4′-(2-Pyridylmethylene)-diphenol acetate [603-50-9]

是安全有效的缓泻药物，用于治疗便秘

【生产厂】[苏]南京法姆化学厂(10 吨)〈P1783〉；[粤]益飞医药化工有限公司〈P2274〉

泰乐菌素 L01990601

Tylosin; Vetil(R); Tylon [1401-69-0]

用作抗菌药

【生产厂】[蒙]赤峰制药集团有限责任公司〈P1682〉；[鲁]山东鲁抗动植物生物药品事业部(500 吨)〈P2131〉；山东鲁抗医药股份有限公司〈P2132〉；[陕]西安亨通光华制药有限公司〈P2348〉

【使用厂】[鲁]山东久隆精细化工有限公司〈P2028〉

酒石酸泰乐菌素 L01990651

Tylosin tartrate

对支原体有特效，用作抗支原体病的首选药物

【生产厂】[陕]西安亨通光华制药有限公司〈P2348〉

替米考星 L01990701

Tilmicosin [108050-54-0]

主要用于治疗胸膜肺炎、放线杆菌、巴氏杆菌及支原体引起的感染

【生产厂】[浙]富阳科兴生物化工有限公司〈P1915〉；[豫]郑州华伦生物技术有限公司〈P2171〉；新乡市瑞特精细化工有限公司(30 吨)〈P2169〉；郑州福源化工有限公司〈P2170〉；[鄂]湖北信康实业有限公司〈P2228〉；武穴市龙翔药业有限公司〈P2244〉

磷酸替米考星 L01990751

Tilmicosin phosphate

用于预防和治疗鸡、猪、牛、羊等由细菌及支原体感染引起的疾病

【生产厂】[浙]杭州凯胜生物技术有限公司〈P1920〉；[鲁]山东久隆精细化工有限公司〈P2028〉；[豫]郑州华伦生物技术有限公司〈P2171〉；新乡市瑞特精细化工有限公司〈P2169〉；[鄂]湖北信康实业有限公司〈P2228〉；武穴市龙翔药业有限公司〈P2244〉

头孢 C 钠盐 L01990801

Cephalosporin C Na salt

【生产厂】[豫]南阳普康集团衡济制药有限责任公司(500 吨)〈P2224〉；南阳科生生物化工有限公司〈P2224〉

苦参碱 L01990901

Matrine [519-02-8]

抗菌消炎药，用于治疗慢性宫颈炎、菌痢、肠炎等病症

【生产厂】[苏]海门市江乐农药化工有限责任公司〈P1830〉；[赣]江西高安金龙生物科技有限公司〈P2015〉；[湘]湖南诺伊尔生物制药有限公司〈P2257〉；[川]成都市金堂天然植物中间体厂〈P2314〉；四川什邡普康生化有限公司〈P2329〉；什邡市龙康植物原料厂〈P2325〉；四川什邡市健福植物原料有限公司〈P2329〉；[陕]西安富捷生物技术发展公司〈P2348〉；西安中鑫生物技术有限公司〈P2350〉；陕西慧科植物开发有限公司〈P2346〉；陕西旭煌植物科技发展有限公司〈P2347〉；西安华萃生物技术有限责任公司〈P2348〉；西安惠丰生化集团股份有限公司〈P2348〉；陕西太康生物科技有限公司〈P2346〉；陕西大河药业有限责任公司〈P2346〉；[宁]盐池县都顺生物化工有限公司〈P2362〉

苦参总碱 L01990951

Kuhseng total alkali

抗菌消炎药，用于治疗慢性宫颈炎、菌痢、肠炎等病症

【生产厂】[桂]广西百色市益联植化有限公司〈P2301〉；[陕]西安中鑫生物技术有限公司〈P2350〉；陕西太康生物科技有限公司〈P2346〉；陕西大河药业有限责任公司〈P2346〉；[宁]盐池县都顺生物化工有限公司〈P2362〉

牛磺酸；氨基乙磺酸；牛胆酸；牛胆素；牛胆碱 L01991101

Taurine; 2-Aminoethanesulfonic acid [107-35-7]

用于治疗感冒、发烧、神经痛、扁桃体炎、支气管炎、风湿性关节炎以及药物中毒等疾病

【生产厂】[京]北京健力药业有限公司〈P1551〉；[津]天津市百灵消毒剂有限责任公司〈P1579〉；天津天成制药有限公

L

司(70吨)〈P1614〉;[冀]石家庄维诺伟业生物制品有限公司〈P1633〉;石家庄市新泽兴化工有限公司〈P1631〉;石家庄市海天精细化工有限公司〈P1629〉;河北省冀州市华阳化工有限责任公司〈P1665〉;[苏]南京仁信化工有限公司〈P1788〉;江阴南极星生物制品有限公司〈P1868〉;无锡四周氨基酸有限公司〈P1881〉;江阴市三益化工有限公司〈P1870〉;常熟市金城化工有限公司〈P1890〉;常熟市长江精细化工厂(1000吨)〈P1889〉;江苏飞翔化工(张家港)有限公司〈P1893〉;[浙]杭州泰鑫医药化工有限公司〈P1922〉;桐乡市康普达生物科技有限公司〈P1943〉;宁波海德氨基酸工业有限公司〈P1930〉;浙江尖峰海洲制药有限公司(250吨)〈P1965〉;临海市金桥化工有限公司(500吨)〈P1960〉;浙江迪耳药业有限公司〈P1954〉;[皖]安徽省星河化学有限责任公司〈P1978〉;[鲁]青岛海汇生物工程有限公司〈P2035〉;[豫]郑州厚泽木食品技术有限公司〈P2170〉;方圆生化有限公司(2000吨)〈P2193〉;沁阳福瑞生化科技有限公司(1000吨)〈P2197〉;沁阳市生物化学厂(800吨)〈P2198〉;洛阳天骋化学试剂有限公司〈P2187〉;[鄂]武汉武药制药有限公司〈P2234〉;武汉远城科技发展有限公司〈P2235〉;潜江永安药业有限公司(1万吨)〈P2246〉;[川]四川凯特科技集团有限公司〈P2331〉

甲基牛磺酸钠 L01991141

N-Methyltaurine sodium salt;2-(*N*-Methylamino)ethanesulfonic acid,sodium salt

【生产厂】[苏]江苏飞翔化工(张家港)有限公司〈P1893〉;[鄂]湖北永安集团(5000吨)〈P2244〉

牛磺酸钠盐 L01991151

Taurine sodium

用作氨基酸类药

【生产厂】[苏]江阴南极星生物制品有限公司〈P1868〉;江阴市三益化工有限公司〈P1870〉

牛羊胆酸 L01991191

Cholic acid of cattle and sheep

【生产厂】[皖]淮北市博奥高科生物化学有限公司〈P1977〉;[闽]福建瑞国药业有限公司(50吨)〈P1997〉;[豫]郑州利伟生物化工有限公司(300吨)〈P2171〉;河南省夏邑县益康生化原料厂(2吨)〈P2225〉;[粤]汕头市捷利安生化制品有限公司〈P2276〉;[川]成都中仁生物化学有限公司〈P2317〉;成都天源天然产物有限公司〈P2316〉;成都双流应天生化厂〈P2315〉;什邡市川西兴泰工贸有限公司〈P2325〉;四川菲德力制药有限公司〈P2331〉

吡哌酸;吡卜酸 L01991201

Pipemidic acid [51940-44-4]

抗菌药,对绿脓杆菌、大肠杆菌、痢疾杆菌等革兰阴性杆菌有较强的抗菌作用,用于治疗急性尿路感染等病症

【生产厂】[鲁]山东新华制药股份有限公司〈P2055〉;[渝]重庆青阳药业有限公司〈P2306〉

萘啶酸;萘啶酮酸;萘啶狄克酸 L01991301

Nalidixic acid [389-08-2]

抗感染药,对大肠杆菌、变形杆菌属等杆菌科细菌有一定的抗菌作用

【生产厂】[鲁]山东博山制药有限公司(20吨)〈P2051〉

大蒜素;大蒜新素;三硫二丙烯 L01991401

Allicin;Alliin;Allisatin;Allitrid

适于治疗深部真菌感染,农业上用作杀虫、杀菌剂

【生产厂】[冀]河北康达利药业有限公司(1万吨)〈P1654〉;欣德威兽药有限公司〈P1657〉;[辽]盘锦华成制药有限公司〈P1706〉;[苏]南通市苏东化工厂〈P1835〉;[赣]江西省吉水中南天然香料油厂〈P2019〉;[鲁]山东大华广济生化工程有限公司〈P2028〉;山东鲁西兽药股份有限公司(300吨)〈P2145〉;山东奥克特化工有限公司(300吨)〈P2152〉;山东临朐山旺化工有限责任公司〈P2096〉;[鄂]襄樊一诺精细化工有限公司〈P2238〉;[桂]广西化工研究院-广西新晶科技有限公司〈P2296〉;[川]成都福润德实业有限公司〈P2310〉;四川什邡市健福植物原料有限公司〈P2329〉

蒽诺沙星;蒽氟沙星 L01991501

Enrofloxacin [93106-60-6]

新型兽用抗菌药物,广谱、高效,对革兰阳性菌和阴性菌及支原体有特效

【生产厂】[浙]浙江华义医药有限公司〈P1954〉

盐酸蒽诺沙星;盐酸蒽氟沙星 L01991511

Enrofloxacin hydrochloride

用作抗菌药

【生产厂】[浙]浙江省仙居县腾洲化工厂〈P1967〉;浙江仙居康牧医药原料化工厂〈P1969〉;浙江台州市金田医药化工有限公司〈P1968〉;浙江润康药业有限公司(15吨)〈P1966〉;浙江华义医药有限公司〈P1954〉

诺氟沙星;氟哌酸 L01991601

Norfloxacin [70458-96-7]

抗菌药,用于治疗上呼吸道感染,泌尿系统、胃肠道系统细菌感染,对胆道、外科、妇产科等感染亦有较好疗效

【生产厂】[京]北京双鹤药业股份有限公司〈P1561〉;[晋]山西博达制药有限公司〈P1670〉;山西晋新双鹤药业有限责任公司〈P1679〉;[辽]锦州九洋药业有限责任公司(60吨)〈P1702〉;[苏]江苏济川制药有限公司〈P1821〉;[浙]浙江省仙居县康博化工厂〈P1967〉;浙江省仙居县腾洲化工厂〈P1967〉;浙江仙居康牧医药原料化工厂〈P1969〉;东港工贸集团有限公司〈P1960〉;浙江海正药业股份有限公司〈P1964〉;浙江九洲药业股份有限公司(300吨)〈P1965〉;浙江台州市金田医药化工有限公司〈P1968〉;浙江椒江制药厂(1000吨)〈P1965〉;[赣]吉安市海洲医药化工有限公司〈P2017〉;[豫]新乡市瑞特精细化工有限公司〈P2169〉;河南康泰制药集团公司(450吨)〈P2166〉;新乡市宇辉药业有限公司(200吨)〈P2207〉;河南康威药业有限公司(800吨)〈P2200〉;[鄂]宜昌人福药业有限责任公司〈P2241〉;[渝]西南合成制药股份有限公司(2吨)〈P2303〉

乳酸诺氟沙星;乳酸氟哌酸 L01991631

Norfloxacin lactate

广谱抗菌药

【生产厂】[晋]山西瑞丰药业有限公司〈P1670〉;日升昌(太原)药业有限公司〈P1670〉;山西博达制药有限公司〈P1670〉;太原市恒丰强生物技术发展有限公司(20吨)〈P1671〉;长治市强大药业有限公司〈P1674〉;[豫]郑州路路德化学制品有限公司〈P2171〉;郑州华伦生物技术有限公司〈P2171〉;新乡市瑞特精细化工有限公司〈P2169〉

盐酸诺氟沙星;盐酸氟哌酸 L01991651

Norfloxacin hydrochloride

用作抗菌消炎药

【生产厂】[浙]浙江省仙居县晨阳化工厂〈P1967〉;浙江省仙居县腾洲化工厂〈P1967〉;浙江仙居康牧医药原料化工厂

〈P1969〉;浙江仙居县四达医药化工厂〈P1969〉;东港工贸集团有限公司(5000吨)〈P1960〉

烟酸诺氟沙星;烟酸氟哌酸 L01991671

Norfloxacin nicotinate

用作抗菌药

【生产厂】[晋]日升昌(太原)药业有限公司〈P1670〉;[浙]东港工贸集团有限公司〈P1960〉;[鲁]山东金太阳制药有限公司(50吨)〈P2140〉;[豫]新乡市瑞特精细化工有限公司〈P2169〉

谷氨酸诺氟沙星 L01991691

Norfloxacin glutamic acid

抗生素类药,用于治疗大肠杆菌、痢疾杆菌、变形杆菌等的感染

【生产厂】[豫]新乡恒久远药业有限公司(100吨)〈P2203〉;[川]四川雄飞利通药业有限公司〈P2330〉

环丙沙星;环丙氟哌酸 L01991701

Ciprofloxacin [85721-33-1]

适用于呼吸道感染、泌尿道、耳鼻喉、皮肤和软组织、胃肠道感染等

【生产厂】[津]天津市中央药业有限公司(20吨)〈P1613〉;[浙]浙江仙居康牧医药原料化工厂〈P1969〉;浙江台州海翔医药化工有限公司〈P1968〉;浙江润康药业有限公司〈P1966〉;浙江华义医药有限公司〈P1954〉;[鲁]山东健康药业有限公司(100吨)〈P2028〉

盐酸环丙沙星 L01991731

Ciprofloxacin hydrochloride

广谱抗菌类药,适用于重混合感染,主要用于慢性呼吸道、大肠杆菌药、传染性鼻炎、禽霍乱、禽伤寒等

【生产厂】[冀]华北制药集团动物保健品有限责任公司〈P1624〉;[晋]山西博达制药有限公司〈P1670〉;[沪]上海三维制药有限公司〈P1760〉;[浙]仙居安德特医药化工厂〈P1962〉;浙江省仙居县晨阳化工厂〈P1967〉;浙江省仙居县康博化工厂〈P1967〉;浙江省仙居县腾洲化工厂〈P1967〉;浙江仙居康牧医药原料化工厂〈P1969〉;浙江仙居县四达医药化工厂〈P1969〉;浙江海正药业股份有限公司〈P1964〉;浙江台州市金田医药化工有限公司〈P1968〉;浙江润康药业有限公司(150吨)〈P1966〉;浙江华义医药有限公司〈P1954〉;[赣]吉安市通海医药化工有限公司〈P2017〉;吉安市海洲医药化工有限公司〈P2017〉;[鲁]山东健康药业有限公司(100吨)〈P2028〉;[豫]新乡市新辉药业有限公司(100吨)〈P2206〉;河南省龙泉集团医药中间体有限公司(500吨)〈P2201〉;河南省龙泉集团药业有限公司(350吨)〈P2201〉;[渝]西南合成制药股份有限公司〈P2303〉

乳酸环丙沙星 L01991751

Ciprofloxacin lactate

新型喹诺酮类广谱抗菌药物,对革兰阳性和阴性细菌作用极强

【生产厂】[晋]日升昌(太原)药业有限公司〈P1670〉;山西博达制药有限公司〈P1670〉;太原市恒丰强生物技术发展有限公司(30吨)〈P1671〉;长治市强大药业有限公司〈P1674〉;[辽]沈阳北方制药厂〈P1684〉;[沪]上海三维制药有限公司〈P1760〉;[苏]江苏黄河药业有限公司〈P1808〉;[浙]浙江润康药业有限公司(10吨)〈P1966〉;[鲁]山东中亚制药有限公司〈P2161〉;山东金太阳制药有限公司(60吨)〈P2140〉;[豫]郑州路路德化学制品有限公司〈P2171〉;郑州华伦生物技术有限公司〈P2171〉;郑州福源化工有限公司〈P2170〉;河南省龙泉集团医药中间体有限公司(500吨)〈P2201〉;河南省龙泉集团药业有限公司(350吨)〈P2201〉;洛阳惠中兽药有限公司〈P2182〉

甲磺酸培氟沙星 L01991801

Pefloxacin mesylate [70458-92-3]

抗生素药,用于治疗大肠杆菌、痢疾杆菌、流感杆菌、金黄色葡萄球菌等感染

【生产厂】[京]北京双鹤药业股份有限公司〈P1561〉;[晋]日升昌(太原)药业有限公司〈P1670〉;山西博达制药有限公司〈P1670〉;太原市恒丰强生物技术发展有限公司〈P1671〉;山西晋新双鹤药业有限责任公司〈P1679〉;[蒙]通辽制药总厂(10吨)〈P1682〉;[鲁]山东中亚制药有限公司〈P2161〉;[鄂]宜昌天仁药业有限责任公司〈P2241〉;宜昌人福药业有限责任公司〈P2241〉

氟嗪酸;氧氟沙星;泰利必妥 L01992001

Ofloxacin;Tarivid [83380-47-6]

用于治疗呼吸道、泌尿道、皮肤软组织、伤寒等细菌感染以及其他感染性疾病

【生产厂】[京]北京双鹤药业股份有限公司〈P1561〉;[晋]山西博达制药有限公司〈P1670〉;山西晋新双鹤药业有限责任公司〈P1679〉;[沪]上海捷倍思基因技术有限公司〈P1744〉;上海三维制药有限公司〈P1760〉;[苏]常州市华人化工有限公司〈P1851〉;[浙]浙江仙居康牧医药原料化工厂〈P1969〉;浙江仙居县四达医药化工厂〈P1969〉;浙江台州市金田医药化工有限公司〈P1968〉;浙江东亚医药化工有限公司(60吨)〈P1963〉;普洛康裕股份有限公司〈P1953〉;[渝]西南合成制药股份有限公司〈P2303〉;[川]成都地奥制药集团有限公司〈P2310〉

依诺沙星;氟啶酸 L01992002

Enoxacin [74011-58-8]

广谱抗菌素,用于治疗革兰阴性及阳性细菌引起的泌尿、耳、鼻、喉及浅表化脓性疾患等多种感染

【生产厂】[浙]浙江海正药业股份有限公司(2500吨)〈P1964〉;[鄂]武汉武药制药有限公司〈P2234〉;武汉远大制药集团有限公司〈P2235〉;[渝]重庆青阳药业有限公司〈P2306〉

葡萄糖酸依诺沙星 L01992005

Enoxacin gluconate [471-53-4]

抗生素类药,用于治疗葡萄球菌、链球菌、大肠杆菌、螺旋杆菌等的感染

【生产厂】[沪]上海金易精细化工有限公司〈P1745〉;上海先导化学有限公司〈P1770〉;[苏]江苏汉斯通药业有限公司〈P1893〉;[鄂]武汉武药制药有限公司〈P2234〉;宜昌天仁药业有限责任公司〈P2241〉

盐酸左旋氧氟沙星;左氟沙星盐酸盐 L01992011

Levofloxacin hydrochloride

主要用于制造各类左旋氧氟沙星胶囊、片剂等抗菌药制剂

【生产厂】[京]北京双鹤药业股份有限公司〈P1561〉;[晋]山西晋新双鹤药业有限责任公司〈P1679〉;[辽]丹东锦江制药厂〈P1700〉;[吉]长春白求恩医科大学制药厂〈P1714〉;[苏]南京隆燕化工有限公司〈P1787〉;[浙]仙居安德特医

L

药化工厂〈P1962〉；浙江省仙居县晨阳化工厂〈P1967〉；浙江省仙居县康博化工厂〈P1967〉；浙江司太立制药有限公司(100 吨)〈P1968〉；浙江东亚医药化工有限公司〈P1963〉；普洛康裕股份有限公司〈P1953〉；[豫]南阳普康集团衡淯制药有限责任公司(6 吨)〈P2224〉；[鄂]湖北天义药业有限公司〈P2245〉

左旋氧氟沙星；左氟沙星；可乐必妥　L01992021

Levofloxacin；Crarit [100986-85-4]

为全合成抗菌素，用于治疗呼吸道、泌尿道和皮肤组织感染等

【生产厂】[京]北京健力药业有限公司〈P1551〉；[苏]常州市华人化工有限公司〈P1851〉；[浙]浙江浙邦制药有限公司〈P1952〉；浙江司太立制药有限公司(50 吨)〈P1968〉；浙江东亚医药化工有限公司〈P1963〉；[鲁]山东省鲁抗辰欣药业有限公司(1000 万瓶)〈P2132〉

氧氟沙星盐酸盐；盐酸氧氟沙星　L01992031

Ofloxacin hydrochloride

全合成抗菌素，用于治疗各种细菌感染引起的疾病

【生产厂】[浙]宁波市天衡制药有限公司〈P1932〉；浙江省仙居县晨阳化工厂〈P1967〉；浙江省仙居县康博化工厂〈P1967〉；浙江省仙居县腾洲化工厂〈P1967〉；浙江东亚医药化工有限公司〈P1963〉；[赣]吉安市通海医药化工有限公司〈P2017〉；吉安市海洲医药化工有限公司〈P2017〉

左氧氟羧酸　L01992071

Levofloxacin carboxylic acid

用作抗菌药

【生产厂】[浙]浙江浙邦制药有限公司〈P1952〉；浙江司太立制药有限公司〈P1968〉

联苯苄唑；白呋唑　L01992101

Bifonazole；Mycospor [60628-96-8]

咪唑类外用抗真菌新药，用于治疗各种皮肤癣菌病，如体癣、股癣、手足癣等

【生产厂】[沪]上海三维制药有限公司〈P1760〉；[苏]金坛市三方医药原料厂〈P1862〉；徐州恩华药业集团有限责任公司〈P1794〉；徐州市爱克医药科技有限公司〈P1795〉；扬州腾达化工厂(50 吨)〈P1819〉；[渝]重庆青阳药业有限公司〈P2306〉

洛美沙星　L01992201

Lomefloxacin [98079-51-7]

用作抗感染药

【生产厂】[苏]常州东南鹏程化工有限公司(100 吨)〈P1846〉；[豫]郑州瑞康制药有限公司(10 吨)〈P2172〉

头孢曲松钠；头孢三嗪　L01992211

Ceftriaxone sodium [104376-79-6]

用于治疗呼吸道感染、泌尿系统感染、淋病及术前感染预防

【生产厂】[京]北京东方德众科技发展有限公司〈P1546〉；[冀]华北制药集团有限责任公司〈P1624〉；河北中润制药有限公司〈P1624〉；石药集团中诺药业(石家庄)有限公司〈P1634〉；[辽]东北制药总厂〈P1684〉；[黑]哈尔滨博利尔药业有限公司〈P1720〉；哈药集团制药总厂〈P1721〉；[沪]上海优迪医药有限公司〈P1775〉；[苏]苏州东瑞制药有限公司〈P1899〉；苏州中联化学制药有限公司〈P1908〉；苏州万庆药业有限公司〈P1907〉；[浙]台州市奥力特精细化工有限公司〈P1961〉；浙江海正药业股份有限公司〈P1964〉；[鲁]山东齐鲁制药有限公司〈P2029〉；齐鲁安替制药有限公司〈P2027〉；山东瑞阳制药有限公司(15 吨)〈P2054〉；菏泽睿鹰制药集团(100 吨)〈P2158〉；[豫]南阳科生生物化工有限公司(100 吨)〈P2224〉；开封豫港制药有限公司(100 吨)〈P2179〉；开封制药(集团)有限公司(300 吨)〈P2179〉；[粤]广州白云山制药股份有限公司(6 吨)〈P2259〉；珠海联邦制药股份有限公司〈P2274〉；丽珠医药集团股份有限公司〈P2274〉；珠海保税区丽珠合成制药有限公司(30 吨)〈P2274〉；珠海联邦制药厂有限公司原料厂〈P2274〉；[渝]西南合成制药股份有限公司〈P2303〉；[陕]陕西西安瑞科制药有限责任公司〈P2347〉

盐酸洛美沙星　L01992221

Lomefloxacin hydrochloride [98079-52-8]

主要用于治疗各种革兰阳性菌和阴性菌引起的急、慢性感染性疾病

【生产厂】[京]中国北方化学工业总公司〈P1568〉；[辽]锦州九洋药业有限责任公司〈P1702〉；[苏]常州市白云化工有限公司〈P1849〉；[浙]浙江海正药业股份有限公司〈P1964〉；[豫]郑州瑞康制药有限公司(10 吨)〈P2172〉；河南康泰制药集团公司〈P2166〉；河南康泰制药集团公司河南省精细化工厂(300 吨)〈P2166〉；[鄂]湖北天义药业有限公司(5 吨)〈P2245〉；宜昌人福药业有限责任公司〈P2241〉；[渝]西南合成制药股份有限公司〈P2303〉；[川]四川红光化工有限公司(5 吨)〈P2334〉

天门冬氨酸洛美沙星　L01992291

Lomefloxacin aspartate

【生产厂】[浙]浙江物产崇一医药化工有限公司〈P1956〉；[豫]南阳普康集团衡淯制药有限责任公司(50 吨)〈P2224〉

甲苯磺酸托氟沙星；甲苯磺酸妥舒沙星　L01992351

Tosufloxacin tosylate

用作抗菌药

【生产厂】[蒙]赤峰万泽制药有限责任公司〈P1682〉；赤峰万泽制药有限责任公司〈P1682〉；[浙]浙江海正药业股份有限公司〈P1964〉；[渝]重庆圣华曦药业有限公司〈P2306〉

沙拉沙星盐酸盐；盐酸沙拉沙星　L01992411

Sarafloxacin hydrochloride

是氟喹诺酮类新型抗菌药物中的动物专用品种，对革兰阳性和阴性细菌具有显著的杀灭作用

【生产厂】[晋]太原市恒丰强生物技术发展有限公司〈P1671〉；[浙]浙江润康药业有限公司(20 吨)〈P1966〉；[豫]洛阳惠中兽药有限公司〈P2182〉

双氟沙星盐酸盐；盐酸二氟沙星　L01992501

Difloxacin hydrochloride

用于治疗由敏感细菌引起的消化系统、呼吸系统、泌尿系统等感染和霉形体及支原体感染

【生产厂】[晋]太原市恒丰强生物技术发展有限公司〈P1671〉；[浙]浙江润康药业有限公司(20 吨)〈P1966〉

双氟沙星；二氟沙星　L01992551

Difloxacin [98106-17-3]

用作抗菌消炎药

【生产厂】[晋]日升昌(太原)药业有限公司〈P1670〉

盐酸氨丙啉;氨丙啉;安普罗林;安普罗林盐酸盐 L01992601

Amprolium hydrochloride;Amprolium [137-88-2]

用作抗球虫药,对鸡艾美耳球虫、柔嫩与堆形艾美耳球虫、羔羊及犊牛球虫都有效

【生产厂】[沪]上海康鸣高科技有限公司〈P1748〉;[苏]苏州市奥盛精细化工有限公司〈P1902〉;[浙]杭州凯胜生物技术有限公司(300 吨)〈P1920〉;浙江九洲药业股份有限公司(60 吨)〈P1965〉;温州康泰药物原料有限公司〈P1937〉;[豫]南阳市理邦实业有限公司(150 吨)〈P2224〉;[川]成都台硝化工有限公司〈P2315〉

黄芩苷 L01992801

Baicalin [21967-41-9]

用于治疗传染性肝炎、急性黄疸型及慢性肝炎、急性胆道感染、铅中毒等病症

【生产厂】[蒙]开鲁兴利制药有限责任公司〈P1682〉;[闽]福州日冕科技开发有限公司〈P1990〉;[赣]江西省吉水县同仁天然药用油厂〈P2019〉;江西省南方药物油厂〈P2019〉;[鲁]诸城市浩天药业有限公司(300 吨)〈P2107〉;青岛科奥植物制品有限公司〈P2039〉;[豫]平舆县馨星生化有限公司(100 吨)〈P2227〉;[桂]广西百色市益联植化有限公司〈P2301〉;[川]成都欧康植化科技有限公司〈P2313〉;成都川大华西康达药物研究所〈P2310〉;成都金蓉生物工程公司〈P2311〉;成都华康生物工程有限公司〈P2311〉;成都市金堂天然植物中间体厂〈P2314〉;四川省新繁生物化学厂(90 吨)〈P2319〉;成都市蒲江蜀西植物生化有限公司〈P2314〉;成都超人植化开发有限公司〈P2310〉;四川省彭州市西郊植物提制厂〈P2319〉;四川协力制药有限公司〈P2320〉;四川禾益康生物科技有限公司〈P2326〉;广汉市科伦植物化工有限公司〈P2324〉;四川广汉博盛生化制品有限责任公司〈P2326〉;四川广汉市天府实业有限公司〈P2326〉;四川广汉市维康植化有限公司〈P2326〉;四川省广汉市三星堆植物化工有限责任公司〈P2327〉;四川省什邡市鸿运生物化工有限公司〈P2328〉;四川省什邡市华康药物原料厂〈P2328〉;四川省什邡市康源药品原料有限公司〈P2328〉;四川省什邡市胜仁植物有限责任公司〈P2328〉;四川省玉鑫药业有限公司〈P2328〉;四川什邡普康生化有限公司〈P2329〉;四川世坤植化有限公司〈P2329〉;什邡市龙康植物原料厂〈P2325〉;四川什邡鸿鸣原料药有限公司〈P2329〉;四川什邡市宏升植物原料有限公司〈P2329〉;四川什邡市健福植物原料有限公司〈P2329〉;什邡市川西兴泰工贸有限公司〈P2325〉;绵阳高新区东方源生物科技有限公司〈P2330〉;[滇]云南省玉溪望子隆生物制药有限公司〈P2344〉;云南玉溪万方天然药物有限公司〈P2344〉;大理丸荣制药有限公司〈P2345〉;[陕]陕西慧科植物开发有限公司〈P2346〉;陕西旭煌植物科技发展有限公司〈P2347〉;西安惠丰生化集团股份有限公司〈P2348〉

黄藤素 L01992901

Common fibraurea stem

具有清热解毒作用,用于妇科炎症、菌痢、肠炎、呼吸道及泌尿道感染等

【生产厂】[苏]江苏健佳药业有限公司〈P1808〉;[滇]云南省玉溪望子隆生物制药有限公司〈P2344〉;云南玉溪万方天然药物有限公司〈P2344〉;云南金泰得制药总公司〈P2344〉;大理丸荣制药有限公司〈P2345〉

帕苏沙星;帕珠沙星 L01993301

Pazufloxacin [127045-41-4]

用于治疗急慢性肺炎、呼吸道感染等病症

【生产厂】[京]北京国联诚辉医药技术有限公司〈P1548〉;北京双鹤药业股份有限公司〈P1561〉;[晋]山西晋新双鹤药业有限责任公司〈P1679〉;[苏]苏州市龙盛精细化工厂〈P1904〉;扬州腾达化工厂〈P1819〉;[浙]仙居安德特医药化工厂〈P1962〉;浙江司太立制药有限公司〈P1968〉;[鲁]山东中科泰斗化学有限公司〈P2030〉;德州埃法化学有限公司〈P2141〉;山东金城医药化工有限公司〈P2053〉;[川]四川红光化工有限公司〈P2334〉

甲磺酸帕珠沙星;甲磺酸帕苏沙星 L01993351

Pazufloxaxin methanesulfonate [163680-77-1]

是全合成的喹诺酮类抗生素,用于治疗各种细菌感染引起的疾病

【生产厂】[京]北京云迪同创医药科技有限公司〈P1566〉;北京联本医药化学技术有限公司〈P1554〉;北京国联诚辉医药技术有限公司〈P1548〉;[蒙]赤峰万泽制药有限责任公司〈P1682〉;[沪]上海巨龙药物研究开发有限公司〈P1746〉;[苏]常州伊思特化工有限公司〈P1858〉;江苏亚邦化工集团有限公司〈P1861〉;[浙]湖州恒远生物化学技术有限公司〈P1945〉;浙江司太立制药有限公司〈P1968〉;[鲁]山东中科泰斗化学有限公司〈P2030〉;[鄂]湖北信康实业有限公司〈P2228〉;湖北天义药业有限公司〈P2245〉;湖北葛店人福药业有限责任公司〈P2242〉;[湘]湖南九典制药有限公司〈P2248〉

那氟沙星 L01993401

Nadifloxacin [124858-35-1]

【生产厂】[京]凯翔精细化工有限公司〈P1567〉;北京迈劲医药科技有限公司〈P1555〉

硝呋索尔;硝呋柳肼 L01993501

Nifursol [16915-70-1]

用作抗菌药,是兽药二甲硝咪唑的替代品,也是饲料添加剂

【生产厂】[津]天津市新新药业公司上辛口分厂〈P1608〉;[沪]上海宝达兽药制造有限公司〈P1728〉;[浙]嘉善嘉生药业有限公司〈P1940〉

硝呋酚酰肼 L01993551

Nifuroxazide [965-52-6]

兽用药,用于杀菌和防病

【生产厂】[沪]上海宝达兽药制造有限公司〈P1728〉

巴洛沙星 L01993701

Balofloxacin [127294-70-6]

适用于由敏感细菌和非典型病原体引起的急性支气管炎、膀胱炎等泌尿生殖系统感染的治疗

【生产厂】[苏]江苏亚邦化工集团有限公司〈P1861〉;盐城康福生化技术开发有限公司(500 千克)〈P1810〉;盐城市金港化工有限公司〈P1811〉;[赣]江西泰欣诺实业有限公司〈P2009〉

泰妙菌素 L01993801

Tiamulin [55297-95-5]

【生产厂】[京]北京中农华威集团〈P1566〉;[豫]郑州华伦生物技术有限公司〈P2171〉

莫能霉素;莫能菌素 L01993901

Monenmectin
【生产厂】[浙]浙江海正药业股份有限公司〈P1964〉;[鲁]山东齐发药业有限公司(100 吨)〈P2029〉

莫西菌素　L01993951
Moxidectin
用作驱虫抗生素
【生产厂】[浙]浙江台州海翔医药化工有限公司〈P1968〉

普卢利沙星;普利沙星　L01994101
Prulifloxacin [123447-63-2]
为全合成的沙星类抗菌药
【生产厂】[京]北京云迪同创医药科技有限公司〈P1566〉;北京合成天地化学技术有限公司〈P1548〉;北京迈劲医药科技有限公司〈P1555〉;[沪]上海巨龙药物研究开发有限公司〈P1746〉;[苏]常州伊思特化工有限公司〈P1858〉;江苏亚邦化工集团有限公司〈P1861〉;[浙]湖州恒远生物化学技术有限公司〈P1945〉;[鲁]山东山大康诺制药有限公司〈P2029〉

氟甲喹　L01994301
Fluoromethylquinoline;Flumequine [42835-25-6]
是一种新的广谱抗菌合成药物,对动物细菌性疾病有很好疗效
【生产厂】[浙]浙江仙居捷大医药化工有限公司〈P1969〉;浙江仙居康牧医药原料化工厂〈P1969〉

比阿培南　L01994601
Biapenem [120410-24-4]
为全合成的沙星类抗菌药
【生产厂】[津]天津天士力集团有限公司〈P1615〉;[沪]上海巨龙药物研究开发有限公司〈P1746〉;[苏]常州伊思特化工有限公司〈P1858〉

巴柳氮二钠　L01994751
Balsalazide disodium [150399-21-6]
用作抗溃疡性结肠炎药
【生产厂】[京]北京恒天易德化工有限公司〈P1549〉;北京迈劲医药科技有限公司〈P1555〉;[辽]盘锦兴海制药有限公司〈P1706〉;[苏]昆山化工医药原料有限公司〈P1895〉;昆山化工医药原料有限公司〈P1895〉

布替萘芬　L01994801
Butenafine [101828-21-1]
用作抗真菌药
【生产厂】[苏]扬州腾达化工厂(50 吨)〈P1819〉

盐酸布替萘芬　L01994851
Butenafine hydrochloride [101827-46-7]
【生产厂】[苏]金坛德培化工有限公司〈P1861〉;[鲁]济南铂源化学有限公司〈P2020〉;山东齐河银飞达化工有限公司(200 吨)〈P2145〉;[渝]重庆圣华曦药业有限公司〈P2306〉

法罗培南　L01994901
Faropenem [122547-49-3]
为全合成的青霉素类抗菌药
【生产厂】[京]北京上地新世纪生物医药研究所有限公司〈P1557〉;北京迈劲医药科技有限公司〈P1555〉;[沪]上海巨龙药物研究开发有限公司〈P1746〉;[苏]常州伊思特化工有限公司〈P1858〉;[浙]浙江司太立制药有限公司〈P1968〉;东港工贸集团有限公司〈P1960〉;[赣]江西泰欣诺实业有限公司〈P2009〉;[鲁]济南铂源化学有限公司〈P2020〉;[渝]重庆小泉化工厂〈P2308〉

帕尼培南　L01994951
Panipenem [87726-17-8]
用作抗生素
【生产厂】[苏]常州伊思特化工有限公司〈P1858〉;[浙]东港工贸集团有限公司〈P1960〉

氨来占诺　L01995001
Amlexanox [68302-57-8]
用于治疗口腔溃疡
【生产厂】[皖]安徽省庆云医药化工有限公司〈P1972〉;[鲁]山东中科泰斗化学有限公司〈P2030〉

阿莫罗芬　L01995201
Amorolfine [78613-35-1]
【生产厂】[鲁]山东齐河银飞达化工有限公司(100 吨)〈P2145〉

盐酸阿莫罗芬　L01995251
Amorolfine hydrochloride [78613-38-4]
是抗真菌药
【生产厂】[沪]上海法茵克化学科技有限公司〈P1732〉

穿心莲内酯;穿心莲乙素　L01995301
Andrographolide [5508-58-7]
具有清热解毒、抗菌消炎的作用,用于上呼吸道感染、细菌性痢疾、抗艾滋病毒等疾病的治疗
【生产厂】[苏]江苏健佳药业有限公司〈P1808〉;[赣]江西省吉水药用提炼厂〈P2019〉;江西省吉水县水南威霸香料公司〈P2018〉;[川]成都川大华西康达药物研究所(5 吨)〈P2310〉;成都天台山制药有限公司〈P2316〉;四川省彭州市聚源生化厂〈P2319〉;广汉市科伦植物化工有限公司〈P2324〉;四川省什邡市华康药物原料厂〈P2328〉;四川省什邡市康源药品原料有限公司〈P2328〉;四川省什邡市胜仁植物有限责任公司〈P2328〉;四川省玉鑫药业有限公司〈P2328〉;四川什邡普康生化有限公司〈P2329〉;四川什邡瑞邦植物有限公司〈P2329〉;四川同泰植物化工有限公司〈P2330〉;什邡市龙康植物原料厂〈P2325〉;四川文龙药业有限公司〈P2335〉

利拉萘酯　L01995401
Liranaftate [88678-31-3]
用作广谱抗真菌药
【生产厂】[京]北京云迪同创医药科技有限公司〈P1566〉;北京联本医药化学技术有限公司〈P1554〉;北京金奥利维科技发展有限公司〈P1551〉;[冀]任丘市华北石油科林环保有限公司〈P1657〉;[沪]上海特化医药科技有限公司〈P1767〉;[苏]江苏中丹制药有限公司〈P1823〉;[浙]湖州恒远生物化学技术有限公司〈P1945〉;[湘]湖南九典制药有限公司〈P2248〉

氟替卡松丙酸酯　L01995501
Fluticasone propionate [80474-14-2]
用于消炎
【生产厂】[京]北京诺德恒信化工技术有限公司〈P1556〉;[赣]江西宇能医药化工有限公司〈P2019〉;[粤]益飞医药化工有限公司〈P2274〉

链脲菌素 L01995601
Streptozotocin [18883-66-4]
用作治疗胰腺癌的辅助药物
【生产厂】[京]北京高博医药化学技术开发有限公司〈P1547〉;[川]成都宇洋高科技术发展有限公司〈P2317〉

溴莫普林;5-(4-溴-3,5-二甲氧基苄基)-2,4-嘧啶二胺 L01995701
Brodimoprim [56518-41-3]
用作广谱抗菌剂
【生产厂】[赣]江西正和化工有限公司(50吨)〈P2016〉

道诺霉素 L01995901
Daunomycin [20830-81-3]
【生产厂】[苏]江阴南极星生物制品有限公司〈P1868〉;江阴市三益化工有限公司〈P1870〉

艾拉莫德 L01996201
Ailamode
用作非甾体抗炎药
【生产厂】[沪]上海法茵克化学科技有限公司〈P1732〉

泰利霉素 L01996301
Telithromycin [191114-48-4]
【生产厂】[苏]镇江新宇化工有限责任公司〈P1846〉

乙酰水杨酸;阿司匹林;醋柳酸 L02100101
Acetylsalicylic acid;Aspirin [50-78-2]
解热镇痛药,用于发热、疼痛及类风湿关节炎等
【生产厂】[冀]河北智通化工有限责任公司(5000吨)〈P1623〉;河北敬业化工集团股份有限公司(3000吨)〈P1620〉;河北冀衡(集团)药业有限公司〈P1664〉;衡水市冀衡药业有限公司〈P1668〉;河北省武邑慈航药业有限公司〈P1666〉;[黑]黑龙江省奋斗制药厂〈P1724〉;[皖]安徽东盛制药有限公司〈P1976〉;蚌埠八一药业有限公司〈P1975〉;[鲁]山东新华制药股份有限公司〈P2055〉;[湘]湖南中南制药有限责任公司〈P2253〉;[粤]广东汇联达化工有限公司〈P2259〉;[陕]华阴市锦前程药业有限公司(3300吨)〈P2352〉

鱼腥草素钠;鱼腥草素 L02100111
Sodium houttuyfonate [1847-58-1]
抗菌消炎药,用于上呼吸道感染、慢性支气管炎、肺炎等病的治疗
【生产厂】[辽]沈阳药大集琦药业有限责任公司(7吨)〈P1690〉;[苏]江苏省金坛市制药厂〈P1860〉;[浙]浙江新赛科药业有限公司(20吨)〈P1952〉;[赣]江西省吉水中南天然香料油厂〈P2019〉;[鲁]济南诚汇双达化工有限公司〈P2020〉;济南乐康信药业有限公司〈P2023〉;临邑氟瑞精细化工有限公司(80吨)〈P2143〉;[鄂]湖北天义药业有限公司〈P2245〉

阿司匹林-L-精氨酸;L-精氨酸阿司匹林 L02100151
Aspirin-L-argininie
适用于发热、头痛、牙痛、肌肉痛、神经痛、术后疼痛、癌症疼痛及风湿病、类风湿性关节炎等引起的发热和疼痛
【生产厂】[鄂]武汉麦可贝斯生物科技有限公司〈P2231〉

赖氨匹林;阿司匹林赖氨酸 L02100171
Aspirin-DL-lysine
主要用于治疗多种原因引起的发热和疼痛,是目前较理想的解热镇痛抗炎药
【生产厂】[皖]安徽丰原集团〈P1974〉;[鄂]武汉麦可贝斯生物科技有限公司〈P2231〉;[川]成都景田生物药业有限公司〈P2312〉;[陕]陕西西岳制药有限公司〈P2352〉

水杨酸钠 L02100201
Sodium salicylate [54-21-7]
解热镇痛、抗风湿药,用于活动性风湿病、类风湿关节炎等疾病的治疗
【生产厂】[苏]南京隆燕化工有限公司〈P1787〉;宜兴市申光医药化工有限公司(1000吨)〈P1886〉;[鲁]济南欣邦药业有限公司(200吨)〈P2026〉;[粤]广东汇联达化工有限公司〈P2259〉;[陕]华阴市锦前程药业有限公司(1200吨)〈P2352〉

水杨酸镁 L02100211
Magnesium salicylate [18917-89-0]
消炎镇痛药,用于风湿及类风湿性关节炎
【生产厂】[黑]黑龙江省奋斗制药厂〈P1724〉;[鲁]潍坊海化三江化工有限公司〈P2102〉

水杨酰胺;邻羟基苯甲酰胺 L02100301
Salicylamide;*o*-Hydroxybenzamide [65-45-2]
解热镇痛药,用于发热头痛、神经痛、关节痛及活动性风湿症等病症
【生产厂】[辽]大连弘丰制药有限公司〈P1692〉;[苏]镇江茂源化工有限公司(1800吨)〈P1844〉;[鲁]青岛双收农药化工有限公司〈P2043〉;[陕]华阴市锦前程药业有限公司(600吨)〈P2352〉
【使用厂】[苏]江苏省溧阳市制药厂〈P1861〉;[粤]广东省石油化工研究院〈P2259〉

双水杨酸酯 L02100351
Salsalate [552-94-3]
用作止痛消炎药
【生产厂】[沪]上海五洲药业股份有限公司〈P1770〉;[浙]台州市春泉医化有限公司〈P1961〉;浙江黄岩三力化工厂〈P1964〉;[赣]九江中天药业有限公司〈P2013〉

尼美舒利;*N*-(4-硝基-2-苯氧基苯基)甲基磺酰胺 L02100401
Nimesulide [51803-78-2]
用作解热镇痛药
【生产厂】[津]天津药物研究院药业有限责任公司(800吨)〈P1616〉;[沪]上海海隼化工科技有限公司〈P1735〉;上海优迪医药有限公司〈P1775〉

贝诺酯;扑炎痛;苯乐来;扑热息痛乙酰水杨酸酯 L02100501
Benoral;Benorilate [5003-48-5]
对乙酰氨基酚与阿司匹林的酯化物,适用于风湿性关节炎、类风湿性关节炎、头痛、神经痛、发烧等
【生产厂】[冀]河北省武邑慈航药业有限公司(400吨)〈P1666〉;[鲁]山东方明药业股份有限公司(300吨)

L

〈P2160〉;[粤]汕头金石制药总厂〈P2276〉;[川]成都地奥制药集团有限公司〈P2310〉

对乙酰氨基酚;扑热息痛;退热净;醋氨酚;对醋氨酚;索密痛　L02100601
Acetaminophenol;4-Acetaminophenol;Paracetamol;Somedon [103-90-2]
用作解热、镇痛、抗风湿药
【生产厂】[津]天津中新药业集团股份有限公司新新制药厂(400吨)〈P1618〉;[冀]河北冀衡(集团)药业有限公司〈P1664〉;衡水市冀衡药业有限公司〈P1668〉;河北省武邑慈航药业有限公司〈P1666〉;[晋]太原市唐明制药厂〈P1671〉;山西省平顺县制药厂〈P1674〉;山西晋城制药厂〈P1675〉;[辽]锦州九泰药业有限责任公司〈P1701〉;[吉]辽源市百康药业有限责任公司(2000吨)〈P1717〉;[沪]上海优迪医药有限公司〈P1775〉;[苏]无锡山禾集团第一制药有限公司(5000吨)〈P1874〉;常熟华港制药有限公司(8000吨)〈P1889〉;[皖]安徽东盛制药有限公司〈P1976〉;淮南佳盟药业有限公司〈P1976〉;淮南山河药业有限公司合成药厂(2000吨)〈P1976〉;安徽永安制药有限公司〈P1976〉;安徽八一化工股份有限公司(1万吨)〈P1974〉;蚌埠八一药业有限公司(1万吨)〈P1975〉;[鲁]安丘市鲁安药业有限责任公司(2万吨)〈P2088〉;[豫]焦作鑫安科技股份有限公司药业分公司(3000吨)〈P2197〉;[粤]汕头金石制药总厂〈P2276〉;[川]四川红光化工有限公司〈P2334〉

非那西丁;对乙酰氨基苯乙醚;醋酰氧乙苯胺　L02100701
Acetophenetidine;Acetophenidin;Acetylphenetidine;Phenacetin [62-44-2]
解热镇痛药,用于治疗发热头痛、神经痛等
【生产厂】[冀]沧州华通化工有限公司〈P1651〉;[黑]佳木斯鹿灵制药有限责任公司(1500吨)〈P1724〉;[苏]张家港丰达制药有限公司(200吨)〈P1911〉;[鲁]山东梁山蓝天化工有限公司(600吨)〈P2131〉;[鄂]湖北制药有限公司(1500吨)〈P2237〉

安替比林;非那宗　L02100801
Antipyrine;Phenazone [60-80-0]
用作解热镇痛药
【生产厂】[冀]河北冀衡(集团)药业有限公司〈P1664〉;衡水市冀衡药业有限公司〈P1668〉;[鲁]山东新华制药股份有限公司〈P2055〉;山东博山制药有限公司(100吨)〈P2051〉;[鄂]武汉武药制药有限公司〈P2234〉;武汉远大制药集团有限公司〈P2235〉;[陕]陕西西岳制药有限公司〈P2352〉

异丙基安替比林　L02100851
Isopropylphenazone
解热镇痛药,用于治疗发热、头痛等疾病
【生产厂】[浙]浙江车头制药有限公司(200吨)〈P1963〉;[鲁]山东新华制药股份有限公司〈P2055〉

美洛昔康　L02100901
Meloxicam [71125-38-7]
用于类风湿性关节炎、疼痛性骨关节炎的治疗
【生产厂】[京]北京双鹤药业股份有限公司〈P1561〉;[晋]山西晋新双鹤药业有限责任公司〈P1679〉;[沪]上海康鸣高科技有限公司(5吨)〈P1748〉;上海三维制药有限公司〈P1760〉;[苏]南京法姆化学厂(2吨)〈P1783〉;苏州万庆药业有限公司〈P1907〉;扬州宝盛生物化工有限公司〈P1817〉;[浙]宁波大红鹰药业股份有限公司〈P1930〉;宁波市天衡制药有限公司〈P1932〉;浙江黄岩精细化学品集团有限公司(3000万吨)〈P1964〉;浙江精进药业有限公司(300吨)〈P1965〉;[鲁]山东新华制药股份有限公司〈P2055〉;[川]成都景田生物药业有限公司〈P2312〉;[陕]西安鑫迪福科技有限责任公司〈P2350〉

氨基比林;匹拉米洞;1-苯-2,3-二甲基-4-二甲氨基吡唑酮　L02101001
Amidazophen; Amidopyrine; Amidozon; Aminofebrin; Aminophenazone;Aminopyrazolin;Aminopyrine;Pyramidon [58-15-1]
解热镇痛药,用于发热头痛、关节痛、神经痛、痛经及活动性风湿症等
【生产厂】[冀]河北冀衡(集团)药业有限公司〈P1664〉;衡水市冀衡药业有限公司〈P1668〉;[鲁]山东新华制药股份有限公司〈P2055〉;山东博山制药有限公司(20吨)〈P2051〉;[豫]许昌市华原药业有限公司(30吨)〈P2219〉;[鄂]武汉武药制药有限公司〈P2234〉

安乃近;诺瓦经;罗瓦尔精;1-苯基-2,3-二甲基-4-甲胺基-吡唑酮-[5]-*N*-甲基磺酸钠　L02101101
Analgin; Dipyrone; Metamizole, sodium salt; Noramidopyrine methamesulfonate sodium;Novalgin [5907-38-0]
用作解热镇痛药
【生产厂】[津]天津中新药业集团股份有限公司新新制药厂(50吨)〈P1618〉;[冀]河北冀衡(集团)药业有限公司〈P1664〉;衡水市冀衡药业有限公司〈P1668〉;[沪]上海五洲药业股份有限公司(1800吨)〈P1770〉;[苏]吴江市普强医药化工有限公司〈P1910〉;江苏常余化工有限公司(1200吨)〈P1893〉;[鲁]山东新华制药股份有限公司(6000吨)〈P2055〉;[豫]许昌市华原药业有限公司(50吨)〈P2219〉;[鄂]武汉武药制药有限公司〈P2234〉;武汉远大制药集团有限公司(3100吨)〈P2235〉

安乃近镁盐　L02101151
Metamizole magnesium salt
用作解热镇痛药
【生产厂】[沪]上海五洲药业股份有限公司〈P1770〉;[鲁]山东新华制药股份有限公司〈P2055〉;[陕]西安博捷医药化工技术有限公司〈P2347〉

萘丁美酮;萘普酮;4-(6-甲氧基-2-萘基)丁-2-酮　L02101201
Nabumetone;4-(6-Methoxy-2-naphthyl)but-2-one [42924-53-8]
具有抗炎、镇痛、解热的作用,用于风湿病的治疗
【生产厂】[京]北京麦威药业有限公司〈P1555〉;[苏]江苏飞翔化工(张家港)有限公司〈P1893〉;江苏中丹制药有限公司〈P1823〉;[浙]浙江神洲药业有限公司(50吨)〈P1966〉;横店集团家园化工有限公司〈P1952〉;[渝]西南合成制药股份有限公司(40吨)〈P2303〉

水杨苷;水杨苷　L02101301
Salicin;Salicoside [138-52-3]
用于解热、镇痛、抗风湿
【生产厂】[陕]陕西慧科植物开发有限公司〈P2346〉;陕西嘉

禾植物化工有限责任公司〈P2346〉

乙柳酰胺;乙基水杨酰胺;止痛灵;2-乙氧基苯甲酰胺 L02101401

2-Ethoxybenzamide;Ethenzamide [938-73-8]

用作解热镇痛药,用于治疗发热、头痛、神经痛、关节痛、类风湿性关节炎、牙痛、痛经等病症

【生产厂】[辽]大连弘丰制药有限公司〈P1692〉;[浙]桐乡市恒达化工有限公司〈P1943〉;临海市金桥化工有限公司(100吨)〈P1960〉

非那甾胺;非那雄胺 L02101501

Finasteride;Proscar [98319-26-7]

用于治疗男子前列腺肥大及秃发等病症

【生产厂】[京]北京云迪同创医药科技有限公司〈P1566〉;北京诺德恒信化工技术有限公司〈P1556〉;[津]天津太平洋医药科技集团〈P1614〉;[沪]上海现代制药股份有限公司〈P1771〉;上海品新科贸有限公司〈P1755〉;上海迪赛诺公司〈P1731〉;[苏]南京仁信化工有限公司〈P1788〉;苏州市苏瑞医药化工有限公司〈P1905〉;[浙]浙江优联医药化工有限公司〈P1928〉;台州百大医药化工有限公司〈P1960〉;台州南峰药业有限公司〈P1961〉;台州市奥力特精细化工有限公司〈P1961〉;[鄂]武汉人福高科技产业股份有限公司〈P2231〉;湖北葛店人福药业有限责任公司〈P2242〉;[湘]邵阳甾体化学品有限公司〈P2249〉;湖南华诚制药有限公司〈P2253〉;[陕]西安益尔集团〈P2350〉

卡巴匹林钙 L02101601

Carbasalate calcium [5749-67-7]

具有解热镇痛作用,用于疼痛和发热性疾病的治疗

【生产厂】[京]北京云迪同创医药科技有限公司〈P1566〉;[苏]南京法姆化学厂〈P1783〉;[浙]浙江省仙居县康博化工厂〈P1967〉;[鲁]诸城市浩天药业有限公司(100吨)〈P2107〉

噁丙嗪;4,5-二苯基-2-噁唑丙酸;奥沙普嗪 L02102001

Oxaprozin [21256-18-8]

解热镇痛药,用于慢性风湿性关节炎、变形性关节炎、腰痛症、变形性脊椎症、颈肩腕综合症等的消炎镇痛

【生产厂】[辽]盘锦兴海制药有限公司〈P1706〉;[苏]徐州市爱克医药科技有限公司〈P1795〉

保泰松;布他酮;布他唑立丁;布泰其安;苯丁唑啉 L02150101

Butazolidin;Butazon;Phenylbutazone [50-33-9]

用于治疗风湿性关节炎及痛风等症

【生产厂】[沪]上海现代制药股份有限公司〈P1771〉;上海信合化工有限公司〈P1772〉;上海罗店化工总厂〈P1752〉;[苏]无锡市东升助剂厂〈P1875〉;[鲁]济南金达药化有限公司(6吨)〈P2023〉;[豫]上海现代哈森(商丘)药业有限公司(100吨)〈P2226〉

保泰松钠 L02150121

Phenylbutazone sodium salt

解热镇痛药,用于治疗风湿性和类风湿性关节炎及痛风等

【生产厂】[苏]无锡市东升助剂厂〈P1875〉

酮咯酸;5-苯甲酰基-2,3-二氢-1*H*-吡咯并吡咯烷-1-甲酸;酮洛来克 L02150201

Ketorolac [74103-06-3]

用作消炎镇痛药

【生产厂】[苏]南京博而凯科技有限公司〈P1782〉

罗非西布 L02150301

Rofecoxib [162011-90-7]

用于治疗关节炎

【生产厂】[苏]南京博而凯科技有限公司〈P1782〉;苏州市龙盛精细化工厂〈P1904〉;昆山化工医药原料有限公司〈P1895〉;昆山化工医药原料有限公司〈P1895〉;[浙]浙江黄岩精细化学品集团有限公司(10吨)〈P1964〉

苄达酸;[(1-苄基-1*H*-吲唑-3-基)氧]乙酸 L02150401

Bendazac [20187-55-7]

用作消炎镇痛剂

【生产厂】[渝]重庆赛维药业有限公司〈P2306〉

醋氯芬酸 L02150551

Aceclofenac [89796-99-6]

用作抗炎药,具有解热、镇痛、抗炎作用,用于治疗骨关节炎、类风湿性关节炎等病症

【生产厂】[苏]苏州市奥盛精细化工有限公司〈P1902〉;[浙]杭州德立化工有限公司〈P1916〉;浙江广科化工有限公司〈P1950〉;浙江车头制药有限公司〈P1963〉;浙江黄岩博泰化工有限公司〈P1964〉;[赣]吉安市通海医药化工有限公司〈P2017〉;吉安市海洲医药化工有限公司〈P2017〉;[豫]安阳市九州药业有限责任公司北厂(15吨)〈P2209〉;河南东泰制药有限公司(300吨)〈P2210〉;[陕]西安博捷医药化工技术有限公司〈P2347〉;陕西大生化学科技有限公司〈P2346〉

扑湿痛;*N*-(2,3-二甲苯基)-邻氨基苯甲酸;抗炎止痛灵;甲灭酸 L02150601

Mefenamic acid [61-68-7]

用于甾体抗炎镇痛药,适用于关节痛、头痛、脚痛、牙病以及其他炎症性疼痛

【生产厂】[苏]苏州市奥盛精细化工有限公司〈P1902〉;[浙]杭州德立化工有限公司〈P1916〉;浙江天新药业有限公司(360吨)〈P1968〉;[陕]西安利君精华药业有限责任公司〈P2349〉

双氯芬酸钠;双氯灭痛;双氯灭痛钠;服他灵;双氯胺苯乙酸钠 L02150701

Diclofenac sodium [15307-79-6]

用作消炎镇痛药

【生产厂】[津]天津中津药业股份有限公司(70吨)〈P1617〉;[辽]铁岭天德制药有限公司〈P1713〉;[吉]辽源市迪康药业有限责任公司(600吨)〈P1717〉;[黑]乌苏里江制药有限公司迎春公司〈P1724〉;[苏]苏州市奥盛精细化工有限公司〈P1902〉;江苏华派集团〈P1807〉;[鲁]兖州市康华制药有限公司(1300吨)〈P2134〉;[豫]河南省新谊医药(集团)公司(300吨)〈P2202〉;新乡联谊制药厂(300吨)〈P2204〉;辉县市东普合成中间体有限责任公司〈P2202〉;安阳九州药业有限责任公司(500吨)〈P2208〉;河南省九州药业有限责任公司(240吨)〈P2211〉;河南东泰制药有限公司(300吨)〈P2210〉;[鄂]武汉武药制药有限公司

〈P2234〉；武汉远大制药集团有限公司〈P2235〉；［陕］陕西西岳制药有限公司〈P2352〉

双氯芬酸钾 L02150721

Diclofenac potassium [15307-81-0]

用作消炎镇痛药

【生产厂】［辽］铁岭天德制药有限公司〈P1713〉；盘锦兴海制药有限公司〈P1706〉；［吉］辽源市迪康药业有限责任公司(50吨)〈P1717〉；［苏］苏州市奥盛精细化工有限公司〈P1902〉；［豫］辉县市东普合成中间体有限责任公司〈P2202〉；安阳市九州药业有限责任公司北厂(20吨)〈P2209〉；河南东泰制药有限公司(300吨)〈P2210〉；［鄂］湖北安达成药业有限公司〈P2243〉；［渝］西南合成制药股份有限公司〈P2303〉

双氯芬酸 L02150751

Diclofenac; Voltaren; Rhumalgan [15307-86-5]

用作消炎镇痛药

【生产厂】［辽］铁岭天德制药有限公司〈P1713〉；［吉］辽源市迪康药业有限责任公司(50吨)〈P1717〉；［苏］苏州市奥盛精细化工有限公司〈P1902〉；［豫］辉县市东普合成中间体有限责任公司〈P2202〉

双氯芬酸二乙胺盐 L02150791

Diclofenac diethylamine

【生产厂】［辽］铁岭天德制药有限公司〈P1713〉；［苏］苏州市奥盛精细化工有限公司〈P1902〉；［豫］河南东泰制药有限公司(300吨)〈P2210〉

布洛芬；2-(4-异丁基苯基)丙酸；异丁苯丙酸；异丁洛芬；芬必得 L02150801

Fenbid; Ibuprofen; 2-(4-Isobutylphenyl) propionic acid [15687-27-1]

用作PG合成酶抑制剂，具有解热镇痛及消炎作用

【生产厂】［沪］上海中康伟业生物科技有限公司〈P1778〉；上海品新科贸有限公司〈P1755〉；［苏］苏州第四制药厂有限公司〈P1899〉；徐州瑞赛科技实业有限公司〈P1795〉；［浙］上虞市华康化工有限公司〈P1948〉；［鲁］山东新华制药股份有限公司〈P2055〉

酮基布洛芬；酮洛芬；α-甲基-3-苯甲酰基苯乙酸 L02150901

Ketoprofen; 2-(meta-Benzoylphenyl) propionic acid [22071-15-4]

消炎镇痛药，用于治疗风湿性关节炎、强直性脊椎炎及痛风等病

【生产厂】［辽］沈阳新地药业有限公司〈P1689〉；［沪］上海中康伟业生物科技有限公司〈P1778〉；上海品新科贸有限公司〈P1755〉；［苏］苏州万庆药业有限公司〈P1907〉；江苏中丹制药有限公司〈P1823〉；［浙］上虞市华康化工有限公司〈P1948〉；宁波大红鹰药业股份有限公司〈P1930〉；浙江九洲药业股份有限公司(50吨)〈P1965〉；［鄂］湖北武穴市迅达药业有限公司〈P2243〉；湖北安达成药业有限公司〈P2243〉；［渝］西南合成制药股份有限公司〈P2303〉

酮基布洛芬赖氨酸盐 L02150931

Ketoprofen lysine

用作解热镇痛药

【生产厂】［浙］浙江九洲药业股份有限公司(10吨)〈P1965〉；［鄂］湖北武穴市迅达药业有限公司〈P2243〉

苯氧布洛芬钙；菲诺洛芬钙 L02151001

Fenoprofen calcium; Phenyloxy brufen, calcium salt [53746-45-5]

为苯基丙酸类抗炎药，具有解热、镇痛、抗炎作用

【生产厂】［沪］上海神强实业有限公司〈P1761〉

芬布芬；联苯丁酮酸；苯布芬；γ-氧-1,1-联苯-4-丁酮酸 L02151101

Diphenyl acetoacetate

为非甾体消炎、解热、镇痛药

【生产厂】［鲁］山东省平原制药厂(40吨)〈P2146〉；［豫］开封制药(集团)有限公司(5吨)〈P2179〉；［鄂］湖北制药有限公司(50吨)〈P2237〉

吲哚美辛；消炎痛；抗炎吲哚酸 L02151201

Indometacin; Indomethacin [53-86-1]

为非激素类消炎镇痛药

【生产厂】［冀］石家庄欧意药业有限公司〈P1628〉；石药集团中诺药业(石家庄)有限公司〈P1634〉；［辽］鞍山市第五制药厂〈P1695〉；大连市旅顺合成制药厂〈P1694〉；［沪］上海盛欣医药化工有限公司(200吨)〈P1762〉；［浙］宁波大红鹰药业股份有限公司〈P1930〉；浙江省金华市第三制药厂〈P1955〉；衢州市台胞投资经贸有限公司〈P1958〉

炎痛喜康；吡罗昔康；吡啶苯噻酰胺；吡氧噻嗪 L02151301

Piroxicam [36322-90-4]

为强力非甾体消炎镇痛剂

【生产厂】［吉］辽源市百康药业有限责任公司(20吨)〈P1717〉；［苏］江苏济川制药有限公司〈P1821〉；［浙］台州市中荣化工有限公司〈P1962〉；［鲁］山东方明药业股份有限公司(150吨)〈P2160〉；［豫］开封制药(集团)有限公司(10吨)〈P2179〉

苯丙氨酯；氨甲酸苯丙酯；强筋松 L02151401

Phenprobamate; Phenylpropylcarbamate [673-31-4]

用于治疗肌肉松弛症

【生产厂】［津］天津中新药业集团股份有限公司新新制药厂(50吨)〈P1618〉；［苏］徐州市第五制药厂〈P1795〉

【使用厂】［苏］江苏省溧阳市制药厂〈P1861〉

美索巴莫；舒筋灵 L02151501

Methocarbamol; Delaxin; Marbaxin; Robamol [532-03-6]

用作解热镇痛药

【生产厂】［津］天津中新药业集团股份有限公司新新制药厂(100吨)〈P1618〉

氟比洛芬；苯氟布洛芬；氟联苯丙酸 L02151601

Flurbiprofen; 3-Fluoro-4-phenylhydratropic acid [5104-49-4]

解热镇痛消炎药，用于风湿性关节炎、骨关节炎、手术后及各种癌症止痛

【生产厂】［沪］上海三维制药有限公司〈P1760〉；［浙］杭州科本化工有限公司〈P1920〉；［赣］江西省励远化工科技实业公司〈P2009〉

阿西美辛 L02151701

Acemetacin [53164-05-9]

具有抗炎镇痛作用，用于类风湿性关节炎、

骨关节炎等
【生产厂】[豫]安阳市九州药业有限责任公司北厂(10吨)〈P2209〉;河南东泰制药有限公司(300吨)〈P2210〉

苄达明 L02151801
Benzydamine;Difflam [642-72-8]
用作消炎镇痛药
【生产厂】[吉]长春达兴药业股份有限公司〈P1714〉

盐酸苄达明 L02151851
Benzydamine hydrochloride [132-69-4]
【生产厂】[渝]重庆赛维药业有限公司〈P2306〉

萘普生;甲氧萘丙酸;消痛灵;(+)α-甲基-6-甲氧基-2-萘乙酸 L02151901
Naproxen [22204-53-1]
用作消炎镇痛药
【生产厂】[苏]徐州恩华药业集团有限责任公司(20吨)〈P1794〉;[浙]浙江天新药业有限公司(200吨)〈P1968〉;浙江车头制药有限公司(300吨)〈P1963〉;浙江省金华市第三制药厂〈P1955〉;[豫]河南安阳康星制药有限公司(600吨)〈P2210〉;[鄂]湖北制药有限公司(100吨)〈P2237〉

DL-萘普生;萘普生混旋体 L02151902
DL-Naproxen [22204-53-1]
用作医药萘普生中间体
【生产厂】[冀]河北美化化工有限公司〈P1620〉;[浙]上虞催化剂有限责任公司〈P1947〉;浙江车头制药有限公司〈P1963〉;台州市知青化工有限公司〈P1962〉;浙江黄岩精细化学品集团有限公司(250吨)〈P1964〉;浙江精进药业有限公司〈P1965〉

萘普生钠 L02151903
Naproxen sodium;Anaprox;Synflex [26159-34-2]
用作消炎镇痛药
【生产厂】[浙]浙江天新药业有限公司(200吨)〈P1968〉;浙江车头制药有限公司(100吨)〈P1963〉

亚硫酸氢钠穿心莲内酯 L02152151
Andrographolide sodium bisulfite
具有清热、泻火、消炎等功效
【生产厂】[川]四川省什邡市华康药物原料厂〈P2328〉;什邡市龙康植物原料厂〈P2325〉;四川文龙药业有限公司〈P2335〉

依托度酸 L02152301
Etodolac;Lodine [41340-25-4]
用作消炎镇痛药
【生产厂】[苏]江苏华派集团〈P1807〉;[浙]杭州科本化工有限公司〈P1920〉;浙江九洲药业股份有限公司〈P1965〉

青藤碱 L02152451
Sinomenine [115-53-7]
用作抗炎镇痛药
【生产厂】[陕]西安华萃生物技术有限责任公司〈P2348〉;西安天诚医药生物工程公司〈P2349〉

安吡昔康 L02152501
Ampiroxicam
用作消炎镇痛药
【生产厂】[苏]南京法姆化学厂〈P1783〉;[渝]重庆圣华曦药业有限公司〈P2306〉

扎托洛芬 L02152601
Zaltoprofen [89482-00-8]
【生产厂】[苏]苏州福玛威尔医药科技有限公司〈P1900〉

非普拉宗 L02152701
Feprazone [30748-29-9]
抗炎药,用于风湿性和类风湿性关节炎等症的治疗
【生产厂】[津]天津太平洋医药科技集团〈P1614〉;天津太平洋化学制药有限公司〈P1614〉;[鲁]济南金达药化有限公司(10吨)〈P2023〉

替诺昔康 L02152801
Tenoxicam;Mobiflex [59804-37-4]
属消炎解热镇痛药
【生产厂】[苏]南京法姆化学厂〈P1783〉;常州市白云化工有限公司〈P1849〉;苏州市奥盛精细化工有限公司〈P1902〉;[浙]浙江优联医药化工有限公司〈P1928〉

洛索洛芬钠 L02153001
Loxoprofen sodium [80382-23-6]
用作消炎镇痛药
【生产厂】[苏]苏州万庆药业有限公司〈P1907〉;徐州瑞赛科技实业有限公司〈P1795〉;[赣]江西金峰原料药有限公司〈P2018〉;[鲁]迪沙药业集团有限公司(5吨)〈P2121〉

异丙基氨基比林;雷米那酮;异比林 L02153101
Ramifenazone [3615-24-5]
用作消炎镇痛药
【生产厂】[陕]西安博捷医药化工技术有限公司〈P2347〉

来氟米特 L02153201
Leflunomide [75706-12-6]
为抗类风湿性关节炎药
【生产厂】[冀]沧州锐新化工有限公司〈P1652〉;[沪]上海品新科贸有限公司〈P1755〉;上海康爱生物制品有限公司〈P1747〉;[苏]南京博而凯科技有限公司〈P1782〉;苏州第四制药厂有限公司〈P1899〉

环氧洛芬;洛索洛芬 L02153301
Loxoprofen [68767-14-6]
用作消炎镇痛药
【生产厂】[苏]江苏华派集团〈P1807〉;[浙]杭州科本化工有限公司〈P1920〉;[赣]江西金峰原料药有限公司〈P2018〉

卡洛芬;卡布洛芬 L02153401
Carprofen;Imadyl;Rimadyl [53716-49-7]
用于类风湿性关节炎、骨关节炎、急性痛风、关节外风湿病等的止痛
【生产厂】[苏]常州市华人化工有限公司〈P1851〉;[浙]浙江台州海翔医药化工有限公司〈P1968〉;[鲁]阿维化学(山东)公司〈P2020〉;济南金达药化有限公司(3吨)〈P2023〉;山东方兴科技开发有限公司(6吨)〈P2155〉

赛利克西;塞来西布 L02153501
Celecoxib [169590-42-5]
用于治疗关节炎,具有抗炎镇痛、缓解骨关

L

节炎和类风湿关节炎症状和体征的作用

【生产厂】[晋]山西太明化工工业有限公司(5吨)〈P1676〉;[沪]上海信合化工有限公司〈P1772〉;[苏]苏州市龙盛精细化工厂〈P1904〉;昆山化工医药原料有限公司〈P1895〉;昆山化工医药原料有限公司〈P1895〉;[浙]浙江海正药业股份有限公司〈P1964〉;浙江精进药业有限公司(20吨)〈P1965〉

氯诺昔康 L02153801

Lornoxicam [70374-39-9]

【生产厂】[京]北京上地新世纪生物医药研究所有限公司〈P1557〉;[辽]阜新博达维医药科技有限公司〈P1707〉;[沪]上海泰亨实业有限公司〈P1767〉;[苏]南京法姆化学厂〈P1783〉;常州市白云化工有限公司〈P1849〉;苏州市奥盛精细化工有限公司〈P1902〉;[浙]浙江震元制药有限公司〈P1952〉;湖州恒远生物化学技术有限公司〈P1945〉

苯溴马隆;痛风利仙;溴吩呋酮 L02200501

Benzbromarone;Desuric [3562-84-3]

用于治疗痛风、高尿酸血症

【生产厂】[苏]常州康达制药有限公司〈P1848〉

别嘌醇;痛风宁;别嘌呤醇 L02200801

Allopurinol [315-30-0]

抗痛风药,用于治疗痛风、痛风性肾病等

【生产厂】[苏]南京法姆化学厂(20吨)〈P1783〉;[浙]浙江海正药业股份有限公司〈P1964〉;[渝]重庆青阳药业有限公司〈P2306〉

佐米曲坦;佐米曲普坦 L02250101

Zolmitriptan [139264-17-8]

用作抗偏头痛药

【生产厂】[京]北京云迪同创医药科技有限公司〈P1566〉;北京联本医药化学技术有限公司〈P1554〉;北京高博医药化学技术开发有限公司〈P1547〉;北京金奥利维科技发展有限公司〈P1551〉;北京北化新元科技发展有限公司〈P1544〉;北京丰德医药科技有限公司〈P1547〉;北京迈劲医药科技有限公司〈P1555〉;[沪]上海优迪医药有限公司〈P1775〉;上海凯峰化工有限公司〈P1747〉;上海特化医药科技有限公司〈P1767〉;[苏]金坛德培化工有限公司〈P1861〉;苏州福玛威尔医药科技有限公司〈P1900〉;苏州永拓医药科技有限公司〈P1907〉;[浙]浙江海正药业股份有限公司〈P1964〉;台州市融丰医药化工有限公司〈P1961〉;浙江华纳药业有限公司〈P1950〉;[鄂]湖北天义药业有限公司〈P2245〉;[粤]益飞医药化工有限公司〈P2274〉;[川]成都宇洋高科技术发展有限公司〈P2317〉;成都天台山制药有限公司〈P2316〉

盐酸哌替啶;美吡利啶;吡利啶 L02251001

Dolantin;Meperidine;Pethidine hydrochloride

用作镇痛药

【生产厂】[青]青海制药厂有限公司(5吨)〈P2359〉

盐酸萘福泮;盐酸平痛新;平痛新;萘福泮;萘福潘 L02251601

Nefopam;Nefopam hydrochloride

用于术后止痛、癌症痛、急性外伤痛的治疗,亦适用于急性胃炎、胆道蛔虫症、输尿管结石等内脏平滑肌绞痛

【生产厂】[吉]吉林省博大制药有限责任公司(10吨)〈P1717〉;辽源市百康药业有限责任公司(20吨)〈P1717〉;[苏]徐州市第五制药厂〈P1795〉;[浙]台州东升医药化工有限公司(100吨)〈P1960〉;[豫]焦作鑫安科技股份有限公司药业分公司(20吨)〈P2197〉

盐酸曲马多 L02251751

Tramadol hydrochloride;Tramal [22204-88-2]

镇痛药,用于癌症疼痛、骨折和多种术后疼痛等

【生产厂】[冀]石家庄欧意药业有限公司〈P1628〉;石家庄制药集团有限公司〈P1634〉;[辽]锦州黑龙制药厂〈P1701〉;[沪]上海优迪医药有限公司〈P1775〉;[浙]杭州德立化工有限公司〈P1916〉;浙江台州海翔医药化工有限公司〈P1968〉;[鲁]山东新华制药股份有限公司〈P2055〉

丹皮酚磺酸钠 L02251801

Sodium paeonol sulfonate

用作镇痛药

【生产厂】[沪]上海紫源制药有限公司〈P1780〉

丹皮酚;芍药醇;2-羟基-4-甲氧基苯乙酮 L02251851

Paeonol;2-Hydroxy-4-methoxyacetophenone [552-41-0]

用作祛风湿药,具有抗炎、镇痛的作用

【生产厂】[沪]上海紫源制药有限公司〈P1780〉;[赣]江西吉水县威海药用油厂〈P2017〉;江西省吉水县华宝天然药用油厂〈P2018〉;江西省吉水县华源香料油厂〈P2018〉;江西省吉水县康神天然药用油提炼厂〈P2018〉;江西省吉水县同仁天然药用油厂〈P2019〉;江西省南方药物油厂〈P2019〉;江西省吉水县水南威霸香料公司〈P2018〉;江西省吉水三达天然药用香料油厂〈P2018〉;江西省吉水中南天然香料油厂〈P2019〉;[鲁]泰安中荟植物生化有限公司〈P2138〉;[粤]广州合诚三先生物科技有限公司〈P2260〉;[川]什邡市龙康植物原料厂〈P2325〉;四川科瑞德制药有限公司〈P2323〉

磷酸可待因 L02252001

Codeine phosphate [41444-62-6]

用作镇痛药、镇咳药

【生产厂】[鄂]宜昌人福药业有限责任公司〈P2241〉;[青]青海制药厂有限公司(14吨)〈P2359〉

舒林酸;(2)-5-氟-2-甲基-1-[(亚硫酰苯基)亚甲基]-1*H*-茚-3-醋酸 L02252101

Sulindac;Clinoril;Aclin;Clusinol;Saldac [38194-50-2]

用作消炎镇痛药,用于风湿性、类风湿性关节炎、急性痛风等

【生产厂】[浙]宁波大红鹰药业股份有限公司〈P1930〉;宁波市天衡制药有限公司〈P1932〉

罗通定;颅通定;颅痛定;左旋四氢巴马汀;左旋延胡索乙素 L02252201

Rotundine;L-Tetrahydropalmatine [10097-84-4]

用作镇痛药,适用于内科疾病引起的胃肠道和肝胆系统的头痛、痛经及分娩止痛

【生产厂】[粤]广州环叶制药有限公司〈P2261〉;[桂]广西百色市益联植化有限公司〈P2301〉;[川]四川省新繁生物化学厂(500千克)〈P2319〉;四川协力制药有限公司〈P2320〉;四川广汉市天府实业有限公司〈P2326〉;四川广汉市维康植化有限公司〈P2326〉;四川省什邡市鸿运生物化工有限公司〈P2328〉;四川省什邡市康源药品原料有限公司〈P2328〉;四川省什邡市胜仁植物有限责任公司

〈P2328〉;四川省玉鑫药业有限公司〈P2328〉;四川什邡普康生化有限公司〈P2329〉;四川什邡瑞邦植物有限公司〈P2329〉;四川世坤植化有限公司〈P2329〉;什邡市龙康植物原料厂〈P2325〉;四川什邡市宏升植物原料有限公司〈P2329〉;四川什邡市健福植物原料有限公司〈P2329〉;[滇]云南省玉溪望子隆生物制药有限公司〈P2344〉;云南玉溪万方天然药物有限公司〈P2344〉;云南金泰得制药总公司〈P2344〉;大理丸荣制药有限公司〈P2345〉;云南广福药业有限公司〈P2344〉;[陕]陕西慧科植物开发有限公司〈P2346〉

甲钴胺 L02252401

Mecobalamin;Methylcobalamin hydrate [13422-55-4]

用于治疗神经系统疾病,缓解疼痛和麻木,速缓解神经痛,改善颈椎病引起的疼痛,治疗突发性耳聋等

【生产厂】[冀]华北制药集团有限责任公司〈P1624〉;华北制药集团华栾有限公司〈P1624〉;[晋]山西亚宝药业集团股份有限公司〈P1680〉;[沪]上海北卡医药技术有限公司〈P1728〉;[鲁]山东中科泰斗化学有限公司(240千克)〈P2030〉;济宁市化工研究所(100千克)〈P2128〉

盐酸丁丙诺非 L02252701

Buprenorphine hydrochloride [53152-21-9]

用作镇痛药

【生产厂】[青]青海制药厂有限公司〈P2359〉

硫酸吗啡 L02253001

Morphine sulphate [52-26-6]

用作镇痛药

【生产厂】[青]青海制药厂有限公司(5吨)〈P2359〉

琥珀酸舒马曲坦 L02253201

Sumatriptan succinate [103628-48-4]

用作镇痛药

【生产厂】[京]北京联本医药化学技术有限公司〈P1554〉;北京诺德恒信化工技术有限公司〈P1556〉;北京迈劲医药科技有限公司〈P1555〉;[湘]湖南九典制药有限公司(500千克)〈P2248〉

舒马曲坦 L02253251

Sumatriptan [103628-46-2]

用作偏头痛治疗药

【生产厂】[京]北京丰德医药科技有限公司〈P1547〉;[苏]金坛德培化工有限公司〈P1861〉;苏州福玛威尔医药科技有限公司〈P1900〉;[浙]杭州龙生化工有限公司〈P1921〉;横店集团家园化工有限公司〈P1952〉

苯甲酸利扎曲坦 L02253301

Rizatriptan benzoate [145202-66-0]

适用于偏头痛的治疗

【生产厂】[京]北京联本医药化学技术有限公司〈P1554〉;北京高博医药化学技术开发有限公司〈P1547〉;北京迈劲医药科技有限公司〈P1555〉;[冀]沧州锐新化工有限公司〈P1652〉;[沪]上海巨龙药物研究开发有限公司〈P1746〉;[苏]常州伊思特化工有限公司〈P1858〉;[渝]重庆赛维药业有限公司〈P2306〉;[川]成都宇洋高科技术发展有限公司〈P2317〉

替扎尼定 L02254001

Tizanidine [51322-75-9]

肌肉松弛药,用于治疗肌肉过度紧张引起的疼痛

【生产厂】[京]北京诺德恒信化工技术有限公司〈P1556〉

美他沙酮 L02254101

Metaxalone [1665-48-1]

【生产厂】[苏]苏州市龙盛精细化工厂〈P1904〉

维生素A醋酸酯 L03100001

Vitamin A acetate [127-47-9]

用于维生素A缺乏症

【生产厂】[京]北京贝丽莱斯生物化学有限公司〈P1544〉;[浙]桐乡市康普达生物科技有限公司〈P1943〉

维生素A L03100002

Vitamin A [68-26-8]

用于制药片和胶囊,在饲料工业中作为维生素类饲料添加剂

【生产厂】[辽]沈阳东进化工产业有限公司(1万吨)〈P1685〉;[浙]桐乡市康普达生物科技有限公司〈P1943〉

【使用厂】[津]天津市金牧兽药厂〈P1592〉

异维A酸;异维甲酸;保肤灵 L03100011

Isoretinoin;Accutane [4759-48-2]

用于治疗严重痤疮等症

【生产厂】[浙]杭州德立化工有限公司〈P1916〉;仙居县绿叶医药原料厂〈P1963〉;浙江省仙居县美克化工厂〈P1967〉;台州市奥力特精细化工有限公司〈P1961〉;台州市新日东生物科技有限公司(600千克)〈P1962〉;台州市中荣化工有限公司〈P1962〉;浙江九洲药业股份有限公司〈P1965〉;[赣]江西金峰原料药有限公司〈P2018〉;[粤]益飞医药化工有限公司〈P2274〉;[渝]重庆华邦制药股份有限公司〈P2305〉

维生素B族;维生素B L03110000

Vitamin B series

用于治疗维生素缺乏症

【生产厂】[沪]上海迪赛诺维生素有限公司(700吨)〈P1732〉;[浙]桐乡市康普达生物科技有限公司〈P1943〉;[豫]许昌市华原药业有限公司(20吨)〈P2219〉

维生素B_1;硫胺 L03110001

Thiamine;Vitamin B1 [59-43-8]

适用于维生素B_1缺乏症,具有维持正常糖代谢及神经传导的功能,也用于消化不良、神经炎等的辅助治疗

【生产厂】[冀]河北新兴化工有限责任公司〈P1648〉;[辽]沈阳东进化工产业有限公司(6000吨)〈P1685〉;[沪]上海迪赛诺公司〈P1731〉;上海源森医药原料有限公司(1500吨)〈P1776〉;[鄂]武汉远城科技发展有限公司〈P2235〉;湖北华中药业有限公司(550吨)〈P2237〉

【使用厂】[渝]西南合成制药股份有限公司〈P2303〉

丙硫硫胺;优硫胺;新维生素B_1 L03110101

Thiamine propyldisulfide

营养药,用于脚气病、缺乏维生素B_1而致的营养障碍症等

【生产厂】[沪]上海源森医药原料有限公司〈P1776〉;[鄂]武汉远城科技发展有限公司〈P2235〉

L

硝酸硫胺;维生素 B_1 硝酸盐 L03120001

Thiamine nitrate; Thiamine mononitrate; Vitamin B1 nitrate [532-43-4]

适用于维生素 B_1 缺乏症,具有维持正常糖代谢及神经传导的功能,也用于消化不良、神经炎等的辅助治疗

【生产厂】[津]天津中津药业股份有限公司(1200 吨)〈P1617〉;[辽]东北制药总厂〈P1684〉;[沪]上海源森医药原料有限公司(900 吨)〈P1776〉;[苏]江苏常顺化工有限责任公司(240 吨)〈P1893〉;[鄂]武汉远城科技发展有限公司〈P2235〉;湖北华中药业有限公司〈P2237〉

盐酸硫胺;维生素 B_1 盐酸盐 L03120011

Thiamine hydrochloride; Vitamin B1 hydrochloride [67-03-8]

用于维生素 B_1 缺乏症

【生产厂】[津]天津中津药业股份有限公司(1200 吨)〈P1617〉;[沪]上海朗瑞精细化学品有限公司〈P1749〉;上海源森医药原料有限公司(600 吨)〈P1776〉;[苏]江苏常顺化工有限责任公司(300 吨)〈P1893〉;[鲁]山东新发药业有限责任公司(200 吨)〈P2086〉;[鄂]武汉远城科技发展有限公司〈P2235〉;湖北华中药业有限公司〈P2237〉

维生素 B_2;核黄素 L03150001

Riboflavin; Vitamin B_2 [83-88-5]

用于治疗核黄素缺乏症、结膜炎、营养性溃疡、全身营养障碍和其他疾病

【生产厂】[沪]上海捷倍思基因技术有限公司〈P1744〉;上海朗瑞精细化学品有限公司〈P1749〉;上海迪赛诺公司〈P1731〉;[苏]江苏常顺化工有限责任公司(240 吨)〈P1893〉;[浙]浙江家园药业原料厂〈P1954〉;[豫]郑州拓洋实业有限公司(300 吨)〈P2174〉

L

核黄素磷酸钠 L03150051

Riboflavin sodium phosphate

维生素类药,用于治疗各种 VB_2 缺乏症,同时也可大量用作食品添加剂

【生产厂】[津]天津市津康制药有限公司〈P1593〉;[晋]山西集翔生物工程有限公司(50 吨)〈P1670〉;山西新天源医药化工有限公司〈P1677〉;[沪]上海捷倍思基因技术有限公司〈P1744〉;上海迪赛诺公司〈P1731〉;[豫]郑州拓洋实业有限公司(200 吨)〈P2174〉

二氢黄酮苷;橙皮苷 L03170001

Hesperidin [520-26-3]

维生素类药,能降低毛细管的脆性,用于高血压病的辅助治疗

【生产厂】[浙]杭州天草科技有限公司〈P1922〉;[闽]福州日冕科技开发有限公司〈P1990〉;[豫]平舆县馨星生化有限公司〈P2227〉;[粤]广州环叶制药有限公司〈P2261〉;[川]成都欧康植化科技有限公司〈P2313〉;成都华康生物工程有限公司(10 吨)〈P2311〉;成都市金堂天然植物中间体厂〈P2314〉;成都市蒲江蜀西植物生化有限公司〈P2314〉;成都超人植化开发有限公司(300 吨)〈P2310〉;四川协力制药有限公司〈P2320〉;四川亚宝光泰药业有限公司〈P2320〉;什邡市龙康植物原料厂〈P2325〉;[陕]陕西慧科植物开发有限公司〈P2346〉;西安惠丰生化集团股份有限公司〈P2348〉

新橙皮苷二氢查尔酮 L03170091

Neohesperidin dihydrochalcone

【生产厂】[粤]广州环叶制药有限公司〈P2261〉;[川]成都华康生物工程有限公司〈P2311〉;[陕]陕西慧科植物开发有限公司〈P2346〉

烟酸;吡啶-3-甲酸;尼可酸;维生素 PP L03180001

Nicotinic acid [59-67-6]

B 族维生素的一种,用于防治糙皮病和类似的维生素缺乏症,也有扩张血管作用

【生产厂】[津]天津市华顺药业有限公司〈P1590〉;天津市兽药二厂(200 吨)〈P1602〉;[冀]河北亚诺化工有限公司〈P1623〉;河北省冀州市华阳化工有限责任公司〈P1665〉;黄骅市津骅饲料添加剂有限公司〈P1656〉;[沪]上海捷倍思基因技术有限公司〈P1744〉;上海朗瑞精细化学品有限公司〈P1749〉;[浙]杭州海尔希畜牧科技有限公司〈P1917〉;杭州胜大药业有限公司〈P1922〉;浙江新赛科药业有限公司(500 吨)〈P1952〉;浙江兄弟实业发展公司〈P1944〉;桐乡市康普达生物科技有限公司〈P1943〉;[豫]河南省新谊医药集团精细化工有限公司(300 吨)〈P2202〉;[鄂]襄樊一诺精细化工有限公司〈P2238〉;[湘]湖南诺伊尔生物制药有限公司〈P2257〉;[粤]广州龙沙有限公司〈P2262〉

【使用厂】[冀]河北省武强县启龙化工有限公司〈P1666〉;[辽]锦州黑龙制药厂〈P1701〉;[苏]南通大伦化工有限公司〈P1833〉;江苏亚邦化工集团有限公司〈P1861〉;江阴市龙达化工有限公司〈P1870〉;[鲁]济南圣泉集团股份有限公司〈P2025〉;山东神工化工股份有限公司〈P2077〉;[湘]湖南湘渝化工有限责任公司〈P2258〉

烟酰胺;烟碱酰胺;维生素 B_3;尼克酰胺 L03190001

Niacinamide; Nicotinamide [98-92-0]

维生素类药,参与体内代谢过程,用于防治糙皮病等烟酸缺乏症

【生产厂】[津]天津市华顺药业有限公司〈P1590〉;天津市兽药二厂(200 吨)〈P1602〉;[冀]河北亚诺化工有限公司(50 吨)〈P1623〉;河北省冀州市华阳化工有限责任公司〈P1665〉;黄骅市津骅饲料添加剂有限公司〈P1656〉;[沪]上海捷倍思基因技术有限公司〈P1744〉;上海朗瑞精细化学品有限公司〈P1749〉;[苏]南京仁信化工有限公司〈P1788〉;[浙]杭州胜大药业有限公司〈P1922〉;浙江新赛科药业有限公司(600 吨)〈P1952〉;浙江兄弟实业发展公司〈P1944〉;桐乡市康普达生物科技有限公司〈P1943〉;[鲁]山东大华广济生化工程有限公司〈P2028〉;[豫]河南省新谊医药集团精细化工有限公司〈P2202〉;[粤]广州龙沙有限公司(4200 吨)〈P2262〉

【使用厂】[鲁]山东山大康诺制药有限公司〈P2029〉

维生素 B_4;维他命;腺嘌呤磷酸盐;6-氨基嘌呤磷酸盐 L03200001

Vitamin B_4; Adenine phosphate; 6-Aminopurine phosphate [52175-10-7]

用于防治各种原因引起的白细胞减少症,特别是用于肿瘤化学治疗时引起的白细胞减少症

【生产厂】[冀]石家庄华牧牧业有限责任公司兽药分公司〈P1626〉;[苏]兴化明威化工有限公司〈P1828〉;[浙]宁波大红鹰药业股份有限公司〈P1930〉;浙江海正药业股份有限公司〈P1964〉;[赣]江西恒辉医药化工有限公司〈P2017〉;[豫]新乡拓新生化科技有限公司(10 吨)〈P2207〉;新乡市赛特化工有限公司〈P2205〉

维生素 B_6;盐酸吡多辛;盐酸吡多醇 L03210001
Pyridoxine hydrochloride [58-56-0]
临床上可以治疗各种因缺乏 VB_6 引起的病症,如癞皮病、皮脂溢出性皮炎等
【生产厂】[沪]上海朗瑞精细化学品有限公司〈P1749〉;上海迪赛诺公司〈P1731〉;上海晨富化工有限公司(380 吨)〈P1730〉;[苏]吴江市普强医药化工有限公司〈P1910〉;江苏常顺化工有限责任公司(756 吨)〈P1893〉;张家港市宏新化学制药有限公司(600 吨)〈P1912〉;[浙]上虞市莱特佳化工有限公司(1000 吨)〈P1948〉;德清县建洋化工有限公司〈P1944〉;浙江天新药业有限公司(1000 吨)〈P1968〉;[鄂]咸宁京汇药业有限公司(260 吨)〈P2244〉

呋喃硫胺;长效维生素 B_1 L03220001
Fursultiamine [804-30-8]
为维生素 B_1 的活性型衍生物,其特点是不受体内硫胺酶所破坏,因此吸收迅速而作用持久
【生产厂】[沪]上海泰顿化工有限公司〈P1766〉;上海三维制药有限公司〈P1760〉;上海源森医药原料有限公司〈P1776〉;[鄂]武汉远城科技发展有限公司〈P2235〉

盐酸呋喃硫胺 L03220101
Fursultiamine hydrochloride
用于维生素 B_1 缺乏症
【生产厂】[沪]上海泰顿化工有限公司〈P1766〉;上海三维制药有限公司〈P1760〉

维生素 B_{12};氰钴胺 L03230001
Cyanocobalamin; Vitamin B_{12} [68-19-9]
主要用于治疗巨幼红细胞贫血、营养性不良、失血性贫血、神经痛及障碍性疾患
【生产厂】[津]天津市兽药二厂(1000 吨)〈P1602〉;[冀]华北制药集团康欣有限公司〈P1624〉;石家庄申达饲料添加剂有限公司〈P1628〉;华北制药威可达制药有限公司(2 吨)〈P1625〉;石家庄制药集团有限公司〈P1634〉;华北制药集团华栾有限公司〈P1624〉;[沪]上海朗瑞精细化学品有限公司〈P1749〉;[豫]沁阳福瑞生化科技有限公司(1 吨)〈P2197〉
【使用厂】[鲁]济宁市化工研究所〈P2128〉

羟钴胺;维生素 B_{12} L03230301
Hydroxycobalamin
用于恶性贫血与缺乏维生素 B_{12} 所引起的其他病症,大剂量应用,可作为氰化物的解毒剂使氰化物转化为氰钴胺
【生产厂】[冀]华北制药威可达制药有限公司〈P1625〉

腺苷钴胺;辅酶维 B_{12} L03230501
Cobamamide; Adenosylcobalamin; Deoxyadenosylcobalamin [13870-90-1]
属维生素类药
【生产厂】[冀]华北制药集团康欣有限公司〈P1624〉

维生素 H;生物素 L03240001
Vitamin H; Vitamin B7 [58-85-5]
为羧化酶的辅酶,参与很多羧化反应,且是糖、蛋白质和脂肪中间代谢的一个重要辅酶
【生产厂】[京]北京东方德众科技发展有限公司〈P1546〉;[沪]上海朗瑞精细化学品有限公司〈P1749〉;上海迪赛诺公司〈P1731〉;[苏]江苏亚邦化工集团有限公司〈P1861〉;[浙]桐乡市康普达生物科技有限公司〈P1943〉;浙江圣达药业有限公司〈P1967〉;[豫]河南省天择实业有限公司(30 吨)〈P2167〉;[鄂]武汉远城科技发展有限公司〈P2235〉

吡哆醛盐酸盐 L03250101
Pyridoxal hydrochloride [65-22-5]
【生产厂】[沪]上海泰顿化工有限公司〈P1766〉

吡多醛-5-磷酸酯 L03250201
Pyridoxal-5-phosphate [41468-25-1]
维生素类营养药,能够提高免疫力,防止动脉硬化
【生产厂】[辽]开原亨泰精细化工厂〈P1712〉

吡哆胺盐酸盐 L03250301
Pyridoxamine dihydrochloride [524-36-7]
【生产厂】[辽]开原亨泰精细化工厂〈P1712〉;[沪]上海泰顿化工有限公司〈P1766〉;上海晨富化工有限公司〈P1730〉

泛酸钙 L03300001
Calcium pantothenate [137-08-6]
属维生素类药物,用于维生素 B 缺乏症辅助治疗以及周围神经炎、手术后肠绞痛等的治疗
【生产厂】[沪]上海三维制药有限公司〈P1760〉;[鲁]阿维化学(山东)公司〈P2020〉

右旋泛酸钙;D-泛酸钙 L03300101
Calcium D-pantothenate, medicinal [137-08-6]
用作维生素类饲料添加剂、医药的维生素补强剂等
【生产厂】[沪]上海朗瑞精细化学品有限公司〈P1749〉;上海广裕精细化工有限公司〈P1735〉;[浙]浙江杭州鑫富药业股份有限公司(5000 吨)〈P1927〉;普洛康裕股份有限公司(195 吨)〈P1953〉;[鲁]济南乐康信药业有限公司〈P2023〉;山东新发药业有限责任公司(500 吨)〈P2086〉;山东龙口市第二制药厂(500 吨)〈P2114〉;山东双龙化工有限公司(100 吨)〈P2115〉;[鄂]湖北仙隆化工股份有限公司〈P2245〉;湖北富驰化工医药股份有限公司(500 吨)〈P2236〉

抗坏血酸;维生素 C L03350001
Ascorbic acid; Vitamin C [50-81-7]
维生素类药,用于防治坏血病,也用于各种急慢性传染性疾病及紫癜等的辅助作用
【生产厂】[冀]河北维尔康制药有限公司(1 万吨)〈P1622〉;石药集团维生药业(石家庄)有限公司(3 万吨)〈P1634〉;石家庄制药集团有限公司(1 万吨)〈P1634〉;[辽]沈阳东进化工产业有限公司(10 万吨)〈P1685〉;[沪]上海优迪医药有限公司〈P1775〉;上海捷倍思基因技术有限公司〈P1744〉;上海三维制药有限公司〈P1760〉;上海邦成化工有限公司〈P1728〉;上海朗瑞精细化学品有限公司〈P1749〉;[苏]南京仁信化工有限公司〈P1788〉;江苏江山制药有限公司(1 万吨)〈P1821〉;[浙]桐乡市康普达生物科技有限公司〈P1943〉;[鲁]山东淄博华龙制药有限公司(1 万吨)〈P2056〉;青岛三凯化工有限公司〈P2041〉;[豫]郑州元丰食品添加剂有限责任公司〈P2175〉;中原制药厂(5000 吨)〈P2176〉;许昌市华原药业有限公司〈P2219〉;[鄂]宜昌人福药业有限责任公司〈P2241〉

【使用厂】[冀]石家庄市有机化工厂〈P1632〉;[鲁]淄博化学试剂厂有限公司〈P2062〉;[粤]广州化学试剂厂〈P2261〉;[桂]桂林市红星化工有限责任公司〈P2299〉;[川]乐山三九长征药业股份有限公司〈P2332〉

维生素C钙盐;抗坏血酸钙 L03350010
Vitamine C calcium salts
维生素类药,具有补充维生素C及补钙的双重功能,适用pH值要求中性或不含钠的食品或药品中
【生产厂】[冀]河北维尔康制药有限公司〈P1622〉;石药集团维生药业(石家庄)有限公司〈P1634〉;石家庄制药集团有限公司〈P1634〉;[沪]上海三维制药有限公司〈P1760〉;[苏]江苏江山制药有限公司〈P1821〉;[浙]桐乡市康普达生物科技有限公司〈P1943〉;[鲁]山东淄博华龙制药有限公司〈P2056〉

维生素C钠盐 L03350011
Vitamine C sodium salt [134-03-2]
用于治疗坏血病及各种急慢性传染病的药物中毒
【生产厂】[冀]河北维尔康制药有限公司〈P1622〉;石药集团维生药业(石家庄)有限公司〈P1634〉;石家庄制药集团有限公司〈P1634〉;[沪]上海三维制药有限公司〈P1760〉;[苏]江苏江山制药有限公司〈P1821〉;[浙]桐乡市康普达生物科技有限公司〈P1943〉;[鲁]山东淄博华龙制药有限公司〈P2056〉

维生素C硬脂酸酯;抗坏血酸硬脂酸酯 L03350051
Vitamin C stearate
属维生素类药
【生产厂】[沪]上海赛恩斯医药化工有限公司〈P1759〉

维生素C磷酸酯;L-抗坏血酸-2-磷酸酯 L03350101
Vitamin C phosphate;L-Ascorbate-2-phosphate
用于水产养殖业及畜禽业
【生产厂】[沪]上海泰顿化工有限公司〈P1766〉;[苏]江苏江山制药有限公司〈P1821〉;苏州维华化工有限公司〈P1907〉

维生素D_2;骨化醇;麦化骨化醇 L03370001
Ergocalciferol;Vitamin D_2 [50-14-6]
主要用于防治佝偻病、骨软化症、婴儿手足搐搦症等
【生产厂】[浙]桐乡市康普达生物科技有限公司〈P1943〉;[鲁]山东东辰生物工程股份有限公司(15吨)〈P2084〉;[川]德阳新诺赛制药有限公司〈P2324〉;德阳市生化制品有限公司〈P2324〉;四川省玉鑫药业有限公司(600千克)〈P2328〉

维生素D_3;7-去氢胆固醇 L03370011
Vitamin D_3;7-Dehydrocholesterol [67-97-0]
维生素类药,能促进肠内钙磷的吸收和沉积,用于治疗佝偻病及骨质软化病
【生产厂】[浙]浙江优联医药化工有限公司〈P1928〉;[豫]河南夏邑县贝尔生物制品有限公司(100吨)〈P2226〉;[川]四川省玉鑫药业有限公司〈P2328〉

骨化三醇;钙三醇;罗钙全 L03370101
Calcitriol;Rocaltrol [32222-06-3]
用于慢性肾功能衰竭患者的肾性骨营养不良
【生产厂】[沪]上海中康伟业生物科技有限公司〈P1778〉;上海品新科贸有限公司〈P1755〉

钙泊三醇;卡泊三醇 L03370201
Calcipotriol [112828-00-9]
【生产厂】[津]天津市炜杰科技有限公司〈P1606〉;[沪]上海信合化工有限公司〈P1772〉;上海品新科贸有限公司〈P1755〉;[粤]益飞医药化工有限公司〈P2274〉;[渝]重庆华邦制药股份有限公司〈P2305〉

阿法骨化醇 L03380001
Alphacalcidol;Alfacalcidol;Hydroxyvitamin D3 [41294-56-8]
用于治疗骨质疏松症、维生素D依赖性佝偻病和骨软化症等
【生产厂】[京]北京恒天易德化工有限公司〈P1549〉;[沪]上海信合化工有限公司〈P1772〉;上海品新科贸有限公司〈P1755〉;上海迪赛诺公司〈P1731〉

维生素E;生育酚 L03390001
Tocopherol;Vitamin E [59-02-9]
用于维生素E缺乏所致的流产、习惯性流产及先兆性流产的预防,也用于不育症及婴儿营养性巨细胞贫血等病治疗
【生产厂】[津]天津天药药业股份有限公司〈P1615〉;[冀]河北省冀州市华阳化工有限责任公司〈P1665〉;保定鑫泰生物化工有限公司〈P1647〉;[辽]沈阳东进化工产业有限公司(1万吨)〈P1685〉;[苏]江苏宜兴市第二化学试剂厂〈P1866〉;[浙]桐乡市康普达生物科技有限公司〈P1943〉;浙江黄岩生物工程有限公司(500吨)〈P1965〉;[鄂]武汉凯迪精细化工有限公司〈P2230〉;[湘]湖南省洪江市昌和化工有限责任公司〈P2257〉;[渝]西南合成制药股份有限公司(1000吨)〈P2303〉;[滇]杨林工业开发区汕滇药业有限公司〈P2340〉;[陕]陕西西岳制药有限公司〈P2352〉

D-α-琥珀酸生育酚酯;维生素E琥珀酸酯 L03390201
D-α-Tocopheryl succinate [4345-03-3]
【生产厂】[沪]上海三维制药有限公司〈P1760〉;上海久邦化工有限公司〈P1745〉

维生素K_3;甲萘醌;亚硫酸氢钠甲萘醌 L03430001
Menadione;Vitamin K_3 [58-27-5]
饲料添加剂原料,主要能促进畜禽肝脏合成凝血酶原,并促进血浆凝血因子在肝脏内合成
【生产厂】[苏]无锡市第七制药有限公司〈P1875〉;江苏常顺化工有限责任公司(60吨)〈P1893〉;徐州万和化学工业有限公司〈P1796〉;[浙]浙江兄弟实业发展公司〈P1944〉;桐乡市康普达生物科技有限公司〈P1943〉;[鲁]山东广通宝医药有限公司〈P2094〉;[豫]河南省天择实业有限公司(30吨)〈P2167〉

维生素K_1 L03430010
Vitamin K_1;Phytonadione;Phytylmenadione [84-80-0]
维生素类药,用于维生素K_1缺乏症、凝血酶过低症、新生儿自然出血症等的防治

【生产厂】[苏]无锡市第七制药有限公司(1吨)〈P1875〉;徐州万和化学工业有限公司〈P1796〉;[鲁]济南明鑫制药有限公司(200吨)〈P2024〉;山东广通宝医药有限公司(3000吨)〈P2094〉

维生素K4;甲萘氢醌　L03440001

Menadiol; Vitamin K4

为非水溶性止血药

【生产厂】[苏]徐州万和化学工业有限公司〈P1796〉

醋酸甲萘氢醌　L03440051

Menadiol acetate

用作促凝血药

【生产厂】[苏]无锡市第七制药有限公司〈P1875〉

叶酸;维生素BC;维生素B_{11};维生素M;蝶酰谷氨酸　L03460001

Folic acid [59-30-3]

用作抗贫血药,亦可作为饲料添加剂

【生产厂】[冀]河北冀衡(集团)药业有限公司〈P1664〉;衡水市冀衡药业有限公司〈P1668〉;[沪]上海朗瑞精细化学品有限公司〈P1749〉;[苏]南京仁信化工有限公司〈P1788〉;常州药业股份有限公司〈P1858〉;常州制药厂有限公司〈P1858〉;常州市新鸿医药化工技术有限公司〈P1855〉;江苏省金坛市制药厂〈P1860〉;江苏常顺化工有限责任公司(60吨)〈P1893〉;徐州万和化学工业有限公司〈P1796〉;海门市通联化工有限责任公司(150吨)〈P1830〉;[浙]桐乡市康普达生物科技有限公司〈P1943〉;浙江海正药业股份有限公司〈P1964〉;[鲁]阿维化学(山东)公司〈P2020〉;山东新发药业有限责任公司(1000吨)〈P2086〉

芦丁;路丁;路丁粉;芸香苷;维生素P;路通;络通　L03470001

Rutin; Rutoside; Vitamin P [153-18-4]

用于防治高血压病脑溢血、糖尿病视网膜出血和出血性紫癜等

【生产厂】[京]北京东升制药厂〈P1547〉;[晋]山西亚宝药业集团股份有限公司〈P1680〉;[鲁]青州市福利皮革化工厂(70吨)〈P2091〉;烟台鲁银药业有限公司(100吨)〈P2117〉;[豫]平舆县馨星生化有限公司〈P2227〉;[鄂]黄冈市天然药业有限公司(200吨)〈P2244〉;[川]成都欧康植化科技有限公司〈P2313〉;成都华康生物工程有限公司〈P2311〉;四川省新繁生物化学厂(50吨)〈P2319〉;成都市蒲江蜀西植物生化有限公司〈P2314〉;成都超人植化开发有限公司(100吨)〈P2310〉;四川省彭州市西郊植物提制厂(200吨)〈P2319〉;四川协力制药有限公司(750吨)〈P2320〉;四川亚宝光泰药业有限公司(800吨)〈P2320〉;四川正华药业有限公司〈P2330〉;四川省什邡市鸿运生物化工有限公司〈P2328〉;四川省玉鑫药业有限公司(50吨)〈P2328〉;四川什邡普康生化有限公司〈P2329〉;四川世坤植化有限公司〈P2329〉;什邡市龙康植物原料厂〈P2325〉;四川什邡鸿鸣原料药有限公司〈P2329〉;四川什邡市宏升植物原料有限公司〈P2329〉;四川什邡市健福植物原料有限公司〈P2329〉;绵阳高新区东方源生物科技有限公司〈P2330〉;[陕]陕西慧科植物开发有限公司〈P2346〉;西安惠丰生化集团股份有限公司〈P2348〉

【使用厂】[豫]上海现代哈森(商丘)药业有限公司〈P2226〉;[川]成都川大华西康达药物研究所〈P2310〉

维生素U(氯型);氯化*S*-甲基蛋氨酸氯;甲硫基蛋氨酸;氯甲硫基丁氨酸　L03490001

Vitamin U, chlorine type; Methylmethionine Sulfonium Chloride [1115-84-0]

用于胃及十二指肠溃疡、慢性胃炎等病症的治疗

【生产厂】[晋]临汾宝珠制药有限公司〈P1677〉;运城市鑫河医药化工有限公司〈P1680〉;山西省芮城县精细日化有限公司〈P1680〉

维生素U(碘型);碘甲基蛋氨酸　L03490011

Vitamin U, iodine type

主要用于治疗消化道溃疡、溃疡性结肠炎等症

【生产厂】[晋]山西省芮城县精细日化有限公司〈P1680〉;[吉]柳河修正制药有限公司〈P1718〉

维酶素;粗制核黄素　L03990101

Riboflavin, crude [83-88-5]

用于萎缩性胃炎、浅表性胃炎等病症,也可用于肝炎辅助治疗、核黄素缺乏症

【生产厂】[冀]河北环海制药厂〈P1654〉;[鲁]济宁市化工研究所(500吨)〈P2128〉;[豫]郑州邦泰药业有限公司(30吨)〈P2169〉

氯索龙;氯舒隆;克洛索隆　L04100401

Clorsulon [60200-06-8]

为抗血吸虫药,可用于治疗血吸虫病

【生产厂】[浙]杭州德立化工有限公司〈P1916〉;上虞市卧龙化工有限公司〈P1948〉;浙江海正药业股份有限公司〈P1964〉;浙江台州海翔医药化工有限公司〈P1968〉

碘醚柳胺;重碘柳胺　L04100601

Rafoxanide; Flukanide; Ranide [22662-39-1]

是常用的杀灭吸虫药

【生产厂】[苏]南京法姆化学厂〈P1783〉;常州佳灵药业有限公司〈P1848〉

氯硝柳胺;*N*-(2′-氯-4′-硝基苯)-5-氯水杨酰胺;贝螺杀　L04100801

Niclosamide; Bayluscid [50-65-7]

用作抗蠕虫药

【生产厂】[沪]上海市农药研究所〈P1764〉;[苏]常州佳灵药业有限公司〈P1848〉;吴江森亮化工有限公司(500吨)〈P1910〉;[皖]安徽东盛制药有限公司〈P1976〉;[川]四川省化工研究设计院〈P2319〉;[陕]西安博捷医药化工技术有限公司〈P2347〉

磺胺氯吡嗪钠;三字球虫粉　L04100901

Sulfachloropyrazine, sodium salt

禽畜消炎抗菌药,主要用于治疗鸡、兔、羊球虫病(盲肠球虫)鸡霍乱及伤寒等

【生产厂】[冀]河北安霖制药有限公司〈P1639〉;邯郸市赵都精细化工厂(100吨)〈P1639〉;[沪]上海泰顿化工有限公司〈P1766〉;上海三维制药有限公司〈P1760〉;上海宝山振宗生物工程厂〈P1728〉;[苏]吴江市普强医药化工有限公司〈P1910〉;上海三维制药公司太仓岳王药物原料厂〈P1898〉;[浙]宁波远欧精细化工有限公司〈P1934〉

氯硝柳胺哌嗪盐　L04100951

Niclosamide piperazine salt

【生产厂】[苏]吴江森亮化工有限公司(500吨)〈P1910〉

L

托曲珠利；多嗪珠利 L04101201
Toltrazuril [69004-03-1]
用作广谱抗球虫药物
【生产厂】[鲁]阿维化学(山东)公司〈P2020〉；济南乐康信药业有限公司〈P2023〉；山东绿生生化科技有限公司〈P2029〉；山东新发药业有限责任公司(800 吨)〈P2086〉；[鄂]湖北信康实业有限公司〈P2228〉；武穴市龙翔药业有限公司〈P2244〉

盐酸氯苯胍 L04101301
Robenidine hydrochloride [25875-51-8]
抗球虫病药，对急性或慢性多种鸡球虫病均有良好效果
【生产厂】[苏]镇江新宇化工有限责任公司〈P1846〉；吴江市普强医药化工有限公司〈P1910〉；太仓市振湖化工厂〈P1909〉；[浙]湖州康润化工有限公司〈P1945〉；[豫]南阳市理邦实业有限公司〈P2224〉

氯苯胍 L04101351
Robenidine [25875-51-8]
属高效抗球虫药，对多种急性或慢性鸡球虫病具有良好效果
【生产厂】[鲁]山东绿生生化科技有限公司〈P2029〉

乙氧酰胺苯甲酯；球虫酯；依索巴 L04101501
Ethopabate
用作广谱抗球虫药
【生产厂】[浙]富阳市成兴化工助剂有限公司〈P1915〉；[鲁]山东绿生生化科技有限公司〈P2029〉

L

磷酸氯喹；磷酸氯化喹啉 L04150301
Chloroquine phosphate [50-63-5]
抗疟药及抗阿米巴药，用于控制疟疾病状、疟疾症状控制性预防及阿米巴肝脓肿等
【生产厂】[沪]上海中西药业股份有限公司(500 吨)〈P1779〉；[浙]舟山浙东制药厂〈P1959〉；[渝]重庆康乐制药有限公司(900 吨)〈P2305〉

硫酸氯喹 L04150401
Chloroquine sulfate [132-73-0]
用作抗疟药
【生产厂】[渝]重庆康乐制药有限公司〈P2305〉

磷酸伯氨喹；磷酸伯喹；扑疟喹；磷酸伯氨喹啉；伯氨喹 L04150501
Primaquine phosphate [90-34-6]
抗疟药，用于控制间日疟与三日疟的复发和恶性疟的传播
【生产厂】[沪]上海中西药业股份有限公司(30 吨)〈P1779〉；[苏]江苏省句容市兴源化工厂〈P1842〉；江苏省常熟市南湖实业化工厂(10 吨)〈P1894〉

磷酸哌喹；磷酸喹哌 L04150601
Piperaquine phosphate [85547-56-4]
抗疟药，用于疟疾症状抑制性预防
【生产厂】[沪]上海中西药业股份有限公司〈P1779〉；[粤]珠海三鑫精细化工有限公司〈P2275〉；[渝]重庆康乐制药有限公司〈P2305〉

乙胺嘧啶；息疟定；达拉匹林 L04151401
Pyrimethamine [58-14-0]
抗疟药，用于疟疾的病因性预防及抗复发治疗
【生产厂】[沪]上海华钛化学有限公司〈P1739〉；上海中西药业股份有限公司(10 吨)〈P1779〉；[苏]江苏省句容市兴源化工厂〈P1842〉；连云港市中成化工有限公司(20 吨)〈P1800〉；[浙]舟山浙东制药厂〈P1959〉

青蒿素 L04151501
Artemisinin；(+)-Arteannuin；Qinghaosu [63968-64-9]
用作抗疟药
【生产厂】[津]天津太平洋医药科技集团〈P1614〉；天津太平洋化学制药有限公司〈P1614〉；[辽]盘锦华成制药有限公司〈P1706〉；[沪]上海康文医药中间体有限公司〈P1748〉；[浙]杭州德立化工有限公司〈P1916〉；[赣]江西省吉水药用提炼厂〈P2019〉；[湘]湖南德瑞生物产业集团有限公司〈P2247〉；湖南湘源植物生化有限公司〈P2258〉；湖南省洪江市昌和化工有限责任公司〈P2257〉；湖南华诚制药有限公司〈P2253〉；[粤]奥星医药有限公司〈P2268〉；[桂]广西百色市益联植化有限公司〈P2301〉；广西壮族自治区凌云县制药厂〈P2302〉；[川]成都欧康植化科技有限公司〈P2313〉；成都华康生物工程有限公司〈P2311〉；成都超人植化开发有限公司〈P2310〉；四川省彭州市亨达生化有限公司(12 吨)〈P2319〉；四川绵竹永龙生物制品有限公司(15 吨)〈P2327〉；广汉绿松药业有限责任公司〈P2324〉；广汉市科伦植物化工有限公司〈P2324〉；四川省什邡市华康药物原料厂〈P2328〉；什邡市龙康植物原料厂〈P2325〉；四川什邡市健福植物原料有限公司〈P2329〉；[滇]云南南宝植化有限责任公司〈P2343〉；云南玉溪万方天然药物有限公司〈P2344〉；大理丸荣制药有限公司〈P2345〉；[陕]西安天行健天然生物制品有限公司〈P2350〉；西安天一生物技术有限公司〈P2350〉；西安冠宇生物技术有限公司〈P2348〉

双氢青蒿素 L04151551
Dihydroartemisinin
【生产厂】[津]天津太平洋化学制药有限公司〈P1614〉；[湘]湖南华诚制药有限公司〈P2253〉；[川]成都欧康植化科技有限公司〈P2313〉；成都超人植化开发有限公司〈P2310〉

硫酸羟氯喹 L04151701
Hydroxychloroquine；Hydroxychloroquine sulfate [118-42-3]
抗疟药，用于红斑狼疮和风湿性关节炎的治疗
【生产厂】[沪]上海中西药业股份有限公司(12 吨)〈P1779〉；[渝]重庆康乐制药有限公司〈P2305〉

青蒿琥酯 L04152101
Arteannuinum succinate；Artesunate [88495-63-0]
对疟原虫无性体有较强的杀灭作用，能迅速控制疟疾发作
【生产厂】[津]天津太平洋医药科技集团〈P1614〉；天津太平洋化学制药有限公司〈P1614〉；[鄂]湖北成宇制药有限公司(2 吨)〈P2245〉；[湘]湖南华诚制药有限公司〈P2253〉；[川]成都超人植化开发有限公司〈P2310〉

蒿甲醚 L04152201
Artemether [71963-77-4]
用作抗疟药
【生产厂】[津]天津太平洋医药科技集团〈P1614〉；天津太平洋化学制药有限公司〈P1614〉；[滇]昆明制药集团股份有限公司(720 千克)〈P2340〉

磷酸哌嗪 L04200101
Piperazine phosphate [1951-97-9]
用作抗蠕虫药
【生产厂】[沪]上海先导化学有限公司〈P1770〉;[苏]江苏汉斯通药业有限公司〈P1893〉;常熟市医药原料厂(50吨)〈P1891〉;[粤]广州市汉普医药有限公司〈P2264〉;汕头金石制药总厂〈P2276〉;[渝]重庆青阳药业有限公司〈P2306〉

枸橼酸哌嗪;驱蛔灵;柠檬酸哌嗪 L04200201
Piperazine citrate [144-29-6]
用作抗蠕虫药
【生产厂】[苏]常熟市医药原料厂〈P1891〉;[粤]汕头金石制药总厂〈P2276〉;[渝]重庆青阳药业有限公司〈P2306〉

己二酸哌嗪 L04200251
Piperazine adipate [142-88-1]
【生产厂】[粤]汕头金石制药总厂〈P2276〉

苯硫胍;非班太尔;灵脱 L04200301
Febantel; Rintal [58306-30-2]
广谱驱虫药,对狗、羊、猪、马等动物的各线虫、成虫和幼虫均有高度活性
【生产厂】[鲁]山东新发药业有限责任公司(700吨)〈P2086〉

甲苯咪唑;甲苯达唑;二苯酮胍甲酯 L04200401
Mebendazole [31431-39-7]
为高效广谱驱肠虫药,用于蛲、蛔、鞭、绦、钩、类圆线虫病的治疗
【生产厂】[沪]上海宝达兽药制造有限公司〈P1728〉;[桂]桂林南药股份有限公司〈P2299〉

左旋咪唑;盐酸左旋咪唑;左咪唑;左旋四咪唑;驱虫速 L04200601
Levamisole; Levamisole hydrochloride; L-Tetramisole [16595-80-5]
适用于蛔虫、钩虫、蠕虫和粪类圆线虫等感染的治疗,对丝虫病亦有一定疗效
【生产厂】[苏]南京白敬宇制药有限责任公司〈P1782〉;南京瑞尔医药有限公司〈P1788〉;吴江市普强医药化工有限公司〈P1910〉;江都市华兴医药化工制品有限公司(350吨)〈P1814〉;[浙]舟山市强弘精细化工有限公司〈P1959〉;[桂]桂林南药股份有限公司(170吨)〈P2299〉;[渝]重庆青阳药业有限公司〈P2306〉

左旋咪唑碱 L04200651
Levamisole base
抗蠕虫药,用于驱蛔虫及钩虫病的治疗
【生产厂】[苏]常熟市医药原料厂〈P1891〉;江都市华兴医药化工制品有限公司〈P1814〉

奥芬达唑 L04200801
Oxfendazole; Synanthic [53716-50-0]
用作抗蠕虫药
【生产厂】[沪]上海宝达兽药制造有限公司(30吨)〈P1728〉

阿苯哒唑;丙硫咪唑;内硫苯咪唑;抗蠕敏;肠虫清;扑尔虫 L04200901
Albendazole [54965-21-8]
广谱骈咪唑类驱肠虫药,对多重肠道和组织线虫、部分绦虫和吸虫有杀灭作用
【生产厂】[苏]南京仁信化工有限公司〈P1788〉;常州佳灵药业有限公司〈P1848〉;[浙]浙江九洲药业股份有限公司〈P1965〉;[鲁]济南乐康信药业有限公司〈P2023〉;青岛东海源生化科技有限公司〈P2034〉;[鄂]湖北中佳药业有限公司〈P2228〉;湖北制药有限公司(50吨)〈P2237〉;[粤]奥星医药有限公司〈P2268〉;[桂]桂林南药股份有限公司〈P2299〉

癸氧喹酯;地考喹酯;癸喹酯;敌可昆;乙羟喹啉;6-癸氧基-7-乙氧基-4-羟基-3-喹啉羧酸乙酯 L04201101
Decoquinate; Deccox [18507-89-6]
属喹啉类抗球虫药物,对八种艾美尔属球虫有效
【生产厂】[鲁]山东绿生生化科技有限公司〈P2029〉;山东新发药业有限责任公司(500吨)〈P2086〉

双脒苯脲;咪多卡 L04201301
Imidocarb [27885-92-3]
兽药,用于抗寄生虫
【生产厂】[沪]上海展舒化学科技有限公司〈P1777〉;上海康爱生物制品有限公司〈P1747〉;上海特化医药科技有限公司〈P1767〉;[鲁]山东久隆精细化工有限公司〈P2028〉

噻嘧啶;双羟萘酸噻嘧啶;[1]2-二甲胺基-1,3-双硫代磺酸钠基丙烷[2]坎酮-[2] L04201401
Pyrantel; Pyratel pamoate [15686-83-6]
【生产厂】[浙]浙江优联医药化工有限公司〈P1928〉

吡喹酮 L04201501
Praziquantel [55268-74-1]
抗蠕虫药,主要用于血吸虫病,也可用于华支血吸虫病、绦虫病、肺吸虫病、囊虫病等
【生产厂】[辽]辽宁鞍山市贝达合成化工厂〈P1697〉;[苏]南京仁信化工有限公司〈P1788〉;江苏省金坛市制药厂〈P1860〉;[浙]浙江省天台三信化工有限公司〈P1967〉;浙江海正药业股份有限公司〈P1964〉;[粤]奥星医药有限公司〈P2268〉

苯硫咪唑 L04201701
Phenthioimidazole
用作驱虫药
【生产厂】[沪]上海宝达兽药制造有限公司(120吨)〈P1728〉

氟苯达唑;氟苯咪唑;5-(4-氟苯甲酰基)苯并咪唑-2-氨基甲酸甲酯 L04201801
Flubendazole [31430-15-6]
用作驱虫药
【生产厂】[沪]上海中康伟业生物科技有限公司〈P1778〉;上海宝达兽药制造有限公司(20吨)〈P1728〉;上海宝众制药有限公司〈P1728〉

三氯苯哒唑 L04202001
Trichlorbendazole [68786-66-3]
是高效兽用驱虫药
【生产厂】[沪]上海康爱生物制品有限公司〈P1747〉;[苏]南京仁信化工有限公司〈P1788〉;常州佳灵药业有限公司〈P1848〉;盐城百瑞特精化有限公司〈P1809〉;[浙]浙江九

洲药业股份有限公司〈P1965〉；横店集团家园化工有限公司〈P1952〉

罗硝唑　L04300101

Ronidazole [7681-76-7]

【生产厂】[苏]扬州腾达化工厂〈P1819〉

奥硝唑；奥尼达唑　L04300301

Ornidazole [16773-42-5]

用作抗厌氧菌及抗原虫药

【生产厂】[京]北京丰德医药科技有限公司〈P1547〉；[苏]南京法姆化学厂〈P1783〉；扬州腾达化工厂（50 吨）〈P1819〉；[湘]湖南九典制药有限公司（100 吨）〈P2248〉；[陕]西安博捷医药化工技术有限公司〈P2347〉；西安博华制药有限责任公司〈P2347〉

甲硝唑；甲硝呔唑；甲硝基羟乙唑；灭滴灵；灭滴唑；甲硝羟乙唑　L04300401

Metronidazole [443-48-1]

用于治疗阿米巴病、滴虫病及厌氧菌感染

【生产厂】[津]天津中安药业有限公司（200 吨）〈P1617〉；[冀]石药集团中诺药业（石家庄）有限公司〈P1634〉；石药集团新华制药厂〈P1634〉；[晋]临汾宝珠制药有限公司〈P1677〉；[吉]松原市吉强制药有限公司〈P1719〉；[皖]安徽东盛制药有限公司〈P1976〉；[豫]河南医科大学制药厂（30 吨）〈P2168〉；河南省安阳市第一制药厂（20 吨）〈P2210〉；洛阳市秦岭制药有限公司（10 吨）〈P2185〉；[鄂]武汉武药制药有限公司〈P2234〉；武汉远大制药集团有限公司〈P2235〉；武汉远城科技发展有限公司（500 吨）〈P2235〉；潜江东立精细化工有限公司〈P2246〉；湖北安达成药业有限公司〈P2243〉；湖北省黄冈市医药化工厂〈P2243〉；黄冈赛康药业有限公司〈P2244〉；湖北恒日化工股份有限公司（1500 吨）〈P2243〉；罗田县恒兴源化工有限公司〈P2244〉；罗田县宏源化学原料药有限公司（3800 吨）〈P2244〉

L

二甲硝咪唑；迪美唑；1,2-二甲基-5-硝基咪唑；滴咪唑　L04300402

Dimetridazole；1,2-Dimethyl-5-nitroimidazole [551-92-8]

对原虫及各种细菌具有显著抑制作用，是治疗火鸡黑头病及猪赤痢的有效药物

【生产厂】[鄂]武汉市合中化工制造有限公司〈P2232〉；湖北安达成药业有限公司〈P2243〉；湖北省黄冈市医药化工厂〈P2243〉；黄冈赛康药业有限公司〈P2244〉；罗田县恒兴源化工有限公司〈P2244〉；罗田县宏源化学原料药有限公司（1200 吨）〈P2244〉；襄樊金译成精细化工有限公司〈P2238〉

替硝唑　L04300411

Tinidazole [19387-91-8]

用作抗滴虫药

【生产厂】[苏]常州康力化工有限公司〈P1848〉；[粤]佛山市南海北沙制药有限公司〈P2288〉

甲硝唑苯甲酸酯；1-(2-苯甲酰氧乙基)-5-硝基-2-甲基咪唑　L04300431

Metronidazole benzoate [13182-89-3]

【生产厂】[陕]陕西大生化学科技有限公司〈P2346〉

苯酰甲硝唑　L04300451

Benzoylmetronidazole

用于治疗和预防人体各部位由厌氧菌引起感染诸病症

【生产厂】[津]天津中安药业有限公司（400 吨）〈P1617〉；[鄂]武汉武药制药有限公司〈P2234〉；[陕]西安博捷医药化工技术有限公司〈P2347〉

甲硝唑磷酸二钠　L04300491

Metronidazole disodium hydrogen phosphate

用于由厌氧菌所致的各种感染性疾病，如败血症、心内膜炎、脓胸、肺脓肿、腹腔感染、盆腔感染等病症的治疗

【生产厂】[晋]山西同振药业有限公司〈P1673〉；[沪]上海先导化学有限公司〈P1770〉；[苏]江苏汉斯通药业有限公司〈P1893〉

阿佛菌素　L04300501

Avermectins

用作抗寄生虫病药

【生产厂】[浙]浙江海正药业股份有限公司（12 吨）〈P1964〉

依维菌素　L04300601

Ivermectin；Ivomec [70288-86-7]

抗寄生虫病药，对线虫、钩虫、蛔虫、蠕虫、昆虫和螨虫均有驱虫活性

【生产厂】[津]天津民波生物化学科技有限公司〈P1576〉；[冀]华北制药集团有限责任公司〈P1624〉；河北威远生物化工股份有限公司〈P1622〉；河北威远生物药业有限公司〈P1622〉；石家庄市龙汇精细化工有限责任公司〈P1630〉；华北制药集团爱诺有限公司〈P1624〉；[沪]上海优迪医药有限公司〈P1775〉；上海康爱生物制品有限公司〈P1747〉；[浙]升华集团控股有限公司〈P1946〉；台州市奥力特精细化工有限公司〈P1961〉；台州市中荣化工有限公司〈P1962〉；浙江海正药业股份有限公司（3 吨）〈P1964〉；普洛康裕股份有限公司〈P1953〉；[赣]吉安市通海医药化工有限公司〈P2017〉；[鲁]山东齐发药业有限公司（300 吨）〈P2029〉；东营市恒锐新技术开发有限责任公司〈P2082〉；[湘]邵阳甾体化学品有限公司〈P2249〉；[粤]奥星医药有限公司〈P2268〉

地克珠利；杀球灵；刻利禽；球佳　L04300701

Diclazuril；Clinacox [101831-37-2]

抗球虫药，对多种球虫有防治作用

【生产厂】[浙]升华集团控股有限公司〈P1946〉；浙江润康药业有限公司（15 吨）〈P1966〉；浙江普洛化学有限公司〈P1955〉；[鲁]阿维化学（山东）公司〈P2020〉；山东鲁西兽药股份有限公司（1500 吨）〈P2145〉；[豫]洛阳惠中兽药有限公司〈P2182〉

塞克硝唑；1-(2-羟基丙基)-2-甲基-5-硝基咪唑　L04301001

Secnidazole；1-(2-Hydroxypropyl)-2-methyl-5-nitroimidazole [3366-95-8]

用作抗阿米巴药、抗滴虫药

【生产厂】[苏]常州康力化工有限公司〈P1848〉；扬州腾达化工厂（100 吨）〈P1819〉；[浙]浙江东亚医药化工有限公司（30 吨）〈P1963〉；[皖]安徽黄山市嘉徽医药化工有限责任公司〈P1980〉；[赣]江西金峰原料药有限公司〈P2018〉；[鄂]武汉市合中化工制造有限公司〈P2232〉；黄冈赛康药业有限公司〈P2244〉；[湘]湖南九典制药有限公司（50 吨）〈P2248〉

替莫唑胺 L04301101

Temozolomide [85622-93-1]

用作抗肿瘤药

【生产厂】[京]北京联本医药化学技术有限公司〈P1554〉;凯翔精细化工有限公司〈P1567〉;北京丰德医药科技有限公司〈P1547〉;[沪]上海泰顿化工有限公司〈P1766〉;[苏]常州康力化工有限公司〈P1848〉;吴江市高新精细化工有限公司〈P1910〉;[浙]浙江圣达药业有限公司〈P1967〉;台州市新日东生物科技有限公司(6吨)〈P1962〉

氯芬欣;禄芬隆 L04301201

Lufenuron [103055-07-8]

用于动物的杀虫、杀螨,体外杀虫

【生产厂】[浙]浙江世佳科技有限公司〈P1947〉;浙江普洛化学有限公司〈P1955〉

乳酸菌素 L04301301

Lactobicillin

用于肠内异常发酵,急慢性肠炎、腹泻、痢疾等病症的治疗

【生产厂】[晋]山西渊源药业有限公司〈P1675〉;[蒙]呼伦贝尔康益药业有限责任公司〈P1683〉;[黑]黑龙江省泰格药业有限公司〈P1721〉

喹嘧胺;安锥赛 L04301401

Antryide;Quinapyramice

用于治疗锥虫病

【生产厂】[苏]常州佳灵药业有限公司〈P1848〉

氯氰碘柳胺钠 L04301501

Closantel sodium

用作抗寄生虫药

【生产厂】[苏]常州佳灵药业有限公司〈P1848〉;[鲁]山东鲁西兽药股份有限公司(400吨)〈P2145〉

氯氰碘柳胺;氯氰柳胺 L04301551

Closantel [57808-65-8]

属广谱抗动物体内外寄生虫药物,对动物体内外寄生虫有100%的驱杀作用

【生产厂】[苏]常州佳灵药业有限公司〈P1848〉;常熟市医药原料厂〈P1891〉

盐酸吖啶黄;黄色素 L04301801

Acrifiavine hydrochloride

用于猪、羊、马、牛等牲畜防治梨形虫、附红细胞体、马巴贝斯虫、驽巴贝斯虫等寄生虫

【生产厂】[苏]常州佳灵药业有限公司〈P1848〉

阿仑磷酸钠 L04301951

Alendronate sodium [121268-17-5]

用于骨质疏松症及骨折等的治疗

【生产厂】[辽]沈阳东瑞科技有限公司〈P1685〉;阜新博达维医药科技有限公司〈P1707〉;[沪]上海泰亨实业有限公司〈P1767〉;[苏]常州康力化工有限公司〈P1848〉;[浙]台州市新日东生物科技有限公司(2吨)〈P1962〉;[鲁]山东中科泰斗化学有限公司〈P2030〉;[豫]新乡市天丰精细化工有限公司〈P2206〉;[鄂]湖北信康实业有限公司〈P2228〉;[琼]海南海神同洲制药有限公司〈P2302〉;[渝]重庆凯林制药有限公司〈P2305〉;[陕]西安鑫迪福科技有限责任公司〈P2350〉;西安华萃生物技术有限责任公司〈P2348〉;陕西汉江万全医药化工有限公司〈P2353〉

炔雌醇;乙炔雌二醇 L05100101

Ethinylestradiol;Ethinyloestradiol [57-63-6]

属雌激素类药

【生产厂】[京]北京市科益丰生物技术发展有限公司〈P1560〉

戊酸雌二醇 L05100201

Estradiol valerate [979-32-8]

用于治疗闭经、更年期综合症、减少乳汁分泌、前列腺癌等

【生产厂】[京]北京市科益丰生物技术发展有限公司〈P1560〉;[苏]盐城信谊医药化工有限公司〈P1812〉

环戊丙酸雌二醇 L05100251

Estradiol cyclopentylpropionate [313-06-4]

属长效雌激素药

【生产厂】[苏]盐城信谊医药化工有限公司〈P1812〉

己烷雌酚 L05100301

Hexoestrol;3,4-Bis(*p*-hydroxyphenyl) hexane [84-16-2]

用作激素类药

【生产厂】[粤]广州市汉普医药有限公司〈P2264〉

乙炔雄二醇 L05100601

Ethynyl androstenediol

用作激素类药

【生产厂】[津]天津市福兴达精细有机化工有限公司(100吨)〈P1587〉

安宫黄体酮;醋酸甲羟孕酮 L05100701

Medroxyprogesterone acetate [71-58-9]

用于治疗晚期乳腺癌、子宫内膜腺癌及肾癌

【生产厂】[苏]盐城信谊医药化工有限公司〈P1812〉;[浙]台州百大医药化工有限公司(3吨)〈P1960〉;仙居县鸿燕医药化工有限公司〈P1963〉;浙江仙居君业医药化工有限公司〈P1969〉;浙江仙居县四达医药化工厂〈P1969〉;[鄂]湖北芳通药业股份有限公司(20吨)〈P2236〉;[湘]邵阳甾体化学品有限公司〈P2249〉;[陕]西安益尔集团〈P2350〉

甲地孕酮;去氢甲地孕酮 L05100801

Megestrol [3562-63-8]

用于治疗痛经、功能性子宫出血、子宫内膜异位及子宫内膜腺癌等疾病

【生产厂】[苏]盐城信谊医药化工有限公司〈P1812〉;[浙]浙江仙居君业医药化工有限公司〈P1969〉

醋酸甲地孕酮 L05100851

Megestrol acetate [595-33-5]

主要用于治疗晚期乳腺癌和晚期子宫内膜癌,对肾癌、前列腺癌和卵巢癌也有一定疗效

【生产厂】[苏]盐城信谊医药化工有限公司〈P1812〉;[浙]台州百大医药化工有限公司〈P1960〉;[陕]陕西西安瑞科制药有限责任公司〈P2347〉

甲基炔诺酮;18-甲基炔诺酮;高诺酮 L05100901

DL-Norgestrel;Methylnorethindrone;Norgestrel [797-64-8]

用作避孕药

【生产厂】[苏]高邮市宏扬助剂厂(12 吨)〈P1813〉

炔孕酮;乙炔睾酮;妊娠素　L05101201

Ethisterone; Anhydrohydroxyprogesterone; Ethynyl testosterone; Pregneninolone [434-03-7]

用于治疗子宫出血或月经过多

【生产厂】[沪]上海迪赛诺公司〈P1731〉;[浙]浙江神洲药业有限公司〈P1966〉;[鄂]武汉三晶化工有限公司〈P2232〉

炔诺酮;去甲基脱氢羟孕酮　L05101301

Norethindrone; Norethisterone [68-22-4]

孕激素类药,用于月经不调、子宫功能性出血、子宫内膜异位症等

【生产厂】[京]北京紫竹药业有限公司〈P1567〉;[浙]仙居县绿叶医药原料厂〈P1963〉;浙江仙居君业医药化工有限公司〈P1969〉;[湘]邵阳甾体化学品有限公司〈P2249〉;[陕]陕西省城固县振华生物科技有限公司〈P2353〉

氟孕酮　L05101311

Flugestone; Flugestona; Flugestonum [337-03-1]

用作孕激素类药

【生产厂】[浙]浙江仙居仙乐药业有限公司〈P1969〉

醋酸炔诺酮;17β-羟基-9-去甲-17α-孕甾-4-烯-20-炔-3-酮-17-醋酸酯　L05101351

Norethisterone acetate [51-98-9]

孕激素类药,用于治疗月经不调、子宫功能性出血、子宫内膜异位症等

【生产厂】[浙]浙江仙居君业医药化工有限公司〈P1969〉

左炔诺孕酮;左旋甲基炔诺酮;左旋甲炔诺酮;L-甲炔诺酮;左旋18-甲基炔诺酮　L05101401

L-Norgestrel [797-64-8]

孕激素类药,用于月经不调、子宫功能性出血、子宫内膜移位等

【生产厂】[京]北京紫竹药业有限公司〈P1567〉;北京市科益丰生物技术发展有限公司〈P1560〉;[鄂]湖北制药有限公司〈P2237〉

己酸孕酮;长效黄体酮;己酸羟孕酮　L05101501

Hydroxyprogesterone caproate [630-56-8]

用作孕激素类药

【生产厂】[浙]台州百大医药化工有限公司〈P1960〉;仙居县鸿燕医药化工有限公司〈P1963〉;浙江仙居捷大医药化工有限公司〈P1969〉;[鄂]湖北芳通药业股份有限公司(50 吨)〈P2236〉;[陕]陕西省城固县振华生物科技有限公司〈P2353〉

孕二烯酮　L05101601

Gestodene [60282-87-3]

用作抗孕激素药

【生产厂】[京]北京市科益丰生物技术发展有限公司〈P1560〉;[沪]上海久邦化工有限公司〈P1745〉;上海迪赛诺公司〈P1731〉;[浙]浙江省仙居县美克化工厂〈P1967〉;[鄂]湖北葛店人福药业有限责任公司〈P2242〉;[粤]清远灵捷制造化工有限公司〈P2294〉;益飞医药化工有限公司〈P2274〉

环丙氯地孕酮;环丙氯地孕酮醋酸酯　L05101701

Cyproterone acetate; Androcur [427-51-0]

用于治疗男性良性前列腺肥大症,并可用作男性避孕药

【生产厂】[苏]南京仁信化工有限公司〈P1788〉;[浙]台州百大医药化工有限公司〈P1960〉;浙江仙居仙乐药业有限公司〈P1969〉;[鄂]湖北葛店人福药业有限责任公司〈P2242〉;[湘]邵阳甾体化学品有限公司〈P2249〉;湖南华诚制药有限公司〈P2253〉

氯地孕酮　L05101751

Chlormadinone [1961-77-9]

属强效孕激素类药

【生产厂】[浙]台州百大医药化工有限公司〈P1960〉;[鄂]武汉三晶化工有限公司〈P2232〉

醋酸孕酮　L05101901

Progesterone acetate

为甾体激素类药物

【生产厂】[鄂]湖北省丹江口开泰激素有限责任公司(15 吨)〈P2239〉

卡前列甲酯　L05102211

Carboprost methylate

前列腺素药,用于抗早孕、中期引产等

【生产厂】[京]北京协和药厂〈P1563〉

环丙孕酮　L05102301

Cyproterone [2098-66-0]

用于治疗性欲异常、前列腺肥大、前列腺症等病

【生产厂】[鄂]湖北葛店人福药业有限责任公司〈P2242〉

醋酸环丙孕酮　L05102351

Cyproterone acetate [427-51-0]

临床用于治疗男性性欲异常、青春期早熟、妇女多毛症、痤疮等病症

【生产厂】[鄂]武汉人福高科技产业股份有限公司〈P2231〉;湖北葛店人福药业有限责任公司〈P2242〉

去氧孕烯;地索高诺酮;地索睾酮　L05102401

Desogestrel [54024-22-5]

为强效排卵抑制剂,尚能改变宫颈黏液稠度、抑制子宫内膜发育

【生产厂】[沪]上海迪赛诺公司〈P1731〉;[浙]杭州德立化工有限公司〈P1916〉;浙江省仙居县美克化工厂〈P1967〉;[鄂]湖北葛店人福药业有限责任公司〈P2242〉;[粤]清远灵捷制造化工有限公司〈P2294〉

尼尔雌醇;戊炔雌三醇　L05102601

Nilestriol [39791-20-3]

雌激素类药,用于治疗因雌激素缺乏而引起的更年期综合症

【生产厂】[津]天津天药药业股份有限公司〈P1615〉;天津金耀集团有限公司〈P1574〉

四烯物;1,4,9(11),16-孕甾四烯-21-醇-3,20-二酮-17-醋酸酯　L05103101

1,4,9(11),16-Pregnatetraene-21-ol-3,20-dione-17-acetate
属激素类药
【生产厂】[浙]浙江仙居仙乐药业有限公司〈P1969〉;[陕]西安益尔集团〈P2350〉

双醋炔诺醇　L05103301
Ethynodiol diacetate [297-76-7]
【生产厂】[鄂]武汉三晶化工有限公司〈P2232〉

美屈孕酮　L05103701
Medrogestone [977-79-7]
用作孕激素类药
【生产厂】[浙]台州南峰药业有限公司〈P1961〉

睾丸素;睾酮;17α-羟基雄甾-4-烯-3-酮　L05150101
Testosterone [58-22-0]
用于无睾症的替代治疗、男性更年期综合症、阳痿等病的治疗
【生产厂】[津]天津市津津药业有限公司〈P1593〉;[冀]保定加合精细化工有限公司〈P1645〉;[沪]上海久邦化工有限公司〈P1745〉;上海迪赛诺公司〈P1731〉;[鄂]武汉三晶化工有限公司〈P2232〉;[湘]邵阳甾体化学品有限公司〈P2249〉;[陕]西安益尔集团〈P2350〉;陕西省城固县振华生物科技有限公司〈P2353〉

1-睾酮　L05150191
1-Testosterone [65-06-5]
适用于男性内源性雄激素缺乏或不足所引起的疾病、女性功能性子宫出血、乳腺癌、再生障碍性贫血等病的治疗
【生产厂】[沪]上海久邦化工有限公司〈P1745〉;[浙]浙江仙居君业医药化工有限公司〈P1969〉;台州市奥力特精细化工有限公司〈P1961〉

甲睾酮;甲基睾丸素;甲基睾丸酮;甲基睾酮　L05150301
Methyltestosterone [58-18-4]
雄激素类药,用于睾丸素缺乏症的补充治疗,也可用于子宫功能性出血、再生障碍性贫血等病症的治疗
【生产厂】[京]北京市甘兴化工厂〈P1559〉;[津]天津市中央药业有限公司(6吨)〈P1613〉;[沪]上海久邦化工有限公司〈P1745〉;上海迪赛诺公司〈P1731〉;[浙]仙居县力天化工有限公司〈P1963〉;浙江仙居捷大医药化工有限公司〈P1969〉;浙江仙居君业医药化工有限公司〈P1969〉;[豫]河南利华制药有限公司(4吨)〈P2210〉;[鄂]武汉三晶化工有限公司〈P2232〉;湖北芳通药业股份有限公司(5吨)〈P2236〉;湖北省丹江口开泰激素有限责任公司(5吨)〈P2239〉;[粤]广州拓华化工科技有限公司〈P2267〉

丙酸睾酮;丙酸睾丸素;丙酸睾丸酮;丙睾　L05150401
Testosterone propionate [57-85-2]
用于治疗乳腺癌、卵巢癌、子宫肌瘤、多发性骨髓瘤及肾癌等
【生产厂】[京]北京市甘兴化工厂〈P1559〉;[津]天津市津津药业有限公司〈P1593〉;天津市药业有限公司(50吨)〈P1610〉;[冀]保定加合精细化工有限公司〈P1645〉;[沪]上海久邦化工有限公司〈P1745〉;上海迪赛诺公司〈P1731〉;[鄂]武汉三晶化工有限公司〈P2232〉;[粤]广州拓华化工科技有限公司〈P2267〉

庚酸睾酮;庚酸睾丸素　L05150431
Testosterone enanthate [315-37-7]
临床用于治疗男性性机能减退,再生障碍性贫血等病症
【生产厂】[沪]上海久邦化工有限公司〈P1745〉;[浙]仙居县绿叶医药原料厂〈P1963〉;浙江仙居君业医药化工有限公司〈P1969〉;[鄂]武汉三晶化工有限公司〈P2232〉

十一酸睾酮;十一酸睾丸素　L05150451
Testosterone undecanoate; Andriol [5949-44-0]
雄性激素类药,用于男子性功能减退、再生障碍性贫血等
【生产厂】[沪]上海久邦化工有限公司〈P1745〉;上海迪赛诺公司〈P1731〉;[浙]浙江仙居君业医药化工有限公司〈P1969〉;浙江新花蝶化工有限公司〈P1969〉;[鄂]武汉三晶化工有限公司〈P2232〉

癸酸睾丸素;癸酸睾酮　L05150471
Testosterone decanoate [5721-91-5]
【生产厂】[沪]上海久邦化工有限公司〈P1745〉;[浙]浙江仙居君业医药化工有限公司〈P1969〉;[鄂]武汉三晶化工有限公司〈P2232〉

黄体酮;孕酮;孕甾-4-烯-3,20-二酮　L05150501
Progesterone [57-83-0]
属甾体激素、孕激素类药
【生产厂】[苏]盐城信谊医药化工有限公司〈P1812〉;[浙]浙江浙北药业有限公司〈P1947〉;台州百大医药化工有限公司〈P1960〉;仙居县力天化工有限公司〈P1963〉;仙居县绿叶医药原料厂〈P1963〉;浙江神洲药业有限公司(30吨)〈P1966〉;浙江仙居捷大医药化工有限公司〈P1969〉;浙江仙居县四达医药化工厂〈P1969〉;[豫]河南利华制药有限公司〈P2210〉;[鄂]武汉武药制药有限公司〈P2234〉;武汉远大制药集团有限公司〈P2235〉;湖北芳通药业股份有限公司(50吨)〈P2236〉;湖北美尔雅(集团)美升药业有限公司〈P2236〉;[滇]云南丽江映华集团公司〈P2344〉;[陕]汉中汉江振华生物科技有限公司〈P2353〉;陕西省城固县振华生物科技有限公司(10吨)〈P2353〉

米非司酮　L05150502
Mifepristone [84371-65-3]
用作抗早孕药
【生产厂】[津]天津天药药业股份有限公司〈P1615〉;天津金耀集团有限公司〈P1574〉;[苏]南京仁信化工有限公司〈P1788〉;盐城信谊医药化工有限公司〈P1812〉;[浙]杭州德立化工有限公司〈P1916〉;仙居县力天化工有限公司〈P1963〉;仙居县绿叶医药原料厂〈P1963〉;浙江仙居君业医药化工有限公司〈P1969〉;[鄂]武汉人福高科技产业股份有限公司〈P2231〉;湖北葛店人福药业有限责任公司〈P2242〉;[湘]邵阳甾体化学品有限公司〈P2249〉

罗格列酮　L05150601
Rosiglitazone [122320-73-4]
用于治疗糖尿病
【生产厂】[京]北京东方德众科技发展有限公司〈P1546〉;北京高博医药化学技术开发有限公司〈P1547〉;北京金奥利维科技发展有限公司〈P1551〉;[冀]沧州那瑞化学科技有限公司〈P1652〉;[晋]长治市强大药业有限公司〈P1674〉;[辽]沈阳新地药业有限公司〈P1689〉;[沪]上海泰顿化工

L

有限公司〈P1766〉;上海品新科贸有限公司〈P1755〉

盐酸罗格列酮 L05150631
Rosiglitazone hydrochloride
用于治疗糖尿病
【生产厂】[京]北京云迪同创医药科技有限公司〈P1566〉;北京高盟化工有限公司〈P1548〉;[冀]沧州那瑞化学科技有限公司〈P1652〉;[沪]上海泰顿化工有限公司〈P1766〉;上海三维制药有限公司〈P1760〉

罗格列酮马来酸盐 L05150651
Rosiglitazone maleate [155141-29-0]
用于治疗糖尿病
【生产厂】[京]北京云迪同创医药科技有限公司〈P1566〉;[冀]沧州那瑞化学科技有限公司〈P1652〉;[川]成都宇洋高科技术发展有限公司〈P2317〉

罗格列酮钠 L05150671
Rosiglitazone sodium
用于治疗Ⅱ型糖尿病
【生产厂】[京]北京高盟化工有限公司〈P1548〉

罗格列酮酒石酸盐 L05150691
Rosiglitazone tartrate
用于治疗Ⅱ型糖尿病
【生产厂】[京]北京高盟化工有限公司〈P1548〉

雌二醇 L05150701
Estradiol;17α-Estradiol;Estradiol-17α [57-91-0]
用于治疗功能性子宫出血、原发性闭经、绝经期综合症等
【生产厂】[京]北京市科益丰生物技术发展有限公司〈P1560〉;[苏]苏州市苏瑞医药化工有限公司〈P1905〉;[赣]江西宇能医药化工有限公司〈P2019〉;[湘]邵阳甾体化学品有限公司〈P2249〉;[陕]西安益尔集团〈P2350〉

雌三醇;16,17-二羟甾醇 L05150901
Estriol [50-27-1]
用于治疗白细胞减少症,对前列腺肥大、前列腺癌也有一定疗效
【生产厂】[京]北京市科益丰生物技术发展有限公司〈P1560〉;[沪]上海虹生实业有限公司〈P1737〉;[苏]苏州市苏瑞医药化工有限公司〈P1905〉;[赣]江西宇能医药化工有限公司〈P2019〉

匹格列酮;皮格列酮;吡咯列酮 L05151001
Pioglitazone [111025-46-8]
用于治疗(Ⅱ)型糖尿病
【生产厂】[京]北京云迪同创医药科技有限公司〈P1566〉;北京东方德众科技发展有限公司〈P1546〉;北京金奥利维科技发展有限公司〈P1551〉;[辽]沈阳新地药业有限公司〈P1689〉;[沪]上海品新科贸有限公司〈P1755〉;[苏]常州夏青化工有限公司〈P1857〉

匹格列酮盐酸盐 L05151051
Pioglitazone hydrochloride [112529-15-4]
用于治疗新一代二型糖尿病
【生产厂】[京]北京高博医药化学技术开发有限公司〈P1547〉;北京金奥利维科技发展有限公司〈P1551〉;北京高盟化工有限公司(10 吨)〈P1548〉;[冀]沧州那瑞化学科技有限公司〈P1652〉;沧州锐新化工有限公司〈P1652〉;[沪]上海泰顿化工有限公司〈P1766〉;[苏]江苏天士力帝益药业有限公司〈P1803〉;[浙]浙江台州海翔医药化工有限公司〈P1968〉;浙江华义医药有限公司〈P1954〉;[鲁]山东中科泰斗化学有限公司〈P2030〉;[湘]湖南中南制药有限责任公司〈P2253〉;[川]成都宇洋高科技术发展有限公司〈P2317〉

己烯雌酚;乙芪酚;乙烯雌酚 L05151101
Diethylstilbestrol [56-53-1]
属激素类药
【生产厂】[粤]广州市汉普医药有限公司〈P2264〉

硫酸普拉睾酮;硫酸普拉雄酮 L05151201
Prasterone sulfate
同化激素类药,用于妊娠晚期促宫颈成熟
【生产厂】[京]北京协和药厂〈P1563〉

硫酸普拉睾酮钠;普拉雄酮硫酸钠;去氢表雄酮硫酸钠 L05151251
Prasterone sulfate sodium [1099-87-2]
用作内源性肾上腺雄激素
【生产厂】[浙]浙江仙居捷大医药化工有限公司〈P1969〉

枸橼酸他莫昔芬;枸橼酸三苯氧胺 L05151301
Tamoxifen citrate [54965-24-1]
用于治疗晚期、复发性乳腺癌和卵巢癌等病症
【生产厂】[沪]上海南翔试剂有限公司〈P1754〉;[苏]苏州市苏瑞医药化工有限公司〈P1905〉;昆山三友医药辅料厂(36 吨)〈P1896〉;[鲁]山东健康药业有限公司(8 吨)〈P2028〉

他莫昔芬;三苯氧胺 L05151351
Tamoxifen;Nolvadex;Nolvadex-D;Tamoxen [10540-29-1]
用于治疗晚期乳腺癌,对卵巢癌也有效,与其他抗癌药合用效果更好
【生产厂】[浙]杭州海特医药化工有限公司〈P1918〉

达那唑;丹那唑;安宫唑;炔羟雄烯异噁唑;炔睾醇 L05151401
Danazol;Danocrine;17α-Pregna-2,4-dien-20-yno[2,3-d]isoxazol-17-ol;Cyclomen [17230-88-5]
适用于子宫内膜异位症和自发性血小板减少症的治疗
【生产厂】[沪]上海迪赛诺公司〈P1731〉;[浙]浙江神州药业有限公司〈P1966〉

绒促性素 L05151501
Chorionic gonadotropin [9002-61-3]
为促性腺激素药,用于性功能障碍、习惯性流产等病的治疗
【生产厂】[赣]南昌市万华生化制品有限公司〈P2010〉;[鲁]青岛康原药业有限公司〈P2039〉;[粤]广东天普生化医药股份有限公司〈P2259〉

他唑巴坦 L05151701
Tazobactam [89786-04-9]
为β-内酰胺酶抑制剂
【生产厂】[沪]上海新浦化工厂有限公司〈P1772〉;[浙]湖州新奥特医药化工有限公司〈P1946〉;台州市奥力特精细化工有限公司〈P1961〉;浙江黄岩澄江精细化工厂〈P1964〉;

浙江黄岩东升医药化工有限公司〈P1964〉;[鲁]山东齐鲁制药有限公司〈P2029〉;[粤]珠海联邦制药股份有限公司〈P2274〉;珠海联邦制药厂有限公司原料厂〈P2274〉

他唑巴坦酸 L05151721

Tazobactam acid

为β-内酰胺酶抑制剂,为第三代抗菌强增效剂,与哌拉西林或头孢哌酮合用可增强二者的药效及延长作用时间

【生产厂】[苏]响水华旭药业有限公司〈P1809〉;[浙]浙江华邦医药化工有限公司(5吨)〈P1964〉;[赣]景德镇市富祥药业有限公司〈P2010〉;景德镇市开门子药用化工有限公司(10吨)〈P2010〉;[粤]珠海联邦制药厂有限公司原料厂〈P2274〉

他唑巴坦钠 L05151741

Tazobactam sodium [89785-84-2]

为不可逆竞争性β-内酰胺酶抑制剂

【生产厂】[浙]浙江华邦医药化工有限公司〈P1964〉;台州市奥力特精细化工有限公司〈P1961〉;浙江海正药业股份有限公司〈P1964〉;浙江黄岩东升医药化工有限公司〈P1964〉;[赣]景德镇市富祥药业有限公司〈P2010〉;[豫]平舆县馨星生化有限公司〈P2227〉;[粤]珠海联邦制药股份有限公司〈P2274〉;珠海联邦制药厂有限公司原料厂〈P2274〉

康力龙;司坦唑醇;吡唑甲基睾丸素 L05151801

Stanozolol;Stanazol [10418-03-8]

用于慢性消耗性疾病、重病及手术后体弱消瘦、骨质疏松症、小儿发育不良、再生障碍性贫血等病症的治疗

【生产厂】[沪]上海久邦化工有限公司〈P1745〉;上海康爱生物制品有限公司〈P1747〉;[浙]仙居县力天化工有限公司〈P1963〉;仙居县绿叶医药原料厂〈P1963〉;浙江仙居君业医药化工有限公司〈P1969〉;[鄂]湖北芳通药业股份有限公司(3吨)〈P2236〉;[湘]邵阳甾体化学品有限公司〈P2249〉;湖南华诚制药有限公司〈P2253〉

康复龙;羟甲烯龙;羟甲睾丸素 L05151901

Oxymetholone;Hydroxymetholone [434-07-1]

能促进蛋白质合成和抑制蛋白质异化,并能降低血胆固醇、减少钙磷排泄和减轻骨髓抑制,促进发育等

【生产厂】[沪]上海久邦化工有限公司〈P1745〉;上海康爱生物制品有限公司〈P1747〉;[浙]仙居县力天化工有限公司〈P1963〉;仙居县绿叶医药原料厂〈P1963〉;浙江仙居君业医药化工有限公司〈P1969〉;[鄂]湖北芳通药业股份有限公司(3吨)〈P2236〉;[湘]邵阳甾体化学品有限公司〈P2249〉;湖南华诚制药有限公司〈P2253〉

美雄酮;去氢甲基睾丸素;大力补 L05152001

Metandienone;Anabolin [72-63-9]

用于慢性消耗性疾病、小儿发育不良、骨质疏松、高血脂症等

【生产厂】[沪]上海久邦化工有限公司〈P1745〉;上海康爱生物制品有限公司〈P1747〉;[浙]仙居县力天化工有限公司〈P1963〉;仙居县绿叶医药原料厂〈P1963〉;浙江仙居君业医药化工有限公司〈P1969〉;[湘]邵阳甾体化学品有限公司〈P2249〉;湖南华诚制药有限公司〈P2253〉

苯乙酸睾酮;苯乙酸睾丸素 L05152101

Testosterone phenylacetate [5704-03-0]

用于男性因睾丸内分泌机能低落所致各种疾病

【生产厂】[鄂]武汉三晶化工有限公司〈P2232〉

苯丙酸睾酮;苯丙酸睾丸素 L05152151

Testosterone phenylpropionate [1255-49-8]

【生产厂】[沪]上海久邦化工有限公司〈P1745〉;[浙]浙江仙居君业医药化工有限公司〈P1969〉;[鄂]武汉三晶化工有限公司〈P2232〉

尿促性素 L05152201

Menotrophin

促性肾激素类药,用于无排卵性不孕症的治疗

【生产厂】[赣]南昌市万华生化制品有限公司〈P2010〉;[鲁]青岛康原药业有限公司〈P2039〉;[粤]广东天普生化医药股份有限公司〈P2259〉

环戊丙酸睾酮;环戊丙酸睾丸素 L05152301

Testosterone cyclopentylpropionate;Testosterone cypionate [58-20-8]

【生产厂】[沪]上海久邦化工有限公司〈P1745〉;[浙]浙江仙居君业医药化工有限公司〈P1969〉;台州市奥力特精细化工有限公司〈P1961〉;[鄂]武汉三晶化工有限公司〈P2232〉

异己酸睾酮;异己酸睾丸素 L05152401

Testosterone isocaproate [15262-86-9]

【生产厂】[沪]上海久邦化工有限公司〈P1745〉;[鄂]武汉三晶化工有限公司〈P2232〉

比卡鲁胺 L05152701

Bicalutamide [90357-06-5]

用作抗雄激素类药

【生产厂】[京]北京国联诚辉医药技术有限公司〈P1548〉;[沪]上海泰亨实业有限公司〈P1767〉;上海信合化工有限公司〈P1772〉;上海品新科贸有限公司〈P1755〉;上海北卡医药技术有限公司〈P1728〉;[浙]杭州海特医药化工有限公司〈P1918〉;浙江优联医药化工有限公司〈P1928〉;台州市开创化工有限公司〈P1961〉;浙江海正药业股份有限公司〈P1964〉;浙江台州海翔医药化工有限公司〈P1968〉;[粤]益飞医药化工有限公司〈P2274〉;[陕]陕西大生化学科技有限公司〈P2346〉

美睾酮;甲氢睾酮 L05152901

Mesterolone;17β-Hydroxy-1α-methyl-5α-androstan-3-one [1424-00-6]

用于治疗男性性腺功能减退及精子减少性不育症

【生产厂】[浙]仙居县绿叶医药原料厂〈P1963〉;浙江仙居君业医药化工有限公司〈P1969〉

坎利酸钾 L05153101

Potassium canrenoate [2181-04-6]

用作甾体激素类药

【生产厂】[沪]上海迪赛诺公司〈P1731〉;[浙]浙江神洲药业有限公司〈P1966〉

异普黄酮;依普拉封 L05153601

Ipriflavone [35212-22-7]

L

用作激素类药

【生产厂】[沪]上海元吉化工有限公司〈P1776〉;[苏]江阴南极星生物制品有限公司〈P1868〉;江阴市三益化工有限公司〈P1870〉;[浙]台州市中荣化工有限公司〈P1962〉;浙江黄岩东升医药化工有限公司(3 吨)〈P1964〉

屈螺酮 L05153801

Drospireone [67392-87-4]

【生产厂】[沪]上海现代制药股份有限公司〈P1771〉;上海久邦化工有限公司〈P1745〉;[浙]杭州德立化工有限公司〈P1916〉;台州南峰药业有限公司〈P1961〉;[粤]清远灵捷制造化工有限公司〈P2294〉

癸酸诺龙 L05200401

Nandrolone decanoate;Deca-durabolin [360-70-3]

属雄激素、同化激素类药

【生产厂】[沪]上海久邦化工有限公司〈P1745〉;上海康爱生物制品有限公司〈P1747〉;[浙]仙居县绿叶医药原料厂〈P1963〉;浙江仙居君业医药化工有限公司〈P1969〉;[鄂]武汉三晶化工有限公司〈P2232〉

苯丙酸诺龙;19-去甲基睾丸素苯丙酸酯;苯丙酸去甲睾酮 L05200501

Nandrolone phenylpropionate [62-90-8]

用于慢性消耗性疾病、严重灼伤、不能手术的乳腺癌、功能性子宫出血等病的治疗

【生产厂】[京]北京紫竹药业有限公司〈P1567〉;北京市科益丰生物技术发展有限公司〈P1560〉;[沪]上海久邦化工有限公司〈P1745〉;上海迪赛诺公司〈P1731〉;上海康爱生物制品有限公司〈P1747〉;[苏]苏州市苏瑞医药化工有限公司〈P1905〉;[浙]仙居县绿叶医药原料厂〈P1963〉;浙江仙居君业医药化工有限公司〈P1969〉;[鄂]武汉三晶化工有限公司〈P2232〉;[湘]湖南华诚制药有限公司〈P2253〉

美替诺龙 L05200801

Metenolone;17β-Hydroxy-1-methyl-5α-androst-1-*en*-3-one [153-00-4]

【生产厂】[沪]上海信合化工有限公司〈P1772〉;上海久邦化工有限公司〈P1745〉;[浙]浙江仙居君业医药化工有限公司〈P1969〉

美替诺龙庚酸酯 L05200891

Metenolone heptylate [303-42-4]

【生产厂】[沪]上海久邦化工有限公司〈P1745〉;[浙]浙江仙居君业医药化工有限公司〈P1969〉

曲安西龙 L05200901

Triamcinolone;Aristocort [124-94-7]

用作激素类药

【生产厂】[津]天津太平洋医药科技集团〈P1614〉;天津天药药业股份有限公司〈P1615〉;天津金耀集团有限公司〈P1574〉;天津太平洋化学制药有限公司〈P1614〉;天津市金汇药业有限公司(10 吨)〈P1592〉;[粤]广州拓华化工科技有限公司〈P2267〉

曲安西龙双醋酸酯 L05200951

Triamcinolone diacetate [67-78-7]

【生产厂】[津]天津天药药业股份有限公司〈P1615〉;天津金耀集团有限公司〈P1574〉;[粤]广州拓华化工科技有限公司〈P2267〉

氧甲氢龙 L05201001

Oxandrolone [53-39-4]

【生产厂】[沪]上海久邦化工有限公司〈P1745〉;[浙]浙江仙居君业医药化工有限公司〈P1969〉;[湘]邵阳甾体化学品有限公司〈P2249〉

宝丹酮;勃地酮;去氢睾丸素;去氢睾酮 L05201101

Boldenone;1-Dehydrotestosterone [846-48-0]

属雄激素、同化激素类药

【生产厂】[沪]上海久邦化工有限公司〈P1745〉;[浙]仙居县绿叶医药原料厂〈P1963〉;浙江仙居君业医药化工有限公司〈P1969〉;[鄂]武汉三晶化工有限公司〈P2232〉

宝丹酮十一烯酸酯 L05201151

Boldenone undecylenate [13103-34-9]

【生产厂】[沪]上海久邦化工有限公司〈P1745〉;[浙]浙江仙居君业医药化工有限公司〈P1969〉;[鄂]武汉三晶化工有限公司〈P2232〉

群勃龙 L05201301

Trenbolone;17β-Hydroxyestra-4,9,11-trien-3-one [10161-33-8]

属雄激素药、同化激素类药

【生产厂】[津]天津市炜杰科技有限公司〈P1606〉;[沪]上海久邦化工有限公司〈P1745〉;[浙]浙江仙居君业医药化工有限公司〈P1969〉;[粤]益飞医药化工有限公司〈P2274〉

群勃龙醋酸酯 L05201351

Trenbolone acetate [10161-34-9]

属激素类药,蛋白同化剂

【生产厂】[京]北京市科益丰生物技术发展有限公司〈P1560〉;[沪]上海久邦化工有限公司〈P1745〉;[浙]浙江仙居君业医药化工有限公司〈P1969〉;[湘]邵阳甾体化学品有限公司〈P2249〉

四烯雌酮;烯丙孕素 L05201601

Altrenogest [850-52-2]

【生产厂】[京]北京市科益丰生物技术发展有限公司〈P1560〉;[沪]上海久邦化工有限公司〈P1745〉

氢化可的松;11β,17α,21-三羟基孕甾-4-烯-3,20-二酮 L05250100

Hydrocortisone;11β,17α,21-Trihydroxy pregnane-4-ene-3,20-dione [50-23-7]

为肾上腺皮质激素类药

【生产厂】[津]天津太平洋医药科技集团〈P1614〉;天津天药药业股份有限公司〈P1615〉;天津金耀集团有限公司〈P1574〉;天津太平洋化学制药有限公司〈P1614〉;天津市药业有限公司(36 吨)〈P1610〉;[鲁]山东新华制药股份有限公司〈P2055〉;[豫]河南利华制药有限公司(4 吨)〈P2210〉;[鄂]湖北芳通药业股份有限公司(5 吨)〈P2236〉;[滇]云南丽江映华集团公司〈P2344〉

醋酸氢化可的松;氢化可的松-21-醋酸酯;皮质醇 L05250101

Hydrocortisone acetate [50-23-7]

糖皮质激素类药,具有抗炎、抗过敏、抗毒素、抗休克作用

【生产厂】[津]天津太平洋医药科技集团〈P1614〉;天津天药药业股份有限公司〈P1615〉;天津金耀集团有限公司〈P1574〉;天津太平洋化学制药有限公司〈P1614〉;天津市

金汇药业有限公司(20 吨)〈P1592〉;天津市药业有限公司〈P1610〉;[豫]河南利华制药有限公司(4 吨)〈P2210〉;[鄂]湖北芳通药业股份有限公司(5 吨)〈P2236〉;[滇]云南丽江映华集团公司〈P2344〉

醋酸可的松;可的松醋酸酯;醋酸皮质酮 L05250201
Cortisone acetate [50-04-4]
用于治疗肾上腺皮质低功能症、类风湿性关节炎、风湿病、红斑狼疮等病的治疗
【生产厂】[津]天津市药业有限公司〈P1610〉;[豫]河南利华制药有限公司(10 吨)〈P2210〉;[鄂]武汉武药制药有限公司〈P2234〉;武汉远大制药集团有限公司〈P2235〉

丁酸氢化可的松;尤卓尔 L05250301
Hydrocortisone butyrate [13609-67-1]
【生产厂】[津]天津天药药业股份有限公司〈P1615〉;天津金耀集团有限公司〈P1574〉;天津太平洋化学制药有限公司〈P1614〉;[渝]重庆华邦制药股份有限公司〈P2305〉

醋酸去氧皮质酮 L05250401
Deoxycorticosterone acetate;11-Desoxycorticosterone acetate [56-47-3]
【生产厂】[浙]浙江神洲药业有限公司〈P1966〉

去氧皮质酮;21-羟基孕甾-4-烯-3,20-二酮 L05250431
Deoxycorticosterone;21-Hydroxypreg*n*-4-ene-3,20-dione [64-85-7]
【生产厂】[浙]浙江神洲药业有限公司〈P1966〉;浙江省仙居县南门医药原料化工厂〈P1967〉

去氧皮质酮新戊酸酯 L05250451
Desoxycorticosterone pivalate [808-48-0]
【生产厂】[浙]浙江神洲药业有限公司〈P1966〉

皮甾酮;4-孕烯-17α,21-二羟基-3,20-二酮 L05250491
Cortodoxone [5289-74-7]
用作激素类药物中间体
【生产厂】[浙]仙居县鸿燕医药化工有限公司〈P1963〉

泼尼松;强的松;去氢可的松 L05250501
Prednisone [53-03-2]
常用于联合化疗中,可改善病人一般情况,还可用于急性白血病及其他肿瘤等
【生产厂】[津]天津天药药业股份有限公司〈P1615〉;天津金耀集团有限公司〈P1574〉;[晋]大同江龙药业有限公司〈P1672〉;[豫]安阳豫北制药厂(15 吨)〈P2210〉;河南利华制药有限公司〈P2210〉

甲基泼尼松 L05250551
Meprednisone [1247-42-3]
用作肾上腺皮质激素及促肾上腺皮质激素药
【生产厂】[粤]广州拓华化工科技有限公司〈P2267〉

泼尼松龙;氢化泼尼松;强的松龙;去氢氢化可的松 L05250601
Prednisolone [50-24-8]
适用于类风湿关节炎、风湿热、红斑狼疮、皮肌炎、多发性骨髓瘤等
【生产厂】[津]天津太平洋医药科技集团〈P1614〉;天津天药药业股份有限公司〈P1615〉;天津金耀集团有限公司〈P1574〉;[晋]大同江龙药业有限公司〈P1672〉;[豫]河南利华制药有限公司〈P2210〉;河南东泰制药有限公司(200 吨)〈P2210〉;[鄂]湖北芳通药业股份有限公司(3 吨)〈P2236〉;[滇]云南丽江映华集团公司〈P2344〉

醋酸泼尼松龙;醋酸氢化泼尼松;醋酸强的松龙;醋酸去氢氢化可的松 L05250701
Prednisolone acetate [52-21-1]
适用于类风湿关节炎、风湿热、红斑狼疮、硬皮病、皮肌炎、急性淋巴白血病等
【生产厂】[津]天津太平洋医药科技集团〈P1614〉;天津天药药业股份有限公司〈P1615〉;天津金耀集团有限公司〈P1574〉;[豫]河南利华制药有限公司(1 吨)〈P2210〉;河南东泰制药有限公司〈P2210〉;[鄂]湖北芳通药业股份有限公司(3 吨)〈P2236〉

泼尼松龙磷酸钠 L05250751
Prednisolone phosphate sodium [125-02-0]
【生产厂】[津]天津太平洋医药科技集团〈P1614〉;天津太平洋化学制药有限公司〈P1614〉;[豫]河南东泰制药有限公司〈P2210〉

6-甲基醋酸泼尼松龙 L05250791
6-Methylprednisolone acetate [53-36-1]
【生产厂】[津]天津太平洋化学制药有限公司〈P1614〉;[赣]江西宇能医药化工有限公司〈P2019〉;[粤]广州拓华化工科技有限公司〈P2267〉

醋酸泼尼松;醋酸强的松;去氢可的松醋酸酯 L05250801
Prednisone acetate
为肾上腺皮质激素类药
【生产厂】[津]天津天药药业股份有限公司〈P1615〉;天津金耀集团有限公司〈P1574〉;[晋]大同江龙药业有限公司〈P1672〉;[鲁]山东新华制药股份有限公司〈P2055〉;[豫]河南利华制药有限公司(30 吨)〈P2210〉;[滇]云南丽江映华集团公司〈P2344〉

甲基氢化泼尼松;6α-甲基强的松龙;甲强龙;甲泼尼龙;甲基泼尼松龙 L05250901
Methylprednisolone;6α-Methylprednisolone [83-43-2]
适用于风湿性关节炎、胶原病、过敏性疾病、眼科疾患、淋巴白血病、软组织炎症及溶血性贫血等
【生产厂】[京]北京诺德恒信化工技术有限公司〈P1556〉;[津]天津天药药业股份有限公司〈P1615〉;天津金耀集团有限公司〈P1574〉;天津太平洋化学制药有限公司〈P1614〉;[浙]浙江仙居君业医药化工有限公司〈P1969〉;[赣]江西宇能医药化工有限公司〈P2019〉;[鄂]湖北芳通药业股份有限公司(3 吨)〈P2236〉;[陕]西安益尔集团〈P2350〉

醋酸甲泼尼龙;醋酸甲基泼尼松龙 L05250931
Methylprednisolone acetatc
【生产厂】[津]天津天药药业股份有限公司〈P1615〉;天津金耀集团有限公司〈P1574〉;[浙]浙江仙居君业医药化工有

限公司〈P1969〉

16α-羟基泼尼松龙;16α-羟基强的松龙 L05250951
16α-Hydroxyprednisolone [13951-70-7]
【生产厂】[京]北京市甘兴化工厂〈P1559〉;[浙]仙居县力天化工有限公司〈P1963〉;[鄂]湖北葛店人福药业有限责任公司〈P2242〉;[粤]广州拓华化工科技有限公司〈P2267〉

羟基泼尼松龙醋酸酯 L05250971
16α-hydroxyprednisonlone acetate [86401-80-1]
【生产厂】[浙]仙居县力天化工有限公司〈P1963〉;[赣]江西宇能医药化工有限公司〈P2019〉;[粤]广州拓华化工科技有限公司〈P2267〉

哈西奈德;氯氟舒松 L05251001
Halcinonide [3093-35-4]
为皮质激素类药,用于治疗银屑病和湿疹性皮炎等症
【生产厂】[津]天津天药药业股份有限公司〈P1615〉;天津金耀集团有限公司〈P1574〉;天津太平洋化学制药有限公司〈P1614〉;[粤]广州拓华化工科技有限公司〈P2267〉

曲安奈德;醋酸曲安缩松;去炎舒松;确炎舒松;曲安缩松;去炎松-A;确炎舒松-A L05251301
Triamcinolone acetonide [76-25-5]
为肾上腺皮质激素类药,用于神经性皮炎、湿疹、牛皮癣、关节痛、支气管哮喘等病症
【生产厂】[津]天津太平洋医药科技集团〈P1614〉;天津天药药业股份有限公司〈P1615〉;天津金耀集团有限公司〈P1574〉;天津太平洋化学制药有限公司〈P1614〉;天津市金汇药业有限公司(100吨)〈P1592〉;[浙]台州南峰药业有限公司〈P1961〉;台州市奥力特精细化工有限公司〈P1961〉;[赣]江西宇能医药化工有限公司〈P2019〉;[粤]广州拓华化工科技有限公司〈P2267〉

醋酸曲安奈德 L05251351
Triamcinolone acetonide acetate
【生产厂】[津]天津太平洋医药科技集团〈P1614〉;天津天药药业股份有限公司〈P1615〉;天津金耀集团有限公司〈P1574〉;天津太平洋化学制药有限公司〈P1614〉

丙酸氯倍他索 L05251501
Clobetasol propionate [25122-46-7]
为肾上腺皮质激素和促肾上腺皮质激素类药
【生产厂】[津]天津天药药业股份有限公司〈P1615〉;天津金耀集团有限公司〈P1574〉;天津太平洋化学制药有限公司〈P1614〉;天津市津津药业有限公司〈P1593〉;天津市药业有限公司〈P1610〉;[浙]杭州广林生物医药有限公司〈P1917〉;[粤]广州拓华化工科技有限公司〈P2267〉

地塞米松 L05251601
Dexamethasone [50-02-2]
主要用于抗炎和抗过敏,适用于类风湿性关节炎和其他胶原性疾病等
【生产厂】[津]天津太平洋医药科技集团〈P1614〉;天津天药药业股份有限公司〈P1615〉;天津金耀集团有限公司〈P1574〉;天津市津津药业有限公司〈P1593〉;天津市药业有限公司〈P1610〉;[浙]浙江仙居仙乐药业有限公司〈P1969〉;[陕]西安益尔集团〈P2350〉

醋酸地塞米松;醋酸氟美松;地塞米松醋酸酯;醋酸甲氟烯索;醋酸氟甲强的松龙 L05251701
Dexamethasone acetate [1177-87-3]
用于抗炎和抗过敏,适用于类风湿性关节炎和其他胶原性疾病等
【生产厂】[津]天津太平洋医药科技集团〈P1614〉;天津天药药业股份有限公司〈P1615〉;天津金耀集团有限公司〈P1574〉;天津市津津药业有限公司〈P1593〉;[浙]浙江仙居仙乐药业有限公司〈P1969〉

地塞米松磷酸钠 L05251801
Dexamethasone sodium phosphate [2392-39-4]
为肾上腺皮质激素类药,具有抗炎、抗毒、抗过敏的作用
【生产厂】[津]天津太平洋医药科技集团〈P1614〉;天津天药药业股份有限公司〈P1615〉;天津金耀集团有限公司〈P1574〉;天津市津津药业有限公司〈P1593〉;天津市药业有限公司〈P1610〉;[苏]南京仁信化工有限公司〈P1788〉;[浙]浙江仙居仙乐药业有限公司〈P1969〉;[豫]河南利华制药有限公司〈P2210〉

倍他米松;培他美松;倍氟美松;β-美松 L05251901
Betamethasone [378-44-9]
肾上腺皮质激素类药,用于肾上腺皮质功能减退症、结缔组织病、严重的支气管哮喘、皮炎等过敏性疾病
【生产厂】[津]天津太平洋医药科技集团〈P1614〉;天津天药药业股份有限公司〈P1615〉;天津金耀集团有限公司〈P1574〉;天津市津津药业有限公司〈P1593〉;[晋]大同江龙药业有限公司〈P1672〉;[浙]浙江仙居仙乐药业有限公司〈P1969〉;[豫]河南利华制药有限公司〈P2210〉

倍他米松戊酸酯 L05251931
Betamethasone valerate ester;Betamethasone-17-valerate [2152-44-5]
属激素类药,具有抗炎作用
【生产厂】[津]天津天药药业股份有限公司〈P1615〉;天津金耀集团有限公司〈P1574〉;天津太平洋化学制药有限公司〈P1614〉;[苏]苏州市苏瑞医药化工有限公司〈P1905〉;[粤]广州拓华化工科技有限公司〈P2267〉

倍他米松磷酸钠 L05251951
Betamethasone sodium phosphate;Betnesol [151-73-5]
属激素类药,具有抗炎作用
【生产厂】[苏]苏州市苏瑞医药化工有限公司〈P1905〉

醋酸倍他米松 L05251971
Betamethasone acetate [987-24-6]
【生产厂】[津]天津天药药业股份有限公司〈P1615〉;天津金耀集团有限公司〈P1574〉

二丙酸倍他米松酯 L05251991
Betamethasone dipropionate [5593-20-4]
用作肾皮质激素类药
【生产厂】[津]天津太平洋化学制药有限公司〈P1614〉;[浙]杭州广林生物医药有限公司〈P1917〉;[粤]广州拓华化工科技有限公司〈P2267〉;[渝]重庆华邦制药股份有限公司〈P2305〉

阿氯米松双丙酸酯 L05252151
Alclometasone-17,21-dipropionate [66734-13-2]
用作皮质甾类医药原料及中间体
【生产厂】[粤]广州拓华化工科技有限公司〈P2267〉

氟米龙;氟甲松龙 L05252201
Fluorometholone [426-13-1]
用于治疗对糖皮质激素敏感的睑球结膜、角膜及其他眼前段组织的炎症
【生产厂】[粤]广州拓华化工科技有限公司〈P2267〉

醋酸氟轻松;醋酸肤轻松 L05252301
Fluocinolone acetate [67-73-2]
用于过敏性皮炎、接触性皮炎、脂溢性皮炎及湿疹等病症的治疗
【生产厂】[津]天津太平洋医药科技集团〈P1614〉;天津天药药业股份有限公司〈P1615〉;天津金耀集团有限公司〈P1574〉;天津太平洋化学制药有限公司〈P1614〉

氟轻松;肤轻松;氟西奈德;氟去炎舒松 L05252351
Fluocinolone acetonide [67-73-2]
适用于治疗湿疹、神经性皮炎、皮肤瘙痒症、接触性皮炎、牛皮癣、日光性皮炎等病
【生产厂】[津]天津太平洋医药科技集团〈P1614〉;天津金耀集团有限公司〈P1574〉;天津太平洋化学制药有限公司〈P1614〉

氟米松 L05252401
Flumetasone [2135-17-3]
【生产厂】[陕]西安华萃生物技术有限责任公司〈P2348〉

促皮质激素;促肾上腺皮质素;促肾上腺皮质激素 L05252501
Corticotrophin [16960-16-0]
能促进肾上腺皮质激素的生成和分泌
【生产厂】[沪]上海子能制药有限公司〈P1779〉

氟氢可的松 L05252601
Fludrocortisone [127-31-1]
可用于原发性肾上腺皮质功能减退症的替代治疗
【生产厂】[粤]广州拓华化工科技有限公司〈P2267〉

醋酸氟氢可的松 L05252651
Fludrocortisone acetate [514-36-3]
在治疗原发性肾上腺皮质功能减退症中,可与糖皮质类固醇一起用于替代治疗
【生产厂】[粤]广州拓华化工科技有限公司〈P2267〉

去羟米松 L05252701
Desoximetasone [382-67-2]
局部应用皮质激素类,仅用于治疗皮肤疾患
【生产厂】[粤]广州拓华化工科技有限公司〈P2267〉

卤甲松 L05252801
Halometasone [50629-82-8]
【生产厂】[粤]广州拓华化工科技有限公司〈P2267〉

莫美他松 L05252901
Mometasone [105102-22-5]
用作抗炎、抗过敏药
【生产厂】[粤]广州拓华化工科技有限公司〈P2267〉

甲基硫氧嘧啶;4-羟基-2-巯基-6-甲基嘧啶 L05300101
Methylthiouracil [636-26-0]
为抗甲状腺药
【生产厂】[辽]大连弘丰制药有限公司〈P1692〉;[苏]常州康达制药有限公司〈P1848〉

甲巯咪唑;甲硫咪唑;他巴唑;甲硫噻唑;2-巯基-1-甲基咪唑 L05300301
Methimazole;Tapazole;Thiamazole [60-56-0]
为抗甲状腺药
【生产厂】[京]北京市燕京制药厂〈P1561〉;北京北卫药业有限责任公司〈P1544〉;[鲁]德州德药制药有限公司(720千克)〈P2141〉

丙硫氧嘧啶;丙基硫氧嘧啶 L05300401
Propylthiouracil;6-Propyl-2-thiouracil [51-52-5]
抗甲状腺药,用于对抗甲状腺机能亢进、毒性甲状腺肿或供甲状腺手术前的准备用
【生产厂】[辽]鞍山市第五制药厂〈P1695〉;[沪]上海神强实业有限公司〈P1761〉;[苏]苏州万庆药业有限公司〈P1907〉

西力士;他达拉非 L05300601
Cialis;Tadalafil [171596-29-5]
用于治疗男性勃起功能障碍
【生产厂】[沪]上海优迪医药有限公司〈P1775〉;上海中康伟业生物科技有限公司〈P1778〉;[苏]江阴东方医药原料有限公司〈P1867〉;[浙]浙江浙北药业有限公司〈P1947〉;浙江黄岩东升医药化工有限公司(5吨)〈P1964〉;[鲁]临沂奥浦生物技术有限公司〈P2147〉

瑞格列奈 L05301801
Repaglinide [135062-02-1]
用作降血糖药
【生产厂】[津]天津市炜杰科技有限公司〈P1606〉;[辽]阜新博达维医药科技有限公司〈P1707〉;[沪]上海中康伟业生物科技有限公司〈P1778〉;上海三维制药有限公司〈P1760〉;[苏]海峰化工科研有限公司〈P1797〉;[浙]浙江台州海翔医药化工有限公司〈P1968〉

格列喹酮;糖肾平 L05302001
Gliquidone [33342-05-1]
降血糖药,用于非胰岛素依赖型糖尿病的治疗
【生产厂】[津]天津药物研究院药业有限责任公司(200吨)〈P1616〉;[鲁]威海迪素制药有限公司〈P2124〉

格列本脲;优降糖 L05302101
Glibenclamide;Glyburide [10238-21-8]
降血糖药,用于中、轻度非胰岛素依赖型糖尿病的治疗
【生产厂】[京]北京高盟化工有限公司〈P1548〉;[津]天津药

L

物研究院药业有限责任公司(180 吨)〈P1616〉;天津市津康制药有限公司〈P1593〉;[沪]上海优迪医药有限公司〈P1775〉;[鲁]山东博山制药有限公司(80 吨)〈P2051〉

格列美脲 L05302201

Glimepiride [93479-97-1]

用作降血糖药

【生产厂】[京]北京医科大学应用药物研究所〈P1564〉;北京高盟化工有限公司〈P1548〉;[冀]沧州那瑞化学科技有限公司〈P1652〉;沧州锐新化工有限公司〈P1652〉;任丘市华北石油科林环保有限公司〈P1657〉;[沪]上海优迪医药有限公司〈P1775〉;上海泰顿化工有限公司〈P1766〉;上海天赐福生物工程有限公司〈P1767〉;[苏]常州罗地尔生化技术有限公司〈P1848〉;常州东方医药原料有限公司〈P1846〉;[浙]浙江省仙居华康医药化工有限公司〈P1967〉;台州市奥力特精细化工有限公司〈P1961〉;台州市中荣化工有限公司〈P1962〉;浙江新东海医药化工有限公司〈P1969〉;浙江耐司康药业有限公司〈P1955〉;[鄂]武汉市合中化工制造有限公司〈P2232〉;[粤]珠海三鑫精细化工有限公司〈P2275〉;[渝]重庆小泉化工厂〈P2308〉;重庆凯林制药有限公司〈P2305〉;重庆南松医药科技有限公司〈P2305〉;西南合成制药股份有限公司〈P2303〉;重庆亚威精细化工有限公司〈P2308〉;重庆赛维药业有限公司〈P2306〉;重庆威尔德·浩瑞医药化工有限公司(1 吨)〈P2307〉

甲苯磺丁脲;甲磺丁脲;甲糖宁 L05302301

Tolbutamide;Tolbutol;Oramide;Orinase;1-Butyl-3-(para-tolylsulfonyl) urea [64-77-7]

降血糖药,适用于稳定型的轻、中度的成年糖尿病患者

【生产厂】[苏]常州药业股份有限公司〈P1858〉;常州制药厂有限公司〈P1858〉;[粤]广州环叶制药有限公司〈P2261〉

L

甲状腺粉 L05302501

Thyroid powder

甲状腺激素类药,用于治疗甲状腺功能低下症

【生产厂】[渝]重庆奥力生物制药有限公司〈P2303〉;重庆市劲康生物技术有限公司〈P2307〉;[川]四川菲德力制药有限公司〈P2331〉

盐酸二甲双胍 L05350101

Dimethyl diguanidine hydrochloride

降血糖药,用于治疗非胰岛素依赖型糖尿病

【生产厂】[京]北京双鹤药业股份有限公司〈P1561〉;[津]天津太平洋医药科技集团〈P1614〉;天津中新药业集团股份有限公司新新制药厂(50 吨)〈P1618〉;天津太平洋化学制药有限公司〈P1614〉;[晋]山西晋新双鹤药业有限责任公司〈P1679〉;[辽]大连弘丰制药有限公司〈P1692〉;[吉]辽源市迪康药业有限责任公司(100 吨)〈P1717〉;[沪]上海华美助剂厂精细化工分厂(50 吨)〈P1739〉;[苏]常州东方医药原料有限公司〈P1846〉;[浙]宁波大红鹰药业股份有限公司〈P1930〉;宁波麒灵医药生物化学有限公司〈P1931〉;[皖]淮南佳盟药业有限公司〈P1976〉;[鲁]寿光富康制药有限公司(1200 吨)〈P2099〉

二甲双胍 L05350151

Dimethyl diguanidine

【生产厂】[冀]石药集团中诺药业(石家庄)有限公司〈P1634〉

盐酸苯乙双胍;降糖灵 L05350201

Phenformin hydrochloride [834-28-6]

用作降血糖药

【生产厂】[苏]江苏省金坛市制药厂〈P1860〉;[鲁]山东科源制药有限公司〈P2028〉;山东博山制药有限公司(4 吨)〈P2051〉;山东省莒南制药厂(5 吨)〈P2150〉

米格列奈 L05350301

Mitiglinide [145525-41-3]

为全合成的抗Ⅱ型糖尿病新药

【生产厂】[沪]上海巨龙药物研究开发有限公司〈P1746〉;[苏]海峰化工科研有限公司〈P1797〉;盐城康福生化技术开发有限公司(500 千克)〈P1810〉;[浙]湖州恒远生物化学技术有限公司〈P1945〉;浙江台州海翔医药化工有限公司〈P1968〉

米格列奈钙 L05350351

Mitiglinide calcium [207844-01-7]

【生产厂】[苏]常州伊思特化工有限公司〈P1858〉

阿卡波糖 L05350401

Acarbose [56180-94-0]

用于胰岛素依赖型和非胰岛素依赖型糖尿病的治疗

【生产厂】[沪]上海泰亨实业有限公司〈P1767〉;[浙]杭州维华生物技术有限公司〈P1923〉;杭州华东普洛医药科技有限公司〈P1918〉;浙江浙北药业有限公司〈P1947〉;浙江海正药业股份有限公司〈P1964〉;[粤]丽珠集团新北江制药股份有限公司〈P2294〉

伏格列波糖 L05350501

Voglibose [83480-29-9]

用于治疗糖尿病

【生产厂】[京]北京迈劲医药科技有限公司〈P1555〉;[沪]上海雅本化学有限公司〈P1773〉;上海三维制药有限公司〈P1760〉;[浙]浙江台州海翔医药化工有限公司〈P1968〉;[赣]江西金瑞化工有限责任公司〈P2016〉;江西畅成药业有限公司〈P2015〉;[粤]奥星医药有限公司〈P2268〉

依帕司特;依帕司他 L05350601

Epalrestat [82159-09-9]

用于预防和治疗糖尿病

【生产厂】[冀]沧州那瑞化学科技有限公司〈P1652〉;沧州锐新化工有限公司〈P1652〉;[沪]上海泰顿化工有限公司〈P1766〉;[浙]浙江东亚医药化工有限公司〈P1963〉;[赣]江西泰欣诺实业有限公司〈P2009〉

米格列醇 L05350701

Miglitol [72432-03-2]

用于治疗糖尿病

【生产厂】[沪]上海泰亨实业有限公司〈P1767〉;[浙]浙江台州海翔医药化工有限公司〈P1968〉

格列吡嗪 L05352501

Glipizibe [29094-61-9]

为非胰岛素依赖型糖尿病的降糖药

【生产厂】[津]天津药物研究院药业有限责任公司(500 吨)〈P1616〉;[苏]江苏省句容市中山化工研究所〈P1842〉;常州罗地尔生化技术有限公司〈P1848〉;[浙]宁波麒灵医药生物化学有限公司〈P1931〉;台州海辰药业有限公司〈P1960〉;台州东升医药化工有限公司(100 吨)〈P1960〉;

［鲁］迪沙药业集团有限公司(5 吨)〈P2121〉;［鄂］武汉武药制药有限公司〈P2234〉;武汉远大制药集团有限公司〈P2235〉;武汉市合中化工制造有限公司〈P2232〉

胰蛋白酶 L05352701

Trypsin［9002-07-7］

用于外科上各种溃疡和发炎坏疽、创伤、瘘孔等产生的水肿、虫肿等

【生产厂】［沪］上海林叶生物科技有限公司〈P1752〉;［鲁］烟台合普生物制品有限公司〈P2116〉;［川］德阳市生化制品有限公司〈P2324〉;什邡市龙康植物原料厂〈P2325〉

糜蛋白酶;胰凝乳朊酶 L05352801

Chymotrypsin［9004-07-3］

用于外科各种手术后外伤的血肿、水肿、关节积血等症

【生产厂】［沪］上海林叶生物科技有限公司〈P1752〉;［苏］丽珠集团苏州新宝制药厂〈P1898〉;［鲁］烟台合普生物制品有限公司〈P2116〉;［川］德阳市生化制品有限公司〈P2324〉

格列齐特;1-(3-氮杂双环［3,3,0］辛基)-3-对甲苯磺酰脲 L05352901

Glicianide［21187-98-4］

降血糖药,用于治疗非胰岛素依赖性糖尿病

【生产厂】［津］天津中新药业集团股份有限公司新新制药厂(200 吨)〈P1618〉;［沪］上海现代制药股份有限公司〈P1771〉;上海优迪医药有限公司〈P1775〉;上海现代浦东药厂有限公司(20 吨)〈P1771〉;［浙］浙江浙北药业有限公司〈P1947〉;宁波麒灵医药生物化学有限公司(80 吨)〈P1931〉;浙江九洲药业股份有限公司(48 吨)〈P1965〉;［鲁］山东科源制药有限公司〈P2028〉;［豫］上海现代哈森(商丘)药业有限公司〈P2226〉

芬氟拉明;氟苯丙胺 L05353010

Fenfluramine;Obedrex;Ponderax［458-24-2］

用于食欲抑制剂、减肥降糖等

【生产厂】［沪］上海现代浦东药厂有限公司〈P1771〉

右旋芬氟拉明 L05353012

Dexfenluramine［3239-44-9］

【生产厂】［苏］常州康力化工有限公司〈P1848〉

盐酸芬氟拉明 L05353015

Fenfluramine hydrochloride［404-82-0］

为食欲抑制药,可用于单纯性肥胖及患有糖尿病、高血压、心血管病、焦虑症的肥胖病的患者

【生产厂】［苏］江苏省江阴制药厂(10 吨)〈P1866〉;徐州恩华药业集团有限责任公司〈P1794〉;［浙］浙江奥托康制药集团〈P1954〉;［鄂］湖北美尔雅(集团)美升药业有限公司〈P2236〉

安非他酮 L05353071

Bupropion;Wellbutrin［31677-93-7］

属中枢神经系统用药

【生产厂】［京］北京云迪同创医药科技有限公司〈P1566〉;［沪］上海特化医药科技有限公司〈P1767〉;［浙］浙江圣达药业有限公司〈P1967〉;［鲁］临沂奥浦生物技术有限公司〈P2147〉

盐酸安非他酮 L05353091

Bupropion hydrochloride［31677-93-7］

为中枢神经系统用药

【生产厂】［京］北京金奥利维科技发展有限公司〈P1551〉;［冀］固安县恩康医药化工原料有限公司〈P1658〉;［浙］杭州德立化工有限公司〈P1916〉;台州市开创化工有限公司〈P1961〉;［鲁］迪沙药业集团有限公司(7 吨)〈P2121〉;［豫］三门峡赛诺维制药有限公司(20 吨)〈P2222〉;［陕］陕西汉江万全医药化工有限公司〈P2353〉

那格列奈 L05353101

Nateglinide［105816-04-4］

用于治疗糖尿病

【生产厂】［京］北京云迪同创医药科技有限公司〈P1566〉;北京迈劲医药科技有限公司〈P1555〉;［冀］沧州锐新化工有限公司〈P1652〉;［沪］上海品新科贸有限公司〈P1755〉;［苏］常州市蓝江化工有限公司(20 吨)〈P1852〉;江苏亚邦化工集团有限公司〈P1861〉;宜兴市中宇药化技术有限公司〈P1888〉;苏州敬业医药化工有限公司〈P1901〉;扬州宝盛生物化工有限公司〈P1817〉;［浙］杭州达康化工有限公司〈P1916〉;台州市奥力特精细化工有限公司〈P1961〉;浙江台州海翔医药化工有限公司〈P1968〉;浙江黄岩东升医药化工有限公司(1 吨)〈P1964〉;［鲁］山东中科泰斗化学有限公司〈P2030〉;［渝］重庆小泉化工厂〈P2308〉

易达拉封 L05353701

Edaravone

【生产厂】［冀］固安县恩康医药化工原料有限公司〈P1658〉

阿拉瑞林 L05353901

Alarelin［79561-22-1］

用作激素类药

【生产厂】［沪］上海子能制药有限公司〈P1779〉;吉尔生化(上海)有限公司〈P1726〉;［浙］浙江省天台三信化工有限公司〈P1967〉;［川］成都川抗派德生物医药科技有限公司〈P2310〉;成都凯捷生物医药科技发展有限公司〈P2312〉

盐酸氮芥;恩比兴 L06100101

Mustine,hydrochloride;Nitrogen mustard hydrochloride［55-86-7］

用作抗肿瘤药

【生产厂】［京］北京亚太化工科技有限公司〈P1564〉;［沪］上海旭东海普药业有限公司(2 吨)〈P1773〉;［鲁］山东省滕州市国安化工有限公司〈P2078〉

尼莫司汀 L06101101

Nimustine［42471-28-3］

用作抗肿瘤药

【生产厂】［京］北京云迪同创医药科技有限公司〈P1566〉;［鲁］山东齐河银飞达化工有限公司(150 吨)〈P2145〉

盐酸尼莫司汀 L06101151

Nimustine hydrochloride［55661-38-6］

具有抗肿瘤作用,使细胞内 DNA 烷化而降解,抑制 DNA 和 RNA 的合成

【生产厂】［京］北京丰德医药科技有限公司〈P1547〉;北京迈劲医药科技有限公司〈P1555〉;［辽］盘锦兴海制药有限公司〈P1706〉;［苏］苏州立新制药有限公司〈P1902〉;［浙］湖州恒远生物化学技术有限公司〈P1945〉;［鲁］山东中科泰斗化学有限公司〈P2030〉;［鄂］湖北葛店人福药业有限责任公司〈P2242〉

环磷酰胺；环磷氮芥；癌得星；癌得散；安道生 L06101201
CTX；Cyclophosphamide；Cyclophosphane；Cytophosphan [6055-19-2]
广谱抗肿瘤药，用于治疗白血病及其他肿瘤
【生产厂】[晋]大同市惠达药业有限责任公司〈P1673〉；[辽]沈阳药大集琦药业有限责任公司〈P1690〉；[苏]常州市新力医药化工有限公司〈P1855〉；[浙]台州东升医药化工有限公司（100 吨）〈P1960〉；浙江海正药业股份有限公司〈P1964〉

洛莫司汀；环己亚硝脲；氯乙环己亚硝脲；CCNU L06101301
Lomustine；CCNU [13010-47-4]
抗肿瘤药，对乳腺癌、睾丸肿瘤、前列腺癌具有程度不等的治疗作用
【生产厂】[苏]苏州市苏瑞医药化工有限公司〈P1905〉

噻替派；三胺硫磷；三乙烯硫代磷酰胺 L06101401
Thiophosphoramide；Thio-TEPA；Thiotepa [52-24-4]
对乳腺癌和卵巢癌有较好的疗效
【生产厂】[沪]上海旭东海普药业有限公司（5 吨）〈P1773〉；[苏]常州康力化工有限公司〈P1848〉

瘤可宁；氯胺布西；苯丁酸氮芥；CB-1348 L06101501
Chlorambucil [305-03-3]
用作抗肿瘤药
【生产厂】[京]北京丰德医药科技有限公司〈P1547〉

达卡巴嗪；氮烯咪胺；甲嗪咪唑胺；三嗪咪唑胺；甲氮咪胺；氮烯唑胺；三嗪唑胺；抗黑瘤 L06101601
Dacarbazine；DTIC；5-(3,3-Dimethyl-1-triazeno) imidazole-4-carboxamide [4342-03-4]
抗肿瘤药，主要用于黑色素瘤，亦用于软组织肉瘤和恶性淋巴瘤等
【生产厂】[京]北京丰德医药科技有限公司〈P1547〉；[苏]南京法姆化学厂（100 千克）〈P1783〉；靖江市化工总厂（800 千克）〈P1824〉；苏州立新制药有限公司〈P1902〉
【使用厂】[辽]沈阳丰收农药有限公司〈P1685〉

阿那曲唑；阿拉曲唑 L06101701
Anastrozole [120511-73-1]
用于治疗乳腺癌
【生产厂】[辽]盘锦兴海制药有限公司〈P1706〉；[沪]上海泰亨实业有限公司〈P1767〉；上海信合化工有限公司〈P1772〉；上海北卡医药技术有限公司〈P1728〉；[苏]南京博而凯科技有限公司〈P1782〉；[浙]杭州海特医药化工有限公司〈P1918〉；台州市融丰医药化工有限公司〈P1961〉；[赣]江西泰欣诺实业有限公司〈P2009〉；[鲁]山东宝沣化工集团公司〈P2051〉；[渝]重庆华邦制药股份有限公司〈P2305〉

枸橼酸氯米芬；克罗米酚；氯芪酚胺；舒经酚 L06101801
Clomiphen citrate [43054-45-1]
激素类药，用于黄体功能不全、无排卵型不孕症、功能性子宫出血等症的治疗
【生产厂】[沪]上海南翔试剂有限公司〈P1754〉；[苏]苏州市苏瑞医药化工有限公司〈P1905〉

卡莫氟 L06101901
Carmofur [61422-45-5]
是5-氟脲嘧啶系列的第三代抗癌药，对多种实体瘤和腹水瘤均有较强的抑制作用
【生产厂】[苏]苏州市苏瑞医药化工有限公司〈P1905〉；[鲁]济南铂源化学有限公司〈P2020〉；山东齐鲁制药有限公司〈P2029〉；[豫]郑州路路德化学制品有限公司〈P2171〉

尼卡巴嗪 L06102001
Nicarbazin [330-95-0]
为抗球虫药，用于治疗鸡球虫病
【生产厂】[苏]苏州市奥盛精细化工有限公司〈P1902〉；[浙]富阳市成兴化工助剂有限公司〈P1915〉；[豫]郑州福源化工有限公司〈P2170〉；南阳市理邦实业有限公司〈P2224〉；[鄂]湖北信康实业有限公司〈P2228〉；武穴市龙翔药业有限公司〈P2244〉

替尼泊苷；足叶噻吩苷 L06102101
Teniposide；Vumon [29767-20-2]
用于治疗白血病、恶性淋巴瘤、神经母细胞瘤、膀胱癌和小细胞肺癌等病症
【生产厂】[京]北京制药工业研究所实验药厂〈P1566〉；[沪]上海展舒化学科技有限公司〈P1777〉

环磷腺苷；3,5-环化腺苷酸 L06102201
Adenosine cyclophosphate [60-92-4]
用于缓解心绞痛及急、慢性心肌梗塞等病症
【生产厂】[京]北京赛璐珈科技有限公司〈P1557〉；[沪]上海紫源制药有限公司〈P1780〉；[苏]张家港爱华化工有限公司〈P1911〉；[鲁]济南乐康信药业有限公司〈P2023〉；[粤]开平牵牛生化制药有限公司〈P2286〉

二丁酰环磷腺苷钙 L06102291
Dibutyryl adenosine cyclophosphate calcium
【生产厂】[沪]上海紫源制药有限公司〈P1780〉；[粤]开平牵牛生化制药有限公司〈P2286〉

来曲唑 L06102501
Letrozole [112809-51-5]
用于治疗乳腺癌
【生产厂】[辽]阜新博达维医药科技有限公司〈P1707〉；[沪]上海泰亨实业有限公司〈P1767〉；上海北卡医药技术有限公司〈P1728〉；[苏]南京博而凯科技有限公司〈P1782〉；盐城市宇峰化工有限公司〈P1812〉；[浙]杭州海特医药化工有限公司〈P1918〉；杭州德立化工有限公司〈P1916〉

卡莫司汀；卡氮芥；双氯乙亚硝脲；1,3-双(2-氯乙基)-1-亚硝基脲 L06102601
Carmustine [154-93-8]
为广谱抗癌药
【生产厂】[辽]大连弘丰制药有限公司〈P1692〉

甲氨蝶呤；氨甲蝶呤；氨甲叶酸；氨甲蝶呤；MTX L06150201
Methotrexate；MTX [133073-73-1]
抗肿瘤药，用于各种急性白血病、绒毛膜上

皮细胞癌、恶性葡萄胎及牛皮癣症

【生产厂】[苏]苏州市苏瑞医药化工有限公司〈P1905〉;[浙]湖州展望药业化学有限公司〈P1946〉;德清县天宝化工厂〈P1945〉;浙江海正药业股份有限公司〈P1964〉

甲氨蝶呤二钠 L06150251

Methotrexate disodium

用作抗肿瘤药

【生产厂】[苏]苏州市苏瑞医药化工有限公司〈P1905〉

6-巯基嘌呤;6-MP;乐疾宁 L06150401

Mercaptopurine monohydrate; Leukerin [50-44-2]

用作抗肿瘤药

【生产厂】[沪]上海泰亨实业有限公司〈P1767〉;[苏]苏州市苏瑞医药化工有限公司〈P1905〉;兴化明威化工有限公司〈P1828〉;[粤]肇庆市科立化工有限公司〈P2293〉

雷替曲塞 L06150601

Raltitrexed [112887-68-0]

用于晚期结、直肠癌等肿瘤的治疗

【生产厂】[京]凯翔精细化工有限公司〈P1567〉;[鲁]济南乐康信药业有限公司〈P2023〉;[鄂]湖北葛店人福药业有限责任公司〈P2242〉

氟尿嘧啶;5-氟尿嘧啶 L06150701

Fluorouracil; 5-Fluorouracil [51-21-8]

用于消化系统癌、头颈部癌、妇科癌、肺癌、肝癌、膀胱癌和皮肤癌等的治疗

【生产厂】[京]北京东方德众科技发展有限公司〈P1546〉;[苏]常州市剑湖东风化工有限公司〈P1852〉;江苏如东县丰利医药化工厂〈P1831〉;[鲁]济南隆盛有限责任公司〈P2023〉;临邑氟瑞精细化工有限公司(50吨)〈P2143〉;[豫]河南省安阳市第一制药厂(20吨)〈P2210〉;[鄂]武汉武药制药有限公司〈P2234〉;武汉远大制药集团有限公司〈P2235〉

替加氟;喃氟啶;呋喃氟尿嘧啶;呋氟尿嘧啶;呋氟嘧啶;四氧呋喃氟尿嘧啶;FT-207 L06150801

Tegafur [37076-68-9]

是氟尿嘧啶衍生物,具有抗癌作用

【生产厂】[苏]常熟市金城化工有限公司〈P1890〉;江苏如东县丰利医药化工厂〈P1831〉;[鲁]济南铂源化学有限公司〈P2020〉;济南大正伟业科贸有限公司〈P2021〉;山东齐鲁制药有限公司〈P2029〉;山东中科泰斗化学有限公司〈P2030〉;临邑氟瑞精细化工有限公司(9吨)〈P2143〉

头孢泊肟酯 L06151101

Cefpodoxime proxetil [87239-81-4]

【生产厂】[京]北京云迪同创医药科技有限公司〈P1566〉;[晋]芮城县亚宝药用中间体有限公司〈P1679〉;[沪]上海三维制药有限公司〈P1760〉;[浙]浙江海正药业股份有限公司〈P1964〉

盐酸环胞苷;2,2′-环胞苷盐酸盐 L06151201

Cyclocytidine hydrochlide; 2,2′-*O*-Cyclocytidine hydrochloride [10212-25-6]

对各种类型急性白血病及脑膜白血病均有效

【生产厂】[苏]苏州市苏瑞医药化工有限公司〈P1905〉;[豫]新乡拓新生化科技有限公司(10吨)〈P2207〉

环孢素;环孢菌素 L06151211

Cyclosporin A [59865-13-3]

用于治疗白血病、结核病等

【生产厂】[浙]杭州华东普洛医药科技有限公司〈P1918〉;[粤]台山市化学制药有限公司〈P2286〉

盐酸阿糖胞苷;阿糖胞嘧啶 L06151301

Cytarabine hydrochloride [69-74-9]

用于急性白血病,也用于头颈部鳞癌,外用于病毒性角膜炎及流行性结膜炎等

【生产厂】[黑]哈尔滨博莱制药有限公司〈P1720〉;[苏]苏州市苏瑞医药化工有限公司〈P1905〉;[浙]杭州海特医药化工有限公司〈P1918〉;浙江海正药业股份有限公司〈P1964〉;[粤]奥星医药有限公司〈P2268〉

阿糖胞苷 L06151351

Cytarabine; Arabinocytidine [147-94-4]

抗肿瘤药,用于治疗急性粒细胞白血病及急性淋巴性白血病等,亦具有抗病毒作用

【生产厂】[苏]苏州市苏瑞医药化工有限公司〈P1905〉;[浙]杭州海特医药化工有限公司〈P1918〉;[豫]新乡拓新生化科技有限公司〈P2207〉;新乡市恒辉生化科技有限公司〈P2204〉;[粤]益飞医药化工有限公司〈P2274〉

5′-脱氧氟尿苷;5′-脱氧-5-氟尿嘧啶核苷;氟铁龙 L06151501

Doxifluridine; 5′-Deoxy-5-fluorouridine; 5′-DFUR [3094-09-5]

抗肿瘤药,用于胃癌、结肠癌、直肠癌、乳腺癌、宫颈癌、膀胱癌的治疗

【生产厂】[沪]上海昊化化工有限公司〈P1736〉;上海秋之友生物科技有限公司〈P1758〉;[苏]江苏永联集团公司精细化工厂〈P1866〉;[皖]合肥健坤化工有限公司〈P1972〉;合肥立方精细化学品有限公司〈P1973〉;安徽省郎溪县联科实业有限公司〈P1986〉;[鲁]临沂瑞达精细化工有限公司(200千克)〈P2148〉;[鄂]湖北葛店人福药业有限责任公司〈P2242〉;[渝]西南合成制药股份有限公司〈P2303〉

2′-脱氧-5-氟尿苷;2′-脱氧-5-氟尿嘧啶核苷;5-氟去氧尿苷 L06151531

2′-Deoxy-5-fluorouridine [50-91-9]

抗肿瘤药,用于治疗乳腺癌、胃癌、结肠癌、鼻咽癌、宫颈癌等

【生产厂】[京]北京东方德众科技发展有限公司〈P1546〉;[沪]上海秋之友生物科技有限公司〈P1758〉;上海太平洋生物高科技有限公司〈P1766〉;[浙]浙江海正药业股份有限公司〈P1964〉;[皖]合肥健坤化工有限公司〈P1972〉;合肥立方精细化学品有限公司〈P1973〉;[豫]新乡市赛特化工有限公司〈P2205〉

5-甲基尿苷 L06151551

5-Methyluridine; Ribosylthymine [1463-10-1]

【生产厂】[沪]上海秋之友生物科技有限公司〈P1758〉;上海迪赛诺公司〈P1731〉;上海太平洋生物高科技有限公司〈P1766〉;[苏]苏州工业园区赛康德万马化工有限公司〈P1900〉;张家港爱华化工有限公司〈P1911〉;[豫]新乡拓新生化科技有限公司(30吨)〈P2207〉;新乡市赛特化工有限公司〈P2205〉

硫唑嘌呤;依木兰;依米兰 L06151801

Azathioprine; Imuran; 6-[(1-methyl-4-nitro-1H-imidazol-5-yl) thio]-1H-Purine [446-86-6]

为免疫抑制剂

【生产厂】[沪]上海三维制药有限公司〈P1760〉;[苏]江苏省金坛市制药厂〈P1860〉

万拉法新;文拉法辛　L06151901

Venlafaxine [93413-69-5]

用作抗肿瘤药

【生产厂】[苏]南京法姆化学厂〈P1783〉;徐州恩华药业集团有限责任公司〈P1794〉;[浙]横店集团家园化工有限公司〈P1952〉;[皖]安徽美诺华药物化学有限公司〈P1985〉;[渝]重庆英斯凯化工有限公司〈P2308〉

盐酸万拉法新;盐酸文拉法辛　L06151951

Venlafaxine hydrochloride [99300-78-4]

用作抗肿瘤药

【生产厂】[沪]上海海隼化工科技有限公司〈P1735〉;[苏]苏州第四制药厂有限公司〈P1899〉;昆山化工医药原料有限公司〈P1895〉;扬州威斯曼雅本制药有限公司〈P1820〉;[浙]浙江九洲药业股份有限公司〈P1965〉;[渝]重庆凯林制药有限公司〈P2305〉;[川]成都上元医药科技有限公司〈P2313〉;四川科瑞德制药有限公司〈P2323〉

硫酸博莱霉素;博莱霉素　L06152001

Bleomycin sulfate;Bleocin;Bleomycin A2 [11056-06-7]

用作抗肿瘤药

【生产厂】[吉]辽源市迪康药业有限责任公司(20 千克)〈P1717〉;[黑]哈尔滨博莱制药有限公司〈P1720〉;[浙]浙江海正药业股份有限公司〈P1964〉

盐酸博来霉素　L06152051

Bleomycin chloride

【生产厂】[吉]辽源市迪康药业有限责任公司(20 千克)〈P1717〉;[浙]浙江海正药业股份有限公司〈P1964〉

盐酸米托蒽醌;米托蒽醌　L06152101

Mitoxantrone hydrochloride;Novantrone [70476-82-3]

用作抗肿瘤药

【生产厂】[浙]浙江海正药业股份有限公司〈P1964〉;[粤]益飞医药化工有限公司〈P2274〉;[渝]重庆凯林制药有限公司〈P2305〉;重庆南松医药科技有限公司〈P2305〉;重庆威尔德·浩瑞医药化工有限公司(500 千克)〈P2307〉

表阿霉素　L06200101

Epirubicin [56420-45-2]

用于抗肿瘤

【生产厂】[京]北京云迪同创医药科技有限公司〈P1566〉;[粤]奥星医药有限公司〈P2268〉;益飞医药化工有限公司〈P2274〉

丝裂霉素;丝裂霉素 C;自力霉素;密吐霉素　L06200301

Mitomycin;Mitomycin C;Mytomycin;Zilimycin [50-07-7]

抗癌药,常用于治疗消化系统癌症

【生产厂】[沪]上海捷倍思基因技术有限公司〈P1744〉;[苏]无锡山禾集团第一制药有限公司〈P1874〉;[浙]浙江海正药业股份有限公司〈P1964〉

阿霉素;14-羟正定霉素;14-羟柔红霉素　L06200501

Adriamycin;Hydroxydaunomycin hydrochloride [23214-92-8]

蒽环抗生素,主要用于急、慢性白血病、恶性淋巴瘤等

【生产厂】[京]北京云迪同创医药科技有限公司〈P1566〉;北京迈劲医药科技有限公司〈P1555〉;[粤]益飞医药化工有限公司〈P2274〉

长春瑞宾;长春烯碱;去甲长春花碱　L06250101

Vinorelbine [71486-22-1]

用于治疗各种肿瘤

【生产厂】[沪]上海北卡医药技术有限公司〈P1728〉;[苏]赣榆县尤利特化工有限公司〈P1797〉

长春新碱;硫酸长春新碱;硫酸醛基长春碱　L06250201

Vincristine;Vincristine sulfate [2068-78-2]

天然植物抗肿瘤药,用于治疗急性白血病和恶性淋巴瘤,小细胞肺癌及乳腺癌

【生产厂】[沪]上海康爱生物制品有限公司〈P1747〉;[浙]浙江海正药业股份有限公司〈P1964〉;[粤]广州环叶制药有限公司〈P2261〉;奥星医药有限公司〈P2268〉

长春地辛;长春碱酰胺;硫酸长春酰胺　L06250301

Vindesine [53643-48-4]

用作抗癌药

【生产厂】[沪]上海康爱生物制品有限公司〈P1747〉

硫酸长春地辛　L06250351

Vindesine sulfate [59917-39-4]

用作抗癌药

【生产厂】[粤]广州环叶制药有限公司〈P2261〉;[川]成都上元医药科技有限公司〈P2313〉

长春质碱;长春花碱;长春碱　L06250501

Vinblastine;Vincaleukoblastine [865-21-4]

用于治疗恶性淋巴瘤

【生产厂】[沪]上海康爱生物制品有限公司〈P1747〉;[粤]广州环叶制药有限公司〈P2261〉;[川]四川雄飞利通药业有限公司〈P2330〉

依托泊苷;足叶乙苷;鬼臼亚乙基苷;表鬼臼毒吡喃葡萄糖苷　L06250601

Etoposide [33419-42-0]

用作抗肿瘤药

【生产厂】[京]北京制药工业研究所实验药厂〈P1566〉;[沪]上海现代制药股份有限公司〈P1771〉;上海现代浦东药厂有限公司(100 千克)〈P1771〉;[苏]苏州市苏瑞医药化工有限公司〈P1905〉;连云港杰瑞医化有限公司〈P1798〉;江苏丰山集团有限公司(5000 吨)〈P1807〉;江苏同泰药业有限公司〈P1832〉

磷酸依托泊苷;依托泊苷磷酸酯　L06250651

Etoposide phosphate [117091-64-2]

用作抗肿瘤药物

【生产厂】[浙]浙江黄岩三力化工厂〈P1964〉;[渝]重庆华邦制药股份有限公司〈P2305〉

长春瑞宾双酒石酸盐　L06250801

Vinorelbine ditartrate [125317-39-7]

为广谱抗肿瘤药，对各种类型肿瘤都有强效

【生产厂】[京]北京云迪同创医药科技有限公司〈P1566〉；[苏]常州伊思特化工有限公司〈P1858〉；连云港杰瑞医化有限公司〈P1798〉；[浙]台州市开创化工有限公司〈P1961〉；浙江海正药业股份有限公司〈P1964〉；[粤]广州环叶制药有限公司〈P2261〉；奥星医药有限公司〈P2268〉；[川]四川雄飞利通药业有限公司〈P2330〉

硫酸长春碱；硫酸长春花碱 L06250901

Vinblastine sulfate [143-67-9]

抗肿瘤药，用于治疗何杰金氏病和绒毛膜上皮癌，对淋巴肉瘤、急性白血病、乳腺癌等也有一定疗效

【生产厂】[沪]上海康爱生物制品有限公司〈P1747〉；[浙]台州市开创化工有限公司〈P1961〉；[粤]广州环叶制药有限公司〈P2261〉

紫杉醇 L06251001

Paclitaxel；Taxol A [33069-62-4]

广谱抗肿瘤植物药，用于治疗卵巢癌、乳腺癌等病症

【生产厂】[京]北京协和药厂〈P1563〉；北京医科大学应用药物研究所〈P1564〉；北京怡禾生物工程有限公司〈P1565〉；[津]天津天士力集团有限公司〈P1615〉；[沪]上海信合化工有限公司〈P1772〉；上海中康伟业生物科技有限公司〈P1778〉；上海三维制药有限公司〈P1760〉；上海迪赛诺公司〈P1731〉；上海骏杰生物技术有限公司〈P1746〉；上海北卡医药技术有限公司〈P1728〉；[浙]杭州海特医药化工有限公司〈P1918〉；台州市奥力特精细化工有限公司〈P1961〉；浙江海正药业股份有限公司〈P1964〉；[赣]江西省吉水县华源香料油厂〈P2018〉；[鄂]武汉远城科技发展有限公司〈P2235〉；[湘]湖南德瑞生物产业集团有限公司〈P2247〉；湖南诺伊尔生物制药有限公司〈P2257〉；[粤]广州合诚三先生物科技有限公司〈P2260〉；奥星医药有限公司〈P2268〉；[桂]桂林晖昂生化药业有限责任公司(120千克)〈P2299〉；[川]四川九峰天然药业股份有限公司〈P2318〉；成都福润德实业有限公司〈P2310〉；成都天赐医药科技有限责任公司〈P2315〉；成都天源天然产物有限公司〈P2316〉；广汉市生化制品有限公司〈P2324〉；[滇]云南汉德生物技术有限公司〈P2340〉；云南思摩贝特生物科技有限公司〈P2342〉；[陕]西安富捷生物技术发展公司〈P2348〉；西安华萃生物技术有限责任公司〈P2348〉；西安天诚医药生物工程公司〈P2349〉；西安天行健天然生物制品有限公司〈P2350〉；西安冠宇生物技术有限公司〈P2348〉

多烯紫杉醇；多西他赛；多烯他赛 L06251051

Docetaxel；Taxotere [114977-28-5]

抗肿瘤植物药，用于转移性乳腺癌和非小细胞肺癌的治疗

【生产厂】[沪]上海中康伟业生物科技有限公司〈P1778〉；上海品新科贸有限公司〈P1755〉；上海三维制药有限公司〈P1760〉；上海迪赛诺公司〈P1731〉；上海骏杰生物技术有限公司〈P1746〉；上海北卡医药技术有限公司〈P1728〉；[苏]常州伊思特化工有限公司〈P1858〉；连云港杰瑞医化有限公司〈P1798〉；赣榆县尤利特化工有限公司〈P1797〉；[浙]杭州海特医药化工有限公司〈P1918〉；[鲁]山东中科泰斗化学有限公司〈P2030〉；[粤]奥星医药有限公司〈P2268〉；[川]成都天源天然产物有限公司〈P2316〉；[滇]云南思摩贝特生物科技有限公司〈P2342〉

莪术油 L06252001

Zedoary turmeric oil

抗肿瘤药，用于早期子宫颈癌的治疗

【生产厂】[浙]浙江天瑞药业有限公司〈P1939〉；[赣]吉水县金海天然香料油科技有限公司〈P2017〉；江西吉水县威海药用油厂〈P2017〉；江西省吉水县华宝天然药用油厂〈P2018〉；江西省吉水县华源香料油厂〈P2018〉；江西省吉水县康神天然药用油提炼厂〈P2018〉；江西省吉水县水南药用百草油提炼厂〈P2019〉；江西省吉水县同仁天然药用油厂〈P2019〉；江西省吉水药用提炼厂〈P2019〉；江西省南方药物油厂〈P2019〉；江西省吉水县水南威霸香料公司〈P2018〉；江西省吉水中南天然香料油厂〈P2019〉；江西吉安市绿康天然香料油厂〈P2017〉；[湘]湖南衡山岳北天然香料油有限公司〈P2253〉；[粤]广州美晨药业有限公司〈P2262〉

人参多糖 L06252201

Ginseng polysaccharide

是天然抗肿瘤药

【生产厂】[辽]辽宁鑫泰药业有限公司〈P1699〉；盘锦格润生物科技有限公司〈P1706〉；[苏]江苏同泰药业有限公司〈P1832〉

喜树碱 L06252501

Camptothecin [7689-03-4]

用于治疗胃癌、肠癌、慢性粒细胞型和急性白血病等

【生产厂】[苏]连云港杰瑞医化有限公司〈P1798〉；[湘]湖南诺伊尔生物制药有限公司〈P2257〉；[川]成都中仁生物化学有限公司〈P2317〉；成都福润德实业有限公司〈P2310〉；成都兰贝植化科技有限公司〈P2312〉；成都力智天成科技有限公司〈P2312〉；成都天源天然产物有限公司〈P2316〉；成都科恩医药化工实业有限公司〈P2312〉；四川省新繁生物化学厂(50千克)〈P2319〉；成都兴邦生化厂〈P2317〉；四川省彭州市聚源生化厂〈P2319〉；四川省彭州市西郊植物提制厂〈P2319〉；四川广汉市维康植化有限公司〈P2326〉；广汉市生化制品有限公司〈P2324〉；四川省什邡市华康药物原料厂〈P2328〉；四川省玉鑫药业有限公司〈P2328〉；四川什邡普康生化有限公司〈P2329〉；四川什邡市宏升植物原料有限公司〈P2329〉；四川省江源天然产物有限公司〈P2333〉；绵阳高新区东方源生物科技有限公司〈P2330〉；[陕]陕西慧科植物开发有限公司〈P2346〉；西安鑫迪福科技有限责任公司〈P2350〉

10-羟基喜树碱 L06252511

10-Hydroxycamptothecin [64439-81-2]

用作抗肿瘤药，主要用于治疗肝癌、胃癌、头颈部肿瘤和白血病

【生产厂】[沪]上海信合化工有限公司〈P1772〉；上海骏杰生物技术有限公司〈P1746〉；上海北卡医药技术有限公司〈P1728〉；[苏]常州市蓝江化工有限公司〈P1852〉；连云港杰瑞医化有限公司〈P1798〉；[鄂]湖北美尔雅(集团)美升药业有限公司〈P2236〉；[湘]新化县诺威化工有限公司〈P2258〉；[川]成都兰贝植化科技有限公司〈P2312〉；成都力智天成科技有限公司〈P2312〉；成都天源天然产物有限公司〈P2316〉；成都兴邦生化厂〈P2317〉；四川省彭州市聚源生化厂〈P2319〉；广汉市生化制品有限公司〈P2324〉；四川省玉鑫药业有限公司〈P2328〉；四川省江源天然产物有限公司〈P2333〉；[陕]西安鑫迪福科技有限责任公司〈P2350〉；西安华萃生物技术有限责任公司〈P2348〉

7-乙基喜树碱 L06252531

7-Ethylcamptothecin

是广谱抗肿瘤植物药

【生产厂】[苏]赣榆县尤利特化工有限公司〈P1797〉;[川]成都力智天成科技有限公司〈P2312〉;成都天源天然产物有限公司〈P2316〉;成都兴邦生化厂〈P2317〉;四川省彭州市聚源生化厂〈P2319〉;四川省江源天然产物有限公司〈P2333〉;绵阳高新区东方源生物科技有限公司〈P2330〉

7-乙基-10-羟基喜树碱 L06252541

7-Ethyl-10-hydroxycamptothecin [64439-81-2]

用作抗肿瘤植物药

【生产厂】[沪]上海信合化工有限公司〈P1772〉;[苏]连云港杰瑞医化有限公司〈P1798〉;盐城市宇峰化工有限公司〈P1812〉;[川]成都兰贝植化科技有限公司〈P2312〉;成都力智天成科技有限公司〈P2312〉;成都兴邦生化厂〈P2317〉;四川省彭州市聚源生化厂〈P2319〉;四川省玉鑫药业有限公司〈P2328〉;四川省江源天然产物有限公司〈P2333〉;[陕]西安鑫迪福科技有限责任公司〈P2350〉;西安华萃生物技术有限责任公司〈P2348〉

9-硝基喜树碱;鲁比替康 L06252561

9-Nitrocamptothecin; Rubitecan [91421-42-0]

用作抗肿瘤药

【生产厂】[浙]杭州海特医药化工有限公司〈P1918〉

去甲斑蝥素 L06252601

Norcantharidin

用作抗肿瘤药

【生产厂】[苏]苏州市苏瑞医药化工有限公司〈P1905〉;[鲁]山东山大康诺制药有限公司〈P2029〉;山东省平原制药厂(1 吨)〈P2146〉;山东省莒南制药厂(1 吨)〈P2150〉

异环磷酰胺 L06990101

Isophosphamide [3778-73-2]

用于治疗恶性淋巴瘤、肺癌、乳腺癌、食道癌、骨及软组织肉瘤、非小细胞肺癌、头颈部癌、宫颈癌等病症

【生产厂】[苏]金坛德培化工有限公司〈P1861〉;苏州市苏瑞医药化工有限公司〈P1905〉;连云港杰瑞医化有限公司〈P1798〉;赣榆县尤利特化工有限公司〈P1797〉;盐城市宇峰化工有限公司〈P1812〉;[浙]浙江海正药业股份有限公司〈P1964〉

氟达拉滨 L06990401

Fludarabine [21679-14-1]

用作抗肿瘤药

【生产厂】[京]凯翔精细化工有限公司〈P1567〉;北京丰德医药科技有限公司〈P1547〉;[津]天津市炜杰科技有限公司〈P1606〉;[粤]奥星医药有限公司〈P2268〉

氯尼达明 L06990501

Lonidamine [50264-69-2]

广谱抗肿瘤药,可用于各种肿瘤如乳腺癌、前列腺癌、肺癌及脑瘤等的治疗

【生产厂】[苏]赣榆县尤利特化工有限公司〈P1797〉;盐城冬阳生物制品有限公司〈P1809〉;[浙]杭州海特医药化工有限公司〈P1918〉

克拉曲滨 L06990601

Cladribine [4291-63-8]

用作抗白血病药物,用于慢性淋巴细胞性白血病、非霍奇金淋巴肉瘤、皮肤 T 细胞淋巴瘤等的治疗

【生产厂】[浙]杭州海特医药化工有限公司〈P1918〉;浙江海正药业股份有限公司〈P1964〉;[粤]奥星医药有限公司〈P2268〉;[川]四川抗菌素工业研究所化学制药事业部〈P2318〉

顺铂;顺氨铂;氯氨铂;顺氯氨铂;顺-双氯双氨络铂 L06990901

Cisplatin; *cis*-Platinous diamine dichloroplatin [15663-27-1]

为铂类抗癌药,对泌尿生殖系统肿瘤及癌性胸水、头颈部癌、肺癌和多种肉瘤有显著疗效,对肿瘤放射有增敏作用

【生产厂】[辽]锦州九泰药业有限责任公司〈P1701〉;[苏]苏州市苏瑞医药化工有限公司〈P1905〉;[浙]浙江省冶金研究院有限公司〈P1928〉;[鲁]济南铂源化学有限公司〈P2020〉

卡铂;卡波铂;碳铂 L06991001

Carboplatin; Paraplatin [41575-94-4]

是第二代铂类抗癌新药,其活性与顺铂相当,生化性质与活性谱也类似,但毒副作用却明显低于顺铂

【生产厂】[苏]苏州市苏瑞医药化工有限公司〈P1905〉;[浙]浙江海正药业股份有限公司〈P1964〉;[鲁]济南铂源化学有限公司〈P2020〉;德州德药制药有限公司(20 千克)〈P2141〉

氨鲁米特;氨格鲁米特;氨苯哌酮;氨苯哌啶酮;氨苯乙哌啶酮 L06991101

Aminoglutethimide [125-84-8]

用于治疗乳腺癌

【生产厂】[苏]苏州市苏瑞医药化工有限公司〈P1905〉

更生霉素;放线菌素 D L06991401

Actinomycin D; Actactinomycin A IV [50-76-0]

用作抗癌药

【生产厂】[浙]浙江海正药业股份有限公司〈P1964〉

羟基脲 L06991501

Hydroxyurea [127-07-1]

抗代谢类抗癌药,主要作用于增殖细胞的 G1 及 S 期,对 G1/S 界面有延缓作用,为细胞特异性药物

【生产厂】[辽]阜新市环尔康药业有限责任公司〈P1708〉;[苏]常熟市金城化工有限公司〈P1890〉;[浙]杭州广林生物医药有限公司〈P1917〉;湖州恒远生物化学技术有限公司〈P1945〉;[鲁]济南大正伟业科贸有限公司〈P2021〉;山东齐鲁制药有限公司〈P2029〉;临邑氟瑞精细化工有限公司(20 吨)〈P2143〉;寿光富康制药有限公司(100 吨)〈P2099〉;[豫]临颍县颍华技术开发有限公司(50 吨)〈P2220〉

阿扎司琼 L06991601

Azasetron [123040-69-7]

用作抗肿瘤药

【生产厂】[苏]常州罗地尔生化技术有限公司〈P1848〉

盐酸阿扎司琼 L06991651

Azasetron hydrochloride [123040-16-4]

【生产厂】[浙]杭州海特医药化工有限公司〈P1918〉

拓扑替康 L06991701

Topotecan [123948-87-8]

用作抗肿瘤药

【生产厂】[沪]上海骏杰生物技术有限公司〈P1746〉;上海北卡医药技术有限公司〈P1728〉;[苏]江苏永联集团公司精细化工厂〈P1866〉;[粤]奥星医药有限公司〈P2268〉

盐酸拓扑替康 L06991751

Topotecan hydrochloride [119413-54-6]

用作抗肿瘤药

【生产厂】[苏]连云港杰瑞医化有限公司〈P1798〉;[浙]杭州海特医药化工有限公司〈P1918〉;浙江海正药业股份有限公司〈P1964〉;[赣]江西泰欣诺实业有限公司〈P2009〉;[川]成都福润德实业有限公司〈P2310〉;成都兰贝植化科技有限公司〈P2312〉

盐酸伊立替康 L06991801

Irinotecan hydrochloride [100286-90-6]

用作抗肿瘤药

【生产厂】[苏]连云港杰瑞医化有限公司〈P1798〉;盐城市宇峰化工有限公司(30 千克)〈P1812〉;[浙]杭州海特医药化工有限公司〈P1918〉;[赣]江西泰欣诺实业有限公司〈P2009〉;[粤]奥星医药有限公司〈P2268〉;[川]成都福润德实业有限公司〈P2310〉;成都力智天成科技有限公司〈P2312〉;成都天源天然产物有限公司〈P2316〉;四川省江源天然产物有限公司〈P2333〉

伊立替康 L06991851

Irinotecan [97682-44-5]

【生产厂】[沪]上海嘉辰化工有限公司〈P1742〉;上海骏杰生物技术有限公司〈P1746〉;上海北卡医药技术有限公司〈P1728〉;[陕]西安鑫迪福科技有限责任公司〈P2350〉;西安华萃生物技术有限责任公司〈P2348〉

帕米膦酸二钠 L06991901

Pamidronate disodium [109552-15-0]

用于高钙血症及骨质疏松症的治疗

【生产厂】[辽]阜新博达维医药科技有限公司〈P1707〉;[苏]常州康力化工有限公司〈P1848〉;[浙]浙江海正药业股份有限公司〈P1964〉;浙江奥托康制药集团〈P1954〉;[川]成都天台山制药有限公司〈P2316〉;[陕]西安华萃生物技术有限责任公司〈P2348〉

帕米膦酸单钠盐 L06991951

Pamidronic acid monosodium salt

用于治疗骨质疏松症

【生产厂】[辽]沈阳东瑞科技有限公司〈P1685〉

枸橼酸托瑞米芬 L06992101

Toremifene citrate

用作抗癌药

【生产厂】[沪]上海法茵克化学科技有限公司〈P1732〉;[鲁]山东曲阜弘利化工有限公司(200 吨)〈P2132〉

托瑞米芬 L06992151

Toremifene [89778-26-7]

【生产厂】[沪]上海法茵克化学科技有限公司〈P1732〉

帕洛诺司琼 L06992201

Palonosetron

用作抗肿瘤药

【生产厂】[京]北京云迪同创医药科技有限公司〈P1566〉;[沪]上海泰顿化工有限公司〈P1766〉

盐酸帕洛诺司琼 L06992251

Palonosetron hydrochloride [135729-62-3]

【生产厂】[沪]上海泰顿化工有限公司〈P1766〉;[浙]杭州海特医药化工有限公司〈P1918〉;[粤]益鹏生物科技(深圳)有限公司〈P2274〉;[渝]重庆华邦制药股份有限公司〈P2305〉

唑来膦酸;唑仑膦酸 L06992301

Zoledronic acid [118072-93-8]

用作抗肿瘤药

【生产厂】[冀]沧州锐新化工有限公司〈P1652〉;[辽]阜新博达维医药科技有限公司〈P1707〉;[沪]上海特化医药科技有限公司〈P1767〉;上海金赛医药化工有限公司〈P1744〉;上海凯乐实业发展有限公司〈P1747〉;[苏]常州罗地尔生化技术有限公司〈P1848〉;[浙]杭州海特医药化工有限公司〈P1918〉;桐乡市恒达化工有限公司〈P1943〉;[鲁]山东宝洋化工集团公司〈P2051〉;[豫]新乡市天丰精细化工有限公司〈P2206〉;[川]成都天台山制药有限公司〈P2316〉

盐酸雷莫司琼 L06992451

Ramosetron hydrochloride [132907-72-3]

【生产厂】[京]北京合成天地化学技术有限公司〈P1548〉;[苏]江苏亚邦化工集团有限公司〈P1861〉

氧嗪酸钾;1,2,3,4-四氢-2,4-二酮-1,3,5-三嗪-6-羧酸钾 L06992501

Oteracil potassium [2207-75-2]

用作抗肿瘤药物

【生产厂】[鲁]山东中科泰斗化学有限公司〈P2030〉

米力农 L07100101

Milrinone [78415-72-2]

强心药,具有增强心肌收缩力和直接扩张血管的作用

【生产厂】[沪]上海展舒化学科技有限公司〈P1777〉;[苏]南京科邦医药化工有限公司〈P1786〉;苏州市苏瑞医药化工有限公司〈P1905〉;赣榆县尤利特化工有限公司〈P1797〉;[浙]湖州恒远生物化学技术有限公司〈P1945〉;湖州展望药业化学有限公司〈P1946〉;德清县天宝化工厂〈P1945〉;浙江省天台三信化工有限公司〈P1967〉;[鲁]济南乐康信药业有限公司〈P2023〉;鲁南制药集团股份有限公司(3 吨)〈P2148〉

前列腺素 E1;前列地尔 L07100601

Prostaglandine E1 [745-65-3]

适用于心肌梗塞、心力衰竭、血栓性脉管炎、慢性动脉闭塞症、视网膜中央静脉血栓等

【生产厂】[吉]长春白求恩医科大学制药厂〈P1714〉;[黑]哈药集团生物工程有限公司〈P1721〉;[沪]上海五洲药业股份有限公司〈P1770〉

拉他前列腺素 L07100651

Lata prostaglandin [130209-82-4]

【生产厂】[沪]上海北卡医药技术有限公司〈P1728〉;[苏]江苏亚邦化工集团有限公司〈P1861〉

葛根素;4′,7-二羟基-8-葡萄糖苷 L07100701
Puerarin [3681-99-0]
血管扩张药,用于治疗冠心病、各类心绞痛等病
【生产厂】[京]北京协和药厂〈P1563〉;[鲁]烟台鲁银药业有限公司(2 吨)〈P2117〉;[琼]海南海神同洲制药有限公司〈P2302〉;[川]成都川大华西康达药物研究所〈P2310〉;成都天源天然产物有限公司〈P2316〉;成都双流应天生化厂〈P2315〉;成都天台山制药有限公司〈P2316〉;广汉市生化制品有限公司〈P2324〉;四川省玉鑫药业有限公司〈P2328〉;四川什邡市宏升植物原料有限公司〈P2329〉;四川什邡市健福植物原料有限公司〈P2329〉;四川科瑞德制药有限公司〈P2323〉;[陕]陕西慧科植物开发有限公司〈P2346〉;陕西旭煌植物科技发展有限公司〈P2347〉;西安华萃生物技术有限责任公司〈P2348〉;西安惠丰生化集团股份有限公司〈P2348〉;西安天诚医药生物工程公司〈P2349〉;安康正大制药有限公司〈P2354〉

泛癸利酮;癸烯醌;泛醌;辅酶 Q10 L07100901
Ubiquinone 10;Ubidecarenone [303-98-0]
主要用于治疗肝病、心脏病,预防早老性痴呆症、帕金森综合症、糖尿病和癌症等
【生产厂】[沪]上海立科药物化学有限公司〈P1750〉;[苏]江阴南极星生物制品有限公司〈P1868〉;海门市通联化工有限责任公司〈P1830〉;[浙]杭州维华生物技术有限公司〈P1923〉;杭州华东普洛医药科技有限公司〈P1918〉;杭州德立化工有限公司〈P1916〉;富阳科兴生物化工有限公司〈P1915〉;湖州新奥特医药化工有限公司〈P1946〉;浙江车头制药有限公司〈P1963〉;[赣]江西畅成药业有限公司〈P2015〉;[鲁]烟台合普生物制品有限公司〈P2116〉;[豫]安阳市九州药业有限责任公司北厂(10 吨)〈P2209〉;[湘]新化县诺威化工有限公司〈P2258〉;[陕]西安益尔集团〈P2350〉;陕西渭南惠丰化学工业有限责任公司(24 吨)〈P2352〉

匹西卡尼 L07150201
Pilsicainide [88069-67-4]
用于治疗心律不齐
【生产厂】[渝]重庆圣华曦药业有限公司〈P2306〉

盐酸普萘洛尔;心得安;萘心安 L07150301
Propranolol hydrochloride [318-98-9]
用于各种功能性心律失常、室上性及室性异位期外收缩、心房纤维颤动和麻醉引起的心律不齐等
【生产厂】[晋]运城市鑫河医药化工有限公司〈P1680〉;芮城县虹桥药用中间体有限公司〈P1678〉;芮城县亚宝药用中间体有限公司〈P1679〉;山西省芮城县精细日化有限公司〈P1680〉;[沪]上海华钛化学有限公司〈P1739〉;上海康鸣高科技有限公司〈P1748〉;[苏]江苏省句容市兴源化工厂〈P1842〉;江苏省金坛市制药厂〈P1860〉;[赣]江西宇洋化工有限公司(10 吨)〈P2013〉

富马酸异哌丙吡胺;止痛安 L07150401
Isopiperidyl propyl pyridyl amine fumarate
镇痛药,用于神经痛、牙痛、心绞痛、胃肠痛的治疗
【生产厂】[辽]大连市旅顺合成制药厂〈P1694〉

盐酸维拉帕米;维拉帕米;异博定;盐酸戊脉安 L07150601
Verapamil hydrochloride [152-11-4]
主要用于阵发性室上性心动过速,也用于心绞痛、高血压和肥厚型梗塞性心肌病
【生产厂】[津]天津市中央药业有限公司(6 吨)〈P1613〉;[苏]南京法姆化学厂〈P1783〉;[浙]杭州科本化工有限公司〈P1920〉

双异丙吡胺;丙吡胺;达舒平;异脉定 L07151101
Disopyramide [3737-09-5]
抗心律失常药,适用于室上性室心早搏、各类心动过速房颤等病
【生产厂】[苏]常州康达制药有限公司〈P1848〉

磷酸丙吡胺;磷酸达舒平 L07151151
Disopyramid phosphate [22059-60-5]
【生产厂】[沪]上海三维制药有限公司〈P1760〉

安他唑啉;安他心;盐酸安太林 L07151201
Antazoline [91-75-8]
抗心律失常药,用于房性和室性早博、阵发性心动过速等,亦用于过敏性疾病
【生产厂】[沪]上海特化医药科技有限公司〈P1767〉;[鲁]潍坊特化精细化工有限公司〈P2105〉;[豫]安阳豫北制药厂(2 吨)〈P2210〉

磷酸安他唑啉;安替司丁 L07151202
Antazoline phosphate
为抗心律失常药
【生产厂】[豫]安阳豫北制药厂(2 吨)〈P2210〉

盐酸安他唑啉 L07151231
Antazoline hydrochloride [2508-72-7]
抗胆胺药,具有抗胆碱及局部麻醉作用,可用于抗过敏和抗心律失常
【生产厂】[苏]苏州市奥盛精细化工有限公司〈P1902〉

噻吗洛尔;噻吗心安;马来酸噻吗洛尔 L07151301
Timolol;Timolol maleate [26839-75-8]
用于开角型青光眼、无晶状体青光眼及继发性青光眼、高眼压症的治疗,亦用于治疗急性心肌梗塞患者的再发等
【生产厂】[津]天津市中央药业有限公司(80 吨)〈P1613〉;[苏]苏州益良药业有限公司(300 千克)〈P1907〉

盐酸胺碘酮 L07151402
Amiodarone hydrochloride [19774-82-4]
用作抗心律失常、心绞痛药
【生产厂】[沪]上海信合化工有限公司〈P1772〉;[浙]浙江省三门县康宁化工有限公司〈P1966〉;浙江黄岩精细化学品集团有限公司(5000 万吨)〈P1964〉;浙江精进药业有限公司(50 吨)〈P1965〉;[鲁]山东省平原制药厂(10 吨)〈P2146〉

安搏律定;茚满丙二胺;茚丙胺;室安律定 L07151601
Amidonal;Aprindine;Aprindine hydrochloride [37640-71-4]

心脏病用药,用于室性和房性早搏、阵发性室上性心动过速、房颤等各型快率性心律失常
【生产厂】[津]天津市中央药业有限公司(1 吨)〈P1613〉

盐酸普罗帕酮;心律平;丙胺苯丙酮 L07151701
Propafenone hydrochloride [34183-22-7]
用于预防和治疗室性或室上性异位博动、心动过速、预激综合症及电击复律后预防室颤发作等
【生产厂】[沪]上海三维制药有限公司〈P1760〉;[浙]宁波大红鹰药业股份有限公司〈P1930〉;浙江海正药业股份有限公司〈P1964〉;[鲁]山东省莒南制药厂(8 吨)〈P2150〉;[豫]焦作平光制药有限责任公司(40 吨)〈P2195〉;河南省安阳市益康制药厂(12 吨)〈P2211〉;[鄂]湖北美尔雅(集团)美升药业有限公司〈P2236〉

苯妥英;5,5-二苯基海因 L07151801
5,5-Diphenylhydantoin;Phenytoin [57-41-0]
用作抗癫痫药、抗心律失常药
【生产厂】[苏]昆山化工医药原料有限公司〈P1895〉;昆山化工医药原料有限公司〈P1895〉

丁洛地尔 L07151901
Buflomedil [55837-25-7]
用作外周血管扩张剂
【生产厂】[沪]上海康鸣高科技有限公司〈P1748〉;上海康爱生物制品有限公司〈P1747〉

盐酸丁洛地尔;盐酸丁咯地尔 L07151951
Buflomedil hydrochloride [35543-24-9]
是一种具有多重作用的脑血管扩张药
【生产厂】[京]北京金奥利维科技发展有限公司〈P1551〉;[冀]唐山市渤海制药厂〈P1636〉;[浙]浙江九洲药业股份有限公司〈P1965〉;[粤]珠海三鑫精细化工有限公司〈P2275〉

托吡卡胺;托品酰胺 L07152001
Tropicamide [1508-75-4]
用作抗胆碱药,散瞳药
【生产厂】[沪]上海华盛香料厂〈P1739〉;[苏]苏州市苏瑞医药化工有限公司〈P1905〉;[渝]重庆桑田药业有限公司〈P2306〉;重庆凯林制药有限公司〈P2305〉

托吡酯 L07152101
Topiramate;Topamax;Tracrium [97240-79-4]
用作抗惊厥药
【生产厂】[沪]上海信合化工有限公司〈P1772〉;[苏]扬州宝盛生物化工有限公司〈P1817〉;[浙]台州市中荣化工有限公司〈P1962〉;[陕]西安鑫迪福科技有限责任公司〈P2350〉;西安华萃生物技术有限责任公司〈P2348〉

普拉洛芬 L07152401
Pranoprofen [52549-17-4]
【生产厂】[沪]上海展舒化学科技有限公司〈P1777〉

盐酸安心酮 L07152551
Oxyfedrine hydrochloride [15687-41-9]
【生产厂】[粤]深圳欣福林精细化工有限公司〈P2273〉

盐酸普鲁卡因胺;普鲁卡因酰胺 L07152601
Procainamide hydrochloride [614-39-1]
抗心律失常药,用于治疗室性心律失常
【生产厂】[浙]嘉兴市中科化学有限公司〈P1942〉

戊四硝酯 L07152801
Pentaerythrityl tetranitrate;Pentaerithrityl tetranitrate;PETN;Penthrit;Nitropentaerythritol [78-11-5]
血管扩张药,用于预防心绞痛发作
【生产厂】[京]北京益民制药厂〈P1565〉

盐酸莫雷西嗪 L07153001
Moracizine hydrochloride;Moricizine hydrochloride
用于治疗心血管系统疾病
【生产厂】[苏]苏州市苏瑞医药化工有限公司〈P1905〉

硝酸甘油;硝化甘油;三硝酸甘油 L07200101
Glyceryl trinitrate;Nitroglycerin;Trinitroglycerin [55-63-0]
为血管扩张药,抗心绞痛药
【生产厂】[鲁]山东省平原制药厂(5 吨)〈P2146〉

亚硝酸异戊酯;亚硝戊酯 L07200301
Amyl nitrite;Isoamyl nitrite [110-46-3]
血管扩张药,用于治疗心绞痛,也可用于氰化物中毒
【生产厂】[京]北京益民制药厂〈P1565〉;[沪]上海旭东海普药业有限公司〈P1773〉

硝酸异山梨酯;硝酸异山梨醇酯;异山梨醇硝酸酯;硝异山梨酯;消心痛 L07200401
Dinitrosorbide;Isosorbide dinitrate [87-33-2]
冠状动脉扩张剂,用于预防血管痉挛型和混合型心绞痛,也适用于心肌梗塞后的治疗及慢性心衰的长期治疗
【生产厂】[浙]浙江车头制药有限公司〈P1963〉;浙江海正药业股份有限公司〈P1964〉;[鲁]山东科源制药有限公司〈P2028〉;山东博山制药有限公司(100 吨)〈P2051〉;鲁南制药集团股份有限公司(2 吨)〈P2148〉;[鄂]武汉市合中化工制造有限公司〈P2232〉

硝苯地平;硝苯啶;硝苯吡啶;心痛定;利心平 L07200501
Nifedipine [21829-25-4]
用于治疗各种急慢性冠状功能不全、心绞痛等疾病
【生产厂】[津]天津中安药业有限公司(1000 吨)〈P1617〉;[冀]石家庄制药集团有限公司〈P1634〉;石药集团新华制药厂〈P1634〉;[晋]运城市鑫河医药化工有限公司〈P1680〉;芮城县虹桥药用中间体有限公司〈P1678〉;芮城县顺昌化工有限公司〈P1679〉;芮城县兴庆化工厂〈P1679〉;芮城县亚宝药用中间体有限公司〈P1679〉;山西省芮城县精细日化有限公司〈P1680〉;[辽]大连市旅顺合成制药厂〈P1694〉;[沪]上海盛欣医药化工有限公司〈P1762〉;[苏]金坛市城东化工原料有限公司〈P1861〉;江苏省溧阳市制药厂〈P1861〉;苏州市苏瑞医药化工有限公司〈P1905〉;[浙]台州东升医药化工有限公司〈P1960〉;台州市新东方医化有限公司〈P1962〉;[鲁]德州德药制药有限公司(4 吨)〈P2141〉;[豫]焦作鑫安科技股份有限公司

L

药业分公司(30 吨)〈P2197〉;河南联科药业有限公司〈P2221〉;[鄂]湖北美尔雅(集团)美升药业有限公司〈P2236〉;[湘]湖南华诚制药有限公司〈P2253〉;[渝]重庆青阳药业有限公司〈P2306〉;[陕]陕西西岳制药有限公司〈P2352〉

氨氯地平;苯磺酸氨氯地平 L07200601

Amlodipine;Amlodipine benzenesulfonate [88150-42-9]

用于治疗高血压和稳定型心绞痛

【生产厂】[京]北京云迪同创医药科技有限公司〈P1566〉;北京恒天易德化工有限公司〈P1549〉;北京诺德恒信化工技术有限公司〈P1556〉;[冀]沧州那瑞化学科技有限公司〈P1652〉;沧州锐新化工有限公司〈P1652〉;[辽]盘锦兴海制药有限公司〈P1706〉;[吉]长春市天风制药有限公司〈P1714〉;[沪]上海泰顿化工有限公司〈P1766〉;[苏]苏州东瑞制药有限公司〈P1899〉;[浙]杭州科本化工有限公司〈P1920〉;浙江新赛科药业有限公司〈P1952〉;宁波大红鹰药业股份有限公司〈P1930〉;台州市奥力特精细化工有限公司〈P1961〉;[鲁]威海迪素制药有限公司〈P2124〉;[陕]西安华萃生物技术有限责任公司〈P2348〉;宝鸡市瑞科医药化工有限公司〈P2351〉

马来酸氨氯地平 L07200651

Amlodipine maleate [88150-47-4]

用作抗高血压药

【生产厂】[京]北京恒天易德化工有限公司〈P1549〉;北京诺德恒信化工技术有限公司〈P1556〉;[辽]东北制药总厂〈P1684〉;[鲁]威海迪素制药有限公司〈P2124〉

双嘧达莫;潘生丁;双嘧啶醇胺;联嘧啶氨醇 L07200701

Dipyridamole;Persantin [58-32-2]

抗血小板聚集药,冠状动脉扩张药,用于预防心肌梗塞复发和心绞痛等

【生产厂】[京]北京北卫药业有限责任公司〈P1544〉;[晋]芮城县虹桥药用中间体有限公司〈P1678〉;芮城县亚宝药用中间体有限公司(20 吨)〈P1679〉;山西亚宝药业集团股份有限公司〈P1680〉;[苏]江苏省句容市兴源化工厂〈P1842〉;常州康达制药有限公司〈P1848〉;[浙]舟山浙东制药厂〈P1959〉;[鲁]济南金达药化有限公司(3 吨)〈P2023〉;[渝]重庆青阳药业有限公司〈P2306〉

盐酸倍他司汀;盐酸倍他定 L07200801

Betahistine hydrochloride [5579-84-0]

心脑血管疾病用药

【生产厂】[辽]锦州九泰药业有限责任公司〈P1701〉;[沪]上海三维制药有限公司〈P1760〉;[苏]常州市新力医药化工有限公司〈P1855〉

甲磺酸倍他司汀 L07200851

Betahistine mesylate [54856-23-4]

【生产厂】[苏]常州市新力医药化工有限公司〈P1855〉

吗多明;脉导敏;吗导敏 L07200901

Molsidomine [25717-80-0]

适用于心绞痛、心肌梗塞(急性期除外)、慢性冠状动脉功能不全等病症的治疗

【生产厂】[沪]上海里德化工有限公司〈P1750〉;[苏]常州市霞峰化学材料公司〈P1855〉

盐酸地尔硫卓;地尔硫卓;硫氮卓酮;恬尔心 L07201101

Diltiazem,hydrochloride [33286-22-5]

钙通道阻滞药,用于治疗室上性心律失常、心绞痛、老年人高血压等

【生产厂】[津]天津田边制药有限公司(300 吨)〈P1615〉;[沪]上海康鸣高科技有限公司〈P1748〉

尼可地尔;硝烟酯;硝酸烟酰胺乙酯;烟浪丁 L07201301

Nicorandil [65141-46-0]

用于冠心病、心绞痛的预防

【生产厂】[京]北京维达化工有限公司(20 吨)〈P1563〉;[晋]大同江龙药业有限公司〈P1672〉;[吉]三九集团长春三顺药业有限公司〈P1714〉;[沪]上海泰亨实业有限公司〈P1767〉;上海泰顿化工有限公司〈P1766〉;[苏]吴江市高新精细化工有限公司〈P1910〉;江苏天士力帝益药业有限公司〈P1803〉;[陕]陕西西安力邦制药有限公司〈P2347〉

乐可安;曲皮地尔;唑嘧胺 L07201701

Trapidil [15421-84-8]

用作抗心绞痛药

【生产厂】[鄂]武汉迪奥药业有限公司〈P2229〉

雷诺嗪 L07201801

Ranolazine [95635-55-5]

用作抗心绞痛药

【生产厂】[辽]阜新博达维医药科技有限公司〈P1707〉;[沪]上海凯峰化工有限公司〈P1747〉;[苏]苏州市苏瑞医药化工有限公司〈P1905〉;[浙]浙江华纳药业有限公司〈P1950〉;[皖]安徽省庆云医药化工有限公司〈P1972〉;[粤]益飞医药化工有限公司〈P2274〉

替米沙坦 L07250101

Telmisartan [144701-48-4]

用作抗高血压药,血管扩张素拮抗药

【生产厂】[京]北京云迪同创医药科技有限公司〈P1566〉;凯翔精细化工有限公司〈P1567〉;北京金奥利维科技发展有限公司〈P1551〉;北京迈劲医药科技有限公司〈P1555〉;[冀]任丘市华北石油科林环保有限公司〈P1657〉;固安县恩康医药化工原料有限公司〈P1658〉;[沪]上海优迪医药有限公司〈P1775〉;上海康鸣高科技有限公司〈P1748〉;上海巨龙药物研究开发有限公司〈P1746〉;上海特化医药科技有限公司〈P1767〉;[苏]南京仁信化工有限公司〈P1788〉;常州罗地尔生化技术有限公司〈P1848〉;苏州市苏瑞医药化工有限公司〈P1905〉;苏州万庆药业有限公司〈P1907〉;江苏天士力帝益药业有限公司〈P1803〉;[浙]浙江金立源药业有限公司〈P1951〉;湖州恒远生物化学技术有限公司〈P1945〉;湖州新奥特医药化工有限公司〈P1946〉;浙江浙北药业有限公司〈P1947〉;台州市中荣化工有限公司〈P1962〉;浙江天宇药业有限公司〈P1969〉;横店集团家园化工有限公司〈P1952〉;[鲁]山东中科泰斗化学有限公司〈P2030〉;潍坊特化精细化工有限公司〈P2105〉;临沂瑞达精细化工有限公司(1 吨)〈P2148〉;[鄂]宜昌天仁药业有限责任公司〈P2241〉;[粤]珠海三鑫精细化工有限公司〈P2275〉;[渝]重庆赛维药业有限公司〈P2306〉;[川]成都宇洋高科技术发展有限公司〈P2317〉;[陕]陕西汉江万全医药化工有限公司〈P2353〉

甲基多巴 L07250201

Methyldopa [555-30-6]

属中枢性降压药

【生产厂】[沪]上海康鸣高科技有限公司〈P1748〉;上海三维制药有限公司〈P1760〉;[浙]浙江优联医药化工有限公司

〈P1928〉；浙江浙北药业有限公司〈P1947〉；浙江奥马药业有限公司〈P1963〉；浙江野风药业有限公司〈P1956〉

L-甲基多巴甲酯　L07250251
L-Methyldopa methyl ester
【生产厂】［浙］浙江野风药业有限公司〈P1956〉

哌唑嗪；脉宁平　L07250301
Prazosin；Minipress；Pressin［19216-56-9］
用作抗高血压药
【生产厂】［沪］上海凯峰化工有限公司〈P1747〉；［浙］浙江华纳药业有限公司〈P1950〉

盐酸哌唑嗪　L07250351
Prazosin hydrochloride［19237-84-4］
用作抗高血压药
【生产厂】［京］北京诺德恒信化工技术有限公司〈P1556〉；［苏］苏州市畅通化学品有限公司〈P1903〉；苏州益良药业有限公司〈P1907〉；［鲁］山东省平原制药厂（1吨）〈P2146〉；［渝］重庆威尔德·浩瑞医药化工有限公司（1吨）〈P2307〉

双肼屈嗪；血压达静；双肼苯肽嗪；硫酸双肼屈嗪；硫酸双肼酞嗪；双肼酞嗪　L07250401
Dihydralazine［484-23-1］
用于扩张血管、抗高血压
【生产厂】［晋］芮城县虹桥药用中间体有限公司〈P1678〉；芮城县亚宝药用中间体有限公司（20吨）〈P1679〉；山西亚宝药业集团股份有限公司〈P1680〉

吲达帕胺；吲满胺；吲哚哌安；茚磺苯酰胺　L07250501
Indapamide［26807-65-8］
用于轻、中度原发性高血压的治疗
【生产厂】［京］北京市燕京制药厂〈P1561〉；北京成宇化工有限公司〈P1545〉；［津］天津太平洋医药科技集团〈P1614〉；天津力生制药股份有限公司（80吨）〈P1576〉；天津药物研究院药业有限责任公司（300吨）〈P1616〉；天津太平洋化学制药有限公司〈P1614〉；［沪］上海凯峰化工有限公司〈P1747〉；［苏］江阴东方医药原料有限公司〈P1867〉；苏州立新制药有限公司〈P1902〉；［浙］台州市奥力特精细化工有限公司〈P1961〉；浙江华纳药业有限公司〈P1950〉；［鲁］济南高华制药公司〈P2021〉；济南明鑫制药有限公司（60吨）〈P2024〉；山东齐河银飞达化工有限公司（200吨）〈P2145〉；［鄂］武汉武药制药有限公司〈P2234〉

美托洛尔；美多洛尔；甲氧乙心安；美多心安　L07250601
Metoprolol［37350-58-6］
高血压用药
【生产厂】［沪］上海泰顿化工有限公司〈P1766〉；［苏］响水华旭药业有限公司〈P1809〉

特拉唑嗪　L07250701
Terazosin［63590-64-7］
用作抗高血压药
【生产厂】［京］北京诺德恒信化工技术有限公司〈P1556〉；［沪］上海凯峰化工有限公司〈P1747〉；上海康爱生物制品有限公司〈P1747〉；［浙］台州市奥力特精细化工有限公司〈P1961〉；浙江华纳药业有限公司〈P1950〉

盐酸特拉唑嗪；四喃唑嗪　L07250751
Terazosin hydrochloride；Hytrinex［70024-40-7］
用于治疗高血压和用于改善良性前列腺增生症患者的排尿症状
【生产厂】［沪］上海里德化工有限公司〈P1750〉；［苏］苏州市畅通化学品有限公司〈P1903〉；苏州万庆药业有限公司〈P1907〉；［浙］浙江新赛科药业有限公司〈P1952〉；［鲁］迪沙药业集团有限公司（20吨）〈P2121〉；威海迪素制药有限公司〈P2124〉；［渝］重庆威尔德·浩瑞医药化工有限公司（2吨）〈P2307〉

艾司洛尔　L07250801
Esmolol［81147-92-4］
用于治疗频发性心律失常急症、手术期间或手术后心肌缺血及高血压等症
【生产厂】［浙］横店集团家园化工有限公司〈P1952〉

盐酸艾司洛尔　L07250851
Esmolol hydrochloride
用作β受体阻滞药
【生产厂】［苏］南京恒生制药厂〈P1784〉；［浙］湖州展望药业化学有限公司〈P1946〉；［皖］安徽省庆云医药化工有限公司〈P1972〉

索他洛尔　L07250901
Sotalol；Betapace［3930-20-9］
用作降血压药
【生产厂】［陕］陕西西安力邦制药有限公司〈P2347〉

盐酸索他洛尔　L07250951
Sotalol hydrochloride［959-24-0］
用作心血管药、β受体阻滞药
【生产厂】［京］北京三达生化制药厂〈P1557〉；［苏］常州制药厂有限公司〈P1858〉；［鲁］济南金达药化有限公司（3吨）〈P2023〉；鲁南制药集团股份有限公司（1吨）〈P2148〉

比索洛尔　L07251001
Bisoprolol［66722-44-9］
用于治疗心脑血管疾病
【生产厂】［京］北京云迪同创医药科技有限公司〈P1566〉；北京丰德医药科技有限公司〈P1547〉

富马酸比索洛尔　L07251051
Bisoprolol fumarate［104344-23-2］
用于治疗高血压及心绞痛等病症
【生产厂】［京］北京联本医药化学技术有限公司〈P1554〉；凯翔精细化工有限公司〈P1567〉；［津］天津市炜杰科技有限公司〈P1606〉；［苏］昆山化工医药原料有限公司〈P1895〉；昆山化工医药原料有限公司〈P1895〉；［陕］陕西汉江万全医药化工有限公司〈P2353〉

米诺地尔；敏乐啶；敏乐血定；长压定；降压定　L07251201
Minoxidil［38304-91-5］
降血压药物，用于顽固性、原发性或肾性高血压病的治疗
【生产厂】［沪］上海三维制药有限公司〈P1760〉；［苏］江苏省句容市兴源化工厂〈P1842〉；常州市新力医药化工有限公司〈P1855〉；常州市霞峰化学材料公司〈P1855〉；［浙］嘉善嘉生药业有限公司〈P1940〉

L

尼群地平;硝苯乙吡啶 L07251301
Nitrendipine [39562-70-4]
用作抗高血压药
【生产厂】[冀]石药集团新华制药厂〈P1634〉;[晋]大同江龙药业有限公司〈P1672〉;运城市鑫河医药化工有限公司〈P1680〉;芮城县顺昌化工有限公司〈P1679〉;芮城县兴庆化工厂〈P1679〉;[蒙]赤峰万泽制药有限责任公司〈P1682〉;赤峰万泽制药有限责任公司〈P1682〉;[辽]大连弘丰制药有限公司〈P1692〉;阜新市环尔康药业有限责任公司〈P1708〉;[苏]金坛市城东化工原料有限公司〈P1861〉;苏州市苏瑞医药化工有限公司〈P1905〉;[豫]河南省安阳市益康制药厂(10吨)〈P2211〉;[湘]湖南洞庭药业股份有限公司(6吨)〈P2255〉;[陕]陕西西岳制药有限公司〈P2352〉

拉西地平 L07251401
Lacidipine [103890-78-4]
用于治疗高血压
【生产厂】[辽]辽宁海德医药化工有限公司〈P1699〉;[苏]南京博而凯科技有限公司〈P1782〉

缬沙坦 L07251501
Valsartan [137862-53-4]
用于治疗高血压
【生产厂】[京]北京医科大学应用药物研究所〈P1564〉;[沪]上海优迪医药有限公司〈P1775〉;[浙]浙江金立源药业有限公司〈P1951〉;浙江新赛科药业有限公司〈P1952〉;台州市中荣化工有限公司〈P1962〉;浙江天宇药业有限公司〈P1969〉;[皖]安徽美诺华药物化学有限公司〈P1985〉;[赣]江西金峰原料药有限公司〈P2018〉;[粤]益飞医药化工有限公司〈P2274〉;珠海三鑫精细化工有限公司〈P2275〉;[川]成都景田生物药业有限公司〈P2312〉

伊贝沙坦;厄贝沙坦 L07251601
Irbesartan [138402-11-6]
用作抗高血压药
【生产厂】[京]北京诺德恒信化工技术有限公司〈P1556〉;[吉]柳河修正制药有限公司〈P1718〉;[沪]上海康爱生物制品有限公司〈P1747〉;上海特化医药科技有限公司〈P1767〉;[苏]南京长澳制药有限公司〈P1782〉;[浙]浙江金立源药业有限公司〈P1951〉;浙江华海药业股份有限公司(5吨)〈P1964〉;台州市奥力特精细化工有限公司〈P1961〉;台州市中荣化工有限公司〈P1962〉;浙江海正药业股份有限公司〈P1964〉;浙江黄岩东升医药化工有限公司〈P1964〉;浙江天宇药业有限公司〈P1969〉;横店集团家园化工有限公司〈P1952〉;[赣]江西畅成药业有限公司〈P2015〉;[粤]珠海三鑫精细化工有限公司〈P2275〉

尼索地平;硝苯异丙啶 L07251701
Nisoldipine [63675-72-9]
强钙拮抗剂,用于高血压合并冠心病、高血压和轻度心衰等病症的治疗
【生产厂】[苏]江苏省江阴制药厂(2吨)〈P1866〉

柳胺苄心定;拉贝洛尔 L07251801
Labetalol [36894-69-6]
用作抗高血压药
【生产厂】[苏]江苏省溧阳市制药厂〈P1861〉;[浙]建德市医药化工厂〈P1926〉

盐酸塞利洛尔 L07251901
Celiprolol hydrochloride [57470-78-7]
用作抗高血压药
【生产厂】[辽]沈阳福宁药业有限公司〈P1685〉;[浙]浙江海正药业股份有限公司〈P1964〉;[赣]江西金瑞化工有限责任公司〈P2016〉;[渝]西南合成制药股份有限公司〈P2303〉

洛非西定;氯苯氧唑啉 L07252051
Lofexidine [31036-80-3]
【生产厂】[沪]上海康爱生物制品有限公司〈P1747〉;上海特化医药科技有限公司〈P1767〉

阿替洛尔;氨酰心安;阿坦洛尔;苯氧胺;盐酸阿替洛尔 L07252201
Atenolol;Atenolol Hydrochloride [29122-68-7]
用于治疗高血压、心绞痛及心律失常、青光眼的眼压控制等
【生产厂】[京]北京恒天易德化工有限公司〈P1549〉;[津]天津市中央药业有限公司(50吨)〈P1613〉;[沪]上海三维制药有限公司〈P1760〉;[苏]南京法姆化学厂〈P1783〉;[浙]杭州科本化工有限公司〈P1920〉

盐酸倍他洛尔 L07252351
Betaxolol hydrochloride
【生产厂】[晋]长治市强大药业有限公司〈P1674〉;[豫]郑州华伦生物技术有限公司〈P2171〉;河南省大山药业有限公司(300吨)〈P2193〉

奈比洛尔 L07252401
Nebivolol [99200-09-6]
【生产厂】[沪]上海现代制药股份有限公司〈P1771〉;[浙]浙江优联医药化工有限公司〈P1928〉

洛沙坦 L07252501
Lorsartan [12475-99-8]
【生产厂】[沪]上海康爱生物制品有限公司〈P1747〉;[浙]台州市中荣化工有限公司〈P1962〉

洛沙坦钾 L07252551
Potassium lorsartan [104344-23-2]
用作抗高血压药
【生产厂】[沪]上海康鸣高科技有限公司〈P1748〉;[浙]浙江海正药业股份有限公司〈P1964〉;浙江天宇药业有限公司〈P1969〉;[粤]珠海三鑫精细化工有限公司〈P2275〉;[陕]陕西汉江万全医药化工有限公司〈P2353〉

肼屈嗪;肼酞嗪 L07252601
Hydralazine;Apresoline [86-54-4]
用于治疗中度高血压,通常与β-受体阻滞剂、利尿剂合用
【生产厂】[苏]赣榆县尤利特化工有限公司〈P1797〉

盐酸肼屈嗪 L07252651
Hydralazine hydrochloride [304-20-1]
用作抗高血压药
【生产厂】[鲁]山东潍坊制药厂有限公司(5吨)〈P2099〉

坎地沙坦 L07252701
Candesartan [145040-37-5]
血管紧张素Ⅱ受体拮抗剂,用于治疗高血压
【生产厂】[京]北京诺德恒信化工技术有限公司〈P1556〉;[浙]台州市中荣化工有限公司〈P1962〉;浙江天宇药业有

限公司〈P1969〉；［皖］安徽美诺华药物化学有限公司〈P1985〉

坎地沙坦酯 L07252751

Candesartan cilexetil［145040-37-5］

用作降压药

【生产厂】［沪］上海特化医药科技有限公司〈P1767〉；［浙］浙江金立源药业有限公司〈P1951〉；台州市奥力特精细化工有限公司〈P1961〉；浙江天宇药业有限公司〈P1969〉；［鲁］济南诚汇双达化工有限公司〈P2020〉；［粤］珠海三鑫精细化工有限公司〈P2275〉；［渝］重庆圣华曦药业有限公司〈P2306〉

卡托普利；巯甲丙脯酸；甲巯丙脯酸 L07252801

Captopril［62571-86-2］

用于治疗高血压和心力衰竭

【生产厂】［吉］吉林柳河友康药业有限公司〈P1718〉；［苏］常州药业股份有限公司〈P1858〉；常州制药厂有限公司〈P1858〉；［浙］浙江华海药业股份有限公司（180 吨）〈P1964〉；［鲁］山东潍坊制药厂有限公司（60 吨）〈P2099〉；［豫］郑州瑞康制药有限公司（10 吨）〈P2172〉；郑州市医药科技开发中心（20 吨）〈P2174〉；新乡市赛特化工有限公司〈P2205〉；［鄂］湖北天义药业有限公司〈P2245〉

盐酸可乐定；氯压定；可乐宁；可乐亭；血压得平；催压降；压泰生 L07252901

Clonidine hydrochloride［4205-91-8］

用作抗高血压和戒烟戒毒药

【生产厂】［晋］芮城县顺昌化工有限公司〈P1679〉；［沪］上海华钛化学有限公司〈P1739〉；［苏］江苏省句容市兴源化工厂〈P1842〉；常州市新力医药化工有限公司〈P1855〉；常州药业股份有限公司〈P1858〉；常州制药厂有限公司〈P1858〉；连云港市中成化工有限公司〈P1800〉；［鄂］宜昌人福药业有限责任公司〈P2241〉

赖诺普利 L07253001

Lisinopril；Prinivil；Zestril［83915-83-7］

用作血管紧张素转换酶抑制剂类的抗高血压药

【生产厂】［京］北京东方德众科技发展有限公司〈P1546〉；［沪］上海泰亨实业有限公司〈P1767〉；上海五洲药业股份有限公司（50 千克）〈P1770〉；［浙］台州海辰药业有限公司〈P1960〉；浙江华海药业股份有限公司（10 吨）〈P1964〉；浙江昌明药业有限公司（20 吨）〈P1963〉；浙江九洲药业股份有限公司〈P1965〉；［赣］江西金瑞化工有限责任公司〈P2016〉；江西迪瑞合成化工有限公司〈P2014〉；［鲁］山东潍坊制药厂有限公司（5 吨）〈P2099〉

盐酸甲基丙炔苄胺；优降宁 L07253101

Pargyline；*N*-Methyl-*N*-propargylbenzylamine［555-57-7］

单胺氧化酶抑制药，具有除压作用，用于中度或重度高血压，对其他降压药疗效不满意时可选用

【生产厂】［津］天津太平洋化学制药有限公司〈P1614〉；［辽］铁岭天德制药有限公司〈P1713〉

依那普利 L07253201

Enalapril［75847-73-3］

用于治疗高血压，是 ACE 抑制剂

【生产厂】［沪］上海现代浦东药厂有限公司〈P1771〉

马来酸依那普利 L07253251

Enalapril maleate［76095-16-4］

用作肾素-血管紧张素类降压药

【生产厂】［京］北京东方德众科技发展有限公司〈P1546〉；［沪］上海现代制药股份有限公司〈P1771〉；［苏］常州药业股份有限公司〈P1858〉；常州制药厂有限公司〈P1858〉；［浙］浙江华海药业股份有限公司〈P1964〉；浙江昌明药业有限公司（150 吨）〈P1963〉；天台昌明化学制品有限公司（50 吨）〈P1962〉；［赣］江西金瑞化工有限责任公司〈P2016〉；江西迪瑞合成化工有限公司〈P2014〉；［豫］上海现代哈森（商丘）药业有限公司〈P2226〉

甲磺酸多沙唑嗪 L07253401

Doxazosin mesylate［77883-43-3］

用于治疗高血压

【生产厂】［京］北京诺德恒信化工技术有限公司〈P1556〉；［苏］苏州万庆药业有限公司〈P1907〉；沭阳县华泰化工厂〈P1804〉；［浙］东港工贸集团有限公司〈P1960〉；浙江海正药业股份有限公司〈P1964〉；［皖］池州旷达冶金化工厂〈P1987〉；［渝］重庆威尔德·浩瑞医药化工有限公司（2 吨）〈P2307〉；［川］四川红光化工有限公司〈P2334〉

多沙唑嗪 L07253451

Doxazosin［74191-85-8］

用作抗高血压药

【生产厂】［沪］上海凯峰化工有限公司〈P1747〉；上海康爱生物制品有限公司〈P1747〉；［浙］浙江华纳药业有限公司〈P1950〉；［皖］安徽省庆云医药化工有限公司〈P1972〉

盐酸多沙唑嗪 L07253491

Doxazosin hydrochloride

【生产厂】［苏］苏州市畅通化学品有限公司〈P1903〉；江苏华派集团〈P1807〉

莫索尼定 L07253501

Moxonidine［75438-57-2］

为降压药，对中枢神经系统无明显副作用

【生产厂】［沪］上海凯峰化工有限公司〈P1747〉；［浙］浙江华纳药业有限公司〈P1950〉

盐酸莫索尼定 L07253551

Moxonidine hydrochloride

用作降血压药

【生产厂】［晋］山西亚宝药业集团股份有限公司〈P1680〉；［苏］金坛德培化工有限公司〈P1861〉；［川］成都天台山制药有限公司〈P2316〉

雷米普利 L07253701

Ramipril［87333-19-5］

降血压药，用于治疗高血压、充血性心力衰竭等病症

【生产厂】［京］北京东方德众科技发展有限公司〈P1546〉；［苏］常州市新力医药化工有限公司〈P1855〉；常州康力化工有限公司〈P1848〉；［浙］浙江昌明药业有限公司（5 吨）〈P1963〉；天台昌明化学制品有限公司（30 吨）〈P1962〉；［赣］江西迪瑞合成化工有限公司〈P2014〉

盐酸喹那普利 L07253801

Quinapril hydrochloride［82586-55-8］

用作抗高血压药

【生产厂】[京]北京东方德众科技发展有限公司〈P1546〉;[浙]浙江昌明药业有限公司〈P1963〉;浙江九洲药业股份有限公司〈P1965〉;[赣]江西迪瑞合成化工有限公司〈P2014〉

利血平;血安平;蛇根碱 L07253901

Reserpine;Serpalan;Serpasil [50-55-5]

广泛用于轻度和中度高血压的治疗

【生产厂】[沪]上海康爱生物制品有限公司〈P1747〉;[浙]杭州中香化学有限公司〈P1925〉;[粤]益飞医药化工有限公司〈P2274〉;[滇]昆明长春花科技有限公司〈P2339〉

甘露醇烟酸酯 L07254001

Mannitol nicotinate

降血脂药,用于高血脂、高血压及防治粥样动脉硬化症

【生产厂】[浙]台州耀业医化有限公司〈P1962〉

依那普利拉 L07254101

Enalaprilat [76420-72-9]

【生产厂】[苏]常州市新力医药化工有限公司〈P1855〉;常州制药厂有限公司〈P1858〉

汉防己甲素;汉防己碱;粉防己碱 L07254201

Tetrandrine;D-Tetrandrine [518-34-3]

抗风湿与镇痛药,用于治疗风湿、高血压、肺癌等病症

【生产厂】[渝]重庆华邦制药股份有限公司〈P2305〉;[陕]陕西慧科植物开发有限公司〈P2346〉

奥美沙坦;奥米沙坦 L07254501

Olmesartan [144689-24-7]

为全合成的抗高血压药

【生产厂】[京]北京迈劲医药科技有限公司〈P1555〉;[沪]上海康鸣高科技有限公司〈P1748〉;上海巨龙药物研究开发有限公司〈P1746〉;[浙]浙江省三门县康宁化工有限公司〈P1966〉;台州市中荣化工有限公司〈P1962〉;[皖]安徽美诺华药物化学有限公司〈P1985〉;[粤]益飞医药化工有限公司〈P2274〉

奥美沙坦酯 L07254551

Olmesartan medoxomil [144689-63-4]

用作抗高血压药

【生产厂】[苏]常州罗地尔生化技术有限公司〈P1848〉;常州伊思特化工有限公司〈P1858〉;[浙]浙江金立源药业有限公司〈P1951〉

乌拉地尔 L07254651

Urapidil [34661-75-1]

【生产厂】[沪]上海凯峰化工有限公司〈P1747〉;[浙]杭州德立化工有限公司〈P1916〉;浙江华纳药业有限公司〈P1950〉

波生坦 L07254701

Bosentan [157212-55-0]

为全合成的抗高血压药

【生产厂】[沪]上海巨龙药物研究开发有限公司〈P1746〉;[苏]常州伊思特化工有限公司〈P1858〉

利美尼定 L07254901

Rilmenidine [54187-04-1]

用作抗高血压药

【生产厂】[冀]河北欣港药业有限公司〈P1623〉

磷酸利美尼定 L07254991

Rilmenidine phosphate [85409-38-7]

用作抗高血压类药

【生产厂】[冀]河北欣港药业有限公司〈P1623〉;[渝]重庆赛维药业有限公司〈P2306〉

硫酸胍乙啶 L07255051

Guanethidine sulfate [645-43-2]

用作抗高血压药

【生产厂】[鲁]济宁市化工研究所(100 千克)〈P2128〉

培哚普利 L07255101

Perindopril;Coversyl [82834-16-0]

用于治疗高血压、充血性心力衰竭等病症

【生产厂】[皖]安徽美诺华药物化学有限公司〈P1985〉;[粤]益飞医药化工有限公司〈P2274〉

贝那普利 L07255301

Benazepril;Lotensin [86541-75-5]

用于治疗心、脑血管疾病

【生产厂】[京]北京云迪同创医药科技有限公司〈P1566〉;[粤]深圳信立泰药业有限公司〈P2273〉

贝那普利盐酸盐 L07255351

Benazepril hydrochloride [86541-74-4]

用于高血压、充血性心力衰竭等病症的治疗

【生产厂】[苏]海门慧聚药业有限公司〈P1830〉;[浙]浙江金立源药业有限公司〈P1951〉;浙江昌明药业有限公司〈P1963〉

阿夫唑嗪 L07255601

Alfuzosin [81403-80-7]

用作降压药

【生产厂】[沪]上海凯峰化工有限公司〈P1747〉;[苏]苏州市畅通化学品有限公司〈P1903〉;[浙]台州和丰医药化工有限公司〈P1961〉;台州市奥力特精细化工有限公司〈P1961〉;浙江华纳药业有限公司〈P1950〉

盐酸阿夫唑嗪 L07255651

Alfuzosin hydrochloride

用作 $\alpha1$ 受体阻断剂,抗前列腺增生药

【生产厂】[沪]上海法茵克化学科技有限公司〈P1732〉

桂哌齐特 L07255701

Cinepazide [23887-46-9]

用作降压药

【生产厂】[沪]上海凯峰化工有限公司〈P1747〉;[浙]浙江华纳药业有限公司〈P1950〉

伊拉地平 L07255801

Isradipine [75695-93-1]

用作降压药

【生产厂】[津]天津市炜杰科技有限公司〈P1606〉

吡嘧司特钾 L07255901

Pemirolast potassium [100299-08-9]

用作降压药

【生产厂】[沪]上海凯峰化工有限公司〈P1747〉;[浙]浙江华纳药业有限公司〈P1950〉

福辛普利　L07256001
Fosinopril [98048-97-6]
用作抗高血压药
【生产厂】[浙]浙江昌明药业有限公司〈P1963〉;浙江圣达药业有限公司〈P1967〉;[赣]江西迪瑞合成化工有限公司〈P2014〉

乐卡地平　L07256101
Lercanidipine [100427-26-7]
用于治疗高血压
【生产厂】[津]天津天士力集团有限公司〈P1615〉;[浙]浙江丽晶化学有限公司〈P1965〉

地舍平　L07256201
Deserpidine [131-01-1]
用作抗高血压药
【生产厂】[辽]辽宁海德医药化工有限公司〈P1699〉

环扁桃酯;环扁桃酸酯;安脉生;抗栓丸;三甲基环己扁桃酸　L07300101
Cyclandelate;Cyclomandol;Cyclospasmol [456-59-7]
适用于脑动脉硬化、脑外伤、静脉栓塞的治疗
【生产厂】[鲁]济南金达药化有限公司(5吨)〈P2023〉

脑脉宁;甲哌酮;甲苯哌丙酮;托哌酮　L07300201
Tolperisone [728-88-1]
为中枢性肌松剂和血管扩张药
【生产厂】[沪]上海凯峰化工有限公司〈P1747〉;[浙]浙江华纳药业有限公司〈P1950〉

盐酸甲哌酮;盐酸甲苯哌丙酮;盐酸托哌酮　L07300251
Tolperisone hydrochloride
中枢性肌肉松驰药,有扩张血管作用,用于脑动脉硬化、脑血管意外症等
【生产厂】[鲁]济南金达药化有限公司(10吨)〈P2023〉

烟酸占替诺;7-[2-羟基-3-(2-羟乙基-甲胺基)丙基]茶碱烟酸盐;脑脉康;脑康;烟胺羟丙茶碱;烟酸羟丙　L07300301
Xantinol nicotinate [437-74-1]
血管扩张剂,用于脑功能障碍、脑血栓形成等脑血管疾病
【生产厂】[晋]山西同振药业有限公司〈P1673〉;[蒙]赤峰万泽制药有限责任公司〈P1682〉;[辽]锦州黑龙制药厂(20吨)〈P1701〉;[鲁]山东科源制药有限公司〈P2028〉

桂利嗪;脑益嗪;桂益嗪;肉桂嗪;肉桂苯哌嗪　L07300401
Cinnarizine [298-57-7]
用于脑血栓、脑动脉硬化、脑外伤后遗症、内耳眩晕症、冠状动脉硬化及由末梢循环不良引起的疾病
【生产厂】[沪]上海三维制药有限公司〈P1760〉;[豫]郑州瑞康制药有限公司(10吨)〈P2172〉;郑州市医药科技开发中心(10吨)〈P2174〉;圣斯诺化工有限公司〈P2169〉;河南省安阳市益康制药厂(10吨)〈P2211〉;上海现代哈森(商丘)药业有限公司〈P2226〉

己酮可可碱;己酮可可豆碱　L07300501
Pentoxifylline;Torental;Trental [6493-05-6]
用作血管扩张药
【生产厂】[冀]石家庄制药集团有限公司〈P1634〉

磷酸川芎嗪;川芎嗪;四甲基吡嗪磷酸盐;川芎嗪一号碱　L07300601
Ligustrazine;Ligustrazine phosphate
抗凝血药,用于闭塞性脑血管疾病的治疗
【生产厂】[京]北京市燕京制药厂〈P1561〉;北京华丰制药有限公司〈P1549〉

盐酸川芎嗪;2,3,5,6-四甲基吡嗪盐酸盐　L07300701
Ligustrazine hydrochloride
具有抗血小板凝集、扩张小动脉作用,用于治疗闭塞性脑血管疾病
【生产厂】[京]北京制药工业研究所实验药厂〈P1566〉;北京市燕京制药厂〈P1561〉;[辽]阜新市环尔康药业有限责任公司〈P1708〉;[沪]上海华美助剂厂精细化工分厂(5吨)〈P1739〉;[苏]无锡市第七制药有限公司〈P1875〉;[鲁]山东潍坊制药厂有限公司(5吨)〈P2099〉;[鄂]武汉武药制药有限公司〈P2234〉;武汉远大制药集团有限公司〈P2235〉

盐酸尼卡地平　L07300851
Nicardipine hydrochloride [54527-84-3]
用作血管扩张药
【生产厂】[辽]阜新市环尔康药业有限责任公司〈P1708〉;[苏]苏州市畅通化学品有限公司〈P1903〉

尼莫地平　L07300901
Nimodipine [66085-59-4]
钙通道阻滞药,主要用于缺血性脑血管疾病、偏头痛的治疗
【生产厂】[津]天津市中央药业有限公司(10吨)〈P1613〉;[晋]运城市鑫河医药化工有限公司〈P1680〉;芮城县顺昌化工有限公司〈P1679〉;山西亚宝药业集团股份有限公司〈P1680〉;[浙]浙江华海药业股份有限公司(10吨)〈P1964〉;[鲁]山东健康药业有限公司(5吨)〈P2028〉;山东新华制药股份有限公司〈P2055〉;[豫]郑州瑞康制药有限公司(20吨)〈P2172〉;河南省安阳市益康制药厂(10吨)〈P2211〉

氨力农;氨利酮;氨双吡酮;氨吡酮　L07301001
Amrinone [60719-84-8]
用作强心药、具有增强心肌收缩力和直接扩张血管的作用
【生产厂】[苏]苏州市苏瑞医药化工有限公司〈P1905〉;赣榆县尤利特化工有限公司〈P1797〉;[浙]湖州展望药业化学有限公司〈P1946〉;德清县天宝化工厂〈P1945〉;浙江省天台三信化工有限公司〈P1967〉

非洛地平　L07301101
Felodipine [72509-76-3]
用于治疗高血压、缺血性心脏病、心力衰竭

L

等病症

【生产厂】[京]北京东方德众科技发展有限公司〈P1546〉;北京协和制药二厂〈P1563〉;[沪]上海邦成化工有限公司〈P1728〉;[苏]常州康力化工有限公司〈P1848〉;常州恒丰化工有限公司〈P1847〉;[赣]江西正和化工有限公司〈P2016〉;[川]成都宇洋高科技术发展有限公司〈P2317〉

西尼地平 L07301201

Cilnidipine [132203-70-4]

【生产厂】[浙]台州市中荣化工有限公司〈P1962〉;[皖]安徽丰原集团〈P1974〉;[赣]景德镇市富祥药业有限公司〈P2010〉;[湘]湖南九典制药有限公司(1吨)〈P2248〉

马尼地平 L07301301

Manidipine [120092-68-4]

用作血管扩张药

【生产厂】[京]北京艾斯克医药技术开发有限公司〈P1543〉

贝尼地平 L07301501

Benidipine [105979-17-7]

用于治疗心血管病

【生产厂】[苏]苏州市苏瑞医药化工有限公司〈P1905〉

盐酸贝尼地平 L07301551

Benidipine hydrochloride [91599-74-5]

用于治疗心血管病

【生产厂】[京]北京艾斯克医药技术开发有限公司〈P1543〉;[辽]沈阳福宁药业有限公司〈P1685〉;[渝]重庆圣华曦药业有限公司〈P2306〉

盐酸妥拉唑林;盐酸苯甲唑林;苄唑啉;苯甲唑啉;妥拉苏林 L07301901

Benzazoline;Tolazoline;Tolazoline hydrochloride [59-97-2]

用作血管扩张药

【生产厂】[沪]上海特化医药科技有限公司〈P1767〉;上海晨日化学有限公司〈P1730〉;[鲁]潍坊特化精细化工有限公司〈P2105〉

地巴唑;2-苄基苯并咪唑 L07301920

Bendazol;2-Benzylbenzimidazole [621-72-7]

平滑肌松弛药,对血管平滑肌有直接松弛作用,用于高血压、心绞痛、脑血管痉挛的治疗

【生产厂】[浙]浙江新赛科药业有限公司(20吨)〈P1952〉

长春西丁;卡兰;长春乙酯 L07302001

Vinpocetine;Calan [42971-09-5]

抗脑血管疾病用药

【生产厂】[沪]上海康爱生物制品有限公司〈P1747〉

灯盏花素 L07302101

Breviscapine

血管扩张药,用于治疗缺血性脑血管疾病

【生产厂】[滇]云南云科药业有限公司〈P2342〉;云南省玉溪望子隆生物制药有限公司〈P2344〉;云南玉溪万方天然药物有限公司〈P2344〉;大理丸荣制药有限公司〈P2345〉

卡维地洛 L07302201

Carvedilol [72956-09-3]

是β受体阻滞药、血管扩张药

【生产厂】[京]北京医科大学应用药物研究所〈P1564〉;北京巨能制药有限责任公司〈P1553〉;[津]天津巨能药业有限公司(400吨)〈P1575〉;[辽]沈阳福宁药业有限公司〈P1685〉;[沪]上海康文医药中间体有限公司〈P1748〉;[苏]常州市新力医药化工有限公司〈P1855〉;苏州市苏瑞医药化工有限公司〈P1905〉;[浙]杭州科本化工有限公司〈P1920〉;浙江浙北药业有限公司〈P1947〉;宁波市天衡制药有限公司〈P1932〉;台州市奥力特精细化工有限公司〈P1961〉;台州市中荣化工有限公司〈P1962〉;[鲁]山东曲阜弘利化工有限公司(300吨)〈P2132〉;[渝]西南合成制药股份有限公司〈P2303〉

舒血管素;血管舒缓素;胰激肽释放酶 L07302301

Kallikrein;Kallidinogenase [9001-01-8]

用作血管扩张药

【生产厂】[苏]丽珠集团苏州新宝制药厂〈P1898〉

硝普钠;亚硝基铁氰化钠 L07302401

Sodium nitroprusside [13755-38-9]

用作血管扩张药

【生产厂】[苏]南京江本化工有限公司〈P1785〉

环丙贝特 L07350101

Ciprofibrate [52214-84-3]

用作降血脂药

【生产厂】[沪]上海信合化工有限公司〈P1772〉

西洛他唑 L07350201

Cilostazole [73963-72-1]

心血管用药,用于改善由于慢性动脉闭塞引起的溃疡、肢痛、发麻、发冷、间歇性跛行等缺血性症状

【生产厂】[沪]上海信合化工有限公司〈P1772〉;上海立科药物化学有限公司〈P1750〉;[浙]杭州德立化工有限公司〈P1916〉;浙江金立源药业有限公司〈P1951〉;浙江黄岩博泰化工有限公司〈P1964〉;[渝]重庆小泉化工厂〈P2308〉;重庆康乐制药有限公司〈P2305〉;重庆亚威精细化工有限公司〈P2308〉

苯扎贝特 L07350301

Bezafibrate;Bezalip [41859-67-0]

苯氧芳酸类降血脂药,并具抗血栓作用

【生产厂】[黑]牡丹江恒远药业有限公司〈P1723〉;[苏]江苏飞翔化工(张家港)有限公司〈P1893〉;江苏天士力帝益药业有限公司〈P1803〉;江苏华派集团〈P1807〉;[浙]浙江九洲药业股份有限公司〈P1965〉;横店集团家园化工有限公司〈P1952〉

洛伐他汀 L07350501

Lovastatin [75330-75-5]

心血管系统用药,能阻止动脉硬化的发展、减少心肌梗塞等的发病危险

【生产厂】[冀]华北制药股份有限公司〈P1624〉;华北制药集团有限责任公司〈P1624〉;[晋]山西威奇达药业有限公司〈P1673〉;[辽]朝阳富祥药业有限公司〈P1713〉;[浙]台州市中荣化工有限公司〈P1962〉;浙江海正药业股份有限公司(3吨)〈P1964〉;浙江江北药业有限公司〈P1965〉;[鲁]山东齐发药业有限公司(200吨)〈P2029〉;[粤]丽珠集团新北江制药股份有限公司〈P2294〉

新伐他汀；舒降脂 L07350511
Simvastatin；Zocor [79902-63-9]
降血脂药，具有降低胆固醇、低密度脂蛋白胆固醇和极低密度脂蛋白胆固醇的作用
【生产厂】［冀］华北制药股份有限公司〈P1624〉；华北制药集团有限责任公司〈P1624〉；［晋］山西威奇达药业有限公司〈P1673〉；［沪］上海优迪医药有限公司〈P1775〉；［苏］江苏华派集团〈P1807〉；［浙］杭州德立化工有限公司〈P1916〉；台州市奥力特精细化工有限公司〈P1961〉；台州市中荣化工有限公司〈P1962〉；浙江海正药业股份有限公司(700 千克)〈P1964〉；浙江江北药业有限公司(2 吨)〈P1965〉；浙江华义医药有限公司〈P1954〉；普洛康裕股份有限公司〈P1953〉；［湘］邵阳甾体化学品有限公司〈P2249〉；［渝］西南合成制药股份有限公司〈P2303〉；［川］成都华宇制药有限公司〈P2311〉；［陕］西安益尔集团〈P2350〉

普伐他汀；普法他丁 L07350551
Pravastatin [81093-37-0]
用作降血脂、胆固醇药
【生产厂】［沪］上海中康伟业生物科技有限公司〈P1778〉；［浙］浙江海正药业股份有限公司〈P1964〉；［粤］丽珠集团新北江制药股份有限公司〈P2294〉

非诺贝特；苯酰降脂丙酯；普鲁脂芬 L07350701
Fenofibrate [49562-28-9]
用作降血脂类药
【生产厂】［沪］上海康鸣高科技有限公司〈P1748〉；［苏］徐州恩华药业集团有限责任公司〈P1794〉；［浙］浙江黄岩精细化学品集团有限公司(5000 万吨)〈P1964〉；浙江精进药业有限公司(50 吨)〈P1965〉；金华立信医药化工有限公司〈P1953〉；浙江耐司康药业有限公司〈P1955〉；［豫］开封制药(集团)有限公司(5 吨)〈P2179〉；［鄂］宜昌人福药业有限责任公司〈P2241〉

肌醇烟酸酯；烟酸肌醇；烟肌酯；肌醇六烟酸酯 L07350801
Inositol hexanicotinate；Inositol niacinate；Inositol nicotinate [6556-11-2]
降血脂药，具有降低胆固醇及扩张末梢血管作用
【生产厂】［沪］上海迪赛诺公司〈P1731〉；［苏］常州制药厂有限公司〈P1858〉；［浙］杭州胜大药业有限公司〈P1922〉；浙江新赛科药业有限公司(100 吨)〈P1952〉；［鲁］诸城市浩天药业有限公司(200 吨)〈P2107〉；［鄂］湖北制药有限公司(50 吨)〈P2237〉

维生素 E 烟酸酯；烟酸生育酚酯 L07351001
Tocopherol nicotinate；Vitamin E nicotinate [16676-75-8]
降血脂药，有降低血中甘油三酯及胆固醇的作用，并能扩张血管，用于高血脂症及动脉粥样硬化的预防和治疗
【生产厂】［京］北京贝丽莱斯生物化学有限公司〈P1544〉；［浙］浙江金立源药业有限公司〈P1951〉；浙江新赛科药业有限公司(20 吨)〈P1952〉；［渝］西南合成制药股份有限公司〈P2303〉

亚油酸乙酯；十八碳二烯-[9,12]-酸乙酯 L07351101
Ethyl linoleate [544-35-4]
用于降低血胆固醇和各种类型的动脉粥样硬化症的治疗
【生产厂】［沪］上海丰达香料有限公司〈P1733〉；上海新舜夏生物科技有限公司〈P1772〉；［苏］江苏奥奇海洋生物工程有限公司(450 吨)〈P1858〉；［鲁］蓬莱市海洋生物有限公司〈P2112〉

藻酸双酯钠 L07351201
Alginic sodium diester；PSS [9005-38-3]
类胆素药，用于缺血性心、脑血管病和高脂血症的防治
【生产厂】［京］北京迈劲医药科技有限公司〈P1555〉；［津］天津太平洋医药科技集团〈P1614〉；天津太平洋化学制药有限公司〈P1614〉；天津市华新制药厂(100 吨)〈P1590〉；［冀］河北省邢台市人民制药厂(200 吨)〈P1642〉；［蒙］赤峰万泽制药有限责任公司〈P1682〉；［辽］锦州九洋药业有限责任公司〈P1702〉

吉非罗齐；诺衡；2,2-二甲基-5-(2,5-二甲基苯氧基)戊酸 L07351401
Gemfibrozil；Jezil；Lobid [25812-30-0]
血脂调节药，具有降低血中胆固醇及甘油三酯含量作用
【生产厂】［晋］山西赞化制药有限公司〈P1671〉；太原世乐药业有限公司〈P1671〉；［沪］上海康鸣高科技有限公司〈P1748〉；上海三维制药有限公司(1 吨)〈P1760〉；［苏］常州制药厂有限公司〈P1858〉；［浙］台州市海峰医化有限公司(120 吨)〈P1961〉；浙江九洲药业股份有限公司(50 吨)〈P1965〉；浙江黄岩精细化学品集团有限公司(70000 万吨)〈P1964〉；浙江精进药业有限公司(500 吨)〈P1965〉；［鲁］山东潍坊制药厂有限公司(10 吨)〈P2099〉

蚓激酶；普恩复；博洛克 L07351501
Lumbrokinase
适用于缺血性脑血管病的防治及纤维蛋白原增高和血小板凝集率增高的治疗
【生产厂】［京］北京百奥药业有限责任公司〈P1544〉

甲基橙皮苷；3-甲基-7-[鼠李糖-α-葡萄糖]橙皮苷 L07351601
Methyl hesperidin [11013-97-1]
用于增加毛细血管的抵抗力，使毛细血管渗透性正常化
【生产厂】［赣］江西省吉水县华宝天然药用油厂〈P2018〉；江西省吉水县康神天然药用油提炼厂〈P2018〉；［粤］广州环叶制药有限公司(30 吨)〈P2261〉；［川］成都华康生物工程有限公司〈P2311〉；成都超人植化开发有限公司〈P2310〉；绵阳高新区东方源生物科技有限公司〈P2330〉

硫酸软骨素 L07351701
Chondroitin sulfate [9007-28-7]
用于治疗冠状动脉硬化、高血脂、高胆固醇、心绞痛、心肌缺血、心肌梗塞等症
【生产厂】［冀］河北常山生化药业股份有限公司〈P1619〉；唐山三鑫实业集团有限公司〈P1636〉；［苏］丽珠集团苏州新宝制药厂〈P1898〉；江苏日欣实业集团有限公司〈P1816〉；扬州市久盛化工有限公司〈P1819〉；南通集海化工有限公司〈P1833〉；［浙］浙江省建德市生物化工厂〈P1928〉；浙江天台福达医药化工有限公司〈P1968〉；［皖］淮北市博奥高科生物化学有限公司〈P1977〉；［鲁］潍坊瑞光化工有限公司〈P2103〉；烟台合普生物制品有限公司(12 吨)〈P2116〉；烟台东诚生化有限公司〈P2116〉；山东省莱阳方舟生物制

L

品有限公司(100吨)〈P2114〉;烟台康得生化制品有限公司〈P2117〉;莱阳祥和生化制品有限公司〈P2108〉;山东省莱阳经济技术开发区博丰化工厂〈P2114〉;烟台新利生化制品有限公司〈P2120〉;青岛康原药业有限公司(300吨)〈P2039〉;青岛海普生物技术有限公司(36吨)〈P2035〉;新泰市鲁鑫物资有限公司〈P2138〉;曲阜广龙生物化工有限公司(200吨)〈P2129〉;临沂天利集团有限公司(1000吨)〈P2148〉;[豫]郑州利伟生物化工有限公司(200吨)〈P2171〉;平舆县馨星生化有限公司〈P2227〉;河南夏邑县贝尔生物制品有限公司(120吨)〈P2226〉;[粤]汕头市捷利安生化制品有限公司〈P2276〉;[渝]重庆奥力生物制药有限公司〈P2303〉;重庆市劲康生物技术有限公司〈P2307〉;[川]成都中仁生物化学有限公司〈P2317〉;成都天台山制药有限公司〈P2316〉;四川省彭州市西郊植物提制厂〈P2319〉;四川贝奥生物制药有限公司(50吨)〈P2325〉;四川广汉博盛生化制品有限责任公司〈P2326〉;四川正华药业有限公司〈P2330〉;四川省用九生化制品有限公司〈P2334〉;四川菲德力制药有限公司〈P2331〉;四川科瑞德制药有限公司〈P2323〉

硫酸软骨素钠 L07351751

Chondroitin sodium sulfate

用于调节血脂、抗动脉硬化

【生产厂】[辽]沈阳市生物化学制药厂〈P1688〉

普罗布考 L07351801

Probucol; Lorelco; Lurselle [23288-49-5]

抗动脉粥样硬化药,用于预防、治疗冠心病,调节血脂

【生产厂】[浙]浙江华邦医药化工有限公司〈P1964〉;[赣]江西金瑞化工有限责任公司〈P2016〉

地奥明;地奥司明 L07352001

Diosmine [520-27-4]

用于治疗慢性静脉功能不全及痔疮等病症

【生产厂】[浙]杭州德立化工有限公司〈P1916〉;台州南峰药业有限公司〈P1961〉;[赣]江西金峰原料药有限公司〈P2018〉;[豫]平舆县馨星生化有限公司〈P2227〉;[粤]广州环叶制药有限公司〈P2261〉;[川]成都欧康植化科技有限公司〈P2313〉;成都华康生物工程有限公司〈P2311〉;四川省彭州市亨达生化有限公司(96吨)〈P2319〉;绵阳高新区东方源生物科技有限公司〈P2330〉;[陕]西安惠丰生化集团股份有限公司〈P2348〉

匹伐他汀 L07352101

Pitavastatin

用于治疗心脑血管疾病

【生产厂】[京]北京云迪同创医药科技有限公司〈P1566〉

匹伐他汀钙;尼伐他汀 L07352151

Pitavastatin calcium; Nisvastatin [147526-32-7]

适用于高脂血症和高胆固醇血症的治疗

【生产厂】[浙]东港工贸集团有限公司〈P1960〉;衢州埃菲姆化工有限公司〈P1957〉;[皖]安徽省庆云医药化工有限公司〈P1972〉;[鲁]山东中科泰斗化学有限公司〈P2030〉;[川]四川抗菌素工业研究所化学制药事业部〈P2318〉

安妥明;氯贝特;氯贝丁酯 L07352201

Abitrate; Clofibrate [637-07-0]

主要用于治疗高脂蛋白血症

【生产厂】[晋]大同江龙药业有限公司〈P1672〉;[辽]沈阳药大集琦药业有限责任公司〈P1690〉;[沪]上海信合化工有限公司〈P1772〉;[陕]陕西西岳制药有限公司〈P2352〉

泛硫乙胺;潘特生 L07352301

Pantethine [16816-67-4]

用于治疗脂肪代谢紊乱、动脉粥样硬化、高胆固醇酯血症、糖尿病等病症

【生产厂】[浙]浙江杭州鑫富药业股份有限公司〈P1927〉

白藜芦醇 L07352401

Resveratrol [501-36-0]

用于治疗心血管系统疾病,能降血脂,并能预防心脏病,还具有抗艾滋病的作用

【生产厂】[苏]南京莱尔生物化工有限公司〈P1786〉;[闽]福州日冕科技开发有限公司〈P1990〉;[赣]江西正和化工有限公司(50吨)〈P2016〉;[鲁]泰安中荟植物生化有限公司〈P2138〉;[湘]湖南湘源植物生化有限公司〈P2258〉;[川]成都福润德实业有限公司〈P2310〉;成都兰贝植化科技有限公司〈P2312〉;成都天源天然产物有限公司〈P2316〉;四川禾益康生物科技有限公司〈P2326〉;四川省玉鑫药业有限公司〈P2328〉;[陕]西安富捷生物技术发展公司〈P2348〉;陕西慧科植物开发有限公司〈P2346〉;陕西嘉禾植物化工有限责任公司〈P2346〉;西安华萃生物技术有限责任公司〈P2348〉;西安惠丰生化集团股份有限公司〈P2348〉;西安天行健天然生物制品有限公司〈P2350〉;西安天一生物技术有限公司(500千克)〈P2350〉;陕西太康生物科技有限公司〈P2346〉;西安冠宇生物技术有限公司〈P2348〉

萘哌地尔 L07352501

Naftopidil; Naftopidil dihydrochloride [57149-07-2]

血管扩张药,用于治疗轻、中度原发性高血压

【生产厂】[京]北京金奥利维科技发展有限公司〈P1551〉;[沪]上海现代制药股份有限公司〈P1771〉;上海凯峰化工有限公司〈P1747〉;[苏]徐州市爱克医药科技有限公司〈P1795〉;[浙]浙江华纳药业有限公司〈P1950〉;[皖]安徽丰原集团〈P1974〉;[赣]江西金瑞化工有限责任公司〈P2016〉;[鲁]山东齐河银飞达化工有限公司〈P2145〉;[川]成都宇洋高科技术发展有限公司〈P2317〉

月见草油 L07352601

Oenothera biennis oil

用于防治动脉粥样硬化、高血脂肥胖病等

【生产厂】[京]北京三鸣生物工程有限公司〈P1557〉;[辽]大连天山实业有限公司〈P1694〉;大连医诺生物有限公司〈P1694〉;盘锦格林恩生物资源开发有限公司(100吨)〈P1706〉;盘锦格润生物科技有限公司〈P1706〉;[吉]延边立信药业有限责任公司〈P1719〉;[苏]江苏奥奇海洋生物工程有限公司(300吨)〈P1858〉;[赣]吉水县金海天然香料油科技有限公司〈P2017〉;江西吉水县威海药用油厂〈P2017〉;江西省吉水县华宝天然药用油厂〈P2018〉;江西省吉水县康神天然药用油提炼厂〈P2018〉;江西省吉水县水南药用百草油提炼厂〈P2019〉;江西省吉水县同仁天然药用油厂〈P2019〉;江西省吉水药用提炼厂〈P2019〉;江西省南方药物油厂〈P2019〉;江西省吉水县水南威霸香料公司〈P2018〉;江西吉安市绿康天然香料油厂〈P2017〉;[鲁]山东康威药业有限公司(60吨)〈P2123〉;[粤]广州合诚三先生物科技有限公司〈P2260〉

非诺多泮 L07352701

Fenoldopam [67227-56-9]

【生产厂】[京]凯翔精细化工有限公司〈P1567〉;北京迈劲医

药科技有限公司〈P1555〉

美伐他汀 L07352801

【生产厂】[冀]华北制药股份有限公司〈P1624〉;华北制药集团有限责任公司〈P1624〉;[浙]浙江海正药业股份有限公司〈P1964〉;[粤]丽珠集团新北江制药股份有限公司〈P2294〉

重酒石酸去甲肾上腺素 L07353001

Noradrenaline bitartrate [69815-49-2]

属肾上腺素受体激动药

【生产厂】[晋]大同市惠达药业有限责任公司〈P1673〉;[鲁]山东省平原永恒化工有限公司〈P2145〉;[豫]新乡市天丰精细化工有限公司〈P2206〉;河南省新谊医药集团精细化工有限公司(1吨)〈P2202〉;[鄂]武汉武药制药有限公司〈P2234〉;武汉远大制药集团有限公司〈P2235〉;[粤]深圳欣福林精细化工有限公司〈P2273〉;益飞医药化工有限公司〈P2274〉

三七总皂苷 L07353301

Panax notoginsenosides

用于脑血栓、脑出血后遗症等中老年疾患的治疗

【生产厂】[桂]广西昌洲天然产物开发有限公司〈P2296〉;[川]四川广汉市天府实业有限公司〈P2326〉;[滇]云南云科药业有限公司〈P2342〉;云南瑞宝天然色素有限公司〈P2341〉;云南省玉溪望子隆生物制药有限公司〈P2344〉;云南玉溪万方天然药物有限公司〈P2344〉;云南金泰得制药总公司〈P2344〉;大理丸荣制药有限公司〈P2345〉

三七叶苷 L07353401

Notoginseng folium saponins

镇静药,用于神经衰弱、偏头痛、风湿性关节炎等症的治疗

【生产厂】[桂]广西昌洲天然产物开发有限公司〈P2296〉;[滇]云南省玉溪望子隆生物制药有限公司〈P2344〉;云南玉溪万方天然药物有限公司〈P2344〉

绞股蓝总皂苷 L07353801

Gypenosides

用于治疗头痛失眠、神经衰弱、高血脂、高血压等病症

【生产厂】[闽]福州日冕科技开发有限公司〈P1990〉;[滇]云南玉溪万方天然药物有限公司〈P2344〉;[陕]陕西慧科植物开发有限公司〈P2346〉;西安天一生物技术有限公司〈P2350〉;陕西太康生物科技有限公司〈P2346〉;安康正大制药有限公司〈P2354〉

甲瓦龙酸内酯;3,5-二羟基-3-甲基戊酸内酯 L07354011

Mevalonolactone [674-26-0]

用作降血脂药和生物制剂等

【生产厂】[苏]徐州瑞赛科技实业有限公司(100吨)〈P1795〉

考来烯胺 L07354201

Colestyramine; Cholestyramine [11041-12-6]

降血脂药,适用于Ⅱ型高血脂症、动脉粥样硬化等病

【生产厂】[苏]南京厚生药业有限公司〈P1785〉

氯贝酸铝;安妥明铝盐 L07354601

Aluminium clofibrate [14613-01-5]

用于动脉粥样硬化及继发症的治疗

【生产厂】[粤]肇庆市科立化工有限公司〈P2293〉

糖酐酯;右旋糖酐硫酸酯 L07354801

Dextran sulfate [9011-18-1]

用于降血脂和抗动脉粥样硬化

【生产厂】[桂]广西皇马药业有限责任公司〈P2296〉

罗苏伐他汀钙;瑞舒伐他汀钙 L07354951

Rosuvastatin calcium [147098-20-2]

用作降血脂药

【生产厂】[浙]东港工贸集团有限公司〈P1960〉;衢州埃菲姆化工有限公司〈P1957〉;[皖]安徽省庆云医药化工有限公司〈P1972〉;[粤]益飞医药化工有限公司〈P2274〉

阿托伐他汀钙;阿伐他汀钙 L07355001

Atorvastatin calcium [134523-03-8]

用于调节血脂、抗动脉粥样硬化

【生产厂】[京]北京恒天易德化工有限公司〈P1549〉;北京迈劲医药科技有限公司〈P1555〉;[沪]上海优迪医药有限公司〈P1775〉;[浙]浙江金立源药业有限公司〈P1951〉;东港工贸集团有限公司〈P1960〉;浙江海正药业股份有限公司〈P1964〉;衢州埃菲姆化工有限公司〈P1957〉;[皖]安徽美诺华药物化学有限公司〈P1985〉;安庆金泉药业有限公司〈P1979〉

阿伐他汀;阿托伐他汀 L07355051

Atorvastatin [134523-03-8]

用作降血脂药

【生产厂】[浙]杭州科本化工有限公司〈P1920〉;台州市奥力特精细化工有限公司〈P1961〉

L

氟伐他汀钠 L07355101

Fluvastatin sodium [93957-55-2]

用于制造降血酯药

【生产厂】[浙]东港工贸集团有限公司〈P1960〉;浙江海正药业股份有限公司〈P1964〉;浙江台州海翔医药化工有限公司〈P1968〉;衢州埃菲姆化工有限公司〈P1957〉;[粤]益飞医药化工有限公司〈P2274〉

盐酸米多君 L07400151

Midodrine hydrochloride [3092-17-9]

用于升血压,治疗尿失禁

【生产厂】[沪]上海雅本化学有限公司〈P1773〉;[鲁]山东曲阜弘利化工有限公司(500吨)〈P2132〉

间羟胺;阿拉明;酒石酸间羟胺 L07400301

Metaraminol bitartrate; Aramine [33402-03-8]

2-肾上腺素受体激动药,适用于各种休克及手术时低血压

【生产厂】[京]北京太洋药业有限公司(240千克)〈P1562〉

盐酸莱克多巴胺 L07400651

Ractopamine hydrochloride [97825-25-7]

【生产厂】[晋]长治市强大药业有限公司〈P1674〉;[沪]上海海隼化工科技有限公司〈P1735〉;[浙]杭州凯胜生物技术有限公司〈P1920〉;[鄂]湖北信康实业有限公司〈P2228〉;[粤]奥星医药有限公司〈P2268〉

盐酸多巴胺；多巴胺；3-羟酪胺；儿茶酚乙胺　L07400701
Dopamine；Dopamine hydrochloride [62-31-7]
多巴胺受体激动药，可兴奋心脏，增加肾血流量，用于失血性、心乏性及感染性休克
【生产厂】[苏]江苏省金坛市制药厂〈P1860〉；[浙]浙江新赛科药业有限公司〈P1952〉

盐酸多巴酚丁胺；杜丁胺；多巴酚丁胺　L07400801
Dobutamine；Dobutamine，hydrochloride
抗休克药，用于器质性心脏病所致的心肌收缩力下降引起的心力衰竭
【生产厂】[沪]上海紫源制药有限公司〈P1780〉；[浙]浙江华海药业股份有限公司(2吨)〈P1964〉

盐酸酚苄明；酚苄胺；苯氧苄胺　L07400901
Phenoxybenzamine hydrochloride [63-92-3]
用于治疗嗜铬细胞瘤、雷诺氏综合症、手足发绀及冻疮后遗症等
【生产厂】[苏]苏州市畅通化学品有限公司〈P1903〉

辛弗林；昔奈福林；辛佛宁；对羟福林；脱氧肾上腺素　L07401001
Synephrine；Oxedrine [94-07-5]
用作升压药
【生产厂】[粤]深圳欣福林精细化工有限公司〈P2273〉；[川]成都欧康植化科技有限公司〈P2313〉；成都川大华西康达药物研究所〈P2310〉；四川正华药业有限公司〈P2330〉；[陕]陕西慧科植物开发有限公司〈P2346〉；陕西嘉禾植物化工有限责任公司〈P2346〉

L

加压素　L07401301
Vasopressin；Lypressin [50-57-7]
【生产厂】[沪]上海子能制药有限公司〈P1779〉；上海太平洋生物高科技有限公司〈P1766〉；[浙]浙江省天台三信化工有限公司〈P1967〉；[川]成都凯捷生物医药科技发展有限公司〈P2312〉

鸟氨加压素　L07401311
Ornipressin [3397-23-7]
【生产厂】[沪]上海子能制药有限公司〈P1779〉；[川]成都川抗派德生物医药科技有限公司〈P2310〉

苯赖加压素　L07401331
Felypressin [56-59-7]
在避免使用类交感神经药物时，主要作为血管缩小药用于牙科局部麻醉注射
【生产厂】[沪]上海子能制药有限公司〈P1779〉

去氨加压素　L07401351
Desmopressin [16679-58-6]
是治疗尿崩症最有效的药物
【生产厂】[沪]上海子能制药有限公司〈P1779〉；吉尔生化(上海)有限公司〈P1726〉；[浙]浙江省天台三信化工有限公司〈P1967〉；[川]成都川抗派德生物医药科技有限公司〈P2310〉；成都凯捷生物医药科技发展有限公司〈P2312〉

赖氨加压素　L07401371
Lypressin [50-57-7]
【生产厂】[沪]上海子能制药有限公司〈P1779〉；[川]成都川抗派德生物医药科技有限公司〈P2310〉

特利加压素　L07401391
Terlipressin [14636-12-5]
主要作用是收缩内脏血管平滑肌，减少内脏血流量，改善肾功能
【生产厂】[沪]上海子能制药有限公司〈P1779〉；吉尔生化(上海)有限公司〈P1726〉；[川]成都川抗派德生物医药科技有限公司〈P2310〉；成都凯捷生物医药科技发展有限公司〈P2312〉

增血压素　L07401401
Angiotensin Ⅱ；Hypertensin [1407-47-2]
用于外伤或手术后休克和全身麻醉或腰麻时所致的低血压症等
【生产厂】[沪]上海子能制药有限公司〈P1779〉

醋酸血管紧张素　L07401451
Angiotensin acetate [20071-00-5]
【生产厂】[沪]吉尔生化(上海)有限公司〈P1726〉；[川]成都川抗派德生物医药科技有限公司〈P2310〉；成都凯捷生物医药科技发展有限公司〈P2312〉

醋酸精加压素　L07401491
Argipressin acetate [113-79-1]
【生产厂】[沪]吉尔生化(上海)有限公司〈P1726〉；[川]成都凯捷生物医药科技发展有限公司〈P2312〉

肾上腺素；副肾素　L07401501
Adrenaline；Epinephrine [51-43-4]
主要用于过敏性休克、支气管哮喘及心搏骤停的抢救
【生产厂】[晋]大同市惠达药业有限责任公司〈P1673〉；[沪]上海信合化工有限公司〈P1772〉；上海太平洋生物高科技有限公司〈P1766〉；[鲁]山东省平原永恒化工有限公司〈P2145〉；[豫]新乡市天丰精细化工有限公司〈P2206〉；[鄂]武汉武药制药有限公司〈P2234〉；武汉远大制药集团有限公司〈P2235〉

沙棘酮；醋抑黄酮　L07990101
Sallow thorn ketone
用于治疗缺血性心脏病
【生产厂】[蒙]东北制药集团通辽制药厂〈P1682〉；[鲁]泰安中荟植物生化有限公司〈P2138〉

三氟醋柳酸；对三氟甲基乙酰水杨酸　L07990301
o-Trifluoromethylacetylsalicylic acid [322-79-2]
用于防止血栓形成
【生产厂】[浙]浙江燎原药业有限公司(5吨)〈P1965〉

染料木黄酮；染料木因；染料木素；金雀异黄酮；4′，5，7-三羟基异黄酮　L07990411
Genistein；4′，5，7-Trihydroxyisoflavone [446-72-0]
用于抗肿瘤、抗真菌、降血脂
【生产厂】[苏]南京莱尔生物化工有限公司〈P1786〉；江苏健佳药业有限公司〈P1808〉；[浙]杭州广林生物医药有限公司〈P1917〉；杭州德爱生物技术有限公司〈P1916〉；[川]成

都川大华西康达药物研究所(500 千克)〈P2310〉;[陕]西安富捷生物技术发展公司〈P2348〉;陕西慧科植物开发有限公司〈P2346〉;陕西旭煌植物科技发展有限公司〈P2347〉;西安华萃生物技术有限责任公司〈P2348〉;西安天行健天然生物制品有限公司〈P2350〉

果糖二磷酸钠 L07990501

Fructose diphosphate sodium salt [488-69-7]

用作心血管系统药

【生产厂】[冀]河北长天保定药业有限公司(30 吨)〈P1647〉;[沪]上海百岁行药业有限公司〈P1728〉

果糖二磷酸钙 L07990551

Fructose diphosphoric acid calcium salt

用于心肌缺血的辅助治疗

【生产厂】[冀]河北长天保定药业有限公司(30 吨)〈P1647〉

坦索罗辛;坦索洛新 L07990601

Tamsulosin [106133-20-4]

用于治疗心血管系统疾病

【生产厂】[浙]杭州科本化工有限公司〈P1920〉;[陕]西安华萃生物技术有限责任公司〈P2348〉

曲克芦丁;维脑路通;托克芦丁;羟乙芦丁;维生素 P_4 L07990701

Troxerutin; Venoruton [7085-55-4]

用作抗凝血药,有防止血栓形成的作用,适用于脑血栓形成和脑栓塞所致的偏瘫、失语及心肌梗死、动脉硬化等

【生产厂】[晋]山西亚宝药业集团股份有限公司(100 吨)〈P1680〉;[辽]锦州九洋药业有限责任公司〈P1702〉;[鲁]烟台鲁银药业有限公司(60 吨)〈P2117〉;[豫]郑州民众制药有限公司(150 吨)〈P2172〉;河南省许昌华仁制药有限公司(300 吨)〈P2218〉;平舆县馨星生化有限公司〈P2227〉;上海现代哈森(商丘)药业有限公司(300 吨)〈P2226〉;[鄂]湖北省郧西八珍药业有限公司〈P2239〉;[川]成都欧康植化科技有限公司〈P2313〉;成都华康生物工程有限公司〈P2311〉;四川协力制药有限公司〈P2320〉;四川亚宝光泰药业有限公司(600 吨)〈P2320〉;四川正华药业有限公司〈P2330〉;什邡市龙康植物原料厂〈P2325〉;四川什邡鸿鸣原料药有限公司〈P2329〉;四川什邡市健福植物原料有限公司〈P2329〉;[陕]西安惠丰生化集团股份有限公司〈P2348〉

羟苯磺酸钙 L07990801

Calcium dobesilate [20123-80-2]

用作微血管营养药

【生产厂】[苏]南京苏如化工有限公司〈P1789〉;苏州市畅通化学品有限公司〈P1903〉;[鲁]山东省巨野凌峰化工原料有限公司(50 吨)〈P2160〉

阿魏酸钠;3-甲氧基-4-羟基肉桂酸钠 L07990901

Ferulic acid sodium salt [24276-84-4]

用于冠心病、缺血性脑病、白细胞和血小板减少等病症的治疗

【生产厂】[苏]苏州市畅通化学品有限公司〈P1903〉;苏州立新制药有限公司〈P1902〉;[浙]浙江银河药业有限公司〈P1970〉;[鲁]济宁市安康制药有限责任公司(50 吨)〈P2128〉;[川]四川时代药业集团有限公司〈P2319〉

非诺唑啉;酚氧唑啉 L07991101

Fenoxazoline [4846-91-7]

用作血管收缩药

【生产厂】[沪]上海特化医药科技有限公司〈P1767〉;[鲁]潍坊特化精细化工有限公司〈P2105〉

丙酰左旋肉碱盐酸盐 L07991201

Propionyl-L-carnitine hydrochloride

用于治疗肾功能恶化、充血性心力衰竭等疾病

【生产厂】[辽]沈阳东宇精细化工有限公司〈P1685〉

尼麦角林 L07991301

Nicergoline [27848-84-6]

用于慢性脑血管疾病和代谢性脑供血不足等病症的治疗

【生产厂】[沪]上海中康伟业生物科技有限公司〈P1778〉;[苏]江苏汉斯通药业有限公司〈P1893〉;[川]成都上元医药科技有限公司〈P2313〉

米屈肼;米曲肼 L07991401

Mildronate [76144-81-5]

循环系统用药,用于治疗缺血性心脑血管疾病

【生产厂】[鲁]济南诚汇双达化工有限公司〈P2020〉;济南乐康信药业有限公司〈P2023〉

氯化铵(药用) L08100101

Ammonium chloride, medicinal [12125-02-9]

用作祛痰药

【生产厂】[京]北京益利精细化学品有限公司〈P1565〉;[冀]河北海骅制药厂〈P1654〉;河北华晨药业有限公司(300 吨)〈P1654〉;[鲁]山东邹平教育装备有限公司黛溪化工(7800 吨)〈P2157〉;[粤]广州市汉普医药有限公司〈P2264〉

地布酸钠 L08100201

Sodium dibunate [14992-59-7]

用作镇咳药

【生产厂】[浙]横店集团家园化工有限公司〈P1952〉

愈创甘油醚;愈创木酚甘油醚;愈创木酚甘油酯;甘油愈创木酯;愈甘醚 L08100301

Guaifenesin; Guaiphenesine; Glyceryl guaiacolate [93-14-1]

祛痰镇咳,适用于多痰咳慢性支气管炎、支气管扩张等病症

【生产厂】[津]天津中新药业集团股份有限公司新新制药厂(700 吨)〈P1618〉;[辽]丹东锦江制药厂〈P1700〉;丹东市康复制药厂〈P1700〉;[沪]上海静超化工有限公司〈P1745〉;[浙]浙江尖峰海洲制药有限公司(260 吨)〈P1965〉

对氨基水杨酸钠;4-氨基-2-羟基苯甲酸钠 L08100401

Sodium para-aminosalicylate [133-10-8]

L

抗结核药，主要用于结核菌感染的综合治疗
【生产厂】[京]北京太洋药业有限公司（120吨）〈P1562〉；[冀]石家庄市桥东印染化工厂〈P1631〉；[晋]大同市惠达药业有限责任公司〈P1673〉；[辽]丹东锦江制药厂〈P1700〉；[吉]辽源市迪康药业有限责任公司（500吨）〈P1717〉；[苏]无锡市东升助剂厂〈P1875〉；江苏方舟化工有限公司〈P1802〉

愈创木酚磺酸钾；知阿可尔　L08100501
Potassium guaiacolsulfonate；Sulfogaiacol [1321-14-8]
刺激性祛痰药，用于慢性支气管炎、支气管扩张等
【生产厂】[浙]浙江省嘉兴市巨强化工有限公司（100吨）〈P1944〉；浙江尖峰海洲制药有限公司（220吨）〈P1965〉；[鲁]山东省巨野凌峰化工原料有限公司〈P2160〉

氢溴酸右美沙芬；3-甲氧基-17-甲基-(92,132,142)吗啡喃氢溴酸　L08100601
Dextromethorphan hydrobromide [125-69-9]
用作中枢神经镇咳药
【生产厂】[苏]苏州市畅通化学品有限公司〈P1903〉

盐酸溴己新；溴苄环己胺；必消痰；必嗽平　L08100701
Bisolvon；Bromhexine hydrochloride；Broncokin [611-75-6]
用作祛痰药
【生产厂】[沪]上海盛欣医药化工有限公司（36吨）〈P1762〉；[浙]杭州德立化工有限公司〈P1916〉；浙江省天台三信化工有限公司〈P1967〉；台州东升医药化工有限公司（5吨）〈P1960〉；东港工贸集团有限公司〈P1960〉

奥沙拉明　L08100801
Oxolamine [959-14-8]
用作止咳药
【生产厂】[沪]上海凯峰化工有限公司〈P1747〉；[浙]浙江华纳药业有限公司〈P1950〉

福米诺苯；胺酰苯吗啉　L08100901
Fominoben
新型镇咳药，在抑制咳嗽中枢的同时，具有呼吸中枢兴奋作用
【生产厂】[沪]上海信合化工有限公司〈P1772〉

盐酸氨溴索　L08101001
Ambroxol hydrochloride [23828-92-4]
用作镇咳祛痰药
【生产厂】[京]北京恒天易德化工有限公司〈P1549〉；[沪]上海优迪医药有限公司〈P1775〉；[苏]常州罗地尔生化技术有限公司〈P1848〉；[浙]杭州德立化工有限公司〈P1916〉；杭州龙生化工有限公司〈P1921〉；浙江省天台三信化工有限公司〈P1967〉；浙江天台福达医药化工有限公司〈P1968〉；台州东升医药化工有限公司（100吨）〈P1960〉；浙江新花蝶化工有限公司〈P1969〉

氨溴索　L08101051
Ambroxol [18683-91-5]
用于伴有咳痰和过多黏液分泌物的各种急、慢性呼吸道疾病
【生产厂】[浙]杭州德立化工有限公司〈P1916〉；浙江天台福达医药化工有限公司〈P1968〉

枸橼酸喷托维林；咳必清；维静定；托可拉斯；妥克拉斯　L08101101
Pentoxyverine citrate；Toclase [77-23-6]
非麻醉性中枢镇咳药，多用于治疗上呼吸道感染引起的急性、轻度咳嗽和百日咳等
【生产厂】[辽]丹东医创药业有限责任公司（80吨）〈P1701〉；[苏]苏州益良药业有限公司（20吨）〈P1907〉；苏州天马医药集团〈P1906〉

噻托溴铵　L08101201
Tiotropium bromide [139404-48-1]
用于治疗慢性阻塞性肺部疾病
【生产厂】[沪]上海北卡医药技术有限公司〈P1728〉；[鲁]济南诚汇双达化工有限公司〈P2020〉；[粤]益鹏生物科技（深圳）有限公司〈P2274〉

异丙托溴铵　L08101401
Ipratropium bromide [22254-24-6]
支气管平滑肌用药，用于治疗哮喘等病症
【生产厂】[京]北京诺德恒信化工技术有限公司〈P1556〉；[浙]浙江优联医药化工有限公司〈P1928〉

氯哌斯汀；咳平；氯哌啶；氯哌丁；咳安宁；氯苯息定　L08101901
Chloperastine；Cloperastine [3703-76-2]
用于治疗急性上呼吸道炎症、慢性支气管炎和结核病所致的频繁咳嗽
【生产厂】[辽]大连市旅顺合成制药厂〈P1694〉；[吉]辽源市百康药业有限责任公司〈P1717〉

盐酸氯哌丁；盐酸氯哌斯丁　L08101951
Chloperastine hydrochloride [14984-68-0]
非麻醉性镇咳药，用于感冒、气管炎、肺结核等引起的咳嗽
【生产厂】[辽]大连市旅顺合成制药厂〈P1694〉；[吉]辽源市百康药业有限责任公司〈P1717〉

盐酸依匹斯汀　L08102451
Epinastine hydrochloride [108929-04-0]
【生产厂】[浙]杭州德立化工有限公司〈P1916〉；杭州龙生化工有限公司〈P1921〉；[豫]新乡市金升化工有限公司〈P2205〉；[渝]重庆赛维药业有限公司〈P2306〉

依巴斯汀　L08102501
Ebastine [90729-43-4]
用作抗阻胺药
【生产厂】[京]北京诺德恒信化工技术有限公司〈P1556〉；[浙]宁波市天衡制药有限公司〈P1932〉

二氧丙嗪；双氧异丙嗪；双氧丙嗪；克咳敏　L08102701
Dioxopromethazine；Dioxoprothazine
镇咳药，用于治疗慢性支气管炎
【生产厂】[辽]大连市旅顺合成制药厂〈P1694〉；[吉]松原市吉强制药有限公司〈P1719〉；辽源市百康药业有限责任公司（20吨）〈P1717〉；辽源市迪康药业有限责任公司（20吨）〈P1717〉；[鲁]山东省平原制药厂（10吨）〈P2146〉

盐酸双氧异丙嗪 L08102751

Dioxopromethazine hydrochloride

用作镇咳药

【生产厂】[辽]大连市旅顺合成制药厂〈P1694〉

岩白菜素 L08102801

Bergenin [477-90-7]

镇咳祛痰药，用于慢性支气管炎的防治

【生产厂】[滇]云南玉溪万方天然药物有限公司〈P2344〉；大理丸荣制药有限公司〈P2345〉；[陕]陕西慧科植物开发有限公司〈P2346〉

左羟丙哌嗪；(*S*)-3-(4-苯基-1-哌嗪基)-1,2-丙二醇 L08102901

Levodropropizine; (*S*)-3-(4-Phenyl-1-piperazinyl)-1, 2-propanediol [99291-25-5]

用作镇咳祛痰药

【生产厂】[辽]沈阳金久奇化工有限公司〈P1687〉；沈阳展宇科技开发有限公司〈P1690〉；[沪]上海凯峰化工有限公司〈P1747〉；[苏]常州市华人化工有限公司〈P1851〉；[浙]浙江华纳药业有限公司〈P1950〉；[皖]安徽省庆云医药化工有限公司〈P1972〉；[鲁]济南诚汇双达化工有限公司〈P2020〉；[湘]湖南九典制药有限公司(10吨)〈P2248〉

厄多司坦 L08103001

Erdosteine [84611-23-4]

用作祛痰止咳药，用于急、慢性支气管炎，阻塞性肺气肿等疾病的治疗

【生产厂】[皖]安徽省庆云医药化工有限公司〈P1972〉；[陕]西安博捷医药化工技术有限公司〈P2347〉

苯丙哌林；咳快好；磷酸苯哌丙烷 L08103101

Benproperine; Benproperine phosphate [2156-27-6]

非麻醉性强效镇咳药，主要用于刺激性干咳和各种原因引起的咳嗽

【生产厂】[晋]大同江龙药业有限公司〈P1672〉

羧甲司坦；*S*-羧甲基-L-半胱氨酸；羧甲基半胱氨酸；强利痰灵；强利灵 L08103201

Carbocisteine; Carbocysteine; Carboxymethylcysteine [638-23-3]

主要用于慢性支气管炎、支气管哮喘等疾病引起的痰液粘稠、咳痰困难和痰阻塞气管等病的治疗

【生产厂】[晋]山西汾河制药厂〈P1678〉；山西省临汾生化制药厂〈P1678〉；山西临汾民康制药厂〈P1678〉；[吉]三九集团长春三顺药业有限公司〈P1714〉；[浙]宁波海德氨基酸工业有限公司〈P1930〉；宁波市镇海步云生化厂〈P1933〉；宁波科瑞生物工程有限公司〈P1931〉；宁波海硕生物科技有限公司〈P1930〉；[鲁]山东振兴化工有限公司〈P2099〉；山东省莒南制药厂(5吨)〈P2150〉；[鄂]武汉阿米诺科技有限公司〈P2228〉；武汉麦可贝斯生物科技有限公司〈P2231〉；武汉武大弘元股份有限公司〈P2234〉；武汉汉龙氨基酸有限责任公司〈P2230〉；武汉百友氨基酸有限公司〈P2229〉；湖北省潜江市四维氨基酸有限公司〈P2245〉；湖北新生源生物工程股份有限公司〈P2240〉；[粤]汕头金石制药总厂〈P2276〉；[川]四川峨眉山荣高生化制品有限公司〈P2318〉；四川绵竹市鹏发生化有限责任公司〈P2327〉

福美斯坦；福美坦 L08103501

Formestane [566-48-3]

用作芳酶抑制药

【生产厂】[沪]上海迪赛诺公司〈P1731〉；[苏]盐城信谊医药化工有限公司〈P1812〉；[浙]浙江仙居捷大医药化工有限公司〈P1969〉；[赣]江西宇能医药化工有限公司〈P2019〉

依美司坦；依西美坦 L08103601

Exemestane [107868-30-4]

用作抗肿瘤药

【生产厂】[沪]上海信合化工有限公司〈P1772〉；上海品新科贸有限公司〈P1755〉；上海北卡医药技术有限公司〈P1728〉；[苏]南京长澳制药有限公司〈P1782〉；昆山化工医药原料有限公司〈P1895〉；昆山化工医药原料有限公司〈P1895〉；盐城信谊医药化工有限公司〈P1812〉

甘草流浸膏 L08103801

Licorice

用于上呼吸道感染、急性支气管炎等病症的治疗

【生产厂】[蒙]天坛甘草制品有限责任公司〈P1681〉；[赣]吉水县金海天然香料油科技有限公司〈P2017〉；江西省吉水县康神天然药用油提炼厂〈P2018〉；[陕]西安富捷生物技术发展公司〈P2348〉；西安妙香园药业有限公司〈P2349〉

甘草浸膏 L08103851

Extract of liguorice

用于补脾益气、清热解毒、祛痰止咳等

【生产厂】[蒙]天坛甘草制品有限责任公司〈P1681〉；[赣]吉水县金海天然香料油科技有限公司〈P2017〉；江西省吉水县华宝天然药用油厂〈P2018〉；江西省吉水县华源香料油厂〈P2018〉；江西省吉水县康神天然药用油提炼厂〈P2018〉；江西省吉水县同仁天然药用油厂〈P2019〉；江西省南方药物油厂〈P2019〉；江西省吉水县水南威霸香料公司〈P2018〉；江西湘衡百信药业有限公司〈P2016〉；[川]成都市金堂天然植物中间体厂〈P2314〉；四川什邡鸿鸣原料药有限公司〈P2329〉；四川什邡市健福植物原料有限公司〈P2329〉；[陕]西安富捷生物技术发展公司〈P2348〉；[宁]盐池县都顺生物化工有限公司〈P2362〉

甘草浸粉；甘草粉 L08103891

Licorice extract pieces

用于消化道溃疡等病的辅助治疗

【生产厂】[蒙]天坛甘草制品有限责任公司〈P1681〉；[宁]盐池县都顺生物化工有限公司〈P2362〉

甘草酸；甘草甜素；甘草精；甘草皂苷 L08103901

Glycyrrhizic acid [1405-86-3]

作为药物，具有抗炎、抗变态反应；作为甜味剂，广泛用于各类食品

【生产厂】[蒙]天坛甘草制品有限责任公司〈P1681〉；开鲁兴利制药有限责任公司〈P1682〉；[苏]江苏大华药业有限公司〈P1802〉；[赣]江西省吉水三达天然药用香料油厂〈P2018〉；[川]成都普瑞法科技开发有限公司〈P2313〉；[陕]西安富捷生物技术发展公司〈P2348〉；陕西慧科植物开发有限公司〈P2346〉；西安妙香园药业有限公司〈P2349〉；西安天行健天然生物制品有限公司〈P2350〉；[甘]甘肃金汉伯生物制品有限责任公司〈P2358〉

福多司坦；*S*-(3-羟基丙基)-L-半胱氨酸 L08104001

L

Fudosteine

用于治疗支气管哮喘、支气管扩张、慢性支气管炎、肺结核、尘肺、肺气肿等慢性呼吸系统疾病

【生产厂】[苏]南京仁信化工有限公司〈P1788〉;[浙]浙江车头制药有限公司〈P1963〉;[川]成都宇洋高科技术发展有限公司〈P2317〉

麻黄素;麻黄碱 L08150301

Ephedrine [299-42-3]

肾上腺素药,用于支气管哮喘、过敏性反应、低血压症等

【生产厂】[蒙]内蒙古盛乐制药有限责任公司(80吨)〈P1681〉;赤峰制药集团有限责任公司(80吨)〈P1682〉;通辽制药总厂(1000吨)〈P1682〉

盐酸麻黄碱 L08150351

Ephedrine hydrochloride [134-71-4]

用于预防支气管哮喘和缓解轻度哮喘等

【生产厂】[晋]大同江龙药业有限公司〈P1672〉;[蒙]内蒙古正仁药业有限责任公司〈P1683〉;开鲁兴利制药有限责任公司〈P1682〉

硫酸麻黄碱 L08150391

Ephedrine sulfate [134-72-5]

【生产厂】[蒙]赤峰制药集团有限责任公司〈P1682〉;开鲁兴利制药有限责任公司〈P1682〉

硫酸伪麻黄碱 L08150451

Pseudoephedrine sulfate

用作平喘药

【生产厂】[蒙]赤峰制药集团有限责任公司〈P1682〉

盐酸甲基麻黄碱;哮喘特灵 L08150501

L-Methyl ephedrine hydrochloride [38455-90-2]

用作平喘药

【生产厂】[蒙]内蒙古正仁药业有限责任公司〈P1683〉;赤峰制药集团有限责任公司〈P1682〉;开鲁兴利制药有限责任公司〈P1682〉

盐酸右旋麻黄素;盐酸异麻黄素;盐酸伪麻黄素;盐酸异麻黄碱;盐酸伪麻黄碱 L08150701

Pseudoephedrine hydrochloride [345-78-8]

常用于治疗支气管哮喘、喘息性支气管炎、慢性支气管炎和肺气肿等病症

【生产厂】[晋]大同江龙药业有限公司(30吨)〈P1672〉;[蒙]内蒙古正仁药业有限责任公司〈P1683〉;赤峰制药集团有限责任公司(20吨)〈P1682〉;通辽制药总厂〈P1682〉;开鲁兴利制药有限责任公司〈P1682〉;[浙]普洛康裕股份有限公司〈P1953〉

苯氮嘌呤酮;敏喘宁 L08150801

Phenylaza purinon

用作平喘药

【生产厂】[苏]江苏省金坛市制药厂〈P1860〉

氯丙那林;氯喘;邻氯异丙肾上腺素;邻氯喘息定;氯喘通;喘通 L08150901

Chlorprenaline; Clorprenaline; Isoprophenamine [3811-25-4]

用于治疗支气管痉挛等

【生产厂】[浙]台州东升医药化工有限公司〈P1960〉

盐酸氯丙那林;盐酸氯喘 L08150951

Clorprenaline hydrochloride [6933-90-0]

用于治疗支气管哮喘

【生产厂】[辽]沈阳药大集琦药业有限责任公司〈P1690〉;[沪]上海盛欣医药化工有限公司(1吨)〈P1762〉;[浙]浙江省天台三信化工有限公司〈P1967〉

特布他林;博利康尼;叔丁喘灵;间羟叔丁肾上腺素 L08151101

Terbutaline; Brethin; Bricanyl [23031-25-6]

用于治疗支气管哮喘、喘息性支气管炎和肺气肿等

【生产厂】[赣]江西正和化工有限公司(20吨)〈P2016〉

硫酸特布他林 L08151151

Terbutaline sulfate [23031-32-5]

用于治疗支气管哮喘、慢性支气管炎、肺气肿及其他肺部疾病引起的支气管痉挛

【生产厂】[川]成都华宇制药有限公司〈P2311〉

盐酸去氧肾上腺素;新福林;苯福林 L08151301

Phenylephrine hydrochloride; Neosynephrine hydrocholride [61-76-7]

拟肾上腺素药物,用于外科手术延长局部麻醉时间、鼻粘膜充血、急性低血压、感染中毒性及过敏性休克等症

【生产厂】[苏]徐州瑞赛科技实业有限公司〈P1795〉;[鲁]山东省平原永恒化工有限公司〈P2145〉;[豫]新乡市天丰精细化工有限公司〈P2206〉;[粤]深圳欣福林精细化工有限公司〈P2273〉

非诺特罗;芬忒醇 L08151501

Fenoterol [13392-18-2]

用作支气管扩张药

【生产厂】[赣]江西正和化工有限公司(10吨)〈P2016〉

硫酸沙丁胺醇;硫酸舒喘灵 L08151801

Salbutamol; Salbutamol sulfate [51022-70-9]

用于治疗支气管哮喘、喘息性支气管炎、肺气肿患者的支气管痉挛

【生产厂】[京]北京诺德恒信化工技术有限公司〈P1556〉;[苏]江苏省金坛市制药厂〈P1860〉

沙丁胺醇;舒喘灵;舒喘宁;嗽必妥;柳丁氨醇 L08151851

Albuterol; Proventil; Ventolin [18559-94-9]

用于治疗支气管哮喘、喘息性支气管炎等病症

【生产厂】[苏]江苏省金坛市制药厂〈P1860〉

盐酸沙丁胺醇 L08151891

R-albuterol hydrochloride

是全合成的抗哮喘药

【生产厂】[沪]上海巨龙药物研究开发有限公司〈P1746〉

富马酸福莫特罗 L08151901

Formoterol fumarate [13229-80-7]

用作支气管扩张药

【生产厂】[沪]上海迪赛诺公司〈P1731〉;[浙]浙江优联医药化工有限公司〈P1928〉

沙美特罗 L08152001

Salmeterol;Salmaterol [89365-50-4]

用作支气管扩张药

【生产厂】[鲁]青岛裕达精细化工有限公司(5吨)〈P2046〉;[粤]益飞医药化工有限公司〈P2274〉

盐酸丙卡特罗 L08152101

Procaterol hydrochloride [62929-91-3]

用于治疗各型支气管哮喘、喘息型支气管炎、慢性阻塞型肺部疾病和急性支气管炎等病症

【生产厂】[陕]陕西大生化学科技有限公司〈P2346〉

盐酸克仑特罗;克仑特罗;氨哮素;克喘素;盐酸双氯醇胺;氯双氯喘通;氨必妥 L08152201

Clenbuterol;Clenbuterol,hydrochloride;Spiropent [21898-19-1]

用于预防及治疗支气管哮喘、慢性支气管炎和伴肺气肿的支气管炎所致的支气管痉挛

【生产厂】[晋]山西省太原晋阳制药厂〈P1670〉;[苏]江苏省金坛市制药厂〈P1860〉;[皖]淮南佳盟药业有限公司〈P1976〉;淮南山河药用辅料有限公司〈P1976〉;[鄂]湖北美尔雅(集团)美升药业有限公司〈P2236〉

茶碱;无水茶碱;异可可碱;二氧二甲基嘌呤;1,3-二甲基黄嘌呤 L08152301

Theophylline;1,3-Dimethylxanthine [58-55-9]

主要用于治疗支气管性和心脏性哮喘,也可用于心源性水肿

【生产厂】[冀]石家庄制药集团有限公司〈P1634〉;石药集团新诺威药业有限公司〈P1634〉;[吉]吉林省舒兰合成药业股份有限公司(300吨)〈P1716〉;[沪]上海华盛香料厂〈P1739〉;上海万代制药有限公司(600吨)〈P1768〉;[鲁]山东新华制药股份有限公司〈P2055〉;[渝]重庆青阳药业有限公司〈P2306〉

【使用厂】[辽]锦州黑龙制药厂〈P1701〉

氨茶碱;乙二胺茶碱;茶碱乙烯二胺;茶碱胺 L08152401

Aminocadol;Aminophylline;Androphyllin;Cardophyllin [317-34-0]

可用于治疗支气管哮喘、肺气肿、支气管炎、心脏性呼吸困难等症

【生产厂】[津]天津中安药业有限公司(300吨)〈P1617〉;[冀]石家庄制药集团有限公司〈P1634〉;石药集团新诺威药业有限公司〈P1634〉;[吉]吉林省舒兰合成药业股份有限公司(150吨)〈P1716〉;[沪]上海华盛香料厂〈P1739〉;[鲁]山东新华制药股份有限公司〈P2055〉;[渝]重庆青阳药业有限公司〈P2306〉

8-氯茶碱;8氯-1,3-二甲基-2,6-(1*H*,3*H*)嘌呤二酮 L08152461

8-Chlorotheophylline;8-Chloro-1,3-dimethyl-2,6(1*H*,3*H*)purinedione [85-18-7]

用于治疗哮喘病

【生产厂】[吉]吉林省舒兰合成药业股份有限公司〈P1716〉;[沪]上海泰顿化工有限公司〈P1766〉;[浙]舟山市普陀新兴医药化工厂〈P1959〉

8-溴茶碱 L08152491

8-Bromotheophylline

用于治疗哮喘病

【生产厂】[浙]舟山市普陀新兴医药化工厂〈P1959〉

多索茶碱 L08152501

Doxofylline [69975-86-6]

平喘药,用于镇咳、止喘等

【生产厂】[浙]浙江昂利康制药有限公司〈P1950〉;宁波市天衡制药有限公司〈P1932〉;[皖]安徽省郎溪县联科实业有限公司〈P1986〉;[鲁]淄博达隆制药科技有限公司〈P2059〉

巴咪茶碱 L08152551

Bamifylline hydrochloride

用于治疗哮喘病

【生产厂】[浙]舟山市普陀新兴医药化工厂〈P1959〉

二羟丙茶碱;喘定;甘油茶碱;丙羟茶碱;新赛林 L08152601

Aristophylline;Astrophylline;Diprophylline;Protophylline [479-18-5]

用于治疗支气管哮喘

【生产厂】[冀]石家庄制药集团有限公司〈P1634〉;石药集团新诺威药业有限公司〈P1634〉;[吉]吉林省舒兰合成药业股份有限公司〈P1716〉;[沪]上海现代制药股份有限公司〈P1771〉;上海华盛香料厂〈P1739〉;上海万代制药有限公司〈P1768〉;[浙]嘉兴市金利化工有限责任公司〈P1942〉;[豫]上海现代哈森(商丘)药业有限公司〈P2226〉

羟丙茶碱 L08152651

Proxyphylline [603-00-9]

用于治疗支气管哮喘、喘息性支气管炎等病症

【生产厂】[沪]上海万代制药有限公司〈P1768〉;[浙]嘉兴市金利化工有限责任公司〈P1942〉

8-苄基茶碱 L08152691

8-Benzyltheophylline [2879-15-4]

用于治疗哮喘病

【生产厂】[浙]舟山市普陀新兴医药化工厂〈P1959〉

富马酸酮替芬;酮替芬;噻喘酮;甲哌噻庚酮;噻哌酮;克脱吩;哌啶环庚酮 L08152701

Ketotifen fumarate [34580-14-8]

抗组胺药,平喘药,用于预防、治疗支气管炎哮喘

【生产厂】[辽]营口三征科技化工有限公司〈P1704〉;营口三征有机化工股份有限公司〈P1704〉;[浙]浙江华海药业股份有限公司(1吨)〈P1964〉

曲尼司特 L08152811

Tranilast [53902-12-8]

用于治疗支气管哮喘及过敏性鼻炎

L

【生产厂】[浙]浙江耐司康药业有限公司〈P1955〉

依普拉酮；双苯哌丙酮 L08152901
Eprazinone [10402-90-1]
镇咳药，用于急慢性支气管炎、肺炎、肺结核等症，尤适用于慢性气管炎的镇咳祛痰
【生产厂】[沪]上海凯峰化工有限公司〈P1747〉；[浙]浙江华纳药业有限公司〈P1950〉

依普利酮 L08153001
Eplerenone [107724-20-9]
用于原发性高血压及心肌梗死后的心力衰竭
【生产厂】[冀]保定加合精细化工有限公司〈P1645〉；[浙]杭州海特医药化工有限公司〈P1918〉；杭州德立化工有限公司〈P1916〉；浙江金立源药业有限公司〈P1951〉；台州南峰药业有限公司〈P1961〉；[赣]江西宇能医药化工有限公司〈P2019〉

乙酸茶碱 L08153251
7-Theophyline acetic acid [652-37-9]
【生产厂】[沪]上海万代制药有限公司〈P1768〉；[浙]嘉兴市金利化工有限责任公司〈P1942〉

乙酸茶碱哌嗪盐 L08153291
Acefylline piperazine [18833-13-1]
【生产厂】[沪]上海万代制药有限公司〈P1768〉；[浙]嘉兴市金利化工有限责任公司〈P1942〉

环丝氨酸；D-环丝氨酸 L08153501
Cycloserine; D-Cycloserine; Seromycin; Orientomycin [68-41-7]
用作抗结核药
【生产厂】[沪]上海瀚鸿化工科技有限公司〈P1735〉；[皖]安徽省恒锐新技术开发有限责任公司〈P1972〉

L

齐留通；齐留酮 L08153601
Zileuton [111406-87-2]
用作哮喘病治疗药
【生产厂】[京]北京云迪同创医药科技有限公司〈P1566〉；北京高盟化工有限公司〈P1548〉；[沪]上海泰顿化工有限公司〈P1766〉

盐酸班布特罗 L08153751
Bambuterol hydrochloride
主要用于治疗哮喘、慢性支气管炎以及慢性肺炎等病症
【生产厂】[京]北京恒天易德化工有限公司〈P1549〉；[苏]常州市蓝江化工有限公司(500 千克)〈P1852〉；[湘]湖南九典制药有限公司(1 吨)〈P2248〉；[川]成都景田生物药业有限公司〈P2312〉

色甘酸钠；色甘酸二钠 L08153801
Sodium cromoglicate; Cromolyn sodium [15826-37-6]
抗过敏药，用于治疗过敏性哮喘
【生产厂】[沪]上海五洲药业股份有限公司(3 吨)〈P1770〉；上海华盛香料厂〈P1739〉

细辛脑；2,4,5-三甲氧基-1-丙烯基苯 L08153901
Asarone; 2,4,5-Trimethoxy-1-propenylbenzene [5273-86-9]
用于平喘、化痰、止咳
【生产厂】[辽]辽阳市众诺化学工业有限公司〈P1711〉

西维来司他 L08154101
Sivelestat sodium tetrahydrate [201677-61-4]
为全球首个治疗伴有全身性炎症反应综合症的急性肺损伤的药物
【生产厂】[沪]上海巨龙药物研究开发有限公司〈P1746〉；[苏]常州伊思特化工有限公司〈P1858〉

无水咖啡因；无水咖啡碱；咖啡因；咖啡碱；茶素；1,3,7-三甲基黄嘌呤 L09100101
Caffeine anhydrous; Caffeine; Coffeine; Methyltheobromine; 1,3,7-Trimethylxanthine [58-08-2]
中枢兴奋药，用于制备医药复方制剂及食品添加剂
【生产厂】[冀]石家庄制药集团有限公司〈P1634〉；石药集团新诺威药业有限公司(2000 吨)〈P1634〉；[吉]吉林省舒兰合成药业股份有限公司〈P1716〉；[浙]浙江省金华因达制药厂〈P1956〉；[鲁]山东新华制药股份有限公司(2500 吨)〈P2055〉
【使用厂】[京]北京太洋药业有限公司〈P1562〉

艾地苯醌 L09100201
Idebenone [58186-27-9]
用作脑代谢及精神症状改善剂，能改善慢性脑血管病及脑外伤等所引起的脑功能损害
【生产厂】[沪]上海立科药物化学有限公司〈P1750〉；[苏]江阴东方医药原料有限公司〈P1867〉；苏州立新制药有限公司〈P1902〉

氯酯醒；盐酸甲氯芬酯 L09100301
Meclofenoxate hydrochloride; Centrophenoxine hydrochloride; Lucidril [3685-84-5]
用作中枢神经兴奋药
【生产厂】[沪]上海万代制药有限公司〈P1768〉；[鲁]济南永扬药业有限公司〈P2027〉；山东齐河银飞达化工有限公司(180 吨)〈P2145〉；[川]四川琢新生物材料研究有限公司〈P2320〉

多沙普仑；多普兰；吗乙苯吡酮；吗啉吡咯酮 L09100501
Doxapram [309-29-5]
用作中枢神经兴奋药
【生产厂】[陕]陕西西安力邦制药有限公司〈P2347〉

盐酸多沙普仑 L09100551
Doxapram hydrochloride [7081-53-0]
用作中枢兴奋药
【生产厂】[苏]徐州恩华药业集团有限责任公司〈P1794〉；[鲁]济南凤山恒坤化工科技有限公司〈P2021〉

甲磺酸培高利特 L09100701
Pergolide mesylate
抗振颤麻痹药，用于帕金森病的辅助治疗
【生产厂】[津]天津市中央药业有限公司(15 吨)〈P1613〉

喹硫平富马酸盐 L09100801
Quetiapine hemifumarate [111974-72-2]

神经系统用药
【生产厂】[苏]苏州第四制药厂有限公司〈P1899〉;苏州敬业医药化工有限公司〈P1901〉;[湘]湖南洞庭药业股份有限公司〈P2255〉

氟马西尼 L09101001
Flumazenil;Romazicon [78755-81-4]
用作中枢神经系统兴奋药
【生产厂】[苏]徐州恩华药业集团有限责任公司〈P1794〉;[浙]浙江奥托康制药集团〈P1954〉

尼可刹米 L09101101
Nikethamide [59-26-7]
属中枢兴奋药
【生产厂】[京]北京市燕京制药厂〈P1561〉;[苏]江苏黄河药业有限公司〈P1808〉

醋谷胺;乙酰谷酰胺 L09101601
Acetylglutamide [2620-63-5]
主要用于治疗神经系统疾病
【生产厂】[鲁]山东潍坊制药厂有限公司(5吨)〈P2099〉;[陕]陕西西岳制药有限公司〈P2352〉

盐酸吡硫醇;脑复新 L09101701
Pyrithioxine hydrochloride;Pyritinol hydrochloride
维生素B_6衍生物,能促进脑组织对葡萄糖和氨基酸的代谢,改善全身同化作用
【生产厂】[津]天津中津药业股份有限公司(60吨)〈P1617〉;[苏]常州东方医药原料有限公司〈P1846〉

克脑迷;抗利痛;溴脒硫乙胺;乙胺硫脲 L09101801
Antiradon;Antirad [56-10-0]
适用于外伤性昏迷、心血管疾患所致的昏迷、一氧化碳中毒、放射性损伤及脑缺氧等症
【生产厂】[浙]浙江优联医药化工有限公司〈P1928〉;[鲁]济南铂源化学有限公司〈P2020〉

脑安泰;脑蛋白水解物 L09101901
Naoantai
【生产厂】[辽]沈阳市生物化学制药厂〈P1688〉;[苏]丽珠集团苏州新宝制药厂〈P1898〉;[皖]淮北市博奥高科生物化学有限公司〈P1977〉;[桂]南宁枫叶药业有限公司〈P2296〉

乙酰胺吡咯烷酮;吡乙酰胺;脑复康;酰胺吡咯烷酮;吡拉西坦 L09102001
Piracetam [7491-74-9]
用于脑动脉硬化症及脑血管意外所致的记忆和思维功能减退的治疗
【生产厂】[津]天津中津药业股份有限公司(30吨)〈P1617〉;[冀]河北省邢台市人民制药厂(500吨)〈P1642〉;[辽]东北制药总厂(1200吨)〈P1684〉;[赣]景德镇市开门子药用化工有限公司(1000吨)〈P2010〉;[豫]上海现代哈森(商丘)药业有限公司(200吨)〈P2226〉;[渝]重庆青阳药业有限公司〈P2306〉

阿尼西坦;脑康酮;茴拉西坦 L09102051
Aniracetam;*p*-Methoxybenzoyl-2-pirrolidone [72432-10-1]
为γ-内酰胺类脑功能改善剂,能通过血脑屏障作用于大脑组织,改善脑功能,提高记忆力
【生产厂】[京]北京云迪同创医药科技有限公司〈P1566〉;[晋]山西亚宝药业集团股份有限公司〈P1680〉;[苏]南京法姆化学厂〈P1783〉;苏州天马医药集团〈P1906〉;[鲁]山东大陆药业有限公司〈P2149〉;[陕]西安博捷医药化工技术有限公司〈P2347〉

匹莫林;培脑灵;匹吗啉;苯异妥英 L09102101
Pemoline;Phenylisohydantoin [2152-34-3]
中枢兴奋药,用于治疗小儿多动症
【生产厂】[沪]上海旭升精细化工技术研究所〈P1773〉

樟脑磺酸钠 L09102111
Sodium camphorsulfonate
用作中枢神经兴奋剂
【生产厂】[豫]郑州路路德化学制品有限公司〈P2171〉;南阳市理邦实业有限公司〈P2224〉

奥拉西坦 L09102201
Oxiracetam [62613-82-5]
智能促进药,用于老年性脑功能不全性精神综合症、精神行为紊乱等
【生产厂】[冀]唐山市维智贸易有限公司(10吨)〈P1636〉;[苏]张家港浩波化学品有限公司〈P1912〉;[渝]重庆圣华曦药业有限公司〈P2306〉

普拉西坦 L09102401
Pramiracetam [68497-62-1]
是一种改善记忆、抗健忘的中枢神经兴奋药
【生产厂】[苏]南京法姆化学厂〈P1783〉

一叶秋碱 L09102501
Securinine;Securinan-11-one [5610-40-2]
用作中枢神经系统兴奋药
【生产厂】[京]北京协和药厂〈P1563〉

石杉碱甲 L09102601
Huperzine A [102518-79-6]
用于预防中老年人脑神经衰弱、恢复脑神经功能、活化脑神经传递物质
【生产厂】[沪]上海同田生化技术有限公司(20千克)〈P1768〉;[浙]宁波立华制药有限公司〈P1931〉;[闽]福建省永春制药厂〈P1999〉;[湘]湖南德瑞生物产业集团有限公司〈P2247〉;[川]成都普瑞法科技开发有限公司〈P2313〉;[滇]昆明长春花科技有限公司(60千克)〈P2339〉;[陕]陕西嘉禾植物化工有限责任公司〈P2346〉;西安天诚医药生物工程公司〈P2349〉;西安天行健天然生物制品有限公司〈P2350〉

神衰果素;豆腐果苷 L09102701
Helicid
用于止痛、镇静、安眠
【生产厂】[沪]上海中康伟业生物科技有限公司〈P1778〉;[滇]云南云科药业有限公司〈P2342〉;云南玉溪万方天然药物有限公司〈P2344〉

甲磺酸阿米三嗪 L09103001
Almitrine dimethanesulfonic acid [29608-49-9]
用作中枢神经系统兴奋药

【生产厂】[苏]常州市新力医药化工有限公司〈P1855〉;常州制药厂有限公司〈P1858〉;[豫]郑州路路德化学制品有限公司〈P2171〉;南阳普康集团衡淯制药有限责任公司(3吨)〈P2224〉

丙咪嗪;盐酸丙咪嗪;托弗尼尔 L09150101
Imipramine hydrochloride [113-52-0]
用于治疗各种类型抑郁症、小儿遗尿症等
【生产厂】[沪]上海三维制药有限公司〈P1760〉;[浙]浙江九洲药业股份有限公司〈P1965〉

多虑平;盐酸多虑平;盐酸多塞平;多塞平 L09150201
Doxepin [1229-29-4]
抗抑郁药,用于抑郁症及神经官能症的治疗
【生产厂】[沪]上海三维制药有限公司〈P1760〉;[苏]苏州市海鑫医药化工有限公司〈P1903〉;太仓制药厂〈P1909〉;[浙]舟山浙东制药厂〈P1959〉

度洛西汀 L09150351
Duloxetine [116539-59-4]
是一种5-羟色胺和去甲肾上腺素重摄取的双重抑制剂,能有效治疗抑郁症的情感和躯体症状
【生产厂】[苏]徐州恩华药业集团有限责任公司〈P1794〉;[浙]临海市金桥化工有限公司〈P1960〉;[皖]安徽美诺华药物化学有限公司〈P1985〉;[赣]江西金瑞化工有限责任公司〈P2016〉;[鲁]济南乐康信药业有限公司〈P2023〉

度洛西汀盐酸盐;盐酸度洛西汀 L09150391
Duloxetine hydrochloride [116539-59-4]
用作抗抑郁药
【生产厂】[京]北京艾斯克医药技术开发有限公司〈P1543〉;[沪]上海信合化工有限公司〈P1772〉;上海万代制药有限公司〈P1768〉;[苏]江阴东方医药原料有限公司〈P1867〉;[浙]湖州恒远生物化学技术有限公司〈P1945〉;德清县新溪塑化有限公司〈P1945〉;浙江燎原药业有限公司(5吨)〈P1965〉;[鲁]山东博森精细化工有限公司〈P2084〉

盐酸氟西汀;氟苯氧丙胺 L09150401
Fluoxetine hydrochloride [59333-67-4]
用于治疗中度及顽固性抑郁症
【生产厂】[沪]上海泰亨实业有限公司〈P1767〉;[苏]苏州万庆药业有限公司〈P1907〉;[浙]浙江燎原药业有限公司(20吨)〈P1965〉;浙江九洲药业股份有限公司〈P1965〉;浙江丽晶化学有限公司〈P1965〉;横店集团家园化工有限公司〈P1952〉

氟西汀 L09150451
Fluoxetine [54910-89-3]
【生产厂】[苏]南京法姆化学厂〈P1783〉;徐州恩华药业集团有限责任公司〈P1794〉;[浙]浙江白云伟业化工股份有限公司〈P1950〉

盐酸阿米替林;阿米替林;阿密替林 L09150501
Amitriptyline;Amitriptyline hydrochloride [549-18-8]
抗抑郁药,适用于各类抑郁症及器质性精神病的抑郁症状
【生产厂】[湘]湖南洞庭药业股份有限公司〈P2255〉

盐酸氯米帕明;盐酸氯丙咪嗪 L09150601
Clomipramine hydrochloride;Anafranil [17321-77-6]
用作抗抑郁症药
【生产厂】[苏]徐州恩华药业集团有限责任公司〈P1794〉;[湘]湖南洞庭药业股份有限公司(3吨)〈P2255〉

氯米帕明;氯丙咪嗪 L09150651
Clomipramine;Chlorimipramine [303-49-1]
用作抗抑郁症药
【生产厂】[苏]徐州瑞赛科技实业有限公司〈P1795〉

盐酸马普替林;马普替林;吗丙啶;路滴美 L09150701
Ludiomil;Maprotiline;Maprotiline hydrochloride [10347-81-6]
抗抑郁药,用于内因性、反应性、更年期等各种类型的抑郁性神经症
【生产厂】[京]北京益民制药厂〈P1565〉

吗氯贝胺;4-氯-*N*-2-(4-吗啉基)乙基苯甲酰胺 L09150801
Moclobemide [71320-77-9]
用作抗抑郁药
【生产厂】[沪]上海化工高等专科学校实验工厂〈P1740〉;[浙]浙江台州海翔医药化工有限公司〈P1968〉;[赣]江西省励远化工科技实业公司〈P2009〉;江西金峰原料药有限公司〈P2018〉;[渝]重庆英斯凯化工有限公司〈P2308〉

盐酸丁螺环酮 L09150901
Buspirone hydrochloride;Buspar hydrochloride [36505-84-7]
抗焦虑药,用于缓解焦虑性激动、内心不安定和紧张状态
【生产厂】[苏]徐州恩华药业集团有限责任公司〈P1794〉;[浙]杭州德立化工有限公司〈P1916〉;[渝]西南合成制药股份有限公司〈P2303〉

盐酸曲唑酮 L09151051
Trazodone hydrochloride;Molipaxin [25332-39-2]
用作抗忧郁药
【生产厂】[辽]沈阳福宁药业有限公司〈P1685〉;[沪]上海康鸣高科技有限公司〈P1748〉;上海凯峰化工有限公司〈P1747〉;[苏]苏州海宇生物科技有限公司〈P1900〉;[浙]浙江华纳药业有限公司〈P1950〉

盐酸米安色林 L09151151
Mianserin hydrochloride;Bolvidon;Norval [21535-47-7]
用作抗抑郁药、抗过敏药
【生产厂】[鲁]山东省莒南制药厂(5吨)〈P2150〉

舍曲林 L09151201
Sertraline [79617-96-2]
【生产厂】[浙]台州市奥力特精细化工有限公司〈P1961〉;[湘]邵阳甾体化学品有限公司〈P2249〉;[陕]陕西汉江万全医药化工有限公司〈P2353〉

盐酸舍曲林 L09151251
Sertraline hydrochloride [79559-97-0]
用作抗抑郁药
【生产厂】[京]北京云迪同创医药科技有限公司〈P1566〉;北京诺德恒信化工技术有限公司〈P1556〉;北京丰德医药科

L

技有限公司〈P1547〉；［沪］上海泰亨实业有限公司〈P1767〉；上海泰顿化工有限公司〈P1766〉；上海金赛医药化工有限公司〈P1744〉；［浙］浙江优联医药化工有限公司〈P1928〉；东港工贸集团有限公司〈P1960〉；台州市开创化工有限公司〈P1961〉；台州市中荣化工有限公司〈P1962〉；浙江海正药业股份有限公司〈P1964〉；浙江普康化工有限公司〈P1959〉；［川］四川抗菌素工业研究所化学制药事业部〈P2318〉；［陕］陕西汉江万全医药化工有限公司〈P2353〉

西酞普兰　L09151301

Citalopram［59729-33-8］

用作抗抑郁药

【生产厂】［沪］上海品新科贸有限公司〈P1755〉；［苏］江阴东方医药原料有限公司〈P1867〉；江苏华派集团〈P1807〉；［浙］台州市奥力特精细化工有限公司〈P1961〉；浙江黄岩东升医药化工有限公司（2 吨）〈P1964〉；［鲁］临沂奥浦生物技术有限公司〈P2147〉

西酞普兰草酸盐；草酸依地普仑　L09151351

Escitalopram oxalate；*S*-Citalopram oxalate［219861-08-2］

属全合成的抗抑郁药

【生产厂】［京］北京合成天地化学技术有限公司〈P1548〉；［沪］上海巨龙药物研究开发有限公司〈P1746〉；［苏］江阴东方医药原料有限公司〈P1867〉；［鲁］山东博森精细化工有限公司〈P2084〉；［豫］新乡市天丰精细化工有限公司〈P2206〉；［渝］重庆赛维药业有限公司〈P2306〉

西酞普兰氢溴酸盐　L09151391

Citalopram hydrobromide［59729-33-8］

用作抗抑郁药

【生产厂】［苏］徐州恩华药业集团有限责任公司〈P1794〉；［浙］浙江海正药业股份有限公司〈P1964〉；［鲁］山东博森精细化工有限公司〈P2084〉；［豫］新乡市天丰精细化工有限公司〈P2206〉；河南豫辰精细化工有限公司〈P2218〉；［渝］重庆赛维药业有限公司〈P2306〉；［川］四川科伦药业股份有限公司〈P2318〉

金丝桃素　L09151451

Hypericin；Hypericum red；Cyclo-werrol；Cyclosan；Vimrxyn［548-04-9］

用于治疗抗抑郁病，增加免疫力

【生产厂】［浙］杭州广林生物医药有限公司〈P1917〉；［闽］福州日冕科技开发有限公司〈P1990〉；［川］成都普瑞法科技开发有限公司〈P2313〉

奈法唑酮　L09151501

Nefazodone；Serzone［83366-66-9］

用作抗抑郁药

【生产厂】［沪］上海康鸣高科技有限公司（10 吨）〈P1748〉；［浙］浙江圣达药业有限公司〈P1967〉；横店集团家园化工有限公司〈P1952〉

盐酸奈法唑酮　L09151551

Nefazodone hydrochloride［82752-99-6］

用作抗抑郁病药

【生产厂】［苏］苏州海宇生物科技有限公司〈P1900〉；［浙］浙江黄岩精细化学品集团有限公司（20 吨）〈P1964〉；浙江精进药业有限公司〈P1965〉；［皖］安徽丰原集团〈P1974〉

非哌西特　L09151601

Fipexide［34161-24-5］

用作抗忧郁药

【生产厂】［沪］上海凯峰化工有限公司〈P1747〉；［浙］浙江华纳药业有限公司〈P1950〉

米氮平　L09151701

Mirtazapine［61337-67-5］

用作抗抑郁药

【生产厂】［京］北京云迪同创医药科技有限公司〈P1566〉；北京国联诚辉医药技术有限公司〈P1548〉；［冀］沧州那瑞化学科技有限公司〈P1652〉；［沪］上海泰亨实业有限公司〈P1767〉；上海康鸣高科技有限公司〈P1748〉；［浙］浙江燎原药业有限公司（10 吨）〈P1965〉；［粤］珠海三鑫精细化工有限公司〈P2275〉

阿扎吩　L09151801

Azaphen

抗抑郁药，广泛应用于治疗各种抑郁症

【生产厂】［沪］上海宝山振宗生物工程厂〈P1728〉

帕罗西汀　L09152001

Paroxetine；Aropax 20［61869-08-7］

用作抗抑郁药

【生产厂】［皖］安徽贝克药业有限公司〈P1971〉；［赣］江西正和化工有限公司（15 吨）〈P2016〉

盐酸帕罗西汀　L09152051

Paroxetine hydrochloride［78246-49-8］

用作抗抑郁药，可用于治疗各种类型的抑郁症

【生产厂】［京］北京诺德恒信化工技术有限公司〈P1556〉；［苏］江阴东方医药原料有限公司〈P1867〉；苏州第四制药厂有限公司〈P1899〉；［浙］临海市金桥化工有限公司〈P1960〉；东港工贸集团有限公司〈P1960〉；浙江九洲药业股份有限公司〈P1965〉

帕罗西汀碱　L09152091

Paroxetine base［61869-08-7］

为抗抑郁新药，可用于治疗惊恐发作、广泛性焦虑症、社交焦虑症等

【生产厂】［浙］临海市金桥化工有限公司〈P1960〉

西布曲明　L09152101

Sibutramine［106650-56-0］

用作减肥药

【生产厂】［京］北京医科大学应用药物研究所〈P1564〉；［辽］沈阳新地药业有限公司〈P1689〉；［沪］上海信合化工有限公司〈P1772〉；上海康爱生物制品有限公司〈P1747〉；上海特化医药科技有限公司〈P1767〉；［苏］南京仁信化工有限公司〈P1788〉；江苏华派集团（1 吨）〈P1807〉；［浙］台州市中荣化工有限公司〈P1962〉；浙江黄岩东升医药化工有限公司（5 吨）〈P1964〉；横店集团家园化工有限公司〈P1952〉；［赣］江西宇洋化工有限公司〈P2013〉

盐酸西布曲明　L09152151

Sibutramine hydrochloride［106650-56-0］

用作高效减肥药

【生产厂】［沪］上海现代制药股份有限公司〈P1771〉；上海优迪医药有限公司〈P1775〉；［苏］南京恒生制约〈P1784〉；南京长澳制药有限公司〈P1782〉；江阴东方医药原料有限公司〈P1867〉；苏州第四制药厂有限公司〈P1899〉；［浙］台

L

州市开创化工有限公司〈P1961〉；浙江海正药业股份有限公司〈P1964〉；[渝]重庆圣华曦药业有限公司〈P2306〉

托莫西汀 L09152201

Tomoxetine [83015-26-3]

用于治疗注意力缺陷病症

【生产厂】[京]北京高盟化工有限公司〈P1548〉；[沪]上海信合化工有限公司〈P1772〉

盐酸米那普仑；米那普仑盐酸盐 L09152301

Milnacipran hydrochloride [101152-94-7]

用作抗忧郁药

【生产厂】[京]北京艾斯克医药技术开发有限公司〈P1543〉；[浙]浙江优联医药化工有限公司〈P1928〉

阿托莫西汀 L09152601

Atomoxetine [82248-59-7]

用作抗抑郁药物

【生产厂】[京]北京艾斯克医药技术开发有限公司〈P1543〉；[沪]上海康鸣高科技有限公司〈P1748〉；[浙]浙江丽晶化学有限公司〈P1965〉

异戊巴比妥；阿米妥 L09200111

Amylobarbitone；Amobarbital；Pentymal [57-43-2]

中枢神经系统用药，主要用于镇静、催眠、抗惊厥

【生产厂】[鲁]山东新华制药股份有限公司〈P2055〉

扎莱普隆 L09200401

Zaleplon [151319-34-5]

用于镇静、安眠

【生产厂】[京]北京云迪同创医药科技有限公司〈P1566〉；北京金奥利维科技发展有限公司〈P1551〉；北京北化新元科技发展有限公司〈P1544〉；北京丰德医药科技有限公司〈P1547〉；北京迈劲医药科技有限公司〈P1555〉；[津]天津太平洋医药科技集团〈P1614〉；天津太平洋化学制药有限公司〈P1614〉；[沪]上海优迪医药有限公司〈P1775〉；上海信合化工有限公司〈P1772〉；上海品新科贸有限公司〈P1755〉；[苏]常州罗地尔生化技术有限公司〈P1848〉；苏州二叶制药有限公司〈P1899〉；苏州第四制药厂有限公司〈P1899〉；徐州恩华药业集团有限责任公司〈P1794〉；[浙]杭州达康化工有限公司〈P1916〉；[皖]安徽丰原集团〈P1974〉；[豫]三门峡赛诺维制药有限公司(20 吨)〈P2222〉

佐匹克隆 L09200601

Zopiclone；Imovane [43200-80-2]

用作镇静催眠药

【生产厂】[津]天津天士力集团有限公司〈P1615〉；[冀]固安县恩康医药化工原料有限公司〈P1658〉；[苏]江阴南极星生物制品有限公司〈P1868〉；江阴市三益化工有限公司〈P1870〉；[浙]台州市奥力特精细化工有限公司〈P1961〉；浙江黄岩东升医药化工有限公司(1 吨)〈P1964〉；[鲁]济南铂源化学有限公司〈P2020〉

莫达非尼；2-[(二苯甲基)亚砜基]乙酰胺 L09200701

Modafinil [68693-11-8]

用于改善睡眠

【生产厂】[沪]上海康鸣高科技有限公司(10 吨)〈P1748〉；上海特化医药科技有限公司〈P1767〉；[苏]常州联新化工有限公司〈P1848〉；[浙]浙江华纳药业有限公司〈P1950〉；[渝]重庆凯林制药有限公司〈P2305〉

美乐托宁；3-*N*-乙酰基-5-甲氧基色胺；褪黑素 L09201001

Melatonin；3-*N*-Acetyl-5-methoxyl tryptamine [8041-44-9]

用于医药保健品，能增强人体的免疫机能，且是一种天然的“安眠药”

【生产厂】[浙]浙江浙北药业有限公司〈P1947〉；浙江黄岩东升医药化工有限公司(5 吨)〈P1964〉；浙江物产崇一医药化工有限公司〈P1956〉；[鄂]武汉远城科技发展有限公司〈P2235〉；潜江东立精细化工有限公司〈P2246〉；黄冈赛康药业有限公司〈P2244〉；罗田县恒兴源化工有限公司〈P2244〉；罗田县宏源化学原料药有限公司(50 吨)〈P2244〉；罗田县华阳生化有限公司〈P2244〉

三唑仑；三唑苯二氮卓；三唑氯安定 L09202301

Triazolam；Halcion；Halcyon [28911-01-5]

安定药，用于各型失眠症，也用于紧张、焦虑等

【生产厂】[晋]大同江龙药业有限公司〈P1672〉；[苏]徐州恩华药业集团有限责任公司(50 千克)〈P1794〉

艾司唑仑；舒乐安定 L09202310

Estazolam；Eurodin [29975-16-4]

中枢神经用药，能安眠、镇静、抗惊厥、抗焦虑

【生产厂】[鄂]湖北制药有限公司(3 吨)〈P2237〉

沙利度胺；酞胺哌啶酮；反应停 L09202701

Thalidomide；*N*-(2,6-Dioxopiperidin-3-yl) phthalimide [50-35-1]

用作镇静剂，对于各型麻风病反应如发热、结节红斑、神经痛、关节痛、淋巴结肿大等有一定疗效

【生产厂】[苏]常州市新力医药化工有限公司〈P1855〉；常州药业股份有限公司〈P1858〉；常州制药厂有限公司〈P1858〉；徐州市爱克医药科技有限公司〈P1795〉；[浙]浙江车头制药有限公司〈P1963〉

天麻素；天麻苷 L09202901

Gastrodine

用作抗惊厥药

【生产厂】[滇]云南省玉溪望子隆生物制药有限公司〈P2344〉；云南玉溪万方天然药物有限公司〈P2344〉

天麻蜜环菌 L09202911

Halimasch；Armillaria mella

适用于各种眩晕、神经衰弱、失眠、耳鸣、肢麻、癫痫等症

【生产厂】[鄂]湖北省荆州市生物制药厂〈P2239〉

α-溴异戊酰脲；溴米那 L09203901

Bromisoval；Bromvalerylurea；α-Bromoisovalerylurea [496-67-3]

用作催眠药

【生产厂】[鲁]山东方明药业股份有限公司(50 吨)〈P2160〉

乌拉坦；氨基甲酸乙酯；乌来雅；尿烷 L09204001

Ethyl carbamate; Ethylurethane; Urethane [51-79-6]

用作安眠剂和镇静剂以及解毒药

【生产厂】[沪]上海神强实业有限公司〈P1761〉;[苏]苏州开元民生化学科技有限公司〈P1901〉

舒必利 L09204101

Sulpirid [15676-16-1]

用作镇静药

【生产厂】[苏]常州康达制药有限公司(30 吨)〈P1848〉;苏州园方化工有限公司(10 吨)〈P1907〉;江苏天士力帝益药业有限公司〈P1803〉;[浙]浙江新东海医药化工有限公司〈P1969〉;[皖]安徽微纳生命科学技术开发有限公司〈P1972〉;[赣]江西畅成药业有限公司〈P2015〉;[鲁]山东曲阜弘利化工有限公司(100 吨)〈P2132〉

盐酸舒托必利 L09204251

Sultopride hydrochloride [23694-17-9]

【生产厂】[苏]江苏天士力帝益药业有限公司〈P1803〉;[皖]安徽微纳生命科学技术开发有限公司〈P1972〉

盐酸氯丙嗪;氯丙嗪;冬眠灵;氯普马嗪;阿米那嗪 L09250101

Chlorpromazine hydrochloride [69-09-0]

用作抗精神病药

【生产厂】[沪]上海罗店化工总厂〈P1752〉;[苏]常州康达制药有限公司(90 吨)〈P1848〉;[浙]台州东升医药化工有限公司〈P1960〉;[皖]安徽微纳生命科学技术开发有限公司〈P1972〉;[鲁]山东博山制药有限公司(5 吨)〈P2051〉

地西泮;安定;苯甲二氮卓;7-氯-1-甲基-5-苯基-1,3-二氢-1,4-苯并二氮杂卓-2-酮 L09250201

Diazepam [439-14-5]

中枢神经用药,能安眠、镇静、抗惊厥、抗焦虑

【生产厂】[晋]大同江龙药业有限公司(15 吨)〈P1672〉;[鲁]山东省平原制药厂(50 吨)〈P2146〉;[鄂]湖北制药有限公司(100 吨)〈P2237〉

硝西泮;硝基安定;5-苯基-7-硝基-1,3-二氢-2*H*-1,4-苯并二氮杂卓-2-酮 L09250301

Nitrazepam [146-22-5]

中枢神经用药,具有镇静、催眠、抗焦虑、抗惊厥、抗癫痫和肌肉松弛等作用

【生产厂】[苏]徐州恩华药业集团有限责任公司〈P1794〉;[鄂]湖北制药有限公司(3 吨)〈P2237〉

盐酸泰必利 L09250451

Tiapride hydrochloride [51012-33-0]

用作抗精神病药

【生产厂】[津]天津中新药业集团股份有限公司新新制药厂(10 吨)〈P1618〉;[苏]江苏天士力帝益药业有限公司〈P1803〉

氯普噻吨;泰尔登;氯丙硫蒽;氯丙硫新;反式-2-氯-9-(3-二甲胺基亚丙基)硫杂蒽 L09250501

Chlorprothixene; Chlorthiaxanthen; Chlothixen [113-59-7]

为硫杂蒽类抗精神病药

【生产厂】[苏]江苏省金坛市制药厂〈P1860〉

氯氮卓;利眠宁;利勃龙;利勃灵;甲氨二氮卓 L09250601

Chlordiazepoxide [58-25-3]

用于治疗焦虑、恐惧、失眠、肌肉痉挛、癫痫和惊厥等病症

【生产厂】[晋]芮城县亚宝药用中间体有限公司(20 吨)〈P1679〉;山西省芮城县精细日化有限公司〈P1680〉;[鄂]湖北制药有限公司(20 吨)〈P2237〉

盐酸硫利达嗪;硫利哌啶;甲硫达嗪 L09250701

Thioridazine; Mellaril [130-61-0]

适用于急性精神分裂症、躁郁症、更年期精神病、神经性抑郁症等

【生产厂】[湘]湖南洞庭药业股份有限公司〈P2255〉;[渝]重庆川东化工(集团)有限公司(20 吨)〈P2304〉

奋乃静;羟哌氯丙嗪;过非那嗪;过二苯嗪;氯吩嗪;4-[3-(2 氯吩噻嗪-10-基)丙基]-1-哌嗪乙醇 L09250801

Chlorperphenazine; Perphenazine [58-38-8]

用于治疗急慢性精神分裂症

【生产厂】[辽]铁岭天德制药有限公司〈P1713〉;[鲁]山东博山制药有限公司(4 吨)〈P2051〉

盐酸氟奋乃静;盐酸氟奋那嗪 L09250901

Fluphenazine hydrochloride; Flufenazine hydrochloride [146-56-5]

用于治疗急、慢性精神分裂症、躁狂症、神经官能症及呕吐等

【生产厂】[辽]铁岭天德制药有限公司〈P1713〉

氟桂嗪;氟桂利嗪 L09250951

Flunarizine [52468-60-7]

【生产厂】[沪]上海三维制药有限公司〈P1760〉;[豫]郑州路路德化学制品有限公司〈P2171〉

盐酸氟桂利嗪;盐酸氟桂嗪 L09250997

Flunarizine hydrochloride [30484-77-6]

用于治疗脑血管疾病

【生产厂】[冀]唐山市渤海制药厂〈P1636〉;[黑]佳木斯鹿灵制药有限责任公司(15 吨)〈P1724〉;[苏]常州罗地尔生化技术有限公司〈P1848〉;[鲁]山东省平原制药厂(5 吨)〈P2146〉;迪沙药业集团有限公司(10 吨)〈P2121〉;[豫]郑州瑞康制药有限公司(10 吨)〈P2172〉;郑州市医药科技开发中心〈P2174〉;圣斯诺化工有限公司〈P2169〉;新乡市新辉药业有限公司(100 吨)〈P2206〉;河南省安阳市益康制药厂(5 吨)〈P2211〉;林州市光华药业有限公司(200 吨)〈P2211〉;南阳普康集团衡淯制药有限责任公司(3 吨)〈P2224〉;河南福森药业有限公司〈P2223〉

洛美利嗪 L09251001

Lomerizine [101477-55-8]

用作脑血管扩张药

【生产厂】[湘]湘潭市开元化学有限公司〈P2251〉

盐酸洛美利嗪 L09251051

Lomerizine hydrochloride [101477-54-7]

用作脑血管扩张药

【生产厂】[沪]上海康文医药中间体有限公司〈P1748〉;[苏]宜兴市中宇药化技术有限公司〈P1888〉;[鲁]山东中科泰斗化学有限公司〈P2030〉;济宁市化工研究所(100千克)〈P2128〉

氟奋乃静癸酸酯;癸氟奋乃静;氟奋癸酯 L09251101
Fluphenazine caprate;Flufenazine caprate [5002-47-1]
长效抗精神病药物,对幻觉、妄想、淡漠、紧张性兴奋有较好疗效,也可用于精神分裂症缓解期的维持治疗
【生产厂】[辽]铁岭天德制药有限公司〈P1713〉;[沪]上海三维制药有限公司〈P1760〉

庚氟奋乃静 L09251151
Fluphenazine enanthate
用作精神安定药
【生产厂】[沪]上海三维制药有限公司〈P1760〉

氟哌啶醇;氟哌丁苯;氟哌醇;卤吡醇 L09251301
Haloperidol [52-86-8]
具有较强的抗精神病和镇吐作用,主要用于抗狂躁和抗幻觉
【生产厂】[浙]宁波大红鹰药业股份有限公司〈P1930〉;[鲁]济南金达药化有限公司(1吨)〈P2023〉;[粤]益飞医药化工有限公司〈P2274〉

氯氮平;氯扎平 L09251401
Clozapine [5786-21-0]
用作抗精神病药
【生产厂】[浙]宁波大红鹰药业股份有限公司〈P1930〉;[赣]江西恒辉医药化工有限公司〈P2017〉;江西畅成药业有限公司〈P2015〉;[鲁]济南金达药化有限公司(1吨)〈P2023〉

五氟利多 L09251501
Penfluridol [26864-56-2]
适用于治疗各种类型精神病
【生产厂】[苏]徐州恩华药业集团有限责任公司〈P1794〉;徐州市爱克医药科技有限公司〈P1795〉;[湘]湖南中南制药有限责任公司〈P2253〉

奥沙利铂 L09251801
Oxaliplatin [61825-94-3]
抗肿瘤药,用于治疗直肠癌
【生产厂】[沪]上海迪赛诺公司〈P1731〉;[苏]苏州立新制药有限公司〈P1902〉;赣榆县尤利特化工有限公司〈P1797〉;盐城市宇峰化工有限公司〈P1812〉;[浙]浙江省冶金研究院有限公司〈P1928〉;[鲁]济南铂源化学有限公司〈P2020〉;[粤]奥星医药有限公司〈P2268〉

碳酸锂(药用) L09251901
Lithium carbonate, medicinal [554-13-2]
用于治疗狂燥性精神病,制作镇静剂等
【生产厂】[苏]江苏省金坛市制药厂〈P1860〉;[赣]新余市赣锋锂业有限公司〈P2012〉;[川]四川省射洪锂业有限责任公司〈P2331〉

利培酮 L09252001
Risperidone;Risperidal [106266-06-2]
用于急慢性精神分裂症以及阳性和阴性症状明显的其他精神病
【生产厂】[京]北京云迪同创医药科技有限公司〈P1566〉;北京高博医药化学技术开发有限公司(60千克)〈P1547〉;北京金奥利维科技发展有限公司〈P1551〉;北京诺德恒信化工技术有限公司〈P1556〉;北京丰德医药科技有限公司〈P1547〉;[沪]上海海隼化工科技有限公司〈P1735〉;[苏]江阴南极星生物制品有限公司〈P1868〉;江阴市三益化工有限公司〈P1870〉;苏州第四制药厂有限公司〈P1899〉;苏州福玛威尔医药科技有限公司〈P1900〉;徐州恩华药业集团有限责任公司〈P1794〉;[浙]台州海辰药业有限公司〈P1960〉;[渝]重庆赛维药业有限公司〈P2306〉

谷维素;阿魏酸酯 L09252101
Oryzanol
用于周期性精神病、经前期紧张症、妇女更年期综合症、血管性头痛以及植物神经功能失调
【生产厂】[辽]丹东通江制药有限公司〈P1701〉;[浙]浙江昂利康制药有限公司〈P1950〉;嵊州市油脂化工制品厂〈P1949〉;浙江银河药业有限公司(1000吨)〈P1970〉;[鲁]济宁市安康制药有限公司(10吨)〈P2128〉

阿魏酸哌嗪;保肾康 L09252151
Piperazine ferulic acid
有抗凝、抗血小板聚集及扩张微血管、增加冠脉流量、解除血管痉挛的作用,用于各种原因所致肾小球疾病
【生产厂】[苏]苏州市畅通化学品有限公司〈P1903〉;苏州立新制药有限公司〈P1902〉

阿普唑仑;佳静安定;甲基三唑安定 L09252201
Alprazolam [28981-97-7]
用作镇静药
【生产厂】[京]北京市大兴兴福精细化学研究所〈P1558〉;[冀]石家庄三九利鑫制药有限公司(20千克)〈P1628〉;太阳石(唐山)药业有限公司〈P1635〉;[鲁]山东省平原制药厂(1吨)〈P2146〉;[渝]重庆青阳药业有限公司〈P2306〉;[陕]陕西西岳制药有限公司〈P2352〉

劳拉西泮;罗拉;氯羟安定 L09252401
Lorazepam;Alzapam;Ativan [846-49-1]
抗精神病药,具有镇静、肌肉松弛和抗惊厥作用
【生产厂】[湘]湖南洞庭药业股份有限公司〈P2255〉

酒石酸唑吡坦 L09252501
Zolpidem tartrate [99294-93-6]
用于失眠症的治疗
【生产厂】[沪]上海现代制药股份有限公司〈P1771〉

咪达唑仑;咪唑安定;速眠安 L09252701
Midazolam [59467-70-8]
用于安眠,也可用于治疗焦虑、不安、松弛肌肉及抗惊厥等症
【生产厂】[苏]徐州恩华药业集团有限责任公司〈P1794〉;[浙]浙江省三门县康宁化工有限公司〈P1966〉

氟哌利多;氟哌啶 L09252801
Droperidol [548-73-2]

用作抗精神病药
【生产厂】[鲁]济宁市化工研究所(50千克)〈P2128〉;[陕]陕西西安力邦制药有限公司〈P2347〉

哌泊噻嗪棕榈酸酯 L09252901
Pipotiazine palmitate
抗精神病药,用于治疗慢性精神分裂症
【生产厂】[粤]奥星医药有限公司〈P2268〉

加巴喷丁 L09253001
Gabapentin;Neurontin [60142-96-3]
用作抗焦虑药
【生产厂】[冀]河北九派实业集团有限公司〈P1620〉;[沪]上海信合化工有限公司〈P1772〉;上海雅本化学有限公司〈P1773〉;上海康鸣高科技有限公司〈P1748〉;上海宝山振宗生物工程厂〈P1728〉;[苏]太仓市运通化工厂〈P1909〉;徐州恩华药业集团有限责任公司〈P1794〉;盐城冬阳生物制品有限公司〈P1809〉;[浙]浙江浙北药业有限公司〈P1947〉;浙江省三门县康宁化工有限公司〈P1966〉;台州市中荣化工有限公司〈P1962〉;浙江九洲药业股份有限公司〈P1965〉

加巴喷丁盐酸盐 L09253051
Gabapentin hydrochloride
【生产厂】[苏]太仓市运通化工厂〈P1909〉;[浙]杭州泰鑫医药化工有限公司〈P1922〉

氨磺必利;阿米舒必利 L09253101
Amisulpride [71675-85-9]
用作精神抑制药
【生产厂】[苏]江苏天士力帝益药业有限公司〈P1803〉;[渝]重庆赛维药业有限公司〈P2306〉

盐酸哌罗匹隆 L09253651
Perospirone hydrochloride [129273-38-7]
用作抗精神分裂症药
【生产厂】[鲁]山东中科泰斗化学有限公司〈P2030〉

阿立哌唑 L09253701
Aripiprazole [129722-12-9]
用于治疗各种急性和慢性精神分裂症和分裂情感障碍
【生产厂】[沪]上海康鸣高科技有限公司〈P1748〉;上海凯峰化工有限公司〈P1747〉;[苏]苏州海宇生物科技有限公司〈P1900〉;江阴东方医药原料有限公司〈P1867〉;苏州第四制药厂有限公司〈P1899〉;昆山化工医药原料有限公司〈P1895〉;昆山化工医药原料有限公司〈P1895〉;徐州诺特化工有限公司〈P1795〉;徐州恩华药业集团有限责任公司〈P1794〉;[浙]湖州恒远生物化学技术有限公司〈P1945〉;浙江华纳药业有限公司〈P1950〉;[鲁]临沂奥浦生物技术有限公司〈P2147〉;[豫]新乡市天丰精细化工有限公司〈P2206〉

苯妥英钠;大伦丁;地伦丁;二苯乙内酰脲钠 L09300101
Dilantin;Diphenylhydantoin sodium;Phenytoin sodium [630-93-3]
抗癫痫药,用于治疗三叉神经痛和坐骨神经痛、抗心律失常及降血压
【生产厂】[吉]吉林省博大制药有限责任公司〈P1717〉;[苏]江苏省江阴制药厂(50吨)〈P1866〉;昆山化工医药原料有限公司〈P1895〉;昆山化工医药原料有限公司〈P1895〉;盐城市构港有机化工厂(50吨)〈P1811〉;[皖]安徽东盛制药有限公司〈P1976〉

左尼沙胺;唑尼沙胺 L09300201
Zonisamide [43200-80-2]
用于治疗癫痫病
【生产厂】[浙]台州南峰药业有限公司〈P1961〉;浙江省仙居华康医药化工有限公司〈P1967〉;浙江省仙居县美克化工厂〈P1967〉

磷苯妥英钠 L09300301
Fosphenytoin sodium [92134-98-0]
【生产厂】[沪]上海紫源制药有限公司〈P1780〉;[苏]昆山化工医药原料有限公司〈P1895〉;昆山化工医药原料有限公司〈P1895〉;徐州恩华药业集团有限责任公司〈P1794〉

非尔氨酯;非吧吗特 L09300401
Felbamate;Felbatol [25451-15-4]
用作抗惊厥药
【生产厂】[浙]台州市春泉医化有限公司〈P1961〉;浙江黄岩三力化工厂〈P1964〉;[赣]九江中天药业有限公司〈P2013〉

丙戊酸钠;抗癫灵;二丙乙酸钠;2-丙基戊酸钠 L09300901
Sodium dipropylacetate; Sodium propylvalerate; Sodium valproate [1069-66-5]
一种不含氮的广谱抗癫痫药,用于治疗和预防各种类型癫痫,对失神性小发作、癫痫性行动失常等疗效更好
【生产厂】[苏]盐城冬阳生物制品有限公司〈P1809〉;[鲁]山东方明药业股份有限公司(150吨)〈P2160〉;山东省莒南制药厂〈P2150〉

卡马西平;苯并氮杂卓甲酰胺;卡巴咪嗪 L09301101
Carbamazepine [298-46-4]
抗惊厥药,用于治疗癫痫大发作和精神运动性癫痫,还可治疗三叉神经痛
【生产厂】[京]北京市天河化工厂〈P1560〉;[晋]大同江龙药业有限公司〈P1672〉;[沪]上海三维制药有限公司〈P1760〉;[苏]江苏省金坛市制药厂〈P1860〉;江苏省江阴制药厂(50吨)〈P1866〉;苏州万庆药业有限公司〈P1907〉;常熟市益康化工有限公司〈P1891〉;江苏黄河药业有限公司〈P1808〉;[浙]浙江九洲药业股份有限公司(400吨)〈P1965〉;浙江新东海医药化工有限公司〈P1969〉;浙江椒江制药厂(200吨)〈P1965〉;[鲁]济南金达药化有限公司(1吨)〈P2023〉;[豫]上海现代哈森(商丘)药业有限公司(20吨)〈P2226〉

无溴卡马西平 L09301151
Carbamazepine nonbromo [298-46-4]
用作抗癫痫药
【生产厂】[浙]浙江九洲药业股份有限公司〈P1965〉

氯硝西泮;氯硝安定;氯安定 L09301201
Clonazepam;Rivotril [1622-61-3]
为广谱抗癫痫药
【生产厂】[苏]徐州恩华药业集团有限责任公司(1吨)〈P1794〉;徐州市爱克医药科技有限公司〈P1795〉;[浙]浙

江海正药业股份有限公司(25 吨)〈P1964〉

奥卡西平 L09301301
Oxcarbazeping [28721-07-5]
神经系统用药
【生产厂】[苏]苏州万庆药业有限公司〈P1907〉;[浙]浙江九洲药业股份有限公司(24 吨)〈P1965〉;[鄂]湖北葛店人福药业有限责任公司〈P2242〉

拉莫三嗪 L09301401
Lamotrigin [84057-84-1]
用于治疗顽固性癫痫病
【生产厂】[沪]上海泰亨实业有限公司〈P1767〉;[苏]昆山化工医药原料有限公司〈P1895〉;响水华旭药业有限公司〈P1809〉;[浙]浙江燎原药业有限公司(5 吨)〈P1965〉;台州市奥力特精细化工有限公司〈P1961〉;浙江九洲药业股份有限公司〈P1965〉

盐酸苯海索;安坦;盐酸三已芬迪 L09350101
Benzhexol hydrochloride;Trihexyphenidyl hydrochloride [52-49-3]
用于治疗老年振颤病症
【生产厂】[沪]上海里德化工有限公司〈P1750〉;[苏]苏州园方化工有限公司〈P1907〉

左旋多巴;左多巴 L09350201
L-Dopa;Levodopa [59-92-7]
用作治疗振颤麻痹的有效药物,主要用于帕金森综合症等
【生产厂】[桂]广西昌洲天然产物开发有限公司〈P2296〉;广西百色市得利有限公司〈P2301〉;广西百色市益联植化有限公司〈P2301〉;广西壮族自治区凌云县制药厂(40 吨)〈P2302〉;[川]成都欧康植化科技有限公司〈P2313〉;成都超人植化开发有限公司〈P2310〉;四川正华药业有限公司〈P2330〉

奥氮平;奥兰扎平 L09350301
Olanzapine;Zyprexa;Lanzac [132539-06-1]
用于控制精神分裂症、双极性躁狂症等疾病
【生产厂】[苏]苏州第四制药厂有限公司〈P1899〉;[浙]杭州德立化工有限公司〈P1916〉;宁波大红鹰药业股份有限公司〈P1930〉;浙江新东海医药化工有限公司〈P1969〉

匹卡米隆 L09350401
Pikamilone
用作智能改善药
【生产厂】[皖]安徽省郎溪县联科实业有限公司〈P1986〉

匹卡米隆钠盐 L09350451
Pikamilone sodium salt [34562-97-5]
用作智能改善药
【生产厂】[苏]江阴东方医药原料有限公司〈P1867〉;[浙]浙江优联医药化工有限公司〈P1928〉;[皖]安徽省郎溪县联科实业有限公司〈P1986〉

屈昔多巴 L09350701
Droxidopa [23651-95-8]
抗帕金森类药物
【生产厂】[渝]重庆圣华曦药业有限公司〈P2306〉

多奈哌齐盐酸盐;盐酸多奈哌齐 L09350801
Donepezil hydrochloride [120011-70-3]
全合成的抗老年痴呆药
【生产厂】[冀]沧州那瑞化学科技有限公司〈P1652〉;[沪]上海泰顿化工有限公司〈P1766〉;上海巨龙药物研究开发有限公司〈P1746〉;[苏]江苏弘惠医药有限公司〈P1781〉;常州伊思特化工有限公司〈P1858〉;苏州立新制药有限公司〈P1902〉;[渝]重庆桑田药业有限公司〈P2306〉;重庆凯林制药有限公司〈P2305〉;重庆赛维药业有限公司〈P2306〉

多奈哌齐 L09350851
Donepezil
【生产厂】[冀]沧州那瑞化学科技有限公司〈P1652〉;[浙]浙江黄岩精细化学品集团有限公司〈P1964〉;[皖]安徽美诺华药物化学有限公司〈P1985〉

罗匹尼罗盐酸盐 L09351051
Ropinirole hydrochloride [91374-20-8]
用于治疗帕金森症
【生产厂】[京]北京艾斯克医药技术开发有限公司〈P1543〉;[苏]海峰化工科研有限公司〈P1797〉;[浙]东港工贸集团有限公司〈P1960〉;[皖]安徽美诺华药物化学有限公司〈P1985〉;[渝]重庆小泉化工厂〈P2308〉;重庆亚威精细化工有限公司〈P2308〉

替普瑞酮;施维舒;戊四烯酮 L10100401
Teprenone [6809-52-5]
用于治疗消化系统疾病
【生产厂】[浙]台州南峰药业有限公司〈P1961〉;浙江省仙居县美克化工厂〈P1967〉

胆维他;茴三硫 L10100601
Anethole trithione; 5-(4-Methoxyphenyl)-1, 2-dithiole-3-thione [532-11-6]
利胆药,用于治疗胆囊炎、胆结石、急慢性肝炎等症
【生产厂】[沪]上海金易精细化工有限公司〈P1745〉;上海金赛医药化工有限公司〈P1744〉;上海里德化工有限公司〈P1750〉;[苏]张家港丰达制药有限公司〈P1911〉;[鲁]山东中科泰斗化学有限公司〈P2030〉;[鄂]黄冈赛康药业有限公司〈P2244〉;[渝]重庆圣华曦药业有限公司〈P2306〉

奥沙拉嗪;沙拉嗪 L10100701
Olsalazine [15722-48-2]
用于急慢性溃疡性结肠炎等病的治疗
【生产厂】[津]天津力生制药股份有限公司(60 吨)〈P1576〉

硫糖铝;胃溃宁 L10100801
Sucralfate;Ularmin [54182-58-0]
用于治疗胃溃疡及十二指肠溃疡,制酸及抑制胃蛋白酶的作用
【生产厂】[辽]东北制药总厂〈P1684〉;[浙]台州市大众化工有限公司〈P1961〉

奥美拉唑;奥克;洛赛克 L10101001
Omeprazole;Losec [73590-58-6]
适用于消化性溃疡、反流性食道炎等
【生产厂】[京]北京诺德恒信化工技术有限公司〈P1556〉;[辽]锦州九泰药业有限责任公司〈P1701〉;[沪]上海中康伟业生物科技有限公司〈P1778〉;[浙]浙江金华康恩贝生物制药有限公司〈P1955〉;浙江华义医药有限公司〈P1954〉;[皖]安徽丰原集团〈P1974〉;安徽美诺华药物化

学有限公司〈P1985〉;[鲁]寿光富康制药有限公司(200吨)〈P2099〉;[粤]佛山市南海北沙制药有限公司〈P2288〉

奥美拉唑钠盐 L10101011

Sodium omeprazole

用作抗溃疡病药

【生产厂】[辽]沈阳市腾飞化工原料加工厂〈P1689〉;[浙]浙江华义医药有限公司〈P1954〉

潘托拉唑 L10101021

Pantoprazole [102625-70-7]

用于治疗活动性消化性溃疡反流性食管炎和卓-艾氏综合症

【生产厂】[京]北京迈劲医药科技有限公司〈P1555〉;[辽]沈阳市腾飞化工原料加工厂〈P1689〉;锦州九泰药业有限责任公司〈P1701〉;[浙]浙江黄岩东升医药化工有限公司(2吨)〈P1964〉;[皖]安徽广德凯瑞生物化工有限公司〈P1985〉

潘托拉唑钠 L10101031

Pantoprazole sodium

抗酸药及抗溃疡药,用于治疗胃及十二指肠溃疡病

【生产厂】[京]北京诺德恒信化工技术有限公司〈P1556〉;[辽]沈阳福宁药业有限公司〈P1685〉;沈阳市腾飞化工原料加工厂(5吨)〈P1689〉;沈阳东宇精细化工有限公司〈P1685〉;[沪]上海三维制药有限公司〈P1760〉;[鲁]济南永扬药业有限公司〈P2027〉;[川]成都天台山制药有限公司〈P2316〉

丙谷胺;二丙谷酰胺 L10101101

Proglumide [6620-60-6]

为胃泌素受体拮抗剂,用于胃及十二指肠溃疡病

【生产厂】[苏]江苏省金坛市制药厂〈P1860〉;[皖]安徽东盛制药有限公司〈P1976〉

米索前列醇;喜克溃 L10101401

Misoprostol [59122-46-2]

用于胃及十二指肠溃疡、出血性胃炎、急性胃粘膜病变等病症

【生产厂】[沪]上海信合化工有限公司〈P1772〉

甘珀酸钠;生胃酮;生胃酮钠;卡贝索酮钠;甘皮酸钠 L10101501

Carbenoxolone sodium; Biogastrone

用作抗溃疡病药

【生产厂】[宁]宁夏启元药业有限公司(2吨)〈P2361〉

西咪替丁;西米替丁;甲氰咪胍;甲氰咪胺;泰胃美 L10101601

Cimetidine; Tagamet [51481-61-9]

用于治疗消化性溃疡等病症

【生产厂】[冀]石家庄三九利鑫制药有限公司(500万吨)〈P1628〉;石家庄市汇康精细化学有限公司(180吨)〈P1629〉;[沪]上海宝众制药有限公司〈P1728〉;[苏]南京恒生制药厂〈P1784〉;常州康达制药有限公司(150吨)〈P1848〉;无锡市凯利药业有限公司〈P1877〉;常熟市医药原料厂(40吨)〈P1891〉;连云港中大海藻工业有限公司(300吨)〈P1801〉;江苏兰健药业有限公司〈P1802〉;滨海欣兴医药化工有限公司〈P1805〉;[浙]中澳合资温州澳珀化工有限公司〈P1939〉;[赣]江西聚尔美制药有限公司(1000吨)〈P2008〉;[鲁]济南金达药化有限公司(5吨)〈P2023〉;山东泰安宜丰化工有限公司(300吨)〈P2136〉;[豫]河南省新谊药业股份有限公司〈P2202〉;[鄂]湖北美尔雅(集团)美升药业有限公司〈P2236〉;[渝]重庆青阳药业有限公司〈P2306〉

西咪替丁盐酸盐 L10101611

Cimetidine hydrochloride

为组胺H2受体阻滞药

【生产厂】[苏]无锡市凯利药业有限公司〈P1877〉

雷尼替丁 L10101701

Ranitidine [66357-35-5]

消化系统用药,用于缓解胃酸过多所致的胃痛、胃灼热、返酸等

【生产厂】[冀]石家庄制药集团有限公司〈P1634〉;石药集团新华制药厂(70吨)〈P1634〉;[苏]常熟市医药原料厂(60吨)〈P1891〉;[渝]西南合成制药股份有限公司(95吨)〈P2303〉

雷尼替丁碱 L10101731

Ranitidine base

用作医药中间体

【生产厂】[苏]常熟市医药原料厂(50吨)〈P1891〉;江苏兰健药业有限公司〈P1802〉;[豫]河南省大山药业有限公司(200吨)〈P2193〉

盐酸雷尼替丁 L10101751

Ranitidine hydrochloride [71130-06-8]

用作消化系统药

【生产厂】[冀]石药集团中诺药业(石家庄)有限公司〈P1634〉;石家庄三九利鑫制药有限公司(300吨)〈P1628〉;[沪]上海先导化学有限公司〈P1770〉;上海宝众制药有限公司〈P1728〉;[苏]常州康达制药有限公司〈P1848〉;江苏汉斯通药业有限公司〈P1893〉;江苏兰健药业有限公司〈P1802〉;[浙]杭州德立化工有限公司〈P1916〉;[豫]河南省大山药业有限公司(300吨)〈P2193〉;[渝]重庆青阳药业有限公司〈P2306〉

法莫替丁 L10101801

Famotidine [76824-35-6]

用作抗消化道溃疡药

【生产厂】[吉]辽源市百康药业有限责任公司(200千克)〈P1717〉;[苏]常熟市医药原料厂〈P1891〉;江苏兰健药业有限公司(50吨)〈P1802〉;[浙]浙江圣达药业有限公司〈P1967〉;[豫]郑州瑞康制药有限公司(10吨)〈P2172〉;[渝]重庆青阳药业有限公司〈P2306〉

枸橼酸铋钾;迪乐;柠檬酸铋钾 L10101901

Bismuth potassium citrate [813-93-4]

胃药,能促进上皮细胞的再生,彻底持久杀幽门螺杆菌

【生产厂】[沪]上海现代制药股份有限公司〈P1771〉;[浙]浙江省金华市第三制药厂〈P1955〉;[豫]上海现代哈森(商丘)药业有限公司〈P2226〉;[湘]湖南华日制药有限公司〈P2248〉;[粤]丽珠医药集团股份有限公司〈P2274〉;[滇]云南师范大学化工厂(20吨)〈P2341〉

甘羟铝;二羟基氨基乙酸铝;二羟基甘氨酸铝 L10102001

L

Aluminium dihydroxyglycinate [13682-92-3]
用作中和胃酸药
【生产厂】[吉]吉林通化林海制药厂〈P1718〉;[苏]苏州市永达精细化工有限公司〈P1906〉;[鲁]山东省莒南制药厂(15吨)〈P2150〉;[陕]西安博捷医药化工技术有限公司〈P2347〉;陕西西岳制药有限公司〈P2352〉

尼扎替丁　L10102101
Nizatidine [76963-41-2]
用于治疗活动性十二指肠溃疡和良性溃疡药
【生产厂】[苏]江阴南极星生物制品有限公司〈P1868〉;江阴市三益化工有限公司〈P1870〉;[浙]台州海辰药业有限公司〈P1960〉;台州市中荣化工有限公司〈P1962〉

复方氢氧化铝　L10102201
Compound aluminium hydroxide
抗酸药,用于胃酸过多、胃及十二指肠溃疡等病症的治疗
【生产厂】[冀]石家庄三九利鑫制药有限公司(1000吨)〈P1628〉

胶态果胶铋　L10102301
Colloidal bismuth pectin
用作抗酸及抗溃疡病药
【生产厂】[晋]山西安特制药有限公司〈P1670〉;山西省药物研究所实验药厂〈P1673〉;[鲁]临邑氟瑞精细化工有限公司(3吨)〈P2143〉

枸橼酸莫沙必利　L10102401
Mosapride citrate [112885-42-4]
用于治疗消化系统疾病
【生产厂】[浙]浙江省三门县康宁化工有限公司〈P1966〉;[鲁]鲁南制药集团股份有限公司(2吨)〈P2148〉;[渝]重庆英斯凯化工有限公司〈P2308〉

雷贝拉唑钠　L10102601
Sodium rabeprazole [117976-90-6]
用于治疗胃溃疡用国家二类新药,可用于治疗消化性溃疡、胃食管反流性疾病、卓-艾氏综合症等病症
【生产厂】[京]北京诺德恒信化工技术有限公司〈P1556〉;[津]天津天士力集团有限公司〈P1615〉;[沪]上海泰顿化工有限公司〈P1766〉;[浙]杭州德立化工有限公司〈P1916〉;[鲁]济南诚汇双达化工有限公司(1吨)〈P2020〉;[粤]丽珠医药集团股份有限公司〈P2274〉;珠海三鑫精细化工有限公司〈P2275〉

盐酸哌仑西平　L10102701
Pirenzepine hydrochloride [29868-97-1]
用于胃及十二指肠溃疡、急性胃粘膜出血等病症的治疗
【生产厂】[浙]浙江物产崇一医药化工有限公司〈P1956〉

兰索拉唑　L10102901
Lansoprazole [103577-45-3]
用于治疗十二指肠溃疡等症
【生产厂】[京]北京诺德恒信化工技术有限公司〈P1556〉;北京迈劲医药科技有限公司〈P1555〉;[辽]沈阳市腾飞化工原料加工厂〈P1689〉;[沪]上海信合化工有限公司〈P1772〉;上海中康伟业生物科技有限公司〈P1778〉;[赣]江西泰欣诺实业有限公司〈P2009〉;[豫]郑州路路德化学制品有限公司〈P2171〉;新乡市兴亮精细化工有限公司〈P2207〉;[鄂]武汉武药制药有限公司〈P2234〉;[粤]广州市汉普医药有限公司〈P2264〉;珠海三鑫精细化工有限公司〈P2275〉;[川]成都上元医药科技有限公司〈P2313〉;[陕]西安华萃生物技术有限责任公司〈P2348〉;陕西汉江万全医药化工有限公司〈P2353〉

铝碳酸镁　L10103001
Hydrotalcite [12304-65-3]
抗酸药,用于胃及十二指肠溃疡、急慢性胃炎、反流性食管炎等病症的治疗
【生产厂】[鄂]湖北美尔雅(集团)美升药业有限公司〈P2236〉

曲昔匹特　L10103101
Troxipide [30751-05-4]
用作抗酸药及抗溃疡药
【生产厂】[苏]江苏省句容市中山化工研究所〈P1842〉;[渝]西南合成制药股份有限公司〈P2303〉

雷贝拉唑　L10103201
Rabeprazole [117976-89-3]
用作抗溃疡病药
【生产厂】[京]北京云迪同创医药科技有限公司〈P1566〉;北京迈劲医药科技有限公司〈P1555〉;[辽]沈阳市腾飞化工原料加工厂〈P1689〉;[沪]上海信合化工有限公司〈P1772〉;[浙]台州市奥力特精细化工有限公司〈P1961〉;浙江黄岩东升医药化工有限公司(1吨)〈P1964〉

瑞巴匹特　L10103301
Rebamipide [111911-87-6]
为新型抗溃疡药
【生产厂】[苏]苏州天马医药集团〈P1906〉;苏州园方化工有限公司〈P1907〉;[浙]上虞市华康化工有限公司〈P1948〉;台州市中荣化工有限公司〈P1962〉;[渝]重庆圣华曦药业有限公司〈P2306〉;[川]成都景田生物药业有限公司〈P2312〉

罗沙替丁　L10103401
Roxatidine [78628-28-1]
用作抗胃溃疡药
【生产厂】[浙]台州市中荣化工有限公司〈P1962〉;[赣]江西金瑞化工有限责任公司〈P2016〉

盐酸罗沙替丁醋酸酯　L10103451
Roxatidine acetate hydrochloride [93793-83-0]
用作溃疡治疗剂
【生产厂】[京]北京联本医药化学技术有限公司〈P1554〉;北京丰德医药科技有限公司〈P1547〉;北京迈劲医药科技有限公司〈P1555〉;[苏]苏州市龙盛精细化工厂〈P1904〉;[浙]台州市中荣化工有限公司〈P1962〉;[鲁]济南诚汇双达化工有限公司(1吨)〈P2020〉;[渝]重庆圣华曦药业有限公司〈P2306〉

拉呋替丁　L10103501
Lafutidine [118288-08-7]
消化系统用药物,用于治疗胃和十二指肠溃疡
【生产厂】[京]北京云迪同创医药科技有限公司〈P1566〉;北京联本医药化学技术有限公司〈P1554〉;北京金奥利维科技发展有限公司〈P1551〉;北京国联诚辉医药技术有限公

司〈P1548〉；[川]成都宇洋高科技术发展有限公司〈P2317〉

泰妥拉唑 L10103601

Tenatoprazole [113712-98-4]

消化系统用药物

【生产厂】[京]北京云迪同创医药科技有限公司〈P1566〉；北京迈劲医药科技有限公司〈P1555〉；[沪]上海信合化工有限公司〈P1772〉；[苏]江苏亚邦化工集团有限公司〈P1861〉；苏州福玛威尔医药科技有限公司〈P1900〉；[赣]江西宇能医药化工有限公司〈P2019〉

溴甲贝那替秦 L10103801

Methylbenactyzine bromide

用作抗胆碱药，用于治疗胃与十二指肠溃疡、胃酸过多等病症

【生产厂】[鲁]济南金达药化有限公司(3吨)〈P2023〉

硫酸阿托品 L10150301

Atropine sulfate monohydrate [5908-99-6]

抗胆碱药，用于胃肠道、胆绞痛，散瞳检查验光，角膜炎，有机磷农药中毒、感染性休克等综合症的治疗

【生产厂】[浙]浙江优联医药化工有限公司〈P1928〉；[湘]湖南诺伊尔生物制药有限公司〈P2257〉；[粤]广州环叶制药有限公司〈P2261〉

盐酸阿洛司琼 L10150501

Alosetron hydrochloride [122852-69-1]

是一种高度选择性的5-HT3受体拮抗剂，用于治疗肠易激综合症

【生产厂】[京]北京医科大学应用药物研究所〈P1564〉；[渝]重庆华邦制药股份有限公司〈P2305〉

山莨菪碱 L10150701

Anisodamine

用作抗肿瘤药

【生产厂】[沪]上海现代制药股份有限公司〈P1771〉；[豫]河南普瑞制药有限公司〈P2227〉；上海现代哈森(商丘)药业有限公司〈P2226〉

氢溴酸山莨菪碱 L10150791

Anisodamine hydrobromide

抗胆碱药，用于治疗内脏平滑肌绞痛，严重感染引起的中毒性休克等病症

【生产厂】[川]四川时代药业集团有限公司〈P2319〉

溴丁东莨菪碱 L10150851

Scopolamine *N*-butylbromide

抗胆碱药，用于胰、胆管、胃肠道造影痉挛及胃肠道、肾、胆绞痛等病的治疗

【生产厂】[粤]广州环叶制药有限公司〈P2261〉；[川]四川时代药业集团有限公司〈P2319〉

氢溴酸东莨菪碱 L10150871

Scopolamine hydrobromide [114-49-8]

用作抗胆碱药，具有镇静作用

【生产厂】[粤]广州环叶制药有限公司(300千克)〈P2261〉；[川]四川时代药业集团有限公司〈P2319〉

甲溴东莨菪碱 L10150891

Scopolamine methobromide

用作抗胆碱药

【生产厂】[粤]广州环叶制药有限公司〈P2261〉

盐酸格拉司琼 L10150901

Granisetron hydrochloride [107007-99-8]

止吐药，用于化、放疗所致的恶心和呕吐

【生产厂】[京]北京艾斯克医药技术开发有限公司〈P1543〉；[沪]上海迪赛诺公司〈P1731〉；上海法茵克化学科技有限公司〈P1732〉；[浙]宁波市天衡制药有限公司〈P1932〉；浙江海正药业股份有限公司〈P1964〉；[鲁]山东曲阜弘利化工有限公司(500吨)〈P2132〉；[渝]重庆凯林制药有限公司〈P2305〉；重庆南松医药科技有限公司〈P2305〉；[川]四川抗菌素工业研究所化学制药事业部〈P2318〉；四川抗菌素工业研究所有限公司〈P2318〉

氢溴酸樟柳碱 L10151601

Anisodine hydrobromide

抗胆碱药

【生产厂】[川]四川时代药业集团有限公司〈P2319〉

格隆溴铵 L10152001

Glycopyrronium bromide; Glycopyrrolate [596-51-0]

用作抗胆碱药

【生产厂】[湘]湖南洞庭药业股份有限公司〈P2255〉

甲氧氯普胺；胃复安；灭吐灵；灭吐宁；氯普胺 L10200101

Methoxychlorprocainamide; Metoclopramide [364-62-5]

用作镇吐药

【生产厂】[京]北京太洋药业有限公司(50吨)〈P1562〉；[吉]辽源市银鹰制药有限责任公司(50吨)〈P1718〉；[苏]无锡市东升助剂厂〈P1875〉

盐酸胃复安；盐酸甲氧氯普胺 L10200151

Metoclopramide hydrochloride [54143-57-6]

具有强大的中枢镇吐作用，仅对药物、尿毒症和放射治疗等引起的呕吐有效

【生产厂】[冀]廊坊太洋药业有限公司(50吨)〈P1661〉；[吉]辽源市银鹰制药有限责任公司(20吨)〈P1718〉

溴丙胺太林；普鲁苯辛 L10200201

Propantheline bromide; Norpanth; Pro-banthine [50-34-0]

抗胃肠痉挛药，主要用于消化性溃疡的辅助治疗以及胃炎、胆汁分泌阻碍、胰腺炎等

【生产厂】[沪]上海五洲药业股份有限公司(16吨)〈P1770〉

盐酸依托必利 L10200601

Itopride hydrochloride [122892-31-3]

用作镇吐药

【生产厂】[吉]柳河修正制药有限公司〈P1718〉；[苏]苏州海宇生物科技有限公司〈P1900〉；苏州天马医药集团〈P1906〉

蒽丹西酮；昂旦司琼 L10200801

Ondansetron [116002-70-1]

用于化疗止呕吐

【生产厂】[苏]南京博而凯科技有限公司〈P1782〉；[鲁]青岛裕达精细化工有限公司(5吨)〈P2046〉；山东曲阜弘利化工有限公司(600吨)〈P2132〉

盐酸恩丹西酮 L10200851

Ondansetron hydrochloride [103639-04-9]

用于治疗由于化疗、放疗及手术引起的呕吐

【生产厂】[京]北京医科大学应用药物研究所〈P1564〉;北京诺德恒信化工技术有限公司〈P1556〉;[沪]上海法茵克化学科技有限公司〈P1732〉;[苏]苏州市苏瑞医药化工有限公司〈P1905〉;[浙]宁波市天衡制药有限公司〈P1932〉;[鲁]山东曲阜弘利化工有限公司(500吨)〈P2132〉;[渝]西南合成制药股份有限公司〈P2303〉

非诺夫他林;3,3-二(4-羟苯基)-3*H*-异苯并呋喃酮;果导;酚酞 L10250301

Phenolphthalein [77-09-8]

刺激性泻药,用于治疗便秘

【生产厂】[晋]太原市唐明制药厂〈P1671〉;山西柳青药业有限公司〈P1670〉;山西省临汾有机化工厂〈P1678〉;[粤]广州市汉普医药有限公司〈P2264〉

西沙必利;普瑞博思 L10250401

Cisapride;Prepulsid [81098-60-4]

属苯甲酰胺类胃肠动力药

【生产厂】[京]北京诺德恒信化工技术有限公司〈P1556〉;[沪]上海凯峰化工有限公司〈P1747〉;[浙]宁波大红鹰药业股份有限公司〈P1930〉;浙江华纳药业有限公司〈P1950〉;[粤]益飞医药化工有限公司〈P2274〉

多潘立酮;吗丁啉 L10250501

Domperidone;Motilium [57808-66-9]

为抗胆碱解痉药

【生产厂】[晋]山西宝泰药业有限责任公司〈P1675〉;[鲁]济南乐康信药业有限公司〈P2023〉;山东中科泰斗化学有限公司〈P2030〉;[粤]益飞医药化工有限公司〈P2274〉

马来酸多潘立酮 L10250551

Domperidone maleate [99497-03-7]

胃动力药,用于治疗消化不良

【生产厂】[京]北京诺德恒信化工技术有限公司〈P1556〉

双醋酚丁 L10250801

Oxyphenisatin acetate

用作缓泻药,用于治疗便秘

【生产厂】[苏]江苏省金坛市制药厂〈P1860〉

盐酸地芬诺酯;地芬诺酯;苯乙哌啶;盐酸苯乙哌啶;止泻宁 L10300101

Diphenoxylate;Diphenoxylate hydrochloride [915-30-0]

止泻药,用于急慢性功能性腹泻及慢性肠炎等

【生产厂】[苏]常州康达制药有限公司〈P1848〉;[豫]焦作市博爱药业有限公司(2吨)〈P2195〉

次硝酸铋;碱式硝酸铋;次硝苍;硝酸氧铋 L10300301

Basic bismuth nitrate;Bismuth subnitrate;Bismuth white;Bismutyl nitrate [10361-46-3]

中和胃酸及收敛药,用于治疗胃及十二指肠溃疡及腹泻等

【生产厂】[京]北京益利精细化学品有限公司〈P1565〉;[辽]盘锦兴海制药有限公司(500吨)〈P1706〉;[浙]浙江省金华市第三制药厂〈P1955〉;[赣]贵溪市三元冶炼化工有限责任公司〈P2013〉;[粤]广东西陇化工有限公司(100吨)〈P2276〉;[滇]云南师范大学化工厂(120吨)〈P2341〉

次碳酸铋;碱式碳酸铋 L10300401

Basic bismuth carbonate;Bismuth oxycarbonate;Bismuth subcarbonate [5892-10-4]

用于治疗胃炎及十二指肠溃疡、细菌性赤痢、急性黏膜渗透性胃炎、肠炎和腹泻等症

【生产厂】[京]北京双环伟业试剂有限公司〈P1561〉;[辽]盘锦兴海制药有限公司〈P1706〉;[滇]云南师范大学化工厂(60吨)〈P2341〉

盐酸洛哌丁胺;盐酸氯苯哌酰胺;氯苯哌酰胺 L10300501

Loperamide hydrochloride [34552-83-5]

用作止泻药,用于治疗急、慢性痢疾

【生产厂】[京]北京诺德恒信化工技术有限公司〈P1556〉

消旋卡多曲 L10300801

Racecadotril [81110-73-8]

用作抗腹泻药

【生产厂】[京]凯翔精细化工有限公司〈P1567〉;北京迈劲医药科技有限公司〈P1555〉;[冀]沧州那瑞化学科技有限公司〈P1652〉;[沪]上海北卡医药技术有限公司〈P1728〉;[陕]陕西汉江万全医药化工有限公司〈P2353〉

葡醛内酯;葡萄糖醛酸内酯;肝泰乐;克劳酸 L10350201

Glucolactone;Glucurolactone [90-80-2]

肝脏疾病辅助用药及解毒药,国外也用于营养添加剂等

【生产厂】[苏]江苏天士力帝益药业有限公司〈P1803〉;[鲁]山东博山制药有限公司(80吨)〈P2051〉;[鄂]湖北益泰药业有限公司(500吨)〈P2246〉;[渝]重庆华邦制药股份有限公司〈P2305〉

硫辛酰胺 L10350301

Lipoamide;Thioctic acid amide

用作护肝保健品

【生产厂】[苏]苏州园方化工有限公司(5吨)〈P1907〉

硫辛酸 L10350305

Thioctic acid [62-46-4]

用于治疗急性及慢性肝炎、肝硬化、肝性昏迷、脂肪肝、糖尿病等

【生产厂】[津]天津天成制药有限公司(50吨)〈P1614〉;[冀]河北省化学工业研究院(50吨)〈P1621〉;[沪]上海现代制药股份有限公司〈P1771〉;上海现代浦东药厂有限公司(5吨)〈P1771〉;上海久邦化工有限公司〈P1745〉;上海益民化工有限公司(60吨)〈P1775〉;[苏]苏州丽兰化工有限公司〈P1902〉;常熟市益康化工有限公司〈P1891〉;常熟市育新化工有限公司〈P1891〉;江苏神洲化学工业有限公司〈P1808〉;江苏奥耐斯特医药化工有限公司〈P1807〉;[浙]杭州泰鑫医药化工有限公司〈P1922〉;安吉豪森药业有限公司〈P1944〉;浙江省天台三信化工有限公司〈P1967〉;[豫]平舆县馨星生化有限公司〈P2227〉

阿利苯醇;阿利苯多 L10350401

Alibendol [26750-81-2]

利胆药

【生产厂】[辽]辽阳市众诺化学工业有限公司(20吨)〈P1711〉;[沪]上海雅本化学有限公司〈P1773〉;[苏]南京科邦医药化工有限公司〈P1786〉;苏州园方化工有限公司〈P1907〉;[浙]横店集团家园化工有限公司〈P1952〉;[渝]重庆圣华曦药业有限公司〈P2306〉

肌醇;肌糖;环己六醇 L10350501

Cyclohexanehexol;Inositol [87-89-8]

维生素类药及降血脂药,用于脂肪肝、高血脂症的辅助治疗

【生产厂】[冀]石家庄市亚龙肌醇有限公司(1000吨)〈P1632〉;河北省冀州市华阳化工有限责任公司〈P1665〉;黄骅市津骅饲料添加剂有限公司〈P1656〉;秦皇岛骊骅淀粉股份有限公司(120吨)〈P1637〉;[沪]上海同田生化技术有限公司〈P1768〉;[苏]南京仁信化工有限公司〈P1788〉;常州市节能化工有限公司(120吨)〈P1852〉;[浙]桐乡市康普达生物科技有限公司〈P1943〉;浙江省仙居县欣宏医药化工有限公司〈P1967〉;[鲁]诸城市浩天药业有限公司(2000吨)〈P2107〉;[豫]沁阳市制药厂(300吨)〈P2198〉;河南濮阳万里肌醇有限公司(1000吨)〈P2212〉;[鄂]武汉市合中化工制造有限公司〈P2232〉

假密环菌甲素;密环菌素;亮菌甲素;假密环菌素A;天麻密环菌粉 L10350701

Armillarisin A [53696-74-5]

肝胆用药,用于治疗急性胆道感染、病毒性肝炎、慢性胃炎等

【生产厂】[晋]山西省文水县制药厂〈P1677〉;[沪]上海康舟真菌多糖有限公司(300吨)〈P1748〉;[苏]南京法姆化学厂〈P1783〉;[赣]江西正和化工有限公司(50吨)〈P2016〉;[鄂]湖北省荆州市生物制药厂〈P2239〉

恩替卡韦 L10350801

Entecavir [142217-69-4]

用于病毒复制活跃,血清转氨酶ALT持续升高或肝脏组织学显示有活动性病变的慢性成人乙型肝炎的治疗

【生产厂】[浙]浙江金立源药业有限公司〈P1951〉

奥拉米特;阿卡明;氨咪酰胺 L10351001

Orazamide;Aicamin [60104-30-5]

用作保肝药

【生产厂】[湘]湖南中南制药有限责任公司〈P2253〉

水飞蓟素;益肝灵;水飞蓟宾 L10351101

Silymarin;Silibinin [22888-70-6]

具有明显的保肝作用,适用于急慢性肝炎、早期肝硬化等

【生产厂】[辽]大连天山实业有限公司〈P1694〉;盘锦格林恩生物资源开发有限公司(5000吨)〈P1706〉;盘锦格润生物科技有限公司〈P1706〉;盘锦华成制药有限公司〈P1706〉;[苏]江苏天士力帝益药业有限公司〈P1803〉;江苏健佳药业有限公司(100吨)〈P1808〉;东台市康宁植物素有限公司〈P1806〉;江苏九寿堂生物制品有限公司〈P1821〉;[浙]杭州天草科技有限公司〈P1922〉;[赣]江西省吉水县华宝天然药用油厂〈P2018〉;江西省吉水县康神天然药用油提炼厂〈P2018〉;[桂]桂林莱茵生物科技股份有限公司〈P2299〉;[川]成都华高药业有限公司〈P2311〉;成都华康生物工程有限公司〈P2311〉;[陕]陕西慧科植物开发有限公司〈P2346〉;西安妙香园药业有限公司〈P2349〉;陕西嘉禾植物化工有限责任公司〈P2346〉;少华山植物提炼有限责任公司〈P2347〉;西安华萃生物技术有限责任公司〈P2348〉;西安惠丰生化集团股份有限公司〈P2348〉;西安天行健天然生物制品有限公司〈P2350〉;西安天一生物技术有限公司〈P2350〉;西安利君精华药业有限责任公司〈P2349〉;西安冠宇生物技术有限公司〈P2348〉;陕西渭南惠丰化学工业有限责任公司〈P2352〉

水飞蓟宾葡甲胺;西利宾胺 L10351301

Silibinin*n*-meglumine

适用于急性肝炎、慢性肝炎、初期肝硬化、脂肪肝、中毒性肝损害时保肝脏

【生产厂】[辽]盘锦格林恩生物资源开发有限公司〈P1706〉

联苯双酯 L10351501

Bifendate;Biphenyldicarboxylate

抗肝炎药,用于慢性迁延性肝炎、慢性活动性肝炎等病的治疗

【生产厂】[京]北京协和药厂〈P1563〉;[浙]浙江省天台三信化工有限公司〈P1967〉;台州东升医药化工有限公司(100吨)〈P1960〉;浙江台州海翔医药化工有限公司(6吨)〈P1968〉;[鲁]济南金达药化有限公司(5吨)〈P2023〉

齐墩果酸 L10351701

Oleanolic acid [508-02-1]

适用于各种类型肝炎,具有促进肝细胞再生,加速受损肝细胞的修复,并有强心、利尿和抗炎作用

【生产厂】[赣]江西省南方药物油厂〈P2019〉;[渝]重庆青阳药业有限公司〈P2306〉;[川]成都金蓉生物工程公司〈P2311〉;成都华康生物工程有限公司〈P2311〉;成都超人植化开发有限公司〈P2310〉;四川省彭州市西郊植物提制厂〈P2319〉;四川协力制药有限公司〈P2320〉;四川广汉市维康植化有限公司〈P2326〉;四川省什邡市鸿运生物化工有限公司〈P2328〉;四川省什邡市华康药物原料厂〈P2328〉;四川省什邡市康源药品原料有限公司〈P2328〉;四川省什邡市胜仁植物有限责任公司〈P2328〉;四川省玉鑫药业有限公司〈P2328〉;四川什邡普康生化有限公司〈P2329〉;四川世坤植化有限公司〈P2329〉;什邡市龙康植物原料厂〈P2325〉;四川什邡鸿鸣原料药有限公司〈P2329〉;四川什邡市宏升植物原料有限公司〈P2329〉;四川什邡市健福植物原料有限公司〈P2329〉;什邡市川西兴泰工贸有限公司〈P2325〉;[滇]云南省玉溪望子隆生物制药有限公司〈P2344〉;云南玉溪万方天然药物有限公司〈P2344〉;大理丸荣制药有限公司〈P2345〉;[陕]陕西慧科植物开发有限公司〈P2346〉

曲匹布通;舒胆通;胆灵;三乙丁酮;乙氧苯酰丙酸 L10351801

Trepibutone [41826-92-0]

用于利胆排石

【生产厂】[苏]江苏省江阴制药厂(5吨)〈P1866〉;[鄂]湖北美尔雅(集团)美升药业有限公司〈P2236〉

曲美布汀马来酸盐 L10351901

Trimebutine maleate [34140-59-5]

用于治疗胃肠道痉挛

【生产厂】[浙]浙江东亚医药化工有限公司(60吨)〈P1963〉;[豫]开开援生制药股份有限公司〈P2226〉

曲美布汀 L10351951

Trimebutine [39133-31-8]

L

用作解痉药

【生产厂】[浙]浙江东亚医药化工有限公司〈P1963〉;[豫]开开援生制药股份有限公司〈P2226〉

对羟基水杨酰苯胺;肝胆宁　L10352001

Oxaphenamidum

利胆剂

【生产厂】[晋]山西安特制药有限公司〈P1670〉

二氟尼柳;氟苯水杨酸;二氟苯水杨酸　L10352101

Diflunisal;Dolabid [22494-42-4]

主要用于治疗风湿性关节炎及类风湿性关节炎,背、肩、膝、颈部劳损或扭伤及肿瘤术后引起的疼痛等

【生产厂】[浙]舟山浙东制药厂〈P1959〉

柳氨酚;利胆酚　L10352201

Osalmide;Oxyphenamide [526-18-1]

用于治疗急、慢性胆囊炎、胆结石排石症,同时又有退黄疸作用

【生产厂】[沪]上海金易精细化工有限公司〈P1745〉;上海益民化工有限公司〈P1775〉;上海里德化工有限公司〈P1750〉;[苏]常州康力化工有限公司〈P1848〉

羟甲烟胺;羟甲烟酰胺;利胆素　L10352211

Nicotinylmethylamide

有利胆消炎作用,用于治疗胆囊炎、胆管炎、传染性肝炎及胆石症、胃十二指肠炎、急性肠炎等症

【生产厂】[鲁]山东山大康诺制药有限公司(22吨)〈P2029〉;临沂奥浦生物技术有限公司〈P2147〉;[陕]西安博捷医药化工技术有限公司〈P2347〉;陕西西岳制药有限公司〈P2352〉

乙硫异烟胺　L10352251

Ethionamide;2-Ethylthioisonicotinamide [536-33-4]

具有抑制结核菌,高浓度杀菌作用

【生产厂】[苏]苏州开元民生化学科技有限公司〈P1901〉

丙硫异烟胺　L10352261

Protionamide;2-Propylpyridine-4-carbothionamide [14222-60-7]

具有抑制结核菌,高浓度杀菌作用

【生产厂】[辽]丹东锦江制药厂〈P1700〉;[沪]上海五洲药业股份有限公司〈P1770〉;[苏]苏州开元民生化学科技有限公司〈P1901〉;[赣]江西金峰原料药有限公司〈P2018〉

三磷酸胞苷二钠　L10352301

Cytidine disodium triphosphate

用于脑振荡及其后遗症、植物神经紊乱、神经官能症、脂肪肝、肝炎等病症的治疗

【生产厂】[鲁]济南维尔康生化制药有限公司〈P2026〉;[粤]江门甘蔗化工厂(集团)股份有限公司〈P2285〉;开平牵牛生化制药有限公司〈P2286〉

羟甲香豆素;胆通;羟甲基香豆素　L10352401

Hydroxymethylcourin;Hymecromone [90-33-5]

用于利胆药

【生产厂】[赣]江西省吉水中南天然香料油厂〈P2019〉;[粤]广州市汉普医药有限公司〈P2264〉;汕头金石制药总厂〈P2276〉

香菇菌多糖　L10352501

Polysacharid lentinus edodes

免疫增强剂,用于治疗病毒性肝炎及其他因免疫功能低下而引起的各种疾病

【生产厂】[辽]阜新市环尔康药业有限责任公司〈P1708〉;[沪]上海康舟真菌多糖有限公司(300吨)〈P1748〉;[浙]湖州恩贝希生物原料有限公司〈P1945〉;[鄂]武汉迪奥药业有限公司〈P2229〉

三磷酸腺苷二钠　L10352601

Adenosine disodium triphosphate

辅助酶类药,用于进行性肌萎缩、脑溢血后遗症、心功能不全、心肌疾患及肝炎等症的治疗

【生产厂】[京]北京赛璐珈科技有限公司〈P1557〉;[冀]石家庄市大东生物化工有限公司〈P1628〉;[沪]上海太平洋生物高科技有限公司(10吨)〈P1766〉;[鲁]济南明鑫制药有限公司(60吨)〈P2024〉;[豫]天津药业焦作有限公司(200吨)〈P2198〉;[粤]江门甘蔗化工厂(集团)股份有限公司〈P2285〉;开平牵牛生化制药有限公司〈P2286〉

腺苷酸二钠盐;5′-单磷酸腺苷二钠　L10352661

Adenosine 5′-monophosphate disodium salt

【生产厂】[沪]上海太平洋生物高科技有限公司〈P1766〉;[豫]新乡拓新生化科技有限公司〈P2207〉

云芝多糖　L10352701

Yunzi pulysaccharide

用于治疗消化道肉瘤、肺癌、乳癌等病症

【生产厂】[冀]河北长天保定药业有限公司(10吨)〈P1647〉;[辽]盘锦格润生物科技有限公司〈P1706〉;[沪]上海康舟真菌多糖有限公司(300吨)〈P1748〉;[苏]南通四海植物精华有限公司〈P1835〉;[浙]湖州恩贝希生物原料有限公司〈P1945〉;[闽]福建瑞国药业有限公司〈P1997〉;[川]什邡市龙康植物原料厂〈P2325〉

磷酸苯丙哌林　L10353001

Benproperin phosphate [19428-14-9]

用于治疗刺激性干咳

【生产厂】[京]北京迈劲医药科技有限公司〈P1555〉;[辽]大连金益制药厂(10吨)〈P1692〉;锦州九洋药业有限责任公司〈P1702〉;[吉]辽源市迪康药业有限责任公司(15吨)〈P1717〉

去氧胆酸　L10353101

Deoxycholic acid [83-44-3]

用作利胆药

【生产厂】[皖]淮北市博奥高科生物化学有限公司〈P1977〉;[豫]河南夏邑县贝尔生物制品有限公司(12吨)〈P2226〉;[湘]常德云港生物科技有限公司〈P2255〉

去氧胆酸钠　L10353111

Deoxycholic acid sodium salt

【生产厂】[皖]淮北市博奥高科生物化学有限公司〈P1977〉;[湘]常德云港生物科技有限公司〈P2255〉

熊去氧胆酸;熊脱氧胆酸　L10353131

Ursodeoxycholic acid [128-13-2]

适用于预防及治疗胆固醇性胆结石

【生产厂】[津]天津太平洋医药科技集团〈P1614〉;天津太平洋化学制药有限公司〈P1614〉;[沪]上海泰亨实业有限公司〈P1767〉;[湘]常德云港生物科技有限公司〈P2255〉

猪去氧胆酸;异去氧胆酸 L10353151

Hyodeoxycholic acid [83-44-3]

用于降低血中胆固醇,治疗和预防冠心病、高血压等

【生产厂】[皖]淮北市博奥高科生物化学有限公司〈P1977〉;[闽]福建瑞国药业有限公司(100吨)〈P1997〉;[鲁]山东泰安市泰山生化原料厂(100吨)〈P2136〉;[豫]河南省夏邑县益康生化原料厂(2吨)〈P2225〉;[湘]常德云港生物科技有限公司〈P2255〉;[粤]汕头市澄海区民康生化厂〈P2276〉;[渝]重庆奥力生物制药有限公司〈P2303〉;[川]成都天源天然产物有限公司〈P2316〉;成都双流应天生化厂〈P2315〉;四川广汉市维康植化有限公司〈P2326〉;什邡市龙康植物原料厂〈P2325〉;什邡市川西兴泰工贸有限公司〈P2325〉

鹅脱氧胆酸 L10353191

Chenodeoxycholic acid [474-25-9]

用作胆石溶解药

【生产厂】[鲁]临沂天利集团有限公司(300吨)〈P2148〉;[湘]常德云港生物科技有限公司〈P2255〉;[川]什邡市川西兴泰工贸有限公司〈P2325〉

维丙胺;维丙肝;抗坏血酸二异丙胺 L10353201

Diisopropylamine ascorbate

用于急慢性肝炎、迁延性和传染性肝炎、慢性血吸虫病、胆固醇、甘油三酯偏高等症

【生产厂】[苏]江苏省金坛市制药厂〈P1860〉

氨酪酸;γ-氨基丁酸 L10353301

Ganimalonum;γ-Aminobutyric acid [56-12-2]

用于治疗各种类型的肝昏迷及脑代谢障碍,还可抗精神不安,对高血压也有改善作用

【生产厂】[辽]东北制药总厂(100吨)〈P1684〉;开原亨泰精细化工厂〈P1712〉;[沪]上海元吉化工有限公司〈P1776〉;上海静超化工有限公司〈P1745〉;[苏]宜兴市康源生物化工有限公司〈P1885〉;泰兴市一鸣精细化工有限公司〈P1827〉

马来酸伊索拉定 L10353501

Irsogladine maleate [84504-69-8]

用于治疗胃溃疡病

【生产厂】[苏]金坛德培化工有限公司〈P1861〉;[浙]杭州海特医药化工有限公司〈P1918〉;[赣]江西正和化工有限公司(10吨)〈P2016〉;[鲁]山东宝洋化工集团公司〈P2051〉

伊索拉定 L10353551

Irsogladine [57381-26-7]

用于治疗胃溃疡

【生产厂】[苏]南京博而凯科技有限公司〈P1782〉;[赣]江西正和化工有限公司(10吨)〈P2016〉

坎利酮 L10353601

Canrenone [976-71-6]

用于治疗心衰水肿和肝硬变腹水

【生产厂】[冀]保定加合精细化工有限公司〈P1645〉;[沪]上海迪赛诺公司〈P1731〉;[苏]常州市新力医药化工有限公司〈P1855〉;[浙]台州百大医药化工有限公司〈P1960〉;浙江神洲药业有限公司(20吨)〈P1966〉

人参糖肽 L10353701

Ginseng glycopeptide

【生产厂】[吉]吉林省松原天实药业有限公司〈P1719〉

拉米夫定 L10353801

Lamivudine [134678-17-4]

抗病毒药,用于肝胆疾病的治疗

【生产厂】[辽]东北制药总厂〈P1684〉;[浙]杭州科本化工有限公司〈P1920〉;杭州博化化工有限公司〈P1916〉;嘉兴市中科化学有限公司〈P1942〉;[皖]安徽贝克药业有限公司〈P1971〉;[鲁]济南乐康信药业有限公司〈P2023〉;[湘]湘潭市开元化学有限公司〈P2251〉

甘草酸二铵 L10354201

Glycyrrhizic acid diammonium salt

抗过敏、清热解毒,用于治疗各种类型的肝炎

【生产厂】[浙]平湖市莎普爱思制药有限公司〈P1943〉;[闽]福州日冕科技开发有限公司〈P1990〉;[豫]河南省龙泉集团药业有限公司(50吨)〈P2201〉;[鄂]武汉武药制药有限公司〈P2234〉;[琼]海南海神同洲制药有限公司〈P2302〉;[滇]云南永安制药有限公司〈P2343〉;[陕]陕西大生化学科技有限公司〈P2346〉;[甘]甘肃金汉伯生物制品有限责任公司〈P2358〉

甘草酸单铵 L10354231

Glycyrrhizic acid monoammonium salt [53956-04-0]

医药行业用于止咳化痰,治疗肝病等

【生产厂】[蒙]天坛甘草制品有限责任公司〈P1681〉;开鲁兴利制药有限责任公司〈P1682〉;[沪]上海盛欣医药化工有限公司(2吨)〈P1762〉;[苏]江苏大华药业有限公司〈P1802〉;[闽]福州日冕科技开发有限公司〈P1990〉;[鄂]武汉市合中化工制造有限公司〈P2232〉;[粤]广州鸿雨精细化工有限公司〈P2261〉;[陕]西安富捷生物技术发展公司〈P2348〉;西安惠丰生化集团股份有限公司〈P2348〉;西安天行健天然生物制品有限公司〈P2350〉;[甘]甘肃金汉伯生物制品有限责任公司〈P2358〉

甘草酸三铵 L10354251

Glycyrrhizic acid triammonium salt

用于治疗各种类型的肝炎,增强免疫力

【生产厂】[陕]西安天行健天然生物制品有限公司〈P2350〉;[甘]甘肃金汉伯生物制品有限责任公司〈P2358〉

胆酸钠 L10354301

Sodium cholate [361-09-1]

用作利胆药,用于治疗胆道瘘管长期引流及胆汁缺乏,也用于脂肪消化不良和慢性胆囊炎等

【生产厂】[辽]沈阳市生物化学制药厂〈P1688〉;[皖]淮北市博奥高科生物化学有限公司〈P1977〉;[渝]重庆奥力生物制药有限公司〈P2303〉;[川]成都双流应天生化厂〈P2315〉

核糖核酸 L10354401

Ribonucleic acid

用于治疗胰腺癌、软组织肉瘤、病毒性乙型肝炎等疾病

【生产厂】[冀]华北制药集团有限责任公司〈P1624〉;[沪]上海秋之友生物科技有限公司〈P1758〉;[苏]威世药业(如皋)有限公司〈P1839〉

猴菇菌粉;猴头菌粉　L10354601

Hedgehog fungus powder

抗肿瘤及抗消化道溃疡药,用于治疗胃癌、食管症、胃及十二指肠溃疡等病症

【生产厂】[晋]山西省文水县制药厂〈P1677〉;[赣]江西省吉水三达天然药用香料油厂〈P2018〉;[鄂]湖北省荆州市生物制药厂〈P2239〉

苯丙醇;利胆醇　L10354701

Phenyl propanol [122-97-4]

适用于胆囊炎、胆管炎、胆石症、胆道术后综合症及高胆固醇血症等的治疗

【生产厂】[鄂]宜昌天仁药业有限责任公司〈P2241〉;宜昌人福药业有限责任公司〈P2241〉

酒石酸氢胆碱;重酒石酸胆碱　L10355001

Choline bitartrate [87-67-2]

维生素B类药,用于治疗肝炎、早期肝硬化、恶性贫血等

【生产厂】[吉]柳河修正制药有限公司〈P1718〉;[苏]江阴海达精细化工厂〈P1867〉;[浙]杭州利人药业有限公司(200吨)〈P1920〉;杭州萧山楼塔饲料添加剂厂〈P1923〉;[鲁]济南华菱药业有限公司(2000吨)〈P2022〉;山东济宁胆碱厂(2000吨)〈P2131〉

乳果糖　L10355101

Lactulose

有降低血氨及缓泻作用,主要用于治疗氨性肝昏迷、高血氨症及习惯性便秘等病症

【生产厂】[辽]丹东市康复制药厂〈P1700〉;[苏]南京江本化工有限公司〈P1785〉;[皖]安徽丰原集团〈P1974〉

奥曲肽　L10355301

Octreotide;Sandostatin [83150-76-9]

用于抑制生长激素,抑制胃肠胰脏分泌多肽等

【生产厂】[沪]上海信合化工有限公司〈P1772〉;上海太平洋生物高科技有限公司〈P1766〉;[浙]浙江省天台三信化工有限公司〈P1967〉;[粤]益飞医药化工有限公司〈P2274〉;[川]成都川抗派德生物医药科技有限公司〈P2310〉;成都景田生物药业有限公司〈P2312〉

醋酸奥曲肽　L10355351

Octreotide acetate [79517-01-4]

【生产厂】[沪]上海子能制药有限公司〈P1779〉;[川]成都凯捷生物医药科技发展有限公司〈P2312〉;成都天台山制药有限公司〈P2316〉

低聚果糖　L10355401

Oligolevulose

增殖人体内双歧杆菌、起到调节肠道菌群的整肠功能

【生产厂】[冀]河北维尔康制药有限公司〈P1622〉;石家庄维诺伟业生物制品有限公司〈P1633〉;[豫]郑州元丰食品添加剂有限责任公司〈P2175〉

腺苷蛋氨酸　L10355501

Ademetionine [17176-17-9]

用于恢复多种慢性肝病所致肝功能异常,能治疗酒精肝硬化等肝内胆汁淤积等

【生产厂】[川]成都景田生物药业有限公司〈P2312〉

甲氯噻嗪　L11000201

Methyclothiazide [135-07-9]

用作利尿药

【生产厂】[辽]辽宁海德医药化工有限公司〈P1699〉

异山梨醇　L11000501

Isosorbide [652-67-5]

用作利尿药

【生产厂】[晋]芮城县顺昌化工有限公司〈P1679〉;[鲁]平阴县金城化工厂(300吨)〈P2027〉

美托拉宗　L11000701

Metolazone;Diulo;Mykrox;Zaroxolyn [17560-51-9]

用作利尿药

【生产厂】[赣]江西金瑞化工有限责任公司〈P2016〉;[陕]陕西西安力邦制药有限公司〈P2347〉

盐酸呋喃他酮　L11000951

Furaltadone hydrochloride

用作尿路抗菌药

【生产厂】[鲁]山东方兴科技开发有限公司(240吨)〈P2155〉

托拉塞米　L11001101

Torasemide;Torsemide;Demadex [56211-40-6]

用于治疗各类水肿性疾病、充血性心衰,原发性高血压等病症

【生产厂】[浙]浙江优联医药化工有限公司〈P1928〉;台州市融丰医药化工有限公司〈P1961〉;[鲁]济南乐康信药业有限公司〈P2023〉;山东中科泰斗化学有限公司(6吨)〈P2030〉

甘氨酸茶碱钠　L11001301

Theophylline sodium glycinate [8000-10-0]

用作利尿药

【生产厂】[沪]上海华盛香料厂〈P1739〉;上海万代制药有限公司〈P1768〉;[浙]嘉兴市金利化工有限责任公司〈P1942〉

酒石酸托特罗定　L11001501

Tolterodine L-tartrate [124937-52-6]

用作抗尿失禁的治疗药

【生产厂】[京]北京联本医药化学技术有限公司〈P1554〉;北京高博医药化学技术开发有限公司〈P1547〉;北京金奥利维科技发展有限公司〈P1551〉;北京丰德医药科技有限公司〈P1547〉;[苏]金坛德培化工有限公司〈P1861〉;[浙]台州市开创化工有限公司〈P1961〉;台州市中荣化工有限公司〈P1962〉;浙江海正药业股份有限公司〈P1964〉;台州市融丰医药化工有限公司〈P1961〉;[川]四川抗菌素工业研究所化学制药事业部〈P2318〉;[陕]陕西大生化学科技有限公司〈P2346〉

托特罗定　L11001551

Tolterodine [124937-51-5]

用作抗尿失禁药

【生产厂】[沪]上海优迪医药有限公司〈P1775〉;上海康鸣高科技有限公司〈P1748〉;上海品新科贸有限公司〈P1755〉;[渝]重庆福安药业有限公司〈P2304〉

美司那;2-巯基乙磺酸钠;巯乙磺酸钠　L11001701

Mesna;Sodium 2-mercaptoethane sulfonate [19767-45-4]

尿道保护剂,用于治疗由于异环磷酰胺和环磷酰胺大剂量使用后其代谢产物丙烯醛等毒性物质引起的出血性膀胱炎

【生产厂】[苏]苏州市苏瑞医药化工有限公司〈P1905〉;赣榆县尤利特化工有限公司〈P1797〉;[浙]湖州恒远生物化学技术有限公司〈P1945〉;浙江海正药业股份有限公司〈P1964〉

盐酸丙哌维林　L11002151

Propiverine hydrochloride [54556-98-8]

泌尿系统用药,适用于神经原性膀胱,不稳定膀胱,膀胱刺激状态引起的尿频、尿急和尿失禁的治疗

【生产厂】[津]天津太平洋医药科技集团〈P1614〉;天津太平洋化学制药有限公司〈P1614〉

速尿;呋喃苯胺酸;呋塞米;利尿磺胺　L11002301

Furosemide;Frusemide [54-31-9]

用作利尿药

【生产厂】[沪]上海康鸣高科技有限公司〈P1748〉;[苏]江苏省句容市兴源化工厂〈P1842〉;江苏省金坛市制药厂〈P1860〉;[浙]浙江浙北药业有限公司〈P1947〉;[鲁]山东省巨野凌峰化工原料有限公司〈P2160〉

氢氯噻嗪;双氢克尿噻;双氢氯噻嗪;双氢氯消痰　L11110001

Dichlothiazide;Dihydrochlorothiazide;Hydrochlorothiazide [58 93-5]

用作利尿药,可降低血压,有利尿作用,常与其他降压药合并使用

【生产厂】[晋]运城市鑫河医药化工有限公司〈P1680〉;山西省芮城县精细日化有限公司〈P1680〉;[苏]常州药业股份有限公司〈P1858〉;常州制药厂有限公司〈P1858〉;金坛市聚源化工厂〈P1862〉;苏州市奥盛精细化工有限公司〈P1902〉;苏州立新制药有限公司〈P1902〉;昆山立邦化学(医药)有限公司〈P1896〉;[豫]安阳市九州药业有限责任公司北厂(12 吨)〈P2209〉;河南省九州药业有限责任公司(120 吨)〈P2211〉

氯噻嗪　L11110101

Chlorothiazide [58-94-6]

用作利尿降压药,用于治疗多种类型水种及高血压病

【生产厂】[苏]常州制药厂有限公司〈P1858〉;金坛市聚源化工厂〈P1862〉;苏州市奥盛精细化工有限公司〈P1902〉;苏州立新制药有限公司〈P1902〉

三氯噻嗪　L11110201

Trichlormethiazide;Metahydrin;Naqua;Trichlorex [133-67-5]

用作利尿药

【生产厂】[豫]安阳市九州药业有限责任公司北厂(10 吨)〈P2209〉

盐酸阿米洛利;阿米洛利;盐酸氨氯吡咪;氨氯吡咪　L11120101

Amiloride;Amiloride hydrochloride;Amipramizide [2016-88-8]

用作弱效利尿药

【生产厂】[苏]江苏省溧阳市制药厂〈P1861〉

可可碱;柯柯豆碱　L11130001

Theobromine [83-67-0]

用作利尿药

【生产厂】[冀]石家庄制药集团有限公司〈P1634〉;石药集团新诺威药业有限公司(300 吨)〈P1634〉;[吉]吉林省舒兰合成药业股份有限公司〈P1716〉

氯噻酮　L11140001

Chlortalidone;Chlorthalidone [77-36-1]

用作口服利尿药物

【生产厂】[沪]上海三维制药有限公司〈P1760〉;[苏]常州市新力医药化工有限公司〈P1855〉

氟他胺;2-甲基-*N*-(4-硝基-3-三氟甲基苯基)丙酰胺;氟硝丁酰胺　L11150001

Flutamide [13311-84-7]

适用于前列腺癌及前列腺肥大的治疗

【生产厂】[苏]南京法姆化学厂(20 吨)〈P1783〉;常州市新力医药化工有限公司〈P1855〉;泰兴市三川化工有限公司〈P1826〉;昆山三友医药辅料厂(6 吨)〈P1896〉;徐州市爱克医药科技有限公司〈P1795〉;江苏天士力帝益药业有限公司〈P1803〉;[浙]浙江九洲药业股份有限公司〈P1965〉

乙酰唑胺;醋氮酰胺;醋唑磺胺　L11170001

Acetazolamide [59-66-5]

碳酸酐酶抑制剂,为弱效利尿剂

【生产厂】[苏]沭阳县华泰化工厂〈P1804〉;[浙]杭州广林生物医药有限公司〈P1917〉;[川]成都景田生物药业有限公司〈P2312〉

布美他尼;丁脲胺;丁尿胺;丁苯氧酸　L11190001

Bumetanide [28395-03-1]

用作利尿药

【生产厂】[沪]上海特化医药科技有限公司〈P1767〉;[苏]苏州立新制药有限公司〈P1902〉;[浙]宁波大红鹰药业股份有限公司〈P1930〉;浙江台州海翔医药化工有限公司〈P1968〉;[鲁]潍坊特化精细化工有限公司〈P2105〉;[桂]桂林南药股份有限公司(50 千克)〈P2299〉

盐酸奥昔布宁;α-环己基-α-羟基-苯乙酸-4-二乙氨基-2-丁炔酯盐酸盐　L11190101

Oxybutynin hydrochloride [1508-65-2]

解痉药,用于治疗尿急、尿频、尿失禁、夜尿和遗尿等症

【生产厂】[浙]台州耀业医化有限公司〈P1962〉

螺内酯;安体舒通;螺旋内酯　L11200001

Spironolactone [52-01-7]

用作利尿药

【生产厂】[津]天津天药药业股份有限公司〈P1615〉;天津金耀集团有限公司〈P1574〉;天津市津津药业有限公司〈P1593〉;天津市药业有限公司(20 吨)〈P1610〉;[冀]保

定加合精细化工有限公司〈P1645〉;[沪]上海迪赛诺公司〈P1731〉;上海宝众制药有限公司〈P1728〉;[苏]南京仁信化工有限公司〈P1788〉;[浙]浙江浙北药业有限公司〈P1947〉;台州百大医药化工有限公司〈P1960〉;浙江神洲药业有限公司〈P1966〉;[湘]邵阳甾体化学品有限公司〈P2249〉

盐酸黄酮哌酯 L11220001

Flavoxate hydrochloride [3717-88-2]

用作泌尿系统药

【生产厂】[京]北京制药工业研究所实验药厂〈P1566〉;[辽]辽宁海德医药化工有限公司〈P1699〉;[苏]无锡市第七制药有限公司〈P1875〉;[鲁]威海迪素制药有限公司〈P2124〉

黄酮哌酯;优必达 L11220051

Flavoxate [15301-69-6]

用于治疗泌尿系统病症

【生产厂】[鲁]济南乐康信药业有限公司〈P2023〉;济南金达药化有限公司(3 吨)〈P2023〉

盐酸坦索罗辛 L11240001

Tamsulosin hydrochloride [106463-17-6]

用于治疗前列腺增生症引起的排尿障碍

【生产厂】[津]天津天士力集团有限公司〈P1615〉;[沪]上海泰亨实业有限公司〈P1767〉;[渝]重庆圣华曦药业有限公司〈P2306〉

熊果苷;对苯二酚-*β*-D-吡喃葡萄糖苷 L11260001

Arbutin [497-76-7]

医药上用作利尿剂、泌尿系统抗感染药,也用作彩色摄影显影稳定剂,在化妆品中用于增白、祛斑、护发等

【生产厂】[沪]上海奥利实业有限公司〈P1727〉;[苏]江苏鑫源生化科技发展有限公司〈P1866〉;[赣]江西省南方药物油厂〈P2019〉;[鲁]潍坊三希化工有限公司〈P2104〉;[鄂]湖北襄西化学工业有限公司(10 吨)〈P2237〉;[陕]陕西慧科植物开发有限公司〈P2346〉

甘露醇;D-甘露醇;甘露密醇;甘露糖醇 L11270001

D-Mannitol;Mannitol [69-65-8]

医药上用作脱水剂和利尿药,用于降低颅内压、眼内压、利尿及防治早期急性肾功能不全,也用作药片的赋形剂

【生产厂】[京]北京健力药业有限公司〈P1551〉;[冀]河北华旭药业有限责任公司(1 万吨)〈P1620〉;[辽]大连通用化工有限公司〈P1694〉;[沪]上海葡萄糖厂〈P1755〉;[苏]连云港元升实业有限公司〈P1800〉;连云港中大海藻工业有限公司(1500 吨)〈P1801〉;[鲁]山东福田药业有限公司(1000 吨)〈P2144〉;山东联盟化工集团有限公司〈P2096〉;烟台市幸福海藻工业有限公司(250 吨)〈P2119〉;青岛宇龙海藻有限公司(600 吨)〈P2046〉;青岛海化化工有限责任公司(1500 吨)〈P2035〉;青岛明月海藻集团有限公司(3000 吨)〈P2040〉;青岛盛洋化工有限公司(500 吨)〈P2042〉;青岛鹰飞化工有限公司〈P2046〉;青岛聚大洋海藻工业有限公司(600 吨)〈P2039〉;山东洁晶集团股份有限公司(3500 吨)〈P2139〉;[豫]河南医科大学制药厂〈P2168〉;洛阳市秦岭制药有限公司(15 吨)〈P2185〉;[鄂]武汉市合中化工制造有限公司〈P2232〉;[桂]南宁市化工研究设计院〈P2297〉;广西南宁化学制药有限责任公司(500 吨)〈P2296〉;[川]成都宏博实业有限公司〈P2310〉

氨苯蝶啶;三氨蝶啶 L11290001

Triamterene;Triamthiazid [396-01-0]

低效利尿剂,用于低血钾及高氯酸血症及各种原因引起的顽固性水肿等

【生产厂】[苏]苏州市苏瑞医药化工有限公司〈P1905〉;[浙]嘉善嘉生药业有限公司〈P1940〉

酚磺乙胺;止血敏;羟苯磺乙胺;止血定;氢醌磺乙胺 L12100201

Cyclonamine;Etamsylate [2624-44-4]

用于手术前预防和治疗出血,也用于肠道出血、脑出血和泌尿道出血等

【生产厂】[苏]江苏省江阴制药厂(200 吨)〈P1866〉;[鲁]山东方明药业股份有限公司(200 吨)〈P2160〉;[鄂]武汉武药制药有限公司〈P2234〉;武汉远大制药集团有限公司〈P2235〉

氨甲苯酸;对氨甲基苯甲酸;止血芳酸;抗血纤溶芳酸;对羧基苄胺 L12100301

p-Aminomethylbenzoic acid;PAMBA [56-91-7]

止血药,对一般慢性渗血的止血效果特别显著,但对癌症出血和创伤出血无止血作用

【生产厂】[湘]湖南洞庭药业股份有限公司(100 吨)〈P2255〉

氨甲环酸;止血环酸;凝血酸;抗血纤溶环酸;氨甲基环己酸 L12100401

Tranesamic acid;Tranexamic acid [1197-18-8]

止血药,对创伤性出血效果显著,术前预防性用药可减少手术出血

【生产厂】[沪]上海现代制药股份有限公司〈P1771〉;上海三维制药有限公司〈P1760〉;上海凯峰化工有限公司〈P1747〉;[浙]浙江华纳药业有限公司〈P1950〉;[豫]上海现代哈森(商丘)药业有限公司〈P2226〉;[鄂]湖北中佳药业有限公司〈P2228〉;[湘]湖南洞庭药业股份有限公司(50 吨)〈P2255〉;[川]成都景田生物药业有限公司〈P2312〉

阿加曲班 L12100701

Argatroban [74863-84-6]

用作凝血酶抑制剂

【生产厂】[津]天津市炜杰科技有限公司〈P1606〉;[浙]东港工贸集团有限公司〈P1960〉

白消安;马利兰;麦里浪 L12100801

Busulfan;Myleran [55-98-1]

对慢性粒细胞白血病有明显疗效,对 32P 抗药的红细胞增多症疗效较好,对原发性血小板增多症也有效

【生产厂】[苏]苏州市苏瑞医药化工有限公司〈P1905〉;赣榆县尤利特化工有限公司〈P1797〉;[豫]临颍县颍华技术开发有限公司(80 吨)〈P2220〉

新凝灵;新抗灵;双乙酰氨乙酸乙二胺;乙酰甘氨酸乙二胺 L12100901

Ethylene diamine diaceturate

用作止血药,用于治疗消化道、呼吸道、妇科、眼鼻等出血症

【生产厂】[沪]上海紫源制药有限公司〈P1780〉;上海晨日化学有限公司〈P1730〉;[苏]南京恒生制药厂〈P1784〉;[鲁]济南铂源化学有限公司〈P2020〉;[鄂]黄冈赛康药业有限公司〈P2244〉

卡巴克络;安络血;肾上腺色素缩胺脲;肾上腺色腙 L12101201

Carbazochrome; Adrenochrome semicarbazone [69-81-8]

止血药,用于持发性紫斑症、遗传性毛细管扩张及防止肺、肾、肠、脑、子宫等出血

【生产厂】[冀]河北巨龙药业有限公司〈P1641〉;[鄂]武汉武药制药有限公司〈P2234〉;武汉远大制药集团有限公司〈P2235〉

地丹诺辛;双脱氧肌苷;地达诺辛 L12101301

Dideoxyinosine; Didanosine; DDI [69655-05-6]

用作抗癌药,抗艾滋病毒药

【生产厂】[沪]上海迪赛诺公司〈P1731〉;[皖]安徽贝克药业有限公司〈P1971〉

卡络磺钠 L12101401

Carbazochrome sodium sulfonate [51460-26-5]

血液系统用药,用于泌尿系统、上消化道、呼吸道和妇产科出血病症的治疗

【生产厂】[沪]上海先导化学有限公司〈P1770〉;[苏]江苏汉斯通药业有限公司〈P1893〉;[鲁]济南铂源化学有限公司〈P2020〉;济南乐康信药业有限公司〈P2023〉;山东久隆精细化工有限公司〈P2028〉;山东平原县恒源化工有限公司(80 吨)〈P2145〉;[川]成都天台山制药有限公司〈P2316〉

氨基己酸;6-氨基己酸 L12101701

Aminocaproic acid; 6-Aminocaproic acid; Aminohexanoic acid [60-32-2]

止血药,用于外科手术出血、妇产科出血、肺出血、上消化道出血等

【生产厂】[苏]无锡市第七制药有限公司〈P1875〉;宜兴市康源生物化工有限公司〈P1885〉;[湘]湖南德瑞生物产业集团有限公司〈P2247〉;[陕]西安博捷医药化工技术有限公司〈P2347〉

氨肽素 L12101801

Ampeptide elemente

用作促进白细胞增生药

【生产厂】[晋]长治市生化制药厂〈P1674〉

华法林钠;华法令钠;华法灵;苄丙酮香豆素;酮苄香豆素钠 L12150001

Warfarin sodium [129-06-6]

用作抗凝血药

【生产厂】[沪]上海泰顿化工有限公司〈P1766〉;[苏]吴江市高新精细化工有限公司〈P1910〉;[鲁]济南永扬药业有限公司〈P2027〉

噻氯匹定盐酸盐 L12150101

Ticlopidine hydrochloride

用于治疗与血小板功能有关的疾病

【生产厂】[浙]浙江燎原药业有限公司(50 吨)〈P1965〉;浙江省三门县康宁化工有限公司〈P1966〉;[赣]江西畅成药业有限公司〈P2015〉;[豫]河南省天工制药厂(3 吨)〈P2225〉

抑肽酶 L12150501

Aprotinin [9004-04-0]

蛋白酶抑制药,用于各种纤维蛋白溶解所引起的急性出血

【生产厂】[沪]上海林叶生物科技有限公司〈P1752〉;[赣]南昌市万华生化制品有限公司〈P2010〉;[粤]广东天普生化医药股份有限公司〈P2259〉;[川]德阳市生化制品有限公司〈P2324〉

凝血酶 L12150701

Thrombin [62046-50-8]

局部止血药,用于局部出血及消化道出血

【生产厂】[苏]丽珠集团苏州新宝制药厂〈P1898〉;[川]成都市新津日用化工厂(100 千克)〈P2314〉

氯吡格雷 L12151101

Clopidogrel [113665-84-2]

用作抗凝血药

【生产厂】[京]北京诺德恒信化工技术有限公司〈P1556〉;[沪]上海品新科贸有限公司〈P1755〉;[苏]常州罗地尔生化技术有限公司〈P1848〉;[浙]杭州科本化工有限公司〈P1920〉;临海市金桥化工有限公司〈P1960〉;浙江九洲药业股份有限公司〈P1965〉;浙江黄岩东升医药化工有限公司(1 吨)〈P1964〉;横店集团家园化工有限公司〈P1952〉;[粤]深圳信立泰药业有限公司〈P2273〉

氯吡格雷硫酸盐 L12151151

Clopidogrel sulfate [120202-66-6]

用作抗凝血药

【生产厂】[京]北京迈劲医药科技有限公司〈P1555〉;[苏]江苏弘惠医药有限公司〈P1781〉;苏州永拓医药科技有限公司〈P1907〉;[浙]浙江省三门县康宁化工有限公司〈P1966〉;浙江车头制药有限公司〈P1963〉;台州市知青化工有限公司〈P1962〉

右旋糖酐;葡聚糖 L12200101

Dextran [9004-66-4]

用于祛瘀通脉,改善血流

【生产厂】[津]天津华津制药厂(1000 吨)〈P1573〉;[晋]大同星火药业有限责任公司(60 吨)〈P1673〉;[辽]沈阳康利新乐制药有限公司〈P1687〉;阜新市环尔康药业有限责任公司〈P1708〉;阜新芝田药业有限责任公司〈P1708〉;[吉]吉林市江北制药厂〈P1716〉;[沪]上海葡萄糖厂(200 吨)〈P1755〉;上海华茂药业有限公司〈P1739〉;[苏]张家港市金源生物化工有限公司〈P1913〉;[豫]河南医科大学制药厂〈P2168〉;许昌双马万通制药有限公司(150 吨)〈P2219〉

羟乙基淀粉 L12200301

Hydroxyethyl starch

血容量扩充剂,用于各种手术、外伤的失血、中毒性休克等的补液

【生产厂】[京]北京丰德医药科技有限公司〈P1547〉;[黑]牡丹江温春双鹤药业有限责任公司〈P1724〉;[鄂]武汉华科大生命科技有限公司〈P2230〉

右旋糖酐 20 L12250121

Dextran 20; Glucose polymer 20

用于急性失血性、创伤性、烧伤性休克、急性心肌梗塞、心绞痛、脑血栓形成、脑供血不足、周围血管疾病等

【生产厂】[晋]大同星火药业有限责任公司〈P1673〉;[蒙]内

蒙古通辽糖厂制药分厂〈P1682〉；[黑]牡丹江温春双鹤药业有限责任公司〈P1724〉；[鲁]山东金洋药业有限公司(200 吨)〈P2053〉；[川]四川科伦药业股份有限公司〈P2318〉

右旋糖酐 40　L12250141
Dextran 40
用作血容量补充药，有降低血液黏度、改善微循环和抗血栓作用
【生产厂】[晋]大同星火药业有限责任公司〈P1673〉；[蒙]内蒙古通辽糖厂制药分厂〈P1682〉；[辽]阜新芝田药业有限责任公司〈P1708〉；[黑]牡丹江温春双鹤药业有限责任公司〈P1724〉；[鲁]山东金洋药业有限公司(200 吨)〈P2053〉；[川]四川科伦药业股份有限公司〈P2318〉

右旋糖酐 70　L12250171
Dextran 70；Glucose polymer [9004-54-0]
用作血容量补充药，有增加血容量的作用
【生产厂】[晋]大同星火药业有限责任公司〈P1673〉；[鲁]山东金洋药业有限公司(200 吨)〈P2053〉

葡萄糖酸亚铁　L12250201
Ferrous gluconate [299-29-6]
用作抗贫血药、铁强化剂、营养强化剂
【生产厂】[辽]辽阳市康佳精细化工厂〈P1711〉；辽阳富强食品化工有限公司(60 吨)〈P1709〉；[浙]浙江天益食品添加剂有限公司〈P1944〉；浙江省仙居县欣宏医药化工有限公司〈P1967〉；[豫]郑州瑞普生物工程有限公司(150 吨)〈P2172〉

人血白蛋白　L12250301
Human seralbumin
用于抢救急危病人
【生产厂】[晋]山西康宝生物制品股份有限公司〈P1674〉；[川]成都蓉生药业有限责任公司〈P2313〉

枸橼酸铁铵；柠檬酸铁铵　L12250801
Ammonioferric citrate；Ferric ammonium citrate；Iron ammonium citrate [1185-57-5]
抗贫血药，用于治疗缺铁性贫血病症
【生产厂】[苏]南通市飞宇精细化学品有限公司〈P1835〉；[浙]宁波大红鹰药业股份有限公司〈P1930〉；[鲁]潍坊祥维斯化学品有限公司(1000 吨)〈P2106〉；[湘]长沙埃索凯化工有限公司〈P2247〉；湖南华日制药有限公司〈P2248〉

甲酰四氢叶酸钙；CF-Ca；亚叶酸钙　L12250901
Calcium folinate [1492-18-8]
用于解除氨基喋呤及甲氨喋呤过量而引起的毒性反应，还可用于治疗巨型红细胞贫血
【生产厂】[苏]苏州市苏瑞医药化工有限公司〈P1905〉；[浙]湖州恒远生物化学技术有限公司〈P1945〉；湖州展望药业化学有限公司〈P1946〉；浙江海正药业股份有限公司〈P1964〉；[皖]安徽省庆云医药化工有限公司〈P1972〉

左旋亚叶酸钙　L12250951
Calcium levofolinate [80433-71-2]
用作解毒药，抗贫血新药
【生产厂】[浙]湖州恒远生物化学技术有限公司〈P1945〉；[渝]重庆华邦制药股份有限公司〈P2305〉

富马酸亚铁；反丁烯二酸亚铁；富血铁　L12251001
Ferrous fumarate [141-01-5]
抗贫血药，用于治疗缺铁性贫血，也大量用于食品及饲料添加剂
【生产厂】[沪]上海申夏生物化工有限公司〈P1761〉；上海新浦化工厂有限公司〈P1772〉；[苏]苏州合成化工有限公司(200 吨)〈P1900〉；南通市苏东化工厂〈P1835〉；[浙]富阳市成兴化工助剂有限公司〈P1915〉；杭州康德权科技有限公司〈P1920〉；诸暨丰盈化工有限公司(50 吨)〈P1952〉；诸暨市化工研究所〈P1952〉；安吉豪森药业有限公司〈P1944〉；[鲁]山东奥克特化工有限公司(200 吨)〈P2152〉；[鄂]武汉神舟化工有限公司〈P2232〉；[川]四川绵竹金坤磷化工有限责任公司〈P2327〉；[陕]交大瑞森渭南化学工业有限责任公司〈P2352〉

肝浸膏　L12251201
Liver extract
抗贫血药，用于治疗恶性贫血等
【生产厂】[豫]河南夏邑县贝尔生物制品有限公司(60 吨)〈P2226〉；[渝]重庆市劲康生物技术有限公司〈P2307〉

利血生　L12300201
Leucogen；Asparaginase；Colaspase [9015-68-3]
用于治疗各种原因引起的白细胞减少、血小板减少及再生障碍性贫血
【生产厂】[京]北京国联诚辉医药技术有限公司〈P1548〉；[苏]利君集团镇江制药有限责任公司(3 吨)〈P1843〉；昆山立邦化学(医药)有限公司〈P1896〉；徐州市爱克医药科技有限公司〈P1795〉；[渝]重庆圣华曦药业有限公司〈P2306〉

鲨肝醇　L12300401
Batilol；4-Oxadocosane-1，2-diol [544-62-7]
用于白细胞减少症，预防白细胞减少，也可用于贫血症及小儿粒细胞缺乏症
【生产厂】[苏]江苏省金坛市制药厂〈P1860〉；金坛市三方医药原料厂〈P1862〉

奥扎格雷钠　L12300601
Ozagrel sodium
用作抗血小板药
【生产厂】[京]北京东方德众科技发展有限公司〈P1546〉；[苏]苏州福玛威尔医药科技有限公司〈P1900〉；[鲁]济南铂源化学有限公司〈P2020〉；济南诚汇双达化工有限公司〈P2020〉

奥扎格雷　L12300651
Ozagrel [82571-53-7]
【生产厂】[津]天津太平洋医药科技集团〈P1614〉；天津太平洋化学制药有限公司〈P1614〉；[黑]哈药集团生物工程有限公司〈P1721〉；哈尔滨博莱制药有限公司〈P1720〉；[苏]苏州福玛威尔医药科技有限公司〈P1900〉；扬州腾达化工厂〈P1819〉；[浙]台州市奥力特精细化工有限公司〈P1961〉；[鲁]济南诚汇双达化工有限公司〈P2020〉；山东中科泰斗化学有限公司〈P2030〉；[琼]海南海神同洲制药有限公司〈P2302〉；[渝]重庆圣华曦药业有限公司〈P2306〉

盐酸奥扎格雷　L12300691
Ozagrel hydrochloride [78712-43-3]

【生产厂】[苏]苏州福玛威尔医药科技有限公司〈P1900〉;[鲁]济南诚汇双达化工有限公司〈P2020〉

苦参素;氧化苦参碱 L12300801
Oxymatrine [16837-52-8]
用于抗心律失常、抗哮喘、抗肿瘤、抗溃疡、抗炎、镇痛、镇静等
【生产厂】[京]北京健力药业有限公司〈P1551〉;[鄂]武汉科诺生物农药有限公司〈P2231〉;[湘]湖南诺伊尔生物制药有限公司〈P2257〉;[桂]广西百色市益联植化有限公司〈P2301〉;[川]成都天源天然产物有限公司〈P2316〉;[陕]西安中鑫生物技术有限公司〈P2350〉;陕西慧科植物开发有限公司〈P2346〉;陕西旭煌植物科技发展有限公司〈P2347〉;西安华萃生物技术有限责任公司〈P2348〉;西安惠丰生化集团股份有限公司〈P2348〉;陕西太康生物科技有限公司〈P2346〉;陕西大河药业有限责任公司〈P2346〉;[宁]盐池县都顺生物化工有限公司〈P2362〉

乌苯美司;威迪凯 L12301301
Ubenimex;Bestatin [58970-76-6]
用于急、慢性细胞性白血病等病的辅助治疗
【生产厂】[浙]普洛康裕股份有限公司〈P1953〉

β-七叶皂苷钠 L12301401
Sodium β-aescine
用作毛细血管保护药
【生产厂】[苏]江苏健佳药业有限公司〈P1808〉;[鄂]武汉爱民制药有限公司〈P2229〉;[陕]陕西大河药业有限责任公司〈P2346〉

果糖酸钙;乙酰丙酸钙 L13100101
Calcium levulinate;Calcium di-4-oxovalerate
用于缺钙症及过敏性疾病
【生产厂】[鲁]淄博双玉化工有限公司〈P2073〉;[渝]西南药业股份有限公司〈P2303〉

依降钙素 L13100401
Elcatonin [60731-46-6]
用作电解质补充药
【生产厂】[沪]吉尔生化(上海)有限公司〈P1726〉;[川]成都凯捷生物医药科技发展有限公司〈P2312〉

鲑降钙素 L13100601
Salcatonin [47931-85-1]
用于治疗免疫系统疾病
【生产厂】[沪]上海子能制药有限公司〈P1779〉;上海太平洋生物高科技有限公司〈P1766〉;[川]成都川抗派德生物医药科技有限公司〈P2310〉;成都凯捷生物医药科技发展有限公司〈P2312〉;成都景田生物药业有限公司〈P2312〉

双异丙酚 L14100101
Propofol
用作麻醉药
【生产厂】[陕]陕西西安力邦制药有限公司(8000 吨)〈P2347〉

盐酸普鲁卡因;盐酸普罗卡因;奴佛卡因;奴夫卡因 L14150101
Novocaine;Procaine hydrochloride [51-05-8]
局部麻醉药,用于浸润局麻、神经传导阻滞等
【生产厂】[浙]三门华丽医药化工有限公司〈P1960〉;[皖]安徽东盛制药有限公司〈P1976〉;[鄂]武汉武药制药有限公司〈P2234〉;武汉远大制药集团有限公司〈P2235〉;[渝]重庆市春瑞医药化工有限公司(500 吨)〈P2306〉
【使用厂】[赣]江西江中药业股份有限公司〈P2008〉

盐酸丁氧普鲁卡因;诺维辛;盐酸奥布卡因 L14150111
Oxybuprocaine hydrochloride;Benoxinate hydrochloride [5987-82-6]
为高效表皮麻醉剂
【生产厂】[辽]沈阳药大集琦药业有限责任公司〈P1690〉

依托咪酯;甲苄咪酯;*R*-(+)-乙基-1-(1-苯乙基)-1-氢-咪唑-5-羧酸酯 L14150201
Etomidate;Hypnomidate [33125-97-2]
为短时效的静脉全麻药
【生产厂】[苏]常州康力化工有限公司〈P1848〉;徐州恩华药业集团有限责任公司〈P1794〉;[浙]湖州展望药业化学有限公司〈P1946〉

盐酸利多卡因 L14150301
Lidocaine hydrochloride [73-78-9]
局部麻醉药,抗心律失常药,用于各种麻醉及快速性室性心律失常
【生产厂】[晋]大同江龙药业有限公司(30 吨)〈P1672〉;[苏]江苏济川制药有限公司〈P1821〉;[浙]杭州浙大泛科化工有限公司〈P1925〉

利多卡因;赛罗卡因;昔罗卡因 L14150351
Lidocaine;Lignocaine;Xylocaine;Xylotox [137-58-6]
用作局部麻醉药
【生产厂】[晋]大同江龙药业有限公司(30 吨)〈P1672〉

盐酸丁卡因;潘托卡因 L14150501
Tetracaine hydrochloride [136-47-0]
用作局部麻醉药
【生产厂】[京]北京市燕京制药厂〈P1561〉;[沪]上海利科化学科技有限公司〈P1750〉

丁卡因 L14150551
Cetacaine;Tetracaine;Pontocain [94-24-6]
用作麻醉药
【生产厂】[沪]上海利科化学科技有限公司〈P1750〉

***S*-盐酸罗哌卡因** L14150631
S-Ropivacaine hydrochloride [132112-35-7]
麻醉用药
【生产厂】[鲁]济南诚汇双达化工有限公司〈P2020〉;山东中科泰斗化学有限公司〈P2030〉;[川]四川科瑞德制药有限公司〈P2323〉

***S*-罗哌卡因甲磺酸盐** L14150651
S-Ropivacaine mesylate
【生产厂】[苏]徐州恩华药业集团有限责任公司〈P1794〉;[鲁]济南铂源化学有限公司〈P2020〉;济南诚汇双达化工有限公司〈P2020〉;山东中科泰斗化学有限公司〈P2030〉

维库溴铵;维库罗宁 L14150701
Vecuronium bromide [50700-72-6]

L

用于外科手术麻醉的辅助药

【生产厂】[苏]江苏弘惠医药有限公司〈P1781〉；苏州第四制药厂有限公司〈P1899〉；[赣]江西宇能医药化工有限公司〈P2019〉；[川]成都上元医药科技有限公司〈P2313〉；四川科瑞德制药有限公司〈P2323〉

苯佐卡因；对氨基苯甲酸乙酯；4-氨基苯甲酸乙酯 L14150801

Benzocaine；Ethyl 4-aminobenzoate [94-09-7]

用于化妆品紫外线吸收，局部麻醉药，用于创面、溃疡面及痔疮的止痛

【生产厂】[沪]上海神强实业有限公司〈P1761〉；[苏]太仓市东明化工有限公司(300吨)〈P1908〉；[豫]安阳市华鹰精细化工有限责任公司〈P2209〉；[鄂]武汉武药制药有限公司〈P2234〉；武汉远大制药集团有限公司〈P2235〉；[渝]重庆市春瑞医药化工有限公司(200吨)〈P2306〉

盐酸布比卡因；丁吡卡因；丁普卡因；麻卡因；丁哌卡因 L14150901

Bupivacaine；Bupivacaine, hydrochloride [2180-92-9]

用于手术局部麻醉和手术后镇痛

【生产厂】[沪]上海三维制药有限公司〈P1760〉；[鲁]济南诚汇双达化工有限公司(5吨)〈P2020〉

盐酸氯胺酮 L14151001

Ketamine hydrochloride [1867-66-9]

麻醉药，主要用于外科短小手术，小儿检查或诊断操作，麻醉诱导及辅助麻醉

【生产厂】[沪]上海紫源制药有限公司〈P1780〉

异氟醚 L14151201

Isofluorane [26675-46-7]

用于各种手术全身、半身麻醉

【生产厂】[鲁]山东科源制药有限公司〈P2028〉

L

泮库溴铵 L14151301

Pancuronium Bromide [15500-66-0]

【生产厂】[苏]苏州第四制药厂有限公司〈P1899〉；[粤]益飞医药化工有限公司〈P2274〉

盐酸地布卡因；盐酸纽白卡因；盐酸辛可卡因 L14151851

Dibucaine hydrochloride；Cinchocaine Hydrochloride；Nupercaine hydrochloride [61-12-1]

用作局部麻醉药

【生产厂】[鲁]济南诚汇双达化工有限公司(5吨)〈P2020〉；[青]青海制药厂有限公司〈P2359〉

吡斯的明；溴吡斯的明 L14200201

Pyridostigmine bromide [101-26-8]

抗胆碱酯酶药，用于重症肌无力、手术后功能性肠胀气及尿潴留

【生产厂】[沪]上海三维制药有限公司〈P1760〉

溴化新斯的明；溴化普鲁斯的明 L14200301

Neostigmine bromide [114-80-7]

用于重症肌无力、术后腹气胀与尿潴留，也可用于室上性阵发性心动过速、青光眼及阿托品中毒等

【生产厂】[沪]上海三维制药有限公司〈P1760〉

氢溴酸加兰他敏；强肌；尼瓦林；加兰他敏 L14200501

Galantamine hydrobromide；Galanthamine [1953-04-4]

用于神经系统疾病及外伤所致运动障碍、多发神经炎、脊神经根炎等

【生产厂】[沪]上海信合化工有限公司〈P1772〉；上海骏杰生物技术有限公司〈P1746〉；[苏]昆山化工医药原料有限公司〈P1895〉；[浙]浙江海正药业股份有限公司〈P1964〉；[皖]安徽美诺华药物化学有限公司〈P1985〉；[湘]湖南德瑞生物产业集团有限公司〈P2247〉；[粤]广东天普生化医药股份有限公司〈P2259〉；[陕]陕西慧科植物开发有限公司〈P2346〉；陕西太康生物科技有限公司〈P2346〉

苯磺酸阿曲库铵 L14200701

Atracurium benzenesulfonate [64228-81-5]

肌肉松弛药，用于各种外科手术，尤其是气管插管、剖腹等

【生产厂】[苏]赣榆县尤利特化工有限公司〈P1797〉；盐城市宇峰化工有限公司〈P1812〉；[浙]浙江燎原药业有限公司〈P1965〉；[赣]江西畅成药业有限公司〈P2015〉

氯化琥珀胆碱；司可林 L14200801

Butanedioyl dichloride；Succinyl chloride [543-20-4]

骨骼肌松弛药，用作全身麻醉辅助用药

【生产厂】[晋]芮城县顺昌化工有限公司〈P1679〉；[沪]上海旭东海普药业有限公司〈P1773〉；[陕]陕西西安力邦制药有限公司〈P2347〉

甲基硫酸新斯的明 L14201001

Neostigmine methylsulfate [51-60-5]

用于重症肌无力、手术后腹气涨和尿潴留

【生产厂】[沪]上海三维制药有限公司〈P1760〉

羟丁酸钠 L14201201

Sodium hydroxybutyrate [5094-24-6]

全身麻醉药，常与其他全身麻醉药合用，主要用于诱导麻醉

【生产厂】[沪]上海旭东海普药业有限公司(1万吨)〈P1773〉；[苏]无锡市第七制药有限公司〈P1875〉

巴氯芬；4-氨基-3-对氯苯基丁酸；巴洛芬 L14201501

Baclofen；Lioresal；4-Amino-3-(4-chlorophenyl) butyric acid [1134-47-0]

用作脊髓的骨骼肌松弛剂、镇静剂

【生产厂】[浙]宁波市天衡制药有限公司〈P1932〉

丹曲林钠 L14201701

Dantrolene sodium

主治中风后遗症、肌肉痉挛等，是一种直接作用于骨骼肌的肌松剂

【生产厂】[晋]运城市鑫河医药化工有限公司〈P1680〉；[鲁]济南金达药化有限公司(1吨)〈P2023〉

苯海拉明 L15100101

Diphenhydramine [58-73-1]

抗组织胺药，用于皮肤粘膜的过敏性疾病及乘船乘车引起的恶心、呕吐等

【生产厂】[京]北京太洋药业有限公司(165 吨)〈P1562〉;[沪]上海康福赛尔医药科技有限公司〈P1748〉;[苏]吴江明恒化学有限公司〈P1909〉;[浙]舟山浙东制药厂〈P1959〉

盐酸苯海拉明 L15100151

Diphenhydramine hydrochloride [147-24-0]

抗组织胺类药,用于皮肤粘膜过敏性疾病,晕动病或妊娠呕吐等症的治疗

【生产厂】[冀]廊坊太洋药业有限公司(500 吨)〈P1661〉;[吉]辽源市百康药业有限责任公司〈P1717〉;辽源市迪康药业有限责任公司(150 吨)〈P1717〉;[沪]上海万代制药有限公司〈P1768〉;[苏]吴江明恒化学有限公司〈P1909〉

盐酸异丙嗪;非那根;普鲁米近;盐酸普鲁米嗪 L15100201

Phenergan;Promethazine hydrochloride [58-33-3]

适用于各种过敏性疾病和孕期呕吐

【生产厂】[辽]大连市旅顺合成制药厂〈P1694〉;大连金益制药厂〈P1692〉;[吉]辽源市迪康药业有限责任公司(30 吨)〈P1717〉

茶苯海明;乘晕宁;晕海宁;捉迷明;曲拉明 L15100301

Dimenhydrinate;Diphenhydramine teoclate;Theohydramine [523-87-5]

适用于晕动症、妊娠、放射治疗、手术后等引起的恶心、呕吐、眩晕等

【生产厂】[京]北京益民制药厂〈P1565〉;[吉]吉林省舒兰合成药业股份有限公司〈P1716〉;[沪]上海万代制药有限公司〈P1768〉;上海康福赛尔医药科技有限公司〈P1748〉

马来那敏;扑尔敏;马来酸氯苯吡胺;氯屈米通;马来酸氯苯那敏 L15100401

Chlorpheniramine maleate;Chlorprophenpyridamine [113-92-8]

用作抗过敏药

【生产厂】[辽]沈阳新地药业有限公司〈P1689〉

二巯丁二酸;2,3-二巯基丁二酸 L15100601

2,3-Dimercaptosuccinic acid;Succimer;Chemet [304-55-2]

用作重金属解毒药、保健药

【生产厂】[沪]松江佘山化工厂〈P1780〉;[苏]常州市武进东湖化工原料有限公司(5 吨)〈P1854〉

盐酸赛庚啶;赛庚啶 L15100701

Cyproheptadine hydrochloride [41354-29-4]

用于治疗荨麻疹、皮肤瘙痒、过敏性鼻炎

【生产厂】[沪]上海泰亨实业有限公司〈P1767〉

D-青霉胺;青霉胺;二甲基半胱胺酸 L15100801

D-Penicillamine;Distamine [52-67-5]

解毒药,用于重金属离子中毒,也用于类风湿性关节炎及慢性活动性肝炎等免疫性疾病

【生产厂】[冀]华北制药股份有限公司〈P1624〉;华北制药集团有限责任公司〈P1624〉

盐酸羟嗪;安泰乐 L15101001

Hydroxyzine dihydrochloride; Atarax; Anxanil; Rezine; Vistaril [2192-20-3]

安定药,用于轻度紧张、焦虑、不安等病症

【生产厂】[沪]上海凯峰化工有限公司〈P1747〉;上海盛欣医药化工有限公司(5 吨)〈P1762〉;[浙]台州东升医药化工有限公司(100 吨)〈P1960〉;浙江华纳药业有限公司〈P1950〉

盐酸去氯羟嗪;克喘嗪;克敏嗪 L15101101

Decloxizine hydrochloride [3733-63-9]

抗过敏药,主要用于支气管哮喘和喘息性支气管炎的治疗

【生产厂】[沪]上海凯峰化工有限公司〈P1747〉;上海盛欣医药化工有限公司(10 吨)〈P1762〉;[浙]浙江省天台三信化工有限公司〈P1967〉;台州东升医药化工有限公司(100 吨)〈P1960〉;浙江华纳药业有限公司〈P1950〉

盐酸地芬尼多;眩晕停;戴芬逸多 L15101201

Diphenidol hydrochloride

用作镇吐药

【生产厂】[苏]江苏省江阴制药厂(25 吨)〈P1866〉;[鲁]山东省莒南制药厂(2 吨)〈P2150〉

富马酸氯马斯丁;克敏停;克立马丁 L15101301

Clemastine fumarate [15686-51-8]

抗组胺药,用于过敏性鼻炎、荨麻疹、湿疹及其他过敏性皮肤病

【生产厂】[鲁]济南高华制药公司(30 吨)〈P2021〉

盐酸氯环嗪;敏痒宁 L15101401

Chlorcyclizine hydrochloride [1620-21-9]

用作抗组胺药

【生产厂】[豫]焦作鑫安科技股份有限公司药业分公司(30 吨)〈P2197〉

阿司咪唑;息斯敏 L15101501

Astemizole;Hismanal [68844-77-9]

用于治疗过敏性鼻炎、过敏性结膜炎、慢性荨麻疹和其他过敏性疾病

【生产厂】[京]北京恒天易德化工有限公司〈P1549〉;北京诺德恒信化工技术有限公司〈P1556〉

氮卓斯汀 L15101601

Azelastine [58581-89-8]

用作抗组胺药

【生产厂】[京]北京恒天易德化工有限公司〈P1549〉;[辽]沈阳福宁药业有限公司〈P1685〉

盐酸氮卓斯汀 L15101651

Azelastine hydrochloride [79307-93-0]

【生产厂】[皖]合肥立方精细化学品有限公司〈P1973〉;[粤]珠海三鑫精细化工有限公司〈P2275〉

西替利嗪 L15101701

Cetirizine [83881-51-0]

用作抗过敏药

【生产厂】[京]北京云迪同创医药科技有限公司〈P1566〉;[苏]苏州万庆药业有限公司〈P1907〉;[浙]台州市奥力特精细化工有限公司〈P1961〉;浙江华纳药业有限公司〈P1950〉;[皖]安徽美诺华药物化学有限公司〈P1985〉

盐酸西替利嗪;仙特敏;赛特赞 L15101751

Cetirizine hydrochloride; Cetrizide [83881-52-1]

主要用于呼吸系统、皮肤和眼睛的过敏性疾病

【生产厂】[京]北京诺德恒信化工技术有限公司〈P1556〉；[吉]吉林华康药业有限公司〈P1719〉；[沪]上海凯峰化工有限公司〈P1747〉；[苏]苏州东瑞制药有限公司〈P1899〉；[鲁]山东天达生物制药股份有限公司(7 吨)〈P2099〉；鲁南制药集团股份有限公司(800 千克)〈P2148〉；[渝]西南合成制药股份有限公司〈P2303〉；[川]四川红光化工有限公司〈P2334〉

盐酸左旋西替利嗪　　L15101791

Levocetirizine dihydrochloride [130018-87-0]

【生产厂】[京]北京云迪同创医药科技有限公司〈P1566〉；北京合成天地化学技术有限公司〈P1548〉；[鲁]济南诚汇双达化工有限公司〈P2020〉；[湘]湖南九典制药有限公司〈P2248〉；[渝]重庆华邦制药股份有限公司〈P2305〉

托烷司琼　　L15101801

Tropisetron [89565-68-4]

用作止吐药

【生产厂】[京]北京云迪同创医药科技有限公司〈P1566〉；北京丰德医药科技有限公司〈P1547〉；[苏]金坛市社头化工厂〈P1862〉；[浙]浙江华纳药业有限公司〈P1950〉；[鲁]山东中科泰斗化学有限公司〈P2030〉；[渝]西南药业股份有限公司〈P2303〉

盐酸托烷司琼　　L15101851

Tropisetron hydrochloride [89565-68-4]

用于防治肿瘤化疗及放疗引起的恶心和呕吐反应

【生产厂】[京]北京金奥利维科技发展有限公司〈P1551〉；北京迈劲医药科技有限公司〈P1555〉；[沪]上海凯峰化工有限公司〈P1747〉；[苏]常州伊思特化工有限公司〈P1858〉；[皖]安徽丰原集团〈P1974〉；[赣]江西泰欣诺实业有限公司〈P2009〉；[鲁]山东中科泰斗化学有限公司〈P2030〉；山东曲阜弘利化工有限公司〈P2132〉；[鄂]湖北葛店人福药业有限责任公司〈P2242〉；[渝]重庆小泉化工厂〈P2308〉

盐酸非索非那定　　L15102001

Fexofenadine hydrochloride [153439-40-8]

用作抗过敏药

【生产厂】[京]北京丰德医药科技有限公司〈P1547〉；[浙]东港工贸集团有限公司〈P1960〉；浙江黄岩精细化学品集团有限公司(10 吨)〈P1964〉；[陕]陕西汉江万全医药化工有限公司〈P2353〉

非索非那定；非索芬那定　　L15102051

Fexofenadine

呼吸系统及抗过敏用药，用于治疗季节性过敏性鼻炎、慢性突发性风疹等

【生产厂】[京]北京云迪同创医药科技有限公司〈P1566〉；[沪]上海中康伟业生物科技有限公司〈P1778〉；[浙]浙江黄岩东升医药化工有限公司〈P1964〉

氯吡胺　　L15102201

Choropyramine monohydrochloride [6170-42-9]

属抗过敏药物

【生产厂】[沪]上海康鸣高科技有限公司〈P1748〉；[浙]横店集团家园化工有限公司〈P1952〉

谷胱甘肽；L-谷胱甘肽　　L15150201

L-Glutathione; GSH; Glutathione [70-18-8]

生化试剂、解毒药，主要用于重金属、丙烯腈、氟化物、一氧化碳及有机溶剂等中毒

【生产厂】[京]北京迈劲医药科技有限公司〈P1555〉；[粤]奥星医药有限公司〈P2268〉；[川]成都景田生物药业有限公司〈P2312〉

盐酸纳洛酮　　L15150401

Naloxone hydrochloride [357-08-4]

吗啡拮抗药，用于吗啡类药物的急性中毒

【生产厂】[川]成都天台山制药有限公司〈P2316〉

碘解磷啶；解磷定；派姆；碘磷定　　L15150801

2-PAM; Pralidoxime iodide; Pyridine-2-aldoxime methiodide [94-63-3]

解毒药，用于氰化物中毒

【生产厂】[豫]南阳市理邦实业有限公司〈P2224〉

氯磷啶；氯解磷定　　L15151001

Pralidoxime chloride; 2-Pyridinealdoxime methochloride [51-15-0]

用作解毒药

【生产厂】[豫]南阳市理邦实业有限公司〈P2224〉

二巯基丙磺酸钠；二巯丙磺钠　　L15151101

Sodium dimercaptopropanesulfonate [4076-02-2]

用作解毒药

【生产厂】[沪]上海万代制药有限公司〈P1768〉；松江佘山化工厂〈P1780〉

氯雷他定；克敏能　　L15151201

Loratadine; Claritin [79794-75-5]

抗过敏药，用于缓解季节性过敏性鼻炎的鼻部和非鼻部症状及缓解慢性荨麻疹

【生产厂】[京]北京云迪同创医药科技有限公司〈P1566〉；[沪]上海立科药物化学有限公司〈P1750〉；上海康鸣高科技有限公司〈P1748〉；上海康爱生物制品有限公司〈P1747〉；[苏]江苏亚邦化工集团有限公司〈P1861〉；苏州万庆药业有限公司〈P1907〉；[浙]台州市奥力特精细化工有限公司〈P1961〉；浙江海正药业股份有限公司〈P1964〉；浙江黄岩东升医药化工有限公司(1 吨)〈P1964〉；[皖]安徽贝克药业有限公司〈P1971〉；[鲁]济南诚汇双达化工有限公司(2 吨)〈P2020〉；[豫]三门峡赛诺维制药有限公司(20 吨)〈P2222〉；[粤]深圳信立泰药业有限公司〈P2273〉；[琼]海南海神同洲制药有限公司〈P2302〉；[渝]西南合成制药股份有限公司〈P2303〉；[川]成都上元医药科技有限公司〈P2313〉

脱羧氯雷他定；地氯雷他啶　　L15151291

Desloratadine [100643-71-8]

呼吸系统及抗过敏用药

【生产厂】[京]北京云迪同创医药科技有限公司〈P1566〉；北京诺德恒信化工技术有限公司〈P1556〉；[苏]苏州万庆药业有限公司〈P1907〉

二巯基丙醇；2,3-二巯基-1-丙醇　　L15151401

2,3-Dimercapto-1-propanol [59-52-9]

作为解毒剂，适用于砷、汞、铋、金、镉、锑等重金属离子中毒

【生产厂】[鄂]武汉武药制药有限公司〈P2234〉;武汉远大制药集团有限公司〈P2235〉

氨丁三醇;缓血酸铵 L15151501
Trometamol;Tromethamine;THAM [77-86-1]
常用于代谢性及呼吸性酸中毒
【生产厂】[渝]重庆青阳药业有限公司〈P2306〉

苯噁唑;盐酸苯噁唑 L15151601
Benzoxyazole
用作解救、复苏药
【生产厂】[京]北京丽水化工有限责任公司〈P1554〉

肌苷;次黄嘌呤核苷 L16100101
Inosine [58-63-9]
用作辅酶类药物
【生产厂】[鲁]济南明鑫制药有限公司(800 吨)〈P2024〉;[豫]新乡制药股份有限公司(400 吨)〈P2208〉;河南新乡华星药厂(500 吨)〈P2202〉;[鄂]宜昌人福药业有限责任公司〈P2241〉

肌酸酐;缩水肌肉素;肌氨基酐;肌酐 L16100501
Creatinine;1-Methylglycocyamidine [60-27-5]
血液鉴定分析试剂、保健品
【生产厂】[津]天津天成制药有限公司(100 吨)〈P1614〉;[苏]吴县市德大化工厂〈P1911〉;常熟市金城化工有限公司〈P1890〉;[豫]新乡制药股份有限公司(150 吨)〈P2208〉

胆固醇乙酸酯 L16101001
Cholesteryl acetate [604-35-3]
【生产厂】[苏]扬州腾达化工厂(5 吨)〈P1819〉;[皖]淮北市博奥高科生物化学有限公司〈P1977〉

尿激酶 L16101501
Urokinase [9039-53-6]
是治疗脑血管血栓、心肌梗塞的特效药
【生产厂】[赣]南昌市万华生化制品有限公司〈P2010〉;[鲁]烟台合普生物制品有限公司〈P2116〉;青岛康原药业有限公司〈P2039〉;[粤]广东天普生化医药股份有限公司〈P2259〉

胃蛋白酶;胃酶 L16103501
Pepsin;Pepsase [9001-75-6]
助消化药,用于缺乏胃蛋白酶或病后消化功能减退等原因引起的消化不良症
【生产厂】[晋]长治市生化制药厂〈P1674〉;[辽]沈阳市生物化学制药厂〈P1688〉;[鲁]济南维尔康生化制药有限公司〈P2026〉;烟台康得生化制品有限公司〈P2117〉;[渝]重庆奥力生物制药有限公司〈P2303〉;重庆市劲康生物技术有限公司〈P2307〉;[川]四川峨眉山荣高生化制品有限公司〈P2318〉;德阳新诺赛制药有限公司〈P2324〉;德阳市生化制品有限公司〈P2324〉;四川正华药业有限公司〈P2330〉;什邡市龙康植物原料厂〈P2325〉

中性蛋白酶 L16103601
Neutro-Proteinase [9001-92-7]
【生产厂】[鲁]山东瑞阳制药有限公司(25 吨)〈P2054〉;[湘]衡阳天友化工有限公司〈P2253〉

蛋白酶 L16103701
Proteinase [9014-01-1]
【生产厂】[津]天津伊科拜尔生物添加剂有限公司〈P1616〉;[冀]邢台市万达化工有限公司〈P1644〉;[沪]上海林叶生物科技有限公司〈P1752〉;[苏]江苏华昌(集团)有限公司〈P1893〉;张家港市金源生物化工有限公司〈P1913〉;[川]四川银丰化工有限公司(5000 吨)〈P2334〉

蛋白粉 L16103801
Albumen powder
用作医药保健食品、调味品
【生产厂】[冀]河北君临淀粉有限公司〈P1641〉;廊坊友谊淀粉有限公司〈P1662〉;秦皇岛骊骅淀粉股份有限公司(9000 吨)〈P1637〉;[浙]海盐六和淀粉化工有限公司〈P1940〉;[鲁]山东邹平怡康集团有限公司〈P2157〉;山东西王集团有限公司(10 万吨)〈P2157〉

胰酶(药用) L16104001
Pancreatin,medicinal [8049-47-6]
助消化药,用于消化不良、食欲不振及肝、胰腺疾病引起的消化障碍等
【生产厂】[晋]长治市生化制药厂〈P1674〉;[辽]沈阳市生物化学制药厂〈P1688〉;[鲁]济南维尔康生化制药有限公司〈P2026〉;烟台合普生物制品有限公司〈P2116〉;[渝]重庆奥力生物制药有限公司〈P2303〉;重庆市劲康生物技术有限公司〈P2307〉;[川]成都中仁生物化学有限公司〈P2317〉;四川峨眉山荣高生化制品有限公司〈P2318〉;德阳新诺赛制药有限公司〈P2324〉;四川贝奥生物制药有限公司(150 吨)〈P2325〉;德阳市生化制品有限公司〈P2324〉;四川正华药业有限公司〈P2330〉;什邡市龙康植物原料厂〈P2325〉;四川菲德力制药有限公司〈P2331〉

溶菌酶 L16104201
Lysozyme;Muramidase [9001-63-2]
为酶类药,能参与粘多糖代谢
【生产厂】[皖]淮北市博奥高科生物化学有限公司〈P1977〉;[鲁]山东鲁北药业有限公司〈P2156〉

二肌酸苹果酸 L16104301
Dicreatine malate
【生产厂】[津]天津天成制药有限公司(500 吨)〈P1614〉;[苏]江阴南极星生物制品有限公司〈P1868〉

三肌酸苹果酸 L16104351
Tricreatine malate
用于保健品、食品添加剂等
【生产厂】[津]天津天成制药有限公司(500 吨)〈P1614〉;[苏]常熟市金城化工有限公司〈P1890〉

肌酸酮戊二酸 L16104401
Creatineketoglutarate
【生产厂】[辽]开原亨泰精细化工厂〈P1712〉;[沪]上海汉飞生化科技有限公司〈P1735〉;[苏]金湖申凯化学有限公司〈P1803〉;[浙]浙江省上虞市精益生物化工有限公司〈P1951〉

细胞色素 C;细胞色素丙 L16107001
Cytochrome C [9007-43-6]
用于组织缺氧的急救和辅助用药,如一氧化碳中毒、催眠药中毒、新生儿窒息、严重休克缺氧、麻醉及肺部疾病等
【生产厂】[沪]上海林叶生物科技有限公司〈P1752〉;[鲁]烟

L

台合普生物制品有限公司〈P2116〉；[川]四川正华药业有限公司〈P2330〉

胆红素　L16107101

Bilirubin [635-65-4]

具有清热、消炎、解毒的作用，是制备人工牛黄的主要原料

【生产厂】[皖]淮北市博奥高科生物化学有限公司〈P1977〉；[闽]福建瑞国药业有限公司〈P1997〉；[鲁]烟台康得生化制品有限公司〈P2117〉；山东泰安市泰山生化原料厂(800千克)〈P2136〉；[豫]河南省夏邑县益康生化原料厂〈P2225〉；河南夏邑县贝尔生物制品有限公司〈P2226〉；[湘]湖南益阳益威生化试剂有限公司〈P2256〉；[粤]汕头市澄海区民康生化厂〈P2276〉；[川]成都双流应天生化厂〈P2315〉；四川省新繁生物化学厂(100千克)〈P2319〉；四川协力制药有限公司〈P2320〉；四川广汉市天府实业有限公司〈P2326〉；四川省什邡市鸿运生物化工有限公司〈P2328〉；什邡市川西兴泰工贸有限公司〈P2325〉

【使用厂】[鲁]兖州生宝制药有限公司〈P2134〉

胃膜素；胃粘膜素　L16107501

Gastric mucin；Gastron [53-46-3]

具有抗胃蛋白酶分解和微弱的抗酸作用

【生产厂】[辽]沈阳市生物化学制药厂〈P1688〉；[鲁]济南维尔康生化制药有限公司〈P2026〉；烟台合普生物制品有限公司〈P2116〉；[渝]重庆奥力生物制药有限公司〈P2303〉；[川]四川菲德力制药有限公司〈P2331〉

干酵母；药用酵母　L16108001

Yeast；Yeast powder

用于维生素 B_1 缺乏症及消化不良的辅助治疗

【生产厂】[冀]石家庄市大东生物化工有限公司〈P1628〉；[晋]山西省晋光制药厂〈P1678〉；[豫]开封市中邦生物制品有限公司〈P2178〉；[鄂]武穴市国邦生物工程有限公司〈P2244〉

羟基柠檬酸钾　L16108501

Potassium hydroxycitrate [6205-14-7]

用作补钾药

【生产厂】[浙]浙江物产崇一医药化工有限公司〈P1956〉

杆菌肽；枯草菌素；枯草菌肽；枯草芽孢杆菌　L16109001

Bacitracin；Topitracin；Agfivin；Altracin [1405-87-4]

主要用于耐药金葡萄球菌引起的各种感染

【生产厂】[冀]华北制药华胜有限公司〈P1624〉；[鄂]湖北友芝友生物科技有限公司〈P2228〉

辅酶 A　L16150101

Coenzyme A [85-61-0]

用于治疗动脉硬化、慢性动脉炎、心肌梗塞、心肌炎、各种肝病等

【生产厂】[豫]天津药业焦作有限公司(300吨)〈P2198〉；[川]德阳市生化制品有限公司〈P2324〉

甘氨酸(医药级)；氨基乙酸(医药级)　L16200101

Aminoacetic acid, medicinal [56-40-6]

用于治疗神经性胃酸过多，对胃溃疡引起的酸性过多也有效

【生产厂】[冀]晋州冀荣氨基酸有限公司(1200万吨)〈P1625〉；[苏]苏州市永达精细化工有限公司(6000吨)〈P1906〉；南通光荣化工有限公司〈P1833〉；[鄂]宜昌人福药业有限责任公司〈P2241〉

L-甘氨酸　L16200111

L-Glycine

用作生化试剂和有机合成

【生产厂】[川]四川峨眉山荣高生化制品有限公司〈P2318〉

***N*-乙酰甘氨酸**　L16200151

N-Acetylglycine；Acetylglycine；Acetamidoacetic acid [543-24-8]

用作医药中间体及生化试剂

【生产厂】[京]北京东方德众科技发展有限公司〈P1546〉；[沪]上海三爱思试剂有限公司〈P1759〉；[苏]扬州宝盛生物化工有限公司〈P1817〉；[川]四川峨眉山荣高生化制品有限公司〈P2318〉

L-苏氨酸；L-羟基丁氨酸；α-氨基-β-羟基丁酸　L16200201

L-Threonine；2-Amino-3-hydroxybutyric acid [72-19-5]

人体必须氨基酸之一，可用作医药原料和食品添加剂

【生产厂】[冀]石家庄维诺伟业生物制品有限公司〈P1633〉；石家庄市环城氨基酸厂〈P1629〉；石家庄市新泽兴化工有限公司〈P1631〉；石家庄市海天精细化工有限公司〈P1629〉；石家庄市石兴氨基酸有限公司〈P1631〉；晋州冀荣氨基酸有限公司(500吨)〈P1625〉；河北省冀州市华阳化工有限责任公司〈P1665〉；[沪]上海斐雅科技发展有限公司〈P1733〉；上海协和氨基酸有限公司(600吨)〈P1771〉；[苏]无锡四周氨基酸有限公司〈P1881〉；张家港市三兴生化试剂厂〈P1913〉；[浙]桐乡市康普达生物科技有限公司〈P1943〉；宁波立华制药有限公司〈P1931〉；宁波海德氨基酸工业有限公司〈P1930〉；宁波科瑞生物工程有限公司〈P1931〉；宁波海硕生物科技有限公司〈P1930〉；[皖]安徽省恒锐新技术开发有限责任公司〈P1972〉；[豫]郑州厚泽木食品技术有限公司〈P2170〉；[鄂]武汉麦可贝斯生物科技有限公司〈P2231〉；武汉武大弘元股份有限公司〈P2234〉；湖北八峰药化股份有限公司〈P2245〉；[川]四川峨眉山荣高生化制品有限公司〈P2318〉

D-苏氨酸　L16200205

D-Threonine [632-20-2]

【生产厂】[冀]石家庄市石兴氨基酸有限公司〈P1631〉；[沪]上海求德生物化工有限公司〈P1758〉；[苏]江苏华昌(集团)有限公司〈P1893〉；[皖]安徽省恒锐新技术开发有限责任公司〈P1972〉

DL-苏氨酸　L16200209

DL-Threonine [80-68-2]

【生产厂】[京]北京奥博星生物技术责任有限公司〈P1543〉；[冀]石家庄市石兴氨基酸有限公司〈P1631〉；[沪]上海求德生物化工有限公司〈P1758〉；[苏]江苏华昌(集团)有限公司〈P1893〉；江苏华昌化工股份有限公司〈P1893〉

α-氨基丙酸；丙氨酸　L16200210

α-Aminopropionic acid [56-41-7]

用作食品添加剂，饲料、医药中间体

【生产厂】[津]天津天安药业股份有限公司〈P1614〉；[冀]石家庄市新泽兴化工有限公司〈P1631〉；[苏]常州市武进东

湖化工原料有限公司〈P1854〉
【使用厂】[津]天津天成制药有限公司〈P1614〉

L-丙氨酸甲酯盐酸盐　L16200251

L-Alanine methyl ester hydrochloride [2491-20-5]
【生产厂】[苏]扬州宝盛生物化工有限公司〈P1817〉;[鄂]武汉阿米诺科技有限公司〈P2228〉

D-丙氨酸甲酯盐酸盐　L16200255

D-Alanine methyl ester hydrochloride [14316-06-4]
【生产厂】[苏]扬州宝盛生物化工有限公司〈P1817〉;[皖]安徽省恒锐新技术开发有限责任公司〈P1972〉

丙氨酸乙酯盐酸盐　L16200261

Alanine ethyl ester hydrochloride [1115-59-9]
【生产厂】[苏]扬州宝盛生物化工有限公司〈P1817〉

L-酪氨酸　L16200301

L-Tyrosine [60-18-4]
用于治疗脊髓及结核性脑炎,制取丙苯氨酸等
【生产厂】[京]北京奥博星生物技术责任有限公司〈P1543〉;[冀]石家庄维诺伟业生物制品有限公司〈P1633〉;石家庄市环城氨基酸厂(36 吨)〈P1629〉;石家庄市新泽兴化工有限公司〈P1631〉;石家庄市石兴氨基酸有限公司〈P1631〉;晋州冀荣氨基酸有限公司(100 吨)〈P1625〉;河北省冀州市华阳化工有限责任公司〈P1665〉;[沪]上海斐雅科技发展有限公司〈P1733〉;[苏]无锡四周氨基酸有限公司〈P1881〉;[浙]桐乡市康普达生物科技有限公司〈P1943〉;宁波立华制药有限公司〈P1931〉;宁波海德氨基酸工业有限公司〈P1930〉;宁波市镇海步云生化厂〈P1933〉;宁波科瑞生物工程有限公司〈P1931〉;宁波海硕生物科技有限公司〈P1930〉;[鲁]山东振兴化工有限公司〈P2099〉;[豫]郑州厚泽木食品技术有限公司〈P2170〉;[鄂]武汉阿米诺科技有限公司〈P2228〉;武汉麦可贝斯生物科技有限公司〈P2231〉;武汉武大弘元股份有限公司〈P2234〉;武汉汉龙氨基酸有限责任公司〈P2230〉;武汉百友氨基酸有限公司〈P2229〉;湖北省潜江市四维氨基酸有限公司〈P2245〉;湖北新生源生物工程股份有限公司〈P2240〉;湖北八峰药化股份有限公司〈P2245〉;[川]成都龙泰生化实业有限公司〈P2313〉;四川峨眉山荣高生化制品有限公司(240 吨)〈P2318〉;四川同晟氨基酸有限公司〈P2329〉;四川绵竹市鹏发生化有限责任公司(50 吨)〈P2327〉;四川正华药业有限公司〈P2330〉;罗江晨明生物制品有限公司〈P2324〉;四川省用九生化制品有限公司〈P2334〉

DL-酪氨酸　L16200311

DL-Tyrosine [556-03-6]
可作为生化试剂,调制植物叶面营养液等
【生产厂】[冀]石家庄市石兴氨基酸有限公司〈P1631〉;[晋]山西汾河制药厂〈P1678〉;[沪]上海求德生物化工有限公司〈P1758〉;[川]四川峨眉山荣高生化制品有限公司〈P2318〉;四川同晟氨基酸有限公司〈P2329〉;四川绵竹市鹏发生化有限责任公司〈P2327〉

D-酪氨酸　L16200331

D-Tyrosine [556-02-5]
【生产厂】[冀]石家庄市石兴氨基酸有限公司〈P1631〉;[晋]太原世乐药业有限公司〈P1671〉;[沪]上海求德生物化工有限公司〈P1758〉;[皖]安徽省恒锐新技术开发有限责任公司〈P1972〉

3,5-二碘-L-酪氨酸　L16200351

3,5-Diiodo-L-tyrosine [300-39-0]
【生产厂】[京]北京达科思精细化工研究所〈P1545〉;[沪]上海求德生物化工有限公司〈P1758〉;[鄂]湖北新生源生物工程股份有限公司〈P2240〉

L-酪氨酸甲酯盐酸盐　L16200379

L-Tyrosine methyl ester hydrochloride [3417-91-2]
【生产厂】[苏]扬州宝盛生物化工有限公司〈P1817〉;[鄂]武汉阿米诺科技有限公司〈P2228〉;武汉武大弘元股份有限公司〈P2234〉

酪氨酸叔丁酯　L16200381

Tyrosine *tert*-butyl ester
【生产厂】[苏]常州夏青化工有限公司〈P1857〉;扬州宝盛生物化工有限公司〈P1817〉

L-酪氨酸乙酯盐酸盐　L16200391

L-Tyrosine ethyl ester hydrochloride
【生产厂】[鄂]武汉阿米诺科技有限公司〈P2228〉;武汉武大弘元股份有限公司〈P2234〉

L-天冬酰胺;天冬素　L16200401

L-Asparagine [70-47-3]
用作医药中间体、食品添加剂等
【生产厂】[冀]石家庄市石兴氨基酸有限公司〈P1631〉;[晋]山西省太原晋阳制药厂〈P1670〉;[沪]上海斐雅科技发展有限公司〈P1733〉;[苏]常州市清红化工有限公司〈P1853〉;无锡四周氨基酸有限公司〈P1881〉;江苏杰成生物工程有限公司〈P1865〉;[浙]宁波海德氨基酸工业有限公司〈P1930〉;宁波科瑞生物工程有限公司〈P1931〉;[鄂]武汉武大弘元股份有限公司〈P2234〉

D-天冬酰胺　L16200431

D-Asparagine
【生产厂】[沪]上海求德生物化工有限公司〈P1758〉;[苏]无锡四周氨基酸有限公司〈P1881〉

DL-天冬酰胺　L16200451

DL-Asparagine [3130-87-8]
医药行业中主要用于乳腺小叶增生的辅助治疗
【生产厂】[吉]吉林省博大制药有限责任公司(200 吨)〈P1717〉;辽源市迪康药业有限责任公司(200 吨)〈P1717〉;[沪]上海求德生物化工有限公司〈P1758〉;[川]四川协力制药有限公司〈P2320〉

L-组氨酸　L16200501

L-Histidine [71-00-1]
用作医药原料及食品添加剂
【生产厂】[京]北京奥博星生物技术责任有限公司〈P1543〉;[冀]石家庄维诺伟业生物制品有限公司〈P1633〉;石家庄市石兴氨基酸有限公司〈P1631〉;河北省冀州市华阳化工有限责任公司〈P1665〉;[沪]上海斐雅科技发展有限公司〈P1733〉;上海协和氨基酸有限公司(600 吨)〈P1771〉;[苏]无锡四周氨基酸有限公司〈P1881〉;[浙]宁波海德氨基酸工业有限公司〈P1930〉;[豫]郑州厚泽木食品技术有限公司〈P2170〉;[鄂]武汉阿米诺科技有限公司〈P2228〉;武汉麦可贝斯生物科技有限公司〈P2231〉;武汉武大弘元股份有限公司〈P2234〉;湖北八峰药化股份有限公司〈P2245〉;[川]罗江晨明生物制品有限公司(12 吨)〈P2324〉

L

【使用厂】[津]天津天成制药有限公司〈P1614〉

D-组氨酸 L16200521

D-Histidine [351-50-8]

【生产厂】[冀]石家庄市石兴氨基酸有限公司〈P1631〉;[晋]太原世乐药业有限公司〈P1671〉;[沪]上海求德生物化工有限公司〈P1758〉;[皖]安徽省恒锐新技术开发有限责任公司〈P1972〉

L-组氨酸盐酸盐;L-组氨酸盐酸盐一水物 L16200551

L-Histidine hydrochloride monohydrate [7048-02-4]

用作医药原料及食品添加剂

【生产厂】[京]北京奥博星生物技术责任有限公司〈P1543〉;[冀]石家庄维诺伟业生物制品有限公司〈P1633〉;石家庄市石兴氨基酸有限公司〈P1631〉;晋州冀荣氨基酸有限公司〈P1625〉;[沪]上海斐雅科技发展有限公司〈P1733〉;上海协和氨基酸有限公司(600 吨)〈P1771〉;[苏]张家港市三兴生化试剂厂〈P1913〉;[浙]桐乡市康普达生物科技有限公司〈P1943〉;宁波海德氨基酸工业有限公司〈P1930〉;宁波科瑞生物工程有限公司〈P1931〉;[鄂]武汉武大弘元股份有限公司〈P2234〉;湖北八峰药化股份有限公司〈P2245〉;[川]罗江晨明生物制品有限公司(15 吨)〈P2324〉

L-瓜氨酸 L16200601

L-Citrulline [372-75-8]

用于生化试剂与有机合成

【生产厂】[沪]上海依福瑞实业有限公司〈P1774〉;上海斐雅科技发展有限公司〈P1733〉;[苏]南京莱尔生物化工有限公司〈P1786〉;[浙]宁波海德氨基酸工业有限公司〈P1930〉;宁海有机化工厂〈P1934〉;[鄂]武汉阿米诺科技有限公司〈P2228〉;武汉武大弘元股份有限公司〈P2234〉;武汉汉龙氨基酸有限责任公司〈P2230〉

L-脯氨酰胺 L16200701

L-Prolinamide [7531-52-4]

【生产厂】[苏]扬州宝盛生物化工有限公司〈P1817〉;[浙]杭州华东普洛医药科技有限公司〈P1918〉;[川]四川琢新生物材料研究有限公司〈P2320〉

谷氨酸;L-谷氨酸;α-氨基戊二酸;麸氨酸 L16200801

Glutamic acid;L-Glutamic acid [56-86-0]

用于制药、食品添加剂、营养强化剂

【生产厂】[京]北京奥博星生物技术责任有限公司〈P1543〉;北京健力药业有限公司〈P1551〉;[津]天津天安药业股份有限公司〈P1614〉;[冀]石家庄维诺伟业生物制品有限公司〈P1633〉;石家庄市石兴氨基酸有限公司〈P1631〉;河北省冀州市华阳化工有限责任公司〈P1665〉;[沪]上海斐雅科技发展有限公司〈P1733〉;上海协和氨基酸有限公司(600 吨)〈P1771〉;[苏]无锡四周氨基酸有限公司〈P1881〉;江苏菊花味精集团公司(1000 吨)〈P1894〉;张家港市菊花氨基酸有限公司〈P1913〉;[浙]桐乡市康普达生物科技有限公司〈P1943〉;宁波海德氨基酸工业有限公司〈P1930〉;宁波科瑞生物工程有限公司〈P1931〉;[鲁]山东西王集团有限公司〈P2157〉;山东阜丰集团公司(28 万吨)〈P2149〉;[豫]郑州厚泽木食品技术有限公司〈P2170〉;夏邑县谷氨酸股份有限公司(5000 吨)〈P2226〉;[鄂]武汉武大弘元股份有限公司〈P2234〉;武汉汉龙氨基酸有限责任公司〈P2230〉;宜昌三峡制药有限公司〈P2241〉;湖北八峰药化股份有限公司〈P2245〉;[渝]重庆市劲康生物技术有限公司〈P2307〉;[川]四川峨眉山荣高生化制品有限公司〈P2318〉;四川同晟氨基酸有限公司(100 吨)〈P2329〉;四川绵竹市鹏发生化有限责任公司(360 吨)〈P2327〉;罗江晨明生物制品有限公司〈P2324〉

【使用厂】[津]天津天成制药有限公司〈P1614〉;[苏]江都市华兴医药化工制品有限公司〈P1814〉;[桂]桂林南药股份有限公司〈P2299〉;[渝]重庆小泉化工厂〈P2308〉

D-谷氨酸 L16200811

D-Glutamic acid;D-2-Aminoglutaric acid [6893-26-1]

用作氨基酸类药

【生产厂】[冀]石家庄市石兴氨基酸有限公司〈P1631〉;[沪]上海求德生物化工有限公司〈P1758〉;[苏]无锡四周氨基酸有限公司〈P1881〉;扬州宝盛生物化工有限公司〈P1817〉;[皖]安徽省恒锐新技术开发有限责任公司〈P1972〉;[鄂]武汉武大弘元股份有限公司〈P2234〉;[川]四川同晟氨基酸有限公司〈P2329〉

L-鸟氨酸乙酯盐酸盐 L16200911

L-Ornithine ethyl ester hydrochloride

【生产厂】[沪]上海依福瑞实业有限公司〈P1774〉;[鄂]武汉武大弘元股份有限公司〈P2234〉

盐酸依氟鸟氨酸 L16200931

Eflornithine hydrochloride [68278-23-9]

用于女性脱毛

【生产厂】[浙]杭州华东普洛医药科技有限公司〈P1918〉

L-盐酸鸟氨酸;L-鸟氨酸盐酸盐 L16200951

L-Ornithine hydrochloride [3184-13-2]

用作生化试剂

【生产厂】[冀]石家庄市石兴氨基酸有限公司〈P1631〉;[沪]上海依福瑞实业有限公司〈P1774〉;上海斐雅科技发展有限公司〈P1733〉;[浙]宁波海德氨基酸工业有限公司〈P1930〉;宁波科瑞生物工程有限公司〈P1931〉;[皖]安徽省恒锐新技术开发有限责任公司〈P1972〉;[鄂]武汉阿米诺科技有限公司〈P2228〉;武汉麦可贝斯生物科技有限公司〈P2231〉;武汉武大弘元股份有限公司〈P2234〉;武汉汉龙氨基酸有限责任公司〈P2230〉

L-鸟氨酸-L-天门冬氨酸 L16200991

L-Ornithine-L-aspartate [3230-94-2]

【生产厂】[冀]石家庄市石兴氨基酸有限公司〈P1631〉;[沪]上海依福瑞实业有限公司〈P1774〉;[鄂]武汉武大弘元股份有限公司〈P2234〉

赖氨酸;L-赖氨酸 L16201001

Lysine;L-lysine [56-87-1]

用作氨基酸类药

【生产厂】[京]北京奥博星生物技术责任有限公司〈P1543〉;[冀]石家庄市新泽兴化工有限公司〈P1631〉;石家庄市石兴氨基酸有限公司〈P1631〉;[沪]上海斐雅科技发展有限公司〈P1733〉;[苏]无锡四周氨基酸有限公司〈P1881〉;张家港市三兴生化试剂厂〈P1913〉;[皖]安徽丰原集团〈P1974〉;[川]成都景田生物药业有限公司〈P2312〉;川化集团有限责任公司(3 万吨)〈P2317〉

【使用厂】[沪]上海五洲药业股份有限公司〈P1770〉;[浙]浙江华海药业股份有限公司〈P1964〉;[鲁]化学工业(全国)饲料添加剂工程技术中心山东科技公司〈P2020〉

L-赖氨酸醋酸盐 L16201011

L-Lysine acetate [52315-92-1]

用作氨基酸类药

【生产厂】[津]天津天安药业股份有限公司〈P1614〉;[冀]石家庄市石兴氨基酸有限公司〈P1631〉;晋州冀荣氨基酸有限公司(60 吨)〈P1625〉;[沪]上海斐雅科技发展有限公司〈P1733〉;[苏]张家港市三兴生化试剂厂〈P1913〉;[鄂]宜昌三峡制药有限公司〈P2241〉;湖北八峰药化股份有限公司〈P2245〉

DL-赖氨酸 L16201041

DL-Lysine [70-54-2]

【生产厂】[沪]上海求德生物化工有限公司〈P1758〉;[皖]安徽省恒锐新技术开发有限责任公司〈P1972〉

DL-赖氨酸盐酸盐 L16201051

DL-Lysine hydrochloride [70-53-1]

【生产厂】[津]天津天安药业股份有限公司〈P1614〉;[冀]石家庄市石兴氨基酸有限公司〈P1631〉;[鄂]武汉市合中化工制造有限公司〈P2232〉;湖北省潜江市四维氨基酸有限公司〈P2245〉;[陕]陕西西岳制药有限公司〈P2352〉

组胺二盐酸盐 L16201101

Histamine dihydrochloride [56-92-8]

【生产厂】[沪]上海依福瑞实业有限公司〈P1774〉;[粤]益飞医药化工有限公司〈P2274〉;[川]成都景田生物药业有限公司〈P2312〉

L-鼠李糖 L16201201

L-Rhamnose [10030-85-0]

用作生化药

【生产厂】[沪]上海邦成化工有限公司〈P1728〉;[浙]浙江省台州市椒江天一化工厂〈P1966〉;[豫]平舆县馨星生化有限公司〈P2227〉;[川]成都欧康植化科技有限公司〈P2313〉;[陕]陕西慧科植物开发有限公司〈P2346〉;西安惠丰生化集团股份有限公司〈P2348〉

DL-丝氨酸甲酯盐酸盐 L16201301

DL-Serine methyl ester hydrochloride [5619-04-5]

【生产厂】[苏]扬州宝盛生物化工有限公司〈P1817〉;[皖]安徽省恒锐新技术开发有限责任公司〈P1972〉;[鄂]罗田县恒兴源化工有限公司〈P2244〉

L-丝氨酸甲酯盐酸盐 L16201351

L-Serine methyl ester hydrochloride [5680-80-8]

【生产厂】[川]成都景田生物药业有限公司〈P2312〉

D-丝氨酸甲酯盐酸盐 L16201391

D-Serine methyl ester hydrochloride

【生产厂】[皖]安徽省恒锐新技术开发有限责任公司〈P1972〉

蛋氨酸;甲硫氨酸;DL-蛋氨酸 L16201401

DL-Methionine [59-51-8]

适用于防治肝脏疾病和砷或苯等中毒,也可用于治疗痢疾和慢性传染病后因蛋白质不足而引起的营养不良症

【生产厂】[京]北京健力药业有限公司〈P1551〉;[津]天津天安药业股份有限公司〈P1614〉;天津渤海化工有限责任公司天津化工厂(1 万吨)〈P1570〉;[冀]石家庄维诺伟业生物制品有限公司〈P1633〉;石家庄市环城氨基酸厂〈P1629〉;石家庄市新泽兴化工有限公司〈P1631〉;石家庄市海天精细化工有限公司〈P1629〉;石家庄市石兴氨基酸有限公司〈P1631〉;晋州冀荣氨基酸有限公司(100 吨)〈P1625〉;河北省冀州市华阳化工有限责任公司〈P1665〉;[吉]柳河修正制药有限公司〈P1718〉;[苏]南京仁信化工有限公司〈P1788〉;无锡四周氨基酸有限公司〈P1881〉;无锡奔牛生物科技有限公司(500 吨)〈P1872〉;江苏华昌(集团)有限公司〈P1893〉;张家港市三兴生化试剂厂〈P1913〉;[浙]绍兴贝斯美化工有限公司〈P1949〉;桐乡市康普达生物科技有限公司〈P1943〉;宁波海德氨基酸工业有限公司〈P1930〉;[豫]郑州厚泽木食品技术有限公司〈P2170〉;[鄂]武汉麦可贝斯生物科技有限公司〈P2231〉;武汉武大弘元股份有限公司〈P2234〉;武汉汉龙氨基酸有限责任公司〈P2230〉;[川]四川峨眉山荣高生化制品有限公司〈P2318〉;四川同晟氨基酸有限公司〈P2329〉

【使用厂】[鲁]化学工业(全国)饲料添加剂工程技术中心山东科技公司〈P2020〉

L-蛋氨酸;L-甲硫氨酸;L-甲硫基丁氨酸 L16201501

L-Methionine [63-68-3]

用于生化研究和营养增补剂,也用于肺炎、肝硬变及脂肪肝等的辅助治疗

【生产厂】[京]北京奥博星生物技术责任有限公司〈P1543〉;北京健力药业有限公司〈P1551〉;[冀]石家庄维诺伟业生物制品有限公司〈P1633〉;石家庄市环城氨基酸厂〈P1629〉;石家庄市新泽兴化工有限公司〈P1631〉;石家庄市海天精细化工有限公司〈P1629〉;石家庄市石兴氨基酸有限公司〈P1631〉;晋州冀荣氨基酸有限公司(100 吨)〈P1625〉;河北省冀州市华阳化工有限责任公司〈P1665〉;[沪]上海雅本化学有限公司〈P1773〉;上海斐雅科技发展有限公司〈P1733〉;[苏]无锡四周氨基酸有限公司〈P1881〉;无锡奔牛生物科技有限公司(50 吨)〈P1872〉;江苏华昌(集团)有限公司〈P1893〉;[浙]桐乡市康普达生物科技有限公司〈P1943〉;宁波海德氨基酸工业有限公司〈P1930〉;宁波科瑞生物工程有限公司〈P1931〉;宁波海硕生物科技有限公司〈P1930〉;横店集团家园化工有限公司〈P1952〉;[豫]郑州厚泽木食品技术有限公司〈P2170〉;[鄂]武汉武大弘元股份有限公司〈P2234〉;武汉汉龙氨基酸有限责任公司〈P2230〉;湖北八峰药化股份有限公司〈P2245〉;[川]成都龙泰生化实业有限公司〈P2313〉;四川峨眉山荣高生化制品有限公司〈P2318〉

D-蛋氨酸 L16201511

D-Methionine [348-67-4]

用于生化研究和用作营养增补剂

【生产厂】[冀]石家庄市海天精细化工有限公司〈P1629〉;石家庄市石兴氨基酸有限公司〈P1631〉;晋州冀荣氨基酸有限公司(24 吨)〈P1625〉;[晋]太原世乐药业有限公司〈P1671〉;[苏]无锡四周氨基酸有限公司〈P1881〉;无锡奔牛生物科技有限公司(500 千克)〈P1872〉;江苏华昌(集团)有限公司〈P1893〉;[浙]横店集团家园化工有限公司〈P1952〉;[鄂]武汉武大弘元股份有限公司〈P2234〉;[川]四川峨眉山荣高生化制品有限公司〈P2318〉

DL-蛋氨酸盐酸盐 L16201531

DL-Methionine hydrochloride

【生产厂】[苏]无锡奔牛生物科技有限公司(500 吨)〈P1872〉

N-乙酰蛋氨酸;*N*-乙酰-DL-蛋氨酸 L16201551

N-Acetyl-DL-methionine [1115-47-5]

用于生化研究

【生产厂】[津]天津市华顺药业有限公司〈P1590〉;[苏]无锡奔牛生物科技有限公司(200 吨)〈P1872〉;江苏华昌(集团)有限公司〈P1893〉;江苏华昌化工股份有限公司〈P1893〉;[浙]宁波海德氨基酸工业有限公司〈P1930〉;

[鄂]武汉阿米诺科技有限公司〈P2228〉;武汉武大弘元股份有限公司〈P2234〉;[陕]西安博捷医药化工技术有限公司〈P2347〉

N-乙酰-L-蛋氨酸　L16201571

N-Acetyl-L-methionine [65-82-7]

【生产厂】[苏]无锡奔牛生物科技有限公司〈P1872〉;江苏华昌(集团)有限公司〈P1893〉;[浙]宁波海德氨基酸工业有限公司〈P1930〉;[鄂]武汉阿米诺科技有限公司〈P2228〉;武汉麦可贝斯生物科技有限公司〈P2231〉;武汉武大弘元股份有限公司〈P2234〉

N-乙酰-D-蛋氨酸　L16201591

N-Acetyl-D-methionine

【生产厂】[苏]江苏华昌(集团)有限公司〈P1893〉;[鄂]武汉阿米诺科技有限公司〈P2228〉

L-苯丙氨酸;L-2-氨基苯丙酸　L16201601

L-Phenylalanine [63-91-2]

用于配制氨基酸注射液和多种强壮剂及营养强化剂的成分,也是生产新型甜味剂阿斯巴甜的原料

【生产厂】[京]北京奥博星生物技术责任有限公司〈P1543〉;北京维多化工有限责任公司〈P1563〉;[津]天津天安药业股份有限公司〈P1614〉;[冀]石家庄维诺伟业生物制品有限公司〈P1633〉;石家庄市新泽兴化工有限公司〈P1631〉;石家庄市石兴氨基酸有限公司〈P1631〉;晋州冀荣氨基酸有限公司(500 吨)〈P1625〉;河北省冀州市华阳化工有限责任公司〈P1665〉;[沪]上海斐雅科技发展有限公司〈P1733〉;[苏]无锡四周氨基酸有限公司〈P1881〉;[浙]桐乡市康普达生物科技有限公司〈P1943〉;宁波海德氨基酸工业有限公司〈P1930〉;宁波科瑞生物工程有限公司〈P1931〉;浙江天新药业有限公司(60 吨)〈P1968〉;[皖]安徽省恒锐新技术开发有限责任公司〈P1972〉;[豫]郑州厚泽木食品技术有限公司〈P2170〉;河南易元制药有限公司〈P2191〉;[鄂]武汉麦可贝斯生物科技有限公司〈P2231〉;武汉武大弘元股份有限公司〈P2234〉;武汉汉龙氨基酸有限责任公司〈P2230〉;湖北八峰药化股份有限公司(100 吨)〈P2245〉;[川]四川峨眉山荣高生化制品有限公司(100 吨)〈P2318〉

L-苯丙氨酸盐酸盐　L16201611

L-Phenylalanine hydrochloride [7524-50-7]

【生产厂】[皖]安徽省恒锐新技术开发有限责任公司〈P1972〉

N-乙酰-DL-苯丙氨酸　L16201621

N-Acetyl-DL-phenylalanine [2901-75-9]

【生产厂】[皖]安徽省恒锐新技术开发有限责任公司〈P1972〉;[鄂]武汉阿米诺科技有限公司〈P2228〉

N-乙酰-L-苯丙氨酸　L16201631

N-Acetyl-L-phenylalanine [2018-61-3]

【生产厂】[苏]扬州宝盛生物化工有限公司〈P1817〉;[鄂]武汉阿米诺科技有限公司〈P2228〉;武汉武大弘元股份有限公司〈P2234〉

L-苯丙氨酸甲酯盐酸盐　L16201651

L-Phenylalanine methyl ester hydrochloride [7524-50-7]

用作医药中间体

【生产厂】[苏]扬州宝盛生物化工有限公司〈P1817〉;[鄂]武汉阿米诺科技有限公司〈P2228〉

D-苯丙氨酸甲酯盐酸盐　L16201661

D-Phenylalanine methyl ester hydrochloride

【生产厂】[苏]扬州宝盛生物化工有限公司〈P1817〉;[浙]台州市华鼎化工有限公司〈P1961〉

L-苯丙氨酸叔丁酯盐酸盐　L16201691

L-Phenylalanine *tert*-butyl ester hydrochloride [15100-75-1]

【生产厂】[皖]安徽省恒锐新技术开发有限责任公司〈P1972〉

曲酸双棕榈酸酯　L16201901

Kojic acid dipalmitate

【生产厂】[沪]上海奥利实业有限公司〈P1727〉;[鄂]湖北襄西化学工业有限公司〈P2237〉

L-色氨酸;L-2-氨基-3-吲哚基-丙酸　L16202001

L-Tryptophan [73-22-3]

用作营养增补剂及饲料添加剂

【生产厂】[京]北京奥博星生物技术责任有限公司〈P1543〉;[津]天津天安药业股份有限公司〈P1614〉;天津市宝双化工有限公司(600 吨)〈P1579〉;[冀]石家庄市新泽兴化工有限公司〈P1631〉;石家庄市海天精细化工有限公司〈P1629〉;石家庄市石兴氨基酸有限公司〈P1631〉;晋州冀荣氨基酸有限公司(100 吨)〈P1625〉;河北省冀州市华阳化工有限责任公司〈P1665〉;保定加合精细化工有限公司〈P1645〉;[沪]上海斐雅科技发展有限公司〈P1733〉;上海迪赛诺公司〈P1731〉;[苏]无锡四周氨基酸有限公司〈P1881〉;[浙]桐乡市康普达生物科技有限公司〈P1943〉;宁波海德氨基酸工业有限公司〈P1930〉;宁波科瑞生物工程有限公司〈P1931〉;宁波海硕生物科技有限公司〈P1930〉;横店集团家园化工有限公司〈P1952〉;[皖]安徽省恒锐新技术开发有限责任公司〈P1972〉;[鲁]淄博张店鑫沣生物化工厂〈P2076〉;[豫]郑州厚泽木食品技术有限公司〈P2170〉;[鄂]湖北友芝友生物科技有限公司〈P2228〉;武汉麦可贝斯生物科技有限公司〈P2231〉;武汉武大弘元股份有限公司〈P2234〉;武汉汉龙氨基酸有限责任公司〈P2230〉;湖北永安集团(2000 吨)〈P2244〉;湖北八峰药化股份有限公司〈P2245〉;[川]四川峨眉山荣高生化制品有限公司〈P2318〉

D-色氨酸　L16202051

D-Tryptophan [153-94-6]

用作医药中间体或原料药

【生产厂】[冀]石家庄市石兴氨基酸有限公司〈P1631〉;[晋]太原世乐药业有限公司〈P1671〉;[沪]上海茂基化学试剂有限公司〈P1753〉;上海邦成化工有限公司〈P1728〉;上海求德生物化工有限公司〈P1758〉;[苏]无锡四周氨基酸有限公司〈P1881〉;扬州宝盛生物化工有限公司〈P1817〉;[皖]安徽省恒锐新技术开发有限责任公司〈P1972〉;[川]成都景田生物药业有限公司(250 吨)〈P2312〉

抗坏血酸棕榈酸酯;维生素 C 棕榈酸酯　L16202101

Vitamin C palmitate [137-66-6]

主要作为抗氧化剂,广泛用于食品、医药等领域

【生产厂】[京]北京市海淀会友精细化工厂(20 吨)〈P1559〉;[辽]开原亨泰精细化工厂〈P1712〉;[沪]上海泰顿化工有限公司〈P1766〉;上海三维制药有限公司〈P1760〉;上海邦

成化工有限公司〈P1728〉;[苏]宜兴市屺亭化工厂〈P1886〉;上海三维制药公司太仓岳王药物原料厂〈P1898〉;[浙]桐乡市康普达生物科技有限公司〈P1943〉;浙江天新药业有限公司(200 吨)〈P1968〉;[粤]东莞市广益食品添加剂实业有限公司〈P2279〉

乙酰亮氨酸;*N*-乙酰-DL-亮氨酸 L16202201
Acetylleucine;*N*-Acetyl-DL-leucine [99-15-0]
【生产厂】[鄂]武汉阿米诺科技有限公司〈P2228〉;武汉武大弘元股份有限公司〈P2234〉

***N*-乙酰-L-亮氨酸** L16202251
N-Acetyl-L-leucine [1188-21-2]
【生产厂】[苏]扬州宝盛生物化工有限公司〈P1817〉;[浙]宁波海德氨基酸工业有限公司〈P1930〉;[鄂]武汉阿米诺科技有限公司〈P2228〉;武汉麦可贝斯生物科技有限公司〈P2231〉;武汉武大弘元股份有限公司〈P2234〉;武汉汉龙氨基酸有限责任公司〈P2230〉;[川]四川绵竹市鹏发生化有限责任公司〈P2327〉

L-亮氨酸甲酯盐酸盐 L16202291
L-Leucine methyl ester dihydrochloride
【生产厂】[苏]扬州宝盛生物化工有限公司〈P1817〉;[鄂]武汉阿米诺科技有限公司〈P2228〉;武汉武大弘元股份有限公司〈P2234〉

L-精氨酸-L-天门冬氨酸 L16202301
L-Arginine-L-aspartate [7675-83-4]
用作化妆品氨基酸营养剂、氨基酸营养食品添加物等
【生产厂】[冀]石家庄市石兴氨基酸有限公司〈P1631〉;[辽]开原亨泰精细化工厂〈P1712〉;[沪]上海汉飞生化科技有限公司〈P1735〉;[鄂]武汉麦可贝斯生物科技有限公司〈P2231〉;武汉武大弘元股份有限公司〈P2234〉

L-精氨酸-*β*-羟基-*β*-甲基丁酸盐 L16202311
L-Arginine-*β*-hydroxy-*β*-methylbutyrate
是重要的医药营养剂
【生产厂】[苏]金湖申凯化学有限公司〈P1803〉;靖江市三益化工有限公司〈P1825〉

L-精氨酸-L-焦谷氨酸盐 L16202331
L-Arginine-L-pyroglutamic acid [56265-06-6]
可有效增加人体荷尔蒙的水平,增强人体肌健和韧带的机能,增加运动时的爆发力
【生产厂】[沪]上海依福瑞实业有限公司〈P1774〉;[苏]金湖申凯化学有限公司〈P1803〉;[鄂]武汉麦可贝斯生物科技有限公司〈P2231〉

L-精氨酸-L-苹果酸 L16202351
L-Arginine-L-malate
【生产厂】[辽]开原亨泰精细化工厂〈P1712〉;[沪]上海汉飞生化科技有限公司〈P1735〉;上海依福瑞实业有限公司〈P1774〉

精氨酸乙酯盐酸盐 L16202389
Arginine ethyl ester hydrochloride
【生产厂】[辽]开原亨泰精细化工厂〈P1712〉;[沪]上海汉飞生化科技有限公司〈P1735〉;[鄂]武汉武大弘元股份有限公司〈P2234〉

L-精氨酸甲酯二盐酸盐 L16202391
L-Arginine methyl ester dihydrochloride
【生产厂】[苏]扬州宝盛生物化工有限公司〈P1817〉;[鄂]武汉阿米诺科技有限公司〈P2228〉;武汉武大弘元股份有限公司〈P2234〉

壳聚寡糖 L16202401
Chitosan oligosaccharide
广泛应用于保健食品、生物医药、日用品、化妆品等领域,可抗癌、调节血压、降低胆固醇、增强免疫力
【生产厂】[冀]华北制药股份有限公司〈P1624〉;华北制药集团有限责任公司〈P1624〉;[浙]浙江省建德市生物化工厂〈P1928〉;台州复大海洋生物实业有限公司〈P1960〉;[鲁]济南海得贝海洋生物工程有限公司(30 吨)〈P2021〉;山东莱州市海力生物制品有限公司〈P2114〉;山东洁晶集团股份有限公司(30 吨)〈P2139〉

L-盐酸半胱氨酸甲酯;L-半胱氨酸甲酯盐酸盐 L16202501
L-Cysteine methyl ester hydrochloride; Methyl cysteine hydrochloride; Visclair [18598-63-5]
【生产厂】[苏]扬州宝盛生物化工有限公司〈P1817〉;[鄂]武汉阿米诺科技有限公司〈P2228〉;武汉武大弘元股份有限公司〈P2234〉;武汉汉龙氨基酸有限责任公司〈P2230〉

L-半胱氨酸乙酯盐酸盐 L16202551
L-Cysteine ethyl ester hydrochloride [868-59-7]
【生产厂】[鄂]武汉武大弘元股份有限公司〈P2234〉;武汉汉龙氨基酸有限责任公司〈P2230〉

蛋氨酸铁 L16202601
Iron methionine
营养性添加剂,可用于食品、饲料、医药等行业
【生产厂】[鄂]武汉神舟化工有限公司〈P2232〉

2-氯腺嘌呤核苷;2-氯腺苷 L16202701
2-Chloroadenosine [146-77-0]
【生产厂】[沪]上海太平洋生物高科技有限公司〈P1766〉;[豫]新乡拓新生化科技有限公司〈P2207〉

L-脯氨酸甲酯盐酸盐 L16202801
L-Proline methyl ester hydrochloride
【生产厂】[苏]扬州宝盛生物化工有限公司〈P1817〉;[鄂]武汉阿米诺科技有限公司〈P2228〉

D-脯氨酸甲酯盐酸盐 L16202805
D-Proline methyl ester hydrochloride
【生产厂】[苏]扬州宝盛生物化工有限公司〈P1817〉

L-脯氨酸叔丁酯盐酸盐 L16202851
L-Proline *tert*-butyl ester hydrochloride
【生产厂】[鄂]武汉阿米诺科技有限公司〈P2228〉

L-脯氨酸苄酯盐酸盐 L16202871
L-Proline benzyl ester hydrochloride [16652-71-4]
【生产厂】[沪]上海赛恩斯医药化工有限公司〈P1759〉

***N*-乙酰-L-脯氨酸** L16202891
N-Acetyl-L-proline
【生产厂】[苏]扬州宝盛生物化工有限公司〈P1817〉;[鄂]武

汉阿米诺科技有限公司〈P2228〉;武汉武大弘元股份有限公司〈P2234〉

N-乙酰-D-脯氨酸 L16202895

N-Acetyl-D-proline

【生产厂】[苏]扬州宝盛生物化工有限公司〈P1817〉

D-别苏氨酸 L16203001

D-Allothreonine [24830-94-2]

用作生化试剂、营养剂

【生产厂】[皖]安徽省恒锐新技术开发有限责任公司〈P1972〉;[川]成都景田生物药业有限公司〈P2312〉

L-别苏氨酸 L16203031

L-Allothreonine [28954-12-3]

用作生化试剂、营养剂

【生产厂】[川]成都景田生物药业有限公司〈P2312〉

L-色氨酸乙酯盐酸盐 L16203101

L-Tryptophan ethyl ester hydrochloride

【生产厂】[苏]扬州宝盛生物化工有限公司〈P1817〉;[鄂]武汉阿米诺科技有限公司〈P2228〉

L-色氨酸甲酯盐酸盐 L16203131

L-Tryptophan methyl ester hydrochloride

【生产厂】[苏]扬州宝盛生物化工有限公司〈P1817〉;[鄂]武汉阿米诺科技有限公司〈P2228〉

D-色氨酸甲酯盐酸盐 L16203135

D-Tryptophan methyl ester hydrochloride

【生产厂】[苏]扬州宝盛生物化工有限公司〈P1817〉;[皖]安徽省恒锐新技术开发有限责任公司〈P1972〉

L-高苯丙氨酸 L16203301

L-Homophenylalanine [943-73-7]

【生产厂】[京]北京维多化工有限责任公司〈P1563〉;[皖]安徽省恒锐新技术开发有限责任公司〈P1972〉

D-高苯丙氨酸 L16203305

D-Homophenylalanine

【生产厂】[沪]上海求德生物化工有限公司〈P1758〉;[皖]安徽省恒锐新技术开发有限责任公司〈P1972〉

L-高苯丙氨酸盐酸盐 L16203331

L-Homophenylalanine hydrochloride [105382-09-0]

是合成各种普利类药物的重要中间体

【生产厂】[苏]海门慧聚药业有限公司〈P1830〉;[皖]安徽省恒锐新技术开发有限责任公司〈P1972〉

L-高苯丙氨酸乙酯盐酸盐 L16203351

L-Homophenylalanine ethyl ester hydrochloride [90891-21-7]

是抗高血压药物中 ACE 抑制剂的一个主要成分,也是合成各种普利类药物的重要中间体

【生产厂】[苏]海门慧聚药业有限公司〈P1830〉

L-高丝氨酸 L16203401

L-Homoserine [672-15-1]

【生产厂】[沪]上海利科化学科技有限公司〈P1750〉;[皖]安徽省恒锐新技术开发有限责任公司〈P1972〉

D-高丝氨酸 L16203411

D-Homoserine [6027-21-0]

【生产厂】[沪]上海求德生物化工有限公司〈P1758〉

DL-高丝氨酸 L16203421

DL-Homoserine

【生产厂】[沪]上海求德生物化工有限公司〈P1758〉

甘氨酸钠碳酸盐 L16203501

Sodium glycinate carbonate

医药工业中用于制备泡腾片,中和胃酸药物,难溶酸性药物增溶剂以及加入洗涤剂中作发泡剂

【生产厂】[冀]河北新东华氨基酸有限公司〈P1623〉;河北东华化工总公司〈P1619〉

甘氨酸柠檬酸盐 L16203551

Glycinate citrate

用作泡腾片酸源

【生产厂】[冀]河北新东华氨基酸有限公司〈P1623〉;河北东华化工总公司〈P1619〉

甘氨酸富马酸盐 L16203591

Glycinate fumarate

在制作泡腾片时用作酸源

【生产厂】[冀]河北新东华氨基酸有限公司〈P1623〉;河北东华化工总公司〈P1619〉

DL-叔亮氨酸 L16203601

DL-*tert*-Butylglycine;DL-*tert*-Leucine [33105-81-6]

【生产厂】[沪]上海赛恩斯医药化工有限公司〈P1759〉;[川]四川琢新生物材料研究有限公司〈P2320〉

D-叔亮氨酸 L16203631

D-*tert*-Leucine

【生产厂】[沪]上海求德生物化工有限公司〈P1758〉

L-叔亮氨酸 L16203651

L-*tert*-Leucine [20859-02-3]

【生产厂】[川]四川琢新生物材料研究有限公司〈P2320〉

N-乙酰-DL-叔亮氨酸 L16203671

N-Acetyl-DL-*tert*-butylglycine

【生产厂】[川]四川琢新生物材料研究有限公司〈P2320〉

L-肌肽;*β*-丙氨酰-L-组氨酸 L16203901

L-Carnosine;*β*-Alanyl-L-histidine [305-84-0]

用于细胞抗氧化,维持机体 pH 值平衡,延长细胞寿命

【生产厂】[津]天津天成制药有限公司(500 吨)〈P1614〉;[沪]上海久邦化工有限公司〈P1745〉;上海赛恩斯医药化工有限公司〈P1759〉;[苏]宜兴市屺亭化工厂〈P1886〉

L-高精氨酸盐酸盐 L16204001

L-Homoarginine hydrochloride [1483-01-8]

【生产厂】[沪]上海依福瑞实业有限公司〈P1774〉;[浙]浙江省仙居华康医药化工有限公司〈P1967〉;[皖]安徽省恒锐新技术开发有限责任公司〈P1972〉

D-高精氨酸盐酸盐 L16204011

D-Homoarginine hydrochloride
【生产厂】[沪]上海求德生物化工有限公司〈P1758〉

DL-异亮氨酸 L16204101

DL-Isoleucine [443-79-8]
【生产厂】[冀]石家庄市石兴氨基酸有限公司〈P1631〉;[晋]山西汾河制药厂〈P1678〉;[沪]上海求德生物化工有限公司〈P1758〉
【使用厂】[鲁]山东滕州悟通香料有限责任公司〈P2078〉

L-4-羟基异亮氨酸 L16204151

L-4-Hydroxyisoleucine
【生产厂】[川]成都普瑞法科技开发有限公司〈P2313〉

磷酸肌酸二钠盐 L16204201

Creatine phosphate sodium salt [922-32-7]
用于增加能量
【生产厂】[津]天津天成制药有限公司(400 吨)〈P1614〉;[黑]哈尔滨博莱制药有限公司〈P1720〉;[沪]上海北卡医药技术有限公司〈P1728〉;[浙]上虞市卧龙化工有限公司〈P1948〉;[鲁]东营市恒星化工有限责任公司(2 吨)〈P2082〉

DL-高胱氨酸 L16204301

DL-Homocystine [870-93-9]
主要用于生化研究
【生产厂】[浙]杭州浙大泛科化工有限公司〈P1925〉

DL-高半胱氨酸 L16204401

DL-Homocysteine [454-29-5]
主要用于生化研究
【生产厂】[苏]靖江市化工总厂〈P1824〉;[浙]杭州浙大泛科化工有限公司〈P1925〉

10-羟基-2-癸烯酸;蜂王酸;10-HDA L16204601

10-Hydroxy-2-decylenic acid [14113-05-4]
在营养、保健、医疗、美容等方面有神奇疗效,而且具有较强的抗癌性和杀菌力
【生产厂】[鄂]黄冈赛康药业有限公司〈P2244〉

6-氯嘌呤核苷 L16400601

6-Chloropurine nucleoside
【生产厂】[豫]新乡拓新生化科技有限公司(20 吨)〈P2207〉

2,6-二氯嘌呤核苷 L16400701

2,6-Dichloropurine nucleoside
【生产厂】[豫]新乡拓新生化科技有限公司〈P2207〉

腺苷;腺嘌呤核苷 L16400901

Adenosine [58-61-7]
用于制造 ATP、阿糖腺苷、辅酶 A 等
【生产厂】[京]北京东方德众科技发展有限公司〈P1546〉;北京赛璐珈科技有限公司〈P1557〉;[沪]上海太平洋生物高科技有限公司〈P1766〉;[浙]浙江海正药业股份有限公司〈P1964〉;[鲁]济南明鑫制药有限公司(200 吨)〈P2024〉;[豫]新乡市天丰精细化工有限公司〈P2206〉;新乡拓新生化科技有限公司(100 吨)〈P2207〉;新乡市赛特化工有限公司〈P2205〉

腺苷盐酸盐 L16400951

Adenosine hydrochloride
【生产厂】[豫]新乡拓新生化科技有限公司(10 吨)〈P2207〉

2-氨基腺苷 L16401001

2-Aminoadenosine [2096-10-8]
【生产厂】[沪]上海太平洋生物高科技有限公司〈P1766〉;[豫]新乡拓新生化科技有限公司(10 吨)〈P2207〉

S-腺苷-L-甲硫氨酸 L16401101

S-Adenosyl-L-methionine;SAMe [29908-03-0]
【生产厂】[川]成都景田生物药业有限公司〈P2312〉

8-溴腺苷 L16401201

8-Bromoadenosine [2946-39-6]
【生产厂】[京]北京金奥利维科技发展有限公司〈P1551〉

8-氯腺苷 L16401301

8-Chloroadenosine
【生产厂】[京]北京金奥利维科技发展有限公司〈P1551〉

2-氟腺苷 L16401401

2-Fluoroadenosine [146-78-1]
用作药物氟达拉滨中间体
【生产厂】[渝]重庆南松医药科技有限公司〈P2305〉

6-氯鸟嘌呤核苷 L16402001

6-Chloroguanine nucleoside
【生产厂】[豫]新乡拓新生化科技有限公司(10 吨)〈P2207〉

尿苷;尿嘧啶核苷 L16403001

Uridine [58-96-8]
用于制造氟尿嘧啶脱氧核苷、碘苷等抗肿瘤药物
【生产厂】[京]北京东方德众科技发展有限公司〈P1546〉;[苏]苏州工业园区赛康德万马化工有限公司〈P1900〉;江苏如东县丰利医药化工厂〈P1831〉;[豫]新乡市天丰精细化工有限公司〈P2206〉;新乡拓新生化科技有限公司(50 吨)〈P2207〉;新乡市恒辉生化科技有限公司〈P2204〉;新乡市赛特化工有限公司〈P2205〉

2′-*O*-甲基尿苷 L16403011

2′-*O*-Methyluridine [2140-76-3]
【生产厂】[豫]新乡拓新生化科技有限公司〈P2207〉

2′-脱氧-2′-氟尿苷 L16403301

2′-Deoxy-2′-fluorouridine
【生产厂】[豫]新乡拓新生化科技有限公司(10 吨)〈P2207〉;新乡市恒辉生化科技有限公司〈P2204〉

2,2′-环尿苷;2,2′-环尿嘧啶核苷;2,2′-脱水尿苷 L16403501

2,2′-Cyclouridine [3736-77-4]
【生产厂】[苏]苏州工业园区赛康德万马化工有限公司〈P1900〉;[豫]新乡拓新生化科技有限公司〈P2207〉

阿糖尿苷 L16403601

【生产厂】[豫]新乡拓新生化科技有限公司〈P2207〉;新乡市恒辉生化科技有限公司〈P2204〉

胞苷;胞嘧啶核苷 L16404001

Cytidine [65-46-3]
用于制造阿糖胞苷、环胞苷、CTP、胞二磷胆

碱等

【生产厂】[津]天津市武清区北洋化工厂(80吨)〈P1606〉;[沪]上海太平洋生物高科技有限公司〈P1766〉;[苏]苏州工业园区赛康德万马化工有限公司〈P1900〉;江苏如东县丰利医药化工厂〈P1831〉;[浙]杭州科本化工有限公司〈P1920〉;[鲁]济南明鑫制药有限公司(350吨)〈P2024〉;[豫]新乡市天丰精细化工有限公司〈P2206〉;新乡拓新生化科技有限公司(100吨)〈P2207〉;新乡市恒辉生化科技有限公司〈P2204〉;新乡市赛特化工有限公司〈P2205〉

2′-脱氧胞苷 L16404031

2′-Deoxycytidine [951-77-9]

【生产厂】[苏]苏州工业园区赛康德万马化工有限公司〈P1900〉;[豫]新乡拓新生化科技有限公司〈P2207〉;新乡市恒辉生化科技有限公司〈P2204〉

2′-脱氧-2′-氟胞苷 L16404051

2′-Deoxy-2′-fluorocytidine

【生产厂】[豫]新乡拓新生化科技有限公司〈P2207〉;新乡市恒辉生化科技有限公司〈P2204〉

5-氟胞苷;5-氟胞嘧啶核苷 L16404101

5-Fluorocytidine [2341-22-2]

【生产厂】[苏]江苏如东县丰利医药化工厂〈P1831〉;[鲁]济南隆盛有限责任公司〈P2023〉;[豫]新乡拓新生化科技有限公司(5吨)〈P2207〉

5-氮胞苷;5-氮杂胞嘧啶核苷 L16404201

5-Azacytidine [320-67-2]

【生产厂】[沪]上海太平洋生物高科技有限公司〈P1766〉;[豫]新乡拓新生化科技有限公司(5吨)〈P2207〉

鸟苷;鸟嘌呤核苷 L16404401

Guanosine [118-00-3]

用作药物中间体,用于制造无环鸟苷、三氮唑核苷等

【生产厂】[沪]上海太平洋生物高科技有限公司〈P1766〉;[豫]新乡市天丰精细化工有限公司〈P2206〉;新乡拓新生化科技有限公司〈P2207〉

【使用厂】[津]天津天成制药有限公司〈P1614〉

脱氧鸟苷 L16404491

2′-Deoxyguanosine [961-07-9]

【生产厂】[沪]上海秋之友生物科技有限公司〈P1758〉;上海捷倍思基因技术有限公司〈P1744〉

保护胸苷 L16404531

5′-*O*-Dimethoxytrityl-deoxythymidine [40615-39-2]

【生产厂】[苏]苏州工业园区赛康德万马化工有限公司〈P1900〉

3′,5′-脱水胸苷 L16404671

3′,5′-Anhydrothymidine [38313-48-3]

【生产厂】[苏]苏州工业园区赛康德万马化工有限公司〈P1900〉;张家港爱华化工有限公司〈P1911〉

肝素钠;肝素 L16990101

Heparin sodium;Heparinin [9041-08-1]

用于防治肿瘤病症转移和扩散,治疗肾病患者的渗血、急性心肌梗塞、脑血管疾病、皮肤病等

【生产厂】[冀]河北常山生化药业股份有限公司〈P1619〉;[沪]上海林叶生物科技有限公司〈P1752〉;[苏]常州千红生化制药有限公司〈P1849〉;江苏江山制药有限公司〈P1821〉;丽珠集团苏州新宝制药厂〈P1898〉;[鲁]东营天东生化工业有限公司〈P2083〉;烟台合普生物制品有限公司〈P2116〉;烟台东诚生化有限公司〈P2116〉;烟台康得生化制品有限公司〈P2117〉;青岛康原药业有限公司〈P2039〉;新泰市鲁鑫物资有限公司〈P2138〉;[豫]沁阳市制药厂(300吨)〈P2198〉;[粤]广东天普生化医药股份有限公司〈P2259〉;[川]四川菲德力制药有限公司〈P2331〉

赤藓糖醇 L16990201

Erythritol [149-32-6]

【生产厂】[京]北京高盟化工有限公司(500吨)〈P1548〉;[鲁]山东福田药业有限公司(3000吨)〈P2144〉;山东中舜科技发展有限公司(4500吨)〈P2056〉

乌司他丁 L16990501

Ulinastatin

用作蛋白酶抑制药

【生产厂】[沪]上海林叶生物科技有限公司〈P1752〉;[赣]南昌市万华生化制品有限公司〈P2010〉

醋酸普兰林肽 L16990801

Pramlintide Acetate [196078-30-5]

【生产厂】[沪]吉尔生化(上海)有限公司〈P1726〉;[川]成都凯捷生物医药科技发展有限公司〈P2312〉

胰激肽原酶 L16990951

Pancreatic kallidinogenase

用于微循环障碍性疾病,如糖尿病引起的胃病、周围神经病、视网膜病、眼底病及缺血性脑血管病等的治疗

【生产厂】[沪]上海林叶生物科技有限公司〈P1752〉;[苏]常州千红生化制药有限公司〈P1849〉;[鲁]济南维尔康生化制药有限公司〈P2026〉;[粤]广东天普生化医药股份有限公司〈P2259〉;[渝]重庆奥力生物制药有限公司〈P2303〉

醋酸特立帕肽 L16991101

Teriparatide acetate [52232-67-4]

【生产厂】[川]成都川抗派德生物医药科技有限公司〈P2310〉;成都凯捷生物医药科技发展有限公司〈P2312〉

胸腺五肽;胸腺喷丁 L16991401

Thymopentin;Timunox;Sintomodulina;Thymopoietin pentapeptide [69558-55-0]

免抑功能增强剂,用于治疗原发性或继发性免疫缺陷症

【生产厂】[黑]哈药集团生物工程有限公司〈P1721〉;[沪]上海子能制药有限公司〈P1779〉;上海太平洋生物高科技有限公司〈P1766〉;[浙]浙江省天台三信化工有限公司〈P1967〉;[渝]重庆华邦制药股份有限公司〈P2305〉;[川]成都川抗派德生物医药科技有限公司〈P2310〉;成都凯捷生物医药科技发展有限公司〈P2312〉;成都景田生物药业有限公司〈P2312〉

水牛角浓缩粉 L16991801

Buffalo horn concentrated powder

【生产厂】[皖]淮北市博奥高科生物化学有限公司〈P1977〉;[闽]福建瑞国药业有限公司〈P1997〉;[川]四川菲德力制

药有限公司〈P2331〉

人工牛黄 L16992201

Artificial bezoar

能清热解毒、祛痰、用于热病谵狂神错不语、小儿急热惊风、咽喉肿痛、外用治疗疽、口疮等症

【生产厂】[京]北京同仁堂中药提炼厂〈P1562〉;[冀]河北长天保定药业有限公司(20吨)〈P1647〉;[辽]沈阳市生物化学制药厂〈P1688〉;[吉]吉林省人参研究所制药厂〈P1718〉;吉林省通化天马生物制药厂〈P1718〉;[苏]苏州市中发医药化工有限公司〈P1906〉;[浙]浙江尖峰集团股份有限公司〈P1955〉;[闽]福建瑞国药业有限公司〈P1997〉;[鲁]兖州生宝制药有限公司(60吨)〈P2134〉;[豫]郑州利伟生物化工有限公司〈P2171〉;河南省天工制药厂(50吨)〈P2225〉;河南省夏邑县益康生化原料厂(8吨)〈P2225〉;[鄂]武汉市百草园生化药业有限公司〈P2232〉;[粤]汕头市捷利安生化制品有限公司〈P2276〉;[桂]南宁康诺生化制药有限责任公司〈P2297〉;[川]四川省新繁生物化学厂(50吨)〈P2319〉;成都天台山制药有限公司〈P2316〉;四川省彭州市西郊植物提制厂〈P2319〉;四川协力制药有限公司〈P2320〉;四川广汉市天府实业有限公司〈P2326〉;四川省什邡市鸿运生物化工有限公司〈P2328〉;四川省什邡市胜仁植物有限责任公司〈P2328〉;四川什邡普康生化有限公司〈P2329〉;四川世坤植化有限公司〈P2329〉;四川同泰植物化工有限公司〈P2330〉;四川什邡市宏升植物原料有限公司〈P2329〉;四川什邡市健福植物原料有限公司〈P2329〉;什邡市川西兴泰工贸有限公司〈P2325〉;四川菲德力制药有限公司〈P2331〉

肝素钙 L16992901

Heparin calcium [37270-89-6]

用作抗凝血药

【生产厂】[冀]河北常山生化药业股份有限公司〈P1619〉;[苏]常州千红生化制药有限公司〈P1849〉;[鲁]烟台合普生物制品有限公司〈P2116〉;烟台东诚生化有限公司〈P2116〉;[粤]广东天普生化医药股份有限公司〈P2259〉

胸腺肽;胸腺素;胸腺多肽 L16993301

Thymotin [62304-98-7]

用于治疗乙型肝炎、各类慢性肝炎和重病肝炎、疱疹、尖锐湿疣、病毒性角膜炎等

【生产厂】[沪]上海子能制药有限公司〈P1779〉;[川]成都川抗派德生物医药科技有限公司〈P2310〉;成都凯捷生物医药科技发展有限公司〈P2312〉;成都景田生物药业有限公司〈P2312〉

胞二磷胆碱;胞磷胆碱;尼古林;二磷酸胞嘧啶胆碱;胞嘧啶核苷二磷酸胆碱 L16993401

Citicoline; Cytidine diphosphate choline; CDPC; CDP-Cholion [987-78-0]

用于治疗急性颅脑外伤和脑手术后意识障碍等

【生产厂】[沪]上海秋之友生物科技有限公司〈P1758〉;上海太平洋生物高科技有限公司〈P1766〉;[浙]杭州凯胜生物技术有限公司〈P1920〉;[粤]江门甘蔗化工厂(集团)股份有限公司〈P2285〉

胞二磷胆碱钠 L16993451

Citicoline sodium

中枢神经系统用药

【生产厂】[冀]河北巨龙药业有限公司〈P1641〉;[豫]天津药业焦作有限公司(500吨)〈P2198〉;[粤]开平牵牛生化制药有限公司〈P2286〉

氯贝胆碱;氯化氨甲酰甲胆碱;比赛可灵 L16993701

Bethanechol chloride; Bethanechol [590-63-6]

为拟胆碱药,对平滑肌兴奋作用较强

【生产厂】[晋]芮城县顺昌化工有限公司〈P1679〉;芮城县兴庆化工厂〈P1679〉;山西省芮城县精细日化有限公司〈P1680〉;[豫]南阳市理邦实业有限公司〈P2224〉

大豆异黄酮 L16993901

Soybeanisoflavone

用于治疗妇女更年期综合症、前列腺癌、乳腺癌、心脏病、心血管病、骨质疏松等病

【生产厂】[京]北京怡禾生物工程有限公司〈P1565〉;北京华清美恒天然产物技术开发有限公司〈P1549〉;[冀]华北制药股份有限公司〈P1624〉;华北制药集团有限责任公司〈P1624〉;石家庄市大东生物化工有限公司〈P1628〉;石家庄工大生物制品有限公司〈P1626〉;栾城县恒和工贸有限公司〈P1625〉;[晋]太原市元太生物化工有限公司(5吨)〈P1672〉;[辽]大连天山实业有限公司〈P1694〉;盘锦格润生物科技有限公司〈P1706〉;[苏]南京莱尔生物化工有限公司〈P1786〉;江苏日欣实业集团有限公司〈P1816〉;[浙]杭州沁源天然植物科技有限公司〈P1921〉;杭州天草科技有限公司〈P1922〉;杭州德爱生物技术有限公司〈P1916〉;[川]成都中仁生物化学有限公司〈P2317〉;成都兰贝植化科技有限公司〈P2312〉;成都天源天然产物有限公司〈P2316〉;成都华康生物工程有限公司〈P2311〉;成都市金堂天然植物中间体厂〈P2314〉;四川德阳恒升生物科技有限公司〈P2326〉;德阳市生化制品有限公司〈P2324〉;广汉绿松药业有限责任公司〈P2324〉;广汉市生化制品有限公司〈P2324〉;四川省什邡市华康药物原料厂〈P2328〉;什邡市龙康植物原料厂〈P2325〉;[陕]陕西旭煌植物科技发展有限公司〈P2347〉;少华山植物提炼有限责任公司〈P2347〉

蜕皮激素 L16994001

Ecdysone [3604-87-3]

用于促进细胞生长,刺激真皮细胞分裂,对人体也有促进蛋白质合成作用

【生产厂】[滇]昆明长春花科技有限公司〈P2339〉;云南瑞宝天然色素有限公司〈P2341〉;云南省玉溪望子隆生物制药有限公司〈P2344〉;云南玉溪万方天然药物有限公司〈P2344〉;大理丸荣制药有限公司〈P2345〉;[陕]西安妙香园药业有限公司〈P2349〉

大豆皂苷 L16994201

Soy saponins

用于预防高血脂症、高血压、肥胖症、血栓、脑溢血、冠状动脉硬化等病症,还具有抗肿瘤、消炎、抗病毒等功能

【生产厂】[冀]华北制药股份有限公司〈P1624〉;华北制药集团有限责任公司〈P1624〉;石家庄工大生物制品有限公司〈P1626〉;栾城县恒和工贸有限公司〈P1625〉

亮丙瑞林 L16994401

Leuprorelin [53714-56-0]

【生产厂】[沪]上海子能制药有限公司〈P1779〉;[川]成都川

L

抗派德生物医药科技有限公司〈P2310〉

醋酸亮丙瑞林 L16994431

Leuprorelin acetate [53714-56-0]

用于治疗前列腺癌、子宫内膜异位症、子宫肌瘤等病症

【生产厂】[川]成都凯捷生物医药科技发展有限公司〈P2312〉;成都景田生物药业有限公司〈P2312〉

曲普瑞林 L16994451

Triprorelin [57773-63-4]

【生产厂】[沪]上海子能制药有限公司〈P1779〉;[浙]浙江省天台三信化工有限公司〈P1967〉;[川]成都川抗派德生物医药科技有限公司〈P2310〉;成都凯捷生物医药科技发展有限公司〈P2312〉;成都景田生物药业有限公司〈P2312〉

度他雄胺 L16994501

Dutasteride

【生产厂】[鄂]湖北葛店人福药业有限责任公司〈P2242〉

银杏黄酮苷;银杏黄酮 L16994601

Ginkgetin

对防治冠心病、心绞痛、心肌梗塞、脑栓塞、脑血管痉挛、脑外伤后遗症、老年痴呆及智力减退等具有显著的疗效

【生产厂】[辽]大连天山实业有限公司〈P1694〉;[苏]东台市康宁植物素有限公司〈P1806〉;[川]成都天赐医药科技有限责任公司〈P2315〉

舍莫瑞林 L16994701

Sermorelin [86168-78-7]

【生产厂】[沪]吉尔生化(上海)有限公司〈P1726〉;[川]成都川抗派德生物医药科技有限公司〈P2310〉;成都凯捷生物医药科技发展有限公司〈P2312〉

药用水杨酸 L17100101

Salicylic acid, medicinal [69-72-7]

助溶剂、杀菌消毒剂、透皮促进剂

【生产厂】[冀]河北冀衡(集团)药业有限公司〈P1664〉;[黑]黑龙江省奋斗制药厂〈P1724〉;[苏]镇江市前进化工有限公司(250 吨)〈P1845〉;[陕]华阴市锦前程药业有限公司(3500 吨)〈P2352〉

冬青油 L17100201

Wintergreen oil

用作外用抗炎止痛药,也是香料工业的原料

【生产厂】[沪]上海华溢塑料助剂合作公司(1000 吨)〈P1740〉;[苏]镇江茂源化工有限公司(9000 吨)〈P1844〉;[赣]吉水县金海天然香料油科技有限公司〈P2017〉;江西吉水县威海药用油厂〈P2017〉;江西省吉水县华宝天然药用油厂〈P2018〉;江西省吉水县康神天然药用油提炼厂〈P2018〉;江西省吉水县水南药用百草油提炼厂〈P2019〉;江西省吉水县同仁天然药用油厂〈P2019〉;江西省南方药物油厂〈P2019〉;江西省吉水县水南威霸香料公司〈P2018〉;江西省吉安市林源香料公司〈P2018〉;[鄂]武汉远城科技发展有限公司〈P2235〉;[湘]湖南衡山岳北天然香料油有限公司〈P2253〉;[陕]华阴市锦前程药业有限公司(2000 吨)〈P2352〉

苯扎溴铵;新洁尔灭;十二烷基二甲基苄基溴化铵 L17100301

Benzalkonium bromide; Dimethyl benzyl lauryl ammonium bromide [7281-04-1]

医药上作消毒防腐剂,用于外科手术前洗手、皮肤消毒及医疗器械消毒,在工业水处理上用作杀菌灭藻剂等

【生产厂】[冀]河北众诚化工科技有限公司〈P1624〉;[沪]上海元吉化工有限公司〈P1776〉;上海静超化工有限公司〈P1745〉;[苏]常州市霞峰化学材料公司〈P1855〉;江苏飞翔化工(张家港)有限公司〈P1893〉;如皋市万利化工有限责任公司〈P1838〉;[川]成都明日制药有限公司〈P2313〉

碘伏;碘附;强力碘 L17100401

Iodophor [39392-86-4]

用作消毒剂,广泛应用于皮肤、医疗器械及其他物品的消毒,还可用作皮肤烧伤、伤口感染、化脓的预防和治疗

【生产厂】[赣]江西生物制品研究所〈P2018〉

硫柳汞钠;乙基汞硫代水杨酸钠 L17100421

Merthiolate sodium [54-64-8]

用作消毒防腐药

【生产厂】[京]北京益利精细化学品有限公司〈P1565〉

戊二醛 L17100601

Glutaraldehyde; Glutaric dialdehyde; Pentanedial [111-30-8]

用作医用消毒剂、蛋白质固定剂、生化试剂

【生产厂】[冀]河北众诚化工科技有限公司〈P1624〉;河北冀衡化学股份有限公司〈P1664〉;廊坊格瑞泰化工有限公司〈P1660〉;[辽]辽宁金朝化工有限公司〈P1695〉;[赣]江西生物制品研究所〈P2018〉;[鲁]山东泰山染料股份有限公司(300 吨)〈P2137〉;[豫]濮阳利鑫精细化工有限公司〈P2213〉;[鄂]武汉市天马解放化工有限公司(370 吨)〈P2233〉;武汉胜鑫化工有限公司〈P2232〉;武汉有机新康化工有限公司〈P2235〉;武汉新景化工有限责任公司(1000 吨)〈P2234〉;武汉有机实业股份有限公司(2000 吨)〈P2235〉;老河口华松化工有限责任公司(500 吨)〈P2237〉;老河口荆洪化工有限责任公司(5000 吨)〈P2237〉;老河口新景染化有限责任公司(2000 吨)〈P2237〉;[粤]广州市荟普新材料有限公司〈P2264〉

碘仿;三碘甲烷 L17100701

Iodoform [75-47-8]

用作消毒剂和防腐剂及碘制剂原料

【生产厂】[苏]太仓市鑫鹊化工有限公司〈P1909〉

聚维酮碘;聚乙烯吡咯烷酮碘;碘络酮;皮维酮;PVP-I L17100801

Polyvidone iodine; Polyvinylpyrrolidone K-30; PVP-I [9003-39-8]

具有碘的杀菌作用,在药剂中作杀菌消毒剂、抑菌剂,用于滴眼剂、滴鼻剂、乳膏剂等防腐,还可制成消毒液

【生产厂】[吉]吉林省博大制药有限责任公司〈P1717〉;[沪]上海胜浦新材料有限公司〈P1762〉;[苏]金陵石化公司南京金龙化工厂〈P1782〉;江苏省勤奋药业有限公司〈P1831〉;[浙]普洛康裕股份有限公司〈P1953〉;[皖]淮南山河药用辅料有限公司〈P1976〉;[豫]新乡市新龙化工有限公司〈P2206〉;博爱新开源制药有限公司(300 吨)〈P2192〉;[鄂]武汉新大地化工有限公司〈P2234〉;[粤]广州市荟普新材料有限公司〈P2264〉

L

甲磺酸酚妥拉明;酚妥拉明;瑞支亭 L17101001
Phentolamine mesylate;Regitine [50-60-2]
用于治疗血管痉挛性疾病、雷诺氏及冻疮后遗症等
【生产厂】[沪]上海金易精细化工有限公司〈P1745〉;上海旭东海普药业有限公司(15 吨)〈P1773〉;上海特化医药科技有限公司〈P1767〉;上海里德化工有限公司〈P1750〉;[苏]常州市霞峰化学材料公司〈P1855〉;苏州市苏瑞医药化工有限公司〈P1905〉;昆山三友医药辅料厂(2 吨)〈P1896〉

氯胺 T;对甲苯磺酰氯胺钠;妥拉明 L17101101
Chloramine (T) [127-65-1]
主要用于轻纺工业中的印花工艺,作纤维漂白剂和环境消毒杀菌剂
【生产厂】[津]天津天成制药有限公司(500 吨)〈P1614〉;[冀]石家庄市南方化工有限公司〈P1631〉;河北德隆泰化工有限公司〈P1619〉;[苏]太仓市鑫鹄化工有限公司〈P1909〉;[浙]嘉兴辰龙化工有限责任公司〈P1941〉;嘉兴市金禾化工有限公司〈P1942〉;嘉兴市金利化工有限责任公司〈P1942〉;宁波志华化学有限公司〈P1934〉

氯胺 B L17101201
Chloramine B [127-52-6]
用作消毒剂,主要用于饮用水食具、各种器具、水果、蔬菜等的消毒
【生产厂】[津]天津天成制药有限公司(400 吨)〈P1614〉;[苏]太仓市鑫鹄化工有限公司〈P1909〉;[浙]嘉兴辰龙化工有限责任公司〈P1941〉;嘉兴市向阳化工厂〈P1942〉;嘉兴市金利化工有限责任公司〈P1942〉

氨吖啶;氨基吖啶 L17101501
Aminoacridine;Aminacrine;9-Acridinamine [90-45-9]
用作消毒防腐药
【生产厂】[苏]赣榆县尤利特化工有限公司〈P1797〉

西吡氯铵 L17101701
Pyrisept;Cetylpyridinium chloride [123-03-5]
用作消毒防腐药
【生产厂】[苏]南京恒生制药厂〈P1784〉

依沙吖啶;利凡诺;雷佛奴尔 L17101801
Ethacridine;Ethodin;2-Ethoxy-6,9-diaminoacridine;Rivanol [442-16-0]
消毒防腐药,用于创面及粘膜的消毒
【生产厂】[吉]辽源市银鹰制药有限责任公司(25 吨)〈P1718〉;[青]青海制药厂有限公司〈P2359〉

乳酸依沙吖啶 L17101851
Ethacridine lactate [1837-57-6]
消毒防腐药,用于创面及粘膜的消毒,血浆蛋白制备过程中的沉淀分离
【生产厂】[吉]吉林省博大制药有限责任公司〈P1717〉;辽源市银鹰制药有限责任公司(25 吨)〈P1718〉;辽源市迪康药业有限责任公司(10 吨)〈P1717〉

鱼石脂;依克度 L17101901
Ichthammol;Ichthyol;Hirathiol [8029-68-3]
用作消毒防腐药
【生产厂】[黑]肇东冰山鱼石脂厂〈P1725〉;[川]四川广元蓉成制药有限公司(500 吨)〈P2318〉

盐酸氯己定;盐酸洗必泰 L17150601
Chlorhexidine hydrochloride [3697-42-5]
用作表面活性型杀菌剂,具有相当强的广谱抑菌、杀菌作用,对革兰阳性菌及革兰阴性菌均有效
【生产厂】[辽]锦州九泰药业有限责任公司〈P1701〉;[鲁]山东省滕州市国安化工有限公司〈P2078〉;[川]四川时代药业集团有限公司〈P2319〉;[陕]陕西大生化学科技有限公司〈P2346〉

葡萄糖酸氯己定;洗必泰葡萄糖酸盐 L17150651
Chlorhexidine digluconate;Hibitane gluconate [18472-51-0]
用作消毒防腐药,对革兰阳性菌及革兰阴性菌均有效,外用手、皮肤消毒,冲洗创口
【生产厂】[辽]锦州九泰药业有限责任公司〈P1701〉;[陕]西安博捷医药化工技术有限公司〈P2347〉;陕西大生化学科技有限公司〈P2346〉

醋酸洗必泰;醋酸氯己定 L17150701
Chlorhexidine acetate;Hibitane diacetate
为外用广谱抑菌、杀菌药,对革兰阴性及革兰阳性细菌均有很强的抑菌、杀菌能力
【生产厂】[辽]锦州九泰药业有限责任公司(50 吨)〈P1701〉;[沪]上海邦成化工有限公司〈P1728〉;[粤]广州市汉普医药有限公司〈P2264〉;[川]四川时代药业集团有限公司〈P2319〉;[陕]西安博华制药有限责任公司〈P2347〉;陕西大生化学科技有限公司〈P2346〉

枸橼酸洗必泰;枸橼酸氯己定 L17150751
Chlorhexidine citrate
用作消毒防腐药
【生产厂】[陕]陕西大生化学科技有限公司〈P2346〉

洗必泰;氯己定 L17150801
Chlorhexidine;Hibitane [55-56-1]
为表面活性剂型杀菌剂,具有相当强的广谱抑菌、杀菌作用,对革兰阳性菌及阴性菌均有效
【生产厂】[陕]陕西大生化学科技有限公司〈P2346〉

高锰酸钾(药用) L17150901
Potassium permanganate, medicinal [7722-64-7]
用作消毒防腐药
【生产厂】[冀]吴桥顺达化工有限责任公司(500 吨)〈P1657〉;[沪]上海美兴化工有限公司〈P1753〉;[鲁]山东宏河矿业集团恒业化工有限公司(1 万吨)〈P2131〉;[湘]湖南尔康制药有限公司〈P2248〉

二甲基亚砜(药用) L17151211
Dimethyl sulfoxide, medicinal [67-68-5]
外用药的原料药,是外用药的最佳载体和渗透剂
【生产厂】[辽]盘锦远东锦星化工有限公司(1200 吨)〈P1707〉;[苏]苏州市中发医药化工有限公司〈P1906〉

盐酸萘甲唑啉;萘唑啉;鼻眼净 L18150001

L

Naphazoline hydrochloride [550-99-2]

拟肾上腺素药，有收缩血管作用，用于伤风、鼻炎、鼻充血等病

【生产厂】[津]天津天成制药有限公司(200吨)〈P1614〉；[苏]江苏济川制药有限公司〈P1821〉；[浙]杭州浙大泛科化工有限公司〈P1925〉；[豫]上海现代哈森(商丘)药业有限公司(1吨)〈P2226〉

硝酸萘甲唑啉 L18150051

Naphazoline nitrate [5144-52-5]

拟肾上腺素药，有收缩血管作用，用于伤风、鼻炎、鼻充血等

【生产厂】[津]天津天成制药有限公司(200吨)〈P1614〉；[浙]杭州浙大泛科化工有限公司〈P1925〉

萘甲唑啉；萘法唑啉 L18150091

Naphazoline [835-31-4]

【生产厂】[沪]上海现代制药股份有限公司〈P1771〉；上海特化医药科技有限公司〈P1767〉

盐酸地匹福林 L18150101

Dipivefrin hydrochloride [64019-93-8]

降眼压药，用于治疗青光眼

【生产厂】[京]北京制药工业研究所实验药厂〈P1566〉；[鄂]武汉武药制药有限公司〈P2234〉；武汉远大制药集团有限公司〈P2235〉

盐酸噻洛唑啉；2-(4-叔丁基-2,6-二甲基苄基)-2-咪唑啉盐酸盐 L18150201

Xylometazoline hydrochloride [1218-35-5]

为α-肾上腺素配位体激动药，具有收缩血管作用

【生产厂】[津]天津华津制药厂(2000吨)〈P1573〉；[沪]上海神强实业有限公司〈P1761〉；[鄂]武汉武药制药有限公司〈P2234〉；武汉远大制药集团有限公司〈P2235〉

度米芬；杜灭芬；消毒宁 L18150301

Domiphen bromide [538-71-6]

五官科用药，可用于口腔和皮肤消毒

【生产厂】[冀]石家庄三九利鑫制药有限公司(5吨)〈P1628〉；[苏]南京法姆化学厂〈P1783〉；泰兴市三川化工有限公司〈P1826〉；徐州市爱克医药科技有限公司〈P1795〉；[渝]重庆青阳药业有限公司〈P2306〉

酒石酸溴莫尼定 L18150601

Brimonidine tartrate [70359-46-5]

用于治疗开角型青光眼

【生产厂】[京]北京艾斯克医药技术开发有限公司〈P1543〉；[沪]上海信合化工有限公司〈P1772〉；上海泰顿化工有限公司〈P1766〉；上海北卡医药技术有限公司〈P1728〉；[苏]苏州福玛威尔医药科技有限公司〈P1900〉；[浙]杭州德立化工有限公司〈P1916〉；嘉兴市中科化学有限公司〈P1942〉

盐酸羟甲唑啉；6-叔丁基-3,12-咪唑啉-2-苯甲基-2,4-二甲基苯酚盐 L18150751

Oxymetazoline hydrochloride [2315-02-8]

局部血管收缩药，用于过敏性结膜炎、过敏性鼻炎、急慢性鼻炎等

【生产厂】[苏]江苏省金坛市制药厂〈P1860〉

硫普罗宁；巯基丙酰甘氨酸 L18150801

Tiopronin; Capen; Epation [1953-02-2]

主要用于初期老年白内障，还可用于慢性肝炎、金属中毒、湿疹等

【生产厂】[京]北京丰德医药科技有限公司〈P1547〉；[辽]盘锦兴海制药有限公司〈P1706〉；[沪]上海金易精细化工有限公司〈P1745〉；上海里德化工有限公司〈P1750〉；[苏]南京博而凯科技有限公司〈P1782〉；常州康力化工有限公司〈P1848〉；苏州园方化工有限公司〈P1907〉；[浙]临海市金桥化工有限公司〈P1960〉；浙江省仙居县美克化工厂〈P1967〉；浙江东亚医药化工有限公司〈P1963〉；浙江黄岩东升医药化工有限公司〈P1964〉；浙江物产崇一医药化工有限公司〈P1956〉；[鲁]济南诚汇双达化工有限公司(2吨)〈P2020〉；山东省平原制药厂(3吨)〈P2146〉；[豫]新乡市赛特化工有限公司〈P2205〉；河南省龙泉集团药业有限公司(50吨)〈P2201〉；[鄂]武汉武药制药有限公司〈P2234〉；武汉远大制药集团有限公司〈P2235〉；湖北天义药业有限公司〈P2245〉；[渝]重庆圣华曦药业有限公司〈P2306〉

苄达赖氨酸 L18151001

Bendazac lysine [81919-14-4]

眼科用药，用于早期老年性白内障的治疗

【生产厂】[浙]平湖市莎普爱思制药有限公司〈P1943〉；[鲁]山东平原县恒源化工有限公司(50吨)〈P2145〉；[鄂]武汉武药制药有限公司〈P2234〉；[渝]重庆赛维药业有限公司〈P2306〉

卡巴胆碱；氨甲酰胆碱 L18151501

Carbachol [51-83-2]

抗胆碱药，用于治疗青光眼

【生产厂】[鲁]山东博士伦福瑞达制药有限公司(100吨)〈P2027〉

吡诺克辛 L18151701

Pirenoxine [1043-21-6]

五官科用药，用于治疗老年性、并发性、先天性白内障及糖尿病性白内障等病

【生产厂】[鄂]武汉武药制药有限公司〈P2234〉；武汉五景药业有限公司〈P2234〉；湖北中佳药业有限公司〈P2228〉；湖北葛店人福药业有限责任公司〈P2242〉

玻璃酸酶 L18160001

Hyaluronidase [9001-54-1]

五官科用药

【生产厂】[沪]上海林叶生物科技有限公司〈P1752〉；[鲁]烟台合普生物制品有限公司〈P2116〉

牙周宁；糠甾醇 L18200001

抗牙周病药，用于治疗牙周肿、牙龈出血等病症

【生产厂】[浙]浙江昂利康制药有限公司〈P1950〉；嵊州市油脂化工制品厂〈P1949〉；浙江银河药业有限公司(30吨)〈P1970〉；[鲁]济宁市安康制药有限责任公司(300吨)〈P2128〉；济宁市安康制药有限公司(300吨)〈P2128〉

羊毛脂(药用) L19010001

Fleece ester, medicinal [8006-54-0]

【生产厂】[苏]吴江市繁荣化工有限公司〈P1910〉

维胺酯 L19010101

Viaminate [53839-71-7]

用于治疗痤疮、顽固性皮肤病等

【生产厂】[蒙]东北制药集团通辽制药厂〈P1682〉;[辽]锦州九泰药业有限责任公司〈P1701〉;[浙]台州市新日东生物科技有限公司(600千克)〈P1962〉;[渝]重庆华邦制药股份有限公司〈P2305〉

积雪草苷;亚细亚皂苷 L19010301

Asiaticoside [16830-15-2]

用于治疗各种皮肤病,能促进伤口愈合,刺激肉芽生长

【生产厂】[川]成都川大华西康达药物研究所(500千克)〈P2310〉;成都华康生物工程有限公司〈P2311〉;[陕]陕西慧科植物开发有限公司〈P2346〉

鬼臼毒素 L19010401

Podophyllotoxin [4354-76-1]

主要用于尖锐湿疣,也可用于其他病毒疣

【生产厂】[京]北京医科大学应用药物研究所〈P1564〉;[辽]辽宁华卫制药股份有限公司〈P1702〉;[陕]陕西慧科植物开发有限公司〈P2346〉;西安鑫迪福科技有限责任公司〈P2350〉;陕西旭煌植物科技发展有限公司〈P2347〉;陕西太康生物科技有限公司〈P2346〉

依替膦酸二钠 L19010601

Etidronate disodium [7414-83-7]

骨吸收抑制剂,用于原发性骨质疏松和绝经后骨质疏松症

【生产厂】[津]天津太平洋医药科技集团〈P1614〉;天津太平洋化学制药有限公司〈P1614〉;[浙]浙江海正药业股份有限公司〈P1964〉;[陕]西安鑫迪福科技有限责任公司〈P2350〉

阿维A酯;依曲替酯 L19010701

Etretinate;Tegison [54350-48-0]

用于治疗严重的牛皮癣、红斑性角化症等

【生产厂】[沪]上海里德化工有限公司〈P1750〉;[浙]浙江省仙居县美克化工厂〈P1967〉

维A酸;维甲酸 L19010801

Tretinoin;Retinoic acid;Vitamin A acid [302-79-4]

用于异常型痤疮、鱼鳞病和异常型银屑病

【生产厂】[浙]台州南峰药业有限公司〈P1961〉;仙居县绿叶医药原料厂〈P1963〉;浙江省仙居县美克化工厂〈P1967〉;台州市奥力特精细化工有限公司〈P1961〉;台州市新日东生物科技有限公司(2吨)〈P1962〉;台州市中荣化工有限公司〈P1962〉;[赣]江西金峰原料药有限公司〈P2018〉;[渝]重庆华邦制药股份有限公司〈P2305〉

8-甲氧基补骨脂素;甲氧基补骨脂素 L19011001

8-Methoxypsoralen;MOP [298-81-7]

用于治疗牛皮癣、白癜风等疾病

【生产厂】[苏]江苏省溧阳市制药厂〈P1861〉;[鄂]武汉武药制药有限公司〈P2234〉;武汉远大制药集团有限公司〈P2235〉

阿曲汀;阿维A酸;艾维甲酸 L19011101

Acitretin;Soriatane;Neotigason;Etretin [55079-83-9]

用于治疗牛皮癣等顽固性皮肤病

【生产厂】[沪]上海泰亨实业有限公司〈P1767〉;上海里德化工有限公司〈P1750〉;[浙]杭州德立化工有限公司〈P1916〉;浙江省仙居县美克化工厂〈P1967〉;[渝]重庆华邦制药股份有限公司〈P2305〉

蒽林 L19011201

Anthralin;1,8-Dihydroxyanthrone [1143-38-0]

皮肤科用药,用于治疗银屑病

【生产厂】[鲁]山东方明药业股份有限公司(500千克)〈P2160〉

阿达帕林 L19011301

Adapalene [106685-40-9]

用于治疗痤疮、粉刺等

【生产厂】[京]北京迈劲医药科技有限公司〈P1555〉;[辽]阜新博达维医药科技有限公司〈P1707〉;[沪]上海北卡医药技术有限公司〈P1728〉;[苏]江苏中丹制药有限公司〈P1823〉;[浙]杭州德立化工有限公司〈P1916〉;湖州恒远生物化学技术有限公司〈P1945〉;浙江同丰医药化工有限公司〈P1969〉;浙江省仙居县美克化工厂〈P1967〉;东港工贸集团有限公司〈P1960〉;[粤]益飞医药化工有限公司〈P2274〉

十一烯酸锌 L19011401

Zinc undecylenate [557-08-4]

抗真菌药,用于治疗皮肤真菌感染

【生产厂】[辽]阜新市环尔康药业有限责任公司〈P1708〉

克罗米通;优力肤 L19012001

Crotamiton;Crotalgin;Euraxil;Veteusan [483-63-6]

抗疥螨药,用于治疗疥疮、皮肤瘙痒等

【生产厂】[苏]南京法姆化学厂〈P1783〉;[浙]浙江新花蝶化工有限公司〈P1969〉

布地奈德 L19015001

Budesonide;Budeson;Preferid;Pulmicort [51333-22-3]

用于治疗皮肤病、哮喘等病症

【生产厂】[京]北京诺德恒信化工技术有限公司〈P1556〉;[津]天津天药药业股份有限公司〈P1615〉;天津金耀集团有限公司〈P1574〉;天津市金汇药业有限公司(10吨)〈P1592〉;[沪]上海迪赛诺公司〈P1731〉;[浙]台州南峰药业有限公司〈P1961〉;仙居县力天化工有限公司〈P1963〉;[赣]江西泰欣诺实业有限公司〈P2009〉;江西宇能医药化工有限公司〈P2019〉;[鄂]湖北葛店人福药业有限责任公司〈P2242〉;[湘]湖南华诚制药有限公司〈P2253〉;[粤]广州拓华化工科技有限公司〈P2267〉;[渝]重庆华邦制药股份有限公司〈P2305〉

青黛 L19016101

Qingdai

用于治疗皮肤病

【生产厂】[闽]福建瑞国药业有限公司〈P1997〉

泛影酸 L20100101

Diatrizoic acid;Amidotrizoic acid

诊断用药,用于泌尿系、心血管、脑管及周围血管的造影

【生产厂】[苏]无锡华健药业有限公司〈P1873〉;泰兴盛铭精细化工有限公司〈P1825〉;[陕]陕西西安力邦制药有限公司〈P2347〉

泛影酸钠 L20100201

Diatrizoate sodium [737-31-5]
水溶性造影剂,常用于尿路造影,也用于肾、心血管、脑血管等的造影
【生产厂】[苏]泰兴盛铭精细化工有限公司〈P1825〉

碘海醇 L20100301
Iohexol [66108-95-0]
为非离子型 X-CT 造影剂
【生产厂】[京]北京医科大学应用药物研究所〈P1564〉;[晋]山西新天源医药化工有限公司〈P1677〉;[浙]浙江昂利康制药有限公司〈P1950〉;宁波市天衡制药有限公司〈P1932〉;浙江司太立制药有限公司(30 吨)〈P1968〉;台州市奥力特精细化工有限公司〈P1961〉;浙江台州海神制药有限公司〈P1968〉;[鲁]淄博万康医药化工有限公司〈P2074〉

碘氟醇;碘佛醇 L20100401
Ioversol [87771-40-2]
【生产厂】[浙]浙江司太立制药有限公司〈P1968〉;浙江台州海神制药有限公司〈P1968〉

碘番酸;三碘氨苯乙基丙酸 L20100501
Iopanoic acid; Bilijodon; Choladine [96-83-3]
诊断用药,用于脊髓造影
【生产厂】[苏]江苏省金坛市制药厂〈P1860〉

碘帕醇 L20100601
Iopamidol [62883-00-5]
用于腰、胸及颈段脊髓造影、脑血管造影等
【生产厂】[浙]浙江司太立制药有限公司〈P1968〉

碘普罗胺 L20100801
Iopromide [73334-07-3]
用作碘造影剂
【生产厂】[浙]浙江司太立制药有限公司〈P1968〉

碘克沙醇 L20101001
Iodixanol [92339-11-2]
用作碘造影剂
【生产厂】[浙]浙江司太立制药有限公司〈P1968〉

酚磺酞 L20101101
Phenolsulfonphthalein; Phenol red [143-74-8]
用作诊断药
【生产厂】[晋]太原市唐明制药厂〈P1671〉;[苏]常州康力化工有限公司〈P1848〉

葡甲胺 L20101301
Meglumine; *N*-Methyl-D-glucamine [6284-40-8]
诊断用药,造影剂的助溶剂、表面活性剂
【生产厂】[苏]溧阳市永安精细化工有限公司〈P1864〉;无锡华健药业有限公司〈P1873〉;[鄂]湖北葛店人福药业有限责任公司〈P2242〉;[川]成都科东化工有限公司〈P2312〉;中国科学院成都有机化学有限公司〈P2320〉;[陕]陕西西安力邦制药有限公司〈P2347〉

氟尼辛葡甲胺;氟胺烟酸葡甲胺盐 L20101391
Flunixin meglumine [42461-84-7]
兽药,可缓解肌肉反常引起的炎症和痛觉,缓解马的内脏绞痛,治疗马驹的腹泻、颤抖、结肠炎、呼吸等系统疾病
【生产厂】[浙]浙江台州海翔医药化工有限公司〈P1968〉;[鲁]山东久隆精细化工有限公司〈P2028〉;山东鲁抗医药股份有限公司〈P2132〉

葡辛胺 L20101401
1-Deoxy-1-(octylamino)-D-glucitol [23323-37-7]
【生产厂】[苏]苏州敬业医药化工有限公司〈P1901〉;[川]成都科东化工有限公司〈P2312〉;中国科学院成都有机化学有限公司〈P2320〉;成都景田生物药业有限公司〈P2312〉

碘化油 L20101501
Iodized oil [20461-54-5]
适用于气管、支气管、子宫输卵管及其他腔道造影
【生产厂】[沪]上海万代制药有限公司〈P1768〉

葡乙胺 L20101601
N-Ethylglucamne [14216-22-9]
【生产厂】[苏]苏州敬业医药化工有限公司〈P1901〉

依沙美肟 L20102201
Exametazime [105613-48-7]
诊断用药
【生产厂】[京]中国原子能研究院同位素研究所〈P1568〉

复方氨基酸;复合氨基酸 L21001201
Compound amino acid
可改善氨基酸失衡,促进蛋白质合成和减少蛋白分解
【生产厂】[冀]河北省冀州市华阳化工有限责任公司〈P1665〉;[苏]无锡四周氨基酸有限公司〈P1881〉;[鄂]湖北新生源生物工程股份有限公司〈P2240〉;[川]罗江晨明生物制品有限公司(1500 吨)〈P2324〉

人参皂苷 L21001501
Ginsenosides
具有提高免疫功能的作用,用于贫血、神经衰弱、更年期综合症等
【生产厂】[辽]辽宁鑫泰药业有限公司〈P1699〉;大连天山实业有限公司〈P1694〉

柚苷 L21001601
Naringin [10236-47-2]
有明显的抗炎作用,用于降低血液的粘滞度,减少血栓的形成,并有镇痛、镇静及增加实验动物胆汁分泌的作用
【生产厂】[粤]广州环叶制药有限公司〈P2261〉;[陕]陕西慧科植物开发有限公司〈P2346〉;陕西旭煌植物科技发展有限公司〈P2347〉;西安惠丰生化集团股份有限公司〈P2348〉

甘油磷酸钙 L21002101
Calcium glycerophosphate [27214-00-2]
营养药,用于配制复方制剂
【生产厂】[津]天津太平洋医药科技集团〈P1614〉;天津太平洋化学制药有限公司〈P1614〉;[浙]浙江天瑞药业有限公司〈P1939〉

L-谷氨酰胺 L21002201
L-Glutamine [56-85-9]

用作消化道溃疡药、脑功能改善剂,用于治疗酒精中毒,也用作运动食品添加剂

【生产厂】[京]北京奥博星生物技术责任有限公司〈P1543〉;[津]天津天成制药有限公司(10吨)〈P1614〉;[冀]石家庄维诺伟业生物制品有限公司〈P1633〉;河北省冀州市华阳化工有限责任公司〈P1665〉;[沪]上海斐雅科技发展有限公司〈P1733〉;[苏]常州市东南开发区兴阳生物助剂有限公司〈P1850〉;无锡四周氨基酸有限公司〈P1881〉;[浙]杭州达康化工有限公司〈P1916〉;桐乡市康普达生物科技有限公司〈P1943〉;宁波立华制药有限公司〈P1931〉;宁波海德氨基酸工业有限公司〈P1930〉;宁波科瑞生物工程有限公司〈P1931〉;[赣]江西诚志生物工程有限公司(400吨)〈P2013〉;[鄂]武汉市合中化工制造有限公司〈P2232〉;武汉武大弘元股份有限公司〈P2234〉;[渝]重庆小泉化工厂〈P2308〉

甘氨酰-L-谷氨酰胺 L21002501

Glycyl-L-glutamine [13115-71-4]

用作肠外营养剂

【生产厂】[津]天津天成制药有限公司(300吨)〈P1614〉;[沪]上海依福瑞实业有限公司〈P1774〉;[川]四川琢新生物材料研究有限公司〈P2320〉

L-丙氨酰-L-谷氨酰胺;力肽 L21002551

L-Alanyl-L-glutamine; Dipeptiven [39537-23-0]

营养药,适用于需要补充谷氨酰胺的病人

【生产厂】[京]北京云迪同创医药科技有限公司〈P1566〉;北京丰德医药科技有限公司〈P1547〉;北京高盟化工有限公司〈P1548〉;北京健力药业有限公司〈P1551〉;[津]天津天成制药有限公司(300吨)〈P1614〉;[辽]辽宁海德医药化工有限公司〈P1699〉;[沪]上海依福瑞实业有限公司〈P1774〉;上海美兴化工有限公司(50吨)〈P1753〉;[鲁]枣庄麒彩手性药物化学有限公司(2000吨)〈P2080〉;[川]成都川抗派德生物医药科技有限公司〈P2310〉;四川科伦药业股份有限公司〈P2318〉

N-乙酰-L-谷氨酰胺 L21002591

N-Acetyl-L-glutamine [2490-97-3]

用于脑外伤昏迷、肝昏迷、高位截瘫及神经性疾病,也可用于治疗神经性头痛、腰痛、小儿麻痹的后遗症等

【生产厂】[津]天津天成制药有限公司(300吨)〈P1614〉;[苏]金湖申凯化学有限公司〈P1803〉;扬州宝盛生物化工有限公司〈P1817〉;[鄂]武汉阿米诺科技有限公司〈P2228〉;武汉武大弘元股份有限公司〈P2234〉

甘氨酸锌 L21003001

Zinc glycinate [7214-08-6]

用作药用辅料,是锌营养强化剂

【生产厂】[冀]河北新东华氨基酸有限公司〈P1623〉;石家庄维平功能食品科技有限公司〈P1633〉;河北东华化工总公司〈P1619〉;河北东华化工集团(80吨)〈P1619〉

口服葡萄糖;D-吡喃葡萄糖 L21100001

D-Galactose [59-23-4]

【生产厂】[豫]焦作市盛世康隆药业有限公司(5000吨)〈P2196〉;[鄂]湖北省阳新县葡萄糖厂〈P2244〉

多维葡萄糖 L21100301

Glucose, multivitamin

用作营养药

【生产厂】[冀]河北康达利药业有限公司〈P1654〉;欣德威兽药有限公司〈P1657〉

D-氨基葡萄糖 L21100501

D-Glucosamine; 2-Amino-2-deoxy-D-glucose [3416-24-8]

广泛用于卫生药品、保健食品、美容化妆品等

【生产厂】[冀]唐山三鑫实业集团有限公司〈P1636〉;[苏]扬州市久盛化工有限公司〈P1819〉;[浙]浙江永跃海洋生物有限公司(600吨)〈P1959〉;浙江省天台三信化工有限公司〈P1967〉;[鲁]山东东辰生物工程股份有限公司(200吨)〈P2084〉

溴代葡萄糖苷;2,3,4,6-四乙酰氧基-α-D-吡喃葡萄糖溴化物 L21100601

Acetobromo-α-D-glucose [572-09-8]

【生产厂】[苏]启东嘉峰医药科技有限公司〈P1836〉

溴代半乳糖苷;2,3,4,6-四乙酰氧基-α-D-吡喃糖溴化物 L21100701

Acetobromo-α-D-galactose [3068-32-4]

【生产厂】[苏]启东嘉峰医药科技有限公司〈P1836〉

葡萄糖 L21200001

Glucose [492-62-6]

医药上可配成口服液或静脉注射液作为营养补给,食品工业用作甜味料

【生产厂】[冀]华北制药集团康欣有限公司〈P1624〉;华北制药集团有限责任公司〈P1624〉;河北君临淀粉有限公司〈P1641〉;秦皇岛骊骅淀粉股份有限公司(2万吨)〈P1637〉;[蒙]赤峰制药集团有限责任公司〈P1682〉;[吉]吉林省华威药业有限公司〈P1714〉;吉林市江北制药厂〈P1716〉;[沪]上海葡萄糖厂(1万吨)〈P1755〉;[鲁]山东西王集团有限公司(20万吨)〈P2157〉;[豫]河南医科大学制药厂〈P2168〉;焦作市盛世康隆药业有限公司(2万吨)〈P2196〉;洛阳奇盛葡萄糖有限公司(8000吨)〈P2182〉;[鄂]湖北省阳新县葡萄糖厂〈P2244〉;[川]四川山山药业集团有限公司〈P2332〉;成都宏博实业有限公司〈P2310〉;四川山山内江制药厂(7600吨)〈P2332〉

【使用厂】[津]天津天药药业股份有限公司〈P1615〉;[冀]河北华旭药业有限责任公司〈P1620〉;[黑]哈药集团制药总厂〈P1721〉;[沪]上海中远化工有限公司〈P1779〉;上海协和氨基酸有限公司〈P1771〉;[苏]江苏丰源生物化工有限公司〈P1807〉;江苏菊花味精集团公司〈P1894〉;溧阳竹溪活性碳有限公司〈P1864〉;江苏亚太氨基酸有限公司〈P1895〉;[皖]合肥江淮化肥总厂〈P1972〉;[赣]江西诚志生物工程有限公司〈P2013〉;[鲁]山东联盟化工集团有限公司〈P2096〉;济南裕兴化工总厂〈P2027〉;济宁市化工研究所〈P2128〉;[豫]巩义市桥上化工厂〈P2163〉;[鄂]湖北省化学研究院〈P2228〉;[粤]台山市化学制药有限公司〈P2286〉;[桂]桂林市红星化工有限责任公司〈P2299〉;[滇]云南省玉溪市香料厂〈P2344〉

葡萄糖酸;葡糖酸 L21201001

Gluconic acid [526-95-4]

用作蛋白凝固剂和食品防腐剂

【生产厂】[辽]辽阳市康佳精细化工厂〈P1711〉;[浙]浙江天益食品添加剂有限公司〈P1944〉;浙江省仙居县欣宏医药化工有限公司〈P1967〉

一水葡萄糖 L21201051

Glucose monohydrate

用作营养药

【生产厂】[辽]辽阳市康佳精细化工厂〈P1711〉;[鲁]山东瑞星化工有限公司(5万吨)〈P2136〉

2-脱氧-D-葡萄糖;2-去氧-D-葡萄糖 L21202001

2-Deoxy-D-glucose [154-17-6]

【生产厂】[苏]昆山化工医药原料有限公司〈P1895〉;常熟市金城化工有限公司〈P1890〉

双丙酮-D-葡萄糖 L21204001

Diacetone-D-glucose [582-52-5]

【生产厂】[豫]新乡市天丰精细化工有限公司〈P2206〉

左旋葡萄糖酮 L21204501

Levoglucosenone [37112-31-5]

【生产厂】[苏]启东嘉峰医药科技有限公司〈P1836〉

甘草锌 L21210001

Licorzinc

具有抗溃疡和补锌作用,用于治疗胃及十二指肠溃疡、口腔溃疡及缺锌引起的疾病

【生产厂】[晋]临汾宝珠制药有限公司〈P1677〉;[吉]长春达兴药业股份有限公司〈P1714〉;[鲁]山东山大康诺制药有限公司〈P2029〉;[陕]西安天行健天然生物制品有限公司〈P2350〉;[甘]甘肃金汉伯生物制品有限责任公司〈P2358〉

葡萄糖酸锌 L21220001

Zinc gluconate [4468-02-4]

用作锌营养强化剂

【生产厂】[冀]石家庄维平功能食品科技有限公司〈P1633〉;河北省冀州市华阳化工有限责任公司〈P1665〉;河北省邢台市人民制药厂(500吨)〈P1642〉;[晋]山西省药物研究所实验药厂〈P1673〉;[辽]辽阳市康佳精细化工厂〈P1711〉;辽阳富强食品化工有限公司(60吨)〈P1709〉;[沪]上海朗瑞精细化学品有限公司〈P1749〉;[浙]桐乡市康普达生物科技有限公司〈P1943〉;浙江天益食品添加剂有限公司〈P1944〉;浙江省仙居县欣宏医药化工有限公司〈P1967〉;[鲁]蓬莱市海洋生物有限公司〈P2112〉;[豫]郑州瑞普生物工程有限公司(150吨)〈P2172〉;[鄂]湖北省化学研究院(100吨)〈P2228〉;[陕]西安利君精华药业有限责任公司(7吨)〈P2349〉

氨基葡萄糖盐酸盐;葡萄糖胺盐酸盐 L21221001

Glucosamine hydrochloride [66-84-2]

可制成治疗风湿性关节炎、溃疡、肠炎的药物,是食品和化妆品的营养添加剂,生化细胞的培养剂

【生产厂】[冀]唐山三鑫实业集团有限公司(500吨)〈P1636〉;[苏]江苏江山制药有限公司〈P1821〉;康顺生物工程有限公司〈P1793〉;淮安市中天生物工程有限公司〈P1801〉;江苏日欣实业集团有限公司(700吨)〈P1816〉;高邮市明增生物制品厂〈P1813〉;江苏九寿堂生物制品有限公司〈P1821〉;[浙]建德市利达生化工程有限公司〈P1926〉;浙江省建德市生物化工厂(240吨)〈P1928〉;安吉豪森药业有限公司〈P1944〉;宁波立华制药有限公司〈P1931〉;宁波海德氨基酸工业有限公司〈P1930〉;舟山市普陀新兴医药化工厂〈P1959〉;浙江天台福达医药化工有限公司〈P1968〉;台州东升医药化工有限公司(100吨)〈P1960〉;台州复大海洋生物实业有限公司〈P1960〉;台州市丰润生物化学有限公司〈P1961〉;[鲁]东辰(集团)化工有限公司(200吨)〈P2081〉;山东莱州市海力生物制品有限公司〈P2114〉;烟台合普生物制品有限公司〈P2116〉;烟台东诚生化有限公司〈P2116〉;山东省莱阳方舟生物制品有限公司(50吨)〈P2114〉;烟台康得生化制品有限公司〈P2117〉;青岛海普生物技术有限公司(120吨)〈P2035〉;[鄂]湖北新生源生物工程股份有限公司〈P2240〉

氨基葡萄糖硫酸盐;硫酸氨基葡萄糖 L21221101

Glucosamine sulfate

对治疗风湿性关节炎和由关节炎或骨关节疾引起的疼痛有较好疗效

【生产厂】[冀]唐山三鑫实业集团有限公司〈P1636〉;[浙]建德市利达生化工程有限公司〈P1926〉;舟山市普陀新兴医药化工厂〈P1959〉;[鲁]烟台合普生物制品有限公司〈P2116〉

D-氨基葡萄糖硫酸钾盐 L21221201

D-Glucosamine potassium sulfate

用作食品添加剂、医药保健品

【生产厂】[京]北京健力药业有限公司〈P1551〉;[冀]唐山三鑫实业集团有限公司〈P1636〉;[苏]康顺生物工程有限公司〈P1793〉;淮安市中天生物工程有限公司〈P1801〉;江苏日欣实业集团有限公司〈P1816〉;高邮市明增生物制品厂〈P1813〉;扬州市久盛化工有限公司〈P1819〉;江苏九寿堂生物制品有限公司〈P1821〉;[浙]浙江省建德市生物化工厂〈P1928〉;宁波立华制药有限公司〈P1931〉;宁波海德氨基酸工业有限公司〈P1930〉;浙江永跃海洋生物有限公司〈P1959〉;浙江天台福达医药化工有限公司〈P1968〉;台州东升医药化工有限公司(100吨)〈P1960〉;台州复大海洋生物实业有限公司〈P1960〉;台州市丰润生物化学有限公司〈P1961〉;[鲁]山东莱州市海力生物制品有限公司〈P2114〉;烟台东诚生化有限公司〈P2116〉;青岛海普生物技术有限公司(120吨)〈P2035〉;[鄂]湖北新生源生物工程股份有限公司〈P2240〉

D-氨基葡萄糖硫酸钠盐 L21221301

D-Dlucosamine sodium sulfate [38899-05-7]

用作医药保健品

【生产厂】[苏]康顺生物工程有限公司〈P1793〉;淮安市中天生物工程有限公司〈P1801〉;江苏日欣实业集团有限公司〈P1816〉;高邮市明增生物制品厂〈P1813〉;扬州市久盛化工有限公司〈P1819〉;江苏九寿堂生物制品有限公司〈P1821〉;[浙]浙江省建德市生物化工厂〈P1928〉;宁波海德氨基酸工业有限公司〈P1930〉;浙江永跃海洋生物有限公司〈P1959〉;浙江天台福达医药化工有限公司〈P1968〉;台州东升医药化工有限公司(100吨)〈P1960〉;台州复大海洋生物实业有限公司〈P1960〉;台州市丰润生物化学有限公司〈P1961〉;浙江海正药业股份有限公司〈P1964〉;[鲁]山东莱州市海力生物制品有限公司〈P2114〉;烟台东诚生化有限公司〈P2116〉;[鄂]湖北新生源生物工程股份有限公司〈P2240〉

β-D-无水葡萄糖 L21230001

β-D-Glucose anhydrous [50-99-7]

用作营养药

【生产厂】[冀]河北圣雪葡萄糖有限责任公司(3万吨)〈P1622〉;唐山市冀东制药厂〈P1636〉;[豫]郑州邦泰药业有限公司〈P2169〉

活性钙 L21240001

Activated calcium

用于人体补钙

【生产厂】[京]北京北卫药业有限责任公司〈P1544〉;[冀]石家庄维平功能食品科技有限公司〈P1633〉;石家庄隆大福生物药业公司〈P1628〉;[晋]山西省迈特大药厂有限公司〈P1670〉;[鲁]蓬莱市海洋生物有限公司(100 吨)〈P2112〉

牡蛎钙;牡蛎碳酸钙 L21240101

Oyster calcium

补钙药,用于多发性老年骨折、骨质增生、骨质疏松症等病症的治疗

【生产厂】[冀]石家庄隆大福生物药业公司〈P1628〉;[苏]泰兴市泰康药业有限公司〈P1826〉;[鲁]蓬莱市海洋生物有限公司〈P2112〉;[粤]汕头金石制药总厂〈P2276〉

生物钙 L21240201

Bio-calcium

用作补钙药

【生产厂】[冀]石家庄维平功能食品科技有限公司〈P1633〉;[浙]桐乡市康普达生物科技有限公司〈P1943〉;[鲁]蓬莱市海洋生物有限公司(200 吨)〈P2112〉;[豫]郑州瑞普生物工程有限公司(150 吨)〈P2172〉

葡萄糖酸钾 L21250001

Potassium gluconate [299-27-4]

药用补钾剂

【生产厂】[辽]辽阳市康佳精细化工厂〈P1711〉;辽阳富强食品化工有限公司(90 吨)〈P1709〉;[沪]上海朗瑞精细化学品有限公司〈P1749〉;[浙]桐乡市康普达生物科技有限公司〈P1943〉;浙江天益食品添加剂有限公司〈P1944〉;浙江省仙居县欣宏医药化工有限公司〈P1967〉;[鲁]蓬莱市海洋生物有限公司〈P2112〉

葡萄糖酸镁 L21260001

Magnesium gluconate [3632-91-5]

药用,作为镁治疗剂

【生产厂】[辽]辽阳市康佳精细化工厂〈P1711〉;辽阳富强食品化工有限公司(100 吨)〈P1709〉;营口兄弟硼镁化工有限公司〈P1705〉;[沪]上海朗瑞精细化学品有限公司〈P1749〉;[浙]桐乡市康普达生物科技有限公司〈P1943〉;浙江天益食品添加剂有限公司〈P1944〉;浙江省仙居县欣宏医药化工有限公司〈P1967〉;[豫]郑州瑞普生物工程有限公司〈P2172〉

葡萄糖酸锰 L21270001

Manganese gluconate [3632-91-5]

【生产厂】[辽]辽阳市康佳精细化工厂〈P1711〉;辽阳富强食品化工有限公司(40 吨)〈P1709〉;[沪]上海朗瑞精细化学品有限公司〈P1749〉;[浙]桐乡市康普达生物科技有限公司〈P1943〉;浙江省仙居县欣宏医药化工有限公司〈P1967〉

葡萄糖酸锑钠 L21280001

Sodium stibogluconate [16037-91-5]

抗黑热病药

【生产厂】[苏]南京法姆化学厂〈P1783〉;[鲁]山东新华制药股份有限公司〈P2055〉

葡萄糖醛酸钠 L21280501

Sodium D-glucuronate

用于肝脏疾患的辅助治疗以及用于食物解毒等

【生产厂】[鲁]山东博山制药有限公司(6 吨)〈P2051〉;山东方明药业股份有限公司(30 吨)〈P2160〉;[鄂]湖北益泰药业有限公司〈P2246〉

诺龙;19-去甲睾酮 L21300001

Nandrolone;19-Nortestosterone [434-22-0]

用作运动营养保健品

【生产厂】[京]北京紫竹药业有限公司〈P1567〉;[沪]上海久邦化工有限公司〈P1745〉;上海迪赛诺公司〈P1731〉;[浙]仙居县绿叶医药原料厂〈P1963〉;浙江仙居君业医药化工有限公司〈P1969〉;[鄂]武汉三晶化工有限公司〈P2232〉;[湘]邵阳甾体化学品有限公司〈P2249〉

替勃龙;递普龙 L21300201

Tibolone [5630-53-5]

雄激素、同化激素类药,用于治疗妇女更年期综合症,还能预防骨质疏松

【生产厂】[京]北京市科益丰生物技术发展有限公司〈P1560〉;[沪]上海品新科贸有限公司〈P1755〉;上海迪赛诺公司〈P1731〉;[苏]南京仁信化工有限公司〈P1788〉;[浙]浙江仙居君业医药化工有限公司〈P1969〉;台州市奥力特精细化工有限公司〈P1961〉;[鄂]湖北葛店人福药业有限责任公司〈P2242〉

美雄诺龙;加氢甲基睾酮;雄甾烷醇酮 L21300301

Mestanolone;17α-Methyldihydrotestosterone [521-11-9]

用于男性性腺功能减退及精子减少性不育

【生产厂】[沪]上海久邦化工有限公司〈P1745〉;[浙]仙居县力天化工有限公司〈P1963〉;仙居县绿叶医药原料厂〈P1963〉;浙江仙居君业医药化工有限公司〈P1969〉;[湘]邵阳甾体化学品有限公司〈P2249〉

雄诺龙;加氢睾酮 L21300401

Stanolone;17-Hydroxyandrostan-3-one [521-18-6]

用作雄激素类药

【生产厂】[沪]上海久邦化工有限公司〈P1745〉;[浙]仙居县绿叶医药原料厂〈P1963〉;浙江仙居君业医药化工有限公司〈P1969〉;[湘]邵阳甾体化学品有限公司〈P2249〉

甲基诺龙 L21300601

Normethandrone

【生产厂】[浙]浙江奥马药业有限公司(2 吨)〈P1963〉;[鄂]罗田县宏源化学原料药有限公司〈P2244〉

葡萄糖酸钙;糖酸钙;葡糖酸钙 L21990001

Calcium gluconate [18016-24-5]

用作钙强化剂、缓冲剂、固化剂、螯合剂

【生产厂】[冀]河北省冀州市华阳化工有限责任公司〈P1665〉;[辽]辽阳富强食品化工有限公司(40 吨)〈P1709〉;[黑]哈药集团制药总厂(600 吨)〈P1721〉;[沪]上海申夏生物化工有限公司〈P1761〉;上海朗瑞精细化学品有限公司〈P1749〉;[苏]无锡市第七制药有限公司〈P1875〉;[浙]桐乡市康普达生物科技有限公司〈P1943〉;浙江天益食品添加剂有限公司〈P1944〉;浙江省仙居县欣宏医药化工有限公司〈P1967〉;[豫]郑州瑞普生物工程有限公司〈P2172〉;[陕]西安利君精华药业有限责任公司〈P2349〉

【使用厂】[鲁]泰安市黎明化工有限责任公司〈P2138〉

玉米淀粉 L23000101

Maize starch

药用辅料,是糊精、麦芽糖、葡萄糖的主要

原料

【生产厂】[京]北京凤礼精求商贸有限责任公司〈P1547〉；[冀]华北制药集团康欣有限公司〈P1624〉；河北君临淀粉有限公司(6 万吨)〈P1641〉；廊坊友谊淀粉有限公司〈P1662〉；秦皇岛骊骅淀粉股份有限公司(150 万吨)〈P1637〉；[蒙]赤峰制药集团有限责任公司〈P1682〉；[皖]安徽安特集团〈P1983〉；[鲁]山东福田药业有限公司(500 吨)〈P2144〉；山东邹平怡康集团有限公司〈P2157〉；山东西王集团有限公司(30 万吨)〈P2157〉；山东瑞星化工有限公司(10 万吨)〈P2136〉；济宁市六佳药用辅料有限公司〈P2128〉；山东阜丰集团公司(81 万吨)〈P2149〉；山东享元精细化工有限公司(3 万吨)〈P2078〉；枣庄市翔宇淀粉有限公司〈P2080〉

【使用厂】[沪]上海市沪江生化厂〈P1763〉；[苏]江苏丰源生物化工有限公司〈P1807〉；江苏神华药业有限公司〈P1803〉；[闽]福鼎市天和胶粘剂有限公司〈P2007〉；浦城正大生化有限公司〈P2005〉；福建浦城绿安生物农药有限公司〈P2003〉；[鲁]斯比凯可(山东)生物制品有限公司〈P2140〉；淄博胜宝化工有限公司〈P2067〉；山东省沂水隆大生物工程有限责任公司〈P2151〉；山东海化魁星化工有限公司〈P2135〉；枣庄市丰元化工有限公司〈P2080〉；济宁市化工研究所〈P2128〉；青岛琅琊台集团股份有限公司〈P2040〉；[湘]湖南省津市鸿鹰祥生物工程有限公司〈P2255〉；[粤]佛山市华昊华丰淀粉有限公司〈P2287〉

玉米浆　L23000102

Corn paste

用于抗生素生产及其他发酵工业培养菌体的基础原料

【生产厂】[冀]华北制药集团康欣有限公司〈P1624〉；廊坊友谊淀粉有限公司〈P1662〉；秦皇岛骊骅淀粉股份有限公司(1 万吨)〈P1637〉；[沪]上海葡萄糖厂(2700 吨)〈P1755〉；[浙]海盐六和淀粉化工有限公司〈P1940〉；[鄂]湖北省阳新县葡萄糖厂〈P2244〉

【使用厂】[津]天津天药药业股份有限公司〈P1615〉；[苏]江苏菊花味精集团公司〈P1894〉；[闽]福建浦城绿安生物农药有限公司〈P2003〉；[赣]江西诚志生物工程有限公司〈P2013〉；[粤]台山市化学制药有限公司〈P2286〉

玉米朊　L23000103

Zein [9010-66-6]

用于药片片剂包衣

【生产厂】[沪]上海葡萄糖厂〈P1755〉；[浙]海盐六和淀粉化工有限公司〈P1940〉；[皖]淮南山河药用辅料有限公司〈P1976〉；安徽丰原集团〈P1974〉

玉米油；玉米胚芽油　L23000104

Corn oil

可作食用或用于制肥皂等

【生产厂】[冀]华北制药集团康欣有限公司(2000 吨)〈P1624〉；廊坊友谊淀粉有限公司〈P1662〉；秦皇岛骊骅淀粉股份有限公司(4950 吨)〈P1637〉；[吉]吉林燃料乙醇有限责任公司(2 万吨)〈P1715〉；[皖]安徽安特集团〈P1983〉；[鲁]山东西王集团有限公司(3 万吨)〈P2157〉；济宁市安康制药有限责任公司(2 万吨)〈P2128〉；济宁市安康制药有限公司(2 万吨)〈P2128〉

药用淀粉　L23000201

Starch for pharmaceutical [9005-25-8]

新型药用辅料，用作增稠剂、稳定剂、填充剂、无糖药物赋形剂等

【生产厂】[冀]华北制药集团有限责任公司〈P1624〉；[沪]上海葡萄糖厂(3 万吨)〈P1755〉；[苏]镇江市环宇药用辅料厂〈P1845〉；[皖]淮南山河药用辅料有限公司〈P1976〉；[鲁]山东聊城阿华制药有限公司(1200 吨)〈P2153〉；济宁市六佳药用辅料有限公司(3000 吨)〈P2128〉；曲阜市药用辅料有限公司〈P2130〉；曲阜市天利药用辅料有限公司(4000 吨)〈P2130〉；[豫]中原制药厂(3000 吨)〈P2176〉；焦作市盛世康隆药业有限公司(1 万吨)〈P2196〉；河南正弘药用辅料有限公司〈P2211〉；洛阳民昌药用辅料有限公司〈P2182〉；[川]成都宏博实业有限公司〈P2310〉

【使用厂】[浙]浙江震元制药有限公司〈P1952〉

预胶化淀粉　L23000301

Pregelatine starch

用作药物固体制剂、全粉末直接压片的干燥剂、胶囊的填充剂、崩解剂、湿体造粒黏合剂和着色的延展剂等

【生产厂】[冀]河北天伟化工有限公司〈P1655〉；[辽]营口奥达制药有限公司〈P1703〉；[浙]浙江中维药业有限公司〈P1947〉；湖州展望药业化学有限公司〈P1946〉；海盐六和淀粉化工有限公司〈P1940〉；[皖]淮南山河药用辅料有限公司〈P1976〉；[鲁]山东聊城阿华制药有限公司(250 吨)〈P2153〉；山东新大精细化工有限公司〈P2055〉；曲阜市药用辅料有限公司(1000 吨)〈P2130〉；曲阜市天利药用辅料有限公司(300 吨)〈P2130〉；[豫]洛阳民昌药用辅料有限公司〈P2182〉；[川]成都宏博实业有限公司〈P2310〉

白糊精；药用糊精　L23000501

White Dextrin [9004-53-9]

主要用于片剂、冲剂、胶囊剂的黏合剂、增稠剂

【生产厂】[冀]华北制药集团康欣有限公司〈P1624〉；华北制药集团有限责任公司〈P1624〉；石家庄市京东医药化工有限公司〈P1630〉；[辽]营口奥达制药有限公司〈P1703〉；[沪]上海葡萄糖厂(1000 吨)〈P1755〉；[苏]镇江市环宇药用辅料厂〈P1845〉；[浙]海盐六和淀粉化工有限公司(6000 吨)〈P1940〉；衢州市台胞投资经贸有限公司〈P1958〉；[鲁]山东聊城阿华制药有限公司(1000 吨)〈P2153〉；济宁市六佳药用辅料有限公司(4000 吨)〈P2128〉；曲阜市药用辅料有限公司(1500 吨)〈P2130〉；曲阜市天利药用辅料有限公司(6000 吨)〈P2130〉；[豫]河南正弘药用辅料有限公司〈P2211〉；洛阳民昌药用辅料有限公司〈P2182〉；[鄂]湖北省阳新县葡萄糖厂〈P2244〉；[川]成都宏博实业有限公司〈P2310〉；[陕]西安富捷生物技术发展公司〈P2348〉

羟丙基-β-环糊精；HP-β-CD　L23000591

Hydroxypropyl-β-cyclodextrin

用作药用辅料

【生产厂】[苏]泰兴市一鸣精细化工有限公司〈P1827〉；[鲁]淄博千汇精细化工有限公司〈P2066〉；[陕]西安德立生物化工有限公司(50 吨)〈P2348〉

丙烯酸树脂(药用)　L23000701

Acrylic resin, medicinal

用作药用辅料、肠溶包衣材料

【生产厂】[浙]浙江中维药业有限公司〈P1947〉；湖州展望药业化学有限公司〈P1946〉；[皖]淮南山河药用辅料有限公司〈P1976〉；[川]成都宏博实业有限公司〈P2310〉

药用明胶　L23000801

Gelatin for medicine

主要用于制造各种软胶囊、硬胶囊、药物制剂包衣、微生物培养等

【生产厂】[冀]河北省阜城县码头镇司庄蜡厂〈P1664〉;衡水成大明胶有限公司〈P1667〉;沧州市学洋明胶有限公司〈P1653〉;沧州森林蜡业有限公司〈P1652〉;河北沧州金祥蜡业有限公司〈P1654〉;[青]青海明胶股份有限公司〈P2359〉
【使用厂】[苏]海安县申宇明胶有限公司〈P1829〉

各色包衣粉;包衣剂　L23000901
Colour coating powder
药用辅料,用于彩色包衣
【生产厂】[辽]营口奥达制药有限公司〈P1703〉;[皖]淮南山河药用辅料有限公司〈P1976〉;[鲁]山东瑞泰化工(集团)有限公司(8000吨)〈P2136〉;[豫]河南安阳中科神农医药科技有限责任公司(10吨)〈P2210〉

羟丙甲纤维素邻苯二甲酸酯;HPMCP　L23000910
Hydroxypropyl methyl cellulose phtalate;HPMCP
用作肠溶性薄膜包衣材料
【生产厂】[浙]湖州展望药业化学有限公司〈P1946〉;[鲁]山东瑞泰化工(集团)有限公司(3000吨)〈P2136〉

甲基纤维素(药用)　L23001001
Methyl cellulose,medicinal [9004-67-5]
用作片剂的黏合剂、包衣剂、崩解剂及霜剂的凝胶剂
【生产厂】[浙]浙江中维药业有限公司〈P1947〉;[皖]淮南山河药用辅料有限公司〈P1976〉;[鲁]山东聊城阿华制药有限公司(200吨)〈P2153〉;[川]成都宏博实业有限公司〈P2310〉

乙基纤维素(药用)　L23001051
Ethyl cellulose,medicinal [9004-57-3]
被广泛应用于制备包衣缓、控释片剂、微丸、颗粒剂以及制备骨架型缓释片
【生产厂】[浙]浙江中维药业有限公司〈P1947〉;[皖]淮南山河药用辅料有限公司〈P1976〉;[鲁]山东聊城阿华制药有限公司(100吨)〈P2153〉;山东瑞泰化工(集团)有限公司(1000吨)〈P2136〉;[川]成都宏博实业有限公司〈P2310〉

微晶纤维素(药用)　L23001091
Microcrystalline cellulose,medicinal
药用辅料,主要用作直接压片的黏合剂、崩解剂
【生产厂】[辽]营口奥达制药有限公司〈P1703〉;[苏]常熟市药用辅料有限公司〈P1891〉;[浙]浙江中维药业有限公司〈P1947〉;湖州展望药业化学有限公司〈P1946〉;海盐六和淀粉化工有限公司〈P1940〉;[皖]淮南山河药用辅料有限公司(300吨)〈P1976〉;[鲁]山东聊城阿华制药有限公司(1000吨)〈P2153〉;山东瑞泰化工(集团)有限公司〈P2136〉;曲阜市药用辅料有限公司(2000吨)〈P2130〉;[川]成都宏博实业有限公司〈P2310〉

重组人胰岛素　L23001101
Recombinant human insulin
用于生物制药
【生产厂】[吉]通化东宝药业股份有限公司〈P1718〉;[粤]深圳科兴生物工程有限公司〈P2269〉

羧甲基纤维素钠(医药级)　L23001301
Sodium carboxy methyl cellulose,medicinal [9004-32-4]
主要用作医药辅料,在药用片剂、丸剂生产中是一种良好的崩解剂及黏合剂
【生产厂】[浙]湖州展望药业化学有限公司〈P1946〉;[皖]淮南山河药用辅料有限公司〈P1976〉;[鲁]山东聊城阿华制药有限公司(500吨)〈P2153〉;[粤]广州市金珠江化学有限公司(1000吨)〈P2265〉;[川]成都宏博实业有限公司〈P2310〉

羧甲基淀粉钠(医药级);CMS-Na;淀粉乙醇酸钠;淀粉甘醇酸钠;速崩王　L23001401
Sodium carboxymethyl starch,medicinal
用于片剂、丸剂的赋形剂、崩解剂和黏合剂以及液体药剂的助悬剂
【生产厂】[辽]营口奥达制药有限公司〈P1703〉;[浙]浙江中维药业有限公司〈P1947〉;湖州展望药业化学有限公司〈P1946〉;[皖]淮南山河药用辅料有限公司(200吨)〈P1976〉;[鲁]山东聊城阿华制药有限公司(500吨)〈P2153〉;曲阜市药用辅料有限公司(1200吨)〈P2130〉;曲阜市天利药用辅料有限公司(400吨)〈P2130〉;[豫]河南正弘药用辅料有限公司〈P2211〉;河南上官化工厂(80吨)〈P2210〉;洛阳民昌药用辅料有限公司〈P2182〉;[川]成都宏博实业有限公司〈P2310〉;[陕]西安北方惠安精细化工有限公司(300吨)〈P2347〉

薄膜包衣剂　L23001501
Film capsule agent
用作中药片剂、西药片剂、丸剂的薄膜包装
【生产厂】[京]北京英茂薄膜衣技术开发有限公司〈P1565〉;[津]天津爱勒易医药材料有限公司(500吨)〈P1570〉;[苏]镇江市环宇药用辅料厂〈P1845〉;[浙]浙江中维药业有限公司〈P1947〉;[鲁]山东聊城阿华制药有限公司(100吨)〈P2153〉

药用破乳剂　L23001601
Deemulsifier,medicinal
【生产厂】[冀]河北省化学工业研究院(500吨)〈P1621〉;[川]成都菊乐制药有限公司〈P2312〉

银杏内酯A　L23010101
Ginkgolide A
【生产厂】[苏]南京江本化工有限公司〈P1785〉;[川]成都福润德实业有限公司〈P2310〉;四川省什邡市华康药物原料厂〈P2328〉

银杏内酯B　L23010151
Ginkgolide B
【生产厂】[苏]南京江本化工有限公司〈P1785〉;[川]成都福润德实业有限公司〈P2310〉;四川省什邡市华康药物原料厂〈P2328〉

贯叶连翘提取物　L23010301
Hypericum perforatum P. E
用作中枢神经抑制剂和抗抑郁症药物
【生产厂】[辽]大连天山实业有限公司〈P1694〉;盘锦华成制药有限公司〈P1706〉;[浙]杭州天草科技有限公司〈P1922〉;[赣]江西湘衡百信药业有限公司〈P2016〉;[湘]湖南湘源植物生化有限公司〈P2258〉;[桂]桂林莱茵生物科技股份有限公司〈P2299〉;[川]成都川大华西康达药物研究所〈P2310〉;成都华高药业有限公司〈P2311〉;[陕]西安绿达生物化工有限公司〈P2349〉;西安中鑫生物技术有限公司〈P2350〉;西安妙香园药业有限公司〈P2349〉;陕西

L

嘉禾植物化工有限责任公司〈P2346〉；陕西旭煌植物科技发展有限公司〈P2347〉；西安华萃生物技术有限责任公司〈P2348〉；西安天行健天然生物制品有限公司〈P2350〉；陕西省天域生物制品有限公司〈P2352〉

连翘提取物 L23010351

Weeping forsythia extrect

抗菌药，用于上呼吸道感染等

【生产厂】［赣］江西省吉水县水南威霸香料公司〈P2018〉；［湘］湖南诺伊尔生物制药有限公司〈P2257〉；［川］成都金蓉生物工程公司〈P2311〉；广汉市科伦植物化工有限公司〈P2324〉；四川广汉市天府实业有限公司〈P2326〉；四川广汉市维康植化有限公司〈P2326〉；四川省广汉市三星堆植物化工有限责任公司〈P2327〉；四川省什邡市鸿运生物化工有限公司〈P2328〉；四川省什邡市康源药品原料有限公司〈P2328〉；四川省什邡市胜仁植物有限责任公司〈P2328〉；四川什邡普康生化有限公司〈P2329〉；四川什邡瑞邦植物有限公司〈P2329〉；四川同泰植物化工有限公司〈P2330〉；绵阳高新区东方源生物科技有限公司〈P2330〉

金银花提取物 L23010401

Extract of honeysuckle

用于清热、解毒、凉散风热

【生产厂】［辽］大连天山实业有限公司〈P1694〉；［浙］杭州迪康生物技术有限公司〈P1916〉；［赣］江西省吉水县水南威霸香料公司〈P2018〉；［鲁］青岛科奥植物制品有限公司〈P2039〉；［川］成都金蓉生物工程公司〈P2311〉；成都市金堂天然植物中间体厂〈P2314〉；成都市蒲江蜀西植物生化有限公司〈P2314〉；成都超人植化开发有限公司〈P2310〉；四川禾益康生物科技有限公司〈P2326〉；广汉市科伦植物化工有限公司〈P2324〉；四川广汉市天府实业有限公司〈P2326〉；四川广汉市维康植化有限公司〈P2326〉；四川省广汉市三星堆植物化工有限责任公司〈P2327〉；四川省什邡市华康药物原料厂〈P2328〉；四川省什邡市康源药品原料有限公司〈P2328〉；四川省什邡市胜仁植物有限责任公司〈P2328〉；四川省玉鑫药业有限公司〈P2328〉；四川什邡普康生化有限公司〈P2329〉；四川什邡瑞邦植物有限公司〈P2329〉；四川世坤植化有限公司〈P2329〉；四川同泰植物化工有限公司〈P2330〉；什邡市龙康植物原料厂〈P2325〉；四川什邡市宏升植物原料有限公司〈P2329〉；四川什邡市健福植物原料有限公司〈P2329〉；绵阳高新区东方源生物科技有限公司〈P2330〉；［滇］云南省玉溪望子隆生物制药有限公司〈P2344〉；云南玉溪万方天然药物有限公司〈P2344〉；［陕］西安中鑫生物技术有限公司〈P2350〉

首乌提取物 L23010501

Fleece-flower root extract

【生产厂】［浙］杭州迪康生物技术有限公司〈P1916〉；［川］成都市金堂天然植物中间体厂〈P2314〉；四川禾益康生物科技有限公司〈P2326〉；四川什邡市健福植物原料有限公司〈P2329〉；［陕］西安天诚医药生物工程公司〈P2349〉；西安天行健天然生物制品有限公司〈P2350〉

丹参提取物 L23010701

Extract of red sange root

抗心绞痛药，可用于心绞痛及急性心肌梗塞

【生产厂】［辽］盘锦华成制药有限公司〈P1706〉；［闽］福建瑞国药业有限公司〈P1997〉；［赣］江西省吉水县水南威霸香料公司〈P2018〉；［湘］湖南长沙远航生物制品有限公司〈P2247〉；［粤］广州合诚三先生物科技有限公司〈P2260〉；［川］成都市金堂天然植物中间体厂〈P2314〉；四川广汉市维康植化有限公司〈P2326〉；四川省广汉市三星堆植物化工有限责任公司〈P2327〉；四川省什邡市华康药物原料厂〈P2328〉；四川省什邡市康源药品原料有限公司〈P2328〉；四川省什邡市胜仁植物有限责任公司〈P2328〉；四川省玉鑫药业有限公司〈P2328〉；四川什邡普康生化有限公司〈P2329〉；四川什邡瑞邦植物有限公司〈P2329〉；四川同泰植物化工有限公司〈P2330〉；什邡市龙康植物原料厂〈P2325〉；四川什邡鸿鸣原料药有限公司〈P2329〉；四川什邡市宏升植物原料有限公司〈P2329〉；绵阳高新区东方源生物科技有限公司〈P2330〉；［滇］云南省玉溪望子隆生物制药有限公司〈P2344〉；云南玉溪万方天然药物有限公司〈P2344〉；大理丸荣制药有限公司〈P2345〉；［陕］西安华萃生物技术有限责任公司〈P2348〉

人参提取物 L23010801

Extract of ginseng

用于冠心病、更年期综合症、急性糖尿病、神经衰弱等症的治疗和对肿瘤的辅助治疗

【生产厂】［辽］辽宁鑫泰药业有限公司〈P1699〉；大连天山实业有限公司〈P1694〉；盘锦格林恩生物资源开发有限公司〈P1706〉；盘锦华成制药有限公司〈P1706〉；［沪］上海凯路化工有限公司〈P1747〉；［苏］江苏健佳药业有限公司〈P1808〉；［陕］西安华萃生物技术有限责任公司〈P2348〉；西安天诚医药生物工程公司〈P2349〉；西安三江生物工程有限公司〈P2349〉

大黄提取物 L23010901

Extract of rhubarb

刺激性泻药，健胃药，用于便秘及食欲不振

【生产厂】［赣］江西省吉水三达天然药用香料油厂〈P2018〉；［川］成都市金堂天然植物中间体厂〈P2314〉；四川省广汉市三星堆植物化工有限责任公司〈P2327〉；四川省什邡市华康药物原料厂〈P2328〉；四川省什邡市康源药品原料有限公司〈P2328〉；四川省什邡市胜仁植物有限责任公司〈P2328〉；四川什邡瑞邦植物有限公司〈P2329〉；什邡市龙康植物原料厂〈P2325〉；四川什邡市宏升植物原料有限公司〈P2329〉；四川什邡市健福植物原料有限公司〈P2329〉；［陕］西安华萃生物技术有限责任公司〈P2348〉

大黄素 L23010951

Emodin［518-82-1］

用作抗菌剂，还可用于利胆、解痉、降低血压

【生产厂】［浙］台州海辰药业有限公司〈P1960〉；［赣］江西吉安市绿康天然香料油厂〈P2017〉；［川］成都福润德实业有限公司〈P2310〉；［陕］陕西旭煌植物科技发展有限公司〈P2347〉；西安华萃生物技术有限责任公司〈P2348〉；西安天行健天然生物制品有限公司〈P2350〉

【使用厂】［川］成都市金堂天然植物中间体厂〈P2314〉

芦荟大黄素 L23010991

Aloeemodin；1，8-Dihydroxy-3-（hydroxymethyl）anthraquinone［481-72-1］

【生产厂】［辽］大连医诺生物有限公司〈P1694〉；［浙］台州海辰药业有限公司〈P1960〉

川芎提取物 L23011201

Extract of chuanxiong rhizome

抗心绞痛药，用于冠心病、心绞痛、缺血性脑血管疾病

【生产厂】［赣］江西省吉水县水南威霸香料公司〈P2018〉；［川］四川什邡市健福植物原料有限公司〈P2329〉

板蓝根提取物 L23011401

Extract of banlangen

用作抗菌药，对金黄色葡萄球菌、溶血性链球菌、脑膜炎双球菌等均有抑制作用

【生产厂】[川]成都市金堂天然植物中间体厂〈P2314〉；四川省广汉市三星堆植物化工有限责任公司〈P2327〉；四川省什邡市华康药物原料厂〈P2328〉；四川省什邡市康源药品原料有限公司〈P2328〉；四川省什邡市胜仁植物有限责任公司〈P2328〉；四川什邡普康生化有限公司〈P2329〉；什邡市龙康植物原料厂〈P2325〉；四川什邡鸿鸣原料药有限公司〈P2329〉；四川什邡市健福植物原料有限公司〈P2329〉；绵阳高新区东方源生物科技有限公司〈P2330〉

双花连翘提取物　L23011501

Weeping forsythia and flower extract

抗菌药，用于治疗革兰菌引起的上呼吸道感染

【生产厂】[川]成都市金堂天然植物中间体厂〈P2314〉；成都超人植化开发有限公司〈P2310〉；四川省什邡市康源药品原料有限公司〈P2328〉；四川省什邡市胜仁植物有限责任公司〈P2328〉；四川省玉鑫药业有限公司〈P2328〉；四川什邡瑞邦植物有限公司〈P2329〉；四川世坤植化有限公司〈P2329〉；什邡市龙康植物原料厂〈P2325〉；四川什邡鸿鸣原料药有限公司〈P2329〉；四川什邡市宏升植物原料有限公司〈P2329〉；四川什邡市健福植物原料有限公司〈P2329〉；绵阳高新区东方源生物科技有限公司〈P2330〉；[滇]云南玉溪万方天然药物有限公司〈P2344〉

紫苏提取物　L23011601

Extract of purple common perilla

用于风寒感冒、咳嗽等

【生产厂】[京]北京三鸣生物工程有限公司〈P1557〉；[辽]大连天山实业有限公司〈P1694〉；[川]成都川大华西康达药物研究所〈P2310〉

淫羊藿提取物　L23011701

Epimedium extract

用于增加心脑血管血流量、促进造血功能、免疫功能及骨代谢，具有抗衰老、抗肿瘤等功效

【生产厂】[辽]盘锦华成制药有限公司〈P1706〉；[浙]杭州天草科技有限公司〈P1922〉；[湘]湖南长沙远航生物制品有限公司〈P2247〉；[粤]广州合诚三先生物科技有限公司〈P2260〉；[桂]桂林莱茵生物科技股份有限公司〈P2299〉；[川]成都川大华西康达药物研究所〈P2310〉；成都天源天然产物有限公司〈P2316〉；成都华康生物工程有限公司〈P2311〉；四川广汉市天府实业有限公司〈P2326〉；四川省广汉市三星堆植物化工有限责任公司〈P2327〉；四川省什邡市胜仁植物有限责任公司〈P2328〉；四川什邡瑞邦植物有限公司〈P2329〉；什邡市龙康植物原料厂〈P2325〉；四川什邡市宏升植物原料有限公司〈P2329〉；四川什邡市健福植物原料有限公司〈P2329〉；[陕]西安中鑫生物技术有限公司〈P2350〉；西安妙香园药业有限公司〈P2349〉；陕西嘉禾植物化工有限责任公司〈P2346〉；陕西旭煌植物科技发展有限公司〈P2347〉；西安华萃生物技术有限责任公司〈P2348〉；西安惠丰生化集团股份有限公司〈P2348〉；西安天诚医药生物工程公司〈P2349〉；西安天行健天然生物制品有限公司〈P2350〉；西安三江生物工程有限公司〈P2349〉；陕西省天域生物制品有限公司〈P2352〉

红景天提取物　L23011801

Rhodiola rosea extract

具有健脾益气、清肺止咳的功效

【生产厂】[辽]大连天山实业有限公司〈P1694〉；盘锦华成制药有限公司〈P1706〉；[浙]杭州天草科技有限公司〈P1922〉；[桂]桂林莱茵生物科技股份有限公司〈P2299〉；[川]成都川大华西康达药物研究所〈P2310〉；成都华高药业有限公司〈P2311〉；成都华康生物工程有限公司〈P2311〉；成都市金堂天然植物中间体厂〈P2314〉；四川禾益康生物科技有限公司〈P2326〉；四川省广汉市三星堆植物化工有限责任公司〈P2327〉；什邡市龙康植物原料厂〈P2325〉；四川什邡市健福植物原料有限公司〈P2329〉；绵阳高新区东方源生物科技有限公司〈P2330〉；[陕]西安中鑫生物技术有限公司〈P2350〉；陕西嘉禾植物化工有限责任公司〈P2346〉；西安华萃生物技术有限责任公司〈P2348〉；西安惠丰生化集团股份有限公司〈P2348〉；西安天行健天然生物制品有限公司〈P2350〉；西安三江生物工程有限公司〈P2349〉；陕西省天域生物制品有限公司〈P2352〉

黄芪提取物　L23011901

Astragalus extract

用于保健食品、医药、化妆品等

【生产厂】[蒙]开鲁兴利制药有限责任公司〈P1682〉；[辽]盘锦华成制药有限公司〈P1706〉；[苏]南通四海植物精华有限公司〈P1835〉；[浙]杭州天草科技有限公司〈P1922〉；[湘]湖南长沙远航生物制品有限公司〈P2247〉；[川]四川省什邡市华康药物原料厂〈P2328〉；四川省什邡市康源药品原料有限公司〈P2328〉；绵阳高新区东方源生物科技有限公司〈P2330〉；[陕]西安中鑫生物技术有限公司〈P2350〉；西安妙香园药业有限公司〈P2349〉；陕西嘉禾植物化工有限责任公司〈P2346〉；西安华萃生物技术有限责任公司〈P2348〉；西安天诚医药生物工程公司〈P2349〉；西安天行健天然生物制品有限公司〈P2350〉；陕西太康生物科技有限公司〈P2346〉；西安冠宇生物技术有限公司〈P2348〉；陕西省天域生物制品有限公司〈P2352〉

葛根提取物　L23012001

Pueraia extract

用于抗心律失常、治疗高血压和心绞痛等

【生产厂】[辽]盘锦华成制药有限公司〈P1706〉；[苏]南通四海植物精华有限公司〈P1835〉；[浙]杭州天草科技有限公司〈P1922〉；[粤]广州合诚三先生物科技有限公司〈P2260〉；[桂]桂林莱茵生物科技股份有限公司〈P2299〉；[川]成都华高药业有限公司〈P2311〉；广汉绿松药业有限责任公司〈P2324〉；四川省什邡市华康药物原料厂〈P2328〉；四川什邡瑞邦植物有限公司〈P2329〉；四川什邡市健福植物原料有限公司〈P2329〉；[滇]云南省玉溪望子隆生物制药有限公司〈P2344〉；云南玉溪万方天然药物有限公司〈P2344〉；大理丸荣制药有限公司〈P2345〉；[陕]西安中鑫生物技术有限公司〈P2350〉；陕西旭煌植物科技发展有限公司〈P2347〉；西安华萃生物技术有限责任公司〈P2348〉；西安惠丰生化集团股份有限公司〈P2348〉；西安天行健天然生物制品有限公司〈P2350〉；西安天一生物技术有限公司〈P2350〉；陕西省天域生物制品有限公司〈P2352〉

越橘提取物　L23012101

Bilberry extract

【生产厂】[辽]盘锦华成制药有限公司〈P1706〉；[湘]湖南湘源植物生化有限公司〈P2258〉；[川]成都川大华西康达药物研究所〈P2310〉；成都华康生物工程有限公司〈P2311〉；[陕]西安妙香园药业有限公司〈P2349〉；西安华萃生物技术有限责任公司〈P2348〉

厚朴提取物　L23012201

Magnolia bark extract

用于急性肠炎、细菌性或阿米巴痢疾、慢性胃炎等病症的治疗

【生产厂】[辽]盘锦华成制药有限公司〈P1706〉;[浙]杭州天草科技有限公司〈P1922〉;[湘]湖南长沙远航生物制品有限公司〈P2247〉;[粤]广州美晨药业有限公司〈P2262〉;广州合诚三先生物科技有限公司〈P2260〉;[川]什邡市龙康植物原料厂〈P2325〉;四川什邡市健福植物原料有限公司〈P2329〉;绵阳高新区东方源生物科技有限公司〈P2330〉;[陕]陕西嘉禾植物化工有限责任公司〈P2346〉;西安惠丰生化集团股份有限公司〈P2348〉

虎杖提取物 L23012301

Giant knotweed extract

用作祛痰止咳平喘药

【生产厂】[浙]杭州天草科技有限公司〈P1922〉;[湘]湖南长沙远航生物制品有限公司〈P2247〉;湖南湘源植物生化有限公司〈P2258〉;[粤]广州合诚三先生物科技有限公司〈P2260〉;[桂]桂林莱茵生物科技股份有限公司〈P2299〉;[川]什邡市龙康植物原料厂〈P2325〉;[陕]陕西慧科植物开发有限公司〈P2346〉;西安天行健天然生物制品有限公司〈P2350〉

虎杖苷 L23012351

Polydatin [65914-17-2]

主要用于镇咳、去痰、平喘、抗菌、清除自由基、调血脂、降低胆固醇等

【生产厂】[陕]陕西旭煌植物科技发展有限公司〈P2347〉;西安华萃生物技术有限责任公司〈P2348〉

红车轴草提取物 L23012401

Red clover P. E.; Isoflavones

用于抑制草履虫,对某些革兰阳性杆菌有抗菌作用

【生产厂】[辽]盘锦华成制药有限公司〈P1706〉;[浙]杭州天草科技有限公司〈P1922〉;[赣]江西省吉水县华源香料油厂〈P2018〉;[湘]湖南德瑞生物产业集团有限公司〈P2247〉;湖南长沙远航生物制品有限公司〈P2247〉;湖南湘源植物生化有限公司〈P2258〉;[桂]桂林莱茵生物科技股份有限公司〈P2299〉;[川]成都华高药业有限公司〈P2311〉;四川禾益康生物科技有限公司〈P2326〉;广汉绿松药业有限责任公司〈P2324〉;[陕]西安中鑫生物技术有限公司〈P2350〉;陕西嘉禾植物化工有限责任公司〈P2346〉;陕西旭煌植物科技发展有限公司〈P2347〉;西安华萃生物技术有限责任公司〈P2348〉;西安惠丰生化集团股份有限公司〈P2348〉;西安天行健天然生物制品有限公司〈P2350〉;西安冠宇生物技术有限公司〈P2348〉;西安三江生物工程有限公司〈P2349〉

积雪草提取物 L23012501

Cat's-foot extract

用于清热利尿,解毒消肿

【生产厂】[辽]大连天山实业有限公司〈P1694〉;盘锦华成制药有限公司〈P1706〉;[湘]湖南长沙远航生物制品有限公司〈P2247〉;[桂]广西昌洲天然产物开发有限公司(30吨)〈P2296〉;桂林莱茵生物科技股份有限公司〈P2299〉;[川]成都华康生物工程有限公司〈P2311〉;[陕]西安妙香园药业有限公司〈P2349〉

泽泻提取物 L23012701

Alisma rhizome extract

【生产厂】[川]成都市金堂天然植物中间体厂〈P2314〉;什邡市龙康植物原料厂〈P2325〉;[陕]西安中鑫生物技术有限公司〈P2350〉

五味子提取物 L23012901

Chinese magnoliaving extract

用于治疗各种急慢性肝炎、病毒性及迁延性肝炎、重度哮喘、盗汗、气血两虚型小儿感冒、神经官能症等病症

【生产厂】[辽]大连天山实业有限公司〈P1694〉;盘锦格林恩生物资源开发有限公司〈P1706〉;盘锦华成制药有限公司〈P1706〉;[湘]湖南长沙远航生物制品有限公司〈P2247〉;[川]四川什邡瑞邦植物有限公司〈P2329〉;[陕]陕西嘉禾植物化工有限责任公司〈P2346〉;西安华萃生物技术有限责任公司〈P2348〉;西安天行健天然生物制品有限公司〈P2350〉

白柳皮提取物 L23013001

White willow extract

【生产厂】[浙]杭州天草科技有限公司〈P1922〉;[桂]桂林莱茵生物科技股份有限公司〈P2299〉;[川]成都华康生物工程有限公司〈P2311〉;什邡市龙康植物原料厂〈P2325〉;[陕]西安中鑫生物技术有限公司〈P2350〉;西安华萃生物技术有限责任公司〈P2348〉

当归提取物 L23013101

Angelica extract

用于治疗和预防妇女体内雌激素升高时的经前期综合症、雌激素降低时的更年期综合症

【生产厂】[辽]大连天山实业有限公司〈P1694〉;盘锦华成制药有限公司〈P1706〉;[苏]南通四海植物精华有限公司〈P1835〉;[浙]杭州天草科技有限公司〈P1922〉;[赣]江西省吉水县水南威霸香料公司〈P2018〉;[湘]湖南长沙远航生物制品有限公司〈P2247〉;[桂]桂林莱茵生物科技股份有限公司〈P2299〉;[川]成都华康生物工程有限公司〈P2311〉;四川省广汉市三星堆植物化工有限责任公司〈P2327〉;四川什邡瑞邦植物有限公司〈P2329〉;四川同泰植物化工有限公司〈P2330〉;什邡市龙康植物原料厂〈P2325〉;四川什邡市宏升植物原料有限公司〈P2329〉;四川什邡市健福植物原料有限公司〈P2329〉;[滇]云南玉溪万方天然药物有限公司〈P2344〉;大理丸荣制药有限公司〈P2345〉;[陕]西安妙香园药业有限公司〈P2349〉;陕西嘉禾植物化工有限责任公司〈P2346〉;西安华萃生物技术有限责任公司〈P2348〉;西安天诚医药生物工程公司〈P2349〉;西安天行健天然生物制品有限公司〈P2350〉;西安天一生物技术有限公司〈P2350〉

生姜提取物 L23013201

Ginger extract

用于治疗急性胃肠炎、消化性溃疡、运动性眩晕、孕娠呕吐、手术后呕吐等病症

【生产厂】[辽]盘锦华成制药有限公司〈P1706〉;[苏]南通四海植物精华有限公司〈P1835〉;[湘]湖南德瑞生物产业集团有限公司〈P2247〉;湖南长沙远航生物制品有限公司〈P2247〉;湖南湘源植物生化有限公司〈P2258〉;[桂]桂林莱茵生物科技股份有限公司〈P2299〉;[川]成都华康生物工程有限公司〈P2311〉;什邡市龙康植物原料厂〈P2325〉;[陕]陕西嘉禾植物化工有限责任公司〈P2346〉;陕西旭煌植物科技发展有限公司〈P2347〉;西安天诚医药生物工程公司〈P2349〉;西安天行健天然生物制品有限公司〈P2350〉

绞股蓝提取物 L23013301

Gynostemma P. E.

用于抗癌、抗衰老、抗溃疡、镇静、镇痛、降血脂等

【生产厂】[辽]盘锦华成制药有限公司〈P1706〉;[湘]湖南长沙远航生物制品有限公司〈P2247〉;[川]成都华康生物工程有限公司〈P2311〉;四川什邡瑞邦植物有限公司〈P2329〉;什邡市龙康植物原料厂〈P2325〉;四川什邡市健福植物原料有限公司〈P2329〉;[陕]西安中鑫生物技术有限公司〈P2350〉;陕西旭煌植物科技发展有限公司〈P2347〉;西安华萃生物技术有限责任公司〈P2348〉;西安惠丰生化集团股份有限公司〈P2348〉;西安天诚医药生物工程公司〈P2349〉;陕西省天域生物制品有限公司〈P2352〉

山楂提取物 L23013401

Hawkthorn extract

能抑制血小板聚集,降低心肌耗氧量,并具有降血脂、降血压的功效

【生产厂】[辽]盘锦格林恩生物资源开发有限公司〈P1706〉;[赣]江西省吉水县水南威霸香料公司〈P2018〉;江西湘衡百信药业有限公司〈P2016〉;[川]四川什邡瑞邦植物有限公司〈P2329〉;什邡市龙康植物原料厂〈P2325〉;[陕]西安中鑫生物技术有限公司〈P2350〉;西安天诚医药生物工程公司〈P2349〉;西安天行健天然生物制品有限公司〈P2350〉

辣椒流浸膏 L23013501

Capsicum extractum

【生产厂】[赣]江西省南方药物油厂〈P2019〉;江西省吉水三达天然药用香料油厂〈P2018〉;江西省吉水中南天然香料油厂〈P2019〉

龙胆草提取物 L23013701

Gentina root extract

用于清热燥湿,泻肝胆火

【生产厂】[川]成都市金堂天然植物中间体厂〈P2314〉;四川省广汉市三星堆植物化工有限责任公司〈P2327〉;四川什邡市健福植物原料有限公司〈P2329〉

枳实提取物 L23013801

Citrus aurantium extract;Immature bitter orange extract

用于强心、收缩血管、增加心输血量等

【生产厂】[冀]石家庄市大东生物化工有限公司〈P1628〉;[辽]盘锦华成制药有限公司〈P1706〉;[浙]杭州天草科技有限公司〈P1922〉;[赣]江西省南方药物油厂〈P2019〉;[桂]桂林莱茵生物科技股份有限公司〈P2299〉;[川]成都欧康植化科技有限公司〈P2313〉;成都华高药业有限公司〈P2311〉;成都华康生物工程有限公司〈P2311〉;成都市蒲江蜀西植物生化有限公司〈P2314〉;成都超人植化开发有限公司〈P2310〉;什邡市龙康植物原料厂〈P2325〉;绵阳高新区东方源生物科技有限公司〈P2330〉;[陕]西安中鑫生物技术有限公司〈P2350〉;西安华萃生物技术有限责任公司〈P2348〉;西安惠丰生化集团股份有限公司〈P2348〉;西安天诚医药生物工程公司〈P2349〉;西安天行健天然生物制品有限公司〈P2350〉

罗汉果提取物 L23013901

Grosvenor momordica extract

【生产厂】[桂]桂林莱茵生物科技股份有限公司〈P2299〉;[川]什邡市龙康植物原料厂〈P2325〉;[陕]西安天行健天然生物制品有限公司〈P2350〉;西安三江生物工程有限公司〈P2349〉

缬草提取物 L23014001

Valerian extract

【生产厂】[川]成都川大华西康达药物研究所〈P2310〉;[陕]西安妙香园药业有限公司〈P2349〉

葡萄籽提取物 L23014101

Grape seed extract

【生产厂】[冀]河北智通化工有限责任公司〈P1623〉;[辽]盘锦格林恩生物资源开发有限公司〈P1706〉;盘锦华成制药有限公司〈P1706〉;[沪]上海朗瑞精细化学品有限公司〈P1749〉;[苏]泰兴市一鸣精细化工有限公司〈P1827〉;[浙]杭州天草科技有限公司〈P1922〉;[鲁]蓬莱市海洋生物有限公司(5吨)〈P2112〉;[粤]广州合诚三先生物科技有限公司〈P2260〉;[川]成都川大华西康达药物研究所〈P2310〉;成都华康生物工程有限公司〈P2311〉;[陕]西安妙香园药业有限公司〈P2349〉;西安华萃生物技术有限责任公司〈P2348〉;西安天诚医药生物工程公司〈P2349〉;西安天行健天然生物制品有限公司〈P2350〉;西安三江生物工程有限公司〈P2349〉

黑升麻提取物 L23014201

Blackcohosh extract

用于治疗停经引起的植物性神经紊乱、闭经、痛经等病症

【生产厂】[蒙]开鲁兴利制药有限责任公司〈P1682〉;[辽]盘锦华成制药有限公司〈P1706〉;[湘]湖南长沙远航生物制品有限公司〈P2247〉;[桂]桂林莱茵生物科技股份有限公司〈P2299〉;[川]成都川大华西康达药物研究所〈P2310〉;成都华高药业有限公司〈P2311〉;成都华康生物工程有限公司〈P2311〉;[陕]西安中鑫生物技术有限公司〈P2350〉;陕西嘉禾植物化工有限责任公司〈P2346〉;西安华萃生物技术有限责任公司〈P2348〉;西安天诚医药生物工程公司〈P2349〉;西安天行健天然生物制品有限公司〈P2350〉;西安天一生物技术有限公司〈P2350〉;西安三江生物工程有限公司〈P2349〉

蒲公英提取物 L23014301

Herba taraxa extract

用于利尿、通便、增进食欲等

【生产厂】[苏]南通四海植物精华有限公司〈P1835〉;[湘]湖南长沙远航生物制品有限公司〈P2247〉;[桂]桂林莱茵生物科技股份有限公司〈P2299〉;[川]成都市金堂天然植物中间体厂〈P2314〉;四川省广汉市三星堆植物化工有限责任公司〈P2327〉;四川省什邡市华康药物原料厂〈P2328〉;四川省什邡市胜仁植物有限责任公司〈P2328〉;四川什邡瑞邦植物有限公司〈P2329〉;四川同泰植物化工有限公司〈P2330〉;什邡市龙康植物原料厂〈P2325〉;四川什邡市宏升植物原料有限公司〈P2329〉;四川什邡市健福植物原料有限公司〈P2329〉;绵阳高新区东方源生物科技有限公司〈P2330〉;[陕]西安天诚医药生物工程公司〈P2349〉

银杏叶提取物 L23014401

Gingko leaf extract

对改善心绞痛、胸闷、气短等心血管疾病有显著的疗效

【生产厂】[辽]盘锦华成制药有限公司〈P1706〉;[沪]上海凯路化工有限公司〈P1747〉;[苏]江苏健佳药业有限公司〈P1808〉;[浙]杭州沁源天然植物科技有限公司〈P1921〉;杭州天草科技有限公司〈P1922〉;宁波立华制药有限公司〈P1931〉;[赣]江西省吉水县华源香料油厂〈P2018〉;江西省南方药物油厂〈P2019〉;[桂]桂林莱茵生物科技股份有限公司〈P2299〉;[川]成都华康生物工程有限公司〈P2311〉;四川德阳恒升生物科技有限公司〈P2326〉;德阳市生化制品有限公司〈P2324〉;广汉市生化制品有限公司〈P2324〉;四川省什邡市华康药物原料厂〈P2328〉;四川省

什邡市康源药品原料有限公司〈P2328〉；什邡市龙康植物原料厂〈P2325〉；四川什邡鸿鸣原料药有限公司〈P2329〉；［滇］云南玉溪万方天然药物有限公司〈P2344〉；［陕］西安天诚医药生物工程公司〈P2349〉

白蒺藜提取物 L23014501

Tribulus terrestris extract

心血管类药物及保健品，具有软化血管、增强微循环等活血效果，是国际卫生组织推崇的绿色保健品

【生产厂】［蒙］开鲁兴利制药有限责任公司〈P1682〉；［辽］盘锦华成制药有限公司〈P1706〉；［湘］湖南长沙远航生物制品有限公司〈P2247〉；［桂］桂林莱茵生物科技股份有限公司〈P2299〉；［陕］西安中鑫生物技术有限公司〈P2350〉；西安妙香园药业有限公司〈P2349〉；陕西嘉禾植物化工有限责任公司〈P2346〉；陕西旭煌植物科技发展有限公司〈P2347〉；西安华萃生物技术有限责任公司〈P2348〉；西安惠丰生化集团股份有限公司〈P2348〉；西安天行健天然生物制品有限公司〈P2350〉

绿茶提取物 L23014601

Green tea extract

食品工业用于抗氧化、保鲜、祛臭，医药工业用于抗菌、抗癌、抗衰老，日化产品中作特殊功能添加剂

【生产厂】［辽］大连天山实业有限公司〈P1694〉；盘锦华成制药有限公司〈P1706〉；［沪］上海凯路化工有限公司〈P1747〉；［苏］南通四海植物精华有限公司〈P1835〉；［浙］杭州沁源天然植物科技有限公司〈P1921〉；杭州天草科技有限公司〈P1922〉；［琼］海南群力药业有限公司〈P2302〉；［川］成都华高药业有限公司〈P2311〉；成都华康生物工程有限公司〈P2311〉；什邡市龙康植物原料厂〈P2325〉；［陕］西安惠丰生化集团股份有限公司〈P2348〉；西安天诚医药生物工程公司〈P2349〉；西安天行健天然生物制品有限公司〈P2350〉

露水草提取物 L23014901

Ecdysone extract

具有防衰老、抗癌、抗氧化、提高免疫力，降血糖作用

【生产厂】［桂］桂林莱茵生物科技股份有限公司〈P2299〉；［陕］西安妙香园药业有限公司〈P2349〉；西安三江生物工程有限公司〈P2349〉

常山提取物 L23015001

Extractive of abtipyretic dichroa

用于治疗疟疾

【生产厂】［川］什邡市龙康植物原料厂〈P2325〉；四川什邡鸿鸣原料药有限公司〈P2329〉

秦皮提取物 L23015101

Extractive of ash bark

具有清热燥湿、收涩、明目等药用功效

【生产厂】［川］什邡市龙康植物原料厂〈P2325〉；四川什邡鸿鸣原料药有限公司〈P2329〉；四川什邡市健福植物原料有限公司〈P2329〉

苦参提取物 L23015201

Extract of sophora flavescens

【生产厂】［辽］盘锦华成制药有限公司〈P1706〉；［闽］福建瑞国药业有限公司〈P1997〉；［川］成都金蓉生物工程公司〈P2311〉；四川省广汉市三星堆植物化工有限责任公司〈P2327〉；四川省什邡市鸿运生物化工有限公司〈P2328〉；四川省什邡市华康药物原料厂〈P2328〉；四川省什邡市胜仁植物有限责任公司〈P2328〉；四川什邡瑞邦植物有限公司〈P2329〉；四川同泰植物化工有限公司〈P2330〉；什邡市龙康植物原料厂〈P2325〉；四川什邡市宏升植物原料有限公司〈P2329〉

甘草提取物 L23015301

Liquorice extract

具有补脾益气、祛痰止咳的功效

【生产厂】［苏］南通四海植物精华有限公司〈P1835〉；［闽］福建瑞国药业有限公司〈P1997〉；［川］四川省广汉市三星堆植物化工有限责任公司〈P2327〉；四川同泰植物化工有限公司〈P2330〉；四川什邡市宏升植物原料有限公司〈P2329〉；［陕］西安中鑫生物技术有限公司〈P2350〉

柴胡提取物 L23015501

Bupleurum extract

具有抗炎、降血脂、抗病毒、抗癌等功效

【生产厂】［川］四川省广汉市三星堆植物化工有限责任公司〈P2327〉；四川省什邡市华康药物原料厂〈P2328〉；四川省什邡市康源药品原料有限公司〈P2328〉；四川省什邡市胜仁植物有限责任公司〈P2328〉；什邡市龙康植物原料厂〈P2325〉；四川什邡鸿鸣原料药有限公司〈P2329〉；四川什邡市宏升植物原料有限公司〈P2329〉；四川什邡市健福植物原料有限公司〈P2329〉；［陕］西安天行健天然生物制品有限公司〈P2350〉

穿心莲提取物 L23015601

Kariyt extract

适用于肺热咳嗽、咽喉肿痛、湿热下痢、尿道感染、小便淋漓、痈疮肿毒、肠炎、伤寒、副伤寒等病症的治疗

【生产厂】［桂］桂林莱茵生物科技股份有限公司〈P2299〉；［川］四川省广汉市三星堆植物化工有限责任公司〈P2327〉；四川什邡瑞邦植物有限公司〈P2329〉；四川同泰植物化工有限公司〈P2330〉；四川什邡市健福植物原料有限公司〈P2329〉；［滇］云南玉溪万方天然药物有限公司〈P2344〉；大理丸荣制药有限公司〈P2345〉；［陕］西安三江生物工程有限公司〈P2349〉

大青叶提取物 L23015701

Isatis leaf extract

具有抗菌消炎、清热解毒的作用

【生产厂】［苏］南通四海植物精华有限公司〈P1835〉；［赣］江西省吉水三达天然药用香料油厂〈P2018〉；［川］四川省广汉市三星堆植物化工有限责任公司〈P2327〉；四川省什邡市胜仁植物有限责任公司〈P2328〉；四川什邡瑞邦植物有限公司〈P2329〉；什邡市龙康植物原料厂〈P2325〉；四川什邡市健福植物原料有限公司〈P2329〉

红花提取物 L23015801

Safflower extract

【生产厂】［川］四川省广汉市三星堆植物化工有限责任公司〈P2327〉；四川什邡瑞邦植物有限公司〈P2329〉；什邡市龙康植物原料厂〈P2325〉；四川什邡市健福植物原料有限公司〈P2329〉

芦荟提取物 L23015901

Aloe extract

具有抗癌、降血糖、降血脂的作用，可用于治

疗创伤，促进损伤组织的再生等

【生产厂】[苏]江苏健佳药业有限公司〈P1808〉；[浙]杭州迪康生物技术有限公司〈P1916〉；台州海辰药业有限公司〈P1960〉；[川]四川省广汉市三星堆植物化工有限责任公司〈P2327〉；四川省什邡市胜仁植物有限责任公司〈P2328〉；四川什邡瑞邦植物有限公司〈P2329〉；什邡市龙康植物原料厂〈P2325〉；四川什邡市健福植物原料有限公司〈P2329〉；[滇]云南玉溪万方天然药物有限公司〈P2344〉

马齿苋提取物 L23016001

Purslane extract

【生产厂】[川]四川省广汉市三星堆植物化工有限责任公司〈P2327〉；四川什邡瑞邦植物有限公司〈P2329〉；四川什邡市健福植物原料有限公司〈P2329〉

千里光提取物 L23016101

Groundsel extract

【生产厂】[川]四川省广汉市三星堆植物化工有限责任公司〈P2327〉；四川什邡瑞邦植物有限公司〈P2329〉；四川什邡市健福植物原料有限公司〈P2329〉

松针提取物 L23016301

Pine needle extract

【生产厂】[川]四川省广汉市三星堆植物化工有限责任公司〈P2327〉；四川什邡瑞邦植物有限公司〈P2329〉

野菊花提取物 L23016401

Flos chrysanthemi indici extract

用于治疗头痛眩晕、高血压等症

【生产厂】[苏]江苏健佳药业有限公司(80吨)〈P1808〉；南通四海植物精华有限公司〈P1835〉；[浙]杭州迪康生物技术有限公司〈P1916〉；[粤]广州美晨药业有限公司〈P2262〉；[川]四川省广汉市三星堆植物化工有限责任公司〈P2327〉；四川省什邡市胜仁植物有限责任公司〈P2328〉；四川什邡瑞邦植物有限公司〈P2329〉；什邡市龙康植物原料厂〈P2325〉；四川什邡市健福植物原料有限公司〈P2329〉

茵陈提取物 L23016501

Capillary artemisia extract

【生产厂】[赣]江西省吉水县水南威霸香料公司〈P2018〉；[川]四川省广汉市三星堆植物化工有限责任公司〈P2327〉；四川省什邡市康源药品原料有限公司〈P2328〉

鱼腥草提取物 L23016601

Houttuynia extract

具有清热、解毒功效

【生产厂】[川]四川省广汉市三星堆植物化工有限责任公司〈P2327〉；四川省什邡市胜仁植物有限责任公司〈P2328〉；什邡市龙康植物原料厂〈P2325〉；四川什邡市健福植物原料有限公司〈P2329〉

栀子提取物 L23016701

Gardenia extract

用于治疗高烧、鼻出血、吐血、眼结膜炎、黄疸型传染性肝炎、蚕豆病、尿血、外伤出血、扭挫伤等病症

【生产厂】[鄂]襄樊市共同化学有限公司〈P2238〉；[湘]湖南长沙远航生物制品有限公司〈P2247〉；[川]四川省广汉市三星堆植物化工有限责任公司〈P2327〉；四川省什邡市康源药品原料有限公司〈P2328〉；四川省什邡市胜仁植物有限责任公司〈P2328〉；四川什邡瑞邦植物有限公司〈P2329〉；什邡市龙康植物原料厂〈P2325〉；四川什邡市健福植物原料有限公司〈P2329〉

紫花地丁提取物 L23016801

Chinese violet extract

【生产厂】[川]四川省广汉市三星堆植物化工有限责任公司〈P2327〉；四川省什邡市胜仁植物有限责任公司〈P2328〉；四川什邡瑞邦植物有限公司〈P2329〉；四川同泰植物化工有限公司〈P2330〉；什邡市龙康植物原料厂〈P2325〉；四川什邡市健福植物原料有限公司〈P2329〉

细辛提取物 L23016901

Asarum extract

【生产厂】[川]四川省广汉市三星堆植物化工有限责任公司〈P2327〉；什邡市龙康植物原料厂〈P2325〉；四川什邡市宏升植物原料有限公司〈P2329〉；[滇]云南玉溪万方天然药物有限公司〈P2344〉

白芍提取物 L23017201

Extract of white peony root

具有抗炎、镇痛、催眠和抗惊厥、免疫调节等作用

【生产厂】[赣]江西省吉水县水南威霸香料公司〈P2018〉；[川]四川禾益康生物科技有限公司〈P2326〉；四川什邡瑞邦植物有限公司〈P2329〉；什邡市龙康植物原料厂〈P2325〉；绵阳高新区东方源生物科技有限公司〈P2330〉

苦杏仁提取物；苦杏仁油 L23017301

Almond extract

【生产厂】[赣]江西省吉水三达天然药用香料油厂〈P2018〉；[陕]西安天行健天然生物制品有限公司〈P2350〉

杜仲叶提取物 L23017401

Eucommia leaves extract

具有抗癌活性成分的作用，有较广泛的的抗菌消炎、利胆、止血及增高白血球数量的作用

【生产厂】[苏]南通四海植物精华有限公司〈P1835〉；[湘]湖南长沙远航生物制品有限公司〈P2247〉；[陕]西安中鑫生物技术有限公司〈P2350〉；西安惠丰生化集团股份有限公司〈P2348〉；西安天行健天然生物制品有限公司〈P2350〉

车前子提取物 L23017601

Psyllium extract

【生产厂】[川]四川什邡市健福植物原料有限公司〈P2329〉；[陕]西安中鑫生物技术有限公司〈P2350〉

姜黄提取物 L23017801

Curcuma extract

【生产厂】[川]成都川大华西康达药物研究所(5吨)〈P2310〉；[陕]西安中鑫生物技术有限公司〈P2350〉；西安天行健天然生物制品有限公司〈P2350〉

菌陈提取物 L23018001

Oriental wormwood extract

【生产厂】[川]四川什邡市健福植物原料有限公司〈P2329〉；[陕]西安中鑫生物技术有限公司〈P2350〉

黄芩提取物 L23018101

Scutellaria root extract

【生产厂】[浙]杭州天草科技有限公司〈P1922〉；[川]成都欧康植化科技有限公司〈P2313〉；四川省什邡市华康药物原料厂〈P2328〉；四川什邡瑞邦植物有限公司〈P2329〉；四川

L

同泰植物化工有限公司〈P2330〉；［陕］西安中鑫生物技术有限公司〈P2350〉

砂仁提取物 L23018401

Amomum fruit extract

【生产厂】［赣］江西省吉水县水南威霸香料公司〈P2018〉；［陕］西安中鑫生物技术有限公司〈P2350〉

防己提取物 L23018701

Tetrandra root extract

用于治疗感冒、气管炎、高血压等症

【生产厂】［苏］江苏健佳药业有限公司〈P1808〉；东台市康宁植物素有限公司〈P1806〉

问荆提取物 L23018901

Bottebrush extract

【生产厂】［辽］大连天山实业有限公司〈P1694〉；［川］成都华康生物工程有限公司〈P2311〉；［陕］西安天诚医药生物工程公司〈P2349〉

荨麻提取物 L23019001

Nettle extract

用于治疗高血压，外用治荨麻疹初起、风湿性关节炎、小儿惊风等病症

【生产厂】［湘］湖南长沙远航生物制品有限公司〈P2247〉；［川］成都福润德实业有限公司〈P2310〉；［陕］西安三江生物工程有限公司〈P2349〉

刺五加浸膏；刺五加提取物 L23020101

Acanthopanax extracturm；Siberian ginseng P. E

用于脾肾阴虚、体虚乏力、食欲不振、失眠多梦等症

【生产厂】［辽］大连天山实业有限公司〈P1694〉；盘锦华成制药有限公司〈P1706〉；［吉］白山市长白山制药厂〈P1718〉；［浙］杭州天草科技有限公司〈P1922〉；［闽］福建瑞国药业有限公司〈P1997〉；［桂］桂林莱茵生物科技股份有限公司〈P2299〉；［川］广汉市科伦植物化工有限公司〈P2324〉；四川什邡市健福植物原料有限公司〈P2329〉；［陕］西安中鑫生物技术有限公司〈P2350〉；陕西嘉禾植物化工有限责任公司〈P2346〉；陕西旭煌植物科技发展有限公司〈P2347〉；西安华萃生物技术有限责任公司〈P2348〉；西安天行健天然生物制品有限公司〈P2350〉；西安冠宇生物技术有限公司〈P2348〉

板蓝根浸膏 L23020201

Extractum of banlangen

【生产厂】［赣］江西省吉水县华源香料油厂〈P2018〉；江西省吉水县水南威霸香料公司〈P2018〉；江西省吉水三达天然药用香料油厂〈P2018〉；江西省吉水中南天然香料油厂〈P2019〉；［陕］西安中鑫生物技术有限公司〈P2350〉

穿心莲浸膏 L23020401

Kariyt extracturm

用于清热、解毒、凉血、消肿等

【生产厂】［赣］江西省南方药物油厂〈P2019〉；江西省吉水三达天然药用香料油厂〈P2018〉；［川］四川省彭州市聚源生化厂〈P2319〉；广汉市科伦植物化工有限公司〈P2324〉；四川省什邡市康源药品原料有限公司〈P2328〉；什邡市龙康植物原料厂〈P2325〉；四川什邡市宏升植物原料有限公司〈P2329〉；四川文龙药业有限公司〈P2335〉

颠茄浸膏；颠茄流浸膏 L23020601

Belladonna liquid extractum

抗胆碱药，用于治疗胃及十二指肠溃疡病

【生产厂】［晋］山西省芮城县精细日化有限公司〈P1680〉；［苏］江苏大华药业有限公司〈P1802〉；［赣］江西吉水县威海药用油厂〈P2017〉；江西省吉水县华宝天然药用油厂〈P2018〉；江西省吉水县华源香料油厂〈P2018〉；江西省吉水县康神天然药用油提炼厂〈P2018〉；江西省南方药物油厂〈P2019〉；江西省吉水县水南威霸香料公司〈P2018〉；江西省吉水三达天然药用香料油厂〈P2018〉；江西省吉水中南天然香料油厂〈P2019〉；［湘］湖南诺伊尔生物制药有限公司〈P2257〉；［川］成都福润德实业有限公司〈P2310〉；什邡市龙康植物原料厂〈P2325〉；四川科瑞德制药有限公司〈P2323〉

银杏浸膏 L23020801

Gingkgo extractive

用于改进血管的功能及代谢，增加大脑和周围动脉血管的流量

【生产厂】［沪］上海杏灵科技药业股份有限公司〈P1773〉；［赣］江西省吉水县水南威霸香料公司〈P2018〉；［川］成都华高药业有限公司〈P2311〉

益母草流浸膏 L23021001

Motherwort extractum

【生产厂】［赣］江西省吉水县华源香料油厂〈P2018〉；江西省吉水县金康天然香料厂〈P2018〉；江西省吉水县水南威霸香料公司〈P2018〉；江西省吉水三达天然药用香料油厂〈P2018〉；江西湘衡百信药业有限公司〈P2016〉；［川］四川省广汉市三星堆植物化工有限责任公司〈P2327〉；四川省什邡市康源药品原料有限公司〈P2328〉；四川省什邡市胜仁植物有限责任公司〈P2328〉；四川什邡瑞邦植物有限公司〈P2329〉；什邡市龙康植物原料厂〈P2325〉；四川什邡市健福植物原料有限公司〈P2329〉；［滇］云南玉溪万方天然药物有限公司〈P2344〉

野菊花浸膏 L23021201

Flos chrysanthemi indici extractum

用于清热解毒

【生产厂】［赣］江西省吉水县华宝天然药用油厂〈P2018〉；江西省吉水三达天然药用香料油厂〈P2018〉；江西省吉水中南天然香料油厂〈P2019〉

小叶榕浸膏 L23021401

Indialaurel fig extractum

【生产厂】［闽］福建瑞国药业有限公司〈P1997〉；［赣］江西省吉水县华宝天然药用油厂〈P2018〉；江西省吉水县康神天然药用油提炼厂〈P2018〉；江西省南方药物油厂〈P2019〉；江西省吉水县水南威霸香料公司〈P2018〉；江西省吉水三达天然药用香料油厂〈P2018〉

酵母浸膏 L23021801

Yeast extractum

用于生物培养和制造原料、食品工业调味滋补剂、儿童营养食品滋补剂、家用食品增鲜剂等

【生产厂】［京］北京奥博星生物技术责任有限公司〈P1543〉；［冀］石家庄市大东生物化工有限公司〈P1628〉；［苏］宜兴市月盛助剂有限公司〈P1888〉；［鄂］武汉康博生物技术有限责任公司〈P2231〉；武穴市国邦生物工程有限公司〈P2244〉；［粤］江门甘蔗化工厂（集团）股份有限公司〈P2285〉

罗布麻浸膏 L23021901

Apocynum extractum

有清热泻火、强心利尿、平喘止咳的功效，用于治疗感冒、气管炎、高血压等症

【生产厂】[苏]江苏健佳药业有限公司(15 吨)〈P1808〉；东台市康宁植物素有限公司〈P1806〉；[赣]江西省吉水三达天然药用香料油厂〈P2018〉；[川]什邡市龙康植物原料厂〈P2325〉

乌药干浸膏 L23022301

Lindera root extractum

【生产厂】[赣]江西湘衡百信药业有限公司〈P2016〉

紫珠干浸膏 L23022401

Beautyberry extractum

【生产厂】[赣]江西湘衡百信药业有限公司〈P2016〉

紫丹参浸膏 L23022601

Red sange root extract

【生产厂】[赣]江西省吉水三达天然药用香料油厂〈P2018〉；[川]四川文龙药业有限公司〈P2335〉

五味子醇浸膏 L23022901

Schizandrol extractum

【生产厂】[川]四川省广汉市三星堆植物化工有限责任公司〈P2327〉；四川什邡瑞邦植物有限公司〈P2329〉；四川什邡市健福植物原料有限公司〈P2329〉

三七浸膏 L23023101

Notoginseng extractum

【生产厂】[赣]江西省吉水三达天然药用香料油厂〈P2018〉；江西省吉水中南天然香料油厂〈P2019〉；[滇]云南玉溪万方天然药物有限公司〈P2344〉

虫草菌粉 L23030101

Chinese caterpillar fungus powder

【生产厂】[京]北京协和药厂〈P1563〉；[浙]杭州华东普洛医药科技有限公司〈P1918〉；[赣]江西国药有限责任公司〈P2008〉

麻黄浸膏粉 L23030401

Ephedra extractum powder

【生产厂】[蒙]内蒙古盛乐制药有限责任公司(500 吨)〈P1681〉；赤峰制药集团有限责任公司〈P1682〉；开鲁兴利制药有限责任公司〈P1682〉

灵芝菌粉 L23030501

Ganoderma lucidum bacterium powder

用于神经衰弱、冠心病，对慢性迁延性肝炎亦有一定疗效

【生产厂】[辽]盘锦华成制药有限公司〈P1706〉；[浙]浙江天益食品添加剂有限公司〈P1944〉；[鄂]湖北省荆州市生物制药厂〈P2239〉；[湘]湖南长沙远航生物制品有限公司〈P2247〉；[陕]陕西嘉禾植物化工有限责任公司〈P2346〉；西安天行健天然生物制品有限公司〈P2350〉

巴豆油 L23040301

Croton oil

【生产厂】[赣]江西省吉水县华宝天然药用油厂〈P2018〉；江西省吉水县华源香料油厂〈P2018〉；江西省吉水县金康天然香料厂〈P2018〉；江西省吉水县康神天然药用油提炼厂〈P2018〉；江西省南方药物油厂〈P2019〉；江西省吉水三达天然药用香料油厂〈P2018〉；江西省吉安市福达天然药用油厂〈P2018〉

艾叶油 L23040501

Absinthe oil; Artemisia leaves oil

用于平喘、镇咳祛痰、消炎

【生产厂】[赣]吉水县金海天然香料油科技有限公司〈P2017〉；江西吉水县威海药用油厂〈P2017〉；江西省吉水县华宝天然药用油厂〈P2018〉；江西省吉水县华源香料油厂〈P2018〉；江西省吉水县康神天然药用油提炼厂〈P2018〉；江西省吉水县水南药用百草油提炼厂〈P2019〉；江西省吉水县同仁天然药用油厂〈P2019〉；江西省南方药物油厂〈P2019〉；江西省吉水县水南威霸香料公司〈P2018〉；江西省吉水中南天然香料油厂〈P2019〉；江西吉安市绿康天然香料油厂〈P2017〉；[湘]湖南衡山岳北天然香料油有限公司〈P2253〉；[陕]西安绿达生物化工有限公司〈P2349〉

紫苏叶油 L23040701

Leaf of purple perilla oil

用于解表散寒、行气和胃

【生产厂】[赣]吉水县金海天然香料油科技有限公司〈P2017〉；江西省吉水县华宝天然药用油厂〈P2018〉；江西省吉水县华源香料油厂〈P2018〉；江西省吉水县康神天然药用油提炼厂〈P2018〉；江西省吉水县水南药用百草油提炼厂〈P2019〉；江西省吉水药用提炼厂〈P2019〉；江西省南方药物油厂〈P2019〉；江西省吉水县水南威霸香料公司〈P2018〉；江西省吉水三达天然药用香料油厂〈P2018〉；[湘]湖南衡山岳北天然香料油有限公司〈P2253〉；[川]四川科瑞德制药有限公司〈P2323〉

广藿香油 L23040901

Patchouly oil

用于祛暑解表，化温和胃

【生产厂】[赣]吉水县金海天然香料油科技有限公司〈P2017〉；江西吉水县威海药用油厂〈P2017〉；江西省吉水县华宝天然药用油厂〈P2018〉；江西省吉水县华源香料油厂〈P2018〉；江西省吉水县金康天然香料厂〈P2018〉；江西省吉水县康神天然药用油提炼厂〈P2018〉；江西省吉水县水南药用百草油提炼厂〈P2019〉；江西省吉水县同仁天然药用油厂〈P2019〉；江西省南方药物油厂〈P2019〉；江西省吉水县水南威霸香料公司〈P2018〉；江西省吉水三达天然药用香料油厂〈P2018〉；[粤]广州合诚三先生物科技有限公司〈P2260〉；[川]四川科瑞德制药有限公司〈P2323〉

荆芥油 L23041001

Nepeta oil

用于治疗感冒、头痛、麻疹、风疹等病症

【生产厂】[赣]吉水县金海天然香料油科技有限公司〈P2017〉；江西吉水县威海药用油厂〈P2017〉；江西省吉水县华宝天然药用油厂〈P2018〉；江西省吉水县华源香料油厂〈P2018〉；江西省吉水县金康天然香料厂〈P2018〉；江西省吉水县康神天然药用油提炼厂〈P2018〉；江西省吉水县水南药用百草油提炼厂〈P2019〉；江西省吉水县同仁天然药用油厂〈P2019〉；江西省吉水药用提炼厂〈P2019〉；江西省南方药物油厂〈P2019〉；江西省吉水县水南威霸香料公司〈P2018〉；江西省吉水三达天然药用香料油厂〈P2018〉；江西吉安市绿康天然香料油厂〈P2017〉；[湘]湖南衡山岳北天然香料油有限公司〈P2253〉；[川]四川科瑞德制药有限公司〈P2323〉

苏子油 L23041101

Oil of perilla fruit

【生产厂】[赣]江西省吉水县水南药用百草油提炼厂〈P2019〉;江西省吉水县同仁天然药用油厂〈P2019〉;江西省南方药物油厂〈P2019〉;[川]成都川大华西康达药物研究所〈P2310〉

玫瑰油 L23041201

Rose oil [8007-01-0]

【生产厂】[赣]江西省南方药物油厂〈P2019〉;江西省吉水三达天然药用香料油厂〈P2018〉;[粤]广州合诚三先生物科技有限公司〈P2260〉

大蒜油 L23041301

Garlic oil

用于抗菌消炎、降低血脂和血压、预防心血管疾病

【生产厂】[苏]江苏奥奇海洋生物工程有限公司〈P1858〉;[皖]安徽丰乐香料有限责任公司〈P1971〉;[赣]吉水县金海天然香料油科技有限公司〈P2017〉;江西吉水县威海药用油厂〈P2017〉;江西省吉水县华宝天然药用油厂〈P2018〉;江西省吉水县华源香料油厂〈P2018〉;江西省吉水县康神天然药用油提炼厂〈P2018〉;江西省吉水县水南药用百草油提炼厂〈P2019〉;江西省吉水县同仁天然药用油厂〈P2019〉;江西省吉水药用提炼厂〈P2019〉;江西省南方药物油厂〈P2019〉;江西省吉水县水南威霸香料公司〈P2018〉;江西省吉水三达天然药用香料油厂〈P2018〉;江西省吉水中南天然香料油厂〈P2019〉;江西吉安市绿康天然香料油厂〈P2017〉;[鲁]山东大华广济生化工程有限公司〈P2028〉

核桃油 L23041401

Walnut oil

【生产厂】[辽]大连天山实业有限公司〈P1694〉;[赣]江西省吉水县金康天然香料厂〈P2018〉

陈皮油 L23041501

Oil of dried tangerine peel

用于心血管保健

【生产厂】[赣]吉水县金海天然香料油科技有限公司〈P2017〉;江西吉水县威海药用油厂〈P2017〉;江西省吉水县华宝天然药用油厂〈P2018〉;江西省吉水县华源香料油厂〈P2018〉;江西省吉水县康神天然药用油提炼厂〈P2018〉;江西省吉水县水南药用百草油提炼厂〈P2019〉;江西省吉水县同仁天然药用油厂〈P2019〉;江西省南方药物油厂〈P2019〉;江西省吉水县水南威霸香料公司〈P2018〉;江西省吉水三达天然药用香料油厂〈P2018〉;江西吉安市绿康天然香料油厂〈P2017〉;[湘]湖南衡山岳北天然香料油有限公司〈P2253〉;[川]成都华高药业有限公司〈P2311〉;四川什邡市健福植物原料有限公司〈P2329〉;[陕]西安绿达生物化工有限公司〈P2349〉

辛夷油 L23041601

Magnolia flower oil

【生产厂】[赣]江西省吉水县华源香料油厂〈P2018〉;江西省吉水县水南威霸香料公司〈P2018〉;江西吉安市绿康天然香料油厂〈P2017〉

当归油 L23041701

Angelica oil

用于补血活血、调经止痛

【生产厂】[赣]吉水县金海天然香料油科技有限公司〈P2017〉;江西吉水县威海药用油厂〈P2017〉;江西省吉水县华宝天然药用油厂〈P2018〉;江西省吉水县华源香料油厂〈P2018〉;江西省吉水县康神天然药用油提炼厂〈P2018〉;江西省吉水县水南药用百草油提炼厂〈P2019〉;江西省吉水县同仁天然药用油厂〈P2019〉;江西省吉水药用提炼厂〈P2019〉;江西省南方药物油厂〈P2019〉;江西省吉水县水南威霸香料公司〈P2018〉;江西省吉水三达天然药用香料油厂〈P2018〉;江西吉安市绿康天然香料油厂〈P2017〉;[湘]湖南衡山岳北天然香料油有限公司〈P2253〉;[粤]广州美晨药业有限公司〈P2262〉;广州市伟香单体香料有限公司〈P2266〉;广州合诚三先生物科技有限公司〈P2260〉;[川]四川科瑞德制药有限公司〈P2323〉

红花油 L23041801

Safflower oil [8001-23-8]

具有降血脂作用

【生产厂】[赣]江西省吉水县华宝天然药用油厂〈P2018〉;江西省吉水县康神天然药用油提炼厂〈P2018〉;江西省吉水县水南药用百草油提炼厂〈P2019〉;江西省吉水县同仁天然药用油厂〈P2019〉;江西吉安市绿康天然香料油厂〈P2017〉

丁香罗勒油 L23041901

Oleum gratissimi oil

用作局部镇痛,防腐药

【生产厂】[赣]吉水县金海天然香料油科技有限公司〈P2017〉;江西省吉水县华宝天然药用油厂〈P2018〉;江西省吉水县康神天然药用油提炼厂〈P2018〉;江西省吉水县水南药用百草油提炼厂〈P2019〉;江西省吉水县同仁天然药用油厂〈P2019〉;江西省吉水药用提炼厂〈P2019〉;江西省南方药物油厂〈P2019〉;江西省吉水县水南威霸香料公司〈P2018〉;江西省吉水三达天然药用香料油厂〈P2018〉;江西省吉安市林源香料公司〈P2018〉;[川]四川科瑞德制药有限公司〈P2323〉;[陕]西安绿达生物化工有限公司〈P2349〉

生姜油 L23042001

Ginger oil

用于解表散寒、湿中止呕

【生产厂】[赣]吉水县金海天然香料油科技有限公司〈P2017〉;江西吉水县威海药用油厂〈P2017〉;江西省吉水县华宝天然药用油厂〈P2018〉;江西省吉水县华源香料油厂〈P2018〉;江西省吉水县康神天然药用油提炼厂〈P2018〉;江西省吉水县水南药用百草油提炼厂〈P2019〉;江西省南方药物油厂〈P2019〉;江西省吉水县水南威霸香料公司〈P2018〉;江西省吉水三达天然药用香料油厂〈P2018〉;[湘]湖南衡山岳北天然香料油有限公司〈P2253〉;[粤]广州合诚三先生物科技有限公司〈P2260〉

连翘油 L23042401

Forsythia suspansa oil

用于清热解毒、散结消肿

【生产厂】[赣]吉水县金海天然香料油科技有限公司〈P2017〉;江西吉水县威海药用油厂〈P2017〉;江西省吉水县华宝天然药用油厂〈P2018〉;江西省吉水县华源香料油厂〈P2018〉;江西省吉水县金康天然香料厂〈P2018〉;江西省吉水县康神天然药用油提炼厂〈P2018〉;江西省吉水县水南药用百草油提炼厂〈P2019〉;江西省吉水药用提炼厂〈P2019〉;江西省南方药物油厂〈P2019〉;江西省吉水县水南威霸香料公司〈P2018〉;江西省吉水三达天然药用香料油厂〈P2018〉;江西省吉安市福达天然药用油厂〈P2018〉;江西吉安市绿康天然香料油厂〈P2017〉;[川]四川科瑞德制药有限公司〈P2323〉

黄柏果油 L23042601

Phellodendron bark fruit oil

抗菌药,用于治疗菌痢等细菌感染性疾病

【生产厂】[赣]江西省吉水县华宝天然药用油厂〈P2018〉;江西省吉水县康神天然药用油提炼厂〈P2018〉;江西省南方药物油厂〈P2019〉;江西省吉水三达天然药用香料油厂〈P2018〉

鸦胆子油 L23042801

Kosam seeds oil

抗阿米巴病药,用于急、慢性阿米巴痢疾

【生产厂】[赣]吉水县金海天然香料油科技有限公司〈P2017〉;江西吉水县威海药用油厂〈P2017〉;江西省吉水县华宝天然药用油厂〈P2018〉;江西省吉水县华源香料油厂〈P2018〉;江西省吉水县康神天然药用油提炼厂〈P2018〉;江西省南方药物油厂〈P2019〉;江西省吉水中南天然香料油厂〈P2019〉

香叶油 L23043001

Geranium oil

【生产厂】[赣]江西吉水县威海药用油厂〈P2017〉;江西省吉水县华宝天然药用油厂〈P2018〉;江西省吉水县康神天然药用油提炼厂〈P2018〉;江西省吉水县同仁天然药用油厂〈P2019〉;江西省南方药物油厂〈P2019〉;江西省吉水县水南威霸香料公司〈P2018〉;江西省吉安市福达天然药用油厂〈P2018〉

苏合香油 L23043201

Styrax oil

用于中风痰厥、猝然昏倒、胸腹冷痛等

【生产厂】[赣]江西吉水县威海药用油厂〈P2017〉;江西省吉水县华宝天然药用油厂〈P2018〉;江西省吉水县华源香料油厂〈P2018〉;江西省吉水县金康天然香料厂〈P2018〉;江西省吉水县康神天然药用油提炼厂〈P2018〉;江西省吉水县水南药用百草油提炼厂〈P2019〉;江西省吉水县同仁天然药用油厂〈P2019〉;江西省南方药物油厂〈P2019〉;江西省吉水县水南威霸香料公司〈P2018〉;江西省吉水三达天然药用香料油厂〈P2018〉

沙棘油 L23043301

Sallow thorn oil

用作医药原料、保健化妆品原料

【生产厂】[蒙]东北制药集团通辽制药厂〈P1682〉;[辽]大连天山实业有限公司〈P1694〉;[赣]吉水县金海天然香料油科技有限公司〈P2017〉;江西省吉水县水南药用百草油提炼厂〈P2019〉;江西省吉水县同仁天然药用油厂〈P2019〉;江西省吉水药用提炼厂〈P2019〉;江西省南方药物油厂〈P2019〉;[湘]湖南衡山岳北天然香料油有限公司〈P2253〉;[粤]广州合诚三先生物科技有限公司〈P2260〉

姜黄油 L23043601

Curcuma oil

【生产厂】[赣]江西省吉水县金康天然香料厂〈P2018〉;江西省吉水县水南威霸香料公司〈P2018〉;江西省吉水三达天然药用香料油厂〈P2018〉;江西省吉水中南天然香料油厂〈P2019〉

青蒿油 L23043801

Southernwood oil

用作抗疟药

【生产厂】[赣]吉水县金海天然香料油科技有限公司〈P2017〉;江西省吉水县华宝天然药用油厂〈P2018〉;江西省吉水县康神天然药用油提炼厂〈P2018〉;江西省吉水县同仁天然药用油厂〈P2019〉;江西省南方药物油厂〈P2019〉;江西省吉水县水南威霸香料公司〈P2018〉;江西吉安市绿康天然香料油厂〈P2017〉;[湘]湖南衡山岳北天然香料油有限公司〈P2253〉;[川]四川什邡瑞邦植物有限公司〈P2329〉

五味子油 L23043901

Schisandra oil

【生产厂】[赣]江西省吉水县华宝天然药用油厂〈P2018〉;江西省吉水县康神天然药用油提炼厂〈P2018〉

牡荆油 L23044001

Oyster oil

用于祛痰、止咳、平喘

【生产厂】[赣]吉水县金海天然香料油科技有限公司〈P2017〉;江西省吉水县华宝天然药用油厂〈P2018〉;江西省吉水县康神天然药用油提炼厂〈P2018〉;江西省吉水县水南药用百草油提炼厂〈P2019〉;江西省吉水县同仁天然药用油厂〈P2019〉;江西省南方药物油厂〈P2019〉;江西省吉水县水南威霸香料公司〈P2018〉;江西省吉水三达天然药用香料油厂〈P2018〉;江西省吉水中南天然香料油厂〈P2019〉;江西吉安市绿康天然香料油厂〈P2017〉;[湘]湖南衡山岳北天然香料油有限公司〈P2253〉

葡萄籽油 L23044101

Grape seed oil

【生产厂】[辽]大连天山实业有限公司〈P1694〉;[赣]江西省南方药物油厂〈P2019〉;[鲁]蓬莱市海洋生物有限公司(200 吨)〈P2112〉

川芎油 L23044501

Chuanxiong rhizome oil

有活血行气、祛风止痛作用

【生产厂】[赣]吉水县金海天然香料油科技有限公司〈P2017〉;江西吉水县威海药用油厂〈P2017〉;江西省吉水县华源香料油厂〈P2018〉;江西省吉水县康神天然药用油提炼厂〈P2018〉;江西省吉水县水南药用百草油提炼厂〈P2019〉;江西省吉水县同仁天然药用油厂〈P2019〉;江西省吉水县水南威霸香料公司〈P2018〉;江西省吉水三达天然药用香料油厂〈P2018〉;江西吉安市绿康天然香料油厂〈P2017〉;[粤]广州美晨药业有限公司〈P2262〉;广州合诚三先生物科技有限公司〈P2260〉

菖蒲油;鸢尾根油 L23044601

Calamus oil;Orris root oil

用于配制紫罗兰等花香香精、皂用香精、化妆香精和食用香精等

【生产厂】[赣]江西省吉水县华宝天然药用油厂〈P2018〉;江西省吉水县华源香料油厂〈P2018〉;江西省吉水县康神天然药用油提炼厂〈P2018〉;江西省南方药物油厂〈P2019〉;江西省吉水三达天然药用香料油厂〈P2018〉

橄榄油 L23044801

Olive oil [8001-25-0]

用于油膏、擦剂、特种织物用皂的配制及轻泻剂和利胆剂的制备,也用作减摩剂

【生产厂】[赣]江西吉水县威海药用油厂〈P2017〉;江西省吉水县华宝天然药用油厂〈P2018〉;江西省吉水县康神天然药用油提炼厂〈P2018〉;江西省吉水县水南药用百草油提炼厂〈P2019〉;江西省吉水县同仁天然药用油厂〈P2019〉;江西省吉水药用提炼厂〈P2019〉;江西省南方药物油厂〈P2019〉;江西省吉水县水南威霸香料公司〈P2018〉;江西

L

省吉水三达天然药用香料油厂〈P2018〉；江西省吉安市林源香料公司〈P2018〉；[湘]湖南衡山岳北天然香料油有限公司〈P2253〉

缬草油 L23044901

Valerian oil

【生产厂】[赣]江西省吉水县金康天然香料厂〈P2018〉；江西省吉水县水南威霸香料公司〈P2018〉；[黔]贵州省岑巩县精细化工厂〈P2338〉

满山红油 L23045001

Oil of dahurian rhododendron leaf

【生产厂】[闽]福建瑞国药业有限公司〈P1997〉；[赣]江西省吉水县华宝天然药用油厂〈P2018〉；江西省吉水县华源香料油厂〈P2018〉；江西省吉水县康神天然药用油提炼厂〈P2018〉；江西省南方药物油厂〈P2019〉；江西省吉水县水南威霸香料公司〈P2018〉

牛至油 L23045401

Origanum oil [8007-11-2]

用于防治畜禽胃肠道疾病

【生产厂】[鲁]山东大华广济生化工程有限公司〈P2028〉；山东绿生生化科技有限公司〈P2029〉；[陕]西安绿达生物化工有限公司〈P2349〉

芹菜素 L23050201

Apigenin [520-36-5]

有明显的降压和降血脂作用，具有抗胃溃疡作用

【生产厂】[苏]南京莱尔生物化工有限公司〈P1786〉；[浙]杭州天草科技有限公司〈P1922〉；[陕]陕西旭煌植物科技发展有限公司〈P2347〉

厚朴酚 L23050401

Magnolol

用于治疗食积气滞、腹胀便秘、痰饮喘咳等病症

【生产厂】[赣]吉水县金海天然香料油科技有限公司〈P2017〉；江西省吉水县华宝天然药用油厂〈P2018〉；江西省吉水县金康天然香料厂〈P2018〉；江西省吉水县康神天然药用油提炼厂〈P2018〉；江西省吉水药用提炼厂〈P2019〉；江西省南方药物油厂〈P2019〉；江西省吉水县水南威霸香料公司〈P2018〉；江西省吉水中南天然香料油厂〈P2019〉；江西省吉安市福达天然药用油厂〈P2018〉；[粤]广州合诚三先生物科技有限公司〈P2260〉；[川]成都福润德实业有限公司〈P2310〉；四川科瑞德制药有限公司〈P2323〉

芍药苷 L23050601

Paeoniflorin [23180-57-6]

【生产厂】[闽]福州日冕科技开发有限公司〈P1990〉；[鲁]泰安中荟植物生化有限公司〈P2138〉；[川]成都普瑞法科技开发有限公司〈P2313〉；四川禾益康生物科技有限公司〈P2326〉；绵阳高新区东方源生物科技有限公司〈P2330〉；[陕]陕西慧科植物开发有限公司〈P2346〉；陕西旭煌植物科技发展有限公司〈P2347〉；西安天行健天然生物制品有限公司〈P2350〉

丹参酮 L23050801

Tanshinone

用于抗菌消炎、活血

【生产厂】[赣]江西省吉水县华宝天然药用油厂〈P2018〉；江西省吉水县康神天然药用油提炼厂〈P2018〉；[川]四川省什邡市康源药品原料有限公司〈P2328〉；[陕]陕西太康生物科技有限公司〈P2346〉

丹参酮ⅡA L23050851

Tanshinone ⅡA [568-72-9]

用于治疗冠心病、宫颈糜烂、某些皮肤病及痤疮、肝炎及麻风病等

【生产厂】[粤]广州美晨药业有限公司〈P2262〉；[川]四川德阳恒升生物科技有限公司〈P2326〉；广汉市科伦植物化工有限公司〈P2324〉；[陕]陕西慧科植物开发有限公司〈P2346〉；西安华萃生物技术有限责任公司〈P2348〉；陕西太康生物科技有限公司〈P2346〉

丹参酮ⅡA 磺酸钠 L23050871

Tanshinone ⅡA sulfonate sodium

【生产厂】[粤]广州美晨药业有限公司〈P2262〉；[川]四川省什邡市华康药物原料厂〈P2328〉；四川省什邡市康源药品原料有限公司〈P2328〉

葛根黄酮 L23050901

Pueraria root flavone

【生产厂】[浙]杭州中香化学有限公司〈P1925〉；[川]成都双流应天生化厂〈P2315〉；四川德阳恒升生物科技有限公司〈P2326〉；四川广汉市维康植化有限公司〈P2326〉

山楂叶总黄酮 L23051001

Flavone from hawthorn biloba

适用于冠心病、冠状动脉供血不足、心绞痛及治疗心血管疾病等

【生产厂】[晋]山西金甲药业有限公司〈P1679〉；晋城中晋药业有限公司(10 吨)〈P1674〉

葫芦素 L23051101

Cucurbitacin

【生产厂】[苏]江苏省金坛市制药厂〈P1860〉；[浙]浙江家园药业原料厂〈P1954〉；[豫]焦作鑫安科技股份有限公司药业分公司(10 吨)〈P2197〉

淫羊藿苷 L23051301

Icariin [489-32-7]

主要用于补肾壮阳、祛风除湿，用于治疗阳痿不举、小便淋沥、筋骨挛急、半身不遂、腰膝无力、风湿痹痛等病症

【生产厂】[蒙]开鲁兴利制药有限责任公司〈P1682〉；[闽]福州日冕科技开发有限公司〈P1990〉；[川]成都华高药业有限公司〈P2311〉；[陕]陕西慧科植物开发有限公司〈P2346〉；陕西旭煌植物科技发展有限公司〈P2347〉；少华山植物提炼有限责任公司〈P2347〉；西安华萃生物技术有限责任公司〈P2348〉；陕西太康生物科技有限公司〈P2346〉

黄芪多糖 L23051501

Astragalus polysaccharide

用于补气固表、利尿排脓

【生产厂】[苏]江苏健佳药业有限公司〈P1808〉；[鲁]泰安中荟植物生化有限公司〈P2138〉；[川]四川禾益康生物科技有限公司〈P2326〉；广汉市科伦植物化工有限公司〈P2324〉；四川广汉市天府实业有限公司〈P2326〉；四川广汉市维康植化有限公司〈P2326〉；四川省广汉市三星堆植物化工有限责任公司〈P2327〉；广汉市生化制品有限公司〈P2324〉；四川省什邡市鸿运生物化工有限公司〈P2328〉；

四川省什邡市胜仁植物有限责任公司〈P2328〉；四川什邡普康生化有限公司〈P2329〉；四川什邡瑞邦植物有限公司〈P2329〉；四川世坤植化有限公司〈P2329〉；四川同泰植物化工有限公司〈P2330〉；什邡市龙康植物原料厂〈P2325〉；四川什邡鸿鸣原料药有限公司〈P2329〉；四川什邡市宏升植物原料有限公司〈P2329〉；四川什邡市健福植物原料有限公司〈P2329〉；绵阳高新区东方源生物科技有限公司〈P2330〉；[陕]陕西太康生物科技有限公司〈P2346〉

灵芝多糖 L23051601

Glossy ganoderma

【生产厂】[辽]盘锦格润生物科技有限公司〈P1706〉；[沪]上海康舟真菌多糖有限公司(300吨)〈P1748〉；[浙]湖州恩贝希生物原料有限公司〈P1945〉

蛋黄卵磷脂 L23051701

Egg lecithin

用于排除毒物及调节人体免疫功能

【生产厂】[湘]湖南益阳益威生化试剂有限公司〈P2256〉；[川]四川德阳恒升生物科技有限公司〈P2326〉

牛胆粉 L23051901

Ox gallbladder powder

【生产厂】[皖]淮北市博奥高科生物化学有限公司〈P1977〉；[闽]福建瑞国药业有限公司〈P1997〉；[豫]郑州利伟生物化工有限公司〈P2171〉；[湘]湖南益阳益威生化试剂有限公司〈P2256〉；常德云港生物科技有限公司〈P2255〉；[粤]汕头市澄海区民康生化厂〈P2276〉；[川]什邡市川西兴泰工贸有限公司〈P2325〉

猪胆酸 L23052001

Hyocholic acid

【生产厂】[鲁]山东泰安市泰山生化原料厂(800吨)〈P2136〉；[豫]郑州利伟生物化工有限公司〈P2171〉；[川]四川省新繁生物化学厂(30吨)〈P2319〉；四川广汉市天府实业有限公司〈P2326〉；四川菲德力制药有限公司〈P2331〉

猪胆粉 L23052051

Pig gallbladder powder

【生产厂】[皖]淮北市博奥高科生物化学有限公司〈P1977〉；[闽]福建瑞国药业有限公司(300吨)〈P1997〉；[鲁]山东泰安市泰山生化原料厂(100吨)〈P2136〉；[豫]河南夏邑县贝尔生物制品有限公司(120吨)〈P2226〉；[湘]湖南益阳益威生化试剂有限公司〈P2256〉；常德云港生物科技有限公司〈P2255〉；[粤]汕头市澄海区民康生化厂〈P2276〉；汕头市捷利安生化制品有限公司〈P2276〉；[川]成都双流应天生化厂〈P2315〉；什邡市川西兴泰工贸有限公司〈P2325〉；四川菲德力制药有限公司〈P2331〉

甘草黄酮 L23052101

Liquorice flavonoids

【生产厂】[蒙]开鲁兴利制药有限责任公司〈P1682〉；[沪]上海奥利实业有限公司〈P1727〉；[浙]浙江台州海翔医药化工有限公司〈P1968〉；[陕]西安天行健天然生物制品有限公司〈P2350〉

熊果酸；乌索酸 L23052501

Ursolic acid [77-52-1]

用作医药和化妆品原料

【生产厂】[闽]福州日晃科技开发有限公司〈P1990〉；[赣]吉水县金海天然香料油科技有限公司〈P2017〉；江西吉水县威海药用油厂〈P2017〉；江西省吉水县华宝天然药用油厂〈P2018〉；江西省吉水县金康天然香料厂〈P2018〉；江西省吉水县康神天然药用油提炼厂〈P2018〉；江西省吉水县同仁天然药用油厂〈P2019〉；江西省吉水药用提炼厂〈P2019〉；江西省吉水县水南威霸香料公司〈P2018〉；江西省吉水三达天然药用香料油厂〈P2018〉；江西省吉水中南天然香料油厂〈P2019〉；江西吉安市绿康天然香料油厂〈P2017〉；[鲁]泰安中荟植物生化有限公司〈P2138〉；[桂]广西昌洲天然产物开发有限公司〈P2296〉；[川]什邡市龙康植物原料厂〈P2325〉；[陕]陕西慧科植物开发有限公司〈P2346〉；陕西旭煌植物科技发展有限公司〈P2347〉

土贝母皂苷甲 L23052601

Tubeimoside A

【生产厂】[陕]西安华萃生物技术有限责任公司〈P2348〉；陕西太康生物科技有限公司〈P2346〉

木犀草素 L23052901

Luteolin [491-70-3]

用作镇咳、祛痰及消炎药

【生产厂】[浙]杭州天草科技有限公司〈P1922〉；[川]成都福润德实业有限公司〈P2310〉；成都市金堂天然植物中间体厂〈P2314〉；[陕]陕西慧科植物开发有限公司〈P2346〉；陕西旭煌植物科技发展有限公司〈P2347〉

莽草酸；3,4,5-三羟基-1-环己烯甲酸 L23053001

Shikimic acid; 3, 4, 5-Trihydroxy-1-cyclohexenecarboxylic acid [138-59-0]

是一种抗肿瘤药物，同时也是二噁霉素、乙二醛酶抑制剂等抗肿瘤药物的合成原料

【生产厂】[闽]福州日晃科技开发有限公司〈P1990〉；[鄂]湖北山山林产化工有限公司(200千克)〈P2240〉；[湘]湖南湘源植物生化有限公司〈P2258〉；[川]成都天源天然产物有限公司〈P2316〉；成都华康生物工程有限公司〈P2311〉；广汉绿松药业有限责任公司〈P2324〉；广汉市科伦植物化工有限公司〈P2324〉；[陕]陕西慧科植物开发有限公司〈P2346〉；西安妙香园药业有限公司〈P2349〉；陕西嘉禾植物化工有限责任公司〈P2346〉；陕西旭煌植物科技发展有限公司〈P2347〉；陕西太康生物科技有限公司〈P2346〉；西安冠宇生物技术有限公司〈P2348〉

槲皮素；槲皮黄素；栎精 L23053101

Quercetin dihydrate; 3, 3′, 4′, 5, 7-Pentahydroxyflavone dihydrate [6151-25-3]

具有较好的祛痰、止咳、平喘作用，用于治疗慢性支气管炎，对冠心病及高血压患者也有辅助治疗作用

【生产厂】[京]北京化工厂〈P1549〉；[浙]浙江省台州市椒江天一化工厂〈P1966〉；[闽]福州日晃科技开发有限公司〈P1990〉；[赣]江西省吉水县华宝天然药用油厂〈P2018〉；江西省吉水县同仁天然药用油厂〈P2019〉；[豫]平舆县馨星生化有限公司〈P2227〉；[湘]湖南衡山岳北天然香料油有限公司〈P2253〉；[川]成都欧康植化科技有限公司〈P2313〉；成都川大华西康达药物研究所(10吨)〈P2310〉；成都华康生物工程有限公司〈P2311〉；成都超人植化开发有限公司〈P2310〉；四川协力制药有限公司〈P2320〉；四川亚宝光泰药业有限公司〈P2320〉；绵阳高新区东方源生物科技有限公司〈P2330〉；[陕]陕西慧科植物开发有限公司〈P2346〉；陕西旭煌植物科技发展有限公司〈P2347〉；西安惠丰生化集团股份有限公司〈P2348〉

柚皮素 L23053301

Naringenin [93602-28-9]

具有抗菌、抗炎、抗癌、解痉和利胆作用

【生产厂】[闽]福州日冕科技开发有限公司〈P1990〉;[陕]陕西慧科植物开发有限公司〈P2346〉;陕西旭煌植物科技发展有限公司〈P2347〉;少华山植物提炼有限责任公司〈P2347〉

刺五加粉 L23053401

Acanthopanax powder

【生产厂】[吉]白山市长白山制药厂〈P1718〉;[闽]福建瑞国药业有限公司〈P1997〉;[陕]西安三江生物工程有限公司〈P2349〉

辣椒碱 L23053801

Capsaicin;8-Methyl-*N*-vanillyl-6-nonenamide [404-86-4]

临床用于治疗慢性神经痛、坐骨神经痛、糖尿病性神经痛、风湿性关节炎和骨关节炎以及银屑病等

【生产厂】[鄂]湖北襄西化学工业有限公司〈P2237〉;[渝]重庆华邦制药股份有限公司〈P2305〉;[川]四川德阳恒升生物科技有限公司〈P2326〉;什邡市龙康植物原料厂〈P2325〉

辣椒素;合成辣椒碱;*N*-(4-羟基-3-甲氧基苄基)壬酰胺 L23053851

Nonivamide;*N*-Vanillylnonanamide [2444-46-4]

【生产厂】[苏]昆山化工医药原料有限公司〈P1895〉;[浙]杭州广林生物医药有限公司〈P1917〉;[鲁]青岛市海大化工有限公司〈P2042〉

白头翁素;白头翁脑 L23054001

Anemonin;Pulsatills camphor

临床用于治疗痢疾,并作为镇痛、镇静药

【生产厂】[川]什邡市龙康植物原料厂〈P2325〉;四川什邡市健福植物原料有限公司〈P2329〉

L

催产素;缩宫素 L24102001

Oxytocin;Pitocin [50-56-6]

用作子宫收缩药

【生产厂】[沪]上海子能制药有限公司〈P1779〉;吉尔生化(上海)有限公司〈P1726〉;上海太平洋生物高科技有限公司〈P1766〉;[浙]浙江省天台三信化工有限公司〈P1967〉;[川]成都川抗派德生物医药科技有限公司〈P2310〉;成都凯捷生物医药科技发展有限公司〈P2312〉;成都景田生物药业有限公司〈P2312〉

叶绿素铁钠 L24103021

Ferric sodium chlorophyllate

用于治疗缺铁性贫血,在食品工业中作添加剂

【生产厂】[鲁]山东广通宝医药有限公司〈P2094〉

叶绿素镁钠 L24103065

Sodium magnesium chlorophyllin

【生产厂】[鲁]山东广通宝医药有限公司〈P2094〉

叶绿素锌钠 L24103081

Zinc sodium chlorophyllate

【生产厂】[鲁]山东广通宝医药有限公司〈P2094〉

卡比多巴 L24104001

Carbidopa;Kinson [28860-95-9]

用作脱缩酶抑制药

【生产厂】[沪]上海康鸣高科技有限公司〈P1748〉;[苏]江苏如东县丰利医药化工厂〈P1831〉;[浙]浙江野风药业有限公司〈P1956〉

甲磺酸加贝酯 L24105401

Gabexate mesylate [56974-61-9]

【生产厂】[川]四川科瑞德制药有限公司〈P2323〉

咪喹莫特 L24105601

Imiquimod [99011-02-6]

用于治疗外生殖器和肛周尖锐湿疣

【生产厂】[沪]上海泰亨实业有限公司〈P1767〉;上海特化医药科技有限公司〈P1767〉;[浙]浙江黄岩东升医药化工有限公司〈P1964〉;横店集团家园化工有限公司〈P1952〉;[川]四川抗菌素工业研究所化学制药事业部〈P2318〉;四川明欣药业有限责任公司〈P2319〉

雷洛西芬 L24105801

Raloxifene [84449-90-1]

属选择性雌激素调节剂,能预防骨质疏松

【生产厂】[津]天津天士力集团有限公司〈P1615〉;[浙]台州市奥力特精细化工有限公司〈P1961〉;浙江黄岩东升医药化工有限公司(2 吨)〈P1964〉;[鲁]山东齐河银飞达化工有限公司〈P2145〉

盐酸雷洛西芬 L24105851

Raloxifene hydrochloride

用作雌激素拮抗药

【生产厂】[苏]苏州市畅通化学品有限公司〈P1903〉

佐替平 L24106051

Zotepine

【生产厂】[沪]上海信合化工有限公司〈P1772〉;[苏]金坛德培化工有限公司〈P1861〉

单苯基保泰松 L24106201

Monophenyl butazone;Mofebutazone [2210-63-1]

【生产厂】[苏]无锡市东升助剂厂〈P1875〉

药用乳糖 L24107301

Lactose,medicinal

用作药用辅料

【生产厂】[冀]石家庄维诺伟业生物制品有限公司〈P1633〉;[蒙]呼伦贝尔康益药业有限责任公司(600 吨)〈P1683〉;[沪]上海三微实业有限公司〈P1759〉;上海邦成化工有限公司〈P1728〉

二肌酸柠檬酸 L24107531

Dicreatine citrate

用于恢复体力,帮助肌体进行再循环和再补充 ATP,使肌体保持最佳的体能存储

【生产厂】[津]天津天成制药有限公司(200 吨)〈P1614〉

三肌酸柠檬酸 L24107551

Tricreatine citrate

用于恢复体力,帮助肌体进行再循环和再补充 ATP,使肌体保持最佳的体能存储

【生产厂】[津]天津天成制药有限公司(200 吨)〈P1614〉;[苏]常熟市金城化工有限公司〈P1890〉

阿克他利 L24107601

Actarit [18699-02-0]
用作免疫调节药
【生产厂】[浙]浙江台州海翔医药化工有限公司〈P1968〉

西司他汀 L24107701
Cilastatin [82009-34-5]
用作酶抑制剂
【生产厂】[浙]浙江海正药业股份有限公司〈P1964〉;横店集团家园化工有限公司〈P1952〉

西司他丁钠 L24107751
Cilastatin sodium [81129-83-1]
【生产厂】[沪]上海中康伟业生物科技有限公司〈P1778〉;[赣]江西泰欣诺实业有限公司〈P2009〉

苯达莫司汀 L24107771
Bendamustine hydrochloride [3543-75-7]
【生产厂】[渝]重庆华邦制药股份有限公司〈P2305〉

阿伐司汀 L24107791
Acrivastine [87848-99-5]
【生产厂】[渝]重庆华邦制药股份有限公司〈P2305〉

米替福新 L24501201
Miltefosine [58066-85-6]
【生产厂】[苏]常州康力化工有限公司〈P1848〉

米托坦 L24501601
Mitotane;Chloditan [53-19-0]
【生产厂】[苏]常州康力化工有限公司〈P1848〉;[鲁]济南乐康信药业有限公司〈P2023〉

来托司坦;2-(4-羧基-2-噻唑基)乙基硫代乙酸乙酯 L24501651
Letosteine [53943-88-7]
【生产厂】[陕]西安博捷医药化工技术有限公司〈P2347〉

芬度柳 L24501701
Fendosal [53597-27-6]
【生产厂】[苏]常州康力化工有限公司〈P1848〉

苯甲酰硫胺;苯酰硫 L24501801
Benfotiamine [22457-89-2]
【生产厂】[苏]常州康力化工有限公司〈P1848〉

溴伏克辛;溴比呋辛 L24501901
Brofoxine [21440-97-1]
【生产厂】[沪]上海立科药物化学有限公司〈P1750〉;上海雅本化学有限公司〈P1773〉;[苏]常州康力化工有限公司〈P1848〉

氯苯扎利 L24502001
Lobenzarit [63329-53-3]
【生产厂】[苏]常州康力化工有限公司〈P1848〉

磺溴酞钠 L24502101
Sulfobromophthalein disodium salt [71-67-0]
【生产厂】[苏]常州康力化工有限公司〈P1848〉

七氟烷;七氟醚;1,1,1,3,3,3-六氟异丙基氟甲基醚 L24502201
Sevoflurane [28523-86-6]
【生产厂】[苏]盐城冬阳生物制品有限公司〈P1809〉;[渝]重庆亚威精细化工有限公司〈P2308〉

左西孟旦;左西孟坦 L24502401
Levosimendan [141505-33-1]
【生产厂】[京]北京合成天地化学技术有限公司〈P1548〉;[浙]杭州海特医药化工有限公司〈P1918〉

右美托咪定 L24502551
Dexmedetomidine
【生产厂】[苏]徐州恩华药业集团有限责任公司〈P1794〉

盐酸曲美他嗪 L24502651
Trimetazidine hydrochloride [13171-25-0]
【生产厂】[辽]阜新博达维医药科技有限公司〈P1707〉;[苏]南京恒生制药厂〈P1784〉;[豫]郑州路路德化学制品有限公司〈P2171〉;[鄂]武汉武药制药有限公司〈P2234〉

奈非西坦 L24502901
Nefiracetam [77191-36-7]
【生产厂】[苏]金坛德培化工有限公司〈P1861〉;[陕]西安博捷医药化工技术有限公司〈P2347〉

米尔雅林 L24503001
Milverine [75437-14-8]
【生产厂】[苏]常州市华人化工有限公司〈P1851〉

氟达拉滨磷酸酯 L24503251
Fludarabine phosphate [75607-67-9]
【生产厂】[浙]浙江海正药业股份有限公司〈P1964〉;[粤]奥星医药有限公司〈P2268〉;[渝]重庆凯林制药有限公司〈P2305〉;重庆南松医药科技有限公司〈P2305〉

盐酸丙胺卡因 L24503351
Prilocaine hydrochloride [1786-81-8]
【生产厂】[鲁]济南诚汇双达化工有限公司(5 吨)〈P2020〉

双氟拉松 L24990151
Diflorasone [2557-49-5]
【生产厂】[粤]广州拓华化工科技有限公司〈P2267〉

醋酸双氟拉松 L24990191
Diflorasone diacetate [33564-31-7]
【生产厂】[粤]广州拓华化工科技有限公司〈P2267〉

双氟美松 L24990251
Flumethasone [2135-17-3]
【生产厂】[浙]杭州德立化工有限公司〈P1916〉;[赣]江西宇能医药化工有限公司〈P2019〉;[粤]广州拓华化工科技有限公司〈P2267〉

双氟美松叔戊酸酯 L24990291
Flumethsone pivalate [2002-29-1]
【生产厂】[粤]广州拓华化工科技有限公司〈P2267〉

盐酸戊乙喹醚 L24990301
【生产厂】[京]军事医学科学院毒物药物研究所〈P1567〉

盐酸诺拉曲塞 L24990351
Nolatrexed dihydrochloride [152946-68-4]
【生产厂】[浙]杭州海特医药化工有限公司〈P1918〉

培美曲塞二钠盐 L24990391

Pemetrexed disodium [150399-23-8]

【生产厂】[京]北京迈劲医药科技有限公司〈P1555〉；[沪]上海北卡医药技术有限公司〈P1728〉；[浙]浙江同丰医药化工有限公司〈P1969〉

迪普罗酮 L24990451

Deprodone [20423-99-8]

【生产厂】[粤]广州拓华化工科技有限公司〈P2267〉

地夫可特 L24990491

Deflazacort [14484-47-0]

具有抗炎、抗过敏作用

【生产厂】[浙]台州南峰药业有限公司〈P1961〉；[粤]广州拓华化工科技有限公司〈P2267〉

去羟肌苷 L24990551

Dehydroxyinosine

抗艾滋病药

【生产厂】[辽]东北制药总厂〈P1684〉；[浙]浙江华海药业股份有限公司〈P1964〉；[湘]湖南中南制药有限责任公司〈P2253〉

噁喹酸钠 L24990601

Sodium oxolinate; Uritrate sodium

【生产厂】[鲁]山东方兴科技开发有限公司(6吨)〈P2155〉；[鄂]武穴市龙翔药业有限公司〈P2244〉

泼尼卡酯 L24990651

Prednicarbate [73771-04-7]

糖皮质激素类抗炎药

【生产厂】[粤]广州拓华化工科技有限公司〈P2267〉

氟可龙 L24990731

Fluocortolone [152-97-6]

可用作兴奋剂

【生产厂】[粤]广州拓华化工科技有限公司〈P2267〉

双氟可龙 L24990751

Diflucortolone [2607-06-9]

属肾上腺皮质激素类药

【生产厂】[粤]广州拓华化工科技有限公司〈P2267〉

双氟可龙戊酸酯 L24990791

Diflucortolone valerate [59198-70-8]

【生产厂】[粤]广州拓华化工科技有限公司〈P2267〉

吗替麦考酚酯 L24990891

Mycophenolate mofetil [115007-34-6]

抗嘌呤代谢的新型免疫抑制剂，应用于器官移植的抗排斥治疗

【生产厂】[浙]浙江海正药业股份有限公司〈P1964〉；[川]成都宇洋高科技术发展有限公司〈P2317〉

西地那非 L24990951

Slidenafil

【生产厂】[京]北京麦威药业有限公司〈P1555〉；[沪]上海优迪医药有限公司〈P1775〉；[苏]江苏亚邦化工集团有限公司〈P1861〉

甘油磷酸钠 L24991001

Sodium glycerophosphate

用作营养药、磷补充用药

【生产厂】[晋]运城市鑫河医药化工有限公司〈P1680〉；[浙]浙江天瑞药业有限公司〈P1939〉；[湘]清华紫光古汉生物制药股份有限公司〈P2253〉

盐酸奥洛他定 L24991151

Olopatadine hydrochloride [140462-76-6]

【生产厂】[京]北京联本医药化学技术有限公司〈P1554〉；北京迈劲医药科技有限公司〈P1555〉；[粤]益飞医药化工有限公司〈P2274〉

盐酸替罗非班 L24991201

Tirofiban hydrochloride [150915-40-5]

【生产厂】[鄂]武汉武药制药有限公司〈P2234〉

盐酸阿那格雷 L24991251

Anagrelide hydrochloride

【生产厂】[苏]苏州市苏瑞医药化工有限公司〈P1905〉；[粤]益飞医药化工有限公司〈P2274〉

盐酸育亨宾 L24991291

Yohimbe hydrochloride [65-19-0]

【生产厂】[陕]陕西嘉禾植物化工有限责任公司〈P2346〉

马吲哚；美新达 L24991301

Mazindol; Mazanor; Sanorex [22232-71-9]

食欲抑制剂，用于减肥

【生产厂】[苏]江苏省溧阳市制药厂〈P1861〉；[浙]宁波市天衡制药有限公司〈P1932〉

新利司他 L24991351

Citilistat

【生产厂】[沪]上海中康伟业生物科技有限公司〈P1778〉

马度米星铵 L24991391

Maduramicin ammonium

【生产厂】[鲁]山东齐发药业有限公司(400吨)〈P2029〉

奥沙米特 L24991431

Oxatomide [60607-34-3]

常用于治疗荨麻疹、过敏性鼻炎或结膜炎、食物过敏等

【生产厂】[浙]浙江优联医药化工有限公司〈P1928〉

福尔可定 L24991501

Pholcodine

【生产厂】[鄂]宜昌人福药业有限责任公司〈P2241〉

吡咯他尼 L24991551

Piretanide [55837-27-9]

用于治疗各种水肿和高血压

【生产厂】[浙]浙江台州海翔医药化工有限公司〈P1968〉

那可汀 L24991701

Narcotine; Noscapine [128-62-1]

【生产厂】[青]青海制药厂有限公司〈P2359〉

炎琥宁 L24991751

【生产厂】[川]成都天台山制药有限公司〈P2316〉；四川绵竹

永龙生物制品有限公司(5吨)〈P2327〉;广汉市科伦植物化工有限公司〈P2324〉

西立伐他汀钠 L24991791

Cerivastatin sodium [143201-11-0]

【生产厂】[川]四川抗菌素工业研究所化学制药事业部〈P2318〉

利莫那班 L24991901

Rimonabant [158681-13-1]

用作新型减肥药,并可应用于戒烟

【生产厂】[沪]上海信合化工有限公司〈P1772〉;上海中康伟业生物科技有限公司〈P1778〉;[苏]江阴东方医药原料有限公司〈P1867〉;[赣]江西宇洋化工有限公司〈P2013〉

依替米贝 L24991991

Ezetimibe [163222-33-1]

【生产厂】[浙]杭州海特医药化工有限公司〈P1918〉;[粤]益飞医药化工有限公司〈P2274〉

匹多莫德 L24992091

Pidotimod [121808-62-6]

【生产厂】[渝]重庆福安药业有限公司〈P2304〉

盐酸丙帕他莫 L24992151

Propacetamol hydrochloride [66532-85-2]

【生产厂】[渝]重庆赛维药业有限公司〈P2306〉

甲基斑蝥胺 L24992191

Methyl cantharidimide

【生产厂】[苏]江苏省江阴制药厂(200千克)〈P1866〉

马来酸氟伏沙明 L24992251

Fluvoxamine maleate [6387-89-9]

【生产厂】[浙]杭州海特医药化工有限公司〈P1918〉;台州市融丰医药化工有限公司〈P1961〉;[粤]益鹏生物科技(深圳)有限公司〈P2274〉

齐拉西酮 L24992301

Ziprasidone [138982-67-9]

【生产厂】[沪]上海特化医药科技有限公司〈P1767〉;[苏]盐城市稳诚化工有限公司〈P1812〉;[皖]安徽美诺华药物化学有限公司〈P1985〉;[豫]新乡市天丰精细化工有限公司〈P2206〉;[湘]湘潭市开元化学有限公司〈P2251〉

盐酸齐拉西酮 L24992351

Ziprasidone hydrochloride [138982-67-9]

【生产厂】[京]北京联本医药化学技术有限公司〈P1554〉;北京国联诚辉医药技术有限公司〈P1548〉;[苏]徐州恩华药业集团有限责任公司〈P1794〉

甲磺酸齐拉西酮 L24992391

Ziprasidone mesylate [199191-69-0]

神经系统用药

【生产厂】[京]北京国联诚辉医药技术有限公司〈P1548〉

蒂巴因 L24992401

Thebaine;Paramorphine [115-37-7]

【生产厂】[青]青海制药厂有限公司〈P2359〉

奎宁盐酸盐;盐酸奎宁 L24992551

Quinine hydrochloride [130-89-2]

能控制疟疾症状,还有解热、子宫收缩作用

【生产厂】[浙]杭州海特医药化工有限公司〈P1918〉

奥美普林 L24992651

Ormetoprim [6981-18-6]

【生产厂】[沪]上海泰顿化工有限公司〈P1766〉;上海三维制药有限公司〈P1760〉;[苏]上海三维制药公司太仓岳王药物原料厂〈P1898〉

奥利司他 L24992691

Orlistat [96829-58-2]

【生产厂】[沪]上海中康伟业生物科技有限公司〈P1778〉

多非利特 L24992701

Dofetilide [115256-11-6]

【生产厂】[渝]重庆赛维药业有限公司〈P2306〉

硝呋太尔 L24992751

Nifuratel [4936-47-4]

用作抗菌药,用于治疗细菌性阴道炎

【生产厂】[京]凯翔精细化工有限公司〈P1567〉;[沪]上海宝达兽药制造有限公司〈P1728〉;[苏]无锡市凯利药业有限公司〈P1877〉

大黄酚;1,8-二羟基-3-甲基蒽醌 L24992851

Chrysophanol;1,8-Dihydroxy-3-methylanthraquinone [481-74-3]

【生产厂】[浙]台州海辰药业有限公司〈P1960〉

大黄素甲醚;1,8-二羟基-3-甲氧基-6-甲基蒽醌 L24992891

Physcione [521-61-9]

【生产厂】[浙]台州海辰药业有限公司〈P1960〉

泰来肽 L24992951

【生产厂】[豫]开封希百寿制药有限公司(200吨)〈P2179〉

盐酸洛贝林 L24993051

Lobeline hydrochloride [134-63-4]

【生产厂】[京]北京市燕京制药厂〈P1561〉;[沪]上海康福赛尔医药科技有限公司〈P1748〉

盐酸伊替福林;乙苯福林 L24993151

Etilefrine hydrochloride [943-17-9]

【生产厂】[粤]深圳欣福林精细化工有限公司〈P2273〉

醋酸氯司替勃 L24993201

4-Chlorotestosterone acetate [855-19-6]

【生产厂】[赣]江西宇能医药化工有限公司〈P2019〉

醋酸美拉诺坦 L24993211

Melanotan acetate [121062-08-6]

【生产厂】[川]成都凯捷生物医药科技发展有限公司〈P2312〉

醋酸恩夫韦地 L24993231

Enfuvirtide acetate [159519-65-0]

【生产厂】[川]成都凯捷生物医药科技发展有限公司〈P2312〉

盐酸考来替泊　L24993251
Colestipol hydrochloride
【生产厂】[苏]昆山化工医药原料有限公司〈P1895〉;昆山化工医药原料有限公司〈P1895〉

醋酸氟卡尼　L24993291
Flecainide acetate;Tambocor acetate [54153-56-5]
【生产厂】[苏]昆山化工医药原料有限公司〈P1895〉;昆山化工医药原料有限公司〈P1895〉

阿屈非尼;艾捉非尼　L24993351
Adrafinil [63547-13-7]
用作抗胆碱药
【生产厂】[沪]上海凯峰化工有限公司〈P1747〉;[浙]浙江华纳药业有限公司〈P1950〉

利塞膦酸钠　L24993451
Sodium risedronate [115436-72-1]
属全合成的抗骨质疏松药,用于治疗高钙血症及变形性骨炎
【生产厂】[京]北京医科大学应用药物研究所〈P1564〉;[冀]沧州锐新化工有限公司〈P1652〉;固安县恩康医药化工原料有限公司〈P1658〉;[辽]阜新博达维医药科技有限公司〈P1707〉;[苏]常州康力化工有限公司〈P1848〉;常州伊思特化工有限公司〈P1858〉;[浙]桐乡市恒达化工有限公司〈P1943〉;[豫]新乡市天丰精细化工有限公司〈P2206〉

伊班膦酸钠　L24993491
Ibandronate sodium [138926-19-9]
用于治疗恶性高钙血症
【生产厂】[苏]南京恒生制药厂〈P1784〉;[浙]杭州海特医药化工有限公司〈P1918〉;桐乡市恒达化工有限公司〈P1943〉;[皖]安徽美诺华药物化学有限公司〈P1985〉

氯唑沙宗;5-氯-2-苯并噁唑酮　L24993501
Chlorzoxazone;5-Chloro-2-benzoxazolone [95-25-0]
肌肉松弛药,用于治疗急性骨骼肌扭伤,关节、软组织扭伤等
【生产厂】[沪]上海盛欣医药化工有限公司〈P1762〉;[苏]江苏弘惠医药有限公司(200 吨)〈P1781〉;无锡大洋化工有限责任公司〈P1872〉;[鲁]鲁南制药集团股份有限公司(95 吨)〈P2148〉;[川]四川协力制药有限公司〈P2320〉

司替罗宁　L24993551
Stepronin [72324-18-6]
【生产厂】[鲁]济南诚汇双达化工有限公司〈P2020〉;[渝]重庆圣华曦药业有限公司〈P2306〉

丁二酸洛沙平　L24993601
Loxapine succinate
【生产厂】[浙]浙江海正药业股份有限公司〈P1964〉;[赣]江西恒辉医药化工有限公司〈P2017〉

克罗拉滨　L24993651
Clofarabine [123318-82-1]
【生产厂】[沪]上海巨龙药物研究开发有限公司〈P1746〉;[苏]常州伊思特化工有限公司〈P1858〉

5-氯色胺盐酸盐　L24993851
5-Chlorotryptamine hydrochloride [942-26-7]
【生产厂】[京]北京北化新元科技发展有限公司〈P1544〉

5-苄氧基色胺盐酸盐　L24993891
5-Benzyloxytryptamine hydrochloride [52055-23-9]
【生产厂】[京]北京北化新元科技发展有限公司〈P1544〉

多尼培南　L24993951
Doripenem hydrate [364622-82-2]
【生产厂】[苏]常州伊思特化工有限公司〈P1858〉

甲磺酸多拉司琼　L24993991
Dolasetron mesylate [115956-13-3]
【生产厂】[粤]益鹏生物科技(深圳)有限公司〈P2274〉

他扎罗汀　L24994001
Tazarotene [118292-40-3]
【生产厂】[渝]重庆华邦制药股份有限公司〈P2305〉

达泊西汀　L24994051
Dapoxetine [119356-77-3]
用于治疗男性早泄
【生产厂】[沪]上海信合化工有限公司〈P1772〉;[赣]江西犇牛医药化工有限公司〈P2015〉

盐酸达泊西汀　L24994071
Dapoxetine hydrochloride
用于治疗男性早泻
【生产厂】[沪]上海中康伟业生物科技有限公司〈P1778〉;[浙]临海市金桥化工有限公司〈P1960〉

莫西普利　L24994101
Moexipril [103775-10-6]
【生产厂】[渝]重庆南松医药科技有限公司〈P2305〉

地拉普利　L24994131
Delapril [83453-66-9]
【生产厂】[京]北京东方德众科技发展有限公司(360 千克)〈P1546〉

群多普利　L24994151
Trandolapril;Gopten [87679-37-6]
【生产厂】[沪]上海金赛医药化工有限公司〈P1744〉;[皖]安徽美诺华药物化学有限公司〈P1985〉;[渝]重庆南松医药科技有限公司〈P2305〉

曲司氯胺　L24994201
Trospiumchloride [10405-02-4]
【生产厂】[京]北京迈劲医药科技有限公司〈P1555〉;[浙]浙江优联医药化工有限公司〈P1928〉

尼鲁他胺;尼鲁米特　L24994251
Nilutamide [63612-50-0]
抗雄性激素类药物,主要用于前列腺癌治疗
【生产厂】[沪]上海北卡医药技术有限公司〈P1728〉;[苏]南京法姆化学厂〈P1783〉

哌非尼酮　L24994301
Pirfenidone [53179-13-8]
用作抗胆碱药
【生产厂】[沪]上海凯峰化工有限公司〈P1747〉;[浙]浙江华纳药业有限公司〈P1950〉

醋羟胺酸　L24994351

Metronidazole benzoate [13182-89-3]

属尿素酶抑制药,用于防治感染性尿石症

【生产厂】[陕]西安博捷医药化工技术有限公司〈P2347〉;陕西西岳制药有限公司〈P2352〉

酮咯酸氨丁三醇 L24994401

Ketorolac tromethamine

【生产厂】[冀]固安县恩康医药化工原料有限公司〈P1658〉;[浙]浙江车头制药有限公司〈P1963〉

拉诺康唑 L24994451

Lanoconazole [101530-10-3]

【生产厂】[京]北京艾斯克医药技术开发有限公司〈P1543〉

盐酸非那吡啶 L24994591

Phenazopyridine hydrochloride [136-40-3]

【生产厂】[浙]浙江车头制药有限公司〈P1963〉;[鲁]山东中科泰斗化学有限公司〈P2030〉;[陕]西安博捷医药化工技术有限公司〈P2347〉

茜草双酯 L24994601

Rubidale

【生产厂】[沪]上海三维制药有限公司〈P1760〉;[鲁]山东方明药业股份有限公司(10 吨)〈P2160〉

双醋瑞因 L24994651

Diacerein [13739-02-1]

是骨关节炎 IL-1 的重要抑制剂

【生产厂】[苏]江阴南极星生物制品有限公司〈P1868〉;江阴市三益化工有限公司〈P1870〉;[浙]台州海辰药业有限公司〈P1960〉

倍他米隆 L24994751

Betamipron [3440-28-6]

【生产厂】[苏]常州伊思特化工有限公司〈P1858〉

氨磷汀;氨基丙基氨基乙基硫代磷酸盐 L24994801

Ethiofos; Aminopropyl aminoethylthiophosphate [20537-88-6]

细胞保护剂,用于化疗对肾、骨髓、心脏的保护

【生产厂】[浙]杭州海特医药化工有限公司〈P1918〉;浙江海正药业股份有限公司〈P1964〉;浙江台州海翔医药化工有限公司〈P1968〉;[鄂]湖北葛店人福药业有限责任公司〈P2242〉;[粤]奥星医药有限公司〈P2268〉

索非那新 L24994851

Solifenacin [242478-38-2]

【生产厂】[苏]海峰化工科研有限公司〈P1797〉

氨萘非特 L24994891

Azonafide [69408-81-7]

【生产厂】[苏]昆山化工医药原料有限公司〈P1895〉

萘达铂 L24994901

Nedaplatin [95734-82-0]

【生产厂】[鲁]济南铂源化学有限公司(10 吨)〈P2020〉

帕马溴 L24994951

Pamabrom [606-04-2]

用于缓解和治疗妇女经前期综合症和痛经

【生产厂】[京]北京国联诚辉医药技术有限公司〈P1548〉

氨曲南 L24995051

Aztreonam; Azactam [78110-38-0]

【生产厂】[京]北京迈劲医药科技有限公司〈P1555〉;[辽]大连化工研究设计院〈P1692〉;[沪]上海立科药物化学有限公司〈P1750〉;[浙]浙江海正药业股份有限公司〈P1964〉;[渝]重庆福安药业有限公司〈P2304〉;[川]四川琢新生物材料研究有限公司〈P2320〉

依米培南;亚胺培南 L24995101

Imipenem [64221-86-9]

【生产厂】[浙]东港工贸集团有限公司〈P1960〉;浙江台州海翔医药化工有限公司〈P1968〉;[赣]江西泰欣诺实业有限公司〈P2009〉

厄他培南 L24995191

Ertapenem [153832-46-3]

【生产厂】[津]天津天士力集团有限公司〈P1615〉

富马酸卢帕他定 L24995251

Rupatadine fumarate [158876-82-5]

【生产厂】[浙]湖州恒远生物化学技术有限公司〈P1945〉

他克莫司 L24995301

Tacrolimus [104987-11-3]

【生产厂】[浙]杭州华东普洛医药科技有限公司〈P1918〉;浙江海正药业股份有限公司〈P1964〉;[粤]丽珠集团新北江制药股份有限公司〈P2294〉;奥星医药有限公司〈P2268〉

安托卡朋;恩他卡朋 L24995401

Entacapone [130929-57-6]

用于帕金森病的辅助治疗

【生产厂】[京]北京艾斯克医药技术开发有限公司〈P1543〉;[浙]台州南峰药业有限公司〈P1961〉

孟鲁司特 L24995501

Montelukast [158966-92-8]

用于预防哮喘

【生产厂】[京]北京诺德恒信化工技术有限公司〈P1556〉

依菲巴特;埃替非巴肽 L24995551

Eptifibatide [188627-80-7]

为抗血小板聚集剂

【生产厂】[沪]上海子能制药有限公司〈P1779〉;吉尔生化(上海)有限公司〈P1726〉;上海太平洋生物高科技有限公司〈P1766〉;[川]成都川抗派德生物医药科技有限公司〈P2310〉

醋酸依非巴特 L24995571

Eptifibatide acetate [148031-34-9]

【生产厂】[川]成都凯捷生物医药科技发展有限公司〈P2312〉

孟鲁司特钠 L24995591

Montelukast sodium [151767-02-1]

【生产厂】[辽]阜新博达维医药科技有限公司〈P1707〉;[黑]牡丹江恒远药业有限公司〈P1723〉;[苏]苏州市晶华化工有限公司〈P1904〉;[赣]江西泰欣诺实业有限公司〈P2009〉;[粤]益飞医药化工有限公司〈P2274〉

氢氟喹酮；氟喹酮 L24995751
Afloqualone [56287-74-2]
用于治疗肌肉紧张性疾病，缓解肌肉紧张亢进状态
【生产厂】[苏]海门慧聚药业有限公司〈P1830〉

斜纹祛脂乙酯 L24995791
Clinofibrate [30299-08-2]
用于治疗肌肉萎缩
【生产厂】[苏]海门慧聚药业有限公司〈P1830〉

长春文哚灵 L24995901
Vindoline [2182-14-1]
【生产厂】[粤]广州环叶制药有限公司〈P2261〉

伊诺替尼 L24996001
Erlotinib [183321-74-6]
【生产厂】[沪]上海北卡医药技术有限公司〈P1728〉

生长抑素 L24996051
Somatostatin [38916-34-6]
【生产厂】[沪]上海子能制药有限公司〈P1779〉；吉尔生化（上海）有限公司〈P1726〉；[浙]浙江省天台三信化工有限公司〈P1967〉；[川]成都川抗派德生物医药科技有限公司〈P2310〉；成都凯捷生物医药科技发展有限公司〈P2312〉；成都景田生物药业有限公司〈P2312〉

盐酸曲普利啶 L24996101
Triprolidine hydrochloride
【生产厂】[粤]珠海联邦制药股份有限公司〈P2274〉；珠海联邦制药厂有限公司原料厂〈P2274〉

甲磺司特 L24996301
Suplatast tosilate [94055-76-2]
用于治疗哮喘
【生产厂】[渝]重庆小泉化工厂〈P2308〉；重庆亚威精细化工有限公司〈P2308〉

氯可托龙 L24996751
Clocortolone [4828-27-7]
【生产厂】[粤]广州拓华化工科技有限公司〈P2267〉

卡波姆 L24996901
Carbomer [54182-57-9]
主要用作缓释材料制成的控释药物，外用药物作为载体基质
【生产厂】[京]北京市海淀会友精细化工厂〈P1559〉；[皖]淮南山河药用辅料有限公司〈P1976〉

卡麦角林 L24996951
Cabergoline [81409-90-7]
【生产厂】[沪]上海中康伟业生物科技有限公司〈P1778〉

甲磺酸伊马替尼 L24997001
Sunitinib Malate [152459-95-5]
用于治疗处于各种病期阶段的慢性骨髓性白血病患者
【生产厂】[沪]上海北卡医药技术有限公司〈P1728〉

马来酸替加罗德；马来酸替加色罗 L24997101
Tegaserod maleate [189188-57-6]
【生产厂】[京]北京金奥利维科技发展有限公司〈P1551〉；[苏]昆山化工医药原料有限公司〈P1895〉；[浙]上虞市华康化工有限公司〈P1948〉；东港工贸集团有限公司〈P1960〉；[皖]安徽丰原集团〈P1974〉；[渝]重庆华邦制药股份有限公司〈P2305〉

替加色罗 L24997151
Tegaserod [145158-71-0]
【生产厂】[沪]上海特化医药科技有限公司〈P1767〉；[苏]常熟亚美化工有限公司〈P1892〉；[皖]安徽丰原集团〈P1974〉；[赣]江西泰欣诺实业有限公司〈P2009〉；[鲁]临沂奥浦生物技术有限公司〈P2147〉

依匹唑 L24997201
Mepirizole [18694-40-1]
有抗炎镇痛及解热作用，用于治疗各种炎症性疼痛
【生产厂】[苏]昆山化工医药原料有限公司〈P1895〉

替马唑啉 L24997251
Tymazoline
【生产厂】[沪]上海特化医药科技有限公司〈P1767〉

氯替泼诺 L24997301
Loteprednol etabonate [82034-46-6]
【生产厂】[沪]上海泰顿化工有限公司〈P1766〉；上海展舒化学科技有限公司〈P1777〉

吉西它滨；吉西他滨 L24997401
Gemcitabine [95058-81-4]
【生产厂】[京]北京金奥利维科技发展有限公司〈P1551〉；[苏]连云港杰瑞医化有限公司〈P1798〉

盐酸吉西他滨 L24997451
Gemcitabine hydrochloride [122111-03-9]
用作细胞周期特异性抗代谢类药物
【生产厂】[京]北京丰德医药科技有限公司〈P1547〉；[沪]上海法茵克化学科技有限公司〈P1732〉

卡培他滨 L24997471
Capecitabine [154361-50-9]
【生产厂】[苏]连云港杰瑞医化有限公司〈P1798〉；[皖]合肥立方精细化学品有限公司〈P1973〉；[鲁]临沂瑞达精细化工有限公司(400 千克)〈P2148〉

替曲朵辛；河豚毒素 L24997501
Tetrodotoxin [4368-28-9]
【生产厂】[桂]南宁枫叶药业有限公司〈P2296〉

萘呋胺酯草酸盐 L24997601
Nafronyl oxalate
【生产厂】[京]北京金奥利维科技发展有限公司〈P1551〉

阿比多尔 L24997701
Arbidol
【生产厂】[苏]常州市蓝江化工有限公司〈P1852〉

盐酸阿比朵尔 L24997751
Arbidol hydrochloride
是一种防治甲型和乙型流感及其他急性呼

吸道病毒感染的高效药物
【生产厂】[苏]江阴东方医药原料有限公司〈P1867〉

阿折地平　L24997851
Azelinidine [123524-52-7]
【生产厂】[京]北京合成天地化学技术有限公司〈P1548〉;[苏]江苏弘惠医药有限公司〈P1781〉;[浙]湖州恒远生物化学技术有限公司〈P1945〉;[川]四川抗菌素工业研究所化学制药事业部〈P2318〉

戈舍瑞林　L24997901
Goserelin [65807-02-5]
【生产厂】[川]成都川抗派德生物医药科技有限公司〈P2310〉

德舍瑞林　L24997951
Deslorelin [577773-65-6]
主要用于慢性乙型肝炎和慢性丙型肝炎的治疗,作为免疫损害者的疫苗佐剂
【生产厂】[沪]上海子能制药有限公司〈P1779〉;吉尔生化(上海)有限公司〈P1726〉

戈那瑞林　L24997971
Gonadorelin [33515-09-2]
可用于治疗激素依赖性前列腺癌和乳腺癌,也适用于子宫内膜异位症
【生产厂】[沪]上海子能制药有限公司〈P1779〉;[浙]浙江省天台三信化工有限公司〈P1967〉;[川]成都川抗派德生物医药科技有限公司〈P2310〉

醋酸戈那瑞林　L24997981
Gonadorelin acetate [71447-49-9]
【生产厂】[川]成都凯捷生物医药科技发展有限公司〈P2312〉

那法瑞林　L24997991
Nafarelin [76932-56-4]
用于治疗女性子宫内膜异位症
【生产厂】[沪]上海子能制药有限公司〈P1779〉

卡立普多　L24998151
Carisoprodol [78-44-4]
【生产厂】[浙]浙江车头制药有限公司〈P1963〉;[渝]重庆英斯凯化工有限公司〈P2308〉

瓦地那非　L24998401
Vardenafil [224785-90-4]
【生产厂】[沪]上海优迪医药有限公司〈P1775〉;[浙]浙江黄岩东升医药化工有限公司〈P1964〉;[鲁]临沂奥浦生物技术有限公司〈P2147〉

宏地那非　L24998451
Hongdenafil
【生产厂】[鲁]临沂奥浦生物技术有限公司〈P2147〉

多库酯钠　L24998501
Docusate sodium [577-11-7]
用于治疗便秘
【生产厂】[沪]上海凯峰化工有限公司〈P1747〉;[浙]杭州德立化工有限公司〈P1916〉;浙江华纳药业有限公司〈P1950〉

盐酸美金刚胺;3,5-二甲基金刚胺盐酸盐　L24998701
Memantine hydrochloride; 3, 5-Dimethyl-1-aminoadamantane hydrochloride [19982-08-2]
是一种新型的抗老年痴呆药,可用于中度到重度老年性痴呆症的治疗
【生产厂】[辽]辽阳市众诺化学工业有限公司〈P1711〉;[沪]上海泰亨实业有限公司〈P1767〉;[浙]普洛康裕股份有限公司〈P1953〉;[鲁]山东博森精细化工有限公司〈P2084〉;[湘]湖南九典制药有限公司〈P2248〉;[粤]益飞医药化工有限公司〈P2274〉

环索奈德　L24998851
Ciclesonide [126544-47-6]
用于治疗哮喘
【生产厂】[粤]广州拓华化工科技有限公司〈P2267〉;益飞医药化工有限公司〈P2274〉

地索奈德　L24998891
Desonide [638-94-8]
【生产厂】[京]北京市甘兴化工厂〈P1559〉;[浙]仙居县力天化工有限公司〈P1963〉;[赣]江西宇能医药化工有限公司〈P2019〉;[粤]广州拓华化工科技有限公司〈P2267〉;[渝]重庆华邦制药股份有限公司〈P2305〉

盐酸屈他维林　L24998901
Drotaverine hydrochloride
用作解痉药
【生产厂】[浙]普洛康裕股份有限公司〈P1953〉

盐酸环苯扎林　L24998951
Cyclobenzaprine hydrochloride [6202-23-9]
【生产厂】[京]北京上地新世纪生物医药研究所有限公司〈P1557〉;[湘]湖南九典制药有限公司〈P2248〉

易瑞沙　L24999101
Iressa [184475-35-2]
用于治疗肺癌
【生产厂】[沪]上海北卡医药技术有限公司〈P1728〉

美法仑　L24999151
Melphalan; Melfalan [148-82-3]
用于治疗多发性骨髓瘤、乳腺癌、卵巢癌、慢性淋巴细胞和粒细胞白血病、恶性淋巴瘤等病症
【生产厂】[京]北京丰德医药科技有限公司〈P1547〉

布帕伐醌　L24999201
Buparvaquone [88426-33-9]
【生产厂】[苏]南京法姆化学厂〈P1783〉;[浙]浙江台州海翔医药化工有限公司〈P1968〉

比伐卢定　L24999251
Bivalirudin [128270-60-0]
用作抗凝血药及溶栓药
【生产厂】[沪]上海子能制药有限公司〈P1779〉;[川]成都凯捷生物医药科技发展有限公司〈P2312〉

阿托西班　L24999271
Atosiban [90779-69-4]

【生产厂】[川]成都川抗派德生物医药科技有限公司〈P2310〉;成都凯捷生物医药科技发展有限公司〈P2312〉

阿托伐醌;阿托伐酮 L24999291

Atovaquone [95233-18-4]

属抗原虫药

【生产厂】[浙]杭州广林生物医药有限公司〈P1917〉;浙江台州海翔医药化工有限公司〈P1968〉

双氯酚;2,2′-亚甲基双(4-氯苯酚) L24999301

Dichlorophene;2,2′-Methylenebis(4-chlorophenol) [97-23-4]

【生产厂】[京]凯翔精细化工有限公司〈P1567〉

利斯的明 L24999351

Rivastigmine [129101-54-8]

用于治疗精神病

【生产厂】[苏]海峰化工科研有限公司〈P1797〉

普瑞巴林 L24999451

Rregabalin [148553-50-8]

用于治疗焦虑症

【生产厂】[苏]太仓市运通化工厂〈P1909〉;徐州恩华药业集团有限责任公司〈P1794〉;[皖]安徽广德凯瑞生物化工有限公司〈P1985〉;[渝]重庆赛维药业有限公司〈P2306〉

普拉克索 L24999491

Pramipexole [104632-25-9]

用于治疗帕金森氏症

【生产厂】[京]北京艾斯克医药技术开发有限公司〈P1543〉;[苏]徐州恩华药业集团有限责任公司〈P1794〉

阿扎那韦硫酸盐 L24999551

Atazanavir sulfate [229975-97-7]

【生产厂】[沪]上海巨龙药物研究开发有限公司〈P1746〉

达非那新 L24999601

Darifenacin [133099-04-4]

【生产厂】[苏]海峰化工科研有限公司〈P1797〉

达唑氧苯;4-[2-(1*H*-咪唑-1-基)乙氧基]苯甲酸;咪唑醚芳酸 L24999651

Dazoxiben [78218-09-4]

用作抗血小板药物

【生产厂】[苏]南京博而凯科技有限公司〈P1782〉

10-脱乙酰基巴卡亭Ⅲ L24999751

10-Deacetylbaccati*n*-Ⅲ;10-DAB [32981-86-5]

【生产厂】[川]成都天赐医药科技有限责任公司〈P2315〉;[滇]云南汉德生物技术有限公司〈P2340〉;云南思摩贝特生物科技有限公司〈P2342〉;[陕]西安天诚医药生物工程公司〈P2349〉

羟乙磺酸喷他脒 L24999851

Pentamidine;Pentamidine isethionate [140-64-7]

抗艾滋病用药

【生产厂】[豫]河南省龙泉集团医药中间体有限公司〈P2201〉

盐酸利托君 L24999901

Ritodrine hydrochloride [23239-51-2]

用于预防、治疗妊娠20周以上的早产及流产

【生产厂】[苏]苏州立新制药有限公司〈P1902〉

硝唑尼特 L24999951

Nitazoxanide [55981-09-4]

用作止泻药

【生产厂】[苏]江苏省如东大恒生化科技有限公司(40吨)〈P1831〉

日用化学品
M01010101 ~ M04004291

肥皂;洗衣皂　M01010101
Laundry soap
用于洗涤各种衣物及卫生用品
【生产厂】[晋]南风化工集团股份有限公司(2 万吨)〈P1678〉;[苏]苏州工业园区苏扬制皂有限公司〈P1900〉;徐州汉高洗涤剂有限公司〈P1794〉;南通油脂厂有限公司(5000 吨)〈P1836〉;[鲁]淄博爱科实业有限责任公司(500 吨)〈P2057〉;威海市明美涤化工有限责任公司(20 吨)〈P2125〉;兴隆庄煤矿化工公司〈P2133〉;[豫]郑州福乐日化有限公司(2 万吨)〈P2170〉;安阳市健美日化有限责任公司(8000 吨)〈P2209〉;漯河红日集团有限公司(2 万吨)〈P2220〉;[粤]广东迪美生物技术有限公司〈P2259〉;[桂]南宁梦雪日化有限责任公司〈P2297〉;[滇]昆明市日用化工厂〈P2339〉;[陕]西安南风日化有限公司〈P2349〉

肥皂粉　M01010151
Soap powder
用于洗涤日常生活用品
【生产厂】[津]天津市汉沽区杨家泊化工厂(3000 吨)〈P1588〉;[川]四川春飞日化股份有限公司〈P2334〉

香皂　M01010301
Toilet soap
用作洗涤用品
【生产厂】[沪]上海家化联合股份有限公司(6000 吨)〈P1742〉;上海花王有限公司〈P1737〉;[浙]湖州天宝日化有限公司(1200 吨)〈P1946〉;[豫]郑州康馨日化用品有限公司(1600 吨)〈P2171〉;漯河红日集团有限公司(3000 吨)〈P2220〉;[桂]南宁梦雪日化有限责任公司〈P2297〉

皂粒(片)　M01010501
Soap granule
用于生产各种中高档香皂的直接原料
【生产厂】[沪]上海制皂有限公司〈P1778〉;[苏]苏州工业园区苏扬制皂有限公司(3 万吨)〈P1900〉;[豫]漯河红日集团有限公司(3000 吨)〈P2220〉
【使用厂】[豫]郑州康馨日化用品有限公司〈P2171〉

高能皂;高能除菌皂　M01010601
High-efficient soap
洗涤衣物具有良好的洗涤效果,对皮肤有保护功能,并可有效去除衣物上的细菌
【生产厂】[晋]南风化工集团股份有限公司〈P1678〉

增白皂　M01010901
Whitening soap
用于洗涤各类棉、麻、丝、毛等
【生产厂】[晋]南风化工集团股份有限公司〈P1678〉

透明皂　M01011001
Transparent soap
是洗衣皂的换代产品,对衣领、袖口的顽渍污垢具有特殊洗涤效果
【生产厂】[晋]南风化工集团股份有限公司〈P1678〉;[苏]南通油脂厂有限公司(1 万吨)〈P1836〉;[鲁]山东济宁齐天佳丽日化有限公司(8000 吨)〈P2131〉

合成洗衣粉;洗衣粉　M01020101
Synthetic detergent
用作洗涤剂
【生产厂】[京]北京金鱼科技股份有限公司(8 万吨)〈P1552〉;[津]天津汉高洗涤剂有限公司(8 万吨)〈P1572〉;[晋]南风化工集团股份有限公司(16 万吨)〈P1678〉;[沪]上海白猫股份有限公司〈P1728〉;上海花王有限公司(3 万吨)〈P1737〉;[苏]中国石化金陵石化公司烷基苯厂(8 万吨)〈P1792〉;徐州汉高洗涤剂有限公司(10 万吨)〈P1794〉;[赣]诚志股份有限公司合成洗涤剂分公司〈P2013〉;[鲁]济南海华洗涤制品有限公司(2 万吨)〈P2021〉;特丝丽化工有限公司(10 万吨)〈P2115〉;山东济宁齐天佳丽日化有限公司(8 万吨)〈P2131〉;[豫]郑州油脂化学集团有限责任公司(3 万吨)〈P2175〉;安阳市健美日化有限责任公司(3 万吨)〈P2209〉;洛阳峥洁科工贸有限公司(500 吨)〈P2188〉;[桂]南宁梦雪日化有限责任公司〈P2297〉;[川]成都市新津日用化工厂(500 吨)〈P2314〉;安徽全力化工有限公司彭山合成洗涤剂厂(6 万吨)〈P2332〉;四川凯特科技集团有限公司〈P2331〉;[陕]西安南风日化有限公司〈P2349〉;陕西宝嘉应用化学有限责任公司(5000 吨)〈P2351〉;[新]新疆盐湖制盐有限责任公司(2 万吨)〈P2364〉
【使用厂】[津]天津市农药研究所〈P1600〉

超浓缩洗衣粉　M01020511
Washing powder, super-concentrating
主要用于棉、麻、人造丝、黏胶纤维、涤纶、尼龙、聚丙烯纤维等的洗涤
【生产厂】[粤]广州市裕典化工有限公司〈P2267〉

无磷洗衣粉　M01020521
Nonphosphorus washing powder
【生产厂】[豫]洛阳立白日化有限公司(10 万吨)〈P2182〉;[川]四川春飞日化股份有限公司(10 万吨)〈P2334〉

浴液　M01020602
Bath soap, liquid
用于沐浴、护肤
【生产厂】[豫]安阳市健美日化有限责任公司(500 吨)〈P2209〉;[粤]佛山市植宝化工有限公司(50 吨)〈P2289〉

合成洗涤剂;仲烷基硫酸钠　M01020701
Secondary alkyl sodium sulfate
用作毛皮、棉纺、毛纺、制革等工业作洗涤剂
【生产厂】[沪]上海家化联合股份有限公司〈P1742〉;上海白猫股份有限公司(24 万吨)〈P1728〉;[鲁]山东丽波日化股份有限公司(12 万吨)〈P2096〉;[豫]安阳市健美日化有限责任公司〈P2209〉;河南省长葛市第一化工实验厂(300 吨)〈P2217〉;[陕]西安南风日化有限公司〈P2349〉;[新]乌鲁木齐市天靓日用化工有限责任公司(150 吨)〈P2363〉

洗涤剂(工业);工业清洗剂　M01020801
Detergent, industrial
用于防锈、去油、去污等

M

【生产厂】[辽]大连天源基化学有限公司〈P1694〉;[沪]上海开达精细化工有限公司〈P1746〉;上海塞亚精细化工有限公司〈P1759〉;上海凯洛格化工科技有限公司〈P1747〉;上海妙克化学科技有限公司〈P1753〉;上海凯密特尔化学品有限公司〈P1747〉;上海荣晟精细化工有限公司〈P1758〉;[苏]江阴市尼美达助剂有限公司〈P1870〉;苏州威力士精细化工有限公司〈P1907〉;[浙]绍兴市应用化学研究所〈P1949〉;[鲁]山东天庆化工有限公司(500 吨)〈P2146〉;[豫]河南省安阳市航天涂料化工有限责任公司(1000 吨)〈P2210〉;安阳市健美日化有限责任公司(5000 吨)〈P2209〉;[湘]衡阳市金化科技有限公司〈P2252〉;[粤]广州市裕典化工有限公司〈P2267〉;广州市奇威化工有限公司〈P2265〉

除垢剂;去污垢剂;去渍剂　M01020901

Filth remover

用于去除血渍、果汁、墨水、油漆、鞋油、奶渍、油渍、锈渍等

【生产厂】[京]北京金鱼科技股份有限公司〈P1552〉;北京奥宇可鑫表面工程技术有限公司〈P1543〉;[津]天津市兆龙化工有限公司(300 吨)〈P1613〉;[冀]廊坊天和化工建材有限公司〈P1661〉;[沪]上海达峰化工合作公司(50 吨)〈P1730〉;[鲁]济南巨业精细化工有限公司〈P2023〉;淄博永超化工有限公司〈P2075〉;莱西市金山化工厂(3000 吨)〈P2032〉

液体洗涤剂　M01021001

Detergent, liquid

【生产厂】[津]天津碧珍日化有限公司(160 吨)〈P1570〉;[滇]昆明市日用化工厂〈P2339〉;[新]新疆阿尔曼科技发展有限公司〈P2363〉

洗洁精　M01021301

Detergent agent

用作铝具、餐具去污剂

【生产厂】[晋]南风化工集团股份有限公司(3 万吨)〈P1678〉;[苏]徐州汉高洗涤剂有限公司〈P1794〉;[鲁]济南海华洗涤制品有限公司(1000 吨)〈P2021〉;[豫]郑州油脂化学集团有限责任公司(3 万吨)〈P2175〉;[桂]南宁梦雪日化有限责任公司〈P2297〉;[川]安徽全力化工有限公司彭山合成洗涤剂厂〈P2332〉

洗涤剂　M01021801

Detergent

用于工厂、宾馆、洗衣房等

【生产厂】[津]天津市德洁洗涤剂有限公司(200 吨)〈P1584〉;[沪]上海家化联合股份有限公司(1 万吨)〈P1742〉;上海白猫股份有限公司〈P1728〉;[苏]南京添喜精细化工有限责任公司(400 吨)〈P1790〉;[浙]嘉兴市江南化工厂(600 吨)〈P1941〉;[闽]福建省梦娇兰日用化学品有限公司(3000 吨)〈P2001〉;[鲁]威海市明美涤化工有限责任公司(10 吨)〈P2125〉;[豫]郑州福乐日化有限公司(6000 吨)〈P2170〉;安阳市健美日化有限责任公司(5000 吨)〈P2209〉;许昌凯特精细化工厂〈P2218〉;漯河红日集团有限公司(250 吨)〈P2220〉;洛阳峥洁科工贸有限公司(5000 吨)〈P2188〉;[粤]广东迪美生物技术有限公司〈P2259〉

洗涤灵　M01021901

Liquid detergent

【生产厂】[京]北京金鱼科技股份有限公司〈P1552〉;[津]天津碧珍日化有限公司〈P1570〉

丝毛洗涤剂　M01022101

Cleaner for silk and wool

除用于洗涤原毛外,尚可广泛用于洗呢、缩呢、复洗等其他毛纺加工中

【生产厂】[津]天津碧珍日化有限公司〈P1570〉;天津市德洁洗涤剂有限公司(80 吨)〈P1584〉;[豫]安阳市健美日化有限责任公司(500 吨)〈P2209〉

衣领净　M01022401

Collar cleaner

用于洗涤衣领、袖口等处的污垢和汗渍

【生产厂】[晋]南风化工集团股份有限公司〈P1678〉;[豫]安阳市健美日化有限责任公司(50 吨)〈P2209〉

洗衣膏　M01022501

Laundry paste

用于洗涤棉麻、化纤等织物

【生产厂】[晋]南风化工集团股份有限公司(5000 吨)〈P1678〉;[鲁]济南海华洗涤制品有限公司(3800 吨)〈P2021〉;山东济宁齐天佳丽日化有限公司(1 万吨)〈P2131〉;滕州香池化工原料有限公司(5000 吨)〈P2080〉;[豫]安阳市健美日化有限责任公司(4 万吨)〈P2209〉;漯河红日集团有限公司(2000 吨)〈P2220〉

氯化磷酸三钠;TD-清洗消毒剂　M01022801

Trisodium chlorophosphate

用于医疗器械的消毒处理,餐馆及家用餐具的清洗和消毒,食品厂生产设备的消毒和清洗等

【生产厂】[津]天津市东方红化工厂(1500 吨)〈P1585〉;[渝]重庆川东化工(集团)有限公司〈P2304〉;[川]什邡泰来化工有限公司〈P2325〉;什邡市长江化工实业有限公司〈P2325〉

工业洗瓶剂　M01022902

Industrial detergent for bottles

主要用于啤酒厂回收瓶的清洗和消毒

【生产厂】[辽]朝阳市光达化工厂(2000 吨)〈P1713〉;[沪]上海勤工助剂有限公司〈P1757〉;[苏]徐州汉高洗涤剂有限公司〈P1794〉;[赣]江西东川化工有限公司〈P2017〉;[鲁]山东临朐富源精细化工有限公司(2000 吨)〈P2096〉;[豫]河南省巩义市新奇化工厂(2000 吨)〈P2167〉

特效去油灵　M01023601

Super effect deoil agent

用于涤纶等织物去油,退浆前处理

【生产厂】[苏]无锡华氏化学有限公司〈P1873〉;[浙]宁波兴华化学有限公司〈P1934〉

地毯洗涤剂　M01023901

Detergent for carpet

【生产厂】[苏]南京双全科技有限公司〈P1789〉;[皖]合肥精汇化工研究所〈P1972〉

洗涤剂 613;雷米邦 A;油酰氨基羧酸钠　M01024101

Detergent 613; Lamepon A

适用于毛纺、丝绸、印染等作洗涤剂和助剂

【生产厂】[浙]嘉兴精化化工有限公司(1600 吨)〈P1941〉

洗涤剂 808;N,N-油酰甲基牛磺酸钠;胰加漂 T M01024201
Detergent 808 [137-20-2]
用于毛、棉、麻、丝绸等织物的煮练、洗涤及染色等
【生产厂】[苏]江苏飞翔化工(张家港)有限公司(4000 吨)〈P1893〉;[粤]珠海市裕洲精细化工有限公司〈P2275〉

桂油;玉桂油;桂皮油;肉桂油 M02010201
Cassia oil [8007-80-5]
广泛用作饮料和食品的增香剂,也用于配制化妆香精和皂用香精,并用于医药上
【生产厂】[赣]吉水县金海天然香料油科技有限公司〈P2017〉;江西吉水县威海药用油厂〈P2017〉;江西省吉水县华宝天然药用油厂〈P2018〉;江西省吉水县金康天然香料厂〈P2018〉;江西省吉水县康神天然药用油提炼厂〈P2018〉;江西省吉水县水南药用百草油提炼厂〈P2019〉;江西省南方药物油厂〈P2019〉;江西省吉水县水南威霸香料公司〈P2018〉;江西省吉水三达天然药用香料油厂〈P2018〉;江西省吉安市林源香料公司〈P2018〉;[粤]广州合诚三先生物科技有限公司〈P2260〉;[桂]广西百色市益联植化有限公司〈P2301〉;[川]四川科瑞德制药有限公司〈P2323〉;[滇]云南金泰得制药总公司〈P2344〉
【使用厂】[沪]上海华盛香料厂〈P1739〉

山苍子油;木姜子油;山胡椒油 M02010301
Litsea cubeba oil [68855-99-2]
用作香料及合成香精的原料
【生产厂】[苏]南通薄荷厂有限公司〈P1832〉;[赣]吉水县金海天然香料油科技有限公司〈P2017〉;江西吉水县兴华天然香料有限公司〈P2017〉;江西省吉水县华宝天然药用油厂〈P2018〉;江西省吉水县金康天然香料厂〈P2018〉;江西省吉水三达天然药用香料油厂〈P2018〉;江西省吉水中南天然香料油厂〈P2019〉;[鲁]青岛红星化工集团有限责任公司(50 吨)〈P2036〉;[桂]广西百色市益联植化有限公司〈P2301〉;广西金秀香料香精有限责任公司〈P2297〉;[川]四川省宜宾市川汇香料有限责任公司(100 吨)〈P2335〉;宜宾建中香料有限公司〈P2335〉;[黔]贵州省岑巩县精细化工厂(100 吨)〈P2338〉
【使用厂】[粤]广州百花香料股份有限公司〈P2260〉

白樟油;樟脑白油 M02010401
White camphor oil [8008-51-3]
用于医药及配制皂用香精,也可用于制清漆和鞋油等
【生产厂】[苏]南通薄荷厂有限公司〈P1832〉;[闽]三明市梅列香料厂〈P1996〉;[赣]吉水县金海天然香料油科技有限公司〈P2017〉;江西省吉水县华宝天然药用油厂〈P2018〉;江西省吉水县水南药用百草油提炼厂〈P2019〉;江西省吉水县同仁天然药用油厂〈P2019〉;江西省吉水三达天然药用香料油厂〈P2018〉;江西省吉水中南天然香料油厂〈P2019〉;江西省吉安市林源香料公司〈P2018〉;江西吉安市绿康天然香料油厂〈P2017〉;[湘]湖南衡山岳北天然香料油有限公司〈P2253〉;[川]四川省宜宾市川汇香料有限责任公司(100 吨)〈P2335〉

黄樟油 M02010411
Yellow camphor oil
用作合成洋茉莉醛的原料
【生产厂】[苏]南通薄荷厂有限公司〈P1832〉;[赣]江西省吉水县华宝天然药用油厂〈P2018〉;江西省吉水县水南药用百草油提炼厂〈P2019〉;江西省吉水县同仁天然药用油厂〈P2019〉;江西省吉水三达天然药用香料油厂〈P2018〉;[川]四川省宜宾市川汇香料有限责任公司(500 吨)〈P2335〉;宜宾建中香料有限公司〈P2335〉;[黔]贵州省岑巩县精细化工厂〈P2338〉

丁香油 M02010501
Eugenia oil [8000-34-8]
医药上用于防腐和口腔消毒,工业上主要用于配制牙膏用和皂用香精或用作合成香兰素的原料
【生产厂】[苏]昆山天然香料厂〈P1898〉;南通薄荷厂有限公司〈P1832〉;[赣]吉水县金海天然香料油科技有限公司〈P2017〉;江西吉水县威海药用油厂〈P2017〉;江西省吉水县华宝天然药用油厂〈P2018〉;江西省吉水县华源香料油厂〈P2018〉;江西省吉水县康神天然药用油提炼厂〈P2018〉;江西省吉水县水南药用百草油提炼厂〈P2019〉;江西省吉水县同仁天然药用油厂〈P2019〉;江西省南方药物油厂〈P2019〉;江西省吉水县水南威霸香料公司〈P2018〉;江西省吉水三达天然药用香料油厂〈P2018〉;江西省吉水中南天然香料油厂〈P2019〉;江西省吉安市福达天然药用油厂〈P2018〉;江西吉安市绿康天然香料油厂〈P2017〉;[粤]广州市伟香单体香料有限公司〈P2266〉;[川]四川科瑞德制药有限公司〈P2323〉;[陕]西安绿达生物化工有限公司〈P2349〉

柏木油;雪松油 M02010601
Cedarwood oil [8000-27-9]
用于配制皂用香精,也用于提制柏木醇
【生产厂】[赣]江西樟树冠京香料有限公司〈P2016〉;江西省吉水县金康天然香料厂〈P2018〉;[川]四川省宜宾市川汇香料有限责任公司(100 吨)〈P2335〉;[黔]贵州省岑巩县精细化工厂(500 吨)〈P2338〉

香茅油;香草油 M02010701
Citronella oil [106-22-9]
用于提制香叶醇或香茅醛,也用作杀虫剂、驱蚊药和皂用香精
【生产厂】[赣]吉水县金海天然香料油科技有限公司〈P2017〉;江西省吉水县华宝天然药用油厂〈P2018〉;江西省吉水县康神天然药用油提炼厂〈P2018〉;江西省吉水县水南药用百草油提炼厂〈P2019〉;江西省吉水县同仁天然药用油厂〈P2019〉;江西省南方药物油厂〈P2019〉;江西省吉水县水南威霸香料公司〈P2018〉;江西省吉水三达天然药用香料油厂〈P2018〉;江西省吉安市林源香料公司〈P2018〉;[桂]广西金秀香料香精有限责任公司〈P2297〉
【使用厂】[粤]广州百花香料股份有限公司〈P2260〉

香茅醇;3,7-二甲基-6-辛烯-1-醇 M02010703
Citronellol;3,7-Dimethyl-6-octen-1-ol [106-22-9]
广泛用于配制香水香精、皂用及化妆品香精等
【生产厂】[沪]上海凯路化工有限公司〈P1747〉;[浙]建德市新化化工有限责任公司〈P1926〉;[桂]广西梧州松脂股份有限公司〈P2300〉

乙酸香茅酯;乙酸-3,7-二甲基-6-辛烯酯 M02010720
Citronellyl acetate;3,7-Dimethyl-6-oct*en*-1-yl acetate [150-84-5]
用于配制玫瑰、薰衣草等日化香精

【生产厂】[沪]上海申宝香精香料有限公司〈P1760〉;[粤]广州市伟香单体香料有限公司〈P2266〉

甲酸香茅酯　M02010731

Citronellyl formate;3,7-Dimethyl-6-octen-1-yl formate [105-85-1]

【生产厂】[粤]广州市伟香单体香料有限公司〈P2266〉

香茅醛;3,7-二甲基-6-辛烯醛　M02010771

Citronellal;3,7-Dimethyl-6-octenal [106-23-0]

用于配制香精,具有强烈的柠檬、香茅玫瑰样的香气

【生产厂】[沪]上海申宝香精香料有限公司〈P1760〉

柠檬桉油　M02010801

Oil of eucalyptus;Lemon eucalyptus oil [8000-48-4]

用作香料

【生产厂】[赣]江西省吉水三达天然药用香料油厂〈P2018〉;江西省吉安市林源香料公司〈P2018〉

柠檬油;枸橼油　M02010802

Lemon oil

用作着香剂、芳香矫味剂

【生产厂】[赣]吉水县金海天然香料油科技有限公司〈P2017〉;江西吉水县威海药用油厂〈P2017〉;江西省吉水县华宝天然药用油厂〈P2018〉;江西省吉水县金康天然香料厂〈P2018〉;江西省吉水县康神天然药用油提炼厂〈P2018〉;江西省吉水县水南药用百草油提炼厂〈P2019〉;江西省吉水县同仁天然药用油厂〈P2019〉;江西省吉水药用提炼厂〈P2019〉;江西省南方药物油厂〈P2019〉;江西省吉水县水南威霸香料公司〈P2018〉;江西省吉水三达天然药用香料油厂〈P2018〉;江西省吉水中南天然香料油厂〈P2019〉;江西省吉安市福达天然药用油厂〈P2018〉;江西吉安市绿康天然香料油厂〈P2017〉;[湘]湖南衡山岳北天然香料油有限公司〈P2253〉;[粤]广州市伟香单体香料有限公司〈P2266〉

乙酸二甲基苄基原酯;原乙酸二甲基苄基酯　M02010901

Dimethylbenzylcarbinyl acetate;1,1-Dimethyl-2-phenylethyl acetate [151-05-3]

用于调配多种化妆、皂用和食品香精

【生产厂】[津]天津市南金化工有限公司〈P1599〉;[苏]常熟市唐市精细医药化工厂(70吨)〈P1891〉

薄荷素油;薄荷油　M02011101

Peppermint oil [8006-90-4]

用于香精,医药上作兴奋剂

【生产厂】[沪]上海新嘉香料有限公司〈P1772〉;[苏]昆山市鹿都香料厂〈P1897〉;江苏省新曹天然香料研究所〈P1808〉;南通薄荷厂有限公司〈P1832〉;[皖]安徽贝克药业有限公司〈P1971〉;[闽]福建瑞国药业有限公司〈P1997〉;[赣]吉水县金海天然香料油科技有限公司〈P2017〉;江西吉水县威海药用油厂〈P2017〉;江西省吉水县华宝天然药用油厂〈P2018〉;江西省吉水县华源香料油厂〈P2018〉;江西省吉水县金康天然香料厂〈P2018〉;江西省吉水县康神天然药用油提炼厂〈P2018〉;江西省吉水县水南药用百草油提炼厂〈P2019〉;江西省吉水县同仁天然药用油厂〈P2019〉;江西省吉水药用提炼厂〈P2019〉;江西省南方药物油厂〈P2019〉;江西省吉水县水南威霸香料公司〈P2018〉;江西省吉水三达天然药用香料油厂〈P2018〉;江西湘衡百信药业有限公司〈P2016〉;[湘]湖南衡山岳北天然香料油有限公司〈P2253〉;[川]四川什邡市健福植物原料有限公司〈P2329〉;四川科瑞德制药有限公司〈P2323〉

异黄樟脑;1,2-(亚甲二氧基)-4-丙烯基苯;异黄樟素　M02011210

Isosafrole;1,2-(Methylenedioxy)-4-propenylbenzene [120-58-1]

用作制胡椒醛等香料的原料

【生产厂】[川]宜宾建中香料有限公司〈P2335〉;宜宾天原股份有限公司〈P2335〉

二氢黄樟素　M02011251

Dihydrosafrole

【生产厂】[川]宜宾建中香料有限公司〈P2335〉

木香油;云木香油　M02011501

Oleum inula

用作肥皂、香料的原料

【生产厂】[赣]江西省南方药物油厂〈P2019〉

茴香油;八角茴香油;大茴香油　M02011601

Aniseed oil [8007-70-3]

主要用于提制茴香脑,也用于配制饮料、食品、烟草等的增香剂以及医药方面

【生产厂】[闽]三明市梅列香料厂〈P1996〉;[赣]吉水县金海天然香料油科技有限公司〈P2017〉;江西吉水县威海药用油厂〈P2017〉;江西省吉水县华宝天然药用油厂〈P2018〉;江西省吉水县华源香料油厂〈P2018〉;江西省吉水县康神天然药用油提炼厂〈P2018〉;江西省吉水县水南药用百草油提炼厂〈P2019〉;江西省吉水县同仁天然药用油厂〈P2019〉;江西省吉水药用提炼厂〈P2019〉;江西省南方药物油厂〈P2019〉;江西省吉水县水南威霸香料公司〈P2018〉;江西省吉水三达天然药用香料油厂〈P2018〉;江西省吉水中南天然香料油厂〈P2019〉;江西省吉安市林源香料公司〈P2018〉;江西吉安市绿康天然香料油厂〈P2017〉;[湘]湖南衡山岳北天然香料油有限公司〈P2253〉;[桂]广西南宁百会药业集团有限公司〈P2296〉;广西百色市益联植化有限公司〈P2301〉;广西壮族自治区凌云县制药厂(20吨)〈P2302〉;[川]四川科瑞德制药有限公司〈P2323〉;[陕]西安绿达生物化工有限公司〈P2349〉

檀香油;白檀油　M02011801

Sandalwood oil [8006-87-9]

是一种很有价值的天然香料,用于配制香皂和化妆品等,也用于医药

【生产厂】[赣]江西省吉水县康神天然药用油提炼厂〈P2018〉;江西省吉水县水南威霸香料公司〈P2018〉

桉叶油　M02012201

Eucalyptus oil [8000-48-4]

用于治疗神经痛

【生产厂】[苏]昆山天然香料厂〈P1898〉;昆山嘉福香料有限责任公司〈P1896〉;南通薄荷厂有限公司〈P1832〉;[闽]三明市梅列香料厂〈P1996〉;[赣]吉水县金海天然香料油科技有限公司〈P2017〉;江西吉水县威海药用油厂〈P2017〉;江西吉水县兴华天然香料有限公司〈P2017〉;江西省吉水县华宝天然药用油厂〈P2018〉;江西省吉水县华源香料油厂〈P2018〉;江西省吉水县康神天然药用油提炼厂〈P2018〉;江西省吉水县水南药用百草油提炼厂〈P2019〉;江西省吉水县同仁天然药用油厂〈P2019〉;江西省吉水药用提炼厂〈P2019〉;江西省南方药物油厂〈P2019〉;江西省吉水县水南威霸香料公司〈P2018〉;江西省吉水三达天然

药用香料油厂〈P2018〉;江西省吉安市福达天然药用油厂〈P2018〉;江西省吉安市林源香料公司〈P2018〉;江西吉安市绿康天然香料油厂〈P2017〉;[鲁]青岛红星化工集团有限责任公司(50 吨)〈P2036〉;[湘]湖南衡山岳北天然香料油有限公司〈P2253〉;[桂]广西百色市益联植化有限公司〈P2301〉;[川]四川省宜宾市川汇香料有限责任公司(1000 吨)〈P2335〉;宜宾建中香料有限公司〈P2335〉;宜宾天原股份有限公司〈P2335〉;四川科瑞德制药有限公司〈P2323〉

桃醛;丙位十一内酯　M02012501

Peach aldehyde;γ-Undecalactone [104-67-6]

用于调配桃子型香精

【生产厂】[沪]上海华盛香料厂〈P1739〉;[苏]苏州市美花日用香料有限公司〈P1904〉;[皖]安徽华业化工有限公司〈P1979〉

熏衣草油　M02012601

Lavender oil [8000-28-0]

用于配制化妆和皂用香精

【生产厂】[赣]吉水县金海天然香料油科技有限公司〈P2017〉;江西省吉水县华宝天然药用油厂〈P2018〉;江西省吉水县康神天然药用油提炼厂〈P2018〉;江西省南方药物油厂〈P2019〉;江西省吉水县水南威霸香料公司〈P2018〉;江西省吉水三达天然药用香料油厂〈P2018〉;江西省吉安市林源香料公司〈P2018〉;[粤]广州合诚三先生物科技有限公司〈P2260〉

香叶醇;2,6-二甲基-2,6-辛二烯-8-醇　M02012701

Geraniol;2,6-Dimethyl-2,6-octadien-8-ol [106-24-1]

广泛用于花香型日用香精,也可制成酯类香料,入药用于抗菌和驱虫

【生产厂】[粤]广州百花香料股份有限公司〈P2260〉;[桂]广西梧州松脂股份有限公司〈P2300〉

橙花醇;3,7-二甲基-2,6-辛二烯-1-醇　M02012801

Nerol;3,7-Dimethyl-2,6-octadien-1-ol;Neraniol [106-25-2]

广泛用于橙花、玫瑰、茉莉、晚香玉等花香型日化香精和覆盆子、草霉香味的食用香精,也可制成酯类香料

【生产厂】[桂]广西梧州松脂股份有限公司〈P2300〉

橙花叔醇　M02012901

Nerolidol [7212-44-4]

是重要的医药中间体,可以合成异植物醇,也可作高级香料用于化妆品

【生产厂】[闽]三明市梅列香料厂〈P1996〉

柏木烯　M02013001

Cedrene [11028-42-5]

用于合成乙酰基柏木烯、柏木烷酮、环氧柏木烷和柏木烯醛等重要香料

【生产厂】[闽]福建省永安风帆精细化工有限公司〈P1995〉;[黔]贵州省岑巩县精细化工厂(100 吨)〈P2338〉

【使用厂】[赣]江西樟树冠京香料有限公司〈P2016〉

苯乙醛　M02020101

Phenylacetaldehyde [122-78-1]

用于香料工业,是调制花香香精的重要原料

【生产厂】[苏]洪泽前程香料香精厂〈P1801〉

长叶烯　M02020201

Longifolene [475-20-7]

用于制造香料或配制香精

【生产厂】[闽]福建省永安风帆精细化工有限公司〈P1995〉;[桂]广西梧州松脂股份有限公司(300 吨)〈P2300〉

肉桂醇;β-苯丙烯醇　M02020401

Cinnamyl alcohol;3-Phenyl-2-propen-1-ol [104-54-1]

广泛用于配制花香型香精、化妆品香精和皂用香精,也用作定香剂

【生产厂】[豫]圣斯诺化工有限公司〈P2169〉;[鄂]武汉有机合成材料研究所〈P2235〉;武汉有机实业股份有限公司〈P2235〉;武汉远城科技发展有限公司(100 吨)〈P2235〉;湖北天盟化工有限公司〈P2243〉;[粤]广州市伟香单体香料有限公司〈P2266〉

【使用厂】[豫]河南省安阳市益康制药厂〈P2211〉;河南福森药业有限公司〈P2223〉

芳樟醇;沉香醇;里那醇;3,7-二甲基-1,6-辛二烯-3-醇　M02020501

Linalool;3,7-Dimethyl-1,6-octadien-3-ol [78-70-6]

用于化妆品、肥皂、洗涤剂、食品等香精的配制

【生产厂】[沪]上海博爱化工有限公司〈P1729〉;[闽]三明市梅列香料厂〈P1996〉;[赣]江西樟树冠京香料有限公司〈P2016〉;江西吉水县兴华天然香料有限公司〈P2017〉;[桂]广西梧州松脂股份有限公司(500 吨)〈P2300〉;[川]四川天一科技股份有限公司〈P2319〉

二氢芳樟醇;3,7-二甲基-6-辛烯-3-醇　M02020531

Dihydrolinalool;3,7-Dimethyl-6-octen-3-ol

二氢芳樟醇及其酯常用作各种人造精油的调和原料

【生产厂】[赣]江西樟树冠京香料有限公司〈P2016〉

四氢芳樟醇;3,7-二甲基-3-辛醇　M02020551

Tetrahydrolinalool;3,7-Dimethyl-3-octanol [78-69-3]

常用作各种人造精油的调和原料

【生产厂】[沪]上海博爱化工有限公司〈P1729〉;[赣]江西樟树冠京香料有限公司〈P2016〉

去氢芳樟醇;3,7-二甲基-6-烯-1-辛炔-3-醇　M02020591

Dehydrolinalool

用作合成紫罗兰酮、维生素 A、维生素 K 和维生素 E 的重要原料

【生产厂】[沪]上海博爱化工有限公司〈P1729〉

柏木脑;柏木醇;雪松醇　M02020601

Cedrol;Cedar camphor;Cypress camphor [77-53-2]

广泛用于木香、辛香和东方型香精中,也大量用作消毒剂和卫生用品的增香剂

【生产厂】[闽]福建省永安风帆精细化工有限公司〈P1995〉;[赣]江西樟树冠京香料有限公司〈P2016〉;[川]宜宾建中香料有限公司〈P2335〉;[黔]贵州省岑巩县精细化工厂(30 吨)〈P2338〉

萜基环己醇混合物；合成檀香　M02020702
Terpinyl cyclohexanol mixture
广泛用于肥皂、洗涤剂、香水、奶液、膏霜等日用化妆品中
【生产厂】[津]天津市华宇香料厂(600 吨)〈P1590〉；天津市华玉香料香精有限公司(150 吨)〈P1590〉；[沪]上海申宝香精香料有限公司〈P1760〉；上海白鹤化工厂〈P1727〉

水杨醛；邻羟基苯甲醛　M02020801
Salicylaldehyde [90-02-8]
有机合成原料，用于制造香豆素和配制紫罗兰等香精，也用作杀虫剂
【生产厂】[津]天津市中科健化工有限公司(1000 吨)〈P1613〉；[沪]上海凯路化工有限公司〈P1747〉；[苏]江阴市百汇香料有限公司(2000 吨)〈P1868〉；张家港飞航实业有限公司(500 吨)〈P1911〉
【使用厂】[赣]景德镇市开门子药用化工有限公司〈P2010〉；[粤]广州化学试剂厂〈P2261〉

肉桂醛；β-苯丙烯醛；桂醛；桂皮醛　M02020901
Cinnamaldehyde [104-55-2]
用于配制皂用香精和糕点等食品的增香剂
【生产厂】[沪]上海闵南化工厂〈P1753〉；[苏]江阴市百汇香料有限公司(500 吨)〈P1868〉；[赣]江西省南方药物油厂〈P2019〉；江西省吉水中南天然香料油厂〈P2019〉；[鄂]武汉有机合成材料研究所〈P2235〉；武汉有机实业股份有限公司〈P2235〉；武汉远城科技发展有限公司(1200 吨)〈P2235〉；湖北天盟化工有限公司〈P2243〉

α-己基肉桂醛　M02020951
α-Hexylcinnamic aldehyde [101-86-0]
【生产厂】[鄂]武汉远城科技发展有限公司〈P2235〉

苯甲醛；安息香醛　M02021001
Benzaldehyde；Phenylaldehyde [100-52-7]
重要的化工原料，用于制月桂醛、月桂酸、苯乙醛和苯甲酸苄酯等，也用作香料
【生产厂】[辽]辽阳市东阳精细化工有限公司〈P1710〉；[苏]常州化工厂〈P1847〉；常州市无明化工有限公司〈P1854〉；江阴市百汇香料有限公司(800 吨)〈P1868〉；江苏双菱化工集团有限公司〈P1798〉；连云港泰乐化学工业有限公司(1200 吨)〈P1800〉；海安县弘鑫化工厂〈P1829〉；[赣]南昌市兴赣科技实业有限公司(400 吨)〈P2010〉；[鄂]武汉有机实业股份有限公司〈P2235〉；武汉市合中化工制造有限公司(200 吨)〈P2232〉；武汉远城科技发展有限公司(1500 吨)〈P2235〉
【使用厂】[京]北京太洋药业有限公司〈P1562〉；[冀]邢台铁牛染料化工有限公司〈P1644〉；[辽]丹东市精细化工厂〈P1700〉；丹东深兰化工有限公司〈P1700〉；[沪]上海市农药研究所〈P1764〉；上海实业化工有限公司〈P1763〉；[苏]苏州益良药业有限公司〈P1907〉；靖江市江鸿化合物有限公司〈P1825〉；泗阳县鼠药厂〈P1804〉；[赣]景德镇市开门子药用化工有限公司〈P2010〉；[鲁]淄博开发区光明社会福利化工厂〈P2064〉；[豫]河南省安阳市益康制药厂〈P2211〉；[湘]湖南洞庭药业股份有限公司〈P2255〉；[粤]广州化学试剂厂〈P2261〉

4-硝基苯甲醛；对硝基苯甲醛　M02021002
4-Nitrobenzaldehyde [555-16-8]
用于制备染料、医药等
【生产厂】[沪]上海华彩精细化工有限公司〈P1738〉；[苏]仪征市鼎信化工有限公司(60 吨)〈P1820〉；靖江市江鸿化合物有限公司〈P1825〉；[豫]濮阳市银泰工贸有限公司〈P2215〉

茉莉醛；α-戊基肉桂醛；素馨醛　M02021101
α-Amylcinnamaldehyde；2-Pentyl-3-phenylpropenoic aldehyde [122-40-7]
用作茉莉香型香精的重要成分，也用于紫丁香、风信子等的调和香料及皂用香料
【生产厂】[沪]上海茂昌化学制品有限公司〈P1753〉；[鄂]武汉有机实业股份有限公司〈P2235〉；武汉远城科技发展有限公司〈P2235〉

二氢茉莉酮；2-戊基-3-甲基-2-环戊烯-1-酮　M02021251
Dihydrojasmone；2-Pentyl-3-methyl-2-cyclopenten-1-one [1128-08-1]
用于配制茉莉等花香型香精
【生产厂】[沪]上海申宝香精香料有限公司〈P1760〉

胡椒醛；3,4-亚甲二氧基苯甲醛；洋茉莉醛　M02021301
Heliotropine；3,4-(Methylenedioxy)benzaldehyde [120-57-0]
用于配制花香型和幻想型香精，也用于电镀
【生产厂】[苏]昆山市南方化工厂〈P1897〉；昆山天然香料厂〈P1898〉；江苏大华药业有限公司〈P1802〉；[鲁]临沂奥浦生物技术有限公司〈P2147〉；[川]四川省宜宾市川汇香料有限责任公司(100 吨)〈P2335〉；宜宾建中香料有限公司〈P2335〉；宜宾天原股份有限公司〈P2335〉

新洋茉莉醛；2-甲基-3-(3,4-亚甲基二氧苯基)丙醛　M02021302
New heliotropin；2-Methyl-3-(3,4-methylenedioxyphenyl)propanal [1205-17-0]
用于化妆品、洗涤剂中
【生产厂】[川]宜宾建中香料有限公司〈P2335〉

香兰素；3-甲氧基-4-羟基苯甲醛；香草醛　M02021401
Vanillin；3-Methoxy-4-hydroxybenzaldehyde [121-33-5]
用作食用香精、日化香精、医药中间体
【生产厂】[津]天津市第一香料厂(400 吨)〈P1584〉；[吉]中国石油吉化集团公司(1500 吨)〈P1717〉；吉化集团精细化学品有限公司〈P1715〉；[苏]昆山市文教日用化工厂〈P1898〉；[皖]蚌埠八一药业有限公司〈P1975〉；安徽佰仕化工有限公司〈P1974〉；[赣]江西樟树冠京香料有限公司〈P2016〉；江西省吉水县华源香料油厂〈P2018〉；江西省吉水中南天然香料油厂〈P2019〉；[豫]郑州海昆食品添加剂有限公司〈P2170〉；巩义雪莲香料有限公司(3 吨)〈P2165〉；[鄂]湖北永安集团〈P2244〉
【使用厂】[浙]嘉善嘉生药业有限公司〈P1940〉；[鲁]山东滕州悟通香料有限责任公司〈P2078〉；淄博开发区光明社会福利化工厂〈P2064〉

异香兰素；3-羟基-4-甲氧基苯甲醛；异香草醛　M02021402
Isovanillin；3-Hydroxy-4-methoxybenzaldehyde [621-59-0]
用于香料及医药中间体
【生产厂】[沪]上海泰顿化工有限公司〈P1766〉；[苏]江苏飞翔化工(张家港)有限公司〈P1893〉；[浙]台州市新东方医

M

化有限公司〈P1962〉；浙江新花蝶化工有限公司〈P1969〉；[鲁]山东滕州悟通香料有限责任公司(100 吨)〈P2078〉；[川]成都新特药化合成技术改进与创新中心〈P2317〉

羟基香茅醛　M02021411

Hydroxycitronellal [107-75-5]

用于配制水仙、铃兰、茉莉及风信子香型香精

【生产厂】[沪]上海申宝香精香料有限公司〈P1760〉；[粤]广州百花香料股份有限公司(150 吨)〈P2260〉

3,4-二羟基-5-甲氧基苯甲醛；5-羟基香兰素；5-羟基香草醛　M02021421

3,4-Dihydroxy-5-methoxybenzaldehyde [3934-87-0]

【生产厂】[沪]上海立诚化工有限公司〈P1750〉

丁香醛；3,5-二甲氧基-4-羟基苯甲醛　M02021431

3,5-Dimethoxy-4-hydroxybenzaldehyde; Syringaldehyde [134-96-3]

【生产厂】[沪]上海康文医药中间体有限公司〈P1748〉

乙基香兰素；乙基香草醛；3-乙氧基-4-羟基苯甲醛　M02021451

Ethyl vanillin [121-32-4]

广泛用于食品、巧克力、冰淇淋、饮料以及日用化妆品中起增香和定香作用

【生产厂】[吉]中国石油吉化集团公司(200 吨)〈P1717〉；吉化集团精细化学品有限公司〈P1715〉；[苏]江苏大华药业有限公司〈P1802〉；[皖]安徽佰仕化工有限公司〈P1974〉；[鲁]淄博圣泽精细化工有限公司〈P2067〉；[豫]巩义雪莲香料有限公司(3 吨)〈P2165〉；[鄂]湖北永安集团〈P2244〉

乙酰香兰素　M02021491

Vanillin acetate

用于调制奶粉、鲜奶、酸奶等各种奶制品及多种化妆类(香水)的香精中

【生产厂】[冀]河北省东昊化工有限公司〈P1621〉

柠檬醛；3,7-二甲基-2,6-辛二烯醛　M02021501

Citral; 3,7-Dimethyl-2,6-octadienal [5392-40-5]

用作调香剂，配制柠檬香精，也用作合成紫罗兰酮和维生素 A 的原料

【生产厂】[苏]洪泽前程香料香精厂〈P1801〉；[闽]三明市梅列香料厂〈P1996〉；[桂]广西百色市益联植化有限公司〈P2301〉；广西金秀香料香精有限责任公司〈P2297〉；[川]宜宾建中香料有限公司〈P2335〉

【使用厂】[粤]广州百花香料股份有限公司〈P2260〉

对甲氧基苯乙酮；山楂花酮　M02021601

p-Methoxyacetophenone [100-06-1]

用于配制香精，常用于高级化妆品和皂用香料中，也可用于有机合成

【生产厂】[京]北京马氏精细化学品有限公司〈P1555〉；[沪]上海三微实业有限公司〈P1759〉；上海邦成化工有限公司〈P1728〉；上海金赛医药化工有限公司〈P1744〉；[苏]太仓市东明化工有限公司(300 吨)〈P1908〉；[鲁]山东武城康达化工有限公司〈P2146〉

甲基柏木烯酮；乙酰基柏木烯；甲基雪松酮　M02021701

Acetylcedrene; Methylcedrone [32388-55-9]

用作香料

【生产厂】[浙]浙江黄岩中兴香精香料有限公司〈P1965〉；[赣]江西樟树冠京香料有限公司(800 吨)〈P2016〉

橙花素　M02021801

Aurantiol; Aurantium [89-43-0]

用于橙花型、柑橘型等日用香精，在香皂、洗涤剂中较稳定

【生产厂】[沪]上海茂昌化学制品有限公司〈P1753〉；[苏]苏州市美花日用香料有限公司〈P1904〉

香豆素；氧杂萘邻酮　M02021901

Coumarin [91-64-5]

用于制造香料，作为定香剂，也用于电镀工业

【生产厂】[津]天津市中科健化工有限公司(800 吨)〈P1613〉；天津汇宇实业有限公司(80 吨)〈P1574〉；[沪]上海申宝香精香料有限公司〈P1760〉；上海茂昌化学制品有限公司〈P1753〉；[苏]江阴市百汇香料有限公司(1200 吨)〈P1868〉；高邮市康乐精细化工厂〈P1813〉；[赣]江西省吉水中南天然香料油厂〈P2019〉；[鄂]武汉远城科技发展有限公司〈P2235〉

4-羟基香豆素　M02021911

4-Hydroxycoumarin [1076-38-6]

用于制造杀鼠迷、杀鼠灵

【生产厂】[沪]上海康晟实业有限公司〈P1748〉；上海盛欣医药化工有限公司(10 吨)〈P1762〉；[鄂]罗田县恒兴源化工有限公司〈P2244〉

【使用厂】[津]天津市天庆化工有限公司〈P1605〉；[沪]上海市农药研究所〈P1764〉；[苏]泗阳县鼠药厂〈P1804〉

6-甲基香豆素　M02021915

6-Methylcoumarin [92-48-8]

用作香料

【生产厂】[沪]上海先导化学有限公司〈P1770〉；[苏]苏州市美花日用香料有限公司〈P1904〉

二氢香豆素；苯并二氢吡喃酮　M02021951

Dihydrocoumarin; 3,4-Dihydrocoumarin [119-84-6]

用于烟用香精、食用香精及其他各类香精中

【生产厂】[津]天津市第一香料厂(600 吨)〈P1584〉；天津市中科健化工有限公司(200 吨)〈P1613〉

紫罗兰酮；芷香酮；环柠檬烯基丙酮　M02022001

Ionone [127-41-3]

用于调配日化、皂用香精

【生产厂】[浙]浙江黄岩中兴香精香料有限公司〈P1965〉；[赣]江西福达香料化工有限公司大森林树脂厂〈P2017〉

β-紫罗兰酮；乙位紫罗兰酮　M02022011

β-Ionone

用于日化、食品香精中，大量用于生产维生素 A、E 和胡萝卜素

【生产厂】[赣]江西福达香料化工有限公司大森林树脂厂〈P2017〉

异甲基紫罗兰酮　M02022021

Isomethyl ionone

广泛用于调配日化、食用香精

M

【生产厂】[粤]广州百花香料股份有限公司(100 吨)〈P2260〉

甲基紫罗兰酮 M02022025

Methyl irisone

【生产厂】[粤]广州市伟香单体香料有限公司〈P2266〉

酮麝香;2,6-二甲基-3,5-二硝基-4-叔丁基苯乙酮 M02022101

Musk ketone; 2, 6-Dimethyl-3, 5-dinitro-4-*tert*-butylacetophenone [81-14-1]

用作化妆香精及皂用香精定香剂

【生产厂】[津]天津汇宇实业有限公司(80 吨)〈P1574〉;[吉]吉林省四平市精细化学品有限公司〈P1717〉;[苏]常熟市唐市精细医药化工厂(50 吨)〈P1891〉;[赣]江西省吉水中南天然香料油厂〈P2019〉;[鲁]潍坊海化远大精细化工有限公司〈P2102〉

甲基柏木醚;柏木甲醚 M02022201

Cedramber [19377-95-8]

用作香料和定香剂

【生产厂】[沪]上海凯路化工有限公司〈P1747〉;[浙]浙江黄岩中兴香精香料有限公司〈P1965〉;[赣]江西樟树冠京香料有限公司(50 吨)〈P2016〉;[川]宜宾建中香料有限公司〈P2335〉

愈创木酚;邻甲氧基苯酚;邻羟基苯甲醚 M02022301

Guaiacol;2-Methoxyphenol [90-05-1]

用于医药、染料及香料中间体

【生产厂】[浙]浙江省嘉兴市巨强化工有限公司(500 吨)〈P1944〉;浙江尖峰海洲制药有限公司(200 吨)〈P1965〉;[皖]蚌埠八一药业有限公司〈P1975〉;蚌埠市海兴化工有限责任公司〈P1975〉;安徽佰仕化工有限公司〈P1974〉;[闽]福建省永安风帆精细化工有限公司〈P1995〉;[赣]江西省吉水中南天然香料油厂〈P2019〉;[川]成都新特药化合成技术改进与创新中心〈P2317〉;[黔]贵州省岑巩县精细化工厂(80 吨)〈P2338〉

【使用厂】[津]天津中新药业集团股份有限公司新新制药厂〈P1618〉

4-甲基愈创木酚;2-甲氧基-4-甲基苯酚 M02022341

4-Methyl guaiacol;2-Methoxy-4-methylphenol [93-51-6]

用作香料、医药及其他有机合成中间体

【生产厂】[闽]福建省永安风帆精细化工有限公司〈P1995〉;[黔]贵州省岑巩县精细化工厂〈P2338〉

4-乙基愈创木酚;4-乙基-2-甲氧基苯酚 M02022351

4-Ethylguaiacol;4-Ethyl-2-methoxyphenol [2785-89-9]

用作食品添加剂及香料

【生产厂】[闽]福建省永安风帆精细化工有限公司〈P1995〉;[鲁]滕州市香源化工有限责任公司〈P2079〉;滕州吉田香料有限公司〈P2078〉;[黔]贵州省岑巩县精细化工厂〈P2338〉

4-乙烯基愈创木酚;2-甲氧基-4-乙烯基苯酚 M02022371

4-Vinylguaiacol;2-Methoxy-4-vinylphenol [7786-61-0]

【生产厂】[闽]福建省永安风帆精细化工有限公司〈P1995〉

乙酸小茴香酯;乙酸葑酯 M02022401

Fenchyl acetate [13851-11-1]

用作皂用香精

【生产厂】[津]天津市华玉香料香精有限公司(20 吨)〈P1590〉

乙酸三氯甲基苯甲酯;结晶玫瑰 M02022501

Trichloromethylbenzyl acetate [90-17-5]

用于配制玫瑰、香叶香型化妆品和皂用香精

【生产厂】[津]天津市第一香料厂(400 吨)〈P1584〉;[沪]上海申宝香精香料有限公司〈P1760〉

乙酸异龙脑酯;白乙酯;乙酸异冰片酯 M02022801

Isobornyl acetate [125-12-2]

用于香料工业,也用作合成樟脑的原料

【生产厂】[沪]上海华谊集团华原化工有限公司(1000 吨)〈P1739〉;[闽]建阳市青松化工有限公司(1660 吨)〈P2005〉;[粤]怀集县长林化工有限责任公司〈P2294〉

乙酸异戊酯 M02022901

Isoamyl acetate [123-92-2]

广泛用于配置各种果味食用香精,如雪梨、香蕉等型,在烟用和日用化妆香精中亦适量应用

【生产厂】[津]天津市飞鹿工贸有限公司(200 吨)〈P1586〉;[沪]上海申宝香精香料有限公司〈P1760〉;上海浦杰香料有限公司〈P1756〉;上海茂昌化学制品有限公司〈P1753〉;上海华盛香料厂〈P1739〉;[苏]洪泽前程香料香精厂〈P1801〉;盐城鸿泰生物工程有限公司〈P1810〉;[豫]河南省尉氏县香料厂(50 吨)〈P2176〉;[粤]广州市伟香单体香料有限公司〈P2266〉

【使用厂】[粤]广州化学试剂厂〈P2261〉

乙酸苄酯;醋酸苄酯 M02023001

Benzyl acetate [140-11-4]

用于配制茉莉型等花香香精和皂用香精

【生产厂】[津]天津市永安化工厂(1000 吨)〈P1611〉;天津汇宇实业有限公司(40 吨)〈P1574〉;天津市隆盛化工有限公司(1000 吨)〈P1598〉;[辽]辽宁省沈阳中际精细化工总厂(500 吨)〈P1684〉;[沪]上海浦杰香料有限公司〈P1756〉;上海茂昌化学制品有限公司〈P1753〉;[苏]江苏双菱化工集团有限公司(150 吨)〈P1798〉;江苏大华药业有限公司〈P1802〉;[浙]台州市华鼎化工有限公司〈P1961〉;[鲁]平原县芳香化学有限公司(1500 吨)〈P2143〉;[鄂]武汉有机新康化工有限公司〈P2235〉;武汉有机实业股份有限公司〈P2235〉;[粤]广州市伟香单体香料有限公司〈P2266〉

乙酸芳樟酯;乙酸里哪(醇)酯 M02023101

Linalyl acetate [115-95-7]

用于调制高级香水和花露水香精

【生产厂】[沪]上海申宝香精香料有限公司〈P1760〉;上海浦杰香料有限公司〈P1756〉;上海博爱化工有限公司〈P1729〉;[赣]江西樟树冠京香料有限公司(20 吨)〈P2016〉;[粤]广州市伟香单体香料有限公司〈P2266〉;[桂]广西梧州松脂股份有限公司〈P2300〉

乙酸对叔丁基环己基酯;莴尾酯 M02023211

4-*tert*-Butylcyclohexyl acetate [32210-23-4]

主要用于日化香精

【生产厂】[津]天津市华玉香料香精有限公司(50 吨)

M

〈P1590〉;[粤]广州市伟香单体香料有限公司〈P2266〉

乙酸香叶酯 M02023302

Geranyl acetate [105-87-3]

用于配制玫瑰等花香型香精

【生产厂】[沪]上海申宝香精香料有限公司〈P1760〉;上海浦杰香料有限公司〈P1756〉;[苏]洪泽前程香料香精厂〈P1801〉;[粤]广州市伟香单体香料有限公司〈P2266〉

甲酸香叶酯 M02023311

Geranyl formate [105-86-2]

用于配制玫瑰、柠檬等日化香精,苹果、桃等果香型香精

【生产厂】[沪]上海申宝香精香料有限公司〈P1760〉;上海浦杰香料有限公司〈P1756〉

丁酸香叶酯 M02023321

Geranyl butyrate [106-29-6]

用作食品和化妆品香精

【生产厂】[粤]广州市伟香单体香料有限公司〈P2266〉

己酸烯丙酯;十九醛;凤梨醛;己酸丙烯酯 M02023401

Allyl caproate [123-68-2]

用于配制菠萝及其他果味食用香精

【生产厂】[沪]上海申宝香精香料有限公司〈P1760〉;上海浦杰香料有限公司〈P1756〉;上海茂昌化学制品有限公司〈P1753〉;上海华盛香料厂〈P1739〉;[苏]昆山市鹿都香料厂(12 吨)〈P1897〉;[鲁]邹平铭兴化工有限公司(500 吨)〈P2158〉;[豫]河南省尉氏县香料厂(30 吨)〈P2176〉;[粤]广州市伟香单体香料有限公司〈P2266〉

γ-庚内酯;α-丙基-γ-丁内酯;丙位庚内酯 M02023500

γ-Oenantholacton [105-21-5]

用于配制日用化妆香精、烟用香精

【生产厂】[皖]安徽华业化工有限公司〈P1979〉

γ-壬内酯;椰子醛;γ-戊基丁内酯;丙位壬内酯 M02023501

γ-Nonanolactone;γ-Amylbutyrolactone [104-61-0]

用于调配食用香精、饲料香精等

【生产厂】[苏]苏州市美花日用香料有限公司〈P1904〉;[皖]安徽华业化工有限公司〈P1979〉

δ-辛内酯;丁位辛内酯;δ-丙基戊内酯 M02023531

δ-Octalactone [698-76-0]

【生产厂】[皖]安徽华业化工有限公司〈P1979〉

δ-壬内酯;5-正丁基-δ-戊内酯;丁位壬内酯 M02023551

δ-Nonalactone;5-*n*-Butyl-δ-valerolactone [3301-94-8]

用作香料

【生产厂】[皖]安徽华业化工有限公司〈P1979〉

γ-己内酯;γ-乙基-γ-丁内酯 M02023571

γ-Hexalactone [695-06-7]

广泛用在日化香精、烟用香精、饲料香精中

【生产厂】[皖]安徽华业化工有限公司〈P1979〉

丙位十二内酯;γ-辛基-γ-丁内酯 M02023591

γ-Dodecalactone;γ-Octyl-γ-butyrolactone [2305-05-7]

用于各种需要果香、奶油香气的香精

【生产厂】[皖]安徽华业化工有限公司〈P1979〉

苯乙酸香叶酯 M02023651

Geranyl phenylacetate [102-22-7]

【生产厂】[粤]广州市伟香单体香料有限公司〈P2266〉

2-甲基-2-乙酸乙酯基-1,5-二氧戊烷;苹果酯 M02023701

Apple essence

用于调配花香型和果香型日用香精

【生产厂】[沪]上海浦杰香料有限公司〈P1756〉;[苏]苏州市美花日用香料有限公司〈P1904〉;昆山市文教日用化工厂〈P1898〉;[粤]广州百花香料股份有限公司〈P2260〉;广州市伟香单体香料有限公司〈P2266〉

茉莉酯 M02023801

Jasmonyl

用于化妆品及皂用茉莉香型香精

【生产厂】[苏]苏州市美花日用香料有限公司〈P1904〉;[粤]广州市伟香单体香料有限公司〈P2266〉

星苹酯 M02023851

Ethyl acetoacetate propyleneglycol ketal

用于花香型和果香型香精

【生产厂】[苏]苏州市美花日用香料有限公司〈P1904〉

柳酸丁酯;水杨酸丁酯 M02023901

Butyl salicylate [2052-14-4]

用作香料,也用作溶剂

【生产厂】[沪]上海浦杰香料有限公司〈P1756〉;上海茂昌化学制品有限公司〈P1753〉;[粤]广州市伟香单体香料有限公司〈P2266〉

柳酸叶醇酯 M02023951

cis-3-Hexenyl salicylate [65405-77-8]

【生产厂】[粤]广州市伟香单体香料有限公司〈P2266〉

柳酸异戊酯;水杨酸异戊酯 M02024001

Isoamyl salicylate [87-20-7]

用于配制皂用及食用香精

【生产厂】[津]天津市南金化工有限公司〈P1599〉;[沪]上海申宝香精香料有限公司〈P1760〉;上海浦杰香料有限公司〈P1756〉;上海茂昌化学制品有限公司〈P1753〉;[鄂]湖北仙隆化工股份有限公司〈P2245〉;[粤]广州市伟香单体香料有限公司〈P2266〉

水杨酸戊酯;水杨酸正戊酯;柳酸戊酯 M02024005

Amyl salicylate;*n*-Amyl salicylate [2050-08-0]

【生产厂】[津]天津市南金化工有限公司〈P1599〉

邻羟基苯甲酸苯甲酯;柳酸苄酯;水杨酸苄酯 M02024010

Phenylmethyl *o*-hydroxybenzoate [94-18-8]

作为主香剂应用于日化香精，也可用于食品香精

【生产厂】[津]天津市永安化工厂(500 吨)〈P1611〉；天津市隆盛化工有限公司〈P1598〉；[沪]上海浦杰香料有限公司〈P1756〉；上海茂昌化学制品有限公司〈P1753〉；[粤]广州市伟香单体香料有限公司〈P2266〉

异戊酸异戊酯　M02024041

Isoamyl isovalerate [659-70-1]

用于配制食用、日用香精

【生产厂】[沪]上海申宝香精香料有限公司〈P1760〉；上海浦杰香料有限公司〈P1756〉；上海茂昌化学制品有限公司〈P1753〉；上海华盛香料厂〈P1739〉；[苏]宜兴市中港精细化工有限公司〈P1888〉；洪泽前程香料香精厂〈P1801〉；盐城鸿泰生物工程有限公司〈P1810〉；[粤]广州市伟香单体香料有限公司〈P2266〉

异戊酸肉桂酯；异戊酸桂酯　M02024061

Cinnamyl isovalerate

是重要的香精香料

【生产厂】[鄂]湖北天盟化工有限公司〈P2243〉

异戊酸叶醇酯　M02024071

cis-3-Hexenyl isovalerate [35154-45-1]

【生产厂】[粤]广州市伟香单体香料有限公司〈P2266〉

异戊酸苯乙酯；3-甲基丁酸苯乙酯　M02024091

Phenylethyl isovalerate; Phenethyl 3-methylbutyrate [140-26-1]

【生产厂】[沪]上海浦杰香料有限公司〈P1756〉；[粤]广州市伟香单体香料有限公司〈P2266〉

二甲苯麝香；2,4,6-三硝基-1,3-二甲基-5-叔丁基苯　M02024101

2,4,6-Trinitro-1,3-dimethyl-5-*tert*-butylbenzene [81-15-2]

用作皂用香精、化妆香精定香剂

【生产厂】[鲁]潍坊海化远大精细化工有限公司〈P2102〉

M

葵子麝香；2,6-二硝基-3-甲氧基-4-叔丁基甲苯　M02024401

Musk ambrette [83-66-9]

用作香料及定香剂

【生产厂】[沪]上海白鹤化工厂〈P1727〉

巴西酸乙二醇酯；麝香-T；昆仑麝香　M02024601

Ethylene brassylate [105-95-3]

用作植物花香的定香剂和增效剂

【生产厂】[苏]连云港泰亿精细化工有限公司〈P1800〉；[川]四川西普化工股份有限公司〈P2331〉

月桂烯；3-亚甲基-7-甲基-1,6-辛二烯　M02024701

Myrcene; β-Myrcene; Geraniolene; 7-Methyl-3-methylene-1,6-octadiene [123-35-3]

用于合成香料

【生产厂】[浙]建德市新化化工有限责任公司(300 吨)〈P1926〉；[赣]江西吉水县兴华天然香料有限公司〈P2017〉；[粤]广州市伟香单体香料有限公司〈P2266〉

二氢月桂烯醇　M02024801

Dihydro myrcene alcohol

用于日化及皂用香精的配制

【生产厂】[浙]建德市新化化工有限责任公司(500 吨)〈P1926〉；[桂]广西梧州松脂股份有限公司〈P2300〉

龙脑；冰片；2-莰醇　M02024901

Borneol [507-70-0]

广泛用于配制迷迭香、熏衣草等型香精，并用于制药等

【生产厂】[津]天津市亿天工贸有限公司〈P1610〉；[苏]江苏大华药业有限公司〈P1802〉；[浙]湖州城区天顺化工厂〈P1945〉；[闽]福建瑞国药业有限公司〈P1997〉；建阳市青松化工有限公司(200 吨)〈P2005〉；[赣]吉水县金海天然香料油科技有限公司〈P2017〉；江西省吉水县华宝天然药用油厂〈P2018〉；江西省吉水县华源香料油厂〈P2018〉；江西省吉水县康神天然药用油提炼厂〈P2018〉；江西省吉水县水南药用百草油提炼厂〈P2019〉；江西省吉水县同仁天然药用油厂〈P2019〉；江西省吉水药用提炼厂〈P2019〉；江西省南方药物油厂〈P2019〉；江西省吉水县水南威霸香料公司〈P2018〉；江西省吉安市林源香料公司〈P2018〉；[川]成都宏博实业有限公司〈P2310〉；四川青神康华制药有限公司(400 吨)〈P2333〉

肉桂酸苄酯；β-苯基丙烯酸苄基酯　M02025001

Benzyl cinnamate; Benzyl β-phenylacrylate [103-41-3]

用于配制人造龙蜒香，在东方型香精中作为定香剂，也用于皂用、化妆用及食品果实香精的调香原料

【生产厂】[津]天津市南金化工有限公司〈P1599〉；[沪]上海浦杰香料有限公司〈P1756〉；[鄂]武汉市合中化工制造有限公司〈P2232〉

肉桂酸苯乙酯　M02025051

Phenylethyl cinnamate [103-53-7]

【生产厂】[沪]上海浦杰香料有限公司〈P1756〉；[粤]广州市伟香单体香料有限公司〈P2266〉

咖啡酸苯乙酯　M02025091

Caffeic acid phenylethyl ester [104594-70-9]

【生产厂】[沪]上海久邦化工有限公司〈P1745〉；[浙]浙江黄岩精细化学品集团有限公司〈P1964〉

莺醇　M02025101

Plinol [11039-70-6]

用作清香型香料，用于生产空气清新剂、消毒剂及皂用香精

【生产厂】[桂]广西梧州松脂股份有限公司〈P2300〉

2-仲丁基吡嗪　M02025202

2-*sec*-Butylpyrazine

用作日用、食用香精

【生产厂】[鲁]滕州吉田香料有限公司〈P2078〉

2-甲氧基吡嗪　M02025203

2-Methoxypyrazine [3149-28-8]

用作日用、食用香精

【生产厂】[鲁]山东滕州悟通香料有限责任公司(1 吨)〈P2078〉；滕州吉田香料有限公司〈P2078〉

2-乙氧基吡嗪　M02025204

2-Ethoxypyrazine [38028-67-0]

用作日用、食用香精

【生产厂】[鲁]山东滕州悟通香料有限责任公司〈P2078〉;滕州吉田香料有限公司〈P2078〉

2,3-二乙基吡嗪 M02025205

2,3-Diethylpyrazine [15707-24-1]

用作食用香精

【生产厂】[鲁]山东滕州悟通香料有限责任公司(1吨)〈P2078〉;滕州市香源化工有限责任公司〈P2079〉;滕州吉田香料有限公司〈P2078〉

2,3-二乙基-5-甲基吡嗪 M02025206

2,3-Diethyl-5-methylpyrazine [18138-04-0]

用于咖啡、肉食、糖果等

【生产厂】[鲁]山东滕州悟通香料有限责任公司(1吨)〈P2078〉;滕州市润隆香料有限公司〈P2079〉;滕州天祥香精香料有限公司〈P2079〉;滕州吉田香料有限公司〈P2078〉

2,6-二甲基吡嗪 M02025207

2,6-Dimethylpyrazine [108-50-9]

用于各种食品、加工品、香精

【生产厂】[鲁]山东滕州悟通香料有限责任公司(1吨)〈P2078〉;滕州市润隆香料有限公司〈P2079〉;滕州天祥香精香料有限公司〈P2079〉;滕州市香源化工有限责任公司〈P2079〉;滕州吉田香料有限公司〈P2078〉

2,3,5-三甲基吡嗪 M02025208

2,3,5-Trimethylpyrazine [14667-55-1]

用于可可、咖啡、炒花生等焙烤食品香型香精

【生产厂】[沪]上海泰顿化工有限公司〈P1766〉;[苏]南京法姆化学厂〈P1783〉;[鲁]山东滕州悟通香料有限责任公司(5吨)〈P2078〉;滕州市润隆香料有限公司〈P2079〉;滕州天祥香精香料有限公司〈P2079〉;滕州市香源化工有限责任公司〈P2079〉;滕州吉田香料有限公司〈P2078〉

2,3,5,6-四甲基吡嗪 M02025209

2,3,5,6-Tetramethylpyrazine [1124-11-4]

用作调味剂、酒精饮料的甜味增强剂、卷烟的矫味剂和增补剂

【生产厂】[沪]上海泰顿化工有限公司〈P1766〉;上海华美助剂厂精细化工分厂(5吨)〈P1739〉;[鲁]山东滕州悟通香料有限责任公司(1吨)〈P2078〉;滕州市润隆香料有限公司〈P2079〉;滕州天祥香精香料有限公司〈P2079〉;滕州市香源化工有限责任公司〈P2079〉;滕州吉田香料有限公司〈P2078〉

2,3-二甲基吡嗪 M02025210

2,3-Dimethylpyrazine [5910-89-4]

【生产厂】[沪]上海凯路化工有限公司〈P1747〉;[鲁]山东滕州悟通香料有限责任公司(5吨)〈P2078〉;滕州市润隆香料有限公司〈P2079〉;滕州天祥香精香料有限公司〈P2079〉;滕州吉田香料有限公司〈P2078〉

2-甲硫基-3(5/6)-甲基吡嗪 M02025212

2-Methylthio-3(5/6)-methylpyrazine [2882-20-4]

【生产厂】[鲁]山东滕州悟通香料有限责任公司(5吨)〈P2078〉;滕州市香源化工有限责任公司〈P2079〉;滕州吉田香料有限公司〈P2078〉

2-甲氧基-3(5/6)-甲基吡嗪 M02025213

2-Methoxy-3(5/6)-methylpyrazine [2847-30-5]

【生产厂】[鲁]山东滕州悟通香料有限责任公司(5吨)〈P2078〉;滕州天祥香精香料有限公司〈P2079〉;滕州吉田香料有限公司〈P2078〉

2-甲氧基-3-仲丁基吡嗪 M02025214

2-Methoxy-3-*sec*-butylpyrazine [24168-70-5]

用于蔬菜、酒类、烘烤食品等

【生产厂】[鲁]山东滕州悟通香料有限责任公司(1吨)〈P2078〉;滕州市润隆香料有限公司〈P2079〉;滕州市香源化工有限责任公司〈P2079〉;滕州吉田香料有限公司〈P2078〉

2-乙氧基-3(5/6)-甲基吡嗪 M02025215

2-Ethoxy-3(5/6)-methylpyrazine [32737-14-7]

【生产厂】[鲁]山东滕州悟通香料有限责任公司(5吨)〈P2078〉;滕州市香源化工有限责任公司〈P2079〉;滕州吉田香料有限公司〈P2078〉

2-乙酰基吡嗪 M02025216

2-Acetylpyrazine [22047-25-2]

【生产厂】[沪]上海泰顿化工有限公司〈P1766〉;上海凯路化工有限公司〈P1747〉;[鲁]山东滕州悟通香料有限责任公司(2吨)〈P2078〉;滕州市润隆香料有限公司〈P2079〉;滕州天祥香精香料有限公司〈P2079〉;滕州市香源化工有限责任公司〈P2079〉;滕州吉田香料有限公司〈P2078〉;[鄂]襄樊市隆晔医药化工有限公司〈P2238〉

2-甲氧基-3-异丁基吡嗪 M02025217

2-Methoxy-3-isobutylpyrazine [24683-00-9]

用作日用、食用香精

【生产厂】[鲁]山东滕州悟通香料有限责任公司〈P2078〉;滕州市润隆香料有限公司〈P2079〉;滕州市香源化工有限责任公司〈P2079〉;滕州吉田香料有限公司〈P2078〉

2-甲氧基-3-异丙基吡嗪 M02025218

2-Methoxy-3-isopropylpyrazine [25773-40-4]

用作日用、食用香精

【生产厂】[鲁]山东滕州悟通香料有限责任公司〈P2078〉;滕州吉田香料有限公司〈P2078〉

2-乙酰基-3-乙基吡嗪 M02025219

2-Acetyl-3-ethylpyrazine [32974-92-8]

【生产厂】[鲁]山东滕州悟通香料有限责任公司〈P2078〉;滕州市香源化工有限责任公司〈P2079〉;滕州吉田香料有限公司〈P2078〉

2-乙酰基-3-甲基吡嗪 M02025220

2-Acetyl-3-methyl pyrazine [23787-80-6]

用作日用香精

【生产厂】[鲁]山东滕州悟通香料有限责任公司〈P2078〉;滕州市香源化工有限责任公司〈P2079〉;滕州吉田香料有限公司〈P2078〉

2-乙基吡嗪 M02025221

2-Ethylpyrazine [13925-00-3]

用作日用、食用香精

【生产厂】[沪]上海凯路化工有限公司〈P1747〉;[鲁]山东滕州悟通香料有限责任公司〈P2078〉;滕州市润隆香料有限公司〈P2079〉;滕州市香源化工有限责任公司〈P2079〉;滕州吉田香料有限公司〈P2078〉

2-异丁基吡嗪 M02025222
2-Isobutylpyrazine
用作日用、食用香精
【生产厂】[鲁]滕州吉田香料有限公司〈P2078〉

2-甲硫基吡嗪 M02025223
2-Methylthiopyrazine [21948-70-9]
用作日用、食用香精
【生产厂】[鲁]山东滕州悟通香料有限责任公司(1 吨)〈P2078〉;滕州市润隆香料有限公司〈P2079〉;滕州吉田香料有限公司〈P2078〉

2-甲基吡嗪 M02025224
2-Methylpyrazine [109-08-0]
用于染料及制药工业,也用作食品香料
【生产厂】[沪]上海凯路化工有限公司〈P1747〉;[鲁]滕州市润隆香料有限公司〈P2079〉;滕州天祥香精香料有限公司〈P2079〉;滕州吉田香料有限公司〈P2078〉;[川]成都奥玛斯特科技有限公司〈P2309〉

2,5-二甲基吡嗪 M02025225
2,5-Dimethylpyrazine [123-32-0]
用于染料及制药工业,也用作食品香料
【生产厂】[鲁]滕州市润隆香料有限公司〈P2079〉;滕州天祥香精香料有限公司〈P2079〉;滕州市香源化工有限责任公司〈P2079〉;滕州吉田香料有限公司〈P2078〉

2-乙基-3-甲基吡嗪;3-乙基-2-甲基吡嗪 M02025226
2-Ethyl-3-methylpyrazine;2-Methyl-3-ethylpyrazine [15707-23-0]
【生产厂】[鲁]山东滕州悟通香料有限责任公司〈P2078〉;滕州市润隆香料有限公司〈P2079〉;滕州天祥香精香料有限公司〈P2079〉;滕州市香源化工有限责任公司〈P2079〉;滕州吉田香料有限公司〈P2078〉

M

2-乙基-3,5(6)-二甲基吡嗪 M02025227
2-Ethyl-3,5(6)-dimethylpyrazine [27043-05-6]
【生产厂】[鲁]山东滕州悟通香料有限责任公司〈P2078〉;滕州吉田香料有限公司〈P2078〉

2-甲基-3(5/6)-甲氧基吡嗪;2-甲氧基-3-甲基吡嗪 M02025228
2-Methyl-3(5/6)-methoxypyrazine [63450-30-6]
【生产厂】[鲁]山东滕州悟通香料有限责任公司〈P2078〉;滕州市香源化工有限责任公司〈P2079〉;滕州吉田香料有限公司〈P2078〉

2,3-二甲基-5-乙基吡嗪 M02025251
2,3-Dimethyl-5-ethylpyrazine [15707-34-3]
【生产厂】[鲁]山东滕州悟通香料有限责任公司〈P2078〉;滕州市香源化工有限责任公司〈P2079〉

2-异丙基吡嗪 M02025291
2-Isopropylpyrazine [29460-90-0]
【生产厂】[鲁]滕州吉田香料有限公司〈P2078〉

2-乙烯基吡嗪 M02025295
2-Vinylpyrazine
【生产厂】[鲁]滕州吉田香料有限公司〈P2078〉

日化香精 M02025400
Daily use chemical essence
适用于化妆品、洗涤剂、涂料等日常用品
【生产厂】[津]天津百花香精香料有限公司(1500 吨)〈P1570〉;[沪]上海爱普香料有限公司〈P1727〉;[苏]昆山市富丽香料有限公司〈P1896〉;[粤]广州百花香料股份有限公司〈P2260〉;[渝]重庆市台东日用香精厂(500 吨)〈P2307〉

香精 M02025411
Essence
用于化妆品、洗涤用品、薰香类、杀虫剂及医用保健品等
【生产厂】[津]天津双翼香精香料有限公司(300 吨)〈P1614〉;[冀]衡水新光化工有限责任公司〈P1668〉;[苏]南京华扬香精香料实业有限公司(200 吨)〈P1785〉;盐城市万达香料化工有限公司〈P1812〉;泰兴市三华食品添加剂厂〈P1826〉;南通薄荷厂有限公司〈P1832〉;[闽]福建欣诺日化有限公司〈P1988〉;[鲁]济南九州富得香料有限责任公司〈P2023〉;[豫]河南省康源香料有限公司〈P2176〉;开封明阳化工有限责任公司〈P2177〉;[粤]广州百花香料股份有限公司(1 万吨)〈P2260〉;深圳市通港实业有限公司(1 万吨)〈P2272〉;深圳冠利达波顿香料有限公司〈P2269〉

乳化香精 M02025481
Emulsification essence
用于碳酸饮料、乳饮料、固体饮料、冷制品等
【生产厂】[苏]泰兴市三华食品添加剂厂〈P1826〉;[赣]江西百汇生物科技有限公司〈P2015〉

复盆子酮;拉斯酮;4-对羟基苯基-2-丁酮 M02025501
Raspberry ketone;4-(*p*-Hydroxylphenyl)-2-butanone [5471-51-2]
用于调制食品香料,具有增香增甜作用,也可用于化妆品及皂用香精中
【生产厂】[沪]上海茂昌化学制品有限公司〈P1753〉;[苏]昆山市富丽香料有限公司〈P1896〉;[赣]江西樟树冠京香料有限公司(30 吨)〈P2016〉;江西省南方药物油厂〈P2019〉

四氢噻吩-3-酮;4,5-二氢-3(2*H*)-噻吩酮 M02025651
Tetrahydrothiophene-3-one;4,5-Dihydro-3(2*H*)-thiophenone [1003-04-9]
用作香料
【生产厂】[沪]上海泰顿化工有限公司〈P1766〉;[苏]上海三维制药公司太仓岳王药物原料厂〈P1898〉;[鲁]山东滕州悟通香料有限责任公司〈P2078〉;滕州市香源化工有限责任公司〈P2079〉;滕州吉田香料有限公司〈P2078〉

丙酸三环癸烯酯 M02025701
Tricyclodecenyl propionate [17511-60-3]
【生产厂】[苏]苏州市美花日用香料有限公司〈P1904〉

乙酸松油酯 M02025801
Terpinyl acetate [80-26-2]
用于调配熏衣草、古龙香水、香皂及食用香精等
【生产厂】[沪]上海申宝香精香料有限公司〈P1760〉;上海浦杰香料有限公司〈P1756〉;[浙]浙江龙鑫化工有限公司

(100吨)〈P1970〉;[闽]福建欣诺日化有限公司〈P1988〉;[湘]湖南松源化工有限公司〈P2248〉;[粤]广州市伟香单体香料有限公司〈P2266〉

二氢乙酸松油酯 M02025851
Terpinyl dihydroacetate
主要用于调配熏衣草、香柠檬型古龙香水等高级香精
【生产厂】[浙]浙江龙鑫化工有限公司(50吨)〈P1970〉

丙酸苄酯 M02025902
Benzyl propionate [122-63-4]
用于调制日用、皂用香精
【生产厂】[津]天津市永安化工厂(600吨)〈P1611〉;[沪]上海茂昌化学制品有限公司〈P1753〉;[鄂]武汉有机新康化工有限公司〈P2235〉;武汉有机实业股份有限公司〈P2235〉;[粤]广州市伟香单体香料有限公司〈P2266〉

乙酸三环癸烯酯 M02026001
Tricyclodecylene acetate;Tricyclodecen-4-yl 8-acetate [5413-60-5]
用于食品、日用香精
【生产厂】[苏]苏州市美花日用香料有限公司〈P1904〉

δ-十二内酯;6-庚基四氢-2*H*-吡喃-2-酮;丁位十二内酯 M02026021
δ-Dodecalactone;6-Heptyltetrahydro-2*H*-pyran-2-one [713-95-1]
用于各种果香、杏香、蜂蜜及奶酪、奶油巧克力、乳品中
【生产厂】[苏]盐城鸿泰生物工程有限公司〈P1810〉;[皖]皖东金瑞化工有限公司〈P1983〉;安徽华业化工有限公司〈P1979〉

δ-癸内酯;δ-戊基-δ-戊内酯;丁位癸内酯 M02026041
δ-Decalactone;δ-Amyl-δ-valerolactone [705-86-2]
主要用于调制食用香精,可用于软饮料、冰淇淋、糖果、牛奶、奶制品、饼干、调味品和烘烤食品
【生产厂】[苏]盐城鸿泰生物工程有限公司〈P1810〉;[皖]安徽华业化工有限公司〈P1979〉

γ-癸内酯;丙位癸内酯 M02026050
γ-Decalactone [706-14-9]
用于配制果香型香精、饲料香味剂等
【生产厂】[皖]安徽华业化工有限公司〈P1979〉

δ-十一内酯;丁位十一内酯;δ-正己基-δ-戊内酯 M02026061
δ-Undecalactone [710-04-3]
用于各种果香、花香、蜂蜜及奶酪、奶油巧克力、乳品中,在烟用、饲料香精中也有广泛应用
【生产厂】[皖]安徽华业化工有限公司〈P1979〉

甲酸叶醇酯 M02026071
cis-3-Hexenyl formate [33467-73-1]
【生产厂】[粤]广州市伟香单体香料有限公司〈P2266〉

己酸叶醇酯 M02026091
cis-3-Hexenyl caproate [31501-11-8]
【生产厂】[粤]广州市伟香单体香料有限公司〈P2266〉

乙酸长叶酯 M02026101
Longifoly acetate
可作为木香型香料的主要原料,又可对花香、膏香等香型有调和修饰作用
【生产厂】[苏]苏州市美花日用香料有限公司〈P1904〉

二聚巯基丙酮 M02026301
Dimeric mercaptopropanone
用作肉类香精
【生产厂】[鲁]山东滕州悟通香料有限责任公司〈P2078〉;滕州市香源化工有限责任公司〈P2079〉

4-甲基-4-糠硫基-2-戊酮 M02026401
4-Methyl-4-furfurylthio-2-pentanone
【生产厂】[鲁]山东滕州悟通香料有限责任公司〈P2078〉;滕州市香源化工有限责任公司〈P2079〉

异戊氧基乙酸丙烯酯;格蓬酯 M02026501
Propylene isopentoxy acetate
用于制造日用香精
【生产厂】[沪]上海茂昌化学制品有限公司〈P1753〉;[粤]广州百花香料股份有限公司〈P2260〉

2-甲基-2-戊烯酸乙酯;草莓酸乙酯 M02026601
2-Methyl-2-pentenoic acid ethyl ester
用于食品及其他日用香精中
【生产厂】[苏]苏州市美花日用香料有限公司〈P1904〉

2-甲基-2-戊烯酸;草莓酸 M02026602
2-Methyl-2-pentenoic acid [16957-70-3]
用于配制草莓、山楂等食用香精
【生产厂】[苏]苏州市美花日用香料有限公司〈P1904〉

丁酸叶醇酯 M02026851
cis-3-Hexenyl butyrate;Leaf butyrate [16491-36-4]
【生产厂】[粤]广州市伟香单体香料有限公司〈P2266〉

丁酸二甲基苄基原酯;α,α-二甲基苯乙醇丁酸酯 M02026891
Dimethylbenzylcarbinyl butyrate;α,α-Dimethylphenethyl butyrate [10094-34-5]
主要用于配制洋李、杏和干果料香精
【生产厂】[津]天津市南金化工有限公司〈P1599〉;[苏]常熟市唐市精细医药化工厂(30吨)〈P1891〉

3-甲基-3-苯基缩水甘油酸乙酯;杨梅醛 M02026901
3-Methyl-3-phenylglycidic acid ethyl ester
用于调配日化香精和饲料香精
【生产厂】[沪]上海华盛香料厂(20吨)〈P1739〉;[苏]常熟市芙蓉化工有限公司〈P1890〉

柑青醛 M02027001
Myrac aldehyde

M

适用于香皂加香，对多种香型可增鲜，也可用作不良工业气息的掩盖剂
【生产厂】[鄂]武汉有机实业股份有限公司〈P2235〉

3-巯基-2-丁酮；巯基丁酮 M02027111
3-Mercapto-2-butanone
用作食用香精
【生产厂】[浙]嘉善志远生化有限公司〈P1940〉；[鲁]山东滕州悟通香料有限责任公司（5 吨）〈P2078〉；滕州市香源化工有限责任公司〈P2079〉；滕州吉田香料有限公司〈P2078〉

柠檬腈；3,7-二甲基-2,6-辛二烯腈 M02027201
Lemonile；3,7-Dimethyl-2,6-octadienenitrile；Citralva [5146-66-7]
【生产厂】[苏]洪泽前程香料香精厂〈P1801〉；[粤]广州百花香料股份有限公司〈P2260〉；[川]宜宾建中香料有限公司〈P2335〉

香茅腈；3,7-二甲基-6-辛烯腈 M02027251
Citronellyl nitrile；Baranyl nitrile；3,7-Dimethyl-6-octenenitrile [51566-62-2]
【生产厂】[苏]洪泽前程香料香精厂〈P1801〉

牛奶内酯；5-(6)-癸烯酸混合物 M02027301
Milk lactone
用作牛奶、奶油、乳酪香精的重要原料
【生产厂】[辽]大连金菊香料有限公司（50 吨）〈P1692〉

二氢猕猴桃内酯 M02027401
Dihydroactinidiolide [15356-74-8]
用于饮料、烟用香精
【生产厂】[沪]上海华盛香料厂〈P1739〉

茶香螺烷 M02027501
Theaspirane [36431-72-8]
适用于烤烟型、混合型卷烟的加香
【生产厂】[沪]上海华盛香料厂〈P1739〉；[赣]江西帝博企业有限公司〈P2008〉

可可醛 M02028101
Cacao aldehyde
用作香料
【生产厂】[苏]苏州市美花日用香料有限公司〈P1904〉

乙酸琥珀酯 M02028201
Succinite acetate
用作香料
【生产厂】[苏]苏州市美花日用香料有限公司〈P1904〉

新铃兰醛 M02028351
New-Lilialdehyde
【生产厂】[鄂]武汉有机实业股份有限公司〈P2235〉

甜瓜醛；2,6-二甲基-5-庚烯醛 M02028401
Melonal；2,6-Dimethyl-5-heptenal [106-72-9]
用作日用及食用香精
【生产厂】[苏]南通薄荷厂有限公司〈P1832〉

乙酸肉桂酯 M02028501
Cinnamyl acetate [103-54-8]
用于香石竹、风信子、紫丁香、水仙等花香型日用香精中，亦用于苹果、菠萝、肉桂等食用香精
【生产厂】[鄂]武汉市合中化工制造有限公司〈P2232〉；武汉远城科技发展有限公司〈P2235〉；湖北天盟化工有限公司〈P2243〉

紫苏亭 M02028601
Perillarine
适合于烤烟、混合型卷烟的加香
【生产厂】[赣]江西帝博企业有限公司〈P2008〉

咖啡酮 M02028701
Caffeic ketone
适合于烤烟型卷烟的加香或加料，特别适合于使用烟草薄片，膨胀梗丝的配方
【生产厂】[赣]江西帝博企业有限公司〈P2008〉

乙酸橙花酯；橙花醇乙酸酯 M02028801
Neryl acetate [141-12-8]
【生产厂】[粤]广州市伟香单体香料有限公司〈P2266〉

甲基环戊烯醇酮；MCP M02028901
3-Methyl-2-cyclopenten-2-ol-1-one [80-71-7]
用作香味和甜味增效剂
【生产厂】[苏]常州市武进临川化工有限公司〈P1854〉；盐城鸿泰生物工程有限公司〈P1810〉；[浙]浙江黄岩中兴香精香料有限公司〈P1965〉；[粤]深圳市唐正实业有限公司〈P2272〉

苯氧乙酸烯丙酯 M02029001
Allyl phenoxyacetate [7493-74-5]
可用于配制日化和食用香精
【生产厂】[浙]建德市新化化工有限责任公司〈P1926〉

二甲基烟叶酮 M02029101
Dimethy tobacco leaf ketone
适合于烤烟型卷烟的加香或加料，特别适合于使用烟草薄片、膨胀梗丝的叶组配方
【生产厂】[赣]江西帝博企业有限公司〈P2008〉

烟酮；3,5,5-三甲基-1,2-环己二酮 M02029151
3,5,5-Trimethyl-1,2-cyclohexanedione
适合于烤烟型、混合型卷烟的加香或加料
【生产厂】[赣]江西帝博企业有限公司〈P2008〉；[鲁]山东滕州悟通香料有限责任公司〈P2078〉；[鄂]武汉市合中化工制造有限公司〈P2232〉

甜豆醛 M02029201
Sweet pea aldehyde
适合于各档次的烤烟型、混合型卷烟的加香加料
【生产厂】[赣]江西帝博企业有限公司〈P2008〉

巴可酮 M02029301
Bark ketone
适合于混合型、烤烟型卷烟的加香
【生产厂】[赣]江西帝博企业有限公司〈P2008〉

苏莱酮　M02029401

Sule ketone

适合于多档次烤烟型卷烟

【生产厂】[赣]江西帝博企业有限公司〈P2008〉

香紫苏醇　M02029501

Sclareol [515-03-7]

用于香精、香料、香烟、化妆品、保健食品、食品添加剂等

【生产厂】[吉]白山市科学技术研究所〈P1718〉;[陕]西安柯莱生物化工有限公司〈P2348〉;西安天一生物技术有限公司〈P2350〉

香紫苏内酯　M02029551

Clary sage lactone

用于配制各种高级化妆品和各种高级香水

【生产厂】[吉]白山市科学技术研究所〈P1718〉;[苏]启东嘉峰医药科技有限公司〈P1836〉;[陕]西安柯莱生物化工有限公司〈P2348〉;西安天一生物技术有限公司〈P2350〉

迷迭香　M02029601

Rosemary

用于腌肉、烤鸡、煮汤、炖羊肉等

【生产厂】[赣]江西省南方药物油厂〈P2019〉;[桂]广西百色华桂生物工程有限公司〈P2301〉

香草醇;4-羟基-3-甲氧基苯甲醇　M02029701

Vanillyl alcohol;4-Hydroxy-3-methoxybenzyl alcohol [498-00-0]

【生产厂】[冀]河北省东昊化工有限公司〈P1621〉

威士忌内酯;4-羟基-3-甲基辛内酯;4-甲基-5-丁基-二氢呋喃酮　M02029901

Whisky lactone;4-Hydroxy-3-methylcaprylolactone

用作香料

【生产厂】[辽]大连金菊香料有限公司〈P1692〉

珍珠霜　M03010301

Pearl cream

用作护肤化妆品

【生产厂】[闽]漳州片仔癀皇后化妆品有限公司〈P2002〉

化妆白油　M03010601

Cosmetic white oil

用作化妆品原料,用于制发乳、发油、唇膏、胭脂、晚霜、营养霜、冷霜、雪花膏、BB油及高级按摩油等

【生产厂】[黑]中国石油林源炼油厂〈P1723〉;[苏]无锡祁连石化有限公司〈P1874〉;[浙]绍兴县南方石化有限公司〈P1949〉;[粤]佛山市大庆林源化工有限公司〈P2287〉;江门市新会长河化工(集团)实业有限公司〈P2285〉

洗面奶　M03011401

Milkiness face cleansing cream

用于清洁面部、舒爽肌肤

【生产厂】[沪]上海花王有限公司〈P1737〉;[豫]安阳市健美日化有限责任公司(500吨)〈P2209〉;[粤]佛山市植宝化工有限公司(100吨)〈P2289〉

面膜　M03011501

Face membrane

【生产厂】[津]天津市汇丽精细化学公司(40吨)〈P1591〉;[粤]佛山市植宝化工有限公司(50吨)〈P2289〉

烫发剂;巯基乙酸铵溶液;化学卷发水;冷烫液　M03020501

Ammonium thioglycollate solution;Hair waving agent [5421-46-5]

在化妆品中用作卷发剂、营养液,起定型作用

【生产厂】[津]天津市北辰区白莲日化厂(100吨)〈P1579〉;[鲁]潍坊三希化工有限公司〈P2104〉

洗发香波;洗发水　M03020601

Shampoo

用作日化用品

【生产厂】[京]北京丽源公司〈P1554〉;[晋]南风化工集团股份有限公司〈P1678〉;[沪]上海花王有限公司〈P1737〉;[苏]泰兴市兄妹日化公司〈P1827〉;[豫]安阳市健美日化有限责任公司(2500吨)〈P2209〉;河南省鹤壁天元股份有限公司(2000吨)〈P2198〉;临颍县颍华技术开发有限公司〈P2220〉

护发素　M03020701

Nutritive hair rinsing agent

【生产厂】[沪]上海花王有限公司〈P1737〉;[豫]临颍县颍华技术开发有限公司〈P2220〉

三氯生;三氯新;2,4,4′-三氯-2′-羟基二苯醚;特可新;玉洁新　M04000101

2,4,4′-Trichloro-2′-hydroxydiphenyl ether;Triclosan [3380-34-5]

用于高档日化产品的生产,医疗、饮食行业器械消毒剂、织物抗菌防臭整理剂的配制等

【生产厂】[津]天津市百灵消毒剂有限责任公司〈P1579〉;[冀]武强县长虹化工有限公司〈P1669〉;[苏]盐城市华佳化工有限公司〈P1811〉;海门慧聚药业有限公司〈P1830〉;[浙]宁波志华化学有限公司〈P1934〉;[赣]江西麒麟化工有限公司〈P2013〉;江西永雄饲料化工有限公司(5吨)〈P2014〉;[鲁]山东省巨野凌峰化工原料有限公司〈P2160〉;[鄂]湖北龙感湖宏仕化工有限公司(300吨)〈P2243〉;湖北祥云(集团)化工股份有限公司〈P2244〉;湖北恒日化工股份有限公司(100吨)〈P2243〉;襄樊市裕昌精细化工有限公司〈P2238〉

珠光剂　M04000201

Pearlescing agent

用作日化添加剂

【生产厂】[沪]上海奥利实业有限公司〈P1727〉;上海花王化学有限公司〈P1737〉;[苏]江苏省海安石油化工厂〈P1831〉

除臭剂　M04000301

Deodorizer

用于生化、制药、油漆工业、地下工程场所、皮革工场、动物饲养等场所的空气净化、脱臭

【生产厂】[冀]河北省邢台市绿园日用品厂〈P1642〉;[沪]上海顺佳化学助剂有限公司〈P1765〉;上海荣晟精细化工有限公司〈P1758〉;[粤]深圳市春旺实业有限公司〈P2270〉;[川]成都市新津日用化工厂(500吨)〈P2314〉

三氯对称二苯脲;TCC;三氯碳酰苯胺;康洁新　M04000391

M

Trichlorocarbanilide;3,4,4′-Trichlorodiphenylurea;TCC [101-20-2]

有抑菌作用,广泛用于洗衣粉、肥皂、沐浴露等

【生产厂】[京]北京益利精细化学品有限公司〈P1565〉;[苏]江苏安邦电化有限公司〈P1802〉;扬州腾达化工厂〈P1819〉;[浙]宁波志华化学有限公司〈P1934〉;浙江丽晶化学有限公司〈P1965〉;[赣]江西省励远化工科技实业公司〈P2009〉;[鲁]山东省平原永恒化工有限公司〈P2145〉

蚊香 M04000501

Mosquito repellent incense

用于驱杀蚊子

【生产厂】[津]天津市南洋兄弟化学有限公司(600 吨)〈P1599〉;[晋]南风化工集团股份有限公司(2000 万盒)〈P1678〉;[闽]厦门群鹭香业有限公司(12 万件)〈P1992〉;福建省晋江市奔马蚊香有限公司(313058 箱)〈P1998〉;晋江市亲亲日化有限公司〈P1999〉;福建高科日化有限公司(500 吨)〈P1997〉;福建省金鹿日化股份有限公司(1270000 箱)〈P1998〉;福建省锦江日用化工有限公司(500000 箱)〈P2001〉;漳州永恒化妆品有限公司(100 吨)〈P2002〉

洁厕王;洁厕宝;洁厕净 M04000704

Cleaning agent for toilet

用于厕所的清洗

【生产厂】[京]北京金鱼科技股份有限公司〈P1552〉;[津]天津市天意防锈剂厂(100 吨)〈P1605〉;[皖]合肥精汇化工研究所〈P1972〉;[豫]安阳市健美日化有限责任公司(500 吨)〈P2209〉

除渣剂 M04001001

Dregs remover

用于清除炉渣和炉灰

【生产厂】[冀]河间市蓝星化工有限公司〈P1656〉;廊坊天和化工建材有限公司〈P1661〉;[黑]黑龙江省金鹏树脂有限公司〈P1721〉;[苏]苏州市兴业化工有限公司〈P1906〉

清灰剂 M04001101

Dust remover

用于燃煤、燃油锅炉的炉堂及炉管烟垢的清除

【生产厂】[冀]廊坊天和化工建材有限公司〈P1661〉;[黑]黑龙江省金鹏树脂有限公司〈P1721〉;[苏]江都市天和化工有限公司〈P1815〉

消毒洗手液 M04001201

Antisepsis hand cleaner

用于清洁和除菌

【生产厂】[冀]河北冀衡化学股份有限公司〈P1664〉;河北省邢台市绿园日用品厂〈P1642〉;[苏]无锡市申科日用化工有限公司〈P1879〉;[皖]合肥精汇化工研究所〈P1972〉

复合酚消毒剂;来苏尔 M04001301

Disinfectant,complex phenol

消毒防腐药,用于蚕室、蚕具、蚕座的消毒

【生产厂】[川]成都民生消毒剂有限责任公司〈P2313〉

亚硝酸盐解毒净 M04001305

Nitrite antidote

【生产厂】[津]天津市众康兽药厂(100 吨)〈P1614〉

消毒剂 M04001306

Disinfectant

【生产厂】[津]天津市众康兽药厂〈P1614〉;[冀]石家庄华牧牧业有限责任公司兽药分公司〈P1626〉;[浙]浙江省海宁海龙化学有限责任公司〈P1944〉;温州天盛电化有限公司〈P1938〉;[鲁]聊城华奥化工有限公司(1000 吨)〈P2152〉;临朐县第一化工厂〈P2090〉;[川]成都民生消毒剂有限责任公司〈P2313〉

过氧化氢消毒剂 M04001391

Hydrogen peroxide disinfector

用于饮用水、餐具、水果、蔬菜和食品工业中消毒

【生产厂】[冀]河北众诚化工科技有限公司〈P1624〉;[鲁]淄博康迪日用化工有限公司(1500 吨)〈P2064〉;山东临朐富源精细化工有限公司(300 吨)〈P2096〉;[豫]黎明化工研究院(300 吨)〈P2181〉

牙膏 M04001401

Toothpaste

用于清洁牙齿

【生产厂】[晋]南风化工集团股份有限公司(3000 万支)〈P1678〉;[沪]上海白猫股份有限公司〈P1728〉

防霉剂;虫霉灵 M04001501

Mildew-retarding agent

用于竹、木、芒、草、藤、柳等一切植物制品的防霉防虫

【生产厂】[苏]南通大江化学有限公司〈P1832〉;[闽]花仙子(厦门)日用化学品有限公司(500 吨)〈P1990〉;[鲁]高密市明星化工有限公司〈P2089〉;青州市国鼎化工有限公司(2500 吨)〈P2092〉;[粤]广东省石油化工研究院〈P2259〉;广东兴宁市精细化工厂有限公司(100 吨)〈P2277〉

【使用厂】[沪]上海大邦化工防腐有限公司〈P1730〉

防腐防霉剂 M04001504

Antiseptic antimildew agent

用于各种化妆品、洗涤用品、乳胶漆、涂料、造纸等的防霉防腐

【生产厂】[沪]上海洁安精细化工有限公司〈P1744〉;上海月季日用干燥剂厂〈P1776〉;上海市金山区朱泾化工厂(100 吨)〈P1763〉;上海未来企业有限公司〈P1770〉;[陕]西安贝林化工机电有限公司〈P2347〉

1,3-二羟甲基-5,5-二甲基海因;1,3-二羟甲基-5,5-二甲基乙内酰脲 M04001510

1,3-Dihydroxymethyl-5,5-dimethylhydantoin [6440-58-0]

用于洗发香波、护发素、化妆品作杀菌防腐剂

【生产厂】[冀]河北亚光精细化工有限公司〈P1641〉;河北雄威化工股份有限公司〈P1648〉;[沪]上海市金山区朱泾化工厂〈P1763〉;[浙]舟山市强弘精细化工有限公司〈P1959〉

卫生杀虫剂 M04001701

Sanitary pesticide

用于灭杀蚊、蝇、蟑螂等害虫

【生产厂】[闽]福州市防治白蚁公司(20 吨)〈P1990〉;福建省梦娇兰日用化学品有限公司(37 万件)〈P2001〉;漳州永恒化妆品有限公司(80 吨)〈P2002〉;[豫]安阳市全丰农药化

工有限责任公司(500 吨)〈P2209〉;河南省鹤壁天元股份有限公司(5000 吨)〈P2198〉;[粤]广东省中山凯达精细化工股份有限公司〈P2282〉

玻璃清洁剂 M04001901

Glass cleaner

用于清洗、擦亮大型建筑物的门窗玻璃、商店橱窗、车辆上的挡风玻璃和各种玻璃器皿

【生产厂】[冀]河北省邢台市绿园日用品厂〈P1642〉;[粤]顺德王田化工实业有限公司〈P2293〉

消毒液 M04002101

Disinfectant liquid

用于餐饮用具、织物、瓜果、蔬菜、医护人员手及非金属医疗器械消毒

【生产厂】[冀]河北冀衡化学股份有限公司〈P1664〉;衡水洁威化学有限公司(1000 吨)〈P1668〉;河北省邢台市绿园日用品厂〈P1642〉;[沪]上海新舜夏生物科技有限公司〈P1772〉;[皖]蚌埠市化学试剂厂〈P1975〉;[赣]江西萍乡市广萍化工有限责任公司〈P2011〉;[鲁]淄博醒龙化工有限公司〈P2075〉;利华益集团股份有限公司(380 万瓶)〈P2084〉;青岛洲际化工实业有限公司〈P2047〉;[豫]焦作市华联化工有限公司(500 吨)〈P2196〉;临颍县颍华技术开发有限公司(100 吨)〈P2220〉

稳定性二氧化氯 M04002121

Chlorine dioxide, stable

高效消毒剂,广泛应用于医疗卫生、食品加工、公共环境、养殖等行业

【生产厂】[津]天津市瑞福鑫化工有限公司(3000 吨)〈P1601〉;[冀]深泽县三洁化工有限公司〈P1625〉;邯郸市峰峰劳德利化工厂〈P1638〉;廊坊奥科化工有限公司〈P1659〉;大城县广安化工有限公司〈P1658〉;廊坊电力树脂有限公司〈P1660〉;[辽]辽阳市富鑫化工有限公司〈P1710〉;[沪]上海新誉化工厂〈P1772〉;上海未来企业有限公司〈P1770〉;[苏]南京纳科水处理技术有限公司〈P1787〉;南京扬子石化精细化工有限责任公司〈P1791〉;南京宏桥精细化工科技开发有限公司〈P1784〉;常州中南化工有限公司〈P1858〉;[浙]杭州林峰食品添加剂有限公司〈P1920〉;[赣]江西生物制品研究所〈P2018〉;[鲁]山东化友科技服务中心〈P2028〉;淄博宏盛集团化工厂〈P2061〉;淄博市博山东方化工厂(300 吨)〈P2067〉;淄博瑞爱特化工有限责任公司〈P2066〉;邹平县东方化工有限公司〈P2158〉;淄博桓台祥龙化工有限公司〈P2062〉;泰安市大禹化工有限责任公司(150 吨)〈P2137〉;[豫]焦作市华联化工有限公司(1000 吨)〈P2196〉;洛阳市英东化工有限公司〈P2186〉

二氧化氯 M04002131

Chlorine dioxide [10049-04-4]

用于石油化工厂、合成氨厂和炼油厂等的循环冷却水、宾馆空调冷却水系统的杀菌、灭藻及黏泥剥离

【生产厂】[冀]石家庄福润达科技有限公司〈P1626〉;[辽]铁岭远能化工有限公司〈P1713〉;[沪]上海信博森化工有限公司〈P1772〉;[苏]江苏鑫源生化科技发展有限公司〈P1866〉;无锡杰瑞化学有限公司〈P1874〉;盐城市华鸥化工厂〈P1811〉;[浙]杭州林峰食品添加剂有限公司(200 吨)〈P1920〉;[鲁]山东山大华特科技股份有限公司环保分公司(2000 吨)〈P2029〉;山东天庆化工有限公司〈P2146〉;淄博圣诺化工有限公司(5000 吨)〈P2067〉;山东力邦化学制品有限公司〈P2053〉;淄博市悦成化工有限公司〈P2071〉;山东滨州裕华化工总公司〈P2155〉;东营市东营区盛达化工厂(6000 吨)〈P2081〉;临朐华隆科技开发有限公司(500 吨)〈P2089〉;山东省临朐县龙马化工有限公司〈P2097〉;山东兆冠药业有限公司(5000 吨)〈P2099〉;山东省宁阳县蚕用化工厂(300 吨)〈P2136〉;[豫]焦作市华联化工有限公司(500 吨)〈P2196〉;洛阳万山高新技术应用工程有限公司(100 吨)〈P2187〉;[鄂]武汉新大地化工有限公司〈P2234〉;武汉海力科技化工有限公司〈P2230〉;[粤]广州泰成生化科技有限公司〈P2267〉;广东西陇化工有限公司〈P2276〉;[渝]重庆西洋化工有限责任公司〈P2307〉;[川]中国科学院成都市成科精细化学品有限责任公司(300 吨)〈P2320〉;[陕]西安贝林化工机电有限公司〈P2347〉;[新]乌鲁木齐天池化学制品有限责任公司〈P2363〉

空气清新剂 M04002301

Cleaning agent for air

用作日常生活用品

【生产厂】[津]天津市南洋兄弟化学有限公司(500 吨)〈P1599〉;[冀]河北省邢台市绿园日用品厂〈P1642〉;[沪]上海庄臣有限公司〈P1779〉;[苏]无锡市菲尔特水处理用品有限公司〈P1875〉;[闽]晋江市亲亲日化有限公司〈P1999〉;[粤]广东省中山凯达精细化工股份有限公司〈P2282〉

超强摩托车保护剂 M04002651

Superstrength preservative agent for motorcycle

适用于四冲程以上的摩托车发动机或不使用混合油的二冲程摩托车

【生产厂】[豫]濮阳市恒美实业开发中心(500 吨)〈P2214〉

复合甘油 M04003201

Compound glycerol

适用于食品、卷烟、日用化学品等

【生产厂】[鲁]临朐县乙二醇化工厂〈P2090〉

毛发调理剂 M04003351

Hair amendment

主要用作毛发调理剂,在各种香波的制造中有广泛的用途

【生产厂】[京]北京昌化精细化工厂〈P1544〉

珠光调理剂 M04003501

Pearl finishing agent

用于洗涤用品、化妆品添加剂

【生产厂】[津]天津先光化工有限公司(500 吨)〈P1616〉

甘宝素 M04003701

Climbazole [38083-17-9]

具有广谱杀菌性能,主要用于止痒去屑调理型洗发、护发香波,也可用于抗菌香皂、沐浴露、药物牙膏、嗽口液等

【生产厂】[沪]上海晨日化学有限公司〈P1730〉;[苏]盐城利民农化有限公司〈P1810〉;盐城市德瑞化工有限公司〈P1810〉;[浙]浙江丽晶化学有限公司〈P1965〉;[粤]广州市天赐高新材料科技有限公司〈P2266〉;[滇]杨林工业开发区汕滇药业有限公司〈P2340〉

酸角浸膏 M04003901

Suanjiao extractive

能除去烟草中的杂味,使卷烟口感圆滑

M

【生产厂】[滇]云南省玉溪市香料厂(120 吨)〈P2344〉

云烟浸膏 M04004001

Yunyan tobacco extract

用作省外卷烟加料,增加云南烟草香气,掩盖地方烟草杂味,改善口感

【生产厂】[滇]云南省玉溪市香料厂(500 吨)〈P2344〉

无磷氯漂粉 M04004101

Chlorine bleaching powder, *non*-phosphorus

适用于白色全棉或涤棉等织物漂渍、加白、抑菌处理

【生产厂】[冀]河北冀衡化学股份有限公司〈P1664〉

吡啶硫酮锌;吡硫翁锌;双(2-硫代-1-氧化吡啶)锌 M04004201

Pyrithione zinc; 2-Mercaptopyridine-1-oxide zinc salt [13463-41-7]

在化妆品中作抗头屑剂和杀菌剂,广泛用作配制去头屑香波

【生产厂】[津]天津圣华药业研发有限公司(1000 吨)〈P1578〉;[冀]河北海斯特化学有限公司〈P1663〉;河北省曲周县滏南化工有限公司〈P1640〉;[苏]无锡康晟精细化工有限公司〈P1874〉;连云港市三友精细化工厂〈P1800〉;[浙]杭州万景新材料有限公司〈P1923〉;浙江丽晶化学有限公司〈P1965〉;衢州市聚华特种试剂厂〈P1958〉;[粤]深圳市鹏基生物有限公司〈P2272〉

吡啶硫酮钠;2-巯基吡啶-*N*-氧化物钠盐;吡硫翁钠 M04004251

Pyrithione sodium; 2-Mercaptopyridine-*N*-oxide sodium salt [3811-73-2]

化学抗菌剂,具有高效、广谱、低毒、水溶液稳定等特点

【生产厂】[京]北京天擎化工有限责任公司〈P1562〉;[津]天津圣华药业研发有限公司(1000 吨)〈P1578〉;[冀]河北海斯特化学有限公司〈P1663〉;河北省曲周县滏南化工有限公司〈P1640〉;[苏]南京奥德赛化工有限公司〈P1782〉;无锡康晟精细化工有限公司〈P1874〉;连云港市三友精细化工厂〈P1800〉;[浙]杭州三禾化工科技有限公司〈P1922〉;浙江丽晶化学有限公司〈P1965〉

吡啶硫酮铜;吡硫翁铜;奥麦丁铜;2-巯基吡啶-*N*-氧化物铜盐 M04004291

Copper pyrithione [154592-20-8]

主要用于船舶防污漆、建筑涂料、金属加工、农药等

【生产厂】[津]天津圣华药业研发有限公司(500 吨)〈P1578〉;[冀]河北海斯特化学有限公司〈P1663〉;河北省曲周县滏南化工有限公司〈P1640〉;[苏]无锡康晟精细化工有限公司(160 吨)〈P1874〉;[浙]浙江丽晶化学有限公司〈P1965〉

M

胶黏剂

N01010110 ~ N09069951

瓷砖胶黏剂　N01010110

Adhesive for ceramic tile

适用于大理石、花岗石、地砖以及各种石板材、陶瓷等装饰砖材的黏结

【生产厂】[辽]沈阳市欧丽亚涂料有限公司〈P1688〉;[沪]上海威德沃涂料有限公司〈P1769〉;上海宝山万宇建筑外加剂厂〈P1728〉;[苏]无锡市新联胶粘剂厂〈P1880〉;无锡市诺亚防水材料有限公司〈P1878〉;[闽]泉州市三立漆有限公司〈P2000〉;[鲁]山东北方现代化学工业有限公司(800吨)〈P2027〉;淄博希凯建材有限公司〈P2074〉;[豫]河南省惠康实业总公司(500吨)〈P2167〉;[粤]美联涂料有限公司〈P2291〉

云石胶　N01010150

Adhesive for marle

适用于各类型铺石工程

【生产厂】[鄂]武汉现代工业技术研究院〈P2234〉

胶黏剂　N01010201

Adhesive

适用于金属、塑料、陶瓷、玻璃、木材等硬平面粘接

【生产厂】[京]北京西令胶粘密封材料有限责任公司〈P1563〉;北京美涂三旗涂料有限责任公司〈P1556〉;北京市通州利强涂料厂〈P1561〉;北京高盟化工有限公司〈P1548〉;[津]天津市津南区新桥绝缘材料有限公司(1000吨)〈P1594〉;天津市津西同生化工厂(60吨)〈P1595〉;天津七二九体育器材开发有限公司(100吨)〈P1577〉;[冀]晋州市长宏化工有限责任公司〈P1625〉;河北振兴化工橡胶有限公司〈P1667〉;河北奥环胶粘工业有限公司(8000吨)〈P1647〉;[辽]沈阳银象橡胶制品有限责任公司〈P1690〉;沈阳饰壁涂料厂〈P1689〉;大连力达试剂厂〈P1694〉;[吉]吉林市金羚化工有限公司(1500吨)〈P1716〉;[沪]上海市华义欣建材厂〈P1763〉;上海越兴树脂科技有限公司(500吨)〈P1777〉;上海联化化工有限公司〈P1751〉;[苏]常州市五兔王胶水厂(2000吨)〈P1854〉;常州东南鹏程化工有限公司(1000吨)〈P1846〉;无锡市方达胶粘剂有限公司〈P1875〉;曼德瑞(无锡)科技有限公司〈P1872〉;宜兴市光辉胶粘剂化工厂〈P1884〉;[赣]宜春市袁州区晶鑫化工厂〈P2016〉;[鲁]济南台岛化工有限公司(3000吨)〈P2025〉;山东北方现代化学工业有限公司(8000吨)〈P2027〉;淄博市临淄齐德化工有限公司(1000吨)〈P2069〉;沂源翔鹏宇化工有限公司(150吨)〈P2057〉;胜利油田大明新型建筑防水材料有限责任公司(800吨)〈P2087〉;临朐新颜铝业有限公司胶粘剂厂〈P2090〉;海洋化工研究院(1000吨)〈P2031〉;青岛埃翡漆业有限公司〈P2032〉;日照市广大化工有限公司(1900吨)〈P2139〉;[豫]新乡市天力胶体新材料有限公司(5吨)〈P2206〉;焦作市韩信粘合剂有限公司(200吨)〈P2196〉;平顶山市海德化工有限公司(2000吨)〈P2191〉;平顶山市湛河区新材料研究所(280吨)〈P2192〉;邓州市佳利来涂料化工有限公司(500吨)〈P2223〉;[湘]湖南益阳旭日精细化工有限公司〈P2256〉;岳阳鑫达实业有限公司〈P2254〉;湖南省湘维有限公司〈P2257〉;[粤]广州市骏万丰公司〈P2265〉;广东高科力新材料有限公司〈P2259〉;广州市坚红化工厂〈P2264〉;广州宏昌胶黏带厂(3000吨)〈P2260〉;汕头昌丰化工有限公司〈P2276〉;惠州市华阳化工有限公司〈P2278〉;深圳凯奇化工有限公司〈P2269〉;深圳市长先科技实业有限公司〈P2270〉;三联粘合剂(深圳)有限公司〈P2269〉;深圳市聚人成电子材料有限公司〈P2271〉;东莞市竣成化工有限公司〈P2280〉;广东东方树脂有限公司〈P2290〉;[川]成都科普胶粘剂化工有限公司〈P2312〉;四川爱伦科技有限公司〈P2317〉;[陕]西安奥达油墨有限责任公司〈P2347〉

【使用厂】[鲁]双星集团有限责任公司〈P2048〉;济南惠泽新型建材有限公司〈P2022〉

导电胶黏剂　N01010251

Electric adhesive

适用于石英晶体、仪表、电子行业、半导体器件、压电陶瓷等

【生产厂】[京]北京科化新材料科技有限公司〈P1554〉;[沪]上海市合成树脂研究所〈P1763〉;[粤]深圳市长先科技实业有限公司〈P2270〉;深圳市图特美高分子材料有限公司〈P2272〉;[陕]陕西科信化工新材料有限公司〈P2346〉

地毯施工胶黏剂　N01010301

Adhesive for carpeting

用于地毯铺设

【生产厂】[鲁]淄博鹰特化工厂(1600吨)〈P2075〉

建筑胶 801;801 基料　N01010401

Adhesive for construction 801

用于粘接墙纸、墙布及磁砖,并可与水泥、颜料调配组成彩色地面涂料

【生产厂】[京]北京居欢化工有限公司〈P1553〉;北京益利达建筑涂料厂〈P1565〉;北京爱德泰普膜制品厂(5000吨)〈P1543〉;[津]天津市北辰区利顺达粘合剂厂(300吨)〈P1579〉;[辽]沈阳市欧丽亚涂料有限公司〈P1688〉;[沪]上海华生化工有限公司〈P1739〉;[鲁]济南黄河涂料厂(3吨)〈P2022〉;新汶矿业集团有限责任公司(100吨)〈P2139〉;临沂恒然胶业有限公司〈P2147〉;[豫]河南省南乐县金九涂料厂〈P2212〉;商丘凯光涂料厂〈P2226〉

建筑胶 802　N01010501

Adhesive for construction 802

用于建筑装饰等

【生产厂】[冀]香河县宝丰粘合剂厂(100吨)〈P1662〉

建筑胶 903　N01010801

Adhesive for construction 903

用于瓷砖、面砖、石膏板、PVC 地板等多孔材料与混凝土粘接,屋面、墙体补漏密封等

【生产厂】[京]北京居欢化工有限公司〈P1553〉;[浙]玉环密得邦化学有限公司〈P1963〉

水溶性胶黏剂　N01011301

Adhesive, water-soluble

用于纸张、木材、非金属材料间的黏合

【生产厂】[苏]无锡市万力粘合材料有限公司〈P1879〉;[粤]广州宏宝树脂涂料有限公司〈P2260〉;广东天银化工实业有限公司〈P2295〉

墙布黏合剂　N01011701

Adhesive for wall-fabric

用于各种墙布的粘接
【生产厂】[苏]南京扬子复合材料有限公司(500 吨)〈P1791〉

墙纸黏合剂 N01011801
Adhesive for wall-paper
用于粘接墙纸
【生产厂】[京]北京东方亚科力化工科技有限公司〈P1546〉

墙面黏结剂 N01011851
Adhesive for wall-face
用于水泥增强和提高水泥浆的初粘性,可用于粘接瓷砖、地砖也可作壁纸胶黏剂
【生产厂】[闽]惠安新型建材厂〈P1999〉

VAE 白乳胶 N01020101
VAE Emulsion adhesive
适用于家具、木材、皮革、装饰纸品等多孔性材料的粘接
【生产厂】[陕]西安汉港化工有限公司〈P2348〉

水基胶 N01020102
Water-based adhesive
【生产厂】[粤]广州慧达精细化工有限公司〈P2261〉;佛山市凯林精细化工有限公司〈P2288〉

聚醋酸乙烯乳液胶黏剂;白乳胶 N01020901
Polyvinyl acetate emulsion adhesive
用作木材、纸张、皮革及建筑等黏合剂,也可作乳胶漆
【生产厂】[京]北京居欢化工有限公司〈P1553〉;[津]天津市万荣化工工业公司(600 吨)〈P1606〉;天津市北辰区利顺达粘合剂厂(1500 吨)〈P1579〉;天津市银河化工厂(100 吨)〈P1611〉;[冀]石家庄市欧康化工建材有限公司〈P1631〉;邯郸市百立尔化工建材有限公司〈P1638〉;邯郸市益福隆涂料有限公司(5000 吨)〈P1639〉;徐水县白玉化工涂料有限公司〈P1649〉;[辽]抚顺哥俩好集团有限公司〈P1698〉;[黑]黑龙江泰尔化工(中韩合资)有限公司〈P1722〉;[沪]上海华生化工有限公司〈P1739〉;上海卫杰工贸有限公司〈P1770〉;[苏]南京扬子复合材料有限公司(2000 吨)〈P1791〉;常州市五兔王胶水厂(5000 吨)〈P1854〉;宜兴市腾星化工有限公司〈P1887〉;苏州鸿程化工有限公司〈P1900〉;徐州市西关化工厂〈P1796〉;连云港开发区三维工贸公司(1 万吨)〈P1798〉;扬州市金峰树脂原料有限公司〈P1819〉;江苏泰春胶粘剂有限公司〈P1822〉;[浙]杭州国森化学工业有限公司〈P1917〉;嘉兴市金利化工有限责任公司〈P1942〉;玉环密得邦化学有限公司〈P1963〉;[闽]永安市福维精细化工有限公司(2700 吨)〈P1996〉;[鲁]山东北方现代化学工业有限公司(300 吨)〈P2027〉;济南黄河涂料厂(80 吨)〈P2022〉;东营市方圆实业有限责任公司〈P2081〉;安丘市鲁安药业有限责任公司(1000 吨)〈P2088〉;青州市诺森新型材料厂(500 吨)〈P2093〉;颐中(青岛)实业有限公司(400 吨)〈P2048〉;临沂恒然胶业有限公司〈P2147〉;[豫]巩义市凌云胶粘剂厂(1000 吨)〈P2163〉;[鄂]武汉现代工业技术研究院〈P2234〉;[湘]湖南省湘维有限公司(4000 吨)〈P2257〉;[粤]广州宏宝树脂涂料有限公司〈P2260〉;广州市延安油漆集团股份有限公司〈P2267〉;广州市得威廉化工有限公司〈P2263〉;三联粘合剂(深圳)有限公司〈P2269〉;深圳市宝安周益化工实业有限公司〈P2270〉;深圳市金立基实业有限公司(2500 吨)〈P2271〉;东莞市德能化工有限公司〈P2279〉;东莞市石龙合众涂料厂〈P2280〉;东莞市厚街达荣化工乳胶厂〈P2280〉;新达化工实业有限公司〈P2294〉;顺德美侨化工有限公司〈P2292〉;[渝]重庆宏漆涂料有限公司〈P2305〉;[黔]贵州水晶化工股份有限公司(3 万吨)〈P2337〉;[滇]昆明庚申精细化工有限责任公司(1200 吨)〈P2339〉;[新]昌吉市昌华工贸有限责任公司〈P2366〉
【使用厂】[鲁]青岛双星股份有限公司〈P2043〉

环保型白乳胶;环保型聚乙酸乙烯酯乳液 N01020911
White latex, environmental-protection type
【生产厂】[津]天津市银河化工厂(100 吨)〈P1611〉;[苏]南京扬子复合材料有限公司〈P1791〉;[粤]广东东丽化工有限公司〈P2295〉

乳液胶黏剂 N01021102
Adhesive, latex
用于无纺布、压敏胶带
【生产厂】[沪]上海东和胶粘剂有限公司(1500 吨)〈P1732〉;[粤]广东华润涂料有限公司〈P2290〉

EVA 型热熔胶黏剂;HME 型热熔胶;乙烯-醋酸乙烯热熔胶 N01021201
EVA hot melt adhesive
用作黏合剂,用于非极性塑料、竹木、纸张的快速粘接
【生产厂】[沪]上海吉安化工有限公司(500 吨)〈P1742〉;[苏]无锡市万力粘合材料有限公司〈P1879〉;[浙]杭州德森科技有限公司〈P1916〉;[鲁]山东久隆高分子材料有限公司(100 吨)〈P2028〉

PA 型热熔胶 N01021211
Hot melt adhesive, PA type
用于高级西服衬布行业、包装和印刷装订等
【生产厂】[苏]启东市鑫鑫粘合剂有限公司〈P1837〉

干式复合膜胶黏剂 N01021501
Adhesive for complex film, dry
用于复合塑料薄膜包装袋
【生产厂】[粤]广东省中山市新辉化学制品有限公司〈P2282〉

复合膜黏合剂 N01021511
Adhesive for composite film
用于铝箔、预处理过的聚乙烯、聚丙烯、玻璃纸之间的黏合剂
【生产厂】[苏]太仓塑料助剂厂有限公司(1000 吨)〈P1909〉;[粤]江门东洋油墨有限公司〈P2285〉

三元乙丙橡胶防水卷材黏合剂 N01022001
Adhesive for EPDM waterproof rolling material
用于防水卷材与基石的粘接,卷材与卷材搭缝的粘接
【生产厂】[鲁]山东力华防水建材有限公司(2800 吨)〈P2077〉

塑塑复合黏合剂 N01022301
Plastic-plastic compound adhesive
用于包装、印刷、塑料彩印
【生产厂】[粤]汕头经济特区新大成包装材料有限公司〈P2276〉

热缩材料用胶黏剂 N01022401

Adhesive for heat shrinkable material

用于电力电缆收缩套管的密封粘接

【生产厂】[鲁]山东久隆高分子材料有限公司(350 吨)〈P2028〉

叔丙乳液;叔碳酸乙烯酯-丙烯酸共聚乳液 N01022601

Vinyl tertcarbonate-acrylate copolymer, emulsion

用于木器清漆、各种罩面清漆、金属防锈、高级建筑着色漆

【生产厂】[鲁]青州贝特化工有限公司〈P2090〉;青州市宝达化工有限公司(9000 吨)〈P2091〉;[粤]广东天银化工实业有限公司〈P2295〉

环氧树脂黏合剂;环氧胶;环氧树脂胶黏剂 N02000201

Epoxy resin adhesive

用于粘接多种同质或异质材料,如金属、木材、陶瓷、玻璃、玉石、皮革等

【生产厂】[津]天津市延安化工厂分厂(100 吨)〈P1610〉;天津可喜化工有限公司(400 吨)〈P1575〉;[沪]上海华化塑胶有限公司〈P1738〉;上海市合成树脂研究所(10 吨)〈P1763〉;上海康达化工有限公司〈P1747〉;上海回天化工新材料有限公司〈P1740〉;[苏]无锡友联绝缘材料有限公司〈P1883〉;江苏泰春胶粘剂有限公司〈P1822〉;[浙]浙江科力厌氧胶有限公司〈P1928〉;[闽]漳州元皓化工有限公司〈P2002〉;[鲁]山东北方现代化学工业有限公司(100 吨)〈P2027〉;山东华诚高科胶粘剂有限公司〈P2095〉;山东青州华诚化工有限公司〈P2096〉;[豫]黎明化工研究院(100 吨)〈P2181〉;[鄂]湖北英华密封材料有限公司〈P2228〉;[湘]长沙市化工研究所〈P2247〉;[粤]广州市金永固新材料有限公司〈P2264〉;深圳市滴达胶粘剂有限公司〈P2270〉;聚龙化工有限公司〈P2281〉;[川]成都拓利化工实业有限公司〈P2316〉

耐油密封胶 N02000501

Oil-resistant sealant

用于各种容器,如油箱、油罐、输油管道及家用电器、电子元器件的密封、补漏

【生产厂】[浙]湖州城区天顺化工厂〈P1945〉

改性环氧胶黏剂;HT 型通用胶 N02000701

Modified epoxy adhesive

用于金属和非金属的粘接和修补

【生产厂】[津]天津市延安化工厂(100 吨)〈P1610〉;天津燕海化学有限公司(800 吨)〈P1616〉;[川]中蓝晨光化工研究院〈P2320〉

工业修补胶;修补胶 N02000901

Industrial repairing adhesive

用于金属-非金属、玻璃钢制品及运动器材的粘接

【生产厂】[沪]上海东和胶粘剂有限公司〈P1732〉;上海康达化工有限公司(20 吨)〈P1747〉;[豫]郑州华宇科技有限公司〈P2171〉

高温弹性修补胶 N02000902

High-temperature and elastic repairing adhesive

【生产厂】[京]北京奥宇可鑫表面工程技术有限公司〈P1543〉;[鄂]湖北回天胶业股份有限公司〈P2237〉

金属修补胶 N02000904

Repairing adhesive for metal

用于各种金属缺陷修补

【生产厂】[京]北京市天山新材料技术公司〈P1560〉;北京奥宇可鑫表面工程技术有限公司〈P1543〉

室温快速固化环氧树脂胶黏剂 HY-914 N02001101

Room temperature-rapid curing epoxy adhesive HY-914

用于粘接金属、陶瓷、木材、水泥、手工艺品等

【生产厂】[津]天津市延安化工厂(150 吨)〈P1610〉;天津燕海化学有限公司(500 吨)〈P1616〉

快速固化透明环氧胶 N02001201

Rapidness curing transparent epoxy adhesive

用于钢、铁、铝、金属及 ABS、PVC 等硬质材料的快速粘接

【生产厂】[川]成都拓利化工实业有限公司〈P2316〉

快速固化环氧胶 N02001202

Rapidness curing epoxy adhesive

适用于金属、石材、玉器、玻璃、陶瓷、水泥制品等同种或异种材料的快速粘接

【生产厂】[京]北京奥宇可鑫表面工程技术有限公司〈P1543〉;[川]成都拓利化工实业有限公司〈P2316〉

全透明环氧胶 N02001251

Transparent epoxy adhesive

【生产厂】[闽]福建省闽清县华宇胶粘剂厂〈P1988〉;漳州元皓化工有限公司〈P2002〉;[粤]深圳市滴达胶粘剂有限公司〈P2270〉;[川]中蓝晨光化工研究院〈P2320〉;成都拓利化工实业有限公司〈P2316〉

环氧强力胶黏剂;超强胶 N02001401

Super power epoxy adhesive

主要用于塑胶、塑料、木器、玻璃、陶瓷、皮革鞋类等材质的粘接

【生产厂】[沪]上海联化化工有限公司〈P1751〉;[豫]黎明化工研究院(10 吨)〈P2181〉

环氧密封胶 N02001411

Epoxy sealant

是用于全密封免维蓄电池外壳的密封,特别用于出口蓄电池的封装

【生产厂】[苏]无锡市裕田高分子材料有限公司(150 吨)〈P1881〉;[川]成都拓利化工实业有限公司〈P2316〉

环氧树脂结构胶 N02001901

Epoxy resin structure adhesive

用于硬质材料粘接

【生产厂】[鲁]青州市三星化工厂〈P2093〉

高温高强度结构胶 N02002001

Structural adhesive, high-temperature and high-intension

【生产厂】[京]北京奥宇可鑫表面工程技术有限公司〈P1543〉;[豫]新乡市天力胶体新材料有限公司(3 吨)〈P2206〉

环氧平衡胶泥 N02002301

Epoxy balance clay

N

适宜各类绕线型转子的动平衡校准,如起重冶金电机、直流电机、汽车电机,还可作包封、嵌补及黏结固定材料

【生产厂】[苏]吴江市太湖涂料有限公司〈P1911〉;[浙]嘉兴荣泰雷帕司绝缘材料有限公司〈P1941〉;[豫]沁阳市华鑫防腐有限公司〈P2198〉

特种黏合剂 N02002501

Special adhesive

用作磁钢粘接专用胶,汽车、摩托车专用胶

【生产厂】[京]北京奥宇可鑫表面工程技术有限公司〈P1543〉;[冀]衡水新光化工有限责任公司〈P1668〉;[闽]燕南精细化工有限公司〈P2002〉

耐高温有机硅环氧胶黏剂 N02002601

Organosilicon epoxy adhesive, high temperature resistant

【生产厂】[京]北京奥宇可鑫表面工程技术有限公司〈P1543〉;[川]成都拓利化工实业有限公司〈P2316〉

丙烯酸酯胶黏剂 N03000101

Acrylate adhesive

用于植绒或无纺布,用作印花涂料

【生产厂】[冀]衡水新光化工有限责任公司〈P1668〉;[辽]抚顺哥俩好集团有限公司〈P1698〉;[沪]上海康达化工有限公司〈P1747〉;[苏]南京永丰化工有限责任公司〈P1791〉;无锡市新联胶粘剂厂〈P1880〉;[赣]江西省赣西化工有限公司〈P2016〉;[鲁]山东北方现代化学工业有限公司(2000吨)〈P2027〉;潍坊市亚东化工有限公司(20吨)〈P2105〉;日照金马化工有限公司(1万吨)〈P2139〉;[鄂]湖北回天胶业股份有限公司〈P2237〉

尼龙涂层胶 N03000201

Coating adhesive for nylon fibre

用作黏合剂

【生产厂】[鲁]山东久隆高分子材料有限公司(100吨)〈P2028〉

网印黏合剂 N03000401

Screen printing adhesive

主要用作网印、机印、印花黏合剂

【生产厂】[冀]石家庄双联化工集团〈P1632〉;石家庄双联化工有限责任公司〈P1633〉;[沪]上海天坛助剂有限公司(800吨)〈P1767〉;[苏]宜兴市屺亭化工厂〈P1886〉;[浙]浙江东越化工有限公司〈P1927〉;杭州杭云精细化工有限公司〈P1918〉;[鲁]临淄颐中化工有限公司〈P2050〉;山东阳光颜料有限公司(1000吨)〈P2133〉

网印胶黏剂106 N03000404

Screen printing adhesive 106

用于纯棉、涤棉织物涂料印花色浆的印花,可与增稠剂PAS配套使用

【生产厂】[鲁]蓬莱市北海印花色浆厂(500吨)〈P2112〉

网印黏合剂107 N03000406

Screen printing adhesive 107

用于印染、印花、滚筒、圆网及平网大面积涂料色浆印花,给色量高、手感柔软

【生产厂】[粤]潮阳市金南化工有限公司〈P2275〉

自交联印花黏合剂 N03000501

Self-interlinkage printing adhesive

是一种性能优良的涂料印花用黏合剂,广泛适用于一切可以进行涂料印花的织物

【生产厂】[苏]宜兴市星石纺织助剂有限公司〈P1887〉;[浙]湖州城区天顺化工厂〈P1945〉

厌氧胶;厌氧型结构胶 N03001001

Anaerobic adhesive

用于机械工业

【生产厂】[京]北京市天山新材料技术公司〈P1560〉;[沪]上海康达化工有限公司〈P1747〉;[浙]浙江科力厌氧胶有限公司〈P1928〉;[鄂]湖北回天胶业股份有限公司〈P2237〉;[粤]广州市坚红化工厂〈P2264〉;广州市金永固新材料有限公司〈P2264〉;合众(台湾)密封剂有限公司力泰厌氧胶厂〈P2278〉;深圳市滴达胶粘剂有限公司〈P2270〉

纺织印染用聚丙烯酸酯-丙烯腈胶黏剂 N03001701

Acrylate-acrylonitrile copolymer adhesive for printing of textile

用于纺织物印花

【生产厂】[京]北京爱德泰普膜制品厂(1000吨)〈P1543〉

低温涂料印花黏合剂 N03001801

Low temperature curing adhesive for printing

用于涂料印花

【生产厂】[苏]常熟市辐照技术应用厂(1200吨)〈P1890〉;苏州百氏高化工有限公司〈P1899〉;[鲁]山东华诚高科胶粘剂有限公司〈P2095〉

瞬间胶黏剂 N03002001

Moment dry adhesive

用于电子、模具、塑料制品、皮革、玻璃等的粘接

【生产厂】[闽]福州燕兰塑胶软管制品有限公司(1200吨)〈P1990〉;[粤]广东爱必达胶粘剂有限公司〈P2259〉;深圳市滴达胶粘剂有限公司〈P2270〉

α-氰基丙烯酸酯系列胶黏剂 N03002500

α-Cyanoacrylate series adhesive

【生产厂】[沪]上海康达化工有限公司〈P1747〉;[鲁]烟台市德邦科技有限公司(10吨)〈P2118〉

α-氰基丙烯酸乙酯瞬干胶;502胶;502快干胶 N03002501

Ethyl α-cyanoacrylate instantaneous adhesive

用于常温下快速粘接金属、非金属,如橡胶、陶瓷、塑料等材料

【生产厂】[京]北京世纪拓鑫精细化工有限公司〈P1558〉;[浙]台州耀业医化有限公司〈P1962〉;[豫]巩义市凌云胶粘剂厂(600吨)〈P2163〉;[粤]广东爱必达胶粘剂有限公司〈P2259〉;中山市迈克化工有限公司〈P2283〉;[川]四川金来缘科技有限公司〈P2318〉

【使用厂】[闽]福州燕兰塑胶软管制品有限公司〈P1990〉

电子灌注胶 N03002701

Electron perfusion adhesive

用于各种电器、电子元器件等的灌封及密封以及各种饰品、工艺品的粘接

【生产厂】[湘]长沙市化工研究所〈P2247〉;[粤]深圳市聚人成电子材料有限公司〈P2271〉

N

苯丙乳胶黏合剂 N03002901
Styrene-acrylic latex adhesive
用于各类地毯、毛皮、墙布的粘接加工
【生产厂】[沪]上海东升高旭化工有限公司〈P1732〉

喷胶棉黏合剂;喷胶棉胶 N03003411
Adhesive for spray cotton
用于喷胶棉
【生产厂】[苏]苏州百氏高化工有限公司〈P1899〉;[浙]慈溪市周巷镇大通助剂厂(700 吨)〈P1929〉;[鲁]山东华诚高科胶粘剂有限公司〈P2095〉

乳胶 N03003501
Emulsion adhesive
【生产厂】[豫]焦作市韩信粘合剂有限公司(100 吨)〈P2196〉;[粤]潮阳市金南化工有限公司(2 万吨)〈P2275〉

丙烯酸酯结构胶 N03003901
Acrylate structure adhesive
适用于钢、铁、铝等金属及 ABS、PVC 等硬质材料的快速粘接,也可用于机械设备、仪器仪表的装配与修复
【生产厂】[鲁]龙口市宇龙密封材料有限公司〈P2111〉;[粤]深圳市滴达胶粘剂有限公司〈P2270〉;[川]成都正光科技股份有限公司〈P2317〉

丙烯酸压敏胶黏剂 N03003991
Acrylic pressure-sensitive adhesive
用于黏合、固定、防震、表面保护、隔热、电磁屏蔽、密封、标签等各类用途
【生产厂】[沪]上海市合成树脂研究所〈P1763〉;[苏]无锡昌盛胶粘制品有限公司〈P1872〉;江阴美源实业有限公司〈P1868〉;常熟市精细化工厂〈P1890〉

万能胶 N03004111
Allpurpose adhesive
适用于木材、人造板、防火板、家具、皮革、橡胶、塑料、金属等材料及室内、外装修工程
【生产厂】[京]北京居欢化工有限公司〈P1553〉;[津]天津市津西光明福利橡胶制品厂(500 吨)〈P1595〉;[沪]上海联化化工有限公司〈P1751〉;[苏]连云港开发区三维工贸公司〈P1798〉;[浙]博星化工涂料有限公司〈P1959〉;玉环密得邦化学有限公司〈P1963〉;[鲁]淄博正德建筑装饰材料有限公司〈P2077〉;[豫]焦作市韩信粘合剂有限公司(100 吨)〈P2196〉;[粤]广州市高士实业有限公司〈P2264〉;广州市得威廉化工有限公司〈P2263〉;三联粘合剂(深圳)有限公司〈P2269〉;深圳市金立基实业有限公司(1800 吨)〈P2271〉;揭阳市豪得丽化工有限公司〈P2295〉;东莞市竣成化工有限公司〈P2280〉;东星化工实业有限公司〈P2287〉;南海市东方化工厂〈P2291〉;中外合资靓尔嘉化工有限公司〈P2293〉;广东美涂士化工集团〈P2290〉;广东东方树脂有限公司〈P2290〉;广东千色花化工有限公司〈P2284〉

环保万能胶 N03004121
All purpose adhesive, environment protecting type
用于住宅及建筑装璜、室内装饰、贴墙、家具饰面板、橡胶、皮革、混凝土、金属等黏合
【生产厂】[苏]徐州市西关化工厂〈P1796〉;[粤]广州市东风化工实业有限公司〈P2263〉;广州市星冠化工有限公司〈P2267〉;深圳市长先科技实业有限公司〈P2270〉;江门市润禾化工厂有限公司(2500 吨)〈P2285〉

超级万能胶 N03004141
All purpose adhesive, super
能瞬间黏合各种金属、橡胶、皮革、塑料、木材、陶瓷、玉石、首饰、工艺品、文体用品、电器零件等
【生产厂】[辽]沈阳金飞马制漆有限公司〈P1686〉;[鲁]山东北方现代化学工业有限公司(1500 吨)〈P2027〉;[粤]广东爱必达胶粘剂有限公司〈P2259〉;广东东丽化工有限公司〈P2295〉;顺德花王涂料有限公司〈P2292〉;江门(鹤山市)共和润源化工厂〈P2285〉

强力万能胶 N03004161
All purpose adhesive, mightiness
【生产厂】[粤]中山市青松制漆化工有限公司〈P2283〉

透明胶 N03004200
Transparent adhesive
固化后透明,主要应用于工艺品
【生产厂】[鲁]临朐新颜铝业有限公司胶粘剂厂〈P2090〉;[粤]深圳市长先科技实业有限公司〈P2270〉;深圳市聚人成电子材料有限公司〈P2271〉

印刷装帧用胶 N03004202
Adhesive for book binding
用于平装书封皮
【生产厂】[苏]南京永丰化工有限责任公司(300 吨)〈P1791〉;[粤]东莞市顺鸿热熔胶材料有限公司〈P2280〉

M-958 多功能乳胶;精装书扫衬专用胶黏剂 N03004251
Multifunctional latex M-958
用于精装书裱环衬、扫衬
【生产厂】[鲁]山东久隆高分子材料有限公司(80 吨)〈P2028〉

腻子胶 N03004411
Putty adhesive
用于调配水型腻子,做各种车辆、家电、仪器、仪表、机床的外涂装
【生产厂】[京]北京爱德泰普膜制品厂(1000 吨)〈P1543〉;[辽]大连靓奇化工产品有限公司〈P1692〉;[鄂]武汉市化学工业研究所有限责任公司〈P2232〉

双面胶带 N03004501
Double face pressure sensitive adhesive tape
适用于装饰、装修、邮政业、制鞋业等
【生产厂】[京]北京爱德泰普膜制品厂(100 吨)〈P1543〉;北京市密云县丰丰粘接材料厂〈P1560〉;[冀]大城西杜橡胶制品厂〈P1658〉;[沪]成基化学(上海)有限公司〈P1726〉;上海力巨综研胶粘制品有限公司〈P1750〉;上海永冠胶粘制品有限公司〈P1775〉;上海正寰胶粘制品有限公司〈P1778〉;[苏]无锡宏昌胶粘带有限公司〈P1873〉;江苏永龙胶业有限公司〈P1823〉;苏州市群策胶粘制品有限公司〈P1904〉;常熟市江南胶带有限公司〈P1890〉;常州市江南胶带有限公司〈P1892〉;[闽]福建宁德大扬工业有限公司〈P2007〉;泉州三匹特种胶粘带有限公司〈P2000〉;[鲁]潍坊恒联油墨有限公司〈P2102〉;青岛万达包装制品有限公司〈P2044〉;青岛林泰工贸有限公司〈P2040〉;[鄂]武汉爱塞克斯化学有限公司〈P2229〉;[粤]广州第十一橡胶厂(60 万平方米)〈P2260〉;广州市骏万丰公司〈P2265〉;深圳市润邦综研科技有限公司〈P2272〉;揭阳市新广盛胶粘制品有

N

限公司〈P2295〉;广东省南海大沥永顺胶粘带制品厂〈P2291〉;中山市皇冠胶粘制品有限公司〈P2283〉;永大(中山)有限公司(2000 万平方米)〈P2282〉;广东江门晶祥塑胶厂〈P2284〉

涂层胶;织物涂层胶 N03004801

Adhesive for coating

用于织物涂层

【生产厂】[辽]辽阳市虹波化工有限公司〈P1711〉;[苏]江阴市华达印染助剂有限公司〈P1869〉;苏州金龙精细化工有限公司〈P1901〉;[粤]百宁纺织化工(中山)有限公司〈P2282〉

防水涂层胶 N03004891

Waterproof adhesive for coating

用于预涂

【生产厂】[鲁]威海江源精细化工有限公司(3000 吨)〈P2124〉

丙烯酸酯密封胶 N03005001

Acrylate sealant

用于铝、塑门窗密封,制革业、汽车业等

【生产厂】[鲁]山东北方现代化学工业有限公司(2000 吨)〈P2027〉;[豫]黎明化工研究院〈P2181〉

丙烯酸防水建筑胶 N03005101

Acrylic water-proof adhesive for construction

主要适用于各种屋面、地下室、工程基础、池槽、卫生间、阳台等的防水施工

【生产厂】[鲁]青岛锦绣防水材料有限公司〈P2039〉

PE 保护膜 N03005201

PE Protective film

是聚丙烯酸酯类压敏胶制品,以低密度聚乙烯等环保塑料为基材,用于各种板材粘贴、表面保护等

【生产厂】[苏]无锡宏昌胶粘带有限公司〈P1873〉;无锡三力保护膜有限公司〈P1874〉;[粤]深圳市深金源塑料制品有限公司〈P2272〉;中山新明辉胶粘制品有限公司〈P2284〉

N

改性丙烯酸胶黏剂 N03005301

Acrylic adhesive, modified

主要用于树脂工艺品、陶瓷工艺品、体育玩具用品、电子机械零件等的强力粘接

【生产厂】[鲁]威海广利化工有限公司(5000 吨)〈P2124〉;龙口市宇龙密封材料有限公司〈P2111〉

建筑用聚氨酯化学灌浆材料 N04000201

Polyurethane grouting material for construction

用于隧道、水坝、地下工程及建筑物的堵水、防渗和加固

【生产厂】[闽]惠安新型建材厂〈P1999〉;[鲁]山东省博兴县润丰化工有限公司(5000 吨)〈P2156〉;[粤]顺德合胜化工实业有限公司〈P2292〉

聚氨酯灌封胶 N04000251

Polyurethane embedding adhesive

【生产厂】[辽]沈阳化工学院聚氨酯科技开发公司〈P1686〉

补缝胶;BF-灌浆树脂 N04000301

Grouting resin BF

【生产厂】[京]北京德辉新型建筑材料有限公司〈P1546〉;[闽]厦门冶建材料厂〈P1993〉

机械密封胶 N04000410

Machinery sealant

用于机械密封

【生产厂】[豫]平顶山市湛河区新材料研究所(200 吨)〈P2192〉;[粤]广州市东风化工实业有限公司(50 吨)〈P2263〉

建筑防水密封胶 N04000611

Water-proof sealant for construction

主要用于玻璃采光房顶工程、中空玻璃加工、水泥房顶防水堵漏等

【生产厂】[京]北京纳美科技发展有限责任公司〈P1556〉;[豫]焦作市鹏升化工有限公司〈P2196〉;[粤]广州市白云化工实业有限公司〈P2263〉

单组分室温硫化有机硅密封胶;有机硅密封胶 N04000621

Room temperature vulcanizing organosilicon sealant, one component

主要用于粘接玻璃、陶瓷

【生产厂】[吉]吉林龙山有机硅集团有限公司〈P1715〉

喷涂胶 N04000701

Spraying adhesive

用于 ABS 或金属与 PVC 人造革、织物、泡沫塑料的粘接

【生产厂】[苏]镇江市金宝粘合剂有限公司〈P1845〉;[赣]江西星火化工厂〈P2012〉

聚异氰酸酯胶;列克纳胶;三苯基甲烷三异氰酸酯胶 N04000901

Polyisocyanate adhesive

用作橡胶与金属、皮革与橡胶、合成纤维、棉织物与橡胶、橡胶与橡胶黏合剂

【生产厂】[苏]苏州市湘园特种精细化工有限公司〈P1905〉;[渝]重庆长风化工厂(100 吨)〈P2303〉

单组分耐高温密封胶 N04000902

High temperature resistant sealant, one component

【生产厂】[京]北京奥宇可鑫表面工程技术有限公司〈P1543〉

交联剂 TAIC;三烯丙基异氰脲酸酯 N04000903

Triallyl isocyanurate [1025-15-6]

用作聚烯烃的交联和改性剂、特种橡胶的助硫化剂、不饱和聚酯玻璃钢的交联剂、聚苯乙烯的内增塑剂等

【生产厂】[辽]大连天源基化学有限公司〈P1694〉;[沪]上海华彩精细化工有限公司〈P1738〉;上海台界化工有限公司〈P1766〉;[浙]浙江黄岩浙东橡胶助剂有限公司〈P1965〉;[皖]合肥安邦化工有限公司〈P1972〉;宿州市华润化工有限责任公司〈P1984〉;[鲁]莱州市莱玉化工有限公司(1000 吨)〈P2109〉;[川]自贡龙翔化工有限公司〈P2321〉

聚氨酯胶黏剂;PU 胶 N04001001

Polyurethane adhesive

可用于粘接金属、塑料、橡胶、纤维、木材、玻璃、陶瓷等

【生产厂】[津]天津市福荣聚氨酯塑料制品厂(200 吨)〈P1586〉;天津东海胶粘剂制品有限公司(500 吨)〈P1571〉;[冀]保定东明树脂化工有限公司〈P1645〉;[辽]沈阳化工学院聚氨酯科技开发公司〈P1686〉;[沪]上海昊海化工有限公司〈P1736〉;上海九元石油化工有限公司〈P1745〉;上海市合成树脂研究所〈P1763〉;上海康达化工有限公司(80 吨)〈P1747〉;上海青浦飞浦树脂厂〈P1757〉;[苏]镇江市金宝粘合剂有限公司〈P1845〉;常州市源恩合成材料有限公司〈P1856〉;无锡市新联胶粘剂厂〈P1880〉;无锡市万力粘合材料有限公司〈P1879〉;宜兴市腾星化工有限公司〈P1887〉;江阴市飞云化工有限公司〈P1869〉;靖江市恒政增稠材料厂〈P1824〉;扬州德克化学有限公司〈P1817〉;[浙]浙江东越化工有限公司〈P1927〉;[闽]福清市南宝树脂有限公司(700 吨)〈P1989〉;[鲁]山东久隆高分子材料有限公司(100 吨)〈P2028〉;山东北方现代化学工业有限公司(2000 吨)〈P2027〉;烟台市福山区化工研究所有限公司(1200 吨)〈P2118〉;青岛新宇田化工有限公司(700 吨)〈P2045〉;[豫]黎明化工研究院(300 吨)〈P2181〉;洛阳科恩精细化学品有限公司(500 吨)〈P2182〉;[鄂]湖北回天胶业股份有限公司〈P2237〉;[粤]广州经丰纬聚氨酯有限公司〈P2262〉;广州市东风化工实业有限公司〈P2263〉;深圳市长先科技实业有限公司〈P2270〉;中山市新叶树脂制品有限公司〈P2284〉;[川]成都市新津托展油墨有限公司〈P2315〉;四川东方绝缘材料股份有限公司〈P2330〉

双组分聚氨酯胶黏剂 N04001011

Polyurethane adhesive, bicomponent

主要用于双向拉伸聚丙烯薄膜、聚酯薄膜与彩色印刷纸及铜板纸、胶版纸等各类纸张的复合及油墨印刷

【生产厂】[蒙]通辽市通华蓖麻化工有限责任公司〈P1682〉;[粤]深圳市飞扬实业有限公司〈P2270〉

聚氨酯涂层胶 N04001101

Polyurethane adhesive for coating

用于帐蓬、雨衣等防水、防油制品涂层和磁性材料等的粘接

【生产厂】[闽]福建省泉州市佳友精化有限公司(1000 吨)〈P1998〉;[粤]中山市新叶树脂制品有限公司〈P2284〉

水性聚氨酯涂层胶 N04001151

Water-based polyurethane adhesive for coating

主要用于织物涂层整理

【生产厂】[闽]福建省泉州市佳友精化有限公司(1060 吨)〈P1998〉

聚氨酯胶黏剂 101 N04001200

Polyurethane adhesive 101

用于铝、铁、钢等及非金属材料的粘接

【生产厂】[鲁]山东招远市金涛合成材料有限公司〈P2115〉;烟台市福山区化工研究所有限公司(300 吨)〈P2118〉;[豫]黎明化工研究院〈P2181〉

鞋用聚氨酯胶黏剂 N04001401

Polyurethane adhesive for shoes

对乙烯-醋酸乙烯共聚物、皮革绒、聚氯乙烯与丁苯大底等材料有很好的黏合作用

【生产厂】[冀]保定东明树脂化工有限公司〈P1645〉;[浙]宁波赫革丽高分子科技有限公司〈P1930〉;[闽]福建莆田大隆化工实业有限公司(400 吨)〈P1997〉;[粤]潮州市立信高分子材料有限公司〈P2294〉

高分子液态密封胶 N04001501

Macromolecule liquid sealant

主要用于各类车辆、各种阀门、法兰、接口等的耐温、耐压密封

【生产厂】[辽]抚顺哥俩好集团有限公司〈P1698〉;[沪]上海联化化工有限公司〈P1751〉;[闽]福建省闽清县华宇胶粘剂厂〈P1988〉;[鄂]湖北回天胶业股份有限公司〈P2237〉

聚氨酯地坪胶 N04001701

Polyurethane adhesive for terrace

用于地坪、球场及弹性跑道的铺设,也可用于金属、非金属材料的粘接或密封防漏

【生产厂】[沪]上海英柯化工有限公司〈P1775〉;上海康达化工有限公司〈P1747〉

聚氨酯胶黏剂(电缆冷补胶) N04001801

Polyurethane adhesive for repairing pit cable

适于 1140V 及 1140V 以下国内外各种规格极性橡塑电缆护套层现场冷补修,特别适用于综采机组电缆冷补

【生产厂】[鲁]兴隆庄煤矿化工公司〈P2133〉;[豫]黎明化工研究院(50 吨)〈P2181〉

聚氨酯电器密封胶 N04001901

Polyurethane sealant for electrical appliance

适用于家用电器及工业电热管的密封

【生产厂】[鲁]山东省齐河县超虎氧化镁有限公司〈P2146〉;[豫]黎明化工研究院(20 吨)〈P2181〉;[鄂]武汉市化学工业研究所有限责任公司〈P2232〉

空气滤清器用聚氨酯密封胶 N04001911

Polyurethane sealant for air filter

用于各种汽车、发电机组、轮船等机械的空气滤清器

【生产厂】[苏]宜兴市光辉胶粘剂化工厂〈P1884〉;[豫]黎明化工研究院(300 吨)〈P2181〉

聚氨酯密封胶;PU 密封胶 N04001921

Polyurethane sealant

用于汽车风挡玻璃、焊缝、空调系统等粘接密封,集装箱、建筑大理石、铝塑板等及机场跑道灌缝等

【生产厂】[京]北京市天山新材料技术公司〈P1560〉;[冀]清河县永兴实业有限公司〈P1642〉;[沪]上海合达聚合物科技有限公司〈P1736〉;[苏]扬州德克化学有限公司〈P1817〉;[浙]杭州国电水利电力工程有限公司大坝安全工程公司〈P1917〉;[赣]江西玉龙防水材料厂〈P2009〉;[鲁]山东北方现代化学工业有限公司(200 吨)〈P2027〉;济南高新开发区大山科贸公司(500 吨)〈P2021〉;淄博海特曼化工有限公司〈P2061〉;[豫]黎明化工研究院〈P2181〉;[粤]建华胶粘实业有限公司(2 万吨)〈P2291〉

聚氨酯植绒胶 N04002201

Polyurethane flocking glue

用于织物的静电植绒,特别适用于 PVC 橡塑门窗密封条等材料的植绒

【生产厂】［粤］潮州市立信高分子材料有限公司〈P2294〉

聚氨酯风挡玻璃胶 N04002601

Polyurethane windscreen adhesive

用于直接粘接装配汽车风挡玻璃

【生产厂】［冀］清河县永兴实业有限公司〈P1642〉；［鄂］湖北回天胶业股份有限公司〈P2237〉

聚氨酯胶带；PU 胶带 N04002801

Polyurethane adhesive tape

【生产厂】［苏］常州市中意橡塑制品有限公司〈P1857〉；［粤］江门市蓬江区盈通塑胶制品有限公司〈P2285〉

工艺品胶 N05010012

Adhesive for artware

用于粘接金属、非金属等结构材料

【生产厂】［粤］惠州市双信达化工有限公司〈P2278〉；三化绝缘材料（东莞）有限公司〈P2278〉

酚醛树脂胶黏剂 N05010701

Phenolic resin adhesive

用作尼龙、酚醛玻璃钢、聚苯乙烯泡沫塑料等的黏合剂

【生产厂】［沪］上海申星化工有限公司（2 万吨）〈P1761〉；［苏］无锡市万力粘合材料有限公司〈P1879〉；苏州市兴业化工有限公司〈P1906〉；［鲁］青岛市石家防腐工程有限公司〈P2043〉；曲阜慧迪化工有限责任公司（3000 吨）〈P2130〉；临沂恒然胶业有限公司〈P2147〉

酚醛-丁腈胶黏剂；706 胶 N05011402

Phenolic-butyronitrile adhesive；Adhesive 706

用于粘接刹车片等，可在200℃情况下使用

【生产厂】［鲁］蓬莱市特种绝缘材料厂〈P2112〉

酚醛型聚氨酯黏结剂 N05011700

Phenolic type PU binder

用作黑色、有色金属铸造芯型粘接剂

【生产厂】［苏］宜兴市威之信化工有限公司〈P1887〉

聚氨酯嵌缝胶 N05011701

Polyurethane caulked joint adhesive

【生产厂】［沪］上海汇丽集团有限公司〈P1741〉；［浙］杭州国电水利电力工程有限公司大坝安全工程公司〈P1917〉；［鲁］济南正恒聚氨酯材料有限公司〈P2027〉；［鄂］武汉国利精细化工有限公司〈P2229〉；武汉现代工业技术研究院〈P2234〉

聚氨酯泡沫填缝剂 N05011751

Polyurethane foam caulking agent

主要用于门窗的安装填缝、裂缝空洞的填补、水池卫生间的防水补漏、空调冰箱的密封保温、电器的安装等

【生产厂】［京］北京西令胶粘密封材料有限责任公司〈P1563〉；［沪］上海昊海化工有限公司〈P1736〉；［鲁］青岛德誉金陵聚氨酯有限公司〈P2033〉

结构胶胶黏剂；结构胶 N05012101

Structural adhesive

用于各种结构材料如铝钢、不锈钢、工程塑料、陶瓷等的粘接

【生产厂】［京］北京德辉新型建筑材料有限公司〈P1546〉；［闽］厦门冶建材料厂〈P1993〉；［鲁］泰盛精化新材料有限公司〈P2115〉；安特化工（烟台）有限公司〈P2108〉；［豫］郑州华宇科技有限公司〈P2171〉；［鄂］武汉国利精细化工有限公司〈P2229〉

脲醛树脂胶；脲醛胶 N05020301

Urea formaldehyde resin adhesive

用于木、竹等材料的粘接

【生产厂】［津］天津东海胶粘剂制品有限公司（500 吨）〈P1571〉；［蒙］赤峰市东方化工染料助剂厂〈P1682〉；［辽］营口星火化工有限公司〈P1705〉；［吉］吉林森林工业股份有限公司通化胶粘剂分公司（1 万吨）〈P1718〉；梅河口市创源化工有限公司〈P1718〉；［沪］上海申星化工有限公司（8 万吨）〈P1761〉；［苏］常熟市精细化工厂〈P1890〉；［鲁］淄博奥威粘合剂有限公司（2500 吨）〈P2058〉；青岛凯联精细化学有限公司（5000 吨）〈P2039〉；费县钢浩化工有限公司（3000 吨）〈P2146〉；临沂恒然胶业有限公司〈P2147〉；［豫］洛阳市正天化工有限公司（1200 吨）〈P2187〉；偃师市商城防腐材料有限公司（1000 吨）〈P2189〉；［川］四川川化集团成都望江化工厂（600 吨）〈P2318〉

环保型脲醛树脂胶黏剂 N05020551

Urea formaldehyde adhesive，environment protecting type

用于胶合板、木工板、刨花板等各类人造板的粘接，压制的板材符合 E1 及 E2 级环保标准

【生产厂】［鲁］青岛化工研究院〈P2037〉

RM-1 橡胶金属热硫化胶黏剂 N05020701

RM-1 Adhesive of rubber to metal bonding in vulcanization

用于橡胶与金属热硫化粘接，制造各种骨架橡胶制品

【生产厂】［浙］杭州顺祥工贸有限公司〈P1922〉；［鲁］青岛海晶化工集团有限公司（300 吨）〈P2035〉

三聚氰胺甲醛树脂胶黏剂 N05030101

Melamine-formaldehyde resin adhesive

用作胶合板、贴面板的黏合剂

【生产厂】［沪］上海申星化工有限公司（2 万吨）〈P1761〉；［鲁］临沂恒然胶业有限公司〈P2147〉

氯丁橡胶胶黏剂；氯丁胶；氯丁胶黏剂 N06010000

Chloroprene rubber adhesive；Neoprene adhesive

主要用于粘接橡胶与金属、橡胶与橡胶，广泛用于织物、皮革、塑料、木材、玻璃等材料的粘接

【生产厂】［京］北京居欢化工有限公司〈P1553〉；［津］天津南华皮革化工有限公司（1000 吨）〈P1576〉；天津市凯利化工厂（900 吨）〈P1597〉；天津市双祥化工厂（300 吨）〈P1602〉；天津市银河化工厂（100 吨）〈P1611〉；天津市宁河县化工厂（700 吨）〈P1599〉；天津东海胶粘剂制品有限公司（300 吨）〈P1571〉；［冀］保定东明树脂化工有限公司〈P1645〉；［苏］镇江市金宝粘合剂有限公司〈P1845〉；宜兴市高塍日新化工厂（150 吨）〈P1884〉；江苏泰春胶粘剂有限公司〈P1822〉；［浙］宁波市鄞州虎啸合成化工厂（800 吨）〈P1932〉；［赣］江西玉龙防水材料厂〈P2009〉；［鲁］济南高新开发区大山科贸公司（200 吨）〈P2021〉；兴隆庄煤矿化工公司〈P2133〉；［粤］广州市东风化工实业有限公司〈P2263〉；广东高聚化学工业有限公司（3000 吨）〈P2290〉

【使用厂】[津]天津市橡胶制品七厂〈P1607〉;[沪]上海彭浦橡胶制品总厂〈P1755〉;[鲁]青岛橡六集团有限公司〈P2045〉;青岛华海环保工业有限公司〈P2037〉;胜利油田大明新型建筑防水材料有限责任公司〈P2087〉;新汶矿业集团有限责任公司〈P2139〉;蓬莱市宏光橡胶制品厂〈P2112〉;中国重型汽车集团济南商用车有限公司橡胶密封件厂〈P2031〉;山东信义集团东营信义橡塑厂〈P2086〉;青岛柯丽亚(韩国)胶带有限公司〈P2039〉;[粤]广州市合成材料研究院〈P2264〉;[陕]西安鹰球橡塑有限公司〈P2350〉

丁基型密封胶 N06010601

Butyl sealant

用于中空玻璃、建筑、汽车、电器仪表等的黏结密封

【生产厂】[鲁]龙口市宇龙密封材料有限公司〈P2111〉

接枝型强力胶黏剂;接枝胶 N06011101

Graft superpower adhesive

用于人造革、合成革、橡胶等材料的粘接

【生产厂】[冀]保定东明树脂化工有限公司〈P1645〉;[苏]镇江市金宝粘合剂有限公司〈P1845〉

氯丁胶黏剂 LDN N06011201

Chloroprene rubber adhesive LDN

用于橡胶、皮革等材料的粘接

【生产厂】[渝]重庆长寿化工有限责任公司(1000 吨)〈P2304〉

氯丁水乳黏合剂 N06011301

Chloroprene rubber emulsion adhesive; Neoprene emulsion adhesive

用于黏合硬板 PVC-水泥制件、硬 PVC-木材、木材胶合板

【生产厂】[津]天津市橡胶制品七厂(200 吨)〈P1607〉

氯丁-酚醛强力胶 N06012301

Chloroprene-phenolic power adhesive

适用于木材、泡棉、皮革、纸贴合等

【生产厂】[浙]宁波市鄞州虎啸合成化工厂〈P1932〉;[闽]福建莆田大隆化工实业有限公司(400 吨)〈P1997〉

装饰胶黏剂;装潢胶 N06012402

Decorative adhesive

适用于瓷砖、木地板、石英地板等建筑材料的粘接

【生产厂】[津]天津市津西同生化工厂(100 吨)〈P1595〉;[冀]邯郸市百立尔化工建材有限公司〈P1638〉;[沪]新欧宝化工(上海)有限公司〈P1780〉;[鲁]济南正恒聚氨酯材料有限公司〈P2027〉;颐中(青岛)实业有限公司(500 吨)〈P2048〉

丙烯酸密封膏 N06012501

Acrylic sealing cream

用于钢筋混凝土内外墙板、屋面板、楼板缝的密封

【生产厂】[京]北京德辉新型建筑材料有限公司〈P1546〉;[沪]上海汇丽集团有限公司〈P1741〉;[苏]苏州非金属矿工业设计研究院〈P1900〉;[闽]厦门冶建材料厂〈P1993〉;[鲁]龙口市云龙密封材料有限公司〈P2111〉;山东省龙口市橡塑胶管有限公司(6000 吨)〈P2115〉

建筑密封膏 N06012801

Sealant for construction

用于混凝土外墙板、屋面板、楼板、地板裂缝防水密封,也用于门窗、玻璃、塑料、金属、陶瓷等制品的防水密封

【生产厂】[冀]万事达中空密封材料有限公司〈P1662〉

白胶浆;白胶 N06013101

White adhesive cement

用于光面纸张、书本、纸器纸板、信封、纸卷筒、饮料瓶标签等的黏结

【生产厂】[津]天津市彩美染料化工有限公司(800 吨)〈P1581〉;[沪]上海东和胶粘剂有限公司〈P1732〉;[浙]玉环密得邦化学有限公司〈P1963〉;[闽]莆田市三江化学工业有限公司〈P1997〉;[鲁]潍坊瑞光化工有限公司〈P2103〉;[粤]广州市珠江精细化工厂〈P2267〉

接枝型氯丁橡胶胶黏剂 N06013801

Graft chloroprene rubber adhesive

用于各种金属、非金属的粘接

【生产厂】[闽]福清市南宝树脂有限公司(100 吨)〈P1989〉

弹性胶浆 N06020301

Elastic adhesive cement

用于手工网板印花,具有弹性,光亮度高,印制图案光亮鲜艳

【生产厂】[津]天津市盛益化工有限公司(400 吨)〈P1602〉;[粤]宝华实业中国有限公司〈P2278〉

弹性粘接胶 N06020401

Elastic adhesive

用作黏合剂

【生产厂】[京]北京奥宇可鑫表面工程技术有限公司〈P1543〉;[鄂]武汉爱塞克斯化学有限公司〈P2229〉

黏合剂 N06020501

Adhesive

适用于工业、民用、工程粘接

【生产厂】[京]北京奥泰长城橡胶制品有限公司〈P1543〉;北京城燕佳涂料技术开发中心〈P1545〉;[津]天津天涂豪邦涂料有限公司(2000 吨)〈P1615〉;[冀]石家庄惠利电子材料有限公司〈P1627〉;廊坊海达化工有限公司(50 吨)〈P1660〉;[沪]上海 DIC 油墨有限公司〈P1727〉;上海天坛助剂有限公司(500 吨)〈P1767〉;[苏]镇江迈特化工新材料有限责任公司〈P1844〉;常州天马集团有限公司〈P1857〉;宜兴市腾星化工有限公司〈P1887〉;宜兴市高塍助剂厂有限公司(500 吨)〈P1884〉;连云港市港师化工有限公司〈P1799〉;江苏省泰兴市中纺助剂厂〈P1822〉;启东长江助剂厂(500 吨)〈P1836〉;海安县国力化工有限公司〈P1829〉;[浙]杭州国电水利电力工程有限公司大坝安全工程公司〈P1917〉;绍兴县光耀化工助剂厂〈P1949〉;[皖]怀宁县远征化工厂〈P1980〉;[闽]厦门奇力树脂有限公司〈P1992〉;福建省漳平市振福化工有限公司〈P2006〉;[赣]南昌天时化工有限公司〈P2010〉;[鲁]济南台岛化工有限公司(700 吨)〈P2025〉;东阿县创新化工有限公司(1 万吨)〈P2151〉;淄博兴鲁化工厂〈P2074〉;山东梁山三利树脂有限公司(300 吨)〈P2131〉;曲阜慧迪化工有限责任公司(2 万吨)〈P2130〉;[豫]许昌七星化工有限公司(100 吨)〈P2218〉;洛阳黎明化工科工贸总公司(5 吨)〈P2182〉;[鄂]湖北永阳防水材料股份有限公司〈P2245〉;[粤]广州造纸有限公司〈P2268〉;广州市团结橡胶厂有限公司(100

N

吨)〈P2266〉;广州市坚红化工厂〈P2264〉;博罗县强力复合材料有限公司〈P2277〉;东莞市顺鸿热熔胶材料有限公司〈P2280〉;永大(中山)有限公司〈P2282〉;安德士化工(中山)有限公司〈P2282〉;中山市恒达胶业有限公司〈P2283〉;江门东洋油墨有限公司〈P2285〉;[桂]广西明阳生化科技股份有限公司〈P2296〉;[渝]重庆联华化工厂〈P2305〉;[陕]西安汉港化工有限公司(1 万吨)〈P2348〉;[甘]甘肃金环堵漏技术开发公司〈P2355〉

【使用厂】[晋]南风化工集团股份有限公司〈P1678〉;[鲁]济南鲁联集团橡胶制品有限公司〈P2023〉;威海市瀚玉化纺有限公司〈P2125〉;山东世安化工有限公司〈P2146〉;[粤]广州市宝力轮胎有限公司〈P2263〉

高温黏合剂　N06020511

High temperature adhesive

用于炉窖耐火保温材料

【生产厂】[京]北京奥宇可鑫表面工程技术有限公司〈P1543〉;[鲁]泰安市亚特尔化工建材有限公司〈P2138〉;[桂]广西化工研究院〈P2296〉;广西化工研究院-广西新晶科技有限公司〈P2296〉

光固化黏合剂　N06020551

Light curing adhesive

用于在 UV 光照射下快速粘接玻璃与玻璃、玻璃与金属等

【生产厂】[鲁]烟台市德邦科技有限公司(30 吨)〈P2118〉;[粤]广州市金永固新材料有限公司〈P2264〉;[川]四川金来缘科技有限公司〈P2318〉;成都博深高技术材料开发有限公司〈P2309〉;成都拓利化工实业有限公司〈P2316〉

UV 胶黏剂　N06020591

UV Glazing adhesive

适用于玻璃对玻璃、玻璃对金属、水晶工艺品、光学透镜及透明塑料等材质之粘接

【生产厂】[闽]漳州元皓化工有限公司〈P2002〉;[鲁]安特化工(烟台)有限公司〈P2108〉;[粤]广州市虹云高分子材料有限公司〈P2264〉;深圳市聚人成电子材料有限公司〈P2271〉

N

耐高温绝缘电子用粘接剂　N06020601

High temperature resistant adhesive for insulating electron

用作 PTC 发热元件的优良粘接剂

【生产厂】[鲁]山东省齐河县超虎氧化镁有限公司〈P2146〉;[粤]广东省宝月化工总厂〈P2290〉;[川]成都拓利化工实业有限公司〈P2316〉

黑胶　N06020701

Black adhesive

用于摩擦材料行业

【生产厂】[沪]上海市合成树脂研究所〈P1763〉

美纹胶带　N06021502

Adhesive tape for beauty

适用于喷漆、烤漆、包装固定、封箱等

【生产厂】[京]北京爱德泰普膜制品厂〈P1543〉;[冀]廊坊永茂胶粘制品有限公司〈P1662〉;[沪]成基化学(上海)有限公司〈P1726〉;上海耀品胶粘制品有限公司〈P1774〉;上海永冠胶粘制品有限公司〈P1775〉;[苏]苏州市群策胶粘制品有限公司〈P1904〉;常熟市江南胶带有限公司〈P1890〉;常州市江南胶带有限公司〈P1892〉;[鲁]青岛万达包装制品有限公司〈P2044〉;[粤]揭阳市新广盛胶粘制品有限公司〈P2295〉;广东省南海大沥永顺胶粘带制品厂〈P2291〉;永大(中山)有限公司(500 万平方米)〈P2282〉;广东江门晶祥塑胶厂〈P2284〉

无机胶黏剂　N07000101

Inorganic adhesive

用于刀具、量具、模具、机械维修、设备补漏、陶瓷等密封补漏粘接

【生产厂】[京]北京奥宇可鑫表面工程技术有限公司〈P1543〉;[赣]九江华雄化工有限公司〈P2013〉;[豫]巩义市凌云胶粘剂厂(600 吨)〈P2163〉

乙烯-醋酸乙烯共聚树脂热熔胶粒;EVA 粒状热熔胶　N08000111

EVA Particle hot-melt adhesive

用于人造板工业中,胶合板拼芯、家具封边等

【生产厂】[沪]上海吉安化工有限公司(500 吨)〈P1742〉

【使用厂】[闽]福州福乐鞋材有限公司〈P1989〉

聚酰胺热熔胶　N08000201

Polyamide hot melt adhesive

用于织物复合及制鞋行业

【生产厂】[辽]辽宁科隆化工实业有限公司(800 吨)〈P1709〉;[闽]福建中德科技有限公司〈P1988〉;[鲁]广饶县福利树脂厂(1000 吨)〈P2083〉

聚酰亚胺胶黏剂　N08000251

Polyimide adhesive

用于金属、无机非金属材料之间的黏结,具有良好的黏结强度和耐温性能

【生产厂】[沪]上海市合成树脂研究所〈P1763〉;[鲁]蓬莱市特种绝缘材料厂〈P2112〉

聚酯热熔胶;PES 热熔胶　N08000701

Polyester hot melt adhesive

用于复合面料的黏结,特别适合薄型的纺真丝面料及厚型的纺毛面料的黏结,也可用于皮革、金属、塑料的黏结

【生产厂】[辽]辽宁科隆化工实业有限公司〈P1709〉;[苏]启东市鑫鑫粘合剂有限公司〈P1837〉

聚酯胶　N08000801

Polyester adhesive

【生产厂】[豫]黎明化工研究院(50 吨)〈P2181〉

封箱热熔胶　N08001101

Joint sealing hot melt adhesive

用于包装、封箱

【生产厂】[沪]上海路嘉胶粘剂有限公司〈P1752〉;[苏]宜兴市光辉胶粘剂化工厂〈P1884〉;[浙]杭州德森科技有限公司〈P1916〉;[鲁]山东久隆高分子材料有限公司(200 吨)〈P2028〉;威海市万通化工有限公司(800 吨)〈P2126〉

标签用溶液型热熔胶　N08001201

Hot melt adhesive for label, solution type

用于标签转移

【生产厂】[鲁]山东久隆高分子材料有限公司(100 吨)〈P2028〉;山东青州华诚化工有限公司〈P2096〉

热熔胶黏剂　N08001301

Hot melt adhesive

用于粘接金属、陶瓷、塑料、皮革、织物、木材等

【生产厂】[沪]上海华化塑胶有限公司〈P1738〉;上海市合成树脂研究所(10 吨)〈P1763〉;[苏]无锡市新联胶粘剂厂〈P1880〉;无锡市万力粘合材料有限公司〈P1879〉;宜兴市光辉胶粘剂化工厂(630 吨)〈P1884〉;[闽]福建中德科技有限公司〈P1988〉;[鲁]山东久隆高分子材料有限公司(800 吨)〈P2028〉;济南田园塑胶助剂有限公司(300 吨)〈P2026〉;泰安市利达胶业有限公司〈P2138〉;山东梁山三利树脂有限公司(60 吨)〈P2131〉;[豫]开封化工三厂(400 吨)〈P2176〉;[粤]广州慧达精细化工有限公司〈P2261〉;广州市虹云高分子材料有限公司〈P2264〉;深圳市长先科技实业有限公司〈P2270〉;东莞茂兴热熔胶厂〈P2279〉;东莞市顺鸿热熔胶材料有限公司〈P2280〉;东莞市成铭热熔胶有限公司〈P2279〉;华辉热熔胶有限公司〈P2281〉;佛山市凯林精细化工有限公司〈P2288〉;广东东方树脂有限公司〈P2290〉

制罐防渗胶 N08001451

Anti-permeate adhesive for making tin

【生产厂】[粤]广东省宝月化工总厂〈P2290〉

文具胶;文具胶带 N08001501

Adhesive for stationery

适用于美工设计、文教、绘画等

【生产厂】[苏]无锡宏昌胶粘带有限公司〈P1873〉

封边用热熔胶;木工用热熔胶 N08001601

Hot melt adhesive for edge sealing

用于家具、木器封边、贴面

【生产厂】[沪]上海路嘉胶粘剂有限公司〈P1752〉;[鲁]山东久隆高分子材料有限公司(200 吨)〈P2028〉;泰安市利达胶业有限公司〈P2138〉;[粤]三联粘合剂(深圳)有限公司〈P2269〉

牛皮纸热熔胶带;热敏胶带 N08001801

Hot melt adhesive tape for kraft

用于各种纸板箱、塑箱的密封,建筑业各种板材的粘缝和遮蔽等

【生产厂】[京]北京爱德泰普膜制品厂(100 万平方米)〈P1543〉;[冀]廊坊永茂胶粘制品有限公司〈P1662〉;大城西杜橡胶制品厂〈P1658〉;河北奥环胶粘工业有限公司(5000 吨)〈P1647〉;[苏]无锡宏昌胶粘带有限公司〈P1873〉;[鲁]山东北方现代化学工业有限公司(150 吨)〈P2027〉;青岛万达包装制品有限公司〈P2044〉;[粤]中山市皇冠胶粘制品有限公司〈P2283〉

热熔胶黏剂薄膜 N08002001

Hot melt adhesive film

用于电力电缆收缩套管的密封粘接

【生产厂】[鲁]山东久隆高分子材料有限公司(200 吨)〈P2028〉

复膜胶 N08002101

Complex film adhesive

用于纸塑、塑塑印刷复膜

【生产厂】[津]天津市第二十四塑料制品厂(2000 吨)〈P1584〉;[鲁]山东久隆高分子材料有限公司(150 吨)〈P2028〉;山东华诚高科胶粘剂有限公司〈P2095〉;[豫]黎明化工研究院〈P2181〉;[粤]壮丽印刷辅助材料有限公司〈P2295〉;深圳市宝安周益化工实业有限公司〈P2270〉;[川]成都拓利化工实业有限公司〈P2316〉

水性复膜胶 N08002151

Complex film adhesive, water-soluble

用于各种纸箱、彩箱、酒盒、服装盒、手提袋等的封口粘接

【生产厂】[闽]福建洪洋集团有限公司〈P1996〉;[鲁]济南华泰隆化工有限公司〈P2022〉;青州贝特化工有限公司〈P2090〉;山东青州日月化工有限公司〈P2097〉;山东华诚高科胶粘剂有限公司〈P2095〉;山东青州华诚化工有限公司〈P2096〉;青州市金达化工有限公司(100 吨)〈P2092〉;烟台芝罘永固化工有限公司〈P2120〉;[豫]郑州宏德包装材料有限公司(500 吨)〈P2170〉;河南宇蓝科技公司(500 吨)〈P2194〉;[鄂]湖北省化学工业研究设计院〈P2228〉;[粤]深圳市宝安周益化工实业有限公司〈P2270〉;中山市东菱合成树脂厂〈P2283〉;[川]成都兰波化工有限公司〈P2312〉

SBS 热熔性万能胶 N08002301

SBS Hot melt allpurpose adhesive

【生产厂】[冀]邯郸市百立尔化工建材有限公司〈P1638〉;[苏]常州市五兔王胶水厂(1000 吨)〈P1854〉

过氯乙烯树脂胶黏剂;聚氯乙烯薄膜黏合剂;聚氯乙烯黏合剂 N09010101

Chlorinated polyvinyl chloride adhesive

用于皮革制品、硬质聚氯乙烯塑料及聚氯乙烯薄膜的粘接

【生产厂】[粤]中山市东菱合成树脂厂〈P2283〉;中山市新叶树脂制品有限公司〈P2284〉

树脂胶 N09010201

Resin adhesive

用于粘接金属、尼龙织物、塑料等

【生产厂】[沪]上海唐新活性炭有限公司〈P1767〉;上海联化化工有限公司〈P1751〉;[鲁]山东金秋化工科技有限公司(200 吨)〈P2149〉;[豫]河南省惠康实业总公司〈P2167〉;巩义市豫西化工厂(500 吨)〈P2164〉;[桂]广西梧州松脂股份有限公司〈P2300〉

少溶剂快干绝缘浸渍胶 N09010231

Quick drying insulated dipped adhisive

主要用于出口到湿热带国家的电机线圈的浸渍绝缘处理

【生产厂】[苏]无锡友联绝缘材料有限公司〈P1883〉

绝缘灌封胶;电子灌封胶 N09010291

Insulating embedding adhesive

用于各种电器、电子元器件等的灌封及密封

【生产厂】[豫]郑州华宇科技有限公司〈P2171〉;[鄂]湖北省化学研究院〈P2228〉;[湘]长沙市化工研究所〈P2247〉;[粤]广州市金永固新材料有限公司〈P2264〉;博罗县强力复合材料有限公司〈P2277〉;深圳市景江化工有限公司〈P2271〉;深圳市图特美高分子材料有限公司〈P2272〉;深圳市滴达胶粘剂有限公司〈P2270〉;深圳市固加实业发展有限公司〈P2270〉;深圳市淳昌科技有限公司〈P2270〉;三化绝缘材料(东莞)有限公司〈P2278〉;[川]中蓝晨光化工研究院〈P2320〉;成都今天化工有限公司〈P2311〉

通用塑料胶黏剂;聚烯烃胶黏剂 N09010300

Adhesive for general plastic

适用于难粘聚烯烃材料聚乙烯、聚丙烯塑料制品的粘接

【生产厂】[沪]上海金冠化工有限公司〈P1744〉;[浙]杭州顺祥工贸有限公司〈P1922〉

聚氯乙烯电气绝缘胶带　N09010501
PVC Electric insulation tape
用于电力、电讯、电器等行业的绝缘包扎
【生产厂】[冀]石家庄龙宫橡塑制品有限公司〈P1628〉;[辽]大连震美通用胶带有限公司〈P1695〉;[沪]上海耀品胶粘制品有限公司〈P1774〉;上海力巨综研胶粘制品有限公司〈P1750〉;上海永冠胶粘制品有限公司〈P1775〉;[鲁]青岛海佳胶带有限公司〈P2035〉;[粤]广东江门晶祥塑胶厂〈P2284〉

聚氯乙烯胶黏剂;PVC 胶　N09010811
Polyvinyl chloride adhesive
用于粘接聚氯乙烯各种制品
【生产厂】[冀]衡水新光化工有限责任公司〈P1668〉;[鲁]山东华诚高科胶粘剂有限公司〈P2095〉;山东青州华诚化工有限公司〈P2096〉;[豫]平顶山市湛河区新材料研究所(180 吨)〈P2192〉;[粤]广州宏宝树脂涂料有限公司〈P2260〉;三联粘合剂(深圳)有限公司〈P2269〉

PVC 塑胶布;PVC 胶布　N09010851
PVC Rubber coated fabric
【生产厂】[沪]上海国成塑料有限公司〈P1735〉;[苏]苏州华苏塑料有限公司〈P1900〉;[皖]舒城县万年防水新材料有限责任公司〈P1985〉;[闽]隆台(厦门)塑胶工业有限公司〈P1991〉;[鲁]淄博正德建筑装饰材料有限公司(1000 吨)〈P2077〉;[粤]广州宏焕塑胶工业有限公司〈P2260〉;广州宏信塑胶工业有限公司〈P2260〉

901 胶　N09010901
Adhesive 901
广泛用于粘贴墙纸、墙布、水泥制品、地砖、地板等
【生产厂】[苏]南京扬子复合材料有限公司〈P1791〉;[豫]偃师市关庄涂料厂(800 吨)〈P2188〉

聚乙烯防腐胶带　N09011202
Polyethylene anticorrosive adhesive tape
用于石油天然气、石油化工、城市燃气等管道建设工程钢管外防腐
【生产厂】[冀]廊坊永茂胶粘制品有限公司〈P1662〉;全民塑胶防腐材料有限公司〈P1662〉;中油嘉昱防腐技术有限公司〈P1663〉;[苏]常州市中意橡塑制品有限公司〈P1857〉;[浙]宁波安达防腐材料有限公司〈P1929〉

聚氯乙烯胶带;PVC 胶带　N09011601
Polyvinyl chloride tape
用于600V 及以下电线、电缆、电器设备的绝缘保护,工业过程中的捆绑、线束绑扎等
【生产厂】[冀]石家庄龙宫橡塑制品有限公司〈P1628〉;邢台市跨越塑料有限公司〈P1643〉;[沪]上海永冠胶粘制品有限公司〈P1775〉;[苏]江苏永龙胶业有限公司〈P1823〉;[鲁]青岛海佳胶带有限公司〈P2035〉;[粤]揭阳市新广盛胶粘制品有限公司〈P2295〉

油墨胶　N09011901
Adhesive for printing ink
【生产厂】[鲁]山东华诚高科胶粘剂有限公司〈P2095〉;[粤]百宁纺织化工(中山)有限公司〈P2282〉

汽车专用胶黏剂;汽车胶　N09013041
Speciality adhesive for automobile
主要应用于汽车
【生产厂】[津]天津市合成材料工业研究所(600 吨)〈P1589〉;[冀]保定博大工贸有限公司〈P1644〉;[吉]吉林省石油化工设计研究院〈P1714〉;[沪]上海东和胶粘剂有限公司〈P1732〉;上海野川化工有限公司〈P1774〉;[粤]顺德王田化工实业有限公司〈P2293〉;[川]中蓝晨光化工研究院〈P2320〉

金、银卡胶水　N09020301
Adhesive for golden or silvern card
用于制金、银卡
【生产厂】[鲁]山东华诚高科胶粘剂有限公司〈P2095〉;山东青州华诚化工有限公司〈P2096〉;[粤]深圳市宝安周益化工实业有限公司〈P2270〉

输送带难燃黏合剂　N09020401
Flame resisting adhesive for conveyer belt
适用于各种输送带接头粘接
【生产厂】[晋]山西省榆社县三益化工厂〈P1676〉

胶黏剂 401;401 胶　N09020904
Adhesive 401
主要用于橡胶与橡胶、金属、木材、混凝土、玻璃等材料的黏合,对多种材料均具有良好的黏合性能
【生产厂】[京]北京居欢化工有限公司〈P1553〉;北京东盛创远科技发展有限公司〈P1547〉;[川]四川金来缘科技有限公司〈P2318〉

硅橡胶黏合剂　N09021001
Silicone rubber adhesive
【生产厂】[沪]上海康达化工有限公司(15 吨)〈P1747〉;[苏]江苏泰春胶粘剂有限公司〈P1822〉

橡胶黏合剂;橡胶水　N09021801
Rubber adhesive
主要用于橡胶胶管、橡胶轮胎、传送带的黏合
【生产厂】[津]天津市静海县通达橡胶制品厂(500 吨)〈P1596〉;天津市创新有机化工厂(200 吨)〈P1582〉;[冀]河北华美化工建材集团有限公司〈P1658〉;[苏]丹阳市胜达化工有限公司(500 吨)〈P1840〉;常熟市阻燃化工有限公司(100 吨)〈P1892〉;江苏泰春胶粘剂有限公司〈P1822〉;[鲁]东营市恒益化工有限责任公司(500 吨)〈P2082〉;[豫]郑州华宇科技有限公司〈P2171〉;新乡市天力胶体新材料有限公司(5 吨)〈P2206〉;[粤]广州市团结橡胶厂有限公司(400 吨)〈P2266〉

橡胶黏合剂 RS;间苯二酚与硬脂酸混合物　N09021851
Rubber adhesive RS
适用于天然胶和各种合成胶与金属、尼龙、人造丝、聚酯、棉、维尼纶、玻璃纤维等骨架材料的黏合
【生产厂】[陕]陕西岐山县宝益橡塑助剂有限公司〈P2351〉

橡胶黏合剂 RE;间苯二酚-乙醛预缩合树脂　N09021881
Rubber adhesive RE

与次甲基给予体并用，可提高橡胶胶料与浸渍或未经浸渍骨架材料的黏合强度，也可单独使用作为胶料的增黏剂

【生产厂】[鲁]荣成市天宇科技有限公司(1000 吨)〈P2122〉；山东文登振宇化工有限公司〈P2124〉

橡胶黏合剂 RH；间苯二酚与六亚甲基四胺络合物　N09021891

Rubber adhesive RH

【生产厂】[陕]陕西岐山县宝益橡塑助剂有限公司〈P2351〉

橡胶修补剂　N09022001

Rubber repairing agent

用于修复运输带、电缆、胶辊等的局部破损，电缆接头的绝缘密封，也可用作设备的防气蚀的内衬涂层

【生产厂】[京]北京市天山新材料技术公司〈P1560〉；[鄂]湖北回天胶业股份有限公司〈P2237〉；[陕]陕西科信化工新材料有限公司〈P2346〉

工业用特种胶　N09030301

Special adhesive for industry

【生产厂】[苏]常进化工(苏州)有限公司〈P1889〉；[鲁]烟台芝罘永固化工有限公司〈P2120〉；[粤]深圳市长先科技实业有限公司〈P2270〉

带压堵漏密封剂　N09030401

Plugging sealant, with pressure

用于石油、化工、电力、轻纺、冶金、机械制造等系统的管道、阀门、容器、变压器油路等的带压力堵漏、抢修

【生产厂】[沪]上海江升密封材料有限公司〈P1743〉；[甘]甘肃金环堵漏技术开发公司〈P2355〉

密封胶　N09030500

Sealant

用于建筑工程、水利工程、钢筋混凝土建物接缝部位止水密封、电缆接头密封等

【生产厂】[辽]抚顺哥俩好集团有限公司〈P1698〉；[沪]上海华化塑胶有限公司〈P1738〉；[苏]苏州市第四橡胶有限公司〈P1903〉；江苏泰春胶粘剂有限公司〈P1822〉；[浙]杭州包尔得有机硅有限公司〈P1915〉；浙江华成有机硅材料有限公司〈P1927〉；[鲁]山东北方现代化学工业有限公司(2000 吨)〈P2027〉；[豫]商丘市博大化工有限公司〈P2226〉；[鄂]湖北英华密封材料有限公司〈P2228〉；武汉爱塞克斯化学有限公司〈P2229〉；武汉国利精细化工有限公司〈P2229〉；[粤]广州市白云化工实业有限公司〈P2263〉；广东信力特种橡胶制品有限公司〈P2281〉；中山市迈克化工有限公司〈P2283〉；广东高聚化学工业有限公司(3000 吨)〈P2290〉

汽车用点焊密封胶；点焊胶　N09030501

Spot welding sealant for car

用于汽车制造工艺中需点焊处，起密封作用

【生产厂】[京]北京龙苑伟业新材料有限公司〈P1555〉；[赣]江西省励远化工科技实业公司(150 吨)〈P2009〉；[鄂]湖北英华密封材料有限公司〈P2228〉；武汉爱塞克斯化学有限公司〈P2229〉

电气密封胶　N09030510

Sealant for electrical equipment

用于各类洗衣机、电脑程控板的密封及电子元件、开关密封

【生产厂】[津]天津市储盛工业建筑装饰有限公司〈P1582〉

JD-16-1 胶黏带；纸基胶带　N09030601

Adhesive tape JD-16-1

用于导线结扎，也可用作一般电工绝缘

【生产厂】[豫]新乡市双飞胶粘带有限公司(30 万卷)〈P2206〉；[粤]广东高聚化学工业有限公司〈P2290〉

工业胶带　N09030701

Industrial adhesive tape

适用于风管、水管、输油管等地面及地下管路的防腐保护

【生产厂】[粤]广州市骏万丰公司〈P2265〉

电器胶带　N09030801

Adhesive tape for electrical appliance

适用于汽车配线、电线缠绕等

【生产厂】[冀]廊坊永茂胶粘制品有限公司〈P1662〉；河北华夏实业有限公司〈P1648〉；[苏]常熟市江南胶带有限公司〈P1890〉；[粤]广东省南海大沥永顺胶粘带制品厂〈P2291〉

包装胶带　N09030901

Packaging adhesive tape

适用于纸箱封箱、包扎

【生产厂】[辽]大连震美通用胶带有限公司〈P1695〉；[闽]厦门长天塑化有限公司(6000 万平方米)〈P1991〉；[鲁]青岛林泰工贸有限公司〈P2040〉；[粤]深圳市润邦综研科技有限公司〈P2272〉；中山市皇冠胶粘制品有限公司〈P2283〉

三元乙丙密封条；EPDM 密封条　N09031001

EPDM Rubber sealing strip

【生产厂】[苏]常州市润和发达橡胶制品有限公司〈P1853〉；宜兴市兴科橡塑制品有限公司〈P1887〉；[闽]厦门万里橡塑制品有限公司〈P1993〉；[粤]深圳市国志汇富高分子材料股份有限公司〈P2271〉

厌氧型平面密封胶　N09031101

Anaerobic plane sealant

用于金属结合面的密封

【生产厂】[赣]江西省宜春市瑞思博化工有限公司〈P2016〉；[鲁]泰盛精化新材料有限公司〈P2115〉；烟台市德邦科技有限公司(120 吨)〈P2118〉；安特化工(烟台)有限公司〈P2108〉；[粤]合众(台湾)密封剂有限公司力泰厌氧胶厂〈P2278〉

密封阻尼胶　N09031201

Seal damping adhesive

适用于大小客车、冷藏车、旅行客车、家用空调、汽车空调等的防水、防尘、防震的密封阻尼

【生产厂】[苏]宜兴市兴科橡塑制品有限公司〈P1887〉

弹性防水密封膏　N09031701

Elastic water-proof sealing cream

适用于屋面、天沟、雨篷、地面的板、砖黏结和地下建筑等一切混凝土屋面防水层

【生产厂】[苏]扬州亚菲涂料有限公司〈P1820〉

N

丁苯橡胶沥青密封膏　N09031801

Styrene-butadiene rubber asphalt sealing cream

【生产厂】[赣]江西玉龙防水材料厂〈P2009〉

建筑黏合剂；建筑胶黏剂　N09040201

Adhesive for construction

【生产厂】[京]北京东方华龙建筑材料有限公司〈P1546〉；北京爱德泰普膜制品厂〈P1543〉；北京慕湖外加剂有限公司〈P1556〉；[冀]衡水新光化工有限责任公司〈P1668〉；[沪]上海宝山万宇建筑外加剂厂〈P1728〉；[鲁]山东华诚高科胶粘剂有限公司〈P2095〉；山东青州华诚化工有限公司〈P2096〉；[豫]郑州华宇科技有限公司〈P2171〉

建筑装饰胶；118 胶　N09040251

Decorative adhesive for construction

【生产厂】[冀]石家庄金鱼涂料集团公司〈P1627〉；[沪]上海野川化工有限公司〈P1774〉；[粤]广东东丽化工有限公司〈P2295〉

建筑胶粉　N09040291

Glue powder for construction

用于墙体腻子

【生产厂】[京]北京东方华龙建筑材料有限公司〈P1546〉；[豫]洛阳三星化工有限公司(100 吨)〈P2183〉

107 胶；聚乙烯醇缩甲醛胶黏剂 107　N09040301

Polyvinyl formal adhesive for construction 107

用于粘贴瓷砖、马塞克等，还用于生产普通涂料

【生产厂】[京]北京雪莲涂料厂〈P1564〉；北京爱德泰普膜制品厂〈P1543〉；[冀]邯郸市百立尔化工建材有限公司〈P1638〉；邯郸市益福隆涂料有限公司〈P1639〉；[辽]大连金川豹涂料装饰工程有限公司〈P1692〉；[沪]上海卫杰工贸有限公司〈P1770〉；[鲁]济南台岛化工有限公司(1500 吨)〈P2025〉；济南黄河涂料厂(15 吨)〈P2022〉；东营市方圆实业有限责任公司(600 吨)〈P2081〉；[豫]汤阴县忠武建筑涂料有限公司〈P2212〉；河南省滑县 934 涂料厂(300 吨)〈P2211〉；林州市水晶涂料厂〈P2212〉；漯河市洁光涂料厂〈P2220〉；三门峡市保质涂料厂(500 吨)〈P2222〉；三门峡西站大营涂料厂(300 吨)〈P2222〉；峡西八七涂料厂(500 吨)〈P2222〉；陕县光明涂料厂〈P2222〉；河南省义马市鸿庆涂料厂(200 吨)〈P2221〉；渑池县三保涂料厂(50 吨)〈P2222〉；渑池县永兴涂料厂(500 吨)〈P2222〉；尉氏县红太阳涂料厂(100 吨)〈P2179〉；尉氏县一品涂料厂(150 吨)〈P2179〉；商丘凯光涂料厂〈P2226〉；[粤]广州市康明硅橡胶科技有限公司〈P2265〉；增城市亿克有机硅有限公司(100 吨)〈P2268〉；南海市利达有机硅有限公司〈P2291〉；[川]成都今天化工有限公司〈P2311〉；[新]乌鲁木齐鑫彩虹涂料有限公司〈P2363〉

建材板用胶黏剂　N09040310

Adhesive for board

用于金属与多孔材料粘接，如铝合金或钢板与聚氨酯泡沫或树脂浸渍的纸质蜂窝材料之间的粘接

【生产厂】[闽]厦门冶建材料厂〈P1993〉；[鲁]山东省临朐县龙马化工有限公司〈P2097〉

建筑胶；建筑胶水　N09040320

Construction adhesive

【生产厂】[京]北京居欢化工有限公司〈P1553〉；北京新华福兴工贸有限公司〈P1563〉；北京德辉新型建筑材料有限公司〈P1546〉；北京京齐漆业有限公司〈P1552〉；北京莱恩斯涂料有限公司〈P1554〉；[沪]上海中南建筑材料公司〈P1779〉；上海汇丽集团有限公司〈P1741〉；[苏]常州光辉化工有限公司〈P1847〉；徐州市西关化工厂〈P1796〉；[鲁]莱阳市金易化工有限公司〈P2108〉；[豫]郑州白玉涂料厂(800 吨)〈P2169〉；洛阳月阳工贸有限公司(1200 吨)〈P2188〉；[鄂]武汉美利信新型建材有限责任公司〈P2231〉；[粤]广州市延安油漆集团股份有限公司〈P2267〉；广州市白云化工实业有限公司(3700 吨)〈P2263〉；东莞市石龙合众涂料厂〈P2280〉；[渝]重庆宏漆涂料有限公司〈P2305〉

无醛建筑胶水；腻子胶水　N09040351

Non-formaldehyde adhesive for building

广泛应用于家装工程中的混凝土粘接和涂装前打底黏胶

【生产厂】[苏]南京摩尔精细化工厂〈P1787〉；[浙]温州罗浮塔涂料有限公司〈P1937〉；[渝]重庆宏漆涂料有限公司〈P2305〉

建筑防水沥青嵌缝油膏；油膏　N09040401

Waterproof asphalt caulking putty for construction JC-76

主要用于嵌缝建筑物的防水接缝

【生产厂】[京]北京东盛创远科技发展有限公司〈P1547〉；[辽]大连市建筑防水材料厂〈P1693〉；[赣]江西玉龙防水材料厂〈P2009〉

防水嵌缝密封胶　N09040421

Water-proof caulked joint sealant

【生产厂】[浙]玉环密得邦化学有限公司〈P1963〉

改性沥青黏结剂　N09040451

Modified asphalt adhesive

用作卷材专用黏结剂

【生产厂】[辽]大连市建筑防水材料厂〈P1693〉

接木胶；接地板胶　N09040501

Adhesive for wood

用作木材胶黏剂

【生产厂】[沪]上海东和胶粘剂有限公司〈P1732〉

地板胶　N09040601

Adhesive for floor board

用于地板、瓷砖、塑料地板等粘接

【生产厂】[京]北京居欢化工有限公司〈P1553〉；[沪]上海卫杰工贸有限公司〈P1770〉；[苏]南京扬子复合材料有限公司(2000 吨)〈P1791〉；[浙]嘉兴市金利化工有限责任公司〈P1942〉；[皖]来安县亨通橡塑制品有限公司(240 吨)〈P1982〉；[鲁]济南黄河涂料厂(5 吨)〈P2022〉；山东华诚高科胶粘剂有限公司〈P2095〉；龙口市云龙密封材料有限公司〈P2111〉

强力地板黏合剂；强化地板胶　N09040605

Superpower adhesive for floor

主要用在复合地板的拼接，也可以用于一般家具的粘接

【生产厂】[津]天津市津西光明福利橡胶制品厂(560 吨)〈P1595〉；[浙]玉环密得邦化学有限公司〈P1963〉

聚苯泡沫板胶；苯板胶　N09040651

Adhesive for polystyrene foam sheet

N

【生产厂】[京]北京居欢化工有限公司〈P1553〉;[辽]营口星火化工有限公司〈P1705〉

弹性水基阻尼胶 N09040751

Elastic water-based damping adhesive

【生产厂】[苏]江阴市夏港化工厂〈P1871〉

强力 AB 胶 N09040831

Superpower adhesive AB

【生产厂】[闽]福建省闽清县华宇胶粘剂厂〈P1988〉;[粤]深圳市图特美高分子材料有限公司〈P2272〉;深圳市吉鹏硅氟材料有限公司〈P2271〉;中山市迈克化工有限公司〈P2283〉

木工 AB 胶 N09040851

Woodworker AB adhesive

适用于木材、竹质材、胶合板、人造木材、细木工板、刨花板、纤维板等

【生产厂】[沪]上海东和胶粘剂有限公司〈P1732〉;[粤]三联粘合剂(深圳)有限公司〈P2269〉

保护胶 N09040901

Protecting adhesive

用于金属、工艺玻璃等

【生产厂】[京]北京金源恒泰精细化工有限公司〈P1552〉;[辽]营口星火化工有限公司〈P1705〉;[鲁]青州贝特化工有限公司(80 吨)〈P2090〉

保护膜胶黏带;保护胶带 N09040911

Adhesive tape, protected film

用于铝合金门窗、彩板门窗、有机玻璃板、家用电器等表面保护

【生产厂】[京]北京市密云县丰丰粘接材料厂〈P1560〉;[冀]河北华夏实业有限公司〈P1648〉;[苏]无锡宏昌胶粘带有限公司〈P1873〉;无锡昌盛胶粘制品有限公司〈P1872〉;无锡三力保护膜有限公司〈P1874〉;江阴市标贴材料厂〈P1868〉;[粤]永大(中山)有限公司〈P2282〉

自粘性保护膜 N09040951

Self-bonding protective film

用于铝塑复合板、镜面不锈钢板、彩钢板、铝型材、塑钢门窗、玻璃等表面的保护

【生产厂】[苏]无锡三力保护膜有限公司〈P1874〉;江阴市东风化工总厂有限公司(1000 万平方米)〈P1868〉

保护膜胶 N09040991

Protected film adhesive

用于铝塑板、铝型材、电子产品、人造石、地板砖等,也可用于 PVC、PET 保护膜

【生产厂】[京]北京爱德泰普膜制品厂〈P1543〉;[鲁]山东华诚高科胶粘剂有限公司〈P2095〉;山东青州华诚化工有限公司〈P2096〉

门窗密封剂 N09041001

Sealant for door and window

【生产厂】[浙]浙江华成有机硅材料有限公司〈P1927〉;[豫]郑州中原应用技术研究开发有限公司(200 吨)〈P2176〉

结构装配密封剂 N09041002

Sealant for construction assemble

用于家电、建筑等行业产品密封

【生产厂】[豫]郑州中原应用技术研究开发有限公司(100 吨)〈P2176〉;郑州华宇科技有限公司〈P2171〉

密封剂 N09041031

Encapsulant

【生产厂】[沪]上海回天化工新材料有限公司〈P1740〉;[浙]杭州国电水利电力工程有限公司大坝安全工程公司〈P1917〉

汽车车身聚氯乙烯密封胶 N09041071

Polyvinyl chloride sealing adhesive for car

【生产厂】[鄂]武汉爱塞克斯化学有限公司〈P2229〉

汽车密封胶 N09041091

Sealing adhesive for car

【生产厂】[京]北京西令胶粘密封材料有限责任公司(4000 吨)〈P1563〉;北京龙苑伟业新材料有限公司〈P1555〉;[鲁]临朐新颜铝业有限公司胶粘剂厂〈P2090〉

贴合胶 N09041201

Joint adhesive

用于 PVC 布与海棉布、塑胶布等的贴合

【生产厂】[闽]隆台(厦门)塑胶工业有限公司〈P1991〉;[粤]百宁纺织化工(中山)有限公司〈P2282〉

建筑密封胶 N09041301

Sealant adhesive for construction

用于铝合金门窗、玻璃幕墙、玻璃拼接以及卫生设施的密封

【生产厂】[苏]扬州德克化学有限公司〈P1817〉;[粤]潮阳市金南化工有限公司〈P2275〉

有机硅胶黏剂 N09041401

Silicone adhesive

用于粘接密封、灌封、模具制作等

【生产厂】[沪]上海回天化工新材料有限公司(500 吨)〈P1740〉;[浙]浙江科力厌氧胶有限公司〈P1928〉;[粤]广州市白云化工实业有限公司〈P2263〉;广州得尔塔有机硅技术开发有限公司〈P2260〉;广州市康明硅橡胶科技有限公司〈P2265〉

双面胶 N09041501

Double-face adhesive

用于高级装璜

【生产厂】[沪]上海耀品胶粘制品有限公司〈P1774〉;[粤]深圳市宝安周益化工实业有限公司〈P2270〉

发泡胶条 N09041551

Foaming adhesive tape

【生产厂】[辽]大连科技橡胶密封件厂〈P1692〉;[鲁]青岛鲲鹏橡胶制品厂〈P2039〉

拼板胶 N09041601

Plate alignment adhesive

用于门窗、木地板、硬木、集成材胶合、饰面板的表面黏合

【生产厂】[黑]黑龙江泰尔化工(中韩合资)有限公司〈P1722〉;[沪]上海路嘉胶粘剂有限公司〈P1752〉;上海东和胶粘剂有限公司〈P1732〉;[苏]宜兴市腾星化工有限公司〈P1887〉;连云港开发区三维工贸公司〈P1798〉;[鲁]山东华诚高科胶粘剂有限公司〈P2095〉;颐中(青岛)实业有

限公司(200吨)〈P2048〉;[粤]三联粘合剂(深圳)有限公司〈P2269〉;中山市恒达胶业有限公司〈P2283〉;[黔]贵州水晶化工股份有限公司〈P2337〉

防水透明胶 N09042001

Transparent and waterproof adhesive

【生产厂】[京]北京东盛创远科技发展有限公司〈P1547〉;北京中核研技术有限公司〈P1566〉

防水胶 N09042101

Water-proof adhesive

适用于高分子防水卷材和改性沥青防水卷材的粘接

【生产厂】[辽]营口星火化工有限公司〈P1705〉;盘锦禹王防水建材集团〈P1707〉;[沪]上海侨茂建筑防水材料有限公司〈P1757〉;[鲁]潍坊市晨鸣新型防水材料有限公司〈P2104〉;龙口市宇龙密封材料有限公司〈P2111〉;[豫]三门峡市八四八化工厂(2000吨)〈P2222〉;[粤]广州市东风化工实业有限公司〈P2263〉;深圳市长先科技实业有限公司〈P2270〉

砂型黏结剂 N09050101

Sand mould adhesive

适用于冷、热、自硬树脂及各种油砂和水玻璃型(芯)砂黏结修补,也可适用于室内瓷砖、马赛克和木质地板的粘接

【生产厂】[苏]宜兴市远东化工有限公司〈P1888〉;[鲁]昌乐恒昌化工有限公司(500吨)〈P2088〉;[川]四川省广汉市古城化工厂〈P2327〉;中美合资迪邦(泸州)化工有限公司〈P2323〉

铸造黏合剂 N09050201

Binder for casting

用于铸造工业铸件砂芯材料的粘接

【生产厂】[辽]丹东龙泽化工有限责任公司〈P1700〉;[苏]常州市铸航化工有限公司(500吨)〈P1857〉;[鲁]山东瑞泰化工(集团)有限公司(1000吨)〈P2136〉

铸造黏结剂 N09050501

Casting binder

用于铸造

【生产厂】[苏]宜兴市范道有机化工厂〈P1884〉

丝网感光胶;丝网漏印胶 N09060601

Photosensitive adhesive for silk screen

用于丝网漏印制板工艺

【生产厂】[浙]江山金固特化工有限公司〈P1957〉

封网胶;补网胶 N09060651

Blocking adhesive

丝网印刷网版制好后通过封边、补网、防止印花浆料漏浆

【生产厂】[浙]江山金固特化工有限公司(150吨)〈P1957〉

速溶胶粉;熟胶粉 N09060731

Adhesive powder, rapid-dissolve

【生产厂】[京]北京科林华工贸有限公司〈P1554〉;[赣]江西科源新材料科技有限公司〈P2008〉;[豫]洛阳三星化工有限公司(120吨)〈P2183〉;偃师市福兴纤维素厂(1000吨)〈P2188〉;[粤]广州市高士实业有限公司〈P2264〉

木胶粉 N09060751

Wood adhesive powder

用作木材胶黏剂,适用于家具组装、木板拼接、板材贴面、木件接合、板材胶合等

【生产厂】[沪]上海东和胶粘剂有限公司〈P1732〉;[浙]嘉兴市金利化工有限责任公司〈P1942〉;[鲁]淄博奥威粘合剂有限公司(1000吨)〈P2058〉;[粤]广州市高士实业有限公司〈P2264〉

铝转移胶 N09060801

Transfer adhesive of aluminium

用于镀铝膜铝转移纸上

【生产厂】[粤]深圳市宝安周益化工实业有限公司〈P2270〉

骨胶 N09061101

Bone glue

用作砂纸、砂轮、砂布、铅笔等的黏合

【生产厂】[冀]衡水成大明胶有限公司〈P1667〉;沧州市学洋明胶有限公司〈P1653〉;河北省沧州汇鑫防烧剂厂〈P1654〉;[沪]上海双凤骨明胶有限公司〈P1765〉;[鲁]滕州市制胶化工厂(1000吨)〈P2079〉;[豫]唐河县瑞祥明胶有限公司〈P2225〉;[青]青海金牛胶业集团有限公司(1600吨)〈P2359〉

108 胶 N09061301

Adhesive 108

用于橡胶、金属、陶瓷、木材等材料的相互黏合或密封

【生产厂】[京]北京新华福兴工贸有限公司〈P1563〉;北京雪莲涂料厂〈P1564〉;北京德辉新型建筑材料有限公司〈P1546〉;[津]天津市万荣化工工业公司(450吨)〈P1606〉;天津市北辰区利顺达粘合剂厂(100吨)〈P1579〉;[黑]佳木斯市哈北星涂料厂〈P1725〉;[豫]尉氏县一品涂料厂〈P2179〉

环保 108 胶 N09061351

Adhesive 108, environmental-protection type

用于建筑装饰、粉刷、地面加固等

【生产厂】[鲁]济南黄河涂料厂(12吨)〈P2022〉

阻燃冷补胶 N09061501

Flameretardant cold repair adhesive

适用于6000伏以下橡套电缆

【生产厂】[晋]山西省榆社县三益化工厂〈P1676〉

阻燃胶带 N09061551

Flameretardant adhesive tape

【生产厂】[津]天津天和橡胶工业有限公司(200万套)〈P1615〉;[晋]山西省榆社县三益化工厂〈P1676〉;[苏]江苏永龙胶业有限公司〈P1823〉;常熟市江南胶带有限公司〈P1890〉;常州市江南胶带有限公司〈P1892〉

热固性结构胶 N09062201

Thermosetting structural adhesive

【生产厂】[津]天津东洋油墨有限公司〈P1571〉

电致发光专用胶 N09062301

Electroluminescence adhesive

用于电致发光片

【生产厂】[粤]深圳市高展实业有限公司〈P2270〉

N

高级皮带胶　N09062501
High-grade strap adhesive
广泛用于各行业的棉帆布、维纶、尼龙、聚酯等多层芯的皮带接头快速粘接和修补
【生产厂】[陕]陕西科信化工新材料有限公司〈P2346〉

高强度黏合剂　N09062601
High strength adhesive
【生产厂】[鲁]青州市三星化工厂〈P2093〉;[川]成都拓利化工实业有限公司〈P2316〉

鞋用胶黏剂　N09062701
Adhesive for shoes
用于制鞋
【生产厂】[津]天津市橡胶制品七厂(900 吨)〈P1607〉;天津市双祥化工厂(200 吨)〈P1602〉;[沪]上海野川化工有限公司〈P1774〉;[苏]镇江市灵达化工有限公司(10 万吨)〈P1845〉;[闽]鑫源热熔胶有限公司〈P2001〉;[粤]东莞茂兴热熔胶厂〈P2279〉;广东省宝月化工总厂〈P2290〉

糊精　N09062901
Dextrin [9004-53-9]
是良好的胶黏剂,如纸张的上胶、纺织品的上浆、油墨的配制等,也用作药物的赋型剂和阿拉伯树胶的代用品等
【生产厂】[冀]河北君临淀粉有限公司〈P1641〉;[皖]淮南山河药用辅料有限公司〈P1976〉;[豫]巩义市神都耐材有限公司〈P2164〉;孟州市鑫源有限责任公司(3 万吨)〈P2197〉
【使用厂】[冀]石家庄市新华染料化工厂〈P1631〉

蓄电池封口胶;蓄电池胶　N09063101
Battery sealant
用作蓄电池灌浇封口
【生产厂】[津]天津市津南区新桥绝缘材料有限公司(1000 吨)〈P1594〉;[苏]无锡市裕田高分子材料有限公司(150 吨)〈P1881〉;无锡友联绝缘材料有限公司〈P1883〉

滚筒包胶黏合剂　N09063201
Roller encapsulate adhesive
主要用于皮带输送机传动滚筒现场包胶,以及橡胶与金属、帆布与金属的常温硫化黏合
【生产厂】[陕]陕西科信化工新材料有限公司〈P2346〉

搪玻璃修补胶　N09063301
Glass-lined repairing adhesive
专用于搪玻璃反应釜破损处修补
【生产厂】[赣]江西设备防腐公司〈P2009〉

弹性乳液　N09063401
Elastic emulsion
用于嵌缝、制备防水涂料、密封胶等
【生产厂】[京]北京科林华工贸有限公司〈P1554〉;北京市通州互益化工厂(1 万吨)〈P1560〉;[冀]衡水新光化工有限责任公司〈P1668〉;[沪]上海长风化工厂〈P1729〉;[苏]南京维高化工有限公司〈P1790〉;江苏省海安紫石化工厂〈P1831〉;[鲁]淄博峰源化工有限公司〈P2059〉;山东圣光化工集团有限公司〈P2086〉;青州贝特化工有限公司〈P2090〉;青州市宝达化工有限公司(800 吨)〈P2091〉;青州市精源助剂有限公司〈P2092〉

UPVC 管道系统胶黏剂　N09063503
Adhesive for UPVC pipeline system
适用于 UPVC 管材、管道及其板材制品粘接
【生产厂】[粤]广州市东风化工实业有限公司〈P2263〉;佛山市鲸鲨制漆科技有限公司〈P2288〉

石材硅酮密封胶　N09063514
Silicone sealant for rock materials
用于石材、水泥、道路、陶瓷工程的填缝密封
【生产厂】[京]北京西令胶粘密封材料有限责任公司〈P1563〉;[粤]广州市白云化工实业有限公司〈P2263〉

大玻璃专用密封胶　N09063515
Sealant for plate glass
用于大平板玻璃粘接、各类玻璃装配工程的粘接密封
【生产厂】[鲁]龙口市云龙密封材料有限公司〈P2111〉;[鄂]武汉现代工业技术研究院〈P2234〉;[粤]广州市白云化工实业有限公司〈P2263〉

玻璃胶　N09063521
Adhesive for glass
【生产厂】[辽]抚顺哥俩好集团有限公司〈P1698〉;[鄂]湖北英华密封材料有限公司〈P2228〉;[粤]江门市润禾化工厂有限公司(2500 吨)〈P2285〉

硅酮阻燃密封胶　N09063535
Silicone antiflaming sealant
用于各种阻燃密封
【生产厂】[鲁]龙口市宇龙密封材料有限公司〈P2111〉;[粤]广州市白云化工实业有限公司〈P2263〉

酸性硅酮玻璃密封胶　N09063541
Acid silicone glass sealant
适用于密封玻璃、鱼缸、陶瓷、铝合金材料、涂漆材料表面及大多数塑料材料及建筑材料
【生产厂】[浙]浙江华成有机硅材料有限公司〈P1927〉;玉环密得邦化学有限公司〈P1963〉

中性硅酮密封胶;硅酮密封胶　N09063551
Neutral silicone sealant
适用玻璃、铝材、瓷砖、砖石、水泥、钢材、玻璃纤维等材料
【生产厂】[浙]浙江华成有机硅材料有限公司〈P1927〉;[闽]福建省闽清县华宇胶粘剂厂〈P1988〉;[鲁]泰盛精化新材料有限公司〈P2115〉;烟台市德邦科技有限公司(20 吨)〈P2118〉;龙口市宇龙密封材料有限公司〈P2111〉;[鄂]湖北英华密封材料有限公司〈P2228〉;[粤]广州市高士实业有限公司〈P2264〉;广州市白云化工实业有限公司〈P2263〉;建华胶粘实业有限公司(2 万吨)〈P2291〉;江门市润禾化工厂有限公司〈P2285〉

硅酮结构密封胶　N09063571
Silicome structural sealant
用于玻璃、石材幕墙和平光顶及金属结构工程的结构粘接密封
【生产厂】[粤]广州市白云化工实业有限公司〈P2263〉;深圳市固加实业发展有限公司〈P2270〉

硅酮免垫片密封胶　N09063581

Silicone sealant, no-shim

广泛用于汽车、摩托车油底壳,变速器、气门罩等结合面的密封

【生产厂】[鄂]湖北枣阳四海化工有限公司〈P2237〉;[粤]深圳市吉鹏硅氟材料有限公司〈P2271〉

硅酮耐候密封胶 N09063601

Silicone weather-resistant sealant

用于各种玻璃、金属铝材、搪瓷幕墙耐候密封胶接缝密封

【生产厂】[鲁]龙口市宇龙密封材料有限公司〈P2111〉;[粤]广州市白云化工实业有限公司〈P2263〉;深圳市长先科技实业有限公司〈P2270〉

纸品乳液 N09063701

Emulsion adhesive for paper

可用于各种型号原纸与纸板涂料、粘接剂

【生产厂】[冀]衡水新光化工有限责任公司〈P1668〉;[苏]丹阳市第三化工厂〈P1840〉;常州市武进运波化工有限公司〈P1855〉;[鲁]淄博畅顺化工有限公司〈P2058〉;青州兴庆助剂有限公司〈P2094〉;枣庄市德宏化工有限公司〈P2080〉

纺织乳液 N09063801

Emulsion adhesive for textile

适用于生产各类软棉、松棉、喷胶棉、硬型无纺布及各类织物的背面涂层,特别用于耐久性压碎泡沫涂层等

【生产厂】[京]北京东联化工有限公司〈P1547〉;北京爱德泰普膜制品厂〈P1543〉;[苏]苏州天意达化工有限公司〈P1906〉;[鲁]青州市宝达化工有限公司(200 吨)〈P2091〉;青州市染料厂〈P2093〉

压敏胶胶黏剂;压敏胶 N09063901

Pressure sensitive adhesive

主要用于制造压敏胶带

【生产厂】[京]北京东联化工有限公司〈P1547〉;[冀]石家庄啟宏橡塑制品有限公司〈P1628〉;衡水新光化工有限责任公司(6600 吨)〈P1668〉;[辽]营口星火化工有限公司〈P1705〉;[吉]吉林华丰有机硅有限公司〈P1715〉;[沪]上海九元石油化工有限公司〈P1745〉;上海华谊丙烯酸有限公司〈P1739〉;[苏]江阴市标贴材料厂〈P1868〉;苏州百氏高化工有限公司〈P1899〉;[浙]温州市泰昌胶粘制品有限公司〈P1938〉;[闽]莆田市新邦胶粘制品有限公司(6000 吨)〈P1997〉;[鲁]山东北方现代化学工业有限公司(300 吨)〈P2027〉;山东省东营市金友来工贸有限责任公司〈P2085〉;山东青州华诚化工有限公司〈P2096〉;[豫]新乡市双飞胶粘带有限公司(5000 吨)〈P2206〉;[鄂]京山县华贝有机化工有限责任公司〈P2242〉;[粤]广州聚成兆业有机硅原料中心〈P2262〉;东莞茂兴热熔胶厂〈P2279〉;华辉热熔胶有限公司〈P2281〉;巴德富实业有限公司〈P2286〉;永大(中山)有限公司(2 万吨)〈P2282〉;[川]四川省广汉市新升塑胶实业有限公司〈P2327〉

热熔压敏胶;热熔型压敏胶 N09063903

Hot melt pressure sensitive adhesive

用于书刊装订、鞋革黏合衬、家具封边、纸箱包装、胶黏带、商标涂布、玩具、头饰、卫生制品等

【生产厂】[苏]无锡市万力粘合材料有限公司〈P1879〉;宜兴市光辉胶粘剂化工厂〈P1884〉;[鲁]山东久隆高分子材料有限公司(200 吨)〈P2028〉

水性压敏胶 N09063909

Pressure sensitive adhesive, water-soluble

【生产厂】[豫]郑州宏德包装材料有限公司(300 吨)〈P2170〉

商标纸胶;商标胶 N09063911

Trademark paper adhesive

主要用于啤酒瓶、饮料瓶、药用瓶等商标的粘贴

【生产厂】[冀]衡水新光化工有限责任公司〈P1668〉;[蒙]赤峰市东方化工染料助剂厂〈P1682〉;[赣]江西东川化工有限公司〈P2017〉;[鲁]山东华诚高科胶粘剂有限公司〈P2095〉;临朐县九鼎化工有限公司(500 吨)〈P2090〉;山东临朐富源精细化工有限公司(600 吨)〈P2096〉;青岛市崂山区晓望化工有限公司(600 吨)〈P2042〉;曲阜慧迪化工有限责任公司(800 吨)〈P2130〉;山东省曲阜市燕宇石油化工有限公司(700 吨)〈P2132〉;[豫]郑州宏德包装材料有限公司(300 吨)〈P2170〉;[粤]广州市金永固新材料有限公司〈P2264〉;深圳市联环有机硅材料有限公司〈P2271〉;佛山市阳光硅材料有限公司〈P2289〉

纸管胶 N09063931

Adhesive for paper tube

用于纸管、纸箱、纸盒、纸制品的粘接

【生产厂】[津]天津市百川粘合剂厂(2000 吨)〈P1579〉;[冀]衡水新光化工有限责任公司〈P1668〉;[沪]上海卫杰工贸有限公司〈P1770〉;[闽]福建洪洋集团有限公司〈P1996〉;[鲁]山东华诚高科胶粘剂有限公司〈P2095〉;[黔]贵州水晶化工股份有限公司(3000 吨)〈P2337〉

酪素蛋白胶;铝箔胶 N09063941

Adhesive for aluminum foil

主要用于高档铝箔纸和高速贴标粘贴

【生产厂】[冀]沧州市学洋明胶有限公司〈P1653〉;[沪]上海卫杰工贸有限公司〈P1770〉;[浙]乐清市今升有机化工有限公司〈P1936〉;[鲁]山东临朐富源精细化工有限公司(200 吨)〈P2096〉;[粤]深圳市宝安周益化工实业有限公司〈P2270〉;[滇]昆明庚申精细化工有限责任公司〈P2339〉

铝箔胶黏带;铝箔胶带 N09063951

Aluminum foil adhesive tape

适用于电子工业、冰箱行业冷气管包扎及管道密封等

【生产厂】[京]北京市密云县丰丰粘接材料厂〈P1560〉;[冀]廊坊永茂胶粘制品有限公司〈P1662〉;河北华夏实业有限公司〈P1648〉;涿州皓原箔业有限公司〈P1649〉;[苏]江阴美源实业有限公司(2500 万平方米)〈P1868〉;江阴市标贴材料厂〈P1868〉;江苏永龙胶业有限公司〈P1823〉;常州市江南胶带有限公司〈P1892〉;[粤]深圳市润邦综研科技有限公司〈P2272〉;广东省南海大沥永顺胶粘带制品厂〈P2291〉

裱纸胶;裱糊胶 N09063991

Adhesive for paperhanging paper

用于覆膜制品如手提袋、纸盒、纸箱的手工黏合

【生产厂】[鲁]山东华诚高科胶粘剂有限公司〈P2095〉;山东青州华诚化工有限公司〈P2096〉;烟台芝罘永固化工有限公司〈P2120〉

包装黏合剂;工业胶水;包装胶 N09064100

Packaging adhesive

用于工业及民用包装

【生产厂】[苏]丹阳市第三化工厂〈P1840〉;[鄂]湖北英华密封材料有限公司〈P2228〉;[粤]汕头鑫源化工有限公司(100 吨)〈P2277〉;深圳石化宝狮塑胶有限公司〈P2270〉;东莞茂兴热熔胶厂〈P2279〉;顺德市凤华化工有限公司〈P2292〉

高速快干卷烟胶 N09064201

Fast drying adhesive for cigarette line

【生产厂】[京]北京松上粘合剂制造有限公司〈P1562〉;[黔]贵州水晶化工股份有限公司(1000 吨)〈P2337〉

EVA 卷烟胶 N09064202

EVA adhesive for cigarette line

用于卷烟过滤嘴黏合等

【生产厂】[滇]昆明庚申精细化工有限责任公司(1500 吨)〈P2339〉

烟用胶黏剂;卷烟胶 N09064204

Adhesive for smoke

用于烟草行业

【生产厂】[苏]丹阳市第三化工厂(1000 吨)〈P1840〉;宜兴市光辉胶粘剂化工厂〈P1884〉;[鲁]颐中(青岛)实业有限公司(1500 吨)〈P2048〉;[豫]许昌荣发化工有限公司(200 吨)〈P2218〉

烟草薄片专用黏合剂 N09064205

Adhesive for tabacco thin slice

用于烟草行业

【生产厂】[鲁]鱼台奥伦特原野化工有限公司(1000 吨)〈P2134〉;[豫]洛阳三星化工有限公司(80 吨)〈P2183〉

快速卷烟包装胶 N09064207

Quick packaging adhesive for cigarette line

适用于各种卷烟金卡包装盒的粘接及其他纸品包装成型用胶

【生产厂】[苏]连云港开发区三维工贸公司〈P1798〉

涂层硅胶 N09064301

Coating silica gel

适用于防水布、防滑布、绝缘布、帐篷布等的涂饰

【生产厂】[粤]东莞市良展有机硅材料厂〈P2280〉

压敏胶黏带 N09064500

Pressure sensitive adhesive tape

广泛用于包装、电绝缘、医疗卫生、粘贴标签和作标记等

【生产厂】[冀]河北华夏实业有限公司(2 万平方米)〈P1648〉;[沪]成基化学(上海)有限公司〈P1726〉;上海市合成树脂研究所〈P1763〉;上海正寰胶粘制品有限公司〈P1778〉;[鲁]山东北方现代化学工业有限公司(200 万平方米)〈P2027〉;青岛林泰工贸有限公司〈P2040〉;[粤]永大(中山)有限公司〈P2282〉

聚酯压敏胶带 N09064501

Polyester pressure sensitive adhesive tape

【生产厂】[苏]无锡宏昌胶粘带有限公司〈P1873〉;江苏永龙胶业有限公司〈P1823〉;常州市江南胶带有限公司〈P1892〉

聚丙烯压敏胶黏带 N09064502

PP Pressure sensitive adhesive tape

【生产厂】[冀]全民塑胶防腐材料有限公司〈P1662〉

聚四氟乙烯胶带;铁氟龙胶带 N09064511

Polytetrafluoroethylene adhesive tape

主要用于纺织印染、印刷、包装、食品、电子等行业

【生产厂】[苏]江苏连吉特种胶带制造公司〈P1842〉;江苏泰兴市维维高分子材料有限公司〈P1822〉

BOPP 胶黏带 N09064521

BOPP Adhesive tape

适用于包装封箱等

【生产厂】[冀]河北华夏实业有限公司〈P1648〉;[沪]成基化学(上海)有限公司〈P1726〉;上海力巨综研胶粘制品有限公司〈P1750〉;[苏]江阴市标贴材料厂〈P1868〉;[鲁]青岛林泰工贸有限公司〈P2040〉;[豫]郑州宏德包装材料有限公司(100 吨)〈P2170〉;[鄂]京山县华贝有机化工有限责任公司(5000 万平方米)〈P2242〉;[粤]鹤山市新浪胶粘制品厂〈P2285〉

聚酰亚胺薄膜胶带 N09064531

Polyimide film adhesive tape

【生产厂】[冀]廊坊永茂胶粘制品有限公司〈P1662〉

胶黏带 N09064551

Adhesive tape

用于包装箱封口,文具、玻璃、纸、木、塑料、金属等材料表面粘贴

【生产厂】[京]北京爱德泰普膜制品厂〈P1543〉;[沪]上海耀品胶粘制品有限公司〈P1774〉;[苏]无锡三力保护膜有限公司〈P1874〉;常熟市江南胶带有限公司〈P1890〉;常州市江南胶带有限公司〈P1892〉;[浙]湖州新飞碟胶粘带有限公司(300 万平方米)〈P1946〉;[闽]福清市友谊粘胶带制品有限公司(1 万吨)〈P1989〉;[鲁]山东北方现代化学工业有限公司(900 吨)〈P2027〉;青岛万达包装制品有限公司〈P2044〉;[豫]郑州宏德包装材料有限公司(100 吨)〈P2170〉;[粤]广州宏昌胶黏带厂(9 万平方米)〈P2260〉;中山市皇冠胶粘制品有限公司〈P2283〉;永大(中山)有限公司〈P2282〉;中山新明辉胶粘制品有限公司〈P2284〉;广东江门晶祥塑胶厂〈P2284〉;江门市蓬江区盈通塑胶制品有限公司〈P2285〉;[川]四川省广汉市新升塑胶实业有限公司〈P2327〉

汽车用胶黏带 N09064561

Adhesive tape for car

广泛用于汽车、冰箱、船舶等行业,具有阻尼减震、密封性好、使用方便、寿命长、无毒、无味等优点

【生产厂】[冀]河北华夏实业有限公司〈P1648〉

玻璃布胶带 N09064571

Glass cloth adhesive tape

【生产厂】[冀]廊坊永茂胶粘制品有限公司〈P1662〉

自粘性防水胶带 N09064581

Autoadhesion waterproof adhesive tape

用于电线、电缆接头的绝缘密封防水,也可

N

用于管道的保护、修补、密封等

【生产厂】[冀]石家庄龙宫橡塑制品有限公司〈P1628〉;邢台市跨越塑料有限公司〈P1643〉;[晋]山西省榆社县三益化工厂〈P1676〉;[沪]上海沃强热缩材料有限公司〈P1770〉;[苏]江阴市辉龙电热电器有限公司〈P1869〉

封口胶带;封箱胶带 N09064591

Seal adhesive tape

用于封闭各种包装封箱

【生产厂】[京]北京市密云县丰丰粘接材料厂〈P1560〉;[冀]邢台市跨越塑料有限公司〈P1643〉;[沪]上海耀品胶粘制品有限公司〈P1774〉;[苏]无锡宏昌胶粘带有限公司〈P1873〉;[浙]湖州新飞碟胶粘带有限公司〈P1946〉;[粤]壮丽印刷辅助材料有限公司〈P2295〉;揭阳市新广盛胶粘制品有限公司〈P2295〉;广东省南海大沥永顺胶粘带制品厂〈P2291〉;广东江门晶祥塑胶厂〈P2284〉

氧化铝溶胶;铝溶胶 N09064601

Alumina sol

用作硅酸铝纤维结合剂、催化剂载体、纺织助剂等

【生产厂】[苏]江阴市夏港化工厂〈P1871〉;姜堰市科林化工有限公司〈P1823〉

印花黏合剂 N09064801

Adhesive for printing

用于纺织物印花涂料黏合

【生产厂】[京]北京林氏精化新材料有限公司〈P1555〉;[鲁]山东青州华诚化工有限公司〈P2096〉;[粤]广州市珠江精细化工厂〈P2267〉

高温涂料印花黏合剂 N09064831

High temperature curing adhesive for printing

适用于辊筒、圆网、平网和喷花等多种工艺

【生产厂】[苏]常熟市辐照技术应用厂〈P1890〉

静电植绒黏合剂 N09064902

Adhesive for electrostatic flocking

用于服饰布的静电植绒,如狮子绒、绵羊绒、闪光绒、平绒等

【生产厂】[苏]江阴市华达印染助剂有限公司〈P1869〉;[浙]嘉善兴申纺织助剂有限公司(6000 吨)〈P1940〉;[鲁]山东华诚高科胶粘剂有限公司〈P2095〉

滤芯胶 N09065091

Filter element adhesive

适用于滤纸与滤纸、滤纸与钢板、滤纸与镀锌钢板、钢板与钢板、铝板与铝板的黏结

【生产厂】[沪]上海华化塑胶有限公司〈P1738〉

环保装饰胶水 N09065101

Decorative adhesive,environmental-protection type

【生产厂】[闽]福建白莲花化工有限公司〈P2007〉

环保型装饰胶 N09065251

Decorative adhesive,environmental-protection type

【生产厂】[冀]保定博大工贸有限公司〈P1644〉;[辽]抚顺哥俩好集团有限公司〈P1698〉;[黑]黑龙江泰尔化工(中韩合资)有限公司〈P1722〉;[浙]宁波市鄞州虎啸合成化工厂〈P1932〉;[鲁]济南槐荫化工总厂(400 吨)〈P2022〉;颐中(青岛)实业有限公司(300 吨)〈P2048〉;曲阜慧迪化工有限责任公司(1000 吨)〈P2130〉

搭口胶;封口胶 N09065411

Interface adhesive

主要用于各种纸盒的快速封口

【生产厂】[沪]上海东和胶粘剂有限公司〈P1732〉;[苏]苏州市化工研究所有限公司〈P1904〉;[浙]浙江东越化工有限公司〈P1927〉;玉环密得邦化学有限公司〈P1963〉;[鲁]山东华诚高科胶粘剂有限公司〈P2095〉;山东青州华诚化工有限公司〈P2096〉;[豫]黎明化工研究院〈P2181〉;[鄂]湖北省化学工业研究设计院〈P2228〉

高速卷烟接嘴胶 N09065421

Rapid adhesive for cigarette spigot joint

用于卷烟接嘴、卷烟搭口、烟盒的粘接等

【生产厂】[苏]连云港开发区三维工贸公司〈P1798〉;[闽]永安市福维精细化工有限公司(1700 吨)〈P1996〉

封边胶 N09065451

Edge sealing adhesive

用于家具包边封边

【生产厂】[沪]上海东和胶粘剂有限公司〈P1732〉;[浙]杭州德森科技有限公司〈P1916〉

软包装黏合剂 N09065501

Adhesive for soft-packaging

【生产厂】[鲁]山东招远市金涛合成材料有限公司〈P2115〉;烟台市福山区化工研究所有限公司(500 吨)〈P2118〉

定型胶 N09065701

Sizing adhesive

【生产厂】[辽]营口星火化工有限公司〈P1705〉

压敏型乳液;压敏型不干胶 N09065801

Emulsion pressure sensitive adhesive

用于制作各类自粘纸标签、涤纶标签及各类塑料容器上纸商标的粘贴及商标覆盖膜、高档精密仪器保护膜

【生产厂】[鲁]山东聊城鲁工涂料助剂有限公司〈P2153〉;青州贝特化工有限公司〈P2090〉;[粤]广州市东风化工实业有限公司〈P2263〉

不干胶 N09066001

Non-dry adhesive

【生产厂】[京]北京自强不干胶制品有限公司〈P1567〉;[苏]艾利(昆山)有限公司〈P1889〉;[浙]温州市泰昌胶粘制品有限公司〈P1938〉;[粤]深圳市春旺实业有限公司〈P2270〉;东莞市顺鸿热熔胶材料有限公司〈P2280〉

防水黏合剂 N09066101

Waterproof adhesive

用于粘接聚苯乙烯泡沫板、XPS 挤塑板,大理石、磁砖等,也可用于钢材、木材的粘接

【生产厂】[冀]辛集市华强保温节能建材厂(100 吨)〈P1634〉

PP/PE 纸塑黏合剂 N09066151

PP/PE kraft-plastics adhesive

【生产厂】[粤]广州市虹云高分子材料有限公司〈P2264〉

无纺布黏合剂;无纺布胶 N09066201

Adhesive for nonwoven fabric

用于无纺布纤维黏结成型,弹力絮中空喷胶棉,人造毛绒毛皮,化纤地毯等黏结定型

【生产厂】[苏]苏州志和无纺助剂有限公司〈P1907〉;苏州百氏高化工有限公司〈P1899〉;[鲁]山东华诚高科胶粘剂有限公司〈P2095〉;[川]中国科学院成都市成科精细化学品有限责任公司(1000 吨)〈P2320〉

水性黏合剂 N09066301

Waterbase adhesive

【生产厂】[皖]芜湖市星光合成材料有限公司(5000 吨)〈P1974〉

耐磨防腐胶泥 N09066451

Antiwear anticorrosive clay

主要用于各火力发电厂粗、细粉分离器,排风机叶轮,一次(煤粉)风管以及除尘器烟道和孔洞的密封堵漏等

【生产厂】[甘]甘肃金环堵漏技术开发公司〈P2355〉

中空玻璃胶 N09066502

Adhesive for insulating glass

【生产厂】[京]北京纳美科技发展有限责任公司〈P1556〉;北京德辉新型建筑材料有限公司〈P1546〉;[冀]万事达中空密封材料有限公司〈P1662〉

中空玻璃密封胶 N09066551

Sealant for insulating glass

专门用于中空玻璃制造以及各种构件的粘接密封

【生产厂】[京]北京松上粘合剂制造有限公司〈P1562〉;[津]天津化工研究设计院(200 吨)〈P1573〉

铝塑复合胶黏剂 N09066601

Aluminium-plastic compound adhesive

用于铝-塑复合管、铝-塑复合板等共挤复合材料制品的粘接

【生产厂】[京]北京松上粘合剂制造有限公司〈P1562〉;[鲁]龙口市宇龙密封材料有限公司〈P2111〉;[粤]广东省中山市新辉化学制品有限公司〈P2282〉

通讯电缆密封剂 N09066651

Sealant for communication cable

【生产厂】[吉]吉林省石油化工设计研究院〈P1714〉

纸塑复合胶 N09066671

Complex adhesive for kraft-plastics

适用于聚烯烃薄膜与各种彩印纸的复合

【生产厂】[京]北京爱德泰普膜制品厂〈P1543〉;北京东方亚科力化工科技有限公司〈P1546〉;[冀]衡水新光化工有限责任公司〈P1668〉;保定博大工贸有限公司〈P1644〉;[皖]桐城市晨光化工有限责任公司〈P1980〉;[鲁]山东久隆高分子材料有限公司(100 吨)〈P2028〉;山东青州华诚化工有限公司〈P2096〉;[粤]广东省中山市新辉化学制品有限公司〈P2282〉;中山市东菱合成树脂厂〈P2283〉

SBS 塑塑复合胶 N09066691

Complex adhesive, SBS, plastics-plastics

用于包装材料

【生产厂】[京]北京松上粘合剂制造有限公司〈P1562〉;[鲁]山东华诚高科胶粘剂有限公司〈P2095〉;山东青州华诚化工有限公司〈P2096〉

聚硫密封胶 N09066700

Polysulfide sealant

用于金属、非金属、塑料、陶瓷、玻璃等材料的粘接密封

【生产厂】[京]北京德辉新型建筑材料有限公司〈P1546〉;[冀]河北衡水恒基建工材料有限公司〈P1664〉;衡水锦程橡塑有限公司〈P1668〉;河北省衡水华鑫橡塑有限公司〈P1665〉;[苏]苏州非金属矿工业设计研究院〈P1900〉;[闽]厦门冶建材料厂〈P1993〉

聚硫型中空玻璃专用密封剂;中空玻璃聚硫胶 N09066701

Speciality polysulfide sealant for insulating glass

用于中空玻璃密封

【生产厂】[冀]万事达中空密封材料有限公司〈P1662〉;[鲁]龙口市宇龙密封材料有限公司〈P2111〉;[豫]郑州中原应用技术研究开发有限公司(500 吨)〈P2176〉

硅酮型中空玻璃密封剂 N09066702

Silicone sealant for insulating glass

专门用于中空玻璃制造以及各种构件的粘接密封

【生产厂】[鲁]龙口市宇龙密封材料有限公司〈P2111〉;[豫]郑州中原应用技术研究开发有限公司(300 吨)〈P2176〉

聚硫灌注胶 N09066791

Polysulfide perfusion adhesive

用于建筑、公路等各种伸缩缝的粘接密封,是一种具有较高橡胶弹性性能的浇注材料

【生产厂】[鲁]龙口市宇龙密封材料有限公司〈P2111〉

贴塑胶;贴面胶 N09066801

Adhesive for plastics

用作纸张与金属、木材、塑料的贴面胶

【生产厂】[沪]上海路嘉胶粘剂有限公司〈P1752〉

真空吸塑胶 N09066831

【生产厂】[鲁]山东华诚高科胶粘剂有限公司〈P2095〉;山东青州华诚化工有限公司〈P2096〉

复合胶 N09066891

Complex adhesive

用于人造板、人造石、塑胶、陶瓷、金属、皮革等

【生产厂】[冀]保定博大工贸有限公司〈P1644〉;[闽]福建洪洋集团有限公司〈P1996〉;[鲁]山东华诚高科胶粘剂有限公司〈P2095〉;青州市海源化工有限公司(100 吨)〈P2092〉;[豫]焦作市韩信粘合剂有限公司(50 吨)〈P2196〉;[鄂]湖北省化学工业研究设计院〈P2228〉;[粤]东莞市顺鸿热熔胶材料有限公司〈P2280〉

【使用厂】[鲁]青岛国人科技股份有限公司〈P2035〉

聚乙烯黏合剂 N09066901

Polyethylene adhesive

【生产厂】[鲁]潍坊市亚东化工有限公司〈P2105〉

铝箔黏合剂 N09067001

Adhesive for aluminium foil

用于中央空调风管系统绝热贴面的接口和接缝密封,冰箱制造业中制冷铜管的固定

【生产厂】[浙]乐清市今升有机化工有限公司(200 吨)〈P1936〉;[陕]西安方舟包装工业有限公司〈P2348〉

晶体胶 N09067091

Crystal adhesive

专用于晶体材料

【生产厂】[浙]浙江科力厌氧胶有限公司〈P1928〉;[鄂]湖北省化学研究院〈P2228〉

食品用塑料复合包装胶黏剂 N09067101

Food packaging adhesive for plastics lamination

广泛应用于食品包装行业上

【生产厂】[豫]平顶山市湛河区新材料研究所(300 吨)〈P2192〉

速固型强力胶;强固胶 N09067251

Rapid solidify power adhesive

用于黏合木材、金属、塑料和橡胶的各类速固型强力胶

【生产厂】[豫]焦作市韩信粘合剂有限公司(50 吨)〈P2196〉

强力胶 N09067291

Power adhesive

适用于各种化学板、木材、建筑材料、皮革、压克力制品、手工艺品、麻布、金银箔等的粘接

【生产厂】[沪]上海东和胶粘剂有限公司〈P1732〉;[浙]杭州国森化学工业有限公司〈P1917〉;[鲁]山东淄博仿瓷涂料厂〈P2056〉;[鄂]武汉美利信新型建材有限责任公司〈P2231〉;[湘]长沙市化工研究所〈P2247〉;[粤]深圳市聚人成电子材料有限公司〈P2271〉;深圳市鑫合力胶粘技术有限公司〈P2273〉;东莞市顺鸿热熔胶材料有限公司〈P2280〉;佛山市阳光硅材料有限公司〈P2289〉

黄胶 N09067551

Yellow adhesive

适用于人造皮革、橡胶、塑胶、木材、海绵、EVA 制品等的粘接

【生产厂】[闽]福清市南宝树脂有限公司(100 吨)〈P1989〉;[粤]三联粘合剂(深圳)有限公司〈P2269〉

快干胶黏剂 N09067701

Quick dry adhesive

用于扬声器黏合剂、建筑用丙烯酸防水乳液、乳白胶、建筑乳胶漆等

【生产厂】[鲁]安特化工(烟台)有限公司〈P2108〉;[粤]广东爱必达胶粘剂有限公司〈P2259〉;深圳市鑫合力胶粘技术有限公司〈P2273〉;[渝]重庆长江造型材料有限责任公司〈P2304〉

环保型黏合剂 N09067801

Adhesive, environment-protecting type

【生产厂】[苏]南京九龙化工有限公司〈P1786〉;[鲁]山东北方现代化学工业有限公司(100 吨)〈P2027〉;[粤]佛山市三水区永恒达粘合剂有限公司(5000 吨)〈P2288〉

分散松香胶乳液;分散松香胶 N09068111

Dispersing rosin latex

用于造纸业纸张的施胶

【生产厂】[津]天津市奥东化工有限公司(5000 吨)〈P1578〉;[辽]营口市康如化工有限公司〈P1705〉;[皖]马鞍山市华吉实业有限公司〈P1977〉;[鲁]淄博津利精细化工厂(1800 吨)〈P2063〉;寿光市曙光助剂厂(5000 吨)〈P2100〉;[豫]河南省道纯化工技术有限公司(5000 吨)〈P2166〉;安阳市郊中原助剂厂(1200 吨)〈P2209〉;[桂]桂林市奥康化工技术有限公司〈P2299〉

阴离子中性分散松香胶 N09068121

Anion neutral dispersing rosin latex

用作造纸助剂

【生产厂】[冀]石家庄市凯桥助剂有限公司〈P1630〉;[皖]马鞍山市华吉实业有限公司〈P1977〉;[鲁]潍坊市元利化工有限公司〈P2105〉;兖州市恒源化工有限责任公司(150 吨)〈P2134〉;[豫]河南省道纯化工技术有限公司(3000 吨)〈P2166〉;[鄂]黄石龙骏化工科技有限公司〈P2236〉

编织袋专用胶黏剂 N09068131

Adhesive for braided bag

用于橡胶改性编织袋的黏胶

【生产厂】[鲁]青州市中远化工有限公司〈P2094〉

阳离子分散松香胶 N09068151

Cation dispersing rosin latex

【生产厂】[皖]马鞍山市华吉实业有限公司〈P1977〉;[鲁]潍坊市元利化工有限公司〈P2105〉;兖州市恒源化工有限责任公司(200 吨)〈P2134〉;[鄂]黄石龙骏化工科技有限公司〈P2236〉

半导电胶布带 N09068201

Semiconduction adhesive tape

适用于电缆线芯隔离

【生产厂】[闽]泉州三匹特种胶粘带有限公司〈P2000〉

警示胶带 N09068251

Caution adhesive tape

适用于道路交通标志、安全警告等

【生产厂】[沪]上海耀品胶粘制品有限公司〈P1774〉

布基胶带 N09068291

Fabric base adhesive tape

作为汽车、建筑材料、板金等的临时固定材料,以及用于出口封箱、地毯接缝、橡塑保管接缝等

【生产厂】[冀]廊坊永茂胶粘制品有限公司〈P1662〉;河北华美化工建材集团有限公司〈P1658〉;[沪]上海永冠胶粘制品有限公司〈P1775〉;[苏]无锡宏昌胶粘带有限公司〈P1873〉;常熟市江南胶带有限公司〈P1890〉;常州市江南胶带有限公司〈P1892〉;[鲁]青岛海佳胶带有限公司〈P2035〉;[粤]江门市蓬江区盈通塑胶制品有限公司〈P2285〉

扒圆起脊胶 N09068301

Bayuanqiji adhesive

用于烯类单体、精装书扒圆起脊

【生产厂】[鲁]山东久隆高分子材料有限公司(50 吨)〈P2028〉

封箱膏 N09068351

Joint sealing cream

是铸型合箱用密封材料,主要是防止浇注时跑火

【生产厂】[鲁]昌乐恒昌化工有限公司(500 吨)〈P2088〉

防爆胶带 N09068401

Anti-explosive adhesive tape

适用于空调管道、冰箱、热水器、屋顶防水等,一般用于通风管道包扎

【生产厂】[苏]江苏永龙胶业有限公司〈P1823〉

绝热板粘接剂 N09068501

Heat insulating shield adhesive

在冶金行业中用作绝热板的黏合剂

【生产厂】[辽]辽阳万鑫树脂有限责任公司〈P1711〉

高分子聚合物粘接剂;高分子专用黏合胶 N09068651

Macromolecule polymer adhesive

用于PP、ABS、PC、PMMA、橡胶片等相互粘接

【生产厂】[京]北京朗坤防水材料有限公司〈P1554〉;[豫]河南省惠康实业总公司〈P2167〉;[粤]聚龙化工有限公司〈P2281〉

光刻胶 N09068701

Photoresist

用于电子工业

【生产厂】[苏]苏州瑞红电子化学品有限公司〈P1902〉;[粤]深圳美科化工有限公司〈P2269〉;[甘]天水华硕精细化工有限公司〈P2357〉

光敏胶 N09068751

Photosensitive adhesive

【生产厂】[沪]上海康达化工有限公司〈P1747〉

UV 无影胶 N09068791

UV Shadowless adhesive

用于玻璃工艺品、光学镜头等复合粘接

【生产厂】[浙]浙江科力厌氧胶有限公司〈P1928〉;[川]四川金来缘科技有限公司〈P2318〉;中蓝晨光化工研究院〈P2320〉;成都拓利化工实业有限公司〈P2316〉

强力瞬干胶 N09068801

Instantaneous dry adhesive, strong

用于黏结金属、玻璃及法兰件等

【生产厂】[京]北京市天山新材料技术公司〈P1560〉;[闽]福建省闽清县华宇胶粘剂厂〈P1988〉;[鲁]泰盛精化新材料有限公司〈P2115〉;[鄂]湖北回天胶业股份有限公司〈P2237〉;[陕]陕西科信化工新材料有限公司〈P2346〉

复合 EPS 板胶黏剂 N09068951

Adhesive for compound EPS board

【生产厂】[浙]绍兴市海燕聚氨酯有限公司〈P1949〉;[豫]开封市顺河聚氨酯工业公司〈P2178〉

有机防火堵料用黏合剂 N09068991

Adhesive for organic fireproofing caulking

用于有机防火原料的黏合

【生产厂】[沪]上海旭森非卤消烟阻燃剂有限公司(10 吨)〈P1773〉

皮革专用胶 N09069001

Adhesive for leather

用于制鞋、制手袋、汽车制造装饰等

【生产厂】[粤]广州市得威廉化工有限公司〈P2263〉

木器制品胶 N09069101

Adhesive for wood-ware products

【生产厂】[苏]连云港开发区三维工贸公司〈P1798〉

五金制品胶 N09069201

Adhesive for hardware products

【生产厂】[鄂]湖北回天胶业股份有限公司〈P2237〉

螺纹锁固密封胶 N09069251

Screw thread sealant

用于金属螺纹件的紧固和密封

【生产厂】[京]北京市天山新材料技术公司〈P1560〉;[赣]江西省宜春市瑞思博化工有限公司〈P2016〉;[鲁]泰盛精化新材料有限公司〈P2115〉;安特化工(烟台)有限公司〈P2108〉;[鄂]湖北回天胶业股份有限公司〈P2237〉;[粤]合众(台湾)密封剂有限公司力泰厌氧胶厂〈P2278〉

灯具专用密封胶 N09069401

Sealant for lamps and lanterns

用于白炽灯、节能灯、荧光灯等的密封

【生产厂】[浙]杭州顺祥工贸有限公司〈P1922〉

扬声器用胶 N09069451

Adhesive for loudhailer

适用于扬声器行业盆架音圈和弹簧板的粘接

【生产厂】[沪]上海东和胶粘剂有限公司〈P1732〉;上海野川化工有限公司〈P1774〉

层压胶 N09069501

Laminated adhesive

适用于木质基材木门与木皮的粘贴

【生产厂】[沪]上海东和胶粘剂有限公司〈P1732〉

FBT 专用黏结胶;FBT 磁芯黏着剂 N09069551

Assembly glue for FBT

适用于 FBT 领域零部件的粘接、定位

【生产厂】[苏]江阴天星保温材料有限公司〈P1872〉

耐高温导热胶 N09069701

Heat conductive adhesive, high-temperature resistant

【生产厂】[粤]深圳市图特美高分子材料有限公司〈P2272〉;三化绝缘材料(东莞)有限公司〈P2278〉

镀铝膜胶 N09069801

Adhesive for aluminizer

适用于PP、PET、BOPP等塑料镀铝膜与各种卡纸的复合

【生产厂】[闽]莆田市三江化学工业有限公司〈P1997〉;[鲁]山东青州日月化工有限公司〈P2097〉;山东华诚高科胶粘剂有限公司〈P2095〉;山东青州华诚化工有限公司〈P2096〉;[粤]壮丽印刷辅助材料有限公司〈P2295〉

防霉密封胶 N09069901

Mold proofing sealant

用于各类厨房用具、卫生洁具的安装,能防水、防霉、密封

【生产厂】[鲁]龙口市宇龙密封材料有限公司〈P2111〉

防伪胶 N09069951

Anti-forging adhesive

防伪专用

【生产厂】[鲁]青州市三星化工厂〈P2093〉;临朐新颜铝业有限公司胶粘剂厂〈P2090〉

橡胶制品

000000000 ~ 099990511

橡胶制品　000000000

Rubber products

用于各工矿企业、交通运输部门中各类管道、设备密封等

【生产厂】[津]天津市天新密封件厂(500 万件)〈P1605〉;天津市橡胶制品七厂永固化工防腐厂(800 吨)〈P1608〉;天津克瑞正营橡胶有限公司(50 万件)〈P1575〉;[冀]辛集市金昊橡胶有限公司(80 吨)〈P1634〉;河北衡水华伟特种橡塑制品厂〈P1664〉;衡水市正大橡胶有限公司〈P1668〉;河北科佳橡胶制品有限公司〈P1664〉;河北省景县华龙液压橡塑制品有限公司〈P1665〉;河北焱鑫橡胶工业有限公司〈P1642〉;唐山市东亚橡胶制品有限公司〈P1636〉;[辽]铁岭市康宁阀门橡塑制品厂〈P1713〉;大连东正橡胶有限公司〈P1691〉;[黑]牡丹江橡胶三厂〈P1724〉;[沪]上海长宁橡胶制品厂〈P1729〉;上海振兴防腐工程塑料有限公司〈P1778〉;上海群杰塑胶制品有限公司〈P1758〉;上海澜涛塑胶有限公司〈P1749〉;上海松江长福橡胶制品厂(10 万套)〈P1766〉;上海佳营橡塑制品厂〈P1742〉;[苏]南京豪威橡塑有限责任公司〈P1784〉;扬中市塑性材料厂〈P1843〉;常州振华橡胶制品有限公司〈P1858〉;常州市润和发达橡胶制品有限公司〈P1853〉;无锡市神杰减震器有限公司〈P1879〉;无锡市祥健四氟制品有限公司〈P1880〉;无锡市南方橡塑制品厂〈P1878〉;靖江王子橡胶有限公司〈P1825〉;苏州双荣橡塑有限公司〈P1906〉;徐州江昕轮胎有限公司〈P1795〉;滨海县广华橡胶制品有限公司〈P1805〉;扬州合力橡胶制品有限公司〈P1817〉;江都市鑫利橡塑制品厂〈P1815〉;泰州市亚美橡胶制品有限公司〈P1828〉;江苏日欣实业集团有限公司(545 吨)〈P1816〉;启东吕盛橡胶制品有限公司(80 万件)〈P1837〉;启东市特种橡胶制品厂〈P1837〉;[浙]海宁市华翔橡胶厂〈P1939〉;慈溪市华宇橡胶制品厂〈P1929〉;余姚市永丰特种橡胶制品厂〈P1935〉;余姚市低塘中发橡胶厂〈P1935〉;象山金泰塑胶有限公司〈P1935〉;浙江晨龙橡胶集团有限责任公司〈P1970〉;永嘉县瓯北通达橡胶制品厂〈P1938〉;[皖]桐城市水电橡胶制品有限公司〈P1980〉;安徽省蚌埠橡胶有限公司〈P1975〉;铜陵市金运橡胶塑料有限公司〈P1978〉;黄山市歙县三利橡塑厂〈P1981〉;安庆市博盛橡塑有限公司〈P1979〉;[闽]福州市晋安区橡胶制品厂〈P1990〉;福建省南平市兴源橡胶制品有限公司〈P2004〉;厦门市麦华橡胶制品有限公司〈P1993〉;晋江市东风橡胶厂〈P1999〉;[鲁]淄博飞龙橡胶厂(30 万件)〈P2059〉;烟台市广大橡胶制品有限公司〈P2118〉;高密密达橡塑制品有限公司(100 万件)〈P2089〉;安丘市雄鹰纤维素有限责任公司(500 万件)〈P2088〉;荣成荣达橡胶制品有限公司〈P2122〉;文登市第二橡胶厂(1000 吨)〈P2126〉;文登市开泰橡塑有限公司(2 万双)〈P2127〉;龙口市科达橡胶制品有限公司〈P2111〉;青岛建青橡胶制品有限公司〈P2038〉;[豫]郑州天源橡胶有限公司(50 万件)〈P2174〉;巩义市方圆橡塑制品有限公司(40 万套)〈P2162〉;中牟县橡胶厂(2 万个)〈P2176〉;鹤壁市红兴橡塑制品厂(700 万件)〈P2199〉;洛阳市吉利太合密封材料厂〈P2184〉;洛阳市郊区橡胶制品研究所(1000 吨)〈P2184〉;[湘]株洲市湘江橡胶制品厂(160 吨)〈P2250〉;[粤]广州市团结橡胶厂有限公司〈P2266〉;广州市世达密封实业有限公司〈P2266〉;广州市良兆企业有限公司〈P2265〉;深圳石化宝狮塑胶有限公司〈P2270〉;广东信力特种橡胶制品有限公司〈P2281〉;[川]成都华德密封工业有限公司〈P2311〉;成都通达特种橡胶有限公司(7800 万件)〈P2316〉;中国民航广汉长空橡胶密封件厂〈P2330〉;四川省川环橡胶工业有限公司(2000 吨)〈P2335〉;[宁]银川昊灵橡胶制品有限公司〈P2361〉

轮胎　001000000

Tyre

用于与载重汽车、轻型卡车、微型客车、拖拉机、机动三轮车等配套

【生产厂】[津]天津市飞亚达橡胶制品有限公司(2000 万条)〈P1586〉;普利司通(天津)轮胎有限公司(600 万条)〈P1569〉;天津市万达轮胎集团有限公司(200 万条)〈P1606〉;[冀]辛集市金昊橡胶有限公司〈P1634〉;[辽]辽宁轮胎集团有限责任公司(165 万套)〈P1701〉;[沪]上海万虹胶制品有限公司〈P1768〉;[苏]建大橡胶(中国)有限公司(60 万条)〈P1893〉;[浙]浙江洲际橡胶集团有限公司(1200 万吨)〈P1952〉;浙江三维橡胶制品有限公司〈P1966〉;[闽]福建省邵武市正兴武夷轮胎有限公司(50 万条)〈P2004〉;厦门正新橡胶工业有限公司(400 万条)〈P1993〉;[鲁]山东正和集团股份有限公司(60 万套)〈P2087〉;潍坊鲁邑橡胶制品有限公司(100 万套)〈P2103〉;莱州市雄鹰橡胶工业有限公司(100 万套)〈P2110〉;山东三工橡胶有限公司(700 万套)〈P2097〉;威海中威橡胶有限公司(120 万套)〈P2126〉;荣成荣达橡胶制品有限公司(200 万套)〈P2122〉;山东成山集团有限公司(700 万套)〈P2123〉;荣成市峰富橡胶有限责任公司(100 万套)〈P2122〉;青岛国人科技股份有限公司(140 万套)〈P2035〉;青岛昌泰橡胶制品有限公司(50 万套)〈P2032〉;青岛鑫海轮胎有限公司(20 万套)〈P2045〉;胶南市星海橡胶制品有限公司〈P2031〉;青岛高天车辆有限公司(300 万套)〈P2034〉;青岛振华工业集团有限公司〈P2046〉;青岛奥诺轮胎有限公司(100 万套)〈P2032〉;青岛天驰轮胎有限公司(150 万条)〈P2044〉;青岛富源轮胎有限公司(30 万套)〈P2034〉;青岛豪迈三利轮胎制造有限公司(50 万套)〈P2036〉;青岛腾江轮胎有限公司(100 万套)〈P2044〉;莱芜市橡胶集团公司山东慧通轮胎有限公司(120 万套)〈P2140〉;[豫]郑州中原轮胎橡胶股份有限公司(100 万套)〈P2176〉;风神轮胎股份有限公司(400 万套)〈P2193〉;中国神马集团橡胶轮胎有限责任公司(110 万套)〈P2192〉;[粤]广州市宝力轮胎有限公司(80 万条)〈P2263〉;[川]四川远星橡胶有限责任公司(3 万条)〈P2320〉

载重汽车子午线轮胎　001100000

Truck radial ply tyre

【生产厂】[沪]上海轮胎橡胶(集团)股份有限公司〈P1752〉;[鲁]青岛光明轮胎制造有限公司〈P2034〉

载重汽车轮胎外胎　001100001

Truck tyre cover

用于各类载重汽车配套

【生产厂】[晋]双喜轮胎工业股份有限公司〈P1671〉;[苏]无锡长风轮胎有限公司〈P1872〉;[闽]福建省邵武市正兴武夷轮胎有限公司(2 万条)〈P2004〉;[鲁]山东驼宝橡胶有限公司(80 万套)〈P2140〉;山东中策轮胎有限公司〈P2099〉;潍坊市跃龙橡胶有限公司〈P2105〉;三角集团有限公司(600 万条)〈P2123〉;荣成荣达橡胶制品有限公司(7 万吨)〈P2122〉;荣成市峰富橡胶有限责任公司〈P2122〉;文登市三峰轮胎有限公司(15 万条)〈P2127〉;青岛黄海橡胶集团公司(148 万套)〈P2038〉;青岛国人科技

O

股份有限公司(14 万条)〈P2035〉;青岛黄海轮胎厂〈P2037〉;青岛昌泰橡胶制品有限公司〈P2032〉;青岛鑫海轮胎有限公司〈P2045〉;青岛华鹰工业品制造有限公司(20 万套)〈P2037〉;青岛双星轮胎工业有限公司(400 万条)〈P2043〉;青岛华达橡胶制品有限公司(25 万条)〈P2037〉;青岛天驰轮胎有限公司〈P2044〉;青岛富源轮胎有限公司〈P2034〉;青岛光明轮胎制造有限公司〈P2034〉;青岛豪迈三利轮胎制造有限公司〈P2036〉;青岛恒达轮胎有限公司(20 万条)〈P2036〉;山东华星轮胎有限公司〈P2141〉;山东泰山轮胎有限公司(140 万条)〈P2136〉;山东省三利轮胎制造有限公司(26 万条)〈P2160〉;[豫]郑州中原轮胎橡胶股份有限公司(30 万条)〈P2176〉;[鄂]武汉奥莱斯轮胎有限公司〈P2229〉;[粤]广州珠江轮胎有限公司(155 万条)〈P2268〉;[桂]昊华南方桂林轮胎厂〈P2299〉;曙光橡胶工业研究设计院(10 万条)〈P2300〉;[新]新疆昆仑股份有限公司(75 万条)〈P2366〉

轻型载重汽车子午线轮胎　001100021

Light truck radial ply tyre

【生产厂】[京]北京首创轮胎有限责任公司〈P1561〉;[沪]上海轮胎橡胶(集团)股份有限公司〈P1752〉;[粤]广州市宝力轮胎有限公司(16 万条)〈P2263〉

轻型载重汽车斜交轮胎　001100031

Light truck diagonal tyre

用于各类轻型汽车行驶

【生产厂】[京]北京首创轮胎有限责任公司〈P1561〉;[辽]辽宁鞍轮集团〈P1697〉;[沪]上海轮胎橡胶(集团)股份有限公司〈P1752〉;[鲁]潍坊市跃龙橡胶有限公司〈P2105〉;荣成奥西橡胶有限公司(60 万套)〈P2122〉;山东成山集团有限公司〈P2123〉;荣成市第一轮胎厂〈P2122〉;山东玲珑橡胶有限公司〈P2114〉;青岛东方工业品制造有限公司〈P2033〉;临沂玉新橡胶(工业)有限公司(200 万套)〈P2148〉;[粤]东莞市三友轮胎有限公司〈P2280〉

轻型载重汽车轮胎外胎　001100041

Light truck tyre cover

用于各类轻型汽车行驶

【生产厂】[闽]福建省邵武市正兴武夷轮胎有限公司(15 万条)〈P2004〉;[鲁]山东双王橡胶有限公司(300 万套)〈P2086〉;潍坊鲁邑橡胶制品有限公司〈P2103〉;山东奥通轮胎有限公司〈P2094〉;文登市三峰轮胎有限公司(60 万套)〈P2127〉;龙口兴隆轮胎有限公司〈P2111〉;青岛龙海轮胎制造有限公司(10 万条)〈P2040〉;青岛双合轮胎有限公司(10 万条)〈P2043〉;山东泰山轮胎有限公司(30 万条)〈P2136〉;山东省三利轮胎制造有限公司(150 万套)〈P2160〉;[桂]昊华南方桂林轮胎厂〈P2299〉

载重汽车斜交轮胎　001100051

Truck diagonal tyre

用于载重车辆

【生产厂】[京]北京首创轮胎有限责任公司〈P1561〉;[津]天津澳美橡胶轮胎有限公司(1 万条)〈P1570〉;[沪]上海轮胎橡胶(集团)股份有限公司〈P1752〉;[苏]南京锦湖轮胎有限公司(60 万条)〈P1786〉;[鲁]东营市恒丰橡塑有限公司〈P2082〉;荣成奥西橡胶有限公司(60 万套)〈P2122〉;山东成山集团有限公司〈P2123〉;荣成市第一轮胎厂〈P2122〉;山东玲珑橡胶有限公司〈P2114〉;青岛富源轮胎有限公司〈P2034〉;临沂玉新橡胶(工业)有限公司(200 万套)〈P2148〉;[豫]风神轮胎股份有限公司〈P2193〉;鹤壁环燕轮胎有限责任公司(42 万套)〈P2199〉;[粤]东莞市三友轮胎有限公司〈P2280〉

重型载重汽车斜交轮胎　001100100

Heavy truck diagonal tyre

【生产厂】[鲁]青岛龙海轮胎制造有限公司(12 万条)〈P2040〉

中型载重汽车轮胎　001100300

Medium truck tyre

用于载重汽车

【生产厂】[辽]辽宁鞍轮集团〈P1697〉;[鲁]山东双王橡胶有限公司(200 万套)〈P2086〉;山东奥通轮胎有限公司〈P2094〉;龙口兴隆轮胎有限公司〈P2111〉;青岛龙海轮胎制造有限公司(15 万条)〈P2040〉;青岛东方工业品制造有限公司〈P2033〉;青岛奥诺轮胎有限公司(20 万条)〈P2032〉;青岛双合轮胎有限公司(20 万条)〈P2043〉

普通载重汽车大客车及挂车轮胎外胎(斜交)　001101000

General truck, motor coach, trailer diagonal tyre cover

用于与汽车、工程机械、农机配套

【生产厂】[鲁]青岛奥诺轮胎有限公司(10 万条)〈P2032〉;青岛腾江轮胎有限公司(20 万条)〈P2044〉

轻型载重汽车中小客车及其挂车轮胎外胎(斜交)　001102000

Light truck, medium or minicoach, trailer diagonal tyre cover

【生产厂】[鲁]荣成市峰富橡胶有限责任公司〈P2122〉;青岛黄海橡胶集团公司(49 万条)〈P2038〉

轻型运输车辆轮胎;轻型卡车轮胎;轻卡轮胎　001102100

Light truck tyre

适合于各种载货汽车

【生产厂】[辽]辽宁轮胎集团有限责任公司〈P1701〉;[鲁]东营市恒丰橡塑有限公司〈P2082〉;华瑛橡胶有限公司〈P2089〉;山东潍坊义兴橡胶有限公司〈P2099〉;青岛广利橡胶厂〈P2034〉;山东中策轮胎有限公司〈P2099〉;荣成荣达橡胶制品有限公司(4 万吨)〈P2122〉;青岛昌泰橡胶制品有限公司〈P2032〉;青岛鑫海轮胎有限公司〈P2045〉;青岛华鹰工业品制造有限公司(15 万套)〈P2037〉;青岛振华工业集团有限公司〈P2046〉;青岛安利橡胶有限公司〈P2032〉;青岛奥诺轮胎有限公司(30 万条)〈P2032〉;青岛天驰轮胎有限公司〈P2044〉;青岛富源轮胎有限公司〈P2034〉;青岛光明轮胎制造有限公司〈P2034〉;青岛豪迈三利轮胎制造有限公司〈P2036〉;青岛恒达轮胎有限公司(15 万条)〈P2036〉;青岛腾江轮胎有限公司(20 万条)〈P2044〉;山东华星轮胎有限公司〈P2141〉;[豫]风神轮胎股份有限公司〈P2193〉;鹤壁环燕轮胎有限责任公司〈P2199〉;[桂]曙光橡胶工业研究设计院(5 万条)〈P2300〉

无内胎轮胎　001104000

Tubeless tyre

【生产厂】[鲁]东营市恒丰橡塑有限公司〈P2082〉;龙口兴隆轮胎有限公司〈P2111〉

子午线无内胎轮胎　001104010

Tubeless radial tyre

【生产厂】[鲁]山东金宇轮胎有限公司(160 万条)〈P2085〉;青岛光明轮胎制造有限公司〈P2034〉

无内胎工程机械轮胎　001104050

Tubeless off-the-road tyre

主要用于井巷、隧道等极度苛刻恶劣作业环境下的装载机、铲运机等工程机械

【生产厂】[鲁]山东玲珑橡胶有限公司〈P2114〉

叉车轮胎　001105000

Forklift truck tyre

【生产厂】[鲁]山东潍坊义兴橡胶有限公司〈P2099〉;潍坊市跃龙橡胶有限公司〈P2105〉

轿车轮胎　001200000

Passenger car tyre

用于与各式轿车配套

【生产厂】[晋]双喜轮胎工业股份有限公司〈P1671〉;[辽]辽宁轮胎集团有限责任公司〈P1701〉;[苏]南京锦湖轮胎有限公司〈P1786〉;正新橡胶(中国)有限公司〈P1914〉;[闽]福建省邵武市正兴武夷轮胎有限公司〈P2004〉;[鲁]荣成荣达橡胶制品有限公司(8100 吨)〈P2122〉;荣成荣鹰橡胶制品有限公司(60 万条)〈P2122〉;荣成市第一轮胎厂〈P2122〉;荣成市峰富橡胶有限责任公司〈P2122〉;山东泰山轮胎有限公司(10 万套)〈P2136〉

轿车轮胎外胎　001200001

Passenger car tyre cover

【生产厂】[黑]佳通轮胎股份有限公司(15 万条)〈P1723〉;[鲁]三角集团有限公司(350 万条)〈P2123〉;青岛黄海橡胶集团公司(134 万条)〈P2038〉

轿车子午线轮胎　001208000

Passenger car radial ply tyre

适用各种高、中、低档轿车

【生产厂】[沪]上海轮胎橡胶(集团)股份有限公司〈P1752〉;[苏]南京锦湖轮胎有限公司(210 万条)〈P1786〉;[鲁]山东玲珑橡胶有限公司〈P2114〉;[粤]广州市宝力轮胎有限公司(29 万条)〈P2263〉

轿车斜交轮胎　001209000

Passenger car diagonal tyre

【生产厂】[沪]上海轮胎橡胶(集团)股份有限公司〈P1752〉;[赣]江西泰丰轮胎有限公司〈P2009〉;[鲁]山东金宇轮胎有限公司(100 万条)〈P2085〉;山东双王橡胶有限公司(220 万套)〈P2086〉;兴源轮胎集团有限公司(160 万套)〈P2088〉;山东成山集团有限公司〈P2123〉;山东玲珑橡胶有限公司〈P2114〉

O

乘用汽车轮胎　001209010

Saloon car tyre

【生产厂】[桂]昊华南方桂林轮胎厂〈P2299〉

工程机械轮胎　001300000

Off the road tyre

用于与工程机械配套使用

【生产厂】[晋]双喜轮胎工业股份有限公司〈P1671〉;[辽]辽宁轮胎集团有限责任公司〈P1701〉;北票东方轮胎有限公司〈P1713〉;[苏]常州市逸盛橡胶制品有限公司(7 万条)〈P1856〉;[闽]福建省邵武市正兴武夷轮胎有限公司〈P2004〉;厦门正新海燕轮胎有限公司(9600 条)〈P1993〉;[鲁]东营市恒丰橡塑有限公司〈P2082〉;山东中策轮胎有限公司〈P2099〉;潍坊市跃龙橡胶有限公司〈P2105〉;荣成奥西橡胶有限公司(60 万套)〈P2122〉;山东成山集团有限公司〈P2123〉;文登市三峰轮胎有限公司(15 万条)〈P2127〉;山东玲珑橡胶有限公司(5 万条)〈P2114〉;龙口兴隆轮胎有限公司〈P2111〉;青岛黄海轮胎厂〈P2037〉;青岛东方工业品制造有限公司〈P2033〉;青岛天驰轮胎有限公司〈P2044〉;青岛光明轮胎制造有限公司〈P2034〉;青岛恒达轮胎有限公司(30 万条)〈P2036〉;青岛双合轮胎有限公司(10 万条)〈P2043〉;山东泰山轮胎有限公司(50 万套)〈P2136〉;[豫]风神轮胎股份有限公司〈P2193〉;[桂]昊华南方桂林轮胎厂(3 万套)〈P2299〉;[陕]黄河轮胎橡胶有限公司〈P2352〉

工程机械轮胎外胎　001300001

Off-the-road tyre cover

为工程机械、农业、林业、沙漠等机械车辆配套

【生产厂】[黑]佳通轮胎股份有限公司〈P1723〉;[鲁]烟台中策橡胶有限公司(30 万条)〈P2120〉;三角集团有限公司(20 万套)〈P2123〉;[新]新疆昆仑股份有限公司(2500 条)〈P2366〉

半钢子午线轮胎;半钢子午胎　001303001

Semi-steel radial tyre

用于与各类汽车配套

【生产厂】[辽]辽宁轮胎集团有限责任公司(100 万套)〈P1701〉;[黑]佳通轮胎股份有限公司(100 万条)〈P1723〉;[闽]福建佳通轮胎有限公司(3 万条)〈P1997〉;[鲁]山东金宇轮胎有限公司(3 万条)〈P2085〉;莱州市鲁庆橡胶工业有限公司〈P2110〉;山东成山集团有限公司(300 万套)〈P2123〉

全钢载重子午线轮胎;全钢子午线轮胎　001303501

Full-steel load radial tyre

用于载重车辆

【生产厂】[辽]普利司通(沈阳)轮胎有限公司(120 万吨)〈P1684〉;辽宁鞍轮集团〈P1697〉;辽宁轮胎集团有限责任公司(35 万套)〈P1701〉;[黑]佳通轮胎股份有限公司(30 万条)〈P1723〉;[闽]福建佳通轮胎有限公司〈P1997〉;[鲁]兴源轮胎集团有限公司(20 万套)〈P2088〉;万达集团股份有限公司(240 万套)〈P2088〉;莱州市鲁庆橡胶工业有限公司〈P2110〉;山东三工橡胶有限公司(30 万套)〈P2097〉;山东成山集团有限公司(220 万套)〈P2123〉;荣成市峰富橡胶有限责任公司(30 万套)〈P2122〉;山东玲珑橡胶有限公司〈P2114〉;青岛黄海橡胶集团公司(35 万套)〈P2038〉;兖州易陆轮胎有限公司(120 万套)〈P2134〉;[豫]风神轮胎股份有限公司(80 万套)〈P2193〉;[新]新疆昆仑股份有限公司(100 万套)〈P2366〉

工业车辆轮胎　001400000

Industrial tyre

适用于载重汽车轮胎上

【生产厂】[晋]双喜轮胎工业股份有限公司〈P1671〉;[沪]上海轮胎橡胶(集团)股份有限公司〈P1752〉;[苏]无锡长风轮胎有限公司〈P1872〉;建大橡胶(中国)有限公司〈P1893〉;[鲁]山东成山集团有限公司〈P2123〉;荣成市第一轮胎厂〈P2122〉;荣成市峰富橡胶有限责任公司〈P2122〉;山东玲珑橡胶有限公司〈P2114〉;龙口兴隆轮胎有限公司〈P2111〉;[粤]广州珠江轮胎有限公司〈P2268〉;东莞市三友轮胎有限公司〈P2280〉;[桂]昊华南方桂林轮胎厂〈P2299〉;[川]四川远星橡胶有限责任公司〈P2320〉

工业车辆轮胎外胎　001400001

Industrial vehicle tyre cover

【生产厂】[津]天津诺曼地橡胶有限公司(50 万条)〈P1577〉;[鲁]三角集团有限公司(25 万套)〈P2123〉;荣成荣达橡胶

制品有限公司(3 万吨)〈P2122〉

农用车辆轮胎;农用轮胎;农业轮胎　O01500010

Agricultural tyre

用于各类农用车运输行驶

【生产厂】[晋]双喜轮胎工业股份有限公司〈P1671〉;[辽]辽宁轮胎集团有限责任公司〈P1701〉;[黑]佳通轮胎股份有限公司〈P1723〉;[沪]上海轮胎橡胶(集团)股份有限公司〈P1752〉;[苏]无锡长风轮胎有限公司〈P1872〉;建大橡胶(中国)有限公司〈P1893〉;[浙]浙江仙一橡胶密封件有限公司〈P1969〉;[闽]福建省邵武市正兴武夷轮胎有限公司(6 万条)〈P2004〉;[鲁]东营市恒丰橡塑有限公司〈P2082〉;山东双王橡胶有限公司(100 万套)〈P2086〉;潍坊鲁邑橡胶制品有限公司(100 万条)〈P2103〉;莱州市鲁庆橡胶工业有限公司〈P2110〉;华瑛橡胶有限公司〈P2089〉;山东潍坊义兴橡胶有限公司〈P2099〉;高密力王轮胎有限公司〈P2089〉;山东奥通轮胎有限公司〈P2094〉;青岛广利橡胶厂〈P2034〉;山东驼宝橡胶有限公司(40 万套)〈P2140〉;山东中策轮胎有限公司〈P2099〉;潍坊市跃龙橡胶有限公司〈P2105〉;三角集团有限公司(50 万条)〈P2123〉;荣成荣达橡胶制品有限公司(6117 吨)〈P2122〉;山东成山集团有限公司〈P2123〉;荣成市第一轮胎厂〈P2122〉;荣成市峰富橡胶有限责任公司〈P2122〉;文登市三峰轮胎有限公司(60 万套)〈P2127〉;山东玲珑橡胶有限公司(400 万条)〈P2114〉;龙口兴隆轮胎有限公司〈P2111〉;青岛黄海橡胶集团公司(24 万条)〈P2038〉;青岛国人科技股份有限公司(41 万条)〈P2035〉;青岛龙海轮胎制造有限公司(20 万条)〈P2040〉;青岛黄海轮胎厂〈P2037〉;青岛昌泰橡胶制品有限公司〈P2032〉;青岛鑫海轮胎有限公司〈P2045〉;青岛华鹰工业品制造有限公司(20 万套)〈P2037〉;青岛双星轮胎工业有限公司(200 万条)〈P2043〉;青岛东方工业品制造有限公司〈P2033〉;青岛华达橡胶制品有限公司(10 万条)〈P2037〉;青岛泰发集团股份有限公司(650 万条)〈P2044〉;青岛振华工业集团有限公司(30 万条)〈P2046〉;青岛安利橡胶有限公司〈P2032〉;青岛奥诺轮胎有限公司(30 万条)〈P2032〉;青岛天驰轮胎有限公司〈P2044〉;青岛富源轮胎有限公司〈P2034〉;青岛豪迈三利轮胎制造有限公司〈P2036〉;青岛恒达轮胎有限公司(15 万条)〈P2036〉;青岛双合轮胎有限公司(30 万套)〈P2043〉;青岛腾江轮胎有限公司(30 万条)〈P2044〉;莱芜市橡胶集团公司山东慧通轮胎有限公司(60 万条)〈P2140〉;山东华星轮胎有限公司〈P2141〉;山东泰山轮胎有限公司(45 万条)〈P2136〉;山东省三利轮胎制造有限公司(32 万条)〈P2160〉;临沂玉新橡胶(工业)有限公司(100 万套)〈P2148〉;[豫]郑州中原轮胎橡胶股份有限公司(57 万条)〈P2176〉;风神轮胎股份有限公司〈P2193〉;焦作市神骐轮胎购销有限公司(10 万条)〈P2196〉;尉氏县中原橡胶轮胎有限公司〈P2179〉;[鄂]武汉奥莱斯轮胎有限公司〈P2229〉;[粤]广州珠江轮胎有限公司(10 万条)〈P2268〉;[桂]昊华南方桂林轮胎厂(23 万套)〈P2299〉;[新]新疆昆仑股份有限公司(25 万条)〈P2366〉

农用车斜交轮胎　O01500021

Diagonal tyre for agricultural car

用于农业车辆

【生产厂】[豫]鹤壁环燕轮胎有限责任公司(80 万条)〈P2199〉

沙滩用轮胎　O01500051

Tyre for sand beach

用于在沙滩上行驶的车辆

【生产厂】[苏]无锡市远方橡胶工程有限公司〈P1881〉

拖拉机导向轮胎普通断面斜交外胎　O01501100

Conventional section diagonal tyre cover for tractor guide wheel

【生产厂】[鲁]山东奥通轮胎有限公司〈P2094〉;[豫]鹤壁环燕轮胎有限责任公司(2 万套)〈P2199〉

拖拉机轮胎外胎　O01501700

Tractor tyre cover

【生产厂】[黑]佳通轮胎股份有限公司〈P1723〉;[鲁]高密密达橡塑制品有限公司〈P2089〉

摩托车轮胎　O01600001

Motor cycle tyre

用于与摩托车配套

【生产厂】[津]天津市万达轮胎集团有限公司(500 万条)〈P1606〉;[辽]辽宁轮胎集团有限责任公司〈P1701〉;北票东方轮胎有限公司〈P1713〉;[黑]佳通轮胎股份有限公司〈P1723〉;[沪]上海万虹胶制品有限公司〈P1768〉;[苏]无锡橡胶集团有限责任公司〈P1882〉;无锡市远方橡胶工程有限公司〈P1881〉;无锡慰达橡胶有限公司(400 万条)〈P1882〉;建大橡胶(中国)有限公司〈P1893〉;[浙]浙江仙一橡胶密封件有限公司〈P1969〉;[闽]厦门正新橡胶工业有限公司(3700 万条)〈P1993〉;[鲁]东营市华侨橡塑有限责任公司(400 万条)〈P2082〉;山东双王橡胶有限公司(1200 万套)〈P2086〉;华瑛橡胶有限公司〈P2089〉;青岛广利橡胶厂〈P2034〉;山东泸河集团有限公司(230 万套)〈P2096〉;山东三工橡胶有限公司(180 万套)〈P2097〉;山东驼宝橡胶有限公司(60 万套)〈P2140〉;荣成荣鹰橡胶制品有限公司(160 万条)〈P2122〉;山东玲珑橡胶有限公司〈P2114〉;青岛黄海橡胶集团公司(30 万条)〈P2038〉;青岛天宇轮胎有限公司〈P2044〉;胶南市星海橡胶制品有限公司〈P2031〉;青岛东方工业品制造有限公司〈P2033〉;青岛高天车辆有限公司(80 万条)〈P2034〉;青岛华达橡胶制品有限公司(20 万条)〈P2037〉;青岛泰发集团股份有限公司(120 万套)〈P2044〉;青岛振华工业集团有限公司(450 万条)〈P2046〉;青岛安利橡胶有限公司〈P2032〉;山东省三利轮胎制造有限公司(20 万套)〈P2160〉;山东正兴轮胎股份有限公司(100 万套)〈P2151〉;临沂玉新橡胶(工业)有限公司(80 万套)〈P2148〉;[豫]许昌中州轮胎有限公司(230 万套)〈P2219〉;[川]四川远星橡胶有限责任公司〈P2320〉

O

轮胎外胎　O01800101

Tyre cover

用于与汽车等各类机动车配套

【生产厂】[津]天津国际联合轮胎橡胶有限公司(20 万条)〈P1572〉;天津诺曼地橡胶有限公司(10 万条)〈P1577〉;[鲁]济南三星橡胶有限责任公司〈P2024〉;三角集团有限公司(1000 万套)〈P2123〉;荣成荣达橡胶制品有限公司〈P2122〉;青岛双星轮胎工业有限公司(600 万条)〈P2043〉;青岛东方工业品制造有限公司(200 万套)〈P2033〉;青岛振华工业集团有限公司(837 万条)〈P2046〉;莱芜市橡胶集团公司山东慧通轮胎有限公司(60 万套)〈P2140〉;山东省三利轮胎制造有限公司(80 万套)〈P2160〉;[豫]风神轮胎股份有限公司(335 万套)〈P2193〉;焦作市神骐轮胎购销有限公司(30 万条)〈P2196〉;鹤壁环燕轮胎有限责任公司(130 万条)〈P2199〉;许昌中州轮胎有限公司(60 万套)〈P2219〉;中国神马集团有限责任公司(150 万套)〈P2192〉;[粤]广州市

宝力轮胎有限公司〈P2263〉;[新]新疆昆仑股份有限公司(140 万套)〈P2366〉

子午线轮胎 001800201

Radial tyre

用于与各类汽车配套使用

【生产厂】[津]天津诺曼地橡胶有限公司(30 万条)〈P1577〉;[苏]南京锦湖轮胎有限公司(240 万条)〈P1786〉;[浙]韩泰轮胎(嘉兴)有限公司(1200 万条)〈P1940〉;[闽]厦门正新海燕轮胎有限公司(49 万条)〈P1993〉;[赣]江西泰丰轮胎有限公司(20 万条)〈P2009〉;[鲁]三角集团有限公司(600 万条)〈P2123〉;青岛黄海橡胶集团公司(700 万套)〈P2038〉;青岛双星轮胎工业有限公司(150 万条)〈P2043〉;[粤]广州市宝力轮胎有限公司〈P2263〉;[桂]昊华南方桂林轮胎厂〈P2299〉

翻新轮胎 001800301

Retreated tyre

用于载重汽车,工程车辆等

【生产厂】[苏]常州市逸盛橡胶制品有限公司〈P1856〉;[皖]合肥轮胎翻新厂〈P1973〉;[闽]晋江市东风橡胶厂(10 万条)〈P1999〉;[鲁]荣成荣达橡胶制品有限公司(1593 吨)〈P2122〉;荣成市飞达轮胎翻新有限公司(10 万条)〈P2122〉

微型轮胎 001800401

Minitype tyre

【生产厂】[鲁]潍坊鲁邑橡胶制品有限公司〈P2103〉;青岛天宇轮胎有限公司〈P2044〉;青岛光明轮胎制造有限公司〈P2034〉;青岛双合轮胎有限公司(15 万条)〈P2043〉

越野车轮胎 001800501

Cross-country tyre

【生产厂】[苏]南京锦湖轮胎有限公司〈P1786〉;正新橡胶(中国)有限公司〈P1914〉

特种轮胎 001800701

Special tyre

【生产厂】[豫]风神轮胎股份有限公司〈P2193〉

实心轮胎 001800801

Solid tyre

用于工业车辆、拖挂车辆、矿山、码头作业专用车辆等

【生产厂】[津]天津市耀华实心轮胎厂〈P1610〉;[沪]上海九达橡塑制品有限公司〈P1745〉;[苏]徐州江昕轮胎有限公司〈P1795〉;[鲁]烟台中策橡胶有限公司(35 万条)〈P2120〉;青岛天宇轮胎有限公司〈P2044〉;青岛琴泰工业品制造有限公司(18 万套)〈P2041〉;[新]吐鲁番市国星橡胶工贸有限责任公司(30 万条)〈P2365〉

轮胎垫带 001900001

Tyre flap

主要用于汽车、摩托车与外胎配套

【生产厂】[辽]沈阳轮胎总厂〈P1687〉;[沪]上海百盛橡胶制品有限公司〈P1728〉;[苏]江阴市安基橡胶工业有限公司(200 万条)〈P1868〉;[赣]江西泰丰轮胎有限公司〈P2009〉;[鲁]荣成荣鹰橡胶制品有限公司(3 万吨)〈P2122〉;荣成市飞达轮胎翻新有限公司(30 万条)〈P2122〉;青岛双星轮胎工业有限公司(210 万条)〈P2043〉;青岛腾江轮胎有限公司〈P2044〉;莱芜市福泉橡胶有限公司(100 万条)〈P2140〉;[豫]郑州中兴轮胎有限公司(50 万条)〈P2175〉

农业轮胎垫带 001905000

Agricultural tyre flap

用于农业机械

【生产厂】[浙]宁波橡胶有限公司〈P1933〉

载重汽车轮胎内胎 002100001

Truck tyre inner tube

【生产厂】[鲁]三角集团有限公司(350 万条)〈P2123〉;青岛黄海橡胶集团公司(168 万条)〈P2038〉;山东省三利轮胎制造有限公司(26 万条)〈P2160〉;[新]新疆昆仑股份有限公司(110 万条)〈P2366〉

轿车内胎 002200001

Passenger car tyre inner tube

【生产厂】[黑]佳通轮胎股份有限公司〈P1723〉;[鲁]三角集团有限公司(25 万条)〈P2123〉;青岛黄海橡胶集团公司(52 万条)〈P2038〉

工程机械轮胎内胎 002300001

Off-the-road tyre inner tube

【生产厂】[黑]佳通轮胎股份有限公司〈P1723〉;[鲁]三角集团有限公司(10 万条)〈P2123〉;[豫]郑州中兴轮胎有限公司〈P2175〉

工业车辆轮胎内胎 002400001

Industrial vehicle tyre inner tube

【生产厂】[鲁]三角集团有限公司(20 万条)〈P2123〉

农用轮胎内胎 002500001

Agricultural tyre inner tube

【生产厂】[黑]佳通轮胎股份有限公司〈P1723〉;[鲁]三角集团有限公司(10 万条)〈P2123〉;荣成荣鹰橡胶制品有限公司(30 万条)〈P2122〉;青岛吉利达橡胶有限公司〈P2038〉;青岛泰发集团股份有限公司(500 万条)〈P2044〉;青岛振华工业集团有限公司(40 万条)〈P2046〉;山东省三利轮胎制造有限公司(32 万条)〈P2160〉;[豫]郑州中兴轮胎有限公司(120 万条)〈P2175〉;[新]新疆昆仑股份有限公司(10 万条)〈P2366〉

摩托车内胎 002600001

Motor cycle inner tube

用于摩托车

【生产厂】[冀]河间市神龙橡胶制品有限责任公司〈P1656〉;[苏]无锡市远方橡胶工程有限公司〈P1881〉;扬州市万里胶制品有限公司〈P1819〉;[鲁]山东泸河集团有限公司〈P2096〉;荣成荣鹰橡胶制品有限公司(100 万条)〈P2122〉;青岛吉利达橡胶有限公司〈P2038〉;青岛泰发集团股份有限公司(95 万条)〈P2044〉;青岛振华工业集团有限公司(1500 万条)〈P2046〉

轮胎内胎 002900101

Tyre inner tube

用于人力手推车、农用车、摩托车、汽车配套

【生产厂】[沪]上海万虹胶制品有限公司〈P1768〉;[苏]扬州市万里胶制品有限公司〈P1819〉;[鲁]高密密达橡塑制品有限公司(250 万条)〈P2089〉;三角集团有限公司(400 万条)〈P2123〉;文登市第二橡胶厂(150 万条)〈P2126〉;文登市三峰轮胎有限公司(30 万条)〈P2127〉;青岛国人科技股份有限公司(68 万条)〈P2035〉;青岛鑫海轮胎有限公司〈P2045〉;胶南市星海橡胶制品有限公司〈P2031〉;青岛东

O

方工业品制造有限公司(200 万套)〈P2033〉;青岛高天车辆有限公司(100 万条)〈P2034〉;青岛华达橡胶制品有限公司(20 万条)〈P2037〉;青岛振华工业集团有限公司(1475 万条)〈P2046〉;青岛腾江轮胎有限公司(40 万条)〈P2044〉;山东泰山轮胎有限公司(5 万套)〈P2136〉;山东省三利轮胎制造有限公司〈P2160〉;[豫]郑州中兴轮胎有限公司(10 万条)〈P2175〉;鹤壁环燕轮胎有限责任公司(130 万条)〈P2199〉;[鄂]中南橡胶集团有限责任公司〈P2241〉;[新]新疆昆仑股份有限公司(100 万条)〈P2366〉

汽车内胎　O02900201

Automobile tyre inner tube

用于汽车配套

【生产厂】[津]天津市北辰区天祥轮胎厂(50 万条)〈P1580〉;[赣]江西泰丰轮胎有限公司〈P2009〉;[鲁]荣成荣鹰橡胶制品有限公司(40 万条)〈P2122〉;青岛吉利达橡胶有限公司〈P2038〉;青岛双星轮胎工业有限公司(400 万条)〈P2043〉

丁基内胎　O02900301

Butyl tyre inner tube

【生产厂】[辽]沈阳轮胎总厂〈P1687〉;[苏]江苏飞跃橡胶有限公司〈P1841〉;无锡市远方橡胶工程有限公司〈P1881〉;江阴市安基橡胶工业有限公司(1200 万条)〈P1868〉;[鲁]青岛振华工业集团有限公司(30 万条)〈P2046〉;[桂]昊华南方桂林轮胎厂〈P2299〉

丁基橡胶水胎　O02900351

Butyl rubber tyre bag

用于充满循环热水或高压蒸汽

【生产厂】[鲁]山东永一集团公司(100 万套)〈P2087〉

力车胎外胎　O03000001

Cycle tyre cover

用于与力车配套

【生产厂】[津]天津市万达轮胎集团有限公司(4000 万条)〈P1606〉;[冀]河北焱鑫橡胶工业有限公司〈P1642〉;[苏]江苏飞跃橡胶有限公司(960 万条)〈P1841〉;[闽]厦门正新橡胶工业有限公司〈P1993〉;厦门正新海燕轮胎有限公司(960 万条)〈P1993〉;[鲁]高密密达橡塑制品有限公司〈P2089〉;高密力王轮胎有限公司〈P2089〉;青岛黄海橡胶集团公司(23 万条)〈P2038〉;胶南市星海橡胶制品有限公司〈P2031〉;青岛泰发集团股份有限公司(1000 万条)〈P2044〉;山东正兴轮胎股份有限公司(3000 万条)〈P2151〉;[豫]许昌中州轮胎有限公司(730 万套)〈P2219〉

自行车外胎　O03001001

Bicycle tyre cover

用于与自行车配套使用

【生产厂】[津]天津市环宇自行车轮胎厂(5000 条)〈P1591〉;天津市津兆福利橡胶制品厂(1 万条)〈P1595〉;[冀]河北协美橡胶制品有限公司〈P1642〉;河北焱鑫橡胶工业有限公司〈P1642〉;[沪]上海万虹胶制品有限公司(1300 万条)〈P1768〉;[苏]江苏飞跃橡胶有限公司〈P1841〉;建大橡胶(中国)有限公司〈P1893〉;[闽]厦门正新橡胶工业有限公司〈P1993〉;[鲁]高密密达橡塑制品有限公司〈P2089〉;高密力王轮胎有限公司〈P2089〉;[豫]清丰县亿安丰橡胶厂(5000 条)〈P2216〉;许昌中州轮胎有限公司(250 万套)〈P2219〉;[川]四川远星橡胶有限责任公司〈P2320〉

手推车外胎　O03002001

Handcar tyre cover

用于与手推车配套使用

【生产厂】[浙]余姚市舜尧橡胶制品有限公司〈P1935〉;[鲁]青岛广利橡胶厂〈P2034〉;青岛黄海橡胶集团公司(20 万条)〈P2038〉;青岛泰发集团股份有限公司(730 万条)〈P2044〉;[豫]许昌中州轮胎有限公司(120 万套)〈P2219〉

电动自行车外胎　O03003001

Electric bicycle tyre cover

【生产厂】[鲁]青岛广利橡胶厂〈P2034〉;胶南市星海橡胶制品有限公司〈P2031〉;[豫]清丰县亿安丰橡胶厂(5000 条)〈P2216〉;[川]四川远星橡胶有限责任公司(600 万套)〈P2320〉

力车胎内胎　O04000001

Cycle tyre inner tube

【生产厂】[闽]厦门正新橡胶工业有限公司〈P1993〉;[鲁]青岛泰发集团股份有限公司(800 万条)〈P2044〉;山东正兴轮胎股份有限公司(7000 万条)〈P2151〉;[豫]许昌市中舜橡胶有限公司(200 万条)〈P2219〉

自行车内胎　O04001001

Bicycle tyre inner tube

与自行车配套使用

【生产厂】[津]天津市环宇自行车轮胎厂(2 万条)〈P1591〉;[冀]河北协美橡胶制品有限公司〈P1642〉;[苏]扬州市万里胶制品有限公司〈P1819〉;[豫]许昌市中舜橡胶有限公司(400 万条)〈P2219〉

手推车内胎　O04001101

Handcar tyre inner tube

与手推车配套使用

【生产厂】[鲁]青岛泰发集团股份有限公司(550 万条)〈P2044〉

航空轮胎　O05000001

Aircraft tyre

用于民用、军用飞机等

【生产厂】[桂]曙光橡胶工业研究设计院(8 万条)〈P2300〉

军用航空轮胎;军用轮胎　O05700001

Military aircraft tyre

【生产厂】[鲁]济南三星橡胶有限责任公司(30 万套)〈P2024〉;[豫]风神轮胎股份有限公司〈P2193〉

橡胶运输带;橡胶输送带　O08000001

Rubber conveyor belt

用于工矿、冶金、电力、港口等大规模连续化的输送

【生产厂】[津]天津渤海化工集团天津市橡胶机带厂(200 万米)〈P1570〉;天津市裕基橡塑有限公司〈P1612〉;天津市金钟橡胶机带科技开发有限公司(600 万平方米)〈P1592〉;[冀]石家庄第一橡胶股份有限公司(1650 平方米)〈P1625〉;河北省衡水市长城橡胶厂〈P1665〉;衡水冀东石油矿山机械配件有限公司〈P1667〉;高科·汉峰金属软管有限公司〈P1663〉;河北宏广橡塑金属制品有限公司〈P1664〉;河北欧亚特种胶管有限公司〈P1664〉;河北鑫昇橡塑金属制品有限公司〈P1667〉;河间市神龙橡胶制品有限责任公司〈P1656〉;河北华胜胶带有限公司〈P1648〉;河北一川胶带有限公司〈P1649〉;[吉]中国石油吉化集团公司(12 万平方米)〈P1717〉;[黑]佳木斯环星机带有限公司(40 万平方米)〈P1724〉;[沪]上海灵鹿橡胶制品有限公司〈P1752〉;上海富大胶带制品有限公司(600 万平方米)

O

〈P1733〉;上海申驼胶带制品有限公司〈P1761〉;上海胶带橡胶有限公司〈P1743〉;上海百盛橡胶制品有限公司(6000米)〈P1728〉;[苏]南京金三益橡胶制品有限公司〈P1786〉;无锡市华恒橡胶有限公司〈P1876〉;无锡市橡胶厂(300万平方米)〈P1880〉;无锡市第七橡胶厂〈P1875〉;无锡市第五橡胶厂(50万平方米)〈P1875〉;江阴科强工业胶带有限公司〈P1867〉;徐州华辰胶带有限公司(540万平方米)〈P1795〉;徐州安泰输送带有限公司〈P1794〉;泗阳县腾达橡塑制品厂〈P1804〉;东台市苏中胶带制品有限公司(120万平方米)〈P1806〉;盐城神舟胶带有限公司〈P1810〉;江都市胶带厂〈P1814〉;海安县兴华胶带厂〈P1829〉;[浙]浙江双箭橡胶股份有限公司(360万平方米)〈P1944〉;浙江三维橡胶制品有限公司〈P1966〉;浙江保尔力胶带有限公司〈P1963〉;浙江省天台沪天胶带有限公司〈P1967〉;浙江省天台县富华塑胶有限公司〈P1967〉;[皖]铜陵市金运橡胶塑料有限公司(40万平方米)〈P1978〉;[闽]福建宁德大扬工业有限公司〈P2007〉;福建省南平市兴源橡胶制品有限公司(50万平方米)〈P2004〉;[鲁]莱州市橡塑厂(500万平方米)〈P2110〉;安丘市橡胶制品厂〈P2088〉;山东省临朐橡胶有限公司(90万平方米)〈P2098〉;山东跃马胶带有限公司〈P2099〉;山东临朐恒达化工建材厂(3万条)〈P2096〉;山东临朐万和橡胶制品有限公司(40万平方米)〈P2096〉;烟台中策橡胶有限公司(40万平方米)〈P2120〉;荣成安泰橡胶制品有限公司〈P2121〉;青岛橡六集团有限公司(296万平方米)〈P2045〉;青岛华海环保工业有限公司(40万平方米)〈P2037〉;肥城恒宏橡胶有限公司(10万平方米)〈P2134〉;山东肥城恒宏橡胶有限公司(150万平方米)〈P2135〉;山东银河橡塑集团总公司(1800万平方米)〈P2133〉;银河德普胶带有限公司(1200万米)〈P2134〉;曲阜市神力橡塑有限公司(80万平方米)〈P2130〉;[豫]河南省中州胶带股份有限公司(400万平方米)〈P2194〉;开封市三象胶带有限公司(5000吨)〈P2178〉;开封铁塔橡胶(集团)有限公司(500万平方米)〈P2179〉;尉氏县中原橡胶有限公司(100万平方米)〈P2179〉;[鄂]中南橡胶集团有限责任公司(380万平方米)〈P2241〉;[湘]湖南橡塑密封件厂(10万平方米)〈P2256〉;[陕]西安鹰球橡塑有限公司(3万米)〈P2350〉;[甘]甘肃酒泉荣泰橡胶制品有限公司〈P2357〉;[宁]宁夏银川胶带有限责任公司(150万平方米)〈P2361〉

强力型尼龙运输带;尼龙输送带 O08150001

Strong nylon conveyor belt

用于煤矿石、焦炭等颗粒状物体的输送

【生产厂】[冀]河北伯力特种橡胶有限公司〈P1663〉;河北联众橡塑有限公司〈P1654〉;保定蓝箭橡胶机带有限公司〈P1645〉;[辽]沈阳长桥胶带有限公司〈P1684〉;[沪]上海茜茜同步带有限公司〈P1757〉;上海胶带橡胶有限公司〈P1743〉;[苏]徐州华辰胶带有限公司(160万平方米)〈P1795〉;东台市苏中胶带制品有限公司〈P1806〉;盐城神舟胶带有限公司〈P1810〉;[浙]浙江双箭橡胶股份有限公司(110万平方米)〈P1944〉;[皖]安徽天地人(集团)股份有限公司〈P1977〉;[鲁]荣成安泰橡胶制品有限公司〈P2121〉;青岛橡六集团有限公司〈P2045〉;青岛六象胶带有限公司〈P2040〉;济宁广通输送带有限责任公司(160万平方米)〈P2127〉;[豫]洛阳铁塔橡胶有限公司〈P2187〉;[鄂]中南橡胶集团有限责任公司〈P2241〉

尼龙分层阻燃运输带 O08150101

Nylon layer flame-retardant conveyor belt

用于输送各种粉、块状物品

【生产厂】[晋]山西新华化工厂〈P1670〉;[沪]上海富大胶带制品有限公司〈P1733〉;[鲁]青岛柯丽亚(韩国)胶带有限公司(60万米)〈P2039〉;[宁]宁夏银川胶带有限责任公司(40万平方米)〈P2361〉

强力型维纶运输带 O08200001

Strong vinylon conveyor belt

用于煤矿、冶金、建材、铁路等部门输送负荷较大的大、中、小块状及粉状物料

【生产厂】[鲁]济宁广通输送带有限责任公司(30万平方米)〈P2127〉

涤纶运输带;聚酯输送带 O08200101

Terylene conveyor belt

适用于中长距离较高载重、高速条件下输送物料

【生产厂】[冀]河北华胜胶带有限公司〈P1648〉;河北一川胶带有限公司〈P1649〉;[辽]大连巅峰橡胶制品有限公司〈P1691〉;[沪]上海胶带橡胶有限公司〈P1743〉;[苏]无锡市华恒橡胶有限公司〈P1876〉;泗阳县腾达橡塑制品厂〈P1804〉;盐城神舟胶带有限公司〈P1810〉;[浙]浙江双箭橡胶股份有限公司〈P1944〉;[皖]安徽天地人(集团)股份有限公司〈P1977〉;[鲁]荣成安泰橡胶制品有限公司〈P2121〉;青岛六象胶带有限公司〈P2040〉;[豫]许昌方圆工贸橡塑有限公司(100万A米)〈P2218〉;[鄂]中南橡胶集团有限责任公司〈P2241〉

钢丝绳橡胶运输带 O08250001

Wire cord rubber conveyor belt

广泛用于煤矿、钢厂,适用于长距离、大运量、高速度的连续运行系统

【生产厂】[辽]沈阳长桥胶带有限公司〈P1684〉;[沪]上海富大胶带制品有限公司(40万平方米)〈P1733〉;[浙]浙江双箭橡胶股份有限公司〈P1944〉;[鲁]青岛橡六集团有限公司〈P2045〉;青岛六象胶带有限公司〈P2040〉;银河德普胶带有限公司〈P2134〉;[豫]洛阳铁塔橡胶有限公司〈P2187〉

钢缆橡胶运输带 O08300001

Steel cable rubber conveyor belt

适于块状、粒状、粉末状、矿石、煤炭等的运送

【生产厂】[辽]沈阳长桥胶带有限公司〈P1684〉;[鲁]青岛橡六集团有限公司(50万平方米)〈P2045〉;[鄂]中南橡胶集团有限责任公司〈P2241〉

耐热运输带;耐热输送带 O08350001

Heat resistant conveyor belt

用于物料温度或环境温度超过60℃的场合,如烧结厂、焦化厂、水泥厂、化工厂、铸造厂等

【生产厂】[冀]河北省衡水市长城橡胶厂〈P1665〉;高科·汉峰金属软管有限公司〈P1663〉;河北鑫昇橡塑金属制品有限公司〈P1667〉;保定蓝箭橡胶机带有限公司〈P1645〉;河北华胜胶带有限公司〈P1648〉;河北一川胶带有限公司〈P1649〉;[辽]沈阳长桥胶带有限公司〈P1684〉;[吉]四平市科学技术研究院〈P1717〉;[沪]上海胶带橡胶有限公司〈P1743〉;[苏]泗阳县腾达橡塑制品厂〈P1804〉;盐城神舟胶带有限公司〈P1810〉;[浙]浙江双箭橡胶股份有限公司〈P1944〉;[鲁]莱州市橡塑厂(10万平方米)〈P2110〉;荣成安泰橡胶制品有限公司〈P2121〉;银河德普胶带有限公司〈P2134〉;[豫]洛阳铁塔橡胶有限公司〈P2187〉;[鄂]中南橡胶集团有限责任公司〈P2241〉;[宁]宁夏银川胶带有限责任公司〈P2361〉

耐寒型运输带 O08350101

Coldtolerant conveyor belt

适用于寒冷地区露天或冷冻仓库等场合输

送物料

【生产厂】[沪]上海胶带橡胶有限公司〈P1743〉;[浙]浙江双箭橡胶股份有限公司〈P1944〉;[鲁]青岛六象胶带有限公司〈P2040〉;[豫]洛阳铁塔橡胶有限公司〈P2187〉

难燃型运输带　O08400001

Flame resisting conveyor belt

主要用于煤矿井下输送煤炭等

【生产厂】[苏]徐州华辰胶带有限公司(120万平方米)〈P1795〉;[鲁]山东银河橡塑集团总公司(1000万平方米)〈P2133〉;[豫]洛阳铁塔橡胶有限公司〈P2187〉

聚氯乙烯阻燃运输带;PVC阻燃输送带　O08400101

Polyvinyl chloride flame retardant conveyor belt

用于煤矿井下易燃场合输送煤炭

【生产厂】[辽]大连巅峰橡胶制品有限公司〈P1691〉;[吉]四平市科学技术研究院(20万米)〈P1717〉

阻燃输送带　O08400201

Flame retardant conveyor belt

【生产厂】[冀]河北鑫昇橡塑金属制品有限公司〈P1667〉;河北华胜胶带有限公司〈P1648〉;[吉]四平市科学技术研究院〈P1717〉;[苏]徐州安泰输送带有限公司〈P1794〉;[浙]平阳县华德胶粘制品有限公司〈P1936〉;[皖]安徽天地人(集团)股份有限公司〈P1977〉;[豫]洛阳铁塔橡胶有限公司〈P2187〉;偃师市金山纺织有限责任公司(1000吨)〈P2189〉;开封市三象胶带有限公司(3000吨)〈P2178〉

耐油运输带　O08450001

Oil resistant conveyor belt

适用于输送油性物料

【生产厂】[冀]河北一川胶带有限公司〈P1649〉;[苏]无锡市华恒橡胶有限公司〈P1876〉;[浙]浙江双箭橡胶股份有限公司〈P1944〉;[鲁]青岛六象胶带有限公司〈P2040〉

耐酸碱运输带　O08500001

Conveyor belt, acidproof and alkaliproof

适用于化工厂、化肥厂、造纸厂等厂矿企业输送含有酸性或碱性等腐蚀性的物料

【生产厂】[冀]河北华胜胶带有限公司〈P1648〉;河北一川胶带有限公司〈P1649〉;[辽]沈阳长桥胶带有限公司〈P1684〉;[沪]上海胶带橡胶有限公司〈P1743〉;[苏]无锡市华恒橡胶有限公司〈P1876〉;泗阳县腾达橡塑制品厂〈P1804〉;[浙]浙江双箭橡胶股份有限公司〈P1944〉;[鲁]青岛六象胶带有限公司〈P2040〉;[宁]宁夏银川胶带有限责任公司〈P2361〉

食品运输带　O08550001

Foodstuff conveyor belt

适用于食品工业或粮食部门运输散装、听装、包装成箱的粮食或食品

【生产厂】[冀]河北一川胶带有限公司〈P1649〉;[沪]上海胶带橡胶有限公司〈P1743〉;[浙]浙江双箭橡胶股份有限公司〈P1944〉

轻型运输带　O08600001

Light conveyor belt

【生产厂】[沪]上海茜茜同步带有限公司〈P1757〉;上海五同同步带有限公司〈P1770〉,上海胶带橡胶有限公司〈P1743〉;上海百盛橡胶制品有限公司(6万米)〈P1728〉;[苏]无锡市侣湖橡胶制品有限公司〈P1877〉;[鲁]济南天齐特种平带有限公司〈P2026〉

薄型运输带　O08600101

Thin-walled conveyor belt

【生产厂】[苏]无锡市华恒橡胶有限公司〈P1876〉

环型运输带;环形输送带　O08650001

Endless conveyor belt

主要适用于磁选矿及运输易散落的粒状、粉状物料

【生产厂】[冀]保定蓝箭橡胶机带有限公司〈P1645〉;河北一川胶带有限公司〈P1649〉;[沪]上海胶带橡胶有限公司〈P1743〉;[苏]无锡市华恒橡胶有限公司〈P1876〉;无锡市侣湖橡胶制品有限公司〈P1877〉;江都市胶带厂〈P1814〉;[浙]浙江双箭橡胶股份有限公司〈P1944〉;[鲁]安丘市橡胶制品厂〈P2088〉;山东临朐万和橡胶制品有限公司〈P2096〉;荣成安泰橡胶制品有限公司〈P2121〉;山东肥城恒宏橡胶有限公司(180万平方米)〈P2135〉;曲阜市神力橡塑有限公司〈P2130〉;[湘]湖南橡塑密封件厂〈P2256〉

管状输送带　O08650101

Tubular conveyor belt

主要用于输送粉状、颗粒状等易污染环境的物料

【生产厂】[浙]浙江双箭橡胶股份有限公司〈P1944〉;[皖]安徽天地人(集团)股份有限公司〈P1977〉;[鲁]银河德普胶带有限公司〈P2134〉

花纹输送带　O08700001

Figured conveyor belt

适用于≤40度的倾角的粉状、颗粒状、小块物料输送,也可输送包装袋物料

【生产厂】[冀]保定蓝箭橡胶机带有限公司〈P1645〉;河北华胜胶带有限公司〈P1648〉;河北一川胶带有限公司〈P1649〉;[沪]上海申驼胶带制品有限公司〈P1761〉;上海胶带橡胶有限公司〈P1743〉;[苏]泗阳县腾达橡塑制品厂〈P1804〉;泰州市龙泉机带有限公司〈P1827〉;[浙]浙江双箭橡胶股份有限公司〈P1944〉;[鲁]青岛六象胶带有限公司〈P2040〉;青岛临港橡塑制品有限公司(2500吨)〈P2040〉

挡边运输带　O08750001

Rised edge conveyor belt

用于场地狭窄、短距离升高的工矿企业输送物料

【生产厂】[冀]河北联众橡塑有限公司〈P1654〉;保定蓝箭橡胶机带有限公司〈P1645〉;河北华胜胶带有限公司〈P1648〉;河北一川胶带有限公司〈P1649〉;[沪]上海胶带橡胶有限公司〈P1743〉;[苏]无锡市侣湖橡胶制品有限公司〈P1877〉;[浙]浙江双箭橡胶股份有限公司〈P1944〉;[鲁]莱州市橡塑厂(200万平方米)〈P2110〉;荣成安泰橡胶制品有限公司〈P2121〉;青岛橡六集团有限公司(15万平方米)〈P2045〉;青岛六象胶带有限公司〈P2040〉;青岛临港橡塑制品有限公司(1000吨)〈P2040〉

整芯运输带　O08800001

Integer core conveyor belt

用于煤矿井下易燃场合输送煤炭,亦可用于要求难燃、导静电的电力、化工、冶金等行业

【生产厂】[冀]河北伯力特种橡胶有限公司〈P1663〉;[浙]浙

O

江双箭橡胶股份有限公司〈P1944〉；[鲁]青岛橡六集团有限公司(200万平方米)〈P2045〉；银河德普胶带有限公司〈P2134〉

全塑整芯阻燃运输带　O08800101

All-plastic flame-retardant integer core conveyor belt

用于煤矿井下及其他易燃场合输送煤炭、化工材料类物料

【生产厂】[冀]河北一川胶带有限公司〈P1649〉；[沪]上海胶带橡胶有限公司〈P1743〉；[苏]徐州华辰胶带有限公司(120万平方米)〈P1795〉；盐城神舟胶带有限公司〈P1810〉；[皖]安徽中意胶带有限责任公司(60万米)〈P1977〉；[鲁]青岛六象胶带有限公司〈P2040〉；[豫]洛阳市输送带厂(30万平方米)〈P2186〉；河南一通胶带有限公司(15万平方米)〈P2181〉；[鄂]中南橡胶集团有限责任公司〈P2241〉

橡塑整芯阻燃运输带　O08800201

Rubber-plastic flame-retardant integer core conveyor belt

用于煤矿井下易燃易爆环境下输送物品

【生产厂】[苏]盐城神舟胶带有限公司〈P1810〉；[鲁]济宁广通输送带有限责任公司(80万平方米)〈P2127〉；[宁]宁夏银川胶带有限责任公司(30万米)〈P2361〉

阻燃钢丝绳芯运输带　O08800501

Flame retardant steel cord conveyor belt

适于煤矿井下及其他要求阻燃且导静电的场所

【生产厂】[冀]河北一川胶带有限公司〈P1649〉；[沪]上海胶带橡胶有限公司〈P1743〉；[苏]盐城神舟胶带有限公司〈P1810〉；[浙]浙江双箭橡胶股份有限公司〈P1944〉；[皖]安徽天地人(集团)股份有限公司〈P1977〉；[鲁]青岛橡六集团有限公司(20万平方米)〈P2045〉；济宁广通输送带有限责任公司(440万平方米)〈P2127〉；[鄂]中南橡胶集团有限责任公司〈P2241〉

织物芯运输带；织物芯输送带　O08850001

Conveyor belt of textile construction

广泛用于电力、化工、轻工、煤炭、冶金、粮食加工等行业

【生产厂】[津]天津渤海化工集团天津市橡胶机带厂(500万平方米)〈P1570〉；[冀]河北鑫昇橡塑金属制品有限公司〈P1667〉；河北联众橡塑有限公司〈P1654〉；河北华胜胶带有限公司〈P1648〉；河北一川胶带有限公司〈P1649〉；[辽]沈阳长桥胶带有限公司〈P1684〉；大连巅峰橡胶制品有限公司〈P1691〉；[沪]上海富大胶带制品有限公司(400万平方米)〈P1733〉；[苏]东台市苏中胶带制品有限公司〈P1806〉；[浙]浙江双箭橡胶股份有限公司〈P1944〉；[皖]安徽天地人(集团)股份有限公司〈P1977〉；[鲁]莱州市橡塑厂(50万平方米)〈P2110〉；[豫]焦作李封工业有限责任公司〈P2195〉；洛阳铁塔橡胶有限公司〈P2187〉；[湘]湖南省醴陵市橡胶一厂〈P2249〉

胶带　O08900001

Rubber belt

用于运输和动力传递，包括运输带、三角带和平带

【生产厂】[沪]上海五同同步带有限公司〈P1770〉；上海力巨综研胶粘制品有限公司〈P1750〉；[苏]常州市江南胶带有限公司〈P1892〉；[浙]浙江双箭橡胶股份有限公司〈P1944〉；平阳县华德胶粘制品有限公司〈P1936〉；[鲁]山东信义集团东营信义橡塑厂(7万米)〈P2086〉；青岛宏泰盛橡胶制品有限公司〈P2037〉

硅橡胶输送带　O08950001

Silicon rubber conveyor belt

用于配套多种进口、国产热切封机

【生产厂】[辽]沈阳市橡胶制品九厂〈P1689〉；[苏]南京佳联硅橡胶厂〈P1785〉；无锡市华茂硅胶厂〈P1876〉

特种运输带　O08990101

Special conveyor belt

【生产厂】[津]天津渤海化工集团天津市橡胶机带厂(200万平方米)〈P1570〉；[苏]东台市苏中胶带制品有限公司〈P1806〉；[豫]开封市铁塔特种胶带有限责任公司(1000吨)〈P2178〉

分层输送带　O08990111

Layer conveyor belt

用于煤矿、码头、电厂、水泥厂、矿山等输送物料

【生产厂】[皖]安徽中意胶带有限责任公司(400万平方米)〈P1977〉；[鲁]济宁广通输送带有限责任公司(240万平方米)〈P2127〉；银河德普胶带有限公司〈P2134〉

导静电运输带　O08990201

Static-conduction conveyor belt

【生产厂】[辽]沈阳长桥胶带有限公司〈P1684〉；[沪]上海胶带橡胶有限公司〈P1743〉；[豫]洛阳铁塔橡胶有限公司〈P2187〉

提升带　O08990301

Elevator belt

【生产厂】[辽]大连巅峰橡胶制品有限公司〈P1691〉；[沪]上海胶带橡胶有限公司〈P1743〉

橡胶传动带　O10100001

Rubber driving belt

主要用于物料的大规模、连续化运输

【生产厂】[京]北京奥泰长城橡胶制品有限公司〈P1543〉；[冀]河北一川胶带有限公司〈P1649〉；[沪]上海富大胶带制品有限公司(80万A米)〈P1733〉；[苏]江苏连吉特种胶带制造公司〈P1842〉；徐州华辰胶带有限公司(40万平方米)〈P1795〉；东台市苏中胶带制品有限公司〈P1806〉；[闽]福建省南平市兴源橡胶制品有限公司(35万平方米)〈P2004〉；[鲁]济南天齐特种平带有限公司(5万平方米)〈P2026〉；安丘市橡胶制品厂〈P2088〉；[豫]河南省中州胶带股份有限公司(200万平方米)〈P2194〉；开封市三象胶带有限公司〈P2178〉；[鄂]中南橡胶集团有限责任公司(60万平方米)〈P2241〉；[粤]广州市团结橡胶厂有限公司(600吨)〈P2266〉；广东信力特种橡胶制品有限公司〈P2281〉；[宁]宁夏银川胶带有限责任公司(6万平方米)〈P2361〉

橡胶平型传动带　O10100101

Rubber flat transmission belt

用于车床、木车床、木刨床等机床的动力传动

【生产厂】[冀]辛集市金昊橡胶有限公司(60万平方米)〈P1634〉；河北华胜胶带有限公司〈P1648〉；[辽]沈阳长桥胶带有限公司〈P1684〉；[沪]上海永利工业制带有限公司〈P1775〉；上海申驼胶带制品有限公司〈P1761〉；上海茜茜同步带有限公司〈P1757〉；上海胶带橡胶有限公司〈P1743〉；[苏]无锡市第五橡胶厂(80万平方米)〈P1875〉；泗阳县腾达橡塑制品厂(15万平方米)〈P1804〉；

O

海安县兴华胶带厂〈P1829〉;[浙]华龙同步带轮有限公司〈P1929〉;宁波东方明珠传动带有限公司〈P1930〉;浙江三维橡胶制品有限公司〈P1966〉;浙江保尔力胶带有限公司〈P1963〉;浙江省天台县富华塑胶有限公司〈P1967〉;[鲁]曲阜市神力橡塑有限公司〈P2130〉;[豫]开封铁塔橡胶(集团)有限公司(33 万平方米)〈P2179〉;尉氏县中原橡胶有限公司〈P2179〉;[湘]湖南省醴陵市橡胶一厂〈P2249〉

橡胶同步带　O10100201

Rubber synchronous belt

用于汽车、机械等

【生产厂】[京]北京京兴龙潭橡胶有限公司〈P1553〉;[沪]上海茜茜同步带有限公司〈P1757〉;上海申联劳伦茨胶带有限公司〈P1761〉;[苏]常州市逸盛橡胶制品有限公司〈P1856〉;无锡市中良橡胶有限公司〈P1881〉;无锡市橡胶厂〈P1880〉;泰州市龙泉机带有限公司〈P1827〉;[浙]华龙同步带轮有限公司〈P1929〉;宁波贝递同步带有限公司〈P1930〉;宁波东方明珠传动带有限公司〈P1930〉;索力达同步带有限公司〈P1960〉;浙江三维橡胶制品有限公司〈P1966〉;浙江省天台县富华塑胶有限公司〈P1967〉;[鲁]淄博振河塑胶化工有限公司〈P2076〉;[鄂]广水市茂鑫特种胶带有限责任公司〈P2242〉

汽车同步带　O10100211

Automobile synchronous belt

用于汽车发动机的动力传递

【生产厂】[苏]泰州市龙泉机带有限公司〈P1827〉;[浙]浙江三力士橡胶股份有限公司〈P1951〉;宁波东方明珠传动带有限公司〈P1930〉;[鲁]山东荣成市荣成胶带有限公司(8000 吨)〈P2123〉

双面齿同步带　O10100221

Double cogged synchronous belt

【生产厂】[辽]沈阳东阳聚氨酯有限公司〈P1685〉;[沪]上海茜茜同步带有限公司〈P1757〉;上海五同同步带有限公司〈P1770〉;上海长峰特种聚氨酯有限公司〈P1729〉;上海胶带聚氨酯制品有限公司〈P1743〉;[苏]泰州市龙泉机带有限公司〈P1827〉;[浙]宁波东方明珠传动带有限公司〈P1930〉

聚氨酯同步带　O10100251

Polyurethane synchronous belt

【生产厂】[沪]上海胶带聚氨酯制品有限公司〈P1743〉;[苏]泰州市龙泉机带有限公司〈P1827〉;[浙]索力达同步带有限公司〈P1960〉

变速带　O10100401

Variable-speed belt

【生产厂】[辽]沈阳长桥胶带有限公司〈P1684〉;[沪]上海茜茜同步带有限公司〈P1757〉;[苏]泰州市龙泉机带有限公司〈P1827〉;[浙]浙江三力士橡胶股份有限公司〈P1951〉;索力达同步带有限公司〈P1960〉;浙江三维橡胶制品有限公司〈P1966〉;[鲁]山东荣成市荣成胶带有限公司(8000 吨)〈P2123〉;青岛松林橡胶有限公司〈P2044〉

聚氨酯橡胶传动带　O10200001

Polyurethane rubber driving belt

广泛用于食品、纺织印染、印刷机械、包装机械、烟草机械、陶瓷机械、制药机械等

【生产厂】[京]北京金都橡胶厂〈P1552〉;[苏]耶普(苏州)塑技有限公司〈P1911〉;[粤]广州市新立聚氨酯密封件厂〈P2266〉

橡胶三角带;普通三角带;普通 V 带　O15000001

Rubber V-belt

主要用于各类机械传动

【生产厂】[津]天津渤海化工集团天津市橡胶机带厂(1390 万 A 米)〈P1570〉;[冀]辛集市金昊橡胶有限公司(2100 万 A 米)〈P1634〉;河北海斯德橡胶制品有限公司(6000 万 A 米)〈P1641〉;[辽]沈阳长桥胶带有限公司(1500 万米)〈P1684〉;[黑]佳木斯环星机带有限公司〈P1724〉;[沪]上海富大胶带制品有限公司(500 万 A 米)〈P1733〉;上海申驼胶带制品有限公司〈P1761〉;上海茜茜同步带有限公司〈P1757〉;上海胶带橡胶有限公司〈P1743〉;[苏]常州市逸盛橡胶制品有限公司〈P1856〉;无锡市中良橡胶有限公司〈P1881〉;无锡市橡胶厂(3600 万 A 米)〈P1880〉;无锡市第七橡胶厂〈P1875〉;无锡市第五橡胶厂(150 万 A 米)〈P1875〉;徐州华辰胶带有限公司(600 万米)〈P1795〉;江都市胶带厂〈P1814〉;海安县兴华胶带厂〈P1829〉;[浙]浙江三力士橡胶股份有限公司(6200 万 A 米)〈P1951〉;宁波橡胶有限公司〈P1933〉;浙江三维橡胶制品有限公司〈P1966〉;浙江保尔力胶带有限公司〈P1963〉;浙江省天台沪天胶带有限公司〈P1967〉;浙江省天台县富华塑胶有限公司〈P1967〉;[皖]和县晶汇实业有限公司和州橡胶厂(150 万 A 米)〈P1984〉;[闽]福建省闽侯橡胶制品有限公司(400 万 A 米)〈P1988〉;[鲁]济南三星橡胶有限责任公司(700 万 A 米)〈P2024〉;淄博创大实业有限公司(3 万吨)〈P2058〉;淄博创大实业有限公司橡胶制品分公司(800 万件)〈P2058〉;淄博广源塑胶有限公司(3500 万 A 米)〈P2060〉;莱州市鲁庆橡胶工业有限公司〈P2110〉;莱州市橡塑厂(1500 万 A 米)〈P2110〉;安丘市橡胶制品厂〈P2088〉;文登市第二橡胶厂(300 万 A 米)〈P2126〉;青岛橡六集团有限公司(710 万 A 米)〈P2045〉;青岛橡六三角带厂(1000 万 A 米)〈P2045〉;青岛松林橡胶有限公司〈P2044〉;青岛柯丽亚(韩国)胶带有限公司(600 万条)〈P2039〉;青岛鲲鹏橡胶制品厂〈P2039〉;青岛临港橡塑制品有限公司(2000 吨)〈P2040〉;肥城恒宏橡胶有限公司(900 万 A 米)〈P2134〉;山东肥城恒宏橡胶有限公司(800 万 A 米)〈P2135〉;曲阜市神力橡塑有限公司(3000 万米)〈P2130〉;[豫]郑州恒生实业有限公司(2000 万 A 米)〈P2170〉;河南省中州胶带股份有限公司(600 万 A 米)〈P2194〉;濮阳中环橡胶总厂(25 万 A 米)〈P2216〉;许昌市魏都正兴橡胶厂(3 万 A 米)〈P2219〉;开封市三象胶带有限公司(1000 吨)〈P2178〉;开封铁塔橡胶(集团)有限公司(2000 万 A 米)〈P2179〉;河南省尉氏县久龙轮胎厂(30 万条)〈P2176〉;尉氏县中原橡胶有限公司(30 万条)〈P2179〉;尉氏县奔腾橡胶厂(150 万 A 米)〈P2179〉;[鄂]广水市茂鑫特种胶带有限责任公司〈P2242〉;中南橡胶集团有限责任公司(720 万 A 米)〈P2241〉;[湘]湖南省醴陵市橡胶一厂〈P2249〉;湖南橡塑密封件厂〈P2256〉;[甘]甘肃酒泉荣泰橡胶制品有限公司(100 万 A 米)〈P2357〉;[宁]宁夏银川胶带有限责任公司(150 万 A 米)〈P2361〉

活络三角带　O15000301

Open end V-belt

【生产厂】[豫]许昌方圆工贸橡塑有限公司〈P2218〉

窄 V 带　O15000401

Narrow V-belt

适用于高速及大功率的机械传动,也适合一般的动力传动

【生产厂】[沪]上海富大胶带制品有限公司(500 万 A 米)〈P1733〉;上海胶带橡胶有限公司〈P1743〉;[苏]江都市胶带厂〈P1814〉;[浙]杭州三艾橡胶有限公司〈P1922〉;宁波橡胶有限公司〈P1933〉;浙江三维橡胶制品有限公司〈P1966〉;[鲁]淄博振河塑胶化工有限公司〈P2076〉;淄博

O

创大实业有限公司〈P2058〉;莱州市橡塑厂(300 万 A 米)〈P2110〉;[豫]开封铁塔橡胶(集团)有限公司(20 万 A 米)〈P2179〉;尉氏县中原橡胶有限公司(100 万 A 米)〈P2179〉

切割式 V 带 O15000501

Cutting V-belt

【生产厂】[沪]上海申联劳伦茨胶带有限公司〈P1761〉;[苏]常州市逸盛橡胶制品有限公司〈P1856〉;无锡市橡胶厂〈P1880〉;[浙]浙江三力士橡胶股份有限公司〈P1951〉;华龙同步带轮有限公司〈P1929〉;宁波贝递同步带有限公司〈P1930〉;宁波东方明珠传动带有限公司〈P1930〉;索力达同步带有限公司〈P1960〉;浙江三维橡胶制品有限公司〈P1966〉;浙江保尔力胶带有限公司〈P1963〉;[鲁]青岛松林橡胶有限公司〈P2044〉

联组 V 带 O15000601

Joined V-belt

适用于脉动负荷和有冲击振动的场合,特别适用于高直地面的平行轴传动

【生产厂】[沪]上海胶带橡胶有限公司〈P1743〉;[浙]杭州三艾橡胶有限公司〈P1922〉;宁波橡胶有限公司〈P1933〉

汽车三角带;汽车风扇带;汽车 V 带 O15001001

Automotive V-belt

用于各种汽车、拖拉机传动

【生产厂】[苏]无锡市橡胶厂(180 万条)〈P1880〉;徐州华辰胶带有限公司(70 万条)〈P1795〉;[浙]浙江三力士橡胶股份有限公司〈P1951〉;宁波橡胶有限公司(20 万条)〈P1933〉;浙江省天台沪天胶带有限公司〈P1967〉;[鲁]山东荣成市荣成胶带有限公司(1 万吨)〈P2123〉;[豫]开封铁塔橡胶(集团)有限公司(50 万条)〈P2179〉

内齿切边带 O20000201

Notched cut-edged belt

用于各种机械、汽车、拖拉机等的传动

【生产厂】[鲁]莱州市橡塑厂(50 万平方米)〈P2110〉;青岛松林橡胶有限公司〈P2044〉;[豫]焦作李封工业有限责任公司〈P2195〉

多楔带 O20000301

V-Ribbed belt

用于汽车发动机的冷却风扇、水泵等的动力传递

【生产厂】[沪]上海茜茜同步带有限公司〈P1757〉;上海五同同步带有限公司〈P1770〉;上海申联劳伦茨胶带有限公司〈P1761〉;[苏]常州市逸盛橡胶制品有限公司〈P1856〉;无锡市橡胶厂〈P1880〉;泰州市龙泉机带有限公司〈P1827〉;[浙]浙江三力士橡胶股份有限公司〈P1951〉;华龙同步带轮有限公司〈P1929〉;宁波贝递同步带有限公司〈P1930〉;宁波东方明珠传动带有限公司〈P1930〉;浙江三维橡胶制品有限公司〈P1966〉;[鲁]山东荣成市荣成胶带有限公司(1 万吨)〈P2123〉;青岛松林橡胶有限公司〈P2044〉;青岛柯丽亚(韩国)胶带有限公司〈P2039〉;[鄂]广水市茂鑫特种胶带有限责任公司〈P2242〉

聚氨酯多楔带 O20000351

Polyurethane V-ribbed belt

【生产厂】[沪]上海胶带聚氨酯制品有限公司〈P1743〉

橡胶六角带 O20000401

Rubber hexagonal belt

【生产厂】[沪]上海胶带橡胶有限公司〈P1743〉;[苏]无锡市中良橡胶有限公司〈P1881〉;[浙]宁波橡胶有限公司〈P1933〉;浙江三维橡胶制品有限公司〈P1966〉

橡胶管材 O25000000

Rubber tubular goods

【生产厂】[津]天津市裕基橡塑有限公司〈P1612〉

胶管 O25000001

Rubber hose

主要用于输送各种温度、压力及介质不同的液体、固体、气体等

【生产厂】[京]北京奥泰长城橡胶制品有限公司〈P1543〉;[津]天津鹏翎胶管股份有限公司(8000 万件)〈P1577〉;天津市大港胶管有限公司(2000 吨)〈P1582〉;天津市津南福利橡胶制品厂(1000 吨)〈P1594〉;天津市润通胶管厂(700 万标米)〈P1601〉;[冀]河北华橡管业(集团)有限公司〈P1664〉;河北省景县第一胶管有限公司〈P1665〉;河北省清河县泰丰有限公司〈P1642〉;任丘市京东橡胶实业公司〈P1657〉;唐山市东亚橡胶制品有限公司〈P1636〉;秦皇岛北方管业有限公司(100 万米)〈P1637〉;涿州市燎原实业有限公司〈P1649〉;[辽]沈阳市橡胶制品九厂〈P1689〉;沈阳星辰化工有限公司〈P1690〉;[吉]中国石油吉化集团公司(66 万米)〈P1717〉;[沪]上海运科橡胶制品有限公司〈P1777〉;[苏]南京金三益橡胶制品有限公司〈P1786〉;江苏扬中市液压密封件厂有限公司〈P1842〉;扬中市新洋密封件有限公司〈P1843〉;无锡市华恒橡胶有限公司〈P1876〉;无锡市橡胶厂〈P1880〉;无锡市第七橡胶厂〈P1875〉;江阴市卫宇橡塑制品有限公司〈P1871〉;苏州市盛隆橡塑制品有限公司〈P1904〉;张家港凤凰输水管福利厂〈P1911〉;[浙]杭州运河橡塑化工有限公司〈P1925〉;浙江三力士橡胶股份有限公司(150 万 B 米)〈P1951〉;浙江双箭橡胶股份有限公司〈P1944〉;余姚市大伟橡塑制品有限公司〈P1935〉;浙江三维橡胶制品有限公司〈P1966〉;浙江保尔力胶带有限公司〈P1963〉;浙江海特橡塑有限公司〈P1963〉;[皖]合肥万友橡胶制品厂〈P1973〉;安徽省蚌埠橡胶有限公司(600 万标米)〈P1975〉;和县晶汇实业有限公司和州橡胶厂〈P1984〉;明光市橡胶厂(60 万标米)〈P1982〉;[闽]厦门麦丰密封件有限公司〈P1992〉;厦门万里橡塑制品有限公司〈P1993〉;[鲁]济南三星橡胶有限责任公司(1000 万标米)〈P2024〉;山东景阳岗软管总厂〈P2153〉;山东水星橡塑集团有限公司(5 万吨)〈P2146〉;淄博广源塑胶有限公司(1200 万标米)〈P2060〉;东营市恒丰橡塑有限公司〈P2082〉;东营市华侨橡塑有限责任公司(30 万条)〈P2082〉;山东信义集团东营信义橡塑厂(1 万米)〈P2086〉;蓬莱市宏光橡胶制品厂(260 万米)〈P2112〉;山东省龙口市橡塑胶管有限公司(200 吨)〈P2115〉;青岛建青橡胶制品有限公司〈P2038〉;青岛橡六集团有限公司(130 万标米)〈P2045〉;青岛宏泰盛橡胶制品有限公司〈P2037〉;青岛新韩特殊橡胶制品有限公司〈P2045〉;莱芜市橡胶集团公司山东慧通轮胎有限公司(10 万吨)〈P2140〉;曲阜市神力橡塑有限公司(3000 万米)〈P2130〉;日照市金源橡胶有限公司(150 万件)〈P2139〉;[豫]郑州下坡杨橡胶制品厂〈P2174〉;河南省孟州市城关胶管厂〈P2194〉;安阳市华昱塑胶有限责任公司(71 万标米)〈P2209〉;濮阳中环橡胶总厂(11 万标米)〈P2216〉;洛阳市高压软管厂(1000 件)〈P2184〉;偃师市天工实业有限公司橡胶制品厂(200 吨)〈P2189〉;[鄂]咸宁市中南橡胶技术有限公司〈P2245〉;[粤]广州市固特橡胶制品有限公司〈P2264〉;冉点硅橡胶模具(深圳)有限公司〈P2269〉

医用胶管 O25000101

Medical rubber hose

【生产厂】[津]天津市伟业乳胶化工厂(100 吨)〈P1606〉;

［鲁］菏泽嘉林橡胶制品有限公司〈P2158〉

夹布胶管　O25100001

Wrapped hose

用于输送水、油、酸碱、蒸汽等介质

【生产厂】［京］北京奥泰长城橡胶制品有限公司〈P1543〉；北京宏发橡塑制品有限公司〈P1549〉；［津］天津市裕基橡塑有限公司〈P1612〉；天津市美龙特种胶管厂（5000 吨）〈P1599〉；［冀］河北省华北橡胶制品有限公司-恒宇管业〈P1665〉；衡水冀东石油矿山机械配件有限公司〈P1667〉；河北宏广橡塑金属制品有限公司〈P1664〉；河北华橡管业（集团）有限公司〈P1664〉；河北欧亚特种胶管有限公司〈P1664〉；河北省景县石油机械厂〈P1666〉；河北鑫昇橡塑金属制品有限公司〈P1667〉；衡水光辉橡塑有限公司〈P1667〉；河北开橡塑胶制品厂〈P1641〉；河北联众橡塑有限公司〈P1654〉；［辽］沈阳银象橡胶制品有限责任公司〈P1690〉；本溪市胶管厂（45 万标米）〈P1699〉；［苏］无锡市橡胶厂（230 万标米）〈P1880〉；江都市胶带厂〈P1814〉；［浙］杭州运河橡塑化工有限公司〈P1925〉；［赣］宜春英龙橡胶有限公司〈P2017〉；［鲁］济南三星橡胶有限责任公司（150 万标米）〈P2024〉；淄博广源塑胶有限公司（50 万标米）〈P2060〉；莱州市橡塑厂（280 万标米）〈P2110〉；莱州海润橡塑有限公司（100 万米）〈P2109〉；蓬莱市宏光橡胶制品厂（55 吨）〈P2112〉；山东省龙口市橡塑胶管有限公司（1000 吨）〈P2115〉；青岛橡六集团有限公司（23 万标米）〈P2045〉；青岛临港橡塑制品有限公司（80 吨）〈P2040〉；曲阜市神力橡塑有限公司（50 万标米）〈P2130〉；［豫］安阳市第二橡胶厂（400 万 A 米）〈P2208〉；开封铁塔橡胶（集团）有限公司（200 万标米）〈P2179〉；［鄂］中南橡胶集团有限责任公司〈P2241〉；［湘］湖南省醴陵市橡胶一厂〈P2249〉；［甘］甘肃酒泉荣泰橡胶制品有限公司〈P2357〉

输水胶管　O25100101

Water transiting hose

用于常温下输送水及中性液体

【生产厂】［津］天津市橡胶制品六厂（10 万米）〈P1607〉；［辽］沈阳银象橡胶制品有限责任公司〈P1690〉；［苏］苏州市盛隆橡塑制品有限公司〈P1904〉；江都市胶带厂〈P1814〉；［浙］诸暨市兴源橡塑管业有限公司〈P1952〉；浙江省天台沪天胶带有限公司〈P1967〉；浙江省乐清市芙蓉橡胶有限公司〈P1939〉；［鲁］东营中一橡胶有限公司〈P2083〉；山东省莱州市程郭矿山橡塑厂〈P2114〉；莱州市橡塑厂（200 万标米）〈P2110〉；莱州海润橡塑有限公司（20 万米）〈P2109〉；蓬莱市宏光橡胶制品厂（280 吨）〈P2112〉

压缩空气胶管　O25100301

Compressed air hose

用于矿井、土建工程、工厂等部门输送压缩空气及惰性气体

【生产厂】［冀］高邑县第一橡胶制品有限责任公司〈P1619〉；［辽］沈阳银象橡胶制品有限责任公司〈P1690〉；［苏］江都市胶带厂〈P1814〉；［浙］诸暨市兴源橡塑管业有限公司〈P1952〉；［鲁］东营中一橡胶有限公司〈P2083〉；莱州市橡塑厂（200 万标米）〈P2110〉；莱州海润橡塑有限公司（60 万米）〈P2109〉

蒸汽胶管　O25100501

Steam hose

适用于连续输送温度在 150℃ 以下或间歇性输送温度在 160℃ 以下的饱和蒸汽及过热水

【生产厂】［冀］高科·汉峰金属软管有限公司〈P1663〉；河北省景县华北橡胶厂〈P1665〉；［辽］沈阳银象橡胶制品有限责任公司〈P1690〉；［苏］江苏省镇江市高压油管厂〈P1842〉；苏州市盛隆橡塑制品有限公司〈P1904〉；江都市胶带厂〈P1814〉；［浙］诸暨市兴源橡塑管业有限公司〈P1952〉

输稀酸、碱胶管　O25100701

Rubber hose for dilute acid and alkali

适用于抽吸温度不高于 40℃，浓度在 40% 以下的稀酸碱溶液（硝酸除外）

【生产厂】［苏］江都市胶带厂〈P1814〉；［鲁］山东省莱州市程郭矿山橡塑厂〈P2114〉；莱州市橡塑厂（100 万标米）〈P2110〉

水箱胶管　O25100901

Water tank hose

用于汽车水箱

【生产厂】［冀］河北开橡塑胶制品厂〈P1641〉

耐油胶管　O25101101

Oil resistant hose

【生产厂】［津］天津市大港区天力胶管有限公司（2000 吨）〈P1583〉；［冀］河北省华北橡胶制品有限公司-恒宇管业〈P1665〉；［沪］上海运科橡胶制品有限公司〈P1777〉；［苏］苏州市盛隆橡塑制品有限公司〈P1904〉；［鲁］山东省莱州市程郭矿山橡塑厂〈P2114〉；莱州市橡塑厂（50 万标米）〈P2110〉；［湘］衡阳市五橡胶厂〈P2253〉；［粤］广州市固特橡胶制品有限公司〈P2264〉；［川］成都瑞嘉橡胶制品有限公司〈P2313〉

耐热胶管　O25101301

Heat-resistant rubber hose

【生产厂】［冀］河北伯力特种橡胶有限公司〈P1663〉；［鲁］东营中一橡胶有限公司〈P2083〉；山东省莱州市程郭矿山橡塑厂〈P2114〉

食品用胶管　O25101501

Rubber hose for foodstuff

用于在常温下排吸啤酒、果汁、食油等液体

【生产厂】［冀］高科·汉峰金属软管有限公司〈P1663〉；河北华橡管业（集团）有限公司〈P1664〉；河北欧亚特种胶管有限公司〈P1664〉；河北省景县第一胶管有限公司〈P1665〉；河北省景县华北橡胶厂〈P1665〉；河北省景县石油机械厂〈P1666〉

喷砂胶管；喷射胶管　O25101701

Sand blast hose

用于地下工程、隧道工程等

【生产厂】［冀］高邑县第一橡胶制品有限责任公司〈P1619〉；河北省华北橡胶制品有限公司-恒宇管业〈P1665〉；高科·汉峰金属软管有限公司〈P1663〉；河北伯力特种橡胶有限公司〈P1663〉；河北华橡管业（集团）有限公司〈P1664〉；河北省景县华北橡胶厂〈P1665〉；［苏］江都市胶带厂〈P1814〉；［浙］诸暨市兴源橡塑管业有限公司〈P1952〉；［鲁］莱州市橡塑厂（50 万标米）〈P2110〉；［豫］安阳市第二橡胶厂〈P2208〉

汽车用胶管　O25101801

Automobile rubber hose

用于汽车输水、输油及通空气

【生产厂】［京］北京宏发橡塑制品有限公司〈P1549〉；［冀］河北伯力特种橡胶有限公司〈P1663〉；阔丹-凌云汽车胶管有限公司〈P1649〉；［吉］中国石油吉化集团公司（100 万米）〈P1717〉；［苏］中车集团南京七四二五工厂〈P1792〉；无锡

O

二橡胶股份有限公司(300 万支)〈P1873〉;苏州温橡特种橡胶有限公司〈P1907〉;启东市永兴橡胶制品有限公司〈P1837〉;[浙]诸暨市兴源橡塑管业有限公司〈P1952〉;余姚市大伟橡塑制品有限公司〈P1935〉;浙江玉环塑胶化工实业有限公司〈P1970〉

汽车刹车软管总成　O25101811

Automotive brake hose assemblies

用于载重汽车、工程车辆制动系统的柔性连接,传递气、液体压力

【生产厂】[赣]宜春英龙橡胶有限公司〈P2017〉

氧气胶管　O25102101

Oxygen hose

适用于在常温条件下供各类气焊机械输送氧气用

【生产厂】[冀]河北省华北橡胶制品有限公司-恒宇管业〈P1665〉;河北伯力特种橡胶有限公司〈P1663〉;河间市神龙橡胶制品有限责任公司〈P1656〉;[辽]沈阳银象橡胶制品有限责任公司〈P1690〉;[沪]上海惠达橡胶制品有限公司〈P1741〉;[苏]常州市东海橡胶厂〈P1850〉;江都市胶带厂〈P1814〉;[浙]浙江省乐清市芙蓉橡胶有限公司〈P1939〉;[鲁]莱州市橡塑厂(10 万标米)〈P2110〉;莱州海润橡塑有限公司〈P2109〉;[豫]郑州恒生实业有限公司〈P2170〉;[湘]湖南省醴陵市橡胶一厂〈P2249〉;[甘]甘肃酒泉荣泰橡胶制品有限公司〈P2357〉

乙炔胶管　O25102301

Acetylene hose

用于输送乙炔气体

【生产厂】[冀]河间市神龙橡胶制品有限责任公司〈P1656〉;[沪]上海惠达橡胶制品有限公司〈P1741〉;[苏]常州市东海橡胶厂〈P1850〉;[浙]浙江省乐清市芙蓉橡胶有限公司〈P1939〉;[鲁]莱州市橡塑厂(10 万标米)〈P2110〉;莱州海润橡塑有限公司(15 万米)〈P2109〉;[甘]甘肃酒泉荣泰橡胶制品有限公司〈P2357〉

氧气,乙炔联体胶管　O25102401

Oxygen-acetylene joined hose

用于各类焊接器械作氧气、乙炔气体输送

【生产厂】[冀]河间市神龙橡胶制品有限责任公司〈P1656〉;[辽]沈阳银象橡胶制品有限责任公司〈P1690〉;[鲁]山东省龙口市橡塑胶管有限公司(1300 吨)〈P2115〉;[豫]河南省中州胶带股份有限公司(500 吨)〈P2194〉

煤气胶管　O25102501

Gas hose

用作煤气连接管

【生产厂】[津]天津市橡胶制品六厂(70 万米)〈P1607〉;[沪]上海济州塑料制品有限公司〈P1742〉;[苏]苏州市第四橡胶有限公司〈P1903〉;[浙]浙江玉环塑胶化工实业有限公司〈P1970〉;[鲁]莱州海润橡塑有限公司(20 万米)〈P2109〉

液化石油气管;LPG 管　O25102601

Liquefied petroleum gas hose

用于液化石油气管道连接

【生产厂】[浙]诸暨市兴源橡塑管业有限公司〈P1952〉

输油胶管　O25102701

Oil transiting hose

用于输送石油基燃油

【生产厂】[津]天津市橡胶制品六厂(60 万米)〈P1607〉;[冀]河北伯力特种橡胶有限公司〈P1663〉;河北华橡管业(集团)有限公司〈P1664〉;河北欧亚特种胶管有限公司〈P1664〉;河北省景县第一胶管有限公司〈P1665〉;河北省景县华北橡胶厂〈P1665〉;衡水科力通橡塑技术有限公司〈P1668〉;河北联众橡塑有限公司〈P1654〉;[辽]沈阳银象橡胶制品有限责任公司〈P1690〉;[沪]上海济州塑料制品有限公司〈P1742〉;[苏]常州市东海橡胶厂〈P1850〉;苏州市盛隆橡塑制品有限公司〈P1904〉;[浙]杭州运河橡塑化工有限公司〈P1925〉;诸暨市兴源橡塑管业有限公司〈P1952〉;浙江玉环塑胶化工实业有限公司〈P1970〉;[鲁]山东省宁津县鲁盾聚氨酯制品有限公司〈P2145〉;济南三星橡胶有限责任公司(100 万标米)〈P2024〉;莱州海润橡塑有限公司(50 万米)〈P2109〉;荣成市丰泰橡胶技术有限公司(2 万吨)〈P2122〉

阻燃耐火胶管　O25102801

Antiflaming fireproof rubber hose

用于油田井控作业,金属冶炼及高温辐射和热源较近的环境中使用

【生产厂】[冀]河北伯力特种橡胶有限公司〈P1663〉;河北省景县第一胶管有限公司〈P1665〉;河北省景县华北橡胶厂〈P1665〉;河北省景县景渤石油机械有限公司〈P1665〉;衡水科力通橡塑技术有限公司〈P1668〉;阔丹-凌云汽车胶管有限公司〈P1649〉;[苏]扬州市华通橡塑实业公司〈P1819〉

制孔胶管　O25102901

Punching hose

应用于公路、铁路桥梁、工程预应力、混凝土桥梁制孔

【生产厂】[豫]开封铁塔橡胶(集团)有限公司(1000 吨)〈P2179〉

风压管　O25103001

Wind pressure pipe

【生产厂】[鲁]山东省莱州市程郭矿山橡塑厂〈P2114〉;蓬莱市宏光橡胶制品厂(100 吨)〈P2112〉

排吸胶管　O25200001

Discharge and suction hose

用于工农业吸水、油、酸、碱、砂泥等

【生产厂】[京]北京宏发橡塑制品有限公司〈P1549〉;[冀]高科·汉峰金属软管有限公司〈P1663〉;[鲁]济南三星橡胶有限责任公司(150 万标米)〈P2024〉;青岛橡六集团有限公司(30 万标米)〈P2045〉;[豫]安阳市第二橡胶厂〈P2208〉;开封铁塔橡胶(集团)有限公司(160 万标米)〈P2179〉;[湘]湖南省醴陵市橡胶一厂〈P2249〉;[甘]甘肃酒泉荣泰橡胶制品有限公司〈P2357〉

吸水胶管　O25200101

Water suction hose

用于常温下吸排水及矿物油类

【生产厂】[辽]沈阳银象橡胶制品有限责任公司〈P1690〉;[浙]浙江省天台县富华塑胶有限公司〈P1967〉;[鲁]东营中一橡胶有限公司〈P2083〉;莱州市橡塑厂(100 万标米)〈P2110〉

吸油胶管　O25200301

Oil suction hose

用于抽吸矿物油类

【生产厂】［冀］河北省景县华北橡胶厂〈P1665〉

农业排灌胶管　O25200501

Agricultural irrigation hose

【生产厂】［豫］尉氏县中原橡胶有限公司〈P2179〉

喷雾胶管　O25200601

Spraying hose

用于装配各类喷雾器，供农、林喷洒杀虫剂用

【生产厂】［苏］江都市胶带厂〈P1814〉；［鲁］山东省宁津县鲁盾聚氨酯制品有限公司〈P2145〉

吸引胶管；埋线胶管　O25200801

Suction hose

用于输送具有一定压力的液压油、润滑油、燃料油及矿物油等

【生产厂】［津］天津市美龙特种胶管厂(5000 吨)〈P1599〉；［冀］河北伯力特种橡胶有限公司〈P1663〉；河北省景县石油机械厂〈P1666〉；河间市神龙橡胶制品有限责任公司〈P1656〉；［辽］本溪市胶管厂(40 万标米)〈P1699〉；［苏］江都市胶带厂〈P1814〉；［鲁］莱州市橡塑厂(200 万标米)〈P2110〉；莱州海润橡塑有限公司〈P2109〉；山东省龙口市橡塑胶管有限公司(800 吨)〈P2115〉；青岛临港橡塑制品有限公司(50 吨)〈P2040〉；曲阜市神力橡塑有限公司(250 万标米)〈P2130〉；［豫］安阳市第二橡胶厂(100 万 A 米)〈P2208〉；［鄂］中南橡胶集团有限责任公司〈P2241〉

特种胶管　O25201001

Special hose

【生产厂】［冀］河北管业有限公司〈P1663〉；河北伯力特种橡胶有限公司〈P1663〉；河北省景县景渤石油机械有限公司〈P1665〉；衡水科力通橡塑技术有限公司〈P1668〉；［赣］宜春英龙橡胶有限公司〈P2017〉

吸沙胶管　O25201002

Sand suction hose

【生产厂】［豫］尉氏县中原橡胶有限公司(100 万标米)〈P2179〉

排吸泥胶管　O25201003

Suction and discharge clay hose

【生产厂】［津］天津市裕基橡塑有限公司〈P1612〉；［苏］丹阳太平橡塑制品有限公司〈P1841〉；［鲁］蓬莱市运通橡塑化工有限公司〈P2112〉

高压胶管　O25300001

High pressure rubber hose

主要用于输送高压水、油、空气、油基泥浆等

【生产厂】［冀］河北管业有限公司〈P1663〉；河北省华北橡胶制品有限公司-恒宇管业〈P1665〉；衡水冀东石油矿山机械配件有限公司〈P1667〉；华夏高压软管有限公司〈P1669〉；河北伯力特种橡胶有限公司〈P1663〉；河北宏广橡塑金属制品有限公司〈P1664〉；河北华橡管业(集团)有限公司〈P1664〉；河北欧亚特种胶管有限公司〈P1664〉；河北省景县第一胶管有限公司〈P1665〉；河北省景县华北橡胶厂〈P1665〉；河北省景县景渤石油机械有限公司〈P1665〉；河北省景县石油机械厂〈P1666〉；河北省景县鑫瑞金属软管厂〈P1666〉；河北鑫昇橡塑金属制品有限公司〈P1667〉；衡水光辉橡塑有限公司〈P1667〉；衡水科力通橡塑技术有限公司〈P1668〉；河北联众橡塑有限公司〈P1654〉；秦皇岛北方管业有限公司〈P1637〉；［辽］沈阳银象橡胶制品有限责任公司〈P1690〉；铁岭市新科特种橡胶制品厂〈P1713〉；大连连铁液压件厂〈P1692〉；［黑］佳木斯环星机带有限公司〈P1724〉；［苏］江阴市卫宇橡塑制品有限公司〈P1871〉；靖江王子橡胶有限公司〈P1825〉；［浙］浙江省天台县富华塑胶有限公司〈P1967〉；［皖］淮南华宫工程胶管有限公司〈P1976〉；［赣］宜春英龙橡胶有限公司〈P2017〉；［鲁］莱州市橡塑厂(20 万标米)〈P2110〉；烟台泰鸿橡胶有限公司(3000 支)〈P2119〉；［陕］黄河轮胎橡胶有限公司〈P2352〉

编织胶管　O25300100

Braided hose

用于工矿业输送压缩空气和惰性气体及各类介质液体等

【生产厂】［京］北京宏发橡塑制品有限公司〈P1549〉；［津］天津市美龙特种胶管厂(5000 吨)〈P1599〉；［冀］河北省景县华北橡胶厂〈P1665〉；河间市神龙橡胶制品有限责任公司〈P1656〉；［沪］上海运科橡胶制品有限公司〈P1777〉；［浙］杭州运河橡塑化工有限公司〈P1925〉；诸暨市兴源橡塑管业有限公司〈P1952〉；浙江玉环塑胶化工实业有限公司〈P1970〉；［鲁］青岛临港橡塑制品有限公司(15 吨)〈P2040〉；［豫］安阳市第二橡胶厂(100 万 A 米)〈P2208〉；平顶山市矿益胶管制品有限责任公司(60 万标米)〈P2192〉；［鄂］中南橡胶集团有限责任公司〈P2241〉；［甘］甘肃酒泉荣泰橡胶制品有限公司〈P2357〉

钢丝编织胶管　O25300101

Wire braided hose

适用于煤矿液压支架、缩合采煤机组、工程机械液压传动装置

【生产厂】［冀］河北省华北橡胶制品有限公司-恒宇管业〈P1665〉；衡水长兴矿山机械配件有限公司〈P1667〉；河北华橡管业(集团)有限公司〈P1664〉；河北欧亚特种胶管有限公司(5000 吨)〈P1664〉；河北省景县石油机械厂〈P1666〉；衡水光辉橡塑有限公司〈P1667〉；秦皇岛北方管业有限公司〈P1637〉；［苏］江苏省镇江市高压油管厂〈P1842〉；江阴市卫宇橡塑制品有限公司〈P1871〉；苏州市盛隆橡塑制品有限公司〈P1904〉；［皖］淮南华宫工程胶管有限公司〈P1976〉；［鲁］山东景阳岗软管总厂(90 万条)〈P2153〉；淄博爱科实业有限责任公司(20 万标米)〈P2057〉；青岛橡六集团有限公司(100 万标米)〈P2045〉；青岛临港橡塑制品有限公司(30 吨)〈P2040〉；新汶矿业集团有限责任公司(30 万米)〈P2139〉；［豫］开封铁塔橡胶(集团)有限公司(400 万标米)〈P2179〉；［鄂］中南橡胶集团有限责任公司〈P2241〉

缠绕胶管　O25300500

Spiralled hose

用于输送压缩空气、工业水、油、弱酸碱液体等

【生产厂】［京］北京宏发橡塑制品有限公司〈P1549〉；［冀］衡水冀东石油矿山机械配件有限公司〈P1667〉；河北省景县石油机械厂〈P1666〉；河间市神龙橡胶制品有限责任公司〈P1656〉；［辽］本溪市胶管厂〈P1699〉；［苏］江苏省镇江市高压油管厂〈P1842〉；江苏兴隆工程塑料管件厂〈P1842〉；［浙］杭州运河橡塑化工有限公司〈P1925〉；诸暨市兴源橡塑管业有限公司〈P1952〉；象山华泰模塑电器有限公司〈P1935〉；［鲁］淄博爱科实业有限责任公司(20 万标米)〈P2057〉；莱州市橡塑厂(520 万标米)〈P2110〉；山东省龙口市橡塑胶管有限公司〈P2115〉；［豫］平顶山市矿益胶管制品有限责任公司(50 万标米)〈P2192〉；开封铁塔橡胶(集团)有限公司(100 万标米)〈P2179〉

钢丝缠绕胶管　O25300501

Wire spiralled hose

O

用于煤矿机械、工程机械及液压传动系统

【生产厂】[津]天津市裕基橡塑有限公司〈P1612〉;天津市东浩软管科技有限公司(10 万米)〈P1585〉;[冀]河北省华北橡胶制品有限公司-恒宇管业〈P1665〉;衡水长兴矿山机械配件有限公司〈P1667〉;河北宏广橡塑金属制品有限公司〈P1664〉;河北华橡管业(集团)有限公司〈P1664〉;河北欧亚特种胶管有限公司(4000 吨)〈P1664〉;河北省景县华北橡胶厂〈P1665〉;河北鑫昇橡塑金属制品有限公司〈P1667〉;衡水光辉橡塑有限公司〈P1667〉;衡水科力通橡塑技术有限公司〈P1668〉;[苏]江苏省镇江市高压油管厂〈P1842〉;[皖]淮南华宫工程胶管有限公司〈P1976〉

液压胶管　O25301101

Hydraulic hose

适用于输送液压流体如醇、液压油、燃油、润滑油、乳化液、烃等

【生产厂】[冀]衡水液力胶管有限公司〈P1668〉;河北省景县华北橡胶厂〈P1665〉;衡水光辉橡塑有限公司〈P1667〉;[辽]沈阳银象橡胶制品有限责任公司〈P1690〉;[苏]苏州市盛隆橡塑制品有限公司〈P1904〉;江都市胶带厂〈P1814〉;[赣]宜春英龙橡胶有限公司〈P2017〉

气压制动胶管　O25301102

Pressure brake hose

【生产厂】[冀]阔丹-凌云汽车胶管有限公司〈P1649〉;[辽]沈阳银象橡胶制品有限责任公司〈P1690〉

水力除焦胶管　O25301301

Hydraulic decoking rubber hose

用于有井架、无井架焦炭塔输送高压水,清除石油焦炭的高压胶管

【生产厂】[鄂]中南橡胶集团有限责任公司〈P2241〉

超高压胶管　O25309901

Super high pressure hose

适用于输送液压液体如醇、液压油、燃油、润滑油、乳化液、烃等

【生产厂】[冀]衡水长兴矿山机械配件有限公司〈P1667〉;河北宏广橡塑金属制品有限公司〈P1664〉;河北省景县第一胶管有限公司〈P1665〉

导静电输油胶管　O25400201

Aircraft static conducting oil hose

用于飞机地面加油,胶层具有导静电功能

【生产厂】[辽]沈阳银象橡胶制品有限责任公司〈P1690〉

铠装胶管　O25500001

Armoured hose

用于吸取或输送各种油类、水、酸、碱及各种介质

【生产厂】[冀]高科·汉峰金属软管有限公司〈P1663〉;秦皇岛北方管业有限公司〈P1637〉;[辽]大连连铁液压件厂〈P1692〉;[鲁]曲阜市神力橡塑有限公司〈P2130〉

钻探胶管　O25990101

Drill hose

用于石油钻探机上输送高压泥浆、水等

【生产厂】[津]天津市东浩软管科技有限公司(5 万米)〈P1585〉;[冀]河北管业有限公司〈P1663〉;河北省华北橡胶制品有限公司-恒宇管业〈P1665〉;河北伯力特种橡胶有限公司〈P1663〉;河北欧亚特种胶管有限公司〈P1664〉;河北省景县第一胶管有限公司〈P1665〉;河北省景县华北橡胶厂〈P1665〉;河北省景县景渤石油机械有限公司〈P1665〉;河北省景县石油机械厂〈P1666〉;衡水科力通橡塑技术有限公司〈P1668〉;河北联众橡塑有限公司〈P1654〉;[皖]淮南华宫工程胶管有限公司〈P1976〉;[鲁]青岛橡六集团有限公司(4 万标米)〈P2045〉;青岛临港橡塑制品有限公司(30 吨)〈P2040〉;[鄂]中南橡胶集团有限责任公司〈P2241〉

振动器软管　O25990301

Hose for vibration apparatus

用于建筑震动器

【生产厂】[鲁]山东景阳岗软管总厂(150 万条)〈P2153〉;[豫]安阳市华昱塑胶有限责任公司(20 万条)〈P2209〉

膨胀橡胶软管　O25990401

Expanding rubber flexible hose

适用于各种机械,利用胶管膨胀控制程序变化

【生产厂】[津]天津市东浩软管科技有限公司(5 万米)〈P1585〉;[冀]高科·汉峰金属软管有限公司〈P1663〉;[沪]上海运科橡胶制品有限公司〈P1777〉;[鲁]山东景阳岗软管总厂〈P2153〉

三元乙丙橡胶胶管;EPDM 胶管　O25990501

EPDM Rubber hose

【生产厂】[冀]河北开橡塑胶制品厂〈P1641〉;徐水县中兴密封件制造有限公司〈P1649〉;[苏]常州市润和发达橡胶制品有限公司〈P1853〉

伸缩管　O25990601

Extension tube

【生产厂】[冀]河北管业有限公司〈P1663〉;河北伯力特种橡胶有限公司〈P1663〉;河北省景县石油机械厂〈P1666〉;衡水科力通橡塑技术有限公司〈P1668〉;河间市神龙橡胶制品有限责任公司〈P1656〉;[沪]上海樱宝塑胶软管有限公司〈P1775〉;[浙]余姚市大伟橡塑制品有限公司〈P1935〉;[鲁]泰安市更新橡塑密封件有限公司〈P2137〉

硅胶管　O25990701

Silicone rubber pipe

用于便携式输液器、体内引流导管、介入性导管、蠕动泵管、体外循环机等医疗器械

【生产厂】[冀]河北衡水华伟特种橡塑制品厂〈P1664〉;河北宏广橡塑金属制品有限公司〈P1664〉;河北省景县石油机械厂〈P1666〉;河北省清河县泰丰有限公司〈P1642〉;[沪]上海青浦莲盛宏伟特种橡塑制品厂〈P1757〉;上海民昌橡胶厂〈P1753〉;上海惠达橡胶制品有限公司〈P1741〉;[苏]南京佳联硅橡胶厂〈P1785〉;常州巨力塑料集团有限公司〈P1848〉;无锡市华茂硅胶厂〈P1876〉;无锡市南方橡塑制品厂〈P1878〉;[浙]宁波市永恒塑胶有限公司〈P1933〉;余姚市亚特橡塑有限公司〈P1935〉;浙江省乐清市芙蓉橡胶有限公司〈P1939〉;[闽]福建省上杭鑫舟硅橡胶制品有限公司〈P2006〉;[鲁]济南医用硅橡胶制品厂〈P2026〉;山东省菏泽市橡胶制品厂〈P2160〉;[粤]广州市良兆企业有限公司〈P2265〉;成琳橡塑集团〈P2268〉;东莞市方正硅橡胶制品有限公司〈P2279〉;中山市精艺塑胶厂〈P2283〉;江门市蓬江区荷塘聚利豪硅橡制品有限公司〈P2291〉;[川]成都森发橡塑有限公司〈P2313〉

发泡硅橡胶管　O25990751

Foaming silicone rubber pipe

【生产厂】[沪]上海青浦莲盛宏伟特种橡塑制品厂〈P1757〉;[闽]福建省上杭鑫舟硅橡胶制品有限公司〈P2006〉;[粤]广州市固特橡胶制品有限公司〈P2264〉;江门市蓬江区荷塘聚利豪硅橡制品有限公司〈P2291〉

再生胶;再生橡胶　O30000001

Regenerated rubber

用于制造轮胎、胶带、胶管、胶鞋等橡胶制品

【生产厂】[冀]衡水市金运橡胶有限公司〈P1668〉;沧州华龙橡胶厂〈P1651〉;京东橡胶有限公司(4000吨)〈P1656〉;任丘市万通橡胶制品有限公司〈P1657〉;[晋]山西省平遥聚贤橡胶有限公司〈P1675〉;[辽]本溪市胶管厂〈P1699〉;[沪]上海高特化工有限公司〈P1734〉;[苏]徐州华辰胶带有限公司(3300吨)〈P1795〉;[浙]淳安千岛湖梓桐橡胶厂〈P1915〉;[皖]安徽省蚌埠橡胶有限公司(5000吨)〈P1975〉;当涂县橡胶厂〈P1977〉;[闽]晋江市华鑫塑料橡胶制品有限公司〈P1999〉;福建省沙县福利化工厂〈P1995〉;[鲁]山东省临邑县碱李化工厂(8000吨)〈P2145〉;青州市永泰橡胶有限公司〈P2093〉;莱芜市福泉橡胶有限公司(1万吨)〈P2140〉;莱芜市橡胶集团公司山东慧通轮胎有限公司(5000吨)〈P2140〉;[豫]郑州金宝橡塑有限公司〈P2171〉;焦作市太行橡胶厂(3200吨)〈P2196〉;焦作李封工业有限责任公司(5000吨)〈P2195〉;焦作市聚达装饰材料有限责任公司(1200吨)〈P2196〉;[川]成都市橡胶厂〈P2314〉;[滇]昆明凤凰橡胶集团有限公司(5000吨)〈P2339〉;[新]吐鲁番市国星橡胶工贸有限责任公司(6000吨)〈P2365〉

【使用厂】[京]北京首创轮胎有限责任公司〈P1561〉;[津]天津市双安塑料制品有限公司〈P1602〉;[苏]东台市苏中胶带制品有限公司〈P1806〉;[闽]福建省闽侯橡胶制品有限公司〈P1988〉;[鲁]济南鲁联集团橡胶制品有限公司〈P2023〉;青岛橡六集团有限公司〈P2045〉;曲阜市神力橡塑有限公司〈P2130〉;文登市第二橡胶厂〈P2126〉;济宁同利橡胶制品有限责任公司〈P2129〉;青岛黄海橡胶集团公司〈P2038〉;山东景阳岗软管总厂〈P2153〉;山东肥城恒宏橡胶有限公司〈P2135〉;肥城恒宏橡胶有限公司〈P2134〉;青岛柯丽亚(韩国)胶带有限公司〈P2039〉;[豫]郑州恒生实业有限公司〈P2170〉;[鄂]中南橡胶集团有限责任公司〈P2241〉;[湘]湖南橡塑密封件厂〈P2256〉;株洲市湘江橡胶制品厂〈P2250〉;[粤]广州市宝力轮胎有限公司〈P2263〉;[桂]昊华南方桂林轮胎厂〈P2299〉;[陕]西安鹰球橡塑有限公司〈P2350〉

油法再生胶　O30100001

Reclaimed rubber, oil method

【生产厂】[豫]开封再生胶厂(3000吨)〈P2179〉

胎面再生胶　O30200101

Tread reclaimed rubber

【生产厂】[冀]沧州华龙橡胶厂〈P1651〉

鞋底再生胶　O30200201

Sole reclaimed rubber

【生产厂】[冀]沧州华龙橡胶厂〈P1651〉

丁基再生胶　O30990101

Butyl reclaimed rubber

用于制备汽车丁基内胎、橡胶制品杂件、丁基防水卷材等

【生产厂】[冀]衡水市金运橡胶有限公司〈P1668〉;任丘市万通橡胶制品有限公司〈P1657〉;[晋]山西省平遥聚贤橡胶有限公司〈P1675〉;[沪]上海高特化工有限公司〈P1734〉;[鲁]青州市永泰橡胶有限公司〈P2093〉

丁腈再生橡胶　O30990201

Butadiene-acrylonitrile reclaimed rubber

广泛应用于耐油胶板、胶管、减震器、劳动鞋底及其他耐油杂件、制品中

【生产厂】[冀]衡水市金运橡胶有限公司〈P1668〉;任丘市万通橡胶制品有限公司〈P1657〉;[沪]上海高特化工有限公司〈P1734〉

三元乙丙再生胶　O30990301

Reclaimed ethylene-propylene-diene mischpolymer

用于制造胶鞋、耐热胶管、车门胶条等

【生产厂】[冀]衡水市金运橡胶有限公司〈P1668〉;任丘市万通橡胶制品有限公司〈P1657〉

橡胶导风筒　O35000001

Rubber ventilating tube

用于煤矿井下通风

【生产厂】[津]天津市橡胶制品三厂一分厂(800吨)〈P1608〉;天津市泰运橡胶制品有限责任公司(1300吨)〈P1603〉;[黑]双鸭山市同心橡胶厂〈P1725〉

矿用胶布导风筒　O35000201

Mineral rubber cloth ventilating tube

用于井下通风

【生产厂】[苏]盐城神舟胶带有限公司〈P1810〉;[鲁]济南鲁联集团橡胶制品有限公司(800吨)〈P2023〉;[豫]焦作群泽塑胶有限公司〈P2195〉

橡胶示警筒　O35000401

Rubber warn tube

用于道路隔离分道

【生产厂】[浙]浙江晨龙橡胶集团有限责任公司〈P1970〉

橡胶杂品;橡胶杂件;橡胶配件　O40000001

Rubber miscellaneous goods

用于与工矿企业机械设备、医疗及食品用器具等配套

【生产厂】[津]天津市天新密封件厂〈P1605〉;天津市金升橡胶制品厂〈P1592〉;天津市泰运橡胶制品有限责任公司〈P1603〉;天津市新华橡胶厂(1万件)〈P1608〉;天津市河西区金辉橡胶制品厂(4000吨)〈P1589〉;[冀]衡水宏光特种橡塑制品厂〈P1667〉;高科·汉峰金属软管有限公司〈P1663〉;河北省清河县泰丰有限公司〈P1642〉;[辽]沈阳银象橡胶制品有限责任公司〈P1690〉;沈阳市橡胶制品九厂〈P1689〉;铁岭华晨橡塑制品有限公司(700吨)〈P1712〉;本溪市胶管厂〈P1699〉;[沪]上海宏淳橡胶制品有限公司〈P1737〉;上海骏马橡胶厂〈P1746〉;[苏]镇江市新区大路橡胶制品厂〈P1846〉;常州市坚力橡胶有限公司〈P1852〉;无锡市神杰减震器有限公司〈P1879〉;无锡朴业橡塑有限公司〈P1874〉;无锡市南方橡塑制品厂〈P1878〉;宜兴市惠兴塑胶有限公司〈P1885〉;无锡市侣湖橡胶制品有限公司〈P1877〉;江阴市易邦橡塑制业有限公司〈P1871〉;苏州市第四橡胶有限公司〈P1903〉;东台市中天橡胶制品厂〈P1806〉;[浙]杭州临安市橡胶有限公司〈P1921〉;宁波市鄞州集士港天一塑胶制品厂〈P1932〉;宁波伊尔密封件有限公司〈P1934〉;宁波市永恒塑胶有限公司〈P1933〉;余姚市永丰特种橡胶制品厂〈P1935〉;余姚市亚特橡塑有限公司〈P1935〉;余姚市低塘中发橡胶厂〈P1935〉;宁海兴利橡胶密封件厂〈P1934〉;浙江省天台县富华塑胶有限公司〈P1967〉;椒江海门万隆橡胶密封件有限公司〈P1960〉;浙江荣康密封件有限公司〈P1966〉;浙江台州海橡密封件有限公司〈P1968〉;台州市国雨橡胶制品

有限公司〈P1961〉;台州市江南橡胶密封件有限公司〈P1961〉;浙江晨龙橡胶集团有限责任公司〈P1970〉;温州市国工实业公司〈P1937〉;温州奥特塑胶有限公司〈P1937〉;[皖]淮南亿万达集团橡塑公司〈P1976〉;黄山市歙县三利橡塑厂〈P1981〉;[闽]厦门麦丰密封件有限公司〈P1992〉;厦门市麦华橡胶制品有限公司〈P1993〉;厦门万里橡塑制品有限公司〈P1993〉;杰宏(厦门)电子有限公司〈P1990〉;泉州市宏利达橡塑制品有限公司(2000吨)〈P2000〉;福建省上杭鑫舟硅橡胶制品有限公司〈P2006〉;[赣]宜春英龙橡胶有限公司〈P2017〉;[鲁]济南鲁联集团橡胶制品有限公司(300吨)〈P2023〉;淄博恒福化工设备有限公司〈P2061〉;淄博创大实业有限公司橡胶制品分公司(300万件)〈P2058〉;淄博市博山老龄胶塑制品厂〈P2067〉;山东省广饶县大王橡胶一厂(300吨)〈P2086〉;山东临朐万和橡胶制品有限公司〈P2096〉;烟台中策橡胶有限公司(3万件)〈P2120〉;烟台泰鸿橡胶有限公司(1000吨)〈P2119〉;荣成市劳保福利橡塑厂(30万套)〈P2122〉;昌誉密封产品有限公司〈P2108〉;青岛柯丽亚(韩国)胶带有限公司(1000吨)〈P2039〉;泰安市更新橡塑密封件有限公司〈P2137〉;济宁同利橡胶制品有限责任公司(2000吨)〈P2129〉;曲阜市神力橡塑有限公司(700吨)〈P2130〉;山东省菏泽市橡胶制品厂〈P2160〉;[豫]郑州市中原区长风橡胶制品厂〈P2174〉;河南康泰橡胶制品有限公司〈P2166〉;郑州天源橡胶有限公司(8000套)〈P2174〉;中牟县橡胶厂(130吨)〈P2176〉;新乡市长城橡胶厂(50吨)〈P2204〉;安阳市第二橡胶厂(12万吨)〈P2208〉;洛阳市老城中州橡胶制品厂(100吨)〈P2184〉;洛阳市大普橡胶有限公司(600吨)〈P2183〉;开封再生胶厂(30万米)〈P2179〉;[鄂]湖北派克密封件有限公司〈P2228〉;咸宁市中南橡胶技术有限公司〈P2245〉;[湘]株洲市工业橡胶制品厂(1500吨)〈P2250〉;湖南省醴陵市橡胶一厂〈P2249〉;湖南橡塑密封件厂〈P2256〉;衡阳市五橡胶厂〈P2253〉;[粤]广州市团结橡胶厂有限公司(450吨)〈P2266〉;广州迪盛橡胶密封件厂〈P2260〉;韶关市搏力橡塑制品有限公司〈P2277〉;冉点硅橡胶模具(深圳)有限公司〈P2269〉;成琳橡塑集团〈P2268〉;珠海市业佳精密橡胶制品有限公司〈P2275〉;揭阳市天诚密封件有限公司〈P2295〉;广东信力特种橡胶制品有限公司〈P2281〉;东莞市万橡橡胶制品有限公司〈P2280〉;东莞市华丰橡塑制品有限公司〈P2280〉;中山市精艺塑胶厂〈P2283〉;江门市蓬江区荷塘伟润橡胶有限公司〈P2285〉;江门市蓬江区荷塘聚利豪硅橡制品有限公司〈P2291〉;[川]成都瑞嘉橡胶制品有限公司〈P2313〉;自贡市时达实业有限公司〈P2322〉;[陕]西安鹰球橡塑有限公司〈P2350〉;西安昌胜化工有限公司〈P2347〉;黄河轮胎橡胶有限公司〈P2352〉;[甘]甘肃酒泉荣泰橡胶制品有限公司〈P2357〉

O

减震用橡胶制品 040100001

Shock-absorbing rubber products

广泛用于工业、国防、交通、科研、医用等领域

【生产厂】[津]天津飞龙橡胶制品有限责任公司(1000万件)〈P1572〉;[辽]沈阳银象橡胶制品有限责任公司〈P1690〉;铁岭助驰橡胶密封制品有限公司〈P1713〉;[沪]上海长宁橡胶制品厂〈P1729〉;上海群杰塑胶制品有限公司〈P1758〉;[苏]常州市中意橡塑制品有限公司〈P1857〉;常州市汇东橡塑制品厂〈P1851〉;无锡市新中亚特种橡胶制品有限责任公司〈P1880〉;东台市苏中胶带制品有限公司〈P1806〉;滨海县广华橡胶制品有限公司〈P1805〉;扬州市华通橡塑实业公司〈P1819〉;江苏省如皋市晨光橡胶制品有限公司〈P1831〉;[浙]杭州运河橡塑化工有限公司〈P1925〉;海宁市华翔橡胶厂〈P1939〉;余姚市大伟橡塑制品有限公司〈P1935〉;浙江荣康密封件有限公司〈P1966〉;台州市江南橡胶密封件有限公司〈P1961〉;[皖]安徽宁国中鼎密封件有限公司〈P1985〉;黄山市密封件厂〈P1981〉;[鲁]中国重型汽车集团济南商用车有限公司橡胶密封件厂(400万件)〈P2031〉;莱州市橡塑厂(4万条)〈P2110〉;山东省菏泽市橡胶制品厂〈P2160〉;[豫]郑州下坡杨橡胶制品厂〈P2174〉;[粤]广州市世达密封实业有限公司〈P2266〉;广州市固特橡胶制品有限公司〈P2264〉;韶关市搏力橡塑制品有限公司〈P2277〉;珠海市业佳精密橡胶制品有限公司〈P2275〉;广东信力特种橡胶制品有限公司〈P2281〉;[川]成都华德密封工业有限公司〈P2311〉;成都瑞嘉橡胶制品有限公司〈P2313〉

橡胶柔性补偿器 040100201

Rubber flexibility compensater

【生产厂】[冀]衡水冀东石油矿山机械配件有限公司〈P1667〉;河北伯力特种橡胶有限公司〈P1663〉;三河市瑞利橡胶制品有限公司〈P1662〉;秦皇岛北方管业有限公司〈P1637〉;[豫]河南康泰橡胶制品有限公司〈P2166〉

软接头;减震喉 040100301

Flexible joint

【生产厂】[冀]河北省华北橡胶制品有限公司-恒宇管业〈P1665〉;[苏]无锡市石化通用件厂〈P1879〉;无锡市锡西化机配件有限公司〈P1880〉

橡胶接头 040100302

Rubber joint

主要用于各种管道接口

【生产厂】[冀]河北省华北橡胶制品有限公司-恒宇管业〈P1665〉;衡水长兴矿山机械配件有限公司〈P1667〉;高科·汉峰金属软管有限公司〈P1663〉;河北联众橡塑有限公司〈P1654〉;三河市瑞利橡胶制品有限公司〈P1662〉;[沪]上海鑫逸减震器有限公司〈P1772〉;上海超静减震器有限公司〈P1730〉;上海淀山湖减振工程设备有限公司〈P1732〉;[苏]江苏省镇江市高压油管厂〈P1842〉;扬中市新洋密封件有限公司〈P1843〉;[浙]海宁市华翔橡胶厂〈P1939〉;[豫]河南康泰橡胶制品有限公司〈P2166〉;郑州力威管道设备有限公司(5万套)〈P2171〉

减震器及配件;减震器;减震垫 040100401

Shock-absorber,cushion,sack

用于减震、降噪声

【生产厂】[津]天津市金升橡胶制品厂〈P1592〉;[冀]武强县宏远橡胶制品有限公司〈P1669〉;三河市瑞利橡胶制品有限公司〈P1662〉;高碑店市峰业橡胶制品有限责任公司〈P1647〉;[辽]铁岭市新科特种橡胶制品厂〈P1713〉;[沪]上海惠达橡胶制品有限公司〈P1741〉;上海鑫逸减震器有限公司〈P1772〉;上海超静减震器有限公司〈P1730〉;上海淀山湖减振工程设备有限公司〈P1732〉;上海青浦环新减振工程设备有限公司〈P1757〉;[苏]南京吉安减震器有限公司〈P1785〉;常州市东海橡胶厂〈P1850〉;无锡市神杰减震器有限公司〈P1879〉;江苏省无锡迅达减震器厂〈P1866〉;无锡圣丰减震器有限公司〈P1874〉;苏州温橡特种橡胶有限公司〈P1907〉;太仓市良盛橡胶制品有限公司〈P1908〉;江都市鑫利橡塑制品厂〈P1815〉;启东市永兴橡胶制品有限公司〈P1837〉;[浙]杭州运河橡塑化工有限公司〈P1925〉;杭州临安市橡胶有限公司〈P1921〉;慈溪市立新橡胶制品有限公司〈P1929〉;宁波乔士橡塑有限公司〈P1932〉;浙江玉环塑胶化工实业有限公司〈P1970〉;浙江海特橡塑有限公司〈P1963〉;浙江台州海橡密封件有限公司(500万套)〈P1968〉;永嘉县瓯北通达橡胶制品厂〈P1938〉;浙江省乐清市芙蓉橡胶有限公司〈P1939〉;[闽]泉州市宏利达橡塑制品有限公司(1500吨)〈P2000〉;[鲁]高密市华诚橡胶制品有限公司〈P2089〉;[豫]郑州中原精工橡塑制品有限公司〈P2175〉;郑州下坡杨橡胶制品厂

〈P2174〉;许昌方圆工贸橡塑有限公司〈P2218〉;[桂]桂林南方橡胶国际有限公司〈P2299〉;[川]自贡市时达实业有限公司〈P2322〉

工业橡胶零件　　O40100501

Rubber spares for industry

用于减震、密封、防护、绝缘等

【生产厂】[津]天津市河东区古田橡塑制品厂(100吨)〈P1589〉;[浙]浙江荣康密封件有限公司〈P1966〉

橡胶接管　　O40100601

Rubber take-over

用于船舶、石油、化工、冶金、建筑、水电等工程管路通道上

【生产厂】[冀]河北省清河县泰丰有限公司〈P1642〉;[沪]上海青浦环新减振工程设备有限公司〈P1757〉;[苏]无锡市神杰减震器有限公司〈P1879〉;江苏省无锡迅达减震器厂〈P1866〉;苏州温橡特种橡胶有限公司〈P1907〉

橡胶打包带　　O40100701

Rubber packing band

【生产厂】[鲁]青岛建青橡胶制品有限公司〈P2038〉

橡胶板材　　O40200000

Rubber sheet

【生产厂】[冀]河北省景县华龙液压橡塑制品有限公司〈P1665〉

普通橡胶板;胶板　　O40200101

Rubber slab

用于设备垫层、铺设工作台、电站及配电房防护等

【生产厂】[京]北京奥泰长城橡胶制品有限公司〈P1543〉;[津]天津市裕基橡塑有限公司〈P1612〉;天津飞龙橡胶制品有限责任公司(60万平方米)〈P1572〉;天津市橡胶制品二厂(1500吨)〈P1607〉;天津市津南福利橡胶制品厂(2000吨)〈P1594〉;天津飞龙橡胶制品有限责任公司橡胶研发所(40吨)〈P1572〉;[冀]高科·汉峰金属软管有限公司〈P1663〉;河北振兴化工橡胶有限公司〈P1667〉;河间市神龙橡胶制品有限责任公司〈P1656〉;河北亨达密封材料有限公司〈P1654〉;京东橡胶有限公司〈P1656〉;任丘市京东橡胶实业公司〈P1657〉;[辽]沈阳东阳聚氨酯有限公司〈P1685〉;沈阳银象橡胶制品有限责任公司〈P1690〉;本溪市胶管厂〈P1699〉;[沪]上海民昌橡胶厂〈P1753〉;上海百盛橡胶制品有限公司〈P1728〉;[苏]南京企鹏密封材料有限公司〈P1788〉;南京金三益橡胶制品有限公司〈P1786〉;南京天豪橡塑有限公司〈P1790〉;南京永固橡塑有限公司〈P1791〉;南京金腾橡塑有限公司〈P1786〉;无锡市华恒橡胶有限公司〈P1876〉;无锡市祥健四氟制品有限公司〈P1880〉;江阴科强工业胶带有限公司(30万平方米)〈P1867〉;东台市苏中胶带制品有限公司(1500吨)〈P1806〉;泰州市亚美橡胶制品有限公司〈P1828〉;江苏南黄海实业股份有限公司〈P1830〉;[浙]浙江省乐清市芙蓉橡胶有限公司〈P1939〉;[皖]合肥万友橡胶制品厂〈P1973〉;[闽]厦门市麦华橡胶制品有限公司〈P1993〉;晋江市东风橡胶厂〈P1999〉;[鲁]济南鲁联集团橡胶制品有限公司(500吨)〈P2023〉;山东信义集团东营信义橡塑厂(1200吨)〈P2086〉;青州市永泰橡胶有限公司〈P2093〉;山东临朐万和橡胶制品有限公司〈P2096〉;荣成安泰橡胶制品有限公司(1500吨)〈P2121〉;青岛柯丽亚(韩国)胶带有限公司(100万米)〈P2039〉;青岛六象胶带有限公司(1000吨)〈P2040〉;青岛鲲鹏橡胶制品厂〈P2039〉;青岛华海环保工业有限公司(5000吨)〈P2037〉;肥城恒宏橡胶有限公司(70吨)〈P2134〉;济宁同利橡胶制品有限责任公司(150吨)〈P2129〉;[豫]郑州中原精工橡塑制品有限公司〈P2175〉;郑州天源橡胶有限公司(15万平方米)〈P2174〉;[鄂]咸宁市中南橡胶技术有限公司〈P2245〉;湖北华强科技有限责任公司〈P2240〉;[湘]株洲市湘江橡胶制品厂(300吨)〈P2250〉;衡阳市五橡胶厂〈P2253〉;[粤]广州迪盛橡胶密封件厂〈P2260〉;[桂]桂林南方橡胶国际有限公司〈P2299〉;[陕]西安鹰球橡塑有限公司(5000吨)〈P2350〉;[甘]甘肃酒泉荣泰橡胶制品有限公司〈P2357〉;[宁]宁夏银川胶带有限责任公司(100吨)〈P2361〉

耐油橡胶板　　O40200201

Oil resistant rubber slab

用于冲制各种耐油类油封、密封件、圈,与油脂类接触的工作台、地面,电子类产品场所的铺设等

【生产厂】[冀]河北亨达密封材料有限公司〈P1654〉;[辽]沈阳市橡胶制品九厂〈P1689〉;[苏]南京企鹏密封材料有限公司〈P1788〉;南京天豪橡塑有限公司〈P1790〉;南京永固橡塑有限公司〈P1791〉;南京金腾橡塑有限公司〈P1786〉;无锡市祥健四氟制品有限公司〈P1880〉;泰州市亚美橡胶制品有限公司〈P1828〉;[鲁]荣成安泰橡胶制品有限公司〈P2121〉;青岛柯丽亚(韩国)胶带有限公司(250吨)〈P2039〉

夹布橡胶板　　O40200401

Wrapped rubber slab

用作裁制机械管道、车船的一般减震缓冲橡胶垫圈、密封垫片、铺地及搭棚等

【生产厂】[冀]河间市神龙橡胶制品有限责任公司〈P1656〉;[苏]南京天豪橡塑有限公司〈P1790〉;南京永固橡塑有限公司〈P1791〉;南京金腾橡塑有限公司〈P1786〉;泰州市亚美橡胶制品有限公司〈P1828〉

绝缘橡胶板　　O40200501

Insulating rubber slab

用于配电场所,高低压配电设备的电绝缘辅助安全器材

【生产厂】[津]天津市双安塑料制品有限公司〈P1602〉;[冀]河间市神龙橡胶制品有限责任公司〈P1656〉;[沪]上海惠达橡胶制品有限公司〈P1741〉;[苏]南京天豪橡塑有限公司〈P1790〉;南京金腾橡塑有限公司〈P1786〉;泰州市亚美橡胶制品有限公司〈P1828〉;江苏省如皋市晨光橡胶制品有限公司〈P1831〉;[鲁]荣成安泰橡胶制品有限公司〈P2121〉

耐酸碱橡胶板　　O40200701

Acid and alkali resistant rubber slab

用于工矿企业、交通运输部门作橡胶垫圈、密封垫、缓冲垫及铺地等

【生产厂】[京]北京奥泰长城橡胶制品有限公司〈P1543〉;[冀]河北亨达密封材料有限公司〈P1654〉;[沪]上海百盛橡胶制品有限公司〈P1728〉;[苏]南京企鹏密封材料有限公司〈P1788〉;南京天豪橡塑有限公司〈P1790〉;南京永固橡塑有限公司〈P1791〉;南京金腾橡塑有限公司〈P1786〉;无锡市祥健四氟制品有限公司〈P1880〉;泰州市亚美橡胶制品有限公司〈P1828〉;[鲁]荣成安泰橡胶制品有限公司〈P2121〉

耐磨蚀橡胶板　　O40200721

Wearable rubber slab

【生产厂】[冀]高邑县第一橡胶制品有限责任公司〈P1619〉;

[鲁]青岛柯丽亚(韩国)胶带有限公司(250吨)〈P2039〉

复合橡胶板 040200801

Composite rubber plate

【生产厂】[浙]慈溪市恒立密封材料有限公司〈P1929〉

铁路橡胶轨枕垫板 040201001

Railway rubber sleeper adapter plate

用于铁路钢轨与混凝土轨枕之间,起减震作用

【生产厂】[冀]衡水宏光特种橡塑制品厂〈P1667〉;[辽]沈阳银象橡胶制品有限责任公司〈P1690〉;[沪]上海惠达橡胶制品有限公司〈P1741〉;[苏]无锡市美峰橡胶制品制造有限公司〈P1878〉;无锡圣丰减震器有限公司〈P1874〉;建湖县揽月橡胶制品有限公司〈P1807〉;[浙]杭州中铁日欣橡胶塑制品有限公司〈P1925〉;[鲁]荣成市丰泰橡胶技术有限公司〈P2122〉

铁路道枕橡胶垫 040201051

Sleeper rubber pad

【生产厂】[苏]扬州市华通橡塑实业公司〈P1819〉;[浙]浙江省天台县富华塑胶有限公司〈P1967〉;[桂]桂林南方橡胶国际有限公司〈P2299〉

桥用橡胶垫板 040201091

Rubber adapter plate for bridge

【生产厂】[辽]沈阳银象橡胶制品有限责任公司〈P1690〉;抚顺永大橡胶制品有限公司〈P1698〉;[浙]杭州中铁日欣橡胶塑制品有限公司〈P1925〉

耐寒橡胶板 040201101

Coldtolerant rubber slab

【生产厂】[冀]河间市神龙橡胶制品有限责任公司〈P1656〉;[苏]南京天豪橡塑有限公司〈P1790〉

防眩板 040201201

Antiglare shield

【生产厂】[冀]衡水健达工程橡胶有限公司〈P1668〉;[苏]常熟橡胶厂〈P1892〉;[浙]浙江晨龙橡胶集团有限责任公司〈P1970〉

防尘盖 040201202

Dust cap

用于与轴承配套

【生产厂】[沪]上海浦东橡胶密封件有限公司〈P1756〉;[苏]宜兴市凯达氟橡胶密封件有限公司〈P1885〉;盐城市橡胶制品厂〈P1812〉

耐热胶板 040201501

Heat resistant rubber slab

用作冲制各种垫圈和隔热垫板

【生产厂】[冀]河北亨达密封材料有限公司〈P1654〉;[苏]南京企鹏密封材料有限公司〈P1788〉;[鲁]荣成安泰橡胶制品有限公司〈P2121〉;青岛柯丽亚(韩国)胶带有限公司(250吨)〈P2039〉

无毒食品胶板 040201601

Innocuous foodstuff rubber slab

用于食品加工场所及食品行业工具配套件

【生产厂】[苏]南京天豪橡塑有限公司〈P1790〉;南京永固橡塑有限公司〈P1791〉;南京金腾橡塑有限公司〈P1786〉

特种橡胶板 040201801

Special rubber slab

用于医药、化工及食品行业,及适合于承受压力要求较高的环境里

【生产厂】[冀]京东橡胶有限公司〈P1656〉

防震橡胶板 040201851

Quakeproof rubber board

【生产厂】[浙]永嘉县瓯北通达橡胶制品厂〈P1938〉;[闽]福建关西化工有限公司(150吨)〈P1988〉

海绵胶板 040201901

Sponge rubber slab

用于飞机油箱膨胀层及缓冲密封减震垫用

【生产厂】[冀]河北衡水华伟特种橡塑制品厂〈P1664〉;[陕]西安鹰球橡塑有限公司〈P2350〉

氟橡胶板 040202001

Fluoro rubber slab

用作化工用泵密封圈、流量计和管密封件、煤气管道密封件等

【生产厂】[辽]沈阳市橡胶制品九厂〈P1689〉;[沪]上海青浦莲盛宏伟特种橡塑制品厂〈P1757〉;上海创奇特种橡胶制品有限公司〈P1730〉;[苏]南京天豪橡塑有限公司〈P1790〉;南京永固橡塑有限公司〈P1791〉;无锡市祥健四氟制品有限公司〈P1880〉;[川]成都森发橡塑有限公司〈P2313〉

橡胶发泡制品 040202011

Rubber foam products

广泛应用于空调、汽车、水箱、音响、电子产品、双面胶带等作密封、防水、减震材料

【生产厂】[苏]常州市润和发达橡胶制品有限公司〈P1853〉;常州三和塑胶有限公司〈P1849〉;张家港宏盟橡塑泡沫有限公司〈P1912〉;[鲁]青岛建青橡胶制品有限公司〈P2038〉;青岛宏泰盛橡胶制品有限公司〈P2037〉;[粤]广州市固特橡胶制品有限公司〈P2264〉;成琳橡塑集团〈P2268〉;深圳市久发橡胶制品有限公司〈P2271〉;东莞市华丰橡塑制品有限公司〈P2280〉;[川]成都森发橡塑有限公司〈P2313〉

抗静电胶板 040202101

Antistatic rubber slab

【生产厂】[沪]上海百盛橡胶制品有限公司〈P1728〉;[苏]南京天豪橡塑有限公司〈P1790〉;江苏连吉特种胶带制造公司〈P1842〉

搓毛胶板 040202201

Rubber slab for roll hair

纺织用橡胶配件

【生产厂】[苏]无锡市第五橡胶厂(2吨)〈P1875〉;无锡二橡胶股份有限公司〈P1873〉

阻燃橡胶板 040202391

Flameretardant rubber board

【生产厂】[冀]河间市神龙橡胶制品有限责任公司〈P1656〉;[苏]南京天豪橡塑有限公司〈P1790〉;南京永固橡塑有限公司〈P1791〉;南京金腾橡塑有限公司〈P1786〉;[皖]来安县亨通橡塑制品有限公司(25万平方米)〈P1982〉

三元乙丙橡胶胶板 040202401

EPDM Rubber board

用于涵闸、桥梁等工程橡胶施工、屋顶防水止水及有较高要求的胶垫、密封件等

【生产厂】[苏]南京天豪橡塑有限公司〈P1790〉;南京永固橡塑有限公司〈P1791〉;[鲁]济南杰兴实业有限公司(20 吨)〈P2023〉

【使用厂】[沪]上海百盛橡胶制品有限公司〈P1728〉

阻尼橡胶板 040202501

Damping rubber plate

用于各种设备的减震,室内隔声装置

【生产厂】[苏]南京天豪橡塑有限公司〈P1790〉;南京永固橡塑有限公司〈P1791〉;常州市中意橡塑制品有限公司〈P1857〉;海安县兴华胶带厂〈P1829〉;[浙]台州市江南橡胶密封件有限公司〈P1961〉

硅橡胶板;硅胶板 040202601

Silicone rubber plate

用于制造防腐、绝缘、耐油、耐磨、耐高温硅橡胶制品

【生产厂】[辽]沈阳市橡胶制品九厂〈P1689〉;铁岭福神橡胶密封有限责任公司〈P1712〉;[沪]上海青浦莲盛宏伟特种橡塑制品厂〈P1757〉;上海昌全硅胶干燥剂有限公司〈P1729〉;[苏]南京佳联硅橡胶厂〈P1785〉;南京天豪橡塑有限公司〈P1790〉;南京永固橡塑有限公司〈P1791〉;高尔特硅橡胶制品(南京)有限公司〈P1781〉;江苏日成橡胶有限公司〈P1860〉;无锡市祥健四氟制品有限公司〈P1880〉;无锡市华茂硅胶厂〈P1876〉;江阴市辉龙电热电器有限公司〈P1869〉;姜堰市德力橡塑制品厂〈P1823〉;[闽]福建省上杭鑫舟硅橡胶制品有限公司〈P2006〉;[鲁]青岛建青橡胶制品有限公司〈P2038〉;青岛硅创精细化工有限公司〈P2035〉;菏泽嘉林橡胶制品有限公司〈P2158〉;[粤]东莞市万橡橡胶制品有限公司〈P2280〉;[川]成都森发橡塑有限公司〈P2313〉

发泡硅橡胶板 040202651

Foaming silicone rubber plat

可应用于工业和航天等特殊领域中

【生产厂】[沪]上海青浦莲盛宏伟特种橡塑制品厂〈P1757〉;[闽]福建省上杭鑫舟硅橡胶制品有限公司〈P2006〉;[川]成都森发橡塑有限公司〈P2313〉

高抗撕硅胶板 040202691

Silicone rubber plate, high anti-tearing

用于医药、化工及食品行业,及适合于承受压力要求较高的环境

【生产厂】[苏]南京永固橡塑有限公司〈P1791〉;[闽]福建省上杭鑫舟硅橡胶制品有限公司〈P2006〉

橡胶片 040250001

Rubber sheet

主要用于制作鞋底

【生产厂】[粤]东莞力宇橡胶制品厂〈P2279〉

胶辊;橡胶辊 040300001

Rubber covered roller

主要用于纺织、造纸、印染、印刷等工业

【生产厂】[冀]邢台市橡胶厂〈P1644〉;河北宏联辊业有限公司〈P1648〉;保定宏达胶辊有限公司(5 万个)〈P1645〉;高碑店市同创橡塑制品有限责任公司〈P1647〉;[辽]沈阳银象橡胶制品有限责任公司〈P1690〉;沈阳市橡胶制品九厂〈P1689〉;沈阳市北方胶辊厂〈P1688〉;大连科技橡胶密封件厂〈P1692〉;大连胶辊有限公司〈P1692〉;[沪]上海民昌橡胶厂〈P1753〉;上海宏淳橡胶制品有限公司〈P1737〉;上海浦南春申胶辊厂〈P1756〉;上海骏马化工有限公司〈P1746〉;上海骏马橡胶厂〈P1746〉;上海华向世界橡胶有限公司(600 吨)〈P1739〉;[苏]南京金三益橡胶制品有限公司〈P1786〉;常州市坚力橡胶有限公司〈P1852〉;常州市东青聚氨酯制品厂〈P1850〉;江苏日成橡胶有限公司〈P1860〉;常州市武进海力制辊有限公司〈P1854〉;无锡市新华胶辊厂〈P1880〉;无锡朴业橡塑有限公司〈P1874〉;无锡市华茂硅胶厂〈P1876〉;无锡二橡胶股份有限公司(4500 万只)〈P1873〉;江阴市易邦橡塑制业有限公司〈P1871〉;苏州嘉美克聚氨酯制品有限公司〈P1901〉;太仓市荣生达胶辊厂〈P1908〉;常熟市工业胶辊有限公司〈P1890〉;泰州市亚美橡胶制品有限公司〈P1828〉;南通市宝得发纺织橡塑制品厂〈P1834〉;南通市华宝胶辊有限公司〈P1835〉;江苏南黄海实业股份有限公司〈P1830〉;如皋市雄洲印刷机械开发有限公司〈P1838〉;[浙]建德市新业聚氨酯有限公司〈P1926〉;浙江省德清县胶辊实业公司(600 立方米)〈P1947〉;余姚市大伟橡塑制品有限公司〈P1935〉;永嘉县瓯北通达橡胶制品厂〈P1938〉;[皖]淮南华宫工程胶管有限公司〈P1976〉;安徽宁国中鼎密封件有限公司〈P1985〉;[闽]福建省南平市兴源橡胶制品有限公司(50 吨)〈P2004〉;晋江市东风橡胶厂〈P1999〉;核工业龙岩二九五胶辊厂〈P2006〉;[鲁]淄博海特曼化工有限公司〈P2061〉;淄博市临淄特种橡胶制品厂〈P2069〉;青岛建青橡胶制品有限公司〈P2038〉;青岛宏泰盛橡胶制品有限公司〈P2037〉;青岛鲲鹏橡胶制品厂〈P2039〉;莱芜市福泉橡胶有限公司〈P2140〉;山东省菏泽市橡胶制品厂〈P2160〉;山东力华防水建材有限公司(2 万条)〈P2077〉;[豫]郑州中原精工橡塑制品有限公司〈P2175〉;新乡市长城橡胶厂(2000 只)〈P2204〉;漯河市天汇胶辊厂(100 吨)〈P2220〉;[鄂]宜昌市葛洲坝合成材料厂〈P2241〉;中南橡胶集团有限责任公司〈P2241〉;[粤]广东省澄海盐鸿橡塑辊类厂〈P2276〉;冉点硅橡胶模具(深圳)有限公司〈P2269〉;广东信力特种橡胶制品有限公司〈P2281〉;东莞市万橡橡胶制品有限公司〈P2280〉;广东省南海区恒昌胶辊厂〈P2291〉;华亿橡胶胶辊制品厂〈P2291〉;[桂]桂林南方橡胶国际有限公司〈P2299〉;[甘]甘肃酒泉荣泰橡胶制品有限公司〈P2357〉

印刷胶辊 040300101

Printing rubber roller

用于多色高速凸版印刷机、平版胶印机、纸箱印刷机等使用

【生产厂】[京]北京三友伟业橡胶化工有限责任公司〈P1557〉;[冀]河北春风银星胶辊有限公司〈P1663〉;邢台市橡胶厂〈P1644〉;唐山市东亚橡胶制品有限公司〈P1636〉;[辽]沈阳市橡胶制品九厂〈P1689〉;沈阳市北方胶辊厂〈P1688〉;大连胶辊有限公司〈P1692〉;[沪]上海思德胶辊制造有限公司〈P1765〉;上海豹驰春蕾胶辊有限公司〈P1728〉;上海科博橡胶胶辊有限公司〈P1748〉;上海浦南春申胶辊厂〈P1756〉;上海青浦威力橡胶制品厂〈P1757〉;[苏]无锡市华茂硅胶厂〈P1876〉;无锡市侣湖橡胶制品有限公司〈P1877〉;江阴市易邦橡塑制业有限公司〈P1871〉;太仓市荣生达胶辊厂〈P1908〉;常熟市工业胶辊有限公司〈P1890〉;泰州市亚美橡胶制品有限公司〈P1828〉;南通市华宝胶辊有限公司〈P1835〉;如皋市雄洲印刷机械开发有限公司〈P1838〉;[浙]杭州华杰胶辊有限公司〈P1918〉;[鲁]淄博恒盛聚氨酯制品厂〈P2061〉;莱芜市福泉橡胶有限公司〈P2140〉;[鄂]京阳橡胶制品有限公司〈P2242〉;[粤]汕头市金园区良兴胶辊有限公司〈P2276〉;广东省澄海盐鸿橡塑辊类厂〈P2276〉;东莞市万橡橡胶制品有限公司〈P2280〉;广东省南海区恒昌胶辊厂

O

〈P2291〉;华亿橡胶胶辊制品厂〈P2291〉;[陕]西安万达辊业有限责任公司〈P2350〉

丁腈胶辊 040300201

Butadiene-acrylonitrile rubber roller

【生产厂】[沪]上海三泰橡胶制品有限公司〈P1759〉;上海华向世界橡胶有限公司〈P1739〉;[苏]无锡市第五橡胶厂(40万米)〈P1875〉

砻谷胶辊;碾米胶辊 040300301

Rubber roller for huller, hulling grain

【生产厂】[苏]无锡市第五橡胶厂(3吨)〈P1875〉;[鄂]宜昌市葛洲坝合成材料厂〈P2241〉;[粤]广东省澄海盐鸿橡塑辊类厂〈P2276〉

丁基胶辊 040300401

Butyl rubber roller

用于塑料、印刷、制革等行业

【生产厂】[沪]上海三泰橡胶制品有限公司〈P1759〉;上海华向世界橡胶有限公司〈P1739〉;[苏]无锡市华茂硅胶厂〈P1876〉

氯丁胶辊 040300501

Chloroprene rubber roller

用于矿山阻燃胶辊、印刷设备、食品印铁、一般涂布机、胶印机等以及通用输送、传递胶辊

【生产厂】[沪]上海三泰橡胶制品有限公司〈P1759〉

造纸胶辊 040300601

Papermaking rubber roller

广泛用于造纸机中压榨、挤水等

【生产厂】[冀]邢台市橡胶厂〈P1644〉;唐山市东亚橡胶制品有限公司〈P1636〉;[沪]上海青浦威力橡胶制品厂〈P1757〉;[苏]江阴市易邦橡塑制业有限公司〈P1871〉;泰州市亚美橡胶制品有限公司〈P1828〉;南通市华宝胶辊有限公司〈P1835〉;如皋市雄洲印刷机械开发有限公司〈P1838〉;[鲁]荣成市丰泰橡胶技术有限公司(1万套)〈P2122〉;莱芜市福泉橡胶有限公司〈P2140〉;[粤]广东省澄海盐鸿橡塑辊类厂〈P2276〉;广东省南海区恒昌胶辊厂〈P2291〉

印染胶辊 040300701

Printing and dyeing rubber covered roller

广泛用于轧染、轧水、导布、上浆、印花等

【生产厂】[冀]邢台市橡胶厂〈P1644〉;[辽]沈阳市北方胶辊厂〈P1688〉;[沪]上海科博橡胶胶辊有限公司〈P1748〉;上海华向世界橡胶有限公司〈P1739〉;上海青浦威力橡胶制品厂〈P1757〉;[苏]无锡市华茂硅胶厂〈P1876〉;江阴市易邦橡塑制业有限公司〈P1871〉;常熟市工业胶辊有限公司〈P1890〉;泰州市亚美橡胶制品有限公司〈P1828〉;南通市宝得发纺织橡塑制品厂〈P1834〉;南通市华宝胶辊有限公司〈P1835〉;如皋市雄洲印刷机械开发有限公司〈P1838〉;[鲁]荣成市丰泰橡胶技术有限公司(1万套)〈P2122〉;[陕]西安万达辊业有限责任公司〈P2350〉

印铁胶辊 040300801

Printing iron rubber roller

用于印铁涂料机、纸张上光机使用

【生产厂】[辽]沈阳市橡胶制品九厂〈P1689〉;[苏]无锡市惠弛胶辊制造有限公司〈P1877〉;无锡市华茂硅胶厂〈P1876〉;常熟市工业胶辊有限公司〈P1890〉;南通市华宝胶辊有限公司〈P1835〉;如皋市雄洲印刷机械开发有限公司〈P1838〉;[粤]广东省澄海盐鸿橡塑辊类厂〈P2276〉;广东省南海区恒昌胶辊厂〈P2291〉

食品胶辊 040300901

Foodstuff rubber covered roller

【生产厂】[沪]上海浦南春申胶辊厂〈P1756〉

聚氨酯胶辊 040301001

Polyurethane rubber roller

用于造纸机械、印染机械、冶金机械、印刷行业、塑料制革、化工行业等

【生产厂】[冀]河北春风银星胶辊有限公司〈P1663〉;唐山市东亚橡胶制品有限公司〈P1636〉;[辽]沈阳东阳聚氨酯有限公司〈P1685〉;辽宁矿冶聚氨酯实业有限公司〈P1684〉;[沪]上海豹驰春蕾胶辊有限公司〈P1728〉;上海长峰特种聚氨酯有限公司〈P1729〉;上海三泰橡胶制品有限公司〈P1759〉;[苏]南京金三益橡胶制品有限公司〈P1786〉;常州市东青聚氨酯制品厂〈P1850〉;江阴市延利塑料制品有限公司〈P1871〉;耶普(苏州)塑技有限公司〈P1911〉;常熟市工业胶辊有限公司〈P1890〉;江苏铜山县聚氨酯厂〈P1793〉;建湖县飞耐橡塑制品有限公司〈P1807〉;江都东元聚氨酯制品厂〈P1813〉;[浙]浙江省德清县胶辊实业公司〈P1947〉;[闽]核工业龙岩二九五胶辊厂〈P2006〉;[鲁]淄博市博山老龄胶塑制品厂〈P2067〉;淄博恒盛聚氨酯制品厂〈P2061〉;荣成市丰泰橡胶技术有限公司(8000套)〈P2122〉;[粤]华亿橡胶胶辊制品厂〈P2291〉;[陕]西安万达辊业有限责任公司〈P2350〉

硅橡胶辊 040301101

Silicone rubber roller

用于冷热塑料复膜机、塑料流延复合机等

【生产厂】[沪]上海思德胶辊制造有限公司〈P1765〉;上海鑫恒橡胶制辊有限公司〈P1772〉;上海科博橡胶胶辊有限公司〈P1748〉;上海浦南春申胶辊厂〈P1756〉;上海三泰橡胶制品有限公司〈P1759〉;上海华向世界橡胶有限公司〈P1739〉;[苏]南京金三益橡胶制品有限公司〈P1786〉;南京佳联硅橡胶厂〈P1785〉;无锡市华茂硅胶厂〈P1876〉;常熟市工业胶辊有限公司〈P1890〉;[浙]杭州华杰胶辊有限公司〈P1918〉;浙江省德清县胶辊实业公司〈P1947〉;永嘉县瓯北通达橡胶制品厂〈P1938〉;[鲁]济南医用硅橡胶制品厂〈P2026〉;荣成市丰泰橡胶技术有限公司(2万套)〈P2122〉;[鄂]京阳橡胶制品有限公司〈P2242〉;[粤]汕头市金园区良兴胶辊有限公司〈P2276〉;广东省澄海盐鸿橡塑辊类厂〈P2276〉;华亿橡胶胶辊制品厂〈P2291〉;[陕]西安万达辊业有限责任公司〈P2350〉

耐高温硅胶辊 040301151

Silicone rubber roller, high temperature resistant

用于热转印花膜等机械设备

【生产厂】[冀]河北春风银星胶辊有限公司〈P1663〉;[粤]汕头市金园区良兴胶辊有限公司〈P2276〉;广东省南海区恒昌胶辊厂〈P2291〉

氟橡胶辊 040301201

Fluorine rubber roller

【生产厂】[沪]上海三泰橡胶制品有限公司〈P1759〉

三元乙丙胶辊 040301401

Ethylene-propylene-diene mischpolymer rubber roller

用于印刷、制革、塑料等行业

【生产厂】[沪]上海浦南春申胶辊厂〈P1756〉;上海三泰橡胶制品有限公司〈P1759〉;上海华向世界橡胶有限公司

O

〈P1739〉;[苏]无锡市华茂硅胶厂〈P1876〉;常熟市工业胶辊有限公司〈P1890〉;[粤]东莞市华丰橡塑制品有限公司〈P2280〉

运输胶辊　040301501

Conveyance rubber roller

用于码头、矿山、冶金、渔业、电厂等行业吊式运输机

【生产厂】[沪]上海华向世界橡胶有限公司〈P1739〉;上海青浦威力橡胶制品厂〈P1757〉;[浙]浙江省德清县胶辊实业公司〈P1947〉;[粤]广东省南海区恒昌胶辊厂〈P2291〉

胶轮　040350001

Rubber wheel

用于人力手推车、农用车、摩托车、汽车等

【生产厂】[冀]河北衡水华伟特种橡塑制品厂〈P1664〉;河北省华北橡胶制品有限公司-恒宇管业〈P1665〉;[沪]上海一华橡胶制品厂〈P1774〉;上海惠达橡胶制品有限公司〈P1741〉;[苏]镇江市新区大路橡胶制品厂〈P1846〉;[浙]杭州临安市橡胶有限公司〈P1921〉;[鲁]淄博海特曼化工有限公司〈P2061〉;高密市华诚橡胶制品有限公司〈P2089〉;青岛华海环保工业有限公司(2万套)〈P2037〉;青岛华鹰工业品制造有限公司〈P2037〉;青岛胶南盛泰化工有限公司〈P2038〉;胶南市星海橡胶制品有限公司〈P2031〉;青岛东方工业品制造有限公司(200万套)〈P2033〉;青岛高天车辆有限公司(100万个)〈P2034〉;青岛华达橡胶制品有限公司(50万只)〈P2037〉;青岛振华工业集团有限公司(700万只)〈P2046〉

聚氨酯胶轮　040350101

Polyurethane rubber wheel

【生产厂】[辽]沈阳东阳聚氨酯有限公司〈P1685〉;[苏]无锡圣丰减震器有限公司〈P1874〉;[浙]建德市新业聚氨酯有限公司〈P1926〉;[鲁]青岛建青橡胶制品有限公司〈P2038〉;青岛东方工业品制造有限公司(300万只)〈P2033〉;[粤]广州市新立聚氨酯密封件厂〈P2266〉

聚氨酯橡胶弹性联轴节;榴花联轴节　040350211

Polyurethane rubber elastic shaft coupling

由聚氨酯胶制成,是各种轴传动机械之弹性元件

【生产厂】[辽]辽宁矿冶聚氨酯实业有限公司〈P1684〉;[苏]苏州嘉美克聚氨酯制品有限公司〈P1901〉

纯胶管　040500001

Pure rubber hose

用于输送空气、水或稀酸碱、惰性气体等

【生产厂】[津]天津市新华橡胶厂(1万米)〈P1608〉;[豫]安阳市第二橡胶厂(100吨)〈P2208〉

真空胶管　040500101

Vacuum hose

【生产厂】[冀]河北省清河县泰丰有限公司〈P1642〉;河北联众橡塑有限公司〈P1654〉

医用导管　040500301

Medical catheter

【生产厂】[浙]台州市江南橡胶密封件有限公司〈P1961〉;[闽]杰宏(厦门)电子有限公司〈P1990〉

橡胶护舷　040700001

Rubber fender

用于保障船舶和码头等水工建筑的安全

【生产厂】[辽]沈阳银象橡胶制品有限责任公司〈P1690〉;大连巅峰橡胶制品有限公司〈P1691〉;[苏]南京金三益橡胶制品有限公司〈P1786〉;丹阳太平橡塑制品有限公司〈P1841〉;江阴市卫宇橡塑制品有限公司〈P1871〉;[鲁]烟台泰鸿橡胶有限公司(5000吨)〈P2119〉;蓬莱市运通橡塑化工有限公司〈P2112〉;青岛天盾橡胶有限公司〈P2044〉;青岛华海环保工业有限公司(1万吨)〈P2037〉;[豫]郑州中原精工橡塑制品有限公司〈P2175〉

医用橡胶塞　040801001

Medical rubber bottle closure

用于医用输液瓶的密封

【生产厂】[津]天津飞龙橡胶制品有限责任公司(4000万个)〈P1572〉;[冀]石家庄第一橡胶股份有限公司〈P1625〉;[鲁]山东东大化学工业(集团)公司橡胶厂(180000万只)〈P2052〉;[桂]桂林南方橡胶国际有限公司〈P2299〉;[川]四川川西制药股份有限公司〈P2333〉

抗菌素橡胶瓶塞　040801003

Rubber bottle closure for antibiotic

用作抗生素粉剂瓶密封件,可延长有效期

【生产厂】[鲁]济宁同利橡胶制品有限责任公司(1200吨)〈P2129〉;[川]四川川西制药股份有限公司〈P2333〉

橡胶密封制品;橡胶密封件　040990100

Various sealing article of rubber

适用于机械、军工、冶金、汽车等行业

【生产厂】[津]天津市裕基橡塑有限公司〈P1612〉;[冀]河北衡水华伟特种橡塑制品厂〈P1664〉;河北省华北橡胶制品有限公司-恒宇管业〈P1665〉;衡水市氟塑密封有限公司〈P1668〉;武强县宏远橡胶制品有限公司〈P1669〉;高科·汉峰金属软管有限公司〈P1663〉;河北宏广橡塑金属制品有限公司〈P1664〉;河北省景县石油机械厂〈P1666〉;河北鑫昇橡塑金属制品有限公司〈P1667〉;河北三联橡塑制品有限公司〈P1642〉;河北华密橡胶有限公司(9000万套)〈P1641〉;[辽]沈阳黎航密封件厂〈P1687〉;[黑]双鸭山市同心橡胶厂〈P1725〉;[沪]上海惠达橡胶制品有限公司〈P1741〉;上海群杰塑胶制品有限公司〈P1758〉;[苏]南京金三益橡胶制品有限公司〈P1786〉;长江动力设备有限公司〈P1839〉;江苏省扬中市通宇氟塑制品有限公司〈P1842〉;江苏扬中市液压密封件厂有限公司〈P1842〉;扬中市红叶管阀密封件有限公司〈P1843〉;扬中市新洋密封件有限公司〈P1843〉;镇江春环密封件集团有限公司〈P1844〉;常州市中意橡塑制品有限公司〈P1857〉;江苏日成橡胶有限公司〈P1860〉;金坛市嘉仁塑胶制品厂〈P1862〉;金坛市圣辉密封件厂〈P1862〉;无锡市新中亚特种橡胶制品有限责任公司〈P1880〉;宜兴市兴科橡塑制品有限公司〈P1887〉;靖江王子橡胶有限公司〈P1825〉;苏州市盛隆橡塑制品有限公司〈P1904〉;扬州市华通橡塑实业公司〈P1819〉;[浙]杭州运河橡塑化工有限公司〈P1925〉;宁波市鄞州集士港天一塑胶制品厂〈P1932〉;宁波伊尔密封件有限公司〈P1934〉;慈溪市恒立密封材料有限公司〈P1929〉;余姚市大伟橡塑制品有限公司〈P1935〉;余姚市三星密封件厂〈P1935〉;浙江大统密封件有限公司(300万个)〈P1963〉;浙江海特橡塑有限公司〈P1963〉;义乌市康成特种橡胶有限公司〈P1954〉;温州海力橡胶制品有限公司〈P1937〉;[皖]合肥万友橡胶制品厂〈P1973〉;安徽宁国中鼎密封件有限公司〈P1985〉;马鞍山市天力橡胶制品厂

O

〈P1977〉;马鞍山市宏力橡胶制品有限公司〈P1977〉;黄山市密封件厂(3000 万件)〈P1981〉;安庆市特种橡塑制品有限责任公司〈P1980〉;[闽]福州市晋安区橡胶制品厂〈P1990〉;晋江市东风橡胶厂〈P1999〉;[鲁]山东省武城汽车密封配件有限公司(7 吨)〈P2146〉;高密密达橡塑制品有限公司(400 万件)〈P2089〉;荣成市丰泰橡胶技术有限公司(10 万吨)〈P2122〉;青岛建青橡胶制品有限公司〈P2038〉;青岛开世密封工业有限公司〈P2039〉;青岛茂林橡胶制品有限公司〈P2040〉;青岛华冠密封工业有限公司〈P2037〉;肥城市泰龙橡胶制品厂〈P2135〉;济宁同利橡胶制品有限责任公司(250000 只)〈P2129〉;[豫]郑州中原精工橡塑制品有限公司〈P2175〉;[粤]广州市世达密封实业有限公司〈P2266〉;广州迪盛橡胶密封件厂〈P2260〉;广州保信密封制品有限公司〈P2260〉;深圳华强机械密封件厂〈P2269〉;广东信力特种橡胶制品有限公司〈P2281〉;顺德成田橡胶制品有限公司〈P2292〉;江门市蓬江区荷塘聚利豪硅橡制品有限公司〈P2291〉;[川]成都森发橡塑有限公司〈P2313〉;自贡机械密封件有限责任公司〈P2321〉;[陕]黄河轮胎橡胶有限公司〈P2352〉

橡胶密封胶条;密封条　040990101

Sealing strip of rubber

用于各种车辆、飞机、轮船、建筑等门窗密封

【生产厂】[津]天津市金升橡胶制品厂〈P1592〉;天津市新华橡胶厂(1000 吨)〈P1608〉;[冀]衡水宏光特种橡塑制品厂〈P1667〉;河北省深州市辛亚橡胶密封件厂〈P1666〉;河北开橡塑胶制品厂〈P1641〉;河北省清河县泰丰有限公司〈P1642〉;三河市三通橡塑制品厂〈P1662〉;高碑店市同创橡塑制品有限责任公司〈P1647〉;[辽]沈阳银象橡胶制品有限责任公司〈P1690〉;沈阳东北橡塑材料有限公司〈P1685〉;铁岭市康宁阀门橡塑制品厂〈P1713〉;[沪]上海一华橡胶制品厂〈P1774〉;上海群杰塑胶制品有限公司〈P1758〉;[苏]无锡市南方橡塑制品厂〈P1878〉;江阴海达橡胶集团公司(33 万米)〈P1867〉;扬州市华通橡塑实业公司〈P1819〉;海安县兴华胶带厂〈P1829〉;[浙]浙江省仙居县通用橡胶密封件厂〈P1967〉;[皖]合肥万友橡胶制品厂〈P1973〉;[闽]福州利菱橡塑有限公司(500 吨)〈P1989〉;厦门麦丰密封件有限公司〈P1992〉;厦门万里橡塑制品有限公司〈P1993〉;[鲁]武城县龙祥有限公司(90 吨)〈P2146〉;高密市华诚橡胶制品有限公司〈P2089〉;山东省菏泽市橡胶制品厂〈P2160〉;[豫]郑州市中原区长风橡胶制品厂〈P2174〉;开封市龙亭塑胶有限公司(500 吨)〈P2178〉;[粤]广州市固特橡胶制品有限公司〈P2264〉

橡胶垫　040990102

Rubber pad

用于飞机场、火车站、桥梁、宾馆、家庭等路面、地面防滑

【生产厂】[冀]衡水宏光特种橡塑制品厂〈P1667〉;河北省清河县泰丰有限公司〈P1642〉;河间市神龙橡胶制品有限责任公司〈P1656〉;徐水县中兴密封件制造有限公司〈P1649〉;[辽]沈阳银象橡胶制品有限责任公司〈P1690〉;[苏]南京金腾橡塑有限公司〈P1786〉;无锡市明珠石油化工备件厂〈P1878〉;无锡朴业橡塑有限公司〈P1874〉;靖江王子橡胶有限公司〈P1825〉;苏州市第四橡胶有限公司〈P1903〉;江都市鑫利橡塑制品厂〈P1815〉;[浙]杭州中铁日欣橡胶塑制品有限公司〈P1925〉;慈溪市立新橡胶制品有限公司〈P1929〉;宁波市北仑华兴橡胶软垫有限公司〈P1932〉;浙江晨龙橡胶集团有限责任公司〈P1970〉;永嘉县瓯北通达橡胶制品厂〈P1938〉;温州奥特塑胶有限公司〈P1937〉;[皖]合肥万友橡胶制品厂〈P1973〉;[闽]厦门市麦华橡胶制品有限公司〈P1993〉;[鲁]淄博高氟特化工机械有限公司〈P2060〉;高密市华诚橡胶制品有限公司〈P2089〉;烟台安泰橡胶有限公司〈P2115〉;青岛宏泰盛橡胶制品有限公司〈P2037〉;青岛华海环保工业有限公司(5000 吨)〈P2037〉;泰安市更新橡塑密封件有限公司〈P2137〉;[豫]内乡县风神橡胶软木有限公司(300 吨)〈P2223〉;[鄂]湖北汉川科奥橡胶厂〈P2242〉;[粤]广州市良兆企业有限公司〈P2265〉;深圳华强机械密封件厂〈P2269〉;东莞市华丰橡塑制品有限公司〈P2280〉;中山市精艺塑胶厂〈P2283〉;[桂]柳州荣荣橡胶再生利用有限公司〈P2297〉;[川]成都森发橡塑有限公司〈P2313〉

【使用厂】[沪]上海振兴防腐工程塑料有限公司〈P1778〉

减震器油封;橡胶皮碗　040990103

Shock absorber oil seal

【生产厂】[冀]顺峰摩托车密封件厂〈P1642〉;[浙]浙江大统密封件有限公司〈P1963〉;浙江海特橡塑有限公司〈P1963〉;浙江台州海橡密封件有限公司〈P1968〉;台州市江南橡胶密封件有限公司〈P1961〉;永嘉县瓯北通达橡胶制品厂〈P1938〉

浮顶油罐密封装置丁腈橡胶密封带　040990104

Butadiene-acrylonitrile rubber sealing packing ring for floating oil tank sealing system

用于储油罐中防止油品蒸发

【生产厂】[苏]江苏连吉特种胶带制造公司〈P1842〉;[皖]安庆市特种橡塑制品有限责任公司(2 万米)〈P1980〉;[桂]桂林南方橡胶国际有限公司〈P2299〉

洗衣机密封件　040990109

Washing machine seals

【生产厂】[鲁]高密密达橡塑制品有限公司(600 万个)〈P2089〉;安丘市橡胶制品厂〈P2088〉;青岛建青橡胶制品有限公司〈P2038〉;[粤]广州市固特橡胶制品有限公司〈P2264〉

水闸橡胶密封件;止水橡皮　040990110

Sluice rubber seals

【生产厂】[冀]衡水健达工程橡胶有限公司〈P1668〉;衡水桥闸工程橡胶有限公司〈P1668〉;[苏]镇江市新区大路橡胶制品厂〈P1846〉;[皖]安徽省蚌埠橡胶有限公司〈P1975〉

伸缩缝　040990111

Stretching seam

【生产厂】[冀]河北衡水恒基建工材料有限公司〈P1664〉;衡水健达工程橡胶有限公司〈P1668〉;衡水桥闸工程橡胶有限公司〈P1668〉;[苏]建湖县揽月橡胶制品有限公司〈P1807〉

气门芯　040990113

Valve core

【生产厂】[津]天津市中华乳胶厂(600 吨)〈P1613〉;[鲁]山东高天实业股份有限公司〈P2094〉

骨架油封　040990115

Reinforced seal

用于汽车、工程机械等

【生产厂】[津]天津市天新密封件厂〈P1605〉;[辽]沈阳黎航密封件厂〈P1687〉;铁岭市新科特种橡胶制品厂〈P1713〉;[沪]上海青浦莲盛宏伟特种橡塑制品厂〈P1757〉;上海创奇特种橡胶制品有限公司〈P1730〉;[苏]扬中市红叶管阀密封件有限公司〈P1843〉;金坛市嘉仁塑胶制品厂〈P1862〉;苏州市盛隆橡塑制品有限公司〈P1904〉;东台市中天橡胶制品厂〈P1806〉;[浙]浙江国泰密封材料股份有限公司〈P1927〉;海宁市华翔橡胶厂〈P1939〉;慈溪市华宇橡胶制品厂〈P1929〉;余姚市三星密封件厂〈P1935〉;浙江

O

省仙居县通用橡胶密封件厂〈P1967〉；浙江台州海橡密封件有限公司〈P1968〉；台州市江南橡胶密封件有限公司〈P1961〉；［闽］福建省上杭鑫舟硅橡胶制品有限公司〈P2006〉；［鲁］中国重型汽车集团济南商用车有限公司橡胶密封件厂(400 万件)〈P2031〉；淄博创大实业有限公司橡胶制品分公司(400 万件)〈P2058〉；泰安市更新橡塑密封件有限公司〈P2137〉；［湘］湖南橡塑密封件厂〈P2256〉；［粤］韶关市搏力橡塑制品有限公司〈P2277〉；揭阳市天诚密封件有限公司〈P2295〉；中山市精艺塑胶厂〈P2283〉；［川］成都华德密封工业有限公司〈P2311〉；成都市武侯区簇桥橡胶制品厂〈P2314〉；成都瑞嘉橡胶制品有限公司〈P2313〉

板式伸缩装置 040990116

Plate stretching unit

【生产厂】［冀］衡水冀军集团〈P1667〉；［桂］柳州东方工程橡胶制品有限公司〈P2297〉

油封 040990118

Oil seal

用于旋转和往复运动轴的唇形密封

【生产厂】［京］北京京兴龙潭橡胶有限公司〈P1553〉；［津］天津市金升橡胶制品厂〈P1592〉；［冀］辛集市金昊橡胶有限公司〈P1634〉；枣强县友联橡胶化工有限公司〈P1669〉；河北科佳橡胶制品有限公司〈P1664〉；武强县宏远橡胶制品有限公司〈P1669〉；邢台市橡胶厂〈P1644〉；高碑店市同创橡塑制品有限责任公司〈P1647〉；［辽］铁岭市康宁阀门橡塑制品厂〈P1713〉；大连保税区益照橡胶有限公司〈P1691〉；［沪］上海浦东橡胶密封件有限公司〈P1756〉；［苏］中车集团南京七四二五工厂〈P1792〉；无锡市侣湖橡胶制品有限公司〈P1877〉；太仓市良盛橡胶制品有限公司〈P1908〉；盐城市橡胶制品厂〈P1812〉；江都市鑫利橡塑制品厂〈P1815〉；［浙］杭州中铁日欣橡胶塑制品有限公司〈P1925〉；宁波市永恒塑胶有限公司〈P1933〉；宁海兴利橡胶密封件厂〈P1934〉；浙江仙一橡胶密封件有限公司〈P1969〉；椒江海门万隆橡胶密封件有限公司〈P1960〉；浙江海特橡塑有限公司〈P1963〉；浙江荣康密封件有限公司〈P1966〉；义乌市康成特种橡胶有限公司〈P1954〉；永嘉县瓯北通达橡胶制品厂〈P1938〉；［皖］合肥万友橡胶制品厂〈P1973〉；安徽宁国中鼎密封件有限公司〈P1985〉；［闽］厦门麦丰密封件有限公司〈P1992〉；［鲁］高密市华诚橡胶制品有限公司〈P2089〉；荣成市丰泰橡胶技术有限公司(100 吨)〈P2122〉；昌誉密封产品有限公司〈P2108〉；青岛松林橡胶有限公司〈P2044〉；青岛宏泰盛橡胶制品有限公司〈P2037〉；青岛华冠密封工业有限公司〈P2037〉；日照市金源橡胶有限公司(130 万件)〈P2139〉；［豫］郑州市中原区长风橡胶制品厂〈P2174〉；洛阳市大普橡胶有限公司(500 吨)〈P2183〉；［粤］广州市固特橡胶制品有限公司〈P2264〉；广州泰升密封技术有限公司〈P2267〉；深圳华强机械密封件厂〈P2269〉；冉点硅橡胶模具(深圳)有限公司〈P2269〉；揭阳市天诚密封件有限公司〈P2295〉；［桂］桂林南方橡胶国际有限公司〈P2299〉；［川］成都华德密封工业有限公司〈P2311〉；成都瑞嘉橡胶制品有限公司〈P2313〉；中橡集团炭黑工业研究设计院〈P2321〉；自贡市时达实业有限公司〈P2322〉

铁道橡胶密封件 040990121

Railway rubber seals

【生产厂】［鲁］新汶矿业集团有限责任公司(800 万件)〈P2139〉

摩托车油封 040990122

Motorcycle oil seal

【生产厂】［冀］顺峰摩托车密封件厂〈P1642〉；［苏］无锡市新中亚特种橡胶制品有限责任公司〈P1880〉；［浙］温州奥特塑胶有限公司〈P1937〉

煤气管道橡胶密封圈 040990123

Rubber sealing washer for gas pipe-line

用于煤气、液化气管道的密封

【生产厂】［冀］枣强县友联橡胶化工有限公司〈P1669〉；［苏］苏州市第四橡胶有限公司〈P1903〉；建湖县揽月橡胶制品有限公司〈P1807〉；［鲁］泰安市更新橡塑密封件有限公司〈P2137〉；日照市金源橡胶有限公司(100 万件)〈P2139〉

橡胶密封带 040990124

Rubber sealing belt

【生产厂】［苏］江苏连吉特种胶带制造公司〈P1842〉；［皖］安庆市特种橡塑制品有限责任公司〈P1980〉；［鲁］威海市百兴四氟制品有限公司〈P2125〉

给排水管道密封胶圈 040990125

Service water pipe line sealing rubber ring

用于给水、排水管道的密封

【生产厂】［冀］枣强县友联橡胶化工有限公司〈P1669〉；河北廊坊三五三一工厂(1200 吨)〈P1658〉；三河市三通橡塑制品厂〈P1662〉；［豫］郑州市中原区长风橡胶制品厂〈P2174〉

硅橡胶密封条 040990126

Silicon rubber sealing strip

广泛应用于冶金、化工、印刷包装、食品机械、电炉设备、电力变压器、医疗器材等

【生产厂】［冀］河北联众橡塑有限公司〈P1654〉；［苏］南京佳联硅橡胶厂〈P1785〉；无锡市华茂硅胶厂〈P1876〉；［鲁］青岛宏泰盛橡胶制品有限公司〈P2037〉

弹性防撞安全胶垫；弹性垫 040990141

Elastic crashworthy safe rubber pad

可广泛应用于幼儿园、练功场、体育场、游乐园、广场、宾馆、配电房、人行道、阳台及民居室内外众多场所

【生产厂】［鲁］青岛绿叶橡胶有限公司〈P2040〉

橡胶防腐衬里系列 040990201

Rubber anticorrosion lining series

用于化工、电力、冶金、食品等工业部门的防腐

【生产厂】［京］北京奥泰长城橡胶制品有限公司〈P1543〉；［津］天津飞龙橡胶制品有限责任公司(4000 吨)〈P1572〉；［辽］沈阳银象橡胶制品有限责任公司(3500 吨)〈P1690〉；沈阳市生发防腐设备厂(8000 平方米)〈P1688〉；［沪］上海双浦橡胶防腐衬里有限公司(600 吨)〈P1765〉；［苏］靖江王子橡胶有限公司〈P1825〉；［鲁］济南杰兴实业有限公司(40 吨)〈P2023〉；［豫］郑州力威管道设备有限公司(6 万平方米)〈P2171〉；［湘］株洲市湘江橡胶制品厂(1500 吨)〈P2250〉

乒乓球拍胶皮 040990351

Table tennis blade covering rubber

【生产厂】［津］天津七二九体育器材开发有限公司(250 万套)〈P1577〉；天津市橡胶工业研究所(600 万片)〈P1607〉

防爆水袋 040990511

Explosion-proof water bags

用于扑灭矿井火灾

【生产厂】[津]天津市泰运橡胶制品有限责任公司(800吨)〈P1603〉

橡胶轮廓标 040990601

Rubber adumbration sign

用作公路路况的标志,便于夜间行车

【生产厂】[辽]沈阳东北橡塑材料有限公司〈P1685〉;[浙]浙江省天台县富华塑胶有限公司〈P1967〉;浙江晨龙橡胶集团有限责任公司〈P1970〉;[闽]福建省闽侯橡胶制品有限公司(10万条)〈P1988〉

止水带;橡胶止水带 040990801

Water-stop belt

用于水利工程、公路、桥梁、隧道、高层建筑等

【生产厂】[京]北京奥泰长城橡胶制品有限公司〈P1543〉;[津]天津市裕基橡塑有限公司〈P1612〉;天津市金升橡胶制品厂〈P1592〉;[冀]河北衡水恒基建工材料有限公司〈P1664〉;河北省衡水市长城橡胶厂〈P1665〉;衡水冀军集团〈P1667〉;衡水健达工程橡胶有限公司〈P1668〉;衡水锦程橡塑有限公司〈P1668〉;衡水桥闸工程橡胶有限公司〈P1668〉;河北欧亚特种胶管有限公司〈P1664〉;河北省衡水华鑫橡塑有限公司〈P1665〉;三河市三通橡塑制品厂〈P1662〉;河北一川胶带有限公司〈P1649〉;[辽]沈阳东北橡塑材料有限公司〈P1685〉;[沪]上海长宁橡胶制品厂〈P1729〉;上海彭浦橡胶制品总厂(7万米)〈P1755〉;[苏]南京金三益橡胶制品有限公司〈P1786〉;建湖县揽月橡胶制品有限公司〈P1807〉;扬州合力橡胶制品有限公司〈P1817〉;[浙]杭州国电水利电力工程有限公司大坝安全工程公司〈P1917〉;浙江省乐清市芙蓉橡胶有限公司〈P1939〉;[闽]福州市晋安区橡胶制品厂〈P1990〉;[赣]江西玉龙防水材料厂〈P2009〉;[豫]焦作市鹏升化工有限公司〈P2196〉;[湘]衡阳市五橡胶厂〈P2253〉;[陕]西安鹰球橡塑有限公司〈P2350〉;[甘]甘肃酒泉荣泰橡胶制品有限公司〈P2357〉;[宁]银川昊灵橡胶制品有限公司〈P2361〉

止水条;嵌缝止水条 040990831

Water-stop stripe

用作水工建筑嵌缝止水材料

【生产厂】[冀]河北省衡水华鑫橡塑有限公司〈P1665〉;[沪]上海长宁橡胶制品厂〈P1729〉

自粘性止水条 040990851

Selfadhesive water-stop stripe

【生产厂】[冀]衡水冀军集团〈P1667〉;衡水健达工程橡胶有限公司〈P1668〉;[粤]顺德合胜化工实业有限公司〈P2292〉

冷粘橡胶辊筒 040990901

Cold-adhesive rubber roller

适用于造纸、机械行业

【生产厂】[苏]南京佳联硅橡胶厂〈P1785〉

硅橡胶按键 040991001

Silicone rubber key-press

用于摇控器、电话机、移动电话、计算机键盘、打印机、传真机、复印机等

【生产厂】[沪]上海青浦莲盛宏伟特种橡塑制品厂〈P1757〉;[苏]苏州双荣橡塑有限公司〈P1906〉;[浙]余姚市低塘中发橡胶厂〈P1935〉;[闽]福州市晋安区橡胶制品厂〈P1990〉;厦门市麦华橡胶制品有限公司〈P1993〉;杰宏(厦门)电子有限公司(450吨)〈P1990〉;福建省上杭鑫舟硅橡胶制品有限公司(8000万套)〈P2006〉;[鲁]荣成市丰泰橡胶技术有限公司(100吨)〈P2122〉;[粤]广州市良兆企业有限公司〈P2265〉;深圳市深高科美硅胶制品有限公司〈P2272〉;冉点硅橡胶模具(深圳)有限公司〈P2269〉;深圳市臻晖电子有限公司〈P2273〉;珠海市业佳精密橡胶制品有限公司〈P2275〉

丁基橡胶瓶塞 040991101

Butyl rubber bottle closure

用于先锋类抗生素药剂密封

【生产厂】[鲁]山东东大化学工业(集团)公司橡胶厂(10000万只)〈P2052〉;青岛华仁塑胶医药用品有限公司(50000万只)〈P2037〉;[鄂]湖北白莲药用包装材料有限公司(160000万只)〈P2242〉;湖北华强科技有限责任公司〈P2240〉

汽车挡泥板 040991202

Rubber mudguard for automobile

【生产厂】[苏]启东市永兴橡胶制品有限公司〈P1837〉;[浙]余姚市大伟橡塑制品有限公司〈P1935〉;[豫]黎明化工研究院〈P2181〉

摩托车橡胶配件 040991251

Rubber fittings for motorcycle

【生产厂】[冀]顺峰摩托车密封件厂〈P1642〉;高碑店市峰业橡胶制品有限责任公司〈P1647〉;[浙]浙江仙一橡胶密封件有限公司〈P1969〉;浙江海特橡塑有限公司〈P1963〉;浙江荣康密封件有限公司〈P1966〉;[渝]重庆远平橡塑有限公司〈P2308〉

橡胶筛网;橡胶筛板 040991401

Rubber sieve

用于焦炭、矿石、煤等筛分分级,代替不耐磨的金属网

【生产厂】[辽]沈阳东阳聚氨酯有限公司〈P1685〉;[苏]无锡圣丰减震器有限公司〈P1874〉;[皖]安徽中意胶带有限责任公司(1000吨)〈P1977〉

自限式电加热带 040991501

Self-limited electric heating belt

【生产厂】[吉]四平市科学技术研究院(30万米)〈P1717〉

汽车橡胶配件 040991701

Automobile rubber attachment

【生产厂】[津]天津市橡胶制品四厂(4000吨)〈P1608〉;天津天和橡胶工业有限公司〈P1615〉;[冀]固安金海橡塑制品有限公司〈P1658〉;[吉]吉林龙山有机硅集团有限公司〈P1715〉;[沪]上海樱宝塑胶软管有限公司〈P1775〉;[苏]南京金三益橡胶制品有限公司〈P1786〉;常州市汇东橡塑制品厂〈P1851〉;无锡市美峰橡胶制品制造有限公司〈P1878〉;建湖县揽月橡胶制品有限公司〈P1807〉;[浙]余姚市大伟橡塑制品有限公司〈P1935〉;余姚市舜尧橡胶制品有限公司〈P1935〉;象山宏祥橡塑制品有限公司〈P1934〉;浙江玉环塑胶化工实业有限公司〈P1970〉;浙江大统密封件有限公司〈P1963〉;浙江海特橡塑有限公司〈P1963〉;浙江荣康密封件有限公司〈P1966〉;[皖]安徽宁国中鼎密封件有限公司〈P1985〉;[闽]福州燕兰塑胶软管制品有限公司(220吨)〈P1990〉;厦门市麦华橡胶制品有限公司〈P1993〉;晋江市东风橡胶厂〈P1999〉;[鲁]山东信义集团东营信义橡塑厂(500万套)〈P2086〉;荣成市丰泰橡胶技术有限公司(800吨)〈P2122〉;青岛建青橡胶制品有限公司〈P2038〉;济宁同利橡胶制品有限责任公司(300吨)〈P2129〉;日照市金源橡胶有限公司(200万件)

O

〈P2139〉;[鄂]中南橡胶集团有限责任公司(2000 吨)〈P2241〉;[湘]湖南橡塑密封件厂〈P2256〉;[粤]冉点硅橡胶模具(深圳)有限公司〈P2269〉;[陕]西安华山橡胶制品有限公司〈P2348〉

汽车橡胶隔膜;汽车橡胶皮膜 040991702

Automobile rubber diaphragm

【生产厂】[浙]宁波乔士橡塑有限公司〈P1932〉;温州海力橡胶制品有限公司〈P1937〉

汽车刮水器胶条 040991704

Automobile wiper rubber strip

【生产厂】[浙]台州市国雨橡胶制品有限公司(1000 万条)〈P1961〉

汽车油封 040991705

Automobile oil seal

【生产厂】[冀]顺峰摩托车密封件厂〈P1642〉;[辽]铁岭助驰橡胶密封制品有限公司〈P1713〉;[苏]无锡市新中亚特种橡胶制品有限责任公司〈P1880〉;[浙]宁海兴利橡胶密封件厂〈P1934〉;浙江大统密封件有限公司〈P1963〉;台州市国雨橡胶制品有限公司〈P1961〉;温州奥特塑胶有限公司〈P1937〉;[粤]亿达橡胶密封件有限公司〈P2293〉

汽车密封条;汽车密封植绒胶条 040991706

Automobile flocking sealing strip

用于汽车密封

【生产厂】[冀]河北开橡塑胶制品厂〈P1641〉;固安金海橡塑制品有限公司〈P1658〉;[苏]常州三和塑胶有限公司〈P1849〉;南通海林汽车橡塑制品有限公司〈P1833〉;[浙]余姚市三星密封件厂〈P1935〉;浙江玉环塑胶化工实业有限公司〈P1970〉;[闽]厦门万里橡塑制品有限公司〈P1993〉;[鲁]山东水星橡塑集团有限公司(4 万吨)〈P2146〉;武城县甲马营新通橡塑有限公司(300 吨)〈P2146〉;[鄂]中南橡胶集团有限责任公司〈P2241〉

汽车缓冲块 040991707

Automobile buffer lump

用作汽车配件

【生产厂】[冀]高碑店市峰业橡胶制品有限责任公司〈P1647〉;[苏]常州三和塑胶有限公司〈P1849〉;启东市永兴橡胶制品有限公司〈P1837〉;[浙]杭州运河橡塑化工有限公司〈P1925〉;浙江省天台县富华塑胶有限公司〈P1967〉;浙江晨龙橡胶集团有限责任公司〈P1970〉

橡胶支座 040991801

Rubber abutment

【生产厂】[冀]衡水冀军集团〈P1667〉;衡水桥闸工程橡胶有限公司〈P1668〉;衡水橡胶股份有限公司〈P1668〉;[沪]上海彭浦橡胶制品总厂〈P1755〉;[苏]无锡市美峰橡胶制品制造有限公司〈P1878〉;无锡圣丰减震器有限公司〈P1874〉;[皖]黄山市歙县三利橡塑厂〈P1981〉

桥梁板式橡胶支座 040991811

Plate rubber bearing for bridge

用于公路桥梁、市政桥梁、铁路桥梁等

【生产厂】[冀]衡水冀军集团〈P1667〉;衡水健达工程橡胶有限公司〈P1668〉;衡水桥闸工程橡胶有限公司〈P1668〉;衡水橡胶股份有限公司(10 万立方米)〈P1668〉;衡水中铁建工程橡胶有限责任公司〈P1669〉;河北省衡水华鑫橡塑有限公司〈P1665〉;[辽]沈阳东北橡塑材料有限公司〈P1685〉;[沪]上海彭浦橡胶制品总厂(20 万块)〈P1755〉;[苏]无锡市美峰橡胶制品制造有限公司〈P1878〉;常熟橡胶厂〈P1892〉;建湖县揽月橡胶制品有限公司〈P1807〉;[浙]杭州中铁日欣橡胶塑制品有限公司〈P1925〉;[鄂]中南橡胶集团有限责任公司〈P2241〉;[粤]广东信力特种橡胶制品有限公司〈P2281〉;[桂]柳州东方工程橡胶制品有限公司〈P2297〉

四氟滑板式桥梁支座 040991812

Polytetrafluoroethylene slip plate bearing for bridge

【生产厂】[冀]衡水健达工程橡胶有限公司〈P1668〉

盆式橡胶支座 040991821

Basin rubber bearing

具有承载能力大、水平位移量大、转动灵活等特点,适用于大跨径桥梁

【生产厂】[冀]衡水冀军集团〈P1667〉;衡水健达工程橡胶有限公司〈P1668〉;衡水桥闸工程橡胶有限公司〈P1668〉;衡水中铁建工程橡胶有限责任公司〈P1669〉;[辽]沈阳东北橡塑材料有限公司〈P1685〉;[沪]上海彭浦橡胶制品总厂(1 万套)〈P1755〉;[苏]无锡市美峰橡胶制品制造有限公司〈P1878〉;常熟橡胶厂〈P1892〉;[桂]柳州东方工程橡胶制品有限公司〈P2297〉

密封垫 040991901

Sealing pad

【生产厂】[冀]衡水宏光特种橡塑制品厂〈P1667〉;河北振兴化工橡胶有限公司〈P1667〉;三河市三通橡塑制品厂〈P1662〉;[辽]大连科技橡胶密封件厂〈P1692〉;[沪]上海民昌橡胶厂〈P1753〉;[苏]金坛市嘉仁塑胶制品厂〈P1862〉;江都市鑫利橡塑制品厂〈P1815〉;南通海林汽车橡塑制品有限公司〈P1833〉;[浙]杭州临安市橡胶有限公司〈P1921〉;宁波市鄞州集士港天一塑胶制品厂〈P1932〉;温州海力橡胶制品有限公司〈P1937〉;[闽]厦门麦丰密封件有限公司〈P1992〉;[鲁]青岛松林橡胶有限公司〈P2044〉;青岛鲲鹏橡胶制品厂〈P2039〉;菏泽嘉林橡胶制品有限公司〈P2158〉;[豫]许昌方圆工贸橡塑有限公司〈P2218〉;[粤]广州保信密封制品有限公司〈P2260〉;深圳市国志汇富高分子材料股份有限公司〈P2271〉;顺德成田橡胶制品有限公司〈P2292〉;[陕]西安华山橡胶制品有限公司〈P2348〉

缠绕式密封垫片 040991951

Sealing pad, enwind

用于多种标准的管道法兰、阀门、压力容器、热交换器等联结部位的密封

【生产厂】[冀]河北省大城县长城聚四氟制品厂〈P1659〉;[苏]镇江春环密封件集团有限公司〈P1844〉;[浙]宁波安达防腐材料有限公司〈P1929〉;宁波宇联密封件有限公司〈P1934〉;[粤]广州市东山南方密封件有限公司〈P2263〉

汽车地毯 040992202

Automobile carpet

【生产厂】[苏]江阴市延利塑料制品有限公司〈P1871〉

橡胶地毯 040992203

Rubber carpet

【生产厂】[冀]河北廊坊三五三一工厂(1000 条)〈P1658〉;[沪]上海华向世界橡胶有限公司〈P1739〉;[浙]浙江省乐清市芙蓉橡胶有限公司〈P1939〉

橡胶鞋底 040992300

Rubber sole

【生产厂】[沪]上海青浦威力橡胶制品厂〈P1757〉;[浙]浙江玉环塑胶化工实业有限公司〈P1970〉;[闽]福州福乐鞋材有限公司(1800 万双)〈P1989〉;泉州益峰鞋服有限公司〈P2000〉;福建宏玮鞋塑有限公司(4 万吨)〈P1997〉;[鲁]文登市第二橡胶厂(200 万双)〈P2126〉

EVA 鞋材　040992301

EVA Sole material

【生产厂】[沪]上海青浦威力橡胶制品厂〈P1757〉;[苏]张家港宏盟橡塑泡沫有限公司〈P1912〉;[闽]莆田腾立鞋业有限公司〈P1997〉;仙游县金马鞋材有限公司〈P1997〉

防尘罩;防护罩　040992501

Dust cover

广泛用于工业、国防、交通、科研、医用等场合

【生产厂】[冀]衡水科力通橡塑技术有限公司〈P1668〉;高碑店市峰业橡胶制品有限责任公司〈P1647〉;[辽]沈阳市橡胶制品九厂〈P1689〉;[沪]上海惠达橡胶制品有限公司〈P1741〉;[苏]启东市永兴橡胶制品有限公司〈P1837〉;[浙]余姚市大伟橡塑制品有限公司〈P1935〉;浙江仙一橡胶密封件有限公司〈P1969〉;浙江海特橡塑有限公司〈P1963〉;浙江台州海橡密封件有限公司〈P1968〉;台州市江南橡胶密封件有限公司〈P1961〉;温州海力橡胶制品有限公司〈P1937〉;[皖]合肥万友橡胶制品厂〈P1973〉;[闽]厦门万里橡塑制品有限公司〈P1993〉;[豫]郑州中原精工橡塑制品有限公司〈P2175〉;[粤]深圳市国志汇富高分子材料股份有限公司〈P2271〉;冉点硅橡胶模具(深圳)有限公司〈P2269〉;珠海市业佳精密橡胶制品有限公司〈P2275〉;[川]成都瑞嘉橡胶制品有限公司〈P2313〉

橡胶膜片;膜片　040992601

Rubber chaff

【生产厂】[辽]沈阳黎航密封件厂〈P1687〉;铁岭助驰橡胶密封制品有限公司〈P1713〉;[苏]滨海县广华橡胶制品有限公司〈P1805〉;[浙]慈溪市立新橡胶制品有限公司〈P1929〉;宁波乔士橡塑有限公司〈P1932〉;永嘉县瓯北通达橡胶制品厂〈P1938〉;[川]成都华德密封工业有限公司〈P2311〉;中国民航广汉长空橡胶密封件厂〈P2330〉

橡胶履带　040992701

Rubber track

用于推土机、坦克等各种履带车辆,起保护履带、不损坏路面作用

【生产厂】[苏]无锡市中良橡胶有限公司〈P1881〉;无锡圣丰减震器有限公司〈P1874〉;[鲁]青岛胶南盛泰化工有限公司〈P2038〉

电梯用橡胶件　040992801

Elevator rubber fittings

【生产厂】[沪]上海宏淳橡胶制品有限公司〈P1737〉;[苏]海安县兴华胶带厂〈P1829〉

消防水带　040993301

Fire-hose

广泛用于消防、供水或输送其他液体,是消防栓、消防车、消防泵的配套产品

【生产厂】[辽]沈阳银象橡胶制品有限责任公司(100 万标米)〈P1690〉;[苏]姜堰市橡胶厂(600 万米)〈P1824〉;[浙]浙江省天台县富华塑胶有限公司〈P1967〉

橡胶压滤板　040993501

Rubber pressing filter plate

【生产厂】[鲁]景津压滤机集团有限公司(3 万吨)〈P2143〉

橡胶锭带　040993601

Rubber spindle tape

纺织用橡胶传动带

【生产厂】[鲁]济南天齐特种平带有限公司(9 万平方米)〈P2026〉

气门嘴　040993701

Air valve

用于内胎密封充气

【生产厂】[闽]厦门白马橡塑金属工业有限公司(36 万支)〈P1991〉;[鲁]山东高天实业股份有限公司(3500 万套)〈P2094〉;莱芜市福泉橡胶有限公司〈P2140〉

【使用厂】[鲁]山东三工橡胶有限公司〈P2097〉

汽车制动皮碗　040993801

Brake rubber bowl for automobile

【生产厂】[辽]沈阳银象橡胶制品有限责任公司〈P1690〉;铁岭福神橡胶密封有限责任公司〈P1712〉;铁岭助驰橡胶密封制品有限公司〈P1713〉;[苏]无锡市美峰橡胶制品制造有限公司〈P1878〉;[浙]浙江海特橡塑有限公司〈P1963〉;浙江荣康密封件有限公司〈P1966〉;温州海力橡胶制品有限公司〈P1937〉

胶圈　040993901

Rubber ring

用于纺织工业

【生产厂】[冀]高碑店市峰业橡胶制品有限责任公司〈P1647〉;[辽]铁岭助驰橡胶密封制品有限公司〈P1713〉;[苏]无锡二橡胶股份有限公司(14000 万只)〈P1873〉;南通市宝得发纺织橡塑制品厂〈P1834〉;江苏南黄海实业股份有限公司〈P1830〉;[浙]慈溪市立新橡胶制品有限公司〈P1929〉;[鲁]青岛鲲鹏橡胶制品厂〈P2039〉;[粤]深圳石化宝狮塑胶有限公司〈P2270〉

高压电器橡胶配件　040994002

Rubber fittings for high voltage electrical apparatus

用于油浸式变压器和其他高压电器及其配套组件用之密封、防震、绝缘、防漏电等

【生产厂】[苏]苏州双荣橡塑有限公司〈P1906〉;[陕]西安市精工橡胶制品有限公司(10 吨)〈P2349〉

橡胶棒　040994221

Rubber stick

【生产厂】[辽]铁岭市新科特种橡胶制品厂〈P1713〉;[苏]滨海县广华橡胶制品有限公司〈P1805〉;[浙]宁波市鄞州集士港天一塑胶制品厂〈P1932〉

硅胶绝缘子　040994301

Silica gel insulator

用作高压配电柜产品

【生产厂】[冀]河北硅谷化工有限公司〈P1639〉;[辽]沈阳市橡胶制品九厂〈P1689〉;[苏]江苏宏达化工新材料股份有限公司〈P1841〉;[浙]宁波市永恒塑胶有限公司〈P1933〉

硅胶球　040994351

Silicone ball

用于鼠标上的鼠球

【生产厂】[粤]广州市良兆企业有限公司〈P2265〉

O

复印机压力辊 040994501

Pressure roller for copy machine

用作复印机配件

【生产厂】[沪]上海华向世界橡胶有限公司(400 吨)〈P1739〉

护套 040994601

Protecting sheath

【生产厂】[冀]高碑店市峰业橡胶制品有限责任公司〈P1647〉;[辽]大连科技橡胶密封件厂〈P1692〉;[苏]江阴市卫宇橡塑制品有限公司〈P1871〉;[浙]余姚市大伟橡塑制品有限公司〈P1935〉;浙江海特橡塑有限公司〈P1963〉;[闽]福州市晋安区橡胶制品厂〈P1990〉;厦门市麦华橡胶制品有限公司〈P1993〉;[鲁]中国重型汽车集团济南商用车有限公司橡胶密封件厂(100 万件)〈P2031〉;临淄颐祥化工有限公司〈P2050〉;[粤]深圳市臻晖电子有限公司〈P2273〉

胶泵 040994701

Rubber pump

用于矿山

【生产厂】[冀]石家庄第一橡胶股份有限公司〈P1625〉

橡胶腻子 040994801

Rubber putty

适用于煤气灶、冰箱、空调等家电及建筑行业

【生产厂】[鲁]青岛宏泰盛橡胶制品有限公司〈P2037〉

橡胶型材 040995001

Rubber special-shape materials

【生产厂】[辽]沈阳市橡胶制品九厂〈P1689〉;[苏]宜兴市惠兴塑胶有限公司〈P1885〉

硅橡胶制品 040995101

Silicone rubber products

广泛用于工业、国防、交通、科研、医用等领域

【生产厂】[津]天津飞龙橡胶制品有限责任公司(2000 万件)〈P1572〉;天津市金升橡胶制品厂〈P1592〉;[冀]高碑店市峰业橡胶制品有限责任公司〈P1647〉;[吉]吉林龙山有机硅集团有限公司〈P1715〉;[沪]上海青浦莲盛宏伟特种橡塑制品厂〈P1757〉;上海民昌橡胶厂〈P1753〉;上海创奇特种橡胶制品有限公司〈P1730〉;上海一华橡胶制品厂〈P1774〉;上海惠达橡胶制品有限公司〈P1741〉;[苏]无锡市华茂硅胶厂〈P1876〉;江阴市辉龙电热电器有限公司〈P1869〉;姜堰市德力橡塑制品厂〈P1823〉;[浙]慈溪市华宇橡胶制品厂〈P1929〉;慈溪市立新橡胶制品有限公司〈P1929〉;余姚市舜尧橡胶制品有限公司〈P1935〉;余姚市永丰特种橡胶制品厂〈P1935〉;余姚市亚特橡塑有限公司〈P1935〉;象山金泰塑胶有限公司〈P1935〉;宁波市北仑华兴橡胶软垫有限公司〈P1932〉;义乌市康成特种橡胶有限公司〈P1954〉;[闽]厦门市麦华橡胶制品有限公司〈P1993〉;[鲁]济南杰兴实业有限公司(15 吨)〈P2023〉;青岛建青橡胶制品有限公司〈P2038〉;[湘]湖南橡塑密封件厂〈P2256〉;[粤]广州市康明硅橡胶科技有限公司〈P2265〉;深圳市联环有机硅材料有限公司〈P2271〉;深圳市固加实业发展有限公司〈P2270〉;深圳市淳昌科技有限公司〈P2270〉;成琳橡塑集团〈P2268〉;深圳市臻晖电子有限公司〈P2273〉;东莞市良展有机硅材料厂〈P2280〉;东莞市方正硅橡胶制品有限公司〈P2279〉;东莞市华丰橡塑制品有限公司〈P2280〉;江门市蓬江区荷塘聚利豪硅橡制品有限公司〈P2291〉;[川]中蓝晨光化工研究院〈P2320〉;成都森发橡塑有限公司〈P2313〉

硅胶杂件 040995151

Silicone rubber miscellaneous goods

广泛用于遥控器、电话机、手机、电子琴、计算机、计算器、玩具等电子产品及其他各种仪器仪表

【生产厂】[冀]衡水宏光特种橡塑制品厂〈P1667〉;[苏]高尔特硅橡胶制品(南京)有限公司〈P1781〉;[闽]福州市晋安区橡胶制品厂〈P1990〉;福建省上杭鑫舟硅橡胶制品有限公司〈P2006〉;[粤]广州市固特橡胶制品有限公司〈P2264〉;广州市良兆企业有限公司〈P2265〉;深圳市臻晖电子有限公司〈P2273〉;东莞市方正硅橡胶制品有限公司〈P2279〉;东莞市华丰橡塑制品有限公司〈P2280〉;东莞市大岭山龙飞橡胶厂〈P2279〉;中山市精艺塑胶厂〈P2283〉;江门市蓬江区荷塘聚利豪硅橡制品有限公司〈P2291〉

氟硅橡胶制品 040995201

Fluoro silicone rubber product

用于化工、电力、冶金、食品等

【生产厂】[津]天津飞龙橡胶制品有限责任公司橡胶研发所(100 吨)〈P1572〉;[冀]河北省华北橡胶制品有限公司-恒宇管业〈P1665〉;[苏]滨海县广华橡胶制品有限公司〈P1805〉

氟橡胶制品 040995301

Fluoro rubber product

用于航空、军工及汽车、造船、化学、石油、电讯、仪表机械等

【生产厂】[津]天津飞龙橡胶制品有限责任公司(1000 万件)〈P1572〉;[冀]河北省景县石油机械厂〈P1666〉;[沪]上海青浦莲盛宏伟特种橡塑制品厂〈P1757〉;上海德氟橡塑制品有限公司〈P1731〉;上海民昌橡胶厂〈P1753〉;上海创奇特种橡胶制品有限公司〈P1730〉;[苏]金坛市圣辉密封件厂〈P1862〉;宜兴市凯达氟橡胶密封件有限公司〈P1885〉;[浙]宁波亚东化工有限公司〈P1934〉;[鲁]济南医用硅橡胶制品厂〈P2026〉;济南杰兴实业有限公司(110 吨)〈P2023〉;[湘]湖南橡塑密封件厂〈P2256〉;[粤]广州市兴胜杰有限公司〈P2267〉;东莞市华丰橡塑制品有限公司〈P2280〉

乙丙橡胶制品 040995401

Ethylene-propylene rubber products

广泛用于工业、国防、交通、科研、医用等场合

【生产厂】[津]天津飞龙橡胶制品有限责任公司(1000 万件)〈P1572〉

乳胶制品 045000001

Rubber latices products

用于玻璃纤维拉丝、水泥增强、书刊装订、排钉黏合、三夹板黏合等

【生产厂】[京]北京乳胶厂(1000 吨)〈P1557〉

乳胶手套 045001001

Latex glove

用作接触酸碱的防护用品

【生产厂】[冀]石家庄鸿锐集团〈P1626〉;河北省雄县古城塑料制品有限公司〈P1648〉;[苏]江阴东升橡塑制品有限公司(2500 万双)〈P1867〉

指套 045001501

Finger cot

用于电子、医药、日用等行业

【生产厂】[津]天津市现代乳胶厂(8000万只)〈P1607〉;天津市伟业乳胶化工厂(50吨)〈P1606〉

工业用手套　045100001

Industrial glove

适用于工、矿、农、林、渔等部门个体防护用品

【生产厂】[京]北京乳胶厂(240万双)〈P1557〉;[辽]抚顺万泰实业有限公司〈P1698〉;大连乳胶有限责任公司(30万双)〈P1693〉;[粤]广州第十一橡胶厂(400万双)〈P2260〉

医用手套　045150001

Medical glove

用于医生手术时的防护

【生产厂】[京]北京乳胶厂(720万双)〈P1557〉;[冀]河北鸿发乳胶制品有限公司〈P1648〉;[辽]沈阳天地乳胶有限公司〈P1689〉;[皖]安徽豪杰塑胶制品有限公司〈P1974〉;安徽中键塑胶制品有限公司〈P1975〉

检查手套　045250001

Examination glove

用于医疗卫生、电子加工、食品、家庭防护等

【生产厂】[京]北京乳胶厂(4000万双)〈P1557〉;[皖]安徽豪杰塑胶制品有限公司〈P1974〉;安徽中键塑胶制品有限公司〈P1975〉

家用手套　045300001

Household glove

用于家务

【生产厂】[京]北京乳胶厂(1800万双)〈P1557〉;[津]天津市现代乳胶厂(400万双)〈P1607〉;天津伟业乳胶化工厂(100万双)〈P1615〉;[冀]河北鸿发乳胶制品有限公司〈P1648〉;[皖]安徽豪杰塑胶制品有限公司〈P1974〉;安徽中键塑胶制品有限公司(1200万只)〈P1975〉;[粤]广州第十一橡胶厂(550万双)〈P2260〉

气象气球　045350001

Meteorological balloon

用于气象探测

【生产厂】[京]北京乳胶厂(10吨)〈P1557〉;[粤]广州第十一橡胶厂(84万个)〈P2260〉

O

胶丝　045500001

Rubber sheet thread

用于纺织、针织、运输业等

【生产厂】[苏]南京吉安减震器有限公司〈P1785〉;常州振华橡胶制品有限公司(600吨)〈P1858〉;[粤]广州市团结橡胶厂有限公司(1000吨)〈P2266〉

橡胶片丝;橡胶丝　045500002

Rubber thread

用于轻工、毛纺、织布等行业作为弹性体,起伸长回弹作用

【生产厂】[沪]上海灵鹿橡胶制品有限公司〈P1752〉;[鲁]青州市永泰橡胶有限公司〈P2093〉

输血胶管　045550100

Blood transfusion latex tube

用于医疗上输血、输液等

【生产厂】[津]天津市津科乳胶有限公司(100万米)〈P1593〉;[辽]大连乳胶有限责任公司(1200000万米)〈P1693〉

海绵泡沫制品　045600001

Latex foam products

【生产厂】[沪]上海西洋海绵制品有限公司〈P1770〉;[苏]常州市汇东橡塑制品厂〈P1851〉;张家港宏盟橡塑泡沫有限公司〈P1912〉

乳胶球胆　045700001

Latex bladder

为足、篮、排及橄榄球配套

【生产厂】[冀]石家庄市多元橡胶化工厂〈P1629〉

避孕套　045990100

Rubber condom

用于预防性传播疾病感染

【生产厂】[津]天津中生乳胶有限公司(30000万只)〈P1617〉;[冀]河北鸿发乳胶制品有限公司(60000万只)〈P1648〉;[辽]沈阳天地乳胶有限公司〈P1689〉;大连乳胶有限责任公司〈P1693〉;[皖]安徽豪杰塑胶制品有限公司〈P1974〉;安徽中键塑胶制品有限公司〈P1975〉;[鲁]青岛双蝶集团股份有限公司(60000万只)〈P2043〉;青岛伦敦杜蕾斯有限公司(5760万只)〈P2040〉;[粤]广州第十一橡胶厂(36000万个)〈P2260〉

公路桥梁橡胶伸缩装置;模数式橡胶伸缩缝　045990501

Highway bridge rubber expansion and contraction installation

用于高等级公路桥梁

【生产厂】[冀]衡水冀军集团〈P1667〉;衡水锦程橡塑有限公司〈P1668〉;衡水橡胶股份有限公司(2万米)〈P1668〉;[辽]沈阳东北橡塑材料有限公司〈P1685〉;[沪]上海彭浦橡胶制品总厂(5万标米)〈P1755〉;[苏]常熟橡胶厂〈P1892〉;[浙]杭州中铁日欣橡胶塑制品有限公司〈P1925〉

填充型伸缩装置　045990511

Packing stretching unit

【生产厂】[冀]衡水冀军集团〈P1667〉

丁腈橡胶制品　046010101

Butadiene acrylonitrile rubber

广泛用于制造各种耐油密封件、垫圈、骨架油封、夹布油封等

【生产厂】[苏]金坛市圣辉密封件厂〈P1862〉;[鲁]济南杰兴实业有限公司(70吨)〈P2023〉

氯丁橡胶制品　048010101

Chloroprene rubber products

广泛用于制造各种耐油密封件、垫圈、骨架油封、夹布油封等

【生产厂】[冀]河北衡水恒基建工材料有限公司〈P1664〉

胶布制品　050000001

Rubber coated fabric products

用于油箱附件,航空救护制品,耐气密胶布制品等

【生产厂】[津]天津市泰运橡胶制品有限责任公司(600吨)〈P1603〉;天津飞龙橡胶制品有限责任公司橡胶研发所(80吨)〈P1572〉;[苏]苏州华苏塑料有限公司〈P1900〉;[湘]湖南工业橡胶制品厂(100万米)〈P2248〉

防水胶布　050000101

Water-proof rubber coated fabric
【生产厂】[鲁]荣成市劳保福利橡塑厂(100 万米)〈P2122〉

橡胶水坝 O50300001

Rubber water dam

用于特定河床、水库溢洪道上作活动坝和溢流用

【生产厂】[苏]扬州合力橡胶制品有限公司〈P1817〉;[鲁]烟台中策橡胶有限公司(5 万平方米)〈P2120〉;青岛华海环保工业有限公司(40 万平方米)〈P2037〉;曲阜市神力橡塑有限公司〈P2130〉

橡胶围油栏;橡胶围油栅栏 O50400001

Rubber barrier

主要用于近海、港湾、江河等水域,防止溢油对水域扩散

【生产厂】[鲁]青岛华海环保工业有限公司(5 万米)〈P2037〉

橡胶布 O50400011

Rubber cloth

用于制渔业用衣裤

【生产厂】[津]天津市泰运橡胶制品有限责任公司(5000 吨)〈P1603〉;[沪]上海灵鹿橡胶制品有限公司〈P1752〉;[苏]常州振华橡胶制品有限公司(600 吨)〈P1858〉;阜宁县丰泰橡塑制品有限公司(600 万平方米)〈P1806〉;[鲁]济南鲁联集团橡胶制品有限公司(3000 吨)〈P2023〉

橡胶工作服;橡胶雨衣 O50650001

Rubber coated work rain coat

【生产厂】[湘]湖南工业橡胶制品厂〈P2248〉;[桂]桂林南方橡胶国际有限公司〈P2299〉

橡胶耐酸碱胶布制品 O50999903

Acid and alkali resistant rubber coated fabric

【生产厂】[沪]上海黛利复合材料有限公司〈P1731〉

胶囊 O50999906

Capsule

用于高层建筑供水、供暖、供油

【生产厂】[辽]沈阳市橡胶制品九厂〈P1689〉;[苏]海安县申宇明胶有限公司(60000 万个)〈P1829〉;[鲁]青州金水盈化工有限公司(100 吨)〈P2091〉

O 形密封圈 O55000001

O Type sealing ring

适用于城乡供水管网、排水以及排污等管道工程

【生产厂】[京]北京京兴龙潭橡胶有限公司〈P1553〉;[津]天津市天新密封件厂〈P1605〉;[冀]衡水冀军集团〈P1667〉;枣强县友联橡胶化工有限公司〈P1669〉;河北科佳橡胶制品有限公司〈P1664〉;高科·汉峰金属软管有限公司〈P1663〉;邢台市橡胶厂〈P1644〉;安国市橡塑制品有限公司〈P1644〉;高碑店市峰业橡胶制品有限责任公司〈P1647〉;高碑店市同创橡塑制品有限责任公司〈P1647〉;[辽]铁岭福神橡胶密封有限责任公司〈P1712〉;铁岭市康宁阀门橡塑制品厂〈P1713〉;铁岭市新科特种橡胶制品厂〈P1713〉;铁岭助驰橡胶密封制品有限公司〈P1713〉;抚顺万泰实业有限公司〈P1698〉;大连保税区益照橡胶有限公司〈P1691〉;[黑]佳木斯环星机带有限公司〈P1724〉;[沪]上海和昌特氟龙技术有限公司〈P1736〉;上海浦东橡胶密封件有限公司〈P1756〉;[苏]中车集团南京七四二五工厂〈P1792〉;江苏日成橡胶有限公司〈P1860〉;金坛市嘉仁塑胶制品厂〈P1862〉;无锡市美峰橡胶制品制造有限公司〈P1878〉;无锡市祥健四氟制品有限公司〈P1880〉;苏州双荣橡塑有限公司〈P1906〉;苏州市盛隆橡塑制品有限公司〈P1904〉;太仓市良盛橡胶制品有限公司〈P1908〉;盐城市橡胶制品厂〈P1812〉;江都市鑫利橡塑制品厂〈P1815〉;南通海林汽车橡塑制品有限公司〈P1833〉;[浙]杭州三益密封件有限公司〈P1922〉;浙江国泰密封材料股份有限公司〈P1927〉;杭州临安市橡胶有限公司〈P1921〉;杭州中铁日欣橡胶塑制品有限公司〈P1925〉;海宁市华翔橡胶厂〈P1939〉;宁波市鄞州集士港天一塑胶制品厂〈P1932〉;慈溪市恒立密封材料有限公司〈P1929〉;慈溪市华宇橡胶制品厂〈P1929〉;慈溪市立新橡胶制品有限公司〈P1929〉;宁波市永恒塑胶有限公司(600 万盒)〈P1933〉;余姚市低塘中发橡胶厂〈P1935〉;宁海兴利橡胶密封件厂〈P1934〉;宁波市北仑华兴橡胶软垫有限公司〈P1932〉;浙江仙一橡胶密封件有限公司〈P1969〉;浙江省仙居县通用橡胶密封件厂〈P1967〉;椒江海门万隆橡胶密封件有限公司〈P1960〉;浙江海特橡塑有限公司〈P1963〉;浙江荣康密封件有限公司〈P1966〉;浙江台州海橡密封件有限公司〈P1968〉;台州市江南橡胶密封件有限公司〈P1961〉;永嘉县瓯北通达橡胶制品厂〈P1938〉;温州奥特塑胶有限公司〈P1937〉;[皖]合肥万友橡胶制品厂〈P1973〉;黄山市密封件厂〈P1981〉;[闽]福州市晋安区橡胶制品厂〈P1990〉;福建关西化工有限公司(120 吨)〈P1988〉;厦门麦丰密封件有限公司〈P1992〉;厦门市麦华橡胶制品有限公司〈P1993〉;福建省上杭鑫舟硅橡胶制品有限公司〈P2006〉;[鲁]中国重型汽车集团济南商用车有限公司橡胶密封件厂(500 万件)〈P2031〉;淄博创大实业有限公司橡胶制品分公司(300 万件)〈P2058〉;高密市华诚橡胶制品有限公司(5000 万件)〈P2089〉;昌誉密封产品有限公司〈P2108〉;青岛松林橡胶有限公司〈P2044〉;青岛宏泰盛橡胶制品有限公司〈P2037〉;青岛华冠密封工业有限公司〈P2037〉;泰安市更新橡塑密封件有限公司〈P2137〉;菏泽嘉林橡胶制品有限公司〈P2158〉;日照市金源橡胶有限公司(100 万件)〈P2139〉;[豫]洛阳市大普橡胶有限公司〈P2183〉;[鄂]湖北派克密封件有限公司〈P2228〉;[湘]湖南橡塑密封件厂〈P2256〉;[粤]广州市华强橡塑密封件厂〈P2264〉;广州迪盛橡胶密封件厂〈P2260〉;广州市固特橡胶制品有限公司〈P2264〉;广州泰升密封技术有限公司〈P2267〉;韶关市搏力橡塑制品有限公司〈P2277〉;深圳市国志汇富高分子材料股份有限公司〈P2271〉;深圳华强机械密封件厂〈P2269〉;冉点硅橡胶模具(深圳)有限公司〈P2269〉;成琳橡塑集团〈P2268〉;深圳市臻晖电子有限公司〈P2273〉;揭阳市天诚密封件有限公司〈P2295〉;广东信力特种橡胶制品有限公司〈P2281〉;东莞市方正硅橡胶制品有限公司〈P2279〉;顺德成田橡胶制品有限公司〈P2292〉;亿达橡胶密封件有限公司〈P2293〉;中山市精艺塑胶厂〈P2283〉;江门市蓬江区荷塘伟润橡胶有限公司〈P2285〉;江门市蓬江区荷塘聚利豪硅橡制品有限公司〈P2291〉;[桂]桂林南方橡胶国际有限公司〈P2299〉;[川]成都市武侯区簇桥橡胶制品厂〈P2314〉;成都森发橡塑有限公司〈P2313〉;中国民航广汉长空橡胶密封件厂〈P2330〉;自贡机械密封件有限责任公司〈P2321〉;自贡市时达实业有限公司〈P2322〉;[陕]西安市精工橡胶制品有限公司(15 吨)〈P2349〉

氟橡胶 O 形圈 O55661001

Fluoro rubber O ring

具有耐油、耐高温、耐腐蚀的作用

【生产厂】[冀]衡水宏光特种橡塑制品厂〈P1667〉;[沪]上海青浦莲盛宏伟特种橡塑制品厂〈P1757〉;上海创奇特种橡胶制品有限公司〈P1730〉;上海一华橡胶制品厂〈P1774〉;[苏]扬中市新洋密封件有限公司〈P1843〉;无锡市祥健四氟制品有限公司〈P1880〉;[浙]永嘉县瓯北通达橡胶制品

O

厂〈P1938〉;[鲁]济南杰兴实业有限公司(100 吨)〈P2023〉

硅橡胶 O 形圈 O55661101

Silicone rubber O ring

【生产厂】[沪]上海青浦莲盛宏伟特种橡塑制品厂〈P1757〉;[苏]南京佳联硅橡胶厂〈P1785〉;[闽]厦门市麦华橡胶制品有限公司〈P1993〉;[粤]中山市精艺塑胶厂〈P2283〉

往复运动用橡胶密封圈 O56000001

Reciprocating-motion-used rubber sealing ring

【生产厂】[辽]铁岭助驰橡胶密封制品有限公司〈P1713〉

Y 形密封圈 O56110001

Y-Sealing ring

用于汽车、工程机械、机床等密封

【生产厂】[辽]铁岭市新科特种橡胶制品厂〈P1713〉;[苏]金坛市嘉仁塑胶制品厂〈P1862〉;[闽]福州市晋安区橡胶制品厂〈P1990〉;厦门麦丰密封件有限公司〈P1992〉;[鲁]中国重型汽车集团济南商用车有限公司橡胶密封件厂(100 万件)〈P2031〉;泰安市更新橡塑密封件有限公司〈P2137〉;[湘]湖南橡塑密封件厂〈P2256〉;[粤]广州市固特橡胶制品有限公司〈P2264〉;广州泰升密封技术有限公司〈P2267〉;韶关市搏力橡塑制品有限公司〈P2277〉;[川]成都森发橡塑有限公司〈P2313〉;中国民航广汉长空橡胶密封件厂〈P2330〉

V 形密封圈 O56110101

V-type seal ring

用于水压、油压的往复运动密封

【生产厂】[沪]上海青浦莲盛宏伟特种橡塑制品厂〈P1757〉;[浙]海宁市华翔橡胶厂〈P1939〉;慈溪市立新橡胶制品有限公司〈P1929〉;永嘉县瓯北通达橡胶制品厂〈P1938〉;[闽]福州市晋安区橡胶制品厂〈P1990〉;[鲁]泰安市更新橡塑密封件有限公司〈P2137〉;[湘]湖南橡塑密封件厂〈P2256〉;[粤]广州迪盛橡胶密封件厂〈P2260〉;广州市固特橡胶制品有限公司〈P2264〉;广州泰升密封技术有限公司〈P2267〉;江门市蓬江区荷塘伟润橡胶有限公司〈P2285〉;[川]中国民航广汉长空橡胶密封件厂〈P2330〉

耐油橡胶密封圈 O56110501

Rubber sealing ring, oil-resistant

【生产厂】[沪]上海群杰塑胶制品有限公司〈P1758〉;[苏]江苏省如皋市晨光橡胶制品有限公司〈P1831〉

耐热橡胶密封圈 O56110601

Heat-resistant rubber sealing ring

【生产厂】[沪]上海新华阻燃剂总厂〈P1772〉

活塞密封腔体用蕾形密封圈 O56150001

Piston-seal-housing-used rubber bud ring

用于承压 40 ~60MPa 之动、静密封

【生产厂】[陕]西安市精工橡胶制品有限公司(7 万件)〈P2349〉

鼓形夹织物橡胶密封圈 O56210001

Rubber drum ring with fabric

用作往复运动的密封

【生产厂】[陕]西安市精工橡胶制品有限公司(5 万件)〈P2349〉

橡胶防尘密封圈 O56310001

Dustproof rubber sealing ring

用于油浸式变压器和其他高压电器及其配套组件之密封、防震、绝缘、防漏电等

【生产厂】[辽]铁岭市新科特种橡胶制品厂〈P1713〉;[苏]苏州双荣橡塑有限公司〈P1906〉;[浙]杭州三益密封件有限公司〈P1922〉;[皖]黄山市密封件厂〈P1981〉;[粤]广州迪盛橡胶密封件厂〈P2260〉;广州保信密封制品有限公司〈P2260〉;广州泰升密封技术有限公司〈P2267〉;[川]中国民航广汉长空橡胶密封件厂〈P2330〉;[陕]西安市精工橡胶制品有限公司(15 吨)〈P2349〉

旋转轴唇形密封圈 O57000001

Rotary shaft lip seal

用于汽车、拖拉机等旋转轴密封

【生产厂】[冀]高碑店市峰业橡胶制品有限责任公司〈P1647〉;[辽]沈阳黎航密封件厂〈P1687〉;铁岭福神橡胶密封有限责任公司〈P1712〉;[沪]上海浦东橡胶密封件有限公司〈P1756〉;[粤]广州迪盛橡胶密封件厂〈P2260〉;广州保信密封制品有限公司〈P2260〉;广州泰升密封技术有限公司〈P2267〉

橡胶密封圈 O58000001

Rubber sealing ring

用于各种机器设备密封

【生产厂】[津]天津飞龙橡胶制品有限责任公司(1000 万个)〈P1572〉;天津市金升橡胶制品厂〈P1592〉;[冀]石家庄第一橡胶股份有限公司(500 吨)〈P1625〉;河北省景县华龙液压橡塑制品有限公司〈P1665〉;邢台市橡胶厂〈P1644〉;三河市瑞利橡胶制品有限公司〈P1662〉;三河市三通橡塑制品厂〈P1662〉;徐水县中兴密封件制造有限公司〈P1649〉;高碑店市峰业橡胶制品有限责任公司〈P1647〉;[辽]沈阳银象橡胶制品有限责任公司〈P1690〉;辽阳市星火聚氨酯有限公司〈P1711〉;铁岭福神橡胶密封有限责任公司〈P1712〉;铁岭市康宁阀门橡塑制品厂〈P1713〉;铁岭市新科特种橡胶制品厂〈P1713〉;大连科技橡胶密封件厂〈P1692〉;[沪]上海中江橡胶制品厂〈P1778〉;上海中辉石油化工机械有限公司〈P1778〉;上海一华橡胶制品厂〈P1774〉;上海宏淳橡胶制品有限公司〈P1737〉;[苏]镇江市丹徒区远洋橡胶制品厂〈P1845〉;江苏日成橡胶有限公司〈P1860〉;无锡市神杰减震器有限公司〈P1879〉;无锡市第五橡胶厂(1000 吨)〈P1875〉;苏州市盛隆橡塑制品有限公司〈P1904〉;苏州市第四橡胶有限公司〈P1903〉;苏州温橡特种橡胶有限公司〈P1907〉;东台市中天橡胶制品厂〈P1806〉;滨海县广华橡胶制品有限公司〈P1805〉;建湖县揽月橡胶制品有限公司〈P1807〉;江都市鑫利橡塑制品厂〈P1815〉;南通海林汽车橡塑制品有限公司〈P1833〉;[浙]杭州中铁日欣橡胶塑制品有限公司〈P1925〉;宁波市鄞州集士港天一塑胶制品厂〈P1932〉;慈溪市立新橡胶制品有限公司〈P1929〉;余姚市大伟橡塑制品有限公司〈P1935〉;余姚市三星密封件厂〈P1935〉;余姚市永丰特种橡胶制品厂〈P1935〉;宁波乔士橡塑有限公司〈P1932〉;余姚市亚特橡塑有限公司〈P1935〉;宁海兴利橡胶密封件厂〈P1934〉;宁波市北仑华兴橡胶软垫有限公司〈P1932〉;温州奥特塑胶有限公司〈P1937〉;[皖]安徽省庐江橡胶密封件有限公司〈P1984〉;黄山市密封件厂〈P1981〉;[闽]厦门麦丰密封件有限公司〈P1992〉;厦门万里橡塑制品有限公司〈P1993〉;杰宏(厦门)电子有限公司〈P1990〉;[鲁]淄博创大实业有限公司(10 万件)〈P2058〉;临朐县宏恩橡塑制品有限公司(1500 吨)〈P2090〉;青岛鲲鹏橡胶制品厂〈P2039〉;青岛华海环保工业有限公司(30 吨)〈P2037〉;泰安市更新橡塑密封件有限公司〈P2137〉;济宁市天骄橡胶制品厂〈P2128〉;济宁同利橡胶制品有限责任公司(100 吨)〈P2129〉;[豫]郑州市中原区长风橡胶制品厂〈P2174〉;[鄂]湖北华强科技有限责任公司〈P2240〉;[粤]广州市固特橡胶制品有限公司〈P2264〉;广州市良兆企业

有限公司〈P2265〉;冉点硅橡胶模具(深圳)有限公司〈P2269〉;江门市蓬江区荷塘伟润橡胶有限公司〈P2285〉;［桂］曙光橡胶工业研究设计院〈P2300〉;［川］成都市武侯区簇桥橡胶制品厂〈P2314〉;成都通达特种橡胶有限公司〈P2316〉;成都瑞嘉橡胶制品有限公司〈P2313〉;四川省川环橡胶工业有限公司〈P2335〉

工业防震密封圈 058000201

Shockproof sealing ring, industrial

【生产厂】［闽］福建关西化工有限公司(800 吨)〈P1988〉;［粤］广州市良兆企业有限公司〈P2265〉;冉点硅橡胶模具(深圳)有限公司〈P2269〉

硅橡胶密封圈;硅胶密封圈 058000301

Silicon rubber sealing ring

【生产厂】［沪］上海青浦莲盛宏伟特种橡塑制品厂〈P1757〉;［苏］高尔特硅橡胶制品(南京)有限公司〈P1781〉;金坛市圣辉密封件厂〈P1862〉;无锡市华茂硅胶厂〈P1876〉;海安县兴华胶带厂〈P1829〉;［浙］海宁市华翔橡胶厂〈P1939〉;宁波市鄞州集士港天一塑胶制品厂〈P1932〉;义乌市康成特种橡胶有限公司〈P1954〉;［鲁］济南医用硅橡胶制品厂〈P2026〉;［粤］广州市固特橡胶制品有限公司〈P2264〉;东莞市方正硅橡胶制品有限公司〈P2279〉;江门市蓬江区荷塘聚利豪硅橡制品有限公司〈P2291〉;［川］成都森发橡塑有限公司〈P2313〉

组合密封圈 058000401

Compounding sealing ring

可广泛用于液压、气动、气缸、油缸、蓄能器、机械等设备

【生产厂】［辽］铁岭市新科特种橡胶制品厂〈P1713〉;［浙］杭州三益密封件有限公司〈P1922〉;永嘉县瓯北通达橡胶制品厂〈P1938〉;［鲁］青岛华冠密封工业有限公司〈P2037〉;［粤］广州市固特橡胶制品有限公司〈P2264〉

飞机用密封圈 058000601

Sealing ring for Aircraft

【生产厂】［宁］银川昊灵橡胶制品有限公司〈P2361〉

异形密封圈 058100001

Abnormal shape sealing ring

【生产厂】［辽］铁岭福神橡胶密封有限责任公司〈P1712〉;大连保税区益照橡胶有限公司〈P1691〉;［浙］杭州临安市橡胶有限公司〈P1921〉;慈溪市华宇橡胶制品厂〈P1929〉;浙江台州海橡密封件有限公司〈P1968〉;温州奥特塑胶有限公司〈P1937〉;［皖］黄山市密封件厂〈P1981〉;［粤］广州迪盛橡胶密封件厂〈P2260〉;广州市固特橡胶制品有限公司〈P2264〉;韶关市搏力橡塑制品有限公司〈P2277〉;东莞市方正硅橡胶制品有限公司〈P2279〉;江门市蓬江区荷塘伟润橡胶有限公司〈P2285〉;江门市蓬江区荷塘聚利豪硅橡制品有限公司〈P2291〉;［川］成都森发橡塑有限公司〈P2313〉

橡胶耐酸碱手套 060100321

Acid and alkali resistant rubber gloves

用于电镀、印染、化工等行业的劳动保护

【生产厂】［津］天津市双安塑料制品有限公司〈P1602〉;天津市中华乳胶厂(1 万吨)〈P1613〉;天津市现代乳胶厂(100 万双)〈P1607〉;天津伟业乳胶化工厂(500 万双)〈P1615〉;［鲁］青岛双燕乳胶制品有限公司〈P2044〉

防毒面具 060100503

Protective mask

用于有毒作业环境中的个体防护

【生产厂】［冀］唐山市化学厂(13 万个)〈P1636〉;［晋］山西新华化工厂〈P1670〉;［浙］余姚市永丰特种橡胶制品厂〈P1935〉

船用气胀式救生筏 060100702

Inflatable life raft for ship

用于海上救生

【生产厂】［苏］泰州市海宁橡胶制品厂(1800 条)〈P1827〉

硫化胶鞋 060101301

Vulcanized shoes

【生产厂】［闽］联泰(泉州)轻工有限公司〈P1999〉;福建省惠安恒惠鞋业有限公司〈P1998〉

雨靴 060101601

Rain boots

用作工矿劳保用品

【生产厂】［津］天津市津兆福利橡胶制品厂(20 万双)〈P1595〉;［苏］江苏金湖国祥工贸有限公司(1000 万双)〈P1802〉;［鲁］荣成市劳保福利橡塑厂(50 万双)〈P2122〉;［豫］鹤壁飞鹤股份有限公司(300 万双)〈P2199〉;［粤］广州第二橡胶厂(100 万双)〈P2260〉

水裤;钓鱼裤 060101711

Angling trousers

【生产厂】［津］天津飞龙橡胶制品有限责任公司(60 万条)〈P1572〉;天津市津兆福利橡胶制品厂(10 万条)〈P1595〉

防水卷材 060109901

Water-proof reeling material

【生产厂】［京］北京卡莱睿禹防水材料有限公司〈P1553〉;北京中海防水建筑材料有限公司〈P1566〉;北京市京奥克建筑防水材料厂〈P1560〉;［冀］京东橡胶有限公司〈P1656〉;［辽］盘锦禹王防水建材集团〈P1707〉;［沪］上海百盛橡胶制品有限公司(500 吨)〈P1728〉;［苏］南京天豪橡塑有限公司〈P1790〉;南京永固橡塑有限公司〈P1791〉;南京金腾橡塑有限公司〈P1786〉;［皖］铜陵市金运橡胶塑料有限公司〈P1978〉;［鲁］山东鲁岳化工有限公司(3000 万立方米)〈P2136〉;［豫］开封市三环塑业有限公司〈P2178〉;［粤］广东俊瑞防水工程有限公司〈P2259〉;［陕］西安鹰球橡塑有限公司〈P2350〉

SBS 防水卷材 060109902

SBS Water-proof reeling material

用于粮库、桥梁、仓库防水

【生产厂】［京］北京立高防水企业集团〈P1554〉;北京久申防水材料有限公司〈P1553〉;北京市京奥克建筑防水材料厂〈P1560〉;［冀］保定石油化工厂(1000 万平方米)〈P1645〉;［沪］上海明固防水防腐工程有限公司〈P1754〉;［鲁］济南长城炼油厂(300 万平方米)〈P2020〉;东营市华星防水材料厂〈P2082〉;威海天霸防水材料有限公司(500 万平方米)〈P2126〉;［豫］新乡锦锈防水材料股份有限公司(600 万平方米)〈P2203〉

三元乙丙橡胶防水卷材 060109903

EPDM Rubber waterproof rolling material

用于屋面及卫生间防水防渗

【生产厂】［京］北京立高防水企业集团〈P1554〉;北京奥泰长城橡胶制品有限公司〈P1543〉;北京卡莱睿禹防水材料有限公司〈P1553〉;北京朗坤防水材料有限公司〈P1554〉;

O

［冀］京东橡胶有限公司〈P1656〉；［沪］上海明固防水防腐工程有限公司〈P1754〉；上海建筑防水材料（集团）公司〈P1743〉；［苏］江阴科强工业胶带有限公司〈P1867〉；［皖］安徽华亚实业股份有限公司〈P1971〉；［鲁］胜利油田大明新型建筑防水材料有限责任公司（200 万平方米）〈P2087〉；潍坊市宇虹新型防水材料（集团）有限公司〈P2105〉；潍坊信托防水材料有限公司〈P2106〉；［鄂］湖北永阳防水材料股份有限公司〈P2245〉；［粤］广东建科防水防腐材料开发有限公司〈P2259〉；［陕］西安鹰球橡塑有限公司〈P2350〉

聚氯乙烯防水卷材；PVC 防水卷材 O60109904

PVC Waterproof rolling material

可广泛应用于屋面、地下室、隧道、水库、盐田、有色金属处理等工程的防水、防渗、防腐

【生产厂】［京］北京市大禹王建设工程防水集团〈P1559〉；北京久申防水材料有限公司〈P1553〉；［苏］南京古泉塑料厂〈P1783〉；［鲁］山东三塑集团有限公司（3000 吨）〈P2029〉；济南鲁泉奥凯防水材料有限公司〈P2023〉；山东鑫达鲁鑫防水材料有限公司〈P2099〉；潍坊市宇虹新型防水材料（集团）有限公司〈P2105〉；潍坊信托防水材料有限公司〈P2106〉；［鄂］湖北永阳防水材料股份有限公司〈P2245〉；［川］四川蜀羊防水材料有限公司（300 万平方米）〈P2319〉

SBS 改性沥青防水卷材 O60109911

SBS Modified asphalt waterproof rolling material

用于屋面、地下室、卫生间、水坝、水池、高速公路、飞机跑道、防潮和防渗工程等

【生产厂】［京］北京远大洪雨防水材料有限责任公司〈P1566〉；北京中建海平防水材料有限公司〈P1566〉；北京市大禹王建设工程防水集团〈P1559〉；北京东盛创远科技发展有限公司〈P1547〉；北京世纪洪雨防水材料有限责任公司〈P1558〉；北京洪雨防水建筑装饰工程公司〈P1549〉；北京金盾时代防水材料有限公司〈P1552〉；北京世纪蓝箭防水材料有限公司〈P1558〉；北京市海马建筑防水（集团）有限公司〈P1559〉；北京奥克兰防水工程有限责任公司〈P1543〉；北京卡莱睿禹防水材料有限公司〈P1553〉；北京新世纪京喜防水材料有限责任公司〈P1563〉；北京神州洪雨防水材料有限责任公司〈P1558〉；北京市大运防水材料厂〈P1559〉；北京世纪星防水工程有限公司〈P1558〉；北京市中建建友防水施工有限公司〈P1561〉；北京朗坤防水材料有限公司〈P1554〉；北京中海防水建筑材料有限公司〈P1566〉；北京东方红防水建材集团〈P1546〉；北京市京奥克建筑防水材料厂〈P1560〉；北京新世纪金盾建筑防水工程有限责任公司〈P1563〉；［津］天津天大天海科技发展有限公司（500 吨）〈P1614〉；天津市禹红建筑防水材料有限公司〈P1611〉；［冀］保定石油化工厂〈P1645〉；保定市石油化工厂防水材料分厂〈P1646〉；［辽］大连市建筑防水材料厂〈P1693〉；盘锦禹王防水建材集团〈P1707〉；［浙］杭州富阳新型建筑防水材料厂〈P1917〉；［皖］安徽华亚实业股份有限公司〈P1971〉；［闽］惠安县厦日防水材料有限公司〈P1999〉；［赣］江西玉龙防水材料厂〈P2009〉；［鲁］济南华泰隆化工有限公司（200 万平方米）〈P2022〉；德州双环建材有限公司（2 万吨）〈P2142〉；胜利油田大明新型建筑防水材料有限责任公司（300 万平方米）〈P2087〉；潍坊市金隆防水材料有限公司〈P2104〉；山东省潍坊金宝防水材料有限公司〈P2098〉；山东省潍坊市正泰防水材料有限公司〈P2098〉；寿光市华泰防水材料有限公司〈P2100〉；潍坊市晨鸣新型防水材料有限公司〈P2104〉；潍坊市春美防水工程有限公司（900 万平方米）〈P2104〉；潍坊市宏源防水材料有限公司〈P2104〉；潍坊市华光防水材料有限公司〈P2104〉；潍坊市金源防水材料有限公司〈P2104〉；潍坊市宇虹新型防水材料（集团）有限公司〈P2105〉；潍坊市泽源防水材料有限公司〈P2105〉；潍坊信托防水材料有限公司〈P2106〉；潍坊兴源防水材料有限公司〈P2106〉；青岛市建筑材料工业总公司（500 万平方米）〈P2042〉；新汶矿业集团有限责任公司（10 万平方米）〈P2139〉；［豫］河南金固建筑防水工程有限公司（300 万平方米）〈P2165〉；三门峡市八四八化工厂（500 万平方米）〈P2222〉；［鄂］湖北永阳防水材料股份有限公司〈P2245〉；［粤］广东建科防水防腐材料开发有限公司〈P2259〉；［川］四川蜀羊防水材料有限公司〈P2319〉；［新］中国石油天然气股份有限公司乌鲁木齐石油化工总厂〈P2365〉

丁基橡胶防水卷材 O60109915

Butyl rubber waterproof rolling material

普遍适用于工业与民用、军用建筑及构筑物的防水，尤其适用于寒冷及温差较大地区的防水工程

【生产厂】［京］北京奥泰长城橡胶制品有限公司〈P1543〉；［冀］京东橡胶有限公司〈P1656〉；［赣］江西玉龙防水材料厂〈P2009〉；［鄂］湖北永阳防水材料股份有限公司〈P2245〉；湖北华强科技有限责任公司〈P2240〉；［粤］广东建科防水防腐材料开发有限公司〈P2259〉

APP 改性沥青防水卷材 O60109931

APP Modified asphalt waterproof rolling material

适用于各种建筑工程地下室、屋面、桥面、隧道等工程的防水

【生产厂】［京］北京立高防水企业集团〈P1554〉；北京远大洪雨防水材料有限责任公司〈P1566〉；北京世纪洪雨防水材料有限责任公司〈P1558〉；北京洪雨防水建筑装饰工程公司〈P1549〉；北京金盾时代防水材料有限公司〈P1552〉；北京世纪蓝箭防水材料有限公司〈P1558〉；北京市海马建筑防水（集团）有限公司〈P1559〉；北京卡莱睿禹防水材料有限公司〈P1553〉；北京新世纪京喜防水材料有限责任公司〈P1563〉；北京神州洪雨防水材料有限责任公司〈P1558〉；北京世纪星防水工程有限公司〈P1558〉；北京市中建建友防水施工有限公司〈P1561〉；北京朗坤防水材料有限公司〈P1554〉；北京久申防水材料有限公司〈P1553〉；北京中海防水建筑材料有限公司〈P1566〉；北京东方红防水建材集团〈P1546〉；北京市京奥克建筑防水材料厂〈P1560〉；北京新世纪金盾建筑防水工程有限责任公司〈P1563〉；［津］天津市禹红建筑防水材料有限公司〈P1611〉；［冀］保定石油化工厂〈P1645〉；保定市石油化工厂防水材料分厂〈P1646〉；［皖］安徽华亚实业股份有限公司〈P1971〉；［赣］江西玉龙防水材料厂〈P2009〉；［鲁］德州双环建材有限公司（1 万吨）〈P2142〉；胜利油田大明新型建筑防水材料有限责任公司（200 万平方米）〈P2087〉；潍坊市金隆防水材料有限公司〈P2104〉；山东省潍坊金宝防水材料有限公司〈P2098〉；寿光市华泰防水材料有限公司〈P2100〉；潍坊市晨鸣新型防水材料有限公司〈P2104〉；潍坊市春美防水工程有限公司（900 万平方米）〈P2104〉；潍坊市宏源防水材料有限公司〈P2104〉；潍坊市华光防水材料有限公司〈P2104〉；潍坊市金源防水材料有限公司〈P2104〉；潍坊市聚源防水材料有限公司〈P2105〉；潍坊市泽源防水材料有限公司〈P2105〉；潍坊信托防水材料有限公司〈P2106〉；潍坊兴源防水材料有限公司〈P2106〉；［鄂］湖北永阳防水材料股份有限公司〈P2245〉

APR 系列改性沥青防水卷材 O60109935

Modified asphalt waterproof rolling material, APR series

广泛应用于建筑防水工程中

【生产厂】［京］北京世纪星防水工程有限公司〈P1558〉；［辽］大连喜立德建材有限公司〈P1694〉；［浙］杭州富阳新型建筑防水材料厂〈P1917〉

O

APAO 改性沥青防水卷材　060109939

APAO Modified asphalt waterproof rolling material

【生产厂】[京]北京市海马建筑防水(集团)有限公司〈P1559〉;[鲁]德州双环建材有限公司(1 万吨)〈P2142〉;潍坊市聚源防水材料有限公司〈P2105〉

自粘橡胶沥青防水卷材　060109945

Selfadhesive rubber asphalt waterproof rolling material

用于建筑物防漏水,浴池、隧道、停车场等防渗水

【生产厂】[京]北京立高防水企业集团〈P1554〉;北京中建海平防水材料有限公司〈P1566〉;北京市中建建友防水施工有限公司〈P1561〉;[冀]保定石油化工厂〈P1645〉;[辽]盘锦禹王防水建材集团〈P1707〉;[赣]江西玉龙防水材料厂〈P2009〉;[鲁]潍坊信托防水材料有限公司〈P2106〉;[鄂]武汉美利信新型建材有限责任公司〈P2231〉

防水片材　060109951

Water-proof sheet material

【生产厂】[辽]沈阳星辰化工有限公司〈P1690〉;[鲁]潍坊市晨鸣新型防水材料有限公司〈P2104〉

多层复合防水卷材　060109961

Multilayer compound water-proof reeling material

适用于建筑屋面、卫生间、地下室防水,地面防潮,水利堤坝防渗,池库渠道防渗等工程

【生产厂】[鲁]潍坊信托防水材料有限公司〈P2106〉;[鄂]武汉美利信新型建材有限责任公司〈P2231〉

沥青复合胎柔性防水卷材　060109965

Asphalt-compound tyre waterproof rolling material

用于建筑物防漏水,浴池、隧道、停车场防渗水

【生产厂】[京]北京世纪星防水工程有限公司〈P1558〉;[辽]盘锦禹王防水建材集团〈P1707〉;[皖]安徽华亚实业股份有限公司〈P1971〉;[赣]江西玉龙防水材料厂〈P2009〉;[鲁]胜利油田大明新型建筑防水材料有限责任公司(100 万平方米)〈P2087〉;山东省潍坊金宝防水材料有限公司〈P2098〉

橡胶地砖　060109971

Rubber floor tile

用于幼儿园、儿童游乐场、健身房、体育场馆、游泳池及人行天桥等

【生产厂】[冀]河北红叶塑胶制造有限公司〈P1648〉;[鲁]青州市永泰橡胶有限公司〈P2093〉;[豫]郑州中原精工橡塑制品有限公司〈P2175〉;[桂]柳州荣荣橡胶再生利用有限公司〈P2297〉

高分子复合防水卷材　060109981

Polymer compound water-proof reeling material

广泛应用于建筑屋面、路面、地下管道、水池等的防水、防潮工程

【生产厂】[京]北京市中建建友防水施工有限公司〈P1561〉;[津]天津市禹红建筑防水材料有限公司〈P1611〉;[黑]黑龙江省渤龙塑料有限责任公司〈P1724〉;[鲁]山东力华防水建材有限公司(280 万平方米)〈P2077〉

新型改性沥青防水卷材　060109991

Modified asphalt waterproof rolling material, new type

适用于工业与民用建筑屋面、地下室、水池、隧道、水利等防水工程

【生产厂】[京]北京市大禹王建设工程防水集团〈P1559〉;[辽]盘锦禹王防水建材集团〈P1707〉;[沪]上海建筑防水材料(集团)公司〈P1743〉;[赣]江西玉龙防水材料厂〈P2009〉;[鲁]青岛锦绣防水材料有限公司(500 万平方米)〈P2039〉;[鄂]湖北永阳防水材料股份有限公司〈P2245〉

氧化沥青系列防水卷材　060109999

Oxide asphalt waterproof rolling material

【生产厂】[冀]保定石油化工厂〈P1645〉

聚氨酯油封　060990451

Polyurethane oil seal

可用于中、高压油压缸的密封

【生产厂】[浙]杭州三益密封件有限公司〈P1922〉;[鲁]泰安市更新橡塑密封件有限公司〈P2137〉

石棉橡胶板　060990501

Asbestos rubber plate

适用于水、水蒸汽等介质的设备,管法兰用的密封材料,亦能制造夹有钢丝或不锈钢丝网的增强石棉橡胶板

【生产厂】[冀]河间市庆丰石棉化工有限公司〈P1656〉;河北亨达密封材料有限公司〈P1654〉;[苏]南京企鹏密封材料有限公司〈P1788〉;姜堰市金鸡密封保温制品集团公司(4800 吨)〈P1823〉;扬州亚邦绝缘材料有限公司〈P1820〉;[浙]浙江国泰密封材料股份有限公司〈P1927〉;慈溪市恒立密封材料有限公司〈P1929〉

胶鞋　070000001

Rubber footwear

【生产厂】[京]北京乳胶厂(96 万双)〈P1557〉;[津]天津市双安塑料制品有限公司(400 万双)〈P1602〉;天津市津兆福利橡胶制品厂(400 万双)〈P1595〉;[冀]河北廊坊三五三一工厂(1000 万双)〈P1658〉;[辽]抚顺万泰实业有限公司(100 万双)〈P1698〉;[苏]江苏开元国际集团常州友谊鞋业有限公司(1350 万双)〈P1859〉;江阴市三菱橡塑鞋业有限公司(200 万双)〈P1870〉;江苏双穗鞋业有限公司(1600 万双)〈P1803〉;启东市胶鞋厂(350 万双)〈P1837〉;[浙]浙江晨龙橡胶集团有限责任公司〈P1970〉;[鲁]淄博广源塑胶有限公司(90 万双)〈P2060〉;威海中威橡胶有限公司(600 万双)〈P2126〉;双星集团有限责任公司(8000 万双)〈P2048〉;青岛双星股份有限公司(700 万双)〈P2043〉;青岛双星集团瀚海鞋业有限公司(1000 万双)〈P2148〉;[豫]河南省荣星鞋业有限公司(800 万双)〈P2201〉;鹤壁飞鹤股份有限公司(200 万双)〈P2199〉;许昌环宇企业有限公司(1208 万双)〈P2218〉;河南飞舟实业股份有限公司(660 万双)〈P2176〉;[陕]陕西省汉中橡胶总厂(400 万双)〈P2353〉

布面胶鞋　070000011

Rubber footwear of cloth cover

【生产厂】[苏]江苏双穗鞋业有限公司〈P1803〉;[滇]云南省南湖橡胶厂(1600 万双)〈P2345〉

运动鞋　070000099

Sport shoes

【生产厂】[沪]上海回力鞋业有限公司(1000 万双)〈P1740〉;[闽]华珠(泉州)鞋业有限公司(250 万双)〈P1999〉;[鲁]双星集团有限责任公司(1000 万双)〈P2048〉

O

聚氯乙烯密封条 O99100101

Polyvinyl chloride sealing strip

用于塑料电缆、汽车、旅客列车、轮船的密封

【生产厂】[沪]上海济州塑料制品有限公司〈P1742〉

防腐胶带 O99100401

Anticorrosive rubber tape

【生产厂】[冀]石家庄龙宫橡塑制品有限公司〈P1628〉;[苏]苏州市第四橡胶有限公司〈P1903〉

轮胎硫化胶囊 O99100501

Tyre curing bladder

【生产厂】[津]天津市大津轮胎胶囊有限公司(50万条)〈P1583〉;[鲁]山东永一集团公司(15万条)〈P2087〉

高压绝缘橡胶带 O99101001

High voltage insulating rubber tape

【生产厂】[津]天津市双安塑料制品有限公司(78万吨)〈P1602〉;[晋]山西省榆社县三益化工厂〈P1676〉;[浙]平阳县华德胶粘制品有限公司〈P1936〉;[豫]河南一通胶带有限公司(10平方米)〈P2181〉

不近燃冷补胶带;冷补胶片 O99101101

Burning resistant cold remedy rubber belt

【生产厂】[津]天津市双安塑料制品有限公司(9吨)〈P1602〉

橡胶轴 O99400001

Rubber spindle

用于造纸、纺织、印染、塑料等行业

【生产厂】[津]天津市金升橡胶制品厂〈P1592〉

橡胶轴承 O99400101

Rubber axletree

【生产厂】[苏]扬州合力橡胶制品有限公司〈P1817〉

橡胶粉 O99990100

Rubber powder

用于再生胶、轮胎、橡胶制品、运动跑道、橡胶地板、改性沥青公路等

【生产厂】[冀]沧州华龙橡胶厂〈P1651〉;[苏]江苏兴化朝阳橡胶制品厂〈P1822〉;[浙]淳安千岛湖梓桐橡胶厂〈P1915〉;[鲁]青州市永泰橡胶有限公司〈P2093〉;烟台安泰橡胶有限公司(6000吨)〈P2115〉;青岛绿叶橡胶有限公司〈P2040〉;[豫]河南省长葛市废变宝产业有限公司(4万吨)〈P2217〉;[陕]西安鹰球橡塑有限公司〈P2350〉

活化胶粉 O99990101

Activated rubber powder

广泛应用于橡胶轮胎、汽车垫、绝缘垫、运动场、缓冲设施、隔声设施以及建筑工业和筑路

【生产厂】[苏]连云港市竞生化工有限公司(1000吨)〈P1799〉;[鲁]青岛海洋化工厂分厂(5吨)〈P2036〉;[豫]焦作李封工业有限责任公司(3000吨)〈P2195〉

超细橡胶粉 O99990131

Rubber powder, superfine

【生产厂】[闽]福建省沙县福利化工厂〈P1995〉;[鄂]湖北汉川科奥橡胶厂〈P2242〉

绝缘胶布带 O99990201

Insulating adhesive tape

用于通用电线和电缆的绝缘保护,也可用来固定、捆绑等

【生产厂】[京]北京市密云县丰丰粘接材料厂〈P1560〉;[津]天津市双安塑料制品有限公司(500万米)〈P1602〉;[冀]石家庄龙宫橡塑制品有限公司〈P1628〉;邢台市跨越塑料有限公司〈P1643〉;[沪]上海正寰胶粘制品有限公司〈P1778〉;[鲁]济南鲁联集团橡胶制品有限公司(1000吨)〈P2023〉

特种胶带 O99990221

Special adhesive tape

【生产厂】[沪]上海胶带橡胶有限公司〈P1743〉;[苏]江阴美源实业有限公司〈P1868〉;[浙]平阳县华德胶粘制品有限公司〈P1936〉

遇水膨胀橡胶止水条 O99990301

Swollen rubber for attaching water

用于堵漏、防水

【生产厂】[冀]河北衡水恒基建工材料有限公司〈P1664〉;河北省衡水市长城橡胶厂〈P1665〉;衡水冀军集团〈P1667〉;衡水健达工程橡胶有限公司〈P1668〉;衡水锦程橡塑有限公司〈P1668〉;衡水桥闸工程橡胶有限公司〈P1668〉;衡水中铁建工程橡胶有限责任公司〈P1669〉;河北省衡水华鑫橡塑有限公司〈P1665〉;三河市三通橡塑制品厂〈P1662〉;[沪]上海长宁橡胶制品厂〈P1729〉;上海彭浦橡胶制品总厂(50吨)〈P1755〉

胶印印刷橡皮布 O99990511

Offset printing rubber cloth

用于各种胶印机

【生产厂】[京]北京三友伟业橡胶化工有限责任公司〈P1557〉;[沪]上海游龙橡胶制品公司(15万米)〈P1776〉;上海百盛橡胶制品有限公司(2000张)〈P1728〉;[鄂]中南橡胶集团有限责任公司〈P2241〉

催化剂及各种化学助剂
P01000000 ~ P20119301

催化剂 P01000000
Catalyzer; Catalyst

用于空分装置中的气液干燥，石化工业过程用吸附剂、催化剂及其载体，焦炉煤气中氨气分解等

【生产厂】[京]北京拓展精细化工有限公司〈P1562〉；北京正恒化工有限公司〈P1566〉；[辽]中国石油抚顺石油化工公司(1700吨)〈P1699〉；[沪]上海嘉定分子筛厂〈P1742〉；[苏]连云港优利纺织助剂有限公司〈P1800〉；[闽]美琪玛化学(厦门)有限公司(9600吨)〈P1991〉；[赣]江西省萍乡市万通实业有限公司(2000吨)〈P2011〉；萍乡市合发化工填料有限公司〈P2011〉；江西省萍乡市鑫源化工填料有限公司〈P2011〉；[鲁]淄博嘉虹化工有限公司(2000吨)〈P2063〉；山东奥宝化工集团有限公司(500吨)〈P2094〉；青州市国鼎化工有限公司(300吨)〈P2092〉；[豫]河南长葛五环活性炭厂(1000吨)〈P2217〉；许昌市豫中化工厂(450吨)〈P2219〉；长葛市新原化工有限公司(50吨)〈P2217〉；[湘]中国石化长岭炼油化工有限责任公司(3万吨)〈P2254〉

【使用厂】[津]天津市北星化工有限公司〈P1580〉；天津市塑料集团有限公司聚氨酯制品分公司〈P1602〉；[冀]河北宝硕股份有限公司〈P1647〉；[苏]南京红宝丽股份有限公司〈P1784〉；宜兴市创新精细化工有限公司〈P1883〉；[浙]乐清市今升有机化工有限公司〈P1936〉；[鲁]山东省昌乐县金海特种油脂厂〈P2097〉；莱州市利福达农用肥原料厂〈P2110〉；淄博张店东方化学股份有限公司〈P2076〉；山东省临沂市三丰化工有限公司〈P2150〉；潍坊云飞化工有限公司〈P2107〉；烟台东聚防水保温工程有限公司〈P2116〉；新时代(济南)民爆科技产业有限公司〈P2030〉；寿光申达化学工业有限公司〈P2100〉；[豫]黎明化工研究院〈P2181〉；[陕]西安利澳科技股份有限公司〈P2349〉

蜡油加氢裂化催化剂 P01010901
Wax oil hydrocracking catalyst

用于蜡油的加氢裂化过程，以生产中间馏分油为主，兼产部分石脑油

【生产厂】[鲁]山东公泉化工股份有限公司〈P2052〉

减压馏分油加氢裂化催化剂 P01011001
Vacuum gas oil hydrocracking catalyst

用于减压馏分油的加氢裂化过程，以生产优质重整原料、中间馏分油和裂解原料

【生产厂】[鲁]淄博市嘉龙化工科技有限公司〈P2068〉；山东公泉化工股份有限公司〈P2052〉

加氢裂化催化剂 P01011100
Hydrocracking catalyst

【生产厂】[辽]抚顺石油化工公司北方催化剂厂〈P1701〉

加氢精制催化剂 481-3 P01011303
Hydrofining catalyst 481-3

主要用于煤油馏分油的深度加氢精制，也适用于双金属、多金属重整或铂重整装置低压加氢精制等

【生产厂】[浙]温州华华集团有限公司(300吨)〈P1937〉

加氢精制催化剂 FDS-4A P01011401
Hydrofining catalyst FDS-4A

用于脱高硫重整预加氢及汽、煤油的加氢精制

【生产厂】[浙]温州华华集团有限公司〈P1937〉

炼油催化剂 P01011901
Refining catalyst

主要用于炼油厂的流化床催化裂化装置

【生产厂】[鲁]淄博市临淄鑫勇石化添加剂厂(1000吨)〈P2070〉；[湘]中国石化长岭炼油化工有限责任公司〈P2254〉

重整保护催化剂 P01012201
Reforming protective catalyst

用于重整原料油的精脱硫，也适用于其他有机化合物的精脱硫

【生产厂】[辽]大连第一有机化工有限公司〈P1691〉

13X-Cu 分子筛 P01013001
Molecular sieves (13X-Cu)

用作航空煤油脱硫醇催化剂

【生产厂】[赣]江西省萍乡市万通实业有限公司(500吨)〈P2011〉；[湘]湘潭分子筛化工有限公司〈P2251〉

重整预加氢催化剂 P01013601
Reforming pre-hydrogenation catalyst

用于对重整原料进行预加氢

【生产厂】[赣]江西省萍乡市化工填料有限公司〈P2011〉；萍乡市合发化工填料有限公司〈P2011〉；萍乡市石化填料有限责任公司〈P2012〉；江西省萍乡市城松环保填料有限公司〈P2011〉

复合稀土纳米催化材料 P01014700
Nanometre catalyse material of compound rare-earth

【生产厂】[沪]上海郎特稀土复合材料有限公司(50吨)〈P1749〉；[粤]广东省惠州瑞尔化学科技有限公司〈P2277〉

催化裂化高温阻焦剂 P01014701
Catalytic cracking tar inhibitor, high-temperature

用于催化大气管线及沉降器系统阻垢

【生产厂】[冀]廊坊高科化工有限公司〈P1660〉；[甘]甘肃利新化工助剂有限公司〈P2355〉

催化裂化催化剂 P01014801
Catalytic cracking catalyst

【生产厂】[湘]中国石化长岭炼油化工有限责任公司〈P2254〉

催化重整催化剂 P01014901
Catalytic reforming catalyst

P

【生产厂】[湘]中国石化长岭炼油化工有限责任公司(80 吨)〈P2254〉

加氢精制催化剂 P01015001
Hydrofining catalyst

用于高硫重整原料预加氢精制

【生产厂】[辽]抚顺石油化工公司北方催化剂厂〈P1701〉;[湘]中国石化长岭炼油化工有限责任公司〈P2254〉

馏分油加氢精制催化剂 P01015601
Distillate oil hydrofining catalyst

用于重整拔头油、石脑油、裂解汽油、柴油等馏分油品的加氢精制

【生产厂】[鲁]淄博市嘉龙化工科技有限公司〈P2068〉;山东公泉化工股份有限公司〈P2052〉;[湘]岳阳高新技术产业开发区三生化工有限公司〈P2254〉

叠合催化剂 P01015901
Polymerization catalyst

用于增加 $C_6 \sim C_{10}$ 芳烃总量

【生产厂】[沪]上海长风化工厂〈P1729〉

连续重整催化剂 P01016001
Continuous reforming catalyst

用于提高汽油辛烷值或三苯产品的产率

【生产厂】[辽]抚顺石油化工公司北方催化剂厂〈P1701〉;[湘]中国石化长岭炼油化工有限责任公司〈P2254〉

降凝催化剂 P01016101
Catalyst for pour point depressant

用于降低煤油冰点或柴油凝固点,也用于润滑油馏分催化脱蜡

【生产厂】[津]南开大学催化剂厂(270 吨)〈P1569〉;[沪]上海四达石油化工科技公司〈P1765〉;[鲁]淄博市临淄东方红化工厂(1000 吨)〈P2068〉

炼油用降凝抗氧催化剂 P01016151
Catalyst for pour point depressant and antioxygen

【生产厂】[鲁]淄博市临淄旭日化工油田助剂厂(1000 吨)〈P2070〉

三(三苯基膦)氯化铑 P01016301
Chlorotris(triphenylphosphine)rhodium [14694-95-2]

用作石蜡加氢催化剂

【生产厂】[沪]上海瑞一医药科技有限公司〈P1759〉;[湘]湖南省郴州市湘晨高科实业有限公司〈P2257〉

四(三苯基膦)氢化铑 P01017201
Hydrido tetra(triphenylphosphine)rhodium

【生产厂】[沪]上海瑞一医药科技有限公司〈P1759〉

脱蜡催化剂 P01017801
Dewaxing catalyst

可提高馏分的冷流性质

【生产厂】[辽]抚顺石油化工公司北方催化剂厂〈P1701〉

乙苯脱氢催化剂;催化剂 315 P01030201
Ethylbenzene dehydrogenation catalyst

用于由乙苯催化脱氢制苯乙烯的工艺过程中

【生产厂】[闽]厦门大学化工厂(300 吨)〈P1991〉;[甘]兰化翔鑫工贸有限责任公司〈P2355〉

异构化催化剂 P01030401
Isomerization catalyst

用于石油加工业

【生产厂】[津]南开大学催化剂厂(320 吨)〈P1569〉;[辽]抚顺石油化工公司北方催化剂厂〈P1701〉

分子筛,5A 型;5A 分子筛;钙-A 型分子筛 P01030501
Molecular sieve 5A [69912-79-4]

用作石油裂解催化剂,也可用作吸附剂

【生产厂】[晋]太原八方分子筛实业有限公司〈P1671〉;[辽]沈阳市北方干燥剂厂〈P1688〉;营口希尔化工有限公司〈P1705〉;大连第一有机化工有限公司〈P1691〉;[沪]上海月季日用干燥剂厂〈P1776〉;上海浦江分子筛有限公司〈P1756〉;上海台麒化学有限公司〈P1766〉;上海新奥分子筛有限公司〈P1771〉;[苏]姜堰市天平化工有限公司〈P1824〉;[赣]九江华雄化工有限公司〈P2013〉;江西省萍乡市万通实业有限公司(1000 吨)〈P2011〉;江西全兴化工填料有限公司〈P2011〉;[鲁]青岛海浪硅胶干燥剂厂〈P2035〉;[豫]郑州雪山实业有限公司(300 吨)〈P2175〉;[湘]湘潭分子筛化工有限公司〈P2251〉

分子筛,4A 型;4A 分子筛;钠-A 型分子筛 P01030505
Molecular sieve 4A [70955-01-0]

用于石油天然气净化、烷烃分离干燥剂等

【生产厂】[晋]太原八方分子筛实业有限公司〈P1671〉;[辽]沈阳市北方干燥剂厂〈P1688〉;营口希尔化工有限公司〈P1705〉;大连第一有机化工有限公司〈P1691〉;[沪]上海月季日用干燥剂厂〈P1776〉;上海浦江分子筛有限公司〈P1756〉;上海昌全硅胶干燥剂有限公司〈P1729〉;上海台麒化学有限公司〈P1766〉;上海新奥分子筛有限公司〈P1771〉;[苏]姜堰市天平化工有限公司〈P1824〉;[赣]江西省萍乡市万通实业有限公司(1000 吨)〈P2011〉;[豫]郑州雪山实业有限公司(1000 吨)〈P2175〉;[湘]湘潭分子筛化工有限公司〈P2251〉

13X 分子筛;钠-X 型分子筛 P01030601
Molecular sieve 13X [63231-69-6]

用于石油气、天然气的干燥、脱硫、净化

【生产厂】[晋]太原八方分子筛实业有限公司〈P1671〉;[辽]沈阳市北方干燥剂厂〈P1688〉;营口希尔化工有限公司〈P1705〉;大连第一有机化工有限公司〈P1691〉;[沪]上海月季日用干燥剂厂〈P1776〉;上海浦江分子筛有限公司〈P1756〉;上海台麒化学有限公司〈P1766〉;上海新奥分子筛有限公司〈P1771〉;[苏]姜堰市天平化工有限公司〈P1824〉;[闽]汇盈化学品实业(泉州)有限公司〈P1999〉;[赣]江西全兴化工填料有限公司〈P2011〉;[鲁]青岛海浪硅胶干燥剂厂〈P2035〉;[豫]郑州雪山实业有限公司(4500 吨)〈P2175〉;[湘]湘潭分子筛化工有限公司〈P2251〉

催化分子筛抗焦活化剂 P01030701
Catalytic molecular sieve antiscorching active agent

用于有效提高重油催化装置的轻油收率,降低焦炭产率,对油品的分布有明显改善

【生产厂】[苏]常州中南化工有限公司〈P1858〉

丙烯增产剂 P01031101
Propene output increasing agent

用于炼油催化裂化装置,提高丙烯产率
【生产厂】[鲁]淄博凯美可工贸有限公司(2000吨)〈P2064〉

钯A型分子筛 P01031501
Palladium A style molecule sieve
【生产厂】[沪]上海恒业分子筛有限公司〈P1736〉

钠-Y型分子筛 P01031601
Molecular sieve Na-Y
用于石油化工催化剂及催化剂载体
【生产厂】[浙]温州华华集团有限公司(750吨)〈P1937〉

脱氢催化剂 P01032001
Dehydrogenation catalyst
【生产厂】[苏]中国石化金陵石化公司烷基苯厂〈P1792〉;[鄂]湖北省化学研究院〈P2228〉

高效脱氧催化剂 P01032002
Deoxydating catalyst, high efficiency
广泛用于冶金、轻工、电子、化工等行业的除氧系统
【生产厂】[京]北京北大先锋科技有限公司〈P1544〉;[辽]大连宇山化工有限公司(50吨)〈P1694〉;[浙]杭州凯明催化剂有限公司〈P1920〉;[川]西南化工研究设计院〈P2320〉

TO-2型脱氧催化剂 P01032011
Oxygen-removal catalyst TO-2
用于脱除原料气中氧气
【生产厂】[鄂]湖北省化学研究院〈P2228〉

铂脱氧催化剂;铝基硫化铂 P01032031
Platinum oxygen-removal catalyst [12038-20-9]
适用于各类气体的加氢精脱氧工序,尤其是含硫脱氧工序
【生产厂】[津]天津化工研究设计院(50吨)〈P1573〉

烷烃脱氢催化剂 P01032051
Alkane dehydrogenation catalyst
【生产厂】[辽]抚顺石油化工公司石化五厂〈P1698〉

裂解汽油加氢催化剂 P01032301
Cracking gasoline hydrogenation catalyst
用于裂解汽油二段加氢,主要作用是除去经一段加氢后汽油中的含硫、含氮化合物,并使烯烃加氢饱和
【生产厂】[鲁]淄博市临淄旭日化工油田助剂厂(180吨)〈P2070〉

镍催化剂;镍镁铝尖晶石 P01032601
Nickel catalyst
用作轻油裂解生产煤气的催化剂
【生产厂】[沪]上海恒业分子筛有限公司(50吨)〈P1736〉
【使用厂】[蒙]通辽市通华蓖麻化工有限责任公司〈P1682〉

高效脱硫脱氰催化剂 P01032701
Desulfurization and decyanation catalyst, high efficiency
【生产厂】[吉]长春市宝利科贸有限公司〈P1714〉

稀土Y型分子筛 P01032901
Molecular sieves Y, rare earth
用作石油化工催化裂化的活性组分
【生产厂】[浙]温州华华集团有限公司(750吨)〈P1937〉

TH系列脱氢催化剂 P01033051
Hydrogen-removal catalyst, TH series
用于脱除原料气中氢气
【生产厂】[鄂]湖北省化学研究院〈P2228〉

苯胺催化剂 P01033301
Aniline catalyst
主要用于硝基苯、邻硝基甲苯催化加氢制苯胺、邻甲苯胺等
【生产厂】[吉]中国石油吉化集团公司(180吨)〈P1717〉;吉化集团精细化学品有限公司〈P1715〉;[苏]南京化学工业有限公司化工厂〈P1785〉;[赣]九江华雄化工有限公司(3000吨)〈P2013〉;[川]西南化工研究设计院〈P2320〉

高效乙烯吸附剂 P01033401
Ethylene sorbent, high efficiency
用于催化裂化干气中分离乙烯,纯度达99.5%以上
【生产厂】[京]北京北大先锋科技有限公司〈P1544〉

高效一氧化碳吸附剂 P01033601
Carbon monoxide sorbent, high efficiency
用于变压吸附分离一氧化碳和气体中微量杂质一氧化碳的脱除
【生产厂】[京]北京北大先锋科技有限公司〈P1544〉

甲苯歧化催化剂 P01033801
Toluene disproportionation catalyst
【生产厂】[沪]上海长风化工厂〈P1729〉

芳构化催化剂 P01033901
Aromatization catalyst
【生产厂】[津]南开大学催化剂厂(20吨)〈P1569〉

乙二醇锑 P01034001
Ethylene glycol antimony
主要用作聚酯催化剂
【生产厂】[辽]沈阳华昌锑业化工有限公司〈P1685〉;辽阳市宏伟区合成催化剂厂〈P1711〉;大连第一有机化工有限公司(350吨)〈P1691〉;[沪]上海宸锋锑业有限公司〈P1730〉;上海美兴化工有限公司(250吨)〈P1753〉

脱铁催化剂 P01034501
Deferrization catalyst
【生产厂】[赣]江西省萍乡市化工填料有限公司〈P2011〉;萍乡市石化填料有限责任公司〈P2012〉;江西省萍乡市城松环保填料有限公司〈P2011〉

轻油预转化催化剂 P01035001
Light oil preconversion catalyst
用于以轻油、液化气、炼厂尾气为原料的预转化装置
【生产厂】[川]西南化工研究设计院〈P2320〉

轻油蒸汽转化催化剂;轻油转化制氢催化剂 P01035201
Light oil vapor reforming catalyst

用于制取合成氨、氢气或甲醇合成气的造气过程
【生产厂】[川]西南化工研究设计院〈P2320〉

乙基二氯化铝；二氯乙基铝；二氯烷基铝 P01040101
Aluminium ethyl dichloride [563-43-9]
用作烯烃聚合和芳烃加氢的催化剂，如用作聚丙烯的助催化剂
【生产厂】[苏]南京通联化工有限公司〈P1790〉
【使用厂】[京]中国石油化工股份有限公司北京化工研究院〈P1568〉

二乙基氯化铝；一氯二乙基铝 P01040201
Aluminium diethyl chloride [96-10-6]
主要用作聚烯烃、丁基橡胶和乙丙橡胶的聚合催化剂和合成有机金属化合物及避孕药的中间体
【生产厂】[苏]南京长江第一化工厂(100 吨)〈P1783〉；南京通联化工有限公司〈P1790〉
【使用厂】[鲁]山东龙口石油化工厂〈P2114〉；招远市石油化工厂有限公司〈P2121〉

三乙基铝 P01040301
Aluminium triethyl [97-93-8]
可用于制备叔醇、仲醇和聚烯烃催化剂，也可作其他有机化合物的原料、镀铝等
【生产厂】[辽]辽阳石化公司烯烃厂(140 吨)〈P1710〉；大连保税区科利德化工科技开发有限公司〈P1690〉；[苏]南京长江第一化工厂(100 吨)〈P1783〉；南京通联化工有限公司〈P1790〉

丁基锂；正丁基锂 P01040311
Butyl lithium [109-72-8]
用作化工产品中间体及链接剂
【生产厂】[沪]上海试剂五厂(50 吨)〈P1764〉；[苏]宜兴市昌吉利化工有限公司〈P1883〉；[赣]新余市赣锋锂业有限公司〈P2012〉

烷基锂 P01040321
Alkyl lithium
用作化工产品中间体及链接剂
【生产厂】[沪]上海试剂五厂(50 吨)〈P1764〉

三异丁基铝 P01040401
Aluminium triisobutyl [100-99-2]
用作顺丁橡胶聚合催化剂，也是其他定向聚合橡胶、合成树脂和合成纤维常用聚合催化剂
【生产厂】[鲁]淄博齐翔腾达化工有限公司〈P2066〉

聚丙烯催化剂；丙烯聚合催化剂 P01040502
Catalyst for polypropylene
用作聚丙烯催化剂
【生产厂】[京]中国石油化工股份有限公司北京化工研究院(10 吨)〈P1568〉；中国石化催化剂北京奥达分公司(30 吨)〈P1568〉；北京燕山石油化工有限公司〈P1564〉

高密度聚乙烯钛基氯化镁载体催化剂；聚乙烯 BCH 催化剂 P01040511
Titanium, magnesium chloride catalyst carrier for high density PE
用于浆液法乙烯聚合生产高密度聚乙烯
【生产厂】[京]中国石油化工股份有限公司北京化工研究院(10 吨)〈P1568〉；中国石化催化剂北京奥达分公司(10 吨)〈P1568〉；北京燕山石油化工有限公司〈P1564〉

聚乙烯催化剂 P01040521
Catalyst for polyethylene
专用于乙烯聚合反应
【生产厂】[京]北京燕山石油化工有限公司〈P1564〉；[吉]吉化集团吉林市星云工贸有限公司〈P1715〉

α-甲基葡萄糖苷；甲苷 P01040701
α-Methyl glucopyranoside [97-30-3]
用于聚醚、聚酯多元醇合成中的共聚合剂及树脂调节剂
【生产厂】[鲁]淄博福琛精细化工有限公司〈P2060〉

二乙基锌 P01040801
Diethyl zinc [557-20-0]
用于制备 PEO 催化剂
【生产厂】[辽]大连保税区科利德化工科技开发有限公司〈P1690〉

自硬树脂催化剂 P01040951
Catalyst for self-hardening resin
【生产厂】[豫]郑州市兴威化工有限公司〈P2173〉

聚丙烯酰胺专用引发剂 P01041601
Initiating agent for polyacrylamide
适用于聚丙烯酰胺的生产
【生产厂】[黑]大庆市华兴化工有限公司〈P1722〉

高效空分制氧吸附剂 P01050101
High efficiency air separation oxygen-making sorbent
用于变压吸附空气分离制氧装置，产氧率高、产品能耗低
【生产厂】[京]北京北大先锋科技有限公司〈P1544〉

耐高温强酸树脂催化剂 P01050511
High-temperature resistant strong acidic resin catalyst
【生产厂】[辽]丹东明珠特种树脂有限公司〈P1700〉；[苏]镇江市九天化工有限公司〈P1845〉

丙烯聚合高效载体催化剂 P01050601
High efficiency carrier catalyst for propylene polymerization
用于丙烯合成
【生产厂】[京]北京燕山石油化工有限公司〈P1564〉

BCG 乙烯聚合催化剂 P01050691
Catalyst for ethylene polymerization BCG
用于乙烯聚合
【生产厂】[京]中国石油化工股份有限公司北京化工研究院〈P1568〉；中国石化催化剂北京奥达分公司(50 吨)〈P1568〉

蒸汽转化催化剂 P01050902
Steam reforming catalyst

【生产厂】[川]四川天一科技股份有限公司〈P2319〉

催化剂 SA210 P01051001

Catalyst SA210

为一种专门设计的氯化季铵盐,特别适合于TGIC 制备和其他有机合成工业

【生产厂】[皖]六安市捷通达化工有限责任公司〈P1985〉

C_2 气相加氢催化剂;焦化干气加氢催化剂 P01051111

C_2 Hydrogenated catalyst,gas phase

用于加氢除去裂解装置中 C_2 馏分中的乙炔杂质

【生产厂】[京]中国石油化工股份有限公司北京化工研究院(1 吨)〈P1568〉;[陕]西北化工研究院(150 吨)〈P2350〉

焦化催化干气加氢催化剂 P01051191

Hydrogenated catalyst for coking catalyse dry gas

【生产厂】[陕]西北化工研究院〈P2350〉

中温变换催化剂;氧化催化剂 P01051201

Middle temperature shift catalyst

用于一氧化碳变换制氢

【生产厂】[豫]开封开化(集团)有限公司(500 吨)〈P2176〉;[湘]衡阳市晨晖化工有限责任公司(600 吨)〈P2252〉;[陕]宝鸡催化剂厂(500 吨)〈P2350〉

中温变换催化剂 B112 型 P01051902

Middle temperature shift catalyst B112

用于制氨、一氧化碳变换工序

【生产厂】[鄂]孝感市龙马催化剂有限责任公司〈P2243〉

炼厂气加氢脱硫催化剂 P01052301

Refinery gas hydrogen desulfurization catalyst

用于炼厂气加氢脱硫、烯烃饱和,以生产优质制氢原料

【生产厂】[鲁]山东公泉化工股份有限公司〈P2052〉

渣油加氢脱硫催化剂 P01052401

Residuum hydrogen desulfurization catalyst

用于渣油进行加氢脱硫处理的过程

【生产厂】[鲁]山东公泉化工股份有限公司〈P2052〉

柴油加氢脱硫催化剂 P01052451

Diesel oil hydrogen desulfurization catalyst

【生产厂】[浙]温州华华集团有限公司〈P1937〉

加氢转化催化剂 P01052500

Hydrogenation conversion catalyst

可广泛用于天然气、油田气、炼厂气、液化石油气以及轻油等原料中有机硫的加氢转化脱除

【生产厂】[赣]江西省萍乡市化工填料有限公司〈P2011〉;萍乡市合发化工填料有限公司〈P2011〉;萍乡市石化填料有限责任公司〈P2012〉;江西省萍乡市城松环保填料有限公司〈P2011〉;[鲁]淄博三鹏化工有限责任公司〈P2066〉;[陕]西北化工研究院〈P2350〉

加氢转化催化剂 T201;钴钼催化剂 P01052501

Hydrogenation conversion catalyst T201

用于合成氨原料气等的加氢脱硫

【生产厂】[苏]昆山市精细化工研究所有限公司〈P1897〉;[陕]西北化工研究院(80 吨)〈P2350〉

脱硫脱砷催化剂 P01052702

Desulfurization and dearsenization catalyst

用于大型合成氨厂、炼油厂等原料气(油)加脱砷及加氢脱硫

【生产厂】[陕]西北化工研究院(20 吨)〈P2350〉

甲烷化催化剂 P01052900

Methanation catalyst

应用于引进的大型合成氨装置与中小型制氢装置中

【生产厂】[鲁]淄博三鹏化工有限责任公司〈P2066〉;[陕]陕西开达化工有限责任公司(5 吨)〈P2351〉

脱砷催化剂 P01053121

Dearsenic catalyst

用于脱除单体烯烃(乙烯、丙烯等)中含有的微量砷化物

【生产厂】[辽]大连第一有机化工有限公司〈P1691〉;[鄂]湖北华邦化学有限公司〈P2228〉

低温变换催化剂 P01053200

Low temperature shift catalyst

适用于合成氨装置、制氢装置的一氧化碳变换工艺

【生产厂】[鲁]临朐县大祥精细化工有限公司(800 吨)〈P2089〉;[湘]长沙市化工研究所(100 吨)〈P2247〉;[陕]宝鸡催化剂厂〈P2350〉

烃类蒸汽转化催化剂 P01053800

Refinery gas vapor reforming catalyst

用于以天然气为原料的化肥直接蒸汽转化

【生产厂】[川]西南化工研究设计院〈P2320〉

氧化锌脱硫剂 CT305 P01054402

Zinc oxide desulfurizer CT305 [1314-13-2]

在化肥工业中对原料气作精脱硫用

【生产厂】[辽]大连第一有机化工有限公司〈P1691〉

氧化锌脱硫剂 TP305 P01054451

Zinc oxide desulfurizer TP305

广泛用于制氮、合成氨、合成醇类及合成有机化工产品等工业原料(油)中硫的脱除

【生产厂】[苏]姜堰市天平化工有限公司〈P1824〉

氧化锌脱硫剂 P01054702

Zinc oxide desulfurizer [1314-13-2]

广泛用于合成氨、甲醇和制氢等工业原料气、油的深度脱硫净化过程

【生产厂】[冀]河北美化化工有限公司〈P1620〉;[辽]大连第一有机化工有限公司〈P1691〉;[苏]昆山市精细化工研究所有限公司〈P1897〉;姜堰市科林化工有限公司〈P1823〉;[赣]江西省萍乡市化工填料有限公司〈P2011〉;萍乡市合发化工填料有限公司〈P2011〉;萍乡市石化填料有限责任公司〈P2012〉;[鲁]淄博三鹏化工有限责任公司〈P2066〉;

山东省临朐县明硕化工有限公司〈P2097〉

EZ-2 型氧化锌精脱硫剂 P01054731

Zinc oxide fine desulfurizer EZ-2

用于脱除各种原料气中硫化氢

【生产厂】[鄂]湖北省化学研究院〈P2228〉

氨合成催化剂;氨催化剂 P01054801

Ammonia synthesis catalyst

用于氨合成,也用于氨分解

【生产厂】[冀]河北省永年县化肥厂(1500吨)〈P1640〉;[浙]上虞催化剂有限责任公司〈P1947〉;[鲁]临朐县大祥精细化工有限公司(1500吨)〈P2089〉

A301 型低温低压氨合成催化剂 P01054921

Ammonia synthesis catalyst A301, low temperature and low pressure

适用于以煤、油、气等原料制气工艺

【生产厂】[浙]上虞催化剂有限责任公司〈P1947〉

氨合成催化剂 A110 P01055301

Ammonia synthesis catalyst A110

用于合成氨工业

【生产厂】[浙]上虞催化剂有限责任公司〈P1947〉;[鄂]孝感市龙马催化剂有限责任公司〈P2243〉

氨合成催化剂 A201 P01055611

Ammonia synthesis catalyst A201

用于氢和氮反应制取氨

【生产厂】[鄂]孝感市龙马催化剂有限责任公司〈P2243〉

氨合成催化剂 A202 P01055621

Ammonia synthesis catalyst A202

用于氢和氮反应制取氨

【生产厂】[鄂]孝感市龙马催化剂有限责任公司〈P2243〉

甲胺合成催化剂 P01056101

Catalyst for methylamine synthesis

用于甲醇气相氨化合成甲胺

【生产厂】[沪]上海苏鹏实业有限公司(25吨)〈P1766〉

高温变换催化剂 P01056201

High temperature shift calalyst

用作一氧化碳与水蒸气转换制氢的催化剂

【生产厂】[豫]新乡百代催化剂有限责任公司(1000吨)〈P2203〉;[湘]衡阳市化工研究所(1000吨)〈P2252〉;[陕]宝鸡催化剂厂(300吨)〈P2350〉

脱硫催化剂 P01056511

Desulfurization catalyst

广泛用于半水煤气、天然气、城市焦炉气、煤气、合成气及液化石油气等含硫气体的脱硫

【生产厂】[吉]长春市宝利科贸有限公司〈P1714〉;[鲁]淄博森淼化工有限公司〈P2067〉;山东省临朐县明硕化工有限公司〈P2097〉;[豫]河南省长葛市吉鸿催化剂厂(100吨)〈P2217〉

钒催化剂 P01056801

Vanadium catalyst

广泛用于氧化、还原、加氢、脱氧、水合、聚合、转化、合成等各类反应中

【生产厂】[滇]云南腾冲助滤剂厂〈P2344〉

高效脱硫剂 P01057602

Desulfurizer, high efficiency

广泛用于炼厂气、液化石油气、天然气、油田气中脱除硫化氢、羰基硫、二硫化碳等酸性气体

【生产厂】[辽]锦州石化长虹公司〈P1702〉;[沪]上海四达石油化工科技公司〈P1765〉;上海韶松催化剂厂〈P1760〉;[苏]常州中南化工有限公司〈P1858〉;宜兴市石化助剂厂(1500吨)〈P1886〉;宜兴市兴达催化剂厂〈P1887〉;[皖]安徽新源石油化工技术开发有限公司〈P1979〉;[鲁]淄博市博山东方化工厂(500吨)〈P2067〉;胜利油田嘉叶化工有限责任公司(5000吨)〈P2087〉;潍坊密恩化工有限公司〈P2103〉;[豫]洛阳市华工实业有限公司(1000吨)〈P2184〉;[鄂]湖北省化学工业研究设计院〈P2228〉;[甘]兰州吉野添加剂有限公司〈P2355〉

氧化铁脱硫剂 P01057603

Iron oxide desulfurizer

用于各种含硫气体中硫化氢的高精度脱除,精度达1ppm以下

【生产厂】[苏]无锡市鑫兴化工厂〈P1880〉;[浙]嘉兴市加伟化工有限公司〈P1941〉;[皖]淮北联炭化工有限公司〈P1977〉;[鲁]临朐县大祥精细化工有限公司(250吨)〈P2089〉;山东省临朐县明硕化工有限公司〈P2097〉;[豫]河南省长葛市乾元化工厂(500吨)〈P2218〉

脱硫剂 P01057605

Desulfurizer

用于甲醇、联醇、合成氨、煤气甲烷化和食品级二氧化碳等行业的精脱硫

【生产厂】[冀]任丘市京开化工厂〈P1657〉;[辽]辽阳万鑫树脂有限责任公司〈P1711〉;[苏]南京铅锌银矿业有限责任公司〈P1788〉;姜堰市天平化工有限公司〈P1824〉;如皋市中如化工有限公司〈P1839〉;[皖]淮北联炭化工有限公司〈P1977〉;[鲁]淄博三鹏化工有限责任公司〈P2066〉;山东省博兴县润丰化工有限公司(3000吨)〈P2156〉;山东省临朐县明硕化工有限公司〈P2097〉;[豫]长葛市坡胡豫祥化工厂(5000吨)〈P2217〉;河南长葛五环活性炭厂(800吨)〈P2217〉;河南省长葛市第一化工实验厂(1500吨)〈P2217〉;河南宇新活性炭厂(1万吨)〈P2218〉;河南省长葛市华旗活性炭有限公司(500立方米)〈P2217〉;[鄂]湖北华邦化学有限公司〈P2228〉;湖北省化学研究院〈P2228〉

常温氧化铁脱硫剂(T501型);常温氧化铁脱硫剂(SN-1型) P01057607

Iron oxide desulfurizer T501, room temperature

用于化肥、民用煤气等含硫化氢工艺干法脱硫化氢

【生产厂】[浙]浙江省嘉兴市曹庄化工厂〈P1944〉

常温氧化铁脱硫剂 P01057608

Iron oxide desulfurizer, room temperature

用于煤气站、化肥厂的水煤气、半水煤气的脱硫

【生产厂】[豫]长葛市坡胡豫祥化工厂(8000吨)〈P2217〉

T701 型常温氧化铁脱硫剂 P01057611

Desulfurizer for ironicoxide T701, room temperature

【生产厂】[苏]姜堰市天平化工有限公司〈P1824〉

T703 型氧化铁精脱硫剂 P01057621

Ferric oxide fine desulfurizer T703

用于各种原料气中硫化氢的脱除

【生产厂】[鄂]湖北省化学研究院〈P2228〉

活性炭精脱硫剂 P01057651

Active carbon fine desulfurizer

用于各种原料气中硫化氢的脱除

【生产厂】[苏]姜堰市科林化工有限公司〈P1823〉;[鲁]山东省临朐县明硕化工有限公司〈P2097〉;[鄂]湖北省化学研究院〈P2228〉

高效复合脱硫剂 P01057661

High efficiency Desulfurizer

广泛用于炼油厂气、液化石油气、天然气、油田气中脱除硫化氢

【生产厂】[冀]河北中创蓝星助剂有限公司〈P1659〉;[辽]大连石油添加剂厂〈P1693〉;[黑]中国石油林源炼油厂〈P1723〉;[苏]宜兴市兴达催化剂厂(1000 吨)〈P1887〉;[鲁]石油大学卓越科技有限责任公司〈P2048〉

DS-1 型复合氧化物精脱硫剂 P01057671

Combining oxider fine desulfurizer DS-1

用于天然气、液化石油气中硫化氢的脱除

【生产厂】[鄂]湖北省化学研究院〈P2228〉

LH-98 复合脱硫剂 P01057681

Combining desulfurizer LH-98

用于炼厂气、石油气、天然气、油田气中脱除硫化氢,同时部分脱有机磷

【生产厂】[鲁]淄博凯美可工贸有限公司(3000 吨)〈P2064〉

转化吸收型精脱硫剂 P01057691

Conversion-adsorption fine desulfurizer

用于脱除原料气中二硫化碳、氧硫化碳等各种硫化物

【生产厂】[鄂]湖北省化学研究院〈P2228〉

高效脱碳剂 P01057701

Decarbonizer, high efficiency

用于天然气和合成氨气体中脱除二氧化碳

【生产厂】[鲁]潍坊密恩化工有限公司〈P2103〉

脱硫剂 KCA P01058501

Desulfurizer KCA

主要用于从各种合成氨原料气、城市煤气及工业尾气中脱除硫化氢

【生产厂】[桂]广西化工研究院(200 吨)〈P2296〉;广西化工研究院-广西新晶科技有限公司〈P2296〉

硫醇硫醚精脱硫剂 P01058551

Thioalcohol thioether fine desulfurizer

用于天然气中硫醇、硫醚的脱除

【生产厂】[鄂]湖北省化学工业研究设计院〈P2228〉;湖北省化学研究院〈P2228〉

宽温耐硫变换催化剂 P01058603

Wide temperature and sulfur-resistant shift catalyst

应用于合成氨、甲醇及石油化学工业一氧化碳变换工序

【生产厂】[湘]衡阳市晨晖化工有限责任公司〈P2252〉

铁水脱硫剂 P01058701

Molten iron desulfurizer

主要用铁水预处理脱硫

【生产厂】[辽]营口恒大实业有限公司〈P1704〉

栲胶脱硫剂 P01058751

Desulphurization agent of tanning extracts

主要用于工业含硫气体的湿式氧化脱硫,如合成氨、天然气脱硫处理、炼焦及城市煤气及环保等行业

【生产厂】[川]成都川峰化学工程有限责任公司〈P2310〉

碳酸钙脱硫剂 P01058801

Desulfurizer for calcium carbonate

用于冶金工业中脱硫

【生产厂】[辽]营口恒大实业有限公司〈P1704〉

液化气脱臭剂 P01058901

Deodorizer for liquefied gas

适用于炼油厂催化装置、焦化装置液化气脱除硫化氢及硫醇,取代原预碱洗工艺,真正实现无碱排放的清洁工艺

【生产厂】[皖]淮北联炭化工有限公司〈P1977〉;[鲁]淄博国科石油化工添加剂有限公司(100 吨)〈P2060〉

硫酸生产用钒催化剂;二氧化硫氧化制硫酸催化剂;五氧化二钒催化剂 P01059001

Vanadium catalyst

用于接触法硫酸生产过程二氧化硫转化反应的催化

【生产厂】[豫]开封开化(集团)有限公司(300 吨)〈P2176〉;[湘]衡阳市晨晖化工有限责任公司〈P2252〉;[黔]铜仁市南长城化工有限公司(1000 吨)〈P2338〉

高温变换催化剂 B113 P01059501

High temperature shift catalyst B113

用于合成氨制氢、城市煤气等装置的高温变换炉使一氧化碳与水蒸气反应生成二氧化碳和氢气

【生产厂】[豫]新乡百代催化剂有限责任公司(1500 吨)〈P2203〉;[湘]衡阳市化工研究所(1000 吨)〈P2252〉

脱砷剂 P01059751

Arsenic-remover

【生产厂】[苏]昆山市精细化工研究所有限公司〈P1897〉;[陕]西北化工研究院〈P2350〉

天然气脱硫剂 P01059801

Desulfurizer for natural gas

适用于脱除天然气及其他工业气体中的硫化氢和部分有机硫,是清洁高效的绿色环保产品

【生产厂】[冀]廊坊高科化工有限公司〈P1660〉;[皖]淮北联

炭化工有限公司〈P1977〉;[赣]萍乡市合发化工填料有限公司〈P2011〉

煤气脱硫剂　P01059851
Desulfurizer for coal gas
广泛应用于脱除煤气、焦炉煤气及其他气体中硫化氢和部分有机硫
【生产厂】[皖]淮北联炭化工有限公司〈P1977〉

低温变换催化剂 B302Q　P01059921
Low temperature shift catalyst B302Q
用于化肥行业中加压和常压变换
【生产厂】[鄂]孝感市龙马催化剂有限责任公司〈P2243〉

炭载含钌加氢催化剂　P01059941
Hydrofining catalyst with ruthenium/carbon
用于芳烃的加氢饱和、脂肪醛加氢生成脂肪醇、苯胺生成环己胺等反应
【生产厂】[辽]沈阳展宇科技开发有限公司〈P1690〉;大连通用化工有限公司(100 吨)〈P1694〉;[苏]苏州市吴中区胥口试剂厂〈P1905〉;[浙]浙江省冶金研究院有限公司〈P1928〉;[陕]陕西开达化工有限责任公司(2 吨)〈P2351〉;宝鸡市瑞科有色金属有限责任公司〈P2351〉

钯炭催化剂　P01059951
Pd/carbon catalyst
广泛用于石油化工、医药工业、香料工业、染料工业和其他精细化工的加氢还原精制过程
【生产厂】[辽]沈阳展宇科技开发有限公司〈P1690〉;大连通用化工有限公司(100 吨)〈P1694〉;[苏]常州市科丰化工有限公司〈P1852〉;苏州市吴中区胥口试剂厂〈P1905〉;姜堰市科林化工有限公司〈P1823〉;姜堰市天平化工有限公司〈P1824〉;启东金禾化工有限公司〈P1837〉;[浙]浙江金立源药业有限公司〈P1951〉;[湘]郴州高鑫铂业有限公司(100 吨)〈P2256〉;湖南省郴州市湘晨高科实业有限公司〈P2257〉;[陕]陕西开达化工有限责任公司(10 吨)〈P2351〉;宝鸡市瑞科有色金属有限责任公司〈P2351〉
【使用厂】[京]北京维达化工有限公司〈P1563〉

炭载含铂、钯双金属加氢催化剂　P01059961
Platinum-Palladium/carbon hydrogenated catalyst
用于苯胺加氢生成二环己胺、卤代苯胺还原烷基化、腙加氢生成肼、脂肪腈加氢生成伯胺等
【生产厂】[苏]苏州市吴中区胥口试剂厂〈P1905〉;[浙]杭州凯明催化剂有限公司〈P1920〉;[陕]陕西开达化工有限责任公司(5 吨)〈P2351〉;宝鸡市瑞科有色金属有限责任公司〈P2351〉
【使用厂】[冀]邯郸市邯山区福利精细化工厂〈P1638〉

炭载含铂加氢催化剂　P01059971
Pt/C Hydrofining catalyst
主要用于连续式和间歇式加氢反应工艺
【生产厂】[辽]沈阳展宇科技开发有限公司〈P1690〉;大连通用化工有限公司(100 吨)〈P1694〉;[苏]常州市科丰化工有限公司〈P1852〉;苏州市吴中区胥口试剂厂〈P1905〉;[湘]郴州高鑫铂业有限公司(100 吨)〈P2256〉;[陕]宝鸡市瑞科有色金属有限责任公司〈P2351〉

炭载含铑催化剂　P01059981
Catalyst with rhodium/carbon;Rh/C Catalyst
【生产厂】[苏]苏州市吴中区胥口试剂厂〈P1905〉

贵金属催化剂　P01059991
Noble metal catalyst
【生产厂】[陕]陕西开达化工有限责任公司(20 吨)〈P2351〉

乙酰丙酮镍;二乙酰丙酮镍　P01070101
Nickelous diacetylacetonate [3264-82-2]
用作催化剂
【生产厂】[京]北京益利精细化学品有限公司〈P1565〉;[沪]上海索诚化学有限公司〈P1766〉;[浙]湖州长盛化工有限公司〈P1945〉

乙酰丙酮锌　P01070111
Acetylacetone zinc
【生产厂】[京]北京益利精细化学品有限公司〈P1565〉

乙酰丙酮镉　P01070129
Acetylacetone cadmium
【生产厂】[京]北京益利精细化学品有限公司〈P1565〉

乙酰丙酮镁　P01070131
Acetylacetone magnesium [14024-56-7]
【生产厂】[京]北京益利精细化学品有限公司〈P1565〉

乙酰丙酮锰　P01070141
Acetylacetone manganese
【生产厂】[京]北京益利精细化学品有限公司〈P1565〉

乙酰丙酮钴　P01070151
Cobalt acetylacetonate
【生产厂】[京]北京益利精细化学品有限公司〈P1565〉;北京朝福化工实验厂〈P1544〉;[冀]黄骅市津骅饲料添加剂有限公司〈P1656〉

乙酰丙酮钙　P01070161
Acetylacetone calcium
【生产厂】[京]北京益利精细化学品有限公司〈P1565〉

乙酰丙酮钡　P01070171
Acetylacetone barium
【生产厂】[京]北京益利精细化学品有限公司〈P1565〉

乙酰丙酮锂　P01070181
Acetylacetone lithium
【生产厂】[京]北京益利精细化学品有限公司〈P1565〉

乙酰丙酮铝　P01070191
Acetylacetone aluminum salt;Aluminum acetylacetonate [13963-57-0]
用作有机合成中间体
【生产厂】[沪]上海华彩精细化工有限公司(100 吨)〈P1738〉;上海索诚化学有限公司〈P1766〉;[苏]常熟市新腾化工有限公司〈P1891〉;扬州立达树脂有限公司〈P1818〉;[浙]湖州新奥特医药化工有限公司〈P1946〉

三氟乙酸锌;催化剂 A;催化剂 1 号　P01070201
Zinc trifluoroacetate
用作医药、农药如甲氨基阿维菌素苯甲酸盐合成的专用催化剂
【生产厂】[冀]河北联立化工科技有限公司〈P1641〉

P

苯甲酸锌 P01070301

Zinc benzoate [553-72-0]

用于酯交换起催化作用

【生产厂】[鲁]山东滕州东信精细化工厂(500 吨)〈P2078〉

苯酐催化剂 P01070805

Phthalic anhydride catalyst

【生产厂】[京]中国石油化工股份有限公司北京化工研究院〈P1568〉

异丙醚催化剂 P01070851

Catalyst for isopropyl ether

【生产厂】[津]南开大学催化剂厂(30 吨)〈P1569〉

低级脂肪胺催化剂 P01070871

Lower aliphatic amine catalyst

用于相应的醇类氨化合成低级脂肪胺(如乙胺、丙胺、丁胺等)

【生产厂】[吉]吉化集团精细化学品有限公司〈P1715〉

银催化剂;浮石银 P01071201

Silver catalyst

用作合成甲醛、乙烯氧化制环氧乙烷的催化剂

【生产厂】[鲁]临沂市坦银贵金属催化剂有限公司(80 吨)〈P2148〉

甲醇合成催化剂 P01071400

Catalyst for methanol synthesis

用于合成氨与甲醇生产中的甲醇合成,也可用于中压下甲醇合成

【生产厂】[鲁]青州市化纤厂〈P2092〉;临朐县大祥精细化工有限公司(400 吨)〈P2089〉;[川]西南化工研究设计院〈P2320〉

联醇催化剂 C207 型;甲醇合成催化剂 C207 型 P01071401

Catalyst for methanol synthesis C207

用于合成氨与甲醇联合生产中的甲醇合成,也可用于中压下的甲醇合成

【生产厂】[湘]衡阳市晨晖化工有限责任公司〈P2252〉

醋酸钴;乙酸钴 P01071501

Cobalt acetate [71-48-7]

用作氧化剂及油漆催干剂、印染媒染剂、玻璃钢固化促进剂等

【生产厂】[辽]沈阳华昌锑业化工有限公司〈P1685〉;辽阳市宏伟区合成催化剂厂〈P1711〉;澳特钴镍制品(大连)有限公司〈P1690〉;大连宇山化工有限公司(600 吨)〈P1694〉;大连第一有机化工有限公司(600 吨)〈P1691〉;大连亿力化工有限公司〈P1694〉;[吉]吉林吉恩镍业股份有限公司〈P1715〉;磐石长城精细化工有限公司〈P1716〉;[沪]上海勤化化工有限公司〈P1757〉;上海勤翔化工有限公司〈P1757〉;上海勤工无机盐有限公司〈P1757〉;上海顺博金属材料有限公司〈P1765〉;上海汇龙化工有限公司〈P1741〉;[苏]南京昂扬石化助剂有限公司〈P1782〉;无锡阳山生化有限责任公司〈P1883〉;上海斌顺金属材料有限公司〈P1898〉;张家港民丰化工有限公司〈P1912〉;[浙]浙江省仙居县福利无机化工厂〈P1967〉;浙江黄岩精细化学品集团有限公司(120 吨)〈P1964〉;[鲁]淄博福春化工有限公司〈P2060〉;潍坊万源化工有限公司〈P2106〉;[粤]广州中捷机械化工有限公司〈P2268〉;佛山市南海长城精细化工有限公司〈P2288〉;广东南海奇瑞德助剂厂〈P2290〉

【使用厂】[鲁]临朐县大祥精细化工有限公司〈P2089〉

醋酸锑 P01071601

Antimony acetate [3643-76-3]

用作聚酯缩聚催化剂

【生产厂】[辽]沈阳华昌锑业化工有限公司〈P1685〉;辽阳市宏伟区合成催化剂厂〈P1711〉;大连第一有机化工有限公司(200 吨)〈P1691〉;[湘]湖南省桃江县板溪锑矿〈P2256〉

醋酸锰;乙酸锰 P01071701

Manganese acetate [6156-78-1]

用作氧化催化剂和油漆催干剂

【生产厂】[辽]沈阳华昌锑业化工有限公司〈P1685〉;辽阳市宏伟区合成催化剂厂〈P1711〉;大连宇山化工有限公司〈P1694〉;大连第一有机化工有限公司(300 吨)〈P1691〉;[苏]南京昂扬石化助剂有限公司〈P1782〉;无锡阳山生化有限责任公司〈P1883〉;[鲁]淄博福春化工有限公司〈P2060〉;[渝]重庆新申锶盐有限公司〈P2308〉

有机钛螯合物 P01071801

Organotitanium chelate

用作酯类和聚酯合成的催化剂

【生产厂】[苏]扬州立达树脂有限公司〈P1818〉;[皖]安徽省天长市绿色化工助剂有限公司〈P1982〉

聚酞菁钴催化剂 P01071901

Polyphthalocyanine catalyst

主要用于轻质油品及含硫污水等脱除硫醇

【生产厂】[冀]廊坊丰得润化工有限公司〈P1660〉;[吉]长春市宝利科贸有限公司〈P1714〉;[苏]江都市双仙化工厂(1500 吨)〈P1814〉;[鲁]淄博凯美可工贸有限公司(5 吨)〈P2064〉

顺酐催化剂 P01072101

Maleic anhydride catalyst

用于制顺丁烯二酸酐

【生产厂】[京]中国石油化工股份有限公司北京化工研究院〈P1568〉;[津]天津市天环精细化工研究所(1000 吨)〈P1604〉

脂肪酸加氢镍催化剂 P01072201

Aliphatic acid hydrogenation nickel catalyst

适用于各种脂肪酸、动植物油脂中碳—碳双键的加氢氢化

【生产厂】[甘]白银阳明银兴化工有限公司〈P2357〉

4-二甲氨基吡啶;DMAP P01072401

4-Dimethylaminopyridine [1122-58-3]

用作超强亲核的酰化作用催化剂

【生产厂】[冀]河北海斯特化学有限公司〈P1663〉;[沪]上海雅本化学有限公司〈P1773〉;上海威方精细化工有限公司〈P1769〉;上海邦成化工有限公司〈P1728〉;上海朗瑞精细化学品有限公司〈P1749〉;[苏]南京市盼丰化工有限公司〈P1789〉;南京红太阳集团〈P1784〉;苏州市畅通化学品有限公司〈P1903〉;连云港永龙化工有限公司〈P1800〉;盐城市德瑞化工有限公司〈P1810〉;扬州飞扬化工有限公司〈P1817〉;[浙]杭州博化化工有限公司〈P1916〉;浙江省嵊州市新化科技有限公司(60 吨)〈P1951〉;台州市奥力特精

细化工有限公司〈P1961〉;[皖]安徽省郎溪县联科实业有限公司〈P1986〉;[鲁]青岛裕达精细化工有限公司(15 吨)〈P2046〉;[豫]新乡市兴亮精细化工有限公司〈P2207〉;濮阳利鑫精细化工有限公司〈P2213〉;[鄂]武汉胜鑫化工有限公司〈P2232〉;武汉新景化工有限责任公司〈P2234〉

蒽醌加氢催化剂 P01072601
Anthraquinone hydrogenation catalyst
主要用于蒽醌法生产双氧水
【生产厂】[湘]岳阳高新技术产业开发区三生化工有限公司〈P2254〉

聚氨酯催化剂 P01072701
Polyurethane catalyst
用于聚氨酯海绵生产过程中
【生产厂】[京]北京拓展精细化工有限公司〈P1562〉;[苏]泰兴盛铭精细化工有限公司〈P1825〉

二正丁基氧化锡;氧化二丁基锡;二丁基氧化锡;DBTO P01072801
Di-*n*-butyltin oxide; Dibutyltin oxide; Dibutyloxostannane; DBTO [818-08-6]
是合成有机锡的中间体之一,应用于 PVC 热稳定剂、SPC 自抛光海洋防污涂料等
【生产厂】[京]北京海中宝工贸有限公司〈P1548〉;北京正恒化工有限公司(200 吨)〈P1566〉;[苏]宜兴市昌吉利化工有限公司〈P1883〉

氧化二辛基锡;二正辛基氧化锡;DOTO;氧化辛基锡 P01072851
Di-*n*-octyltin oxide; DOTO [870-08-6]
主要用于生产 PVC 热稳定剂
【生产厂】[京]北京正恒化工有限公司〈P1566〉

催化剂 DQ P01072901
Catalyst DQ
专用于丙烯聚合
【生产厂】[京]中国石油化工股份有限公司北京化工研究院〈P1568〉;中国石化催化剂北京奥达分公司(40 吨)〈P1568〉

制对二乙苯催化剂 P01073301
Catalyst for making *p*-diethylbenzene
用于生产对二乙苯
【生产厂】[津]南开大学催化剂厂(10 吨)〈P1569〉

溴化四苯基膦;四苯基溴化膦 P01073401
Tetraphenylbromophosphine
用作相转移催化剂
【生产厂】[苏]江苏省金坛市西南化工研究所〈P1860〉;[赣]广丰县弘立化工厂〈P2014〉

四苯基氯化膦;氯化四苯基膦 P01073501
Tetraphenylchlorophosphine
【生产厂】[苏]江苏省金坛市西南化工研究所〈P1860〉

铜铬加氢催化剂 P01073601
Copper-chromium hydrogenation catalyst
用于糠醛加氢制糠醇
【生产厂】[晋]太原市欣吉达化工有限公司〈P1672〉

合成油催化剂 P01073801
Synthetic oil catalyst
用于煤基合成气制油
【生产厂】[晋]太原市欣吉达化工有限公司〈P1672〉

高效活性氧化铜 P01073901
High efficiency activated cupric oxide
用作有机硅催化剂
【生产厂】[吉]磐石市大田化工助剂研究所〈P1717〉

低压羰基合成催化剂 P01074001
Catalyst for carbonyl synthesis, low pressure
用于低压羰基合成制丁辛醇
【生产厂】[京]中国石油化工股份有限公司北京化工研究院〈P1568〉

新型糠醇催化剂 P01074201
Catalyst for making furfuryl alcohol, new type
作为糠醛液相加氢法生产糠醇专用
【生产厂】[晋]太原欣力化学品有限公司〈P1672〉;[豫]河南汇隆化工有限公司(800 吨)〈P2193〉

二氯二茂钛 P01074301
Titanocene dichloride [1271-19-8]
是一种高效加氢催化剂,主要用于烯烃聚合及加氢反应中,医药上可作为一种高效低毒的活性物质
【生产厂】[鄂]湖北华邦化学有限公司〈P2228〉;湖北省化学工业研究设计院〈P2228〉

二氯二茂锆 P01074401
Zirconocene dichloride; Bis (cyclopentadienyl) zirconium dichloride [1291-32-3]
用于烯烃聚合催化剂,用作制备二茂锆化合物的原料,也用于有机合成
【生产厂】[鄂]湖北华邦化学有限公司〈P2228〉;湖北省化学工业研究设计院〈P2228〉

甲醇制氢催化剂 P01074501
Catalyst for methanol to hydrogen
适用于甲醇水蒸气裂解制氢和二氧化碳装置
【生产厂】[川]西南化工研究设计院〈P2320〉

甲醇脱氢催化剂 P01074601
Methanol dehydrogenation catalyst
用于以甲醇脱氢制甲酸甲酯
【生产厂】[川]西南化工研究设计院〈P2320〉

甲醇脱水制二甲醚催化剂;醇醚催化剂 P01074701
Methanol dewater catalyst
可将一氧化碳、二氧化碳转化为甲醇并部分水解成二甲醚
【生产厂】[川]西南化工研究设计院〈P2320〉

醚解催化剂;甲基叔丁基醚裂解制异丁烯催化剂 P01074901
MTBE Cracking catalyst
专用于甲基叔丁基醚(MTBE)裂解制异丁烯

【生产厂】[吉]吉化集团精细化学品有限公司〈P1715〉

气态烃预转化催化剂 P01075101

Hydrocarbon gas preconversion catalyst

适用于以天然气、油田气、炼厂尾气等气态烃为原料制取氨合成气、甲醇合成气、城市煤气、氢气的预转化装置

【生产厂】[川]西南化工研究设计院〈P2320〉

二甘醇合成吗啉催化剂 P01075201

Catalyst from diethylene glycol to morpholine

为二甘醇氨化合成吗啉的专用催化剂

【生产厂】[吉]中国石油吉化集团公司(20 吨)〈P1717〉;[沪]上海苏鹏实业有限公司〈P1766〉

ATC-01 型固体催化剂 P01075301

Solid catalyst ATC-01

用于 TAME 裂解制叔戊烯的催化,具有活性高、选择性好、寿命长、性能稳定等特点

【生产厂】[鲁]淄博中海安龙化工科技有限公司〈P2077〉

硬脂酸锰 P01075501

Manganous stearate

主要用作有机物的氧化催化剂,也用作润滑剂和涂料工业的活性催干剂等

【生产厂】[鄂]武汉径河化工有限公司〈P2230〉

催化剂 N P01080201

Catalyst N

专用于丙烯聚合

【生产厂】[京]中国石化催化剂北京奥达分公司(60 吨)〈P1568〉

XJ-1 型氧化氮净化剂催化剂 P01080301

Nitrogen oxide purificant catalyst XJ-1

用于硝酸生产尾气及酸洗钢板氧化氮尾气处理

【生产厂】[晋]太原市欣吉达化工有限公司〈P1672〉

气体净化催化剂 P01080601

Catalyst for gas processing

用于合成气、天然气、城市煤气、焦炉气、空气、食品级二氧化碳脱硫

【生产厂】[浙]杭州凯明催化剂有限公司〈P1920〉

三氟化硼甲醇络合物 P01080901

Boron trifluoride methanol [2802-68-8]

【生产厂】[浙]浙江黄岩合成化工厂〈P1964〉;[鲁]淄博市临淄鑫齐工贸有限公司〈P2070〉;淄博市临淄鑫强化工有限公司(1000 吨)〈P2070〉;淄博市临淄鑫森化工有限公司(1000 吨)〈P2070〉

三氟化硼乙醚络合物 P01090101

Boron trifluoride ethyl ether complex [109-63-7]

用作合成橡胶、树脂和造漆等的催化剂

【生产厂】[苏]沛县第一化工有限公司〈P1793〉;如皋市金陵试剂厂〈P1838〉;[浙]浙江黄岩合成化工厂(100 吨)〈P1964〉;[鲁]淄博市临淄鑫齐工贸有限公司〈P2070〉;淄博市临淄鑫强化工有限公司(600 吨)〈P2070〉;淄博市临淄鑫森化工有限公司(600 吨)〈P2070〉

【使用厂】[沪]上海树脂厂有限公司〈P1764〉

三氟化硼甲醚络合物 P01090102

Boron trifluoride methyl ether complex

是很多有机反应的有效催化剂,稳定性较好,可作为烷基化的催化剂

【生产厂】[鲁]淄博市临淄鑫齐工贸有限公司〈P2070〉

三氟化硼丁醚络合物 P01090103

Boron trifluoride butyl ether complex compound [593-04-4]

是很多有机反应的有效催化剂,稳定性较差,有利羰基双键的加成,可作制备工程塑料共聚甲醛树脂的催化剂

【生产厂】[苏]沛县第一化工有限公司〈P1793〉;[鲁]淄博市临淄鑫齐工贸有限公司〈P2070〉

三氟化硼磷酸络合物 P01090131

Boron trifluoride phosphoric acid complex

【生产厂】[鲁]淄博市临淄鑫齐工贸有限公司〈P2070〉

三氟化硼醋酸络合物 P01090150

Boron trifluoride acetic acid complex [373-61-5]

主要用作香料催化剂

【生产厂】[浙]浙江黄岩合成化工厂〈P1964〉;[鲁]淄博市临淄鑫齐工贸有限公司(300 吨)〈P2070〉;淄博市临淄鑫强化工有限公司(1500 吨)〈P2070〉;青州市鑫隆化工有限公司(500 吨)〈P2093〉

三氟化硼乙醇络合物 P01090171

Boron trifluoride ethanol complex

【生产厂】[鲁]淄博市临淄鑫齐工贸有限公司〈P2070〉

三氟化硼正丁醇络合物 P01090191

Boron trifluoride *n*-butylalcohol complex

【生产厂】[鲁]淄博市临淄鑫齐工贸有限公司〈P2070〉

三氟化硼乙腈络合物 P01090201

Boron trifluoride acetonitrile

在医药上作为生产抗生素的专用催化剂

【生产厂】[苏]沛县第一化工有限公司〈P1793〉;如皋市金陵试剂厂〈P1838〉;[浙]浙江黄岩合成化工厂〈P1964〉;[鲁]淄博市临淄鑫齐工贸有限公司〈P2070〉;淄博市临淄鑫强化工有限公司(1000 吨)〈P2070〉;淄博市临淄鑫森化工有限公司(1600 吨)〈P2070〉;青州市鑫隆化工有限公司(1000 吨)〈P2093〉

三氟化硼三乙醇胺络合物;T313 P01090251

Boron trifluoride triethanolamine complex

用于丁羟固体推进剂的键合剂

【生产厂】[辽]营口天元实业精细化工有限公司〈P1705〉

三氟化硼碳酸二甲酯络合物 P01090301

Boron trifluoride dimethyl carbonate

主要用作医药催化剂

【生产厂】[鲁]淄博市临淄鑫齐工贸有限公司(200 吨)〈P2070〉;淄博市临淄鑫强化工有限公司(1500 吨)〈P2070〉

载钯催化剂;氧化铝涂钯催化剂 P01090401

Catalyst, carrier palladium

是一种高效脱氢脱氧催化剂，用于制取高纯度的气体

【生产厂】[津]天津化工研究设计院(100吨)〈P1573〉；[吉]吉林市双鸥化工有限公司〈P1716〉；[沪]上海苏鹏实业有限公司〈P1766〉；上海台麒化学有限公司〈P1766〉

钯催化剂 P01090411

Palladium catalyst

专用于生产过氧化氢

【生产厂】[沪]上海嘉定分子筛厂〈P1742〉；[豫]黎明化工研究院(200吨)〈P2181〉

【使用厂】[闽]福建龙岩港龙化工有限公司〈P2005〉

钯碳酸钙 P01090451

Palladium/Calcium carbonate

【生产厂】[苏]苏州市吴中区胥口试剂厂〈P1905〉；昆山市花桥化工四厂〈P1897〉；[浙]杭州凯明催化剂有限公司〈P1920〉

亚铬酸铜 P01090501

Copper chromite; Cupric chromite [12018-10-9]

用作固体推进剂的燃速催化剂

【生产厂】[辽]营口天元实业精细化工有限公司〈P1705〉

骨架蓝色铜催化剂 P01090601

Framework blue copper catalyst

用于丙烯酰胺等制作过程催化作用

【生产厂】[鲁]淄博中森化工有限公司〈P2077〉

铜催化剂 P01090701

Copper catalyst

合成甲基氯硅烷专用

【生产厂】[苏]南京化学工业有限公司化工厂〈P1785〉

光敏催化剂 P01090801

Photosensitive catalyst

用于光降解聚乙烯薄膜，亦可用于光降解聚苯乙烯制品等

【生产厂】[辽]营口天元实业精细化工有限公司〈P1705〉

硫黄回收催化剂 P01090901

Catalyst for sulfur recovery

用于含硫原油和含硫天然气加工以及焦炉煤气、城市煤气净化等

【生产厂】[赣]萍乡市合发化工填料有限公司〈P2011〉；萍乡市环球化工填料有限公司〈P2011〉；[鲁]淄博市嘉龙化工科技有限公司〈P2068〉；山东迅达化工有限公司〈P2056〉；淄博三鹏化工有限责任公司〈P2066〉

三氟化硼苯酚络合物 P01091101

Boron trifluoride phenol complex compound [462-05-5]

【生产厂】[鲁]淄博市临淄鑫齐工贸有限公司〈P2070〉；淄博市临淄鑫强化工有限公司(1000吨)〈P2070〉；淄博市临淄鑫森化工有限公司(500吨)〈P2070〉

三氟化硼水络合物 P01091201

Boron trifluoride hydrate complex

【生产厂】[鲁]淄博市临淄鑫齐工贸有限公司〈P2070〉

三氟化硼四氢呋喃 P01091301

Boron trifluoride tetrahydrofuran [462-34-0]

主要用作医药催化剂

【生产厂】[浙]浙江黄岩合成化工厂〈P1964〉；[鲁]淄博市临淄鑫齐工贸有限公司(300吨)〈P2070〉；淄博市临淄鑫强化工有限公司(300吨)〈P2070〉；青州市鑫隆化工有限公司(600吨)〈P2093〉

脱氯剂 P01091401

Antichlor [10102-17-7]

适用于氢气、氮气、合成气、一氧化碳、二氧化碳、石脑油等氯的脱除

【生产厂】[冀]任丘市京开化工厂〈P1657〉；[沪]上海四达石油化工科技公司〈P1765〉；[苏]昆山市精细化工研究所有限公司〈P1897〉；姜堰市科林化工有限公司〈P1823〉；[鲁]山东省临朐县明硕化工有限公司〈P2097〉；[湘]岳阳高新技术产业开发区三生化工有限公司〈P2254〉

脱氯剂 T408 型 P01091415

Antichlor T408

是化肥、石油、有机合成等石化行业中抗毒、防腐的优良净化剂

【生产厂】[辽]大连第一有机化工有限公司〈P1691〉

ET 型精脱氯剂 P01091421

Fine chlorine-removal catalyst ET

用于脱除各种原料气中的氯

【生产厂】[鄂]湖北省化学研究院〈P2228〉

高温脱氯剂 P01091451

High temperature antichlor

【生产厂】[苏]昆山市精细化工研究所有限公司〈P1897〉；姜堰市天平化工有限公司〈P1824〉

低温脱氯剂 P01091471

Low temperature antichlor

【生产厂】[苏]姜堰市天平化工有限公司〈P1824〉

水煤气加氢催化剂 JT-1 型 P01091501

Water gas hydrogenation catalyst JT-1

用于水煤气、合成气等原料气中的有机硫化物、烯烃和氧的加氢转化

【生产厂】[陕]西北化工研究院(100吨)〈P2350〉

耐硫低温变换催化剂 P01091601

Low temperature shift catalyst, sulfur resistant

用于含硫水煤气的低温变换转化

【生产厂】[鲁]临朐县大祥精细化工有限公司(500吨)〈P2089〉；[鄂]湖北省化学研究院〈P2228〉

耐硫一氧化碳变换催化剂 P01091602

Carbon monoxide shift catalyst, sulfur resistant

特别适用于气体脱硫条件差，含硫化氢和有机硫化物偏高的合成氨厂

【生产厂】[鲁]淄博三鹏化工有限责任公司〈P2066〉；[湘]衡阳市化工研究所〈P2252〉；[陕]宝鸡催化剂厂〈P2350〉

催化剂 AD946；AD946 氨分解催化剂 P01091702

Catalyst (AD946)

主要用于焦炉煤气净化回收装置中的氨分解炉内，将焦炉煤气中氨气和氢氰酸等有毒气体全部分解成氮气、氢气等

【生产厂】[赣]萍乡市合发化工填料有限公司〈P2011〉；萍乡市环球化工填料有限公司〈P2011〉

常低温 COS 水解催化剂 P01091801

Carbon oxysulfide hydrolytic catalyst, usual and low temperature

用于脱除液相丙烯中微量硫化氢、氧硫化碳等硫化物，以保护贵金属合成催化剂正常运转

【生产厂】[辽]大连第一有机化工有限公司〈P1691〉；[苏]昆山市精细化工研究所有限公司〈P1897〉；[鄂]湖北省化学研究院〈P2228〉

抗硫酸盐化有机硫水解催化剂 P01091831

Anti-sulfation organic sulfur hydrolytic catalyst

用于各种原料气中氧硫化碳、二硫化碳的脱除

【生产厂】[鲁]淄博三鹏化工有限责任公司〈P2066〉；山东省临朐县明硕化工有限公司〈P2097〉

JT 水解 504 催化剂 P01091891

JT Hydrolytic catalyst 504

用于合成氨、甲醇、联醇、低碳醇、城市煤气甲烷化、食品级二氧化碳、合成聚丙烯等生产工艺中精脱硫

【生产厂】[豫]河南省长葛市华旗活性炭有限公司(150 立方米)〈P2217〉；[鄂]湖北省化学工业研究设计院〈P2228〉

三效催化剂 P01092301

Three-way catalyst

用于汽车尾气净化

【生产厂】[津]天津化工研究设计院(100 万只)〈P1573〉；[滇]昆明贵研催化剂有限责任公司〈P2339〉

双(2-二甲氨基乙基)醚；胺醚 P01092401

Bis(2-dimethylaminoethyl) ether [3033-62-3]

作为高效叔胺催化剂，几乎适用于所有泡沫塑料制品的生产，主要用于软质泡沫制品，特别适合高回弹制品

【生产厂】[冀]石家庄合佳保健品有限公司〈P1626〉；[苏]江都市大江化工厂〈P1813〉

延迟催化剂 P01092601

Delaying catalyst

作为高效叔胺催化剂几乎适用于所有泡沫塑料制品的生产，主要用于软质泡沫制品，特别适合高回弹制品

【生产厂】[京]北京拓展精细化工有限公司〈P1562〉；[沪]上海合达聚合物科技有限公司〈P1736〉

焦炉气加氢转化催化剂 P01092701

Hydrogenation conversion catalyst for coke oven gas

【生产厂】[陕]西北化工研究院〈P2350〉

四(三苯基膦)钯 P01092801

Tetra(triphenylphosphine) palladium [14221-01-3]

【生产厂】[浙]杭州凯明催化剂有限公司〈P1920〉

反-二氯二(三苯基膦)钯 P01093091

trans-Dichlorobis(triphenylphosphine) palladium

【生产厂】[沪]上海瑞一医药科技有限公司〈P1759〉

二氯二氨钯 P01093401

Dichlorodiammine palladium (Ⅱ) [13782-33-7]

【生产厂】[苏]昆山市花桥化工四厂〈P1897〉

四氯二氨钯 P01093501

Ammonium tetrachloropalladate (Ⅱ) [13820-40-1]

【生产厂】[苏]昆山市花桥化工四厂〈P1897〉

一氧化碳脱除催化剂 P01094501

Catalyst for decarbon monoxide

用于各种气体中微量一氧化碳的脱除，可长期连续使用，无需再生

【生产厂】[京]北京北大先锋科技有限公司〈P1544〉

活性氧化铝 P01100200

Aluminium oxide, active

用作干燥剂、吸附剂、催化剂载体

【生产厂】[津]天津化工研究设计院(300 吨)〈P1573〉；[冀]石家庄市南方化工有限公司〈P1631〉；[辽]沈阳市硅胶厂〈P1688〉；[沪]上海跃江钛白化工制品有限公司〈P1776〉；上海恒业分子筛有限公司(2000 吨)〈P1736〉；上海精龙化工有限公司〈P1745〉；上海嘉定分子筛厂〈P1742〉；[苏]姜堰市天平化工有限公司〈P1824〉；泰州凯华化工有限公司〈P1827〉；[浙]温州华华集团有限公司〈P1937〉；[赣]江西省萍乡市万通实业有限公司〈P2011〉；江西全兴化工填料有限公司〈P2011〉；萍乡市合发化工填料有限公司〈P2011〉；萍乡市石化填料有限责任公司〈P2012〉；萍乡市环球化工填料有限公司〈P2011〉；江西省萍乡市鑫源化工填料有限公司〈P2011〉；萍乡市环盛催化剂有限公司〈P2011〉；[鲁]山东铝业股份有限公司研究院〈P2053〉；淄博博洋化工有限公司(6000 吨)〈P2058〉；青岛海浪硅胶干燥剂厂〈P2035〉；[豫]巩义市宏达滤料厂〈P2162〉；[甘]兰化翔鑫工贸有限责任公司〈P2355〉

【使用厂】[浙]建德市新化化工有限责任公司〈P1926〉；[豫]黎明化工研究院〈P2181〉

活性氧化铝(球状)；活性氧化铝瓷球 P01100301

Aluminium oxide, spherical

用作石油化学工业中的干燥剂、净化剂、催化剂及催化剂载体

【生产厂】[赣]江西省萍乡市化工填料有限公司(6 万吨)〈P2011〉；江西省萍乡市城松环保填料有限公司〈P2011〉；萍乡市凤凰填料工业公司〈P2011〉；[豫]巩义市恒泰滤材有限公司〈P2162〉；[桂]北海凯特化工填料有限公司〈P2300〉

氧化铝瓷球(惰性) P01100601

Aluminium oxide porcelain ball, inert [21645-51-2]

用于石油、化工、化肥、天然气及环保等行业，主要作用是增加气体或液体分布点，支撑和保护强度不高的催化剂

【生产厂】[苏]昆山市精细化工研究所有限公司〈P1897〉；姜堰市科林化工有限公司〈P1823〉；姜堰市天平化工有限公司〈P1824〉；[赣]萍乡置顺陶瓷有限公司〈P2012〉；萍乡市合发化工填料有限公司〈P2011〉；江西省萍乡市城松环保填料有限公司〈P2011〉；萍乡市环球化工填料有限公司

P

〈P2011〉;[豫]开封特耐股份有限公司(2000 吨)〈P2178〉;[桂]北海凯特化工填料有限公司〈P2300〉

多孔瓷球 P01100691

Porous ceramic ball [21645-51-2]

用于支撑催化剂

【生产厂】[赣]萍乡置顺陶瓷有限公司〈P2012〉;江西省萍乡市万通实业有限公司〈P2011〉;萍乡市环球化工填料有限公司〈P2011〉;[鲁]山东迅达化工有限公司(500 吨)〈P2056〉

硅溶胶 P01100701

Silicon collosol [112926-00-8]

用作催化剂载体、涂料黏结剂、纸浆处理剂、耐火材料黏结剂等

【生产厂】[京]北京市红星广厦化工建材有限责任公司〈P1559〉;[冀]石家庄双联化工集团(1 万吨)〈P1632〉;石家庄双联化工有限责任公司(1 万吨)〈P1633〉;[沪]上海昌全硅胶干燥剂有限公司〈P1729〉;[苏]江阴市夏港化工厂〈P1871〉;盐城市军营化工厂〈P1811〉;[皖]安徽良臣硅源材料有限公司〈P1985〉;[闽]福建三邦化工有限公司〈P1988〉;福州三邦硅材料有限公司(8000 吨)〈P1990〉;[鲁]济南银丰硅制品有限责任公司(6000 吨)〈P2026〉;荣成市日跃化工有限公司(360 吨)〈P2122〉;青岛硅创精细化工有限公司〈P2035〉;青岛海洋化工有限公司(6000 吨)〈P2036〉;青岛市基亿达硅胶试剂厂(1000 吨)〈P2042〉;山东省临沂市银东硅制品有限公司〈P2151〉;[豫]河南省沁阳市正大化工有限公司(300 吨)〈P2194〉;[鄂]武汉市智发科技开发有限公司〈P2233〉;湖北科兴医药化工股份有限公司〈P2237〉;[粤]广州市人民化工厂(2 万吨)〈P2265〉;广东省佛山市中发水玻璃厂〈P2291〉

防冻型工业硅溶胶 P01100751

Antifreezing industrial silicon collosol

【生产厂】[苏]江阴市夏港化工厂〈P1871〉

粗孔微球硅胶 P01100801

Silica gel, crude-pored microspherical [112926-00-8]

用作催化剂载体及催化剂

【生产厂】[赣]九江华雄化工有限公司〈P2013〉;[鲁]青岛海浪硅胶干燥剂厂〈P2035〉;青岛海洋化工集团特种硅胶厂〈P2036〉

B 型硅胶 P01100901

Silica gel B-type

主要用作液体吸附剂、干燥剂和香料载体,也可用作催化剂载体

【生产厂】[沪]上海闵坤干燥剂有限公司〈P1753〉;[皖]安徽良臣硅源材料有限公司〈P1985〉;[鲁]乳山市环宇化工有限公司〈P2123〉;乳山市大洋硅胶厂(1 万吨)〈P2123〉;招远汇源硅胶有限公司(2000 吨)〈P2120〉;青岛海洋化工有限公司(3000 吨)〈P2036〉;青岛海洋化工厂分厂(1200 吨)〈P2036〉;青岛钻石硅胶有限公司(5 吨)〈P2047〉;青岛海洋化工集团特种硅胶厂〈P2036〉;青岛琪丰化工有限公司〈P2041〉;[渝]重庆胜利化工厂〈P2306〉

球形硅胶;C 型硅胶 P01101001

Silica gel, spherical [112926-00-8]

用于防潮、防锈,气体的脱水、净化和催化剂载体,还可吸收水中的有害元素

【生产厂】[沪]上海野川化工有限公司〈P1774〉;[鲁]乳山市太阳干燥剂厂(300 吨)〈P2123〉;招远汇源硅胶有限公司(1000 吨)〈P2120〉;青岛城阳海洋化工有限公司〈P2033〉

A 型硅胶;细孔硅胶 P01101201

Silica gel, A-type

用于干燥、防潮,也可用作催化剂载体、吸附剂、吸附剂、分离剂、以及变压吸附等

【生产厂】[晋]山西同德化工有限公司〈P1676〉;[辽]沈阳市硅胶厂〈P1688〉;营口希尔化工有限公司〈P1705〉;[沪]上海昌全硅胶干燥剂有限公司〈P1729〉;[皖]安徽良臣硅源材料有限公司〈P1985〉;[鲁]乳山市环宇化工有限公司〈P2123〉;乳山市太阳干燥剂厂(500 吨)〈P2123〉;威海市明珠硅胶有限公司(8000 吨)〈P2125〉;乳山市大洋硅胶厂(5000 吨)〈P2123〉;招远汇源硅胶有限公司(7000 吨)〈P2120〉;青岛海浪硅胶干燥剂厂〈P2035〉;青岛硅创精细化工有限公司〈P2035〉;青岛海洋化工有限公司(1 万吨)〈P2036〉;青岛市基亿达硅胶试剂厂(80 吨)〈P2042〉;青岛钻石硅胶有限公司(7 吨)〈P2047〉;青岛海洋化工集团特种硅胶厂〈P2036〉;青岛诚宇化工有限公司〈P2033〉;青岛城阳海洋化工有限公司〈P2033〉;青岛裕宝精细化工有限公司(150 吨)〈P2046〉;青岛琪丰化工有限公司〈P2041〉;[渝]重庆胜利化工厂〈P2306〉

分子筛,3A 型;3A 分子筛;钾-A 型分子筛 P01101401

Molecular sieve 3A

用于石油裂解气和烯烃的干燥

【生产厂】[晋]太原八方分子筛实业有限公司〈P1671〉;[辽]沈阳市北方干燥剂厂〈P1688〉;营口希尔化工有限公司〈P1705〉;大连第一有机化工有限公司〈P1691〉;[沪]上海环球分子筛有限公司(5000 吨)〈P1740〉;上海月季日用干燥剂厂〈P1776〉;上海浦江分子筛有限公司〈P1756〉;上海台麒化学有限公司〈P1766〉;上海新奥分子筛有限公司〈P1771〉;[苏]昆山市精细化工研究所有限公司〈P1897〉;姜堰市天平化工有限公司〈P1824〉;[赣]江西省萍乡市万通实业有限公司(1000 吨)〈P2011〉;江西全兴化工填料有限公司〈P2011〉;萍乡市合发化工填料有限公司〈P2011〉;[豫]郑州雪山实业有限公司(1200 吨)〈P2175〉;[湘]湘潭分子筛化工有限公司〈P2251〉

4A 沸石 P01101601

4A-Type zeolite

主要用作清洗剂助剂(替代 STPP),还能用作干燥剂、吸附剂和催化剂载体

【生产厂】[冀]永清县聚利得化工有限公司(1 万吨)〈P1663〉;[晋]山西玄中化工实业有限公司〈P1671〉;山西榆次昶力高科有限公司(8 万吨)〈P1676〉;[皖]合肥燎原化工有限公司(3000 吨)〈P1973〉;[闽]汇盈化学品实业(泉州)有限公司〈P1999〉;[鲁]淄博市淄川凤凰精细化工有限公司(1 万吨)〈P2072〉;山东东方华龙集团公司(5 万吨)〈P2084〉

中空专用分子筛 P01102201

Hollowed molecular sieve

主要用于隔音、隔热、防露等新型建材、装饰材料的制造

【生产厂】[晋]太原八方分子筛实业有限公司〈P1671〉;[辽]沈阳市硅胶厂〈P1688〉;[沪]上海浦江分子筛有限公司〈P1756〉

小球形硅胶 P01102301

Silica gel, bead shape [112926-00-8]

用作催化剂载体,用于有机产品的脱水精制

P

【生产厂】[鲁]青岛海洋化工有限公司(2000吨)〈P2036〉;青岛海洋化工厂分厂(1500吨)〈P2036〉

印染助剂;纺织助剂 P02000000

Printing and dyeing auxiliary

广泛用于纺织印染行业

【生产厂】[津]天津化工研究院精细化工技术开发公司(500吨)〈P1574〉;天津市盛益化工有限公司(400吨)〈P1602〉;天津市西青区隆泰化工厂(400吨)〈P1607〉;韩荣油化(天津)有限公司(5000吨)〈P1569〉;[冀]石家庄旭泰化工有限公司〈P1633〉;衡水新光化工有限责任公司〈P1668〉;河北省邢台科王助剂有限公司〈P1642〉;[辽]大连万达试剂厂〈P1694〉;[沪]上海染料有限公司〈P1758〉;上海万得化工有限公司(5000吨)〈P1768〉;上海五四助剂总厂(1200吨)〈P1770〉;华界化学(上海)有限公司〈P1726〉;上海赛博化工有限公司〈P1759〉;[苏]南京添喜精细化工有限责任公司〈P1790〉;江阴好和化工有限公司〈P1867〉;苏州市相城区开来化工有限公司〈P1905〉;[赣]南昌天时化工有限公司〈P2010〉;[鲁]宁津县宏源化工厂(100吨)〈P2143〉;淄博金鲁染料化工有限公司〈P2063〉;莱州市宏科化工有限公司〈P2109〉;烟台第七化工厂(200吨)〈P2116〉;青岛双利化工有限公司(1000吨)〈P2043〉;山东阳光颜料有限公司(400吨)〈P2133〉;[豫]河南科来福工贸有限公司(500吨)〈P2166〉;沁阳市中会纺织助剂厂(1200吨)〈P2198〉;安阳市助剂厂(5000吨)〈P2210〉;河南省安阳荧迪化工有限责任公司(500吨)〈P2211〉;[粤]广州市奇威化工有限公司〈P2265〉;广州市坚红化工厂(1250吨)〈P2264〉;清远灵捷制造化工有限公司〈P2294〉;广东中成化工股份有限公司〈P2281〉;江门市新会区美亚化工有限公司〈P2285〉;[陕]西安联谊纺织助剂有限责任公司〈P2349〉

脂肪胺 P02010120

Fatty amine

用作纺织、印染助剂

【生产厂】[沪]上海经纬化工有限公司〈P1745〉;[鲁]博兴华润油脂化学有限公司(1万吨)〈P2154〉

【使用厂】[沪]上海多纶化工有限公司〈P1732〉;[鲁]安丘市鲁星化学有限公司〈P2088〉;寿光市曙光助剂厂〈P2100〉;[粤]广东省石油化工研究院〈P2259〉

脂肪胺醋酸盐 P02010150

Fatty amine acetate

用于油田污水处理和杀菌

【生产厂】[豫]河南农业大学康拓科贸公司(200吨)〈P2166〉;濮阳东方化工总厂(1000吨)〈P2213〉;大朋化工集团第五化工厂二分厂(80吨)〈P2212〉

【使用厂】[京]北京金鱼科技股份有限公司〈P1552〉;[鄂]湖北省化学工业研究设计院〈P2228〉

脂肪胺聚氧乙烯醚 P02010155

Fatty amine polyoxyethylene ether

可作颜料分散剂、润湿剂,还可以用作乳化剂、织物柔软剂、塑料抗静电剂和纺织助剂

【生产厂】[京]北京化友工贸有限公司〈P1550〉;[津]天津市宝坻区港飞助剂有限公司〈P1579〉;天津市东邦助剂有限公司(1000吨)〈P1585〉;[冀]石家庄市金鹏化工助剂有限公司〈P1630〉;邢台市合成化学厂〈P1643〉;[辽]辽阳奥克聚醚有限公司〈P1709〉;辽阳奥克纳米材料有限公司〈P1709〉;[沪]上海台界化工有限公司〈P1766〉;[苏]江苏凌飞化工有限公司〈P1865〉;江阴市华元化工有限公司〈P1869〉;江苏飞翔化工(张家港)有限公司〈P1893〉;海安县正达化工厂〈P1829〉;江苏省海安石油化工厂〈P1831〉;[浙]浙江皇马化工集团有限公司〈P1950〉;[鲁]山东临邑鲁晶化工有限公司(200吨)〈P2144〉;博兴华润油脂化学有限公司(8000吨)〈P2154〉

十八烷基二甲基苄基氯化铵;1827 P02010201

Octadecyl dimethyl benzyl ammonium chloride [122-19-0]

主要用作润滑脂的稠化剂、医药杀菌剂、纺织湿润剂、整理剂、柔软剂、抗静电剂等

【生产厂】[津]天津市奔澎表面化学助剂厂(500吨)〈P1581〉;[沪]上海经纬化工有限公司(1000吨)〈P1745〉;[苏]南京宏桥精细化工科技开发有限公司〈P1784〉;如皋市万利化工有限责任公司〈P1838〉;海安县国力化工有限公司〈P1829〉;[鲁]山东长链化学有限公司(700吨)〈P2155〉;山东富斯特化工有限公司〈P2155〉

二甲基二烯丙基氯化铵;阳离子单体DMDAAC P02010260

Dimethyl diallyl ammonium chloride [7398-69-8]

广泛应用于油田助剂、污水处理、印染、造纸、日用化工以及制药、纺织、皮革等行业

【生产厂】[沪]上海恒谊化工有限公司(200吨)〈P1736〉;[浙]杭州市银湖化工有限公司〈P1922〉;[鲁]淄博市淄川兴隆化工有限公司〈P2073〉;山东滨州嘉源环保有限责任公司〈P2155〉;山东省东营国丰精细化工有限责任公司〈P2085〉;山东鲁岳化工有限公司(100吨)〈P2136〉;[豫]新乡市石油化工厂(500吨)〈P2206〉;[鄂]武汉市江润精细化工有限责任公司〈P2233〉;[川]成都凯泰化学有限责任公司(200千克)〈P2312〉;四川光亚科技股份有限公司〈P2334〉;[陕]交大瑞森渭南化学工业有限责任公司〈P2352〉

氢化牛脂基伯胺(蒸馏品);伯胺86D P02010271

Hydrogenized tallow monomethyl amine, distillation

用于表面活性剂、洗涤剂、浮选剂和化肥防结块剂等

【生产厂】[鲁]博兴华润油脂化学有限公司(2000吨)〈P2154〉;[川]四川泸天化股份有限公司〈P2323〉

伯胺18D P02010272

Monomethyl amine 18D

【生产厂】[鲁]博兴华润油脂化学有限公司(1000吨)〈P2154〉

土耳其红油;太古油;磺化蓖麻油 P02010401

Sulfonated castor oil; Turkey red oil [8002-33-3]

广泛用于纺织、印染、制革、造纸、金属加工等,还可用作农药乳化剂、钢材拉丝润滑剂等

【生产厂】[冀]辛集市华鹿福利皮毛助剂厂〈P1634〉;[蒙]通辽市通华蓖麻化工有限责任公司〈P1682〉;[沪]上海美兴化工有限公司(250吨)〈P1753〉;上海市嘉定区江桥化工厂〈P1763〉;[苏]扬州德克化学有限公司〈P1817〉;江苏宝应化工助剂厂(800吨)〈P1815〉;[浙]杭州杭云精细化工有限公司〈P1918〉;绍兴县光耀化工助剂厂〈P1949〉;浙江上虞市珊瑚化工厂〈P1951〉;[鲁]潍坊瑞光化工有限公司〈P2103〉;[豫]新郑市纺织助剂化工有限公司(1000吨)〈P2169〉;[粤]东莞市恒业助剂有限公司〈P2280〉

【使用厂】[冀]安平县冠达颜料工业有限公司〈P1663〉

有机硅织物柔软剂;有机硅柔软剂 P02010601

Organic silicon softener

用作各种纤维及织物的整理剂

【生产厂】[津]天津市西青区大业助剂厂(200 吨)〈P1607〉;天津市秋华化工有限公司(300 吨)〈P1600〉;[蒙]赤峰市东方化工染料助剂厂〈P1682〉;[沪]上海新纶纺织助剂有限公司〈P1772〉;成大(上海)化工有限公司〈P1726〉;[苏]宜兴市腾星化工有限公司〈P1887〉;宜兴市屺亭化工厂〈P1886〉;江都市天和化工有限公司〈P1815〉;江都市海龙化工助剂有限公司〈P1814〉;南通远大生物科技发展有限公司〈P1836〉;[浙]杭州包尔得有机硅有限公司〈P1915〉;杭州余杭艾迪精细化工研究所〈P1925〉;浙江省上虞市杜浦化工厂〈P1951〉;宁波兴华化学有限公司〈P1934〉;[鲁]威海赛奥化工有限公司(50 吨)〈P2125〉;烟台开发区三贡化工有限公司〈P2117〉;[鄂]武汉市智发科技开发有限公司〈P2233〉;[粤]广州市裕典化工有限公司〈P2267〉;东莞市恒业助剂有限公司〈P2280〉

有机硅阳离子羟乳　P02010901

Organic silicon cation hydroxy emulsion

主要用于棉、毛、丝、麻等天然纤维和各种合成纤维的整理,亦可用于纸张和皮革的处理

【生产厂】[苏]宜兴市腾星化工有限公司〈P1887〉

乳化剂 S-185　P02011201

Emulsifier *S*-185

主要用作乳液乳化剂,并可作化纤柔软剂、丝绸后处理剂,香烟过滤嘴材料柔软剂

【生产厂】[沪]中国石油化工股份有限公司上海高桥分公司〈P1780〉;上海锦山化工有限公司〈P1745〉;[浙]杭州萧山三江精细化工有限公司〈P1924〉;[鲁]青岛石喜精细化工有限公司〈P2042〉

软麻油　P02011301

Softening flax oil

用作麻袋、麻绳类纺织前的软化剂

【生产厂】[辽]台安华油化工厂〈P1697〉

抗静电柔软剂　P02011401

Antistatic softening agent

适用于化纤织物服装、纯毛织物抗静电、柔软整理

【生产厂】[浙]杭州杭云精细化工有限公司〈P1918〉;[鲁]龙口市华瑞新材料科技有限公司〈P2111〉

新型阳离子柔软剂;二烷基醚羟乙基甲基硫酸甲酯胺　P02011411

New type cation softener

广泛应用于护发素、焗油、家庭及工业用柔软剂中

【生产厂】[津]天津市西青区大业助剂厂(360 吨)〈P1607〉

阳离子柔软剂　P02011451

Cation softener

【生产厂】[浙]杭州余杭艾迪精细化工研究所〈P1925〉;[粤]广州市裕典化工有限公司〈P2267〉

织物柔顺剂　P02011601

Weave complaisant agent

用作化学织物的柔软处理剂

【生产厂】[京]北京金鱼科技股份有限公司〈P1552〉;[津]天津碧珍日化有限公司〈P1570〉

羊毛柔软剂　P02011651

Softener for wool

用于羊毛多功能整理

【生产厂】[辽]辽阳东宝力化学建材有限公司〈P1709〉;[浙]宁波润禾化学工业有限公司〈P1932〉

羊绒柔软剂　P02011691

Pashm softener

用于羊绒、棉、人造纤维及其混纺织物,能增加其光泽及优美的平滑柔软触感

【生产厂】[苏]张家港市国泰华荣化工新材料有限公司〈P1912〉;[浙]杭州余杭艾迪精细化工研究所〈P1925〉;[皖]黄山市强力化工有限公司〈P1981〉

平滑柔软剂　P02011701

Smoothness softener

用于毛腈混纺丝光、涤纶织物、植绒布、牛毛绒、丝光羊毛、绵羊绒等

【生产厂】[苏]张家港市国泰华荣化工新材料有限公司〈P1912〉;[浙]杭州龙兴化工助剂有限公司〈P1921〉;杭州康臣有机硅有限公司〈P1920〉;嘉兴市雀屏化工有限公司〈P1942〉;宁波润禾化学工业有限公司〈P1932〉;[粤]东莞市恒业助剂有限公司〈P2280〉

有机硅平滑剂　P02011791

Organic silicon slipping agent

适用于棉织物、聚酯/棉混纺织物和腈纶混纺织物的后整理

【生产厂】[苏]苏州百氏高化工有限公司〈P1899〉;张家港市国泰华荣化工新材料有限公司〈P1912〉;南通科兴化工有限公司〈P1834〉

弹性柔软剂　P02011801

Elastic softener

用于棉、合成纤维及其混纺织物

【生产厂】[浙]杭州余杭艾迪精细化工研究所〈P1925〉

柔软剂 C　P02011901

Softener C

用作织物的柔软处理剂

【生产厂】[津]天津达一化工技术有限公司(1000 吨)〈P1571〉;[鲁]潍坊瑞光化工有限公司〈P2103〉;莱州市晨宏化工有限公司〈P2109〉

亲水性柔软剂　P02012351

Hydrophilic softener

用于各种织物的后整理加工,能有效地改善助剂的亲水平滑性

【生产厂】[沪]上海沛轩纳米科技发展有限公司〈P1755〉;[苏]无锡华氏化学有限公司〈P1873〉;宜兴市屺亭化工厂〈P1886〉;南通远大生物科技发展有限公司〈P1836〉;[鲁]淄博金鲁染料化工有限公司〈P2063〉

柔软剂 ES　P02012901

Softener ES

用作腈纶等合成纤维的柔软处理剂

【生产厂】[浙]上虞市国泰化工有限公司〈P1948〉

柔软剂 EST P02013001
Softener EST
适用于聚丙烯腈纤维的柔软处理
【生产厂】[沪]上海威星化工有限公司〈P1769〉;[苏]宜兴市腾星化工有限公司〈P1887〉;[浙]绍兴县海天助剂制造有限公司〈P1949〉;上虞市国泰化工有限公司〈P1948〉

柔软剂 FC P02013101
Softener FC
用作织物的柔软处理剂
【生产厂】[沪]上海天坛助剂有限公司(500 吨)〈P1767〉

柔软剂 HC P02013301
Softener HC
用于针棉织物、聚酰胺及腈纶纤维等织物的柔软整理
【生产厂】[蒙]赤峰市东方化工染料助剂厂〈P1682〉;[沪]上海天坛助剂有限公司(500 吨)〈P1767〉;[苏]苏州荣亿达化工有限公司〈P1902〉;江都市天和化工有限公司〈P1815〉;海安县苏北化工有限公司〈P1829〉;[浙]上虞市康特化工有限公司〈P1948〉;[鲁]山东省诸城市鑫盛化工厂〈P2098〉

多功能柔软剂 P02013601
Softener, multi-functional
用于羊毛、棉、涤、腈、黏胶、化纤等柔软化处理
【生产厂】[苏]无锡华氏化学有限公司〈P1873〉;[浙]宁波兴华化学有限公司〈P1934〉

抗菌防霉柔软剂 P02013651
Anti-fungus and anti-mildew softening agent
【生产厂】[沪]上海天坛助剂有限公司〈P1767〉;[苏]苏州志和无纺助剂有限公司〈P1907〉;[闽]福清楷祥纺织助剂有限公司〈P1988〉

超级柔软剂 P02013701
Softener, super
用于单毛丝光防缩、毛麻棉黏胶、化纤等柔软化处理
【生产厂】[沪]上海新纶纺织助剂有限公司〈P1772〉;[浙]杭州余杭艾迪精细化工研究所〈P1925〉

阴离子柔软剂 P02013801
Anion softener
用于内衣、毛巾等织物柔软化处理
【生产厂】[鲁]济南巨业精细化工有限公司〈P2023〉;[粤]广州市裕典化工有限公司〈P2267〉

非离子柔软剂 P02013901
Non-ionic softener
用于棉、人造纤维及其混纺织物,具有平滑柔软之特性,耐热性良好
【生产厂】[浙]杭州余杭艾迪精细化工研究所〈P1925〉;[粤]广州市裕典化工有限公司〈P2267〉

起毛柔软剂 P02014101
Carding softener
用于全涤及混纺织物的起毛,特别是涤纶短密绒的起毛加工
【生产厂】[冀]石家庄市远达化工厂〈P1632〉;[苏]无锡华氏化学有限公司〈P1873〉;[浙]杭州余杭艾迪精细化工研究所〈P1925〉;浙江建德顺发化工助剂有限公司〈P1928〉;浙江上虞市珊瑚化工厂〈P1951〉;[闽]福清楷祥纺织助剂有限公司〈P1988〉

柔软剂 PEN P02014301
Softener PEN
用于印染行业
【生产厂】[沪]上海天坛助剂有限公司(500 吨)〈P1767〉;[浙]上虞市国泰化工有限公司〈P1948〉

柔软剂 SCM P02015001
Softener SCM
用作皮革柔软剂
【生产厂】[沪]上海天坛助剂有限公司(800 吨)〈P1767〉

柔软剂 SG P02015201
Softener SG
主要用作合成纤维在纺丝过程中的柔软剂、润滑性助剂
【生产厂】[津]天津市兴玉工贸有限公司〈P1609〉;天津市东邦助剂有限公司(500 吨)〈P1585〉;天津宏美化工有限公司(400 吨)〈P1573〉;天津市瑞德化工有限公司(400 吨)〈P1601〉;[冀]河北省邢台科王助剂有限公司〈P1642〉;邢台市合成化学厂〈P1643〉;邢台市助剂厂〈P1644〉;[沪]上海锦山化工有限公司〈P1745〉;[苏]江苏凌飞化工有限公司〈P1865〉;[浙]绍兴县海天助剂制造有限公司〈P1949〉;浙江皇马化工集团有限公司〈P1950〉

柔软剂 SG-6 P02015301
Softener SG-6
在合成纤维纺丝过程中用作柔软润滑剂
【生产厂】[津]天津宏美化工有限公司(500 吨)〈P1573〉;[冀]邢台市蓝天精细化工有限公司〈P1643〉;[苏]海安县正达化工厂〈P1829〉;[浙]杭州萧山二江精细化工有限公司〈P1924〉;[粤]东莞天傲化工有限公司〈P2281〉

氨纶防黄剂 P02015701
Yellow prevent agent for amino fiber
用于氨纶防变黄
【生产厂】[沪]上海新浦化工厂有限公司〈P1772〉;上海大祥化学工业有限公司〈P1731〉;[鲁]烟台创业高科技有限公司〈P2116〉;烟台开发区星火化工有限公司(3000 吨)〈P2117〉;[粤]广州许氏三彩塑胶颜料厂〈P2268〉

柔软剂 P02015801
Softener
广泛用于棉、毛、丝绸、合纤及其混纺织物、针织品等柔软整理
【生产厂】[津]天津先光化工有限公司(1000 吨)〈P1616〉;天津市精细化学制剂厂(400 吨)〈P1596〉;天津达一琦精细化工有限公司(3000 吨)〈P1571〉;[冀]河北省晋州市鑫达化工有限公司〈P1621〉;[辽]大连中山化工有限公司〈P1695〉;[沪]上海天坛助剂有限公司〈P1767〉;[苏]常州汉斯化学品有限公司〈P1847〉;宜兴市星石纺织助剂有限公司〈P1887〉;江阴市尼美达助剂有限公司〈P1870〉;苏州超宇纺织化工有限公司〈P1899〉;张家港市国泰华荣化工新材料有限公司〈P1912〉;连云港优利纺织助剂有限公司〈P1800〉;射阳永双助剂有限公司〈P1809〉;江都市天和化工有限公司〈P1815〉;江都市海龙化工助剂有限公司〈P1814〉;江苏省泰兴市中纺助剂厂〈P1822〉;南通科兴化

工有限公司〈P1834〉;南通斯恩特精细化工有限公司〈P1835〉;江苏省海安石油化工厂〈P1831〉;[浙]杭州九鼎化工有限公司〈P1919〉;杭州下沙经济开发区中联化工有限公司〈P1923〉;杭州康臣有机硅有限公司〈P1920〉;杭州华欣工贸有限公司〈P1919〉;杭州杭云精细化工有限公司〈P1918〉;杭州萧山新发助剂厂〈P1924〉;杭州美高华颐化工有限公司〈P1921〉;绍兴县光耀化工助剂厂〈P1949〉;上虞市康特化工有限公司〈P1948〉;绍兴市应用化学研究所〈P1949〉;浙江上虞市珊瑚化工厂〈P1951〉;浙江省上虞市杜浦化工厂〈P1951〉;嘉兴市江南化工厂(700 吨)〈P1941〉;嘉善县合力精细化工厂〈P1940〉;[皖]安徽省蚌埠市鑫盛精细化工有限责任公司〈P1975〉;[闽]福清楷祥纺织助剂有限公司〈P1988〉;[赣]南昌天时化工有限公司〈P2010〉;[鲁]淄博金鲁染料化工有限公司〈P2063〉;临朐县九鼎化工有限公司(200 吨)〈P2090〉;烟台开发区三贡化工有限公司〈P2117〉;山东志达化工有限公司(800 吨)〈P2078〉;[豫]安阳市曙光化工厂(600 吨)〈P2209〉;许昌凯特精细化工厂〈P2218〉;临颍县颍华技术开发有限公司(100 吨)〈P2220〉;[粤]广州庄杰化工有限公司〈P2268〉;汕头市盛腾助剂有限公司〈P2277〉;珠海市裕洲精细化工有限公司〈P2275〉;东莞市德能化工有限公司〈P2279〉;广东德美精细化工股份有限公司〈P2290〉;百宁纺织化工(中山)有限公司〈P2282〉

【使用厂】[鲁]淄博奥威粘合剂有限公司〈P2058〉

柔软剂 SE-10　P02015811

Softener SE-10

适用于化妆品、膏体鞋油等产品乳化,并且有增稠作用

【生产厂】[津]天津市兴玉工贸有限公司〈P1609〉;天津市东邦助剂有限公司(500 吨)〈P1585〉

丝绸柔软剂　P02016151

Silk softener

【生产厂】[浙]杭州康臣有机硅有限公司〈P1920〉

纤维素酶;中性纤维素酶　P02016401

Neutral cellulase

适用于纺织、服装、酿造、食品、造纸等行业

【生产厂】[津]天津伊科拜尔生物添加剂有限公司〈P1616〉;[苏]常州市东南开发区兴阳生物助剂有限公司〈P1850〉;江苏华昌(集团)有限公司〈P1893〉;张家港市金源生物化工有限公司〈P1913〉;连云港元升实业有限公司〈P1800〉;[鲁]淄博国澳生物技术有限公司〈P2060〉;山东省沂水隆大生物工程有限责任公司〈P2151〉

碱性纤维素酶　P02016601

Basic cellulase

在中成药提取、环保治理、食品加工、石油工业、造纸等方面是重要原辅料和促进剂

【生产厂】[豫]河南仰韶生化工程有限公司(2000 吨)〈P2221〉

腈纶柔软剂　P02017001

Softener for acrylon

用于腈纶及毛腈混纺织物的柔软处理

【生产厂】[浙]杭州奔马化学制品有限公司〈P1916〉

织物整理剂　P02017401

Finishing agent for fabric

用于织物整理,可赋予织物柔软、丰满、滑爽、手感好、富有弹性等优点,并且可提高其强度、耐皱性等

【生产厂】[苏]常州汉斯化学品有限公司〈P1847〉;江阴市尼美达助剂有限公司〈P1870〉;张家港市国泰华荣化工新材料有限公司〈P1912〉;[鲁]高密市明星化工有限公司〈P2089〉;[粤]东莞市德能化工有限公司〈P2279〉

滑爽整理剂　P02017411

Smooth finishing agent

用于各种织物增加滑爽度、抗折及弹性

【生产厂】[苏]南通远大生物科技发展有限公司〈P1836〉;[浙]浙江化工科技集团有限公司精细化工厂〈P1927〉;杭州琦巧化工有限公司〈P1921〉;上虞市康特化工有限公司〈P1948〉

6FS 有机硅织物整理剂;非离子型羟基硅油乳液　P02017501

Organic silicon finishing agent 6FS for fabric

用作纺织后整理剂

【生产厂】[苏]江都市江北有机硅化工有限公司〈P1814〉;[闽]厦门汉旭化工有限公司(100 吨)〈P1992〉

阳离子羟基硅油乳液　P02017511

Cation hydroxy silicone oil emulsion

广泛用于棉、毛、麻、丝等各种合纤及混纺织物的整理

【生产厂】[津]天津市神悦科技发展有限公司(1000 吨)〈P1601〉;[苏]射阳永双助剂有限公司〈P1809〉;[鲁]烟台创业高科技有限公司〈P2116〉;[鄂]武汉天目科技发展有限责任公司〈P2233〉

阴离子羟基硅油乳液　P02017521

Anion hydroxy silicone oil emulsion

广泛用于棉、毛、麻、丝等各种合纤及混纺织物的整理

【生产厂】[津]天津市神悦科技发展有限公司(500 吨)〈P1601〉;[苏]射阳永双助剂有限公司〈P1809〉;[浙]杭州吉驰达有机硅有限公司〈P1919〉;[鲁]淄博津利精细化工厂(2000 吨)〈P2063〉;烟台创业高科技有限公司〈P2116〉;青岛市平度山林染料化工有限公司〈P2042〉;[鄂]武汉天目科技发展有限责任公司〈P2233〉

羧基改性硅油乳液　P02017551

Carboxy modified silicone oil emulsion

用于纺织助剂、涂料添加剂、平滑剂、脱模剂、防污剂等

【生产厂】[浙]杭州包尔得有机硅有限公司〈P1915〉

砂洗柔软剂　P02017602

Sand-washing softener

适用于丝绸、棉、涤棉、人棉、苎麻以及化纤织物的砂洗工艺

【生产厂】[苏]宜兴市腾星化工有限公司〈P1887〉;宜兴市屺亭化工厂〈P1886〉;江都市天和化工有限公司〈P1815〉;江苏省泰兴市中纺助剂厂〈P1822〉

氨基改性聚二甲基硅氧烷;柔软整理剂;氨基改性硅油　P02018701

Amino modified polydimethylsiloxane

用于高捻、高精纺厚织物柔软整理,毛纺丝绸、麻纺织物柔软整理后成品品质特佳

【生产厂】[冀]石家庄市远达化工厂〈P1632〉;[沪]上海天坛助剂有限公司〈P1767〉;[苏]常州市灵达化学品有限公司〈P1852〉;江都市海龙化工助剂有限公司〈P1814〉;[浙]上虞市康特化工有限公司〈P1948〉;浙江信越精细化工有限公司〈P1944〉;宁波润禾化学工业有限公司〈P1932〉;[鲁]威海赛奥化工有限公司(200 吨)〈P2125〉

氨基硅油 P02018711

Amino-modified silicone oil

适用于各种纤维织物,特别是涤纶、涤棉及涤棉混纺织物提高柔滑挺弹度的后整理

【生产厂】[京]蓝星化工新材料股份有限公司〈P1567〉;北京林氏精化新材料有限公司〈P1555〉;[冀]河北省晋州市鑫达化工有限公司〈P1621〉;[吉]磐石市大田化工助剂研究所〈P1717〉;[沪]上海天坛助剂有限公司〈P1767〉;[苏]无锡市全立化工有限公司〈P1878〉;宜兴市腾星化工有限公司〈P1887〉;张家港市国泰华荣化工新材料有限公司〈P1912〉;[浙]杭州包尔得有机硅有限公司〈P1915〉;杭州萧山新发助剂厂〈P1924〉;上虞市国泰化工有限公司〈P1948〉;浙江省上虞市杜浦化工厂〈P1951〉;嘉兴市江南化工厂(150 吨)〈P1941〉;嘉善县合力精细化工厂〈P1940〉;宁波东方永宁化工科技有限公司〈P1930〉;宁波兴华化学有限公司〈P1934〉;[皖]安徽省蚌埠市鑫盛精细化工有限责任公司〈P1975〉;蚌埠市新瑞有机硅有限公司〈P1976〉;蚌埠伊锐精细化工有限公司〈P1976〉;[赣]江西星火化工厂〈P2012〉;[鲁]威海赛奥化工有限公司(1500 吨)〈P2125〉;青岛市平度山林染料化工有限公司〈P2042〉;[粤]广州聚成兆业有机硅原料中心〈P2262〉;增城市亿克有机硅有限公司(100 吨)〈P2268〉;深圳市明水生物化工有限公司〈P2272〉;深圳市淳昌科技有限公司〈P2270〉;深圳市吉鹏硅氟材料有限公司〈P2271〉;东莞福斯特织物整理剂有限公司〈P2278〉;南海市利达有机硅有限公司〈P2291〉;佛山市阳光硅材料有限公司〈P2289〉

【使用厂】[鄂]湖北枣阳四海化工有限公司〈P2237〉

氨基硅油乳液 P02018721

Amino-modified silicone oil emulsion

用于织物后整理中,提高织物的滑爽、弹透气、吸水等性能

【生产厂】[吉]磐石市大田化工助剂研究所〈P1717〉;[沪]上海赛博化工有限公司〈P1759〉;[苏]无锡华氏化学有限公司〈P1873〉;张家港市国泰华荣化工新材料有限公司〈P1912〉;[浙]宁波经济技术开发区希科新材料有限公司〈P1931〉;宁波兴华化学有限公司〈P1934〉;[鲁]淄博火炬精细化工有限公司(2500 吨)〈P2062〉;青岛市平度山林染料化工有限公司〈P2042〉;[鄂]湖北枣阳四海化工有限公司(250 吨)〈P2237〉;[粤]东莞市德能化工有限公司〈P2279〉;佛山市阳光硅材料有限公司〈P2289〉;江门市新会伟奇化工新材料有限公司〈P2286〉

水溶性氨基硅油 P02018731

Water-soluble amino-modified silicone oil

尤其适用于涤纶、纯棉内衣、毛巾、羊毛混纺等织物

【生产厂】[苏]张家港市国泰华荣化工新材料有限公司〈P1912〉

双氨基硅油;双氨基改性聚二甲基硅氧烷 P02018771

Diamino modified polydimethylsiloxane

主要作拒水剂、纱线润滑剂、柔软剂、涂层涂饰剂、纤维填充物、纤维填充物油剂、纤维前处理剂、柔软剂等

【生产厂】[苏]宜兴市星石纺织助剂有限公司〈P1887〉

超滑爽氨基硅油 P02018791

Amino-modified silicone oil, super-slipperiness

适用于纯棉、纯毛、麻、合纤及其混纺织物、针织品的柔软、平滑整理

【生产厂】[苏]宜兴市高塍助剂厂有限公司〈P1884〉;江都市海龙化工助剂有限公司〈P1814〉;[粤]佛山市阳光硅材料有限公司〈P2289〉

氨基硅油柔软剂;超柔软氨基硅油 P02018911

Amino-modified silicone oil softener

适用于纯棉、纯毛、麻、合纤及其混纺织物、针织品的柔软、平滑整理

【生产厂】[苏]苏州百氏高化工有限公司〈P1899〉;江都市海龙化工助剂有限公司〈P1814〉;海安县苏北化工有限公司〈P1829〉;[浙]杭州包尔得有机硅有限公司〈P1915〉;杭州华欣工贸有限公司〈P1919〉;绍兴县海天助剂制造有限公司〈P1949〉;上虞市斯莫有机化学研究所〈P1948〉;浙江上虞市珊瑚化工厂〈P1951〉;宁波兴华化学有限公司〈P1934〉;[鲁]济南巨业精细化工有限公司〈P2023〉;[粤]广州市珠江精细化工厂〈P2267〉;东莞市恒业助剂有限公司〈P2280〉;东莞市德能化工有限公司〈P2279〉;佛山市阳光硅材料有限公司〈P2289〉

蓬松柔软剂 P02019101

Fluffy softening agent

适用各种纤维织物提高蓬松柔软以及弹性的后整理

【生产厂】[冀]河北省晋州市鑫达化工有限公司〈P1621〉;[苏]无锡华氏化学有限公司〈P1873〉;宜兴市腾星化工有限公司〈P1887〉;苏州百氏高化工有限公司〈P1899〉;[浙]杭州康臣有机硅有限公司〈P1920〉;嘉兴市雀屏化工有限公司〈P1942〉;[鲁]济南巨业精细化工有限公司〈P2023〉

远红外整理剂 P02019201

Far-infrared finishing agent

适用于棉、毛、黏胶织物远红外整理,可使其远红外发射率达 86% 以上,手感柔软

【生产厂】[浙]杭州琦巧化工有限公司〈P1921〉

匀染剂 P02020100

Levelling agent

用于织物的匀染整理

【生产厂】[津]天津市神悦科技发展有限公司(500 吨)〈P1601〉;天津达一琦精细化工有限公司〈P1571〉;[冀]河北省晋州市鑫达化工有限公司〈P1621〉;[辽]大连市轻化工研究所〈P1694〉;[沪]上海天坛助剂有限公司(150 吨)〈P1767〉;上海赛博化工有限公司〈P1759〉;[苏]无锡华氏化学有限公司〈P1873〉;苏州百氏高化工有限公司〈P1899〉;射阳永双助剂有限公司〈P1809〉;江苏省泰兴市中纺助剂厂〈P1822〉;南通斯恩特精细化工有限公司〈P1835〉;[浙]杭州赛乐化工有限公司〈P1922〉;杭州下沙经济开发区中联化工有限公司〈P1923〉;杭州余杭艾迪精细化工研究所〈P1925〉;绍兴市应用化学研究所〈P1949〉;[鲁]淄博火炬精细化工有限公司(800 吨)〈P2062〉;烟台开发区三贡化工有限公司〈P2117〉;[粤]广州庄杰化工有限公司〈P2268〉;汕头市盛腾助剂有限公司〈P2277〉;东莞

市德能化工有限公司〈P2279〉；百宁纺织化工（中山）有限公司〈P2282〉

匀染剂 102；脂肪醇聚氧乙烯醚 102 P02020101

Levelling agent 102

用作碱性或直接染料的匀染剂

【生产厂】［冀］邢台市合成化学厂〈P1643〉；邢台市蓝天精细化工有限公司〈P1643〉；邢台市助剂厂〈P1644〉；［沪］中国石油化工股份有限公司上海高桥分公司〈P1780〉

酸性匀染剂 P02020291

Acid dyestuff levelling agent

用作酸性染料染尼龙、锦/棉和羊毛时的匀染剂

【生产厂】［沪］上海天坛助剂有限公司〈P1767〉；上海祺瑞纺织化工有限公司〈P1756〉；［苏］无锡华氏化学有限公司〈P1873〉；宜兴市腾星化工有限公司〈P1887〉；射阳永双助剂有限公司〈P1809〉；南通斯恩特精细化工有限公司〈P1835〉；［浙］杭州九鼎化工有限公司〈P1919〉；杭州龙兴化工助剂有限公司〈P1921〉；杭州奔马化学制品有限公司〈P1916〉；杭州琦巧化工有限公司〈P1921〉；杭州杭云精细化工有限公司〈P1918〉；［闽］福清楷祥纺织助剂有限公司〈P1988〉；［鲁］莱州市晨宏化工有限公司〈P2109〉；［粤］广东德美精细化工股份有限公司〈P2290〉

高温匀染剂 BOF P02020301

High temperature levelling agent BOF

适用于涤纶及涤/棉混纺的纱或织物的高温高压染色

【生产厂】［辽］辽阳市虹波化工有限公司〈P1711〉；［沪］上海天坛助剂有限公司(1000 吨)〈P1767〉；［浙］绍兴县海天助剂制造有限公司〈P1949〉；上虞市康特化工有限公司〈P1948〉；上虞市国泰化工有限公司〈P1948〉；浙江上虞市珊瑚化工厂〈P1951〉；浙江省上虞市杜浦化工厂〈P1951〉

匀染剂 DC P02020401

Levelling agent DC

用作阴离子染料的匀染剂，腈纶、醋酸纤维等的柔软剂

【生产厂】［沪］上海天坛助剂有限公司(200 吨)〈P1767〉；［浙］上虞市国泰化工有限公司〈P1948〉

匀染剂 GS P02020501

Levelling agent GS

用于印染行业

【生产厂】［沪］上海天坛助剂有限公司(500 吨)〈P1767〉；［苏］南通斯恩特精细化工有限公司〈P1835〉

匀染剂 O；平平加 O；乳化剂 O P02020601

Levelling agent O

用作扩散剂、匀染剂、静电防止剂及乳化剂等

【生产厂】［津］天津市宝坻区港飞助剂有限公司〈P1579〉；天津宏美化工有限公司(300 吨)〈P1573〉；［冀］石家庄市海森化工有限公司〈P1629〉；邢台市蓝天精细化工有限公司〈P1643〉；［黑］佳木斯市北星有机化工有限责任公司〈P1724〉；［沪］上海威呈化工有限公司〈P1769〉；中国石油化工股份有限公司上海高桥分公司〈P1780〉；上海天坛助剂有限公司(800 吨)〈P1767〉；上海锦山化工有限公司〈P1745〉；［苏］江苏冠洋精细化工有限公司〈P1865〉；江苏凌飞化工有限公司(1500 吨)〈P1865〉；宜兴市芳桥镇江南化工厂〈P1884〉；宜兴市芳霞化工有限公司〈P1884〉；海安县正达化工厂〈P1829〉；江苏省海安石油化工厂〈P1831〉；海安县苏北化工有限公司〈P1829〉；［浙］杭州萧山三江精细化工有限公司〈P1924〉；绍兴县海天助剂制造有限公司〈P1949〉；绍兴县光耀化工助剂厂〈P1949〉；上虞市康特化工有限公司〈P1948〉；浙江上虞市珊瑚化工厂〈P1951〉；浙江省上虞市杜浦化工厂〈P1951〉；［粤］东莞天傲化工有限公司〈P2281〉

超细纤维匀染剂 P02020801

Levelling agent for superfine fibre

用于超细旦涤纶织物高温染色

【生产厂】［苏］宜兴市腾星化工有限公司〈P1887〉；射阳永双助剂有限公司〈P1809〉

匀染剂 S P02021001

Levelling agent S

用作羊毛织物匀染剂，电镀工业作渗透剂

【生产厂】［浙］宁波兴华化学有限公司〈P1934〉

高温匀染剂 SE P02021201

High temperature levelling agent SE

用于涤纶织物或纱线在高温高压机器染色时的匀染

【生产厂】［辽］大连市轻化工研究所〈P1694〉

脂肪醇聚氧乙烯醚(N=3)；AEO3；平平加(N=3)；乳化剂 AEO-3 P02021511

Fatty alcohol polyoxyethylene ether N=3

广泛用于洗涤剂行业，用于三氧化硫磺化生产 AES

【生产厂】［津］天津市兴玉工贸有限公司〈P1609〉；［冀］邢台市蓝天精细化工有限公司〈P1643〉；［浙］绍兴县海天助剂制造有限公司〈P1949〉；［鲁］青岛石喜精细化工有限公司〈P2042〉

【使用厂】［沪］上海经纬化工有限公司〈P1745〉

脂肪醇聚氧乙烯醚(N=9)；AEO9；平平加(N=9)；乳化剂 AEO-9 P02021521

Fatty alcohol polyoxyethylene ether N=9

广泛用于洗涤剂行业，常用于配制洗衣粉等

【生产厂】［冀］邢台市蓝天精细化工有限公司〈P1643〉；［苏］南京卡尼尔科技有限责任公司〈P1786〉；［浙］绍兴县海天助剂制造有限公司〈P1949〉；上虞市康特化工有限公司〈P1948〉；［鲁］青州贝特化工有限公司〈P2090〉；青岛石喜精细化工有限公司〈P2042〉

脂肪醇聚氧乙烯醚(N=20)；AEO20；平平加(N=20) P02021531

Fatty alcohol polyoxyethylene ether N=20

广泛应用于配制工业助剂，主要用于纺织行业匀染剂、纺织助剂等

【生产厂】［鲁］青岛石喜精细化工有限公司〈P2042〉

脂肪醇聚氧乙烯醚(N=7)；平平加(N=7)；AEO7 P02021551

Fatty alcohol polyoxyethylene ether N=7

广泛用作洗涤剂和乳化剂等

【生产厂】［津］天津市兴玉工贸有限公司〈P1609〉；［冀］邢台市蓝天精细化工有限公司〈P1643〉；［鲁］青岛石喜精细化工有限公司〈P2042〉

平平加 O-15；脂肪醇聚氧乙烯醚 O-15 P02021601
Fatty alcohol polyoxyethylene ether O-15
在印染上作匀染剂和扩散剂
【生产厂】[津]天津市宝坻区港飞助剂有限公司〈P1579〉；[吉]吉林众鑫化工有限公司〈P1716〉；[浙]绍兴县海天助剂制造有限公司〈P1949〉；上虞市康特化工有限公司〈P1948〉

平平加 O-9；脂肪醇聚氧乙烯醚 O-9 P02021611
Fatty alcohol polyoxyethylene ether O-9
广泛用于配制民用及工业洗涤剂，也是玻璃抽丝油剂的乳化剂
【生产厂】[津]天津市宝坻区港飞助剂有限公司〈P1579〉；[冀]河北省邢台科王助剂有限公司〈P1642〉；邢台市合成化学厂〈P1643〉；邢台市助剂厂〈P1644〉

平平加 O-10；脂肪醇聚氧乙烯醚 O-10 P02021621
Fatty alcohol polyoxyethylene ether O-10
可作为化纤纺织油剂的有效组分，还广泛用于配制工业、民用及金属清洗剂等
【生产厂】[冀]邢台市合成化学厂〈P1643〉

平平加 O-20；脂肪醇聚氧乙烯醚 O-20 P02021701
Fatty alcohol polyoxyethylene ether O-20; Peregal O-20 [9002-92-0]
用作酸、碱、中性染料的匀染剂及洗涤剂
【生产厂】[津]天津市宝坻区港飞助剂有限公司〈P1579〉；天津市兴玉工贸有限公司〈P1609〉；[冀]邢台市合成化学厂〈P1643〉；邢台市蓝天精细化工有限公司〈P1643〉；[鲁]青岛石喜精细化工有限公司〈P2042〉

平平加 OS-15；脂肪醇聚氧乙烯(15)醚 P02021801
Fatty alcohol polyoxyethylene ether OS 15; Peregal OS-15
用于印染、玻璃纤维、农药及医药等行业
【生产厂】[津]天津市北仁化工助剂有限公司〈P1580〉；天津市兴玉工贸有限公司〈P1609〉；[冀]石家庄市海森化工有限公司〈P1629〉；河北省邢台科王助剂有限公司〈P1642〉；邢台市合成化学厂〈P1643〉；邢台市蓝天精细化工有限公司〈P1643〉；[浙]杭州萧山三江精细化工有限公司〈P1924〉
【使用厂】[鲁]潍坊市亚东化工有限公司〈P2105〉

油酸聚氧乙烯酯；乳化剂 OE P02021811
Polyoxyethylene oleate [9004-96-0]
用于乳化剂、柔软剂
【生产厂】[黑]佳木斯市北星有机化工有限责任公司〈P1724〉；[苏]江阴市华元化工有限公司〈P1869〉；[浙]浙江皇马化工集团有限公司〈P1950〉；[粤]东莞天傲化工有限公司〈P2281〉

羊毛匀染剂 P02021901
Levelling agent for wool
用作毛织物的匀染助剂
【生产厂】[苏]射阳永双助剂有限公司〈P1809〉；江苏省海安石油化工厂〈P1831〉

十二烷基二甲基苄基氯化铵；1227；表面活性剂 1227；匀染剂 1227；苯扎氯铵；洁尔灭；杀菌剂 1227 P02022001
Dodecyl dimethyl benzyl ammonium chloride; Benzalkonium chloride [139-07-1]
用作腈纶匀染剂、印染织物缓染剂、油田油井杀菌剂、冷却水系统杀菌灭藻剂、医疗器械消毒剂等
【生产厂】[京]北京益利精细化学品有限公司〈P1565〉；北京市高丽工贸有限责任公司〈P1559〉；北京化友工贸有限公司〈P1550〉；[津]天津市北仁化工助剂有限公司〈P1580〉；天津市安庆精细化工有限公司(1000吨)〈P1578〉；天津市浩元精细化工有限公司(500吨)〈P1588〉；天津市奔澎表面化学助剂厂(500吨)〈P1581〉；天津市西青区大业助剂厂(200吨)〈P1607〉；[冀]廊坊电力树脂有限公司〈P1660〉；廊坊天和化工建材有限公司〈P1661〉；[辽]辽阳市富鑫化工有限公司〈P1710〉；辽宁科隆化工实业有限公司〈P1709〉；铁岭远能化工有限公司〈P1713〉；[沪]上海升纬化工原料有限公司〈P1762〉；上海未来企业有限公司〈P1770〉；上海桑迪精细化工研究所〈P1760〉；[苏]南京纳科水处理技术有限公司〈P1787〉；南京宏桥精细化工科技开发有限公司(1000吨)〈P1784〉；常州中南化工有限公司〈P1858〉；常州市霞峰化学材料公司〈P1855〉；江苏省金坛市西南化工研究所〈P1860〉；宜兴市腾星化工有限公司〈P1887〉；江苏鑫源生化科技发展有限公司〈P1866〉；宜兴市屺亭化工厂〈P1886〉；江苏飞翔化工(张家港)有限公司(3000吨)〈P1893〉；盐城百瑞特精化有限公司〈P1809〉；扬州立达树脂有限公司〈P1818〉；如皋市万利化工有限责任公司〈P1838〉；海安县国力化工有限公司〈P1829〉；海安县苏北化工有限公司〈P1829〉；[浙]杭州奔马化学制品有限公司〈P1916〉；杭州杭云精细化工有限公司〈P1918〉；绍兴县光耀化工助剂厂〈P1949〉；上虞市康特化工有限公司〈P1948〉；上虞市国泰化工有限公司〈P1948〉；浙江上虞市珊瑚化工厂〈P1951〉；浙江省上虞市杜浦化工厂〈P1951〉；[鲁]山东化友科技服务中心〈P2028〉；济南华泰科技发展有限公司(400吨)〈P2022〉；济南巨业精细化工有限公司〈P2023〉；淄博海杰化工有限公司〈P2060〉；淄博森杰化工助剂有限公司〈P2067〉；淄博市博山东方化工厂(300吨)〈P2067〉；淄博瑞爱特化工有限责任公司〈P2066〉；邹平县鲁津化工有限公司(400吨)〈P2158〉；山东省桓台县金龙化工有限公司(200吨)〈P2054〉；淄博桓台祥龙化工有限公司(500吨)〈P2062〉；山东长链化学有限公司〈P2155〉；山东富斯特化工有限公司〈P2155〉；山东省滨州天欧机化有限责任公司〈P2156〉；潍坊瑞光化工有限公司〈P2103〉；青岛三凯化工有限公司〈P2041〉；泰安市大禹化工有限责任公司(100吨)〈P2137〉；泰安华威消毒剂有限公司〈P2137〉；济宁新格瑞水处理有限公司(150吨)〈P2129〉；山东省泰和水处理有限公司(500吨)〈P2077〉；山东天立集团枣庄康净化工有限公司(2000吨)〈P2078〉；[豫]新乡市聚星龙水处理厂(1000吨)〈P2205〉；焦作电力集团奥星化工有限公司(500吨)〈P2195〉；南乐县鑫丰化工有限公司(800吨)〈P2213〉；洛阳市洛滨化工有限公司〈P2185〉；洛阳市英东化工有限公司〈P2186〉；河南电力益源化工有限责任公司〈P2221〉；[粤]广州市荟普新材料有限公司〈P2264〉；[川]四川省雅化实业有限责任公司〈P2336〉；[新]克拉玛依新科澳化工(集团)有限责任公司〈P2365〉

十四烷基二甲基苄基溴化铵 P02022009
Tetradecyl dimethylbenzyl ammonium bromide
【生产厂】[苏]江苏省金坛市西南化工研究所〈P1860〉；江苏

飞翔化工(张家港)有限公司〈P1893〉;如皋市万利化工有限责任公司〈P1838〉

十六烷基二甲基苄基溴化铵　P02022010

Hexadecyldimethylbenzylammonium bromide

【生产厂】[苏]江苏飞翔化工(张家港)有限公司〈P1893〉;如皋市万利化工有限责任公司〈P1838〉

阳离子表面活性剂　P02022011

Cationic surface active agent

用作织物柔软剂、油漆油墨印刷助剂、抗静电剂、杀菌剂、沥青乳化剂

【生产厂】[沪]华界化学(上海)有限公司〈P1726〉;[闽]福建省建阳金石氟业有限公司〈P2003〉;[鲁]博兴县华鑫助剂厂〈P2155〉;[粤]广州市天赐高新材料科技有限公司〈P2266〉

【使用厂】[苏]盐城市金雨科技有限公司〈P1811〉;[鲁]淄博奥威粘合剂有限公司〈P2058〉;新时代(济南)民爆科技产业有限公司〈P2030〉

十八烷基二甲基苄基溴化铵　P02022012

Octadecyldimethylbenzyl ammonium bromide [1120-02-1]

用作表面活化剂

【生产厂】[苏]如皋市万利化工有限责任公司〈P1838〉

双十二烷基二甲基氯化铵;D1221　P02022021

Didodecyl dimethyl ammonium chloride

有优良的抗静电和防腐蚀性,有较好的分散、乳化、起泡作用,也可用作生产餐巾纸和卫生纸的助剂

【生产厂】[苏]如皋市万利化工有限责任公司〈P1838〉;[闽]厦门市先端科技有限公司〈P1993〉

双十四烷基二甲基氯化铵　P02022026

Ditetradecyl dimethyl ammonium chloride

【生产厂】[苏]如皋市万利化工有限责任公司〈P1838〉;[闽]厦门市先端科技有限公司〈P1993〉

双十六烷基二甲基氯化铵　P02022029

Bihexadecyl dimethyl ammonium chloride

【生产厂】[苏]如皋市万利化工有限责任公司〈P1838〉;[闽]厦门市先端科技有限公司〈P1993〉;[川]四川泸天化股份有限公司〈P2323〉

双十八烷基二甲基氯化铵;DDAC;D1821　P02022031

Dimethyldioctadecylammonium chloride; Distearyldimethylammonium chloride [107-64-2]

可适用于织物柔软剂、头发调理剂、释放剂等,具有柔软,调理,抗静电作用

【生产厂】[津]天津先光化工有限公司(500吨)〈P1616〉;[苏]如皋市万利化工有限责任公司〈P1838〉;[闽]厦门市先端科技有限公司〈P1993〉;[鲁]博兴华润油脂化学有限公司(1万吨)〈P2154〉;山东长链化学有限公司(600吨)〈P2155〉;山东富斯特化工有限公司〈P2155〉;[粤]广州市荟普新材料有限公司〈P2264〉

双十二烷基二甲基溴化铵;D1222　P02022041

Didodecyl dimethyl ammonium bromide [3282-73-3]

【生产厂】[苏]江苏飞翔化工(张家港)有限公司〈P1893〉;如皋市万利化工有限责任公司〈P1838〉;[闽]厦门市先端科技有限公司〈P1993〉

双十四烷基二甲基溴化铵　P02022045

Ditetradecyl dimethyl ammonium bromide

【生产厂】[苏]如皋市万利化工有限责任公司〈P1838〉;[闽]厦门市先端科技有限公司〈P1993〉

双十六烷基二甲基溴化铵　P02022047

Bihexadecyl dimethyl ammonium bromide

【生产厂】[苏]如皋市万利化工有限责任公司〈P1838〉;[闽]厦门市先端科技有限公司〈P1993〉

双十八烷基二甲基溴化铵　P02022049

Dioctadecyl dimethyl ammonium bromide

【生产厂】[闽]厦门市先端科技有限公司〈P1993〉

双八烷基二甲基氯化铵;双辛基二甲基氯化铵　P02022051

Dioctyl dimethyl ammonium chloride [5538-94-3]

【生产厂】[苏]江苏飞翔化工(张家港)有限公司〈P1893〉;如皋市万利化工有限责任公司〈P1838〉;[闽]厦门市先端科技有限公司〈P1993〉

双八烷基二甲基溴化铵;D821Br;双辛烷基二甲基溴化铵　P02022071

Dioctyl dimethyl ammonium bromide

用作杀菌剂、抗静电剂、缓蚀剂、纤维柔软剂等

【生产厂】[苏]如皋市万利化工有限责任公司〈P1838〉;[闽]厦门市先端科技有限公司〈P1993〉

双十烷基二甲基溴化铵;DDAB　P02022081

Didecyl dimethyl ammonium bromide

用作抗静电剂、缓蚀剂、纤维柔软剂等

【生产厂】[苏]江苏飞翔化工(张家港)有限公司〈P1893〉;如皋市万利化工有限责任公司〈P1838〉;[闽]厦门市先端科技有限公司〈P1993〉

十六烷基二甲基苄基氯化铵　P02022091

Hexadecyl dimethyl benzyl ammonium chloride [122-18-9]

【生产厂】[苏]江苏省金坛市西南化工研究所〈P1860〉;如皋市万利化工有限责任公司〈P1838〉

十四烷基二甲基苄基氯化铵;杀菌灭藻剂 1427　P02022095

Tetradecyl dimethyl benzyl ammonium chloride; Zephiramine [139-08-2]

用于石油、化工、轻纺、机械、冶金和电力企业的水循环系统的杀菌灭藻

【生产厂】[苏]江苏省金坛市西南化工研究所〈P1860〉;江苏鑫源生化科技发展有限公司〈P1866〉;如皋市万利化工有限责任公司〈P1838〉;[鲁]济宁新格瑞水处理有限公司(100吨)〈P2129〉;[豫]焦作市华联化工有限公司(500吨)〈P2196〉;洛阳市洛滨化工有限公司〈P2185〉;洛阳市英东化工有限公司〈P2186〉;河南电力益源化工有限责任公司〈P2221〉;[鄂]武汉海力科技化工有限公司〈P2230〉

涤纶匀染剂　P02022101

Levelling agent for polyester fibre

P

用于涤纶分散染色

【生产厂】[苏]苏州超宇纺织化工有限公司〈P1899〉;[浙]杭州奔马化学制品有限公司〈P1916〉

涤纶分散匀染剂 P02022102

Dispersing and levelling agent for polyester fiber

主要用于各类涤纶纤维在高温、高压染色工艺中作为染色助剂

【生产厂】[苏]江苏省海安石油化工厂〈P1831〉;[浙]杭州龙兴化工助剂有限公司〈P1921〉

高温匀染剂 P02022200

Levelling agent, high temperature

用于聚酯纤维高温、高压染色的匀染剂

【生产厂】[冀]河北省晋州市鑫达化工有限公司〈P1621〉;[苏]无锡华氏化学有限公司〈P1873〉;江都市海龙化工助剂有限公司〈P1814〉;[浙]杭州奔马化学制品有限公司〈P1916〉;杭州杭云精细化工有限公司〈P1918〉;绍兴县光耀化工助剂厂〈P1949〉;浙江省上虞市杜浦化工厂〈P1951〉;[鲁]蓬莱市福鑫化工有限公司〈P2112〉;[粤]汕头市盛腾助剂有限公司〈P2277〉

高温高压匀染剂 P02022300

Levelling agent, high temperature and high pressure

用于高温、高压及常温快速染色

【生产厂】[浙]宁波兴华化学有限公司〈P1934〉

反应性染料匀料剂 P02022351

Reactive dyeing leveller

主要用于活性染料的印染工艺中,属国内匀染剂的领先产品,是活性、酸性、直接、还原染料优良的匀染剂

【生产厂】[浙]上虞市斯莫有机化学研究所(10 吨)〈P1948〉

腈纶匀染剂 P02022901

Levelling agent for acrylon

专用于腈纶匀染

【生产厂】[浙]杭州杭云精细化工有限公司〈P1918〉;[闽]福清楷祥纺织助剂有限公司〈P1988〉;[粤]东莞福斯特织物整理剂有限公司〈P2278〉

腈纶匀染剂 TAN P02022903

Levelling agent TAN for acrylon

主要用于各类腈纶纤维高温高压染色工艺中作为匀染剂

【生产厂】[沪]上海天坛助剂有限公司(500 吨)〈P1767〉;[苏]无锡华氏化学有限公司〈P1873〉;苏州荣亿达化工有限公司〈P1902〉

棉用匀染剂 P02022951

Dye leveller for cotton

用于活性染料、直接染料、硫化染料对棉、黏胶的均匀染色

【生产厂】[沪]上海台界化工有限公司〈P1766〉;[苏]无锡华氏化学有限公司〈P1873〉;宜兴市腾星化工有限公司〈P1887〉;苏州超宇纺织化工有限公司〈P1899〉;苏州百氏高化工有限公司〈P1899〉;[浙]杭州九鼎化工有限公司〈P1919〉;杭州龙兴化工助剂有限公司〈P1921〉;杭州奔马化学制品有限公司〈P1916〉;杭州杭云精细化工有限公司〈P1918〉;宁波兴华化学有限公司〈P1934〉;[闽]福清楷祥纺织助剂有限公司〈P1988〉;[粤]东莞市恒业助剂有限公司〈P2280〉

高温匀染剂 P-10 P02023201

High temperature levelling agent P-10

适用于溢流、经轴 U 型等各种形式的染色机械中,对锦纶染色及涤纶高温高压染色能起匀染作用

【生产厂】[浙]绍兴县海天助剂制造有限公司〈P1949〉;上虞市康特化工有限公司〈P1948〉

匀染剂 OS-15 P02023401

Levelling agent OS-15

用作匀染剂、缓染剂,在金属加工中作油污净洗剂

【生产厂】[浙]上虞市康特化工有限公司〈P1948〉;浙江上虞市珊瑚化工厂〈P1951〉

高温匀染剂 802 P02023901

High temperature levelling agent 802

主要用作分散染料竭染染色法的匀染剂

【生产厂】[苏]宜兴市屺亭化工厂〈P1886〉;[浙]上虞市康特化工有限公司〈P1948〉;浙江上虞市珊瑚化工厂〈P1951〉

平平加 O-25 P02024001

Fatty alcohol polyoxyethylene ether O-25; Peregal O-25

广泛用于印染工业、金属加工、玻璃纤维工业及动植物油类的乳化剂

【生产厂】[冀]河北省邢台科王助剂有限公司〈P1642〉;[苏]江苏省海安石油化工厂〈P1831〉;[鲁]青岛石喜精细化工有限公司〈P2042〉

平平加 SA-20 P02024011

Fatty alcohol polyoxyethylene ether SA-20; Peregal SA-20

用于清洗纺织机械及化工油罐,在石油工业中是硅酸铝催化剂的活化处理剂,在一般工业中用作乳化剂

【生产厂】[津]天津市宝坻区港飞助剂有限公司〈P1579〉;天津市兴玉工贸有限公司〈P1609〉;[冀]河北省邢台科王助剂有限公司〈P1642〉;邢台市合成化学厂〈P1643〉;邢台市蓝天精细化工有限公司〈P1643〉

平平加 A-20;脂肪醇聚氧乙烯(20)醚 P02024021

Fatty alcohol polyoxyethylene ether A-20; Peregal A-20

对硬脂酸、石蜡、矿物油等混合物具有独特的乳化性,并适用于棉、毛、麻、丝的染整助剂

【生产厂】[津]天津市宝坻区港飞助剂有限公司〈P1579〉;天津市兴玉工贸有限公司〈P1609〉;[冀]石家庄市海森化工有限公司〈P1629〉;邢台市合成化学厂〈P1643〉;邢台市蓝天精细化工有限公司〈P1643〉

匀染剂 AN;尼凡丁 AN;硬脂酰胺乙基二甲胺 P02024101

Levelling agent AN

用作皮革和织物的匀染剂主剂

【生产厂】[津]天津市北仁化工助剂有限公司〈P1580〉;天津市道康助剂厂(2000 吨)〈P1584〉;天津市浩元精细化工有限公司(500 吨)〈P1588〉;[辽]辽宁科隆化工实业有限公司〈P1709〉;[苏]江苏冠洋精细化工有限公司〈P1865〉;

P

[浙]杭州萧山三江精细化工有限公司〈P1924〉;浙江皇马化工集团有限公司〈P1950〉

椰油胺聚氧乙烯醚 P02024401

Coconut oil amine polyoxyethylene ether

纺织工业中的染色助剂、拨丝润滑剂、退浆剂,日用化学工业中的头发染色剂、泡沫稳定剂等

【生产厂】[鲁]博兴华润油脂化学有限公司(2000 吨)〈P2154〉

椰油酸聚氧乙烯酯 P02024451

polyoxyethylene cocinate

工业中作乳化剂、净洗剂等

【生产厂】[浙]浙江皇马化工集团有限公司〈P1950〉

甘油聚氧乙烯醚 P02024801

Glycerin polyethenoxy ether

与油酸酯化生成的甘油聚氧乙烯醚油酸酯,与农乳600#的磺酸氨盐复配成被广泛应用的高温高压匀染剂

【生产厂】[冀]河北省邢台科王助剂有限公司〈P1642〉;[苏]江苏省海安石油化工厂〈P1831〉;[浙]浙江皇马化工集团有限公司〈P1950〉

低泡型匀染剂 P02024901

Levelling agent, low foam

用于直接染料、还原染料等染料的染色,能起到匀染、扩散、乳化、渗透作用

【生产厂】[浙]杭州九鼎化工有限公司〈P1919〉

聚酯纺前着色剂 P02025151

Terylene colorant in the mass

用于化纤、涤纶、尼龙、醋酸纤维等着色喷丝

【生产厂】[浙]海宁市现代化工有限公司〈P1940〉

阳离子染料匀染剂 P02025201

Cationic dyestuff levelling agent

专用于阳离子染料的染色

【生产厂】[苏]射阳永双助剂有限公司〈P1809〉;[浙]杭州龙兴化工助剂有限公司〈P1921〉;[鲁]莱州市晨宏化工有限公司〈P2109〉

钛酸酯交联剂 P02030101

Titanate cross-linking agent

用于田菁胶、瓜尔胶、羧甲基纤维素、CMC 等进行交联

【生产厂】[皖]天长市广源精细化工厂〈P1982〉

交联剂 DE P02030201

Cross-linking agent DE

用于印染行业

【生产厂】[沪]上海天坛助剂有限公司(260 吨)〈P1767〉;[苏]昆山市南方化工厂(150 吨)〈P1897〉;海安县苏北化工有限公司〈P1829〉

钛酸酯交联剂 TD-5-1 P02030301

Titanate cross-linking agent TD-5-1

用于田菁胶、瓜尔胶、羧甲基纤维素、CMC 等交联

【生产厂】[皖]安徽省天长市绿色化工助剂有限公司〈P1982〉;天长市宏盛精细化工厂〈P1983〉

钛酸酯交联剂 TA-13 P02030351

Titanate cross-linking agent TA-13

用于田菁胶、瓜尔胶、羧甲基纤维素、CMC 等进行交联

【生产厂】[皖]安徽省天长市绿色化工助剂有限公司〈P1982〉;天长市广源精细化工厂〈P1982〉

交链剂 EH P02030401

Cross-linking agent EH

用作涂料印花浆及硫化、酸性、活性等染料固色的交联剂

【生产厂】[沪]上海天坛助剂有限公司(280 吨)〈P1767〉;[苏]宜兴市屺亭化工厂〈P1886〉;[浙]绍兴县海天助剂制造有限公司〈P1949〉;上虞市国泰化工有限公司〈P1948〉;浙江上虞市珊瑚化工厂〈P1951〉;浙江省上虞市杜浦化工厂〈P1951〉

交联剂 P02030601

Cross-linking agent

适用于涤棉、棉及中长纤维轧染工艺

【生产厂】[沪]上海合达聚合物科技有限公司〈P1736〉;上海天坛助剂有限公司〈P1767〉;[苏]常州汉斯化学品有限公司〈P1847〉;[皖]安徽泰昌化工有限公司(200 吨)〈P1982〉;[鲁]山东宝莫生物化工股份有限公司(5000 吨)〈P2084〉;[豫]黎明化工研究院(50 吨)〈P2181〉;开封市星火石油钻采开发有限公司(800 吨)〈P2178〉;[粤]潮州市粤东化学工业公司(1000 吨)〈P2295〉;东莞市竣成化工有限公司〈P2280〉;百宁纺织化工(中山)有限公司〈P2282〉

N-羟甲基丙烯酰胺 P02030701

N-Hydroxymethyl acrylamide [924-42-5]

可作交联剂,广泛用于纤维的改性树脂、加工染料、塑料黏合剂、土壤稳定剂等

【生产厂】[冀]张家口麦尔生化有限公司〈P1650〉;[辽]辽宁海城三洋化工厂〈P1697〉;营口星火化工有限公司〈P1705〉;[沪]上海恒谊化工有限公司〈P1736〉;[苏]连云港市杰圩化工有限公司〈P1799〉;泰州市远大化工原料有限公司〈P1828〉;[鲁]淄博东港化学制品有限公司〈P2059〉;淄博信业化工有限公司(500 吨)〈P2074〉;淄博永益化工有限公司(300 吨)〈P2075〉;淄博张店东方化学股份有限公司(300 吨)〈P2076〉;淄博中森化工有限公司〈P2077〉;临淄颐中化工有限公司〈P2050〉;青州贝特化工有限公司〈P2090〉;[粤]增城市云超化工有限公司〈P2268〉

【使用厂】[京]北京东方锐波化工厂〈P1546〉;[沪]上海天坛助剂有限公司〈P1767〉

真丝抗皱剂 P02040401

Natural silk anticrease agent

用于真丝织物抗皱整理

【生产厂】[沪]上海顺佳化学助剂有限公司〈P1765〉;[鲁]临朐县九鼎化工有限公司(200 吨)〈P2090〉

润滑防皱剂 P02040601

Lubricating anticrease finishing agent

用于织物的润滑防皱整理剂

【生产厂】[苏]南通斯恩特精细化工有限公司〈P1835〉;[浙]杭州市银湖化工有限公司〈P1922〉

防粘剂 P02040651

Antisticking agent

主要用于处理高含醣棉,可消除粘性,利于除杂,有效的解决纺纱过程中的"三缠一堵"现象

【生产厂】[浙]浙江建德顺发化工助剂有限公司〈P1928〉;[陕]西安联谊纺织助剂有限责任公司〈P2349〉

无甲醛免烫整理剂 P02040701

Non-formol noironing finishing agent

用于化纤和混纺织物的整理

【生产厂】[沪]上海天坛助剂有限公司〈P1767〉;上海台界化工有限公司〈P1766〉;[苏]江阴市尼美达助剂有限公司〈P1870〉;常熟市辐照技术应用厂〈P1890〉;南通科兴化工有限公司〈P1834〉;[浙]浙江建德顺发化工助剂有限公司〈P1928〉

超低甲醛树脂整理剂;超低甲醛免烫树脂 P02040751

Noironing resin, ultralow formaldehyde

可广泛用于棉麻、黏胶、天丝及其化纤混纺物的防缩、抗皱或免熨烫整理

【生产厂】[苏]连云港优利纺织助剂有限公司〈P1800〉

2D 树脂;二羟甲基二羟基乙烯脲树脂;DMDHE 树脂 P02040901

Dimethylol dihydroxy ethylene urea resin

用于织物的耐久定型整理剂

【生产厂】[冀]中国乐凯胶片集团公司〈P1649〉;[浙]绍兴县光耀化工助剂厂〈P1949〉;绍兴市应用化学研究所〈P1949〉;[鄂]武汉市天马解放化工有限公司(240 吨)〈P2233〉;[粤]广州市裕典化工有限公司〈P2267〉

羊毛羊绒防缩剂 P02041001

Antishrinking agent for wool and pashm

用于改善丝绸、羊毛、羊绒的柔软润滑,保持表面色牢度等优点

【生产厂】[苏]张家港市国泰华荣化工新材料有限公司〈P1912〉

氨基硅酮织物弹性整理剂;氨基硅酮柔软剂 P02041505

Finishing agent for amino-silicone

用作织物整理剂,能使合成纤维、天然纤维等织物亲和力增加,使织物柔软、滑爽、透气、不起球

【生产厂】[沪]上海赛博化工有限公司〈P1759〉;[苏]江阴市尼美达助剂有限公司〈P1870〉;[皖]安徽立兴化工有限公司(600 吨)〈P1985〉

亲水型有机硅织物整理剂 P02041900

Finishing agent for hydrophilous organic silicone

适用于各类织物的柔软处理,除了具有柔软、滑爽的手感外,还赋予织物优异的抗静电性、吸湿性、抗污性

【生产厂】[沪]上海祺瑞纺织化工有限公司〈P1756〉;[浙]上虞市康特化工有限公司〈P1948〉;[粤]东莞福斯特织物整理剂有限公司〈P2278〉;[川]中蓝晨光化工研究院(100 吨)〈P2320〉

亲水型氨基硅油整理剂 P02041911

Hydrophilous amino-modified silicone oil finishing agent

适用于各类织物的柔软处理,除了具有柔软、滑爽的手感外,还赋予织物优异的抗静电性、吸湿性、抗污性

【生产厂】[辽]辽阳东宝力化学建材有限公司〈P1709〉;辽宁科隆化工实业有限公司〈P1709〉;大连市轻化工研究所〈P1694〉;[苏]无锡华氏化学有限公司〈P1873〉;宜兴市腾星化工有限公司〈P1887〉;[豫]临颍县颍华技术开发有限公司(50 吨)〈P2220〉;[粤]广州市氟缘硅科技有限公司〈P2263〉;东莞福斯特织物整理剂有限公司〈P2278〉

有机硅织物整理剂 P02042002

Organic silicon finishing agent

适用于涤纶、涤腈、涤粘、涤棉等化纤织物的后整理,可赋予织物耐久性、亲水、抗静电、柔软滑爽等优点

【生产厂】[冀]河北硅谷化工有限公司〈P1639〉;[苏]宜兴市腾星化工有限公司〈P1887〉;[浙]杭州龙兴化工助剂有限公司〈P1921〉;浙江省上虞市杜浦化工厂〈P1951〉;宁波兴华化学有限公司〈P1934〉;[皖]安徽立兴化工有限公司(500 吨)〈P1985〉;[川]中蓝晨光化工研究院(200 吨)〈P2320〉

无醛树脂整理剂 P02042203

Finishing agent, no aldehyde resin

用于整理棉、纤维等织物印花

【生产厂】[苏]连云港优利纺织助剂有限公司〈P1800〉;南通斯恩特精细化工有限公司〈P1835〉

起绒整理剂 P02042701

Fleece finish agent

用于涤纶、纯棉、锦纶等各类纤维及其混纺织物、面料产品的摇粒起绒及革基布起绒等

【生产厂】[沪]上海沛轩纳米科技发展有限公司〈P1755〉

多功能整理剂 P02042801

Finishing agent, multi-functional

用于合成纤维的抗静电整理

【生产厂】[苏]苏州超宇纺织化工有限公司〈P1899〉;苏州金龙精细化工有限公司〈P1901〉

抗静电剂 P02050100

Antistatic agent

用于 PVC 塑料、聚氯乙烯、ABS、PMOS、氯乙烷、醋酸乙烯共聚物中作抗静电剂

【生产厂】[冀]河北省晋州市鑫达化工有限公司〈P1621〉;[沪]上海威呈化工有限公司〈P1769〉;上海新纶纺织助剂有限公司〈P1772〉;中国石油化工股份有限公司上海高桥分公司〈P1780〉;上海天坛助剂有限公司〈P1767〉;[苏]南京苏景化工有限公司〈P1789〉;江阴市尼美达助剂有限公司〈P1870〉;苏州超宇纺织化工有限公司〈P1899〉;江都市江北有机硅化工有限公司〈P1814〉;南通斯恩特精细化工有限公司〈P1835〉;海门市众腾化工有限公司〈P1830〉;海安县国力化工有限公司〈P1829〉;海安县正达化工厂〈P1829〉;江苏省海安石油化工厂〈P1831〉;[浙]杭州九鼎化工有限公司〈P1919〉;杭州余杭艾迪精细化工研究所

〈P1925〉；杭州杭云精细化工有限公司〈P1918〉；杭州萧山三江精细化工有限公司〈P1924〉；绍兴县光耀化工助剂厂〈P1949〉；浙江皇马化工集团有限公司〈P1950〉；［皖］安徽立兴化工有限公司〈P1985〉；［鲁］淄博凯美可工贸有限公司（200吨）〈P2064〉；潍坊中业化学有限公司〈P2107〉；威海市明美涤化工有限责任公司（50吨）〈P2125〉；［粤］广州许氏三彩塑胶颜料厂〈P2268〉；汕头市盛腾助剂有限公司〈P2277〉

【使用厂】［吉］四平市科学技术研究院〈P1717〉；［沪］上海市大场化工厂〈P1763〉；［浙］杭州华塑色母有限公司〈P1918〉；［鲁］淄博奥威粘合剂有限公司〈P2058〉；山东春潮色母料有限公司〈P2135〉

烷基双羟乙基叔胺；抗静电剂 AEA　P02050110

Antistatic agent AEA

用作聚烯烃、ABS等塑料抗静电剂，阳离子及两性表面活性剂及中间体

【生产厂】［苏］江苏飞翔化工（张家港）有限公司（1000吨）〈P1893〉

抗静电剂 P　P02050201

Antistatic agent P

用作维纶、锦纶的抗静电剂

【生产厂】［沪］上海天坛助剂有限公司（200吨）〈P1767〉

抗静电剂 PK；烷基磷酸盐　P02050301

Antistatic agent PK

主要用作化纤油剂、纺织助剂、印染助剂中的抗静电处理

【生产厂】［辽］辽阳东宝力化学建材有限公司〈P1709〉；［浙］宁波兴华化学有限公司〈P1934〉；［皖］安徽立兴化工有限公司〈P1985〉

抗静电剂 SN；阳离子季铵盐型表面活性剂　P02050401

Antistatic agent SN

用作毛纺、化纤等静电消除剂

【生产厂】［辽］辽宁科隆化工实业有限公司〈P1709〉；［沪］上海天坛助剂有限公司（1000吨）〈P1767〉；上海台界化工有限公司〈P1766〉；［苏］无锡华氏化学有限公司〈P1873〉；江苏冠洋精细化工有限公司〈P1865〉；宜兴市屺亭化工厂〈P1886〉；江苏省海安石油化工厂〈P1831〉；海安县苏北化工有限公司〈P1829〉；［浙］上虞市康特化工有限公司〈P1948〉；浙江上虞市珊瑚化工厂〈P1951〉；宁波兴华化学有限公司〈P1934〉

抗静电剂 TM　P02050701

Antistatic agent (TM)

用作腈纶、涤纶、锦纶等的静电消除剂

【生产厂】［苏］江阴市尼美达助剂有限公司〈P1870〉；［浙］上虞市佳华高分子材料有限公司〈P1948〉

抗静电整理剂　P02050803

Antistatic finishing agent

【生产厂】［沪］上海新纶纺织助剂有限公司〈P1772〉；［苏］如皋市万利化工有限责任公司〈P1838〉

吸水性抗静电剂　P02050901

Water absorption antistatic agent

尼龙用抗静电剂，能促使纤维吸水、防污、抗静电，并具有柔软性

【生产厂】［浙］杭州余杭艾迪精细化工研究所〈P1925〉

乳化剂 EL-80；蓖麻油聚氧乙烯（80）醚　P02051101

Emulsifier EL-80

用于合纤油剂的配制，在一般工业中作乳化剂

【生产厂】［津］天津达一化工技术有限公司〈P1571〉；［冀］邢台市蓝天精细化工有限公司〈P1643〉；［苏］海安县苏北化工有限公司〈P1829〉

乳化剂 EL-10；蓖麻油聚氧乙烯（10）醚　P02051111

Emulsifier EL-10

用作油剂的单体，还可用于化纤浆料的柔软平滑剂，且可消除合成浆液中的泡沫

【生产厂】［津］天津市瑞德化工有限公司（200吨）〈P1601〉；［冀］邢台市蓝天精细化工有限公司〈P1643〉；邢台市助剂厂〈P1644〉

乳化剂 EL-20；蓖麻油聚氧乙烯（20）醚　P02051121

Emulsifier EL-20

广泛用作乳化剂、扩散剂、润湿剂、润滑剂，也是纺织油剂的重要组分

【生产厂】［冀］邢台市蓝天精细化工有限公司〈P1643〉；［苏］江苏冠洋精细化工有限公司〈P1865〉

乳化剂 EL-40；蓖麻油聚氧乙烯（40）醚　P02051131

Emulsifier EL-40

用作有机磷系农药的乳化剂单体，油墨及制药行业用作乳化剂等

【生产厂】［津］天津达一化工技术有限公司〈P1571〉；天津市天宝实业发展中心（300吨）〈P1603〉；［冀］邢台市蓝天精细化工有限公司〈P1643〉

静电防止剂　P02051201

Antistatic agent

【生产厂】［苏］苏州志和无纺助剂有限公司〈P1907〉；连云港优利纺织助剂有限公司〈P1800〉；［闽］福清楷祥纺织助剂有限公司〈P1988〉

分散剂　P02060100

Dispersing agent

用于造纸、涂料等工业中各种颜填料的分散，也可应用于混合颜料等

【生产厂】［京］北京爱德泰普膜制品厂〈P1543〉；［津］天津市信爱商贸有限公司（100吨）〈P1609〉；［冀］衡水新光化工有限责任公司〈P1668〉；唐山天盈化工有限责任公司（1000吨）〈P1636〉；［晋］山西远征化工有限责任公司〈P1680〉；［辽］营口星火化工有限公司〈P1705〉；［沪］上海恒谊化工有限公司（100吨）〈P1736〉；上海威呈化工有限公司〈P1769〉；上海东升高旭化工有限公司〈P1732〉；上海联胜化工有限公司（2万吨）〈P1751〉；上海天坛助剂有限公司〈P1767〉；［苏］南京维高化工有限公司〈P1790〉；常州市亚邦亚宇助剂有限公司〈P1856〉；苏州超宇纺织化工有限公司〈P1899〉；江苏省泰兴市中纺助剂厂〈P1822〉；南通斯恩特精细化工有限公司〈P1835〉；海安县国力化工有限公司〈P1829〉；江苏省海安紫石化工厂〈P1831〉；［浙］浙江东越

P

化工有限公司〈P1927〉;杭州余杭艾迪精细化工研究所〈P1925〉;杭州杭云精细化工有限公司〈P1918〉;绍兴市应用化学研究所〈P1949〉;浙江省上虞市杜浦化工厂〈P1951〉;[鲁]青州贝特化工有限公司〈P2090〉;北京化工大学乳山联营化工厂〈P2121〉;青岛化工研究院〈P2037〉;日照市广大化工有限公司(2000 吨)〈P2139〉;[豫]河南省道纯化工技术有限公司(1000 吨)〈P2166〉;巩义市昌华辅料厂〈P2162〉;[鄂]武汉新大地化工有限公司〈P2234〉;[粤]汕头市盛腾助剂有限公司〈P2277〉;高明明海化学企业有限公司〈P2290〉

【使用厂】[沪]上海一品国际颜料有限公司〈P1774〉;上海浮岛化工有限公司〈P1733〉;[苏]常州市凌龙涂料有限公司〈P1853〉;[鲁]济宁中银电化有限公司〈P2129〉;威海金和洋塑料制品有限公司〈P2124〉;淄博凯美可工贸有限公司〈P2064〉;山东春潮色母料有限公司〈P2135〉;山东东方华龙集团公司〈P2084〉

分散剂 DC P02060351

Dispersing agent DC

用于造纸涂料、建筑涂料及水泥、纺织、塑料等行业

【生产厂】[鲁]淄博荣泽化工有限公司〈P2066〉;[豫]郑州中吉精细化工有限公司〈P2175〉

低泡润湿分散剂 P02060401

Wetting and dispersing agent, low foam

用于中高档乳胶漆,对颜料、填料具有极佳的润滑分散作用,作为通用型低泡润湿分散剂

【生产厂】[京]北京麦尔化工科技有限公司〈P1555〉;[沪]上海锦山化工有限公司(200 吨)〈P1745〉;[苏]丹阳市延中助剂有限公司〈P1841〉

分散剂 IW P02060501

Dispersing agent IW

主要用作毛/腈混纺织物或绒线浴法染色中酸性染料和阳离子染料作防沉淀剂

【生产厂】[津]天津市道康助剂厂(2000 吨)〈P1584〉;[辽]辽宁科隆化工实业有限公司〈P1709〉;[沪]上海天坛助剂有限公司(500 吨)〈P1767〉;[苏]江苏冠洋精细化工有限公司〈P1865〉;宜兴市芳桥镇江南化工厂〈P1884〉;江苏省海安石油化工厂〈P1831〉;[浙]绍兴县海天助剂制造有限公司〈P1949〉;上虞市康特化工有限公司〈P1948〉;上虞市国泰化工有限公司〈P1948〉;浙江上虞市珊瑚化工厂〈P1951〉;浙江省上虞市杜浦化工厂〈P1951〉

分散剂 WA;脂肪醇聚氧乙烯醚硅烷 P02060601

Dispersing agent WA

用于毛/腈混合纺织物的染色,作为酸性染料和阳离子染料防沉淀剂

【生产厂】[津]天津市西青区大业助剂厂(200 吨)〈P1607〉;[沪]上海天坛助剂有限公司(1000 吨)〈P1767〉;[苏]宜兴市腾星化工有限公司〈P1887〉;宜兴市屺亭化工厂〈P1886〉;苏州荣亿达化工有限公司〈P1902〉;盐城百瑞特精化有限公司〈P1809〉;南通科兴化工有限公司〈P1834〉;海安县苏北化工有限公司〈P1829〉;[浙]杭州龙兴化工助剂有限公司〈P1921〉;杭州奔马化学制品有限公司〈P1916〉;绍兴县光耀化工助剂厂〈P1949〉;上虞市康特化工有限公司〈P1948〉;上虞市国泰化工有限公司〈P1948〉;浙江上虞市珊瑚化工厂〈P1951〉;浙江省上虞市杜浦化工厂〈P1951〉;嘉兴市江南化工厂(600 吨)〈P1941〉

分散剂 CNF P02060751

Dispersing agent CNF

主要用于高档分散、还原、酸性、活性染料中作分散剂

【生产厂】[豫]安阳市双环助剂有限责任公司(5000 吨)〈P2209〉;安阳市助剂厂(2000 吨)〈P2210〉

分散剂 NAS;扩散剂 NAS P02061001

Dispersing agent NAS

用于丁苯橡胶和其他乳液聚合的生产,也可用作还原染料的柔软剂、纺织染色的匀染剂、制革工业的助柔剂等

【生产厂】[吉]吉化集团吉林市星云工贸有限公司〈P1715〉

分散匀染剂 P02061011

Levelling and dispersing agent

使用活性染料及直接染料具有优越的分散及匀染效果,具有防止钙镁等金属盐与染料二次凝集造成染料点的效果

【生产厂】[沪]上海祺瑞纺织化工有限公司〈P1756〉;[苏]射阳永双助剂有限公司〈P1809〉;[浙]杭州龙兴化工助剂有限公司〈P1921〉;杭州琦巧化工有限公司〈P1921〉;杭州余杭艾迪精细化工研究所〈P1925〉;[闽]福清楷祥纺织助剂有限公司〈P1988〉

高温分散匀染剂 P02061031

Levelling and dispersing agent, high temperature

【生产厂】[沪]上海祺瑞纺织化工有限公司〈P1756〉;[苏]射阳永双助剂有限公司〈P1809〉;[鲁]济南巨业精细化工有限公司〈P2023〉

匀染修补剂 P02061051

Level dyeing repairing agent

用于分散染料染色,色花、色点的修复

【生产厂】[沪]上海天坛助剂有限公司〈P1767〉;[苏]苏州百氏高化工有限公司〈P1899〉;[浙]杭州下沙经济开发区中联化工有限公司〈P1923〉;杭州奔马化学制品有限公司〈P1916〉

修补剂 P02061091

Healant

【生产厂】[冀]河北省晋州市鑫达化工有限公司〈P1621〉;[浙]杭州九鼎化工有限公司〈P1919〉;上虞市康特化工有限公司〈P1948〉;[渝]重庆长江造型材料有限责任公司〈P2304〉

扩散剂 MF;分散剂 MF;甲基萘磺酸-甲醛缩聚物 P02061101

Diffusing agent MF

用作农药的扩散剂、填充剂,染料的分散剂,皮革的鞣革剂,建筑减水剂

【生产厂】[沪]上海天坛助剂有限公司(100 吨)〈P1767〉;[苏]江阴市顾山无机化工厂(300 吨)〈P1869〉;江阴市盛通化工有限公司〈P1871〉;苏州荣亿达化工有限公司〈P1902〉;江苏飞翔化工(张家港)有限公司(6000 吨)〈P1893〉;海门兆丰化工有限公司(1 万吨)〈P1830〉;江苏省新沂市经纬化工有限公司〈P1793〉;江苏海润化工有限公司(5000 吨)〈P1816〉;[浙]绍兴县海天助剂制造有限公司〈P1949〉;绍兴县光耀化工助剂厂〈P1949〉;上虞市康特化工有限公司〈P1948〉;浙江上虞市珊瑚化工厂〈P1951〉;

P

浙江五龙化工股份有限公司(1万吨)〈P1947〉;[鲁]青岛双桃精细化工(集团)有限公司(1000吨)〈P2043〉;[豫]安阳市双环助剂有限责任公司(1万吨)〈P2209〉;安阳市助剂厂(2000吨)〈P2210〉

亚甲基双萘磺酸钠;扩散剂N;分散剂NNO;分散剂N;扩散剂NNO;二萘基甲烷二磺酸钠 P02061501

Sodium methylenedinaphthalene disulphonate; Diffusing agent NNO

用于还原染料研磨、悬浮体染色法染色、隐色酸法染色时作分散剂,还用于混纺、交织织物染色用剂

【生产厂】[冀]石家庄冀华化工纺织有限公司〈P1627〉;[吉]吉化集团吉林市星云工贸有限公司〈P1715〉;[沪]上海天坛助剂有限公司(1000吨)〈P1767〉;[苏]苏州荣亿达化工有限公司〈P1902〉;江苏飞翔化工(张家港)有限公司〈P1893〉;江苏省新沂市经纬化工有限公司〈P1793〉;[浙]绍兴县海天助剂制造有限公司〈P1949〉;绍兴县光耀化工助剂厂〈P1949〉;上虞市康特化工有限公司〈P1948〉;上虞市国泰化工有限公司〈P1948〉;浙江上虞市珊瑚化工厂〈P1951〉;浙江省上虞市杜浦化工厂〈P1951〉;金华双宏化工有限公司〈P1953〉;[鲁]淄博三鹏化工有限责任公司(500吨)〈P2066〉;[豫]安阳市双环助剂有限责任公司(6000吨)〈P2209〉;安阳市助剂厂〈P2210〉;[甘]兰州助剂厂(350吨)〈P2356〉

【使用厂】[鲁]潍坊市亚东化工有限公司〈P2105〉

分散剂S P02061651

Dispersing agent S

用作分散染料加工时的分散剂

【生产厂】[苏]江苏省海安石油化工厂〈P1831〉;[豫]安阳市双环助剂有限责任公司(200吨)〈P2209〉;安阳市助剂厂〈P2210〉

扩散剂 P02061701

Diffusing agent

用于印染行业

【生产厂】[苏]昆山市中星染料化工有限公司〈P1898〉;[粤]东莞市恒业助剂有限公司〈P2280〉;[甘]兰化翔鑫工贸有限责任公司〈P2355〉

【使用厂】[津]天津市染料化学第九厂〈P1600〉;[苏]苏州华源农用生物化学品有限公司〈P1901〉;江苏苏中农药化工厂〈P1822〉;[赣]江西农大锐特化工科技有限公司〈P2009〉;[鲁]邹平县绿大药业有限公司〈P2158〉;山东省淄博市淄川黉阳农药有限公司〈P2054〉

P

分散剂DA P02062001

Dispersing agent DA

【生产厂】[京]北京金源恒泰精细化工有限公司〈P1552〉;[苏]苏州市化工研究所有限公司〈P1904〉

高性能染料分散剂 P02062301

Dispersing agent for dye, high performance

主要用作分散染料、还原染料、活性染料的分散

【生产厂】[浙]杭州余杭艾迪精细化工研究所〈P1925〉

β-萘磺酸钠甲醛缩合物;扩散剂DN P02063202

Dispersing agent DN

非乳液聚合的活化剂,用于ABS树脂聚合

【生产厂】[甘]兰州助剂厂(200吨)〈P2356〉

浆料;纺织浆料 P02070201

Paste

用于纺织厂化纤原料上浆

【生产厂】[辽]辽阳市虹波化工有限公司〈P1711〉;[沪]上海申鹤精细化工有限公司〈P1760〉;[苏]江阴好和化工有限公司〈P1867〉;新沂市腾上工业助剂有限公司〈P1794〉;[浙]浙江科禹龙实业股份有限公司〈P1943〉;[赣]江西雨帆化工有限责任公司〈P2017〉;[鲁]青岛开达实业(集团)有限公司〈P2039〉;山东志达化工有限公司(1万吨)〈P2078〉;[豫]新郑市纺织助剂化工有限公司(1000吨)〈P2169〉;[粤]东莞市恒联化工有限公司(3000吨)〈P2279〉;江门市新会区美亚化工有限公司〈P2285〉

涤纶浆料 P02070301

Polyester paste

用于低弹涤纶上浆

【生产厂】[鲁]山东志达化工有限公司(3000吨)〈P2078〉

纺织乳蜡 P02070501

Emulsified wax for spinning and weaving

用于纯棉、涤棉、涤纶等织物

【生产厂】[冀]邢台市助剂厂〈P1644〉;[辽]大连中山化工有限公司〈P1695〉;[浙]杭州赛乐化工有限公司〈P1922〉

纺织丙烯浆料 P02070801

Propylene paste

用于纺织浆料

【生产厂】[苏]如皋市万利化工有限责任公司〈P1838〉

海藻酸钠;褐藻酸钠;褐藻胶 P02071001

Sodium alginate [9005-38-3]

用作纺织品的上浆剂和印花浆,同时作为增稠剂、稳定剂、乳化剂大量应用于食品工业中

【生产厂】[冀]石家庄冀华化工纺织有限公司〈P1627〉;[辽]沈阳化学试剂厂〈P1686〉;[沪]上海威呈化工有限公司〈P1769〉;[苏]连云港元升实业有限公司〈P1800〉;连云港中大海藻工业有限公司(4000吨)〈P1801〉;[浙]宁波东港电化有限责任公司〈P1930〉;温州金源化工有限公司〈P1937〉;[鲁]淄博市临淄天德精细化工研究所〈P2888〉;烟台市幸福海藻工业有限公司(800吨)〈P2119〉;青岛三凯化工有限公司〈P2041〉;青岛洲际化工实业有限公司〈P2047〉;青岛宇龙海藻有限公司(1500吨)〈P2046〉;青岛海化化工有限责任公司(5000吨)〈P2035〉;青岛丽珠海洋化工厂〈P2040〉;青岛明月海藻集团有限公司(8000吨)〈P2040〉;青岛南洋海藻工业有限公司(500吨)〈P2041〉;青岛盛洋化工有限公司(1200吨)〈P2042〉;青岛鹰飞化工有限公司〈P2046〉;青岛聚大洋海藻工业有限公司(1200吨)〈P2039〉;山东洁晶集团股份有限公司(7000吨)〈P2139〉;[豫]郑州元丰食品添加剂有限责任公司〈P2175〉;开封市尉氏县化工总厂(200吨)〈P2178〉

【使用厂】[粤]佛山市植宝化工有限公司〈P2289〉

海藻胶;合成海藻胶 P02071051

Seaweed gel

用于印染行业,用作圆网、平网印花的糊料

【生产厂】[鲁]烟台市幸福海藻工业有限公司(1200吨)〈P2119〉

褐藻酸丙二醇酯;PGA P02071102

Propylene-glycol alginate;PGA [9005-37-2]

用于冷饮、医药等产品,具有乳化、增稠、稳定等作用,是优秀的有机保健品

【生产厂】[鲁]青岛海洋化工有限公司(100 吨)〈P2036〉;青岛明月海藻集团有限公司(100 吨)〈P2040〉

海藻酸钾 P02071151

Potassium alginate [9005-36-1]

主要用于面膜、牙模等印模材料,也用于电焊条的药皮,用于食品、化妆品等

【生产厂】[鲁]青岛丽珠海洋化工厂〈P2040〉

海藻酸钙 P02071191

Calcium alginate

主要用于医药、食品添加剂、电焊条药皮等

【生产厂】[鲁]青岛海化化工有限责任公司(2000 吨)〈P2035〉;青岛丽珠海洋化工厂〈P2040〉

黄糊精 P02071201

Yellow dextrin

用作纺织印染助剂,亦可用作石油钻井助剂

【生产厂】[冀]石家庄市京东医药化工有限公司〈P1630〉;[浙]衢州市台胞投资经贸有限公司〈P1958〉;[渝]重庆联华化工厂〈P2305〉;[陕]西安富捷生物技术发展公司〈P2348〉

【使用厂】[冀]石家庄市新华染料化工厂〈P1631〉

聚丙烯酰胺;絮凝剂3号 P02071301

Polyacrylamide [9003-05-8]

用作土壤改良剂、絮凝剂,并可用于纺织上浆和造纸的补强

【生产厂】[京]北京恒聚化工集团有限责任公司(3 万吨)〈P1548〉;[津]天津大学化工实验厂(1000 吨)〈P1571〉;天津化工研究院精细化工技术开发公司(800 吨)〈P1574〉;天津市光大冰峰化工有限公司(3000 吨)〈P1587〉;[冀]河北天伟化工有限公司〈P1655〉;华北石油光大石化有限公司〈P1656〉;任丘市北方化工有限公司〈P1656〉;任丘市高科化工有限公司〈P1656〉;任丘市宏达化工有限公司〈P1656〉;廊坊市盛源化工公司(5000 吨)〈P1661〉;大城县广安化工有限公司〈P1658〉;张家口麦尔生化有限公司〈P1650〉;[蒙]赤峰市东方化工染料助剂厂〈P1682〉;[吉]中国石油吉化集团公司(5000 吨)〈P1717〉;[沪]上海恒谊化工有限公司(2500 吨)〈P1736〉;上海威星化工有限公司〈P1769〉;上海金锦乐实业有限公司〈P1744〉;上海石化环保净化剂厂〈P1762〉;上海吉臣化工有限公司〈P1742〉;上海盛龙化工有限公司〈P1762〉;[苏]常州源泉红光化工有限公司〈P1858〉;宜兴市泉龙化工有限公司(1 万吨)〈P1886〉;宜兴市绿波水处理化学品有限公司〈P1885〉;江苏鑫源生化科技发展有限公司〈P1866〉;太仓市新星轻工助剂厂〈P1908〉;江苏华昌(集团)有限公司〈P1893〉;江苏省江都市科苑化工有限公司〈P1816〉;扬州科宇化工有限公司(2000 吨)〈P1818〉;如东县通园精细化工厂〈P1837〉;[浙]绍兴县光耀化工助剂厂〈P1949〉;平湖市龙兴化工有限公司〈P1942〉;乐清市今升有机化工有限公司(2000 吨)〈P1936〉;[赣]江西江氨化学工业有限公司(1 万吨)〈P2008〉;江西昌九农科化工有限公司〈P2008〉;江西昌九生物化工股份有限公司(1 万吨)〈P2008〉;[鲁]山东化友科技服务中心〈P2028〉;山东阳光化工有限公司〈P2154〉;淄博市鲁中福利化工厂(2000 吨)〈P2071〉;山东宝泮化工集团公司〈P2051〉;张店良誉新型材料厂〈P2057〉;淄博东港化学制品有限公司〈P2059〉;淄博坤元化工有限公司〈P2064〉;淄博信业化工有限公司(1000 吨)〈P2074〉;淄博张店东方化学股份有限公司(4000 吨)〈P2076〉;淄博中森化工有限公司〈P2077〉;淄博市淄川区社会福利五金化工厂(1000 吨)〈P2072〉;淄博市淄川兴隆化工有限公司〈P2073〉;淄博洁水化工有限公司(1000 吨)〈P2063〉;淄博科宇化工有限公司(800 吨)〈P2064〉;淄博瑞爱特化工有限责任公司〈P2066〉;淄博市临淄环保产业开发公司(500 吨)〈P2068〉;桓台县聚鑫福利化工厂(500 吨)〈P2049〉;山东宝莫生物化工股份有限公司(3 万吨)〈P2084〉;胜利油田方圆有限责任公司化工分公司(5000 吨)〈P2087〉;东营光正化工有限责任公司〈P2142〉;山东顺通集团(4000 吨)〈P2086〉;胜利油田环通化工合成材料厂(3000 吨)〈P2087〉;潍坊市科纳粉末冶金厂〈P2105〉;威海金泓化工集团有限公司(1 万吨)〈P2124〉;鱼台县开元精细化工有限公司(100 吨)〈P2134〉;日照金马化工有限公司(4500 吨)〈P2139〉;[豫]郑州雪泉聚合材料有限公司〈P2175〉;巩义市恒泰滤材有限公司〈P2162〉;巩义市金源化工有限公司(1000 吨)〈P2163〉;巩义市永兴生化材料有限公司〈P2164〉;河南省巩义市嵩鑫滤材工业有限公司(1000 吨)〈P2167〉;巩义市华通滤材厂(8000 吨)〈P2163〉;郑州豫华助剂有限公司〈P2175〉;新乡爱龙化工有限公司(500 吨)〈P2203〉;焦作市华联化工有限公司(500 吨)〈P2196〉;濮阳市龙泉聚合物有限公司(3000 吨)〈P2214〉;洛阳市洛滨化工有限公司〈P2185〉;河南省偃师市伟通化工有限公司(100 吨)〈P2180〉;洛阳市英东化工有限公司〈P2186〉;[湘]湘潭市光华日用化工厂(1000 吨)〈P2251〉;株洲市天桥化工有限责任公司(2000 吨)〈P2250〉;[渝]重庆西洋化工有限责任公司〈P2307〉;[川]四川省什邡蓥峰实业总公司(2000 吨)〈P2328〉;[甘]白银有色金属公司〈P2357〉;[新]克拉玛依新科澳化工(集团)有限责任公司〈P2365〉

聚丙烯酸甲酯浆料 P02071401

Polymethyl-acrylate paste [9003-21-8]

用作涤棉、涤粘及涤腈等织物的经纱上浆剂

【生产厂】[京]北京东方锐波化工厂(500 吨)〈P1546〉;[沪]上海申鹤精细化工有限公司〈P1760〉;[浙]嘉兴精化化工有限公司(600 吨)〈P1941〉

复合型聚丙烯酰胺 P02071601

Polyacrylamide, compound

用于污泥脱水剂,特别是用于炼油厂及化工厂的污泥处理

【生产厂】[冀]任丘市京开化工厂〈P1657〉;秦皇岛市金佳絮凝剂有限公司〈P1637〉;[豫]焦作市应用化学研究所(100 吨)〈P2197〉

聚丙烯酰胺(超高分子量) P02071701

Polyacrylamide, ultra-high molecular weight

主要在油田三次采油中使用

【生产厂】[辽]盘锦兴建助剂有限公司(2 万吨)〈P1707〉;[苏]江苏省江都市科苑化工有限公司〈P1816〉;[鲁]东营光正化工有限责任公司〈P2142〉;万达集团股份有限公司(2 万吨)〈P2088〉

水溶性织布蜡 P02072001

Fabric wax, water solube

适用于纺织棉纱、化纤、羊毛的涂蜡润滑处理

【生产厂】[沪]上海路丰助剂有限公司〈P1752〉

固体水溶蜡 P02072051

Water solube wax, solid

用于纺织、地板浸润等

【生产厂】[鲁]青岛市平度银河福利助剂厂(60 吨)〈P2043〉

喷水织机浆料　　P02072501

Spray water loom paste

用于喷水织机的涤纶专用浆料

【生产厂】[浙]嘉兴精化化工有限公司(300 吨)〈P1941〉;[豫]新郑市纺织助剂化工有限公司(1 万吨)〈P2169〉

高分子絮凝剂　　P02072601

Polymer flocculant

【生产厂】[沪]上海亮江钛白化工制品有限公司〈P1751〉;上海大祥化学工业有限公司〈P1731〉;上海新阳电子化学有限公司〈P1772〉;[苏]南京纳科水处理技术有限公司〈P1787〉;无锡市菲尔特水处理用品有限公司〈P1875〉;泰兴市临江化工厂(2 万吨)〈P1826〉;[鲁]济南巨业精细化工有限公司〈P2023〉;淄博宏盛集团化工厂〈P2061〉;淄博市淄川佳洁化工有限公司(150 吨)〈P2072〉;山东鲁岳化工有限公司(1500 吨)〈P2136〉;[鄂]黄石龙骏化工科技有限公司〈P2236〉;[甘]兰化翔鑫工贸有限责任公司〈P2355〉

浆纱乳化油　　P02072701

Sizing emulsion oil

用作纯棉、涤棉等织物的上浆剂,以减少断纱,使织物手感柔软润滑

【生产厂】[沪]上海申鹤精细化工有限公司〈P1760〉

牛仔布专用浆料　　P02072801

Paste for jean

【生产厂】[鲁]山东志达化工有限公司(3000 吨)〈P2078〉

水性印花胶浆系列　　P02072901

Water-based printing adhesive agent series

适用于棉、丝、化纤等织物上印花

【生产厂】[苏]昆山秧浦化学工业有限公司〈P1898〉

固色剂;染料固色剂　　P02080100

Dye-fixing agent

主要用于活性、直接、酸性染料的染色织物的固色

【生产厂】[津]天津达一琦精细化工有限公司〈P1571〉;[沪]上海天坛助剂有限公司〈P1767〉;[苏]常州汉斯化学品有限公司〈P1847〉;江苏省泰兴市中纺助剂厂〈P1822〉;[浙]杭州九鼎化工有限公司〈P1919〉;杭州包尔得有机硅有限公司〈P1915〉;杭州下沙经济开发区中联化工有限公司〈P1923〉;杭州奔马化学制品有限公司〈P1916〉;绍兴市应用化学研究所〈P1949〉;浙江省上虞市杜浦化工厂〈P1951〉;嘉兴市江南化工厂(500 吨)〈P1941〉;[鲁]淄博兴鲁化工厂〈P2074〉;莱州市晨宏化工有限公司〈P2109〉;蓬莱市福鑫化工有限公司〈P2112〉;[豫]安阳市助剂厂(3000 吨)〈P2210〉;临颍县颍华技术开发有限公司(50 吨)〈P2220〉;[粤]汕头市盛腾助剂有限公司〈P2277〉;东莞市德能化工有限公司〈P2279〉

【使用厂】[鲁]章丘市三行化工有限公司〈P2031〉

固色交链剂　　P02080101

Dye-fixing cross-linking agent

用作织物固色剂

【生产厂】[沪]上海天坛助剂有限公司(600 吨)〈P1767〉;[苏]无锡华氏化学有限公司〈P1873〉;南通斯恩特精细化工有限公司〈P1835〉;[浙]杭州市银湖化工有限公司〈P1922〉

尼龙固色剂　　P02080151

Dye-fixing agent for nylon

用于锦纶纤维及与棉、黏胶混纺织物的防染和固色后处理

【生产厂】[苏]南通斯恩特精细化工有限公司〈P1835〉;[浙]杭州奔马化学制品有限公司〈P1916〉

固色剂 M　　P02080301

Dye-fixing agent M

用作直接、酸性、硫化染料染色后的固色处理剂

【生产厂】[沪]上海天坛助剂有限公司(100 吨)〈P1767〉;[苏]昆山市南方化工厂〈P1897〉;海安县苏北化工有限公司〈P1829〉;[浙]绍兴县海天助剂制造有限公司〈P1949〉

固色剂 Y;双氰胺甲醛初缩体;固色剂 420#　　P02080401

Dye-fixing agent Y

用作织物染色的后处理固色,也用于印花、纸张染色固色及织物防缩剂

【生产厂】[冀]河北省晋州市鑫达化工有限公司〈P1621〉;[辽]辽阳市虹波化工有限公司〈P1711〉;[沪]上海威呈化工有限公司〈P1769〉;上海天坛助剂有限公司(1000 吨)〈P1767〉;[苏]宜兴市腾星化工有限公司〈P1887〉;宜兴市屺亭化工厂〈P1886〉;昆山市南方化工厂〈P1897〉;苏州荣亿达化工有限公司〈P1902〉;江都市天和化工有限公司〈P1815〉;江都市海龙化工助剂有限公司〈P1814〉;海安县苏北化工有限公司〈P1829〉;[浙]杭州龙兴化工助剂有限公司〈P1921〉;杭州奔马化学制品有限公司〈P1916〉;杭州余杭艾迪精细化工研究所〈P1925〉;绍兴县海天助剂制造有限公司〈P1949〉;绍兴县光耀化工助剂厂〈P1949〉;上虞市康特化工有限公司〈P1948〉;上虞市国泰化工有限公司〈P1948〉;浙江上虞市珊瑚化工厂〈P1951〉;浙江省上虞市杜浦化工厂〈P1951〉;[鲁]济南巨业精细化工有限公司〈P2023〉;[粤]广州市裕典化工有限公司〈P2267〉;汕头市三峰化工公司〈P2277〉;东莞市恒业助剂有限公司〈P2280〉;东莞福斯特织物整理剂有限公司〈P2278〉

固色剂 G;玻璃纤维润滑剂 G　　P02080701

Dye-fixing agent G

用于玻璃纤维润滑、成膜和黏合剂,也用作印染固色剂

【生产厂】[辽]营口星火化工有限公司〈P1705〉;[沪]上海威呈化工有限公司〈P1769〉;[苏]宜兴市腾蛟化工材料有限公司〈P1887〉;昆山市南方化工厂〈P1897〉

活性和直接染料固色剂　　P02080801

Fixing agent for direct or reactive dyes

适用于活性、直接染料的染色

【生产厂】[辽]大连市轻化工研究所〈P1694〉;[沪]上海大祥化学工业有限公司(600 吨)〈P1731〉;[浙]杭州余杭艾迪精细化工研究所〈P1925〉;[鲁]莱州市晨宏化工有限公司〈P2109〉

酸性染料染色用固色剂　　P02080911

Dye-fixing agent for acid dyes

用酸性染料染尼龙、涤纶时作为固色剂,可增进牢度及防污染

【生产厂】[沪]上海大祥化学工业有限公司(400 吨)〈P1731〉;[苏]无锡华氏化学有限公司〈P1873〉;江阴市尼美达助剂有限公司〈P1870〉;苏州百氏高化工有限公司

P

〈P1899〉;射阳永双助剂有限公司〈P1809〉;[浙]杭州余杭艾迪精细化工研究所〈P1925〉;上虞市斯莫有机化学研究所(10 吨)〈P1948〉;宁波兴华化学有限公司〈P1934〉;[闽]福清楷祥纺织助剂有限公司〈P1988〉;[粤]深圳市明水生物化工有限公司〈P2272〉

无甲醛固色剂;无醛固色剂 P02081201

Dye-fixing agent,no formaldehyde

适用于直接、酸性、活性等染料的固色,对提高水洗牢度有明显效果,并且不影响手感

【生产厂】[冀]石家庄市远达化工厂〈P1632〉;河北省晋州市鑫达化工有限公司〈P1621〉;[辽]辽阳市虹波化工有限公司〈P1711〉;[沪]上海天坛助剂有限公司〈P1767〉;上海祺瑞纺织化工有限公司〈P1756〉;[苏]无锡华氏化学有限公司〈P1873〉;宜兴市腾星化工有限公司〈P1887〉;宜兴市屺亭化工厂〈P1886〉;宜兴市星石纺织助剂有限公司〈P1887〉;张家港市国泰华荣化工新材料有限公司〈P1912〉;射阳永双助剂有限公司〈P1809〉;江都市海龙化工助剂有限公司〈P1814〉;南通科兴化工有限公司〈P1834〉;海安县苏北化工有限公司〈P1829〉;[浙]杭州市银湖化工有限公司〈P1922〉;杭州龙兴化工助剂有限公司〈P1921〉;杭州杭云精细化工有限公司〈P1918〉;杭州绿典化工有限公司〈P1921〉;浙江建德顺发化工助剂有限公司〈P1928〉;绍兴县海天助剂制造有限公司〈P1949〉;绍兴县光耀化工助剂厂〈P1949〉;上虞市斯莫有机化学研究所〈P1948〉;上虞市康特化工有限公司〈P1948〉;上虞市国泰化工有限公司〈P1948〉;浙江上虞市珊瑚化工厂〈P1951〉;浙江省上虞市杜浦化工厂〈P1951〉;嘉兴市雀屏化工有限公司〈P1942〉;宁波兴华化学有限公司〈P1934〉;[鲁]淄博金鲁染料化工有限公司〈P2063〉;临朐县九鼎化工有限公司(500 吨)〈P2090〉;威海市明美涤化工有限责任公司〈P2125〉;烟台开发区三贡化工有限公司〈P2117〉;山东志达化工有限公司(700 吨)〈P2078〉;[鄂]武汉市江润精细化工有限责任公司〈P2233〉;[粤]深圳市明水生物化工有限公司〈P2272〉;东莞福斯特织物整理剂有限公司〈P2278〉

荧光增白剂;白色染料 P02090200

Fluorescent brightener

能提高物质的白度和光泽,主要用于纺织、造纸、塑料及合成洗涤剂工业

【生产厂】[京]北京奥得赛化学有限公司〈P1543〉;北京众达世纪化工有限公司〈P1567〉;[津]天津市德爱化工新技术有限公司〈P1584〉;天津市宏利精细化工厂(1000 吨)〈P1589〉;天津市津南区利源化工厂(1000 吨)〈P1594〉;天津市海翔增白剂厂(2000 吨)〈P1588〉;[沪]上海华溢塑料助剂合作公司〈P1740〉;上海天坛助剂有限公司(100 吨)〈P1767〉;[苏]南京苏景化工有限公司〈P1789〉;苏州晟鑫化工有限公司〈P1902〉;昆山市中星染料化工有限公司〈P1898〉;苏州志和无纺助剂有限公司〈P1907〉;[浙]绍兴县光耀化工助剂厂〈P1949〉;浙江上虞市珊瑚化工厂〈P1951〉;[闽]福清楷祥纺织助剂有限公司〈P1988〉;[鲁]济南田园塑胶助剂有限公司(500 吨)〈P2026〉;青州市染料厂〈P2093〉;招远市石油化工厂有限公司(1200 吨)〈P2121〉;山东招远化工总厂(5000 吨)〈P2115〉;莱西市天时化工有限公司〈P2032〉;[豫]郑州中吉精细化工有限公司〈P2175〉;偃师乳酸有限公司(200 吨)〈P2188〉;开封市顺河区大有化纤厂(300 吨)〈P2178〉;开封市华星化工厂(120 吨)〈P2177〉;[粤]广州市坚红化工厂(1250 吨)〈P2264〉;广州市时代化工厂(500 吨)〈P2266〉;潮州市粤东化学工业公司〈P2295〉;东莞市德能化工有限公司〈P2279〉;东莞市彩虹塑胶颜料有限公司〈P2279〉

荧光增白剂 BC P02090201

Fluorescent brightener BC [6416-68-8]

用于棉纤维和纸浆等增白和增艳

【生产厂】[晋]山西青山化工有限公司〈P1679〉;[豫]河南省安阳荧迪化工有限责任公司(100 吨)〈P2211〉

荧光增白剂 BA P02090211

Fluorescent brightener BA

用于棉、纸张和聚酰胺纤维的增白,也可用于洗衣粉中

【生产厂】[鲁]山东省夏津县振华化工厂(8000 吨)〈P2146〉

荧光增白剂 BF P02090301

Fluorescent brightener BF

用于棉纤维的增白和增艳

【生产厂】[冀]石家庄冀华化工纺织有限公司〈P1627〉

荧光增白剂 4BK P02090451

Fluorescent brightener 4BK

适用于棉、涤棉混纺织物的增白以及棉混纺织物的一浴增白

【生产厂】[浙]浙江奥仕化学有限公司〈P1958〉

荧光增白剂 CXT P02090506

Fluorescent brightener CXT

适用于棉、涤棉混纺织物的增白以及其他棉混纺织物的增白

【生产厂】[津]天津市宏利精细化工厂(1000 吨)〈P1589〉;[晋]山西青山化工有限公司〈P1679〉;[沪]上海天坛助剂有限公司(100 吨)〈P1767〉;[浙]上虞市国泰化工有限公司〈P1948〉;浙江奥仕化学有限公司〈P1958〉;[赣]南昌天时化工有限公司〈P2010〉;[鲁]蓬莱天晨化工有限公司(700 吨)〈P2113〉

荧光增白剂 DT;1,2-双[5-甲基苯并噁唑(2)]乙烯;聚酯增白剂 DT;涤纶增白剂 ERN P02090601

Fluorescent brightener DT

用作聚酯、聚酰胺、醋酸纤维及混纺织物等的增白剂

【生产厂】[冀]石家庄冀华化工纺织有限公司〈P1627〉;[晋]山西青山化工有限公司〈P1679〉;[沪]上海天坛助剂有限公司(100 吨)〈P1767〉;[苏]通州市岸西化工厂〈P1839〉;[浙]上虞市康特化工有限公司〈P1948〉;浙江省上虞市杜浦化工厂〈P1951〉;[皖]天长市劲松塑料助剂集团有限公司〈P1983〉;[鲁]山东招远化工总厂(250 吨)〈P2115〉;[粤]广州市坚红化工厂(1250 吨)〈P2264〉

涤纶增白剂 ER;荧光增白剂 ER P02090602

Brightener ER for dacron

用于涤纶织物或涤棉混纺、纱线的印染

【生产厂】[京]北京奥得赛化学有限公司〈P1543〉;北京瀑润化工产品有限责任公司〈P1557〉;北京众达世纪化工有限公司〈P1567〉;[黑]大庆新世纪精细化工有限公司(50 吨)〈P1722〉;[浙]杭州绿典化工有限公司〈P1921〉

荧光增白剂 PS-1 P02090611

Fluorescent brightener PS-1

用于涤纶及涤棉织物的增白增艳,也可用于塑料的增白

【生产厂】[浙]浙江省上虞市杜浦化工厂〈P1951〉;浙江奥仕

P

化学有限公司〈P1958〉

荧光增白剂 PS-2000　P02090621

Fluorescent brightener PS-2000

主要用于涤纶及其混纺织物的增白、增艳，具有荧光强、白度高、耐光及耐水洗性好和耐升华牢度好等特点

【生产厂】［浙］浙江奥仕化学有限公司〈P1958〉

荧光增白剂 PSD　P02090631

Fluorescent brightener PSD

主要用于在高、中、低温下对涤纶及其混纺织物的增白、增艳

【生产厂】［浙］浙江奥仕化学有限公司〈P1958〉

荧光增白剂 PSW-201　P02090641

Fluorescent brightener PSW-201

广泛用于涤纶短纤维熔融纺丝增白，也可用于塑料增白

【生产厂】［浙］浙江奥仕化学有限公司〈P1958〉

荧光增白剂 ER-Ⅰ；1，4-双（邻氰基苯乙烯基）苯；荧光增白剂 ER-330　P02090651

Fluorescent brightener ER-Ⅰ

适用于涤纶（聚酯）纤维的增白、增艳，对聚乙烯、聚丙乙烯等塑料及制品也有很好的增白效果

【生产厂】［京］大庆开发区新世纪精细化工有限公司北京裕立化工有限公司〈P1567〉；北京瀑润化工产品有限责任公司〈P1557〉；［冀］河北星宇化工有限公司〈P1623〉；［晋］山西青山化工有限公司〈P1679〉；［苏］通州市岸西化工厂〈P1839〉；［浙］杭州格丽特化工有限公司〈P1917〉；［豫］西平骏马精细化工有限公司〈P2227〉

荧光增白剂 ER-Ⅱ；（1-邻氰基苯乙烯基，4-对氰基苯乙烯基）苯　P02090671

Fluorescent brightener ER-Ⅱ［13001-38-2］

用于涤纶、涤棉、涤丝、涤纱、涤毛、涤麻等混纺纺织物的增白增艳，也用于人造革、涂料等行业的增白增艳

【生产厂】［冀］河北星宇化工有限公司〈P1623〉；［辽］大连化工研究设计院〈P1692〉；［苏］通州市岸西化工厂〈P1839〉；［浙］杭州格丽特化工有限公司〈P1917〉；［豫］西平骏马精细化工有限公司〈P2227〉

荧光增白剂 PSM　P02090711

Fluorescent brightener PSM

用于棉布常温轧染，具有良好的增白效果

【生产厂】［浙］浙江奥仕化学有限公司〈P1958〉

荧光增白剂 VBL　P02090801

Fluorescent brightener VBL

用作棉纤维和纸浆等增白剂，也用于洗涤剂、涂料、塑料等工业

【生产厂】［津］天津市宏利精细化工厂（1000 吨）〈P1589〉；天津市津西西琉城染料化工厂〈P1595〉；天津市津西华瑞福利化工厂（1000 吨）〈P1595〉；天津市圣洁化工厂（800 吨）〈P1601〉；［冀］石家庄冀华化工纺织有限公司〈P1627〉；唐山奥东化工有限公司〈P1635〉；［晋］山西青山化工有限公司〈P1679〉；［辽］营口市康如化工有限公司〈P1705〉；［沪］上海经纬化工有限公司〈P1745〉；上海天坛助剂有限公司（1200 吨）〈P1767〉；上海台界化工有限公司〈P1766〉；［苏］通州市岸西化工厂〈P1839〉；［浙］上虞市康特化工有限公司〈P1948〉；上虞市国泰化工有限公司〈P1948〉；浙江省上虞市杜浦化工厂〈P1951〉；浙江奥仕化学有限公司〈P1958〉；［赣］南昌天时化工有限公司（1000 吨）〈P2010〉；［鲁］临邑黄河化工有限公司（1500 吨）〈P2143〉；山东省夏津县振华化工厂（8000 吨）〈P2146〉；德州信达化工有限公司（500 吨）〈P2142〉；山东招远化工总厂（2200 吨）〈P2115〉；蓬莱天晨化工有限公司（500 吨）〈P2113〉；青岛金森达化工有限公司〈P2039〉；莱西市天时化工有限公司〈P2032〉；泰安市东岳助剂厂〈P2137〉；［豫］河南省安阳荧迪化工有限责任公司（1000 吨）〈P2211〉；偃师太学染化有限公司（200 吨）〈P2189〉

耐酸增白剂 VBA；荧光增白剂 VBA　P02090802

Acid-resistant brightener VBA

主要用于棉、锦纶及纸浆的增白，溶解性能好，并有良好的耐氯性，用于漂白针织机织物

【生产厂】［沪］上海天坛助剂有限公司〈P1767〉；［浙］上虞市国泰化工有限公司〈P1948〉；［鲁］蓬莱天晨化工有限公司（400 吨）〈P2113〉

酸性荧光增白剂 BLB　P02090821

Acidic fluorescent brightener BLB

用于纤维素和纸张的增白

【生产厂】［沪］上海天坛助剂有限公司〈P1767〉

荧光增白剂 EBF；FBA185；2，5-二（苯并噁唑-2-）噻吩　P02090901

Fluorescent brightener EBF［2866-43-5］

主要用于商品化增白剂 EB，也可用于各类聚烯烃塑料、BS 工程塑料、有机玻璃等的增白增艳

【生产厂】［京］北京杨村化工有限公司〈P1564〉；［冀］河北星宇化工有限公司〈P1623〉

荧光增白剂 BST　P02090951

Fluorescent brightener BST

适于涤纶纤维、涤棉及其他纤维混纺织物增白，适用于 PP、EVA、ABS、PE 等树脂增白

【生产厂】［鲁］蓬莱天晨化工有限公司（400 吨）〈P2113〉

荧光增白剂 BBU　P02091051

Fluorescent brightener BBU［16470-24-9］

用于棉、纤维、黏胶纤维和纸张的增白增艳

【生产厂】［晋］山西青山化工有限公司〈P1679〉；［辽］大连化工研究设计院〈P1692〉；［鲁］山东省夏津县振华化工厂（2 万吨）〈P2146〉；山东招远化工总厂（5000 吨）〈P2115〉；莱西市天时化工有限公司〈P2032〉

荧光增白剂 PC-1　P02091101

Fluorescent whitening agent PC-1

能完全替代增白剂 OB-1

【生产厂】［苏］南通鹏陈化工有限公司〈P1834〉

荧光增白剂 BSL　P02091151

Fluorescent brightener BSL

主要用于棉、锦纶及纸浆的增白以及浅色织

物的增艳
【生产厂】[沪]上海威呈化工有限公司〈P1769〉

增白剂 P02091301
Brightener
用于羊毛、蚕丝、锦纶及腈纶等纤维的增白
【生产厂】[津]天津市汇泉精细化工有限公司(3000吨)〈P1591〉;[沪]上海吉臣化工有限公司〈P1742〉;上海天坛助剂有限公司〈P1767〉;[苏]海门市众腾化工有限公司〈P1830〉;[浙]杭州美高华颐化工有限公司〈P1921〉;绍兴市应用化学研究所〈P1949〉;浙江省上虞市杜浦化工厂〈P1951〉;[粤]广州市时代化工厂(500吨)〈P2266〉;百宁纺织化工(中山)有限公司〈P2282〉
【使用厂】[鲁]山东济宁齐天佳丽日化有限公司〈P2131〉

荧光增白剂 NT-1 P02091501
Fluorescent brightener NT-1
用于涤纶纤维的增白
【生产厂】[京]北京奥得赛化学有限公司〈P1543〉

荧光腈纶增白剂 DCB P02091601
Fluorescent brightener DCB for acrylic fiber
用于腈纶纤维、醋酯纤维和三醋酯纤维的增白,也可用于聚酰胺纤维的增白
【生产厂】[冀]石家庄冀华化工纺织有限公司〈P1627〉;[辽]鞍山市兴懋化工有限责任公司〈P1696〉;[沪]上海天坛助剂有限公司〈P1767〉;[浙]杭州格丽特化工有限公司〈P1917〉

显白剂 P02091911
Dyed white agent
广泛用于各种纤维的显白、增白,特别用于造纸、纺织的显白,效果更佳
【生产厂】[津]天津市奥东化工有限公司(300吨)〈P1578〉;[鲁]淄博津利精细化工厂〈P2063〉;[豫]郑州中吉精细化工有限公司〈P2175〉;河南省道纯化工技术有限公司(1000吨)〈P2166〉

荧光增白剂 OS-DT P02092101
Fluorescent brightener OS-DT
主要用于涤纶及混纺织物的增白增艳,性能优于一般DT增白剂
【生产厂】[浙]浙江奥仕化学有限公司〈P1958〉

塑料荧光增白剂 PF;荧光增白剂 PF;1,2-双(5-甲基-2-苯并噁唑)乙烯 P02092201
Fluorescent brightener PF for plastic
用于聚酯薄膜、聚氯乙烯、聚丙烯、ABS、有机玻璃等增白增艳
【生产厂】[苏]南京长营化工有限责任公司〈P1783〉;宝应县中宝云鹏化工有限公司〈P1813〉;[浙]杭州格丽特化工有限公司〈P1917〉;[皖]安徽省天长市绿色化工助剂有限公司(10吨)〈P1982〉;安徽泰昌化工有限公司(10吨)〈P1982〉;天长市广源精细化工厂〈P1982〉;天长市劲松塑料助剂集团有限公司〈P1983〉;[豫]开封市华星化工厂(80吨)〈P2177〉;[粤]广州市荟普新材料有限公司〈P2264〉

荧光增白剂 PF-3 P02092221
Fluorescent brightener PF-3
用于硬质PVC、PS、ABS塑料的增白增艳
【生产厂】[皖]天长市劲松塑料助剂集团有限公司〈P1983〉

荧光增白剂 SWN;7-二乙氨基-4-甲基香豆素 P02092301
Fluorescent brightener SWN [91-44-1]
用于棉花、羊毛、天然丝、锦纶、腈纶、醋酸纤维的增白
【生产厂】[京]北京奥得赛化学有限公司〈P1543〉;北京杨村化工有限公司〈P1564〉;北京瀑润化工产品有限责任公司〈P1557〉;北京众达世纪化工有限公司〈P1567〉;[鄂]湖北志诚化工科技有限公司〈P2243〉

荧光增白剂 CBS;4,4′-双(2-磺酸钠苯乙烯基)联苯;荧光增白剂 CBS-120 P02092401
Fluorescent brightener CBS [27344-41-8]
主要用于合成洗涤剂、香皂和肥皂的增白,也可用于棉麻丝锦纶羊毛和纸张的增白
【生产厂】[京]北京杨村化工有限公司〈P1564〉;北京瀑润化工产品有限责任公司〈P1557〉;[辽]大连化工研究设计院〈P1692〉;[苏]宝应县中宝云鹏化工有限公司(20吨)〈P1813〉;通州市岸西化工厂〈P1839〉

荧光增白剂 CBS-X P02092431
Fluorescent brightener CBS-X [27344-41-8]
主要用于合成洗涤剂、香皂和肥皂的增白,也可用于棉麻丝锦纶羊毛和纸张的增白
【生产厂】[冀]河北星宇化工有限公司〈P1623〉

荧光增白剂 CBS-L P02092451
Fluorescent brightener CBS-L
用于合成洗涤剂、香皂、肥皂行业及染织行业
【生产厂】[京]北京瀑润化工产品有限责任公司〈P1557〉

荧光增白剂 OB;2,5-二(5-叔丁基-2-苯并噁唑基)噻吩 P02092501
Fluorescent brightener OB [7128-64-5]
主要用于PVC、PS、PE、PP、ABS等塑料及醋酸纤维、油漆、涂料、油墨等的增白
【生产厂】[京]北京奥得赛化学有限公司〈P1543〉;北京杨村化工有限公司(40吨)〈P1564〉;北京瀑润化工产品有限责任公司〈P1557〉;[冀]河北星宇化工有限公司〈P1623〉;[晋]山西青山化工有限公司〈P1679〉;[辽]大连化工研究设计院(10吨)〈P1692〉;[黑]大庆新世纪精细化工有限公司〈P1722〉;[沪]上海泰禾(集团)有限公司〈P1767〉;[苏]南京力达宁化学有限公司〈P1786〉;扬中岳扬精细化工有限公司〈P1843〉;靖江宏泰化工有限公司(60吨)〈P1824〉;太仓市东明化工有限公司(60吨)〈P1908〉;宝应县中宝云鹏化工有限公司〈P1813〉;通州市岸西化工厂〈P1839〉;南通鹏陈化工有限公司〈P1834〉;[浙]杭州格丽特化工有限公司〈P1917〉;杭州绿典化工有限公司〈P1921〉;浙江奥仕化学有限公司〈P1958〉;[皖]安徽省天长市绿色化工助剂有限公司(10吨)〈P1982〉;天长市劲松塑料助剂集团有限公司〈P1983〉;[鲁]青岛市海大化工有限公司〈P2042〉;[豫]西平骏马精细化工有限公司〈P2227〉;开封市华星化工厂(600吨)〈P2177〉;[粤]广州市荟普新材料有限公司〈P2264〉;广州市时代化工厂(115吨)〈P2266〉;[川]四川

博兴实业有限公司(50吨)〈P2325〉

荧光增白剂 OB-1;2,2′-(4,4′-二苯乙烯基)双苯并噁唑 P02092531

Fluorescent brightener OB-1 [1533-45-5]

用于聚酯原液增白,特别适于涤纶纤维的增白及涤纶与棉和其他混纺织物的增白,还可用于塑料制品的增白

【生产厂】[京]北京奥得赛化学有限公司〈P1543〉;北京杨村化工有限公司〈P1564〉;北京瀑润化工产品有限责任公司〈P1557〉;[冀]河北星宇化工有限公司(50吨)〈P1623〉;[晋]山西青山化工有限公司〈P1679〉;[辽]大连化工研究设计院〈P1692〉;[黑]大庆新世纪精细化工有限公司〈P1722〉;[苏]南京力达宁化学有限公司〈P1786〉;南京长营化工有限责任公司〈P1783〉;扬中岳扬精细化工有限公司〈P1843〉;太仓市东明化工有限公司(60吨)〈P1908〉;扬州康宏化工有限公司〈P1817〉;宝应县中宝云鹏化工有限公司〈P1813〉;通州市岸西化工厂〈P1839〉;南通鹏陈化工有限公司〈P1834〉;[浙]杭州格丽特化工有限公司〈P1917〉;杭州绿典化工有限公司〈P1921〉;建德市新化化工有限责任公司〈P1926〉;浙江奥仕化学有限公司〈P1958〉;[豫]西平骏马精细化工有限公司〈P2227〉;开封市华星化工厂(100吨)〈P2177〉;[粤]广州市荟普新材料有限公司〈P2264〉

荧光增白剂 OB-2;4,4′-双(5-甲基-2-苯并噁唑基)二苯乙烯 P02092541

Fluorescent whitening agent OB-2

适用于聚酯、聚酰胺、聚丙烯腈纤维的增白,还适用于工程塑料 PP、ABS、EVA、PS、PC 的增白

【生产厂】[京]北京奥得赛化学有限公司〈P1543〉;[豫]开封市华星化工厂(80吨)〈P2177〉

荧光增白剂 OB-4 P02092561

Fluorescent brightener OB-4

适用于各种塑料树脂,尤其对 PVC、PS、ABS 等塑料树脂的增白增艳效果更佳

【生产厂】[京]北京奥得赛化学有限公司〈P1543〉;[黑]大庆新世纪精细化工有限公司〈P1722〉;[浙]杭州绿典化工有限公司〈P1921〉;[鲁]青岛三凯化工有限公司〈P2041〉

荧光增白剂 OB-P P02092591

Fluorescent brightener OB-P

用于 PVC 扣板和型材、管材的增白增艳

【生产厂】[冀]河北星宇化工有限公司〈P1623〉;[浙]杭州绿典化工有限公司〈P1921〉

荧光增白剂 31 号 P02092601

Fluorescent brightener No. 31

用于合成洗衣粉及棉、丝等纤维的增白

【生产厂】[晋]山西青山化工有限公司〈P1679〉;[沪]上海天坛助剂有限公司〈P1767〉

荧光增白剂 33 号 P02092701

Fluorescent brightener No. 33

用于洗衣粉、香皂及各种纤维的增白

【生产厂】[沪]上海经纬化工有限公司〈P1745〉;上海天坛助剂有限公司〈P1767〉

荧光增白剂 KB P02092751

Fluorescent brightener KB

可用于硬质 PVC、PS、ABS 等塑料的增白

【生产厂】[苏]通州市岸西化工厂〈P1839〉;[皖]天长市劲松塑料助剂集团有限公司〈P1983〉

荧光增白剂 KCB;1,4-二(苯并噁唑基-2-基)萘 P02092801

Fluorescent brightener KCB; 1,4-Bis (benzoxazole-2-yl) naphthalene [5089-22-5]

主要用于合成纤维与塑料制品的增白,对有色塑料制品有明显的增加艳丽的效果,也用于 PE、PP、PVC、PS、ABS 等

【生产厂】[京]北京奥得赛化学有限公司〈P1543〉;北京杨村化工有限公司(30吨)〈P1564〉;北京瀑润化工产品有限责任公司〈P1557〉;[冀]河北星宇化工有限公司〈P1623〉;[晋]山西青山化工有限公司〈P1679〉;[辽]大连化工研究设计院〈P1692〉;[黑]大庆新世纪精细化工有限公司〈P1722〉;[苏]南京力达宁化学有限公司〈P1786〉;南京长营化工有限责任公司〈P1783〉;扬中岳扬精细化工有限公司〈P1843〉;太仓市东明化工有限公司(60吨)〈P1908〉;宝应县中宝云鹏化工有限公司〈P1813〉;[皖]天长市劲松塑料助剂集团有限公司〈P1983〉;[豫]西平骏马精细化工有限公司〈P2227〉;[鄂]潜江东立精细化工有限公司〈P2246〉;[粤]广州市荟普新材料有限公司〈P2264〉;广州市时代化工厂〈P2266〉

荧光增白剂 KSN P02092831

Fluorescent brightener KSN [5242-49-9]

用于所有塑料尤其在合成纤维中具有极强的增白效果,同时也可用于涂料、油墨、油漆等行业的色彩增白和增艳

【生产厂】[京]北京奥得赛化学有限公司〈P1543〉;北京瀑润化工产品有限责任公司〈P1557〉;北京众达世纪化工有限公司〈P1567〉;[冀]河北星宇化工有限公司〈P1623〉;[黑]大庆新世纪精细化工有限公司〈P1722〉;[苏]南京力达宁化学有限公司〈P1786〉;宝应县中宝云鹏化工有限公司〈P1813〉;通州市岸西化工厂〈P1839〉;[豫]西平骏马精细化工有限公司〈P2227〉;开封市华星化工厂(100吨)〈P2177〉;[鄂]潜江东立精细化工有限公司〈P2246〉;[粤]广州市荟普新材料有限公司〈P2264〉

聚酯纤维荧光增白剂;涤纶荧光增白剂 P02092901

Fluorescent brightener for polyester fiber

用于涤纶及其混纺织物的增白、增艳整理

【生产厂】[沪]上海天坛助剂有限公司〈P1767〉;[苏]苏州志和无纺助剂有限公司〈P1907〉;[浙]杭州康臣有机硅有限公司〈P1920〉

荧光增白剂 WS P02093101

Fluorescent brightener WS

适用于羊毛、蚕丝、锦纶等纤维及裘皮的增白、增艳,也特别适用于塑料的增白、增艳

【生产厂】[津]天津市恒泽化工科技开发有限公司(120吨)〈P1589〉

荧光增白剂 EB;1-邻氰基苯乙烯基-4-对氰基苯乙烯基苯 P02093201

Fluorescent brightener EB

用于涤纶织物及塑料增白

【生产厂】[黑]大庆新世纪精细化工有限公司(50 吨)〈P1722〉;[苏]通州市岸西化工厂〈P1839〉;[皖]天长市劲松塑料助剂集团有限公司〈P1983〉

荧光增白剂 FP-127;4,4′-二(邻甲氧基苯乙烯基)联苯;荧光增白剂 CBS-127 P02093301

Fluorescent brightener FP-127 [40470-68-6]

用于人造革、合成革增白及印刷油墨涂料的增光增艳

【生产厂】[京]北京奥得赛化学有限公司〈P1543〉;北京杨村化工有限公司〈P1564〉;北京瀑润化工产品有限责任公司〈P1557〉;[冀]河北星宇化工有限公司(50 吨)〈P1623〉;[晋]山西青山化工有限公司〈P1679〉;[辽]大连化工研究设计院〈P1692〉;[黑]大庆新世纪精细化工有限公司〈P1722〉;[苏]南京力达宁化学有限公司〈P1786〉;扬中岳扬精细化工有限公司〈P1843〉;宝应县中宝云鹏化工有限公司〈P1813〉;通州市岸西化工厂〈P1839〉;[浙]杭州国晨化工技术有限公司〈P1917〉;浙江奥仕化学有限公司〈P1958〉;[豫]西平骏马精细化工有限公司〈P2227〉;开封市华星化工厂〈P2177〉

荧光增白剂 FP P02093351

Fluorescent brightener FP

适用于聚氯乙烯和聚苯乙烯系列产品及其他热塑性塑料的增白

【生产厂】[浙]杭州绿典化工有限公司〈P1921〉;[皖]天长市劲松塑料助剂集团有限公司〈P1983〉;[粤]广州市荟普新材料有限公司〈P2264〉

荧光增白剂 PB;2,5-二(苯并噁唑-2-)噻吩 P02093451

Fluorescent brightener PB

主要用于商品化增白剂 EB,也可用于各类聚烯烃塑料、ABS 工程塑料、有机玻璃等的增白增艳

【生产厂】[苏]通州市岸西化工厂〈P1839〉;[皖]天长市劲松塑料助剂集团有限公司〈P1983〉

荧光增白剂 CBW P02094401

Fluorescent brightener CBW [27344-41-8]

广泛用于洗涤剂、漂染、造纸、染料等行业

【生产厂】[晋]山西青山化工有限公司〈P1679〉

荧光增白剂 JPL-2 P02094501

Fluorescent brightener JPL-2 [72187-40-7]

主要用于造纸行业的纸浆增白,表面施胶及加工纸的涂布,也可用于印染行业的吸尽法、浸轧法上染增白

【生产厂】[晋]山西青山化工有限公司〈P1679〉

荧光增白剂 PMB P02094701

Fluorescent brightener PMB

适用于棉、涤棉混纺织物的增白

【生产厂】[浙]浙江奥仕化学有限公司〈P1958〉

渗透剂 P02100101

Osmotic reagent;Penetrating agent

用于棉、麻、毛织物的漂、炼、上浆等各工序中作渗透剂

【生产厂】[津]天津市西青区大业助剂厂(120 吨)〈P1607〉;天津达一琦精细化工有限公司〈P1571〉;[沪]上海威呈化工有限公司〈P1769〉;上海皮革化工厂(3000 吨)〈P1755〉;上海天坛助剂有限公司(100 吨)〈P1767〉;[苏]常州汉斯化学品有限公司〈P1847〉;张家港市德宝化工有限公司〈P1912〉;江都市天和化工有限公司〈P1815〉;江都市海龙化工助剂有限公司〈P1814〉;江苏省泰兴市中纺助剂厂〈P1822〉;南通科兴化工有限公司〈P1834〉;南通远大生物科技发展有限公司〈P1836〉;海安县国力化工有限公司〈P1829〉;江苏省海安石油化工厂〈P1831〉;[浙]杭州九鼎化工有限公司〈P1919〉;杭州下沙经济开发区中联化工有限公司〈P1923〉;杭州余杭艾迪精细化工研究所〈P1925〉;杭州绿典化工有限公司〈P1921〉;绍兴市应用化学研究所〈P1949〉;浙江省上虞市杜浦化工厂〈P1951〉;[闽]福清楷祥纺织助剂有限公司〈P1988〉;[鲁]张店永发化工厂〈P2057〉;威海市明美涤化工有限责任公司(20 吨)〈P2125〉;烟台开发区三贡化工有限公司〈P2117〉;山东志达化工有限公司(100 吨)〈P2078〉;[豫]安阳市曙光化工厂(1000 吨)〈P2209〉;安阳市双环助剂有限责任公司(300 吨)〈P2209〉;[鄂]武汉市智发科技开发有限公司〈P2233〉;[粤]广州市裕典化工有限公司〈P2267〉;广州庄杰化工有限公司〈P2268〉;深圳市明水生物化工有限公司〈P2272〉;东莞市恒业助剂有限公司〈P2280〉;东莞福斯特织物整理剂有限公司〈P2278〉

【使用厂】[沪]上海一品国际颜料有限公司〈P1774〉;上海浮岛化工有限公司〈P1733〉;上海市大场化工厂〈P1763〉;[鲁]章丘市三行化工有限公司〈P2031〉;[湘]湖南三环颜料有限公司〈P2248〉

石蜡乳化剂 P02100201

Paraffin emulsifier

用于造纸、纺织行业,也用于加工木材纤维板等

【生产厂】[京]北京科普基业精细化工科技有限公司〈P1554〉

润滑增光剂;增光增滑剂 P02100202

Lubricating and lustre-enhancing agent

用于提高涂层的光泽和平整度

【生产厂】[津]天津市信爱商贸有限公司(100 吨)〈P1609〉;[辽]营口市康如化工有限公司〈P1705〉;[沪]上海锦山化工有限公司〈P1745〉;[浙]天台昌明化学制品有限公司(200 吨)〈P1962〉

石蜡乳化剂 RZB201 P02100231

Paraffin emulsifier RZB201

适用于纤维板加工工业,也适用于造纸工业,缝布加工等其他行业的固体石蜡的乳化

【生产厂】[苏]江苏钟山化工有限公司〈P1782〉

增光剥离剂 P02100391

Lustre-enhancing remover

用于提高纸品的亮度和剥离性

【生产厂】[沪]上海华溢塑料助剂合作公司〈P1740〉;[鲁]泰安市鑫泉精细化工制造有限公司(300 吨)〈P2138〉;[豫]郑州中吉精细化工有限公司〈P2175〉

高速泡丝剂 P02100451

Silk impregnating agent, high speed

用于真丝泡丝

P

【生产厂】[鲁]淄博奥威粘合剂有限公司(300吨)〈P2058〉

透心油 P02100601

Penetrating oil

具有润湿和渗透作用,能有效去除浆料、油脂、蜡的作用,特别作退浆、煮炼、漂白、染色的渗透剂

【生产厂】[沪]上海赛博化工有限公司〈P1759〉;[鲁]潍坊瑞光化工有限公司〈P2103〉

高效渗透剂 P02100901

Penetrating agent, high efficiency

用作染色、整理及皮革行业的渗透助剂

【生产厂】[苏]江都市天和化工有限公司〈P1815〉;[浙]杭州九鼎化工有限公司〈P1919〉;杭州市银湖化工有限公司〈P1922〉;浙江建德顺发化工助剂有限公司〈P1928〉;[鲁]山东省诸城市鑫盛化工厂〈P2098〉;[粤]深圳市明水生物化工有限公司〈P2272〉

拉开粉 BX;渗透剂 BX;1,2-二正丁基萘-6-磺酸钠 P02101001

Nekal BX

用于纺织、印染、制革和造纸工业以及杀虫剂、除草剂等的润湿剂,油漆和油墨等工业的分散剂,橡胶工业乳化剂

【生产厂】[沪]上海天坛助剂有限公司(400吨)〈P1767〉;[苏]苏州荣亿达化工有限公司〈P1902〉;江苏省新沂市经纬化工有限公司〈P1793〉;[浙]绍兴县海天助剂制造有限公司〈P1949〉;绍兴县光耀化工助剂厂〈P1949〉;上虞市康特化工有限公司〈P1948〉;上虞市国泰化工有限公司〈P1948〉;浙江上虞市珊瑚化工厂〈P1951〉;浙江省上虞市杜浦化工厂〈P1951〉;[豫]安阳市双环助剂有限责任公司(2000吨)〈P2209〉;安阳市助剂厂〈P2210〉

【使用厂】[津]天津市塘沽农药厂〈P1603〉;天津市农药研究所〈P1600〉;[鲁]山东博丰植保药业有限公司〈P2051〉

渗透剂 JFC;脂肪醇聚氧乙烯醚 JFC;印凡丁;润湿剂 JFC P02101401

Penetrating agent JFC

用作织物的渗透和褪浆剂、皮革涂层渗透剂等

【生产厂】[津]天津市宝坻区港飞助剂有限公司〈P1579〉;天津市浩元精细化工有限公司(1000吨)〈P1588〉;天津市兴玉工贸有限公司〈P1609〉;[冀]河北省晋州市鑫达化工有限公司〈P1621〉;河北省邢台科王助剂有限公司〈P1642〉;邢台市合成化学厂〈P1643〉;邢台市蓝天精细化工有限公司〈P1643〉;邢台市助剂厂〈P1644〉;[辽]辽阳市虹波化工有限公司〈P1711〉;辽宁科隆化工实业有限公司〈P1709〉;[沪]上海天坛助剂有限公司(1000吨)〈P1767〉;上海台界化工有限公司〈P1766〉;上海锦山化工有限公司〈P1745〉;[苏]无锡华氏化学有限公司〈P1873〉;宜兴市腾星化工有限公司〈P1887〉;江苏冠洋精细化工有限公司〈P1865〉;江苏凌飞化工有限公司〈P1865〉;宜兴市芳桥镇江南化工厂〈P1884〉;宜兴市芳霞化工有限公司〈P1884〉;南通科兴化工有限公司〈P1834〉;海安县正达化工厂〈P1829〉;海安县苏北化工有限公司〈P1829〉;[浙]杭州萧山三江精细化工有限公司〈P1924〉;绍兴县海天助剂制造有限公司〈P1949〉;浙江皇马化工集团有限公司〈P1950〉;上虞市康特化工有限公司〈P1948〉;上虞市国泰化工有限公司〈P1948〉;浙江上虞市珊瑚化工厂〈P1951〉;浙江省上虞市杜浦化工厂〈P1951〉;[鲁]济南巨业精细化工有限公司〈P2023〉;淄博海杰化工有限公司〈P2060〉;淄博巨丰乳化剂厂〈P2063〉;潍坊瑞光化工有限公司〈P2103〉;青岛金森达化工有限公司〈P2039〉;青岛石喜精细化工有限公司〈P2042〉;[粤]汕头市盛腾助剂有限公司〈P2277〉;东莞天傲化工有限公司〈P2281〉

非离子润湿渗透剂 P02101591

Wetting penetrating agent, non-ionic

用于各种纤维的精炼、染色浴中

【生产厂】[浙]杭州杭云精细化工有限公司〈P1918〉

快速渗透剂 T;琥珀酸二辛酯磺酸钠;渗透剂 T P02101601

Penetrant T

用作织物的快速渗透剂、农药乳化剂、表面活性剂等

【生产厂】[津]天津市华联有机陶土化工福利厂(200吨)〈P1590〉;[冀]邢台盛达助剂有限责任公司〈P1643〉;邢台市合成化学厂〈P1643〉;邢台市助剂厂〈P1644〉;[沪]上海锦山化工有限公司〈P1745〉;[苏]南京东方石油化工厂〈P1783〉;无锡华氏化学有限公司〈P1873〉;海安县苏北化工有限公司〈P1829〉;[浙]浙江建德顺发化工助剂有限公司〈P1928〉;绍兴县海天助剂制造有限公司〈P1949〉;上虞市国泰化工有限公司〈P1948〉;[鲁]济南巨业精细化工有限公司〈P2023〉;淄博巨丰乳化剂厂〈P2063〉;青岛三力化工技术有限公司〈P2041〉;[豫]安阳市助剂厂〈P2210〉;[粤]汕头市盛腾助剂有限公司〈P2277〉

增深增艳剂 P02101701

Brightening agent

【生产厂】[冀]石家庄市远达化工厂〈P1632〉;[沪]上海大祥化学工业有限公司〈P1731〉;[苏]南通科兴化工有限公司〈P1834〉;[浙]嘉善县合力精细化工厂〈P1940〉;[鲁]淄博金鲁染料化工有限公司〈P2063〉

润湿剂 P02102000

Wetter

【生产厂】[京]北京富特斯化工科技有限公司〈P1547〉;[沪]上海长风化工厂〈P1729〉;上海天坛助剂有限公司〈P1767〉;[苏]南京维高化工有限公司〈P1790〉;宜兴市腾蛟化工材料有限公司〈P1887〉;江苏省太仓市归庄镇武兵化工厂〈P1894〉;[浙]浙江省黄岩利民电镀材料有限公司〈P1966〉;[鄂]武汉亿强科技开发有限公司(20吨)〈P2235〉

【使用厂】[闽]厦门市绿地康生物工程有限公司〈P1993〉

氧化锌版润版剂 P02102011

Wetting agent for zinc oxide-plate

专用于小胶印氧化锌版的润版和护版

【生产厂】[沪]上海豹驰春蕾胶辊有限公司〈P1728〉;[豫]河南省道纯化工技术有限公司〈P2166〉

PS 版修版膏 P02102111

PS Printing plate retouch paste

用于消除各种 PS 版的多余图文

【生产厂】[豫]河南省道纯化工技术有限公司〈P2166〉;[川]四川炬光印刷器材有限公司〈P2318〉

工业快速渗透剂;琥珀酸二仲辛酯磺酸钠 P02102201

Penetrating agent, industrial quick

【生产厂】[津]天津有机化学工业总公司中河化工厂(1500

P

吨)〈P1617〉;[沪]上海赛博化工有限公司〈P1759〉;[浙]杭州美高华颐化工有限公司〈P1921〉;绍兴县光耀化工助剂厂〈P1949〉;浙江上虞市珊瑚化工厂〈P1951〉;[鲁]济南巨业精细化工有限公司〈P2023〉;临淄泽荣化工有限公司(1000 吨)〈P2050〉;[粤]东莞市德能化工有限公司〈P2279〉

耐碱渗透剂 P02102211

Alkali resistant osmotic reagent

用于棉、麻、涤及混纺织物的染前精炼工艺,同时适用于棉织物冷轧堆工艺

【生产厂】[苏]无锡华氏化学有限公司〈P1873〉;苏州百氏高化工有限公司〈P1899〉;射阳永双助剂有限公司〈P1809〉;南通远大生物科技发展有限公司〈P1836〉;[浙]杭州九鼎化工有限公司〈P1919〉;杭州康臣有机硅有限公司〈P1920〉;杭州琦巧化工有限公司〈P1921〉;杭州余杭艾迪精细化工研究所〈P1925〉;绍兴县海天助剂制造有限公司〈P1949〉;上虞市康特化工有限公司〈P1948〉;浙江上虞市珊瑚化工厂〈P1951〉;[鲁]潍坊瑞光化工有限公司〈P2103〉;[粤]汕头市盛腾助剂有限公司〈P2277〉

精炼渗透剂 P02102291

Refined penetrant

【生产厂】[苏]无锡华氏化学有限公司〈P1873〉;张家港市德宝化工有限公司〈P1912〉;南通斯恩特精细化工有限公司〈P1835〉;[浙]杭州余杭艾迪精细化工研究所〈P1925〉;[闽]福清楷祥纺织助剂有限公司〈P1988〉;[鲁]蓬莱市福鑫化工有限公司〈P2112〉;[粤]广州市裕典化工有限公司〈P2267〉

耐碱丝光渗透剂 P02102301

Alkali resistant silking osmotic reagent

用于棉布丝光加工时促进碱的渗透

【生产厂】[沪]上海天坛助剂有限公司〈P1767〉;[苏]南通斯恩特精细化工有限公司〈P1835〉;[浙]杭州九鼎化工有限公司〈P1919〉;杭州余杭艾迪精细化工研究所〈P1925〉;[鲁]烟台开发区三贡化工有限公司〈P2117〉

防染盐 H;苯肼磺酸铵 P02110301

Resist agent H

用作冰染染料防染剂

【生产厂】[冀]石家庄冀华化工纺织有限公司〈P1627〉;[浙]浙江省上虞市杜浦化工厂〈P1951〉

防染剂 P02110351

Reserve dyeing agent

用于牛仔服、洗水服的酵洗工艺,与酵素同浴使用,防止白地及口袋布沾色

【生产厂】[浙]杭州奔马化学制品有限公司〈P1916〉

抑泡剂 P02110501

Froth breaker

用于涂料、化肥、水处理、污水处理、油脂水解、洗瓶剂等

【生产厂】[京]北京昌化精细化工厂〈P1544〉;[津]天津市雄冠科技发展有限公司(200 吨)〈P1609〉;[沪]上海天坛助剂有限公司〈P1767〉;[苏]江苏赛欧信越消泡剂有限公司〈P1803〉;[豫]巩义市凌云胶粘剂厂(500 吨)〈P2163〉

消泡剂 GP P02110601

Defoamer GP

用于纺织、造纸等工业

【生产厂】[沪]上海锦山化工有限公司〈P1745〉;[苏]江苏省海安石油化工厂〈P1831〉;海安县苏北化工有限公司〈P1829〉;[豫]开化集团开封市树脂厂(1000 吨)〈P2179〉

聚醚型消泡剂 P02110651

Polyether defoamer

用于吸附渗透,增强物体柔性等功能,并兼有乳化剂等表面活性剂性能

【生产厂】[津]天津市兴玉工贸有限公司〈P1609〉;[辽]大连华瑞化学工业有限公司〈P1692〉;[吉]吉林省石油化工设计研究院〈P1714〉

消泡平滑剂 P02110701

Defoaming flatness agent

主要用于动态或静态下消泡及塑料、橡胶、水性涂料工业等生产过程中消泡

【生产厂】[沪]上海天坛助剂有限公司(300 吨)〈P1767〉;[苏]苏州荣亿达化工有限公司〈P1902〉;[浙]绍兴县光耀化工助剂厂〈P1949〉

涂料浆 A;乳化浆 A;AD 邦浆;涂料印花浆 A P02110801

Coating paste A

用作涂料印花浆的稀释剂、去渍剂、煮炼的渗透助剂

【生产厂】[沪]上海天坛助剂有限公司(1000 吨)〈P1767〉;[苏]宜兴市腾星化工有限公司〈P1887〉

发泡浆 P02111301

Foaming paste

【生产厂】[粤]广州市珠江精细化工厂〈P2267〉;宝华实业中国有限公司〈P2278〉

乳液增稠剂 P02112201

Thickening agent for latex

【生产厂】[京]北京东方亚科力化工科技有限公司〈P1546〉;[沪]上海天坛助剂有限公司〈P1767〉

增稠剂 P02112210

Thickening agent

用于阴离子水性体系的增稠和纺织印染、浆料的增稠

【生产厂】[京]北京金源恒泰精细化工有限公司〈P1552〉;北京东方亚科力化工科技有限公司〈P1546〉;[冀]衡水新光化工有限责任公司〈P1668〉;[晋]山西天一纳米材料科技有限公司〈P1676〉;[辽]辽阳东宝力化学建材有限公司〈P1709〉;大连天源基化学有限公司〈P1694〉;[沪]上海恒谊化工有限公司(50 吨)〈P1736〉;上海威呈化工有限公司〈P1769〉;上海长风化工厂〈P1729〉;上海锦山化工有限公司〈P1745〉;[苏]南京维高化工有限公司〈P1790〉;无锡阳山生化有限责任公司〈P1883〉;江阴市华达印染助剂有限公司〈P1869〉;靖江市恒政增稠材料厂〈P1824〉;昆山市中星染料化工有限公司〈P1898〉;苏州志和无纺助剂有限公司〈P1907〉;常熟市辐照技术应用厂(2000 吨)〈P1890〉;苏州百氏高化工有限公司〈P1899〉;江苏省泰兴市中纺助剂厂〈P1822〉;南通斯恩特精细化工有限公司〈P1835〉;江苏省海安紫石化工厂〈P1831〉;[浙]浙江临安福盛涂料助剂有限公司〈P1928〉;绍兴县光耀化工助剂厂〈P1949〉;绍兴市应用化学研究所〈P1949〉;湖州城区天顺化工厂〈P1945〉;[鲁]淄博润湖工贸有限公司(500 吨)〈P2066〉;

青州贝特化工有限公司(50吨)〈P2090〉;北京化工大学乳山联营化工厂(200吨)〈P2121〉;龙口市宇龙密封材料有限公司〈P2111〉;日照市广大化工有限公司(1000吨)〈P2139〉;[粤]广州市珠江精细化工厂〈P2267〉;[川]成都顺达利聚合物有限公司〈P2315〉

【使用厂】[苏]兴化锁龙消防药剂有限公司〈P1828〉;徐州市西关化工厂〈P1796〉;[鲁]青岛大洋涂料厂〈P2033〉;济南惠泽新型建材有限公司〈P2022〉

涂料印花增稠剂 P02112221

Coating printing thicker reagent

【生产厂】[苏]常熟市辐照技术应用厂〈P1890〉;苏州百氏高化工有限公司〈P1899〉;[鲁]临淄颐中化工有限公司〈P2050〉;山东青州华诚化工有限公司〈P2096〉;[粤]汕头鑫源化工有限公司〈P2277〉;百宁纺织化工(中山)有限公司(27吨)〈P2282〉

染料印花合成增稠剂 P02112251

Dyestuff printing thickening agent

用作印花助剂

【生产厂】[冀]张家口麦尔生化有限公司〈P1650〉;[苏]苏州金龙精细化工有限公司〈P1901〉;常熟市辐照技术应用厂(3000吨)〈P1890〉;苏州百氏高化工有限公司〈P1899〉;南通斯恩特精细化工有限公司〈P1835〉;[鲁]淄博凯瑞化工厂〈P2064〉;淄博兴鲁化工厂〈P2074〉

重氮感光胶 P02112511

Diazo photosensitive adhesive

用于感光制版

【生产厂】[浙]江山金固特化工有限公司(500吨)〈P1957〉;[粤]深圳市容大电子材料有限公司〈P2272〉

硅烷消泡剂 P02112901

Silane defoamer

适用于任何前处理及后处理过程中的消泡

【生产厂】[津]天津市兴玉工贸有限公司〈P1609〉

消泡王(高浓缩) P02112951

Antifoaming agent, high condense

【生产厂】[苏]江苏省海安石油化工厂〈P1831〉;[浙]浙江省上虞市杜浦化工厂〈P1951〉;宁波兴华化学有限公司〈P1934〉;[粤]汕头市盛腾助剂有限公司〈P2277〉

高温消泡剂 P02113001

High temperature defoamer

用于高温染色,为水溶性乳剂类消泡剂

【生产厂】[津]天津市兴玉工贸有限公司〈P1609〉;[冀]河北爱德威医药化工有限公司〈P1619〉;[苏]南京立派化工有限公司〈P1787〉;无锡华氏化学有限公司〈P1873〉;江都市海龙化工助剂有限公司〈P1814〉;[浙]浙江化工科技集团有限公司精细化工厂〈P1927〉;杭州余杭艾迪精细化工研究所〈P1925〉;绍兴县光耀化工助剂厂〈P1949〉;浙江上虞市珊瑚化工厂〈P1951〉

有机硅固体粉沫型消泡剂;固体有机硅消泡剂 P02113101

Defoamer, organic silicon solid powder

适用于加入固体产品中消泡、抑泡,也可按组分加入强碱性洗涤剂中消泡,一切水相型泡沫抑泡

【生产厂】[津]天津市兴玉工贸有限公司〈P1609〉;[冀]承德滦平精细化工厂〈P1650〉;[苏]南京立派化工有限公司〈P1787〉;江苏赛欧信越消泡剂有限公司〈P1803〉;常州市宏业有机硅有限公司〈P1851〉;常州市科达永盛有机硅材料有限公司〈P1852〉;[赣]江西星火化工厂〈P2012〉

涂料印花浆用消泡剂 P02113111

Defoamer for coating printing paste

用于涂料印花浆生产过程中消泡、抑泡

【生产厂】[沪]上海立奇化工助剂有限公司〈P1750〉;[苏]江苏得意有机硅有限公司〈P1802〉;江苏赛欧信越消泡剂有限公司〈P1803〉;[鲁]潍坊恒兴化工有限公司(500吨)〈P2102〉;[豫]郑州中吉精细化工有限公司〈P2175〉;[粤]广州市氟缘硅科技有限公司〈P2263〉;广东省石油化工研究院(200吨)〈P2259〉

涂料印花黏合剂 P02113801

Adhesive for coating printing; Binder for coating printing

用于各种织物的涂料印花

【生产厂】[京]北京东方锐波化工厂(1500吨)〈P1546〉;[冀]石家庄市安发化工厂〈P1628〉;[苏]常熟市辐照技术应用厂〈P1890〉;苏州百氏高化工有限公司〈P1899〉;[鲁]潍坊恒兴化工有限公司〈P2102〉;蓬莱市福鑫化工有限公司〈P2112〉

二氧化硅增稠剂 P02114051

Silicon dioxide thickening agent

【生产厂】[京]北京航天赛德粉体材料技术有限公司〈P1548〉

聚氨酯增稠剂 P02114101

Polyurethane thickening agent

适用于多种乳液体系的高、中档乳胶漆及水性油墨、水性黏合剂等

【生产厂】[京]北京麦尔化工科技有限公司〈P1555〉

涂料染色黏合剂 P02114311

Adhesive for coating dyeing

用于棉、涤棉织物的中浅色染色、印花

【生产厂】[沪]上海天坛助剂有限公司〈P1767〉;[苏]苏州百氏高化工有限公司〈P1899〉;江苏省泰兴市中纺助剂厂〈P1822〉

印花糊料 P02114720

Printing paste

用于丝绸、毛毯、长毛绒、棉布、混纺、化纤印花及上浆

【生产厂】[冀]张家口麦尔生化有限公司〈P1650〉;[苏]江苏响水县红星化工厂〈P1808〉;[豫]尉氏县挺凯植物胶化工厂(1000吨)〈P2179〉

双氧水漂白稳定剂;氧漂稳定剂 P02120101

Hydrogen peroxide bleaching stabilizer

适用于纯棉、涤纶、腈纶织物和针织物及采用双氧水漂白的产品的浸漂

【生产厂】[冀]石家庄市远达化工厂〈P1632〉;[沪]上海祺瑞纺织化工有限公司〈P1756〉;[苏]无锡华氏化学有限公司〈P1873〉;宜兴市屺亭化工厂〈P1886〉;宜兴市星石纺织助剂有限公司〈P1887〉;苏州超宇纺织化工有限公司〈P1899〉;苏州百氏高化工有限公司〈P1899〉;张家港市德宝化工有限公司〈P1912〉;江都市海龙化工助剂有限公司〈P1814〉;江苏省泰兴市中纺助剂厂〈P1822〉;南通远大生

物科技发展有限公司〈P1836〉;[浙]杭州市银湖化工有限公司〈P1922〉;杭州龙兴化工助剂有限公司〈P1921〉;杭州下沙经济开发区中联化工有限公司〈P1923〉;杭州琦巧化工有限公司〈P1921〉;杭州杭云精细化工有限公司〈P1918〉;绍兴县海天助剂制造有限公司〈P1949〉;绍兴县光耀化工助剂厂〈P1949〉;上虞市康特化工有限公司〈P1948〉;浙江上虞市珊瑚化工厂〈P1951〉;浙江省上虞市杜浦化工厂〈P1951〉;[鲁]烟台开发区三贡化工有限公司〈P2117〉;[粤]东莞市恒业助剂有限公司〈P2280〉;东莞市德能化工有限公司〈P2279〉;东莞福斯特织物整理剂有限公司〈P2278〉

双氧水稳定剂　P02120201

Hydrogen peroxide stabilizer

用作印染行业氧漂的稳定剂

【生产厂】[冀]河北省晋州市鑫达化工有限公司〈P1621〉;[苏]南通科兴化工有限公司〈P1834〉;[浙]杭州九鼎化工有限公司〈P1919〉;杭州余杭艾迪精细化工研究所〈P1925〉;[闽]福清楷祥纺织助剂有限公司〈P1988〉;[鲁]济南巨业精细化工有限公司〈P2023〉;潍坊瑞光化工有限公司〈P2103〉;青岛金森达化工有限公司〈P2039〉;山东志达化工有限公司(500 吨)〈P2078〉;[豫]临颍县颍华技术开发有限公司(50 吨)〈P2220〉;黎明化工研究院(50 吨)〈P2181〉;[粤]广州市裕典化工有限公司〈P2267〉;广州庄杰化工有限公司〈P2268〉;汕头市盛腾助剂有限公司〈P2277〉

漂毛剂;漂毛粉　P02120701

Bleaching agent for wool

主要用于漂白毛纺织品、丝和聚酰胺纤维,也用于瓮染

【生产厂】[津]天津市兆龙化工有限公司(180 吨)〈P1613〉;[蒙]赤峰市东方化工染料助剂厂〈P1682〉;[沪]上海众祥经贸有限公司(3000 吨)〈P1779〉;上海华谊集团上硫化工有限公司〈P1739〉;[鲁]淄博金鲁染料化工有限公司〈P2063〉

稳定剂 A　P02120901

Stabilizer A

用作纺织印染行业中漂白的助剂

【生产厂】[津]天津市西青区大业助剂厂(100 吨)〈P1607〉;[苏]宜兴市高塍日新化工厂〈P1884〉

稳定剂　P02121101

Stabilizer

用于提高热稳定性

【生产厂】[京]北京正恒化工有限公司〈P1566〉;[吉]延吉新东亚化学有限公司〈P1719〉;[苏]常州汉斯化学品有限公司〈P1847〉;[浙]浙江建德顺发化工助剂有限公司〈P1928〉;宁波兴华化学有限公司〈P1934〉;[闽]福建省南平威尔生化科技有限公司(1000 吨)〈P2004〉;[鲁]诸城翔龙化学品有限公司(3000 吨)〈P2107〉;[豫]河南庆安化工高科技股份有限公司(2000 吨)〈P2166〉

【使用厂】[津]天津市近代化学厂〈P1596〉;[沪]上海新上化高分子材料有限公司〈P1772〉;[苏]镇江农药厂有限公司〈P1844〉;江苏苏中农药化工厂〈P1822〉;[鲁]山东临朐富源精细化工有限公司〈P2096〉;济宁中银电化有限公司〈P2129〉;[粤]广州市合成材料研究院〈P2264〉;[甘]西北永新化工股份有限公司〈P2356〉

防水剂　P02130101

Waterproof agent

用作印染助剂

【生产厂】[京]中国蓝星(集团)总公司〈P1568〉;北京市燕鑫科技开发有限责任公司〈P1561〉;[津]天津市津西明珠化工厂(500 吨)〈P1595〉;[苏]南通斯恩特精细化工有限公司〈P1835〉;[浙]杭州余杭艾迪精细化工研究所〈P1925〉;[粤]东莞市德能化工有限公司〈P2279〉

防水剂 CR　P02130301

Water proofing agent CR

用作棉、麻、丝绸、羊毛、合成纤维织物及玻璃、皮革、纸张等的防水剂

【生产厂】[沪]上海天坛助剂有限公司(20 吨)〈P1767〉

PA 涂层胶　P02130801

PA Coating glue

用于织物涂层

【生产厂】[津]天津东海胶粘剂制品有限公司(500 吨)〈P1571〉;[苏]苏州百氏高化工有限公司〈P1899〉;[浙]嘉兴精化化工有限公司〈P1941〉;浙江科禹龙实业股份有限公司〈P1943〉;[闽]福建省泉州市佳友精化有限公司(1000 吨)〈P1998〉

有机硅防水整理剂　P02130901

Organosilicon water-proofing finishing agent

用于织物防水仿毛整理剂

【生产厂】[沪]上海天坛助剂有限公司〈P1767〉

防油防水整理剂　P02130951

Oilproof water-proofing finishing agent

用于棉、毛、丝、聚酯、尼龙及它们的混纺织物的防水、防油整理

【生产厂】[沪]上海沛轩纳米科技发展有限公司〈P1755〉;[苏]宜兴市腾星化工有限公司〈P1887〉

氟系列防水防油整理剂　P02131101

Water-proof and oil-proof finishing agent, fluorine series

用于合成纤维(涤纶、尼龙)等织物面料的一般防水加工及防水涂层加工

【生产厂】[浙]杭州余杭艾迪精细化工研究所〈P1925〉;杭州美高华颐化工有限公司〈P1921〉

纯涤织物阻燃剂;聚酯纤维阻燃剂　P02140201

Flame retardant for pure-dacron

【生产厂】[沪]上海旭森非卤消烟阻燃剂有限公司(10 吨)〈P1773〉;[苏]常州旭泰纺织有限公司〈P1857〉;[闽]福清楷祥纺织助剂有限公司〈P1988〉;[鲁]青岛联美化工有限公司〈P2040〉

无机纳米阻燃剂　P02140301

Inorganic nanometre fire-retardant

【生产厂】[鲁]龙口市华瑞新材料科技有限公司〈P2111〉

棉织物阻燃剂 CP;3-羟甲基氨基-3-氧丙基膦酸二甲酯　P02140401

Flame retardant CP for cotton fabric

用于制作军服、帐篷、窗帘、装饰布、床上用品以及在冶金、消防、水电、核工业、地矿业等行业的工作服

【生产厂】[津]天津市超越科技有限公司(1000 吨)〈P1581〉;天津市联瑞化工有限公司〈P1598〉;[苏]常州旭泰纺织有

P

限公司〈P1857〉

织物阻燃剂　P02140501

Flame retardant for fabric

用作纺织制品的阻燃防火

【生产厂】[京]北京城建天宁消防有限责任公司〈P1545〉；[津]天津市联瑞化工有限公司(800 吨)〈P1598〉；[沪]上海旭森非卤消烟阻燃剂有限公司(10 吨)〈P1773〉；[苏]常州旭泰纺织有限公司〈P1857〉；江阴市尼美达助剂有限公司〈P1870〉；南通科兴化工有限公司〈P1834〉；南通远大生物科技发展有限公司〈P1836〉；[浙]杭州余杭艾迪精细化工研究所〈P1925〉；杭州杭云精细化工有限公司〈P1918〉；杭州美高华颐化工有限公司〈P1921〉；[鲁]济南泰星精细化工有限公司(300 吨)〈P2026〉

四羟甲基硫酸磷-尿素体　P02140601

Tetrahydroxymethyl phosphonium sulfate-carbamide

用作阻燃剂、有机中间体、聚合体等

【生产厂】[苏]常熟新特化工有限公司〈P1892〉；泰兴金缘精细化工有限公司〈P1825〉

四羟甲基氯化磷-尿素体　P02140701

Tetrakis(hydroxymethyl) phosphonium chloride-carbamide

用于棉、涤棉织物的永久性阻燃后处理

【生产厂】[沪]上海旭森非卤消烟阻燃剂有限公司(100 吨)〈P1773〉；[苏]泰兴金缘精细化工有限公司〈P1825〉

工业明胶；明胶　P02150101

Industrial gelatin

用于印染、印刷等行业

【生产厂】[冀]衡水市绿岛明胶有限公司〈P1668〉；河北阜城霞光明胶厂〈P1663〉；河北省阜城县码头镇司庄蜡厂〈P1664〉；衡水成大明胶有限公司〈P1667〉；衡水华泰明胶有限公司〈P1667〉；沧州市学洋明胶有限公司〈P1653〉；河北沧州森林蜡业有限公司〈P1654〉；河北省沧州汇鑫防烧剂厂〈P1654〉；河北省东光隆达天然蜂蜡厂〈P1655〉；河北省东光鑫联蜂蜡厂〈P1655〉；河北省东光县霞鑫蜂蜡厂〈P1655〉；[沪]上海炽林明胶有限公司〈P1730〉；上海双凤骨明胶有限公司〈P1765〉；上海光铧科技有限公司〈P1735〉；[鲁]山东青龙明胶有限公司(1800 吨)〈P2156〉；滕州市制胶化工厂〈P2079〉；[豫]漯河市五龙明胶有限公司(500 吨)〈P2220〉；唐河县瑞祥明胶有限公司〈P2225〉；[粤]东莞市顺鸿热熔胶材料有限公司〈P2280〉；[青]青海金牛胶业集团有限公司(1500 吨)〈P2359〉；青海明胶股份有限公司〈P2359〉；[新]阿图什市鑫达明胶有限公司〈P2366〉

【使用厂】[津]天津远大感光材料公司〈P1617〉；[冀]石家庄市有机化工厂〈P1632〉；[苏]无锡二橡胶股份有限公司〈P1873〉；[豫]鹤壁市树脂有限公司〈P2200〉；乐凯集团第二胶片厂〈P2223〉

络合剂　P02150201

Complexing agent

可用在各种前处理及印染工序中，作为抗硬水添加剂，改善织物处理效果

【生产厂】[沪]上海天坛助剂有限公司〈P1767〉；[鲁]潍坊恒兴化工有限公司〈P2102〉

浆纱平滑剂　P02150301

Sizy-yarn slipping agent

【生产厂】[浙]杭州杭云精细化工有限公司〈P1918〉

平滑剂　P02150351

Slipping agent

用于纺织、纺纱上浆，可赋予织物很好的光滑手感

【生产厂】[冀]河北省晋州市鑫达化工有限公司〈P1621〉；河北信佳生物淀粉科技有限公司〈P1640〉；[辽]辽阳东宝力化学建材有限公司〈P1709〉；[苏]无锡华氏化学有限公司〈P1873〉；苏州超宇纺织化工有限公司〈P1899〉；张家港市国泰华荣化工新材料有限公司〈P1912〉；射阳永双助剂有限公司〈P1809〉；南通斯恩特精细化工有限公司〈P1835〉；[浙]杭州龙兴化工助剂有限公司〈P1921〉；杭州琦巧化工有限公司〈P1921〉；杭州余杭艾迪精细化工研究所〈P1925〉；浙江上虞市珊瑚化工厂〈P1951〉；嘉兴市江南化工厂(600 吨)〈P1941〉；嘉兴市雀屏化工有限公司〈P1942〉；宁波经济技术开发区希科新材料有限公司〈P1931〉；宁波兴华化学有限公司〈P1934〉；[豫]临颍县颍华技术开发有限公司〈P2220〉

调酸剂　P02150401

Sourness conditioning agent

用于尼龙、羊毛

【生产厂】[苏]盐城鸿泰生物工程有限公司〈P1810〉；[浙]杭州余杭艾迪精细化工研究所〈P1925〉

洗涤剂 209；椰油酰基甲基牛磺酸钠　P02150501

Detergent 209

在纺织印染行业中广泛用于染、漂、炼、洗等工序的净洗、去污、匀染、乳化等

【生产厂】[苏]宜兴市腾星化工有限公司〈P1887〉；宜兴市屺亭化工厂〈P1886〉；江苏飞翔化工(张家港)有限公司(3000 吨)〈P1893〉；[浙]杭州龙兴化工助剂有限公司〈P1921〉；上虞市康特化工有限公司〈P1948〉；浙江上虞市珊瑚化工厂〈P1951〉；[粤]汕头市盛腾助剂有限公司〈P2277〉

羊毛洗涤剂；烷基苯磺酸钠混合洗涤剂　P02150551

Detergent for wool

用于洗涤羊毛

【生产厂】[津]天津市兴玉工贸有限公司〈P1609〉；[冀]邢台市助剂厂〈P1644〉；[辽]朝阳市光达化工厂(1500 吨)〈P1713〉；[苏]南京添喜精细化工有限责任公司(400 吨)〈P1790〉；中国石化金陵石化公司烷基苯厂〈P1792〉；徐州汉高洗涤剂有限公司〈P1794〉；[浙]杭州九鼎化工有限公司〈P1919〉

助炼剂　P02150601

Coaking aid

用作纺织行业的漂练助剂

【生产厂】[冀]河北省晋州市鑫达化工有限公司〈P1621〉

茶皂素；茶皂角苷　P02150801

Tea sapogenin

广泛用于日化、毛纺及纺织工业、机械行业、医药行业等

【生产厂】[赣]江西省吉水三达天然药用香料油厂〈P2018〉

染料溶解剂　P02151031

Dye dissolving agent

为阳离子染料、酸性染料以及其他染料而开发的溶解剂，更具优越的染料溶解能力

【生产厂】[浙]杭州琦巧化工有限公司〈P1921〉;杭州杭云精细化工有限公司〈P1918〉;[闽]福清楷祥纺织助剂有限公司〈P1988〉

棉用促染剂;棉用助染剂 P02151051

Accelerating agent for cotton

具有优异的缓染性及稳染性

【生产厂】[沪]上海祺瑞纺织化工有限公司〈P1756〉

高温促染剂 P02151091

High temperature dyeing accelerant

适用于分散染料高温高压染色,分散性、移染性强,耐高温

【生产厂】[浙]杭州九鼎化工有限公司〈P1919〉

白底防污剂 P02151101

White background stain-proofing agent

用于羊毛、真丝、尼龙等织物的印花防污皂洗,具有优良的白底防沾污功能

【生产厂】[苏]无锡华氏化学有限公司〈P1873〉;[浙]杭州琦巧化工有限公司〈P1921〉;杭州杭云精细化工有限公司〈P1918〉

染料防尘剂 P02151201

Dust-proof agent for dye

用作染料工业的防尘剂

【生产厂】[沪]上海华溢塑料助剂合作公司(200吨)〈P1740〉

纺织助剂用杀菌剂 P02151401

Germicide for textile assitent agent

适用于多种纺织助剂作防腐杀菌剂

【生产厂】[沪]上海经纬化工有限公司〈P1745〉;上海未来企业有限公司〈P1770〉

添加剂 AC1815 P02151501

Additive AC1815

用作酸性金属络合染料的匀染剂,亦可作中性染料、还原染料的匀染剂

【生产厂】[冀]邢台市合成化学厂〈P1643〉;[浙]杭州萧山三江精细化工有限公司〈P1924〉

沉淀防止剂 P02151701

Antisettling agent

作为黏胶/羊毛、腈纶/羊毛等混纺织物染色时的匀染剂,能有效防止色花、色点的出现

【生产厂】[浙]杭州杭云精细化工有限公司〈P1918〉;[闽]福清楷祥纺织助剂有限公司〈P1988〉

磷酸三辛酯;磷酸三(2-乙基己)酯;TOP P02151801

Tri(2-ethylhexyl) phosphate;Trioctyl phosphate

[78-42-2]

可在蒽醌法生产过氧化氢中代替氢化萜松醇,使产品浓度高、质量好、自身消耗少,还可用作PVC的耐寒增塑剂

【生产厂】[吉]吉林福顺化工助剂厂〈P1715〉;[苏]苏州市东化钒硅有限公司〈P1903〉;如东县通园精细化工厂(2000吨)〈P1837〉;[鲁]烟台恒邦化工助剂有限公司〈P2116〉

【使用厂】[黑]黑龙江黑化集团有限公司〈P1722〉;[沪]上海吴淞化肥厂〈P1770〉;上海中远化工有限公司〈P1779〉;[苏]江苏苏化集团有限公司〈P1894〉;[浙]建德市新化化工有限责任公司〈P1926〉;[闽]福州一化化学品股份有限公司〈P1990〉;[赣]江西江氨化学工业有限公司〈P2008〉;[鲁]山东顺通集团〈P2086〉;[豫]黎明化工研究院〈P2181〉;[粤]广州市金珠江化学有限公司〈P2265〉

纺纱润滑剂;和毛油 P02152001

Spining lubricant agent

用于纯羊毛与其他合成纤维的精纺

【生产厂】[辽]辽阳东宝力化学建材有限公司〈P1709〉;朝阳市光达化工厂(1000吨)〈P1713〉;[苏]江阴市尼美达助剂有限公司〈P1870〉;如皋市万利化工有限责任公司〈P1838〉;[浙]上虞市国泰化工有限公司〈P1948〉;宁波兴华化学有限公司〈P1934〉;[赣]南昌天时化工有限公司〈P2010〉

煮炼剂 P02152101

Kier boiling agent

用于纤维素纤维及其合成纤维的混纺纱、织物及针织品的退浆、煮炼和漂白

【生产厂】[冀]石家庄市远达化工厂〈P1632〉;[苏]江苏省泰兴市中纺助剂厂〈P1822〉;[浙]绍兴县海天助剂制造有限公司〈P1949〉;[鲁]潍坊瑞光化工有限公司〈P2103〉;威海市明美涤化工有限责任公司(15吨)〈P2125〉;[粤]广州市裕典化工有限公司〈P2267〉

精炼剂 P02152201

Scouring agent

主要用作蚕丝机织物、针织物的绞丝精炼剂,也可用作丝绸印花渗透剂和棉织物煮炼剂

【生产厂】[津]天津市德洁洗涤剂有限公司(200吨)〈P1584〉;天津达一琦精细化工有限公司〈P1571〉;[冀]河北省晋州市鑫达化工有限公司〈P1621〉;[沪]上海大祥化学工业有限公司(400吨)〈P1731〉;上海天坛助剂有限公司〈P1767〉;上海锦山化工有限公司〈P1745〉;上海祺瑞纺织化工有限公司〈P1756〉;[苏]常州汉斯化学品有限公司〈P1847〉;宜兴市腾星化工有限公司〈P1887〉;苏州超宇纺织化工有限公司〈P1899〉;张家港市德宝化工有限公司〈P1912〉;南通科兴化工有限公司〈P1834〉;南通斯恩特精细化工有限公司〈P1835〉;海安县国力化工有限公司〈P1829〉;江苏省海安石油化工厂〈P1831〉;[浙]杭州九鼎化工有限公司〈P1919〉;杭州龙兴化工助剂有限公司〈P1921〉;杭州下沙经济开发区中联化工有限公司〈P1923〉;杭州琦巧化工有限公司〈P1921〉;杭州余杭艾迪精细化工研究所〈P1925〉;杭州杭云精细化工有限公司〈P1918〉;浙江建德顺发化工助剂有限公司〈P1928〉;绍兴县海天助剂制造有限公司〈P1949〉;绍兴县光耀化工助剂厂〈P1949〉;浙江上虞市珊瑚化工厂〈P1951〉;浙江省上虞市杜浦化工厂〈P1951〉;[闽]福清楷祥纺织助剂有限公司〈P1988〉;[鲁]济南巨业精细化工有限公司〈P2023〉;烟台开发区三贡化工有限公司〈P2117〉;[豫]临颍县颍华技术开发有限公司(50吨)〈P2220〉;洛阳市兴隆化工有限责任公司(50吨)〈P2186〉;[粤]广州市裕典化工有限公司〈P2267〉;广州庄杰化工有限公司〈P2268〉;汕头市盛腾助剂有限公司〈P2277〉;东莞福斯特织物整理剂有限公司〈P2278〉

高效精炼剂 P02152202

Scouring agent,high effeciency

用于棉、麻及其混纺织物或交织物的精炼前处理

【生产厂】[冀]河北省晋州市鑫达化工有限公司〈P1621〉；[苏]宜兴市星石纺织助剂有限公司〈P1887〉；张家港市德宝化工有限公司〈P1912〉；江都市天和化工有限公司〈P1815〉；江都市海龙化工助剂有限公司〈P1814〉；南通斯恩特精细化工有限公司〈P1835〉；南通远大生物科技发展有限公司〈P1836〉；[浙]杭州九鼎化工有限公司〈P1919〉；杭州龙兴化工助剂有限公司〈P1921〉；杭州康臣有机硅有限公司〈P1920〉；宁波兴华化学有限公司〈P1934〉；[闽]福清楷祥纺织助剂有限公司〈P1988〉；[鲁]潍坊瑞光化工有限公司〈P2103〉

真丝精炼剂　P02152203

Scouring agent for silk

对各类真丝织物起精炼、脱胶、保护丝素、提高后道再加工能力作用

【生产厂】[苏]江苏省泰兴市中纺助剂厂〈P1822〉；[浙]杭州九鼎化工有限公司〈P1919〉；杭州杭云精细化工有限公司〈P1918〉；[鲁]威海市明美涤化工有限责任公司(5 吨)〈P2125〉

精炼漂白剂　P02152211

Scouring and bleaching agent

用于全棉织物的精炼、漂白，增加白度，不降低布重及强度

【生产厂】[津]天津碧珍日化有限公司〈P1570〉；[沪]上海祺瑞纺织化工有限公司〈P1756〉；[苏]江都市天和化工有限公司〈P1815〉

耐碱精炼剂　P02152251

Scouring agent, alkaliproof

【生产厂】[苏]无锡华氏化学有限公司〈P1873〉；苏州百氏高化工有限公司〈P1899〉；江苏省海安石油化工厂〈P1831〉；[浙]浙江省上虞市杜浦化工厂〈P1951〉；[闽]福清楷祥纺织助剂有限公司〈P1988〉；[鲁]济南巨业精细化工有限公司〈P2023〉

除油精炼剂　P02152271

Degreasing scouring agent

用于涤纶、锦纶等织物前处理煮炼及除油

【生产厂】[苏]张家港市德宝化工有限公司〈P1912〉；[粤]汕头市盛腾助剂有限公司〈P2277〉；东莞市德能化工有限公司〈P2279〉

高温精炼剂　P02152281

Scouring agent, high temperature

用于纤维素纤维、化纤及其混纺的纱线、针织品、梭织品的高温漂白

【生产厂】[沪]上海赛博化工有限公司〈P1759〉

低泡精炼剂　P02152291

Scouring agent, low foam

用于棉及混纱线、织物的精炼

【生产厂】[沪]上海赛博化工有限公司〈P1759〉；[苏]无锡华氏化学有限公司〈P1873〉；江都市海龙化工助剂有限公司〈P1814〉；[浙]浙江皇马化工集团有限公司〈P1950〉；宁波兴华化学有限公司〈P1934〉；[鲁]威海市明美涤化工有限责任公司(3 吨)〈P2125〉

退浆剂　P02152471

Desizing agent

适用于涤纶、尼龙、纤维素及其混纺、羊毛等的退浆工艺

【生产厂】[沪]上海祺瑞纺织化工有限公司〈P1756〉；上海赛博化工有限公司〈P1759〉；[苏]常州汉斯化学品有限公司〈P1847〉；宜兴市腾星化工有限公司〈P1887〉；南通斯恩特精细化工有限公司〈P1835〉；[粤]深圳市明水生物化工有限公司〈P2272〉

退浆粉　P02152491

Desizing powder

用于棉织物、涤棉织物、亚麻棉、苎麻棉等常温或高温前处理工艺流程中

【生产厂】[粤]广州市裕典化工有限公司〈P2267〉；东莞福斯特织物整理剂有限公司〈P2278〉

浴中柔软剂　P02152601

Softening agent in a bath of dye

用于减少织物染色时的摩擦，防止染色折皱

【生产厂】[苏]无锡华氏化学有限公司〈P1873〉；苏州百氏高化工有限公司〈P1899〉；[浙]杭州龙兴化工助剂有限公司〈P1921〉；杭州琦巧化工有限公司〈P1921〉；杭州余杭艾迪精细化工研究所〈P1925〉；杭州美高华颐化工有限公司〈P1921〉；[闽]福清楷祥纺织助剂有限公司〈P1988〉

浴中抗皱剂　P02152651

Anticrease agent

用于浴中防皱润滑剂

【生产厂】[冀]河北省晋州市鑫达化工有限公司〈P1621〉

剥色剂　P02152701

Stripping agent

用于防止白地污点

【生产厂】[苏]江阴市尼美达助剂有限公司〈P1870〉；[鲁]淄博金鲁染料化工有限公司〈P2063〉；[粤]东莞市德能化工有限公司〈P2279〉；东莞福斯特织物整理剂有限公司〈P2278〉

拔染剂；助拔剂　P02153101

Dischargeable auxiliary

在印花和浸染时用于拔染

【生产厂】[沪]上海东美化工有限公司〈P1732〉

硬挺剂；挺括剂　P02153301

Stiffening agent

用于服装衬布的硬挺整理及提高纸张的挺度和拉力

【生产厂】[冀]河北省晋州市鑫达化工有限公司〈P1621〉；[苏]江阴市尼美达助剂有限公司〈P1870〉；苏州志和无纺助剂有限公司〈P1907〉；苏州百氏高化工有限公司〈P1899〉；南通斯恩特精细化工有限公司〈P1835〉；[浙]杭州琦巧化工有限公司〈P1921〉；杭州杭云精细化工有限公司〈P1918〉；浙江建德顺发化工助剂有限公司〈P1928〉；绍兴县光耀化工助剂厂〈P1949〉；[鲁]蓬莱市福鑫化工有限公司〈P2112〉

毛纺清洗剂　P02153503

Wool cleaner

可用于毛、丝的精炼、净洗，也可用于日化工业中

【生产厂】[津]天津市德洁洗涤剂有限公司(100 吨)〈P1584〉；天津达一琦精细化工有限公司〈P1571〉；[沪]上海顺佳化学助剂有限公司〈P1765〉；[苏]徐州汉高洗涤剂

有限公司〈P1794〉;[浙]杭州杭云精细化工有限公司〈P1918〉

还原清洗剂 P02153801

Reductive cleaner

适用于织物后处理,可去除织物上的浮色,提高色牢度

【生产厂】[苏]南通斯恩特精细化工有限公司〈P1835〉;[浙]杭州九鼎化工有限公司〈P1919〉;杭州下沙经济开发区中联化工有限公司〈P1923〉;杭州琦巧化工有限公司〈P1921〉;杭州余杭艾迪精细化工研究所〈P1925〉;杭州绿典化工有限公司〈P1921〉;杭州美高华颐化工有限公司〈P1921〉;宁波兴华化学有限公司〈P1934〉;[粤]佛山市大宇银星化工有限公司〈P2287〉

皂洗剂 P02153901

Soaping agent

可去除织物上未固牢的染料和水解性的染料,同时防止在织物上留下斑点

【生产厂】[冀]石家庄市远达化工厂〈P1632〉;[沪]上海大祥化学工业有限公司(500 吨)〈P1731〉;上海祺瑞纺织化工有限公司〈P1756〉;[苏]常州汉斯化学品有限公司〈P1847〉;[浙]杭州下沙经济开发区中联化工有限公司〈P1923〉;杭州余杭艾迪精细化工研究所〈P1925〉;杭州美高华颐化工有限公司〈P1921〉;上虞市国泰化工有限公司〈P1948〉;宁波兴华化学有限公司〈P1934〉;[闽]福清楷祥纺织助剂有限公司〈P1988〉;[鲁]济南巨业精细化工有限公司〈P2023〉;潍坊恒兴化工有限公司〈P2102〉

防污皂洗剂 P02153931

Antifouling soaping agent

主要用于直接、活性、还原染料染色后浮色的去除

【生产厂】[浙]杭州九鼎化工有限公司〈P1919〉;杭州琦巧化工有限公司〈P1921〉

无泡皂洗剂 P02153951

Non-foaming soaping agent

用于棉织物活性染料染色或印花后的皂洗;直接染料、酸性染料、丝绸织物或羊毛染色织物浮色的清洗

【生产厂】[冀]河北省晋州市鑫达化工有限公司〈P1621〉;[苏]无锡华氏化学有限公司〈P1873〉;苏州百氏高化工有限公司〈P1899〉;[浙]杭州九鼎化工有限公司〈P1919〉;杭州琦巧化工有限公司〈P1921〉;杭州杭云精细化工有限公司〈P1918〉;上虞市斯莫有机化学研究所〈P1948〉;上虞市康特化工有限公司〈P1948〉;浙江省上虞市杜浦化工厂〈P1951〉;[鲁]威海市明美涤化工有限责任公司(3 吨)〈P2125〉

高效皂洗剂 P02153971

High efficiency soaping agent

适用于棉、丝、毛、化纤等织物的前后处理及对印花织物去除糊料

【生产厂】[苏]江都市海龙化工助剂有限公司〈P1814〉;[浙]杭州九鼎化工有限公司〈P1919〉;[粤]东莞福斯特织物整理剂有限公司〈P2278〉

低泡皂洗剂 P02153991

Low foaming soaping agent

【生产厂】[鲁]淄博金鲁染料化工有限公司〈P2063〉;威海赛奥化工有限公司(800 吨)〈P2125〉

螯合分散剂 P02154001

Chelating disperse agent

同时具有分散性和螯合性,有效去除水中的钙、镁、铁、铜等杂离子,提高冲洗、漂白、染色的等级

【生产厂】[津]天津化工研究院精细化工技术开发公司(500 吨)〈P1574〉;[冀]河北省晋州市鑫达化工有限公司〈P1621〉;[沪]上海大祥化学工业有限公司(500 吨)〈P1731〉;上海天坛助剂有限公司〈P1767〉;上海祺瑞纺织化工有限公司〈P1756〉;[苏]南京宏桥精细化工科技开发有限公司〈P1784〉;常州汉斯化学品有限公司〈P1847〉;无锡华氏化学有限公司〈P1873〉;宜兴市腾星化工有限公司〈P1887〉;苏州百氏高化工有限公司〈P1899〉;张家港市德宝化工有限公司〈P1912〉;射阳永双助剂有限公司〈P1809〉;江都市海龙化工助剂有限公司〈P1814〉;南通斯恩特精细化工有限公司〈P1835〉;南通远大生物科技发展有限公司〈P1836〉;江苏省海安石油化工厂〈P1831〉;[浙]杭州九鼎化工有限公司〈P1919〉;杭州市银湖化工有限公司〈P1922〉;杭州龙兴化工助剂有限公司〈P1921〉;杭州下沙经济开发区中联化工有限公司〈P1923〉;杭州康臣有机硅有限公司〈P1920〉;杭州琦巧化工有限公司〈P1921〉;杭州余杭艾迪精细化工研究所〈P1925〉;杭州杭云精细化工有限公司〈P1918〉;浙江建德顺发化工助剂有限公司〈P1928〉;绍兴县海天助剂制造有限公司〈P1949〉;上虞市康特化工有限公司〈P1948〉;浙江上虞市珊瑚化工厂〈P1951〉;宁波兴华化学有限公司〈P1934〉;[闽]福清楷祥纺织助剂有限公司〈P1988〉;[鲁]潍坊瑞光化工有限公司〈P2103〉;威海市明美涤化工有限责任公司(3 吨)〈P2125〉;烟台开发区三贡化工有限公司〈P2117〉;[粤]广州庄杰化工有限公司〈P2268〉;汕头市盛腾助剂有限公司〈P2277〉;东莞市恒业助剂有限公司〈P2280〉;东莞市德能化工有限公司〈P2279〉;东莞福斯特织物整理剂有限公司〈P2278〉

螯合剂 P02154051

Chelate reagent

【生产厂】[津]天津达一琦精细化工有限公司〈P1571〉;[浙]宁波兴华化学有限公司〈P1934〉;[鲁]青州市奥星化工有限公司〈P2091〉

【使用厂】[晋]南风化工集团股份有限公司〈P1678〉;[闽]福建省厦鹭电化有限公司〈P2001〉;[鲁]诸城翔龙化学品有限公司〈P2107〉

染色用 pH 值调节剂 P02154401

Auxiliary for pH control in the dyeing

在染整过程中用于 pH 值调节

【生产厂】[京]北京麦尔化工科技有限公司〈P1555〉

拨水剂;拨水拨油剂 P02154601

Water-drawing agent

可赋予织物显著的拨水及拨油效果

【生产厂】[津]天津达一琦精细化工有限公司〈P1571〉

抗菌防臭整理剂 P02154901

Anti-microbial and anti-odor finishing agent

广泛用作各种纺织品的抗菌防臭卫生整理

【生产厂】[沪]上海新纶纺织助剂有限公司〈P1772〉;上海大祥化学工业有限公司〈P1731〉;[苏]常州旭泰纺织有限公司〈P1857〉;张家港市国泰华荣化工新材料有限公司〈P1912〉;[浙]浙江建德顺发化工助剂有限公司〈P1928〉;

［粤］深圳市北岳海威化工有限公司（1000 吨）〈P2270〉

防螨抗菌整理剂　P02154951

Anti-acarid and anti-bacterial finishing agent

适用于棉、毛、丝、麻及其与化纤的混纺织物的防螨抗菌整理

【生产厂】［苏］常州旭泰纺织有限公司〈P1857〉

抗菌剂　P02154991

Antibiotic agent

【生产厂】［苏］常州旭泰纺织有限公司〈P1857〉；［浙］浙江建德顺发化工助剂有限公司〈P1928〉

修色剂　P02155101

Color-remanding agent

适用于涤纶织物匀染及染疵回修

【生产厂】［苏］无锡华氏化学有限公司〈P1873〉；宜兴市星石纺织助剂有限公司〈P1887〉；射阳永双助剂有限公司〈P1809〉；［浙］宁波兴华化学有限公司〈P1934〉；［闽］福清楷祥纺织助剂有限公司〈P1988〉

防泳移剂　P02155401

Antimigrant

适用于棉、涤棉等织物用活性、还原、分散染料的连续轧染，可防止烘干过程中因染料泳移而造成的阴阳面

【生产厂】［冀］石家庄市远达化工厂〈P1632〉；河北省晋州市鑫达化工有限公司〈P1621〉；［苏］江都市海龙化工助剂有限公司〈P1814〉

去油剂　P02155501

Degreaser

用于涤纶、棉、麻、丝、毛等各种织物前处理去除油渍，尤其适用于棉机、针物冷堆、碱氧一浴工艺中去除油污

【生产厂】［津］天津市兆龙化工有限公司（120 吨）〈P1613〉；［沪］上海祺瑞纺织化工有限公司〈P1756〉；［苏］江苏省海安石油化工厂〈P1831〉；［浙］杭州康臣有机硅有限公司〈P1920〉；杭州琦巧化工有限公司〈P1921〉；杭州萧山新发助剂厂〈P1924〉；绍兴县海天助剂制造有限公司〈P1949〉；浙江省上虞市杜浦化工厂〈P1951〉；浙江奥仕化学有限公司〈P1958〉；［闽］福清楷祥纺织助剂有限公司〈P1988〉

P

特效除油污剂　P02155551

Oil removal agent, specific effect

适用于各种纤维及混纺纱线和织物

【生产厂】［苏］张家港市德宝化工有限公司〈P1912〉；［鲁］威海市明美涤化工有限责任公司（8 吨）〈P2125〉

羊毛定型剂　P02155701

Wool sizing agent

【生产厂】［沪］上海大祥化学工业有限公司〈P1731〉；［苏］张家港市国泰华荣化工新材料有限公司〈P1912〉

吸湿排汗整理剂　P02155901

Moisture absorption sweating finishing agent

适用于各种天然纤维及混纺织物，赋予其亲水性、透气性、吸汗性、抗静电性等

【生产厂】［浙］绍兴县海天助剂制造有限公司〈P1949〉；上虞市康特化工有限公司〈P1948〉

强力还原剂　P02156051

Power reducer

用于剥色、还原清洗、漂白、士林染料还原等工艺

【生产厂】［苏］南通斯恩特精细化工有限公司〈P1835〉

碱减量促进剂　P02156201

Alkali weight reduction accelerant

用于促进涤纶织物碱减量

【生产厂】［苏］无锡华氏化学有限公司〈P1873〉；［浙］杭州杭云精细化工有限公司〈P1918〉

防水涂层剂　P02156301

Water-proofing coating agent

用于制作高防水要求的风雨衣、防寒服、浴帘、雨伞、汽车篷布等

【生产厂】［沪］上海吉臣化工有限公司〈P1742〉

甲醛捕捉剂　P02156401

Formaldehyde catching agent

【生产厂】［沪］上海润河纳米材料科技有限公司〈P1759〉；［苏］南京双全科技有限公司〈P1789〉；江阴市尼美达助剂有限公司〈P1870〉

纳米抗紫外线整理剂　P02156801

Anti-ultraviolet nanometre finishing agent

可适用于棉涤及其混纺织物

【生产厂】［沪］上海顺佳化学助剂有限公司〈P1765〉；［浙］杭州万景新材料有限公司〈P1923〉

抗紫外线整理剂　P02156851

Ultraviolet radiation prevent finishing agent

广泛用于各种纤维纺织品的抗紫外线处理

【生产厂】［苏］苏州志和无纺助剂有限公司〈P1907〉；南通斯恩特精细化工有限公司〈P1835〉；［浙］杭州市银湖化工有限公司〈P1922〉

塑料助剂　P03000000

Plastic auxiliary

用于塑料加工

【生产厂】［津］天津有机化学工业总公司（6 万吨）〈P1616〉；［沪］上海涂料有限公司〈P1768〉；上海富路达橡塑材料科技有限公司〈P1734〉；［粤］广州市佳力士食品有限公司〈P2264〉；佛山市华昊化工有限公司电化厂〈P2287〉

增塑剂　P03010000

Plastifier

用于增加塑料加工成型时的可塑性和流动性能

【生产厂】［津］天津市大港兴实化工厂（2000 吨）〈P1583〉；天津市禧鑫化工有限公司（800 吨）〈P1607〉；天津市涂料包装器材厂助剂分厂（1500 吨）〈P1605〉；天津市静海县永立化工厂（300 吨）〈P1596〉；［辽］辽宁科隆化工实业有限公司〈P1709〉；［沪］上海华钛化学有限公司〈P1739〉；上海威呈化工有限公司〈P1769〉；［苏］南京霞威化工有限公司〈P1790〉；扬州坤源助剂有限公司〈P1818〉；江苏华伦化工有限公司（2500 吨）〈P1816〉；［浙］嘉兴辰龙化工有限责任公司〈P1941〉；［鲁］临朐县宏兴化工厂〈P2090〉；山东龙口龙达化工有限公司（2000 吨）〈P2114〉；［豫］河南省武陟县

塑光化工有限公司〈P2194〉;中国石化集团公司中原石化公司(2500 吨)〈P2216〉;[粤]汕头精细化工(集团)公司〈P2276〉;[桂]桂林市奥康化工技术有限公司〈P2299〉

【使用厂】[津]天津市近代化学厂〈P1596〉;天津市第一塑料制品厂〈P1584〉;[冀]保定长城合成橡胶有限公司〈P1644〉;[沪]上海新上化高分子材料有限公司〈P1772〉;上海汇丽集团有限公司〈P1741〉;[苏]丹阳市银海镍铬化工有限公司〈P1841〉;徐州市西关化工厂〈P1796〉;[浙]杭州萧山阳光涂料有限公司〈P1924〉;[鲁]济宁广通输送带有限责任公司〈P2127〉;青岛茂林橡胶制品有限公司〈P2040〉;[豫]郑州中原应用技术研究开发有限公司〈P2176〉;[粤]广州市坚红化工厂〈P2264〉

2-乙基己基磷酸酯;辛基磷酸酯 P03010101

2-Ethylhexyl phosphate;Octyl phosphate [12645-31-7]

用作塑料增塑剂,还可作稀土金属萃取剂等

【生产厂】[冀]邢台盛达助剂有限责任公司〈P1643〉;河北省邢台科王助剂有限公司〈P1642〉;邢台市助剂厂〈P1644〉;[辽]辽阳瑞兴化工有限公司(600 吨)〈P1710〉

三甘醇二庚酸酯 P03010401

Triethylene glycol diheptylate [7434-40-4]

用作增塑剂

【生产厂】[豫]河南省武陟县塑光化工有限公司〈P2194〉

三乙二醇二-2-乙基己酸酯;二(2-乙基己酸)三甘醇酯 P03010651

Triethylene glycol di(2-ethylcaproate)

是聚乙烯醇缩丁醛特效增塑剂,也可用于硝酸纤维素和要求低温时的抗挠曲和工业布基涂层及密封剂

【生产厂】[鲁]烟台云开化工有限责任公司〈P2120〉;[豫]河南省武陟县塑光化工有限公司〈P2194〉

己二酸二正辛酯 P03010702

Di-*n*-octyl adipate [123-79-5]

用作聚氯乙烯的优良耐寒增塑剂,可赋于制品优良的低温柔软性

【生产厂】[津]天津市大港康华福利化工厂(1000 吨)〈P1582〉;天津市通达化工有限公司(2000 吨)〈P1605〉;[辽]辽阳木星化工有限公司〈P1710〉;北宁市闾峰化工厂(1000 吨)〈P1701〉;[沪]上海联成化学工业有限公司(4000 吨)〈P1751〉;[苏]常州夏青化工有限公司〈P1857〉;无锡市三吉助剂有限责任公司(1000 吨)〈P1878〉;江苏三木集团公司〈P1865〉;[浙]杭州中香化学有限公司〈P1925〉;[鲁]淄博蓝帆化工有限公司〈P2064〉;青岛东海源生化科技有限公司〈P2034〉;[豫]河南庆安化工高科技股份有限公司(2000 吨)〈P2166〉;[粤]深圳凯奇化工有限公司〈P2269〉;[陕]西安昌泰化工厂(500 吨)〈P2347〉

己二酸二异辛酯;己二酸二(2-乙基己基)酯;DOA P03010801

Bis(2-ethylhexyl) adipate;DOA [103-23-1]

用作多种树脂特别是聚氯乙烯和氯乙烯共聚物的耐寒增塑剂,也可用作航空润滑脂的原料

【生产厂】[津]天津市源翔化工股份合作公司〈P1612〉;[冀]张家口市广盛化学助剂有限公司〈P1650〉;[辽]辽阳市彩练助剂化工厂〈P1710〉;鞍山市鞍鸿化工有限公司〈P1695〉;营口天元实业精细化工有限公司〈P1705〉;[苏]无锡市三吉助剂有限责任公司〈P1878〉;无锡市梁溪精细化工有限公司(1000 吨)〈P1877〉;昆山市合峰化工有限公司〈P1896〉;[浙]浙江皇马化工集团有限公司〈P1950〉;湖州华达化学工业有限公司〈P1945〉;[皖]巢湖香枫塑胶助剂有限公司〈P1984〉;[鲁]山东齐鲁增塑剂股份有限公司〈P2054〉;潍坊市元利化工有限公司〈P2105〉;招远市国泰化工厂〈P2121〉;[豫]河南省武陟县塑光化工有限公司〈P2194〉;[粤]深圳凯奇化工有限公司〈P2269〉

4,4′-二酚基戊酸;双酚酸 P03010910

Diphenolic acid;4,4-Di(4′-hydroxyphenyl) pentanoic acid

用于树脂的增塑稳定

【生产厂】[冀]河北亚诺化工有限公司〈P1623〉;[苏]江苏飞翔化工(张家港)有限公司(200 吨)〈P1893〉

α-甲基苯乙烯线性二聚体 P03011403

Dipoly-α-methylstyrene, linear

在丙烯酸涂料、苯乙烯、ABS 等烯烃反应中作为链转移剂

【生产厂】[沪]上海华溢塑料助剂合作公司(30 吨)〈P1740〉;上海嘉定马门溶剂油厂〈P1742〉;[苏]无锡市恒辉化学有限公司〈P1876〉;无锡市佳盛高新改性材料有限公司〈P1877〉

邻苯二甲酸二乙酯;酞酸二乙酯 P03011501

Diethyl phthalate [84-66-2]

用作香料的定香剂,还可用作醇酸树脂、丁腈胶和氯丁橡胶的增塑剂

【生产厂】[津]天津市飞鹿工贸有限公司(300 吨)〈P1586〉;天津市源翔化工股份合作公司〈P1612〉;[辽]辽阳木星化工有限公司〈P1710〉;[沪]上海经纬化工有限公司(1500 吨)〈P1745〉;[苏]常州夏青化工有限公司〈P1857〉;昆山市文教日用化工厂〈P1898〉;泰州市常佳化工有限公司〈P1827〉;[滇]杨林工业开发区汕滇药业有限公司〈P2340〉

邻苯二甲酸二丁酯;DBP;二丁酯 P03011701

Dibutyl phthalate [84-74-2]

主要用作硝化纤维、醋酸纤维、聚氯乙烯等的增塑剂

【生产厂】[京]北京化工厂〈P1549〉;[津]天津市大港康华福利化工厂(2000 吨)〈P1582〉;天津溶剂厂(1 万吨)〈P1577〉;天津市东丽区联兴化工厂(450 吨)〈P1585〉;天津市通达化工有限公司(3000 吨)〈P1605〉;[冀]石家庄白龙化工股份有限公司(2500 吨)〈P1625〉;[辽]鞍山市鞍鸿化工有限公司〈P1695〉;[苏]无锡市三吉助剂有限责任公司(1 万吨)〈P1878〉;无锡市郊区红星合成材料厂(2000 吨)〈P1877〉;无锡市梁溪精细化工有限公司〈P1877〉;江苏三木集团公司〈P1865〉;[浙]浙江建德建业有机化工有限公司(2 万吨)〈P1928〉;宁波东来化工有限公司〈P1930〉;[赣]江西省永泰化工有限公司〈P2011〉;[鲁]山东齐鲁增塑剂股份有限公司(3 万吨)〈P2054〉;淄博蓝帆化工有限公司〈P2064〉;青州贝特化工有限公司〈P2090〉;泰安市泰山区腾龙化工材料站〈P2138〉;[豫]河南庆安化工高科技股份有限公司(4 万吨)〈P2166〉;濮阳县亿丰新型增塑剂有限公司(500 吨)〈P2216〉;[鄂]荆州市博尔德化学有限公司(7000 吨)〈P2240〉;湖北省枣阳化学工业总公司〈P2237〉;[粤]汕头精细化工(集团)公司(5000 吨)〈P2276〉;潮州市粤东化学工业公司〈P2295〉;[黔]贵州水晶化工股份有限公司(1000 吨)〈P2337〉;[滇]杨林工业开发区汕滇药业有限公司〈P2340〉;云南省宣威华兴化工有限公司(2500 吨)〈P2343〉;[陕]宝鸡市有机化工厂(7000 吨)〈P2351〉

【使用厂】[冀]石家庄市有机化工厂〈P1632〉;[吉]四平市科学技术研究院〈P1717〉;[苏]扬州高华化工有限公司〈P1817〉;[浙]杭州宝塔油漆有限公司〈P1915〉;[皖]马鞍山市康华化工有限公司〈P1977〉;[鲁]济南泰山金鹏涂料有限公司〈P2025〉;青岛华海环保工业有限公司〈P2037〉;蓬莱市北海印花色浆厂〈P2112〉;[豫]郑州双塔涂料有限公司〈P2174〉;开封化学试剂总厂〈P2176〉

邻苯二甲酸二壬酯 P03011801

Dinonyl phthalate [84-76-4]

用作聚氯乙烯的增塑剂

【生产厂】[沪]上海联成化学工业有限公司(8000 吨)〈P1751〉;[苏]昆山市合峰化工有限公司〈P1896〉

邻苯二甲酸二癸酯;DIDP P03011851

Didecyl phthalate [84-77-5]

【生产厂】[沪]上海联成化学工业有限公司(4000 吨)〈P1751〉

戊二酸二仲辛酯;DOE P03011901

Di-*sec*-octyl glutarate

用于 PVC 软制塑料行业

【生产厂】[苏]常熟市金三角精细化工有限公司(1500 吨)〈P1890〉

邻苯二甲酸二甲氧基乙酯 P03012001

Di(methoxyethyl) phthalate;DMEP [117-82-8]

用作醋酸纤维素的增塑剂

【生产厂】[皖]安徽省绩溪县天池化工厂〈P1986〉

邻苯二甲酸二甲酯 P03012101

Dimethyl phthalate [131-11-3]

用作醋酸纤维素的增塑剂、驱蚊剂及聚氯乙烯涂料的溶剂

【生产厂】[津]天津市源翔化工股份合作公司〈P1612〉;[辽]辽阳木星化工有限公司〈P1710〉;[沪]上海经纬化工有限公司〈P1745〉;[苏]泰州市常佳化工有限公司〈P1827〉;[浙]瑞安市双环工业公司(1000 吨)〈P1937〉;[滇]杨林工业开发区汕滇药业有限公司〈P2340〉

【使用厂】[浙]嘉兴市步云染化厂〈P1941〉;温州市东方精细化工有限公司〈P1937〉

邻苯二甲酸二异丁酯;增塑剂 DIBP P03012201

Diisobutyl phthalate;DIBP [84-69-5]

主要用作聚氯乙烯增塑剂,广泛用于塑料、橡胶、油漆及润滑油、乳化剂等工业中

【生产厂】[津]天津溶剂厂(8000 吨)〈P1577〉;[冀]石家庄白龙化工股份有限公司(2500 吨)〈P1625〉;[苏]无锡市三吉助剂有限责任公司(1 万吨)〈P1878〉;江苏三木集团公司〈P1865〉;[浙]浙江建德建业有机化工有限公司(2 万吨)〈P1928〉;宁波东来化工有限公司〈P1930〉;[鲁]山东齐鲁增塑剂股份有限公司(2 万吨)〈P2054〉;淄博蓝帆化工有限公司〈P2064〉;[豫]河南庆安化工高科技股份有限公司(1 万吨)〈P2166〉;河南省长葛市化工三厂〈P2217〉;[鄂]荆州市博尔德化学有限公司〈P2240〉

邻苯二甲酸二异戊酯 P03012211

Diisoamyl phthalate

用作纤维素树脂、聚甲基丙烯酸甲酯、聚苯乙烯和氯化橡胶的增塑剂

【生产厂】[津]天津市源翔化工股份合作公司〈P1612〉

邻苯二甲酸二仲辛酯 P03012501

Di-*sec*-octyl phthalate [117-81-7]

可用作 DOP 的替代品,特别适用于增塑糊中,黏度稳定性好

【生产厂】[鲁]潍坊市元利化工有限公司〈P2105〉

邻苯二甲酸二异癸酯 P03012601

Diisodecyl phthalate [27178-16-1]

用作塑料的增塑剂

【生产厂】[浙]宁波东来化工有限公司〈P1930〉;[鲁]山东齐鲁增塑剂股份有限公司(5000 吨)〈P2054〉;[豫]河南庆安化工高科技股份有限公司(2000 吨)〈P2166〉

邻苯二甲酸丁苄酯;酞酸丁基苄酯 P03012701

BBP;*n*-Butyl benzyl phthalate [85-68-7]

用作聚氯乙烯、氯乙烯共聚物、纤维素树脂、天然和合成橡胶的增塑剂

【生产厂】[苏]无锡市梁溪精细化工有限公司〈P1877〉;[鄂]武汉有机新康化工有限公司〈P2235〉;湖北信康实业有限公司〈P2228〉;武汉有机实业股份有限公司〈P2235〉

邻苯二甲酸二辛酯;邻苯二甲酸二(α-乙基己)酯;DOP;二辛酯 P03012901

Di(α-ethylhexyl) phthalate;Dioctyl phthalate;DOP [117-81-7]

用作塑料的主增塑剂,广泛用于聚氯乙烯制品中

【生产厂】[京]北京东方石化化工四厂(3 万吨)〈P1546〉;[津]天津市大港康华福利化工厂(1000 吨)〈P1582〉;天津溶剂厂(1 万吨)〈P1577〉;天津市东丽区联兴化工厂(200 吨)〈P1585〉;天津市通达化工有限公司(3000 吨)〈P1605〉;天津光辉集团有限公司(8000 吨)〈P1572〉;[冀]石家庄白龙化工股份有限公司(3000 吨)〈P1625〉;[辽]鞍山市鞍鸿化工有限公司〈P1695〉;北宁市闾峰化工厂(3000 吨)〈P1701〉;[沪]上海华溢塑料助剂合作公司〈P1740〉;上海联成化学工业有限公司(8 万吨)〈P1751〉;上海智强塑料助剂有限公司〈P1778〉;[苏]江宁县秦淮化工厂(1000 吨)〈P1781〉;无锡市三吉助剂有限责任公司(1 万吨)〈P1878〉;无锡市梁溪精细化工有限公司〈P1877〉;江苏三木集团公司〈P1865〉;昆山市合峰化工有限公司(2 万吨)〈P1896〉;[浙]浙江建德建业有机化工有限公司(2000 吨)〈P1928〉;湖州华达化学工业有限公司〈P1945〉;宁波东来化工有限公司(15 万吨)〈P1930〉;[赣]江西省永泰化工有限公司〈P2011〉;[鲁]山东齐鲁增塑剂股份有限公司(12 万吨)〈P2054〉;潍坊杜得利化学工业有限公司〈P2101〉;泰安市泰山区腾龙化工材料站〈P2138〉;[豫]河南庆安化工高科技股份有限公司(4 万吨)〈P2166〉;濮阳市星海化工厂(1 万吨)〈P2215〉;濮阳县亿丰新型增塑剂有限公司(300 吨)〈P2216〉;濮阳市光璞石化有限责任公司(5000 吨)〈P2214〉;河南省长葛市化工三厂〈P2217〉;[鄂]荆州市博尔德化学有限公司(6000 吨)〈P2240〉;湖北省枣阳化学工业总公司〈P2237〉;[粤]广州许氏三彩塑胶颜料厂〈P2268〉;汕头精细化工(集团)公司〈P2276〉;潮州市粤东化学工业公司〈P2295〉;[滇]云南省宣威华兴化工有限公司(2000 吨)〈P2343〉;[陕]西安昌泰化工厂(2000 吨)〈P2347〉

【使用厂】[冀]邯郸市亚东塑胶有限公司〈P1639〉;[吉]四平市科学技术研究院〈P1717〉;[闽]福建省宏明塑胶股份有限公司〈P1994〉;[鲁]胜利油田大明新型建筑防水材料有限责任公司〈P2087〉;山东水星橡塑集团有限公司

〈P2146〉;荣成市劳保福利橡塑厂〈P2122〉;[豫]洛阳市输送带厂〈P2186〉

均苯四甲酸四辛酯;1,2,4,5-苯四甲酸四(2-乙基)己酯 P03013501
Tetra(2-ethylhexyl) pyromellitate;Tetraoctyl pyromellitate
用作聚氯乙烯耐热及耐久的增塑剂
【生产厂】[沪]上海华溢塑料助剂合作公司〈P1740〉;[浙]宁波市贝特化工新材料有限公司〈P1932〉

邻苯二甲酸混合酯;苯酐混合酯 P03013801
Mixed phthalate
代替邻苯二甲酸二辛酯作增塑剂
【生产厂】[津]天津溶剂厂(6000 吨)〈P1577〉

邻苯二甲酸辛癸酯;邻苯二甲酸 810 酯 P03013850
Octyl-decyl phthalate
用作增塑剂,广泛应用于各种性能优良的软制品,特别适用于要求耐久性和耐低温性能好的制品
【生产厂】[浙]宁波东来化工有限公司〈P1930〉;[鲁]山东齐鲁增塑剂股份有限公司〈P2054〉

芳烃增塑剂 P03013901
Aromatic hydrocarbon plastifier
用作聚氯乙烯的辅助增塑剂
【生产厂】[苏]溧阳市诚兴化工有限公司(2000 吨)〈P1863〉;吴江宏伟环保助剂有限公司〈P1909〉;吴江市雪力润滑油有限公司〈P1911〉

环氧大豆油;ESO P03014101
Epoxy soybean oil;Soybean oil epoxide [8013-07-8]
用作聚氯乙烯塑料的增塑剂
【生产厂】[津]天津市源翔化工股份合作公司〈P1612〉;[冀]张家口市广盛化学助剂有限公司(300 吨)〈P1650〉;[沪]上海同心化学助剂厂(2000 吨)〈P1768〉;[苏]江苏昌和化学有限公司〈P1841〉;镇江宏鸣橡塑助剂有限公司〈P1844〉;昆山市合峰化工有限公司〈P1896〉;江苏省泰州市白色油厂〈P1822〉;[皖]巢湖香枫塑胶助剂有限公司〈P1984〉;[闽]福建省漳州市芗城元光塑料助剂厂(1 万吨)〈P2001〉;[鲁]山东乐陵福星塑料助剂厂〈P2144〉;山东乐陵市天源塑料助剂厂〈P2144〉;淄博润湖工贸有限公司(5000 吨)〈P2066〉;淄博鑫诺新材料有限公司(3000 吨)〈P2074〉;星宇塑料助剂(邹平)有限公司(900 吨)〈P2157〉;邹平县鑫阳化工有限公司(1500 吨)〈P2158〉;邹平县玉光塑料助剂有限公司(800 吨)〈P2158〉;山东省青州市宏伟助剂有限公司〈P2098〉;青州市光大化工有限公司〈P2092〉;山东临朐县天成助剂厂(3000 吨)〈P2096〉;山东龙口龙达化工有限公司(2500 吨)〈P2114〉;[豫]开封市通达化工厂(5000 吨)〈P2178〉;开封油脂化工厂(500 吨)〈P2179〉;[粤]广州市东风化工实业有限公司(2000 吨)〈P2263〉;深圳凯奇化工有限公司〈P2269〉;深圳健晶环保增助剂有限公司〈P2269〉;深圳市华航环保材料有限公司〈P2271〉

环氧大豆油酸辛酯;环氧酯 P03014201
2-Ethyl hexyl ester of epoxidized soybean oil
用作聚氯乙烯的辅助增塑剂,并可用作稳定剂
【生产厂】[津]天津市源翔化工股份合作公司〈P1612〉;[冀]张家口市广盛化学助剂有限公司(1000 吨)〈P1650〉;[沪]上海新大化工厂〈P1771〉;[鲁]山东临朐县天成助剂厂(1000 吨)〈P2096〉
【使用厂】[苏]丹阳市银海镍铬化工有限公司〈P1841〉

环氧脂肪酸丁酯;环氧油酸丁酯;环氧米糠油酸丁酯 P03014301
Epoxy fatty acid butyl ester
用作塑料、橡胶的增塑剂及稳定剂
【生产厂】[粤]深圳凯奇化工有限公司〈P2269〉

环氧脂肪酸甲酯 P03014351
Epoxy fatty acid methyl ester
用作耐热、耐候和耐久性高的 PVC 制品的辅助增塑剂
【生产厂】[鲁]山东乐陵福星塑料助剂厂〈P2144〉;山东乐陵市天源塑料助剂厂〈P2144〉

多元醇苯甲酸酯 P03014601
Polyol benzoate
用作聚氯乙烯和醋酸乙烯的主增塑剂
【生产厂】[豫]河南省武陟县塑光化工有限公司〈P2194〉;濮阳县亿丰新型增塑剂有限公司(300 吨)〈P2216〉

二丙二醇二苯甲酸酯;二苯甲酸二丙二醇酯 P03014651
Dipropylene glycol dibenzoate
用作聚氯乙烯、聚醋酸乙烯酯和聚氨基甲酸酯等树脂的增塑剂
【生产厂】[豫]河南省武陟县塑光化工有限公司〈P2194〉

油酸丁酯 P03014801
Butyl oleate [142-77-8]
用作增塑剂、润滑剂,亦可用作染料表面湿润剂
【生产厂】[冀]张家口市广盛化学助剂有限公司(500 吨)〈P1650〉;[沪]上海华溢塑料助剂合作公司(200 吨)〈P1740〉;上海千为油脂科技有限公司〈P1757〉;[粤]深圳凯奇化工有限公司〈P2269〉

油酸甲酯 P03014811
Methyl oleate [112-62-9]
用作表面活性基础原料、皮革添加剂、石油勘探无荧光泥浆润滑剂
【生产厂】[沪]上海静超化工有限公司〈P1745〉;上海千为油脂科技有限公司(500 吨)〈P1757〉;[豫]濮阳市市区四方化工厂〈P2215〉

油酸油醇酯;油酸十八烯醇酯 P03014851
Oleyl oleate
用作表面活性剂、润滑剂、医药原料等
【生产厂】[沪]上海千为油脂科技有限公司〈P1757〉

顺丁烯二酸二丁酯;马来酸二丁酯 P03014901
Dibutyl maleate [105-76-0]
其共聚物可用作内增塑剂、黏合剂等
【生产厂】[京]北京冶建新技术公司精细化工厂〈P1564〉;[辽]营口星火化工有限公司〈P1705〉;[沪]上海华溢塑料助剂合作公司〈P1740〉;[苏]南京东方石油化工厂〈P1783〉;江苏仪征天宁化工股份有限公司〈P1816〉;常州

夏青化工有限公司〈P1857〉；无锡市梁溪精细化工有限公司(2000 吨)〈P1877〉；江苏三木集团公司〈P1865〉；[鲁]潍坊市元利化工有限公司〈P2105〉；青岛东海源生化科技有限公司〈P2034〉；莱西市金山化工厂(3000 吨)〈P2032〉；[陕]陕西宝鸡宝玉化工有限公司〈P2351〉

顺丁烯二酸二辛酯；马来酸二辛酯；DOM P03015001

Dioctyl maleate [2915-53-9]

其共聚物可用作内增塑剂，还可用作黏合剂、石油添加剂等

【生产厂】[京]北京冶建新技术公司精细化工厂〈P1564〉；[津]天津市源翔化工股份合作公司〈P1612〉；[辽]营口星火化工有限公司〈P1705〉；[沪]上海华溢塑料助剂合作公司〈P1740〉；[苏]南京东方石油化工厂〈P1783〉；无锡市梁溪精细化工有限公司(2000 吨)〈P1877〉；江苏三木集团公司〈P1865〉；[陕]陕西宝鸡宝玉化工有限公司〈P2351〉

顺丁烯二酸二异辛酯；马来酸二异辛酯 P03015011

Diisooctyl maleate [1330-76-3]

用于合成树脂、塑料助剂等

【生产厂】[陕]陕西宝鸡宝玉化工有限公司〈P2351〉

癸二酸二丁酯；癸二酸二正丁酯；DBS P03015101

Dibutyl sebacate；DBS [109-43-3]

用作合成橡胶的耐寒增塑剂

【生产厂】[津]天津市通达化工有限公司(1000 吨)〈P1605〉；[冀]衡水东风化工有限责任公司(2000 吨)〈P1667〉；[蒙]通辽市通华蓖麻化工有限责任公司〈P1682〉；通辽市威宁化工有限责任公司〈P1682〉；内蒙古天润蓖麻开发有限公司〈P1682〉；[辽]营口天元实业精细化工有限公司〈P1705〉；[沪]上海华溢塑料助剂合作公司〈P1740〉；[苏]无锡市梁溪精细化工有限公司〈P1877〉；[鲁]潍坊海龙化工有限公司〈P2102〉；潍坊市元利化工有限公司〈P2105〉；潍坊拓实化工有限公司〈P2106〉；招远市国泰化工厂〈P2121〉

【使用厂】[黔]贵州水晶化工股份有限公司〈P2337〉

1,10-癸二胺 P03015111

1,10-Diaminodecane [646-25-3]

用于制备尼龙 1010、610 的中间体、表面活性剂、纺织助剂、印染整理剂等产品

【生产厂】[苏]无锡市兴达尼龙有限公司〈P1880〉

P

癸二酸二辛酯；增塑剂 DOS P03015201

Di-*n*-octyl sebacate [2432-87-3]

主要用作低温增塑剂

【生产厂】[津]天津市通达化工有限公司(2000 吨)〈P1605〉；[冀]衡水东风化工有限责任公司(1500 吨)〈P1667〉；[蒙]通辽市通华蓖麻化工有限责任公司〈P1682〉；通辽市威宁化工有限责任公司〈P1682〉；内蒙古天润蓖麻开发有限公司〈P1682〉；[沪]上海华溢塑料助剂合作公司〈P1740〉；[苏]无锡市梁溪精细化工有限公司(1000 吨)〈P1877〉；江苏三木集团公司〈P1865〉；昆山市合峰化工有限公司〈P1896〉；[浙]湖州华达化学工业有限公司〈P1945〉；[皖]巢湖香枫塑胶助剂有限公司〈P1984〉；[鲁]山东齐鲁增塑剂股份有限公司〈P2054〉；淄博蓝帆化工有限公司〈P2064〉；潍坊海龙化工有限公司〈P2102〉；潍坊市元利化工有限公司〈P2105〉；潍坊拓实化工有限公司〈P2106〉；招远市国泰化工厂〈P2121〉；[豫]河南庆安化工高科技股份有限公司(3000 吨)〈P2166〉；濮阳县亿丰新型增塑剂有限公司〈P2216〉；[陕]西安昌泰化工厂(500 吨)〈P2347〉

癸二酸二异辛酯；癸二酸二-2-乙基己酯 P03015301

Diisooctyl sebacate；DOS；Bis(2-ethylhexyl) sebacate [122-62-3]

用作增塑剂，用于聚氯乙烯电缆料、耐寒薄膜和人造革及其他树脂的增塑剂，也可用作喷气发动机的润滑油的原料

【生产厂】[辽]营口天元实业精细化工有限公司〈P1705〉；[沪]上海沪试化工有限公司〈P1737〉；[浙]浙江皇马化工集团有限公司〈P1950〉

癸二酸二异丙酯 P03015350

Diisopropyl sebacate

广泛用作香料添加剂，也用作辅助耐寒增塑剂

【生产厂】[津]天津市通达化工有限公司(1000 吨)〈P1605〉；[鲁]潍坊海龙化工有限公司〈P2102〉；招远市国泰化工厂〈P2121〉

癸二酸丙二醇聚酯 P03015401

Propanediol sebacate polyester

用作聚氯乙烯的耐久增塑剂

【生产厂】[津]天津市阿普瑞克化学有限公司〈P1578〉

偏苯三酸三辛酯；偏苯三酸三(2-乙基己酯)；TOTM P03015601

Trioctyl trimellitate [3319-31-1]

用作聚氯乙烯制品及耐热电缆的增塑剂

【生产厂】[津]天津市源翔化工股份合作公司〈P1612〉；天津市通达化工有限公司(3000 吨)〈P1605〉；[沪]上海华溢塑料助剂合作公司(1000 吨)〈P1740〉；上海联成化学工业有限公司(4000 吨)〈P1751〉；[苏]无锡市三吉助剂有限责任公司(1000 吨)〈P1878〉；无锡市梁溪精细化工有限公司〈P1877〉；江苏三木集团公司〈P1865〉；宜兴市第三化工原料厂〈P1884〉；昆山市合峰化工有限公司〈P1896〉；[浙]浙江建德建业有机化工有限公司〈P1928〉；湖州华达化学工业有限公司〈P1945〉；宁波东来化工有限公司〈P1930〉；[皖]巢湖香枫塑胶助剂有限公司〈P1984〉；[鲁]聊城瑞捷化学有限公司〈P2152〉；淄博蓝帆化工有限公司〈P2064〉；[豫]河南庆安化工高科技股份有限公司(5000 吨)〈P2166〉

烷基磺酸苯酯；塑料增塑剂 T-50；石油酯 T-50 P03015701

Phenyl alkylsulfonate

用作聚氯乙烯树脂的增塑剂

【生产厂】[浙]德清县新溪塑化有限公司〈P1945〉；[豫]濮阳县亿丰新型增塑剂有限公司(200 吨)〈P2216〉；[鄂]湖北省枣阳化学工业总公司〈P2237〉

己二酸二异壬酯；增塑剂 DINA P03015801

Diisononyl adipate

【生产厂】[苏]昆山市合峰化工有限公司〈P1896〉

氯化石蜡-42；氯化石蜡(40% ~ 44%)；氯化石蜡(42%)；氯烃-42 P03015901

Chlorinating paraffin (42%)[106232-86-4]

用作增塑剂,并具有阻燃性,广泛使用在电缆中

【生产厂】[辽]沈阳化工股份有限公司(1200 吨)〈P1686〉;[黑]哈尔滨亿滨化工有限公司〈P1721〉;[鲁]莱西市金山化工厂(9600 吨)〈P2032〉;[豫]巩义市金源化工有限公司〈P2163〉;巩义市华美颜料化工有限公司(500 吨)〈P2163〉;濮阳县亿丰新型增塑剂有限公司(200 吨)〈P2216〉;[鄂]老河口华松化工有限责任公司〈P2237〉;[湘]常德恒通石化助剂有限公司〈P2255〉;[川]张家坝氯碱化工有限责任公司〈P2321〉

【使用厂】[苏]东台市九转化工有限公司〈P1805〉

氯化石蜡-52;氯烃-50 ~54;氯化石蜡(50% ~54%) P03016101

Chlorinating paraffin (50% ~54%)[106232-86-4]

用作聚氯乙烯增塑剂

【生产厂】[辽]沈阳化工股份有限公司(5000 吨)〈P1686〉;锦西炼化渤海集团公司(6000 吨)〈P1703〉;[黑]哈尔滨亿滨化工有限公司〈P1721〉;[沪]上海氯碱化工股份有限公司〈P1752〉;[浙]宁波市镇海众利化工有限公司(8000 吨)〈P1933〉;宁波东港电化有限责任公司(1 万吨)〈P1930〉;温州天盛电化有限公司(300 吨)〈P1938〉;[闽]福建省龙岩龙化化工有限公司(1000 吨)〈P2005〉;[赣]南昌东方巨龙化工实业有限公司(3 万吨)〈P2009〉;[鲁]济南泰星精细化工有限公司(800 吨)〈P2026〉;青州市安达化工有限公司〈P2091〉;招远市石油化工厂有限公司(800 吨)〈P2121〉;莱西市金山化工厂(1 万吨)〈P2032〉;济宁中银电化有限公司(2000 吨)〈P2129〉;[豫]郑州化工厂(2400 吨)〈P2171〉;巩义市金源化工有限公司〈P2163〉;巩义市华美颜料化工有限公司(550 吨)〈P2163〉;濮阳县亿丰新型增塑剂有限公司〈P2216〉;[鄂]武汉葛化集团有限公司(6000 吨)〈P2229〉;老河口华松化工有限责任公司〈P2237〉;[湘]常德恒通石化助剂有限公司〈P2255〉;[川]张家坝氯碱化工有限责任公司〈P2321〉

氯化石蜡-70;氯蜡-70;氯化石蜡(70%) P03016103

Chlorinating paraffin (70%)[106232-86-4]

主要用于塑料和橡胶的阻燃,织物的防水、防火助剂,涂料、油墨的添加剂及耐压润滑油的添加剂

【生产厂】[晋]永济市裕强工贸有限公司〈P1680〉;[辽]沈阳化工股份有限公司〈P1686〉;辽河油田壬龙化工总厂(3300 吨)〈P1705〉;[黑]哈尔滨亿滨化工有限公司(3000 吨)〈P1721〉;[苏]东台市九转化工有限公司(500 吨)〈P1805〉;[鲁]济南泰星精细化工有限公司(200 吨)〈P2026〉;青州市安达化工有限公司〈P2091〉;烟台市牟平区经协化工厂(5000 吨)〈P2119〉;莱西市金山化工厂(9000 吨)〈P2032〉;[鄂]武汉市合中化工制造有限公司〈P2232〉;武汉葛化集团有限公司(1000 吨)〈P2229〉;[川]张家坝氯碱化工有限责任公司〈P2321〉

氯化石蜡 P03016104

Chlorinating paraffin [106232-86-4]

作为聚氯乙烯低成本的辅助增塑剂

【生产厂】[京]中国蓝星(集团)总公司〈P1568〉;[冀]石家庄加力化学品有限公司〈P1627〉;辛集市华鹿福利皮毛助剂厂〈P1634〉;黄骅市化工厂(1300 吨)〈P1656〉;[黑]哈尔滨华尔化工有限公司(1 万吨)〈P1720〉;[沪]上海南威化工有限公司〈P1754〉;[苏]江苏三木集团公司〈P1865〉;江阴市光华化工有限公司(1200 吨)〈P1869〉;江都市科力化工厂〈P1814〉;[闽]福建省厦鹭电化有限公司(1 万吨)〈P2001〉;[鲁]淄博济维泽化工有限公司(2 万吨)〈P2063〉;烟台市牟平区经协化工厂(5 万吨)〈P2119〉;泰安市泰山区腾龙化工材料站〈P2138〉;泰安市孛家店福利化工厂(1000 吨)〈P2137〉;[豫]河南庆安化工高科技股份有限公司(3000 吨)〈P2166〉;巩义市孝北化工厂〈P2164〉;河南开普化工股份有限公司(3500 吨)〈P2165〉;洛阳市三金化工塑料有限公司(1000 吨)〈P2185〉;河南省偃师市新建石蜡厂(1000 吨)〈P2181〉;偃师市信应化工有限公司(1000 吨)〈P2189〉;偃师市雪峰塑料化工有限公司(2 万吨)〈P2189〉;[甘]甘肃国翔化工实业有限责任公司〈P2355〉;甘肃省盐锅峡化工总厂〈P2358〉

【使用厂】[吉]四平市科学技术研究院〈P1717〉;[豫]郑州中原应用技术研究开发有限公司〈P2176〉;洛阳市输送带厂〈P2186〉

氯化石蜡-60;氯化石蜡(60%);氯蜡-60 P03016151

Chlorinating paraffin (60%)[106232-86-4]

【生产厂】[鄂]老河口华松化工有限责任公司〈P2237〉

硬脂酸丁酯 P03016201

n-Butyl stearate [123-95-5]

适用于 PVC 透明制品及管材,用作树脂加工的内润滑剂

【生产厂】[津]天津市通达化工有限公司(1000 吨)〈P1605〉;[冀]石家庄加力化学品有限公司〈P1627〉;张家口市广盛化学助剂有限公司(600 吨)〈P1650〉;[沪]上海华溢塑料助剂合作公司(500 吨)〈P1740〉;上海申夏生物化工有限公司〈P1761〉;上海千为油脂科技有限公司(500 吨)〈P1757〉;上海焦化总厂延安油脂化工厂嘉定分厂〈P1743〉;[浙]杭州金诚助剂有限公司〈P1919〉;[鲁]淄博爱迪森油脂化工有限公司〈P2057〉

硬脂酸异丁酯 P03016211

Isobutyl stearate [646-13-9]

用作化学中间体、润滑剂、矿物油、切削油、层压油等

【生产厂】[沪]上海千为油脂科技有限公司〈P1757〉

N-环己基对甲苯磺酰胺 P03016301

N-Cyclohexyl-*p*-toluenesulfonamide [80-30-8]

用作纤维素类树脂、聚酰胺树脂增塑剂,具有优良热稳定性和光稳定性,用于低热熔编织品黏合剂、涂料中

【生产厂】[浙]嘉兴市金利化工有限责任公司〈P1942〉

N-丁基苯磺酰胺 P03016351

N-Butylbenzenesulfonamide [3622-84-2]

用作聚酰胺、纤维素类树脂等的增塑剂

【生产厂】[苏]苏州金忠化工有限公司〈P1901〉;[浙]嘉兴辰龙化工有限责任公司〈P1941〉;嘉兴市金利化工有限责任公司〈P1942〉

增塑剂 8205 P03016701

Plastifier 8205

用作聚氯乙烯的辅助增塑剂

【生产厂】[苏]江苏昌和化学有限公司〈P1841〉

磷酸三甲苯酯;磷酸三甲酚酯;TCP P03017101

Tricresyl phosphate;Tritolyl phosphate

P

用作聚氯乙烯和三醋酸纤维(电影胶片片基)的增塑剂等

【生产厂】[津]天津市滨海化工有限公司(600吨)〈P1581〉;天津市联瑞化工有限公司(1000吨)〈P1598〉;[沪]上海华谊集团华原化工有限公司〈P1739〉;上海南威化工有限公司〈P1754〉;[苏]如东县通园精细化工厂(2000吨)〈P1837〉;[鲁]济南泰星精细化工有限公司(400吨)〈P2026〉;莱芜市莱城区绝缘材料厂(200吨)〈P2140〉

磷酸三苯酯;TPP　P03017201

Triphenyl phosphate [115-86-6]

用作硝化纤维、醋酸纤维和聚氯乙烯等塑料的增塑剂

【生产厂】[津]天津市超越科技有限公司(500吨)〈P1581〉;天津市联瑞化工有限公司(1600吨)〈P1598〉;[冀]石家庄焦化集团有限责任公司〈P1627〉;[沪]上海华谊集团华原化工有限公司〈P1739〉;上海信博森化工有限公司〈P1772〉;[苏]江苏雅克化工有限公司〈P1866〉;徐州市建平化工有限公司(5000吨)〈P1795〉;如东县通园精细化工厂(2000吨)〈P1837〉;[鲁]青岛市海大化工有限公司〈P2042〉

磷酸甲苯二苯酯;甲苯基二苯基磷酸酯;CDP　P03017401

Cresyl diphenyl phosphate; Phosphoric acid methylphenyl diphenyl ester [26444-49-5]

适用于聚氯乙烯、氯乙烯共聚物、聚乙烯醇缩醛、硝酸纤维素、乙基纤维素、醋酸丁酸纤维素等

【生产厂】[津]天津市滨海化工有限公司(400吨)〈P1581〉;天津市联瑞化工有限公司〈P1598〉;[苏]如东县通园精细化工厂(1000吨)〈P1837〉

尼龙酸二异丁酯　P03017501

Diisobutyl nylon acid [117-81-7]

用作耐寒增塑剂

【生产厂】[鲁]泰安市泰山区腾龙化工材料站〈P2138〉;[豫]河南省武陟县塑光化工有限公司〈P2194〉

尼龙酸二甲酯　P03017502

Dimethyl nylon acid

用作油漆、涂料的高沸点溶剂,可代替异氟尔酮、乙二醇醚、环己酮等高毒性溶剂,用于烘烤型合成树脂涂料等

【生产厂】[辽]辽阳天成化工有限公司〈P1711〉;辽阳易晨化工有限公司〈P1712〉;[沪]上海三微实业有限公司〈P1759〉;[鲁]潍坊拓实化工有限公司〈P2106〉

对苯二甲酸二辛酯;对苯二甲酸二(2-乙基己)酯;DOTP　P03017601

Di(2-ethylhexyl) terephthalate [6422-86-2]

作为增塑剂广泛用于软质聚氯乙烯及电缆料中,具有挥发性低、低温柔软性好、耐水、耐油等特点

【生产厂】[津]天津溶剂厂(4000吨)〈P1577〉;天津市源翔化工股份合作公司〈P1612〉;天津市通达化工有限公司(1000吨)〈P1605〉;[辽]辽阳木星化工有限公司〈P1710〉;北宁市闾峰化工厂(3000吨)〈P1701〉;[沪]上海华溢塑料助剂合作公司(1000吨)〈P1740〉;[苏]无锡市三吉助剂有限责任公司(1000吨)〈P1878〉;无锡市梁溪精细化工有限公司〈P1877〉;江苏三木集团公司〈P1865〉;宜兴市第三化工原料厂〈P1884〉;昆山市合峰化工有限公司〈P1896〉;[浙]浙江建德建业有机化工有限公司〈P1928〉;湖州华达化学工业有限公司〈P1945〉;宁波东来化工有限公司〈P1930〉;[鲁]山东齐鲁增塑剂股份有限公司〈P2054〉;淄博蓝帆化工有限公司〈P2064〉;[豫]河南庆安化工高科技股份有限公司(5000吨)〈P2166〉;河南省武陟县塑光化工有限公司〈P2194〉;[陕]陕西省武功县有机化工厂(500吨)〈P2352〉

尼龙酸二辛酯;增塑剂Y-70;尼龙酸二(2-乙基己)酯　P03017801

Plastifier (Y-70)

用作聚氯乙烯树脂较好的耐寒增塑剂,与聚氯乙烯有较好的相溶性,且有一定的光热稳定性和耐水性

【生产厂】[苏]昆山市合峰化工有限公司〈P1896〉;[豫]河南省武陟县塑光化工有限公司〈P2194〉

偏苯三甲酸三异壬酯;增塑剂TINTM　P03017901

Triisononyl trimellitate

广泛用于电线电缆、胶皮胶布、手套、鞋子等作增塑剂

【生产厂】[苏]昆山市合峰化工有限公司〈P1896〉

邻苯二甲酸二异壬酯;DINP　P03018001

Diisononyl phthalate [68515-48-0]

是一种主增塑剂,应用于各种软硬塑料制品,可以和其他增塑剂混用而不影响本身特性

【生产厂】[苏]无锡市梁溪精细化工有限公司〈P1877〉;[浙]浙江建德建业有机化工有限公司〈P1928〉;湖州华达化学工业有限公司〈P1945〉;宁波东来化工有限公司〈P1930〉;[鲁]山东齐鲁增塑剂股份有限公司〈P2054〉;淄博蓝帆化工有限公司〈P2064〉;[豫]河南庆安化工高科技股份有限公司(5000吨)〈P2166〉

硬脂酸辛酯;十八酸辛酯　P03018101

Octyl stearate [22047-49-0]

【生产厂】[津]天津市通达化工有限公司(1000吨)〈P1605〉;[沪]上海华溢塑料助剂合作公司〈P1740〉;[浙]浙江皇马化工集团有限公司〈P1950〉

硬脂酸异辛酯;十八酸异辛酯　P03018131

Isooctyl stearate; Isooctyl octadecanoate

用作化妆品油性原料、纤维润滑剂、油品添加剂等

【生产厂】[沪]上海华谊集团上硫化工有限公司〈P1739〉;上海千为油脂科技有限公司(500吨)〈P1757〉;[浙]杭州萧山三江精细化工有限公司〈P1924〉

增塑剂V-276　P03018301

Plastifier V-276

用于PVC软制品及半硬制品,亦适用于UPVC的塑化改性系统

【生产厂】[沪]上海华溢塑料助剂合作公司〈P1740〉;上海嘉定马门溶剂油厂〈P1742〉;[苏]无锡市佳盛高新改性材料有限公司〈P1877〉

N型树脂增韧剂　P03018351

N Type resin flexibilizer

用于PVC软、硬制品

【生产厂】[苏]南京盛东化工有限公司〈P1789〉

富马酸二丁酯 P03018401

Dibutyl fumarate [105-75-9]

用作内增塑剂，可与多种单体共聚，所得共聚物用于增强塑性

【生产厂】[津]天津市源翔化工股份合作公司〈P1612〉；[辽]营口星火化工有限公司〈P1705〉；[苏]南京东方石油化工厂〈P1783〉

富马酸二辛酯 P03018411

Dioctyl fumarate [2997-85-5]

用作内增塑剂，可与多种单体共聚，所得共聚物用于增强塑性

【生产厂】[津]天津市源翔化工股份合作公司〈P1612〉；[辽]营口星火化工有限公司〈P1705〉；[苏]南京东方石油化工厂〈P1783〉

富马酸铅 P03018491

Lead fumarate

【生产厂】[苏]宜兴市恒雷化工助剂有限公司〈P1885〉

间苯二甲酸二乙酯；特效溶剂 DEIP P03018601

Diethyl isophthalate [636-53-3]

在采用巴斯夫工艺生产甲苯二异氰酸酯的过程中，被用作重溶剂

【生产厂】[鲁]东营旭业化工有限公司〈P2083〉；[甘]兰州助剂厂(200 吨)〈P2356〉；白银阳明银兴化工有限公司〈P2357〉

混合脂肪酸甘油酯 P03018801

Fatty acid glyceride, mixed

用作赋形剂，栓剂基质，是药用辅料

【生产厂】[鄂]湖北东信药业有限公司〈P2239〉

单脂肪酸甘油酯；单甘酯 P03018811

Glyceryl monoaliphatic ester

广泛用于化妆品行业，尤其在洗发香波、浴用剂中使用更为广泛

【生产厂】[津]天津市宝坻区港飞助剂有限公司〈P1579〉；[沪]上海龙尼精细化工有限公司〈P1752〉；[浙]上海华源制药浙江凤凰化工分公司〈P1954〉；[鲁]聊城瑞捷化学有限公司(500 吨)〈P2152〉；[粤]广州汇科精细化工有限公司〈P2261〉

【使用厂】[沪]上海天坛助剂有限公司〈P1767〉；[桂]桂林市红星化工有限责任公司〈P2299〉

磷酸三(二甲苯)酯；TXP P03019201

Trixylyl phosphate

【生产厂】[苏]如东县通园精细化工厂(1000 吨)〈P1837〉

二醋纤增塑剂；醋纤嘴棒增塑剂 P03019501

Cellulose diacetate plastifier

用作烟用醋酸纤维滤嘴增塑剂，卷烟过滤嘴成型剂

【生产厂】[苏]南京爱邦化学有限公司〈P1872〉；宜兴市永加化工有限公司〈P1888〉；江苏瑞佳化学有限公司〈P1865〉；宜兴市凯欣化工有限公司〈P1885〉；[滇]云南杨林化工厂(3000 吨)〈P2342〉；云南省玉溪市溶剂厂(3000 吨)〈P2344〉

2,2,4-三甲基-1,3-戊二醇双异丁酸酯；增塑剂 TPD P03019701

2,2,4-Trimethyl-1,3-pentanediol diisobutyrate [6846-50-0]

用作塑料制品的增塑剂，无毒，相溶性好

【生产厂】[苏]宜兴市中港精细化工有限公司〈P1888〉

醇醚磷酸酯 P03019801

Alcohol ether phosphate

广泛应用于工业清洗剂、民用洗涤剂中，去污能力强

【生产厂】[冀]邢台市日用化学厂(1000 吨)〈P1644〉；[苏]张家港市威达科技有限公司〈P1914〉

单烷基醚磷酸酯；PE910 P03019901

Monoalkyl ether phosphate

用作化纤、塑料工业抗静电剂，金属切削润滑剂等

【生产厂】[沪]上海多纶化工有限公司〈P1732〉

【使用厂】[沪]上海经纬化工有限公司〈P1745〉

单烷基醚磷酸酯钾盐；PE939 P03019951

Potassium monoalkyl ether phosphate

用作合成纤维抗静电剂，溶剂调理剂，金属切削润滑剂等

【生产厂】[沪]上海升纬化工原料有限公司〈P1762〉；[苏]海安县正达化工厂〈P1829〉

聚氯乙烯加工用助剂；PVC 加工助剂 P03020000

Auxiliaries for polyvinyl chloride process

用于生产聚氯乙烯加工所需的助剂

【生产厂】[沪]上海华溢塑料助剂合作公司〈P1740〉；[苏]扬州坤源助剂有限公司〈P1818〉；[鲁]淄博世拓高分子材料有限公司〈P2067〉；山东海化华龙硝铵有限公司〈P2095〉；山东金达双鹏集团有限公司〈P2095〉；山东日科化学有限公司〈P2097〉；[豫]平顶山市奥思达化学助剂厂(6000 吨)〈P2191〉

二巯基乙酸异辛酯二甲基锡；二甲基锡双硫代乙酸异辛酯 P03020101

Isooctyl thioglycolate dimethyl tin [57583-35-4]

主要用于食品包装用的PVC中，用于生产PVC板材、片材、造粒、薄膜等

【生产厂】[京]北京正恒化工有限公司(500 吨)〈P1566〉

二月桂酸二丁基锡；DBTL；DBTDL；二丁基二月桂酸锡 P03020201

Di-*n*-butyltin dilaurate; Dibutyltin dilaurate; DBTL; DBTDL [77-58-7]

用作聚氯乙烯的热稳定剂、硅橡胶的熟化剂、聚氨酯泡沫塑料的催化剂等

【生产厂】[京]北京海中宝工贸有限公司〈P1548〉；北京正恒化工有限公司(300 吨)〈P1566〉；[吉]磐石市大田化工助剂研究所〈P1717〉；[苏]江苏雅克化工有限公司〈P1866〉；[鄂]湖北蓝天化工有限公司〈P2245〉；[粤]增城市福和顺发塑料助剂公司〈P2268〉；[滇]杨林工业开发区汕滇药业

有限公司〈P2340〉

二月桂酸二丁基锡复合物 P03020211

Di-*n*-butyltin dilaurate compound

主要用于PVC软质透明制品中,特别可以用作聚氨酯发泡制品的催化剂,以及PVC树脂的热稳定剂

【生产厂】[京]北京海中宝工贸有限公司〈P1548〉;北京正恒化工有限公司(600吨)〈P1566〉

马来酸二丁基锡;顺丁烯二酸二丁基锡;DBTM;马来酸酯丁基锡 P03020231

Dibutyltin maleate; Di-*n*-Butyltin maleate; DBTM [78-04-6]

用于PVC硬质透明制品中作热稳定剂

【生产厂】[京]北京正恒化工有限公司(300吨)〈P1566〉

丁基硫醇锡;硫醇丁基锡 P03020241

Butylmercaptooxo stannane; Butyltin mercaptide [26410-42-4]

用于所有PVC产品的加工,在硬PVC增塑上有上佳的着色性和长期的热稳定性

【生产厂】[京]北京海中宝工贸有限公司〈P1548〉;北京正恒化工有限公司(300吨)〈P1566〉;[苏]宜兴市昌吉利化工有限公司〈P1883〉

二醋酸二丁基锡 P03020271

Dibutyl tin diacetate [1067-33-0]

为多用途的催化剂,用于酯交换反应、硅醇缩合反应及聚氨酯交联反应,供胶黏剂和填缝剂用

【生产厂】[吉]磐石市大田化工助剂研究所〈P1717〉;[鄂]湖北蓝天化工有限公司〈P2245〉

二盐基邻苯二甲酸铅 P03020301

Lead phthalate, dibasic

用作聚氯乙烯制品的稳定剂,适用于高温电绝缘物、泡沫塑料和树脂糊

【生产厂】[津]天津市天星助剂颜料厂(500吨)〈P1605〉;[浙]温州天盛塑料助剂有限公司〈P1938〉

二盐基亚磷酸铅;二碱式亚磷酸铅;二盐 P03020401

Lead phosphite, dibasic [12141-20-7]

用作聚氯乙烯不透明制品的稳定剂

【生产厂】[津]天津市天星助剂颜料厂(1000吨)〈P1605〉;天津市春义化工原料有限公司(1000吨)〈P1582〉;天津市裕发助剂厂(1000吨)〈P1612〉;[冀]石家庄加力化学品有限公司〈P1627〉;河北省衡水桃城化工助剂有限公司〈P1665〉;衡水市华兴化工厂〈P1668〉;[苏]南京金陵化工厂有限责任公司(5500吨)〈P1785〉;江苏丹阳市宁陵化工助剂有限公司〈P1841〉;溧阳市新明化工厂〈P1864〉;江苏溧阳市金阳化工厂〈P1859〉;宜兴市恒雷化工助剂有限公司〈P1885〉;靖江市天龙化工有限公司(3万吨)〈P1825〉;[浙]温州天盛塑料助剂有限公司(3000吨)〈P1938〉;[鲁]济南弘易化工厂(2000吨)〈P2021〉;淄博市鲁川化工有限公司(300吨)〈P2070〉;临淄黎明化工厂〈P2049〉;山东金达双鹏集团有限公司〈P2095〉;青岛红星化工集团有限责任公司(300吨)〈P2036〉;青岛红星化工集团自力实业公司(1000吨)〈P2037〉;[豫]河南久玖化工有限公司〈P2165〉;巩义市华美颜料化工有限公司(200吨)〈P2163〉;河南省辉县市玉康油脂化工有限责任公司(500吨)〈P2201〉;河南省新乡市荣军精细化工厂(500吨)〈P2201〉;新乡市恒源塑化有限公司(1000吨)〈P2204〉;河南省新乡扬远化工有限责任公司(500吨)〈P2201〉;林州市茶店化工厂(500吨)〈P2211〉;[粤]汕头市华联化工有限公司〈P2276〉;广东省东莞市金康塑胶有限公司〈P2281〉;[川]成都天然气化工总厂〈P2316〉

二盐基硬脂酸铅 P03020501

Lead stearate, dibasic

用作聚氯乙烯塑料制品的稳定剂,用于聚氯乙烯的硬质挤出、注射成型物、电缆料、唱片、润滑油、切削油等

【生产厂】[津]天津市天星助剂颜料厂(500吨)〈P1605〉;天津市港昌化工有限公司(800吨)〈P1587〉;天津市裕发助剂厂(1000吨)〈P1612〉;天津市郎湖化工有限公司(500吨)〈P1598〉;[沪]上海华溢塑料助剂合作公司(500吨)〈P1740〉;[苏]南京金陵化工厂有限责任公司〈P1785〉;江苏丹阳市宁陵化工助剂有限公司〈P1841〉;江苏联盟化学有限公司〈P1859〉;江苏省溧阳市一昌化工厂〈P1861〉;江苏溧阳市金阳化工厂〈P1859〉;靖江市天龙化工有限公司〈P1825〉;[浙]兰溪市恒顺化工有限公司〈P1953〉;温州天盛塑料助剂有限公司〈P1938〉;[闽]福州冠通化工有限公司〈P1989〉;[鲁]淄博市鲁川化工有限公司(80吨)〈P2070〉;高密友强助剂有限公司〈P2089〉;山东金达双鹏集团有限公司〈P2095〉;[豫]河南久玖化工有限公司〈P2165〉;河南省辉县市玉康油脂化工有限责任公司(300吨)〈P2201〉;[粤]汕头市华联化工有限公司〈P2276〉;广东省东莞市金康塑胶有限公司〈P2281〉

三盐基硫酸铅;三碱式硫酸铅;三盐酥;三盐 P03020602

Lead sulfate, tribasic

用作聚氯乙烯塑料的热稳定剂,主要用于不透明的软、硬质制品及电缆料中

【生产厂】[津]天津市裕发助剂厂(1000吨)〈P1612〉;[冀]石家庄加力化学品有限公司〈P1627〉;河北省衡水桃城化工助剂有限公司〈P1665〉;衡水市华兴化工厂〈P1668〉;[沪]上海华溢塑料助剂合作公司(5000吨)〈P1740〉;上海威星化工有限公司〈P1769〉;[苏]南京金陵化工厂有限责任公司(1500吨)〈P1785〉;江苏丹阳市宁陵化工助剂有限公司〈P1841〉;溧阳市新明化工厂〈P1864〉;江苏联盟化学有限公司〈P1859〉;江苏溧阳市金阳化工厂〈P1859〉;宜兴市恒雷化工助剂有限公司〈P1885〉;靖江市天龙化工有限公司〈P1825〉;如东县冶炼化工厂(300吨)〈P1837〉;[浙]温州天盛塑料助剂有限公司(5000吨)〈P1938〉;[闽]福州冠通化工有限公司〈P1989〉;[鲁]济南弘易化工厂(2000吨)〈P2021〉;淄博市鲁川化工有限公司(500吨)〈P2070〉;高密友强助剂有限公司〈P2089〉;山东金达双鹏集团有限公司〈P2095〉;青岛红星化工集团自力实业公司(1000吨)〈P2037〉;[豫]河南久玖化工有限公司〈P2165〉;巩义市华美颜料化工有限公司(300吨)〈P2163〉;河南省辉县市玉康油脂化工有限责任公司(500吨)〈P2201〉;河南省新乡市荣军精细化工厂(500吨)〈P2201〉;新乡市恒源塑化有限公司(1000吨)〈P2204〉;河南省新乡扬远化工有限责任公司(1500吨)〈P2201〉;林州市茶店化工厂(500吨)〈P2211〉;[粤]汕头市华联化工有限公司〈P2276〉;潮州市粤东化学工业公司〈P2295〉;广东省东莞市金康塑胶有限公司〈P2281〉;[渝]重庆市嘉世泰化工有限公司〈P2307〉;[川]成都天然气化工总厂〈P2316〉;[滇]云南新立有色金

属有限公司(200 吨)〈P2342〉

三盐基顺丁烯二酸铅;三盐基马来酸铅 P03020701
Lead maleate tribasic
用作 PVC 的稳定剂,亦作氯磺化聚乙烯的硫化剂和稳定剂
【生产厂】[闽]福州冠通化工有限公司〈P1989〉

六甲基磷酰三胺 P03020901
Hexamethyl phosphoryl triamide [680-31-9]
用作聚氯乙烯及其他含氯树脂制品、涂料的高效耐蚀剂
【生产厂】[沪]上海邦成化工有限公司〈P1728〉;[赣]吉安市海洲医药化工有限公司〈P2017〉;[豫]濮阳市市区四方化工厂〈P2215〉;濮阳市益丰精细化工有限公司(500 吨)〈P2215〉

二月桂酸二正辛基锡;DOTL;DOTDL P03021001
Di-*n*-octyltin dilaurate;Dioctyltin dilaurate;DOTL;DOTDL
用作聚氯乙烯食品包装无毒稳定剂
【生产厂】[京]北京正恒化工有限公司(300 吨)〈P1566〉

双硬脂酸铝;碱式硬脂酸铝 P03021101
Aluminium distearate [300-92-5]
用作油漆的防沉淀剂、织物的防水剂、润滑油的增厚剂、金属工具的防锈剂、聚氯乙烯塑料的耐热稳定剂
【生产厂】[津]天津市春义化工原料有限公司(500 吨)〈P1582〉;天津市港昌化工有限公司(800 吨)〈P1587〉;天津市裕发助剂厂(1000 吨)〈P1612〉;天津市郎湖化工有限公司(500 吨)〈P1598〉;[冀]石家庄加力化学品有限公司〈P1627〉;[沪]上海元吉化工有限公司〈P1776〉;[浙]兰溪市恒顺化工有限公司〈P1953〉

双硬脂酸铝(轻质) P03021201
Aluminium distearate, light [300-92-5]
用作金属防锈剂、建筑材料的防水剂、油墨增光剂、化妆品增稠剂
【生产厂】[沪]上海焦化总厂延安油脂化工厂嘉定分厂〈P1743〉

亚磷酸三苯酯;TPPi P03021501
Triphenyl phosphite [101-02-0]
用作合成橡胶和树脂的稳定剂,聚氯乙烯塑料的抗氧剂及醇酸树脂和农药中间体的原料
【生产厂】[津]天津市滨海化工有限公司(250 吨)〈P1581〉;天津市超越科技有限公司(1000 吨)〈P1581〉;天津市联瑞化工有限公司〈P1598〉;[沪]上海华谊集团华原化工有限公司〈P1739〉;[苏]江苏昌和化学有限公司〈P1841〉;镇江宏鸣橡塑助剂有限公司〈P1844〉;徐州市建平化工有限公司(5000 吨)〈P1795〉;如东县通园精细化工厂(1000 吨)〈P1837〉;[浙]杭州盛翔化工有限公司〈P1922〉
【使用厂】[辽]铁岭市东博合成材料厂〈P1712〉

防老剂 TNP;亚磷酸三壬基苯酯;三(壬基苯基)亚磷酸酯 P03021503
Antioxidant TNP;Tris(nonylphenyl) phosphite [3050-88-2]
为非污染性耐热抗氧化防老剂,用于天然橡胶、合成橡胶、胶乳、塑料作稳定剂和抗氧剂
【生产厂】[吉]吉林九新实业集团化工有限公司〈P1715〉;[鲁]淄博三鹏化工有限责任公司〈P2066〉;[湘]岳阳鑫达实业有限公司〈P2254〉;[甘]兰化翔鑫工贸有限责任公司〈P2355〉

亚磷酸一苯二异辛酯;PDOP P03021601
Phenyl diisooctyl phosphite
用作高分子聚合物的抗氧剂和稳定剂,聚氯乙烯的螯合剂和抗氧剂
【生产厂】[京]北京加成助剂研究所〈P1551〉;[津]天津市超越科技有限公司(2000 吨)〈P1581〉;天津市联瑞化工有限公司〈P1598〉;[沪]上海华谊集团华原化工有限公司〈P1739〉;[苏]江苏昌和化学有限公司〈P1841〉;镇江宏鸣橡塑助剂有限公司〈P1844〉;[浙]杭州盛翔化工有限公司〈P1922〉;[鲁]邹平县玉光塑料助剂有限公司(1000 吨)〈P2158〉

无毒亚磷酸酯 P03021701
Phosphite ester, innoxious
除用于 PVC 制品外,还可用于 PE、PP、ABS 中作抗氧热稳定剂
【生产厂】[沪]上海智强塑料助剂有限公司〈P1778〉;[苏]江苏昌和化学有限公司〈P1841〉;镇江宏鸣橡塑助剂有限公司〈P1844〉;无锡锡隆塑料化工有限公司〈P1882〉;扬州坤源助剂有限公司〈P1818〉;[闽]厦门志鸿达化工有限公司〈P1994〉;[湘]湖南郴州浩伦生化助剂有限公司〈P2257〉

油酸酰胺;油酰胺 P03021901
Oleamide [301-02-0]
可用作聚烯烃、PVC 塑料的爽滑剂、抗静电剂、脱模剂,颜料、染料等分散剂,印刷油墨的添加剂
【生产厂】[沪]上海华溢塑料助剂合作公司(150 吨)〈P1740〉;上海勤工助剂有限公司〈P1757〉;[苏]江苏飞翔化工(张家港)有限公司〈P1893〉;海门市众腾化工有限公司〈P1830〉;[赣]江西永友化工助剂有限公司〈P2019〉;江西威科油脂化学有限公司〈P2019〉;[鲁]淄博凤宝化工有限公司〈P2059〉;临朐县万利助剂厂(30 吨)〈P2090〉;青岛中塑经济发展有限公司〈P2047〉;[豫]濮阳市市区四方化工厂(200 吨)〈P2215〉;[川]四川泸天化股份有限公司〈P2323〉;四川天宇油脂化学有限公司〈P2323〉

脂肪酸锌 P03022031
Zinc fatty acid
与钙皂配合作为无毒稳定剂,在 PVC 树脂、天然橡胶、合成橡胶等领域广泛应用
【生产厂】[鲁]聊城瑞捷化学有限公司〈P2152〉

PVC 膏状钡铅复合稳定剂 P03022302
Stabilizer Ba-Pb complex, PVC paste
用作聚氯乙烯热稳定剂
【生产厂】[苏]溧阳市飞达电化设备厂〈P1863〉

复合铅盐稳定剂 P03022304
Compound lead salt stabilizer
在聚氯乙烯塑料中作复合型稳定剂、润滑剂
【生产厂】[京]北京市化学工业研究院〈P1560〉;[苏]南京金陵化工厂有限责任公司(3000 吨)〈P1785〉;江苏联盟化学有限公司〈P1859〉;江阴市顾山东风合成化工有限公司

P

(100 吨)〈P1869〉;[浙]温州天盛塑料助剂有限公司(5000 吨)〈P1938〉;[闽]福州冠通化工有限公司〈P1989〉;[鲁]山东金达双鹏集团有限公司〈P2095〉;[豫]新乡市恒源塑化有限公司(1000 吨)〈P2204〉

液体钡铅复合稳定剂 P03022331

Stabilizer, Ba-Pb complex liquid

用作 PVC 发泡人造革等的稳定剂

【生产厂】[苏]江苏联盟化学有限公司〈P1859〉

无尘复合铅盐稳定剂 P03022351

Compound lead salt stabilizer, *non*-dust

是 PVC 加工中的综合性稳定剂,适用于 PVC 管材和型材的加工

【生产厂】[京]北京大兴光明化工厂(2000 吨)〈P1546〉;[苏]江阴市华士华东塑料助剂厂〈P1869〉;常熟市杰扬塑料助剂厂〈P1890〉;[豫]河南省辉县市玉康油脂化工有限责任公司〈P2201〉

液体钙锌稳定剂 P03022401

Calcium-Zinc stabilizer, liquid

主要用于 PVC 粒料、薄膜、片材的无毒制品,也可用于 PE、PP、ABS、SBS 中作为氧热稳定剂

【生产厂】[京]北京加成助剂研究所〈P1551〉;[冀]石家庄加力化学品有限公司〈P1627〉;[沪]上海华溢塑料助剂合作公司〈P1740〉;[皖]巢湖香枫塑胶助剂有限公司〈P1984〉;[鲁]山东临朐县天成助剂厂(600 吨)〈P2096〉

钙锌无毒复合稳定剂 P03022451

Calcium-Zinc complex stabilizer, innocuity

主要用于 PVC 压延、挤出和模塑制品,加工无毒接触食品的软质或半硬质制品

【生产厂】[京]北京市化学工业研究院〈P1560〉;北京大兴光明化工厂(2000 吨)〈P1546〉;[苏]江苏昌和化学有限公司〈P1841〉;江苏丹阳市宁陵化工助剂有限公司〈P1841〉;江苏联盟化学有限公司〈P1859〉;[浙]温州天盛塑料助剂有限公司〈P1938〉;[粤]深圳市志海实业有限公司〈P2273〉;肇庆市森德利化工实业有限公司〈P2294〉

液体钡锌稳定剂 P03022501

Barium-Zinc stabilizer, liquid

用作聚氯乙烯塑料的热稳定剂

【生产厂】[冀]石家庄加力化学品有限公司〈P1627〉;[沪]上海华溢塑料助剂合作公司〈P1740〉;[苏]江苏昌和化学有限公司〈P1841〉;江苏联盟化学有限公司〈P1859〉;[浙]德清县莫干山化工助剂厂〈P1944〉;[鲁]山东临朐县天成助剂厂(500 吨)〈P2096〉;[粤]深圳市志海实业有限公司〈P2273〉

液体钡镉复合稳定剂 P03022601

Barium-Cadmium complex stabilizer, liquid

用作聚氯乙烯耐光、耐热的稳定剂

【生产厂】[冀]石家庄加力化学品有限公司〈P1627〉

PVC 膏状钡镉复合稳定剂 P03022702

Barium-Cadmium complex stabilizer for PVC, paste

广泛用于 PVC 发泡制品,如拖鞋、凉鞋、沙发皮、旅行袋,以及 PVC 硬质管、PVC 薄片异型材及硬质制品等

【生产厂】[苏]溧阳市飞达电化设备厂〈P1863〉;江苏溧阳市金阳化工厂〈P1859〉;[粤]潮州市粤东化学工业公司〈P2295〉

液体钡镉锌复合稳定剂 P03022801

Barium-cadmium-zinc complex stabilizer, liquid

代替钡镉锌硬脂酸盐用作聚氯乙烯耐光耐热的稳定剂

【生产厂】[京]北京市化学工业研究院〈P1560〉;[冀]石家庄加力化学品有限公司〈P1627〉;[苏]江苏昌和化学有限公司〈P1841〉;溧阳市飞达电化设备厂〈P1863〉;江苏联盟化学有限公司〈P1859〉;江苏省溧阳市一昌化工厂〈P1861〉;江苏溧阳市金阳化工厂〈P1859〉;[浙]德清县莫干山化工助剂厂〈P1944〉;[皖]巢湖香枫塑胶助剂有限公司〈P1984〉

钡锌膏状复合稳定剂 P03022851

Barium-Zinc complex stabilizer, paste

主要用于人造革、地板革、软质及半硬质挤出制品、透明薄膜等

【生产厂】[苏]昆山市合峰化工有限公司〈P1896〉

金属皂盐复合安定剂 P03023101

Metallic soap compound stabilizer

用作 PVC 加工助剂,适合软质、半硬质 PVC 胶布机、押出机押出制品

【生产厂】[闽]厦门志鸿达化工有限公司〈P1994〉

热稳定剂 P03023201

Heat stabilizer

用于改善聚合物热稳定性,防止热降解、延缓热老化,主要类别有碱性铅盐、金属皂、有机锡、亚磷酸酯等

【生产厂】[京]北京加成助剂研究所〈P1551〉;[苏]宜兴市高塍日新化工厂〈P1884〉;[鲁]山东省桓台县金龙化工有限公司(1500 吨)〈P2054〉

【使用厂】[鲁]山东春潮色母料有限公司〈P2135〉

硬脂酸钠;十八酸钠 P03023301

Sodium stearate [822-16-2]

用作金属热处理及塑料稳定剂

【生产厂】[沪]上海华溢塑料助剂合作公司〈P1740〉;上海元吉化工有限公司〈P1776〉;上海宁成高分子材料有限公司〈P1755〉;[浙]湖州市菱湖新望化学有限公司〈P1946〉;[鲁]淄博京和化工染料有限公司〈P2063〉;淄川诚达化工厂(100 吨)〈P2077〉;淄博市鲁川化工有限公司(100 吨)〈P2070〉;[鄂]武汉市合中化工制造有限公司〈P2232〉

硬脂酸钾 P03023351

Potassium octadecanoate; Potassium stearate [593-29-3]

【生产厂】[沪]上海宁成高分子材料有限公司〈P1755〉;[浙]湖州市菱湖新望化学有限公司〈P1946〉;[鄂]武汉市合中化工制造有限公司〈P2232〉

硬脂酸钙;十八酸钙 P03023401

Calcium stearate [1592-23-0]

用作聚氯乙烯塑料的无毒稳定剂、润滑剂、脱模剂及纺织品防水剂

【生产厂】[津]天津市春义化工原料有限公司(500 吨)〈P1582〉;天津市武清区南湖化工厂(800 吨)〈P1607〉;[冀]石家庄加力化学品有限公司〈P1627〉;[辽]辽阳市彩

练助剂化工厂〈P1710〉；丹东龙泽化工有限责任公司〈P1700〉；[沪]上海华溢塑料助剂合作公司〈P1740〉；上海威星化工有限公司〈P1769〉；上海元吉化工有限公司〈P1776〉；[苏]南京市化学工业总公司精细化工厂〈P1789〉；南京金陵化工厂有限责任公司〈P1785〉；江苏丹阳市宁陵化工助剂有限公司〈P1841〉；溧阳市新明化工厂〈P1864〉；江苏联盟化学有限公司〈P1859〉；江苏省溧阳市一昌化工厂〈P1861〉；江苏溧阳市金阳化工厂〈P1859〉；宜兴市恒雷化工助剂有限公司〈P1885〉；江阴市华士华东塑料助剂厂〈P1869〉；靖江市天龙化工有限公司〈P1825〉；南通新邦化工有限公司〈P1836〉；[浙]杭州萧山曙光化工厂〈P1924〉；湖州市菱湖新望化学有限公司〈P1946〉；兰溪市恒顺化工有限公司〈P1953〉；温州天盛塑料助剂有限公司〈P1938〉；[闽]福州冠通化工有限公司〈P1989〉；[鲁]济南弘易化工厂(1000 吨)〈P2021〉；淄博市淄川区社会福利五金化工厂(500 吨)〈P2072〉；淄川诚达化工厂(500 吨)〈P2077〉；淄博市鲁川化工有限公司(100 吨)〈P2070〉；淄博华星助剂有限公司〈P2062〉；临淄黎明化工厂〈P2049〉；山东省桓台县金龙化工有限公司(500 吨)〈P2054〉；高密友强助剂有限公司〈P2089〉；山东金达双鹏集团有限公司〈P2095〉；寿光市天成精细化工厂〈P2100〉；青岛红星化工集团有限责任公司(550 吨)〈P2036〉；青岛红星化工集团自力实业公司(1200 吨)〈P2037〉；[豫]河南久玖化工有限公司〈P2165〉；河南省辉县市玉康油脂化工有限责任公司(600 吨)〈P2201〉；[鄂]湖北省化学工业研究设计院〈P2228〉；[粤]广州市天金化工有限公司〈P2266〉；汕头市华联化工有限公司〈P2276〉；广东省东莞市金康塑胶有限公司〈P2281〉；[渝]重庆市嘉世泰化工有限公司〈P2307〉；[川]成都天然气化工总厂〈P2316〉；[甘]兰化翔鑫工贸有限责任公司〈P2355〉

硬脂酸钙(轻质)；十八酸钙(轻质) P03023501

Calcium stearate, light [1592-23-0]

用作聚氯乙烯的内润滑剂和无毒稳定剂，铸造业中作脱模剂

【生产厂】[津]天津市港昌化工有限公司(800 吨)〈P1587〉；[沪]上海焦化总厂延安油脂化工厂嘉定分厂〈P1743〉；[苏]南京扬子石化精细化工有限责任公司〈P1791〉；[浙]杭州众汇贸易(实业)有限公司〈P1926〉；[鄂]武汉一枝花油脂化工有限公司〈P2235〉

硬脂酸盐 P03023600

Stearate salt

用作塑料工业的热稳定剂、润滑剂

【生产厂】[津]天津市裕发助剂厂(1000 吨)〈P1612〉；天津市郎湖化工有限公司(800 吨)〈P1598〉；[鲁]淄博市淄川五龙化工材料厂(1000 吨)〈P2072〉

硬脂酸钡；十八酸钡 P03023601

Barium stearate [6865-35-6]

用作机器的耐高温润滑剂、橡胶制品的耐高温助剂、聚氯乙烯塑料的耐光耐热稳定剂

【生产厂】[津]天津市春义化工原料有限公司(500 吨)〈P1582〉；[冀]石家庄加力化学品有限公司〈P1627〉；[辽]辽阳市彩练助剂化工厂〈P1710〉；丹东龙泽化工有限责任公司〈P1700〉；[沪]上海华溢塑料助剂合作公司〈P1740〉；[苏]南京市化学工业总公司精细化工厂〈P1789〉；南京金陵化工厂有限责任公司(600 吨)〈P1785〉；江苏丹阳市宁陵化工助剂有限公司〈P1841〉；溧阳市新明化工厂〈P1864〉；江苏联盟化学有限公司〈P1859〉；江苏省溧阳市一昌化工厂〈P1861〉；江苏溧阳市金阳化工厂〈P1859〉；江阴市华士华东塑料助剂厂〈P1869〉；靖江市天龙化工有限公司〈P1825〉；江苏中鼎化学有限公司(500 吨)〈P1895〉；南通新邦化工有限公司〈P1836〉；[浙]杭州萧山曙光化工厂〈P1924〉；兰溪市恒顺化工有限公司〈P1953〉；[闽]福州冠通化工有限公司〈P1989〉；[鲁]淄博市淄川区社会福利五金化工厂(500 吨)〈P2072〉；淄博市鲁川化工有限公司(200 吨)〈P2070〉；临淄黎明化工厂〈P2049〉；山东省桓台县金龙化工有限公司(500 吨)〈P2054〉；高密友强助剂有限公司〈P2089〉；山东金达双鹏集团有限公司〈P2095〉；青岛红星化工集团有限责任公司(550 吨)〈P2036〉；青岛红星化工集团自力实业公司(800 吨)〈P2037〉；[豫]河南久玖化工有限公司〈P2165〉；巩义市华美颜料化工有限公司(300 吨)〈P2163〉；河南省辉县市玉康油脂化工有限责任公司(400 吨)〈P2201〉；[粤]广州市天金化工有限公司〈P2266〉；汕头市华联化工有限公司〈P2276〉；潮州市粤东化学工业公司〈P2295〉；广东省东莞市金康塑胶有限公司〈P2281〉；[渝]重庆市嘉世泰化工有限公司〈P2307〉；[川]成都天然气化工总厂〈P2316〉

硬脂酸铵；十八酸铵 P03023611

Ammonium stearate

可用作乳化剂、分散剂、湿润剂、防湿剂等

【生产厂】[沪]上海元吉化工有限公司〈P1776〉

硬脂酸钡(轻质) P03023701

Barium stearate, light [6865-35-6]

用作聚氯乙烯制品的热稳定剂

【生产厂】[津]天津市港昌化工有限公司(800 吨)〈P1587〉；[浙]杭州众汇贸易(实业)有限公司〈P1926〉；温州天盛塑料助剂有限公司〈P1938〉

硬脂酸铅；十八酸铅 P03023801

Lead stearate [1072-35-1]

用作聚氯乙烯塑料的半透明耐热稳定剂、润滑油增厚剂

【生产厂】[津]天津市春义化工原料有限公司(500 吨)〈P1582〉；[冀]石家庄加力化学品有限公司〈P1627〉；[辽]辽阳市彩练助剂化工厂〈P1710〉；[沪]上海华溢塑料助剂合作公司〈P1740〉；[苏]南京市化学工业总公司精细化工厂〈P1789〉；南京金陵化工厂有限责任公司(600 吨)〈P1785〉；江苏丹阳市宁陵化工助剂有限公司〈P1841〉；溧阳市新明化工厂〈P1864〉；江苏联盟化学有限公司〈P1859〉；江苏溧阳市金阳化工厂〈P1859〉；靖江市天龙化工有限公司〈P1825〉；南通新邦化工有限公司〈P1836〉；[浙]杭州萧山曙光化工厂〈P1924〉；兰溪市恒顺化工有限公司〈P1953〉；[闽]福州冠通化工有限公司〈P1989〉；[鲁]济南宏业音像化工有限责任公司(800 吨)〈P2022〉；淄博市淄川区社会福利五金化工厂(500 吨)〈P2072〉；淄博市鲁川化工有限公司(300 吨)〈P2070〉；临淄黎明化工厂〈P2049〉；山东省桓台县金龙化工有限公司(500 吨)〈P2054〉；高密友强助剂有限公司〈P2089〉；山东金达双鹏集团有限公司〈P2095〉；青岛红星化工集团有限责任公司(600 吨)〈P2036〉；青岛红星化工集团自力实业公司(800 吨)〈P2037〉；[豫]河南久玖化工有限公司〈P2165〉；巩义市华美颜料化工有限公司(300 吨)〈P2163〉；河南省辉县市玉康油脂化工有限责任公司(400 吨)〈P2201〉；[粤]广州市天金化工有限公司〈P2266〉；潮州市粤东化学工业公司〈P2295〉；广东省东莞市金康塑胶有限公司〈P2281〉；[渝]重庆市嘉世泰化工有限公司〈P2307〉

硬脂酸铅(轻质) P03023901

Lead stearate, light [1072-35-1]

用作聚氯乙烯塑料的稳定剂

【生产厂】[津]天津市港昌化工有限公司(800 吨)〈P1587〉；[浙]杭州众汇贸易(实业)有限公司〈P1926〉；温州天盛塑

料助剂有限公司〈P1938〉

硬脂酸铝;十八酸铝 P03024001

Aluminium stearate [637-12-7]

用作聚氯乙烯塑料的热稳定剂和润滑剂,油漆工业的防沉剂、催干剂,织物的防水剂,润滑油的增厚剂等

【生产厂】[津]天津市春义化工原料有限公司(500吨)〈P1582〉;天津市港昌化工有限公司(800吨)〈P1587〉;[沪]上海元吉化工有限公司〈P1776〉;[苏]江苏溧阳市金阳化工厂〈P1859〉;江苏中鼎化学有限公司(500吨)〈P1895〉;[鲁]淄博市鲁川化工有限公司(100吨)〈P2070〉;[豫]河南省辉县市玉康油脂化工有限责任公司〈P2201〉;[粤]广州市天金化工有限公司〈P2266〉

硬脂酸锌;十八酸锌 P03024101

Zinc stearate [557-05-1]

用作橡胶制品的软化润滑剂、纺织品的打光剂、聚氯乙烯塑料的稳定剂

【生产厂】[津]天津市春义化工原料有限公司(500吨)〈P1582〉;[冀]石家庄加力化学品有限公司〈P1627〉;[辽]辽阳市彩练助剂化工厂〈P1710〉;丹东龙泽化工有限责任公司〈P1700〉;[沪]上海华溢塑料助剂合作公司〈P1740〉;上海威呈化工有限公司〈P1769〉;上海元吉化工有限公司〈P1776〉;[苏]南京市化学工业总公司精细化工厂〈P1789〉;南京金陵化工厂有限责任公司(600吨)〈P1785〉;江苏丹阳市宁陵化工助剂有限公司〈P1841〉;常州可赛成功塑胶材料有限公司〈P1848〉;常州市武进康佳化工有限公司(500吨)〈P1854〉;溧阳市新明化工厂〈P1864〉;江苏联盟化学有限公司〈P1859〉;江苏省溧阳市一昌化工厂〈P1861〉;江苏溧阳市金阳化工厂〈P1859〉;宜兴市恒雷化工助剂有限公司〈P1885〉;江苏中鼎化学有限公司(650吨)〈P1895〉;南通新邦化工有限公司〈P1836〉;[浙]杭州萧山曙光化工厂〈P1924〉;湖州市菱湖新望化学有限公司〈P1946〉;兰溪市恒顺化工有限公司〈P1953〉;温州天盛塑料助剂有限公司〈P1938〉;[闽]福州冠通化工有限公司〈P1989〉;[鲁]济南弘易化工厂(1000吨)〈P2021〉;淄博市淄川区社会福利五金化工厂(500吨)〈P2072〉;淄川诚达化工厂(600吨)〈P2077〉;淄博市鲁川化工有限公司(150吨)〈P2070〉;山东省桓台县金龙化工有限公司(500吨)〈P2054〉;高密友强助剂有限公司〈P2089〉;山东金达双鹏集团有限公司〈P2095〉;昌乐康泰塑胶有限公司(300吨)〈P2088〉;青岛红星化工集团有限责任公司(550吨)〈P2036〉;青岛红星化工集团自力实业公司(800吨)〈P2037〉;青岛中塑经济发展有限公司〈P2047〉;[豫]河南久玖化工有限公司〈P2165〉;巩义市华美颜料化工有限公司〈P2163〉;河南省辉县市玉康油脂化工有限责任公司〈P2201〉;[鄂]武汉一枝花油脂化工有限公司〈P2235〉;[粤]广州市天金化工有限公司〈P2266〉;汕头市华联化工有限公司〈P2276〉;潮州市粤东化学工业公司〈P2295〉;广东省东莞市金康塑胶有限公司〈P2281〉;[渝]重庆市嘉世泰化工有限公司〈P2307〉;[川]成都天然气化工总厂〈P2316〉

【使用厂】[鲁]淄博三鹏化工有限责任公司〈P2066〉

硬脂酸锌(轻质) P03024201

Zinc stearate, light [557-05-1]

用作聚氯乙烯塑料制品的稳定剂、橡胶制品的软化剂

【生产厂】[津]天津市港昌化工有限公司(800吨)〈P1587〉;[沪]上海焦化总厂延安油脂化工厂嘉定分厂〈P1743〉;[浙]杭州众汇贸易(实业)有限公司〈P1926〉

硬脂酸镁;十八酸镁 P03024301

Magnesium stearate [557-04-0]

用作聚氯乙烯热稳定剂,ABS、氨基树脂、酚醛树脂和脲醛树脂的润滑剂,油漆添加剂

【生产厂】[津]天津市港昌化工有限公司(800吨)〈P1587〉;[冀]石家庄加力化学品有限公司〈P1627〉;[辽]营口兄弟硼镁化工有限公司〈P1705〉;[沪]上海元吉化工有限公司〈P1776〉;[苏]南京金陵化工厂有限责任公司〈P1785〉;江苏丹阳市宁陵化工助剂有限公司〈P1841〉;江苏溧阳市金阳化工厂〈P1859〉;江苏中鼎化学有限公司〈P1895〉;[浙]杭州萧山曙光化工厂〈P1924〉;兰溪市恒顺化工有限公司〈P1953〉;[鲁]淄川诚达化工厂(600吨)〈P2077〉;淄博市鲁川化工有限公司(100吨)〈P2070〉;高密友强助剂有限公司〈P2089〉;山东金达双鹏集团有限公司〈P2095〉;青岛红星化工集团有限责任公司(550吨)〈P2036〉;青岛红星化工集团自力实业公司(800吨)〈P2037〉;[豫]河南省辉县市玉康油脂化工有限责任公司〈P2201〉;[鄂]武汉市合中化工制造有限公司〈P2232〉;[粤]广州市天金化工有限公司〈P2266〉;汕头市华联化工有限公司〈P2276〉;[甘]兰化翔鑫工贸有限责任公司〈P2355〉

12-羟基硬脂酸镁 P03024451

Magnesium 12-hydroxystearate

主要用于润滑脱膜剂、聚氯乙烯稳定剂

【生产厂】[蒙]通辽市通华蓖麻化工有限责任公司〈P1682〉

硬脂酸镉;十八酸镉 P03024501

Cadmium stearate [2223-93-0]

用作聚氯乙烯等塑料的耐光透明稳定剂、高级橡胶制品和薄膜的光滑剂和透明软化剂

【生产厂】[津]天津市春义化工原料有限公司(500吨)〈P1582〉;[冀]石家庄加力化学品有限公司〈P1627〉;[辽]辽阳市彩练助剂化工厂〈P1710〉;丹东龙泽化工有限责任公司〈P1700〉;[苏]江苏联盟化学有限公司〈P1859〉;江苏省溧阳市一昌化工厂〈P1861〉;江苏溧阳市金阳化工厂〈P1859〉;[浙]杭州萧山曙光化工厂〈P1924〉;兰溪市恒顺化工有限公司〈P1953〉;温州天盛塑料助剂有限公司〈P1938〉;[闽]福州冠通化工有限公司〈P1989〉;[鲁]淄博市淄川区社会福利五金化工厂(500吨)〈P2072〉;淄博市鲁川化工有限公司〈P2070〉;山东省桓台县金龙化工有限公司(300吨)〈P2054〉;高密友强助剂有限公司〈P2089〉;山东金达双鹏集团有限公司〈P2095〉;[豫]巩义市华美颜料化工有限公司(300吨)〈P2163〉;河南省辉县市玉康油脂化工有限责任公司〈P2201〉;[粤]广州市天金化工有限公司〈P2266〉;汕头市华联化工有限公司〈P2276〉;潮州市粤东化学工业公司〈P2295〉;广东省东莞市金康塑胶有限公司〈P2281〉;[渝]重庆市嘉世泰化工有限公司〈P2307〉

硬脂酸镉(轻质) P03024551

Cadmium stearate, light [2223-93-0]

用作聚氯乙烯等塑料的耐热、耐光透明稳定剂,高级橡胶制品和薄膜的光滑剂,透明软化剂等

【生产厂】[津]天津市港昌化工有限公司(800吨)〈P1587〉

硬脂酸铁;十八酸铁 P03024601

Ferric octadecanoate; Ferric stearate [555-36-2]

主要用于光降解聚烯烃薄膜制品,如农用地膜、农用薄膜、包装袋、购物袋、建筑包装薄

膜、垃圾袋等
【生产厂】[鄂]武汉径河化工有限公司〈P2230〉

12-羟基硬脂酸锂 P03024751
Lithium 12-hydroxystearate
广泛应用于润滑剂、稳定剂、脱色剂、增稠剂
【生产厂】[蒙]通辽市通华蓖麻化工有限责任公司〈P1682〉

光稳定剂 2002；双(3,5-二叔丁基-4-羟基苄基磷酸单乙酯)镍 P03024801
Light stabilizer 2002
【生产厂】[苏]镇江市前进化工有限公司(100 吨)〈P1845〉

马来酸二辛基锡；马来酸酯辛基锡；马来酸二正辛基锡 P03024951
Dioctyltin maleate; Di-*n*-octyltin maleate [16091-18-2]
用作热稳定剂，特别适用于高档透明 PVC 无毒扭结膜及烟膜制品中
【生产厂】[京]北京正恒化工有限公司(300 吨)〈P1566〉

膏状钡锌发泡稳定剂 P03025001
Barium-Zinc foaming stabilizer, paste form
主要应用于人造革发泡制品
【生产厂】[苏]昆山市合峰化工有限公司〈P1896〉

聚氨酯泡孔控制剂 P03025051
Control agent of polyurethane abscess
【生产厂】[浙]浙江建德顺发化工助剂有限公司〈P1928〉

钡钙锌热稳定剂 P03025101
Barium-Calcium-Zinc heat stabilizer
主要用于 PVC 压延、挤出和模塑加工的电线电缆、透明薄膜和色膜、雨鞋、标牌、粒料等软质或半硬质制品
【生产厂】[苏]江苏省溧阳市一昌化工厂〈P1861〉

有机锡稳定剂；有机锡 P03025201
Stabilizer of organic tin; Organotin
主要用于 PVC 的压延、注射、吹塑、挤出等成型工艺中
【生产厂】[京]北京正恒化工有限公司〈P1566〉；[鲁]济南田园塑胶助剂有限公司(120 吨)〈P2026〉；邹平县玉光塑料助剂有限公司〈P2158〉；[粤]深圳市志海实业有限公司〈P2273〉

塑胶稳定剂 P03025301
Plastic cement stabiliser
【生产厂】[赣]江西省高峰化工矿业发展有限公司〈P2016〉；[粤]东莞荣盛颜料有限公司〈P2279〉

HA 稳定剂 P03025401
Stabilizer HA
适用于各种牌号的 PP 和 PE 树脂，作为稳定剂、爽滑剂和氯素吸收剂
【生产厂】[苏]南京金陵化工厂有限责任公司(800 吨)〈P1785〉；宜兴市芳桥镇江南化工厂〈P1884〉；[鄂]武汉一枝花油脂化工有限公司〈P2235〉

硫醇锑复合热稳定剂 P03025501
Stibium mercaptide complex heat stabilizer
用于卤烯烃树脂及无毒 PVC 制品的压延、吹塑、挤出、注射等多种成型工艺
【生产厂】[京]北京加成助剂研究所〈P1551〉；[沪]上海智强塑料助剂有限公司〈P1778〉；[鲁]星宇塑料助剂(邹平)有限公司(500 吨)〈P2157〉；邹平县鑫阳化工有限公司(400 吨)〈P2158〉

甲基硫醇锡热稳定剂；甲基硫醇锡；硫醇甲基锡 P03025531
Methyltin mercaptide; Tin methylmercaptan heat stabilizer
用作聚氯乙烯加工热稳定剂
【生产厂】[京]北京正恒化工有限公司〈P1566〉；[沪]上海智强塑料助剂有限公司〈P1778〉；[浙]湖州新奥特医药化工有限公司〈P1946〉；湖州城区天顺化工厂〈P1945〉；[鲁]星宇塑料助剂(邹平)有限公司(400 吨)〈P2157〉；青岛加华化工有限公司〈P2038〉；[鄂]湖北南星化工总厂(2000 吨)〈P2240〉

甲基锡热稳定剂 P03025571
Tin methyl heat stabilizer
特别适用于药品包装用透明硬质聚氯乙烯中
【生产厂】[辽]大连保税区科利德化工科技开发有限公司〈P1690〉；[浙]杭州盛翔化工有限公司〈P1922〉；湖州康润化工有限公司〈P1945〉；[鲁]邹平县鑫阳化工有限公司〈P2158〉；邹平县玉光塑料助剂有限公司(200 吨)〈P2158〉；[粤]深圳市华航环保材料有限公司〈P2271〉

油酸甲基锡 P03025601
Tin methyl oleate
主要用于生产工业级透明板材、彩色板、波纹板，特别适用于高档透明 PVC 制品加工
【生产厂】[浙]杭州东旭助剂有限公司〈P1916〉

PVC 无毒稳定剂 P03025701
Stabilizer for PVC, nontoxic
用于食品卫生级 PVC 塑料包装材料、饮料瓶、饮水管、输血管、血浆袋、医药包装物等制品的稳定剂
【生产厂】[鲁]山东港泰实业有限公司(1 万吨)〈P2135〉

PVC 电缆料润滑热稳定剂；PVC 软硬制品润滑热稳定剂 P03025751
Lubricating heat stabilizer for PVC cable granula
聚氯乙烯外用润滑热稳定剂，在 PVC 软、硬制品的压延、挤出、注塑、吹塑等加工工艺中均有良好的效果
【生产厂】[辽]沈阳市新远东化工有限公司〈P1689〉；[皖]合肥精汇化工研究所〈P1972〉

聚氯乙烯热稳定剂；PVC 热稳定剂 P03025900
Heat stabilizer for PVC
用作聚氯乙烯塑料制品稳定添加剂
【生产厂】[京]北京海中宝工贸有限公司〈P1548〉；[津]天津市汉沽高分子化工助剂厂〈P1588〉；[苏]江苏荣马实业有限公司(1000 吨)〈P1842〉；江苏丹阳市宁陵化工助剂有限公司〈P1841〉；江阴市光华化工有限公司(1000 吨)〈P1869〉；扬州坤源助剂有限公司〈P1818〉；[鲁]淄博临淄区浩源实业有限公司〈P2065〉；青岛银利塑业有限公司〈P2046〉；[湘]湖南郴州浩伦生化助剂有限公司〈P2257〉

聚氯乙烯热稳定剂β二酮；硬脂酰苯甲酰甲烷；稳定剂 T-386；1-17 烷基-3-苯基丙二酮　P03025901
Stearyl benzoyl methane [58446-52-9]
作为钙/锌羟酸盐稳定体系的共稳定剂，用于制造矿泉水瓶、油桶、透明片材和透明薄膜等
【生产厂】[京]北京驰宇塑料添加剂福利厂〈P1545〉；[苏]兴化明威化工有限公司〈P1828〉；德发（南通）生物化工有限公司〈P1829〉；中外合资德发（南通）生物化工有限公司〈P1839〉

聚氯乙烯液体复合热稳定剂　P03025904
PVC Complex heat stabilizer, liquid
用于生产聚氯乙烯无毒制品、热收缩膜、粒料、玻璃纸、硬质半硬质制品等
【生产厂】[皖]巢湖香枫塑胶助剂有限公司〈P1984〉；[鲁]邹平县玉光塑料助剂有限公司(500 吨)〈P2158〉

聚氯乙烯无尘复合热稳定剂　P03025905
PVC Dustless complex heat stabilizer [9002-86-2]
用于生产 U-PVC 门窗、异型材和管材等
【生产厂】[苏]江都市润扬化工有限公司(500 吨)〈P1814〉；扬州科宇化工有限公司(2000 吨)〈P1818〉

硫醇有机锡复合物　P03026091
Mercaptan and organic tin compound
广泛用于挤出的 PVC 硬制品，在 PVC 塑料门窗、墙板等异型材使用中有极佳效果，也可用于管材及螺旋管的加工
【生产厂】[京]北京正恒化工有限公司(300 吨)〈P1566〉；[浙]杭州东旭助剂有限公司〈P1916〉

氯化石蜡高效复合热稳定剂　P03026101
Chlorowax heat stabilizer, high efficiency complex
用于提高产品稳定性
【生产厂】[豫]河南省巩义市新奇化工厂(150 吨)〈P2167〉

复合稳定剂；PVC 复合稳定剂　P03026102
Complex stabilizer
广泛用于 PVC 异型材、塑料门、窗制品、硬质 PVC 管、型材、板材等
【生产厂】[沪]上海华溢塑料助剂合作公司〈P1740〉；[苏]溧阳市新明化工厂〈P1864〉；[浙]兰溪市恒顺化工有限公司〈P1953〉；[闽]福州冠通化工有限公司〈P1989〉；[鲁]淄博市淄川五龙化工材料厂(200 吨)〈P2072〉；龙口旭光塑胶制品有限公司(2000 吨)〈P2111〉；[豫]河南省新乡市顺达实业有限公司(800 吨)〈P2201〉；焦作大学精细化工厂(200 吨)〈P2195〉；[粤]深圳市志海实业有限公司〈P2273〉
【使用厂】[沪]上海国成塑料有限公司〈P1735〉

复合热稳定剂　P03026151
Complex heat stabilizer
用于 UPVC 管材、管件及用于 PVC 透明硬片的高效热稳定剂
【生产厂】[沪]上海智强塑料助剂有限公司〈P1778〉；[鲁]星宇塑料助剂(邹平)有限公司(600 吨)〈P2157〉；山东招远化工总厂(3000 吨)〈P2115〉

三氯化丁基锡；三氯一丁基锡；MBTC　P03026281
n-Butyltin trichloride; Monobutyltin trichloride; MBTC [1118-46-3]
用作生产玻璃制品的增强剂
【生产厂】[京]北京正恒化工有限公司(150 吨)〈P1566〉

硬脂酸钴　P03026301
Cobalt stearate
用于子午线轮胎、钢丝运输带及金属橡胶复合制品
【生产厂】[辽]朝阳市征和化工有限公司〈P1713〉；[苏]宜兴市卡欧化工有限公司〈P1885〉；[鲁]山东东佳集团公司〈P2052〉；潍坊万源化工有限公司〈P2106〉

催发泡稳定剂　P03026501
Sparkle stabilizer
主要用于聚氯乙烯泡沫、人造革、壁纸、地板革及其他泡沫制品，具有催发泡和热稳定双重效果
【生产厂】[沪]上海华溢塑料助剂合作公司〈P1740〉；[苏]昆山市合峰化工有限公司〈P1896〉；[浙]德清县莫干山化工助剂厂〈P1944〉

氧化甲基锡；MTO　P03026751
Tin methyl oxide
主要用于生产 PVC 热稳定剂，也可用于粉末涂料用聚酯树脂生产的催化剂
【生产厂】[浙]杭州东旭助剂有限公司〈P1916〉

稀土复合稳定剂　P03026901
Rare earth complex stabilizer
主要用于异型材、管材等
【生产厂】[京]北京加成助剂研究所〈P1551〉；[苏]江阴市华士华东塑料助剂厂〈P1869〉；[浙]温州天盛塑料助剂有限公司〈P1938〉；[鲁]淄博市鲁川化工有限公司〈P2070〉；山东金达双鹏集团有限公司〈P2095〉；青岛红星化工集团自力实业公司(300 吨)〈P2037〉；[豫]新乡市恒源塑化有限公司〈P2204〉；[粤]肇庆市森德利化工实业有限公司〈P2294〉

二苯甲酰甲烷；1,3-二苯基-1,3-丙二酮　P03027301
Dibenzoylmethane; 1,3-Diphenyl-1,3-propanedione [120-46-7]
作为钙/锌羟酸盐稳定体系的共稳定剂，用来制造 PVC 矿泉水瓶
【生产厂】[苏]兴化明威化工有限公司〈P1828〉；德发（南通）生物化工有限公司〈P1829〉；中外合资德发（南通）生物化工有限公司〈P1839〉

四丁基锡；TBT　P03027401
Tetrabutyltin; Tetra-*n*-butyltin; TBT [1461-25-2]
是制造有机物热稳定剂和有机锡催化剂（如二丁基氧化锡、二丁基二月桂酸锡等）的重要中间体，用作汽油防爆剂
【生产厂】[京]北京正恒化工有限公司〈P1566〉

四辛基锡；四正辛基锡　P03027451

P

Tetraoctyltin; Tetra-*n*-octyltin; TOT [3590-84-9]

主要用于生产 PVC 热稳定剂

【生产厂】[京]北京正恒化工有限公司〈P1566〉;[沪]上海智强塑料助剂有限公司〈P1778〉;[苏]江苏雅克化工有限公司〈P1866〉

巯基乙酸异辛酯一丁基锡　P03027501

Isooctyl thioglycolate butyl tin

主要用于生产 PVC 透明瓶、板材、片材,适合于选粒、吹塑、挤出、压延、注射等各种加工

【生产厂】[京]北京正恒化工有限公司〈P1566〉

巯基乙酸异辛酯二丁基锡　P03027551

Isooctyl thioglycolate dibutyl tin [25168-24-5]

主要用于生产 PVC 透明瓶、板材、片材,适合于选粒、吹塑、挤出、压延、注射等各种加工

【生产厂】[京]北京正恒化工有限公司〈P1566〉

巯基乙酸异辛酯二正辛基锡　P03027601

Isooctyl thioglycolate dioctyltin; Di-*n*-octyltin bis (isooctylmercaptoacetate) [26401-97-8]

主要用于接触食品、药品的 PVC 制品中,如板材、片材、薄膜等,可用于压延、吹塑、挤出、注射等工艺中

【生产厂】[京]北京正恒化工有限公司(200 吨)〈P1566〉

抗氧剂　P03030100

Antioxidant

塑料用助剂

【生产厂】[京]北京加成助剂研究所〈P1551〉;北京海中宝工贸有限公司〈P1548〉;北京依科赛尔化工助剂有限公司〈P1565〉;北京兴龙化工公司〈P1564〉;北京市华辉化工厂〈P1559〉;[津]天津市蓟县北方福利化工厂(4000 吨)〈P1591〉;[沪]上海涂料有限公司〈P1768〉;上海旭森非卤消烟阻燃剂有限公司〈P1773〉;[苏]镇江市前进化工有限公司〈P1845〉;[浙]浙江黄岩浙东橡胶助剂有限公司(150 吨)〈P1965〉;[鲁]济南田园塑胶助剂有限公司(100 吨)〈P2026〉;山东省临沂市三丰化工有限公司(800 吨)〈P2150〉;[粤]广州泰邦食品添加剂有限公司〈P2267〉;[桂]桂林市奥康化工技术有限公司〈P2299〉

【使用厂】[沪]上海新上化高分子材料有限公司〈P1772〉;上海浮岛化工有限公司〈P1733〉;[苏]江苏昌和化学有限公司〈P1841〉;宜兴市太湖尼龙厂〈P1886〉;[鲁]聊城佳恒化工有限公司〈P2152〉

对叔丁基苯酚;4-叔丁基苯酚　P03030101

4-*tert*-Butylphenol [98-54-4]

用作合成抗氧剂

【生产厂】[津]天津市静海县奇胜化工有限公司(400 吨)〈P1596〉;[吉]吉化集团吉林市锦江油化厂(1500 吨)〈P1715〉;吉林市锦龙工业公司〈P1716〉;[苏]徐州万和化学工业有限公司〈P1796〉;[鲁]淄博临淄区浩源实业有限公司(7000 吨)〈P2065〉

【使用厂】[冀]深州市天翔化工有限公司〈P1669〉;[辽]大连瑞泽农药股份有限公司〈P1693〉;[沪]上海南大化工厂〈P1754〉;[苏]江苏丰山集团有限公司〈P1807〉

抗氧剂 1010;抗氧剂 QU-10;四[β-(3,5-二叔丁基-4-羟基苯基)丙酸]季戊四醇酯　P03030301

Antioxidant 1010; Pentaerythritol tetra[β-(3,5-di-*tert*-butyl-4-hydroxy phenyl) propionate] [6683-19-8]

广泛应用于聚丙烯、聚乙烯、聚甲醛、ABS 树脂等的热加工中,能延长塑料制品的使用寿命

【生产厂】[京]北京加成助剂研究所〈P1551〉;北京海中宝工贸有限公司〈P1548〉;北京迪龙化工有限公司〈P1546〉;北京兴龙化工公司〈P1564〉;北京市华辉化工厂〈P1559〉;[津]天津力生化工有限公司(300 吨)〈P1576〉;天津市创新有机化工厂(800 吨)〈P1582〉;天津市晨光化工有限公司(1000 吨)〈P1581〉;[冀]唐山百孚化工有限公司〈P1635〉;[辽]辽阳鸿泰有机化工有限公司(100 吨)〈P1710〉;营口市风光化工有限公司〈P1705〉;大连化工研究设计院〈P1692〉;[吉]吉林九新实业集团化工有限公司〈P1715〉;[苏]南京苏景化工有限公司〈P1789〉;南京迈达化学实业有限公司〈P1787〉;南京扬子石化精细化工有限责任公司〈P1791〉;扬中岳扬精细化工有限公司〈P1843〉;徐州万和化学工业有限公司〈P1796〉;[皖]蚌埠市淮河橡胶助剂厂〈P1975〉;[鲁]淄博润达化工有限公司(800 吨)〈P2066〉;青岛市海大化工有限公司〈P2042〉;青岛丰华灏龙化工助剂有限公司〈P2034〉;山东省临沂市三丰化工有限公司(4000 吨)〈P2150〉;[豫]洛阳三安精细化工有限公司(500 吨)〈P2183〉;[鄂]襄樊金泽成精细化工有限公司〈P2238〉;[粤]广州市荟普新材料有限公司〈P2264〉

防老剂 1010-A;抗氧剂 1010-A　P03030351

Antioxidant 1010-A

用于橡塑制品,防止老化抗变色

【生产厂】[鲁]烟台新特耐化工有限公司(300 吨)〈P2120〉

抗氧剂 1076;β-(3,5-二叔丁基-4-羟基苯基)丙酸十八醇酯　P03030401

Antioxidant 1076 [2082-79-3]

用作酚类抗氧剂,用于聚烯烃、聚氯乙烯、ABS 树脂、橡胶、石油制品中

【生产厂】[京]北京加成助剂研究所〈P1551〉;北京海中宝工贸有限公司〈P1548〉;北京迪龙化工有限公司〈P1546〉;北京兴龙化工公司〈P1564〉;[津]天津力生化工有限公司(100 吨)〈P1576〉;天津市晨光化工有限公司(1000 吨)〈P1581〉;[冀]唐山百孚化工有限公司〈P1635〉;[辽]辽阳鸿泰有机化工有限公司(100 吨)〈P1710〉;营口市风光化工有限公司〈P1705〉;[吉]吉林九新实业集团化工有限公司〈P1715〉;[苏]南京苏景化工有限公司〈P1789〉;扬中岳扬精细化工有限公司〈P1843〉;徐州万和化学工业有限公司〈P1796〉;[鲁]青岛市海大化工有限公司〈P2042〉;青岛丰华灏龙化工助剂有限公司〈P2034〉;山东省临沂市三丰化工有限公司(500 吨)〈P2150〉;[豫]洛阳三安精细化工有限公司(300 吨)〈P2183〉;[粤]广州市荟普新材料有限公司〈P2264〉

【使用厂】[鲁]淄博三鹏化工有限责任公司〈P2066〉

抗氧剂 CA;1,1,3-三(2-甲基-4-羟基-5-特丁基苯基)丁烷　P03030501

Antioxidant CA; 1,1,3-Tri (2-methyl-4-hydroxy-5-*tert*-butylphenyl) butane

用于聚丙烯、ABS 树脂、聚乙烯、聚氯乙烯等制品中作抗氧剂

【生产厂】[津]天津力生化工有限公司(100 吨)〈P1576〉

抗氧剂 BBM;1,1-二(2-甲基-4-羟基-5-叔丁基苯基)丁烷　P03030511

Antioxidant BBM

主要用作各种聚烯烃及橡胶的抗氧剂

【生产厂】[津]天津力生化工有限公司(50 吨)〈P1576〉

抗氧剂 DLTP;硫代二丙酸双月桂酯;DLTP P03030601

Antioxidant DLTP; Dilauryl thiodipropionate; Didodecyl 3,3-thiodipropionate [123-28-4]

用作辅助抗氧剂,广泛用于聚丙烯、聚乙烯及 ABS 树脂中,也可用于橡胶加工润滑油脂中

【生产厂】[京]北京加成助剂研究所〈P1551〉;北京海中宝工贸有限公司〈P1548〉;北京益中伟业化工有限公司(600 吨)〈P1565〉;北京市华辉化工厂〈P1559〉;[津]天津力生化工有限公司(1500 吨)〈P1576〉;[冀]唐山百孚化工有限公司〈P1635〉;[苏]南京苏景化工有限公司〈P1789〉;[鲁]青岛市海大化工有限公司〈P2042〉

抗氧剂 DSTDP;硫代二丙酸双十八酯;抗氧剂 DSTP P03030701

Antioxidant DSTDP; Distearyl thiodipropionate [693-36-7]

用作聚丙烯、聚乙烯、合成橡胶及油脂等的辅助抗氧剂

【生产厂】[京]北京加成助剂研究所〈P1551〉;北京海中宝工贸有限公司〈P1548〉;北京益中伟业化工有限公司〈P1565〉;[津]天津力生化工有限公司(1500 吨)〈P1576〉;[冀]唐山百孚化工有限公司〈P1635〉;[辽]辽阳鸿泰有机化工有限公司(100 吨)〈P1710〉

抗氧剂 3114;三(3,5-二叔丁基-4-羟基苄基)异氰酸酯 P03030901

Antioxidant 3114 [27676-62-6]

可防止聚合物受热、氧化作用产生老化,还具有抗光性能

【生产厂】[苏]南京苏景化工有限公司〈P1789〉;镇江市前进化工有限公司(100 吨)〈P1845〉

抗氧剂 6225;抗氧剂 SK-6225 P03031001

Antioxidant 6225

是一种高效抗氧剂,可使树脂在高温和超高温条件下进行加工,于聚烯烃有卓越的加工稳定性和对制品做长效保护

【生产厂】[鲁]山东省临沂市三丰化工有限公司(300 吨)〈P2150〉

抗氧剂 245;甘醇双-3-(3-叔丁基-4-羟基-5-甲基苯基)丙酸酯 P03031101

Antioxidant 245; Triethylene glycol bis-3-(3-*tert*-butyl-4-hydroxy-5-methylplenyl) propionate [36443-68-2]

为非污染性受阻酚抗氧剂,适用于高冲击聚苯乙烯、ABS 树脂、AS 树脂、MBS 树脂、聚氯乙烯、聚酰胺等高聚物

【生产厂】[辽]营口市风光化工有限公司〈P1705〉;[鲁]烟台市裕盛化工有限公司〈P2119〉

抗氧剂 MD-1024 P03031201

Antioxidant MD-1024 [32687-78-8]

用作聚烯烃材料及电线、电缆、绝缘材料的高级铜抑制剂和抗氧化剂

【生产厂】[津]天津天大天海科技发展有限公司(500 吨)〈P1614〉;[辽]大连化工研究设计院〈P1692〉;[鲁]山东省临沂市三丰化工有限公司(100 吨)〈P2150〉

抗氧剂 1098 P03031221

Antioxidant 1098 [23128-74-7]

主要用于聚酰胺、聚烯烃、聚苯乙烯、ABS 树脂、缩醛类树脂、聚氨酯以及橡胶等聚合物

【生产厂】[苏]南京苏景化工有限公司〈P1789〉;[鲁]山东省临沂市三丰化工有限公司(100 吨)〈P2150〉

抗氧剂 168;亚磷酸三(2,4-二叔丁基苯基)酯;抗氧剂 TH-168 P03031301

Antioxidant 168; Tri(2,4-di-*tert*-butylphenyl) phosphite [31570-04-4]

广泛应用于聚丙烯、聚乙烯、ABS、聚碳酸纤维及聚酯树脂等各类塑料的合成与加工中

【生产厂】[京]北京恒天易德化工有限公司〈P1549〉;北京加成助剂研究所〈P1551〉;北京海中宝工贸有限公司〈P1548〉;北京市化学工业研究院(40 吨)〈P1560〉;北京迪龙化工有限公司〈P1546〉;北京兴龙化工公司〈P1564〉;北京市华辉化工厂〈P1559〉;[津]天津力生化工有限公司(300 吨)〈P1576〉;天津市晨光化工有限公司(400 吨)〈P1581〉;[冀]唐山百孚化工有限公司〈P1635〉;[辽]辽阳鸿泰有机化工有限公司〈P1710〉;营口市风光化工有限公司〈P1705〉;大连化工研究设计院〈P1692〉;[苏]南京扬子石化精细化工有限责任公司〈P1791〉;扬中岳扬精细化工有限公司〈P1843〉;靖江宏泰化工有限公司(650 吨)〈P1824〉;徐州万和化学工业有限公司〈P1796〉;[皖]蚌埠市淮河橡胶助剂厂(400 吨)〈P1975〉;[鲁]淄博润达化工有限公司(200 吨)〈P2066〉;青岛市海大化工有限公司〈P2042〉;青岛丰华灏龙化工助剂有限公司〈P2034〉;山东省临沂市三丰化工有限公司(2000 吨)〈P2150〉;[豫]洛阳三安精细化工有限公司(500 吨)〈P2183〉;[粤]广州市荟普新材料有限公司〈P2264〉

复合型抗氧剂 B215;抗氧剂 B215;B215 P03031401

Antioxidant B215, complex

可提供协同效应,使聚合物更能抵抗加工和使用中所引发的氧化降解,同时也得到长久保护作用

【生产厂】[京]北京加成助剂研究所〈P1551〉;北京市化学工业研究院〈P1560〉;北京迪龙化工有限公司〈P1546〉;北京市华辉化工厂〈P1559〉;[津]天津市晨光化工有限公司(400 吨)〈P1581〉;[冀]唐山百孚化工有限公司〈P1635〉;[苏]南京苏景化工有限公司〈P1789〉;[鲁]青岛丰华灏龙化工助剂有限公司〈P2034〉;山东省临沂市三丰化工有限公司(1000 吨)〈P2150〉;[豫]洛阳三安精细化工有限公司(200 吨)〈P2183〉

复合型抗氧剂 B225;抗氧剂 B225 P03031501

Antioxidant B225, complex

可提供协同效应,使聚合物更能抵抗加工和使用中所引发的氧化降解,同时也得到长久保护作用

【生产厂】[京]北京加成助剂研究所〈P1551〉;北京市化学工业研究院〈P1560〉;北京迪龙化工有限公司〈P1546〉;北京兴龙化工公司〈P1564〉;北京市华辉化工厂〈P1559〉;[津]天津市晨光化工有限公司(900 吨)〈P1581〉;[苏]南京苏景化工有限公司〈P1789〉;[鲁]青岛丰华灏龙化工助剂有

限公司〈P2034〉

抗氧剂 702;4,4′-亚甲基双(2,6-二叔丁基苯酚) P03031601

Antioxidant 702;4,4′-Methylene bis(2,6-di-*tert*-butylphenol)

适用于聚乙烯、聚丙烯、聚苯乙烯、ABS 树脂和聚酯的抗氧化

【生产厂】[京]北京海中宝工贸有限公司〈P1548〉;北京市华辉化工厂〈P1559〉;[沪]上海尔惠化学科技有限公司〈P1732〉;[苏]镇江市前进化工有限公司〈P1845〉;常州市武进轻工助剂有限公司〈P1855〉;[鲁]山东省临沂市三丰化工有限公司(100 吨)〈P2150〉

抗氧剂 B501W;B501W 复合抗氧剂;B501W P03031751

Antioxidant B501W

可提供协同效应,使聚合物更能抵抗加工和使用中所引发的氧化降解,同时也得到长久保护作用

【生产厂】[辽]辽阳新亚化工制造有限公司(120 吨)〈P1712〉

B936W **复合抗氧剂**;B936W 抗氧剂;B936W P03031791

Complex antioxidant B936W

用作塑料助剂

【生产厂】[辽]辽阳新亚化工制造有限公司〈P1712〉

抗氧剂 300;4,4′-硫代双(3-甲基-6-叔丁基苯酚) P03031901

Antioxidant 300; 4, 4′-Thiobis (3-methyl-6-*tert*-butylphenol) [96-69-5]

非污染性抗氧剂,主要用于聚乙烯包装薄膜及白色和浅色橡胶制品,亦可用于胶乳制品、ABS 树脂等

【生产厂】[冀]唐山百孚化工有限公司〈P1635〉;[苏]南京苏景化工有限公司〈P1789〉;[浙]浙江黄岩浙东橡胶助剂有限公司〈P1965〉;[鲁]淄博市新材料研究所(200 吨)〈P2071〉

复合抗氧剂 P03032011

Complex antioxidant

添加于聚烯烃、聚碳酸酯、ABS 树脂、合成橡胶等产品中,防其热氧化、热老化

【生产厂】[苏]徐州万和化学工业有限公司〈P1796〉;[粤]深圳市志海实业有限公司〈P2273〉

硫代二丙酸 P03032101

Thiodipropionic acid [111-17-1]

抗氧剂,并用于生产硫代酯类抗氧剂

【生产厂】[京]北京益中伟业化工有限公司〈P1565〉;[津]天津力生化工有限公司(1000 吨)〈P1576〉;[冀]唐山百孚化工有限公司〈P1635〉

二硬脂季戊四醇二亚磷酸酯;抗氧剂 618 P03032401

Distearic pentaerythritol diphosphite;Antioxidant 618

广泛用作聚烯烃、聚苯乙烯、ABS 树脂、聚碳酸酯、聚酯的加工稳定剂和抗热氧稳定剂

【生产厂】[吉]吉化集团精细化学品有限公司〈P1715〉

季戊四醇酯;305 酯 P03032451

Pentaerythritol ester

主要用于高级电缆料、润滑油等

【生产厂】[津]天津市晨光化工有限公司(500 吨)〈P1581〉;[桂]梧州荒川化学工业有限公司〈P2300〉

稳定剂 YH-1098;*N*,*N*′-六亚甲基双(3,5-二叔丁基-4-羟基苯丙酰胺) P03032501

Stabilizer YH-1098

用作聚酰胺添加剂

【生产厂】[津]天津天大天海科技发展有限公司(800 吨)〈P1614〉

抗氧剂 T502;2,6-二叔丁基混合酚 P03032701

Antioxidant T502

可作燃料油、润滑油抗氧剂添加剂及橡胶、塑料防老剂

【生产厂】[冀]廊坊丰得润化工有限公司〈P1660〉;[辽]灯塔金航石油化工有限公司〈P1708〉;[鲁]山东科威化工有限公司〈P2053〉;烟台通世化工有限公司(1000 吨)〈P2119〉

抗氧剂 MD-697;2,2-草酰胺基-双-[乙基-3-(3,5-二叔丁基-4-羟苯基)]丙酸酯 P03032801

Antioxidant MD-697 [70331-94-1]

用作聚烯烃、聚氨酯、ABS 树脂等材料制品及通讯电缆的优良稳定剂

【生产厂】[津]天津天大天海科技发展有限公司(500 吨)〈P1614〉;利安隆(天津)实业有限公司(1000 吨)〈P1569〉

抗氧剂 1135;*β*-(3,5-二叔丁基-4-羟基苯基)丙酸异辛醇酯 P03033001

Antioxidant 1135 [125643-61-0]

适用于各种聚合物,性能优异

【生产厂】[辽]营口市风光化工有限公司〈P1705〉

抗氧剂 1035 P03033101

Antioxidant 1035

【生产厂】[京]北京加成助剂研究所〈P1551〉;[冀]南宫市盛华化工有限责任公司(200 吨)〈P1642〉

抗氧剂 PKB-900 P03033201

Antioxidant PKB-900

可提供协同效应,使聚合物更能抵抗加工和使用中所引发的氧化降解

【生产厂】[京]北京加成助剂研究所〈P1551〉

抗氧剂 AT-626;双(2,4-二叔丁基苯基)季戊四醇二亚磷酸酯 P03033301

Antioxidant AT-626;Bis(2,4-di-*tert*-butylphenyl) pentaerythritol diphosphite

与酚类抗氧剂复配后广泛用于 PE、PP、PS、聚酰胺、聚碳酸酯、ABS 等高分子材料

【生产厂】[辽]营口市风光化工有限公司〈P1705〉

抗氧剂 B900 P03033551

Antioxidant B900

广泛应用于聚乙烯、聚丙烯、聚甲醛、ABS 树脂、PS 树脂、PVC、PC 等的抗氧

P

【生产厂】[京]北京迪龙化工有限公司〈P1546〉;北京兴龙化工公司〈P1564〉;[冀]唐山百孚化工有限公司〈P1635〉;[辽]营口市风光化工有限公司〈P1705〉;[苏]南京苏景化工有限公司〈P1789〉;[鲁]青岛丰华灏龙化工助剂有限公司〈P2034〉

抗氧剂 DTDTP;硫代二丙酸双十三酯 P03033601
Antioxidant DTDTP; Ditridecyl thiodipropionate
[10595-72-9]
适用于聚烯烃、ABS 树脂和 PVC 等产品中,与酚类抗氧剂并用有协同效应
【生产厂】[冀]唐山百孚化工有限公司〈P1635〉

抗氧剂 DMTDP;硫代二丙酸双十四酯;硫代二丙酸二肉豆蔻基酯 P03033701
Antioxidant DMTDP; Dimyristyl thiodipropionate
[16545-54-3]
广泛用于聚丙烯、聚乙烯、聚氯乙烯、ABS、AS、PS 等产品中
【生产厂】[冀]唐山百孚化工有限公司〈P1635〉

抗氧剂 JX-35;3-(3,5-二叔丁基-4-羟基苯基)丙酸甲酯;3,5 甲酯 P03034101
Antioxidant JX-35; Methyl 3-(3,5-di-*tert*-butyl-4-hydroxyphenyl) propionate
一种高效、无污染的抗氧剂,亦作为合成多种高效抗氧剂的母体,主要用于合成抗氧剂1010、1076、1098
【生产厂】[豫]洛阳三安精细化工有限公司(600 吨)〈P2183〉
【使用厂】[辽]辽阳鸿泰有机化工有限公司〈P1710〉

防老剂双酚 1 号 P03034201
Antioxidant bisphenol No. 1
用于橡塑制品,防止老化与变色
【生产厂】[鲁]烟台新特耐化工有限公司(300 吨)〈P2120〉

防老剂耐晒白 P03034301
Antioxidant light fast white
用于橡塑制品,能防止老化变色,抗紫外线
【生产厂】[鲁]烟台新特耐化工有限公司(300 吨)〈P2120〉

抗氧剂 1790;抗氧剂 CY P03034501
Antioxidant 1790 [40601-76-1]
适用于聚乙烯、聚丙烯、聚苯乙烯、ABS 树脂、聚酯、纤维素树脂等
【生产厂】[浙]浙江丽晶化学有限公司〈P1965〉;[鲁]烟台市裕盛化工有限公司〈P2119〉

光稳定剂 GW-540;三(1,2,2,6,6-五甲基哌啶醇)亚磷酸酯 P03040101
Photo-stabilizer GW-540; Tri(1,2,2,6,6-pentamethylpiperidol) phosphite
主要用于聚烯烃类树脂防光、热、氧老化,大量用于聚乙烯农用薄膜、聚乙烯和聚丙烯等塑料制品中
【生产厂】[京]北京加成助剂研究所〈P1551〉

光稳定剂 GW-544 P03040102
Photo-stabilizer GW-554
适用于聚乙烯地膜、棚膜,具有光氧化诱导期长、捕捉烃自由基快等优点
【生产厂】[京]北京加成助剂研究所〈P1551〉

光稳定剂 P03040104
Photo-stabilizer
用于保护塑料免受紫外线照射导致的光氧化降解
【生产厂】[京]北京加成助剂研究所〈P1551〉;北京海中宝工贸有限公司〈P1548〉;北京依科赛尔化工助剂有限公司〈P1565〉;[苏]南京苏景化工有限公司〈P1789〉;镇江市前进化工有限公司〈P1845〉;[鲁]烟台市裕盛化工有限公司〈P2119〉

光稳定剂 GW-480 P03040111
Photo-stabilizer GW-480
用于聚丙烯、高密度聚乙烯、不饱合树脂、聚氨酯、聚苯乙烯及 ABS 树脂等
【生产厂】[京]北京加成助剂研究所〈P1551〉

光稳定剂 GW-622 P03040121
Photo-stabilizer GW-622
用于聚乙烯、聚丙烯、聚苯乙烯、烯烃共聚物、聚酯、软质聚氯乙烯、聚氨酯、聚甲醛和聚酰胺等
【生产厂】[京]北京加成助剂研究所〈P1551〉

光稳定剂 944 P03040135
Photo-stabilizer 944 [71878-19-8]
适用在低密度聚乙烯薄膜、聚丙烯纤维、聚丙烯胶带、EVA 薄膜、ABS、聚苯乙烯及食品包装中
【生产厂】[京]北京兴龙化工公司〈P1564〉;[冀]廊坊市龙泉助剂有限公司(1000 吨)〈P1661〉;[鲁]烟台开发区星火化工有限公司〈P2117〉;[粤]广州市荟普新材料有限公司〈P2264〉

光稳定剂 HS-201;1-(2′-羟乙基)-2,2,6,6-四甲基-4-哌啶醇;HA-201 P03040141
Photo-stabilizer HS-201; 1-(2′-Hydroxyethyl)-2,2,6,6-tetramethyl-4-piperidinol [52722-86-8]
用作受阻胺光稳定剂,也是合成受阻胺型光稳定剂的主要中间体
【生产厂】[京]北京奥得赛化学有限公司〈P1543〉;北京天罡助剂有限责任公司〈P1562〉;[冀]廊坊市龙泉助剂有限公司(200 吨)〈P1661〉

光稳定剂 HS-508 P03040151
Photo-stabilizer HS-508
受阻胺光稳定剂,主要用于涂料、油墨、聚氨酯漆等
【生产厂】[京]北京天罡助剂有限责任公司〈P1562〉

光稳定剂 770;癸二酸双-2,2,6,6-四甲基哌啶醇酯;紫外线吸收剂 UV-770 P03040161
Photo-stabilizer HS-770; Bis(2,2,6,6-tetramethyl-4-piperidi-

nyl) sebacate [52829-07-9]

主要作为高效受阻胺类光稳定剂,适用于聚丙烯、聚乙烯、ABS 树脂和聚氨酯等

【生产厂】[京]北京恒天易德化工有限公司〈P1549〉;北京市化学工业研究院〈P1560〉;北京众达世纪化工有限公司〈P1567〉;北京市华辉化工厂〈P1559〉;[冀]南宫市盛华化工有限责任公司(500 吨)〈P1642〉;邯郸市富荣化工助剂有限责任公司〈P1638〉;廊坊市龙泉助剂有限公司(1000 吨)〈P1661〉;[沪]上海华钛化学有限公司〈P1739〉;上海尔惠化学科技有限公司〈P1732〉;上海法茵克化学科技有限公司〈P1732〉;[苏]南京迈达化学实业有限公司〈P1787〉;南通市振兴精细化工有限公司〈P1835〉;[浙]浙江迪耳药业有限公司〈P1954〉;[鲁]烟台开发区星火化工有限公司(1500 吨)〈P2117〉;威海金威化学工业有限公司(100 吨)〈P2124〉;威海市燕威橡塑公司(300 吨)〈P2126〉;[鄂]武汉华联工业助剂有限公司〈P2230〉;[粤]广州市荟普新材料有限公司〈P2264〉

光稳定剂 HA-18;2,2,6,6-四甲基-4-哌啶硬脂酸酯　P03040171

Photo-stabilizer HA-18; (2,2,6,6-Tetramethyl-4-piperidine) stearate [167078-06-0]

用于聚烯烃塑料、聚氨酯、ABS 树脂、涂料、黏合剂、橡胶等

【生产厂】[浙]浙江迪耳化工有限公司〈P1954〉;浙江迪耳药业有限公司〈P1954〉

光稳定剂 622;丁二酸与(4-羟基-2,2,6,6-四甲基-1-哌啶醇)的聚合物　P03040181

Photo-stabilizer 622 [70198-29-7]

适用于聚乙烯、聚丙烯、聚苯乙烯、烯烃共聚物、聚酯、软质聚氯乙烯、聚氨酯、聚甲醛和聚酰胺等

【生产厂】[京]北京兴龙化工公司〈P1564〉;[冀]邯郸市富荣化工助剂有限责任公司〈P1638〉;[鲁]烟台开发区星火化工有限公司(1 万吨)〈P2117〉;[鄂]武汉华联工业助剂有限公司〈P2230〉;[粤]广州市荟普新材料有限公司〈P2264〉

紫外线吸收剂三嗪-5;三嗪-5;2,4,6-三(2′-羟基-4′-正丁氧基苯基)-1,3,5-三嗪　P03040201

2,4,6-Tri(2′-hydroxy-4′-*n*-butoxyphenyl)-1,3,5-triazine [108-80-5]

用作塑料薄膜紫外线吸收剂

【生产厂】[晋]山西省交城县富丽化工有限公司(10 吨)〈P1677〉;[鄂]武汉华联工业助剂有限公司〈P2230〉

紫外线吸收剂 UV-9;2-羟基-4-甲氧基二苯甲酮;BP-3　P03040301

Ultraviolet absorbent UV-9; 2-Hydroxy-4-methoxybenzophenone [131-57-7]

用于塑料、化纤、油漆及石油制品中,特别适用于浅色透明制品

【生产厂】[京]北京兴龙化工公司〈P1564〉;北京众达世纪化工有限公司〈P1567〉;[冀]辛集市泰达石化有限公司〈P1634〉;[辽]辽阳鸿泰有机化工有限公司(100 吨)〈P1710〉;[沪]上海华钛化学有限公司〈P1739〉;上海三爱思试剂有限公司〈P1759〉;上海立诚化工有限公司〈P1750〉;[苏]江阴市飞云化工有限公司〈P1869〉;昆山化工医药原料有限公司〈P1895〉;德发(南通)生物化工有限公司〈P1829〉;[鄂]武汉市银冠化工有限公司黄陂精细化工厂〈P2233〉;襄樊一诺精细化工有限公司〈P2238〉;湖北科兴医药化工股份有限公司〈P2237〉;襄樊金译成精细化工有限公司〈P2238〉;襄樊明熙化工有限公司〈P2238〉;襄樊市裕昌精细化工有限公司〈P2238〉;南漳县襄九精细化工有限责任公司〈P2238〉;[湘]湖南省洪江市昌和化工有限责任公司〈P2257〉;[粤]广州鸿雨精细化工有限公司〈P2261〉;广州市荟普新材料有限公司〈P2264〉

紫外线吸收剂 UV-234;2-(2′-羟基-3′,5′-双(α,α-二甲基苄基)苯基)苯并三唑　P03040391

Ultraviolet absorbent UV-234 [70321-86-7]

为优良的光稳定剂,用于 PE、PP、聚酯和涂料

【生产厂】[辽]大连化工研究设计院〈P1692〉;[苏]吴江市东风化工有限公司〈P1910〉;[鲁]烟台市裕盛化工有限公司〈P2119〉;威海金威化学工业有限公司(200 吨)〈P2124〉;威海市燕威橡塑公司(300 吨)〈P2126〉

紫外线吸收剂 UV-327;2-(2′-羟基-3′,5′-二特丁基苯基)-5-氯苯并三唑　P03040401

Ultraviolet absorbent UV-327 [3864-99-1]

特别适用于聚乙烯和聚丙烯,还可用于聚甲醛、聚甲基丙烯酸甲酯、聚氨酯和多种涂料

【生产厂】[京]北京海中宝工贸有限公司〈P1548〉;[津]天津力生化工有限公司(50 吨)〈P1576〉;[冀]唐山百孚化工有限公司〈P1635〉;[沪]上海华钛化学有限公司〈P1739〉;上海天坛助剂有限公司〈P1767〉;[苏]滨海博大化工有限公司〈P1805〉;[鲁]烟台市裕盛化工有限公司〈P2119〉;威海金威化学工业有限公司(200 吨)〈P2124〉;威海市燕威橡塑公司(300 吨)〈P2126〉;青岛市海大化工有限公司〈P2042〉;[鄂]襄樊金译成精细化工有限公司〈P2238〉;[湘]湖南省洪江市昌和化工有限责任公司〈P2257〉

紫外线吸收剂 UV-329;2-(2′-羟基-5′-特辛基苯基)苯并三唑;紫外线吸收剂 UV-5411　P03040431

Ultraviolet absorbent UV-329 [3147-75-9]

适用于聚苯乙烯、聚甲基丙烯酸甲酯、聚酯、硬质聚氯乙烯、聚碳酸酯、ABS 树脂等

【生产厂】[沪]上海华钛化学有限公司〈P1739〉;[苏]吴江市东风化工有限公司〈P1910〉;滨海博大化工有限公司〈P1805〉;德发(南通)生物化工有限公司〈P1829〉;[鲁]山东瀛寰化工有限公司〈P2056〉;烟台市裕盛化工有限公司〈P2119〉;威海金威化学工业有限公司(200 吨)〈P2124〉;威海市燕威橡塑公司(200 吨)〈P2126〉

紫外线吸收剂 UV-328;2-(2′-羟基-3′,5′-二特戊基苯基)苯并三唑　P03040451

Ultraviolet absorbent UV-328 [25973-55-1]

适用于聚烯烃(特别是聚氯乙烯)、聚酯、苯乙烯类、聚酰胺、聚碳酸酯等聚合物

【生产厂】[辽]大连化工研究设计院〈P1692〉;[沪]上海华钛化学有限公司〈P1739〉;[苏]滨海博大化工有限公司〈P1805〉;[鲁]烟台市裕盛化工有限公司〈P2119〉;威海金威化学工业有限公司(200 吨)〈P2124〉;威海市燕威橡塑公司(200 吨)〈P2126〉

紫外线吸收剂 UV-531；2-羟基-4-正辛氧基二苯甲酮；BP-12 P03040501

Ultraviolet absorbent UV-531；2-Hydroxy-4-*n*-octoxybenzophenone［1843-05-6］

主要用作聚乙烯、聚丙烯、聚氯乙烯、聚氨酯橡胶等合成材料的光稳定剂

【生产厂】［京］北京加成助剂研究所〈P1551〉；北京杨村化工有限公司〈P1564〉；北京海中宝工贸有限公司〈P1548〉；北京赛璐珈科技有限公司〈P1557〉；北京兴龙化工公司〈P1564〉；北京众达世纪化工有限公司〈P1567〉；［津］天津力生化工有限公司(25吨)〈P1576〉；［冀］辛集市泰达石化有限公司〈P1634〉；唐山百孚化工有限公司〈P1635〉；［辽］辽阳鸿泰有机化工有限公司〈P1710〉；大连化工研究设计院〈P1692〉；［沪］上海华钛化学有限公司〈P1739〉；上海天坛助剂有限公司〈P1767〉；［苏］南京迈达化学实业有限公司〈P1787〉；南京市栖霞区宏燕化工厂〈P1789〉；昆山化工医药原料有限公司〈P1895〉；滨海博大化工有限公司〈P1805〉；德发(南通)生物化工有限公司〈P1829〉；［鲁］青岛市海大化工有限公司〈P2042〉；［鄂］武汉市银冠化工有限公司黄陂精细化工厂〈P2233〉；襄樊一诺精细化工有限公司〈P2238〉；湖北科兴医药化工股份有限公司〈P2237〉；襄樊金译成精细化工有限公司〈P2238〉；襄樊明熙化工有限公司〈P2238〉；襄樊市裕昌精细化工有限公司〈P2238〉；南漳县襄九精细化工有限责任公司〈P2238〉；［湘］湖南省洪江市昌和化工有限责任公司〈P2257〉；［粤］广州市荟普新材料有限公司〈P2264〉

紫外线吸收剂 UV-326；2-(2′-羟基-3′-特丁基-5′-甲基苯基)-5-氯苯并三唑 P03040511

Ultraviolet absorbent UV-326［3896-11-5］

主要用于聚氯乙烯、聚苯乙烯、不饱和树脂、聚碳酸酯、聚甲基丙烯酸甲酯、聚乙烯、ABS树脂、环氧树脂等

【生产厂】［京］北京加成助剂研究所〈P1551〉；北京海中宝工贸有限公司〈P1548〉；北京市华辉化工厂〈P1559〉；［津］天津力生化工有限公司(200吨)〈P1576〉；［冀］唐山百孚化工有限公司〈P1635〉；［沪］上海华钛化学有限公司〈P1739〉；上海天坛助剂有限公司〈P1767〉；［苏］滨海博大化工有限公司〈P1805〉；［鲁］淄博市新材料研究所(150吨)〈P2071〉；寿光市天成精细化工厂〈P2100〉；烟台市裕盛化工有限公司〈P2119〉；威海金威化学工业有限公司(200吨)〈P2124〉；威海市燕威橡塑公司(200吨)〈P2126〉；青岛市海大化工有限公司〈P2042〉；［鄂］襄樊金译成精细化工有限公司〈P2238〉；［粤］广州市荟普新材料有限公司〈P2264〉

紫外线吸收剂 UV-P；2-(2′-羟基-5′-甲基苯基)苯并三唑 P03040601

Ultraviolet absorbent UV-P；2-(2′-Hydroxy-5′-methylphenyl) benzotriazole［2440-22-4］

用作聚酯、聚苯乙烯、丙烯酸系树脂、聚氯乙烯等塑料、纤维及涂料的紫外线吸收剂

【生产厂】［京］北京兴龙化工公司〈P1564〉；［冀］唐山百孚化工有限公司〈P1635〉；［沪］上海华钛化学有限公司〈P1739〉；上海天坛助剂有限公司〈P1767〉；［苏］南京迈达化学实业有限公司〈P1787〉；扬中岳扬精细化工有限公司〈P1843〉；德发(南通)生物化工有限公司〈P1829〉；［鲁］青岛市海大化工有限公司〈P2042〉；［鄂］襄樊金译成精细化工有限公司〈P2238〉；［湘］湖南省洪江市昌和化工有限责任公司〈P2257〉；［粤］广州市荟普新材料有限公司〈P2264〉

紫外线吸收剂 UV-0；2，4-二羟基二苯甲酮；BP-1 P03040651

Ultraviolet absorbent UV-0［131-56-6］

适用于聚烯烃、聚氯乙烯和聚苯乙烯等

【生产厂】［冀］辛集市泰达石化有限公司〈P1634〉；［辽］辽阳鸿泰有机化工有限公司〈P1710〉；大连化工研究设计院〈P1692〉；［沪］上海华钛化学有限公司〈P1739〉；上海立诚化工有限公司〈P1750〉；［苏］德发(南通)生物化工有限公司〈P1829〉；［鄂］武汉市银冠化工有限公司黄陂精细化工厂〈P2233〉；襄樊一诺精细化工有限公司〈P2238〉；湖北科兴医药化工股份有限公司〈P2237〉；襄樊金译成精细化工有限公司〈P2238〉；襄樊明熙化工有限公司〈P2238〉；襄樊市裕昌精细化工有限公司〈P2238〉；南漳县襄九精细化工有限责任公司〈P2238〉；［湘］湖南省洪江市昌和化工有限责任公司〈P2257〉；［粤］广州鸿雨精细化工有限公司〈P2261〉；广州市荟普新材料有限公司〈P2264〉

紫外线吸收剂 UV-T；2-苯基苯并咪唑-5-磺酸 P03040691

Ultraviolet absorbent UV-T；2-Phenylbenzimidazole-5-sulfonic acid［27503-81-7］

用作紫外线吸收剂，主要用于化妆品中

【生产厂】［辽］大连化工研究设计院〈P1692〉；［沪］上海晨日化学有限公司〈P1730〉；［鄂］武汉怡兴化工有限公司〈P2235〉；武汉华联工业助剂有限公司〈P2230〉

紫外线吸收剂 UV-1 P03040751

Ultraviolet absorbent UV-1［57834-33-0］

是一种高效抗紫外添加剂，广泛使用于聚氨酯、胶黏剂、泡沫等材料中

【生产厂】［沪］上海华钛化学有限公司〈P1739〉；［鄂］武汉华联工业助剂有限公司〈P2230〉

紫外线吸收剂 UV-2 P03040771

Ultraviolet absorbent UV-2［65816-20-8］

广泛应用于PU、PP、ABS、PE以及高密度聚乙烯、低密度聚乙烯中

【生产厂】［沪］上海华钛化学有限公司〈P1739〉；［鄂］武汉华联工业助剂有限公司〈P2230〉

紫外线吸收剂 P03040801

Ultraviolet absorbent

主要用于塑料制品、橡胶制品的抗紫外线

【生产厂】［沪］上海华辐化学品有限公司〈P1738〉；上海威呈化工有限公司〈P1769〉；上海天坛助剂有限公司〈P1767〉；［苏］南京苏景化工有限公司〈P1789〉；江阴市尼美达助剂有限公司〈P1870〉；昆山市中星染料化工有限公司〈P1898〉；南通斯恩特精细化工有限公司〈P1835〉；南通海迪化工有限公司〈P1833〉；中外合资德发(南通)生物化工有限公司〈P1839〉；［鲁］济南田园塑胶助剂有限公司(200吨)〈P2026〉

2，2′-二羟基-4，4′-二甲氧基二苯甲酮；紫外线吸收剂 BP-6 P03040901

2，2′-Dihydroxy-4，4′-dimethoxybenzophenone［131-54-4］

用作紫外线吸收剂

【生产厂】［津］天津瑞发化工科技发展有限公司〈P1577〉；［苏］苏州市龙盛精细化工厂〈P1904〉；［鄂］武汉华联工业助剂有限公司〈P2230〉

P

2-羟基-4-甲氧基二苯甲酮-5-磺酸；BP-4；紫外线吸收剂 BP-4；紫外线吸收剂 UV-284 P03040911

2-Hydroxy-4-methoxybenzophenone-5-sulfonic acid; Ultraviolet absorbent UV-284 [4065-45-6]

主要用于水溶性化妆品中作抗晒防晒剂，也可用于其他水溶性油墨、涂料等中作紫外线吸收剂用

【生产厂】[沪]上海华钛化学有限公司〈P1739〉；上海立诚化工有限公司〈P1750〉；[苏]江阴市飞云化工有限公司〈P1869〉；[鄂]湖北科兴医药化工股份有限公司〈P2237〉；襄樊金译成精细化工有限公司〈P2238〉；襄樊明熙化工有限公司〈P2238〉；襄樊市裕昌精细化工有限公司〈P2238〉；南漳县襄九精细化工有限责任公司〈P2238〉；[粤]广州鸿雨精细化工有限公司〈P2261〉

2,2′-二羟基-4-甲氧基二苯甲酮；紫外线吸收剂 UV-24；BP-8 P03040931

2,2′-Dihydroxy-4-methoxybenzophenone; Dioxybenzone [131-53-3]

【生产厂】[津]天津瑞发化工科技发展有限公司〈P1577〉；[苏]苏州市龙盛精细化工厂〈P1904〉

环己基苯基甲酮；CPK P03040951

Cyclohexyl phenyl ketone [712-50-5]

用作皮革处理剂和合成光敏剂的中间体

【生产厂】[苏]金坛市三方医药原料厂〈P1862〉；金坛市花山化工厂〈P1861〉

环戊基邻氯苯基酮 P03040971

o-Chlorophenyl cyclopentyl ketone [6740-85-8]

【生产厂】[苏]盐城市稳诚化工有限公司〈P1812〉

2-氰基-3,3-二苯基丙烯酸乙酯；依托立林 P03041101

Ethyl 2-cyano-3,3-diphenylacrylate; Etocrilene [5232-99-5]

用于塑料、涂料、染料、汽车玻璃、化妆品、防晒剂中作紫外线吸收剂

【生产厂】[浙]杭州广林生物医药有限公司〈P1917〉

2,2′,3,4,4′-五羟基二苯甲酮 P03041401

2,2′,3,4,4′-Pentahydroxybenzophenone

【生产厂】[沪]上海立诚化工有限公司〈P1750〉

2,4,6,3′,4′-五羟基二苯甲酮；天然黄 11 P03041451

2,4,6,3′,4′-Pentahydroxybenzophenone [519-34-6]

【生产厂】[沪]上海立诚化工有限公司〈P1750〉

光稳定剂 292；癸二酸双(1,2,2,6,6-五甲基-4-哌啶基)酯 P03041501

Decanedioic acid bis(1,2,2,6,6-pentamethyl-4-piperidyl) ester [41556-26-7]

适用于聚乙烯、聚苯乙烯、聚丙烯、ABS 树脂、聚酯和聚氨酯等

【生产厂】[苏]南通市振兴精细化工有限公司〈P1835〉；[鄂]武汉华联工业助剂有限公司〈P2230〉

紫外线吸收剂 UV-1200；2-羟基-4-正十二烷氧基二苯甲酮 P03041601

Ultraviolet absorbent UV-1200; 4-Dodecyloxy-2-hydroxybenzophenone

【生产厂】[沪]上海立诚化工有限公司〈P1750〉

紫外线吸收剂 UV-320 P03041701

Ultraviolet absorbent UV-320

用于塑料和其他有机物中，如不饱和聚酯、PVC、PVC 增塑胶等

【生产厂】[苏]吴江市东风化工有限公司〈P1910〉；[鲁]威海金威化学工业有限公司(100 吨)〈P2124〉；威海市燕威橡塑公司(100 吨)〈P2126〉

紫外线吸收剂 UV-360；亚甲基双(6-苯并三氮唑-4-特辛基苯酚) P03041801

Ultraviolet absorbent UV-360

适用于 PP、PE，也可用于聚苯乙烯、ABS 树脂、PVC、尼龙、聚氨酯等

【生产厂】[辽]大连化工研究设计院〈P1692〉；[鲁]威海金威化学工业有限公司(100 吨)〈P2124〉；威海市燕威橡塑公司(100 吨)〈P2126〉

光稳定剂 UV-571；2-(2H-苯并三唑-2-基)-6-十二烷基-4-甲基苯酚 P03041901

Photo-stabilizer UV-571 [125304-04-3]

是液体的苯并三唑类紫外线吸收剂，能赋予各种聚合物以优良的光稳定性

【生产厂】[辽]大连化工研究设计院〈P1692〉；[鄂]武汉华联工业助剂有限公司〈P2230〉

光稳定剂 GW-508；癸二酸(1,2,2,6,6-五甲基哌啶醇)酯 P03042001

Bis(1,2,2,6,6-pentamethyl-4-piperidinyl) sebacate [41556-26-7]

是涂料和油墨光稳定剂，可用于丙烯酸和聚氨酯漆，可有效防止涂层曝晒下发生起泡和表层剥离

【生产厂】[苏]德发(南通)生物化工有限公司〈P1829〉；中外合资德发(南通)生物化工有限公司〈P1839〉

3,3′,4,4′-四甲酸二苯甲酮 P03042301

Benzophenone-3,3′,4,4′-tetracarboxylic acid [2479-49-4]

【生产厂】[沪]上海立诚化工有限公司〈P1750〉

2,3,4,3′,4′,5′-六羟基二苯甲酮；依昔苯酮 P03042501

2,3,4,3′,4′,5′-Hexahydroxybenzophenone [52479-85-3]

【生产厂】[沪]上海立诚化工有限公司〈P1750〉

钛酸酯偶联剂 TC-27 P03050101

Titanate coupler TC-27

是颜料的优良表面活性剂，具有显著的分散效果，优其对炭黑分散特点有效

【生产厂】[皖]天长市广源精细化工厂〈P1982〉；天长市宏盛精细化工厂〈P1983〉

P

钛酸酯偶联剂 TC-2 P03050201

Titanate coupler TC-2

【生产厂】[皖]天长市广源精细化工厂〈P1982〉;天长市宏盛精细化工厂〈P1983〉

有机钛偶联剂 TC-3 P03050301

Organic titanium coupling agent TC-3

用于油漆、塑料、燃料等加工

【生产厂】[皖]天长市宏盛精细化工厂〈P1983〉

硅烷偶联剂 ND-42;苯胺甲基三乙氧基硅烷 P03050601

Anilino-methyl triethoxy silicane

用作硅橡胶、环氧酚醛树脂等高分子材料的增黏剂、固化剂或表面处理剂

【生产厂】[苏]丹阳市有机硅材料实业公司〈P1841〉;丹阳市晨光偶联剂有限公司〈P1839〉;溧阳市云锋化工有限公司〈P1864〉;[浙]杭州沸点化工有限公司〈P1916〉;[鄂]武汉天目科技发展有限责任公司〈P2233〉

钛酸酯偶联剂 NDZ-101;异丙基二油酸酯氧基(二辛基磷酸酰氧基钛酸酯) P03050701

Titanate coupler NDZ-101

用于钙塑材料、浅色橡胶、涂料等

【生产厂】[苏]南京曙光化工集团有限公司(200吨)〈P1789〉;南京立派化工有限公司〈P1787〉;[浙]杭州沸点化工有限公司〈P1916〉

钛酸酯偶联剂 NDZ-201;异丙基三(二辛基焦磷酸酰氧基)钛酸酯 P03050801

Titanate coupler NDZ-201 [67691-13-8]

用于钙塑材料、浅色橡胶、涂料等

【生产厂】[苏]南京曙光化工集团有限公司(200吨)〈P1789〉;南京立派化工有限公司〈P1787〉

钛酸酯偶联剂 TC-1 P03050901

Titanate coupler TC-1

用于填充热塑性塑料、涂料、橡胶等

【生产厂】[皖]天长市广源精细化工厂〈P1982〉

钛酸酯偶联剂 TC-F P03050902

Titanate coupler TC-F

主要用于橡胶、塑料、涂料等起增强作用

【生产厂】[皖]天长市广源精细化工厂〈P1982〉;天长市宏盛精细化工厂〈P1983〉

异丙基三(焦磷酸二辛酯)钛酸酯;TC-114 P03050910

Isopropyl tri(dioctyl pyrophosphate) titanate

用于油墨颜料良好的分散剂及涂料填料的分散防沉剂

【生产厂】[苏]南京翔飞化学研究所〈P1790〉;常州市吉耐助剂有限公司〈P1851〉;[皖]天长市广源精细化工厂〈P1982〉;天长市宏盛精细化工厂〈P1983〉

钛酸酯偶联剂 TC-WT;双(焦磷酸二辛酯)羟乙酸钛 P03050951

Titanate coupler TC-WT

是高性能水溶性钛酸酯偶联剂,对磁粉分散特别有效,也是生产活性钙(轻钙)的最佳助剂

【生产厂】[苏]常州市吉耐助剂有限公司〈P1851〉;[皖]天长市广源精细化工厂〈P1982〉;天长市宏盛精细化工厂〈P1983〉

钛酸酯偶联剂 TC-201;二羧酰基乙二撑钛酸酯 P03050991

Titanate coupler TC-201

用于轻质、重质碳酸钙、陶土、硅灰石、滑石、黏土、金属氧化物等填料、颜料的分散

【生产厂】[苏]常州市吉耐助剂有限公司〈P1851〉;[皖]天长市广源精细化工厂〈P1982〉

偶联剂 P03051101

Coupler;Coupling agent

用于加钙塑、塑料、橡胶等

【生产厂】[津]天津市天海塑料助剂有限公司〈P1604〉;[苏]仪征市天扬化工厂〈P1820〉;如东县通园精细化工厂(30吨)〈P1837〉;[浙]浙江建德顺发化工助剂有限公司〈P1928〉

【使用厂】[沪]上海旭森非卤消烟阻燃剂有限公司〈P1773〉;上海碳酸钙厂〈P1767〉;[鲁]济宁高新区泰丰化轻技术装备研究所〈P2127〉;淄博鑫桥化工有限公司〈P2074〉;青州金水盈化工有限公司〈P2091〉;青州振利化工有限公司〈P2094〉

硅烷偶联剂 P03051102

Silane coupler

广泛用于轮胎、电缆绝缘层等橡胶制品

【生产厂】[京]中国蓝星(集团)总公司〈P1568〉;[沪]上海锦山化工有限公司〈P1745〉;[苏]南京曙光化工集团有限公司(8500吨)〈P1789〉;丹阳市有机硅材料实业公司(25吨)〈P1841〉;[浙]杭州包尔得有机硅有限公司〈P1915〉;浙江化工科技集团有限公司〈P1927〉;[鲁]济南田园塑胶助剂有限公司(400吨)〈P2026〉;东营市恒益化工有限责任公司(500吨)〈P2082〉;曲阜晨光化工有限公司(3000吨)〈P2129〉;曲阜市万达化工有限公司(20吨)〈P2130〉;[豫]郑州中原应用技术研究开发有限公司(100吨)〈P2176〉;[鄂]湖北枣阳四海化工有限公司(170吨)〈P2237〉;[川]成都今天化工有限公司〈P2311〉

铝酸酯偶联剂 P03051159

Aluminate coupling agent

用于塑料、橡胶中填料的活化改性

【生产厂】[苏]南京曙光化工集团有限公司〈P1789〉;扬州立达树脂有限公司〈P1818〉;[皖]安徽省天长市绿色化工助剂有限公司(100吨)〈P1982〉;[闽]福建师大高分子实验厂(500吨)〈P1988〉;[鲁]济南田园塑胶助剂有限公司(300吨)〈P2026〉;[渝]重庆市化工研究院(100吨)〈P2307〉;重庆市嘉世泰化工有限公司〈P2307〉;[川]四川省德阳市富昊塑料有限公司〈P2327〉

硅烷偶联剂 KH-402;双[γ-(三乙氧基硅基)丙基]胺 P03051191

Silane coupler KH-402

【生产厂】[京]北京市申达精细化工有限公司〈P1560〉

钛酸酯偶联剂 P03051201

Titanate coupler

用于聚烯烃、聚氯乙烯树脂、合成橡胶、涂料等高分子材料中

【生产厂】[苏]常州市亚邦亚宇助剂有限公司〈P1856〉；宜兴市苏南石油化工助剂有限公司〈P1886〉；扬州立达树脂有限公司〈P1818〉；[皖]安徽省天长市绿色化工助剂有限公司(400 吨)〈P1982〉；安徽泰昌化工有限公司(200 吨)〈P1982〉；天长市广源精细化工厂〈P1982〉；天长市宏盛精细化工厂〈P1983〉；[鲁]淄博市鲁川化工有限公司〈P2070〉；[鄂]武汉市华昌应用技术研究所〈P2232〉

钛酸酯偶联剂 CT-2；三(二辛基磷酰氧基)钛酸异丙酯 P03051231

Titanate coupler CT-2

用于干燥无机填料处理及用作油溶性涂料的分散防沉剂

【生产厂】[苏]常州市吉耐助剂有限公司〈P1851〉

钛酸酯偶联剂 CT-928；三硬脂酰基钛酸异丙酯 P03051271

Titanate coupler CT-928

在聚烯烃制品中用于干燥无机填料的处理

【生产厂】[苏]南京翔飞化学研究所〈P1790〉；常州市吉耐助剂有限公司〈P1851〉

钛酸酯偶联剂 NDZ-102；异丙氧基三(磷酸二辛酯)钛酸酯 P03051301

Titanate coupler NDZ-102

用于塑料制品、橡胶制品、黏合剂、玻璃钢制品、涂料、油墨、磁性材料、防水材料、复合阻燃剂等

【生产厂】[苏]南京曙光化工集团有限公司(100 吨)〈P1789〉；南京翔飞化学研究所〈P1790〉；[浙]杭州沸点化工有限公司〈P1916〉；[皖]天长市广源精细化工厂〈P1982〉

钛酸酯偶联剂 NDZ-311；二(二辛基焦磷酸酰氧基)乙撑钛酸酯 P03051401

Titanate coupler NDZ-311 [65467-75-6]

用于 PVC 塑溶胶与软 PVC 制品中

【生产厂】[苏]南京曙光化工集团有限公司(100 吨)〈P1789〉；南京立派化工有限公司〈P1787〉；南京翔飞化学研究所〈P1790〉；[浙]杭州沸点化工有限公司〈P1916〉

γ-巯丙基三乙氧基硅烷；硅烷偶联剂 KH-580 P03051501

γ-Mercaptopropyltriethoxysilane; 3-Mercaptopropyltriethoxysilane [14814-09-6]

常用于处理二氧化硅、炭黑等无机填料，在橡胶、硅橡胶等聚合物中起活性剂、偶联剂、交联剂、补强剂的作用

【生产厂】[京]北京市申达精细化工有限公司〈P1560〉；[苏]南京立派化工有限公司〈P1787〉；金坛市华东偶联剂厂(20 吨)〈P1862〉；[赣]南昌赣宇有机硅有限公司〈P2009〉；[鄂]湖北武大有机硅新材料股份有限公司(150 吨)〈P2228〉；武汉天目科技发展有限责任公司〈P2233〉；应城市德邦化工新材料有限公司〈P2243〉

硅烷偶联剂 KH-960；γ-脲丙基三乙氧基硅烷 P03051551

Silane coupler KH-960

【生产厂】[京]北京市申达精细化工有限公司〈P1560〉；[鄂]应城市德邦化工新材料有限公司〈P2243〉

硅烷偶联剂 KH-590；γ-巯丙基三甲氧基硅烷 P03051601

Silane coupler KH-590; γ-Mercaptopropyltrimethoxysilane; 3-Mercaptopropyltrimethoxysilane [4420-74-0]

用于橡胶、塑料、玻璃纤维、涂料、胶黏剂、密封剂等制品中

【生产厂】[京]北京市申达精细化工有限公司〈P1560〉；[苏]南京立派化工有限公司〈P1787〉；[浙]浙江化工科技集团有限公司精细化工厂〈P1927〉；[鄂]湖北武大有机硅新材料股份有限公司(50 吨)〈P2228〉；武汉市华昌应用技术研究所〈P2232〉；武汉天目科技发展有限责任公司〈P2233〉；应城市德邦化工新材料有限公司〈P2243〉

硅烷偶联剂 KH-560；γ-缩水甘油醚氧基丙基三甲氧基硅烷；γ-(2,3-环氧丙氧基)丙基三甲氧基硅烷 P03051801

Silane coupler KH-560; γ-Glycidoxypropyltrimethoxysilane; 3-Glycidoxypropyltrimethoxysilane [2530-83-8]

能使两种材料偶联，提高制品机械强度，改善复合材料电性能、耐候和耐蚀性，适用于玻璃钢/黏合剂等

【生产厂】[京]北京市申达精细化工有限公司〈P1560〉；[苏]南京苏景化工有限公司〈P1789〉；南京立派化工有限公司〈P1787〉；南京翔飞化学研究所〈P1790〉；丹阳市有机硅材料实业公司〈P1841〉；丹阳市晨光偶联剂有限公司〈P1839〉；金坛市华东偶联剂厂(500 吨)〈P1862〉；张家港市国泰华荣化工新材料有限公司〈P1912〉；南京和福化工厂(150 吨)〈P1784〉；[浙]杭州沸点化工有限公司〈P1916〉；杭州顺祥工贸有限公司〈P1922〉；浙江化工科技集团有限公司精细化工厂〈P1927〉；[皖]安徽省天长市绿色化工助剂有限公司〈P1982〉；[鲁]淄博市临淄齐泉工贸有限公司〈P2069〉；青岛市海大化工有限公司〈P2042〉；曲阜昕地化工研究所有限公司(350 吨)〈P2130〉；曲阜市万达化工有限公司(50 吨)〈P2130〉；[鄂]湖北武大有机硅新材料股份有限公司(600 吨)〈P2228〉；武汉市华昌应用技术研究所〈P2232〉；武汉天目科技发展有限责任公司〈P2233〉；应城市德邦化工新材料有限公司〈P2243〉；湖北蓝天化工有限公司〈P2245〉；荆州江汉精细化工有限公司〈P2240〉；[粤]南海市利达有机硅有限公司〈P2291〉

硅烷偶联剂 KH-570；γ-(甲基丙烯酰氧基)丙基三甲氧基硅烷；硅烷偶联剂 G-570 P03051901

Silane coupler KH-570; γ-Methacryloxypropyltrimethoxysilane; 3-Methacryloxypropyltrimethoxysilane [2530-85-0]

使两种材料偶联，提高制品机械强度，复合材料电性能、耐候和耐蚀性，适用于不饱和聚酯、丙烯酸酯黏合剂

【生产厂】[京]北京市申达精细化工有限公司〈P1560〉；[津]天津市圣滨化工有限公司(4000 吨)〈P1601〉；[苏]南京苏景化工有限公司〈P1789〉；南京立派化工有限公司〈P1787〉；南京翔飞化学研究所〈P1790〉；丹阳市有机硅材料实业公司〈P1841〉；丹阳市晨光偶联剂有限公司〈P1839〉；金坛市华东偶联剂厂(50 吨)〈P1862〉；南京和福化工厂(200 吨)〈P1784〉；[浙]杭州沸点化工有限公司〈P1916〉；[皖]安徽省天长市绿色化工助剂有限公司〈P1982〉；天长市广源精细化工厂〈P1982〉；[鲁]淄博市临

淄齐泉工贸有限公司〈P2069〉；青岛市海大化工有限公司〈P2042〉；曲阜昕地化工研究所有限公司（350 吨）〈P2130〉；曲阜市万达化工有限公司（20 吨）〈P2130〉；［鄂］武汉市化学工业研究所有限责任公司〈P2232〉；湖北武大有机硅新材料股份有限公司（150 吨）〈P2228〉；武汉市华昌应用技术研究所〈P2232〉；武汉天目科技发展有限责任公司〈P2233〉；应城市德邦化工新材料有限公司〈P2243〉；荆州江汉精细化工有限公司〈P2240〉

硅烷偶联剂 KH-792；*N*-（β-氨乙基）-γ-氨丙基三甲氧基硅烷 P03051902

Silane coupler KH-792；*N*-（β-Aminoethyl）-γ-aminopropyltrimethoxysilane［1760-24-3］

偶联剂，用于橡胶、塑料、玻璃纤维、涂料、胶黏剂、密封剂等行业

【生产厂】［京］北京市申达精细化工有限公司〈P1560〉；［苏］南京立派化工有限公司〈P1787〉；南京翔飞化学研究所〈P1790〉；丹阳市晨光偶联剂有限公司〈P1839〉；金坛市华东偶联剂厂（50 吨）〈P1862〉；南京和福化工厂〈P1784〉；［浙］杭州中香化学有限公司〈P1925〉；杭州沸点化工有限公司〈P1916〉；浙江化工科技集团有限公司精细化工厂〈P1927〉；［鲁］淄博市临淄齐泉工贸有限公司〈P2069〉；曲阜昕地化工研究所有限公司（150 吨）〈P2130〉；［鄂］湖北武大有机硅新材料股份有限公司（200 吨）〈P2228〉；武汉市华昌应用技术研究所〈P2232〉；武汉天目科技发展有限责任公司〈P2233〉；应城市德邦化工新材料有限公司〈P2243〉；荆州江汉精细化工有限公司〈P2240〉

硅烷偶联剂 KH-602；*N*-（β-氨乙基）-γ-氨丙基甲基二甲氧基硅烷；硅烷偶联剂 WD-53 P03051921

Silane coupler KH-602；*N*-（β-Aminoethyl）-γ-aminopropylmethylbimethoxy silane［3069-29-2］

用于织物整理剂，可改变有机材料与无机材料表面和粘接性能

【生产厂】［京］北京市申达精细化工有限公司〈P1560〉；［吉］磐石市大田化工助剂研究所〈P1717〉；［苏］南京立派化工有限公司〈P1787〉；南京翔飞化学研究所〈P1790〉；丹阳市有机硅材料实业公司〈P1841〉；丹阳市晨光偶联剂有限公司〈P1839〉；金坛市华东偶联剂厂（50 吨）〈P1862〉；南京和福化工厂〈P1784〉；［浙］杭州沸点化工有限公司〈P1916〉；浙江化工科技集团有限公司精细化工厂（200 吨）〈P1927〉；浙江宇仁新材料有限公司〈P1970〉；［赣］江西星火化工厂〈P2012〉；［鲁］淄博市临淄齐泉工贸有限公司〈P2069〉；曲阜昕地化工研究所有限公司（350 吨）〈P2130〉；［鄂］武汉市化学工业研究所有限责任公司〈P2232〉；湖北武大有机硅新材料股份有限公司（300 吨）〈P2228〉；武汉市华昌应用技术研究所〈P2232〉；武汉天目科技发展有限责任公司〈P2233〉；应城市德邦化工新材料有限公司〈P2243〉；荆州江汉精细化工有限公司〈P2240〉

硅烷偶联剂 WD-10；十二烷基三甲氧基硅烷 P03051951

Silane coupler WD-10；*n*-Dodecyltrimethoxysilane

可用作工程塑料改性、建筑物防水防蚀、橡胶塑料脱模、玻璃防雾等

【生产厂】［鄂］湖北武大有机硅新材料股份有限公司（12 吨）〈P2228〉；武汉天目科技发展有限责任公司〈P2233〉

硅烷偶联剂 KH-550；γ-氨丙基三乙氧基硅烷 P03052001

Silane coupler KH-550；γ-Aminopropyltriethoxysilane；3-Aminopropyltriethoxysilane［919-30-2］

适用的聚合物有环氧、酚醛、三聚氰胺、尼龙、聚氯乙烯、聚丙烯酸、聚氨酯、多硫橡胶、丁腈橡胶等

【生产厂】［京］北京市申达精细化工有限公司（70 吨）〈P1560〉；［吉］磐石市大田化工助剂研究所〈P1717〉；［苏］南京曙光化工集团有限公司〈P1789〉；南京苏景化工有限公司〈P1789〉；南京立派化工有限公司〈P1787〉；南京翔飞化学研究所〈P1790〉；丹阳市有机硅材料实业公司〈P1841〉；丹阳市晨光偶联剂有限公司〈P1839〉；金坛市华东偶联剂厂（300 吨）〈P1862〉；扬州立达树脂有限公司〈P1818〉；南京和福化工厂（150 吨）〈P1784〉；［浙］杭州沸点化工有限公司〈P1916〉；杭州顺祥工贸有限公司〈P1922〉；［皖］安徽省天长市绿色化工助剂有限公司〈P1982〉；天长市广源精细化工厂〈P1982〉；［鄂］武汉市化学工业研究所有限责任公司〈P2232〉；湖北武大有机硅新材料股份有限公司（500 吨）〈P2228〉；武汉市华昌应用技术研究所〈P2232〉；武汉天目科技发展有限责任公司〈P2233〉；应城市德邦化工新材料有限公司〈P2243〉；湖北蓝天化工有限公司〈P2245〉；荆州江汉精细化工有限公司〈P2240〉；［粤］南海市利达有机硅有限公司〈P2291〉

硅烷偶联剂 KH-702；*N*-环己基-γ-氨丙基三甲氧基硅烷 P03052051

Silane coupler KH-702

【生产厂】［京］北京市申达精细化工有限公司〈P1560〉；［浙］杭州沸点化工有限公司〈P1916〉

硅烷偶联剂 KH-99；*N*-烷基-γ-氨丙基三乙氧基硅烷 P03052451

Silane coupler KH-99

【生产厂】［京］北京市申达精细化工有限公司〈P1560〉

硅烷偶联剂 KH-791；*N*-（β-氨乙基）-γ-氨丙基三乙氧基硅烷 P03052551

Silane coupler KH-791；（*N*-（2-Aminoethyl）-3-aminopropyl）tris-（2-ethoxy）silane［5089-72-5］

适用于热固型树脂如环氧、酚醛、三聚氰胺和热熔型树脂如聚苯乙烯、聚酰胺等的偶联

【生产厂】［京］北京市申达精细化工有限公司〈P1560〉；［苏］南京和福化工厂〈P1784〉；［鄂］武汉市化学工业研究所有限责任公司〈P2232〉；武汉市华昌应用技术研究所〈P2232〉；武汉天目科技发展有限责任公司〈P2233〉；荆州江汉精细化工有限公司〈P2240〉

***N*-（β-氨乙基）-氨甲基三乙氧基硅烷** P03052561

（*N*-（2-Aminoethyl）-3-aminomethyl）tris-（2-ethoxy）silane

【生产厂】［鄂］武汉天目科技发展有限责任公司〈P2233〉

钛酸酯偶联剂 NDZ-401；四异丙基二（二辛基亚磷酸酰氧基）钛酸酯 P03052601

Titanate coupler NDZ-401［65460-52-8］

广泛用于塑料制品、电缆、橡胶制品、黏合剂、涂料、油墨、磁性材料、玻璃钢制品等

【生产厂】［苏］南京曙光化工集团有限公司（300 吨）〈P1789〉；南京立派化工有限公司〈P1787〉；南京翔飞化学

P

研究所〈P1790〉;[浙]杭州沸点化工有限公司〈P1916〉

钛酸酯偶联剂 NDZ-105;异丙基三油酰氧基钛酸酯 P03052701

Titanate coupler NDZ-105 [61417-49-0]

用于塑料及橡胶制品、黏合剂、玻璃钢制品、涂料、油墨、磁性材料、防水材料、复合阻燃剂等

【生产厂】[苏]南京曙光化工集团有限公司(200 吨)〈P1789〉;南京立派化工有限公司〈P1787〉;常州市吉耐助剂有限公司〈P1851〉;[浙]杭州沸点化工有限公司〈P1916〉

硅烷偶联剂 SG-Si996;双(三乙氧基硅基丙基)二硫化物 P03052901

Silane coupler SG-Si996

适用于以白炭黑或硅酸盐等为补强剂的硫化橡胶体系

【生产厂】[苏]南京曙光化工集团有限公司〈P1789〉;南京和福化工厂〈P1784〉;[赣]南昌赣宇有机硅有限公司〈P2009〉;[鲁]日照岚星化工工业有限公司(5000 吨)〈P2139〉;[鄂]荆州江汉精细化工有限公司〈P2240〉

硅烷偶联剂 SG-Si900 P03052951

Silane coupler SG-Si900

主要用于丙烯酸、纤维素、三聚氰胺、硝基纤维素、聚醚、聚氨酯、聚乙烯基丁醛、有机硅等树脂中

【生产厂】[苏]南京曙光化工集团有限公司〈P1789〉

γ-氨丙基甲基二乙氧基硅烷;硅烷偶联剂 SG-Si902 P03053111

γ-Aminopropylmethyldiethoxysilane; 3-Aminopropylmethyldiethoxysilane [3179-76-8]

用于橡胶、塑料、玻璃纤维、涂料、胶黏剂、密封剂等行业

【生产厂】[苏]南京曙光化工集团有限公司〈P1789〉;南京立派化工有限公司〈P1787〉;[鄂]湖北武大有机硅新材料股份有限公司(80 吨)〈P2228〉;应城市德邦化工新材料有限公司〈P2243〉;荆州江汉精细化工有限公司〈P2240〉

γ-甲基丙烯酰氧基丙基甲基二甲氧基硅烷;SG-Si570 P03053121

γ-Methacryloxypropyl methyl dimethoxy Silane [3978-58-3]

用于玻璃钢、胶黏剂、涂料等

【生产厂】[津]天津市圣滨化工有限公司〈P1601〉

三丁基酮肟型交联剂 P03053300

Tributyl ketoxime crosslinking agent

【生产厂】[粤]南海市利达有机硅有限公司〈P2291〉

甲基三丁酮肟基硅烷;ND-25 P03053301

Methyltri (butanoneoximido) silane; Methyltris (methylethylketoxime) silane [22984-54-9]

用于室温硫化硅橡胶的硫化剂、交联剂,也应用于塑料、尼龙、陶瓷、玻璃等与硅橡胶黏接的促进剂

【生产厂】[辽]锦化化工(集团)有限责任公司〈P1703〉;[吉]磐石市大田化工助剂研究所〈P1717〉;[沪]上海荣建化学品有限公司〈P1758〉;[苏]丹阳市有机硅材料实业公司〈P1841〉;泰兴市涂料助剂化工厂〈P1826〉;[浙]浙江化工科技集团有限公司精细化工厂〈P1927〉;[鄂]湖北武大有机硅新材料股份有限公司(200 吨)〈P2228〉;武汉天目科技发展有限责任公司〈P2233〉;湖北蓝天化工有限公司〈P2245〉;[粤]佛山市高明高进科技应用材料厂〈P2287〉

甲基三丙酮肟基硅烷 P03053311

Methyl tripropanone oxime silane

【生产厂】[苏]泰兴市涂料助剂化工厂〈P1826〉

四丁酮肟基硅烷 P03053331

Tetra (butanone oximido) silane

用于室温硫化硅橡胶,作交联剂(硫化剂)用

【生产厂】[苏]泰兴市涂料助剂化工厂〈P1826〉

乙烯基三丁酮肟基硅烷 P03053351

Vinyl tri (butanone oximido) silane

主要作为室温硫化硅橡胶的固化剂(交联剂)

【生产厂】[吉]磐石市大田化工助剂研究所〈P1717〉;[沪]上海荣建化学品有限公司〈P1758〉;[苏]泰兴市涂料助剂化工厂〈P1826〉;[浙]浙江化工科技集团有限公司精细化工厂〈P1927〉;[鄂]武汉天目科技发展有限责任公司〈P2233〉;湖北蓝天化工有限公司〈P2245〉;[粤]佛山市高明高进科技应用材料厂〈P2287〉

苯基三丁酮肟基硅烷 P03053391

Phenyltris (butanone oximido) silane

【生产厂】[苏]泰兴市涂料助剂化工厂〈P1826〉

乙烯基三乙氧基硅烷;硅烷偶联剂 KH-151;硅烷偶联剂 A-151 P03053401

Vinyltriethoxysilane [78-08-0]

广泛用于硅烷交联聚乙烯电缆和管材

【生产厂】[吉]磐石市大田化工助剂研究所〈P1717〉;[黑]哈尔滨化工研究所(50 吨)〈P1720〉;[苏]南京苏景化工有限公司〈P1789〉;南京立派化工有限公司〈P1787〉;南京翔飞化学研究所〈P1790〉;丹阳市晨光偶联剂有限公司〈P1839〉;金坛市华东偶联剂厂(50 吨)〈P1862〉;南京和福化工厂〈P1784〉;[浙]杭州沸点化工有限公司〈P1916〉;[鲁]淄博市临淄齐泉工贸有限公司〈P2069〉;青岛市海大化工有限公司〈P2042〉;曲阜晨地化工研究所有限公司(200 吨)〈P2130〉;曲阜市万达化工有限公司(150 吨)〈P2130〉;[鄂]湖北武大有机硅新材料股份有限公司(200 吨)〈P2228〉;武汉市华昌应用技术研究所〈P2232〉;武汉天目科技发展有限责任公司〈P2233〉;应城市德邦化工新材料有限公司〈P2243〉;荆州江汉精细化工有限公司〈P2240〉

乙烯基三(2-甲氧基乙氧基)硅烷;硅烷偶联剂 ZQ-172 P03053451

Vinyl-tri-(2-methoxyethoxy)-silicane [1067-53-4]

用作高分子材料改性剂、三元乙丙胶改性剂、硅烷交联电缆料的交联剂

【生产厂】[黑]哈尔滨化工研究所〈P1720〉;[苏]南京立派化工有限公司〈P1787〉;南京翔飞化学研究所〈P1790〉;南京和福化工厂〈P1784〉;[皖]合肥安邦化工有限公司〈P1972〉;[鲁]淄博市临淄齐泉工贸有限公司〈P2069〉;青岛市海大化工有限公司〈P2042〉;曲阜晨地化工研究所有限公司(450 吨)〈P2130〉

P

钛酸酯偶联剂 NDZ-109；异丙基三(十二烷基苯磺酰基)钛酸酯 P03053501
Titanate coupler NDZ-109
用于涂料的分散、防沉，对炭黑、酞菁分散特别有效
【生产厂】［苏］南京曙光化工集团有限公司（100 吨）〈P1789〉；南京翔飞化学研究所〈P1790〉；常州市吉耐助剂有限公司〈P1851〉；［浙］杭州沸点化工有限公司〈P1916〉

乙烯基三甲氧基硅烷；硅烷偶联剂 KH-171 P03053601
Vinyl trimethoxy silane [2768-02-7]
用作交联聚乙烯的交联剂
【生产厂】［黑］哈尔滨化工研究所（50 吨）〈P1720〉；［苏］南京立派化工有限公司〈P1787〉；南京翔飞化学研究所〈P1790〉；丹阳市有机硅材料实业公司〈P1841〉；丹阳市晨光偶联剂有限公司〈P1839〉；南京和福化工厂〈P1784〉；［浙］杭州沸点化工有限公司〈P1916〉；［鲁］淄博市临淄齐泉工贸有限公司〈P2069〉；青岛市海大化工有限公司〈P2042〉；曲阜市万达化工有限公司（150 吨）〈P2130〉；［鄂］湖北武大有机硅新材料股份有限公司（30 吨）〈P2228〉；武汉天目科技发展有限责任公司〈P2233〉；应城市德邦化工新材料有限公司〈P2243〉；荆州江汉精细化工有限公司〈P2240〉

巯丙基甲基二甲氧基硅烷；SG-Si590；硅烷偶联剂 802；硅烷偶联剂 KH-970 P03053701
γ-Mercaptopropyl methyl dimethoxy silane [31001-77-1]
用于胶黏剂、胶辊、硅油等
【生产厂】［京］北京市申达精细化工有限公司〈P1560〉

环己基二甲氧基甲基硅烷；CMMS P03053711
Cyclohexyl dimethoxy methyl silane [17865-32-6]
用作丙烯聚合过程中催化剂的高效、无毒助剂
【生产厂】［津］天津京凯精细化工有限公司〈P1575〉；［苏］南京通联化工有限公司〈P1790〉；［鲁］山东临邑鲁晶化工有限公司（50 吨）〈P2144〉；［鄂］湖北省化学工业研究设计院（20 吨）〈P2228〉

γ-氯丙基甲基二甲氧基硅烷；DL-102 硅烷偶联剂；硅烷偶联剂 KH-240 P03053721
γ-Chloropropylmethyldimethoxysilane [18171-19-2]
是一种用途非常广泛的中间体，可用于制备多种偶联剂，还可用于制备特种硅油等
【生产厂】［京］北京市申达精细化工有限公司〈P1560〉；［津］天津市圣滨化工有限公司〈P1601〉；［苏］南京曙光化工集团有限公司〈P1789〉；南京和福化工厂〈P1784〉；［浙］浙江宇仁新材料有限公司〈P1970〉；［鲁］淄博市临淄齐泉工贸有限公司〈P2069〉；［鄂］应城市德邦化工新材料有限公司〈P2243〉；荆州江汉精细化工有限公司〈P2240〉

γ-氯丙基甲基二乙氧基硅烷 P03053751
γ-Chloropropylmethyldimethoxysilane [18171-19-2]
用于塑胶行业，抑制 PVC 的分离，还可作为聚亚胺酯泡沫的吸收剂，也可用于纺织工业，作为纺织处理剂
【生产厂】［津］天津市圣滨化工有限公司〈P1601〉；［苏］南京曙光化工集团有限公司〈P1789〉；［鲁］淄博市临淄齐泉工贸有限公司〈P2069〉；［鄂］武汉市华昌应用技术研究所〈P2232〉；应城市德邦化工新材料有限公司〈P2243〉；荆州江汉精细化工有限公司〈P2240〉

硅烷偶联剂 NQ-61；*N*-β-(氨基乙基)-γ-氨基丙基三甲氧基硅烷 P03053901
Silane coupler NQ-61；*N*-β-(Aminoethyl)-γ-aminopropyltrimethoxy silane
用于玻璃纤维、氨基硅油乳液、塑料、黏合剂等
【生产厂】［鲁］曲阜市万达化工有限公司（10 吨）〈P2130〉

交联剂 BIPB；双叔丁基过氧化异丙基苯 P03054001
Cross-linking agent BIPB
作为聚乙烯、三元乙丙橡胶、乙烯-醋酸乙烯共聚物、硅橡胶、丁腈橡胶等塑料和橡胶的交联剂
【生产厂】［沪］中国石油化工股份有限公司上海高桥分公司〈P1780〉；［湘］湖南以翔化工有限公司〈P2249〉

二乙氨基甲基三乙氧基硅烷；ND-22 P03054201
Diethylaminomethyl triethoxy silane
用作硅橡胶的固化剂
【生产厂】［苏］溧阳市云锋化工有限公司〈P1864〉

硅烷偶联剂 KH-858；双(γ-三乙氧基硅基丙基)四硫化物；硅烷偶联剂 Si-69；硅烷偶联剂 KH-407 P03054401
Silane coupler KH-858；Bis[γ-(triethoxysilyl) propyl] tetrasulfide [40372-72-3]
广泛应用于子午线轮胎及其橡胶轮胎的胎面、胎体、胎外壁、实心胶胎胶辊面等橡胶制品中
【生产厂】［京］北京市申达精细化工有限公司〈P1560〉；［苏］南京曙光化工集团有限公司〈P1789〉；南京立派化工有限公司〈P1787〉；丹阳市有机硅材料实业公司〈P1841〉；常州欧士橡胶助剂有限公司〈P1849〉；南京和福化工厂〈P1784〉；［浙］嘉善志远生化有限公司〈P1940〉；浙江黄岩浙东橡胶助剂有限公司〈P1965〉；［赣］南昌赣宇有机硅有限公司（600 吨）〈P2009〉；［鲁］曲阜市万达化工有限公司（50 吨）〈P2130〉；日照岚星化工工业有限公司〈P2139〉；［鄂］武汉市化学工业研究所有限责任公司〈P2232〉；湖北武大有机硅新材料股份有限公司（450 吨）〈P2228〉；武汉市华昌应用技术研究所〈P2232〉；武汉天目科技发展有限责任公司〈P2233〉；应城市德邦化工新材料有限公司〈P2243〉；荆州江汉精细化工有限公司〈P2240〉

3-缩水甘油醚氧基丙基三乙氧基硅烷 P03054551
3-Glycidoxypropyltriethoxysilane
用作偶联剂
【生产厂】［苏］张家港市国泰华荣化工新材料有限公司〈P1912〉

3-缩水甘油醚氧基丙基甲基二乙氧基硅烷 P03054601
3-Glycidoxypropylmethyldiethoxysilane [2897-60-1]

用作偶联剂

【生产厂】[苏]张家港市国泰华荣化工新材料有限公司〈P1912〉

乙烯基三氯硅烷；硅烷偶联剂 ZQ-150 P03054901

Vinyltrichlorosilane [75-94-5]

用作偶联剂，用于玻璃纤维表面处理和增强层压塑料制品

【生产厂】[鲁]淄博市临淄齐泉工贸有限公司〈P2069〉；[鄂]湖北武大有机硅新材料股份有限公司〈P2228〉；湖北蓝天化工有限公司〈P2245〉

钛酸酯偶联剂 NDZ-130 P03055001

Titanate coupler NDZ-130

适用于 PP、PE、橡胶等材料

【生产厂】[苏]南京曙光化工集团有限公司〈P1789〉；[浙]杭州沸点化工有限公司〈P1916〉

乙烯基三(特丁基过氧)硅烷 P03055101

Vinyltri(*tert*-butylperoxy) silane

用于处理玻璃纤维以增强聚丙烯、聚乙烯、聚碳酸酯复合材料，用作高密度聚乙烯交联剂

【生产厂】[黑]哈尔滨化工研究所〈P1720〉

十溴二苯醚；十溴联苯醚 P03060301

Decabromodiphenyl ether [1163-19-5]

高效添加型阻燃剂，对 HIPS、ABS、LDPE、橡胶、PBT 等都具有优良的阻燃效果，亦可用于尼龙纤维及涤棉纺织物

【生产厂】[沪]上海江沪钛白化工制品有限公司〈P1743〉；上海浦东兴邦化工发展有限公司(400 吨)〈P1756〉；上海亮江钛白化工制品有限公司〈P1751〉；[苏]常熟市阳燃化工有限公司(700 吨)〈P1892〉；苏州市晶华化工有限公司(1800 吨)〈P1904〉；南通万邦科技精细化工有限公司〈P1836〉；[鲁]济南湘蒙阻燃材料有限公司〈P2026〉；济南泰星精细化工有限公司(1000 吨)〈P2026〉；无棣金盛化工有限公司(2000 吨)〈P2157〉；青州市安达化工有限公司(2000 吨)〈P2091〉；寿光卫东化工有限公司(1 万吨)〈P2100〉；山东大地盐化集团(7000 吨)〈P2094〉；山东省海洋化工科学研究院(3000 吨)〈P2097〉；潍坊海化远大精细化工有限公司〈P2102〉；潍坊凯龙化工有限公司〈P2103〉；潍坊强源化工有限公司(1000 吨)〈P2103〉；潍坊新华海洋精细化工有限公司(1 万吨)〈P2106〉；青岛市海大化工有限公司〈P2042〉

【使用厂】[鲁]文登市燕锦高分子材料有限公司〈P2127〉

三(β-氯乙基)磷酸酯；三氯乙基磷酸酯阻燃增塑剂；TCEP；磷酸三(β-氯乙酯)；三(2-氯乙基)磷酸酯 P03060501

Tris(β-chloroethyl) phosphate [115-96-8]

主要用于聚氨酯泡沫阻燃以及聚氯乙烯阻燃增塑等

【生产厂】[津]天津市滨海化工有限公司(145 吨)〈P1581〉；天津市联瑞化工有限公司(4000 吨)〈P1598〉；[冀]衡水市华兴化工厂〈P1668〉；河北思尔可化学有限责任公司〈P1666〉；河北振兴化工橡胶有限公司〈P1667〉；[沪]上海华谊集团华原化工有限公司〈P1739〉；上海信博森化工有限公司〈P1772〉；上海南威化工有限公司〈P1754〉；[苏]无锡市银湖化工有限责任公司(2 万吨)〈P1881〉；江苏常余化工有限公司(1800 吨)〈P1893〉；江都市大江化工厂〈P1813〉；如东县通园精细化工厂(3000 吨)〈P1837〉；[浙]浙江淳安千岛湖龙祥化工有限公司〈P1926〉；[鲁]济南泰星精细化工有限公司(1000 吨)〈P2026〉；青岛市海大化工有限公司〈P2042〉

【使用厂】[鲁]烟台东聚防水保温工程有限公司〈P2116〉

三(2,3-二氯丙基)磷酸酯；阻燃剂 TDCP P03060502

Tri(2,3-dichloropropyl) phosphate

用作橡胶、塑料阻燃剂

【生产厂】[沪]上海华谊集团华原化工有限公司〈P1739〉

阻燃增塑剂 TCPP；磷酸三(2-氯丙基)酯；三(2-氯丙基)磷酸酯 P03060512

Tri(2-chloropropyl) phosphate

用于聚氯乙烯、聚苯乙烯、酚醛树脂、丙烯酸树脂以及橡胶、涂料的阻燃

【生产厂】[津]天津市滨海化工有限公司(160 吨)〈P1581〉；天津市联瑞化工有限公司(4000 吨)〈P1598〉；[冀]河北思尔可化学有限责任公司〈P1666〉；[沪]上海信博森化工有限公司〈P1772〉；上海南威化工有限公司〈P1754〉；[苏]无锡市银湖化工有限责任公司〈P1881〉；江苏常余化工有限公司(5000 吨)〈P1893〉；江都市大江化工厂〈P1813〉；如东县通园精细化工厂(3000 吨)〈P1837〉；[浙]浙江淳安千岛湖龙祥化工有限公司〈P1926〉

磷酸三(1,3-二氯-2-丙基)酯；TDCPP P03060551

Tris(1,3-dichloro-2-propyl) phosphate [13674-87-8]

应用于矿用运输带、电缆、电器、壁纸、皮革等行业

【生产厂】[津]天津市滨海化工有限公司(500 吨)〈P1581〉；天津市联瑞化工有限公司(3000 吨)〈P1598〉；[沪]上海南威化工有限公司〈P1754〉；[苏]无锡市银湖化工有限责任公司〈P1881〉；江苏常余化工有限公司(1000 吨)〈P1893〉；如东县通园精细化工厂(1000 吨)〈P1837〉；[浙]浙江淳安千岛湖龙祥化工有限公司〈P1926〉

四溴双酚 A；2,2-双(3,5-二溴-4-羟苯基)丙烷 P03060701

Tetrabromobisphenol A; 2,2-Bis(3,5-dibromo-4-hydroxyphenyl) propane [79-94-7]

作为反应型阻燃剂，可用于环氧树脂、聚氨酯树脂等；作为添加型阻燃剂可用于聚苯乙烯、SAN 树脂及 ABS 树脂等

【生产厂】[苏]江苏双菱化工集团有限公司〈P1798〉；连云港海水化工有限公司〈P1798〉；大丰市森海精细化工有限公司(1000 吨)〈P1805〉；[鲁]济南泰星精细化工有限公司(700 吨)〈P2026〉；东营市瑞丰化工厂〈P2082〉；山东森博化学有限责任公司(5000 吨)〈P2097〉；山东天信化工有限公司(5000 吨)〈P2099〉；莱州市长河化工有限公司〈P2109〉；莱州市腾飞化工有限公司〈P2110〉；莱州市莱玉化工有限公司(300 吨)〈P2109〉；青州市安达化工有限公司〈P2091〉；山东默锐化学有限公司(2 万吨)〈P2096〉；寿光市信昌化工有限公司(300 吨)〈P2100〉；山东大地盐化集团(3000 吨)〈P2094〉；山东省海洋化工科学研究院(2000 吨)〈P2097〉；潍坊海化三江化工有限公司〈P2102〉；潍坊海化远大精细化工有限公司〈P2102〉；潍坊凯龙化工

P

有限公司〈P2103〉；青岛市海大化工有限公司〈P2042〉

四溴双酚 S P03060751

3,3′,5,5′-Tetrabromo-4,4′-dihydroxydiphenylsulfone

用于织物整理剂、阻燃剂等

【生产厂】［沪］上海立诚化工有限公司〈P1750〉；［苏］大丰市森海精细化工有限公司（300 吨）〈P1805〉；［鲁］东营市瑞丰化工厂〈P2082〉

阻燃剂 P03060800

Flame retardant

用于塑料阻燃

【生产厂】［津］天津市兴光助剂厂（1000 吨）〈P1609〉；［沪］上海海以工贸有限公司〈P1735〉；上海新华阻燃剂总厂〈P1772〉；上海天坛助剂有限公司〈P1767〉；［苏］常州旭泰纺织有限公司〈P1857〉；江苏雅克化工有限公司〈P1866〉；宜兴市腾星化工有限公司〈P1887〉；苏州超宇纺织化工有限公司〈P1899〉；苏州志和无纺助剂有限公司〈P1907〉；常熟市阻燃化工有限公司〈P1892〉；［浙］杭州捷尔思阻燃化工有限公司〈P1919〉；［鲁］莱州市晨宏化工有限公司〈P2109〉；山东莱州市渤海化工厂（200 吨）〈P2114〉；［豫］濮阳市甲醇厂（500 吨）〈P2214〉；［川］成都齐达科技开发公司〈P2313〉

【使用厂】［辽］沈阳市橡胶制品九厂〈P1689〉；［吉］四平市科学技术研究院〈P1717〉；［沪］上海涤纶厂〈P1732〉；上海开林造漆厂〈P1746〉；［苏］无锡市裕田高分子材料有限公司〈P1881〉；南通星辰合成材料有限公司〈P1836〉；［浙］余姚化工厂有限责任公司〈P1935〉；［鲁］济南鲁联集团橡胶制品有限公司〈P2023〉；青岛橡六集团有限公司〈P2045〉；山东东辰工程塑料有限公司〈P2028〉；济宁广通输送带有限责任公司〈P2127〉；新汶矿业集团有限责任公司〈P2139〉；山东春潮色母料有限公司〈P2135〉；山东世安化工有限公司〈P2146〉；［豫］黎明化工研究院〈P2181〉；［粤］广州市东风化工实业有限公司〈P2263〉

聚氨酯用阻燃剂；PU 海绵阻燃剂 P03060801

Flame retardant for polyurethane

用于硬质聚氨酯泡沫、聚氨酯海绵的阻燃

【生产厂】［冀］河北振兴化工橡胶有限公司〈P1667〉；［沪］上海旭森非卤消烟阻燃剂有限公司〈P1773〉；［浙］杭州捷尔思阻燃化工有限公司〈P1919〉；杭州余杭艾迪精细化工研究所〈P1925〉；浙江淳安千岛湖龙祥化工有限公司〈P1926〉；［鲁］青岛联美化工有限公司〈P2040〉

阻燃剂 FR P03060802

Flame retardant FR

用于不饱和聚酯、硬质及软质聚氨酯泡沫塑料、环氧树脂、酚醛树脂及软质聚氯乙烯的阻燃

【生产厂】［浙］浙江淳安千岛湖龙祥化工有限公司〈P1926〉；［粤］广州白云山雷威工业公司化工厂〈P2259〉

非卤膨胀型阻燃剂 P03060805

Flame retardant, intumescent, *non*-halogen

广泛用于聚乙烯、聚丙烯、聚苯乙烯、聚甲基丙烯酸酯、聚甲醛、尼龙等塑料

【生产厂】［沪］上海海以工贸有限公司〈P1735〉；［鲁］寿光卫东化工有限公司（1000 吨）〈P2100〉

阻燃型玛帝脂 P03061001

Flame retarding type mastic

用于石油化工深冷保温防水阻燃材料

【生产厂】［苏］苏州吴中前进有机化工有限公司（1000 吨）〈P1907〉

ABS 用阻燃剂 P03061101

Flame retardant for ABS

用于 ABS 阻燃

【生产厂】［沪］上海旭森非卤消烟阻燃剂有限公司（80 吨）〈P1773〉

聚氯乙烯用阻燃剂 P03061151

Flame retardant for PVC

用于聚氯乙烯制品阻燃

【生产厂】［沪］上海旭森非卤消烟阻燃剂有限公司〈P1773〉；［鲁］济南泰星精细化工有限公司（300 吨）〈P2026〉

六溴环十二烷；HBCD P03061301

Hexabromocyclododecane ［3194-55-6］

主要用于有阻燃要求的热塑性和热固性高分子聚合物中，尤其适用于挤出发泡聚苯乙烯

【生产厂】［沪］上海奇能化工有限公司（500 吨）〈P1756〉；［苏］南京盟伦化学品有限公司（3000 吨）〈P1787〉；南京苏如化工有限公司〈P1789〉；南京九龙化工有限公司〈P1786〉；江阴海达精细化工厂〈P1867〉；江苏省江阴信佳化学品有限公司（3000 吨）〈P1866〉；苏州市华伦化工有限公司〈P1903〉；连云港海水化工有限公司〈P1798〉；沭阳县华泰化工厂〈P1804〉；宿迁市沭新化工厂〈P1805〉；［鲁］济南泰星精细化工有限公司（300 吨）〈P2026〉；青州市奥星化工有限公司〈P2091〉；临朐天汇生物助剂有限公司〈P2089〉；潍坊海化远大精细化工有限公司〈P2102〉

八溴醚；四溴双酚 A-双（2,3-二溴丙基醚）；2,2-双［4-（2,3-二溴丙氧基）-3,5-二溴苯基］丙烷 P03061501

2,2-Bis（4-（2,3-dibromopropoxy）-3,5-dibromophenyl）propane ［21850-44-2］

是烯烃类树脂的良好阻燃剂，主要用于各种牌号的聚丙烯、丙纶纤维、丁苯橡胶、顺丁橡胶等，阻燃效果显著

【生产厂】［京］北京达科思精细化工研究所〈P1545〉；［苏］连云港海水化工有限公司（800 吨）〈P1798〉；大丰市森海精细化工有限公司（800 吨）〈P1805〉；［鲁］济南泰星精细化工有限公司（700 吨）〈P2026〉；东营市瑞丰化工厂〈P2082〉；莱州市长河化工有限公司〈P2109〉；莱州市腾飞化工有限公司〈P2110〉；莱州市莱玉化工有限公司（1500 吨）〈P2109〉；青州市安达化工有限公司〈P2091〉；青州市奥星化工有限公司〈P2091〉；寿光市信昌化工有限公司〈P2100〉；山东省海洋化工科学研究院（2000 吨）〈P2097〉；潍坊海化远大精细化工有限公司〈P2102〉；潍坊凯龙化工有限公司〈P2103〉；潍坊凯盛化工有限公司〈P2103〉；潍坊张氏化工有限公司（600 吨）〈P2107〉；青岛市海大化工有限公司〈P2042〉

八溴 S 醚；四溴双酚 *S*-双（2,3-二溴丙基醚） P03061551

1,1′-Sulfonyl bis［3,5-dibromo-4-（2,3-dibromopropoxy）］benzene ［42757-55-1］

【生产厂】［鲁］东营市瑞丰化工厂〈P2082〉

四溴双酚 A 双烯丙基醚；四溴醚 P03061591

Tetrabromo bisphenol-A allyl ether ［25327-89-3］

P

作为中间体可经进一步溴化制备八溴醚，可作为交联型、添加型阻燃剂用于可发性聚苯乙烯树脂

【生产厂】［苏］连云港海水化工有限公司(200 吨)〈P1798〉

多聚磷酸铵；聚磷酸铵；APP P03061601

Ammonium polyphosphate [68333-79-9]

无机添加型阻燃剂，用于制造阻燃涂料、阻燃塑料和阻燃橡胶制品等

【生产厂】［沪］上海海以工贸有限公司〈P1735〉；上海南威化工有限公司〈P1754〉；［苏］镇江星星阻燃剂有限公司〈P1846〉；江苏融泰化工有限公司〈P1865〉；［浙］浙江化工科技集团有限公司〈P1927〉；浙江化工科技集团有限公司精细化工厂(400 吨)〈P1927〉；衢州佳捷助剂有限公司〈P1957〉；浙江龙游戈德化工有限公司〈P1958〉；［鲁］济南泰星精细化工有限公司(500 吨)〈P2026〉；山东世安化工有限公司〈P2146〉；青州市安达化工有限公司〈P2091〉；潍坊杜得利化学工业有限公司〈P2101〉；寿光卫东化工有限公司(1000 吨)〈P2100〉；烟台达斯特克化工有限公司(500 吨)〈P2116〉；济宁市任城区福利精细化工厂(300 吨)〈P2128〉；［豫］濮阳市银泰工贸有限公司〈P2215〉；洛阳市荣源化工有限公司(1500 吨)〈P2185〉；［川］什邡泰来化工有限公司〈P2325〉；四川省化工研究设计院〈P2319〉；成都同力助剂有限公司〈P2316〉；成都市星辰磷酸盐厂〈P2315〉；四川都江堰海旺阻燃材料有限公司〈P2318〉；广汉雅和化工有限公司(1000 吨)〈P2324〉；什邡安达化工有限公司〈P2324〉；什邡市长丰化工有限公司〈P2325〉；什邡市长江化工实业有限公司〈P2325〉；四川川恒化工有限责任公司〈P2325〉；四川蓝剑化工(集团)有限责任公司〈P2326〉；四川什邡盛佳磷化工有限公司〈P2329〉；四川坤华磷化工有限公司〈P2326〉；四川成洪磷化工有限责任公司〈P2332〉；四川什邡市川鸿磷化工有限公司〈P2331〉；［滇］云南天耀化工有限公司(1000 吨)〈P2342〉

【使用厂】［沪］上海新华阻燃剂总厂〈P1772〉；［鲁］淄博铭威特安全设备有限公司〈P2065〉

蜜胺包覆聚磷酸铵 P03061651

Cyanuramide cladding ammonium polyphosphate

用于塑料、聚酯橡胶、环氧树脂及高档防火涂料阻燃剂

【生产厂】［沪］上海海以工贸有限公司〈P1735〉；［浙］浙江龙游戈德化工有限公司〈P1958〉；［川］四川都江堰海旺阻燃材料有限公司〈P2318〉

环氧树脂包覆型聚磷酸铵 P03061691

Epoxy resin cladding ammonium polyphosphate

用于各类膨胀型防火涂料、热塑性聚烯烃和不饱和芳香烃塑料、聚氨酯泡沫等的阻燃

【生产厂】［浙］浙江龙游戈德化工有限公司〈P1958〉

烯丙基三溴苯醚；2-烯丙氧基-1,3,5-三溴苯 P03061801

Allyl 2,4,6-tribromophenyl ether; 2-Allyloxy-1,3,5-tribromobenzene [3278-89-5]

用于聚苯乙烯泡沫塑料，与六溴环十二烷并用时，是一个有效的协效剂

【生产厂】［鲁］莱州市莱玉化工有限公司(400 吨)〈P2109〉

高效液体阻燃剂 P03062001

Flame retardant, high-efficiency liquid

适用于棉、麻、毛、纸张、木材、人造纤维、聚酯纤维、聚酯/棉的混纺织物的阻燃处理

【生产厂】［京］北京茂源防火材料厂〈P1555〉；［沪］上海旭森非卤消烟阻燃剂有限公司(50 吨)〈P1773〉；［豫］禹州市中凯塑料助剂厂〈P2219〉；漯河市华意防火材料有限公司(2000 吨)〈P2220〉

三(2-羟乙基)异氰尿酸酯；赛克；THEIC P03062101

Tri(2-hydroxyethyl) isocyanurate; THEIC; 1,3,5-Tris(2-hydroxyethyl)-1,3,5-triazine-2,4,6-trione [839-90-7]

主要用于配制聚酯类耐热绝缘漆，还可用于涂料、医药、杀虫剂及有机合成中间体等方面

【生产厂】［冀］邯郸市瑞邦精细化工有限公司〈P1639〉；［苏］常州市化安精细化工有限公司(2000 吨)〈P1851〉；扬州三得利化工有限公司(1000 吨)〈P1818〉

红磷阻燃剂 P03062201

Red phosphorus flame retardant

广泛用于环氧树脂、聚氨酯、不饱和聚酯玻璃钢、聚烯烃、尼龙、橡胶等合成材料

【生产厂】［苏］连云港海水化工有限公司〈P1798〉；淮安永创化学有限公司〈P1801〉；［鲁］青岛一农七星化学有限公司〈P2045〉；［川］中蓝晨光化工研究院〈P2320〉

异丙苯基二苯基磷酸酯 P03062301

Isopropylphenyl diphenyl phosphate [28108-99-8]

用作添加型阻燃增塑剂

【生产厂】［冀］衡水市华兴化工厂〈P1668〉；河北振兴化工橡胶有限公司〈P1667〉

三异丙苯基磷酸酯；三芳基磷酸酯；IPPP P03062501

Tri(4-isopropylphenyl) phosphate [26967-76-0]

广泛用于聚氯乙烯阻燃增塑剂，特别适合橡胶运输带的阻燃增塑，也可用于氯丁橡胶

【生产厂】［津］天津市联瑞化工有限公司(2000 吨)〈P1598〉；［冀］衡水市华兴化工厂〈P1668〉；河北思尔可化学有限责任公司〈P1666〉；河北振兴化工橡胶有限公司〈P1667〉；［沪］上海南威化工有限公司〈P1754〉；［浙］浙江淳安千岛湖龙祥化工有限公司〈P1926〉；［鲁］淄博市临淄于官福利化工厂(5000 吨)〈P2070〉

三氧化二锑阻燃母粒；阻燃浓缩母粒 P03062701

Antimony trioxide flame retardant master batch

用于塑料、橡胶及涂料等高分子材料的阻燃

【生产厂】［辽］沈阳华昌锑业化工有限公司〈P1685〉；［鲁］莱州市莱玉化工有限公司〈P2109〉；青岛米兰化工有限公司〈P2040〉；［湘］益阳市华昌锑业有限公司〈P2256〉；湖南省桃江县板溪锑矿〈P2256〉；［滇］云南木利锑业有限公司〈P2344〉

阻燃剂 AP P03062801

Flame retardant AP

主要用于橡胶制品及塑料工业

【生产厂】［湘］湖南省桃江县板溪锑矿〈P2256〉

阻燃专用石墨 P03062901

Flame retarding graphite

主要用于塑料、橡胶、涂料、泡沫塑料等多种

P

材料的阻燃处理，同时也广泛用于各种防火堵料

【生产厂】[冀]河北茂源化工有限公司(2000 吨)〈P1620〉

阻燃剂 YT P03063001

Flame retardant YT

【生产厂】[湘]益阳市华昌锑业有限公司〈P2256〉；湖南省桃江县板溪锑矿〈P2256〉

有机锑醇 P03063101

Organic stibium alcohol

主要用于塑料、树脂、不饱和树脂、合成纤维、纺织品等材料的阻燃

【生产厂】[湘]湖南省桃江县板溪锑矿〈P2256〉

溴锑阻燃剂 P03063151

Flame retardant with bromine and stibium

与树脂相容性好，可用于聚烯烃树脂中作阻燃剂，尤其聚丙烯树脂中

【生产厂】[鲁]青岛米兰化工有限公司〈P2040〉

溴氯代烷基磷酸酯；阻燃剂 CBAP-912 P03063201

Chlor-bromo-alkyl phosphate

广泛用于各类聚氨酯、不饱和聚酯树脂、聚苯乙烯泡沫、软质聚氯乙烯、人造革、聚甲基丙烯酸甲酯、油漆等

【生产厂】[鲁]莱州市莱玉化工有限公司(200 吨)〈P2109〉

甲基膦酸二甲酯；DMMP P03063291

Dimethyl methylphosphonate [756-79-6]

广泛用作聚氨酯泡沫塑料、聚氨酯树脂、环氧树脂等材料的添加型阻燃剂

【生产厂】[浙]宁海天成化学有限公司〈P1934〉；[鲁]烟台同化防水保温工程有限公司(200 吨)〈P2119〉；青岛市海大化工有限公司〈P2042〉；青岛联美化工有限公司〈P2040〉

溴氮结合型阻燃剂 P03063301

Bromine nitrogen combined flame retardant

广泛应用于苯乙烯类高聚物，工程热塑性塑料以及尼龙 6、尼龙 66 和硅橡胶等

【生产厂】[鲁]寿光卫东化工有限公司(2000 吨)〈P2100〉

P

阻燃剂 CX18；3-羟基苯基磷酰基丙酸 P03063401

Flame retardant CX18; 3-Hydroxy phenyl phosphinyl propanoic acid

用于生产聚酯切片、长丝、短纤、织物、薄膜等永久性阻燃产品

【生产厂】[苏]常熟新特化工有限公司〈P1892〉；[鲁]德州常兴化工新材料研制有限公司(1 万吨)〈P2141〉；山东铭杉精细化工有限公司(1000 吨)〈P2150〉

消烟阻燃剂 P03063501

Anti-smoke flame-retardant

用于人造革、电缆料及 PVC 制品作消烟阻燃剂

【生产厂】[沪]上海旭森非卤消烟阻燃剂有限公司〈P1773〉

无卤阻燃剂 MP；三聚氰胺磷酸酯 P03063531

Non-halogen flame-retardant MP; Melamine phosphate

广泛适用于各种合成树脂，如聚乙烯、聚丙烯、聚苯乙烯树脂、聚碳酸酯、聚氨酯、EVA、热塑性弹性体等

【生产厂】[皖]合肥精汇化工研究所(500 吨)〈P1972〉；[鲁]潍坊强源化工有限公司(1000 吨)〈P2103〉

无卤环保阻燃剂 P03063551

Non-halogen flame-retardant, environmental-protection type

可用于热塑性塑料和热固性塑料配方中，用于阻燃聚丙烯和聚乙烯

【生产厂】[沪]上海海以工贸有限公司〈P1735〉；上海旭森非卤消烟阻燃剂有限公司〈P1773〉；[浙]杭州捷尔思阻燃化工有限公司〈P1919〉；[鲁]济南泰星精细化工有限公司(200 吨)〈P2026〉；寿光卫东化工有限公司(500 吨)〈P2100〉；青岛米兰化工有限公司〈P2040〉；青岛联美化工有限公司〈P2040〉；[川]什邡市长丰化工有限公司〈P2325〉

无卤阻燃剂 MPP；三聚氰胺焦磷酸盐 P03063571

Non-halogen flame-retardant MPP; Melamine pyrophosphate [37640-57-6]

【生产厂】[苏]镇江星星阻燃剂有限公司〈P1846〉；[鲁]济南泰星精细化工有限公司(300 吨)〈P2026〉；[川]什邡市长丰化工有限公司〈P2325〉

溴化环氧树脂阻燃剂；BEP；阻燃剂 BEP P03063701

Brominated epoxy resin flame retardant

添加型阻燃剂，主要用于 PBT 和 ABS/PC 高聚物合金，具有较好的熔流速率和较高的阻燃效率

【生产厂】[沪]上海乐科绝缘材料有限公司〈P1750〉；[鲁]莱州市莱玉化工有限公司(200 吨)〈P2109〉；[湘]湖南以翔化工有限公司〈P2249〉

环氧树脂用阻燃剂 P03063751

Flame retardant for epoxy resin

广泛用于环氧树脂、不饱和聚酯树脂等的阻燃

【生产厂】[鲁]青岛联美化工有限公司〈P2040〉

二溴新戊二醇；2,2-二(溴甲基)-1,3-丙二醇 P03063901

Dibromoneopentyl glycol; 2,2-Bis(bromomethyl)-1,3-propanediol; FR-1138 [3296-90-0]

一种反应性阻燃剂，使用后能达到更加严密的阻燃效果

【生产厂】[苏]苏州市晶华化工有限公司〈P1904〉；[鲁]山东省海洋化工科学研究院(1000 吨)〈P2097〉；潍坊凯盛化工有限公司〈P2103〉

聚乙烯用阻燃剂 P03064101

Flame retardant for PE

用于聚乙烯泡沫塑料的阻燃

【生产厂】[沪]上海旭森非卤消烟阻燃剂有限公司(100 吨)〈P1773〉

聚乙烯泡沫塑料用阻燃剂 P03064151

Fire-retardant for polyethylene foam plastic

用于聚乙烯泡沫塑料的阻燃

【生产厂】[沪]上海旭森非卤消烟阻燃剂有限公司(200 吨)〈P1773〉

聚丙烯用阻燃剂 P03064201

Flame retardant for PP

用于聚丙烯阻燃

【生产厂】[沪]上海旭森非卤消烟阻燃剂有限公司(50 吨)〈P1773〉;[鲁]山东世安化工有限公司〈P2146〉;[粤]德科化工(珠海)有限公司〈P2274〉

三溴新戊醇 P03064301

Pentaerythritol tribromide;3-Bromo-2,2-bis(bromomethyl)propanol [1522-92-5]

反应型阻燃剂,广泛用于弹性体、涂料和泡沫体

【生产厂】[苏]苏州市晶华化工有限公司〈P1904〉;[鲁]山东省海洋化工科学研究院〈P2097〉

异氰尿酸蜜胺盐;MCA;TZ*R*-701 阻燃润滑剂 P03064401

Melamine cyanurate;Fire-retardant lubricating agent TZ*R*-701

用作聚酰胺的优良阻燃剂,PVC 中代替部分三氧化二锑阻燃消烟,润滑性好

【生产厂】[沪]上海旭森非卤消烟阻燃剂有限公司(20 吨)〈P1773〉;[苏]连云港市天山化工厂〈P1800〉;[皖]合肥精汇化工研究所(500 吨)〈P1972〉;[鲁]济南泰星精细化工有限公司(600 吨)〈P2026〉;潍坊强源化工有限公司(1000 吨)〈P2103〉

水性环保阻燃剂 P03064501

Water-soluble flame retardant,environmental-protection type

【生产厂】[鲁]山东圣光化工集团有限公司〈P2086〉;[川]四川都江堰海旺阻燃材料有限公司〈P2318〉

三(三溴苯基)氰尿酸酯;阻燃剂 TBPC P03064701

Tri(tribromophenyl) cyanurate [25713-60-4]

主要用于 ABS、PS、HIPS、PC、PBT、PET、PE、PVC 中作阻燃剂

【生产厂】[苏]连云港海水化工有限公司〈P1798〉;[鲁]淄博万康医药化工有限公司〈P2074〉;莱州市莱玉化工有限公司(600 吨)〈P2109〉

十溴二苯乙烷 P03064901

Decabromo-1,2-diphenylethane

用作新型的环保型阻燃剂,主要用于取代十溴二苯醚阻燃剂,可用于 HIPS、ABS 树脂中及 PVC、PP 等塑料中

【生产厂】[苏]苏州市晶华化工有限公司〈P1904〉;江苏双菱化工集团有限公司〈P1798〉;[鲁]济南泰星精细化工有限公司(200 吨)〈P2026〉;莱州市莱玉化工有限公司(500 吨)〈P2109〉;青州市安达化工有限公司〈P2091〉;青州市奥星化工有限公司〈P2091〉;寿光卫东化工有限公司(5000 吨)〈P2100〉;山东省海洋化工科学研究院〈P2097〉;青岛市海大化工有限公司〈P2042〉

间苯二酚双(磷酸二苯酯);阻燃增塑剂 RDP P03065001

Resorcin bis(diphenyl phosphate);Flameretardant plasticizer RDP

聚磷酸酯的高效阻燃增塑剂,常用于工程塑料合金

【生产厂】[苏]江苏雅克化工有限公司〈P1866〉;连云港海水化工有限公司〈P1798〉

双酚 A 二(磷酸二苯酯);阻燃增塑剂 BDP P03065101

Bisphenol-A bis(diphenyl phosphate);Flameretardant plasticizer BDP [5945-33-5]

是一种齐聚磷酸酯的高效阻燃增塑剂,常用于工程塑料合金

【生产厂】[京]北京清华紫光英力化工技术有限责任公司〈P1557〉;[苏]江苏雅克化工有限公司〈P1866〉;连云港海水化工有限公司〈P1798〉

乙撑双四溴邻苯二甲酰亚胺;RDT-5 阻燃剂 P03065201

Ethylenebistetrabromophthalimide [32588-76-4]

用作树脂及其产品的阻燃剂,应用于 HIPS、ABS 及 ABS/PC 合金、PC、LDPE、PBT 等

【生产厂】[苏]江苏仪征天宁化工股份有限公司〈P1816〉;[鲁]寿光卫东化工有限公司(500 吨)〈P2100〉;[湘]湖南湘大比德化工有限公司〈P2251〉

阻燃剂 DOPO;9,10-二氢-9-氧杂-10-磷杂菲-10-氧化物 P03065301

Flame retardant DOPO

主要用于聚酯纤维、聚氨酯泡沫塑料、热固型树脂等材料的阻燃

【生产厂】[浙]德清县新溪塑化有限公司〈P1945〉;[鲁]寿光卫东化工有限公司(300 吨)〈P2100〉;山东铭杉精细化工有限公司(1000 吨)〈P2150〉

阻燃剂 DOPO-BQ;9,10-二氢-9-氧-10-(2′,5′-二羟基苯基)膦菲-10-氧化物 P03065351

Flame retardant DOPO-BQ

主要用在聚酯树脂中

【生产厂】[鲁]山东铭杉精细化工有限公司(300 吨)〈P2150〉

阻燃剂 DDP;[(6-氧-(6*H*)-二苯并-(CE)(1,2)-氧磷杂环己-6-酮)甲基]丁二酸 P03065401

Flame retardant DDP

主要用于聚酯纤维,聚氨酯泡沫塑料,热固型树脂及粘接剂

【生产厂】[鲁]山东铭杉精细化工有限公司(2000 吨)〈P2150〉

2,4,6-三溴苯酚 P03065501

2,4,6-Tribromophenol [118-79-6]

为反应型阻燃剂,也可作为添加型阻燃剂使

P

用,适用于环氧树脂、聚氨酯等塑料,加工温度下具有良好的热稳性

【生产厂】[苏]盐城市华佳化工有限公司〈P1811〉;[鲁]鲍山化工厂〈P2020〉;淄博万康医药化工有限公司〈P2074〉;莱州市长河化工有限公司〈P2109〉;莱州市莱玉化工有限公司(500 吨)〈P2109〉;山东大地盐化集团(1000 吨)〈P2094〉;山东省海洋化工科学研究院(2000 吨)〈P2097〉;潍坊海化三江化工有限公司〈P2102〉;潍坊宏远化工有限公司〈P2102〉;潍坊新华海洋精细化工有限公司〈P2106〉;潍坊张氏化工有限公司〈P2107〉

1,2-双(2,4,6-三溴苯氧基)乙烷;阻燃剂 680 P03065601

1,2-Bis(2,4,6-tribromophenoxy)ethane [37853-59-1]

用作阻燃剂

【生产厂】[湘]湖南湘大比德化工有限公司〈P2251〉

开孔剂 P03070101

Cell-opener

用于高回弹、慢回弹及乱孔海绵的开孔

【生产厂】[京]北京拓展精细化工有限公司〈P1562〉;[沪]上海合达聚合物科技有限公司〈P1736〉

发泡剂 H;*N*,*N*′-二亚硝基五次甲基四胺 P03070301

Blowing agent H;*N*,*N*′-Dinitroso-pentamethylene tetramine [101-25-7]

用于天然橡胶及合成橡胶、塑料制品的发泡以制造海绵型产品

【生产厂】[苏]江苏雅克化工有限公司〈P1866〉;[豫]鹤壁市巨星树脂有限公司〈P2199〉

偶氮二甲酰胺;发泡剂 AC;发泡剂 ADC P03070501

Azodiformamide;1,1′-Azobisformamide [123-77-3]

广泛用于聚氯乙烯、聚乙烯、聚丙烯、ABS 树脂和橡胶的发泡

【生产厂】[津]天津市创新有机化工厂(8000 吨)〈P1582〉;天津市宇博精细化工有限公司(2000 吨)〈P1611〉;[冀]河北智通化工有限责任公司(5000 吨)〈P1623〉;黄骅桑田化工有限公司(3000 吨)〈P1656〉;[蒙]阿拉善达康精细化工股份有限公司〈P1681〉;[沪]上海华谊集团华原化工有限公司(2400 吨)〈P1739〉;[浙]杭州海虹精细化工有限公司〈P1918〉;[闽]福州一化化学品股份有限公司(1 万吨)〈P1990〉;福建省龙岩龙化化工有限公司(2 万吨)〈P2005〉;[赣]南昌氯碱总厂(1 万吨)〈P2010〉;江西电化高科有限责任公司(3 万吨)〈P2010〉;江西电化精细化工有限责任公司(3 万吨)〈P2010〉;江西电化有限责任公司余江化工分厂〈P2013〉;[鲁]山东塑料试验厂(1000 吨)〈P2030〉;淄博北斗星化工有限公司(3000 吨)〈P2058〉;山东省航天发泡剂总厂(6000 吨)〈P2123〉;青岛润兴光电材料有限公司〈P2041〉;青岛三凯化工有限公司〈P2041〉;[豫]偃师市兰天化工有限公司(300 吨)〈P2189〉;平顶山煤业集团开封东大化工有限公司(6000 吨)〈P2179〉;[鄂]武汉市天马解放化工有限公司〈P2233〉;[湘]衡阳市锦轩化工有限公司(1 万吨)〈P2252〉;[粤]汕头市华联化工有限公司〈P2276〉;潮州市粤东化学工业公司(1 万吨)〈P2295〉;[川]宜宾天原股份有限公司(2500 吨)〈P2335〉

发泡剂 P03070801

Foamer

用于各种塑料、橡胶的常压发泡或压胀的弹性体

【生产厂】[辽]盘锦昊源科工贸有限公司〈P1706〉;[黑]黑龙江黑化集团有限公司〈P1722〉;[沪]上海忠诚精细化工有限公司〈P1779〉;[苏]南京卡尼尔科技有限责任公司〈P1786〉;南通鹏陈化工有限公司〈P1834〉;海安县正达化工厂〈P1829〉;[浙]浙江东越化工有限公司〈P1927〉;[豫]河南郸城顺兴石油助剂有限公司〈P2226〉

【使用厂】[苏]兴化锁龙消防药剂有限公司〈P1828〉;南京红宝丽股份有限公司〈P1784〉

发泡剂 ADC-K;偶氮二甲酰胺-K;发泡剂 AC-K P03070901

Foamer ADC-K

适用于 PVC、EAA、PP、PE、PS 等塑料的发泡,用于仿皮人造革及要求孔径密而匀的塑料制品中

【生产厂】[沪]上海华谊集团华原化工有限公司(200 吨)〈P1739〉

辛酸亚锡 P03070911

Stannous octanoate;Stannous caprylate

是生产聚氨酯泡沫塑料的基本催化剂,主要用于聚醚-聚氨酯发泡时的胶化反应

【生产厂】[苏]常州市武进东湖化工原料有限公司〈P1854〉;江苏雅克化工有限公司〈P1866〉;江都市大江化工厂〈P1813〉

发泡剂 ADC-F;偶氮二甲酰胺-F;发泡剂 AC-F P03071001

Foamer ADC-F

用作多种泡沫塑料发泡剂,适用于 PVC、EVA、PP 等塑料发泡

【生产厂】[沪]上海华谊集团华原化工有限公司(200 吨)〈P1739〉

发泡剂 ADC-410;偶氮二甲酰胺-410;发泡剂 AC-410 P03071101

Foamer ADC-410

用于制造高压聚乙烯板材及软质塑料产品

【生产厂】[沪]上海华谊集团华原化工有限公司(200 吨)〈P1739〉

复合发泡剂 P03071151

Foamer,compound

工业上用于隔热、隔音、防震等领域,日常生活中用于泡沫鞋底、包装材料、泡沫板材和管材等

【生产厂】[豫]偃师市兰天化工有限公司(300 吨)〈P2189〉

戊烷发泡剂 P03071201

Pentane foamer

主要用作泡沫塑料的发泡剂,也可用作工业溶剂,萃取剂和化工原料

【生产厂】[苏]中国石化扬子石油化工股份有限公司〈P1792〉;[鲁]淄博市临淄天德精细化工研究所〈P2888〉;山东胜海化工股份有限公司(1000 吨)〈P2085〉;[豫]中国石化中原油气高新股份有限公司天然气化工厂〈P2216〉

PVC 发泡调节剂 P03071401
Foam regulator for PVC
适用于 PVC 发泡板材、管材
【生产厂】[辽]丹东德成化工有限公司〈P1699〉；[鲁]淄博市淄川塑料助剂厂(3000 吨)〈P2072〉；临淄颐祥化工有限公司〈P2050〉；淄博华星助剂有限公司(8000 吨)〈P2062〉；淄博永嘉化工有限公司〈P2075〉；淄博世拓高分子材料有限公司〈P2067〉；山东金达双鹏集团有限公司〈P2095〉；山东日科化学有限公司〈P2097〉

发泡剂 OBSH；4,4′-氧代双苯磺酰肼；4,4′-二磺酰肼二苯醚 P03071501
Foamer OBSH；4,4′-Oxybis(benzenesulfonyl hydrazide) [80-51-3]
适用于生产常压发泡或压胀的弹性体和热塑性产品等
【生产厂】[苏]苏州诚和医药化学有限公司〈P1899〉；[浙]嘉兴市金利化工有限责任公司〈P1942〉；[豫]禹州市中凯塑料助剂厂〈P2219〉

对甲苯磺酰肼；发泡剂 TSH P03071601
p-Toluenesulfonyl hydrazide；Foamer TSH [1576-35-8]
用作天然胶、合成胶及多种塑料的发泡剂及用于有机合成中
【生产厂】[苏]苏州诚和医药化学有限公司〈P1899〉；扬州市虹光化工有限公司〈P1818〉；南通集海化工有限公司〈P1833〉；[浙]嘉兴辰龙化工有限责任公司〈P1941〉；嘉兴市金利化工有限责任公司〈P1942〉；[鲁]潍坊万源化工有限公司〈P2106〉；[豫]禹州市中凯塑料助剂厂〈P2219〉；[湘]湘潭高新区科旺化工有限公司(600 吨)〈P2251〉

发泡剂 RA；对甲苯磺酰氨基脲 P03071701
Foamer RA
高温氮气发泡剂，特别适用于高温加工的塑料如 ABS 树脂、尼龙、硬质聚氯乙烯、高密度聚乙烯、聚丙烯、丙烯等
【生产厂】[浙]嘉兴辰龙化工有限责任公司〈P1941〉；嘉兴市金利化工有限责任公司〈P1942〉；[鲁]山东世安化工有限公司〈P2146〉；[豫]禹州市中凯塑料助剂厂〈P2219〉

苯磺酰肼 P03071801
Benzenesulfonyl hydrazide [80-17-1]
用作塑料、橡胶发泡剂，用于制鞋、包装工业中
【生产厂】[苏]苏州诚和医药化学有限公司〈P1899〉；[浙]嘉兴市金利化工有限责任公司〈P1942〉

发泡剂 K；对甲苯磺酰丙酮腙 P03071901
Foamer K [10396-10-8]
用于聚氯乙烯等多种塑料和天然合成橡胶的发泡
【生产厂】[浙]嘉兴辰龙化工有限责任公司〈P1941〉；嘉兴市金利化工有限责任公司〈P1942〉

聚乙烯专用发泡剂 P03072001
Foamer for polyethylene
用于聚乙烯注塑发泡，能够消除凹陷，使泡孔细密均匀，有良好的外观白度
【生产厂】[豫]禹州市中凯塑料助剂厂〈P2219〉

聚苯乙烯专用发泡剂 P03072101
Foamer for polystyrene
用于聚苯乙烯注塑发泡，能够消除凹陷，使泡孔细密均匀
【生产厂】[豫]禹州市中凯塑料助剂厂〈P2219〉

聚丙烯专用发泡剂；PP 发泡剂 P03072201
Foamer for polypropylene
用于聚丙烯发泡
【生产厂】[豫]禹州市中凯塑料助剂厂〈P2219〉

油酸；顺式十八烯-9-酸；十八烯酸 P03080101
Oleic acid [112-80-1]
用于制肥皂、润滑剂、浮选剂、油膏和油酸盐等，也是脂肪酸和油溶性物质的良好溶剂
【生产厂】[京]北京化友工贸有限公司〈P1550〉；[辽]丹东龙泽化工有限责任公司(1900 吨)〈P1700〉；[沪]上海威呈化工有限公司〈P1769〉；上海勤工助剂有限公司〈P1757〉；[苏]无锡市嘉利华化工有限公司(2000 吨)〈P1877〉；苏州市连海油脂化工有限公司(1800 吨)〈P1904〉；苏州市三利特种添加剂有限公司〈P1904〉；苏州西华化工有限公司(600 吨)〈P1907〉；兴化市伟业植物油脂厂(600 吨)〈P1828〉；[闽]福建天盛油脂化工有限公司(2000 吨)〈P2007〉；福建泉州市中原隆化工有限公司(4000 吨)〈P1998〉；福建省沙县嘉利化工有限公司〈P1995〉；[赣]江西省宜春远大化工有限公司〈P2016〉；[鲁]临清市永康油脂厂(2500 吨)〈P2152〉；山东淄博淄川新兴化工厂(300 吨)〈P2056〉；山东省淄博市淄川汇通油脂精细化工厂(2000 吨)〈P2055〉；周村大成特种油品厂〈P2057〉；淄博爱迪森油脂化工有限公司〈P2057〉；淄博凤宝化工有限公司(3000 吨)〈P2059〉；博兴华润油脂化学有限公司(6000 吨)〈P2154〉；[豫]濮阳市市区四方化工厂(500 吨)〈P2215〉；[鄂]武汉一枝花油脂化工有限公司〈P2235〉；湖北振声(集团)股份有限公司〈P2246〉；[湘]湘潭市昭山旅游经贸开发区油脂化工厂(1 万吨)〈P2251〉；[川]成都菊乐制药有限公司〈P2312〉；四川西普化工股份有限公司〈P2331〉；四川泸天化股份有限公司〈P2323〉；四川天宇油脂化学有限公司〈P2323〉；[新]新疆大森化工有限公司〈P2363〉；昌吉市疆北油脂化工厂〈P2367〉
【使用厂】[辽]丹东市化学试剂厂〈P1700〉；[沪]上海家具涂料厂〈P1742〉；上海千为油脂科技有限公司〈P1757〉；上海天坛助剂有限公司〈P1767〉；上海申宇医药化工有限公司〈P1761〉；[苏]江苏飞翔化工(张家港)有限公司〈P1893〉；张家港市威达科技有限公司〈P1914〉；南京曙光化工集团有限公司〈P1789〉；[浙]龙游县化工试剂厂〈P1957〉；[闽]福建省连城百新科技有限公司〈P2005〉；福建省龙岩市豪迪化工有限公司〈P2005〉；[鲁]山东临朐富源精细化工有限公司〈P2096〉；广饶县福利树脂厂〈P2083〉；荣成市化工总厂有限公司〈P2122〉；新汶矿业集团有限责任公司〈P2139〉；菏泽仕达化工有限公司〈P2159〉；[鄂]随州市文峰涂料有限责任公司〈P2245〉；[桂]南宁市化工研究设计院〈P2297〉

PU 脱模剂 P03080701
PU Release agent
【生产厂】[粤]广州许氏三彩塑胶颜料厂〈P2268〉

有机硅脱模剂 P03081001
Organic silicon release agent
用于橡胶、轮胎、塑料、纤维等的脱模

P

【生产厂】[津]天津市秋华化工有限公司(200 吨)〈P1600〉；[吉]吉林华丰有机硅有限公司〈P1715〉；[苏]常州市宏业有机硅有限公司〈P1851〉；[浙]杭州顺祥工贸有限公司〈P1922〉；杭州包尔得有机硅有限公司〈P1915〉；[皖]蚌埠伊锐精细化工有限公司〈P1976〉；[赣]江西星火化工厂〈P2012〉；[鲁]烟台创业高科技有限公司〈P2116〉；威海赛奥化工有限公司(500 吨)〈P2125〉；[鄂]武汉市智发科技开发有限公司〈P2233〉；武汉亿强科技开发有限公司(20 吨)〈P2235〉；[粤]广州聚成兆业有机硅原料中心〈P2262〉；佛山市华联有机硅有限公司〈P2287〉

高温脱模剂　P03081002

High-temperature release agent

【生产厂】[京]北京奥宇可鑫表面工程技术有限公司〈P1543〉

有机硅乳液型消泡剂　P03081101

Organic silicon defoamer,

HXP 系列消泡剂用于石油化工、纺织、造纸、金属加工等工业生产中

【生产厂】[苏]常州市宏业有机硅有限公司〈P1851〉；[鲁]龙口市华瑞新材料科技有限公司〈P2111〉；[川]成都川峰化学工程有限责任公司〈P2310〉

X 型有机硅消泡剂　P03081102

Organic silicon foamer, X type

用于化工、造矿、乳液聚合、金属清洗、水泥、造纸、纺织、食品加工等一切水相型消泡

【生产厂】[津]天津市兴玉工贸有限公司〈P1609〉

S 型有机硅消泡剂　P03081111

Organic silicon defoamer, S type

适用于印染、油品加工、磨削液、切削液、金属清洗、陶瓷、化妆品、造纸等一切水相型和半水相型的消泡和抑泡

【生产厂】[津]天津市兴玉工贸有限公司〈P1609〉

烃类消泡剂　P03081151

Defoamer for hydrocarbon

可在各种烃类发泡体系中消泡、抑泡

【生产厂】[甘]兰化翔鑫工贸有限责任公司〈P2355〉

脱模蜡　P03081201

Release agent, wax

适用于聚氨酯、聚醚等发泡制品脱模

【生产厂】[辽]抚顺市通源科技开发研究所〈P1698〉

匀泡剂　P03081301

Foam stabilizer

主要作为生产聚氨酯泡沫塑料的泡沫稳定剂

【生产厂】[黑]佳木斯市北星有机化工有限责任公司〈P1724〉；[沪]上海锦山化工有限公司〈P1745〉；[苏]江阴市桐岐泗河化工厂〈P1871〉；[浙]杭州包尔得有机硅有限公司〈P1915〉；浙江建德顺发化工助剂有限公司〈P1928〉

消泡剂　P03081501

Defoamer; Defoaming agent

用于塑料、造纸、印染、油田泥浆消泡、污水处理等

【生产厂】[京]北京金源恒泰精细化工有限公司〈P1552〉；北京东方亚科力化工科技有限公司〈P1546〉；北京昌化精细化工厂〈P1544〉；[津]天津市天大华盛化工材料有限公司(2000 吨)〈P1603〉；天津市伊美克精细化工厂(500 吨)〈P1610〉；天津市精细化学制剂厂(300 吨)〈P1596〉；天津化工研究院津宏化工厂(300 吨)〈P1573〉；天津市神悦科技发展有限公司(200 吨)〈P1601〉；天津市汉沽高分子化工助剂厂〈P1588〉；[冀]河北省晋州市鑫达化工有限公司〈P1621〉；衡水新光化工有限责任公司〈P1668〉；[蒙]赤峰市东方化工染料助剂厂〈P1682〉；[吉]吉林省石油化工设计研究院〈P1714〉；延吉新东亚化学有限公司〈P1719〉；[沪]上海立奇化工助剂有限公司〈P1750〉；上海恒谊化工有限公司(50 吨)〈P1736〉；中国石油化工股份有限公司上海高桥分公司〈P1780〉；上海万金助剂有限公司〈P1768〉；上海安益化工有限公司(50 吨)〈P1727〉；上海吉臣化工有限公司〈P1742〉；上海天坛助剂有限公司〈P1767〉；上海未来企业有限公司〈P1770〉；上海汇集新材料股份有限公司〈P1741〉；[苏]南京维高化工有限公司〈P1790〉；江苏钟山化工有限公司〈P1782〉；江苏得意有机硅有限公司〈P1802〉；无锡华氏化学有限公司〈P1873〉；苏州超宇纺织化工有限公司〈P1899〉；射阳永双助剂有限公司〈P1809〉；江苏省江都市科苑化工有限公司〈P1816〉；南通远大生物科技发展有限公司〈P1836〉；海安县国力化工有限公司〈P1829〉；海安县正达化工厂〈P1829〉；[浙]杭州九鼎化工有限公司〈P1919〉；杭州包尔得有机硅有限公司(500 吨)〈P1915〉；杭州下沙经济开发区中联化工有限公司〈P1923〉；杭州杭云精细化工有限公司〈P1918〉；杭州绿典化工有限公司〈P1921〉；上虞市康特化工有限公司〈P1948〉；绍兴市应用化学研究所〈P1949〉；浙江上虞市珊瑚化工厂〈P1951〉；浙江省上虞市杜浦化工厂〈P1951〉；宁波天源化学有限公司〈P1933〉；[皖]桐城市晨光化工有限责任公司〈P1980〉；蚌埠化工工程塑料厂〈P1975〉；[闽]福清楷祥纺织助剂有限公司〈P1988〉；[鲁]济南巨业精细化工有限公司〈P2023〉；淄博洁水化工有限公司〈P2063〉；淄博金鲁染料化工有限公司〈P2063〉；淄博润达化工有限公司(80 吨)〈P2066〉；邹平县鲁津化工有限公司(100 吨)〈P2158〉；青州市奥星化工有限公司〈P2091〉；烟台恒鑫化工科技有限公司(4000 吨)〈P2117〉；济宁新格瑞水处理有限公司(150 吨)〈P2129〉；鱼台县开元精细化工有限公司(700 吨)〈P2134〉；[豫]郑州市中岳涂料助剂有限公司〈P2174〉；巩义市凌云胶粘剂厂〈P2163〉；鹤壁市天罡树脂化工有限公司〈P2200〉；[鄂]武汉新大地化工有限公司〈P2234〉；黄石龙骏化工科技有限公司〈P2236〉；[粤]广州市珠江精细化工厂〈P2267〉；广州庄杰化工有限公司〈P2268〉；深圳市腾龙源实业有限公司〈P2272〉；绿维集团有限公司〈P2269〉；东莞市恒业助剂有限公司〈P2280〉；佛山市德瑞新环保科技有限公司〈P2287〉；高明明海化学企业有限公司〈P2290〉；[桂]桂林市奥康化工技术有限公司〈P2299〉；[川]成都齐达科技开发公司〈P2313〉；[新]乌鲁木齐天池化学制品有限责任公司〈P2363〉；新疆天山建材集团精细化工有限责任公司〈P2364〉

【使用厂】[沪]上海市大场化工厂〈P1763〉；[鲁]青岛大洋涂料厂〈P2033〉；淄博凯美可工贸有限公司〈P2064〉；[豫]安阳市健美日化有限责任公司〈P2209〉

284 硅油脱模剂　P03081601

Silicon oil release agent 284

用作橡胶、塑料制品的脱模剂

【生产厂】[闽]厦门汉旭化工有限公司(150 吨)〈P1992〉

有机硅消泡剂　P03081701

Organic silicon defoaming agent

用于造纸、印染等行业

【生产厂】[津]天津赛菲化学科技发展有限公司〈P1577〉；[辽]辽阳东宝力化学建材有限公司〈P1709〉；[吉]磐石市

大田化工助剂研究所〈P1717〉;[黑]佳木斯市北星有机化工有限责任公司〈P1724〉;[沪]上海立奇化工助剂有限公司〈P1750〉;上海锦山化工有限公司〈P1745〉;[苏]南京纳科水处理技术有限公司〈P1787〉;南京立派化工有限公司〈P1787〉;南京宏桥精细化工科技开发有限公司〈P1784〉;江苏赛欧信越消泡剂有限公司〈P1803〉;常州源泉红光化工有限公司〈P1858〉;宜兴市泉龙化工有限公司(3000吨)〈P1886〉;宜兴市双发化工有限公司〈P1886〉;苏州百氏高化工有限公司〈P1899〉;张家港市威达科技有限公司〈P1914〉;江都市天和化工有限公司〈P1815〉;江都市海龙化工助剂有限公司〈P1814〉;[浙]杭州永欣精细化工有限公司〈P1924〉;杭州余杭艾迪精细化工研究所〈P1925〉;浙江信越精细化工有限公司〈P1944〉;[皖]宿州市华润化工有限责任公司〈P1984〉;黄山市强力化工有限公司〈P1981〉;[鲁]山东化友科技服务中心〈P2028〉;济南国邦化工有限公司〈P2021〉;潍坊瑞光化工有限公司〈P2103〉;莱州市宏科化工有限公司〈P2109〉;临朐县万利助剂厂〈P2090〉;烟台恒鑫化工科技有限公司(800吨)〈P2117〉;青岛朗力防锈材料有限公司〈P2040〉;[鄂]武汉市智发科技开发有限公司〈P2233〉;武汉海力科技化工有限公司〈P2230〉;武汉市化学工业研究所有限责任公司〈P2232〉;武汉亿强科技开发有限公司(10吨)〈P2235〉;湖北枣阳四海化工有限公司〈P2237〉;[粤]东莞市德能化工有限公司〈P2279〉;佛山市华联有机硅有限公司〈P2287〉;[川]中蓝晨光化工研究院〈P2320〉;四川省彭山磷盐化工厂〈P2334〉

陶瓷脱模剂 P03081801

Release agent for ceramic

【生产厂】[津]天津市红岩化工厂分厂(800吨)〈P1589〉;天津市振达化工有限公司(1000吨)〈P1613〉;天津市红山石油化工有限公司(10吨)〈P1589〉

高效有机硅消泡剂 P03081901

High efficiency organic silicon defoamer

广泛用于食品、医药、纺织、造纸、涂料等工业

【生产厂】[冀]承德滦平精细化工厂〈P1650〉;[苏]南京立派化工有限公司〈P1787〉;[豫]洛阳强龙精细化工总厂〈P2182〉;[粤]广州聚成兆业有机硅原料中心〈P2262〉

高效消泡剂 P03081951

Defoamer, high efficiency universal

可应用于油田钻井、造纸、印染、纺织、洗涤、废水处理等领域的消泡和抑泡过程

【生产厂】[京]北京富特斯化工科技有限公司〈P1547〉;北京麦尔化工科技有限公司〈P1555〉;北京市华昕化工研究所〈P1560〉;[津]天津市兴玉工贸有限公司〈P1609〉;[冀]大城县广安化工有限公司〈P1658〉;河北中创蓝星助剂有限公司〈P1659〉;[沪]上海未来企业有限公司〈P1770〉;[苏]宜兴市腾星化工有限公司〈P1887〉;宜兴市绿波水处理化学品有限公司〈P1885〉;宜兴市星石纺织助剂有限公司〈P1887〉;苏州志和无纺助剂有限公司〈P1907〉;扬州立达树脂有限公司〈P1818〉;[浙]宁波兴华化学有限公司〈P1934〉;[鲁]潍坊密恩化工有限公司〈P2103〉;[鄂]湖北省枣阳化学工业总公司〈P2237〉

有机硅雾化脱模剂 P03082001

Organic silicon atomization release agent

用于塑料、橡胶、纤维的脱模

【生产厂】[吉]磐石市大田化工助剂研究所〈P1717〉

非硅类消泡剂 P03082351

Defoamer of non-silicon

适用于芦苇、草、木浆造纸黑液的抑泡,耐强碱

【生产厂】[沪]上海立奇化工助剂有限公司〈P1750〉

聚氨酯制品脱模剂 P03082401

Mold release agent for polyurethane products

专用于聚氨酯鞋底、聚氨酯弹性体及其他聚氨酯制品的脱模

【生产厂】[吉]磐石市大田化工助剂研究所〈P1717〉;[鲁]青岛德慧精细化工有限公司(200吨)〈P2033〉;[豫]黎明化工研究院(50吨)〈P2181〉;[粤]广州得尔塔有机硅技术开发有限公司〈P2260〉

聚氨酯高效脱模剂 P03082491

Polyurethant high-efficiency stripper

主要用于聚氨酯制品的脱模及汽车用脱模

【生产厂】[吉]磐石市大田化工助剂研究所〈P1717〉;[赣]江西威科油脂化学有限公司〈P2019〉

树脂制品脱模剂 P03082601

Release agent for resin products

用于聚氨酯树脂、塑料等制品的脱模

【生产厂】[赣]江西威科油脂化学有限公司〈P2019〉;[鲁]青岛德慧精细化工有限公司(200吨)〈P2033〉

二甲基苯胺液;促进剂Ⅱ号;二甲基苯胺-苯乙烯 P03090301

Dimethylaniline-styrene

用作不饱和聚酯的固化促进剂

【生产厂】[津]天津市巨星化工材料有限公司(100吨)〈P1596〉

过氧化环己酮 P03090402

Peroxycyclohexanone [78-18-2]

用作固化剂,用于手糊FRP制品、浇铸和涂层制品

【生产厂】[津]天津市巨星化工材料有限公司(300吨)〈P1596〉;[辽]沈阳市应用技术实验厂(1000吨)〈P1689〉;[豫]新郑市树脂厂(500吨)〈P2169〉;[鄂]荆州市博尔德化学有限公司〈P2240〉

【使用厂】[粤]广州化学试剂厂〈P2261〉

过氧化环己酮二丁酯糊;AC-1#固化剂 P03090411

Dibutyl peroxycyclohexanone paste [3006-86-8]

用作玻璃钢制品的固化剂

【生产厂】[津]天津市巨星化工材料有限公司(170吨)〈P1596〉

过氧化苯甲酰二丁酯糊;AC-2#固化剂 P03090421

Dibutyl peroxide benzoyl paste

用作树脂固化剂,特别适应于低温、潮湿环境

【生产厂】[津]天津市巨星化工材料有限公司(50吨)〈P1596〉

固化剂;羟基苯磺酸 P03090601

Curing agent [98-67-9]

用作铸造用树脂常温固化剂

【生产厂】[津]天津市延安化工厂(20吨)〈P1610〉;[苏]苏州市兴业化工有限公司〈P1906〉;扬州广润化工有限公司

〈P1817〉;[浙]浙江临安福盛涂料助剂有限公司(5吨)〈P1928〉;[鲁]淄博市临淄天地化工厂(2000吨)〈P2069〉;青州市三星化工厂〈P2093〉;[豫]新郑市树脂厂〈P2169〉;洛阳吉明化工有限公司(200吨)〈P2182〉;[粤]东莞市良展有机硅材料厂〈P2280〉

固化剂1号;羟乙基乙二胺(单羟) P03090701

Curing agent No.1 [111-41-1]

用作塑料的固化剂

【生产厂】[赣]江西昌九金桥化工有限公司〈P2008〉;[豫]河南延化化工有限责任公司〈P2202〉;新乡市巨晶化工有限责任公司(5000吨)〈P2205〉

二乙基甲苯二胺 P03090710

Diethyl methyl benzene diamine [68479-98-1]

用作防水涂料固化剂

【生产厂】[豫]黎明化工研究院(10吨)〈P2181〉

固化剂2号;羟乙基乙二胺 P03090801

Curing agent No.2 [4439-20-7]

用于塑料制品生产时的固化

【生产厂】[鲁]青岛石喜精细化工有限公司〈P2042〉

聚氨酯固化剂;PU固化剂 P03091161

Curing agent for polyurethane

广泛用于金属、木材塑料、混凝土等的涂装

【生产厂】[沪]上海元邦涂料制造有限公司〈P1776〉;[苏]光明化工科技发展有限公司〈P1858〉;宜兴市华宝化工厂〈P1885〉;无锡市中竹漆业有限公司〈P1881〉;江苏三木集团公司〈P1865〉;苏州平平佳涂料化工有限公司〈P1902〉;[赣]江西蒙莱特漆业有限公司〈P2015〉;[鲁]山东鲁南造漆厂〈P2150〉;[粤]德一涂料股份有限公司〈P2268〉;佛山市鲸鲨制漆科技有限公司〈P2288〉;中山市旭阳涂料有限公司〈P2284〉;雄泰涂料有限公司〈P2286〉;江门市制漆厂有限公司(5000吨)〈P2286〉;江门江盈化工有限公司(2万吨)〈P2285〉

【使用厂】[闽]泉州市信和涂料有限公司〈P2000〉

环氧树脂固化剂 P03091200

Curing agent for epoxy resin

用于防腐涂层、层压材料、灌封及常温快干胶黏剂等

【生产厂】[津]天津市延安化工厂大通化工技术开发公司(240吨)〈P1610〉;天津市燕兆工贸有限公司(500吨)〈P1610〉;天津市蓟县兴盛福利化工厂(500吨)〈P1591〉;[辽]营口市群英化工有限公司〈P1705〉;[苏]无锡光明化工厂有限公司〈P1873〉;吴江市合力树脂有限公司〈P1910〉;昆山市南方化工厂〈P1897〉;[浙]浙江化工科技集团有限公司精细化工厂〈P1927〉;浙江省海宁海龙化学有限责任公司〈P1944〉;[皖]蚌埠市天宇耐高温树脂材料有限公司〈P1975〉;[鲁]淄博市张店齐鑫化工厂(150吨)〈P2071〉;烟台奥利福化工有限公司(500吨)〈P2116〉;[豫]恒甫油漆助剂有限公司〈P2191〉;[湘]长沙市化工研究所〈P2247〉;[粤]顺德市凤华化工有限公司〈P2292〉

环氧固化剂 P03091204

Epoxy curing agent

用于潮湿环境下的环氧固化、涂敷、粘接和防腐

【生产厂】[津]天津市津宁三和化学有限公司(1000吨)〈P1594〉;天津市津南区新桥绝缘材料有限公司(100吨)〈P1594〉;[沪]上海长风化工厂〈P1729〉;上海绿嘉水性涂料有限公司〈P1752〉;[苏]溧阳市后周福利溶剂厂〈P1863〉;张家港丰达制药有限公司(200吨)〈P1911〉;[浙]平湖市双马精细化工有限公司(1000吨)〈P1943〉;[鲁]济南华富达实业有限公司〈P2022〉;[粤]广州市瑞奇化工有限公司(6500吨)〈P2266〉;[渝]重庆川江化学试剂厂〈P2304〉;[川]中昊晨光化工研究院〈P2321〉

【使用厂】[鲁]潍坊云飞化工有限公司〈P2107〉

环氧树脂固化剂593 P03091301

Epoxy resin curing agent 593

广泛用于黏合强度高、抗震性好的大型建筑群、水坝、大桥、地下设施等工程中

【生产厂】[沪]上海树脂厂有限公司(180吨)〈P1764〉;[苏]南通新广生化工有限公司(20吨)〈P1836〉;[皖]黄山市润发化工(集团)有限公司〈P1981〉;[鲁]济南树脂化工公司〈P2025〉;[鄂]湖北省松滋市南海化工有限公司〈P2239〉;[湘]长沙市化工研究所〈P2247〉;[粤]佛山市鲸鲨制漆科技有限公司〈P2288〉

环氧树脂固化剂650 P03091551

Epoxy resin curing agent 650

能在室温下固化,粘接力强

【生产厂】[沪]上海树脂厂有限公司〈P1764〉;[苏]昆山市南方化工厂〈P1897〉;[湘]长沙市化工研究所〈P2247〉

环氧树脂固化剂651 P03091561

Epoxy resin curing agent 651

低分子量聚酰胺,能在室温下固化,粘接力强

【生产厂】[沪]上海树脂厂有限公司〈P1764〉;[苏]昆山市南方化工厂〈P1897〉

液体酸酐类固化剂 P03091701

Curing agent, liquid anhydride

用作环氧树脂配套固化剂

【生产厂】[苏]江阴天星保温材料有限公司〈P1872〉;[浙]平湖市双马精细化工有限公司〈P1943〉

水性环氧树脂固化剂 P03091801

Water-based epoxy resin curing agent

用于生产环氧涂料

【生产厂】[沪]上海长风化工厂〈P1729〉

水下固化剂 P03092201

Curing agent, underwater-used

适用于水下金属、水泥管道的粘接固化

【生产厂】[鲁]青州市三星化工厂〈P2093〉

水下环氧固化剂 P03092301

Epoxy resin curing agent, underwater-used

【生产厂】[豫]恒甫油漆助剂有限公司〈P2191〉;[湘]长沙市化工研究所(150吨)〈P2247〉

MA潮湿水下环氧固化剂 P03092351

MA Moist-underwater epoxy curing agent

与环氧树脂配合,可对地下工程在潮湿水下条件下进行施工或修补

【生产厂】[津]天津市延安化工厂(100吨)〈P1610〉;天津燕海化学有限公司(500吨)〈P1616〉

改性脂肪胺固化剂 P03092501

Modified aliphatic amine curing agent

用于地坪涂料灌封料胶黏剂、地坪涂料工艺品胶的固化

【生产厂】[鄂]武汉森茂精细化工有限公司(500 吨)〈P2232〉;[粤]广州市瑞奇化工有限公司〈P2266〉

A-50 环氧固化剂 P03092601

Epoxy resin curing agent A-50

用于飞机、汽车、赛艇、游艇等的高性能玻璃钢、模具的制作以及精密光学仪器的粘接修补

【生产厂】[湘]长沙市化工研究所(30 吨)〈P2247〉

T-31 环氧树脂固化剂 P03092801

Epoxy resin curing agent T-31

用于环氧树脂的固化

【生产厂】[津]天津市津宁三和化学有限公司(1000 吨)〈P1594〉;天津燕海化学有限公司(400 吨)〈P1616〉;[沪]上海树脂厂有限公司〈P1764〉;[苏]无锡光明化工厂有限公司〈P1873〉;昆山市南方化工厂(300 吨)〈P1897〉;南通新广生化工有限公司(40 吨)〈P1836〉;[皖]黄山市润发化工(集团)有限公司〈P1981〉;[鲁]济南树脂化工公司〈P2025〉;[豫]恒甫油漆助剂有限公司〈P2191〉;[鄂]湖北省松滋市南海化工有限公司〈P2239〉;[湘]长沙市化工研究所〈P2247〉

过氧化甲乙酮;MEKP P03092901

Methyl ethyl ketone peroxide [1338-23-4]

用作不饱和聚酯树脂的常温固化剂、有机合成的引发剂、漂白剂、杀菌剂

【生产厂】[辽]沈阳市应用技术实验厂(1000 吨)〈P1689〉;[苏]宜兴市宏达塑料化工有限公司〈P1885〉;泰州市远大化工原料有限公司〈P1828〉;姜堰市海翔化工有限公司〈P1823〉;[浙]温州市东方精细化工有限公司(400 吨)〈P1937〉;[鄂]荆州市博尔德化学有限公司〈P2240〉;[甘]兰州助剂厂(60 吨)〈P2356〉

四氢苯酐;四氢邻苯二甲酸酐;四氢苯二甲酸酐;THPA P03093001

Tetrahydrophthalic anhydride [935-79-5]

可作为醇酸树脂的改性剂、环氧树脂固化剂、不饱和聚酯树脂、农药及医药原料

【生产厂】[豫]濮阳市惠成化工有限公司〈P2214〉

【使用厂】[津]天津市津东化工厂〈P1593〉

甲基四氢苯酐;4-甲基四氢苯酐;MTHPA P03093011

Methyl tetrahydrophthalic anhydride [19438-64-3]

用于不饱和聚酯树脂、环氧树脂固化剂、农药中间体、干式变压器的灌封等

【生产厂】[辽]辽阳虹马化工有限责任公司〈P1709〉;[浙]嘉兴精化化工有限公司〈P1941〉;嘉兴南洋化工厂〈P1941〉;嘉兴市东方化工厂(3500 吨)〈P1941〉;嘉兴市清洋化学有限公司〈P1942〉;平湖市双马精细化工有限公司(1500 吨)〈P1943〉;嘉兴市福来特化工有限公司(3000 吨)〈P1941〉;[豫]恒源精细化工有限公司〈P2213〉;濮阳市惠成化工有限公司〈P2214〉

3-甲基四氢苯酐 P03093031

3-Methyltetrahydrophthalic anhydride [88335-93-7]

【生产厂】[浙]嘉兴精化化工有限公司〈P1941〉;[豫]濮阳市惠成化工有限公司〈P2214〉

甲基六氢苯酐;MHHPA P03093051

Methyl hexahydrophthalic anhydride [25550-51-0]

用作环氧树脂固化剂

【生产厂】[辽]辽阳虹马化工有限责任公司〈P1709〉;[浙]嘉兴精化化工有限公司〈P1941〉;嘉兴阿尔法精细化工有限公司〈P1940〉;嘉兴市清洋化学有限公司〈P1942〉;平湖市双马精细化工有限公司〈P1943〉;[豫]濮阳市惠成化工有限公司〈P2214〉

三(环氧丙基)异氰尿酸酯;呔哔克 P03093801

Tris(epoxypropyl) isocyanurate;1,3,5-Triglycidyl isocyanurate [2451-62-9]

主要用于聚酯粉末的固化剂,亦可用于制造电器绝缘材料层压板、印刷电路、各种工具、黏合剂、塑料稳定剂等

【生产厂】[辽]大连天源基化学有限公司〈P1694〉;[苏]常州市清红化工有限公司〈P1853〉;张家港爱华化工有限公司〈P1911〉;扬州三得利化工有限公司(200 吨)〈P1818〉;[浙]天台昌明化学制品有限公司〈P1962〉;[鲁]滕州市瑞得丰精细化工有限公司(2000 吨)〈P2079〉

固化剂 P03093910

Curing agent

用于树脂固化

【生产厂】[苏]常州天马集团有限公司〈P1857〉;江苏苏州吴县东渚化工厂〈P1894〉;[豫]许昌七星化工有限公司(600 吨)〈P2218〉

新型低黏度环氧树脂固化剂 P03094001

Curing agent for epoxy resin, new type, low viscosity

用于水利、建筑工程、高速公路等的灌浆补强和结构修补以及电子电气产品的灌封等

【生产厂】[津]天津市延安化工厂大通化工技术开发公司(500 吨)〈P1610〉;[湘]长沙市化工研究所〈P2247〉

环氧脂肪胺固化剂 P03094051

Epoxy aliphatic amine curing agent

用于黏结、固化

【生产厂】[苏]江阴天星保温材料有限公司〈P1872〉

环氧芳香胺固化剂 P03094071

Epoxy aromatic amine curing agent

用于固化环氧树脂,固化促进剂

【生产厂】[苏]江阴天星保温材料有限公司〈P1872〉;[浙]平湖市双马精细化工有限公司(1500 吨)〈P1943〉;[粤]广州市瑞奇化工有限公司〈P2266〉

环氧聚酰胺固化剂 P03094091

Epoxy polyamide curing agent

用于环氧树脂固化

【生产厂】[沪]上海市嘉定区江桥化工厂〈P1763〉

铸造树脂用磺酸固化剂 P03094201

Sulfoacid curing agent for casting resin

用于不同湿度、温度条件下呋喃树脂和酚醛树脂的造型固化

【生产厂】[冀]河北呋喃化工经贸有限公司〈P1619〉;河北省石家庄捷佳达化工有限公司〈P1621〉;泊头市天河化工有

限公司(1500 吨)〈P1651〉;河北省定兴县福利化工厂〈P1648〉;[苏]宜兴市远东化工有限公司(3500 吨)〈P1888〉;宜兴市范道有机化工厂(1500 吨)〈P1884〉;江都市双仙化工厂〈P1814〉;[鲁]济南圣泉集团股份有限公司(3000 吨)〈P2025〉;潍坊潍泰化工有限公司(1000 吨)〈P2106〉;昌乐恒昌化工有限公司(1200 吨)〈P2088〉;[豫]郑州翔宇铸造材料有限公司(1600 吨)〈P2175〉;偃师市商城树脂厂〈P2189〉;[鄂]潜江市申昌有机化工厂〈P2246〉;[川]中美合资迪邦(泸州)化工有限公司〈P2323〉

三(2-甲基氮丙啶)氧化膦;三(2-甲基氮杂环丙基)氧化膦;MAPO P03094301

Tri(2-methyl-1-aziridirnyl) phosphine oxide [57-39-6]

用于制造复合固体推进剂及包覆层

【生产厂】[辽]营口天元实业精细化工有限公司〈P1705〉

呋喃树脂、酚醛树脂固化剂 P03094401

Curing agent for furan resin and phenolic resin

【生产厂】[苏]无锡光明化工厂有限公司〈P1873〉;江都市光华助剂厂〈P1814〉

固化剂 DADMT;二甲硫基二氨基甲苯 P03094501

Dimethylthiodiaminotoluene

是聚氨酯弹性体的重要助剂,起扩链与交联作用的固化剂,可替代 MOCA

【生产厂】[浙]衢州市秀晨精细化工有限公司〈P1958〉

铸造模具用环氧树脂固化剂 P03094901

Epoxy resin curing agent for casting mould

用于铸造模具

【生产厂】[湘]长沙市化工研究所〈P2247〉

电子灌封用环氧树脂固化剂 P03095001

Epoxy resin curing agent for electron imbed

用于电子、电气产品的灌注密封

【生产厂】[湘]长沙市化工研究所〈P2247〉

建筑结构胶专用环氧树脂固化剂 P03095101

Epoxy resin curing agent for structural adhesive

用于钢板和钢板、钢板和混凝土粘贴、混凝土与混凝土的粘接

【生产厂】[湘]长沙市化工研究所〈P2247〉

有机酯固化剂 P03095201

Organic ester curing agent

为碱性酚醛树脂配套固化剂

【生产厂】[鲁]昌乐恒昌化工有限公司(1000 吨)〈P2088〉

环氧促进剂 DMP-30;2,4,6-三(二甲氨基甲基)苯酚;三聚催化剂;DMP-30 P03095301

Cycloxy promoter DMP-30; Tris (dimethylaminomethyl) phenol [90-72-2]

用作热固性环氧树脂固化剂、胶黏剂,层压板材料和地板的黏结剂,酸中和剂和聚氨基甲酸酯生产中的催化剂

【生产厂】[黑]佳木斯市北星有机化工有限责任公司〈P1724〉;[苏]江阴市桐岐泗河化工厂〈P1871〉;江都市大江化工厂〈P1813〉;[浙]浙江省海宁海龙化学有限责任公司〈P1944〉;[粤]广州市荟普新材料有限公司〈P2264〉

【使用厂】[辽]辽阳前进化工有限公司〈P1710〉

水性树脂专用固化剂 P03095401

Curing agent for water-based resin

用于水性聚氨酯漆、汽车瓷漆、通用瓷漆、高固体系涂料等

【生产厂】[鲁]奥德美(淄博)高分子材料有限公司〈P2048〉

1-氰乙基-2-苯基咪唑 P03095501

1-Cyanoethyl-2-phenylimidazole [23996-12-5]

用作环氧树脂固化剂,可广泛用于环氧树脂粘接、涂装、浇注、包封、浸渍及复合材料等

【生产厂】[沪]上海凯乐实业发展有限公司〈P1747〉

1-氰乙基-2-甲基咪唑 P03095601

1-Cyanoethyl-2-methylimidazole [23996-55-6]

用作环氧树脂固化剂,可广泛用于环氧树脂粘接、涂装、浇注、包封、浸渍及复合材料等

【生产厂】[沪]上海凯乐实业发展有限公司〈P1747〉

1-氰乙基-2-乙基-4-甲基咪唑 P03095701

1-Cyanoethyl-2-ethyl-4-methylimidazole [23996-25-0]

用作环氧树脂固化剂,可广泛用于环氧树脂粘接、涂装、浇注、包封、浸渍及复合材料等

【生产厂】[沪]上海凯乐实业发展有限公司〈P1747〉

塑料补强剂 P03100601

Plastic reinforcer

能提高 PVC 塑料制品的刚性、抗冲性、耐蠕变性,是聚氯乙烯给排水管材管件、化工管材等塑料制品的理想助剂

【生产厂】[鲁]招远市青山化工厂〈P2121〉

珠光助剂;珠光浆;鱼鳞光浆 P03100701

Pearlescing additive

用于聚氯乙烯塑料制品

【生产厂】[津]天津先光化工有限公司(500 吨)〈P1616〉

PVC 增强改性剂 P03100801

PVC Reinforced modifier

具有增强、增韧的效果,适用于硬质 PVC 制品,如管材、管件、型材、板材等

【生产厂】[沪]上海智强塑料助剂有限公司〈P1778〉;[渝]重庆市嘉世泰化工有限公司〈P2307〉

烯丙基缩水甘油醚 P03100901

Allyl glycidyl ether [106-92-3]

用作聚氨酯橡胶的原料及环氧树脂的稀释剂

【生产厂】[苏]金坛市华东偶联剂厂〈P1862〉;宝应县大有化学品制造有限公司〈P1813〉

【使用厂】[豫]黎明化工研究院〈P2181〉

缩水甘油特丁基醚 P03100931

tert-Butyl glycidyl ether [7665-72-7]

用作活性稀释剂

【生产厂】[苏]宝应县大有化学品制造有限公司〈P1813〉

P

环氧树脂活性稀释剂;苄基缩水甘油醚 P03100951
Benzyl glycidol ether
环氧树脂稀释剂
【生产厂】[沪]上海长风化工厂〈P1729〉;[苏]无锡光明化工厂有限公司〈P1873〉;[鄂]武汉森茂精细化工有限公司(500 吨)〈P2232〉;[川]中昊晨光化工研究院〈P2321〉

四氟丙基烯丙醚 P03100991
Tetrafluoropropyl allyl ether
用于接枝表面改性,以及涂料、油漆、油墨的拒水拒油改性剂,聚氨酯等高分子材料改性剂等
【生产厂】[苏]苏州市华丰精细化工有限公司〈P1903〉

铜离子抑制剂;抗铜剂 P03101021
Copper ion inhibitor
广泛用于以聚乙烯、聚丙烯等绝缘材料的铜芯电线电缆和水管中
【生产厂】[苏]南京苏景化工有限公司〈P1789〉;扬州市恒生化工有限公司〈P1818〉

铬雾抑制剂 P03101031
Chromium-fog inhibitor
用于电镀行业中对铬雾的抑制
【生产厂】[沪]上海中科合臣股份有限公司(10 吨)〈P1779〉;[鄂]武汉海德化工发展有限公司〈P2229〉;湖北恒新化工有限公司〈P2242〉

塑料荧光增白剂 P03101301
Fluorescent whitening agent for plastic
主要用于赛璐珞白料、聚氯乙烯、乙酸纤维素和其他热塑性树脂的增白及色料增艳
【生产厂】[皖]天长市劲松塑料助剂集团有限公司〈P1983〉;[粤]广州市坚红化工厂〈P2264〉

聚甲基丙烯酸钠 P03101401
Sodium polymethacrylate [54193-36-1]
用于悬浮聚合时作稳定剂,还可用作水溶性涂料、增稠剂等
【生产厂】[京]北京化工厂〈P1549〉

塑料光亮润滑剂 P03101601
Brightening lubricant for plastic
主要用作 PE、PP、PVC、ABS 等塑料的挤出、注射的内外润滑剂
【生产厂】[苏]常州可赛成功塑胶材料有限公司〈P1848〉;无锡市佳盛高新改性材料有限公司〈P1877〉;[鲁]淄博市临淄顺发塑料化工厂〈P2069〉;济宁市金驰塑料助剂厂〈P2128〉;[川]成都同力助剂有限公司〈P2316〉

塑料助剂 SB-200;改性 EBS;十八胺硬脂酸盐 P03101651
Plastic auxiliary SB-200
在高分子材料的软硬制品中均可应用,作为内外润滑助剂
【生产厂】[苏]常州可赛成功塑胶材料有限公司〈P1848〉

塑料改进剂 ACR;PVC 抗冲改性剂 ACR P03101700
Plastic modifier ACR
广泛用于 PVC 管材、管件、门窗异型材和装饰板材,可使制品表面光滑美观以及抗老化
【生产厂】[苏]泰兴市临江化工厂(200 吨)〈P1826〉;[闽]福州冠通化工有限公司〈P1989〉;[鲁]淄博市淄川塑料助剂厂(1500 吨)〈P2072〉;临淄颐祥化工有限公司〈P2050〉;淄博市临淄沣田化工有限公司〈P2068〉;淄博华星助剂有限公司(1 万吨)〈P2062〉;山东舜天力塑胶有限公司〈P2055〉;沂源瑞丰高分子材料有限公司(1 万吨)〈P2056〉;淄博世拓高分子材料有限公司〈P2067〉;山东日科化学有限公司〈P2097〉;威海金泓化工集团有限公司(2 万吨)〈P2124〉;山东莱芜美星化工有限公司(1000 吨)〈P2141〉

塑料改性剂 ACR-201;ACR-201 P03101701
Plastic modifier ACR-201
用作聚丙烯酸酯类 PVC 加工改性剂
【生产厂】[浙]温州天盛塑料助剂有限公司〈P1938〉;[鲁]淄博永嘉化工有限公司〈P2075〉

PVC 加工改性剂 ACR-401;ACR-401 P03101703
Plastic modifier ACR-401
适用于 PVC 管材、型材挤出、注塑
【生产厂】[沪]上海智强塑料助剂有限公司〈P1778〉;[浙]上虞市临江化工有限公司〈P1948〉;温州天盛塑料助剂有限公司〈P1938〉;[鲁]淄博市淄川塑料助剂厂(5000 吨)〈P2072〉;淄博永嘉化工有限公司〈P2075〉

PVC 抗冲改性剂 ACR-601;ACR-601 P03101731
PVC Impact modifier ACR-601
用于各种非透明硬质 PVC 制品的生产,主要用于异型材、管材、管件等制品
【生产厂】[鲁]淄博永嘉化工有限公司〈P2075〉

聚氨酯着色剂 P03101801
Polyurethane coloring agent
【生产厂】[鲁]烟台市福山区化工研究所有限公司(800 吨)〈P2118〉

聚氯乙烯色母粒;PVC 色母粒 P03101851
Master-batches for polyvinyl chloride
【生产厂】[粤]广州市波斯塑胶颜料有限公司〈P2263〉

塑料填充母料 P03101904
Plastic packing material
主要用于塑料制品工业,直接与 PP、PE、PVC 等烯烃高聚物切片共混,生产各种塑料制品
【生产厂】[津]天津市天海塑料助剂有限公司〈P1604〉;[冀]河北省灵寿县地矿开发二厂〈P1621〉;[沪]上海林达塑胶化工有限公司〈P1752〉;[浙]建德市荣盛塑业制造有限公司〈P1926〉;[皖]安徽省明光市曼迪矿业科技有限公司〈P1982〉;[鲁]山东春潮色母料有限公司(6000 吨)〈P2135〉;[豫]三门峡市恒力合成原料厂(400 吨)〈P2222〉;[粤]绿维集团有限公司〈P2269〉;加威塑化有限公司〈P2281〉;[川]四川省德阳市富昊塑料有限公司〈P2327〉

涤纶色母粒 P03101910
Polyester color concentrate

P

是涤纶长丝、涤纶短纤维纺前着色用理想着色剂
【生产厂】[粤]广东彩艳股份有限公司〈P2284〉

ABS 色母粒 P03101911
ABS Color concentrate
用于 PS 类注塑制品的着色
【生产厂】[鲁]山东鲁燕色母粒有限公司(600 吨)〈P2136〉;[粤]中山华发塑料色母有限公司〈P2282〉

PE 通信电缆色母粒 P03101912
Master-batches for PE cable
用于通信电缆料的着色
【生产厂】[沪]上海林达塑胶化工有限公司〈P1752〉;[苏]常州市新府运色母料有限公司〈P1855〉;[川]成都添彩化工有限公司〈P2316〉

丙纶色母粒 P03101913
Polypropylene fiber color concentrate
【生产厂】[鲁]山东春潮色母料有限公司(1500 吨)〈P2135〉;[粤]广东彩艳股份有限公司〈P2284〉;[川]成都添彩化工有限公司〈P2316〉

塑料色母粒 P03101914
Plastic color concentrate
适用于常用树脂(PE、PP、ABS、PS 等)的吹塑、注塑、挤塑、流延等制品的着色
【生产厂】[京]北京吉和色母料有限公司〈P1550〉;[辽]大连隆腾化工有限公司〈P1693〉;[黑]大庆华科股份有限公司〈P1722〉;[苏]苏州惠业化轻工业有限公司(35 万吨)〈P1901〉;[浙]象山金泰塑胶有限公司〈P1935〉;[皖]安徽省明光市曼迪矿业科技有限公司〈P1982〉;[鲁]山东鲁燕色母粒有限公司(3000 吨)〈P2136〉;[粤]广东彩艳股份有限公司〈P2284〉

塑料抗菌母料 P03101921
Plastic antibiotic master batch
适用于 PP、PE、PVC、ABS、AS、PS、PBT、PET 等制品和透明 PS 制品,有防霉要求的产品,生产抗菌纤维及织物等
【生产厂】[辽]大连九如塑料有限公司〈P1692〉;[苏]南京铅锌银矿业有限责任公司〈P1788〉

塑胶色母粒 P03101931
Plastic cement color concentrate
【生产厂】[粤]广州隽佳塑胶科技有限公司〈P2262〉;深圳市富恒塑胶颜料有限公司(2 万吨)〈P2270〉;毅亮塑胶颜料有限公司〈P2281〉

聚乙烯色母粒 P03101941
Master-batches for polyethylene
聚乙烯专用色母粒
【生产厂】[鲁]威海金和洋塑料制品有限公司(1000 吨)〈P2124〉

工程塑料着色母料 P03101951
Master-batches for engineering plastic
【生产厂】[鲁]山东春潮色母料有限公司(1000 吨)〈P2135〉;[豫]三门峡市恒力合成原料厂〈P2222〉;[粤]广州市波斯塑胶颜料有限公司〈P2263〉

聚苯乙烯色母粒;PS 色母粒 P03101961
Master-batches for polystyrene
用于 PS、HIPS、ABS、SBS 等苯乙烯系列塑料注塑和挤出制品的着色
【生产厂】[苏]常州市新府运色母料有限公司〈P1855〉;[粤]广州市波斯塑胶颜料有限公司〈P2263〉

聚丙烯色母粒 P03101971
Master-batches for polypropylene
聚丙烯专用色母粒
【生产厂】[鲁]淄博市临淄齐泉工贸有限公司〈P2069〉

PP-R 管专用色母粒 P03101975
Master-batches for PP-R pipes
【生产厂】[沪]上海江沪钛白化工制品有限公司〈P1743〉;[浙]杭州华塑色母有限公司〈P1918〉

白色母粒 P03101981
White master-batches
用于塑胶、橡胶、涂料、油墨
【生产厂】[粤]德诚颜料化工有限公司(2400 吨)〈P2278〉;东莞荣盛颜料有限公司(10 吨)〈P2279〉

有机硅防粘剂 P03102002
Organosilicon antisticking agent
【生产厂】[川]中蓝晨光化工研究院〈P2320〉

抑泡润湿分散剂 P03102251
Wetting and dispersing agent, foam-inhibitory
主要应用于冷固化聚酯树脂及树脂添加填充料的混合体系中,能有效降低树脂和填充料的表面张力
【生产厂】[津]天津赛菲化学科技发展有限公司〈P1577〉;[沪]上海锦山化工有限公司〈P1745〉

塑料专用分散剂 P03102291
Dispersing agent for plastic
【生产厂】[苏]常州可赛成功塑胶材料有限公司〈P1848〉;[鲁]寿光市曙光助剂厂(200 吨)〈P2100〉

PVC 抗冲改性剂 AIM P03102301
Impact modifier AIM for PVC
广泛用于异型材、片材、板材、管材、管件等 PVC 制品
【生产厂】[辽]丹东德成化工有限公司〈P1699〉

PVC 抗冲改性剂 ACM 树脂 P03102351
Impact modifier ACM resin for PVC
加入 PVC 中不但能大幅度提高 PVC 硬制品的冲击性能并且能有效的改善其耐候性能
【生产厂】[鲁]山东日科化学有限公司〈P2097〉

PVC 抗冲改性剂 K-228 P03102391
Impact modifier K-228 for PVC
用于 PVC 不透明片材、扭结膜、热收缩膜、管材等产品
【生产厂】[苏]扬州坤源助剂有限公司〈P1818〉

PEP 填充母料;塑料改性剂;聚烯烃填充母料 P03102401

PEP Packing material

主要用于编织袋、打包带、周转箱、玩具、中空容器等塑料制品中，能改善它们的加工性能、降低生产成本

【生产厂】［鲁］胜利油田聚能化工助剂有限责任公司(600吨)〈P2087〉；山东潍坊华诚改性塑料有限公司(3000吨)〈P2099〉；［豫］河南省济源科汇材料有限公司〈P2193〉；［粤］佛山市城区天奇塑料助剂厂〈P2287〉

环氧树脂活性增韧剂 P03102501

Epoxy resin active tenacity improver

广泛用于大中型干式变压器、互感器、高压开关等电力设备的制造和电子器件绝缘灌封

【生产厂】［苏］昆山市精细化工研究所有限公司〈P1897〉；［浙］浙江化工科技集团有限公司〈P1927〉；浙江化工科技集团有限公司精细化工厂(600吨)〈P1927〉；嘉兴市清洋化学有限公司〈P1942〉；平湖市双马精细化工有限公司〈P1943〉；浙江省海宁海龙化学有限责任公司〈P1944〉；［鲁］烟台奥利福化工有限公司(300吨)〈P2116〉；［鄂］武汉森茂精细化工有限公司(2000吨)〈P2232〉

增韧剂 P03102591

Flexibilizer

用于PC、PA、PBT、ABS等塑料的增韧

【生产厂】［津］天津市天海塑料助剂有限公司〈P1604〉；［辽］沈阳四维高聚物塑胶有限公司〈P1689〉；［鲁］淄博飞亚达塑化有限公司〈P2059〉；［粤］加威塑化有限公司〈P2281〉

【使用厂】［苏］无锡市裕田高分子材料有限公司〈P1881〉；［鲁］山东东辰工程塑料有限公司〈P2028〉；文登市燕锦高分子材料有限公司〈P2127〉

芥酸酰胺；开口剂 P03102601

Erucic amide [112-84-5]

用于食品、服装等各种聚乙烯、聚丙烯薄膜包装袋作开口剂，各种塑料制品润滑剂、脱模剂及PP生产的稳定剂

【生产厂】［晋］山西天一纳米材料科技有限公司〈P1676〉；［沪］上海华溢塑料助剂合作公司(100吨)〈P1740〉；上海勤工助剂有限公司〈P1757〉；［苏］江苏飞翔化工(张家港)有限公司〈P1893〉；海门市众腾化工有限公司〈P1830〉；［赣］江西永友化工助剂有限公司〈P2019〉；江西威科油脂化学有限公司〈P2019〉；［鲁］昌乐康泰塑胶有限公司(20吨)〈P2088〉；临朐县万利助剂厂(20吨)〈P2090〉；青岛中塑经济发展有限公司〈P2047〉；［豫］濮阳市市区四方化工厂(200吨)〈P2215〉；［川］四川泸天化股份有限公司〈P2323〉；四川天宇油脂化学有限公司〈P2323〉

【使用厂】［辽］本溪怀特石油化工有限责任公司〈P1699〉；［吉］吉林市吉化北方炬醌工贸有限责任公司〈P1716〉；［沪］上海炼油厂〈P1751〉；［苏］盐城市祥福化工有限公司〈P1812〉；江苏双多化工有限公司〈P1808〉；无锡市高润杰化学有限公司〈P1875〉；扬州美涂士金陵特种涂料有限公司〈P1818〉；［豫］南阳德润化工有限责任公司〈P2223〉；黎明化工研究院〈P2181〉；［川］四川川化集团成都望江化工厂〈P2318〉；［甘］西北永新化工股份有限公司〈P2356〉

塑料增白剂 P03102701

Plastic whitening agent

用于纯涤纶、涤棉织物和塑料制品等的增白

【生产厂】［浙］浙江奥仕化学有限公司〈P1958〉；［赣］南昌天时化工有限公司〈P2010〉

浅色改性松香树脂 P03102851

Rosin resin, light-color modified

【生产厂】［闽］福建省德化县龙津林化有限公司(1500吨)〈P1998〉；［粤］德庆迪爱生合成树脂有限公司〈P2293〉

羟基硬脂酸甲酯 P03102901

Methyl hydroxy stearate [141-23-1]

用于各种塑料加工作复合润滑剂

【生产厂】［蒙］通辽市威宁化工有限责任公司〈P1682〉

蔗糖苯甲酸酯 P03103001

Sucrose benzoate [12738-64-6]

用作油漆、油墨、塑料助剂

【生产厂】［浙］浙江迪耳化工有限公司〈P1954〉；浙江迪耳药业有限公司〈P1954〉

塑料改性剂 PMI；*N*-苯基马来酰亚胺 P03103101

N-Phenylmaleimide [941-69-5]

主要用于提高树脂的耐热性，适用于制造涂料、黏合剂、感光性树脂、医药、农药等

【生产厂】［京］北京清华紫光英力化工技术有限责任公司〈P1557〉；［冀］河北新兴化工有限责任公司〈P1648〉；［苏］德发(南通)生物化工有限公司〈P1829〉；中外合资德发(南通)生物化工有限公司〈P1839〉；如皋油脂化工厂〈P1839〉；［鲁］青岛石大卓越科技股份有限公司(800吨)〈P2042〉；石油大学卓越科技有限责任公司〈P2048〉；［陕］西北化工研究院〈P2350〉；陕西宝鸡宝玉化工有限公司〈P2351〉

预混剂 P03103201

Premixing agent

用于低密度聚乙烯造粒工业中

【生产厂】［津］天津市新星兽药厂(8000吨)〈P1608〉；［辽］营口市风光化工有限公司〈P1705〉；［鲁］淄博三鹏化工有限责任公司(200吨)〈P2066〉

无机抗菌剂 P03103401

Inorganic antimicrobial

用于塑胶制品的抗菌

【生产厂】［辽］鞍山市裕原塑胶抗菌剂有限公司(100吨)〈P1696〉

塑料抗菌剂 P03103451

Plastic antimicrobial

具有优良的抑菌和杀菌性能，抗菌谱宽，加入塑料制品中后可赋予塑件长期的抗菌和杀菌能力

【生产厂】［浙］上虞市佳华高分子材料有限公司〈P1948〉

全氟丁基磺酸钾 P03103701

Perfluoro *n*-butylsulfonate, potassium salt [29420-49-3]

用于合成材料的阻燃，是聚碳酸酯材料的最佳阻燃剂

【生产厂】［辽］金凯(阜新)化工有限公司〈P1708〉；［沪］上海华彩精细化工有限公司(10吨)〈P1738〉；上海亿际化工有限公司〈P1775〉；［鄂］武汉市德孚经济发展有限公司〈P2232〉；武汉市化学工业研究所有限责任公司〈P2232〉；湖北恒新化工有限公司〈P2242〉

全氟丁基磺酰氟 P03103731

Perfluoro *n*-butylsulfonyl fluoride [375-72-4]

用于合成氟碳表面活性剂、含氟农药、染料、聚碳酸酯加工处理分散剂等

【生产厂】[辽]金凯(阜新)化工有限公司〈P1708〉;[沪]上海亿际化工有限公司〈P1775〉;[闽]福建省建阳金石氟业有限公司〈P2003〉;[鄂]武汉市德孚经济发展有限公司〈P2232〉;武汉市化学工业研究所有限责任公司〈P2232〉;湖北恒新化工有限公司〈P2242〉

全氟丁基磺酸 P03103751

Perfluoro *n*-butylsulfonic acid

【生产厂】[沪]上海亿际化工有限公司〈P1775〉

塑料光亮剂 P03103801

Lustering agent for plastic

用作塑料助剂

【生产厂】[沪]上海华溢塑料助剂合作公司〈P1740〉;[鲁]临朐县万利助剂厂(10 吨)〈P2090〉

PVC 抗鱼眼剂 P03103901

Anti-fisheye agent for PVC

【生产厂】[津]天津市汉沽高分子化工助剂厂〈P1588〉;[鲁]山东省微山县化工厂(100 吨)〈P2132〉

界面活性剂 P03104001

Interfacial agent

塑料助剂,特别适用于 PVC 软硬制品以及发泡制品的加工,亦可用于 PP、PE 制品的加工

【生产厂】[粤]广州拓华化工科技有限公司〈P2267〉

附着力促进剂 P03104101

Adhesion promoter

应用于丙烯酸树脂、环氧树脂、聚酯树脂、聚氨酯等体系

【生产厂】[沪]上海锦山化工有限公司(200 吨)〈P1745〉;[苏]镇江市天龙化工有限公司〈P1846〉;镇江市金宝粘合剂有限公司〈P1845〉;常州市亚邦亚宇助剂有限公司〈P1856〉;[浙]杭州沸点化工有限公司〈P1916〉;玉环密得邦化学有限公司〈P1963〉;[粤]广州嵩源新材料有限公司〈P2267〉

聚氯乙烯塑料抗静电剂 P03104351

Antistatic agent for PVC plastic

是内加型抗静电剂,用于软质、半硬质及硬质聚氯乙烯材料

【生产厂】[沪]上海锦山化工有限公司〈P1745〉

PE、PP 塑料专用抗静电剂 P03104451

Antistatic agent for PE and PP

用来制造抗静电高分子材料,如 PE 和 PP 的薄膜、片材、容器、包装袋(箱)、矿用双抗塑料网带及尼龙梭子等

【生产厂】[京]北京市化学工业研究院〈P1560〉;[沪]上海安益化工有限公司(100 吨)〈P1727〉;上海锦山化工有限公司〈P1745〉;[浙]杭州临安德昌化学有限公司〈P1920〉

PS、ABS、PET 塑料专用抗静电剂 P03104491

Antistatic agent for PS,ABS and PET

是内加型抗静电剂,适用于 ABS、PS、PET 材料

【生产厂】[沪]上海锦山化工有限公司〈P1745〉

抗静电剂 1800;*N*,*N*-二羟乙基十八胺;抗静电剂 N182;十八烷基二乙醇胺 P03104551

Antistatic agent 1800;*N*,*N*-Dihydroxyethyloctadecyl amine

为非离子型抗静电剂,用作聚烯烃(PE、PP)、聚苯乙烯、ABS 等树脂的内部抗静电剂

【生产厂】[沪]上海锦山化工有限公司〈P1745〉;[豫]濮阳市市区四方化工厂(200 吨)〈P2215〉

PVC 润滑剂;聚氯乙烯润滑剂 P03104601

Lubricant for PVC

用作聚氯乙烯透明制品生产的润滑

【生产厂】[鲁]淄博市淄川塑料助剂厂(1000 吨)〈P2072〉;济宁市金驰塑料助剂厂〈P2128〉;[湘]湖南郴州浩伦生化助剂有限公司〈P2257〉;[粤]深圳凯奇化工有限公司〈P2269〉

PVC 内润滑剂 P03104651

Internal lubricant for PVC

用作聚氯乙烯透明材料使用的内润滑剂

【生产厂】[沪]上海智强塑料助剂有限公司〈P1778〉;[苏]常州市麦登橡塑化工有限公司〈P1853〉;扬州坤源助剂有限公司〈P1818〉;[浙]杭州金诚助剂有限公司〈P1919〉;[赣]江西威科油脂化学有限公司〈P2019〉;[鲁]淄博华星助剂有限公司(500 吨)〈P2062〉;[粤]深圳凯奇化工有限公司〈P2269〉;深圳健晶环保增助剂有限公司〈P2269〉

PVC 外润滑剂 P03104691

External lubricant for PVC

用作聚氯乙烯的外润滑剂

【生产厂】[沪]上海华溢塑料助剂合作公司〈P1740〉;上海智强塑料助剂有限公司〈P1778〉;[浙]杭州金诚助剂有限公司〈P1919〉;[赣]江西威科油脂化学有限公司〈P2019〉;[粤]深圳凯奇化工有限公司〈P2269〉;深圳健晶环保增助剂有限公司〈P2269〉

高透明无毒级 PVC 润滑剂 P03104701

Lubricant for PVC,high transparence,innoxious grade

聚氯乙烯透明材料外用润滑剂,适用于 PVC 制品压延,挤出注塑等各种工艺

【生产厂】[粤]深圳市华航环保材料有限公司〈P2271〉

1,1,3-三甲基-3-苯基茚满 P03104801

1,1,3-Trimethyl-3-phenylindane

用作塑料润滑剂,能缩短塑料的熔融时间,降低熔体黏度,提高熔体流动性和分散性,改善树脂加工性能

【生产厂】[苏]无锡市佳盛高新改性材料有限公司〈P1877〉

二苯茚双马来酰亚胺 P03104901

Diphenylindene bismaleimide

用于碳纤维,具有抗辐射等功能

【生产厂】[苏]无锡市佳盛高新改性材料有限公司〈P1877〉

抗静电剂 AT P03105001

Antistatic agent AT

专用于 LDPE、HDPE、PP 等聚烯烃塑料制品中

【生产厂】[浙]上虞市佳华高分子材料有限公司〈P1948〉

抗静电剂 ASA P03105021

Antistatic agent ASA

专用于 ABS、SAN 等工程塑料制品中

【生产厂】[浙]上虞市佳华高分子材料有限公司〈P1948〉

抗静电剂 AC P03105041

Antistatic agent AC

主要用于 PVC 和 POM 中

【生产厂】[浙]上虞市佳华高分子材料有限公司〈P1948〉

抗静电剂 AN P03105051

Antistatic agent AN

可用于 PA 和苯乙烯类等塑料材料中

【生产厂】[浙]上虞市佳华高分子材料有限公司〈P1948〉

抗静电剂 AV P03105061

Antistatic agent AV

是塑料材料的高效抗静电剂，适用于各类 ABS、HIPS、SAN 等改性材料

【生产厂】[浙]上虞市佳华高分子材料有限公司〈P1948〉

抗静电剂 AVC P03105081

Antistatic agent AVC

专用于 PVC、TPU、橡胶等聚合物中

【生产厂】[浙]上虞市佳华高分子材料有限公司〈P1948〉

亚乙基双月桂酰胺；*N*,*N'*-亚乙基双月桂酰胺 P03105101

Ethylene bis-dodecylamide

用作塑料通用分散剂、内外润滑剂、热塑性塑料润滑脱模剂，可改善塑料表面的平滑性，使制品外观颜色更加均匀

【生产厂】[鲁]济宁市金驰塑料助剂厂〈P2128〉；山东嘉润塑胶材料有限公司（1000 吨）〈P2131〉

亚乙基双油酸酰胺；*N*,*N'*-亚乙基双油酸酰胺 P03105201

Ethylene bis-oleamide

可用于注模法中的热塑性树脂，在工业和家用方面可用作消泡剂和防水组分

【生产厂】[赣]江西威科油脂化学有限公司〈P2019〉；[鲁]济宁市金驰塑料助剂厂〈P2128〉；山东嘉润塑胶材料有限公司（800 吨）〈P2131〉

高分子复合酯 P03105301

Polymer compound ester

用作 PVC 电缆料的润滑剂，具有热稳定作用，也适合 PVC 挤出异型材、压延制品和注塑制品

【生产厂】[苏]常熟市杰扬塑料助剂厂〈P1890〉

PVC 消光雾面剂 P03105401

PVC Extinction cloudy surface agent

用于 PVC 软质、半硬质制粒、压延、注射等加工，提供雾面效果，适用于电线、电缆、片材、板材、绳带、皮革等

【生产厂】[粤]东莞市良展有机硅材料厂〈P2280〉

橡胶助剂 P04000000

Rubber auxiliary

用于橡胶行业

【生产厂】[津]天津市雄冠科技发展有限公司（500 吨）〈P1609〉；[沪]上海涂料有限公司〈P1768〉；上海久聚高分子材料有限公司〈P1746〉；[鲁]聊城瑞捷化学有限公司〈P2152〉；山东省淄博市淄川汇通油脂精细化工厂〈P2055〉；山东省邹平县齐苑化工有限公司（300 吨）〈P2156〉；[豫]长葛市豫海橡胶助剂有限公司（800 吨）〈P2217〉

橡胶促进剂 TBzTD；二硫化四苄基秋兰姆 P04010301

Rubber Accelerator TBzTD; Tetrabenzylthiuram disulfide [10591-85-2]

用作快速主促进剂或次促进剂

【生产厂】[鲁]山东省寿光市圣海化工有限公司〈P2098〉；[豫]濮阳蔚林化工股份有限公司〈P2215〉

促进剂 CZ；*N*-环己基-2-苯并噻唑次磺酰胺；促进剂 CBS P04010401

Accelerator CZ; *N*-Cyclohexyl-2-benzothiazolesulfenamide [95-33-0]

是优良的后效性促进剂，适用于天然胶及合成胶和轮胎等橡胶制品

【生产厂】[津]天津拉勃助剂有限公司(4000 吨)〈P1576〉；天津市科迈化工有限公司(4000 吨)〈P1597〉；天津市有机化工一厂(2500 吨)〈P1611〉；[冀]东北助剂化工有限公司〈P1663〉；河北平乡县丰业橡胶助剂有限公司〈P1641〉；[辽]辽宁省沈阳中际精细化工总厂〈P1684〉；[苏]镇江振邦化工有限公司(400 吨)〈P1846〉；常州欧士橡胶助剂有限公司〈P1849〉；宜兴市瑞风橡塑助剂有限公司〈P1886〉；南京化学工业有限公司化工厂(1000 吨)〈P1785〉；[浙]宁波有机化工有限公司〈P1934〉；浙江黄岩浙东橡胶助剂有限公司〈P1965〉；温州市嘉力化工有限公司〈P1938〉；[鲁]济南锐铂化工有限公司〈P2024〉；淄博兆凯化工有限公司〈P2076〉；桓台县社会福利橡胶助剂厂〈P2049〉；淄博晨龙橡胶助剂公司〈P2058〉；青州市海力化工有限公司〈P2092〉；荣成市化工总厂有限公司(1000 吨)〈P2122〉；乳山市东华助剂厂(200 吨)〈P2123〉；青岛天元化工股份有限公司(1500 吨)〈P2044〉；山东省单县化工有限公司(1 万吨)〈P2160〉；[豫]河南省开仑化工有限责任公司(1000 吨)〈P2211〉；濮阳蔚林化工股份有限公司〈P2215〉；河南省鹤壁市助剂一厂〈P2198〉；鹤壁市国峰助剂有限责任公司(500 吨)〈P2199〉；鹤壁市华夏助剂有限责任公司(1000 吨)〈P2199〉；鹤壁市瑞隆化工有限公司〈P2200〉；鹤壁联昊化工有限公司(1000 吨)〈P2199〉；[湘]株洲天成化工有限责任公司〈P2250〉

促进剂 CA；*N*,*N'*-二苯基硫脲 P04010411

Accelerator CA [102-08-9]

用作天然胶乳和氯丁胶乳快速硫化促进剂

【生产厂】[苏]宜兴市瑞风橡塑助剂有限公司〈P1886〉；[鲁]济南锐铂化工有限公司〈P2024〉；淄博畅顺化工有限公司〈P2058〉；[豫]濮阳蔚林化工股份有限公司〈P2215〉；鹤壁市山城区昌海助剂厂〈P2200〉

促进剂 D；二苯胍；促进剂 DPG P04010501

Accelerator D; Diphenyl guanidine [102-06-7]

用作天然胶和合成胶的中速促进剂，主要用

于制造轮胎、胶板、胶鞋等橡胶工业制品

【生产厂】[津]天津拉勃助剂有限公司(5000 吨)〈P1576〉;天津市科迈化工有限公司(1500 吨)〈P1597〉;天津市有机化工一厂(2200 吨)〈P1611〉;[冀]河北智通化工有限责任公司〈P1623〉;东北助剂化工有限公司〈P1663〉;[沪]上海沪试化工有限公司〈P1737〉;[苏]镇江振邦化工有限公司〈P1846〉;常州欧士橡胶助剂有限公司〈P1849〉;宜兴市瑞风橡塑助剂有限公司〈P1886〉;[浙]宁波有机化工有限公司〈P1934〉;温州市嘉力化工有限公司〈P1938〉;[鲁]济南锐铂化工有限公司〈P2024〉;山东省单县化工有限公司(3000 吨)〈P2160〉;[豫]濮阳蔚林化工股份有限公司〈P2215〉;河南省鹤壁市助剂一厂〈P2198〉;鹤壁市国峰助剂有限责任公司(150 吨)〈P2199〉;鹤壁市华夏助剂有限责任公司(1800 吨)〈P2199〉;鹤壁市瑞隆化工有限公司〈P2200〉;鹤壁天龙化工有限公司(400 吨)〈P2200〉;鹤壁联昊化工有限公司(1200 吨)〈P2199〉;鹤壁市巨星树脂有限公司〈P2199〉

【使用厂】[沪]上海南翔试剂有限公司〈P1754〉

促进剂 DM;2,2′-二硫代二苯并噻唑;促进剂 MBTS P04010701

Accelerator DM;2,2′-Dithiobis(benzothiazole) [120-78-5]

用作天然胶、合成胶、再生胶的通用型促进剂,主要用于制造轮胎、内胎、胶带、胶鞋和一般工业制品

【生产厂】[津]天津拉勃助剂有限公司(2000 吨)〈P1576〉;天津市有机化工一厂(2500 吨)〈P1611〉;[冀]河北智通化工有限责任公司〈P1623〉;石家庄林峰化工有限公司(500 吨)〈P1628〉;河北省景县鑫源橡胶化工有限公司〈P1666〉;东北助剂化工有限公司〈P1663〉;河北平乡县丰业橡胶助剂有限公司〈P1641〉;[辽]辽宁省沈阳中际精细化工总厂〈P1684〉;[沪]上海威方精细化工有限公司〈P1769〉;[苏]镇江振邦化工有限公司(700 吨)〈P1846〉;常州欧士橡胶助剂有限公司〈P1849〉;宜兴市瑞风橡塑助剂有限公司〈P1886〉;南京化学工业有限公司化工厂(1000 吨)〈P1785〉;[浙]宁波有机化工有限公司〈P1934〉;浙江黄岩浙东橡胶助剂有限公司〈P1965〉;温州市嘉力化工有限公司〈P1938〉;[鲁]济南锐铂化工有限公司〈P2024〉;山东邹平开元化工石材有限公司〈P2157〉;淄博晨龙橡胶助剂公司〈P2058〉;青州市海力化工有限公司〈P2092〉;山东省寿光市圣海化工有限公司〈P2098〉;荣成市化工总厂有限公司(900 吨)〈P2122〉;乳山市东华助剂厂(200 吨)〈P2123〉;青岛天元化工股份有限公司(1000 吨)〈P2044〉;山东省单县化工有限公司(6000 吨)〈P2160〉;[豫]河南省开仑化工有限责任公司(1000 吨)〈P2211〉;濮阳蔚林化工股份有限公司〈P2215〉;河南省鹤壁市助剂一厂〈P2198〉;鹤壁市国峰助剂有限责任公司(1600 吨)〈P2199〉;鹤壁市华夏助剂有限责任公司(2000 吨)〈P2199〉;鹤壁市瑞隆化工有限公司〈P2200〉;鹤壁联昊化工有限公司(600 吨)〈P2199〉;鹤壁市巨星树脂有限公司〈P2199〉;[湘]株洲天成化工有限责任公司(500 吨)〈P2250〉

【使用厂】[浙]浙江普洛化学有限公司〈P1955〉

促进剂 DZ;*N*,*N*-二环已基-2-苯并噻唑次磺酰胺;促进剂 DCBS P04010801

Accelerator DZ;*N*,*N*-Dicyclohexyl-2-benzothiazolsulfene amide [4979-32-2]

用作天然胶、顺丁胶、丁苯胶、异戊胶的后效性促进剂

【生产厂】[津]天津拉勃助剂有限公司(3000 吨)〈P1576〉;天津市科迈化工有限公司(1500 吨)〈P1597〉;天津市有机化工一厂(2500 吨)〈P1611〉;[冀]东北助剂化工有限公司〈P1663〉;[辽]辽宁省沈阳中际精细化工总厂〈P1684〉;鞍山市鑫达化工厂(500 吨)〈P1696〉;海城市橡胶促进剂厂(3500 吨)〈P1697〉;[苏]南京市栖霞区宏燕化工厂〈P1789〉;镇江振邦化工有限公司〈P1846〉;常州欧士橡胶助剂有限公司〈P1849〉;南京化学工业有限公司化工厂〈P1785〉;[浙]宁波有机化工有限公司〈P1934〉;浙江黄岩浙东橡胶助剂有限公司(200 吨)〈P1965〉;[鲁]荣成市化工总厂有限公司(100 吨)〈P2122〉;荣成市天宇科技有限公司(1000 吨)〈P2122〉;青岛华恒助剂厂(750 吨)〈P2037〉;山东省单县化工有限公司(1000 吨)〈P2160〉

促进剂 M;2-巯基苯并噻唑;促进剂 MBT P04010901

Accelerator M;2-Mercaptobenzothiazole [149-30-4]

主要用于制造轮胎、内胎、胶带、胶鞋和其他工业橡胶制品

【生产厂】[津]天津拉勃助剂有限公司(2000 吨)〈P1576〉;天津市科迈化工有限公司(8000 吨)〈P1597〉;天津市有机化工一厂(6000 吨)〈P1611〉;[冀]河北智通化工有限责任公司〈P1623〉;石家庄林峰化工有限公司(600 吨)〈P1628〉;东北助剂化工有限公司〈P1663〉;河北平乡县丰业橡胶助剂有限公司〈P1641〉;河北大田化工有限公司〈P1658〉;[辽]辽宁省沈阳中际精细化工总厂〈P1684〉;[沪]上海威方精细化工有限公司〈P1769〉;上海三爱思试剂有限公司〈P1759〉;上海沪试化工有限公司〈P1737〉;[苏]镇江振邦化工有限公司(2 吨)〈P1846〉;丹阳市延中助剂有限公司〈P1841〉;常州欧士橡胶助剂有限公司〈P1849〉;宜兴市卡欧化工有限公司〈P1885〉;宜兴市瑞风橡塑助剂有限公司〈P1886〉;南京化学工业有限公司化工厂(3000 吨)〈P1785〉;[浙]宁波有机化工有限公司〈P1934〉;浙江黄岩浙东橡胶助剂有限公司〈P1965〉;温州市嘉力化工有限公司〈P1938〉;[鲁]济南锐铂化工有限公司〈P2024〉;山东邹平开元化工石材有限公司〈P2157〉;淄博晨龙橡胶助剂公司〈P2058〉;青州市海力化工有限公司〈P2092〉;山东省寿光市圣海化工有限公司〈P2098〉;荣成市化工总厂有限公司(7500 吨)〈P2122〉;荣成市华龙助剂总厂(1 万吨)〈P2122〉;乳山市东华助剂厂(1100 吨)〈P2123〉;青岛天元化工股份有限公司(3000 吨)〈P2044〉;泰安市大禹化工有限责任公司(150 吨)〈P2137〉;鱼台县开元精细化工有限公司(150 吨)〈P2134〉;山东省单县化工有限公司(1 万吨)〈P2160〉;[豫]河南省开仑化工有限责任公司(2000 吨)〈P2211〉;濮阳蔚林化工股份有限公司〈P2215〉;河南省鹤壁市助剂一厂〈P2198〉;鹤壁市国峰助剂有限责任公司(1600 吨)〈P2199〉;鹤壁市宏鬃促进剂有限公司(700 吨)〈P2199〉;鹤壁市华夏助剂有限责任公司(4000 吨)〈P2199〉;鹤壁市瑞隆化工有限公司〈P2200〉;鹤壁联昊化工有限公司(600 吨)〈P2199〉;鹤壁市巨星树脂有限公司〈P2199〉;[湘]株洲天成化工有限责任公司(2000 吨)〈P2250〉

【使用厂】[辽]大连化工研究设计院〈P1692〉;鞍山市鑫达化工厂〈P1696〉;[苏]江苏群发化工有限公司〈P1816〉

促进剂 NA-22;亚乙基硫脲;2-硫醇基咪唑啉;促进剂 ETU P04011001

Accelerator NA-22;Ethylene thiourea [96-45-7]

用作氯丁胶、氯磺化聚乙烯橡胶、氯乙醇橡胶、聚丙烯酸酯橡胶的促进剂

【生产厂】[冀]河北佰斯特化工有限公司〈P1619〉;东北助剂化工有限公司〈P1663〉;[苏]常州欧士橡胶助剂有限公司〈P1849〉;宜兴市瑞风橡塑助剂有限公司〈P1886〉;泰兴盛铭精细化工有限公司〈P1825〉;[浙]浙江黄岩浙东橡胶助剂有限公司〈P1965〉;浙江开化盛丰化工有限公司〈P1958〉;温州市嘉力化工有限公司〈P1938〉;[鲁]济南锐

铂化工有限公司〈P2024〉;淄博元兴化工有限公司〈P2075〉;淄博华王化工有限公司〈P2062〉;[豫]濮阳蔚林化工股份有限公司〈P2215〉;河南省鹤壁市助剂一厂〈P2198〉;鹤壁市瑞隆化工有限公司〈P2200〉;鹤壁市山城区昌海助剂厂〈P2200〉;鹤壁联昊化工有限公司(800 吨)〈P2199〉;[鄂]武汉径河化工有限公司〈P2230〉

促进剂 NOBS;*N*-氧二亚乙基-2-苯并噻唑次磺酰胺;2-(4-吗啡啉基硫代)苯并噻唑;促进剂 MBS P04011101

Accelerator NOBS;*N*-Oxydiethylenebenzothiazole-2-sulfenamide [102-77-2]

用作后效性快速硫化促进剂,烧焦时间较长,操作安全性好

【生产厂】[津]天津拉勃助剂有限公司(2000 吨)〈P1576〉;天津市有机化工一厂(5000 吨)〈P1611〉;[冀]东北助剂化工有限公司〈P1663〉;[辽]辽宁省沈阳中际精细化工总厂〈P1684〉;[苏]镇江振邦化工有限公司(400 吨)〈P1846〉;常州欧士橡胶助剂有限公司〈P1849〉;宜兴市瑞风橡塑助剂有限公司〈P1886〉;南京化学工业有限公司化工厂(1500 吨)〈P1785〉;[浙]浙江黄岩浙东橡胶助剂有限公司〈P1965〉;温州市嘉力化工有限公司〈P1938〉;[鲁]山东舜天力塑胶有限公司〈P2055〉;桓台县社会福利橡胶助剂厂〈P2049〉;淄博晨龙橡胶助剂公司〈P2058〉;青州市海力化工有限公司〈P2092〉;荣成市化工总厂有限公司(1000 吨)〈P2122〉;荣成市天宇科技有限公司(2000 吨)〈P2122〉;乳山市东华助剂厂(200 吨)〈P2123〉;青岛天元化工股份有限公司(1000 吨)〈P2044〉;山东省单县化工有限公司(4000 吨)〈P2160〉;[豫]河南省开仑化工有限责任公司(1000 吨)〈P2211〉;濮阳蔚林化工股份有限公司〈P2215〉;河南省鹤壁市助剂一厂〈P2198〉;鹤壁市国峰助剂有限责任公司(1000 吨)〈P2199〉;鹤壁市华夏助剂有限责任公司〈P2199〉;鹤壁市瑞隆化工有限公司〈P2200〉;[湘]株洲福尔程化工有限公司〈P2250〉;株洲天成化工有限责任公司(1000 吨)〈P2250〉;[川]四川省精细化工研究设计院〈P2321〉

巯基苯并噻唑钠;2-硫醇基苯并噻唑钠盐 P04011151

Sodium mercaptobenzothiazole;2(3H)-Benzothiazolethione, sodium salt [2492-26-4]

在天然胶中作二硫代氨基甲酸盐的助促进剂,用水、醇类调成的溶液,可作钢铁、铜、铝制品的缓蚀剂

【生产厂】[鲁]青岛加华化工有限公司〈P2038〉;[豫]洛阳市英东化工有限公司〈P2186〉;[湘]株洲天成化工有限责任公司〈P2250〉

促进剂 NS;*N*-叔丁基-2-苯并噻唑次磺酰胺;促进剂 TBBS P04011201

Accelerator NS;*N-tert*-Butyl-2-benzothiazolesulfenamide [95-31-8]

用作后效性促进剂,适用于天然胶、顺丁、丁苯、异戊橡胶及天然胶的再生胶中

【生产厂】[津]天津拉勃助剂有限公司(1600 吨)〈P1576〉;[冀]东北助剂化工有限公司〈P1663〉;[辽]辽宁省沈阳中际精细化工总厂〈P1684〉;[苏]常州欧士橡胶助剂有限公司〈P1849〉;宜兴市卡欧化工有限公司〈P1885〉;南京化学工业有限公司化工厂〈P1785〉;江苏群发化工有限公司(100 吨)〈P1816〉;[浙]宁波有机化工有限公司〈P1934〉;[鲁]山东阳谷华泰化工有限公司(3000 吨)〈P2154〉;淄博晨龙橡胶助剂公司〈P2058〉;青州市海力化工有限公司〈P2092〉;山东省寿光市圣海化工有限公司〈P2098〉;荣成市化工总厂有限公司(400 吨)〈P2122〉;山东省单县化工有限公司(8000 吨)〈P2160〉;[豫]河南省汤阴县永新助剂厂(1500 吨)〈P2211〉;濮阳蔚林化工股份有限公司〈P2215〉;[鄂]武汉径河化工有限公司〈P2230〉

促进剂 PX;乙基苯基二硫代氨基甲酸锌 P04011301

Accelerator PX;Zinc *N*-ethyl-*N*-phenyldithiocarbamate [14634-93-6]

用作超促进剂,适用于胶乳硫化,可用于制造与食品接触的浸渍胶乳等制品,也可作噻唑类促进剂的活化剂

【生产厂】[冀]河北佰斯特化工有限公司(100 吨)〈P1619〉;[浙]浙江黄岩浙东橡胶助剂有限公司〈P1965〉;浙江开化盛丰化工有限公司〈P1958〉;温州市嘉力化工有限公司〈P1938〉;[鲁]济南锐铂化工有限公司〈P2024〉;淄博元兴化工有限公司〈P2075〉;[豫]濮阳蔚林化工股份有限公司〈P2215〉;鹤壁市瑞隆化工有限公司〈P2200〉;[陕]陕西岐山县宝益橡塑助剂有限公司〈P2351〉

【使用厂】[粤]广州第十一橡胶厂〈P2260〉

促进剂 TAC;三聚氰酸三烯丙酯 P04011401

Accelerator TAC;Triallyl cyanurate [101-37-1]

用作高度饱和橡胶的硫化剂、不饱和聚酯的固化剂,还可在聚烯烃辐射交联中作光敏剂

【生产厂】[辽]辽阳鸿泰有机化工有限公司(50 吨)〈P1710〉;大连天源基化学有限公司〈P1694〉

促进剂 TETD;二硫化四乙基秋兰姆;双(二乙基硫代氨基甲酰)二硫化物 P04011501

Accelerator TETD;Tetraethylthiuram disulfide [97-77-8]

用作天然橡胶、丁苯橡胶、丁腈橡胶、丁基橡胶、顺丁橡胶及胶乳的超促进剂和硫化剂

【生产厂】[冀]东北助剂化工有限公司〈P1663〉;[辽]辽宁省沈阳中际精细化工总厂〈P1684〉;[苏]南京科邦医药化工有限公司〈P1786〉;镇江振邦化工有限公司〈P1846〉;常州欧士橡胶助剂有限公司〈P1849〉;宜兴市瑞风橡塑助剂有限公司〈P1886〉;[浙]浙江黄岩浙东橡胶助剂有限公司〈P1965〉;[鲁]济南锐铂化工有限公司〈P2024〉;淄博兆凯化工有限公司〈P2076〉;淄博华王化工有限公司(600 吨)〈P2062〉;山东郓城爱科斯特化学有限公司(1000 吨)〈P2161〉;[豫]濮阳蔚林化工股份有限公司〈P2215〉;河南省鹤壁市助剂一厂〈P2198〉;鹤壁联昊化工有限公司(600 吨)〈P2199〉

促进剂 TMTD;二硫化四甲基秋兰姆;促进剂 TT P04011601

Accelerator TMTD;Tetramethylthiuram bisulfide [137-26-8]

用作天然胶、合成胶及胶乳的超促进剂

【生产厂】[津]天津市有机化工一厂(2500 吨)〈P1611〉;天津市红森精细化工有限公司(1000 吨)〈P1589〉;[冀]河北佰斯特化工有限公司〈P1619〉;石家庄林峰化工有限公司(600 吨)〈P1628〉;河北省景县鑫源橡胶化工有限公司〈P1666〉;东北助剂化工有限公司〈P1663〉;河北平乡县丰业橡胶助剂有限公司〈P1641〉;[辽]辽宁省沈阳中际精细化工总厂〈P1684〉;东港市前阳化工助剂厂〈P1701〉;[沪]上海长江化工厂(1300 吨)〈P1729〉;[苏]镇江振邦化工有

限公司(1500吨)〈P1846〉;常州欧士橡胶助剂有限公司〈P1849〉;宜兴市瑞风橡塑助剂有限公司〈P1886〉;[浙]宁波有机化工有限公司〈P1934〉;温州市嘉力化工有限公司〈P1938〉;[皖]桐城市晨光化工有限责任公司〈P1980〉;[鲁]济南锐铂化工有限公司〈P2024〉;淄博兆凯化工有限公司〈P2076〉;淄博华王化工有限公司(600吨)〈P2062〉;山东省寿光市圣海化工有限公司〈P2098〉;山东省单县化工有限公司(4000吨)〈P2160〉;[豫]新乡市华丰实验化工厂(100吨)〈P2204〉;濮阳蔚林化工股份有限公司〈P2215〉;河南省鹤壁市助剂一厂〈P2198〉;鹤壁市国峰助剂有限责任公司(1000吨)〈P2199〉;鹤壁市华夏助剂有限责任公司(1000吨)〈P2199〉;鹤壁市瑞隆化工有限公司〈P2200〉;鹤壁联昊化工有限公司(1000吨)〈P2199〉;鹤壁市巨星树脂有限公司〈P2199〉;[鄂]武汉径河化工有限公司〈P2230〉;[湘]株洲福尔程化工有限公司〈P2250〉;株洲天成化工有限责任公司〈P2250〉

【使用厂】[苏]江阴海达橡胶集团公司〈P1867〉

促进剂 ZDC;二乙基二硫代氨基甲酸锌;促进剂 EZ;促进剂 ZDEC P04011701

Accelerator ZDC; Zinc diethyldithiocarbamate [14324-55-1]

用作天然胶和合成胶的超促进剂,也可用作乳胶的通用促进剂

【生产厂】[京]北京朝福化工实验厂〈P1544〉;[冀]河北佰斯特化工有限公司(200吨)〈P1619〉;[辽]辽宁省沈阳中际精细化工总厂〈P1684〉;[苏]常州欧士橡胶助剂有限公司〈P1849〉;宜兴市瑞风橡塑助剂有限公司〈P1886〉;[浙]浙江黄岩浙东橡胶助剂有限公司〈P1965〉;浙江开化盛丰化工有限公司〈P1958〉;温州市嘉力化工有限公司〈P1938〉;[皖]桐城市晨光化工有限责任公司〈P1980〉;[鲁]济南锐铂化工有限公司〈P2024〉;淄博兆凯化工有限公司〈P2076〉;淄博华王化工有限公司(600吨)〈P2062〉;[豫]濮阳蔚林化工股份有限公司〈P2215〉;河南省鹤壁市助剂一厂〈P2198〉;鹤壁市华夏助剂有限责任公司〈P2199〉;鹤壁市瑞隆化工有限公司〈P2200〉;鹤壁市山城区昌海助剂厂〈P2200〉;鹤壁联昊化工有限公司(1000吨)〈P2199〉

【使用厂】[粤]广州第十一橡胶厂〈P2260〉

硫化剂 P04011800

Vulcanizator

加在橡胶中可使生胶的可塑性降低,弹性和强度增大,并能耐溶剂和化学药品等

【生产厂】[沪]上海宁成高分子材料有限公司〈P1755〉;[苏]南京曙光化工集团有限公司〈P1789〉;[鲁]济南锐铂化工有限公司(1000吨)〈P2024〉;[豫]鹤壁联昊化工有限公司〈P2199〉;[鄂]湖北省化学研究院〈P2228〉;[粤]深圳市蛇口三力有机硅材料有限公司〈P2272〉;深圳市固加实业发展有限公司〈P2270〉;[青]西宁工业化学厂〈P2359〉

【使用厂】[辽]沈阳市橡胶制品九厂〈P1689〉;[鲁]荣成市峰富橡胶有限责任公司〈P2122〉;青岛茂林橡胶制品有限公司〈P2040〉;[陕]西安市精工橡胶制品有限公司〈P2349〉;[新]新疆昆仑股份有限公司〈P2366〉

硫化剂 3 号;*N*,*N*′-双肉桂缩醛-1,6-己二胺 P04011901

Curing agent No. 3; Vulcanizing agent No. 3

用作橡胶促进剂

【生产厂】[沪]上海宁成高分子材料有限公司〈P1755〉;[川]自贡龙翔化工有限公司〈P2321〉;[滇]杨林工业开发区汕滇药业有限公司〈P2340〉

硫化剂 1 号;六亚甲基二胺氨基甲酸盐 P04011951

Hexamethylene diamine carbamate

主要用于氟橡胶、乙烯丙烯酸酯橡胶和聚氨基甲酸酯胶作硫化剂,也用作合成橡胶改性剂

【生产厂】[川]自贡龙翔化工有限公司〈P2321〉

橡胶促进剂;促进剂 P04012101

Rubber accelerator

用于制造电缆、电线、轮胎等橡胶制品

【生产厂】[津]天津市兴玉工贸有限公司〈P1609〉;天津市创新有机化工厂(3000吨)〈P1582〉;[冀]廊坊新大新化工建材有限公司〈P1662〉;[沪]上海宁成高分子材料有限公司〈P1755〉;上海科塑高分子新材料有限公司〈P1749〉;[苏]南京曙光化工集团有限公司〈P1789〉;[浙]浙江黄岩浙东橡胶助剂有限公司(3200吨)〈P1965〉;[鲁]济南锐铂化工有限公司(2000吨)〈P2024〉;荣成兴隆化工有限责任公司(1500吨)〈P2123〉;山东郓城爱科斯特化学有限公司(1000吨)〈P2161〉;[豫]鹤壁市东环路金石橡塑材料厂(600吨)〈P2199〉;鹤壁市宏鬆促进剂有限公司(500吨)〈P2199〉;鹤壁市金昌化工有限公司(2000吨)〈P2199〉;美尔(鹤壁)化工科技有限公司(500吨)〈P2200〉;[鄂]武汉径河化工有限公司〈P2230〉;黄石龙骏化工科技有限公司〈P2236〉

【使用厂】[苏]无锡市裕田高分子材料有限公司〈P1881〉;建湖县揽月橡胶制品有限公司〈P1807〉;[浙]江山金固特化工有限公司〈P1957〉;[鲁]济宁同利橡胶制品有限责任公司〈P2129〉;淄博爱科实业有限责任公司〈P2057〉;荣成市峰富橡胶有限责任公司〈P2122〉;山东肥城恒宏橡胶有限公司〈P2135〉;肥城恒宏橡胶有限公司〈P2134〉;章丘市三行化工有限公司〈P2031〉;山东临朐万和橡胶制品有限公司〈P2096〉;[粤]广州市宝力轮胎有限公司〈P2263〉;[陕]西安市精工橡胶制品有限公司〈P2349〉;[甘]甘肃酒泉荣泰橡胶制品有限公司〈P2357〉;[新]新疆昆仑股份有限公司〈P2366〉

促进剂 PZ;二甲基二硫代氨基甲酸锌;促进剂 ZDMC P04012201

Accelerator PZ; Zinc dimethyldithiocarbamate [137-30-4]

橡胶用超速硫化促进剂,在橡胶中分散性能良好,使橡胶制品机械性能好,适用于轮胎、胶带等

【生产厂】[京]北京朝福化工实验厂〈P1544〉;[津]天津市红森精细化工有限公司(600吨)〈P1589〉;[冀]河北佰斯特化工有限公司〈P1619〉;[辽]辽宁省沈阳中际精细化工总厂〈P1684〉;[苏]常州欧士橡胶助剂有限公司〈P1849〉;宜兴市瑞风橡塑助剂有限公司〈P1886〉;[浙]浙江黄岩浙东橡胶助剂有限公司〈P1965〉;浙江开化盛丰化工有限公司〈P1958〉;温州市嘉力化工有限公司〈P1938〉;[鲁]济南锐铂化工有限公司〈P2024〉;淄博兆凯化工有限公司〈P2076〉;淄博元兴化工有限公司〈P2075〉;淄博华王化工有限公司〈P2062〉;[豫]濮阳蔚林化工股份有限公司〈P2215〉;鹤壁市华夏助剂有限责任公司〈P2199〉;鹤壁市瑞隆化工有限公司〈P2200〉;鹤壁市山城区昌海助剂厂〈P2200〉;鹤壁联昊化工有限公司(300吨)〈P2199〉

促进剂 BZ;二丁基二硫代氨基甲酸锌;促进剂 ZDBC P04012202

Rubber accelerator BZ; Zinc dibutyldithiocarbamate [136-23-2]

是有效的过氧化物分解剂,常与主抗氧剂并用,用于聚丙烯、聚氯乙烯,也用作橡胶胶黏

剂和乳胶固化促进剂

【生产厂】[京]北京朝福化工实验厂〈P1544〉;[冀]河北佰斯特化工有限公司(200 吨)〈P1619〉;[辽]辽宁省沈阳中际精细化工总厂〈P1684〉;[苏]常州欧士橡胶助剂有限公司〈P1849〉;宜兴市瑞风橡塑助剂有限公司〈P1886〉;[浙]浙江黄岩浙东橡胶助剂有限公司(150 吨)〈P1965〉;浙江开化盛丰化工有限公司〈P1958〉;[鲁]淄博兆凯化工有限公司〈P2076〉;淄博元兴化工有限公司〈P2075〉;[豫]濮阳蔚林化工股份有限公司〈P2215〉;河南省鹤壁市助剂一厂〈P2198〉;鹤壁市瑞隆化工有限公司〈P2200〉;鹤壁市山城区昌海助剂厂〈P2200〉;鹤壁联昊化工有限公司(800 吨)〈P2199〉

硫化促进剂 TBTD;二硫化四正丁基秋兰姆;硫化促进剂 TBT　　P04012401

Accelerator TBTD;Tetra-*n*-butylthiuram disulfide

用作天然橡胶、合成橡胶的超促进剂和硫化剂

【生产厂】[鲁]济南锐铂化工有限公司〈P2024〉

促进剂 TiBTD;二硫化二异丁基秋兰姆　　P04012451

Accelerator TiBTD;Diisobutylthiuram disulfide

[3064-73-1]

是超速促进剂,用于 NR、IR、BR、SBR、IIR、NBR、EPDM 和 EPDM 等

【生产厂】[豫]濮阳蔚林化工股份有限公司〈P2215〉

硫化促进剂 TE;二硫化二乙基二苯基秋兰姆　　P04012501

Curing accelerator TE

用于天然胶和各种二烯类合成胶,也可用于与食品接触的橡胶制品

【生产厂】[陕]陕西岐山县宝益橡塑助剂有限公司〈P2351〉

不饱和聚酯树脂促进剂　　P04013001

Accelerator for unsaturated polyester resin

专用于不饱和聚酯树脂

【生产厂】[津]天津市双翼化工厂(800 吨)〈P1602〉;[辽]铁岭市东博合成材料厂〈P1712〉

硫化促进剂 ZBEC;二苄基二硫代氨基甲酸锌;硫化促进剂 DBZ　　P04013201

Accelerator ZBEC [14726-36-4]

是一种速度非常快的超促进剂,适用于天然胶与合成胶

【生产厂】[鲁]济南锐铂化工有限公司〈P2024〉;[豫]濮阳蔚林化工股份有限公司〈P2215〉

促进剂 DTDM;4,4′-二硫代二吗啉;硫化剂 DTDM　　P04013401

Accelerator DTDM;4,4′-Dithiobismorpholine [103-34-4]

适用于天然胶和合成胶,具有耐热、耐疲劳、抗还原、不喷霜、防焦烧的特点

【生产厂】[冀]河北佰斯特化工有限公司(200 吨)〈P1619〉;[辽]海城市化工助剂厂〈P1697〉;[苏]常州欧士橡胶助剂有限公司〈P1849〉;宜兴市瑞风橡塑助剂有限公司〈P1886〉;[浙]浙江黄岩浙东橡胶助剂有限公司〈P1965〉;温州市嘉力化工有限公司〈P1938〉;[鲁]济南锐铂化工有限公司〈P2024〉;山东省寿光市圣海化工有限公司〈P2098〉;荣成市天宇科技有限公司(2000 吨)〈P2122〉;山东文登振宇化工有限公司〈P2124〉;[豫]濮阳蔚林化工股份有限公司(1000 吨)〈P2215〉;河南省鹤壁市助剂一厂〈P2198〉;鹤壁市山城区昌海助剂厂〈P2200〉

促进剂 DOTG;*N*,*N*′-二邻甲苯胍　　P04013501

Accelerator DOTG;*N*,*N*′-Di-*o*-toluene guanidine

[97-39-2]

用于天然橡胶、二烯类合成橡胶

【生产厂】[苏]常州欧士橡胶助剂有限公司〈P1849〉;宜兴市瑞风橡塑助剂有限公司〈P1886〉;[豫]濮阳蔚林化工股份有限公司〈P2215〉;鹤壁联昊化工有限公司(300 吨)〈P2199〉

促进剂 TMTM;一硫化四甲基秋兰姆　　P04013601

Accelerator TMTM;Tetramethylthiuram monosulfide

[97-74-5]

用于制造电缆、轮胎、胶管、胶带等艳色和透明制品

【生产厂】[辽]辽宁省沈阳中际精细化工总厂〈P1684〉;[苏]常州欧士橡胶助剂有限公司〈P1849〉;宜兴市瑞风橡塑助剂有限公司〈P1886〉;[浙]浙江黄岩浙东橡胶助剂有限公司(180 吨)〈P1965〉;温州市嘉力化工有限公司〈P1938〉;[鲁]济南锐铂化工有限公司〈P2024〉;[豫]濮阳蔚林化工股份有限公司〈P2215〉;河南省鹤壁市助剂一厂〈P2198〉;鹤壁市瑞隆化工有限公司〈P2200〉;鹤壁市山城区昌海助剂厂〈P2200〉;鹤壁联昊化工有限公司(600 吨)〈P2199〉;[湘]株洲福尔程化工有限公司〈P2250〉

促进剂 TRA;促进剂 DPTT;四硫化双五亚甲基秋兰姆　　P04013701

Accelerator TRA [120-54-7]

用作天然、丁苯、丁腈、丁基、氯丁、异戊二烯、氯磺化聚乙烯等橡胶的促进剂

【生产厂】[冀]河北佰斯特化工有限公司(100 吨)〈P1619〉;[辽]辽宁省沈阳中际精细化工总厂〈P1684〉;[苏]常州欧士橡胶助剂有限公司〈P1849〉;宜兴市瑞风橡塑助剂有限公司〈P1886〉;[浙]浙江黄岩浙东橡胶助剂有限公司〈P1965〉;[鲁]济南锐铂化工有限公司〈P2024〉;[豫]濮阳蔚林化工股份有限公司〈P2215〉;河南省鹤壁市助剂一厂〈P2198〉;[鄂]武汉径河化工有限公司〈P2230〉

促进剂 ZMBT;促进剂 MZ;2-巯基苯并噻唑锌盐　　P04013801

Accelerator ZMBT;Zinc 2-mercaptobenzothiazole

[155-04-4]

用作天然胶、通用合成胶及胶乳促进剂

【生产厂】[辽]辽宁省沈阳中际精细化工总厂〈P1684〉;[苏]常州欧士橡胶助剂有限公司〈P1849〉;宜兴市瑞风橡塑助剂有限公司〈P1886〉;[浙]浙江黄岩浙东橡胶助剂有限公司〈P1965〉;浙江开化盛丰化工有限公司〈P1958〉;[鲁]济南锐铂化工有限公司〈P2024〉;[豫]濮阳蔚林化工股份有限公司〈P2215〉;河南省鹤壁市助剂一厂〈P2198〉;鹤壁市华夏助剂有限责任公司〈P2199〉;鹤壁市瑞隆化工有限公司〈P2200〉;鹤壁联昊化工有限公司(600 吨)〈P2199〉

促进剂 DBM;2-(2,4-二硝基苯基硫代)苯并噻唑　　P04013901

Accelerator DBM

天然橡胶、合成橡胶用促进剂,适用于制造

胶鞋、胶板、胶辊、工业制品等
【生产厂】[鲁]荣成市天宇科技有限公司(1500 吨)〈P2122〉;山东文登振宇化工有限公司〈P2124〉;[鄂]武汉径河化工有限公司〈P2230〉

促进剂 BPP P04014201
Accelerator BPP
与双酚 AF 配合用于氟橡胶的硫化促进剂
【生产厂】[沪]上海宁成高分子材料有限公司〈P1755〉

无色促进剂 P04014451
Accelerator, colourless
适用于不饱和树脂固化及工艺品树脂固化
【生产厂】[沪]上海长风化工厂〈P1729〉;[苏]宜兴市宏达塑料化工有限公司〈P1885〉;[浙]浙江省仙居县福利无机化工厂〈P1967〉

促进剂 HMT P04014701
Accelerator HMT
主要用于子午线轮胎中,提高橡胶制品的硬度,同时与其他助剂一起构成黏合体系
【生产厂】[晋]太原市元太生物化工有限公司(500 吨)〈P1672〉;[辽]海城市橡胶促进剂厂〈P1697〉

辛基酚醛硫化树脂;TXL-202 树脂;硫化剂 202 树脂 P04014801
Octyl-phenolic curing resin
是天然橡胶、丁苯橡胶、丁腈橡胶和丁基橡胶的有效硫化剂,用作丁基橡胶的增黏剂和聚丙烯纤维的热稳定剂
【生产厂】[晋]山西省化工研究所〈P1670〉;太原市元太生物化工有限公司(100 吨)〈P1672〉;[鄂]武汉径河化工有限公司〈P2230〉

溴化辛基酚醛硫化树脂 P04014851
Bromo-octyl-phenolic curing resin
是天然胶和各种合成胶(如丁苯、氯丁、丁腈、丁基)的硫化剂,可用于制造轮胎、密封、传送带、食品容器等
【生产厂】[晋]山西省化工研究所〈P1670〉;太原市元太生物化工有限公司〈P1672〉

叔丁酚醛硫化树脂 P04015101
tert-Butyl-phenolic curing resin
是天然胶和各种合成胶的硫化剂,也可作为氯丁胶、油墨、胶带等的增黏剂
【生产厂】[晋]太原市元太生物化工有限公司〈P1672〉

橡胶促进剂 TP;二丁基二硫代氨基甲酸钠 P04015301
Rubber accelerator TP; Sodium dibutyldithiocarbamate [136-30-1]
是天然胶、丁苯胶、氯丁胶及其胶乳用超促进剂,主要用于胶乳制品
【生产厂】[苏]宜兴市瑞风橡塑助剂有限公司〈P1886〉;[鲁]济南锐铂化工有限公司〈P2024〉

橡胶促进剂 TDEC;二乙基二硫代氨基甲酸碲;硫化促进剂 TL P04015401
Rubber accelerator TDEC; Tellurium diethyldithiocarbamate [20941-65-5]
主要用于制造气囊(内胎、水胎)、挤压软管、电线电缆绝缘层、胶布和模制品等
【生产厂】[苏]常州欧士橡胶助剂有限公司〈P1849〉;[浙]浙江黄岩浙东橡胶助剂有限公司〈P1965〉;[鲁]济南锐铂化工有限公司〈P2024〉

橡胶促进剂 CuMDC;二甲基二硫代氨基甲酸铜;二甲氨基二硫代甲酸铜 P04015501
Rubber accelerator CuMDC; Copper dimethyldithiocarbamate [137-29-1]
主要用于制造电线、工业制品、胶带压出制品等
【生产厂】[京]北京朝福化工实验厂〈P1544〉;[豫]濮阳蔚林化工股份有限公司〈P2215〉

SBS 磁性促进剂 P04015601
SBS Magnetic accelerator
【生产厂】[川]成都联邦聚合物有限公司〈P2313〉

氯丁胶核磁扩效剂 P04015651
Neoprene rubber nuclear magnetic synergist
适用于装饰类、鞋用类氯丁胶黏剂的生产
【生产厂】[川]成都联邦聚合物有限公司〈P2313〉

***N*,*N*′-二正丁基硫脲** P04015701
N,*N*′-Di-*n*-butylthiourea [109-46-6]
主要用作氯丁橡胶快速硫化促进剂,也可用作天然胶、氯丁胶、丁腈胶和丁苯胶的抗臭氧剂
【生产厂】[鲁]淄博畅顺化工有限公司〈P2058〉

二乙基二硫代氨基甲酸铜 P04015901
Bis(diethyldithiocarbamate) copper [13681-87-3]
【生产厂】[京]北京朝福化工实验厂〈P1544〉

硫化剂 PDM;*N*,*N*′-间亚苯基双马来酰亚胺 P04016001
Vulcanizing agent PDM; *N*,*N*′-*m*-Phenylenedimaleimide
作为多功能橡胶助剂,既可作硫化剂,也可作过氧化物体系的助硫化剂,还可以作为防焦剂和增黏剂
【生产厂】[晋]山西省化工研究所〈P1670〉

促进剂 ZIP;促进剂 ZIX;异丙基黄原酸锌 P04016101
Accelerant ZIP
用作胶乳、胶浆、丁腈胶的超促进剂
【生产厂】[鲁]淄博元兴化工有限公司〈P2075〉

促进剂 DIP;调节剂丁;二硫代二异丙基黄原酸酯 P04016201
Accelerant DIP; Diisopropyl xanthate disulfide
主要用于制造胶布、医疗和手术用橡胶制品,胶鞋、防水布、自流胶浆及胶乳制品等
【生产厂】[鲁]淄博元兴化工有限公司〈P2075〉

促进剂 FeDEC；二乙基二硫代氨基甲酸铁 P04016401
Accelerator FeDEC；Ferric diethyldithiocarbamate
用作降解塑料的光敏剂及丁基胶、三元乙丙胶、丁苯胶、丁腈胶的超促进剂
【生产厂】［皖］桐城市晨光化工有限责任公司〈P1980〉

双酚 AF；六氟双酚 A；2，2-双（4-羟基苯基）六氟丙烷 P04016601
Bisphenol AF；Hexafluorobisphenol A；2，2-Bis（4-hydroxyphenyl）hexafluoropropane［1478-61-1］
主要用作氟橡胶硫化促进剂，也可用作医药中间体
【生产厂】［沪］上海宁成高分子材料有限公司〈P1755〉；［川］自贡龙翔化工有限公司〈P2321〉

橡胶防老剂；防老剂 P04020100
Rubber antioxidant
主要用于轮胎、胎侧、帘布层、内胎、输送管、胶管、三角带等橡胶制品中
【生产厂】［津］天津市茂丰化工有限公司（5000吨）〈P1599〉；天津市创新有机化工厂（1500吨）〈P1582〉；［吉］长春通达化工有限责任公司〈P1714〉；［苏］江苏飞亚化学工业有限责任公司（1000吨）〈P1830〉；［浙］浙江平湖凯宇化工集团有限公司〈P1943〉；浙江黄岩浙东橡胶助剂有限公司（800吨）〈P1965〉；［鲁］济南锐铂化工有限公司（1000吨）〈P2024〉；烟台新特耐化工有限公司（500吨）〈P2120〉；招远市青山化工厂〈P2121〉；山东郓城爱科斯特化学有限公司（1000吨）〈P2161〉；［豫］河南省开仑化工有限责任公司（1000吨）〈P2211〉；鹤壁市东环路金石橡塑材料厂（500吨）〈P2199〉
【使用厂】［京］北京首创轮胎有限责任公司〈P1561〉；［辽］沈阳长桥胶带有限公司〈P1684〉；［苏］宜兴市太湖尼龙厂〈P1886〉；［鲁］济南鲁联集团橡胶制品有限公司〈P2023〉；文登市三峰轮胎有限公司〈P2127〉，济宁同利橡胶制品有限责任公司〈P2129〉；荣成荣鹰橡胶制品有限公司〈P2122〉；淄博爱科实业有限责任公司〈P2057〉；山东驼宝橡胶有限公司〈P2140〉；荣成市峰富橡胶有限责任公司〈P2122〉；山东肥城恒宏橡胶有限公司〈P2135〉；青岛茂林橡胶制品有限公司〈P2040〉；［粤］广州市团结橡胶厂有限公司〈P2266〉；广州市宝力轮胎有限公司〈P2263〉；［陕］西安市精工橡胶制品有限公司〈P2349〉；［甘］甘肃酒泉荣泰橡胶制品有限公司〈P2357〉；［新］新疆昆仑股份有限公司〈P2366〉

2，6-二叔丁基对甲基苯酚；防老剂 264；抗氧剂 T501；抗氧剂 BHT；抗氧剂 264 P04020101
Antioxidant 264；2，6-Di-*tert*-butyl-4-methylphenol［128-37-0］
用作橡胶、塑料防老剂，汽油、变压器油、透平油、动植物油、食品等的抗氧化剂
【生产厂】［冀］唐山百孚化工有限公司〈P1635〉；廊坊丰得润化工有限公司〈P1660〉；［辽］辽阳滨河化工有限公司（2500吨）〈P1709〉；辽阳鼎鑫化工有限公司〈P1709〉；灯塔金航石油化工有限公司〈P1708〉；［沪］上海华谊集团华原化工有限公司（1700吨）〈P1739〉；上海高特化工有限公司〈P1734〉；［苏］南京苏景化工有限公司〈P1789〉；南京迈达化学实业有限公司（6000吨）〈P1787〉；南京隆燕化工有限公司〈P1787〉；南京宁康化工有限公司〈P1788〉；南京九龙化工有限公司〈P1786〉；常州欧士橡胶助剂有限公司〈P1849〉；通州市锦通化工有限公司〈P1839〉；［皖］蚌埠市淮河橡胶助剂厂（300吨）〈P1975〉；［鲁］山东瑞普生化有限公司（2000吨）〈P2145〉；寿光市天成精细化工厂〈P2100〉；烟台新特耐化工有限公司（300吨）〈P2120〉；烟台通世化工有限公司（1000吨）〈P2119〉；威海金威化学工业有限公司（1000吨）〈P2124〉；威海市燕威橡塑公司（1000吨）〈P2126〉；山东省微山县化工厂（300吨）〈P2132〉；［粤］广州市荟普新材料有限公司〈P2264〉
【使用厂】［粤］广州第十一橡胶厂〈P2260〉

防老剂 2246；2，2′-亚甲基双-（4-甲基-6-叔丁基苯酚）；抗氧剂 2246 P04020102
Antioxidant 2246；2，2′-Methylenebis（4-methyl-6-*tert*-butylphenol）［119-47-1］
通用型酚类防老剂，广泛用于天然橡胶、合成橡胶、乳胶、其他多种合成材料和石油制品中作抗氧剂
【生产厂】［冀］河北爱德威医药化工有限公司〈P1619〉；保定石油化工厂〈P1645〉；［沪］上海华谊集团华原化工有限公司（50吨）〈P1739〉；［苏］南京隆燕化工有限公司〈P1787〉；南京宁康化工有限公司〈P1788〉；南京市护国化工厂〈P1789〉；南京燕江化工厂〈P1791〉；常州欧士橡胶助剂有限公司〈P1849〉；通州市锦通化工有限公司〈P1839〉；［浙］浙江黄岩浙东橡胶助剂有限公司〈P1965〉；台州耀业医化有限公司〈P1962〉；［鲁］淄博市新材料研究所（100吨）〈P2071〉；寿光市天成精细化工厂〈P2100〉

2，6-二叔丁基-4-乙基苯酚；DBEP P04020111
2，6-Di-*tert*-butyl-4-ethylphenol［4130-42-1］
用作塑料、橡胶、油类抗氧剂
【生产厂】［辽］辽阳滨河化工有限公司（1000吨）〈P1709〉；辽阳鼎鑫化工有限公司〈P1709〉；灯塔金航石油化工有限公司〈P1708〉；［沪］上海华彩精细化工有限公司〈P1738〉

抗氧剂 2246 S；2，2′-硫代双（4-甲基-6-叔丁基苯酚） P04020121
Antioxidant 2246-S［90-66-4］
用作橡胶及高分子材料的抗氧剂，主要用于聚乙烯、聚丙烯、丁腈胶、丁基胶及天然胶中
【生产厂】［冀］保定市乐凯化学有限公司〈P1645〉；保定石油化工厂〈P1645〉；［苏］南京燕江化工厂〈P1791〉；［鲁］淄博市新材料研究所（100吨）〈P2071〉

防老剂 2246-A；抗氧剂 2246-A P04020131
Antioxidant 2246-A
用于橡塑制品，防止老化、变色
【生产厂】［鲁］烟台新特耐化工有限公司（400吨）〈P2120〉

抗氧剂 2246-Zn；4-甲基-6-叔丁基苯酚锌盐 P04020141
Antioxidant 2246-Zn
是在 2246 分子结构的基础上改进的一种优良的防老（抗氧）剂，对曝晒、龟裂、抗变色具有明显的防护作用
【生产厂】［冀］保定石油化工厂〈P1645〉

防老剂 264-B P04020171
Antioxidant 264-B
用于食品级橡塑制品中，防止老化与变色
【生产厂】［鲁］烟台新特耐化工有限公司（300吨）〈P2120〉

防老剂 4010NA；*N*-异丙基-*N′*-苯基对苯二胺；防老剂 IPPD P04020301

Antioxidant 4010NA；*N*-Isopropyl-*N′*-phenyl-*p*-phenylene diamine [101-72-4]

天然橡胶、合成橡胶及胶乳用通用型优良防老剂，对臭氧和屈挠疲劳老化有卓越的防护效能

【生产厂】[苏]常州欧士橡胶助剂有限公司〈P1849〉；南京化学工业有限公司化工厂(9000吨)〈P1785〉；[浙]宁波有机化工有限公司〈P1934〉；浙江黄岩浙东橡胶助剂有限公司〈P1965〉；[皖]铜陵化工集团有机化工有限责任公司(1000吨)〈P1978〉；[鲁]淄博市临淄恒立助剂有限公司(600吨)〈P2068〉；烟台新特耐化工有限公司〈P2120〉；山东飞达化工科技有限公司(1000吨)〈P2135〉；山东圣奥化工股份有限公司(1万吨)〈P2161〉

防老剂 BLE；丙酮-二苯胺高温缩合物 P04020501

Antioxidant BLE

用作通用橡胶防老剂，适用于天然橡胶及丁苯、丁腈、氯丁、顺丁等合成橡胶及其胶乳

【生产厂】[辽]辽阳庆强精细化工工贸有限责任公司〈P1710〉；[沪]上海福达精细化工有限公司〈P1733〉；[苏]常州欧士橡胶助剂有限公司〈P1849〉；南通新邦化工有限公司〈P1836〉；海安县凯旋助剂厂〈P1829〉；[浙]浙江黄岩浙东橡胶助剂有限公司〈P1965〉；[豫]河南久玖化工有限公司〈P2165〉；河南省开仑化工有限责任公司(400吨)〈P2211〉

防老剂 BLEE P04020551

Antioxidant BLEE

适应于天然及其他各种橡胶制品

【生产厂】[鲁]青岛正好助剂厂〈P2047〉

防老剂 DBH；对苯二酚二苄醚 P04020701

Antioxidant DBH；Hydroquinone dibenzyl ether

用作中等程度的防老剂，主要用于制造海绵橡胶制品

【生产厂】[冀]河北佰斯特化工有限公司(80吨)〈P1619〉；[浙]衢州瑞源化工有限公司〈P1957〉

防老剂 DNP；*N*,*N′*-二(*β*-萘基)对苯二胺；防老剂 DNPD P04020801

Antioxidant DNP；*N*,*N′*-Di(*β*-naphthyl)-*p*-phenylene diamine [93-46-9]

是天然橡胶和合成橡胶的通用型防老剂

【生产厂】[京]北京朝福化工实验厂〈P1544〉；[苏]宜兴市高塍日新化工厂(120吨)〈P1884〉；[浙]浙江黄岩浙东橡胶助剂有限公司(60吨)〈P1965〉；衢州瑞源化工有限公司〈P1957〉；[鲁]济南锐铂化工有限公司〈P2024〉；山东郓城爱科斯特化学有限公司(300吨)〈P2161〉

4,4′-二羟基联苯；4,4′-联苯二酚；防老剂 DOD P04020901

Antioxidant DOD；4,4′-Dihydroxydiphenyl；4,4′-Biphenol [92-88-6]

用作橡胶和乳胶的防老剂，可用于浅色橡胶制品、食品包装用胶和医用乳胶制品

【生产厂】[京]北京杨村化工有限公司〈P1564〉；[浙]杭州国晨化工技术有限公司〈P1917〉；[鲁]青岛东海源生化科技有限公司〈P2034〉；[豫]河南延化化工有限责任公司(150吨)〈P2202〉；[湘]新化县诺威化工有限公司〈P2258〉

防老剂 MB；2-巯基苯并咪唑 P04021001

Antioxidant MB；2-Mercaptobenzimidazole [583-39-1]

对防止橡胶空气老化有效，特别适用于制造透明、白色和艳色制品

【生产厂】[京]北京诺德恒信化工技术有限公司〈P1556〉；[苏]常州欧士橡胶助剂有限公司〈P1849〉；宜兴市高塍日新化工厂(150吨)〈P1884〉；宜兴市瑞风橡塑助剂有限公司〈P1886〉；[浙]浙江黄岩浙东橡胶助剂有限公司〈P1965〉；浙江开化盛丰化工有限公司〈P1958〉；温州市嘉力化工有限公司〈P1938〉；[鲁]济南锐铂化工有限公司〈P2024〉；淄博华王化工有限公司〈P2062〉；[豫]濮阳蔚林化工股份有限公司(1000吨)〈P2215〉；鹤壁市山城区昌海助剂厂〈P2200〉；鹤壁联昊化工有限公司(600吨)〈P2199〉；[鄂]湖北凌志化工科技实业有限公司〈P2242〉；武穴市伟业药化有限责任公司〈P2244〉

防老剂 MB-A；2-硫醇基苯咪唑锌 P04021051

Antioxidant MB-A

用作天然、合成橡胶及其他高分子材料的耐热和不变色防老剂

【生产厂】[鲁]烟台新特耐化工有限公司(200吨)〈P2120〉

防老剂 RD；2,2,4-三甲基-1,2-二氢化喹啉聚合体 P04021101

Antioxidant RD [26780-96-1]

主要用作橡胶防老剂，适用于天然胶及丁腈、丁苯、乙丙及氯丁等合成胶

【生产厂】[津]天津拉勃助剂有限公司(2万吨)〈P1576〉；天津市凯华化工有限公司(300吨)〈P1597〉；天津市茂丰化工有限公司(1万吨)〈P1599〉；天津市五一化工厂(500吨)〈P1606〉；天津市科迈化工有限公司(2万吨)〈P1597〉；[苏]常州欧士橡胶助剂有限公司〈P1849〉；宜兴市兴宁化工科技有限公司(2000吨)〈P1887〉；南京化学工业有限公司化工厂(1800吨)〈P1785〉；射阳永双助剂有限公司〈P1809〉；[浙]宁波有机化工有限公司〈P1934〉；浙江黄岩浙东橡胶助剂有限公司〈P1965〉；温州市嘉力化工有限公司〈P1938〉；[鲁]济南锐铂化工有限公司〈P2024〉；山东淄博三福化工开发有限公司〈P2056〉；淄博市临淄恒立助剂有限公司(300吨)〈P2068〉；山东省寿光市圣海化工有限公司〈P2098〉；烟台新特耐化工有限公司〈P2120〉；荣成市化工总厂有限公司(2500吨)〈P2122〉；青岛天元化工股份有限公司(3000吨)〈P2044〉；[豫]河南省开仑化工有限责任公司(2500吨)〈P2211〉

防老剂 SP；苯乙烯化苯酚 P04021201

Antioxidant SP；Styrenated phenol

用作丁苯、氯丁、乙丙等合成橡胶和天然橡胶的稳定剂、防老剂

【生产厂】[津]天津市茂丰化工有限公司(5000吨)〈P1599〉；[吉]吉林九新实业集团化工有限公司〈P1715〉；[苏]无锡市佳盛高新改性材料有限公司〈P1877〉；南通新邦化工有限公司〈P1836〉；海安县凯旋助剂厂〈P1829〉；江苏飞亚化学工业有限责任公司〈P1830〉；江苏省海安石油化工厂〈P1831〉；海安县苏北化工有限公司〈P1829〉；[鲁]山东淄博三福化工开发有限公司(1800吨)〈P2056〉；淄博三鹏化工有限责任公司(800吨)〈P2066〉；淄博市临淄恒立助剂有限公司(800吨)〈P2068〉；青岛石喜精细化工有限公司〈P2042〉；青岛正好助剂厂(120吨)〈P2047〉；[豫]河南久玖化工有限公司〈P2165〉

防老剂丁;*N*-苯基-2-萘胺;防老剂D;尼奥宗D　P04021301

Antioxidant D;*N*-Phenyl-2-naphthylamine [135-88-6]

适用于天然橡胶、合成橡胶和胶乳

【生产厂】[津]天津拉勒助剂有限公司(3000吨)〈P1576〉;天津市凯华化工有限公司(500吨)〈P1597〉;天津市茂丰化工有限公司(1500吨)〈P1599〉;天津市科迈化工有限公司(1000吨)〈P1597〉;[苏]常州欧士橡胶助剂有限公司〈P1849〉;南京化学工业有限公司化工厂(2000吨)〈P1785〉;[浙]浙江黄岩浙东橡胶助剂有限公司〈P1965〉;[豫]河南省开仑化工有限责任公司(800吨)〈P2211〉

【使用厂】[粤]广州第十一橡胶厂〈P2260〉

防老剂甲;*N*-苯基-1-萘胺;防老剂A;抗老剂T-531　P04021401

Antioxidant A;*N*-Phenyl-1-naphthylamine [90-30-2]

适用于天然橡胶和氯丁橡胶,可与其他防老剂混合使用

【生产厂】[津]天津市凯华化工有限公司(500吨)〈P1597〉;天津市茂丰化工有限公司(2500吨)〈P1599〉;天津市五一化工厂(1500吨)〈P1606〉;天津市科迈化工有限公司(1000吨)〈P1597〉;[苏]常州欧士橡胶助剂有限公司〈P1849〉;南京化学工业有限公司化工厂(1000吨)〈P1785〉;[豫]河南省开仑化工有限责任公司(2000吨)〈P2211〉

抗氧剂亚甲基4426-S;硫代双(3,5-二特丁基-4-羟基苯)　P04021501

Antioxidant 4426-S;Bis-(3,5-di-*tert*-butyl-4-hydroxyphenyl) sulfide

用作乳胶及生胶的防老剂

【生产厂】[苏]南京燕江化工厂〈P1791〉;常州市武进轻工助剂有限公司〈P1855〉

防老剂AW;6-乙氧基-2,2,4-三甲基-1,2-二氢化喹啉　P04021601

Antioxidant AW;6-Ethoxyl-2,2,4-trimethyl-1,2-dihydroquinoline [91-53-2]

主要用作橡胶防老化,对防止臭氧引起的龟裂有优良的防护性能,特别适用于动态条件下使用的橡胶制品

【生产厂】[沪]上海福达精细化工有限公司(1000吨)〈P1733〉;[浙]浙江黄岩浙东橡胶助剂有限公司〈P1965〉;[鲁]青岛正好助剂厂〈P2047〉

防老剂MBZ;2-硫醇基苯并咪唑锌盐　P04021801

Antioxidant MBZ [583-39-1]

主要用于合成橡胶、顺丁橡胶、丁苯橡胶、丁腈橡胶及乳胶等

【生产厂】[鲁]济南锐铂化工有限公司〈P2024〉;烟台新特耐化工有限公司(400吨)〈P2120〉;[豫]濮阳蔚林化工股份有限公司(500吨)〈P2215〉;鹤壁市山城区昌海助剂厂〈P2200〉

防老剂H;*N*,*N*′-二苯基对苯二胺　P04021901

Antioxidant H [74-31-7]

用于天然、丁苯、丁腈、顺丁、丁基、丁羟、聚异戊二烯等橡胶及胶乳中

【生产厂】[辽]营口天元实业精细化工有限公司〈P1705〉;[沪]上海再辉化工有限公司〈P1777〉;[鲁]青岛正好助剂厂(120吨)〈P2047〉

防老剂4020;*N*-(1,3-二甲基)丁基-*N*′-苯基对苯二胺;防老剂DMPPD　P04022001

Antioxidant 4020 [793-24-8]

是天然橡胶和合成橡胶用抗臭氧剂和抗氧剂,对臭氧龟裂和屈挠疲劳的防护效能优良

【生产厂】[晋]山西省临猗县翔宇化工有限公司〈P1680〉;[苏]常州欧士橡胶助剂有限公司〈P1849〉;南京化学工业有限公司化工厂(3500吨)〈P1785〉;[浙]宁波有机化工有限公司〈P1934〉;[皖]铜陵化工集团有机化工有限责任公司(1000吨)〈P1978〉;[鲁]烟台新特耐化工有限公司〈P2120〉;山东飞达化工科技有限公司(1000吨)〈P2135〉;山东圣奥化工股份有限公司(2万吨)〈P2161〉

防老剂DFC-34;4,4′-二苯乙烯化二苯胺;4,4′-二(α-甲基苄基)二苯胺　P04022101

Antioxidant DFC-34 [75422-59-2]

主要用于丁苯橡胶等各种合成橡胶和天然橡胶制品,也可用于聚乙烯、聚丙烯等的有色制品

【生产厂】[辽]辽阳庆强精细化工工贸有限责任公司〈P1710〉;[苏]海安县凯旋助剂厂〈P1829〉;江苏飞亚化学工业有限责任公司〈P1830〉;[浙]浙江黄岩浙东橡胶助剂有限公司〈P1965〉;[鲁]青岛正好助剂厂〈P2047〉;[豫]河南省开仑化工有限责任公司(500吨)〈P2211〉

防老剂350;*N*,*N*,*N*′,*N*′-四苯基二氨基甲烷　P04022111

Antioxidant 350;*N*,*N*,*N*′,*N*′-Tetraphenyl diaminomethane

广泛用于天然及各种合成橡胶,对硫化胶的热氧老化及臭氧老化在多次变型条件下具有良好的防护性能

【生产厂】[苏]江苏飞亚化学工业有限责任公司〈P1830〉

防老剂8PPD　P04022201

Antioxidant 8PPD

用作橡胶防老剂

【生产厂】[鲁]淄博市临淄恒立助剂有限公司(500吨)〈P2068〉;山东飞达化工科技有限公司(1000吨)〈P2135〉

防老剂SP-C　P04022301

Antioxidant SP-C

广泛用于天然橡胶、丁苯橡胶、氯丁橡胶和异戊二烯橡胶中,尤其适合浅色、艳色的制品中

【生产厂】[辽]辽阳庆强精细化工工贸有限责任公司〈P1710〉;[浙]浙江黄岩浙东橡胶助剂有限公司〈P1965〉

防老剂DTPD;*N*,*N*′-二甲苯基对苯二胺　P04022401

Antioxidant DTPD;*N*,*N*′-Bis(methylphenyl)-1,4-benzenediamine [27417-40-9]

用作通用型长效橡胶防老剂

【生产厂】[苏]南京市栖霞区宏燕化工厂〈P1789〉;射阳永双助剂有限公司〈P1809〉;[鲁]青岛华恒助剂厂(500吨)〈P2037〉

P

防老剂 ODA　P04022501
Antioxidant ODA
用于各类特种电缆、胶鞋、橡胶地板、海绵、三角带、同步带、密封带、胶辊等制品中
【生产厂】[冀]河北佰斯特化工有限公司(10 吨)〈P1619〉

防老剂 OD;辛基化二苯胺　P04022551
Antioxidant OD
用于制造轮胎、内胎、电缆、胶带、橡胶地板、热圈及海绵制品
【生产厂】[苏]常州市中泰化工有限公司〈P1856〉

防老剂 MMB;2-硫醇基甲基苯并咪唑　P04022601
Antioxidant MMB [53988-10-6]
用作天然胶、丁苯胶、顺丁胶、丁腈胶及其胶乳的防老剂
【生产厂】[鲁]济南锐铂化工有限公司〈P2024〉

防老剂 BLE-C　P04022701
Antioxidant BLE-C
是一种通用的橡胶防老剂,适用于天然胶及各种合成橡胶
【生产厂】[辽]辽阳庆强精细化工工贸有限责任公司〈P1710〉;[苏]常州欧士橡胶助剂有限公司〈P1849〉

防老剂 BLE-W　P04022751
Antioxidant BLE-W
可用于天然橡胶和氯丁、丁苯、顺丁等合成橡胶中,是通用型防老剂
【生产厂】[辽]辽阳庆强精细化工工贸有限责任公司〈P1710〉;[苏]常州欧士橡胶助剂有限公司〈P1849〉

防老剂 998;聚羟基对苯二甲酸锌　P04022801
Antioxidant 998
用于各种高档次的橡塑制品,在氯丁橡胶、丁腈橡胶等制品中是优异的主防老剂
【生产厂】[浙]浙江黄岩浙东橡胶助剂有限公司〈P1965〉

抗氧剂 KY-405;4,4′-双(α,α-二甲基苄基)二苯胺　P04022910
Antioxidant KY-405 [10081-67-1]
用于防护天然橡胶和丁苯、异戊、氯丁、丁基等合成橡胶因热、光、臭氧所引起的老化
【生产厂】[苏]无锡市佳盛高新改性材料有限公司〈P1877〉;南通新邦化工有限公司〈P1836〉;海安县凯旋助剂厂〈P1829〉;江苏飞亚化学工业有限责任公司〈P1830〉

防老剂 688;防老剂 OPPD;*N*-苯基-*N*′-仲辛基对苯二胺　P04023001
Antioxidant 688;*N*-Phenyl-*N*′-*sec*-octyl-*p*-phenylenediamine
天然橡胶、合成橡胶用抗臭氧剂,对屈挠龟裂亦有良好的防护作用
【生产厂】[鲁]淄博市临淄恒立助剂有限公司(600 吨)〈P2068〉

防老剂 NBC;二丁基二硫代氨基甲酸镍;抗氧剂 NDBC　P04023201
Antioxidant NBC;Nickel dibutyldithiocarbamate [13927-77-0]
可用作聚丙烯的光稳定剂,并广泛用作合成橡胶的抗臭氧剂和光稳定剂
【生产厂】[京]北京朝福化工实验厂〈P1544〉;北京市高丽工贸有限责任公司〈P1559〉;[冀]河北佰斯特化工有限公司〈P1619〉;[苏]常州欧士橡胶助剂有限公司〈P1849〉;宜兴市瑞风橡塑助剂有限公司〈P1886〉;[浙]浙江黄岩浙东橡胶助剂有限公司〈P1965〉;[皖]桐城市晨光化工有限责任公司〈P1980〉;[鲁]济南锐铂化工有限公司〈P2024〉;[豫]河南省鹤壁市助剂一厂〈P2198〉;[鄂]武汉径河化工有限公司〈P2230〉

防老剂 TPPD　P04023401
Antioxidant TPPD
用作橡胶防老剂
【生产厂】[冀]河北佰斯特化工有限公司(100 吨)〈P1619〉

防老剂 2088;抗氧剂 2088;2,4-二(正辛基硫亚甲基)-6-甲基苯酚　P04023501
Antioxidant 2088
主要用在顺丁橡胶、丁苯橡胶、乙丙橡胶、丁腈橡胶、热塑性弹性体等合成橡胶中
【生产厂】[吉]吉林九新实业集团化工有限公司〈P1715〉

橡胶反应性不抽出防老剂 NAPM;*N*-(4-苯胺基苯基)甲基丙烯酰胺　P04023601
Rubber antioxidant NAPM
与橡胶中的不饱和键在引发剂的作用下发生聚合反应,可用于轮胎、胶管、胶带、密封油封制品等
【生产厂】[陕]陕西岐山县宝益橡塑助剂有限公司〈P2351〉

橡胶防老剂 D-50　P04023801
Rubber antioxidant D-50
用于防止橡塑制品龟裂与老化
【生产厂】[鲁]烟台新特耐化工有限公司〈P2120〉

***N*-环己基硫代酞酰亚胺**;防焦剂 CTP;*N*-环己基硫代邻苯二甲酰亚胺　P04030201
N-Cyclohexylthiophthalimide [17796-82-6]
主要用于天然橡胶、合成橡胶,尤其与次磺酰胺类促进剂并用时,构成良好的硫化体系
【生产厂】[辽]海城市化工助剂厂〈P1697〉;海城市橡胶促进剂厂〈P1697〉;[沪]上海宁成高分子材料有限公司〈P1755〉;[赣]江西金海化工有限公司〈P2014〉;[鲁]山东阳谷华泰化工有限公司(5000 吨)〈P2154〉;临朐天汇生物助剂有限公司〈P2089〉;山东省寿光市圣海化工有限公司(500 吨)〈P2098〉;荣成市天宇科技有限公司(1000 吨)〈P2122〉;山东文登振宇化工有限公司〈P2124〉;招远市秦金化工有限公司(2000 吨)〈P2121〉;青岛正好助剂厂(60 吨)〈P2047〉;山东省单县化工有限公司(1000 吨)〈P2160〉;[豫]新乡市华瑞精细化工有限公司(1000 吨)〈P2205〉;河南省汤阴县永新助剂厂(800 吨)〈P2211〉;濮阳蔚林化工股份有限公司(500 吨)〈P2215〉

橡胶防焦剂;防焦剂 YG-1　P04030301
Rubber scorching resistant agent
用于防止橡胶硫化时的焦烧现象

【生产厂】[辽]辽阳石油化纤公司英华化工厂〈P1710〉;[苏]宜兴市石化助剂厂(500 吨)〈P1886〉

亚乙基双硬脂酰胺;亚乙基二硬脂酰胺;EBS　　P04030401

Ethylene distearic amide; Ethylene bis-stearamide

主要用作塑料润滑剂,适用于聚乙烯、聚丙烯、聚苯乙烯、ABS 树脂、聚氯乙烯等热塑性和热固性塑料等

【生产厂】[吉]吉化集团精细化学品有限公司(2000 吨)〈P1715〉;[沪]上海华溢塑料助剂合作公司(500 吨)〈P1740〉;上海威呈化工有限公司〈P1769〉;上海欧诚锌业有限公司〈P1755〉;[苏]常州可赛成功塑胶材料有限公司〈P1848〉;江阴市顾山东风合成化工有限公司〈P1869〉;常熟市杰扬塑料助剂厂〈P1890〉;江苏飞翔化工(张家港)有限公司〈P1893〉;[皖]桐城市晨光化工有限责任公司〈P1980〉;安徽新源石油化工技术开发有限公司〈P1979〉;[鲁]青岛中塑经济发展有限公司〈P2047〉;济宁市金驰塑料助剂厂〈P2128〉;山东嘉润塑胶材料有限公司(3000 吨)〈P2131〉;[川]成都同力助剂有限公司〈P2316〉;四川泸天化股份有限公司〈P2323〉;四川天宇油脂化学有限公司〈P2323〉;[陕]西安凯洁精细化工制造有限公司〈P2348〉

五氯硫酚　　P04040101

Pentachlorothiophenol [133-49-3]

用作橡胶塑解剂

【生产厂】[辽]海城市化工助剂厂〈P1697〉

【使用厂】[鲁]青州振利化工有限公司〈P2094〉

再生胶活化剂 420;2,2′-二硫代双(6-叔丁基对甲酚)　　P04040201

Regeneration activator 420; 2,2′-Dithiobis (6-*tert*-butyl-*p*-cresol)

用作优良的再生胶活化剂

【生产厂】[津]天津市龙兴化工厂(500 吨)〈P1598〉;[辽]辽阳滨河化工有限公司〈P1709〉;[沪]上海华谊集团华原化工有限公司(200 吨)〈P1739〉;上海高特化工有限公司〈P1734〉;[皖]蚌埠市淮河橡胶助剂厂(400 吨)〈P1975〉;[鲁]青岛正好助剂厂(200 吨)〈P2047〉

硫化橡胶再生活化剂 B-450　　P04040301

Vulcanized rubber regeneration activator B-450

可完全代替 420 橡胶活化剂

【生产厂】[皖]蚌埠市淮河橡胶助剂厂〈P1975〉

WR510 高效再生活化剂　　P04040401

Regeneration activator WR510, high efficiency

用作再生橡胶活化剂

【生产厂】[新]吐鲁番市国星橡胶工贸有限责任公司〈P2365〉

橡胶分散剂　　P04041010

Rubber dispersant

用于橡胶混炼时炭黑的分散

【生产厂】[沪]上海宁成高分子材料有限公司〈P1755〉;[苏]宜兴市卡欧化工有限公司〈P1885〉;[鲁]青州市海力化工有限公司〈P2092〉

炭黑分散剂　　P04041050

Dispersing agent for carbon black

油性涂料的分散剂,对炭黑等特别有效

【生产厂】[晋]山西省化工研究所〈P1670〉;[沪]上海企鸟化工有限公司〈P1756〉;上海格伦化学有限公司〈P1734〉;[苏]扬州立达树脂有限公司〈P1818〉;[皖]安徽省天长市绿色化工助剂有限公司〈P1982〉;[鲁]烟台新特耐化工有限公司〈P2120〉;[豫]河南省开仑化工有限责任公司(1000 吨)〈P2211〉

白炭黑分散剂　　P04041090

Dispersing agent for white carbon black

【生产厂】[鲁]烟台新特耐化工有限公司〈P2120〉

硫化活化剂 MJ　　P04041201

Vulcanization activator MJ

用于橡塑制品,与促进剂 M、DM 并用

【生产厂】[鲁]烟台新特耐化工有限公司(500 吨)〈P2120〉

乙烯基吡咯烷酮/醋酸乙烯共聚树脂;CAP 树脂;VP/VAc 共聚物;共聚维酮　　P04050179

Vinyl ketopyrrolidine/vinyl acetate copolymer [25086-89-9]

化妆品主要原料,用于发胶、摩丝、香波等,也用于表面活性剂、医药和其他工业

【生产厂】[沪]上海胜浦新材料有限公司(195 吨)〈P1762〉;[豫]新乡市新龙化工有限公司〈P2206〉;博爱新开源制药有限公司(150 吨)〈P2192〉

古马隆树脂;苯并呋喃-茚树脂;氧茚树脂;香豆酮树脂　　P04050201

Coumarone-indene resin; Benzofuranyl-indenyl resin

主要用于代替天然树脂或酯化松香配制绝缘和防锈涂料,也可用作橡胶的软化剂(有增黏增强作用)和塑料的增塑剂

【生产厂】[津]天津市创新有机化工厂(2000 吨)〈P1582〉;[沪]宝山钢铁股份有限公司化工分公司〈P1726〉;[苏]上海梅山企业发展有限公司南京化工实业分公司(300 吨)〈P1792〉;南京大扬石油联合化工厂〈P1783〉;镇江市润州第二化工厂〈P1845〉;镇江市润州染料化工厂(2 万吨)〈P1845〉;[皖]蚌埠市淮河橡胶助剂厂〈P1975〉;[鲁]淄博市临淄顺发塑料化工厂〈P2069〉;淄博正德建筑装饰材料有限公司〈P2077〉;淄博鲁中化工厂〈P2065〉;青岛振利化工有限公司〈P2047〉;青岛正好助剂厂〈P2047〉;[川]成都天作化工实业股份有限公司(300 吨)〈P2316〉

【使用厂】[鲁]肥城恒宏橡胶有限公司〈P2134〉

芳烃石油树脂　　P04050300

Aromatic hydrocarbon petroleum resin

用作油漆、油墨、橡胶等辅助材料

【生产厂】[苏]南京宗宇石油化工有限公司(8000 吨)〈P1791〉;[鲁]烟台市恒茂化工有限公司(5000 吨)〈P2118〉

石油树脂　　P04050301

Petroleum resin

主要用作橡胶工业的黏结剂,也可用于涂料、印刷油墨等

【生产厂】[津]天津市创新有机化工厂(2000 吨)〈P1582〉;[辽]辽阳石油化纤公司英华化工厂〈P1710〉;辽阳市宏伟区欣欣化工有限公司〈P1711〉;[沪]上海金森石油树脂有限公司(3 万吨)〈P1744〉;上海乐能化工有限公司〈P1750〉;上海久聚高分子材料有限公司〈P1746〉;[苏]南

京大扬石油联合化工厂(3000 吨)〈P1783〉;[鲁]淄博市临淄顺发塑料化工厂〈P2069〉;山东齐隆化工股份有限公司〈P2053〉;淄博市临淄丰资化工厂〈P2068〉;淄博正德建筑装饰材料有限公司〈P2077〉;淄博鲁中化工厂〈P2065〉;临淄洪春树脂厂(3000 吨)〈P2049〉;临淄英中石油树脂厂〈P2050〉;山东胜亚化工有限公司〈P2054〉;淄博市临淄齐德化工有限公司(5000 吨)〈P2069〉;青州市海光化工有限公司(1000 吨)〈P2092〉;青岛三凯化工有限公司〈P2041〉;青岛振利化工有限公司(3000 吨)〈P2047〉;[豫]河南省内黄县金科化工有限责任公司(6000 吨)〈P2212〉;内黄县金科化工有限责任公司(1000 吨)〈P2212〉;濮阳市康仕通化工有限公司(800 吨)〈P2214〉;濮阳市星海化工厂(5500 吨)〈P2215〉;濮阳市中德石油树脂有限公司〈P2215〉;偃师市二里头宇飞化工厂(1000 吨)〈P2188〉;[甘]兰州汇丰石化有限公司(1 万吨)〈P2355〉

【使用厂】[沪]上海吉安化工有限公司〈P1742〉;[闽]福建省腾龙工业公司〈P2001〉;福建莆田大隆化工实业有限公司〈P1997〉;[鲁]济南台岛化工有限公司〈P2025〉;山东乐化集团有限公司〈P2095〉;山东久隆高分子材料有限公司〈P2028〉;东辰(集团)化工有限公司〈P2081〉

石油树脂 PR2　P04050312

Petroleum resin PR2

用于橡胶工业及涂料黏结剂等

【生产厂】[鲁]青岛三凯化工有限公司〈P2041〉

固体古马隆-茚树脂;香豆酮-茚树脂　P04050611

Coumarone-indene resin, solid

主要用于橡胶工业,使橡胶抗酸、碱、海水能力提高,也用于油漆、油墨、黏胶料等

【生产厂】[辽]辽阳市宏伟区欣欣化工有限公司〈P1711〉;鞍山市天长化工有限公司〈P1696〉;[苏]上海梅山企业发展有限公司南京化工实业分公司〈P1792〉;[鲁]烟台市恒茂化工有限公司〈P2118〉

苯乙烯-茚树脂　P04050651

Styrene-indene resin

用于轮胎、橡胶行业

【生产厂】[鲁]青岛振利化工有限公司(1000 吨)〈P2047〉

黑油膏;硫化油;热法油膏;硫化植物油　P04050701

Vulcanized vegetable oils

用作橡胶的软化剂和填充剂

【生产厂】[皖]蚌埠市通达橡塑助剂有限责任公司〈P1976〉;[川]四川川化集团成都望江化工厂(100 吨)〈P2318〉

橡胶软化剂 RX-80　P04050901

Rubber softening agent RX-80

用于橡胶制品的补强和增韧

【生产厂】[苏]苏州市黄桥酚醛树脂厂〈P1904〉;苏州特种化学品有限公司(3000 吨)〈P1906〉;[闽]龙岩市三友化工有限公司(1 万吨)〈P2007〉

橡胶软化油　P04051001

Rubber softening oil

用于橡胶的软化

【生产厂】[鲁]潍坊中业化学有限公司〈P2107〉;[粤]茂名市科成精细化工有限公司〈P2293〉

橡胶软化剂;98#树脂　P04051051

Softening agent for rubber

用于各种合成橡胶,起补强和增韧、提高其黏着性作用,还可用于天然胶、油漆、油墨等行业

【生产厂】[辽]辽阳市宏伟区欣欣化工有限公司〈P1711〉;[沪]上海高特化工有限公司〈P1734〉;[皖]安徽新源石油化工技术开发有限公司〈P1979〉

增黏剂　P04051101

Viscosity increaser

用作黏度添加剂

【生产厂】[辽]辽宁天合精细化工股份有限公司〈P1702〉;[豫]濮阳中原三力实业有限公司(800 吨)〈P2216〉

橡胶增黏剂　P04051102

Viscosity increaser for rubber

广泛用于轮胎、输送带、三角带、胶管的生产中

【生产厂】[鲁]山东省淄博市淄川鲁峰精细化工厂(100 吨)〈P2055〉;青岛海佳助剂有限公司〈P2035〉

聚异丁烯;PIB　P04051111

Polyisobutylene

用作生产无灰清净分散剂、黏合剂、绝缘胶等产品的原料,也是润滑油添加剂

【生产厂】[吉]吉化集团精细化学品有限公司(3000 吨)〈P1715〉;[浙]杭州顺达集团高分子材料有限公司(2 万吨)〈P1922〉

【使用厂】[苏]宜兴市石化助剂厂〈P1886〉;[豫]郑州中原应用技术研究开发有限公司〈P2176〉

辛基酚醛增黏树脂;TXN-203 树脂;203 增黏树脂　P04051121

Octyl-phenolic tackifying resin

是各种合成胶和天然胶的黏合增进剂,用于丁基胶、顺丁胶、三元乙丙胶的效果更佳

【生产厂】[晋]山西省化工研究所〈P1670〉;太原市元太生物化工有限公司(500 吨)〈P1672〉;[豫]沁阳市希望合成材料厂(250 吨)〈P2198〉;河南省开仑化工有限责任公司(1000 吨)〈P2211〉;[鄂]武汉径河化工有限公司〈P2230〉

叔丁酚醛增黏树脂;TDN-204 树脂;204 增黏树脂　P04051131

tert-Butyl-phenolic tackifying resin

用作各种合成胶和天然胶的黏合增进剂

【生产厂】[晋]山西省化工研究所〈P1670〉;太原市元太生物化工有限公司(500 吨)〈P1672〉;[豫]河南省开仑化工有限责任公司(1000 吨)〈P2211〉;[鄂]武汉径河化工有限公司〈P2230〉

橡胶黏结促进剂;硼酸钴;硼酰化钴　P04051141

Cobalt borate

用于子午线轮胎和镀锌钢丝运输带

【生产厂】[辽]朝阳市征和化工有限公司〈P1713〉;[沪]上海长风化工厂(150 吨)〈P1729〉;[苏]宜兴市卡欧化工有限公司〈P1885〉;[鲁]山东东佳集团公司〈P2052〉;[豫]沁阳市天益化工有限公司(1000 吨)〈P2198〉;[粤]中山市东菱合成树脂厂〈P2283〉

增黏树脂　P04051151

Tackifying resin

主要用作各种合成橡胶如丁苯、丁腈、顺丁、SBS 等的增韧和补强

【生产厂】[津]天津市创新有机化工厂〈P1582〉;[晋]山西省化工研究所〈P1670〉;[赣]江西福达香料化工有限公司大森林树脂厂〈P2017〉;[鲁]烟台市恒茂化工有限公司〈P2118〉;青岛海佳助剂有限公司〈P2035〉;[豫]沁阳市希望合成材料厂(200 吨)〈P2198〉;河南宇蓝科技公司(800 吨)〈P2194〉

橡胶增黏树脂　P04051201

Viscosity resin for rubber

可提高丁基胶内胎、丁基胶并用三元乙丙胶内胎的包辊性、自粘性、压出性能,改善载重斜交轮胎的黏合强度等

【生产厂】[晋]山西省化工研究所〈P1670〉;[沪]上海高特化工有限公司〈P1734〉;[鲁]青岛海佳助剂有限公司〈P2035〉;青岛振利化工有限公司(1500 吨)〈P2047〉;[豫]汤阴县东鑫化工有限公司(800 吨)〈P2212〉

妥尔油改性松香增黏树脂　P04051401

Rosin tackifying resin, tall oil modified

是天然胶和合成胶优良的软化增黏剂

【生产厂】[晋]山西省化工研究所〈P1670〉

抗聚剂;阻聚剂　P04060101

Polymerization inhibitor

用作抗聚剂

【生产厂】[京]北京益中伟业化工有限公司〈P1565〉;[吉]吉林九新实业集团化工有限公司〈P1715〉;[黑]黑龙江黑化集团有限公司〈P1722〉;[沪]上海集能化工有限公司〈P1742〉;[苏]常州市中兴石油化工助剂有限公司〈P1856〉;[鲁]山东迅达化工有限公司〈P2056〉

N,*N*-二丁基二硫代氨基甲酸铜　P04060801

Cupric *N*,*N*-dibutyl dithiocarbamate

主要用作丙烯酸丁酯、辛酯、甲基丙烯酸高碳酯及其他不饱和烯烃等单体生产时的阻聚剂

【生产厂】[京]北京朝福化工实验厂〈P1544〉;北京市高丽工贸有限责任公司〈P1559〉

3,3′-二氯-4,4′-二氨基二苯基甲烷;硫化剂 MOCA;莫卡;4,4′-亚甲基双邻氯苯胺　P04070101

3,3′-Dichloro-4,4′-diaminodiphenyl methane [101-14-4]

用作浇注型聚氨酯橡胶的硫化剂,也可用于固化环氧树脂

【生产厂】[京]北京驰宇塑料添加剂福利厂〈P1545〉;[苏]苏州市湘园特种精细化工有限公司〈P1905〉;苏州明达化工有限公司(500 吨)〈P1902〉;滨海县明昇化工厂〈P1889〉;[浙]衢州市秀晨精细化工有限公司〈P1958〉;[粤]顺德合胜化工实业有限公司〈P2292〉

【使用厂】[冀]保定长城合成橡胶有限公司〈P1644〉

硫化剂 VA-7　P04070110

Vulcanizing agent VA-7

用作天然橡胶、丁苯橡胶、丁腈橡胶及其他不饱和橡胶的硫化剂

【生产厂】[浙]浙江黄岩浙东橡胶助剂有限公司〈P1965〉;[鲁]济南锐铂化工有限公司〈P2024〉

硫化剂双 25;2,5-二甲基-2,5-双(过氧化叔丁基)己烷;硫化剂双二五　P04070115

Vulcanizing agent di-25;2,5-Dimethyl-2,5-di(*tert*-butylperoxide)hexane [78-63-7]

用作聚合物的引发剂和降解剂,硅橡胶、聚氨酯橡胶、乙丙橡胶和其他橡胶的硫化剂

【生产厂】[京]北京朝福化工实验厂〈P1544〉;[苏]常熟市金城化工有限公司〈P1890〉;[浙]浙江上虞绍风化工有限公司〈P1951〉;[湘]湖南民合化工有限公司〈P2248〉;湖南以翔化工有限公司〈P2249〉;[川]成都惟精喜望精细化工有限公司〈P2316〉

活性氧化锌　P04070201

Zinc oxide, activated [1314-13-2]

主要用于橡胶或电缆工业作补强剂和活性剂,也作白色胶的着色剂和填充剂,在氯丁橡胶中用作硫化剂等

【生产厂】[苏]南京铅锌银矿业有限责任公司〈P1788〉;常州市武进康佳化工有限公司(1000 吨)〈P1854〉;无锡市锡宝钛业有限公司(1000 吨)〈P1879〉;宜兴市卡欧化工有限公司〈P1885〉;[浙]杭州五圣圆化学有限公司〈P1923〉;[鲁]阳谷中天锌业有限公司(2000 吨)〈P2154〉;山东双燕化工有限公司(1000 吨)〈P2086〉;[豫]郑州市永昌化工有限公司(5000 吨)〈P2174〉;栾川众鑫化工有限公司〈P2181〉;[鄂]郧西县第三化工厂(2000 吨)〈P2239〉;[湘]湖南中成化工有限公司〈P2249〉;[川]广汉泛太平洋冶金化工金属制品有限公司〈P2324〉;[甘]兰州黄河锌品有限责任公司〈P2355〉;白银红鹭粉体材料有限公司(3000 吨)〈P2357〉

橡胶塑解剂　P04070551

Rubber peptizer

用于橡胶加工,能提高橡胶塑炼的可塑度和塑炼效率

【生产厂】[辽]海城市化工助剂厂〈P1697〉;[苏]宜兴市卡欧化工有限公司〈P1885〉;[鲁]青州市国泰化工有限公司〈P2092〉;青州兴庆助剂有限公司〈P2094〉;山东文登振宇化工有限公司〈P2124〉;招远市青山化工厂〈P2121〉;[鄂]武汉径河化工有限公司(300 吨)〈P2230〉

橡胶溶剂油 120 号　P04070601

Rubber solvent No. 120

用于橡胶工业制造轮胎、胶鞋、油墨等的溶剂

【生产厂】[辽]辽阳裕丰化工有限公司〈P1712〉;[苏]中国石化金陵石化公司炼油厂〈P1792〉

橡胶填充油　P04070711

Rubber filling oil

【生产厂】[沪]上海炼油厂〈P1751〉;上海新华润滑油厂〈P1772〉;上海高特化工有限公司〈P1734〉;[鲁]临淄振达石化有限公司〈P2050〉;广饶县永晟特种油化工有限公司(100 吨)〈P2084〉;[新]中国石油天然气股份有限公司克拉玛依石化分公司〈P2365〉

橡胶交联剂 VP-4　P04071091

Rubber cross-linking agent VP-4

用作烯烃弹性体过氧化物硫化的共交联剂

【生产厂】[陕]陕西岐山县宝益橡塑助剂有限公司〈P2351〉

橡胶增塑剂 A;脂肪酸棕榈酸锌 P04071201

Rubber plastifier A

用在橡胶加工中起分散作用

【生产厂】[津]天津市科迈化工有限公司(1000 吨)〈P1597〉;[鲁]聊城瑞捷化学有限公司〈P2152〉;山东阳谷华泰化工有限公司(1000 吨)〈P2154〉;山东省淄博市淄川汇通油脂精细化工厂(280 吨)〈P2055〉;淄博爱迪森油脂化工有限公司〈P2057〉;淄博市临淄齐德化工有限公司(5000 吨)〈P2069〉;烟台宏泰达有限公司〈P2117〉;荣成市化工总厂有限公司(100 吨)〈P2122〉;[鄂]武汉径河化工有限公司(2000 吨)〈P2230〉

塑解剂 121;2,2′-二(苯甲酰氨基苯基)二硫化物;通-22 P04071301

2,2′-Bis(benzoylaminophenyl) disulfide

用作塑解剂

【生产厂】[鲁]青州振利化工有限公司〈P2094〉

塑解剂 AP P04071351

Peptizer AP

用作天然橡胶、丁苯橡胶、丁腈胶有效的塑解剂,能缩短塑炼时间

【生产厂】[鲁]青州振利化工有限公司(300 吨)〈P2094〉

橡胶防粘剂 P04071401

Anti-sticking agent for rubber

【生产厂】[赣]江西威科油脂化学有限公司〈P2019〉

橡胶脱模剂 P04071501

Rubber demolding agent

适用于各种橡胶胶料

【生产厂】[吉]磐石市大田化工助剂研究所〈P1717〉;[沪]上海宇成高分子材料有限公司〈P1755〉;[苏]宜兴市卡欧化工有限公司〈P1885〉;[皖]安徽立兴化工有限公司(300 吨)〈P1985〉;[鲁]烟台宏泰达有限公司〈P2117〉;青岛德慧精细化工有限公司〈P2033〉

离型剂 P04071601

Mold release

用于天然胶、氯胶等橡胶制品,橡胶大底,密封件等的脱膜

【生产厂】[闽]厦门市豪尔化工有限公司〈P1992〉;[鲁]青岛德慧精细化工有限公司(300 吨)〈P2033〉

五氯苯硫酚锌盐 P04071901

Pentachloro thiophenol, zinc salt [117-97-5]

用作橡胶塑解剂

【生产厂】[鲁]青州市国泰化工有限公司〈P2092〉;青州兴庆助剂有限公司〈P2094〉

抗撕裂助剂 P04072101

Anti-tearing auxiliaries

主要用于过氧化物和多羟基硫化的氟橡胶、氟硅橡胶、乙丙橡胶、硅橡胶和丁苯橡胶、氯丁胶等

【生产厂】[沪]上海富路达橡塑材料科技有限公司〈P1734〉

二甲基二丁酮肟基硅烷 P04072201

Dimethyl dibutanoneoximido silane

用作有机硅中间体,室温硫化硅橡胶的交联剂

【生产厂】[苏]泰兴市涂料助剂化工厂〈P1826〉

三甲基丁酮肟基硅烷 P04072301

Trimethylbutanoneoximidosilane

用于合成有机硅中间体,也是甲硅烷基化试剂

【生产厂】[苏]泰兴市涂料助剂化工厂〈P1826〉

甲基三甲基异丁基酮肟基硅烷 P04072401

Methyl trimethyl isobutyl ketoxime silane

用作室温硫化硅橡胶的固化剂

【生产厂】[苏]泰兴市涂料助剂化工厂〈P1826〉

乙烯基三甲基丁基酮肟基硅烷 P04072501

Vinyl trimethyl butyl ketoxime silane

用作室温硫化硅橡胶的固化剂

【生产厂】[苏]泰兴市涂料助剂化工厂〈P1826〉

橡胶增白剂 P04072801

Rubber brightener

用于延长胶料存放时间,防止变黄现象

【生产厂】[鲁]烟台新特耐化工有限公司〈P2120〉

抗返原增塑剂 P04072901

Plastifier, reversion resistant

不仅能够降低胶料的门尼黏度,而且能够提高硫化橡胶的抗硫化返原性,提高耐热氧稳定性

【生产厂】[晋]山西省化工研究所〈P1670〉;[苏]宜兴市瑞风橡塑助剂有限公司〈P1886〉

耐热硫化活性剂 P04073001

Heat-resistant vulcanization activator

适用于二烯橡胶,尤其是天然橡胶中,赋予胶料良好的抗硫化返原性

【生产厂】[晋]山西省化工研究所〈P1670〉

轮胎喷涂与胶片隔离剂;橡胶隔离剂 P04075011

Spray finish for tyre and anti-adherent for rubber sheet

用作轮胎的内、外喷涂剂和各种胶片隔离剂

【生产厂】[津]天津市神悦科技发展有限公司(100 吨)〈P1601〉;[苏]苏州威力士精细化工有限公司〈P1907〉;[鲁]青州金水盈化工有限公司(200 吨)〈P2091〉;烟台宏泰达有限公司〈P2117〉;青岛德慧精细化工有限公司(500 吨)〈P2033〉

橡胶补强剂 P04076000

Rubber reinforcer

用于橡胶、塑料增强

【生产厂】[皖]安徽省明光市曼迪矿业科技有限公司〈P1982〉;[鲁]淄博凤凰山冶金材料有限公司浩源钙厂〈P2060〉;青州振利化工有限公司(1500 吨)〈P2094〉;烟台宏泰达有限公司〈P2117〉;[豫]巩义市昌华辅料厂〈P2162〉;[川]四川省仁寿川祥精细化工厂〈P2334〉

酚醛补强树脂;BQ-205 树脂;补强增硬剂 205 树脂 P04076011

Phenolic reinforcing resin

用于天然胶和各种合成胶的增强,并有防老化作用

【生产厂】[晋]山西省化工研究所〈P1670〉;太原市元太生物化工有限公司(500 吨)〈P1672〉;[豫]汤阴县东鑫化工有限公司(800 吨)〈P2212〉

橡胶芳烃油 P04076201

Rubber aromatic oil

应用于橡胶中,可代替机械油做为橡胶制品的涂料油,具有与橡胶相容性好、增塑增黏、抗老化性能好等优点

【生产厂】[鲁]东营市恒益化工有限责任公司(5000 吨)〈P2082〉;东营市华安化工有限责任公司(1 万吨)〈P2082〉;东营市金河化工有限责任公司(5000 吨)〈P2082〉;东营泰宏化工有限公司(3 万吨)〈P2083〉

乙二胺四亚甲基膦酸;EDTMP P05010101

EDTMP; [1,2-Ethanediylbis(nitrilobis-(methylene))] tetrakis-phosphonic acid [1429-50-1]

用作蒸汽锅炉的阻垢缓蚀剂、循环冷却水的阻垢剂、过氧化物的稳定剂、电镀工业金属离子螯合剂等

【生产厂】[冀]河北中创蓝星助剂有限公司〈P1659〉;廊坊蓝星无机盐有限公司〈P1660〉;[晋]天脊集团精细化工有限公司〈P1674〉;[辽]鞍山市新型水处理材料厂〈P1696〉;[苏]南京纳科水处理技术有限公司〈P1787〉;南京宏桥精细化工科技开发有限公司〈P1784〉;姜堰市华飞化工厂〈P1823〉;[鲁]山东邹平国安化工有限公司〈P2157〉;邹平县鲁津化工有限公司(400 吨)〈P2158〉;石油大学宇光科技有限公司〈P2088〉;泰安市大禹化工有限责任公司(80 吨)〈P2137〉;山东省泰和水处理有限公司(80 吨)〈P2077〉;枣庄市东涛化工技术有限公司〈P2080〉;[豫]焦作电力集团奥星化工有限公司(200 吨)〈P2195〉;焦作市应用化学研究所(100 吨)〈P2197〉;洛阳市英东化工有限公司〈P2186〉;[鄂]武汉凯迪精细化工有限公司〈P2230〉

聚丙烯酸钠;PAAS;聚丙烯酸钠(系列) P05010301

Polyacrylate sodium [9003-04-7]

用作缓蚀防垢剂、水质稳定剂、涂料增稠剂和保水剂、絮凝剂、钻井泥浆处理剂等

【生产厂】[京]北京希涛技术开发有限公司〈P1563〉;北京化工厂(50 吨)〈P1549〉;[津]天津警青化工厂(250 吨)〈P1575〉;天津化工研究院津宏化工厂(300 吨)〈P1573〉;[冀]廊坊龙翼精细化工有限公司〈P1660〉;河北瑞森化工有限公司〈P1659〉;廊坊蓝星无机盐有限公司〈P1660〉;[辽]鞍山市新型水处理材料厂(400 吨)〈P1696〉;黑山县精细化工厂〈P1701〉;[苏]南京纳科水处理技术有限公司〈P1787〉;南京宏桥精细化工科技开发有限公司〈P1784〉;常州中南化工有限公司〈P1858〉;江苏鑫源生化科技发展有限公司〈P1866〉;苏州市化工研究所有限公司〈P1904〉;[浙]杭州市银湖化工有限公司〈P1922〉;[闽]厦门绿源泰食品添加剂有限公司〈P1992〉;[鲁]山东化友科技服务中心(1000 吨)〈P2028〉;济南巨业精细化工有限公司〈P2023〉;淄博宏盛集团化工厂〈P2061〉;淄博瑞爱特化工有限责任公司〈P2066〉;邹平县东方化工有限公司〈P2158〉;山东省桓台县金龙化工有限公司(200 吨)〈P2054〉;淄博市悦成化工有限公司〈P2071〉;石油大学宇光科技有限公司〈P2088〉;招远市国泰化工厂〈P2121〉;青岛海晶化工集团有限公司(2000 吨)〈P2035〉;泰安市大禹化工有限责任公司(300 吨)〈P2137〉;济宁新格瑞水处理有限公司(80 吨)〈P2129〉;鱼台县开元精细化工有限公司(200 吨)〈P2134〉;菏泽源丰农药有限公司(800 吨)〈P2159〉;山东省泰和水处理有限公司(600 吨)〈P2077〉;[豫]郑州雪泉聚合材料有限公司(150 吨)〈P2175〉;巩义市清源化材厂(1500 吨)〈P2163〉;焦作市华联化工有限公司(300 吨)〈P2196〉;鹤壁市天罡树脂化工有限公司〈P2200〉;洛阳市英东化工有限公司〈P2186〉;河南电力益源化工有限责任公司〈P2221〉;河南郸城顺兴石油助剂有限公司〈P2226〉;[鄂]武汉海力科技化工有限公司〈P2230〉;[渝]重庆市化工研究院(100 吨)〈P2307〉

【使用厂】[鲁]淄博润湖工贸有限公司〈P2066〉;寿光市曙光助剂厂〈P2100〉

聚丙烯酸;PAA P05010401

Polyacrylic acid [9003-01-4]

用作缓蚀防垢剂、水质稳定剂、淬火剂、增稠剂等

【生产厂】[京]北京希涛技术开发有限公司〈P1563〉;[津]天津市安庆精细化工有限公司(1000 吨)〈P1578〉;天津渤海化工有限责任公司天津碱厂〈P1570〉;[冀]保定石油化工厂〈P1645〉;[辽]鞍山市新型水处理材料厂(600 吨)〈P1696〉;[苏]南京纳科水处理技术有限公司〈P1787〉;南京宏桥精细化工科技开发有限公司〈P1784〉;常州中南化工有限公司〈P1858〉;江苏鑫源生化科技发展有限公司〈P1866〉;苏州立新制药有限公司〈P1902〉;连云港元升实业有限公司〈P1800〉;[鲁]山东化友科技服务中心(1000 吨)〈P2028〉;济南华泰科技发展有限公司(300 吨)〈P2022〉;济南巨业精细化工有限公司〈P2023〉;邹平县鲁津化工有限公司(400 吨)〈P2158〉;石油大学宇光科技有限公司〈P2088〉;山东省泰和水处理有限公司(600 吨)〈P2077〉;[豫]新乡市聚星龙水处理厂(1500 吨)〈P2205〉;新乡市金升化工有限公司(350 吨)〈P2205〉;焦作电力集团奥星化工有限公司(200 吨)〈P2195〉;焦作市应用化学研究所(150 吨)〈P2197〉;沁阳市九菱化工厂(400 吨)〈P2198〉;洛阳市洛滨化工有限公司〈P2185〉;河南电力益源化工有限责任公司〈P2221〉;[鄂]武汉海力科技化工有限公司〈P2230〉

复配阻垢缓蚀剂;钢厂专用缓蚀阻垢剂 P05010801

Corrosion and scale inhibitor, complex

适用于钢厂、炼焦厂等行业的循环冷却水处理

【生产厂】[鲁]淄博瑞爱特化工有限责任公司〈P2066〉;[豫]新乡市聚星龙水处理厂(1000 吨)〈P2205〉;洛阳市洛滨化工有限公司〈P2185〉

马来酸丙烯酸甲酯共聚物;马丙共聚物 P05020101

Maleic-methyl acrylate copolymer

用于锅炉、冷却循环水系统、输水管等的除垢

【生产厂】[冀]廊坊奥科化工有限公司〈P1659〉;[辽]鞍山市新型水处理材料厂〈P1696〉;[苏]南京宏桥精细化工科技开发有限公司〈P1784〉;江苏鑫源生化科技发展有限公司〈P1866〉;[鲁]泰安市大禹化工有限责任公司(200 吨)〈P2137〉;济宁新格瑞水处理有限公司(500 吨)〈P2129〉;[鄂]武汉海力科技化工有限公司〈P2230〉

丙烯酸-丙烯酸羟丙酯共聚物;T-225;阻垢缓蚀剂 T-225 P05020110

Acrylic acid-hydroxypropyl acrylate polymer

用于循环冷却水和油田污水回注时作阻垢

分散剂和预膜时作磷酸钙和氧化铁的分散剂

【生产厂】[辽]辽阳市富鑫化工有限公司〈P1710〉;[苏]南京纳科水处理技术有限公司〈P1787〉;[鲁]山东化友科技服务中心〈P2028〉;济南巨业精细化工有限公司〈P2023〉;邹平县东方化工有限公司〈P2158〉;泰安市大禹化工有限责任公司(200 吨)〈P2137〉;山东省泰和水处理有限公司(500 吨)〈P2077〉;[豫]洛阳市华工实业有限公司(500 吨)〈P2184〉

丙烯酸-丙烯酸甲酯共聚物;分散剂 NC-305 P05020130

Acrylic acid-methyl acrylate copolymer

作为阻垢分散剂,尤其适用于风沙大的北方地区和含悬浮物和有机物高的水质

【生产厂】[晋]天脊集团精细化工有限公司〈P1674〉;[苏]南京纳科水处理技术有限公司〈P1787〉

丙烯酸-丙烯酸羟丙酯-AMPS 共聚物 P05020160

Acrylic acid-hydroxypropyl acrylate-AMPS polymer

用于钢铁厂淋洗的冷却水防止氧化铁和泥沙沉积,以及用于高碱度循环冷却水

【生产厂】[冀]廊坊奥科化工有限公司〈P1659〉;[苏]南京宏桥精细化工科技开发有限公司〈P1784〉;常州中南化工有限公司〈P1858〉;[鲁]泰安市大禹化工有限责任公司(200 吨)〈P2137〉;[豫]新乡市聚星龙水处理厂(1500 吨)〈P2205〉;[鄂]武汉海力科技化工有限公司〈P2230〉

丙烯酸/2-丙烯酰胺-2-甲基丙烷磺酸/丙烯酸羟丙酯三元共聚物;分散剂 NC-309 P05020170

Acrylic acid/AMPS/hydroxypropyl acrylate terpolymer

用于处理钢铁厂淋洗的冷却水,防止氧化铁、氧化锌、泥沙沉积

【生产厂】[晋]天脊集团精细化工有限公司〈P1674〉;[辽]铁岭远能化工有限公司〈P1713〉;[苏]南京纳科水处理技术有限公司〈P1787〉;[鲁]山东化友科技服务中心〈P2028〉

阻垢分散剂 P05020200

Antiscale dispersant

用于循环冷却水系统阻垢分散

【生产厂】[津]天津化工研究院津宏化工厂(1000 吨)〈P1573〉;[冀]河间市蓝星化工有限公司〈P1656〉;大城县广安化工有限公司〈P1658〉;廊坊电力树脂有限公司〈P1660〉;国营大城精细化工厂〈P1658〉;河北东方泓益精细化工有限公司〈P1658〉;廊坊天和化工建材有限公司〈P1661〉;[辽]鞍山市新型水处理材料厂〈P1696〉;黑山县精细化工厂〈P1701〉;[沪]上海石化森清水处理有限公司(400 吨)〈P1762〉;上海未来企业有限公司〈P1770〉;[苏]常州市江湖化工有限公司〈P1852〉;常州中南化工有限公司〈P1858〉;常州源泉红光化工有限公司〈P1858〉;宜兴市绿波水处理化学品有限公司〈P1885〉;常熟市水处理助剂厂〈P1891〉;扬州市未来水质稳定剂有限公司〈P1819〉;[鲁]济南华泰科技发展有限公司(600 吨)〈P2022〉;山东天庆化工有限公司(350 吨)〈P2146〉;淄博科宇化工有限公司(900 吨)〈P2064〉;邹平县东方化工有限公司〈P2158〉;淄博市悦成化工有限公司〈P2071〉;桓台县光辉化工厂〈P2048〉;烟台开发区富水化工科技有限公司〈P2117〉;[豫]焦作电力集团奥星化工有限公司(200 吨)〈P2195〉;洛阳强龙精细化工总厂〈P2182〉;[川]成都齐达科技开发公司〈P2313〉

垢锈分散剂;垢锈清洗剂 P05020201

Filth and rust dispersant

适用于循环冷却水系统化学清洗

【生产厂】[沪]上海未来企业有限公司〈P1770〉;[鲁]泰安市大禹化工有限责任公司(300 吨)〈P2137〉

灰水阻垢剂 P05020251

Grey water antiscale

主要用于火电厂输灰水的阻垢,也可作为电厂输灰水的专用阻垢剂

【生产厂】[冀]唐山开滦清源水处理有限责任公司〈P1635〉;[辽]铁岭远能化工有限公司〈P1713〉;[鲁]山东省泰和水处理有限公司(1000 吨)〈P2077〉

2-膦酸丁烷-1,2,4-三羧酸;2-膦酰基丁烷-1,2,4-三羧酸;PBTCA P05020501

2-Phosphonobutane-1,2,4-tricarboxylic acid

[37971-36-1]

是良好的缓蚀阻垢剂,广泛应用于循环冷却水系统和油田注水系统的防垢处理

【生产厂】[冀]河北中创蓝星助剂有限公司〈P1659〉;廊坊新大新化工建材有限公司〈P1662〉;[晋]天脊集团精细化工有限公司〈P1674〉;[辽]大连星原精细化工有限公司〈P1694〉;丹东明珠特种树脂有限公司〈P1700〉;[苏]南京纳科水处理技术有限公司〈P1787〉;南京宏桥精细化工科技开发有限公司〈P1784〉;常州中南化工有限公司〈P1858〉;江苏鑫源生化科技发展有限公司〈P1866〉;[鲁]济南巨业精细化工有限公司〈P2023〉;山东天庆化工有限公司(50 吨)〈P2146〉;淄博宏盛集团化工厂〈P2061〉;淄博科宇化工有限公司〈P2064〉;淄博瑞爱特化工有限责任公司〈P2066〉;山东邹平国安化工有限公司〈P2157〉;邹平县东方化工有限公司〈P2158〉;石油大学宇光科技有限公司〈P2088〉;泰安市大禹化工有限责任公司(200 吨)〈P2137〉;济宁新格瑞水处理有限公司(90 吨)〈P2129〉;鱼台县开元精细化工有限公司(800 吨)〈P2134〉;山东省泰和水处理有限公司(100 吨)〈P2077〉;枣庄市东涛化工技术有限公司〈P2080〉;[豫]焦作电力集团奥星化工有限公司(500 吨)〈P2195〉;济源市清源水处理有限责任公司〈P2195〉;鹤壁市天罡树脂化工有限公司〈P2200〉;洛阳市洛滨化工有限公司〈P2185〉;洛阳市英东化工有限公司〈P2186〉;河南电力益源化工有限责任公司〈P2221〉;[鄂]武汉海力科技化工有限公司〈P2230〉

膦酸基羧酸共聚物 P05020601

Phosphono carboxylic acid polymer

用于循环冷却水系统和油田注水系统的防垢、防腐

【生产厂】[冀]廊坊奥科化工有限公司〈P1659〉;[鲁]济宁新格瑞水处理有限公司(100 吨)〈P2129〉

膦基羧酸共聚物;膦基聚马来酸 P05020651

Phosphino-carboxylic acid copolymer

主要作为循环冷却水系统处理和低压锅炉热网系统中复配阻垢缓蚀剂的单剂使用

【生产厂】[辽]铁岭远能化工有限公司〈P1713〉;[苏]南京宏桥精细化工科技开发有限公司〈P1784〉;[鲁]石油大学宇光科技有限公司〈P2088〉;[鄂]武汉海力科技化工有限公司〈P2230〉

聚天门冬氨酸;PASP P05020701

Polyaspartic acid

P

广泛用于水处理剂、化妆品抑菌剂、分散剂、制革、水凝胶等领域

【生产厂】[晋]山西太明化工工业有限公司(100 吨)〈P1676〉;[沪]上海苏鹏实业有限公司〈P1766〉;[苏]南京宏桥精细化工科技开发有限公司〈P1784〉;江苏杰成生物工程有限公司〈P1865〉;[鲁]淄博张店鑫沣生物化工厂〈P2076〉;山东力邦化学制品有限公司〈P2053〉

2-丙烯酰氨基-2-甲基-1-丙磺酸;AMPS　P05020901

2-Acryloylamino-2-methyl-1-propanesulfonic acid

[15214-89-8]

是均聚及共聚单体,广泛应用于油田、纺织、造纸、水处理、合成纤维、印染、塑料、吸水涂料、生物医学等

【生产厂】[吉]长春市大地精细化工有限公司〈P1714〉;[浙]临海市先锋化工有限公司〈P1960〉;[皖]合肥安邦化工有限公司〈P1972〉;铜陵阳光合成材料有限公司(5000 吨)〈P1979〉;[闽]厦门长天塑化有限公司(240 吨)〈P1991〉;[鲁]淄博凯瑞化工厂〈P2064〉;山东联盟化工集团有限公司(500 吨)〈P2096〉;[豫]河南省辉县市振兴化工厂(300 吨)〈P2201〉

【使用厂】[鲁]山东省桓台县金龙化工有限公司〈P2054〉;山东省泰和水处理有限公司〈P2077〉

磺-丙共聚物;AMPS-丙烯酸共聚物;AA/AMPS 共聚物　P05021001

AMPS-Acrylate copolymer

应用于恶劣条件下的油田工业、钢铁工业、热电厂、化工企业等单位的循环水系统

【生产厂】[津]天津化工研究院津宏化工厂(100 吨)〈P1573〉;[苏]南京宏桥精细化工科技开发有限公司〈P1784〉;[鲁]淄博瑞爱特化工有限责任公司〈P2066〉;邹平县东方化工有限公司〈P2158〉;山东省桓台县金龙化工有限公司(200 吨)〈P2054〉;济宁新格瑞水处理有限公司(130 吨)〈P2129〉;山东省泰和水处理有限公司(800 吨)〈P2077〉;[豫]洛阳市洛滨化工有限公司〈P2185〉

AA-MA-AMPS-次磷酸四元共聚物;丙烯酸-丙烯酸甲酯-AMPS-次磷酸四元共聚物　P05021101

Acrylic acid-methyl acrylate-AMPS-hypophosphorous acid tetrapolymer

用于钢铁、石化、电力、油田、纺织等行业的复杂水质的处理

【生产厂】[鲁]泰安市大禹化工有限责任公司(200 吨)〈P2137〉;济宁新格瑞水处理有限公司(200 吨)〈P2129〉;山东省泰和水处理有限公司(200 吨)〈P2077〉

复合高效水质稳定剂　P05030201

Compound water stabilizer, high efficiency

主要应用于二次采暖热交换循环水、锅炉采暖水、各宾馆、饭店、冷库、工矿企业空调冷冻循环水处理等

【生产厂】[冀]河北东安实业有限公司金源化工厂〈P1619〉;[鲁]北京化工大学乳山联营化工厂(300 吨)〈P2121〉

水解聚马来酸酐;HPMA　P05030301

Hydrolized polymaleic anhydride

是高效阻垢剂,主要用于低压锅炉、工业循环冷却水系统、油田输水管线、原油脱水等

【生产厂】[津]天津市安庆精细化工有限公司(1000 吨)〈P1578〉;[冀]廊坊新大新化工建材有限公司〈P1662〉;[晋]天脊集团精细化工有限公司〈P1674〉;[辽]鞍山市新型水处理材料厂〈P1696〉;[沪]上海威呈化工有限公司〈P1769〉;[苏]南京纳科水处理技术有限公司〈P1787〉;南京宏桥精细化工科技开发有限公司(1000 吨)〈P1784〉;常州中南化工有限公司〈P1858〉;江苏鑫源生化科技发展有限公司〈P1866〉;[鲁]山东化友科技服务中心〈P2028〉;济南巨业精细化工有限公司〈P2023〉;淄博宏盛集团化工厂〈P2061〉;山东力邦化学制品有限公司〈P2053〉;淄博瑞爱特化工有限责任公司〈P2066〉;山东邹平国安化工有限公司〈P2157〉;邹平县东方化工有限公司〈P2158〉;邹平县鲁津化工有限公司(400 吨)〈P2158〉;山东省桓台县金龙化工有限公司(500 吨)〈P2054〉;淄博市悦成化工有限公司〈P2071〉;淄博桓台祥龙化工有限公司〈P2062〉;桓台县光辉化工厂〈P2048〉;石油大学宇光科技有限公司〈P2088〉;泰安市大禹化工有限责任公司(250 吨)〈P2137〉;济宁新格瑞水处理有限公司(200 吨)〈P2129〉;鱼台县开元精细化工有限公司(400 吨)〈P2134〉;山东省泰和水处理有限公司(600 吨)〈P2077〉;山东天立集团枣庄康净化工有限公司(1000 吨)〈P2078〉;[豫]新乡市聚星龙水处理厂(1500 吨)〈P2205〉;焦作电力集团奥星化工有限公司(500 吨)〈P2195〉;焦作市应用化学研究所(300 吨)〈P2197〉;鹤壁市天罡树脂化工有限公司〈P2200〉;洛阳市洛滨化工有限公司〈P2185〉;洛阳市华工实业有限公司(500 吨)〈P2184〉;洛阳市英东化工有限公司〈P2186〉;河南电力益源化工有限责任公司〈P2221〉;[鄂]武汉海力科技化工有限公司〈P2230〉;武汉凯迪精细化工有限公司〈P2230〉

杀菌灭藻剂　P05030400

Germicide and algicide

用于工业水、油田注水、宾馆中央空调水处理,作杀菌灭藻剂

【生产厂】[京]北京市高丽工贸有限责任公司〈P1559〉;北京天擎化工有限责任公司(1000 吨)〈P1562〉;[津]天津化工研究院津宏化工厂(300 吨)〈P1573〉;[冀]河北东安实业有限公司金源化工厂〈P1619〉;邯郸市峰峰劳德利化工厂〈P1638〉;沧州市恒利化工有限公司〈P1652〉;河间市蓝星化工有限公司〈P1656〉;廊坊市大明化工有限公司〈P1661〉;大城县广安化工有限公司〈P1658〉;国营大城精细化工厂〈P1658〉;河北东方泓益精细化工有限公司〈P1658〉;河北瑞森化工有限公司〈P1659〉;河北中创蓝星助剂有限公司〈P1659〉;廊坊新大新化工建材有限公司〈P1662〉;河北盛华化工有限公司〈P1650〉;[晋]天脊集团精细化工有限公司〈P1674〉;[辽]鞍山市新型水处理材料厂〈P1696〉;大连华瑞化学工业有限公司〈P1692〉;丹东明珠特种树脂有限公司〈P1700〉;黑山县精细化工厂〈P1701〉;[沪]上海开纳杰化工研究所(500 吨)〈P1747〉;上海未来企业有限公司〈P1770〉;[苏]南京台硝化工有限公司〈P1790〉;江苏和纯化学工业有限公司〈P1841〉;常州市江湖化工有限公司〈P1852〉;常州源泉红光化工有限公司〈P1858〉;宜兴市泉龙化工有限公司(3000 吨)〈P1886〉;宜兴市绿波水处理化学品有限公司〈P1885〉;太仓市新星轻工助剂厂〈P1908〉;盐城市旭星化工有限公司〈P1812〉;盐城市金雨科技有限公司〈P1811〉;姜堰市华飞化工厂〈P1823〉;扬州市未来水质稳定剂有限公司〈P1819〉;[浙]杭州市银湖化工有限公司〈P1922〉;[鲁]津南大化工厂〈P2049〉;淄博瑞爱特化工有限责任公司〈P2066〉;淄博市临淄环保产业开发公司(1000 吨)〈P2068〉;邹平县鲁津化工有限公司(400 吨)〈P2158〉;山东省桓台县金龙化工有限公司(500 吨)〈P2054〉;淄博桓台祥龙化工有限公司〈P2062〉;泰安市大禹化工有限责任公司(100 吨)〈P2137〉;济宁新格瑞水处理有限公司(500 吨)〈P2129〉;

鱼台县开元精细化工有限公司(500吨)〈P2134〉;[鄂]武汉新大地化工有限公司〈P2234〉;武汉凯迪精细化工有限公司〈P2230〉;湖北省枣阳化学工业总公司〈P2237〉;[川]成都市蓝波达精细化工有限公司〈P2314〉;成都齐达科技开发公司〈P2313〉;[甘]兰州吉野添加剂有限公司〈P2355〉

5-氯-2-甲基异噻唑啉-3-酮　P05030411

5-Chloro-2-methyl-4-isothiazolin-3-one [26172-55-4]

用于处理工业循环水,起杀菌灭藻作用

【生产厂】[冀]石家庄市博雅化工助剂有限公司〈P1628〉;[辽]大连星原精细化工有限公司〈P1694〉;黑山县精细化工厂(300吨)〈P1701〉;[沪]上海桑迪精细化工研究所〈P1760〉;[苏]江苏飞翔化工(张家港)有限公司〈P1893〉

氯锭型杀菌灭藻剂　P05030421

Germicide and algicide, chloride ingot type

用于大型循环水中的杀菌灭藻处理

【生产厂】[鲁]山东省桓台县金龙化工有限公司(500吨)〈P2054〉;[豫]洛阳市洛滨化工有限公司〈P2185〉

高效杀菌灭藻剂　P05030441

Germicide and algicide, high efficiency

适用于工业循环冷却水系统、油田注入水系统的杀菌灭藻

【生产厂】[冀]廊坊奥科化工有限公司〈P1659〉;[晋]天脊集团精细化工有限公司〈P1674〉;[苏]南京台硝化工有限公司〈P1790〉;[鲁]邹平县东方化工有限公司〈P2158〉;潍坊密恩化工有限公司〈P2103〉

高效杀菌防霉剂　P05030481

High-efficient bactericide and antimildew agent

用于工业循环冷却水中杀菌灭藻、杀灭和抑制异养菌、铁细菌、硫酸盐还原菌及藻类,对真菌的杀生效果尤为显著

【生产厂】[辽]大连百傲化学有限公司(30吨)〈P1690〉;[苏]南京纳科水处理技术有限公司〈P1787〉

工业循环水灭菌杀藻剂　P05030491

Bactericidal algicide agent for industrial circulating water

用于工业循环冷却水中的杀菌、灭藻

【生产厂】[冀]河北省保定市阳光精细化工有限公司〈P1648〉;[鲁]淄博瑞爱特化工有限责任公司〈P2066〉

P

氨基三亚甲基膦酸;ATMP　P05030501

Aminotris(methylenephosphonic acid); ATMP [6419-19-8]

用于冷却水、锅炉水、油田水处理的阻垢剂和缓蚀剂

【生产厂】[津]天津市东方红化工厂(1000吨)〈P1585〉;[冀]河北中创蓝星助剂有限公司〈P1659〉;廊坊新大新化工建材有限公司〈P1662〉;[晋]天脊集团精细化工有限公司〈P1674〉;[辽]铁岭远能化工有限公司〈P1713〉;鞍山市新型水处理材料厂(300吨)〈P1696〉;[苏]南京开广化工有限公司(200吨)〈P1786〉;南京纳科水处理技术有限公司〈P1787〉;南京宏桥精细化工科技开发有限公司〈P1784〉;常州中南化工有限公司〈P1858〉;江苏鑫源生化科技发展有限公司〈P1866〉;姜堰市华飞化工厂〈P1823〉;如东振丰奕洋化工有限公司〈P1838〉;[鲁]济南巨业精细化工有限公司〈P2023〉;山东天庆化工有限公司(100吨)〈P2146〉;淄博宏盛集团化工厂〈P2061〉;淄博科宇化工有限公司〈P2064〉;山东邹平国安化工有限公司〈P2157〉;邹平县东方化工有限公司〈P2158〉;邹平县鲁津化工有限公司(2000吨)〈P2158〉;山东省桓台县金龙化工有限公司(500吨)〈P2054〉;淄博市悦成化工有限公司〈P2071〉;淄博桓台祥龙化工有限公司(300吨)〈P2062〉;桓台县光辉化工厂〈P2048〉;桓台县宏翔化工保温材料厂〈P2049〉;泰安市大禹化工有限责任公司(100吨)〈P2137〉;济宁新格瑞水处理有限公司(400吨)〈P2129〉;鱼台县开元精细化工有限公司(300吨)〈P2134〉;山东省泰和水处理有限公司(1000吨)〈P2077〉;山东天立集团枣庄康净化工有限公司(3000吨)〈P2078〉;枣庄市东涛化工技术有限公司〈P2080〉;[豫]新乡市聚星龙水处理厂(1000吨)〈P2205〉;河南省金三角化工有限公司(500吨)〈P2201〉;新乡市金升化工有限公司(300吨)〈P2205〉;焦作电力集团奥星化工有限公司(1000吨)〈P2195〉;焦作市应用化学研究所(100吨)〈P2197〉;沁阳市九菱化工厂(600吨)〈P2198〉;济源市清源水处理有限责任公司〈P2195〉;南乐县鑫丰化工有限公司(500吨)〈P2213〉;洛阳市洛滨化工有限公司〈P2185〉;洛阳市英东化工有限公司〈P2186〉;河南电力益源化工有限责任公司〈P2221〉;[鄂]武汉海力科技化工有限公司〈P2230〉

【使用厂】[鲁]诸城翔龙化学品有限公司〈P2107〉

多氨基多醚基亚甲基膦酸;PAPEMP　P05030551

Polyaminopolyether methylenephosphonic acid

用作新型阻垢分散剂

【生产厂】[冀]河北中创蓝星助剂有限公司〈P1659〉;[鲁]山东省泰和水处理有限公司(100吨)〈P2077〉

氨基三亚甲基膦酸五钠　P05030591

Aminotris(methylenephosphonic acid) pentasodium salt

用于冷却水系统、输油管线及锅炉的防垢,它可作为高硬度、高矿化度等水质的恶劣的油管线的阻垢剂

【生产厂】[豫]济源市清源水处理有限责任公司〈P2195〉

羟基亚乙基二膦酸;1-羟基亚乙基-1,1-二磷酸;水质稳定剂 HEDP　P05030601

1-Hydroxyethylidenedi(phosphonic acid); Etidronic acid [2809-21-4]

是锅炉和换热器的阻垢剂和缓蚀剂、无氰电镀的络合剂、皂用螯合剂、金属和非金属的清洗剂

【生产厂】[津]天津市东方红化工厂(2500吨)〈P1585〉;天津化工研究院津宏化工厂(200吨)〈P1573〉;[冀]河北中创蓝星助剂有限公司〈P1659〉;廊坊新大新化工建材有限公司〈P1662〉;保定石油化工厂〈P1645〉;[晋]天脊集团精细化工有限公司〈P1674〉;[辽]铁岭远能化工有限公司〈P1713〉;鞍山市新型水处理材料厂(300吨)〈P1696〉;大连星原精细化工有限公司〈P1694〉;[苏]南京开广化工有限公司(300吨)〈P1786〉;南京纳科水处理技术有限公司〈P1787〉;南京宏桥精细化工科技开发有限公司(1000吨)〈P1784〉;常州中南化工有限公司〈P1858〉;江苏鑫源生化科技发展有限公司〈P1866〉;姜堰市华飞化工厂〈P1823〉;如东振丰奕洋化工有限公司(300吨)〈P1838〉;[鲁]济南华泰科技发展有限公司(300吨)〈P2022〉;济南巨业精细化工有限公司〈P2023〉;山东天庆化工有限公司(80吨)〈P2146〉;淄博市博山东方化工厂(300吨)〈P2067〉;山东力邦化学制品有限公司〈P2053〉;淄博科宇化工有限公司(1000吨)〈P2064〉;山东邹平国安化工有限公司〈P2157〉;邹平县东方化工有限公司〈P2158〉;邹平县鲁津化工有限公司(3200吨)〈P2158〉;山东省桓台县金龙化工有限公司(300吨)〈P2054〉;淄博市悦成化工有限公司〈P2071〉;淄

博桓台祥龙化工有限公司(300 吨)〈P2062〉;桓台县光辉化工厂〈P2048〉;桓台县宏翔化工保温材料厂〈P2049〉;石油大学宇光科技有限公司〈P2088〉;潍坊密恩化工有限公司〈P2103〉;泰安市大禹化工有限责任公司(300 吨)〈P2137〉;济宁新格瑞水处理有限公司(350 吨)〈P2129〉;山东省泰和水处理有限公司(1200 吨)〈P2077〉;山东天立集团枣庄康净化工有限公司(3000 吨)〈P2078〉;枣庄市东涛化工技术有限公司〈P2080〉;[豫]新乡市聚星龙水处理厂(1000 吨)〈P2205〉;新乡市金升化工有限公司(260 吨)〈P2205〉;焦作电力集团奥星化工有限公司(800 吨)〈P2195〉;焦作市应用化学研究所(150 吨)〈P2197〉;济源市清源水处理有限责任公司〈P2195〉;鹤壁市天罡树脂化工有限公司〈P2200〉;洛阳市洛滨化工有限公司〈P2185〉;洛阳市英东化工有限公司〈P2186〉;河南电力益源化工有限责任公司〈P2221〉;[鄂]武汉海力科技化工有限公司〈P2230〉

羟基亚丙基二膦酸 P05030651

Hydroxypropylenedi(phosphonic acid)

【生产厂】[鲁]桓台县宏翔化工保温材料厂〈P2049〉

2-羟基膦酰基乙酸;HPAA P05030701

2-Hydroxyphosphonoacetic acid

广泛用于钢铁、石化、电力、医药等行业的循环冷却水系统阻垢、缓蚀,适用于我国南方低硬度水质

【生产厂】[冀]廊坊奥科化工有限公司〈P1659〉;河北中创蓝星助剂有限公司〈P1659〉;[辽]铁岭远能化工有限公司〈P1713〉;大连星原精细化工有限公司〈P1694〉;[苏]南京纳科水处理技术有限公司〈P1787〉;南京宏桥精细化工科技开发有限公司〈P1784〉;常州中南化工有限公司〈P1858〉;江苏鑫源生化科技发展有限公司〈P1866〉;[鲁]济南巨业精细化工有限公司〈P2023〉;淄博科宇化工有限公司〈P2064〉;山东邹平国安化工有限公司〈P2157〉;济宁新格瑞水处理有限公司(230 吨)〈P2129〉;山东省泰和水处理有限公司(80 吨)〈P2077〉;[豫]洛阳市英东化工有限公司〈P2186〉;[鄂]武汉海力科技化工有限公司〈P2230〉

水质稳定剂;水处理剂 P05030801

Water quality stabilizer

用于电力、化工、炼油、化肥、冶金、空调等行业防腐、净化、循环水处理

【生产厂】[京]北京益利精细化学品有限公司(100 吨)〈P1565〉;[津]天津碱厂古龙精细化工厂(1000 吨)〈P1574〉;[黑]大庆市华兴化工有限公司〈P1722〉;[苏]南京浦口橡胶总厂(600 吨)〈P1788〉;南京昂扬石化助剂有限公司〈P1782〉;[浙]镇海炼化工业贸易总公司〈P1936〉;[鲁]济南巨业精细化工有限公司〈P2023〉;邹平县鲁津化工有限公司(1000 吨)〈P2158〉;山东省桓台县金龙化工有限公司(1500 吨)〈P2054〉;淄博天山化工有限公司〈P2073〉;胜利油田聚能化工助剂有限责任公司(400 吨)〈P2087〉;胜利油田嘉叶化工有限责任公司(3000 吨)〈P2087〉;北京化工大学乳山联营化工厂(50 吨)〈P2121〉;[豫]焦作市华联化工有限公司(500 吨)〈P2196〉;河南省中原大化集团有限责任公司(6000 吨)〈P2213〉;鹤壁市山城区安利助剂厂(100 吨)〈P2200〉;洛阳科恩精细化学品有限公司(600 吨)〈P2182〉;洛阳石化金达实业公司化工厂(800 吨)〈P2183〉

水质稳定剂 EDTMPS;乙二胺四亚甲基膦酸钠 P05031902

Water quality stabilizer EDTMPS

是印染用水、锅炉水、循环水的水处理剂,具有阻垢缓蚀作用,还可用于管道预膜、无氰电镀等

【生产厂】[冀]河北中创蓝星助剂有限公司〈P1659〉;[苏]南京宏桥精细化工科技开发有限公司〈P1784〉;常州中南化工有限公司〈P1858〉;[鲁]济南巨业精细化工有限公司〈P2023〉;山东邹平国安化工有限公司〈P2157〉;邹平县东方化工有限公司〈P2158〉;淄博市悦成化工有限公司〈P2071〉;济宁新格瑞水处理有限公司(100 吨)〈P2129〉;鱼台县开元精细化工有限公司(300 吨)〈P2134〉;山东省泰和水处理有限公司(250 吨)〈P2077〉;[豫]济源市清源水处理有限责任公司〈P2195〉;鹤壁市天罡树脂化工有限公司〈P2200〉;[鄂]武汉海力科技化工有限公司〈P2230〉

水质稳定剂 PAPE;多元醇磷酸酯 P05032001

Water quality stabilizer PAPE

广泛用于各种工业设备的循环冷却水、油田系统用水、锅炉水的缓蚀阻垢

【生产厂】[京]北京市高丽工贸有限责任公司〈P1559〉;[辽]鞍山市新型水处理材料厂〈P1696〉;[苏]南京纳科水处理技术有限公司〈P1787〉;南京宏桥精细化工科技开发有限公司〈P1784〉;常州中南化工有限公司〈P1858〉;[鲁]山东邹平国安化工有限公司〈P2157〉;济宁新格瑞水处理有限公司(100 吨)〈P2129〉;[豫]焦作电力集团奥星化工有限公司(500 吨)〈P2195〉;[鄂]武汉海力科技化工有限公司〈P2230〉

二乙烯三胺五亚甲基膦酸;水质稳定剂 DTPMP;DTPMPA;DTPMP P05032101

Diethylenetriamine penta(methylenephosphonic acid);DTPMP

适用于碱性循环冷却水中作为不调 pH 值的阻垢缓蚀剂,并可用于含碳酸钡高的油田注水和冷却水

【生产厂】[津]天津市东方红化工厂(800 吨)〈P1585〉;[冀]河北中创蓝星助剂有限公司〈P1659〉;[苏]南京纳科水处理技术有限公司〈P1787〉;南京宏桥精细化工科技开发有限公司〈P1784〉;常州中南化工有限公司〈P1858〉;江苏鑫源生化科技发展有限公司〈P1866〉;[鲁]济南巨业精细化工有限公司〈P2023〉;山东邹平国安化工有限公司〈P2157〉;石油大学宇光科技有限公司〈P2088〉;泰安市大禹化工有限责任公司(200 吨)〈P2137〉;济宁新格瑞水处理有限公司(150 吨)〈P2129〉;山东省泰和水处理有限公司(600 吨)〈P2077〉;枣庄市东涛化工技术有限公司〈P2080〉;[豫]济源市清源水处理有限责任公司〈P2195〉;洛阳市洛滨化工有限公司〈P2185〉;洛阳市英东化工有限公司〈P2186〉;[鄂]武汉海力科技化工有限公司〈P2230〉

【使用厂】[鲁]诸城翔龙化学品有限公司〈P2107〉

二乙烯三胺五亚甲基膦酸二钠 P05032201

Diethylenetriamine penta(methylenephosphonic acid) disodium salt;DTPMP·2Na

用作循环冷却水和锅炉水中优良缓蚀阻垢剂,特别适用于碱性循环冷却水中作为不调 pH 的阻垢缓蚀剂

【生产厂】[豫]济源市清源水处理有限责任公司〈P2195〉

二乙烯三胺五亚甲基膦酸七钠 P05032251

Diethylenetriamine penta(methylenephosphonic acid) heptasodium salt;DTPMP·7Na

用作循环冷却水和锅炉水中优良缓蚀阻垢剂,特别适用于碱性循环冷却水中作为不调

P

pH的阻垢缓蚀剂

【生产厂】[豫]济源市清源水处理有限责任公司〈P2195〉

反渗透水处理剂 P05032301

Water treatment agent, reverse osmosis

【生产厂】[津]京仁(天津)水处理有限公司(2000吨)〈P1569〉;[冀]河间市蓝星化工有限公司〈P1656〉

污水处理剂 P05032401

Pulluted water treatment agent

用于污水处理

【生产厂】[京]北京恒聚化工集团有限责任公司〈P1548〉;[津]天津市科达斯实业有限公司(1000吨)〈P1597〉;天津市万丰顺科贸发展有限责任公司〈P1606〉;天津市汉沽高分子化工助剂厂〈P1588〉;[鲁]济南德澳科技有限公司〈P2021〉;[豫]河南省栾川县三生化学研究所涂料厂(800吨)〈P2180〉;[川]成都凯泰化学有限责任公司(1000吨)〈P2312〉

水处理药剂 P05032701

Water treatment disinfectant

用于杀菌

【生产厂】[津]天津化工研究设计院(2万吨)〈P1573〉;[豫]河南省沁阳市正大化工有限公司(900吨)〈P2194〉

终无垢水处理复合剂 P05032751

Never fouling water treatment disinfectant

用作大型工业生产装置、循环水系统装置、中央空调的水处理药剂

【生产厂】[沪]上海开纳杰化工研究所(500吨)〈P1747〉

水处理滤料 P05032791

Water treatment filtering material

用于生活用水、饮用水、水产养殖场、工业污水的净化、脱氯、脱色、除臭等

【生产厂】[皖]安徽省明光市曼迪矿业科技有限公司〈P1982〉;[赣]江西省萍乡市万通实业有限公司〈P2011〉;[豫]巩义宏发净水材料有限公司〈P2162〉;巩义市恒泰滤材有限公司〈P2162〉;巩义市宏达滤料厂〈P2162〉;巩义市三星水处理设备有限公司〈P2163〉;河南省巩义市韵沟联营滤料厂(600吨)〈P2167〉;巩义市中昌水处理材料有限公司〈P2165〉;南阳恒盛石英砂滤料有限公司〈P2224〉

工业水处理剂 P05032801

Disposal agent for industrial water

用于工业循环冷却水水质稳定、清洗等

【生产厂】[津]天津化工研究院精细化工技术开发公司(2000吨)〈P1574〉;天津华孚油田化学股份有限公司(6000吨)〈P1573〉;天津市众康兽药厂(200吨)〈P1614〉;天津市中诺化工研究所(150吨)〈P1613〉;[冀]廊坊蓝星无机盐有限公司〈P1660〉;[辽]辽阳万鑫树脂有限责任公司〈P1711〉;大连石油添加剂厂〈P1693〉;[沪]上海真美科技发展有限公司〈P1777〉;[苏]常州市三勤化工有限公司〈P1853〉;无锡市菲尔特水处理用品有限公司〈P1875〉;纳尔科化学(苏州)有限公司(5000吨)〈P1898〉;[浙]浙江平湖凯宇化工集团有限公司〈P1943〉;[皖]安徽新源石油化工技术开发有限公司〈P1979〉;[鲁]邹平县东方化工有限公司〈P2158〉;鱼台县开元精细化工有限公司(300吨)〈P2134〉;枣庄市河海水处理化工有限公司〈P2080〉;[豫]巩义市富源净水材料有限公司(500吨)〈P2162〉;河南省巩义市嵩鑫滤材工业有限公司(10吨)〈P2167〉;[粤]广州市奇威化工有限公司〈P2265〉;[甘]甘肃省化工研究院(200吨)〈P2355〉

中央空调水处理剂 P05032811

Water treatment agent for central air-conditioning

适用于空调设备冷却水系统间的清洗、除垢

【生产厂】[沪]上海开纳杰化工研究所(500吨)〈P1747〉;[鲁]泰安市大禹化工有限责任公司(200吨)〈P2137〉

水质消毒剂 P05032901

Disinfectant for water

适用于饮用水、游泳池水、工业用水、废水等水质的消毒,灭藻处理

【生产厂】[沪]上海庆东精细化工公司〈P1758〉

强效杀菌剂 P05033191

Fungicides, high efficiency

适用于各种工业循环水系统的杀菌、灭菌,尤其适合油井注水系统的杀菌处理

【生产厂】[晋]天脊集团精细化工有限公司〈P1674〉;[鲁]东辰(集团)化工有限公司(200吨)〈P2081〉

复合型杀菌剂 P05033401

Composite germicide

适用于电厂、化肥厂、炼油厂等工业循环冷却水系统作杀菌灭藻和黏泥剥离之用

【生产厂】[苏]常州中南化工有限公司〈P1858〉;[鲁]淄博科宇化工有限公司〈P2064〉;山东省泰和水处理有限公司(400吨)〈P2077〉;[豫]洛阳市洛滨化工有限公司〈P2185〉

聚偏磷酸钠 P05040101

Sodium polymetaphosphate

用作锅炉用水和工业用水的软水剂,工业循环冷却水处理剂

【生产厂】[川]四川绵竹汉旺黄磷有限责任公司〈P2327〉

软水剂 P05040201

Water softener

用于软化水

【生产厂】[黑]黑龙江省金鹏树脂有限公司〈P1721〉;[浙]宁波兴华化学有限公司〈P1934〉;[粤]广州庄杰化工有限公司〈P2268〉;汕头市盛腾助剂有限公司〈P2277〉;东莞市德能化工有限公司〈P2279〉

磺化煤 P05040501

Sulfonated coal

用作工业水软化剂、海水淡化剂,并可用于废水处理和提取稀有金属等

【生产厂】[豫]河南省巩义市嵩鑫滤材工业有限公司〈P2167〉

杀生剂 P05050001

Biocide; Biocidal agent

在工业循环冷却水中对多种藻类及异养菌、铁细菌、硫酸盐还原菌等有显著的杀灭作用,并使它们失去粘附性

【生产厂】[沪]上海石化森清水处理有限公司(400吨)〈P1762〉;上海未来企业有限公司〈P1770〉;[苏]南京纳科水处理技术有限公司〈P1787〉;[鲁]济南巨业精细化工有

限公司〈P2023〉;高密市明星化工有限公司〈P2089〉;[豫]巩义市三星水处理设备有限公司〈P2163〉;洛阳科恩精细化学品有限公司(1000吨)〈P2182〉;洛阳强龙精细化工总厂〈P2182〉

双季铵盐杀生剂　P05050051

Diquarternary ammonium salt biocide

有效地杀灭硫酸盐还原菌、铁细菌等系列厌氧菌,还有抑制细菌繁殖能力,有优良的黏泥剥离效果等

【生产厂】[辽]丹东前阳宏达化工厂〈P1700〉;[苏]南京纳科水处理技术有限公司〈P1787〉;南京宏桥精细化工科技开发有限公司〈P1784〉;常州中南化工有限公司〈P1858〉;江苏鑫源生化科技发展有限公司〈P1866〉;[鲁]山东临邑鲁晶化工有限公司(1000吨)〈P2144〉;[豫]洛阳市洛滨化工有限公司〈P2185〉;[鄂]武汉海力科技化工有限公司〈P2230〉

十六烷基二甲基(2-亚硫酸)乙基铵杀生剂　P05050091

Hexadecyldimethyl(2-sulfite)ethylammonium biocide

能有效地杀灭硫酸盐还原菌,铁细菌等系列厌氧菌,同时具有很好的缓蚀效果,还有抑制细菌繁殖的能力

【生产厂】[苏]南京纳科水处理技术有限公司〈P1787〉;南京宏桥精细化工科技开发有限公司〈P1784〉

溴硝醇;2-溴-2-硝基-1,3-丙二醇;布洛波尔　P05050201

Bronpol;2-Bromo-2-nitro-1,3-propanediol [52-51-7]

广泛用于水处理、医药、农药、化妆品、洗涤剂等行业作防腐剂和灭菌剂

【生产厂】[辽]大连星原精细化工有限公司〈P1694〉;[苏]苏州市吴赣化工有限责任公司〈P1905〉;太仓市鑫鹄化工有限公司〈P1909〉;太仓市振湖化工厂〈P1909〉;盐城市东港药物化工发展有限公司(300吨)〈P1811〉;[鲁]山东临邑鲁晶化工有限公司(200吨)〈P2144〉;青州市奥星化工有限公司〈P2091〉;潍坊海化远大精细化工有限公司〈P2102〉;青岛东海源生化科技有限公司〈P2034〉;山东定陶县润鑫精细化工有限公司〈P2159〉;[豫]安阳豫北制药厂(2吨)〈P2210〉;[川]泸州北方化学工业有限公司〈P2322〉

聚合氯化铝;碱式氯化铝;多氯化铝;羟基氯化铝;净水剂　P05050301

Polyaluminium chloride [1327-41-9]

用于生活饮用水、各种工业废水的净化处理

【生产厂】[京]北京万水净水剂有限公司〈P1562〉;[津]天津化工研究院精细化工技术开发公司(1000吨)〈P1574〉;天津市津南瑞田化工厂(1万吨)〈P1594〉;[冀]河北省曲周县滏南化工有限公司〈P1640〉;大城县广安化工有限公司〈P1658〉;国营大城精细化工厂〈P1658〉;廊坊蓝星无机盐有限公司〈P1660〉;[晋]阳泉中旭经贸发展有限公司(1万吨)〈P1674〉;[辽]铁岭远能化工有限公司〈P1713〉;盘锦昊源科工贸有限公司(1000吨)〈P1706〉;盘锦兴建助剂有限公司〈P1707〉;[黑]大庆市让胡路区明星化工厂(1万吨)〈P1722〉;[沪]上海恒谊化工有限公司〈P1736〉;上海江沪钛白化工制品有限公司〈P1743〉;上海石化环保净化剂厂〈P1762〉;上海亮江钛白化工制品有限公司〈P1751〉;上海吉臣化工有限公司〈P1742〉;上海金赛医药化工有限公司(3000吨)〈P1744〉;上海唐新活性炭有限公司〈P1767〉;[苏]南京市化学工业总公司精细化工厂〈P1789〉;南京扬子净水剂有限公司(5000吨)〈P1791〉;南京宏桥精细化工科技开发有限公司〈P1784〉;常州市武进南源合成化工厂〈P1855〉;无锡市菲尔特水处理用品有限公司〈P1875〉;无锡市瑞源化工有限公司〈P1878〉;宜兴市泉龙化工有限公司(2万吨)〈P1886〉;凯米沃特(宜兴)净化剂有限公司(8300吨)〈P1872〉;宜兴市绿波水处理化学品有限公司〈P1885〉;宜兴市天娇净水剂有限公司〈P1887〉;苏州市永达精细化工有限公司(500吨)〈P1906〉;太仓市新星轻工助剂厂〈P1908〉;张家港市卫星化工厂〈P1914〉;江苏省江都市科苑化工有限公司〈P1816〉;江都市兴伟净水剂厂〈P1815〉;扬州市未来水质稳定剂有限公司〈P1819〉;南通市苏东化工厂〈P1835〉;[浙]杭州市银湖化工有限公司〈P1922〉;建德市宏达橡塑无机化工厂〈P1926〉;嘉兴市加伟化工有限公司〈P1941〉;平湖市龙兴化工有限公司〈P1942〉;浙江衢州门捷化工有限公司〈P1959〉;[皖]合肥益民化工有限责任公司(1万吨)〈P1973〉;淮南市净水剂厂〈P1976〉;宿州市华润化工有限责任公司〈P1984〉;[鲁]山东化友科技服务中心〈P2028〉;济南巨业精细化工有限公司〈P2023〉;章丘市鲁洪化工有限公司〈P2031〉;张店良誉新型材料厂〈P2057〉;淄博永益化工有限公司(3000吨)〈P2075〉;淄博振河塑胶化工有限公司〈P2076〉;淄博中森化工有限公司〈P2077〉;淄博宏盛集团化工厂(3000吨)〈P2061〉;淄博净水剂有限公司(2万吨)〈P2063〉;淄博天海化工有限公司〈P2073〉;淄博市淄川佳洁化工有限公司(200吨)〈P2072〉;淄博洁水化工有限公司(3000吨)〈P2063〉;淄博科宇化工有限公司〈P2064〉;淄博瑞爱特化工有限责任公司〈P2066〉;淄博市临淄环保产业开发公司(5000吨)〈P2068〉;山东省滨州天欧机化有限责任公司〈P2156〉;威海金泓化工集团有限公司(8000吨)〈P2124〉;青岛三凯化工有限公司〈P2041〉;青岛开达实业(集团)有限公司〈P2039〉;泰安市大禹化工有限责任公司(150吨)〈P2137〉;鱼台县开元精细化工有限公司(500吨)〈P2134〉;[豫]郑州市环清净水剂厂(1500吨)〈P2173〉;巩义宏发净水材料有限公司〈P2162〉;巩义市富源净水材料有限公司(1000吨)〈P2162〉;巩义市恒泰滤材有限公司〈P2162〉;巩义市宏达滤料厂〈P2162〉;巩义市华明化工材料有限公司(500吨)〈P2163〉;巩义市三星水处理设备有限公司〈P2163〉;巩义市嵩山滤料厂(3000吨)〈P2164〉;巩义市永兴生化材料有限公司〈P2164〉;巩义市宇贸净水材料有限公司(2000吨)〈P2164〉;巩义市芝田净化剂厂(1万吨)〈P2165〉;河南开普化工股份有限公司(800吨)〈P2165〉;河南省巩义市嵩鑫滤材工业有限公司〈P2167〉;河南省巩义市韵沟联营滤料厂〈P2167〉;河南嵩山净水材料有限公司(1000吨)〈P2168〉;巩义市蒿山滤材有限公司(3000吨)〈P2162〉;巩义市中昌水处理材料有限公司〈P2165〉;巩义市长虹净水材料有限公司(3000吨)〈P2162〉;巩义市宇清净水材料有限公司〈P2164〉;巩义市碧波供水材料有限公司〈P2162〉;巩义市海龙净水剂厂(3000吨)〈P2162〉;巩义市华南供水材料有限公司(4000吨)〈P2163〉;巩义市清源化材厂(5000吨)〈P2163〉;巩义市鑫达化工厂(3000吨)〈P2164〉;巩义市益民化工有限公司〈P2164〉;河南蓝天净化材料有限公司〈P2166〉;巩义市诚达净化材料厂(1500吨)〈P2162〉;巩义市华通滤材厂(6000吨)〈P2163〉;巩义市石虎洁源静化材料厂(1000吨)〈P2164〉;巩义市腾达供水材料厂〈P2164〉;巩义市香山供水材料厂〈P2164〉;巩义市振宇净水材料厂(1000吨)〈P2165〉;巩义市中亚净水材料有限公司〈P2165〉;巩义市恒源净水材料有限公司(1万吨)〈P2162〉;焦作市应用化学研究所(800吨)〈P2197〉;焦作市三普生化有限公司〈P2196〉;濮阳市龙泉聚合物有限公司〈P2214〉;洛阳市洛滨化工有限公司〈P2185〉;洛阳市富安净水材料厂(2000吨)〈P2183〉;洛阳市华工实业有限公司(1000吨)〈P2184〉;洛阳市绿亚净水材料有限公司(1500吨)〈P2185〉;洛阳市英东化工有限公司〈P2186〉;南阳恒盛石

P

英砂滤料有限公司〈P2224〉;[鄂]宜昌市欣龙化工新材料有限公司(13万吨)〈P2241〉;[粤]佛山市华昊化工有限公司电化厂(1万吨)〈P2287〉;[渝]重庆市华东化工有限公司〈P2306〉;重庆西洋化工有限责任公司〈P2307〉;重庆长风化工厂〈P2303〉;[滇]云南红云氯碱有限公司〈P2340〉;[新]克拉玛依新科澳化工(集团)有限责任公司〈P2365〉

碱式氯化铝铁;铝铁复合混凝剂;聚合氯化铝铁 P05050311

Aluminum ferric chloride, basic

用于生活用水,工业用水及工业废水、生活污水处理

【生产厂】[京]北京万水净水剂有限公司〈P1562〉;[苏]南京纳科水处理技术有限公司〈P1787〉;常州源泉红光化工有限公司〈P1858〉;无锡沸昇水处理材料有限公司〈P1873〉;凯米沃特(宜兴)净化剂有限公司〈P1872〉;江苏鑫源生化科技发展有限公司〈P1866〉;[浙]平湖市龙兴化工有限公司〈P1942〉;[皖]合肥益民化工有限责任公司(1万吨)〈P1973〉;[鲁]淄博宏盛集团化工厂〈P2061〉;淄博市临淄环保产业开发公司(2000吨)〈P2068〉;[豫]巩义市恒泰滤材有限公司〈P2162〉;巩义市三星水处理设备有限公司〈P2163〉;巩义市永兴生化材料有限公司〈P2164〉;巩义市宇贸净水材料有限公司〈P2164〉;巩义市芝田净化剂厂(2500吨)〈P2165〉;河南嵩山净水材料有限公司(1000吨)〈P2168〉;巩义市宇清净水材料有限公司〈P2164〉;巩义市海龙净水剂厂(4000吨)〈P2162〉;巩义市鑫达化工厂(2000吨)〈P2164〉;巩义市益民化工有限公司〈P2164〉;河南蓝天净化材料有限公司〈P2166〉;洛阳市洛滨化工有限公司〈P2185〉;洛阳市英东化工有限公司〈P2186〉

复合絮凝剂 P05050371

Complex flocculant

用于高浊度原水、低浊低碱度原水等的处理

【生产厂】[鲁]山东滨州嘉源环保有限责任公司〈P2155〉

复合高效聚合氯化铝;净水灵 P05050391

Polyaluminium chloride, compound high-efficiency

用于净化生活用水和工业用水,处理、净化各种污水

【生产厂】[浙]平湖市龙兴化工有限公司〈P1942〉;[鲁]山东省临朐县华丰化工厂〈P2097〉;[豫]巩义市华通滤材厂(6000吨)〈P2163〉

聚合硫酸铁;聚铁 P05050401

Polyferric sulfate [10028-22-5]

用作铁盐无机高分子絮凝剂,主要用于城镇生活饮用水、工业给水方面

【生产厂】[津]天津化工研究院精细化工技术开发公司(200吨)〈P1574〉;[冀]唐山开滦清源水处理有限责任公司〈P1635〉;[辽]铁岭远能化工有限公司〈P1713〉;[沪]上海恒谊化工有限公司〈P1736〉;上海江沪钛白化工制品有限公司〈P1743〉;上海市宝山区合众化工厂(1万吨)〈P1763〉;上海亮江钛白化工制品有限公司〈P1751〉;[苏]南京市化学工业总公司精细化工厂(1万吨)〈P1789〉;江苏和纯化学工业有限公司〈P1841〉;无锡市菲尔特水处理用品有限公司〈P1875〉;宜兴市绿波水处理化学品有限公司〈P1885〉;[浙]平湖市龙兴化工有限公司〈P1942〉;[鲁]淄博洁水化工有限公司〈P2063〉;博山恒泰化工厂(8000吨)〈P2048〉;淄博市临淄环保产业开发公司(1000吨)〈P2068〉;淄博科绿活性炭有限公司〈P2064〉;鱼台县开元精细化工有限公司(500吨)〈P2134〉;[豫]河南信威磷化有限公司(3万吨)〈P2168〉;焦作市应用化学研究所(200吨)〈P2197〉;南乐县鑫丰化工有限公司(800吨)〈P2213〉;洛阳市英东化工有限公司〈P2186〉;[鄂]武汉凯迪精细化工有限公司〈P2230〉;[湘]衡阳天友化工有限公司(2万吨)〈P2253〉;邵阳市佑华净水材料有限公司(2万吨)〈P2253〉;[粤]深圳市腾龙源实业有限公司〈P2272〉;广东云浮硫铁矿企业集团公司(5000吨)〈P2295〉;[渝]重庆西洋化工有限责任公司〈P2307〉;[川]四川省彭山磷盐化工厂〈P2334〉

絮凝剂 P05050503

Flocculant

用作工业废水和城市污水处理剂、沉淀剂

【生产厂】[京]北京希涛技术开发有限公司〈P1563〉;[冀]沧州市恒利化工有限公司〈P1652〉;沧州胜康化工有限公司〈P1652〉;河间市蓝星化工有限公司〈P1656〉;廊坊市大明化工有限公司〈P1661〉;大城县广安化工有限公司〈P1658〉;河北东方泓益精细化工有限公司〈P1658〉;河北瑞森化工有限公司〈P1659〉;河北中创蓝星助剂有限公司〈P1659〉;[辽]辽阳市东阳精细化工有限公司〈P1710〉;[沪]上海东升高旭化工有限公司〈P1732〉;上海唐新活性炭有限公司〈P1767〉;[苏]常州市江湖化工有限公司〈P1852〉;宜兴市绿波水处理化学品有限公司〈P1885〉;[浙]镇海炼化工业贸易总公司〈P1936〉;[鲁]桓台县双峰助剂厂〈P2049〉;山东滨州嘉源环保有限责任公司〈P2155〉;胜利油田嘉叶化工有限责任公司(2000吨)〈P2087〉;山东东方华龙集团公司(2万吨)〈P2084〉;东营市谊海工贸有限责任公司〈P2083〉;烟台开发区富水化工科技有限公司〈P2117〉;兖州市恒源化工有限责任公司(400吨)〈P2134〉;济宁新格瑞水处理有限公司(200吨)〈P2129〉;[豫]洛阳石化金达实业公司化工厂(1000吨)〈P2183〉;洛阳强龙精细化工总厂〈P2182〉;[鄂]武汉海力科技化工有限公司〈P2230〉;湖北省化学研究院〈P2228〉;[湘]湖南省岳阳市青山油剂有限公司〈P2254〉;[渝]重庆市化工研究院(200吨)〈P2307〉;[川]中国科学院成都市成科精细化学品有限责任公司(2000吨)〈P2320〉;成都顺达利聚合物有限公司〈P2315〉;[甘]兰州吉野添加剂有限公司〈P2355〉;[新]克拉玛依新科澳化工(集团)有限责任公司〈P2365〉

ST絮凝剂;聚二甲基二烯丙基氯化铵 P05050505

Flocculant ST

是一种新型高效无毒有机高分子净水剂,广泛用于地表水源饮用水、工业用水及污水和废水的处理

【生产厂】[苏]凯米沃特(宜兴)净化剂有限公司〈P1872〉;宜兴市绿波水处理化学品有限公司〈P1885〉;[浙]杭州市银湖化工有限公司〈P1922〉;平湖市龙兴化工有限公司〈P1942〉;[鲁]山东滨州嘉源环保有限责任公司〈P2155〉;[豫]新乡市石油化工厂(500吨)〈P2206〉;[鄂]武汉市江润精细化工有限责任公司〈P2233〉;[渝]重庆西洋化工有限责任公司〈P2307〉

阳离子絮凝剂 P05050531

Cation flocculant

广泛应用于工业污水、生活污水及污泥脱水处理

【生产厂】[津]天津市西青区发达化工厂(400吨)〈P1607〉;[冀]廊坊蓝星无机盐有限公司〈P1660〉;[苏]宜兴市绿波水处理化学品有限公司〈P1885〉;江苏省江都市科苑化工有限公司〈P1816〉;[鲁]山东滨州嘉源环保有限责任公司〈P2155〉;[川]中蓝晨光化工研究院〈P2320〉

P

高效脱色絮凝剂 P05050551

Decolor flocculant, high efficiency

主要用于染料工业高色度废水的脱色处理，适用于活性、酸性、分散等废水的处理，也可用于颜料、油墨废水处理

【生产厂】[冀]廊坊奥科化工有限公司〈P1659〉；[沪]上海大祥化学工业有限公司〈P1731〉；[苏]宜兴市泉龙化工有限公司(3000 吨)〈P1886〉；凯米沃特(宜兴)净化剂有限公司〈P1872〉；宜兴市绿波水处理化学品有限公司〈P1885〉；[鲁]淄博洁水化工有限公司〈P2063〉；山东滨州嘉源环保有限责任公司〈P2155〉

高效无磷水处理剂 P05050601

High-efficient water treatment agent, non-phosphorus

用作电力、石化、冶金及其他循环水系统、工业供水、供热、冷凝及空调系统的水处理

【生产厂】[冀]唐山开滦清源水处理有限责任公司〈P1635〉

聚合硫酸铁铝 P05050701

Polyferric aluminum sulfate

用作水处理剂

【生产厂】[川]四川省彭山磷盐化工厂〈P2334〉

高分子阳离子净水剂 P05050851

Macromolecule cation water-purifying agent

【生产厂】[辽]沈阳永信精细化工有限公司〈P1690〉；[鲁]东辰(集团)化工有限公司(500 吨)〈P2081〉

聚合硅酸硫酸铝；PASS P05050901

Polyaluminium silicate sulfate

用于造纸工业，作为 pH 值调节剂，也可作为净水用絮凝剂、媒染剂、鞣革剂、医药收敛剂、木材防腐剂等

【生产厂】[浙]平湖市龙兴化工有限公司〈P1942〉；[渝]重庆西洋化工有限责任公司〈P2307〉

聚合硅酸氯化铝 P05050951

Polyaluminium silicate chloride

用于给水及废水处理

【生产厂】[浙]平湖市龙兴化工有限公司〈P1942〉

甘脲 P05051001

Glycoluril; Acetyleneurea [496-46-8]

用作水处理剂

【生产厂】[晋]太原华鹰化工有限公司〈P1671〉

四羟甲基甘脲 P05051021

Tetramethylol acetylenediurea [5395-50-6]

用作水处理剂

【生产厂】[晋]太原华鹰化工有限公司〈P1671〉

四乙酰甘脲 P05051041

N,N′,N′′,N′′′-Tetraacetylglycoluril [10543-60-9]

用于水处理

【生产厂】[晋]太原华鹰化工有限公司〈P1671〉

四甲氧甲基甘脲 P05051061

Tetramethoxymethylglycuril

用于水处理

【生产厂】[晋]太原华鹰化工有限公司〈P1671〉

1,3-二氯-5-甲基-5-乙基海因；二氯甲乙基海因；5-甲基-5-乙基二氯海因；DCMEH P05051101

1,3-Dichloro-5-methyl-5-ethylhydantoin [89415-87-2]

用于水质的杀菌灭藻

【生产厂】[鲁]龙口科达化工有限公司(200 吨)〈P2110〉

1-溴-3-氯-5-甲基-5-乙基海因；溴氯甲乙基海因；BCMEH P05051151

1-Bromo-3-chloro-5-methyl-5-ethylhydantoin [89415-46-3]

用于杀菌灭藻

【生产厂】[鲁]龙口科达化工有限公司〈P2110〉

5-甲基-5-乙基海因；5-甲基-5-乙基乙内酰脲；MEH P05051201

5-Methyl-5-ethylhydantoin [5394-36-5]

用于水处理

【生产厂】[鲁]龙口科达化工有限公司〈P2110〉

1,3-二氯-5,5-二甲基海因；二氯二甲基海因；1,3-二氯-5,5-二甲基乙内酰脲；DCDMH P05051301

1,3-Dichloro-5,5-dimethylhydantoin [118-52-5]

主要作为杀菌、灭藻剂，可有效杀灭各种细菌、真菌、病毒、藻类、肝炎病毒等

【生产厂】[冀]河北冀衡化学股份有限公司〈P1664〉；河北亚光精细化工有限公司〈P1641〉；[晋]太原华鹰化工有限公司〈P1671〉；[沪]上海高伦现代农化股份有限公司〈P1734〉；[苏]常州市霞峰化学材料公司〈P1855〉；盐城百瑞特精化有限公司〈P1809〉；[浙]舟山市强弘精细化工有限公司〈P1959〉；[鲁]龙口科达化工有限公司(1000 吨)〈P2110〉

1,3-二溴-5,5-二甲基海因；DBDMH P05051351

1,3-Dibromo-5,5-dimethylhydantoin [77-48-5]

用作工业溴化剂和消毒杀菌剂

【生产厂】[津]天津金康宝动物医药保健品有限公司(1000 吨)〈P1574〉；天津市众康兽药厂〈P1614〉；[冀]深泽县三洁化工有限公司〈P1625〉；河北冀衡化学股份有限公司〈P1664〉；河北亚光精细化工有限公司〈P1641〉；[晋]太原华鹰化工有限公司〈P1671〉；[苏]南京苏如化工有限公司〈P1789〉；盐城百瑞特精化有限公司〈P1809〉；扬州康宏化工有限公司〈P1817〉；[浙]浙江德清县银苑化工有限公司〈P1946〉；舟山市强弘精细化工有限公司〈P1959〉；[鲁]青州市奥星化工有限公司〈P2091〉；龙口科达化工有限公司(1000 吨)〈P2110〉

1-溴-3-氯-5,5-二甲基海因；溴氯海因；BCDMH P05051401

1-Bromo-3-chloro-5,5-dimethylhydantoin [16079-88-2]

一种优良的杀菌剂，广泛用于各类工业循环冷却水系统、游泳池、水产养殖、喷水净化、纸浆漂白等领域

【生产厂】[冀]河北冀衡化学股份有限公司〈P1664〉；河北亚光精细化工有限公司〈P1641〉；[晋]太原华鹰化工有限公司〈P1671〉；[沪]上海高伦现代农化股份有限公司〈P1734〉；[苏]常州市霞峰化学材料公司〈P1855〉；盐城百

瑞特精化有限公司〈P1809〉;［浙］舟山市强弘精细化工有限公司〈P1959〉;［鲁］青州市奥星化工有限公司〈P2091〉;龙口科达化工有限公司(1000 吨)〈P2110〉;济宁新格瑞水处理有限公司(300 吨)〈P2129〉;滕州银丰化工有限公司(300 吨)〈P2080〉

2,2-二溴-3-次氮基丙酰胺;2,2-二溴-2-氰基乙酰胺;二溴氰基乙酰胺;DBNPA　P05051801

2,2-Dibromo-3-nitrilopropionamide; DBNPA [10222-01-2]

用作医药中间体、杀菌灭藻剂、工业污水处理剂等

【生产厂】［京］北京益利精细化学品有限公司〈P1565〉;［晋］太原华鹰化工有限公司〈P1671〉;天脊集团精细化工有限公司〈P1674〉;［辽］大连星原精细化工有限公司〈P1694〉;［苏］常州市化安精细化工有限公司〈P1851〉;常州恒丰化工有限公司(200 吨)〈P1847〉;太仓市鑫鹄化工有限公司〈P1909〉;江苏托球农化有限公司〈P1808〉;［鲁］山东临邑鲁晶化工有限公司(300 吨)〈P2144〉;青州市奥星化工有限公司〈P2091〉;潍坊海化远大精细化工有限公司〈P2102〉;龙口科达化工有限公司(1000 吨)〈P2110〉;山东定陶县润鑫精细化工有限公司〈P2159〉

2,2-二溴-2-硝基乙醇;DBNE　P05051901

2,2-Dibromo-2-nitroethanol [69094-18-4]

用作工业循环水、工业冷却水的水处理剂、杀菌灭藻剂等

【生产厂】［沪］上海桑迪精细化工研究所〈P1760〉;［苏］太仓市鑫鹄化工有限公司〈P1909〉;［鲁］山东临邑鲁晶化工有限公司(300 吨)〈P2144〉;山东定陶县润鑫精细化工有限公司〈P2159〉

二(溴乙酸)乙二醇酯;1,2-双(溴乙酰氧基)乙烷;BBAE　P05052001

Ethanediol bis(2-bromoacetate) [3785-34-0]

是一种高效的防腐杀菌剂,广泛用作工业循环水、工业冷却水的水处理剂、杀菌灭藻剂等

【生产厂】［鲁］山东临邑鲁晶化工有限公司(300 吨)〈P2144〉

1,4-双(溴乙酰氧)-2-丁烯;2-丁烯-1,4-二醇双(溴乙酸)酯;BBAB　P05052101

2-Butene-1,4-diol bis (bromoacetate); 1,4-Bis (bromoacetoxy)-2-butene [20679-58-7]

是有机溴杀菌剂,能抑制粘性细菌,也用于造纸行业水处理杀菌

【生产厂】［苏］江苏沃德化工有限公司〈P1894〉;［鲁］山东临邑鲁晶化工有限公司(200 吨)〈P2144〉

聚合氯化铁　P05052201

Polyferric chloride

【生产厂】［浙］平湖市龙兴化工有限公司〈P1942〉;［豫］河南嵩山净水材料有限公司(1000 吨)〈P2168〉

有机硅消泡剂(水处理专用)　P05060201

Organic silicon defoamer for water treatment

用于工业循环冷却水系统在清洗及预膜过程中,清除产生的大量泡沫

【生产厂】［冀］河间市蓝星化工有限公司〈P1656〉;廊坊奥科化工有限公司〈P1659〉;廊坊市大明化工有限公司〈P1661〉;河北瑞森化工有限公司〈P1659〉;［沪］上海立奇化工助剂有限公司〈P1750〉;上海恒谊化工有限公司〈P1736〉;［苏］南京市化学工业总公司精细化工厂〈P1789〉;江苏得意有机硅有限公司〈P1802〉;江苏赛欧信越消泡剂有限公司〈P1803〉;扬州立达树脂有限公司〈P1818〉;［鲁］泰安市大禹化工有限责任公司(300 吨)〈P2137〉;［豫］洛阳强龙精细化工总厂〈P2182〉;［粤］广州市氟缘硅科技有限公司〈P2263〉

解堵剂　P05060311

Blocking remover

用于油田采油过程中的除油井、水井及地层中蜡晶、胶质、沥青质及铁锈的堵塞

【生产厂】［冀］河间市蓝星化工有限公司〈P1656〉;［辽］大连华瑞化学工业有限公司〈P1692〉;盘锦昊源科工贸有限公司(1000 吨)〈P1706〉;［豫］河南郸城顺兴石油助剂有限公司〈P2226〉;［新］克拉玛依新科澳化工(集团)有限责任公司〈P2365〉

二腈二胺甲醛缩合物　P05060321

Dicyanide diamino formaldehyde, condensation compound

用作丁苯橡胶胶乳凝聚剂,同时又是良好的破乳剂,广泛用于油田的石油采集等

【生产厂】［鲁］山东淄博三福化工开发有限公司〈P2056〉;山东省微山县化工厂(1000 吨)〈P2132〉

预膜剂;清洗预膜剂　P05060401

Prefilming agent

用于工业循环冷却水系统的预膜处理

【生产厂】［京］北京市高丽工贸有限责任公司〈P1559〉;［冀］廊坊市大明化工有限公司〈P1661〉;大城县广安化工有限公司〈P1658〉;廊坊电力树脂有限公司〈P1660〉;国营大城精细化工厂〈P1658〉;河北瑞森化工有限公司〈P1659〉;廊坊蓝星无机盐有限公司〈P1660〉;廊坊天和化工建材有限公司〈P1661〉;廊坊新大新化工建材有限公司〈P1662〉;［辽］鞍山市新型水处理材料厂〈P1696〉;［沪］上海石化森清水处理有限公司〈P1762〉;上海未来企业有限公司〈P1770〉;［苏］南京纳科水处理技术有限公司〈P1787〉;南京宏桥精细化工科技开发有限公司〈P1784〉;常州市江湖化工有限公司〈P1852〉;常州中南化工有限公司〈P1858〉;姜堰市华飞化工厂〈P1823〉;［鲁］淄博科宇化工有限公司〈P2064〉;淄博瑞爱特化工有限责任公司〈P2066〉;邹平县鲁津化工有限公司(300 吨)〈P2158〉;泰安市大禹化工有限责任公司(200 吨)〈P2137〉;鱼台县开元精细化工有限公司(400 吨)〈P2134〉;［豫］洛阳强龙精细化工总厂〈P2182〉;洛阳市英东化工有限公司〈P2186〉;［鄂］武汉海力科技化工有限公司〈P2230〉;［川］成都齐达科技开发公司〈P2313〉

预膜缓蚀剂　P05060451

Prefilming inhibitor

适用于循环冷却水系统中碳钢、不锈钢等换热器及输油管线中的管道预膜用,也可作为正常运行时的缓蚀剂用

【生产厂】［冀］河间市蓝星化工有限公司〈P1656〉;廊坊蓝星无机盐有限公司〈P1660〉;［晋］天脊集团精细化工有限公司〈P1674〉;［鲁］淄博市悦成化工有限公司〈P2071〉;鱼台县开元精细化工有限公司(200 吨)〈P2134〉

消毒杀菌剂;三氯均三嗪-2,4,6-三酮　P05060501

Antisepsis agent

适用于游泳池水质处理、医院和家庭消毒、

P

饮用水杀菌处理、种子的杀菌消毒、养殖业杀菌消毒、工业漂白处理等

【生产厂】[冀]廊坊奥科化工有限公司〈P1659〉;[沪]上海未来企业有限公司〈P1770〉

复配戊二醛 P05060601

Glutaraldehyde, complex

用作油田返注水、工业循环水高效杀菌剂

【生产厂】[苏]南京宏桥精细化工科技开发有限公司〈P1784〉

凯松类防腐杀菌剂 P05060801

Anti-corrosion germicide, kaisong series

用于化妆品、造纸、涂料、大型热电厂、炼油厂等工业循环水处理,杀菌、防腐、防霉

【生产厂】[鲁]济南元通化工有限公司〈P2027〉;[粤]广东迪美生物技术有限公司〈P2259〉

无烟煤滤料 P05060901

Anthracite filter media

用于饮用水、工业用水、工业废水净化过滤

【生产厂】[晋]山西新联友化工有限公司〈P1675〉;[沪]上海唐新活性炭有限公司〈P1767〉;[豫]巩义宏发净水材料有限公司〈P2162〉;巩义市丁东滤料加工厂〈P2162〉;巩义市宏达滤料厂〈P2162〉;巩义市三星水处理设备有限公司〈P2163〉;巩义市嵩山滤料厂(6000 吨)〈P2164〉;巩义市永兴生化材料有限公司〈P2164〉;河南省巩义市嵩鑫滤材工业有限公司〈P2167〉;河南省巩义市韵沟联营滤料厂〈P2167〉;巩义市中昌水处理材料有限公司〈P2165〉;巩义市华南供水材料有限公司(1000 吨)〈P2163〉;巩义市益民化工有限公司〈P2164〉;南阳恒盛石英砂滤料有限公司〈P2224〉

活性炭滤料 P05060951

Activated carbon filter material

主要用于饮用水及工业用水的净化、脱氯、脱色、除臭等

【生产厂】[豫]巩义市三星水处理设备有限公司〈P2163〉;巩义市嵩山滤料厂(3000 吨)〈P2164〉;巩义市永兴生化材料有限公司〈P2164〉

石英砂滤料 P05061001

Silica sand filtering medium

广泛用于水处理中的各类型滤池,是无烟煤滤料的最佳配合伙伴

【生产厂】[沪]上海唐新活性炭有限公司〈P1767〉;[豫]巩义宏发净水材料有限公司〈P2162〉;巩义市丁东滤料加工厂〈P2162〉;巩义市恒泰滤材有限公司〈P2162〉;巩义市宏达滤料厂〈P2162〉;巩义市三星水处理设备有限公司〈P2163〉;巩义市嵩山滤料厂(2 万吨)〈P2164〉;巩义市永兴生化材料有限公司〈P2164〉;河南省巩义市韵沟联营滤料厂〈P2167〉;巩义市中昌水处理材料有限公司〈P2165〉;巩义市益民化工有限公司〈P2164〉;河南蓝天净化材料有限公司〈P2166〉;南阳恒盛石英砂滤料有限公司〈P2224〉

磁铁矿滤料 P05061101

Magnetite filtering material

用于大阻力配水系统水处理,属重质滤料

【生产厂】[豫]巩义宏发净水材料有限公司〈P2162〉;巩义市三星水处理设备有限公司〈P2163〉;巩义市永兴生化材料有限公司〈P2164〉;河南省巩义市韵沟联营滤料厂〈P2167〉;巩义市中昌水处理材料有限公司〈P2165〉;南阳恒盛石英砂滤料有限公司〈P2224〉

卵石滤料 P05061201

Scree filtering medium

【生产厂】[豫]巩义市丁东滤料加工厂〈P2162〉;巩义市恒泰滤材有限公司〈P2162〉;巩义市嵩山滤料厂(4 万吨)〈P2164〉;南阳恒盛石英砂滤料有限公司〈P2224〉

化纤油剂 P06000000

Chemical fiber oil

在化纤工艺过程中作助剂

【生产厂】[津]天津市浩元精细化工有限公司(300 吨)〈P1588〉;[沪]上海市大场化工厂(5000 吨)〈P1763〉;[苏]南通醋酸纤维有限公司〈P1832〉;[浙]杭州奔马化学制品有限公司〈P1916〉;浙江皇马化工集团有限公司(1 万吨)〈P1950〉;[粤]广东彩艳股份有限公司〈P2284〉

涤纶油剂 P06010100

Dacron oil

用作涤纶短纤维前后纺统一油剂

【生产厂】[沪]上海多纶化工有限公司(2000 吨)〈P1732〉;上海顺佳化学助剂有限公司〈P1765〉;[苏]常州市灵达化学品有限公司〈P1852〉;[浙]杭州江南化工有限公司〈P1919〉;杭州萧山三江精细化工有限公司〈P1924〉;[皖]安徽立兴化工有限公司(2000 吨)〈P1985〉

涤纶高速纺络筒油剂 P06010503

Dacron oil for high speed spinning bobbin

用于涤纶丝后纺工序

【生产厂】[浙]杭州萧山三江精细化工有限公司〈P1924〉

涤纶高速纺丝拉伸(FDY)油剂 P06010504

Dacron FDY oil for high speed spinning and drawing

适用于涤纶有光丝、半消光丝、细旦丝、异形丝等各类品种

【生产厂】[沪]上海顺佳化学助剂有限公司〈P1765〉;[浙]杭州江南化工有限公司〈P1919〉;杭州萧山三江精细化工有限公司〈P1924〉

高速纺涤纶长丝(POY)油剂 P06010505

Dacron filameat POY oil for high speed spinning

用于涤纶长丝 POY 纺丝上油

【生产厂】[浙]宁波亿得精细化工有限公司〈P1934〉

高速纺涤纶长丝(常规纺)油剂 P06010506

Dacron filameat oil for high speed spinning

为涤纶长丝 UDY 专用油剂

【生产厂】[浙]杭州瑞阳化工有限公司〈P1921〉

纺丝油剂 P06010507

Filature oil

适用 DTY 和 ATY 油剂

【生产厂】[鲁]高密市明星化工有限公司〈P2089〉

抗静电油剂 P06010601

Antistatic oil

用于对抗静电有特殊要求的 150D/288F 以上或 75D/96F 以上涤纶 DTY 成品丝后道上油

【生产厂】[浙]绍兴县南方石化有限公司〈P1949〉

涤纶短纤维油剂 P06010701

Terylene staple fiber oil

有利于纺织厂加工的纺丝卷绕和后道牵伸一体化油剂

【生产厂】[苏]常州市灵达化学品有限公司〈P1852〉;江苏省海安石油化工厂〈P1831〉;[浙]杭州瑞阳化工有限公司〈P1921〉;[皖]安徽立兴化工有限公司〈P1985〉;黄山市强力化工有限公司〈P1981〉

腈纶油剂 P06020100

Polyacrylonitrile fiber oil

能增加腈纶丝平滑性、柔软性、抗静电性、抱合性

【生产厂】[沪]上海多纶化工有限公司(2000 吨)〈P1732〉;[浙]宁波亿得精细化工有限公司〈P1934〉

锦纶油剂;醇醚磷酸酯钠盐 P06030311

Alcohol ether phosphate, sodium salt

用作锦纶短纤维油剂或油剂复配的组分

【生产厂】[浙]绍兴县南方石化有限公司〈P1949〉;[鲁]潍坊中业化学有限公司〈P2107〉

丙纶油剂 P06040101

Sinning oil for polypropylene fiber

丙纶生产的专用油剂,对纤维有平滑、集束、抗静电等作用,用于丙纶复丝、变形丝及异质丝的生产

【生产厂】[津]天津市宝坻区港飞助剂有限公司〈P1579〉;天津市精细化学制剂厂(400 吨)〈P1596〉;[辽]辽宁科隆化工实业有限公司〈P1709〉;[苏]常州市灵达化学品有限公司〈P1852〉;海安县国力化工有限公司〈P1829〉;[鲁]潍坊中业化学有限公司〈P2107〉;莱州市宏科化工有限公司〈P2109〉

单十二烷基醚磷酸酯钾盐;MAPK P06050441

Potassium monododecyl ether phosphate

用作膏霜、奶液等化妆品及医药栓剂的乳化剂,也可作为抗静电、调理香波组分及化纤用油剂的组分

【生产厂】[津]天津先光化工有限公司(500 吨)〈P1616〉

脂肪醇聚氧乙烯醚硫酸钠;AES;十二醇聚氧乙烯醚硫酸钠;磺化平平加 P06050500

Fatty alcohol polyoxyethylene ether, sodium sulfate; AES

用于液体洗涤、餐洗、洗发香波、浴用洗涤等日用化学行业中,也用于纺织、造纸、皮革、机械、石油开采等行业

【生产厂】[津]天津天智精细化工有限公司(2 万吨)〈P1615〉;[晋]南风化工集团股份有限公司(1 万吨)〈P1678〉;[辽]中国石油抚顺石油化工公司合成洗涤剂厂〈P1699〉;[沪]上海威呈化工有限公司〈P1769〉;上海花王化学有限公司〈P1737〉;[苏]南京卡尼尔科技有限责任公司〈P1786〉;沙索(中国)化学有限公司(1 万吨)〈P1792〉;无锡罗地亚精细化工有限公司〈P1874〉;[浙]中轻物产化工有限公司〈P1928〉;[鲁]德州埃法化学有限公司〈P2141〉;淄博海杰化工有限公司〈P2060〉;淄博俱进化工有限公司〈P2063〉;潍坊市田元农化研究所〈P2105〉;青州贝特化工有限公司〈P2090〉;山东春潮色母料有限公司(500 吨)〈P2135〉;[陕]西安凯洁精细化工制造有限公司(5000 吨)〈P2348〉

【使用厂】[津]天津市爱普思特科技发展有限公司〈P1578〉;[苏]扬州江亚消防药剂有限公司〈P1817〉;[鲁]济南海华洗涤制品有限公司〈P2021〉;潍坊市亚东化工有限公司〈P2105〉

玻璃纤维浸润剂 P06060101

Glass fiber soakage agent

用于玻璃纤维制造

【生产厂】[苏]南京永丰化工有限责任公司〈P1791〉;宜兴市腾蛟化工材料有限公司〈P1887〉;[浙]上虞市佳华高分子材料有限公司〈P1948〉;[川]泸州万联化工有限公司〈P2323〉

润滑剂 P06060201

Lubricant

【生产厂】[冀]衡水新光化工有限责任公司〈P1668〉;[沪]上海东升高旭化工有限公司〈P1732〉;上海路丰助剂有限公司〈P1752〉;上海凯密特尔化学品有限公司〈P1747〉;上海青彤金属处理材料有限公司〈P1758〉;[苏]南京中联信化工有限公司〈P1791〉;常州市武进运波化工有限公司〈P1855〉;江阴市顾山东风合成化工有限公司(1000 吨)〈P1869〉;[浙]宁波天源化学有限公司(1000 吨)〈P1933〉;[鲁]莱州市化工三厂(600 吨)〈P2109〉;青岛德慧精细化工有限公司(300 吨)〈P2033〉;[豫]河南省辉县市振兴化工厂(200 吨)〈P2201〉;[鄂]湖北省化学工业研究设计院(500 吨)〈P2228〉

【使用厂】[沪]上海浮岛化工有限公司〈P1733〉;上海国成塑料有限公司〈P1735〉;[鲁]淄博三鹏化工有限责任公司〈P2066〉

磺氯化油;烷基磺酰氯 P06070401

Sulfochlorinated oil

用于制备化肥用添加剂、加脂剂

【生产厂】[鄂]老河口华松化工有限责任公司〈P2237〉

浆纱油剂 P06080311

Sizing oil

用在棉、棉混纺、麻等纤维上

【生产厂】[鲁]山东志达化工有限公司(300 吨)〈P2078〉

烷基酚聚氧乙烯醚磷酸酯 P06080410

Polyoxyethylene alkyphenol phosphorate

用于家庭、工业洗涤剂,如配制干洗剂、瓷面、玻璃清洗剂、金属清洗剂等

【生产厂】[沪]上海忠诚精细化工有限公司〈P1779〉

导热油 P06080500

Heat-transfer oil

用于纺织、油脂、木材、塑料、橡胶工业

【生产厂】[京]北京迪龙化工有限公司〈P1546〉;北京市燕山特种润滑油有限公司〈P1561〉;[津]天津市东方特种润滑油有限公司〈P1585〉;[辽]本溪怀特石油化工有限责任公司〈P1699〉;辽河综研化学有限公司〈P1705〉;盘锦辽河油田汇达化工有限公司(1500 吨)〈P1706〉;[沪]上海久星化工有限公司(2000 吨)〈P1746〉;上海炼油厂〈P1751〉;上海浩海精细化工有限公司(6000 吨)〈P1736〉;上海霞飞精细化工厂(3000 吨)〈P1770〉;上海锦辉润滑油厂〈P1745〉;[苏]镇江市润州第二化工厂〈P1845〉;无锡市长润石油化工有限公司〈P1875〉;苏州市天瑞化工有限公司〈P1905〉;

P

［浙］杭州国晨化工技术有限公司〈P1917〉；绍兴县南方石化有限公司〈P1949〉；［鲁］淄博市周村海威特润滑油厂〈P2071〉；淄博北方淄特化工有限公司〈P2058〉；淄博三泰润滑油有限公司〈P2067〉；淄博市周村金冠润滑油厂（5000吨）〈P2071〉；淄博助友石油化工有限公司〈P2077〉；淄博环海佳业科工贸有限公司〈P2062〉；临淄勤润油脂化工厂（1000吨）〈P2050〉；桓台县恒德导热油有限公司〈P2049〉；淄博泰畅润滑油有限公司（5000吨）〈P2073〉；潍坊中业化学有限公司〈P2107〉；青州鹏奥润滑油有限公司〈P2091〉；［川］成都蜀光石油化学有限公司〈P2315〉

高温导热油 P06080501

Heat-transfer oil, high temperature

主要用于化工、化纤、建材、造纸、食品加工、木材加工等

【生产厂】［冀］沧州华润化工有限公司〈P1651〉；［苏］无锡祁连石化有限公司〈P1874〉；江阴市三益化工有限公司〈P1870〉

合成导热油 P06080503

Synthetic heat-transfer oil

广泛应用于各类石油、化工等行业的加热设备中

【生产厂】［苏］苏州首诺导热油有限公司〈P1906〉

HD系列导热油 P06080751

Heat-transfer oil, HD series

适用于各种油锅炉、油溶炉、烘房、热定型机蒸馏、分馏、反应釜等加热工艺中需要提供液相导热源的场合

【生产厂】［沪］上海恒欣化工有限公司（5000吨）〈P1736〉

黏胶纤维助剂；黏胶纤维添加剂；黏胶酸浴分散剂 P06081001

Additive for viscose fiber

主要用于黏胶浆粕添加和酸浴分散

【生产厂】［鲁］蓬莱市红卫化工厂〈P2112〉

脂肪醇磷酸酯 P06081011

Aliphatic alcohol phosphate

用于配制聚丙烯、涤纶长丝、丙纶纤维等合成纤维用油剂

【生产厂】［冀］邢台盛达助剂有限责任公司〈P1643〉；邢台市助剂厂〈P1644〉；［苏］如皋市万利化工有限责任公司〈P1838〉

氨纶油剂 P06081301

Finish oil for urethane elastic fiber

用于干法、熔法氨纶纺丝

【生产厂】［浙］宁波经济技术开发区希科新材料有限公司（2000吨）〈P1931〉；［鲁］莱州市宏科化工有限公司〈P2109〉；烟台创业高科技有限公司〈P2116〉；荣成市日跃化工有限公司（1000吨）〈P2122〉

抗飞溅油剂 P06081401

Anti-splashing oil

用于DTY机加弹速度在800m/min以上DTY生产工艺及生产各种规格低弹网络丝及有色丝的络筒上油

【生产厂】［浙］绍兴县南方石化有限公司〈P1949〉

异辛醇聚氧乙烯醚磷酸酯；OEP P06081501

Isooctyl alcohol polyoxyethylene phosphate

可用于丙纶、涤纶长丝等合成纤维油剂中，有抗静电、乳化、柔软、防锈等性能

【生产厂】［辽］辽阳东宝力化学建材有限公司〈P1709〉；［浙］浙江皇马化工集团有限公司〈P1950〉；［粤］汕头市盛腾助剂有限公司〈P2277〉；东莞市恒业助剂有限公司〈P2280〉；［陕］西安凯洁精细化工制造有限公司〈P2348〉

乙腈；甲基腈；氰化甲烷 P07010101

Acetonitrile [75-05-8]

用于丁腈橡胶单体、制药及碳四的抽提

【生产厂】［辽］抚顺顺能化工有限公司（3000吨）〈P1698〉；［黑］大庆华科股份有限公司〈P1722〉；中国石油林源炼油厂〈P1723〉；［沪］中国石化上海石油化工股份有限公司（1000吨）〈P1780〉；［赣］吉安市通海医药化工有限公司〈P2017〉；吉安市海洲医药化工有限公司〈P2017〉；［鲁］淄博齐泰化工有限公司〈P2065〉

【使用厂】［冀］河北新兴化工有限责任公司〈P1648〉；［沪］上海源大精细化工有限公司〈P1776〉；［鲁］淄博金马化工厂〈P2063〉；青州市鑫隆化工有限公司〈P2093〉；淄博市临淄鑫森化工有限公司〈P2070〉

二甲基亚砜 P07010201

Dimethyl sulfoxide; DMSO [67-68-5]

用于芳烃抽提、树脂及染料的反应介质、腈纶聚合、抽丝的溶剂等

【生产厂】［冀］河北亚诺化工有限公司〈P1623〉；廊坊光亚化工有限公司〈P1660〉；［晋］榆次开发区福利油脂化工厂（3000吨）〈P1676〉；［辽］本溪成德化工有限公司（1万吨）〈P1699〉；本溪化工集团精细化工有限责任公司（1500吨）〈P1699〉；盘锦兴海制药有限公司〈P1706〉；盘锦远东锦星化工有限公司（8000吨）〈P1707〉；［苏］常州市科丰化工有限公司〈P1852〉；［鲁］寿光市金泽洋化工有限公司（1000吨）〈P2100〉；［鄂］湖北兴发化工集团股份有限公司（1万吨）〈P2241〉

【使用厂】［津］天津天成制药有限公司〈P1614〉；［辽］大连松辽化工有限公司〈P1694〉；［苏］江都市华兴医药化工制品有限公司〈P1814〉；［浙］浙江东亚医药化工有限公司〈P1963〉；［湘］湖南洞庭药业股份有限公司〈P2255〉；［粤］广州化学试剂厂〈P2261〉

2-乙基己基磷酸单-2-乙基己酯；稀土萃取剂P507 P07020101

Mono(2-ethylhexyl) 2-ethylhexylphosphonate [1070-03-7]

用于稀土、钴、镍及其他金属的分离

【生产厂】［津］天津市中科健化工有限公司（1200吨）〈P1613〉；［沪］上海信博森化工有限公司〈P1772〉；上海莱雅仕化工有限公司〈P1749〉

二(2-乙基己基)磷酸酯；萃取剂P-204；磷酸二辛酯 P07020201

Di(2-ethylhexyl) phosphate [298-07-7]

用作稀土萃取剂，以及用于制取表面活性剂

【生产厂】［津］天津市中科健化工有限公司（1000吨）〈P1613〉；［沪］上海华谊集团华原化工有限公司〈P1739〉；上海信博森化工有限公司〈P1772〉；上海莱雅仕化工有限限公司〈P1749〉；上海南威化工有限公司〈P1754〉；［苏］常州市吉耐助剂有限公司〈P1851〉；宜兴市第三化工原料厂〈P1884〉

铜萃取剂 P07020501

Copper extractant

用于铜的萃取

【生产厂】[豫]洛阳市中达化工有限公司(200 吨)〈P2187〉

脂肪仲胺;二脂肪胺 P07020701

Secondary aliphatic amine

用于除草剂、二氧杂环己烷聚合物的稳定剂、纤维的防水剂、抗静电剂和柔软剂等

【生产厂】[鲁]博兴华润油脂化学有限公司(2 万吨)〈P2154〉

萃取添加剂;异构β-支链伯醇 P07020901

Extraction additive

是新型萃取添加剂,可作为 N1923、N235、N503 等胺类萃取剂的添加剂

【生产厂】[鲁]荣成市日跃化工有限公司(200 吨)〈P2122〉

三烷基氧化膦 P07021101

Trialkylphosphine oxide;TRPO

可从水溶液中提取有机和无机溶质,如从废液中提取羧酸,铜电解液除砷等

【生产厂】[沪]上海科帆化工科技有限公司〈P1748〉;上海莱雅仕化工有限公司〈P1749〉

6 号抽提溶剂油;溶剂油 NY-90;90 号石油醚 P07021401

Extractant No. 6

主要用于植物油萃取工艺中作抽提溶剂,也可作橡胶生产工艺的溶剂、医药溶剂等

【生产厂】[津]天津市欣宽福利化工厂〈P1608〉;[辽]辽阳裕丰化工有限公司〈P1712〉;[黑]中国石油林源炼油厂〈P1723〉;[沪]中国石油化工股份有限公司上海高桥分公司(5 万吨)〈P1780〉;上海炼油厂〈P1751〉;[苏]南京海悦化工有限公司〈P1784〉;中国石化金陵石化公司炼油厂〈P1792〉;[鲁]中国石油化工股份有限公司齐鲁石化股份公司(2 万吨)〈P2057〉;山东胜海化工股份有限公司(1 万吨)〈P2085〉;东辰(集团)化工有限公司(6000 吨)〈P2081〉;山东和利时石化科技开发有限公司〈P2085〉;[豫]中国石化中原油气高新股份有限公司天然气化工厂〈P2216〉;[湘]中国石化长岭炼油化工有限责任公司(9400 吨)〈P2254〉

P

过氧化二异丙苯;硫化剂 DCP;交联剂 DCP P08010201

Dicumyl peroxide [80-43-3]

可作为单体聚合的引发剂,高分子材料的硫化剂、交联剂、固化剂、阻燃添加剂等

【生产厂】[沪]中国石油化工股份有限公司上海高桥分公司(1 万吨)〈P1780〉;[苏]太仓塑料助剂厂有限公司(3000 吨)〈P1909〉;[鲁]青岛三凯化工有限公司〈P2041〉

过氧化氢异丙苯;CHP P08010251

Isopropylbenzene hydroperoxide;Cumene hydroperoxide [80-15-9]

用于乙烯裂解汽油脱砷和 ABS 接枝聚合引发剂

【生产厂】[吉]吉林福顺化工助剂厂〈P1715〉;吉林市新文助剂厂(2000 吨)〈P1716〉;[苏]太仓塑料助剂厂有限公司〈P1909〉;[甘]兰化翔鑫工贸有限责任公司〈P2355〉

引发剂;高聚物引发剂 P08010400

Initiating agent

用于各种单体聚合生产高聚物

【生产厂】[津]天津阿克苏诺贝尔过氧化物有限公司(2000 吨)〈P1570〉;[沪]上海华辐化学品有限公司〈P1738〉;[鄂]黄石龙骏化工科技有限公司〈P2236〉

【使用厂】[沪]上海新上化高分子材料有限公司〈P1772〉;[鲁]枣庄市世纪新星化工有限责任公司〈P2080〉;山东省泰和水处理有限公司〈P2077〉;东营东方化学工业有限公司〈P2081〉;山东春潮色母料有限公司〈P2135〉;蓬莱市北海印花色浆厂〈P2112〉

过氧化苯甲酰;引发剂 BPO;过氧化二苯甲酰 P08010601

Benzoyl peroxide [94-36-0]

用作聚氯乙烯、不饱和聚酯类、聚丙烯酸酯等的单体聚合引发剂,也可作聚乙烯的交联剂,还可作橡胶硫化剂

【生产厂】[京]北京朝福化工实验厂〈P1544〉;北京市高丽工贸有限责任公司〈P1559〉;[津]天津市东大化工有限公司(800 吨)〈P1585〉;[冀]廊坊龙翼精细化工有限公司〈P1660〉;[沪]上海联化化工有限公司〈P1751〉;[苏]常州市舜溪化工厂〈P1853〉;江苏省金坛市西南化工研究所〈P1860〉;江苏省金坛市制药厂〈P1860〉;金坛市三方医药原料厂〈P1862〉;无锡润利化工有限公司〈P1874〉;苏州市华伦化工有限公司〈P1903〉;常熟市金城化工有限公司(2000 吨)〈P1890〉;泰州市远大化工原料有限公司〈P1828〉;泰兴市精华园生化有限公司〈P1826〉;姜堰市海翔化工有限公司〈P1823〉;[浙]浙江上虞绍风化工有限公司〈P1951〉;[鲁]临邑县精细化工厂(300 吨)〈P2143〉;淄博市临淄天德精细化工研究所〈P2888〉;潍坊世达助剂厂〈P2104〉;山东莱芜美星化工有限公司(1600 吨)〈P2141〉;[豫]河南昊海实业有限公司(2400 吨)〈P2165〉;新郑市永兴工贸有限公司(2000 吨)〈P2169〉;郑州超达食品化学有限公司〈P2170〉;[鄂]武汉有机实业股份有限公司〈P2235〉;[甘]兰州助剂厂(100 吨)〈P2356〉

【使用厂】[冀]河北盛华化工有限公司〈P1650〉;[鲁]济南泰山金鹏涂料有限公司〈P2025〉

过氧化苯甲酸特丁酯;引发剂 CP-02;引发剂 C;过氧化苯甲酸叔丁酯;TBPB P08010701

tert-Butyl peroxybenzoate [614-45-9]

用作高压聚乙烯的引发剂、硅橡胶硫化剂、不饱和聚酯固化剂

【生产厂】[京]北京朝福化工实验厂〈P1544〉;[冀]廊坊龙翼精细化工有限公司〈P1660〉;[苏]宜兴市宏达塑料化工有限公司〈P1885〉;苏州市华伦化工有限公司〈P1903〉;常熟市金城化工有限公司(1000 吨)〈P1890〉;泰州市远大化工原料有限公司〈P1828〉;姜堰市海翔化工有限公司〈P1823〉;[浙]浙江上虞绍风化工有限公司〈P1951〉;[鲁]山东莱芜美星化工有限公司(500 吨)〈P2141〉;[甘]兰州助剂厂(200 吨)〈P2356〉

过氧化新癸酸特丁酯;引发剂 BNP P08010731

tert-Butyl peroxyneo-caprate

用作氯乙烯、乙烯等烯烃类聚合的引发剂

【生产厂】[津]天津市汉沽高分子化工助剂厂〈P1588〉;[浙]浙江上虞绍风化工有限公司〈P1951〉;[甘]兰州助剂厂〈P2356〉

过氧化氢二异丙苯 P08010801

Diisopropylbenzene hydroperoxide [26762-93-6]

用作丁苯橡胶的聚合引发剂

【生产厂】[鲁]曲阜市天昊化工助剂有限公司(300吨)〈P2130〉;[甘]兰化翔鑫工贸有限责任公司〈P2355〉

过氧化氢对薄荷烷;过氧化氢对孟烷;PMPH P08010811

Hydrogen peroxide *p*-menthane

用作丁苯橡胶引发剂、不饱和聚酯的交联剂

【生产厂】[吉]吉林市新文助剂厂(1000吨)〈P1716〉;[湘]湖南松源化工有限公司〈P2248〉

过氧化氢蒎烷 P08010851

Pinane hydrogen peroxide

主要用作有机聚合反应的引发剂

【生产厂】[湘]湖南松源化工有限公司〈P2248〉

偶氮二异丁腈 P08010901

2,2′-Azobisisobutyronitrile [78-67-1]

用作聚氯乙烯、聚乙烯醇、聚苯乙烯、聚丙烯腈等单体的聚合引发剂

【生产厂】[黑]牡丹江市平安化工厂〈P1724〉;[沪]上海试四赫维化工有限公司〈P1764〉;[浙]浙江东越化工有限公司〈P1927〉;[鲁]鲍山化工厂〈P2020〉;青岛润兴光电材料有限公司〈P2041〉;[鄂]湖北成宇制药有限公司(300吨)〈P2245〉;[川]四川省天然气化工研究院(50吨)〈P2319〉

【使用厂】[鲁]山东大成农药股份有限公司〈P2051〉

偶氮二异戊腈 P08010951

2,2′-Azobisisovaleronitrile [13472-08-7]

用作乙烯基化合物的聚合引发剂

【生产厂】[沪]上海试四赫维化工有限公司〈P1764〉;[鲁]淄博汇昌石化助剂有限责任公司(100吨)〈P2062〉;青岛润兴光电材料有限公司〈P2041〉;[鄂]湖北成宇制药有限公司(300吨)〈P2245〉

偶氮二异庚腈;2,2′-双偶氮-(2,4-二甲基戊腈);ABVN P08011001

2,2′-Azobisisoheptonitrile [4419-11-8]

用作聚氯乙烯、聚丙烯腈、聚乙烯醇等的引发剂,也可用作橡胶、塑料的发泡剂

【生产厂】[京]北京化工厂(5吨)〈P1549〉;[晋]运城市鑫河医药化工有限公司〈P1680〉;[黑]大庆市华兴化工有限公司〈P1722〉;[沪]上海试四赫维化工有限公司〈P1764〉;[鲁]淄博春旺达化工有限公司〈P2059〉;淄博汇昌石化助剂有限责任公司(300吨)〈P2062〉;青岛润兴光电材料有限公司〈P2041〉;[鄂]湖北成宇制药有限公司(400吨)〈P2245〉;[川]四川省天然气化工研究院(50吨)〈P2319〉

4,4′-偶氮双(氰基戊酸);ACVA P08011002

4,4′-Azobis(4-cyanovaleric acid) [2638-94-0]

用作引发剂

【生产厂】[冀]廊坊三威化工有限公司(400吨)〈P1660〉

2,2′-偶氮(2-甲基丙基脒)二盐酸盐 P08011101

2,2′-Azobis(2-methylpropylamidine) dihydrochloride [2997-92-4]

主要用作高分子阳离子聚合物的引发剂

【生产厂】[鲁]青岛润兴光电材料有限公司〈P2041〉

引发剂 CP-10;引发剂 K;过氧化异壬酰 P08011201

Initiating agent CP-10

用于乙烯聚合低温引发

【生产厂】[苏]常熟市金城化工有限公司(2000吨)〈P1890〉

UI802;1-羟基环己基苯基甲酮;光引发剂 184 P08011221

1-(1-Hydroxy) cyclohexyl-1-phenyl ketone [947-19-3]

用作高效的紫外光固化引发剂和非变黄光引发剂

【生产厂】[沪]上海泰禾(集团)有限公司〈P1767〉;[苏]江阴市飞云化工有限公司〈P1869〉;靖江宏泰化工有限公司(180吨)〈P1824〉;[湘]湖南省洪江市昌和化工有限责任公司〈P2257〉

引发剂 PV;叔丁基过氧化特戊酸酯;过氧化叔戊酸叔丁酯 P08011301

Initiating agent PV;*tert*-Butyl peroxypivalate [927-07-1]

用作聚乙烯、聚氯乙烯等的引发剂,是一种高效低温引发剂

【生产厂】[苏]常熟市金城化工有限公司〈P1890〉;[浙]浙江上虞绍风化工有限公司〈P1951〉;[甘]兰州助剂厂(60吨)〈P2356〉

二苯基(2,4,6-三甲基苯甲酰)氧化膦;光引发剂 TPO P08011401

Diphenyl(2,4,6-trimethylbenzoyl) phosphine oxide [75980-60-8]

多用于白色体系,可用于紫外固化涂料、印刷油墨、紫外固化黏合剂、光导纤维涂料等

【生产厂】[京]北京奥得赛化学有限公司〈P1543〉;[津]天津久日化学工业有限公司(500吨)〈P1575〉;[沪]上海万凯化学有限公司〈P1768〉;[苏]吴江市高新精细化工有限公司〈P1910〉;[湘]湖南省洪江市昌和化工有限责任公司〈P2257〉

引发剂 EHP;过氧化二碳酸二(2-乙基己酯) P08011501

Initiating agent EHP;Bi(2-ethylhexyl) peroxydicarbonate

用于聚氯乙烯、高压聚乙烯及其他共聚物的聚合引发

【生产厂】[辽]锦化化工(集团)有限责任公司〈P1703〉;[鲁]淄博春旺达化工有限公司〈P2059〉;青岛海晶化工集团有限公司〈P2035〉

引发剂 A;二叔丁基过氧化物;DTBP P08011701

Initiating agent A;Di-*tert*-butyl peroxide [110-05-4]

广泛用作不饱和聚酯和硅橡胶的交联剂、单体的聚合引发剂、聚丙烯改性剂、橡胶硫化剂等

【生产厂】[京]北京朝福化工实验厂〈P1544〉;[冀]廊坊龙翼精细化工有限公司〈P1660〉;[苏]宜兴市宏达塑料化工有限公司〈P1885〉;苏州市华伦化工有限公司〈P1903〉;常熟市金城化工有限公司(800吨)〈P1890〉;泰州市远大化工

原料有限公司〈P1828〉;姜堰市海翔化工有限公司〈P1823〉;[浙]浙江上虞绍风化工有限公司〈P1951〉;[鲁]山东莱芜美星化工有限公司〈P2141〉;[川]成都惟精喜望精细化工有限公司〈P2316〉;[甘]兰州助剂厂(210 吨)〈P2356〉

引发剂 DP275B;1,1-二叔丁基过氧化环己烷 P08011801
Initiating agent DP275B;1,1-Di-(*tert*-butylperoxy) cyclohexane [3006-86-8]
用作聚苯乙烯、低压聚乙烯的引发剂,不饱和聚酯、硅橡胶的交联剂
【生产厂】[冀]廊坊龙翼精细化工有限公司〈P1660〉;[苏]常熟市金城化工有限公司(500 吨)〈P1890〉;[甘]兰州助剂厂(100 吨)〈P2356〉

光引发剂 ITX;2-异丙基硫杂蒽酮;2-异丙基噻吨酮 P08011851
Photoinitiator ITX;2-Isopropylthioxanthone [5495-84-1]
用作紫外光固化涂料的光引发剂
【生产厂】[津]天津久日化学工业有限公司(200 吨)〈P1575〉;[沪]上海泰禾(集团)有限公司〈P1767〉;[苏]靖江宏泰化工有限公司〈P1824〉;盐城市虹艳化工有限公司〈P1811〉;[湘]湖南省洪江市昌和化工有限责任公司〈P2257〉;[甘]天水华硕精细化工有限公司〈P2357〉

光引发剂;紫外光固化引发剂 P08011891
Photoinitiator
用于塑料、不饱和树脂、油漆、油墨等
【生产厂】[苏]昆山市中星染料化工有限公司〈P1898〉;[甘]甘肃省化工研究院(500 吨)〈P2355〉;天水华硕精细化工有限公司〈P2357〉

引发剂 OT;引发剂 O;过氧化-2-乙基己酸叔丁酯;过氧化异辛酸叔丁酯 P08011901
Initiating agent OT;*tert*-Butyl peroxy-2-ethylhexanoate [3006-82-4]
用作乙烯、甲基丙烯酸酯及丙烯类单体聚合的引发剂
【生产厂】[京]北京朝福化工实验厂〈P1544〉;[苏]常熟市金城化工有限公司(800 吨)〈P1890〉;[浙]浙江上虞绍风化工有限公司〈P1951〉;[甘]兰州助剂厂(150 吨)〈P2356〉

***N*,*N'*-二乙基二苯脲** P08012001
N,*N'*-Diethylcarbanilide;*N*,*N'*-Diethyl-*N*,*N'*-diphenylurea [85-98-3]
用作弹药推进剂和炸药稳定剂
【生产厂】[渝]重庆长风化工厂〈P2303〉

紫外光引发剂 907;2-甲基-1-(4-甲硫基苯基)-2-吗啉基-1-丙酮;UI801 P08012031
UV Initiating agent 907;Photoinitiator 907 [71868-10-5]
用作光固化材料中的引发剂
【生产厂】[沪]上海泰禾(集团)有限公司〈P1767〉;[苏]靖江宏泰化工有限公司(60 吨)〈P1824〉;[湘]湖南省洪江市昌和化工有限责任公司〈P2257〉;[甘]甘肃省化工研究院(30 吨)〈P2355〉;兰州长欣精细化工有限公司〈P2355〉

交联过氧化物 P08012061
Cross-linking peroxide
可用作高聚物的交联剂和橡胶的硫化剂
【生产厂】[津]天津阿克苏诺贝尔过氧化物有限公司(2000 吨)〈P1570〉

聚过氧化物(用于固化剂) P08012071
Polyperoxide(for curing agent)
用于不饱和聚酯树脂
【生产厂】[津]天津阿克苏诺贝尔过氧化物有限公司(3000 吨)〈P1570〉

高级脂肪酸异丙酯系列 P08012101
Isopropyl high-grade fatty acid
用于医药工业及用作高档化妆品的原料
【生产厂】[津]天津市宝坻区港飞助剂有限公司〈P1579〉

十四酸异丙酯;豆蔻酸异丙酯 P08012201
Isopropyl myristate [110-27-0]
广泛用作膏、霜、护发素等高级化妆品的添加剂
【生产厂】[粤]广州市伟香单体香料有限公司〈P2266〉

过氧双异丁酰 P08012301
Isobutyryl peroxide
用于聚氯乙烯、乙烯、有机玻璃等行业中作高分子聚合物引发剂
【生产厂】[甘]兰州助剂厂〈P2356〉

叔丁基过氧化物 P08012501
tert-Butylperoxide
【生产厂】[鲁]淄博市临淄正华助剂有限公司(8000 吨)〈P2070〉

光引发剂 1173;α-羟基异丁酰苯;2-羟基-2-甲基-1-苯丙酮 P08012601
Photoinitiator 1173;α-Hydroxy isobutyryl benzene [7473-98-5]
用于紫外光固化体系的高效光引发剂
【生产厂】[沪]上海泰禾(集团)有限公司〈P1767〉;[苏]靖江宏泰化工有限公司(300 吨)〈P1824〉

二特戊基过氧化物 P08012701
Di-*tert*-amyl peroxide
【生产厂】[甘]兰州助剂厂〈P2356〉

过氧化乙酸叔丁酯;TBPA P08012801
tert-Butyl peroxyacetate [107-71-1]
【生产厂】[甘]兰州助剂厂〈P2356〉

过氧化异丁酸叔丁酯 P08012901
tert-Butyl peroxyisobutyrate [109-13-7]
【生产厂】[甘]兰州助剂厂〈P2356〉

过氧化异壬酸叔丁酯 P08013001
tert-Butyl peroxyisononanate [27836-52-8]
主要用作乙烯、苯乙烯、甲基丙烯酸甲酯、烯丙基化合物的聚合反应的引发剂
【生产厂】[浙]浙江上虞绍风化工有限公司〈P1951〉;[甘]兰州助剂厂〈P2356〉

2,4-二苯基-4-甲基-1-戊烯 P08013201
2,4-Diphenyl-4-methyl-1-pentene
用作非硫醇分子量调节剂、润滑油、导热油等
【生产厂】[苏]无锡市佳盛高新改性材料有限公司〈P1877〉

过氧化 2-乙基己酸特戊基酯;特戊基过氧化 2-乙基己酸酯 P08013301
tert-Amyl peroxy-2-ethylhexanoate
用作乙烯、氯乙烯等单体聚合的引发剂
【生产厂】[浙]浙江上虞绍风化工有限公司〈P1951〉

过氧化马来酸单叔丁酯;过氧化顺丁烯二酸单叔丁酯 P08013401
mono-*tert*-Butyl peroxymaleate [1931-62-0]
用作丙烯酸或含丙烯酸等单体的聚合引发剂,不饱和聚酯树脂的固化剂以及硅橡胶的硫化剂等
【生产厂】[浙]浙江上虞绍风化工有限公司〈P1951〉

光引发剂 DETX;2,4-二乙基噻吨酮;2,4-二乙基硫杂蒽醌 P08013501
2,4-Diethylthioxanthone [82799-44-8]
用作印刷特版材料,印刷线路板的光致抗蚀性、光固化油墨、光固化表面涂层材料等
【生产厂】[湘]湖南省洪江市昌和化工有限责任公司〈P2257〉;[甘]甘肃省化工研究院〈P2355〉;天水华硕精细化工有限公司〈P2357〉

二甲基二硫代氨基甲酸钠;福美钠;二甲氨基二硫代甲酸钠 P08020101
Sodium *N*-dimethyl-dithiocarbaminate [128-04-1]
用作乳聚丁苯橡胶、丁苯胶乳的终止剂、工业杀菌剂、金属沉淀剂、橡胶制品的硫化促进剂及农业杀虫剂等
【生产厂】[京]北京朝福化工实验厂〈P1544〉;北京化工厂〈P1549〉;[沪]上海长江化工厂(200 吨)〈P1729〉;[鲁]临淄兴武化工厂〈P2050〉;淄博元兴化工有限公司(3000 吨)〈P2075〉;淄博市博山东方化工厂(500 吨)〈P2067〉;[湘]株洲福尔程化工有限公司〈P2250〉

二甲基二硫代氨基甲酸钾;福美钾 P08020201
Potassium *N*-dimethyl-dithiocarbaminate [128-03-0]
用作重金属沉淀剂、杀菌剂、阻聚剂等
【生产厂】[湘]株洲福尔程化工有限公司〈P2250〉

对叔丁基邻苯二酚;对特丁基儿茶酚;TBC P08030101
4-*tert*-Butyl-1,2-dihydroxybenzene [98-29-3]
用作苯乙烯、丁二烯及其他乙烯基单体的阻聚剂,并用作抗氧剂、杀虫剂的稳定剂
【生产厂】[京]北京朝福化工实验厂〈P1544〉;北京市高丽工贸有限责任公司〈P1559〉;北京燕山石油化工有限公司〈P1564〉;[辽]辽阳鼎鑫化工有限公司〈P1709〉;大连化工研究设计院〈P1692〉;[鲁]山东省微山县化工厂(100 吨)〈P2132〉

对羟基苯甲醚;对甲氧基苯酚;对苯二酚单甲醚 P08030201
4-Hydroxyanisole [150-76-5]
主要用于乙烯基型塑料单体的阻聚剂、紫外线抑制剂、染料中间体及用于合成食用油脂和化妆品抗氧化剂 BHA 等
【生产厂】[京]北京金奥利维科技发展有限公司〈P1551〉;北京朝福化工实验厂〈P1544〉;北京市高丽工贸有限责任公司〈P1559〉;北京马氏精细化学品有限公司〈P1555〉;[冀]大名县名鼎化工有限责任公司〈P1638〉;河北省大名县瑞恒化工有限责任公司〈P1640〉;[沪]上海三微实业有限公司〈P1759〉;上海浦东兴邦化工发展有限公司〈P1756〉;上海信博森化工有限公司〈P1772〉;上海白鹤化工厂〈P1727〉;[苏]盐城凤阳化工有限公司(500 吨)〈P1809〉;南通万邦科技精细化工有限公司〈P1836〉;[川]成都新特药化合成技术改进与创新中心〈P2317〉

硫化二苯胺;吩噻嗪;硫氮杂蒽 P08030401
Phenothiazine;Thiodiphenylamine [92-84-2]
主要用作丙烯酸及丙烯酸酯类、甲基丙烯酸及酯类单体的高效阻聚剂
【生产厂】[京]北京朝福化工实验厂〈P1544〉;北京市高丽工贸有限责任公司〈P1559〉;[吉]辽源市迪康药业有限责任公司(200 吨)〈P1717〉
【使用厂】[辽]丹东医创药业有限责任公司〈P1701〉

分子量调节剂 P08030501
Molecular weight regulator
用于单体聚合过程中的分子量调节
【生产厂】[苏]无锡市恒辉化学有限公司〈P1876〉;江都市光华助剂厂〈P1814〉
【使用厂】[苏]宜兴市太湖尼龙厂〈P1886〉

RIPP-1402 阻聚剂 P08030651
Polymerization inhibitor RIPP-1402
用于乙烯生产,能有效防止乙烯聚合,从而保证乙烯产品的质量
【生产厂】[苏]南京扬子石化精细化工有限责任公司〈P1791〉

氮氧自由基哌啶醇;阻聚剂 ZJ-701 P08030701
Nitrogen-Oxygen free radical piperidycol [126-73-8]
对丙烯酸酯类、甲基丙烯酸酯类、丙烯酸、丙烯腈、苯乙烯、丁二烯有较好的阻聚效果,其阻聚性能优于酚类
【生产厂】[冀]南宫市盛华化工有限责任公司(600 吨)〈P1642〉;[辽]大连化工研究设计院〈P1692〉;[鄂]襄樊市裕昌精细化工有限公司(300 吨)〈P2238〉

甲醛阻聚剂 P08030801
Formaldehyde polymerization inhibitor
【生产厂】[皖]巢湖瑞雪精细化工有限责任公司(30 吨)〈P1984〉

4-羟基哌啶醇氧自由基;4-羟基-TEMPO;阻聚剂 ZX-172 P08031001
4-Hydroxy-2,2,6,6-tetramethylpiperidinooxy, free radical;4-Hydroxy-TEMPO free radical [2226-96-2]
用于防止烯烃单体在生产、分离、精制、储存或者运输过程中的自聚,控制和调节烯烃类及其衍生物的聚合度
【生产厂】[京]大庆开发区新世纪精细化工有限公司北京裕立化工有限公司〈P1567〉;北京达科思精细化工研究所

P

〈P1545〉;北京迪龙化工有限公司〈P1546〉;[黑]大庆新世纪精细化工有限公司〈P1722〉;[苏]南通市振兴精细化工有限公司〈P1835〉

2,2,6,6-四甲基哌啶酮氮氧自由基;4-羰基-TEMPO P08031201
2,2,6,6-tetramethyl-4-oxo-1-piperidinyloxy [2896-70-0]
是一种聚稀烃类的高效阻聚剂
【生产厂】[京]北京达科思精细化工研究所〈P1545〉;北京金福莱吸水材料有限公司〈P1552〉;北京迪龙化工有限公司〈P1546〉

正十二烷硫醇;正十二硫醇 P08040801
n-Dodecyl mercaptan [112-55-0]
用作高分子化合物的相对分子质量调节剂
【生产厂】[沪]上海白鹤化工厂〈P1727〉;[粤]增城市云超化工有限公司〈P2268〉

叔十二碳硫醇;叔十二硫醇 P08040811
tert-Dodecyl mercaptan
是丁苯橡胶、丁腈橡胶、合成树脂等聚合工艺中最佳相对分子质量调节剂和链转移剂
【生产厂】[黑]黑龙江省绥棱艾斯精细化工有限责任公司(1200吨)〈P1725〉;[鲁]临淄兴武化工厂〈P2050〉
【使用厂】[鲁]山东省微山县广源化工有限公司〈P2132〉

全氟辛酸 P08041001
Perfluoroctanyl acid [335-67-1]
用作CTFE、TFE及氟橡胶聚合分散剂
【生产厂】[辽]金凯(阜新)化工有限公司〈P1708〉;[沪]上海亿际化工有限公司〈P1775〉;[闽]福建省建阳金石氟业有限公司〈P2003〉;[鄂]武汉市德孚经济发展有限公司〈P2232〉;武汉市化学工业研究所有限责任公司〈P2232〉

全氟辛酸铵 P08041051
Ammonium perfluorooctanate
用作乳液聚合法合成PVC的分散剂
【生产厂】[沪]上海福邦化工有限公司〈P1733〉;[闽]福建省建阳金石氟业有限公司〈P2003〉

歧化松香 P08041101
Disproportionated rosin
用于制造歧化松香酸皂,作为丁苯橡胶、氯丁橡胶、丁腈胶及其乳胶、ABS等高分子聚合的乳化剂
【生产厂】[鲁]山东瑞泰化工(集团)有限公司(6000吨)〈P2136〉;[粤]怀集县长林化工有限责任公司〈P2294〉;[桂]广西梧州松脂股份有限公司(2万吨)〈P2300〉

歧化松香钾皂 P08041201
Disproportionated rosin potassium soap
用作合成橡胶的助剂
【生产厂】[鲁]山东瑞泰化工(集团)有限公司(6000吨)〈P2136〉;[桂]广西梧州松脂股份有限公司(3000吨)〈P2300〉

歧化松香钠皂 P08041251
Disproportionated rosin sodium soap
用作合成丁苯、氯丁、丁腈橡胶和丙烯腈-丁二烯-苯乙烯工程塑料生产中乳液催化剂聚合的乳化剂
【生产厂】[桂]广西梧州松脂股份有限公司〈P2300〉

羟丙基甲基纤维素;HPMC P08041301
Hydroxyl propyl methyl cellulose;HPMC [9004-65-3]
用作合成树脂分散剂、涂料成模剂,还可用作增稠剂
【生产厂】[京]中国北方化学工业总公司〈P1568〉;[冀]河北新化股份有限公司〈P1623〉;石家庄市金华纤维素化工有限公司〈P1630〉;河北天伟化工有限公司〈P1655〉;[辽]营口奥达制药有限公司〈P1703〉;[沪]上海惠广精细化工有限公司〈P1742〉;[苏]江苏飞翔化工(张家港)有限公司〈P1893〉;苏州天普化学工业有限公司〈P1906〉;[浙]上虞市康特化工有限公司〈P1948〉;上虞市海申化工有限公司〈P1948〉;浙江中维药业有限公司〈P1947〉;湖州展望药业化学有限公司〈P1946〉;[皖]淮南山河药用辅料有限公司〈P1976〉;[鲁]山东聊城阿华制药有限公司(600吨)〈P2153〉;山东赫达股份有限公司(600吨)〈P2052〉;山东邹平宜中实业有限责任公司〈P2157〉;山东一滕集团化工有限公司(1500吨)〈P2137〉;山东瑞泰化工(集团)有限公司(1000吨)〈P2136〉;泰安瑞泰纤维素有限公司(1000吨)〈P2137〉;曲阜市药用辅料有限公司(1500吨)〈P2130〉;[豫]濮阳市银泰工贸有限公司〈P2215〉;[川]成都宏博实业有限公司〈P2310〉;泸州北方化学工业有限公司(3000吨)〈P2322〉;[陕]西安北方惠安精细化工有限公司〈P2347〉

乙烯丙烯共聚物黏度指数改进剂 P08041401
Viscosity modified agent for ethylene-propylene copolymer
主要用于改进润滑油的黏度指数和提高黏度
【生产厂】[辽]大连石油添加剂厂〈P1693〉;[吉]吉化集团吉林市星云工贸有限公司〈P1715〉

防粘釜剂 P08041551
Antisticking agent for vessel
适用于医药、食品级树脂的生产
【生产厂】[冀]河北盛华化工有限公司〈P1650〉;[辽]锦化化工(集团)有限责任公司〈P1703〉;[苏]新沂市腾上工业助剂有限公司〈P1794〉;[鲁]山东瀛寰化工有限公司〈P2056〉;淄博润达化工有限公司〈P2066〉

交链剂 P08041701
Crosslinking agent
在丁羟聚氨酯弹性体和聚氨酯胶黏剂体系用作交链补强剂
【生产厂】[沪]上海天坛助剂有限公司〈P1767〉;[苏]宜兴市腾星化工有限公司〈P1887〉;[浙]浙江省上虞市杜浦化工厂〈P1951〉;[豫]黎明化工研究院(15吨)〈P2181〉

树脂接着剂 P08041901
Resin binder
【生产厂】[苏]江阴市飞云化工有限公司〈P1869〉;[闽]厦门进尚树脂有限公司〈P1992〉

四甲基二乙烯基二硅氧烷;有机硅乙烯基双封头剂 P08042401
1,3-Diethenyl-1,1,3,3-tetramethyldisiloxane [2627-95-4]
用作室温(高温)加成型硅橡胶、硅凝胶、乙烯基硅油的生产原料

【生产厂】[吉]磐石市大田化工助剂研究所〈P1717〉;吉林华丰有机硅有限公司〈P1715〉;[浙]衢州蓝点工业有限公司〈P1957〉

硅油封头剂 P08042501

Silicone oil end plate agent

用于甲基硅油、含氢硅油、氨基硅油等硅油生产过程中的分子量的控制

【生产厂】[苏]常州市宏业有机硅有限公司〈P1851〉;[粤]佛山市阳光硅材料有限公司〈P2289〉

乙烯基乙氧基二甲基硅烷;二甲基乙烯基乙氧基硅烷;乙烯基单封头 P08042591

Ethenylethoxydimethyl silane [5356-83-2]

是生产含乙烯基链节的硅树脂的主要原料,供各种有机物进行有机硅改性,可处理各种无机填料硅烷化等

【生产厂】[浙]衢州蓝点工业有限公司〈P1957〉

聚烯烃成核透明剂 P08042601

Core transparent agent for polyolefine

用作高效成核透明剂

【生产厂】[冀]唐山百孚化工有限公司〈P1635〉;[沪]上海华溢塑料助剂合作公司〈P1740〉;[苏]南京苏景化工有限公司〈P1789〉;昆山市中星染料化工有限公司〈P1898〉;[浙]上虞市佳华高分子材料有限公司〈P1948〉;[鲁]烟台只楚合成化学有限公司(400 吨)〈P2120〉;[鄂]湖北省化学工业研究设计院〈P2228〉;湖北省松滋市南海化工有限公司〈P2239〉;湖北新生源生物工程股份有限公司〈P2240〉

成核剂 P08042651

Nucleating agent

用于聚烯烃等

【生产厂】[京]北京兴龙化工公司〈P1564〉;[沪]上海科塑高分子新材料有限公司〈P1749〉;[鲁]济南田园塑胶助剂有限公司(150 吨)〈P2026〉;[豫]洛阳市中达化工有限公司(100 吨)〈P2187〉;[鄂]湖北华邦化学有限公司〈P2228〉

丙酮缩氨基硫脲;终止剂;ATSC P08042701

Acetone thiosemicarbazone [1752-30-3]

在 PVC 生产工艺中能快速终止反应,适用于悬浮法聚氯乙烯树脂生产

【生产厂】[辽]锦化化工(集团)有限责任公司〈P1703〉;[苏]南京金陵化工厂有限责任公司〈P1785〉;[鲁]淄博润达化工有限公司〈P2066〉;山东省微山县化工厂(300 吨)〈P2132〉

防缩孔剂 JSA-BO P08042801

Shrink proofing agent JSA-BO

是一种非常有效的润湿剂和分散剂,用于乳液中单体分散和乳化及悬浮聚合过程用于生成聚合物分散体(乳液)

【生产厂】[沪]上海锦山化工有限公司〈P1745〉

高分子阻凝剂 P08042901

High molecular anticoalescent

【生产厂】[渝]重庆市嘉世泰化工有限公司〈P2307〉

表面活性剂 P09000000

Surfactant

用作乳化剂、起泡稳泡剂、增稠剂、清洗添加剂等

【生产厂】[京]北京市良乡永定铸造辅料厂〈P1560〉;[津]天津市北仁化工助剂有限公司(3000 吨)〈P1580〉;[冀]石家庄旭泰化工有限公司〈P1633〉;[沪]上海利盛化学品有限公司〈P1750〉;上海多纶化工有限公司(2000 吨)〈P1732〉;上海妙克化学科技有限公司〈P1753〉;上海锦山化工有限公司〈P1745〉;[苏]南京添喜精细化工有限责任公司〈P1790〉;沙索(中国)化学有限公司〈P1792〉;张家港市威达科技有限公司〈P1914〉;[鲁]青岛市平度银河福利助剂厂(80 吨)〈P2043〉;[豫]郑州正源涂装材料有限公司(1000 吨)〈P2175〉;[鄂]武汉新大地化工有限公司〈P2234〉;武汉市化学工业研究所有限责任公司〈P2232〉;[湘]长沙市化工研究所〈P2247〉;[粤]深圳市长先科技实业有限公司(200 吨)〈P2270〉

【使用厂】[津]天津化工研究设计院〈P1573〉;天津市红岩化工厂分厂〈P1589〉;[沪]上海石化森清水处理有限公司〈P1762〉;[苏]盐城市金雨科技有限公司〈P1811〉;[浙]浙江皇马化工集团有限公司〈P1950〉;[皖]安徽新源石油化工技术开发有限公司〈P1979〉;[鲁]山东临朐富源精细化工有限公司〈P2096〉;山东省泰和水处理有限公司〈P2077〉;东营东方化学工业有限公司〈P2081〉;淄博凯美可工贸有限公司〈P2064〉;莱州市化工三厂〈P2109〉;安丘市鲁星化学有限公司〈P2088〉;章丘市三行化工有限公司〈P2031〉;胜利油田海发环保化工有限责任公司〈P2087〉;淄博津利精细化工厂〈P2063〉;[豫]河南省偃师市伟通化工有限公司〈P2180〉;黎明化工研究院〈P2181〉;[桂]桂林市旺山化工有限责任公司〈P2299〉

有机硅表面活性剂 P09010301

Organosilicon surfactant

适用于低至中高密度的聚氨酯软质泡沫

【生产厂】[冀]河北沧州东塑集团股份有限公司〈P1653〉

表面活性剂 L-548 P09010401

Surfactant L-548

作为常温水基金属清洗剂的重要表面活性剂单体,在其他行业用作乳化剂、渗透剂、润湿剂、净洗剂等

【生产厂】[冀]河北省邢台科王助剂有限公司〈P1642〉;邢台市合成化学厂〈P1643〉;邢台市助剂厂〈P1644〉

合成革用消泡剂 P09010601

Defoamer for synthetic leather

【生产厂】[苏]江苏得意有机硅有限公司〈P1802〉;江苏赛欧信越消泡剂有限公司〈P1803〉;[浙]浙江建德顺发化工助剂有限公司〈P1928〉

复合型消泡剂 P09010631

Defoamer, complex type

广泛用于抗生素、维生素、食品、造纸、涂料、石油钻井、建材、油墨等行业的消泡

【生产厂】[冀]承德滦平精细化工厂〈P1650〉

消泡剂 SPA-202 P09010651

Defoaming agent SPA-202

可有效地消除各种乳胶漆和乳化型黏合剂等物料中的泡沫

【生产厂】[鲁]青州贝特化工有限公司〈P2090〉;日照市广大

化工有限公司(2500 吨)〈P2139〉

咪唑啉类表面活性剂 P09010701

Imidazoline surfactant

【生产厂】[冀]邢台盛达助剂有限责任公司〈P1643〉;邢台市助剂厂〈P1644〉

聚丙烯酰胺干粉(阳离子型);阳离子聚丙烯酰胺 P09010801

Polyacrylamide dry powder, cationic

用作絮凝剂、污泥脱水剂、造纸助留剂和干强剂、织物整理剂等

【生产厂】[京]北京希涛技术开发有限公司〈P1563〉;[津]天津大学化工实验厂(500 吨)〈P1571〉;[冀]河北天时化工有限公司〈P1655〉;任丘市万方化工有限公司〈P1657〉;河北瑞森化工有限公司〈P1659〉;秦皇岛市金佳絮凝剂有限公司〈P1637〉;[辽]盘锦兴建助剂有限公司〈P1707〉;[苏]宜兴市泉龙化工有限公司(1000 吨)〈P1886〉;凯米沃特(宜兴)净化剂有限公司〈P1872〉;宜兴市天娇净水剂有限公司〈P1887〉;江苏省江都市科苑化工有限公司〈P1816〉;扬州科宇化工有限公司〈P1818〉;[浙]杭州市银湖化工有限公司〈P1922〉;[皖]安徽巨成精细化工有限公司〈P1977〉;[鲁]山东塑料试验厂(1000 吨)〈P2030〉;淄博坤元化工有限公司(1000 吨)〈P2064〉;淄博中森化工有限公司〈P2077〉;淄博天海化工有限公司〈P2073〉;淄博科宇化工有限公司〈P2064〉;淄博畅顺化工有限公司〈P2058〉;山东宝莫生物化工股份有限公司(1 万吨)〈P2084〉;山东省东营国丰精细化工有限责任公司〈P2085〉;东营光正化工有限责任公司〈P2142〉;胜利油田环通化工合成材料厂(2000 吨)〈P2087〉;潍坊瑞光化工有限公司〈P2103〉;烟台开发区星火化工有限公司(4000 吨)〈P2117〉;青岛三力化工技术有限公司〈P2041〉;兖州市恒源化工有限责任公司(700 吨)〈P2134〉;枣庄市德宏化工有限公司〈P2080〉;[豫]郑州中吉精细化工有限公司〈P2175〉;[川]中国科学院成都市成科精细化学品有限责任公司〈P2320〉

全氟表面活性剂 OBS;全氟烷氧基苯磺酸钠 P09011001

Perfluoro surfactant OBS

可作表面张力降低剂、分散剂,适用于消防、印染等行业

【生产厂】[沪]上海富路达橡塑材料科技有限公司〈P1734〉;[浙]衢州瑞源化工有限公司〈P1957〉

含氟表面活性剂 P09011031

Surfactant, with-fluoro

用于铬雾抑制剂、灭火剂、助焊剂等

【生产厂】[黑]雪佳氟硅化学有限公司〈P1722〉;[闽]福建省顺昌富宝腾达化工有限公司〈P2004〉;[鄂]武汉海德化工发展有限公司〈P2229〉

全氟辛基磺酰基季铵碘化物 P09011051

Perfluoro *n*-octylsulfonyl quaternary amine iodide

[1652-63-7]

广泛用于油品引起的火灾灭火剂,镀铬、镀金溶液添加剂,地面抛光剂,照相显影剂,颜料分散剂等

【生产厂】[闽]福建省建阳金石氟业有限公司〈P2003〉;[鄂]武汉市德孚经济发展有限公司〈P2232〉;武汉市江润精细化工有限责任公司〈P2233〉;武汉海德化工发展有限公司〈P2229〉;湖北恒新化工有限公司〈P2242〉

聚季铵-7;M550;二甲基二丙烯基氯化铵-丙烯酰胺共聚物 P09011101

Dimethyldiallyl ammonium chloride-acrylamide polymer

[26590-05-6]

用作阳离子调理剂,用于香波、沐浴露、剃须乳液、定型水等

【生产厂】[浙]杭州市银湖化工有限公司〈P1922〉;[豫]新乡市石油化工厂(1000 吨)〈P2206〉;[鄂]武汉市江润精细化工有限责任公司〈P2233〉

三烷基胺;叔胺 P09011501

Trialkylamine

用作贵金属萃取剂

【生产厂】[苏]江苏飞翔化工(张家港)有限公司(300 吨)〈P1893〉;[皖]六安市捷通达化工有限责任公司〈P1985〉;[鲁]荣成市日跃化工有限公司(300 吨)〈P2122〉

【使用厂】[沪]上海天坛助剂有限公司〈P1767〉

三辛胺 P09011601

Trioctylamine [1116-76-3]

用于稀贵金属的萃取,络合萃取法处理工业废水

【生产厂】[浙]杭州浙大泛科化工有限公司〈P1925〉

阳离子瓜尔胶 P09011701

Cation guar gum

用作头发及皮肤的调理剂、抗静电剂及增稠剂,适用于洗发香波、护发素

【生产厂】[冀]河北天时化工有限公司〈P1655〉;秦皇岛市金佳絮凝剂有限公司〈P1637〉;[苏]京昆油田化学科技开发公司〈P1895〉;[鲁]山东省东营国丰精细化工有限责任公司〈P2085〉;[粤]广州市天赐高新材料科技有限公司(150 吨)〈P2266〉;江门市新会伟奇化工新材料有限公司(100 吨)〈P2286〉

二壬基萘磺酸;DNNSA P09011801

Dinonyl naphthalenesulfonic acid

是一种阳离子型表面活性剂,可作涂料用催化剂,也可作为生产氨基烤漆降温催化剂(封闭型、非封闭型)的原料

【生产厂】[苏]苏州市浒墅关化工添加剂厂〈P1903〉;沭阳县华泰化工厂〈P1804〉

二壬基萘二磺酸;DNNDSA P09011901

Dinonyl naphthalenedisulfonic acid

是一种阳离子型表面活性剂,可作涂料用催化剂,也可作为生产氨基烤漆降温催化剂(封闭型、非封闭型)的原料

【生产厂】[苏]苏州市浒墅关化工添加剂厂〈P1903〉;沭阳县华泰化工厂〈P1804〉

三癸基甲基氯化铵;三(十烷基)甲基氯化铵 P09014001

Tridecyl methyl ammonium chloride

用作乳化剂、消毒剂、杀菌剂、抗静电剂等

【生产厂】[苏]如皋市万利化工有限责任公司〈P1838〉;[闽]厦门市先端科技有限公司〈P1993〉

三癸基甲基溴化铵;三(十烷基)甲基溴化铵 P09014051

Tridecyl methyl ammonium bromide

用作乳化剂、消毒剂、杀菌剂、抗静电剂等

【生产厂】[闽]厦门市先端科技有限公司〈P1993〉

三壬基甲基氯化铵 P09014101

Trinonyl methyl ammonium chloride

【生产厂】[闽]厦门市先端科技有限公司〈P1993〉

三壬基甲基溴化铵 P09014151

Trinonyl methyl ammonium bromide

【生产厂】[闽]厦门市先端科技有限公司〈P1993〉

三(十八烷基)甲基氯化铵 P09014301

Trioctadecyl methyl ammonium chloride

【生产厂】[闽]厦门市先端科技有限公司〈P1993〉

三(十八烷基)甲基溴化铵 P09014351

Trioctadecyl methyl ammonium bromide

用作乳化剂、消毒剂、杀菌剂、抗静电剂等

【生产厂】[闽]厦门市先端科技有限公司〈P1993〉

三(十四烷基)甲基氯化铵 P09014401

tritetradecyl methyl ammonium chloride

【生产厂】[闽]厦门市先端科技有限公司〈P1993〉

三(十二烷基)甲基氯化铵 P09014501

Tridodecyl methyl ammonium chloride

【生产厂】[苏]如皋市万利化工有限责任公司〈P1838〉;[闽]厦门市先端科技有限公司〈P1993〉

三(十二烷基)甲基溴化铵 P09014551

Tridodecyl methyl ammonium bromide

用作乳化剂、消毒剂、杀菌剂、抗静电剂等

【生产厂】[闽]厦门市先端科技有限公司〈P1993〉

三(十六烷基)甲基氯化铵 P09014601

Trihexadecyl methyl ammonium chloride

可适用于柔软剂、调理剂和消毒剂,具有柔软、杀菌、抗静电、乳化等作用

【生产厂】[闽]厦门市先端科技有限公司〈P1993〉

三(十六烷基)甲基溴化铵 P09014651

Trihexadecyl methyl ammonium bromide

用作杀菌剂、头发调理剂、抗静电剂等

【生产厂】[闽]厦门市先端科技有限公司〈P1993〉

二十二烷基三甲基氯化铵;HYQM-2231C P09014701

Docosyltrimethylammonium chloride [17301-53-0]

【生产厂】[沪]上海奥利实业有限公司〈P1727〉;[苏]江苏飞翔化工(张家港)有限公司〈P1893〉;[川]四川泸天化股份有限公司〈P2323〉

椰油基三甲基氯化铵;HYQM-CO31C P09014801

Cocinic trimethyl ammonium chloride

【生产厂】[苏]江苏飞翔化工(张家港)有限公司〈P1893〉

碳铵添加剂;十五烷基磺酰氯;改性化肥添加剂 AS P09020301

Ammonium carbonate additive

用作碳酸氢铵的稳定剂、制革工业洗涤剂

【生产厂】[津]天津市德洁洗涤剂有限公司(300 吨)〈P1584〉;[冀]辛集市华鹿福利皮毛助剂厂〈P1634〉;[苏]常州市武进轻工助剂有限公司〈P1855〉;[浙]德清县新溪塑化有限公司〈P1945〉;[豫]郑州市上街区银河化工厂(500 吨)〈P2173〉;河南中科化工有限责任公司(400 吨)〈P2202〉;河南省沁阳市正大化工有限公司(1000 吨)〈P2194〉;禹州市鸿运化工助剂有限公司(3000 吨)〈P2219〉;[鄂]湖北省枣阳化学工业总公司〈P2237〉;老河口华松化工有限责任公司(3000 吨)〈P2237〉

复合肥防结块剂 P09020401

Anti-blocking agent for compound fertilizer

用于防止肥料结块

【生产厂】[京]北京科普基业精细化工科技有限公司〈P1554〉;[晋]山西天一纳米材料科技有限公司〈P1676〉;[赣]江西贵溪化肥有限责任公司〈P2013〉;[鲁]博兴县华鑫助剂厂〈P2155〉

碳铵防结块剂 P09020701

Ammonium carbonate anti-blocking additive

适用于氯化铵、碳酸氢铵等无机肥料及其部分无机盐

【生产厂】[渝]重庆市嘉世泰化工有限公司〈P2307〉

农药增效剂 P09020801

Pesticide synergist agent

适用于各类杀虫剂、杀菌剂及除草剂

【生产厂】[冀]河北爱德威医药化工有限公司〈P1619〉;[沪]上海万金助剂有限公司〈P1768〉;上海高维化学有限公司〈P1734〉;[苏]南京惠宇农化有限公司〈P1785〉;盐城市丰杯精细化工有限公司〈P1811〉;[浙]杭州包尔得有机硅有限公司(50 吨)〈P1915〉;[皖]安徽省明光市曼迪矿业科技有限公司〈P1982〉;[鲁]潍坊市亚东化工有限公司(200 吨)〈P2105〉;菏泽蓝天新能源有限公司(500 吨)〈P2158〉;[豫]黎明化工研究院(300 吨)〈P2181〉;[粤]广州市氟缘硅科技有限公司〈P2263〉

硝铵防结块剂 P09020901

Anti-blocking agent for ammonium nitrate

主要用于造粒硝铵防结块,能使造粒硝铵颗粒均匀、粉尘少、松散度高

【生产厂】[晋]永济市翔远化工有限公司〈P1680〉

生物肥专用造粒剂 P09021101

Granular-making additive for biological fertilizer

【生产厂】[皖]安徽省明光市曼迪矿业科技有限公司〈P1982〉

阴离子表面活性剂 P09030000

Anionic surfactant

【生产厂】[沪]上海忠诚精细化工有限公司〈P1779〉;华界化学(上海)有限公司〈P1726〉;上海高维化学有限公司〈P1734〉;[闽]福建省建阳金石氟业有限公司〈P2003〉;[粤]广州市天赐高新材料科技有限公司〈P2266〉

【使用厂】[晋]南风化工集团股份有限公司〈P1678〉;[鲁]新时代(济南)民爆科技产业有限公司〈P2030〉

丁二酸二异辛酯磺酸钠;增感剂 1292;表面活性剂 1292 P09030201

P

Di(2-ethylhexyl) sulfosuccinic acid, sodium salt
[577-11-7]
用作表面活性剂,印染行业作渗透剂
【生产厂】[沪]上海宏鹏化工有限公司〈P1737〉;上海实业化工有限公司〈P1763〉

石油磺酸钠;烷基磺酸钠 P09030301
Petroleum sodium sulfonate
用作乳化剂、防锈添加剂、表面活性剂
【生产厂】[津]天津市红山石油化工有限公司〈P1589〉;[冀]辛集市天阳助剂有限公司〈P1634〉;[沪]上海忠诚精细化工有限公司〈P1779〉
【使用厂】[沪]上海市大场化工厂〈P1763〉;[鲁]东辰(集团)化工有限公司〈P2081〉

石油磺酸钙;烷基磺酸钙 P09030305
Petroleum calcium sulfonate
用于清净分散润滑油中的杂质
【生产厂】[苏]无锡祁连石化有限公司〈P1874〉

苯乙烯基苯酚聚氧乙烯醚磺酸盐;600#磺化 P09030501
Styrylphenol polyoxyethylene ether sulfonate
属阴离子表面活性剂,具有分散、乳化、耐高温等作用,是配制高温匀染剂和修色灵的主要原料之一
【生产厂】[浙]浙江皇马化工集团有限公司〈P1950〉

净洗剂 LS;对甲氧基脂肪酰胺基苯磺酸钠 P09031001
Detergent LS
用作毛织品的净洗和渗透助剂,也用于活性、冰染染料的印染织物后处理,去除浮色等
【生产厂】[苏]苏州荣亿达化工有限公司〈P1902〉;[浙]绍兴县海天助剂制造有限公司〈P1949〉;上虞市康特化工有限公司〈P1948〉

表面活性剂 AS;十五烷基磺酸钠 P09031101
Surfactant AS
用于棉麻织品洗涤、冶金选矿、造纸、翻砂等
【生产厂】[津]天津石油化工公司聚醚部(5000 吨)〈P1578〉;天津市德洁洗涤剂有限公司(100 吨)〈P1584〉

十二烷基磺酸钠 P09031601
Sodium dodecylsulfonate
阴离子表面活性剂,可用作乳化剂、浮选剂、发泡剂、印染工业的渗透剂等
【生产厂】[沪]上海沪旦生物科技有限公司〈P1737〉

氟碳表面活性剂 P09032101
Fluorocarbon surfactant
用于轻水泡沫灭火剂、油墨添加剂、黏结剂材料、化学电镀液添加剂
【生产厂】[津]天津赛菲化学科技发展有限公司〈P1577〉;[沪]上海中科合臣股份有限公司(10 吨)〈P1779〉;[浙]浙江衢州佳盟化工有限公司〈P1959〉
【使用厂】[苏]兴化锁龙消防药剂有限公司〈P1828〉

阴离子表面活性剂 K12-A;十二烷基硫酸铵;K12 铵盐 P09032201
Anionic surfactant K12-A
用作中高档香波、沐浴液的主要原料
【生产厂】[津]天津先光化工有限公司(500 吨)〈P1616〉;[浙]中轻物产化工有限公司〈P1928〉;[鲁]淄博俱进化工有限公司〈P2063〉;[陕]西安凯洁精细化工制造有限公司〈P2348〉

十二烷基苯磺酸钠;渗洗剂 YS P09032301
Sodium dodecylbenzenesulfonate [25155-30-0]
用作丝绸印花、渗透及脱胶精炼助剂
【生产厂】[津]天津市兴玉工贸有限公司〈P1609〉;天津市德洁洗涤剂有限公司(90 吨)〈P1584〉;[辽]盘锦昊源科工贸有限公司(1000 吨)〈P1706〉;[沪]上海威垦化工有限公司〈P1769〉;上海白猫股份有限公司(2 万吨)〈P1728〉;上海忠诚精细化工有限公司〈P1779〉;上海联化化工有限公司〈P1751〉;[苏]南京卡尼尔科技有限责任公司(2000 吨)〈P1786〉;南京添喜精细化工有限责任公司(1000 吨)〈P1790〉;江苏省新沂市经纬化工有限公司〈P1793〉;江苏宝应化工助剂厂〈P1815〉;[浙]绍兴县海天助剂制造有限公司〈P1949〉;绍兴县光耀化工助剂厂〈P1949〉;上虞市康特化工有限公司〈P1948〉;[鲁]淄博市临淄恒立助剂有限公司(2000 吨)〈P2068〉;青岛石喜精细化工有限公司〈P2042〉;[豫]安阳市兴亚洗涤用品有限责任公司〈P2210〉;[鄂]武汉市合中化工制造有限公司〈P2232〉;[川]成都市新都区桂宏化工厂〈P2314〉
【使用厂】[鲁]潍坊市亚东化工有限公司〈P2105〉

α-烯烃磺酸钠;AOS P09032401
Sodium α-olefinsulfonate
具有很好的洗涤功能和泡沫性能,用于洗衣粉、液洗皂等
【生产厂】[苏]南京卡尼尔科技有限责任公司〈P1786〉;[浙]中轻物产化工有限公司〈P1928〉;[豫]安阳市兴亚洗涤用品有限责任公司〈P2210〉

酸性脱脂剂 P09032591
Degreaser, acidic
【生产厂】[吉]磐石长城精细化工有限公司〈P1716〉;[浙]浙江黄岩精细化学品集团有限公司〈P1964〉

烷基苯磺酸钠;石油苯磺酸钠;烷基苯磺酸钠 ABS P09032601
Sodium alkylbenzenesulfonate
用作纺织印染助剂
【生产厂】[京]北京化友工贸有限公司〈P1550〉;[津]天津市浩元精细化工有限公司(500 吨)〈P1588〉;[苏]南京卡尼尔科技有限责任公司〈P1786〉;金桐石油化工有限公司(8000 吨)〈P1782〉
【使用厂】[苏]中国石化金陵石化公司烷基苯厂〈P1792〉;[新]新疆盐湖制盐有限责任公司〈P2364〉

聚丙烯酰胺干粉(阴离子型);阴离子聚丙烯酰胺 P09032701
Polyacrylamide dry powder, anionic [9003-05-8]
用作中性、碱性介质的高效絮凝剂,并可用作钻井泥浆添加剂
【生产厂】[京]北京希涛技术开发有限公司〈P1563〉;[津]天津大学化工实验厂(250 吨)〈P1571〉;天津市天大华盛化工材料有限公司(3000 吨)〈P1603〉;[冀]任丘市宏达化工有限公司〈P1656〉;任丘市万方化工有限公司〈P1657〉;秦皇岛市金佳絮凝剂有限公司〈P1637〉;[辽]盘锦兴建助剂有限公司〈P1707〉;[苏]宜兴市泉龙化工有限公司(3000

P

吨)〈P1886〉;凯米沃特(宜兴)净化剂有限公司〈P1872〉;[浙]杭州市银湖化工有限公司〈P1922〉;[皖]安徽巨成精细化工有限公司〈P1977〉;[鲁]淄博中森化工有限公司〈P2077〉;淄博宏盛集团化工厂〈P2061〉;淄博天海化工有限公司〈P2073〉;山东宝莫生物化工股份有限公司(1万吨)〈P2084〉;青岛三力化工技术有限公司〈P2041〉;莱芜市涌金化工厂(5000吨)〈P2141〉;[川]中国科学院成都市成科精细化学品有限责任公司〈P2320〉

清洁分散剂 T102;中碱性石油磺酸钙;上202B;清净剂102;清净剂1201 P09033201

Calcium petroleum sulfonate;Dispersant T102

具有良好的清净分散性能和防锈性能,适用于配制普通内燃机油

【生产厂】[沪]上海炼油厂(1500吨)〈P1751〉

脂肪醇聚氧乙烯(10)醚羧酸钠;AEC P09033901

Sodium POE 10 fatty alcohol ether carboxylate;AEC

用作洗涤剂、发泡剂、乳化剂、凝胶剂、分散剂、润湿剂和印染助剂等

【生产厂】[冀]邢台市日用化学厂(1000吨)〈P1644〉

月桂酰肌氨酸钠;月桂酰-*N*-甲基氨基乙酸钠;十二酰-*N*-甲基甘氨酸钠 P09034001

Sodium *N*-lauriylsarcosine [137-16-6]

属阴离子表面活性剂,特别适宜配制香波、浴液、洗面奶、婴儿洗涤剂、餐具洗涤剂等

【生产厂】[津]天津天成制药有限公司(100吨)〈P1614〉;[沪]上海奥利实业有限公司〈P1727〉

月桂酰肌氨酸钾 P09034051

Potassium *N*-lauriyl sarcosine

特别适宜配制香波、浴液、洗面奶、婴儿洗涤剂、餐具洗涤剂和硬表面清洗剂等产品

【生产厂】[沪]上海奥利实业有限公司〈P1727〉

十二烷基磷酸钾 P09034101

Potassium dodecyl phosphate

用作膏霜类化妆品乳化剂,也可作为洗涤类产品的添加剂

【生产厂】[沪]上海花王化学有限公司〈P1737〉

油酰肌氨酸 P09034201

Oleylsarcosine [110-25-8]

用作缓蚀剂

【生产厂】[浙]宁海天成化学有限公司〈P1934〉

***N*-乙基全氟辛基磺酰胺**;氟虫胺 P09034301

N-Ethylperfluorooctylsulfonamide;Sulfluramid [4151-50-2]

用作乳化剂、润湿剂,亦可作为有机氟杀虫剂

【生产厂】[苏]连云港市华通化学有限公司〈P1799〉;[鄂]武汉市德孚经济发展有限公司〈P2232〉;武汉市江润精细化工有限责任公司〈P2233〉;武汉海德化工发展有限公司〈P2229〉;湖北恒新化工有限公司〈P2242〉

***N*-乙基全氟辛基磺酰胺乙醇** P09034331

N-Ethyl-*N*-(2-hydroxyethyl) perfluorooctylsulfonamide [1691-99-2]

【生产厂】[鄂]武汉市江润精细化工有限责任公司〈P2233〉;湖北恒新化工有限公司〈P2242〉

全氟辛基磺酰胺 P09034351

Perfluorooctylsulfonamide [754-91-6]

用作表面活性剂

【生产厂】[鄂]武汉市德孚经济发展有限公司〈P2232〉;湖北恒新化工有限公司〈P2242〉

木质素磺酸铵;木铵 P09034401

Ammonium lignosulfonate

是阴离子表面活性剂,广泛用于耐火材料、陶瓷、铸造、饲料、有机磷肥、水煤浆、合成树脂和胶黏剂等行业

【生产厂】[鄂]武汉华东化工有限公司〈P2230〉

木质素磺酸镁;木镁 P09034451

Magnesium lignosulfonate

用作耐火材料及陶瓷制品的增强剂、工业容器和管道中的防垢剂和缓蚀剂、水煤浆分散剂等

【生产厂】[津]天津市塘沽恒利化工厂〈P1603〉;[苏]江苏省新沂市经纬化工有限公司〈P1793〉;[鄂]武汉华东化工有限公司〈P2230〉

烷基磺酸铵 P09034501

Ammonium alkylsulfonate

【生产厂】[冀]辛集市华鹿福利皮毛助剂厂〈P1634〉

全氟辛基磺酸铵 P09034601

Ammonium perfluorooctylsulfonate

系全氟阴离子表面活性剂,可作为涂层的润湿剂、流平剂、清洗剂等

【生产厂】[鄂]武汉市德孚经济发展有限公司〈P2232〉;湖北恒新化工有限公司〈P2242〉

全氟辛基磺酸四乙基铵 P09034701

Tetraethylammonium perfluorooctylsulfonate [56773-42-3]

系全氟阴离子表面活性剂,可用作润湿剂、流平剂和抗静电剂等

【生产厂】[鄂]武汉市德孚经济发展有限公司〈P2232〉;武汉市江润精细化工有限责任公司〈P2233〉;湖北恒新化工有限公司〈P2242〉

全氟己酸铵 P09034801

Ammonium perfluorocaproate

用作表面活性剂

【生产厂】[沪]上海福邦化工有限公司〈P1733〉

非离子表面活性剂 P09040000

Non-ionic surfactant

广泛用于纺织、印染、农药、化妆品、食品、造纸、皮革、橡胶、涂料、金属加工等

【生产厂】[津]天津赛菲化学科技发展有限公司〈P1577〉;[辽]抚顺佳化聚氨酯有限公司(1000吨)〈P1698〉;[沪]华界化学(上海)有限公司〈P1726〉;[苏]宜兴市创新精细化

工有限公司(500 吨)〈P1883〉

【使用厂】[京]北京金鱼科技股份有限公司〈P1552〉;[晋]南风化工集团股份有限公司〈P1678〉;[沪]上海天坛助剂有限公司〈P1767〉;上海大祥化学工业有限公司〈P1731〉;[鲁]泰安市鑫泉精细化工制造有限公司〈P2138〉;[鄂]湖北省化学工业研究设计院〈P2228〉

乳化剂 P09040101

Emulsifier

用于纺织工业各工序中,如匀染、煮洗,可作石油工业破乳剂、金属等工业的清洗剂

【生产厂】[京]北京金源恒泰精细化工有限公司〈P1552〉;[津]天津达一琦精细化工有限公司〈P1571〉;[冀]廊坊市凯丰化工有限公司〈P1661〉;[沪]上海利盛化学品有限公司〈P1750〉;上海升纬化工原料有限公司〈P1762〉;上海天坛助剂有限公司〈P1767〉;上海锦山化工有限公司〈P1745〉;[苏]江苏钟山化工有限公司〈P1782〉;无锡华氏化学有限公司〈P1873〉;宜兴市腾蛟化工材料有限公司〈P1887〉;江苏凌飞化工有限公司(1000 吨)〈P1865〉;宜兴市芳霞化工有限公司〈P1884〉;海安县正达化工厂〈P1829〉;江苏省海安石油化工厂〈P1831〉;南通市联邦化工有限公司〈P1835〉;[浙]杭州余杭艾迪精细化工研究所〈P1925〉;浙江建德顺发化工助剂有限公司〈P1928〉;浙江省上虞市杜浦化工厂〈P1951〉;宁波兴华化学有限公司〈P1934〉;[皖]宿州市华润化工有限责任公司〈P1984〉;[鲁]张店永发化工厂〈P2057〉;淄博爱迪森油脂化工有限公司〈P2057〉;山东滨化集团有限责任公司(1 万吨)〈P2155〉;东营市金华石油助剂有限责任公司〈P2082〉;[豫]鹤壁市前进乳化剂厂(100 吨)〈P2199〉;洛阳市华工实业有限公司(1000 吨)〈P2184〉;[鄂]武汉新大地化工有限公司〈P2234〉;黄石龙骏化工科技有限公司〈P2236〉;[粤]广东省石油化工研究院(500 吨)〈P2259〉;增城市云超化工有限公司〈P2268〉

【使用厂】[津]天津市塘沽农药厂〈P1603〉;天津天涂豪邦涂料有限公司〈P1615〉;[辽]大连瑞泽农药股份有限公司〈P1693〉;北宁市闾峰化工厂〈P1701〉;沈阳化工研究院试验厂〈P1686〉;[黑]佳木斯市恺乐农药有限公司〈P1725〉;[沪]上海浮岛化工有限公司〈P1733〉;上海市大场化工厂〈P1763〉;[苏]连云港立本农药化工有限公司〈P1798〉;江苏安邦电化有限公司〈P1802〉;南通同济化工有限公司〈P1835〉;江苏梅兰化工股份有限公司〈P1821〉;江苏苏中农药化工厂〈P1822〉;南通龙灯化工有限公司〈P1834〉;[浙]江山金固特化工有限公司〈P1957〉;浙江天宇药业有限公司〈P1969〉;[皖]安徽盾安化工集团有限公司〈P1977〉;[闽]福建省建瓯福农化工有限公司〈P2003〉;厦门汉旭化工有限公司〈P1992〉;福建省漳州市龙文农化有限公司〈P2001〉;[赣]江西联达化工有限公司〈P2009〉;赣南果业赣州农药公司〈P2014〉;[鲁]山东富安集团农药有限公司〈P2052〉;山东海化华龙硝铵有限公司〈P2095〉;山东胜邦鲁南农药有限公司〈P2150〉;德州恒东农药化工有限公司〈P2141〉;山东华阳和乐农药有限公司〈P2144〉;潍坊天达植保有限公司〈P2105〉;东营市信义化工有限公司〈P2083〉;山东胜邦绿野化学有限公司〈P2029〉;新汶矿业集团有限责任公司〈P2139〉;山东阳谷中石药业有限公司〈P2154〉;山东省邹平八四工厂〈P2156〉;青岛东生药业有限公司〈P2034〉;蓬莱市北海印花色浆厂〈P2112〉;山东阳光颜料有限公司〈P2133〉;山东省淄博市淄川黉阳农药有限公司〈P2054〉;山东博丰植保药业有限公司〈P2051〉;济宁市通达化工厂〈P2128〉;莱州市化工三厂〈P2109〉;临邑县精细化工厂〈P2143〉;淄博津利精细化工厂〈P2063〉;寿光市曙光助剂厂〈P2100〉;[豫]开封市电镀化工厂〈P2177〉;濮阳中原三力实业有限公司〈P2216〉;[鄂]湖北仙隆化工股份有限公司〈P2245〉;湖北枣阳四海化工有限公司〈P2237〉;[湘]邵阳三化有限责任公司〈P2253〉;[粤]广州市金珠江化学有限公司〈P2265〉;[桂]广西国泰农药有限公司〈P2301〉;桂林市红星化工有限责任公司〈P2299〉;[甘]甘肃省盐锅峡化工总厂〈P2358〉

松香乳液乳化剂 P09040103

Emulsifier of rosin emulsion

用于造纸用松香施胶剂生产及其他方面用松香乳液生产

【生产厂】[沪]上海忠诚精细化工有限公司〈P1779〉;[鲁]潍坊市元利化工有限公司〈P2105〉;兖州市恒源化工有限责任公司(1000 吨)〈P2134〉;[豫]漯河市恒瑞化工有限公司(2000 吨)〈P2220〉;[鄂]黄石龙骏化工科技有限公司〈P2236〉;[川]四川花语精细化工有限公司〈P2321〉

乳化剂 A105 P09040201

Emulsifier A105

适用于各种植物油、矿物油等的乳化,也可用作农药、颜料工业等的水/油相乳化剂

【生产厂】[沪]上海天坛助剂有限公司(300 吨)〈P1767〉;[浙]上虞市国泰化工有限公司〈P1948〉

平平加;脂肪醇聚氧乙烯醚;乳百灵;乳化剂 AEO P09040301

Fatty alcohol polyoxyethylene ether;Peregal

用作印染工业匀染剂,金属加工过程中作净洗剂及其他乳化剂

【生产厂】[京]北京金源恒泰精细化工有限公司〈P1552〉;北京化友工贸有限公司〈P1550〉;[津]天津石油化工公司聚醚部(2000 吨)〈P1578〉;天津市浩元精细化工有限公司(1000 吨)〈P1588〉;天津市精细化学制剂厂(350 吨)〈P1596〉;天津市天宝实业发展中心(500 吨)〈P1603〉;天津市东邦助剂有限公司(500 吨)〈P1585〉;天津金竹助剂有限公司〈P1574〉;天津市金明工业助剂有限公司(100 吨)〈P1592〉;天津宏美化工有限公司(150 吨)〈P1573〉;天津市瑞德化工有限公司(200 吨)〈P1601〉;[冀]石家庄市金鹏化工助剂有限公司〈P1630〉;邢台盛达助剂有限责任公司〈P1643〉;河北省邢台科王助剂有限公司〈P1642〉;邢台蓝星助剂厂〈P1643〉;邢台市合成化学厂〈P1643〉;邢台市蓝天精细化工有限公司(2000 吨)〈P1643〉;邢台市助剂厂〈P1644〉;邢台市瑞丰助剂有限公司(3000 吨)〈P1644〉;邯郸市新迪亚化工有限责任公司〈P1639〉;沧州鸿源农化有限公司〈P1651〉;[辽]辽宁奥克化学集团有限公司(200 吨)〈P1709〉;辽宁科隆化工实业有限公司(240 吨)〈P1709〉;辽阳奥克聚醚有限公司〈P1709〉;辽阳奥克纳米材料有限公司〈P1709〉;中国石油抚顺石油化工公司合成洗涤剂厂〈P1699〉;抚顺佳化聚氨酯有限公司(5000 吨)〈P1698〉;[吉]吉林众鑫化工有限公司〈P1716〉;[黑]佳木斯市北星有机化工有限责任公司〈P1724〉;[沪]上海多纶化工有限公司(800 吨)〈P1732〉;上海台界化工有限公司〈P1766〉;上海锦山化工有限公司〈P1745〉;[苏]南京太化化工有限公司〈P1790〉;江苏钟山化工有限公司〈P1782〉;江苏冠洋精细化工有限公司〈P1865〉;宜兴市博兴化工有限公司〈P1883〉;江苏凌飞化工有限公司〈P1865〉;江阴市华元化工有限公司〈P1869〉;江苏省海安石油化工厂〈P1831〉;[浙]杭州萧山三江精细化工有限公司〈P1924〉;浙江皇马化工集团有限公司〈P1950〉;[鲁]淄博海杰化工有限公司〈P2060〉;淄博巨丰乳化剂厂〈P2063〉;[豫]洛阳市华工实业有限公司(500 吨)〈P2184〉;[鄂]荆州市隆华石油化工有限公司〈P2240〉;[粤]茂名市金昌发展公司星海化工厂〈P2293〉

【使用厂】[沪]上海新浦化工厂有限公司〈P1772〉;[鲁]蓬莱市北海印花色浆厂〈P2112〉

乳化剂 EL;聚氧乙烯蓖麻油;蓖麻油聚氧乙烯醚 P09040501

Emulsifier EL;Polyoxyethylene castor oil

主要用作农药乳化剂和印花涂料扩散剂

【生产厂】[京]北京化友工贸有限公司〈P1550〉;[津]天津市宝坻区港飞助剂有限公司〈P1579〉;天津市北仁化工助剂有限公司〈P1580〉;天津市浩元精细化工有限公司(500吨)〈P1588〉;天津金竹助剂有限公司〈P1574〉;[冀]石家庄市金鹏化工助剂有限公司〈P1630〉;邢台盛达助剂有限责任公司〈P1643〉;河北省邢台科王助剂有限公司〈P1642〉;邢台市蓝天精细化工有限公司(2000吨)〈P1643〉;邢台市瑞丰助剂有限公司(2000吨)〈P1644〉;沧州鸿源农化有限公司〈P1651〉;[辽]辽宁奥克化学集团有限公司(120吨)〈P1709〉;辽宁科隆化工实业有限公司(150吨)〈P1709〉;辽阳奥克纳米材料有限公司〈P1709〉;[沪]中国石油化工股份有限公司上海高桥分公司〈P1780〉;上海多纶化工有限公司〈P1732〉;上海天坛助剂有限公司(500吨)〈P1767〉;[苏]江苏凌飞化工有限公司〈P1865〉;江阴市华元化工有限公司〈P1869〉;江苏省海安石油化工厂〈P1831〉;[浙]杭州萧山三江精细化工有限公司〈P1924〉;浙江皇马化工集团有限公司〈P1950〉;[鲁]淄博巨丰乳化剂厂〈P2063〉;[粤]茂名市金昌发展公司星海化工厂〈P2293〉

乳化剂 EL-60;蓖麻油聚氧乙烯(60)醚 P09040651

Emulsifier EL-60

用作化纤油及合毛油组分,农药乳化剂、原油脱水破乳剂

【生产厂】[苏]江苏冠洋精细化工有限公司〈P1865〉;海安县苏北化工有限公司〈P1829〉

乳化剂 FM P09040701

Emulsifier FM

用作纺织印染助剂,也用于印刷工业

【生产厂】[沪]上海天坛助剂有限公司(200吨)〈P1767〉;[苏]苏州荣亿达化工有限公司〈P1902〉;[浙]上虞市国泰化工有限公司〈P1948〉

复合乳化剂 P09040702

Compound emulsifier

用于生产高游离分散松香胶、造纸专用助剂、乳化剂

【生产厂】[晋]永济市翔远化工有限公司〈P1680〉;[浙]嘉兴市秀城油脂化工厂〈P1942〉;[鲁]新时代(济南)民爆科技产业有限公司〈P2030〉;[豫]开封市电石厂(1000吨)〈P2177〉

乳化剂 MOA P09040900

Emulsifier MOA

【生产厂】[冀]河北省邢台科王助剂有限公司〈P1642〉;[沪]中国石油化工股份有限公司上海高桥分公司〈P1780〉;[苏]海安县苏北化工有限公司〈P1829〉

乳化剂 MOA-5 P09040911

Emulsifier MOA-5

是化纤油剂中的有效成分,在一般工业中用作乳化剂

【生产厂】[冀]邢台市合成化学厂〈P1643〉;邢台市蓝天精细化工有限公司〈P1643〉

乳化剂 OP;匀染剂 OP;乳化剂 TX;烷基酚聚氧乙烯醚 P09041201

Emulsifier OP

具有良好的匀染、乳化和分散性能,作为匀染剂,广泛用于印染工业;作为乳化剂,用于农药、医药、橡胶等工业

【生产厂】[京]北京化友工贸有限公司〈P1550〉;[津]天津市宝坻区港飞助剂有限公司〈P1579〉;天津市北仁化工助剂有限公司〈P1580〉;天津市浩元精细化工有限公司(2000吨)〈P1588〉;天津金竹助剂有限公司〈P1574〉;天津宏美化工有限公司(120吨)〈P1573〉;[冀]石家庄市金鹏化工助剂有限公司〈P1630〉;邢台盛达助剂有限责任公司〈P1643〉;河北省邢台科王助剂有限公司〈P1642〉;邢台市助剂厂〈P1644〉;邢台市瑞丰助剂有限公司(1000吨)〈P1644〉;邯郸市新迪亚化工有限责任公司〈P1639〉;[沪]中国石油化工股份有限公司上海高桥分公司〈P1780〉;上海多纶化工有限公司〈P1732〉;上海忠诚精细化工有限公司〈P1779〉;上海天坛助剂有限公司〈P1767〉;[苏]江苏钟山化工有限公司〈P1782〉;江苏冠洋精细化工有限公司〈P1865〉;江苏凌飞化工有限公司〈P1865〉;宜兴市芳霞化工有限公司〈P1884〉;江苏省海安石油化工厂〈P1831〉;海安县苏北化工有限公司〈P1829〉;[浙]杭州萧山三江精细化工有限公司〈P1924〉;上虞市康特化工有限公司〈P1948〉;上虞市国泰化工有限公司〈P1948〉;浙江上虞市珊瑚化工厂〈P1951〉;[鲁]山东化友科技服务中心〈P2028〉;淄博巨丰乳化剂厂〈P2063〉;桓台县双峰助剂厂〈P2049〉;青岛石喜精细化工有限公司〈P2042〉;[鄂]荆州市隆华石油化工有限公司〈P2240〉

乳化剂 OP-4;烷基酚聚氧乙烯(4)醚;乳化剂 TX-4 P09041301

Emulsifier OP-4

用作醚类非离子型表面活性剂

【生产厂】[津]天津市兴玉工贸有限公司〈P1609〉;[冀]石家庄市海森化工有限公司〈P1629〉;邢台市蓝天精细化工有限公司〈P1643〉;[沪]上海天坛助剂有限公司(20吨)〈P1767〉;[浙]绍兴县海天助剂制造有限公司〈P1949〉

乳化剂 OP-6;辛基酚聚氧乙烯(6)醚;TX-6 P09041351

Emulsifier OP-6

用作乳化剂

【生产厂】[津]天津市兴玉工贸有限公司〈P1609〉;[冀]邢台市蓝天精细化工有限公司〈P1643〉;[沪]上海天坛助剂有限公司〈P1767〉

乳化剂 OP-7;烷基酚聚氧乙烯(7)醚;乳化剂 TX-7 P09041401

Emulsifier OP-7

用作醚类非离子型表面活性剂

【生产厂】[津]天津市兴玉工贸有限公司〈P1609〉;[冀]邢台市蓝天精细化工有限公司〈P1643〉;[沪]上海天坛助剂有限公司(50吨)〈P1767〉;[浙]绍兴县海天助剂制造有限公司〈P1949〉

乳化剂 OP-10;辛基苯酚聚氧乙烯(10)醚;乳化剂 TX-10 P09041501

Emulsifier OP-10

在农药、医药、橡胶工业用作乳化剂，建筑行业用作沥青乳化剂

【生产厂】[津]天津达一化工技术有限公司〈P1571〉；天津市兴玉工贸有限公司〈P1609〉；天津市天宝实业发展中心（500吨）〈P1603〉；[冀]邢台市蓝天精细化工有限公司〈P1643〉；邢台市助剂厂〈P1644〉；[沪]上海威呈化工有限公司〈P1769〉；中国石油化工股份有限公司上海高桥分公司〈P1780〉；上海珺璇工贸有限公司（300吨）〈P1746〉；上海天坛助剂有限公司〈P1767〉；[苏]南京添喜精细化工有限责任公司〈P1790〉；常州太华化工原料有限公司〈P1857〉；宜兴市芳桥镇江南化工厂〈P1884〉；江苏省宜兴市扶风第五化工厂〈P1866〉；[浙]杭州萧山三江精细化工有限公司〈P1924〉；绍兴县海天助剂制造有限公司〈P1949〉；绍兴县光耀化工助剂厂〈P1949〉；上虞市康特化工有限公司〈P1948〉；上虞市国泰化工有限公司〈P1948〉；[鲁]山东临邑县宏达化工有限公司（4000吨）〈P2144〉；淄博巨丰乳化剂厂〈P2063〉；滨州市胜达化工厂〈P2154〉；[豫]河南省偃师市伟通化工有限公司（190吨）〈P2180〉；[粤]广东西陇化工有限公司〈P2276〉；[新]克拉玛依新科澳化工（集团）有限责任公司〈P2365〉

乳化剂 OP-9；烷基酚聚氧乙烯（9）醚；乳化剂 TX-9　P09041601

Emulsifier OP-9

作为合纤工业的油剂单体用于乳液聚合中

【生产厂】[冀]邢台市蓝天精细化工有限公司〈P1643〉；[鲁]滨州市胜达化工厂〈P2154〉；[新]克拉玛依新科澳化工（集团）有限责任公司〈P2365〉

乳化剂 OS　P09041701

Emulsifier OS

用作印染乳化剂，可提高染料色浆稳定性和分散性

【生产厂】[沪]上海天坛助剂有限公司（600吨）〈P1767〉；[苏]苏州荣亿达化工有限公司〈P1902〉；[浙]浙江皇马化工集团有限公司〈P1950〉；上虞市国泰化工有限公司〈P1948〉；[鲁]淄博海杰化工有限公司〈P2060〉

乳化剂 S　P09041801

Emulsifier S

用作非离子型表面活性剂

【生产厂】[辽]辽宁科隆化工实业有限公司〈P1709〉

斯盘 60；司本 60；山梨糖醇酐单硬脂酸酯；乳化剂 S-60　P09041901

Span 60；Emulsifier S-60；Sorbitan monostearate [1338-41-6]

广泛用于食品、医药、农药、炸药等工业中作乳化剂，油漆及颜料中作分散剂

【生产厂】[津]天津市兴玉工贸有限公司〈P1609〉；[辽]辽宁科隆化工实业有限公司〈P1709〉；[沪]上海天坛助剂有限公司（400吨）〈P1767〉；[浙]浙江迪耳化工有限公司〈P1954〉；浙江迪耳药业有限公司〈P1954〉；[鲁]淄博市淄川创业油脂化工厂（100吨）〈P2072〉；招远七六一有限责任公司（100吨）〈P2120〉；[鄂]武汉市嘉恒化工有限公司〈P2233〉；[粤]广州汇科精细化工有限公司〈P2261〉；[桂]南宁市化工研究设计院（900吨）〈P2297〉

斯盘 80；司本 80；山梨糖醇酐单油酸酯；乳化剂 S-80　P09042101

Span 80；Emulsifier S-80；Sorbitan monooleate [1338-43-8]

用于乳化炸药、石油、医药、化妆品、纺织、油漆、皮革等行业

【生产厂】[京]北京化友工贸有限公司〈P1550〉；[津]天津市北仁化工助剂有限公司〈P1580〉；天津市浩元精细化工有限公司（500吨）〈P1588〉；天津市兴玉工贸有限公司〈P1609〉；[晋]永济市翔远化工有限公司〈P1680〉；[辽]辽宁科隆化工实业有限公司〈P1709〉；丹东龙泽化工有限责任公司（300吨）〈P1700〉；[沪]上海天坛助剂有限公司（400吨）〈P1767〉；上海申宇医药化工有限公司（80吨）〈P1761〉；[苏]常州市武进南源合成化工厂〈P1855〉；[浙]上虞市国泰化工有限公司〈P1948〉；湖州康润化工有限公司〈P1945〉；[鲁]山东省淄博市淄川汇通油脂精细化工厂（2000吨）〈P2055〉；淄博市淄川创业油脂化工厂（200吨）〈P2072〉；淄博市周村天合化工有限公司〈P2072〉；[鄂]武汉市嘉恒化工有限公司〈P2233〉；[粤]广州汇科精细化工有限公司〈P2261〉；[桂]南宁市化工研究设计院（600吨）〈P2297〉；[川]四川省广汉市古城化工厂〈P2327〉；四川省雅化实业有限责任公司〈P2336〉；[滇]杨林工业开发区汕滇药业有限公司〈P2340〉

【使用厂】[粤]广州化学试剂厂〈P2261〉

聚乙二醇单甲醚甲基丙烯酸酯　P09042201

Polyethylene glycol monomethyl ether methacrylate

广泛用于混凝土外加剂、水基涂料、纺织品加工、水处理和造纸等行业

【生产厂】[沪]上海台界化工有限公司〈P1766〉

乳化剂 SG-10；聚氧乙烯硬脂酸酯；乳化剂 SE-10　P09042301

Emulsifier SG-10

用作工业乳化剂，用于纺织工业、化妆品、药膏生产

【生产厂】[津]天津市北仁化工助剂有限公司〈P1580〉；天津达一化工技术有限公司〈P1571〉；天津金竹助剂有限公司〈P1574〉；[冀]河北省邢台科王助剂有限公司〈P1642〉；邢台市合成化学厂〈P1643〉；邢台市蓝天精细化工有限公司〈P1643〉；邢台市助剂厂〈P1644〉；[苏]江苏冠洋精细化工有限公司〈P1865〉；海安县苏北化工有限公司〈P1829〉；[鲁]青岛石喜精细化工有限公司〈P2042〉；[粤]东莞天傲化工有限公司〈P2281〉

甘油聚氧乙烯醚油酸酯　P09042351

Glycerin polyoxyethylene oleate

属非离子表面活性剂，具有分散、渗透、乳化等作用，是配制高温匀染剂和修色灵的主要原料之一

【生产厂】[浙]浙江皇马化工集团有限公司〈P1950〉

吐温 60；乳化剂 T-60；聚氧乙烯山梨糖醇酐单硬脂酸酯　P09042401

Tween 60；Emulsifier T-60；Polyoxyethylene sorbitan monostearate [9005-67-8]

用作增溶剂、扩散剂、抗静电剂、稳定剂、润滑剂等

【生产厂】[津]天津市兴玉工贸有限公司〈P1609〉；[辽]辽宁科隆化工实业有限公司（150吨）〈P1709〉；[鲁]淄博市淄川创业油脂化工厂〈P2072〉；[鄂]武汉市嘉恒化工有限公司〈P2233〉；[粤]广州汇科精细化工有限公司〈P2261〉；[滇]杨林工业开发区汕滇药业有限公司〈P2340〉

吐温 80；乳化剂 T-80；聚氧乙烯山梨糖醇酐单油酸酯　P09042601

Tween 80; Emulsifier T-80; Polyoxyethylene sorbitan monooleate [9005-65-6]

用作增溶剂、扩散剂、抗静电剂、稳定剂、润滑剂等

【生产厂】[京]北京市海淀会友精细化工厂〈P1559〉;北京化友工贸有限公司〈P1550〉;[津]天津市北仁化工助剂有限公司〈P1580〉;天津市浩元精细化工有限公司(500 吨)〈P1588〉;天津市兴玉工贸有限公司〈P1609〉;[辽]辽宁科隆化工实业有限公司(120 吨)〈P1709〉;[黑]佳木斯市北星有机化工有限责任公司〈P1724〉;[沪]上海天坛助剂有限公司(200 吨)〈P1767〉;上海申宇医药化工有限公司〈P1761〉;[浙]龙游县化工试剂厂(80 吨)〈P1957〉;[赣]江西省吉水药用提炼厂〈P2019〉;[鲁]淄博市淄川创业油脂化工厂〈P2072〉;[鄂]武汉市嘉恒化工有限公司〈P2233〉;[粤]广州汇科精细化工有限公司〈P2261〉;[川]成都宏博实业有限公司〈P2310〉

乳化剂 AE-15 P09042701

Emulsifier AE-15

用于化纤、棉麻织物的后处理,在金属加工中用作去油脱脂和冷却润湿添加剂

【生产厂】[冀]邢台市合成化学厂〈P1643〉;邢台市助剂厂〈P1644〉

净洗剂 P09042901

Detergent

用于洗涤棉、毛、丝及涤棉等各种织物

【生产厂】[冀]石家庄市远达化工厂〈P1632〉;河北省晋州市鑫达化工有限公司〈P1621〉;[沪]上海锦山化工有限公司〈P1745〉;[苏]江苏凌飞化工有限公司(1500 吨)〈P1865〉;苏州百氏高化工有限公司〈P1899〉;江苏省泰兴市中纺助剂厂〈P1822〉;南通远大生物科技发展有限公司〈P1836〉;海安县国力化工有限公司〈P1829〉;海安县正达化工厂〈P1829〉;江苏省海安石油化工厂〈P1831〉;[浙]杭州下沙经济开发区中联化工有限公司〈P1923〉;浙江省上虞市杜浦化工厂〈P1951〉;宁波兴华化学有限公司〈P1934〉;[鲁]淄博金鲁染料化工有限公司〈P2063〉;潍坊瑞光化工有限公司〈P2103〉;[豫]临颍县颍华技术开发有限公司(50 吨)〈P2220〉;[粤]汕头市盛腾助剂有限公司〈P2277〉

【使用厂】[赣]江西农大锐特化工科技有限公司〈P2009〉

高效净洗剂 P09042951

Detergent, high efficiency

【生产厂】[苏]江阴市尼美达助剂有限公司〈P1870〉;江苏省海安石油化工厂〈P1831〉;[鲁]蓬莱市福鑫化工有限公司〈P2112〉

净洗剂 105 P09043001

Detergent 105

用于羊毛、麻、针织印染织物等的洗涤,也可用作织物染色印花后处理助剂

【生产厂】[冀]邢台市助剂厂〈P1644〉;[沪]上海经纬化工有限公司(500 吨)〈P1745〉;[苏]宜兴市屺亭化工厂〈P1886〉;宜兴市星石纺织助剂有限公司〈P1887〉;江都市天和化工有限公司〈P1815〉;[浙]绍兴县海天助剂制造有限公司〈P1949〉;上虞市康特化工有限公司〈P1948〉;[鲁]蓬莱市仙阁化工厂〈P2112〉

净洗剂 664 P09043101

Detergent 664

用于金属、电镀轴承、造纸、毛毯的清洗

【生产厂】[鲁]蓬莱市仙阁化工厂〈P2112〉

净洗剂 6501;椰子油脂肪酸二乙醇酰胺;尼纳尔 P09043201

Detergent 6501

用作泡沫稳定剂、织物洗涤剂,亦可用于羊毛脱脂

【生产厂】[津]天津市宝坻区港飞助剂有限公司〈P1579〉;天津市北仁化工助剂有限公司〈P1580〉;天津达一化工技术有限公司(100 吨)〈P1571〉;天津市浩元精细化工有限公司(2000 吨)〈P1588〉;天津市兴玉工贸有限公司〈P1609〉;天津先光化工有限公司(500 吨)〈P1616〉;天津金竹助剂有限公司〈P1574〉;[冀]河北省邢台科王助剂有限公司〈P1642〉;邢台市合成化学厂〈P1643〉;邢台市助剂厂〈P1644〉;[黑]佳木斯市北星有机化工有限责任公司〈P1724〉;[沪]上海制皂有限公司(800 吨)〈P1778〉;中国石油化工股份有限公司上海高桥分公司〈P1780〉;[苏]南京卡尼尔科技有限责任公司〈P1786〉;南京添喜精细化工有限责任公司(120 吨)〈P1790〉;常州太华化工原料有限公司〈P1857〉;宜兴市芳霞化工有限公司〈P1884〉;江苏省海安石油化工厂〈P1831〉;[浙]杭州杭云精细化工有限公司〈P1918〉;杭州萧山三江精细化工有限公司〈P1924〉;绍兴县海天助剂制造有限公司〈P1949〉;上虞市康特化工有限公司〈P1948〉;上虞市国泰化工有限公司〈P1948〉;浙江上虞市珊瑚化工厂〈P1951〉;浙江省上虞市杜浦化工厂〈P1951〉;[赣]江西洪都生物化学有限公司〈P2008〉;[鲁]淄博海杰化工有限公司〈P2060〉;潍坊中业化学有限公司〈P2107〉

【使用厂】[豫]安阳市健美日化有限责任公司〈P2209〉

椰油酰基羟乙基磺酸钠 P09043210

Cocoanutyl hydroxyethyl sulfonate sodium

用于香波、洗面奶、泡沫浴皂等

【生产厂】[鄂]湖北永安集团(2500 吨)〈P2244〉

椰子油单乙醇酰胺 P09043231

Cocoanut oil glycolamide

用作香波等液洗用品中的增稠稳泡剂

【生产厂】[川]四川花语精细化工有限公司〈P2321〉

油酸二乙醇酰胺;ODEA P09043255

Diglycolamide oleate

用于制造清洁用品

【生产厂】[津]天津大学化工实验厂(500 吨)〈P1571〉;[苏]扬州立达树脂有限公司〈P1818〉

油酸二乙醇酰胺硼酸酯 P09043259

Diglycolamide oleate borate

可用作水溶液中黑色金属的有机缓蚀剂

【生产厂】[津]天津大学化工实验厂(200 吨)〈P1571〉

三乙基苄基氯化铵;苄基三乙基氯化铵 P09043271

Benzyltriethylammonium chloride [56-37-1]

用作医药中间体及相转移催化剂

【生产厂】[京]北京朝福化工实验厂〈P1544〉;[苏]南京市盼丰化工有限公司〈P1789〉;江苏省金坛市西南化工研究所〈P1860〉;苏州市化工研究所有限公司〈P1904〉;响水县科伟精细化工有限公司(240 吨)〈P1809〉;如皋市万利化工有限责任公司〈P1838〉;[皖]六安市捷通达化工有限责任公司〈P1985〉;[闽]厦门市先端科技有限公司〈P1993〉;[赣]广丰县弘立化工厂(300 吨)〈P2014〉

净洗剂 6502；椰子油烷基醇酰胺 P09043301

Detergent 6502

用作泡沫稳定剂、羊毛脱脂剂、纺织品柔软剂和短时期黑色金属防锈剂

【生产厂】[浙]上虞市康特化工有限公司〈P1948〉

净洗剂 6503；椰子油烷基醇酰胺磷酸酯 P09043401

Detergent 6503

在硬水中洗涤效果良好，用于清洗、去除钢铁制品热处理后的盐类污垢

【生产厂】[冀]邢台市助剂厂〈P1644〉

净洗剂 FAE；聚氧乙烯脂肪醇醚 FAE P09043501

Detergent FAE

用作净洗剂，碱性渗透剂及矿油乳化剂

【生产厂】[沪]中国石油化工股份有限公司上海高桥分公司〈P1780〉

净洗剂 JU P09043601

Detergent JU

用于活性、分散等染料印花织物去除浮色，对蚕丝成品的去油污斑点很有效

【生产厂】[冀]邢台市蓝天精细化工有限公司〈P1643〉；[沪]上海天坛助剂有限公司(200 吨)〈P1767〉；上海锦山化工有限公司〈P1745〉

净洗剂 TX-10；辛烷基苯酚聚氧乙烯醚 TX-10 P09043801

Detergent TX-10

对织物具有良好的净洗力、乳化力、去油力和去污力

【生产厂】[冀]河北省邢台科王助剂有限公司〈P1642〉

净洗抑雾剂 P09043851

Detergent, antimist

用于金属材料及设备的酸洗助剂

【生产厂】[苏]江苏省太仓市归庄镇武兵化工厂〈P1894〉

***N*-丙基-*N*-羟乙基全氟辛基磺酰胺** P09043901

N-Propyl-*N*-hydroxyethylperfluorooctylsulfonamide

用于合成系列含氟表面活性剂

【生产厂】[鄂]武汉海德化工发展有限公司〈P2229〉

***N*-丙基全氟辛基磺酰胺** P09043951

N-Propylperfluorooctylsulfonamide

【生产厂】[鄂]武汉市德孚经济发展有限公司〈P2232〉

硬脂酸异十六醇酯 P09044001

Isocetyl stearate [25339-09-7]

用作纤维平滑剂、高级润滑油添加剂、塑料加工润滑剂等

【生产厂】[沪]上海千为油脂科技有限公司〈P1757〉；[鲁]荣成市日跃化工有限公司(100 吨)〈P2122〉

硬脂酸异十三醇酯 P09044101

Isotridecyl stearate

用作表面活性剂

【生产厂】[沪]上海华谊集团上硫化工有限公司〈P1739〉；上海千为油脂科技有限公司〈P1757〉

聚氧丙烯聚氧乙烯甘油醚；消泡剂 GPE；消沫剂 GPE；泡敌 P09044211

Polyoxypropylene-polyoxyethylene glycerol ether; Defoamer GPE

是制药工业常用的消泡剂，广泛用于医药、食品、化肥、涂料等工业中消泡

【生产厂】[冀]石家庄市金鹏化工助剂有限公司〈P1630〉；[吉]辽源富洋化工有限责任公司〈P1718〉；[黑]佳木斯市北星有机化工有限责任公司〈P1724〉；[沪]中国石油化工股份有限公司上海高桥分公司〈P1780〉；[苏]江苏得意有机硅有限公司〈P1802〉；常州化工厂〈P1847〉；[豫]开化集团开封市树脂厂(1000 吨)〈P2179〉；[粤]东莞天傲化工有限公司〈P2281〉

消泡剂 ST010；聚氧乙烯聚氧丙烯单丁基醚 P09044271

Antifoaming agent ST010

用于合成氨装置净化脱碳系统的消泡

【生产厂】[沪]上海联胜化工有限公司(100 吨)〈P1751〉

造纸用消泡剂 P09044301

Defoamer for paper making

用于造纸涂布工艺消泡和涂料生产过程中消泡

【生产厂】[冀]承德滦平精细化工厂〈P1650〉；[辽]营口市康如化工有限公司〈P1705〉；[沪]上海立奇化工助剂有限公司〈P1750〉；上海未来企业有限公司〈P1770〉；[苏]南京立派化工有限公司〈P1787〉；江苏得意有机硅有限公司〈P1802〉；江苏赛欧信越消泡剂有限公司〈P1803〉；常州市武进运波化工有限公司〈P1855〉；[浙]杭州绿色助剂研究所〈P1921〉；[闽]福建省南平威尔生化科技有限公司(1500 吨)〈P2004〉；[鲁]潍坊润丰造纸助剂有限公司〈P2104〉；诸城翔龙化学品有限公司(7000 吨)〈P2107〉；青州金昊化工有限公司〈P2091〉；寿光鑫龙化工厂(300 吨)〈P2100〉；龙口市华瑞新材料科技有限公司〈P2111〉；枣庄市德宏化工有限公司〈P2080〉；[豫]郑州中吉精细化工有限公司〈P2175〉；[鄂]湖北枣阳四海化工有限公司〈P2237〉

防灰雾剂 P09044400

Ash-proofing fog

【生产厂】[苏]江都市华兴医药化工制品有限公司〈P1814〉

松香胺聚氧乙烯醚 P09044601

Rosin amine polyoxyethylene ether

主要用于杀虫剂、除藻剂、润滑剂、浮选剂、光学拆分剂、木材防腐剂，也用于制油溶性和醇溶性染料

【生产厂】[京]北京化友工贸有限公司〈P1550〉；[苏]江阴市华元化工有限公司〈P1869〉

聚丙烯酰胺干粉(非离子型)；非离子聚丙烯酰胺 P09044701

Polyacrylamide dry powder, *non*-ionic

适用于中性介质的高效絮凝剂

【生产厂】[京]北京希涛技术开发有限公司〈P1563〉；[冀]秦皇岛市金佳絮凝剂有限公司〈P1637〉；[辽]盘锦兴建助剂有限公司〈P1707〉；[苏]宜兴市泉龙化工有限公司〈P1886〉；凯米沃特(宜兴)净化剂有限公司〈P1872〉；江苏省江都市科苑化工有限公司〈P1816〉；[皖]安徽巨成精细

P

化工有限公司〈P1977〉;[鲁]淄博中森化工有限公司〈P2077〉;淄博宏盛集团化工厂〈P2061〉;淄博天海化工有限公司〈P2073〉;东营光正化工有限责任公司〈P2142〉;胜利油田环通化工合成材料厂(2000吨)〈P2087〉;青岛三力化工技术有限公司〈P2041〉

乳化剂 MOA-3/MOA-4 P09044801
Emulsifier MOA-3/MOA-4
用于W/O型乳化剂,作为高级发泡剂,或与其他碱性物质配合用作洗涤剂
【生产厂】[辽]辽宁奥克化学集团有限公司〈P1709〉

聚氧乙烯辛烷基苯酚醚;乳化剂 TX-2-TX-8 P09044901
Polyoxyethylene octyl phenol ether [26636-32-8]
用作工业乳化剂和洗涤剂
【生产厂】[冀]河北省邢台科王助剂有限公司〈P1642〉

脂肪醇聚氧乙烯醚硫酸铵;AESA P09045211
Fatty alcohol polyoxyethylene ether, ammonium sulfate; AESA
广泛用于各种液体洗涤剂、洗发香波、餐具洗涤剂和工业洗涤剂
【生产厂】[津]天津先光化工有限公司(400吨)〈P1616〉;[苏]海安县国力化工有限公司〈P1829〉;[浙]中轻物产化工有限公司〈P1928〉;[鲁]德州埃法化学有限公司〈P2141〉;淄博俱进化工有限公司〈P2063〉;[川]四川花语精细化工有限公司〈P2321〉

烷醇酰胺;尼诺尔;烷基醇酰胺 P09045501
Alkylolamide; Ninol
是最重要的一类非离子表面活性剂,在重垢洗涤剂、餐具洗涤剂中用作稳泡剂和增泡剂,能提高去污能力
【生产厂】[冀]辛集市华鹿福利皮毛助剂厂〈P1634〉;邢台盛达助剂有限责任公司〈P1643〉

净洗剂 209 P09045701
Detergent 209
广泛用于印染工程,是良好的除垢剂及浸润剂,特别用于动物纤维的酸染色及洗涤
【生产厂】[苏]江都市海龙化工助剂有限公司〈P1814〉;[浙]杭州九鼎化工有限公司〈P1919〉;绍兴县海天助剂制造有限公司〈P1949〉;[鲁]济南巨业精细化工有限公司〈P2023〉

乳化剂 C-125;平平加 C-125 P09046001
Emulsifier C-125
用作原油脱水的破乳剂
【生产厂】[津]天津达一化工技术有限公司(1000吨)〈P1571〉;[冀]邢台市蓝天精细化工有限公司〈P1643〉

辛基酚聚氧乙烯醚 P09046401
Polyoxyethylene octylphenol ether
用作乳化剂
【生产厂】[冀]保定天祥化工有限公司〈P1646〉

乳化剂 OP-15;烷基酚聚氧乙烯(15)醚;TX-15 P09046501
Emulsifier OP-15
用作高温分散乳化剂,石蜡及动植物油类的乳化剂,一般工业中的洗涤剂
【生产厂】[津]天津市兴玉工贸有限公司〈P1609〉;[冀]邢台市蓝天精细化工有限公司〈P1643〉;[沪]上海天坛助剂有限公司〈P1767〉;[鲁]滨州市胜达化工厂〈P2154〉

乳化剂 OP-20;辛基酚聚氧乙烯(20)醚;TX-20 P09046521
Emulsifier OP-20
用作高温乳化剂和高浓度电解质润湿剂,合成橡胶乳液的稳定剂
【生产厂】[冀]邢台市蓝天精细化工有限公司〈P1643〉;[鲁]滨州市胜达化工厂〈P2154〉

乳化剂 OP-21;辛基酚聚氧乙烯(21)醚;NP-21 P09046541
Emulsifier OP-21
用于电镀工业,作为光亮剂载体,还可用于农药乳化剂
【生产厂】[冀]邢台市蓝天精细化工有限公司〈P1643〉;[沪]上海天坛助剂有限公司〈P1767〉

壬基酚聚氧乙烯醚;乳化剂 NP P09046600
Polyoxyethylene nonyl phenyl ether; Emulsifier NP
是性能良好的非离子表面活性剂,主要用于各种清洗剂,纺织工业助剂,润滑油、树脂的乳化剂等
【生产厂】[京]北京金源恒泰精细化工有限公司〈P1552〉;[冀]石家庄市海森化工有限公司〈P1629〉;邢台盛达助剂有限责任公司〈P1643〉;河北省邢台科王助剂有限公司〈P1642〉;邢台市合成化学厂〈P1643〉;沧州鸿源农化有限公司〈P1651〉;[辽]辽宁科隆化工实业有限公司〈P1709〉;辽阳奥克聚醚有限公司〈P1709〉;辽阳奥克纳米材料有限公司〈P1709〉;中国石油抚顺石油化工公司合成洗涤剂厂〈P1699〉;[吉]吉林众鑫化工有限公司〈P1716〉;[黑]佳木斯市北星有机化工有限责任公司〈P1724〉;[沪]上海多纶化工有限公司(800吨)〈P1732〉;上海忠诚精细化工有限公司〈P1779〉;[苏]南京太化化工有限公司〈P1790〉;江苏凌飞化工有限公司〈P1865〉;宜兴市芳霞化工有限公司〈P1884〉;江阴市华元化工有限公司〈P1869〉;[浙]杭州萧山三江精细化工有限公司〈P1924〉;浙江皇马化工集团有限公司〈P1950〉;[鲁]淄博海杰化工有限公司〈P2060〉;青州贝特化工有限公司〈P2090〉;[粤]茂名市金昌发展公司星海化工厂〈P2293〉

P

壬基酚聚氧乙烯醚(N=10);乳化剂 NP-10 P09046601
Polyoxyethylene (10) nonyl phenyl ether
广泛用于日用化工、纺织印染、农药等行业
【生产厂】[冀]石家庄市海森化工有限公司〈P1629〉;邢台市助剂厂〈P1644〉;[辽]辽宁奥克化学集团有限公司(510吨)〈P1709〉;[吉]辽源富洋化工有限责任公司〈P1718〉;[苏]江苏冠洋精细化工有限公司〈P1865〉

壬基酚聚氧乙烯醚(N=40);乳化剂 NP-40 P09046611
Polyoxyethylene (40) nonyl phenyl ether
用于纺织用助剂、印染行业匀染剂、皮革整理剂等
【生产厂】[沪]上海忠诚精细化工有限公司〈P1779〉

壬基酚;壬基苯酚 P09046650
Nonylphenol [25154-52-3]
用于制备合成洗涤剂、增湿剂、润滑剂、增塑剂等
【生产厂】[京]中国蓝星(集团)总公司〈P1568〉;[辽]辽阳东宝力化学建材有限公司〈P1709〉;[黑]黑龙江石油化工厂(1 万吨)〈P1723〉;[苏]江苏凌飞化工有限公司〈P1865〉
【使用厂】[津]天津市天宝实业发展中心〈P1603〉;[冀]邢台市瑞丰助剂有限公司〈P1644〉;[辽]辽宁奥克化学集团有限公司〈P1709〉;抚顺佳化聚氨酯有限公司〈P1698〉;[沪]上海多纶化工有限公司〈P1732〉;[浙]浙江皇马化工集团有限公司〈P1950〉;[闽]福建南平瀚森化工有限公司〈P2003〉;[鲁]山东临邑县宏达化工有限公司〈P2144〉

苯乙烯基苯酚聚氧乙烯醚 P09046701
Polyoxyethylene styrylphenyl ether
【生产厂】[辽]辽阳奥克聚醚有限公司〈P1709〉

十八烷基三甲基氯化铵;1831 P09046801
Octadecyltrimethylammonium chloride; Emulsifier 1831 [112-03-8]
用作织物柔软剂,使纤维膨松、手感柔软,用于沥青的乳化及护发素的原料
【生产厂】[津]天津市奔澎表面化学助剂厂(300 吨)〈P1581〉;[沪]上海升纬化工原料有限公司〈P1762〉;上海桑迪精细化工研究所〈P1760〉;[苏]江阴市尼美达助剂有限公司〈P1870〉;江苏飞翔化工(张家港)有限公司(3000 吨)〈P1893〉;如皋市万利化工有限责任公司〈P1838〉;[浙]浙江丰虹粘土化工有限公司〈P1946〉;[闽]厦门市先端科技有限公司〈P1993〉;[鲁]山东长链化学有限公司(500 吨)〈P2155〉;山东富斯特化工有限公司〈P2155〉;[川]四川省雅化实业有限责任公司〈P2336〉

十六烷基三甲基氯化铵;1631;1631(Cl);CTAC P09046811
Hexadecyl trimethyl ammonium chloride [112-02-7]
用于香波、护发类产品,建筑涂料,织物柔软剂等
【生产厂】[沪]上海经纬化工有限公司(1000 吨)〈P1745〉;上海升纬化工原料有限公司〈P1762〉;[苏]如皋市万利化工有限责任公司〈P1838〉;[闽]厦门市先端科技有限公司〈P1993〉;[鲁]山东长链化学有限公司(500 吨)〈P2155〉;山东富斯特化工有限公司〈P2155〉;[川]四川省雅化实业有限责任公司〈P2336〉;四川泸天化股份有限公司〈P2323〉

甲基丙烯酰氧乙基三甲基氯化铵 P09046821
Methacryloxyethyltrimethyl ammonium chloride [5039-78-1]
广泛用于生产絮凝剂、抗静电涂料、造纸助剂、油田化学品、纤维助剂等精细化工产品
【生产厂】[沪]上海恒谊化工有限公司〈P1736〉;[浙]杭州市银湖化工有限公司〈P1922〉;[鲁]潍坊春晨石油化工有限公司(200 吨)〈P2101〉;烟台开发区星火化工有限公司(2000 吨)〈P2117〉;烟台开发区三贡化工有限公司〈P2117〉;[鄂]黄石龙骏化工科技有限公司〈P2236〉

丙烯酰氧乙基三甲基氯化铵 P09046831
Acryloxyethyltrimethyl ammonium chloride [44992-01-0]
主要用于制备污泥脱水絮凝剂、造纸业用絮凝剂或分散剂、纤维着色剂、颜料分散剂及导电涂料等
【生产厂】[沪]上海恒谊化工有限公司〈P1736〉;[鲁]烟台开发区星火化工有限公司(3000 吨)〈P2117〉;烟台开发区三贡化工有限公司〈P2117〉

十八烷基三甲基溴化铵 P09046851
Octedecyl trimethyl ammonium bromide [1120-02-1]
用作表面活性剂
【生产厂】[苏]江苏飞翔化工(张家港)有限公司〈P1893〉;如皋市万利化工有限责任公司〈P1838〉;[闽]厦门市先端科技有限公司〈P1993〉

乳化剂 PES P09047001
Emulsifier PES
【生产厂】[浙]杭州萧山三江精细化工有限公司〈P1924〉

无磷缩呢剂 P09047201
Fulling agent, non-phosphorus
用于缩呢,一般用于羊毛、羊绒的清洗
【生产厂】[沪]上海天坛助剂有限公司〈P1767〉

二合一净洗剂 P09047301
Detergent, two-*in*-one
用于金属除锈,去氧化皮
【生产厂】[鲁]章丘市三行化工有限公司(2000 吨)〈P2031〉

斯盘系列;司本系列;山梨糖醇酐脂肪酸酯 P09047400
Span series
用于医药、化妆品、纺织业等作水/油型乳化剂、湿润剂、润滑剂等
【生产厂】[津]天津市宝坻区港飞助剂有限公司〈P1579〉;[冀]邢台盛达助剂有限责任公司〈P1643〉;邢台蓝星助剂厂〈P1643〉;邢台市助剂厂〈P1644〉;[辽]辽阳东宝力化学建材有限公司〈P1709〉;辽宁奥克化学集团有限公司〈P1709〉;[沪]上海安益化工有限公司(200 吨)〈P1727〉;[苏]江苏凌飞化工有限公司〈P1865〉;[浙]杭州萧山三江精细化工有限公司〈P1924〉;浙江皇马化工集团有限公司〈P1950〉;[鲁]淄博海杰化工有限公司〈P2060〉;淄博巨丰乳化剂厂〈P2063〉;[鄂]武汉市嘉恒化工有限公司〈P2233〉;[粤]广州汇科精细化工有限公司〈P2261〉;广东西陇化工有限公司〈P2276〉;茂名市金昌发展公司星海化工厂〈P2293〉

斯盘 85;山梨糖醇酐三油酸酯;司本 85;乳化剂 S-85 P09047401
Span 85; Emulsifier *S*-85; Sorbitan trioleate [26266-58-0]
用作乳化剂、润滑剂、润湿剂、分散剂、增稠剂等
【生产厂】[浙]龙游县化工试剂厂〈P1957〉

斯盘 20;山梨糖醇酐单月桂酸酯;司本 20;乳化剂 S-20 P09047421
Span 20; Emulsifier *S*-20; Sorbitan monolaurate [1338-39-2]
用作乳化剂、润滑剂、润湿剂、分散剂、增稠剂等
【生产厂】[沪]上海天坛助剂有限公司〈P1767〉;[鲁]淄博市淄川创业油脂化工厂〈P2072〉;[鄂]武汉市嘉恒化工有限公司〈P2233〉;[粤]广州汇科精细化工有限公司〈P2261〉

斯盘 40；山梨糖醇酐单棕榈酸酯；司本 40；乳化剂 S-40 P09047431
Span 40；Emulsifier S-40；Sorbitan monopalmitate
[26266-57-9]
用作乳化剂、润滑剂、润湿剂、分散剂、增稠剂等
【生产厂】[沪]上海天坛助剂有限公司〈P1767〉；[鲁]淄博市淄川创业油脂化工厂〈P2072〉；[粤]广州汇科精细化工有限公司〈P2261〉

吐温系列；聚氧乙烯山梨糖醇酐醚脂肪酸酯 P09047500
Tween series
用作洗衣粉原料、油剂乳化剂、清洁剂等
【生产厂】[津]天津市宝坻区港飞助剂有限公司〈P1579〉；[冀]石家庄市金鹏化工助剂有限公司〈P1630〉；邢台盛达助剂有限责任公司〈P1643〉；邢台市助剂厂〈P1644〉；沧州鸿源农化有限公司〈P1651〉；[辽]辽宁奥克化学集团有限公司〈P1709〉；[黑]佳木斯市北星有机化工有限责任公司〈P1724〉；[苏]江苏凌飞化工有限公司〈P1865〉；江阴市华元化工有限公司(1000 吨)〈P1869〉；江苏省海安石油化工厂〈P1831〉；海安县苏北化工有限公司〈P1829〉；[浙]杭州萧山三江精细化工有限公司〈P1924〉；浙江皇马化工集团有限公司〈P1950〉；[鲁]淄博海杰化工有限公司〈P2060〉；淄博巨丰乳化剂厂〈P2063〉；[鄂]武汉市嘉恒化工有限公司〈P2233〉；[粤]广州汇科精细化工有限公司〈P2261〉；广东西陇化工有限公司〈P2276〉；茂名市金昌发展公司星海化工厂〈P2293〉；[桂]南宁市化工研究设计院〈P2297〉

吐温 20；聚氧乙烯山梨糖醇酐单月桂酸酯；乳化剂 T-20 P09047501
Tween 20；Emulsifier T-20；Polyoxyethylene sorbitan monolaurate [9005-64-5]
可用作增溶剂、扩散剂、稳定剂、抗静电剂、润滑剂等
【生产厂】[辽]辽宁科隆化工实业有限公司〈P1709〉；[鲁]淄博市淄川创业油脂化工厂〈P2072〉；[鄂]武汉市嘉恒化工有限公司〈P2233〉；[粤]广州汇科精细化工有限公司〈P2261〉

吐温 40；聚氧乙烯山梨糖醇酐单棕榈酸酯；乳化剂 T-40 P09047511
Tween 40；Emulsifier T-40；Polyoxyethylene sorbitan monopalmitate [9005-66-7]
用作稳定剂、润湿剂、扩散剂、抗静电剂等
【生产厂】[鲁]淄博市淄川创业油脂化工厂〈P2072〉；[粤]广州汇科精细化工有限公司〈P2261〉

吐温 85；聚氧乙烯山梨糖醇酐三油酸酯；乳化剂 T-85 P09047531
Tween 85；Emulsifier T-85；Polyoxyethylene(20) sorbitan trioleate [9005-70-3]
用作乳化剂、稳定剂、润湿剂、扩散剂、渗透剂等
【生产厂】[沪]上海天坛助剂有限公司〈P1767〉

乳化剂 MOA-3 P09047801
Emulsifier MOA-3
是制备 W/O 型乳液优良的乳化剂，也是合成纤维油剂的主要成分，在其他工业中作增溶剂及消泡剂
【生产厂】[津]天津市宝坻区港飞助剂有限公司〈P1579〉；[冀]邢台市合成化学厂〈P1643〉；邢台市蓝天精细化工有限公司〈P1643〉；邢台市助剂厂〈P1644〉；[苏]江苏冠洋精细化工有限公司〈P1865〉；[鲁]潍坊中业化学有限公司〈P2107〉

乳化剂 LAE-9；月桂酸聚氧乙烯(9)酯；合成油剂 LAE-9 P09047901
Emulsifier LAE-9
主要用于丙纶丝束线作纺丝、拉丝、卷丝油剂，一般工业中用作乳化剂、净洗剂
【生产厂】[冀]邢台市合成化学厂〈P1643〉；邢台市蓝天精细化工有限公司〈P1643〉；[沪]中国石油化工股份有限公司上海高桥分公司〈P1780〉；上海锦辉润滑油厂〈P1745〉；[苏]江苏省海安石油化工厂〈P1831〉；[浙]杭州萧山三江精细化工有限公司〈P1924〉

脂肪酸聚氧乙烯酯 P09047951
Polyoxyethylene fatty acid
可用作增稠剂、润滑剂、增溶剂、消光剂、珠光剂、农药杀虫剂、除草剂的乳化剂等
【生产厂】[津]天津市浩元精细化工有限公司(500 吨)〈P1588〉；[冀]石家庄市金鹏化工助剂有限公司〈P1630〉；邢台盛达助剂有限责任公司〈P1643〉；沧州鸿源农化有限公司〈P1651〉；[辽]辽宁奥克化学集团有限公司〈P1709〉；辽阳奥克聚醚有限公司〈P1709〉；[浙]杭州萧山三江精细化工有限公司〈P1924〉；[粤]茂名市金昌发展公司星海化工厂〈P2293〉

聚氧乙烯月桂酸酯；POEM P09047991
Polyoxyethylene laurate
主要用于 EPVC 树脂的生产及制品加工过程中，可降低 EPVC 增塑糊的黏度，易于调整 EPVC 的性能
【生产厂】[浙]浙江皇马化工集团有限公司〈P1950〉

月桂氮卓酮；阿佐恩；氮酮；1-正十二烷基氮杂环庚-2-酮 P09048001
1-*n*-Dodecylazacycloneptan-2-one；Laurocapram
[59227-89-3]
用作高效皮肤渗透促进剂，用于外用药、化妆品及作表面活性剂
【生产厂】[京]北京亚太化工科技有限公司(80 吨)〈P1564〉；[晋]芮城县顺昌化工有限公司〈P1679〉；芮城县兴庆化工厂〈P1679〉；山西晋城制药厂〈P1675〉；[苏]连云港市杰圩化工有限公司〈P1799〉；[闽]福建省莆田凯松化工厂〈P1997〉；[鲁]济南金达药化有限公司(5 吨)〈P2023〉；[豫]濮阳市冠宇化工有限公司(1000 吨)〈P2213〉；河南联科药业有限公司〈P2221〉；[鄂]湖北南星化工总厂〈P2240〉；[桂]广西皇马药业有限责任公司〈P2296〉；[川]成都科东化工有限公司〈P2312〉；中国科学院成都有机化学有限公司〈P2320〉
【使用厂】[鲁]潍坊市亚东化工有限公司〈P2105〉

硬脂酸乙二醇单酯 P09048101
Ethylene glycol monostearate [111-60-4]
在化妆品中用作乳化剂、分散剂、增溶剂，具有乳化、增溶、柔软、抗静电等性能
【生产厂】[辽]辽宁科隆化工实业有限公司〈P1709〉

硬脂酸乙二醇双酯 P09048111

Ethylene glycol distearate [627-83-8]

用于日用化学方面

【生产厂】[辽]辽宁科隆化工实业有限公司〈P1709〉;[沪]上海锦山化工有限公司〈P1745〉;[苏]宜兴市芳桥镇江南化工厂〈P1884〉

壬基酚聚氧乙烯醚磷酸酯 P09048201

Polyoxyethylene nonyl phenyl ether phosphate

用作润滑剂、抗静电剂、防锈剂、洗涤剂、乳化剂、增溶剂等

【生产厂】[冀]邢台盛达助剂有限责任公司〈P1643〉;邢台市助剂厂〈P1644〉;[苏]南京盛启化工有限公司〈P1789〉;[川]四川花语精细化工有限公司〈P2321〉

二(辛烷基苯酚聚氧乙烯醚)磷酸酯;TP-7 P09048251

Di(polyoxyethylene octylphenol ether) phosphate

为颜料、填料的优良分散剂

【生产厂】[皖]天长市广源精细化工厂〈P1982〉;天长市宏盛精细化工厂〈P1983〉

脂肪醇聚氧乙烯醚磷酸酯 P09048301

Polyoxyethylene aliphatic alcohol phosphate

用于液体洗涤剂、珍珠霜、增白霜等膏霜中作乳化剂

【生产厂】[冀]石家庄市金鹏化工助剂有限公司〈P1630〉;河北省邢台科王助剂有限公司〈P1642〉;[苏]海安县国力化工有限公司〈P1829〉;[浙]杭州萧山三江精细化工有限公司〈P1924〉

烷基酚聚氧乙烯醚磺基琥珀酸单酯二钠;NESS P09048491

Polyoxyethylene alkylphenol disodium sulfosuccinate

广泛用于涂料、皮革、造纸、油墨、纺织等行业

【生产厂】[沪]上海忠诚精细化工有限公司〈P1779〉;[苏]江阴市华元化工有限公司〈P1869〉

乳化剂 SP-80 P09048531

Emulsifier SP-80

【生产厂】[鲁]青岛三力化工技术有限公司〈P2041〉

氨基硅油乳化剂 P09048551

Amino-modified silicone oil emulsifier

用于乳化氨基硅油及其他油类

【生产厂】[京]北京科普基业精细化工科技有限公司〈P1554〉;[津]天津市雄冠科技发展有限公司(100 吨)〈P1609〉;[沪]上海忠诚精细化工有限公司〈P1779〉;上海锦山化工有限公司〈P1745〉;[苏]江苏省海安石油化工厂〈P1831〉;[浙]杭州包尔得有机硅有限公司〈P1915〉;[粤]东莞福斯特织物整理剂有限公司〈P2278〉

脂肪醇;烷基醇 P09048601

Alkyl alcohol

主要用于表面活性剂、纺织助剂、石油化工、日化等工业

【生产厂】[辽]辽阳华兴化学品有限公司〈P1710〉;[浙]上海华源制药浙江凤凰化工分公司〈P1954〉;[豫]商丘龙宇化工有限公司〈P2226〉

【使用厂】[辽]辽宁科隆化工实业有限公司〈P1709〉;辽宁奥克化学集团有限公司〈P1709〉;抚顺佳化聚氨酯有限公司〈P1698〉;[沪]上海天坛助剂有限公司〈P1767〉;上海多纶化工有限公司〈P1732〉;[苏]江苏飞翔化工(张家港)有限公司〈P1893〉;[鲁]淄博森杰化工助剂有限公司〈P2067〉;新时代(济南)民爆科技产业有限公司〈P2030〉;荣成市日跃化工有限公司〈P2122〉;[豫]巩义市桥上化工厂〈P2163〉;[粤]佛山市植宝化工有限公司〈P2289〉

聚乙二醇 264 油酸酯;PEG264 油酸酯 P09048901

Polyethylene glycol monooleate 264

属低泡沫非离子型表面活性剂,常用于合成纤维油剂中作纺织工业的柔软剂、抗静电剂

【生产厂】[沪]上海锦山化工有限公司〈P1745〉;[浙]浙江皇马化工集团有限公司〈P1950〉

油酸聚乙二醇单酯;油酸 PEG 单酯 P09048931

Polyethylene glycol monooleate

在金属工业中用作油脂脱蜡和冷却润滑添加剂,纺织工业中用作柔软剂、抗静电剂

【生产厂】[苏]海安县苏北化工有限公司〈P1829〉;[浙]浙江皇马化工集团有限公司〈P1950〉

油酸聚乙二醇双酯;油酸 PEG 双酯 P09048941

Polyethylene glycol dioleate

用于制造合成纤维油剂

【生产厂】[浙]浙江皇马化工集团有限公司〈P1950〉

烷基糖苷;烷基多糖苷 P09049001

Alkyl polyglucoside

是一种非离子表面活性剂,主要用于各种化妆品、工业清洗剂、蔬菜水果清洗剂、餐具洗涤剂、儿童洗衣剂等

【生产厂】[苏]南京卡尼尔科技有限责任公司〈P1786〉;南京盛启化工有限公司〈P1789〉;如皋市万利化工有限责任公司〈P1838〉;[浙]浙江世佳科技有限公司〈P1947〉;[豫]巩义市桥上化工厂(1000 吨)〈P2163〉

乳化剂 X-100 P09049101

Emulsifier X-100

广泛用作工业洗涤剂、乳化剂和润湿剂及农药乳化剂单体

【生产厂】[冀]邢台市蓝天精细化工有限公司〈P1643〉

异辛醇醚磷酸酯 P09049201

Isooctyl alcohol ether phosphate

【生产厂】[粤]汕头市盛腾助剂有限公司〈P2277〉

异辛醇磷酸双酯 P09049291

Di(isooctyl alcohol) phosphate ester

用于制造渗透剂、润湿剂等

【生产厂】[浙]浙江皇马化工集团有限公司〈P1950〉

异构十三醇聚氧乙烯醚 P09049301

Iso-tridecanol polyoxyethylene ether

用于家用和工业洗涤领域,对皮革具有明显的脱脂作用,特别适用于作乳化剂

【生产厂】[沪]上海锦山化工有限公司〈P1745〉;[浙]浙江皇马化工集团有限公司〈P1950〉

异辛醇聚氧乙烯醚 P09049351
Isooctyl alcohol polyoxyethylene ether
【生产厂】[浙]浙江皇马化工集团有限公司〈P1950〉

脂肪醇聚氧乙烯聚氧丙烯醚 P09049401
Polyoxypropylene polyoxyethylene aliphatic alcohol ether
用于纺织印染工业及金属表面处理剂工业,也可用于纺织工业中的润滑剂,金属后加工处理的平滑剂
【生产厂】[苏]江苏省海安石油化工厂〈P1831〉;[浙]浙江皇马化工集团有限公司〈P1950〉

丁醇聚氧乙烯聚氧丙烯醚;丁醇聚醚 P09049451
Polyoxypropylene polyoxyethylene butanol ether
用于化纤油剂及油田化学品金属表面清洗剂
【生产厂】[浙]浙江皇马化工集团有限公司〈P1950〉

烯丙醇聚氧乙烯醚 P09049901
Allyl alcohol polyoxyethylene ether
【生产厂】[沪]上海台界化工有限公司〈P1766〉

十二烷基二甲基甜菜碱;两性表面活性剂 BS-12 P09050201
Amphiprotic surfactant BS-12
具有洗涤柔软、抗静电、分散、抗菌消毒性能,可配制香波、儿童清洁剂等
【生产厂】[津]天津市宝坻区港飞助剂有限公司〈P1579〉;天津市浩元精细化工有限公司(1000 吨)〈P1588〉;[冀]河北省邢台科王助剂有限公司〈P1642〉;[沪]上海升纬化工原料有限公司〈P1762〉;[鲁]山东长链化学有限公司(600 吨)〈P2155〉;[粤]深圳市鹏基生物有限公司〈P2272〉;[川]四川省雅化实业有限责任公司〈P2336〉

十二烷基二甲基叔胺;月桂基二甲基叔胺;十二叔胺 P09050202
N,*N*-Dimethyldodecylamine [112-18-5]
用于制备纤维洗涤剂、织物柔软剂、沥青乳化剂、染料油添加剂、金属防锈剂、抗静电剂等
【生产厂】[津]天津天女化工集团股份有限公司(4000 吨)〈P1615〉;[沪]上海经纬化工有限公司〈P1745〉;[苏]江苏飞翔化工(张家港)有限公司〈P1893〉;[浙]杭州中香化学有限公司〈P1925〉;[鲁]淄博森杰化工助剂有限公司(1000 吨)〈P2067〉;博兴华润油脂化学有限公司(8000 吨)〈P2154〉;山东长链化学有限公司(1200 吨)〈P2155〉;山东富斯特化工有限公司〈P2155〉;[川]四川泸天化股份有限公司〈P2323〉
【使用厂】[津]天津市奔澎表面化学助剂厂〈P1581〉;[鲁]淄博市博山东方化工厂〈P2067〉;淄博科宇化工有限公司〈P2064〉;淄博桓台祥龙化工有限公司〈P2062〉

十二烷基氧化叔胺;OA-12 P09050204
Dodecyl tertiary amine oxide
用于洗涤剂、化妆品、纺织助剂,起乳化、分散、增稠、抗静电作用
【生产厂】[津]天津市兴光助剂厂(100 吨)〈P1609〉;[浙]浙江皇马化工集团有限公司〈P1950〉;[鲁]山东长链化学有限公司(700 吨)〈P2155〉;山东富斯特化工有限公司〈P2155〉

十六烷基二甲基叔胺 P09050208
Hexadecyl dimethyl amine [112-69-6]
用于制备季铵盐、甜菜碱、氧化叔胺等
【生产厂】[沪]上海经纬化工有限公司〈P1745〉;[苏]江苏飞翔化工(张家港)有限公司〈P1893〉;[鲁]博兴华润油脂化学有限公司(5000 吨)〈P2154〉;山东富斯特化工有限公司〈P2155〉;[川]四川泸天化股份有限公司〈P2323〉

十四烷基二甲基叔胺;十四叔胺 P09050210
Dimethyl tetradecyl amine [112-75-4]
主要用于防腐剂、燃料添加剂、杀菌剂、稀有金属的萃取剂、颜料分散剂、矿物浮选剂、化妆品原料等
【生产厂】[苏]江苏飞翔化工(张家港)有限公司〈P1893〉;[鲁]淄博森杰化工助剂有限公司(1000 吨)〈P2067〉;博兴华润油脂化学有限公司(4000 吨)〈P2154〉

烷基酰胺丙基甜菜碱;BS-12K P09050211
Alkyl amide propyl betaine
用于配制香波、洗涤剂、洗面奶、婴儿洗涤用品
【生产厂】[粤]广东省石油化工研究院(100 吨)〈P2259〉

十二/十四烷基二甲基胺;十二/十四叔胺;C12/C14 烷基二甲基胺 P09050221
Dodecyl/tetradecyl dimethyl amine
用于阳离子和两性表面活性剂的制造,最终产品可作为清洁剂、泡沫稳定剂、消毒防腐剂、杀菌剂、抗静电剂等
【生产厂】[津]天津天女化工集团股份有限公司(200 吨)〈P1615〉;[沪]上海经纬化工有限公司(2000 吨)〈P1745〉;[鲁]山东富斯特化工有限公司〈P2155〉;[川]四川泸天化股份有限公司〈P2323〉

双十叔胺;双碳十叔胺 P09050241
Didecade tertiary amine
主要用于制造阳离子表面活性剂、双碳十烷基氯化铵,广泛用于石油开采、精制大型化工设备的水质稳定剂
【生产厂】[津]天津天女化工集团股份有限公司(200 吨)〈P1615〉

脂肪烷基二甲基叔胺 P09050271
Fattyalkyl dimethyl amine
用于防腐剂、燃料添加剂、杀菌剂、稀有金属的萃取剂、颜料分散剂、矿物浮选剂、化妆品原料的中间体等
【生产厂】[沪]上海经纬化工有限公司〈P1745〉;[苏]江苏飞翔化工(张家港)有限公司(1 万吨)〈P1893〉;[鲁]淄博森杰化工助剂有限公司〈P2067〉;山东富斯特化工有限公司〈P2155〉

双八/十烷基二甲基氯化铵;D0810(Cl) P09050281
Dioctyl/decyl dimethyl ammonium chloride
在乳化、均染、杀菌消毒、洗涤等方面有着特殊效果
【生产厂】[苏]江苏飞翔化工(张家港)有限公司〈P1893〉;[鄂]武汉新大地化工有限公司〈P2234〉

双八/十烷基二甲基溴化铵；D0810(Br)　P09050285
Dioctyl/decyl dimethyl ammonium bromide
【生产厂】[苏]江苏飞翔化工(张家港)有限公司〈P1893〉

双十烷基二甲基氯化铵　P09050289
Didecyl dimethyl ammonium chloride [7173-51-5]
【生产厂】[苏]如皋市万利化工有限责任公司〈P1838〉；[闽]厦门市先端科技有限公司〈P1993〉

十六/十八烷基二甲基叔胺　P09050295
Hexadecyl/octadeyl dimethyl amine
用于制备季铵盐、甜菜碱、氧化叔胺等
【生产厂】[沪]上海经纬化工有限公司(2000吨)〈P1745〉；[苏]江苏飞翔化工(张家港)有限公司〈P1893〉；[鲁]博兴华润油脂化学有限公司〈P2154〉；山东富斯特化工有限公司〈P2155〉；[川]四川泸天化股份有限公司〈P2323〉

牛油基二甲基叔胺　P09050301
Tallow dimethyl amine
主要用于防腐剂、燃料添加剂、杀菌剂、稀有金属的萃取剂、颜料分散剂、矿物浮选剂、化妆品原料等
【生产厂】[鲁]博兴华润油脂化学有限公司(3000吨)〈P2154〉

氢化牛油基二甲基叔胺　P09050351
Hydrogenated tallow dimethyl amine
【生产厂】[鲁]博兴华润油脂化学有限公司(5000吨)〈P2154〉

双辛癸烷基甲基叔胺　P09050401
Di(octyl-decyl) methyl amine
用作各种表面活性剂的中间体、润滑油的黏度改进剂、金属阻蚀剂、杀菌剂和环氧树脂固化剂等
【生产厂】[川]四川泸天化股份有限公司〈P2323〉

椰油基二甲基叔胺　P09050501
Coco dimethyl amine
主要用于防腐剂、燃料添加剂、杀菌剂、稀有金属的萃取剂、颜料分散剂、矿物浮选剂、化妆品原料等
【生产厂】[苏]江苏飞翔化工(张家港)有限公司〈P1893〉；[鲁]博兴华润油脂化学有限公司(5000吨)〈P2154〉

氧化胺　P09050701
Amine oxide
两性表面活性剂，广泛用作餐洗剂、香波、浴液、钙皂分散剂、膏霜乳化剂等
【生产厂】[冀]河北省晋州市鑫达化工有限公司〈P1621〉；河北省邢台科王助剂有限公司〈P1642〉；邢台市助剂厂〈P1644〉；[陕]西安凯洁精细化工制造有限公司〈P2348〉

二甲基十二烷基叔胺醋酸盐；甜菜碱 BS-12　P09050810
Dimethyl dodecyl amine acetate
用于高级洗发香波、泡沫浴液、儿童清洁用品和高级液体洗涤剂中作为增泡、增效的单体和黏度调节剂
【生产厂】[京]北京化友工贸有限公司〈P1550〉；[津]天津市北仁化工助剂有限公司〈P1580〉；天津市兴光助剂厂(100吨)〈P1609〉；[冀]邢台市助剂厂〈P1644〉；保定天祥化工有限公司〈P1646〉；[浙]杭州万景新材料有限公司〈P1923〉；[鲁]山东富斯特化工有限公司〈P2155〉；[湘]湖南丽臣奥威实业有限公司〈P2248〉；[粤]广州市天赐高新材料科技有限公司(2万吨)〈P2266〉；广东省石油化工研究院(100吨)〈P2259〉

多聚季胺盐杀菌灭藻剂　P09050951
Poly-quaternary ammonium salt germicide and algicide
用于化工、化肥、炼油、油田、冶金、发电等工业用水的杀菌灭藻，特别适用在碱性水中应用。
【生产厂】[辽]辽阳市富鑫化工有限公司〈P1710〉；[鲁]淄博科宇化工有限公司〈P2064〉；泰安市大禹化工有限责任公司(70吨)〈P2137〉

椰油酰胺丙基甜菜碱；两性表面活性剂 CAB　P09051001
Cocoanut amide propyl betaine
用于洗发香波、泡沫浴和洗面奶中的发泡、增稠、调整剂等，以及织物的柔软剂、抗静电剂
【生产厂】[津]天津先光化工有限公司(1000吨)〈P1616〉；[沪]上海奥利实业有限公司〈P1727〉；上海升纬化工原料有限公司〈P1762〉；上海花王化学有限公司〈P1737〉；上海高维化学有限公司〈P1734〉；[苏]如皋市万利化工有限责任公司〈P1838〉；[湘]湖南丽臣奥威实业有限公司〈P2248〉；[粤]深圳市鹏基生物有限公司〈P2272〉

椰油酰胺丙基羟磺甜菜碱　P09051005
Cocoanutamidepropyl hydroxysultaine
用于洗发香波、泡沫浴和洗面奶中的发泡、增稠、调理剂等，以及织物的柔软剂、抗静电剂
【生产厂】[苏]南京卡尼尔科技有限责任公司〈P1786〉；[川]四川花语精细化工有限公司〈P2321〉

月桂基羟磺甜菜碱　P09051031
Lauryl hydroxysultaine
用于洗发香波、泡沫浴和洗面奶中的发泡、增稠、调理及钙皂分散剂等
【生产厂】[苏]南京卡尼尔科技有限责任公司〈P1786〉

羟磺基甜菜碱；HSB　P09051061
Hydroxysulfobetaine；HSB
用作两性表面活性剂，特别适宜配制香波、浴液、洗面奶、婴儿洗涤剂、餐具洗涤剂和硬表面清洗剂等产品
【生产厂】[沪]上海升纬化工原料有限公司〈P1762〉；上海花王化学有限公司〈P1737〉；[苏]如皋市万利化工有限责任公司〈P1838〉

全氟辛基甜菜碱　P09051091
Perfluorooctylbetaine
用作特种表面活性剂
【生产厂】[鄂]武汉市德孚经济发展有限公司〈P2232〉；湖北恒新化工有限公司〈P2242〉

P

十二烷基二甲基氧化胺;OB-2;月桂基二甲基氧化胺 P09051101
Lauryldimethylamine oxide; Dodecyldimethylamine oxide [1643-20-5]
用作香波、液体洗涤剂和泡沫浴的泡沫促进剂、调理剂、增稠剂和抗静电剂,还是合成两性表面活性剂的原料
【生产厂】[京]北京化友工贸有限公司〈P1550〉;[津]天津市北仁化工助剂有限公司〈P1580〉;天津市浩元精细化工有限公司(1000 吨)〈P1588〉;天津先光化工有限公司(1000 吨)〈P1616〉;[沪]上海桑迪精细化工研究所〈P1760〉;[苏]如皋市万利化工有限责任公司〈P1838〉;[湘]湖南丽臣奥威实业有限公司〈P2248〉

十二烷基三甲基溴化铵;1231(Br);DTAB P09051301
Dodecyl trimethyl ammonium bromide [1119-94-4]
用作天然、合成橡胶和沥青乳化剂,蚕室蚕具消毒剂,合成纤维抗静电剂,油田注水杀菌剂
【生产厂】[苏]江苏省金坛市西南化工研究所〈P1860〉;江苏飞翔化工(张家港)有限公司〈P1893〉;如皋市万利化工有限责任公司〈P1838〉;[闽]厦门市先端科技有限公司〈P1993〉;[鲁]博兴华润油脂化学有限公司(3000 吨)〈P2154〉

三烷基氯化胺 P09051331
Trialkyl amine chloride
有良好的表面活性、稳定性和生物降解性,主要用于合成胺的生产
【生产厂】[鲁]山东淄博三福化工开发有限公司(500 吨)〈P2056〉;淄博三鹏化工有限责任公司(300 吨)〈P2066〉;[甘]兰化翔鑫工贸有限责任公司〈P2355〉

十四烷基三甲基溴化铵;TTAB P09051351
Tetradecyl trimethyl ammonium bromide [1119-97-7]
用作表面活性剂,可适用于香波、橡胶、涂料等行业
【生产厂】[苏]如皋市万利化工有限责任公司〈P1838〉;[闽]厦门市先端科技有限公司〈P1993〉

十四烷基三甲基氯化铵;TTAC P09051371
Tetradecyltrimethylammonium chloride [4574-04-3]
用作阳离子表面活性剂
【生产厂】[苏]如皋市万利化工有限责任公司〈P1838〉;[闽]厦门市先端科技有限公司〈P1993〉

十六烷基三甲基溴化铵;1631(Br);CTAB P09051391
Hexadecyl trimethyl ammonium bromide [57-09-0]
用作护发素、柔软剂、杀菌剂、乳化剂、絮凝剂等
【生产厂】[苏]江苏省金坛市西南化工研究所〈P1860〉;江苏飞翔化工(张家港)有限公司〈P1893〉;如皋市万利化工有限责任公司〈P1838〉;[闽]厦门市先端科技有限公司〈P1993〉;[鲁]青岛东海源生化科技有限公司〈P2034〉

双牛脂基二甲基氯化铵 P09051401
Ditallow dimethyl ammonium chloride
【生产厂】[川]四川泸天化股份有限公司〈P2323〉

牛脂基三甲基氯化铵 P09051421
Tallow trimethyl ammonium chloride
【生产厂】[川]四川泸天化股份有限公司〈P2323〉

月桂酰胺丙基甜菜碱;LAB P09051501
Lauroamide propyl betaine
有洗涤、调理、抗静电和杀菌作用,用于配制香波、浴剂、洗面奶、婴儿洗涤用品
【生产厂】[沪]上海奥利实业有限公司〈P1727〉;上海升纬化工原料有限公司〈P1762〉;[浙]宁波东方永宁化工科技有限公司〈P1930〉;[川]四川花语精细化工有限公司〈P2321〉

月桂酰胺丙基氧化胺;LAO P09051701
Lauroamide propyl amine oxide
可广泛与阴、阳离子、非离子表面活性剂配伍,用于制香波、浴剂、洗面奶、婴儿洗涤剂、餐具洗涤剂
【生产厂】[沪]上海奥利实业有限公司〈P1727〉;上海升纬化工原料有限公司〈P1762〉;[浙]宁波东方永宁化工科技有限公司〈P1930〉

月桂酰基牛磺酸钠 P09051710
Sodium lauroyl taurine
用于纺织助剂、化妆用品的生产
【生产厂】[沪]上海奥利实业有限公司〈P1727〉

椰油酰胺丙基氧化胺;CAO-30 P09051721
Cocamidopropylamine oxide
用于洗发香波、泡沫浴和洗面奶中的发泡、增稠、调理剂等,以及织物的柔软剂、抗静电剂
【生产厂】[沪]上海高维化学有限公司〈P1734〉;[苏]如皋市万利化工有限责任公司〈P1838〉;[粤]广东省石油化工研究院〈P2259〉

月桂酰基谷氨酸钠 P09051731
Sodium lauroylglutamate
用于洗面奶、沐浴露、香波、洗手液中的温和表面活性剂,化纤油剂、柔软剂、染色剂等
【生产厂】[沪]上海奥利实业有限公司〈P1727〉

椰油酰基甘氨酸钠 P09051781
Sodium cocoanutylglycinate
【生产厂】[沪]上海奥利实业有限公司〈P1727〉

椰油胺 P09051791
Cocoanut oil amine
用作乳化剂、抗静电剂、润湿剂、分散剂等,可用于农用化学品、杀菌剂、染料和颜料
【生产厂】[苏]江苏飞翔化工(张家港)有限公司〈P1893〉;[鲁]博兴华润油脂化学有限公司(4000 吨)〈P2154〉

表面活性剂 ABS P09051801
Surfactant ABS
用于工业、民用各种洗涤剂的配制,在印染工业中用作煮炼剂、净洗剂
【生产厂】[冀]邢台市合成化学厂〈P1643〉;邢台市助剂厂〈P1644〉

P

R-3 表面活性剂　P09051921
Surfactant R-3
用作有机溶剂和植物油、矿物油的乳化剂
【生产厂】[豫]河南省道纯化工技术有限公司(1000 吨)〈P2166〉

两性表面活性剂　P09051991
Amphiprotic surfactant
广泛用于日用化妆品生产和工业生产中
【生产厂】[沪]华界化学(上海)有限公司〈P1726〉;[粤]广州市天赐高新材料科技有限公司〈P2266〉

十二烷基三甲基氯化铵;乳化剂 1231;1231　P09052001
Dodecyltrimethylammonium chloride; Emulsifier 1231
[112-00-5]
可作催化剂、乳化剂、杀菌剂、消毒剂、抗静电剂等
【生产厂】[津]天津市奔澎表面化学助剂厂(400 吨)〈P1581〉;天津市兴光助剂厂(300 吨)〈P1609〉;[沪]上海升纬化工原料有限公司〈P1762〉;上海桑迪精细化工研究所〈P1760〉;[苏]江苏飞翔化工(张家港)有限公司〈P1893〉;如皋市万利化工有限责任公司〈P1838〉;[闽]厦门市先端科技有限公司〈P1993〉;[鲁]山东长链化学有限公司(400 吨)〈P2155〉;山东富斯特化工有限公司〈P2155〉;[豫]濮阳东方化工总厂(1000 吨)〈P2213〉;[川]四川省雅化实业有限责任公司〈P2336〉

十二烷基硫酸酯三乙醇胺盐　P09052202
Lauryl sulfate triethanolamine
用于高级香料、洗涤用品
【生产厂】[浙]中轻物产化工有限公司〈P1928〉;[湘]湖南丽臣奥威实业有限公司〈P2248〉

无磷助洗剂　P09052411
Detergency promoter, non-phosphorus
用作洗衣粉等洗涤剂的助洗剂,主要功能为吸附水中的钙、镁离子
【生产厂】[鲁]山东省泰和水处理有限公司(2000 吨)〈P2077〉

十二烷基二甲基乙基氯化铵　P09052501
Dodecyl dimethyl ethyl ammonium chloride
【生产厂】[苏]如皋市万利化工有限责任公司〈P1838〉

十四烷基二甲基乙基氯化铵　P09052601
Tetradecyl dimethyl ethyl ammonium chloride
【生产厂】[苏]如皋市万利化工有限责任公司〈P1838〉

十六烷基二甲基乙基氯化铵　P09052701
Hexadecyl dimethyl ethyl ammonium chloride
【生产厂】[苏]如皋市万利化工有限责任公司〈P1838〉

十八烷基二甲基乙基氯化铵　P09052801
Octadecyl dimethyl ethyl ammonium chloride
【生产厂】[苏]如皋市万利化工有限责任公司〈P1838〉

咪唑啉型甜菜碱　P09052901
Imidazoline betaine
用于洗面奶、香波、沐浴露等
【生产厂】[沪]上海升纬化工原料有限公司〈P1762〉;上海花王化学有限公司〈P1737〉

全氟辛基磺酰基二乙醇胺　P09053001
Perfluorooctylsulfonyl diethanolamine
用作特种表面活性剂
【生产厂】[鄂]武汉市德孚经济发展有限公司〈P2232〉

双壬烷基二甲基氯化铵　P09053101
Dinonyl dimethyl ammonium chloride
用作乳化剂、消毒剂、杀菌剂、抗静电剂等
【生产厂】[闽]厦门市先端科技有限公司〈P1993〉

双壬烷基二甲基溴化铵　P09053121
Dinonyl dimethyl ammonium bromide
用作乳化剂、消毒剂、杀菌剂、抗静电剂等
【生产厂】[闽]厦门市先端科技有限公司〈P1993〉

皮革助剂　P10010000
Leather auxiliary
用于皮革工业
【生产厂】[津]天津市雄冠科技发展有限公司(100 吨)〈P1609〉;天津南华皮革化工有限公司(1000 吨)〈P1576〉;[沪]上海皮革化工厂(1 万吨)〈P1755〉;[苏]南京添喜精细化工有限责任公司〈P1790〉;建湖县化工溶剂厂〈P1807〉;[鲁]山东联合化工股份有限公司(2500 吨)〈P2053〉;龙口市华瑞新材料科技有限公司〈P2111〉;青岛新宇田化工有限公司〈P2045〉;[粤]高明明海化学企业有限公司〈P2290〉

合成鞣剂　P10010100
Synthetic tanning agent
用于制革
【生产厂】[沪]上海皮革化工厂(1 万吨)〈P1755〉;[浙]浙江兄弟实业发展公司〈P1944〉;[川]四川川化集团成都望江化工厂(2000 吨)〈P2318〉

中和单宁　P10010801
Neutralisation tannin
用于铬鞣剂的中和
【生产厂】[苏]镇江市意德精细化工有限公司〈P1846〉

皮革柔软剂　P10011001
Softening agent for leather
用于软化皮革,防止油脂迁移
【生产厂】[津]天津市兆龙化工有限公司(200 吨)〈P1613〉;[沪]上海皮革化工厂(3000 吨)〈P1755〉;[苏]射阳永双助剂有限公司〈P1809〉;[浙]杭州绿典化工有限公司〈P1921〉;浙江建德顺发化工助剂有限公司〈P1928〉;[皖]安徽立兴化工有限公司(500 吨)〈P1985〉

皮革鞣剂　P10011201
Tanning agent for leather
用于鞣革方面
【生产厂】[鲁]沂源联宇助剂有限公司(2500 吨)〈P2056〉;[鄂]黄石龙骏化工科技有限公司〈P2236〉

皮革复鞣剂　P10011203
Leather retanning agent
用于天然皮革的复鞣处理
【生产厂】[苏]江苏钟山化工有限公司〈P1782〉;镇江市意德

P

精细化工有限公司〈P1846〉;［鄂］荆州市博尔德化学有限公司〈P2240〉;［川］什邡市亭江精细化工有限公司〈P2325〉

锆鞣剂 P10011401

Zircon tanning agent

用于白色革的复鞣

【生产厂】［粤］广东德美精细化工股份有限公司〈P2290〉;［川］什邡市亭江精细化工有限公司〈P2325〉

白色革鞣剂 P10011801

Tanning agent for white leather

用于单独白色鞣或复鞣、铬鞣革的漂白

【生产厂】［川］四川川化集团成都望江化工厂(2000 吨)〈P2318〉

皮革加脂剂 P10020100

Greasing agent for leather

适用于柔制后的牛、羊、猪皮的加脂,服装革、手套革、鞋面革等轻革及各种毛皮的加脂

【生产厂】［津］天津市兆龙化工有限公司(180 吨)〈P1613〉;［冀］辛集市华鹿福利皮毛助剂厂〈P1634〉;［沪］上海皮革化工厂(1 万吨)〈P1755〉;［苏］镇江市意德精细化工有限公司〈P1846〉;江阴市河塘第五化工厂(1200 吨)〈P1869〉;扬州德克化学有限公司〈P1817〉;［浙］浙江兄弟实业发展公司〈P1944〉;［鲁］沂源联宇助剂有限公司(1500 吨)〈P2056〉;青州市福利皮革化工厂(9000 吨)〈P2091〉;［鄂］荆州市博尔德化学有限公司〈P2240〉;［湘］衡阳市化工原料公司〈P2252〉;［川］四川川化集团成都望江化工厂(100 吨)〈P2318〉;什邡市亭江精细化工有限公司〈P2325〉

两性皮革加脂剂 P10020103

Amphiprotic greasing agent for leather

用于猪、牛、羊皮服装革、鞋面和各种轻革的加脂

【生产厂】［冀］辛集市华鹿福利皮毛助剂厂〈P1634〉

耐酸多功能加脂剂 P10020201

Acid-resistant greasing agent, multi-functional

用于皮革工业

【生产厂】［津］天津市兆龙化工有限公司(200 吨)〈P1613〉

皮革填充剂 P10020301

Filler for leather

用于皮革工业

【生产厂】［川］广汉恒亚化工助剂有限公司〈P2324〉

合成加脂剂 P10020801

Synthetic greasing agent

用于皮革工业

【生产厂】［津］天津南华皮革化工有限公司〈P1576〉;［苏］镇江市意德精细化工有限公司〈P1846〉;［浙］海宁中乾皮革化工有限公司〈P1940〉

复合型加脂剂 P10021610

Complex type greasing agent

用于猪皮、牛皮、羊皮的制革加脂

【生产厂】［冀］辛集市华鹿福利皮毛助剂厂〈P1634〉;［浙］浙江兄弟实业发展公司〈P1944〉

丙烯酸树脂皮革涂饰剂;丙烯酸树脂涂饰剂 P10021901

Acrylic resin leather coating agent

用于皮革表面的涂饰

【生产厂】［苏］扬州德克化学有限公司〈P1817〉;［鲁］淄博兴鲁化工厂〈P2074〉;济宁市化工研究所(2000 吨)〈P2128〉;［豫］开化集团开封市树脂厂(400 吨)〈P2179〉;［湘］衡阳市化工原料公司〈P2252〉;［川］四川川化集团成都望江化工厂(200 吨)〈P2318〉

聚氨酯皮革涂饰剂 P10022201

Polyurethane leather coating agent

用作皮革助剂

【生产厂】［津］天津市塑料集团有限公司聚氨酯制品分公司(100 吨)〈P1602〉;［黑］齐齐哈尔前进化工有限责任公司〈P1722〉;［沪］上海汇宇精细化工有限公司(600 吨)〈P1741〉;［苏］苏州金龙精细化工有限公司〈P1901〉;扬州德克化学有限公司〈P1817〉;［浙］嘉兴精化化工有限公司(500 吨)〈P1941〉;［鄂］荆州市博尔德化学有限公司〈P2240〉;［湘］衡阳市化工原料公司〈P2252〉;［川］中昊晨光化工研究院〈P2321〉

聚氨酯水性涂饰剂 P10022251

Polyurethane coating agent, water-based

【生产厂】［黑］齐齐哈尔前进化工有限责任公司〈P1722〉;［浙］嘉兴精化化工有限公司〈P1941〉;温州市寰宇高分子材料有限公司〈P1938〉;瑞安市双环工业公司〈P1937〉;［鲁］济宁市化工研究所(1000 吨)〈P2128〉;［川］广汉恒亚化工助剂有限公司〈P2324〉

硫酸化蓖麻油 P10022501

Castor oil, sulfonic [8002-33-3]

主要用于铬鞣革的加脂,能均匀渗入皮革内,使皮革丰满柔软

【生产厂】［冀］辛集市华鹿福利皮毛助剂厂〈P1634〉

皮革涂饰剂 P10022701

Leather coating agent

主要用于各种皮革的中层、顶层涂饰的成膜剂

【生产厂】［沪］上海皮革化工厂(1 万吨)〈P1755〉;［鲁］沂源联宇助剂有限公司(800 吨)〈P2056〉;［川］什邡市亭江精细化工有限公司〈P2325〉

中和复鞣剂 P10022810

Retanning agent, neutralization

用于皮革复鞣中和

【生产厂】［川］四川川化集团成都望江化工厂(2000 吨)〈P2318〉

新型皮革鞣剂 KMC P10022901

Leather tanning agent KMC, new type

用于各类皮革的鞣制

【生产厂】［川］什邡市亭江精细化工有限公司〈P2325〉

JH 结合型加脂剂 P10023101

Greasing agent, JH clinch

主要满足软革生产中耐干洗革生产的要求

【生产厂】［川］四川川化集团成都望江化工厂(250 吨)〈P2318〉

SCF 结合型加脂剂 P10023111
Greasing agent,SCF clinch
用于皮革加脂
【生产厂】[冀]辛集市华鹿福利皮毛助剂厂〈P1634〉;[浙]海宁中乾皮革化工有限公司〈P1940〉

丙烯酸树脂鞣剂 P10023200
Acrylic acid resin tanning agent
用于加脂过程之后
【生产厂】[川]四川川化集团成都望江化工厂(2000 吨)〈P2318〉

丙烯酸树脂复鞣剂 A30 P10023205
Acrylic acid resin retanning agent A30
用于皮革加脂过程之后
【生产厂】[川]四川川化集团成都望江化工厂(2000 吨)〈P2318〉

金属铬合鞣剂;铬鞣剂 P10023400
Tanning agent,chromic
用于各种皮革和毛皮的主鞣及复鞣,尤其是中高档革的鞣制
【生产厂】[浙]浙江兄弟实业发展公司〈P1944〉;[鄂]黄石振华化工有限公司〈P2236〉;[川]四川川化集团成都望江化工厂(2000 吨)〈P2318〉;四川省安县银河建化集团有限公司(3 万吨)〈P2331〉

高吸收铬鞣剂 P10023451
Chrome tanning agents,high absorption
用于各种皮革和毛皮的主鞣,尤其是中高档革的鞣制
【生产厂】[浙]浙江兄弟实业发展公司〈P1944〉;海宁中乾皮革化工有限公司〈P1940〉

聚氨酯表面处理剂 P10023951
Polyurethane surface treating agent
通过强力渗透增强 PU 胶对 PU 材质的粘接强度
【生产厂】[冀]保定东明树脂化工有限公司〈P1645〉;[苏]张家港金冠化工有限公司(2000 吨)〈P1912〉;[浙]宁波赫革丽高分子科技有限公司〈P1930〉

软革加脂剂 P10024101
Soft leather greasing agent
用于软面革或轻革的加脂
【生产厂】[苏]镇江市意德精细化工有限公司〈P1846〉

L-3 加脂剂 P10024203
Greasing agent L-3
适用于高、中档轻革的加脂,尤其是软革类
【生产厂】[冀]辛集市华鹿福利皮毛助剂厂〈P1634〉;[粤]广东德美精细化工股份有限公司〈P2290〉;[川]什邡市亭江精细化工有限公司〈P2325〉

L-4 加脂剂 P10024231
Greasing agent L-4
用于中高档软革的加脂
【生产厂】[冀]辛集市华鹿福利皮毛助剂厂〈P1634〉

PU 金油 P10030251
Polyurethane gold oil
广泛用于聚氨酯制造业,如 PU 鞋底、PU 自结皮、海绵、PU 弹性体、PU 皮革等
【生产厂】[粤]广州许氏三彩塑胶颜料厂〈P2268〉

揩光浆;颜料膏;皮浆 P10030501
Pigment paste
用作皮革涂饰剂
【生产厂】[津]天津南华皮革化工有限公司(500 吨)〈P1576〉;[苏]扬州德克化学有限公司〈P1817〉;[鲁]山东淄川精细化工厂(2000 吨)〈P2056〉

聚氨酯光亮剂 P10030601
Polyurethane brightener
主要用于皮革和其他革制品的最后整饰
【生产厂】[粤]广州市兴胜杰有限公司〈P2267〉

皮革光亮剂 P10030800
Leather brightener
用于涂装皮革制品、皮尺等柔软物体表面,有保护防霉及装饰作用
【生产厂】[苏]江苏宝应化工助剂厂〈P1815〉;[浙]杭州绿典化工有限公司〈P1921〉;[粤]广州市氟缘硅科技有限公司〈P2263〉;广州聚成兆业有机硅原料中心〈P2262〉

皮革补伤消光剂 P10031011
Dulling agent for leather-repairing
用于皮革补伤
【生产厂】[川]广汉恒亚化工助剂有限公司〈P2324〉

皮革消光剂 P10031091
Leather delustrant
用作皮革助剂
【生产厂】[沪]上海皮革化工厂(3000 吨)〈P1755〉;[浙]德清县莫干山化工助剂厂〈P1944〉;[川]广汉恒亚化工助剂有限公司〈P2324〉

皮革上光油 P10031101
Glazing oil for leather
用于皮革的保护
【生产厂】[粤]深圳市美丽华油墨涂料有限公司〈P2271〉

增光剂 P10031201
Lustre-enhancing agent
用于各类 PVC、PU 革面的表面处理
【生产厂】[苏]丹阳市延中助剂有限公司〈P1841〉;[浙]德清县莫干山化工助剂厂〈P1944〉

合成牛蹄油 P10040101
Synthetic neat's foot oil
用于皮革工业
【生产厂】[苏]镇江市意德精细化工有限公司〈P1846〉;[鄂]武汉市天马解放化工有限公司〈P2233〉;老河口华松化工有限责任公司〈P2237〉

软皮白油;硫酸化脂肪酸酯盐;软白油 P10040201
Softening leather white oil
用作皮革柔软剂

【生产厂】[川]四川川化集团成都望江化工厂(100 吨)〈P2318〉

氯化植物油 P10040401

Chlorination vegetable oil

用于制革工业

【生产厂】[冀]辛集市华鹿福利皮毛助剂厂〈P1634〉

皮革防腐剂 P10060101

Anticorrosion agent for leather

主要用于牛、羊皮革腌制,防止霉变和腐烂

【生产厂】[鲁]高密市明星化工有限公司〈P2089〉;[青]青海省盐业股份有限公司〈P2359〉

胰酶 P10060401

Pancreatin [8049-47-6]

主要用于皮革工业、酶法脱毛,也可用于纺织印染工业

【生产厂】[苏]沛县第一化工有限公司〈P1793〉

碱性蛋白酶 P10060651

Basic protease

广泛应用于皮革脱毛、丝绸脱胶、加酶洗衣粉等方面

【生产厂】[冀]邢台市新欣翔宇生物工程有限公司〈P1644〉;[浙]升华集团控股有限公司〈P1946〉;[鄂]武汉市合中化工制造有限公司〈P2232〉;[川]眉山市川美化工有限公司〈P2332〉;四川金庄化工有限公司〈P2333〉;四川新星化工有限公司(2 万吨)〈P2334〉;四川省眉山市华威高科技生物有限公司(8100 吨)〈P2333〉

皮革脱灰剂 P10060801

Dust remover for leather

用作铬鞣剖革的未剖层公牛皮的脱灰

【生产厂】[苏]镇江市意德精细化工有限公司〈P1846〉;[鲁]沂源联宇助剂有限公司(500 吨)〈P2056〉;[川]四川川化集团成都望江化工厂(2000 吨)〈P2318〉

皮革防霉剂 1 号 P10060902

Leather antimildew agent No. 1

用于皮革防霉

【生产厂】[粤]广东省石油化工研究院(70 吨)〈P2259〉

有机硅皮革滑爽剂 P10061101

Organosilicon leather slipping agent

【生产厂】[苏]扬州德克化学有限公司〈P1817〉;江苏宝应化工助剂厂〈P1815〉;[鲁]莱州市宏科化工有限公司〈P2109〉

皮革滑爽剂 P10061251

Leather slipping agent

用于皮革处理

【生产厂】[沪]上海皮革化工厂(3000 吨)〈P1755〉;[苏]江苏得意有机硅有限公司〈P1802〉

浸灰助剂 P10061411

Liming auxiliaries

用于皮革的浸灰

【生产厂】[黑]齐齐哈尔前进化工有限责任公司〈P1722〉;[苏]镇江市意德精细化工有限公司〈P1846〉;[浙]浙江兄弟实业发展公司〈P1944〉;[鲁]沂源联宇助剂有限公司(1000 吨)〈P2056〉;[川]四川川化集团成都望江化工厂〈P2318〉

干酪素;酪素;酪蛋白 P10061501

Casein [9000-71-9]

有吸湿性,用作木材胶料、纸张涂料、糖尿病食品、生物用料、纺织品浆料等

【生产厂】[沪]上海威呈化工有限公司〈P1769〉;上海邦成化工有限公司〈P1728〉;[鲁]山东淄川精细化工厂(2000 吨)〈P2056〉

【使用厂】[鲁]山东临朐富源精细化工有限公司〈P2096〉;[粤]广州第十一橡胶厂〈P2260〉

泡孔整理剂 P10061601

Cell finishing agent

适用于人造革、地板革发泡用,能改进泡孔结构,使之泡孔细腻,提高发泡倍率

【生产厂】[浙]浙江建德顺发化工助剂有限公司〈P1928〉;[皖]巢湖香枫塑胶助剂有限公司〈P1984〉

人造革表面处理剂 P10061611

Leatheroid surface treatment agent

用于人造革

【生产厂】[闽]厦门进尚树脂有限公司(1260 吨)〈P1992〉;[鲁]青岛新宇田化工有限公司(300 吨)〈P2045〉;[粤]广东粤港大地制漆有限公司〈P2291〉

毛皮专用清洗剂 P10061701

Cleaning agent for pelage

可洗涤羊皮、狗皮、鼠皮、水貂皮等,洗涤羊皮效果最佳

【生产厂】[津]天津市德洁洗涤剂有限公司(300 吨)〈P1584〉;[蒙]赤峰市东方化工染料助剂厂〈P1682〉;[苏]徐州汉高洗涤剂有限公司〈P1794〉;[鲁]山东济宁齐天佳丽日化有限公司(700 吨)〈P2131〉

皮革防水剂 P10061801

Water-proofing agent for leather

用于绒面革、正面革的防水

【生产厂】[浙]杭州包尔得有机硅有限公司〈P1915〉

改性戊二醛 P10062001

Modified glutaraldehyde

可用于各类铬鞣革或毛皮的复鞣

【生产厂】[津]天津南华皮革化工有限公司(500 吨)〈P1576〉;[苏]镇江市意德精细化工有限公司〈P1846〉

皮革手感剂 P10062101

Leather handle agent

【生产厂】[粤]广州市氟缘硅科技有限公司〈P2263〉

皮革乳化渗透剂 P10062201

Leather emulsification penetrant

专用于聚氨酯人造革的高效乳化渗透

【生产厂】[沪]上海天坛助剂有限公司〈P1767〉;上海锦山化工有限公司〈P1745〉

皮革脱脂剂 P10062301

Degreasing agent for leather

主要用于猪、牛、羊皮脱脂

【生产厂】[津]天津南华皮革化工有限公司(500 吨)〈P1576〉;天津市大韩化工有限公司(600 吨)〈P1583〉;[辽]辽阳市虹波化工有限公司〈P1711〉;[沪]上海凯密特尔化学品有限公司〈P1747〉;上海天坛助剂有限公司〈P1767〉;[苏]苏州申茂精细化工有限公司〈P1902〉;徐州汉高洗涤剂有限公司〈P1794〉;扬州德克化学有限公司〈P1817〉;江都市华阳富山塑粉厂〈P1814〉;[浙]杭州绿典化工有限公司〈P1921〉;绍兴县海天助剂制造有限公司〈P1949〉;嘉兴市加伟化工有限公司〈P1941〉;[鲁]德州恒兴化学有限公司〈P2141〉;沂源联宇助剂有限公司(500 吨)〈P2056〉;[豫]郑州正源涂装材料有限公司(1000 吨)〈P2175〉;郑州博路化工科技有限公司(800 吨)〈P2169〉;洛阳英翔化工有限公司(200 吨)〈P2187〉;[川]四川川化集团成都望江化工厂(2000 吨)〈P2318〉

皮革渗透剂 P10062401

Penetrating agent for leather

【生产厂】[津]天津市兴玉工贸有限公司〈P1609〉;[浙]浙江建德顺发化工助剂有限公司〈P1928〉

耐光分散剂 P10062501

Light resistant dispersant

是一种优良的复鞣和阴离子加脂扩散剂,特别适用于制造白色革或浅色革

【生产厂】[苏]镇江市意德精细化工有限公司〈P1846〉

农药乳化剂 P11000301

Pesticide emulsifier

用于配制各种杀虫剂、杀菌剂、植物生长调节剂等

【生产厂】[冀]河北爱德威医药化工有限公司〈P1619〉;石家庄市金鹏化工助剂有限公司〈P1630〉;河北省邢台科王助剂有限公司(800 吨)〈P1642〉;邢台市瑞丰助剂有限公司(2000 吨)〈P1644〉;邯郸市新迪亚化工有限责任公司〈P1639〉;[辽]辽宁科隆化工实业有限公司〈P1709〉;辽阳奥克纳米材料有限公司〈P1709〉;[沪]上海万金助剂有限公司〈P1768〉;[苏]江苏钟山化工有限公司〈P1782〉;南京旭日精细化工有限公司(3000 吨)〈P1791〉;南京盛启化工有限公司〈P1789〉;南通万邦科技精细化工有限公司〈P1836〉;海安县正达化工厂〈P1829〉;海安县苏北化工有限公司〈P1829〉;[浙]杭州萧山三江精细化工有限公司〈P1924〉;[闽]福建省南平威尔生化科技有限公司(1000 吨)〈P2004〉;[鲁]山东大成农药股份有限公司〈P2051〉;淄博巨丰乳化剂厂〈P2063〉;[鄂]荆州市隆华石油化工有限公司〈P2240〉;黄石龙骏化工科技有限公司〈P2236〉

【使用厂】[豫]安阳市安林生物化工有限责任公司〈P2208〉

农药乳化剂 0201B P11000401

Pesticide emulsifier 0201B

用于配制农药除草剂

【生产厂】[冀]邢台市蓝天精细化工有限公司(2000 吨)〈P1643〉;[苏]江苏钟山化工有限公司〈P1782〉

农药乳化剂 0202 P11000501

Pesticide emulsifier 0202

用于配制农药

【生产厂】[冀]邢台市蓝天精细化工有限公司(2000 吨)〈P1643〉;[苏]江苏钟山化工有限公司〈P1782〉

农药乳化剂 0202C;农乳 0202-C P11000551

Pesticide emulsifier 0202-C

适用于农药杀虫剂的配制

【生产厂】[冀]邢台市蓝天精细化工有限公司〈P1643〉;[苏]江苏钟山化工有限公司〈P1782〉

农药乳化剂 0203B P11000701

Pesticide emulsifier 0203B

用于配制农药

【生产厂】[冀]邢台市蓝天精细化工有限公司(2000 吨)〈P1643〉

农药乳化剂 0204C;农乳 0204C P11000851

Pesticide emulsifier 0204C

在生产乐果、甲胺磷、叶蝉散、混灭威、甲基 1605、敌百虫等乳剂时作乳化剂

【生产厂】[冀]邢台市蓝天精细化工有限公司〈P1643〉

农药乳化剂 0207;农乳 0207 P11000901

Pesticide emulsifier 0207

用作混合型农药乳化剂

【生产厂】[冀]邢台市蓝天精细化工有限公司〈P1643〉;[苏]江苏钟山化工有限公司〈P1782〉

农药乳化剂 0206B P11001201

Pesticide emulsifier 0206B

用于配制农药

【生产厂】[冀]邢台市蓝天精细化工有限公司(2000 吨)〈P1643〉

农药乳化剂 0208 P11001301

Pesticide emulsifier 0208

用于配制农药

【生产厂】[冀]邢台市蓝天精细化工有限公司(2000 吨)〈P1643〉

农药乳化剂 600 号;苯乙基苯基聚氧乙基醚 P11001601

Pesticide emulsifier No. 600 [140-89-6]

用于有机磷、有机氯农药

【生产厂】[津]天津市宝坻区港飞助剂有限公司〈P1579〉;[冀]邢台市蓝天精细化工有限公司(1500 吨)〈P1643〉;邯郸市新迪亚化工有限责任公司〈P1639〉;[辽]辽宁科隆化工实业有限公司(900 吨)〈P1709〉;[苏]南京太化化工有限公司〈P1790〉;[浙]杭州萧山三江精细化工有限公司〈P1924〉;浙江皇马化工集团有限公司〈P1950〉;[鲁]滨州市胜达化工厂〈P2154〉;青岛石喜精细化工有限公司〈P2042〉

农药乳化剂 6202B P11002251

Pesticide emulsifier 6202B

混合型农药乳化剂,用于配制三氯杀螨醇等

【生产厂】[冀]邢台市蓝天精细化工有限公司〈P1643〉

混合型农药乳化剂 P11002501

Pesticide emulsifier, mixed

用于各种杀虫剂、杀菌剂、除草剂、植物生长调节剂等农药配制乳剂

【生产厂】[黑]佳木斯市北星有机化工有限责任公司〈P1724〉

农药乳化剂 8206;农乳 8206 P11002601

Pesticide emulsifier 8206

用作混配型农药乳化剂

【生产厂】[冀]邢台市蓝天精细化工有限公司〈P1643〉

农药乳化剂 8209;农乳 8209 P11002651

Pesticide emulsifier 8209

【生产厂】[冀]邢台市蓝天精细化工有限公司〈P1643〉

支链烷基苯磺酸 P11003001

Branched chain alkylbenzene sulfonic acid

用于大多数农药乳油加工

【生产厂】[苏]江苏钟山化工有限公司〈P1782〉;南京卡尼尔科技有限责任公司〈P1786〉

农药乳化剂单体 By-140 P11003101

Pesticide emulsifier monomer By-140

农药乳化剂的主要单体之一,用作原油脱水的破乳剂,油墨、印花浆的乳化剂,用于各种动植矿物油的乳化等

【生产厂】[冀]河北省邢台科王助剂有限公司〈P1642〉

农药乳化剂 BY P11003151

Pesticide emulsifier BY

广泛用作农药乳化剂,也可作为橡胶填充剂和工业民用表面活性剂

【生产厂】[冀]邢台市蓝天精细化工有限公司〈P1643〉;[苏]南京太化化工有限公司〈P1790〉;[鲁]青岛石喜精细化工有限公司〈P2042〉;[鄂]荆州市隆华石油化工有限公司〈P2240〉

农药润湿分散剂 P11003301

Pesticide wetting and dispersing agent

用于胶悬剂、水分散颗粒剂、种衣剂等

【生产厂】[沪]上海万金助剂有限公司〈P1768〉;上海锦山化工有限公司〈P1745〉;[苏]江苏钟山化工有限公司〈P1782〉;南京惠宇农化有限公司〈P1785〉

农药乳化剂 KL 系列 P11003501

Pesticide emulsifier KL series

适用于有机磷杀虫剂、有机氯杀虫剂、除草剂等

【生产厂】[辽]辽宁科隆化工实业有限公司〈P1709〉

农药乳化剂 1600 号;苯乙烯基苯基聚氧乙基聚氧丙基醚 P11003801

Pesticide emulsifier No. 1600

用作有机磷、有机氯农药乳化剂单体,一般工业乳化剂

【生产厂】[冀]邢台市蓝天精细化工有限公司(1500 吨)〈P1643〉;邯郸市新迪亚化工有限责任公司〈P1639〉;[浙]杭州萧山三江精细化工有限公司〈P1924〉;浙江皇马化工集团有限公司〈P1950〉

农药乳化剂 700 号;烷基酚甲醛树脂聚氧乙基醚 P11003901

Pesticide emulsifier No. 700

用作有机氯、有机磷农药的乳化性能的调整剂,是除草剂用乳化剂的特效单体

【生产厂】[冀]河北省邢台科王助剂有限公司〈P1642〉;邢台市蓝天精细化工有限公司(1500 吨)〈P1643〉;邯郸市新迪亚化工有限责任公司〈P1639〉;[辽]辽宁科隆化工实业有限公司〈P1709〉;[浙]杭州萧山三江精细化工有限公司〈P1924〉;浙江皇马化工集团有限公司〈P1950〉;[鲁]青岛石喜精细化工有限公司〈P2042〉

农药乳化剂 500 号 P11003951

Pesticide emulsifier No. 500

主要用于农药乳化剂,还可用于纺织油剂、瓷砖净洗剂、研磨油剂、水泥分散剂等

【生产厂】[冀]石家庄市金鹏化工助剂有限公司〈P1630〉;邢台市蓝天精细化工有限公司〈P1643〉;[鲁]滨州市胜达化工厂〈P2154〉;[豫]安阳市兴亚洗涤用品有限责任公司(500 吨)〈P2210〉

农药乳化剂 500-A P11003961

Pesticide emulsifier No. 500-A

主要用于农药乳化剂的生产,是农乳生产中阴离子表面活性剂的主要品种

【生产厂】[冀]邢台市蓝天精细化工有限公司〈P1643〉

农药乳化剂 400 号;农乳 400 号 P11003991

Pesticide emulsifier No. 400

具有良好的乳化作用,与阴离子表面活性剂混配配制成农药乳化剂

【生产厂】[冀]邢台市蓝天精细化工有限公司〈P1643〉;[浙]浙江皇马化工集团有限公司〈P1950〉

农药展着剂 P11004101

Pesticide diffusing agent

用作喷洒农药时的助剂

【生产厂】[沪]上海万金助剂有限公司〈P1768〉

农药助剂 P11004201

Pesticide auxiliary

用于化肥、农药行业

【生产厂】[辽]辽宁奥克化学集团有限公司〈P1709〉;[沪]上海万金助剂有限公司〈P1768〉;[苏]江苏钟山化工有限公司〈P1782〉;南京惠宇农化有限公司〈P1785〉;[鲁]桓台县渔洋洗涤剂化工厂〈P2049〉;菏泽蓝天新能源有限公司〈P2158〉

农药高效渗透剂 P11004301

Pesticide high efficiency penetrating agent

用于农药增效

【生产厂】[冀]石家庄市金鹏化工助剂有限公司〈P1630〉;[苏]苏州荣亿达化工有限公司〈P1902〉

高级农药溶剂 240 号 P11004401

Pesticide solvent No. 240

用于配制农药

【生产厂】[苏]溧阳市诚兴化工有限公司(9000 吨)〈P1863〉

草甘膦异丙胺盐水剂专用助剂 P11004501

Auxiliary for glyphosate isopropyl amine salt aqueous solution

为 10%、41% 草甘膦异丙胺盐等水剂的专用助剂

【生产厂】[苏]南京瑞泽精细化工有限公司〈P1788〉;江苏银燕化工股份有限公司〈P1866〉;江阴市华元化工有限公司(1 万吨)〈P1869〉

P

无苯溶剂 P11004601

Non-benzene solvent

作为农药溶剂，具有稳定性好、毒性低、溶解力强等特点，特别是用于氨基甲酸酯等农药具有增效作用

【生产厂】［湘］岳阳昌德化工实业有限公司〈P2254〉

农药乳化剂 32 号；农乳 32 号 P11004701

Pesticide emulsifier No. 32

是农药乳化剂的重要单体之一，与钙盐混配得到混合型乳化剂

【生产厂】［冀］邢台市蓝天精细化工有限公司〈P1643〉；邯郸市新迪亚化工有限责任公司〈P1639〉

农药乳化剂 33 号；农乳 33 号 P11004751

Pesticide emulsifier No. 33

广泛用于农药乳化剂和工业、民用表面活性剂

【生产厂】［冀］邢台市蓝天精细化工有限公司〈P1643〉

农药乳化剂 34 号；农乳 34 号 P11004801

Pesticide emulsifier No. 34

广泛用于农药乳化剂和工业、民用表面活性剂

【生产厂】［冀］邢台市蓝天精细化工有限公司〈P1643〉

农药乳化剂 36 号；农乳 36 号 P11004851

Pesticide emulsifier No. 36

应用于多种有机磷农药

【生产厂】［冀］邢台市蓝天精细化工有限公司〈P1643〉

农药乳化剂 CL-3 P11004901

Pesticide emulsifier CL-3

具有优异的润湿、渗透力和较好的乳化作用

【生产厂】［冀］邢台市蓝天精细化工有限公司〈P1643〉

柴油破乳剂 P12010101

Deemulsifier for diesel oil

用于柴油碱洗过程中的破乳剂、消泡剂，钻井泥浆的润滑防卡抗泡剂

【生产厂】［辽］辽宁科隆化工实业有限公司〈P1709〉；［鲁］济南山泉科技有限公司〈P2024〉

P

石油破乳剂；原油破乳剂 P12010301

Petroleum deemulsifier

用作原油破乳剂和其他表面活性剂

【生产厂】［津］天津市科达斯实业有限公司（800 吨）〈P1597〉；［辽］沈阳永信精细化工有限公司〈P1690〉；辽宁奥克化学集团有限公司〈P1709〉；［吉］辽源富洋化工有限责任公司〈P1718〉；［沪］上海九元石油化工有限公司〈P1745〉；［苏］句容市宁武化工有限公司〈P1843〉；镇江市东昌石油化工厂（40 万吨）〈P1845〉；宜兴市石化助剂厂（500 吨）〈P1886〉；江苏省新沂市经纬化工有限公司〈P1793〉；［鲁］山东宝莫生物化工股份有限公司（3000 吨）〈P2084〉；胜利油田嘉叶化工有限责任公司（3000 吨）〈P2087〉；石油大学宇光科技有限公司〈P2088〉；安丘市鲁星化学有限公司（1500 吨）〈P2088〉；石油大学卓越科技有限责任公司〈P2048〉；［豫］洛阳市华工实业有限公司（3000 吨）〈P2184〉；河南油田腾远实业总公司（500 吨）〈P2223〉；［鄂］荆州市隆华石油化工有限公司〈P2240〉；［湘］湖南省岳阳市青山油剂有限公司〈P2254〉；［粤］东莞天傲化工有限公司〈P2281〉；［川］四川光亚科技股份有限公司〈P2334〉；［甘］甘肃利新化工助剂有限公司〈P2355〉；［新］克拉玛依新科澳化工（集团）有限责任公司〈P2365〉

破乳剂；聚环氧乙烷-环氧丙烷醚 P12010501

Deemulsifier

主要用于油田原油的脱水、降黏等

【生产厂】［津］天津市万丰顺科贸发展有限责任公司〈P1606〉；［冀］石家庄市栾城县华英工贸有限责任公司〈P1630〉；任丘市京开化工厂〈P1657〉；［辽］辽阳奥克纳米材料有限公司〈P1709〉；辽阳万鑫树脂有限责任公司（600 吨）〈P1711〉；辽宁天合精细化工股份有限公司〈P1702〉；盘锦兴建助剂有限公司〈P1707〉；［沪］中国石油化工股份有限公司上海高桥分公司〈P1780〉；上海四达石油化工科技公司〈P1765〉；［苏］句容市宁武化工有限公司〈P1843〉；［浙］镇海炼化工业贸易总公司〈P1936〉；［皖］安徽新源石油化工技术开发有限公司〈P1979〉；［鲁］东营市利明石油化工有限公司（1 万吨）〈P2082〉；东营市金华石油助剂有限责任公司〈P2082〉；胜利油田方圆有限责任公司化工分公司（3000 吨）〈P2087〉；东营东方化学工业有限公司（3000 吨）〈P2081〉；［豫］洛阳石化金达实业公司化工厂（500 吨）〈P2183〉；洛阳市华工实业有限公司（2000 吨）〈P2184〉；［川］中国科学院成都市成科精细化学品有限责任公司〈P2320〉；成都嘉茂化工实业有限公司〈P2311〉

【使用厂】［鲁］山东东明石化集团有限公司〈P2159〉

反相破乳剂；水包油乳液破乳剂 P12010511

Deemulsifier, reversed

用于油田含油污脱油处理和高含水采掘液的油水分离预处理

【生产厂】［津］天津市万丰顺科贸发展有限责任公司〈P1606〉；［辽］大连华瑞化学工业有限公司〈P1692〉；［吉］辽源富洋化工有限责任公司〈P1718〉；［鲁］山东滨州嘉源环保有限责任公司〈P2155〉

助排、破乳多效添加剂 P12011101

Multipleeffect additive of cleanup and emulsion breaking

具有高的表面活性，低的界面张力和表面张力，能改善油层岩石表面的湿性，同时具有良好的防乳、破乳作用

【生产厂】［冀］河间市蓝星化工有限公司〈P1656〉；［川］四川光亚科技股份有限公司〈P2334〉

复合型破乳剂 P12011301

Complex deemulsifier

主要用于炼油厂常减压装置的原油电脱盐、脱水过程

【生产厂】［苏］南京扬子石化精细化工有限责任公司〈P1791〉

破乳剂 SP-169；聚氧丙烯聚氧乙烯丙二醇醚 P12012401

Deemulsifier SP-169

原油破乳剂，用于原油的脱水、脱盐

【生产厂】［黑］佳木斯市北星有机化工有限责任公司〈P1724〉；［鲁］青岛石喜精细化工有限公司〈P2042〉

HLP 型破乳剂 P12012501

Deemulsifier HLP type

适用于石油、化工等行业的含油污水的处理

【生产厂】[冀]沧州市恒利化工有限公司〈P1652〉

高效破乳剂　P12012601
High efficiency deemulsifier
【生产厂】[冀]河间市蓝星化工有限公司〈P1656〉;[豫]河南郸城顺兴石油助剂有限公司〈P2226〉;[甘]兰州吉野添加剂有限公司〈P2355〉

破乳剂 DL-112　P12013901
Deemulsifier DL-112
用于原油脱水,适应性强、脱水效率高
【生产厂】[辽]辽宁科隆化工实业有限公司〈P1709〉

水解聚丙烯腈钠盐;降失水剂　P12020101
Polyacrylonitrile sodium salt, hydrolyzed
用作钻井助剂、降失水剂、泥浆处理剂
【生产厂】[冀]任丘市高科化工有限公司〈P1656〉;[赣]萍乡市潘塘腐植酸厂(500 吨)〈P2012〉;[豫]卫辉市同达化工有限公司〈P2203〉;[川]四川光亚科技股份有限公司〈P2334〉

水解聚丙烯酰胺　P12020201
Polyacrylamide, hydrolyzed [9003-05-8]
用作煤田、油田降水剂和絮凝剂
【生产厂】[鲁]滨州市胜达化工厂〈P2154〉

聚合醇　P12020301
Polymeric alcohol
用作钻井助剂
【生产厂】[辽]盘锦昊源科工贸有限公司(1000 吨)〈P1706〉;[鲁]东辰(集团)化工有限公司(400 吨)〈P2081〉;[豫]郑州豫华助剂有限公司〈P2175〉

混凝剂　P12020401
Coagulant agent
用作油田助剂
【生产厂】[冀]河北东安实业有限公司金源化工厂〈P1619〉;[沪]上海石化森清水处理有限公司〈P1762〉

有机膨润土;铝硅酸盐　P12020510
Organobentonite; Silicoaluminate salt
广泛用于油漆、油墨、高温润滑剂、精密铸造涂料、密封腻子、玻璃纤维树脂、橡胶、塑料加工、石油钻井液等
【生产厂】[津]天津市华联有机陶土化工福利厂(1400 吨)〈P1590〉;[苏]苏州群力膨润土化工有限公司〈P1902〉;[浙]浙江临安福盛涂料助剂有限公司(100 吨)〈P1928〉;浙江丰虹粘土化工有限公司〈P1946〉;[鲁]青岛三力化工技术有限公司〈P2041〉

油井水泥早强增塑剂　P12020601
Plasticity agent for drilling fluid cement
有助于防止气(水)浸,水泥石抗冲击能力和抗折强度能提高 10%,与其他外加剂配伍性好
【生产厂】[川]成都嘉茂化工实业有限公司〈P2311〉;四川光亚科技股份有限公司〈P2334〉

防塌剂　P12020700
Anti-collapse agent
用作油田助剂
【生产厂】[赣]萍乡市潘塘腐植酸厂〈P2012〉;[豫]辉县市日新化工厂(600 吨)〈P2203〉

防塌润滑剂　P12020701
Anti-collapse lubricant agent
【生产厂】[冀]华北石油光大石化有限公司〈P1656〉;[豫]郑州豫华助剂有限公司〈P2175〉;河南郸城顺兴石油助剂有限公司〈P2226〉

泥浆防喷润滑剂　P12021001
Antisprayer lubricant for slurry
用作钻井泥浆的防喷、抗泡、防卡润滑用,亦可用作消泡剂和破乳剂
【生产厂】[辽]辽宁科隆化工实业有限公司〈P1709〉;[新]克拉玛依新科澳化工(集团)有限责任公司〈P2365〉

无荧光润滑剂　P12021311
Nonfluorescent mud lubricant
用作石油钻井泥浆添加剂
【生产厂】[豫]郑州豫华助剂有限公司〈P2175〉;[川]四川光亚科技股份有限公司〈P2334〉

油井水泥早强防窜剂　P12021701
Cement gas-channelling preventing agent for oil field
用作油井水泥添加剂
【生产厂】[川]成都川峰化学工程有限责任公司(1000 吨)〈P2310〉;成都嘉茂化工实业有限公司〈P2311〉

延迟焦化消泡剂　P12021801
Delaying coking defoaming agent
能有效消除焦化塔内泡沫,能显著提高焦化塔出焦率和焦的质量,稳定焦化塔操作,减少波动
【生产厂】[京]北京益中伟业化工有限公司〈P1565〉;[津]天津华孚油田化学股份有限公司(1000 吨)〈P1573〉;[辽]辽阳石油化纤公司英华化工厂〈P1710〉;辽阳易晨化工有限公司〈P1712〉;[浙]杭州永盛催化剂有限公司〈P1924〉;[鲁]淄博凯美可工贸有限公司(500 吨)〈P2064〉

铁铬木质素磺酸盐;铁铬盐　P12021901
Ferric chrome lignin sulfonate
用作钻井泥浆稀释剂
【生产厂】[吉]图们市石岘前进化工股份合作公司〈P1719〉;[黑]牡丹江市红旗化工厂(8000 吨)〈P1723〉;牡丹江市华新化工助剂有限责任公司〈P1723〉;[豫]郑州豫华助剂有限公司〈P2175〉

聚丙烯酰胺钾盐;KPAM　P12022151
Potassium polyacrylamide
用于钻井液
【生产厂】[冀]秦皇岛市金佳絮凝剂有限公司〈P1637〉;[豫]郑州豫华助剂有限公司〈P2175〉;卫辉市同达化工有限公司〈P2203〉;[川]四川光亚科技股份有限公司〈P2334〉

聚丙烯酸钾　P12022302
Potassium polyacrylate
用于井下不分散低固性泥浆、聚合物体系的剪切稀释、防塌絮凝
【生产厂】[冀]华北石油光大石化有限公司〈P1656〉;[豫]濮

P

阳中原三力实业有限公司(800吨)〈P2216〉;濮阳市龙泉聚合物有限公司(500吨)〈P2214〉;河南郸城顺兴石油助剂有限公司〈P2226〉

腐殖酸钾;胡敏酸钾;腐钾 P12022401

Potassium humate

用作钻井泥浆处理剂,也作为有机肥料

【生产厂】[津]天津休美特国际贸易有限公司(1万吨)〈P1616〉;[冀]华北石油光大石化有限公司〈P1656〉;[蒙]乌海市公乌素宏利腐植酸厂(2万吨)〈P1681〉;[黑]牡丹江市华新化工助剂有限责任公司〈P1723〉;[赣]江西丰农生物科技有限公司〈P2015〉;江西钜洲生物科技有限公司(500吨)〈P2016〉;江西省萍乡市乐乐腐植酸厂〈P2011〉;萍乡市天源化工厂(400吨)〈P2012〉;萍乡市潘塘腐植酸厂〈P2012〉;[鲁]青州市良田化肥有限公司〈P2093〉;[豫]巩义市当力黄腐酸科技开发有限公司(300吨)〈P2162〉;郑州豫华助剂有限公司〈P2175〉;[川]成都川峰化学工程有限责任公司(1500吨)〈P2310〉;[陕]陕西咸阳农一清高效液肥厂〈P2347〉;[新]新疆双龙腐植酸有限公司(1000吨)〈P2367〉

耐温耐盐聚丙烯酰胺 P12022801

Polyacrylamide, temperature-resistant and salt-resistant

主要用于地质条件比较差即地层温度高、地下矿化度高的情况下的油田三次采油

【生产厂】[鲁]山东宝莫生物化工股份有限公司(4000吨)〈P2084〉;东营光正化工有限责任公司〈P2142〉;[川]四川光亚科技股份有限公司〈P2334〉

磺甲基腐殖酸钠;磺化褐煤SMC P12023001

Sulfomethyl sodium humate; Sulfonated wood coal SMC

用作钻井泥浆处理剂

【生产厂】[赣]萍乡市潘塘腐植酸厂〈P2012〉;[豫]郑州豫华助剂有限公司〈P2175〉;濮阳中原三力第二化工有限公司(1000吨)〈P2216〉;[川]成都川峰化学工程有限责任公司(1000吨)〈P2310〉;成都天然气化工总厂〈P2316〉

硝基腐殖酸钾 P12023091

Potassium nitrohumate

用作钻井泥浆助剂,能降失水、防塌、防卡、抗盐,可作为肥料,各项性能都优于腐殖酸钾

【生产厂】[津]天津休美特国际贸易有限公司(5000吨)〈P1616〉;[赣]江西省萍乡市乐乐腐植酸厂〈P2011〉

聚丙烯酰胺(胶体) P12023401

Polyacrylamide colloid [9003-05-8]

用作油田泥浆处理剂、污水处理剂,并用于纺织上浆、纸张补强

【生产厂】[辽]辽宁海城三洋化工厂〈P1697〉;[苏]江苏省江都市科苑化工有限公司〈P1816〉;[鲁]淄博永益化工有限公司〈P2075〉;淄博张店东方化学股份有限公司(3000吨)〈P2076〉;[川]中国科学院成都市成科精细化学品有限责任公司〈P2320〉

两性离子聚丙烯酰胺 P12023501

Zwitterion polyacrylamide

用作油田堵水调剖剂、水处理絮凝剂等

【生产厂】[京]北京希涛技术开发有限公司〈P1563〉;[辽]盘锦兴建助剂有限公司〈P1707〉;[鲁]淄博中森化工有限公司〈P2077〉;淄博天海化工有限公司〈P2073〉;东营光正化工有限责任公司〈P2142〉;胜利油田环通化工合成材料厂(4000吨)〈P2087〉;青岛三力化工技术有限公司〈P2041〉

钻井用润滑剂 P12024001

Welldrilling lubricater

【生产厂】[黑]牡丹江市华新化工助剂有限责任公司〈P1723〉;[鲁]青岛三力化工技术有限公司〈P2041〉;[豫]卫辉市同达化工有限公司〈P2203〉;[鄂]湖北松滋市龙海化工有限公司〈P2240〉;[川]四川光亚科技股份有限公司〈P2334〉

油井水泥降失水剂 P12024251

Filtrate reducer for oil well cement

【生产厂】[冀]华北石油光大石化有限公司〈P1656〉;[黑]牡丹江市华新化工助剂有限责任公司〈P1723〉;[川]成都川峰化学工程有限责任公司〈P2310〉;成都嘉茂化工实业有限公司〈P2311〉;四川光亚科技股份有限公司〈P2334〉

降滤失剂 P12024500

Fluid loss agent

用于钻井液中作为降滤失剂使用

【生产厂】[冀]任丘市高科化工有限公司〈P1656〉;[豫]辉县市日新化工厂(300吨)〈P2203〉;河南郸城顺兴石油助剂有限公司〈P2226〉;[鄂]湖北松滋市龙海化工有限公司〈P2240〉;[川]成都嘉茂化工实业有限公司〈P2311〉;四川光亚科技股份有限公司〈P2334〉

抗高温抗盐降滤失剂 P12024501

Fluid loss agent, high temperature-resist and salt-resist

是一种抗高温、抗盐的钻井泥浆降滤失剂,具有优良抗污染能力,有一定的稀释效能,可以使用在油田淡水泥浆中

【生产厂】[鲁]青岛三力化工技术有限公司〈P2041〉;[豫]卫辉市同达化工有限公司〈P2203〉;[川]四川光亚科技股份有限公司〈P2334〉

无荧光防塌降滤失剂 P12024551

Nonfluorescent anti-collapse fluid loss agent

用于钻井泥浆降失水

【生产厂】[黑]牡丹江市华新化工助剂有限责任公司〈P1723〉;[鲁]滨州市化工设计研究院(500吨)〈P2154〉;[豫]郑州豫华助剂有限公司〈P2175〉;[川]成都嘉茂化工实业有限公司〈P2311〉;四川光亚科技股份有限公司〈P2334〉

钻井液用稀释剂 P12024601

Drilling fluid diluent

能抑制泥页岩和钻屑的水化分散,降低泥浆的结构黏度和水眼黏度

【生产厂】[黑]牡丹江市华新化工助剂有限责任公司〈P1723〉;[川]四川光亚科技股份有限公司〈P2334〉

钻井液降滤失剂 P12025301

Fluid loss agent for drilling fluid

用于深井、超深井及海上钻井,降失水

【生产厂】[冀]华北石油光大石化有限公司〈P1656〉;[鲁]东营市瑞丰化工厂〈P2082〉;[豫]卫辉市同达化工有限公司〈P2203〉;河南郸城顺兴石油助剂有限公司〈P2226〉;[川]成都川峰化学工程有限责任公司〈P2310〉;[新]克拉玛依新科澳化工(集团)有限责任公司〈P2365〉

有机硅腐殖酸钾 P12025410

Organic silicon potassium humate

用作油田助剂

【生产厂】[冀]河北硅谷化工有限公司〈P1639〉;华北石油光大石化有限公司〈P1656〉;[豫]郑州豫华助剂有限公司〈P2175〉;[川]成都川峰化学工程有限责任公司〈P2310〉

高温发泡剂 P12025501

Foamer, high temperature

用于油井泡沫冲砂、泡沫洗井

【生产厂】[辽]盘锦兴建助剂有限公司〈P1707〉;[皖]安徽新源石油化工技术开发有限公司〈P1979〉

多效起泡剂 P12025551

Multipleeffect frothing agent

用作油井酸化助剂

【生产厂】[辽]沈阳永信精细化工有限公司〈P1690〉;[川]成都嘉茂化工实业有限公司〈P2311〉

水解聚丙烯腈铵盐 P12025801

Hydrolysis polyacrylonitrile, ammonium salt

用于低固相不分散聚合物钻井液的降滤失剂,兼有降黏作用

【生产厂】[冀]华北石油光大石化有限公司〈P1656〉;任丘市高科化工有限公司〈P1656〉;任丘市宏达化工有限公司〈P1656〉;[黑]牡丹江市华新化工助剂有限责任公司〈P1723〉;[豫]郑州豫华助剂有限公司〈P2175〉

石油钻井助剂;油田化学助剂 P12026101

Oilwell auxiliaries

用于油田钻井清蜡、缓蚀、防膨、解堵等

【生产厂】[冀]任丘市京开化工厂〈P1657〉;[辽]抚顺佳化聚氨酯有限公司(1500 吨)〈P1698〉;[黑]牡丹江市华新化工助剂有限责任公司〈P1723〉;[鲁]淄博泰畅润滑油有限公司(1 万吨)〈P2073〉;胜利油田大明集团股份有限公司(1 万吨)〈P2087〉;山东营利丰化工新材料有限公司(2000 吨)〈P2087〉;石油大学宇光科技有限公司〈P2088〉;东营市信义化工有限公司(1000 吨)〈P2083〉;东营泰宏化工有限公司(5000 吨)〈P2083〉;山东胜通集团股份有限公司(3000 吨)〈P2085〉;[豫]商丘市东方化学工业公司(150 吨)〈P2226〉;[川]成都凯泰化学有限责任公司〈P2312〉

油井水泥增强剂 P12026401

Cement strongthener for oil field

【生产厂】[川]成都嘉茂化工实业有限公司〈P2311〉

屏蔽暂堵剂 P12030101

Temporary plugging agent, shield

用作油田采油的暂堵剂

【生产厂】[辽]盘锦昊源科工贸有限公司〈P1706〉;[黑]牡丹江市华新化工助剂有限责任公司〈P1723〉;[鲁]桓台县聚鑫福利化工厂〈P2049〉;[豫]开封市星火石油钻采开发有限公司(1000 吨)〈P2178〉

油溶性暂堵剂 P12030201

Temporary plugging agent, oil-soluble

主要用于油田钻井液、完井液、修井液、酸化液等入井流体的暂堵

【生产厂】[鲁]青岛三力化工技术有限公司〈P2041〉;[豫]河南郸城顺兴石油助剂有限公司〈P2226〉;[川]四川光亚科技股份有限公司〈P2334〉

堵水剂 P12030301

Plugging agent

用作油田堵水剂

【生产厂】[鲁]东辰(集团)化工有限公司(350 吨)〈P2081〉

防砂堵水剂 P12030391

Sand prevention and plugging agent

主要用于封堵油水井的高含水层,具有堵水和固砂的双重效果,减少油水井的作业次数和成本

【生产厂】[鲁]东辰(集团)化工有限公司(380 吨)〈P2081〉

堵漏剂 P12030501

Bridging particle

【生产厂】[京]北京城荣防水材料有限公司〈P1545〉;北京世纪永峰防水材料有限公司〈P1558〉;北京慕湖外加剂有限公司〈P1556〉;[黑]牡丹江市华新化工助剂有限责任公司〈P1723〉;[赣]萍乡市潘塘腐植酸厂〈P2012〉;[豫]河南省辉县市振兴化工厂(300 吨)〈P2201〉;河南郸城顺兴石油助剂有限公司〈P2226〉;[鄂]湖北松滋市龙海化工有限公司〈P2240〉;[川]华西(四川彭山)混凝土外加剂有限公司〈P2332〉;四川光亚科技股份有限公司〈P2334〉

聚氨酯堵漏剂 P12030551

Polyurethane bridging particle

适用于地铁、隧道、水库、港湾工程、建筑物顶板裂缝、施工缝、伸缩缝裂缝等止漏工程

【生产厂】[京]北京立高防水企业集团〈P1554〉

钻井液用单向压力封闭剂 P12030601

Uniaxial pressure sealant for drilling fluid

【生产厂】[黑]牡丹江市华新化工助剂有限责任公司〈P1723〉;[豫]郑州豫华助剂有限公司〈P2175〉;卫辉市同达化工有限公司〈P2203〉

降黏剂;稠油降黏剂;原油降黏剂 P12040100

Viscosity reducer

用作原油采输过程中的稠油降黏剂、废水杀菌剂、清洗剂、金属表面加工助剂等

【生产厂】[冀]河间市蓝星化工有限公司〈P1656〉;[辽]沈阳永信精细化工有限公司〈P1690〉;辽宁科隆化工实业有限公司〈P1709〉;鞍山市鞍鸿化工有限公司〈P1695〉;大连华瑞化学工业有限公司〈P1692〉;大连石油添加剂厂〈P1693〉;盘锦昊源科工贸有限公司〈P1706〉;盘锦兴建助剂有限公司〈P1707〉;[沪]上海四达石油化工科技公司〈P1765〉;[浙]德清县莫干山化工助剂厂〈P1944〉;[鲁]滨州市胜达化工厂〈P2154〉;山东东方华龙集团公司(2 万吨)〈P2084〉;东辰(集团)化工有限公司(400 吨)〈P2081〉;东营东方化学工业有限公司(1000 吨)〈P2081〉;安丘市鲁星化学有限公司(1000 吨)〈P2088〉;[豫]郑州豫华助剂有限公司〈P2175〉;辉县市日新化工厂(300 吨)〈P2203〉;[鄂]湖北松滋市龙海化工有限公司〈P2240〉;[川]中国科学院成都市成科精细化学品有限责任公司〈P2320〉;成都川峰化学工程有限责任公司〈P2310〉;四川光亚科技股份有限公司〈P2334〉;[新]克拉玛依新科澳化工(集团)有限责任公司〈P2365〉

钻井液用硅氟高温降黏剂 P12040101

Silicon-fluorin high-temperature viscosity reductant for drilling fluid

用于油井液降黏

【生产厂】[黑]牡丹江市华新化工助剂有限责任公司〈P1723〉

高温乳化降黏剂　P12040251
High-temperature emulsification and viscosity reducer
是一种新型水溶性阴离子表面活性剂,适用于整齐吞吐稠油开采的乳化降黏
【生产厂】[辽]大连华瑞化学工业有限公司〈P1692〉;盘锦兴建助剂有限公司〈P1707〉;[皖]安徽新源石油化工技术开发有限公司〈P1979〉;[川]成都川峰化学工程有限责任公司〈P2310〉

硝酸脲;固体硝酸;粉末硝酸　P12040301
Urea nitrate [124-47-0]
用于生产氨基甲酸酯类产品,油田三次采油解堵酸化剂
【生产厂】[辽]大连华瑞化学工业有限公司〈P1692〉;盘锦昊源科工贸有限公司〈P1706〉;[鲁]滨州市胜达化工厂〈P2154〉

钻井液用抑制型降黏剂 XK-423　P12040401
Viscosity reductant XK-423 for drilling fluid
用于油田泥浆处理
【生产厂】[豫]新乡爱龙化工有限公司(250 吨)〈P2203〉

油层化学解堵剂　P12040501
Disentanglement agent for oil film
能解除油田在钻井过程中和生产过程中的堵塞
【生产厂】[鲁]山东省鄄城县振兴石油助剂厂(500 吨)〈P2160〉;[新]克拉玛依新科澳化工(集团)有限责任公司〈P2365〉

钻井液用降黏剂　P12040601
Viscosity reductant for drilling fluid
【生产厂】[豫]卫辉市同达化工有限公司〈P2203〉;[川]成都川峰化学工程有限责任公司〈P2310〉

清防蜡剂;防蜡剂　P12040611
Antiwax remover
用于油田原田清蜡及防蜡
【生产厂】[冀]河间市蓝星化工有限公司〈P1656〉;河北中创蓝星助剂有限公司〈P1659〉;[辽]盘锦昊源科工贸有限公司〈P1706〉;盘锦兴建助剂有限公司〈P1707〉;[吉]辽源富洋化工有限责任公司〈P1718〉;[皖]安徽新源石油化工技术开发有限公司〈P1979〉;[鲁]桓台县田庄镇东方化工助剂厂〈P2049〉;桓台县双峰助剂厂〈P2049〉;东辰(集团)化工有限公司(300 吨)〈P2081〉;[川]成都川峰化学工程有限责任公司〈P2310〉;四川光亚科技股份有限公司〈P2334〉;[新]克拉玛依新科澳化工(集团)有限责任公司〈P2365〉

清蜡剂　P12040651
Paraffin remover
用作油田钻井、采油助剂
【生产厂】[辽]盘锦昊源科工贸有限公司〈P1706〉;盘锦兴建助剂有限公司〈P1707〉;[鲁]东辰(集团)化工有限公司(360 吨)〈P2081〉;东营东方化学工业有限公司(300 吨)〈P2081〉;[豫]中原石油勘探局濮阳濮油化工总厂〈P2216〉;河南郸城顺兴石油助剂有限公司〈P2226〉

羧甲基田菁胶;龙胶　P12050101
Carboxy methyl sesbania gum
用于配制注入油井中的水基压裂液
【生产厂】[豫]开封市尉氏县化工总厂(500 吨)〈P2178〉

羧甲基纤维素钠;羧甲基纤维素;CMC;CMC-Na　P12050201
Sodium carboxymethylcellulose [9004-32-4]
用于石油与天然气钻井用泥浆稳定剂、纺织品浆料、造纸增强剂、胶黏剂等
【生产厂】[京]中国北方化学工业总公司〈P1568〉;[津]天津华孚油田化学股份有限公司(1 万吨)〈P1573〉;天津市武清区辛鑫化工有限公司(600 吨)〈P1607〉;[冀]河北省新乐市蓝博化工厂〈P1622〉;河北茂源化工有限公司(1000 吨)〈P1620〉;河北天伟化工有限公司〈P1655〉;华北石油光大石化有限公司〈P1656〉;任丘市北方化工有限公司(2000 吨)〈P1656〉;任丘市高科化工有限公司〈P1656〉;任丘市宏达化工有限公司〈P1656〉;任丘市万方化工有限公司〈P1657〉;河北文安县东方纤维素厂〈P1659〉;秦皇岛市金佳絮凝剂有限公司〈P1637〉;徐水县双圆纤维素厂〈P1649〉;[沪]上海申光食用化学品厂〈P1760〉;上海青东化工厂(5000 吨)〈P1757〉;[苏]宜兴市通达化学有限公司(350 吨)〈P1887〉;无锡市金帆化工有限公司〈P1877〉;威怡化工(苏州)有限公司(1 万吨)〈P1909〉;江苏张家港市三惠化工有限公司(3000 吨)〈P1895〉;丹尼斯克(张家港)亲水胶体有限公司(3000 吨)〈P1892〉;江苏飞翔化工(张家港)有限公司(600 吨)〈P1893〉;徐州市恒扬化工有限公司(3000 吨)〈P1795〉;[浙]杭州弘博化工有限公司(2500 吨)〈P1918〉;上虞市康特化工有限公司〈P1948〉;[鲁]济南成港纤维素有限公司(2000 吨)〈P2020〉;济南华阳食品添加剂有限公司〈P2022〉;淄博瑞穗化工有限公司(3000 吨)〈P2066〉;山东赫达股份有限公司〈P2052〉;山东青州清泉纤维素厂〈P2097〉;山东一滕集团化工有限公司(2000 吨)〈P2137〉;山东瑞泰化工(集团)有限公司(5000 吨)〈P2136〉;鱼台奥伦特原野化工有限公司(3000 吨)〈P2134〉;[豫]郑州豫华助剂有限公司〈P2175〉;河南省新乡市顺达实业有限公司(500 吨)〈P2201〉;濮阳市濮中化工有限公司〈P2214〉;濮阳市银泰工贸有限公司〈P2215〉;濮阳天宇化工总厂(200 吨)〈P2215〉;濮阳中原三力实业有限公司(1800 吨)〈P2216〉;许昌荣发化工有限公司〈P2218〉;洛阳三星化工有限公司(100 吨)〈P2183〉;洛阳市孟津县汉陵精细化工厂(5000 吨)〈P2185〉;河南省偃师市纳百川化工有限公司〈P2180〉;偃师市化学纤维厂(2000 吨)〈P2188〉;洛阳市富苑精细化工有限公司(1000 吨)〈P2183〉;[粤]赫克力士化工(江门)有限公司(1 万吨)〈P2284〉;[川]泸州北方化学工业有限公司〈P2322〉;[陕]西安北方惠安精细化工有限公司(2000 吨)〈P2347〉;[新]克拉玛依新科澳化工(集团)有限责任公司〈P2365〉
【使用厂】[京]北京金鱼科技股份有限公司〈P1552〉;[晋]南风化工集团股份有限公司〈P1678〉;[鲁]山东济宁齐天佳丽日化有限公司〈P2131〉

羧甲基纤维素钠(碱性)　P12050212
Sodium carboxy methyl cellulose, alkalinity [9004-32-4]
用于合洗、卷烟、建筑、日用化工
【生产厂】[鲁]鱼台奥伦特原野化工有限公司(1500 吨)〈P2134〉

羧甲基淀粉钠　P12050220
Sodium carboxymethyl starch
一种水溶性阴离子高分子型化合物,水基涂

料中用作悬浮、稳定、经纱上浆剂中的添加剂、染色助剂等

【生产厂】[冀]河北文安县东方纤维素厂〈P1659〉;[豫]河南省新乡市溶剂厂(5000吨)〈P2201〉

杀菌剂(工业用);杀菌剂 P12050301

Germicide, industrial

用于抑制油田水和大型装置循环水中菌类的滋生和繁殖

【生产厂】[京]北京昌化精细化工厂〈P1544〉;[冀]衡水新光化工有限责任公司〈P1668〉;廊坊格瑞泰化工有限公司〈P1660〉;[沪]上海威呈化工有限公司〈P1769〉;上海利盛化学品有限公司〈P1750〉;上海吉臣化工有限公司〈P1742〉;上海联胜化工有限公司(50吨)〈P1751〉;[苏]南京纳科水处理技术有限公司〈P1787〉;江苏江东化工股份有限公司(2000吨)〈P1859〉;苏州金龙精细化工有限公司〈P1901〉;盐城市金雨科技有限公司〈P1811〉;[鲁]胜利油田嘉叶化工有限责任公司(1000吨)〈P2087〉;胜利油田海发环保化工有限责任公司(200吨)〈P2087〉;青州贝特化工有限公司〈P2090〉;济宁新格瑞水处理有限公司(300吨)〈P2129〉;[豫]濮阳通达埃米科化工有限公司(800吨)〈P2215〉;[新]克拉玛依新科澳化工(集团)有限责任公司〈P2365〉

【使用厂】[津]天津市兴果农药厂〈P1609〉

油井水泥膨胀剂 P12050601

Expanding agent for oil field cement

适用于高压油气井,延长油井寿命,增加原油采油率

【生产厂】[豫]河南省开仑化工有限责任公司(150吨)〈P2211〉;[川]四川光亚科技股份有限公司〈P2334〉

压裂助排剂 P12050701

Fracturing assistant

用于油田井下酸化压裂

【生产厂】[辽]盘锦昊源科工贸有限公司(1000吨)〈P1706〉;[鲁]胜利油田方圆实业集团有限公司防腐材料分公司(600吨)〈P2087〉;[豫]尉氏县挺凯植物胶化工厂(2000吨)〈P2179〉;河南省开仑化工有限责任公司(700吨)〈P2211〉;[川]成都嘉茂化工实业有限公司〈P2311〉;四川光亚科技股份有限公司〈P2334〉;[新]克拉玛依新科澳化工(集团)有限责任公司〈P2365〉

压裂稠化剂 P12050751

Fracturing thickening agent

用作稠油封堵添加剂

【生产厂】[浙]杭州市银湖化工有限公司〈P1922〉;[鲁]山东滨州嘉源环保有限责任公司〈P2155〉;[豫]尉氏县挺凯植物胶化工厂(2000吨)〈P2179〉;[川]中蓝晨光化工研究院〈P2320〉;四川光亚科技股份有限公司〈P2334〉

油井水泥消泡剂 P12050801

Cement defoamer for oil field

对油井加入大量水泥外加剂引起的发泡有效,具有消泡、防气窜、提高固井质量之功能

【生产厂】[冀]承德滦平精细化工厂〈P1650〉;[鲁]青岛三力化工技术有限公司〈P2041〉;[豫]河南省开仑化工有限责任公司(200吨)〈P2211〉;[川]成都嘉茂化工实业有限公司〈P2311〉;四川光亚科技股份有限公司〈P2334〉

钻井液消泡剂 P12050851

Drilling fluid defoamer

用于有效、快速地消去各种类型钻井液中的气泡

【生产厂】[吉]辽源富洋化工有限责任公司〈P1718〉;[沪]上海立奇化工助剂有限公司〈P1750〉;[粤]广东柯杰外加剂科技有限公司〈P2290〉;[川]四川光亚科技股份有限公司〈P2334〉

油井水泥高温缓凝剂 P12050900

High temperature retarder for oil field

石油天然气固井施工中作水泥浆缓凝剂

【生产厂】[黑]牡丹江市华新化工助剂有限责任公司〈P1723〉;[川]成都川峰化学工程有限责任公司(100吨)〈P2310〉

缓凝剂;水泥缓凝剂 P12050910

Cement retarder

适用于普通硅酸盐水泥、矿渣硅酸盐水泥等

【生产厂】[津]天津市双佳减水有限责任公司(1000吨)〈P1602〉;[辽]辽阳东宝力化学建材有限公司〈P1709〉;[沪]上海华联建筑外加剂厂有限公司〈P1738〉;[赣]江西科源新材料科技有限公司〈P2008〉;[鲁]淄博永超化工有限公司〈P2075〉;桓台县聚鑫福利化工厂〈P2049〉;[鄂]湖北祥云(集团)化工股份有限公司〈P2244〉;[滇]云南绿色高新材料股份有限公司〈P2341〉

液体凝胶剂;酸液胶凝剂 P12050911

Gelation agent of liquid

用于钻井采油增产技术

【生产厂】[津]天津市泰安化工有限公司(160吨)〈P1602〉;[川]成都嘉茂化工实业有限公司〈P2311〉

油井水泥缓凝剂 P12050951

Retarder for oil well cement

【生产厂】[川]成都嘉茂化工实业有限公司〈P2311〉;四川光亚科技股份有限公司〈P2334〉

油井水泥减轻剂 SU P12051001

Lighter agent SU for oil well cement

用作油井水泥填充剂

【生产厂】[豫]河南省开仑化工有限责任公司(300吨)〈P2211〉

油井水泥减阻剂 P12051011

Cement slushing agent for drilling fluid

用作石油、天然气固井水泥浆减阻分散剂、混凝土高效减水剂

【生产厂】[黑]牡丹江市华新化工助剂有限责任公司〈P1723〉;[沪]上海九元石油化工有限公司〈P1745〉;[豫]河南郸城顺兴石油助剂有限公司〈P2226〉;[川]成都川峰化学工程有限责任公司(500吨)〈P2310〉;成都嘉茂化工实业有限公司〈P2311〉

降阻剂 P12051012

Drag-reduction agent

用于油井减阻及稳定

【生产厂】[川]成都嘉茂化工实业有限公司〈P2311〉

油井水泥分散剂 P12051051

Cement dispersing agent for oil well

【生产厂】[沪]上海九元石油化工有限公司〈P1745〉;[川]四

P

川光亚科技股份有限公司〈P2334〉

钻井液用强包被剂 P12051101

Strong coating agent for drilling fluid

用作油田钻井助剂

【生产厂】[冀]华北石油光大石化有限公司〈P1656〉;任丘市高科化工有限公司〈P1656〉;任丘市宏达化工有限公司〈P1656〉;[鲁]东营市瑞丰化工厂〈P2082〉;[豫]卫辉市同达化工有限公司〈P2203〉;辉县市日新化工厂(300吨)〈P2203〉;河南郸城顺兴石油助剂有限公司〈P2226〉;[川]四川光亚科技股份有限公司〈P2334〉

酸化活性剂 P12051121

Acidification activating agent

用于油井的缓蚀、防膨、破乳等

【生产厂】[新]克拉玛依新科澳化工(集团)有限责任公司〈P2365〉

油田酸化缓蚀剂 P12051201

Acidification inhibitor for oil field

用作油田油气井酸化作业时防止金属设备腐蚀的添加剂

【生产厂】[津]天津运盛化学品有限公司〈P1617〉;[辽]大连华瑞化学工业有限公司〈P1692〉;[吉]辽源富洋化工有限责任公司〈P1718〉;[鲁]滨州市胜达化工厂〈P2154〉;东辰(集团)化工有限公司(240吨)〈P2081〉;[豫]开封市星火石油钻采开发有限公司(1000吨)〈P2178〉;河南郸城顺兴石油助剂有限公司〈P2226〉;[川]成都嘉茂化工实业有限公司〈P2311〉;四川光亚科技股份有限公司〈P2334〉;[新]克拉玛依新科澳化工(集团)有限责任公司〈P2365〉

高效水溶性缓蚀剂 P12051231

High-efficiency water-soluble inhibitor

用于仪器循环用水、切削液、清洗剂、抗冻剂等

【生产厂】[浙]浙江化工科技集团有限公司〈P1927〉;浙江化工科技集团有限公司精细化工厂〈P1927〉;[鲁]济南山泉科技有限公司〈P2024〉

高效中和缓蚀剂 P12051251

High-efficiency neutral corrosion inhibitor

【生产厂】[京]北京市高丽工贸有限责任公司〈P1559〉;[津]天津市万丰顺科贸发展有限责任公司〈P1606〉;[冀]河北中创蓝星助剂有限公司〈P1659〉;[辽]辽阳石油化纤公司英华化工厂〈P1710〉;[鲁]胜利油田嘉叶化工有限责任公司(1000吨)〈P2087〉;石油大学卓越科技有限责任公司〈P2048〉;[豫]洛阳市华工实业有限公司(1000吨)〈P2184〉;[鄂]湖北华邦化学有限公司〈P2228〉;[甘]甘肃利新化工助剂有限公司〈P2355〉

新型高效缓蚀剂 P12051291

High-efficient inhibitor, new type

用于炼厂装置、油田油井联合站、原油集输以及注水系统的防腐、杀菌

【生产厂】[辽]辽阳万鑫树脂有限责任公司〈P1711〉;[鲁]潍坊密恩化工有限公司〈P2103〉;[甘]甘肃利新化工助剂有限公司〈P2355〉

油田污水处理剂 P12051311

Polluted water treatment agent for oil field

用于石油加工行业

【生产厂】[苏]句容市宁武化工有限公司〈P1843〉;镇江市东昌石油化工厂〈P1845〉;[鲁]滨州市化工设计研究院(100吨)〈P2154〉

油田注水缓蚀剂 P12051351

Slow-corrosion agent for oil field affusion

适用于各类油田注水系统

【生产厂】[辽]辽阳市东阳精细化工有限公司〈P1710〉;[鲁]淄博瑞爱特化工有限责任公司〈P2066〉

采油增油助剂 P12051401

Extract oil and increase oil aid

【生产厂】[鲁]滨州市化工设计研究院(300吨)〈P2154〉;胜利油田聚能化工助剂有限责任公司(500吨)〈P2087〉

炼油助剂 P12051411

Oil refining auxiliaries

【生产厂】[苏]盐城联孚石化有限公司〈P1810〉;[鲁]石油大学宇光科技有限公司〈P2088〉;山东成武龙翔化工有限公司(700吨)〈P2159〉;[粤]深圳凯奇化工有限公司〈P2269〉;[新]新疆天成鼎华科技发展有限公司〈P2364〉

黏土稳定剂 P12051502

Clay stabilizer

用于油田钻井、采油中防止黏土膨胀,具有稳定井壁作用

【生产厂】[辽]沈阳永信精细化工有限公司〈P1690〉;大连华瑞化学工业有限公司〈P1692〉;[鲁]山东滨州嘉源环保有限责任公司〈P2155〉;石油大学宇光科技有限公司〈P2088〉;胜利油田海发环保化工有限责任公司(1000吨)〈P2087〉;东营东方化学工业有限公司(1000吨)〈P2081〉;[豫]卫辉市同达化工有限公司〈P2203〉;辉县市航天化工厂(500吨)〈P2202〉;鹤壁市天罡树脂化工有限公司〈P2200〉;[川]成都嘉茂化工实业有限公司〈P2311〉;四川光亚科技股份有限公司〈P2334〉;[新]克拉玛依新科澳化工(集团)有限责任公司〈P2365〉

柴油稳定剂 P12051509

Diesel oil stabilizer

能提高柴油储存安定性,控制胶质及总不溶物生成,使色度不增加

【生产厂】[京]豪毅天宇(北京)科技有限公司〈P1567〉;[冀]任丘市京开化工厂〈P1657〉;[黑]中国石油林源炼油厂〈P1723〉;[沪]上海九元石油化工有限公司〈P1745〉;[苏]宜兴市鲸皇化工厂〈P1885〉

防膨剂 P12051511

Bulk-proofing agent

用于油田的酸化、压裂

【生产厂】[冀]河间市蓝星化工有限公司〈P1656〉;[辽]盘锦昊源科工贸有限公司(1000吨)〈P1706〉;[吉]辽源富洋化工有限责任公司〈P1718〉;[黑]牡丹江市华新化工助剂有限责任公司〈P1723〉;[鲁]山东省滨州天欧机化有限责任公司〈P2156〉;山东东方华龙集团公司(1万吨)〈P2084〉;[川]成都嘉茂化工实业有限公司〈P2311〉

稠油增产剂 P12051521

Thick oil output increasing agent

用于油田采油作业,对胶质沥青质等造成的有机堵塞有显著的解堵效果,可解除各种有机质堵塞

【生产厂】[辽]大连华瑞化学工业有限公司〈P1692〉;[豫]河南郸城顺兴石油助剂有限公司〈P2226〉;[川]成都川峰化学工程有限责任公司〈P2310〉

正电胶;阳离子溶胶 P12051541
Cationic sol
是一种带正电荷混合金属氧化物溶液,用于钻井液的稳定剂,井壁稳定剂
【生产厂】[豫]郑州豫华助剂有限公司〈P2175〉

油田驱油剂 P12051551
Oil displacement agent for oilfield
能使油田提高采收率,提高原油产量
【生产厂】[皖]安徽新源石油化工技术开发有限公司〈P1979〉;[鲁]东辰(集团)化工有限公司(270 吨)〈P2081〉;[豫]濮阳市龙泉聚合物有限公司〈P2214〉;河南郸城顺兴石油助剂有限公司〈P2226〉;[川]四川光亚科技股份有限公司〈P2334〉

油井缓蚀剂 P12051561
Inhibitor for oil well
适用于油井管、集输管线设备的防腐蚀保护
【生产厂】[沪]上海九元石油化工有限公司〈P1745〉;[甘]兰州吉野添加剂有限公司〈P2355〉

油井水泥降水剂 P12051601
Slushing agent for oil well cement
是新型钻井降水材料
【生产厂】[豫]河南省巩义市新奇化工厂(2000 吨)〈P2167〉

油井水泥早强剂 P12051701
Cement early-strength admixture for oil field
石油天然气固井施工中作水泥浆早强剂
【生产厂】[黑]牡丹江市华新化工助剂有限责任公司〈P1723〉;[川]成都川峰化学工程有限责任公司(300 吨)〈P2310〉

早强剂;混凝土早强剂 P12051711
Early-strength admixture
用于混凝土工程
【生产厂】[津]天津市自强化工厂第二分厂(1000 吨)〈P1614〉;天津市双佳减水有限责任公司(1000 吨)〈P1602〉;[晋]山西远征化工有限责任公司〈P1680〉;[皖]安徽省庐江矾矿(2 万吨)〈P1984〉;[鲁]淄博永超化工有限公司〈P2075〉;桓台县聚鑫福利化工厂〈P2049〉;临朐县第一化工厂〈P2090〉;[新]新疆天山建材集团精细化工有限责任公司〈P2364〉

防砂剂;固砂剂 P12051901
Sand prevention agent
用于油井出砂的固定,防止高渗地层出砂
【生产厂】[辽]盘锦昊源科工贸有限公司(1000 吨)〈P1706〉;[豫]开封市星火石油钻采开发有限公司(1000 吨)〈P2178〉;[川]四川光亚科技股份有限公司〈P2334〉

高温固砂剂 P12051951
Sand fixation agent, high temperature
用于油田注汽井防砂、固砂
【生产厂】[辽]盘锦昊源科工贸有限公司(500 吨)〈P1706〉

油井注水杀菌剂 P12052001
Oil well affusion germicide
【生产厂】[沪]上海九元石油化工有限公司〈P1745〉;[苏]南京宏桥精细化工科技开发有限公司〈P1784〉;[豫]河南郸城顺兴石油助剂有限公司〈P2226〉;[川]成都嘉茂化工实业有限公司〈P2311〉;[新]克拉玛依新科澳化工(集团)有限责任公司〈P2365〉

膨胀调驱剂 P12052101
Expanding regulation agent
油田专用,有利于水井的调驱和堵水,提高原油的采收率
【生产厂】[冀]任丘市高科化工有限公司〈P1656〉

羟丙基瓜尔胶粉;瓜胶 P12052201
Hydroxypropyl guar gum powder
广泛用于油田压裂、防砂、堵水作业中
【生产厂】[冀]任丘市高科化工有限公司〈P1656〉;任丘市万方化工有限公司〈P1657〉;秦皇岛市金佳絮凝剂有限公司〈P1637〉;[苏]京昆油田化学科技开发公司〈P1895〉;[鲁]广饶县金岭公司化工厂(8000 吨)〈P2083〉;山东金岭化工集团股份有限公司(8000 吨)〈P2085〉;东营市信德化工有限责任公司(300 吨)〈P2083〉;[新]克拉玛依新科澳化工(集团)有限责任公司〈P2365〉

瓜尔胶粉 P12052251
Guar gum powder
用于油田压裂
【生产厂】[冀]河北天时化工有限公司〈P1655〉;任丘市万方化工有限公司〈P1657〉;[鲁]青岛盛洋化工有限公司(800 吨)〈P2042〉

压井、洗井液用氯化钙增溶剂 P12052401
Calcium chloride solubilizing agent for load fluid and flushing fluid
用作油田制造助排剂或清洗剂添加剂
【生产厂】[鲁]青岛市平度银河福利助剂厂(100 吨)〈P2043〉

高温交联剂 P12052501
Cross-linking agent, high temperature
用于油井压裂、反排
【生产厂】[冀]河间市蓝星化工有限公司〈P1656〉;[豫]尉氏县挺凯植物胶化工厂(3000 吨)〈P2179〉;[川]成都嘉茂化工实业有限公司〈P2311〉;四川光亚科技股份有限公司〈P2334〉

聚阴离子纤维素 P12052601
Polycelllose, anion
用作钻井泥浆添加剂
【生产厂】[冀]河北茂源化工有限公司〈P1620〉;[苏]徐州市恒扬化工有限公司(300 吨)〈P1795〉;[鲁]山东赫达股份有限公司〈P2052〉;山东一滕集团化工有限公司(3000 吨)〈P2137〉;山东鲁岳化工有限公司(1000 吨)〈P2136〉;[豫]濮阳市银泰工贸有限公司〈P2215〉;[粤]赫克力士化工(江门)有限公司〈P2284〉;[川]泸州北方化学工业有限公司〈P2322〉

堵水调剖剂;调剖剂 P12052701
Water shutoff profile control agent
用于油井堵水、注水井调剖
【生产厂】[辽]盘锦昊源科工贸有限公司(1000 吨)〈P1706〉;[鲁]桓台县聚鑫福利化工厂〈P2049〉

钻井液用增黏剂 P12052901
Viscosity increaser for drilling fluid
用作石油钻井助剂
【生产厂】［鲁］山东宝莫生物化工股份有限公司（2000 吨）〈P2084〉；［豫］郑州豫华助剂有限公司〈P2175〉；卫辉市同达化工有限公司〈P2203〉；濮阳市龙泉聚合物有限公司（300 吨）〈P2214〉

井壁稳定剂 P12053101
Stabiliser for wall of a well
用于有效抑制页岩膨胀和防止井壁坍塌
【生产厂】［黑］牡丹江市华新化工助剂有限责任公司〈P1723〉

铁离子稳定剂 P12053401
Ferric ion stabilizer
用作油井酸化助剂
【生产厂】［豫］河南郸城顺兴石油助剂有限公司〈P2226〉；［川］成都嘉茂化工实业有限公司〈P2311〉；四川光亚科技股份有限公司〈P2334〉；［新］克拉玛依新科澳化工（集团）有限责任公司〈P2365〉

胶束剂 P12053501
Micelle agent
用于油田的酸化
【生产厂】［豫］河南郸城顺兴石油助剂有限公司〈P2226〉；［川］成都嘉茂化工实业有限公司〈P2311〉；四川光亚科技股份有限公司〈P2334〉

油水分离剂 P12053601
Oil-water separating agent
用于二次采油油水混合物的油水分离
【生产厂】［冀］河间市蓝星化工有限公司〈P1656〉；［鄂］武汉市江润精细化工有限责任公司〈P2233〉；湖北省化学研究院〈P2228〉

咪唑啉缓蚀剂；环烷酸咪唑啉 P12053801
Imidazoline inhibitor
用于炼油装置、乙烯裂解装置、油田开采设备管线的防腐
【生产厂】［鲁］东营东方化学工业有限公司（1000 吨）〈P2081〉

污油处理剂 P12053901
Dirty oil treatment agent
采用"促进+破乳"之方法，对国内炼油厂水净化过程中产生的污油产品进行破乳脱水处理
【生产厂】［津］天津市万丰顺科贸发展有限责任公司〈P1606〉

钻井液用褐煤树脂 P12054001
Walchowite for drilling fluid
【生产厂】［黑］牡丹江市华新化工助剂有限责任公司〈P1723〉；［新］新疆天山建材集团精细化工有限责任公司〈P2364〉

木质素磺酸钠；分散剂 CMN；分散剂 M-9 P13010101
Sodium lignosulfonate [8061-51-6]
用作混凝土减水剂、石油钻井泥浆分散剂、印染扩散剂等
【生产厂】［吉］图们市石岘前进化工股份合作公司〈P1719〉；［苏］江阴市盛通化工有限公司〈P1871〉；江苏飞翔化工（张家港）有限公司〈P1893〉；江苏省新沂市经纬化工有限公司〈P1793〉；［豫］安阳市双环助剂有限责任公司（6000 吨）〈P2209〉；［鄂］武汉华东化工有限公司〈P2230〉
【使用厂】［鲁］山东博丰植保药业有限公司〈P2051〉

改性木质素磺酸钠 P13010102
Sodium lignosulfonate, modified
【生产厂】［苏］江苏飞翔化工（张家港）有限公司〈P1893〉；［豫］安阳市助剂厂〈P2210〉

木质素磺酸盐 P13010151
Ligninsulfonate
用作混凝土减水剂，还可广泛用作冶炼、陶瓷、混凝土、印染、耐火材料、石油行业的黏合剂、增强剂等
【生产厂】［津］天津市利建特种建筑材料有限公司（2 万吨）〈P1598〉；［苏］江苏省新沂市经纬化工有限公司〈P1793〉；［粤］江门甘蔗化工厂（集团）股份有限公司〈P2285〉

木质素磺酸钙；木钙 P13010201
Calcium lignosulfonate [8061-52-7]
用作水泥减水剂
【生产厂】［津］天津市塘沽恒利化工厂〈P1603〉；［吉］图们市石岘前进化工股份合作公司〈P1719〉；［黑］牡丹江市红旗化工厂（8000 吨）〈P1723〉；［苏］江苏省新沂市经纬化工有限公司〈P1793〉；［豫］巩义市神都耐材有限公司〈P2164〉；巩义市丰东耐材化工有限公司（1000 吨）〈P2162〉；巩义市三和耐火材料有限公司〈P2163〉；［鄂］武汉华东化工有限公司〈P2230〉；［粤］广州造纸有限公司（2 万吨）〈P2268〉

碱木质素 P13010251
Alkali lignin
用作型煤造气黏结剂、水煤浆分散剂、水泥助磨剂、陶瓷及耐火材料增强剂、复合肥及氮肥生产造粒剂等
【生产厂】［鄂］武汉华东化工有限公司〈P2230〉

酸化木质素 P13010291
Acidification lignin
是一种陶瓷添加剂成分和优质的有机肥料
【生产厂】［鄂］武汉华东化工有限公司〈P2230〉

高效减水剂 P13010401
Slushing agent, high efficiency
适用于配置泵送、流态、高强等各种混凝土
【生产厂】［京］北京新世纪京喜防水材料有限责任公司〈P1563〉；［津］天津市环河化工有限公司〈P1590〉；天津豹鸣股份有限公司（6000 吨）〈P1570〉；天津市双雍减水剂有限公司（3000 吨）〈P1602〉；天津市雍阳减水剂厂（10 万吨）〈P1611〉；天津市双佳减水有限责任公司（1000 吨）〈P1602〉；［晋］太原市美宏佳化工有限公司〈P1671〉；山西省万荣县上朝黄河化工厂〈P1680〉；［沪］上海锦山化工有限公司〈P1745〉；［苏］苏州市兴邦化学建材有限公司〈P1906〉；［浙］浙江五龙化工股份有限公司（1 万吨）〈P1947〉；［鲁］济南裕兴化工总厂裕新化工厂（3000 吨）〈P2027〉；青州市同盛建材有限公司（6000 吨）〈P2093〉；莱芜市汶河化工有限公司〈P2140〉；［豫］安阳市双环助剂有

限责任公司(4000 吨)〈P2209〉;安阳市助剂厂〈P2210〉;[川]成都川峰化学工程有限责任公司〈P2310〉;华西(四川彭山)混凝土外加剂有限公司〈P2332〉;[滇]云南绿色高新材料股份有限公司〈P2341〉;[甘]兰州嘉利化工厂(100 吨)〈P2355〉;[新]新疆天山建材集团精细化工有限责任公司〈P2364〉
【使用厂】[鲁]泰安市新建助剂有限公司〈P2138〉

高效减水剂 FDN P13010501
High efficiency slushing agent FDN
用于制作水泥预制件
【生产厂】[苏]江苏海润化工有限公司〈P1816〉;[豫]安阳市助剂厂〈P2210〉;[湘]湖南省白银新材料有限公司〈P2254〉

减水剂 P13010601
Slushing agent
用于混凝土中能大量减少混凝土拌合用水,具有吸附、分散湿润、润滑等作用
【生产厂】[京]北京市方兴化学建材有限公司〈P1559〉;[晋]山西省万荣县上朝黄河化工厂〈P1680〉;[沪]上海天坛助剂有限公司〈P1767〉;上海五四助剂总厂(1 万吨)〈P1770〉;[苏]江苏省新沂市经纬化工有限公司〈P1793〉;[皖]安徽省庐江矾矿〈P1984〉;[鲁]淄博永超化工有限公司〈P2075〉;青岛大润化工有限公司〈P2033〉;莱芜市汶河化工有限公司(2 万吨)〈P2140〉;[豫]平顶山市神翔化工厂(1 万吨)〈P2192〉;平顶山市奥思达化学助剂厂(5000 吨)〈P2191〉;[粤]深圳市迈地砼外加剂有限公司〈P2271〉;广东柯杰外加剂科技有限公司〈P2290〉;[川]华西(四川彭山)混凝土外加剂有限公司〈P2332〉;[滇]云南绿色高新材料股份有限公司〈P2341〉

早强高效减水剂 P13010902
High efficiency early-strength slushing agent
【生产厂】[津]天津市环河化工有限公司〈P1590〉;[赣]江西科源新材料科技有限公司〈P2008〉;[川]成都川峰化学工程有限责任公司〈P2310〉;[滇]云南绿色高新材料股份有限公司〈P2341〉

木质素磺酸钾 P13011001
Potassium lignosulfonate
用作石油钻井助剂
【生产厂】[吉]图们市石岘前进化工股份合作公司〈P1719〉

陶瓷泥浆减水剂 P13011301
Slushing agent for ceramics slurry
能增强泥浆流动性,降低成本,缩短球磨时间
【生产厂】[鲁]青岛永兴泡花碱有限公司(2000 吨)〈P2046〉;[粤]广东省佛山市中发水玻璃厂〈P2291〉

减水剂 SN-Ⅱ P13011401
Slushing agent SN-Ⅱ
用于建筑行业
【生产厂】[沪]上海五四助剂总厂(2000 吨)〈P1770〉

萘系高效减水剂 P13011501
Naphthalene series high efficiency slushing agent
【生产厂】[沪]上海宝山万宇建筑外加剂厂〈P1728〉;[豫]平顶山市奥思达化学助剂厂(1 万吨)〈P2191〉;[川]华西(四川彭山)混凝土外加剂有限公司〈P2332〉

混凝土缓凝高效减水剂 P13011921
Slow setting slushing agent for concrete, high efficiency
用于建筑混凝土
【生产厂】[津]天津市环河化工有限公司〈P1590〉;[晋]万荣县荣河康达化工厂〈P1680〉;[沪]上海宝山万宇建筑外加剂厂〈P1728〉;[苏]江苏海润化工有限公司(5000 吨)〈P1816〉;[鲁]济南裕兴化工总厂裕新化工厂(3000 吨)〈P2027〉;临朐县第一化工厂〈P2090〉;[湘]湖南省白银新材料有限公司〈P2254〉;[粤]广东建科防水防腐材料开发有限公司〈P2259〉;[川]华西(四川彭山)混凝土外加剂有限公司〈P2332〉

混凝土早强减水剂 P13012001
Early-strength slushing agent for concrete
用于混凝土
【生产厂】[津]天津豹鸣股份有限公司〈P1570〉;[晋]万荣县荣河康达化工厂〈P1680〉;[鲁]淄博永超化工有限公司〈P2075〉;临朐县第一化工厂〈P2090〉;[湘]湖南省白银新材料有限公司〈P2254〉;[川]华西(四川彭山)混凝土外加剂有限公司〈P2332〉;[甘]兰州嘉利化工厂(100 吨)〈P2355〉

混凝土复合早强剂 P13012101
Compound early-strength admixture for concrete
【生产厂】[晋]万荣县荣河康达化工厂〈P1680〉;[沪]上海宝山万宇建筑外加剂厂〈P1728〉;[湘]湖南省白银新材料有限公司〈P2254〉

混凝土高效减水剂 P13012201
High efficiency slushing agent for concrete
用作混凝土添加剂
【生产厂】[晋]山西远征化工有限责任公司〈P1680〉;[吉]吉化集团吉林市星云工贸有限公司〈P1715〉;[沪]上海宝山万宇建筑外加剂厂〈P1728〉;上海花王化学有限公司〈P1737〉;[皖]合肥精汇化工研究所〈P1972〉;[鲁]济南裕兴化工总厂裕新化工厂(3000 吨)〈P2027〉;桓台县聚鑫福利化工厂〈P2049〉;泰安市亚特尔化工建材有限公司〈P2138〉

混凝土减水剂 P13012301
Slushing agent for concrete
用作混凝土的添加剂
【生产厂】[晋]山西远征化工有限责任公司〈P1680〉;[沪]上海华联建筑外加剂厂有限公司〈P1738〉;[鲁]淄博永超化工有限公司〈P2075〉;[豫]平顶山市奥思达化学助剂厂(8000 吨)〈P2191〉

复合缓凝减水剂 P13012501
Compound slow setting slushing agent
【生产厂】[赣]江西科源新材料科技有限公司〈P2008〉;[滇]云南绿色高新材料股份有限公司〈P2341〉

低氯低碱减水剂 P13012601
Low-chlorin and low-alkali slushing agent
用于各类工业与民用建筑、水利、港口、市政等工程建设中的预制和现浇混凝土、钢筋混凝土等
【生产厂】[浙]浙江五龙化工股份有限公司〈P1947〉

混凝土添加剂;混凝土外加剂 P13012800
Additive for concrete
广泛应用于建筑、铁路、水利、公路、桥梁等

建设

【生产厂】[京]北京纳美科技发展有限责任公司〈P1556〉;北京慕湖外加剂有限公司〈P1556〉;[津]天津市顺华外加剂有限公司(5万吨)〈P1602〉;[辽]大连喜立德建材有限公司〈P1694〉;[沪]上海新浦化工厂有限公司(1万吨)〈P1772〉;[苏]徐州市泉山区建材化工厂(2万吨)〈P1796〉;[浙]杭州国电水利电力工程有限公司大坝安全工程公司〈P1917〉;浙江五龙化工股份有限公司(2万吨)〈P1947〉;[皖]安徽省振华工贸股份有限公司〈P1983〉;[闽]厦门冶建材料厂〈P1993〉;[鲁]济南惠泽新型建材有限公司(5000吨)〈P2022〉;滨州市胜达化工厂(2万吨)〈P2154〉;潍坊恒泰建材有限公司(5万吨)〈P2102〉;济宁市任城区福利精细化工厂(800吨)〈P2128〉;[豫]安阳市双环助剂有限责任公司〈P2209〉;安阳市助剂厂(5000吨)〈P2210〉;[滇]云南绿色高新材料股份有限公司〈P2341〉;[陕]西安市渤海化工有限公司(1万吨)〈P2349〉

混凝土养护剂　P13012801

Maintaining agent for concrete

用于混凝土表面养护,能节约养护费用,提高养护质量

【生产厂】[冀]石家庄市中伟建材有限公司(1万吨)〈P1632〉;[沪]上海宝山万宇建筑外加剂厂〈P1728〉;上海光铧科技有限公司〈P1735〉;[苏]江苏文昌电子化工有限公司〈P1842〉;[浙]浙江省海宁海龙化学有限责任公司〈P1944〉;[鲁]济南裕兴化工总厂裕新化工厂(1000吨)〈P2027〉;济南正恒聚氨酯材料有限公司〈P2027〉;淄博永超化工有限公司〈P2075〉;临朐县第一化工厂〈P2090〉;[粤]广东建科防水防腐材料开发有限公司〈P2259〉;深圳市迈地砼外加剂有限公司〈P2271〉;广东柯杰外加剂科技有限公司〈P2290〉

快速堵漏胶;快速堵漏剂　P13020101

Plugging adhesive,quick speed

可用于各种混凝土浇铸物、制品及构件的裂缝、孔洞、凹陷等防水堵漏及修补

【生产厂】[苏]苏州非金属矿工业设计研究院〈P1900〉;[闽]厦门冶建材料厂〈P1993〉

补漏王;堵漏王　P13020111

Repair the lear

用于屋面、水池、渠道补漏,金属、非金属、地下工程、隧道做防水层,地砖、瓷砖、玻璃、泡沫、布料粘贴

【生产厂】[京]北京中建海平防水材料有限公司〈P1566〉;[苏]无锡市诺亚防水材料有限公司〈P1878〉;苏州非金属矿工业设计研究院〈P1900〉;[湘]湖南省白银新材料有限公司〈P2254〉

无机防水堵漏材料　P13020191

Inorganic waterproof plugging material

主要用于地下建筑物、墙面、沟道、水池、卫生间等的防水、防渗堵漏

【生产厂】[沪]上海明固防水防腐工程有限公司〈P1754〉;[鲁]潍坊恒泰建材有限公司(5000吨)〈P2102〉;潍坊市金隆防水材料有限公司〈P2104〉;潍坊市宏源防水材料有限公司〈P2104〉;潍坊市华光防水材料有限公司〈P2104〉;潍坊兴源防水材料有限公司〈P2106〉;[鄂]武汉巨英超王高科技有限公司(1000吨)〈P2230〉;[甘]甘肃金环堵漏技术开发公司〈P2355〉

抗压密封剂　P13020401

Compression resistant sealant

广泛用于各种砖石、混凝土结构、建筑物内外墙和厕浴间等抗渗堵漏工程

【生产厂】[苏]苏州非金属矿工业设计研究院〈P1900〉

建筑防水剂　P13030201

Water-proofing agent for build

主要用于各种建筑上的防水、防潮、防污染

【生产厂】[晋]山西省万荣县上朝黄河化工厂〈P1680〉;[辽]沈阳市欧丽亚涂料有限公司〈P1688〉;[沪]上海建筑防水材料(集团)公司〈P1743〉;上海宝山万宇建筑外加剂厂〈P1728〉;[苏]苏州非金属矿工业设计研究院〈P1900〉;[鲁]泰安市新建助剂有限公司(2000吨)〈P2138〉;[豫]河南省沁阳市正大化工有限公司(400吨)〈P2194〉;[粤]广东建科防水防腐材料开发有限公司〈P2259〉;佛山市华联有机硅有限公司〈P2287〉

无甲醛抗水剂　P13030202

Water-resisting admixture,non-formaldehyde

用于造纸工业

【生产厂】[沪]上海东升高旭化工有限公司〈P1732〉;[苏]常州市武进运波化工有限公司〈P1855〉;[鲁]寿光鑫龙化工厂〈P2100〉

抗水剂　P13030301

Water-resistant agent

用作防水添加剂或表面处理剂

【生产厂】[沪]上海格伦化学有限公司〈P1734〉;上海联胜化工有限公司〈P1751〉;[鲁]兖州市恒源化工有限责任公司(300吨)〈P2134〉;[豫]巩义市凌云胶粘剂厂〈P2163〉;安阳市郊中原助剂厂(2000吨)〈P2209〉;[桂]桂林市奥康化工技术有限公司〈P2299〉

甲基硅酸钠　P13030401

Methanesiliconic acid sodium salt

用作建筑防水剂

【生产厂】[京]蓝星化工新材料股份有限公司〈P1567〉;[吉]磐石市大田化工助剂研究所〈P1717〉;吉林华丰有机硅有限公司〈P1715〉;[沪]上海树脂厂有限公司〈P1764〉;[鲁]济南国邦化工有限公司〈P2021〉

有机硅防水剂;有机硅外墙防水剂　P13030402

Organosilicon water-proofing agent

广泛用于混凝土、灰泥制品、屋瓦、砖块及无机材料的防水处理,建筑物外墙、屋顶、地坪的憎水、防潮处理等

【生产厂】[京]北京东方锐波化工厂(120吨)〈P1546〉;北京城燕佳涂料技术开发中心〈P1545〉;[沪]上海长风化工厂〈P1729〉;上海汇丽集团有限公司〈P1741〉;[苏]南京永丰化工有限责任公司〈P1791〉;常州光辉化工有限公司〈P1847〉;常州市嘉诺有机硅有限公司〈P1852〉;武进芙蓉嘉诺磷化材料厂〈P1864〉;苏州非金属矿工业设计研究院〈P1900〉;[浙]杭州包尔得有机硅有限公司〈P1915〉;浙江省海宁海龙化学有限责任公司〈P1944〉;[赣]江西玉龙防水材料厂〈P2009〉;江西星火化工厂〈P2012〉;[鲁]济南国邦化工有限公司〈P2021〉;青州市利达防水材料有限公司(600吨)〈P2093〉;山东鲁岳化工有限公司(100吨)〈P2136〉;[豫]郑州市候砦装饰防水防腐材料厂〈P2173〉;[鄂]湖北永阳防水材料股份有限公司〈P2245〉;[粤]广州聚成兆业有机硅原料中心〈P2262〉;顺德合胜化工实业有限公司〈P2292〉;[川]中蓝晨光化工研究院〈P2320〉

复合型高效有机硅防水剂 P13030403

Organosilicon water-proofing agent, high efficiency complex type

【生产厂】[皖]蚌埠市金星有机硅材料厂〈P1975〉;[赣]江西科源新材料科技有限公司〈P2008〉

水泥密封防水剂 M1500;M1500 防水剂 P13030701

Water proofing sealing agent M1500

主要用于一般水泥建筑物,亦可用于大型特殊工程及储藏建筑物的防水防潮,对于地下室的防水、防潮有显著效果

【生产厂】[苏]苏州非金属矿工业设计研究院〈P1900〉;[浙]乐清市今升有机化工有限公司(300 吨)〈P1936〉;[鲁]淄博永超化工有限公司〈P2075〉;[滇]杨林工业开发区汕滇药业有限公司〈P2340〉

防水油膏;防水胶泥 P13030801

Water-proofing ointment

用于建筑防水

【生产厂】[沪]上海侨茂建筑防水材料有限公司〈P1757〉;[鲁]东营市华星防水材料厂〈P2082〉

强力堵漏防水剂 P13030851

Sealing leakage and water-proofing agent, mightiness

适用于各种砖石、混凝土结构建筑物的防水和修缮

【生产厂】[京]北京世纪洪雨防水材料有限责任公司〈P1558〉;北京洪雨防水建筑装饰工程公司〈P1549〉;北京金盾时代防水材料有限公司〈P1552〉;北京世纪蓝箭防水材料有限公司〈P1558〉;北京中核研技术有限公司〈P1566〉;北京世纪星防水工程有限公司〈P1558〉;北京朗坤防水材料有限公司〈P1554〉;[闽]惠安新型建材厂〈P1999〉;[粤]广东建科防水防腐材料开发有限公司〈P2259〉

防水隔热粉;青石粉;魔粉 P13030901

Water-proof heat insulation powder

适用于浴池、卫生间、地下室等墙面的防水

【生产厂】[赣]江西玉龙防水材料厂〈P2009〉

混凝土抗渗剂 P13031201

Concrete antiseepage agent

适用于有较高防水要求的混凝土、商品混凝土、钢筋混凝土及预应力钢筋混凝土等

【生产厂】[沪]上海华联建筑外加剂厂有限公司〈P1738〉

砂浆防潮防水剂 P13050101

Dampproof and water-proofing agent for mortar

用于地下室、浴室、卫生间、蓄水池、水族馆、游泳池、隧道以及屋面、地面、墙壁等建筑物的防潮、防渗和防水

【生产厂】[湘]湖南省白银新材料有限公司〈P2254〉;[粤]深圳市迈地砼外加剂有限公司〈P2271〉

聚合物水泥砂浆防水胶 P13050151

Polymer water-proof adhesive of cement mortar

主要用于防潮、抗渗、堵漏

【生产厂】[京]北京中核研技术有限公司〈P1566〉;[赣]江西科源新材料科技有限公司〈P2008〉;[粤]顺德合胜化工实业有限公司〈P2292〉

混凝土高效复合抗裂防水剂 P13050201

High-efficiency compound anti-cracking and water-proofing agent for concrete

用于建筑工业

【生产厂】[苏]江苏海润化工有限公司〈P1816〉;[皖]安徽省庐江矾矿(2 万吨)〈P1984〉;[赣]江西科源新材料科技有限公司〈P2008〉;[鲁]临朐县第一化工厂〈P2090〉;[湘]湖南省白银新材料有限公司〈P2254〉;[粤]广东建科防水防腐材料开发有限公司〈P2259〉

混凝土防水剂 P13050251

Water-proofing agent for concrete

可用来配制防水砂浆和防水混凝土,适用于工业与民用建筑地下室、地下坑道、水池、水塔、设备基础的刚性防水

【生产厂】[京]北京慕湖外加剂有限公司〈P1556〉;[苏]苏州非金属矿工业设计研究院〈P1900〉;[鲁]淄博永超化工有限公司〈P2075〉;桓台县聚鑫福利化工厂〈P2049〉;[川]成都川峰化学工程有限责任公司〈P2310〉

混凝土复合防冻早强剂 P13050401

Compound antifreezing early-strength admixture for concrete

【生产厂】[津]天津市环河化工有限公司〈P1590〉;天津市自强化工厂第二分厂(1000 吨)〈P1614〉;[晋]万荣县荣河康达化工厂〈P1680〉;[沪]上海宝山万宇建筑外加剂厂〈P1728〉;[赣]江西科源新材料科技有限公司〈P2008〉;[鲁]淄博永超化工有限公司〈P2075〉;青州市同盛建材有限公司〈P2093〉;临朐县第一化工厂〈P2090〉;寿光市利飞混凝土外加剂有限公司〈P2100〉;泰安市亚特尔化工建材有限公司〈P2138〉;[湘]湖南省白银新材料有限公司〈P2254〉

混凝土防冻剂 P13050501

Concrete antifreezing agent

适用于气温-15℃以上的各种现浇,泵送混凝土的施工,是解决泵送、防冻等技术要求的多功能复合外加剂

【生产厂】[京]北京新华福兴工贸有限公司〈P1563〉;北京慕湖外加剂有限公司〈P1556〉;[津]天津市环河化工有限公司〈P1590〉;[沪]上海华联建筑外加剂厂有限公司〈P1738〉;[鲁]淄博永超化工有限公司〈P2075〉;泰安市新建助剂有限公司(3000 吨)〈P2138〉

聚氨酯色膏 P13060301

Color cream for polyurethane materials

主要用于聚氨酯材料的配色

【生产厂】[粤]广州经丰纬聚氨酯有限公司〈P2262〉

脱模剂;隔离剂 P13070201

Demolding agent

适用于钢模、木模等与混凝土表面的脱模

【生产厂】[津]天津市振达化工有限公司(1000 吨)〈P1613〉;天津市兴玉工贸有限公司〈P1609〉;[冀]河北省化学工业研究院〈P1621〉;[晋]山西省万荣县上朝黄河化工厂〈P1680〉;[沪]上海华联建筑外加剂厂有限公司〈P1738〉;上海天坛助剂有限公司〈P1767〉;[苏]曼德瑞(无锡)科技有限公司〈P1872〉;宜兴市远东化工有限公司〈P1888〉;宜兴市范道有机化工厂〈P1884〉;苏州市兴业化工有限公司〈P1906〉;[皖]安徽省蚌埠市鑫盛精细化工有限责任公司〈P1975〉;[闽]厦门市豪尔化工有限公司〈P1992〉;[鲁]淄博永超化工有限公司〈P2075〉;青州金水盈化工有限公司

(100 吨)〈P2091〉;烟台宏泰达有限公司〈P2117〉;山东省莱阳经济技术开发区博丰化工厂〈P2114〉;[豫]许昌七星化工有限公司(200 吨)〈P2218〉;黎明化工研究院(600 吨)〈P2181〉;[粤]广州聚成兆业有机硅原料中心〈P2262〉;深圳市蛇口三力有机硅材料有限公司〈P2272〉;广东柯杰外加剂科技有限公司〈P2290〉;佛山市顺德区佳力精细化工有限公司〈P2289〉;[桂]桂林市奥康化工技术有限公司〈P2299〉;[川]中美合资迪邦(泸州)化工有限公司〈P2323〉

水泥制品脱模剂;填缝剂　P13070301
Release agent for cement products
【生产厂】[辽]沈阳市欧丽亚涂料有限公司〈P1688〉;[鲁]青岛德慧精细化工有限公司〈P2033〉;[豫]河南省惠康实业总公司〈P2167〉

混凝土脱模剂　P13070401
Release agent for concrete produts
用于自然养护混凝土制品模板脱模
【生产厂】[晋]万荣县荣河康达化工厂〈P1680〉;[沪]上海光铧科技有限公司〈P1735〉;上海花王化学有限公司〈P1737〉;[赣]江西科源新材料科技有限公司〈P2008〉;[鲁]济南裕兴化工总厂裕新化工厂(2000 吨)〈P2027〉;桓台县聚鑫福利化工厂〈P2049〉;临朐县第一化工厂〈P2090〉

高效外墙防水剂　P13090101
Water-proofing agent for exterior wall, high efficiency
可用于混凝土、灰泥制品、屋瓦、砖块及无机材料的防水处理
【生产厂】[闽]惠安新型建材厂〈P1999〉;[粤]顺德合胜化工实业有限公司〈P2292〉

微沫剂;砂浆外加剂　P13090201
Agent, micro foam
用在砌筑砂浆中取代生石灰
【生产厂】[沪]上海宝山万宇建筑外加剂厂〈P1728〉;[鲁]济南裕兴化工总厂裕新化工厂(5000 吨)〈P2027〉;淄博永超化工有限公司〈P2075〉;[豫]河南省平顶山市新华特种建材厂(2000 吨)〈P2191〉

高效砂浆塑化剂;塑化剂　P13090210
High-efficiency mortar plasticizer
用于混凝土工程
【生产厂】[津]天津市环河化工有限公司〈P1590〉
【使用厂】[鲁]济南惠泽新型建材有限公司〈P2022〉

静态破碎剂;破碎剂　P13090301
Static crushing agent
用于混凝土和砖石结构物的破碎拆除及各种岩石的破碎或切割
【生产厂】[豫]南阳神力静态破碎剂厂(1000 吨)〈P2224〉

水泥添加剂　P13090501
Additive for cement
【生产厂】[津]天津华孚油田化学股份有限公司(2 万吨)〈P1573〉;[鲁]淄博昊强化工有限责任公司〈P2061〉;临淄鑫安化工厂〈P2050〉;山东寿光绿洲化工有限公司〈P2098〉;山东寿光绿洲皮革塑料有限公司(8200 吨)〈P2098〉

嵌缝剂　P13090701
Joint filling agent
主要用于各种釉面砖、大理石、花岗石等材料缝道的勾嵌
【生产厂】[京]北京新华福兴工贸有限公司〈P1563〉;[沪]上海宝山万宇建筑外加剂厂〈P1728〉

骨粘固剂;骨水泥　P13090901
Bone cement
【生产厂】[津]天津市合成材料工业研究所(3 万盒)〈P1589〉;[苏]昆山市大进齿科材料有限公司〈P1896〉

速凝剂;速凝止水剂　P13091001
Accelerating agent
用于水池、水塔、油库、桥梁、矿井、屋面等防水堵漏
【生产厂】[晋]山西省万荣县上朝黄河化工厂〈P1680〉;万荣县荣河康达化工厂〈P1680〉;[沪]上海华联建筑外加剂厂有限公司〈P1738〉;[皖]安徽省庐江矾矿(2 万吨)〈P1984〉;[滇]云南绿色高新材料股份有限公司〈P2341〉

混凝土速凝剂　P13091051
Concrete accelerator
适合于铁路、地铁、公路遂道施工中的混凝土喷锚作业及矿山、建筑中急需加固的混凝土工程等
【生产厂】[沪]上海宝山万宇建筑外加剂厂〈P1728〉;[鲁]淄博同洁化工有限公司(5000 吨)〈P2073〉;淄博永超化工有限公司〈P2075〉;[川]华西(四川彭山)混凝土外加剂有限公司〈P2332〉

混凝土道路嵌缝胶　P13091071
Caulked joint adhesive for concrete road
【生产厂】[京]北京双棱高温防腐材料研究所〈P1562〉;[鲁]济南正恒聚氨酯材料有限公司〈P2027〉

HN-800 复合硅酸盐保温节能材料　P13091101
Insulation material (HN-800), complex silicate
用于热力设备管道保温
【生产厂】[黑]哈尔滨市永兴密封保温材料厂〈P1720〉

复合二硅酸　P13091131
Compound disilicic acid
用于洗衣粉和洗涤剂生产,也可用于铸造和耐火材料等行业
【生产厂】[渝]重庆胜利化工厂〈P2306〉

硅酸铝保温材料　P13091151
Aluminum silicate heat preservation materials
适合于热力设备和管道高温部位的填充绝热和保温
【生产厂】[冀]沧州市恒利化工有限公司〈P1652〉;河间市庆丰石棉化工有限公司〈P1656〉;河间市聚源耐火保温材料厂〈P1655〉;廊坊市华能新型建材有限公司〈P1661〉;[青]青海黎明化工有限责任公司〈P2359〉

防水复合硅酸盐制品　P13091191
Waterproof complex silicate products
广泛应用于石油、化工、船舶、交通、热电、建筑等行业
【生产厂】[冀]沧州市恒利化工有限公司〈P1652〉;河间华天

橡塑有限公司〈P1655〉

混凝土膨胀剂 P13091201

Plumping agent for concrete

【生产厂】[京]北京慕湖外加剂有限公司〈P1556〉;[津]天津豹鸣股份有限公司(20 万吨)〈P1570〉;[晋]山西省万荣县上朝黄河化工厂〈P1680〉;万荣县荣河康达化工厂〈P1680〉;[鲁]淄博永超化工有限公司〈P2075〉;寿光市利飞混凝土外加剂有限公司〈P2100〉

膨胀剂 P13091251

Expanding agent

【生产厂】[沪]上海宝山万宇建筑外加剂厂〈P1728〉;[皖]安徽省庐江矾矿(2 万吨)〈P1984〉

水泥助磨剂 P13091401

Grinding aid of cement

用作水泥研磨添加料,能提高研磨速度,增加细度,提高水泥强度

【生产厂】[辽]瓦房店正大融雪剂厂(6 万吨)〈P1695〉;[鲁]山东寿光绿洲皮革塑料有限公司(5000 吨)〈P2098〉;[豫]卫辉市姜源矿业化工厂(5000 吨)〈P2203〉

水下不分散混凝土絮凝剂 P13091601

Flocculant of concrete, underwater keep together

【生产厂】[津]天津市塘沽恒利化工厂〈P1603〉;[湘]湖南省白银新材料有限公司〈P2254〉

螺栓松动剂 P13091701

Bolt relax agent

适用于机动车辆、铁路桥梁、船舶、油灌车、汽车、拖拉机、农机具等钢铁结构的螺丝联结处的解体

【生产厂】[京]北京保时洁精细化工有限公司〈P1544〉;[晋]五台县化肥厂〈P1676〉;山西省万荣县上朝黄河化工厂〈P1680〉;万荣县荣河康达化工厂〈P1680〉;[吉]吉化集团吉林市星云工贸有限公司〈P1715〉;[鲁]胜利油田集兴石化安装有限公司气雾剂厂(700 吨)〈P2087〉;青岛德慧精细化工有限公司(30 吨)〈P2033〉;[豫]郑州博路化工科技有限公司(800 吨)〈P2169〉;[陕]陕西科信化工新材料有限公司〈P2346〉

螺栓高温防烧剂 P13091751

Bolt high temperature antistokes agent

适用于各种金属螺栓和组件,能有效防止高温介质下烧结咬死

【生产厂】[冀]河北省沧州汇鑫防烧剂厂〈P1654〉

通用石材防护剂 P13092101

Pretective agent for universal rock material

能与石材内部的硅酸盐物质形成防水膜,起到长期的防水防污作用

【生产厂】[沪]上海古龙防水科技有限公司〈P1734〉;[粤]广州市白云化工实业有限公司〈P2263〉

砂浆增效剂 P13092301

Slurry synergist

建筑上用于砌筑、抹灰

【生产厂】[赣]江西科源新材料科技有限公司〈P2008〉;[鲁]济南惠泽新型建材有限公司(5000 吨)〈P2022〉

混凝土快速修补剂 P13092601

Concrete quickspeed repairing agent

用于水泥混凝土快速修补及有快速要求的大面积水泥混凝土工程等

【生产厂】[皖]安徽省庐江矾矿〈P1984〉;[鲁]济南正恒聚氨酯材料有限公司〈P2027〉

有机硅混凝土增强剂 P13092701

Organosilicon concrete intensifier

用于各种混凝土构件及混凝土工程,能明显提高混凝土强度

【生产厂】[浙]浙江省海宁海龙化学有限责任公司〈P1944〉

锚固剂 P13092801

Anchoring agent

适用于铁路、隧道、引水隧道、煤矿、桥墩加固、冶金矿山等地下工程用锚杆进行支护围岩的快速施工

【生产厂】[晋]山西省万荣县上朝黄河化工厂〈P1680〉;万荣县荣河康达化工厂〈P1680〉;[沪]上海汇丽集团有限公司〈P1741〉;[浙]杭州国电水利电力工程有限公司大坝安全工程公司〈P1917〉

金属表面处理剂 P14010000

Metal surface treatment agent

用于金属表面脱脂清洗、磷化、铬化、钝化等

【生产厂】[津]天津市大韩化工有限公司(600 吨)〈P1583〉;[沪]上海光耀特种涂料有限公司〈P1735〉;上海洁安精细化工有限公司〈P1744〉;[苏]常州市铸航化工有限公司〈P1857〉;[鲁]莱州市晨宏化工有限公司(150 吨)〈P2109〉;[豫]郑州正源涂装材料有限公司(3000 吨)〈P2175〉;[鄂]武汉现代工业技术研究院〈P2234〉;十堰市香亭实业发展有限公司〈P2239〉;[粤]深圳市东方亮化学材料有限公司〈P2270〉;深圳市长先科技实业有限公司(500 吨)〈P2270〉;南海市达克罗金属涂覆有限公司〈P2291〉;中山市孙大化工科技有限公司〈P2283〉;[渝]重庆帕卡濑精有限公司〈P2306〉

工业羊毛脂 P14010101

Industrial lanolinum

用作防锈添加剂、润滑剂、橡胶乳化剂

【生产厂】[沪]上海联化化工有限公司(150 吨)〈P1751〉;[苏]吴江市繁荣化工有限公司(1000 吨)〈P1910〉

【使用厂】[豫]安阳市健美日化有限责任公司〈P2209〉

冲压防锈油 P14010201

Pressing antirust oil

适用于普通金属部件的压制润滑和工序间防锈

【生产厂】[沪]上海荣晟精细化工有限公司〈P1758〉;上海帕卡兴产化工有限公司〈P1755〉

气相防锈油 P14010301

Rust preventing oil, gas phase

适用于密闭金属件内部的气相防锈及钢板的油相防锈,对锌、黄铜表面稍有影响

【生产厂】[沪]上海帕卡兴产化工有限公司〈P1755〉;[苏]苏州特种化学品有限公司(100 吨)〈P1906〉

防锈油 P14010700

P

Rust preventing oil

用于各种钢铁成品、半成品、工具及仪器部件的防锈

【生产厂】[津]天津市宏伟精细化工有限公司(2000 吨)〈P1589〉;[冀]沧州华润化工有限公司〈P1651〉;沧州市大恒磷化有限公司〈P1652〉;[辽]营口石油化工有限公司〈P1704〉;营口星火化工有限公司〈P1705〉;大连中山化工有限公司〈P1695〉;丹东前阳宏达化工厂〈P1700〉;北宁市闾峰化工厂〈P1701〉;[沪]上海洁安精细化工有限公司〈P1744〉;上海锦辉润滑油厂〈P1745〉;上海帕卡兴产化工有限公司〈P1755〉;上海联化化工有限公司〈P1751〉;[苏]南京科润精细化工有限公司〈P1786〉;常州市康宝油脂化工有限公司〈P1852〉;无锡特种油品有限公司〈P1882〉;无锡市长润石油化工有限公司〈P1875〉;宜兴市月盛助剂有限公司〈P1888〉;苏州润达油脂化工有限公司〈P1902〉;启东尤希路化学工业有限公司〈P1837〉;[浙]杭州恒润凡士林制造有限公司(500 吨)〈P1918〉;嘉兴市八字长安油脂化工厂〈P1941〉;[鲁]北杉化学有限公司〈P2020〉;济南瑞孚润滑材料有限公司〈P2024〉;德州恒兴化学有限公司〈P2141〉;淄博三泰润滑油有限公司〈P2067〉;潍坊中业化学有限公司〈P2107〉;莱州市恒力达化工有限公司〈P2109〉;烟台恒鑫化工科技有限公司(1200 吨)〈P2117〉;青岛朗力防锈材料有限公司〈P2040〉;[豫]郑州正源涂装材料有限公司〈P2175〉;河南省安阳市航天涂料化工有限责任公司(700 吨)〈P2210〉;洛阳兴光机械辅材有限公司(800 吨)〈P2187〉;洛阳市龙门防锈润滑材料厂(1000 吨)〈P2185〉;西峡县三胜化工有限公司〈P2225〉

软膜防锈油 P14010701

Rust preventing oil, soft film

用作金属制品、钢板、金属工具的封存防锈

【生产厂】[沪]上海荣晟精细化工有限公司〈P1758〉;[鲁]烟台狮王石化工业有限公司〈P2118〉

静电喷涂防锈油 P14010751

Electrostatic spraying rust preventing oil

【生产厂】[沪]上海荣晟精细化工有限公司〈P1758〉;[鄂]武汉吉瑞化工科技有限公司〈P2230〉

防锈油 F201 P14011001

Antirust oil F201

用于钢、黄铜、紫铜等金属的长期油封

【生产厂】[苏]苏州特种化学品有限公司(1000 吨)〈P1906〉;如皋市万利化工有限责任公司〈P1838〉

防锈乳化油 P14011101

Antirust emulsified oil

在金属加工、切削等过程中用作冷却液

【生产厂】[京]北京东兴润滑剂有限公司〈P1547〉;[津]天津市振达化工有限公司(1000 吨)〈P1613〉;[冀]沧州华润化工有限公司〈P1651〉;[苏]南京科润精细化工有限公司〈P1786〉;无锡市高润杰化学有限公司〈P1875〉;苏州特种化学品有限公司(1000 吨)〈P1906〉;[鲁]临淄区银通助剂厂〈P2050〉

高效油溶性缓蚀剂 T711;*N*-油酰肌氨酸十八胺 P14011201

N-Oleo sarcosine octadecyl amine

用于军工封存油、机械工业防锈油或防锈润滑两用油,又可应用于溶剂型防锈漆中

【生产厂】[浙]浙江化工科技集团有限公司〈P1927〉;浙江化工科技集团有限公司精细化工厂〈P1927〉;宁海天成化学有限公司〈P1934〉

防锈脂 P14011301

Antirust grease

用于机床和各种金属产品的长期油封

【生产厂】[京]中国石化长城润滑油集团有限公司〈P1568〉;[苏]苏州特种化学品有限公司(100 吨)〈P1906〉

防锈松锈润滑剂 P14011521

Antirust lubricant

用于除锈防锈、润滑螺栓等紧固件

【生产厂】[沪]上海开达精细化工有限公司〈P1746〉;[赣]江西省宜春市瑞思博化工有限公司〈P2016〉;[粤]佛山市顺德区佳力精细化工有限公司〈P2289〉;顺德王田化工实业有限公司(10 万瓶)〈P2293〉

金属加工液用杀菌剂 P14011601

Germicide for metal working fluid

用于磨削液、切削液、压延液、轧制液等金属加工液的除臭防腐,能有效地杀死和抑制多种微生物

【生产厂】[京]北京天擎化工有限责任公司〈P1562〉;[苏]宜兴市月盛助剂有限公司〈P1888〉;[闽]福建省莆田凯松化工厂〈P1997〉

封存防锈油 P14011901

Sealing antirust oil

适用于钢铁和铜的封存防锈和磷化、发黑的后处理浸油

【生产厂】[苏]南京六联化工有限责任公司〈P1787〉;[鄂]武汉吉瑞化工科技有限公司〈P2230〉

环保型水性金属防锈剂 P14012001

Water-based metal antirust agent, environmental-protection type

可广泛用于钢铁等金属的防腐防锈

【生产厂】[京]北京金汇利应用化工制品有限公司〈P1552〉;[苏]无锡市申科日用化工有限公司〈P1879〉;徐州市龙圣漆业有限公司〈P1796〉;[桂]广西化工研究院-广西新晶科技有限公司〈P2296〉;[陕]西安昌泰化工厂〈P2347〉

多功能快速除锈剂 P14012102

Multi-functional quick rust remover

【生产厂】[京]北京奥宇可鑫表面工程技术有限公司〈P1543〉;[吉]吉化集团吉林市星云工贸有限公司〈P1715〉;[苏]南京中联信化工有限公司〈P1791〉

磷化表面调整剂 P14012121

Phosphatisation surface conditioning agent

用作锌系和锌锰系磷化前使用的金属表面调整剂

【生产厂】[浙]浙江星丰科技有限公司〈P1947〉;[鲁]莱州市化工三厂(10 吨)〈P2109〉

高效金属防锈剂 P14012151

Antirust agent for metal, high efficiency

对金属裸面有防潮、防锈等功能

【生产厂】[吉]吉化集团吉林市星云工贸有限公司〈P1715〉;[沪]上海开纳杰化工研究所〈P1747〉;上海浮岛化工有限公司〈P1733〉;上海振华科工贸有限公司〈P1778〉;[粤]好富顿(深圳)有限公司〈P2269〉;佛山市顺德区佳力精细化

工有限公司〈P2289〉;[渝]重庆长江造型材料有限责任公司〈P2304〉

脱水防锈油 P14012201

Dehydration antirust oil

用于脱水防锈和工序防锈,也可用于各种机械零件、部件和五金工具的封存防锈

【生产厂】[京]北京东兴润滑剂有限公司〈P1547〉;[津]天津市红岩化工厂分厂(600 吨)〈P1589〉;[沪]上海路丰助剂有限公司〈P1752〉;上海振华科工贸有限公司〈P1778〉;上海荣晟精细化工有限公司〈P1758〉;[苏]南京六联化工有限责任公司〈P1787〉;南京科润精细化工有限公司〈P1786〉;无锡市南生新材料有限公司〈P1878〉;[鲁]章丘市三行化工有限公司(10 吨)〈P2031〉;[湘]长沙军工民用产品研究所〈P2247〉

水基防锈剂 P14012301

Water-based antirust agent

可用于机械加工零件的工序间防锈或电镀零件的中间库存防锈

【生产厂】[沪]上海洁安精细化工有限公司〈P1744〉;上海开达精细化工有限公司〈P1746〉;上海荣晟精细化工有限公司〈P1758〉;[苏]南京科润精细化工有限公司〈P1786〉;无锡市南生新材料有限公司〈P1878〉;宜兴市月盛助剂有限公司〈P1888〉;张家港市威达科技有限公司〈P1914〉;[鲁]山东省临朐县华丰化工厂〈P2097〉;蓬莱市仙阁化工厂〈P2112〉;[陕]宝鸡市铁军化工防腐安装有限责任公司〈P2351〉

磨削油 P14012501

Grinding oil

【生产厂】[苏]无锡市南生新材料有限公司〈P1878〉;无锡市雷虹冷却液有限公司〈P1877〉;启东尤希路化学工业有限公司〈P1837〉

防锈剂 P14012601

Antirust agent

用于各类黑色金属设备、制品、物件、管道、材料等工序生产或出厂前防锈处理

【生产厂】[津]天津市天意防锈剂厂〈P1605〉;天津市兴玉工贸有限公司〈P1609〉;天津市红桥区天海油漆厂(100 吨)〈P1589〉;[辽]辽宁天合精细化工股份有限公司〈P1702〉;[沪]上海光耀特种涂料有限公司〈P1735〉;上海开达精细化工有限公司〈P1746〉;上海浮岛化工有限公司(1200 吨)〈P1733〉;上海妙克化学科技有限公司〈P1753〉;上海天坛助剂有限公司〈P1767〉;[苏]南京中联信化工有限公司〈P1791〉;丹阳市聚酯树脂总厂〈P1840〉;苏州申茂精细化工有限公司〈P1902〉;江苏宝应化工助剂厂〈P1815〉;[浙]建德市大康助剂厂〈P1926〉;[鲁]章丘市三行化工有限公司〈P2031〉;德州恒兴化学有限公司〈P2141〉;[豫]郑州博路化工科技有限公司〈P2169〉;开封市安迪电镀化工有限公司〈P2177〉;[鄂]武汉市智发科技开发有限公司〈P2233〉;[粤]广州洛德化工科贸有限公司〈P2262〉;深圳市长先科技实业有限公司〈P2270〉;深圳市丽英达化工有限公司〈P2271〉;中山市孙大化工科技有限公司〈P2283〉;[陕]宝鸡市铁军化工防腐安装有限责任公司〈P2351〉

【使用厂】[津]天津市红岩化工厂分厂〈P1589〉;[鲁]淄博惠华化工有限公司〈P2062〉

模具防锈剂 P14012631

Antirust agent for mould

用于各种金属制品、五金工具、高档模具的中长期防锈

【生产厂】[鲁]青岛德慧精细化工有限公司(30 吨)〈P2033〉

铝合金表面处理剂 P14012651

Surface treatment agent for aluminium alloy

适用于铝及合金表面、液体或粉体涂装前之防锈处理

【生产厂】[苏]苏州申茂精细化工有限公司〈P1902〉

钢铁表面处理液 P14012701

Surface treatment liquid for iron and steel

用于热轧板、热处理及高锈蚀度的钢铁零部件的处理

【生产厂】[津]天津市德宝隆化工涂料技术有限公司(500 吨)〈P1584〉;[沪]上海路丰助剂有限公司〈P1752〉;[豫]洛阳大学化学试剂厂(2000 吨)〈P2181〉

二壬基萘磺酸钡;添加剂 1215;防锈添加剂 T705 P14012801

Antirust additive T705

用作润滑油和润滑脂的防锈添加剂

【生产厂】[苏]常州太华化工原料有限公司〈P1857〉;无锡祁连石化有限公司〈P1874〉;苏州市浒墅关化工添加剂厂〈P1903〉;苏州市连海油脂化工有限公司〈P1904〉;苏州市三利特种添加剂有限公司〈P1904〉;苏州特种化学品有限公司〈P1906〉

铝及铝合金长寿命碱浸蚀剂 P14013401

Long-live basic etching agent for aluminum and aluminum alloy

用于铝表面处理

【生产厂】[沪]上海振华科工贸有限公司〈P1778〉;[豫]开封市电镀化工厂(50 吨)〈P2177〉

碱蚀剂 P14013451

Alkali etching agent

用于铝型材表面处理

【生产厂】[吉]磐石长城精细化工有限公司〈P1716〉

自干型防锈封闭剂 P14013601

Air-dry antirust encapsulant

适用于需保持金属部件原有面貌且增加光亮的小五金工具、刀具、量具的防锈

【生产厂】[沪]上海路丰助剂有限公司〈P1752〉;[苏]南京六联化工有限责任公司〈P1787〉

置换型防锈油 P14013700

Antirust oil, replace type

适用于钢、铁、铜合金、铝合金、镀锌钝化或镀镉钝化等各种金属制件及组合件

【生产厂】[辽]大连中山化工有限公司〈P1695〉;[苏]无锡市申科日用化工有限公司〈P1879〉;江苏省宜兴市永兴化工厂〈P1866〉;靖江恒丰化工有限公司〈P1824〉;[鲁]烟台狮王石化工业有限公司〈P2118〉

防锈切削油 P14013801

Antirust and cutting oil

用于碳钢、合金钢、不锈钢的车削、拉削、铣削、钻孔加工

【生产厂】[鲁]济南瑞孚润滑材料有限公司〈P2024〉;山东省

P

临朐县华丰化工厂〈P2097〉;[湘]衡阳市金化科技有限公司〈P2252〉

硬膜防锈油 P14014001

Antirust oil, hard coat

用于加工后的金属部件的防锈封存

【生产厂】[沪]上海荣晟精细化工有限公司〈P1758〉

高滴点油脂 P14014100

High drop point grease

用于钢丝、铝绞线等表面防腐、防锈

【生产厂】[浙]杭州恒润凡士林制造有限公司(800 吨)〈P1918〉

T701 防锈剂;701 防锈添加剂;石油磺酸钡 P14014301

Antirust agent T701; Barium petroleum sulfonate

具有良好的防锈效果,如同其他缓蚀剂复合使用,效果尤其显著

【生产厂】[冀]辛集市泰达石化有限公司〈P1634〉;辛集市天阳助剂有限公司〈P1634〉;[苏]无锡祁连石化有限公司〈P1874〉;苏州市浒墅关化工添加剂厂〈P1903〉;苏州市连海油脂化工有限公司〈P1904〉;苏州市三利特种添加剂有限公司〈P1904〉

【使用厂】[苏]苏州特种化学品有限公司〈P1906〉

T702 防锈剂;防锈剂 T702 P14014401

Antirust agent T702

用于调制切削油和各种乳化油及防锈油

【生产厂】[冀]辛集市泰达石化有限公司〈P1634〉;[苏]常州太华化工原料有限公司〈P1857〉;无锡祁连石化有限公司〈P1874〉;苏州市浒墅关化工添加剂厂〈P1903〉;苏州市连海油脂化工有限公司〈P1904〉;苏州市三利特种添加剂有限公司〈P1904〉

T704 防锈剂;防锈剂 T704 P14014601

Antirust agent T704

用于调制各种防锈油、防锈脂,与石油磺酸钡复合使用,调制铸铁防锈油

【生产厂】[冀]辛集市泰达石化有限公司〈P1634〉;[苏]苏州市三利特种添加剂有限公司〈P1904〉

苯并三氮唑;苯并三唑;防锈剂 T706;防锈剂 706 P14014701

Benzotriazole; Antirust agent T706 [95-14-7]

广泛用于金属的防锈和缓蚀剂,用于水质稳定剂、防锈油脂的制备,也可用作照相防灰防雾剂、气相防锈剂的合成

【生产厂】[冀]邯郸市宁成石油添加剂厂〈P1639〉;廊坊格瑞泰化工有限公司〈P1660〉;大城县广安化工有限公司〈P1658〉;河北瑞森化工有限公司〈P1659〉;[晋]天脊集团精细化工有限公司〈P1674〉;天脊煤化工集团有限公司〈P1674〉;[沪]上海美林康精细化工有限公司〈P1753〉;上海泰禾(集团)有限公司(3000 吨)〈P1767〉;上海南翔试剂有限公司(10 吨)〈P1754〉;[苏]南京纳科水处理技术有限公司〈P1787〉;南京宏桥精细化工科技开发有限公司(1000 吨)〈P1784〉;南京顺恒信化工有限公司〈P1789〉;南京神柏远东化工有限公司(1000 吨)〈P1788〉;丹阳市延中助剂有限公司〈P1841〉;常州中南化工有限公司〈P1858〉;常州源泉红光化工有限公司〈P1858〉;江苏鑫源生化科技发展有限公司〈P1866〉;[鲁]邹平县东方化工有限公司〈P2158〉;淄博市悦成化工有限公司〈P2071〉;泰安市大禹化工有限责任公司(100 吨)〈P2137〉;济宁新格瑞水处理有限公司(100 吨)〈P2129〉;鱼台县开元精细化工有限公司(200 吨)〈P2134〉;临沂金泰化工有限公司(2000 吨)〈P2147〉;山东省泰和水处理有限公司(50 吨)〈P2077〉;[豫]洛阳市洛滨化工有限公司〈P2185〉;洛阳市英东化工有限公司〈P2186〉;河南电力益源化工有限责任公司〈P2221〉;[鄂]孝感市龙马催化剂有限责任公司〈P2243〉

【使用厂】[辽]鞍山市新型水处理材料厂〈P1696〉;[粤]广州化学试剂厂〈P2261〉

苯并三氮唑钠 P14014702

Sodium benzotriazole

用作循环水处理药剂

【生产厂】[晋]天脊集团应用化工有限公司〈P1674〉;[苏]南京顺恒信化工有限公司〈P1789〉;南京神柏远东化工有限公司〈P1788〉

甲基苯并三氮唑;5-甲基-1,2,3-苯并三氮唑;TTA P14014711

5-Methylbenzotriazole [29385-43-1]

主要用作金属(银、铅、镍、锌、铜和铜金属)的防锈剂和缓蚀剂

【生产厂】[冀]河北沧州大化集团新星工贸有限责任公司(500 吨)〈P1653〉;[沪]上海美林康精细化工有限公司〈P1753〉;上海泰顿化工有限公司〈P1766〉;上海泰禾(集团)有限公司(5000 吨)〈P1767〉;[苏]南京纳科水处理技术有限公司〈P1787〉;南京宏桥精细化工科技开发有限公司(1000 吨)〈P1784〉;南京顺恒信化工有限公司(1500 吨)〈P1789〉;南京神柏远东化工有限公司〈P1788〉;常州源泉红光化工有限公司〈P1858〉;[鲁]泰安市大禹化工有限责任公司(80 吨)〈P2137〉;济宁新格瑞水处理有限公司(100 吨)〈P2129〉;临沂金泰化工有限公司(3000 吨)〈P2147〉;山东天立集团枣庄康净化工有限公司(1000 吨)〈P2078〉;[豫]洛阳市英东化工有限公司〈P2186〉;河南电力益源化工有限责任公司〈P2221〉;[鄂]孝感市龙马催化剂有限责任公司〈P2243〉

【使用厂】[苏]盐城市金雨科技有限公司〈P1811〉

甲基苯并三氮唑钠 P14014721

Sodium methylbenzotriazole

用作铜及铜合金的防锈缓蚀剂,亦可应用于不锈钢、铸铁、镉和镍合金的防护

【生产厂】[冀]河北沧州大化集团新星工贸有限责任公司(1000 吨)〈P1653〉;[沪]上海泰禾(集团)有限公司(5000 吨)〈P1767〉;[苏]南京顺恒信化工有限公司〈P1789〉;南京神柏远东化工有限公司〈P1788〉;[鲁]临沂金泰化工有限公司(1500 吨)〈P2147〉;[鄂]孝感市龙马催化剂有限责任公司〈P2243〉

5-氯苯并三氮唑 P14014751

5-Chlorobenzotriazole [94-97-3]

用作电镀添加剂

【生产厂】[赣]江西金海化工有限公司〈P2014〉

薄层防锈油 P14014801

Antirust oil, thin film

适用于铜、黄铜、紫铜、铝、镀锌、镀镉等各种金属制件及其组合件的长期和短期封存,亦可作工序间的防锈

【生产厂】[辽]营口市康如化工有限公司〈P1705〉;[苏]南京

科润精细化工有限公司〈P1786〉;常州太华化工原料有限公司〈P1857〉;张家港市威达科技有限公司〈P1914〉;苏州特种化学品有限公司(1000 吨)〈P1906〉;江苏宝应化工助剂厂〈P1815〉;[鲁]烟台狮王石化工业有限公司〈P2118〉;[川]成都蜀光石油化学有限公司〈P2315〉

超薄层防锈油 P14014851

Antirust oil,superthin layer

适用于各种金属工具和零部件的封存防锈

【生产厂】[苏]常州太华化工原料有限公司〈P1857〉;无锡市华润宝润滑油有限公司〈P1876〉

除锈剂 P14015101

Rust remover

用于去除各种钢铁零件上的铁锈

【生产厂】[京]北京雪莲涂料厂〈P1564〉;[津]天津市天意防锈剂厂(100 吨)〈P1605〉;天津市兆龙化工有限公司(200 吨)〈P1613〉;[冀]沧州市大恒磷化有限公司〈P1652〉;[辽]大连万达试剂厂〈P1694〉;[沪]上海洁安精细化工有限公司〈P1744〉;[苏]无锡市申科日用化工有限公司〈P1879〉;射阳永双助剂有限公司〈P1809〉;盐城市金雨科技有限公司〈P1811〉;[浙]建德市大康助剂厂〈P1926〉;舟山市海星科技服务公司〈P1959〉;浙江省黄岩利民电镀材料有限公司〈P1966〉;[鲁]德州恒兴化学有限公司〈P2141〉;[豫]郑州正源涂装材料有限公司〈P2175〉;[粤]珠海市裕洲精细化工有限公司〈P2275〉

防渗剂 P14015201

Anti-seepage agent

用于金属热处理加工

【生产厂】[鲁]淄博永超化工有限公司〈P2075〉;[豫]洛阳市洛龙区龙门渗剂厂(200 吨)〈P2185〉

长效防锈剂 P14015401

Longacting antirust agent

适用于钢材设备、锅炉、换热器、采暖系统及其他机器零部件的防锈

【生产厂】[苏]南京科润精细化工有限公司〈P1786〉;[粤]佛山市顺德区佳力精细化工有限公司〈P2289〉

高效水箱防锈剂 P14015501

High-efficiency antirust agent for water box

广泛适用于各种汽车、拖拉机、内燃电机组等的冷却系统

【生产厂】[晋]万荣县荣河康达化工厂〈P1680〉

光亮清洗剂;铝材清洗剂 P14020101

Cleaning agent,brightness

具有脱脂和去除氧化膜双重作用,尤其适合用废杂铝生产的铝型材前处理

【生产厂】[浙]浙江黄岩精细化学品集团有限公司〈P1964〉;[皖]天长市华锦防腐清洗材料厂〈P1983〉;[鄂]武汉国利精细化工有限公司〈P2229〉

水基金属清洗剂 P14020201

Cleaner for water-based metal

用于机械、仪表等行业清洗油污

【生产厂】[京]北京东兴润滑剂有限公司〈P1547〉;[沪]上海洁安精细化工有限公司〈P1744〉;上海锦山化工有限公司〈P1745〉;[苏]无锡市南生新材料有限公司〈P1878〉

高级油污清洗剂 P14020205

Cleaner for oil stain,high-grade

用于重油、机械油等的清洗

【生产厂】[皖]合肥精汇化工研究所〈P1972〉;[鲁]济宁新格瑞水处理有限公司(80 吨)〈P2129〉;[鄂]武汉现代工业技术研究院〈P2234〉

油污清洗剂;除污剂 P14020206

Cleaner for oil stain

可广泛用于化工、内燃机车、汽车、冶金、煤矿、电厂等工厂企业的机械设备及零配件的清洗

【生产厂】[京]北京保时洁精细化工有限公司〈P1544〉;[冀]河间市蓝星化工有限公司〈P1656〉;廊坊电力树脂有限公司〈P1660〉;[晋]太原兴远生化有限公司〈P1672〉;[辽]大连万达试剂厂〈P1694〉;[吉]吉化集团吉林市星云工贸有限公司〈P1715〉;[沪]上海开达精细化工有限公司〈P1746〉;上海路丰助剂有限公司〈P1752〉;[赣]江西省宜春市瑞思博化工有限公司〈P2016〉;[鲁]桓台县双峰助剂厂〈P2049〉;青岛德慧精细化工有限公司〈P2033〉;青岛市平度银河福利助剂厂(80 吨)〈P2043〉;泰安市大禹化工有限责任公司(200 吨)〈P2137〉;[豫]郑州正源涂装材料有限公司(3000 吨)〈P2175〉;[鄂]武汉海力科技化工有限公司〈P2230〉

抛光膏清洗剂;除蜡剂 P14020209

Metal polish cleaner

用于去除黑色金属和有色金属及合金的油污、抛光膏残留物等

【生产厂】[沪]上海路丰助剂有限公司〈P1752〉;上海振华科工贸有限公司〈P1778〉;[闽]厦门市豪尔化工有限公司〈P1992〉;[赣]江西省宜春市瑞思博化工有限公司〈P2016〉;[鄂]武汉市智发科技开发有限公司〈P2233〉;[粤]广州嵩源新材料有限公司〈P2267〉

油污清洗防锈剂;除油除锈剂 P14020211

Anti-rust cleaner for oil stain

适用于各种钢制设备

【生产厂】[沪]上海路丰助剂有限公司〈P1752〉;[苏]江苏省高邮市长松化工厂〈P1816〉;[鲁]山东省临朐县华丰化工厂〈P2097〉;[豫]河南省巩义市新奇化工厂(2000 吨)〈P2167〉;[鄂]武汉现代工业技术研究院〈P2234〉;[湘]长沙军工民用产品研究所〈P2247〉

发动机清洗剂 P14020301

Motor cleaner

用于清洗各种发动机及其他钢铁机件

【生产厂】[京]北京保时洁精细化工有限公司〈P1544〉;[晋]万荣县荣河康达化工厂〈P1680〉;[苏]中国石化金陵石化公司烷基苯厂〈P1792〉;[粤]顺德王田化工实业有限公司〈P2293〉;中山市树森精细化工有限公司〈P2283〉

电镀清洗剂 P14020303

Cleaner for electroplate

作为氯化物光亮镀锌的载体光亮剂使用,也可作为清洗剂使用,具有去油脱脂力强的性能,可代替有机溶剂

【生产厂】[津]大津市宝坻区港飞助剂有限公司〈P1579〉;[鲁]青岛捷达化工原料有限公司(500 吨)〈P2038〉

金属净洗剂 P14020501

Metal abstergent

适用于金属制品、塑料制品、硬制地面、地毯等表面清洗,对机油、矿物油、齿轮油均有良好的洗脱作用

【生产厂】[晋]太原兴远生化有限公司〈P1672〉;[苏]无锡市雷虹冷却液有限公司〈P1877〉

金属净洗剂 741　P14020601

Metal abstergent 741

用于清洗各种金属表面油污

【生产厂】[鲁]新汶矿业集团有限责任公司(1000 吨)〈P2139〉

金属清洗剂 77-2　P14021701

Metal cleaner 77-2

适合于轴承、工具、量刃具、齿轮、电机、车床等各类金属表面清洗,有一定的防锈功能

【生产厂】[苏]常州太华化工原料有限公司〈P1857〉

酸腐蚀抑制剂　P14022301

Acid inhibitor

用于防止在酸洗过程中用来去除钢铁表面氧化物的硫酸、盐酸对钢铁表面所造成的过度腐蚀现象

【生产厂】[鲁]北杉化学有限公司〈P2020〉

防锈清洗剂　P14022401

Rust-proof cleaning agent

用于汽车零部件等通用零部件的清洗防锈

【生产厂】[沪]上海浮岛化工有限公司(500 吨)〈P1733〉

清洁剂;清净剂　P14022601

Cleaner

【生产厂】[鲁]胜利油田集兴石化安装有限公司气雾剂厂(2500 吨)〈P2087〉;[粤]珠海市立立令精细化工厂〈P2275〉;[新]新疆独山子天利高新技术股份有限公司〈P2365〉

碳污清洁剂　P14022651

Cleaner of carbon blotch

用于清除汽油机、柴油机、飞机发动机、内燃机车、空压机及燃油设备的机体、阀门、活塞、喷嘴、气门等零部件

【生产厂】[赣]江西省宜春市瑞思博化工有限公司〈P2016〉

常温快速脱脂剂　P14022701

Room temperature quick degreasing agent

主要用于钢铁、镀锌钢板、俄罗斯冷板脱脂

【生产厂】[沪]上海路丰助剂有限公司〈P1752〉;[苏]苏州昂邦化工有限公司〈P1898〉

铝脱脂剂　P14022711

Degreasing agent for aluminium

【生产厂】[沪]上海振华科工贸有限公司〈P1778〉;[浙]建德市大康助剂厂〈P1926〉

脱脂剂　P14022731

Degreasing agent

【生产厂】[沪]上海开达精细化工有限公司〈P1746〉;上海凯密特尔化学品有限公司〈P1747〉;上海青彤金属处理材料有限公司〈P1758〉;[苏]丹阳市聚酯树脂总厂〈P1840〉;[浙]建德市大康助剂厂〈P1926〉;[鲁]青岛朗力防锈材料有限公司〈P2040〉;[粤]珠海市裕洲精细化工有限公司〈P2275〉

无磷脱脂剂　P14022751

Nonphosphorus degreasing agent

适用于金属制品、家用电器、汽车、铁路车辆、船舶、仪器仪表、农业机械、电镀等行业的钢铁金属表面处理

【生产厂】[浙]浙江星丰科技有限公司〈P1947〉

高效脱脂剂　P14022791

High efficiency degreasing agent

用于热镀锌钢板、彩色钢板等

【生产厂】[鄂]武汉吉瑞化工科技有限公司〈P2230〉

常温除油水基清洗剂;水性除油剂　P14022801

Oil-removing cleaner, room temperature, water-based

用于清洗金属制件和玻璃、陶瓷、塑料等制品

【生产厂】[津]天津市红山石油化工有限公司(50 吨)〈P1589〉;[辽]华阳恩赛有限公司〈P1695〉;[苏]无锡华氏化学有限公司〈P1873〉;江苏省宜兴市永兴化工厂〈P1866〉;江苏省太仓市归庄镇武兵化工厂〈P1894〉

脱脂除油清洗剂　P14022851

Degrease defatting cleaner

用于金属表面酸洗、钝化、磷化或涂装前清洗

【生产厂】[冀]石家庄双联化工有限责任公司〈P1633〉;[苏]南京六联化工有限责任公司〈P1787〉;苏州昂邦化工有限公司〈P1898〉;江苏省高邮市长松化工厂〈P1816〉;[鲁]章丘市三行化工有限公司(1000 吨)〈P2031〉;莱州市化工三厂(450 吨)〈P2109〉

导热油炉清洗剂　P14023001

Cleaner for heat-transfer oil furnace

用于清洗导热油炉

【生产厂】[沪]上海久星化工有限公司(1000 吨)〈P1746〉;上海浩海精细化工有限公司(4000 立方米)〈P1736〉;[鲁]桓台县恒德导热油有限公司(300 吨)〈P2049〉

磷化液　P14023100

Phosphorizing liquid

主要用于金属表面除锈及表面磷化处理,也用作陶瓷工业瓷件的着色剂、玻璃工业中用作澄清剂

【生产厂】[津]天津市伊尔根精细化工有限公司(400 吨)〈P1610〉;[辽]大连万达试剂厂〈P1694〉;丹东前阳宏达化工厂〈P1700〉;[沪]上海浮岛化工有限公司〈P1733〉;上海振华科工贸有限公司〈P1778〉;上海凯密特尔化学品有限公司〈P1747〉;上海青彤金属处理材料有限公司〈P1758〉;[苏]南京摩尔精细化工厂〈P1787〉;丹阳市聚酯树脂总厂〈P1840〉;宜兴市石油化学助剂厂〈P1886〉;苏州昂邦化工有限公司〈P1898〉;江都市华阳富山塑粉厂〈P1814〉;[浙]浙江省嘉兴市巨强化工有限公司(200 吨)〈P1944〉;[鲁]济南巨业精细化工有限公司〈P2023〉;章丘市三行化工有限公司(500 吨)〈P2031〉;德州恒兴化学有限公司〈P2141〉;周村金星硝酸锌厂〈P2057〉;周村新升化工厂(3000 吨)〈P2057〉;莱州市化工三厂(700 吨)〈P2109〉;山东省临朐县华丰化工厂〈P2097〉;山东省大洋化工有限公司(1000 吨)〈P2097〉;潍坊天相化工有限公司(4 万吨)

〈P2105〉;乳山市银河化工机电厂有限公司(1500 吨)〈P2123〉;[豫]郑州正源涂装材料有限公司(2000 吨)〈P2175〉;郑州博路化工科技有限公司〈P2169〉;河南省安阳市航天涂料化工有限责任公司(800 吨)〈P2210〉;洛阳市非凡无机盐有限公司〈P2183〉;洛阳市延秋化工原料有限公司(200 吨)〈P2186〉;洛阳市宗轩化工有限公司(200 吨)〈P2187〉;洛阳英翔化工有限公司(500 吨)〈P2187〉;[湘]长沙军工民用产品研究所〈P2247〉;衡阳市金化科技有限公司〈P2252〉;[陕]宝鸡市铁军化工防腐安装有限责任公司〈P2351〉

【使用厂】[沪]上海振华造漆厂〈P1778〉

锌钙磷化液 P14023151

Zinc-calcium phosphorized liquid

主要用于黑金属的表面防腐处理,磷化膜结晶细致、硬度大,因而防锈效果好

【生产厂】[沪]上海振华科工贸有限公司〈P1778〉;上海长江化工厂(400 吨)〈P1729〉;[苏]南京中联信化工有限公司〈P1791〉;[浙]浙江省黄岩利民电镀材料有限公司〈P1966〉

快速磷化液 P14023171

Phosphorizing liquid, quickspeed

特别适用于喷塑、电泳和粉末涂装前的磷化处理

【生产厂】[浙]浙江省黄岩利民电镀材料有限公司〈P1966〉;[陕]宝鸡市铁军化工防腐安装有限责任公司〈P2351〉

常温锌系磷化液 P14023201

Zinc phosphorizing liquid, normal temperature

适合汽车等行业大批量连续生产及电泳前处理使用

【生产厂】[沪]上海振华科工贸有限公司〈P1778〉;[苏]南京六联化工有限责任公司〈P1787〉;[湘]衡阳市金化科技有限公司〈P2252〉

低泡金属清洗剂 P14023301

Metal cleaner, low foam

用于金属零件的高压喷淋清洗,脱脂力强,泡沫少,洗后有一定的防锈能力

【生产厂】[津]天津市威马科技发展有限公司(200 吨)〈P1606〉;[苏]南京摩尔精细化工厂〈P1787〉;中国石化金陵石化公司烷基苯厂〈P1792〉

金属清洗剂 P14023501

Metal cleaner

用于钢、铸铁、铜及铜合金、铝及铝合金等金属材料及零部件、精密零件、输油管道、车身、发动机、船底的清洗

【生产厂】[津]天津市兴玉工贸有限公司〈P1609〉;天津市德宝隆化工涂料技术有限公司(200 吨)〈P1584〉;天津化工研究院津宏化工厂(50 吨)〈P1573〉;[辽]华阳恩赛有限公司〈P1695〉;[沪]上海浮岛化工有限公司〈P1733〉;上海花王化学有限公司〈P1737〉;上海天坛助剂有限公司〈P1767〉;上海长江化工厂(100 吨)〈P1729〉;上海帕卡兴产化工有限公司〈P1755〉;上海海营化工工贸实业公司〈P1735〉;[苏]南京添喜精细化工有限责任公司(400 吨)〈P1790〉;南京科润精细化工有限公司〈P1786〉;常州市康宝油脂化工有限公司〈P1852〉;无锡市申科日用化工有限公司〈P1879〉;宜兴市月盛助剂有限公司〈P1888〉;张家港市威达科技有限公司〈P1914〉;徐州汉高洗涤剂有限公司〈P1794〉;江苏宝应化工助剂厂〈P1815〉;启东尤希路化学工业有限公司〈P1837〉;[皖]合肥燎原化工有限公司〈P1973〉;[鲁]昌乐恒昌化工有限公司(100 吨)〈P2088〉;山东省临朐县华丰化工厂〈P2097〉;烟台凯大环保科技有限公司(2000 吨)〈P2117〉;乳山市银河化工机电厂有限公司(3500 吨)〈P2123〉;山东省莱阳经济技术开发区博丰化工厂〈P2114〉;蓬莱市仙阁化工厂〈P2112〉;青岛福来鑫清洗剂有限公司〈P2034〉;山东济宁齐天佳丽日化有限公司(500 吨)〈P2131〉;山东省滕州市滕宝化工有限责任公司(150 吨)〈P2078〉;[豫]郑州正源涂装材料有限公司(3000 吨)〈P2175〉;新乡市华幸化工有限责任公司〈P2205〉;河南省长葛市第一化工实验厂(1000 吨)〈P2217〉;[鄂]武汉国利精细化工有限公司〈P2229〉;[粤]好富顿(深圳)有限公司〈P2269〉;[渝]重庆永裕化工制剂有限公司〈P2308〉;[川]成都市新都区桂宏化工厂〈P2314〉

金属清洗防锈剂 P14023591

Metal antirust cleaner

是替代有机溶剂如汽油、柴油、煤油、三氯乙烯等的理想产品

【生产厂】[晋]万荣县荣河康达化工厂〈P1680〉;[沪]上海路丰助剂有限公司〈P1752〉

磷化剂 P14023600

Phosphatizing agent

用于金属表面前处理

【生产厂】[津]天津市兴玉工贸有限公司〈P1609〉;[冀]沧州市大恒磷化有限公司〈P1652〉;[沪]上海开达精细化工有限公司〈P1746〉;[苏]南京中联信化工有限公司(5000 吨)〈P1791〉;江苏省高邮市长松化工厂(825 吨)〈P1816〉;[浙]舟山市海星科技服务公司〈P1959〉;浙江省黄岩利民电镀材料有限公司(500 吨)〈P1966〉;[鄂]湖北新生源生物工程股份有限公司〈P2240〉;[粤]深圳市长先科技实业有限公司〈P2270〉;[渝]重庆帕卡濑精有限公司〈P2306〉

中温磷化剂 P14023601

Phosphatizing agent, medium temperature

用于汽车、自行车、仪器仪表等金属表面处理

【生产厂】[沪]上海路丰助剂有限公司〈P1752〉;[苏]盐城市金雨科技有限公司〈P1811〉;[浙]建德市大康助剂厂〈P1926〉;[湘]衡阳市金化科技有限公司〈P2252〉;[渝]重庆永裕化工制剂有限公司〈P2308〉

常温磷化剂 P14023611

Phosphatizing agent, normal temperature

适用于汽车、钢门钢窗、仪器仪表外壳、高低压电器设备、箱柜壳体、拖拉机、电冰箱等涂装前磷化处理

【生产厂】[沪]上海振华科工贸有限公司〈P1778〉;[苏]盐城市金雨科技有限公司〈P1811〉;[浙]建德市大康助剂厂〈P1926〉;浙江省黄岩利民电镀材料有限公司〈P1966〉

磷化促进剂 P14023621

Phosphatizing accelerator

【生产厂】[沪]上海青彤金属处理材料有限公司〈P1758〉;[浙]建德市大康助剂厂〈P1926〉

低温磷化液 P14023651

Phosphorizing liquid, low temperature

【生产厂】[沪]上海振华科工贸有限公司〈P1778〉;[苏]南京中联信化工有限公司〈P1791〉;[浙]浙江省黄岩利民电镀材料有限公司〈P1966〉;[鄂]武汉现代工业技术研究院〈P2234〉

高效除锈磷化剂 P14023701

High-efficiency rust-removing phosphorizing agent

【生产厂】[京]北京奥宇可鑫表面工程技术有限公司〈P1543〉;[豫]郑州正源涂装材料有限公司〈P2175〉

金属表面调整剂;表调剂 P14023900

Conditioner for metal surface

用于涂装前金属表面处理

【生产厂】[冀]沧州市大恒磷化有限公司〈P1652〉;[辽]丹东前阳宏达化工厂〈P1700〉;[沪]上海振华科工贸有限公司〈P1778〉;上海青彤金属处理材料有限公司〈P1758〉;[苏]南京中联信化工有限公司〈P1791〉;丹阳市聚酯树脂总厂〈P1840〉;苏州昂邦化工有限公司〈P1898〉;江苏省高邮市长松化工厂〈P1816〉;[浙]建德市大康助剂厂〈P1926〉;[鲁]章丘市三行化工有限公司(10吨)〈P2031〉;德州恒兴化学有限公司〈P2141〉;山东省临朐县华丰化工厂〈P2097〉;[豫]郑州正源涂装材料有限公司〈P2175〉;郑州博路化工科技有限公司〈P2169〉;洛阳英翔化工有限公司(100吨)〈P2187〉;[湘]长沙市化工研究所〈P2247〉

除油剂 P14024051

Oil removal agent

用于清除各种机械、输油管、蓄油罐槽、建筑物及工程上污染的油污物

【生产厂】[津]天津市兴玉工贸有限公司〈P1609〉;[辽]辽阳市东阳精细化工有限公司〈P1710〉;[沪]上海新阳电子化学有限公司〈P1772〉;[苏]南京中联信化工有限公司(5000吨)〈P1791〉;盐城市金雨科技有限公司〈P1811〉;[浙]舟山市海星科技服务公司〈P1959〉;浙江省黄岩利民电镀材料有限公司〈P1966〉;[豫]郑州博路化工科技有限公司〈P2169〉;临颍县颍华技术开发有限公司(50吨)〈P2220〉;[粤]广州庄杰化工有限公司〈P2268〉;汕头市盛腾助剂有限公司〈P2277〉;深圳市长先科技实业有限公司〈P2270〉;铭科化工(中山)有限公司〈P2282〉

钢铁件高温除油剂 CK-S02 P14024101

Deoil agent CK-S02 for iron and steel products, high temperature

用于电镀前处理

【生产厂】[豫]开封市电镀化工厂(100吨)〈P2177〉

铝及铝合金高温除油剂 CK-S01 P14024201

Deoil agent CK-S01 for aluminium and aluminium alloy, high-temperature

用于铝表面处理

【生产厂】[豫]开封市电镀化工厂(100吨)〈P2177〉

常温高效金属清洗剂 P14024401

Cleaner for metal, room temperature high-effecient

适用于钢铁、铸铁、铝合金、铜等多种金属零件,以及船舶主机、汽车、拖拉机、五金工具等清洗

【生产厂】[津]天津市天意防锈剂厂(100吨)〈P1605〉;[苏]常熟市东湖化工有限公司〈P1889〉

金属油污清洗剂 P14024501

Oil cleaner for metal

【生产厂】[浙]建德市大康助剂厂〈P1926〉;[皖]合肥精汇化工研究所〈P1972〉

酸雾抑制缓蚀剂 P14024701

Acid-fog inhibitor

适合于各类铁件、锌件、铝件、家用电器、五金制造等行业钢铁工件的涂装前磷化处理

【生产厂】[浙]浙江星丰科技有限公司〈P1947〉

模具清洗剂 P14025001

Cleaning agent for moulder

用于清洗聚氨酯料及脱模剂对带花纹模具产生的污垢

【生产厂】[沪]上海洁安精细化工有限公司〈P1744〉;[鲁]青岛德慧精细化工有限公司〈P2033〉;[豫]黎明化工研究院(50吨)〈P2181〉;[粤]佛山市顺德区佳力精细化工有限公司〈P2289〉

石油管道清洗剂 P14025101

Cleaner for petroleum pipeline

【生产厂】[豫]郑州博路化工科技有限公司〈P2169〉;河南省巩义市新奇化工厂(2000吨)〈P2167〉

汽、柴、煤、燃油多效清净剂 P14025121

Multieffect detergent for gasolene, diesel oil, coal oil and fuel

主要用作炼油厂各种油品的多效清净剂

【生产厂】[冀]任丘市京开化工厂〈P1657〉;[辽]辽阳市东阳精细化工有限公司〈P1710〉;[吉]辽源富洋化工有限责任公司〈P1718〉;[苏]宜兴市石化助剂厂(500吨)〈P1886〉;宜兴市创新精细化工有限公司(2000吨)〈P1883〉;[鄂]武汉泰和化工有限公司〈P2233〉

高效擦铜剂 P14025201

Copper-cleansing agent, high efficiency

用于铜及金属制品的去污

【生产厂】[湘]长沙军工民用产品研究所〈P2247〉

不锈钢清洁保护剂 P14025301

Cleaning protective agent for stainless steel

用于铁素体、奥氏体、其他不锈钢等的清洁保护

【生产厂】[沪]上海金冠化工有限公司〈P1744〉

铜缓蚀剂 P14025401

Corrosion inhibitor for copper

用于化肥、冶金、发电等行业的循环冷却水系统,对减缓铜材及其合金的腐蚀,抑制铁、铝、铜等的铜蚀有特效

【生产厂】[冀]唐山开栾清源水处理有限责任公司〈P1635〉;廊坊奥科化工有限公司〈P1659〉;[辽]铁岭远能化工有限公司〈P1713〉;[鲁]济南巨业精细化工有限公司〈P2023〉;淄博科宇化工有限公司〈P2064〉;淄博瑞爱特化工有限责任公司〈P2066〉;邹平县鲁津化工有限公司(3000吨)〈P2158〉

【使用厂】[沪]上海石化淼清水处理有限公司〈P1762〉

3-二乙氨基-1-丙炔;DEP;*N*,*N*-二乙基丙炔胺 P14030111

3-Diethylamino-1-propyne [4079-68-9]

用于配制镀镍光亮剂

【生产厂】[苏]丹阳市延中助剂有限公司〈P1841〉;[鄂]武汉风帆化工有限公司(100吨)〈P2229〉

丙氧基化丙炔醇;PAP P14030121

Propyloxy propinealcohol

用作电镀光亮剂

【生产厂】[苏]丹阳市延中助剂有限公司〈P1841〉;[鄂]武汉风帆化工有限公司(100 吨)〈P2229〉

乙氧基丙炔醇;PME P14030131

Ethoxy propinealcohol

用作镀镍光亮剂、黑色金属缓蚀剂

【生产厂】[苏]丹阳市延中助剂有限公司〈P1841〉;[鄂]武汉风帆化工有限公司(200 吨)〈P2229〉

二乙氧基丁炔二醇;BEO;1,4-二(2-羟基乙氧基)-2-丁炔 P14030141

1,4-Bis(2-hydroxyethoxy)-2-butyne [1606-85-5]

用作电镀光亮剂

【生产厂】[苏]丹阳市延中助剂有限公司〈P1841〉;[鄂]武汉风帆化工有限公司(200 吨)〈P2229〉

丙炔磺酸钠;炔丙基磺酸钠 P14030151

Sodium proparagylsulfonate

用作电镀光亮剂

【生产厂】[鄂]武汉风帆化工有限公司(200 吨)〈P2229〉;[湘]湘潭高新区林盛化学有限公司〈P2251〉

炔丙基-3-磺化丙基醚钠盐 P14030161

Propargyl-3-sulfopropyl ether sodium

用于配制镀镍添加剂,协同改进出光及整平效果

【生产厂】[鄂]武汉中德远东精细化工有限公司(50 吨)〈P2236〉

二丙氧基丁炔二醇;丁炔二醇丙氧基化合物 P14030171

Dipropyloxy butynediol;Butynediol propoxylate [1606-79-7]

用作镀镍光亮剂、黑色金属缓蚀剂

【生产厂】[鄂]武汉风帆化工有限公司(100 吨)〈P2229〉

N,*N*-二乙基丙炔胺甲酸盐;PABS P14030181

3-*N*,*N*-Diethylamino-1-propyne formate [125678-52-6]

用作电镀添加剂中间体,用于配制镀镍光亮剂,起整平及光亮作用

【生产厂】[鄂]武汉风帆化工有限公司(100 吨)〈P2229〉

丁炔二醇磺丙基醚钠盐 P14030191

Butynediol sulfopropyl ether sodium [90268-78-3]

用于配制镀镍光亮剂

【生产厂】[鄂]武汉中德远东精细化工有限公司(50 吨)〈P2236〉

抛光膏 P14030201

Polishing paste

适用于铬、镍镀层的抛光

【生产厂】[沪]上海新华化工厂〈P1772〉;[苏]兴化市伟业植物油脂厂(60 吨)〈P1828〉;[粤]汕头市三峰化工公司〈P2277〉

抛光蜡 P14030231

Polishing wax

用于金属表面处理

【生产厂】[粤]广东捷泰实业发展有限公司(1000 吨)〈P2259〉

金属抛光剂 P14030251

Polishing agent for metal

用于各种金属的表面抛光

【生产厂】[津]天津金竹助剂有限公司〈P1574〉;[沪]上海振华科工贸有限公司〈P1778〉;[苏]南京中联信化工有限公司〈P1791〉;苏州昂邦化工有限公司〈P1898〉;[粤]顺德王田化工实业有限公司〈P2293〉

稀土抛光剂 P14030291

Polishing agent of rare earth

【生产厂】[粤]广东省惠州瑞尔化学科技有限公司〈P2277〉

电镀添加剂 P14030301

Electroplating additive

用于电镀工艺过程中

【生产厂】[沪]上海新阳电子化学有限公司〈P1772〉;[苏]南京曙光化工集团有限公司〈P1789〉;南京中联信化工有限公司〈P1791〉;张家港市祥新电镀材料制造有限公司〈P1914〉;[鲁]青岛捷达化工原料有限公司(1000 吨)〈P2038〉;[豫]郑州正源涂装材料有限公司〈P2175〉;[粤]深圳市长先科技实业有限公司〈P2270〉

无氰镀锌添加剂 DE P14030501

Noncyanide zinc plating additive DE

用作无氰镀锌的添加剂

【生产厂】[浙]浙江省黄岩利民电镀材料有限公司〈P1966〉

四氢噻唑硫酮;1,3-四氢噻唑-2-酮 P14030801

Tetrahydrothiazolyl thione;1,3-Thiazolidin-2-one [2682-49-7]

用作酸性光亮镀铜添加剂,可获得良好光亮度与整平性,起光速度快

【生产厂】[苏]丹阳市延中助剂有限公司〈P1841〉;[鄂]湖北凌志化工科技实业有限公司〈P2242〉

光亮剂 P14031001

Brightening agent

【生产厂】[津]天津南华皮革化工有限公司(1000 吨)〈P1576〉;天津市神悦科技发展有限公司(100 吨)〈P1601〉;天津金竹助剂有限公司〈P1574〉;[沪]上海皮革化工厂(3000 吨)〈P1755〉;上海路丰助剂有限公司〈P1752〉;上海吉臣化工有限公司〈P1742〉;[苏]南京摩尔精细化工厂〈P1787〉;[桂]桂林市奥康化工技术有限公司〈P2299〉

氨基磺酸铵 P14031711

Ammonium sulfamate [7773-06-0]

广泛用于农药、印染、烟草、建材、纺织等行业

【生产厂】[冀]唐山三鼎化工有限公司(3600 吨)〈P1636〉;遵化市山隆工贸有限责任公司〈P1637〉;[浙]杭州中香化学有限公司〈P1925〉;[鲁]烟台三鼎化工有限公司(1800 吨)〈P2118〉;潍坊万源化工有限公司〈P2106〉;莱西市金山化工厂(3200 吨)〈P2032〉

聚二硫二丙基磺酸钠;酸性镀铜光亮剂 P14032001

Sodium polydithio-dipropyl sulfonate

用作镀铜的光亮剂

【生产厂】[苏]丹阳市延中助剂有限公司〈P1841〉;[浙]浙江省黄岩利民电镀材料有限公司〈P1966〉;[鲁]青岛捷达化工原料有限公司(300 吨)〈P2038〉;[鄂]武汉中德远东精细化工有限公司(50 吨)〈P2236〉

碱性无氰镀锌添加剂 KR-7　P14032201
Alkaline zinc plating additive KR-7, noncyanide
用于无氰镀锌
【生产厂】[豫]开封市电镀化工厂(100 吨)〈P2177〉

碱性锌酸盐无氰镀锌光亮剂　P14032301
Alkaline zinc plating brightening agent, zincate noncyanide
用于碱性锌酸盐无氰镀锌
【生产厂】[浙]浙江省黄岩利民电镀材料有限公司〈P1966〉

碱性镀锌添加剂　P14032303
Alkaline zinc plating additive
用于无氰、微氰、低氰碱性镀锌体系,常与 WA、WB、WBZ、ZB-80 等光亮剂配合使用
【生产厂】[豫]开封市电镀化工厂(50 吨)〈P2177〉;[鄂]武汉海德化工发展有限公司〈P2229〉

硫酸盐镀锌光亮剂　P14032451
Zinc-plating brightering agent, sulfate
主要用于线材镀锌,具有抗杂质能力强、镀液稳定、工作温度范围广、溶液再生性能好等特点
【生产厂】[浙]浙江省黄岩利民电镀材料有限公司〈P1966〉

镀镍光亮剂　P14032500
Nickel plating brightening agent
用于光亮镀镍
【生产厂】[苏]丹阳市延中助剂有限公司〈P1841〉;江苏省太仓市归庄镇武兵化工厂〈P1894〉;[浙]浙江省黄岩利民电镀材料有限公司〈P1966〉

镀镍光亮剂 791　P14032501
Nickel plating brightening agent 791
用于电镀
【生产厂】[浙]浙江省黄岩利民电镀材料有限公司〈P1966〉

快速镀镍光亮剂　P14032551
Rapidness nickel plating brightening agent
用于使镀层洁白光亮,韧性好易镀铬
【生产厂】[苏]丹阳市延中助剂有限公司〈P1841〉;江苏省太仓市归庄镇武兵化工厂〈P1894〉;[浙]浙江省黄岩利民电镀材料有限公司〈P1966〉;[鄂]湖北凌志化工科技实业有限公司〈P2242〉

镀镍液除锌剂　P14032601
Plating nickel di-zinc agent
【生产厂】[苏]丹阳市延中助剂有限公司〈P1841〉

电镀光亮剂　P14033101
Electroplating brightening agent
用于金属前处理
【生产厂】[浙]浙江省黄岩利民电镀材料有限公司〈P1966〉;[豫]安阳市津安化工有限责任公司(500 吨)〈P2209〉

酸性光亮镀锡添加剂　P14033451
Acidity brightness plating tin additive
广泛用于制罐工业、电子产品和食品机械等,镀层结晶均匀,光亮呈银白色,具有良好的抗腐蚀性
【生产厂】[浙]浙江省黄岩利民电镀材料有限公司〈P1966〉

镍铁合金光亮剂　P14033501
Ferro nickel alloy brightening agent
【生产厂】[浙]浙江省黄岩利民电镀材料有限公司〈P1966〉

铜锡合金光亮剂　P14033531
Copper tin alloy brightening agent
【生产厂】[苏]江苏省太仓市归庄镇武兵化工厂〈P1894〉

低氰镀锌光亮剂　P14033651
Low-cyanide zinc-plating brightering agent
适用于低氰光亮镀锌,可用于挂镀及滚镀操作,镀层结晶细致、性能良好
【生产厂】[苏]丹阳市延中助剂有限公司〈P1841〉;[浙]浙江省黄岩利民电镀材料有限公司〈P1966〉

碱性镀锌光亮剂　P14033701
Alkanine zinc plating brightening agent
用于锌酸盐镀锌
【生产厂】[苏]江苏省太仓市归庄镇武兵化工厂〈P1894〉;[浙]浙江省黄岩利民电镀材料有限公司〈P1966〉;[鄂]武汉海德化工发展有限公司〈P2229〉;湖北凌志化工科技实业有限公司〈P2242〉

镀镍光亮剂 KBN　P14034601
Nickel plating brightening agent KBN
用于电镀
【生产厂】[豫]开封市电镀化工厂(20 吨)〈P2177〉

镀锌层超低铬白色钝化剂　P14034701
Zinc plating film passivating agent, super low chrome white
用于电镀
【生产厂】[冀]河北霸州市津港工贸有限公司〈P1658〉;[豫]开封市电镀化工厂(10 吨)〈P2177〉

镀锌层超低铬彩色钝化剂　P14034702
Zinc plating film passivating agent, super low chrome color
属超低铬钝化剂,故废水可不经任何处理即可直接排放
【生产厂】[冀]河北霸州市津港工贸有限公司〈P1658〉;[沪]上海振华科工贸有限公司〈P1778〉;[苏]南京中联信化工有限公司〈P1791〉;[浙]浙江省黄岩利民电镀材料有限公司〈P1966〉;[豫]开封市电镀化工厂(10 吨)〈P2177〉

热镀锌板钝化剂　P14034731
Hotgalvanizing board passivating agent
用于热镀锌钢板、铁锌合金化热镀锌板、电镀锌板、铝板的钝化
【生产厂】[鄂]武汉吉瑞化工科技有限公司〈P2230〉;武汉海德化工发展有限公司〈P2229〉

铬化剂　P14034791
Chromaking agent
用于铝件喷涂前预处理
【生产厂】[吉]磐石长城精细化工有限公司〈P1716〉;[苏]丹

阳市聚酯树脂总厂〈P1840〉;[粤]佛山市南海长城精细化工有限公司〈P2288〉

氰化镀锌光亮剂 P14034931

Cyaniding zinc-plating brightening agent

用于电镀

【生产厂】[苏]江苏省太仓市归庄镇武兵化工厂〈P1894〉;[鄂]武汉海德化工发展有限公司〈P2229〉

镀银光亮剂 P14034951

Silver plating brightening agent

用于电镀

【生产厂】[苏]江苏省太仓市归庄镇武兵化工厂〈P1894〉

铜酸洗光亮剂;亮铜灵 P14035001

Copper acidwashing brightening agent

用于金属制品的除锈、防锈,保持光泽

【生产厂】[苏]南京台硝化工有限公司〈P1790〉;江苏省太仓市归庄镇武兵化工厂〈P1894〉

丙烷磺酸吡啶嗡盐;PPS P14035101

Pyridinium propyl sulfobetaine [15471-17-7]

用于配制电镀添加剂,在镀镍工艺中是强整平剂,也用于医药及日用化工

【生产厂】[苏]丹阳市延中助剂有限公司〈P1841〉;[鄂]武汉中德远东精细化工有限公司(150 吨)〈P2236〉

羟基丙烷磺酸吡啶嗡盐;PPS-OH P14035151

Pyridinium hydroxypropyl sulfobetaine [3918-73-8]

用于配制电镀光亮剂,镀镍的强整平剂

【生产厂】[苏]丹阳市延中助剂有限公司〈P1841〉;[鄂]武汉风帆化工有限公司(500 吨)〈P2229〉

钢铁件常温发黑剂;常温钢铁发黑剂 P14035201

Blackening agent for iron and steel product, room temperature

适用于各种合金钢、铸铁等成品或零件的发黑处理,适用于机械、五金标准件、光学仪器等金属制品的常温发黑

【生产厂】[京]北京奥宇可鑫表面工程技术有限公司〈P1543〉;[晋]山西省河津市津津化工有限公司〈P1680〉;[沪]上海振华科工贸有限公司〈P1778〉;[苏]南京六联化工有限责任公司〈P1787〉;南京中联信化工有限公司〈P1791〉;[浙]浙江省黄岩利民电镀材料有限公司〈P1966〉;[鲁]章丘市三行化工有限公司(50 吨)〈P2031〉;[豫]开封市电镀化工厂〈P2177〉

磷化发黑剂 P14035251

Phosphorizing blackening agent

用于机械零件、仪器仪表等发黑处理,各种标准件终身磷化处理

【生产厂】[沪]上海振华科工贸有限公司〈P1778〉;[苏]江苏省高邮市长松化工厂〈P1816〉

宽温快速阳极氧化添加剂 P14035504

Wide temperature quick anode oxidation additive

适用于铝及其合金硫酸阳极氧化处理

【生产厂】[苏]苏州昂邦化工有限公司〈P1898〉;[豫]开封市电镀化工厂〈P2177〉

中温封闭剂 P14035521

Intermediate temperature close agent

用于电镀

【生产厂】[吉]磐石长城精细化工有限公司〈P1716〉;[浙]浙江黄岩精细化学品集团有限公司〈P1964〉

低温封闭剂 P14035531

Low temperature close agent

用于电镀

【生产厂】[吉]磐石长城精细化工有限公司〈P1716〉

金属封闭剂 P14035551

Close agent for metal

用于金属常温封闭

【生产厂】[沪]上海路丰助剂有限公司〈P1752〉;上海振华科工贸有限公司〈P1778〉;[湘]长沙军工民用产品研究所〈P2247〉

镀锡光亮剂 P14035701

Tin plating brightening agent

【生产厂】[浙]浙江省黄岩利民电镀材料有限公司〈P1966〉

氯化钾(钠)镀锌光亮剂 P14035801

Zinc plating brightening agent, potassium or sodium chloride

能使镀层细致柔软,高光白亮

【生产厂】[冀]河北霸州市津港工贸有限公司〈P1658〉;[苏]南京中联信化工有限公司〈P1791〉;丹阳市延中助剂有限公司〈P1841〉;江苏省太仓市归庄镇武兵化工厂〈P1894〉;[浙]浙江省黄岩利民电镀材料有限公司〈P1966〉;[鲁]青岛捷达化工原料有限公司(120 吨)〈P2038〉;[鄂]武汉海德化工发展有限公司〈P2229〉

镀锌光亮剂 P14035901

Zinc-plating brightering agent

主要用于电镀行业配制酸性镀锌光亮剂,在染料工业中作媒染剂,在香料行业中作香料增长剂

【生产厂】[苏]张家港市庆安化工厂(100 吨)〈P1913〉;[浙]浙江省黄岩利民电镀材料有限公司〈P1966〉

镀锌染色剂 P14035951

Plating zinc coloring agent

用作电镀助剂

【生产厂】[粤]深圳市长先科技实业有限公司〈P2270〉

退锡剂 P14036001

Solder stripping agent

用于印刷电路板锡、锡合金涂层的退除

【生产厂】[粤]广州拓华化工科技有限公司〈P2267〉;广东省石油化工研究院(500 吨)〈P2259〉;广东西陇化工有限公司(1200 吨)〈P2276〉;铭科化工(中山)有限公司〈P2282〉

退金剂 P14036051

Gold stripping agent

适用于铜、镍镀层上镀金层的退除

【生产厂】[豫]开封市安迪电镀化工有限公司〈P2177〉

沥青抗剥落剂 P14036101

Asphalt antistripping agent

公路用沥青改性剂，能改善沥青与石料的粘附性

【生产厂】[吉]吉林省石油化工设计研究院〈P1714〉；[苏]江苏文昌电子化工有限公司〈P1842〉

碱性除油抑雾剂 P14036251

Basic oil-removing fog inhibitor

【生产厂】[苏]江苏省太仓市归庄镇武兵化工厂〈P1894〉；[湘]长沙军工民用产品研究所〈P2247〉

防铜变色剂 P14036301

Copper off-color prevent agent

用作电镀助剂

【生产厂】[沪]上海振华科工贸有限公司〈P1778〉；[苏]江苏省太仓市归庄镇武兵化工厂〈P1894〉

防银变色剂 P14036311

Silver off-color prevent agent

用作电镀助剂

【生产厂】[苏]江苏省太仓市归庄镇武兵化工厂〈P1894〉

防锡变色剂 P14036321

Stannum off-color prevent agent

【生产厂】[苏]江苏省太仓市归庄镇武兵化工厂〈P1894〉；[湘]长沙军工民用产品研究所〈P2247〉

防金变色剂 P14036331

Gold off-color prevent agent

【生产厂】[苏]江苏省太仓市归庄镇武兵化工厂〈P1894〉

电解着色添加剂 P14036401

Electrolytic coloring additive

用于改善着色的均匀性和重现性

【生产厂】[吉]磐石长城精细化工有限公司〈P1716〉

铝材成膜剂 P14036801

Aluminum product film forming agent

用于使铝及铝合金上产生光亮的黄色膜层，具有极好的防腐性能，与涂料和塑料涂层有很好的粘着力

【生产厂】[浙]浙江黄岩精细化学品集团有限公司〈P1964〉

P

无铬成膜剂 P14036851

Chromiumless film forming agent

是一种专用于铝及其合金的无铬产品，能为有机涂层提供良好的基体

【生产厂】[浙]浙江黄岩精细化学品集团有限公司〈P1964〉

2-乙基己基硫酸酯钠盐；硫酸单(2-乙基己基)酯钠盐；Tc-ETS P14036901

Sulfuric acid, mono(2-ethylhexyl) ester, sodium salt [126-92-1]

用于配制镀镍光亮剂

【生产厂】[鄂]武汉风帆化工有限公司(200吨)〈P2229〉

去铜剂 P14037101

Decoppering agent

专用于处理镀镍溶液中的铜杂质，加入后能使铜离子生成沉淀物，并除去，使溶液性能恢复正常

【生产厂】[苏]丹阳市延中助剂有限公司〈P1841〉；江苏省太仓市归庄镇武兵化工厂〈P1894〉；[浙]浙江省黄岩利民电镀材料有限公司〈P1966〉

3-巯基丙烷磺酸钠盐；MPS P14037201

3-Mercaptopropanesulfonic acid sodium salt [17636-10-1]

用作电镀添加剂中间体，用于配制镀铜光亮剂，特别适用于印刷线路版的电镀

【生产厂】[鄂]武汉中德远东精细化工有限公司(50吨)〈P2236〉；湖北凌志化工科技实业有限公司〈P2242〉

巯基咪唑丙磺酸钠；MESS P14037211

Mercaptoimidazole propanesulfonic acid sodium salt

用作镀铜光亮剂

【生产厂】[苏]丹阳市延中助剂有限公司〈P1841〉

2-对氯苄基苯并咪唑 P14037231

2-*p*-Chlorobenzylbenzimidazole [5468-66-6]

用于电镀，是铜、铝的缓蚀剂，也是有效的杀虫、杀菌剂

【生产厂】[京]北京成宇化工有限公司〈P1545〉

3-(苯并咪唑-2-巯基)丙烷磺酸钠盐；SM P14037251

3-(Benzimidazoyl-2-mercapto) propylsulfonate sodium

用于配制镀铜光亮剂，起整平及光亮作用

【生产厂】[鄂]武汉中德远东精细化工有限公司(15吨)〈P2236〉；湖北凌志化工科技实业有限公司〈P2242〉

***N*,*N*-二甲基二硫代甲酰胺丙磺酸钠盐；DPS** P14037301

N,*N*-Dimethyldithioformamide propylsolfonic acid sodium [18880-36-9]

用作电镀添加剂中间体，用于配制镀铜光亮剂，使其具有良好的延展性及光亮性

【生产厂】[鄂]武汉中德远东精细化工有限公司(15吨)〈P2236〉；湖北凌志化工科技实业有限公司〈P2242〉

3-硫-异硫脲丙基磺酸；UPS P14037401

3-*S*-Isothiuronium propyl sulfonate [21668-81-5]

用作电镀添加剂中间体，用于配制镀铜光亮剂，也可用于其他贵金属电镀

【生产厂】[鄂]武汉中德远东精细化工有限公司(15吨)〈P2236〉；湖北凌志化工科技实业有限公司〈P2242〉

***S*-羧乙基异硫脲氯化物**；异硫脲基丙酸盐酸盐 P14037451

S-Carboxyethylisothiuronium chloride [5425-78-5]

用作电镀添加剂中间体

【生产厂】[鄂]武汉风帆化工有限公司(50吨)〈P2229〉

甲基二磺酸；亚甲基二磺酸 P14037601

Methionic acid [503-40-2]

广泛用于电镀硬铬工艺中，作为主添加剂

【生产厂】[沪]上海沪旦生物科技有限公司〈P1737〉；[湘]湖南阿斯达生化科技有限公司〈P2255〉

甲基二磺酸钠 P14037651

Methionic acid sodium salt [5799-70-2]

用作电镀添加剂

【生产厂】[沪]上海沪旦生物科技有限公司(1000 吨)〈P1737〉;[湘]湖南阿斯达生化科技有限公司〈P2255〉

甲基二磺酸钾 P14037691

Methionic acid potassium salt

【生产厂】[湘]湖南阿斯达生化科技有限公司〈P2255〉

全氟正辛基磺酸钾 P14037701

Perfluoro *n*-octyl sulfonate, potassium salt [2795-39-3]

可用作润湿剂、发泡剂、电镀中的铬雾抑制剂等

【生产厂】[辽]金凯(阜新)化工有限公司〈P1708〉;[闽]福建省建阳金石氟业有限公司〈P2003〉;[鄂]武汉市德孚经济发展有限公司〈P2232〉;武汉市江润精细化工有限责任公司〈P2233〉;武汉市化学工业研究所有限责任公司〈P2232〉;武汉海德化工发展有限公司〈P2229〉;湖北恒新化工有限公司〈P2242〉

渗碳剂 P14040101

Carburant; Carburizer

用于工业、造船等行业钢件表面渗碳

【生产厂】[豫]洛阳市龙门金属热处理材料厂(100 吨)〈P2185〉;洛阳市洛龙区龙门渗剂厂(200 吨)〈P2185〉

自动焊剂 431 号 P14060101

Automatic flux No. 431

用于配合焊丝进行钢材的焊接

【生产厂】[鲁]山东省海洋化工科学研究院〈P2097〉;[豫]洛阳市第一焊剂厂(1 万吨)〈P2183〉;洛阳市洛南焊剂厂(3500 吨)〈P2185〉

助焊剂 P14060201

Booster flux

用于电视机制造工业

【生产厂】[闽]厦门市及时雨精细化工有限公司〈P1993〉;[豫]洛阳市洛南焊剂厂(70 吨)〈P2185〉;[粤]广东省石油化工研究院〈P2259〉;深圳市东方亮化学材料有限公司〈P2270〉;深圳市长先科技实业有限公司〈P2270〉;珠海市裕洲精细化工有限公司〈P2275〉;[川]成都市蓝波达精细化工有限公司〈P2314〉;中蓝晨光化工研究院〈P2320〉

气体助焊剂 P14060301

Gas booster flux

广泛用于电子及无线电行业

【生产厂】[津]天津市塘沽恒利化工厂〈P1603〉

免清洗助焊剂 P14060401

Booster flux, nocleaning

用于波峰焊、喷淋、浸焊等工艺上

【生产厂】[粤]深圳市长先科技实业有限公司〈P2270〉

溴化肼;搪锡助焊剂 202 P14061101

Bromo hydrazine

用于电子工业焊接

【生产厂】[苏]连云港海水化工有限公司(25 吨)〈P1798〉

液体助焊剂 P14061201

Booster flux, liquid

一种印刷电路板用消光型助焊剂,于波峰焊,焊接性能良好、耐热裂、腐蚀小、易清洗

【生产厂】[沪]上海新阳电子化学有限公司〈P1772〉

焊嘴防堵剂 P14061511

Anti-blocking agent for welding tip

用于防止焊接飞溅物堵塞喷嘴、提高连续作业时间及焊接质量

【生产厂】[皖]天长市华锦防腐清洗材料厂〈P1983〉;[鲁]青岛德慧精细化工有限公司(1 吨)〈P2033〉

焊接防溅剂 P14061521

Jointing antispattering agent

用于金属焊接防飞溅及飞溅物与物品的黏结

【生产厂】[皖]天长市华锦防腐清洗材料厂〈P1983〉;[鲁]济南国邦化工有限公司〈P2021〉;青岛德慧精细化工有限公司(10 吨)〈P2033〉;[陕]西安昌泰化工厂〈P2347〉

皮革专用蜡 P14070102

Wax for leather

专用于制革工艺上

【生产厂】[津]天津港通化工有限公司(4800 吨)〈P1572〉;天津市兆龙化工有限公司(200 吨)〈P1613〉

切削液专用蜡 P14070151

Wax for cutting fluid

【生产厂】[鄂]老河口华松化工有限责任公司〈P2237〉

润滑油专用蜡 P14070171

Wax for lubricating oil

【生产厂】[鄂]老河口华松化工有限责任公司〈P2237〉

合成制动液 P14080200

Synthetic brake liquor

适用于轿车和其他类型车辆的液压制动系统

【生产厂】[津]天津市东方特种润滑油有限公司〈P1585〉;[辽]营口三球特种油品有限公司〈P1704〉;[黑]大庆油田路迪化工有限公司〈P1723〉;[沪]上海市嘉定区江桥化工厂〈P1763〉;[苏]无锡市高润杰化学有限公司(1000 吨)〈P1875〉;[鲁]淄博市周村吉星化工厂〈P2071〉;淄博齐花油脂化工有限公司〈P2065〉;[川]成都蜀光石油化学有限公司〈P2315〉

合成制动液 719 型 P14080201

Synthetic brake liquor 719

适用于国内外各型号车辆的液压制动

【生产厂】[苏]无锡市高润杰化学有限公司(1000 吨)〈P1875〉

刹车油;汽车制动液 P14080301

Brake oil

用于汽车制动系统作传递压力用

【生产厂】[京]北京康田新世纪润滑油有限公司〈P1553〉;中国石化长城润滑油集团有限公司〈P1568〉;北京金洋润滑油有限公司〈P1552〉;[辽]抚顺哥俩好集团有限公司〈P1698〉;营口海洋石油化工有限公司〈P1704〉;营口市海联石油化工有限公司〈P1705〉;本溪怀特石油化工有限责任公司〈P1699〉;[沪]上海市嘉定区江桥化工厂〈P1763〉;[皖]池州市黎明油脂化工有限公司〈P1987〉;[闽]福建莱克石化有限公司(2000 吨)〈P1998〉;[鲁]淄博齐花油脂化

P

工有限公司〈P2065〉;[豫]洛阳轻捷石油化工厂〈P2182〉

重(渣)油添加剂　P14080801
Heavy, residual oil additive
用于重(渣)油乳化、助燃、节能
【生产厂】[鄂]武汉泰和化工有限公司〈P2233〉

醇型汽车制动液;车用制动液压油　P14081000
Motor brake liquor, alcoholic
用于机动车制动
【生产厂】[豫]南阳市福来石油化学有限公司(20 吨)〈P2224〉;[新]乌鲁木齐市新市区顺通化工厂〈P2363〉

无油透明切削液　P14090201
Cutting liquid, oilless, transparence
用于机械加工件的清洗、冷却、防锈
【生产厂】[鲁]章丘市三行化工有限公司〈P2031〉

切削剂　P14090301
Cutting agent
用作磨切加工机械零件的冷却、润滑、清洗和防锈
【生产厂】[苏]无锡市雷虹冷却液有限公司〈P1877〉

微乳化型切削油　P14090501
Micro-emulsification cutting oil
适用于一般切削加工工序,对不锈钢和铸铁效果尤佳
【生产厂】[苏]南京六联化工有限责任公司〈P1787〉;无锡市华润宝润滑油有限公司〈P1876〉

皂化溶解油;肥皂油;水冲油　P14090601
Saponified soluble oil
主要用于金属切削加工工序
【生产厂】[沪]上海市大场化工厂(1200 吨)〈P1763〉

乳化油;皂化油　P14090801
Emulsion oil
在金属加工等过程中用作冷却液
【生产厂】[京]北京东兴润滑剂有限公司〈P1547〉;[津]天津市天意防锈剂厂(200 吨)〈P1605〉;[冀]辛集市泰达石化有限公司〈P1634〉;沧州华润化工有限公司〈P1651〉;河北省东光县天力粘合剂厂〈P1655〉;[沪]上海路丰助剂有限公司〈P1752〉;上海锦辉润滑油厂〈P1745〉;[浙]杭州金诚助剂有限公司〈P1919〉;嘉兴市八字长安油脂化工厂〈P1941〉;[皖]安徽新源石油化工技术开发有限公司〈P1979〉;[鲁]临淄区银通助剂厂〈P2050〉;新汶矿业集团有限责任公司(1000 吨)〈P2139〉;[粤]广东省石油化工研究院(200 吨)〈P2259〉;汕头市三峰化工公司〈P2277〉

金属乳化切削油　P14091001
Metal emulsion cutting oil
用作金属加工的车、磨、刨冷却液
【生产厂】[苏]南京摩尔精细化工厂〈P1787〉;苏州特种化学品有限公司(2000 吨)〈P1906〉

透明磨削液　P14091801
Transparent grinding liquid
用于磨床等机械加工,也可用于工序间浸泡防锈
【生产厂】[苏]常州太华化工原料有限公司〈P1857〉;无锡市南生新材料有限公司〈P1878〉;[豫]洛阳兴光机械辅材有限公司(800 吨)〈P2187〉

植物油酸;棉油酸　P14092001
Plant oleic acid
用于油漆树脂、聚酰胺树脂、塑料增塑剂、纺织工业柔软剂等
【生产厂】[晋]永济市翔远化工有限公司〈P1680〉;[辽]丹东龙泽化工有限责任公司〈P1700〉;[苏]兴化市伟业植物油脂厂(1200 吨)〈P1828〉;江苏银河化轻集团总公司〈P1832〉;[浙]德清县中信油脂有限公司(500 吨)〈P1945〉;海盐利晖化工塑料有限公司〈P1940〉;[鲁]山东省淄博市淄川汇通油脂精细化工厂〈P2055〉;周村大成特种油品厂〈P2057〉;淄博凤宝化工有限公司〈P2059〉;博兴华润油脂化学有限公司(1 万吨)〈P2154〉;广饶县福利树脂厂(2 万吨)〈P2083〉;潍坊市大明化工有限公司〈P2104〉;[豫]南阳市东方化工厂(1500 吨)〈P2224〉;[川]四川省广汉市古城化工厂〈P2327〉;四川西普化工股份有限公司(5 万吨)〈P2331〉
【使用厂】[津]天津市延安化工厂〈P1610〉;天津燕海化学有限公司〈P1616〉;[鲁]淄博奥威粘合剂有限公司〈P2058〉;[粤]江门市制漆厂有限公司〈P2286〉

动物油酸　P14092051
Animal oleic acid
用于橡胶、塑料、印染、涂料、洗涤、皮革、冶金、日化等多种行业
【生产厂】[苏]兴化市伟业植物油脂厂(600 吨)〈P1828〉;江苏银河化轻集团总公司〈P1832〉;[浙]德清县中信油脂有限公司(2000 吨)〈P1945〉;[鲁]山东省淄博市淄川汇通油脂精细化工厂〈P2055〉;周村大成特种油品厂〈P2057〉;淄博凤宝化工有限公司〈P2059〉;淄博市周村天合化工有限公司〈P2072〉;博兴华润油脂化学有限公司(2 万吨)〈P2154〉;广饶县福利树脂厂(2 万吨)〈P2083〉

高速精密磨削液　P14092201
Grinding fluid, high speed, exactitude
用作黑色金属磨削加工的冷却润滑剂
【生产厂】[苏]无锡市雷虹冷却液有限公司〈P1877〉;宜兴市月盛助剂有限公司〈P1888〉

二硫化钼(水剂)　P14092301
Molybdenum disulfide, aqua [1317-33-5]
用作金属切削加工冷却润滑液
【生产厂】[沪]上海华谊集团华原化工有限公司〈P1739〉

铝合金切削液;87-1　P14092701
Cutting liquos for aluminium alloy
用于金属加工、冷却、润滑、防锈等
【生产厂】[苏]无锡市南生新材料有限公司〈P1878〉

切削油　P14092801
Cutting oil
在金属加工过程中起冷却润滑作用
【生产厂】[冀]河北省东光县天力粘合剂厂〈P1655〉;[辽]北宁市闾峰化工厂〈P1701〉;[沪]上海开达精细化工有限公司〈P1746〉;上海荣晟精细化工有限公司〈P1758〉;上海锦辉润滑油厂〈P1745〉;[苏]宜兴市月盛助剂有限公司〈P1888〉;靖江恒丰化工有限公司〈P1824〉;张家港市威达科技有限公司〈P1914〉;苏州特种化学品有限公司(1300 吨)〈P1906〉;启东尤希路化学工业有限公司〈P1837〉;

P

[鲁]北杉化学有限公司〈P2020〉;济南瑞孚润滑材料有限公司〈P2024〉;烟台狮王石化工业有限公司〈P2118〉;[鄂]武汉市智发科技开发有限公司〈P2233〉

阻燃切削油 P14092891
Antiflaming cutting oil
用于车、磨、削、铰孔、攻锣纹等机床,适用于各种黑色金属的加工
【生产厂】[冀]河北省东光县天力粘合剂厂〈P1655〉

冷却液 P14092901
Cooling liquor
用于汽车、拖拉机、内燃机及其他水冷式发动机的冷却
【生产厂】[苏]无锡市高润杰化学有限公司〈P1875〉;江苏省宜兴市永兴化工厂〈P1866〉

液压支架用乳化油 P14093101
Emulsion oil for hydraulic pressure bracket
用于液压支架、机床切削
【生产厂】[鲁]淄博爱科实业有限责任公司(600吨)〈P2057〉

水质冷却切削液 P14093501
Water cooling cutting liquor
用作机加工冷却润滑
【生产厂】[沪]上海洁安精细化工有限公司〈P1744〉

水基金属切削液 P14093700
Cutting liquor for metal, waterbase
用作钢铁件的车、磨、钻、铣、攻、镗等机械加工,具有很好的润滑、冷却、防锈、清洗功能
【生产厂】[鲁]蓬莱市仙阁化工厂〈P2112〉;[豫]偃师市凤仪化工厂(500吨)〈P2188〉;[湘]湖南省浏阳市择明热工器材有限公司〈P2248〉

金属加工油 P14093801
Metal processing oil
【生产厂】[辽]营口石油化工有限公司〈P1704〉;[苏]启东尤希路化学工业有限公司〈P1837〉

线切割乳化油;线切割油 P14093901
Linear cutting emulsified oil
主要用于线切割机加工切割水晶、光学玻璃、半导体材料等作冷却和润滑用
【生产厂】[京]北京东兴润滑剂有限公司〈P1547〉;[苏]无锡市华润宝润滑油有限公司〈P1876〉;常熟市周行润达化工厂〈P1892〉

合成切削液;切削液 P14094000
Cutting liquor, synthetic
用于机械加工中金属磨、削、车、铣、铰孔、改丝等设备的润滑、冷却、清洁、防锈
【生产厂】[京]北京东兴润滑剂有限公司〈P1547〉;[津]天津市伊尔根精细化工有限公司(300吨)〈P1610〉;[辽]营口市康如化工有限公司〈P1705〉;华阳恩赛有限公司〈P1695〉;[沪]上海浮岛化工有限公司(400吨)〈P1733〉;上海妙克化学科技有限公司〈P1753〉;上海荣晟精细化工有限公司〈P1758〉;[苏]南京科润精细化工有限公司〈P1786〉;无锡市申科日用化工有限公司〈P1879〉;无锡市南生新材料有限公司〈P1878〉;无锡市雷虹冷却液有限公司〈P1877〉;无锡市长润石油化工有限公司〈P1875〉;宜兴市月盛助剂有限公司〈P1888〉;江苏省宜兴市永兴化工厂〈P1866〉;靖江恒丰化工有限公司〈P1824〉;江苏宝应化工助剂厂〈P1815〉;[鲁]德州恒兴化学有限公司〈P2141〉;青州鹏奥润滑油有限公司〈P2091〉;青岛朗力防锈材料有限公司〈P2040〉;泰安市黎明化工有限责任公司(1000吨)〈P2138〉;[粤]广州拓华化工科技有限公司〈P2267〉;广州市奇威化工有限公司〈P2265〉;广州洛德化工科贸有限公司〈P2262〉;[桂]广西化工研究院(500吨)〈P2296〉;广西化工研究院-广西新晶科技有限公司〈P2296〉;[渝]重庆永裕化工制剂有限公司〈P2308〉

铜拉丝油 P14100201
Copper legging oil
用于电磁线、电缆、电线等行业的拉丝,起到润滑、冷却、抗氧化等作用
【生产厂】[苏]靖江恒丰化工有限公司〈P1824〉;江苏宝应化工助剂厂〈P1815〉;江苏银河化轻集团总公司〈P1832〉

二硫化钼固体润滑膜 P14100601
Molybdenum disufide solid lubricanting film [1313-27-5]
在机械零件中用作固体润滑的底膜
【生产厂】[沪]上海华谊集团华原化工有限公司〈P1739〉

二硫化钼 P14100901
Molybdenum disulfide [1317-33-5]
用于制润滑脂、固体润滑膜添加剂、尼龙等填充剂、催化剂
【生产厂】[津]天津四方化工有限公司(400吨)〈P1614〉;[辽]本溪怀特石油化工有限责任公司(300吨)〈P1699〉;[苏]姜堰市光明化工厂〈P1823〉;泰州永博生化制品有限公司〈P1828〉;[鲁]东营市珠峰化工厂〈P2083〉
【使用厂】[沪]上海市塑料研究所〈P1764〉;[苏]无锡市高润杰化学有限公司〈P1875〉;[浙]嘉善县有机氟制品厂〈P1940〉

精密器械润滑剂 P14101221
Lubricant for precision instrument
用于精密仪器、机械、橡塑原件及铰锁的润滑
【生产厂】[鲁]青岛德慧精细化工有限公司(2吨)〈P2033〉

研磨液 P14101401
Lapping liquor
用于压电石英晶体及光盘的研磨、抛光
【生产厂】[津]天津市伊尔根精细化工有限公司(200吨)〈P1610〉;天津金竹助剂有限公司〈P1574〉;[皖]天长市华锦防腐清洗材料厂〈P1983〉;[鄂]湖北省化学研究院〈P2228〉

光亮淬火油 P14101501
Quenching oil, brighten
是金属热处理淬火阶段的工艺专用油
【生产厂】[苏]南京科润精细化工有限公司〈P1786〉;[豫]洛阳兴光机械辅材有限公司(600吨)〈P2187〉

快速光亮淬火油 P14101502
Quenching oil, quick brighten
是金属热处理淬火阶段的工艺专用油
【生产厂】[苏]南京科润精细化工有限公司〈P1786〉;无锡特种油品有限公司〈P1882〉;[湘]湖南省浏阳市择明热工器

材有限公司〈P2248〉

快速淬火油 P14101503

Quenching oil, quick

是金属热处理淬火阶段的工艺专用油

【生产厂】[苏]南京科润精细化工有限公司〈P1786〉；[湘]湖南省浏阳市择明热工器材有限公司〈P2248〉；[川]成都蜀光石油化学有限公司〈P2315〉

真空淬火油 P14101505

Quenching oil, vacuum

【生产厂】[京]北京市燕山特种润滑油有限公司〈P1561〉；[沪]上海惠丰石油化工有限公司〈P1741〉；[苏]南京科润精细化工有限公司〈P1786〉；无锡特种油品有限公司〈P1882〉；[湘]湖南省浏阳市择明热工器材有限公司〈P2248〉

淬火剂 P14101700

Quenching agent

用于金属热处理

【生产厂】[京]北京华立精细化工公司〈P1549〉；[辽]辽阳东宝力化学建材有限公司〈P1709〉；[苏]南京科润精细化工有限公司〈P1786〉；[湘]湖南省浏阳市择明热工器材有限公司〈P2248〉

淬火油 P14101800

Quenching oil

是金属热处理淬火阶段的工艺专用油

【生产厂】[京]北京华立精细化工公司〈P1549〉；[津]天津市东方特种润滑油有限公司〈P1585〉；[沪]上海锦辉润滑油厂〈P1745〉；[苏]南京科润精细化工有限公司〈P1786〉；无锡市高润杰化学有限公司〈P1875〉；[浙]杭州江南化工有限公司〈P1919〉；[鲁]济南瑞孚润滑材料有限公司〈P2024〉；[粤]好富顿(深圳)有限公司〈P2269〉

消泡剂 PPE P14101901

Antifoaming agent PPE

用于配制金属加工冷却液

【生产厂】[豫]开化集团开封市树脂厂(1000 吨)〈P2179〉

金属润滑剂 P14102001

Lubricant for metal

用于熔模铸造、金属压铸、浇注、冲压、锻造等

【生产厂】[沪]上海华谊集团华原化工有限公司〈P1739〉；上海路丰助剂有限公司〈P1752〉；[鲁]青岛德慧精细化工有限公司(200 吨)〈P2033〉；[豫]西峡县三胜化工有限公司〈P2225〉；[湘]衡阳市金化科技有限公司〈P2252〉；[粤]好富顿(深圳)有限公司〈P2269〉

防冻液专用消泡剂 P14102101

Defoamer for antifreezing fluid

汽车防冻液专用

【生产厂】[津]天津市兴玉工贸有限公司〈P1609〉

切削液专用消泡剂 P14102201

Defoamer for cutting liquid

油水切削专用，抑泡时间较长

【生产厂】[沪]上海洁安精细化工有限公司〈P1744〉

耐酸型消泡剂 P14102301

Defoamer, acidproof

适用于强碱、高温状态下使用，能控制泡时间

【生产厂】[冀]承德滦平精细化工厂〈P1650〉；[鄂]武汉海力科技化工有限公司〈P2230〉；湖北枣阳四海化工有限公司〈P2237〉

耐强碱性消泡剂 P14102401

Defoamer, alkaliproof

适宜于强碱、高温状态下使用，能控制泡时间

【生产厂】[津]天津市兴玉工贸有限公司〈P1609〉；[浙]上虞市康特化工有限公司〈P1948〉

钢件防氧化保护剂 P14102551

Oxygenation preventing agent for steel

【生产厂】[豫]洛阳兴光机械辅材有限公司(600 吨)〈P2187〉；[川]成都齐达科技开发公司〈P2313〉

铝及铝合金钝化剂 P14102601

Passivating agent for aluminium and aluminium alloy

用于铝材表面的钝化处理

【生产厂】[苏]南京中联信化工有限公司〈P1791〉；[渝]重庆长江造型材料有限责任公司〈P2304〉

不锈钢酸洗钝化膏 P14102701

Acid cleaning passivating cream for stainless steel

用于不锈钢表面及其焊缝的酸洗钝化和热加工件酸洗后的钝化

【生产厂】[吉]吉林省石油化工设计研究院〈P1714〉；[沪]上海振华科工贸有限公司〈P1778〉；[皖]天长市华锦防腐清洗材料厂〈P1983〉；[鲁]青岛德慧精细化工有限公司〈P2033〉

金属压铸脱模剂 P14102901

Release agent for metal die-casting

适用于各种铝及铝合金压铸件的脱模

【生产厂】[苏]启东尤希路化学工业有限公司〈P1837〉；[鲁]青岛德慧精细化工有限公司〈P2033〉

精密模铸脱模剂 P14103001

Release agent for molded casting

适用高光亮制品蜡溶模型的脱模

【生产厂】[鲁]青岛德慧精细化工有限公司〈P2033〉

抗钒剂 P14103101

Anti-vanadium agent

【生产厂】[赣]江西师大化工有限公司〈P2009〉

工业修补剂 P14103201

Industry repairing agent

用于各种机械设备、金属修补、维修

【生产厂】[鲁]烟台市德邦科技有限公司(60 吨)〈P2118〉；[豫]新乡市天力胶体新材料有限公司〈P2206〉

齿轮润滑剂 P14103501

Gear wheel lubricant

适用于冶金、矿山、油田、铁路、港口机械及各种起重、运输的各系列减速机齿轮润滑

【生产厂】[鲁]蓬莱市仙阁化工厂〈P2112〉

中超耐磨炉黑 N220；炭黑 N220 P15010101

Furnace carbon black N220, middle super abrasion resistance

属补强型炭黑，用于轮胎胎面、高质量工业橡胶制品及高负载运输带等

【生产厂】[辽]抚顺东信化工有限公司(2000 吨)〈P1697〉；[苏]无锡双诚炭黑厂〈P1881〉；[赣]江西省黑豹炭黑有限公司〈P2011〉；[鲁]山东贝斯特化工有限公司〈P2084〉；东营市广北炭黑有限责任公司〈P2082〉；青州市博奥炭黑有限责任公司(1 万吨)〈P2091〉；青岛玖琦精细化工有限责任公司(6000 吨)〈P2039〉；[豫]洛阳市黑金龙色素炭黑有限责任公司(200 吨)〈P2184〉；[渝]重庆索特星博化工有限公司〈P2307〉；[川]中橡集团炭黑工业研究设计院〈P2321〉；自贡炭黑厂〈P2322〉；[宁]宁夏嘉特炭黑有限公司〈P2361〉

高耐磨炭黑 N330；新工艺炭黑 N330；炭黑 N330 P15020101

Furnace carbon black N330, high abrasion resistance [1333-86-4]

主要用于轮胎带束层、胎侧、实心轮胎、滚筒外层、胶管表层、工业橡胶制品、轿车胎胎面的补强

【生产厂】[冀]石家庄市新星化炭有限公司(2 万吨)〈P1631〉；[苏]无锡双诚炭黑厂〈P1881〉；[赣]江西省黑豹炭黑有限公司〈P2011〉；[鲁]山东贝斯特化工有限公司〈P2084〉；东营市广北炭黑有限责任公司〈P2082〉；青州市博奥炭黑有限责任公司(1 万吨)〈P2091〉；青岛玖琦精细化工有限责任公司(6000 吨)〈P2039〉；[豫]巩义市华美颜料化工有限公司(200 吨)〈P2163〉；洛阳市黑金龙色素炭黑有限责任公司(200 吨)〈P2184〉；[渝]重庆索特星博化工有限公司〈P2307〉；[川]中橡集团炭黑工业研究设计院〈P2321〉；自贡炭黑厂〈P2322〉；[宁]宁夏嘉特炭黑有限公司〈P2361〉

天然气槽法炭黑 P15030101

Channel black, natural gas [1333-86-4]

用于橡胶行业及油漆、油墨等行业

【生产厂】[豫]洛阳市黑金龙色素炭黑有限责任公司(200 吨)〈P2184〉；[川]自贡炭黑厂〈P2322〉

硅铝炭黑 P15040201

Aluminum silicon black

用作橡胶、塑料填充补强剂

【生产厂】[冀]石家庄市新星化炭有限公司(3500 吨)〈P1631〉

快压出炉炭黑 N550 P15060201

Furnace carbon black N550, fast extrusion [1333-86-4]

用于胎体及内胎胶料、胶管、挤出胶条、密封件及压模等工业橡胶制品的补强

【生产厂】[苏]无锡双诚炭黑厂〈P1881〉；[鲁]临邑恒润化工有限公司(1000 吨)〈P2143〉；山东贝斯特化工有限公司〈P2084〉；东营市广北炭黑有限责任公司〈P2082〉；青州市博奥炭黑有限责任公司(5000 吨)〈P2091〉；青岛玖琦精细化工有限责任公司〈P2039〉；[渝]重庆索特星博化工有限公司〈P2307〉；[川]中橡集团炭黑工业研究设计院〈P2321〉；[宁]宁夏嘉特炭黑有限公司〈P2361〉

低结构快压出炭黑 N539 P15060301

Furnace carbon black N539, low structure fast extrusion

适用于轮胎胎体的缓冲胶，廉布胶及各种橡胶制品

【生产厂】[苏]无锡双诚炭黑厂〈P1881〉；[鲁]山东贝斯特化工有限公司〈P2084〉；东营市广北炭黑有限责任公司〈P2082〉；青州市博奥炭黑有限责任公司(3000 吨)〈P2091〉；青岛玖琦精细化工有限责任公司〈P2039〉；[渝]重庆索特星博化工有限公司〈P2307〉；[川]中橡集团炭黑工业研究设计院〈P2321〉

炭黑 P15070101

Carbon black [1333-86-4]

主要用于橡胶、油漆、油墨等行业

【生产厂】[京]北京麦尔化工科技有限公司〈P1555〉；北京市欣奕搏瑞化工厂(1500 吨)〈P1561〉；[津]天津市天昊油墨有限公司(1000 吨)〈P1604〉；天津海豚炭黑有限公司(8 万吨)〈P1572〉；天津金秋实化工有限公司(3 万吨)〈P1574〉；[冀]石家庄市新星化炭有限公司〈P1631〉；石家庄神彩美术颜料厂〈P1628〉；石家庄市佳彩化工有限责任公司〈P1629〉；河北省景县鑫源橡胶化工有限公司〈P1666〉；邯郸市蔡王炭黑化工有限公司(2 万吨)〈P1638〉；[晋]山西永东化工有限公司(3 万吨)〈P1680〉；山西飞鹰化工有限公司(2 万吨)〈P1679〉；山西涞源化工有限责任公司(2 万吨)〈P1680〉；山西志信炭黑集团(6 万吨)〈P1680〉；[沪]上海企鸟化工有限公司〈P1756〉；上海宁成高分子材料有限公司〈P1755〉；宝山钢铁股份有限公司化工分公司〈P1726〉；[苏]无锡双诚炭黑厂〈P1881〉；[赣]景德镇市焦化煤气总厂(3 万吨)〈P2010〉；江西省黑豹炭黑有限公司(6000 吨)〈P2011〉；[鲁]山东贝斯特化工有限公司〈P2084〉；青州市博奥炭黑有限责任公司(6 万吨)〈P2091〉；临朐县宏恩橡塑制品有限公司(700 吨)〈P2090〉；山东海化炭黑化工有限公司(10 万吨)〈P2095〉；青岛玖琦精细化工有限责任公司(4 万吨)〈P2039〉；莱芜市黑牛炭黑有限公司(3 万吨)〈P2140〉；莱芜市晋荣炭黑有限公司(3 万吨)〈P2140〉；莱芜市泰山炭黑有限公司(3 万吨)〈P2140〉；济宁天骄化工有限公司(5000 吨)〈P2129〉；菏泽泰龙化工有限公司(3000 吨)〈P2159〉；郯城县杨集起飞化工厂(1500 吨)〈P2151〉；[豫]濮阳市光璞石化有限责任公司(5000 吨)〈P2214〉；河南天宏焦化(集团)有限公司炭黑厂(1 万吨)〈P2191〉；洛阳市黑金龙色素炭黑有限责任公司(200 吨)〈P2184〉；[鄂]武汉葛化集团有限公司(2 万吨)〈P2229〉；湖北双环科技股份有限公司(2500 吨)〈P2242〉；[湘]湖南三环颜料有限公司〈P2248〉；[渝]重庆索特盐化股份有限公司〈P2307〉；重庆索特星博化工有限公司(3 万吨)〈P2307〉；[川]中橡集团炭黑工业研究设计院(4 万吨)〈P2321〉；[陕]西北化工研究院〈P2350〉；[新]中国石油天然气股份有限公司乌鲁木齐石油化工总厂〈P2365〉；新疆塔里木炭黑有限责任公司(2 万吨)〈P2366〉

【使用厂】[津]天津国际联合轮胎橡胶有限公司〈P1572〉；天津市津兆福利橡胶制品厂〈P1595〉；[晋]山西新华化工厂〈P1670〉；[辽]沈阳船牌制漆有限公司〈P1685〉；[黑]佳通轮胎股份有限公司〈P1723〉；[苏]徐州华辰胶带有限公司〈P1795〉；无锡市第五橡胶厂〈P1875〉；启东吕盛橡胶制品有限公司〈P1837〉；南京锦湖轮胎有限公司〈P1786〉；[皖]安庆市特种橡塑制品有限责任公司〈P1980〉；[闽]厦门正新海燕轮胎有限公司〈P1993〉；福建省邵武市正兴武夷轮胎有限公司〈P2004〉；福建省南平市兴源橡胶制品有限公司〈P2004〉；东北理光(福州)印刷设备有限公司〈P1988〉；福建佳通轮胎有限公司〈P1997〉；厦门鹭意彩色母粒有限公司〈P1992〉；[鲁]济南泰山金鹏涂料有限公司〈P2025〉；济南鲁联集团橡胶制品有限公司〈P2023〉；青岛橡六集团有限公司〈P2045〉；青岛泰发集团股份有限公司〈P2044〉；山东省临朐橡胶有限公司〈P2098〉；烟台中策橡胶有限公司〈P2120〉；青岛振华工业集团有限公司〈P2046〉；烟台泰鸿橡胶有限公司〈P2119〉；文登市三峰轮胎有限公司〈P2127〉；曲阜市神力橡塑有限公司〈P2130〉；三角集团有限公司〈P2123〉；山东泰山轮胎有限公司〈P2136〉；青岛华

P

海环保工业有限公司〈P2037〉；荣成荣达橡胶制品有限公司〈P2122〉；荣成市飞达轮胎翻新有限公司〈P2122〉；山东玲珑橡胶有限公司〈P2114〉；龙口兴隆轮胎有限公司〈P2111〉；济宁同利橡胶制品有限责任公司〈P2129〉；青岛黄海橡胶集团公司〈P2038〉；济宁广通输送带有限责任公司〈P2127〉；青岛东方工业品制造有限公司〈P2033〉；山东成山集团有限公司〈P2123〉；山东三工橡胶有限公司〈P2097〉；淄博创大实业有限公司橡胶制品分公司〈P2058〉；青岛国人科技股份有限公司〈P2035〉；青岛双星轮胎工业有限公司〈P2043〉；荣成市峰富橡胶有限责任公司〈P2122〉；青岛茂林橡胶制品有限公司〈P2040〉；肥城恒宏橡胶有限公司〈P2134〉；高密市华诚橡胶制品有限公司〈P2089〉；山东信义集团东营信义橡塑厂〈P2086〉；青岛柯丽亚(韩国)胶带有限公司〈P2039〉；[豫]郑州中原轮胎橡胶股份有限公司〈P2176〉；开封铁塔橡胶(集团)有限公司〈P2179〉；中国神马集团橡胶轮胎有限责任公司〈P2192〉；风神轮胎股份有限公司〈P2193〉；安阳市第二橡胶厂〈P2208〉；许昌中州轮胎有限公司〈P2219〉；延津县化肥厂〈P2208〉；黎明化工研究院〈P2181〉；巩义市三星陶瓷材料有限公司〈P2163〉；[鄂]中南橡胶集团有限责任公司〈P2241〉；[湘]株洲市湘江橡胶制品厂〈P2250〉；[粤]广州市合成材料研究院〈P2264〉；广州第十一橡胶厂〈P2260〉；广州珠江轮胎有限公司〈P2268〉；广州市宝力轮胎有限公司〈P2263〉；[桂]昊华南方桂林轮胎厂〈P2299〉；[黔]贵州水晶化工股份有限公司〈P2337〉；[陕]西安市精工橡胶制品有限公司〈P2349〉；[甘]甘肃酒泉荣泰橡胶制品有限公司〈P2357〉；[新]新疆昆仑股份有限公司〈P2366〉

炭黑 N660；新工艺炭黑 N600 P15070302

Carbon black N660 [1333-86-4]

用作橡胶补强、着色剂，冶金、火箭推进剂

【生产厂】[苏]无锡双诚炭黑厂〈P1881〉；[赣]江西省黑豹炭黑有限公司〈P2011〉；[鲁]临邑恒润化工有限公司(1000吨)〈P2143〉；山东贝斯特化工有限公司〈P2084〉；东营市广北炭黑有限责任公司〈P2082〉；青州市博奥炭黑有限责任公司(1万吨)〈P2091〉；青岛玖琦精细化工有限责任公司〈P2039〉；[渝]重庆索特星博化工有限公司〈P2307〉；[川]中橡集团炭黑工业研究设计院〈P2321〉；自贡炭黑厂〈P2322〉；[宁]宁夏嘉特炭黑有限公司〈P2361〉

极低结构通用炉黑 N642；炭黑 N642 P15070401

Furnace carbon black N642, super-low structure general purpose [1333-86-4]

主要用于橡胶行业的力车胎、汽车内胎和汽车轮胎的胎侧、电缆护套等

【生产厂】[渝]重庆索特星博化工有限公司〈P2307〉

低结构通用炉黑 N630 P15080301

Furnace carbon black N630, low structure general purpose

用作轮胎帘布层、胎面下层、胎侧以及内胎等胶料中的补强填充剂

【生产厂】[赣]江西省黑豹炭黑有限公司〈P2011〉

低定伸非污染半补强炉黑 N762；炭黑 N762 P15080302

Furnace carbon black N762, semi-reinforced, low definite elongation, depollution [1333-86-4]

用于橡胶制品、胎体、气门嘴等的填充补强

【生产厂】[苏]无锡双诚炭黑厂〈P1881〉；[鲁]临邑恒润化工有限公司(800吨)〈P2143〉；青岛玖琦精细化工有限责任公司〈P2039〉

天然气半补强炉法炭黑；半补强炭黑 P15100101

Furnace carbon black, natural gas semi-reinforced

广泛用于轮胎、胶管、胶带等橡胶制品填充和补强

【生产厂】[豫]濮阳市光璞石化有限责任公司(1万吨)〈P2214〉；[川]中橡集团炭黑工业研究设计院〈P2321〉；自贡炭黑厂〈P2322〉

喷雾炉炭黑；喷雾炭黑 P15110101

Sprayed furnace carbon black [1333-86-4]

用于橡胶制品的填补及补强

【生产厂】[辽]抚顺市色素炭黑厂(1500吨)〈P1698〉

乙炔炭黑；乙炔黑 P15120101

Carbon black, acetylene [1333-86-4]

主要用作干电池的原材料，也用于导电和防静电的橡胶制品中

【生产厂】[京]北京市欣奕搏瑞化工厂(240吨)〈P1561〉；[冀]河北省景县鑫源橡胶化工有限公司〈P1666〉；中国昊华集团宣化有限公司〈P1650〉；[闽]福建省南平市万荣炭黑有限公司(1800吨)〈P2003〉；[鲁]青岛三凯化工有限公司〈P2041〉；[豫]焦作鑫达化工有限公司(2万吨)〈P2197〉；[宁]宁夏嘉峰化工有限公司〈P2361〉

中色素炭黑 P15130100

Carbon black, middle pigment

适用于深黑色涂料、塑料、合成纤维和皮革类制品及丙烯酸类塑料制品、油墨、人造皮革、纸张类制品等着色

【生产厂】[沪]上海企鸟化工有限公司〈P1756〉；[豫]洛阳市黑金龙色素炭黑有限责任公司〈P2184〉

色素炭黑 P15130201

Pigment carbon black

主要用于涂料、塑料着色

【生产厂】[津]天津海豚炭黑有限公司(10万吨)〈P1572〉；[辽]抚顺市色素炭黑厂(1000吨)〈P1698〉；[沪]上海企鸟化工有限公司〈P1756〉；[鲁]青州市中远化工有限公司〈P2094〉；青岛市海大化工有限公司〈P2042〉；[豫]汤阴县奇昌化工有限公司(2000吨)〈P2212〉；洛阳市黑金龙色素炭黑有限责任公司〈P2184〉；[粤]奇昌化工有限公司〈P2281〉

高色素炭黑 P15130401

Carbon black, high pigment [1333-86-4]

用于油漆及油墨、塑料等行业

【生产厂】[豫]洛阳市黑金龙色素炭黑有限责任公司(100吨)〈P2184〉

C311 色素炭黑 P15130701

Colour carbon black C311

用于油漆、油墨、塑料等行业

【生产厂】[闽]福建省南平市万荣炭黑有限公司〈P2003〉

新工艺炉炭黑 N339；炭黑 N339 P15140201

Furnace carbon black N339, new technology [1333-86-4]

用于轿车轮胎胎面、工业橡胶制品及运输带的补强

【生产厂】[苏]无锡双诚炭黑厂〈P1881〉；[赣]江西省黑豹炭

黑有限公司〈P2011〉；[鲁]山东贝斯特化工有限公司〈P2084〉；青州市博奥炭黑有限责任公司（1000 吨）〈P2091〉；[渝]重庆索特星博化工有限公司〈P2307〉；[川]中橡集团炭黑工业研究设计院〈P2321〉；[宁]宁夏嘉特炭黑有限公司〈P2361〉

新工艺炭黑 N110 系列；炭黑 N110　P15140251

Carbon black N110 series, new technology [1333-86-4]

用作橡胶制品的补强剂

【生产厂】[赣]江西省黑豹炭黑有限公司〈P2011〉；[鲁]东营市广北炭黑有限责任公司〈P2082〉；[川]中橡集团炭黑工业研究设计院〈P2321〉

新工艺炉炭黑 N375；炭黑 N375　P15140301

Furnace carbon black N375, new technology [1333-86-4]

用于轿车和卡车轮胎胎面、运输带表层、工业橡胶制品的补强

【生产厂】[苏]无锡双诚炭黑厂〈P1881〉；[赣]江西省黑豹炭黑有限公司〈P2011〉；[鲁]山东贝斯特化工有限公司〈P2084〉；东营市广北炭黑有限责任公司〈P2082〉；[渝]重庆索特星博化工有限公司〈P2307〉；[川]中橡集团炭黑工业研究设计院〈P2321〉；[宁]宁夏嘉特炭黑有限公司〈P2361〉

新工艺炉炭黑 N332　P15140401

Furnace carbon black N332, new technology [1333-86-4]

用于各种橡胶的补强

【生产厂】[辽]抚顺东信化工有限公司(2500 吨)〈P1697〉；[鲁]青州市博奥炭黑有限责任公司(5000 吨)〈P2091〉

新工艺炭黑 N219；炭黑 N219　P15140501

Carbon black N219, new technology [1333-86-4]

用于橡胶制品、纤维、塑料等的补强

【生产厂】[苏]无锡双诚炭黑厂〈P1881〉；[鲁]青州市博奥炭黑有限责任公司(5000 吨)〈P2091〉

炭黑 N774　P15140601

Carbon black N774

用于橡胶制品填充补强

【生产厂】[苏]无锡双诚炭黑厂〈P1881〉；[赣]江西省黑豹炭黑有限公司〈P2011〉；[鲁]青岛玖琦精细化工有限责任公司〈P2039〉

炭黑 N234　P15140701

Carbon black N234 [1333-86-4]

用于轮胎胎面、表面补胎条、汽车橡胶件、传送带、传送垫等，用此炭黑的硫化胶显示出优良的强伸和耐磨性能

【生产厂】[辽]抚顺东信化工有限公司(2500 吨)〈P1697〉；[苏]无锡双诚炭黑厂〈P1881〉；[赣]江西省黑豹炭黑有限公司〈P2011〉；[鲁]山东贝斯特化工有限公司〈P2084〉；东营市广北炭黑有限责任公司〈P2082〉；青州市博奥炭黑有限责任公司(3000 吨)〈P2091〉；青岛玖琦精细化工有限责任公司〈P2039〉；[渝]重庆索特星博化工有限公司〈P2307〉；[川]中橡集团炭黑工业研究设计院〈P2321〉；[宁]宁夏嘉特炭黑有限公司〈P2361〉

低结构高耐磨炉黑 N326；炭黑 N326　P15150101

Furnace carbon black N326, low structure high abrasion resistance [1333-86-4]

用于工程胎胎面、钢丝带束层胶料、运输带、工业密封件及制品等的填充补强

【生产厂】[苏]无锡双诚炭黑厂〈P1881〉；[赣]江西省黑豹炭黑有限公司〈P2011〉；[鲁]青州市博奥炭黑有限责任公司(3000 吨)〈P2091〉；青岛玖琦精细化工有限责任公司〈P2039〉；[渝]重庆索特星博化工有限公司〈P2307〉；[川]中橡集团炭黑工业研究设计院〈P2321〉；[宁]宁夏嘉特炭黑有限公司〈P2361〉

新工艺炭黑 N754；低结构半补强炉黑 N754　P15150301

Carbon black N754, new technology [1333-86-4]

广泛用于轮胎、胶管、胶带等橡胶制品填充补强

【生产厂】[川]自贡炭黑厂〈P2322〉

高结构高耐磨炭黑 N347；炭黑 N347　P15150501

Carbon black N347, high structure and high abrasion resistance

用于轿车轮胎胎面、轮胎部件、工业橡胶密封件及制品等的补强

【生产厂】[苏]无锡双诚炭黑厂〈P1881〉

炭黑 N351　P15150901

Carbon black N351 [1333-86-4]

用于轿车胎面及胎侧、胶管、槽带、工业橡胶制品及运输带等的补强

【生产厂】[苏]无锡双诚炭黑厂〈P1881〉

炭黑母粒；黑色母粒　P15151001

Black master-batches

广泛用于塑料、EVA 鞋底、油墨、油漆等

【生产厂】[京]北京吉和色母料有限公司〈P1550〉；[沪]上海林达塑胶化工有限公司〈P1752〉；[鲁]青岛普瑞德化工有限公司〈P2041〉；山东鲁燕色母粒有限公司(2000 吨)〈P2136〉

白炭黑(沉淀法)　P15160801

White carbon black, precipitation method

用于橡胶、塑料的补强

【生产厂】[吉]通化双龙集团有限公司化工公司(2000 吨)〈P1718〉；[苏]常州市麦登橡塑化工有限公司〈P1853〉；无锡市申科日用化工有限公司〈P1879〉；[湘]湖南省攸县精细化工厂(1000 吨)〈P2249〉

白炭黑(燃烧法)；白炭黑(气相法)；气相白炭黑；胶体二氧化硅　P15160901

White carbon black, combustion method

用作油漆涂料填充剂、橡胶补强剂、塑料增黏剂和触变剂、合成润滑脂硅脂的稠化剂

【生产厂】[吉]磐石市大田化工助剂研究所〈P1717〉；[沪]上海威垦化工有限公司〈P1769〉

高补强透明白炭黑　P15161001

Transparent white carbon black, high reinforced

【生产厂】[吉]磐石市大田化工助剂研究所〈P1717〉；[浙]浙江建德建业有机化工有限公司〈P1928〉

高补强高耐磨白炭黑　P15161031

White carbon black, high reinforced and high wearable

【生产厂】[吉]磐石市大田化工助剂研究所〈P1717〉；[苏]无锡恒享白炭黑有限责任公司〈P1873〉

P

高补强白炭黑　P15161061

White carbon black, high reinforced

广泛用于橡胶和塑料工业的一种耐磨补强填充剂

【生产厂】[吉]磐石市大田化工助剂研究所〈P1717〉;[闽]福建省沙县金沙白炭黑制造有限公司〈P1995〉

白炭黑(消光)　P15161101

White carbon black, extinction

用作油漆、涂料、皮革消光剂,油漆涂料增稠剂、防沉剂等

【生产厂】[苏]无锡恒享白炭黑有限责任公司〈P1873〉;[闽]福建省沙县金沙白炭黑制造有限公司〈P1995〉

白炭黑(药用)　P15161201

White carbon black, medical

用于药片、药丸、栓剂等

【生产厂】[粤]广州市人民化工厂(3000 吨)〈P2265〉

白炭黑;沉淀二氧化硅;白烟;轻质二氧化硅;沉淀水合二氧化硅　P15161301

White carbon black

是橡胶的良好补强剂,补强性能仅次于炭黑,也用于润滑剂、绝缘材料等

【生产厂】[京]北京市红星广厦化工建材有限责任公司〈P1559〉;[晋]山西同德化工有限公司〈P1676〉;[辽]沈阳化工股份有限公司(1500 吨)〈P1686〉;[吉]通化双龙集团有限公司化工公司(2000 吨)〈P1718〉;[沪]上海力明工贸有限公司〈P1750〉;上海威呈化工有限公司〈P1769〉;上海昊化化工有限公司〈P1736〉;上海跃江钛白化工制品有限公司〈P1776〉;上海氯碱化工股份有限公司〈P1752〉;上海久琛精细化工有限公司〈P1746〉;[苏]无锡恒享白炭黑有限责任公司(3 万吨)〈P1873〉;江苏澄星磷化工股份有限公司〈P1865〉;苏州市东化钒硅有限公司〈P1903〉;常熟市辛庄吉祥助剂有限公司〈P1891〉;江苏德邦化学工业集团有限公司〈P1797〉;连吉化学工业有限公司(6000 吨)〈P1798〉;[浙]浙江建德建业有机化工有限公司〈P1928〉;[皖]合肥中科阻燃新材料有限公司〈P1973〉;安徽良臣硅源材料有限公司〈P1985〉;[闽]宁德市晶航化工有限公司(1 万吨)〈P2007〉;福建嘉联化工集团(2 万吨)〈P2002〉;福建省南平嘉元化工有限公司(3 万吨)〈P2003〉;南平元禾化工有限公司(4 万吨)〈P2005〉;富联化工有限公司〈P1999〉;南安市晶联化工有限公司(2 万吨)〈P1999〉;福建省漳平市正昌化工有限公司(2 万吨)〈P2006〉;福建漳平市正盛化工有限公司(2 万吨)〈P2006〉;福建石化集团三明化工有限责任公司(1 万吨)〈P1995〉;福建省三联化工股份有限公司(2400 吨)〈P1995〉;福建省沙县金沙白炭黑制造有限公司(3000 吨)〈P1995〉;永安市丰源化工有限公司(1 万吨)〈P1996〉;[赣]江西江氨化学工业有限公司(1 万吨)〈P2008〉;江西昌九生物化工股份有限公司(1 万吨)〈P2008〉;江西省高峰化工矿业发展有限公司〈P2016〉;江西乐平佳宏化工有限公司〈P2010〉;[鲁]济南市长清区明星化工厂(2000 吨)〈P2025〉;淄博万康医药化工有限公司〈P2074〉;淄博环拓化工有限公司(500 吨)〈P2062〉;垦利三合新材料科技有限责任公司(1500 吨)〈P2084〉;东营市谊海工贸有限责任公司〈P2083〉;山东联科白炭黑有限公司(3 万吨)〈P2096〉;山东振兴化工有限公司〈P2099〉;山东海化股份有限公司〈P2094〉;山东信科环化有限责任公司(3000 吨)〈P2151〉;微山县天翔化工有限公司(5000 吨)〈P2133〉;[豫]多氟多化工股份有限公司(6000 吨)〈P2192〉;博爱县化学农药厂(1000 吨)〈P2192〉;濮阳市光璞石化有限责任公司(3 万吨)〈P2214〉;[湘]衡阳市锦轩化工有限公司(3000 吨)〈P2252〉;湖南三环颜料有限公司〈P2248〉;湖南省攸县龙江化工厂〈P2249〉;湖南攸县湘永精细化工厂〈P2249〉;[粤]广州市人民化工厂(1000 吨)〈P2265〉;深圳市淳昌科技有限公司〈P2270〉;台山市磷肥厂有限公司(1000 吨)〈P2286〉;[桂]广西西江化工有限责任公司(500 吨)〈P2301〉;[渝]中国核工业建峰化工总厂(5000 吨)〈P2303〉;[川]成都今天化工有限公司〈P2311〉;五粮液集团精细化工有限公司(3000 吨)〈P2335〉

【使用厂】[辽]沈阳市橡胶制品九厂〈P1689〉;[苏]无锡二橡胶股份有限公司〈P1873〉;扬州江亚消防药剂有限公司〈P1817〉;南通龙灯化工有限公司〈P1834〉;[浙]义乌市康成特种橡胶有限公司〈P1954〉;[鲁]山东临朐恒达化工建材厂〈P2096〉;[豫]安阳市安林生物化工有限责任公司〈P2208〉;[粤]广州第十一橡胶厂〈P2260〉

超细白炭黑　P15161311

White carbon black, ultra fine

用于橡胶、塑料、高档油漆、涂料等

【生产厂】[津]天津市武清区前进玉立化工厂(500 吨)〈P1607〉;[沪]上海威呈化工有限公司〈P1769〉;[赣]江西省高峰化工矿业发展有限公司〈P2016〉

白炭黑(纳米级)　P15161401

White carbon black, nanometer

广泛用于橡胶、塑料、电子、涂料、陶(搪)瓷、石膏、蓄电池、颜料、胶黏剂、化妆品等诸多领域

【生产厂】[吉]磐石市大田化工助剂研究所〈P1717〉;[鲁]淄博汇鑫化工有限责任公司〈P2062〉

白炭黑(疏水)　P15161701

White carbon black, hydrophobic

用作硅橡胶的补强填料

【生产厂】[津]天津市武清区前进玉立化工厂(1000 吨)〈P1607〉;[吉]磐石市大田化工助剂研究所〈P1717〉;通化双龙集团有限公司化工公司(50 吨)〈P1718〉;[鲁]寿光市宝特化工有限公司〈P2100〉

活性白炭黑　P15162001

White carbon black, active

适用于有色橡胶和造纸

【生产厂】[粤]广州市人民化工厂(100 吨)〈P2265〉

活化硅胶　P16010301

Activated silica gel

用于采矿业中对易燃易爆气体的监测,在分离提纯复杂有机化合物方面应用也很广泛

【生产厂】[皖]安徽良臣硅源材料有限公司〈P1985〉

细孔球形硅胶　P16010401

Silica gel, microporous roundness

用作气体干燥净化剂

【生产厂】[沪]上海恒业分子筛有限公司〈P1736〉;[鲁]青岛中能硅化工有限公司〈P2047〉;青岛美高集团有限公司〈P2040〉;[渝]重庆胜利化工厂〈P2306〉

高效型干燥硅胶;硅胶干燥剂　P16010501

Dry silica gel, high-effecienty [112926-00-8]

适用于化肥、钢铁、天然气等行业制氧、制氮及天然气除湿工序作除湿剂,也用于军工、弹药等

P

【生产厂】[津]天津市宏峰干燥剂厂〈P1589〉;[辽]沈阳市北方干燥剂厂〈P1688〉;[沪]上海实用干燥剂厂〈P1763〉;上海衡元高分子材料有限公司〈P1737〉;上海月季日用干燥剂厂〈P1776〉;上海昌全硅胶干燥剂有限公司〈P1729〉;上海精龙化工有限公司〈P1745〉;[苏]南通大江化学有限公司〈P1832〉;[鲁]寿光市宝特化工有限公司〈P2100〉;乳山市环宇化工有限公司〈P2123〉;威海市明珠硅胶有限公司(1万吨)〈P2125〉;招远汇源硅胶有限公司(900吨)〈P2120〉;青岛海浪硅胶干燥剂厂〈P2035〉;青岛硅创精细化工有限公司〈P2035〉;青岛市基亿达硅胶试剂厂(50吨)〈P2042〉;青岛钻石硅胶有限公司(30吨)〈P2047〉;青岛海星干燥剂厂〈P2036〉;青岛海洋化工集团特种硅胶厂〈P2036〉;青岛诚宇化工有限公司〈P2033〉;青岛城阳海洋化工有限公司〈P2033〉;[粤]深圳市春旺实业有限公司〈P2270〉

变色硅胶;蓝胶指示剂 P16010601

Silica gel, self changeable colour [112926-00-8]

用作湿度指示剂,用以显示干燥剂湿度饱和程度、包装物和精密仪器、仪表内空间介质的相对湿度

【生产厂】[冀]河北亚诺化工有限公司〈P1623〉;[辽]营口希尔化工有限公司〈P1705〉;[沪]上海闵坤干燥剂有限公司〈P1753〉;上海恒业分子筛有限公司〈P1736〉;[皖]安徽良臣硅源材料有限公司〈P1985〉;[鲁]青岛硅创精细化工有限公司〈P2035〉;青岛市基亿达硅胶试剂厂(10吨)〈P2042〉;青岛钻石硅胶有限公司(20吨)〈P2047〉;青岛海洋化工集团特种硅胶厂〈P2036〉;青岛裕宝精细化工有限公司(200吨)〈P2046〉;[渝]重庆胜利化工厂〈P2306〉

无钴变色硅胶;环保型黄色变色硅胶 P16010651

Allochroic silica gel, non-cobalt

【生产厂】[鲁]青岛市基亿达硅胶试剂厂(10吨)〈P2042〉;青岛诚宇化工有限公司〈P2033〉;青岛城阳海洋化工有限公司〈P2033〉;青岛裕宝精细化工有限公司(80吨)〈P2046〉

硅胶;氧化硅胶;硅酸凝胶 P16010701

Silica gel [112926-00-8]

用于气体干燥、气体吸收、液体脱水、色层分析、催化剂等

【生产厂】[津]天津化工研究设计院(50吨)〈P1573〉;天津市宏峰干燥剂厂〈P1589〉;[冀]邢台市巨星化工有限公司〈P1643〉;[辽]沈阳市硅胶厂〈P1688〉;[沪]上海恒业分子筛有限公司〈P1736〉;[皖]安徽良臣硅源材料有限公司〈P1985〉;[赣]萍乡市石化填料有限责任公司〈P2012〉;[鲁]招远威达硅胶有限公司(3万吨)〈P2121〉;青岛海洋化工有限公司(4万吨)〈P2036〉;青岛三凯化工有限公司〈P2041〉;青岛中能硅化工有限公司〈P2047〉;青岛美高集团有限公司(5万吨)〈P2040〉;山东辛化(集团)公司(1万吨)〈P2078〉;[粤]深圳市启元达精细化工有限公司〈P2272〉;深圳市淳昌科技有限公司〈P2270〉

【使用厂】[津]天津市风船化学试剂科技有限公司〈P1586〉;天津飞龙橡胶制品有限责任公司橡胶研发所〈P1572〉;[辽]沈阳市橡胶制品九厂〈P1689〉;[苏]南京化学工业有限公司化工厂〈P1785〉;[鲁]山东海化魁星化工有限公司〈P2135〉;青岛茂林橡胶制品有限公司〈P2040〉;[湘]长沙市化工研究所〈P2247〉;[粤]广州化学试剂厂〈P2261〉

蓝色硅胶 P16010711

Blue silica gel

作为吸湿剂,其颜色随吸湿量增长由蓝色变成红色,以显示密封包装物空间介质湿度变化

【生产厂】[津]天津市宏峰干燥剂厂〈P1589〉;[鲁]乳山市环宇化工有限公司〈P2123〉;威海市明珠硅胶有限公司(5000吨)〈P2125〉;乳山市大洋硅胶厂(5000吨)〈P2123〉;招远威达硅胶有限公司(3000吨)〈P2121〉;青岛海洋化工有限公司(600吨)〈P2036〉;青岛三凯化工有限公司〈P2041〉;青岛海洋化工集团特种硅胶厂〈P2036〉;青岛诚宇化工有限公司〈P2033〉;青岛城阳海洋化工有限公司〈P2033〉;青岛美高集团有限公司〈P2040〉;青岛裕宝精细化工有限公司(800吨)〈P2046〉;青岛琪丰化工有限公司〈P2041〉

桔色硅胶指示剂 P16010751

Orange silica gel indicator

广泛应用于航空、军工、高层建筑、电力、民用等各领域

【生产厂】[鲁]招远汇源硅胶有限公司(1000吨)〈P2120〉;青岛美高集团有限公司〈P2040〉

包装用硅胶 P16010771

Silica gel, packaging

可方便地置于各类物品的包装内,如仪器仪表、电子产品、皮革、鞋、服装、食品、药品和家用电器等

【生产厂】[鲁]招远汇源硅胶有限公司(1000吨)〈P2120〉;招远威达硅胶有限公司(2000吨)〈P2121〉;青岛中能硅化工有限公司〈P2047〉;青岛裕宝精细化工有限公司(170吨)〈P2046〉

硅铝胶 P16010791

Alumino sillica gel

用于干燥、催化剂载体

【生产厂】[辽]沈阳市硅胶厂〈P1688〉;[沪]上海昌全硅胶干燥剂有限公司〈P1729〉;[鲁]青岛海洋化工有限公司(1500吨)〈P2036〉

块状硅胶 P16010800

Silica gel, lump [112926-00-8]

常用作脱水剂和干燥剂、催化剂载体

【生产厂】[鲁]乳山市太阳干燥剂厂(100吨)〈P2123〉;青岛中能硅化工有限公司〈P2047〉

彩色硅胶 P16010851

Silica gel, colour

主要用于仪器、仪表、设备等在密闭条件下的吸潮防锈

【生产厂】[鲁]乳山市太阳干燥剂厂(800吨)〈P2123〉

粗孔硅胶 P16010901

Silica gel, coarse mesh [112926-00-8]

用于处理啤酒中的高分子蛋白质、变压器油和绝缘油再生、气体和液体干燥等

【生产厂】[皖]安徽良臣硅源材料有限公司〈P1985〉;[鲁]青岛海浪硅胶干燥剂厂〈P2035〉;青岛硅创精细化工有限公司〈P2035〉;青岛海洋化工有限公司(1万吨)〈P2036〉;青岛钻石硅胶有限公司(7吨)〈P2047〉;青岛海洋化工集团特种硅胶厂〈P2036〉;青岛诚宇化工有限公司〈P2033〉;青岛城阳海洋化工有限公司〈P2033〉;青岛美高集团有限公司〈P2040〉;青岛琪丰化工有限公司〈P2041〉;[渝]重庆胜

利化工厂〈P2306〉

耐水硅胶 P16010951

Water-proof silica gel

通常用于压缩空气的干燥净化，空分行业用作乙炔、二氧化碳的吸附剂，工业催化剂载体、工业气体的干燥等

【生产厂】［皖］安徽良臣硅源材料有限公司〈P1985〉；［赣］九江华雄化工有限公司〈P2013〉；［鲁］招远威达硅胶有限公司(4000 吨)〈P2121〉；青岛海浪硅胶干燥剂厂〈P2035〉；青岛城阳海洋化工有限公司〈P2033〉；青岛美高集团有限公司〈P2040〉

粗孔球形硅胶；防潮砂；除酸硅土胶 P16011001

Silica gel macroporous roundness [112926-00-8]

用作吸附剂、防潮剂和催化剂载体

【生产厂】［沪］上海闵坤干燥剂有限公司〈P1753〉；上海恒业分子筛有限公司〈P1736〉

超细二氧化硅气凝胶 P16011101

Superfine silicon dioxide aerogel [112926-00-8]

用作聚丙烯、聚乙烯薄膜抗粘剂，厚浆涂料及不饱和树脂增稠剂，粉末涂料、家具漆的平光剂，粉末材料抗结块剂

【生产厂】［津］天津化工研究设计院(300 吨)〈P1573〉；［湘］长沙蜂巢颜料化工有限公司〈P2247〉；［粤］广州市人民化工厂(150 吨)〈P2265〉

高效薄层层析硅胶预制板；HPTLC 板 P16011251

High performance thin layer chromatography silica gel plates

用于医药、化工、植物、生物、环保、公安系统对物质定性、定量测定

【生产厂】［皖］安徽良臣硅源材料有限公司〈P1985〉；［鲁］烟台市化学工业研究所(500 套)〈P2119〉；青岛海浪硅胶干燥剂厂〈P2035〉；青岛市基亿达硅胶试剂厂(7 吨)〈P2042〉；青岛海洋化工厂分厂(3 万立方米)〈P2036〉；青岛诚宇化工有限公司〈P2033〉

柱层层析硅胶 P16011301

Silica gel for column chromatography

用于中草药有效成分的提纯、高纯物质的制备和石油化工产品的精制、提纯核酸、吸附制取尿激酶等

【生产厂】［皖］安徽良臣硅源材料有限公司〈P1985〉；［鲁］乳山市大洋硅胶厂(1000 吨)〈P2123〉；青岛海浪硅胶干燥剂厂〈P2035〉；青岛硅创精细化工有限公司〈P2035〉；青岛海洋化工有限公司(200 吨)〈P2036〉；青岛市基亿达硅胶试剂厂(5 吨)〈P2042〉；青岛海洋化工厂分厂(2000 吨)〈P2036〉；青岛中能硅化工有限公司〈P2047〉；青岛诚宇化工有限公司〈P2033〉；青岛美高集团有限公司〈P2040〉

薄层层析硅胶 P16011351

Silica gel for shallow-layer chromatography

用于有机产品提纯及分离、分析

【生产厂】［皖］安徽良臣硅源材料有限公司〈P1985〉；［鲁］烟台市化学工业研究所(3 吨)〈P2119〉；青岛海浪硅胶干燥剂厂〈P2035〉；青岛硅创精细化工有限公司〈P2035〉；青岛海洋化工有限公司(150 吨)〈P2036〉；青岛市基亿达硅胶试剂厂(5 吨)〈P2042〉；青岛海洋化工厂分厂(120 吨)〈P2036〉；青岛中能硅化工有限公司〈P2047〉；青岛诚宇化工有限公司〈P2033〉；青岛裕宝精细化工有限公司(60 吨)〈P2046〉

SM 凝胶；硅酸铝镁 P16011401

Magnesium aiuminium silicate

在牙膏、化妆品、乳胶漆等日用化工中广泛用作悬浮体、膏体的触变剂、乳胶稳定剂、增稠剂等

【生产厂】［沪］上海振欣试剂厂〈P1778〉；［浙］浙江丰虹粘土化工有限公司〈P1946〉

无机凝胶 P16011421

Inorganic gel

用作涂料增稠剂(代替 CMC、HEC)、牙膏助剂

【生产厂】［皖］安徽省明光市曼迪矿业科技有限公司〈P1982〉

香味硅胶 P16011551

Aroma silica gel

主要用于空气调节剂、干燥剂及清洁剂，能有效去除异味

【生产厂】［鲁］青岛钻石硅胶有限公司(15 吨)〈P2047〉；青岛城阳海洋化工有限公司〈P2033〉

啤酒硅胶 P16011591

Silica gel for beer

用于吸附造成啤酒冷藏浑浊的蛋白质

【生产厂】［鲁］青岛硅创精细化工有限公司〈P2035〉；青岛海洋化工有限公司(200 吨)〈P2036〉；青岛城阳海洋化工有限公司〈P2033〉

变压吸附硅胶 P16011601

Pressure swing adsorption silica gel

用于合成氨、食品饮料加工等制取二氧化碳，亦可用于干燥、防潮及有机产品的脱水精制等

【生产厂】［鲁］威海市明珠硅胶有限公司(5000 吨)〈P2125〉；乳山市大洋硅胶厂(600 吨)〈P2123〉

液相色谱固定相硅胶 P16011701

Liquid chromatography fixed phase silica gel

用于医药、农药、石油化工产品、复杂的有机化合物、各种混合组分、各种动植物产品的分离

【生产厂】［皖］安徽良臣硅源材料有限公司〈P1985〉；［鲁］青岛海浪硅胶干燥剂厂〈P2035〉

分子筛 P16020101

Molecular sieve

用作干燥剂

【生产厂】［京］北京博文科峰科技发展有限责任公司〈P1544〉；［津］南开大学催化剂厂(600 吨)〈P1569〉；［冀］石家庄东方生物科技有限公司〈P1626〉；［晋］山西玄中化工实业有限公司〈P1671〉；［辽］沈阳市硅胶厂〈P1688〉；［沪］上海长风化工厂(120 吨)〈P1729〉；上海苏鹏实业有限公司〈P1766〉；上海恒业分子筛有限公司(4000 吨)〈P1736〉；上海精龙化工有限公司〈P1745〉；上海嘉定分子筛厂〈P1742〉；上海台麒化学有限公司〈P1766〉；上海新奥

P

分子筛有限公司〈P1771〉；[苏]姜堰市科林化工有限公司〈P1823〉；泰州凯华化工有限公司〈P1827〉；[皖]安徽省明美矿物有限公司〈P1982〉；[闽]汇盈化学品实业（泉州）有限公司〈P1999〉；[赣]江西省萍乡市博泰化工填料有限公司(6000 吨)〈P2011〉；萍乡市石化填料厂〈P2012〉；萍乡市石化填料有限责任公司〈P2012〉；江西省萍乡市城松环保填料有限公司〈P2011〉；萍乡市环球化工填料有限公司〈P2011〉；江西省萍乡市鑫源化工填料有限公司〈P2011〉；萍乡市凤凰填料工业公司〈P2011〉；萍乡市环盛催化剂有限公司〈P2011〉；[鲁]山东铝业股份有限公司研究院〈P2053〉；淄博博洋化工有限公司(100 吨)〈P2058〉；[豫]郑州富龙新材料科技有限公司(1200 吨)〈P2170〉；郑州雪山实业有限公司(2200 吨)〈P2175〉；河南宇新活性炭厂〈P2218〉；信阳核工业恒达实业公司干燥剂厂〈P2226〉；洛阳天平分子筛有限公司(2000 吨)〈P2187〉；洛阳市建龙化工有限公司〈P2184〉

【使用厂】[鲁]淄博市临淄鑫勇石化添加剂厂〈P2070〉

分子筛，10X 型 P16020701

Molecular sieve 10X

用以脱除芳烃、气相吸附和精制液体蜡等

【生产厂】[沪]上海浦江分子筛有限公司〈P1756〉；[闽]汇盈化学品实业（泉州）有限公司〈P1999〉；[豫]郑州雪山实业有限公司(500 吨)〈P2175〉

沸石 P16020801

Zeolite

用于高标号硅酸盐水泥的复合料、焚烧催化剂、干燥剂、农药颗粒剂、橡胶填充剂、牙膏磨擦剂等

【生产厂】[京]北京博文科峰科技发展有限责任公司〈P1544〉；[浙]温州华华集团有限公司〈P1937〉；[鲁]莱西市金山化工厂(6 万吨)〈P2032〉；[豫]信阳核工业恒达实业公司干燥剂厂〈P2226〉；信阳市平桥区百泰化工厂〈P2226〉；[桂]广西桂林灵川金山思达新型材料厂〈P2298〉

全胶分子筛(5A 型) P16020901

Molecular sieve 5A, all gel [69912-79-4]

用于石油馏分中分离正构烷烃

【生产厂】[沪]上海环球分子筛有限公司(5000 吨)〈P1740〉

碳分子筛；焦炭分子筛 P16021101

Carbon molecular sieves [64365-11-3]

用于变压吸附分离空气制取氮气

【生产厂】[沪]上海台麒化学有限公司〈P1766〉；[鲁]威海华泰分子筛有限公司(5000 吨)〈P2124〉

珍珠岩助滤剂 P16030201

Perlite filter aid

用于医药、化工、啤酒、生物工程类等多种行业的液体过滤中

【生产厂】[豫]河南省中南助滤剂有限公司〈P2226〉

硅藻土助滤剂 P16030501

Diatomaceous earth filter aid

用于硅藻土矿处理精选

【生产厂】[津]天津市海鑫精细化工厂(8000 吨)〈P1588〉；[吉]白山市科学技术研究所〈P1718〉；[沪]上海辉旺助滤剂有限公司〈P1740〉；上海市金山区漕泾化工厂(2000 吨)〈P1763〉；[鲁]青岛三星硅藻土有限公司(5000 吨)〈P2042〉；[滇]云南腾冲助滤剂厂(1 万吨)〈P2344〉

吸附剂 P16030901

Adsorbent

广泛用于天然气凝液回收、空气净化、硫化氢气体的脱除等场合

【生产厂】[皖]安徽省明光市曼迪矿业科技有限公司〈P1982〉；安徽省明美矿物有限公司〈P1982〉；[赣]萍乡市石化填料有限责任公司〈P2012〉；[鲁]青岛美高集团有限公司〈P2040〉；[豫]郑州大学生化工程中心(500 吨)〈P2170〉；[湘]中国石化长岭炼油化工有限责任公司〈P2254〉

活性氧化铝吸附剂 P16031001

Active aluminium oxide adsorbent

【生产厂】[苏]昆山市精细化工研究所有限公司〈P1897〉；姜堰市科林化工有限公司〈P1823〉

乙基黄原酸钠；乙基黄药；黄原酸钠 P17010101

Sodium ethylxanthate

用作有色金属矿石浮选的捕收剂

【生产厂】[辽]铁岭选矿药剂厂(1300 吨)〈P1713〉；[浙]浙江龙鑫化工有限公司(1000 吨)〈P1970〉；[鲁]淄博市博山吉利浮选剂厂〈P2067〉；淄博元兴化工有限公司(1500 吨)〈P2075〉；烟台恒邦化工助剂有限公司〈P2116〉；栖霞通达选矿药剂有限公司〈P2113〉；[湘]株洲选矿药剂厂(2500 吨)〈P2250〉；[滇]昆明市西山选矿药剂厂(4000 吨)〈P2339〉

【使用厂】[鲁]潍坊天洁环保科技有限公司〈P2105〉

乙基黄原酸钾；乙基钾黄药；黄原酸钾 P17010161

Potassium ethylxanthate [140-89-6]

在金属选矿中充当捕收剂

【生产厂】[鲁]栖霞通达选矿药剂有限公司〈P2113〉

正丁基黄原酸钠；丁基黄药 P17010201

Sodium *n*-butylxanthate

主要用作有色金属和稀有金属矿石浮选捕收及橡胶硫化促进剂

【生产厂】[辽]铁岭选矿药剂厂(4000 吨)〈P1713〉；[浙]浙江龙鑫化工有限公司(1000 吨)〈P1970〉；[鲁]淄博市博山吉利浮选剂厂〈P2067〉；淄博元兴化工有限公司(1500 吨)〈P2075〉；烟台恒邦化工助剂有限公司〈P2116〉；栖霞通达选矿药剂有限公司〈P2113〉；[豫]三门峡市峡威化工有限公司(2000 吨)〈P2222〉；[湘]株洲选矿药剂厂(1 万吨)〈P2250〉；[滇]昆明市西山选矿药剂厂(4000 吨)〈P2339〉

【使用厂】[皖]铜陵有色金属(集团)公司〈P1979〉

正丁基黄原酸钾；丁基钾黄药 P17010251

Potassium *n*-butylxanthate

在金属选矿中充当捕收剂

【生产厂】[鲁]栖霞通达选矿药剂有限公司〈P2113〉

异丙基黄原酸钠；异丙黄药 P17010301

Sodium isopropylxanthate [140-93-2]

主要用于各种有色金属硫化矿的浮选捕收

【生产厂】[辽]铁岭选矿药剂厂(2500 吨)〈P1713〉；[鲁]淄博市博山吉利浮选剂厂〈P2067〉；淄博元兴化工有限公司(500 吨)〈P2075〉；烟台恒邦化工助剂有限公司〈P2116〉；栖霞通达选矿药剂有限公司〈P2113〉；[湘]株洲选矿药剂

P

厂(2500 吨)〈P2250〉

异丁基黄原酸钠;异丁黄药;异丁基钠黄药 P17010401
Sodium isobutylxanthate
是各种有色金属的硫化矿较强的捕收剂,特别对各种铜矿和黄铁矿浮选捕收有特效
【生产厂】[辽]铁岭选矿药剂厂(1500 吨)〈P1713〉;[鲁]淄博市博山吉利浮选剂厂〈P2067〉;淄博元兴化工有限公司(1000 吨)〈P2075〉;烟台恒邦化工助剂有限公司〈P2116〉;栖霞通达选矿药剂有限公司〈P2113〉

异丁基黄原酸钾;异丁基钾黄药 P17010403
Potassium isobutylxanthate
用作有色金属矿石浮选的捕收剂
【生产厂】[辽]铁岭选矿药剂厂(1000 吨)〈P1713〉;[鲁]栖霞通达选矿药剂有限公司〈P2113〉

异戊基黄原酸钠;异戊基黄药 P17010411
Sodium isoamylxanthate
用作有色金属矿石浮选的捕收剂
【生产厂】[辽]铁岭选矿药剂厂(800 吨)〈P1713〉;[鲁]淄博元兴化工有限公司〈P2075〉;烟台恒邦化工助剂有限公司〈P2116〉;栖霞通达选矿药剂有限公司〈P2113〉

异戊基黄原酸钾 P17010415
Potassium isoamylxanthate
用作有色金属矿石浮选的捕收剂
【生产厂】[鲁]栖霞通达选矿药剂有限公司〈P2113〉

乙硫氨酯 P17010501
Ethionine ester
用作有色金属矿石的浮选药剂
【生产厂】[辽]铁岭选矿药剂厂〈P1713〉;[鲁]淄博元兴化工有限公司〈P2075〉;栖霞通达选矿药剂有限公司〈P2113〉;[湘]株洲选矿药剂厂(1000 吨)〈P2250〉

异丙基甲硫氨酯 P17010511
Isopropyl methionine ester
用作有色金属矿石浮选药剂
【生产厂】[鲁]青岛加华化工有限公司(700 吨)〈P2038〉

正丁基甲硫氨酯 P17010551
n-Butyl methionine ester
用作选矿药剂
【生产厂】[鲁]青岛加华化工有限公司〈P2038〉

异丁基甲硫氨酯 P17010561
iso-Butyl methionine ester
用作选矿药剂
【生产厂】[鲁]青岛加华化工有限公司〈P2038〉

异丁基乙硫氨酯 P17010601
iso-Buthyl ethionine ester
用作选矿药剂
【生产厂】[鲁]青岛加华化工有限公司〈P2038〉

正丁基乙硫氨酯 P17010611
n-Butyl ethionine ester
用作选矿药剂
【生产厂】[鲁]青岛加华化工有限公司〈P2038〉

异丙基乙硫氨酯 P17010651
Isopropyl ethionine ester
用作选矿药剂
【生产厂】[鲁]青岛加华化工有限公司〈P2038〉

异丁基黄原酸丙烯酯 P17010701
Allyl isobutylxanthate
用作铜钼硫化矿的浮选药剂
【生产厂】[鲁]青岛加华化工有限公司(300 吨)〈P2038〉

异戊基黄原酸丙烯酯 P17010801
Allyl isoamylxanthate
用作铜钼硫化矿的浮选药剂
【生产厂】[鲁]青岛加华化工有限公司(300 吨)〈P2038〉

乙基黄原酸甲酸乙酯 P17010901
Ethyl ethylxanthogenic formate
用作有色金属的浮选剂
【生产厂】[鲁]青岛加华化工有限公司(500 吨)〈P2038〉

异丙基黄原酸甲酸乙酯 P17011001
Ethyl isopropylxanthogenic formate
用作有色金属矿石的浮选捕收剂
【生产厂】[鲁]青岛加华化工有限公司(500 吨)〈P2038〉

异丁基黄原酸甲酸乙酯 P17011101
Ethyl isobutylxanthogenic formate
用作有色金属矿石的浮选捕收剂
【生产厂】[鲁]青岛加华化工有限公司〈P2038〉

二异丁基二硫代磷酸钠;异丁钠黑药 P17011201
Sodium diisobutyldithiophosphate
是金矿及银、铜、锌硫化矿的有效捕收剂
【生产厂】[辽]铁岭选矿药剂厂〈P1713〉

萘磺酸甲醛缩合物;S711 P17020501
Naphthalenesulfonic acid and formaldehyde condensation compound;S711
用于胶磷矿浮选中作脉后抑制剂、水泥的减水剂
【生产厂】[苏]江苏飞翔化工(张家港)有限公司〈P1893〉;[鲁]淄博元兴化工有限公司(1000 吨)〈P2075〉

捕收剂 P17030102
Collecting agent
用于金属矿的浮选
【生产厂】[辽]铁岭选矿药剂厂〈P1713〉;[鲁]烟台恒邦化工助剂有限公司〈P2116〉;[川]四川省广汉市古城化工厂〈P2327〉

苯甲羟肟酸;*N*-羟基苯甲酰胺 P17030201
Benzohydroxamic acid;*N*-Hydroxybenzamide [495-18-1]
是菱锌矿、黑钨矿和白钨矿及锡石等难选矿物的有效捕收剂
【生产厂】[辽]铁岭选矿药剂厂〈P1713〉

选矿起泡剂 P17040401
Ore milling foamer
主要用于合成有色金属选矿行业中的浮选剂,并用作农药溶剂和环氧涂料
【生产厂】[辽]铁岭选矿药剂厂〈P1713〉;[鲁]烟台恒邦化工助剂有限公司〈P2116〉;[湘]岳阳昌德化工实业有限公司(1000 吨)〈P2254〉

浮选剂 DF-101;复合起泡剂 DF-101 P17040551
Flotation agent DF-101
金属、非金属矿浮选用高效起泡剂
【生产厂】[鲁]潍坊天洁环保科技有限公司(3000 吨)〈P2105〉

氧化石蜡皂;浮选剂 P17050101
Oxyparaffin soap
用于黑色、有色金属、磷矿的选矿,亦可用作水泥发泡剂
【生产厂】[辽]北宁市闾峰化工厂(1500 吨)〈P1701〉;[吉]吉林市吉化北方炬醌工贸有限责任公司(6000 吨)〈P1716〉;[青]青海盐湖科技开发有限公司(1500 吨)〈P2360〉
【使用厂】[鲁]东辰(集团)化工有限公司〈P2081〉

浮选剂 GF P17050102
Flotation agent GF
用于煤及石墨的浮选
【生产厂】[吉]吉林市吉化北方炬醌工贸有限责任公司(3000 吨)〈P1716〉

醇酯-12;2,2,4-三甲基-1,3-戊二醇单异丁酸酯 P17050111
Alcohol ester-12 [25265-77-4]
主要用作涂料聚结剂,也可作金、煤等的浮选剂,还可用作增塑剂等
【生产厂】[沪]上海广裕精细化工有限公司(3000 吨)〈P1735〉;[苏]宜兴市中港精细化工有限公司〈P1888〉;[鲁]青州贝特化工有限公司〈P2090〉;[鄂]湖北振声(集团)股份有限公司〈P2246〉

铝及铝合金无公害变质剂 P17060101
Aluminium and aluminium alloy innocuous modified agent
用于铝硅合金的变质处理
【生产厂】[苏]镇江市灵达化工有限公司〈P1845〉

铝和铝合金碱性砂面剂 P17060311
Aluminium and aluminium alloy basic sanding agent
用于铝表面处理
【生产厂】[豫]开封市电镀化工厂(50 吨)〈P2177〉

酸性砂面剂 P17060331
Acidic sanding agent
能在铝及其合金表面获得均匀、细致的砂面效果,从而提高铝材表面的质量
【生产厂】[浙]浙江黄岩精细化学品集团有限公司〈P1964〉

松醇油 P17070105
Terpenic oil
用作金属浮选的起泡剂,油漆、油墨溶剂,纺织工业作渗透剂
【生产厂】[辽]铁岭选矿药剂厂(800 吨)〈P1713〉;[浙]浙江龙鑫化工有限公司(1000 吨)〈P1970〉;[甘]白银有色金属公司〈P2357〉

松醇油 2 号;浮选油 2 号 P17070201
Flotation oil No. 2
用作有色金属矿山浮选起泡剂
【生产厂】[鲁]淄博市博山吉利浮选剂厂(300 吨)〈P2067〉;淄博元兴化工有限公司(500 吨)〈P2075〉;烟台恒邦化工助剂有限公司〈P2116〉;[豫]三门峡市峡威化工有限公司(2000 吨)〈P2222〉

乙硫氮;三水合二乙基二硫代氨基甲酸钠 P17070401
Sodium diethyldithiocarbamate trihydrate [20624-25-3]
为铜、铅、辉锑等硫化矿的优良捕收剂,也可作橡胶硫化促进剂
【生产厂】[京]北京朝福化工实验厂〈P1544〉;[辽]铁岭选矿药剂厂〈P1713〉;[鲁]淄博市博山吉利浮选剂厂〈P2067〉;淄博元兴化工有限公司(1000 吨)〈P2075〉;烟台恒邦化工助剂有限公司〈P2116〉;栖霞通达选矿药剂有限公司〈P2113〉;[湘]株洲选矿药剂厂(1000 吨)〈P2250〉

脱模油 P17070601
Stripping oil
适用于铅、铝合金板的冲压、挤拉加工
【生产厂】[沪]上海炼油厂〈P1751〉

抑铜剂 P17070801
Copper sequestrating agent
用作含铜金属矿浮选中铜分离剂
【生产厂】[鲁]潍坊天洁环保科技有限公司(600 吨)〈P2105〉

***N*,*N*-二乙基二硫代氨基甲酸丙烯酯** P17070901
Allyl *N*,*N*-diethyldithiocarbamate
用作选矿药剂
【生产厂】[鲁]青岛加华化工有限公司〈P2038〉

三苯基铋 P18000101
Triphenylbismuth;TPB [603-33-8]
用作高燃速丁羟推进剂的固化催化剂
【生产厂】[辽]营口天元实业精细化工有限公司〈P1705〉

2-甲基-5-甲氧基苯并噻唑;硫氮茂 798 号;2-甲基-5-甲氧基苯并硫氮 P18000201
2-Methyl-5-methoxybenzothiazole [2941-69-7]
用作感光材料的增感剂
【生产厂】[冀]保定市乐凯化学有限公司〈P1645〉;保定天祥化工有限公司〈P1646〉

叔丁基二茂铁 P18000301
tert-Butylferrocene [31904-29-7]
用作电子工业的助剂
【生产厂】[蒙]内蒙古三联化工股份有限公司〈P1681〉;[辽]营口天元实业精细化工有限公司〈P1705〉

二环戊二烯铁;二茂铁 P18000310
Ferrocene;Dicyclopentadienyliron [102-54-5]
用作催化剂及汽油抗爆添加剂

P

【生产厂】[辽]辽阳威特化工有限公司(200 吨)〈P1711〉;海城化工三厂(300 吨)〈P1696〉;辽宁海城三洋化工厂〈P1697〉;[浙]嘉兴精化化工有限公司(200 吨)〈P1941〉;[鲁]淄博市临淄天德精细化工研究所(300 吨)〈P2888〉;潍坊博安化工有限公司〈P2101〉;曲阜市天昊化工助剂有限公司(1000 吨)〈P2130〉;[鄂]湖北华邦化学有限公司〈P2228〉

正辛基二茂铁 P18000330

n-Octylferrocene [51889-44-2]

用作复合固体推进剂的燃速催化剂、燃料油节油消烟剂、燃气助燃催化剂、紫外线吸收剂、光敏催化剂等

【生产厂】[辽]营口天元实业精细化工有限公司〈P1705〉

乙酰基二茂铁 P18000350

Acetylferrocene;Ferrocenyl methyl ketone [1271-55-2]

【生产厂】[浙]嘉兴精化化工有限公司〈P1941〉

2,2-双(乙基二茂铁)丙烷;卡托辛 P18000390

2,2-Di(ethylferrocene)propane [69279-97-6]

作为新一代高效燃速催化剂,用于多种复合固体推进剂配方中

【生产厂】[辽]营口天元实业精细化工有限公司〈P1705〉

电器清洗剂;电子仪器清洗剂 P18001001

Cleaning agent for electric machine

用于清除各种电气机械设备内部和表面油污

【生产厂】[京]北京昌化精细化工厂〈P1544〉;[辽]大连中山化工有限公司〈P1695〉;华阳恩赛有限公司〈P1695〉;[吉]吉化集团吉林市星云工贸有限公司〈P1715〉;[沪]上海洁安精细化工有限公司〈P1744〉;[赣]江西省宜春市瑞思博化工有限公司〈P2016〉;[鲁]青岛德慧精细化工有限公司〈P2033〉;[粤]深圳市东方亮化学材料有限公司〈P2270〉;[川]中国科学院成都有机化学有限公司〈P2320〉

化油器清洗剂 P18001011

Cleaning agent for carbureter

用于清洗汽车化油器、喷嘴、发动机的零部件、活塞、高压线圈积炭以及内燃机内外零部件等的积炭

【生产厂】[京]北京现代润滑油制造有限公司〈P1563〉;[晋]万荣县荣河康达化工厂〈P1680〉;[吉]吉化集团吉林市星云工贸有限公司〈P1715〉;[鲁]淄博齐花油脂化工有限公司〈P2065〉;[粤]顺德王田化工实业有限公司〈P2293〉;中山市树森精细化工有限公司〈P2283〉

中央空调清洗剂 P18001021

Central air-condition cleaning agent

用于清洗大、中型中央空调系统、机组设备

【生产厂】[冀]河北省邢台市绿园日用品厂〈P1642〉;河北中创蓝星助剂有限公司〈P1659〉;廊坊蓝星无机盐有限公司〈P1660〉;[鲁]津南大化工厂〈P2049〉;桓台县恒德导热油有限公司(200 吨)〈P2049〉

电力设备清洗剂 P18001151

Cleaning agent for electric power equipment

用于清洗发电机定子转子、各类变电设备、配电设备、大型电磁阀门、切换开关、自动控制开关、程控交换机等

【生产厂】[晋]太原兴远生化有限公司〈P1672〉;[辽]铁岭远能化工有限公司〈P1713〉;华阳恩赛有限公司〈P1695〉;[吉]吉化集团吉林市星云工贸有限公司〈P1715〉;[豫]郑州博路化工科技有限公司〈P2169〉

四甲基氢氧化铵 P18001401

Tetramethyl ammonium hydroxide [75-59-2]

用作计算机硅片面的光亮剂、触刻剂等

【生产厂】[京]北京朝福化工实验厂〈P1544〉;[辽]营口嘉合有机硅分子材料有限公司〈P1704〉;[吉]磐石市大田化工助剂研究所〈P1717〉;[沪]上海凯洛格化工科技有限公司〈P1747〉;[苏]江苏省金坛市西南化工研究所〈P1860〉;如东振丰奕洋化工有限公司(40 吨)〈P1838〉;[浙]浙江省建德市新德化工有限公司〈P1928〉;[赣]广丰县弘立化工厂(180 吨)〈P2014〉;[川]自贡龙翔化工有限公司〈P2321〉

【使用厂】[闽]厦门汉旭化工有限公司〈P1992〉

硅片清洗剂 P18001501

Cleaning agent for silicon sheet

【生产厂】[辽]大连万达试剂厂〈P1694〉;[苏]沭阳县华泰化工厂〈P1804〉

高纯洗净剂 P18001601

Cleaning agent, high purified

用于电子工业

【生产厂】[辽]沈阳市硅胶厂〈P1688〉

T202 抗氧抗腐剂;二烷氧基二硫代磷酸锌;柴油重油添加剂 A 型 P19010101

Antioxidant and antiseptic agent T202

用于内燃机油、液压油和工业润滑油,具有良好的抗氧、抗腐和抗磨作用

【生产厂】[冀]辛集市泰达石化有限公司〈P1634〉;邯郸市宁成石油添加剂厂〈P1639〉;[豫]郑州市豫中油漆涂料有限公司(200 吨)〈P2174〉;[鄂]武汉径河化工有限公司〈P2230〉;[滇]云南蓝德化工有限公司(500 吨)〈P2343〉;云南省滇东磷化工公司(500 吨)〈P2343〉

石油添加剂;抗氧抗腐添加剂 P19010201

Petroleum additive

用于汽、柴油性能改进、增标、抗爆、脱色去味等

【生产厂】[鲁]济南海汇新能源科技发展有限公司〈P2021〉;淄博文盛化工有限公司〈P2074〉;[豫]洛阳市锦谷润滑油厂(2000 吨)〈P2184〉;[新]中国石油天然气股份有限公司乌鲁木齐石油化工总厂〈P2365〉

【使用厂】[闽]福建莱克石化有限公司〈P1998〉;[鲁]山东环球润滑油股份有限公司〈P2028〉;[豫]偃师市前进石油化工厂〈P2189〉

原油脱硫剂 P19010401

Crude oil desulfurizer

【生产厂】[冀]廊坊高科化工有限公司〈P1660〉;[陕]西安万德化工有限公司〈P2350〉

二烷基萘;降凝剂 T-801 P19010511

Dialkyl naphthalene [28804-88-8]

可阻凝石蜡网状结构的形成,提高了油品的流动性

P

【生产厂】[辽]辽宁鞍山市贝达合成化工厂〈P1697〉

降凝剂 T804;柴油流动改进剂;1804 流动改进剂 P19010601

Pour point depressant T804

用来降低柴油的凝固点,以提高使用性能

【生产厂】[津]天津市晨光化工有限公司(500 吨)〈P1581〉;[鲁]淄博国科石油化工添加剂有限公司(1000 吨)〈P2060〉;滨州市胜达化工厂(200 吨)〈P2154〉;[甘]兰州吉野添加剂有限公司〈P2355〉

原油降凝剂 P19010611

Crude oil pourpoint depressant

用于长输管道和油田内部管线的集输和原油的降凝、降黏开采

【生产厂】[辽]辽宁天合精细化工股份有限公司〈P1702〉;[沪]上海九元石油化工有限公司〈P1745〉;[苏]京昆油田化学科技开发公司〈P1895〉;[鲁]青岛石喜精细化工有限公司〈P2042〉;[新]乌鲁木齐天池化学制品有限责任公司〈P2363〉

柴油降凝剂 P19010621

Diesel oil pour point depressant

加入直馏柴油、调和柴油中能有效改善柴油的低温流动性,降低发动机尾气排放

【生产厂】[京]北京兴有化工有限责任公司(3000 吨)〈P1564〉;[冀]邯郸市宁成石油添加剂厂〈P1639〉;[辽]辽阳市东阳精细化工有限公司〈P1710〉;[沪]上海长风化工厂〈P1729〉;[鲁]济南山泉科技有限公司(1000 吨)〈P2024〉;山东临邑县宏达化工有限公司(2600 吨)〈P2144〉;淄博市临淄东方红化工厂(1000 吨)〈P2068〉;淄博市临淄鑫勇石化添加剂厂(700 吨)〈P2070〉;淄博市临淄旭日化工油田助剂厂(500 吨)〈P2070〉;山东省滨州天欧机化有限责任公司〈P2156〉;[陕]西安万德化工有限公司〈P2350〉;[甘]兰化翔鑫工贸有限责任公司〈P2355〉

柴油低温流动改进剂 P19010651

Diesel oil low temperature flowage impover

用于降低柴油的冷滤点、凝固点,增加柴油产率

【生产厂】[黑]中国石油林源炼油厂〈P1723〉;[沪]上海九元石油化工有限公司〈P1745〉;[苏]宜兴市鲸皇化工厂〈P1885〉;[鲁]潍坊密恩化工有限公司〈P2103〉;青岛石大卓越科技股份有限公司(1500 吨)〈P2042〉;石油大学卓越科技有限责任公司〈P2048〉

防蜡降凝剂 P19010671

Antiwax pour point depressant

用于降低凝点,防止蜡结晶

【生产厂】[辽]盘锦昊源科工贸有限公司(1000 吨)〈P1706〉

油品助燃增标剂 P19010701

Combustion adjuvant for oil product

【生产厂】[苏]江苏宜兴正生石化有限公司〈P1866〉;[鲁]淄博市临淄东方红化工厂(1000 吨)〈P2068〉

汽油抗氧防胶稳定剂 P19010901

Antioxygen antiglue stabilizer for gasoline

【生产厂】[苏]常州中南化工有限公司〈P1858〉;宜兴市鲸皇化工厂〈P1885〉;宜兴市昌吉利化工有限公司〈P1883〉

油品长效稳定剂 P19010951

Oil product longacting stabilizer

能使油保持清亮,延长燃烧时间

【生产厂】[鲁]淄博市临淄鑫勇石化添加剂厂(1000 吨)〈P2070〉

高效汽油抗氧剂 P19010991

High efficiency gasoline antioxidant agent

用于提高汽油氧化诱导期

【生产厂】[冀]任丘市京开化工厂〈P1657〉;[黑]中国石油林源炼油厂〈P1723〉;[鲁]石油大学卓越科技有限责任公司〈P2048〉

添加剂 T602;602 黏度指数改进剂 P19011001

Additive T602

用作各种润滑油添加剂

【生产厂】[沪]上海炼油厂(200 吨)〈P1751〉

【使用厂】[苏]无锡市高润杰化学有限公司〈P1875〉

防垢型液体抗氧剂 P19011051

Antiscale antioxidant agent, liquid

适用于汽油、柴油、喷汽燃料、润滑油等的抗氧

【生产厂】[冀]廊坊丰得润化工有限公司〈P1660〉

极压抗磨添加剂 P19011101

Pole tension anti-wear additive

具有优良的极压、抗磨性能,并兼有一定的抗腐、抗氧防锈功能,用于车辆齿轮油、内燃机油、工业齿轮油等

【生产厂】[苏]靖江恒丰化工有限公司〈P1824〉

润滑油添加剂 P19011111

Lubricating oil additive

是矿物油和润滑油的添加剂,能显著改善油品的润滑性能

【生产厂】[京]中国石化长城润滑油集团有限公司〈P1568〉;[沪]上海九元石油化工有限公司〈P1745〉;[鲁]淄博市临淄天地化工厂(2000 吨)〈P2069〉;[豫]焦作伴侣纳米材料工程有限公司(1000 万瓶)〈P2195〉;[鄂]武汉径河化工有限公司〈P2230〉

汽油脱臭活化剂;脱硫醇活化剂 P19011121

Deodorizing activator for gasoline

适用于汽油脱硫醇装置

【生产厂】[冀]任丘市京开化工厂〈P1657〉;[沪]上海韶松催化剂厂〈P1760〉;[苏]常州中南化工有限公司〈P1858〉;江都市双仙化工厂〈P1814〉;[浙]镇海炼化工业贸易总公司〈P1936〉;[皖]安徽新源石油化工技术开发有限公司〈P1979〉;[赣]江西师大化工有限公司〈P2009〉;[鲁]淄博市临淄鑫勇石化添加剂厂(1000 吨)〈P2070〉;潍坊密恩化工有限公司〈P2103〉;青岛石大卓越科技股份有限公司(1000 吨)〈P2042〉;石油大学卓越科技有限责任公司〈P2048〉

润滑油清净分散剂 P19011131

Lubricating oil cleaner and dispersant

主要作中、高档润滑油系列产品的添加剂,是润滑油清净分散剂、防锈剂和腐蚀抑制剂

【生产厂】[冀]辛集市泰达石化有限公司〈P1634〉

除油活化剂 P19011141
Oil-removing activator
【生产厂】[湘]长沙军工民用产品研究所〈P2247〉

稠油活化剂 P19011151
Thick oil activator
适用于油田普通稠油的冷采以及稠油井作业前的清洗
【生产厂】[苏]常州市中兴石油化工助剂有限公司〈P1856〉;[皖]安徽新源石油化工技术开发有限公司〈P1979〉

节能抗磨添加剂 P19011231
Energy-saving and anti-wear additive
用于所有以矿物油或机械油润滑的机械设备
【生产厂】[吉]吉化集团吉林市星云工贸有限公司〈P1715〉

T307 硫磷型极压抗磨剂;硫磷酸复脂胺盐 P19011271
Pole tension anti-wear additive T307, sulphur-phosphorus type
主要用于配制重负荷车辆齿轮油,也可用于重负荷和中负荷工业齿轮油
【生产厂】[辽]辽宁天合精细化工股份有限公司〈P1702〉

柴油十六烷值改进剂 P19011401
Hexadecane value impover for diesel oil
加入柴油中可大幅度提高柴油十六烷值,改善点火性能,降低发动机尾气排放,提高动性能,节约燃料
【生产厂】[京]豪毅天宇(北京)科技有限公司〈P1567〉;[黑]中国石油林源炼油厂〈P1723〉;[沪]上海九元石油化工有限公司〈P1745〉;[鲁]淄博市临淄鑫勇石化添加剂厂(1500吨)〈P2070〉;青岛石大卓越科技股份有限公司(700吨)〈P2042〉

中碱值合成磺酸钙;105 清净剂;T-105 P19011501
Cleaning agent 105
与其他添加剂复合使用,可调制 QC、QD、QE 级汽油机油及 CC、CD 级柴油机油
【生产厂】[冀]邯郸市宁成石油添加剂厂〈P1639〉;[辽]灯塔金航石油化工有限公司〈P1708〉;辽宁天合精细化工股份有限公司(1万吨)〈P1702〉

高碱值合成磺酸钙;106 清净剂;T-106 P19011601
Cleaning agent 106
与其他添加剂复合使用,可调制 QC、QD、QE 级汽油机油及 CC、CD 级柴油机油
【生产厂】[冀]邯郸市宁成石油添加剂厂〈P1639〉;[辽]灯塔金航石油化工有限公司〈P1708〉

高碱石油磺酸钙添加剂 P19011602
Petroleum calcium sulfonate additive, high-basic
用作内燃机机油清净添加剂
【生产厂】[冀]辛集市泰达石化有限公司〈P1634〉

低碱石油磺酸钙添加剂 P19011603
Petroleum calcium sulfonate additive, low basic
具有良好的高温清净性和优异的酸中和能力,具有防锈性,可调制各种档次的内燃机油
【生产厂】[冀]辛集市泰达石化有限公司〈P1634〉;邯郸市宁成石油添加剂厂〈P1639〉

抗氧防胶剂 P19012151
Antioxygen and antigum inhibitor
【生产厂】[苏]常州市中兴石油化工助剂有限公司〈P1856〉;[鲁]胜利油田嘉叶化工有限责任公司(1500吨)〈P2087〉;[鄂]湖北华邦化学有限公司〈P2228〉

汽油清净节能剂 P19012171
Gasoline detergent and power saving additive
加入汽油中可清除汽车发动机内结焦、结炭,保护发动机,提高动力性能,降低尾气排放,起到节能环保的作用
【生产厂】[京]豪毅天宇(北京)科技有限公司〈P1567〉;[津]天津市晨光化工有限公司(1000吨)〈P1581〉

金属减活剂 P19012301
Metal deactivating agent
是高档润滑油中的抗氧添加剂
【生产厂】[冀]邯郸市宁成石油添加剂厂〈P1639〉;[辽]辽宁天合精细化工股份有限公司〈P1702〉;[苏]南京金陵三利精细化工有限公司〈P1785〉

黏度指数改进剂 P19012901
Viscosity number improving agent
用于润滑油装置
【生产厂】[冀]辛集市泰达石化有限公司〈P1634〉

1602 抗磨剂;石油酸 P19013301
Antiwear agent 1602
【生产厂】[辽]锦西炼化渤海集团公司(1800吨)〈P1703〉;[新]中国石油天然气股份有限公司乌鲁木齐石油化工总厂〈P2365〉
【使用厂】[沪]上海长风化工厂〈P1729〉

发动机专用抗磨剂 P19013351
Antiwear agent for engine
【生产厂】[晋]万荣县荣河康达化工厂〈P1680〉

高效燃油燃烧催化剂 P19013501
High efficiency burning catalyzer for fuel oil
广泛适用于重油、渣油、原油、稠油和柴油为燃料进行加热的各种燃烧炉
【生产厂】[辽]盘锦兴建助剂有限公司〈P1707〉

柴油添加剂 P19013601
Diesel additive
有改善柴油品质的作用
【生产厂】[京]豪毅天宇(北京)科技有限公司〈P1567〉;[晋]太原兴远生化有限公司〈P1672〉;[鲁]淄博市临淄鑫勇石化添加剂厂(1000吨)〈P2070〉;[粤]珠海勇达精细化工有限公司〈P2275〉

柴油乳化剂 P19013611
Diesel oil emulsifier
用于配制乳化柴油,能节油、降污染
【生产厂】[冀]邢台市助剂厂〈P1644〉;[沪]上海四达石油化

P

工科技公司〈P1765〉；[赣]江西东川化工有限公司〈P2017〉

燃料油乳化剂 P19013621

Fuel oil emulsifier

用于重油或复合重油，通过乳化可以提高燃料的燃烧率，降低油品黏度

【生产厂】[沪]上海九元石油化工有限公司〈P1745〉；[皖]安徽新源石油化工技术开发有限公司〈P1979〉

矿物油乳化剂 P19013631

Mineral oil emulsifier

用于纺织油剂、切削润滑剂等，主要是乳化矿物油

【生产厂】[苏]江苏钟山化工有限公司〈P1782〉

重油乳化剂 P19013651

Heavy oil emulsifier

用于重油乳化

【生产厂】[京]北京科普基业精细化工科技有限公司〈P1554〉；[吉]辽源富洋化工有限责任公司〈P1718〉；[赣]江西东川化工有限公司〈P2017〉

柴油精制剂 P19013671

Diesel oil purifier agent

利用萃取分离的原理将油中氮化物、活性硫化物及酸性不稳定物质去除，以改善油品的贮存稳定性

【生产厂】[冀]任丘市京开化工厂〈P1657〉；[鲁]济南山泉科技有限公司〈P2024〉

柴油清净节能剂 P19013691

Diesel oil detergent and power saving additive

加入柴油中可以清除发动机内结焦、结炭，保护发动机，提高动力性能，降低尾气排放，起到节能环保作用

【生产厂】[京]豪毅天宇(北京)科技有限公司〈P1567〉；[津]天津市晨光化工有限公司(1000吨)〈P1581〉；[鲁]淄博市临淄鑫勇石化添加剂厂(1000吨)〈P2070〉

柴油增效剂 CZ-A P19013801

Diesel synergic agent CZ-A

应用于以柴油为燃料的各类发动机

【生产厂】[豫]河南省新乡铁新化工工业公司(60吨)〈P2201〉

柴油安定性改进剂 P19013851

Diesel oil invariability improver

【生产厂】[苏]常州中南化工有限公司〈P1858〉；[鲁]潍坊密恩化工有限公司〈P2103〉；青岛石大卓越科技股份有限公司(2000吨)〈P2042〉；石油大学卓越科技有限责任公司〈P2048〉

汽柴油增效剂 P19013901

Synergic agent for gasoline and diesel

【生产厂】[沪]上海集能化工有限公司〈P1742〉

汽油安定性改进剂 P19013931

Gasoline invariability improver

用于阻止汽油生成胶质，延长诱导期，抗金属离子

【生产厂】[浙]镇海炼化工业贸易总公司〈P1936〉；[鲁]青岛石大卓越科技股份有限公司(1000吨)〈P2042〉

清洁汽油调和剂 P19013991

Cleaning gasoline additive

主要用于高标准清洁汽油的配制生产，并起到增辛、稳定、清洁效果

【生产厂】[辽]大连石油添加剂厂〈P1693〉；[皖]宁国佳华化学有限公司(1万吨)〈P1987〉；[鲁]淄博海正化工有限公司〈P2061〉；淄博中海安龙化工科技有限公司〈P2077〉；淄博四泰联合化学有限公司(6500吨)〈P2073〉

金属钝化剂 P19014001

Metal passivator agent

适用于石油炼制催化裂化工艺、催化裂解工艺以及重油催化裂化、裂解工艺催化剂的钝化

【生产厂】[京]北京奥宇可鑫表面工程技术有限公司〈P1543〉；[冀]任丘市京开化工厂〈P1657〉；廊坊高科化工有限公司〈P1660〉；[辽]辽阳市东阳精细化工有限公司〈P1710〉；辽宁天合精细化工股份有限公司〈P1702〉；[黑]中国石油林源炼油厂〈P1723〉；[沪]上海四达石油化工科技公司〈P1765〉；上海路丰助剂有限公司〈P1752〉；上海浮岛化工有限公司〈P1733〉；上海青彤金属处理材料有限公司〈P1758〉；[苏]南京中联信化工有限公司〈P1791〉；宜兴市石化助剂厂(500吨)〈P1886〉；宜兴市创新精细化工有限公司(1000吨)〈P1883〉；宜兴市兴达催化剂厂〈P1887〉；[浙]建德市大康助剂厂〈P1926〉；舟山市海星科技服务公司〈P1959〉；[皖]安徽新源石油化工技术开发有限公司〈P1979〉；[赣]江西师大化工有限公司〈P2009〉；[鲁]淄博凯美可工贸有限公司(600吨)〈P2064〉；胜利油田嘉叶化工有限责任公司(4000吨)〈P2087〉；潍坊密恩化工有限公司〈P2103〉；[豫]郑州正源涂装材料有限公司〈P2175〉；[湘]岳阳高新技术产业开发区三生化工有限公司〈P2254〉；[陕]西安万德化工有限公司〈P2350〉

双金属钝化剂 P19014051

Double metal passivating agent

用于催化裂化装置

【生产厂】[苏]宜兴市兴达催化剂厂〈P1887〉；[赣]江西师大化工有限公司〈P2009〉

多功能金属钝化剂 P19014091

Metal passivator agent, multi-function

【生产厂】[辽]大连石油添加剂厂〈P1693〉；[沪]上海韶松催化剂厂〈P1760〉；[苏]常州中南化工有限公司〈P1858〉；[鄂]武汉吉瑞化工科技有限公司〈P2230〉

催化裂化硫转移剂 P19014101

Catalytic cracking sulfur transfer agent

可使催化裂化再生烟气中的硫转移到干气中，大幅降低催化裂化工艺过程中硫氧化物的排放

【生产厂】[苏]常州市中兴石油化工助剂有限公司〈P1856〉

润滑油脱氮剂 P19014201

Lubricating oil denitrifier

【生产厂】[冀]任丘市京开化工厂〈P1657〉

重油加氢保护剂 P19014401

P

Heavy petroleum hydrogenating protective agent

在重油加氢反应器中脱除原料油中的金属铁、胶质等，保护主催化剂延长寿命

【生产厂】[赣]萍乡市合发化工填料有限公司〈P2011〉；萍乡市石化填料有限责任公司〈P2012〉

重油加氢脱金属剂；原油脱金属剂 P19014402

Metal remover for heavy oil hydrogenation

在重油加氢反应中脱除原料油中的重金属，保护主催化剂延长寿命

【生产厂】[辽]辽阳市东阳精细化工有限公司〈P1710〉

汽油抗爆剂 P19014451

Gasoline antiknock

用于汽油中增加汽油辛烷值及抗爆性能

【生产厂】[京]豪毅天宇(北京)科技有限公司〈P1567〉；[辽]辽阳威特化工有限公司〈P1711〉；灯塔金航石油化工有限公司〈P1708〉；[苏]宜兴市创新精细化工有限公司(300吨)〈P1883〉；宜兴市鲸皇化工厂〈P1885〉；[鲁]济南山泉科技有限公司〈P2024〉；淄博市临淄鑫勇石化添加剂厂(4000吨)〈P2070〉；东营市利明石油化工有限公司(3000吨)〈P2082〉；[陕]西安万德化工有限公司〈P2350〉

汽油脱硫醇催化剂 P19014501

Sweatening catalyst for gasoline

用于轻质油品脱硫醇

【生产厂】[湘]岳阳高新技术产业开发区三生化工有限公司〈P2254〉

磺化酞菁钴 P19014551

Sulfonated cobalt phthalocyanine

是脱除轻质油中硫醇的高效催化剂

【生产厂】[冀]廊坊丰得润化工有限公司〈P1660〉；[吉]长春市宝利科贸有限公司〈P1714〉；[苏]江都市双仙化工厂〈P1814〉；[鲁]石油大学卓越科技有限责任公司〈P2048〉；[湘]湖南省岳阳市青山油剂有限公司〈P2254〉

原油脱盐剂 P19014601

Desalt agent for crude oil

用于脱除原油中碱金属、碱土金属及部分重金属离子

【生产厂】[苏]句容市宁武化工有限公司〈P1843〉；宜兴市鲸皇化工厂〈P1885〉；[鲁]胜利油田嘉叶化工有限责任公司(3000吨)〈P2087〉；[甘]甘肃利新化工助剂有限公司〈P2355〉；兰州吉野添加剂有限公司〈P2355〉

脱钙剂；原油脱钙剂 P19014611

Decalcifying agent

用于常减压原油脱除钙、镁、铁等有害金属

【生产厂】[冀]任丘市京开化工厂〈P1657〉；廊坊高科化工有限公司〈P1660〉；[沪]上海四达石油化工科技公司〈P1765〉；[苏]宜兴市石化助剂厂(500吨)〈P1886〉；[鲁]淄博齐胜工贸股份有限公司〈P2065〉

新型高效炼油催化助剂 P19014701

Oil refining catalysis auxiliaries, new type and high efficiency

【生产厂】[陕]西安万德化工有限公司〈P2350〉

酸化多效添加剂 P19014801

Acidification multieffect additive

适用于碳酸盐岩及砂岩藏油、气井酸化增产及注水井增注

【生产厂】[豫]河南郸城顺兴石油助剂有限公司〈P2226〉；[川]四川光亚科技股份有限公司〈P2334〉

油品脱色除味剂 P19015201

Decolor and deodorant for oil products

用于油脂、石蜡、动植物油、溶剂油、柴油、树脂等方面的脱色及除味

【生产厂】[京]豪毅天宇(北京)科技有限公司〈P1567〉；[苏]宜兴市鲸皇化工厂〈P1885〉；[鲁]淄博国科石油化工添加剂有限公司(1000吨)〈P2060〉；淄博市临淄东方红化工厂(1000吨)〈P2068〉；淄博市临淄鑫勇石化添加剂厂(2000吨)〈P2070〉；淄博市临淄旭日化工油田助剂厂(2000吨)〈P2070〉

原油加工消泡剂 P19015301

Defoamer for crude oil process

用于石油常减压蒸馏、延迟焦化装置以及渣油贮存中消泡

【生产厂】[沪]上海九元石油化工有限公司〈P1745〉；[鲁]济南山泉科技有限公司〈P2024〉

润滑油抗泡剂 P19015401

Antifoaming agent for lubricating oil

【生产厂】[辽]辽宁天合精细化工股份有限公司〈P1702〉

甲基环戊二烯三羰基锰；MMT P19015501

Methylcyclopentadienyl manganese tricarbonyl

用作汽油抗爆剂

【生产厂】[沪]上海泾龙石油助剂有限公司〈P1745〉；[赣]江西师大化工有限公司〈P2009〉；[鲁]山东东昌精细化工科技有限公司〈P2084〉

环戊二烯三羰基锰 P19015551

Cyclopentadienyl manganese tricarbonyl

用作汽油抗爆剂，用于提高汽油辛烷值，提高汽车动力性，降低油耗

【生产厂】[沪]上海泾龙石油助剂有限公司〈P1745〉；[赣]江西师大化工有限公司〈P2009〉；[鲁]淄博市临淄旭日化工油田助剂厂(800吨)〈P2070〉；山东东昌精细化工科技有限公司〈P2084〉

芳烃抽提消泡剂 P19015601

Defoamer for arene extraction

是一种理想的环丁砜芳烃抽提消泡剂

【生产厂】[苏]常州市中兴石油化工助剂有限公司〈P1856〉

油浆阻垢剂 P19015701

Oil slurry antiscale

对催化裂化装置油浆中的不溶性悬浮物(如催化剂粉末)有良好的分散作用，阻止其凝聚沉结

【生产厂】[冀]廊坊高科化工有限公司〈P1660〉；[辽]辽阳市东阳精细化工有限公司〈P1710〉；[沪]上海四达石油化工科技公司〈P1765〉；上海韶松催化剂厂〈P1760〉；[苏]宜兴市石化助剂厂(500吨)〈P1886〉；宜兴市兴达催化剂厂〈P1887〉；宜兴市昌吉利化工有限公司〈P1883〉；[皖]安徽新源石油化工技术开发有限公司〈P1979〉；[鲁]淄博凯美可工贸有限公司〈P2064〉；潍坊密恩化工有限公司〈P2103〉；石油大学卓越科技有限责任公司〈P2048〉；[湘]岳阳高新技术产业开发区三生化工有限公司〈P2254〉；

P

［甘］甘肃利新化工助剂有限公司〈P2355〉；兰州吉野添加剂有限公司〈P2355〉

柴油清澈剂 P19015901

Diesel oil limpidity agent

针对柴油乳化及絮凝现象，低剂量的添加可明显的改善柴油的透明度

【生产厂】［辽］大连石油添加剂厂〈P1693〉；［沪］上海九元石油化工有限公司〈P1745〉

脱蜡助滤剂 P19016001

Dewaxing filter aid

用于炼油厂润滑油溶剂脱蜡装置，可提高脱蜡油收率

【生产厂】［沪］上海集能化工有限公司〈P1742〉

抗静电剂 TD-T1501 P19016101

Antistatic agent TD-T1501

适用于喷气燃料、汽油和其他轻质碳氢化合物的抗静电，能提高燃料油品的电导率，消除因摩擦产生的静电

【生产厂】［京］北京迪龙化工有限公司〈P1546〉

二壬基萘磺酸钙 P19016201

Calcium dinonylnaphthalenesulfonate

是一种稳定的油溶性防锈剂，广泛应用于各类防锈油中

【生产厂】［苏］苏州市浒墅关化工添加剂厂〈P1903〉

重油节油剂 P19016301

Heavy oil saving agent

用于以重油为燃料的各种锅炉、窑炉、加热炉、发电机等设备

【生产厂】［鄂］武汉泰和化工有限公司〈P2233〉

节能机油 P19020101

Machine oil，saving energy

用于各种内燃机、汽轮机、压缩机、齿轮箱、传送装置、矿山、轻纺、冶金等机械设备

【生产厂】［豫］濮阳市恒美实业开发中心（1000 吨）〈P2214〉

汽车减磨节能机油 P19020151

Engine oil for automobile，antifriction and saving energy

适用于新车或大修后的发动机中，对磨合期内的发动机具有特殊的保护作用

【生产厂】［豫］濮阳市恒美实业开发中心（400 吨）〈P2214〉

摩托车减磨节能机油 P19020191

Engine oil for motorcycle，antifriction and saving energy

适用于要求使用 API、SG、SF、SE 或 SD 级的所有四冲程摩托车，或不使用混合油的二冲程摩托车

【生产厂】［豫］濮阳市恒美实业开发中心（100 吨）〈P2214〉

织布机油 P19020200

Looming machine oil

适用于纯棉、涤棉织物，中长、绢麻等的经纱后上油

【生产厂】［川］成都蜀光石油化学有限公司〈P2315〉；［新］新疆独山子天利高新技术股份有限公司〈P2365〉

锭子油 P19020401

Spindle oil

用于纺织机的锭子润滑

【生产厂】［鄂］武汉市化学工业研究所有限责任公司〈P2232〉

针织机油 P19020801

Knitting machine oil

适用于高速圆筒机织针、沉降片、三角片、内外生克槽等部位的润滑，并能冲洗针槽等部位，以防止结垢

【生产厂】［沪］上海锦辉润滑油厂〈P1745〉；［鲁］青岛红星化工集团有限责任公司（500 吨）〈P2036〉；青岛红星化工集团自力实业公司（300 吨）〈P2037〉；青岛开达实业（集团）有限公司〈P2039〉

热定型机润滑油 P19020901

Lubricating oil for hot-set machine

适用于纺织印染工业热定型机的拉链及其他类似机械的润滑

【生产厂】［京］中国石化长城润滑油集团有限公司〈P1568〉

SF 多级汽油机油 P19030301

Gasoline engine lube oil，SF multipleorder

主要用于各类出租车及各类轻型卡车的汽油发动机的润滑

【生产厂】［新］新疆独山子天利高新技术股份有限公司〈P2365〉

汽油机油 P19031401

Gasoline engine lube oil

适用于解放、五十铃双排座、三菱小卡 L200 等车辆发动机润滑

【生产厂】［京］中国石化长城润滑油集团有限公司〈P1568〉；北京燕山石油化工有限公司〈P1564〉；［津］天津市东方特种润滑油有限公司〈P1585〉；天津市金岛润滑油有限公司（3 万吨）〈P1592〉；［冀］河北京都润滑油有限公司〈P1620〉；［辽］营口市海联石油化工有限公司〈P1705〉；营口星火化工有限公司〈P1705〉；［黑］大庆油田路迪化工有限公司〈P1723〉；［沪］上海炼油厂〈P1751〉；［苏］无锡市高润杰化学有限公司〈P1875〉；无锡运河石油化工有限公司〈P1883〉；无锡通达石油有限公司〈P1882〉；［鲁］山东环球润滑油股份有限公司〈P2028〉；淄博爱科实业有限责任公司（100 吨）〈P2057〉；淄博市周村吉星化工厂〈P2071〉；淄博市周村金冠润滑油厂〈P2071〉；淄博齐花油脂化工有限公司〈P2065〉；青州鹏奥润滑油有限公司〈P2091〉；烟台狮王石化工业有限公司〈P2118〉；［豫］义马煤业（集团）洛阳石油化工有限责任公司（8 万吨）〈P2190〉；［桂］中油广西田东石油化工总厂有限公司（2500 吨）〈P2302〉；［川］成都蜀光石油化学有限公司〈P2315〉；［新］中国石油天然气股份有限公司克拉玛依石化分公司〈P2365〉

柴油机油 P19031501

Diesel engine lube oil

主要应用于高速柴油发动机的润滑

【生产厂】［京］中国石化长城润滑油集团有限公司〈P1568〉；［津］天津市东方特种润滑油有限公司〈P1585〉；天津市金岛润滑油有限公司（2 万吨）〈P1592〉；［冀］河北京都润滑

P

油有限公司〈P1620〉；［辽］营口星火化工有限公司〈P1705〉；［黑］大庆油田路迪化工有限公司〈P1723〉；［沪］上海炼油厂〈P1751〉；［苏］无锡市高润杰化学有限公司〈P1875〉；无锡运河石油化工有限公司〈P1883〉；无锡通达石油有限公司〈P1882〉；［闽］厦门海光润滑油有限公司（100 吨）〈P1991〉；［鲁］山东环球润滑油股份有限公司〈P2028〉；淄博爱科实业有限责任公司（100 吨）〈P2057〉；淄博市周村吉星化工厂〈P2071〉；淄博市周村金冠润滑油厂〈P2071〉；淄博齐花油脂化工有限公司〈P2065〉；青州鹏奥润滑油有限公司〈P2091〉；烟台狮王石化工业有限公司〈P2118〉；荣成市隆泰化工有限公司（1500 吨）〈P2122〉；青岛王冠石油化学有限公司〈P2044〉；［豫］恒运集团石油股份有限公司〈P2168〉；义马煤业（集团）洛阳石油化工有限责任公司（5 万吨）〈P2190〉；［川］成都蜀光石油化学有限公司〈P2315〉；［新］新疆独山子天利高新技术股份有限公司〈P2365〉

乙醇汽油　P19032601
Ethyl alcohol gasoline
【生产厂】［黑］牡丹江石油化工厂〈P1723〉

CC 级柴油机油　P19033100
Diesel engine oil CC grade
适用于中等负荷柴油发动机及其他所装备的运输工具、矿山机械和要求使用 APLCC 级的发动机的润滑
【生产厂】［沪］上海炼油厂（15 万吨）〈P1751〉

CD 级柴油机油　P19033200
Diesel engine oil CD grade
适用于矿山和建筑工地重负荷、大马力柴油机以及中增压柴油机的润滑
【生产厂】［辽］大连石油添加剂厂〈P1693〉；［沪］上海炼油厂（10 万吨）〈P1751〉；［桂］中油广西田东石油化工总厂有限公司（3000 吨）〈P2302〉；［新］新疆独山子天利高新技术股份有限公司〈P2365〉

QC 级汽油机油　P19034100
Gasoline engine oil QC
用于中负荷条件下工作的汽油机以及压缩比在 7.2 以下的各种汽车
【生产厂】［沪］上海炼油厂（8 万吨）〈P1751〉

高级汽油机油　P19034301
High grade gasoline engine oil
适用于要求使用 SF 级油以内的桑塔纳、丰田、奥拓、夏利等轿车、轻型客车及轻型卡车
【生产厂】［京］北京康田新世纪润滑油有限公司〈P1553〉；北京现代润滑油制造有限公司〈P1563〉；［辽］营口艾美斯石油化工有限公司〈P1703〉；［鲁］淄博齐胜工贸股份有限公司〈P2065〉；［豫］濮阳市恒美实业开发中心〈P2214〉

高级柴油机油　P19034351
High grade diesel engine oil
适用于要求使用 CD 级油的高增压、重负荷柴油机，用于重型运输车辆、大型客车、工程机械等
【生产厂】［京］北京康田新世纪润滑油有限公司〈P1553〉；北京现代润滑油制造有限公司〈P1563〉；［辽］营口艾美斯石油化工有限公司〈P1703〉；［豫］濮阳市恒美实业开发中心〈P2214〉

SD 级汽油机油　P19034500
Gasoline engine oil SD grade
用于要求使用 APISD 级油的汽油发动机的润滑，也可替代 SC 级油使用
【生产厂】［新］新疆独山子天利高新技术股份有限公司〈P2365〉

二冲程汽油机油　P19034601
Gasoline engine oil, two pass
适用于军事和民用水冷二冲程发动机的润滑
【生产厂】［沪］上海炼油厂（5 万吨）〈P1751〉；［新］新疆独山子天利高新技术股份有限公司〈P2365〉

QE/CC 内燃机油　P19035001
Internal combustion engine lube oil QE/CC
【生产厂】［沪］上海炼油厂〈P1751〉

内燃机油　P19035151
Internal combustion engine lube oil
广泛应用于各种国产、进口高级车辆和工业机械设备
【生产厂】［京］北京市燕山特种润滑油有限公司〈P1561〉；［冀］辛集市泰达石化有限公司〈P1634〉；［辽］营口克莱威尔石油化工有限公司〈P1704〉；营口石油化工有限公司〈P1704〉；［沪］上海锦辉润滑油厂〈P1745〉；［苏］无锡市长润石油化工有限公司〈P1875〉；苏州润达油脂化工有限公司〈P1902〉；江苏银河化轻集团总公司〈P1832〉；［粤］广州经济技术开发区飞天高级润滑油厂〈P2262〉；［新］新疆独山子天利高新技术股份有限公司〈P2365〉

摩托车油　P19035201
Motor oil
适用于苛刻条件下的二冲程汽油发动机的摩托车及其他车辆机具的润滑
【生产厂】［京］北京康田新世纪润滑油有限公司〈P1553〉；［辽］营口市海联石油化工有限公司〈P1705〉；［鲁］临淄信记刚军实业有限公司〈P2050〉；青岛王冠石油化学有限公司〈P2044〉；［粤］广州市恒昌实业有限公司〈P2264〉；［川］成都蜀光石油化学有限公司〈P2315〉

生物柴油；生化柴油　P19035351
Biochemical diesel oil
用于汽车、机械、船舶、飞机等运输工具
【生产厂】［冀］河北东安实业有限公司金源化工厂〈P1619〉；［苏］无锡市嘉利华化工有限公司〈P1877〉；［浙］兰溪市恒顺化工有限公司〈P1953〉；［豫］郑州大学生化工程中心（500 吨）〈P2170〉

研磨油　P19035501
Grindde oil
用于聚丙烯酰胺造粒研磨和高速铝箔轧制
【生产厂】［沪］上海荣晟精细化工有限公司〈P1758〉

绝缘油　P19035601
Insulating oil
【生产厂】［沪］华东理工大学华昌聚合物有限公司〈P1726〉；［粤］深圳市长先科技实业有限公司〈P2270〉

双曲线齿轮油　P19040201
Hyperbolic gear oil
用于汽车双曲线齿轮的润滑

【生产厂】[苏]无锡市高润杰化学有限公司〈P1875〉;无锡市长润石油化工有限公司〈P1875〉;[川]成都蜀光石油化学有限公司〈P2315〉

车辆齿轮油 P19040800

Vehicle gear oil

用于车辆和工业设备中所有的高压差速器

【生产厂】[京]中国石化长城润滑油集团有限公司〈P1568〉;[辽]沈阳奥吉娜化工有限公司〈P1684〉;[沪]上海炼油厂〈P1751〉;[苏]无锡运河石油化工有限公司〈P1883〉;[鲁]淄博齐花油脂化工有限公司〈P2065〉;荣成市隆泰化工有限公司(1500 吨)〈P2122〉;[新]中国石油天然气股份有限公司克拉玛依石化分公司〈P2365〉

齿轮机油;齿轮油 P19040900

Gear oil

用于各种齿轮传动装置的润滑

【生产厂】[京]北京康田新世纪润滑油有限公司〈P1553〉;北京金洋润滑油有限公司〈P1552〉;北京市燕山特种润滑油有限公司〈P1561〉;北京现代润滑油制造有限公司〈P1563〉;[冀]河北京都润滑油有限公司〈P1620〉;辛集市泰达石化有限公司〈P1634〉;沧州华润化工有限公司〈P1651〉;[辽]营口克莱威尔石油化工有限公司〈P1704〉;营口石油化工有限公司〈P1704〉;[沪]上海恒欣化工有限公司〈P1736〉;上海新华润滑油厂〈P1772〉;上海锦辉润滑油厂〈P1745〉;[苏]无锡市长润石油化工有限公司〈P1875〉;苏州润达油脂化工有限公司〈P1902〉;[浙]嘉兴市八字长安油脂化工厂〈P1941〉;[闽]厦门海光润滑油有限公司(200 吨)〈P1991〉;[鲁]山东环球润滑油股份有限公司〈P2028〉;宁津县宏源化工厂(80 吨)〈P2143〉;淄博北方淄特化工有限公司〈P2058〉;淄博市周村金冠润滑油厂(1000 吨)〈P2071〉;临淄桥牌油脂化工厂〈P2050〉;临淄勤润油脂化工厂(1000 吨)〈P2050〉;临淄奇麟石化油脂有限公司〈P2050〉;齐都润滑油厂(1000 吨)〈P2051〉;临淄振达石化有限公司〈P2050〉;青州鹏奥润滑油有限公司〈P2091〉;烟台狮王石化工业有限公司〈P2118〉;[豫]鹤壁市特种油品厂(1000 吨)〈P2200〉;义马煤业(集团)洛阳石油化工有限责任公司(2000 吨)〈P2190〉;洛阳轻捷石油化工厂(3000 吨)〈P2182〉;[粤]广州经济技术开发区飞天高级润滑油厂〈P2262〉;广州市恒昌实业有限公司〈P2264〉

工业齿轮油 P19041601

Industrial gear oil

适用于重负荷齿轮、循环系统及高温下闭式工业齿轮

【生产厂】[京]中国石化长城润滑油集团有限公司〈P1568〉;[辽]本溪怀特石油化工有限责任公司(4000 吨)〈P1699〉;[苏]无锡运河石油化工有限公司〈P1883〉;[鲁]聊城市川岛润滑油有限公司(1 万吨)〈P2152〉;淄博爱科实业有限责任公司(300 吨)〈P2057〉;淄博助友石油化工有限公司〈P2077〉;淄博齐花油脂化工有限公司〈P2065〉;[豫]濮阳市恒美实业开发中心〈P2214〉;[桂]中油广西田东石油化工总厂有限公司(500 吨)〈P2302〉;[新]中国石油天然气股份有限公司克拉玛依石化分公司〈P2365〉

中负荷工业齿轮油 P19041603

Industrial gear oil, middle load

适用于各种中负荷齿轮工作系统

【生产厂】[沪]上海炼油厂〈P1751〉;[苏]靖江恒丰化工有限公司〈P1824〉

重负荷工业齿轮油 P19041604

Industrial gear oil, weight load

适用于大型钢厂、水泥厂重负荷的润滑

【生产厂】[辽]营口艾美斯石油化工有限公司〈P1703〉;[沪]上海炼油厂〈P1751〉;[川]成都蜀光石油化学有限公司〈P2315〉

齿轮油通用复合剂 P19041921

General complexing agent for gear wheel oil

用于车辆齿轮油、工业齿轮油的调和生产

【生产厂】[冀]邯郸市宁成石油添加剂厂〈P1639〉;[辽]辽阳滨河化工有限公司〈P1709〉

【使用厂】[闽]厦门海光润滑油有限公司〈P1991〉

高温链条润滑油 P19042101

High temperature lubricating oil for chain

具有良好的高温润滑性能和防锈性能,用于高温下传动链条系统的润滑、封存

【生产厂】[京]中国石化长城润滑油集团有限公司〈P1568〉;[沪]上海炼油厂〈P1751〉;[苏]无锡市华润宝润滑油有限公司〈P1876〉

重负荷车辆齿轮油 P19043102

Gear oil for weight-load motor

用于高速冲击负荷、高速低扭矩和低速高扭矩工况下使用的车辆齿轮

【生产厂】[沪]上海炼油厂〈P1751〉;[苏]无锡市高润杰化学有限公司〈P1875〉;[豫]恒运集团石油股份有限公司〈P2168〉

闭式齿轮油 P19043301

Gear oil for close motor

适用于工业闭式齿轮传动装置的润滑

【生产厂】[豫]恒运集团石油股份有限公司〈P2168〉

冷冻机油;冷冻机润滑油 P19050100

Refrigerator oil

用于各种冷冻设备的润滑

【生产厂】[京]北京市燕山特种润滑油有限公司〈P1561〉;[辽]营口星火化工有限公司〈P1705〉;[沪]上海新华润滑油厂(4000 吨)〈P1772〉;[苏]无锡运河石油化工有限公司〈P1883〉;[浙]杭州江南化工有限公司〈P1919〉;[鲁]淄博助友石油化工有限公司〈P2077〉;烟台狮王石化工业有限公司〈P2118〉;荣成市隆泰化工有限公司(1000 吨)〈P2122〉;[豫]鹤壁市特种油品厂(1000 吨)〈P2200〉;[粤]广州经济技术开发区飞天高级润滑油厂〈P2262〉;[川]成都蜀光石油化学有限公司〈P2315〉;[新]中国石油天然气股份有限公司克拉玛依石化分公司〈P2365〉

汽缸油 65 号;合成过热汽缸油 65 号 P19060101

Cylinder oil No. 65

用于蒸汽机车的润滑

【生产厂】[豫]河南开普化工股份有限公司(4500 吨)〈P2165〉

船用汽缸油 P19060104

Cylinder oil for ship

用于燃用重质燃料油的船用柴油机汽缸润滑

【生产厂】[沪]上海炼油厂(5000 吨)〈P1751〉

调水油;船舶机油 P19060201

Engine oil for ship
用于船舶蒸汽机的润滑
【生产厂】[沪]上海炼油厂〈P1751〉

发动机油 P19060301
Engine lube oil
适用于各种现代国产、进口车辆（特别是中高档小轿车）发动机润滑
【生产厂】[京]中国石化长城润滑油集团有限公司〈P1568〉；[辽]沈阳奥吉娜化工有限公司〈P1684〉；[粤]广州市恒昌实业有限公司〈P2264〉

导轨油；液压导轨油 P19070100
Slide way oil
广泛应用于各种国产、进口高级车辆和工业机械设备
【生产厂】[京]北京市燕山特种润滑油有限公司〈P1561〉；[津]天津市东方特种润滑油有限公司〈P1585〉；[辽]营口艾美斯石油化工有限公司〈P1703〉；[沪]上海炼油厂〈P1751〉；上海锦辉润滑油厂〈P1745〉；[鲁]潍坊中业化学有限公司〈P2107〉；烟台狮王石化工业有限公司〈P2118〉；[川]成都蜀光石油化学有限公司〈P2315〉

低凝抗磨液压油 P19080201
Antiwear hydraulic oil, low freezing
用于寒区高压系统施压与润滑
【生产厂】[沪]上海新华润滑油厂〈P1772〉

抗磨液压油 P19080600
Antiwear hydraulic oil
适用于高温、高压的液压系统，各类矿山机械、工程机械、船舶、加工机床等
【生产厂】[辽]营口艾美斯石油化工有限公司〈P1703〉；营口星火化工有限公司〈P1705〉；[沪]上海炼油厂〈P1751〉；[苏]无锡市高润杰化学有限公司(5600 吨)〈P1875〉；无锡运河石油化工有限公司〈P1883〉；[闽]厦门海光润滑油有限公司(500 吨)〈P1991〉；[鲁]聊城市川岛润滑油有限公司(8000 吨)〈P2152〉；淄博爱科实业有限责任公司(300 吨)〈P2057〉；淄博助友石油化工有限公司〈P2077〉；临淄勤润油脂化工厂(2000 吨)〈P2050〉；潍坊中业化学有限公司〈P2107〉；烟台狮王石化工业有限公司〈P2118〉；[豫]恒运集团石油股份有限公司〈P2168〉；濮阳市恒美实业开发中心〈P2214〉；义马煤业(集团)洛阳石油化工有限责任公司(8000 吨)〈P2190〉；[粤]广州市恒昌实业有限公司〈P2264〉；[新]新疆独山子天利高新技术股份有限公司〈P2365〉

液压油 P19081401
Hydraulic oil
用于各种冷冻设备的润滑
【生产厂】[京]北京市燕山特种润滑油有限公司〈P1561〉；北京现代润滑油制造有限公司〈P1563〉；[津]天津市东方特种润滑油有限公司〈P1585〉；[辽]沈阳奥吉娜化工有限公司〈P1684〉；营口克莱威尔石油化工有限公司〈P1704〉；营口石油化工有限公司〈P1704〉；营口星火化工有限公司〈P1705〉；[沪]上海炼油厂〈P1751〉；上海恒欣化工有限公司〈P1736〉；上海锦辉润滑油厂〈P1745〉；[苏]无锡运河石油化工有限公司〈P1883〉；无锡通达石油有限公司〈P1882〉；无锡市长润石油化工有限公司〈P1875〉；苏州润达油脂化工有限公司〈P1902〉；常熟市周行润达化工厂〈P1892〉；[浙]嘉兴市八字长安油脂化工厂〈P1941〉；[鲁]山东环球润滑油股份有限公司〈P2028〉；淄博市周村金冠润滑油厂(2000 吨)〈P2071〉；淄博齐花油脂化工有限公司〈P2065〉；临淄振达石化有限公司〈P2050〉；潍坊中业化学有限公司〈P2107〉；青州鹏奥润滑油有限公司〈P2091〉；青州瑞洋油脂化工有限公司〈P2091〉；烟台狮王石化工业有限公司〈P2118〉；荣成市隆泰化工有限公司(1500 吨)〈P2122〉；[豫]鹤壁市特种油品厂(1000 吨)〈P2200〉；[粤]广州经济技术开发区飞天高级润滑油厂〈P2262〉；[桂]中油广西田东石油化工总厂有限公司(1800 吨)〈P2302〉

航空液压油 P19081501
Hydraulic oil for airplane
【生产厂】[苏]无锡祁连石化有限公司〈P1874〉；[新]中国石油天然气股份有限公司克拉玛依石化分公司〈P2365〉

高级抗磨液压油 P19081701
Antiwear hydraulic oil, premium
广泛应用于各种国产、进口高级车辆和工业机械设备
【生产厂】[京]中国石化长城润滑油集团有限公司〈P1568〉；[沪]上海炼油厂〈P1751〉；[川]成都蜀光石油化学有限公司〈P2315〉

L-HL 液压油；通用型工业机床润滑油 P19081801
Hydraulic oil L-HL
用于一般机床的主轴箱、液压箱和齿轮箱等，类似机械设备的循环系统的润滑
【生产厂】[津]天津市东方特种润滑油有限公司〈P1585〉；[沪]上海炼油厂(10 万吨)〈P1751〉

L-HM 抗磨液压油 P19081901
Antiwear hydraulic oil L-HM
可用于中、高压的叶片泵、柱塞泵和齿轮泵的液压系统及中、高压工程机械、引进设备和车辆的液压系统润滑
【生产厂】[津]天津市东方特种润滑油有限公司〈P1585〉；[辽]大连石油添加剂厂〈P1693〉；[沪]上海炼油厂(10 万吨)〈P1751〉；[苏]靖江恒丰化工有限公司〈P1824〉

低温液压油；低凝液压油 P19082101
Hydraulic oil, low temperature
【生产厂】[沪]上海炼油厂(10 万吨)〈P1751〉

液力传动油；自动传动液 P19082201
Hydraulic pressure shafting oil
适用于具有自动变速箱的各种车辆使用
【生产厂】[津]天津市东方特种润滑油有限公司〈P1585〉；[辽]营口市海联石油化工有限公司〈P1705〉；[沪]上海炼油厂〈P1751〉；[苏]无锡市高润杰化学有限公司〈P1875〉；[粤]广州经济技术开发区飞天高级润滑油厂〈P2262〉

抗燃液压液 P19082701
Hydraulic oil, flame retardant
用于冶金机械高温液压液等
【生产厂】[冀]河北东安实业有限公司金源化工厂〈P1619〉；[粤]好富顿(深圳)有限公司〈P2269〉

汽轮机油；透平油 P19090101
Turbine oil
用于汽轮机的润滑，亦可用于低压液压系统

P

施压等

【生产厂】[京]中国石化长城润滑油集团有限公司〈P1568〉;[辽]沈阳奥吉娜化工有限公司〈P1684〉;大连石油添加剂厂〈P1693〉;[沪]上海炼油厂〈P1751〉;[苏]无锡运河石油化工有限公司〈P1883〉;无锡市长润石油化工有限公司〈P1875〉;[鲁]淄博爱科实业有限责任公司(200 吨)〈P2057〉;淄博齐花油脂化工有限公司〈P2065〉;[豫]义马煤业(集团)洛阳石油化工有限责任公司(1 万吨)〈P2190〉;[粤]广州经济技术开发区飞天高级润滑油厂〈P2262〉;[桂]中油广西田东石油化工总厂有限公司(1800 吨)〈P2302〉

L-TSA 汽轮机油 P19090201

Turbine oil L-TSA

主要用于蒸气汽轮机、水力汽轮机发电机组主机的润滑、密封、调速和冷却

【生产厂】[沪]上海炼油厂(5 万吨)〈P1751〉;[鲁]青州瑞洋油脂化工有限公司〈P2091〉

液力传动油 6 号 P19090301

Hydraulic shafting oil No. 6

用于铁路内燃机车、工程和农业机械液力变扭器和偶合器

【生产厂】[沪]上海炼油厂〈P1751〉

抗氨汽轮机油 P19090401

Turbine oil, anti-amino

主要用于大型化肥装置中用汽轮机驱动的离心式合成气压缩机、冷冻机及其他与氨接触的汽轮机组的润滑和密封

【生产厂】[沪]上海炼油厂〈P1751〉

压缩机油 P19100100

Compressor oil

用于低、中和高压各级压缩机的润滑

【生产厂】[京]中国石化长城润滑油集团有限公司〈P1568〉;[沪]上海炼油厂〈P1751〉;上海新华润滑油厂〈P1772〉;上海锦辉润滑油厂〈P1745〉;[苏]无锡市高润杰化学有限公司〈P1875〉;无锡运河石油化工有限公司〈P1883〉;无锡市长润石油化工有限公司〈P1875〉;[鲁]淄博市周村海威特润滑油厂〈P2071〉;淄博三泰润滑油有限公司〈P2067〉;淄博助友石油化工有限公司〈P2077〉;临淄振达石化有限公司〈P2050〉;烟台狮王石化工业有限公司〈P2118〉;[豫]鹤壁市特种油品厂(1000 吨)〈P2200〉;义马煤业(集团)洛阳石油化工有限责任公司(7000 吨)〈P2190〉;[粤]广州经济技术开发区飞天高级润滑油厂〈P2262〉;[川]成都蜀光石油化学有限公司〈P2315〉

L-DAB 空气压缩机油 P19100202

Air compressor oil L-DAB

适用于中负荷往复式空气压缩机的润滑

【生产厂】[沪]上海炼油厂〈P1751〉

空气压缩机油;空压机油 P19100211

Air compressor oil

适用于各种空压机

【牛产厂】[冀]沧州华润化工有限公司〈P1651〉;[辽]抚顺日石化工有限公司〈P1698〉;营口星火化工有限公司〈P1705〉;[鲁]淄博爱科实业有限责任公司(200 吨)〈P2057〉;[川]成都蜀光石油化学有限公司〈P2315〉

铜轧制专用油 P19110451

Copper rolling oil

用于铜及铜合金的粗轧、中间轧制

【生产厂】[津]天津市红岩化工厂分厂(100 吨)〈P1589〉;[苏]靖江恒丰化工有限公司〈P1824〉

水化白油 P19120101

Hydrated white oil

用作毛洗涤剂,亦用于铝、铅、有色金属加工的润滑、冷却、洗涤、防锈

【生产厂】[沪]上海市大场化工厂(1000 吨)〈P1763〉

金属钠专用白油 P19120111

White oil for sodium

【生产厂】[津]天津市红山石油化工有限公司(2 万吨)〈P1589〉

橡塑专用白油 P19120121

White oil for rubber-plastic

用于热塑弹性体 SBS 充油及 TPR 粒料生产,也适用于乙丙橡胶、三元乙丙橡胶、氯丁橡胶等的生产

【生产厂】[津]天津市红山石油化工有限公司(1000 吨)〈P1589〉;[粤]佛山市大庆林源化工有限公司〈P2287〉

拔丝润滑剂 P19120301

Wire-drawing lubricant

主要用作工业拔丝时的润滑、冷却、防锈剂

【生产厂】[津]天津市延安化工厂分厂(100 吨)〈P1610〉;[苏]靖江恒丰化工有限公司〈P1824〉;[鲁]济南瑞孚润滑材料有限公司〈P2024〉;[鄂]武汉市智发科技开发有限公司〈P2233〉;[湘]衡阳市金化科技有限公司〈P2252〉

金属深拉伸润滑剂 P19120401

Deep-drawing lubricant

用作拉伸润滑剂

【生产厂】[皖]合肥精汇化工研究所〈P1972〉

钢丝绳表面脂 P19120501

Wire-rope surface grease

主要用于钢丝绳封存时防锈

【生产厂】[津]天津市大港区泰丰化工有限公司(1 万吨)〈P1583〉;[浙]杭州恒润凡士林制造有限公司(2 万吨)〈P1918〉

合脂油;芯脂油 P19121401

Rick fat oil

用作机械行业铸造翻砂的黏结剂以及预制的脱模剂

【生产厂】[冀]河北省东光县天力粘合剂厂〈P1655〉;[鲁]淄博泰畅润滑油有限公司(5000 吨)〈P2073〉

精密机床油 P19140301

Precision machine tool oil

用于各种精密机床有关部位的润滑

【生产厂】[豫]义马煤业(集团)洛阳石油化工有限责任公司(6000 吨)〈P2190〉

高级润滑油 P19140501

High-grade lube oil

P

用于摩托车、汽车等的润滑

【生产厂】[辽]营口海洋石油化工有限公司〈P1704〉;[黑]大庆油田路迪化工有限公司〈P1723〉;[豫]河南省偃师市石油化学厂(2000 吨)〈P2180〉

金属轧制油 P19140601

Metal rolling oil

用于轧机冷轧工艺

【生产厂】[京]中国石化长城润滑油集团有限公司〈P1568〉;[冀]河北省化学工业研究院〈P1621〉;沧州华润化工有限公司〈P1651〉;[沪]上海帕卡兴产化工有限公司〈P1755〉;[鄂]武汉一枝花油脂化工有限公司〈P2235〉

铝箔轧制油 P19140701

Aluminium-foil rolling oil

可用于铝箔等产品生产中的润滑,也可作为特种润滑油,用于各类需要精密润滑的场合

【生产厂】[京]中国石化长城润滑油集团有限公司〈P1568〉

变压器油 P19150100

Transformer oil

用于变压器、油开关和其他高电压设备中,起绝缘、散热和消灭电弧等作用

【生产厂】[京]北京市燕山特种润滑油有限公司〈P1561〉;[辽]大连石油添加剂厂〈P1693〉;[沪]上海炼油厂(2 万吨)〈P1751〉;华东理工大学华昌聚合物有限公司〈P1726〉;上海新华润滑油厂(3750 吨)〈P1772〉;上海锦辉润滑油厂〈P1745〉;[苏]无锡特种油品有限公司〈P1882〉;无锡市高润杰化学有限公司〈P1875〉;无锡市长润石油化工有限公司〈P1875〉;[鲁]淄博北方淄特化工有限公司〈P2058〉;淄博三泰润滑油有限公司〈P2067〉;临淄勤润油脂化工厂(3 万吨)〈P2050〉;青州瑞洋油脂化工有限公司〈P2091〉;[豫]义马煤业(集团)洛阳石油化工有限责任公司(8000 吨)〈P2190〉;[粤]广州经济技术开发区飞天高级润滑油厂〈P2262〉;茂名市高山海洋化工有限公司〈P2293〉;茂名市科成精细化工有限公司〈P2293〉;[川]成都蜀光石油化学有限公司〈P2315〉;[新]中国石油天然气股份有限公司克拉玛依石化分公司〈P2365〉

【使用厂】[苏]苏州特种化学品有限公司〈P1906〉

二硫化钼锂基润滑脂 P19160101

Molybdenum disulfide lithium-based grease

适用于工作温度120℃以下较重负荷设备滚动和摩擦部位的润滑

【生产厂】[冀]廊坊时讯润滑油脂有限公司〈P1661〉;保定市富尧润滑油脂有限公司〈P1645〉;[辽]本溪怀特石油化工有限责任公司(8000 吨)〈P1699〉;[苏]无锡市高润杰化学有限公司(3600 吨)〈P1875〉;无锡祁连石化有限公司〈P1874〉

特种润滑脂 P19160701

Special grease

用于万能磨床、磨具轴承的润滑

【生产厂】[京]北京奥森特种润滑材料厂〈P1543〉;[冀]廊坊时讯润滑油脂有限公司〈P1661〉;[苏]无锡祁连石化有限公司〈P1874〉;[豫]洛阳市锦谷润滑油厂(2000 吨)〈P2184〉;[粤]深圳市鑫合力胶粘技术有限公司〈P2273〉

锂基润滑脂;工业锂基脂 P19161201

Lithium-based grease

用于各种机械设备的滚动轴承和滑动轴承及摩擦部位的润滑

【生产厂】[京]北京龙霸润滑油有限公司〈P1555〉;北京现代润滑油制造有限公司〈P1563〉;[冀]廊坊时讯润滑油脂有限公司〈P1661〉;保定市富尧润滑油脂有限公司〈P1645〉;[辽]本溪怀特石油化工有限责任公司(4000 吨)〈P1699〉;[沪]上海华溢塑料助剂合作公司〈P1740〉;[苏]无锡市高润杰化学有限公司(3600 吨)〈P1875〉;无锡祁连石化有限公司〈P1874〉;[鲁]东营市珠峰化工厂〈P2083〉;[豫]恒运集团石油股份有限公司〈P2168〉;南阳市福来石油化学有限公司(2000 吨)〈P2224〉

汽车用锂基润滑脂 P19161701

Lithium-based grease for automobile

适用于温度在 -30 ~120℃范围内汽车各部位润滑

【生产厂】[苏]无锡市高润杰化学有限公司(3600 吨)〈P1875〉;无锡祁连石化有限公司〈P1874〉

极压锂基脂;极压锂基润滑脂 P19162000

Extreme pressure lithium-based grease

适用于温度在 -20 ~120℃范围的高负荷机械设备轴承及齿轮润滑

【生产厂】[冀]廊坊时讯润滑油脂有限公司〈P1661〉;保定市富尧润滑油脂有限公司〈P1645〉;[苏]无锡市高润杰化学有限公司〈P1875〉;[豫]濮阳市恒美实业开发中心〈P2214〉

极压复合锂基润滑脂 P19162601

Extreme pressure complex lithium-based grease

【生产厂】[苏]无锡市新敏特种润滑油厂〈P1880〉

二硫化钼复合钙基润滑脂 P19180101

Molybdenum disulfide complex calcium-based grease

用于较高温度条件下机械摩擦部分的润滑

【生产厂】[苏]无锡市高润杰化学有限公司(3000 吨)〈P1875〉

二硫化钼钙基润滑脂 P19180401

Molybdenum disulfide calcium-based grease

用于机械设备摩擦部位的润滑

【生产厂】[辽]本溪怀特石油化工有限责任公司(6000 吨)〈P1699〉

石墨钙基润滑脂 P19180501

Calcium-based grease for graphite

用于低速粗糙机械的润滑

【生产厂】[冀]保定市富尧润滑油脂有限公司〈P1645〉;[苏]无锡市高润杰化学有限公司〈P1875〉

复合钙基润滑脂 P19180601

Complex calcium-based grease

应用于较高温度及潮湿条件下机械摩擦部分的润滑

【生产厂】[豫]新乡市恒星化工有限责任公司〈P2204〉

钙基润滑脂 3 号 P19181201

Calcium-based grease No. 3

用于工业、农业、交通运输等机械设备的润滑

【生产厂】[沪]上海市嘉定区江桥化工厂〈P1763〉;[鲁]新汶矿业集团有限责任公司(1000 吨)〈P2139〉

P

钙基润滑脂 P19181401

Calcium-based grease

用于工业、农业、交通运输等机械设备的润滑

【生产厂】[冀]廊坊时讯润滑油脂有限公司〈P1661〉;保定市富尧润滑油脂有限公司〈P1645〉;[苏]无锡市高润杰化学有限公司〈P1875〉;[浙]嘉兴市八字长安油脂化工厂〈P1941〉;[鲁]淄博爱科实业有限责任公司(300 吨)〈P2057〉;山东海科化工集团(5000 吨)〈P2084〉;东营市珠峰化工厂〈P2083〉;[豫]南阳市福来石油化学有限公司(1500 吨)〈P2224〉

工业凡士林 P19200101

Vaseline, industrial [8009-03-8]

用于机械设备、金属物品及零件的防腐,也可在温度不高及负荷不大的机械减磨部位作润滑脂使用

【生产厂】[津]天津市大港区泰丰化工有限公司(1 万吨)〈P1583〉;天津市双盛化工厂(1300 吨)〈P1602〉;[辽]营口石油化工有限公司〈P1704〉;锦西炼化渤海集团公司〈P1703〉;[浙]杭州恒润凡士林制造有限公司(1000 吨)〈P1918〉

凡士林 P19200102

Vaseline [8009-03-8]

用于药膏的原料和化妆品的原料

【生产厂】[沪]上海威呈化工有限公司〈P1769〉;上海跃江钛白化工制品有限公司〈P1776〉;[浙]杭州恒润凡士林制造有限公司〈P1918〉;[赣]江西省吉安市林源香料公司〈P2018〉

【使用厂】[苏]苏州特种化学品有限公司〈P1906〉;[鲁]山东圣世达化工有限责任公司〈P2055〉

白凡士林 P19200104

Vaseline, white [8009-03-8]

用于医药,也可用于密封和润滑,还用于护肤膏霜、发蜡发乳、唇膏等各类化妆产品中

【生产厂】[粤]茂名市科成精细化工有限公司(1 万吨)〈P2293〉

黄凡士林 P19200105

Vaseline, yellow [8009-03-8]

【生产厂】[津]天津市大港区泰丰化工有限公司(8000 吨)〈P1583〉;[浙]杭州恒润凡士林制造有限公司(2000 吨)〈P1918〉

电机轴承脂 P19200601

Motor axletree grease

是中小型电机轴承专用润滑脂

【生产厂】[豫]新乡市恒星化工有限责任公司〈P2204〉

轧钢机油;合成轧钢机油 28 号 P19200701

Synthetic rolling mill oil

用于轧钢机齿轮润滑

【生产厂】[苏]无锡市高润杰化学有限公司〈P1875〉

高温润滑油 P19200801

High temperature lubricating oil

用于印染、针织等工业高温热定形机、热度风拉幅机等设备的轨道传动润滑油

【生产厂】[沪]上海华谊集团华原化工有限公司〈P1739〉;上海华溢塑料助剂合作公司〈P1740〉;[苏]无锡市新敏特种润滑油厂〈P1880〉

机械油 P19201304

Machine oil

适用于对润滑油无特殊要求的全损耗润滑系统

【生产厂】[京]北京统一石油化工有限公司〈P1562〉;[冀]辛集市泰达石化有限公司〈P1634〉;[辽]营口星火化工有限公司〈P1705〉;[沪]上海新华润滑油厂〈P1772〉;[苏]无锡运河石油化工有限公司〈P1883〉;无锡通达石油有限公司〈P1882〉;无锡市长润石油化工有限公司〈P1875〉;[浙]嘉兴市八字长安油脂化工厂〈P1941〉;[鲁]淄博爱科实业有限责任公司(600 吨)〈P2057〉;淄博北方淄特化工有限公司〈P2058〉;临淄桥牌油脂化工厂〈P2050〉;临淄奇麟石化油脂有限公司〈P2050〉;齐都润滑油厂(1000 吨)〈P2051〉;临淄信记刚军实业有限公司〈P2050〉;广饶县永晟特种油化工有限公司(300 吨)〈P2084〉;潍坊中业化学有限公司〈P2107〉;青州市科力源化工有限公司(4 万吨)〈P2092〉;荣成市隆泰化工有限公司(380 吨)〈P2122〉;[新]昌吉州启明金鑫助剂厂〈P2367〉

【使用厂】[沪]上海长风化工厂〈P1729〉;[豫]商丘市稀土微肥示范厂〈P2226〉;南阳市福来石油化学有限公司〈P2224〉;巩义市凌云胶粘剂厂〈P2163〉

全损耗系统用油 P19201305

Machine oil for wide losses system

主要适用于对润滑油无特殊要求的全损耗润滑系统

【生产厂】[沪]上海炼油厂(30 万吨)〈P1751〉;[苏]无锡市高润杰化学有限公司〈P1875〉

减震器油 P19201501

Shock absorber oil

【生产厂】[京]中国石化长城润滑油集团有限公司〈P1568〉;[辽]沈阳奥吉娜化工有限公司〈P1684〉;[沪]上海锦辉润滑油厂〈P1745〉

聚脲基润滑脂 P19201601

Polyurea-based grease

特别适用于高温、高负荷、宽速度范围和不良介质接触的润滑场合

【生产厂】[豫]新乡市恒星化工有限责任公司〈P2204〉

复合钛基润滑脂 P19201701

Compound titanium-based grease

是一类多功能多效润滑脂,广泛应用于冶金、采矿、机械等行业

【生产厂】[豫]新乡市恒星化工有限责任公司〈P2204〉

油酸钠皂;润滑脂 P19202001

Grease [68153-81-1]

用作金属精加工的润滑剂,合成纤维润色、润滑剂,钢球表面清洗剂及防腐剂

【生产厂】[京]中国石化长城润滑油集团有限公司〈P1568〉;[津]天津市爱普思特科技发展有限公司(100 吨)〈P1578〉;天津市风船化学试剂科技有限公司(300 吨)〈P1586〉;天津市津冠润滑脂有限公司(3000 吨)〈P1593〉;中国石油化工股份有限公司润滑油天津分公司(4 万吨)〈P1618〉;[冀]沧州华润化工有限公司〈P1651〉;廊坊时讯润滑油脂有限公司〈P1661〉;[辽]沈阳奥吉娜化工有限公

P

司〈P1684〉；中国石油抚顺石油化工公司（4600 吨）〈P1699〉；营口海洋石油化工有限公司〈P1704〉；营口艾美斯石油化工有限公司〈P1703〉；锦西炼化渤海集团公司（3000 吨）〈P1703〉；［沪］上海焦化总厂延安油脂化工厂嘉定分厂〈P1743〉；［苏］无锡市高润杰化学有限公司〈P1875〉；苏州润达油脂化工有限公司（250 吨）〈P1902〉；张家港市威达科技有限公司〈P1914〉；［鲁］周村长城润滑油脂厂〈P2057〉；淄博齐花油脂化工有限公司〈P2065〉；广饶县大王镇兴达化工厂（500 吨）〈P2083〉；山东华星石油化工集团有限公司〈P2085〉；乳山三友润滑油有限公司（5000 吨）〈P2123〉；［豫］新乡市石油化工厂（2 万吨）〈P2206〉；新乡市恒星化工有限责任公司〈P2204〉；南阳市福来石油化学有限公司（1000 吨）〈P2224〉；商丘市稀土微肥示范厂（2000 吨）〈P2226〉；［鄂］中国石化武汉石油（集团）股份有限公司〈P2236〉；武汉一枝花油脂化工有限公司〈P2235〉；［粤］广州经济技术开发区飞天高级润滑油厂〈P2262〉；深圳市聚人成电子材料有限公司〈P2271〉；顺德华茂油料厂〈P2292〉；［川］四川众兴石油化工研究所〈P2320〉；成都蜀光石油化学有限公司（1 万吨）〈P2315〉；四川迈斯拓石油化工科技有限公司〈P2319〉；［新］中国石油天然气股份有限公司克拉玛依石化分公司〈P2365〉

轴承润滑脂 P19202101

Bearing grease

用于铁路机车、列车、小电动机、发电机及其他高温轴承等的润滑

【生产厂】［豫］新乡市恒星化工有限责任公司〈P2204〉

润滑油；机油 P19202201

Lubricating oil

用于机械摩擦部分的润滑冷却和密封

【生产厂】［京］中国蓝星（集团）总公司〈P1568〉；北京龙霸润滑油有限公司〈P1555〉；中国石化长城润滑油集团有限公司（1 万吨）〈P1568〉；北京市大兴县东方化工厂〈P1558〉；北京统一石油化工有限公司〈P1562〉；［津］天津市港兴石油化工有限公司（2000 吨）〈P1587〉；天津市澳路浦润滑油有限公司（70 万吨）〈P1579〉；［冀］河北省大港石化有限责任公司〈P1655〉；［辽］沈阳化工股份有限公司（3 万吨）〈P1686〉；中国石油抚顺石油化工公司（2 万吨）〈P1699〉；营口市群英化工有限公司〈P1705〉；营口艾美斯石油化工有限公司（3 万吨）〈P1703〉；营口星火化工有限公司〈P1705〉；大连石油添加剂厂〈P1693〉；盘锦昂由沥青有限公司〈P1706〉；锦西炼化渤海集团公司〈P1703〉；中国石油锦西炼油化工总厂〈P1703〉；［吉］吉化集团吉林市星云工贸有限公司〈P1715〉；［黑］大庆开发区中益石化添加剂有限公司〈P1722〉；［沪］上海洁安精细化工有限公司〈P1744〉；上海炼油厂〈P1751〉；［苏］常州市康宝油脂化工有限公司〈P1852〉；无锡特种油品有限公司〈P1882〉；无锡市长润石油化工有限公司〈P1875〉；苏州润达油脂化工有限公司（500 吨）〈P1902〉；吴江市雪力润滑油有限公司（5000 吨）〈P1911〉；徐州海天石化有限公司〈P1794〉；连云港泛美润滑油有限公司（2 万吨）〈P1798〉；盐城联孚石化有限公司（1 万吨）〈P1810〉；江苏银河化轻集团总公司（1 万吨）〈P1832〉；［浙］嘉兴市八字长安油脂化工厂〈P1941〉；［闽］福建天枢石化有限公司（3 万吨）〈P2006〉；［鲁］济南市特种油品厂（3 万吨）〈P2025〉；山东环球润滑油股份有限公司〈P2028〉；聊城市川岛润滑油有限公司（500 吨）〈P2152〉；宁津县宏源化工厂（20 吨）〈P2143〉；周村长城润滑油脂厂〈P2057〉；淄博市周村海威特润滑油厂〈P2071〉；临淄桥牌油脂化工厂〈P2050〉；临淄奇麟石化油脂有限公司〈P2050〉；临淄信记刚军实业有限公司〈P2050〉；淄博齐花油脂化工有限公司〈P2065〉；胜利油田大明集团股份有限公司（3400 吨）〈P2087〉；广饶县永晟特种油化工有限公司（100 吨）〈P2084〉；东营市信义化工有限公司（5 万吨）〈P2083〉；山东华星石油化工集团有限公司（8 万吨）〈P2085〉；潍坊中业化学有限公司〈P2107〉；潍坊春晨石油化工有限公司（1500 吨）〈P2101〉；潍坊光田石化有限公司（150 吨）〈P2101〉；青州市力特润滑油厂〈P2092〉；青州市瑞源化工有限公司〈P2093〉；烟台狮王石化工业有限公司〈P2118〉；乳山三友润滑油有限公司（2 万吨）〈P2123〉；山东鲁岳化工有限公司（2 万吨）〈P2136〉；［豫］新乡市石油化工厂（2 万吨）〈P2206〉；安阳市中州石油化工厂（1200 吨）〈P2210〉；鹤壁市特种油品厂（3000 吨）〈P2200〉；平顶山金盾化工有限责任公司（2000 吨）〈P2191〉；平顶山市恒帝石化有限公司（3000 吨）〈P2191〉；洛阳兴光机械辅材有限公司（600 吨）〈P2187〉；洛阳市华工实业有限公司（600 吨）〈P2184〉；洛阳轻捷石油化工厂（8000 吨）〈P2182〉；洛阳市文昌石油化工厂（1000 吨）〈P2186〉；偃师市福兴石油化工厂（600 吨）〈P2188〉；偃师市前进石油化工厂（3000 吨）〈P2189〉；洛阳市润康石油化工有限公司（1 万吨）〈P2185〉；南阳市福来石油化学有限公司〈P2224〉；河南油田南阳石蜡精细化工厂〈P2223〉；商丘市稀土微肥示范厂（5000 吨）〈P2226〉；［鄂］武汉拜耳润滑油有限公司（10 万吨）〈P2229〉；［湘］湖南省岳阳市青山油剂有限公司〈P2254〉；［粤］广州市恒昌实业有限公司〈P2264〉；广东澳力丹润滑油有限公司（6 万吨）〈P2295〉；［川］成都蜀光石油化学有限公司（2 万吨）〈P2315〉；四川迈斯拓石油化工科技有限公司〈P2319〉；［滇］昆明市化学工业总公司〈P2339〉；［新］新疆正力石油化工有限公司〈P2364〉；中国石油天然气股份有限公司乌鲁木齐石油化工总厂〈P2365〉；新疆天河油脂化工有限责任公司〈P2364〉；昌吉市同志工贸有限责任公司〈P2367〉；昌吉州启明金鑫助剂厂〈P2367〉；中国石油天然气股份有限公司克拉玛依石化分公司（40 万吨）〈P2365〉

【使用厂】［辽］本溪怀特石油化工有限责任公司〈P1699〉；［沪］上海市大场化工厂〈P1763〉；［苏］镇江农药厂有限公司〈P1844〉；［鲁］济南长城炼油厂〈P2020〉；山东绿丰农药有限公司〈P2096〉；新汶矿业集团有限责任公司〈P2139〉；山东省济南天邦化工有限公司〈P2030〉；青岛东生药业有限公司〈P2034〉；山东省青岛奥迪斯生物科技有限公司〈P2047〉；山东省青岛海利尔药业有限公司〈P2047〉；山东省淄博市淄川黉阳农药有限公司〈P2054〉；东方润博农化（山东）有限公司〈P2089〉；山东省青岛好利特生物农药有限公司〈P2048〉；威海市农药厂〈P2125〉；［桂］广西桂林集琦生化有限公司〈P2298〉；［川］四川川化集团成都望江化工厂〈P2318〉

三乙醇胺油酸皂 P19202601

Triethanolamine oleic soap

有良好的洗涤及防锈能力，可用作金属清洗剂

【生产厂】［冀］邢台市合成化学厂〈P1643〉；邢台市助剂厂〈P1644〉；［沪］中国石油化工股份有限公司上海高桥分公司〈P1780〉；［苏］江苏省海安石油化工厂〈P1831〉

氟硅润滑油 P19202701

Fluori*n*-silicon lubricating oil

主要用于在化学介质存在下的高速轴承及各种机械零部件的润滑

【生产厂】［浙］浙江化工科技集团有限公司精细化工厂〈P1927〉

高、中压抗燃油 P19203251

Fireresistant lubricating oil，high and medium pressure

【生产厂】［津］天津市超越科技有限公司（5000 吨）〈P1581〉；天津市联瑞化工有限公司〈P1598〉

P

工业润滑油 P19203301
Lubricating oil, industrial
【生产厂】[京]北京金洋润滑油有限公司〈P1552〉;[辽]营口石油化工有限公司〈P1704〉;[鲁]桓台县恒德导热油有限公司(2000 吨)〈P2049〉;青州市力特油业有限公司〈P2092〉;[豫]洛阳市锦谷润滑油厂(2000 吨)〈P2184〉;河南省偃师市石油化学厂(1700 吨)〈P2180〉

车用润滑油;汽车机油 P19203311
Motor lubricanting oil
适用于所有汽油和柴油发动机的车辆
【生产厂】[京]北京金洋润滑油有限公司〈P1552〉;[辽]营口三球特种油品有限公司〈P1704〉;[鲁]青州市力特润滑油厂〈P2092〉;青岛王冠石油化学有限公司〈P2044〉;[豫]恒运集团石油股份有限公司〈P2168〉;[粤]广州市恒昌实业有限公司〈P2264〉

特种润滑油 P19203401
Special lubricating oil
【生产厂】[京]北京奥森特种润滑材料厂〈P1543〉;[苏]无锡市新敏特种润滑油厂〈P1880〉

环保型润滑油 P19203451
Lube oil, environmental-protection type
可以生物降解,不会污染环境、土壤和大气层,能与 R134a 制冷剂有很好的相容性
【生产厂】[陕]西安昌泰化工厂〈P2347〉

内燃机润滑油 P19203501
Lubricating oil for internal combustion engine
广泛应用于各种国产、进口高级车辆和工业机械设备
【生产厂】[沪]上海炼油厂〈P1751〉

水基冷轧润滑防锈液 P19203621
Cold-rolling water-base lubricating and antirust liquid
用于冷轧带钢、薄板、机加工润滑
【生产厂】[苏]无锡市华润宝润滑油有限公司〈P1876〉

极压乳化油 P19203800
Extreme pressure emulsion oil
【生产厂】[冀]沧州华润化工有限公司〈P1651〉;[苏]无锡市南生新材料有限公司〈P1878〉

车轴油 P19204301
Axle oil
用于润滑铁路车辆及蒸汽机车滑动轴承的润滑油
【生产厂】[辽]营口石油化工有限公司〈P1704〉;[沪]上海炼油厂(1 万吨)〈P1751〉;[鲁]潍坊中业化学有限公司〈P2107〉

仪表油 P19204401
Instrument oil
【生产厂】[津]天津市东方特种润滑油有限公司〈P1585〉;[苏]无锡祁连石化有限公司〈P1874〉;[鄂]武汉市化学工业研究所有限责任公司〈P2232〉

矿物油型真空泵油;真空泵油(矿物油型) P19205001
Vacuum pump oil, mineral oil type
适用于各种类型机械真空泵的密封与润滑
【生产厂】[京]北京市燕山特种润滑油有限公司〈P1561〉;[辽]营口星火化工有限公司〈P1705〉;大连石油添加剂厂〈P1693〉;[沪]上海惠丰石油化工有限公司〈P1741〉;[苏]无锡祁连石化有限公司〈P1874〉;无锡运河石油化工有限公司〈P1883〉;无锡市长润石油化工有限公司〈P1875〉;[川]成都蜀光石油化学有限公司〈P2315〉

扩散泵油 P19205002
Diffusion pump oil
用于各种真空系统,用作高温载体和传递液
【生产厂】[京]北京市燕山特种润滑油有限公司〈P1561〉;[沪]上海惠丰石油化工有限公司〈P1741〉;[苏]无锡祁连石化有限公司〈P1874〉;[川]中昊晨光化工研究院〈P2321〉

增压泵油 P19205003
Forceing pump oil
【生产厂】[京]北京市燕山特种润滑油有限公司〈P1561〉;[沪]上海惠丰石油化工有限公司〈P1741〉;[苏]无锡祁连石化有限公司〈P1874〉

耐高温润滑脂 P19205201
Lubricating greaes, high temperature resistant
【生产厂】[冀]廊坊时讯润滑油脂有限公司〈P1661〉;[苏]无锡祁连石化有限公司〈P1874〉;无锡市新敏特种润滑油厂〈P1880〉;[豫]新乡市恒星化工有限责任公司〈P2204〉

低温润滑脂 P19205251
Low temperature lubricating greaes
适用于各种重型机械,尤其是东北高寒区露天煤矿变速箱和大庆油田抽油机齿轮箱
【生产厂】[苏]无锡祁连石化有限公司〈P1874〉;[豫]新乡市恒星化工有限责任公司〈P2204〉

汽车润滑脂 P19205401
Motor lubricating grease
【生产厂】[冀]廊坊时讯润滑油脂有限公司〈P1661〉

管路螺纹密封脂 P19205601
Pipeline whorl sealing grease
用于石油、地质部门的高压、高温油气井螺纹套管的密封
【生产厂】[冀]河北省沧州汇鑫防烧剂厂〈P1654〉;[川]成都龙泉密封脂厂〈P2313〉

真空密封脂 P19205701
Vacuum sealing grease
适用于真空设备系统所有连接部件的润滑和密封
【生产厂】[沪]上海惠丰石油化工有限公司〈P1741〉

钻探润滑剂 P19205801
Drill lubricant
应用在不同硬度的水质和一般地层条件下,小口径金刚石钻井,还可作水基润滑剂冲洗液
【生产厂】[苏]江苏钟山化工有限公司〈P1782〉;[皖]安徽新

源石油化工技术开发有限公司〈P1979〉

钻具螺纹润滑脂　P19205851

Driller spiral burr lubricating grease

用于石油、地质部门的高压、高温油气井螺纹套管、油管和钻杆、钻铤的螺纹连接部位的润滑

【生产厂】[川]成都龙泉密封脂厂〈P2313〉

链板润滑剂　P19207301

Chain plate lubricant

主要用于啤酒厂输瓶线上链板的润滑及输送

【生产厂】[蒙]赤峰市东方化工染料助剂厂〈P1682〉;[辽]朝阳市光达化工厂(1000 吨)〈P1713〉;[鲁]山东临朐富源精细化工有限公司(300 吨)〈P2096〉

聚 α-烯烃合成油　P19207501

Polyα-olefine synthetic oil

广泛用于调制各种中、低黏度范围的内燃机油、冰箱压缩机油、抗磨液压油、油膜轴承油、工业白油、化妆白油等

【生产厂】[辽]中国石油抚顺石油化工公司〈P1699〉;[苏]无锡市恒辉化学有限公司〈P1876〉

阻垢缓蚀剂;缓蚀阻垢剂　P20010101

Antiscale and inhibitor

适用于电力、化肥、冶金、炼油和轻工业等部门的循环冷却水的水质稳定处理

【生产厂】[京]北京市高丽工贸有限责任公司〈P1559〉;[津]天津化工研究院津宏化工厂(500 吨)〈P1573〉;[冀]沧州市恒利化工有限公司〈P1652〉;沧州市晶玉工业有限公司〈P1653〉;河间市蓝星化工有限公司〈P1656〉;唐山开滦清源水处理有限责任公司〈P1635〉;廊坊格瑞泰化工有限公司〈P1660〉;廊坊市大明化工有限公司〈P1661〉;大城县广安化工有限公司〈P1658〉;廊坊电力树脂有限公司〈P1660〉;国营大城精细化工厂〈P1658〉;河北东方泓益精细化工有限公司〈P1658〉;河北瑞森化工有限公司〈P1659〉;河北中创蓝星助剂有限公司〈P1659〉;廊坊高科化工有限公司〈P1660〉;廊坊蓝星无机盐有限公司〈P1660〉;廊坊天和化工建材有限公司〈P1661〉;廊坊新大新化工建材有限公司〈P1662〉;河北盛华化工有限公司〈P1650〉;[晋]天脊集团精细化工有限公司〈P1674〉;[辽]铁岭远能化工有限公司〈P1713〉;丹东明珠特种树脂有限公司〈P1700〉;丹东前阳宏达化工厂〈P1700〉;黑山县精细化工厂〈P1701〉;[黑]黑龙江省金鹏树脂有限公司〈P1721〉;大庆市华兴化工有限公司〈P1722〉;[沪]上海石化森清水处理有限公司(600 吨)〈P1762〉;上海市金山区漕泾化工厂(200 吨)〈P1763〉;上海未来企业有限公司〈P1770〉;上海集能化工有限公司〈P1742〉;[苏]南京纳科水处理技术有限公司〈P1787〉;南京宏桥精细化工科技开发有限公司〈P1784〉;常州市江湖化工有限公司〈P1852〉;常州中南化工有限公司〈P1858〉;常州源泉红光化工有限公司〈P1858〉;宜兴市泉龙化工有限公司(3000 吨)〈P1886〉;宜兴市绿波水处理化学品有限公司〈P1885〉;常熟市水处理助剂厂〈P1891〉;盐城市金雨科技有限公司〈P1811〉;姜堰市华飞化工厂〈P1823〉;扬州市未来水质稳定剂有限公司〈P1819〉;[鲁]济南华泰科技发展有限公司(500 吨)〈P2022〉;济南巨业精细化工有限公司〈P2023〉;津南大化工厂〈P2049〉;山东力邦化学制品有限公司〈P2053〉;淄博科宇化工有限公司(1000 吨)〈P2064〉;淄博瑞爱特化工有限责任公司〈P2066〉;邹平县鲁津化工有限公司(3000 吨)〈P2158〉;淄博市悦成化工有限公司〈P2071〉;淄博桓台祥龙化工有限公司〈P2062〉;山东省滨州天欧机化有限责任公司〈P2156〉;东辰(集团)化工有限公司(300 吨)〈P2081〉;青岛琅琊台集团股份有限公司(5000 吨)〈P2040〉;泰安市大禹化工有限责任公司(200 吨)〈P2137〉;鱼台县开元精细化工有限公司〈P2134〉;山东省泰和水处理有限公司(2000 吨)〈P2077〉;山东天立集团枣庄康净化工有限公司(1000 吨)〈P2078〉;[豫]郑州博路化工科技有限公司〈P2169〉;巩义市恒泰滤材有限公司〈P2162〉;巩义市三星水处理设备有限公司〈P2163〉;巩义市永兴生化材料有限公司〈P2164〉;新乡市聚星龙水处理厂(1000 吨)〈P2205〉;河南省长葛市第一化工实验厂(1200 吨)〈P2217〉;洛阳市洛滨化工有限公司〈P2185〉;洛阳强龙精细化工总厂〈P2182〉;[鄂]武汉材料保护研究所〈P2229〉;武汉凯迪精细化工有限公司〈P2230〉;湖北省枣阳化学工业总公司〈P2237〉;[川]成都市蓝波达精细化工有限公司〈P2314〉;成都齐达科技开发公司〈P2313〉;成都川峰化学工程有限责任公司〈P2310〉

钼系缓蚀阻垢剂　P20010171

Antiscale and inhibitor, molybdenum series

适用于钢铁厂连铸、电炉软水和南方低硬度的地面水,作为冷却水的缓蚀阻垢剂

【生产厂】[苏]南京纳科水处理技术有限公司〈P1787〉

阻垢缓蚀剂 DQ-202　P20010191

Antiscale and inhibitor DQ-202

作为水处理的阻垢缓蚀剂

【生产厂】[豫]焦作市华联化工有限公司(500 吨)〈P2196〉

缓蚀剂　P20010201

Inhibitor

用作工业循环水系统和中央空调系统的缓蚀、防腐

【生产厂】[津]天津运盛化学品有限公司〈P1617〉;[冀]廊坊格瑞泰化工有限公司〈P1660〉;廊坊电力树脂有限公司〈P1660〉;河北东方泓益精细化工有限公司〈P1658〉;廊坊天和化工建材有限公司〈P1661〉;[辽]辽阳易晨化工有限公司〈P1712〉;鞍山市新型水处理材料厂(200 吨)〈P1696〉;大连化工研究设计院〈P1692〉;盘锦昊源科工贸有限公司〈P1706〉;[苏]南京摩尔精细化工厂〈P1787〉;江苏文昌电子化工有限公司〈P1842〉;常州市江湖化工有限公司〈P1852〉;常州源泉红光化工有限公司〈P1858〉;常熟市水处理助剂厂〈P1891〉;[浙]嘉兴市向阳化工厂〈P1942〉;[鲁]济南巨业精细化工有限公司〈P2023〉;山东省桓台县金龙化工有限公司(500 吨)〈P2054〉;东营市利明石油化工有限公司(1000 吨)〈P2082〉;胜利油田海发环保化工有限责任公司(200 吨)〈P2087〉;山东胜通集团股份有限公司(1000 吨)〈P2085〉;烟台开发区富水化工科技有限公司〈P2117〉;山东省鄄城县振兴石油助剂厂(200 吨)〈P2160〉;[豫]巩义市恒泰滤材有限公司〈P2162〉;河南省金三角化工有限公司(500 吨)〈P2201〉;濮阳通达埃米科化工有限公司(3000 吨)〈P2215〉;鹤壁市山城区安利助剂厂(100 吨)〈P2200〉;洛阳强龙精细化工总厂〈P2182〉;[鄂]武汉新大地化工有限公司〈P2234〉;武汉海力科技化工有限公司〈P2230〉;[川]成都齐达科技开发公司〈P2313〉;[甘]甘肃利新化工助剂有限公司〈P2355〉;[新]克拉玛依新科澳化工(集团)有限责任公司〈P2365〉

【使用厂】[沪]上海浮岛化工有限公司〈P1733〉;[鲁]淄博科宇化工有限公司〈P2064〉;山东省泰和水处理有限公司〈P2077〉;淄博凯美可工贸有限公司〈P2064〉

9899 缓蚀剂　P20010225

Inhibitor 9899

用于炼油装置塔顶冷却系统的设备缓蚀
【生产厂】[鲁]淄博凯美可工贸有限公司(1000 吨)〈P2064〉

缓蚀剂 AN P20010301
Inhibitor AN
在石油炼油过程中使用,可抑制石油中酸性气体对设备的腐蚀
【生产厂】[津]天津市北仁化工助剂有限公司〈P1580〉

7019 缓蚀剂 P20010401
Inhibitor 7019
用于炼油厂常减压塔顶冷凝系统的缓蚀
【生产厂】[苏]江都市双仙化工厂〈P1814〉;[鲁]淄博凯美可工贸有限公司(1000 吨)〈P2064〉

锅炉盐酸酸洗缓蚀剂 P20010701
Hydrochloric acid pickling inhibitor for boiler
用于各类工业锅炉和民用锅炉,清洗除垢,并对被洗锅炉起保护作用
【生产厂】[津]天津运盛化学品有限公司〈P1617〉;[冀]唐山开滦清源水处理有限责任公司〈P1635〉;[豫]鹤壁市天罡树脂化工有限公司〈P2200〉;[鄂]武汉凯迪精细化工有限公司〈P2230〉

磷酸酸洗缓蚀剂 P20010731
Phosphoric acid pickling inhibitor
适用于油气井高温、7% ~15%磷酸酸化压裂工艺防腐
【生产厂】[豫]鹤壁市天罡树脂化工有限公司〈P2200〉

油溶性缓蚀剂 P20010801
Oil-soluble inhibitor
主要用作炼油厂常减压装置、加氢精制装置低温轻油部位的缓蚀剂,适用润滑油生产、油田钻井、输油管线等
【生产厂】[鲁]济南山泉科技有限公司〈P2024〉

污水缓蚀剂 P20011001
Sewerage inhibitor
用于污水管线、设备缓蚀阻垢
【生产厂】[辽]大连华瑞化学工业有限公司〈P1692〉;[鲁]东辰(集团)化工有限公司(220 吨)〈P2081〉

多用酸洗缓蚀剂;酸洗缓蚀剂 P20011601
Pickling inhibitor, multipurpose
用于工业设备、工业管道、交通工具清洗
【生产厂】[津]天津化工研究院津宏化工厂(50 吨)〈P1573〉;[苏]南京宏桥精细化工科技开发有限公司〈P1784〉;太仓市鑫鹄化工有限公司〈P1909〉;[鲁]北杉化学有限公司〈P2020〉;淄博瑞爱特化工有限责任公司〈P2066〉;泰安市大禹化工有限责任公司(300 吨)〈P2137〉;[豫]鹤壁市天罡树脂化工有限公司〈P2200〉;[川]四川泸天化股份有限公司〈P2323〉

多功能酸洗缓蚀剂 P20011801
Pickling inhibitor, multifunction
适用于由碳钢、不锈钢、铜、铝等多种金属材质及由不同材料连接结构的化学清洗
【生产厂】[辽]铁岭远能化工有限公司〈P1713〉

多效复合有机磷阻垢缓蚀剂 P20012101
Multi-efficient compound organic phosphate antiscale inhibitor
用作高硬度、高碱度、高 pH 值的循环冷却水系统的阻垢缓蚀和分散剂
【生产厂】[苏]南京纳科水处理技术有限公司〈P1787〉;盐城市金雨科技有限公司〈P1811〉;[鲁]淄博瑞爱特化工有限责任公司〈P2066〉

酸洗膏 P20012201
Acid washing paste
用于不锈钢容器、工件清洗
【生产厂】[粤]广州嵩源新材料有限公司〈P2267〉

阻垢剂;防垢剂 P20020101
Scale inhibitor
用于化工、石油开采和锅炉用水的阻垢
【生产厂】[冀]廊坊格瑞泰化工有限公司〈P1660〉;[辽]鞍山市新型水处理材料厂(200 吨)〈P1696〉;[苏]常州市中兴石油化工助剂有限公司〈P1856〉;常熟市水处理助剂厂〈P1891〉;[鲁]山东省滨州天欧机化有限责任公司〈P2156〉;东辰(集团)化工有限公司(290 吨)〈P2081〉;东营东方化学工业有限公司(2000 吨)〈P2081〉;[豫]郑州正源涂装材料有限公司〈P2175〉;鹤壁市山城区安利助剂厂(100 吨)〈P2200〉;开封市星火石油钻采开发有限公司(1000 吨)〈P2178〉;[川]成都市蓝波达精细化工有限公司〈P2314〉;[新]克拉玛依新科澳化工(集团)有限责任公司〈P2365〉
【使用厂】[鲁]淄博凯美可工贸有限公司〈P2064〉

加氢精制阻垢剂 P20020131
Hydrofining refine antiscale
用于汽柴油加氢原料油系统阻垢、除垢
【生产厂】[冀]廊坊高科化工有限公司〈P1660〉;[苏]常州中南化工有限公司〈P1858〉;常州市中兴石油化工助剂有限公司〈P1856〉;宜兴市鲸皋化工厂〈P1885〉;[鲁]石油大学卓越科技有限责任公司〈P2048〉

加氢裂化阻垢剂 P20020151
Hydrocracking antiscale
用于炼厂加氢裂化装置,换热器及管线阻垢
【生产厂】[冀]廊坊高科化工有限公司〈P1660〉;[辽]辽阳石油化纤公司英华化工厂〈P1710〉;[沪]上海四达石油化工科技公司〈P1765〉;[苏]常州市中兴石油化工助剂有限公司〈P1856〉;宜兴市石化助剂厂(500 吨)〈P1886〉;[鲁]淄博齐胜工贸股份有限公司〈P2065〉

有机硅防污剂 P20020191
Silicone anti-fouling agent
【生产厂】[粤]佛山市华联有机硅有限公司〈P2287〉

渣油加氢阻垢剂 P20020201
Antiscale for hydrogenation unit of residuum
用于炼厂渣油加氢装置换热器及管线阻垢、防垢
【生产厂】[冀]河北中创蓝星助剂有限公司〈P1659〉;[沪]上海四达石油化工科技公司〈P1765〉

汽车水箱除垢剂 P20020211
Antiscale for motor's water box
适用于汽车、拖拉机、坦克车、铁路机车及发电机组等闭路循环冷却水系统水垢、水锈、

油污的清洗
【生产厂】[粤]顺德王田化工实业有限公司〈P2293〉

结焦抑制剂;焦化防止剂　P20020231
Coking inhibitor
适用于延迟焦化装置,能降低生焦,提高液体效率
【生产厂】[冀]河北中创蓝星助剂有限公司〈P1659〉;[沪]上海集能化工有限公司〈P1742〉;[鲁]淄博凯美可工贸有限公司(500 吨)〈P2064〉

渣油阻垢剂　P20020251
Antiscale for residuum
用于炼厂渣油加氢装置换热器及管线阻垢、防垢
【生产厂】[辽]辽阳石油化纤公司英华化工厂〈P1710〉;辽阳易晨化工有限公司〈P1712〉;[沪]上海九元石油化工有限公司〈P1745〉;上海四达石油化工科技公司〈P1765〉;[苏]常州市中兴石油化工助剂有限公司〈P1856〉;[鲁]淄博齐胜工贸股份有限公司〈P2065〉

锅炉防垢剂　P20020301
Antiscale for boiler
用于锅炉防垢、节能
【生产厂】[冀]沧州市晶玉工业有限公司〈P1653〉;廊坊蓝星无机盐有限公司〈P1660〉;廊坊新南开化工有限公司〈P1662〉;[辽]大连华瑞化学工业有限公司〈P1692〉;[鲁]津南大化工厂〈P2049〉

湿蒸汽发生器水质复合除氧剂;蒸汽锅炉除氧剂　P20020311
Compound oxygen scavenger for steam boiler
用于湿蒸汽发生器(油田稠油开采用热采锅炉)水除残氧,亦可用于油田污水除氧
【生产厂】[津]天津化工研究院津宏化工厂(400 吨)〈P1573〉;[冀]河间市蓝星化工有限公司〈P1656〉;廊坊高科化工有限公司〈P1660〉;廊坊蓝星无机盐有限公司〈P1660〉;[鲁]泰安市大禹化工有限责任公司(100 吨)〈P2137〉

锅炉洗涤剂;锅炉除垢剂　P20020401
Boiler detergent
适用于工业锅炉、船用锅炉、饮水锅炉等各种锅炉清除水垢水锈,提高热交换能力
【生产厂】[津]天津化工研究院津宏化工厂(400 吨)〈P1573〉;[辽]鞍山市新型水处理材料厂〈P1696〉;华阳恩赛有限公司〈P1695〉;[苏]无锡市鲲鹏科工贸有限公司〈P1877〉;[鲁]津南大化工厂〈P2049〉;泰安市大禹化工有限责任公司(400 吨)〈P2137〉;[豫]郑州正源涂装材料有限公司〈P2175〉;新乡市华幸化工有限责任公司〈P2205〉;[川]成都市蓝波达精细化工有限公司〈P2314〉;成都川峰化学工程有限责任公司〈P2310〉

停炉保护剂　P20020411
Protective agent for furnace shutdown
用于锅炉、供热管网及其他设备停用期间的防腐防锈保护
【生产厂】[辽]铁岭远能化工有限公司〈P1713〉

锅炉水处理剂　P20020421
Water treatment agent for boiler
用于锅炉内不溶酸型水垢预处理
【生产厂】[冀]沧州市晶玉工业有限公司〈P1653〉

SH 化学处理剂　P20020431
Chemical treating agent SH
用于加热炉除垢,降低加热炉烟气最终排烟温度,提高加热炉热效率
【生产厂】[鲁]淄博凯美可工贸有限公司(500 吨)〈P2064〉

停用设备保护剂　P20020451
Preservative agent for off stream unit
用于停备用设备的防腐保护
【生产厂】[辽]辽阳市新容帮水处理技术有限公司〈P1711〉;[鲁]济宁新格瑞水处理有限公司(200 吨)〈P2129〉

设备保养剂　P20020471
Maintaining agent for equipment
【生产厂】[冀]河间市蓝星化工有限公司〈P1656〉;[鲁]津南大化工厂〈P2049〉

强力除垢剂　P20020491
Puissant scale remover
用于锅炉、管道、容器及民用物品水垢清洗
【生产厂】[京]北京奥宇可鑫表面工程技术有限公司〈P1543〉;[黑]黑龙江省金鹏树脂有限公司〈P1721〉;[鲁]山东临朐富源精细化工有限公司(200 吨)〈P2096〉

酸洗除垢剂　P20020601
Pickling detergent
用于锅炉、换热器等酸洗除垢,并起缓蚀作用
【生产厂】[辽]朝阳市光达化工厂〈P1713〉;[鲁]山东省诸城市鑫盛化工厂〈P2098〉

低压锅炉阻垢剂　P20020801
Low pressure boiler antiscale
用于工业低压锅炉运行期间除氧、阻垢
【生产厂】[鲁]鱼台县开元精细化工有限公司〈P2134〉

高效锅炉阻垢剂　P20020901
Boiler scale remover, high effeciency
用于低压锅炉、供热系统阻垢缓蚀
【生产厂】[冀]沧州市晶玉工业有限公司〈P1653〉;河间市蓝星化工有限公司〈P1656〉;[辽]辽阳市新容帮水处理技术有限公司〈P1711〉;[鲁]淄博瑞爱特化工有限责任公司〈P2066〉;[豫]洛阳强龙精细化工总厂〈P2182〉

PESA 阻垢剂;聚环氧琥珀酸盐阻垢剂　P20021101
PESA Antiscale
特别适用于高碱度、高硬度、高 pH 值水系的锅炉水处理、冷却水处理、污水处理、海水淡化、膜分离等
【生产厂】[沪]上海桑迪精细化工研究所〈P1760〉;[苏]南京宏桥精细化工科技开发有限公司〈P1784〉;常州恒丰化工有限公司〈P1847〉;无锡沸昇水处理材料有限公司〈P1873〉;[鲁]淄博瑞爱特化工有限责任公司〈P2066〉

反渗透膜专用阻垢剂　P20021201
Scale inhibitor for reverse osmosis film

用于防止反渗透膜结垢

【生产厂】[辽]铁岭远能化工有限公司〈P1713〉;[鲁]山东天庆化工有限公司(300 吨)〈P2146〉;[豫]洛阳市洛滨化工有限公司〈P2185〉

防腐剂　P20030201

Anticorrosion agent

用于造纸、涂料、水处理、日化、皮革等防腐

【生产厂】[吉]延吉新东亚化学有限公司〈P1719〉;[豫]巩义市凌云胶粘剂厂(200 吨)〈P2163〉;[粤]广东省石油化工研究院〈P2259〉

【使用厂】[闽]福建高科日化有限公司〈P1997〉

树脂显色剂　P20030351

Resin color-developing agent

适用于单树脂或白土和树脂混合型的任何CF 配方

【生产厂】[豫]新乡市瑞丰化工有限责任公司〈P2205〉

不停车化学清洗剂　P20030421

Online chemical cleaning agent

适用于循环冷却水系统作不停车(或停车)化学清洗,具有明显的清洗和缓蚀作用

【生产厂】[沪]上海未来企业有限公司〈P1770〉;[苏]宜兴市绿波水处理化学品有限公司〈P1885〉;[鲁]泰安市大禹化工有限责任公司(60 吨)〈P2137〉

强力杀菌防腐剂　P20030601

Strong germicide anti-corrosion agent

用于造纸、涂料制备、染料防腐、水处理、特种纸制品加工中,具有高效的杀菌性能和持久的抑霉性能

【生产厂】[京]北京天擎化工有限责任公司〈P1562〉;[津]天津市众康兽药厂〈P1614〉;[冀]河北省保定市阳光精细化工有限公司(2000 吨)〈P1648〉;[辽]大连星原精细化工有限公司〈P1694〉;[沪]上海未来企业有限公司〈P1770〉;[浙]浙江化工科技集团有限公司〈P1927〉;绍兴市南方化工有限公司〈P1949〉;[鲁]潍坊恒兴化工有限公司〈P2102〉;[豫]郑州中吉精细化工有限公司〈P2175〉;洛阳科恩精细化学品有限公司(800 吨)〈P2182〉

促渗剂噻酮;正丁基苯并异噻唑酮　P20030901

n-Butylbenzisothiazolene

能快速促进外用药物或化妆品营养物对皮肤的渗透,增强农药杀虫、杀菌剂对受药体的快速渗透力

【生产厂】[渝]重庆市化工研究院〈P2307〉

异噻唑啉酮　P20031001

Isothiazolinone

是高效的抗微生物的药物,具有广谱抑菌能力,用于造纸涂料、油田注水、日用化工等杀菌防腐

【生产厂】[京]北京市高丽工贸有限责任公司〈P1559〉;北京天擎化工有限责任公司〈P1562〉;[冀]石家庄市博雅化工助剂有限公司〈P1628〉;廊坊奥科化工有限公司〈P1659〉;廊坊电力树脂有限公司〈P1660〉;廊坊蓝星无机盐有限公司〈P1660〉;[晋]天脊集团精细化工有限公司〈P1674〉;[辽]辽阳市富鑫化工有限公司〈P1710〉;铁岭远能化工有限公司〈P1713〉;辽宁金朝化工有限公司〈P1695〉;大连百傲化学有限公司(30 吨)〈P1690〉;[沪]上海信博森化工有限公司〈P1772〉;[苏]南京纳科水处理技术有限公司〈P1787〉;南京宏桥精细化工科技开发有限公司〈P1784〉;常州中南化工有限公司〈P1858〉;江苏鑫源生化科技发展有限公司〈P1866〉;盐城市金雨科技有限公司〈P1811〉;[浙]杭州市银湖化工有限公司〈P1922〉;[鲁]山东化友科技服务中心〈P2028〉;济南巨业精细化工有限公司〈P2023〉;济南元通化工有限公司〈P2027〉;山东力邦化学制品有限公司〈P2053〉;淄博科宇化工有限公司(800 吨)〈P2064〉;淄博瑞爱特化工有限责任公司〈P2066〉;邹平县东方化工有限公司〈P2158〉;山东省桓台县金龙化工有限公司(80 吨)〈P2054〉;淄博桓台祥龙化工有限公司〈P2062〉;寿光鑫龙化工厂(500 吨)〈P2100〉;泰安市大禹化工有限责任公司(200 吨)〈P2137〉;[豫]洛阳市洛滨化工有限公司〈P2185〉;洛阳市英东化工有限公司〈P2186〉;河南电力益源化工有限责任公司〈P2221〉;[粤]广州市荟普新材料有限公司〈P2264〉

【使用厂】[鲁]淄博市临淄环保产业开发公司〈P2068〉

1,2-苯并异噻唑啉-3-酮;BIT　P20031051

1,2-Benzisothiazolin-3-one [2634-33-5]

是主要的工业杀菌、防腐、防酶剂

【生产厂】[苏]太仓市鑫鹄化工有限公司〈P1909〉;盐城利民农化有限公司〈P1810〉;泰兴市永佳化工有限公司〈P1827〉;[浙]杭州市银湖化工有限公司〈P1922〉;浙江化工科技集团有限公司〈P1927〉;德清县新溪塑化有限公司〈P1945〉

卡松;(5-氯-2-甲基-4-异噻唑-3-酮)+(2-甲基-4-异噻唑-3-酮)　P20031101

Kathon

一般用于浴液、香波及洗涤液中作防腐剂,工业上可用于冷却水、循环水、造纸及油漆涂料中

【生产厂】[鲁]济南元通化工有限公司(1000 吨)〈P2027〉;高密市明星化工有限公司〈P2089〉;[粤]广州市天赐高新材料科技有限公司〈P2266〉

锅炉清灰剂　P20050301

Boiler dedusting agent

用于锅炉除烟垢

【生产厂】[冀]沧州市晶玉工业有限公司〈P1653〉;河间市蓝星化工有限公司〈P1656〉;廊坊高科化工有限公司〈P1660〉;廊坊蓝星无机盐有限公司〈P1660〉;廊坊新南开化工有限公司〈P1662〉;[苏]江苏天明化工有限公司〈P1803〉;无锡市鲲鹏科工贸有限公司〈P1877〉;[鲁]津南大化工厂〈P2049〉;[豫]洛阳市洛滨化工有限公司〈P2185〉

甲基纤维素;纤维素甲醚　P20070101

Methyl cellulose [9004-67-5]

用作合成树脂分散剂、涂料成膜剂、增稠剂、建筑材料黏合剂、纺织印染上浆剂、药物和食品工业的成膜剂等

【生产厂】[京]中国北方化学工业总公司〈P1568〉;[冀]石家庄市金华纤维素化工有限公司(600 吨)〈P1630〉;河北天伟化工有限公司〈P1655〉;[沪]上海惠广精细化工有限公司〈P1742〉;[苏]江苏飞翔化工(张家港)有限公司〈P1893〉;苏州天普化学工业有限公司〈P1906〉;[浙]上虞市康特化工有限公司〈P1948〉;上虞市海申化工有限公司〈P1948〉;浙江中维药业有限公司〈P1947〉;[鲁]山东赫达股份有限公司(600 吨)〈P2052〉;山东邹平宜中实业有限

P

责任公司〈P2157〉;山东瑞泰化工(集团)有限公司(4000吨)〈P2136〉;[豫]河南天盛化学工业有限公司(3000吨)〈P2213〉;[川]泸州北方化学工业有限公司(2000吨)〈P2322〉;[陕]西安北方惠安精细化工有限公司〈P2347〉

羟甲基纤维素 P20070151

Hydroxymethyl cellulose

用于建筑、涂料、纺织、油漆、内外墙腻子粉等

【生产厂】[冀]廊坊海达化工有限公司(100吨)〈P1660〉;文安县旭日化工厂〈P1662〉;[沪]上海威呈化工有限公司〈P1769〉;[鲁]安丘市雄鹰纤维素有限责任公司(8000吨)〈P2088〉

乙基纤维素 P20070301

Ethyl cellulose [9004-57-3]

用于油墨、涂料、胶黏剂、医药、化妆品及食品领域,也用作填充剂、黏合剂等

【生产厂】[京]中国北方化学工业总公司〈P1568〉;[鲁]山东赫达股份有限公司〈P2052〉;山东瑞泰化工(集团)有限公司(4000吨)〈P2136〉;泰安瑞泰纤维素有限公司(1000吨)〈P2137〉;[豫]濮阳市银泰工贸有限公司〈P2215〉;[川]泸州北方化学工业有限公司(500吨)〈P2322〉

羟丙基纤维素;L-HPC P20070451

Hydroxypropyl cellulose [9004-64-2]

制药行业用作黏结剂和成膜剂,在化妆品、涂料、油墨工业中用作成膜剂、分散剂、稳定剂、增稠剂等

【生产厂】[京]中国北方化学工业总公司〈P1568〉;[冀]河北文安县东方纤维素厂〈P1659〉;[辽]营口奥达制药有限公司〈P1703〉;[浙]浙江中维药业有限公司〈P1947〉;湖州展望药业化学有限公司〈P1946〉;[皖]淮南山河药用辅料有限公司〈P1976〉;[鲁]山东聊城阿华制药有限公司(200吨)〈P2153〉;山东赫达股份有限公司〈P2052〉;山东瑞泰化工(集团)有限公司(5000吨)〈P2136〉;曲阜市药用辅料有限公司(1000吨)〈P2130〉;[豫]河南天盛化学工业有限公司(3000吨)〈P2213〉;[川]成都宏博实业有限公司〈P2310〉;泸州北方化学工业有限公司〈P2322〉;[陕]西安北方惠安精细化工有限公司〈P2347〉

羟乙基甲基纤维素;HEMC P20070591

Hydroxyethylmethyl cellulose

广泛应用于水性乳胶涂料、建筑施工和建材、印刷油墨、石油钻井等方面

【生产厂】[沪]上海惠广精细化工有限公司〈P1742〉;[豫]濮阳市银泰工贸有限公司〈P2215〉

阳离子纤维素 P20070601

Cation cellulose

用于洗发液、洗面奶等

【生产厂】[沪]上海赛璐化工有限公司〈P1759〉;[粤]广州市天赐高新材料科技有限公司〈P2266〉

微晶纤维素;木质粉 P20070701

Microcrystalline cellulose

用于直接压片的黏合剂、崩解剂,也是食品添加剂

【生产厂】[苏]宜兴市圣德力合成革材料有限公司(8000吨)〈P1886〉;[鲁]曲阜市天利药用辅料有限公司(400吨)〈P2130〉;[陕]西安北方惠安精细化工有限公司〈P2347〉

α-纤维素 P20070801

α-Cellulose

用于离子交换膜法制碱工业中的助滤剂

【生产厂】[辽]锦化化工(集团)有限责任公司〈P1703〉;[鲁]淄博市周村鲁博化工有限公司(600吨)〈P2071〉

硝酸纤维素;硝化棉 P20071001

Cellulose nitrate [9004-70-0]

用于油墨、皮革、各种硝基漆、胶帽、打字蜡纸等

【生产厂】[京]中国北方化学工业总公司〈P1568〉;[冀]衡水东方化工有限公司〈P1667〉;[辽]辽宁庆阳特种化工有限公司(2000吨)〈P1709〉;[沪]上海涂料有限公司〈P1768〉;[豫]新乡台硝化工有限公司(1万吨)〈P2207〉;[川]泸州北方化学工业有限公司〈P2322〉;[陕]西安北方惠安精细化工有限公司(2万吨)〈P2347〉

【使用厂】[津]天津灯塔涂料有限公司〈P1571〉;天津市北星化工有限公司〈P1580〉;[冀]邯郸市鑫马涂料股份合作公司〈P1639〉;[沪]上海造漆厂〈P1777〉;上海皮革化工厂〈P1755〉;[浙]杭州宝塔油漆有限公司〈P1915〉;[鲁]山东奔腾漆业有限公司〈P2130〉;青岛润泰制漆有限公司〈P2041〉;潍坊云飞化工有限公司〈P2107〉;[豫]郑州双塔涂料有限公司〈P2174〉;[粤]广州市坚红化工厂〈P2264〉;东莞市石龙合众涂料厂〈P2280〉;佛山市鲸鲨制漆科技有限公司〈P2288〉;[陕]西安利澳科技股份有限公司〈P2349〉

桃胶 P20080101

Peach-gel

用作乳胶凝固剂,亦用于印刷板面的保护上光和医药制胶囊

【生产厂】[冀]河北省阜城县码头镇司庄蜡厂〈P1664〉;沧州东方蜂蜡胶业有限公司(50吨)〈P1651〉;沧州森林蜡业有限公司〈P1652〉;河北沧州金祥蜡业有限公司〈P1654〉;河北沧州森林蜡业有限公司〈P1654〉;河北东光果园天然蜂蜡有限公司〈P1654〉;河北省沧州汇鑫防烧剂厂〈P1654〉;河北省东光隆达天然蜂蜡厂〈P1655〉;河北省东光鑫联蜂蜡厂〈P1655〉;河北省东光县霞鑫蜂蜡厂〈P1655〉;[鲁]山东润源实业有限公司(1万吨)〈P2153〉;泰安市利达胶业有限公司〈P2138〉

新型高效无机抗菌粉 P20090251

Inorganic antibacterial powder, new type and high efficiency

可广泛应用于化妆品、涂料、塑料、化纤和橡胶工业

【生产厂】[皖]安徽科纳新材料有限公司(100吨)〈P1983〉

纳米银系无机抗菌剂 P20090271

Inorganic antibacterial agent, nanometer silver series

【生产厂】[京]北京天之岩健康科技有限公司〈P1562〉;[沪]上海润河纳米材料科技有限公司〈P1759〉;[浙]杭州万景新材料有限公司〈P1923〉;[鲁]龙口市华瑞新材料科技有限公司〈P2111〉

工业防霉剂 P20090601

Antimildew agent for industry

用于PVC制品、汽车塑料制品、PVC地板材料、墙面材料、油墨中

【生产厂】[沪]上海试四赫维化工有限公司〈P1764〉;[浙]绍兴市南方化工有限公司〈P1949〉;[鲁]青州市化纤厂(200吨)〈P2092〉;潍坊阳春化工有限公司〈P2106〉;青岛化工研

究院〈P2037〉;[湘]长沙市化工研究所(60 吨)〈P2247〉;[粤]广州市品尼高食品添加剂有限公司〈P2265〉

HT 环保型保护剂 P20090801

Protective agent HT, environmental protection type

用于化工厂、炼油厂、化肥厂

【生产厂】[赣]江西省萍乡市化工填料有限公司〈P2011〉

活性氧化铝除氟剂 P20091001

Activated alumina fluorine remover

用于软水除氟

【生产厂】[苏]姜堰市科林化工有限公司〈P1823〉;[鲁]淄博博洋化工有限公司(100 吨)〈P2058〉

上光油 P20100100

Glazing oil

适用于各种瓦楞纸板或纸板印刷上光

【生产厂】[沪]上海 DIC 油墨有限公司〈P1727〉;[鲁]青岛市崂山区晓望化工有限公司〈P2042〉;[豫]郑州市宝德利涂料有限公司(1500 吨)〈P2172〉;[粤]壮丽印刷辅助材料有限公司〈P2295〉;深圳市宝安周益化工实业有限公司〈P2270〉;东莞市英科水墨有限公司〈P2280〉;中山市东菱合成树脂厂〈P2283〉;[川]成都博深高技术材料开发有限公司〈P2309〉

醇溶性上、压光油 P20100131

Buffing oil, alcohol soluble

用作印刷后续加工材料

【生产厂】[闽]福建洪洋集团有限公司〈P1996〉;[滇]昆明森慧油墨工贸有限公司〈P2339〉

磨光油;压光油 P20100151

Buffing oil

【生产厂】[粤]广州市虹云高分子材料有限公司〈P2264〉;中山市东菱合成树脂厂〈P2283〉

耐磨光油 P20100171

Antiwear polishing oil

用于印刷纸张上光、压光

【生产厂】[粤]深圳市宝安周益化工实业有限公司〈P2270〉

纸张增强剂 P20100201

Paper intensifier

用于白板纸、卫生纸、文化用纸等要求湿强和高的干强的纸品生产中

【生产厂】[津]天津市奥东化工有限公司(6000 吨)〈P1578〉;[冀]石家庄市凯桥助剂有限公司〈P1630〉;[吉]延吉新东亚化学有限公司〈P1719〉;[沪]上海恒谊化工有限公司(1000 吨)〈P1736〉;[苏]无锡市菲尔特水处理用品有限公司〈P1875〉;[鲁]淄博津利精细化工厂〈P2063〉;诸城翔龙化学品有限公司(2000 吨)〈P2107〉;潍坊浩鑫造纸助剂有限公司〈P2102〉;青州金昊化工有限公司〈P2091〉;龙口市联源纸张助剂有限责任公司(3000 吨)〈P2111〉;泰安市鑫泉精细化工制造有限公司(350 吨)〈P2138〉;[豫]郑州中吉精细化工有限公司〈P2175〉

纸张干强剂 P20100251

Paper dry intensifier

用于包装用纸和文化用纸等纸品中

【生产厂】[沪]上海东升高旭化工有限公司〈P1732〉;[皖]马鞍山市华吉实业有限公司〈P1977〉;[豫]郑州中吉精细化工有限公司〈P2175〉

造纸增白剂 P20100311

Paper brightener

用于造纸及染织行业

【生产厂】[津]天津市奥东化工有限公司(1200 吨)〈P1578〉;[吉]延吉新东亚化学有限公司〈P1719〉;[浙]杭州绿典化工有限公司〈P1921〉;浙江奥仕化学有限公司〈P1958〉;[鲁]蓬莱天晨化工有限公司(2000 吨)〈P2113〉

纸浆漂白剂 FAS P20100331

Bleacher FAS for paper pulp

是一种优秀的纸浆漂白剂,可用于还原漂白,适合废纸脱墨浆的漂白

【生产厂】[鲁]山东青州友邦化工有限公司〈P2097〉;[豫]郑州中吉精细化工有限公司〈P2175〉;河南宏业化工有限公司(1000 吨)〈P2212〉

UV 上光油 P20100401

UV Glazing oil

适宜于凹版、柔版、上光机等多种印刷方式

【生产厂】[辽]丹东同达涂料有限公司〈P1701〉;[闽]福建洪洋集团有限公司〈P1996〉;莆田市三江化学工业有限公司〈P1997〉;[鲁]莱州市日通油墨化工厂(1800 吨)〈P2110〉;[粤]惠州市华阳化工有限公司〈P2278〉;美联兴(深圳)油墨有限公司〈P2269〉;深圳市美丽华油墨涂料有限公司〈P2271〉;深圳市容大电子材料有限公司〈P2272〉;中山市东菱合成树脂厂〈P2283〉;[川]四川金来缘科技有限公司〈P2318〉

造纸专用乳化剂 P20100501

Emulsifier for paper making

用于造纸

【生产厂】[鲁]龙口市联源纸张助剂有限责任公司(3000 吨)〈P2111〉

造纸施胶剂;乳液松香施胶剂 P20100601

Sizing agent for paper making

用于造纸上的施胶

【生产厂】[津]天津市同凯绝缘材料有限公司(120 吨)〈P1605〉;[冀]石家庄市富强精细化工有限公司〈P1629〉;河北信佳生物淀粉科技有限公司〈P1640〉;[沪]上大玲珀化工科技有限公司〈P1727〉;上海东升高旭化工有限公司〈P1732〉;[苏]常州市武进运波化工有限公司〈P1855〉;新沂市腾上工业助剂有限公司〈P1794〉;[皖]马鞍山市华吉实业有限公司〈P1977〉;[赣]江西博大化工有限公司〈P2017〉;[鲁]潍坊恒兴化工有限公司〈P2102〉;诸城翔龙化学品有限公司(2000 吨)〈P2107〉;青州金昊化工有限公司〈P2091〉;烟台市恒茂化工有限公司〈P2118〉;[豫]郑州中吉精细化工有限公司〈P2175〉;[鄂]黄石龙骏化工科技有限公司〈P2236〉;[桂]广西梧州松脂股份有限公司〈P2300〉;梧州荒川化学工业有限公司〈P2300〉

造纸助剂 P20100701

Paper additive

用于造纸

【生产厂】[京]北京恒聚化工集团有限责任公司〈P1548〉;北京天擎化工有限责任公司〈P1562〉;[冀]河北天时化工有限公司〈P1655〉;河北省保定市阳光精细化工有限公司〈P1648〉;[晋]山西天一纳米材料科技有限公司〈P1676〉;[辽]大连百傲化学有限公司(30 吨)〈P1690〉;[浙]杭州绿色助剂研究所〈P1921〉;[赣]江西雨帆化工有限责任公司

〈P2017〉;[鲁]淄博天山化工有限公司(1000 吨)〈P2073〉;寿光市曙光助剂厂(1000 吨)〈P2100〉;山东寿光昌达化工有限公司〈P2098〉;山东阳光颜料有限公司(600 吨)〈P2133〉;兖州市恒源化工有限责任公司(500 吨)〈P2134〉;[豫]郑州市华麟化工有限公司(1000 吨)〈P2173〉;沁阳市中会纺织助剂厂(800 吨)〈P2198〉;[粤]江门市新会区美亚化工有限公司〈P2285〉;[桂]桂林市奥康化工技术有限公司〈P2299〉

D-蒽醌;分散蒽醌　P20100751

Dispersable anthraquinone

用作造纸助剂

【生产厂】[鲁]山东神工化工股份有限公司(3000 吨)〈P2077〉

造纸专用蒸煮助剂　P20100801

Paper cooking additive

【生产厂】[冀]吴桥顺达化工有限责任公司〈P1657〉;[豫]郑州中吉精细化工有限公司〈P2175〉

泡柔膨化剂　P20100851

Flexible expanding agent

用于卫生纸生产的增柔膨大

【生产厂】[鲁]泰安市鑫泉精细化工制造有限公司(200 吨)〈P2138〉;[豫]郑州中吉精细化工有限公司〈P2175〉

造纸助留助滤剂　P20100901

Paper retention and fitler aid

主要用于纸浆中填料保留

【生产厂】[津]天津市奥东化工有限公司(3000 吨)〈P1578〉;[吉]延吉新东亚化学有限公司〈P1719〉;[鲁]淄博永益化工有限公司(1000 吨)〈P2075〉;淄博张店东方化学股份有限公司(1500 吨)〈P2076〉;淄博津利精细化工厂〈P2063〉;青州金昊化工有限公司〈P2091〉;寿光市曙光助剂厂(250 吨)〈P2100〉;烟台市恒茂化工有限公司〈P2118〉;泰安市东岳助剂厂〈P2137〉;[豫]郑州中吉精细化工有限公司〈P2175〉;[鄂]武汉市江润精细化工有限责任公司〈P2233〉

阳离子助留剂　P20100951

Cation retention aid

用于造纸行业及提高填料和纤维细料在纸页上的保留率

【生产厂】[沪]上海恒谊化工有限公司(100 吨)〈P1736〉;上海东升高旭化工有限公司〈P1732〉;上海吉臣化工有限公司〈P1742〉;[鲁]潍坊润丰造纸助剂有限公司〈P2104〉;潍坊浩鑫造纸助剂有限公司〈P2102〉

助留剂 HY-2　P20100991

Retention aid HY-2

应用于造纸行业,改善造纸过程的施胶

【生产厂】[沪]上海吉臣化工有限公司〈P1742〉

硬脂酸钙分散液;SCD 润滑剂　P20101001

Calcium stearate dispersion liquid

用作涂布加工纸、涂料的润滑剂

【生产厂】[苏]常州市武进运波化工有限公司(3000 吨)〈P1855〉;[鲁]潍坊恒兴化工有限公司(600 吨)〈P2102〉;[豫]巩义市凌云胶粘剂厂(800 吨)〈P2163〉

重质造纸专用钙　P20101050

Special heavy calcium for paper

用于造纸涂布

【生产厂】[黑]牡丹江市顺达电石有限责任公司〈P1724〉

造纸润滑剂　P20101101

Lubricant for paper

用作造纸助剂

【生产厂】[浙]宁波天源化学有限公司〈P1933〉;[鲁]潍坊润丰造纸助剂有限公司〈P2104〉;山东海化华龙硝铵有限公司(300 吨)〈P2095〉;青州金水盈化工有限公司(100 吨)〈P2091〉;[豫]郑州中吉精细化工有限公司〈P2175〉

造纸抗水剂;涂布抗水剂　P20101151

Water-proofing agent for paper making

用作涂布加工涂料中的抗水剂,用以提高涂层的抗水性、适应性、耐油性及提高涂层的湿强度

【生产厂】[鲁]淄博津利精细化工厂〈P2063〉;潍坊恒兴化工有限公司(500 吨)〈P2102〉;山东海化华龙硝铵有限公司(600 吨)〈P2095〉;寿光鑫龙化工厂〈P2100〉

造纸用中性施胶剂　P20101201

Neutral sizing agent for paper making

造纸用纸浆添加剂

【生产厂】[津]天津市奥东化工有限公司(2 万吨)〈P1578〉;[冀]石家庄市凯桥助剂有限公司〈P1630〉;[辽]抚顺石油化工公司石化五厂〈P1698〉;[皖]马鞍山市华吉实业有限公司〈P1977〉;[鲁]潍坊恒兴化工有限公司〈P2102〉;[豫]郑州中吉精细化工有限公司〈P2175〉

中性施胶剂　P20101211

Neutral sizing agent

用于纸张的中性施胶

【生产厂】[津]天津市合成材料工业研究所(1000 吨)〈P1589〉;[冀]唐山奥东化工有限公司〈P1635〉;[辽]营口市康如化工有限公司〈P1705〉;营口石油化工有限公司〈P1704〉;[沪]上海东升高旭化工有限公司〈P1732〉;[皖]马鞍山市华吉实业有限公司〈P1977〉;[鲁]淄博津利精细化工厂(3600 吨)〈P2063〉;青州市染料厂〈P2093〉;青州金昊化工有限公司〈P2091〉;青州市得海精细化工厂〈P2091〉;龙口市联源纸张助剂有限责任公司(3000 吨)〈P2111〉;兖州天成化工有限公司(2000 吨)〈P2134〉;[豫]郑州中吉精细化工有限公司〈P2175〉;安阳市郊中原助剂厂(1000 吨)〈P2209〉;漯河市恒瑞化工有限公司(2500 吨)〈P2220〉;漯河市天马化工有限公司(500 吨)〈P2220〉

阳离子淀粉　P20101301

Cationic starch

用作造纸添加剂

【生产厂】[冀]徐水县双圆纤维素厂〈P1649〉;[鲁]山东省东营国丰精细化工有限责任公司〈P2085〉;潍坊恒兴化工有限公司〈P2102〉;潍坊浩鑫造纸助剂有限公司〈P2102〉;寿光市明鑫助剂有限责任公司〈P2100〉;枣庄市翔宇淀粉有限公司〈P2080〉;[豫]郑州中吉精细化工有限公司〈P2175〉;漯河市恒瑞化工有限公司(1 万吨)〈P2220〉;[鄂]武汉市江润精细化工有限责任公司〈P2233〉;[粤]佛山市华昊华丰淀粉有限公司〈P2287〉

造纸用湿强剂　P20101401

Wet strength agent for paper

用于造纸工业增加纸的湿强度

【生产厂】[津]天津市奥东化工有限公司(3000 吨)〈P1578〉;[辽]营口市康如化工有限公司〈P1705〉;[吉]延吉新东亚化学有限公司〈P1719〉;[沪]上海恒谊化工有限公司(1000 吨)〈P1736〉;上海东升高旭化工有限公司〈P1732〉;上海联胜化工有限公司(1 万吨)〈P1751〉;[苏]常州市武进运波化工有限公司〈P1855〉;[鲁]淄博市新材料研究所(2000 吨)〈P2071〉;淄博津利精细化工厂(1500 吨)〈P2063〉;潍坊润丰造纸助剂有限公司〈P2104〉;泰安市鑫泉精细化工制造有限公司(450 吨)〈P2138〉;[豫]郑州中吉精细化工有限公司〈P2175〉;安阳市曙光化工厂(1000 吨)〈P2209〉;安阳市郊中原助剂厂(1000 吨)〈P2209〉;[鄂]黄石龙骏化工科技有限公司〈P2236〉;[桂]桂林市奥康化工技术有限公司〈P2299〉

造纸专用分散剂;造纸分散剂 P20101501

Dispersing agent for paper

用于造纸高浓刮刀涂布用瓷土分散

【生产厂】[津]天津市奥东化工有限公司(600 吨)〈P1578〉;天津市津北引河化工厂(150 吨)〈P1592〉;[冀]任丘市万方化工有限公司〈P1657〉;[辽]营口石油化工有限公司〈P1704〉;[沪]上海联胜化工有限公司〈P1751〉;[浙]杭州市银湖化工有限公司〈P1922〉;杭州瑞阳化工有限公司〈P1921〉;[鲁]淄博津利精细化工厂〈P2063〉;山东海化华龙硝铵有限公司(300 吨)〈P2095〉;潍坊瑞光化工有限公司〈P2103〉;泰安市鑫泉精细化工制造有限公司(100 吨)〈P2138〉;[豫]郑州中吉精细化工有限公司〈P2175〉;巩义市凌云胶粘剂厂(200 吨)〈P2163〉

纸张柔软剂 P20101601

Softener for paper

用于提高纸品的光滑、光亮及柔软度

【生产厂】[沪]上海吉臣化工有限公司〈P1742〉;上海联胜化工有限公司(100 吨)〈P1751〉;[浙]杭州绿色助剂研究所〈P1921〉;[豫]郑州中吉精细化工有限公司〈P2175〉

纸品固色剂 P20101901

Paper dye-fixing agent

用于提高色纸的色牢度及染料留着率,减少染料流失,有利于环保

【生产厂】[浙]杭州绿色助剂研究所〈P1921〉;[豫]郑州中吉精细化工有限公司〈P2175〉

AKD 蜡粉;烷基烯酮二聚体 P20102001

AKD Wax powder

用于制造纸浆中性施胶剂乳化液

【生产厂】[冀]石家庄市凯桥助剂有限公司〈P1630〉;[鲁]山东阳谷鲁燕化工有限公司(6000 吨)〈P2154〉;龙口市联源纸张助剂有限责任公司(2000 吨)〈P2111〉

纸张挺硬剂;纸与纸板挺度剂 P20102101

Paper stiffening agent

用于急需提高挺度及环压指数的所有瓦楞纸、箱板纸、砂管纸、办公文化用纸、二次纤维纸、特种纸等任何纸

【生产厂】[鲁]潍坊浩鑫造纸助剂有限公司〈P2102〉;青州金昊化工有限公司〈P2091〉;泰安市鑫泉精细化工制造有限公司(500 吨)〈P2138〉;[豫]郑州中吉精细化工有限公司〈P2175〉

一氧化碳助燃剂 P20110100

Carbon oxide combustion adjuvant

用作炼油厂催化裂化装置催化剂等

【生产厂】[辽]大连石油添加剂厂〈P1693〉;[鲁]青岛石大卓越科技股份有限公司(1200 吨)〈P2042〉;石油大学卓越科技有限责任公司〈P2048〉;[湘]中国石化长岭炼油化工有限责任公司〈P2254〉

燃料助燃剂 P20110150

Fuel combustion improver

主要用于煤、油、烷烃类工业燃气的催化、助燃,增强活性,抗爆

【生产厂】[冀]廊坊天和化工建材有限公司〈P1661〉;[蒙]包头葳特冶金化学科技发展有限公司〈P1681〉;[鲁]津南大化工厂〈P2049〉;青岛市润邦化工建材有限公司〈P2043〉

复合玻璃澄清剂 P20110201

Compound glass clarifier

【生产厂】[鲁]济南湘蒙阻燃材料有限公司〈P2026〉;[湘]湖南省桃江县雄丰锑业有限公司〈P2256〉;湖南省安化华宇锑业有限公司〈P2255〉

长效化学降电阻剂 P20110301

Resistance-readucing agent, long-acting

用于设备防雷接地、防静电接地、接零保护等

【生产厂】[辽]辽宁海城三洋化工厂〈P1697〉

四异丙基钛酸酯;四异丙氧基钛 P20110501

Tetra-isopropyl titanate [546-68-9]

用作助剂和化工产品中间体

【生产厂】[辽]大连保税区科利德化工科技开发有限公司〈P1690〉;[皖]安徽泰昌化工有限公司(300 吨)〈P1982〉;天长市广源精细化工厂〈P1982〉

电极糊 P20110601

Electrode paste

供铁合金炉、电石炉等使用

【生产厂】[冀]石家庄市华南炭素厂〈P1629〉;[豫]焦作市中州炭素有限责任公司(1 万吨)〈P2197〉

【使用厂】[晋]河曲县秦阳化工有限公司〈P1676〉;[苏]江苏金浦北方氯碱化工有限公司〈P1793〉;[鲁]枣庄联力铁合金有限公司〈P2080〉;[湘]湖南省湘维有限公司〈P2257〉;[川]宜宾天原股份有限公司〈P2335〉;[甘]甘肃古浪氰胺有限责任公司〈P2356〉;永登县电石厂〈P2356〉

中和剂 P20110701

Neutralisation agent

主要用于炼油厂常压塔、化工厂工艺水的酸性物质中和及防腐

【生产厂】[津]天津市中兴天泰科技发展有限公司(1000 吨)〈P1613〉;[沪]上海青彤金属处理材料有限公司〈P1758〉

电气设备防湿绝缘保护剂 P20110801

Moistureproof insulation preservative agent for electrical equipment

用于发电机、电动机、变压器、空气开关的防湿绝缘保护

【生产厂】[吉]吉化集团吉林市星云工贸有限公司〈P1715〉;[赣]江西省宜春市瑞思博化工有限公司〈P2016〉

防冻液 P20110901

Antifreeze

用于各种汽车、拖拉机、坦克车等内燃机循环水系统的防冻

P

【生产厂】[京]北京康田新世纪润滑油有限公司〈P1553〉；北京奥宇可鑫表面工程技术有限公司〈P1543〉；北京保时洁精细化工有限公司〈P1544〉；[津]天津市卡曼化学有限公司(500 吨)〈P1597〉；[冀]石家庄市欧康化工建材有限公司〈P1631〉；沧州华润化工有限公司〈P1651〉；[辽]营口海洋石油化工有限公司〈P1704〉；营口市海联石油化工有限公司〈P1705〉；营口克莱威尔石油化工有限公司〈P1704〉；营口三球特种油品有限公司〈P1704〉；大连石油添加剂厂〈P1693〉；本溪怀特石油化工有限责任公司〈P1699〉；盘锦辽河油田汇达化工有限公司(500 吨)〈P1706〉；[吉]吉化集团吉林市星云工贸有限公司〈P1715〉；[黑]大庆油田路迪化工有限公司(1000 吨)〈P1723〉；[苏]宜兴市赛利化工有限公司〈P1886〉；[皖]池州市黎明油脂化工有限公司〈P1987〉；[鲁]济南鲁康化学工业有限公司(50 吨)〈P2023〉；济南元通化工有限公司〈P2027〉；淄博齐花油脂化工有限公司〈P2065〉；胜利油田方圆实业集团有限公司防腐材料分公司(800 吨)〈P2087〉；东营市信义化工有限公司(2 万吨)〈P2083〉；潍坊正本涂料有限公司〈P2107〉；[豫]濮阳市恒美实业开发中心〈P2214〉；[粤]顺德王田化工实业有限公司〈P2293〉；[新]乌市高新区黎明化工有限公司〈P2363〉；乌鲁木齐市新市区顺通化工厂〈P2363〉

防冻剂 P20110910

Antifreezing agent

【生产厂】[京]北京市方兴化学建材有限公司〈P1559〉；[津]天津市环河化工有限公司〈P1590〉；[皖]安徽省庐江矾矿〈P1984〉；[鲁]潍坊拓实化工有限公司〈P2106〉；莱芜市汶河化工有限公司〈P2140〉；[川]华西(四川彭山)混凝土外加剂有限公司〈P2332〉；[新]新疆天山建材集团精细化工有限责任公司〈P2364〉

乙二醇型防冻液；甘醇型防冻液 P20110911

Antifreezing fluid, glycol

用于液冷式机动车辆、野外工作冷却系统

【生产厂】[冀]河北东安实业有限公司金源化工厂〈P1619〉

长效防冻液 P20110912

Antifreezing fluid, longacting

用于车辆液冷式发动机冷却系统

【生产厂】[京]北京龙霸润滑油有限公司〈P1555〉；北京现代润滑油制造有限公司〈P1563〉；[鲁]济南元通化工有限公司〈P2027〉；淄博凯美可工贸有限公司(1000 吨)〈P2064〉；[豫]濮阳市恒美实业开发中心〈P2214〉；[粤]广州市恒昌实业有限公司〈P2264〉

刹车液稀释剂 P20111401

Brake fluid thinner

是机动制动液的稀释剂，在刹车液中起到调节黏度、防止橡胶收缩、膨胀等作用

【生产厂】[苏]江苏钟山化工有限公司〈P1782〉

PU 胶稀释剂 P20111451

Thinner for PU adhesive

主要用于 PU 胶的稀释

【生产厂】[冀]保定东明树脂化工有限公司〈P1645〉

成膜助剂 P20111501

Film forming auxiliary

可用于涂料、医药、饲料、印染等行业

【生产厂】[京]北京麦尔化工科技有限公司〈P1555〉；北京爱德泰普膜制品厂〈P1543〉；北京东方亚科力化工科技有限公司〈P1546〉；[冀]衡水新光化工有限责任公司〈P1668〉；[沪]上海威垦化工有限公司〈P1769〉；[粤]广州番禺日出化工有限公司〈P2260〉

【使用厂】[鲁]淄博铭威特安全设备有限公司〈P2065〉

溢油分散剂；消油剂 P20111601

Oil spill dispersant

用于清除海上石油开发、海上溢油事故、船舶排污等原因造成的油污染

【生产厂】[鲁]胜利油田海发环保化工有限责任公司(1000 吨)〈P2087〉

填料表面处理剂 P20111701

Surface treatment agent fo filler

可改变轻、重质碳酸钙、硅灰石、高岭土、氢氧化铝、立德粉及低档钛白粉等填料的表面状况

【生产厂】[沪]上海三正高分子材料有限公司(500 吨)〈P1760〉；[浙]浙江化工科技集团有限公司精细化工厂〈P1927〉；[皖]安徽省天长市绿色化工助剂有限公司〈P1982〉

尼龙表面处理剂 P20111711

Surface treatment agent for nylon

对尼龙表面起活化作用，提高 PU 胶对尼龙的黏合力

【生产厂】[苏]镇江市金宝粘合剂有限公司〈P1845〉

PU、PVC 表面处理剂 P20111731

Surface treatment agent for PU and PVC

能够有效提高药水糊、PU 胶对 PU、PVC 的黏合强度

【生产厂】[苏]镇江市金宝粘合剂有限公司〈P1845〉；[闽]福建莆田大隆化工实业有限公司(400 吨)〈P1997〉

橡胶表面处理剂 P20111751

Surface treatment agent for rubber

对橡胶、TPR 表面有很强的活化作用，大大提高药水糊对橡胶、TPR 的黏合力

【生产厂】[苏]镇江市金宝粘合剂有限公司〈P1845〉

导电粉 P20111801

Conductive powder

用于涂料、黏合剂、塑料、橡胶及各种高分子基材的导电和抗静电填料

【生产厂】[冀]保定市正泰科技有限公司〈P1646〉；[苏]南通永通环保科技有限公司(80 吨)〈P1836〉；[皖]安徽科纳新材料有限公司〈P1983〉

氨基磺酸胍 P20111901

Amino guanidine sulfonate

用于壁纸、纤维、地毯、窗帘等的难燃加工处理，木材、家具等的难燃剂

【生产厂】[冀]唐山三鼎化工有限公司(2500 吨)〈P1636〉；遵化市山隆工贸有限责任公司(2500 吨)〈P1637〉；[苏]江苏泗洪悦诚精细化工有限公司〈P1804〉；[鲁]烟台三鼎化工有限公司(1500 吨)〈P2118〉；莱西市金山化工厂(3 万吨)〈P2032〉

沥青乳化剂 P20112101

Bitumen emulsifier

用于生产乳化沥青

【生产厂】[沪]上海经纬化工有限公司〈P1745〉;[苏]江苏文昌电子化工有限公司〈P1842〉;[鲁]山东长链化学有限公司(3000吨)〈P2155〉;山东富斯特化工有限公司〈P2155〉;博兴县华鑫助剂厂〈P2155〉;青岛石喜精细化工有限公司〈P2042〉

阳离子沥青乳化剂 P20112111

Bitumen emulsifier, cationic

【生产厂】[苏]江苏江阴七星助剂有限公司(5万吨)〈P1865〉;[鲁]淄博齐胜工贸股份有限公司〈P2065〉;山东富斯特化工有限公司〈P2155〉;[豫]河南省化工研究所(400吨)〈P2167〉

阳离子沥青乳化抗剥离剂 P20112121

Antistripping agent for cationic bitumen emulsification

用于公路沥青

【生产厂】[津]天津市延安化工厂大通化工技术开发公司(500吨)〈P1610〉

油墨清洗剂 P20112201

Cleaning agent for printing ink

用于印刷,可代替汽油

【生产厂】[辽]华阳恩赛有限公司〈P1695〉;[沪]上海豹驰春蕾胶辊有限公司〈P1728〉;[赣]江西省宜春市瑞思博化工有限公司〈P2016〉;[豫]河南省道纯化工技术有限公司〈P2166〉

甲醛清除剂 P20112301

Formaldehyde scavenging agent

用于家庭装修后消除对人体有毒气体甲醛

【生产厂】[冀]河北省邢台市绿园日用品厂〈P1642〉;[苏]南京双全科技有限公司〈P1789〉;[浙]杭州万景新材料有限公司〈P1923〉

硫化氢清除剂 P20112401

Hydrogen sulfide scavenging agent

用于天然气、液态烃脱硫化氢

【生产厂】[津]天津市中兴天泰科技发展有限公司(1000吨)〈P1613〉

清洗剂 P20112501

Cleaning agent

用于机械、电子、日用行业清洗

【生产厂】[津]天津市爱普思特科技发展有限公司(1000吨)〈P1578〉;天津市兆龙化工有限公司(200吨)〈P1613〉;[冀]石家庄秀尔特清洗剂有限公司〈P1633〉;廊坊奥科化工有限公司〈P1659〉;廊坊市大明化工有限公司〈P1661〉;河北东方泓益精细化工有限公司〈P1658〉;廊坊天和化工建材有限公司〈P1661〉;[辽]大连万达试剂厂〈P1694〉;[沪]中国石油化工股份有限公司上海高桥分公司〈P1780〉;上海开达精细化工有限公司〈P1746〉;上海恒欣化工有限公司(100吨)〈P1736〉;上海石化森清水处理有限公司(240吨)〈P1762〉;上海顺佳化学助剂有限公司〈P1765〉;[苏]常州源泉红光化工有限公司〈P1858〉;苏州市兴业化工有限公司〈P1906〉;盐城市金雨科技有限公司〈P1811〉;[闽]厦门市豪尔化工有限公司〈P1992〉;[鲁]济南巨业精细化工有限公司〈P2023〉;济南瑞孚润滑材料有限公司〈P2024〉;淄博海特曼化工有限公司〈P2061〉;邹平县鲁津化工有限公司(100吨)〈P2158〉;东辰(集团)化工有限公司(300吨)〈P2081〉;诸城翔龙化学品有限公司(5万吨)〈P2107〉;烟台恒鑫化工科技有限公司(2500吨)〈P2117〉;[豫]郑州浩普科技有限公司(500吨)〈P2170〉;河南庆安化工高科技股份有限公司(5000吨)〈P2166〉;安阳市健美日化有限责任公司(1000吨)〈P2209〉;洛阳强龙精细化工总厂〈P2182〉;洛阳英翔化工有限公司(300吨)〈P2187〉;[粤]广东迪美生物技术有限公司〈P2259〉;广州嵩源新材料有限公司〈P2267〉;广州洛德化工科贸有限公司〈P2262〉;深圳市长先科技实业有限公司〈P2270〉;佛山市顺德区佳力精细化工有限公司〈P2289〉;[川]成都齐达科技开发公司〈P2313〉

【使用厂】[苏]江苏苏中农药化工厂〈P1822〉;[鲁]章丘市三行化工有限公司〈P2031〉

脱脂清洗剂 P20112511

Degrease cleaning agent

适用于循环冷却水系统开车前的去污、脱脂处理,不含腐蚀性酸、碱,具有很强的渗透力

【生产厂】[辽]丹东前阳宏达化工厂〈P1700〉;[沪]上海未来企业有限公司〈P1770〉;[苏]南京摩尔精细化工厂〈P1787〉;常熟市东湖化工有限公司〈P1889〉

蜡模清洗剂 P20112551

Wax matrix cleaning agent

用于精密铸造业中的蜡模专用清洗剂

【生产厂】[鄂]武汉市智发科技开发有限公司〈P2233〉;武汉亿强科技开发有限公司(300吨)〈P2235〉

飞机表面清洗剂 P20112571

Cleaner for airplane surface

【生产厂】[辽]华阳恩赛有限公司〈P1695〉;[苏]常州市铸航化工有限公司〈P1857〉

酸性清洗剂 P20112591

Acid cleaning agent

用于大罐酒石的清洗和降抗药性

【生产厂】[沪]上海凯密特尔化学品有限公司〈P1747〉;[闽]福清楷祥纺织助剂有限公司〈P1988〉;[鲁]山东临朐富源精细化工有限公司(300吨)〈P2096〉

脱氧剂 3093;氮气催化脱氧剂 3093 P20112609

Deoxidizer 3093

用于惰性气体脱氧、氮气脱氧、合成气等还原性气体脱氧制备高纯气体

【生产厂】[晋]中国科学院山西煤炭化学研究所(10吨)〈P1672〉

脱氧剂;除氧剂 P20112611

Deoxidizer

一般用于热水锅炉、油田回注水、密闭循环水等系统的脱氧

【生产厂】[京]北京北大先锋科技有限公司〈P1544〉;[津]天津市津田新材料公司(1000吨)〈P1595〉;[冀]廊坊电力树脂有限公司〈P1660〉;廊坊天和化工建材有限公司〈P1661〉;[辽]辽阳市新容帮水处理技术有限公司〈P1711〉;营口恒大实业有限公司〈P1704〉;[苏]昆山市精细化工研究所有限公司〈P1897〉;[浙]嘉兴市向阳化工厂〈P1942〉;[鲁]烟台腾达包装有限公司(5000吨)〈P2119〉;烟台腾达除氧剂有限公司〈P2119〉;[豫]巩义市恒泰滤材有限公司〈P2162〉;[粤]汕头市盛腾助剂有限公司〈P2277〉;深圳市丽英达化工有限公司〈P2271〉

硅铝钙钡 P20112621

Silicon-Aluminium-Calcium-Barium;SiAlCaBa
用作脱氧剂
【生产厂】[豫]焦作李封工业有限责任公司〈P2195〉

高效脱氧剂 P20112651
Deoxidizer,high efficiency
用于从氮气、氢气、饱和烃、氩气或乙烯、丙烯中脱除氧及微量氧化合物
【生产厂】[辽]大连第一有机化工有限公司〈P1691〉

羧甲基淀粉 P20113001
Carboxymethyl starch
用于日用化工、建筑陶瓷、石油钻探等行业
【生产厂】[津]天津市武清区辛鑫化工有限公司(600吨)〈P1607〉;[冀]徐水县双圆纤维素厂〈P1649〉;[吉]四平市科学技术研究院〈P1717〉;[鲁]山东阳谷鲁燕化工有限公司(2000吨)〈P2154〉;[豫]郑州市荥阳龙马机械有限公司(3000吨)〈P2174〉;郑州豫华助剂有限公司〈P2175〉;濮阳中原三力第二化工有限公司(500吨)〈P2216〉;[粤]佛山市华昊华丰淀粉有限公司〈P2287〉;[渝]重庆市化工研究院〈P2307〉

氧化交联淀粉 P20113031
Oxidation cross-linked starch
适用于涤/棉、纯棉、涤/粘、黏胶等各品种坯布、牛仔布的上浆
【生产厂】[冀]廊坊友谊淀粉有限公司〈P1662〉;[鲁]山东志达化工有限公司(1500吨)〈P2078〉;枣庄市德宏化工有限公司〈P2080〉

淀粉磷酸酯 P20113051
Starch phosphate
用作高粘着力的天然胶黏剂,适用于棉、混纺和合成纤维等各种纤维上浆
【生产厂】[冀]廊坊友谊淀粉有限公司〈P1662〉;[沪]上海葡萄糖厂(600吨)〈P1755〉;[赣]江西雨帆化工有限责任公司〈P2017〉;[鲁]潍坊浩鑫造纸助剂有限公司〈P2102〉;山东志达化工有限公司(1000吨)〈P2078〉;枣庄市翔宇淀粉有限公司〈P2080〉;[粤]佛山市华昊华丰淀粉有限公司〈P2287〉

淀粉醋酸酯 P20113071
Starch acetate
主要用于纯棉、涤棉、合成纤维的经纱上浆
【生产厂】[鲁]山东志达化工有限公司(1000吨)〈P2078〉

羟丙基淀粉;醚化淀粉 P20113091
Hydroxyl propyl starch
用作印染助剂
【生产厂】[冀]华北石油光大石化有限公司〈P1656〉;[川]成都川峰化学工程有限责任公司(200吨)〈P2310〉

烃水促溶剂 P20113101
Hydrocarbon-water dissolve promoter
主要用于富含异丁烯的碳四水合反应体系,是一种高效的乳化、渗透剂,能使轻烃与水达到均相互溶
【生产厂】[鲁]淄博中海安龙化工科技有限公司〈P2077〉

油墨溶剂油 P20113201
Solvent oil for printing ink
用于油墨
【生产厂】[津]天津市泰安化工有限公司(4000吨)〈P1602〉;[粤]茂名市高山海洋化工有限公司〈P2293〉;[新]中国石油天然气股份有限公司克拉玛依石化分公司〈P2365〉

胶化剂;低碳酸铝 P20113211
Gel reagent
用作油墨添加剂
【生产厂】[津]天津市泰安化工有限公司(150吨)〈P1602〉

石墨润滑剂 P20113301
Graphite lubricant
【生产厂】[津]天津市津田新材料公司(2000吨)〈P1595〉;[湘]衡阳市金化科技有限公司〈P2252〉

高效阻燃剂 P20113401
Flame retardant,high efficiency
可用于各种棉、麻、毛、化纤、胶合板、纤维板等材料阻燃处理
【生产厂】[浙]杭州捷尔思阻燃化工有限公司〈P1919〉

防火阻燃剂 P20113651
Fireproofing flameretardant
【生产厂】[津]天津市防火涂料厂〈P1586〉;[滇]昆明富遥工贸有限公司〈P2339〉

木材阻燃剂 P20113691
Flame retardant for wood
用作各种木质制品的阻燃防火
【生产厂】[鲁]青岛联美化工有限公司〈P2040〉

保墒剂 P20113701
Preservation agent of soil moisture
可增加土壤的固结能力,提高承重性能和土壤抗风蚀性和水浸性,防止和减少水土流失
【生产厂】[川]中国科学院成都市成科精细化学品有限责任公司〈P2320〉

抗旱保水剂 P20113751
Molding moisture agent
用于农业、林业保水抗旱,抑制肥药挥发渗漏,延长功效
【生产厂】[津]天津市晨光化工有限公司(2000吨)〈P1581〉;[冀]石家庄天源淀粉衍生物有限公司〈P1633〉;河北海明生态科技有限公司〈P1648〉;[皖]安徽省天长市绿色化工助剂有限公司(1000吨)〈P1982〉

多功能肥料农药缓/控释剂 P20113791
Multi-functional slow/controlled release agent for fertilizer and pesticide
用于长效型、缓慢释放型、控制释放型固体或液态肥料、有机肥、生物肥、生物制剂及各种农药
【生产厂】[冀]石家庄天源淀粉衍生物有限公司〈P1633〉

聚乙烯吡咯烷酮;1-乙烯基-2-吡咯烷酮聚合物;聚维酮K30;PVP P20113801
Polyvinyl pyrrolidone;Povidone K30;1-Vinyl-2-pyrrolidone polymer[9003-39-8]

广泛作为增稠剂、乳化剂、润滑剂和澄清剂使用,也作为消毒灭菌剂PVP-I的络合体

【生产厂】[晋]山西新联友化工有限公司〈P1675〉;[辽]营口奥达制药有限公司〈P1703〉;[沪]上海静超化工有限公司〈P1745〉;上海胜浦新材料有限公司(1000吨)〈P1762〉;上海邦成化工有限公司〈P1728〉;[苏]金陵石化公司南京金龙化工厂〈P1782〉;南京金龙化工厂〈P1785〉;南京瑞泽精细化工有限公司〈P1788〉;张家港科悦精细化工有限公司〈P1888〉;[浙]湖州展望药业化学有限公司〈P1946〉;[皖]安徽海丰精细化工股份有限公司〈P1971〉;[豫]新乡市新龙化工有限公司〈P2206〉;博爱新开源制药有限公司(1000吨)〈P2192〉;焦作市源海精细化工有限公司(2000吨)〈P2197〉;焦作美达精细化工有限责任公司(2000吨)〈P2195〉;[鄂]武汉新大地化工有限公司〈P2234〉;[粤]广州市荟普新材料有限公司〈P2264〉

不溶性聚乙烯吡咯烷酮;交联聚乙烯基吡咯烷酮;PVP-P P20113811

Insoluble polyvinyl pyrrolidone

用于饮料、医药行业

【生产厂】[沪]上海胜浦新材料有限公司(36吨)〈P1762〉;[皖]淮南山河药用辅料有限公司〈P1976〉;[豫]新乡市新龙化工有限公司〈P2206〉;博爱新开源制药有限公司(100吨)〈P2192〉;焦作市源海精细化工有限公司〈P2197〉

PVP复配物 P20113851

PVP Built compound

用作羊毛、丝绸印花织物水洗处理中防白地沾污剂,合成洗涤剂的防转色添加剂和抗再沉积剂

【生产厂】[沪]上海胜浦新材料有限公司〈P1762〉

盐抑制剂 P20113901

Salt inhibitor

用于盐井开采及三次采油,能抑制盐粒子结晶生长,增大所配含盐液体密度

【生产厂】[鲁]青岛市平度银河福利助剂厂(100吨)〈P2043〉

稀土纳米聚合剂 P20114001

Rare-earth nanometre polymerizer

加入石油液化气、天然气、丙烷、丙烯中可变成工业燃气替代乙炔气使用

【生产厂】[蒙]包头新兴新能源科技开发有限公司〈P1681〉

聚合硅酸铝 P20114201

Polyaluminium silicate

【生产厂】[苏]江苏省江都市科苑化工有限公司〈P1816〉

除铁剂 P20114551

Iron remover

【生产厂】[苏]丹阳市延中助剂有限公司〈P1841〉;[豫]濮阳通达埃米科化工有限公司(2000吨)〈P2215〉

除铅剂 P20114571

Deleading agent

用来除去杂质铅而添加的化学品

【生产厂】[湘]湖南省中方县宏旺化工有限公司〈P2257〉

硫化亚铁阻燃清洗剂 P20114591

Ferrous sulfide antiflaming cleaning agent

能快速、有效清除沉积在装置中的硫化亚铁垢,消除其自燃危害

【生产厂】[冀]廊坊高科化工有限公司〈P1660〉

高效泵送剂 P20115811

High efficiency pumping agent

用作泵送混凝土添加剂

【生产厂】[鲁]寿光市利飞混凝土外加剂有限公司〈P2100〉;莱芜市汶河化工有限公司〈P2140〉;[粤]广东建科防水防腐材料开发有限公司〈P2259〉

泵送剂;高强泵送剂 P20115821

Pumping agent

用作泵送混凝土及大面积浇铸混凝土添加剂

【生产厂】[京]北京新世纪京喜防水材料有限责任公司〈P1563〉;北京雪莲涂料厂〈P1564〉;北京市方兴化学建材有限公司〈P1559〉;[津]天津市环河化工有限公司〈P1590〉;[晋]万荣县荣河康达化工厂〈P1680〉;[沪]上海华联建筑外加剂厂有限公司〈P1738〉;上海宝山万宇建筑外加剂厂〈P1728〉;[鲁]淄博永超化工有限公司〈P2075〉;桓台县聚鑫福利化工厂(1500吨)〈P2049〉;临朐县第一化工厂〈P2090〉;[粤]广东柯杰外加剂科技有限公司〈P2290〉;[川]成都川峰化学工程有限责任公司〈P2310〉;华西(四川彭山)混凝土外加剂有限公司〈P2332〉;[滇]云南绿色高新材料股份有限公司〈P2341〉;[甘]兰州嘉利化工厂(100吨)〈P2355〉

缓凝高效泵送剂 P20115881

High efficiency slow hardening pump deliver agent

适用于预拌早强高强泵送混凝土、商品混凝土、大体积混凝土、钢筋混凝土、自密实混凝土等

【生产厂】[晋]山西远征化工有限责任公司〈P1680〉

混凝土引气剂 P20115891

Concrete air entraining agent

适用于钢筋混凝土、商品混凝土、预应力钢筋混凝土、预拌混凝土、大体积混凝土、钻孔灌桩混凝土等

【生产厂】[冀]石家庄市中伟建材有限公司(1万吨)〈P1632〉;[晋]山西省万荣县上朝黄河化工厂〈P1680〉;[辽]辽阳东宝力化学建材有限公司〈P1709〉;[皖]安徽省庐江矾矿〈P1984〉;[鲁]淄博永超化工有限公司〈P2075〉;[鄂]湖北省化学研究院〈P2228〉

黏泥剥离剂 P20116201

Slime remover

主要用于工业循环水的杀菌灭藻和青苔的剥离,也可以用于餐具的杀菌消毒

【生产厂】[冀]廊坊奥科化工有限公司〈P1659〉;大城县广安化工有限公司〈P1658〉;河北瑞森化工有限公司〈P1659〉;廊坊蓝星无机盐有限公司〈P1660〉;[苏]南京宏桥精细化工科技开发有限公司〈P1784〉;[鲁]山东力邦化学制品有限公司〈P2053〉;淄博科宇化工有限公司〈P2064〉;桓台县光辉化工厂〈P2048〉;泰安市大禹化工有限责任公司(150吨)〈P2137〉;[豫]洛阳市苹东化工有限公司〈P2186〉

剥离剂;烘缸剥离剂 P20116251

Remover

用于一切静电喷涂的油漆、环氧粉末产品返

修、纸张烘缸等的剥离

【生产厂】[沪]上海吉臣化工有限公司〈P1742〉;上海联胜化工有限公司(250 吨)〈P1751〉;[浙]杭州绿色助剂研究所〈P1921〉;[鲁]淄博津利精细化工厂〈P2063〉;北京化工大学乳山联营化工厂(500 吨)〈P2121〉;[豫]郑州中吉精细化工有限公司〈P2175〉;[桂]桂林市奥康化工技术有限公司〈P2299〉

【使用厂】[鲁]章丘市三行化工有限公司〈P2031〉

水性颜料分散剂 P20116301

Water-based pigment disperser

适用于炭黑、酞菁蓝、酞菁绿、大红粉、柠檬黄等有机颜料的分散

【生产厂】[京]北京东方亚科力化工科技有限公司〈P1546〉;[沪]上海长风化工厂(500 吨)〈P1729〉;上海锦山化工有限公司〈P1745〉;[粤]江门市制漆厂有限公司(2000 吨)〈P2286〉

高效润湿分散剂 P20116321

Wetting and dispersing agent, high efficiency

对钛白粉、滑石粉、碳酸钙、氧化锌、立德粉、高岭土、群青等各种无机颜(填)料都具有良好的分散效果

【生产厂】[京]北京富特斯化工科技有限公司〈P1547〉;[津]天津赛菲化学科技发展有限公司〈P1577〉;[沪]上海锦山化工有限公司〈P1745〉;[浙]杭州包尔得有机硅有限公司〈P1915〉;[粤]广州市氟缘硅科技有限公司〈P2263〉;[陕]西安凯洁精细化工制造有限公司〈P2348〉

颜料分散剂 P20116351

Pigment dispersant agent

用于油漆中颜料分散与防沉

【生产厂】[京]北京麦尔化工科技有限公司〈P1555〉;北京驰宇塑料添加剂福利厂〈P1545〉;[冀]石家庄金鱼涂料集团公司〈P1627〉;[辽]营口市康如化工有限公司〈P1705〉;[苏]泰兴市涂料助剂化工厂(30 吨)〈P1826〉;扬州立达树脂有限公司〈P1818〉;[皖]安徽省天长市绿色化工助剂有限公司〈P1982〉;[鲁]山东聊城鲁工涂料助剂有限公司〈P2153〉;青州贝特化工有限公司〈P2090〉

羊毛脂聚氧乙烯醚 P20116421

Lanoline polyoxyethylene ether

用作化妆品生产中的乳化剂

【生产厂】[津]天津市宝坻区港飞助剂有限公司〈P1579〉

防雾无滴剂;农用薄膜防雾剂 P20116701

Antifogging agent for film

用于 PVC 棚膜或聚乙烯棚膜

【生产厂】[沪]上海多纶化工有限公司(150 吨)〈P1732〉

聚乙烯大棚膜用流滴剂 P20116751

Drip agent for PE shed film

用于农用大棚膜、食品保鲜膜等

【生产厂】[京]北京市化学工业研究院〈P1560〉;[沪]上海安益化工有限公司(1000 吨)〈P1727〉;[鲁]寿光市曙光助剂厂(100 吨)〈P2100〉;[粤]佛山市城区天奇塑料助剂厂〈P2287〉

防雾滴剂;消雾剂 P20116791

Antifogging drop agent

用作 PE 大棚塑料添加剂

【生产厂】[沪]上海安益化工有限公司(50 吨)〈P1727〉;[浙]杭州包尔得有机硅有限公司〈P1915〉

废纸脱墨剂;造纸脱墨剂 P20116801

Deinking agent for paper

适用于浮选后无洗涤的废纸脱墨生产工艺

【生产厂】[津]天津市雄冠科技发展有限公司(200 吨)〈P1609〉;天津市兴玉工贸有限公司〈P1609〉;天津市奥东化工有限公司(1000 吨)〈P1578〉;天津市德宝隆化工涂料技术有限公司(100 吨)〈P1584〉;[辽]辽阳东宝力化学建材有限公司〈P1709〉;营口市康如化工有限公司〈P1705〉;营口石油化工有限公司〈P1704〉;[沪]上海威呈化工有限公司〈P1769〉;上海东升高旭化工有限公司〈P1732〉;上海吉臣化工有限公司〈P1742〉;上海天坛助剂有限公司〈P1767〉;[苏]江苏得意有机硅有限公司〈P1802〉;南通斯恩特精细化工有限公司〈P1835〉;[浙]杭州绿典化工有限公司〈P1921〉;[鲁]淄博振河塑胶化工有限公司〈P2076〉;淄博津利精细化工厂(3000 吨)〈P2063〉;潍坊润丰造纸助剂有限公司〈P2104〉;诸城翔龙化学品有限公司(2 万吨)〈P2107〉;潍坊浩鑫造纸助剂有限公司〈P2102〉;青州金昊化工有限公司〈P2091〉;青州市得海精细化工厂(3000 吨)〈P2091〉;青州市奥星化工有限公司〈P2091〉;泰安市东岳助剂厂〈P2137〉;兖州市恒源化工有限责任公司(1000 吨)〈P2134〉;[豫]郑州中吉精细化工有限公司〈P2175〉;河南省偃师市伟通化工有限公司〈P2180〉;[鄂]黄石龙骏化工科技有限公司〈P2236〉;[川]成都市新都区桂宏化工厂〈P2314〉

脱漆脱塑剂 P20116891

Remover of paint and plastic

用于金属木器油漆、塑粉的脱除

【生产厂】[苏]江苏省高邮市长松化工厂〈P1816〉;[浙]浙江省黄岩利民电镀材料有限公司〈P1966〉;[鲁]山东省大洋化工有限公司(1000 吨)〈P2097〉;[豫]郑州正源涂装材料有限公司〈P2175〉;[鄂]武汉现代工业技术研究院〈P2234〉

增碳剂 P20117001

Carburant

用于增碳

【生产厂】[冀]石家庄市华南炭素厂〈P1629〉;[鲁]山东仙泉铸造材料厂(3000 吨)〈P2133〉

PU 硬化剂 P20117301

PU Hardener

主要作为木器漆(底漆和面漆)的硬化剂

【生产厂】[沪]上海汇宇精细化工有限公司(1200 吨)〈P1741〉

硬化剂 P20117351

Hardener

【生产厂】[冀]保定东明树脂化工有限公司〈P1645〉;[苏]镇江市金宝粘合剂有限公司〈P1845〉;无锡奥科涂装工程有限公司〈P1872〉;江阴市天泽制涂有限公司〈P1871〉;[浙]江山金固特化工有限公司(250 吨)〈P1957〉

MTL 型环保制冷剂 P20117471

Environmental-protection refrigerant, MTL type

可替代 CFC12、HCFC22 和 CFC502 工质的系列产品

【生产厂】[沪]上海蒙特利科技有限公司〈P1753〉

高效节煤剂 P20117601

High-efficiency economize coal agent

用于各种规格型号的煤粉炉、链条炉节煤，节煤率>20%

【生产厂】[晋]山西玄中化工实业有限公司〈P1671〉;[苏]无锡市鲲鹏科工贸有限公司〈P1877〉

烟用醋纤快干剂 P20117901

Acetate fiber quickdrying agent for smoke

用作香烟过滤嘴(醋纤滤棒)的快速固化剂

【生产厂】[沪]上海经纬化工有限公司(2500 吨)〈P1745〉

膨化剂 P P20118031

Expanding agent P

是染制涤纶或毛涤、棉涤、涤腈等织物的良好载体及优良的促染剂

【生产厂】[浙]杭州奔马化学制品有限公司〈P1916〉;绍兴县光耀化工助剂厂〈P1949〉;上虞市康特化工有限公司〈P1948〉;浙江上虞市珊瑚化工厂〈P1951〉;浙江省上虞市杜浦化工厂〈P1951〉

复合型高效保湿剂 P20118151

Complex type high efficiency humectant

替代了大量进口的常用保湿剂，是日用化工产品、化妆品、卷烟、食品、制药等产品中的重要保湿成分

【生产厂】[沪]上海利盛化学品有限公司〈P1750〉;[浙]杭州万景新材料有限公司〈P1923〉;[鲁]青岛久润精细化工有限公司〈P2039〉

膜专用杀菌剂 P20118401

Bactericide for film

用于膜元件杀菌

【生产厂】[津]天津化工研究院津宏化工厂(80 吨)〈P1573〉

制冷系统干燥剂 P20118501

Refrigeration system drier

主要用于车用空调装置

【生产厂】[辽]营口希尔化工有限公司〈P1705〉

干燥剂 P20118801

Drying reagent

主要用于电子器件、精密仪器、食品、各种纺织品、皮鞋、服装、毛革制品干燥防霉

【生产厂】[冀]万事达中空密封材料有限公司〈P1662〉;[辽]沈阳市硅胶厂〈P1688〉;营口希尔化工有限公司〈P1705〉;[沪]上海衡元高分子材料有限公司〈P1737〉;上海樱琦干燥剂有限公司〈P1775〉;上海月季日用干燥剂厂〈P1776〉;上海昌全硅胶干燥剂有限公司〈P1729〉;上海嘉定分子筛厂〈P1742〉;[苏]姜堰市科林化工有限公司〈P1823〉;[浙]杭州绿源精细化工有限公司〈P1921〉;[皖]安徽省明光市曼迪矿业科技有限公司〈P1982〉;[赣]九江华雄化工有限公司〈P2013〉;萍乡市石化填料有限责任公司〈P2012〉;[鲁]龙口市宇龙密封材料有限公司〈P2111〉;青岛美高集团有限公司〈P2040〉;[豫]信阳核工业恒达实业公司干燥剂厂〈P2226〉;[粤]深圳市丽英达化工有限公司〈P2271〉;深圳市春旺实业有限公司〈P2270〉;佛山市德瑞新环保科技有限公司〈P2287〉;[川]成都宏博实业有限公司〈P2310〉

有机分散剂 P20119301

Organic dispersing agent

对钛白粉、高岭土、碳酸钙、滑石粉等有良好的分散效果

【生产厂】[苏]常州市武进运波化工有限公司(1000 吨)〈P1855〉;[鲁]潍坊恒兴化工有限公司(2400 吨)〈P2102〉;寿光市曙光助剂厂(1000 吨)〈P2100〉;寿光鑫龙化工厂〈P2100〉

火工产品
Q01010301 ~ Q03000501

岩石抗水硝铵炸药2号 Q01010301
Water-resisting explosive of ammonium nitrate for rock No. 2

用作岩石炸药

【生产厂】[苏]江苏天明化工有限公司〈P1803〉;[浙]浙江永进化工有限公司〈P1956〉;[川]四川省雅化实业有限责任公司〈P2336〉

【使用厂】[青]西宁石膏开发总公司〈P2359〉

煤矿许用膨化炸药 Q01010401
Expanding explosive for mine

用于一级、二级瓦斯或有矿尘爆炸危险的矿井爆破工程

【生产厂】[鲁]山东省平邑天宝化工有限公司〈P2151〉;[鄂]湖北凯龙化工集团股份有限公司〈P2241〉

抗水岩石炸药 Q01010403
Water-resisting rock explosive

适用于有水的无瓦斯、无矿尘爆炸危险的爆破工程

【生产厂】[辽]辽宁庆阳特种化工有限公司〈P1709〉;[鲁]山东省平邑天宝化工有限公司〈P2151〉

胶体乳化炸药 Q01010701
Colloid emulsified explosive

【生产厂】[陕]陕西红旗民爆集团有限责任公司〈P2351〉;商洛秦威化工有限责任公司(4000吨)〈P2354〉

乳化炸药 Q01010801
Emulsified explosive

用于矿山和煤矿爆破,尤其适用于有水作业场所的爆破

【生产厂】[京]中国北方化学工业总公司〈P1568〉;北京京煤化工有限公司(8000吨)〈P1552〉;[晋]山西同德化工有限公司(4000吨)〈P1676〉;[苏]江苏天明化工有限公司(1500吨)〈P1803〉;常州东进化工厂〈P1846〉;[皖]安徽省宁国江南化工有限责任公司(3万吨)〈P1986〉;安徽盾安化工集团有限公司(2500吨)〈P1977〉;[闽]福建永安化工厂(4000吨)〈P1996〉;[鲁]新时代(济南)民爆科技产业有限公司(3000吨)〈P2030〉;山东圣世达化工有限责任公司(5000吨)〈P2055〉;山东省邹平八四工厂(3000吨)〈P2156〉;招远七六一有限责任公司(3000吨)〈P2120〉;新汶矿业集团有限责任公司(3000吨)〈P2139〉;[豫]辉县市化工厂(3000吨)〈P2203〉;林州市宇豪化工科技有限公司〈P2212〉;[湘]邵阳三化有限责任公司(4000吨)〈P2253〉;[川]西昌永盛实业有限责任公司(6000吨)〈P2336〉;泸州北方化学工业有限公司〈P2322〉;[滇]云南安化有限责任公司(6000吨)〈P2340〉;[陕]陕西红旗民爆集团有限责任公司(8000吨)〈P2351〉;陕西省汉阴县化工厂(1500吨)〈P2354〉

岩石乳化炸药 Q01011001
Rock emulsified explosive

适用于水下及无沼气矿井等爆破工程

【生产厂】[苏]宜兴市阳生化工有限公司〈P1887〉;[浙]浙江永进化工有限公司〈P1956〉;[鲁]山东省平邑天宝化工有限公司〈P2151〉;[鄂]湖北凯龙化工集团股份有限公司〈P2241〉;[川]泸州市江阳化工厂〈P2323〉;[陕]商洛秦威化工有限责任公司〈P2354〉

炸药 Q01020000
Explosive

用于矿山爆破工程

【生产厂】[鲁]威海市天华综合加工厂(4000吨)〈P2126〉;山东银光化工集团有限公司(5万吨)〈P2151〉;[豫]巩义市一〇三民爆有限公司(8000吨)〈P2164〉;辉县市化工厂〈P2203〉;[鄂]湖北天神实业股份有限公司(2万吨)〈P2239〉;[桂]广西柳州威奇化工有限责任公司(1万吨)〈P2297〉;[甘]白银有色金属公司〈P2357〉

【使用厂】[辽]丹东宽甸硼矿〈P1700〉;[皖]安徽省铜陵化工集团新桥矿业有限公司〈P1978〉;青阳硫铁矿〈P1987〉;[鲁]乳山市金华集团有限公司〈P2123〉;[鄂]湖北黄麦岭磷化工集团公司〈P2242〉;[湘]衡阳市重晶石矿〈P2253〉;[川]宜宾威力化工有限责任公司〈P2335〉;[滇]云南磷化集团有限公司昆阳磷矿〈P2341〉;云南磷化集团有限公司尖山磷矿〈P2341〉

岩石铵锑炸药2号 Q01020101
Explosive of ammonium antimony for rock No. 2

用于矿山及民用爆破

【生产厂】[苏]宜兴市阳生化工有限公司(4000吨)〈P1887〉;[皖]安徽盾安化工集团有限公司(10万吨)〈P1977〉;[川]四川通达化工有限责任公司(7000吨)〈P2335〉;[陕]商洛秦威化工有限责任公司〈P2354〉

岩石膨化硝铵炸药 Q01020111
Explosive of ammonium nitrate for rock expanding

适用于无沼气及无矿尘爆炸危险的井下爆破和露天爆破工程

【生产厂】[晋]山西同德化工有限公司〈P1676〉;[皖]安徽雷鸣科化股份有限公司〈P1977〉;[闽]福建永安化工厂(2万吨)〈P1996〉;[鲁]招远七六一有限责任公司(6000吨)〈P2120〉;山东省平邑天宝化工有限公司〈P2151〉;[鄂]湖北天神实业股份有限公司〈P2239〉;[川]泸州市江阳化工厂(6000吨)〈P2323〉;[陕]陕西红旗民爆集团有限责任公司〈P2351〉

铵锑炸药 Q01020203
Ammonium antimony explosive

用于露天及地下爆破工程、煤矿爆破工程

【生产厂】[京]北京京煤化工有限公司(7200吨)〈P1552〉;[冀]河北省磁县二一九厂〈P1640〉;[皖]安徽盾安化工集团有限公司(10万吨)〈P1977〉;[鲁]新汶矿业集团有限责任公司(3000吨)〈P2139〉;[豫]辉县市化工厂(8000吨)〈P2203〉;[鄂]随州市府河化工有限责任公司(6000吨)〈P2245〉;[川]西昌永盛实业有限责任公司〈P2336〉;泸州市江阳化工厂〈P2323〉;[滇]云南安化有限责任公司(2万吨)〈P2340〉;[陕]陕西红旗民爆集团有限责任公司〈P2351〉;陕西省汉阴县化工厂(5000吨)〈P2354〉

铵油炸药 Q01020300
Ammonium oil explosive

用于露天爆破工程

【生产厂】[苏]江苏天明化工有限公司〈P1803〉;[浙]浙江永进化工有限公司〈P1956〉;[闽]福建永安化工厂〈P1996〉;[鲁]山东省平邑天宝化工有限公司〈P2151〉;[川]西昌永盛实业有限责任公司〈P2336〉;四川通达化工有限责任公司〈P2335〉;[陕]陕西红旗民爆集团有限责任公司〈P2351〉

铵油炸药1号 Q01020301

Ammonium oil explosive No.1

用于民用爆破

【生产厂】[晋]山西同德化工有限公司(6000吨)〈P1676〉

铵松蜡炸药1号 Q01020411

Ammonium pine-wax explosive No.1

适用于有水的无瓦斯、无矿尘爆炸危险的中硬以上矿岩的爆破工程

【生产厂】[苏]江苏天明化工有限公司〈P1803〉;[鲁]招远七六一有限责任公司(4000吨)〈P2120〉;山东省平邑天宝化工有限公司〈P2151〉

岩石铵锑油炸药 Q01020601

Rock ammonium antimony oil explosive

用于矿山爆破工程

【生产厂】[鲁]山东省邹平八四工厂(1000吨)〈P2156〉;[川]泸州市江阳化工厂〈P2323〉;[陕]陕西省汉阴县化工厂〈P2354〉

岩石粉状铵锑油炸药2号 Q01020602

Rock ammonium antimony oil powder explosive No.2

适用于无瓦斯及矿尘爆炸危险的岩土爆破工程

【生产厂】[鲁]山东省平邑天宝化工有限公司〈P2151〉;[川]四川通达化工有限责任公司(7000吨)〈P2335〉

2号岩石粉状铵锑炸药 Q01020603

Rock ammonium antimony powder explosive No.2

主要用于无瓦斯及矿尘爆炸危险的井下或露天爆破工程

【生产厂】[晋]山西同德化工有限公司〈P1676〉;[辽]辽宁庆阳特种化工有限公司〈P1709〉;[苏]江苏天明化工有限公司(1万吨)〈P1803〉;[浙]浙江永进化工有限公司(1万吨)〈P1956〉;[川]宜宾威力化工有限责任公司〈P2335〉;泸州北方化学工业有限公司〈P2322〉;[陕]商洛秦威化工有限责任公司〈P2354〉

工业粉状铵锑炸药 Q01020801

Industrial ammonium antimony powder explosive

用于工程爆破

【生产厂】[冀]中国昊华集团宣化有限公司(2万吨)〈P1650〉;[皖]安徽雷鸣科化股份有限公司〈P1977〉;[鲁]山东圣世达化工有限责任公司(4000吨)〈P2055〉;山东省邹平八四工厂(8000吨)〈P2156〉;招远七六一有限责任公司(1万吨)〈P2120〉;[豫]林州市宇豪化工科技有限公司(6000吨)〈P2212〉

岩石铵锑炸药4号;铵锑粉状炸药4号 Q01020901

Explosive of ammonium antimony for rock No.4

适用于有水的无瓦斯、无矿尘爆炸危险的井下爆破和露天爆破工程

【生产厂】[鲁]山东省平邑天宝化工有限公司〈P2151〉;[川]四川省雅化实业有限责任公司〈P2336〉;[陕]商洛秦威化工有限责任公司〈P2354〉

水胶炸药 Q01021001

Water gel explosive

主要用于中硬、较硬岩石爆破,用于高沼气煤尘罐工作间爆破,特别适用于涌水工程爆破

【生产厂】[皖]安徽雷鸣科化股份有限公司〈P1977〉;[鲁]山东圣世达化工有限责任公司(3000吨)〈P2055〉

铵磺炸药 Q01021101

Ammonium sulfonate explosive

用于民用爆破

【生产厂】[川]宜宾威力化工有限责任公司〈P2335〉

黑火药 Q01021201

Black gunpowder

用于开采

【生产厂】[晋]山西北方晋东化工有限公司〈P1673〉;[闽]地方国营南安市化工厂(600吨)〈P1997〉

粘性粒状炸药;粘性粒状乳化铵油炸药 Q01021301

Granular explosive, viscous

用于矿山爆破工程

【生产厂】[冀]河北省磁县二一九厂〈P1640〉;[鲁]新时代(济南)民爆科技产业有限公司〈P2030〉;山东省邹平八四工厂(4000吨)〈P2156〉

硝铵炸药 Q01030104

Ammonium nitrate explosive

用于各种爆破工程

【生产厂】[吉]吉林省众力化工有限公司(6500吨)〈P1716〉;[豫]巩义市一〇三民爆有限公司(8000吨)〈P2164〉

煤矿粉状铵锑炸药3号 Q01030401

Ammonium antimony powder explosive for coal mine No.3

用于有瓦斯或矿上爆炸危险的井下爆破工程

【生产厂】[川]四川通达化工有限责任公司(7000吨)〈P2335〉;宜宾威力化工有限责任公司〈P2335〉;泸州北方化学工业有限公司〈P2322〉

2号煤矿粉状铵锑炸药 Q01030402

Ammonium antimony powder explosive for coal mine No.2

主要用于有瓦斯及矿尘爆炸危险的井下或露天爆破工程

【生产厂】[晋]山西同德化工有限公司〈P1676〉;[陕]商洛秦威化工有限责任公司〈P2354〉

煤矿许用乳化炸药 Q01030501

Emulsified explosive for coal mine

适用于有沼气和(或)煤尘爆炸危险的有水的爆破工程

【生产厂】[鲁]山东省平邑天宝化工有限公司〈P2151〉;[川]西昌永盛实业有限责任公司〈P2336〉;四川省雅化实业有限责任公司〈P2336〉;泸州市江阳化工厂〈P2323〉;[陕]商洛秦威化工有限责任公司〈P2354〉

震源药柱;震源弹;地震专用炸药 Q01040201

Earthquake focus explosive charge

用作石油地球物理勘探地震源，并可用作其他爆炸

【生产厂】[京]中国北方化学工业总公司〈P1568〉；[辽]辽宁庆阳特种化工有限公司〈P1709〉；[苏]江苏天明化工有限公司〈P1803〉；[皖]安徽雷鸣科化股份有限公司〈P1977〉；安徽盾安化工集团有限公司〈P1977〉；[鲁]招远七六一有限责任公司(1000吨)〈P2120〉；山东省平邑天宝化工有限公司〈P2151〉；[鄂]湖北凯龙化工集团股份有限公司〈P2241〉

丁铵黑药；二丁基二硫代磷酸铵 Q02010501

Ammonium dibutyl dithiophosphate

用作有色金属或稀有金属矿物浮选的捕收剂

【生产厂】[辽]铁岭选矿药剂厂(950吨)〈P1713〉；[鲁]淄博市博山吉利浮选剂厂〈P2067〉；淄博元兴化工有限公司(500吨)〈P2075〉；烟台恒邦化工助剂有限公司〈P2116〉；栖霞通达选矿药剂有限公司〈P2113〉；[豫]三门峡市峡威化工有限公司(500吨)〈P2222〉；[湘]株洲选矿药剂厂(1200吨)〈P2250〉

二甲苯基二硫代磷酸；25号黑药 Q02010502

Dimethylphenyl dithiophosphate

用作浮选铜矿、铅锌矿、镍矿或铜锌多金属硫化矿的捕收兼起泡剂

【生产厂】[辽]铁岭选矿药剂厂(1500吨)〈P1713〉；[鲁]淄博市博山吉利浮选剂厂〈P2067〉；淄博元兴化工有限公司(500吨)〈P2075〉；栖霞通达选矿药剂有限公司〈P2113〉；[豫]三门峡市峡威化工有限公司(1000吨)〈P2222〉

二甲苯基二硫代磷酸钠；25号钠黑药 Q02010511

Dimethylphenyl dithiophosphate, sodium salt

用作有色金属金、银等贵金属矿物的浮选捕收剂

【生产厂】[辽]铁岭选矿药剂厂(1500吨)〈P1713〉；[鲁]淄博元兴化工有限公司(500吨)〈P2075〉；烟台恒邦化工助剂有限公司〈P2116〉；栖霞通达选矿药剂有限公司〈P2113〉

二苯胺基二硫代磷酸；苯胺黑药 Q02010521

Dianilinodithiophosphoric acid

用作有色金属矿石浮选捕收剂

【生产厂】[辽]铁岭选矿药剂厂(300吨)〈P1713〉；[鲁]淄博元兴化工有限公司(500吨)〈P2075〉；栖霞通达选矿药剂有限公司〈P2113〉

二丁基二硫代磷酸钠；丁钠黑药 Q02010531

Sodium dibutyl dithiophosphate

用作金矿及银、铜、锌硫化矿的有效捕收剂

【生产厂】[辽]铁岭选矿药剂厂(500吨)〈P1713〉；[鲁]淄博元兴化工有限公司(1500吨)〈P2075〉；栖霞通达选矿药剂有限公司〈P2113〉

2,4,6-三硝基甲苯；TNT；梯恩梯 Q02010601

2,4,6-Trinitrotoluene; TNT [118-96-7]

广泛用于装填各种炮弹、航空炸弹、火箭弹、导弹、水雷、鱼雷、手榴弹及爆破器材

【生产厂】[京]中国北方化学工业总公司〈P1568〉；[辽]辽宁庆阳特种化工有限公司(3万吨)〈P1709〉；[川]四川红光化工有限公司(3万吨)〈P2334〉

【使用厂】[冀]中国昊华集团宣化有限公司〈P1650〉；[吉]吉林省众力化工有限公司〈P1716〉；[苏]宜兴市阳生化工有限公司〈P1887〉；[皖]安徽盾安化工集团有限公司〈P1977〉；[鲁]招远七六一有限责任公司〈P2120〉；新汶矿业集团有限责任公司〈P2139〉；山东省邹平八四工厂〈P2156〉；山东圣世达化工有限责任公司〈P2055〉；新时代(济南)民爆科技产业有限公司〈P2030〉；[鄂]随州市府河化工有限责任公司〈P2245〉；[湘]邵阳三化有限责任公司〈P2253〉；[川]四川通达化工有限责任公司〈P2335〉；西昌永盛实业有限责任公司〈P2336〉；[陕]陕西省汉阴县化工厂〈P2354〉；商洛秦威化工有限责任公司〈P2354〉

二硝基甲苯；地恩梯 Q02010801

Dinitrotoluene; Dinitrotoluene, 2,4- and 2,6- mix; DNT [25321-14-6]

主要用于双基发射药的组分

【生产厂】[京]中国北方化学工业总公司〈P1568〉；[辽]辽宁庆阳特种化工有限公司〈P1709〉；[川]四川红光化工有限公司〈P2334〉

季戊四醇四硝酸酯；泰安 Q02010901

Pentaerythrite tetranitrate [78-11-5]

用于炸药

【生产厂】[辽]辽宁庆阳特种化工有限公司〈P1709〉

二乙基二硫代磷酸钠；乙基钠黑药 Q02011001

Sodium diethyl dithiophosphate

【生产厂】[辽]铁岭选矿药剂厂〈P1713〉；[鲁]栖霞通达选矿药剂有限公司〈P2113〉

二异戊基二硫代磷酸钠；异戊钠黑药 Q02011101

Sodium diisoamyl dithiophosphate

【生产厂】[鲁]栖霞通达选矿药剂有限公司〈P2113〉

工业电雷管 Q02020101

Industrial electric detonator

用于煤矿采煤

【生产厂】[京]北京京煤化工有限公司(2000万发)〈P1552〉；[皖]安徽雷鸣科化股份有限公司〈P1977〉；[鲁]威海武岭爆破器材有限公司(1500万发)〈P2126〉；[桂]广西大华化工厂(1800万发)〈P2301〉；[川]雅化集团绵阳实业有限公司〈P2331〉；宜宾威力化工有限责任公司(4000万发)〈P2335〉；[滇]云南燃一有限责任公司〈P2343〉

秒延期电雷管 Q02020201

Second delay electric detonator

用于矿山、农田、水利等一段工程爆破

【生产厂】[鲁]山东圣世达化工有限责任公司(100万发)〈P2055〉

毫秒延期电雷管 Q02020301

Millisecond delay electric detonator

用于有沼气、煤尘爆炸危险的矿井，也适用于地面工程爆破

【生产厂】[皖]安徽雷鸣科化股份有限公司〈P1977〉；[鲁]山东圣世达化工有限责任公司(5000万发)〈P2055〉；[滇]云南燃一有限责任公司〈P2343〉

煤矿许用毫秒延期电雷管 Q02020302

Millisecond delay electric detonator for mine

用于有瓦斯和矿尘爆炸危险的井下爆破作业
【生产厂】[鲁]威海武岭爆破器材有限公司(1500 万发)〈P2126〉

雷管 Q02020401

Cap;Detonator

用于工矿企业及民用

【生产厂】[皖]安徽盾安化工集团有限公司(3000 万发)〈P1977〉;[鲁]山东泰山民爆器材有限公司(10500 万发)〈P2140〉;威海武岭爆破器材有限公司(1000 万发)〈P2126〉;[豫]河南省巩义市五七化工厂(6000 万发)〈P2167〉;[桂]广西柳州威奇化工有限责任公司(2480 万支)〈P2297〉;[滇]云南安化有限责任公司(4000 吨)〈P2340〉;云南燃一有限责任公司〈P2343〉

【使用厂】[辽]丹东宽甸硼矿〈P1700〉;[鲁]乳山市金华集团有限公司〈P2123〉;[湘]衡阳市重晶石矿〈P2253〉

瞬发电雷管;工业瞬发电雷管 Q02020501

Instantaneous electric detonator

用于矿山开发及农田建设

【生产厂】[皖]安徽雷鸣科化股份有限公司〈P1977〉

煤矿许用瞬发电雷管 Q02020502

Instantaneous electric detonator for mine

用于一般工程爆破及井下爆破

【生产厂】[鲁]威海武岭爆破器材有限公司(1000 万发)〈P2126〉;[滇]云南燃一有限责任公司〈P2343〉

瞬发电雷管(金属壳) Q02020510

Instantaneous electric detonator,metal shell

用于矿山开发及农田建设等

【生产厂】[鲁]山东圣世达化工有限责任公司(1000 万发)〈P2055〉

工业火雷管 Q02020601

Industrial fire detonator

用于无瓦斯、粉尘和矿尘爆炸危险的爆破工程,能起爆各种猛炸药、乳胶炸药和导爆索、导爆管等爆破器材

【生产厂】[皖]安徽雷鸣科化股份有限公司〈P1977〉;[鲁]威海武岭爆破器材有限公司(6000 万发)〈P2126〉;[鄂]随州市府河化工有限责任公司(2500 万发)〈P2245〉;[川]雅化集团绵阳实业有限公司〈P2331〉;宜宾威力化工有限责任公司(10000 万发)〈P2335〉;[滇]云南燃一有限责任公司〈P2343〉

工业金属壳火雷管 8 号 Q02030211

Industrial metal shell-fire detonator No.8

用于露天爆破工程中起爆炸药、导爆管等,适用于无水作业面

【生产厂】[桂]广西大华化工厂(10000 万发)〈P2301〉

工业导火索;导火索 Q03000101

Industrial fuse

用作引爆,也可用于矿山开发及农田建设

【生产厂】[京]中国北方化学工业总公司〈P1568〉;[冀]中国昊华集团宣化有限公司〈P1650〉;[晋]山西北方晋东化工有限公司〈P1673〉;[苏]江苏天明化工有限公司(4000 万米)〈P1803〉;[闽]福建永安化工厂(2500 万米)〈P1996〉;[鲁]威海市天华综合加工厂〈P2126〉;[鄂]随州市府河化工有限责任公司(1500 万米)〈P2245〉;湖北天神实业股份有限公司(3000 万米)〈P2239〉;[桂]广西柳州威奇化工有限责任公司(3000 万米)〈P2297〉;[川]雅化集团绵阳实业有限公司(2500 万米)〈P2331〉;四川省雅化实业有限责任公司(2500 万米)〈P2336〉;[黔]贵州省岑巩县恒源化工有限责任公司〈P2338〉;[滇]云南燃二化工有限公司(7500 万米)〈P2345〉

【使用厂】[鲁]乳山市金华集团有限公司〈P2123〉;[鄂]湖北黄麦岭磷化工集团公司〈P2242〉;[湘]衡阳市重晶石矿〈P2253〉

震源导爆索 Q03000301

Earthquake focus fuse

石油地球物理勘探作为震源,亦可用于其他起爆炸药包与切割等

【生产厂】[京]北京京煤化工有限公司(300 万米)〈P1552〉;[皖]安徽盾安化工集团有限公司(2000 万米)〈P1977〉;[鲁]山东银光化工集团有限公司(3000 万米)〈P2151〉;[川]雅化集团绵阳实业有限公司〈P2331〉;宜宾威力化工有限责任公司〈P2335〉;[滇]云南燃二化工有限公司(1250 万米)〈P2345〉

导爆管 Q03000401

Nonel

用于组装导爆雷管

【生产厂】[皖]安徽雷鸣科化股份有限公司〈P1977〉;[鲁]威海武岭爆破器材有限公司(3000 万米)〈P2126〉;[川]雅化集团绵阳实业有限公司〈P2331〉;宜宾威力化工有限责任公司〈P2335〉

导爆管雷管 Q03000501

Nonel detonator

用于水下、定向爆破、筑路、穿山巩洞爆破

【生产厂】[京]北京京煤化工有限公司(150 万发)〈P1552〉;[皖]安徽雷鸣科化股份有限公司〈P1977〉;[鲁]威海武岭爆破器材有限公司(1500 万发)〈P2126〉;[桂]广西大华化工厂(500 万发)〈P2301〉;[川]雅化集团绵阳实业有限公司〈P2331〉;[滇]云南燃一有限责任公司〈P2343〉

其他化工产品
R01010101 ~ R04010301

煤气 R01010101
Coal gas

用供城市居民用，也作工业燃料

【生产厂】[鲁]肥城泰山焦化有限公司（2800万立方米）〈P2135〉；山东海化煤业化工有限公司（28800万立方米）〈P2077〉；山东省滕州瑞达焦化有限公司（2000万立方米）〈P2077〉；[豫]豫港（济源）焦化集团有限公司（70万立方米）〈P2198〉

【使用厂】[赣]江西江氨化学工业有限公司〈P2008〉

焦炉煤气；城市煤气 R01010201
Coke oven gas

用于炼焦炉、炼钢炉等的加热燃料和城市燃气

【生产厂】[晋]大土河焦化有限责任公司〈P1677〉；[赣]景德镇市焦化煤气总厂〈P2010〉；[鲁]潍坊振兴焦化有限公司（6000万立方米）〈P2107〉；山东民生煤化工有限公司（30000千立方米）〈P2132〉

【使用厂】[沪]宝山钢铁股份有限公司化工分公司〈P1726〉；[闽]福建省三明市三钢煤化工有限公司〈P1995〉；[鲁]莱芜钢铁股份有限公司焦化厂〈P2140〉

2-甲基萘馏分；β-甲基萘馏分 R01020201
2-Methylnaphthalene fraction

用作染料助剂

【生产厂】[辽]辽宁鞍山市贝达合成化工厂〈P1697〉

吹苯残油；古马隆馏分 R01020401
Coumarone fraction

用作制取古马隆树脂的原料

【生产厂】[晋]山西焦化股份有限公司〈P1678〉；[沪]上海高特化工有限公司〈P1734〉

轻苯 R01020701
Light benzol

用作溶剂和制取苯、甲苯、二甲苯、环戊二烯、二硫化碳、噻吩等的原料

【生产厂】[冀]石家庄焦化集团有限责任公司〈P1627〉；永年县恒萘化工有限公司〈P1641〉；[皖]安徽淮化集团有限公司〈P1976〉；[鲁]莱芜钢铁股份有限公司焦化厂（4万吨）〈P2140〉；[豫]安阳钢铁股份有限公司焦化厂〈P2208〉；安阳县西北化工厂〈P2210〉

【使用厂】[黑]黑龙江黑化集团有限公司〈P1722〉；[苏]上海梅山企业发展有限公司南京化工实业分公司〈P1792〉；江阴市陆桥有机化工厂〈P1870〉；[鲁]济南钢铁集团总公司焦化厂〈P2021〉；[川]攀枝花钢铁集团煤化工公司〈P2322〉

重苯 R01020801
Heavy benzol

用作提取古马隆-茚树脂及氢茚的原料

【生产厂】[辽]鞍山市中联化工品有限公司〈P1696〉；[鲁]山东民生煤化工有限公司（400吨）〈P2132〉；[豫]安阳县西北化工厂〈P2210〉；开封市南郊巨龙化工厂〈P2178〉；[甘]酒泉钢铁（集团）有限责任公司〈P2357〉

【使用厂】[津]天津灯塔涂料有限公司〈P1571〉；[沪]宝山钢铁股份有限公司化工分公司〈P1726〉；[豫]郑州双塔涂料有限公司〈P2174〉；[粤]广州化学试剂厂〈P2261〉

轻溶剂油 R01020901
Light solvent naphtha

用作油漆颜料工业和橡胶工业的溶剂或稀释剂

【生产厂】[冀]石家庄焦化集团有限责任公司（900吨）〈P1627〉

混合苯 R01021101
Mixed benzol

用作溶剂，用于制取甲苯、二甲苯等

【生产厂】[京]北京东方化工厂〈P1546〉；[津]天津市欣宽福利化工厂〈P1608〉；[鲁]淄博市临淄育发化工厂〈P2070〉；山东省桓台县鑫荣化工厂〈P2054〉；山东省曲阜市燕宇石油化工有限公司（2000吨）〈P2132〉；[豫]巩义市回郭镇荣兴化工厂（2000吨）〈P2163〉；濮阳市瑞森石油树脂有限公司〈P2214〉；濮阳市星海化工厂（150吨）〈P2215〉；偃师市二里头宇飞化工厂（800吨）〈P2188〉；开封市通盛化工厂（1500吨）〈P2178〉

粗苯；BTX馏分 R01021201
Crude benzol

用以提炼纯苯、纯甲苯、二甲苯、三甲苯、茚、氧茚树脂等

【生产厂】[津]天津市欣宽福利化工厂〈P1608〉；天津市天铁炼焦化工有限公司（2万吨）〈P1605〉；[冀]石家庄焦化集团有限责任公司（1万吨）〈P1627〉；邢台旭阳焦化有限公司（1万吨）〈P1644〉；邯郸市兴泰焦化有限责任公司（1000吨）〈P1639〉；永年县恒萘化工有限公司〈P1641〉；[晋]大土河焦化有限责任公司〈P1677〉；临汾市同世达实业有限公司〈P1678〉；山西焦化股份有限公司〈P1678〉；山西潞宝集团公司〈P1674〉；[辽]鞍山市中联化工品有限公司〈P1696〉；[苏]上海梅山企业发展有限公司南京化工实业分公司〈P1792〉；[闽]福建省三明市三钢煤化工有限公司（9600吨）〈P1995〉；[鲁]济南钢铁集团总公司焦化厂（2万吨）〈P2021〉；山东金能煤炭气化有限公司（5万吨）〈P2144〉；潍坊振兴焦化有限公司（9000吨）〈P2107〉；莱芜钢铁股份有限公司焦化厂（5万吨）〈P2140〉；肥城泰山焦化有限公司（3000吨）〈P2135〉；济宁市鲁煤化工有限公司（1000吨）〈P2128〉；山东民生煤化工有限公司（3万吨）〈P2132〉；青岛钢铁公司兖州焦化厂（1万吨）〈P2129〉；兖州矿区焦化厂（2000吨）〈P2134〉；山东海化煤业化工有限公司（10万吨）〈P2077〉；山东省滕州瑞达焦化有限公司（7200吨）〈P2077〉；[豫]豫港（济源）焦化集团有限公司（2万吨）〈P2198〉；河南天宏焦化（集团）有限责任公司（1万吨）〈P2191〉；[川]绵阳燃气集团公司涪江钢铁公司（1500吨）〈P2330〉；[甘]酒泉钢铁（集团）有限责任公司〈P2357〉

【使用厂】[沪]宝山钢铁股份有限公司化工分公司〈P1726〉；[苏]江阴市陆桥有机化工厂〈P1870〉；[鲁]临淄鲁安化工厂〈P2050〉；[豫]偃师市商城防腐材料有限公司〈P2189〉；[川]攀枝花钢铁集团煤化工公司〈P2322〉

溶剂油 R01021301
Solvent oil

R

用作石油树脂原料、油漆溶剂

【生产厂】[京]中国蓝星(集团)总公司〈P1568〉;[津]天津市大港万码化工制剂厂(4000 吨)〈P1583〉;天津市鑫汇石油化工有限公司(8 万吨)〈P1608〉;天津市津东富力化工厂(700 吨)〈P1592〉;[冀]石家庄焦化集团有限责任公司〈P1627〉;河北省邯郸市鑫森精细化工有限公司(2500 吨)〈P1640〉;河北省大港石化有限责任公司〈P1655〉;考伯斯(中国)炭素化工有限公司〈P1635〉;[辽]中国石油天然气股份有限公司辽阳石化分公司〈P1712〉;中国石油抚顺石油化工公司(3 万吨)〈P1699〉;中国石油天然气股份公司锦州石化分公司〈P1702〉;中国石油锦西炼油化工总厂〈P1703〉;[黑]中国石油林源炼油厂〈P1723〉;[沪]中国石油化工股份有限公司上海高桥分公司〈P1780〉;上海炼油厂〈P1751〉;[苏]南京大扬石油联合化工厂〈P1783〉;常熟市虹盛石油化工有限公司(3000 吨)〈P1890〉;扬州石油化工厂〈P1818〉;江苏省江都市天林化工有限公司〈P1816〉;[赣]江西东川化工有限公司〈P2017〉;[鲁]中国石油化工股份有限公司济南分公司(7 万吨)〈P2031〉;济南市商河县合成化工厂〈P2025〉;张店海丰化工厂〈P2057〉;淄博市张店齐鑫化工厂(2000 吨)〈P2071〉;淄博市临淄丰资化工厂〈P2068〉;淄博远达化工有限公司(5 万吨)〈P2075〉;临淄鲁安化工厂(500 吨)〈P2050〉;淄博鲁中化工厂(1500 吨)〈P2065〉;临淄洪春树脂厂(2000 吨)〈P2049〉;临淄英中石油树脂厂〈P2050〉;淄博市临淄齐德化工有限公司〈P2069〉;淄博锐博化工有限公司(5 万吨)〈P2066〉;山东省桓台县鑫荣化工厂〈P2054〉;东营石油化工厂〈P2081〉;山东石大科技集团有限公司(7 万吨)〈P2086〉;山东石大胜华化工股份有限公司(7 万吨)〈P2086〉;山东正和集团股份有限公司(6 万吨)〈P2087〉;临朐县泓杰化工有限公司〈P2090〉;山东东明石化集团有限公司〈P2159〉;山东东明石化集团玉皇实业有限公司(2 万吨)〈P2160〉;[豫]安阳县西北化工厂〈P2210〉;河南省内黄县金科化工有限责任公司(3000 吨)〈P2212〉;内黄县金科化工有限责任公司(500 吨)〈P2212〉;濮阳市康仕通化工有限公司(1000 吨)〈P2214〉;[粤]茂名市科成精细化工有限公司〈P2293〉;[桂]中油广西田东石油化工总厂有限公司(1 万吨)〈P2302〉;[陕]陕西延长石油(集团)有限责任公司延安炼油厂〈P2353〉;陕西延长石油(集团)有限责任公司永坪炼油厂〈P2353〉;[甘]兰州汇丰石化有限公司(1 万吨)〈P2355〉;[新]中国石油天然气股份有限公司乌鲁木齐石油化工总厂〈P2365〉;中国石油天然气股份有限公司独山子石化分公司〈P2365〉;中国石油天然气股份有限公司克拉玛依石化分公司〈P2365〉;中国石油化工股份有限公司塔河分公司〈P2366〉

【使用厂】[沪]上海振兴防腐工程塑料有限公司〈P1778〉;[苏]江苏昌和化学有限公司〈P1841〉;江阴市光华化工有限公司〈P1869〉;宜兴市创新精细化工有限公司〈P1883〉;[闽]泉州市华达精细化工有限公司〈P2000〉;[赣]江西省宜春市瑞思博化工有限公司〈P2016〉;[鲁]山东临朐富源精细化工有限公司〈P2096〉;济南圣泉集团股份有限公司〈P2025〉;中国石油化工股份有限公司齐鲁石化股份公司〈P2057〉;淄博万昌集团有限公司〈P2073〉

特种溶剂油 R01021311

Special solvent oil

可用作生产铝箔轧制润滑剂,上光剂、液体蚊香、印染用油、清洗剂、气雾杀虫剂的溶剂、无味油漆调合油等

【生产厂】[苏]中国石化金陵石化公司炼油厂〈P1792〉;[粤]茂名市高山海洋化工有限公司〈P2293〉

溶剂油(橡胶工业用);橡胶溶剂油 R01021321

Solvent oil for rubber industry

适用于作橡胶工业的溶剂,可替代氟利昂,与丙烷、异丁烷混合可作用于一般气雾剂产品推进剂

【生产厂】[黑]中国石油林源炼油厂〈P1723〉;[沪]上海炼油厂〈P1751〉;上海锦辉润滑油厂〈P1745〉;[苏]南京海悦化工有限公司〈P1784〉;[浙]嘉兴市八字长安油脂化工厂〈P1941〉;[鲁]东营市金河化工有限责任公司(2 万吨)〈P2082〉;山东和利时石化科技开发有限公司〈P2085〉;[豫]中国石化中原油气高新股份有限公司天然气化工厂〈P2216〉;[湘]中国石化长岭炼油化工有限责任公司〈P2254〉

油漆工业用溶剂油;油漆溶剂油 R01021331

Solvent oil for paint industry

用作油漆工业溶剂和稀释剂

【生产厂】[沪]中国石油化工股份有限公司上海高桥分公司〈P1780〉;上海炼油厂〈P1751〉;[苏]中国石化金陵石化公司炼油厂〈P1792〉;[鲁]东辰(集团)化工有限公司(1 万吨)〈P2081〉;山东和利时石化科技开发有限公司〈P2085〉;中国石化集团青岛石油化工有限责任公司(10 万吨)〈P2048〉;[新]中国石油天然气股份有限公司克拉玛依石化分公司〈P2365〉

溶剂油 190 号;重芳烃溶剂油 190 号 R01022101

Solvent oil No. 190

主要用于机械工业的零件清洗和工农业溶剂

【生产厂】[津]天津市欣宽福利化工厂〈P1608〉;[黑]中国石油林源炼油厂〈P1723〉;[苏]南京化学工业有限公司化工厂〈P1785〉;盐城联孚石化有限公司〈P1810〉

【使用厂】[鲁]山东正和集团股份有限公司〈P2087〉

溶剂油 120 号;120 号溶剂油 R01022102

Solvent oil No. 120

主要用作橡胶工业中的溶剂、油漆稀释剂等

【生产厂】[津]天津市欣宽福利化工厂〈P1608〉;[苏]溧阳市联成溶剂有限公司〈P1863〉;[鲁]中国石油化工股份有限公司齐鲁石化股份公司(2 万吨)〈P2057〉;山东胜海化工股份有限公司(1 万吨)〈P2085〉

【使用厂】[京]北京东方石油化工有限公司助剂二厂〈P1546〉;[沪]上海联胜化工有限公司〈P1751〉

溶剂油 260 号 R01022107

Solvent oil No. 260

用于油漆行业作为油漆稀释剂,也可作为铝型材和铝箔行业的轧制液

【生产厂】[沪]上海莱雅仕化工有限公司〈P1749〉;[豫]中国石化中原油气高新股份有限公司天然气化工厂(500 吨)〈P2216〉

馏分油 R01022311

Distillate oil

【生产厂】[津]蓝星石化有限公司天津分公司(10 万吨)〈P1569〉;[鲁]山东省临邑县碱李化工厂(3000 吨)〈P2145〉;[陕]陕西延长石油(集团)有限责任公司永坪炼油厂〈P2353〉

甲基萘油 R01022401

Methylnaphthalene oil

用于生产 β-甲基萘等

【生产厂】[冀]河北省曲周县滏南化工有限公司(1500 吨)

〈P1640〉;[沪]宝山钢铁股份有限公司化工分公司(8000吨)〈P1726〉

闪蒸油 R01022701

Flashing oil

用作溶剂油

【生产厂】[沪]宝山钢铁股份有限公司化工分公司〈P1726〉

工业萘;苯酐用萘 R01030101

Technical naphthalene [91-02-3]

用作制取苯酐、各种萘酚、α萘酸的原料,也可用于生产糖精、表面活性剂及卫生球

【生产厂】[津]天津市宏业化工厂〈P1590〉;[冀]石家庄焦化集团有限责任公司(5000吨)〈P1627〉;武安市华神化工有限公司〈P1641〉;邯郸市萘王炭黑化工有限公司(5万吨)〈P1638〉;永年县恒萘化工有限公司〈P1641〉;河北省曲周县滏南化工有限公司(500吨)〈P1640〉;河北定州东旭化工有限公司〈P1648〉;[晋]太原市美宏佳化工有限公司〈P1671〉;山西焦化股份有限公司〈P1678〉;山西远征化工有限责任公司〈P1680〉;山西潞宝集团公司〈P1674〉;[辽]辽阳石油化纤公司英华化工厂〈P1710〉;辽阳市宏伟区欣欣化工有限公司〈P1711〉;鞍山市中联化工品有限公司〈P1696〉;辽宁鞍山市贝达合成化工厂〈P1697〉;鞍钢实业化工公司(800吨)〈P1695〉;[沪]上海金环石油萘开发有限公司(8000吨)〈P1744〉;宝山钢铁股份有限公司化工分公司(2万吨)〈P1726〉;[苏]上海梅山企业发展有限公司南京化工实业分公司(3万吨)〈P1792〉;苏州市荣丰高新化工有限公司〈P1904〉;江苏华伦化工有限公司(100吨)〈P1816〉;[鲁]鲍山化工厂〈P2020〉;济南钢铁集团总公司焦化厂(5000吨)〈P2021〉;山东齐隆化工股份有限公司〈P2053〉;淄博安昌化工有限公司〈P2057〉;莱芜钢铁股份有限公司焦化厂(1万吨)〈P2140〉;兖矿科蓝煤焦化有限公司(1000吨)〈P2133〉;济宁市鲁煤化工有限公司(1500吨)〈P2128〉;山东民生煤化工有限公司(5000吨)〈P2132〉;兖州矿区焦化厂(2250吨)〈P2134〉;山东定陶友帮化工有限公司〈P2159〉;[豫]安阳钢铁股份有限公司焦化厂(5000吨)〈P2208〉;安阳县西北化工厂〈P2210〉;河南天宏焦化(集团)有限责任公司〈P2191〉;[甘]酒泉钢铁(集团)有限责任公司〈P2357〉

【使用厂】[津]天津市宏鑫化工厂〈P1589〉;[冀]石家庄白龙化工股份有限公司〈P1625〉;[沪]上海五四助剂总厂〈P1770〉;[豫]平顶山市鹰泰化工有限责任公司〈P2192〉;平顶山市神翔化工厂〈P2192〉

甲基萘馏分 R01030301

Methylnaphthalene fraction

用作α-甲基萘或β-甲基萘、助染剂、水泥减水剂及扩散剂MF的原料

【生产厂】[辽]辽阳市宏伟区欣欣化工有限公司〈P1711〉;辽宁鞍山市贝达合成化工厂〈P1697〉;[鲁]淄博环海佳业科工贸有限公司〈P2062〉

粗蒽 R01030601

Anthracene, crude

用于提取蒽、菲、咔唑,亦可制取蒽醌系染料、炭黑、合成鞣剂及各种油漆

【生产厂】[辽]辽宁鞍山市贝达合成化工厂〈P1697〉;[沪]宝山钢铁股份有限公司化工分公司(4276吨)〈P1726〉;[苏]上海梅山企业发展有限公司南京化工实业分公司〈P1792〉;[鲁]莱芜钢铁股份有限公司焦化厂〈P2140〉;兖矿科蓝煤焦化有限公司(1500吨)〈P2133〉;济宁凯模特化工有限公司(2000吨)〈P2127〉;山东民生煤化工有限公司〈P2132〉;[豫]安阳钢铁股份有限公司焦化厂〈P2208〉;[甘]酒泉钢铁(集团)有限责任公司〈P2357〉

【使用厂】[辽]鞍钢实业化工公司〈P1695〉;[苏]常州市武进临川化工有限公司〈P1854〉

工业氧芴 R01030901

Industry fluorene oxide [132-64-9]

用于生产治疗牛羊肝吸虫药物,制消毒剂、防腐剂、染料、合成树脂及高温润滑剂等

【生产厂】[辽]鞍山市惠丰化工有限责任公司〈P1695〉;鞍山市天长化工有限公司〈P1696〉;辽宁鞍山市贝达合成化工厂〈P1697〉;鞍钢实业化工公司〈P1695〉;[鲁]山东定陶友帮化工有限公司〈P2159〉

杂酚油 R01040301

Creosote oil

用作木材防腐剂、有机合成及制药工业原料

【生产厂】[津]天津福盛永化工有限公司〈P1572〉;[沪]宝山钢铁股份有限公司化工分公司〈P1726〉

轻油 R01040701

Light oil

用作溶剂油、动力苯及精苯的原料,也用作燃料油

【生产厂】[冀]石家庄焦化集团有限责任公司〈P1627〉;武安市华神化工有限公司〈P1641〉;邯郸市萘王炭黑化工有限公司(2万吨)〈P1638〉;永年县恒萘化工有限公司〈P1641〉;[晋]山西潞宝集团公司〈P1674〉;[黑]哈尔滨煤化工有限公司(5000吨)〈P1720〉;[沪]宝山钢铁股份有限公司化工分公司〈P1726〉;[鲁]淄博安昌化工有限公司〈P2057〉;兖矿科蓝煤焦化有限公司(1000吨)〈P2133〉;山东省曲阜市燕宇石油化工有限公司(6000吨)〈P2132〉;山东方明化工有限公司(1万吨)〈P2160〉;山东东明石化集团玉皇实业有限公司(2万吨)〈P2160〉;山东玉皇化工有限公司〈P2161〉;[豫]安阳县西北化工厂〈P2210〉;[新]中国石油化工股份有限公司塔河分公司〈P2366〉

【使用厂】[冀]河北诚信有限责任公司〈P1619〉;[沪]上海吴泾化工有限公司〈P1770〉

洗油 R01040801

Washing oil

用于煤气吸苯,配制防腐油,生产苊、喹啉、联苯、吲哚、扩散剂、减水剂等

【生产厂】[冀]武安市华神化工有限公司〈P1641〉;永年县恒萘化工有限公司〈P1641〉;考伯斯(中国)炭素化工有限公司〈P1635〉;河北定州东旭化工有限公司〈P1648〉;[晋]太原市美宏佳化工有限公司〈P1671〉;山西远征化工有限责任公司〈P1680〉;山西潞宝集团公司〈P1674〉;[辽]鞍山市中联化工品有限公司〈P1696〉;[苏]上海梅山企业发展有限公司南京化工实业分公司(3000吨)〈P1792〉;[鲁]鲍山化工厂〈P2020〉;莱芜钢铁股份有限公司焦化厂(7000吨)〈P2140〉;山东民生煤化工有限公司(2000吨)〈P2132〉;[豫]安阳钢铁股份有限公司焦化厂(500吨)〈P2208〉;[甘]酒泉钢铁(集团)有限责任公司〈P2357〉

【使用厂】[冀]河北省曲周县滏南化工有限公司〈P1640〉;[辽]鞍钢实业化工公司〈P1695〉;[闽]福建省三明市三钢煤化工有限公司〈P1995〉;[鲁]潍坊振兴焦化有限公司〈P2107〉;山东省滕州瑞达焦化有限公司〈P2077〉

炭黑用原料油 R01041001

Raw oil for carbon black

用于烧制炭黑

【生产厂】[冀]考伯斯(中国)炭素化工有限公司〈P1635〉;[晋]太原市美宏佳化工有限公司〈P1671〉

沥青油 R01041011

Asphalt raw oil

用于书报墨

【生产厂】[冀]深州市天翔化工有限公司〈P1669〉;[豫]安阳县西北化工厂(800 吨)〈P2210〉

原料油 R01041051

Raw oil

用作石油化工原料和溶剂

【生产厂】[鲁]中国石油化工股份有限公司济南分公司〈P2031〉;山东垦利石化有限责任公司(12 万吨)〈P2085〉

【使用厂】[陕]陕西延长石油(集团)有限责任公司永坪炼油厂〈P2353〉

混合油 R01041101

Mixed oil

用作燃料,还可进一步提取汽油、柴油等

【生产厂】[黑]哈尔滨煤化工有限公司(2 万吨)〈P1720〉;[鲁]鲍山化工厂〈P2020〉;济宁市鲁煤化工有限公司(1000 吨)〈P2128〉

粗酚 R01041301

Crude phenols;Crude carbolic acid

用于制酚醛树脂和分离出苯酚、甲酚、二甲酚等

【生产厂】[冀]石家庄焦化集团有限责任公司(60 吨)〈P1627〉;考伯斯(中国)炭素化工有限公司〈P1635〉;[晋]山西远征化工有限责任公司〈P1680〉;山西潞宝集团公司〈P1674〉;[黑]哈尔滨燃气化工总公司(3200 吨)〈P1720〉;哈尔滨煤化工有限公司(3200 吨)〈P1720〉;[浙]镇海炼化工业贸易总公司〈P1936〉;[鲁]鲍山化工厂〈P2020〉;莱芜钢铁股份有限公司焦化厂(1400 吨)〈P2140〉;兖矿科蓝煤焦化有限公司(600 吨)〈P2133〉;山东民生煤化工有限公司(450 吨)〈P2132〉;[豫]安阳钢铁股份有限公司焦化厂(200 吨)〈P2208〉;河南天宏焦化(集团)有限责任公司〈P2191〉;[滇]云南解化集团有限公司(1800 吨)〈P2345〉;[甘]酒泉钢铁(集团)有限责任公司〈P2357〉

【使用厂】[沪]宝山钢铁股份有限公司化工分公司〈P1726〉;[豫]河南鸿业科技化工有限公司〈P2221〉;[川]攀枝花钢铁集团煤化工公司〈P2322〉

脱酚酚油 R01041601

Dephenolized phenol oil

用于制古马隆、苯甲酸等

【生产厂】[冀]石家庄焦化集团有限责任公司〈P1627〉;[晋]山西焦化股份有限公司〈P1678〉;山西潞宝集团公司〈P1674〉;[辽]鞍山市中联化工品有限公司〈P1696〉;[豫]安阳县西北化工厂(800 吨)〈P2210〉

菲油 R01041701

Phenanthrene oil

用于提炼菲,制造导热油、炭黑等

【生产厂】[鲁]济宁凯模特化工有限公司(3 万吨)〈P2127〉

萘油 R01041801

Naphthalene oil

用于提炼萘

【生产厂】[津]天津市宏业化工厂(1000 吨)〈P1590〉;[鲁]济宁凯模特化工有限公司(1200 吨)〈P2127〉

【使用厂】[冀]河北省曲周县滏南化工有限公司〈P1640〉;[沪]宝山钢铁股份有限公司化工分公司〈P1726〉

焦油溶剂 200 号 R01041901

Tar solvent No. 200

主要用作油基漆的溶剂和稀释剂

【生产厂】[苏]溧阳市诚兴化工有限公司(6000 吨)〈P1863〉

蒽油 R01042001

Anthracene oil

主要用于提取粗蒽、菲、芴、苊、咔唑等产品,也可用于生产炭黑、木材防腐油和杀虫剂等

【生产厂】[冀]石家庄焦化集团有限责任公司〈P1627〉;武安市华神化工有限公司〈P1641〉;永年县恒萘化工有限公司〈P1641〉;河北定州东旭化工有限公司〈P1648〉;[晋]太原市美宏佳化工有限公司〈P1671〉;山西远征化工有限责任公司〈P1680〉;山西潞宝集团公司〈P1674〉;[辽]鞍山市中联化工品有限公司〈P1696〉;[苏]上海梅山企业发展有限公司南京化工实业分公司(5500 吨)〈P1792〉;[鲁]莱芜钢铁股份有限公司焦化厂(4 万吨)〈P2140〉;济宁凯模特化工有限公司(3 万吨)〈P2127〉;济宁市鲁煤化工有限公司〈P2128〉;山东民生煤化工有限公司(1 万吨)〈P2132〉;济宁碳素工业总公司(4 万吨)〈P2129〉;[甘]酒泉钢铁(集团)有限责任公司〈P2357〉

【使用厂】[沪]宝山钢铁股份有限公司化工分公司〈P1726〉;[赣]景德镇市焦化煤气总厂〈P2010〉;[鲁]青州市博奥炭黑有限责任公司〈P2091〉;[豫]濮阳市光璞石化有限责任公司〈P2214〉;[川]攀枝花钢铁集团煤化工公司〈P2322〉

脱晶蒽油 R01042002

De-crystal anthracene oil

用于枕木防腐和加工炭黑原料

【生产厂】[辽]鞍山市中联化工品有限公司〈P1696〉

煤焦油;粗焦油 R01042101

Coal tar;Crude tar

用于进一步加工、提取酚、萘、蒽、沥青等焦油系列化工原料,也用于铺路、燃料、防腐等

【生产厂】[津]天津市天铁炼焦化工有限公司(5 万吨)〈P1605〉;[冀]石家庄焦化集团有限责任公司(4 万吨)〈P1627〉;邢台旭阳焦化有限公司(3 万吨)〈P1644〉;邯郸市兴泰焦化有限责任公司(4000 吨)〈P1639〉;武安市华神化工有限公司〈P1641〉;邯郸市萘王炭黑化工有限公司(10 吨)〈P1638〉;永年县恒萘化工有限公司〈P1641〉;河北定州东旭化工有限公司〈P1648〉;[晋]太原市美宏佳化工有限公司〈P1671〉;大土河焦化有限责任公司(3 万吨)〈P1677〉;大同煤矿集团有限责任公司煤气厂(2 万吨)〈P1672〉;临汾市同世达实业有限公司(3 万吨)〈P1678〉;山西永东化工有限公司(20 万吨)〈P1680〉;山西远征化工有限责任公司〈P1680〉;[蒙]通辽市通华蓖麻化工有限责任公司〈P1682〉;[辽]鞍山市惠丰化工有限责任公司〈P1695〉;[黑]哈尔滨煤化工有限公司(4 万吨)〈P1720〉;黑龙江黑化集团有限公司〈P1722〉;[沪]上海高特化工有限公司〈P1734〉;[苏]上海梅山企业发展有限公司南京化工实业分公司(10 万吨)〈P1792〉;[皖]安徽淮化集团有限公司〈P1976〉;[闽]福建省三明市三钢煤化工有限公司(3600 吨)〈P1995〉;[鲁]济南钢铁集团总公司焦化厂(5 万吨)〈P2021〉;山东金能煤炭气化有限公司(5 万吨)〈P2144〉;山东省桓台县鑫荣化工厂〈P2054〉;淄博安昌化工有限公司〈P2057〉;潍坊振兴焦化有限公司(4 万吨)〈P2107〉;莱芜钢铁股份有限公司焦化厂(13 万吨)〈P2140〉;莱芜市雅鲁生化有限公司〈P2141〉;肥城泰山焦

化有限公司(2万吨)〈P2135〉;山东鲁岳化工有限公司(2000吨)〈P2136〉;兖矿科蓝煤焦化有限公司(9万吨)〈P2133〉;山东民生煤化工有限公司(6万吨)〈P2132〉;青岛钢铁公司兖州焦化厂(5万吨)〈P2129〉;济宁碳素工业总公司(25万吨)〈P2129〉;兖州矿区焦化厂(7万吨)〈P2134〉;山东海化煤业化工有限公司(7万吨)〈P2077〉;山东省滕州瑞达焦化有限公司(3万吨)〈P2077〉;[豫]豫港(济源)焦化集团有限公司(10万吨)〈P2198〉;安阳钢铁股份有限公司焦化厂(10万吨)〈P2208〉;安阳县西北化工厂(600吨)〈P2210〉;偃师市商城树脂厂(5000吨)〈P2189〉;[川]攀枝花钢铁集团煤化工公司(250万吨)〈P2322〉;绵阳燃气集团公司涪江钢铁公司(5000吨)〈P2330〉;[甘]酒泉钢铁(集团)有限责任公司〈P2357〉

【使用厂】[冀]唐山市化学厂〈P1636〉;[晋]山西新华化工厂〈P1670〉;[沪]上海造漆厂〈P1777〉;宝山钢铁股份有限公司化工分公司〈P1726〉;[苏]徐州华辰胶带有限公司〈P1795〉;常州市武进临川化工有限公司〈P1854〉;[皖]安徽省蚌埠橡胶有限公司〈P1975〉;[赣]景德镇市焦化煤气总厂〈P2010〉;[鲁]青州市博奥炭黑有限责任公司〈P2091〉;莱芜市福泉橡胶有限公司〈P2140〉;青岛玖琦精细化工有限责任公司〈P2039〉;[豫]开封再生胶厂〈P2179〉;河南天宏焦化(集团)有限责任公司〈P2191〉;长葛市兴华化工厂〈P2217〉;[川]达州市大竹玖源化工有限公司〈P2335〉;中橡集团炭黑工业研究设计院〈P2321〉;[新]新疆塔里木炭黑有限责任公司〈P2366〉

乙烯焦油 R01042191

Ethylene tar

可用于生产炭黑原料,也用作锅炉燃料

【生产厂】[苏]中国石化扬子石油化工股份有限公司〈P1792〉;[新]中国石油天然气股份有限公司独山子石化分公司〈P2365〉

【使用厂】[沪]上海金环石油萘开发有限公司〈P1744〉;[赣]景德镇市焦化煤气总厂〈P2010〉;[鲁]青岛玖琦精细化工有限责任公司〈P2039〉;[豫]濮阳市光璞石化有限责任公司〈P2214〉;[新]新疆塔里木炭黑有限责任公司〈P2366〉

燃料油 R01042301

Fuel oil

用作工业燃料

【生产厂】[京]中国蓝星(集团)总公司〈P1568〉;[津]天津鑫泰石油化工有限公司(3万吨)〈P1616〉;蓝星石化有限公司天津分公司(20万吨)〈P1569〉;[冀]武安市华神化工有限公司〈P1641〉;河北省大港石化有限责任公司〈P1655〉;考伯斯(中国)炭素化工有限公司〈P1635〉;[辽]沈阳石蜡化工有限公司〈P1687〉;辽阳市宏伟区欣欣化工有限公司〈P1711〉;营口市群英化工有限公司〈P1705〉;中国石油天然气股份有限公司大连西太平洋有限公司〈P1695〉;盘锦汇源溶剂油助剂厂〈P1706〉;锦西炼化渤海集团公司〈P1703〉;[黑]哈尔滨煤化工有限公司(3万吨)〈P1720〉;大庆开发区中益石化添加剂有限公司〈P1722〉;[沪]中国石油化工股份有限公司上海高桥分公司〈P1780〉;上海炼油厂(3万吨)〈P1751〉;中国石化上海石油化工股份有限公司〈P1780〉;[苏]镇江市润州染料化工厂(600吨)〈P1845〉;[浙]嘉兴市八字长安油脂化工厂〈P1941〉;[鲁]山东恒源石油化工集团有限公司〈P2144〉;淄博文盛化工有限公司〈P2074〉;山东陆海石化有限公司〈P2053〉;淄博市临淄育发化工厂〈P2070〉;淄博安昌化工有限公司〈P2057〉;山东垦利石化有限责任公司(50万吨)〈P2085〉;潍坊弘润石化助剂有限公司〈P2102〉;潍坊天洁环保科技有限公司(1万吨)〈P2105〉;青州红星化工有限公司(1000吨)〈P2090〉;中国石化集团青岛石油化工有限责任公司〈P2048〉;青岛安邦炼化有限公司(100万吨)〈P2032〉;济宁市鲁煤化工有限公司(1000吨)〈P2128〉;山东定陶友帮化工有限公司〈P2159〉;山东东明石化集团有限公司〈P2159〉;[豫]安阳县西北化工厂〈P2210〉;偃师市商城树脂厂(5000吨)〈P2189〉;[湘]中国石化长岭炼油化工有限责任公司〈P2254〉;[粤]广州经济技术开发区飞天高级润滑油厂〈P2262〉;[滇]云南解化集团有限公司(1万吨)〈P2345〉;[陕]陕西延长石油(集团)有限责任公司永坪炼油厂〈P2353〉;[新]中国石油化工股份有限公司塔河分公司〈P2366〉

焦化重油 R01042401

Coking heavy oil

【生产厂】[沪]宝山钢铁股份有限公司化工分公司〈P1726〉

酚油 R01042501

Phenol oil

用于提取酚和吡啶碱,洗后酚油用于制取古马隆茚树脂

【生产厂】[冀]石家庄焦化集团有限责任公司〈P1627〉;[鲁]莱芜钢铁股份有限公司焦化厂(2200吨)〈P2140〉;济宁市鲁煤化工有限公司〈P2128〉;[豫]安阳钢铁股份有限公司焦化厂〈P2208〉

中温沥青 R01050101

Medium temperature pitch

用作炭素制品原料、油毡涂料、耐火材料黏合剂等

【生产厂】[津]天津市铁中煤化有限公司(10万吨)〈P1605〉;[冀]考伯斯(中国)炭素化工有限公司〈P1635〉;河北定州东旭化工有限公司〈P1648〉;[晋]山西潞宝集团公司〈P1674〉;[辽]辽阳市宏伟区欣欣化工有限公司〈P1711〉;[苏]上海梅山企业发展有限公司南京化工实业分公司〈P1792〉;[鲁]鲍山化工厂〈P2020〉;济南钢铁集团总公司焦化厂(3万吨)〈P2021〉;济宁市鲁煤化工有限公司〈P2128〉;山东民生煤化工有限公司(2万吨)〈P2132〉;[豫]安阳钢铁股份有限公司焦化厂(1万吨)〈P2208〉

【使用厂】[川]攀枝花钢铁集团煤化工公司〈P2322〉

电极沥青 R01050301

Asphalt used for electrode

主要用作电极黏合剂、冶炼沥青焦,还用于制作电池、耐火材料、建筑油毡等

【生产厂】[津]天津市铁中煤化有限公司(1万吨)〈P1605〉;[冀]石家庄焦化集团有限责任公司〈P1627〉;[苏]上海梅山企业发展有限公司南京化工实业分公司〈P1792〉;[鲁]山东民生煤化工有限公司〈P2132〉

沥青 R01050601

Asphalt;Bitumen

用于制沥青制品,也用在建筑业方面

【生产厂】[京]中国蓝星(集团)总公司〈P1568〉;[冀]邯郸市蔡王炭黑化工有限公司〈P1638〉;永年县恒蔡化工有限公司〈P1641〉;河北省大港石化有限责任公司〈P1655〉;[辽]盘锦昂由沥青有限公司(20万吨)〈P1706〉;[沪]上海东岛碳素化工有限公司〈P1732〉;上海久聚高分子材料有限公司〈P1746〉;[鲁]济南华泰隆化工有限公司(5000吨)〈P2022〉;山东恒源石油化工集团有限公司〈P2144〉;山东陆海石化有限公司〈P2053〉;山东滨化集团有限责任公司(70万吨)〈P2155〉;山东东方华龙集团公司(60万吨)〈P2084〉;青州市振华化工有限公司(20万吨)〈P2093〉;青州红星化工有限公司(1000吨)〈P2090〉;青岛广源发集团有限公司(120万吨)〈P2035〉;兖矿科蓝煤焦化有限公司(1万吨)〈P2133〉;兖州矿区焦化厂(2万吨)〈P2134〉;

R

［新］中国石油天然气股份有限公司克拉玛依石化分公司(30 万吨)〈P2365〉；中国石油化工股份有限公司塔河分公司(4 万吨)〈P2366〉

【使用厂】［冀］唐山市化学厂〈P1636〉；［苏］常州光辉化工有限公司〈P1847〉；苏州吴中前进有机化工有限公司〈P1907〉；上海梅山企业发展有限公司南京化工实业分公司〈P1792〉；［鲁］济南鲁联集团橡胶制品有限公司〈P2023〉；山东新汉邦化工科技有限公司〈P2030〉；济南长城炼油厂〈P2020〉；胜利油田大明新型建筑防水材料有限责任公司〈P2087〉；新汶矿业集团有限责任公司〈P2139〉；山东圣世达化工有限责任公司〈P2055〉；［豫］郑州双塔涂料有限公司〈P2174〉；新乡市东风化工有限责任公司〈P2204〉；焦作市中州炭素有限责任公司〈P2197〉；［渝］重庆长寿化工有限责任公司〈P2304〉；［川］攀枝花荣鑫油漆有限责任公司〈P2322〉

石油沥青　R01050602

Petroleum pitch

用于道路及建筑工程，可以制造油毡纸等防水材料

【生产厂】［辽］盘锦昂由沥青有限公司〈P1706〉；［沪］上海炼油厂〈P1751〉；［苏］泰州市海力化工有限公司(4 万吨)〈P1827〉；［浙］中国石化镇海炼油化工股份有限公司〈P1936〉；［鲁］中国石油化工股份有限公司济南分公司(5 万吨)〈P2031〉

【使用厂】［辽］沈阳船牌制漆有限公司〈P1685〉；［皖］马鞍山市康华化工有限公司〈P1977〉；［鲁］济南泰山金鹏涂料有限公司〈P2025〉；山东梁山蓝天化工有限公司〈P2131〉；山东奔腾漆业有限公司〈P2130〉

改质沥青；改性沥青　R01050603

Modified pitch

主要用于制造碳素制品、耐火材料

【生产厂】［京］北京市大禹王建设工程防水集团〈P1559〉；［冀］石家庄焦化集团有限责任公司〈P1627〉；河北定州东旭化工有限公司〈P1648〉；［晋］山西焦化股份有限公司〈P1678〉；山西远征化工有限责任公司〈P1680〉；［辽］辽宁佳兴鸿泰石油化工有限公司〈P1703〉；中国石油天然气股份有限公司大连西太平洋有限公司〈P1695〉；［苏］上海梅山企业发展有限公司南京化工实业分公司(2 万吨)〈P1792〉；中油销售江苏有限公司兴能沥青厂(8 万吨)〈P1889〉；［浙］中国石化镇海炼油化工股份有限公司〈P1936〉；［鲁］淄博安昌化工有限公司〈P2057〉；山东民生煤化工有限公司(2 万吨)〈P2132〉；［甘］酒泉钢铁(集团)有限责任公司〈P2357〉

焦化沥青　R01050606

Coking asphalt

【生产厂】［鲁］潍坊弘润石化助剂有限公司〈P2102〉；［豫］长葛市虹美绝缘材料厂(120 吨)〈P2217〉

植物沥青；黑脚　R01050651

Vegetable pitch

用于铸造等行业

【生产厂】［苏］兴化市伟业植物油脂厂〈P1828〉；［闽］福建省沙县嘉利化工有限公司〈P1995〉；福建省永安风帆精细化工有限公司〈P1995〉；［赣］江西省宜春远大化工有限公司〈P2016〉；［鲁］莘县科力恒油脂化学有限公司〈P2154〉；山东省昌乐县金海特种油脂厂〈P2097〉；潍坊市大明化工有限公司〈P2104〉；［湘］湘潭市昭山旅游经贸开发区油脂化工厂(2500 吨)〈P2251〉；［川］四川西普化工股份有限公司(1800 吨)〈P2331〉

低荧光防塌沥青；低荧光白沥青　R01050691

Low-fluorescence anti-collapse asphaltum

【生产厂】［黑］牡丹江市华新化工助剂有限责任公司〈P1723〉；［豫］郑州豫华助剂有限公司〈P2175〉

低温沥青；软沥青　R01050701

Low temperature pitch; Soft pitch

用于筑路、防水、木材防腐等

【生产厂】［沪］宝山钢铁股份有限公司化工分公司(15 万吨)〈P1726〉；［鲁］鲍山化工厂〈P2020〉

建筑石油沥青　R01050901

Petroleum asphalt for building

在建筑工程方面用作屋面和地下防水的胶接料、涂料、油毡等

【生产厂】［鲁］山东华星石油化工集团有限公司〈P2085〉；［新］中国石油天然气股份有限公司克拉玛依石化分公司〈P2365〉

高温沥青；硬沥青　R01051601

Hard pitch; High temperature pitch

用于生产油毡、沥青焦、电极沥青等

【生产厂】［辽］鞍山市中联化工品有限公司〈P1696〉；［苏］中国石化扬子石油化工股份有限公司〈P1792〉；［鲁］鲍山化工厂〈P2020〉；［豫］巩义市神都耐材有限公司〈P2164〉

焦炭；冶金焦　R01051701

Coke

用于冶炼、铸造、合成氨、造气等

【生产厂】［津］天津市天铁炼焦化工有限公司(200 万吨)〈P1605〉；［冀］石家庄焦化集团有限责任公司〈P1627〉；河北省平山县焦酸厂(70 万吨)〈P1621〉；邢台旭阳焦化有限公司(70 万吨)〈P1644〉；邯郸市兴泰焦化有限责任公司(10 万吨)〈P1639〉；河北旭阳焦化有限公司(100 万吨)〈P1649〉；［晋］大土河焦化有限责任公司(100 万吨)〈P1677〉；山西禹王煤炭气化有限公司(120 吨)〈P1676〉；临汾市同世达实业有限公司(100 万吨)〈P1678〉；山西焦化股份有限公司〈P1678〉；［黑］黑龙江黑化集团有限公司〈P1722〉；［苏］上海梅山企业发展有限公司南京化工实业分公司(150 万吨)〈P1792〉；［皖］安徽淮化集团有限公司(28 万吨)〈P1976〉；［赣］景德镇市焦化煤气总厂〈P2010〉；［鲁］济南钢铁集团总公司焦化厂(200 万吨)〈P2021〉；山东金能煤炭气化有限公司(60 万吨)〈P2144〉；潍坊振兴焦化有限公司(70 万吨)〈P2107〉；莱芜钢铁股份有限公司焦化厂(420 万吨)〈P2140〉；肥城泰山焦化有限公司(30 万吨)〈P2135〉；济宁市鲁煤化工有限公司(1500 吨)〈P2128〉；山东民生煤化工有限公司(60 万吨)〈P2132〉；青岛钢铁公司兖州焦化厂(70 万吨)〈P2129〉；兖州矿区焦化厂(218 万吨)〈P2134〉；山东海化煤业化工有限公司(120 万吨)〈P2077〉；山东省滕州瑞达焦化有限公司(60 万吨)〈P2077〉；［豫］豫港(济源)焦化集团有限公司(150 万吨)〈P2198〉；安阳钢铁股份有限公司焦化厂(200 万吨)〈P2208〉；河南天宏焦化(集团)劳动服务公司(1 万吨)〈P2191〉；平顶山矿务局五矿焦化厂(6 万吨)〈P2191〉；平顶山市第四焦化厂(8 万吨)〈P2191〉；河南省汝州天泽焦化有限公司(3 万吨)〈P2191〉；［川］攀枝花钢铁集团煤化工公司(300 万吨)〈P2322〉；绵阳燃气集团公司涪江钢铁公司(11 万吨)〈P2330〉；［宁］宁夏兴平精细化工股份有限公司(16 万吨)〈P2361〉

【使用厂】［京］北京市欣奕搏瑞化工厂〈P1561〉；［冀］石家庄化工化纤有限公司〈P1626〉；石家庄化肥集团有限责任公司〈P1626〉；［晋］山西省原平市化工有限责任公司〈P1676〉；河曲县秦阳化工有限公司〈P1676〉；［蒙］内蒙古

乌海市丰源化工有限责任公司〈P1681〉;[辽]大化集团大连化工股份有限公司〈P1690〉;[黑]哈尔滨华尔化工有限公司〈P1720〉;齐齐哈尔电化厂〈P1722〉;牡丹江市顺达电石有限责任公司〈P1724〉;牡丹江鸿利化工有限责任公司〈P1723〉;[沪]上海吴泾化工有限公司〈P1770〉;中外合资上海大宇生化有限公司〈P1780〉;[苏]江苏金浦北方氯碱化工有限公司〈P1793〉;中国石化南京化学工业有限公司连云港碱厂〈P1801〉;江苏省靖江市金囤农化有限公司〈P1822〉;[皖]合肥东风化工总厂〈P1972〉;安徽省阜南县化工总厂〈P1983〉;[闽]福建纺织化纤集团有限公司〈P1994〉;[赣]江西化纤化工有限责任公司〈P2010〉;江西赣北化工厂〈P2012〉;[鲁]潍坊潍泰化工有限公司〈P2106〉;枣庄联力铁合金有限公司〈P2080〉;山东联盟化工集团有限公司〈P2096〉;山东华阳农药化工集团有限公司〈P2136〉;山东齐鲁乙烯化工股份有限公司〈P2054〉;淄博锦川洪峰化工有限公司〈P2063〉;寿光市恒通化工有限公司〈P2100〉;[豫]开封市电石厂〈P2177〉;平顶山飞行化工(集团)有限责任公司〈P2191〉;洛阳泰和实业总公司〈P2187〉;河南省孟津县磷肥厂〈P2180〉;三门峡化工厂〈P2221〉;焦作市中州炭素有限责任公司〈P2197〉;河南神马尼龙化工有限责任公司〈P2191〉;[鄂]湖北兴发化工集团股份有限公司〈P2241〉;[湘]株洲选矿药剂厂〈P2250〉;湖南省湘维有限公司〈P2257〉;[桂]广西柳州东风化工有限责任公司〈P2297〉;广西玉林化肥厂〈P2301〉;广西维尼纶集团有限责任公司〈P2302〉;[渝]重庆川东化工(集团)有限公司〈P2304〉;[川]四川省金路树脂有限公司〈P2327〉;四川绵竹汉旺黄磷有限责任公司〈P2327〉;[黔]贵州水晶化工股份有限公司〈P2337〉;贵州磷酸盐厂〈P2337〉;贵州宏福实业开发有限总公司〈P2338〉;贵州省遵义碱厂盘县红果化工分厂〈P2337〉;黔南州华林磷业有限责任公司〈P2338〉;贵州省惠水黄磷厂〈P2338〉;[滇]云南昆阳磷肥厂有限公司〈P2341〉;云南金星化工有限公司〈P2345〉;云南解化集团有限公司〈P2345〉;云南东风化工有限公司〈P2345〉;云南华盛化工有限公司〈P2344〉;云南华宁华电磷业有限责任公司〈P2343〉;云南磷化集团有限公司昆阳磷矿〈P2341〉;云南省富民县磷酸盐总厂〈P2341〉;河口县磷酸盐厂〈P2345〉;云南省昆阳磷都钙镁磷肥厂〈P2341〉;云南磷肥工业有限公司〈P2341〉;云南云维集团有限公司〈P2343〉;[陕]陕西省礼泉化工厂〈P2352〉;[甘]甘肃古浪氰胺有限责任公司〈P2356〉;永登县电石厂〈P2356〉;[新]乌鲁木齐环鹏有限公司〈P2363〉

活性焦 R01051751

Active coke

用于电厂烟道气、城市煤气、二氧化硫的脱硫

【生产厂】[豫]河南省长葛市华旗活性炭有限公司(2000 吨)〈P2217〉

道路石油沥青 R01051901

Petroleum asphalt for road

用于铺路及屋面工程黏合剂等

【生产厂】[鲁]山东石大科技集团有限公司(10 万吨)〈P2086〉;山东华星石油化工集团有限公司〈P2085〉;[新]中国石油天然气股份有限公司乌鲁木齐石油化工总厂〈P2365〉;新疆独山子天利高新技术股份有限公司(7 万吨)〈P2365〉

筑路油;柏油;软煤沥青 R01052001

Road oil;Road tar

用于铺筑路面,也作液体燃料

【生产厂】[晋]太原市美宏佳化工有限公司〈P1671〉;[苏]上海梅山企业发展有限公司南京化工实业分公司(6 万吨)〈P1792〉

煤沥青;煤焦油沥青 R01052201

Coal tar pitch

主要用于铺路防水、油毡涂料、耐火材料的黏合剂,并可作为燃料及炭黑的原料

【生产厂】[晋]太原市美宏佳化工有限公司〈P1671〉;山西焦化股份有限公司(6 万吨)〈P1678〉;[辽]鞍山市中联化工品有限公司〈P1696〉;鞍钢实业化工公司〈P1695〉;[沪]宝山钢铁股份有限公司化工分公司(6 万吨)〈P1726〉;[鲁]淄博矿业集团有限责任公司(1000 吨)〈P2064〉;莱芜钢铁股份有限公司焦化厂(6 万吨)〈P2140〉;济宁市鲁煤化工有限公司(5000 吨)〈P2128〉;济宁碳素工业总公司(8 万吨)〈P2129〉;[豫]安阳钢铁股份有限公司焦化厂(2 万吨)〈P2208〉

【使用厂】[辽]沈阳船牌制漆有限公司〈P1685〉;[豫]郑州沃原化工股份有限公司〈P2174〉;[川]成都蓉光炭素股份有限公司〈P2313〉

褐煤蜡;蒙旦蜡 R01052501

Montan wax

用于日用化工、印染等行业

【生产厂】[冀]河北省阜城县码头镇司庄蜡厂〈P1664〉;河北沧州金祥蜡业有限公司〈P1654〉;河北东光果园天然蜂蜡有限公司〈P1654〉

磺化沥青 R01052701

Sulfonated pitch

【生产厂】[豫]郑州豫华助剂有限公司〈P2175〉;濮阳合力化工厂(500 吨)〈P2213〉

乳化沥青 R01052801

Emulsified pitch

用于建筑防水工程

【生产厂】[京]北京市大禹王建设工程防水集团〈P1559〉;[辽]大连市建筑防水材料厂〈P1693〉;[苏]中油销售江苏有限公司兴能沥青厂(3 万吨)〈P1889〉;[皖]铜陵市陵阳化工有限责任公司〈P1978〉

重交沥青;重道路沥青;繁重交通道路沥青 R01052901

Heavy road bitumen

高速公路专用

【生产厂】[辽]辽宁佳兴鸿泰石油化工有限公司(200 万吨)〈P1703〉;[苏]中油销售江苏有限公司兴能沥青厂〈P1889〉;[鲁]东营石油化工厂(10 万吨)〈P2081〉;潍坊弘润石化助剂有限公司〈P2102〉;青岛安邦炼化有限公司(120 万吨)〈P2032〉;山东东明石化集团有限公司(50 万吨)〈P2159〉;[豫]中国石化集团公司中原石化公司(50 万吨)〈P2216〉;[新]中国石油天然气股份有限公司克拉玛依石化分公司〈P2365〉

道路沥青 R01052902

Road asphalt

用于道路铺装

【生产厂】[辽]台安华油化工厂〈P1697〉;中国石油天然气股份有限公司大连西太平洋有限公司〈P1695〉;[鲁]齐鲁石化公司胜利炼油厂〈P2051〉;山东万通石油化工集团有限公司〈P2086〉;山东正和集团股份有限公司(60 万吨)〈P2087〉;青岛广源发集团有限公司(60 万吨)〈P2035〉

建筑沥青 R01053001

Building bitumen

用于建筑屋面和地下防水的胶结料及制造涂料、油毡、油纸和防腐材料等

【生产厂】[辽]锦州石化精细化工有限责任公司〈P1702〉;中国石油天然气股份公司锦州石化分公司(5万吨)〈P1702〉;中国石油锦西炼油化工总厂〈P1703〉;[鲁]济南长城炼油厂〈P2020〉;淄博津溶化工有限公司(5000吨)〈P2063〉;山东万通石油化工集团有限公司〈P2086〉;山东正和集团股份有限公司(10万吨)〈P2087〉;山东联盟化工集团有限公司(10万吨)〈P2096〉;[桂]中油广西田东石油化工总厂有限公司(1万吨)〈P2302〉;[新]中国石油天然气股份有限公司乌鲁木齐石油化工总厂〈P2365〉;新疆独山子天利高新技术股份有限公司(5万吨)〈P2365〉

石油焦;延迟石油焦;生焦;油焦 R01053101

Petroleum coke

主要用于制造石墨电极、炭素、碳化硅、碳化钙等的原料,也可以直接用于冶炼、铸锻工艺作燃料

【生产厂】[冀]河北省大港石化有限责任公司〈P1655〉;[辽]辽宁佳兴鸿泰石油化工有限公司〈P1703〉;中国石油锦西炼油化工总厂〈P1703〉;[沪]中国石油化工股份有限公司上海高桥分公司〈P1780〉;上海炼油厂〈P1751〉;中国石化上海石油化工股份有限公司〈P1780〉;[浙]中国石化镇海炼油化工股份有限公司(80万吨)〈P1936〉;[鲁]中国石油化工股份有限公司济南分公司(15万吨)〈P2031〉;淄博联兴炭素有限公司(10万吨)〈P2065〉;山东东明石化集团有限公司(24万吨)〈P2159〉;[新]中国石油天然气股份有限公司乌鲁木齐石油化工总厂〈P2365〉;中国石油天然气股份有限公司独山子石化分公司〈P2365〉;中国石油天然气股份有限公司克拉玛依石化分公司〈P2365〉;中国石油化工股份有限公司塔河分公司〈P2366〉

【使用厂】[闽]龙岩万安信和硅业有限公司〈P2007〉;[鲁]枣庄联力铁合金有限公司〈P2080〉;山东中舜科技发展有限公司〈P2056〉;[豫]郑州沃原化工股份有限公司〈P2174〉;焦作市中州炭素有限责任公司〈P2197〉;[川]成都蓉光炭素股份有限公司〈P2313〉

柔性石墨材料 R01053501

Soft graphite material

用于化工、机械制造等行业

【生产厂】[冀]河北亨达密封材料有限公司〈P1654〉;[苏]江苏省扬中市通宇氟塑制品有限公司〈P1842〉;江苏扬中市液压密封件厂有限公司〈P1842〉;扬中市新洋密封件有限公司〈P1843〉;[浙]中德合资慈溪博格曼密封材料有限公司〈P1936〉;[鲁]滨州双峰石墨密封材料有限公司(1200吨)〈P2154〉;青岛黑龙石墨有限公司〈P2036〉

石墨制品 R01053601

Graphite products

【生产厂】[冀]石家庄炭素有限公司〈P1633〉;[浙]慈溪市恒立密封材料有限公司〈P1929〉;宁波宇联密封件有限公司〈P1934〉;[鲁]青岛海达石墨有限公司(300吨)〈P2035〉;[豫]焦作市中州炭素有限责任公司(200吨)〈P2197〉

石油沥青纸胎油毡 R02010101

Petroleum asphalt paper base oiling pad

【生产厂】[沪]上海建筑防水材料(集团)公司〈P1743〉;[赣]江西玉龙防水材料厂〈P2009〉;[新]中国石油天然气股份有限公司乌鲁木齐石油化工总厂〈P2365〉

双萜烯;松残 R02010401

Diterpenes

用作选矿剂或作溶剂油

【生产厂】[沪]上海华谊集团华原化工有限公司〈P1739〉;上海高特化工有限公司〈P1734〉;[桂]广西梧州松脂股份有限公司〈P2300〉

异松油烯;红樟油 R02010701

Terpinolene

用作各种工业溶剂

【生产厂】[苏]苏州合成化工有限公司〈P1900〉;[赣]江西省吉水县宏达天然香料有限公司〈P2018〉

松节油 R02011201

Turpentine oil

主要用于合成樟脑和冰片、合成香料、萜烯树脂等,医药上用作透皮促进剂、杀菌消毒剂

【生产厂】[皖]祁门县林产化工厂〈P1982〉;祁门县芦溪化工厂〈P1982〉;[闽]福建省顺昌县林产化工厂(500吨)〈P2004〉;福建省将乐县振业林产化工有限公司(1200吨)〈P1994〉;福建省德化县龙津林化有限公司(240吨)〈P1998〉;三明市梅列区第三化工厂〈P1996〉;福建省永安风帆精细化工有限公司〈P1995〉;[赣]江西省吉水县宏达天然香料有限公司〈P2018〉;江西省吉水县金康天然香料厂〈P2018〉;江西省吉水县康神天然药用油提炼厂〈P2018〉;江西省吉水县水南药用百草油提炼厂〈P2019〉;江西省吉水县同仁天然药用油厂〈P2019〉;江西省吉水药用提炼厂〈P2019〉;江西省吉水三达天然药用香料油厂〈P2018〉;江西省吉安市林源香料公司〈P2018〉;[湘]湖南尔康制药有限公司〈P2248〉;[桂]广西南宁科森林产化工有限公司(1300吨)〈P2296〉;[黔]施秉县富旺松香厂〈P2338〉

【使用厂】[津]天津市风船化学试剂科技有限公司〈P1586〉;天津市耀华红日油漆有限公司〈P1610〉;[冀]石家庄市有机化工厂〈P1632〉;[辽]铁岭选矿药剂厂〈P1713〉;[沪]上海华谊集团华原化工有限公司〈P1739〉;[苏]常州光辉化工有限公司〈P1847〉;苏州合成化工有限公司〈P1900〉;[浙]浙江龙鑫化工有限公司〈P1970〉;[闽]建阳市青松化工有限公司〈P2005〉;福建欣诺日化有限公司〈P1988〉;福建华瑞化工有限公司〈P2002〉;[鲁]淄博市博山吉利浮选剂厂〈P2067〉;淄博元兴化工有限公司〈P2075〉;[豫]三门峡市峡威化工有限公司〈P2222〉;[桂]广西梧州松脂股份有限公司〈P2300〉

松油 R02011301

Pine oil

用作选矿剂、纺织工业脱脂剂、印染助剂、杀菌剂等

【生产厂】[闽]福建欣诺日化有限公司(1400吨)〈P1988〉;福建省永安风帆精细化工有限公司〈P1995〉;[赣]江西省吉水县宏达天然香料有限公司〈P2018〉;[鲁]青岛加华化工有限公司(500吨)〈P2038〉

【使用厂】[皖]铜陵有色金属(集团)公司〈P1979〉;[鲁]乳山市金华集团有限公司〈P2123〉

松香;熟松香 R02011501

Colophong;Rosin

用于制皂、造纸、油墨、油漆等工业

【生产厂】[沪]上海高特化工有限公司〈P1734〉;[苏]镇江市天龙化工有限公司〈P1846〉;[皖]蚌埠市淮河橡胶助剂厂〈P1975〉;祁门县林产化工厂〈P1982〉;祁门县芦溪化工厂〈P1982〉;[闽]福建省建瓯福农化工有限公司〈P2003〉;福建省顺昌县林产化工厂(2000吨)〈P2004〉;福建省浦城林产化工总厂〈P2004〉;建阳市青松化工有限公司(3000吨)

〈P2005〉;福建省德化县龙津林化有限公司(2000 吨)〈P1998〉;三明市梅列区第三化工厂(1000 吨)〈P1996〉;福建省清流县鸿翔化工有限公司(100 吨)〈P1995〉;福建省永安风帆精细化工有限公司〈P1995〉;[鲁]青州市海光化工有限公司(80 吨)〈P2092〉;[粤]广东德庆基原合成树脂有限公司(1000 吨)〈P2294〉;[桂]广西南宁科森林产化工有限公司〈P2296〉;广西桂林化工厂〈P2298〉;广西梧州松脂股份有限公司〈P2300〉;[黔]施秉县富旺松香厂〈P2338〉

【使用厂】[津]天津市创新有机化工厂〈P1582〉;[冀]深州市天翔化工有限公司〈P1669〉;[辽]大化集团大连油漆厂〈P1690〉;沈阳船牌制漆有限公司〈P1685〉;[沪]上海南大化工厂〈P1754〉;上海家具涂料厂〈P1742〉;上海市大场化工厂〈P1763〉;[苏]徐州华辰胶带有限公司〈P1795〉;江都市合成树脂厂〈P1814〉;常州光辉化工有限公司〈P1847〉;苏州特种化学品有限公司〈P1906〉;常熟市颜料化工厂有限公司〈P1891〉;盐城美丽雅漆业有限公司〈P1810〉;[闽]龙岩市三友化工有限公司〈P2007〉;福建南平瀚森化工有限公司〈P2003〉;福建省宁化县利丰化工有限公司〈P1994〉;[鲁]济南泰山金鹏涂料有限公司〈P2025〉;济南鲁联集团橡胶制品有限公司〈P2023〉;山东梁山蓝天化工有限公司〈P2131〉;德州虹桥染料化工有限公司〈P2142〉;济南章城油墨有限公司〈P2027〉;济南台岛化工有限公司〈P2025〉;菏泽仕达化工有限公司〈P2159〉;章丘市三行化工有限公司〈P2031〉;淄博津利精细化工厂〈P2063〉;寿光市曙光助剂厂〈P2100〉;[渝]重庆长寿化工有限责任公司〈P2304〉;[陕]西安北方惠安精细化工有限公司〈P2347〉;陕西宝塔山油漆股份有限公司〈P2352〉

氢化松香　R02011511

Hydrogenated rosin

用于橡胶、食品、医药、电子、造纸、建材等

【生产厂】[沪]上海高特化工有限公司〈P1734〉

浮油松香　R02011521

Pamite;Starex

主要用于造纸、涂料、制皂、胶黏剂

【生产厂】[闽]福建省沙县嘉利化工有限公司〈P1995〉;福建省沙县松川化工有限公司(5000 吨)〈P1995〉

聚合松香　R02011531

Polymerization rosin

主要用于油墨、胶黏剂、油漆、涂料、助焊剂、合成树脂等

【生产厂】[闽]福建省清流县鸿翔化工有限公司(3000 吨)〈P1995〉;[桂]广西桂林化工厂(5000 吨)〈P2298〉

马来松香　R02011541

Maleic rosin

可用作造纸工业的强化施胶剂

【生产厂】[桂]广西桂林化工厂〈P2298〉

精制浅色松香　R02011551

Refine light-color rosin

用于生产电子助焊剂、浅色松香树脂等

【生产厂】[粤]广州科茂化工有限公司〈P2262〉

食用松香　R02011561

Rosin,edible

【生产厂】[闽]福建省宁化县利丰化工有限公司〈P1994〉

聚合松香甘油酯　R02011581

Poly-glycerin rosin ester

【生产厂】[苏]无锡锡成油脂化工有限公司〈P1882〉

松焦油;松馏油　R02011601

Pine tar

用作橡胶软化剂、木材防腐剂、医用防腐剂,也用于矿石浮选、制油毡、油漆、塑料等

【生产厂】[沪]上海高特化工有限公司〈P1734〉;[皖]蚌埠市淮河橡胶助剂厂〈P1975〉;[闽]福建省沙县福利化工厂〈P1995〉;[赣]江西省吉水县华宝天然药用油厂〈P2018〉;江西省吉水县康神天然药用油提炼厂〈P2018〉;江西省南方药物油厂〈P2019〉;江西省吉水三达天然药用香料油厂〈P2018〉;江西省吉水中南天然香料油厂〈P2019〉;[鲁]山东省临邑县碱李化工厂(2000 吨)〈P2145〉

栲胶;单宁树脂胶　R02012001

Tanning extract

用作制革鞣皮剂、锅炉软水剂、造纸染色剂、钻井泥浆处理剂

【生产厂】[豫]南阳天冠生物化工有限责任公司(3000 吨)〈P2225〉

【使用厂】[滇]云南解化集团有限公司〈P2345〉

脂松香　R02012701

Gum rosin

主要用于肥皂、造纸、油墨、涂料、油漆、胶黏剂、橡胶、助焊剂、合成树脂等

【生产厂】[闽]福建省将乐县振业林产化工有限公司(8000 吨)〈P1994〉;龙岩市三友化工有限公司(3000 吨)〈P2007〉;福建省清流县鸿翔化工有限公司(5000 吨)〈P1995〉;福建省宁化县利丰化工有限公司〈P1994〉;福建省沙县嘉利化工有限公司〈P1995〉;[粤]怀集县长林化工有限责任公司(2 万吨)〈P2294〉;[桂]广西桂林化工厂(2 万吨)〈P2298〉

【使用厂】[桂]广西梧州松脂股份有限公司〈P2300〉

脂松节油　R02012801

Gum turpentine

用于涂料、油漆、合成香料、合成樟脑、松油醇、医药工业、合成树脂、浮选油等

【生产厂】[闽]龙岩市三友化工有限公司(500 吨)〈P2007〉;福建省清流县鸿翔化工有限公司(600 吨)〈P1995〉;福建省宁化县利丰化工有限公司(600 吨)〈P1994〉;[桂]广西桂林化工厂(2600 吨)〈P2298〉;广西梧州松脂股份有限公司(4000 吨)〈P2300〉

天然橡胶　R02013001

Natural rubber

是制造轮胎及其他橡胶制品的重要原料

【生产厂】[苏]常熟市海虞橡胶有限公司〈P1890〉;[豫]焦作市韩信粘合剂有限公司(50 吨)〈P2196〉;[滇]云南大互通工贸有限公司〈P2340〉

【使用厂】[津]天津市润通胶管厂〈P1601〉;天津国际联合轮胎橡胶有限公司〈P1572〉;天津市津兆福利橡胶制品厂〈P1595〉;[冀]石家庄第一橡胶股份有限公司〈P1625〉;高碑店市同创橡塑制品有限责任公司〈P1647〉;[辽]沈阳长桥胶带有限公司〈P1684〉;本溪市胶管厂〈P1699〉;[吉]四平市科学技术研究院〈P1717〉;[黑]牡丹江橡胶三厂〈P1724〉;[沪]上海珺璇工贸有限公司〈P1746〉;上海彭浦橡胶制品总厂〈P1755〉;上海百盛橡胶制品有限公司〈P1728〉;[苏]扬州合力橡胶制品有限公司〈P1817〉;姜堰市橡胶厂〈P1824〉;无锡市橡胶厂〈P1880〉;建湖县揽月橡

胶制品有限公司〈P1807〉;常州振华橡胶制品有限公司〈P1858〉;[浙]浙江台州海橡密封件有限公司〈P1968〉;浙江三力士橡胶股份有限公司〈P1951〉;宁波市鄞州虎啸合成化工厂〈P1932〉;[皖]和县晶汇实业有限公司和州橡胶厂〈P1984〉;[闽]厦门正新海燕轮胎有限公司〈P1993〉;福建省邵武市正兴武夷轮胎有限公司〈P2004〉;福建关西化工有限公司〈P1988〉;[鲁]济南三星橡胶有限责任公司〈P2024〉;淄博广源塑胶有限公司〈P2060〉;青岛泰发集团股份有限公司〈P2044〉;青岛振华工业集团有限公司〈P2046〉;烟台泰鸿橡胶有限公司〈P2119〉;文登市三峰轮胎有限公司〈P2127〉;山东泰山轮胎有限公司〈P2136〉;莱芜市福泉橡胶有限公司〈P2140〉;青岛华海环保工业有限公司〈P2037〉;文登市第二橡胶厂〈P2126〉;荣成荣达橡胶制品有限公司〈P2122〉;山东北方现代化学工业有限公司〈P2027〉;龙口兴隆轮胎有限公司〈P2111〉;济宁同利橡胶制品有限责任公司〈P2129〉;青岛东方工业品制造有限公司〈P2033〉;山东成山集团有限公司〈P2123〉;荣成荣鹰橡胶制品有限公司〈P2122〉;潍坊鲁邑橡胶制品有限公司〈P2103〉;淄博创大实业有限公司橡胶制品分公司〈P2058〉;青岛国人科技股份有限公司〈P2035〉;山东景阳岗软管总厂〈P2153〉;蓬莱市宏光橡胶制品厂〈P2112〉;山东东大化学工业(集团)公司橡胶厂〈P2052〉;山东驼宝橡胶有限公司〈P2140〉;青岛双星轮胎工业有限公司〈P2043〉;荣成市峰富橡胶有限责任公司〈P2122〉;中国重型汽车集团济南商用车有限公司橡胶密封件厂〈P2031〉;高密密达橡塑制品有限公司〈P2089〉;山东省三利轮胎制造有限公司〈P2160〉;青岛橡六三角带厂〈P2045〉;银河德普胶带有限公司〈P2134〉;山东肥城恒宏橡胶有限公司〈P2135〉;肥城恒宏橡胶有限公司〈P2134〉;荣成市劳保福利橡塑厂〈P2122〉;山东信义集团东营信义橡塑厂〈P2086〉;山东临朐恒达化工建材厂〈P2096〉;青岛柯丽亚(韩国)胶带有限公司〈P2039〉;山东临朐万和橡胶制品有限公司〈P2096〉;[豫]中国神马集团橡胶轮胎有限责任公司〈P2192〉;安阳市第二橡胶厂〈P2208〉;郑州力威管道设备有限公司〈P2171〉;[粤]广州第二橡胶厂〈P2260〉;广州第十一橡胶厂〈P2260〉;广州市团结橡胶厂有限公司〈P2266〉;广州市宝力轮胎有限公司〈P2263〉;[桂]昊华南方桂林轮胎厂〈P2299〉;曙光橡胶工业研究设计院〈P2300〉;[陕]西安鹰球橡塑有限公司〈P2350〉;西安市精工橡胶制品有限公司〈P2349〉

阿拉伯树胶 R02013051

Gum acacia;Gum arabic

用作胶体稳定剂、乳化剂和胶黏剂

【生产厂】[冀]沧州东方蜂蜡胶业有限公司(60 吨)〈P1651〉;沧州森林蜡业有限公司〈P1652〉;河北沧州金祥蜡业有限公司〈P1654〉;河北省东光隆达天然蜂蜡厂〈P1655〉;[沪]上海威呈化工有限公司〈P1769〉;[鲁]山东润源实业有限公司(2000 吨)〈P2153〉

妥尔油;塔尔油 R02013201

Tall oil

用于制醇酸树脂、阴离子浮选剂、沥青乳化添加剂等

【生产厂】[苏]无锡市恒辉化学有限公司〈P1876〉;[桂]广西南宁科森林产化工有限公司(1000 吨)〈P2296〉

脂松香胺 R02020501

Gum rosin amine

主要用于表面活性剂、木材防腐剂、润滑剂、浮选剂、合成药物、光学活性拆分剂、染料等

【生产厂】[桂]广西桂林化工厂(500 吨)〈P2298〉

磺甲基五倍子单宁酸钠;磺化单宁 R02020801

Sulfonated sodium tannin

用作抗高温水基泥浆钻井降黏剂

【生产厂】[川]成都川峰化学工程有限责任公司(1000 吨)〈P2310〉

脂松香腈 R02020901

Ester rosin nitrile

主要用于制造松香胺,也用于成膜剂的稳定剂和增塑剂,纺织工业的辅助剂,润滑油添加剂等

【生产厂】[桂]广西桂林化工厂(100 吨)〈P2298〉

特种蜡 R03010201

Special type wax

用于热熔胶、高级油墨、电子工业等

【生产厂】[辽]抚顺市通源科技开发研究所〈P1698〉;[沪]中国石油化工股份有限公司上海高桥分公司〈P1780〉;[粤]茂名市科成精细化工有限公司〈P2293〉

地板蜡 R03010302

Floor wax

用于地板的保护

【生产厂】[津]天津港通化工有限公司(400 吨)〈P1572〉;[冀]河北省邢台市绿园日用品厂〈P1642〉;[辽]抚顺市通源科技开发研究所〈P1698〉;[粤]汕头市三峰化工公司〈P2277〉

木材乳化蜡 R03010321

Emulsified wax for wood

用于木材加工处理后防护

【生产厂】[辽]抚顺市通源科技开发研究所〈P1698〉

封口蜡 R03010341

Sealing wax

用于瓶口、纸盒、壳丸蜡等

【生产厂】[冀]河北省阜城县码头镇司庄蜡厂〈P1664〉;沧州东方蜂蜡胶业有限公司(200 吨)〈P1651〉;沧州森林蜡业有限公司〈P1652〉;河北沧州金祥蜡业有限公司〈P1654〉;河北沧州森林蜡业有限公司〈P1654〉;河北东光果园天然蜂蜡有限公司〈P1654〉;河北省东光隆达天然蜂蜡厂〈P1655〉;河北省东光鑫联蜂蜡厂〈P1655〉

虫白蜡;川蜡 R03010371

Chinese insect wax

药用赋形剂,用作药用糖衣片、水蜜丸上光的润滑剂、稳定剂、抛光剂

【生产厂】[冀]河北省阜城县码头镇司庄蜡厂〈P1664〉;河北沧州金祥蜡业有限公司〈P1654〉;河北省东光隆达天然蜂蜡厂〈P1655〉;河北省东光鑫联蜂蜡厂〈P1655〉;河北省东光县霞鑫蜂蜡厂〈P1655〉

棕榈蜡 R03010391

Caranday wax;Palm wax

主要用于柔性涂层、工艺蜡烛等

【生产厂】[冀]河北省阜城县码头镇司庄蜡厂〈P1664〉;河北沧州金祥蜡业有限公司〈P1654〉;河北东光果园天然蜂蜡有限公司〈P1654〉;[浙]上海华源制药浙江凤凰化工分公司〈P1954〉

氢化油；硬化油 R03010401

Hydrogenated oil; Stearic oil

主要用于食品、肥皂、硬脂酸等

【生产厂】[蒙]通辽市通华蓖麻化工有限责任公司(7000 吨)〈P1682〉；[鲁]山东金达双鹏集团有限公司〈P2095〉；山东烟台凯联化工有限公司(1 万吨)〈P2115〉；[豫]河南久玖化工有限公司〈P2165〉；濮阳市溥源化工有限公司(500 吨)〈P2214〉

【使用厂】[沪]上海新华化工厂〈P1772〉；上海制皂有限公司〈P1778〉；[苏]江苏中鼎化学有限公司〈P1895〉；[鲁]青岛红星化工集团有限责任公司〈P2036〉；淄博市鲁川化工有限公司〈P2070〉；淄博市淄川区社会福利五金化工厂〈P2072〉

淀粉 R03010501

Starch

用作药物赋形剂以及食品增稠剂、稳定剂、填充剂等

【生产厂】[冀]河北省高营企业集团公司(15 万吨)〈P1621〉；河北信佳生物淀粉科技有限公司〈P1640〉；[辽]营口奥达制药有限公司〈P1703〉；[浙]湖州展望药业化学有限公司〈P1946〉；海盐六和淀粉化工有限公司(2 万吨)〈P1940〉；[鲁]山东省信祥化工有限公司(30 万吨)〈P2154〉；山东阳谷鲁燕化工有限公司(2000 吨)〈P2154〉；淄博胜宝化工有限公司(5000 吨)〈P2067〉；寿光市明鑫助剂有限责任公司〈P2100〉；山东志达化工有限公司(1500 吨)〈P2078〉；[桂]广西明阳生化科技股份有限公司(3 万吨)〈P2296〉

【使用厂】[京]北京太洋药业有限公司〈P1562〉；[津]天津市天庆化工有限公司〈P1605〉；天津红玫瑰食品有限公司〈P1573〉；[冀]石家庄市有机化工厂〈P1632〉；河北新化股份有限公司〈P1623〉；唐山市玉米生物工程总公司〈P1636〉；[晋]山西侯马平阳制药厂〈P1678〉；[蒙]赤峰制药集团有限责任公司〈P1682〉；[黑]哈药集团制药总厂〈P1721〉；[沪]上海葡萄糖厂〈P1755〉；[苏]江苏丰源生物化工有限公司〈P1807〉；[皖]核工业华东地质局芜湖二七一化工厂〈P1973〉；[闽]厦门群鹭香业有限公司〈P1992〉；[赣]江西制药有限责任公司〈P2009〉；[鲁]山东临朐富源精细化工有限公司〈P2096〉；山东聊城阿华制药有限公司〈P2153〉；山东瑞星化工有限公司〈P2136〉；山东中舜科技发展有限公司〈P2056〉；山东博山制药有限公司〈P2051〉；山东省沂水隆大生物工程有限责任公司〈P2151〉；山东齐发药业有限公司〈P2029〉；烟台只楚药业有限公司〈P2120〉；青州市振华化工有限公司〈P2093〉；青岛市崂山区晓望化工有限公司〈P2042〉；[豫]河南前锋药业科技有限公司〈P2176〉；新郑市纺织助剂化工有限公司〈P2169〉；洛阳奇盛葡萄糖有限公司〈P2182〉；[粤]广州市金珠江化学有限公司〈P2265〉；台山市化学制药有限公司〈P2286〉；[桂]南宁荷花味精有限公司〈P2296〉；[陕]西安北方惠安精细化工有限公司〈P2347〉

变性淀粉 R03010502

Modified starch

用于纺织浆纱、造纸内表施胶、涂布、食品添加剂、医药制片或冲剂、饲料黏合等

【生产厂】[冀]河北信佳生物淀粉科技有限公司〈P1640〉；河北天伟化工有限公司〈P1655〉；徐水县双圆纤维素厂〈P1649〉；[沪]上海申鹤精细化工有限公司〈P1760〉；[苏]盐城市金雨科技有限公司〈P1811〉；[闽]福鼎市天和胶粘剂有限公司(2000 吨)〈P2007〉；厦门绿源泰食品添加剂有限公司〈P1992〉；[赣]江西雨帆化工有限责任公司(6 万吨)〈P2017〉；[鲁]淄博胜宝化工有限公司(5500 吨)〈P2067〉；潍坊恒兴化工有限公司〈P2102〉；青州市晨鸣变性淀粉有限责任公司(4 万吨)〈P2091〉；寿光市明鑫助剂有限责任公司〈P2100〉；烟台颐中精细化工有限公司(1 万吨)〈P2120〉；山东志达化工有限公司(2000 吨)〈P2078〉；枣庄市德宏化工有限公司〈P2080〉；山东享元精细化工有限公司(5 万吨)〈P2078〉；枣庄市翔宇淀粉有限公司(8 万吨)〈P2080〉；[粤]佛山市华昊华丰淀粉有限公司(3000 吨)〈P2287〉；佛山市顺德区高峰淀粉化学有限公司(1000 吨)〈P2288〉；[桂]广西明阳生化科技股份有限公司(5 万吨)〈P2296〉；[渝]重庆澳丰食品添加剂有限公司〈P2303〉

α-淀粉 R03010503

α-Starch

用于水产、食品、石油等行业

【生产厂】[冀]徐水县双圆纤维素厂〈P1649〉；[粤]佛山市华昊华丰淀粉有限公司(2 万吨)〈P2287〉

淀粉改性剂 R03010507

Starch modifier

纺织上浆用

【生产厂】[冀]河北信佳生物淀粉科技有限公司〈P1640〉

水溶性淀粉 R03010551

Starch, water-soluble

【生产厂】[浙]浙江中维药业有限公司〈P1947〉；海盐六和淀粉化工有限公司〈P1940〉；[鲁]曲阜市药用辅料有限公司(800 吨)〈P2130〉；[川]成都宏博实业有限公司〈P2310〉

表面施胶淀粉 R03010571

Surface glue starch

用于胶印书纸、晒图原纸、静电复印纸的表面施胶

【生产厂】[鲁]山东阳谷鲁燕化工有限公司(1500 吨)〈P2154〉；潍坊恒兴化工有限公司〈P2102〉；寿光市明鑫助剂有限责任公司〈P2100〉；[豫]漯河市恒瑞化工有限公司(2 万吨)〈P2220〉

表面喷雾淀粉 R03010591

Surface spraying starch

可明显提高板纸环压强度及层间黏合力

【生产厂】[鲁]潍坊恒兴化工有限公司〈P2102〉

白矿油 R03010601

White mineral oil

用于制造发乳、发油、发蜡、口红、面油、护肤脂等，还用作轻型机械和精密仪表的润滑

【生产厂】[冀]河北斌扬集团山海关万通助剂厂(8000 吨)〈P1637〉；秦皇岛万通精化有限公司〈P1637〉；[粤]佛山市大庆林源化工有限公司〈P2287〉

煤矿低浓度通用乳化油；煤矿支架乳化油 R03010701

Low concentrate emulsion oil for coal mine

主要用于煤矿支架液压系统传动液，也可用作金属切削润滑冷却液

【生产厂】[辽]北宁市闾峰化工厂(1500 吨)〈P1701〉；[鲁]兴隆庄煤矿化工公司〈P2133〉；[豫]鹤壁市前进乳化剂厂(3600 吨)〈P2199〉

棉浆粕 R03010801

Cotton brei pulp

广泛用于黏胶长丝、黏胶短纤维、玻璃纸、羧

基纤维素、高档卫生纸等的生产

【生产厂】[苏]张家港市锦丰轧花剥绒有限责任公司(2万吨)〈P1913〉;甲乙(连云港)粘胶有限公司(6万吨)〈P1797〉;[鲁]山东高密银鹰化纤有限公司〈P2094〉;[豫]新乡白鹭化纤集团有限责任公司(3万吨)〈P2203〉

【使用厂】[苏]常熟市药用辅料有限公司〈P1891〉

油墨矿物油 R03010901

Mineral oil for printing ink

主要用于油墨行业生产油墨

【生产厂】[苏]常熟市周行润达化工厂〈P1892〉

玻璃纤维制品 R03011001

Glass fiber reinforced plastic products

用于石油、化工等行业

【生产厂】[鲁]桓台县果里保温防腐建材厂〈P2049〉;[宁]宁夏兴平精细化工股份有限公司(500吨)〈P2361〉

玻璃纤维布 R03011041

Glass fiber cloth

用于管道包扎、保管材料

【生产厂】[京]北京市通州兴旺玻璃纤维有限公司〈P1561〉;[苏]常州天马集团有限公司(690万米)〈P1857〉;江苏泰兴市维维高分子材料有限公司〈P1822〉;[鲁]莱西市金山化工厂(100万米)〈P2032〉

【使用厂】[津]天津有机化学工业总公司化工防腐设备厂〈P1617〉

玻璃纤维棉;玻璃棉 R03011061

Glass-fiber wool

用作过滤材料或高级隔热材料、吸声材料

【生产厂】[京]北京市昌平兴马保温材料有限公司〈P1558〉;[冀]香河县天宝玻璃棉有限公司(5000吨)〈P1662〉

钨电极 R03020261

Tungsten electrode

【生产厂】[京]北京天龙钨钼科技有限公司〈P1562〉

石墨阳极;石墨碳板 R03020401

Graphite anode

用作氯碱槽电解阳极

【生产厂】[豫]河南省金城碳素厂〈P2194〉

石墨电极 R03020411

Graphite electrode

用于铸造、电炉炼钢、有色冶炼、化工、军工、冶金等

【生产厂】[冀]石家庄炭素有限公司〈P1633〉;石家庄市华南炭素厂〈P1629〉;[晋]山西介休士达炭素有限公司(1万吨)〈P1675〉;[鲁]淄博联兴炭素有限公司〈P2065〉;[豫]焦作市东星炭素有限公司(1万吨)〈P2196〉;焦作市中州炭素有限责任公司(1万吨)〈P2197〉;[川]成都蓉光炭素股份有限公司(1万吨)〈P2313〉;[甘]兰州炭素有限公司(5万吨)〈P2356〉

【使用厂】[鲁]山东赫达股份有限公司〈P2052〉

石墨板材 R03020421

Graphite plate

用作密封材料

【生产厂】[浙]慈溪市恒立密封材料有限公司〈P1929〉;宁波安达防腐材料有限公司〈P1929〉;宁波宇联密封件有限公司〈P1934〉;宁波金杉密封机械有限公司〈P1931〉;[鲁]滨州双峰石墨密封材料有限公司〈P2154〉

石墨垫片 R03020431

Graphite pad

用作法兰连接处的密封垫片

【生产厂】[黑]哈尔滨市永兴密封保温材料厂〈P1720〉;[苏]南京企鹏密封材料有限公司〈P1788〉;无锡市明珠石油化工备件厂〈P1878〉;无锡市胜特石化配件有限公司〈P1879〉;无锡市石化配件厂〈P1879〉;无锡市石化通用件厂〈P1879〉;无锡市锡西化机配件有限公司〈P1880〉;[浙]浙江国泰密封材料股份有限公司〈P1927〉;慈溪市恒立密封材料有限公司〈P1929〉;宁波安达防腐材料有限公司〈P1929〉;宁波宇联密封件有限公司〈P1934〉;中德合资慈溪博格曼密封材料有限公司(100万片)〈P1936〉;宁波亚东化工有限公司〈P1934〉;[鲁]津南大化工厂〈P2049〉;滨州双峰石墨密封材料有限公司〈P2154〉;[粤]广州市东山南方密封件有限公司〈P2263〉;广州市世达密封实业有限公司〈P2266〉

石墨盘根 R03020441

Graphite wire rod

用于密封材料

【生产厂】[冀]保定联星碳化物有限公司〈P1645〉;[苏]江苏省扬中市通宇氟塑制品有限公司〈P1842〉;镇江春环密封件集团有限公司〈P1844〉;无锡市祥健四氟制品有限公司〈P1880〉;[浙]宁波宇联密封件有限公司〈P1934〉;中德合资慈溪博格曼密封材料有限公司(20吨)〈P1936〉;宁波新格兰工贸有限公司〈P1933〉;[鲁]滨州双峰石墨密封材料有限公司〈P2154〉

柔性石墨盘根 R03020442

Soft graphite wire rod

适用于高温、高压下的静态填料密封

【生产厂】[苏]南京企鹏密封材料有限公司〈P1788〉;扬中市红叶管阀密封件有限公司〈P1843〉;[浙]杭州麦克密封材料有限公司〈P1921〉;浙江国泰密封材料股份有限公司〈P1927〉;慈溪市恒立密封材料有限公司〈P1929〉;宁波安达防腐材料有限公司〈P1929〉

聚四氟乙烯石墨盘根 R03020443

Polytetrafluorethylene-graphite wire rod

【生产厂】[苏]无锡市祥健四氟制品有限公司〈P1880〉;[浙]杭州麦克密封材料有限公司〈P1921〉;宁波宇联密封件有限公司〈P1934〉;宁波金杉密封机械有限公司〈P1931〉

碳素纤维盘根;碳纤维盘根 R03020445

Carbon fiber wire rod

用于有腐蚀、高(低)温、高压,含颗粒流体介质在高线速度下的旋转或往复机构的填料密封

【生产厂】[冀]河间市庆丰石棉化工有限公司〈P1656〉;河北亨达密封材料有限公司〈P1654〉;[苏]南京企鹏密封材料有限公司〈P1788〉;江苏省扬中市通宇氟塑制品有限公司〈P1842〉;无锡市祥健四氟制品有限公司〈P1880〉;[浙]杭州麦克密封材料有限公司〈P1921〉;浙江国泰密封材料股份有限公司〈P1927〉;慈溪市恒立密封材料有限公司〈P1929〉;宁波宇联密封件有限公司〈P1934〉;宁波新格兰工贸有限公司〈P1933〉;宁波金杉密封机械有限公司〈P1931〉;[鲁]津南大化工厂〈P2049〉

碳纤维石墨盘根 R03020446

Carbon fiber graphite wire rod

是解决高温、高压密封难题的最有效的密封元件

【生产厂】[苏]镇江春环密封件集团有限公司〈P1844〉;[浙]宁波宇联密封件有限公司〈P1934〉

芳纶纤维盘根 R03020448

Aramid fiber wire rod

用作密封填料

【生产厂】[冀]河间市庆丰石棉化工有限公司〈P1656〉;河北亨达密封材料有限公司〈P1654〉;[苏]南京企鹏密封材料有限公司〈P1788〉;[浙]慈溪市恒立密封材料有限公司〈P1929〉;宁波安达防腐材料有限公司〈P1929〉;宁波新格兰工贸有限公司〈P1933〉;宁波金杉密封机械有限公司〈P1931〉

可膨胀石墨 R03020451

Expandable graphite

主要用作柔性石墨制品原料、冶金保温料添加剂、电池吸附材料、阻燃材料等

【生产厂】[京]北京创意生物工程新材料有限公司〈P1545〉;[冀]河北茂源化工有限公司(1000 吨)〈P1620〉;保定联星碳化物有限公司〈P1645〉;[黑]黑龙江黑化集团有限公司〈P1722〉;[鲁]淄博市淄川方友化工有限公司〈P2072〉;滨州双峰石墨密封材料有限公司〈P2154〉;青岛金辉石墨有限公司(1500 吨)〈P2038〉;青岛市天和石墨有限公司〈P2043〉;青岛海达石墨有限公司(1000 吨)〈P2035〉;青岛黑龙石墨有限公司〈P2036〉

膨胀石墨填料环 R03020471

Expandable graphite packing ring

用于石油、化工、化纤、电力、轻纺等工业部门作为阀门阀杆、泵轴和其他动轴的密封件

【生产厂】[冀]河间市庆丰石棉化工有限公司〈P1656〉;[苏]南京企鹏密封材料有限公司〈P1788〉;无锡市石化配件厂〈P1879〉;[浙]宁波宇联密封件有限公司〈P1934〉;中德合资慈溪博格曼密封材料有限公司〈P1936〉;宁波金杉密封机械有限公司〈P1931〉;[鲁]滨州双峰石墨密封材料有限公司〈P2154〉;平度市滑石矿业有限公司〈P2032〉;[粤]广州市东山南方密封件有限公司〈P2263〉

抛光膏(白色) R03020501

Metal polish, white; Polishing compound, white

用于铜、镍、铬等金属镀层的抛光,亦用于胶木及塑料等制品的抛光

【生产厂】[沪]上海新华化工厂(1000 吨)〈P1772〉

抛光膏(红色);红油 R03020601

Metal polish, red; Polishing compound, red

用于金、银等贵金属及非金属的精密抛光、电镀行业抛光

【生产厂】[沪]上海新华化工厂(250 吨)〈P1772〉

【使用厂】[津]天津市有机化工一厂〈P1611〉

抛光膏(黄色);黄油 R03020901

Metal polish, yellow; Polishing compound, yellow

用于铜、铁、铝等金属及软制品的抛光

【生产厂】[沪]上海新华化工厂(1 万吨)〈P1772〉

抛光膏(绿色);绿油 R03021001

Metal polish, green; Polishing compound, green

用于金属精抛光、电镀行业抛光

【生产厂】[沪]上海新华化工厂(300 吨)〈P1772〉

抛光膏(黑色);黑砂油;黑绿油 R03021101

Metal polish, black; Polishing compound, black

用于缝纫机针及手术器械的抛光

【生产厂】[沪]上海新华化工厂(300 吨)〈P1772〉

抛光粉 R03021111

Polishing powder

【生产厂】[豫]新乡安玻化工材料有限公司(500 吨)〈P2203〉;商丘市稀土微肥示范厂(60 吨)〈P2226〉

两酸抛光添加剂 R03021121

Polishing additive, two acid

用于铝表面处理

【生产厂】[豫]开封市电镀化工厂〈P2177〉

泡沫灭火剂 R03021201

Fire-extinguishing foam powder agent

用于灭火

【生产厂】[苏]兴化锁龙消防药剂有限公司〈P1828〉;[鲁]淄博市临淄天地化工厂(3000 吨)〈P2069〉

磷酸铵盐干粉灭火剂;ABC 干粉 R03021502

Ammonium phosphate dry powder fire-extinguishing agent; ABC powder

用于灭火

【生产厂】[苏]扬州江亚消防药剂有限公司〈P1817〉;兴化锁龙消防药剂有限公司(1500 吨)〈P1828〉;[鲁]潍坊宝盛化工有限公司〈P2101〉;[豫]洛阳市浪潮消防药剂厂〈P2184〉

水泥 R03021800

Cement

用作建筑材料

【生产厂】[京]中国蓝星(集团)总公司〈P1568〉;[冀]河北沧州化工实业集团有限公司(39 万吨)〈P1653〉;中国昊华集团宣化有限公司〈P1650〉;[晋]天脊煤化工集团有限公司(28 万吨)〈P1674〉;[黑]哈尔滨华尔化工有限公司(5 万吨)〈P1720〉;[苏]苏州市兴邦化学建材有限公司〈P1906〉;江苏金浦北方氯碱化工有限公司(6 万吨)〈P1793〉;[皖]安徽省振华工贸股份有限公司(10 万吨)〈P1983〉;[闽]福建宁化翠江化工有限公司〈P1994〉;[鲁]山东铝业股份有限公司研究院〈P2053〉;青岛青碱建材有限公司(48 万吨)〈P2041〉;青岛海湾集团有限公司(30 万吨)〈P2036〉;青岛东方化工股份有限公司(6 万吨)〈P2033〉;新汶矿业集团有限责任公司(164 万吨)〈P2139〉;[桂]广西玉林化肥厂(9 万吨)〈P2301〉;广西河池化工股份有限公司〈P2302〉;[川]四川省兴乐化工股份有限公司(30 万吨)〈P2332〉;宜宾天原股份有限公司〈P2335〉;[滇]云南三环化工股份有限公司(20 万吨)〈P2341〉;云南云维集团有限公司(10 万吨)〈P2343〉;云南马龙化建股份有限公司(10 万吨)〈P2343〉;[甘]白银有色金属公司〈P2357〉;[新]新疆青松建材化工(集团)股份有限公司(230 万吨)〈P2366〉

【使用厂】[皖]安徽省铜陵化工集团新桥矿业有限公司〈P1978〉;青阳硫铁矿〈P1987〉;[鲁]胜利油田大明新型建筑防水材料有限责任公司〈P2087〉;东辰(集团)化工有限公司〈P2081〉

钡熔剂;二号熔剂 R03021901

Barium fluxing agent

主要用于国防,用作镁及镁合金的精炼剂和覆盖剂

【生产厂】[苏]连云港市新浦源鑫化工厂〈P1800〉;连云港市竞生化工有限公司(2000吨)〈P1799〉;[豫]洛阳市兴隆化工有限责任公司(500吨)〈P2186〉

玻璃胶溶剂 R03021991

Glass adhesive solvent

主要用作玻璃密封胶溶剂

【生产厂】[苏]常熟市周行润达化工厂〈P1892〉

脱脂棉;精制棉;棉纤维素 R03022101

Cotton cellulose;Defatted cotton

用作硝化棉、羧甲基纤维素的原料

【生产厂】[冀]吴桥双盛纤维素有限责任公司(1万吨)〈P1657〉;[鲁]鱼台奥伦特原野化工有限公司(2000吨)〈P2134〉;[豫]新乡台硝化工有限公司(1万吨)〈P2207〉;[陕]西安北方惠安精细化工有限公司(2万吨)〈P2347〉

【使用厂】[冀]石家庄市金华纤维素化工有限公司〈P1630〉;[辽]辽宁庆阳特种化工有限公司〈P1709〉;[苏]徐州市恒扬化工有限公司〈P1795〉;常熟市药用辅料有限公司〈P1891〉;宜兴市通达化学有限公司〈P1887〉;[鲁]山东聊城阿华制药有限公司〈P2153〉;山东赫达股份有限公司〈P2052〉;山东瑞泰化工(集团)有限公司〈P2136〉;淄博市周村鲁博化工有限公司〈P2071〉;淄博隆邦化工有限公司〈P2065〉;[豫]洛阳市富苑精细化工有限公司〈P2183〉;濮阳中原三力实业有限公司〈P2216〉;偃师市福兴纤维素厂〈P2188〉;[粤]广州市金珠江化学有限公司〈P2265〉

蒙砂粉 R03022311

Etching powder

用于各种瓶罐、器皿、平板玻璃及其他玻璃制品的蒙砂加工

【生产厂】[豫]河南省登封市豫科研究所(1000吨)〈P2167〉

普通硅酸盐水泥;电石渣水泥 R03022401

Silicate cement

用作建筑材料

【生产厂】[浙]长兴明华精细化工有限公司〈P1944〉;浙江尖峰集团股份有限公司〈P1955〉;[赣]江西化纤化工有限责任公司〈P2010〉;[湘]湖南省湘维有限公司(8万吨)〈P2257〉;[川]四川山山药业集团有限公司(6万吨)〈P2332〉

硅酸铝耐火纤维制品 R03022450

Aluminium silicate fiber products,fire-proofing

广泛用于冶金、机械、造船、玻璃、陶瓷、石油化工、建筑等行业的各种炉窑的保温及隔热

【生产厂】[冀]河间市聚源耐火保温材料厂〈P1655〉;[晋]大同特种耐火材料有限责任公司〈P1673〉;[黑]哈尔滨市永兴密封保温材料厂〈P1720〉;[苏]宜兴市天娇净水剂有限公司〈P1887〉;江苏省宜兴市永兴化工厂〈P1866〉;[鲁]山东省航天发泡剂总厂(500吨)〈P2123〉;泰安市亚特尔化工建材有限公司〈P2138〉;[豫]三门峡腾翔特种耐火材料有限责任公司(3000吨)〈P2222〉

硅酸钙绝热制品 R03022461

Calcium silicate thermal insulation products

用于各种管道、机械、锅炉等保温

【生产厂】[鲁]山东肥城鲁泰(集团)有限公司(2万吨)〈P2135〉

聚氯乙烯防水油膏 R03022601

PVC Waterproof ointment

【生产厂】[苏]徐州开达精细化工有限公司〈P1795〉;[皖]铜陵市陵阳化工有限责任公司〈P1978〉;[闽]惠安县厦日防水材料有限公司〈P1999〉;[赣]江西玉龙防水材料厂〈P2009〉

氟蛋白泡沫灭火剂 R03022801

Fluoro-albumen foam fire-extinguishing agent

用于消防灭火

【生产厂】[苏]兴化锁龙消防药剂有限公司〈P1828〉;[豫]洛阳市浪潮消防药剂厂〈P2184〉;洛阳市峻岭消防药剂厂(1000吨)〈P2184〉;[青]青海金牛胶业集团有限公司(1000吨)〈P2359〉

氟蛋白泡沫灭火剂 YEF-6 型 R03022802

Fluoro-albumen fire-extinguishing foam agent YEF-6

用于消防灭火

【生产厂】[苏]扬州江亚消防药剂有限公司(800吨)〈P1817〉

成膜氟蛋白泡沫灭火剂 R03022901

Film-forming fluoro-albumen fire-extinguishing foam agent

广泛适用于油田、炼油厂、油库、船舶、码头、飞机场、机库等

【生产厂】[苏]扬州江亚消防药剂有限公司〈P1817〉;兴化锁龙消防药剂有限公司〈P1828〉

高效水雾灭火剂 R03023201

Super water fog extinguishing agent

【生产厂】[苏]兴化锁龙消防药剂有限公司〈P1828〉

蛋白泡沫灭火剂 R03023301

Albumen foam extinguishant

用于消防灭火

【生产厂】[苏]扬州江亚消防药剂有限公司(500吨)〈P1817〉;兴化锁龙消防药剂有限公司(1500吨)〈P1828〉;[豫]河南省洛阳市郊区消防药剂厂(600吨)〈P2180〉;洛阳市浪潮消防药剂厂〈P2184〉;洛阳市峻岭消防药剂厂(1000吨)〈P2184〉

高倍数泡沫灭火剂 R03023401

Fire-extinguishing foam agent,high multiple

用于消防灭火

【生产厂】[苏]扬州江亚消防药剂有限公司(100吨)〈P1817〉;兴化锁龙消防药剂有限公司(1500吨)〈P1828〉;[豫]洛阳市浪潮消防药剂厂〈P2184〉;洛阳市峻岭消防药剂厂(500吨)〈P2184〉

中倍数泡沫灭火剂 R03023451

Fire-extinguishing foam agent,middle multiple

用于地下坑道、飞机库、煤矿、地下车库、油库、船舶及地下有限空间的火灾预防与扑救

【生产厂】[苏]扬州江亚消防药剂有限公司〈P1817〉;兴化锁龙消防药剂有限公司〈P1828〉;[豫]洛阳市浪潮消防药剂厂〈P2184〉

抗溶性泡沫灭火剂 R03023501

Soluble-resistant foam extinguisher

用于消防灭火

【生产厂】[苏]扬州江亚消防药剂有限公司〈P1817〉;兴化锁龙消防药剂有限公司〈P1828〉;[豫]洛阳市浪潮消防药剂厂〈P2184〉;洛阳市峻岭消防药剂厂(500吨)〈P2184〉

水成膜泡沫灭火剂 R03023511

Aqueous film-forming foam extinguishing agent

用于消防灭火

【生产厂】[辽]辽阳易晨化工有限公司〈P1712〉;[苏]扬州江亚消防药剂有限公司(500吨)〈P1817〉;兴化锁龙消防药剂有限公司(1500吨)〈P1828〉;[豫]河南省洛阳市郊区消防药剂厂(300吨)〈P2180〉;洛阳市浪潮消防药剂厂〈P2184〉;洛阳市峻岭消防药剂厂〈P2184〉

耐寒型抗溶泡沫灭火剂 R03023551

Soluble-resistant foam extinguisher, low temperature resistance

【生产厂】[豫]洛阳市峻岭消防药剂厂〈P2184〉

碳酸氢钠干粉灭火剂;BC 干粉灭火剂 R03023611

Sodium bicarbonate dry powder fire-extinguishing agent

用于消防灭火

【生产厂】[苏]扬州江亚消防药剂有限公司(500吨)〈P1817〉;兴化锁龙消防药剂有限公司〈P1828〉;[豫]洛阳市浪潮消防药剂厂〈P2184〉

再生电极;炭精棒;炭棒 R03024301

Regenerated electrode

干电池用

【生产厂】[豫]安阳松下炭素有限公司(1万吨)〈P2210〉;安阳炭素有限责任公司(2500吨)〈P2210〉

蓖麻油 R03025101

Castor oil [8001-79-4]

用于生产癸二酸、耐寒增塑剂、润滑油、香料、纺织工业用渗透剂、乳化剂等

【生产厂】[晋]太原中联泽农化工有限公司(2万吨)〈P1672〉;山西省文水县文成化工有限公司(5000吨)〈P1677〉;[蒙]通辽市通华蓖麻化工有限责任公司〈P1682〉;通辽市威宁化工有限责任公司〈P1682〉;内蒙古天润蓖麻开发有限公司〈P1682〉;[赣]江西省吉水县华宝天然药用油厂〈P2018〉;[鲁]潍坊市新虎啸化工有限公司(5000吨)〈P2105〉;[豫]开封宏大油脂化工厂(1000吨)〈P2176〉;[湘]湖南衡山岳北天然香料油有限公司〈P2253〉

【使用厂】[津]天津市北星化工有限公司〈P1580〉;[冀]石家庄市有机化工厂〈P1632〉;[辽]辽宁科隆化工实业有限公司〈P1709〉;[沪]上海造漆厂〈P1777〉;上海家具涂料厂〈P1742〉;上海天坛助剂有限公司〈P1767〉;上海美兴化工有限公司〈P1753〉;[苏]常州光辉化工有限公司〈P1847〉;[鲁]济南泰山金鹏涂料有限公司〈P2025〉;淄博奥威粘合剂有限公司〈P2058〉;山东省淄博市淄川汇通油脂精细化工厂〈P2055〉;山东梁山蓝天化工有限公司〈P2131〉;潍坊环宇油漆工业有限公司〈P2103〉;淄博凯美可工贸有限公司〈P2064〉;山东昌裕集团有限公司〈P2152〉;菏泽仕达化工有限公司〈P2159〉;[豫]河南庆安化工高科技股份有限公司〈P2166〉;新郑市纺织助剂化工有限公司〈P2169〉;[粤]江门市制漆厂有限公司〈P2286〉;[川]四川川化集团成都望江化工厂〈P2318〉

蓖麻油(药用) R03025102

Castor oil, medical [8001-79-4]

用于制泻药及锌制剂等

【生产厂】[蒙]通辽市通华蓖麻化工有限责任公司〈P1682〉;[赣]吉水县金海天然香料油科技有限公司〈P2017〉;江西吉水县威海药用油厂〈P2017〉;江西省吉水县金康天然香料厂〈P2018〉;江西省吉水县康神天然药用油提炼厂〈P2018〉;江西省吉水县水南药用百草油提炼厂〈P2019〉;江西省吉水县同仁天然药用油厂〈P2019〉;江西省吉水药用提炼厂〈P2019〉;江西省南方药物油厂〈P2019〉;江西省吉安市福达天然药用油厂〈P2018〉;[湘]湖南尔康制药有限公司〈P2248〉

脱胶精炼蓖麻油;精炼蓖麻油 R03025105

Castor oil, degumming refined

用于生产氢化蓖麻油,也可直接用于医药、润滑脂等行业

【生产厂】[鲁]潍坊中业化学有限公司〈P2107〉

【使用厂】[蒙]通辽市通华蓖麻化工有限责任公司〈P1682〉

脱水蓖麻油 R03025106

Castor oil, dehydrated

用于生产高档涂料

【生产厂】[蒙]通辽市通华蓖麻化工有限责任公司(9000吨)〈P1682〉;内蒙古天润蓖麻开发有限公司〈P1682〉

氢化蓖麻油 R03025201

Castor oil, hydrogenated

用于生产日用化妆品、鞋油、医药软膏,是制取12-羟基硬脂酸的原料

【生产厂】[蒙]通辽市通华蓖麻化工有限责任公司(7500吨)〈P1682〉;通辽市威宁化工有限责任公司〈P1682〉;内蒙古天润蓖麻开发有限公司〈P1682〉;[赣]江西省吉水县华源香料油厂〈P2018〉

氧化蓖麻油 R03025251

Oxidation castor oil

主要用于涂料、日用化工及铸铝行业做脱模剂

【生产厂】[蒙]内蒙古天润蓖麻开发有限公司〈P1682〉

乙酰蓖麻油 R03025291

Acetylcastor oil

主要用作试剂和用于生产耐寒增塑剂

【生产厂】[蒙]内蒙古天润蓖麻开发有限公司〈P1682〉

桐油 R03025301

Tung oil

用于生产油漆等

【生产厂】[桂]广西南宁科森林产化工有限公司〈P2296〉

【使用厂】[津]天津市延安化工厂〈P1610〉;[辽]沈阳船牌制漆有限公司〈P1685〉;[苏]常州光辉化工有限公司〈P1847〉;张家港丰达制药有限公司〈P1911〉;[皖]马鞍山市康华化工有限公司〈P1977〉;[赣]江西省赣西化工有限公司〈P2016〉;[鲁]济南泰山金鹏涂料有限公司〈P2025〉;[豫]郑州双塔涂料有限公司〈P2174〉;[粤]江门市制漆厂有限公司〈P2286〉

棕榈油 R03025311

Palm oil

钢铁冷轧用油,防锈、润滑、杀菌、冷却

【生产厂】[赣]江西永友化工助剂有限公司〈P2019〉

【使用厂】[闽]福建泉州市中原隆化工有限公司〈P1998〉;

[鲁]山东省淄博市淄川汇通油脂精细化工厂〈P2055〉;山东瑞星化工有限公司〈P2136〉;博兴华润油脂化学有限公司〈P2154〉;[湘]湘潭市昭山旅游经贸开发区油脂化工厂〈P2251〉

亚麻油;胡麻油 R03025821
Flaxseed oil
用于生产油漆、油墨
【生产厂】[津]天津市北辰区津海植物油厂(2万吨)〈P1579〉;天津市亚德植物油厂(200吨)〈P1610〉;[蒙]通辽市通华蓖麻化工有限责任公司〈P1682〉;[辽]大连天山实业有限公司〈P1694〉;[赣]江西省吉水三达天然药用香料油厂〈P2018〉
【使用厂】[粤]江门市制漆厂有限公司〈P2286〉

HCFC 混合 A 灭火剂 R03026001
HCFC Blend A extinguishant
HCFC/A 灭火剂作为哈龙替代品,已编入国际标准 ISO 14520-6
【生产厂】[浙]浙江莹光化工有限公司〈P1956〉

HCFC 混合 C 灭火剂 R03026051
HCFC Blend C extinguishant
HCFC/C 灭火剂是目前惟一可直接代替哈龙 1211 充装手提式灭火器而无需做任何更改的卤代烷灭火剂
【生产厂】[浙]浙江莹光化工有限公司〈P1956〉

椰子油 R03026101
Cocoanut oil
用于洗涤剂、树脂、油漆、纺织油剂、肥皂、食品等
【生产厂】[蒙]通辽市通华蓖麻化工有限责任公司〈P1682〉;[赣]江西省吉水县华宝天然药用油厂〈P2018〉
【使用厂】[鲁]博兴华润油脂化学有限公司〈P2154〉

可塑性防火堵料 R03026551
Fire-proofing caulking, plasticity
【生产厂】[京]北京城建天宁消防有限责任公司〈P1545〉;[粤]广州白云山雷威工业公司化工厂〈P2259〉

塑性电缆防火堵料 R03026701
Fire-proofing caulking for plastic cable
用于电缆孔洞、竖井的封堵
【生产厂】[鲁]山东世安化工有限公司(100吨)〈P2146〉;[豫]河南中原防火材料有限公司(20吨)〈P2168〉

无机防火堵料 R03026702
Inorganic fire-proofing caulking
适用于发电厂、变电所、供电隧道等工程中电缆贯穿空洞的阻火封堵
【生产厂】[京]北京城建天宁消防有限责任公司〈P1545〉;[晋]太原帅利达防火材料有限公司〈P1672〉;[沪]上海新华阻燃剂总厂〈P1772〉;上海平海涂料有限公司〈P1755〉;[苏]扬中市华兴防火材料有限公司〈P1843〉;常州圣安涂料有限公司〈P1849〉;昆山防火材料厂〈P1895〉

有机防火堵料 R03026751
Organic fire-proofing caulking
适用于各种建筑物、发电场、变电站、工矿企业等电线、电缆、风管、气管、油管等贯穿孔洞、缝隙的防火封堵
【生产厂】[津]天津市防火涂料厂〈P1586〉;[辽]盘锦新源精细化工有限公司〈P1706〉;[沪]上海新华阻燃剂总厂〈P1772〉;上海平海涂料有限公司〈P1755〉;[苏]扬中市华兴防火材料有限公司〈P1843〉;昆山防火材料厂〈P1895〉

电缆防火封墙材料 R03026791
Fireproofing close wall materials for cable
【生产厂】[苏]扬中市华兴防火材料有限公司〈P1843〉;[豫]河南凯伯宁实业有限公司(1000吨)〈P2165〉

蚀刻剂;蚀刻盐 R03027021
Etchant
用于高密度印刷电路板制造配制
【生产厂】[鄂]武汉现代工业技术研究院〈P2234〉;[粤]广东省石油化工研究院(300吨)〈P2259〉;广东西陇化工有限公司(1200吨)〈P2276〉;深圳市绿环化工实业有限公司(9000吨)〈P2271〉

日化品用杀菌防腐剂 R03027151
Germicide anti-corrosion agent for cosmetic
可应用于洗发香波、护发素、发乳、浴液、餐具洗涤剂、高级营养护肤品中
【生产厂】[冀]河北省保定市阳光精细化工有限公司〈P1648〉;[豫]洛阳科恩精细化学品有限公司(500吨)〈P2182〉

埋弧自动焊剂 R03027801
Auto-submerged arc solder
用于建筑、造船、工程、耐压设备、车辆、引水工程、桥梁等
【生产厂】[豫]洛阳市丰华焊材有限公司(2万吨)〈P2183〉;洛阳市伊川县中原焊接材料有限公司(2万吨)〈P2186〉;洛阳市中州焊剂厂(2万吨)〈P2187〉

高效膨胀防火堵料 R03028101
Intumescent fire-proofing caulking, high efficiency
【生产厂】[豫]漯河市华意防火材料有限公司(2000吨)〈P2220〉;[粤]广州白云山雷威工业公司化工厂〈P2259〉

气雾推进剂 R03028451
Inhalator propellant
可用于香波、护发素、沐浴露、润肤露、液体香皂等各种个人护理产品的罐装生产
【生产厂】[沪]上海西西艾尔气雾推进剂制造与罐装有限公司(1万吨)〈P1770〉

覆盖剂 R03028601
Covering agent
用于治理煤堆、矿粉粉尘污染
【生产厂】[津]天津化工研究设计院(500吨)〈P1573〉;[辽]营口恒大实业有限公司〈P1704〉

二氧化硅消光剂 R03028951
Silicon dioxide flatting agent
【生产厂】[京]北京航天赛德粉体材料技术有限公司〈P1548〉

增氧剂 R03029051

R

Oxygen producer

广泛用于水产养殖和水产运输的紧急供氧

【生产厂】[津]天津市众康兽药厂〈P1614〉;[冀]深泽县三洁化工有限公司〈P1625〉;[豫]焦作市新元生物化工食品有限公司〈P2197〉

脱水剂 R03029101

Dehydrant;Dehydrolyzing agent

【生产厂】[沪]上海格伦化学有限公司〈P1734〉;[豫]开封市安迪电镀化工有限公司〈P2177〉

【使用厂】[滇]云南杨林化工厂〈P2342〉

溶雪剂;融雪剂 R03029111

Snow-dissolved agent

用于公路、体育场地、铁道叉口融雪

【生产厂】[冀]河北省亚泰电化有限公司〈P1666〉;河间市蓝星化工有限公司〈P1656〉;[蒙]内蒙古鄂尔多斯市鑫泰隆精细化工有限责任公司〈P1683〉;内蒙古腾飞化工制钙有限公司〈P1681〉;[辽]瓦房店正大融雪剂厂(6万吨)〈P1695〉;[苏]连云港银化制镁有限公司〈P1800〉;[鲁]潍坊宝盛化工有限公司(3万吨)〈P2101〉;潍坊天健化工有限公司(1万吨)〈P2105〉;潍坊昌大化工有限公司(1000吨)〈P2101〉;山东海化股份有限公司氯化钙厂〈P2095〉;潍坊宏远化工有限公司(3万吨)〈P2102〉;潍坊市新虎啸化工有限公司(2万吨)〈P2105〉;潍坊泰泽化工有限公司〈P2105〉;潍坊拓实化工有限公司〈P2106〉;潍坊玉金泉化工有限公司〈P2106〉;潍坊张氏化工有限公司(2万吨)〈P2107〉;青岛增达利工贸有限公司(1万吨)〈P2046〉

污泥脱水剂 R03029151

Sludge dehydrant

用于水处理领域

【生产厂】[川]中国科学院成都市成科精细化学品有限责任公司〈P2320〉

螯合稀土钼;增胶素 R03029701

Rare earth molybdenum,chelate

【生产厂】[豫]河南省化工研究所(1000吨)〈P2167〉

胶泥 R03029801

Clay

用于各种预制、现浇铸造楼面及其接缝防水、地下构筑物的防水及金属管道的防腐

【生产厂】[冀]河北衡水恒基建工材料有限公司〈P1664〉;[沪]华东理工大学华昌聚合物有限公司〈P1726〉;[鲁]蓬莱市特种绝缘材料厂〈P2112〉;[豫]沁阳市华鑫防腐有限公司〈P2198〉;[鄂]武汉现代工业技术研究院〈P2234〉

耐高温胶泥 R03029851

Clay,high temperature resistant

主要用于粘贴氧化硅瓷板等,也用于高温炉修补

【生产厂】[赣]江西设备防腐公司〈P2009〉

铁精粉 R03029901

Fine iron powder

【生产厂】[鲁]莱芜钢铁集团新泰铜业有限公司(50万吨)〈P2135〉

【使用厂】[苏]江苏金浦北方氯碱化工有限公司〈P1793〉;张家港市活性炭厂〈P1913〉;[滇]云南三环化工股份有限公司〈P2341〉;[陕]陕西省宝鸡金洋化工有限公司〈P2351〉

粉云母带 R03030301

Mica belt

用于发电机、直流电机、牵引电机等

【生产厂】[苏]溧阳市后周福利溶剂厂〈P1863〉;吴江市太湖涂料有限公司〈P1911〉

D-D 混剂;环氧氯丙烷混剂 R03030701

D-D Extender

【生产厂】[鲁]淄博市临淄鲁达化工有限公司〈P2069〉;山东省桓台县鑫荣化工厂〈P2054〉;东营市联成化工有限责任公司(5000吨)〈P2082〉

水煤浆添加剂 R03030801

Coal water slurry additive

能将煤由固态燃料转变为液态燃料,代替重油

【生产厂】[苏]江苏省新沂市经纬化工有限公司〈P1793〉;[鲁]胜利油田聚能化工助剂有限责任公司(100吨)〈P2087〉;[豫]安阳市双环助剂有限责任公司〈P2209〉;安阳市助剂厂(7000吨)〈P2210〉;[粤]鹤山市绿洲能源化工有限公司〈P2284〉

淀粉酶;液化酶 R04010101

Amylase

用于纺织品的退浆工序

【生产厂】[冀]邢台市万达化工有限公司〈P1644〉;[苏]江苏华昌(集团)有限公司〈P1893〉

【使用厂】[鲁]烟台只楚药业有限公司〈P2120〉;[桂]桂林市红星化工有限责任公司〈P2299〉

α-淀粉酶;液化型糖化酶 R04010102

α-Amylase

适用于淀粉糖、酒精、啤酒、味精、发酵工业的液化以及纺织、印染退浆等

【生产厂】[冀]邢台市新欣翔宇生物工程有限公司〈P1644〉;[苏]连云港元升实业有限公司〈P1800〉;[鲁]淄博国澳生物技术有限公司〈P2060〉;山东省沂水隆大生物工程有限责任公司(5000吨)〈P2151〉;[粤]广东省石油化工研究院〈P2259〉

果胶酶 R04010301

Pectinase;Pectase

用于增加果汁产量和澄清度,也用于麻的脱胶

【生产厂】[津]天津伊科拜尔生物添加剂有限公司〈P1616〉;[苏]张家港市金源生物化工有限公司〈P1913〉;[豫]河南仰韶生化工程有限公司〈P2221〉

化工机械

S00000000 ~ S15000401

化工设备;化工机械 S00000000

Chemical equipment

【生产厂】[京]北京化工大学北京环峰化工机械实验厂〈P1550〉;蓝星(北京)化工机械有限公司〈P1567〉;[津]天津市化工设备厂(1000吨)〈P1590〉;天津凯信程化工机械设备有限公司〈P1575〉;天津市津南区亚兴化工设备配件厂(2000吨)〈P1594〉;天津市兆勇石油设备有限公司(600台)〈P1613〉;[晋]山西丰喜肥业(集团)股份有限公司〈P1679〉;[辽]大连冰山集团金州重型机器有限公司(2万吨)〈P1691〉;[沪]上海化工机械一厂(3000吨)〈P1740〉;[苏]江苏省化工设备制造安装公司〈P1860〉;江阴精细化工机械有限公司〈P1867〉;苏州化工装备有限公司(100吨)〈P1901〉;常熟市制药化工机械总厂有限公司(400套)〈P1892〉;江苏科圣化工机械有限公司(1500吨)〈P1802〉;[皖]合肥东南化工机械有限公司〈P1972〉;蚌埠化工机械制造有限公司(300吨)〈P1975〉;[赣]江西江联能源环保股份有限公司(1万吨)〈P2008〉;南昌化工设备二厂(500吨)〈P2010〉;[鲁]德州鲁王化工机械有限公司(3000吨)〈P2142〉;淄博工业搪瓷厂(2万吨)〈P2060〉;淄博华星化工设备厂〈P2062〉;淄博乾宝化工设备厂(200吨)〈P2066〉;淄博华鼎化工设备制造有限公司〈P2061〉;山东博山化工设备厂(3000吨)〈P2051〉;石油大学(华东)机械厂(3000吨)〈P2088〉;山东省广饶石油机械股份有限公司(8000吨)〈P2086〉;山东盛大科技(集团)股份有限公司(5万吨)〈P2136〉;山东鲁南瑞虹化工仪器有限公司(400台)〈P2077〉;[豫]郑州蓝星化工设备有限公司(900台)〈P2171〉;新乡市金鑫化工设备有限责任公司(800台)〈P2205〉;河南省鹤壁市石英化工设备厂(500台)〈P2198〉;中国石油天然气第一建设公司石油化工设备厂(2万吨)〈P2190〉;偃师市化工设备修造厂(3000台)〈P2188〉;邓州市通力达化工有限公司〈P2223〉;[鄂]襄樊襄化机械设备有限责任公司〈P2238〉;[湘]株洲市化工机械厂(1200吨)〈P2250〉;[粤]佛山市顺德区中顺化工设备有限公司〈P2289〉;[川]成都市三特玻璃钢及防腐工程研究所(15套)〈P2314〉;[甘]兰州石油化工机器总厂〈P2356〉

塔类设备 S01010000

Chemical towers equipment

【生产厂】[苏]南京化学工业集团有限公司化工机械厂〈P1785〉;无锡力马化工机械有限公司(500吨)〈P1874〉

塔(不带搅拌器) S01011000

Tower, without agitator

【生产厂】[辽]锦西化工机械(集团)有限责任公司(500吨)〈P1703〉

搅拌器 S01012100

Agitator

用于物料混合、反应锅配套等

【生产厂】[沪]上海申生科技有限公司〈P1761〉;上海弗鲁克流体机械制造有限公司〈P1733〉;[皖]淮南市石油化工机械设备厂〈P1976〉;[鲁]淄博市临淄环城玻璃钢制品有限公司(3000支)〈P2068〉;威海化工机械有限公司(500套)〈P2124〉;威海金鑫石化设备有限公司〈P2124〉;[豫]郑州长城科工贸有限公司〈P2170〉;[陕]陕西太康生物科技有限公司〈P2346〉

填料塔 S01013000

Packed tower

广泛应用于石油化工、精细化工、制药、环保等行业的精馏分离

【生产厂】[苏]无锡市杰盛环化设备有限公司〈P1877〉;无锡市锡山雪浪药化工程装备厂〈P1879〉;江苏省宜兴市精益机械厂〈P1866〉;江苏南通晨光石墨换热器厂〈P1830〉

聚丙烯填料塔 S01013001

Polypropylene packed tower

【生产厂】[苏]太仓凤新化工设备有限公司〈P1908〉;太仓市防腐塑料设备厂〈P1908〉

尿素合成塔 S01019011

Urea synthetic tower

【生产厂】[辽]大连冰山集团金州重型机器有限公司〈P1691〉;[川]四川蓝星机械有限公司〈P2327〉

甲醇合成塔 S01019021

Methanol synthetic tower

【生产厂】[辽]大连冰山集团金州重型机器有限公司〈P1691〉;锦西化工机械(集团)有限责任公司〈P1703〉;[川]四川蓝星机械有限公司〈P2327〉

氨合成塔 S01019031

Ammonia synthetic tower

【生产厂】[川]四川蓝星机械有限公司〈P2327〉;[甘]兰州石油化工机器总厂(15万吨)〈P2356〉

碳化塔 S01019051

Carbonization tower

用于轻质碳酸钙生产中的碳化工序

【生产厂】[冀]石家庄天人化工设备集团有限公司〈P1633〉;唐山化工机械有限公司〈P1635〉

反应器 S01021400

Reactor

【生产厂】[吉]吉化集团机械有限责任公司〈P1715〉;[沪]上海弗鲁克流体机械制造有限公司〈P1733〉;[苏]南京化学工业集团有限公司化工机械厂〈P1785〉

连续重整反应器 S01021501

Continuous reforming reformer

【生产厂】[苏]无锡力马化工机械有限公司〈P1874〉

加氢反应器 S01021600

Hydrogenation reactor

【生产厂】[辽]大连冰山集团金州重型机器有限公司〈P1691〉;[陕]西安核设备有限公司〈P2348〉;[甘]兰州石油化工机器总厂〈P2356〉

脱氢反应器 S01021650

Dehydrogenation reactor

用于苯乙烯装置

【生产厂】[鲁]山东齐鲁石化机械制造有限公司〈P2054〉

氧氯化反应器 S01021690

Oxychlorination reactor

用于氯乙烯装置

【生产厂】[鲁]山东齐鲁石化机械制造有限公司〈P2054〉

流化床 S01022100

Fluidized bed

【生产厂】[沪]上海雄峰化工装备有限公司〈P1773〉

振动流化床 S01022101

Vibrated fluidized bed

适用于化学、医药、食品及其他工业

【生产厂】[苏]中美合资常州健达干燥设备有限公司〈P1864〉;靖江市赛德力制药机械制造有限公司〈P1825〉

化工炉 S01030000

Chemical furnace

【生产厂】[苏]南京化学工业集团有限公司化工机械厂〈P1785〉;[赣]江西江联能源环保股份有限公司(3000吨)〈P2008〉

燃烧器 S01031000

Burner

【生产厂】[浙]温州四方化工机械厂〈P1938〉

立式煅烧窑炉;立窑 S01035300

Vertical calcinator

用于碳酸钙、磷酸氢钙及其他行业石灰石的煅烧

【生产厂】[冀]唐山化工机械有限公司〈P1635〉;[苏]常州环龙干燥机械厂〈P1848〉;[鲁]山东旭洋机械股份有限公司(3000吨)〈P2151〉

旋流动态煅烧炉 S01035310

Calciner, rotational flow, dynamic

广泛应用于化工、建材、矿业等行业

【生产厂】[辽]沈阳东大粉体工程技术有限公司〈P1685〉

蒸汽煅烧炉 S01035350

Steam calcinatory

用于制碱

【生产厂】[鲁]山东旭洋机械股份有限公司(2000吨)〈P2151〉

气流反应炉 S01038000

Airflow reacting furnace

【生产厂】[苏]常州能源设备总厂有限公司(500台)〈P1848〉

气化炉 S01038010

Gasification furnace

【生产厂】[苏]南京化学工业集团有限公司化工机械厂〈P1785〉;[鲁]德州鲁王化工机械有限公司(1000吨)〈P2142〉

热风炉 S01039001

Air heating furnace

适用于食品、医药、化工原料、轻重工业产品的加热除湿

【生产厂】[津]天津华能集团能源设备有限公司(50台)〈P1573〉;[辽]沈阳东大粉体工程技术有限公司〈P1685〉;沈阳龙华干燥设备有限公司〈P1687〉;铁岭市远大干燥设备厂〈P1713〉;大连工力干燥设备厂〈P1691〉;[苏]常州市豪龙干燥设备有限公司〈P1851〉;中美合资常州健达干燥设备有限公司〈P1864〉;常州环龙干燥机械厂〈P1848〉;常州市阳光干燥设备厂〈P1856〉;常州市一新机械有限公司〈P1856〉;常州群乐干燥设备有限公司〈P1849〉;常州市威尔伯干燥设备有限公司〈P1853〉;常州市先锋干燥设备有限公司〈P1855〉;常州市新力干燥设备有限公司〈P1855〉;常州市远洋干燥设备有限公司〈P1856〉;常州万基干燥制粒设备有限公司〈P1857〉;无锡市阳光干燥设备厂〈P1881〉;江苏东润机械有限公司〈P1821〉;靖江天利干燥设备制造有限公司〈P1825〉;靖江市强力干燥设备有限公司〈P1825〉;[鲁]莱州市宏达化工机械集团〈P2109〉;山东省莱州市三维集团公司(800台)〈P2115〉

燃油机热载体炉 S01039011

Oil fired machine heat bearer furnace

【生产厂】[苏]常州环龙干燥机械厂〈P1848〉;江阴市石油化工设备有限公司〈P1871〉;[鲁]莱州市腾源化工机械厂〈P2110〉

加热炉 S01039021

Heating furnace

【生产厂】[沪]上海顺发炼化设备厂〈P1765〉;[苏]无锡市石油化工设备有限公司〈P1879〉;无锡市南泉石化装备有限公司〈P1878〉

恒温油浴锅 S01041931

Thermostatic oil bath

【生产厂】[沪]上海申生科技有限公司〈P1761〉;上海一恒科技有限公司〈P1774〉

搅拌釜;溶解釜 S01042200

Stirring vessel

适用于涂料等行业调漆配色混合及其他行业的溶液、液固物料的混合,有强力搅拌的功能

【生产厂】[冀]廊坊市兰春石化机械有限公司〈P1661〉;秦皇岛金佳机械有限公司〈P1637〉;[苏]南泉化工成套设备厂〈P1872〉;江苏省宜兴市精益机械厂〈P1866〉;江阴市精益化工机械有限公司〈P1870〉;[鲁]莱州市宏达化工机械集团〈P2109〉;莱州市腾源化工机械厂〈P2110〉;[粤]佛山市青新龙机械有限公司〈P2288〉

压力釜 S01042800

Pressure pan

【生产厂】[冀]廊坊市兰春石化机械有限公司〈P1661〉;[赣]江西江联能源环保股份有限公司(2万吨)〈P2008〉

静密封磁力搅拌高压反应釜 S01042801

Static-seal magnetic-force agitating high-pressure reaction vessel

【生产厂】[鲁]山东龙兴化工机械集团有限公司〈P2114〉;威海坤昌化工机械有限公司〈P2125〉;威海自控反应釜有限公司(500套)〈P2126〉;[川]四川蓝星机械有限公司〈P2327〉

强磁力搅拌反应釜 S01042811

Magnetic-force agitating reaction vessel

【生产厂】[津]天津市南洋兄弟石化设备有限公司(100台)〈P1599〉;[苏]苏州顺德钛设备制造有限公司〈P1906〉;[鲁]山东龙兴化工机械集团有限公司〈P2114〉;威海坤昌化工机械有限公司〈P2125〉;威海鑫泰化工设备厂(1000套)〈P2126〉

磁力反应釜 S01042831

Magnetic-force reaction vessel

用于医药、化工、石油、矿冶行业

【生产厂】[鲁]威海化工机械有限公司(1000 台)〈P2124〉;威海宏协化工机械有限公司(100 套)〈P2124〉;威海鑫泰化工设备厂(500 套)〈P2126〉

反应釜;聚合釜;反应锅 S01042901

Reaction vessel

用于染料、医药、冶金等工业

【生产厂】[京]北京北搪化工设备厂〈P1544〉;[津]天津市宇航化工设备制造厂(100 台)〈P1611〉;天津凯普机械有限公司(500 套)〈P1575〉;天津市宏祥金属结构厂(100 个)〈P1589〉;天津市汇双丰搪瓷有限公司(1300 套)〈P1591〉;[冀]冀州市中意复合材料有限公司〈P1669〉;秦皇岛金佳机械有限公司〈P1637〉;[辽]营口忠贤实业有限公司〈P1705〉;锦西化工机械(集团)有限责任公司〈P1703〉;[吉]吉化集团机械有限责任公司〈P1715〉;[沪]上海申生科技有限公司〈P1761〉;上海化工机械一厂〈P1740〉;上海市杨园压力容器有限公司〈P1764〉;上海和昌特氟龙技术有限公司〈P1736〉;上海森松压力容器有限公司〈P1760〉;上海雄峰化工装备有限公司〈P1773〉;[苏]南京化学工业集团有限公司化工机械厂〈P1785〉;无锡力马化工机械有限公司(5000 吨)〈P1874〉;无锡市军嶂轻化设备厂〈P1877〉;无锡环宇药化设备有限公司〈P1873〉;无锡市博达化机厂(1 万套)〈P1875〉;无锡市杰盛环化设备有限公司〈P1877〉;无锡市乐达制药化工设备有限公司〈P1877〉;无锡市锡山雪浪药化工程装备厂〈P1879〉;无锡市雪达化工装备厂〈P1880〉;无锡市雪浪金属化工设备厂〈P1880〉;无锡市永达化工装备有限公司〈P1881〉;无锡兆阳化工装备有限公司〈P1883〉;无锡光明化工厂有限公司〈P1873〉;无锡市南泉化工成套设备厂〈P1878〉;无锡市南泉石化装备有限公司〈P1878〉;无锡市南泉双丰制药化工机械厂〈P1878〉;无锡市华能表面处理有限公司(5000 平方米)〈P1876〉;江阴市精益化工机械有限公司〈P1870〉;江阴市化工设备厂〈P1869〉;苏州顺德钛设备制造有限公司〈P1906〉;常熟市上海飞奥压力容器制造有限公司〈P1891〉;常熟市制药化工机械总厂有限公司〈P1892〉;南通大力化工设备有限公司〈P1832〉;[浙]建德市三耐防腐钢结构有限公司〈P1926〉;浙江东阳市四环防腐设备有限公司〈P1954〉;温州市大陆机械有限公司〈P1937〉;[鲁]淄博昌金防腐设备有限公司〈P2058〉;淄博天信搪瓷设备有限公司〈P2073〉;山东齐鲁石化机械制造有限公司(6000 吨)〈P2054〉;莱州市占龙化工机械厂(500 台)〈P2110〉;莱州市宏达化工机械集团〈P2109〉;莱州市腾源化工机械厂〈P2110〉;威海恒安化工机械有限公司〈P2124〉;威海化工机械有限公司(300 台)〈P2124〉;威海化工机械有限公司金属复合材料厂(1 万吨)〈P2124〉;威海金鑫石化设备有限公司(200 套)〈P2124〉;威海坤昌化工机械有限公司〈P2125〉;威海自控反应釜有限公司〈P2126〉;威海鑫泰化工设备厂(100 套)〈P2126〉;威海瑞丰化工机械设备有限公司〈P2125〉;威海新元化工机械有限公司(800 套)〈P2126〉;青岛大生钛业有限公司(300 台)〈P2033〉;山东盛大化工机械有限责任公司(500 吨)〈P2136〉;[豫]禹州市祥云化工机械厂〈P2219〉;[鄂]武汉晨创化工机械制造有限责任公司〈P2229〉;[粤]广州市番禺源创机械厂〈P2263〉;佛山市青新龙机械有限公司〈P2288〉;广东省佛山市顺德区伦教阜康化工机械有限公司(20 台)〈P2290〉;[渝]重庆宏达化工机电有限公司〈P2305〉;[川]成都永通化工机械有限公司〈P2317〉

高压反应釜;高压釜 S01042905

High-pressure reaction vessel

用于化工生产和科研实验

【生产厂】[鲁]威海恒安化工机械有限公司〈P2124〉;威海化工机械有限公司(360 台)〈P2124〉;威海坤昌化工机械有限公司〈P2125〉;威海宏协化工机械有限公司(100 套)〈P2124〉;威海新元化工机械有限公司(100 台)〈P2126〉

玻璃反应釜 S01042909

Glass reaction vessel

【生产厂】[鲁]威海坤昌化工机械有限公司〈P2125〉;威海自控反应釜有限公司〈P2126〉

工业搪玻璃反应釜;搪玻璃反应罐 S01042910

Industrial glass lining reaction vessel

用作工业设备

【生产厂】[津]天津市汇利丰化工设备有限公司(1600 吨)〈P1591〉;[冀]邯郸市亚华化工搪瓷设备厂〈P1639〉;[晋]山西丰喜化工设备有限公司〈P1679〉;[辽]辽阳制药机械股份有限公司(1700 吨)〈P1712〉;[苏]常州化工设备有限公司〈P1847〉;常州市黄河化工设备有限公司〈P1851〉;江苏省溧阳市云龙化工设备有限公司〈P1861〉;无锡市彪王化工设备厂〈P1875〉;靖江市永固搪瓷厂〈P1825〉;[鲁]淄博富华化工设备有限公司〈P2060〉;山东新华制药股份有限公司〈P2055〉;淄博化工机械厂有限责任公司〈P2062〉;淄博贝林化工有限公司(1500 吨)〈P2058〉;淄博高氟特化工机械有限公司〈P2060〉;淄博工业搪瓷厂(3 万吨)〈P2060〉;淄博太极工业搪瓷有限公司(5000 吨)〈P2073〉;淄博天信搪瓷设备有限公司〈P2073〉;淄博华鼎化工设备制造有限公司(4000 吨)〈P2061〉;淄博力业化工设备有限公司〈P2064〉;淄博华日化工设备有限公司〈P2062〉;山东龙兴化工机械集团有限公司〈P2114〉;[豫]开封市三胜化工设备厂〈P2178〉;[陕]西安科塘化工设备有限公司〈P2349〉;宝鸡制药机械厂(300 台)〈P2351〉

外盘管式反应锅 S01042915

Outer tube disc reaction vessel

用于医药、颜料、树脂、食品等行业

【生产厂】[苏]无锡市杰盛环化设备有限公司〈P1877〉;无锡市乐达制药化工设备有限公司〈P1877〉;无锡兆阳化工装备有限公司〈P1883〉;无锡市雪浪化工换热设备厂〈P1880〉;南泉化工成套设备厂〈P1872〉;无锡市南泉化工成套设备厂〈P1878〉;无锡市南泉石化装备有限公司〈P1878〉;江阴市石油化工设备有限公司〈P1871〉;[鲁]莱州市宏达化工机械集团〈P2109〉;莱州市龙翔化工机械有限公司〈P2110〉;莱州市腾源化工机械厂〈P2110〉;山东省莱州市三维集团公司(1000 台)〈P2115〉

电加热反应釜 S01042921

Electrical heating reaction vessel

【生产厂】[苏]无锡市杰盛环化设备有限公司〈P1877〉;无锡市雪浪化工换热设备厂〈P1880〉;南泉化工成套设备厂〈P1872〉;无锡市南泉化工成套设备厂〈P1878〉;无锡市南泉石化装备有限公司〈P1878〉;江阴市石油化工设备有限公司〈P1871〉;[鲁]淄博昌金防腐设备有限公司〈P2058〉;莱州市德隆化工机械厂〈P2109〉;莱州市胜龙化工机械厂〈P2110〉;山东省莱州市东佳化工机械有限公司〈P2114〉;山东省莱州市珍珠化工机械厂(200 套)〈P2115〉;山东莱州鑫达化工机械厂〈P2114〉;山东省莱州市三维集团公司(2000 吨)〈P2115〉;[粤]佛山市青新龙机械有限公司〈P2288〉;[渝]重庆煊赫化工机械厂〈P2308〉

涂料专用釜 S01042925

Kettle for coating

S

【生产厂】[苏]江苏省宜兴市精益机械厂〈P1866〉

蒸汽加热反应釜 S01042929

Steam heating reaction vessel

【生产厂】[苏]无锡市锡山雪浪药化工程装备厂〈P1879〉;南泉化工成套设备厂〈P1872〉;[鲁]莱州市占龙化工机械厂〈P2110〉;莱州市腾源化工机械厂〈P2110〉;山东龙兴化工机械集团有限公司〈P2114〉

搪玻璃电加热罐 S01042931

Glass lining electrical heating tank

【生产厂】[冀]邯郸市亚华化工搪瓷设备厂〈P1639〉

发酵罐 S01042941

Fermented tanks

用于微生物生长,广泛用于制药、味精、酶制剂、食品等行业

【生产厂】[苏]无锡市军嶂轻化设备厂〈P1877〉;无锡市乐达制药化工设备有限公司〈P1877〉;无锡市锡山雪浪药化工程装备厂〈P1879〉;无锡市雪达化工装备厂〈P1880〉;无锡市雪浪金属化工设备厂〈P1880〉;无锡兆阳化工装备有限公司〈P1883〉;无锡市雪浪化工换热设备厂〈P1880〉;无锡市南泉化工成套设备厂〈P1878〉;无锡市南泉石化装备有限公司〈P1878〉;无锡市南泉双丰制药化工机械厂〈P1878〉;常熟市制药化工机械总厂有限公司〈P1892〉;[鲁]莱州市龙翔化工机械有限公司〈P2110〉;莱州市腾源化工机械厂〈P2110〉;山东省莱州市三维集团公司(600套)〈P2115〉;[鄂]武汉晨创化工机械制造有限责任公司〈P2229〉;[川]四川蓝星机械有限公司〈P2327〉

发生器 S01042951

Generator

用于炼油、石化、医药、民用、航空航天、造船等

【生产厂】[鲁]山东齐鲁石化机械制造有限公司(6000吨)〈P2054〉

二氧化氯发生器 S01042961

Chlorine dioxide generator

用于医院污水、工业循环水、工业废水、城市污水、油井注水等的处理

【生产厂】[鲁]山东山大华特科技股份有限公司环保分公司(2000台)〈P2029〉;淄博圣诺化工有限公司〈P2067〉

臭氧发生器 S01042965

Ozonizer

用于脱色、消毒杀菌

【生产厂】[苏]徐州市胜亚臭氧设备制造有限公司〈P1796〉

真空发生器 S01042966

Vacuum generator

【生产厂】[沪]上海尼可尼泵业有限公司〈P1755〉

蒸汽发生器 S01042971

Steam generator

【生产厂】[苏]无锡市南泉化工成套设备厂〈P1878〉

搪瓷反应罐 S01042991

Enamel reaction vessel

【生产厂】[鲁]淄博永正化工设备有限公司〈P2075〉;[豫]郑州蓝星化工设备有限公司(500台)〈P2171〉

搅拌槽 S01043200

Agitator channel

【生产厂】[川]四川蓝星机械有限公司〈P2327〉

电解槽 S01043700

Electrolytic bath

【生产厂】[京]蓝星(北京)化工机械有限公司〈P1567〉;[鲁]青岛大生钛业有限公司〈P2033〉

储槽 S01043800

Storage sump

【生产厂】[沪]上海市杨园压力容器有限公司〈P1764〉;[苏]太仓市防腐塑料设备厂〈P1908〉;[浙]建德市三耐防腐钢结构有限公司〈P1926〉;温州市大陆机械有限公司〈P1937〉

渗滤器(间歇式) S02011000

Percolater, batch

【生产厂】[沪]上海淀山湖减振工程设备有限公司〈P1732〉

筛板塔(柱) S02021100

Orifice column

【生产厂】[苏]南通山剑石墨设备有限公司〈P1834〉

塔填料 S02021310

Tower packing

广泛应用于电力、化工、石化、造纸、环保等行业的脱碳、脱气、脱碳酸、油水分离、海水淡化、废水处理等

【生产厂】[晋]太原帅利达防火材料有限公司〈P1672〉;[苏]无锡市锡西化机配件有限公司〈P1880〉;[赣]萍乡置顺陶瓷有限公司〈P2012〉;江西省萍乡市博泰化工填料有限公司(6000吨)〈P2011〉;[豫]巩义市丁东滤料加工厂〈P2162〉;巩义市恒泰滤材有限公司〈P2162〉;河南省巩义市韵沟联营滤料厂〈P2167〉;[甘]兰州市石化机械设备附件厂〈P2356〉

规整填料 S02021321

Regular filler

用于炼油、化工、化肥、化纤等石油化工领域中塔器设备

【生产厂】[津]天津天大天久科技股份有限公司(1万立方米)〈P1615〉;天津市新天进科技开发有限公司(3600立方米)〈P1608〉;[沪]上海顺发炼化设备厂〈P1765〉;[苏]科氏-格利奇(苏州)石化工程有限公司〈P1895〉;[赣]萍乡置顺陶瓷有限公司〈P2012〉;江西省萍乡市万通实业有限公司〈P2011〉;萍乡市石化填料厂〈P2012〉;江西省萍乡市城松环保填料有限公司〈P2011〉;江西省萍乡市鑫源化工填料有限公司〈P2011〉;[鲁]淄博市淄川区昆仑新开工业瓷厂(1000吨)〈P2072〉;烟台只楚天大化工填料厂〈P2120〉;[豫]开封空分集团有限公司〈P2177〉;[粤]深圳市诚达科技有限公司〈P2270〉;[桂]北海凯特化工填料有限公司〈P2300〉

散装填料 S02021322

Bulk filler

【生产厂】[津]天津天大天久科技股份有限公司(5000立方米)〈P1615〉;[苏]科氏-格利奇(苏州)石化工程有限公司〈P1895〉;[鲁]烟台只楚天大化工填料厂〈P2120〉;[鄂]湖北洪湖化工机械总厂〈P2239〉;[粤]深圳市诚达科技有限公司〈P2270〉;[桂]北海凯特化工填料有限公司〈P2300〉

波纹填料 S02021323

Ripple filler

在香料、农药、精细化工、石油化工等领域得到广泛应用

【生产厂】[苏]无锡市杰盛环化设备有限公司〈P1877〉;无锡市乐达制药化工设备有限公司〈P1877〉;无锡市锡山雪浪药化工程装备厂〈P1879〉;无锡市雪达化工装备厂〈P1880〉;无锡市雪浪金属化工设备厂〈P1880〉;无锡兆阳化工装备有限公司〈P1883〉;无锡市雪浪化工换热设备厂〈P1880〉;无锡市南泉双丰制药化工机械厂〈P1878〉;启东混合器厂有限公司〈P1836〉;[赣]江西省萍乡市方正填料厂〈P2011〉;[鄂]湖北洪湖化工机械总厂〈P2239〉;[粤]深圳市诚达科技有限公司〈P2270〉

金属填料 S02021331

Metal filler

广泛应用石油、化工、化肥、环保等行业的填料塔中

【生产厂】[苏]苏州顺德钛设备制造有限公司〈P1906〉;[赣]江西省萍乡市方正填料厂〈P2011〉;江西全兴化工填料有限公司〈P2011〉;萍乡市合发化工填料有限公司〈P2011〉;萍乡市石化填料厂〈P2012〉;江西省萍乡市城松环保填料有限公司〈P2011〉;萍乡市凤凰填料工业公司〈P2011〉;萍乡市环盛催化剂有限公司〈P2011〉;[鄂]湖北省洪湖市茅江石化填料厂〈P2239〉;[桂]北海凯特化工填料有限公司〈P2300〉

聚丙烯球型填料 S02021332

Polypropylene global filler

【生产厂】[苏]太仓风新化工设备有限公司〈P1908〉;太仓市防腐塑料设备厂〈P1908〉;[浙]杭州新安江工业泵厂〈P1924〉;[赣]江西省萍乡市方正填料厂〈P2011〉;江西全兴化工填料有限公司(1000 吨)〈P2011〉

塑料填料 S02021335

Plastic filler

特别适用于低温吸收、水洗、除尘等装置

【生产厂】[赣]萍乡市合发化工填料有限公司〈P2011〉;萍乡市石化填料厂〈P2012〉;萍乡市凤凰填料工业公司〈P2011〉;萍乡市环盛催化剂有限公司〈P2011〉;[鄂]湖北省洪湖市茅江石化填料厂〈P2239〉;[桂]北海凯特化工填料有限公司〈P2300〉

陶瓷填料 S02021341

Ceramics filler

可用于冶金、煤气、制氧等行业的干燥塔、吸收塔、冷却塔、洗涤塔、再生塔等

【生产厂】[赣]江西省萍乡市方正填料厂〈P2011〉;萍乡置顺陶瓷有限公司〈P2012〉;萍乡市五丰耐酸工业瓷厂〈P2012〉;江西全兴化工填料有限公司(1000 吨)〈P2011〉;萍乡市合发化工填料有限公司〈P2011〉;萍乡市石化填料有限责任公司〈P2012〉;江西省萍乡市城松环保填料有限公司〈P2011〉;萍乡市环球化工填料有限公司〈P2011〉;萍乡市凤凰填料工业公司〈P2011〉;萍乡市环盛催化剂有限公司〈P2011〉;[鄂]湖北省洪湖市茅江石化填料厂〈P2239〉;[湘]湖南省醴陵市华强工业陶瓷填料厂〈P2249〉;[桂]北海凯特化工填料有限公司〈P2300〉

防腐填料 S02021361

Anticorrosive filler

【生产厂】[粤]深圳市诚达科技有限公司〈P2270〉

化工填料 S02021391

Chemical filler

【生产厂】[津]天津天大天久科技股份有限公司(1500 立方米)〈P1615〉;[苏]无锡市明珠石油化工备件厂〈P1878〉;无锡市锡西化机配件有限公司〈P1880〉;宜兴市惠兴塑胶有限公司〈P1885〉;启东混合器厂有限公司〈P1836〉;[浙]海盐新世纪石化设备有限公司〈P1940〉;[赣]江西省萍乡市鑫源化工填料有限公司(1 万吨)〈P2011〉;[豫]巩义宏发净水材料有限公司〈P2162〉;巩义市丁东滤料加工厂〈P2162〉;巩义市中昌水处理材料有限公司〈P2165〉

离心萃取设备 S02025000

Centrifugal apparatus for extraction

【生产厂】[苏]张家港市九洲特种离心机制造有限公司〈P1913〉;[皖]合肥天工科技开发有限公司〈P1973〉

萃取塔 S02029100

Extraction column

【生产厂】[沪]上海森松压力容器有限公司〈P1760〉

静态混合器 S02029300

Static mixer

【生产厂】[苏]无锡市锡西化机配件有限公司〈P1880〉;启东混合器厂有限公司〈P1836〉

外循环蒸发器 S02032011

Outside loop evaporator

用于医药、食品、化工、轻工等行业的水或有机溶媒溶液的蒸发浓缩

【生产厂】[苏]常州化工设备有限公司〈P1847〉;常熟市制药化工机械总厂有限公司〈P1892〉;[川]成都永通化工机械有限公司〈P2317〉

WZI 型外加热式真空蒸发器 S02032051

WZI type vacuum evaporator with exteral heating unit

可广泛用于医药、食品、化工等行业的水或有机溶媒溶液的蒸发浓缩,特别适用于热敏性物料的连续浓缩

【生产厂】[苏]无锡市乐达制药化工设备有限公司〈P1877〉;无锡市锡山雪浪药化工程装备厂〈P1879〉;无锡市雪达化工装备厂〈P1880〉;无锡市永达化工装备有限公司〈P1881〉;无锡市南泉化工成套设备厂〈P1878〉;无锡市南泉石化装备有限公司〈P1878〉;无锡市南泉双丰制药化工机械厂〈P1878〉

列管式蒸发器 S02033000

Shell and tube evaporator

【生产厂】[苏]江苏南通晨光石墨换热器厂〈P1830〉;南通大力化工设备有限公司〈P1832〉;[鲁]山东齐鲁石化机械制造有限公司(3000 吨)〈P2054〉

多级闪蒸器 S02035100

Multistage flash evaporator

【生产厂】[苏]常州市优力干燥设备有限公司(80 台)〈P1856〉

升膜式蒸发器 S02036100

Climbing film evaporator

【生产厂】[苏]无锡市南泉石化装备有限公司〈P1878〉

降膜式蒸发器 S02036200

Falling-film evaporator

【生产厂】[辽]丹东化工机械有限公司〈P1700〉;[沪]上海化工机械一厂〈P1740〉

离心式刮板薄膜蒸发器 S02036500

Centrifugal scraped film evaporator

可广泛适用于中、西制药、食品、轻工、石油、化工、环保等行业

【生产厂】[苏]无锡市杰盛环化设备有限公司〈P1877〉;无锡市乐达制药化工设备有限公司〈P1877〉;无锡市锡山雪浪药化工程装备厂〈P1879〉;无锡市雪达化工装备厂〈P1880〉;无锡兆阳化工装备有限公司〈P1883〉;无锡市雪浪化工换热设备厂〈P1880〉;无锡市南泉双丰制药化工机械厂〈P1878〉

旋转蒸发器 S02036600

Rotatory evaporator

【生产厂】[沪]上海申生科技有限公司〈P1761〉;[苏]无锡市杰盛环化设备有限公司〈P1877〉;苏州顺德钛设备制造有限公司〈P1906〉;[豫]郑州长城科工贸有限公司〈P2170〉

薄膜蒸发器 S02037000

Film evaporator

用于制药、化工、食品等行业稀溶液的浓缩

【生产厂】[津]天津市化工设备厂(200 台)〈P1590〉;[苏]南京氟源化工防腐设备厂〈P1783〉;无锡力马化工机械有限公司〈P1874〉;无锡环宇药化设备有限公司〈P1873〉;无锡市杰盛环化设备有限公司〈P1877〉;无锡市雪浪化工换热设备厂〈P1880〉;无锡市南泉化工成套设备厂〈P1878〉;无锡市南泉双丰制药化工机械厂〈P1878〉;苏州顺德钛设备制造有限公司〈P1906〉;常熟市制药化工机械总厂有限公司〈P1892〉;[鄂]武汉晨创化工机械制造有限责任公司〈P2229〉

高效旋转薄膜蒸发器 S02037100

Film evaporator, high-efficiency, revolving

用于热敏性、易结晶、蒸发难的精细化工产品生产

【生产厂】[苏]无锡力马化工机械有限公司(100 台)〈P1874〉;无锡环宇药化设备有限公司〈P1873〉;无锡市锡山雪浪药化工程装备厂〈P1879〉;无锡市永达化工装备有限公司〈P1881〉;无锡市南泉化工成套设备厂〈P1878〉

蒸馏罐 S02042000

Distillator

【生产厂】[辽]辽阳制药机械股份有限公司(50 吨)〈P1712〉;[鲁]淄博新泰化工设备有限公司〈P2074〉;淄博华日化工设备有限公司〈P2062〉

真空精馏罐(减压精馏罐) S02042300

Rectifying tank under vacuum; Reduced pressure rectifying tank

【生产厂】[苏]常熟市制药化工机械总厂有限公司(100 台)〈P1892〉

搪玻璃蒸馏罐 S02042901

Glass lining distillator

【生产厂】[冀]邯郸市亚华化工搪瓷设备厂〈P1639〉;[苏]常州化工设备有限公司〈P1847〉;江阴市化工设备厂〈P1869〉;靖江市永固搪瓷厂〈P1825〉;[鲁]淄博化工机械厂有限责任公司〈P2062〉;淄博太极工业搪瓷有限公司〈P2073〉;淄博力业化工设备有限公司〈P2064〉;临沂宏业化工设备有限公司〈P2147〉

蒸馏塔 S02043000

Distillation column

【生产厂】[苏]江苏省宜兴市精益机械厂〈P1866〉;苏州顺德钛设备制造有限公司〈P1906〉

常规蒸馏装置 S02043100

Conventional distillating unit

【生产厂】[苏]无锡市杰盛环化设备有限公司〈P1877〉;无锡市乐达制药化工设备有限公司〈P1877〉;无锡市锡山雪浪药化工程装备厂〈P1879〉

精馏塔 S02049011

Rectifying column

【生产厂】[沪]上海森松压力容器有限公司〈P1760〉;[鲁]山东龙兴化工机械集团有限公司〈P2114〉

石墨改性聚丙烯降膜吸收器 S02062200

PP Falling film absorber, graphite modified

适用于伴随放热的易溶腐蚀性气体如氯化氢、二氧化硫等的吸收

【生产厂】[苏]南京嘉禾防腐设备有限公司〈P1785〉;太仓凤新化工设备有限公司〈P1908〉;太仓市三耐化工设备有限公司(2000 台)〈P1908〉;太仓市神州化工设备有限公司〈P1908〉;太仓市防腐塑料设备厂〈P1908〉;[浙]杭州新安江工业泵厂〈P1924〉

石墨降膜吸收器 S02062250

Graphite falling film absorber

是一种性能优越的吸收设备,用于吸收氯化氢气体生产盐酸

【生产厂】[苏]江苏南通晨光石墨换热器厂〈P1830〉;南通山剑石墨设备有限公司〈P1834〉;[浙]杭州超帆防腐设备有限公司〈P1916〉;[鲁]山东赫达股份有限公司〈P2052〉

吸收塔 S02063000

Absorption column

【生产厂】[沪]上海化工机械一厂〈P1740〉;[苏]太仓市三耐化工设备有限公司〈P1908〉;[鲁]淄博市临淄环城玻璃钢制品有限公司(200 台)〈P2068〉;山东旭洋机械股份有限公司(6000 台)〈P2151〉;[甘]兰州石油化工机器总厂〈P2356〉

固定床吸附器 S02071000

Fixed-bed adsorpter

【生产厂】[鲁]山东齐鲁石化机械制造有限公司(6000 吨)〈P2054〉

变压吸附器 S02074000

Pressure swing adsorpter

【生产厂】[苏]南京化学工业集团有限公司化工机械厂〈P1785〉

离子交换器 S02078000

Ion exchanger

【生产厂】[苏]太仓凤新化工设备有限公司〈P1908〉;太仓市三耐化工设备有限公司〈P1908〉;太仓市神州化工设备有限公司〈P1908〉;[皖]天长市天祺有机玻璃厂〈P1983〉

工业盐交换器 S02079010

S

Industry salt exchanger
【生产厂】[豫]河南科隆石化装备有限公司(100 台)〈P2200〉

微孔过滤器 S02081000
Microporous filter
【生产厂】[苏]太仓市三耐化工设备有限公司〈P1908〉

板框式多层过滤器 S02081100
Plate-and-frame multilayer filter
用于各类液体过滤、澄清、提纯等处理
【生产厂】[浙]浙江海宁市郭店东亚过滤机械厂〈P1943〉;[鲁]莱州市占龙化工机械厂〈P2110〉;莱州市宏达化工机械集团〈P2109〉;[豫]禹州市化工机械制造厂〈P2219〉

褶皱式微孔过滤器 S02081200
Creased microporous filter
【生产厂】[浙]浙江海宁市郭店东亚过滤机械厂〈P1943〉

管道过滤器 S02081401
Pipe line filter
广泛用于医药、食品、化工、轻工等行业的液-固相精过滤
【生产厂】[苏]无锡市南泉双丰制药化工机械厂〈P1878〉;无锡市明珠石油化工备件厂〈P1878〉;无锡市胜特石化配件有限公司(200 吨)〈P1879〉;无锡市石化配件厂〈P1879〉;无锡市锡西化机配件有限公司〈P1880〉;启东混合器厂有限公司〈P1836〉;[浙]温州四方化工机械厂〈P1938〉;[甘]兰州市石化机械设备附件厂〈P2356〉

超过滤器 S02082000
Ultrafilter
【生产厂】[苏]启东混合器厂有限公司〈P1836〉;[鲁]蓬莱市科龙聚氨酯设备有限责任公司〈P2112〉

精密过滤器 S02082050
Nice filter
适应高精度过滤而设计的新型过滤设备,用于矿泉水、饮料、糖浆、食用油、酒的配制过滤
【生产厂】[京]北京北搪化工设备厂〈P1544〉;[冀]廊坊市兰春石化机械有限公司〈P1661〉;[辽]鞍山力邦压缩机有限公司〈P1695〉;[沪]上海必肯压缩机有限公司〈P1729〉;上海莘工机械有限公司〈P1771〉;[苏]无锡市石化通用件厂〈P1879〉;江苏省宜兴市精益机械厂〈P1866〉;[浙]浙江省玉环县星光防腐阀门厂〈P1967〉;[甘]甘肃红峰机械有限责任公司〈P2358〉

间歇式浓缩器 S02093100
Batch concentrator
【生产厂】[苏]无锡市锡山雪浪药化工程装备厂〈P1879〉

双效浓缩器 S02093150
Double-effect concentrator
适用于中药、西药、葡萄糖、酿酒、淀粉、食品、味精、乳品等热敏性物料的低温真空浓缩
【生产厂】[苏]南泉化工成套设备厂〈P1872〉;无锡市南泉双丰制药化工机械厂〈P1878〉;常熟市制药化工机械总厂有限公司〈P1892〉

真空减压浓缩罐 S02093301
Vacuum reduced pressure concentrator
适用于对中成药浸出液或提取液进行减压浓缩,并可回收酒精
【生产厂】[苏]无锡环宇药化设备有限公司〈P1873〉;无锡市杰盛环化设备有限公司〈P1877〉;无锡市乐达制药化工设备有限公司〈P1877〉;无锡市锡山雪浪药化工程装备厂〈P1879〉;无锡市雪达化工装备厂〈P1880〉;无锡市永达化工装备有限公司〈P1881〉;无锡兆阳化工装备有限公司〈P1883〉;无锡市雪浪化工换热设备厂〈P1880〉;无锡市南泉化工成套设备厂〈P1878〉;无锡市南泉石化装备有限公司〈P1878〉;无锡市南泉双丰制药化工机械厂〈P1878〉;江阴市干燥设备制造有限公司〈P1869〉;常熟市上海飞奥压力容器制造有限公司〈P1891〉;[鄂]武汉晨创化工机械制造有限责任公司〈P2229〉;[川]成都永通化工机械有限公司〈P2317〉

球形浓缩罐 S02093351
Sphericity concentrator
可用于制药、食品、化工等行业对液料的浓缩、蒸馏、回收有机溶媒等工艺
【生产厂】[苏]无锡市杰盛环化设备有限公司〈P1877〉;无锡市乐达制药化工设备有限公司〈P1877〉;无锡兆阳化工装备有限公司〈P1883〉;江阴市干燥设备制造有限公司〈P1869〉;常熟市制药化工机械总厂有限公司〈P1892〉;[川]成都永通化工机械有限公司〈P2317〉

旋风分离器 S02101010
Cyclone separator
广泛用于石油、化工、煤炭、电力、环保等行业
【生产厂】[沪]上海化工机械一厂〈P1740〉;[苏]无锡市石油化工设备有限公司(500 台)〈P1879〉;苏州顺德钛设备制造有限公司〈P1906〉;[鲁]莱州市占龙化工机械厂〈P2110〉

GFJ 高速升降分散机 S02109001
High-speed rising-falling dispersion machine GFJ
用于涂料、颜料、油墨、胶黏剂等行业
【生产厂】[鲁]莱州市德隆化工机械厂〈P2109〉;莱州市胜龙化工机械厂〈P2110〉;莱州市占龙化工机械厂(500 台)〈P2110〉;山东省莱州市珍珠化工机械厂(160 套)〈P2115〉;莱州市宏达化工机械集团〈P2109〉;莱州市龙翔化工机械有限公司〈P2110〉;莱州市腾源化工机械厂〈P2110〉;山东龙兴化工机械集团有限公司〈P2114〉;山东省莱州市三维集团公司(500 吨)〈P2115〉

高速分散机 S02109011
High-speed dispersion machine
适用于涂料、染料、油墨、造纸、胶黏剂等行业
【生产厂】[沪]耐驰(上海)机械仪器有限公司〈P1727〉;[苏]江苏省宜兴市精益机械厂〈P1866〉;江阴市精益化工机械有限公司〈P1870〉;启东市东盛化工机械厂〈P1837〉;[鲁]山东省莱州市珍珠化工机械厂(350 套)〈P2115〉;莱州盛源化工机械厂〈P2109〉;山东龙兴化工机械集团有限公司〈P2114〉;[粤]佛山市青新龙机械有限公司〈P2288〉;广东省佛山市顺德区伦教阜康化工机械有限公司(100 台)〈P2290〉;[渝]重庆煊赫化工机械厂〈P2308〉;[川]成都永通化工机械有限公司〈P2317〉

调速分散机 S02109021
Adjustable speed dispersion machine
【生产厂】[冀]秦皇岛金嘉源化工机械有限公司〈P1637〉;秦皇岛金佳机械有限公司〈P1637〉;秦皇岛欧路化工机械有限公司〈P1637〉;[渝]重庆宏达化工机电有限公司〈P2305〉

GF 系列分散机 S02109041

GF Series disperse machine

适用于涂料、染料、颜料、油墨、造纸、胶水、化妆品等行业,对液体及液-固相物料进行搅拌、溶解和分散

【生产厂】[苏]无锡市杰盛环化设备有限公司〈P1877〉;无锡兆阳化工装备有限公司〈P1883〉;南泉化工成套设备厂〈P1872〉;无锡市南泉化工成套设备厂〈P1878〉

分散机 S02109051

Disperse machine

用于将粉态物料和液态物料进行固-液相搅拌研磨、分散

【生产厂】[冀]秦皇岛金佳机械有限公司〈P1637〉;[苏]启东市东盛化工机械厂〈P1837〉;[鲁]莱州市德隆化工机械厂〈P2109〉;山东省莱州市珍珠化工机械厂(70 套)〈P2115〉;山东龙兴化工机械集团有限公司〈P2114〉;[粤]广东省佛山市顺德区伦教阜康化工机械有限公司(50 台)〈P2290〉;[川]成都永通化工机械有限公司〈P2317〉

多功能研磨分散机 S02109071

Grinding disperse machine, multi-functional

【生产厂】[沪]上海索维机电设备有限公司〈P1766〉;上海普申化工机械有限公司〈P1756〉;耐驰(上海)机械仪器有限公司〈P1727〉;[苏]常州市武进兴业机械设备有限公司〈P1855〉;启东市东盛化工机械厂〈P1837〉;[川]成都永通化工机械有限公司〈P2317〉

手动升降分散机 S02109091

Handoperate rising-falling dispersion machine

用于油漆、油墨、涂料、塑料、染料、化妆品等行业,对物料进行分散、搅拌混合

【生产厂】[鲁]莱州市德隆化工机械厂〈P2109〉;[粤]广州市番禺源创机械厂〈P2263〉

袋式过滤器;除尘器 S02111000

Bag filter; Dust settling pocket

使含有灰尘的气体通过袋状的滤布得到净制

【生产厂】[苏]常州万基干燥制粒设备有限公司〈P1857〉;常州市武进兴业机械设备有限公司〈P1855〉;江苏省溧阳市云龙化工设备有限公司〈P1861〉;无锡兆阳化工装备有限公司〈P1883〉;无锡市南泉化工成套设备厂〈P1878〉;无锡市南泉双丰制药化工机械厂〈P1878〉;江苏省宜兴市精益机械厂〈P1866〉;江阴市精益化工机械有限公司〈P1870〉;[浙]浙江海宁市郭店东亚过滤机械厂〈P1943〉;[皖]合肥天工科技开发有限公司〈P1973〉;[鲁]莱州市占龙化工机械厂〈P2110〉;莱州盛源化工机械厂〈P2109〉;潍坊市精华粉体工程设备有限公司〈P2104〉;[川]成都永通化工机械有限公司〈P2317〉

扁袋脉冲过滤器 S02111500

Flat bag pulse filter

【生产厂】[苏]常州市先锋干燥设备有限公司〈P1855〉

振动筛分过滤机 S02111901

Vibrated sifting filter

适用于制药、食品、化工、饲料、建筑等行业,是颗粒和粉粒分层筛选和分级的理想设备

【生产厂】[辽]大连德宝力机械制造有限公司〈P1691〉;大连工力干燥设备厂〈P1691〉;大连孚德机械制造有限公司〈P1691〉;[沪]上海大张过滤设备有限公司〈P1731〉;[苏]江苏省宜兴市精益机械厂〈P1866〉;江阴市天缘粉体设备有限公司〈P1871〉;江阴市精益化工机械有限公司〈P1870〉;江阴市宏达粉体设备有限公司〈P1869〉;[鲁]莱州市胜龙化工机械厂〈P2110〉;莱州市占龙化工机械厂〈P2110〉;山东省莱州市珍珠化工机械厂(150 套)〈P2115〉;山东莱州鑫达化工机械厂〈P2114〉;[豫]老松(新乡)机械有限公司(500 套)〈P2203〉;新乡市豫恒机械有限公司〈P2207〉;新乡市三圆堂机械有限公司(100 台)〈P2205〉;新乡天丰振动机械厂(200 台)〈P2207〉;新乡市汇新振动设备有限公司(1000 吨)〈P2205〉;鹤壁市宏利振动机械有限公司〈P2199〉;[粤]广东省佛山市顺德区伦教阜康化工机械有限公司(100 台)〈P2290〉

转鼓真空过滤机 S02111911

Drum vacuum filter

适用于负压形成真空过滤的固液分离

【生产厂】[鲁]核工业烟台同兴实业有限公司〈P2108〉

盘式真空过滤机 S02111921

Disc type vacuum filter

【生产厂】[苏]太仓风新化工设备有限公司〈P1908〉;太仓市防腐塑料设备厂〈P1908〉;[渝]重庆江北机械有限责任公司〈P2305〉

橡胶带式真空过滤机 S02111931

Rubber belt vacuum filter

【生产厂】[鲁]核工业烟台同兴实业有限公司〈P2108〉

管式过滤机 S02111961

Pipe filter

用于化工、化纤、纺织、制药、印染、酿造等行业的废水处理

【生产厂】[苏]无锡市乐达制药化工设备有限公司〈P1877〉;无锡兆阳化工装备有限公司〈P1883〉;南泉化工成套设备厂〈P1872〉;[鲁]淄博太极工业搪瓷有限公司〈P2073〉;核工业烟台同兴实业有限公司〈P2108〉;[渝]重庆宏达化工机电有限公司〈P2305〉

带式压榨过滤机 S02111971

Belt squeeze filter

广泛用于污水处理、污泥脱水等

【生产厂】[沪]上海大张过滤设备有限公司〈P1731〉;上海莘工机械有限公司〈P1771〉;[鲁]济南化工机械总厂有限公司〈P2022〉;[豫]禹州市化工机械制造厂〈P2219〉;禹州市强国化工设备有限公司〈P2219〉;[渝]重庆江北机械有限责任公司〈P2305〉

锥盘压榨过滤机 S02111981

Zahn squeeze filter

【生产厂】[浙]温州亚光机械制造有限公司〈P1938〉;[渝]重庆江北机械有限责任公司〈P2305〉

空气过滤器 S02113000

Air filter

用于空气过滤

【生产厂】[沪]上海申霞气体过滤设备厂〈P1761〉;[豫]新乡市三圆堂机械有限公司(100 台)〈P2205〉;[湘]长沙鼓风机厂有限责任公司〈P2247〉

全自动板式密闭过滤机 S02113501

Automatic plate hermetic filter

一种高效、节能、全自动密闭工作的精密澄

清过滤设备，它广泛应用于化工、石油、食品、制药等行业

【生产厂】[苏]无锡环宇药化设备有限公司〈P1873〉；[鲁]莱州市占龙化工机械厂〈P2110〉；莱州市宏达化工机械集团〈P2109〉；山东省莱州市三维集团公司(300 套)〈P2115〉

密闭网型过滤机 S02113521

Hermetic netting filter

广泛用于涂料、石油、制药、食品、油漆、色拉油类、助剂类、水处理等行业

【生产厂】[苏]江苏省宜兴市精益机械厂〈P1866〉

筒式密闭加压过滤机 S02113541

Solidbowltype closed pressurize filter

适用于石油、化工、制药、油脂、饮料等工业

【生产厂】[皖]合肥天工科技开发有限公司〈P1973〉

浸油空气过滤器 S02113700

Oil immersed air filter

【生产厂】[沪]上海申霞气体过滤设备厂〈P1761〉

聚丙烯板框压滤机 S02116001

Polypropylene plate-and-frame filter press

适用于滤浆较粘，需要加热到 100℃ 以上或过滤压力超过表压 0.98MPa 以上的场合

【生产厂】[苏]泰兴市鑫星过滤机制造厂〈P1826〉

厢式压滤机 S02116011

Box filter press

用于过滤容易堵塞细通道而不能用板框式压滤机的滤浆

【生产厂】[冀]阜城县腾飞压滤机有限公司〈P1663〉；[辽]营口忠贤实业有限公司〈P1705〉；[浙]杭州富阳永昌压滤机有限公司〈P1917〉；[鲁]济南化工机械总厂有限公司〈P2022〉；[豫]禹州市祥云化工机械厂〈P2219〉

压滤机 S02116100

Filter press

用于染料化工、污水处理、食品、化工冶炼、非金属矿等

【生产厂】[冀]阜城县腾飞压滤机有限公司〈P1663〉；[沪]上海远东制药机械总厂(500 台)〈P1776〉；上海莘工机械有限公司〈P1771〉；[苏]常熟市制药化工机械总厂有限公司〈P1892〉；泰兴市鑫星过滤机制造厂(500 台)〈P1826〉；[鲁]景津压滤机集团有限公司〈P2143〉；[豫]禹州市化工机械制造厂〈P2219〉

DY 型带式压滤机 S02116111

Band press filter, DY type

【生产厂】[鲁]核工业烟台同兴实业有限公司〈P2108〉

DZY 型真空带式压滤机 S02116121

Band vacuum press filter, DZY type

【生产厂】[鲁]核工业烟台同兴实业有限公司〈P2108〉

板框压滤机 S02116151

Plate-and-frame filter press

【生产厂】[沪]上海莘工机械有限公司〈P1771〉；[浙]杭州富阳永昌压滤机有限公司〈P1917〉；浙江海宁市郭店东亚过滤机械厂〈P1943〉；[鲁]济南化工机械总厂有限公司〈P2022〉；莱州市德隆化工机械厂〈P2109〉；莱州市腾源化工机械厂〈P2110〉；山东省莱州市三维集团公司(900 套)〈P2115〉；[豫]禹州市化工机械制造厂〈P2219〉；禹州市祥云化工机械厂〈P2219〉；禹州市化工机械厂(260 台)〈P2219〉；[滇]云南化工机械厂〈P2340〉

高压隔膜压滤机 S02116201

High pressure septum filter press

【生产厂】[冀]阜城县腾飞压滤机有限公司〈P1663〉；[沪]上海莘工机械有限公司〈P1771〉；[豫]禹州市强国化工设备有限公司〈P2219〉

液压式压滤机 S02116401

Hydraulic filter press

【生产厂】[冀]阜城县腾飞压滤机有限公司〈P1663〉；[沪]上海莘工机械有限公司〈P1771〉；[豫]禹州市强国化工设备有限公司〈P2219〉

自动拉板压滤机 S02116501

Automatic drawplate filter press

【生产厂】[沪]上海大张过滤设备有限公司〈P1731〉；[豫]禹州市强国化工设备有限公司〈P2219〉；禹州市祥云化工机械厂〈P2219〉

带式连续压榨机 S02117800

Band continuous squeezer

适用于造纸、皮革、畜产、水产、化学、食品等废水所产生的污泥脱水

【生产厂】[皖]合肥天工科技开发有限公司〈P1973〉

净化过滤器 S02119500

Abstersion filter

【生产厂】[冀]廊坊市兰春石化机械有限公司〈P1661〉；[湘]株洲市塑料二厂〈P2250〉

强化型洗涤器 S02127000

Intense scrubber

【生产厂】[辽]大连冰山集团金州重型机器有限公司〈P1691〉

环保除尘设备 S02139010

Environmental protection dust removing equipment

【生产厂】[津]天津华能集团能源设备有限公司(200 台)〈P1573〉；[粤]佛山市顺德区中顺化工设备有限公司〈P2289〉

脉冲袋式除尘器 S02139050

Impulse dust catcher

广泛用于冶金、铸造、矿山、化工、医药、饲料、建材、粮食加工等行业的通风除尘和粉尘回收

【生产厂】[辽]沈阳东大粉体工程技术有限公司〈P1685〉；大连工力干燥设备厂〈P1691〉；[苏]常州市成举干燥制粒机械厂〈P1850〉；常州市豪龙干燥设备有限公司〈P1851〉；常州环龙干燥机械厂〈P1848〉；常州市一新机械有限公司〈P1856〉；常州铁鹏机械制造有限公司〈P1857〉；常州群乐干燥设备有限公司〈P1849〉；常州市步长干燥设备有限公司〈P1850〉；常州市威尔伯干燥设备有限公司〈P1853〉；常州市远洋干燥设备有限公司〈P1856〉；无锡市阳光干燥设备厂〈P1881〉；江苏东润机械有限公司〈P1821〉；靖江天利干燥设备制造有限公司〈P1825〉；[浙]浙江丰利粉碎设备有限公司〈P1950〉；浙江新世纪粉碎设备有限公司

〈P1952〉;[鲁]潍坊正远粉体工程设备有限公司〈P2107〉;潍坊天洁环保科技有限公司〈P2105〉

列管式换热器　S03011000

Shell-and-tube heat exchanger

【生产厂】[冀]保定市金能换热设备有限公司〈P1645〉;[苏]常州市华东石墨换热器厂(50 万平方米)〈P1851〉;无锡市杰盛环化设备有限公司〈P1877〉;无锡市乐达制药化工设备有限公司〈P1877〉;无锡市锡山雪浪药化工程装备厂〈P1879〉;无锡市雪达化工装备厂〈P1880〉;无锡市永达化工装备有限公司〈P1881〉;南泉化工成套设备厂〈P1872〉;无锡市南泉化工成套设备厂〈P1878〉;江苏南通晨光石墨换热器厂〈P1830〉;南通山剑石墨设备有限公司〈P1834〉;[浙]杭州超帆防腐设备有限公司〈P1916〉;[鲁]淄博昌金防腐设备有限公司〈P2058〉;[豫]河南省道纯化工技术有限公司〈P2166〉;开封空分集团有限公司〈P2177〉;[粤]广州市番禺压力容器厂有限公司〈P2263〉;佛山市青新龙机械有限公司〈P2288〉

搪玻璃换热器　S03011001

Glass lining heat exchanger

【生产厂】[冀]邯郸市亚华化工搪瓷设备厂〈P1639〉;[苏]无锡市彪王化工设备厂〈P1875〉;[鲁]淄博太极工业搪瓷有限公司〈P2073〉;淄博天信搪瓷设备有限公司〈P2073〉;[陕]西安科搪化工设备有限公司〈P2349〉

换热器;热交换器　S03011011

Heat exchanger

用于催化裂化、加氢精制等各种炼油、化工装置

【生产厂】[京]北京北搪化工设备厂〈P1544〉;[津]天津华能集团能源设备有限公司(3000 台)〈P1573〉;[冀]石家庄天人化工设备集团有限公司〈P1633〉;[晋]山西丰喜化工设备有限公司〈P1679〉;[辽]大连冰山集团金州重型机器有限公司〈P1691〉;[沪]上海化工机械一厂〈P1740〉;上海市杨园压力容器有限公司〈P1764〉;上海特耐防腐设备有限公司〈P1767〉;上海森松压力容器有限公司〈P1760〉;上海雄峰化工装备有限公司〈P1773〉;[苏]南京化学工业集团有限公司化工机械厂〈P1785〉;中美合资常州健达干燥设备有限公司〈P1864〉;常州市远洋干燥设备有限公司〈P1856〉;江苏省溧阳市云龙化工设备有限公司〈P1861〉;无锡力马化工机械有限公司〈P1874〉;无锡市惠普换热设备厂〈P1877〉;无锡市石油化工设备有限公司〈P1879〉;无锡市锡山雪浪药化工程装备厂〈P1879〉;无锡市雪浪金属化工设备厂〈P1880〉;无锡市南泉化工成套设备厂〈P1878〉;无锡化工装备总厂(1000 套)〈P1873〉;江苏省宜兴市精益机械厂〈P1866〉;江阴市石油化工设备有限公司〈P1871〉;靖江市强力干燥设备有限公司〈P1825〉;江苏省姜堰市龙腾液压机械厂〈P1822〉;[浙]浙江东阳市四环防腐设备有限公司〈P1954〉;[皖]淮南市东风化工机械厂〈P1976〉;[鲁]淄博太极工业搪瓷有限公司〈P2073〉;淄博华鼎化工设备制造有限公司〈P2061〉;山东齐鲁石化机械制造有限公司(3000 吨)〈P2054〉;威海化工机械有限公司(2000 台)〈P2124〉;青岛大生钛业有限公司(1000 套)〈P2033〉;山东盛大化工机械有限责任公司(800 吨)〈P2136〉;[豫]郑州蓝星化工设备有限公司(500 台)〈P2171〉;[鄂]湖北洪湖化工机械总厂〈P2239〉;[川]四川蓝星机械有限公司〈P2327〉;[滇]云南化工机械厂〈P2340〉

加氢换热器　S03011021

Hydrogenation heat exchanger

【生产厂】[陕]西安核设备有限公司〈P2348〉;[甘]兰州石油化工机器总厂〈P2356〉

固定管板式换热器　S03011100

Fixed tubeplate heat exchanger

适用于壳体和管束温差小、管外物料比较清洁、不易结垢的场合

【生产厂】[苏]苏州顺德钛设备制造有限公司〈P1906〉

浮头式换热器　S03011200

Floating head heat exchanger

适用于壳体与管束间温差大且需经常进行管内外清洗的场合

【生产厂】[苏]无锡市锡山雪浪药化工程装备厂〈P1879〉;南通山剑石墨设备有限公司〈P1834〉;[皖]淮南市东风化工机械厂〈P1976〉;淮南市石油化工机械设备厂〈P1976〉;[粤]广州市番禺压力容器厂有限公司〈P2263〉

套管换热器　S03012000

Double-pipe heat exchanger

【生产厂】[沪]上海森松压力容器有限公司〈P1760〉;[鲁]淄博天信搪瓷设备有限公司〈P2073〉

板式换热器　S03014100

Plate heat exchanger

【生产厂】[辽]大连长风机械制造有限公司〈P1691〉;[沪]上海市化工装备研究所〈P1763〉;上海华尔杰机电设备制造有限公司〈P1738〉;上海森松压力容器有限公司〈P1760〉;[苏]无锡市雪浪化工换热设备厂〈P1880〉;昆山密友实业有限公司〈P1896〉;[鲁]济南化工机械总厂有限公司〈P2022〉;[豫]新乡市天峰换热设备有限公司(2 万平方米)〈P2206〉;[陕]西安核设备有限公司〈P2348〉

螺旋板式换热器　S03014200

Spiral board heat exchanger

适用于汽-汽、汽-液、液-液传热

【生产厂】[辽]辽阳石化机械设计制造有限公司〈P1710〉;营口忠贤实业有限公司〈P1705〉;[苏]无锡环宇药化设备有限公司〈P1873〉;无锡市杰盛环化设备有限公司〈P1877〉;无锡市乐达制药化工设备有限公司〈P1877〉;无锡市锡山雪浪药化工程装备厂〈P1879〉;无锡市雪达化工装备厂〈P1880〉;无锡兆阳化工装备有限公司〈P1883〉;无锡市雪浪化工换热设备厂〈P1880〉;无锡光明化工厂有限公司〈P1873〉;无锡市南泉化工成套设备厂〈P1878〉;无锡市南泉石化装备有限公司〈P1878〉;无锡市南泉双丰制药化工机械厂〈P1878〉

板翅式换热器;翅片式换热器　S03014300

Plate-fin heat exchanger

广泛应用于航空工业、空气分离、天然气液化、乙烯生产等

【生产厂】[津]天津华能集团能源设备有限公司(2000 片)〈P1573〉;[苏]常州市先锋干燥设备有限公司〈P1855〉;昆山密友实业有限公司〈P1896〉;[皖]淮南市东风化工机械厂〈P1976〉

板壳式换热器　S03014500

Shell-and-plate heat exchanger

【生产厂】[京]北京北搪化工设备厂〈P1544〉;[辽]大连长风机械制造有限公司〈P1691〉;[苏]常州化工设备有限公司〈P1847〉

S

钛材热交换器 S03016001

Titanic-material heat exchanger

【生产厂】[沪]上海森松压力容器有限公司〈P1760〉;[苏]苏州顺德钛设备制造有限公司〈P1906〉;[鲁]威海化工机械有限公司金属复合材料厂(5000吨)〈P2124〉

波纹管式换热器 S03016002

Corrugated tube heat exchanger

【生产厂】[冀]石家庄天人化工设备集团有限公司〈P1633〉;[皖]淮南市东风化工机械厂〈P1976〉

聚四氟乙烯热交换器;聚四氟乙烯换热器 S03016003

Polytetrafluoroethylene heat exchanger

用于医药、化工、电解、金属表面处理中腐蚀性工作介质的加热、冷却、冷凝制冷等

【生产厂】[鲁]淄博高氟特化工机械有限公司〈P2060〉;[豫]郑州工业大学化工总厂(700平方米)〈P2170〉

螺旋管式换热器 S03016200

Spiral pipe heat exchanger

【生产厂】[辽]辽阳石化机械设计制造有限公司〈P1710〉;[皖]淮南市东风化工机械厂〈P1976〉

盘管换热器 S03016300

Coil heat exchanger

【生产厂】[鲁]青岛大生钛业有限公司〈P2033〉

石墨换热器 S03016911

Graphite heat exchanger

广泛用于化工、医药、冶金、轻工等行业

【生产厂】[苏]常州市华东石墨换热器厂(50万平方米)〈P1851〉;江苏南通晨光石墨换热器厂〈P1830〉;南通山剑石墨设备有限公司〈P1834〉;[浙]杭州超帆防腐设备有限公司〈P1916〉

石墨改性聚丙烯列管式换热器 S03016951

PP Shell-and-tube heat exchanger, graphite modified

广泛用于化工、制药、冶炼、食品等行业

【生产厂】[苏]南京嘉禾防腐设备有限公司〈P1785〉;常州市华东石墨换热器厂(50万平方米)〈P1851〉;太仓风新化工设备有限公司〈P1908〉;太仓市三耐化工设备有限公司〈P1908〉;太仓市神州化工设备有限公司〈P1908〉;太仓市防腐塑料设备厂〈P1908〉;[浙]杭州新安江工业泵厂〈P1924〉

空气预热器 S03017000

Air preheater

【生产厂】[浙]中国石化三公司镇海石化设备厂〈P1936〉

喷射式冷凝器 S03023400

Jet condensator

【生产厂】[沪]上海井点真空泵制造有限公司〈P1745〉

浮头式冷凝器 S03023500

Floating condensator

【生产厂】[苏]无锡市车嶂轻化设备厂〈P1877〉

列管式冷凝器 S03023600

Tube array condensator

是一种高效、常用的换热设备,适用于化工、石油、医药、食品、轻工等行业

【生产厂】[辽]营口忠贤实业有限公司〈P1705〉;[苏]常州市黄河化工设备有限公司〈P1851〉;无锡市军嶂轻化设备厂〈P1877〉;无锡环宇药化设备有限公司〈P1873〉;无锡市杰盛环化设备有限公司〈P1877〉;无锡市乐达制药化工设备有限公司〈P1877〉;无锡市锡山雪浪药化工程装备厂〈P1879〉;无锡市雪达化工装备厂〈P1880〉;无锡市永达化工装备有限公司〈P1881〉;无锡兆阳化工装备有限公司〈P1883〉;无锡光明化工厂有限公司〈P1873〉;无锡市南泉石化装备有限公司〈P1878〉;无锡市南泉双丰制药化工机械厂〈P1878〉;常熟市上海飞奥压力容器制造有限公司〈P1891〉;[鲁]淄博天信搪瓷设备有限公司〈P2073〉;莱州市宏达化工机械集团〈P2109〉;[鄂]武汉晨创化工机械制造有限责任公司〈P2229〉;[粤]广东省佛山市顺德区伦教阜康化工机械有限公司(100台)〈P2290〉

冷却塔 S03024000

Cooling tower

【生产厂】[冀]河北兴海玻璃钢有限公司〈P1655〉;[沪]上海化工装备有限公司(100吨)〈P1740〉;上海华尔杰机电设备制造有限公司〈P1738〉;[浙]宁波市鄞州三友塑料机械有限公司〈P1933〉

玻璃钢冷却塔 S03024901

Glass fiber reinforced plastic cooling tower

用于石油、机械、轻纺、食品、发电、冶金等部门的各种冷却水循环系统

【生产厂】[冀]冀州市中意复合材料有限公司〈P1669〉;[晋]太原帅利达防火材料有限公司〈P1672〉;[辽]大连玻璃钢总厂〈P1691〉;[苏]金坛市塑料厂〈P1862〉;宜兴市万达富工业设备有限公司〈P1887〉;[鲁]淄博市临淄环城玻璃钢制品有限公司(100台)〈P2068〉;[豫]沁阳市华鑫防腐有限公司〈P2198〉;洛阳市天泉玻璃钢有限公司(800吨)〈P2186〉

空气冷却器 S03025000

Air cooler

【生产厂】[冀]石家庄天人化工设备集团有限公司〈P1633〉;保定市金能换热设备有限公司〈P1645〉;[沪]上海化工装备有限公司(80吨)〈P1740〉;[苏]无锡力马化工机械有限公司(300吨)〈P1874〉;无锡市杰盛环化设备有限公司〈P1877〉;无锡市锡山雪浪药化工程装备厂〈P1879〉;江苏省姜堰市龙腾液压机械厂〈P1822〉

板翅式机油冷却器 S03025911

Wing-type cooler for machine oil

适用于6130柴油机、ELMB-75推进机、D6112柴油机、4102、4105柴油机等

【生产厂】[苏]江苏省姜堰市龙腾液压机械厂〈P1822〉

管道式冷却器 S03025921

Pipeline cooler

【生产厂】[沪]上海森松压力容器有限公司〈P1760〉;[苏]南通山剑石墨设备有限公司〈P1834〉

冷却机 S03025991

Cooling machine

【生产厂】[辽]大连橡胶塑料机械股份有限公司〈P1694〉;[鲁]山东旭洋机械股份有限公司(1500吨)〈P2151〉

再沸器(重沸器) S03030000

Reboiler

【生产厂】[皖]淮南市东风化工机械厂〈P1976〉;[鲁]山东齐鲁石化机械制造有限公司(3000 吨)〈P2054〉

冷凝器 S03040000

Condensator

【生产厂】[津]天津市宏祥金属结构厂(50 台)〈P1589〉;[冀]石家庄天人化工设备集团有限公司〈P1633〉;邯郸市亚华化工搪瓷设备厂〈P1639〉;[辽]大连冰山集团金州重型机器有限公司〈P1691〉;[沪]上海申生科技有限公司〈P1761〉;上海森松压力容器有限公司〈P1760〉;[苏]南京氟源化工防腐设备厂〈P1783〉;常州化工设备有限公司〈P1847〉;常州市华东石墨换热器厂〈P1851〉;无锡市锡山雪浪药化工程装备厂〈P1879〉;无锡市雪浪金属化工设备厂〈P1880〉;无锡市雪浪化工换热设备厂〈P1880〉;无锡市彪王化工设备厂〈P1875〉;江阴市化工设备厂〈P1869〉;靖江市永固搪瓷厂〈P1825〉;苏州顺德钛设备制造有限公司〈P1906〉;[鲁]淄博昌金防腐设备有限公司〈P2058〉;淄博高氟特化工机械有限公司〈P2060〉;淄博天信搪瓷设备有限公司〈P2073〉;山东齐鲁石化机械制造有限公司(3000 吨)〈P2054〉;莱州市腾源化工机械厂〈P2110〉;[豫]开封市三胜化工设备厂〈P2178〉;[鄂]湖北洪湖化工机械总厂〈P2239〉;[川]四川蓝星机械有限公司〈P2327〉;[陕]西安核设备有限公司〈P2348〉

混合设备 S04000000

Mixing equipment

【生产厂】[苏]常州铁鹏机械制造有限公司〈P1857〉;启东混合器厂有限公司〈P1836〉

混合机 S04010000

Mixer

用于制药、食品、化工等行业的物料混合

【生产厂】[辽]辽宁矿冶聚氨酯实业有限公司〈P1684〉;大连橡胶塑料机械股份有限公司〈P1694〉;[沪]上海远东制药机械总厂〈P1776〉;上海弗鲁克流体机械制造有限公司〈P1733〉;上海双龙混合粉碎设备有限公司〈P1765〉;[苏]常州市成举干燥制粒机械厂〈P1850〉;常州市豪龙干燥设备有限公司〈P1851〉;常州市一新机械有限公司〈P1856〉;常州群乐干燥设备有限公司〈P1849〉;常州市步长干燥设备有限公司〈P1850〉;常州市威尔伯干燥设备有限公司〈P1853〉;常州市新力干燥设备有限公司〈P1855〉;常州万基干燥制粒设备有限公司〈P1857〉;无锡市锡山雪浪药化工程装备厂〈P1879〉;南泉化工成套设备厂〈P1872〉;无锡市南泉化工成套设备厂〈P1878〉;江阴市宝利机械制造有限公司〈P1868〉;江阴市金科粉碎机械有限公司〈P1870〉;[浙]宁波市鄞州三友塑料机械有限公司〈P1933〉;[鲁]山东省莱州市珍珠化工机械厂(200 套)〈P2115〉;莱州市龙翔化工机械有限公司〈P2110〉;山东龙兴化工机械集团有限公司〈P2114〉;青岛精盛达橡塑机械有限公司〈P2039〉;青岛谊华塑料机械有限公司〈P2046〉;青岛宇尔塑料机械有限公司〈P2046〉;青岛中科塑料机械有限公司〈P2047〉;[粤]广州市番禺源创机械厂〈P2263〉;佛山市青新龙机械有限公司〈P2288〉;广东省佛山市顺德区伦教阜康化工机械有限公司〈P2290〉;[川]成都永通化工机械有限公司〈P2317〉;[陕]西安航天化学动力厂〈P2348〉

V 型转鼓混合机;V 型粉末混合机 S04011200

V Drum mixer

用于制药、化工、冶金、电子、塑料、陶瓷、饲料等行业的干粉料或颗粒状物料的混合

【生产厂】[沪]上海远东制药机械总厂〈P1776〉;[苏]无锡市杰盛环化设备有限公司〈P1877〉;无锡市乐达制药化工设备有限公司〈P1877〉;无锡兆阳化工装备有限公司〈P1883〉;江阴市天缘粉体设备有限公司〈P1871〉;[浙]温州亚光机械制造有限公司〈P1938〉;[鲁]莱州市宏达化工机械集团〈P2109〉;莱州市龙翔化工机械有限公司〈P2110〉;山东省莱州市三维集团公司(3000 台)〈P2115〉;[川]成都永通化工机械有限公司〈P2317〉

螺带式混合机 S04012000

Ribbon mixer

用于粉、粒料的混合操作

【生产厂】[辽]大连德宝力机械制造有限公司〈P1691〉;[沪]上海升立混合机厂〈P1762〉;上海双龙混合粉碎设备有限公司〈P1765〉;[苏]常州市一新机械有限公司〈P1856〉;常州市新力干燥设备有限公司〈P1855〉;[浙]浙江化工科技集团有限公司〈P1927〉;[鲁]莱州市德隆化工机械厂〈P2109〉;山东龙兴化工机械集团有限公司〈P2114〉;[豫]河南省道纯化工技术有限公司〈P2166〉

螺带式锥形混合机 S04012001

Ribbon conical mixer

广泛应用于化工、冶金、医药、食品、饲料、染料、矿山、塑料、农药、涂料等各行业

【生产厂】[沪]上海双龙混合粉碎设备有限公司〈P1765〉;[苏]常州市一新机械有限公司〈P1856〉

螺旋式混合机 S04013000

Spiral mixer

【生产厂】[浙]浙江丰利粉碎设备有限公司〈P1950〉

双螺旋锥形混合机 S04013001

Double-spiral conical mixer

广泛适用于制药、化工、饲料等行业的各种粉体的混合

【生产厂】[辽]营口忠贤实业有限公司〈P1705〉;大连德宝力机械制造有限公司〈P1691〉;[沪]上海申港机械厂〈P1760〉;上海双龙混合粉碎设备有限公司〈P1765〉;[苏]常州市成举干燥制粒机械厂〈P1850〉;常州市豪龙干燥设备有限公司〈P1851〉;常州环龙干燥机械厂〈P1848〉;常州市阳光干燥设备厂〈P1856〉;常州市先锋干燥设备有限公司〈P1855〉;常州市新力干燥设备有限公司〈P1855〉;常州市远洋干燥设备有限公司〈P1856〉;常州万基干燥制粒设备有限公司〈P1857〉;无锡市杰盛环化设备有限公司〈P1877〉;无锡市锡山雪浪药化工程装备厂〈P1879〉;无锡兆阳化工装备有限公司〈P1883〉;南泉化工成套设备厂〈P1872〉;无锡市南泉化工成套设备厂〈P1878〉;江阴市天缘粉体设备有限公司〈P1871〉;江阴市宝利机械制造有限公司〈P1868〉;江阴市金科粉碎机械有限公司〈P1870〉;江阴市通达机械设备有限公司〈P1871〉;江阴市宏达粉体设备有限公司〈P1869〉;江阴市干燥设备制造有限公司〈P1869〉;张家港市开创机械制造有限公司〈P1913〉;[浙]浙江化工科技集团有限公司〈P1927〉;杭州西子化工机械厂〈P1923〉;浙江丰利粉碎设备有限公司〈P1950〉;[鲁]莱州市德隆化工机械厂〈P2109〉;莱州市占龙化工机械厂〈P2110〉;山东省莱州市东佳化工机械有限公司〈P2114〉;山东省莱州市珍珠化工机械厂〈P2115〉;莱州盛源化工机械厂〈P2109〉;莱州市宏达化工机械集团〈P2109〉;山东龙兴化工机械集团有限公司〈P2114〉;山东省莱州市三维集团公司(1000 台)〈P2115〉;[川]成都永通化工机械有限公司〈P2317〉

双锥混合机 S04013021

Double conical mixer

用于制药、化工、饲料等行业的各种粉状物

料的混合

【生产厂】[沪]上海升立混合机厂〈P1762〉;[苏]常州市成举干燥制粒机械厂〈P1850〉;常州市一新机械有限公司〈P1856〉;常州群乐干燥设备有限公司〈P1849〉;常州市威尔伯干燥设备有限公司〈P1853〉;常州市先锋干燥设备有限公司〈P1855〉;常州万基干燥制粒设备有限公司〈P1857〉;江阴市精益化工机械有限公司〈P1870〉;江阴市宏达粉体设备有限公司〈P1869〉;江阴市干燥设备制造有限公司〈P1869〉;[浙]浙江新世纪粉碎设备有限公司〈P1952〉;[鲁]山东龙兴化工机械集团有限公司〈P2114〉;[川]成都永通化工机械有限公司〈P2317〉

强制搅拌混合机 S04013051

Forced agitating mixer

适用于制药、食品、化工等行业的物料混合

【生产厂】[沪]上海森松压力容器有限公司〈P1760〉;[苏]常州市成举干燥制粒机械厂〈P1850〉;江阴市通达机械设备有限公司〈P1871〉;江阴市宏达粉体设备有限公司〈P1869〉;[鲁]莱州市占龙化工机械厂〈P2110〉;[川]成都永通化工机械有限公司〈P2317〉

连续混合机 S04013101

Continuous mixer

【生产厂】[沪]上海科锐驰化工装备技术有限公司〈P1749〉;[鲁]山东龙兴化工机械集团有限公司〈P2114〉

三辊研磨机 S04014301

Tri-roller grinder

用于各种粘高湿式物料的研磨

【生产厂】[冀]秦皇岛金嘉源化工机械有限公司〈P1637〉;秦皇岛金佳机械有限公司〈P1637〉;秦皇岛欧路化工机械有限公司〈P1637〉;[沪]上海邬桥化工机械厂〈P1770〉;[苏]常州市武进兴业机械设备有限公司〈P1855〉;江阴市精益化工机械有限公司〈P1870〉;[鲁]莱州市德隆化工机械厂〈P2109〉;莱州市胜龙化工机械厂〈P2110〉;莱州市占龙化工机械厂〈P2110〉;山东省莱州市东佳化工机械有限公司〈P2114〉;山东省莱州市珍珠化工机械厂(300套)〈P2115〉;莱州市宏达化工机械集团〈P2109〉;莱州市腾源化工机械厂〈P2110〉;山东省莱州市三维集团公司(300套)〈P2115〉;[粤]佛山市青新龙机械有限公司〈P2288〉;广东省佛山市顺德区伦教阜康化工机械有限公司(100台)〈P2290〉;[川]成都永通化工机械有限公司〈P2317〉

砂磨机 S04014310

Sand mill

【生产厂】[冀]秦皇岛欧路化工机械有限公司〈P1637〉;[沪]上海索维机电设备有限公司〈P1766〉;耐驰(上海)机械仪器有限公司〈P1727〉;[苏]常州市武进兴业机械设备有限公司〈P1855〉;江阴市精益化工机械有限公司〈P1870〉;[鲁]莱州市腾源化工机械厂〈P2110〉;山东龙兴化工机械集团有限公司〈P2114〉;潍坊市精华粉体工程设备有限公司〈P2104〉;[渝]重庆宏达化工机电有限公司〈P2305〉;[川]成都永通化工机械有限公司〈P2317〉

立式砂磨机 S04014311

Vertical sansing mill

主要用于油漆、油墨、涂料等各种湿式物料的砂磨、分散

【生产厂】[冀]秦皇岛金佳机械有限公司(45台)〈P1637〉;秦皇岛欧路化工机械有限公司〈P1637〉;[沪]上海邬桥化工机械厂〈P1770〉;耐驰(上海)机械仪器有限公司〈P1727〉;[苏]江苏省宜兴市精益机械厂〈P1866〉;江阴市精益化工机械有限公司〈P1870〉;[鲁]莱州市德隆化工机械厂〈P2109〉;莱州市胜龙化工机械厂〈P2110〉;莱州市占龙化工机械厂〈P2110〉;山东省莱州市东佳化工机械有限公司〈P2114〉;山东省莱州市珍珠化工机械厂(300套)〈P2115〉;莱州盛源化工机械厂〈P2109〉;莱州市宏达化工机械集团〈P2109〉;山东龙兴化工机械集团有限公司〈P2114〉;山东省莱州市三维集团公司(500套)〈P2115〉;[粤]广东省佛山市顺德区伦教阜康化工机械有限公司(100台)〈P2290〉;[渝]重庆煊赫化工机械厂〈P2308〉;[川]成都永通化工机械有限公司〈P2317〉

卧式砂磨机 S04014321

Horizontal sansing mill

主要应用于油墨、涂料等行业

【生产厂】[冀]秦皇岛金佳机械有限公司〈P1637〉;秦皇岛欧路化工机械有限公司〈P1637〉;[沪]耐驰(上海)机械仪器有限公司〈P1727〉;[苏]江阴市精益化工机械有限公司〈P1870〉;[鲁]莱州市占龙化工机械厂〈P2110〉;莱州市宏达化工机械集团〈P2109〉;莱州市腾源化工机械厂〈P2110〉;山东龙兴化工机械集团有限公司〈P2114〉;山东省莱州市三维集团公司(500套)〈P2115〉;[粤]广东省佛山市顺德区伦教阜康化工机械有限公司(100台)〈P2290〉;[渝]重庆宏达化工机电有限公司〈P2305〉;重庆煊赫化工机械厂〈P2308〉;[川]成都永通化工机械有限公司〈P2317〉

棒销式砂磨机 S04014331

Clubbed sansing mill

用于中高黏度物料的超细研磨分散

【生产厂】[鲁]山东龙兴化工机械集团有限公司〈P2114〉

双锥砂磨机 S04014351

Double conical sansing mill

可广泛用于染料、颜料、涂料、医药、生化、农药、食品等行业的超细粉碎

【生产厂】[沪]上海市化工装备研究所〈P1763〉;[鲁]莱州市腾源化工机械厂〈P2110〉;[渝]重庆煊赫化工机械厂〈P2308〉

超细振动研磨机 S04014371

Superfine vibration grinder

广泛用于化工、医药、食品、建材等工业领域及各类金属矿、非金属矿产品深加工

【生产厂】[鲁]潍坊市精华粉体工程设备有限公司〈P2104〉;[豫]新乡市太行振动机械厂(100台)〈P2206〉;新乡市第一振动机械厂(25台)〈P2204〉

立式研磨机 S04014391

Vertical grinder

用于涂料、油漆、油墨、颜料、农药、造纸等行业原料的粉碎、分散、乳化均质

【生产厂】[苏]昆山密友实业有限公司〈P1896〉;[豫]新乡市太行振动机械厂(50台)〈P2206〉;[粤]广东省佛山市顺德区伦教阜康化工机械有限公司(100台)〈P2290〉

双行星混合机;双转子混合机 S04015200

Double rotors mixer

用于食品、电子、制药、型材等行业

【生产厂】[鲁]莱州市宏达化工机械集团〈P2109〉;[粤]广州市番禺源创机械厂〈P2263〉

LDH 型高效犁刀式混合机 S04019001

S

High-efficiency coulter mixer LDH

用于化工、医药、食品、饲料、燃料、冶金、矿山等行业的固-固混合，以及湿造粒、干燥、浓缩等复合工艺

【生产厂】[辽]大连德宝力机械制造有限公司〈P1691〉；[沪]上海申港机械厂〈P1760〉；上海升立混合机厂〈P1762〉；上海双龙混合粉碎设备有限公司〈P1765〉；[苏]常州环龙干燥机械厂〈P1848〉；常州市一新机械有限公司〈P1856〉；[浙]浙江化工科技集团有限公司〈P1927〉；浙江丰利粉碎设备有限公司〈P1950〉；[鲁]山东龙兴化工机械集团有限公司〈P2114〉；[川]成都永通化工机械有限公司〈P2317〉

无重力粒子混合机 S04019011

Zero gravity particle mixer

广泛适用于制药、染料、食品、饲料、建材等行业的粉体加工领域

【生产厂】[沪]上海升立混合机厂〈P1762〉；[苏]靖江市赛德力制药机械制造有限公司〈P1825〉；[浙]浙江化工科技集团有限公司〈P1927〉；浙江丰利粉碎设备有限公司〈P1950〉；[鲁]莱州市德隆化工机械厂〈P2109〉；[川]成都永通化工机械有限公司〈P2317〉

无重力卧式混合机 S04019015

Zero gravity flat mixer

用于农药、制药、染料、食品、香料、冶金、饲料、建材、涂料等的混合

【生产厂】[辽]大连德宝力机械制造有限公司〈P1691〉；[沪]上海申港机械厂〈P1760〉

卧式槽形混合机 S04019021

Horizontal channel mixing machine

在制药、化工、食品工业中用于混合粉状或糊状的物料

【生产厂】[沪]上海远东制药机械总厂〈P1776〉；[苏]常州市成举干燥制粒机械厂〈P1850〉；常州环龙干燥机械厂〈P1848〉；常州市一新机械有限公司〈P1856〉；常州群乐干燥设备有限公司〈P1849〉；常州市步长干燥设备有限公司〈P1850〉；常州市实达干燥设备有限公司〈P1853〉；常州市威尔伯干燥设备有限公司〈P1853〉；常州市先锋干燥设备有限公司〈P1855〉；常州市新力干燥设备有限公司〈P1855〉；常州市远洋干燥设备有限公司〈P1856〉；常州万基干燥制粒设备有限公司〈P1857〉；江阴市宝利机械制造有限公司〈P1868〉；江阴市金科粉碎机械有限公司〈P1870〉；江阴市通达机械设备有限公司〈P1871〉；江阴市宏达粉体设备有限公司〈P1869〉；江阴市干燥设备制造有限公司〈P1869〉；张家港市开创机械制造有限公司〈P1913〉；[鲁]莱州市宏达化工机械集团〈P2109〉；山东省莱州市三维集团公司(800 台)〈P2115〉；[川]成都永通化工机械有限公司〈P2317〉

桶式预混合机 S04019031

Barrel premixer

广泛适用于制药、食品、化工、电子等行业的干粉混和，特别适用于均匀要求高、物料密度差大的物料混和

【生产厂】[苏]常州环龙干燥机械厂〈P1848〉；常州市步长干燥设备有限公司〈P1850〉；常州市新力干燥设备有限公司〈P1855〉；江阴市金科粉碎机械有限公司〈P1870〉；江阴市干燥设备制造有限公司〈P1869〉；[浙]浙江新世纪粉碎设备有限公司〈P1952〉

冷却混合机 S04019041

Cooling mixer

用于各种塑料的混合、干燥、着色等工艺，也是塑料加工行业必不可少的设备之一

【生产厂】[苏]张家港市昌威机械厂〈P1912〉

三维运动混合机 S04019051

Threedimensional motion mixer

用于制药、化工、食品、轻工、电子、机械、矿冶、国防工业的粉状、颗粒状物料的高均匀度混合

【生产厂】[苏]常州市成举干燥制粒机械厂〈P1850〉；中美合资常州健达干燥设备有限公司〈P1864〉；常州环龙干燥机械厂〈P1848〉；常州市一新机械有限公司〈P1856〉；常州群乐干燥设备有限公司〈P1849〉；常州市步长干燥设备有限公司〈P1850〉；常州市实达干燥设备有限公司〈P1853〉；常州市威尔伯干燥设备有限公司〈P1853〉；常州市先锋干燥设备有限公司〈P1855〉；常州市远洋干燥设备有限公司〈P1856〉；常州万基干燥制粒设备有限公司〈P1857〉；江阴市天缘粉体设备有限公司〈P1871〉；江阴市金科粉碎机械有限公司〈P1870〉；江阴市宏达粉体设备有限公司〈P1869〉；江阴市干燥设备制造有限公司〈P1869〉；张家港市开创机械制造有限公司〈P1913〉；[浙]浙江新世纪粉碎设备有限公司〈P1952〉；[川]成都永通化工机械有限公司〈P2317〉

二维运动混合机 S04019055

Twodimensional motion mixer

广泛用于医药、化工、食品、染料、饲料、化肥、农药等行业，尤其适用于大吨位(1000～10000L)各种固相物料

【生产厂】[苏]常州市成举干燥制粒机械厂〈P1850〉；常州环龙干燥机械厂〈P1848〉；常州市一新机械有限公司〈P1856〉；常州群乐干燥设备有限公司〈P1849〉；常州市实达干燥设备有限公司〈P1853〉；常州市威尔伯干燥设备有限公司〈P1853〉；常州市先锋干燥设备有限公司〈P1855〉；常州市新力干燥设备有限公司〈P1855〉；常州市远洋干燥设备有限公司〈P1856〉；常州万基干燥制粒设备有限公司〈P1857〉；江阴市宏达粉体设备有限公司〈P1869〉；江阴市干燥设备制造有限公司〈P1869〉；张家港市开创机械制造有限公司〈P1913〉；[川]成都永通化工机械有限公司〈P2317〉

高速混合机 S04019061

High-speed mixer

用于硅橡胶、塑料、油漆、油墨、涂料、医药、食品等行业的高黏度和超高黏度物料进行搅拌、捏合

【生产厂】[苏]常州市远洋干燥设备有限公司〈P1856〉；张家港市昌威机械厂〈P1912〉；[鲁]莱州市胜龙化工机械厂〈P2110〉；山东省莱州市珍珠化工机械厂(28 套)〈P2115〉；莱州盛源化工机械厂〈P2109〉；莱州市宏达化工机械集团〈P2109〉；山东省莱州市三维集团公司〈P2115〉

高效混合机 S04019071

High-efficiency mixer

用于流动性较好的干性粉状、颗粒状物料的混合，对较细的粉粒凝块后、含有一定水分的等物料均能混合

【生产厂】[苏]常州市阳光干燥设备厂〈P1856〉；常州市步长干燥设备有限公司〈P1850〉；常州市实达干燥设备有限公司

司〈P1853〉;常州市先锋干燥设备有限公司〈P1855〉;江阴市金科粉碎机械有限公司〈P1870〉;江阴市宏达粉体设备有限公司〈P1869〉;江阴市干燥设备制造有限公司〈P1869〉;张家港市开创机械制造有限公司〈P1913〉;[浙]浙江新世纪粉碎设备有限公司〈P1952〉

无重力双轴桨叶混合机 S04019091

Zero gravity twoaxis blade mixer

具有混合精度高、速度快、能耗低、可密封操作等特点

【生产厂】[沪]上海双龙混合粉碎设备有限公司〈P1765〉;[苏]常州环龙干燥机械厂〈P1848〉;[鲁]山东龙兴化工机械集团有限公司〈P2114〉

捏合机 S04020000

Kneader

【生产厂】[苏]江苏省如皋市强盛塑料化工机械厂〈P1831〉;如皋市万祥机械厂〈P1838〉;江苏如皋市井上捏和机械厂〈P1831〉;[鲁]莱州市德隆化工机械厂〈P2109〉;莱州市胜龙化工机械厂〈P2110〉;莱州市昌龙化工机械有限公司〈P2109〉;山东莱州鑫达化工机械厂〈P2114〉;莱州盛源化工机械厂〈P2109〉;莱州市宏达化工机械集团〈P2109〉;山东龙兴化工机械集团有限公司〈P2114〉;山东省莱州市三维集团公司〈P2115〉

真空型捏合机 S04021201

Vacuum kneader

是塑料、化工、硅橡胶、油墨、染料及有关科研部门进行新工艺、新品种试验的必备设备

【生产厂】[苏]江苏省如皋市强盛塑料化工机械厂〈P1831〉;如皋市万祥机械厂〈P1838〉;江苏如皋市井上捏和机械厂〈P1831〉;[鲁]莱州市占龙化工机械厂〈P2110〉;山东省莱州市珍珠化工机械厂(500 套)〈P2115〉;山东龙兴化工机械集团有限公司〈P2114〉;[粤]佛山市青新龙机械有限公司〈P2288〉

密炼机 S04021300

Banbury mixer

用于捏合各种高温硅橡胶、密封胶、CMC,亦用于化工、油墨、染料、医药等行业

【生产厂】[津]天津市化工机械厂(8 台)〈P1590〉;[辽]大连通用橡胶机械有限公司〈P1694〉;[苏]无锡市第一橡塑机械有限公司〈P1875〉;[闽]龙岩市瑞晶机械有限公司〈P2007〉;[鲁]山东省莱州市珍珠化工机械厂(130 套)〈P2115〉;莱州市宏达化工机械集团〈P2109〉;山东省莱州市三维集团公司〈P2115〉;青岛亚东橡机集团有限公司(1000 台)〈P2045〉;[桂]中国化学工业桂林工程公司〈P2300〉;[川]四川亚西橡塑机器有限公司〈P2334〉

辊式捏合机;开炼机 S04021400

Rolling kneader

主要用于橡胶的塑炼、混炼

【生产厂】[苏]无锡市第一橡塑机械有限公司(500 吨)〈P1875〉

重型捏合机 S04021700

Heavy kneader

可捏合各种黏度的 CMC,亦可用于化工、塑料、橡胶、油墨、碳素、医药、食品等行业

【生产厂】[苏]江苏如皋市井上捏和机械厂〈P1831〉;[鲁]山东龙兴化工机械集团有限公司〈P2114〉

压片机 S04031200

Bead machine

【生产厂】[鲁]莱州市德隆化工机械厂〈P2109〉

对辊压型机 S04031300

Opposite rolling moulding press

【生产厂】[沪]上海橡胶机械一厂〈P1771〉

搅拌机 S04035000

Agitator

适用于油漆、油墨、涂料、染料等化工行业及造纸行业,对液固相物料进行湿分散、搅拌

【生产厂】[京]北京龙苑伟业新材料有限公司〈P1555〉;[津]天津凯普机械有限公司(2000 套)〈P1575〉;[冀]秦皇岛金佳机械有限公司〈P1637〉;秦皇岛欧路化工机械有限公司〈P1637〉;[苏]常州市武进兴业机械设备有限公司〈P1855〉;[闽]龙岩市瑞晶机械有限公司〈P2007〉;[鲁]山东莱州鑫达化工机械厂〈P2114〉;[粤]广东省佛山市顺德区伦教阜康化工机械有限公司(100 台)〈P2290〉

液压升降高速搅拌机 S04035001

Hydraulic rising-falling high speed agitator

适用于乳胶漆、非金属矿等行业的分散与混合

【生产厂】[鲁]莱州市占龙化工机械厂〈P2110〉;莱州市龙翔化工机械有限公司〈P2110〉;山东龙兴化工机械集团有限公司〈P2114〉

高速搅拌机 S04035011

High speed agitator

适用于乳胶漆、非金属矿等行业的分散与混合

【生产厂】[冀]秦皇岛欧路化工机械有限公司〈P1637〉;[渝]重庆宏达化工机电有限公司〈P2305〉

高速分散搅拌机 S04035021

High-speed disperse agitator

主要用于各种湿式物料的均质分散、搅拌

【生产厂】[苏]江阴市精益化工机械有限公司〈P1870〉;[鲁]山东省莱州市东佳化工机械有限公司〈P2114〉;莱州市宏达化工机械集团〈P2109〉;山东省莱州市三维集团公司〈P2115〉;[粤]佛山市青新龙机械有限公司〈P2288〉;[川]成都永通化工机械有限公司〈P2317〉

蝶式搅拌机 S04035031

Butterfly agitator

用于印刷油墨、各种着色材料、涂料、粘接剂、建筑防水等行业

【生产厂】[冀]秦皇岛金佳机械有限公司〈P1637〉;[川]成都永通化工机械有限公司〈P2317〉

强力搅拌机 S04035041

Mightiness agitator

用于浮选作业前的矿浆搅拌,使矿浆与药剂充分混合

【生产厂】[豫]河南省巩义市锦华机械厂〈P2167〉

高低速双轴搅拌机 S04035051

Twoaxis agitator, high-speed of low-speed

适用于高黏度物料的搅拌,可使物料迅速分

散、溶解、混合均匀，应用于涂料、油墨、食品、颜料等行业

【生产厂】[冀]秦皇岛金佳机械有限公司〈P1637〉；秦皇岛欧路化工机械有限公司〈P1637〉；[鲁]莱州市德隆化工机械厂〈P2109〉；莱州市胜龙化工机械厂〈P2110〉；莱州市占龙化工机械厂〈P2110〉；山东省莱州市三维集团公司〈P2115〉；[粤]佛山市青新龙机械有限公司〈P2288〉；广东省佛山市顺德区伦教阜康化工机械有限公司（20 台）〈P2290〉

移动式搅拌机　S04035071

Moveable agitator

【生产厂】[苏]江阴市精益化工机械有限公司〈P1870〉；[浙]浙江江南减速机有限公司〈P1939〉；[鲁]莱州市占龙化工机械厂〈P2110〉；山东省莱州市珍珠化工机械厂（80 套）〈P2115〉；莱州市宏达化工机械集团〈P2109〉；山东省莱州市三维集团公司〈P2115〉

无极变速搅拌机　S04035091

Agitator, stepless shift gears

【生产厂】[沪]上海郧桥化工机械厂〈P1770〉

搪玻璃搅拌器　S04044900

Glass lining agitator

【生产厂】[京]北京北搪化工设备厂〈P1544〉；[冀]邯郸市亚华化工搪瓷设备厂〈P1639〉；[苏]常州市黄河化工设备有限公司〈P1851〉；靖江市永固搪瓷厂〈P1825〉；[鲁]淄博高氟特化工机械有限公司〈P2060〉；淄博太极工业搪瓷有限公司〈P2073〉；淄博天信搪瓷设备有限公司〈P2073〉；淄博华日化工设备有限公司〈P2062〉；临沂宏业化工设备有限公司〈P2147〉

磁力搅拌器　S04044911

Agitator, magnetic force driving

用于化工生产和科研实验

【生产厂】[鲁]威海坤昌化工机械有限公司〈P2125〉；威海自控反应釜有限公司(1000 套)〈P2126〉；威海鑫泰化工设备厂(1000 套)〈P2126〉；威海瑞丰化工机械设备有限公司〈P2125〉；威海新元化工机械有限公司（80 台）〈P2126〉；[陕]陕西太康生物科技有限公司〈P2346〉

自吸式搅拌器　S04044951

Hollow agitator

【生产厂】[鲁]威海宏协化工机械有限公司(50 套)〈P2124〉；威海新元化工机械有限公司(100 套)〈P2126〉

干燥设备　S05000000

Drying equipment

用于食品、制药、电子行业等物品的烘干

【生产厂】[苏]常州铁鹏机械制造有限公司〈P1857〉；无锡市海江干燥成套设备有限公司（300 台）〈P1876〉；江阴市化工机械有限公司〈P1869〉；[豫]三门峡金渠集团化工机械有限公司(2000 吨)〈P2221〉

S

干燥器；干燥机　S05010000

Drying machine

用来烘干一定湿度和粒度范围的物料

【生产厂】[冀]石家庄工大化工设备有限公司〈P1626〉；[辽]铁岭市远大干燥设备厂〈P1713〉；[沪]上海化工装备有限公司〈P1740〉；上海化工装备有限公司化工机械三厂〈P1740〉；[苏]常州环龙干燥机械厂〈P1848〉；常州市远洋干燥设备有限公司〈P1856〉；无锡市杰盛环化设备有限公司〈P1877〉；无锡市乐达制药化工设备有限公司〈P1877〉；无锡市锡山雪浪药化工程装备厂〈P1879〉；无锡市永达化工装备有限公司〈P1881〉；无锡三江机械有限公司〈P1874〉；无锡市阳光干燥设备厂〈P1881〉；靖江天利干燥设备制造有限公司〈P1825〉；[鲁]青岛谊华塑料机械有限公司〈P2046〉

真空箱式干燥器　S05011300

Vacuum box dryer

【生产厂】[沪]上海一恒科技有限公司〈P1774〉；[苏]常州市阳光干燥设备厂〈P1856〉；常熟市上海飞奥压力容器制造有限公司〈P1891〉；[豫]郑州长城科工贸有限公司〈P2170〉

热风循环烘箱　S05011901

Hot blast cycle oven

用于制药、化工、食品、轻工、重工业等行业的物料干燥与除湿

【生产厂】[辽]大连工力干燥设备厂〈P1691〉；[沪]上海华东制药机械有限公司〈P1738〉；[苏]常州市成举干燥制粒机械厂〈P1850〉；常州市明星干燥设备有限公司〈P1853〉；中美合资常州健达干燥设备有限公司〈P1864〉；常州市阳光干燥设备厂〈P1856〉；常州群乐干燥设备有限公司〈P1849〉；常州市步长干燥设备有限公司〈P1850〉；常州市实达干燥设备有限公司〈P1853〉；常州市威尔伯干燥设备有限公司〈P1853〉；常州市先锋干燥设备有限公司〈P1855〉；常州市远洋干燥设备有限公司〈P1856〉；常州万基干燥制粒设备有限公司〈P1857〉；无锡市锡山雪浪药化工程装备厂〈P1879〉；江阴市干燥设备制造有限公司〈P1869〉；江苏东润机械有限公司〈P1821〉；靖江市赛德力制药机械制造有限公司〈P1825〉；张家港市开创机械制造有限公司〈P1913〉

隧道灭菌烘箱　S05011951

Tunnel sterilizing oven

用于制药生产的各种安瓿瓶、易拉瓶、西林瓶及其他玻璃容器的干燥、灭菌

【生产厂】[沪]上海华东制药机械有限公司〈P1738〉；[苏]常州市豪龙干燥设备有限公司〈P1851〉；常州市明星干燥设备有限公司〈P1853〉；常州市阳光干燥设备厂〈P1856〉；江阴市金科粉碎机械有限公司〈P1870〉；江阴市干燥设备制造有限公司〈P1869〉

高温灭菌烘箱　S05011991

Sterilizing oven, high temperature

【生产厂】[苏]常州市薛氏干燥设备有限公司〈P1856〉

穿流带式干燥器；带式干燥机　S05012200

Circumfluent band dryer

用于化工原料的片状、条状、块状和颗粒物料的脱水干燥

【生产厂】[苏]常州市阳光干燥设备厂〈P1856〉；常州群乐干燥设备有限公司〈P1849〉；常州市威尔伯干燥设备有限公司〈P1853〉；常州市先锋干燥设备有限公司〈P1855〉；江苏东润机械有限公司〈P1821〉；靖江天利干燥设备制造有限公司〈P1825〉

物料搅拌干燥器　S05013000

Material agitator dryer

【生产厂】[辽]沈阳龙华干燥设备有限公司〈P1687〉

盘式连续干燥机　S05013501

Disk continuous dryer

广泛适用于化工、医药、农药、食品、饲料、农副产品加工等行业的干燥作业

【生产厂】[苏]靖江天利干燥设备制造有限公司〈P1825〉;[鲁]淄博真空设备厂有限公司〈P2076〉;青岛大生钛业有限公司(1000 台)〈P2033〉

圆盘(板)加热干燥器 S05013600

Disc, or plate, heating dryer

【生产厂】[冀]石家庄工大化工设备有限公司〈P1626〉

圆盘(板)加热真空干燥器 S05013700

Disc or plate heating vacuum dryer

【生产厂】[苏]无锡市杰盛环化设备有限公司〈P1877〉;太仓新工搪玻璃有限公司(500 台)〈P1909〉

回转干燥器 S05014000

Rotary type dryer

【生产厂】[冀]唐山化工机械有限公司〈P1635〉;[辽]铁岭市远大干燥设备厂〈P1713〉;锦西化工机械(集团)有限责任公司〈P1703〉;[苏]常州市豪龙干燥设备有限公司〈P1851〉;常州市远洋干燥设备有限公司〈P1856〉

直接加热回转式干燥器 S05014100

Direct heating rotary dryer

适用于化工、矿山、冶金等行业大颗粒、密度大物料干燥

【生产厂】[冀]唐山化工机械有限公司〈P1635〉;[苏]常州市豪龙干燥设备有限公司〈P1851〉;常州市明星干燥设备有限公司〈P1853〉;中美合资常州健达干燥设备有限公司〈P1864〉;常州市实达干燥设备有限公司〈P1853〉

蒸汽管加热回转干燥器 S05014200

Steam-tube heating rotary dryer

【生产厂】[辽]锦西化工机械(集团)有限责任公司〈P1703〉

旋转闪蒸干燥机 S05014301

Revolving flashing drier

用于干燥膏粘状、滤饼状和触变性、热敏性粉粒状物料

【生产厂】[津]天津市静海县玉天干燥设备厂(300 台)〈P1596〉;[辽]沈阳东大粉体工程技术有限公司〈P1685〉;沈阳龙华干燥设备有限公司〈P1687〉;铁岭市远大干燥设备厂〈P1713〉;大连工力干燥设备厂〈P1691〉;[沪]上海科锐驰化工装备技术有限公司〈P1749〉;[苏]常州市成举干燥制粒机械厂〈P1850〉;常州市豪龙干燥设备有限公司〈P1851〉;常州市明星干燥设备有限公司〈P1853〉;中美合资常州健达干燥设备有限公司〈P1864〉;常州市阳光干燥设备厂〈P1856〉;常州群乐干燥设备有限公司〈P1849〉;常州市实达干燥设备有限公司〈P1853〉;常州市威尔伯干燥设备有限公司〈P1853〉;常州市先锋干燥设备有限公司〈P1855〉;常州市新力干燥设备有限公司〈P1855〉;常州市远洋干燥设备有限公司〈P1856〉;常州万基干燥制粒设备有限公司〈P1857〉;无锡市阳光干燥设备厂〈P1881〉;江阴市干燥设备制造有限公司〈P1869〉;江苏东润机械有限公司〈P1821〉;靖江天利干燥设备制造有限公司〈P1825〉;[豫]焦作市诺敦机械设备有限公司〈P2196〉

SZG 系列双锥回转真空干燥机 S05014311

Double-conical rotary vacuum dryer, SZG series

适用于医药、食品、化工等行业的粉、粒状物料的真空干燥和混合

【生产厂】[冀]石家庄工大化工设备有限公司〈P1626〉;[辽]营口忠贤实业有限公司〈P1705〉;大连工力干燥设备厂〈P1691〉;[苏]常州市成举干燥制粒机械厂〈P1850〉;常州市豪龙干燥设备有限公司〈P1851〉;常州市明星干燥设备有限公司〈P1853〉;中美合资常州健达干燥设备有限公司〈P1864〉;常州环龙干燥机械厂〈P1848〉;常州市阳光干燥设备厂〈P1856〉;常州群乐干燥设备有限公司〈P1849〉;常州市实达干燥设备有限公司〈P1853〉;常州市威尔伯干燥设备有限公司〈P1853〉;常州市先锋干燥设备有限公司〈P1855〉;常州市新力干燥设备有限公司〈P1855〉;常州市远洋干燥设备有限公司〈P1856〉;常州万基干燥制粒设备有限公司〈P1857〉;无锡市杰盛环化设备有限公司〈P1877〉;无锡市乐达制药化工设备有限公司〈P1877〉;无锡市雪达化工装备厂〈P1880〉;无锡兆阳化工装备有限公司〈P1883〉;南泉化工成套设备厂〈P1872〉;无锡市南泉化工成套设备厂〈P1878〉;江阴市宝利机械制造有限公司〈P1868〉;江阴市金科粉碎机械有限公司〈P1870〉;江阴市宏达粉体设备有限公司〈P1869〉;江阴市干燥设备制造有限公司〈P1869〉;张家港市开创机械制造有限公司〈P1913〉;[鲁]淄博真空设备厂有限公司〈P2076〉;山东省莱州市三维集团公司〈P2115〉;[豫]河南省巩义市锦华机械厂〈P2167〉

单循环振动式干燥机 S05014321

Monocirculation vibrated dryer

【生产厂】[辽]沈阳龙华干燥设备有限公司〈P1687〉;铁岭市远大干燥设备厂〈P1713〉

圆盘式螺旋振动干燥机 S05014341

Disc type screw vibration dryer

适用于粒度分布较广、湿含量较低的松散性粉状和粒状物料的干燥

【生产厂】[苏]常州市豪龙干燥设备有限公司〈P1851〉;常州万基干燥制粒设备有限公司〈P1857〉;[鲁]潍坊天洁环保科技有限公司〈P2105〉

旋转列管干燥机 S05014391

Revolving tube array drier

广泛应用于化工行业各种含湿粉体物料的干燥

【生产厂】[冀]唐山化工机械有限公司〈P1635〉

滚筒干燥器 S05014400

Roller dryer

适用于染料、制药、食品、冶金等行业液体或较粘稠物料的干燥

【生产厂】[辽]沈阳东大粉体工程技术有限公司〈P1685〉;[苏]常州市豪龙干燥设备有限公司〈P1851〉;常州市明星干燥设备有限公司〈P1853〉;中美合资常州健达干燥设备有限公司〈P1864〉;常州群乐干燥设备有限公司〈P1849〉;常州市先锋干燥设备有限公司〈P1855〉;常州万基干燥制粒设备有限公司〈P1857〉

粉碎气流型干燥器 S05015100

Comminution flow dryer

【生产厂】[苏]无锡市阳光干燥设备厂〈P1881〉

带惰性介质的雾流化干燥器 S05015200

Atomized flow dryer with inert medium

【生产厂】[辽]沈阳龙华干燥设备有限公司〈P1687〉

强化沸腾气流干燥器 S05015300

Fortified boiling pneumatic dryer

【生产厂】[苏]常州市明星干燥设备有限公司〈P1853〉;常州环龙干燥机械厂〈P1848〉;常州市阳光干燥设备厂〈P1856〉;常州市先锋干燥设备有限公司〈P1855〉;江阴市干燥设备制造有限公司〈P1869〉

喷雾干燥机 S05015400

Spray dryer

【生产厂】[津]天津市静海县玉天干燥设备厂(400 台)〈P1596〉;[辽]大连工力干燥设备厂〈P1691〉;[沪]上海大川原干燥设备有限公司〈P1731〉;[苏]常州市豪龙干燥设备有限公司〈P1851〉;常州环龙干燥机械厂〈P1848〉;常州市阳光干燥设备厂〈P1856〉;常州群乐干燥设备有限公司〈P1849〉;常州市先锋干燥设备有限公司〈P1855〉;常州市远洋干燥设备有限公司〈P1856〉;江阴市干燥设备制造有限公司〈P1869〉

LPG 系列高速离心喷雾干燥机 S05015401

High-speed centrifugal spray drier, LPG series

用于乳浊液、悬浮液、糊状物、溶液等液体的干燥

【生产厂】[津]天津市津南干燥设备有限公司(120 台)〈P1594〉;[辽]沈阳东大粉体工程技术有限公司〈P1685〉;铁岭市远大干燥设备厂〈P1713〉;[苏]常州市豪龙干燥设备有限公司〈P1851〉;常州市明星干燥设备有限公司〈P1853〉;中美合资常州健达干燥设备有限公司〈P1864〉;常州环龙干燥机械厂〈P1848〉;常州市一新机械有限公司〈P1856〉;常州群乐干燥设备有限公司〈P1849〉;常州市实达干燥设备有限公司〈P1853〉;常州市威尔伯干燥设备有限公司〈P1853〉;常州市先锋干燥设备有限公司〈P1855〉;常州市新力干燥设备有限公司〈P1855〉;常州市远洋干燥设备有限公司〈P1856〉;常州万基干燥制粒设备有限公司〈P1857〉;无锡市阳光干燥设备厂〈P1881〉;江阴市干燥设备制造有限公司〈P1869〉;江苏东润机械有限公司〈P1821〉;靖江天利干燥设备制造有限公司〈P1825〉;[豫]焦作市诺敦机械设备有限公司〈P2196〉

压力喷雾干燥机 S05015431

Pressure spray drier

用于冶金、电子、化工、印染、医药、环保、洗涤剂等行业

【生产厂】[辽]大连工力干燥设备厂〈P1691〉;[苏]常州市豪龙干燥设备有限公司〈P1851〉;常州环龙干燥机械厂〈P1848〉;常州市实达干燥设备有限公司〈P1853〉;常州市先锋干燥设备有限公司〈P1855〉;常州市新力干燥设备有限公司〈P1855〉;常州市远洋干燥设备有限公司〈P1856〉;常州万基干燥制粒设备有限公司〈P1857〉;无锡市阳光干燥设备厂〈P1881〉;江阴市金科粉碎机械有限公司〈P1870〉;江苏东润机械有限公司〈P1821〉;靖江天利干燥设备制造有限公司〈P1825〉;[豫]焦作市诺敦机械设备有限公司〈P2196〉

气流干燥机 S05016000

Pneumatic conveyer dryer

广泛用于化工、医药、建材等行业的粉状、颗粒状物料的干燥

【生产厂】[辽]沈阳龙华干燥设备有限公司〈P1687〉;铁岭市远大干燥设备厂〈P1713〉;大连工力干燥设备厂〈P1691〉;[苏]常州市豪龙干燥设备有限公司〈P1851〉;常州市明星干燥设备有限公司〈P1853〉;常州环龙干燥机械厂〈P1848〉;常州市阳光干燥设备厂〈P1856〉;常州市一新机械有限公司〈P1856〉;常州群乐干燥设备有限公司〈P1849〉;常州市实达干燥设备有限公司〈P1853〉;常州市威尔伯干燥设备有限公司〈P1853〉;常州市新力干燥设备有限公司〈P1855〉;常州市薛氏干燥设备有限公司〈P1856〉;常州市远洋干燥设备有限公司〈P1856〉;常州万基干燥制粒设备有限公司〈P1857〉;江阴市干燥设备制造有限公司〈P1869〉;靖江天利干燥设备制造有限公司〈P1825〉

脉冲气流干燥机 S05016300

Pulse airstream dryer

适用于化工、食品等行业

【生产厂】[苏]中美合资常州健达干燥设备有限公司〈P1864〉;常州环龙干燥机械厂〈P1848〉;常州市实达干燥设备有限公司〈P1853〉;常州市先锋干燥设备有限公司〈P1855〉;常州市远洋干燥设备有限公司〈P1856〉;江苏东润机械有限公司〈P1821〉;靖江市赛德力制药机械制造有限公司〈P1825〉;[豫]焦作市诺敦机械设备有限公司〈P2196〉

流化床干燥器 S05017000

Fluidized bed dryer

【生产厂】[津]天津市津南干燥设备有限公司(160 套)〈P1594〉;[冀]石家庄工大化工设备有限公司〈P1626〉;[辽]铁岭市远大干燥设备厂〈P1713〉;[鲁]山东省莱州市三维集团公司〈P2115〉

振动流化床干燥机 S05017400

Vibrated fluidized bed dryer

广泛用于化工、医药、轻工、食品、塑料、粮油、矿渣、制盐、烟糖等行业的粉状、颗料状物料的干燥、冷却

【生产厂】[辽]沈阳龙华干燥设备有限公司〈P1687〉;铁岭市远大干燥设备厂〈P1713〉;[苏]常州市成举干燥制粒机械厂〈P1850〉;常州市豪龙干燥设备有限公司〈P1851〉;常州市明星干燥设备有限公司〈P1853〉;常州环龙干燥机械厂〈P1848〉;常州市一新机械有限公司〈P1856〉;常州群乐干燥设备有限公司〈P1849〉;常州市实达干燥设备有限公司〈P1853〉;常州市威尔伯干燥设备有限公司〈P1853〉;常州市先锋干燥设备有限公司〈P1855〉;常州市远洋干燥设备有限公司〈P1856〉;无锡市阳光干燥设备厂〈P1881〉;江阴市干燥设备制造有限公司〈P1869〉;江苏东润机械有限公司〈P1821〉;张家港市开创机械制造有限公司〈P1913〉;[鲁]淄博真空设备厂有限公司〈P2076〉

复合式直线振动流化床干燥(冷却)机 S05017450

Compound rectilinear vibration fluid bed dryer (chilling) machine

【生产厂】[辽]沈阳东大粉体工程技术有限公司〈P1685〉;铁岭市远大干燥设备厂〈P1713〉;大连工力干燥设备厂〈P1691〉;[苏]常州市阳光干燥设备厂〈P1856〉;常州市新力干燥设备有限公司〈P1855〉;靖江天利干燥设备制造有限公司〈P1825〉

喷雾流化造粒干燥器 S05017700

Spray fluidized bed pelleting dryer

【生产厂】[苏]中美合资常州健达干燥设备有限公司〈P1864〉

FLP 流化造粒包衣干燥机 S05017950

FLP Vulcanizing-granulating-coating-drying machine

【生产厂】[苏]常州市明星干燥设备有限公司〈P1853〉;常州

市阳光干燥设备厂〈P1856〉

冷冻干燥器 S05018300

Refrigerating dryer

适用于高档原料药、中药饮片、脱水蔬菜、食品、水果、药物中间体等物料的干燥

【生产厂】[辽]鞍山力邦压缩机有限公司〈P1695〉;[沪]上海一恒科技有限公司〈P1774〉;[苏]常州市明星干燥设备有限公司〈P1853〉;[陕]陕西太康生物科技有限公司〈P2346〉

空心桨叶式干燥机 S05019001

Hollow-blade dryer

适用于石油化工、制药、酿酒、食品等行业的有机、无机、高分子材料,粘性、非粘性物料,粒状和粉状物料等

【生产厂】[苏]常州万基干燥制粒设备有限公司〈P1857〉;[浙]浙江化工科技集团有限公司〈P1927〉

喷浆造粒干燥机 S05900101

Spray graining dryer

主要用于复合肥厂

【生产厂】[苏]江阴市宝利机械制造有限公司〈P1868〉;[鲁]山东旭洋机械股份有限公司(3000吨)〈P2151〉;[豫]三门峡金渠集团化工机械有限公司(4000吨)〈P2221〉

真空耙式干燥机 S05900111

Vacuum harrow dryer

用于有机半成品和染料制造工业耐高温和在高温下易于氧化的物料及必须回收的溶液等物料的干燥

【生产厂】[辽]营口忠贤实业有限公司〈P1705〉;[苏]常州市豪龙干燥设备有限公司〈P1851〉;常州市明星干燥设备有限公司〈P1853〉;中美合资常州健达干燥设备有限公司〈P1864〉;常州环龙干燥机械厂〈P1848〉;常州群乐干燥设备有限公司〈P1849〉;常州市先锋干燥设备有限公司〈P1855〉;无锡环宇药化设备有限公司〈P1873〉;无锡市杰盛环化设备有限公司〈P1877〉;无锡市乐达制药化工设备有限公司〈P1877〉;无锡市锡山雪浪药化工程装备厂〈P1879〉;无锡市雪达化工装备厂〈P1880〉;无锡市永达化工装备有限公司〈P1881〉;无锡兆阳化工装备有限公司〈P1883〉;无锡市雪浪化工换热设备厂〈P1880〉;南泉化工成套设备厂〈P1872〉;无锡市南泉化工成套设备厂〈P1878〉;无锡市南泉石化装备有限公司〈P1878〉;无锡市南泉双丰制药化工机械厂〈P1878〉;靖江市赛德力制药机械制造有限公司〈P1825〉;[鲁]淄博真空设备厂有限公司〈P2076〉;山东省莱州市三维集团公司〈P2115〉

真空干燥机 S05900121

Vacuum drying machine

适合各种物料,特别适用于热敏性物料在低温下干燥,并具有对物料高温消毒、灭菌功能

【生产厂】[辽]营口忠贤实业有限公司〈P1705〉;大连工力干燥设备厂〈P1691〉;[苏]常州市成举干燥制粒机械厂〈P1850〉;常州市明星干燥设备有限公司〈P1853〉;中美合资常州健达干燥设备有限公司〈P1864〉;常州环龙干燥机械厂〈P1848〉;常州市阳光干燥设备厂〈P1856〉;常州群乐干燥设备有限公司〈P1849〉;常州市威尔伯干燥设备有限公司〈P1853〉;常州市新力干燥设备有限公司〈P1855〉;常州市远洋干燥设备有限公司〈P1856〉;常州万基干燥制粒设备有限公司〈P1857〉;无锡市乐达制药化工设备有限公司〈P1877〉;无锡兆阳化工装备有限公司〈P1883〉;江阴市宝利机械制造有限公司〈P1868〉;江阴市金科粉碎机械有限公司〈P1870〉;张家港市开创机械制造有限公司〈P1913〉;[鲁]淄博真空设备厂有限公司〈P2076〉;[鄂]武汉晨创化工机械制造有限责任公司〈P2229〉;[陕]宝鸡制药机械厂〈P2351〉

FZG 系列粉碎-搅拌真空干燥机 S05900125

Comminution-agitating vacuum drying machine, FZG series

用于粘性膏状、稠状、糊状、团块状、热敏性、强刺激性、剧毒的、要求回收有机溶剂的物料干燥

【生产厂】[辽]辽阳友信制药机械科技有限公司〈P1712〉;[苏]常州市豪龙干燥设备有限公司〈P1851〉;常州市阳光干燥设备厂〈P1856〉;常州市一新机械有限公司〈P1856〉;常州市步长干燥设备有限公司〈P1850〉;常州市实达干燥设备有限公司〈P1853〉;常州市先锋干燥设备有限公司〈P1855〉

冷冻真空干燥机 S05900131

Freezing vacuum dryer

适用于药品、蔬菜、食品物料的干燥

【生产厂】[沪]上海远东制药机械总厂(100台)〈P1776〉;上海华东制药机械有限公司〈P1738〉;上海知正离心机有限公司〈P1778〉;[苏]中美合资常州健达干燥设备有限公司〈P1864〉;常州市阳光干燥设备厂〈P1856〉;南泉化工成套设备厂〈P1872〉;[陕]陕西太康生物科技有限公司〈P2346〉

高效沸腾干燥机 S05900141

High-efficiency boiling dryer

适合粉、粒状物料干燥和粉体造粒、颗粒包衣后再干燥

【生产厂】[辽]沈阳龙华干燥设备有限公司〈P1687〉;[苏]常州市豪龙干燥设备有限公司〈P1851〉;常州市明星干燥设备有限公司〈P1853〉;常州群乐干燥设备有限公司〈P1849〉;常州市实达干燥设备有限公司〈P1853〉;常州市威尔伯干燥设备有限公司〈P1853〉;常州市先锋干燥设备有限公司〈P1855〉;常州市新力干燥设备有限公司〈P1855〉;常州市远洋干燥设备有限公司〈P1856〉;江阴市金科粉碎机械有限公司〈P1870〉;江阴市宏达粉体设备有限公司〈P1869〉;江阴市干燥设备制造有限公司〈P1869〉;江苏东润机械有限公司〈P1821〉;张家港市开创机械制造有限公司〈P1913〉

XF 系列沸腾干燥机 S05900145

Boiling dryer, XF series

适用于粉状、颗粒状物料的干燥

【生产厂】[辽]铁岭市远大干燥设备厂〈P1713〉;[苏]常州市成举干燥制粒机械厂〈P1850〉;常州市豪龙干燥设备有限公司〈P1851〉;常州市明星干燥设备有限公司〈P1853〉;中美合资常州健达干燥设备有限公司〈P1864〉;常州环龙干燥机械厂〈P1848〉;常州市一新机械有限公司〈P1856〉;常州市威尔伯干燥设备有限公司〈P1853〉;常州市先锋干燥设备有限公司〈P1855〉;常州市新力干燥设备有限公司〈P1855〉;常州市远洋干燥设备有限公司〈P1856〉;常州万基干燥制粒设备有限公司〈P1857〉;江阴市金科粉碎机械有限公司〈P1870〉;江阴市通达机械设备有限公司〈P1871〉;江阴市干燥设备制造有限公司〈P1869〉;靖江市赛德力制药机械制造有限公司〈P1825〉,[鲁]山东省莱州市三维集团公司〈P2115〉

除湿式干燥机 S05900161

Wet-removing dryer

专门用来处理含湿性较强的塑料

【生产厂】[辽]铁岭市远大干燥设备厂〈P1713〉;[苏]江苏东润机械有限公司〈P1821〉

多功能强力粉碎干燥机 S05900171

Multiuse puissant comminute dryer

用于化工产品和药品、矿物和陶瓷制品、食品和饲料、调味品和添加剂、塑料和树脂、肥料等的粉碎

【生产厂】[苏]靖江市强力干燥设备有限公司〈P1825〉;[浙]浙江丰利粉碎设备有限公司〈P1950〉

料斗式干燥机 S05900191

Hopper dryer

【生产厂】[浙]宁波市鄞州三友塑料机械有限公司〈P1933〉

过滤干燥机 S05900201

Filtration dryer

广泛应用于药品、染料、食品、农药等行业,适用腐蚀性原料、溶剂、高附加值产品、敏感产品、毒性产品等

【生产厂】[苏]张家港市九洲特种离心机制造有限公司〈P1913〉;[浙]温州亚光机械制造有限公司〈P1938〉

吸附式干燥机 S05900211

Adsorption dryer

【生产厂】[辽]鞍山力邦压缩机有限公司〈P1695〉;[沪]上海必肯压缩机有限公司〈P1729〉

带式干燥机 S05900231

Band drier

用于透气性较好的片状、条状、颗粒状物料的干燥

【生产厂】[辽]沈阳东大粉体工程技术有限公司〈P1685〉;铁岭市远大干燥设备厂〈P1713〉;[苏]常州市成举干燥制粒机械厂〈P1850〉;常州市豪龙干燥设备有限公司〈P1851〉;常州市明星干燥设备有限公司〈P1853〉;中美合资常州健达干燥设备有限公司〈P1864〉;常州环龙干燥机械厂〈P1848〉;常州市一新机械有限公司〈P1856〉;常州群乐干燥设备有限公司〈P1849〉;常州市实达干燥设备有限公司〈P1853〉;常州市威尔伯干燥设备有限公司〈P1853〉;常州市新力干燥设备有限公司〈P1855〉;常州市远洋干燥设备有限公司〈P1856〉;常州万基干燥制粒设备有限公司〈P1857〉;江阴市宏达粉体设备有限公司〈P1869〉;江阴市干燥设备制造有限公司〈P1869〉;靖江天利干燥设备制造有限公司〈P1825〉;张家港市开创机械制造有限公司〈P1913〉

FL 系列沸腾制粒干燥机 S05900271

Boiling granulating dryer, FL series

主要用于医药、食品、化工等行业的粉末物料混合、制粉干燥、颗粒“顶喷”包衣等作业中

【生产厂】[沪]上海远东制药机械总厂〈P1776〉;[苏]常州市成举干燥制粒机械厂〈P1850〉;常州市豪龙干燥设备有限公司〈P1851〉;常州市明星干燥设备有限公司〈P1853〉;中美合资常州健达干燥设备有限公司〈P1864〉;常州市阳光干燥设备厂〈P1856〉;常州铁鹏机械制造有限公司〈P1857〉;常州群乐干燥设备有限公司〈P1849〉;常州市步长干燥设备有限公司〈P1850〉;常州市先锋干燥设备有限公司〈P1855〉;常州市远洋干燥设备有限公司〈P1856〉;常州万基干燥制粒设备有限公司〈P1857〉;江阴市宝利机械制造有限公司〈P1868〉;江阴市金科粉碎机械有限公司〈P1870〉;江阴市干燥设备制造有限公司〈P1869〉

烘干机 S05900301

Drying apparatus

【生产厂】[鲁]山东旭洋机械股份有限公司(6000 吨)〈P2151〉;[豫]郑州华宏重工机械有限公司〈P2171〉

双轴桨叶干燥机 S05900401

Twoaxis blade dryer

【生产厂】[冀]石家庄工大化工设备有限公司〈P1626〉;[辽]沈阳东大粉体工程技术有限公司〈P1685〉;[沪]上海科锐驰化工装备技术有限公司〈P1749〉

错流式圆盘干燥机 S05900501

Cross current disc dryer

【生产厂】[沪]上海科锐驰化工装备技术有限公司〈P1749〉

粉碎设备 S06000000

Size reduction equipment

适用于医药、化工、食品、农药等行业物料的粉碎

【生产厂】[沪]上海化工装备有限公司(400 吨)〈P1740〉;[苏]常州铁鹏机械制造有限公司〈P1857〉

破碎机 S06010000

Breaker

用于破碎各种橡胶、热塑性废旧塑料制品等

【生产厂】[沪]上海化工装备有限公司(148 吨)〈P1740〉;上海建设路桥机械设备有限公司〈P1743〉;[苏]中美合资常州健达干燥设备有限公司〈P1864〉;常州环龙干燥机械厂〈P1848〉;常州市一新机械有限公司〈P1856〉;无锡三江机械有限公司〈P1874〉;靖江市赛德力制药机械制造有限公司〈P1825〉;江苏科圣化工机械有限公司(440 吨)〈P1802〉;江苏省如皋市强盛塑料化工机械厂〈P1831〉;如皋市万祥机械厂〈P1838〉;[浙]浙江新世纪粉碎设备有限公司〈P1952〉;[鲁]青岛罡正橡塑机械有限公司〈P2034〉

颚式破碎机 S06011000

Jaw crusher

广泛适用于化工、制药、酿造、造纸、食品等行业

【生产厂】[沪]上海莘工机械有限公司〈P1771〉;[苏]常州市武进兴业机械设备有限公司〈P1855〉;[豫]郑州华宏重工机械有限公司〈P2171〉

圆锥破碎机 S06013000

Cone crusher

【生产厂】[沪]上海建设路桥机械设备有限公司〈P1743〉;[豫]郑州华宏重工机械有限公司〈P2171〉

锤式破碎机 S06014000

Hammer crusher

用于破碎中度硬度和脆性物料

【生产厂】[沪]上海建设路桥机械设备有限公司〈P1743〉;[豫]郑州华宏重工机械有限公司〈P2171〉;河南省巩义市锦华机械厂〈P2167〉

冲击式破碎机;冲击式粉碎机 S06015000

Impact crusher

广泛适用于低到中等硬度干式物料的超微粉碎

【生产厂】[沪]上海建设路桥机械设备有限公司〈P1743〉;[浙]浙江丰利粉碎设备有限公司〈P1950〉;[鲁]潍坊市精华粉体工程设备有限公司〈P2104〉;[豫]郑州华宏重工机械有限公司〈P2171〉

辊式破碎机 S06016000

Roller crusher

【生产厂】[沪]上海科锐驰化工装备技术有限公司〈P1749〉;[豫]郑州华宏重工机械有限公司〈P2171〉

双辊破碎机 S06016010

Double roll crusher

适用于尿素等化工物料的破碎

【生产厂】[沪]上海建设路桥机械设备有限公司〈P1743〉;[豫]河南省巩义市锦华机械厂〈P2167〉

粗碎机 S06016050

Primary crusher

广泛适用于染料、颜料、硅藻土、食品、医药等行业低硬度物料的粗粉碎

【生产厂】[苏]常州市成举干燥制粒机械厂〈P1850〉;常州市豪龙干燥设备有限公司〈P1851〉;常州环龙干燥机械厂〈P1848〉;常州市一新机械有限公司〈P1856〉;常州群乐干燥设备有限公司〈P1849〉;常州市先锋干燥设备有限公司〈P1855〉;江阴市天缘粉体设备有限公司〈P1871〉;江阴市宝利机械制造有限公司〈P1868〉;江阴市金科粉碎机械有限公司〈P1870〉;江阴市通达机械设备有限公司〈P1871〉;江阴市宏达粉体设备有限公司〈P1869〉;张家港市开创机械制造有限公司〈P1913〉

对滚式粗碎机 S06016090

Double roller primary crusher

适用于染料、助剂、医药、硅藻土、颜料等物料的粗粉碎

【生产厂】[浙]浙江丰利粉碎设备有限公司〈P1950〉;浙江新世纪粉碎设备有限公司〈P1952〉

流化床对撞式气流粉碎机 S06019001

Fluidized bed clash airflowing pulverizer

适用于矿产、化工、医药、农药干式超微工艺

【生产厂】[沪]上海化工装备有限公司化工机械三厂〈P1740〉;[苏]常州环龙干燥机械厂〈P1848〉;江阴市宏达粉体设备有限公司〈P1869〉;昆山密友实业有限公司〈P1896〉;昆山市超微碎机厂〈P1896〉

内藏分级立式微粉碎机组 S06019011

Grade vertical disintegrator sets

适用于中、低硬度物料的粉碎

【生产厂】[苏]常州市先锋干燥设备有限公司〈P1855〉;江阴市宏达粉体设备有限公司〈P1869〉;[浙]浙江化工科技集团有限公司〈P1927〉

涡轮粉碎机 S06019021

Turbotype pulverizer

适用于中、低硬度物料的粉碎,亦可作为超细粉碎的预处理设备

【生产厂】[沪]上海市化工装备研究所〈P1763〉;[苏]常州环龙干燥机械厂〈P1848〉;江阴市金科粉碎机械有限公司〈P1870〉;[浙]浙江化工科技集团有限公司〈P1927〉;浙江丰利粉碎设备有限公司〈P1950〉;浙江新世纪粉碎设备有限公司〈P1952〉

超细气流粉碎机 S06019031

Superfine airflow pulverizer

适用于热敏性物料、脆性物料的粉碎

【生产厂】[沪]上海化工装备有限公司化工机械三厂〈P1740〉;[苏]江阴市金科粉碎机械有限公司〈P1870〉;江阴市宏达粉体设备有限公司〈P1869〉;昆山密友实业有限公司〈P1896〉;[浙]浙江化工科技集团有限公司〈P1927〉;[鲁]潍坊正远粉体工程设备有限公司〈P2107〉;潍坊市精华粉体工程设备有限公司〈P2104〉

微粉碎机;粉碎机 S06019041

Mini-efficient pulverizer

用于制药、化工、食品等行业中的中小批量粉碎或实验室小样试验

【生产厂】[沪]上海市化工装备研究所〈P1763〉;上海化工装备有限公司化工机械三厂〈P1740〉;[苏]常州市成举干燥制粒机械厂〈P1850〉;常州市豪龙干燥设备有限公司〈P1851〉;中美合资常州健达干燥设备有限公司〈P1864〉;常州环龙干燥机械厂〈P1848〉;常州市阳光干燥设备厂〈P1856〉;常州市一新机械有限公司〈P1856〉;常州群乐干燥设备有限公司〈P1849〉;常州市步长干燥设备有限公司〈P1850〉;常州市威尔伯干燥设备有限公司〈P1853〉;常州市新力干燥设备有限公司〈P1855〉;常州市远洋干燥设备有限公司〈P1856〉;常州万基干燥制粒设备有限公司〈P1857〉;江阴市天缘粉体设备有限公司〈P1871〉;江阴市通达机械设备有限公司〈P1871〉;江阴市宏达粉体设备有限公司〈P1869〉;昆山密友实业有限公司〈P1896〉;张家港市开创机械制造有限公司〈P1913〉;[浙]浙江丰利粉碎设备有限公司〈P1950〉;浙江新世纪粉碎设备有限公司〈P1952〉;宁波市鄞州三友塑料机械有限公司〈P1933〉;温州亚光机械制造有限公司〈P1938〉;[鲁]淄博贝林化工有限公司(500 吨)〈P2058〉;潍坊正远粉体工程设备有限公司〈P2107〉;潍坊市精华粉体工程设备有限公司〈P2104〉

超音速气流粉碎机 S06019051

Supersonic speed airflow pulverizer

用于制药、农药、化工、冶金等行业物料的超细粉碎

【生产厂】[苏]常州环龙干燥机械厂〈P1848〉;昆山密友实业有限公司〈P1896〉;昆山市超微碎机厂〈P1896〉

气流涡旋微粉机 S06019061

Airflow pulverizing mill

适用于化工、医药、饲料、塑料、烟草、非金属矿等行业的超细粉碎

【生产厂】[浙]浙江丰利粉碎设备有限公司〈P1950〉;浙江新世纪粉碎设备有限公司〈P1952〉

无筛卧式粉碎机 S06019071

Horizontal pulverizer, no-screen

适用于化工、医药、食品、饲料、染料及非金属矿等行业的超微粉碎

【生产厂】[浙]浙江丰利粉碎设备有限公司〈P1950〉

无筛立式粉碎机 S06019081

Vertical pulverizer, no-screen

广泛适用于冶金、建材、煤炭、非金属矿等低、中硬度物料的加工粉碎,也适用于化工、

S

〈P1849〉；常州市步长干燥设备有限公司〈P1850〉；常州市威尔伯干燥设备有限公司〈P1853〉；常州市先锋干燥设备有限公司〈P1855〉；常州市新力干燥设备有限公司〈P1855〉；常州市远洋干燥设备有限公司〈P1856〉；常州万基干燥制粒设备有限公司〈P1857〉；江阴市宝利机械制造有限公司〈P1868〉；江阴市金科粉碎机械有限公司〈P1870〉；江阴市通达机械设备有限公司〈P1871〉；江阴市宏达粉体设备有限公司〈P1869〉；张家港市开创机械制造有限公司〈P1913〉；张家港市昌威机械厂〈P1912〉；［浙］浙江丰利粉碎设备有限公司〈P1950〉；浙江新世纪粉碎设备有限公司〈P1952〉；［闽］龙岩市瑞晶机械有限公司〈P2007〉；［鲁］莱州市德隆化工机械厂〈P2109〉；莱州市占龙化工机械厂〈P2110〉；山东省莱州市东佳化工机械有限公司〈P2114〉；莱州盛源化工机械厂〈P2109〉；莱州市宏达化工机械集团〈P2109〉；莱州市腾源化工机械厂〈P2110〉；山东龙兴化工机械集团有限公司〈P2114〉；山东省莱州市三维集团公司〈P2115〉；［豫］郑州华宏重工机械有限公司〈P2171〉；河南省巩义市锦华机械厂〈P2167〉；老松（新乡）机械有限公司（300 台）〈P2203〉；新乡市金牛振动设备厂〈P2205〉；新乡市太行振动机械厂（200 台）〈P2206〉；新乡市豫恒机械有限公司〈P2207〉；新乡市第一振动机械厂（48 台）〈P2204〉；新乡市海纳筛分机械制造有限公司（200 台）〈P2204〉；新乡市三力振动设备厂（1500 台）〈P2205〉；新乡市鑫原振动设备有限公司（200 台）〈P2206〉；新乡市赛能科技发展有限公司（2000 台）〈P2205〉；新乡天丰振动机械厂（3000 台）〈P2207〉；鹤壁市宏利振动机械有限公司〈P2199〉；［粤］广东省佛山市顺德区伦教阜康化工机械有限公司（100 台）〈P2290〉

分样震筛机；分样电动振筛机　S07011001

Separating sample vibrating screen

用于实验室及科研部门，提取固体粉末技术数据用的分析仪器

【生产厂】［苏］江阴市宏达粉体设备有限公司〈P1869〉；［鲁］莱州市占龙化工机械厂〈P2110〉；［豫］新乡市豫恒机械有限公司〈P2207〉；新乡市三圆堂机械有限公司（200 台）〈P2205〉；新乡市振动筛机厂（800 台）〈P2207〉

旋振筛　S07011051

Circumrotation oscillating screen

适用于化工、食品、炼铁、造纸等行业的高精度筛分

【生产厂】［苏］常州市步长干燥设备有限公司〈P1850〉；江阴市宝利机械制造有限公司〈P1868〉；［豫］新乡市东振机械制造有限公司（2000 台）〈P2204〉；新乡市金牛振动设备厂〈P2205〉；新乡市太行振动机械厂（180 台）〈P2206〉；新乡市万达振动机械有限公司（1000 台）〈P2206〉；新乡市第一振动机械厂（200 台）〈P2204〉；新乡市三力振动设备厂（500 台）〈P2205〉；新乡市鑫原振动设备有限公司（200 台）〈P2206〉；新乡市三圆堂机械有限公司（200 台）〈P2205〉；新乡市振动筛机厂（500 台）〈P2207〉；新乡市振动设备制造厂〈P2207〉；鹤壁市宏利振动机械有限公司〈P2199〉

超声波振动筛　S07011101

Supersonic wave oscillating screen

【生产厂】［豫］新乡市三圆堂机械有限公司（100 台）〈P2205〉；鹤壁市宏利振动机械有限公司〈P2199〉

离心筛　S07015000

Centrifugal screen

适用于制药、化工、食品等行业，是新一代最理想的筛选设备，它对纤维多、黏度大、湿度高、有静电等物料均可

【生产厂】［苏］江阴市宏达粉体设备有限公司〈P1869〉

气流筛　S07019011

Airflow screen

适用于化工、造纸、冶金、建材、医药、食品、橡胶、塑料、机械、矿业等行业粉状物料的筛选分级

【生产厂】［苏］江阴市天缘粉体设备有限公司〈P1871〉；［豫］新乡市太行振动机械厂（40 台）〈P2206〉；新乡市豫恒机械有限公司〈P2207〉；新乡市第一振动机械厂（50 台）〈P2204〉；新乡市海纳筛分机械制造有限公司（30 台）〈P2204〉；新乡市三力振动设备厂（500 台）〈P2205〉

直线筛　S07019051

Beeline screen

适用于化工行业粉状、粒状等物料的干湿式筛分

【生产厂】［沪］上海建设路桥机械设备有限公司〈P1743〉；［豫］新乡市东振机械制造有限公司（800 台）〈P2204〉；新乡市金牛振动设备厂〈P2205〉；新乡市太行振动机械厂（120 台）〈P2206〉；新乡市万达振动机械有限公司（1000 台）〈P2206〉；新乡市豫恒机械有限公司〈P2207〉；新乡市第一振动机械厂（120 台）〈P2204〉；新乡市海纳筛分机械制造有限公司（100 台）〈P2204〉；新乡市三力振动设备厂（300 台）〈P2205〉；新乡市赛能科技发展有限公司（1000 台）〈P2205〉；新乡市振动设备制造厂〈P2207〉；鹤壁市宏利振动机械有限公司〈P2199〉

干法分级机；选粉机　S07020000

Dry classifier; Powder dressing machine

适用于各种干性物料的分级

【生产厂】［沪］上海建设路桥机械设备有限公司〈P1743〉；上海化工装备有限公司化工机械三厂〈P1740〉

叶轮式选粉机　S07022000

Impeller powder dressing machine

【生产厂】［豫］鹤壁市宏利振动机械有限公司〈P2199〉

三次元振动筛粉过滤机　S07029001

Triplex vibrated sifting filter

化工、矿山、化学、医药、食品及一切需要采用分选、过滤的介质均可使用

【生产厂】［苏］江阴市宝利机械制造有限公司〈P1868〉

高效筛粉机　S07029011

High-efficiency sieving machine

适用于制药、化工、食品等行业物料粒度的分级

【生产厂】［冀］唐山化工机械有限公司〈P1635〉；［苏］常州市阳光干燥设备厂〈P1856〉；江阴市金科粉碎机械有限公司〈P1870〉；江阴市通达机械设备有限公司〈P1871〉；张家港市开创机械制造有限公司〈P1913〉；［豫］新乡市振动设备制造厂〈P2207〉

回转移动式筛选机　S07029051

Gyration transportable screening machine

【生产厂】［辽］大连德宝力机械制造有限公司〈P1691〉；大连孚德机械制造有限公司〈P1691〉

涡轮式分级机　S07030011

Turbotype classifier

用于各种非金属矿如碳酸钙、高岭土、粉煤灰、硅灰石、石墨、石英、重晶石以及农药、化工等原料的精细分级

【生产厂】[苏]昆山密友实业有限公司〈P1896〉;[浙]浙江化工科技集团有限公司〈P1927〉;浙江丰利粉碎设备有限公司〈P1950〉

气流分级机 S07030031

Airflow classifier

广泛用于化工、矿业、冶金等行业和各种干粉类物料的超细分级、打散及去除大颗粒

【生产厂】[鲁]潍坊正远粉体工程设备有限公司〈P2107〉;潍坊市精华粉体工程设备有限公司〈P2104〉

玻璃钢分级机 S07030051

Glass fiber reinforced polyester classifier

用于选矿

【生产厂】[豫]沁阳市沁龙化学防腐有限公司(1300 台)〈P2198〉

超细粉体分级机 S07030091

Superfine powder classifier

适用于各种有机物和无机物的分级,广泛应用于各类超细粉分级处理

【生产厂】[苏]江阴市天缘粉体设备有限公司〈P1871〉;昆山市超微碎机厂〈P1896〉;[浙]浙江新世纪粉碎设备有限公司〈P1952〉

卧式螺旋分级机 S07030101

Horizontal spiral classifier

【生产厂】[鲁]莱州市腾源化工机械厂〈P2110〉;潍坊市精华粉体工程设备有限公司〈P2104〉

输送机 S08010000

Conveyer

广泛适用于制药、化工、食品、塑胶等行业粉粒料的自动输送

【生产厂】[苏]江阴市天缘粉体设备有限公司〈P1871〉;[闽]龙岩市瑞晶机械有限公司〈P2007〉;[豫]郑州华宏重工机械有限公司〈P2171〉;新乡市赛能科技发展有限公司(1000 台)〈P2205〉

带式输送机 S08011000

Band conveyer

广泛用于细散的物料如矿石、焦炭、煤、石灰、食盐、炉渣等以及成件的货物的运输

【生产厂】[沪]上海建设路桥机械设备有限公司〈P1743〉;[鲁]莱州市德隆化工机械厂〈P2109〉;[豫]河南省巩义市锦华机械厂〈P2167〉;鹤壁市宏利振动机械有限公司〈P2199〉

螺旋输送机 S08014000

Spiral conveyer

适用于制药、化工、食品等行业的高空上料之用

【生产厂】[沪]上海建设路桥机械设备有限公司〈P1743〉;上海双龙混合粉碎设备有限公司〈P1765〉;[苏]常州市成举干燥制粒机械厂〈P1850〉;常州环龙干燥机械厂〈P1848〉;常州市一新机械有限公司〈P1856〉;无锡环宇药化设备有限公司〈P1873〉;南泉化工成套设备厂〈P1872〉;江阴市天缘粉体设备有限公司〈P1871〉;江阴市宏达粉体设备有限公司〈P1869〉;[浙]浙江新世纪粉碎设备有限公司〈P1952〉;[鲁]莱州市莱玉化工有限公司(750 套)〈P2109〉;[豫]新乡市三力振动设备厂(300 台)〈P2205〉;鹤壁市宏利振动机械有限公司〈P2199〉;[川]成都永通化工机械有限公司〈P2317〉

链式输送机 S08015000

Chain conveyer

【生产厂】[沪]上海市化工装备研究所〈P1763〉;[豫]鹤壁市宏利振动机械有限公司〈P2199〉

振动式输送机 S08016000

Vibrated conveyer

广泛应用于机械、粮食、矿山、铁道、冶金、水泥、港口、医药、建筑等行业

【生产厂】[豫]新乡市太行振动机械厂〈P2206〉;新乡市豫恒机械有限公司〈P2207〉;新乡市海纳筛分机械制造有限公司〈P2204〉;新乡市三圆堂机械有限公司(100 台)〈P2205〉;新乡市汇新振动设备有限公司(1000 吨)〈P2205〉

耐高温水平输送机 S08019101

Level conveyer, high temperature resistant

广泛应用于建材、冶金、化工、煤炭等行业

【生产厂】[豫]新乡市太行振动机械厂(50 台)〈P2206〉

斗式(链式)提升机 S08021000

Bucket, or chain, elevator

广泛适用于化工、医药、食品、农药、非金属矿等行业垂直提升颗粒及粉状物料

【生产厂】[沪]上海双龙混合粉碎设备有限公司〈P1765〉;[浙]浙江新世纪粉碎设备有限公司〈P1952〉;[豫]鹤壁市宏利振动机械有限公司〈P2199〉

给料机;给料器 S08030000

Feeder

广泛应用于冶金、矿山、煤炭、化工、轻工、机械、建材、粮食、电力等行业

【生产厂】[冀]秦皇岛欧路化工机械有限公司〈P1637〉;[沪]上海建设路桥机械设备有限公司〈P1743〉;[苏]常州市成举干燥制粒机械厂〈P1850〉;常州市豪龙干燥设备有限公司〈P1851〉;常州环龙干燥机械厂〈P1848〉;常州市一新机械有限公司〈P1856〉;常州市先锋干燥设备有限公司〈P1855〉;张家港市昌威机械厂〈P1912〉;[浙]宁波市鄞州三友塑料机械有限公司〈P1933〉;[鲁]临邑县精细化工厂(1500 台)〈P2143〉;莱州市宏达化工机械集团〈P2109〉;[豫]河南省巩义市锦华机械厂〈P2167〉;新乡市金牛振动设备厂〈P2205〉;新乡市太行振动机械厂〈P2206〉;新乡市万达振动机械有限公司(800 台)〈P2206〉;新乡市豫恒机械有限公司〈P2207〉;新乡市三力振动设备厂(300 台)〈P2205〉;新乡市三圆堂机械有限公司(100 台)〈P2205〉;新乡市振动设备制造厂〈P2207〉;鹤壁市宏利振动机械有限公司〈P2199〉;[粤]佛山市青新龙机械有限公司〈P2288〉

电磁振动给料器;电磁振动输料机 S08034000

Electro-vibrating feeder

【生产厂】[豫]新乡市三力振动设备厂(200 台)〈P2205〉

螺旋给料机 S08039011

Screw feeder

【生产厂】[辽]大连德宝力机械制造有限公司〈P1691〉;[苏]江阴市金科粉碎机械有限公司〈P1870〉;张家港市昌威机械厂〈P1912〉;[豫]新乡市海纳筛分机械制造有限公司〈P2204〉

压缩机 S08060000

Compressor

【生产厂】[京]北京京城环保产业发展有限责任公司〈P1552〉;北京复盛机械有限公司〈P1547〉;[辽]丹东化工机械有限公司〈P1700〉;锦西化工机械(集团)有限责任公司〈P1703〉;[鲁]淄博真空设备厂有限公司〈P2076〉

活塞式压缩机;往复式压缩机 S08069001

Piston compressor; Reciprocating compressor

广泛用于各工业部门

【生产厂】[京]北京复盛机械有限公司〈P1547〉;[沪]上海英格索兰压缩机有限公司〈P1775〉;[苏]无锡压缩机股份有限公司〈P1882〉;江阴市压缩机厂〈P1871〉;[豫]开封空分集团有限公司〈P2177〉

离心式压缩机 S08069011

Centrifugal compressor

用于炼油、化肥、化工装置等

【生产厂】[沪]上海英格索兰压缩机有限公司〈P1775〉;[苏]无锡压缩机股份有限公司〈P1882〉;[渝]重庆通用工业(集团)有限责任公司〈P2307〉

无油润滑压缩机 S08069021

Nonoil lubricant compressor

用于石化行业

【生产厂】[辽]鞍山力邦压缩机有限公司〈P1695〉;[苏]无锡压缩机股份有限公司〈P1882〉

空压机;空气压缩机 S08069031

Air compressor

【生产厂】[苏]江阴市压缩机厂〈P1871〉;[川]四川大川压缩机有限责任公司〈P2331〉

氢氮气压缩机 S08069041

Hydrogen and nitrogen compressor

【生产厂】[川]四川大川压缩机有限责任公司〈P2331〉

二氧化碳压缩机 S08069043

Carbon dioxide compressor

【生产厂】[川]四川大川压缩机有限责任公司〈P2331〉

特殊介质气体压缩机;石油气、天然气压缩机 S08069051

Oilgas and natural gas compressor

用于石化行业的天然气、氢气及各类特殊介质

【生产厂】[京]北京京城环保产业发展有限责任公司〈P1552〉;[沪]上海必肯压缩机有限公司〈P1729〉;[川]四川大川压缩机有限责任公司〈P2331〉

甲醇装置压缩机 S08069053

Methanol set compressor

【生产厂】[川]四川大川压缩机有限责任公司〈P2331〉

螺杆压缩机 S08069061

Screw compressor

用于火炬气、尾气回收

【生产厂】[京]北京京城环保产业发展有限责任公司〈P1552〉;[辽]鞍山力邦压缩机有限公司〈P1695〉;[沪]上海英格索兰压缩机有限公司〈P1775〉;[苏]无锡压缩机股份有限公司〈P1882〉

双螺杆式压缩机 S08069063

Twin-screw compressor

【生产厂】[沪]上海必肯压缩机有限公司〈P1729〉

无油螺杆式压缩机 S08069065

Nonoil screw compressor

【生产厂】[沪]上海必肯压缩机有限公司〈P1729〉

移动螺杆式空压机 S08069067

Moving screw compressor

【生产厂】[京]北京复盛机械有限公司〈P1547〉

真空压缩机 S08069071

Vacuum compressor

用于干燥、提取、蒸馏、化学气体输送压缩

【生产厂】[京]北京京城环保产业发展有限责任公司〈P1552〉;[鲁]淄博真空设备厂有限公司〈P2076〉

水环式压缩机 S08069081

Water ring compressor

主要用于氯碱工业化学气体如氢气、乙炔、氯气等输送压缩、回收

【生产厂】[鲁]淄博真空设备厂有限公司〈P2076〉

冷媒式压缩机 S08069091

Secondary refrigerant compressor

【生产厂】[京]北京复盛机械有限公司〈P1547〉

鼓风机 S08070000

Air blower

广泛用于化工、纺织、电力、矿山、洗煤、水泥等行业

【生产厂】[鲁]青岛大生钛业有限公司(300 台)〈P2033〉;兖矿集团济宁化工机械厂(1600 吨)〈P2133〉;[豫]焦作市鑫豫风机有限公司(200 台)〈P2197〉;[湘]长沙鼓风机厂有限责任公司〈P2247〉;[渝]重庆通用工业(集团)有限责任公司〈P2307〉

离心式鼓风机 S08072000

Centrifuge blower

【生产厂】[渝]重庆通用工业(集团)有限责任公司〈P2307〉

通风机 S08080000

Ventilator

【生产厂】[冀]冀州市中意复合材料有限公司〈P1669〉;[闽]厦门齐兴达塑料板材有限公司〈P1992〉;[渝]重庆通用工业(集团)有限责任公司〈P2307〉

离心式通风机 S08081000

Centrifuge ventilator

【生产厂】[苏]南京嘉禾防腐设备有限公司〈P1785〉

轴流式通风机 S08082000

Axial-flow ventilator

【生产厂】[冀]冀州市中意复合材料有限公司〈P1669〉;[渝]重庆通用工业(集团)有限责任公司〈P2307〉

玻璃钢风机 S08088001

Fiberglass reinforced plastics ventilator

【生产厂】[冀]冀州市中意复合材料有限公司〈P1669〉;河北兴海玻璃钢有限公司〈P1655〉

塑料风机 S08088051

Plastic ventilator

【生产厂】[苏]太仓市三耐化工设备有限公司〈P1908〉;[湘]株洲市塑料二厂〈P2250〉

螺旋/筛网式离心机 S08089001

Spiral and screen mesh type centrifuge

【生产厂】[苏]靖江市赛德力制药机械制造有限公司〈P1825〉

三足式吊袋卸料离心机 S08089002

Tripod punching bag unloading centrifuge

不但适合小批量多品种物料的固液分离,也适合大批量生产,特别适合于密封性能要求高的场合

【生产厂】[辽]辽阳制药机械股份有限公司〈P1712〉;[沪]上海大张过滤设备有限公司〈P1731〉;上海华东制药机械有限公司〈P1738〉;[苏]南泉化工成套设备厂〈P1872〉;无锡市南泉化工成套设备厂〈P1878〉;张家港市牡丹离心机制造有限公司〈P1913〉;张家港市沪江离心机制造有限公司〈P1913〉;张家港市九洲特种离心机制造有限公司〈P1913〉

三足式离心机 S08089003

Tripod centrifuge

用于分离大、中、细颗粒的悬浮以及需要含湿量很低的滤渣和纤维状物料等

【生产厂】[京]北京北搪化工设备厂〈P1544〉;[津]天津市化工设备厂(500台)〈P1590〉;[冀]唐山化工机械有限公司〈P1635〉;[辽]辽阳友信制药机械科技有限公司〈P1712〉;[沪]上海大张过滤设备有限公司〈P1731〉;上海浦东天本离心机械有限公司〈P1756〉;上海知正离心机有限公司〈P1778〉;[苏]江阴市金科粉碎机械有限公司〈P1870〉;江阴市通达机械设备有限公司〈P1871〉;张家港市九洲特种离心机制造有限公司〈P1913〉;[鲁]济南化工机械总厂有限公司(5万套)〈P2022〉;山东新华制药股份有限公司〈P2055〉;淄博太极工业搪瓷有限公司〈P2073〉;莱州市占龙化工机械厂〈P2110〉;莱州市宏达化工机械集团〈P2109〉;莱州市腾源化工机械厂〈P2110〉;山东省莱州市三维集团公司〈P2115〉;[渝]重庆江北机械有限责任公司〈P2305〉;[陕]宝鸡制药机械厂〈P2351〉

三足式上部人工卸料离心机 S08089004

Tripod manual top discharge centrifuge

用于化工、食品、制药、矿冶、环保等行业

【生产厂】[辽]辽阳制药机械股份有限公司〈P1712〉;[苏]南泉化工成套设备厂〈P1872〉;无锡市南泉化工成套设备厂〈P1878〉;张家港市牡丹离心机制造有限公司〈P1913〉;张家港市沪江离心机制造有限公司〈P1913〉;张家港市九洲特种离心机制造有限公司〈P1913〉;[皖]合肥天工科技开发有限公司〈P1973〉;[鲁]山东新华制药股份有限公司〈P2055〉;[豫]禹州市祥云化工机械厂〈P2219〉

三足式下部人工卸料离心机 S08089005

Tripod manual bottom discharge centrifuge

用于化工、食品、制药、矿冶、环保等行业

【生产厂】[辽]辽阳制药机械股份有限公司〈P1712〉;[沪]上海华东制药机械有限公司〈P1738〉;[苏]张家港市牡丹离心机制造有限公司〈P1913〉;张家港市九洲特种离心机制造有限公司〈P1913〉

三足式手摇刮刀下卸料离心机 S08089006

Tripod hand-scraper bottom discharge centrifuge

用于化工、食品、制药、矿冶、环保等行业

【生产厂】[苏]张家港市牡丹离心机制造有限公司〈P1913〉;[渝]重庆江北机械有限责任公司〈P2305〉

三足式刮刀下卸料自动离心机 S08089007

Tripod scraper bottom discharge automatic centrifuge

用于化工、石化、制药等行业固体(粉体)物料的分离

【生产厂】[沪]上海大张过滤设备有限公司〈P1731〉;[苏]无锡市南泉化工成套设备厂〈P1878〉;靖江市赛德力制药机械制造有限公司〈P1825〉;张家港市牡丹离心机制造有限公司〈P1913〉;张家港市沪江离心机制造有限公司〈P1913〉;张家港市九洲特种离心机制造有限公司〈P1913〉;[鲁]山东新华制药股份有限公司〈P2055〉

卧式刮刀离心机 S08089008

Horizontal scraper centrifuge

广泛用于化工、轻工、制药等工业部门中

【生产厂】[苏]南泉化工成套设备厂〈P1872〉;靖江市赛德力制药机械制造有限公司〈P1825〉;张家港市沪江离心机制造有限公司〈P1913〉;[浙]杭州西子化工机械厂〈P1923〉;[皖]合肥天工科技开发有限公司〈P1973〉

手动刮刀离心机 S08089009

Handoperate scraper centrifuge

【生产厂】[苏]张家港市沪江离心机制造有限公司〈P1913〉

三足式沉降离心机 S08089010

Tripod settlement centrifuge

用于分离不易过滤的和固液密度相差较大的滤浆

【生产厂】[苏]无锡市南泉化工成套设备厂〈P1878〉;张家港市牡丹离心机制造有限公司〈P1913〉

抗震无基础离心机 S08089011

Aseismatic footless centrifuge

【生产厂】[苏]张家港市九洲特种离心机制造有限公司〈P1913〉

卧式螺旋卸料沉降离心机 S08089021

Horizontal spiral unloading settling centrifuge

用于固-液分离、液-液分离、固相浓缩、固-液-液三相分离、颗粒湿法分级等

【生产厂】[沪]上海浦东天本离心机械有限公司〈P1756〉;上海华东制药机械有限公司〈P1738〉;上海知正离心机有限公司〈P1778〉;[苏]南泉化工成套设备厂〈P1872〉;靖江市赛德力制药机械制造有限公司〈P1825〉;张家港市牡丹离心机制造有限公司〈P1913〉;张家港市九洲特种离心机制造有限公司〈P1913〉;[鲁]济南化工机械总厂有限公司〈P2022〉;[渝]重庆江北机械有限责任公司〈P2305〉

立式(卧式)螺旋卸料过滤式离心机 S08089031

Vertical, or horizontal, spiral unloading filtering centrifuge

广泛应用于造纸、化工、矿山、化纤、纺织、冶金、电力等行业的生产废水和城市生活污水的处理等

【生产厂】[苏]南泉化工成套设备厂〈P1872〉;张家港市牡丹离心机制造有限公司〈P1913〉;张家港市九洲特种离心机制造有限公司〈P1913〉;[皖]合肥天工科技开发有限公司〈P1973〉;[渝]重庆江北机械有限责任公司〈P2305〉

立式(卧式)离心卸料过滤离心机 S08089041

Vertical, or horizontal, centrifugal unloading percolate centrifuge

【生产厂】[苏]张家港市牡丹离心机制造有限公司〈P1913〉;[渝]重庆江北机械有限责任公司〈P2305〉

立式全自动下卸料离心机 S08089045

Vertical automatic under-discharging centrifuge

【生产厂】[沪]上海远东制药机械总厂〈P1776〉;[苏]靖江市赛德力制药机械制造有限公司〈P1825〉;张家港市九洲特种离心机制造有限公司〈P1913〉

LX 系列自动连续卸料离心机 S08089051

Self-motion continuous discharging centrifuge, LX series

【生产厂】[苏]张家港市九洲特种离心机制造有限公司〈P1913〉;[鲁]核工业烟台同兴实业有限公司〈P2108〉

立式吊袋上卸料离心机 S08089055

Vertical punching bag top discharge centrifuge

【生产厂】[苏]张家港市牡丹离心机制造有限公司〈P1913〉;张家港市九洲特种离心机制造有限公司〈P1913〉

上悬式离心机 S08089061

Top suspension centrifuge

广泛应用于化肥、食品、制药等行业

【生产厂】[冀]唐山化工机械有限公司〈P1635〉;[苏]张家港市牡丹离心机制造有限公司〈P1913〉;[皖]合肥天工科技开发有限公司〈P1973〉;[渝]重庆江北机械有限责任公司〈P2305〉

离心机 S08089091

Centrifuge

用于物料分离

【生产厂】[京]北京复盛机械有限公司〈P1547〉;[吉]吉化集团机械有限责任公司〈P1715〉;[苏]南泉化工成套设备厂〈P1872〉;靖江市赛德力制药机械制造有限公司〈P1825〉;苏州顺德钛设备制造有限公司〈P1906〉;张家港市开创机械制造有限公司〈P1913〉;张家港市牡丹离心机制造有限公司〈P1913〉;张家港市新华化工机械有限公司〈P1914〉;张家港市沪江离心机制造有限公司〈P1913〉;张家港市九洲特种离心机制造有限公司〈P1913〉;连云港市德邦化工机械有限公司(200 台)〈P1799〉;[鲁]淄博昌金防腐设备有限公司〈P2058〉;莱州市德隆化工机械厂〈P2109〉;[豫]禹州市强国化工设备有限公司〈P2219〉;禹州市祥云化工机械厂〈P2219〉;[渝]重庆江北机械有限责任公司〈P2305〉

高速管式离心机 S08089095

High speed pipe centrifuge

【生产厂】[沪]上海浦东天本离心机械有限公司〈P1756〉;上海华东制药机械有限公司〈P1738〉;上海知正离心机有限公司〈P1778〉

高速冷冻离心机 S08089099

High speed refrigerant centrifuge

【生产厂】[沪]上海浦东天本离心机械有限公司〈P1756〉;上海华东制药机械有限公司〈P1738〉;上海知正离心机有限公司〈P1778〉;[苏]南泉化工成套设备厂〈P1872〉

减速机 S08089101

Reducer

【生产厂】[津]天津市北极星化工设备厂(30 台)〈P1580〉;[辽]辽阳制药机械股份有限公司〈P1712〉;锦西化工机械(集团)有限责任公司(200 吨)〈P1703〉;[苏]江苏省溧阳市云龙化工设备有限公司〈P1861〉;[浙]浙江江南减速机有限公司〈P1939〉;[鲁]淄博高氟特化工机械有限公司〈P2060〉;淄博太极工业搪瓷有限公司〈P2073〉;[川]四川慧剑石化装备有限责任公司〈P2326〉

冷却塔风机 S08089141

Cooling tower blower fan

【生产厂】[沪]上海华尔杰机电设备制造有限公司〈P1738〉

空冷器风机 S08089151

Air cooler blower fan

【生产厂】[沪]上海华尔杰机电设备制造有限公司〈P1738〉

膨胀机 S08090000

Expander

【生产厂】[豫]开封空分集团有限公司〈P2177〉

透平式膨胀机 S08091000

Turbine expander

【生产厂】[苏]南京化学工业集团有限公司化工机械厂〈P1785〉

化工专用泵 S08100000

Chemical special pump

【生产厂】[京]蓝星(北京)化工机械有限公司(1000 台)〈P1567〉;[沪]上海石油化工泵有限公司〈P1762〉;上海河山泵业有限公司〈P1736〉;上海良邦泵阀有限公司〈P1751〉;上海浦东天本离心机械有限公司〈P1756〉;上海知正离心机有限公司〈P1778〉;[苏]南京化学工业集团有限公司化工机械厂〈P1785〉;无锡市恒河化工防腐设备有限公司(4600 台)〈P1876〉;靖江市奥化泵业制造有限公司〈P1824〉;张家港市长江化工设备厂〈P1912〉;[鲁]山东博山博杰工业泵厂〈P2051〉;烟台恒邦泵业有限公司(1200 台)〈P2116〉;[豫]禹州市祥云化工机械厂〈P2219〉;[甘]兰州炼油化工机械厂〈P2355〉

叶片式泵 S08102000

Blade pump

【生产厂】[鲁]山东博山齐鲁油泵厂〈P2051〉

低温冷却液循环泵 S08103010

Low temperature cooling fluid circulating pump

【生产厂】[豫]郑州长城科工贸有限公司〈P2170〉;[陕]陕西太康生物科技有限公司〈P2346〉

耐腐蚀泵 S08105000

Anticorrosive pump

适用于石油化工、冶金、食品、制药、纺织、环保、合成纤维等行业的强腐蚀性介质和卫生级介质的输送

【生产厂】[沪]上海石油化工泵有限公司〈P1762〉;上海强泉水泵厂〈P1757〉;[苏]无锡市恒河化工防腐设备有限公司(1600 台)〈P1876〉;[鲁]烟台恒邦泵业有限公司(700 台)〈P2116〉

S

衬氟耐腐蚀离心泵 S08105010

Fluoroplastics-lined anticorrosive centrifugal pump

用于输送各种化学腐蚀性介质

【生产厂】[沪]上海市化工装备研究所〈P1763〉;上海河山泵业有限公司〈P1736〉;上海凯凯特种泵阀制造有限公司〈P1747〉;上海贵盈科技发展有限公司〈P1735〉;[苏]无锡市通达泵阀厂〈P1879〉;靖江市奥化泵业制造有限公司〈P1824〉;[浙]杭州新安江工业泵厂〈P1924〉;[鲁]淄博高氟特化工机械有限公司〈P2060〉;烟台恒邦泵业有限公司(400 台)〈P2116〉

耐腐蚀液下泵 S08105030

Anticorrosive submerged pump

用于输送不含固体颗粒和不易结晶的有腐蚀性的液体

【生产厂】[津]天津市天耐通用设备公司(3000 台)〈P1604〉;[冀]石家庄皖龙泵阀有限公司〈P1633〉;[沪]上海市化工装备研究所〈P1763〉;上海石油化工泵有限公司(250 套)〈P1762〉;上海凯凯特种泵阀制造有限公司〈P1747〉;上海强泉水泵厂〈P1757〉;上海贵盈科技发展有限公司〈P1735〉;[苏]靖江市奥化泵业制造有限公司〈P1824〉;[浙]浙江格力泵阀有限公司〈P1939〉;[鲁]烟台恒邦泵业有限公司(600 台)〈P2116〉

耐腐蚀自吸泵 S08105050

Anticorrosive self-priming pump

用于化工、化纤、农药、冶金、造纸、水处理等

【生产厂】[冀]石家庄皖龙泵阀有限公司〈P1633〉;泊头市鸿海泵业总装厂〈P1651〉;[沪]上海石油化工泵有限公司(200 套)〈P1762〉;上海强泉水泵厂〈P1757〉;[苏]靖江市奥化泵业制造有限公司〈P1824〉

防腐塑料泵 S08105070

Plastic anticorrosive pump

【生产厂】[沪]上海强泉水泵厂〈P1757〉;[苏]无锡市通达泵阀厂〈P1879〉

磁力泵 S08105080

Magnetic pump

广泛用于化工、医药、石油、有色金属冶炼等行业输送各类清液

【生产厂】[冀]石家庄皖龙泵阀有限公司〈P1633〉;[沪]上海市化工装备研究所〈P1763〉;上海河山泵业有限公司〈P1736〉;上海沪一泵业制造有限公司〈P1737〉;上海凯凯特种泵阀制造有限公司〈P1747〉;上海强泉水泵厂〈P1757〉;上海良邦泵阀有限公司〈P1751〉;上海长征泵阀有限公司〈P1729〉;[苏]无锡卧龙泵阀有限公司〈P1882〉;[浙]杭州新安江工业泵厂〈P1924〉;浙江格力泵阀有限公司〈P1939〉

自吸式磁力泵 S08105085

Self-priming magnetic pump

【生产厂】[沪]上海河山泵业有限公司〈P1736〉;上海凯凯特种泵阀制造有限公司〈P1747〉;上海强泉水泵厂〈P1757〉;上海良邦泵阀有限公司〈P1751〉;[苏]无锡卧龙泵阀有限公司〈P1882〉;[浙]浙江格力泵阀有限公司〈P1939〉

工程塑料泵 S08106400

Engineering plastic pump

【生产厂】[沪]上海河山泵业有限公司〈P1736〉;[湘]株洲市塑料二厂〈P2250〉

玻璃钢泵 S08106500

GFRP Pump

【生产厂】[津]天津有机化学工业总公司化工防腐设备厂(100 吨)〈P1617〉;[沪]上海河山泵业有限公司〈P1736〉

橡胶衬里泵 S08106600

Rubber-lined pump

【生产厂】[鲁]山东齐鲁华信实业有限公司防腐设备制造分公司〈P2053〉

齿轮泵 S08106700

Gear pump

用于输送粘性较大的液体,如油类物料等,常用于液体传动的设备上

【生产厂】[津]天津市北极星化工设备厂(500 吨)〈P1580〉;[冀]泊头市鸿海泵业总装厂〈P1651〉;[沪]上海河山泵业有限公司〈P1736〉;上海强泉水泵厂〈P1757〉;[苏]江苏省宜兴市精益机械厂〈P1866〉;靖江市奥化泵业制造有限公司〈P1824〉;[鲁]山东博山齐鲁油泵厂〈P2051〉;[渝]重庆宏达化工机电有限公司〈P2305〉

柱塞泵 S08106800

Plunger pump

用于输送氨基甲酸铵、液氨、醋酸铜铵、硝酸等介质

【生产厂】[鲁]威海恒安化工机械有限公司〈P2124〉

隔膜泵 S08106821

Diaphragm pump

【生产厂】[沪]上海河山泵业有限公司〈P1736〉;上海强泉水泵厂〈P1757〉;上海尼可尼泵业有限公司〈P1755〉;[粤]广东省佛山市顺德区伦教阜康化工机械有限公司(200 台)〈P2290〉

螺杆泵 S08106831

Screw pump

用于输送各种液态物料

【生产厂】[津]天津市格林泵业有限公司〈P1587〉;[冀]泊头市鸿海泵业总装厂〈P1651〉;[沪]上海河山泵业有限公司〈P1736〉;上海沪一泵业制造有限公司〈P1737〉;上海强泉水泵厂〈P1757〉;上海良邦泵阀有限公司〈P1751〉;[苏]靖江市奥化泵业制造有限公司〈P1824〉;[浙]浙江格力泵阀有限公司〈P1939〉;[甘]耐驰(兰州)泵业有限公司〈P2356〉

高扬程小流量化工泵 S08106901

Highlift low discharge chemical pump

适用于石油化工、冶金、电站、水处理装置、高楼供水、锅炉给水等行业使用

【生产厂】[沪]上海石油化工泵有限公司(60 套)〈P1762〉

耐酸泵 S08106921

Acid-resistant pump

用于强酸的输送

【生产厂】[京]北京北摇化工设备厂〈P1544〉;[沪]上海河山泵业有限公司〈P1736〉;[苏]靖江市奥化泵业制造有限公司〈P1824〉;[湘]株洲市塑料二厂〈P2250〉

旋涡泵 S08106941

Vortex pump

用于小流量工况及精细化工装置

S

【生产厂】[沪]上海尼可尼泵业有限公司〈P1755〉

泥浆泵 S08109001

Slurry pump

【生产厂】[冀]石家庄皖龙泵阀有限公司〈P1633〉;[苏]无锡卧龙泵阀有限公司〈P1882〉;靖江市奥化泵业制造有限公司〈P1824〉

离心泵 S08109011

Centrifugal pump

用于橡胶、冶金、塑料、纺织、造纸等行业

【生产厂】[冀]石家庄皖龙泵阀有限公司〈P1633〉;[沪]上海市化工装备研究所〈P1763〉;上海石油化工泵有限公司〈P1762〉;上海河山泵业有限公司〈P1736〉;上海沪一泵业制造有限公司〈P1737〉;上海凯凯特种泵阀制造有限公司〈P1747〉;上海强泉水泵厂〈P1757〉;上海良邦泵阀有限公司〈P1751〉;上海沪冈真空泵制造有限公司〈P1737〉;上海特耐防腐设备有限公司〈P1767〉;[苏]无锡卧龙泵阀有限公司〈P1882〉;靖江市奥化泵业制造有限公司〈P1824〉;张家港市长江化工设备厂〈P1912〉;[浙]浙江格力泵阀有限公司〈P1939〉;[鲁]淄博恒福化工设备有限公司〈P2061〉;烟台恒邦泵业有限公司(500台)〈P2116〉

耐腐蚀离心泵 S08109015

Anticorrosive centrifugal pump

用于化工、制药等行业

【生产厂】[津]天津市天耐通用设备公司(5000台)〈P1604〉;[沪]上海河山泵业有限公司〈P1736〉;上海凯凯特种泵阀制造有限公司〈P1747〉;上海尼可尼泵业有限公司〈P1755〉;上海长征泵阀有限公司〈P1729〉;[浙]浙江格力泵阀有限公司〈P1939〉

增强聚丙烯耐腐离心泵 S08109019

Reinforced polypropylene anticorrosive centrifugal pump

【生产厂】[沪]上海河山泵业有限公司〈P1736〉;上海沪冈真空泵制造有限公司〈P1737〉;[浙]杭州新安江工业泵厂〈P1924〉;浙江格力泵阀有限公司〈P1939〉

料浆泵 S08109021

Slime pump

用于各种酸碱、溶剂、矿浆、化肥、磷酸料浆、淀粉、农药、油漆等

【生产厂】[沪]上海市化工装备研究所〈P1763〉;上海石油化工泵有限公司(100套)〈P1762〉;上海沪一泵业制造有限公司〈P1737〉;上海强泉水泵厂〈P1757〉;[苏]靖江市奥化泵业制造有限公司〈P1824〉;[鲁]烟台恒邦泵业有限公司(300台)〈P2116〉

玻璃钢耐腐蚀离心泵 S08109025

Glass fiber reinforced plastic centrifugal pump, anticorrosive

用于冶金、化工制药、造纸等行业

【生产厂】[沪]上海河山泵业有限公司〈P1736〉

卧式离心泵 S08109031

Horizontal centrifugal pump

用于输送低温或高温液体,中性或有腐蚀性液体,清洁或内含有固体颗粒的液体

【生产厂】[沪]上海石油化工泵有限公司(600套)〈P1762〉;上海强泉水泵厂〈P1757〉;上海良邦泵阀有限公司〈P1751〉

立式离心泵 S08109035

Vertical centrifugal pump

主要用于输送酸、碱、盐、油品、饮料、有机溶剂等液体

【生产厂】[沪]上海市化工装备研究所〈P1763〉;上海沪一泵业制造有限公司〈P1737〉;上海凯凯特种泵阀制造有限公司〈P1747〉;上海长征泵阀有限公司〈P1729〉

管道式离心泵;管道泵 S08109041

Pipeline centrifugal pump

用于管道输送

【生产厂】[沪]上海河山泵业有限公司〈P1736〉;上海沪一泵业制造有限公司〈P1737〉;上海强泉水泵厂〈P1757〉;[苏]靖江市奥化泵业制造有限公司〈P1824〉;[浙]杭州新安江工业泵厂〈P1924〉;[鲁]烟台恒邦泵业有限公司(200吨)〈P2116〉

导热油泵 S08109051

Heat-transfer oil pump

用于导热循环

【生产厂】[鲁]桓台县恒德导热油有限公司(50套)〈P2049〉

油泵 S08109071

Oil pump

用于石油精制、石油化工和化学工业等行业输送不含固体颗粒的石油、液化石油气和其他介质

【生产厂】[冀]泊头市鸿海泵业总装厂〈P1651〉;[辽]丹东化工机械有限公司〈P1700〉;[沪]上海石油化工泵有限公司(100套)〈P1762〉;上海河山泵业有限公司〈P1736〉;上海沪一泵业制造有限公司〈P1737〉;上海凯凯特种泵阀制造有限公司〈P1747〉;上海良邦泵阀有限公司〈P1751〉;[鲁]山东博山齐鲁油泵厂〈P2051〉;[豫]郑州长城科工贸有限公司〈P2170〉

罗茨真空泵 S08109081

Roots vacuum pump

用于真空浇铸、真空熔炼、真空脱气、真空镀膜行业及化工医药行业的真空蒸馏、真空干燥等

【生产厂】[京]北京朗禾科技有限公司〈P1554〉;[津]天津市格林泵业有限公司〈P1587〉;[冀]泊头市鸿海泵业总装厂〈P1651〉;[苏]江苏泰兴新型工业泵厂〈P1822〉;[浙]杭州新安江工业泵厂〈P1924〉;台州市兴华真空设备制造有限公司〈P1962〉;[豫]新乡市真空泵设备有限公司(500台)〈P2207〉;[湘]长沙鼓风机厂有限责任公司〈P2247〉

真空泵 S08109090

Vacuum pump

【生产厂】[京]北京朗禾科技有限公司〈P1554〉;[津]天津市格林泵业有限公司〈P1587〉;[辽]辽阳宋氏真空设备有限公司〈P1711〉;丹东化工机械有限公司〈P1700〉;[沪]上海申生科技有限公司〈P1761〉;上海井点真空泵制造有限公司〈P1745〉;上海申江喷射真空设备厂有限公司〈P1761〉;[苏]常州市华东真空泵厂〈P1851〉;徐州阿卡化工机械有限公司(500台)〈P1794〉;[浙]台州市兴华真空设备制造有限公司〈P1962〉;温州亚光机械制造有限公司〈P1938〉;[鲁]淄博新泰化工设备有限公司〈P2074〉;淄博真空泵厂有限公司(2200吨)〈P2076〉;淄博真空设备厂有限公司〈P2076〉;纳西姆工业(中国)有限公司〈P2051〉;[豫]郑州长城科工贸有限公司〈P2170〉

无油真空泵 S08109091

Oilless vacuum pump

【生产厂】[京]北京华夏佳科技有限公司(360台)〈P1549〉;北京朗禾科技有限公司〈P1554〉;[苏]江苏泰兴新型工业泵厂〈P1822〉;江苏泰兴市工业泵厂〈P1822〉

蒸汽喷射泵 S08109092

Steam injection pump

【生产厂】[辽]辽阳宋氏真空设备有限公司〈P1711〉;[沪]上海井点真空泵制造有限公司〈P1745〉;上海申江喷射真空设备厂有限公司〈P1761〉;[浙]台州市兴华真空设备制造有限公司〈P1962〉

旋片式真空泵 S08109093

Spiral slice vacuum pump

用于真空冶炼、真空焊接、真空浸渍、镀膜、真空浇铸、真空干燥以及化工制药等

【生产厂】[沪]上海沪一泵业制造有限公司〈P1737〉;上海良邦泵阀有限公司〈P1751〉;上海沪冈真空泵制造有限公司〈P1737〉;[苏]常州市华东真空泵厂〈P1851〉;江苏泰兴新型工业泵厂〈P1822〉;[浙]台州市兴华真空设备制造有限公司〈P1962〉;[鲁]淄博真空设备厂有限公司(6000台)〈P2076〉;[陕]陕西太康生物科技有限公司〈P2346〉

水环式真空泵 S08109095

Water ring vacuum pump

适用于各行业的真空脱气、浓缩、蒸馏、干燥、真空成型、真空移送等

【生产厂】[沪]上海石油化工泵有限公司〈P1762〉;上海良邦泵阀有限公司〈P1751〉;上海井点真空泵制造有限公司〈P1745〉;[苏]常州市华东真空泵厂〈P1851〉;江苏泰兴新型工业泵厂〈P1822〉;[浙]杭州新安江工业泵厂〈P1924〉;台州市兴华真空设备制造有限公司〈P1962〉;温州亚光机械制造有限公司〈P1938〉;[鲁]淄博真空设备厂有限公司〈P2076〉;[豫]郑州长城科工贸有限公司〈P2170〉;新乡市真空泵设备有限公司(200台)〈P2207〉

汽水串联真空泵 S08109096

Vacuum pump of vapor water in series

更适用于蒸馏及脱汽、脱色、除臭等过程,相对多级水蒸气喷射真空泵有可以低架安装的优点

【生产厂】[津]天津市北极星化工设备厂(100台)〈P1580〉;[辽]辽阳宋氏真空设备有限公司〈P1711〉;[沪]上海沪冈真空泵制造有限公司〈P1737〉;[浙]杭州新安江工业泵厂〈P1924〉

往复式真空泵 S08109097

Reciprocating vacuum pump

【生产厂】[沪]上海沪一泵业制造有限公司〈P1737〉;[苏]江苏泰兴新型工业泵厂〈P1822〉;[浙]台州市兴华真空设备制造有限公司〈P1962〉;[鲁]淄博真空设备厂有限公司〈P2076〉

水喷射真空泵 S08109098

Water injection vacuum pump

用于真空浓缩蒸发、真空过滤、真空干燥等工艺场合

【生产厂】[津]天津市北极星化工设备厂(100台)〈P1580〉;[辽]辽阳宋氏真空设备有限公司〈P1711〉;[沪]上海井点真空泵制造有限公司〈P1745〉;上海沪冈真空泵制造有限公司〈P1737〉;上海特耐防腐设备有限公司〈P1767〉;上海申江喷射真空设备厂有限公司〈P1761〉;[苏]南京嘉禾防腐设备有限公司〈P1785〉;靖江市永固搪瓷厂〈P1825〉;常熟市制药化工机械总厂有限公司〈P1892〉;江苏泰兴新型工业泵厂〈P1822〉;[浙]杭州新安江工业泵厂〈P1924〉;台州市兴华真空设备制造有限公司〈P1962〉

增强聚丙烯水喷射真空泵 S08109099

Reinforced polypropylene water injection vacuum pump

用于化工、制药、纺织、食品、酿造、冶金、环保等行业

【生产厂】[沪]上海申江喷射真空设备厂有限公司〈P1761〉;[苏]靖江市奥化泵业制造有限公司〈P1824〉;太仓凤新化工设备有限公司〈P1908〉;太仓市三耐化工设备有限公司〈P1908〉;太仓市防腐塑料设备厂〈P1908〉;[浙]建德市三耐防腐钢结构有限公司〈P1926〉

罐 S09010000

Tank

用于贮存、搅拌等

【生产厂】[津]天津市东丽区宏达化工机械厂(500吨)〈P1585〉;天津市宇航化工设备制造厂(100台)〈P1611〉;[苏]无锡市石油化工设备有限公司〈P1879〉

立式圆柱形罐(平底平顶) S09011000

Vertical barrel tank, flat-bottom and flat-roof

【生产厂】[鲁]烟台镇泰滚塑厂〈P2120〉

卧式储罐 S09014010

Horizontal storage tank

用于储存液化石油气、液氨、丙烯、液态二氧化碳等介质

【生产厂】[苏]南京嘉禾防腐设备有限公司〈P1785〉;无锡市杰盛环化设备有限公司〈P1877〉

球罐 S09015000

Spherical tank

【生产厂】[川]四川蓝星机械有限公司〈P2327〉

贮气罐(柜);储气罐 S09017000

Airtank

【生产厂】[辽]鞍山力邦压缩机有限公司〈P1695〉;[沪]上海化工装备有限公司(5000吨)〈P1740〉;[苏]无锡市南泉化工成套设备厂〈P1878〉

搪玻璃储罐 S09019001

Glass lining storage tank

用于制药、化工、石油、食品等工业的耐腐蚀反应设备

【生产厂】[冀]邯郸市亚华化工搪瓷设备厂〈P1639〉;[晋]山西丰喜化工设备有限公司〈P1679〉;[辽]辽阳制药机械股份有限公司(200吨)〈P1712〉;[苏]常州化工设备有限公司〈P1847〉;无锡市彪王化工设备厂〈P1875〉;江阴市化工设备厂〈P1869〉;[鲁]淄博化工机械厂有限责任公司〈P2062〉;淄博工业搪瓷厂〈P2060〉;淄博太极工业搪瓷有限公司〈P2073〉;淄博力业化工设备有限公司〈P2064〉;淄博华日化工设备有限公司〈P2062〉;[陕]西安科塘化工设备有限公司〈P2349〉

不锈钢罐;不锈钢容器 S09019002

Stainless steel tank

用作啤酒发酵罐、清酒罐、奶罐、冰激凌罐等

【生产厂】[津]天津华泰不锈钢容器有限公司(6000 个)〈P1573〉;[沪]上海化工机械一厂〈P1740〉

聚氯乙烯储罐　S09019003

Polyvinyl chloride storage tank

【生产厂】[苏]太仓凤新化工设备有限公司〈P1908〉

储罐;贮罐　S09019004

Storage tank

用于石化、化工、医药、煤气等工业及食品行业

【生产厂】[京]北京北搪化工设备厂〈P1544〉;北京金海鑫压力容器制造有限公司〈P1552〉;[津]天津市宇航化工设备制造厂(100 套)〈P1611〉;天津市宏祥金属结构厂(200 台)〈P1589〉;[沪]上海化工机械一厂〈P1740〉;[苏]南京嘉禾防腐设备有限公司〈P1785〉;无锡力马化工机械有限公司(1500 吨)〈P1874〉;无锡市军嶂轻化设备厂〈P1877〉;无锡市锡山雪浪药化工程装备厂〈P1879〉;无锡市雪浪金属化工设备厂〈P1880〉;无锡兆阳化工装备有限公司〈P1883〉;无锡市雪浪化工换热设备厂〈P1880〉;无锡市南泉化工成套设备厂〈P1878〉;无锡化工装备总厂〈P1873〉;无锡新开河储罐有限公司〈P1882〉;宜兴市万达富工业设备有限公司〈P1887〉;靖江市奥化泵业制造有限公司〈P1824〉;太仓凤新化工设备有限公司〈P1908〉;太仓市三耐化工设备有限公司〈P1908〉;南通大力化工设备有限公司〈P1832〉;[浙]浙江海宁市郭店东亚过滤机械厂〈P1943〉;浙江东阳市四环防腐设备有限公司〈P1954〉;[鲁]淄博昌金防腐设备有限公司〈P2058〉;淄博天信搪瓷设备有限公司〈P2073〉;威海化工机械有限公司〈P2124〉;威海化工机械有限公司金属复合材料厂(8000 吨)〈P2124〉;青岛大生钛业有限公司(2000 套)〈P2033〉;山东盛大化工机械有限责任公司(1000 吨)〈P2136〉;山东旭洋机械股份有限公司(6000 吨)〈P2151〉;[豫]开封市三胜化工设备厂〈P2178〉;[鄂]武汉晨创化工机械制造有限责任公司〈P2229〉;[粤]广州市番禺压力容器厂有限公司〈P2263〉;广东省佛山市顺德区伦教阜康化工机械有限公司(100 台)〈P2290〉;[渝]重庆煊赫化工机械厂〈P2308〉

液化气贮罐　S09019005

Liquefied gas storage tank

用于液化气、化工原料储存

【生产厂】[京]北京金海鑫压力容器制造有限公司〈P1552〉

低温液体储罐　S09019006

Low temperature liquid tank

用于液化气、化工原料储存

【生产厂】[京]北京金海鑫压力容器制造有限公司〈P1552〉;[冀]石家庄天人化工设备集团有限公司〈P1633〉;[沪]上海化工机械一厂〈P1740〉;[苏]无锡市石油化工设备有限公司〈P1879〉

罐式集装箱　S09019011

Tank container

适合运送气体、液体和粉末状固体

【生产厂】[吉]吉化集团机械有限责任公司〈P1715〉

玻璃钢耐酸储罐　S09019081

Glass fiber reinforced plastic storage tank, acid-resistant

用于石油、化工等部门

【生产厂】[冀]冀州市中意复合材料有限公司〈P1669〉;河北兴海玻璃钢有限公司〈P1655〉;[苏]金坛晨煜玻璃钢有限公司〈P1861〉;江苏九鼎新材料股份有限公司〈P1830〉;[鲁]淄博市临淄环城玻璃钢制品有限公司(5000 立方米)〈P2068〉;[豫]沁阳市华美有限公司(800 套)〈P2198〉

Ⅰ、Ⅱ、Ⅲ类非标压力容器　S09020101

Non-standard pressure vessels, Ⅰ, Ⅱ and Ⅲ

用于石油、化工、医药、食品等生产行业

【生产厂】[津]天津市化工设备厂(500 台)〈P1590〉;[晋]山西丰喜化工设备有限公司〈P1679〉;[苏]江苏省溧阳市云龙化工设备有限公司〈P1861〉;无锡化工装备总厂〈P1873〉;[鲁]德州鲁王化工机械有限公司(1000 吨)〈P2142〉;淄博太极工业搪瓷有限公司〈P2073〉;[豫]河南科隆石化装备有限公司(2000 吨)〈P2200〉;[陕]西安核设备有限公司〈P2348〉

一、二类压力容器　S09020111

Pressure vessels, Ⅰ and Ⅱ

用于石油化工、制药、酿酒等

【生产厂】[津]天津市北极星化工设备厂(100 台)〈P1580〉;天津华能集团能源设备有限公司(800 套)〈P1573〉;[苏]常州能源设备总厂有限公司〈P1848〉;江阴市石油化工设备有限公司〈P1871〉;江阴市化工机械有限公司〈P1869〉;徐州阿卡化工机械有限公司〈P1794〉;连云港华德石油化工机械有限公司〈P1798〉;连云港市德邦化工机械有限公司(500 吨)〈P1799〉;[皖]淮南市石油化工机械设备厂〈P1976〉;[鄂]湖北振声(集团)股份有限公司〈P2246〉

压力容器　S09020121

Pressure vessels

用于生产、储存、运输等

【生产厂】[京]蓝星(北京)化工机械有限公司(400 个)〈P1567〉;北京金海鑫压力容器制造有限公司〈P1552〉;[津]天津市南洋兄弟石化设备有限公司(1000 台)〈P1599〉;[苏]南京化学工业集团有限公司化工机械厂〈P1785〉;常州化工设备有限公司〈P1847〉;江阴市石油化工设备有限公司〈P1871〉;南通大力化工设备有限公司〈P1832〉;[皖]蚌埠化工机械制造有限公司(500 吨)〈P1975〉;[鲁]山东明水大化集团(4000 吨)〈P2029〉;淄博化工机械厂有限责任公司〈P2062〉;淄博华日化工设备有限公司〈P2062〉;潍坊庆丰阀门制造有限公司〈P2103〉;山东盛大化工机械有限责任公司(700 套)〈P2136〉;兖矿集团济宁化工机械厂(1000 吨)〈P2133〉;山东旭洋机械股份有限公司(4000 吨)〈P2151〉;[豫]三门峡金渠集团化工机械有限公司(8000 吨)〈P2221〉;[湘]株洲市化工机械厂(1000 吨)〈P2250〉;[滇]云南化工机械厂(3500 吨)〈P2340〉

非压力容器　S09020131

Non-pressure vessels

广泛用于化工、医药、冶金、轻工等行业

【生产厂】[津]天津市化工机械厂(50 套)〈P1590〉;天津市南洋兄弟石化设备有限公司(1000 台)〈P1599〉

液化石油气钢瓶　S09021000

LPG Steel cylinder

用于充装液化石油气

【生产厂】[鲁]德州鲁王化工机械有限公司(2 万吨)〈P2142〉

钢桶　S09021010

Steel barrel

用于包装各种化工原料等

【生产厂】[皖]安庆市曙光包装有限责任公司〈P1980〉

罐车;槽车 S09030000
Cistern car
用于运输液化气
【生产厂】[辽]锦西化工机械(集团)有限责任公司〈P1703〉;[苏]无锡市杰盛环化设备有限公司〈P1877〉;无锡市乐达制药化工设备有限公司〈P1877〉;无锡市雪浪金属化工设备厂〈P1880〉;无锡兆阳化工装备有限公司〈P1883〉;无锡市雪浪化工换热设备厂〈P1880〉;无锡市南泉化工成套设备厂〈P1878〉;[川]四川慧剑石化装备有限责任公司〈P2326〉

汽车罐车 S09031000
Tank car
【生产厂】[冀]冀州市中意复合材料有限公司〈P1669〉;[吉]吉化集团机械有限责任公司〈P1715〉

液化气体汽车罐车;液化石油气汽车罐车 S09031060
Cistern car for LPG
用于运输石油气
【生产厂】[沪]上海化工机械一厂〈P1740〉

低温液体运输车 S09031070
Transport car for low temperature liquid
用于运输液态氧气、氩气、二氧化碳等介质
【生产厂】[沪]上海化工机械一厂〈P1740〉;上海市杨园压力容器有限公司〈P1764〉

铁道罐车 S09033000
Rail tanker
用于运输液化石油气、丙烯、液氯、液氨、丙烯酸酯等化工原料
【生产厂】[辽]锦西化工机械(集团)有限责任公司〈P1703〉;[吉]吉化集团机械有限责任公司〈P1715〉

管材与管件 S09040000
Tubing and pipe fitting
【生产厂】[闽]福建三明强力管件有限公司(430 吨)〈P1994〉;[鲁]新汶矿业集团有限责任公司(450 吨)〈P2139〉

管 S09041000
Pipe
【生产厂】[浙]中国石化三公司镇海石化设备厂〈P1936〉;[豫]洛阳市石化配件厂(1000 件)〈P2186〉;[甘]兰州炼油化工机械厂〈P2355〉

异径管 S09041010
Different diameter tube
【生产厂】[冀]河北渤海管件制造有限公司〈P1653〉;[辽]辽阳石化特种配件制造总厂〈P1710〉;[沪]上海中辉石油化工机械有限公司〈P1778〉;上海大田阀门管道工程有限公司〈P1731〉;上海万拓管件有限公司〈P1769〉;[苏]江苏兴隆工程塑料管件厂〈P1842〉;江阴市东发管件制造有限公司〈P1868〉;苏州顺德钛设备制造有限公司〈P1906〉;[浙]温州市大陆机械有限公司〈P1937〉;[豫]洛阳市石化配件厂(1000 件)〈P2186〉;河南省连通石化机械有限公司(1000 件)〈P2180〉

盘管 S09041031
Coil pipe
【生产厂】[苏]苏州顺德钛设备制造有限公司〈P1906〉;[浙]中国石化三公司镇海石化设备厂〈P1936〉;义乌市石油化工配件厂〈P1954〉;[鲁]淄博高氟特化工机械有限公司〈P2060〉

无缝管件 S09041040
Seamless pipe parts
【生产厂】[苏]无锡市石化通用件厂(300 吨)〈P1879〉;江阴市东发管件制造有限公司〈P1868〉;[豫]河南省连通石化机械有限公司(2000 件)〈P2180〉

管件 S09041049
Pipe parts
【生产厂】[苏]无锡市石化通用件厂〈P1879〉;苏州顺德钛设备制造有限公司〈P1906〉;[鲁]淄博恒福化工设备有限公司〈P2061〉;[豫]洛阳市石化配件厂(500 件)〈P2186〉;洛阳市瑞通石化管件有限公司(800 吨)〈P2185〉

高中低压管件 S09041050
High, middling and low pressure pipe parts
用于石油、化工、电力行业
【生产厂】[辽]辽阳石化机械设计制造有限公司〈P1710〉;[豫]河南省浩宇管道有限公司(2000 件)〈P2180〉;偃师东方管件有限公司(3000 件)〈P2188〉

管道 S09041071
Pipe line
【生产厂】[冀]河北嘉禾制造集团有限公司〈P1654〉;[沪]上海顺发炼化设备厂〈P1765〉;[苏]无锡卧龙泵阀有限公司〈P1882〉;太仓风新化工设备有限公司〈P1908〉;[鲁]淄博高氟特化工机械有限公司〈P2060〉

防腐管道 S09041075
Anti-corrosive pipe line
用于输送、贮存具有腐蚀介质的液体、气体等
【生产厂】[沪]上海和昌特氟龙技术有限公司〈P1736〉;[鲁]淄博富华化工设备有限公司〈P2060〉

弯管 S09041090
Bend pipe
【生产厂】[辽]辽阳石化特种配件制造总厂〈P1710〉;[沪]上海中辉石油化工机械有限公司〈P1778〉;上海大田阀门管道工程有限公司〈P1731〉;[浙]中国石化三公司镇海石化设备厂〈P1936〉;义乌市石油化工配件厂〈P1954〉;[豫]洛阳市石化配件厂〈P2186〉;洛阳市瑞通石化管件有限公司(800 吨)〈P2185〉

弯头 S09042000
Elbow
用作化工管道配件
【生产厂】[冀]河北嘉禾制造集团有限公司〈P1654〉;河北渤海管件制造有限公司〈P1653〉;[沪]上海中辉石油化工机械有限公司(10 万吨)〈P1778〉;上海万拓管件有限公司〈P1769〉;[苏]江苏兴隆工程塑料管件厂〈P1842〉;江阴市东发管件制造有限公司〈P1868〉;太仓风新化工设备有限公司〈P1908〉;[浙]中国石化三公司镇海石化设备厂〈P1936〉;义乌市石油化工配件厂〈P1954〉;温州市大陆机械有限公司〈P1937〉;[豫]洛阳市石化配件厂〈P2186〉;洛阳市瑞通石化管件有限公司(800 套)〈P2185〉;[甘]兰州金达石化管件厂〈P2355〉

内衬塑料弯头 S09042010
Plastic-lined elbow

S

【生产厂】[苏]南京嘉禾防腐设备有限公司〈P1785〉;[鲁]淄博昌金防腐设备有限公司〈P2058〉

无缝弯头　S09042011

Seamless elbow

【生产厂】[辽]辽阳石化特种配件制造总厂〈P1710〉;[浙]义乌市石油化工配件厂〈P1954〉;[豫]偃师东方管件有限公司(5000 件)〈P2188〉

配件　S09044000

Fitting

用于化工、矿山等行业

【生产厂】[津]天津市津南区化工设备配件厂(5000 吨)〈P1594〉;[苏]江阴市东发管件制造有限公司〈P1868〉;[鲁]景津压滤机集团有限公司〈P2143〉;淄博昌金防腐设备有限公司〈P2058〉;淄博耀鑫化工配件厂〈P2075〉;烟台恒邦泵业有限公司(700 吨)〈P2116〉;[豫]巩义市兴发电器有限公司(1 万套)〈P2164〉;新乡市巴山科工贸有限责任公司(2000 吨)〈P2204〉;新乡市金鑫化工设备有限责任公司(1170 吨)〈P2205〉

管道配件;管路配件　S09044001

Pipe line fittings

【生产厂】[苏]无锡市胜特石化配件有限公司(300 吨)〈P1879〉;[浙]义乌市石油化工配件厂〈P1954〉

塔器配件;塔器内件　S09044021

Tower fittings

【生产厂】[津]天津天大天久科技股份有限公司(1200 套)〈P1615〉;[苏]科氏-格利奇(苏州)石化工程有限公司〈P1895〉;[浙]海盐新世纪石化设备有限公司〈P1940〉;[鄂]湖北振声(集团)股份有限公司〈P2246〉

采油配件;石油机械配件　S09044061

Oil extraction fitting

【生产厂】[苏]阜宁县宏达石化机械有限公司〈P1806〉;[鲁]胜利油田大明集团股份有限公司(2500 万支)〈P2087〉

搪玻璃管道及配件　S09044071

Glass lining pipes and parts

用于化工、医药、食品、环保等行业

【生产厂】[鲁]淄博天信搪瓷设备有限公司〈P2073〉;淄博华鼎化工设备制造有限公司(10000 支)〈P2061〉;[豫]开封市三胜化工设备厂(2000 吨)〈P2178〉

接头　S09045000

Joint

【生产厂】[苏]无锡市石化配件厂〈P1879〉;无锡市锡西化机配件有限公司〈P1880〉;[豫]洛阳市石化配件厂〈P2186〉;[甘]兰州金达石化管件厂〈P2355〉

异径接头　S09045001

Reducing joint

【生产厂】[苏]南京嘉禾防腐设备有限公司〈P1785〉;[豫]偃师东方管件有限公司(3000 件)〈P2188〉

封头　S09045011

End socket

【生产厂】[津]天津华泰不锈钢容器有限公司(5 万只)〈P1573〉;[浙]温州市大陆机械有限公司〈P1937〉;[鲁]山东齐鲁石化机械制造有限公司(3000 吨)〈P2054〉;[豫]洛阳市石化配件厂〈P2186〉

法兰　S09045021

Flange

主要用于石油、化工、电力、冶炼、矿山、输油输气等行业的管道工程

【生产厂】[京]北京北搪化工设备厂〈P1544〉;[冀]河北嘉禾制造集团有限公司〈P1654〉;河北渤海管件制造有限公司〈P1653〉;[辽]大连连铁液压件厂〈P1692〉;[沪]上海中辉石油化工机械有限公司〈P1778〉;上海大田阀门管道工程有限公司〈P1731〉;[苏]江苏兴隆工程塑料管件厂〈P1842〉;常州市武进雪堰石油化工备件有限公司〈P1855〉;无锡市石化配件厂〈P1879〉;无锡市石化通用件厂(500 吨)〈P1879〉;无锡市锡西化机配件有限公司〈P1880〉;江阴市东发管件制造有限公司〈P1868〉;太仓凤新化工设备有限公司〈P1908〉;[浙]中国石化三公司镇海石化设备厂〈P1936〉;[豫]洛阳市石化配件厂〈P2186〉;偃师东方管件有限公司〈P2188〉;[甘]兰州金达石化管件厂〈P2355〉

高强螺栓;高温高压螺栓　S09045031

High-strength bolt

【生产厂】[辽]沈阳市石油设备厂〈P1688〉;[沪]上海中辉石油化工机械有限公司〈P1778〉

压缩机活塞　S09045051

Piston for compressor

【生产厂】[豫]河南省新乡活塞有限公司(1000 套)〈P2201〉

各种金属垫片　S09045080

All kinds of metal pads

用于石油、化工、电力等企业中管道接口和法兰密封

【生产厂】[苏]常州市武进雪堰石油化工备件有限公司〈P1855〉;无锡市明珠石油化工备件厂〈P1878〉;无锡市石化配件厂〈P1879〉;无锡市石化通用件厂〈P1879〉;无锡市锡西化机配件有限公司〈P1880〉;[鄂]湖北派克密封件有限公司〈P2228〉;[川]成都永通化工机械有限公司〈P2317〉;[甘]甘肃金环堵漏技术开发公司〈P2355〉;兰州市石化机械设备附件厂〈P2356〉

包复垫　S09045081

Clad pad

【生产厂】[苏]无锡市石化配件厂〈P1879〉;无锡市石化通用件厂〈P1879〉

齿形垫　S09045082

Toothed pad

适用于石油、石化、电力等装置中高温、高压管道法兰及容器法兰的密封

【生产厂】[苏]常州市武进雪堰石油化工备件有限公司〈P1855〉;无锡市明珠石油化工备件厂〈P1878〉;无锡市石化配件厂〈P1879〉;无锡市石化通用件厂〈P1879〉;无锡市锡西化机配件有限公司〈P1880〉

密封　S09046000

Seal

各类泵、釜用机械密封

【生产厂】[京]北京北搪化工设备厂〈P1544〉;北京化工大学北京环峰化工机械实验厂〈P1550〉;蓝星(北京)化工机械有限公司(400 个)〈P1567〉;[沪]上海华尔杰机电设备制造有限公司〈P1738〉;[苏]无锡市彪王化工设备厂〈P1875〉;无锡市石化通用件厂(80 吨)〈P1879〉;无锡市锡西化机配件有限公司〈P1880〉;昆山密友实业有限公司

〈P1896〉;昆山市超微碎机厂〈P1896〉;昆山市釜用机械密封厂〈P1896〉;[鲁]淄博新泰化工设备有限公司〈P2074〉;淄博高氟特化工机械有限公司〈P2060〉;烟台恒邦泵业有限公司(100万件)〈P2116〉;[川]自贡机械密封件有限责任公司〈P2321〉

管道密封件 S09046001

Pipe line sealing parts

【生产厂】[沪]上海群杰塑胶制品有限公司〈P1758〉;[苏]无锡市锡西化机配件有限公司〈P1880〉

阀门 S09048000

Valve

用作机械配件

【生产厂】[京]北京北搪化工设备厂〈P1544〉;[津]天津市先权科技开发有限公司(370台)〈P1607〉;[沪]上海河山泵业有限公司〈P1736〉;上海凯凯特种泵阀制造有限公司〈P1747〉;上海凡而阀门有限公司〈P1733〉;上海大田阀门管道工程有限公司〈P1731〉;上海长征泵阀有限公司〈P1729〉;[苏]江苏兴隆工程塑料管件厂〈P1842〉;无锡市彪王化工设备厂〈P1875〉;南通高中压阀门有限公司(3000吨)〈P1833〉;[浙]杭州新安江工业泵厂〈P1924〉;温州亚光机械制造有限公司〈P1938〉;浙江格力泵阀有限公司〈P1939〉;[鲁]宁津县华宏化工有限公司(5000吨)〈P2143〉;淄博高氟特化工机械有限公司〈P2060〉;淄博恒福化工设备有限公司〈P2061〉;淄博天信搪瓷设备有限公司〈P2073〉;潍坊庆丰阀门制造有限公司〈P2103〉;[豫]郑州力威管道设备有限公司(5000套)〈P2171〉;[鄂]荆门炼化机械有限公司〈P2242〉;[粤]佛山市南海永兴阀门制造有限公司〈P2288〉;[渝]重庆长江造型材料有限责任公司〈P2304〉;[甘]兰州炼油化工机械厂〈P2355〉;甘肃红峰机械有限责任公司〈P2358〉

内衬氟塑料截止阀 S09048010

Flouroplastics-lined stop valve

【生产厂】[津]天津市耐克防腐阀门厂(50台)〈P1599〉;[冀]石家庄皖龙泵阀有限公司〈P1633〉;[沪]上海贵盈科技发展有限公司〈P1735〉;[苏]南京嘉禾防腐设备有限公司〈P1785〉;无锡卧龙泵阀有限公司〈P1882〉;[浙]温州市大陆机械有限公司〈P1937〉;浙江格力泵阀有限公司〈P1939〉;[鲁]淄博恒福化工设备有限公司〈P2061〉;[粤]佛山市南海永兴阀门制造有限公司〈P2288〉

球阀 S09048020

Ball valve

广泛用于石油、染化、农药、制酸制碱等行业

【生产厂】[京]北京疏水阀门厂〈P1561〉;[冀]石家庄皖龙泵阀有限公司〈P1633〉;[辽]大连连铁液压件厂〈P1692〉;[沪]上海河山泵业有限公司〈P1736〉;上海良邦泵阀有限公司〈P1751〉;上海沪冈真空泵制造有限公司〈P1737〉;上海大田阀门管道工程有限公司〈P1731〉;上海长征泵阀有限公司〈P1729〉;[苏]江苏兴隆工程塑料管件厂〈P1842〉;无锡卧龙泵阀有限公司〈P1882〉;无锡市彪王化工设备厂〈P1875〉;靖江市奥化泵业制造有限公司〈P1824〉;太仓凤新化工设备有限公司〈P1908〉;[浙]杭州新安江工业泵厂〈P1924〉;浙江省玉环县星光防腐阀门厂〈P1967〉;浙江东阳市四环防腐设备有限公司〈P1954〉;温州亚光机械制造有限公司〈P1938〉;[粤]佛山市南海永兴阀门制造有限公司〈P2288〉

胶管截止阀 S09048030

Hose stop valve

用于化工领域防腐蚀管路中

【生产厂】[沪]上海长征泵阀有限公司〈P1729〉;[浙]浙江省玉环县星光防腐阀门厂〈P1967〉;[鲁]淄博恒福化工设备有限公司(250吨)〈P2061〉;[陕]西安航天化学动力厂〈P2348〉

蝶阀 S09048041

Butterfly valve

【生产厂】[京]北京疏水阀门厂〈P1561〉;[津]天津市耐克防腐阀门厂(100台)〈P1599〉;[辽]铁岭市康宁阀门橡塑制品厂〈P1713〉;[沪]上海河山泵业有限公司〈P1736〉;上海大田阀门管道工程有限公司〈P1731〉;上海长征泵阀有限公司〈P1729〉;[苏]南京嘉禾防腐设备有限公司〈P1785〉;靖江市奥化泵业制造有限公司〈P1824〉;[浙]杭州新安江工业泵厂〈P1924〉;浙江省玉环县星光防腐阀门厂〈P1967〉;[鄂]荆门炼化机械有限公司〈P2242〉

翼阀 S09048044

Wing valve

【生产厂】[苏]无锡市石油化工设备有限公司〈P1879〉;[鄂]荆门炼化机械有限公司〈P2242〉

三通;三通阀 S09048046

Three-way valve

【生产厂】[冀]河北嘉禾制造集团有限公司〈P1654〉;河北渤海管件制造有限公司〈P1653〉;[辽]辽阳石化特种配件制造总厂〈P1710〉;[沪]上海良邦泵阀有限公司〈P1751〉;上海特耐防腐设备有限公司〈P1767〉;上海中辉石油化工机械有限公司〈P1778〉;上海万拓管件有限公司〈P1769〉;[苏]南京嘉禾防腐设备有限公司〈P1785〉;江苏兴隆工程塑料管件厂〈P1842〉;江阴市东发管件制造有限公司〈P1868〉;苏州顺德钛设备制造有限公司〈P1906〉;太仓凤新化工设备有限公司〈P1908〉;[浙]中国石化三公司镇海石化设备厂〈P1936〉;温州市大陆机械有限公司〈P1937〉;[鲁]淄博昌金防腐设备有限公司〈P2058〉;[豫]洛阳市石化配件厂〈P2186〉;偃师东方管件有限公司〈P2188〉;[甘]兰州金达石化管件厂〈P2355〉

疏水阀 S09048048

Draining valve

【生产厂】[京]北京疏水阀门厂〈P1561〉;[辽]大连长风机械制造有限公司〈P1691〉;[浙]浙江格力泵阀有限公司〈P1939〉;[甘]甘肃红峰机械有限责任公司〈P2358〉

四通 S09048050

Four way valve

【生产厂】[沪]上海万拓管件有限公司〈P1769〉;[苏]南京嘉禾防腐设备有限公司〈P1785〉;[浙]温州市大陆机械有限公司〈P1937〉;[甘]兰州金达石化管件厂〈P2355〉

闸阀 S09048051

Brake valve

【生产厂】[京]北京疏水阀门厂〈P1561〉;[沪]上海河山泵业有限公司〈P1736〉;上海大田阀门管道工程有限公司〈P1731〉;上海长征泵阀有限公司〈P1729〉;[浙]浙江省玉环县星光防腐阀门厂〈P1967〉

特种阀门 S09048061

Valve,special type

【生产厂】[鄂]荆门炼化机械有限公司〈P2242〉;[粤]佛山市南海永兴阀门制造有限公司〈P2288〉

油罐附件 S09049001

Tank fitment

【生产厂】[沪]上海顺发炼化设备厂〈P1765〉;[苏]无锡市石化通用件厂(150 吨)〈P1879〉

塔盘 S09049012

Column tray

【生产厂】[津]天津天大天久科技股份有限公司(500 吨)〈P1615〉;[苏]无锡市石油化工设备有限公司〈P1879〉;[鄂]湖北洪湖化工机械总厂〈P2239〉

阻火器 S09049013

Flame arrestor

用于石油化工厂、炼油厂、煤气化工厂等储存或输送易燃、易爆介质的设备或管线上

【生产厂】[沪]上海顺发炼化设备厂〈P1765〉;[苏]无锡市明珠石油化工备件厂〈P1878〉;无锡市胜特石化配件有限公司(150 吨)〈P1879〉;无锡市石化配件厂〈P1879〉;无锡市石化通用件厂(200 吨)〈P1879〉;[浙]温州四方化工机械厂〈P1938〉;[甘]兰州市石化机械设备附件厂〈P2356〉

塔器 S09049015

Columns

用于化工、制碱、煤化、焦化、钢铁等行业

【生产厂】[津]天津天大天久科技股份有限公司(100 套)〈P1615〉;[冀]河北兴海玻璃钢有限公司〈P1655〉;[沪]上海化工机械一厂〈P1740〉;[苏]无锡市石油化工设备有限公司〈P1879〉;无锡化工装备总厂〈P1873〉;南通大力化工设备有限公司〈P1832〉;[鲁]山东齐鲁石化机械制造有限公司(6000 吨)〈P2054〉;威海化工机械有限公司(1000 套)〈P2124〉;山东盛大化工机械有限责任公司(1000 吨)〈P2136〉;[豫]三门峡金渠集团化工机械有限公司(6000 吨)〈P2221〉;[鄂]湖北洪湖化工机械总厂〈P2239〉;[粤]广州市番禺压力容器厂有限公司〈P2263〉

管帽 S09049022

Pipe cap

【生产厂】[苏]江阴市东发管件制造有限公司〈P1868〉;[豫]偃师东方管件有限公司〈P2188〉

灌装机 S10020000

Filling machine

主要用于化工、石化、食品等行业液体灌装的称重

【生产厂】[京]北京龙苑伟业新材料有限公司〈P1555〉;[粤]广东省佛山市顺德区伦教阜康化工机械有限公司(100 台)〈P2290〉

真空计量罐 S10031001

Vacuum metering tank

【生产厂】[沪]上海沪冈真空泵制造有限公司〈P1737〉;[苏]南京嘉禾防腐设备有限公司〈P1785〉;太仓凤新化工设备有限公司〈P1908〉;太仓市三耐化工设备有限公司〈P1908〉;[浙]建德市三耐防腐钢结构有限公司〈P1926〉

S

计量罐 S10031011

Metering tin

主要适用于三酸、碱、盐和醇类、醛类、高纯度水及液态食品

【生产厂】[冀]冀州市中意复合材料有限公司〈P1669〉;[辽]辽阳制药机械股份有限公司〈P1712〉

包装机 S10040000

Bagging machine

【生产厂】[沪]上海迈威包装机械有限公司〈P1753〉;[川]成都永通化工机械有限公司〈P2317〉

橡胶工业专用设备;橡胶机械 S12000000

Special equipment for rubber industry

用于橡胶生产加工

【生产厂】[皖]蚌埠化工机械制造有限公司(500 吨)〈P1975〉;[鲁]高密市永进工贸有限公司〈P2089〉;[豫]新乡市星火机械有限公司(2000 吨)〈P2207〉;[桂]桂林橡胶机械厂〈P2299〉;[川]四川省广汉市新升塑胶实业有限公司〈P2327〉

切胶机 S12011100

Cutter

用于切割各种橡胶制品,塑性材料等,如橡皮丝、橡胶坯条、橡胶密封垫等

【生产厂】[津]天津市化工机械厂(10 台)〈P1590〉;[沪]上海橡胶机械一厂〈P1771〉;[苏]无锡三江机械有限公司〈P1874〉;无锡市第一橡塑机械有限公司〈P1875〉;[鲁]青岛亚东橡机集团有限公司(800 台)〈P2045〉

胶浆搅拌机;打浆机 S12012000

lender for rubber cement

用于制造橡胶胶浆,卧式用于制造稠胶浆,立式用于制造稀胶浆

【生产厂】[粤]广东省佛山市顺德区伦教阜康化工机械有限公司(100 台)〈P2290〉

胶片冷却装置 S12013000

Rubber sheet cooling unit

【生产厂】[苏]无锡市第一橡塑机械有限公司〈P1875〉;[闽]福建省建阳橡机制造有限公司〈P2003〉

橡胶压延机 S12015000

Rubber calender

【生产厂】[津]天津市化工机械厂(60 套)〈P1590〉;[辽]大连橡胶塑料机械股份有限公司〈P1694〉;[沪]上海橡胶机械一厂〈P1771〉;[鲁]山东豪迈机械科技有限公司〈P2095〉;[川]四川亚西橡塑机器有限公司〈P2334〉

三辊压延机 S12015951

Tri-roller calender

可生产塑料的软质、半硬质、硬质的各种片材、板材,也可生产多层共挤的板材

【生产厂】[豫]新乡市星火机械有限公司(24 台)〈P2207〉

四辊压延机组 S12015961

Tetra-roller calender

可生产 PVC 各种吸塑硬片、透明膜、压花圣诞片、农用育秧盘、扑克牌、磁卡片材等用的材料

【生产厂】[辽]大连橡胶塑料机械股份有限公司〈P1694〉

橡胶挤出机 S12016000

Rubber extruder

主要用于各种橡胶制品半成品的挤出,如挤出胶管、胶片、内胎、胎面、电线、电缆的包胶及橡胶杂质的过滤等

【生产厂】[津]天津赛象科技股份有限公司(500 台)

〈P1577〉;[蒙]呼和浩特市橡胶机械厂〈P1681〉;[沪]上海橡胶机械一厂〈P1771〉;[苏]无锡三江机械有限公司〈P1874〉;无锡市第一橡塑机械有限公司〈P1875〉;[鲁]青岛亚东橡机集团有限公司〈P2045〉;[桂]中国化学工业桂林工程公司〈P2300〉

单螺杆挤出机 S12016001

Single screw extruder

【生产厂】[辽]大连通用橡胶机械有限公司〈P1694〉;[沪]上海贝里亚塑料机械有限公司〈P1729〉;[苏]江阴市新达塑料机械有限公司〈P1871〉;[鲁]青岛精盛达橡塑机械有限公司〈P2039〉;青岛新大成塑料机械有限公司〈P2045〉;青岛中科塑料机械有限公司〈P2047〉

双螺杆挤出机 S12016011

Double screw extruder

用于高分子聚合物的配混、挤出、造粒

【生产厂】[辽]大连橡胶塑料机械股份有限公司〈P1694〉;[沪]上海贝里亚塑料机械有限公司〈P1729〉;[苏]科倍隆科亚(南京)机械有限公司〈P1782〉;[浙]瑞安市东盛橡塑机械有限公司〈P1936〉;[闽]龙岩市瑞晶机械有限公司〈P2007〉;[鲁]青岛新大成塑料机械有限公司〈P2045〉;青岛中科塑料机械有限公司〈P2047〉;[桂]桂林橡胶机械厂〈P2299〉;中国化学工业桂林工程公司〈P2300〉;柳州市华工百川橡塑科技有限公司〈P2298〉;[甘]兰州兰泰塑料机械有限公司〈P2355〉

塑料管材挤出机 S12016021

Plastic extruder for pipe material

主要用于生产 PVP、PP、PE 等材料的各种塑料管材

【生产厂】[苏]张家港市昌威机械厂〈P1912〉;[浙]瑞安市东盛橡塑机械有限公司〈P1936〉;[鲁]潍坊中云机器有限公司(40 台)〈P2107〉;山东省莱州市三维集团公司〈P2115〉;青岛精盛达橡塑机械有限公司〈P2039〉;青岛顺德塑料机械有限公司〈P2044〉;青岛新大成塑料机械有限公司〈P2045〉;青岛谊华塑料机械有限公司〈P2046〉;青岛宇尔塑料机械有限公司〈P2046〉;青岛罡正橡塑机械有限公司〈P2034〉;[桂]桂林橡胶机械厂〈P2299〉

塑料型材挤出机 S12016031

Plastic extruder for profiling

主要用于生产 PVC、PP 等材料的各种塑料门窗、异型材、护墙板、天花板等

【生产厂】[苏]张家港市昌威机械厂〈P1912〉

塑料片材挤出机 S12016041

Plastic extruder for sheets

用于中空容器,片材经热成型加工成各种包装产品

【生产厂】[鲁]青岛顺德塑料机械有限公司〈P2044〉;青岛新大成塑料机械有限公司〈P2045〉

同向平行双螺杆挤出机 S12016051

Twin-screw extruder, cocurrent, parallel

用于高分子聚合物的配混、挤出、造粒

【生产厂】[苏]江阴市新达塑料机械有限公司〈P1871〉;[鲁]青岛新大成塑料机械有限公司〈P2045〉

塑料挤出造粒机组 S12016061

Plastic extruder and granulating machine

采用热切方法挤出造粒,主要用于 PVC 塑料的造粒

【生产厂】[辽]大连橡胶塑料机械股份有限公司〈P1694〉;[苏]张家港市昌威机械厂〈P1912〉;[鲁]青岛德泰塑料机械有限公司〈P2033〉;青岛新大成塑料机械有限公司〈P2045〉;青岛罡正橡塑机械有限公司〈P2034〉;青岛中科塑料机械有限公司〈P2047〉

双阶式挤出机 S12016071

Double layer extruder

适用于 PVC 电缆料、鞋料、注塑料和色母料,PE 交联料、TPR、TPE 料及其他成品挤出

【生产厂】[苏]科倍隆科亚(南京)机械有限公司〈P1782〉

塑料挤出波纹管机组 S12016081

Plastic extruding corrugated pipe machines

【生产厂】[鲁]潍坊中云机器有限公司(30 台)〈P2107〉;青岛谊华塑料机械有限公司〈P2046〉;青岛宇尔塑料机械有限公司〈P2046〉

塑料异型材挤出机组 S12016091

Extrusion equipment for plastic extruding special-shape materials

主要用于生产塑料门窗型材、塑料装饰板材、PVC 发泡异型材等塑料制品

【生产厂】[鲁]青岛精盛达橡塑机械有限公司〈P2039〉;青岛顺德塑料机械有限公司〈P2044〉;青岛谊华塑料机械有限公司〈P2046〉;青岛宇尔塑料机械有限公司〈P2046〉;青岛罡正橡塑机械有限公司〈P2034〉

塑料挤出机;挤出机 S12016100

Plastic extruder

用于塑料挤出加工,制成塑料管材、棒材、型材等制品

【生产厂】[辽]大连橡胶塑料机械股份有限公司〈P1694〉;[苏]张家港市昌威机械厂〈P1912〉;[鲁]山东省莱州市三维集团公司〈P2115〉;青岛罡正橡塑机械有限公司〈P2034〉;[粤]广东联塑科技集团〈P2290〉;[甘]兰州兰泰塑料机械有限公司〈P2355〉

塑料板材挤出机组 S12016101

Extrusion equipment for plastic sheet

用于生产单层、多层复合板材、片材

【生产厂】[辽]大连通用橡胶机械有限公司〈P1694〉;[鲁]青岛精盛达橡塑机械有限公司〈P2039〉;青岛顺德塑料机械有限公司〈P2044〉;青岛谊华塑料机械有限公司〈P2046〉

开放式炼胶机 S12016301

Rubber compounding mill

主要用于橡胶的热炼、塑炼、混炼和压片

【生产厂】[蒙]呼和浩特市橡胶机械厂〈P1681〉;[辽]大连橡胶塑料机械股份有限公司〈P1694〉;[沪]上海橡胶机械一厂〈P1771〉;[苏]无锡三江机械有限公司〈P1874〉;[闽]龙岩市瑞晶机械有限公司〈P2007〉;[鲁]青岛亚东橡机集团有限公司(800 台)〈P2045〉;[豫]新乡市星火机械有限公司(200 台)〈P2207〉;[川]四川亚西橡塑机器有限公司〈P2334〉

造粒机;制粒机 S12016400

Granulating machine

用于塑料制粒

S

【生产厂】[辽]锦西化工机械(集团)有限责任公司〈P1703〉；[沪]上海大川原干燥设备有限公司〈P1731〉；上海化工装备有限公司化工机械三厂〈P1740〉；上海科锐驰化工装备技术有限公司〈P1749〉；上海瑞宝造粒机有限公司(20 台)〈P1758〉；[苏]常州市成举干燥制粒机械厂〈P1850〉；常州市豪龙干燥设备有限公司〈P1851〉；常州市阳光干燥设备厂〈P1856〉；常州市一新机械有限公司〈P1856〉；常州铁鹏机械制造有限公司〈P1857〉；常州市威尔伯干燥设备有限公司〈P1853〉；常州市新力干燥设备有限公司〈P1855〉；张家港市昌威机械厂〈P1912〉；[闽]龙岩市瑞晶机械有限公司〈P2007〉；[鲁]莱州市占龙化工机械厂〈P2110〉；山东省莱州市三维集团公司〈P2115〉；青岛精盛达橡塑机械有限公司〈P2039〉；青岛宇尔塑料机械有限公司〈P2046〉

碾式造粒机　S12016410
Edge runner granulator

广泛应用于化工、冶金、医药、食品、饲料、染料、矿山、塑料、农药、涂料等各行业

【生产厂】[沪]上海申港机械厂〈P1760〉

圆盘造粒机　S12016419
Disk granulating machine

用于水泥、复合肥料、禽畜饲料、化工原料等各种物料的造粒作业

【生产厂】[沪]上海科锐驰化工装备技术有限公司〈P1749〉；[豫]河南省巩义市锦华机械厂〈P2167〉

对辊式造粒机　S12016420
Two-piece roll granulator

应用于胶囊填充颗粒、颜料、洗涤剂、催化剂、碳酸锶、化肥、白炭黑、无机盐类、氯代异氰尿酸类、漂粉精等

【生产厂】[沪]上海科锐驰化工装备技术有限公司〈P1749〉；[苏]常州市成举干燥制粒机械厂〈P1850〉；常州市优力干燥设备有限公司(20 台)〈P1856〉；中美合资常州健达干燥设备有限公司〈P1864〉；常州环龙干燥机械厂〈P1848〉；常州市一新机械有限公司〈P1856〉；[鲁]莱州市莱玉化工有限公司(1800 台)〈P2109〉

快速整粒机　S12016425
Whole grain machine, quick speed

【生产厂】[沪]上海科锐驰化工装备技术有限公司〈P1749〉；[苏]常州市成举干燥制粒机械厂〈P1850〉；常州市阳光干燥设备厂〈P1856〉；常州市一新机械有限公司〈P1856〉；常州市步长干燥设备有限公司〈P1850〉；常州市新力干燥设备有限公司〈P1855〉；常州市薛氏干燥设备有限公司〈P1856〉；江阴市宝利机械制造有限公司〈P1868〉；张家港市开创机械制造有限公司〈P1913〉；[鲁]山东新华制药股份有限公司〈P2055〉

干式造粒机　S12016435
Dry granulator

主要用于制药、食品、化工和其他行业造粒，特别适用于湿法无法解决的物料进行造粒

【生产厂】[沪]上海科锐驰化工装备技术有限公司〈P1749〉；[苏]常州市成举干燥制粒机械厂〈P1850〉；常州环龙干燥机械厂〈P1848〉；常州市阳光干燥设备厂〈P1856〉；常州市一新机械有限公司〈P1856〉；常州群乐干燥设备有限公司〈P1849〉；常州市步长干燥设备有限公司〈P1850〉；常州市先锋干燥设备有限公司〈P1855〉；常州市新力干燥设备有限公司〈P1855〉；江阴市天缘粉体设备有限公司〈P1871〉；江阴市宝利机械制造有限公司〈P1868〉；江阴市金科粉碎机械有限公司〈P1870〉；江阴市通达机械设备有限公司〈P1871〉；江阴市干燥设备制造有限公司〈P1869〉；张家港市开创机械制造有限公司〈P1913〉；[浙]温州亚光机械制造有限公司〈P1938〉

摇摆式颗粒机　S12016440
Rock granulator

用于下卸料制粒或粉碎型设备

【生产厂】[苏]常州市成举干燥制粒机械厂〈P1850〉；常州环龙干燥机械厂〈P1848〉；常州群乐干燥设备有限公司〈P1849〉；常州市先锋干燥设备有限公司〈P1855〉；常州市远洋干燥设备有限公司〈P1856〉；江阴市天缘粉体设备有限公司〈P1871〉；江阴市通达机械设备有限公司〈P1871〉；江阴市干燥设备制造有限公司〈P1869〉；靖江市赛德力制药机械制造有限公司〈P1825〉；张家港市开创机械制造有限公司〈P1913〉

旋转式颗粒机；旋转式制粒机　S12016450
Revolving granulator

是制药、食品、化工、固体饮料等行业的理想机械

【生产厂】[苏]常州环龙干燥机械厂〈P1848〉；常州市一新机械有限公司〈P1856〉；常州市威尔伯干燥设备有限公司〈P1853〉；常州市先锋干燥设备有限公司〈P1855〉；常州市新力干燥设备有限公司〈P1855〉；张家港市开创机械制造有限公司〈P1913〉

喷雾干燥制粒机　S12016460
Spray drying granulating machine

适用于医药、食品、洗涤剂、化工行业

【生产厂】[津]天津市津南干燥设备有限公司(120 台)〈P1594〉；[沪]上海大川原干燥设备有限公司〈P1731〉；上海远东制药机械总厂〈P1776〉；[苏]常州市成举干燥制粒机械厂〈P1850〉；常州市豪龙干燥设备有限公司〈P1851〉；常州环龙干燥机械厂〈P1848〉；常州市阳光干燥设备厂〈P1856〉；常州市一新机械有限公司〈P1856〉；常州群乐干燥设备有限公司〈P1849〉；常州市步长干燥设备有限公司〈P1850〉；常州市先锋干燥设备有限公司〈P1855〉；常州万基干燥制粒设备有限公司〈P1857〉；无锡市阳光干燥设备厂〈P1881〉；江阴市干燥设备制造有限公司〈P1869〉

螺杆挤出造粒机　S12016465
Screw extruder and granulating machine

广泛适用于橡胶助剂、食品添加剂、塑料助剂、催化剂、农药、染料、颜料、日化、制药等行业需造粒的产品

【生产厂】[沪]上海科锐驰化工装备技术有限公司〈P1749〉；[苏]江阴市通达机械设备有限公司〈P1871〉；[甘]兰州兰泰塑料机械有限公司〈P2355〉

同向双螺杆塑料造粒机　S12016470
Same-direction twin-screw granulating machine of plastic

用于塑料造粒

【生产厂】[沪]上海科锐驰化工装备技术有限公司〈P1749〉；[鲁]青岛谊华塑料机械有限公司〈P2046〉；[豫]新乡市星火机械有限公司(24 台)〈P2207〉

高速混合制粒机　S12016480
Mixed granulating machine, high speed

主要用于制药、食品、化工行业的小样工艺试验和小批量生产

【生产厂】[沪]上海远东制药机械总厂〈P1776〉;[苏]常州市成举干燥制粒机械厂〈P1850〉;常州市豪龙干燥设备有限公司〈P1851〉;中美合资常州健达干燥设备有限公司〈P1864〉;常州市阳光干燥设备厂〈P1856〉;常州群乐干燥设备有限公司〈P1849〉;常州市步长干燥设备有限公司〈P1850〉;常州市威尔伯干燥设备有限公司〈P1853〉;常州市先锋干燥设备有限公司〈P1855〉;常州市新力干燥设备有限公司〈P1855〉;常州市远洋干燥设备有限公司〈P1856〉;常州万基干燥制粒设备有限公司〈P1857〉;江阴市干燥设备制造有限公司〈P1869〉;靖江市赛德力制药机械制造有限公司〈P1825〉

挤压造粒机 S12016495
Extruding granulating machine

适用于医药、化工、食品、饲料等行业中湿法制作各种规格的颗粒

【生产厂】[沪]上海远东制药机械总厂〈P1776〉;[苏]常州市成举干燥制粒机械厂〈P1850〉;常州群乐干燥设备有限公司〈P1849〉;常州市威尔伯干燥设备有限公司〈P1853〉;江阴市干燥设备制造有限公司〈P1869〉;张家港市开创机械制造有限公司〈P1913〉;[鲁]青岛谊华塑料机械有限公司〈P2046〉

橡胶挤出切料机 S12016499
Rubber extrusion stock cutter

【生产厂】[鲁]山东豪迈机械科技有限公司〈P2095〉

滤胶机 S12016500
Rubber straining machine

用于清除胶料或再生胶中的机械杂质或橡胶出片

【生产厂】[沪]上海橡胶机械一厂〈P1771〉;[鲁]莱州市德隆化工机械厂〈P2109〉

冷喂料橡胶挤出机 S12016901
Cold feed rubber extruder

可以完成橡胶热喂料挤出机挤出成型的全部工艺,更换不同机头,从而获得所需各种橡胶制品、电线、电缆等

【生产厂】[蒙]呼和浩特市橡胶机械厂〈P1681〉;[桂]中国化学工业桂林工程公司〈P2300〉

真空升降乳化机 S12016971
Vacuum emulsion machine

适用于高黏度物料、化妆品膏霜类物料以及洗涤产品特殊工艺要求的设备

【生产厂】[鲁]莱州市德隆化工机械厂〈P2109〉;莱州市胜龙化工机械厂〈P2110〉;莱州市占龙化工机械厂〈P2110〉;山东省莱州市珍珠化工机械厂(90 套)〈P2115〉;莱州市宏达化工机械集团〈P2109〉;山东省莱州市三维集团公司〈P2115〉

高剪切乳化机;高剪切乳化混合机 S12016991
High shear emulsion machine

适用于罐、釜容器内料液、胶浆分散乳化的配套

【生产厂】[沪]上海市化工装备研究所〈P1763〉;上海弗鲁克流体机械制造有限公司〈P1733〉;[苏]南泉化工成套设备厂〈P1872〉;无锡市南泉化工成套设备厂〈P1878〉;启东市东盛化工机械厂〈P1837〉;[鲁]莱州市德隆化工机械厂〈P2109〉;莱州市胜龙化工机械厂〈P2110〉;山东省莱州市珍珠化工机械厂(50 套)〈P2115〉;莱州市腾源化工机械厂〈P2110〉;[粤]广东省佛山市顺德区伦教阜康化工机械有限公司(100 台)〈P2290〉;[渝]重庆宏达化工机电有限公司〈P2305〉

混合乳化机 S12016995
Blend and emulsion machine

实验室及工业用,可移动

【生产厂】[沪]上海市化工装备研究所〈P1763〉;[苏]江阴市精益化工机械有限公司〈P1870〉;[鲁]莱州市德隆化工机械厂〈P2109〉;山东省莱州市东佳化工机械有限公司〈P2114〉;莱州市宏达化工机械集团〈P2109〉;山东龙兴化工机械集团有限公司〈P2114〉

移动式乳化机 S12016999
Moveable emulsion machine

【生产厂】[鲁]莱州市德隆化工机械厂〈P2109〉;山东省莱州市珍珠化工机械厂(80 套)〈P2115〉;莱州市宏达化工机械集团〈P2109〉;山东龙兴化工机械集团有限公司〈P2114〉;山东省莱州市三维集团公司〈P2115〉

卧式裁断机 S12017100
Horizontal cutter

【生产厂】[苏]无锡市第一橡塑机械有限公司〈P1875〉

一般硫化机;硫化机 S12018000
Ordinary vulcanizer

【生产厂】[津]天津市化工机械厂(11 台)〈P1590〉;[沪]上海橡胶机械一厂〈P1771〉

立式硫化罐 S12018200
Vertical vulcanizer

用于胶鞋、胶管、胶带、胶辊及其他橡胶制品的硫化

【生产厂】[辽]辽宁省盘锦橡塑机械厂〈P1706〉

卧式硫化罐 S12018300
Horizontal vulcanizer

用于橡胶制品的硫化以及再生胶脱硫、丁苯橡胶热塑炼,也可用于铝制品的氧化处理

【生产厂】[辽]辽宁省盘锦橡塑机械厂〈P1706〉

平板硫化机组 S12018400
Platen vulcanizer

主要用于硫化模制品及胶板、橡胶运输带、传送带等

【生产厂】[蒙]呼和浩特市橡胶机械厂〈P1681〉;[沪]上海橡胶机械一厂〈P1771〉;[苏]无锡三江机械有限公司〈P1874〉;[鲁]山东泸河集团有限公司〈P2096〉;青岛亚东橡机集团有限公司(4000 台)〈P2045〉;[豫]新乡市星火机械有限公司(80 台)〈P2207〉

鼓式硫化机(非用于 V 带) S12018500
Drum vulcanizer, no used for V-belt

用于发泡地毯橡胶衬垫及薄橡胶板的生产

【生产厂】[沪]上海橡胶机械一厂〈P1771〉;[浙]瑞安市东盛橡塑机械有限公司〈P1936〉

胎面挤出联动线 S12021200
Tread extuding interlock line

【生产厂】[闽]福建省建阳橡机制造有限公司〈P2003〉

轮胎成型机 S12024000
Tyre building machine
用于车辆轮胎胎坯的成型
【生产厂】[闽]福建建阳龙翔科技开发有限公司(120 台)〈P2003〉

子午线轮胎成型机 S12024200
Radial ply tyre shaper
【生产厂】[沪]上海橡胶机械一厂〈P1771〉

摩托车轮胎成型机 S12024500
Motorcycle tyre shaper
【生产厂】[苏]无锡市第一橡塑机械有限公司(300 吨)〈P1875〉

内胎接头机 S12026300
Tyre tube junction unit
【生产厂】[苏]无锡市第一橡塑机械有限公司〈P1875〉

轮胎硫化机 S12027000
Tyre vulcanizer
主要用于轮胎生产
【生产厂】[沪]上海橡胶机械一厂〈P1771〉;[鲁]青岛亚东橡机集团有限公司(2000 台)〈P2045〉;[桂]桂林橡胶机械厂〈P2299〉;中国化学工业桂林工程公司〈P2300〉

液压硫化机 S12027001
Hydraulic vulcanizer
用于子午胎的硫化
【生产厂】[沪]上海橡胶机械一厂〈P1771〉;[苏]无锡市第一橡塑机械有限公司〈P1875〉

胶管成型机 S12031000
Hose shaping machine
主要用于夹布胶管、吸引胶管、橡胶运输带成型
【生产厂】[蒙]呼和浩特市橡胶机械厂〈P1681〉

胶管编织机 S12033000
Hose braider
用于编织氧气管、乙炔管、喷雾管、油管、气压刹车管及低、中、高压、超高压胶管的增强层
【生产厂】[辽]辽宁省盘锦橡塑机械厂〈P1706〉

胶带切割机 S12043000
Rubber belt cutter
【生产厂】[冀]河北华夏实业有限公司〈P1648〉

胶带硫化机 S12048000
Rubber belt vulcanizer
【生产厂】[鲁]青岛亚东橡机集团有限公司(1000 台)〈P2045〉

胶乳涂布机 S12064000
Latex coater
适用于压克力胶及橡胶型胶
【生产厂】[冀]河北华夏实业有限公司〈P1648〉

再生胶设备 S12070000
Devulcanized rubber equipment
【生产厂】[豫]新乡市星火机械有限公司(150 台)〈P2207〉;河南长葛德泰橡胶设备机械厂(600 台)〈P2217〉

再生胶动态脱硫罐 S12073001
Devulcanized rubber dynamic desulfuration tank
【生产厂】[鲁]高密市永进工贸有限公司〈P2089〉

粒状橡胶冷却机 S12900701
Granular rubber cooling machine
【生产厂】[辽]大连通用橡胶机械有限公司〈P1694〉

捏合机 S13011000
Kneader
【生产厂】[闽]龙岩市瑞晶机械有限公司〈P2007〉;[鲁]莱州市腾源化工机械厂〈P2110〉

密闭式炼塑机 S13013000
Banbury mixer
【生产厂】[辽]大连橡胶塑料机械股份有限公司〈P1694〉;[苏]无锡三江机械有限公司〈P1874〉

开放式炼塑机 S13014000
Open plasticator
【生产厂】[辽]大连橡胶塑料机械股份有限公司〈P1694〉;[浙]瑞安市东盛橡塑机械有限公司〈P1936〉;[川]四川亚西橡塑机器有限公司〈P2334〉

连续混炼机 S13019010
Continuous intermixer
适用于橡塑共混、高填充物的加入,对高速剪切敏感的物料、瞬间热敏性材料加工、制品直接挤出
【生产厂】[辽]大连通用橡胶机械有限公司〈P1694〉;[甘]兰州兰泰塑料机械有限公司〈P2355〉

加压式捏炼机 S13019020
Pressure preliminary refiner
【生产厂】[辽]大连橡胶塑料机械股份有限公司〈P1694〉;大连通用橡胶机械有限公司〈P1694〉;[沪]上海橡胶机械一厂〈P1771〉;[苏]无锡三江机械有限公司〈P1874〉;[豫]新乡市星火机械有限公司(24 台)〈P2207〉;[川]四川亚西橡塑机器有限公司〈P2334〉

成型机 S13020000
Shaper
【生产厂】[沪]上海华尔杰机电设备制造有限公司〈P1738〉;上海科锐驰化工装备技术有限公司〈P1749〉;上海贝里亚塑料机械有限公司〈P1729〉;[桂]柳州市华工百川橡塑科技有限公司〈P2298〉

塑料压延机 S13021000
Plastic calender
【生产厂】[辽]大连橡胶塑料机械股份有限公司〈P1694〉;[苏]无锡三江机械有限公司〈P1874〉

塑料挤压成型机组 S13022000
Plastic extruding shaper sets
【生产厂】[鲁]青岛谊华塑料机械有限公司〈P2046〉

塑铝管材挤出机组 S13022011

S

Plastic-aluminium tubing extruder
【生产厂】[鲁]青岛谊华塑料机械有限公司〈P2046〉

塑料注射成型机;注塑机 S13023000
Plastic injection moulder
大多用于热塑性塑料,也可用于热固性塑料、橡胶、泡沫塑料等,用于将塑料原料注塑成型
【生产厂】[辽]辽阳制药机械股份有限公司〈P1712〉;[苏]苏州英杰注塑有限公司〈P1907〉;[浙]宁波市鄞州三友塑料机械有限公司〈P1933〉;宁波华塑机械制造有限公司〈P1931〉;宁波市海达塑料机械有限公司〈P1932〉;[鲁]青岛谊华塑料机械有限公司〈P2046〉;[粤]东莞市东华机械有限公司(2500 台)〈P2279〉;[桂]桂林橡胶机械厂〈P2299〉;柳州市华工百川橡塑科技有限公司〈P2298〉

吹塑中空成型机 S13024000
Hollow blow moulder
【生产厂】[鲁]青岛宇尔塑料机械有限公司〈P2046〉

薄膜吹塑机 S13024001
Film blow molding machine
【生产厂】[辽]大连橡胶塑料机械股份有限公司〈P1694〉;[鲁]山东省莱州市三维集团公司〈P2115〉;青岛宇尔塑料机械有限公司〈P2046〉;青岛罡正橡塑机械有限公司〈P2034〉;[豫]河南远洋科技有限公司〈P2168〉

塑料吹瓶机 S13024011
Plastic bottle blowing mathine
【生产厂】[鲁]青岛谊华塑料机械有限公司〈P2046〉

压力成型机 S13025000
Pressure shaper
【生产厂】[豫]禹州市化工机械厂〈P2219〉

泡沫塑料成型机 S13026000
Foam plastic shaper
【生产厂】[鲁]蓬莱市科龙聚氨酯设备有限责任公司〈P2112〉;青岛精盛达橡塑机械有限公司〈P2039〉;青岛宇尔塑料机械有限公司〈P2046〉;[粤]国发机械深圳厂〈P2269〉;[川]成都永通化工机械有限公司〈P2317〉

塑料加工专用设备;塑料机械 S13030000
Plastic processing special equipment
【生产厂】[浙]浙江申力塑料机械厂〈P1939〉;[鲁]青岛谊华塑料机械有限公司〈P2046〉;泰安华塑建材有限公司〈P2137〉

聚酯树脂设备 S13030001
Unsaturated polyester resin special equipments
用于生产不饱和聚酯树脂、酚醛树脂、环氧树脂、ABS 树脂等
【生产厂】[苏]无锡市军嶂轻化设备厂〈P1877〉;无锡市杰盛环化设备有限公司〈P1877〉;无锡市乐达制药化工设备有限公司〈P1877〉;无锡市锡山雪浪药化工程装备厂〈P1879〉;无锡市雪达化工装备厂〈P1880〉;无锡市永达化工装备有限公司〈P1881〉;无锡兆阳化工装备有限公司〈P1883〉;无锡市雪浪化工换热设备厂〈P1880〉;无锡光明化工厂有限公司〈P1873〉;无锡市南泉石化装备有限公司〈P1878〉;无锡市南泉双丰制药化工机械厂〈P1878〉;江苏省宜兴市精益机械厂〈P1866〉;[鲁]莱州市德隆化工机械厂〈P2109〉;莱州市胜龙化工机械厂〈P2110〉;莱州市占龙化工机械厂〈P2110〉;山东省莱州市珍珠化工机械厂(100 套)〈P2115〉;莱州市宏达化工机械集团〈P2109〉;莱州市腾源化工机械厂〈P2110〉;山东省莱州市三维集团公司〈P2115〉;[粤]广东省佛山市顺德区伦教阜康化工机械有限公司(100 台)〈P2290〉;[渝]重庆煊赫化工机械厂〈P2308〉

纸塑复合制袋机 S13031001
Bag making machine for plastic-lined paper
用于生产新国标水泥包装袋
【生产厂】[鲁]青岛宇尔塑料机械有限公司〈P2046〉;[豫]河南远洋科技有限公司〈P2168〉

铝塑复合管机 S13031011
Aluminium-plastic compound tube machine
【生产厂】[浙]浙江申力塑料机械厂〈P1939〉;[鲁]潍坊中云机器有限公司(50 台)〈P2107〉;青岛新大成塑料机械有限公司〈P2045〉;[豫]河南远洋科技有限公司〈P2168〉;[甘]兰州兰泰塑料机械有限公司〈P2355〉

异型材拼装机组 S13034000
Profiled materials splicing sets
主要用于生产塑料门窗型材、塑料装饰板材、PVC 发泡异型材等塑料制品
【生产厂】[苏]太仓凤新化工设备有限公司〈P1908〉

切粒机 S13035000
Dicing cutter
用于塑料工业中软、硬板料的切粒
【生产厂】[沪]上海科锐驰化工装备技术有限公司〈P1749〉;[苏]如皋市万祥机械厂〈P1838〉;[浙]瑞安市东盛橡塑机械有限公司〈P1936〉;[鲁]山东新华制药股份有限公司〈P2055〉;[豫]新乡市星火机械有限公司(80 台)〈P2207〉

切片机;剖层机 S13035101
Flake cutter
可剖分皮革、各种塑料泡沫、乳胶泡沫、鞋底、导电橡胶、废汽车轮胎等
【生产厂】[苏]无锡市军嶂轻化设备厂〈P1877〉;无锡市雪浪化工换热设备厂〈P1880〉;无锡市南泉化工成套设备厂〈P1878〉

塑料管材切割机 S13035201
Plastic pipe cutter
用于大规格塑料管材的自动生产线,具有切割、倒角功能、保护装置齐全、安装使用方便、外型精美等特点
【生产厂】[苏]张家港市昌威机械厂〈P1912〉

回收设备 S13036000
Recovery equipment
【生产厂】[苏]启东混合器厂有限公司〈P1836〉;[皖]合肥天工科技开发有限公司〈P1973〉

酒精回收塔 S13036001
Alcohol regeneration tower
适用于制药、食品、轻工、化工等行业的稀酒精回收,也适用于甲醇等其他溶媒的蒸馏
【生产厂】[苏]常州市成举干燥制粒机械厂〈P1850〉;中美合资常州健达干燥设备有限公司〈P1864〉;常州环龙干燥机

械厂〈P1848〉；常州市远洋干燥设备有限公司〈P1856〉；常州万基干燥制粒设备有限公司〈P1857〉；无锡市军嶂轻化设备厂〈P1877〉；无锡市杰盛环化设备有限公司〈P1877〉；无锡市乐达制药化工设备有限公司〈P1877〉；无锡市锡山雪浪药化工程装备厂〈P1879〉；无锡市雪达化工装备厂〈P1880〉；无锡兆阳化工装备有限公司〈P1883〉；无锡市雪浪化工换热设备厂〈P1880〉；无锡光明化工厂有限公司〈P1873〉；无锡市南泉石化装备有限公司〈P1878〉；无锡市南泉双丰制药化工机械厂〈P1878〉；常熟市上海飞奥压力容器制造有限公司〈P1891〉；常熟市制药化工机械总厂有限公司〈P1892〉；[鄂]武汉晨创化工机械制造有限责任公司〈P2229〉

涂料油漆设备；调漆设备　S14000001

Machine of paint or coating

用于调制、生产各种油漆涂料

【生产厂】[沪]上海索维机电设备有限公司〈P1766〉；[苏]江阴市精益化工机械有限公司〈P1870〉；[鲁]莱州市宏达化工机械集团〈P2109〉；[粤]广东省佛山市顺德区伦教阜康化工机械有限公司(100 台)〈P2290〉；[渝]重庆煊赫化工机械厂〈P2308〉；[川]成都永通化工机械有限公司〈P2317〉

多功能提取罐　S14000031

Multifunctional distill tank

广泛用于制药、食品、化工等行业挥发油的提取

【生产厂】[苏]无锡市军嶂轻化设备厂〈P1877〉；无锡环宇药化设备有限公司〈P1873〉；无锡市乐达制药化工设备有限公司〈P1877〉；无锡市锡山雪浪药化工程装备厂〈P1879〉；无锡市雪达化工装备厂〈P1880〉；无锡兆阳化工装备有限公司〈P1883〉；无锡市雪浪化工换热设备厂〈P1880〉；无锡市南泉化工成套设备厂〈P1878〉；无锡市南泉石化装备有限公司〈P1878〉；无锡市南泉双丰制药化工机械厂〈P1878〉；常熟市制药化工机械总厂有限公司(90 台)〈P1892〉；[鄂]武汉晨创化工机械制造有限责任公司〈P2229〉

离心制冷机　S14000501

Centrifugal refrigerant machine

【生产厂】[苏]苏州化工装备有限公司(100 台)〈P1901〉

喷浆造粒机　S14000871

Gunite granulating machine

用于生产复合肥

【生产厂】[鲁]山东旭洋机械股份有限公司(2000 吨)〈P2151〉

炼油设备　S14000951

Refining equipment

【生产厂】[津]天津市兆勇石油设备有限公司〈P1613〉；[鲁]德州大陆架油气高科技有限公司(3 万吨)〈P2141〉；山东省广饶石油机械股份有限公司(1 万吨)〈P2086〉；[粤]广州市番禺压力容器厂有限公司〈P2263〉

常减压装置　S14001001

Atmospheric and vacuum distillation unit

用作原油加工

【生产厂】[苏]江阴市石油化工设备有限公司〈P1871〉；[鲁]山东海科化工集团(25 万吨)〈P2084〉；青岛安邦炼化有限公司(160 万吨)〈P2032〉

制氮机　S14001101

Nitrogen-making machine

广泛应用于啤酒、饮料、食品、水果的充氮包装及储藏

【生产厂】[津]天津市纽森科技有限公司(80 台)〈P1599〉；[皖]合肥天工科技开发有限公司〈P1973〉

子午线轮胎模具；轮胎模具　S14002001

Radial tire mold

【生产厂】[鲁]山东豪迈机械科技有限公司〈P2095〉

乳化炸药专用乳化机　S14002201

Emulsion machine for emulsified explosive

用于生产岩石乳化炸药

【生产厂】[沪]上海市化工装备研究所〈P1763〉；[苏]无锡市锡山雪浪药化工程装备厂〈P1879〉；无锡兆阳化工装备有限公司〈P1883〉

石油钻机　S14010001

Petroleum drill

用于石油等的勘探、开发，可钻直井、定向井、水平井及丛式井组

【生产厂】[甘]兰州石油化工机器总厂〈P2356〉

抽油机　S14010101

Oil pumping machine

主要用于石油矿场非自喷井抽吸原油

【生产厂】[辽]辽宁省盘锦橡塑机械厂〈P1706〉；[川]四川慧剑石化装备有限责任公司〈P2326〉；[甘]兰州石油化工机器总厂〈P2356〉

水处理设备　S14050101

Water treatment equipment

用于热电厂、化工厂、制药厂等的水处理

【生产厂】[浙]上虞市斯莫有机化学研究所(20 套)〈P1948〉；[粤]佛山市顺德区中顺化工设备有限公司〈P2289〉

电泳设备　S14060101

Electrophoresis equipment

阴、阳极电泳生产线

【生产厂】[鲁]潍坊市安江实业有限公司(300 台)〈P2104〉

钛材化工设备　S15000201

Chemical equipments of titanium material

【生产厂】[苏]苏州顺德钛设备制造有限公司〈P1906〉；[鲁]淄博昌金防腐设备有限公司〈P2058〉

防腐设备　S15000301

Anticorrosive equipment

【生产厂】[津]天津市北辰区三环防腐设备厂(200 套)〈P1580〉

石墨设备　S15000401

Graphite equipment

【生产厂】[苏]江苏南通晨光石墨换热器厂〈P1830〉；[浙]杭州超帆防腐设备有限公司〈P1916〉